# 起重机设计手册

(第二版)

上 卷

张质文　王金诺　程文明　主　编
邹　胜　刘　权　王少华

曾佑文　于兰峰　徐格宁　包起帆　虞和谦　副主编
须　雷　陶德馨　田广范　聂春华　阎丽娟

中国铁道出版社

2013年·北京

## 内 容 简 介

本书是起重机械与工程机械设计人员的工具书。共分七篇:起重机设计总论;起重机金属结构;起重机机构;起重机零部件;起重机电气设备;起重机液压传动和通用与专用起重机设计。

本书编写时,参考了国际相关标准(ISO)和《起重机设计规范》(GB/T 3811—2008)等国家标准及近年来推荐的现代设计方法加以修改和补充。内容结合我国起重机和工程机械行业的实际,收集了目前普遍使用的新材料、新结构、新产品。在各篇中都较全面地反映了国内外最新技术成果。第七篇"通用与专用起重机设计"中给出了当前不同类型起重机的具体设计方法。为提高手册的实用性、权威性和可读性,在附录中为读者提供了国内部分知名企业的产品概览。

本书分上、下两卷。第一篇至第四篇为上卷。第五篇至第七篇(含附录)为下卷。

本书数据可靠、内容翔实,便于从事起重机和工程机械设计、科研、生产、销售、质量检验等工程技术人员和管理人员使用,亦可供高等院校师生参考。

### 图书在版编目(CIP)数据

起重机设计手册/张质文等主编. —2 版. —北京:
中国铁道出版社,2013.6
ISBN 978-7-113-16328-0

Ⅰ.①起… Ⅱ.①张… Ⅲ.①起重机-机械设计-手册 Ⅳ.①TH210.2-62

中国版本图书馆 CIP 数据核字(2013)第 121644 号

| | |
|---|---|
| 书　　名 | 起重机设计手册(第二版) |
| 作　　者 | 张质文　王金诺　程文明　邹　胜　刘　权　王少华(上卷)<br>王金诺　张质文　程文明　邹　胜　刘　权　王少华(下卷) |
| 责任编辑 | 吴　军　聂宏伟　梁兆煜　黄　燕　王　健　　编辑部电话:010-51873094 |
| 封面设计 | 崔　欣 |
| 责任校对 | 孙　玫 |
| 责任印制 | 陆　宁 |

| | |
|---|---|
| 出版发行 | 中国铁道出版社(100054,北京市西城区右安门西街 8 号) |
| 网　　址 | http://www.tdpress.com |
| 印　　刷 | 北京大兴新魏印刷厂 |
| 版　　次 | 1998 年 3 月第 1 版　2013 年 8 月第 2 版　2013 年 8 月第 1 次印刷 |
| 开　　本 | 850 mm×1 168 mm　1/16　印张:125　字数:3 065 千 |
| 书　　号 | ISBN 978-7-113-16328-0 |
| 定　　价 | 520.00 元(上、下卷) |

**版权所有　侵权必究**

凡购买铁道版图书,如有印制质量问题,请与本社读者服务部联系调换。电话:(010)51873170(发行部)
打击盗版举报电话:市电(010)63549504,路电(021)73187

# 《起重机设计手册》(第二版)编委会

**名誉主任委员**

周仲荣　张文桂

**主任委员**

王金诺

**副主任委员**（排名不分先后）

张质文　程文明　王少华　苏子孟　李锁云　付　玲　易小刚　唐宪锋　李　静
张智莹　仉健康　孙　田　史东明　许惠铭　李全强　李士国　夏　翔　李义良
林　永　李　纲　吴　健　秦英奕　赵全起　徐新民　何自强　薛季爱　余志高
吴元良　王保田　孙成林　王泽民　黄　燕　李慧成　吴　军　张　毅　黄建华
周　云

**秘书长**：王少华　　**秘书**：曾　刚　刘慧彬

**委　员**（排名不分先后）

| 单位 | 姓名 | 单位 | 姓名 |
|---|---|---|---|
| 大连重工·起重集团有限公司 | 邹　胜、唐宪锋 | 中国工程机械工业协会 | 苏子孟 |
| 徐州工程机械集团有限公司 | 李锁云、史先信 赵　斌、程　磊 | 中联重科股份有限公司 | 付　玲、喻乐康 任会礼、张建军 |
| 三一集团有限公司 | 易小刚 | 河南起重机器有限公司 | 赵同立 |
| 中铁科工集团/中铁工程机械研究设计院 | 张智莹 | 大连华锐重工起重机有限公司 | 董　炜 李会勤、李天龙、吴　刚 |
| 青岛海西重机有限责任公司 | 李士国 | 中国铁道出版社 | 黄　燕、吴　军 褚书铭 |
| 郑州新大方重工科技有限公司 | 李　纲 | 北京京城重工机械有限责任公司 | 李全强 |
| 中原圣起有限公司 | 李义良 | 抚顺永茂建筑机械有限公司 | 孙　田 |
| 郑州宇通重工有限公司 | 史东明 | 山东丰汇设备技术有限公司 | 仉健康 |
| 浙江省建设机械集团有限公司 | 许惠铭 | 广西建工集团建筑机械制造有限责任公司 | 林　永 |
| 马鞍山统力回转支承有限公司 | 侯　宁 | 大连众益电气工程有限公司 | 程　涛 |
| 武汉钢铁重工集团冶金重工有限公司 | 吴林川 | 邯郸中铁桥梁机械有限公司 | 王增良 |
| 中铁山桥集团有限公司 | 李慧成、杨　鹏 | 象王重工股份有限公司 | 葛　明 |
| 武桥重工集团股份有限公司 | 吴元良、孙笑萍 杜斌武 | 卫华集团有限公司 | 秦英奕 |
| 大连大起产业开发有限公司 | 李学勤 | 吉林水工机械有限公司 | 雷　波 |

| | | | |
|---|---|---|---|
| 西门子工厂自动化工程有限公司 | 陈建邦 | 山东鸿达建工集团有限公司 | 于归赫 |
| 辽宁连云建筑机械制造有限公司 | 王晓庆 | 杭州华新机电工程有限公司 | 林金栋 |
| 北京万桥兴业机械有限公司 | 刘亚滨 | 洛阳卡瑞起重设备有限公司 | 廖晓培 |
| 北京南车时代机车车辆机械有限公司 | 刘 冲 | 江苏华澄重工有限公司 | 谢 翀 |
| 熔盛机械有限公司 | 赵 毅 | 齐齐哈尔轨道交通装备有限责任公司 | 于跃斌 |
| 深圳市汇川技术股份有限公司 | 夏 翔 | 江苏正兴建设机械有限公司 | 孙宝龙 |
| 浙江荣峰起重机械制造有限公司 | 潘云峰 | 焦作制动器股份有限公司 | 韩利民 |
| 秦皇岛天业通联重工股份有限公司 | 魏福祥 | 成都荣腾科技发展有限公司 | 余志高 |
| 山起重型机械股份有限公司 | 徐新民 | 四川建设机械(集团)股份有限公司 | 王保田 |
| 法兰泰克起重机械(苏州)有限公司 | 陶峰华 | 四川沱江起重机有限公司 | 肖 彬 |
| 云南滇力起重机械设备有限公司 | 胡 军 | 中国铁道科学研究院 | 王宏谋 |
| 湖北咸宁三合机电制造有限公司 | 万名炎 | 上海地铁盾构设备工程有限公司 | 何自强、张 恒 |
| 成都成起起重设备公司 | 邓奇志、蒋小华 | 杭州京能电力设备有限公司 | 李 阳 |
| 西昌卫星发射中心 | 王泽民 | 成都畅越机械工程有限公司 | 张仕斌 |
| 泸州恒力工程机械有限公司 | 赵江红 | 成都市安全生产检测中心 | 王庆明 |
| 成都金山擦窗机有限公司 | 方永红 | 上海市特种设备监督检验技术研究院 | 薛季爱 |
| 扬州华泰特种设备有限公司 | 孙成林 | 成都西部泰力起重机有限公司 | 赵全起 |
| 郑州铁路装卸机械厂 | 梁景成、张军伟 | 奥力通起重机(北京)有限公司 | 黄小伟、李亚民 |
| 南通润邦重机有限公司 | 吴 健、白剑波 | 北京建筑机械化研究院 | 田广范、李 静、刘慧彬 |
| 北京起重运输机械设计研究院 | 陆大明、周 云、岳文翀 | 同济大学 | 周奇才 |
| 武汉理工大学 | 陶德馨 | 大连理工大学 | 高顺德 |
| 太原科技大学 | 徐格宁 | 西南交通大学 | 徐保林、余敏年 |

# 第二版前言

被人们喻为"巨人之臂"、"画在空中的弧"、"力与美的象征"的起重机,是海陆空重要装备、航空航天、救援抗灾的必需设备,是工业生产过程中必需的装备。起重机的设计水平,从一个侧面反映了国家工业现代化的程度。

《起重机设计手册》第一版(下称《手册》)于1998年出版。《手册》反映了当时起重机的国内外技术水平,对读者进行起重机设计计算起到指导和参考作用,受到了广大使用者的欢迎和好评。

《手册》问世后的15年间,我国起重机行业有了新的发展,已具有相当的规模和水平,基本形成了全面的产品系列、较好的技术体系和庞大的企业群体,成为国家装备制造业的一个重要分支(《国民经济行业分类与代码》中起重运输设备制造的代码为C353)。目前国内起重机制造业规模以上企业达2 000余家,从业人员超过40万人。"十一五"期间行业累计实现销售收入12 182亿元,利润总额811亿元,年均复合增长率超过20%。随着生产规模的扩大,自动化程度的提高,起重机制造业在现代化生产过程中应用越来越广,作用愈来愈大,2010年行业工业总产值占GDP的比重为0.34%。21世纪是一个新经济时代,对物流设备的需求越来越高。国民经济的快速稳定发展,基础产业的信息化、工业化推进和节能环保可持续发展战略的贯彻,都为起重机制造业提供了最好的发展机遇。

为了适应新世纪的形势和需求,满足广大读者的需要,从2010年开始,由西南交通大学机械工程研究所牵头,邀请国内同济大学、大连理工大学、太原科技大学、武汉理工大学、北京起重运输机械设计研究院、北京建筑机械化研究院等高校、科研院所和大连重工·起重集团、徐州工程机械集团有限公司、中联重科股份有限公司、DEMAG(德国)起重机(上海)公司、上海港务集团公司等起重机研发、制造企业的专业人士,对《手册》第一版进行全面修订。

《手册》修订的原则是:"体系基本不变、内容去旧添新、全面贯彻标准、增加典型机种、力争原版人员参加。"在编委会领导下,经过全体作者的共同努力,历时三年的时间,修订工作圆满完成。

《手册》第二版共七篇约310万字,分上、下两卷。上卷的内容包括起重机设计计算的基本理论和方法、起重机金属结构设计计算、起重机机构和专用零部件设计计算和选择。下卷为起重机电气设备、起重机液压传动和通用与专用起重机设计及附录。

《手册》第二版将起重机金属结构在篇章顺序上调整为第二篇。这是不少读者的建议,也是《起重机设计规范》的编排顺序。我们认为第一篇中起重机设计计算的基本理论与起重机金属结构设计计算的关系要比起重机机构和零部件更为直接和紧密。调整以后将更加方便读者的学习和使用。

配合《起重机设计规范》(GB/T 3811—2008)的发布实施，对《手册》第一版中许多章节都重新全面改写。诸如起重机设计计算的基本理论部分、金属结构计算载荷组合、起重机工作机构计算等。

在起重机可靠性设计方面，《手册》第二版充实了结构和零部件概率计算的相关内容，提高了起重机可靠性设计的系统性和实用性。

根据广大读者的意见，结合起重机齿轮传动的实用情况，删除了渐开线圆柱齿轮的几何尺寸计算的相关内容。重点介绍开式齿轮传动齿轮抗弯曲静强度计算和行星齿轮传动。起重机减速器种类和选用内容的篇幅有所加强。

起重机零部件篇中的"制动装置"，第二版的内容有较大更新。几十年来，作为我国起重机主型制动装置的长短行程交流电磁铁制动器（块式制动器）将退出历史舞台，以电动液压推动器为驱动装置的鼓式和盘式制动器是《手册》第二版重点介绍的对象。在国内外已出版的《起重机设计手册》中，起重机制动装置只局限于机械制动器的选择。新版《手册》中适当增加了电气调速与机械制动相结合的复合制动内容。

为了提高起重机电气系统的可靠性和安全性，根据广大读者的要求，在"起重机电气设备"篇中，新增第七章"起重机电控系统设计"。

《手册》第二版下卷新增的第七篇"通用与专用起重机设计"是起重机共性与个性的结合，这对读者全面了解和掌握各种起重机的性能和特性，进行起重机具体设计和计算是有益的。我们希望这共性与个性相结合的篇章，能获得读者的认可和欢迎。

在"通用与专用起重机设计"篇，增加"智能数控起重机"和"擦窗机"两种新机型。前者在核电站或其他有严重危及人身安全的场合，与数控技术结合的起重机是理想的装卸搬运设备，该章以核废料搬运作业作为设计实例。"擦窗机"是近年来随高层建筑的维护、清洁、环保要求出现的专用起重设备，发展很快，市场需求越来越大。希望这两章的介绍，能为该行业的技术人员和企业产品开发起到积极作用。

桥式与门式起重机是同一家族最接近的机型，其共性多于个性。《手册》将两者合为一体，在描述其共性的同时，介绍各自个性特征和设计计算重点。该章提出的桥式与门式起重机的轻量化设计理念、途径和方法，对今后推出轻量化桥式和门式起重机，从根本上达到起重机节能、降耗的目的，会有借鉴作用。

在铁路起重机一章中，为确保救援作业时，尾部不侵入邻线影响邻线列车安全运行或避开山体障碍，介绍了目前在大吨位铁路救援起重机上采用的双回转机构。双回转机构中，配重和吊臂有各自的转台、回转机构和回转支承装置。

为了便于从事起重机设计制造和使用维护的读者选用起重机及其主要零部件，在《手册》下卷的附录中，增加专页介绍国内部分生产这类产品的骨干企业和他们的产品性能、规格，为有此需要的读者提供帮助和方便。

为了广泛征求业内人士对《手册》编写的意见，我们将《手册》编写后的书稿分发给各位编委和部分专家审阅，收到了许多好的反馈意见。这一举措，对《手册》出版前消除差错、吸取多方面的编写建议、尽可能提高书稿质量起了十分重要的作用。

对《手册》第一版出现的文字、公式、图表印刷或内容方面的遗漏和错误,再版时,都已作了核对和改正。

《手册》第二版采用编委会领导下的主编负责制。由于参加编写的单位和作者涵盖了国内绝大多数有起重运输机械专业的高校、相关的科研院所和许多大、中型起重机机械及工程机械企业,且第二版内容扩大、篇幅增加,作者人数较多,所以除主编外,增加了副主编。他们是分篇主编、单位编写的组织者或部分章节的作者。副主编的设立,为集思广益、争取优秀编者、提高手册编写质量起到很好的作用。《手册》各篇设分主编,向主编负责。分主编对其负责的分篇各章内容全面负责。主编负责《手册》全书的规划,各篇、章内容调控并进行最后全面校核。主编对《手册》质量负责。

流水不腐,户枢不蠹。起重机技术的进步,永远不会停止在一个水平上。历史的进程,必会推动起重机设计、制造和科学研究,不断取得更新的成果。因此《手册》第二版肯定是历史长河中的阶段性产物。虽然我们力求全面地、客观地反映当今起重机技术的最新成果,但仍然不能超越时空的限制,不当之处,在所难免。敬请广大读者不吝赐教。对《手册》第二版的有益建议和意见,请函寄四川省成都市九里堤西南交通大学机械工程研究所(E-Mail:Wangjinnuo@sohu.com)。我们至诚欢迎和感谢。

主 编
2013 年 6 月 8 日

# 第一版前言

起重机是减轻笨重体力劳动、提高作业效率、实现安全生产的起重运输设备。在国民经济各部门的物质生产和物资流通中,起重机作为关键的工艺设备或重要的辅助机械,应用十分广泛。

我国起重机制造业奠基于20世纪50年代。70年代以来,起重机的类型、规格、性能和技术水平获得很大的发展,除了满足国内经济建设对起重机日益增长的需要外,还向国外出口各种类型的高性能、高水平的起重机。

在总结国内经验并参考国外技术成就的基础上,70年代末,我国先后出版了两本《起重机设计手册》[3,4],受到国内从事起重机技术工作的众多人士的欢迎,对我国起重机的设计制造和科研教学起了重要作用。《手册》出版以来的近20年中,起重机技术有了进一步发展,新结构、新材料、新工艺、新产品、新的计算方法不断出现。1983年我国颁布了国家标准《起重机设计规范》(GB 3811—83),先后公布了起重机及其零部件的多项国家标准和部颁标准。80年代和90年代初,国际标准组织(ISO)颁布了有关起重机分类、工作制度、载荷、计算方法等许多项国际标准。国内外出版了不少起重机技术书籍,各种刊物上发表了许多起重机论文和技术资料。现代电控技术和液压技术在起重机上的应用取得了很好的效益,应用日益广泛。在这种情况下,出版一本能反映20年来起重机技术进步、符合国家标准和先进国际标准的《起重机设计手册》(以下简称《手册》),满足各部门从事起重机技术工作的广大人士的需要,已显得十分必要和迫切。为此,在铁道部运输局、中国机械工程学会物料搬运分会和中国铁道出版社的支持下,成立了由领导和专家组成的《手册》编辑委员会,由西南交通大学和北京起重运输机械研究所主持,约请有关单位的专家和技术人员分工编写。

《手册》共六篇,约260万字。在材料、起重机专业名词术语、起重机零部件、液压和电气图形符号、起重机及其零部件的计算和选择等方面都采用了最新的国家标准和国际标准。计算方法除遵循《起重机设计规范》(GB 3811—83)外,还参考国际标准(ISO)和国内外现行有效的计算方法加以补充。《手册》中的各篇都舍弃了起重机中属于陈旧和淘汰的结构和部件,收集了目前普遍使用或具有明显的发展前途的结构和产品。起重机电器和电控是近些年起重机综合技术中发展最快的部分,《手册》结合我国起重机行业的实际,充分反映了国内外这一领域内的科技成就和最新产品。

随着液压技术的进步和液压元件质量的提高,静液压传动在起重机(特别是臂架式运行起重机)上的应用已十分普遍。在液压传动篇中,编入了现代起重机液压传动系统设计及实用液压元件选择,这是国内外至今出版的各种《起重机手册》中均所欠缺的内容。

《手册》辟有专章介绍起重机的可靠性、概率计算方法和自动化设计系统。

为了避免不必要的重复和减少篇幅，《手册》不按起重机的类型分别介绍各种起重机的设计，而是采用国内外现有起重机设计手册的成功经验，着重于起重机设计中具有共性的基本理论、计算方法、金属结构和机构及其零部件设计计算、电力驱动和液压传动的设计及元、部件选择。

《手册》的编写采用编委会领导下的主编负责制。各篇设分主编，约请对该篇内容富有学识和经验的专家担任。分主编对该篇各章的内容和图文向主编负责，主编负责对全《手册》的内容和文字图表作全面校正，并作必要的内容调整和文字加工。

《手册》的编写和出版得到了机械工业部叙定部长、铁道部傅志寰副部长的关怀和支持，铁道部华茂昆总工程师担任《手册》编委会主任，并为《手册》作序，在此，我们表示深深的谢意。

《手册》在编写过程中得到有关院校厂所的大力协助，提供了宝贵资料，并为提高《手册》质量提出好的建议。

读者在使用《手册》时，如发现内容存在错误和不当，或对《手册》有任何建议和意见，均请函寄四川成都西南交通大学机械工程研究所（邮编610031），我们至诚欢迎和感谢。

编　者  
1998年2月

# 目录

## 上 卷

### 第一篇 起重机设计总论（分主编：张质文、王少华、徐格宁）

**第一章 起重机分类及主要性能参数**（张质文、王少华） ............ 1
    第一节 起重机分类 ............ 1
    第二节 起重机主要技术参数及其选择 ............ 2

**第二章 起重机工作级别**（徐格宁、张质文） ............ 9
    第一节 起重机整机的工作级别 ............ 9
    第二节 起重机机构的工作级别 ............ 11
    第三节 起重机结构件或机械零件的工作级别 ............ 12
    第四节 起重机分级举例 ............ 14

**第三章 计算载荷和载荷组合**（徐格宁） ............ 20
    第一节 载荷的分类 ............ 20
    第二节 载荷的计算 ............ 20
    第三节 金属结构的设计方法、载荷情况和载荷组合 ............ 44
    第四节 起重机械设计的载荷、载荷情况与载荷组合 ............ 48

**第四章 静强度和疲劳强度设计计算**（张质文、王少华） ............ 59
    第一节 设计计算方法 ............ 59
    第二节 起重机机械设计的载荷、载荷情况和载荷组合 ............ 59
    第三节 起重机通用机械零件的静强度设计计算 ............ 61
    第四节 起重机通用机械零件的疲劳强度设计计算 ............ 64

**第五章 起重机的可靠性设计方法**（王少华、张质文） ............ 70
    第一节 起重机的现代设计方法 ............ 70
    第二节 起重机的可靠性设计 ............ 70
    第三节 起重机可靠性分析、维修性设计和可靠性试验 ............ 74
    第四节 起重机结构和零件的概率设计方法 ............ 75

**第六章 起重机支承反力计算**（曾佑文、王少华、景刚） ............ 83
    第一节 支承反力计算方法 ............ 83
    第二节 轮式臂架回转起重机支承反力的计算 ............ 83

  第三节 轮胎起重机带载行驶时的轴负荷 ································································ 86
  第四节 履带式起重机履带对土壤的压力 ······································································· 87
  第五节 桥架型起重机支承反力计算 ············································································· 89

### 第七章 起重机抗倾覆稳定性和抗风防滑安全性（吴晓、张宗明、刘慧彬）·············· 92
  第一节 抗倾覆稳定性计算 ······························································································ 92
  第二节 浮式起重机稳定性计算 ······················································································· 106
  第三节 起重机抗风防滑安全性计算 ············································································· 110

### 第八章 起重机常用材料（王少华、王金诺、刘慧彬）····················································· 113
  第一节 起重机常用材料种类和要求 ············································································· 113
  第二节 起重机常用金属材料 ·························································································· 114
  第三节 起重机常用非金属材料 ······················································································· 131
  第四节 起重机常用轧制型材 ·························································································· 135

## 第二篇 起重机金属结构（分主编：于兰峰、王金诺、吴晓）

### 第一章 起重机金属结构设计计算总论（王金诺、于兰峰、张质文）···················· 169
  第一节 设计计算方法 ···································································································· 169
  第二节 结构件（连接）的疲劳强度计算 ································································· 178
  第三节 起重机金属结构的载荷及许用应力 ······························································· 190
  第四节 轴向受力构件的计算 ·························································································· 193
  第五节 受弯构件的计算 ······························································································ 216
  第六节 受扭构件的计算 ······························································································ 239

### 第二章 起重机金属结构的连接（于兰峰、曲季浦）··················································· 253
  第一节 焊接连接 ············································································································ 253
  第二节 螺栓连接 ············································································································ 263
  第三节 销轴连接 ············································································································ 275

### 第三章 桥式起重机金属结构设计计算（邓斌、于兰峰）··········································· 280
  第一节 单梁葫芦桥式起重机金属结构 ··································································· 281
  第二节 单梁小车式桥式起重机金属结构 ································································· 289
  第三节 双梁小车式桥式起重机金属结构 ································································· 303

### 第四章 桁架式门式起重机金属结构设计计算（王金诺、于兰峰、许志沛）········ 337
  第一节 主要型式与总体布局 ·························································································· 337
  第二节 载荷计算、内力分析及杆件设计 ································································· 342
  第三节 桁架结构刚度计算和上拱设计 ····································································· 351
  第四节 Ⅱ形双梁桁架式门式起重机金属结构的计算 ············································· 355
  第五节 四桁架式双梁门式起重机金属结构的计算 ················································ 359
  第六节 三角形断面桁架式门式起重机金属结构计算 ············································ 366

## 第五章 箱形门式起重机金属结构设计计算（王金诺、柳葆生、于兰峰） ………… 371
### 第一节 结构型式、主要参数和载荷计算 ………… 371
### 第二节 箱形门式起重机金属结构系统的优化设计 ………… 377
### 第三节 主梁和支腿的受力分析及校核计算 ………… 385
### 第四节 主梁和支腿的刚度计算 ………… 407
### 第五节 造船用门式起重机金属结构 ………… 418

## 第六章 塔式起重机金属结构设计计算（吴晓、郑荣） ………… 425
### 第一节 塔式起重机金属结构的组成 ………… 425
### 第二节 计算载荷及其组合 ………… 434
### 第三节 小车变幅式臂架的设计和计算 ………… 437
### 第四节 塔式起重机塔身的计算 ………… 453

## 第七章 门座起重机金属结构设计（胡吉全、张士锷） ………… 461
### 第一节 门座起重机金属结构的组成 ………… 461
### 第二节 门座起重机金属结构载荷及载荷组合 ………… 470
### 第三节 臂架系统结构设计 ………… 470
### 第四节 人字架系统结构设计 ………… 478
### 第五节 转台 ………… 480
### 第六节 门架 ………… 481

## 第八章 轮式起重机金属结构设计计算（于兰峰、王金诺、刘峰） ………… 487
### 第一节 吊臂结构的形式与分类 ………… 487
### 第二节 桁架式吊臂的设计计算 ………… 490
### 第三节 箱形伸缩式吊臂的设计计算 ………… 496
### 第四节 箱形伸缩式吊臂的优化设计 ………… 506
### 第五节 伸缩吊臂变幅机构三铰点位置的优化设计 ………… 507
### 第六节 轮式起重机转台 ………… 510
### 第七节 轮式起重机的底架 ………… 513

# 第三篇 起重机机构（分主编：程文明、张质文、须雷、虞和谦）

## 第一章 起升机构（须雷、张仲鹏） ………… 520
### 第一节 起升机构的组成和典型形式 ………… 520
### 第二节 电动及液压起升机构计算 ………… 535

## 第二章 轨行式运行机构（须雷、程文明） ………… 547
### 第一节 轨行式运行机构的组成和典型形式 ………… 547
### 第二节 电动及液压轨行式运行机构计算 ………… 557
### 第三节 起重机通过曲线验算 ………… 570

## 第三章 无轨式运行机构（邓斌、程文明） ………… 573
### 第一节 轮胎式运行机构的组成和典型形式 ………… 573

  第二节 履带式运行机构的组成和典型形式························581
  第三节 轮胎式运行机构计算····································583
  第四节 履带式运行机构计算····································597

 第四章 回转机构（侯宁、曾佑文）····································601
  第一节 回转机构的组成和典型形式································601
  第二节 回转支承装置计算······································605
  第三节 回转机构驱动装置计算··································621
  第四节 固定式回转起重机的基础计算······························632

 第五章 变幅机构（陆国贤、曾佑文）··································633
  第一节 变幅机构的类型········································633
  第二节 普通臂架变幅机构的计算··································639
  第三节 平衡臂架式变幅机构的设计································642
  第四节 平衡臂架式变幅机构的计算································653

 第六章 伸缩机构（程文明、张智莹）··································659
  第一节 臂架伸缩机构设计计算··································659
  第二节 支腿收放机构设计计算··································668

## 第四篇 起重机零部件（分主编：曾佑文、包起帆、陶德馨）

 第一章 钢丝绳及绳具（徐保林、张仲鹏）································673
  第一节 钢丝绳的特性及种类····································673
  第二节 钢丝绳的选择··········································676
  第三节 常用钢丝绳的主要性能··································679
  第四节 钢丝绳端的固定和联接··································690

 第二章 滑轮与滑轮组（方忠、张仲鹏、曾刚）····························697
  第一节 滑轮的构造、尺寸和型式································697
  第二节 滑轮组的构造、种类、倍率和效率························705
  第三节 驱动滑轮··············································707

 第三章 卷筒组（曾佑文、庞作相、曾刚）··································710
  第一节 卷筒组类型及构造······································710
  第二节 卷筒设计计算··········································712
  第三节 卷筒组系列和主要零件尺寸································716
  第四节 折线绳槽卷筒··········································729

 第四章 吊钩组（胡金汛、周奇才）······································732
  第一节 吊钩组种类和特点······································732
  第二节 吊钩的强度等级、起重量及材料··························733
  第三节 吊钩计算··············································736
  第四节 吊钩组其他零件的计算··································742

第五节　吊钩和吊钩组尺寸 …………………………………………………………………… 743

第五章　抓斗（包起帆、张质文、方忠） ……………………………………………………………… 755
　　第一节　抓斗的类型 …………………………………………………………………………… 755
　　第二节　抓斗的结构特点 ……………………………………………………………………… 757
　　第三节　双（多）绳长撑杆双瓣抓斗的力学分析 ……………………………………………… 797
　　第四节　双绳双颚板抓斗的机构分析 ………………………………………………………… 802
　　第五节　抓斗主要特性参数及其对工作能力的影响 ………………………………………… 804
　　第六节　双（多）绳长撑杆双瓣抓斗的设计计算 ……………………………………………… 808
　　第七节　专用抓斗特有构件的设计计算 ……………………………………………………… 817

第六章　集装箱吊具（程文明） ………………………………………………………………………… 832
　　第一节　集装箱吊具的构造和特点 …………………………………………………………… 832
　　第二节　伸缩式集装箱吊具的设计和试验 …………………………………………………… 845

第七章　制动装置（聂春华、唐凤、张质文） …………………………………………………………… 848
　　第一节　起重机制动技术概述 ………………………………………………………………… 848
　　第二节　起重机常用制动器结构、特点和应用 ……………………………………………… 851
　　第三节　起重机机构制动方式的选择 ………………………………………………………… 858
　　第四节　起重机机构制动装置的选型设计 …………………………………………………… 861
　　第五节　起重机常用制动器设计 ……………………………………………………………… 866
　　第六节　起重机常用制动器技术参数和连接尺寸 …………………………………………… 874

第八章　车轮、轨道和轮胎（方忠、曾鸣） ……………………………………………………………… 903
　　第一节　车轮的种类和工作特点 ……………………………………………………………… 903
　　第二节　车轮计算 ……………………………………………………………………………… 906
　　第三节　车轮组尺寸和许用轮压 ……………………………………………………………… 908
　　第四节　轨　　道 ……………………………………………………………………………… 912
　　第五节　轮　　胎 ……………………………………………………………………………… 914

第九章　齿轮及蜗杆传动（张质文、曾刚） …………………………………………………………… 939
　　第一节　齿轮传动在起重机上的应用 ………………………………………………………… 939
　　第二节　行星齿轮传动 ………………………………………………………………………… 942
　　第三节　渐开线开式直齿圆柱齿轮承载能力的计算 ………………………………………… 957
　　第四节　蜗杆传动 ……………………………………………………………………………… 960

第十章　减速器（张仲鹏、曾刚） ……………………………………………………………………… 969
　　第一节　起重机用减速器的特点 ……………………………………………………………… 969
　　第二节　减速器的种类和选用 ………………………………………………………………… 969

第十一章　轴、心轴与轴承（周奇才、胡金汛） ……………………………………………………… 1006
　　第一节　轴与心轴的计算 …………………………………………………………………… 1006
　　第二节　轴和轮毂的联接 …………………………………………………………………… 1013

  第三节 轴承的计算 ……………………………………………………………………… 1015

**第十二章 联轴器**（曾佑文、金永懿）……………………………………………………… 1020

  第一节 联轴器的种类及特性 …………………………………………………………… 1020
  第二节 联轴器的选择 …………………………………………………………………… 1020
  第三节 联轴器性能及主要尺寸参数 …………………………………………………… 1023

**第十三章 缓冲器**（张宗明、曾刚）…………………………………………………………… 1049

  第一节 缓冲器的种类及特性 …………………………………………………………… 1049
  第二节 缓冲器的计算和选择 …………………………………………………………… 1057

**第十四章 防风抗滑装置**（吴宏智、张宗明、周奇才）……………………………………… 1061

  第一节 锚定装置 ………………………………………………………………………… 1061
  第二节 止轮器和压轨器 ………………………………………………………………… 1062
  第三节 夹轨器 …………………………………………………………………………… 1065
  第四节 防风抗滑装置的设计计算 …………………………………………………… 1069

**第十五章 起重机安全与辅助装置**（李学众、张德裕、曾鸣）…………………………… 1073

  第一节 概  述 …………………………………………………………………………… 1073
  第二节 超载限制器 ……………………………………………………………………… 1077
  第三节 偏斜限制器和指示器 …………………………………………………………… 1083
  第四节 起重机称量装置 ………………………………………………………………… 1085

# 下　卷

## 第五篇 起重机电气设备（分主编：郎运鸣、李启申、陆大明）

**第一章 起重机用电机及容量校验**（李启申、傅德源、苗峰、王希春、曹志诚、董高定）………… 1089

  第一节 起重及冶金用电动机 …………………………………………………………… 1089
  第二节 轻小型起重设备用电动机 ………………………………………………………… 1138
  第三节 起重机用电机容量选择 …………………………………………………………… 1173

**第二章 起重机常用电器**（余敏年、张则强、周庚）………………………………………… 1201

  第一节 刀开关、组合开关及低压断路器 ………………………………………………… 1203
  第二节 凸轮控制器、主令控制器、万能转换开关及联动控制台 ……………………… 1210
  第三节 接 触 器 ………………………………………………………………………… 1224
  第四节 中间继电器、时间继电器 ………………………………………………………… 1228
  第五节 熔断器 …………………………………………………………………………… 1230
  第六节 过电流继电器、热继电器 ………………………………………………………… 1233
  第七节 控制按钮、行程开关 ……………………………………………………………… 1236
  第八节 电阻器、频敏变阻器 ……………………………………………………………… 1241

**第三章 起重机电气传动**（郎运鸣、岳文翀、裘为章）……………………………………… 1249

  第一节 起重机电气传动 …………………………………………………………………… 1249

| 第二节 | 交流起重机低调速电控设备 | 1266 |
| 第三节 | 变极调速及双电动机调速 | 1273 |
| 第四节 | 动力制动调速 | 1274 |
| 第五节 | 涡流制动器调速 | 1283 |
| 第六节 | 定子调压调速 | 1290 |
| 第七节 | 变频调速 | 1295 |
| 第八节 | 直流传动调速 | 1312 |

**第四章　起重机自动控制**（刘静、许晓辉、张迪明、刘雍、梁志军、陈志毅）……1320

| 第一节 | 可编程序控制器 | 1320 |
| 第二节 | 自动定位装置 | 1325 |
| 第三节 | 地面操纵、有线与无线遥控 | 1338 |
| 第四节 | 起重电磁铁及其控制 | 1345 |

**第五章　移动供电装置和导线截面选择**（余敏年、张则强、周庚）……1355

| 第一节 | 移动供电装置 | 1355 |
| 第二节 | 导线和滑线的截面选择 | 1369 |
| 第三节 | 电线和电缆 | 1371 |

**第六章　新图形符号和项目代号**（赵春晖、余敏年、林夫奎）……1380

| 第一节 | 新图形符号 | 1380 |
| 第二节 | 项目代号 | 1388 |

**第七章　起重电控系统设计**（夏翔）……1393

| 第一节 | 概论 | 1393 |
| 第二节 | 配电保护单元 | 1394 |
| 第三节 | 操作单元 | 1401 |
| 第四节 | 运行机构驱动单元 | 1404 |
| 第五节 | 控制单元 | 1408 |
| 第六节 | 安全保护器件 | 1410 |
| 第七节 | 起重机的节能和抗谐波处理 | 1422 |
| 第八节 | 抗干扰设计 | 1424 |

## 第六篇　起重机液压传动（分主编：许志沛、聂崇嘉）

**第一章　起重机液压系统的设计**（许志沛、陈柏松、袁孝钰）……1430

| 第一节 | 液压系统的构成 | 1430 |
| 第二节 | 液压系统设计的基本要求和步骤 | 1440 |
| 第三节 | 主要工作机构液压回路的常见型式和工作原理 | 1441 |
| 第四节 | 液压系统方案和主要参数的确定 | 1449 |
| 第五节 | 液压系统的设计计算 | 1450 |
| 第六节 | 主要液压元件的选择 | 1454 |
| 第七节 | 液压系统的验算 | 1456 |
| 第八节 | 典型液压系统 | 1458 |

## 第二章 液压工作的介质(许志沛) …… 1460

- 第一节 液压工作介质分类、命名和代号 …… 1460
- 第二节 液压系统对工作介质的要求 …… 1461
- 第三节 常用液压工作介质的特性和应用 …… 1462
- 第四节 常用液压油的质量指标 …… 1464
- 第五节 液压工作介质的选择 …… 1468

## 第三章 液压泵和液压马达(聂崇嘉、许志沛) …… 1470

- 第一节 主要参数、性能指标和计算公式 …… 1470
- 第二节 变量泵的常见变量方式 …… 1472
- 第三节 常用液压马达的主要参数和性能指标 …… 1473
- 第四节 外啮合齿轮泵与齿轮马达 …… 1473
- 第五节 叶片泵和叶片马达 …… 1479
- 第六节 斜盘式轴向柱塞泵和马达 …… 1484
- 第七节 斜轴式轴向柱塞泵和马达 …… 1487
- 第八节 径向柱塞泵 …… 1489
- 第九节 连杆式低速大力矩马达(Staffa 马达) …… 1490
- 第十节 双斜盘轴向柱塞式低速大力矩马达 …… 1492
- 第十一节 内曲线径向式低速大力矩马达 …… 1493

## 第四章 液压缸(许志沛、邵星海) …… 1495

- 第一节 概　述 …… 1495
- 第二节 液压缸的结构 …… 1497
- 第三节 液压缸的计算 …… 1502
- 第四节 液压缸主要零部件材料及技术要求 …… 1506
- 第五节 液压缸的设计和选用 …… 1508

## 第五章 液压控制阀(聂崇嘉、许志沛) …… 1513

- 第一节 概　述 …… 1513
- 第二节 多路换向阀 …… 1515
- 第三节 平　衡　阀 …… 1518
- 第四节 液压动力转向装置 …… 1520
- 第五节 单路稳流阀 …… 1523
- 第六节 先导式减压阀 …… 1524

## 第六章 液压辅助件(许志沛) …… 1526

- 第一节 管　件 …… 1526
- 第二节 过　滤　器 …… 1531
- 第三节 液压油箱及其附件 …… 1535
- 第四节 蓄　能　器 …… 1537

## 第七章 常用液压标准与常用液压参数的单位(许志沛、聂崇嘉) …… 1542

- 第一节 液压图形符号 …… 1542

| 第二节 | 有关液压系统及元件压力的标准 | 1561 |
| 第三节 | 有关液压泵、马达公称排量的标准 | 1561 |
| 第四节 | 有关液压缸几何参数的标准 | 1561 |
| 第五节 | 液压常用参数的单位及换算 | 1562 |

# 第七篇 通用与专用起重机设计(分主编:王金诺、程文明、邹胜、刘权)

## 第一章 智能数控起重机(黄文培、丁国富、黎荣) 1564
- 第一节 数控技术与起重机的结合——智能数控起重机 1564
- 第二节 数控起重机设计 1565
- 第三节 数控起重机控制系统设计 1566
- 第四节 数控起重机设计实例——核废料搬运起重机 1572

## 第二章 桥式与门式起重机(程文明、李亚民、贾刚、邓春实) 1585
- 第一节 桥式起重机的类型和技术参数 1585
- 第二节 门式起重机的类型和技术参数 1589
- 第三节 桥式与门式起重机的轻量化设计 1593
- 第四节 卷扬式启闭机 1602
- 第五节 造船门式起重机 1614

## 第三章 岸边集装箱起重机(周奇才、熊肖磊) 1627
- 第一节 总体设计 1627
- 第二节 机构设计 1648
- 第三节 电气驱动及电气设备 1703
- 第四节 国内外岸边集装箱起重机性能参数 1710

## 第四章 铸造起重机(吴刚、李会勤) 1712
- 第一节 概述 1712
- 第二节 铸造起重机的类型 1714
- 第三节 铸造起重机起升机构设计计算 1719
- 第四节 运行机构设计计算 1728

## 第五章 汽车、轮胎与全地面起重机(王金诺、刘放、吴晓、李全强、潘宏、郝兴华、朱亚夫) 1734
- 第一节 构造与选型 1734
- 第二节 性能参数确定 1738
- 第三节 功率计算与动力装置选择 1746
- 第四节 轮式底盘和下车作业系统 1747
- 第五节 总体设计和机构计算 1754

## 第六章 铁路起重机(张仲鹏、张质文、孙笑萍) 1774
- 第一节 铁路起重机性能和构造特点 1774
- 第二节 铁路起重机抗倾覆稳定性计算 1783
- 第三节 动力装置 1787
- 第四节 结构设计 1788

第五节　机构计算 …… 1793
　　第六节　电气系统 …… 1805
　　第七节　铁路起重机试验 …… 1810
　　第八节　司机室、机械室、宿营室 …… 1811

第七章　履带起重机（王欣、刘金江、高顺德）…… 1813
　　第一节　概　述 …… 1813
　　第二节　结构设计与选型 …… 1817
　　第三节　总体设计及参数确定 …… 1824
　　第四节　动力装置的选择与计算 …… 1828
　　第五节　机构设计与计算 …… 1828
　　第六节　金属结构设计计算 …… 1831
　　第七节　超大型履带起重机 …… 1843

第八章　塔式起重机（王晓平）…… 1850
　　第一节　分类与产品型号 …… 1850
　　第二节　总体设计和计算 …… 1857
　　第三节　起升机构设计 …… 1860
　　第四节　变幅机构设计 …… 1876
　　第五节　回转机构 …… 1881
　　第六节　运行机构 …… 1884
　　第七节　安全装置 …… 1890

第九章　擦窗机——高层建筑清洁维护专用起重机（曾刚、曾佑文）…… 1895
　　第一节　概　述 …… 1895
　　第二节　擦窗机类型及主要参数 …… 1896
　　第三节　擦窗机工作机构 …… 1906
　　第四节　擦窗机计算载荷及结构计算 …… 1908
　　第五节　擦窗机抗倾覆稳定性计算 …… 1909

第十章　缆索起重机（严自勉、徐一军、刘建伟、戴科）…… 1912
　　第一节　概　述 …… 1912
　　第二节　缆机的类型 …… 1912
　　第三节　缆机的主要部件 …… 1915
　　第四节　重型缆机的工作参数 …… 1923
　　第五节　承载索的设计计算 …… 1927

## 附录　国内部分起重机企业产品概览

附录一　大连重工·起重集团有限公司 …… 1936

附录二　徐州工程机械集团有限公司 …… 1938

附录三　中联重科股份有限公司 …… 1940

附录四　武桥重工集团股份有限公司 …… 1942

| 附录五 | 抚顺永茂建筑机械有限公司 | 1944 |
|---|---|---|
| 附录六 | 卫华集团有限公司 | 1946 |
| 附录七 | 上海起重运输机械厂有限公司 | 1947 |
| 附录八 | 广西建工集团建筑机械制造有限责任公司 | 1948 |
| 附录九 | 河南起重机器有限公司 | 1949 |
| 附录十 | 郑州新大方重工科技有限公司 | 1950 |
| 附录十一 | 江苏正兴建设机械有限公司 | 1951 |
| 附录十二 | 上海电力环保设备总厂有限公司 | 1952 |
| 附录十三 | 马鞍山统力回转支承有限公司 | 1953 |
| 附录十四 | 深圳市蓝海华腾技术股份有限公司 | 1954 |
| 附录十五 | 深圳市英威腾电气股份有限公司 | 1955 |
| 参考文献 | | 1956 |
| 后　记 | | 1960 |

# 第一篇 起重机设计总论

# 第一章 起重机分类及主要性能参数

## 第一节 起重机分类

起重机是一种能在一定范围内垂直起升和水平移动物品的机械,动作间歇性和作业循环性是起重机工作的特点。

起重机可按构造特征、运动形式和主要用途分类(GB/T 6974.1—2008 起重机 术语 第一部分:通用术语)。

按构造特征可分为:桥架型起重机、缆索型起重机和臂架型起重机。按运动形式可分为:旋转式起重机和非旋转式起重机;固定式起重机和运行式起重机。运行式起重机又分为轨行式(在固定的钢轨上运行)和无轨式(无固定轨道,由轮胎或履带支承运行)。

按主要用途可分为:通用起重机、建筑起重机、冶金起重机、铁路起重机、港口起重机、造船起重机、甲板起重机等。

图 1-1-1 是起重机按构造特征、运动特征和用途分类情况。

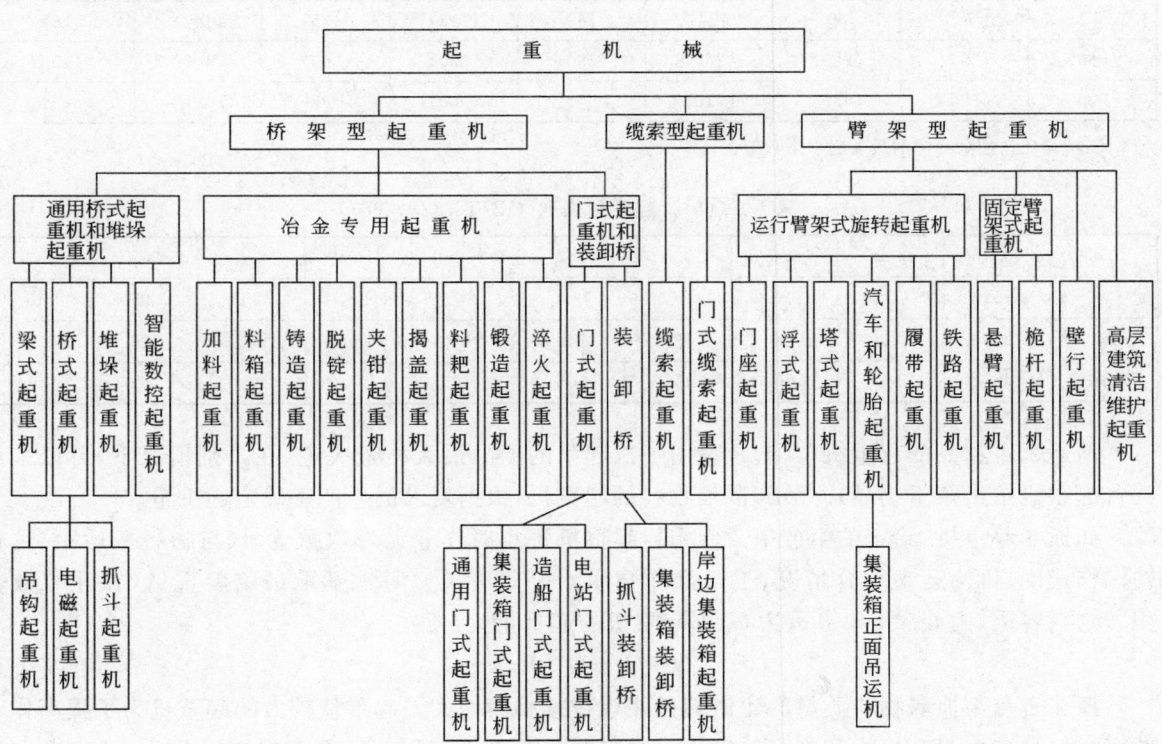

图 1-1-1 起重机械分类

## 第二节 起重机主要技术参数及其选择

起重机的技术参数表征起重机的作业能力,是设计起重机的基本依据。起重机的主要技术参数有:起重量、起升高度、跨度(桥式类型起重机)、幅度(臂架类型起重机)、机构工作速度和生产率。臂架型起重机的主要技术参数中还包括起重力矩。对于轮胎、汽车、履带、铁路起重机等,爬坡度和最小转弯(曲率)半径也是主要技术参数。

### 一、起 重 量

起重机正常工作时允许一次起升的最大质量称为额定起重量,单位为吨(t)或千克(kg)。吊钩起重机的额定起重量不包括吊钩和动滑轮组的自重。抓斗和电磁吸盘等可从起重机上取下的取物装置的质量计入额定起重量内。桥式类型起重机的额定起重量是定值。臂架类型起重机中,有的起重机的额定起重量是定值,与幅度无关(如门座起重机、某些塔式起重机)。有的起重机则对应不同的臂架长度和幅度有不同的额定起重量(如轮胎和汽车起重机、履带起重机、铁路起重机)。额定起重量不止一个时,通常将最大的额定起重量称为额定起重量,或简称起重量。

最大起重量系列的国际标准见表 1-1-1(a)。该标准适用于所有类型的起重机。起重量系列的国家标准见表 1-1-1(b)。

**表 1-1-1(a)　最大起重量系列**(ISO 2374—1983)　　　　　　　　　　　　t

| 0.1 | 0.125 | 0.16 | 0.2 | 0.25 | 0.32 | 0.4 | 0.5 | 0.63 |
|---|---|---|---|---|---|---|---|---|
| 0.8 | 1 | 1.25 | 1.6 | 2 | 2.5 | 3.2 | 4 | 5 |
| 6.3 | 8 | 10 | (11.2) | 12.5 | (14) | 16 | (18) | 20 |
| (22.5) | 25 | (28) | 32 | (36) | (40) | (45) | 50 | (56) |
| 63 | (71) | 80 | (90) | 100 | (112) | 125 | (140) | 160 |
| (180) | 200 | (225) | 250 | (280) | 320 | (360) | 400 | (450) |
| 500 | (560) | 630 | (710) | 800 | (900) | 1000 | | |

注:应避免选用括号中的最大起重量数值。

**表 1-1-1(b)　起重量系列**(GB/T 783—1987)　　　　　　　　　　　　t

| 0.05 | 0.1 | 0.25 | 0.5 | 0.8 | 1.0 | 1.25 | 1.5 | 2.0 | 2.5 | 3.0 |
|---|---|---|---|---|---|---|---|---|---|---|
| 4 | 5 | 6 | 8 | 10 | 12.5 | 16 | 20 | 25 | 32 | 40 |
| 50 | 63 | 80 | 100 | 125 | 140 | 160 | 180 | 200 | 225 | 250 |
| 280 | 320 | 360 | 400 | 450 | 500 | | | | | |

吊运笨重物品的起重机,其起重量由一次起吊的物品最大质量决定(在个别情况下,可以采用两台起重机抬吊笨重物品)。装卸散堆物料的起重机,根据要求的生产率确定起重量。

如抓斗起重机,给定的生产率 $P(t/h)$,起重机每小时作业循环次数为 $n$(与物料搬运距离、机构工作速度、机构运动重合情况、工人操作技术水平等有关),每次抓取的物料重量(抓斗有效容积×物料容重)为 $Q_e$,抓斗自重为 $G$,则起重机的起重量为:

$$Q = Q_e + G = P/n + G \tag{1-1-1}$$

抓斗自重与抓取物料质量的比值随抓斗容积减小而增大。起重量较大的起重机为了提高作业效率一般设有主起升机构和副起升机构。主起升起重量大、速度低;副起升起重量小、速度高。副起升起重量由作业要求确定,桥式类型起重机副起升起重量一般为主起升起重量的 20%～33%。

汽车起重机和铁路起重机的额定起重量随吊臂的方位(侧方、后方、前方三个基本作业方位;铁路起重机还有与线路方向成一定夹角的特定方位)不同而异。轮胎起重机和铁路起重机的额定起重量还分支腿全伸、不使用支腿和吊重行驶三种情况。起重机吊重行驶时,吊臂必须前置。起重机不使用支腿作业和吊重行驶时的额定起重量决定于轮胎、车轮、车桥(或轮对转向架)的承载能力。

起重机的起重量常用符号 $Q$ 或 $P$、$C_p$ 表示。起重量是质量单位(kg),但习惯用的起重量单位为吨(t),这可视为非国标单位制的质量单位(1 t=1 000 kg)。当起重量视为载荷时,起升载荷的单位为牛(N)或千牛(kN),常以 $P_Q$ 表示,$P_Q = Q \cdot g \approx 10Q$。

### 二、起升高度

起升高度是指从地面或轨道顶面至取物装置最高起升位置的铅垂距离(吊钩取钩环中心,抓斗、其他容器和电磁吸盘取其最低点),单位为米(m)。如果取物装置能下落到地面或轨面以下,从地面或轨面至取物装置最低下放位置间的铅垂距离称为下放深度。此时总起升高度 $H$ 为轨面以上的起升高度 $h_1$ 和轨面以下的下放深度 $h_2$ 之和,$H = h_1 + h_2$。

臂架长度可变的轮胎、汽车、铁路、履带起重机的起升高度随臂架仰角和臂长而变,在各种臂长和不同臂架仰角时可得相应的起升高度曲线。浮式起重机的起升高度是指考虑船倾影响后的实际起升高度。

起升高度的选择按作业要求而定。在确定起升高度时,应考虑配属的吊具、路基和车辆高度,保证起重机能将最大高度的物品装入车内。用于船舶装卸的起重机应考虑潮水涨落的影响。

桥式和臂架类型起重机的起升高度无特殊要求时,可参考表 1-1-2 至表 1-1-5。

表 1-1-2 电动桥式起重机起升高度系列(GB/T 790—1995) m

| 额定起重量 $Q$/t | 吊钩 | | | | 抓斗 | | 电动吸盘 |
|---|---|---|---|---|---|---|---|
| | 一般起升高度 | | 加大起升高度 | | 起升高度 | | 一般起升高度 |
| | 主钩 | 副钩 | 主钩 | 副钩 | 一般 | 加大 | |
| ≤50 | 16 | 18 | 24 | 26 | 18~26 | 30 | 16 |
| 63~125 | 20 | 22 | 30 | 32 | — | — | — |
| 160~250 | 22 | 24 | 30 | 32 | — | — | — |

表 1-1-3 港口门座起重机的工作幅度、起升高度和轨距(参考 JB/T 81—1994)

| 参数名称 | | 参 数 系 列 |
|---|---|---|
| 起重量 $Q$/t | | 3,5,8,10,16,20,25,32,40,63,80,100,125,160 |
| 工作幅度 /m | 最大 | 16,25,30,35,45,50,60, |
| | 最小 | 6,7,8,9,11,16 |
| 起升高度/m | | 12,13,15,16,18,19,20,22,25,28,30,40,60 |
| 下降深度/m | | 8,10,12,15,18,20 |
| 轨距/m | | 3.36,4.50,6.00,9.00,10.00,10.50,12.00,14.00,16.00,22.00 |

表 1-1-4 汽车起重机起升高度(参考 JB/T 1375—1992)

| 额定起重量系列/t | | 2 | 3 | 5 | 8 | 10 | 12 | 16 | 20 | 25 | (30) | 32 | (35) | 40 | 50 | 65 | 80 | 100 | 125 | 160 | 200 |
|---|---|---|---|---|---|---|---|---|---|---|---|---|---|---|---|---|---|---|---|---|---|
| 起升高度/m ≥ | 基本臂 | | 5.5 | 6.7 | 7.5 | 8 | 8.5 | 9 | 9.5 | 9.5 | 10 | 10 | 10 | 11 | 11 | 11.5 | 12 | 12.5 | 13 | 13 | 14 |
| | 最长主臂 | | 10 | 11 | 12.5 | 13 | 16 | 23 | 24 | 25 | 26 | 26 | 28 | 30 | 32 | 35 | 38 | 40 | 42 | 44 | 46 |
| 最小额定幅度/m | | 2.8 | 3 | 3 | 3 | 3 | 3 | 3 | 3 | 3 | 3 | 3 | 3 | 3 | 3 | 3 | 3 | 3 | 3 | 3 | 3 |

表 1-1-5　港口浮式起重机的起重量、起升高度和最大工作幅度(JT/T 563—2004)

| 额定起重量/t | 主钩 | 3,5,10,16,25,32,40,63,80,100,160,200,320,400,500,630,800,1000 |
|---|---|---|
| | 副钩 | 3,5,10,16,25,32,50,80,100,160,200,320 |
| 主钩起升范围/m | 起升高度 | 10,15,20,28,32,40,50,60,70 |
| | 下降深度 | 5,7,10,16 |
| 最大工作幅度/m | 主钩 | 16,18,20,25,30,40,50 |
| | 副钩 | 20,30,40,50,60,70 |

### 三、跨度、轨距和轮距

桥式类型起重机大车运行轨道中心线之间的水平距离称为跨度($L$),小车运行轨道和轨行式臂架起重机运行轨道中心线之间的水平距离称为轨距($l$),轮胎和汽车起重机同一轴(桥)上左右车轮(或轮组)中心滚动面之间的距离称为轮距。

桥式起重机的跨度小于厂房跨度,表 1-1-6 为桥式起重机跨度系列。表中起重量 50 t 以下的起重机对应每种厂房跨度有两种起重机跨度值,在厂房上方的吊车梁上留有安全通道的情况下用小值。门式起重机的跨度根据所跨的线路股数、汽车通道及货位要求而定。门式起重机目前采用两种跨度系列,详见表 1-1-7。

门式起重机为了便于装卸火车和汽车通常具有双悬臂,悬臂长度由作业要求和现场条件确定。无特殊要求时,按主梁自重最轻的原则,每边悬臂长度约为跨度的 1/4。悬臂最大长度受起重机轮压和抗倾覆稳定性的限制。

门座起重机的轨距根据门座跨越的轨道数目而定。塔式起重机的轨距由抗倾覆稳定性条件确定。

轮胎起重机的轮距决定于起重机的抗倾覆稳定性,并考虑最小转弯半径和铁路运输限界。

表 1-1-6　桥式起重机跨度系列(GB/T 790—1995)　　　　　　　　　　　　m

| 额定起重量/t | | 厂房跨度 | | | | | | | | |
|---|---|---|---|---|---|---|---|---|---|---|
| | | 9 | 12 | 15 | 18 | 21 | 24 | 27 | 30 | 33 | 36 |
| | | 起重机跨度 | | | | | | | | |
| ≤50 | 无通道 | 7.5 | 10.5 | 13.5 | 16.5 | 19.5 | 22.5 | 25.5 | 28.5 | 31.5 | 34.5 |
| | 有通道 | 7 | 10 | 13 | 16 | 19 | 22 | 25 | 28 | 31 | 34 |
| 63~125 | | — | — | — | 16 | 19 | 22 | 25 | 28 | 31 | 34 |
| 160~250 | | — | — | — | 15.5 | 18.5 | 21.5 | 24.5 | 27.5 | 30.5 | 33.5 |

表 1-1-7　通用门式起重机现行跨度系列(GB/T 14406—2011)　　　　　　　　　　m

| 起重量/t | 跨　度 | | | | | | | | |
|---|---|---|---|---|---|---|---|---|---|
| ≤50 | 10 | 14 | 18 | 22 | 26 | 30 | 35 | 40 | 50 | 60 |
| >50~125 | — | — | 18 | 22 | 26 | 30 | 35 | 40 | 50 | 60 |
| >125~320 | — | — | 18 | 22 | 26 | 30 | 35 | 40 | 50 | 60 |

### 四、幅　度

旋转臂架式起重机处于水平位置时,回转中心线与取物装置中心铅垂线之间的水平距离称为幅度($R$)。幅度的最小值 $R_{min}$ 和最大值 $R_{max}$ 根据作业要求而定。在臂架变幅平面内起重机机体的最外边至取物装置中心铅垂线之间的距离称为有效幅度。对于轮胎和汽车起重机,有效幅度通常是指使用支腿工作、臂架位于侧向最小幅度时，取物装置中线铅垂线至该侧两支腿中心连线的水平距离，它表示起重机在最小幅度时工作的可能性。有效幅度可以为正值或负值，如取物装置中心铅垂线落在支腿中心连线以内，有效幅度为负，反之为正。

### 五、机构工作速度

起重机机构工作速度根据作业要求而定。额定起升速度是指起升机构电动机在额定转速或油泵输出额定流量时，取物装置满载起升的速度。多层卷绕的起升速度按钢丝绳在卷筒上第一层卷绕时计算。伸缩臂架式起重机以不同臂长作业时需改变起升滑轮组倍率，因此，起升速度常以单绳速度表示。

起升速度与起重机的用途、起重量大小和起升高度等有关：装卸用起重机比安装用起重机的起升速度高；散堆物料的作业速度比成件物品高。大起重量起重机要求作业平稳，采用较低的起升速度；安装用起重机须提供安装定位用的低速。为了满足作业要求，保证物品精确置放，起升机构可以采用双速电动机或者通过电气、液压、机械等方式实现无级或有级调速。采用离合器和操纵式制动器可以使取物装置自由下放。

额定运行速度是指运行机构电动机在额定转速时，或油泵输出额定流量时，起重机或小车的运行速度。运行速度与起重机类型和用途有关。桥式类型起重机运行距离较短，运行速度用米/秒（m/s）表示。轮胎和汽车起重机需作长距离转移，常与汽车结队行驶，运行速度用公里/小时（km/h）表示。浮式起重机的运行速度常以"节"表示（1节＝1海里/h＝1.85 km/h）。铁路、轮胎、汽车、履带、浮式起重机的运行速度按空载情况考虑，其他类型起重机按满载确定运行速度。

额定变幅速度是指变幅机构电动机在额定转速时，或油泵输出额定流量时，取物装置从最大幅度到最小幅度的平均线速度（m/s），也可以用从最大幅度到最小幅度所需的变幅时间（s）表示。变幅速度与变幅机构的型式有关。用小车水平移动实现变幅的起重机，小车移动速度即为变幅速度。由臂架在垂直水平面内摆动实现变幅的起重机，可用变幅时间间接表示变幅速度。伸缩臂式起重机以不同臂长工作时，最大最小幅度变化域不同，但臂架角度的变化恒定，因此，臂架与水平面的夹角从最小变至最大所需时间可表示变幅速度。工作性变幅机构的速度较高，变幅速度按取物装置满载考虑。非工作性变幅机构只用于调整取物装置空载时的幅度，不需要过高的速度。

额定回转速度是指回转机构电动机在额定转速下，或油泵输出额定流量时，取物装置满载，并在最小幅度时，起重机安全旋转的速度。回转速度与起重机的用途有关，并受回转起动（制动）时切向惯性力的限制，10 m 左右幅度时的回转速度应不大于 3 r/min。

额定伸缩速度是指伸缩臂式起重机的臂架和支腿在油泵输出额定流量时，臂架伸缩和支腿收放的速度，一般用伸缩时间表示。由于油缸活塞背腹两腔有效面积的差别，额定缩臂（收腿）时间约为伸臂（放腿）时间的 1/2～1/3。

其他条件相同时，提高机构工作速度能缩短作业循环时间，提高起重机生产率，但最高速度不宜超过由下式计算所得的值：

$$v_{\max} \leqslant \sqrt{ax} = x/t_a \tag{1-1-2}$$

式中　$x$——物品起升高度或运行距离（m）；

　　　$a$——平均加速度（m/s²）；

　　　$t_a$——起动或制动时间，初步计算时，起升机构取 0.7 s～2 s，运行机构 2 s～6 s，回转机构 3 s～8 s，变幅机构 1 s～4 s。

当 $v=v_{\max}$，机构运动没有等速过程，起动过程结束后，紧接着制动过程开始，提高工作速度不能获得效益。起重机机构额定工作速度参考值见表 1-1-8。

表 1-1-9 列有起重机机构工作速度的范围供参考。

现代起重机技术的发展有逐步提高机构工作速度的趋势，特别是用于大宗散料装卸的起重机。

货物升降速度已达 1.6 m/s～2.0 m/s,钢轨运行小车的运行速度达 4 m/s～6 m/s,在承载绳上运行小车的运行速度达 6 m/s～10 m/s,起重机的回转速度达 3 r/min。

表 1-1-8　起重机机构的额定工作速度*

| 直线速度/(m/s) | 0.125 | 0.16 | 0.20 | 0.25 | 0.32 | 0.40 | 0.50 | 0.63 | 0.80 | 1.0 | 1.25 | 1.6 | 2.0 | 2.5 | 3.2 | 4.0 | 5.0 |
|---|---|---|---|---|---|---|---|---|---|---|---|---|---|---|---|---|---|
| 回转速度/(r/min) | 0.192 | 0.24 | 0.30 | 0.378 | 0.48 | 0.60 | 0.75 | 0.96 | 1.2 | 1.5 | 1.92 | 2.4 | 3.0 | 3.78 | 4.8 | | |

\* 前苏联国家标准 ГОСТ 1575—81。

表 1-1-9　起重机工作机构速度范围

| 起重机类型 | | 起升速度/(m/s) | | 运行速度/(m/s) | | 变幅速度/(m/s) | 回转速度/(r/min) |
|---|---|---|---|---|---|---|---|
| | | 主起升 | 副起升 | 小车 | 起重机 | | |
| 通用吊钩桥式起重机 | A1、A2 | 0.016～0.05 | 0.133～0.166 | 0.166～0.332 | 0.5～0.667 | | |
| | A3、A4 | 0.033～0.2 | 0.133～0.332 | 0.332～0.667 | 0.667～1.5 | | |
| | A5、A6 | 0.133～0.332 | 0.3～0.332 | 0.667～0.833 | 1.167～2 | | |
| 电磁桥式起重机 | | 0.3～0.332 | 0.332～0.416 | 0.667～0.833 | 1.667～2 | | |
| 抓斗桥式起重机 | | 0.667～0.833 | | 0.677～0.833 | 1.667～2 | | |
| 通用门式起重机 | | 0.133～0.332 | 0.332 | 0.332～0.833 | 0.667～1 | | |
| 电站门式起重机 | | 0.016～0.083 | 0.166～0.332 | 0.033～0.133 | 0.25～0.416* | | |
| 造船门式起重机 | | 0.033～0.25* | | 0.25～0.5* | 0.416～0.75* | | |
| 抓斗装卸桥 | | 1～1.167 | | 1.167～5.83 | 0.25～0.667 | | |
| 岸边集装箱起重机 | | 0.416～0.667* | | 1.333～2 | 0.583～0.833 | | |
| 港口门座起重机 | | 0.667～1.333 | | | 0.332～0.5 | 0.667～1.5 | 1.5～2 |
| 造船门座起重机 | | 0.05～0.332 | 0.332～0.5 | | 0.25～0.5 | 0.133～0.583 | 0.2～0.6 |
| 电站门座起重机 | | 0.25～0.332 | 0.332～0.833 | | 0.332～0.5 | 0.133～0.583 | 0.5～1 |
| 建筑塔式起重机 | | 0.166～0.5 | | | 0.25～0.5 | | 0.2～1 |
| 高层建筑塔式起重机 | | 0.833～1.667 | | | 0.25～0.5 | | 0.4～1.5 |
| 装卸用浮式起重机 | | 0.667～1.167 | | | | 0.667～1 | 1.5～2.5 |
| 安装用浮式起重机 | | 0.05～0.25 | 0.25～0.332 | | | 0.05～0.25 | 0.2～0.5 |
| 汽车、轮胎起重机 | | 0.133～0.5 | | | 12～80(km/h) | 0.033～0.25 | 1.5～1.5 |
| 甲板起重机 | | $\frac{0.5}{1}$～$\frac{1.083}{2.167}$ | | | | 1.66～0.332 | 1～2 |
| 铁路救援起重机 | | 0～0.05 | 0.166～0.332 | | 12～100(km/h) | 60～120(s) | 0.5～1 |

\* 有微动装置时,微动速度一般为 0.001 6 m/s～0.008 3 m/s。

## 六、生 产 率

起重机在一定作业条件下,单位时间内完成的物品作业量叫生产率。生产率可用小时、工班、天、月、年或用起重机整个使用寿命期间累计完成的物品作业量[质量(t)、体积(m³)、件数等]来表示。

生产率分计算生产率(理论生产率)和技术生产率(实际生产率)。按额定起重量、额定工作速度和规一化作业周期算出的生产率为计算生产率[式(1-1-3)]。起重机作业时实际达到的生产率叫技术生产率。影响技术生产率的因素很多,一般只能由统计方法得到。

如果臂架起重机的额定起重量随幅度而变,在计算生产率时,一般取中间幅度对应的额定起重量作为起重量的计算值。也有文献推荐按最小幅度时的最大起重量(自行式臂架起重机)或最大幅度时的最小起重量(塔式起重机)计算生产率。

计算生产率 $P(t/h)$ 按下式计算：

$$P=Q_e \cdot n = \frac{3\,600 Q_e}{T_c} \tag{1-1-3}$$

式中　$Q_e$——起重机每个工作循环吊运的物品质量，即起重量(t)[或体积(m³)或数量(件)]；

$n$——每小时作业循环数：

$$n=\frac{3\,600}{T_c}$$

$T_c$——作业循环周期(s)。

生产率是起重机的综合技术参数，它受起重机的起重量、机构工作速度、起升和运行距离、物品包装和吊具完善情况、司机操作熟练程度等因素的影响。设计起重机时，根据给定的生产率 $P$ 按式(1-1-3)确定起重机的起重量 $Q_e$(装卸笨重物品的起重机还应考虑单件物品的最大质量)和机构工作速度。对于制成或已在使用的起重机，根据起重量、机构工作速度和具体作业条件校核起重机的生产率。

### 七、起重力矩

起重力矩是臂架类型起重机主要技术参数之一，它等于额定起升载荷($Q$)和与其相应的工作幅度($R$)的乘积，即 $M=QR$。起重力矩一般用 kN·m 为单位，有时也可用 t·m 为单位。起重力矩比起重量能更全面说明臂架类型起重机的工作能力。额定起重量随幅度而变的臂架类型起重机，在一般情况下，最大起重力矩由最大起重量和与其对应的工作幅度决定。某些起重机(如铁路救援起重机)基于作业要求，在某一中间幅度和与此幅度对应的额定起重量产生最大起重力矩。额定起重量为定值、与幅度无关的起重机，在最大幅度起吊额定起重量物品时产生最大起重力矩。

### 八、最大爬坡度

最大爬坡度是汽车、轮胎、履带、铁路等起重机在取物装置无载、运行机构电动机或液压马达输出最大扭矩时，在正常路面或线路上能爬越的最大坡度。以‰或度表示。它是表征起重机行驶能力的参数。决定爬坡度的主要因素是黏着重量、黏着系数和轮周牵引力。

### 九、最小转弯(曲率)半径

汽车或轮胎起重机行驶时，方向盘转到头，外轮至转弯中心的水平距离叫最小转弯半径，单位以米表示。最小转弯半径与起重机底盘的轴距、轮距(转向主销中心距)、转向车轮的偏转角、转向桥数目等因素有关。铁路起重机在铁道线路上行驶时，起重机能够顺利通过的线路曲线段最小半径叫做最小曲率半径。最小转弯(曲率)半径是表征起重机机动性能的参数。

起重机主要技术参数选定后，同一类型的起重机可以通过以下指标对主要技术参数进行综合比较：

1. 单位质量指标(比质量)$K_G$

桥式类型起重机：
$$K_G=\frac{QLH}{G} \tag{1-1-4}$$

臂架类型起重机：　$K_G=\frac{QRH}{G}$ 或 $K_G=\frac{QR}{G}$(当 $H$ 变化不大时) (1-1-5)

式中　$G$——起重机质量(t)；

$Q$——额定起重量(t)；

$L$——跨度(m)；

$R$——幅度(m)；

$H$——起升高度(m)。

2. 单位功率指标(比功率)$K_P$

$$K_P = \frac{P}{Q} \tag{1-1-6}$$

式中　$P$——起重机原动机总装机容量(kW);内燃机驱动时为内燃机功率;电力驱动时,为各机构电动机功率总和。

对于同一类型起重机,$K_G$ 大,$K_P$ 小,表明起重机的自重利用好,作业能力强。

表 1-1-10 列有我国汽车最大额定起重量、最小幅度、起重力矩和整机质量(自重)(参考 JB 1375—1992)。

**表 1-1-10　汽车起重机主要技术参数**

| 最大额定起重量 $Q$/t | 最小额定幅度 $R$/m | 起重力矩 $M$(不小于) | | 起升高度 $H$(不低于) | | 作业状态整机质量 $G$/t（不大于） |
|---|---|---|---|---|---|---|
| | | 基本臂 | 最长主臂 | 基本臂 | 最长主臂 | |
| | | $M/(\text{t·m})$ | | $H/\text{m}$ | | |
| 3 | 2.8 | ≥8.4 | ≥6.0 | ≥5.5 | ≥10 | 4.5 |
| 5 | 3.0 | ≥15.0 | ≥10.5 | ≥6.7 | ≥11 | 8.0 |
| 8 | 3.0 | ≥24.0 | ≥16.0 | ≥7.5 | ≥12.5 | 13.5 |
| 10 | 3.0 | ≥30.0 | ≥22.0 | ≥8.0 | ≥13 | 14.5 |
| 12 | 3.0 | ≥36.0 | ≥26.0 | ≥8.5 | ≥16 | 16.0 |
| 16 | 3.0 | ≥48.0 | ≥30.0 | ≥9.0 | ≥23 | 22.0 |
| 20 | 3.0 | ≥66.0 | ≥38.0 | ≥9.5 | ≥24 | 24.0 |
| 25 | 3.0 | ≥75.0 | ≥42.0 | ≥9.5 | ≥25 | 27.0 |
| (30) | 3.0 | ≥90.0 | ≥55.0 | ≥10.0 | ≥26 | 30.0 |
| 32 | 3.0 | ≥96.0 | ≥60.0 | ≥10.0 | ≥26 | 31.0 |
| (35) | 3.0 | ≥105 | ≥65.0 | ≥11.0 | ≥28 | 35.0 |
| 40 | 3.0 | ≥120.0 | ≥75.0 | ≥11.0 | ≥30 | 38.0 |
| 50 | 3.0 | ≥150.0 | ≥85.0 | ≥11.0 | ≥32 | 44.0 |
| 63(15.0) | 3.0 | ≥189.0 | ≥95.0 | ≥11.5 | ≥35 | 52.0 |
| 80(20.0) | 3.0 | ≥240.0 | ≥105.0 | ≥12.0 | ≥38 | 64.0 |
| 100 | 3.0 | ≥300.0 | ≥115.0 | ≥12.5 | ≥40 | 80.0 |
| 125 | 3.0 | ≥375.0 | ≥125.0 | ≥13.0 | ≥42 | 90.0 |
| 160 | 3.0 | ≥480.0 | ≥130.0 | ≥13.0 | ≥44 | 100.0 |
| 200 | 3.0 | ≥600.0 | ≥140.0 | ≥14.0 | ≥46 | 120.0 |

注:本标准不包括特殊用途的汽车起重机。

# 第二章 起重机工作级别

工作级别是表征起重机工作繁重程度的指标,起重机的使用等级和载荷状态是确定起重机工作级别的两个基本参数。对起重机的工作级别进行分级的目的:一是为起重机的设计计算提供科学合理的基础,二是为用户与制造企业协商时提供合理可信的根据。

起重机工作级别分级的对象包括整机、机构、结构及零部件。

## 第一节 起重机整机的工作级别

### 一、起重机使用等级

起重机的工作特点是作业的间歇性和工作的循环性。起重机的一个工作循环是指从起吊一个物品开始,到起吊下一个物品为止,包括起重机工作及正常停歇在内的一个完整过程。起重机的设计预期寿命,是指设计时预设的该起重机从开始使用起到最终报废止能完成的总工作循环数。

起重机使用等级是将起重机可能完成的总工作循环数由低到高划分成 10 个使用等级,用 $U_0$、$U_1$、$U_2$、…、$U_9$ 表示,见表 1-2-1。

表 1-2-1 起重机的使用等级(GB 3811—2008,ISO 4301—1986)

| 使用等级 | 起重机总工作循环数 $C_T$ | 起重机使用频繁程度 |
|---|---|---|
| $U_0$ | $C_T \leqslant 1.60 \times 10^4$ | 很少使用 |
| $U_1$ | $1.60 \times 10^4 < C_T \leqslant 3.20 \times 10^4$ | |
| $U_2$ | $3.20 \times 10^4 < C_T \leqslant 6.30 \times 10^4$ | |
| $U_3$ | $6.30 \times 10^4 < C_T \leqslant 1.25 \times 10^5$ | |
| $U_4$ | $1.25 \times 10^5 < C_T \leqslant 2.50 \times 10^5$ | 不频繁使用 |
| $U_5$ | $2.50 \times 10^5 < C_T \leqslant 5.00 \times 10^5$ | 中等频繁使用 |
| $U_6$ | $5.00 \times 10^5 < C_T \leqslant 1.00 \times 10^6$ | 较频繁使用 |
| $U_7$ | $1.00 \times 10^6 < C_T \leqslant 2.00 \times 10^6$ | 频繁使用 |
| $U_8$ | $2.00 \times 10^6 < C_T \leqslant 4.00 \times 10^6$ | 特别频繁使用 |
| $U_9$ | $4.00 \times 10^6 < C_T$ | |

对于某些作业规范划一的起重机(如抓斗、铸造起重机),总工作循环数可从已知的预期寿命、一年中的工作天数、每天的工作小时数和一个工作循环的时间按式(1-2-1)计算获得。对于要完成多种不同任务的流动式起重机,只能根据经验估算出适当的数值。

$$C_T = \frac{3\,600\,Y \cdot D \cdot H}{T} \tag{1-2-1}$$

式中 $C_T$——起重机总工作循环数;

$Y$——起重机的使用寿命以年计算,与起重机的类型、用途、环境、技术和经济等因素有关;表 1-2-2 为摘自国外标准的几种不同类型起重机的使用寿命,可供参考;

$D$——起重机一年中的工作天数,每周双休日 $D$ 为 250 天;无休息日连续工作为 360 天;

$H$——起重机每天工作小时数;

$T$——起重机一个工作循环的时间(s)。

表 1-2-2　几种不同类型起重机的使用寿命[1]

| 起重机类型 | | | 使用寿命/年 |
|---|---|---|---|
| 汽车起重机（通用汽车底盘） | | | 10 |
| 轮胎起重机 汽车起重机（专用底盘） | 起重量/t | <16 | 11 |
| | | ≥16～40 | 12 |
| | | ≥40～100 | 13 |
| | | ≥100 | 16 |
| 塔式起重机 | | <10 | 10 |
| | | ≥10 | 16 |
| 桥式与门式起重机[2] | 工作级别 | A1、A2 | 30 |
| | | A3、A4、A5 | 25 |
| | | A6、A7 | 20 |
| 履带起重机 | | | 10 |
| 门座和铁路起重机 | | | 25 |

[1] 前苏联国家标准 ГОСТ 22827—85；
[2] 前苏联国家标准 ГОСТ 27584—88。

### 二、起重机载荷状态级别

起重机的任务是吊运物品。起升机构是起重机主要的工作机构，起升机构的载荷状态级别代表了起重机整机的载荷状态。

起重机载荷状态级别与两个因素有关：一个是在预期寿命内实际起升载荷 $P_{Qi}$ 与额定起升载荷 $P_{Qmax}$ 的比值 $P_{Qi}/P_{Qmax}$，另一个是实际起升载荷 $P_{Qi}$ 作用的次数 $C_i$ 与总工作循环数 $C_T$ 的比值。表示 $P_{Qi}/P_{Qmax}$ 和 $C_i/C_T$ 关系的线图称为载荷谱。载荷谱系数 $K_P$ 可由下式计算：

$$K_P = \sum_{i=1}^{n} \left[ \frac{C_i}{C_T} \left( \frac{P_{Qi}}{P_{Qmax}} \right)^m \right] \tag{1-2-2}$$

式中　$K_P$——起重机的载荷谱系数；

　　$C_i$——与起重机各个有代表性的起升载荷相应的工作循环数，$C_i = C_1, C_2, C_3, \cdots, C_n$；

　　$C_T$——起重机总工作循环数，$C_T = \sum C_i = C_1 + C_2 + C_3 + \cdots + C_n$；

　　$P_{Qi}$——能表征起重机在预期寿命期内工作任务的各个有代表性的起升载荷，$P_{Qi} = P_{Q1}, P_{Q2}, P_{Q3}, \cdots, P_{Qn}$；

　　$P_{Qmax}$——起重机的额定起升载荷；

　　$n$——有代表性的起升载荷个数；

　　$m$——幂指数，为便于级别的划分，约定取 $m=3$。

起重机载荷状态分为 4 级：Q1～Q4。在表 1-2-3 中列有起重机载荷谱系数 $K_P$ 的四个范围值，它们分别对应一个不同的起重机载荷状态级别。

表 1-2-3　起重机的载荷状态级别及载荷谱系数

| 载荷状态级别 | 起重机的载荷谱系数 $K_P$ | 说　　明 |
|---|---|---|
| Q1——轻 | $K_P \leq 0.125$ | 很少起吊额定载荷，经常起吊较轻载荷 |
| Q2——中 | $0.125 < K_P \leq 0.250$ | 较少起吊额定载荷，经常起吊中等载荷 |
| Q3——重 | $0.250 < K_P \leq 0.500$ | 有时起吊额定载荷，较多起吊较重载荷 |
| Q4——特重 | $0.500 < K_P \leq 1.000$ | 经常起吊额定载荷 |

若不能获得起重机设计预期寿命期内有代表性的起升载荷值及相应的起吊次数的数据，将无

法通过上述计算得到其载荷谱系数,从而不能确定载荷状态级别,在这种情况下,可通过用户与制造商协商,确定双方均可接受的载荷谱系数。

### 三、起重机整机的工作级别

确定了起重机的使用等级(表 1-2-1)和载荷状态级别(表 1-2-3)后,按表 1-2-4 可确定起重机整机的工作级别。起重机整机的工作级别按"等寿命原则"划分,即载荷谱系数与总工作循环数的乘积接近或相等的划为同一级别。如果起重机的工作级别一定,当载荷状态级别提高时,起重机的使用级别应相应降低,即起重机的使用寿命会减小。

根据起重机的 10 个使用等级和 4 个载荷状态级别,将起重机整机的工作级别由高到低划分为 A1~A8 共 8 个级别,见表 1-2-4。

表 1-2-4 起重机整机的工作级别

| 载荷状态级别 | 起重机的使用等级 | | | | | | | | | |
|---|---|---|---|---|---|---|---|---|---|---|
| | $U_0$ | $U_1$ | $U_2$ | $U_3$ | $U_4$ | $U_5$ | $U_6$ | $U_7$ | $U_8$ | $U_9$ |
| Q1 | A1 | A1 | A1 | A2 | A3 | A4 | A5 | A6 | A7 | A8 |
| Q2 | A1 | A1 | A2 | A3 | A4 | A5 | A6 | A7 | A8 | A8 |
| Q3 | A1 | A2 | A3 | A4 | A5 | A6 | A7 | A8 | A8 | A8 |
| Q4 | A2 | A3 | A4 | A5 | A6 | A7 | A8 | A8 | A8 | A8 |

## 第二节 起重机机构的工作级别

### 一、机构的使用等级

机构的设计预期寿命,是指设计预设的该机构从开始使用起到预期更换或最终报废为止的总运转时间,它是该机构实际运转小时数累计之和,而不包括工作中该机构的停歇时间。机构的使用等级是将该机构的总运转时间分成 10 个等级,以 $T_0$、$T_1$、$T_2$、…、$T_9$ 表示,见表 1-2-5。

表 1-2-5 机构的使用等级

| 使用等级 | 总使用时间 $t_T$ /h | 机构运转频繁情况 | 使用等级 | 总使用时间 $t_T$ /h | 机构运转频繁情况 |
|---|---|---|---|---|---|
| $T_0$ | $t_T \leqslant 200$ | 很少使用 | $T_5$ | $3\,200 < t_T \leqslant 6\,300$ | 中等频繁使用 |
| $T_1$ | $200 < t_T \leqslant 400$ | | $T_6$ | $6\,300 < t_T \leqslant 12\,500$ | 较频繁使用 |
| $T_2$ | $400 < t_T \leqslant 800$ | | $T_7$ | $12\,500 < t_T \leqslant 25\,000$ | 频繁使用 |
| $T_3$ | $800 < t_T \leqslant 1\,600$ | | $T_8$ | $25\,000 < t_T \leqslant 50\,000$ | |
| $T_4$ | $1\,600 < t_T \leqslant 3\,200$ | 不频繁使用 | $T_9$ | $50000 < t_T$ | |

### 二、机构的载荷状态级别

机机构的载荷状态级别表征机构所受载荷的轻重情况。表 1-2-6 中,列出了机构载荷谱系数 $K_m$ 的四个范围值,它们各代表了机构一个相对应的载荷状态级别。

表 1-2-6 机构的载荷状态级别及载荷谱系数

| 载荷状态级别 | 载荷谱系数 $K_m$ | 说 明 |
|---|---|---|
| L1 | $K_m \leqslant 0.125$ | 机构很少承受最大载荷,一般承受轻小载荷 |
| L2 | $0.125 < K_m \leqslant 0.250$ | 机构较少承受最大载荷,一般承受中等载荷 |
| L3 | $0.250 < K_m \leqslant 0.500$ | 机构有时承受最大载荷,一般承受较大载荷 |
| L4 | $0.500 < K_m \leqslant 1.000$ | 机构经常承受最大载荷 |

当机构的实际载荷图已知时,机构的载荷谱系数 $K_m$ 可按下式计算得到:

$$K_m = \sum_{i=1}^{n} \left[ \frac{t_i}{t_T} \left( \frac{P_i}{P_{max}} \right)^m \right] \qquad (1\text{-}2\text{-}3)$$

式中 $K_m$——机构载荷谱系数;

$t_i$——与机构承受各个大小不同等级载荷的相应持续时间,$t_i = t_1, t_2, \cdots, t_n$(h);

$t_T$——机构承受所有大小不同等级载荷的时间总和,$t_T = \sum_{i=1}^{n} t_i = t_1 + t_2 + t_3 + \cdots + t_n$(h);

$P_i$——能表征机构在服务期内工作特征的各个大小不同等级的载荷,$P_i = P_1, P_2, \cdots, P_n$(N);

$P_{max}$——$P_i$ 中的最大值,即机构承受的最大载荷(N);

$m$——幂指数,为了便于级别的划分,约定取 $m=3$;

$n$——表征不同等级载荷的个数。

对于一种载荷谱系数 $K_m$ 可以有多种不同的载荷图。图 1-2-1 中示出四种典型载荷图,当 $m=3$ 时,将这四种典型载荷图的数据代入式(1-2-3),所得到的 4 种载荷谱系数,与表 1-2-6 中的 4 个载荷谱系数对应一致。

### 三、机构的工作级别

机构工作级别的划分,是将各单个机构分别作为一个整体进行的关于其载荷大小程度及运转频繁情况总的评价,它并不表示该机构中所有的零部件都有与此相同的受载及运转情况。

机构工作级别按"等寿命原则"划分,将机构在不同载荷状态级别与不同使用等级下具有相同的寿命(即载荷谱系数与总工作循环数的乘积接近或相等——等寿命概念)划归为一组($Mi, i=1\sim8$)。

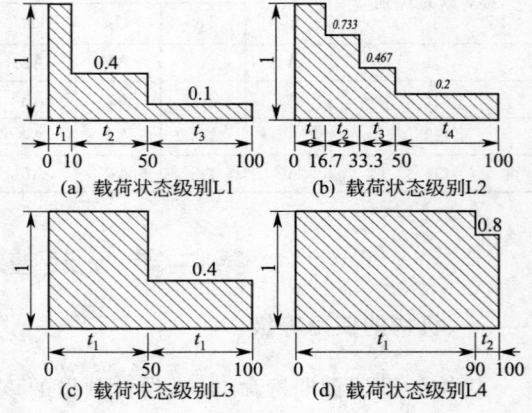

图 1-2-1 典型载荷图

根据机构的 10 个使用等级和 4 个载荷状态级别,机构单独作为一个整体进行分级的工作级别划分为 M1~M8 共 8 级,见表 1-2-7。

**表 1-2-7 机构的工作级别**

| 载荷状态级别 | 机构载荷谱系数 $K_m$ | 机构的使用等级 | | | | | | | | | |
|---|---|---|---|---|---|---|---|---|---|---|---|
| | | $T_0$ | $T_1$ | $T_2$ | $T_3$ | $T_4$ | $T_5$ | $T_6$ | $T_7$ | $T_8$ | $T_9$ |
| L1 | $K_m \leqslant 0.125$ | M1 | M1 | M1 | M2 | M3 | M4 | M5 | M6 | M7 | M8 |
| L2 | $0.125 < K_m \leqslant 0.250$ | M1 | M1 | M2 | M3 | M4 | M5 | M6 | M7 | M8 | M8 |
| L3 | $0.250 < K_m \leqslant 0.500$ | M1 | M2 | M3 | M4 | M5 | M6 | M7 | M8 | M8 | M8 |
| L4 | $0.500 < K_m \leqslant 1.000$ | M2 | M3 | M4 | M5 | M6 | M7 | M8 | M8 | M8 | M8 |

## 第三节 起重机结构件或机械零件的工作级别

### 一、结构件或机械零件的使用等级

结构件或机械零件的一个应力循环是指应力从通过 $\sigma_m$ 时起至该应力同方向再次通过 $\sigma_m$ 时为止的一个连续过程。图 1-2-2 所示包含了 5 个应力循环的时间应力变化历程。

结构件或机械零件的总使用时间,是指设计预设的从使用起到该结构件报废或该机械零件被更换为止的期间内发生的总应力循环次数。

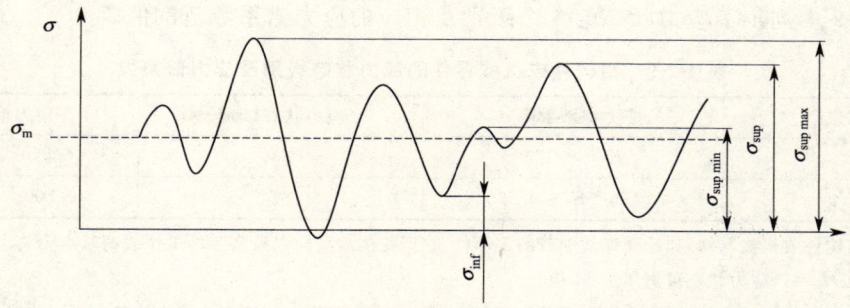

图 1-2-2 随时间变化的 5 个应力循环举例

$\sigma_{sup}$—峰值应力；$\sigma_{sup\,max}$—最大峰值应力；$\sigma_{sup\,min}$—最小峰值应力；
$\sigma_{inf}$—谷值应力；$\sigma_m$—总使用时间内所有峰值应力和谷值应力的算术平均值

结构件的总应力循环数同起重机的总工作循环数之间存在着一定的比例关系，某些结构件在一个起重循环内可能经受几个应力循环，这取决于起重机的类别和该结构件在该起重机结构中的具体位置。对各不同的结构件这一比值可能互不相同，但当这一比值已知时，该结构件的总使用时间，即它的总应力循环数便可以从起重机使用等级的总工作循环数中导出。

机械零件的总应力循环数，则应从该零件所归属机构的或该零件的设计预定的总使用时间中导出，推导时要考虑到影响其应力循环的该零件的转速和其他相关的情况。

结构件或机械零件的使用等级，都是将其总应力循环次数分成 11 个等级，分别以代号 $B_0$、$B_1$、$\cdots$、$B_{10}$ 表示，见表 1-2-8。

表 1-2-8 结构件或机械零件的使用等级

| 使用等级 | 结构件的总应力循环数 $n_T$ | 使用等级 | 结构件的总应力循环数 $n_T$ |
| --- | --- | --- | --- |
| $B_0$ | $n_T \leqslant 1.6 \times 10^4$ | $B_6$ | $5.0 \times 10^5 < n_T \leqslant 1.0 \times 10^6$ |
| $B_1$ | $1.6 \times 10^4 < n_T \leqslant 3.2 \times 10^4$ | $B_7$ | $1.0 \times 10^6 < n_T \leqslant 2.0 \times 10^6$ |
| $B_2$ | $3.2 \times 10^4 < n_T \leqslant 6.3 \times 10^4$ | $B_8$ | $2.0 \times 10^6 < n_T \leqslant 4.0 \times 10^6$ |
| $B_3$ | $6.3 \times 10^4 < n_T \leqslant 1.25 \times 10^5$ | $B_9$ | $4.0 \times 10^6 < n_T \leqslant 8.0 \times 10^6$ |
| $B_4$ | $1.25 \times 10^5 < n_T \leqslant 2.5 \times 10^5$ | $B_{10}$ | $8.0 \times 10^6 < n_T$ |
| $B_5$ | $2.5 \times 10^5 < n_T \leqslant 5.0 \times 10^5$ | | |

## 二、结构件或机械零件的应力状态级别

结构件或机械零件的应力状态级别，表明了该结构件或机械零件在总使用期内发生应力的大小及相应的应力循环情况，每一个结构件或机械零件的应力谱系数 $K_S$ 可以通过式(1-2-4)计算得到：

$$K_S = \sum \left[ \frac{n_i}{n_T} \left( \frac{\sigma_i}{\sigma_{max}} \right)^c \right] \quad (1\text{-}2\text{-}4)$$

式中 $K_S$——结构件或机械零件的应力谱系数；

$n_i$——与结构件或机械零件发生的不同应力相应的应力循环数，$n_i = n_1, n_2, \cdots, n_k$；

$n_T$——结构件或机械零件总的应力循环数：

$$n_T = \sum_{i=1}^{n} n_i = n_1 + n_2 + \cdots + n_k$$

$\sigma_i$——该结构件或机械零件在工作时间内发生的不同应力，$\sigma_i = \sigma_1, \sigma_2, \cdots, \sigma_k$；

$\sigma_{max}$——应力 $\sigma_1, \sigma_2, \cdots, \sigma_k$ 中的最大应力；

$k$——划分的不同应力等级个数；

$c$——幂指数，与有关材料的性能、结构件的种类、形状和尺寸以及腐蚀程度等有关，由实验得出(威勒疲劳寿命曲线的斜率)。

在表 1-2-9 中列出了应力状态的 4 个级别及相应的应力谱系数范围值。

表 1-2-9　结构件或机械零件的应力状态级别及应力谱系数

| 应力状态级别 | 应力谱系数 $K_S$ | 应力状态级别 | 应力谱系数 $K_S$ |
| --- | --- | --- | --- |
| S1 | $K_S \leq 0.125$ | S3 | $0.250 < K_S \leq 0.500$ |
| S2 | $0.125 < K_S \leq 0.250$ | S4 | $0.500 < K_S \leq 1.000$ |

注：1. 某些结构件或机械零件，如已受弹簧加载的零部件，它所受的载荷同以后实际的工作载荷基本无关。在大多数情况下，它们的 $K_S = 1$，应力状态级别属于 S4 级。
　　2. 对于结构件或机械零件，确定应力谱系数所用的应力是该结构件在工作期间内发生的各个不同的峰值应力，即图 1-2-2 中的 $\sigma_{\text{sup min}}, \cdots, \sigma_{\text{sup}}, \cdots, \sigma_{\text{sup max}}$ 等。

### 三、结构件或机械零件的工作级别

结构件或机械零件的工作级别也按"等寿命原则"划分，将结构件或机械零件在不同的作用载荷（应力）与不同的作用（循环）次数下具有相同的寿命（即应力谱系数与总的应力循环次数的乘积接近相等的等寿命概念）划归为一组（E$i, i = 1 \sim 8$）。根据结构件或机械零件的使用等级和应力状态级别，将结构件或机械零件工作级别划分为 E1～E8 共 8 个级别，见表 1-2-10。

表 1-2-10　结构件或机械零件的工作级别

| 应力状态级别 | 使　用　等　级 | | | | | | | | | | |
| --- | --- | --- | --- | --- | --- | --- | --- | --- | --- | --- | --- |
| | $B_0$ | $B_1$ | $B_2$ | $B_3$ | $B_4$ | $B_5$ | $B_6$ | $B_7$ | $B_8$ | $B_9$ | $B_{10}$ |
| S1 | E1 | E1 | E1 | E1 | E2 | E3 | E4 | E5 | E6 | E7 | E8 |
| S2 | E1 | E1 | E1 | E2 | E3 | E4 | E5 | E6 | E7 | E8 | E8 |
| S3 | E1 | E1 | E2 | E3 | E4 | E5 | E6 | E7 | E8 | E8 | E8 |
| S4 | E1 | E2 | E3 | E4 | E5 | E6 | E7 | E8 | E8 | E8 | E8 |

## 第四节　起重机分级举例

### 一、流动式起重机整机工作级别举例

流动式起重机包括汽车起重机、轮胎起重机（含集装箱正面吊运起重机）、履带起重机。流动式起重机工作级别见表 1-2-11。

表 1-2-11　流动式起重机整机工作级别

| 序号 | 起重机的使用情况 | 使用等级 | 载荷状态 | 整机工作级别 |
| --- | --- | --- | --- | --- |
| 1 | 一般吊钩作业，非连续使用的起重机 | $U_2$ | Q1 | A1 |
| 2 | 带有抓斗、电磁盘或吊桶的起重机 | $U_3$ | Q2 | A3 |
| 3 | 集装箱吊运或港口装卸用的较繁重作业的起重机 | $U_3$ | Q3 | A4 |

### 二、塔式起重机工作级别举例

塔式起重机工作级别见表 1-2-12。

### 三、臂架式起重机工作级别举例

臂架式起重机包括人力驱动的臂架起重机、车间电动悬臂起重机、造船用臂架起重机、吊钩式臂架起重机、货场及港口装卸用的吊钩、抓斗、电磁盘或集装箱用臂架起重机及铁路起重机。臂架式起重机工作级别见表 1-2-13。

表 1-2-12　塔式起重机整机工作级别

| 序号 | 起重机的类别和使用情况 | 使用等级 | 载荷状态 | 整机工作级别 |
|---|---|---|---|---|
| 1(a) | 很少使用的起重机 | $U_1$ | $Q_2$ | A1 |
| 1(b) | 货场用起重机 | $U_3$ | $Q_1$ | A2 |
| 1(c) | 钻井平台上维修用起重机,不频繁较轻载使用 | $U_3$ | $Q_2$ | A3 |
| 1(d) | 造船厂起重机,不频繁较轻载使用 | $U_4$ | $Q_2$ | A4 |
| 2(a) | 建筑用快装式塔式起重机,不频繁较轻载使用 | $U_3$ | $Q_2$ | A3 |
| 2(b) | 建筑用非快装式塔式起重机,不频繁较轻载使用 | $U_4$ | $Q_2$ | A4 |
| 2(c) | 电站安装设备用塔式起重机,不频繁较轻载使用 | $U_4$ | $Q_2$ | A4 |
| 3(a) | 船舶修理厂用起重机,不频繁较轻载使用 | $U_4$ | $Q_2$ | A4 |
| 3(b) | 造船用起重机,较频繁中等载荷使用 | $U_4$ | $Q_3$ | A5 |
| 3(c) | 抓斗起重机,较频繁中等载荷使用 | $U_5$ | $Q_3$ | A6 |

表 1-2-13　臂架式起重机整机工作级别

| 序号 | 起重机的类别和使用情况 | 使用等级 | 载荷状态 | 整机工作级别 |
|---|---|---|---|---|
| 1 | 人力驱动起重机,很少使用 | $U_2$ | $Q_1$ | A1 |
| 2 | 车间电动悬臂起重机,很少使用 | $U_2$ | $Q_2$ | A2 |
| 3 | 造船用臂架起重机,不频繁较轻载使用 | $U_4$ | $Q_2$ | A4 |
| 4(a) | 货场用吊钩起重机,不频繁较轻载使用 | $U_4$ | $Q_2$ | A4 |
| 4(b) | 货场用抓斗或电磁盘起重机,较频繁中等载荷使用 | $U_5$ | $Q_3$ | A6 |
| 4(c) | 货场用抓斗、电磁盘或集装箱起重机,频繁重载使用 | $U_7$ | $Q_3$ | A8 |
| 5(a) | 港口装卸用吊钩起重机,较频繁中等载荷使用 | $U_5$ | $Q_3$ | A6 |
| 5(b) | 港口装船用吊钩起重机,较频繁重载使用 | $U_6$ | $Q_3$ | A7 |
| 5(c) | 港口装卸抓斗、电磁盘或集装箱用起重机,较频繁重载使用 | $U_6$ | $Q_3$ | A7 |
| 5(d) | 港口装船用抓斗、电磁盘或集装箱起重机,频繁重载使用 | $U_6$ | $Q_4$ | A8 |
| 6 | 铁路起重机,较少使用 | $U_2$ | $Q_3$ | A3 |

## 四、桥式和门式起重机工作级别举例

桥式和门式起重机包括电站用起重机,车间用起重机,货场用吊钩、抓斗或电磁盘起重机,桥式抓斗卸船机,集装箱搬运起重机,岸边集装箱起重机,冶金用起重机,装卸桥等。桥式和门式起重机工作级别见表 1-2-14。

表 1-2-14　桥式和门式起重机整机工作级别

| 序号 | 起重机的类别和使用情况 | 使用等级 | 载荷状态 | 整机工作级别 |
|---|---|---|---|---|
| 1 | 人力驱动起重机(含手动葫芦起重机),很少使用 | $U_2$ | $Q_1$ | A1 |
| 2 | 车间装配用起重机,较少使用 | $U_3$ | $Q_2$ | A3 |
| 3(a) | 电站用起重机,很少使用 | $U_2$ | $Q_2$ | A2 |
| 3(b) | 维修用起重机,较少使用 | $U_2$ | $Q_3$ | A3 |
| 4(a) | 车间用起重机(含电动葫芦起重机),较少使用 | $U_3$ | $Q_2$ | A3 |
| 4(b) | 车间用起重机(含电动葫芦起重机),不频繁较轻载使用 | $U_4$ | $Q_2$ | A4 |
| 4(c) | 较繁忙车间用起重机(含电动葫芦起重机),不频繁中等载荷使用 | $U_5$ | $Q_2$ | A5 |
| 5(a) | 货场用吊钩起重机(含货场电动葫芦起重机),较少使用 | $U_4$ | $Q_1$ | A3 |
| 5(b) | 货场用抓斗或电磁盘起重机,较频繁中等载荷使用 | $U_5$ | $Q_3$ | A6 |

续上表

| 序号 | 起重机的类别和使用情况 | 使用等级 | 载荷状态 | 整机工作级别 |
|---|---|---|---|---|
| 6(a) | 废料场吊钩起重机,较少使用 | $U_4$ | $Q_1$ | A3 |
| 6(b) | 废料场抓斗或电磁盘起重机,较频繁中等载荷使用 | $U_5$ | $Q_3$ | A6 |
| 7 | 桥式抓斗卸船机,频繁重载使用 | $U_7$ | $Q_3$ | A8 |
| 8(a) | 集装箱搬运起重机,较频繁中等载荷使用 | $U_5$ | $Q_3$ | A6 |
| 8(b) | 岸边集装箱起重机,较频繁重载使用 | $U_6$ | $Q_3$ | A7 |
| 9 | 冶金用起重机 | | | |
| 9(a) | 换轧辊起重机,很少使用 | $U_3$ | $Q_1$ | A2 |
| 9(b) | 料箱起重机,频繁重载使用 | $U_7$ | $Q_3$ | A8 |
| 9(c) | 加热炉起重机,频繁重载使用 | $U_7$ | $Q_3$ | A8 |
| 9(d) | 炉前兑铁水铸造起重机,较频繁重载使用 | $U_6 \sim U_7$ | $Q_3 \sim Q_4$ | A7~A8 |
| 9(e) | 炉后出钢水铸造起重机,较频繁重载使用 | $U_4 \sim U_5$ | $Q_4$ | A6~A7 |
| 9(f) | 板坯搬运起重机,较频繁重载使用 | $U_6$ | $Q_3$ | A7 |
| 9(g) | 冶金流程线上的专用起重机,频繁重载使用 | $U_7$ | $Q_3$ | A8 |
| 9(h) | 冶金流程线外用的起重机,较频繁中等载荷使用 | $U_6$ | $Q_2$ | A6 |
| 10 | 铸工车间用起重机,不频繁中等载荷使用 | $U_4$ | $Q_3$ | A5 |
| 11 | 锻造起重机,较频繁重载使用 | $U_6$ | $Q_3$ | A7 |
| 12 | 淬火起重机,较频繁中等载荷使用 | $U_5$ | $Q_3$ | A6 |
| 13 | 装卸桥,较频繁重载使用 | $U_5$ | $Q_4$ | A7 |

### 五、典型起重机机构工作级别举例

**1. 流动式起重机机构工作级别**

流动式起重机各机构的工作级别见表1-2-15。

**表1-2-15 流动式起重机各机构单独作为整体的工作级别**

| 序号 | 机构名称 | | 起重机整机工作级别 | 机构使用等级 | 机构载荷状态 | 机构工作级别 |
|---|---|---|---|---|---|---|
| 1 | 起升机构 | | A1 | $T_4$ | L1 | M3 |
| | | | A3 | $T_4$ | L2 | M4 |
| | | | A4 | $T_4$ | L3 | M5 |
| 2 | 回转机构 | | A1 | $T_2$ | L2 | M2 |
| | | | A3 | $T_3$ | L2 | M3 |
| | | | A4 | $T_4$ | L2 | M4 |
| 3 | 变幅机构 | | A1 | $T_2$ | L2 | M2 |
| | | | A3 | $T_3$ | L2 | M3 |
| | | | A4 | $T_3$ | L2 | M3 |
| 4 | 臂架伸缩机构 | | A1 | $T_2$ | L1 | M1 |
| | | | A3 | $T_2$ | L2 | M2 |
| | | | A4 | $T_2$ | L2 | M2 |
| 5 | 运行机构 | 轮胎式运行机构（仅在工作现场） | A1 | $T_2$ | L1 | M1 |
| | | | A3 | $T_2$ | L2 | M2 |
| | | | A4 | $T_2$ | L2 | M2 |
| | | 履带运行机构 | A1 | $T_2$ | L1 | M1 |
| | | | A3 | $T_2$ | L2 | M2 |
| | | | A4 | $T_2$ | L2 | M2 |

注：在空载状态下臂架伸缩机构作伸缩动作。

## 2. 塔式起重机机构工作级别

塔式起重机各机构的工作级别见表1-2-16。

**表1-2-16　塔式起重机各机构单独作为整体的工作级别**

| 序号 | 起重机的类别和使用情况 | 起重机整机工作级别 | 机构使用等级 | | | | | 机构载荷状态 | | | | | 机构工作级别 | | | | |
|---|---|---|---|---|---|---|---|---|---|---|---|---|---|---|---|---|---|
| | | | H | S | L | D | T | H | S | L | D | T | H | S | L | D | T |
| 1(a) | 很少使用的起重机 | A1 | $T_1$ | $T_1$ | $T_1$ | $T_1$ | $T_1$ | L2 | L3 | L2 | L2 | L3 | M1 | M2 | M1 | M1 | M2 |
| 1(b) | 货场用起重机 | A2 | $T_3$ | $T_3$ | $T_2$ | $T_2$ | $T_1$ | L1 | L3 | L1 | L1 | L3 | M2 | M4 | M1 | M1 | M2 |
| 1(c) | 钻井平台上维修用起重机 | A3 | $T_3$ | $T_4$ | $T_3$ | $T_3$ | $T_2$ | L1 | L3 | L2 | L2 | L3 | M2 | M4 | M2 | M2 | M3 |
| 1(d) | 造船厂舾装起重机 | A4 | $T_4$ | $T_4$ | $T_3$ | $T_3$ | $T_2$ | L3 | L5 | L3 | L3 | L3 | M4 | M5 | M3 | M3 | M3 |
| 2(a) | 建筑用快装式塔式起重机 | A4 | $T_4$ | $T_4$ | $T_3$ | $T_3$ | $T_3$ | L2 | L3 | L2 | L2 | L2 | M3 | M4 | M3 | M3 | M2 |
| 2(b) | 建筑用非快装式塔式起重机 | A4 | $T_4$ | $T_4$ | $T_3$ | $T_3$ | $T_3$ | L3 | L3 | L3 | L3 | L3 | M4 | M4 | M4 | M4 | M3 |
| 2(c) | 电站安装设备用的塔式起重机 | A4 | $T_4$ | $T_4$ | $T_3$ | $T_3$ | $T_2$ | L2 | L2 | L2 | L2 | L2 | M4 | M3 | M3 | M3 | M2 |
| 3(a) | 船舶修理厂用起重机 | A4 | $T_4$ | $T_4$ | $T_3$ | $T_4$ | $T_3$ | L5 | L5 | L5 | L5 | L5 | M4 | M5 | M4 | M5 | M6 |
| 3(b) | 造船用起重机 | A5 | $T_4$ | $T_4$ | $T_3$ | $T_4$ | $T_3$ | L3 | L3 | L3 | L3 | L3 | M5 | M5 | M4 | M4 | M5 |
| 3(c) | 抓斗起重机 | A6 | $T_5$ | $T_5$ | $T_5$ | $T_5$ | $T_5$ | L5 | L5 | L5 | L5 | L5 | M6 | M6 | M6 | M6 | M3 |

注：H——起升机构；S——回转机构；L——动臂俯仰变幅机构；D——小车运行变幅机构；T——大车（纵向）运行机构。

## 3. 臂架起重机机构工作级别

臂架起重机各机构的工作级别见表1-2-17。

**表1-2-17　臂架起重机各单个机构作为整体的工作级别**

| 序号 | 起重机的类别 | 起重机的使用情况 | 起重机整机工作级别 | 机构使用等级 | | | | | 机构载荷状态 | | | | | 机构工作级别 | | | | |
|---|---|---|---|---|---|---|---|---|---|---|---|---|---|---|---|---|---|---|
| | | | | H | S | L | D | T | H | S | L | D | T | H | S | L | D | T |
| 1 | 人力驱动起重机 | 很少使用 | A1 | $T_1$ | $T_1$ | $T_1$ | $T_2$ | $T_2$ | L2 | L2 | L2 | L1 | L1 | M1 | M1 | M1 | M1 | M1 |
| 2 | 车间电动悬臂起重机 | 很少使用 | A2 | $T_2$ | $T_2$ | $T_1$ | $T_1$ | $T_2$ | L2 | L2 | L2 | L2 | L2 | M2 | M2 | M1 | N1 | M2 |
| 3 | 造船用臂架起重机 | 不频繁较轻载使用 | A4 | $T_5$ | $T_4$ | $T_4$ | $T_4$ | $T_5$ | L2 | L2 | L2 | L2 | L2 | M5 | M4 | M4 | M4 | M5 |
| 4(a) | 货场用吊钩起重机 | 不频繁较轻载使用 | A4 | $T_4$ | $T_4$ | $T_4$ | $T_4$ | $T_4$ | L2 | L2 | L2 | L2 | L2 | M4 | M4 | M3 | M4 | M4 |
| 4(b) | 货场用抓斗或电磁盘起重机 | 较频繁中等载荷使用 | A6 | $T_5$ | $T_5$ | $T_5$ | $T_5$ | $T_4$ | L3 | L3 | L3 | L3 | L3 | M6 | M6 | M6 | M6 | M5 |
| 4(c) | 货场用抓斗、电磁盘或集装箱起重机 | 频繁重载使用 | A8 | $T_7$ | $T_6$ | $T_6$ | $T_6$ | $T_6$ | L3 | L3 | L3 | L3 | L3 | M8 | M7 | M7 | M7 | M6 |
| 5(a) | 港口装卸用吊钩起重机 | 较频繁中等载荷使用 | A6 | $T_4$ | $T_4$ | $T_4$ | — | $T_3$ | L3 | L3 | L2 | — | L2 | M5 | M5 | M4 | — | M3 |
| 5(b) | 港口装船用吊钩起重机 | 较频繁重载使用 | A7 | $T_6$ | $T_5$ | $T_4$ | — | $T_4$ | L3 | L3 | L3 | — | L3 | M7 | M6 | M5 | — | M4 |
| 5(c) | 港口装卸抓斗、电磁盘或集装箱用起重机 | 较频繁重载使用 | A7 | $T_6$ | $T_5$ | $T_5$ | — | $T_4$ | L3 | L3 | L3 | — | L3 | M7 | M6 | M6 | — | M4 |
| 5(d) | 港口装船用抓斗、电磁盘或集装箱起重机 | 频繁重载使用 | A8 | $T_7$ | $T_6$ | $T_6$ | — | $T_4$ | L3 | L3 | L3 | — | L3 | M8 | M7 | M7 | — | M4 |
| 6 | 铁路起重机 | 较少使用 | A3 | $T_2$ | $T_2$ | $T_2$ | — | $T_1$ | L3 | L3 | L3 | — | L2 | M3 | M2 | M3 | — | M1 |

注：H——起升机构；S——回转机构；L——臂架俯仰变幅机构；D——小车（横向）运行变幅机构；T——大车（纵向）运行机构。

## 4. 桥式和门式起重机机构工作级别

桥式和门式起重机各机构的工作级别如表1-2-18。

**表 1-2-18　桥式和门式起重机各机构单独作为整体的工作级别**

| 序号 | 起重机的类别 | 起重机的使用情况 | 起重机整机的工作级别 | 机构使用等级 H | 机构使用等级 D | 机构使用等级 T | 机构载荷状态 H | 机构载荷状态 D | 机构载荷状态 T | 机构工作级别 H | 机构工作级别 D | 机构工作级别 T |
|---|---|---|---|---|---|---|---|---|---|---|---|---|
| 1 | 人力驱动的起重机（含手动葫芦起重机） | 很少使用 | A1 | $T_2$ | $T_2$ | $T_2$ | L1 | L1 | L1 | M1 | M1 | M1 |
| 2 | 车间装配用起重机 | 较少使用 | A3 | $T_2$ | $T_2$ | $T_2$ | L2 | L1 | L2 | M2 | M1 | M2 |
| 3(a) | 电站用起重机 | 很少使用 | A2 | $T_2$ | $T_2$ | $T_2$ | L2 | L1 | L2 | M2 | M1 | M3 |
| 3(b) | 维修用起重机 | 较少使用 | A3 | $T_2$ | $T_2$ | $T_2$ | L2 | L1 | L2 | M2 | M1 | M2 |
| 4(a) | 车间用起重机（含车间用电动葫芦起重机） | 较少使用 | A3 | $T_4$ | $T_3$ | $T_4$ | L1 | L1 | L1 | M3 | M2 | M3 |
| 4(b) | 车间用起重机（含车间用电动葫芦起重机） | 不频繁较轻载使用 | A4 | $T_4$ | $T_3$ | $T_4$ | L2 | L2 | L2 | M4 | M3 | M4 |
| 4(c) | 较繁忙车间用起重机（含车间用电动葫芦起重机） | 不频繁中等载荷使用 | A5 | $T_5$ | $T_3$ | $T_5$ | L2 | L2 | L2 | M5 | M3 | M5 |
| 5(a) | 货场用吊钩起重机（含货场用电动葫芦起重机） | 较少使用 | A3 | $T_4$ | $T_3$ | $T_4$ | L1 | L1 | L1 | M3 | M2 | M4 |
| 5(b) | 货场用抓斗或电磁盘起重机 | 较频繁中等载荷使用 | A6 | $T_5$ | $T_5$ | $T_5$ | L3 | L3 | L3 | M6 | M6 | M6 |
| 6(a) | 废料场吊钩起重机 | 较少使用 | A3 | $T_4$ | $T_3$ | $T_4$ | L2 | L2 | L2 | M4 | M3 | M4 |
| 6(b) | 废料场抓斗或电磁盘起重机 | 较频繁中等载荷使用 | A6 | $T_5$ | $T_5$ | $T_5$ | L3 | L3 | L3 | M6 | M6 | M6 |
| 7 | 桥式抓斗卸船机 | 频繁重载使用 | A8 | $T_7$ | $T_6$ | $T_6$ | L3 | L3 | L3 | M7 | M7 | M6 |
| 8(a) | 集装箱搬运起重机 | 较频繁中等载荷使用 | A6 | $T_5$ | $T_5$ | $T_5$ | L3 | L3 | L3 | M6 | M6 | M6 |
| 8(b) | 岸边集装箱起重机 | 较频繁重载使用 | A7 | $T_6$ | $T_6$ | $T_5$ | L3 | L3 | L3 | M7 | M7 | M6 |
| 9 | 冶金用起重机 | | | | | | | | | | | |
| 9(a) | 换轧辊起重机 | 很少使用 | A2 | $T_3$ | $T_2$ | $T_3$ | L3 | L3 | L3 | M4 | M3 | M4 |
| 9(b) | 料箱起重机 | 频繁重载使用 | A8 | $T_7$ | $T_5$ | $T_7$ | L4 | L4 | L4 | M8 | M7 | M8 |
| 9(c) | 加热炉起重机 | 频繁重载使用 | A8 | $T_6$ | $T_6$ | $T_6$ | L3 | L4 | L3 | M7 | M8 | M7 |
| 9(d) | 炉前兑铁水铸造起重机 | 较频繁重载使用 | A6~A7 | $T_7$ | $T_5$ | $T_5$ | L4 | L3 | L3 | M7~M8 | M6 | M6 |
| 9(e) | 炉后出钢水铸造起重机 | 较频繁重载使用 | A7~A8 | $T_7$ | $T_6$ | $T_6$ | L4 | L3 | L3 | M8 | M7 | M6~M7 |
| 9(f) | 板坯搬运起重机 | 较频繁重载使用 | A7 | $T_6$ | $T_5$ | $T_6$ | L4 | L4 | L4 | M7 | M7 | M8 |
| 9(g) | 冶金流程线上的专用起重机 | 频繁重载使用 | A8 | $T_6$ | $T_6$ | $T_7$ | L4 | L4 | L4 | M7 | M7 | M8 |
| 9(h) | 冶金流程线外用的起重机 | 较频繁中等载荷使用 | A6 | $T_6$ | $T_5$ | $T_5$ | L2 | L2 | L3 | M6 | M5 | M6 |
| 10 | 铸工车间用起重机 | 不频繁中等载荷使用 | A5 | $T_5$ | $T_4$ | $T_5$ | L2 | L2 | L2 | M5 | M4 | M5 |
| 11 | 锻造起重机 | 较频繁重载使用 | A7 | $T_6$ | $T_5$ | $T_5$ | L3 | L3 | L3 | M7 | M6 | M6 |
| 12 | 淬火起重机 | 较频繁中等载荷使用 | A6 | $T_5$ | $T_4$ | $T_5$ | L3 | L3 | L3 | M6 | M5 | M6 |
| 13 | 装卸桥 | 较频繁重载使用 | A7 | $T_7$ | $T_7$ | $T_3$ | L4 | L4 | L2 | M8 | M8 | M3 |

注：H——主起升机构；D——小车（横向）运行机构；T——大车（纵向）运行机构。

### 六、不同标准对起重机分级的对照

不同标准对起重机分级的对照见表 1-2-19。

表 1-2-19　不同标准对起重机分级的对照

| 标准名称 | 分 级 | | | |
|---|---|---|---|---|
| GB 3811—2008<br>ISO 4301—1:1986 | A1～A3 | A4、A5 | A6、A7 | A8 |
| ГOCT 25835—83 | 1K～3K | 4K、5K | 6K、7K | 8K |
| 前苏联《国家矿山技术安全规程》 | 轻 | 中 | 重 | 特重 |

# 第三章 计算载荷和载荷组合

为保证起重机安全正常工作,起重机必须满足三个基本要求:
(1)金属结构和机械零部件应具有足够的强度、刚度和抗失稳屈服能力;
(2)整机具有必要的抗倾覆稳定性;
(3)原动机具有满足作业性能要求的功率,制动装置提供必需的制动转矩。

在起重机设计时,需通过计算来确定和验证这三个基本条件是否满足。

起重机的用途、机型、作业特点等差异性决定了其载荷的随机性。对于复杂变化的实际载荷,在起重机设计计算中采用刚体动力学分析理论与试验和经验相结合的仿真方法加以确定,所得到的载荷是真实载荷的较好近似。

合理确定载荷值、科学进行载荷组合及正确地进行起重机设计,是保证起重机具有可靠的工作能力和良好的使用性能的重要前提。

## 第一节 载荷的分类

### 一、按载荷特点和发生频度划分

1. 常规载荷

在起重机正常工作时经常出现的载荷,包括由重力产生的载荷,由驱动机构或制动器的作用使起重机加(减)速运动而产生的载荷以及因起重机结构的位移或变形引起的载荷。在防强度失效、防弹性失稳以及必要时进行的防疲劳失效等验算中,应考虑这类载荷。

2. 偶然载荷

在起重机正常工作时不经常发生而是偶然出现的载荷,包括工作状态下的风、雪、冰、温度变化、坡道及偏斜运行引起的载荷。在防疲劳失效的计算中通常不考虑这些载荷。

3. 特殊载荷

在起重机非正常工作时或不工作时的情况下才发生的载荷,包括非工作状态下的风、雪、冰、温度变化、坡道及偏斜运行引起的载荷。在防疲劳失效的计算中通常不考虑这些载荷。

### 二、按其作用效果与时间变化相关性划分

1. 静载荷

对起重机产生静力作用而与时间变化无关的载荷。如自重载荷与起升载荷的静力作用。

2. 动载荷

对起重机产生动力作用而与时间变化相关的载荷。如由于起重机不稳定运动,各种质量产生的惯性力和由于起重机工作时产生的碰撞、冲击作用等。

## 第二节 载荷的计算

### 一、载荷计算原则

(1)起重机的载荷计算与载荷组合主要用于验证起重机结构件的防强度失效、防弹性失效和防疲劳失效的能力,以及起重机的抗倾覆稳定性和抗风防滑移安全性。

（2）起重机工作能力验算时应注意计算模型与实际情况的差异。当载荷引起的效应随时间变化时，应采用等效载荷进行估算。以刚体动力学分析方法为计算基础，对于弹性系统的载荷效应则采用动力载荷系数进行估算模拟，或在有条件的前提下，也可进行弹性动力分析或现场测试。为反映操作平稳程度的不同，应考虑司机实际操作情况的影响。

（3）如某载荷不可能出现，则应在验算中略去（如室内起重机不考虑风载荷）。同样对起重机说明书中禁止出现的、对起重机设计未提出要求的、在起重机设计中已明确要防止或禁止的载荷也不予考虑。

（4）起重机结构设计方法有两种：许用应力设计法和极限状态设计法。无论采用何种方法，在考虑结构设计方法、载荷、动载系数、载荷组合、许用应力和极限设计应力时，都应依据 GB/T 3811—2008《起重机设计规范》的有关章节或附录确定，或在可能的情况下以实验或统计数据为基础来确定。

## 二、载荷的计算方法

（一）常规载荷的计算

1. 自重载荷 $P_G$

自重载荷是指起重机本身的结构、机械设备、电气设备以及在起重机工作时始终附设在机上的某些部件和集结在部件上的物料（如设在起重机上的漏斗料仓、连续输送机及在其上的物料）等质量的重力。起升载荷质量的重力除外。自重载荷用 $P_G$ 表示，单位为 N 或 kN。

（1）自重载荷的估算

在结构设计之前，结构自重尚且未知，必须预先估算。金属结构和机电设备的自重载荷通常超过其工作载荷。例如，桥式起重机的自重约为起重量的 2 倍～7 倍，门座起重机的自重约为起重量的 8 倍～25 倍，装卸桥的自重约为起重量的 30 倍～60 倍。由此可见，结构自重载荷产生的应力对总体应力具有较大贡献，正确地估算结构的自重载荷对结构设计十分重要。根据设计经验，结构自重通常可参照现有类似结构的自重来确定，或利用设计手册、文献中类似结构的自重数据或公式来计算，需要指出的是估算值需多次试算反复逼近才可获得真实值。

对于常见类型起重机自重估算的经验公式和图表介绍如下，供参考使用。

1）通用双梁桥式起重机

起重机的总质量 $m_G$（包括主梁、端梁、小车、大车运行机构、司机室和电气设备等）可由下式估算：

$$m_G = 0.45 m_Q + 0.82 S \tag{1-3-1}$$

起重小车的质量 $m_t$ 为：

$$m_t = 0.4 m_Q \tag{1-3-2}$$

式中　$m_Q$——额定起重量（t）；

　　　$S$——起重机跨度（m）。

图 1-3-1 是由普通低合金钢 Q345 制作、工作级别为 A4、A5 的双梁箱形通用桥式起重机单根主梁（不包括端梁）的自重。工作级别为 A1～A3 时，自重较图中数值减轻 10%；A7～A8 时，自重较图中增加 10%。小跨度桁架主梁的自重与箱形主梁近似相等。大跨度时，桁架主梁较箱形主梁轻 10%～30%（小起重量取小值）。

图 1-3-2 为用普通低合金钢制作的、起重量 80/20 t～500/50 t 双梁箱形铸造用起重机单根主梁（不包括端梁）的自重。

2）门式起重机

无悬臂门式起重机主梁自重可参考通用桥式起重机自重进行预估。起重量小于 20 t 的双梁箱形门式起重机主梁和支腿的总质量可由以下经验公式预估：

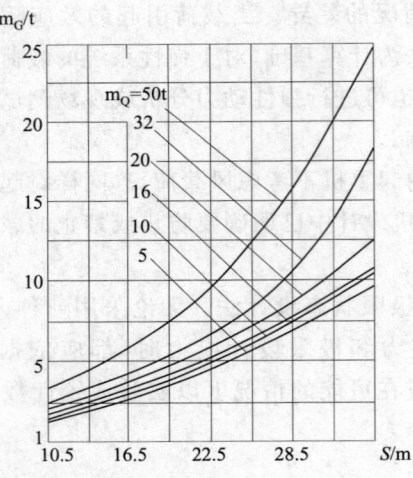
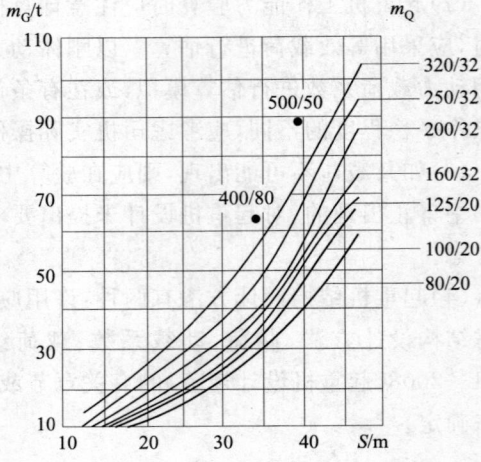

图 1-3-1 双梁箱形通用桥式起重机单根主梁的自重　　图 1-3-2 双梁箱形铸造用起重机单根主梁的自重

无悬臂：
$$m_G = 0.7\sqrt{m_Q H L_0} \tag{1-3-3}$$

双悬臂：
$$m_G = 0.5\sqrt{m_Q H L_0} \tag{1-3-4}$$

式中　$m_Q$——额定起重量（t）；
　　　$H$——最大起升高度（m）；
　　　$L_0$——主梁全长（m）。

有悬臂的门式起重机，支腿质量约为主梁质量的 70%～90%。

起升高度不超过 12 m 的双悬臂单主梁门式起重机主梁的质量见图 1-3-3。

3）装卸桥

金属结构质量占装卸桥总质量的 65%～85%。在结构的质量中，桥架所占比重最大，约为 80%，刚性支腿占 10%，柔性支腿为 7%，走台栏杆占 3%。桥架质量的大小，与桥架结构型式有关。表 1-3-1 为装卸桥（起重量 5 t，跨度 40 m）不同桥架截面的桥架单位长度质量。图 1-3-4 为桁架式装卸桥（桥架截面为Ⅱ形）在不同桥架总长 $L_0$、不同起重量 $m_Q$ 和小车质量 $m_t$ 时的桥架结构总质量 $m_b$。

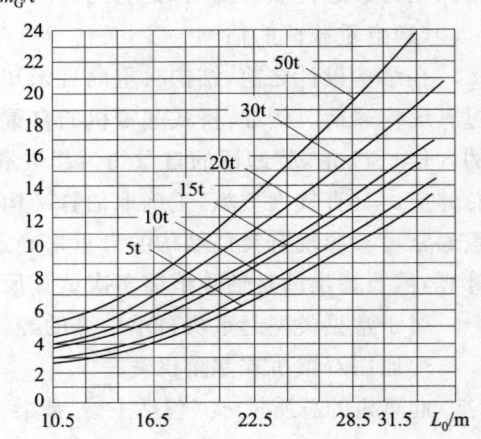

图 1-3-3 双悬臂单主梁门式起重机主梁的质量

表 1-3-1 装卸桥不同桥架截面的桥架单位长度质量

| 桥架截面型式 | 单位长度质量/(t/m) |
| --- | --- |
| Ⅱ形截面桁架 | 0.9～1.0 |
| 箱形截面 | 0.6～0.7 |
| 三角形截面桁架 | 0.4～0.5 |

4）门座起重机

自重载荷是门座起重机计算的主要载荷。起重量 75 t 门座起重机，其起升载荷只相当于起重机自重的 5%～12%。影响门座起重机自重的主要因素是起重量、幅度和起升高度。根据这三种因素对整机自重不同程度的影响，引入比质量概念，比质量 $m_0$ 表示如下：

装卸用门座起重机：
$$m_0 = \frac{km_G}{\sqrt{m_h R_{max}}\sqrt[3]{H}} \tag{1-3-5}$$

安装用门座起重机：

$$m_0 = \frac{km_G}{\sqrt{m_{Rmax} \cdot R_{max}} \sqrt[3]{H}} \quad (1\text{-}3\text{-}6)$$

式中 $k$ ——门座起重机类型系数，装卸用，$k=1.0$；安装用，$k=1.1$；

$m_G$ ——门座起重机总质量(t)；

$m_h$ ——装卸用门座起重机用吊钩作业时的起重量(t)；

$m_{Rmax}$ ——安装用门座起重机在最大幅度时的起重量(t)；

$R_{max}$ ——最大幅度(m)；

$H$ ——起升高度(m)。

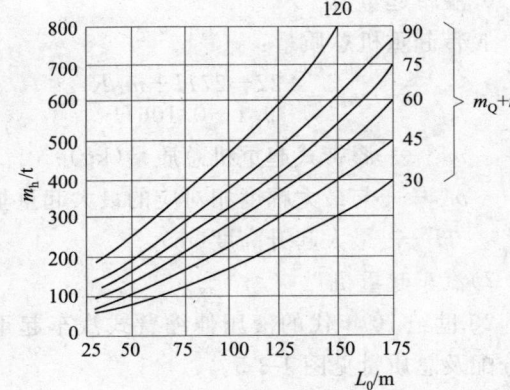

图 1-3-4　桁架式装卸桥桥架质量

根据 20 世纪 80 年代国际具有代表性的门座起重机自重的统计分析，起重量 10 t～20 t、最大幅度 30 m～40 m、起升高度 20 m～30 m 的装卸用门座起重机，$m_0=3.6\sim4.8$；起重量 32 t～63 t、最大幅度 30 m～50 m、起升高度 40 m～60 m 的安装用门座起重机 $m_0=4.0\sim6.0$。

5) 塔式起重机

对于塔式起重机总质量的估算，按前苏联国家标准 ГОСТ 13555—85 推荐式所得的结果，与我国塔式起重机分类(JG/T 5037—93)推荐的设计质量值，以及国内外现有塔式起重机的实际数据较为接近。

塔式起重机的比质量 $m_0$：

$$m_0 = \frac{m_G}{m_Q R_{max} H} \quad (1\text{-}3\text{-}7)$$

式中 $m_G$ ——塔式起重机总质量(kg)；

$R_{max}$ ——最大幅度(m)；

$m_Q$ ——与最大幅度相对应的最大起重量(t)；

$H$ ——最大起升高度(m)。

比质量 $m_0$ 与塔式起重机类型及起重力矩有关，推荐值见表 1-3-2。

表 1-3-2　塔式起重机比质量 $m_0$ 推荐值

| 起重机类型 | 小车运行变幅 | | | | | | 臂架起落变幅 | |
|---|---|---|---|---|---|---|---|---|
| 起重力矩/(t·m) | 40 | 100 | 160 | 200 | 250 | 400 | 630 | 1000 |
| 比质量 $m_0$ | 16 | 10 | 7 | 9 | 5.4 | 5.4 | 3.5 | 2.8 |

塔式起重机金属结构部分在起重机总质量中所占比重为：

下回转式——55%～60%；

上回转式——60%～65%；

自升式——70%～80%。

塔式起重机金属结构部分的质量分配大致为：

塔身　$m_{G1}=(0.13\sim0.16)m_G$，下回转式取最大值；

转台　$m_{G2}=0.1m_G$；

臂架　水平式　$m_{G3}=0.05m_G$；

　　　俯仰式　$m_{G3}=0.035m_G$；

配重臂架　$m_{G4}=(0.065\sim0.07)m_G$；

配重　$m_{G5}=0.34m_G$。

6）履带起重机

履带起重机总质量：

$$m_G = \frac{222 - 27H + m_Q R}{9.1 - 0.106H} \quad (1\text{-}3\text{-}8)$$

式中　$m_G$——履带式起重机总质量(kg)；
　　　$m_Q$——与最大幅度相对应的最大起重量(t)；
　　　$H$——最大起升高度(m)。

7）汽车起重机

20世纪70年代的液压伸缩臂式汽车起重机的质量分配及总质量见图1-3-5。

8）轮胎起重机

轮胎起重机的总质量：

$$m_G = \frac{75 - 0.75H + m_Q R}{6.88 - 0.106H} \quad (1\text{-}3\text{-}9)$$

式中　$m_G$——轮胎式起重机总质量(kg)；
　　　$m_Q$——与最大幅度相对应的最大起重量(t)；
　　　$H$——最大起升高度(m)。

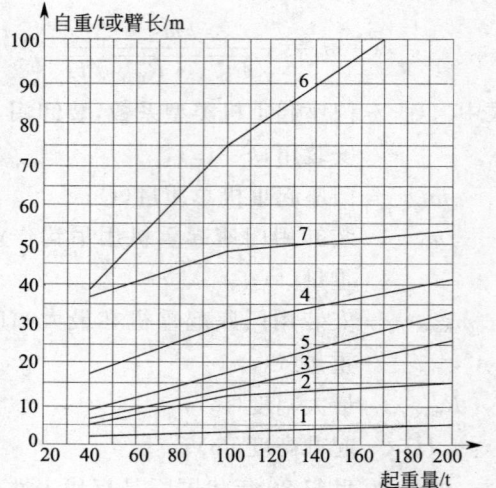

图 1-3-5　液压汽车起重机总质量及质量分配
1—变幅缸质量；2—上车(含回转支承)质量；3—配重；
4—下车质量；5—吊臂质量；6—起重机总
质量；7—主臂最大长度

液压箱形伸缩臂轮胎式起重机质量分配见表1-3-3，桁架臂轮胎式起重机质量分配见表1-3-4。

表 1-3-3　液压箱形伸缩臂轮胎式起重机质量分配表

| 部件名称 | | 类 型 | | | |
|---|---|---|---|---|---|
| | | 大型 | 中型 | 小型 | 小型，有附加车架者 |
| 上车 | | 30%~34% | 32% | 35% | 21% |
| 其中 | 起升、回转、变幅机构占 | 30% | 30% | 30% | 40% |
| | 回转平台占 | 15% | 17% | 20% | 20% |
| | 配重占 | 35% | 30% | 25% | 15% |
| | 其他占 | 20% | 23% | 25% | 25% |
| 臂架(包括伸缩机构) | | 25% | 15%~20% | 13% | 15% |
| 下车 | | 45%~41% | 53%~48% | 52% | 64% |
| 其中 | 车架占 | 30% | 25% | 25% | 其中原底盘占 65% |
| | 发动机占 | 5% | 7% | 10% | 附加车架和支腿占 22% |
| | 支腿占 | 20% | 18% | 15% | |
| | 桥、轮占 | 30% | 30% | 30% | 回转支承占 4% |
| | 其他占 | 15% | 20% | 20% | 其他占 9% |
| 备注 | | 两台发动机者取后值 | 起重量较大者取后值 | | |

表 1-3-4　桁架臂轮胎式起重机质量分配表

| 部件名称 | 类 型 | |
|---|---|---|
| | 中型电动桁架臂轮胎起重机(发动机和发电机置于上车) | 大型桁架臂汽车起重机(上车电动、下车机械传动，发动机上、下车各一台) |
| 上车 | 38% | 56%(其中一半为配重) |
| 下车 | 50% | 33% |
| 吊臂 | 12% | 11% |

结构自重载荷的作用形式视计算类型和结构特点而定。起重机总体计算时，将自重载荷视为通过各个部件重心的集中力。进行强度和刚度计算时，实腹结构(如梁、刚架)的自重载荷沿梁长均匀分布，桁架结构的自重载荷视为节点载荷 $F$ 作用于桁架节点上的(图1-3-6a)：

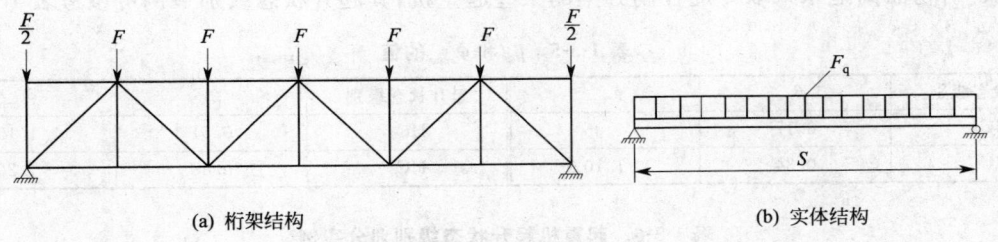

(a) 桁架结构　　　　　　　　　　(b) 实体结构

图 1-3-6　结构自重载荷的作用方式

$$F=\frac{P_G}{n-1} \quad (1\text{-}3\text{-}10)$$

式中　$P_G$——自重载荷；
　　　$n$——桁架的节点数。

而对于实腹结构（如梁、刚架），则视为均布载荷 $F_q$（图 1-3-6b）：

$$F_q=\frac{P_G}{S} \quad (1\text{-}3\text{-}11)$$

式中　$S$——实腹结构的跨度（m）。

机械和电气设备的自重载荷，可根据所选用的设备型号由机电产品规格表中查得，用 $P_{Gj}$、$P_{Gd}$ 表示，视为集中载荷分别作用于结构相应的部位上。

(2) 自重振动载荷 $\phi_1 P_G$

当物品起升离地，或悬吊在空中的物品突然掉落，或物品下降制动时，起重机（主要是金属结构）的自重将因出现振动而产生脉冲式增大或减小的动力响应。此自重振动载荷用起升冲击系数 $\phi_1$ 乘以起重机的自重载荷来考虑，为反映此振动载荷范围的上下限，该系数取为两个值：$\phi_1=1\pm\alpha$，$0\leqslant\alpha\leqslant 1$。

2. 起升载荷 $P_Q$

起升载荷是指起重机在实际的起吊作业中每一次吊运的物品质量（有效起重量）与吊具和属具质量总和（即起升质量）的重力，单位为 N 或 kN。

(1) 起升动载荷 $\phi_2 P_Q$

当物品无约束地起升离开地面时，物品的惯性力将会使起升载荷出现动载增大的作用。此起升动力效应用一个大于 1 的起升动载系数 $\phi_2$ 乘以起升载荷 $P_Q$ 来体现。

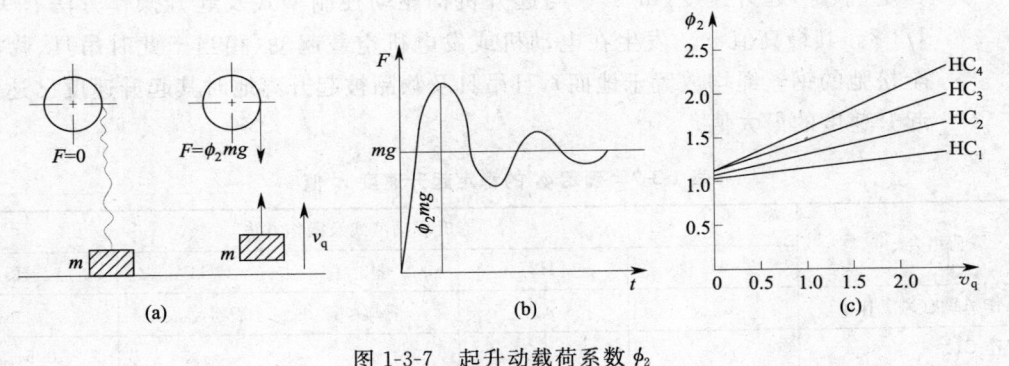

图 1-3-7　起升动载荷系数 $\phi_2$

(2) 起升状态级别

由于起升机构驱动控制型式的不同，物品起升离地时的操作方法将有较大的差异，因而导致起升操作的平稳程度和物品起升离地的动力特性会有很大的不同。因此将起升状态划分为 $HC_1$～$HC_4$ 四个级别：起升离地平稳的为 $HC_1$，起升离地有轻微冲击的为 $HC_2$，起升离地有中度冲击为 $HC_3$，起升离地有较大冲击的为 $HC_4$。与各个级别相应的操作系数 $\beta_2$ 和起升动载系数 $\phi_{2min}$ 值列于表 1-3-5 中，具体说明见图 1-3-7。起升状态级别可以根据经验确定，也可以根据起重机的各种具体类型选取,对物品离地未采取专门控制方案的某些起重机,其起升状态级别举例可参考表 1-3-6。

表 1-3-5  $\beta_2$ 和 $\phi_{2\min}$ 的值

| 起升状态级别 | $\beta_2$ | $\phi_{2\min}$ | 起升状态级别 | $\beta_2$ | $\phi_{2\min}$ |
|---|---|---|---|---|---|
| HC$_1$ | 0.17 | 1.05 | HC$_3$ | 0.51 | 1.15 |
| HC$_2$ | 0.34 | 1.10 | HC$_4$ | 0.68 | 1.20 |

表 1-3-6  起重机起升状态级别划分实例

| 起重机类型 | 起升状态级别 |
|---|---|
| 人力驱动起重机 | HC$_1$ |
| 电站起重机,安装起重机,车间起重机 | HC$_2$、HC$_3$ |
| 卸船机(用起重横梁、吊钩或夹钳)<br>货场起重机(用起重横梁、吊钩或夹钳) | HC$_3$ |
| 卸船机(用抓斗或电磁盘)<br>货场起重机(用抓斗或电磁盘) | HC$_3$/HC$_4$ |
| 炉前铸造起重机<br>炉后铸造起重机<br>料箱起重机<br>加热炉装取料起重机 | HC$_3$/HC$_4$ |
| 锻造起重机 | HC$_4$ |

(3) 起升动载系数 $\phi_2$

当从地面加速起升时,载荷惯性力增大了起升载荷的静力值,并使金属结构产生弹性振动,计算结构时考虑铅垂惯性力和振动作用的起升载荷称为起升动载荷 $P_d$。

起升动载系数 $\phi_2$ 由式(1-3-12)确定:

$$\phi_2 = \phi_{2\min} + \beta_2 v_q \tag{1-3-12}$$

式中  $\phi_2$——起升动载系数,由式(1-3-12)计算得出,其最大值 $\phi_{2\max}$ 对建筑塔式起重机和港口臂架起重机等起升速度很高的起重机不超过 2.2,对其他起重机不超过 2.0;

$\phi_{2\min}$——与起升状态级别相对应的起升动载系数的最小值,见表 1-3-5;

$\beta_2$——按起升状态级别设定的系数,见表 1-3-5;

$v_q$——稳定(额定)起升速度(m/s)。与起升机构驱动控制型式及起升操作方法有关,见表 1-3-7。其最高值 $v_{q\max}$ 发生在电动机或发电机空载起动(相当于此时吊具、物品及完全松弛的钢丝绳均放置于地面),且吊具及物品被起升离地时其起升速度已达到稳定起升速度的最大值。

表 1-3-7  确定 $\phi_2$ 的稳定起升速度 $v_q$ 值

| 载荷组合 | 起升驱动型式及操作方法 | | | | |
|---|---|---|---|---|---|
| | H1 | H2 | H3 | H4 | H5 |
| 无风工作 A1、有风工作 B1 | $v_{q\max}$ | $v_{qd}$ | $v_{qd}$ | $0.5v_{q\max}$ | $v_q=0$ |
| 特殊工作 C1 | — | $v_{q\max}$ | | $v_{q\max}$ | $0.5v_{q\max}$ |

注:H1——起升驱动机构只能作常速运转,不能低速运转;

　　H2——起重机司机可选用起升驱动机构作稳定低速运转;

　　H3——起升驱动机构的控制系统能保证物品起升离地前都作稳定低速运转;

　　H4——起重机司机可以操作实现无级变速控制;

　　H5——在起升绳预紧后,不依赖于起重机司机的操作,起升驱动机构就能按预设的要求进行加速控制;

　　$v_{q\max}$——稳定的最高起升速度;

　　$v_{qd}$——稳定的低速起升速度。

## 3. 突然卸载时的动力效应 $\phi_3$

某些起重机正常工作时需在空中从总起升质量 $m$ 中突然卸除部分起升质量 $\Delta m$（例如使用抓斗或电磁盘进行空中卸载），将对起重机结构产生减载振动作用。减小后的起升动载荷用突然卸载冲击系数 $\phi_3$ 乘以额定起升载荷来计算（图 1-3-8）。

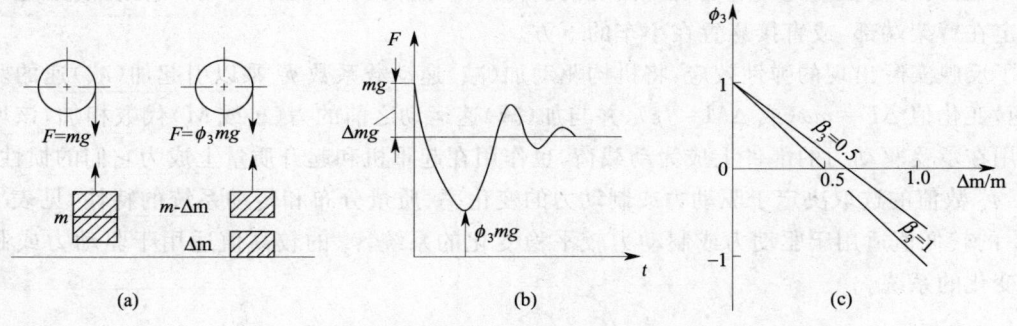

图 1-3-8　突然卸载冲击系数 $\phi_3$

空中突然卸载冲击系数 $\phi_3$ 值由式（1-3-13）给出：

$$\phi_3 = 1 - \frac{\Delta m}{m}(1+\beta_3) \tag{1-3-13}$$

式中　$\Delta m$——突然卸除的部分起升质量（kg）；

　　　$m$——总起升质量（kg）；

　　　$\beta_3$——卸载系数，对用抓斗或类似的慢速卸载装置的起重机，$\beta_3=0.5$；对用电磁盘或类似的快速卸载装置的起重机，$\beta_3=1.0$。

## 4. 运行冲击载荷 $\phi_4$

起重机在不平的道路或轨道上运行时所发生的垂直冲击动力效应，即运行冲击载荷，用运行冲击系数 $\phi_4$ 乘以起重机的自重载荷与额定起升载荷之和来计算。包括以下两种情况：

（1）在道路上或道路外运行的起重机。在这种情况下，$\phi_4$ 取决于起重机的构造型式（质量分布）、起重机的弹性和/或悬挂方式、运行速度以及运行路面的种类和状况。此冲击效应可根据经验、试验或采用适当的起重机和运行路面的模型分析得到。一般可采用以下数据计算：

1）对于轮胎起重机和汽车起重机：当运行速度 $v_y \leqslant 0.4 \text{m/s}$，$\phi_4=1.1$；

当运行速度 $v_y > 0.4 \text{m/s}$，$\phi_4=1.3$。

2）对于履带式起重机：当运行速度 $v_y \leqslant 0.4 \text{m/s}$，$\phi_4=1.0$；

当运行速度 $v_y > 0.4 \text{m/s}$，$\phi_4=1.1$。

（2）在轨道上运行的起重机。起重机带载或空载运行于具有一定弹性、接头处有间隙或高低错位的钢质轨道上时，发生的垂直冲击动力效应取决于起重机的构造型式（质量分布、起重机的弹性和/或悬挂、支承方式）、运行速度和车轮直径及轨道接头的状况等，应根据经验、试验或选用适当的起重机和轨道的模型进行估算。一般可按以下规定选取：

1）对于轨道接头状态良好，如轨道用焊接连接，并对接头打磨光滑的高速运行起重机，取 $\phi_4=1$。

2）对于轨道接头状况一般，起重机通过接头时会发生垂直冲击效应，此时运行冲击系数 $\phi_4$ 由式（1-3-14）确定：

$$\phi_4 = 1.1 + 0.058 v_y \sqrt{h} \tag{1-3-14}$$

式中　$\phi_4$——运行冲击系数；

　　　$v_y$——起重机运行速度（m/s）；

　　　$h$——轨道接头处两轨面的高度差（mm，通常安装公差要求 $h \leqslant 1$ mm）。

起重小车的运行冲击系数可参照上述方法确定。

5. 变速运行引起的载荷 $\phi_5$

(1)驱动机构(包括起升驱动机构)加速引起的载荷

由驱动机构加速或减速、起重机意外停机或传动机构突然失效等原因在起重机中引起的载荷,可采用刚体动力模型对各部件分别计算。计算中要考虑起重机驱动机构的几何特征、动力特性和质量分布,还要考虑在做此变速运动时出现的机构内部摩擦损失。在计算时,一般是将总起升质量视为固定在臂架端部,或直接悬置在小车的下方。

为了反映实际出现的弹性效应,将机构驱动加(减)速动载系数 $\phi_5$ 乘以引起加(减)速的驱动力(或力矩)变化值 $\Delta F=ma$(或 $\Delta M=J\varepsilon$),并与加(减)速运动之前的力($F$ 或 $M$)代数相加,该增大的力既作用在承受驱动力的部件上成为动载荷,也作用在起重机和起升质量上成为它们的惯性力(图1-3-9)。$\phi_5$ 数值的选取决定于驱动力或制动力的变化率、质量分布和传动系统的特性,见表1-3-8。通常,$\phi_5$ 的较低值适用于驱动力或制动力较平稳变化的系统,$\phi_5$ 的较高值适用于驱动力或制动力较突然变化的系统。

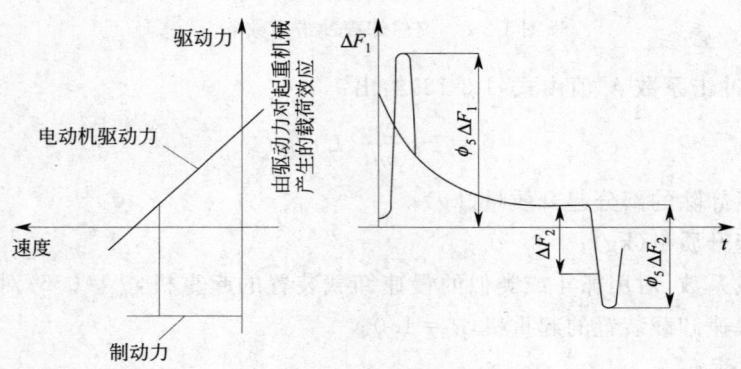

图 1-3-9 机构驱动加速动载系数 $\phi_5$

表 1-3-8 $\phi_5$ 的取值范围

| 序号 | 工 况 | $\phi_5$ |
|---|---|---|
| 1 | 计算回转离心力时 | 1.0 |
| 2 | 传动系统无间隙,采用无级变速的控制系统,加速力或制动力呈连续平稳的变化 | 1.2 |
| 3 | 传动系统存在微小的间隙,采用其他一般的控制系统,加速力呈连续但非平稳的变化 | 1.5 |
| 4 | 传动系统有明显的间隙,加速力呈突然的非连贯性变化 | 2.0 |
| 5 | 传动系统有很大的间隙,用质量弹簧模型不能进行准确的估算时 | 3.0 |

注:如有其他依据,$\phi_5$ 可以采用其他值。

(2)水平惯性力

1)起重机或小车在水平面内纵向或横向运行起(制)动时的水平惯性力

起重机或小车在水平面内纵向或横向运行起(制)动时,起重机或小车自身质量和总起升质量的水平惯性力,为该质量与运行加速度乘积的 $\phi_5$ 倍,按式(1-3-15)计算:

$$P_{\mathrm{Hi}}=\begin{cases}\phi_5 m_G a \\ \phi_5 m_2 a\end{cases} \tag{1-3-15}$$

式中 $m_G$——起重机(含小车)的质量(kg);

$m_2$——总起升质量(kg);

$a$——运行平均加(减)速度:$a=v_y/t(\mathrm{m/s^2})$;

$v_y$——运行速度(m/s);

$t$——起重机运行加速时间(s);

$\phi_5$——考虑起重机运行驱动力突变时对结构的动力效应系数,由表 1-3-8 查得。

应当指出,式(1-3-15)是将挠性悬挂的总起升质量与起重机刚性连接来考虑的,其计算结果将偏大。这些惯性力分别作用在相应质量上。

加(减)速度值可以根据加(减)速时间和所要达到的速度值来推算得到。如果用户未规定或未给出速度和加速度值,则可按表 1-3-9 中所列的三种运行工作状况来选择与所要达到的速度相应的加速时间和加速度的参考值。

表 1-3-9 加速时间和加速度值

| 要达到的速度 $v_y$/(m/s) | 低速和中速长距离运行 $a=0.15\sqrt{v_y}$ | | 正常使用中速和高速运行 $a=0.25\sqrt{v_y}$ | | 高加速度、高速运行 $a=0.33\sqrt{v_y}$ | |
|---|---|---|---|---|---|---|
| | 加速时间/s | 加速度/(m/s²) | 加速时间/s | 加速度/(m/s²) | 加速时间/s | 加速度/(m/s²) |
| 4.00 | | | 8.00 | 0.50 | 6.00 | 0.67 |
| 3.15 | | | 7.10 | 0.44 | 5.40 | 0.58 |
| 2.50 | | | 6.30 | 0.39 | 4.80 | 0.52 |
| 2.00 | 9.10 | 0.220 | 5.60 | 0.35 | 4.20 | 0.47 |
| 1.60 | 8.30 | 0.190 | 5.00 | 0.32 | 3.70 | 0.43 |
| 1.00 | 6.60 | 0.150 | 4.00 | 0.25 | 3.00 | 0.33 |
| 0.63 | 5.20 | 0.120 | 3.20 | 0.19 | | |
| 0.40 | 4.10 | 0.098 | 2.50 | 0.16 | | |
| 0.25 | 3.20 | 0.078 | | | | |
| 0.16 | 2.50 | 0.064 | | | | |

对于用高加速度高速运行的起重机或小车,常要求所有的车轮都为驱动轮(主动车轮),此时水平惯性力不应小于驱动轮或制动轮轮压的 1/30,也不应该大于它的 1/4。对高速运行的小车除产生沿运行方向的水平惯性力外,由于车轮、轨道存在安装缺陷,导致小车运行产生横向晃动,引起车轮对轨道的横向冲击力,此力通常取为小车轮压的 1/10,并认为各车轮的横向冲击力同时存在。非高速运行的起重机或小车不考虑横向冲击力。

起重机运行总惯性力 $P_H$ 不能超过主动轮与轨道之间的黏着力,因此最大惯性力可按式(1-3-16)计算:

$$P_H \leqslant \mu P_z \tag{1-3-16}$$

式中 $P_z$——起重机主动车轮静轮压之和(kN);

$\mu$——车轮与轨道间的黏着系数,取 0.14。

当起重机运行的总惯性力超过上述黏着力时,将使驱动轮(主动车轮)打滑,这是不允许的。根据主动车轮打滑条件,可求得起重机运行时的最大加(减)速度,由 $P_H = \phi_5 ma = \phi_5(\sum P/g)a \leqslant \mu P_z$,得:

$$a \leqslant \mu g \frac{P_z}{\phi_5 \sum P} \tag{1-3-17}$$

式中 $\sum P$——起重机全部车轮的静轮压之和(kN);

$g$——重力加速度(m/s²)。

2)起重机的回转离心力和回转与变幅运动起(制)动时的水平惯性力

起重机回转运动时各部(构)件的离心力,用各部(构)件的质量、该质心回转半径和回转速度来计算($P_{IH} = m_i\omega^2 r$),将悬吊的总起升质量视为与起重机臂架端部刚性固接,对塔式起重机则各部(构)件和总起升质量的离心力均按最不利位置计算,在计算离心力时 $\phi_5$ 取为 1。通常,这些离心力对结构起减载作用,可忽略不计。

起重机回转与变幅起(制)动时的水平惯性力,按其各部(构)件质量与该质心的加速度乘积的 $\phi_5$ 倍计算(对机构计算和抗倾覆稳定性计算取 $\phi_5=1$),并把总起升质量视为起重机臂端刚性固接,其加（减）速度值取决于该质量在起重机上的位置。对一般的臂架式起重机，根据其速度和回转半径的不同，臂架端部的切向和径向加速度值均可在 $0.1\ m/s^2 \sim 0.6\ m/s^2$ 之间选取，加（减）速时间在 $5\ s \sim 10\ s$ 之间选取。物品所受风力单独计算，且按最不利方向叠加。

起重机回转时，臂架自身质量（在质量中心）产生的切向惯性力可按式(1-3-18)计算：

$$P_{cHb} = \phi_5 m_b \frac{\omega}{t} r \tag{1-3-18}$$

式中 $m_b$——臂架质量(kN)；
  $\omega$——起重机回转角速度：$\omega = \pi n/30$ (rad/s)；
  $n$——起重机回转速度(r/min)；
  $t$——回转起（制）动时间(s)；
  $\phi_5$——动力效应载荷系数。

除上述方法计算水平惯性力外，还可将臂架质量转换至臂端与总起升质量（视为与臂端刚接）一起计算起重机回转时的切向惯性力，即：

$$P_{cH} = \phi_5 \sum m \frac{\omega}{t} R \tag{1-3-19}$$

式中 $\sum m$——位于臂端的臂架换算质量与总起升质量 $m_Q$ 之和：$\sum m \approx m_b (r/R)^2 + m_Q$ (kg)，通常 $(r/R)^2 = 0.25 \sim 0.3$；
  $r$——臂架质量中心至回转中心的水平距离(m)；
  $R$——起重机幅度(m)。

臂架式起重机回转和变幅机构起（制）动时的总起升质量产生的综合水平力（包括风力、变幅和回转起制动产生的惯性力和回转运动的离心力），也可以用起重钢丝绳相对于铅垂线的偏摆角 $\alpha$ 引起的水平分力来计算：用起重钢丝绳最大偏摆角 $\alpha_\text{II}$（其值见表 1-3-10）计算结构、机构强度和起重机整机抗倾覆稳定性，用起重钢丝绳正常偏摆角 $\alpha_\text{I}$ 计算电动机功率[此时取 $\alpha_\text{I} = (0.25 \sim 0.3)\alpha_\text{II}$]和机械零件的疲劳强度及磨损[此时取 $\alpha_\text{I} = (0.3 \sim 0.4)\alpha_\text{II}$]。

额定起升载荷在臂架端点产生的综合水平力（图 1-3-10）按式(1-3-20)计算：

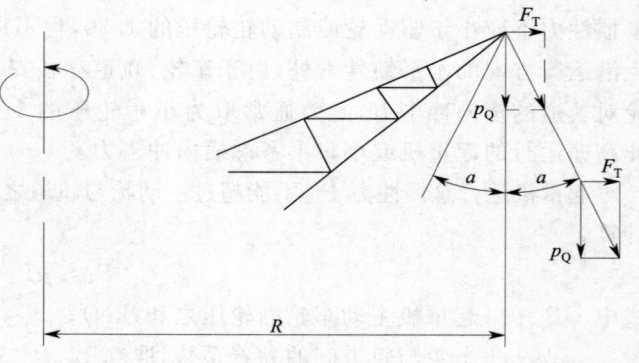

图 1-3-10 起重机回转、变幅时起升绳的偏摆角

$$F_T = P_Q \cdot \tan\alpha \tag{1-3-20}$$

物品可在任意平面内摆动，因而水平力 $F_T$ 也有任意的作用方向，对结构取最不利的方向来计算。当物品斜向摆动时，可同时各取臂架变幅平面内和臂架变幅平面外（与臂架变幅平面相垂直的平面）最大偏摆角的 0.7 倍来计算。

表 1-3-10 $\alpha_\text{II}$ 的控制值

| 起重机类别及回转速度 | 装卸用门座起重机 | | 安装用门座起重机 | | 轮胎式和汽车式起重机 | 塔式起重机 |
|---|---|---|---|---|---|---|
| | $n \geq 2$ r/min | $n < 2$ r/min | $n \geq 0.33$ r/min | $n < 0.33$ r/min | | |
| 臂架变幅平面内 | 12° | 10° | 4° | 2° | 3°~6° | 3°~6° |
| 垂直于臂架变幅平面内 | 14° | 12° | 4° | 2° | 3°~6° | 3°~6° |

在式(1-3-19)中，由总起升质量算出的水平力不得大于按偏摆角 $\alpha_\text{II}$ 算得的水平力，否则应减小回转加速度。同样，计算时忽略起重机自身质量的离心力。这时，总起升质量和臂架所受风力应单

独计算,并按最不利的方向作用。

6. 位移和变形引起的载荷

应考虑由位移和变形引起的载荷,如由预应力产生的结构变形和位移引起的载荷,由结构本身或安全限制器准许的极限范围内的偏斜,以及起重机其他必要的补偿控制系统初始响应产生的位移引起的载荷等。

还要考虑由其他因素导致起重机发生在规定极限范围内的位移或变形引起的载荷,例如由于轨道的间距变化,或由于轨道及起重机支承结构发生不均匀沉陷引起的载荷等。

(二)偶然载荷的计算

1. 偏斜运动时的水平侧向载荷 $P_s$

起重机偏斜运动时的水平侧向载荷是指装有车轮的起重机或小车在做稳定状态的纵向运行或横向运行过程中,由于跨度不准确、轨道不直、车轮安装不正以及两边运行阻力不同等因素,发生在其导向装置(例如车轮轮缘或水平导向轮)上由于导向的反作用引起的一种偶然出现的载荷。

对于桥架水平刚度较小的起重机,此一对偏斜运行水平侧向载荷 $P_s$ 垂直作用在同侧轨道的车轮轮缘或水平导向轮上;对于桥架水平刚度较大的起重机,也可能垂直作用在对角线车轮轮缘上或水平导向轮上,在水平面内形成一对力偶作用。

(1)计算方法

影响偏斜运行水平侧向载荷因素很多,准确计算比较困难。根据研究,偏斜运行水平侧向载荷与起重机的轮压、跨度 $S$ 与基距 $B$(或有效轴距 $a$)的比值 $S/B(S/a)$ 有关,可假设起重机金属结构为弱刚性系统及偏斜运行水平侧向载荷作用在同一侧端梁上,按经验公式(1-3-21)进行估算:

$$P_s = \frac{1}{2}\sum P \cdot \lambda \tag{1-3-21}$$

式中 $\sum P$——起重机承受侧向载荷一侧的端梁上与有效轴距有关的响应车轮经常出现的不计各种动力载荷系数的最大轮压之和(小车位置由相关工况决定,图 1-3-11、图 1-3-12 仅为示例);

$\lambda$——水平侧向载荷系数,按图 1-3-13 确定。

(2)最大轮压

最大轮压为起重机运行作业中不计动力效应不规定额定起升载荷位置的最大"静轮压"。由于许多起重机在起吊额定起升载荷时小车并不位于桥架端部极限位置;坝顶门式起重机起吊闸门时轮压最大,但此时大车并不运行。因此用"最大轮压"来计算偏斜运行侧向载荷比较合理、简明、符合实际情况。

(3)有效轴距

在多车轮的起重机中,用起重机有效轴距 $a$ 代替起重机的基距 $B$ 进行水平侧向载荷的计算更为合理,此有效轴距 $a$ 按下述原则确定:

1)当一侧端梁上装有 2 或 4 个大车车轮时,有效轴距取端梁两端最外边车轮轴的间距,见图1-3-12a、图 1-3-12b。

2)当一侧端梁上的车轮不超过 8 个时,有效轴距取两端最外边 2 个车轮中心线的间距,见图

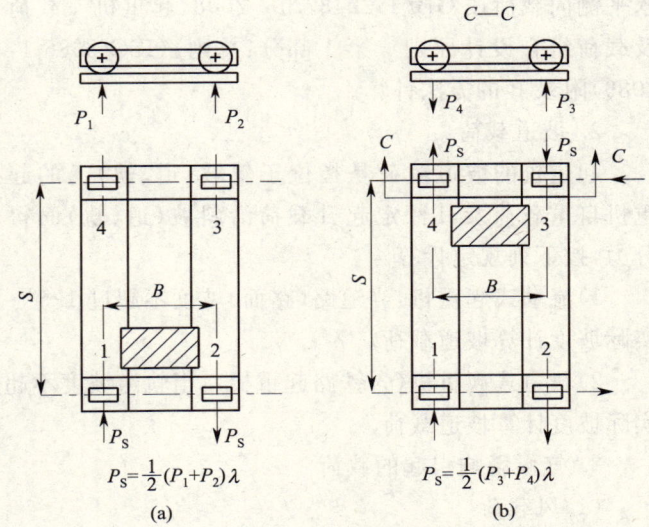

图 1-3-11 偏斜运行水平侧向载荷计算模型

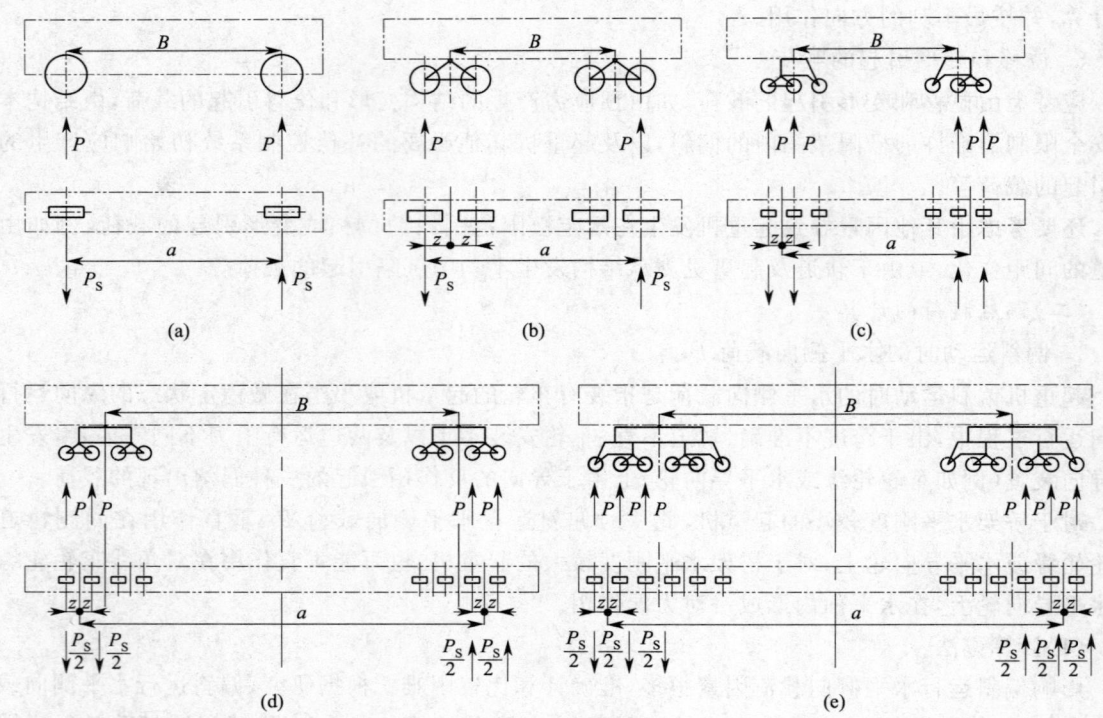

图 1-3-12 有效轴距及相应车轮轮压

1-3-12c、图 1-3-12d。

3）当一侧端梁上的车轮超过 8 个车轮时，有效轴距取端梁两端最外边 3 个车轮中心线的间距，见图 1-3-12e。

4）当端梁用球铰连接多轮胎车时，有效轴距为两铰链点的间距（偏斜运行水平侧向载荷按一侧端梁全部车轮最大轮压之和计算）。

5）当端梁装有水平导向轮时，有效轴距取端梁两端最外边两个水平导向轮轴的间距。此时，偏斜运行水平侧向载荷按 GB/T 22437.1—2008《起重机 载荷及载荷组合设计原则 第 1 部分：总则》（ISO 8686-1：1989）附录 F 的方法计算。

**2. 坡道载荷**

起重机的坡道载荷是指位于斜坡（道、轨）上的起重机自重载荷及其额定起升载荷沿斜坡（道、轨）面得分力，按下列规定计算：

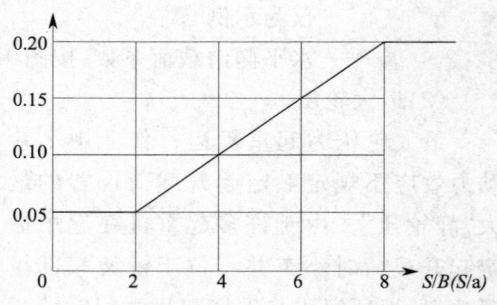

图 1-3-13 偏斜运行水平侧向载荷系数 λ

1）流动式起重机：当道路（路面）坡度不超过 1.5°～3°时不考虑坡道载荷，否则按路面或地面的实际坡度计算坡道载荷。

2）轨道式起重机（含铁路起重机）：当轨道坡度不超过 0.5‰ 时不考虑坡道载荷，否则按出现的实际坡度计算坡道载荷。

**3. 气候影响引起的载荷**

（1）风载荷

1）风载荷估算的原则：露天工作的起重机应考虑风载荷的作用。假定风载荷是沿起重机最不利的水平方向作用的静力载荷，计算风压值按不同类型起重机及其工作地区选取。计算风压分为工作状态风压和非工作状态风压两种。

2）计算风压 $p$：计算风压与瞬时风速有关，可按式（1-3-22）计算：

$$p=0.625v_s^2 \tag{1-3-22}$$

式中  $p$——计算风压($N/m^2$);

$v_s$——计算风速($m/s$)。

计算风压按空旷地区离地 10 m 高度处的计算风速来确定。工作状态的计算风速 $v_s$ 按阵风风速(即 3 s 时距的平均瞬时风速)考虑,其取值为 10 min 时距平均风速的 1.5 倍。3 级风以上的计算风压 $p$、3 s 时距平均瞬时风速 $v_s$、10 min 时距平均风速 $v_p$ 与风力等级的对应关系参见表 1-3-11,风力等级见表 1-3-12。

**表 1-3-11  计算风压 $p$、3 s 时距平均瞬时风速 $v_s$、10 min 时距平均风速 $v_p$ 与风力等级的对应关系**

| $p/(N/m^2)$ | $v_s/(m/s)$ | $v_p/(m/s)$ | $v_p/(km/h)$ | 风级 |
|---|---|---|---|---|
| 30 | 6.9 | 4.6 | 16.6 | 3 |
| 40 | 8.0 | 5.3 | 19.0 | 3 |
| 43 | 8.3 | 5.5 | 19.8 | 4 |
| 50 | 8.9 | 6.0 | 21.6 | 4 |
| 80 | 11.3 | 7.5 | 27.0 | 5 |
| 100 | 12.6 | 8.4 | 30.2 | 5 |
| 125 | 14.1 | 9.4 | 33.8 | 5 |
| 150 | 15.5 | 10.3 | 37.1 | 5 |
| 250 | 20.0 | 13.3 | 47.9 | 6 |
| 350 | 23.7 | 15.8 | 56.9 | 7 |
| 400 | 25.3 | 16.9 | 60.8 | 7 |
| 500 | 28.3 | 18.9 | 68.0 | 8 |
| 600 | 31.0 | 22.1 | 79.6 | 9 |
| 800 | 35.8 | 25.6 | 92.2 | 10 |
| 1000 | 40.0 | 28.6 | 103.0 | 11 |
| 1100 | 42.0 | 30.0 | 108.0 | 11 |
| 1200 | 43.8 | 31.3 | 112.7 | 11 |
| 1300 | 45.6 | 32.6 | 117.4 | 12 |
| 1500 | 49.0 | 35.0 | 126.0 | 12 |
| 1800 | 53.7 | 38.4 | 138.2 | 13 |
| 1890 | 55.0 | 39.3 | 141.5 | 13 |
| 2000 | 56.6 | 40.4 | 145.4 | 13 |
| 2250 | 60.0 | 42.9 | 154.4 | 14 |

注:1. 表中离地 10 m 高处 $p$ 与 $v_s$ 符合 EN 13001—2:2004 的公式(1-3-32);

2. 根据 EN 13001—2:2004,$v_s$ 与 $v_p$ 的换算系数:工作状态风为 1.5;非工作状态风为 1.4;

3. 对应的风级可由 $v_p$ 查得,但 $v_p$ 不一定是该风级的中心风速,允许偏离中心值;

4. 表中风压值 $p$,500 及以下为工作状态数值,600 及以上为非工作状态数值。

3)工作状态风载荷 $P_{WⅡ}$:工作状态风载荷是指起重机在工作时应能承受的最大风力。工作状态风压沿起重机全高取为定值,不考虑高度变化($K_h=1$)。为限制工作风速不超过极限值而采用风速测量装置时,通常将它安装在起重机的最高处。工作状态计算风压为 $p_Ⅰ$ 和 $p_Ⅱ$,$p_Ⅰ$ 是起重机国内工作状态的正常计算风压,用于选择电动机功率的阻力计算及发热验算;$p_Ⅱ$ 是起重机工作状态的最大计算风压,用于计算机构零部件和金属结构的强度、刚度及稳定性,验算驱动装置的过载能力以及起重机整机的抗倾覆稳定性、抗风防滑安全性等。

工作状态的计算风速和风压见表 1-3-13。如采用不同于表列风速和风压值,应在起重机设计和使用说明书中予以说明。

表 1-3-12 风力等级表

| | 风级 | 名称 | 景物征象 | 10 min 时距平均风速 $v_p$ | |
|---|---|---|---|---|---|
| | | | | m/s | km/h |
| 蒲福氏风力等级 | 0 | 无风 | 烟直上 | 0～0.29 | <1 |
| | 1 | 轻风 | 烟有方向,风标不转 | 0.3～1.4 | 1～5 |
| | 2 | 轻风 | 树叶微动,风标能转 | 1.5～3.1 | 6～11 |
| | 3 | 微风 | 微枝摇动,旌旗展开 | 3.2～5.4 | 12～19 |
| | 4 | 和风 | 小枝摇动,吹起纸张 | 5.5～7.8 | 20～28 |
| | 5 | 清劲风 | 中树枝摇动,水面小波 | 7.9～10.6 | 29～38 |
| | 6 | 强风 | 大树枝摇动,举伞困难 | 10.7～13.6 | 39～49 |
| | 7 | 疾风 | 全树摇动,逆风难行 | 13.7～17.0 | 50～61 |
| | 8 | 大风 | 树枝折断,逆行受阻 | 17.1～20.6 | 62～74 |
| | 9 | 烈风 | 烟囱受损,小屋破坏 | 20.7～24.4 | 75～88 |
| | 10 | 狂风 | 陆上少见,树倒屋毁 | 24.5～28.4 | 89～102 |
| | 11 | 暴风 | 陆上很少,重大摧毁力 | 28.5～32.5 | 103～117 |
| | 12 | 飓风 | 陆上绝少,极大摧毁力 | ≥32.6 | ≥118 |
| 中华人民共和国热带气旋等级 | 12 | | | 32.6～37.0 | 118～133 |
| | 13 | | | 37.1～41.4 | 134～149 |
| | 14 | | | 41.5～46.1 | 150～166 |
| | 15 | | | 46.2～50.8 | 167～183 |
| | ≥16 | | | ≥51.1 | ≥184 |

表 1-3-13 工作状态计算风压和计算风速

| 地区 | | 计算风压 $p/(N/m^2)$ | | 与 $p_{II}$ 相应的计算风速 $v_s/(m/s)$ |
|---|---|---|---|---|
| | | $p_I$ | $p_{II}$ | |
| 在一般风力下工作的起重机 | 内陆 | 0.6$p_{II}$ | 150 | 15.5 |
| | 沿海、台湾省及南海诸岛 | | 250 | 20.0 |
| 在 8 级风中应继续工作的起重机 | | | 500 | 28.3 |

注:1. 沿海地区是指离海岸线 100 km 以内的陆地或海岛地区。
2. 特殊用途的起重机的工作状态计算风压允许作特殊规定。流动式起重机(即汽车起重机、轮胎起重机和履带起重机)的工作状态计算风压,当起重机臂长小于 50 m 时取为 125 N/m²;当臂长等于或大于 50 m 时按使用要求决定(一般可取 60 N/m²～80 N/m²)。

作用在起重机上的工作状态风载荷有两种情况:

a. 当风向与构件的纵轴线或构架表面垂直时,沿此风向的风载荷按下式计算:

$$P_{WI} = Cp_I A$$
$$P_{WII} = Cp_{II} A$$
(1-3-23)

式中 $P_{WI}$——作用在起重机上的工作状态正常风载荷(N);
$P_{WII}$——作用在起重机上的工作状态最大风载荷(N);
$C$——风力系数;
$p$——工作状态计算风压,根据计算内容,由表 1-3-13 选取 $p_I$ 或 $p_{II}$(N/m²);
$A$——起重机构件垂直于风向的实体迎风面积(m²),它等于构件迎风面积的外形轮廓面积 $A_0$ 乘以结构迎风面充实率 $\varphi$,即 $A=A_0\varphi$。$A_0$ 和 $\varphi$ 见图 1-3-14b 中的说明。

起重机结构上总的风载荷为其各组成部分风载荷的总和。

b. 当风向与构件纵轴线或构架表面呈某一角度时，沿此风向载荷按式(1-3-24)计算：

$$\begin{cases} P_{\text{W I}} = C p_{\text{I}} A \sin^2\theta \\ P_{\text{W II}} = C p_{\text{II}} A \sin^2\theta \end{cases} \tag{1-3-24}$$

式中　$A$——构件平行于构件纵轴线的正面迎风面积($m^2$)；
　　　$\theta$——风向与构件纵轴或构架表面的夹角($\theta<90°$)(°)。

作用在起重机吊运物品上的风载荷由式(1-3-25)确定：

$$\begin{cases} P_{\text{WQ I}} = 1.2 p_{\text{I}} A_{\text{Q}} \\ P_{\text{WQ II}} = 1.2 p_{\text{II}} A_{\text{Q}} \end{cases} \tag{1-3-25}$$

式中　$P_{\text{WQ I}}$——作用在吊运物品上的工作状态正常风载荷(N)；
　　　$P_{\text{WQ II}}$——作用在吊运物品上的工作状态最大风载荷(N)；
　　　$A_{\text{Q}}$——吊运物品的最大迎风面积($m^2$)。

如果起重机是吊运某些特定尺寸和形状的物品，则应该根据该物品相应的尺寸和外形确定迎风面积；当该面积不明确时，可按表 1-3-14 估算物品的迎风面积。

表 1-3-14　起重机吊运物品迎风面积的估算值

| 吊运物品质量/t | 1 | 2 | 3 | 5<br>6.5 | 8 | 10 | 12.5 | 15<br>16 | 20 | 25 | 30<br>32 | 40 |
|---|---|---|---|---|---|---|---|---|---|---|---|---|
| 迎风面积估算值/$m^2$ | 1 | 2 | 3 | 5 | 6 | 7 | 8 | 10 | 12 | 15 | 18 | 22 |
| 吊运物品质量/t | 50 | 63 | 75<br>80 | 100 | 125 | 150<br>160 | 200 | 250 | 280 | 300<br>320 | 400 | |
| 迎风面积估算值/$m^2$ | 25 | 28 | 30 | 35 | 40 | 45 | 55 | 65 | 70 | 75 | 80 | |

4) 风力系数 $C$。

a. 单根构件、单片平面桁架结构的风力系数。表 1-3-15 给出了单根构件、单片桁架结构和机器房的风力系数 $C$ 值。单根构件的风力系数 $C$ 值随构件的空气动力长细比($l/b$ 或 $l/D$)而变化。对于大箱形截面构件，还要随构件截面尺寸比 $b/d$ 而变化。空气动力长细比和构件截面尺寸比等在风力系数计算中的定义见图 1-3-14a、图 1-3-14c。

表 1-3-15　风力系数 $C$

| 类型 | 说　明 | | 空气动力长细比 $l/b$ 或 $l/D$ | | | | | |
|---|---|---|---|---|---|---|---|---|
| | | | ≤5 | 10 | 20 | 30 | 40 | ≥50 |
| 单根构件 | 轧制型钢、矩形型材、空心型材、钢板 | | 1.30 | 1.35 | 1.60 | 1.65 | 1.70 | 1.90 |
| | 圆形型钢构件 | $Dv_s<6\ m^2/s$ | 0.75 | 0.80 | 0.90 | 0.95 | 1.00 | 1.10 |
| | | $Dv_s\geqslant6\ m^2/s$ | 0.60 | 0.65 | 0.70 | 0.70 | 0.75 | 0.80 |
| | 箱形截面构件，大于 350 mm 的正方形和 250 mm×450 mm 的矩形 | $b/d$ | | | | | | |
| | | ≥2.00 | 1.55 | 1.75 | 1.95 | 2.10 | 2.20 | |
| | | 1.00 | 1.40 | 1.55 | 1.75 | 1.85 | 1.90 | — |
| | | 0.50 | 1.00 | 1.20 | 1.30 | 1.35 | 1.40 | |
| | | 0.25 | 0.80 | 0.90 | 0.90 | 1.00 | 1.00 | |
| 单片平面桁架 | 直边型钢桁架结构 | | 1.70 | | | | | |
| | 圆形型钢桁架结构 | $Dv_s<6m^2/s$ | 1.20 | | | | | |
| | | $Dv_s\geqslant6m^2/s$ | 0.80 | | | | | |
| 机器房等 | 地面上或实体基础上的矩形外壳结构 | | 1.10 | | | | | |
| | 空中悬置的机器房或平衡重等 | | 1.20 | | | | | |

注：1. 单片平面桁架式结构上的风载荷可按单根构件的风力系数逐根计算后相加，也可按整片方式选用直边型钢或圆形型钢桁架结构的风力系数进行计算；当桁架结构由直边型钢和圆形型钢混合制成时，宜根据每根构件的空气动力长细比和不同气流状态[$Dv_s<6\ m^2/s$ 或 $Dv_s\geqslant6\ m^2/s$，$D$ 为圆形型钢直径，单位为米]，采用逐根计算后相加的方法。

2. 除了本表提供的数据外，由风洞试验或者实物模型试验获得的风力系数值，也可以使用。

b. 正方形格构式塔架的风力系数。在计算正方形格构塔架正向迎风面得总风载荷时,应将单(前)片桁架实体迎风面积乘以下列总风力系数:

由直边型材构成的塔身,总风力系数为:$1.7(1+\eta)$;

由圆形型材构成的塔身,$Dv_s < 6 \text{ m}^2/\text{s}$ 时,总风力系数为:$1.2(1+\eta)$;

$Dv_s < 6 \text{ m}^2/\text{s}$ 时,总风力系数为:$1.4$。

其中 $\eta$ 值按表 1-3-16 中的 $a/b=1$ 时相对应的结构迎风面充实率 $\varphi$ 查取。

对正方形塔架,当风沿塔身截面对角线方向作用时,风载荷最大,可取为正向迎风面风载荷的 1.2 倍。

c. 管材制成的三角形截面空间桁架(下弦干可用矩形管材或组合封闭杆件)的侧向风力系数为 1.3,其迎风面积取为该空间桁架的侧向投影面积。

d. 单根梯形截面构件(梁)(空气动力长细比 $l/b=10 \sim 15$,截面高宽比 $b/d \approx 1$)在侧向风力作用下风力系数为 $1.5 \sim 1.6$。

5)挡风折减系数 $\eta$。挡风折减系数分为三种情况计算:

a. 两片结构的挡风折减　当两片等高且型式相同的构件或构架平行布置相互遮挡时,整体结构上的风载荷仍用式(1-3-23)或式(1-3-24)计算,但其总迎风面积需作修改,即前片构件的迎风面积 $A_1$ 保持不变,而后片构件的迎风面积应考虑前片对后片的挡风折减影响,要用后片结构的迎风面积 $A_2(A_2=A_1)$ 乘以表中 1-3-16 给出的挡风折减系数 $\eta$ 来计算。

表 1-3-16　挡风折减系数 $\eta$

| 间隔比 $a/b$ | (前片)桁架结构迎风面充实率 $\varphi$ | | | | | |
|---|---|---|---|---|---|---|
| | 0.1 | 0.2 | 0.3 | 0.4 | 0.5 | ≥0.6 |
| 0.5 | 0.75 | 0.40 | 0.32 | 0.21 | 0.15 | 0.10 |
| 1.0 | 0.92 | 0.75 | 0.59 | 0.43 | 0.25 | 0.10 |
| 2.0 | 0.95 | 0.80 | 0.63 | 0.50 | 0.33 | 0.20 |
| 4.0 | 1.00 | 0.88 | 0.76 | 0.66 | 0.55 | 0.45 |
| 5.0 | 1.00 | 0.95 | 0.88 | 0.81 | 0.75 | 0.68 |
| 6.0 | 1.00 | 1.00 | 1.00 | 1.00 | 1.00 | 1.00 |

$\eta$ 值的选取随图 1-3-14b、图 1-3-14c 中所定义的前片结构迎风面的充实率 $\varphi$ 和间隔 $a/b$ 比而变化。此时,整体结构的总迎风面积为:

$$A = A_1 + \eta A_2 = (1+\eta) A_1 \tag{1-3-26}$$

b. $n$ 片构件的防风折算,对于 $n$ 片型式相同且彼此等间隔平行布置的结构或构件,在纵向风力作用下,应考虑前片结构对后片结构的重叠挡风折减作用,此时结构纵向的总迎风面积 $A$ 按式(1-3-27)计算:

$$A = (1+\eta+\eta^2+\cdots+\eta^{n-1})\varphi A_{01} = \frac{1-\eta^n}{1-\eta}\varphi A_{01} \tag{1-3-27}$$

式中　$\eta$——当风折减系数;

$\varphi$——第一片结构的迎风面充实率;

$A_{01}$——第一片结构的外形轮廓面积($\text{m}^2$)。

当按式(1-3-27)算得的迎风面积 $A$ 和用式(1-3-23)或式(1-3-28)计算结构总风载荷时,因各片结构型式相同,只用其中一片结构的风力系数 $C$ 相乘即可。

c. 工字形截面梁和桁架的混合结构,前片对后片构件的挡风折减。对工字形截面梁和桁架的混合结构、前片对后片构件的挡风折减系数 $\eta$,见图 1-3-15 和图 1-3-16。

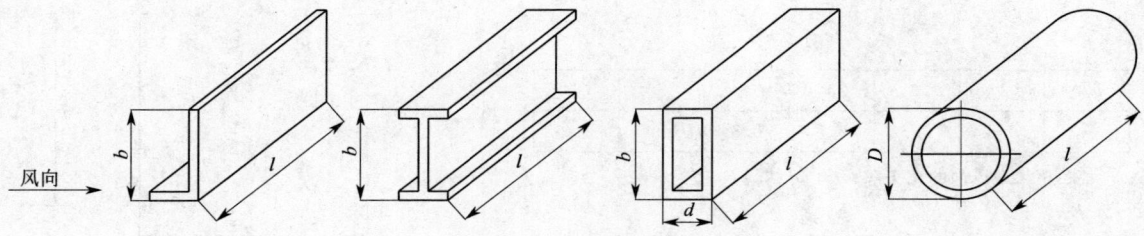

空气动力长细比 $=\dfrac{构件长度}{迎风面的截面高(宽)度}=\dfrac{l}{b}$ 或 $\dfrac{l}{D}$

在格构式结构中，单根构件的长度 $l_i$ 取为相邻节点的中心间距，参见图(b)

(a)

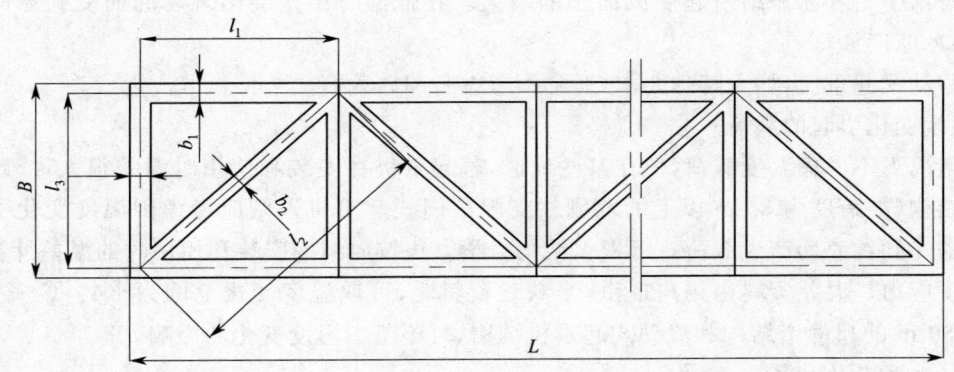

结构迎风面充实率 $\varphi=\dfrac{实体部分面积}{轮廓面积}=\dfrac{A}{A_0}=\sum\limits_1^n\dfrac{l_i\times b_i}{L\times B}=\dfrac{\sum\limits_1^n l_i\times b_i}{L\times B}$

(b)

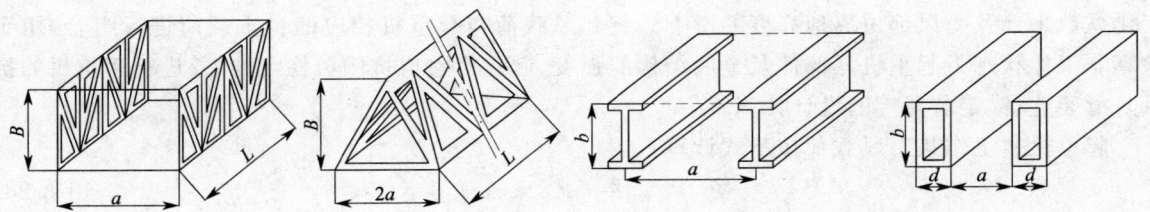

间隔比 $=\dfrac{两片构件相对面之间的距离}{构件迎风面的高(宽)度}=\dfrac{a}{b}$ 或 $\dfrac{a}{B}$，其中 $a$ 取构件外露表面几何形状中的最小可能值

构件截面尺寸比 $=\dfrac{构件截面迎风面的截面高度}{平行于风向的截面深(宽)度}=\dfrac{b}{d}$（对箱形截面）

(c)

图 1-3-14 风力系数计算中的定义

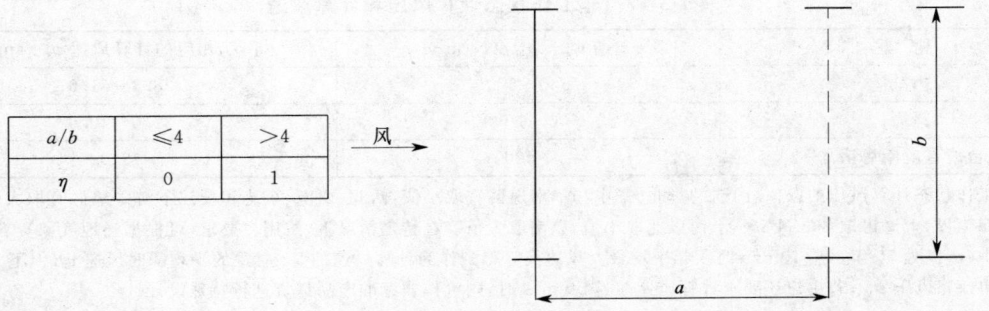

| $a/b$ | $\leqslant 4$ | $>4$ |
|---|---|---|
| $\eta$ | 0 | 1 |

图 1-3-15 前片为工字形截面梁，后片为桁架的混合结构的挡风折减系数

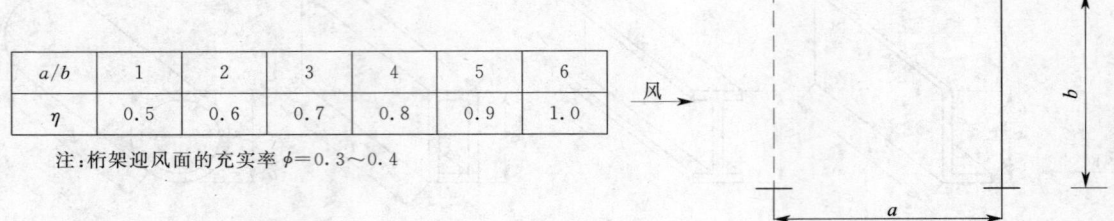

| $a/b$ | 1 | 2 | 3 | 4 | 5 | 6 |
|---|---|---|---|---|---|---|
| $\eta$ | 0.5 | 0.6 | 0.7 | 0.8 | 0.9 | 1.0 |

注：桁架迎风面的充实率 $\phi=0.3\sim0.4$

图 1-3-16　前片为桁架，后片为工字形截面梁的混合结构的挡风折减系数

**（2）雪和冰载荷**

雪和冰载荷应根据我国地理气候条件加以考虑。在寒冷地区，可取雪压为 500 N/m²～1 000 N/m²。也应该考虑由于雪和冰积结引起受风面积的增大。在低温下结构会出现冰冻而受到冰的重力作用，可按结冰厚度计算。

对于移动式起重机，如无特殊要求，通常不考虑雪和冰载荷。

**（3）温度变化引起的载荷**

一般情况下不考虑温度载荷，但在某些地区，若起重机在安装和使用时温差很大，或跨度较大的超静定结构（如跨度为 30 m 以上的双刚性支腿的门式起重机），则应考虑因温度变化引起结构件热胀冷缩受到约束而产生载荷。可根据结构力学方法按照结构安装和使用时的温差计算超静定结构的温度应力。温差资料由用户提供，当缺乏资料时，可取温度变化范围为 +40 ℃～-30 ℃。跨度小于 30 m 的超静定结构和流动式起重机结构，可不考虑温度变化的影响。

**（三）特殊载荷的计算**

**1. 非工作状态风载荷 $P_{w\mathrm{III}}$**

非工作状态风载荷，是起重机在不工作时所能承受的最大风力作用。非工作状态计算风压和与之相应的计算风速列于表 1-3-17 中。计算非工作状态风载荷时，要用表 1-3-18 所列的风压高度变化系数来计及受风部位离地高度的影响。将此风载荷与起重机相应的自重载荷进行组合，用于验算非工作状态下起重机零部件及金属结构的强度、起重机整机抗倾覆稳定性，并进行起重机的抗风防滑装置、锚定装置等的设计计算。

起重机非工作状态风载荷按下式计算：

$$P_{w\mathrm{III}}=CK_h p_{\mathrm{III}} A \tag{1-3-28}$$

式中　$P_{w\mathrm{III}}$——起重机的非工作状态风载荷（N）；

$p_{\mathrm{III}}$——非工作状态计算风压，见表 1-3-17（N/m²）；

$K_h$——风压高度变化系数，见表 1-3-18；

$C$、$A$——同式（1-3-23）。

在计算非工作状态风载荷时，还应考虑从总起升质量 $m$ 中卸除了有效起升质量 $\Delta m$ 后还悬吊着的吊具质量 $\eta m$ 仍受到非工作风力的作用，系数 $\eta$ 为：$\eta=1-(\Delta m/m)$。

表 1-3-17　非工作状态计算风压和计算风速

| 地　区 | 计算风压 $p_{\mathrm{III}}^{2)}$/(N/m²) | 与 $p_{\mathrm{III}}$ 相应的计算风速 $v_s^{3)}$/(m/s) |
|---|---|---|
| 内陆[1] | 500～600 | 28.3～31.0 |
| 沿海[1] | 600～1 000 | 31.0～40.0 |
| 台湾省就南海诸岛 | 1 500 | 49.0 |

1) 非工作状态计算风压的取值，内陆的华北、华中和华南地区宜取小值，西北、西南、东北和长江下游等地区宜取大值；沿海以上海为界，上海可取 800 N/m²，上海以北取小值，以南取大值。在特定情况下，按用户要求，可根据当地气象资料提供的离地 10 m 高处 50 年一遇 10 min 时距年平均最大风速换算得到作为计算风速的 3 s 时距的平均瞬时风速 $v_s$（但不大于 50 m/s）和计算风压 $p_{\mathrm{III}}$；若用户还要求计算风速超过 50 m/s 时，则可作非标准产品订货进行特殊设计。

2) 在海上航行的起重机，可取 $p_{\mathrm{III}}=1\,800$ N/m²，但不考虑风压高度变化，即取 $K_h=1$。

3) 沿海地区、台湾省及南海诸岛港口大型起重机抗风防滑系统及锚定装置的设计，所用的计算风速 $v_s$ 不应小于 55 m/s。

表 1-3-18　风压高度变化系数 $K_h$

| 离地(海)面高度 $h/m$ | ≤10 | 10~20 | 20~30 | 30~40 | 40~50 | 50~60 | 60~70 | 70~80 | 80~90 | 90~100 | 100~110 | 110~120 | 120~130 | 130~140 | 140~150 |
|---|---|---|---|---|---|---|---|---|---|---|---|---|---|---|---|
| 陆上按 $\left(\dfrac{h}{10}\right)^{0.3}$ 计算 | 1.00 | 1.13 | 1.32 | 1.46 | 1.57 | 1.67 | 1.75 | 1.83 | 1.90 | 1.96 | 2.02 | 2.08 | 2.13 | 2.18 | 2.23 |
| 海上及海岛按 $\left(\dfrac{h}{10}\right)^{0.2}$ 计算 | 1.00 | 1.08 | 1.20 | 1.28 | 1.35 | 1.40 | 1.45 | 1.49 | 1.53 | 1.56 | 1.60 | 1.63 | 1.65 | 1.68 | 1.70 |

注：计算非工作状态风载荷时，可沿高度划分成 10 m 高的等风压段，以各段中点高度的系数 $K_h$（即表列数字）乘以计算风压；也可以取结构顶部的计算风压作为起重机全高的定值风压。

对臂架长度不大于 30 m 且臂架不工作时能方便放倒在地上的流动式起重机、带伸缩臂架的低位回转起重机和依靠自身机构在非工作时能够将塔身方便缩回的塔式起重机，只需按其低位置进行非工作状态风载荷验算。在这些起重机的使用说明书中都要写明，在不工作时要求将臂架和塔身固定好，以使其能抵抗暴风的袭击。

2. 碰撞载荷

起重机的碰撞载荷是指同一运行轨道上两相邻起重机之间碰撞或起重机与轨道端部缓冲止挡件碰撞时产生的载荷，起重机应设置减速缓冲装置以减小碰撞载荷。碰撞载荷 $P_c$ 取决于碰撞质量和碰撞速度，按缓冲器所吸收的动能计算。缓冲器是一种安全装置，其形式有弹簧、橡胶和液压的。为减小碰撞载荷，常在缓冲器前面适当位置装设限位开关或自动减速装置，以切断电源，减小碰撞速度。计算碰撞载荷时，通常忽略起重机(或小车)运行阻力的影响。

起重机(或小车)碰撞时的动能为：$E_k = 0.5(m_G + \beta_5 m_2) v_p^2$

碰撞使缓冲器作功，即：$W = \xi P_c \mu$

根据能量相等原理，$W = E_k$，则碰撞载荷为：

$$P_c = \frac{(m_G + \beta_5 m_2) v_p^2}{2\xi\mu} \tag{1-3-29}$$

式中　$m_G$——起重机(或小车)质量(kg)；

　　　$m_2$——总起升质量(kg)；

　　　$\beta_5$——起升质量影响系数，对于吊钩起重机，$\beta_5 = 0$；对于刚性导架起重机，$\beta_5 = 1$；

　　　$v_p$——碰撞速度，$v_p = k v_y$，$k$ 为减速系数，参见(2)1)、2)(m/s)；

　　　$v_y$——额定运行速度(m/s)；

　　　$\mu$——缓冲器行程(压缩量)(m)；

　　　$\xi$——缓冲器相对缓冲能量(特性系数)，见图 1-3-17 的说明。

(1) 作用在缓冲器的连接部件上或止挡件上的缓冲碰撞力

对于桥式、门式、臂架起重机，以额定运行速度计算缓冲器的连接与固定部件上和止挡件上的缓冲碰撞力。

(2) 作用在起重机结构上的缓冲碰撞力

当水平运行速度 $v_y \leq 0.7$ m/s 时，不考虑此缓冲碰撞力。

当水平运行速度 $v_y > 0.7$ m/s 时，应考虑以下情况的缓冲碰撞力：

1) 对装有终点行程限位开关及能可靠起减速作用的控制系统的起重机，按加速后的实际碰撞速度(但不小于 50% 的额定运行速度，$k = 0.5$)来计算各运动部分的动能，由此算出缓冲器吸收的动能，从而算出起重机金属结构上的缓冲碰撞力；

2) 对未装可靠的自动减速限位开关的起重机，碰撞时的计算速度：大车(起重机)取 85% 的额定运行速度，$k = 0.85$，小车取额定运行速度，以此来计算缓冲器所吸收的动能，并按该动能来计算起重机金属结构上的缓冲碰撞力；

3) 在计算缓冲碰撞力时，对于物品被刚性吊挂或装有刚性导架以限制悬吊的物品水平移动的

起重机,要将物品质量的动能考虑在内;对于悬吊的物品能自由摆动的起重机,则不考虑物品质量动能的影响;

4) 缓冲碰撞力在起重机上的分布,取决于起重机(对装有刚性导架限制悬吊物品摆动的起重机,还包括物品)的质量分布情况。计算时要考虑小车处在最不利位置,计算中不考虑起升冲击系数 $\phi_1$、起升动载系数 $\phi_2$ 和运行冲击系数 $\phi_4$。

(3) 缓冲器碰撞弹性效应系数 $\phi_7$:用 $\phi_7$ 与缓冲碰撞力相乘,以考虑用刚体模型分析所不能估算的弹性效应。$\phi_7$ 的取值与缓冲器的特性有关:对于具有线性特性的缓冲器(如弹簧缓冲器),$\phi_7$ 取为 1.25;对于具有矩形特性的缓冲器(如液压缓冲器),$\phi_7$ 取为 1.6;对其他特性的缓冲器(如橡胶、聚氯乙烯等缓冲器),$\phi_7$ 值要通过试验或计算确定,见图 1-3-17。

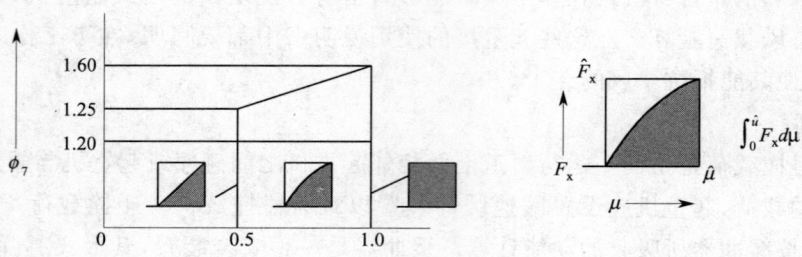

图 1-3-17 系数 $\phi_7$ 的取值

$$\xi = \frac{1}{\hat{F}_x \hat{\mu}} \int_0^{\hat{\mu}} F_x \mathrm{d}\mu$$

式中 $\xi$——相对缓冲能量;

$\hat{F}_x$——最大缓冲碰撞力;

$\hat{\mu}$——最大缓冲行程;

$F_x$——缓冲碰撞力;

$\mu$——缓冲行程。

具有线性特性的缓冲器,$\xi=0.5$;具有矩形特性的缓冲器,$\xi=1.0$。

$\phi_7$ 中间值的估算如下:若 $0 \leqslant \xi \leqslant 0.5$,$\phi_7=1.25$

若 $0.5 \leqslant \xi \leqslant 1.0$,$\phi_7=1.25+0.7(\xi-0.5)$

(4) 在刚性导架中升降的悬吊物品的缓冲碰撞力:对于物品沿刚性导架升降的起重机,要考虑该物品和固定障碍物碰撞引起的缓冲碰撞力。此力是作用在物品所在的高度上并力图使起重小车车轮抬起的水平力。

3. 侧翻水平力 $P_{SL}$

对带刚性升降导架的起重机,当其在水平移动时,受到水平方向的阻碍与限制,例如在起重机刚性导架中升降的悬吊物品、起重机取物装置(吊具)或起重机刚性升降导架下端等与障碍物相碰撞,则会产生一个水平方向作用的、引起起重机(大车)或小车倾翻的倾翻水平力 $P_{SL}$(见图 1-3-18)。

无反滚轮的小车刚性导架吊具下端或物品下端碰到障碍物后,使得小车被抬起(图 1-3-18a)或者使大车主动车轮打滑。

无反滚轮小车的侧翻水平力 $P_{SL}$ 按式(1-3-30)计算:

$$P_{SL} = \frac{(P_{Gx}+P_Q)K}{2h}$$

$$P_{SL} = \mu P_z$$

(1-3-30)

式中 $P_{Gx}$——小车自重载荷(kN);

$P_Q$——额定起升载荷(kN);

$K$——小车轨距(m);

$h$——水平力 $P_{SL}$ 作用线至小车轨顶的铅垂距离(m);

$\mu$——车轮与轨道间平均的滑动摩擦系数,取 0.14;

$P_z$——大车主动轮静轮压之和(kN)。

倾翻水平力的极限值取式(1-3-30)中的较小者。

有反滚轮的小车在下端碰到障碍物后(图 1-3-18b),侧翻水平力仅由大车主动轮打滑条件所限制。

由于侧翻水平力 $P_{SL}$ 的存在,使小车轮压发生变化。无反滚轮的小车在小车的一侧被抬起时,对桥架主梁的影响很大,此时包括小车自重载荷、起升载荷和侧翻水平力 $P_{SL}$ 在内的全部载荷均由另一侧的主梁承担;有反滚轮的小车除上述作用力外,还要考虑侧翻水平力 $P_{SL}$ 对主梁引起的垂直附加载荷 $P'_{SL}$ 的作用,见图 1-3-18b。

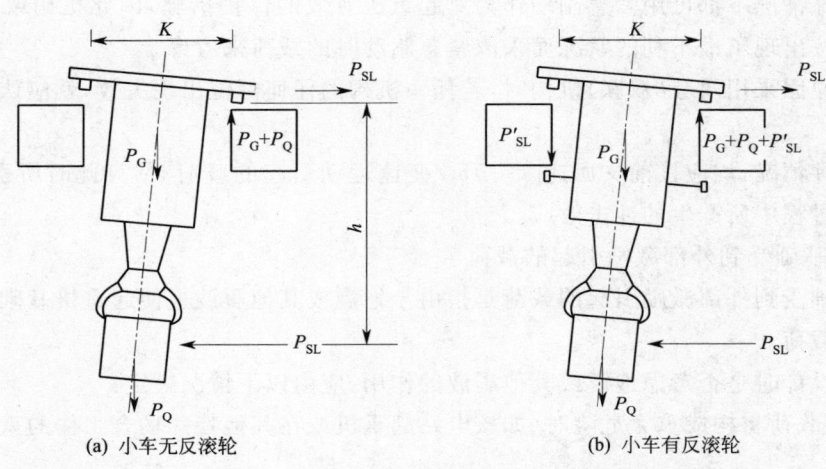

(a) 小车无反滚轮　　　　　　(b) 小车有反滚轮

图 1-3-18　带刚性升降导架的起重机的侧翻水平力

有反滚轮的小车的侧翻水平力 $P_{SL}$ 对主梁的垂直附加载荷 $P'_{SL}$ 按式(1-3-31)计算:

$$P'_{SL} = \mu P_z \frac{h}{K} - \frac{1}{2}(P_{Gx} + P_Q) \tag{1-3-31}$$

如果具有侧翻趋势的起重机或小车能够自行回落到正常位置,还应考虑对支承结构的垂直撞击力。

上述计算中均不考虑起升冲击系数 $\phi_1$、起升动载系数 $\phi_2$ 和运行冲击系数 $\phi_4$,也不考虑运行惯性力,并假定 $P_{SL}$ 作用在物品或吊具的最下端(无物品时)。

**4. 试验载荷**

起重机在投入使用前,应进行超载静态试验和超载动态试验。试验场地应坚实、平整,试验时风速不应大于 8.3 m/s。

(1)静态试验载荷　试验时起重机静止不动,静态试验载荷作用于起重机最不利位置,且应平稳无冲击地加载。除订货合同有其他要求之外,静态试验载荷 $P_{jt} = 1.25P$,其中 $P$ 定义为:

1)对于流动式起重机,$P$ 为有效起重量与可分及固定吊具质量总和的重力;

2)对于其他起重机,$P$ 为额定起重量的重力,此额定起重量不包括作为起重机固有部分的任何吊具的质量。

(2)动态试验载荷　试验时起重机需完成各种运动和组合运动,动态试验载荷应作用于起重机最不利位置。除订货合同有更高的要求以外,动态试验载荷 $P_{jt} = 1.1P$,$P$ 的定义同上。在验算时此项试验载荷 $P_{dt}$ 应乘以由式(1-3-32)给出的动态试验载荷起升动载系数 $\phi_6$。

$$\phi_6 = 0.5(1 + \phi_2) \tag{1-3-32}$$

式中　$\phi_6$——动态试验载荷起升动载系数;

$\phi_2$——起升动载系数,见式(1-3-12)。

(3)特殊情况

1)有特殊要求的起重机,其试验载荷可以取与上述不同而更高的值,应在订货合同或有关的产品标准中规定。

2)如静态试验和动态试验载荷的数值高于上述的规定,则应按实际试验载荷值验算起重机的承载能力。

**5. 意外停机引起的载荷**

应考虑意外停机瞬间的最不利驱动状态(即意外停机时的突然制动力或加速力与最不利的载荷相组合),动载系数 $\phi_5$ 取值见表 1-3-8。

**6. 机构(或部件)失效引起的载荷**

在各种特殊情况下都可用紧急制动作为对起重机有效的保护措施,因此机构或部件突然失效时的载荷都可按出现了最不利的状况而采取紧急制动时的载荷来考虑。

当为安全原因采用两套(双联)机构时,若任一机构的任何部位出现失效,就应认为该机构发生了失效。

对上述两种情况,均应按前文所述[(一)5. 变速运动引起的载荷]估算此时所引起的载荷,并考虑力的传递过程中所产生的冲击效应。

**7. 起重机基础受到外部激励引起的载荷**

起重及基础受到外部激励引起的载荷是指由于地震或其他震波迫使起重机基础发生震动而对起重机引起的载荷。

金属结构设计时是否考虑地震或其他震波的作用,应由以下情况决定:

(1)如这类载荷将构成重大危险时(如核电站起重机或在其他特殊场合工作的重要起重机),则考虑此类载荷。

(2)如政府颁布法规或技术规范对此有明确的要求,则应根据相应的法规或技术规范考虑此类载荷。

(3)如用户向制造商提出此项要求,并提供当地相应的地震谱等信息以供设计使用时,则考虑此类载荷,否则可不予考虑。

地震时由于地壳运动对结构产生的水平惯性力即为地震载荷。

按地震时震源所释放的能量大小,将地震分成若干震级,地震影响到相当范围的地区,称为地震区。震源正对的地面称为震中,其破坏力最大。地震度建筑物的破坏程度称为地震烈度,按其强弱分为 12 度。震级愈高,震中的烈度愈强,离震中愈远烈度逐渐减弱,形成若干个不同的烈度取。震级与震中烈度的关系列于表 1-3-19。

起重机结构所受的地震载荷按式(1-3-33)计算:

$$P_d = k_d P_{Gi} \tag{1-3-33}$$

式中　$P_{Gi}$——起重机或其相应部分质量的重力(N);

　　　$k_d$——地震系数,依地震烈度而定,由表 1-3-20 查取。

**表 1-3-19　震级与震中烈度的关系**

| 震级 | <3 | 3 | 4 | 5 | 6 | 7 | 8 | >8 |
|---|---|---|---|---|---|---|---|---|
| 震中烈度 | 1~2 | 3 | 4~5 | 6~7 | 7~8 | 9~10 | 11 | 12 |

**表 1-3-20　地震系数 $k_d$**

| 震级烈度 | 7 | 8 | 9 | 10 |
|---|---|---|---|---|
| $k_d$ | 0.025 | 0.05 | 0.1 | 0.2 |

地震载荷按结构各部分质量大小分布于相应部位上,可有任意的水平方向。

一般对刚度大的机构,地震载荷可视为静力作用。对刚度较小的高耸结构,当其水平自振频率较小时($f<3$ Hz)应考虑地震载荷对结构的动力作用,这时结构顶端的地震载荷约增大一倍,底部不变,中间可按直线或曲线变化考虑。

结构自振频率的计算方法参见结构风振载荷部分。

地震时固定于地基上的结构随地壳运动,承受全部地震载荷,最容易引起损坏,而移动式设备或结构由于本身的惯性可以脱离地面或不全随地壳运动,受地震载荷的作用较小,不易损坏。因此,对运行式起重机固定使用时或固定式起重机和塔桅结构,都应考虑地震载荷作用。而未固定的流动式起重机结构则不考虑地震载荷作用。

地震载荷主要是水平方向载荷,当地震烈度达到9度以上时也会发生垂直方向的载荷(上下颠簸),垂直地震载荷近似取为结构(部件、设备等)重力的30%,同时还需考虑结构自重载荷的作用。对长悬臂大跨度结构和易倾翻的高耸结构应同时计算水平的和垂直的地震载荷作用。

计算地震载荷作用时同时应考虑由30%的非工作风载荷作用。

地震载荷是一种特殊载荷情况,计算地震载荷对结构的作用时可将安全系数适当降低。

地震载荷作用下产生的水平加速度,受起重机驱动车轮与轨道间的黏着力或制动转矩的限制。验算地震载荷作用时,起重机空载,静止,不考虑风载荷。

对于无轨移动式起重机,不需考虑地震载荷的作用。

8. 安装、拆卸和运输引起的载荷

起重机安装时,金属结构或机构所受的载荷称为安装载荷。

对于一个构件或部件,在各种情况下都应该进行安装、拆卸载荷作用下的承载能力验算。

应该考虑在安装、拆卸过程中的每一个阶段发生的作用在起重机上的各项载荷,其中包括由8.3 m/s的风速或规定的更大风速引起的风载荷。安装载荷大小,决定结构的吊装方法和吊点位置。在制订安装计划时,必须注明允许进行安装作业的最大风力。如果利用起重机本身的机构进行安装作业,需按最大安装载荷对该机构按工作级别M1、M2进行验算。

在某些情况下,还需要考虑在运输过程中对起重机结构产生的载荷。起重机由铁路运输时,在调车编组作业和列车行驶时,由于车辆振动和车辆间相互冲撞,以及弯道运行时的离心力和风力作用,起重机金属结构和机构会产生垂直和水平方向载荷,称为运输载荷。运输载荷主要用于对金属结构的有关构件及其在车辆上的固紧装置进行强度核算。运输载荷按两种情况考虑:

(1)列车行驶或调车作业时,由于车辆间的冲撞,产生纵向水平惯性力 $T$:

$$T = Ga_z \qquad (1\text{-}3\text{-}34)$$

式中 $G$——起重机或其部件的质量(t);

$a_z$——单位纵向惯性力(N/t),见表1-3-21。

表 1-3-21 作用与每吨装载物品上的单位纵向惯性力 $a_z$     N/t

| 车辆类型 | 装载物品在车辆上的紧固方式 | 物品装运的车辆数 | | | |
|---|---|---|---|---|---|
| | | 装载1辆货车上 | | 装在2辆货车上 | |
| | | 车辆装载后总重量/t | | | |
| | | ≤22 | 85 | 44 | 170 |
| 6轴或多于6轴的货车 | 弹性或刚性 | 10 000 | | | |
| 其他类型货车 | 弹性[1] | 12 000 | 10 000 | 12 000 | 9 000 |
| | 刚性[2] | 19 000 | 17 000 | 19 000 | 10 000 |

1)用铁丝、绳索、木块加固;

2)用螺栓或焊接加固。

（2）列车在弯道行驶时产生的离心力、横向风力、车辆垂向振动产生的垂直惯性力等的综合作用。起重机由拖车装载，经由公路运输时，运输载荷主要由于路面不平的垂向冲击产生，推荐冲击系数 $\phi_4$ 取为 2。

不能用载荷所属的类别来判断它是否为重要的或关键的载荷，因为有相当多的事故仍发生在这些情况下，所以对它亦应予以特别注意。

**9. 其他载荷**

其他载荷是指在某些特定情况下发生的载荷，包括工艺性载荷，作用在起重机的平台或通道上的载荷等。

（1）工艺性载荷：工艺性载荷是指起重机在工作过程中为完成某些生产工艺要求或从事某些杂项工作而产生的一种特殊载荷，例如加料起重机用料杆带动料箱耙平炉中的炉料，脱锭起重机将钢锭脱模时顶钢机构产生大于钢锭重量 10 倍～20 倍的顶钢力，夹钳起重机的刚性导架与障碍物相碰撞产生的水平力，锻造起重机的锻锤冲击力等称工艺性载荷，由起重机用户或买方提出。一般将它作为偶然载荷或特殊载荷来考虑。

工艺载荷很难精确计算，但可按极限状态确定。为了保护机构，限制最大载荷，必须装设极限力矩联轴器、液力耦合器等安全保护装置，利用驱动轮打滑条件限制传递的扭矩，既是一种安全技术方案，又是工艺载荷确定的方法。承受工艺载荷的起重机零部件，均应按安全保护装置允许传递的最大载荷作强度计算。

（2）走台、平台和其他通道上的载荷：这些载荷为局部载荷，作用在起重机结构的局部部位及直接支承它们的构件上。

这些载荷的大小、性质与结构的用途和载荷的作用位置有关，如在走台、平台、通道等处应考虑下述载荷：

——在堆放物料处：集中载荷 3 000 N；

——在作为走台或通道处：集中载荷 1 500 N～2 000 N，均布载荷 4 500 N/m²。

## 第三节　金属结构的设计方法、载荷情况和载荷组合

### 一、设计方法

在起重机金属结构设计中，通常采用许用应力设计法和极限状态设计法两种。

**1. 许用应力法**

许用应力法是使外载荷在结构及连接接头中产生的应力和变形，不超过结构及连接接头的承载能力（强度、稳定性的抗力和变形控制值）的设计方法。其设计步骤为：

首先计算各指定载荷 $f_i$，并以适当的动力载荷系数 $\phi_i$ 增大；其次根据载荷组合表进行组合，计算得出组合载荷 $\overline{F_j}$。再用此组合载荷 $\overline{F_j}$ 确定合成的载荷效应（内力、变形）$\overline{S_k}$。然后根据作用在构件或部件上的载荷效应（内力、变形）计算出应力 $\overline{\sigma_{11}}$，并与由局部效应（内力、变形）引起的应力 $\overline{\sigma_{21}}$ 相组合，得到合成设计应力 $\overline{\sigma_1}$。最后将此合成设计应力 $\overline{\sigma_1}$ 与许用应力 adm$\sigma$ 相比较。许用应力 adm$\sigma$ 是以规定的强度 $R$ 除以强度系数 $\gamma_f$ 得出，在具有高度危险的场合，还应再除以高危险度系数 $\gamma_n$。

应当指出，许用 adm$\sigma$ 也包含了结构变化等其他广义许用控制值。

在许用应力设计法中，外载荷与内力一般为线性关系，当其呈非线性关系时，应特别注意需按具体情况作特殊的计算。强度系数 $\gamma_f$、高危险度系数 $\gamma_n$ 均列于表 1-3-22。许用应力设计法的典型流程图如图 1-3-19 所示。

**2. 极限状态法**

极限状态法是使外载荷在结构及连接接头中产生的应力和变形，不超过结构及连接接头的极

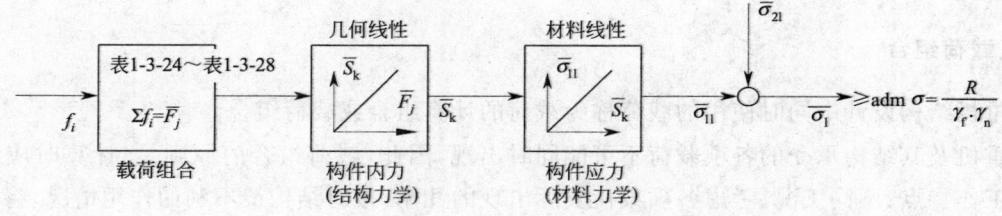

图 1-3-19 许用应力设计法的典型流程图

限承载能力的设计方法。其设计步骤为：

首先计算各指定载荷 $f_i$，并以适当的动力载荷系数 $\phi_i$ 增大，同时乘以载荷组合中与该项载荷相对应的分项载荷系数 $\gamma_{pi}$，其次根据载荷组合表进行组合，得出组合载荷 $F_j$。在具有高度危险的场合，需对组合载荷 $F_j$ 乘以高危险度系数 $\gamma_n$，得出设计载荷 $\gamma_n F_j$。再用此载荷确定设计载荷效应(内力、变形)$S_k$。然后根据作用在构件或部件上的载荷效应(内力、变形)计算出应力 $\sigma_{1l}$，并与由采用适当的动力载荷系数计算的局部效应(内力、变形)引起的其他应力 $\sigma_{2l}$ 相组合，得到合成设计应力 $\sigma_l$，最后将此合成设计应力 $\sigma_l$ 与极限应力 $\lim \sigma$ 相比较。极限应力 $\lim \sigma$ 是以规定的强度 $R$ 除以抗力系数 $\gamma_m$ 而得到，而抗力系数 $\gamma_m$ 反映了材料的强度变化和局部缺陷的统计(平均)结果。

应当指出，$\lim \sigma$ 也包含了结构变形等其他极限状态控制值。分项载荷系数 $\gamma_p$、抗力系数 $\gamma_m$ 列于表 1-3-22。极限状态设计法的典型流程图示如图 1-3-20 所示。

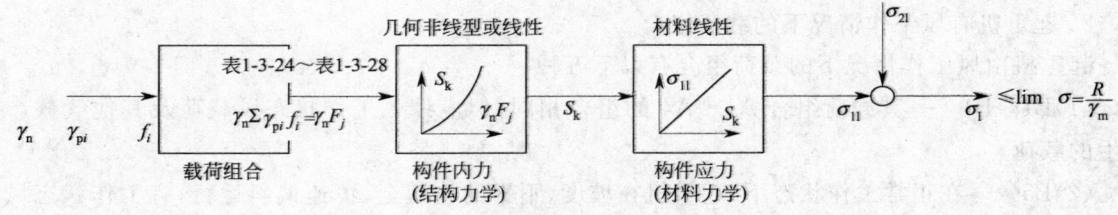

图 1-3-20 极限状态设计法的典型流程图

3. 两种方法的比较

(1) 极限状态法比许用应力法的实际应力值和许用应力值都有所增大。

在极限状态法中，不等号左边的各项载荷增大 $\gamma_{pi}$ 倍，但不具有线性关系；而不等号右边的极限应力值 $\lim \sigma = \sigma_s / \gamma_m$，由于 $\gamma_m < \gamma_f \cdot \gamma_n$，使得 $\lim \sigma = \sigma_s / \gamma_m$ 相对于许用应力 $[\sigma] = \sigma_s / \gamma_f \cdot \gamma_n$ 增大 $\gamma_f \cdot \gamma_n / \gamma_m$ 倍。而在许用应力法中，不等号左边的载荷并不增大；而不等号右边的许用应力值 $[\sigma] = \sigma_s / \gamma_f \cdot \gamma_n$，由于 $\gamma_m < \gamma_f \cdot \gamma_n$，相对于极限应力值 $\lim \sigma = \sigma_s / \gamma_m$ 减小 $\gamma_m / \gamma_f \cdot \gamma_n$ 倍。置于增大或减小的数值(程度)需根据不同的机型、具体的载荷及载荷组合确定。

(2) 极限状态法更适用结构在外载荷作用下产生较大变形，使得内力与载荷呈非线性关系的场合。桥式起重机主梁结构是内力与载荷呈线性关系的实例，塔式起重机塔架结构为内力与载荷呈非线性关系的实例。

## 二、载荷情况

在进行起重机及其金属结构计算时，应考虑三种不同的基本载荷情况：

(1) A——无风工作情况；

(2) B——有风工作情况；

(3) C——受到特殊载荷作用的工作或非工作情况。

具体载荷情况的说明参见以下描述。在每种载荷情况中，与可能出现的实际使用情况相对应，又有若干个可能的具体载荷组合。

### 三、载荷组合

起重机结构设计中同时使用的载荷称为载荷的计算组合或载荷组合。

起重机及其结构承受的各项载荷不可能同时出现,因此,载荷组合的原则是:计算时应根据起重机的工作特点、不同工况、考虑各项载荷实际出现的几率,按对结构最不利的作用情况,将可能同时出现的载荷进行合理的组合。

1. 起重机无风工作情况下的载荷组合

起重机无风工作情况下的载荷组合有以下四种:

(1)A1——起重机在正常工作状态下,无约束地起升地面的物品,无工作状态风载荷及其他气候影响产生的载荷,此时只应与按正常操作控制下的其他驱动机构(不包括起升结构)引起的驱动加速力相组合。

(2)A2——起重机在正常工作状态下,突然卸除部分起升质量,无工作状态风载荷及其他气候影响产生的载荷,此时应按 A1 的驱动加速力组合。

(3)A3——起重机在正常工作状态下,(空中)悬吊着物品,无工作状态风载荷及其他气候影响产生的载荷,此时应考虑悬吊物品及吊具的重力与正常操作控制的任何驱动机构(包括起升机构)在其一连串运动状态中引起的加速力或减速力进行任何的组合。

(4)A4——在正常工作状态下,起重机在不平道路或轨道上运行,无工作状态风载荷及其他气候影响产生的载荷,此时应按 A1 的驱动加速力组合。

2. 起重机有风工作情况下的载荷组合

起重机由风工作情况下的载荷组合有以下五种:

(1)B1~B4——其载荷组合 A1~A4 的组合相同,但应计入工作状态风载荷及其他气候影响产生的载荷。

(2)B5——在正常工作状态下,起重机在坡度、不平的轨道上、恒速偏斜运行,有工作状态风载荷及其他气候影响产生的载荷,而其他机构不运动。

注:当起重机的具体使用情况认为应该考虑坡道载荷及工艺性载荷时,可以将坡道载荷视为偶然载荷在起重机的无风工作情况下或由风工作情况下的载荷组合中予以考虑,将工艺性载荷视为偶然载荷或特殊载荷予以考虑。

3. 起重机受到特殊载荷情况下的载荷组合

起重机受到特殊情况下的载荷组合有以下九种:

(1)C1——起重机在工作状态下,用最大起升速度无约束地提升地面载荷,例如相当于电动机或发动机无约束地起升地面上松弛的钢丝绳,当载荷离地时起升速度达到最大值(使用导出的 $\phi_{2max}$,其他机构不运动)。

(2)C2——起重机在非工作状态下,有非工作状态风载荷及其他气候影响产生的载荷作用。

(3)C3——起重机在动态试验状态下,起升动态试验载荷,与载荷组合 A1 的驱动加速力相结合,并考虑试验状态风载荷。

(4)C4——起重机在带有额定起升载荷的状态下,与出现的缓冲碰撞力相结合。

(5)C5——起重机在带有额定起升载荷的状态下,与出现的倾翻水平力相结合。

(6)C6——起重机在带有额定起升载荷的状态下,与出现的意外停机引起的载荷相结合。

(7)C7——起重机在带有额定起升载荷的状态下,与出现的机构失效引起的载荷相结合。

(8)C8——起重机在带有额定起升载荷的状态下,与出现的地震载荷相结合。

(9)C9——起重机在安装、拆卸或运输过程中出现的载荷组合。

#### 四、载荷组合表及其应用

1. 载荷组合表

考虑承受以上各项载荷作用的起重机金属结构计算的载荷与载荷组合总表见表 1-3-24。流动式、塔式、臂架式、桥式和门式起重机的载荷与载荷组合表见表 1-3-25～表 1-3-28。

2. 载荷组合表的应用

(1) 各项载荷的计算及载荷组合

表 1-3-24 中各项乘以动力载荷系数 $\phi_i$ 的载荷计算如下：

第 1 行的载荷为相应质量乘以重力加速度后，再乘以起升冲击系数 $\phi_1$ 或乘以 1；

第 2 行的载荷为相应质量乘以重力加速度后，再乘以起升动载荷系数 $\phi_2$、突然卸载冲击系数 $\phi_3$ 或乘以 1 或乘以 $\eta$；

第 3 行的载荷为相应质量乘以重力加速度后，再乘以运行冲击系数 $\phi_4$；

第 4 行和第 5 行的载荷为相应质量乘以驱动加速度 $a$ 后，再乘以动载系数 $\phi_5$；

第 11 行的载荷为相应质量乘以重力加速度后，再乘以最大起升动载系数 $\phi_{2\max}$；

第 13 行的载荷为相应质量乘以重力加速度及 1.1（或其他动态试验载荷倍数值）后，再乘以动态试验载荷起升动载系数 $\phi_6$；

第 14 行的载荷为相应质量乘以碰撞停车减速度后，再乘以缓冲器碰撞弹性效应系数 $\phi_7$ 或按缓冲器吸收的动能算出缓冲碰撞力后，再乘以缓冲器碰撞弹性效应系数 $\phi_7$；

第 16 行和第 17 行的载荷为相应质量乘以相应的停机减速度后，再乘以动载系数 $\phi_5$。

各项载荷都按载荷组合表进行组合。

(2) 许用应力设计法的应用

采用许用应力设计法时，许用应力值以材料、零件、部件或链接的规定强度 $R$（例如钢材屈服点、弹性稳定极限或疲劳强度计算中的各个极限应力）除以相应的安全系数 $n$ 来确定（亦包括结构变形和振动等其他许用控制值）。安全系数 $n$ 等于强度系数 $\gamma_{fi}$ 和高危险度系数 $\gamma_n$ 的乘积（$n = \gamma_{fi} \cdot \gamma_n$），一般情况下，当高危险度系数 $\gamma_n$ 取为 1 时，安全系数 $n$ 即为强度系数 $\gamma_{fi}$。系数 $\gamma_{fi}$ 和 $\gamma_n$ 的取值范围见表 1-3-22。

(3) 极限状态设计法的应用

采用极限状态设计法时，各项计算载荷在进行组合计算前应按各项情况的规定分别乘以各自的分项载荷系数 $\gamma_{pi}$ 和高危险度系数 $\gamma_n$ 后再进行组合与计算，在高危险情况下，高危险度系数 $\gamma_n$ 取为 1。

极限设计应力以材料、零件、构件或连接的规定强度 $R$（例如钢材屈服点、弹性稳定极限或疲劳强度计算中的各个极限应力）除以抗力系数 $\gamma_m$ 来确定，或以其他广义的极限值作为可接受的极限状态控制值（如挠度、翘度极限值，结构振动频率或衰减参数的极限值等）。

分项载荷系数 $\gamma_{pi}$ 和抗力系数 $\gamma_m$ 的取值范围列于表 1-3-22。

供选用的分项载荷系数 $\gamma_{pi}$ 列在表 1-3-24 的第 3、4 和 5 栏中。

表 1-3-22 系数[1] $\gamma_{fi}$、$\gamma_m$、$\gamma_{pi}$ 和 $\gamma_n$ 值

| 载荷组合 | 相应设计方法 | 许用应力法 | | 极限状态法 | | | | | | | | | |
|---|---|---|---|---|---|---|---|---|---|---|---|---|---|
| | 高危险度系数 $\gamma_n$ | 强度系数 $\gamma_{fi}$ | 抗力系数 $\gamma_m$ | 分项载荷系数 $\gamma_{pi}$ | | | | | | | | | |
| A | 1.05～1.10 | 1.48 | 1.10 | 1.16 | 1.22 | 1.28 | 1.34[2] | 1.41 | 1.48 | 1.55 | 1.63 | 1.71 | 1.80 |
| B | | 1.34 | | 1.10 | 1.16 | 1.22 | 1.28[2] | 1.34 | 1.41 | 1.48 | 1.55 | 1.63 | 1.71 |
| C | | 1.22 | | 1.05 | 1.10 | 1.16 | 1.22[2] | 1.28 | 1.34 | 1.41 | 1.48 | 1.55 | 1.63 |

1) 表中系数按公式 $\gamma = 1.05^v$ 计算，式中 $0 \leq v \leq 12$。

2) 这些数值用于有效载荷的质量。

(4) 弹性位移

在某些情况下，较大的弹性变形和位移会妨碍起重机完成其工作任务，将影响起重机及其结构

的稳定性，或者可能干扰机构实现其正常功能。此时，有关位移的考核也应是承载能力验算的组成部分，并且应将计算的位移与确定的极限值进行适当的对比。

(5) 疲劳强度验算

如有必要验算疲劳强度，则应按许用应力法的应力比法进行。通常，疲劳强度验算应考虑 A1、A2、A3 和 A4（常规载荷）等载荷组合。在某些特殊的应用实例中，甚至还有必要考虑一些偶然载荷及特殊载荷，例如工作状态风载荷、偏斜运行侧向载荷、试验载荷以及与起重机基础外部激励等有关的载荷。

(6) 高危险度系数的应用

某些起重机（例如铸造起重机或核工业用起重机）如果发生失效将对人员或经济造成特别严重的后果，在这些特殊情况下，应选用一个其值大于 1 的高危险度系数 $\gamma_n$，以便使起重机获得更大的可靠性。此系数值根据特殊的使用要求来选取，取值范围为 $\gamma_n=1.05\sim1.1$。

## 第四节 起重机械设计的载荷、载荷情况与载荷组合

### 一、机械设计的载荷

1. $P_M$ 型载荷

由电动机驱动转矩或制动器制动转矩所确定的载荷，用 $P_M$ 表示，属于这类载荷的有：

(1) 由起升质量垂直位移引起的载荷，$P_{MQ}$；

(2) 由起重机其他的运动部分的质心垂直位移引起的载荷，$P_{MG}$；

(3) 与机构加（减）速有关的起（制）动惯性载荷，$P_{MA}$；

(4) 与机构传动效率中未考虑的摩擦力相对应的载荷，$P_{MF}$；

(5) 工作风压作用在起重机结构或机械设备（或大表面积的起升物品）上的风载荷，$P_{MW}$。

2. $P_R$ 型载荷

与电动机及制动器的作用无关，作用在机构零件上但不能与驱动轴上的转矩相平衡的反作用力性质的载荷，用 $P_R$ 表示，属于这类载荷的有：

(1) 由起升质量引起的载荷，$P_{RQ}$；

(2) 由起重机零部件质量引起的载荷，$P_{RG}$；

(3) 由起重机或它的某些部分做不稳定运动时的加（减）速度引起的惯性载荷，$P_{RA}$；

(4) 由最大非工作风压或锚定装置设计用的极限风压（见表 1-3-18）引起的风载荷，$P_{RW}$。

### 二、机械设计的载荷情况与载荷组合

1. 机械设计计算要考虑的三种载荷情况

情况Ⅰ：无风正常工作情况；

情况Ⅱ：有风正常工作情况；

情况Ⅲ：特殊载荷作用情况。

对每种载荷情况应确定一个最大载荷，作为计算的依据。对于不在室外工作、不暴露与风中的起重机，情况Ⅰ和情况Ⅱ是完全相同的。

按上述载荷类别确定各项载荷之后，组合时再曾以增大系数 $\gamma'_m$ 来考虑由于计算方法不完善和无法预料的偶然因素会导致实际出现的应力超出计算应力的某种可能性。系数 $\gamma'_m$ 取决于机构的工作级别，见表 1-3-23。

表 1-3-23 增大系数 $\gamma'_m$ 的数值

| 机构工作级别 | M1 | M2 | M3 | M4 | M5 | M6 | M7 | M8 |
|---|---|---|---|---|---|---|---|---|
| $\gamma'_m$ | 1.00 | 1.04 | 1.08 | 1.12 | 1.16 | 1.20 | 1.25 | 1.30 |

表 1-3-24 起重机金属结构的载荷与载荷组合总表

| 1 | 2 | | 3 载荷组合 A | | | | | 4 分项载荷系数 $\gamma_{pB}$ | 载荷组合 B | | | | | 分项载荷系数 $\gamma_{pC}$ | 5 载荷组合 C | | | | | | | | | 6 行号 |
|---|---|---|---|---|---|---|---|---|---|---|---|---|---|---|---|---|---|---|---|---|---|---|---|---|
| 载荷类别 | 载荷 | 分项载荷系数 $\gamma_{pA}$ | A1 | A2 | A3 | A4 | | | B1 | B2 | B3 | B4 | B5 | | C1 | C2 | C3 | C4 | C5 | C6 | C7 | C8 | C9 | |
| 常规载荷 | 重力 | 1. 起重机自质量引起的载荷 | $\gamma_{pA1}$ | $\phi_1$ | $\phi_1$ | 1 | — | | $\gamma_{pB1}$ | $\phi_1$ | $\phi_1$ | 1 | — | — | $\gamma_{pC1}$ | $\phi_1$ | 1 | $\phi_1$ | 1 | 1 | 1 | 1 | 1 | 1 | 1 |
| | 加速力 | 2. 总起升质量或突然卸除部分起升质量引起的载荷 | $\gamma_{pA2}$ | $\phi_2$ | $\phi_3$ | 1 | — | | $\gamma_{pB2}$ | $\phi_2$ | $\phi_3$ | 1 | — | — | $\gamma_{pC2}$ | — | $\eta$ | — | 1 | 1 | 1 | 1 | 1 | 1 | 2 |
| | 冲击力 | 3. 在不平道路（轨道）上运行的起重机总质量引起的载荷 | $\gamma_{pA3}$ | — | — | — | $\phi_4$ | | $\gamma_{pB3}$ | — | — | 1 | $\phi_4$ | — | $\gamma_{pC3}$ | — | — | $\phi_1$ | — | — | — | — | — | — | 3 |
| | 驱动加速力 | 4.1 不包括起升机构的其他驱动机构加速引起的质量和纵起升质量 | $\gamma_{pA4}$ | $\phi_5$ | $\phi_5$ | — | $\phi_5$ | | $\gamma_{pB4}$ | $\phi_5$ | $\phi_5$ | — | $\phi_5$ | — | $\gamma_{pC4}$ | — | — | — | — | — | — | — | — | — | 4 |
| | | 4.2 包括起升机构的任何驱动机构加速引起的载荷 | | — | — | $\phi_5$ | — | | | — | — | $\phi_5$ | — | — | | — | — | — | — | — | — | — | — | — | 5 |
| | 位移 | 5. 位移或变形引起的载荷 | $\gamma_{pA5}$ | 1 | 1 | 1 | 1 | | $\gamma_{pB5}$ | 1 | 1 | 1 | 1 | 1 | $\gamma_{pC5}$ | 1 | 1 | 1 | 1 | 1 | 1 | 1 | 1 | 1 | 6 |
| 偶然载荷 | 气候影响 | 1. 工作状态风载荷 | | | | | | | $\gamma_{pB6}$ | 1 | 1 | 1 | 1 | 1 | $\gamma_{pC6}$ | — | 1 | — | 1 | 1 | — | 1 | — | — | 7 |
| | | 2. 非工作状态风载荷 | | | | | | | $\gamma_{pB7}$ | | | | | | $\gamma_{pC7}$ | — | — | — | — | — | — | — | — | — | 8 |
| | | 3. 雪和冰载荷 | | | | | | | $\gamma_{pB8}$ | | | | | | $\gamma_{pC8}$ | — | — | — | — | — | — | — | — | — | 9 |
| | | 4. 温度变化引起的载荷 | | | | | | | $\gamma_{pB9}$ | | | | | | $\gamma_{pC9}$ | — | — | — | — | — | — | — | — | — | 10 |
| | 偏斜 | 4. 偏斜运行时引起的水平侧向载荷 | | | | | | | | | | | | | $\gamma_{pC10}$ | $\phi_{2max}$ | — | — | — | — | — | — | — | — | 11 |
| 特殊载荷 | | 1. 提升地面载荷 | | | | | | | | | | | | | $\gamma_{pC11}$ | — | 1 | — | — | — | — | — | — | — | 12 |
| | | 2. 非工作状态载荷 | | | | | | | | | | | | | $\gamma_{pC12}$ | — | — | — | — | — | — | — | — | — | 13 |
| | | 3. 试验载荷 | | | | | | | | | | | | | $\gamma_{pC13}$ | — | — | $\phi_6$ | — | — | — | — | — | — | 14 |
| | | 4. 缓冲碰撞力 | | | | | | | | | | | | | $\gamma_{pC14}$ | — | — | — | $\phi_7$ | — | — | — | — | — | 15 |
| | | 5. 侧翻水平力 | | | | | | | | | | | | | $\gamma_{pC15}$ | — | — | — | — | 1 | — | — | — | — | 16 |
| | | 6. 意外停机引起的载荷 | | | | | | | | | | | | | $\gamma_{pC16}$ | — | — | — | — | — | $\phi_5$ | $\phi_5$ | — | — | 17 |
| | | 7. 传动机构失效引起的载荷 | | | | | | | | | | | | | $\gamma_{pC17}$ | — | — | — | — | — | — | — | 1 | — | 18 |
| | | 8. 起重机基础外部激励引起的载荷 | | | | | | | | | | | | | $\gamma_{pC18}$ | — | — | — | — | — | — | — | — | 1 | 19 |
| 系数 | 许用应力设计法 | 强度系数 $\gamma_{fi}$ | $\gamma_{fA}$ | | | | | | $\gamma_{fB}$ | | | | | | $\gamma_{fC}$ | | | | | | | | | | 20 |
| | 极限状态设计法 | 抗力系数 $\gamma_m$ | | | | | | | | | | | | | $\gamma_m$ | | | | | | | | | | 21 |
| | 高危险特殊情况 | 高危险度系数 $\gamma_n$ | | | | | | | | | | | | | $\gamma_n$ | | | | | | | | | | 22 |
| 说明 | | | | | | | | | | | | | | | | | | | | | | | | | 23 |

注：
1. 如需考虑坡道载荷时，强度系数 $\gamma_{fi}$ = 强度系数 $\gamma_{fi}$ × 高危险度系数 $\gamma_n$，视具体情况，当不考虑高危险载荷时（$\gamma_n$ = 1），安全系数 $n$ = 强度系数 $\gamma_{fi}$。
2. 如需考虑工艺性载荷时，视具体情况可归属于偶然载荷属于载荷组合 B 或特殊载荷的载荷组合 C 中。
3. 在载荷组合 C2 中，$\eta$, $n$ 是起重机不工作时，视具吊具质量 $\Delta m$ 中卸除起升质量 $m$ 中卸除有效起升质量（即吊具质量）$\eta m$ 的系数，$\eta m = m - \Delta m$, $\eta = 1 - (\Delta m/m)$。

表1-3-25 流动式起重机金属结构计算的载荷与载荷组合表

| 载荷类别 | 载荷 | 分项载荷系数 $\gamma_{pA}$ | 载荷组合A | | | | 分项载荷系数 $\gamma_{pB}$ | 载荷组合B | | | | | 分项载荷系数 $\gamma_{pC}$ | 载荷组合C | | | | | 序号 |
|---|---|---|---|---|---|---|---|---|---|---|---|---|---|---|---|---|---|---|---|
| | | | A1 | A2 | A3 | A4 | | B1 | B2 | B3 | B4 | B5 | | C1 | C2 | C3 | C4 | C5 | |
| 常规载荷 | 重力 1. 起重机质量引起的载荷 | 1.22 | $\phi_1$ | $\phi_1$ | 1 | — | 1.16 | $\phi_1$ | $\phi_1$ | 1 | — | — | 1.1 | $\phi_1$ | 1 | $\phi_1$ | 1 | 1 | 1 |
| | 加速力 2. 总起升质量或突然卸除部分起升质量引起的载荷 | 1.34 | $\phi_2$ | $\phi_3$ | 1 | — | 1.22 | $\phi_2$ | $\phi_3$ | 1 | — | — | 1.1 | — | $\eta$ | — | 1 | — | 2 |
| | 冲击力 3. 在不平道路上运行的起重机总质量引起的载荷 | 1.22 | — | — | — | $\phi_4$ | 1.16 | — | — | — | $\phi_4$ | — | — | — | — | — | — | — | 3 |
| | 驱动加速力 质量和起升质量 | 4.1 不包括起升机构的其他驱动机构加速引起的载荷 | 1.34 | $\phi_5$ | $\phi_5$ | — | $\phi_5$ | 1.22 | $\phi_5$ | $\phi_5$ | $\phi_5$ | $\phi_5$ | $\phi_4$ | 1.1 | — | — | $\phi_5$ | — | — | 4 |
| | | 4.2 包括起升机构的任何驱动机构加速引起的载荷 | 1.34 | — | — | $\phi_5$ | — | 1.22 | — | — | $\phi_5$ | — | $\phi_5$ | — | — | — | — | — | — | 5 |
| 偶然载荷 | 气候影响 1. 工作状态风载荷 | | — | — | — | — | 1.16 | 1 | 1 | 1 | 1 | 1 | 1.1 | — | — | 1 | — | — | 6 |
| | 2. 雪和冰载荷 | | — | — | — | — | 1.22 | 1 | 1 | 1 | 1 | 1 | 1.1 | — | 1 | — | — | — | 7 |
| 特殊载荷 | 1. 提升地面载荷 | | | | | | | | | | | | 1.1 | $\phi_{2max}$ | — | — | — | — | 8 |
| | 2. 非工作状态风载荷 | | | | | | | | | | | | 1.1 | — | 1 | — | — | — | 9 |
| | 3. 试验载荷 | | | | | | | | | | | | 1.1 | — | — | $\phi_6$ | — | — | 10 |
| | 4. 意外停机引起的载荷 | | | | | | | | | | | | 1.1 | — | — | — | $\phi_5$ | — | 11 |
| | 5. 安装、拆卸和运输时引起的载荷 | | | | | | | | | | | | 1.1 | — | — | — | — | 1 | 12 |
| 系数 | 强度系数 $\gamma_{fi}$（用于许用应力设计法） | 1.48 | | | | | 1.34 | | | | | | 1.22 | | | | | | 13 |
| | 抗力系数 $\gamma_m$（用于极限状态设计法） | | | | | | 1.10 | | | | | | | | | | | | 14 |
| | 特殊情况下的高危险度系数 $\gamma_n$ | 1.05～1.10 | | | | | | | | | | | | | | | | | 15 |

注：1. 如需考虑坡道载荷时，视具体情况可归属于偶然载荷的载荷组合B中。
2. 在载荷组合C2中，$\eta$ 是起重机不工作时，从总起升质量 $m$ 中卸除有效起升质量 $\Delta m$ 后，余下的起升质量（即吊具质量）$\eta m$ 的系数，$\eta m = m - \Delta m$，$\eta = 1 - (\Delta m/m)$。

## 表 1-3-26 塔式起重机金属结构计算的载荷与载荷组合表

| 载荷类别 | 载荷 | | 分项载荷系数 $\gamma_{pA}$ | 载荷组合 A | | | | 分项载荷系数 $\gamma_{pB}$ | 载荷组合 B | | | | | 分项载荷系数 $\gamma_{pC}$ | 载荷组合 C | | | | | | | | | 序号 |
|---|---|---|---|---|---|---|---|---|---|---|---|---|---|---|---|---|---|---|---|---|---|---|---|---|
| | | | | A1 | A2 | A3 | A4 | | B1 | B2 | B3 | B4 | B5 | | C1 | C2 | C3 | C4 | C5 | C6 | C7 | C8 | C9 | |
| 常规载荷 | 重力 | 1.起重机质量引起的载荷 | 1.1 对合成载荷起不利作用的载荷 | 1.22 | | | | | | | | | | | | | | | | | | | | |
| | | | 1.2 对合成载荷有利作用的载荷 | 1.2.1 当质量及其质心是由试验称量整体时得到的 | 1.16 | $\phi_1$ | $\phi_1$ | 1 | — | 1.16 | $\phi_1$ | $\phi_1$ | 1 | — | — | 1.1 | $\phi_1$ | 1 | $\phi_1$ | 1 | 1 | 1 | 1 | 1 | 1 | 1 |
| | | | | 1.2.2 当质量及其质心是由最终零部件表得到的 | 1.1 | | | | | | | | | | | | | | | | | | | | |
| | 加速力冲击力 | 2. 总起升质量或突然卸除部分起升质量引起的载荷 | | 1.34 | $\phi_2$ | $\phi_3$ | 1 | — | 1.22 | $\phi_2$ | $\phi_3$ | 1 | — | — | 1.1 | $\eta$ | — | — | 1 | — | — | 1 | — | — | 2 |
| | | 3. 在不平道路上运行的起重机质量引起的载荷 | | 1.22 | — | — | — | — | 1.16 | 1 | 1 | — | — | — | — | — | — | — | — | — | — | — | — | — | 3 |
| | 驱动加速力 | 4.起重机和总起升质量的任何驱动机构加速引起的载荷 | 4.1 不包括起升机构的其他驱动机构加速引起的载荷 | 1.34 | $\phi_5$ | $\phi_5$ | $\phi_5$ | — | 1.22 | $\phi_5$ | $\phi_5$ | $\phi_5$ | $\phi_4$ | $\phi_4$ | 1.1 | $\phi_5$ | — | — | — | — | — | 1 | — | — | 4 |
| | | | 4.2 包括起升机构的任何驱动机构加速引起的载荷 | 1.34 | — | $\phi_5$ | — | — | 1.22 | — | $\phi_5$ | $\phi_5$ | $\phi_5$ | $\phi_4$ | — | — | — | — | — | — | — | — | — | — | 5 |
| | 位移 | 5. 位移或变形引起的载荷 | | 1.16 | 1 | 1 | 1 | 1 | 1.1 | 1 | 1 | 1 | 1 | 1 | 1.05 | 1 | — | — | — | — | — | 1 | — | 1 | 6 |
| 偶然载荷 | 气候影响 | 1. 工作状态风载荷 | | | | | | | 1.16 | 1 | 1 | 1 | 1 | 1 | — | — | — | — | — | — | — | — | — | — | 7 |
| | | 2. 雪和冰载荷 | | | | | | | 1.22 | 1 | 1 | 1 | 1 | 1 | 1.1 | 1 | — | — | — | — | — | 1 | — | — | 8 |
| | | 3. 温度变化引起的载荷 | | | | | | | 1.16 | 1 | 1 | 1 | 1 | 1 | 1.05 | 1 | — | — | — | — | — | 1 | — | — | 9 |
| | 偏斜 | 4. 偏斜运行时引起的水平侧向载荷 | | | | | | | 1.16 | 1 | 1 | — | — | — | — | — | — | — | — | — | — | — | — | — | 10 |
| 特殊载荷 | | 1. 提升地面载荷 | | | | | | | | | | | | | 1.1 | $\phi_{2max}$ | — | — | — | — | — | — | — | — | 11 |
| | | 2. 非工作状态风载荷 | | | | | | | | | | | | | 1.1 | — | 1 | — | — | — | — | — | — | — | 12 |
| | | 3. 试验载荷 | | | | | | | | | | | | | 1.1 | — | — | $\phi_6$ | — | — | — | — | — | — | 13 |
| | | 4. 缓冲碰撞力 | | | | | | | | | | | | | 1.1 | — | — | — | — | — | — | — | — | — | 14 |
| | | 5. 倾翻水平力 | | | | | | | | | | | | | 1.1 | — | — | — | 1 | — | — | $\phi_7$ | — | — | 15 |
| | | 6. 意外停机引起的载荷 | | | | | | | | | | | | | 1.1 | — | — | — | — | 1 | — | — | — | — | 16 |
| | | 7. 传动机构失效引起的载荷 | | | | | | | | | | | | | 1.1 | — | — | — | — | — | $\phi_5$ | — | — | — | 17 |
| | | 8. 起重机基础外部激励引起的载荷 | | | | | | | | | | | | | 1.1 | — | — | — | — | — | — | — | 1 | — | 18 |
| | | 9. 安装、拆卸和运输时引起的载荷 | | | | | | | | | | | | | 1.1 | — | — | — | — | — | — | — | — | 1 | 19 |
| 系数 | 强度系数 $\gamma_n$（用于许用应力设计法） | | 1.48 | | | | | 1.34 | | | | | | 1.22 | | | | | | | | | | 20 |
| | 抗力系数 $\gamma_m$（用于极限状态设计法） | | | | | | | 1.10 | | | | | | | | | | | | | | | | 21 |
| | 特殊情况下高危险度系数 $\gamma_n$ | | | | | | | | | | | | | 1.05~1.10 | | | | | | | | | | 22 |

注：1. 如需考虑坡道载荷时，视具体情况可归属于偶然载荷，体现在载荷组合 B 中。
2. 在载荷组合 C2 中，$\eta$ 是起重机不工作时，从总起升质量 $m$ 中卸除有效起升质量 $\Delta m$ 后，余下的起升质量（即吊具质量）$\eta m$ 的系数，$\eta m = m - \Delta m$，$\eta = 1 - (\Delta m/m)$。

表 1-3-27 臂架式起重机金属结构计算的载荷与载荷组合总表

| 载荷类别 | 载荷 | | 载荷组合 A | | | | | 载荷组合 B | | | | | 载荷组合 C | | | | | | | | | 行号 |
|---|---|---|---|---|---|---|---|---|---|---|---|---|---|---|---|---|---|---|---|---|---|---|
| | | | 分项载荷系数 $\gamma_{pA}$ | A1 | A2 | A3 | A4 | 分项载荷系数 $\gamma_{pB}$ | B1 | B2 | B3 | B4 | B5 | 分项载荷系数 $\gamma_{pC}$ | C1 | C2 | C3 | C4 | C5 | C6 | C7 | C8 | C9 | |
| 常规载荷 | 重力 | 1. 起重机质量引起的载荷 | 1.16 | $\phi_1$ | $\phi_1$ | 1 | — | 1.1 | $\phi_1$ | $\phi_1$ | 1 | — | — | 1.05 | $\phi_1$ | 1 | $\phi_1$ | 1 | 1 | 1 | 1 | 1 | 1 | 1 |
| | 加速力 | 2. 总起升质量或突然卸除部分起升质量引起的载荷 | 1.34 | $\phi_2$ | $\phi_3$ | 1 | — | 1.28 | $\phi_2$ | $\phi_3$ | 1 | — | — | 1.22 | — | $\eta$ | $\phi_1$ | 1 | 1 | 1 | 1 | 1 | — | 2 |
| | 冲击力 | 3. 在不平道路上运行的起重机质量和总起升质量引起的载荷 | 1.16 | — | — | — | $\phi_4$ | 1.1 | — | — | — | $\phi_4$ | $\phi_4$ | — | — | — | — | — | — | — | — | — | — | 3 |
| | 驱动加速力 | 4.1 不包括起升机构的其他驱动机构加速引起的载荷 | 1.55 | $\phi_5$ | $\phi_5$ | — | 1.55 | 1.48 | $\phi_5$ | $\phi_5$ | — | $\phi_5$ | 1.48 | 1.41 | 1 | $\phi_5$ | $\phi_5$ | 1 | 1 | 1 | 1 | 1 | — | 4 |
| | | 4.2 包括起升机构的任何驱动机构加速引起的载荷 | 1.55 | — | $\phi_5$ | $\phi_5$ | 1.55 | 1.48 | — | $\phi_5$ | $\phi_5$ | 1 | 1.48 | — | — | — | — | — | — | — | — | — | — | 5 |
| | 位移 | 5. 位移或变形引起的载荷 | 1.16 | 1 | 1 | 1 | — | 1.1 | 1 | 1 | 1 | 1 | 1 | 1.05 | 1 | 1 | 1 | 1 | 1 | 1 | 1 | 1 | — | 6 |
| 偶然载荷 | 气候影响 | 1. 工作状态风载荷 | | | | | | 1.16 | 1 | 1 | 1 | 1 | 1 | — | — | 1 | 1 | 1 | 1 | 1 | 1 | 1 | — | 7 |
| | | 2. 雪和冰载荷 | | | | | | 1.34 | 1 | 1 | 1 | 1 | 1 | 1.28 | — | — | — | — | — | — | — | — | — | 8 |
| | | 3. 温度变化引起的载荷 | | | | | | 1.1 | 1 | 1 | 1 | 1 | 1 | 1.05 | — | — | — | — | — | — | — | — | — | 9 |
| | 偏斜 | 4. 偏斜运行时引起的水平侧向载荷 | | | | | | 1.16 | 1 | 1 | 1 | 1 | 1 | — | — | — | — | — | — | — | — | — | — | 10 |
| 特殊载荷 | | 1. 提升地面载荷 | | | | | | | | | | | | 1.22 | $\phi_{2max}$ | — | — | — | — | — | — | — | — | 11 |
| | | 2. 非工作状态风载荷 | | | | | | | | | | | | 1.22 | — | 1 | — | — | — | — | — | — | — | 12 |
| | | 3. 试验载荷 | | | | | | | | | | | | 1.22 | — | — | 1 | — | — | — | — | — | — | 13 |
| | | 4. 缓冲碰撞力 | | | | | | | | | | | | 1.41 | — | — | $\phi_6$ | — | — | — | — | — | — | 14 |
| | | 5. 侧翻力 | | | | | | | | | | | | 1.41 | — | — | — | $\phi_7$ | 1 | — | — | — | — | 15 |
| | | 6. 意外停机引起的载荷 | | | | | | | | | | | | 1.41 | — | — | — | — | — | $\phi_5$ | — | — | — | 16 |
| | | 7. 起重机基础外部激励引起的载荷 | | | | | | | | | | | | 1.41 | — | — | — | — | — | $\phi_5$ | — | — | — | 17 |
| | | 8. 传动机构失效引起的载荷 | | | | | | | | | | | | 1.41 | — | — | — | — | — | — | — | 1 | — | 18 |
| | | 9. 安装、拆卸和运输时引起的载荷 | | | | | | | | | | | | 1.41 | — | — | — | — | — | — | — | — | 1 | 19 |
| 系数 | | 强度系数 $\gamma_{fi}$（用于许用应力设计法） | 1.48 | | | | | 1.34 | | | | | | 1.22 | | | | | | | | | | 20 |
| | | 抗力系数 $\gamma_m$（用于极限状态设计法） | | | | | | 1.10 | | | | | | | | | | | | | | | | 21 |
| | | 特殊情况下的高危险度系数 $\gamma_n$ | | | | | | | | | | | | 1.05～1.10 | | | | | | | | | | 22 |

注：1. 如需考虑坡道载荷时，视具体情况可归属于偶然载荷组合 B 中。
2. 在载荷组合 C2 中，$\eta$ 是起重机不工作时，从总起升质量 $m$ 中卸除有效起升质量（即吊具质量）$\gamma_{pl}$ 的系数，$\gamma_{pm}=m-\Delta m$，$\eta=1-(\Delta m/m)$。

表 1-3-28 桥式和门式起重机金属结构计算的载荷与载荷组合总表

| 载荷类别 | 载荷 | | 载荷组合 A | | | | | 分项载荷系数 $\gamma_{pB}$ | 载荷组合 B | | | | | 分项载荷系数 $\gamma_{pC}$ | 载荷组合 C | | | | | | | | 行号 |
|---|---|---|---|---|---|---|---|---|---|---|---|---|---|---|---|---|---|---|---|---|---|---|---|
| | | 分项载荷系数 $\gamma_{pA}$ | A1 | A2 | A3 | A4 | | | B1 | B2 | B3 | B4 | B5 | | C1 | C2 | C3 | C4 | C5 | C6 | C7 | C8 | C9 | |
| 常规载荷 | 重力 | 1. 起重机质量引起的载荷 | 1.16 | $\phi_1$ | $\phi_1$ | 1 | — | 1.05 | $\phi_1$ | $\phi_1$ | 1 | — | — | 1.05 | $\phi_1$ | 1 | $\phi_1$ | 1 | — | 1 | 1 | 1 | 1 | 1 |
| | 加速力 | 2. 总起升质量或卸除部分起升质量引起的载荷 | 1.34 | $\phi_2$ | $\phi_3$ | 1 | — | 1.22 | $\phi_2$ | $\phi_3$ | 1 | — | — | 1.10 | — | $\eta$ | — | — | — | — | — | 1 | 1 | 2 |
| | 冲击力 | 3. 在不平道路上运行的起重机质量引起的载荷 | 1.16 | — | — | — | $\phi_4$ | 1.05 | — | — | — | $\phi_4$ | $\phi_4$ | — | — | — | — | — | — | — | — | — | — | 3 |
| | 驱动加速力 | 4.1 不包括起升机构的其他驱动机构加速引起的载荷 | 1.55 | $\phi_5$ | $\phi_5$ | — | 1.55 | 1.41 | $\phi_5$ | $\phi_5$ | — | $\phi_5$ | 1.48 | 1.28 | — | — | $\phi_5$ | — | — | 1 | — | 1 | — | 4 |
| | | 4.2 包括起升机构的任何驱动机构加速引起的载荷 | — | — | $\phi_5$ | — | 1.55 | | — | — | $\phi_5$ | — | 1.48 | — | — | — | — | — | — | — | — | — | — | 5 |
| | 位移 | 5. 位移或变形引起的载荷 | 1.16 | 1 | 1 | 1 | — | 1.05 | 1 | 1 | 1 | 1 | 1 | 1.05 | 1 | 1 | 1 | 1 | — | 1 | — | 1 | 1 | 6 |
| | 气候影响 | 1. 工作状态风载荷 | | | | | | 1.10 | 1 | 1 | 1 | 1 | 1 | 1.05 | — | 1 | 1 | — | — | 1 | — | — | — | 7 |
| | | 2. 雪和冰载荷 | | | | | | 1.28 | 1 | 1 | 1 | 1 | 1 | 1.16 | — | 1 | — | — | — | — | — | — | — | 8 |
| | | 3. 温度变化引起的载荷 | | | | | | 1.05 | 1 | 1 | 1 | 1 | 1 | 1.05 | — | 1 | — | — | — | — | — | — | — | 9 |
| | 偏斜 | 4. 偏斜运行时引起的水平侧向载荷 | | | | | | 1.10 | 1 | 1 | 1 | 1 | 1 | — | — | — | — | — | — | — | — | — | — | 10 |
| 偶然载荷 | | 1. 提升地面载荷 | | | | | | | | | | | | 1.10 | $\phi_{2max}$ | — | — | — | — | — | — | — | — | 11 |
| | | 2. 非工作状态风载荷 | | | | | | | | | | | | 1.10 | — | 1 | — | — | — | — | — | — | — | 12 |
| | | 3. 试验载荷 | | | | | | | | | | | | 1.10 | — | — | 1 | — | — | — | — | — | — | 13 |
| 特殊载荷 | | 4. 缓冲碰撞力 | | | | | | | | | | | | 1.28 | — | — | $\phi_6$ | — | — | — | — | — | — | 14 |
| | | 5. 侧翻水平力 | | | | | | | | | | | | 1.28 | — | — | — | $\phi_7$ | 1 | — | — | — | — | 15 |
| | | 6. 意外停机引起的载荷 | | | | | | | | | | | | 1.28 | — | — | — | — | — | $\phi_5$ | — | — | — | 16 |
| | | 7. 传动机构失效引起的载荷 | | | | | | | | | | | | 1.28 | — | — | — | — | — | — | $\phi_5$ | — | — | 17 |
| | | 8. 起重机基础外部激励引起的载荷 | | | | | | | | | | | | 1.28 | — | — | — | — | — | — | — | 1 | — | 18 |
| | | 9. 安装、拆卸和运输时引起的载荷 | | | | | | | | | | | | 1.28 | — | — | — | — | — | — | — | — | 1 | 19 |
| 系数 | | 强度系数 $\gamma_{fi}$（用于许用应力设计法） | 1.48 | | | | | 1.34 | | | | | | 1.22 | | | | | | | | | | 20 |
| | | 抗力系数 $\gamma_m$（用于极限状态设计法） | 1.05~1.10 | | | | | | | | | | | | | | | | | | | | | 21 |
| | | 特殊情况下的高危险度系数 $\gamma_n$ | 1.05~1.10 | | | | | | | | | | | | | | | | | | | | | 22 |

注：1. 如需考虑坡道载荷时，视具体情况，可归属于偶然载荷的载荷组合 B 中。
2. 如考虑工艺性载荷时，视具体情况可归属于特殊载荷的载荷组合 C 中。
3. 在载荷组合 C2 中，$\eta$ 是起重机不工作时，从总起升质量 $m$ 中卸除有效起升质量 $\Delta m$ 后，余下的起升质量（即吊具质量）$\gamma_{pm}$ 的系数，$\gamma_{pm}=m-\Delta m$，$\eta=1-(\Delta m/m)$。

## 2. 载荷情况Ⅰ（无风正常工作情况）的载荷足额

(1) $P_M$ 型载荷

$P_M$ 型的最大组合载荷 $P_{Mmax\,I}$，用前述所定义的载荷 $P_{MQ}$、$P_{MG}$、$P_{MA}$、$P_{MF}$ 按式(1-3-35)进行组合确定：

$$P_{Mmax\,I} = (\bar{P}_{MQ} + \bar{P}_{MG} + \bar{P}_{MA} + \bar{P}_{MF})\gamma'_m \tag{1-3-35}$$

式中　$P_{Mmax\,I}$——在载荷情况Ⅰ（无风正常工作）中出现的 $P_M$ 型的最大组合载荷(N)；

　　$\bar{P}_{MQ}$——由起升质量垂直位移引起的载荷(N)；

　　$\bar{P}_{MG}$——由起重机其他的运动部分的质心垂直位移引起的载荷(N)；

　　$\bar{P}_{MA}$——与机构加(减)速有关的起(制)动惯性载荷(N)；

　　$\bar{P}_{MF}$——与机构传动效率中未考虑的摩擦力相对应的载荷(N)；

　　$\gamma'_m$——增大系数。

注：式(1-3-35)中各项载荷 $P$ 上加横线的含义是：式(1-3-52)所考虑的各项载荷并不是最大值的组合，而是在起重机实际工作中可能发生的最不利的载荷组合时所出现的综合最大载荷值，以下同。

(2) $P_R$ 型载荷

$P_R$ 型的最大组合载荷 $P_{Rmax\,I}$，用前述所定义的载荷 $P_{RQ}$、$P_{RG}$、$P_{RA}$ 按式(1-3-36)进行组合确定：

$$P_{Rmax\,I} = (\bar{P}_{RQ} + \bar{P}_{RG} + \bar{P}_{RA})\gamma'_m \tag{1-3-36}$$

式中　$P_{Rmax\,I}$——在载荷情况Ⅰ（无风正常工作）中出现的 $P_R$ 型的最大组合载荷(N)；

　　$\bar{P}_{RQ}$——由起升质量引起的载荷(N)；

　　$\bar{P}_{RG}$——由起重机零部件质量引起的载荷(N)；

　　$\bar{P}_{RA}$——由起重机或它的有些部分做不稳定运动时的加(减)速度引起的惯性载荷(N)；

　　$\gamma'_m$——同式(1-3-35)。

## 3. 载荷情况Ⅱ（有风正常工作情况）的载荷组合

(1) $P_M$ 型载荷

$P_M$ 型的最大组合载荷 $P_{Mmax\,II}$，用前述所定义的载荷 $P_{MQ}$、$P_{MG}$、$P_{MF}$ 并分别按式(1-3-37)和式(1-3-38)计算的两个组合计算结果中的较大者来确定：

a. 考虑对应于计算风压为 $P_I$（见表 1-3-15）时的风载荷 $P_{MWI}$ 和载荷 $P_{MA}$ 作用的载荷组合，按式(1-3-23)确定：

$$P_{Mmax\,II} = (\bar{P}_{MQ} + \bar{P}_{MG} + \bar{P}_{MA} + \bar{P}_{MF} + \bar{P}_{MWI})\gamma'_m \tag{1-3-37}$$

式中　$P_{Mmax\,II}$——在载荷情况Ⅱ（有风正常工作）中出现的 $P_M$ 型的最大组合载荷(N)；

　　$\bar{P}_{MWI}$——作用在起重机或大表面积的起升物品上的工作状态风载荷(N)。

其余符号意义同式(1-3-35)。

b. 考虑对应于计算风压为 $p_{II}$（见表 1-3-15）时的风载荷 $\bar{P}_{MWII}$ 作用的载荷组合，按式(1-3-38)确定：

$$P_{Mmax\,II} = (\bar{P}_{MQ} + \bar{P}_{MG} + \bar{P}_{MF} + \bar{P}_{MWII})\gamma'_m \tag{1-3-38}$$

式中　$P_{Mmax\,II}$——同式(1-3-37)。

其余符号意义同式(1-3-35)。

(2) $P_R$ 型载荷

$P_R$ 型的最大载荷 $P_{Rmax\,II}$，用前述所定义的载荷 $P_{RQ}$、$P_{RG}$、$P_{RA}$ 和对应于计算风压为 $p_{II}$（见表 1-3-15）时的风载荷 $P_{RWII}$ 作用额载荷组合，按式(1-3-39)确定：

$$P_{Rmax\,II} = (\bar{P}_{RQ} + \bar{P}_{RG} + \bar{P}_{RA} + \bar{P}_{RWII})\gamma'_m \tag{1-3-39}$$

式中　$P_{Rmax\,II}$——在载荷情况Ⅱ（有风正常工作）中出现的 $P_R$ 型的最大组合载荷(N)；

　　$\bar{P}_{RWII}$——工作风压引起的相应风载荷(N)。

其余符号同式(1-3-36)。

4. 载荷情况Ⅲ(特殊载荷作用情况)的载荷组合

(1) $P_M$ 型载荷

在前述所定义的 $P_M$ 型载荷的最大组合载荷 $P_{Mmax Ⅲ}$ 是在具体操作条件下电动机实际能传递给机构的最大载荷。

(2) $P_R$ 型载荷

由于起重机或小车与缓冲器或固定障碍物相碰撞所引起的机构受到的载荷通常都远小于结构受到的自重载荷与非工作状态最大风载荷,因此,$P_R$ 型载荷的最大组合载荷 $P_{Rmax Ⅲ}$ 就可取为在(三、3.)中的载荷情况 C2 给出的载荷,即按式(1-3-40)确定:

$$P_{Rmax Ⅲ} = \bar{P}_{RG} + \bar{P}_{RW Ⅲ max} \tag{1-3-40}$$

式中  $P_{Rmax Ⅲ}$ ——在载荷情况Ⅲ(特殊载荷情况)中出现的 $P_R$ 型的最大组合载荷(N);

  $\bar{P}_{RG}$ ——由起重机零部件质量引起的相应载荷(N);

  $\bar{P}_{RW Ⅲ max}$ ——非工作风压引起的相应最大风载荷(N)。

当采用附加的锚定装置或者抗风牵索来保证在极限风压时的起重机整机抗倾翻稳定性时,应考虑这些装置或牵索对相应机构的影响。

5. 对上述有关计算 $P_M$ 型载荷的说明和应用

起重机的各机构的功能有:

——使运动质心做纯垂直位移(如起升运动);

——使运动质心做水平位移的所谓纯纯水平位移(如横向运行,纵向运行,回转或平衡式变幅运动);

——使运动质心做垂直和水平相组合的位移(如非平衡式变幅运动)。

(1) 起升运动

$P_{Mmax}$ 的计算公式可简化为:

$$\text{载荷情况Ⅰ和Ⅱ}: P_{Mmax Ⅱ} = (\bar{P}_{MQ} + \bar{P}_{MF})\gamma'_m \tag{1-3-41}$$

式中符号同式(1-3-37)。

此处,由起升加速产生的载荷 $P_{MA}$ 忽略不计,因为它同 $P_{MQ}$ 相比是微不足道的。

载荷情况Ⅲ:
$$P_{Mmax Ⅲ} = 1.6(\bar{P}_{MQ} + \bar{P}_{MF}) \tag{1-3-42}$$

式中  $P_{Mmax Ⅲ}$ ——在载荷情况Ⅲ(特殊载荷情况)中出现的 $P_M$ 型的最大组合载荷(N)。

其余符号同式(1-3-37)。

考虑的载荷情况Ⅲ中 1)所提出的一般原则,可以认为能传递到起升机构上的最大组合载荷,实际上限制在 $P_{Mmax Ⅰ}$ 载荷的 1.6 倍。

(2) 水平运动

$P_{Mmax}$ 的计算公式可简化为:

载荷情况Ⅰ,按式(1-3-43)计算:

$$P_{Mmax Ⅰ} = (\bar{P}_{MF} + \bar{P}_{MA})\gamma'_m \tag{1-3-43}$$

式中符号同式(1-3-35)。

载荷情况Ⅱ,取式(1-3-44)和式(1-3-45)两值中的较大者:

$$P_{Mmax Ⅱ} = (\bar{P}_{MF} + \bar{P}_{MA} + \bar{P}_{MW Ⅰ})\gamma'_m \tag{1-3-44}$$

或
$$P_{Mmax Ⅱ} = (\bar{P}_{MF} + \bar{P}_{MW Ⅱ})\gamma'_m \tag{1-3-45}$$

式中符号同式(1-3-37)。

载荷情况Ⅲ,对 $P_{Mmax Ⅲ}$,对应于电动机(或制动器)最大扭矩的载荷。但如果作业条件限制了实际传递的扭矩,例如由于车轮在轨道上打滑,或者由于使用了适当的限制器(如液压联轴器,极限力矩联轴器等),这时就应该取实际可能传递的扭矩。

(3) 复合运动

对载荷情况 Ⅰ 和 Ⅱ，载荷 $P_{Mmax\,Ⅰ}$ 和 $P_{Mmax\,Ⅱ}$ 用 2) 中给出的式 (1-3-43)～(1-3-45) 确定。

对载荷情况 Ⅲ：

当用于质心升高运动的功率，同克服加速或风力影响所需的功率相比可以忽略不计时，载荷最大值 $P_{Mmax\,Ⅲ}$ 取为电动机最大转矩引起的载荷，此值虽然很高，但可以接受，因为它增加了安全性。

反之，当用于克服加速或风力影响所需的功率，同用于质心升高运动的功率相比可以忽略不计时，$P_{Mmax\,Ⅲ}$ 可以按 $P_{Mmax\,Ⅲ}=1.6P_{Mmax\,Ⅱ}$ 来计算。

在这两个极限数值之间的各种情况，应根据选用的电动机、起动方式，以及由惯性和风力影响引起的载荷与由质心升高引起的载荷的相对值来进行研究。

当作业条件限制了实际传递给机构的力矩，而它又小于上述数值时，则将此限制的极限力矩作为 $P_{Mmax\,Ⅲ}$ 的值。

### 6. 传动机构动载荷

传动机构载荷出现在机构起动、制动或速度变化的情况下。动载荷的大小与传动机构元件的弹性、机构使用的原动机类型、起动和制动转矩的大小及其施加方式、机构的静力矩、传动零件的质量分布（转动惯量）等有关。

(1) 原动机起动转矩

起重机机构主要使用电动机或液压马达驱动。通用电动起重机广泛使用绕线式电动机，起动时，逐级切换转子电路中的传入电阻。绕线式电动机的起动转矩 $M_q$、角速度 $\omega$、角加速度 $\alpha$ 的变化曲线示于图 1-3-21。最大起动转矩 $M_{qmax}$ 和最小起动转矩 $M_{qmin}$ 一般满足一下条件：

$$M_{qmax}=2.1M_n \quad (1\text{-}3\text{-}46)$$
$$M_{qmin}=1.1M_n$$

式中 $M_n$——电动机额定转矩（N·m）。

起重机专用电动机的接电持续率 $JC$ 分 15%、25%、40% 和 60% 四级，对应每一级 $JC$ 值，每一种结构尺寸的电动机有四种额定功率和四种额定转矩。为方便，目前生产的通用桥式起重机，$JC$ 值为 15% 和 25% 的电动机均按

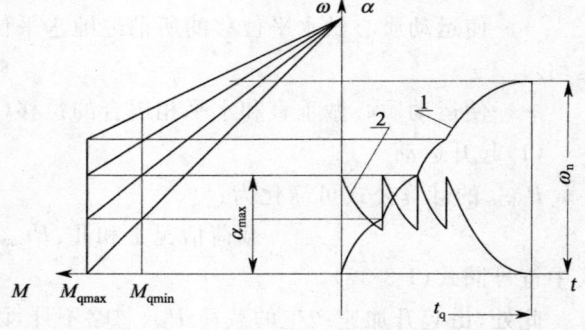

图 1-3-21 绕线式电动机起动的转矩，
角速度和角加速度变化曲线
1—角速度；2—角加速度

$JC=25\%$ 的额定功率配置电阻，$JC$ 值为 40% 和 60% 的电动机均按 $JC=40\%$ 的额定功率配置电阻。这样，对 $JC$ 值为 15% 的电动机，实际的起动转矩比需要的小，而 $JC$ 值为 60% 的电动机，实际的起动转矩比需要的大。

司机操作和机构的工作级别对传动机构的动载荷影响很大。电动机一般串有 $0.5M_n$ 级的预备挡电阻，工作级别较低时，司机通常逐级切换电阻，瞬时起动转矩不会达到 $M_{qmax}$，繁忙作业时，司机迅速切换电阻，瞬时起动转矩有可能达到 $M_{qmin}$，瞬时起动转矩可表示为：

$$M_q=\beta M_n \quad (1\text{-}3\text{-}47)$$

式中 $\beta$——平均起动转矩系数，视使用忙闲程度而定，通常取 $\beta=1.6\sim 2.1$，使用轻闲时取小值，使用繁忙时取大值；

$M_n$——电动机额定转矩（N·m）。

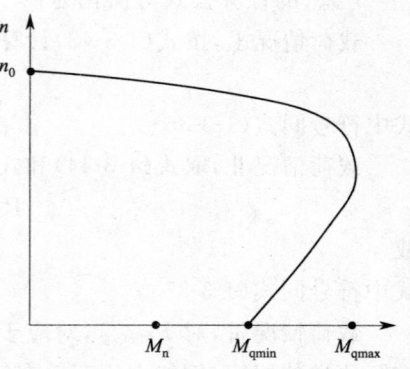

图 1-3-22 笼型电动机起动特性

直流并激电动机起动转矩特性与图 1-3-21 大致相似。

笼型电动机起动特性曲线示于图 1-3-22，并且：

$$M_{qmax} = \beta_1 M_n$$
$$M_{qmin} = \beta_2 M_n \tag{1-3-48}$$

式中 $\beta_1$——起动转矩倍数，$\beta_1 = (0.77 \sim 1)\beta$；

$\beta_2$——最大转矩倍数，$\beta = \dfrac{1}{2}(\beta_1 + \beta_2)$。

笼型电动机的平均起动转矩可用式(1-3-66)估算：

$$M_q = \frac{1}{2}(\beta_1 + \beta_2)M_n \tag{1-3-49}$$

机构由液压马达驱动时，液压马达的起动转矩为：

$$M_q = \frac{1}{2\pi}(p_{max} + p_0)q\eta_m \tag{1-3-50}$$

式中 $p_{max}$——液压马达进口最大压力，可近似取液压系统最大压力(MPa)；

$p_0$——液压马达背压(MPa)；

$q$——液压马达排量(mL/r)；

$\eta_m$——液压马达机械效率。

(2) 机构制动转矩

电动起重机的机构除采用机械制动器制动外，一般还可采用电动机电力制动(反馈制动、动力制动、反接制动)。电力制动用于限速或减速，采用电力制动可减缓机械制动器的磨损。图 1-3-23 为电动机三挡电力制动曲线，速度由 $\omega_n$ 降至 $\omega_A$，此时电动机断电，自动作用的常闭式制动器抱闸，机构运动停止。电力制动时，最大制动转矩 $M_{zmax}$ 可取电动机最大起动转矩 $M_{qmax}$，即 $M_{zmax} = M_{qmax}$。

计算机构传动零件动载荷时，由于起重机司机实际操作时，常常不用电力制动，只使用机械制动器，因此，应取 $M_{zmax}$ 和机械制动器的制动转矩 $M_{zm}$ 中的较大值作为制动转矩的计算值。

装有极限转矩联轴节的起重机回转机构，以及在液压回路中装有双向逆流阀的液压起重机回转机构，传动零件的最大载荷受极限转矩联轴节的极限转矩或双向溢流阀设定的开启压力的限制。

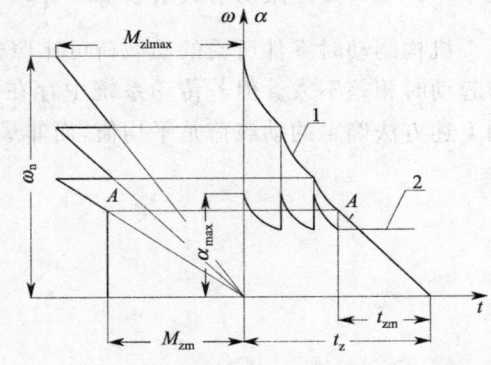

图 1-3-23 电力制动和机械制动一次时角速度和角加速度曲线
1—角速度；2—角加速度

(3) 传动零件的动载荷

实际计算时，机构传动系统一般视为绝对刚性，传动系统中元件的质量转化为原动机轴上，起动时角加速度 $\alpha$ 为：

$$\alpha = \frac{M_q + M_j}{J_I + J_{II}} \tag{1-3-51}$$

式中 $M_q$——原动机起动转矩(N·m)，见式(1-3-47)和式(1-3-49)；

$M_j$——机构静力矩(N·m)；

$J_I$——计算零件 x 主动侧转动惯量之和 $J_I = \sum\limits_{k=1}^{n} \dfrac{J_k}{i_k^2}$(kg·m²)；

$J_{II}$——计算零件 x 被动侧转动惯量之和 $J_{II} = \sum\limits_{k=1}^{n} \dfrac{J_k}{i_k^2}$(kg·m²)；

$J_k$——传动系统中任意零件 $k$ 的转动惯量(kg·m²)；

$i_k$——任意零件的 $k$ 传动比；

$x$——传动系统中待计算的零件(零件总数为 $n$)。

机构起动时,待计算零件所受的惯性载荷为(图 1-3-24)：

$$M_g = \frac{J_I(M_q - M_j)}{J_I + J_{II}} \qquad (1\text{-}3\text{-}52)$$

零件承受的力总载荷为静力矩和惯性力矩之和：

$$M_{max} = M_j + M_q = \frac{\gamma\beta + \xi}{1 + \gamma} M_n = \varphi_8 M_n \qquad (1\text{-}3\text{-}53)$$

式中 $\varphi_8$——有预紧(无间隙)起动的刚性动载系数,其值为：$\varphi_8 = \frac{\gamma\beta + \xi}{1 + \gamma}$,

$\gamma = \frac{J_{II}}{J_I}, \beta = \frac{M_q}{M_n}, \xi = \frac{M_j}{M_n}$。

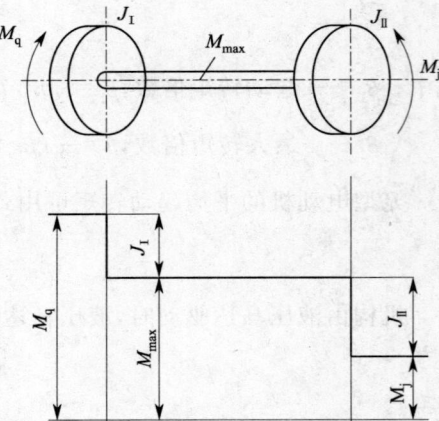

图 1-3-24 机构起动时零件惯性载荷计算简图

考虑机构传动系统在起动和制动过程产生的扭转振动,略去传动系统中的间隙不计,将系统视为受阶跃载荷 $\beta M_n$ 的二质量单自由度振动系统,此时最大载荷 $M'_{max}$ 为：

$$M'_{max} = \left(2 - \frac{\xi}{\beta}\right)\varphi_8 M_n = \varphi_5 \varphi_8 M_n \qquad (1\text{-}3\text{-}54)$$

式中 $\varphi_5$——弹性振动增大系数,$\varphi_5 = \left(2 - \frac{\xi}{\beta}\right)$。

机构制动时零件所受的动载荷可比照机构起动的情况分析,在一般情况下,制动产生的动载荷与起动时相差不大。但若传动系统中存在间隙而又无较好的缓冲装置时,将产生较大的动载荷。用上述方法确定的动载荷是平均值,而非最大值。

# 第四章 静强度和疲劳强度设计计算

## 第一节 设计计算方法

在第一篇第三节介绍了起重机结构及机械零部件的强度设计计算可采用的两种计算方法：许用应力设计法和极限状态设计法，不再重复。有关起重机金属结构的静强度和疲劳强度设计计算见第二篇。

## 第二节 起重机机械设计的载荷、载荷情况和载荷组合

### 一、机械设计的载荷

起重机机械零件承受的载荷可分两类：一类是由电动机或液压马达驱动转矩、或制动器的制动转矩直接确定的载荷，用 $F_M$ 表示，机构传动系统中的零件（传动零件）承受这类载荷。另一类载荷与电动机或制动器无关，由起重机所受的外载荷直接产生，不能被驱动轴上的转矩相平衡的反作用力性质的载荷，用 $F_R$ 表示。承受这类载荷的零件主要是起支承作用的零件（支承零件），如取物装置、走行支承装置、回转支承装置和防风抗滑装置中的零件。

$F_M$ 型载荷主要包含以下这些载荷：
(1) 由起升质量垂直位移引起的载荷 $F_{MQ}$；
(2) 由起重机其他的运动部分的质心垂直位移引起的载荷 $F_{MG}$；
(3) 与机构加(减)速有关的起(制)动惯性载荷 $F_{MA}$；
(4) 与机构传动效率中未考虑的摩擦力相对应的载荷 $F_{MF}$；
(5) 工作风压作用在起重机结构或机械设备（或大表面积的起重物品）上的风载荷 $F_{MW}$。

$F_R$ 型载荷主要包含以下这些载荷：
(1) 由起升质量引起的载荷 $F_{RQ}$；
(2) 由起重机零部件质量引起的载荷 $F_{RG}$；
(3) 由起重机或它的某些部分作不稳定运动时的加(减)速度引起的惯性载荷 $F_{RA}$；
(4) 由最大非工作风压或锚定装置设计用的极限风压引起的风载荷 $F_{RW}$。

### 二、机械设计的载荷情况和载荷组合

(一) 机械设计计算要考虑的载荷情况

机械设计计算要考虑以下三种载荷情况：情况Ⅰ：无风正常工作情况；情况Ⅱ：有风正常工作情况；情况Ⅲ：特殊载荷作用情况。

对每种载荷情况应确定一个最大载荷作为计算的依据。对于不在室外工作、不暴露于风中的起重机，情况Ⅰ和情况Ⅱ是完全相同的。

当机械零件承受的 $F_M$ 型载荷或 $F_R$ 型载荷中的各项载荷确定之后，组合时应再乘一个增大系数 $\gamma'_m$ 来考虑由于计算方法不完善和无法预料的偶然因素会导致实际出现的应力超出计算应力的某种可能性。系数 $\gamma'_m$ 取决于机构的工作级别，见表 1-4-1。

表 1-4-1 增大系数 $\gamma'_m$ 的数值

| 机构工作级别 | M1 | M2 | M3 | M4 | M5 | M6 | M7 | M8 |
|---|---|---|---|---|---|---|---|---|
| $\gamma'_m$ | 1.00 | 1.04 | 1.08 | 1.12 | 1.16 | 1.20 | 1.25 | 1.30 |

(二)载荷情况Ⅰ(无风正常工作情况)的载荷组合

1. $F_M$ 型载荷

$F_M$ 型的最大组合载荷 $F_{MmaxI}$,用载荷 $F_{MQ}$,$F_{MG}$,$F_{MA}$,$F_{MF}$ 按下式进行组合确定:

$$F_{MmaxI} = (\overline{F}_{MQ} + \overline{F}_{MG} + \overline{F}_{MA} + \overline{F}_{MF})\gamma'_m \tag{1-4-1}$$

式(1-4-3)内所需考虑的载荷并不是其每一项最大值的组合,而是在起重机实际工作中可能发生的最不利的载荷组合时所出现的综合最大载荷值,因此在式(1-4-3)中的各项载荷 $F$ 上加上横线。

2. $F_R$ 型载荷

$F_R$ 型的最大组合载荷 $F_{RmaxI}$,用载荷 $F_{RQ}$,$F_{RG}$,$F_{RA}$ 按下式进行组合确定:

$$F_{RmaxI} = (\overline{F}_{RQ} + \overline{F}_{RG} + \overline{F}_{RA})\gamma'_m \tag{1-4-2}$$

(三)载荷情况Ⅱ(有风正常工作情况)的载荷组合

1. $F_M$ 型载荷

$F_M$ 型的最大组合载荷 $F_{MmaxⅡ}$,用载荷 $F_{MQ}$,$F_{MG}$,$F_{MF}$ 并分别按式(1-4-5)和式(1-4-6)计算的两个组合计算结果中的较大者来确定:

(1)考虑对应于计算风压为 $q_Ⅰ$ 时的风载荷 $F_{MWⅠ}$ 和载荷 $F_{MA}$ 作用的载荷组合,按下式确定:

$$F_{MmaxⅡ} = (\overline{F}_{MQ} + \overline{F}_{MG} + \overline{F}_{MA} + \overline{F}_{MF} + \overline{F}_{MWⅡ})\gamma'_m \tag{1-4-3}$$

(2)考虑对应于计算风压为 $q_Ⅱ$ 时的风载荷 $F_{MWⅡ}$ 作用的载荷组合,按下式确定:

$$F_{MmaxⅡ} = (\overline{F}_{MQ} + \overline{F}_{MG} + \overline{F}_{MF} + \overline{F}_{MWⅡ})\gamma'_m \tag{1-4-4}$$

2. $F_R$ 型载荷

$F_R$ 型的最大载荷 $F_{RmaxⅡ}$,用载荷 $F_{RQ}$,$F_{RG}$,$F_{RA}$ 和对应于计算风压为 $q_Ⅱ$ 时的风载荷 $F_{RWⅡ}$ 作用的载荷组合,按下式确定:

$$F_{RmaxⅡ} = (\overline{F}_{RQ} + \overline{F}_{RG} + \overline{F}_{RA} + \overline{F}_{RWⅡ})\gamma'_m \tag{1-4-5}$$

(四)载荷情况Ⅲ(特殊载荷作用情况)的载荷组合

1. $F_M$ 型载荷

$F_M$ 型载荷的最大组合载荷 $F_{MmaxⅢ}$ 是在具体操作条件下电动机实际能传递给机构的最大载荷。

2. $F_R$ 型载荷

由于起重机或小车与缓冲器或固定障碍物相碰撞所引起的机构受到的载荷通常都远小于结构受到的自重载荷与非工作状态最大风载荷,因此,$F_R$ 型载荷的最大组合载荷 $F_{RmaxⅢ}$ 按下式确定:

$$F_{RmaxⅢ} = \overline{F}_{RG} + \overline{F}_{RWⅢmax} \tag{1-4-6}$$

当采用附加的锚定装置或者抗风牵索来保证在极限风压时的起重机整机抗倾翻稳定性时,应考虑这些装置或牵索对相应机构的影响。

(五)$F_M$ 型载荷的计算应用

起重机的各机构的功能有:(1)使运动质心作纯垂直位移(如起升运动);(2)使运动质心作水平位移的所谓纯水平位移(如横向运行,纵向运行,回转或平衡式变幅运动);(3)使运动质心作垂直和水平相组合的位移(如非平衡式变幅运动)。对不同的位移功能,$F_M$ 型载荷的最大组合载荷 $F_{Mmax}$ 计算应根据实际情况进行。

1. 起升运动

$F_{Mmax}$ 的计算公式可简化为：

载荷情况 Ⅰ 和 Ⅱ：

$$F_{Mmax\,II} = (\bar{F}_{MQ} + \bar{F}_{MF})\gamma'_m \tag{1-4-7}$$

此处，由起升加速产生的载荷 $F_{MA}$ 忽略不计，因为它同 $F_{MQ}$ 相比是微不足道的。

载荷情况 Ⅲ：

$$F_{Mmax\,III} = 1.6(\bar{F}_{MQ} + \bar{F}_{MF}) \tag{1-4-8}$$

在具体操作条件下电动机能传递到起升机构上的最大组合载荷，实际上限制在 $F_{Mmax\,I}$ 载荷的 1.6 倍。

2. 水平运动

$F_{Mmax}$ 的计算公式可简化为：

载荷情况 Ⅰ，按下式计算：

$$F_{Mmax\,I} = (\bar{F}_{MF} + \bar{F}_{MA})\gamma'_m \tag{1-4-9}$$

载荷情况 Ⅱ，取式(1-4-12)和式(1-4-13)两值中的较大者：

$$F_{Mmax\,II} = (\bar{F}_{MF} + \bar{F}_{MA} + \bar{F}_{MW\,I})\gamma'_m \tag{1-4-10}$$

$$F_{Mmax\,II} = (\bar{F}_{MF} + \bar{F}_{MW\,II})\gamma'_m \tag{1-4-11}$$

载荷情况 Ⅲ，对 $F_{Mmax\,III}$，取对应于电动机（或制动器）最大扭矩的载荷。但如果作业条件限制了实际传递的扭矩，例如由于车轮在轨道上打滑，或者由于使用了适当的限制器（如液压联轴器，极限力矩联轴器等），这时就应取实际可能传递的扭矩。

3. 复合运动

对载荷情况 Ⅰ 和 Ⅱ，载荷 $F_{Mmax\,I}$ 和 $F_{Mmax\,II}$ 用式(1-4-3)、式(1-4-5)或式(1-4-6)来确定。

对载荷情况 Ⅲ：

当用于质心升高运动的功率，同克服加速或风力影响所需的功率相比可以忽略不计时，载荷最大值 $F_{Mmax\,III}$ 取为由电动机最大转矩引起的载荷，此值虽很高，但可以接受，因为它增加了安全性。

反之，当用于克服加速或风力影响所需的功率，同用于质心升高运动的功率相比可以忽略不计时，$F_{Mmax\,III}$ 可以按 $F_{Mmax\,III} = 1.6 F_{Mmax\,II}$ 来计算。

在这两个极限数值之间的各种情况，应根据选用的电动机、起动方式，以及由惯性和风力影响引起的载荷与由质心升高引起的载荷的相对值来进行研究。

当作业条件限制了实际传递给机构的力矩，而它又小于上述数值时，则将此限制的极限力矩作为 $F_{Mmax\,III}$ 的值。

## 第三节　起重机通用机械零件的静强度设计计算

### 一、计算内容和方法

起重机机械零件的静强度设计计算包括对所考虑的载荷情况下计算载荷的确定，然后根据计算载荷采用许用应力法对所设计的零件进行静强度、稳定（刚性）以及耐磨发热计算。但并非全部零件都要进行上述各项计算，而是根据零件所处的部位及其受载情况进行合理的选择。

1. 静强度计算

静强度计算包括抗脆性断裂及防止出现塑性变形的计算，其目的是要验证计算应力不超过所采用材料的许用应力。对传动机构中的大多数零件均要进行此项计算，对受力较大的承载零件也需进行此项计算。在确定许用应力时，对于弹塑性较好的材料（$\sigma_s/\sigma_b < 0.7$）制成的机械零件，可以用屈服强度（屈服点）除以安全系数进行静强度计算。但对于机械零件中使用较多的高强度材料或经过热处理提高了其机械性能的材料，其屈服强度与抗拉强度之比是较高或很高的（经常 $\sigma_s/\sigma_b \geqslant$

0.7),如果静强度计算的许用应力仍根据屈服强度来确定,零件就容易在其所受应力偶然超过这个强度时发生脆性破坏。因此对这类机械零件应该用其钢材的抗拉强度除以安全系数进行静强度计算。

2. 稳定计算

稳定计算包括对易丧失稳定的零件进行的抗失稳计算,对较长的高速传动轴进行防止达到临界转速的计算等。特别是对于使用高强度材料的机构,更应重视对零件的稳定计算。

3. 耐磨及发热计算

耐磨及发热计算包括对受力较大的摩擦磨损件进行耐磨计算和对可能出现较高发热的零部件进行防止过热的计算。对于采用新的金属及非金属材料制成的零件,更应进行此项计算。

## 二、计算载荷与载荷情况

1. 计算载荷

起重机机构零件受到的载荷基本上可分为两类:$F_M$ 型载荷和 $F_R$ 型载荷。

2. 载荷情况

起重机机械零件设计计算中的载荷,要考虑在情况Ⅰ:无风正常工作;情况Ⅱ:有风正常工作;情况Ⅲ:特殊载荷作用等三种情况下 $P_M$、$P_R$ 各类载荷的载荷组合,对每种载荷情况应确定一个最大载荷,作为计算的依据。

## 三、静强度计算

1. 许用应力值

当钢材的屈服点 $\sigma_s$ 与钢材的抗拉强度 $\sigma_b$ 之比小于 0.7 时,许用应力 $[\sigma]$ 按下式确定:

$$[\sigma]=\sigma_s/n_s \tag{1-4-12}$$

式中 $n_s$——与钢材的屈服点及载荷情况相对应的安全系数,见表 1-4-2。

对 $\sigma_s/\sigma_b \geq 0.7$ 的材料,许用应力 $[\sigma]$ 由下式确定:

$$[\sigma]=\sigma_b/n_b \tag{1-4-13}$$

式中 $n_b$——与钢材的抗拉强度及载荷情况相对应的安全系数,见表 1-4-5。

表 1-4-2 $n_s$ 和 $n_b$

| 载荷情况 | 安全系数 ||
|---|---|---|
|  | $n_s$ | $n_b$ |
| Ⅰ 和 Ⅱ | 1.48 | 2.2 |
| Ⅲ | 1.22 | 1.8 |

注:对灰铸铁,$n_b$ 值要增加 25%。

2. 计算应力与许用应力之间的关系

机械零件危险点的计算应力,用通常的力学方法计算;复合应力按合适的强度理论予以合成。当计算应力与许用应力之间符合以下关系时,即认为该机械零件满足了强度的条件:

① 纯拉伸:$1.25\sigma_t \leq [\sigma]$,$\sigma_t$ 为计算的拉伸应力;
② 纯压缩:$\sigma_c \leq [\sigma]$,$\sigma_c$ 为计算的压缩应力;
③ 纯弯曲:$\sigma_f \leq [\sigma]$,$\sigma_f$ 为计算的弯曲应力;
④ 拉伸和弯曲复合:$1.25\sigma_t + \sigma_f \leq [\sigma]$;
⑤ 压缩和弯曲复合:$\sigma_c + \sigma_f \leq [\sigma]$;
⑥ 纯剪切:$\sqrt{3}\tau \leq [\sigma]$;
⑦ 拉伸、弯曲和剪切复合:$\sqrt{(1.25\sigma_t + \sigma_f)^2 + 3\tau^2} \leq [\sigma]$;
⑧ 压缩、弯曲和剪切复合:$\sqrt{(\sigma_c + \sigma_f)^2 + 3\tau^2} \leq [\sigma]$。

## 四、稳定计算

1. 抗失稳计算

对易于丧失稳定的零件,计算目的是验证其计算应力是否会超过作为临界应力函数的某个极限应力,超过临界应力就有发生失稳的危险。计算时,要考虑增大系数 $\gamma'_m$,其数值与机构工作级别有关。

有关零件抗失稳计算参见第二篇相关章节。

**2. 轴的临界转速**

对转速超过 400 r/min 的长传动轴,为了避免在临界转速下发生共振,应计算其临界转速,并满足下式的要求:

$$n_{max} \leqslant \frac{n_{cr}}{1.2} \tag{1-4-14}$$

式中 $n_{max}$——轴的实际最大转速(r/min),对电动机轴的工作转速 $n_{max}$,交流电动机等于其额定转速,直流电动机为起重机空载时的转速;

$n_{cr}$——轴的临界转速(r/min),其值为:

$$n_{cr} = 1\,210 \frac{\sqrt{d_1^2 + d^2}}{l^2}$$

其中 $d_1$——空心轴的内直径(cm),当为实心轴时,$d_1 = 0$,

$d$——轴外径(cm),

$l$——轴的支点间距(m),见图 1-4-1。

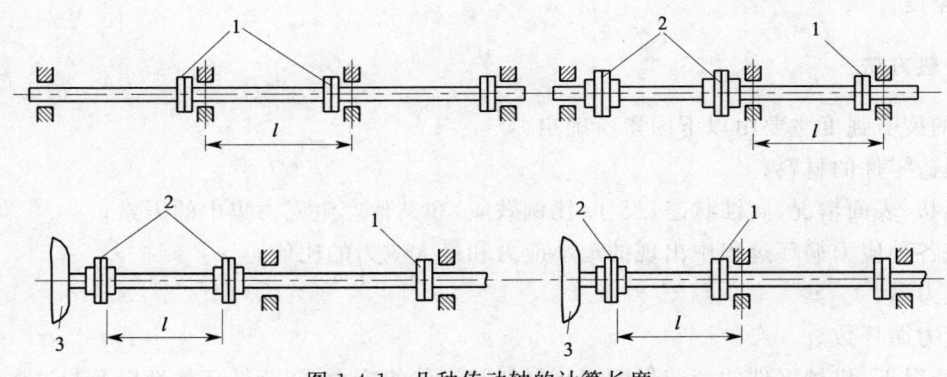

图 1-4-1 几种传动轴的计算长度
1—刚性联轴器;2—齿轮联轴器;3—电动机

**五、耐磨及防过热计算**

**1. 耐磨计算**

对于在运动中处于经常摩擦的零件,应保证其在使用期内摩擦面的磨损量在允许的范围内,根据经验通常对一些影响磨损的特定物理量进行计算,使其不超过允许值以防过度磨损。如对制动器、离合器及滑动支承等,应计算其摩擦表面的单位面积压力强度 $p$ 及与摩擦面相对运动速度 $v$ 乘积的特性系数 $pv$ 值,要求它不超过表 1-4-3 或表 1-4-4 中的规定值。

表 1-4-3 制动器及离合器覆面的最大允许物理量

| 物理量的允许值<br>摩擦面材料 | $[p]$/MPa | | $[pv]/[N/(mm \cdot s)]$ | | | | 摩擦系数 | | |
|---|---|---|---|---|---|---|---|---|---|
| | | | 支持用 | | 下降控制用 | | | | |
| | 支持用 | 下降控制用 | 块式 | 带式 | 块式 | 带式 | 无润滑 | 偶然润滑 | 良好润滑 |
| 石棉橡胶辊压带对钢 | 0.8 | 0.4 | 5 | 2.5 | 2.5 | 1.5 | 0.42~0.48 | 0.35~0.40 | 0.12~0.16 |
| 石棉钢丝制动带对钢 | 0.6 | 0.3 | 5 | 2.5 | 2.5 | 1.5 | 0.35 | 0.30~0.32 | 0.09~0.12 |

注:无润滑时的摩擦面允许温度为 220 ℃。

表 1-4-4　铜合金轴套材料的最大允许物理量

| 材料牌号 | 物理量的允许值 | $[p]$ /MPa | $[v]$ /(m/s) | $[pv]$ /[N/(mm·s)] | 材料牌号 | 物理量的允许值 | $[p]$ /MPa | $[v]$ /(m/s) | $[pv]$ /[N/(mm·s)] |
|---|---|---|---|---|---|---|---|---|---|
| 锡青铜 | ZQSn10-1 | 15 | 10 | 15 | 铸铝青铜 | ZQPb30 | 15 | 8 | 60 |
|  | ZQSn6-6-3 | 8 | 6 | 6 | 铸锰黄铜 | ZHMn52-4-1 | 4 | 2 | 6 |
| 铸铝青铜 | ZQAl9-4 | 30 | 8 | 12 | 铸硅黄铜 | ZHSi80-3-3 | 12 | 2 | 10 |
|  | ZQAl0-3-1.5 | 20 | 5 | 15 |  |  |  |  |  |

**2. 防过热计算**

用液压推杆制动器或其他制动器作为调速装置时，及在盘式制动器或鼓式制动器中，摩擦面要选用耐磨损耐高温的材料，制动轮/盘应有良好的散热条件，对频繁动作的制动器还应进行散热计算，应重视温度升高引起制动轮/盘与制动衬垫的摩擦系数变化，必要时应进行制动器热容量的计算。传动系统中采用液力耦合器时应具有足够的散热条件，并应采取防过热的保护措施。

## 第四节　起重机通用机械零件的疲劳强度设计计算

对承受应力循环次数较多的零件，应进行抗疲劳计算。

起重机机械零件的上述计算都是用安全系数法，即考核这些零件在抗疲劳失效方面是否有足够的安全裕度。

### 一、一般方法

零件的疲劳强度主要由以下因素所确定：
(1) 制造零件的材料；
(2) 形状、表面情况、腐蚀状态、尺寸（比例效应）和其他产生应力集中的因素；
(3) 在各种应力循环过程中出现的最小应力和最大应力的比值；
(4) 应力谱；
(5) 应力循环数。

一般情况下，机械零件的疲劳强度要从材料和零件的应力、疲劳循环特性以及与这些特性有关的规律中推导出来。

疲劳强度是以所选用的材料制成的抛光试件在交变拉伸疲劳载荷下的疲劳极限为基础，并采用一些系数来考虑零件的几何形状、表面情况、腐蚀状态和尺寸等因素降低疲劳强度的影响。

借助疲劳极限曲线[史密斯（Smith）图]，由交变载荷（应力循环特征值 $r=-1$）下的疲劳极限可得出与其他应力循环特征值 $r$ 相对应的疲劳极限。在此曲线中，对于疲劳强度曲线的形状作了某些简化假设。

用这种确定实际零件相对于已知应力循环特征值 $r$ 的疲劳极限的方法，可以用来绘制疲劳寿命曲线[威勒（Wöhler）曲线]，此曲线表示了在具有相同的应力循环特征值 $r$ 的应力循环下疲劳应力与应力循环数的关系。根据此曲线，利用迈内尔（Winer）疲劳损伤线性累积假设，根据机械零件的工作级别，便可以确定它的疲劳强度。

此处所叙述的确定疲劳强度的方法，只适用于材料结构在所考虑的整个截面上是均匀的零件。因此，经过表面处理（如淬硬、氮化、表面硬化）的零件就不能用这个方法，只有当疲劳寿命曲线表示的是由同样材料制造、有相同的形状和尺寸、并受过完全相同的表面处理的零件，才可以由它来确定要计算的零件的疲劳强度。

只需用载荷情况Ⅰ进行机械零件疲劳强度计算。

应力循环数小于 8 000 次时，可不必进行疲劳计算。

## 二、抛光试件在交变载荷（$r=-1$）下的疲劳计算

研究表明，机械零件的抛光试件在交变旋转弯曲作用下的疲劳极限值 $\sigma_{bw}$ 可以近似地作为交变非旋转的弯曲作用下疲劳极限值。

交变轴向拉伸和压缩作用下的疲劳极限值，应比 $\sigma_{bw}$ 减少 20%。

交变剪切（纯剪切或扭转）作用下的疲劳极限 $\tau_w$，可由下式得出：

$$\tau_w = \frac{\sigma_{bw}}{\sqrt{3}} \quad (\text{N/mm}^2) \tag{1-4-15}$$

此处给定的 $\sigma_{bw}$ 值一般为对应于 90% 完好率的统计值，对常用的钢材为碳钢的机械零件，$\sigma_{bw}$ 值可按下式决定：

$$\sigma_{bw} = 0.5\sigma_b \quad (\text{N/mm}^2) \tag{1-4-16}$$

式中 $\sigma_b$——钢材的抗拉强度（$\text{N/mm}^2$）。

## 三、形状、尺寸、表面情况和腐蚀的影响

对机械零件，由于其形状、尺寸、表面（机械加工）情况以及其腐蚀状态等因素的影响，必然使其在交变载荷下的疲劳极限相对于抛光试件的理想状态有所降低。分别用大于或等于 1 的系数 $K_s$、$K_d$、$K_u$ 和 $K_c$ 除以抛光试件的疲劳极限来考虑这些因素的影响。这些系数的确定方法如下。

（1）形状系数 $K_s$ 确定方法

形状系数 $K_s$ 表示有圆弧过渡的截面变化、环形槽、横向孔及轮毂固定方法等造成的应力集中。

图 1-4-2 和图 1-4-3 给出了适用于直径 $D=10$ mm 的形状系数 $K_s$ 值，它们是金属材料抗拉强度的函数。

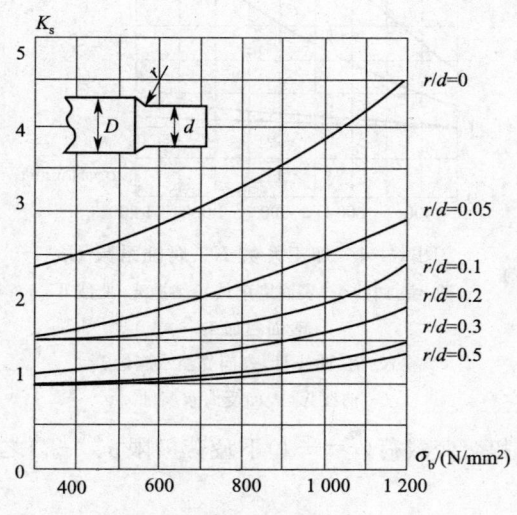

图 1-4-2　形状系数 $K_s$（直径 $D=10$ mm，阶梯截面 $D/d=2$）

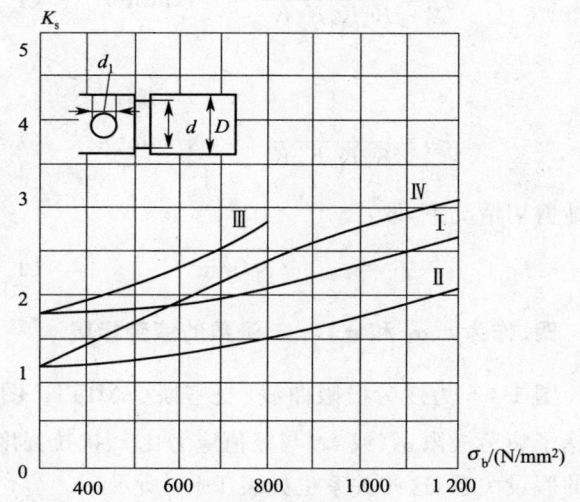

图 1-4-3　形状系数 $K_s$（直径 $D=10$ mm，孔，环形槽，键槽）
曲线 Ⅰ：横向孔 $d_1 = 0.175d$；曲线 Ⅱ：环形槽，深 1 mm；
曲线 Ⅲ：用键与轮毂相连；曲线 Ⅳ：用压配合与轮毂相连

图 1-4-2 给出的系数 $K_s$ 用于 $D/d=2$ 的阶梯轴，对于其他的 $D/d$ 值，$K_s$ 可根据表 1-4-5 的修正系数 $q$ 由曲线 $(r/d) + q$ 求得。曲线图 1-4-3 给出了一些 $K_s$ 值，用于孔、环形槽和键槽。

直径超过 10 mm 时要引入尺寸系数 $K_d$。

表 1-4-5  $D/d \leqslant 2$ 时修正系数 $q$ 值

| $D/d$ | 1.05 | 1.1 | 1.2 | 1.3 | 1.4 | 1.6 | 2 |
|---|---|---|---|---|---|---|---|
| $q$ | 0.13 | 0.1 | 0.07 | 0.052 | 0.04 | 0.022 | 0 |

(2)尺寸系数 $K_d$ 的确定方法

直径大于 10 mm 时,应力集中效应增加,引入尺寸系数 $K_d$ 来加以考虑。表 1-4-6 给出了 $d$ 由 10 mm～400 mm 的系数 $K_d$ 值。

表 1-4-6  $K_d$ 值

| $d$/mm | 10 | 20 | 30 | 50 | 100 | 200 | 400 |
|---|---|---|---|---|---|---|---|
| $K_d$ | 1 | 1.1 | 1.25 | 1.45 | 1.65 | 1.75 | 1.8 |

(3)表面情况(机加工方法)系数 $K_u$ 的确定

经验表明:表面粗加工零件的疲劳极限比精细抛光的零件低。

用图 1-4-4 给出的机加工系数 $K_u$ 来考虑这一因素,他们分别是相对于磨削或用金刚砂精细抛光的表面,及粗加工的表面。

(4)腐蚀系数 $K_c$ 的确定

腐蚀对钢材的疲劳极限有非常明显的影响,用系数 $K_c$ 来加以考虑。

图 1-4-4 还对淡水和海水腐蚀的两种情况给出了系数 $K_c$ 值。

确定系数 $K_s$, $K_d$, $K_u$ 和 $K_c$ 后,机械零件在交变载荷($r=-1$)下拉伸,压缩,弯曲和扭转剪切的疲劳极限 $\sigma_{wr}$ 或 $\tau_{wr}$ 由式(1-4-17)～式(1-4-19)给出:

$$\sigma_{wr} = \frac{\sigma_{bw}}{K_s K_d K_u K_c} \quad (\text{N/mm}^2) \quad (1\text{-}4\text{-}17)$$

或

$$\tau_{wr} = \frac{\tau_w}{K_s K_d K_u K_c} \quad (\text{N/mm}^2) \quad (1\text{-}4\text{-}18)$$

在纯剪切情况下,取:

$$\tau_{wr} = \tau_w \quad (\text{N/mm}^2) \quad (1\text{-}4\text{-}19)$$

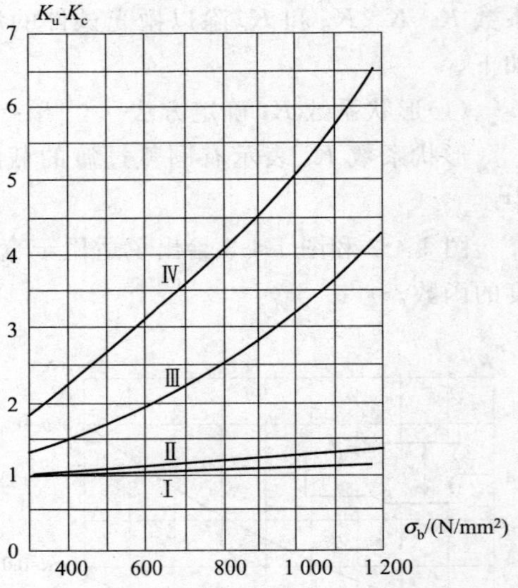

图 1-4-4  加工系数 $K_u$、腐蚀系数 $K_c$

$K_u$ 值:曲线 I ,表面磨削或精细抛光;曲线 II ,表面粗加工。

$K_c$ 值:曲线 III ,表面受淡水腐蚀;曲线 IV ,表面受海水腐蚀

### 四、作为 $r$、$\sigma_b$ 和 $\sigma_{wr}(\tau_{wr})$ 函数的疲劳极限

图 1-4-5 为疲劳极限曲线[史密斯(SMITH)图],它表达了疲劳极限 $\sigma_d$(或 $\tau_d$)与极值应力比 $r$、抗拉强度 $\sigma_b$ 和交变载荷($r=-1$)下疲劳极限 $\sigma_{wr}(\tau_{wr})$ 之间的假设关系,这些关系也如表 1-4-7 所示。

表 1-4-7  机械零件疲劳极限 $\sigma_d(\tau_d)$ 与 $r$、$\sigma_b$、$\sigma_{wr}$ 的关系

| | $-1 \leqslant r < 0$ | $\sigma_d = \frac{5}{3-2r}\sigma_{wr}$ | 交变应力 | | $-1 \leqslant r < 0$ | $\tau_d = \frac{5}{3-2r}\tau_{wr}$ | 交变应力 |
|---|---|---|---|---|---|---|---|
| 正应力 | $0 \leqslant r \leqslant 1$ | $\sigma_d = \dfrac{\frac{5}{3}\sigma_{wr}}{1-\left(1-\frac{\frac{5}{3}\sigma_{wr}}{\sigma_b}\right)r}$ | 脉动应力 | 剪切应力 | $0 \leqslant r \leqslant 1$ | $\tau_d = \dfrac{\frac{5}{3}\tau_{wr}}{1-\left(1-\frac{\frac{5}{3}\sqrt{3}\tau_{wr}}{\sigma_b}\right)r}$ | 脉动应力 |

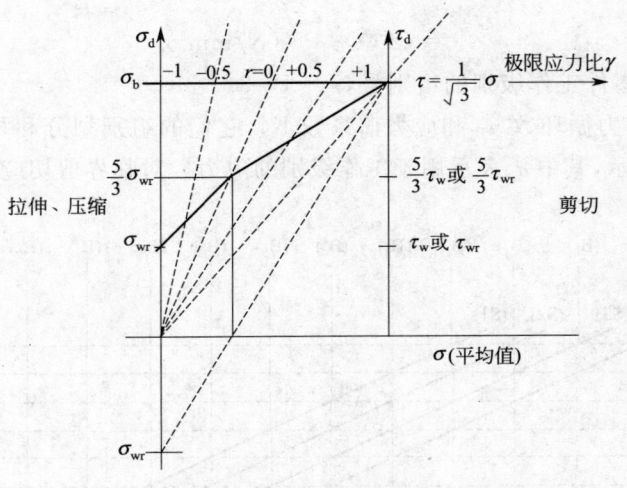

图 1-4-5　疲劳极限曲线

### 五、疲劳寿命曲线（威勒曲线）

图 1-4-6 的疲劳寿命曲线表示了当所有应力循环具有相同的幅值和相同的应力循环特征值 $r$ 时，疲劳破坏前能承受的应力循环数 $n$ 和最大应力 $\sigma(\tau)$ 之间的函数关系，假设如下：

(1) 对 $n_T \leqslant 8 \times 10^3$：
$$\sigma = \sigma_b \quad (\text{N/mm}^2) \quad (1\text{-}4\text{-}20)$$

或

$$\tau = \frac{\sigma_b}{\sqrt{3}} \quad (\text{N/mm}^2) \quad (1\text{-}4\text{-}21)$$

(2) 对 $8 \times 10^3 < n_T < 2 \times 10^6$ 的有限疲劳期，这一函数关系可由图 1-4-6 双对数坐标中的 $TD$ 直线来表示：

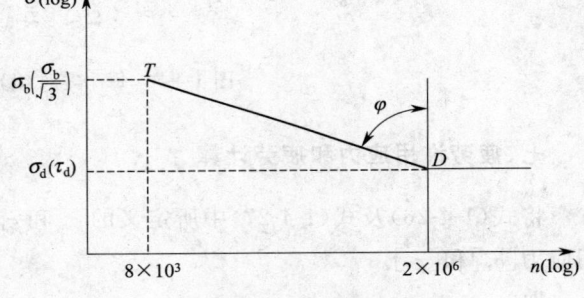

图 1-4-6　疲劳寿命曲线

在所考虑的区间内，威勒曲线的斜率由 $C$ 来表示：

$$C = \tan\varphi = \frac{\log 2 \times 10^6 - \log 8 \times 10^3}{\log \sigma_b - \log \sigma_d} \quad (1\text{-}4\text{-}22)$$

或

$$C = \tan\varphi = \frac{\log 2 \times 10^6 - \log 8 \times 10^3}{\log \dfrac{\sigma_b}{\sqrt{3}} - \log \tau_d} \quad (1\text{-}4\text{-}23)$$

(3) 对 $n_T \geqslant 2 \times 10^6$：

$$\sigma = \sigma_d \quad (\text{N/mm}^2) \quad (1\text{-}4\text{-}24)$$

或

$$\tau = \tau_d \quad (\text{N/mm}^2) \quad (1\text{-}4\text{-}25)$$

上述 $C$ 值表示了该机械零件实际的应力谱系数 $K_S$ 值。

### 六、机械零件的疲劳强度

一个已知的机械零件，其拉伸或压缩疲劳强度 $\sigma_r$ 或剪切疲劳强度 $\tau_r$ 可以分别用式(1-4-26)和式(1-4-27)来确定：

$$\sigma_r = (2^{\frac{8-j}{C}}) \sigma_d \quad (\text{N/mm}^2) \quad (1\text{-}4\text{-}26)$$

或
$$\tau_r = (2^{\frac{8-j}{c}})\tau_d \quad (\text{N/mm}^2) \tag{1-4-27}$$

式中 $j$——为该机械零件工作级别的组别号，$j=1\sim 8$。

根据机械零件总应力循环数 $n_T$ 和应力谱系数 $K_S$，它们的组别划分和相应于每一组别的临界疲劳应力如图 1-4-7 所示，其中 $\sigma_{jr}$ 表示用于工作级别的应力。对临界剪切应力，字母 $\sigma$ 用 $\tau$ 来代替。

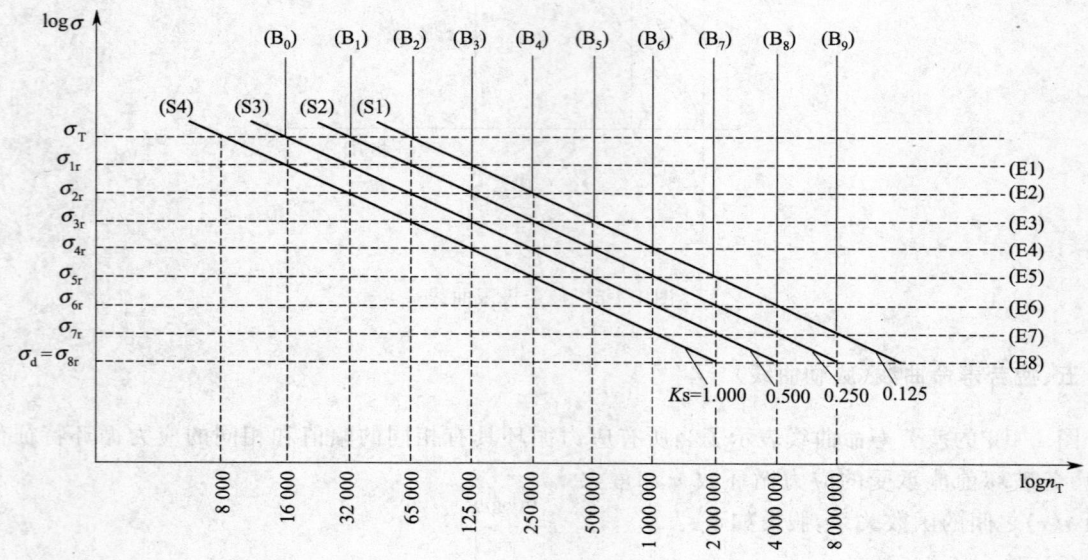

图 1-4-7 每个零件组别的临界疲劳应力图

### 七、疲劳许用应力和疲劳计算

将式(1-4-26)及式(1-4-27)中所定义的 $\sigma_r$ 和 $\tau_r$ 分别除以疲劳安全系数 $n_r$，就可以求出疲劳许用应力 $[\sigma_r]$ 和 $[\tau_r]$。

取：
$$n_r = 3.2^{\frac{1}{c}} \tag{1-4-28}$$

疲劳许用应力为：
$$[\sigma_r] = \frac{\sigma_r}{n_r} \tag{1-4-29}$$

$$[\tau_r] = \frac{\tau_r}{n_r} \tag{1-4-30}$$

疲劳计算：
$$\sigma \leqslant [\sigma_r] \tag{1-4-31}$$
$$\tau \leqslant [\tau_r] \tag{1-4-32}$$

式中 $[\sigma_r]$——机械零件拉伸或压缩疲劳许用应力（N/mm²）；

$[\tau_r]$——机械零件的剪切疲劳许用应力（N/mm²）；

$\sigma$——最大计算正应力（N/mm²）；

$\tau$——最大计算剪切应力（N/mm²）。

受具有不同应力循环特征值 $r$ 的正应力和剪切应力同时作用的零件，应满足下述条件：

$$\left(\frac{\sigma_x}{\sigma_{xr}}\right)^2 + \left(\frac{\sigma_y}{\sigma_{yr}}\right)^2 - \left(\frac{\sigma_x \sigma_y}{|\sigma_{xr}| \cdot |\sigma_{yr}|}\right) + \left(\frac{\tau}{\tau_r}\right)^2 \leqslant \frac{1.1}{n_r^2} \tag{1-4-33}$$

式中 $\sigma_x$、$\sigma_y$——$x$ 方向或 $y$ 方向的最大正应力（N/mm²）；

$\sigma_{xr}$、$\sigma_{yr}$——$x$ 方向或 $y$ 方向的正应力疲劳强度（N/mm²）。

如果不能从相应的应力 $\sigma_x$、$\sigma_y$ 和 $\tau$ 确定上述关系的最不利情况,就应分别对载荷应力 $\sigma_{xmax}$、$\sigma_{ymax}$ 和 $\tau_{max}$ 以及最不利的相应应力进行计算。

应注意上述计算并不能保证机械零件抗脆性破坏的安全性,只有选择合适的钢材质量组别才能确保这种安全性。

# 第五章　起重机的可靠性设计方法

## 第一节　起重机的现代设计方法

现代设计方法是随着当代科学技术的飞速发展和计算机技术的广泛应用而在设计领域发展起来的一门新兴的多元交叉学科，是以设计产品为目标的一个知识群体的统称。

现代设计方法将传统设计中的经验、类比法设计提高到逻辑的、理性的、系统的新设计方法，是在静态分析的基础上，进行动态多变量的优化设计方法。

到目前已有几十种现代设计方法。如：设计方法学、优化设计、可靠性设计、有限元法、机械动态设计、计算机辅助设计、反求工程设计、三次设计、摩擦学设计、相似性设计、模块化设计、疲劳设计、并行工程、人机工程、工业艺术造型设计、价值工程、智能工程、专家系统、工程遗传算法、人工神经元计算方法、模糊设计、方案设计、虚拟设计、创新设计、稳健设计、绿色设计等。

起重机中常用和实用的现代设计方法主要有计算机辅助设计、有限元法、优化设计、可靠性设计、机械动态设计。相关的内容可参考《机械工程设计手册》等，本章主要介绍起重机可靠性设计方法。

## 第二节　起重机的可靠性设计

可靠性是指产品在规定条件下和规定时间内，完成规定功能的能力。机械可靠性设计是将概率论、数理统计、失效机理和机械学相结合而形成的一种综合性设计技术。

对于一个复杂的产品来说，为了提高整体系统的可靠性，如果都是采用提高组成产品的每个零部件的可靠性来达到；这就使得产品的造价昂贵，有时甚至难以实现（例如对于由几万甚至几十万个零部件组成的很复杂的产品）。事实上可靠性设计所要解决的问题就是从设计入手来解决产品的可靠性，以改善对各个零部件可靠度（表示可靠性的概率）的要求。

可靠性设计的主要内容有：建立系统的可靠性指标体系及确定具体的可靠性指标参数、根据系统设计方案进行可靠度的分配、对重要零部件进行概率设计、进行系统的故障模式影响及危害分析（FMECA）及改进、进行系统维修性设计及可靠性预测、进行可靠性试验等。

### 一、起重机及其零部件的可靠性指标

建立系统的可靠性指标体系是可靠性设计的基础，具体的可靠性指标参数是开展设计的依据，是对批量生产产品进行可靠性考核评定的判据。应根据国内外同行业同类产品的实际可靠性水平、国内外用户的现实要求，结合国内外实际设计及制造水平综合确定产品的可靠性指标。

起重机及其零部件常用的可靠性指标示于表 1-5-1 中。

所有可修复系统的可靠性指标都可用于起重机。从质量和安全角度说，究竟何种指标最为重要和适用，这取决于起重机的具体用途。在评价起重机的使用可靠性时，可以将起重机分为两类。

凡是由于起重机的技术状态不好，或者在作业过程中的任何突发故障足以导致严重事故的属于第一类。用于化工、冶金、建筑或其他由于作业中断而产生重大事故的起重机属于此类。这类起重机最重要的可靠性指标是可靠度 $R(t)$（见表 1-5-1）。

故障使作业中断，但后果只带来一定经济损失的起重机（港口、货站、车间等处作业的起重机）属于第二类。只要故障持续时间不长，短时间中断的起重机作业并无太大影响。这类起重机的可

**表 1-5-1　起重机及其零部件常用可靠性指标**

| 序号 | 指标名称 | 符号及算式 | 说　明 | 应用范围 |
|---|---|---|---|---|
| 1 | 首次故障前平均工作时间 | $\mathrm{MTTF} = \dfrac{\sum t_i}{n}$ | $\sum t_i$——起重机或其零部件首次故障前工作时间总和；<br>$n$——试验样本的数目 | 起重机及可修零部件用 TF；不可修零部件用 MTTF |
| 2 | 平均无故障工作时间 | $\mathrm{MTBF} = \dfrac{\sum t_i}{N}$ | $\sum t_i$——在试验后使用期间内起重机（或零部件）工作时间总和；<br>$N$——起重机（或零部件）的故障数（如计当量故障数时，参见表 1-5-3） | 适用于各种类型起重机及可修零部件 |
| 3 | 故障率 | $\lambda$ | 起重机或其零部件在某时刻仍可工作的条件下，单位时间内出现故障或失效的概率 | 故障率可用于起重机及可修零部件；失效率用于不可修零部件 |
| 4 | 可靠度（无故障工作概率） | $R(t) = \int_t^{+\infty} f(t)\mathrm{d}t$<br>或<br>$R(t) = \dfrac{N_s(t)}{N}$ | $f(t)$——故障概率密度函数；<br>$N_s(t)$——在 $t$ 时间状态还正常的起重机或零部件总数；<br>$N$——起重机或零部件总数 | 故障导致事故性后果的起重机或零部件 |
| 5 | 有效度（可用度；作业率） | $A = \dfrac{T_0}{T_0 + T_1}$ | $T_0$——起重机可工作时间；<br>$T_1$——起重机不可工作时间，包括修理和保养维护时间 | 故障后果只产生经济损失的起重机 |
| 6 | 作业整备度 | 在此<br>$K = \dfrac{T_0}{T_0 + T_1'}$ | 起重机不计划停歇时间，在时间 $t$ 保持完好状态的概率并在时间 $t$ 以后，保持持续无故障工作。<br>$K$——起重机整备度；<br>$T_1'$——起重机不工作时间，其中计划停歇时间除外 | 故障导致事故性后果的起重机 |
| 7 | 平均寿命或平均大修寿命 | $T$ | 起重机或零部件到达极限状态或大修时的平均使用寿命 | 适用于各种起重机和零部件 |
| 8 | 可靠寿命 | $T_\gamma$ | 起重机或其他零部件在可靠度不低于 $\gamma$ 情况下的使用寿命 | 故障导致事故性后果的起重机或零部件 |
| 9 | 平均修复时间 | $\mathrm{MTTR} = \dfrac{\sum \tau_i}{N}$ | $\sum \tau_i$——起重机或其零部件在统计时间内的累积修理时间；<br>$N$——在上述统计时间内的修理次数 | 适用于所有起重机及可修零部件 |
| 10 | 修复率 | $\mu$ | 起重机在规定的修理条件下，恢复正常工作状态，在某时刻单位时间内修复的概率 | 适用于所有起重机及可修零部件 |

靠性主要指标是有效度 $A$（见表 1-5-1）。

**1. 塔式起重机可靠性指标**

国家标准 GB/T 17806—1999《塔式起重机可靠性试验方法》对塔式起重机的可靠性指标及其评定值作了规定，如表 1-5-2 所示。

**表 1-5-2　塔式桥式起重机可靠性指标及其评定值**

| 指标名称 | 计 算 式 | 指标值 |
|---|---|---|
| 可靠度 $R$ | $R = T_0 / (T_0 + T_1 + T_2) \times 100\%$<br>$T_0$——可靠性试验期内实际作业累计时间（h）；<br>$T_1$——总的修复时间（h）；<br>$T_2$——产品维护保养所需时间（h） | $\geqslant 85\%$ |
| 平均无故障工作时间 MTBF | $\mathrm{MTBF} = \dfrac{T_0}{N}$<br>$T_0$——可靠性试验期内实际作业累计时间（h）；<br>$N$——试验总作业时间内出现起重机的当量故障数，小于 1 时取 $N=1$ | $\geqslant 0.25 T_0$ |
| 首次无故障工作时间 TF | TF——累计当量故障数 $N$ 达到 1 时的工作时间（h） | $\geqslant 150$ h |

### 2. 通用桥式起重机可靠性指标

我国机械行业标准 JB/T 50103—1998《通用桥式起重机可靠性考核评定试验规范》对通用桥式起重机的可靠性指标及其规范值作了规定，选用的指标名称及指标值如表 1-5-3 所示。

表 1-5-3　通用桥式起重机可靠性指标规范值

| 指标名称 | 计算式 | 指标值 |
| --- | --- | --- |
| 首次故障前平均工作时间 MTTF | $\text{MTTF}=\dfrac{1}{r}\left[\sum\limits_{i=1}^{r}t_i+\sum\limits_{j=1}^{n-r}t_j\right]$<br>$n$——投入试验的起重机台数；<br>$r$——出现首次故障的起重机台数；<br>$t_i$——第 $i$ 台起重机出现首次故障前的累积工作时间；<br>$t_j$——试验截止时间内未出现故障的第 $j$ 台起重机的累积工作时间 | ≥250 h |
| 当量平均无故障工作时间 MTBF | $\text{MTBF}=\dfrac{\sum t_i}{N}$<br>$N$——试验截止时间内起重机总的当量故障数；<br>$t_i$——第 $i$ 台起重机的累积工作时间 | ≥320 h |
| 平均修复时间 MTTR | $\text{MTTR}=\dfrac{1}{N_0}\sum\limits_{i=1}^{N_0}\tau_i$<br>$N_0$——试验截止时间内起重机实际出现的各类故障总和(不需加权计数)；<br>$\tau_i$——第 $i$ 次故障所需的修复时间，包括故障诊断、修理和调试时间 | ≤2 h |
| 可用度 $A_0$ | $A_0=\dfrac{\text{工作时间}}{\text{工作时间}+\text{不能工作时间}}=\dfrac{\sum\limits_{i=1}^{n}t_i}{\sum\limits_{i=1}^{r}(t_i+\tau_i)}$<br>$\tau_i$——第 $i$ 台起重机不能工作时间，包括修复时间、预防维修时间、保障时间和管理时间 | ≥0.98 |

### 3. 汽车起重机和轮胎起重机可靠性指标

我国 JB/T 51060—2000《液压汽车起重机和轮胎起重机 产品质量分等》规定了不同吨位液压汽车起重机和轮胎起重机产品不同质量等级的可靠性指标值（表 1-5-4）。

表 1-5-4　液压汽车起重机和轮胎起重机产品质量分等的可靠性指标

| 可靠性指标 | 产品质量分等 | 优等品 | 一等品 | 合格品 |
| --- | --- | --- | --- | --- |
| 有效度(作业率)A/% | ≤16 t | 98 | 96 | 93 |
|  | 20 t～32 t | 96 | 93 | 90 |
|  | 40 t～80 t | 93 | 90 | 87 |
|  | 100 t～200 t | 90 | 87 | 85 |
| 当量故障次数/次 | ≤16 t | 2 | 3 | 5 |
|  | 20 t～32 t | 3 | 5 | 7 |
|  | 40 t～80 t | 4 | 6 | 8 |
|  | 100 t～200 t | 5 | 7 | 9 |
| 平均无故障工作时间 MTBF/h | ≤16 t | 175 | 116 | 70 |
|  | 20 t～32 t | 150 | 90 | 64 |
|  | 40 t～80 t | 112 | 75 | 56 |
|  | 100 t～200 t | 40 | 30 | 25 |

### 4. 起重机零件可靠度目标值

起重机零件可靠度目标值与零件在作业中的安全重要程度有关。起重机零件分为三类，零件失效会导致重大事故的属于第一类，零件失效不会引发事故的属于第二类，零件失效对起重机工作没有影响的属于第三类。

第一类零件(如吊钩、起升机构中的钢丝绳、轴和齿轮等)可靠度目标值为:$R=0.9999$。
第二类零件(如运行和回转机构中的传动零件)可靠度目标值为:$R=0.99$。
第三类零件可靠度目标值为:$R=0.90$。

## 二、起重机可靠性预测、分配和改进

在起重机设计阶段,需要预测起重机的可靠性。如果给定起重机可靠度的目标值,必须在设计时对起重机的各组成部分进行可靠性分配,以满足整机可靠性要求。在不能满足可靠性要求的情况下,必须采取措施,改进和提高起重机的可靠性。

### (一)系统可靠性预测

起重机可视为由多个相互独立的部分(子系统或零部件)构成的串联系统。串联系统的特点是:系统中任一个子系统或元件的失效都会导致整个系统失效。串联系统可靠度可表示为:

$$R_s(t) = \prod_{i=1}^{n} R_i(t) \tag{1-5-1}$$

式中 $R_s(t)$——系统(整机或机构)在时间 $t$ 的可靠度;
$R_i(t)$——第 $i$ 个子系统或元件在时间 $t$ 的可靠度;
$n$——子系统或元件数目。

不同寿命、不同失效模式的子系统或元件组成的系统,其故障概率函数近似服从指数分布。如以故障率 $\lambda$ 或平均无故障工作时间 MTBF 表示,式(1-5-1)可改写成:

$$\lambda_s = \sum_{i=1}^{n} \lambda_i \tag{1-5-2}$$

或

$$\frac{1}{\text{MTBF}_s} = \sum_{i=1}^{n} \frac{1}{\text{MTBF}_i} \tag{1-5-3}$$

式中 $\lambda_s$、$\text{MTBF}_s$——分别为系统(整机或机构)的故障率和平均无故障工作时间;
$\lambda_i$、$\text{MTBF}_i$——分别为子系统或元件(零部件)的故障率和平均无故障工作时间。

在上述方法由于数据不完善不能应用时,也可根据国内外相似产品的可靠性数据、参照结构构成、特点、环境条件等进行预测。

### (二)系统可靠性分配

可靠度的分配是可靠性设计的核心。分配方法有:
(1)按相对故障率分配可靠度。
(2)按重要程度、复杂程度、技术水平、工作环境等原则进行综合分配的可靠度评分分配法。

简单实用的可靠性分配方法是 ARINC 法。设整机或机构由 $n$ 个相互独立、故障规律服从指数分布的子系统或元件组成。已知各子系统或元件的故障率估计值为 $\lambda_i(i=1,2,3,\cdots,n)$。系统(整机或机构)允许的故障率为,各子系统或元件故障率的分配结果为:

$$\lambda_i = w_i \lambda_s \quad (i=1,2,3,\cdots,n) \tag{1-5-4}$$

式中 $w_i$——第 $i$ 个子系统或元件的相对故障系数:

$$w_i = \frac{\lambda_i}{\sum_{i=1}^{n} \lambda_i} \tag{1-5-5}$$

评分分配法是另一种常用的分配方法。对产品中的各零部件先按重要程度、复杂程度、技术水平、工作环境四项分别进行评分,分值为 1~10 分;重要程度低的、复杂程度高的、技术水平低的、工作环境恶劣的零部件分值取较大值,反之,取较小值。第 $i$ 个子系统的评分数 $w_i$ 为其四项评分的乘积,系统的评分数 $w$ 为全部子系统评分数的总和。各子系统或元件故障率的分配结果为:

$$\lambda_i = C_i \cdot \lambda_s \tag{1-5-6}$$

式中 $C_i$——第 $i$ 个子系统的评分系数,其值为:

$$C_i = w_i / w$$

其中 $w_i$——第 $i$ 个子系统的评分数；

$w$——系统的总评分数，子系统的评分数总和。

**(三) 系统可靠性的改进**

(1) 串联系统：系统可靠度 $R_s$ 等于各元件可靠度 $R_i$ 的乘积(式 1-5-1)。由于可靠度是小于1的数，因此系统可靠度恒低于系统中全部元件可靠度的最低值，即 $R_s(t) \leqslant \min(R_i)$。为了提高整机或机构的可靠度 $R_s(t)$，应首先改进串联系统中可靠度最低的元件，避免在系统中存在最薄弱的环节，从而最有利于提高串联系统的可靠度。要生产优质高可靠度的起重机，必须有质量更好、可靠度更高的电气设备、机械零部件和结构件。

(2) 由式(1-5-1)中可以看出，小于1的数连乘，乘项越多，乘积越小。因此，简化系统和机构，尽可能减少系统中的元件数目，也是改进和提高整机或机构可靠性的有效措施。

(3) 并联系统：并联系统可靠性的特点是，当并联的元件全部失效后，系统才会失效，并且系统的可靠度高于并联元件的可靠度，即 $R_s(t) \geqslant \max(R_i)$。为了提高整机或机构的可靠度 $R_s(t)$，应首先改进并联系统中可靠度最高的元件，从而最有利于提高并联系统的可靠度。如果在设计中，系统中可靠度最低(故障率最高)的元件不能用可靠度更高的元件代替时，可以用两个这种元件并联(或称元件冗余或储备)，能使系统可靠度显著改善。

(4) 降额设计：降低使用负荷，增加安全储备，是降低故障率、提高系统可靠性的有效途径。适当增加零部件的强度储备、原动机的功率储备、液压或电器元件的容量储备、机构运动的功率储备等，都能降低起重机的故障率，提高整机可靠性。

(5) 人机系统设计：起重机一般由司机操作，司机与起重机构成人——机系统。起重机的作业可靠性决定于人——机系统可靠性，即人的操作可靠性和起重机的固有可靠性。提高人的操作可靠性可从减少司机的操作失误入手，加强起重机操作人员的技能培训，加强管理制度的制定与落实，增加各种安全保护装置，提供良好的工作环境和条件等。

$$R_s(t) = R_h(t) \cdot R_m(t) \tag{1-5-7}$$

式中 $R_s(t)$——人机系统在时间 $t$ 的可靠度，也即是起重机的作业可靠度；

$R_h(t)$——司机在时间 $t$ 的操作可靠度；

$R_m(t)$——起重机在时间 $t$ 的固有可靠度。

## 第三节 起重机可靠性分析、维修性设计和可靠性试验

### 一、起重机可靠性分析

起重机可靠性的内涵包括无故障性、耐久性、维修性和维修保障性。在设计阶段进行起重机可靠性分析，完成起重机故障模式影响及危害分析(FMECA)和故障树分析(FTA)，可尽早发现影响起重机性能、可靠性、安全性的薄弱环节，采取改进、预防措施，改进与提高起重机产品的可靠性。国家标准 GB 7826—1987《系统可靠性分析技术 失效模式和效应分析(FMEA)程序》为设计阶段进行起重机可靠性分析提供了技术指南，FMECA 是 FMEA 的扩展。

FMEA 是一种归纳法，用以对系统可靠性和安全性方面完成从低分析级别到高分析级别的定性分析。分析的目的有：

(1) 在系统级的各功能上，对每个被鉴别产品的失效模式所导致的事件顺序和效应做出评价；

(2) 对各个失效模式，按系统的正确功能或性能以及对于可靠性、安全性方面的影响，确定每个失效模式的重要性和危害度；

(3) 按失效模式的可检测性、可诊断性、可测量性、构件的可更换性、补偿和运行措施以及其他有关特性，将有关的失效模式分类；

(4)在具备数据的前提下,对失效造成后果(危害程度)的严重性和失效发生概率进行估计。

FMEA 的基本步骤:

(1)定义系统及其功能和最低的工作要求;

(2)拟定系统的功能和可靠性框图以及其他图表或数学模型,并作文字说明;

(3)确定分析的基本原则和用于完成分析的相应文件、资料;

(4)找出元件失效模式、原因和效应以及他们之间相对的重要性和顺序;

(5)找出失效的检测、隔离措施和方法;

(6)找出设计和工作中的预防措施,以防止特别不希望发生的事件;

(7)确定事件的危害度(仅适用于 FMECA);

(8)估计失效概率(仅适用于 FMECA);

(9)对考虑的多重失效的特定组合进行调查(选作);

(10)改进和提高可靠性的具体建议。

## 二、维修性设计

维修性是表征起重机防止故障、探明故障原因、排除故障、恢复机器正常工作状态的质量特性。维修性设计的主要内容有:

(1)简化设计:尽可能采用最简单的结构和外形,以降低对使用和维修人员的技能要求。

(2)可达性设计:是当产品发生故障进行维修时,使维修人员、维修工具容易接近需维修部位的设计。

(3)标准化、互换性与模块化设计。

(4)防差错及识别标志设计。

(5)维修安全性设计。

(6)故障检测、诊断设计。

(7)维修中的人因工程学设计。

## 三、可靠性试验

可靠性试验的目的:①根据定量的可靠性指标要求,对产品可靠性进行评定和确定;②获得可靠性指标数据,实现可靠性增长。

可靠性试验可分为:工程试验、统计试验两大类。工程试验主要有环境应力筛选试验和可靠性增长试验;统计试验主要有鉴定试验和验收试验。

与起重机设计、制造、检验相关的可靠性试验国家、行业标准主要有:

(1)国家标准 GB/T 17806—1999《塔式起重机可靠性试验方法》;

(2)机械行业标准 JB/T 50103—1998《通用桥式起重机可靠性考核评定试验规范》;

(3)机械行业标准 JB/T 4030.1—2000《汽车起重机和轮胎起重机试验规范 作业可靠性试验》;

(4)机械行业标准 JB/T 4030.2—2000《汽车起重机和轮胎起重机试验规范 行驶可靠性试验》。

## 第四节 起重机结构和零件的概率设计方法

系统各部分有了明确的可靠性指标后,对重要的零部件必须进行概率设计。零件和构件所受的载荷以及它们的承载能力是决定零件(构件)可靠性的两大因素。主要的计算方法为:根据载荷和强度的分布,应用应力强度干涉理论进行可靠性设计——概率计算法。

按可靠性(无故障工作概率)或平均寿命进行零件计算时,必须知道工作载荷和零件承载能力的分布。工作载荷的分布可通过三种方法得到:

(1)对机器实物进行实测；
(2)分析计算；
(3)载荷过程模拟。

零件承载能力的分布可在试验台上对一定数量的零件进行试验后获得，或者通过计算方法得到。

起重机零部件寿命根据破坏机理的不同，分别服从韦布尔、指数、正态、对数正态等分布。

表 1-5-5 中列有各种起重机的结构和金属结构载荷分布规律。从表中可以看出，起重机载荷基本上服从正态分布。个别具有指数特性的分布规律（韦布尔分布）在一定条件下也可用正态分布近似。零件承载能力一般服从截尾正态分布。为了使起重机零件概率计算方法统一化，国内外现有文献大多推荐采用正态分布。

起重机工作载荷特征值按下式确定：

载荷均值 $$\overline{x_1} = aX_{lmax} \tag{1-5-8}$$

载荷标准差 $$S_1 = bX_{lmax} \tag{1-5-9}$$

式中 $X_{lmax}$——按第Ⅱ类载荷组合算出最大载荷；

$a, b$——工作载荷特征系数，见表 1-5-6。

如果没有实验数据，可以利用式(1-5-8)、式(1-5-9)和表 1-5-6 计算载荷的特征值。表 1-5-6 中的数据系根据门座起重机和浮式起重机实测结果整理而得，对于其他类型起重机可供参考使用。

**表 1-5-5 起重机零件载荷分布规律**

| 起重机类型 | 起重机零件 | 载荷型式 | 载荷分布规律 |
|---|---|---|---|
| 门座和浮式起重机 | 吊钩起升机构钢丝绳<br>抓斗闭合机构钢丝绳<br>回转机构传动零件 | 拉伸载荷<br>拉伸载荷<br>扭矩 | 截尾正态 |
| | 金属结构构件 | 正应力 | 正态，截尾正态 |
| | 变幅机构齿条 | 拉伸、压缩 | 截尾正态 |
| 塔式起重机 | 机构传动零件<br>金属结构构件 | 扭矩<br>正应力 | 正态 |
| 汽车起重机 | 起升机构吊钩 | 拉伸载荷 | 正态 |
| 通用桥式起重机 | 运行机构传动零件 | 扭矩 | 韦布尔 |
| 桥式冶金起重机 | 起升机构取物装置 | 拉伸载荷 | 正态 |

**表 1-5-6 起重机机构工作载荷特征系数**

| 机构类别 | 载荷实际值 | | | 换算为对称循环后的载荷幅值 | | | $X_{lmax}$ |
|---|---|---|---|---|---|---|---|
| | $a$ | $b$ | $c_1$ | $a$ | $b$ | $c_1$ | |
| 吊钩起升机构 | 0.5~0.6 | 0.15~0.20 | 1.4~1.55 | 0.20~0.25 | 0.1~0.15 | 1.4~1.5 | $P_Q\left(1+\dfrac{v}{\sqrt{g(\lambda_s+y_s)}}\right)$ |
| 抓斗闭合机构 | — | 0.4 | 2 | 0.21 | 0.1 | 1.05 | $1.1P_Q\left(1+0.8\times\dfrac{v}{\sqrt{g(\lambda_s+y_s)}}\right)$ |
| 回转机构 | — | 0.18;0.23;0.3 | 2 | — | 0.16;0.19;0.24 | 2 | $2(T_Z+T_j)\alpha_1\dfrac{J_C}{J_C+J_O}-T_1$ |
| 变幅机构 | — | 0.12;0.14;0.15 | 2 | — | 0.1;0.12;0.15 | 2 | $2(T_Z+T_j)\alpha_1\dfrac{m_1}{m_1+m_0}\times\sin\dfrac{\pi t_a}{\tau}+$<br>$2\alpha_2(P_q-P_j)\times\dfrac{m_1}{m_1+m_0}+P_j$ |

起重机零件可靠度（无故障工作概率）按下式计算：

$$R(t) = R_1(t) \cdot R_2(t) \tag{1-5-10}$$

式中 $R_1(t)$——零件在载荷一次作用下的静强度可靠度;
$R_2(t)$——零件在载荷重复作用下的疲劳强度可靠度。

起重机的载荷过程($X_l$)可以看作是平稳、截尾正态分布的随机过程,零件的承载能力($X_s$)是随机过程,服从截尾正态分布。

### 一、零件静强度可靠性计算

零件静强度可靠度按下式计算:

$$R_1(t) = 1 - \frac{C_0 Z \sigma_e t}{\sqrt{S_l^2 + S_s^2}} \exp\left[-\frac{(\overline{X_s} - \overline{X_l})^2}{2(S_l^2 + S_s^2)}\right] \tag{1-5-11}$$

式中 $Z$——单位时间内载荷过程穿越平均载荷线的平均数(见表1-5-7);
$S_l$、$S_s$——分别为载荷的承载能力的标准差(kN);
$\overline{X_l}$——载荷的均值(kN);
$\overline{X_s}$——承载能力的均值(kN);
$\sigma_e$——计算得出的当量应力;
$t$——零件工作时间,一般情况下,取为寿命目标值(s);
$C_0$——系数,其值为:

$$C_0 = C_1 \cdot C_2 \tag{1-5-12}$$

其中 $C_1$、$C_2$——考虑载荷的承载能力正态分布截尾性的系数。

表1-5-7 单位时间内载荷过程穿越平均载荷线的平均数($Z$)

| 机构类别 | $Z$(轴弯曲和齿轮传动计算) | $Z$(轴扭转和杆件拉压计算) |
|---|---|---|
| 起升机构(吊钩起升和抓斗闭合) | $\frac{0.6}{n_s}JC$ | $\frac{1}{t_C}$ |
| 回转机构 | $\frac{0.3}{n_s}JC$ | $\frac{5}{t_C}$ |
| 变幅机构 | $\frac{0.6}{n_s}JC$ | $\frac{16}{t_C}$ |

$$C_1 = 2 \bigg/ \left[\phi\left(\frac{X_{lmax} - \overline{X_l}}{\sqrt{2}S_l}\right) - \phi\left(\frac{X_{lmin} - \overline{X_l}}{\sqrt{2}S_l}\right)\right] \tag{1-5-13}$$

$$C_2 = 2 \bigg/ \left[\phi\left(\frac{X_{smax} - \overline{X_s}}{\sqrt{2}S_s}\right) - \phi\left(\frac{X_{smin} - \overline{X_s}}{\sqrt{2}S_s}\right)\right] \tag{1-5-14}$$

式中 $\phi(x)$——拉普拉斯函数,其值为:

$$\phi(x) = \frac{2}{\sqrt{\pi}} \int_0^x \exp(-t_1^2) dt_1$$

$X_{lmax}$,$X_{lmin}$——载荷的最大值和最小值;
$X_{smax}$,$X_{smin}$——零件承载能力的最大值和最小值。

如果

$$\overline{X_l} \leqslant \frac{\overline{X_s}}{n_1} \tag{1-5-15}$$

则可满足可靠度目标值的要求:

$$R_1(t) \geqslant [R] \tag{1-5-16}$$

式中 $n_1$——静强度安全系数,当载荷和承载能力服从截尾正态分布时,$n_1$由下式计算:

$$n_1 = (\varphi + \gamma \gamma_1 \sqrt{1 + \varphi^2})/\varphi \tag{1-5-17}$$

其中 $\varphi$——载荷和承载能力标准差的比值,其值为:

$$\varphi = \frac{S_l}{S_s}$$

$\gamma$——抗风险系数,其值为:

$$\gamma=\sqrt{-2\ln\left\{-\frac{\ln[R]\sqrt{1+\varphi^2}}{C_0 Z\varphi t}\right\}} \qquad (1\text{-}5\text{-}18)$$

$\gamma_1$——载荷变异系数,其值为:

$$\gamma_1=\frac{S_e}{\overline{x}_e}$$

$[R]$——零件静强度可靠度目标值。

其他符号意义同前。

## 二、零件疲劳强度可靠性计算

零件在载荷重复作用下的疲劳强度可靠度按下式计算:

$$R_2(t)=\frac{1}{2}C_3\left[\phi\left(\frac{\sigma_{-1k}^{\max}-\overline{\sigma_{-1k}}}{\sqrt{2}S_{\sigma_{-1k}}}\right)-\phi\left(\frac{\sigma_e-\overline{\sigma_{-1k}}}{\sqrt{2}S_{\sigma_{-1k}}}\right)\right] \qquad (1\text{-}5\text{-}19)$$

式中 $\sigma_{-1k}^{\max}$、$\overline{\sigma_{-1k}}$——分别为零件计算截面疲劳极限的最大值和均值;

$S_{\sigma_{-1k}}$——零件计算截面疲劳极限的标准差;

$C_3$——系数,按式(1-5-12)计算,但在 $C_2$ 的计算式中,应以 $\sigma_{-1k}$ 的各项特征值分别取代 $X_{s\max}$、$\overline{X}_s$ 和 $S_s$;

$\sigma_e$——按等效载荷计算得出的当量应力。

当应力与载荷成正比时(拉、压、弯、扭),等效载荷可由下式算出:

$$X_{le}=\varphi_e X_{l\max} \qquad (1\text{-}5\text{-}20)$$

式中 $X_{l\max}$——零件所受的最大载荷,由表 1-5-6 中算出,按第 Ⅱ 类载荷组合计算;

$\varphi_e$——等效载荷系数,由图 1-5-1 和图 1-5-2 确定。

$\varphi_e$ 与疲劳曲线指数 $m$、载荷特征系数 $a$、$b$(式 1-5-8 和式 1-5-9)以及 $N/N_0$ 的比值有关。由图中可以看出,当其他条件不变,而 $N/N_0 \geqslant 1$ 时,$\varphi_e$ 变化很小。

疲劳曲线指数 $m$ 的取值,在一般情况下,机械零件取 $m=9$,$N_0=10^7$;焊接板梁结构 $m=6$,$N_0=2\times10^6$;焊接桁架结构 $m=3$,$N_0=5\times10^6$。

如果 $C_3<2$,工作载荷换算为对称循环后服从截尾正态分布,应力与载荷成正比(拉、压、弯、扭),则等效载荷 $X_{le}$ 按下式计算:

$$X_{le}=\varphi_e \sqrt[m]{C_3} X_{l\max} \qquad (1\text{-}5\text{-}21)$$

式中 $C_3$——系数,按式(1-5-13)或表 1-5-6 确定,其值为:

$$C_3=C_1$$

其他符号意义同前。

如果载荷与应力的平方成正比(接触强度计算),等效载荷按式(1-5-20)计算,但系数 $\varphi_e$ 从图 1-5-1 和图 1-5-2 中确定,指数 $m_1=0.5$;$m=0.5\times 6=3$。

弯矩、扭矩综合作用时的当量应力按下式计算:

$$\sigma_e=\sqrt{\sigma_{ew}^2+\left(\frac{\overline{\sigma_{-1k}}}{\overline{\tau_{-1k}}}\right)^2 \tau_e^2} \qquad (1\text{-}5\text{-}22)$$

式中 $\sigma_{ew}$——按等效弯矩算得的当量正应力;

$\tau_e$——按等效扭矩算得的当量剪应力;

$\overline{\sigma_{-1k}}$、$\overline{\tau_{-1k}}$——分别为零件计算截面弯曲与扭转疲劳极限的均值。

如果

$$\sigma_e \leqslant \frac{\sigma_{-1k}}{n_2} \qquad (1\text{-}5\text{-}23)$$

则满足可靠度目标值的要求:

$$R_2(t) \geqslant [R] \qquad (1\text{-}5\text{-}24)$$

式中 $n_2$——疲劳强度安全系数,当 $\sigma_{-1k}$ 服从正态分布时,$n_2$ 由下式算出:

$$n_2=\frac{1}{1-y\gamma_{\sigma_{-1k}}\cdot\sqrt{2}} \tag{1-5-25}$$

式中的 $y$ 值先按下式算出 $\Phi(y)$，再查正态分布表。

$$\Phi(y)\approx 2[R]-0.992 \tag{1-5-26}$$

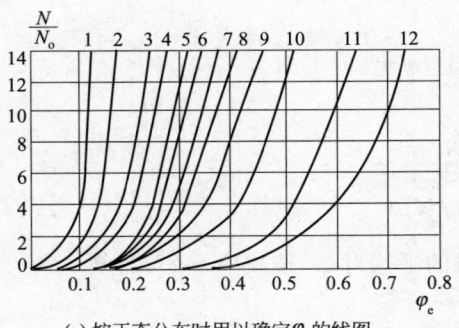

(a) 按正态分布时用以确定 $\varphi_e$ 的线图一

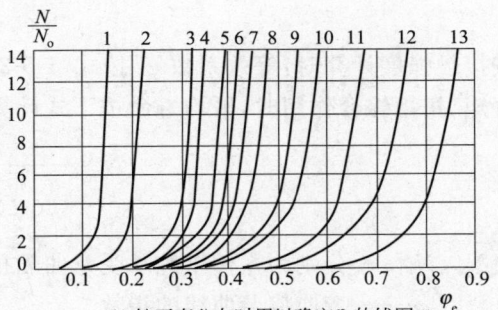

(b) 按正态分布时用以确定 $\varphi_e$ 的线图二

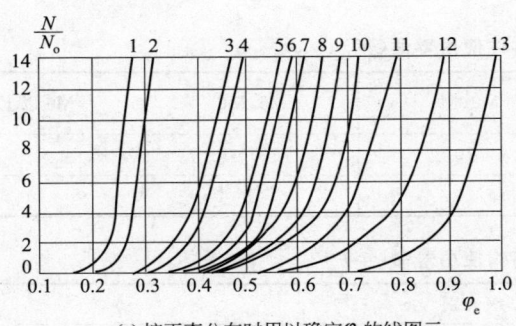

(c) 按正态分布时用以确定 $\varphi_e$ 的线图三

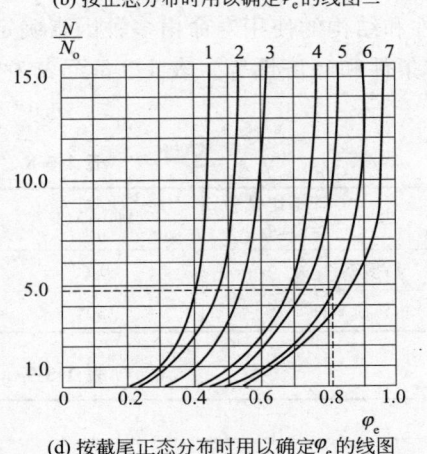

(d) 按截尾正态分布时用以确定 $\varphi_e$ 的线图

图 1-5-1　载荷(应力)

(a) $m=3$；
1—$a=b=0.1$；2—$a=0.2, b=0.1$；3—$a=0.4, b=0.1$；
4—$a=0.1, b=0.2$；5—$a=b=0.2$；6—$a=0.6, b=0.1$；
7—$a=0.3, b=0.2$；8—$a=0.1, b=0.3$；9—$a=0.2, b=0.3$；
10—$a=0.3, b=0.3$；11—$a=0.1, b=0.5$；12—$a=b=0.5$

(b) $m=6$；
1—$a=b=0.1$；2—$a=0.2, b=0.1$；3—$a=0.4, b=0.1$；
4—$a=0.1, b=0.2$；5—$a=b=0.2$；6—$a=0.6, b=0.1$；
7—$a=0.3, b=0.2$；8—$a=0.1, b=0.3$；9—$a=0.2, b=0.3$；
10—$a=0.6, b=0.2$；11—$a=0.6, b=0.3$；12—$a=0.8, b=0.2$；
13—$a=0.9, b=0.2$

(c) $m=9$；
1—$a=b=0.1$；2—$a=0.2, b=0.1$；3—$a=0.4, b=0.1$；
4—$a=0.1, b=0.2$；5—$a=b=0.2$；6—$a=0.6, b=0.1$；
7—$a=0.3, b=0.2$；8—$a=0.1, b=0.3$；9—$a=0.2, b=0.3$；
10—$a=0.6, b=0.2$；11—$a=0.6, b=0.3$；
12—$a=0.8, b=0.2$；13—$a=0.9, b=0.2$。

(d) $m=9, C_3=2$；
1—$b=0.1$；2—$b=0.125$；3—$b=0.2$；
4—$b=0.25$；5—$b=0.3$；6—$b=0.4$

如果换算成对称循环的工作载荷按正态分布，并与应力成正比，则平均寿命按以下顺序算出。

1. 最大应力 $\sigma_{max}$ 按表 1-5-6 中的最大载荷 $X_{l\max}$ 计算。起重机中其他零件的 $\sigma_{max}$ 按相应的第二类载荷组合计算。
2. 从表 1-5-6 中确定系数 $a$、$b$。
3. 根据指数 $m$ 选定图 1-5-1 或图 1-5-2 中的曲线，对应等效系数 $\varphi_e$ 找到 $N/N_0$ 令 $k_1=N/N_0$。
4. 到达极限状态的平均寿命(以应力循环计数)由下式确定：

$$\overline{N}=k_1 N_0 \tag{1-5-27}$$

5. 以小时计数的平均寿命为：

$$\overline{t}=\overline{N}/\overline{Z} \tag{1-5-28}$$

式中 $\overline{Z}$——单位时间内(h)的平均应力循环数。

如果载荷与应力成正比,并按截尾正态分布($C_3<3$),等效系数 $\varphi_e$ 按下式计算:

$$\varphi_e = \frac{\overline{\sigma_{-1k}}}{\sigma_{max} \cdot \sqrt[m]{C_3}} \tag{1-5-29}$$

式中 $C_3$——系数,按式(1-5-13)或表1-5-6确定,其值为:

$$C_3 = C_1。$$

按接触强度计算时,等效系数 $\varphi_e$ 按式(1-5-29)确定,$m=3$。

弯矩、扭矩综合作用时,平均寿命按下式计算:

$$\overline{N} = \frac{\overline{N_w} \cdot \overline{N_t}}{\sqrt[m]{(\sqrt[m]{\overline{N_w^2}} + \sqrt[m]{\overline{N_t^2}})}} \tag{1-5-30}$$

式中 $\overline{N_w}$、$\overline{N_t}$——分别为零件单纯承受弯曲和扭转时的平均寿命,按式(1-5-27)计算;
$m$——弯曲疲劳曲线的指数。

零件和结构的使用寿命由多种因素确定,如安全要求(失效的后果,裂纹发现的难易)、工作级别、工作条件和经济性等。表1-5-8至表1-5-10是国外文献推荐的起重机零件和金属结构使用寿命。

表1-5-8 机构零件使用寿命(年)

| 零件类型\工作级别 | M1～M3 | M3、M4 | M5、M6 | M6以上 |
|---|---|---|---|---|
| 易损零件 | 15 | 10 | 7.5 | 5 |
| 非易损零件 | 30 | 20 | 15 | 10 |

表1-5-9 金属结构使用寿命(年)

| 工 作 级 别 | | | |
|---|---|---|---|
| A1～A3 | A3、A4 | A5、A6 | A6以上 |
| 50 | 30 | 25 | 20 |

表1-5-10 门座和浮式起重机机械零件平均寿命(年)

| 零件名称 | 机 构 | | | | | | | |
|---|---|---|---|---|---|---|---|---|
| | 起升 | | 回转 | | 变幅 | | 运行 | |
| | 抓斗作业 | 吊钩作业 | 抓斗作业 | 吊钩作业 | 抓斗作业 | 吊钩作业 | 抓斗作业 | 吊钩作业 |
| 起重钢丝绳 | 0.5 | 1.5 | — | — | — | — | — | — |
| 张拉钢丝绳 | — | — | — | — | — | — | — | — |
| 滑轮 | 5 | 10 | — | — | — | — | — | — |
| 卷筒 | 20 | 20 | — | — | — | — | — | — |
| 制动轮 | 7 | 15 | 10 | 20 | 10 | 20 | 10 | 10 |

### 三、起重机强度设计简易概率计算法

起重机强度设计简易概率计算法是对材料强度和载荷的分散性进行概括分类,简化变异系数的取值,利用应力——强度干涉理论,结合我国《起重机设计规范》(GB 3811—2008),根据要求的可靠度,导出可靠性安全系数或可靠性许用应力,最后应用确定性的常规许用应力计算式进行零件和结构的静强度和疲劳强度设计计算,方法简易,便于应用。

(一)静强度可靠性计算

表征零件材料强度和所受应力分散程度的变异系数为:

$$\gamma_s = \frac{S_s}{\overline{X}_s}, \gamma_l = \frac{S_l}{\overline{X}_l} \tag{1-5-31}$$

式中 $S_s$、$\overline{X}_s$、$\gamma_s$——分别为材料强度的标准差、均值和变异系数；

$S_l$、$\overline{X}_l$、$\gamma_l$——分别为应力的标准差、均值和变异系数。

由应力——强度干涉理论，导出零件可靠性安全系数 $n_R$ 的计算式：

$$n_R = \frac{1 + Z\sqrt{\gamma_s^2 + \gamma_l^2 + Z\gamma_s^2\gamma_l^2}}{1 - Z^2\gamma_s^2} \tag{1-5-32}$$

式中 $Z$——相应于可靠度 $R$ 的联结系数，从正态分布函数表中查得。表 1-5-11 是三类起重机零件可靠度目标值与联结系数值。

其他符号意义同前。

表 1-5-11 可靠度 $R$ 与相应的联结系数 $Z$ 值

| 零件类别 | 第一类（关键） | 第二类（重要） | 第三类（一般） | （次要） |
|---|---|---|---|---|
| 可靠度 $R$ | 0.9999 | 0.999 | 0.990 | 0.900 |
| 联结系数 $Z$ | 3.73 | 3.09 | 2.33 | 1.28 |

常用钢材在无确切试验数据时，可由表 1-5-12 查得 $\gamma_s$ 值，由表 1-5-13 查得 $\gamma_l$ 值。

表 1-5-12 常用钢材静强度和疲劳强度变异系数 $\gamma_s$ 值

| 材料种类 | 碳素钢 | | 低合金钢 | | 高合金钢 | | 球墨铸铁 | |
|---|---|---|---|---|---|---|---|---|
| 强度指标 | $\sigma_s$ | $\sigma_{-1}$ | $\sigma_s$ | $\sigma_{-1}$ | $\sigma_{0.2}$ | $\sigma_{-1}$ | $\sigma_s$ | $\sigma_{-1}$ |
| 变异系数 $\gamma_s$ | 0.05 | 0.05 | 0.05 | 0.04 | 0.06 | 0.05 | 0.10 | 0.11 |

表 1-5-13 起重机静应力和交变应力变异系数 $\gamma_l$ 值

| 载荷波动和应力计算情况 | $\gamma_l$ |
|---|---|
| 载荷波动小，应力计算精度较高 | 0.06～0.10 |
| 载荷波动较大，应力计算精度一般 | 0.10～0.20 |
| 载荷波动大，应力计算精度较低 | 0.20～0.30 |

根据要求的可靠度 $R$，查出联结系数 $Z$，即可由式（1-5-32）计算可靠性安全系数 $n_R$，以替代传统计算式中的安全系数 $n$。

(二) 金属结构或构件疲劳强度计算

《起重机设计规范》(GB 3811—2008) 附录 K 有起重机金属结构在不同工作级别、不同应力集中等级、两种常用材料的对称循环疲劳许用应力值，在此以 $[\sigma]_K$ 表示（见表 1-5-14）。这个疲劳许用应力值表示的是存活率为 90%，可靠性连接系数为 1.28，若设计规范中的疲劳安全系数取 1.48，可得出材料的疲劳强度均值 $\overline{X}_s$ 表达式：

$$\overline{X}_s = \frac{1.48[\sigma]_K}{1 - 1.28\gamma_s} \tag{1-5-33}$$

式中 $\gamma_s$——材料疲劳强度的变异系数，见表 1-5-12；

$[\sigma]_K$——疲劳许用应力值 (GB/T 3811—2008 附录 K)。

在给定起重机金属结构或构件的可靠度 $R$ 后，即可由式（1-5-32）和式（1-5-33）得出在要求的可靠度 $R$ 条件下，金属结构疲劳强度或构件可靠度的许用应力 $[\sigma]_R$ 的计算式：

$$[\sigma]_R = \frac{\overline{X}_s}{n_R} = \frac{1.48[\sigma]_K}{n_R(1 - 1.28\gamma_s)} \tag{1-5-34}$$

式中 $n_R$——可靠性安全系数，可由式(1-5-32)计算得到；

$[\sigma]_R$——可靠度为 $R$ 时的对称循环疲劳许用应力值。

对于起重机构件各工作级别、不同应力集中情况下的对称循环疲劳许用应力值 $[\sigma]_k$ 如表 1-5-14 所示。

表 1-5-14　起重机金属结构疲劳许用应力值 $[\sigma]_k$（对称循环）　　　　MPa

| 构件工作级别 | 非焊接件连接应力集中情况等级 | | | | | | 焊接件连接应力集中情况等级 | | | | |
|---|---|---|---|---|---|---|---|---|---|---|---|
| | $W_0$ | | $W_1$ | | $W_2$ | | $K_0$ | $K_1$ | $K_2$ | $K_3$ | $K_4$ |
| | Q235 | Q345 | Q235 | Q345 | Q235 | Q345 | Q235 或 Q345 | | | | |
| E1 | 249.1 | 298.0 | 211.7 | 253.3 | 174.4 | 208.6 | (361.9) | (323.1) | 271.4 | 193.9 | 116.0 |
| E2 | 224.4 | 261.7 | 190.7 | 222.4 | 157.1 | 183.2 | (293.8) | 262.3 | 220.3 | 157.4 | 94.4 |
| E3 | 202.2 | 229.8 | 171.8 | 195.3 | 141.5 | 160.8 | 238.4 | 212.9 | 178.8 | 127.7 | 76.6 |
| E4 | 182.1 | 201.8 | 154.8 | 171.5 | 127.5 | 141.2 | 193.5 | 172.3 | 145.1 | 103.7 | 62.2 |
| E5 | 164.1 | 177.2 | 139.5 | 150.6 | 114.2 | 124.0 | 157.1 | 140.3 | 117.8 | 84.2 | 50.5 |
| E6 | 147.8 | 155.6 | 125.7 | 132.3 | 103.5 | 108.9 | 127.6 | 113.6 | 95.6 | 68.3 | 41.0 |
| E7 | 133.2 | 136.6 | 113.2 | 116.2 | 93.2 | 95.7 | 103.5 | 92.0 | 77.6 | 55.4 | 33.3 |
| E8 | 120.0 | 120.0 | 102.0 | 102.0 | 84.0 | 84.0 | 84.0 | 75.0 | 63.0 | 45.0 | 27.0 |

注：括号中的数值已超过 Q235 的强度极限，只有参考意义。

# 第六章 起重机支承反力计算

## 第一节 支承反力计算方法

起重机工作时支承装置所受的垂直反作用力称为支承反力。根据起重机类型和作业方式,支承装置可以是车轮(轮胎)、履带或者支腿,确定支承反力即可计算相应的轮压、土壤压力或支腿压力。

设计起重机时,通常只需计算各种工况下支承反力的最大值和最小值。最大支承反力用于运行机构零部件及金属结构强度计算,确定每个支承点车轮(轮胎)的数目和尺寸;最小支承反力用于车轮打滑验算,检验轮胎或支腿是否离地。

根据构造和使用要求,起重机有三点支承式和四点支承式两种。三支点式支承反力的分配是静定的,可利用静力平衡条件求各支承反力。四支点式支承反力的计算属于超静定问题,支承反力的分配不仅与载荷有关,还取决于车架的刚性、轨道或道路路面的弹性和平整度等许多因素,要计及所有这些因素的影响是相当费时的,而且对于轨道或路面的不平度的估计往往很困难。因此,超静定四点支承反力的计算一般采用近似解法,按下述两种假设之一将超静定问题简化为静定求解。

1. 刚性车架假设(图 1-6-1)

认为车架是绝对刚体,在载荷作用下车架的四个支承点始终保持在同一平面上。

2. 铰接车架假设(图 1-6-2)

将车架视为四根简支梁构成的平面铰接框架,四个支承点是框架的铰支座,在载荷作用下,四个支承点随基础的变形发生位移,不再保持在同一平面上。

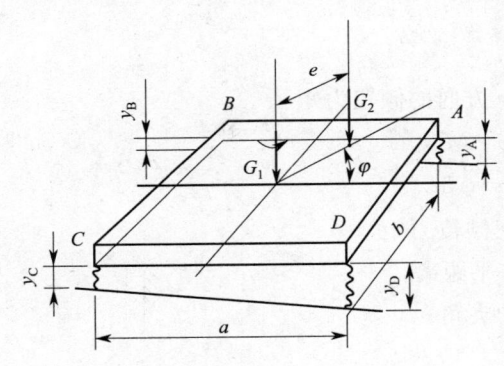

图 1-6-1 刚性车架假设

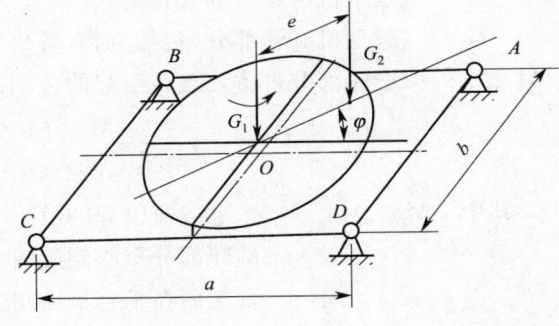

图 1-6-2 铰接车架假设

实际的车架弹性总是介于这两者之间,计算时可根据车架及支承的刚度选择一种假设进行简化。按铰接车架假设计算得到的支承反力比按刚性车架假设计算得到的支承反力略大,两种简化计算的结果都能满足起重机设计所要求的精度。

## 第二节 轮式臂架回转起重机支承反力的计算

### 一、轨道式回转臂架起重机

1. 按刚性车架假设计算支承反力

起重机由 $A$、$B$、$C$、$D$ 四点支承(图 1-6-3a),其非旋转部分(下车)重力为 $G_1$,重心在支承面上的投影与支承平面形心重合于 $O_1$,包括货物、臂架在内的起重机旋转部分(上车)总重力为 $G_2$,重心在支承平面上的投影为 $E$,旋转中心为 $O_2$,臂架平面与 $x$ 轴的夹角为 $\varphi$。

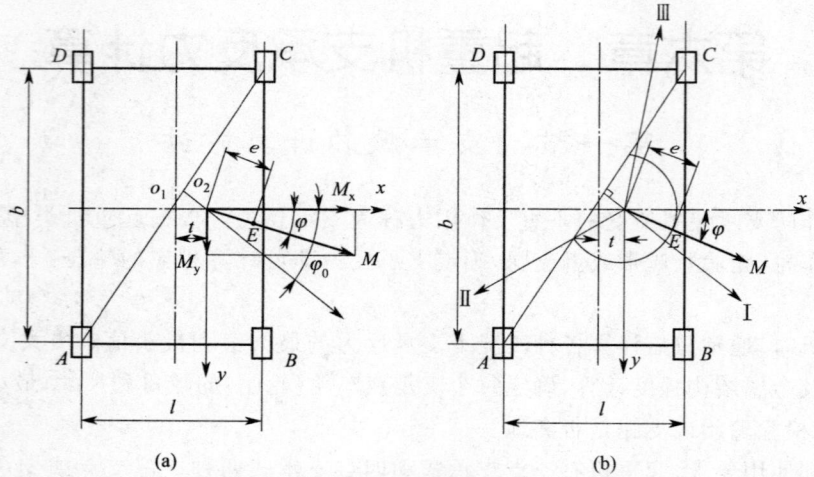

图 1-6-3 刚性车架支承反力计算图

刚性车架各支承点在静止状态的垂直反力分别为:

$$\begin{cases} R_A = \dfrac{G_1}{4} + \dfrac{G_2}{4}\left(1 - \dfrac{2t}{l}\right) - \dfrac{M_x}{2l} + \dfrac{M_y}{2b} \\ R_B = \dfrac{G_1}{4} + \dfrac{G_2}{4}\left(1 + \dfrac{2t}{l}\right) + \dfrac{M_x}{2l} + \dfrac{M_y}{2b} \\ R_C = \dfrac{G_1}{4} + \dfrac{G_2}{4}\left(1 + \dfrac{2t}{l}\right) + \dfrac{M_x}{2l} - \dfrac{M_y}{2b} \\ R_D = \dfrac{G_1}{4} + \dfrac{G_2}{4}\left(1 - \dfrac{2t}{l}\right) - \dfrac{M_x}{2l} - \dfrac{M_y}{2b} \end{cases} \quad (1\text{-}6\text{-}1)$$

式中 $G_1$——起重机不旋转部分自重;

$G_2$——起重机旋转部分(包括货物、臂架)自重;

$M_x$、$M_y$——旋转部分自重及载荷引起的分别沿 $x$、$y$ 方向的倾覆力矩:

$$M_x = G_2 \cdot e\cos\varphi + M_{Hx}$$
$$M_y = G_2 \cdot e\sin\varphi + M_{Hy}$$

其中 $M_{Hx}$、$M_{Hy}$——水平载荷引起的沿 $x$、$y$ 方向倾覆力矩;

$e$——旋转部分重心到旋转中心水平距离;

$\varphi$——臂架所在垂直平面与 $x$ 轴的夹角;

$l$——轨距;

$b$——轴距。

各支承反力是臂架方位角 $\varphi$ 的函数,其最大最小值可直接由极值条件 $\dfrac{dR}{d\varphi}=0$ 求出。如图 1-6-3a,当 $\varphi=\varphi_0=\arctan\dfrac{l}{b}$,即臂架垂直于支承平面的对角线 $AC$ 时,$R_B$ 达到最大值,此时 $R_D$ 为最小值。将 $\varphi_0$ 代入(1-6-1)式即可求出最大支承反力 $R_{Bmax}$ 和最小支承反力 $R_{Dmin}$。$R_{Dmin}$ 有可能出现负值,这是不符合实际情况的,$R_{Dmin}<0$ 时表明 $D$ 点支承悬空,需重新按三点支承进行计算。

2. 三点支承车架的支承反力

三点支承车架的支承反力分配是静定的,可由静力平衡条件求解。三点支承有两种情况:

(1)四支点由于其中一点离地成为三点支承(图 1-6-3b)

此车架由 $A$、$B$、$C$ 三点支承，各支承反力为：

$$\begin{cases} R_A = \dfrac{G_1}{2} + \dfrac{G_2}{2}\left(1 - \dfrac{2t}{l}\right) - \dfrac{M_x}{l} \\ R_B = G_2 \dfrac{t}{l} + \dfrac{M_x}{l} + \dfrac{M_y}{b} \\ R_C = \dfrac{G_1}{2} + \dfrac{G_2}{2} - \dfrac{M_y}{b} \end{cases} \quad (1\text{-}6\text{-}2)$$

式中各符号同式(1-6-1)。

同样可由极值条件 $\dfrac{dR}{d\varphi}=0$ 求得最大最小支承反力。图 1-6-3b 中 Ⅰ、Ⅱ、Ⅲ 方向分别为 $R_B$、$R_A$、$R_C$ 达到最大值时的臂架位置。

(2) 三点支承式车架(图 1-6-4)

设起重机下车重心为 $E_1$，上车重心为 $E_2$，旋转中心为 $O$。

各支承反力为

$$\begin{cases} R_A = \dfrac{G_1}{2}\left(1 - \dfrac{t_1}{b}\right) + \dfrac{G_2}{2}\left(1 - \dfrac{t_2}{b}\right) - \dfrac{M_x}{2b} \\ R_B = \dfrac{G_1}{4}\left(1 + \dfrac{t_1}{b}\right) + \dfrac{G_2}{4}\left(1 + \dfrac{t_2}{b}\right) + \dfrac{M_y}{2a} + \dfrac{M_x}{4b} \\ R_C = \dfrac{G_1}{4}\left(1 + \dfrac{t_1}{b}\right) + \dfrac{G_2}{4}\left(1 + \dfrac{t_2}{b}\right) - \dfrac{M_y}{2a} + \dfrac{M_x}{4b} \end{cases} \quad (1\text{-}6\text{-}3)$$

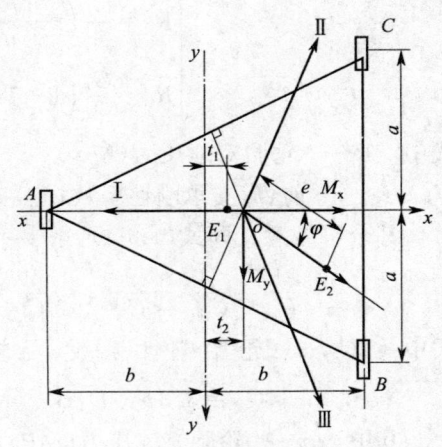

图 1-6-4 三支点式车架支承反力计算图

式中 $t_1$、$t_2$、$a$、$b$、$e$ 和 $f$ 见图 1-6-4，其余符号同式(1-6-1)。

由极值条件 $\dfrac{dR}{d\varphi}=0$ 可得各支承反力的最大最小值，$R_A$、$R_C$、$R_B$ 达到最大值时，臂架位置分别为图 1-6-4 中 Ⅰ，Ⅱ，Ⅲ。

3. 按铰接车架计算支承反力

设由于水平力产生的 $M_H$ 的作用，起重机旋转部分合力 $G_2$ 作用点由 $E$ 移至 $E'$，这样车架上的载荷只有两集中力 $G_1$ 和 $G_2$，作用分别为 $O_1$、$E'$。设想有两虚梁 $A_I B_I$、$A_{II} B_{II}$ 分别通过 $O_1$、$E'$，并简支在铰接框架的简支梁 $AD$、$BC$ 上。铰接车架支承反力计算见图 1-6-5。根据力与力臂的反比关系，即可求出各支点反力为：

$$\begin{cases} R_A = \dfrac{G_1}{4} + \dfrac{G_2}{4}\left(1 + \dfrac{2S}{b}\sin\varphi\right)\left(1 - \dfrac{2t}{l} - \dfrac{2S}{l}\cos\varphi\right) \\ R_B = \dfrac{G_1}{4} + \dfrac{G_2}{4}\left(1 + \dfrac{2S}{b}\sin\varphi\right)\left(1 + \dfrac{2t}{l} + \dfrac{2S}{l}\cos\varphi\right) \\ R_C = \dfrac{G_1}{4} + \dfrac{G_2}{4}\left(1 - \dfrac{2S}{b}\sin\varphi\right)\left(1 + \dfrac{2t}{l} + \dfrac{2S}{l}\cos\varphi\right) \\ R_D = \dfrac{G_1}{4} + \dfrac{G_2}{4}\left(1 - \dfrac{2S}{b}\sin\varphi\right)\left(1 - \dfrac{2t}{l} - \dfrac{2S}{l}\cos\varphi\right) \end{cases} \quad (1\text{-}6\text{-}4)$$

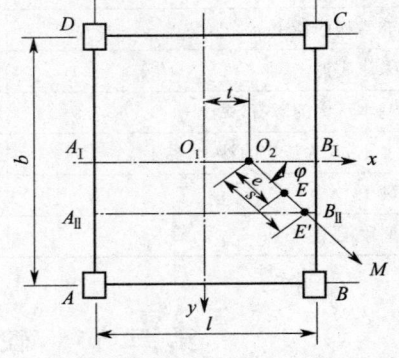

图 1-6-5 铰接车架支承反力计算图

式中 $t_1$、$t_2$、$b$、$e$、$l$、$f$ 和 $S$ 见图 1-6-5，$S = e + \dfrac{M_H}{G_2}$；

其余符号意义同式(1-6-1)。

最大最小支承反力仍可由极值条件 $\dfrac{dR}{d\varphi}=0$ 求出。

## 二、轮胎起重机

轮胎起重机打支腿作业时,支承反力计算与轨道式回转臂架起重机相同,可按式(1-6-1)、(1-6-2)、(1-6-4)计算。在不用支腿吊重时,如图 1-6-6,轮胎对地压力按下式计算:

$$\begin{cases} R_A = \dfrac{G_1}{4}\left(1-\dfrac{t_1}{a}\right) + \dfrac{G_2}{4}\left(1-\dfrac{t_2}{a}\right) - \dfrac{M_x}{2b} + \dfrac{M_y}{4a} \cdot \dfrac{C_{前}}{C_{前}+C_{后}} \\ R_B = \dfrac{G_1}{4}\left(1+\dfrac{t_1}{a}\right) + \dfrac{G_2}{4}\left(1+\dfrac{t_2}{a}\right) - \dfrac{M_x}{2b} - \dfrac{M_y}{4a} \cdot \dfrac{C_{后}}{C_{前}+C_{后}} \\ R_C = \dfrac{G_1}{4}\left(1+\dfrac{t_1}{a}\right) + \dfrac{G_2}{4}\left(1+\dfrac{t_2}{a}\right) + \dfrac{M_x}{2b} - \dfrac{M_y}{4a} \cdot \dfrac{C_{后}}{C_{前}+C_{后}} \\ R_D = \dfrac{G_1}{4}\left(1-\dfrac{t_1}{a}\right) + \dfrac{G_2}{4}\left(1-\dfrac{t_2}{a}\right) + \dfrac{M_x}{2b} + \dfrac{M_y}{4a} \cdot \dfrac{C_{前}}{C_{前}+C_{后}} \end{cases} \tag{1-6-5}$$

式中　$R$——轮胎对地压力(MN);

$C_{前}$、$C_{后}$——前、后支承刚性系数;

其余符号意义同式(1-6-4)。

$$\frac{1}{C_{前}} = \frac{1}{C_{前胎}} + \frac{1}{C_{基}}, \quad \frac{1}{C_{后}} = \frac{1}{C_{后胎}} + \frac{1}{C_{基}}$$

式中　$C_{胎}$——轮胎刚性系数,与轮胎充气压力成正比:

$$C_{胎} = 3.3p\sqrt{D_1 B} \quad (\text{MN/m})$$

其中　$p$——轮胎充气压力(MPa),

　　　$D_1$——轮胎外径(m),

　　　$B$——轮胎宽度(m);

$C_{基}$——基底弹性系数:

$$C_{基} = q_0 \cdot A \quad (\text{MN/m})$$

其中　$q_0$——基底体刚度,见表 1-6-1,

　　　$A$——轮胎接地面积,$A = 2B\sqrt{D_1 R / C_{胎}}$ (m$^2$)。

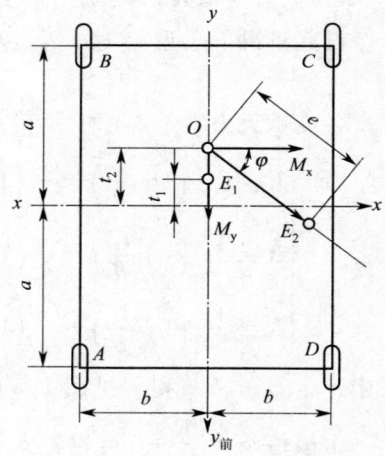

图 1-6-6　轮胎起重机轮压计算图

表 1-6-1　土壤特性

| 土　质 | 体刚度 $q_0$/(MN/m$^3$) | 弹性模量 $E_0$/MPa | 许用压力 $[q]$/MPa |
|---|---|---|---|
| 非常松的沙土,湿土,黏土 | 1~5 | 1~2 | 0.2~0.3 |
| 未压实泥土,卵石 | 5~50 | 3~5 | 0.3~0.5 |
| 基本压实的砾石,黏土 | 50~100 | 6~10 | 0.6~0.8 |
| 实土,人为压实的沙土,黏土 | 100~200 | 10~20 | 0.8~1.2 |
| 硬土 | 200~1 000 | 40~60 | — |
| 坚硬泥土,石头 | 1 000~15 000 | 500~600 | — |

## 第三节　轮胎起重机带载行驶时的轴负荷

轮胎起重机带载行驶时,臂架必然前置或后置,其轮胎压力可由式(1-6-5)取 $\varphi = \dfrac{\pi}{2}$ 或 $\varphi = -\dfrac{\pi}{2}$ 求得(此时 $M_x = 0, M_y = G_2 \cdot e + M_H$)

$$\begin{cases} R_A = R_D = \dfrac{G_1}{4}\left(1-\dfrac{t_1}{a}\right) + \dfrac{G_2}{4}\left(1-\dfrac{t_2}{a}\right) + \dfrac{M_y}{4a} \cdot \dfrac{C_{前}}{C_{前}+C_{后}} \\ R_B = R_C = \dfrac{G_1}{4}\left(1+\dfrac{t_1}{a}\right) + \dfrac{G_2}{4}\left(1+\dfrac{t_2}{a}\right) - \dfrac{M_y}{4a} \cdot \dfrac{C_{后}}{C_{前}+C_{后}} \end{cases} \tag{1-6-6}$$

式中　$t_1$、$t_2$、$b$、$e$、$l$ 见图 1-6-5；

其余符号意义同式(1-6-4)。

前后桥的轴负荷为：

$$\begin{cases} R_1 = 2R_A \\ R_2 = 2R_B \end{cases} \quad (1\text{-}6\text{-}7)$$

起重机带载行驶起动、制动时，在行驶方向产生水平惯性力，改变桥负荷的分配。通常称之为桥负荷转移。转移后的桥负荷为：

$$\begin{cases} R_1' = m_1 R_1 \\ R_2' = m_2 R_2 \end{cases} \quad (1\text{-}6\text{-}8)$$

式中　$m_1$、$m_2$——制动时前后桥的桥负荷转移系数，按下式计算：

$$\begin{cases} m_1 = \dfrac{l_2 + \varphi h_0 G'/G}{l_2} \\ m_2 = \dfrac{l_1 - \varphi h_0 G'/G}{l_1} \end{cases} \quad (1\text{-}6\text{-}9)$$

其中　$G$——包括吊载在内的起重机自重，

$l_1$、$l_2$——自重重心至前、后桥的水平距离，

$G'$——黏着重量，

$\varphi$——黏着系数，

$h_0$——重心离地面高度。

## 第四节　履带式起重机履带对土壤的压力

### 一、履带最大对地压力

假设土壤沉陷与土壤所受压力成正比，履带的支重轮间距很小，履带式起重机两侧履带受载随臂架位置回转角 $\varphi$ 变化，土壤压力随履带偏心受载情况呈三角形或梯形分布(图 1-6-7c、d)，若 $x$ 方向倾覆力矩过大或一端履带发生沉陷，履带起重机的另一端会发生悬空，履带支承长度将会缩短(图 1-6-7b)。

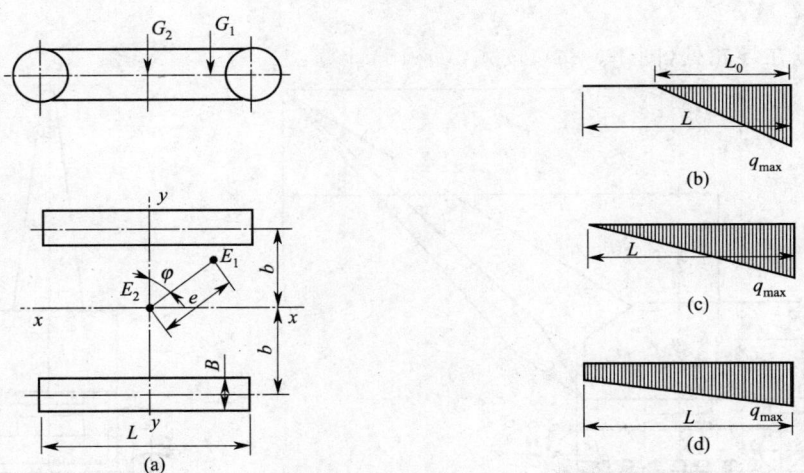

图 1-6-7　履带式起重机对地压力分布

在履带起重机的另一端没有发生悬空时，履带对土壤的最大压力按式(1-6-10)计算，当 $\tan\varphi = L/6b$ 时，$q_{max}$ 值最大。

$$q_{max} = \left(\dfrac{G_1 + G_2}{2} + \dfrac{3M_x}{L} + \dfrac{M_y}{2b}\right)\bigg/BL \quad (1\text{-}6\text{-}10)$$

式中 $B$——履带宽度；
　　　$L$——履带支承长度；
　　　$2b$——履带间距。
其余符号意义同式(1-6-1)。

当起重机臂架与履带轴线同向时，由 $G_1$ 和 $G_2$ 产生的最大土壤压力分别为：

$$\begin{cases} \text{图 1-6-7(b)}: & q_{max}=\dfrac{2(G_1+G_2)^2}{3B[L(G_1+G_2)-2eG_2]}, \text{当} \dfrac{e}{L}>\dfrac{G_1+G_2}{6G_2} \\ \text{图 1-6-7(c)}: & q_{max}=(G_1+G_2)/BL, \text{当} \dfrac{e}{L}=\dfrac{G_1+G_2}{6G_2} \\ \text{图 1-6-7(d)}: & q_{max}=\dfrac{G_1+G_2}{2BL}\left(1+\dfrac{6e}{L}\cdot\dfrac{G_2}{G_1+G_2}\right), \text{当} \dfrac{e}{L}<\dfrac{G_1+G_2}{6G_2} \end{cases} \quad (1\text{-}6\text{-}11)$$

式中符号意义同式(1-6-10)。

当臂架垂直于履带轴线时($\tan\varphi=0$)，

$$q_{max}=\dfrac{G_1+G_2(1+e/b)}{2BL} \quad (1\text{-}6\text{-}12)$$

式中符号意义同式(1-6-10)。

如果支重轮数量少，间距大，直接在支重轮下面的土壤压力比按式(1-6-10)～(1-6-12)所得的计算值大，而位于支重轮之间的土壤压力则比计算值小。此时，在臂架横置，受力最大的支重轮下的土壤压力为：

$$q_{max}=q_0\delta_1 \quad (1\text{-}6\text{-}13)$$

式中 $q_0$——土壤刚度($MN/m^3$)(见表 1-6-1)；
　　　$\delta_1$——受力最大的支重轮下的土壤沉陷量，按式(1-6-15)计算。

履带最大土壤压力不应超过地面承压能力，按下式校核：

$$q_{max}\leqslant[q] \quad (1\text{-}6\text{-}14)$$

式中 $[q]$——地面许用压力，见表 1-6-1。

### 二、土壤沉陷量与起重机倾角(图 1-6-8)

**1. 土壤沉陷量 $\delta$**

最大沉陷量在导轮处(图 1-6-8a)，按式(1-6-15)计算：

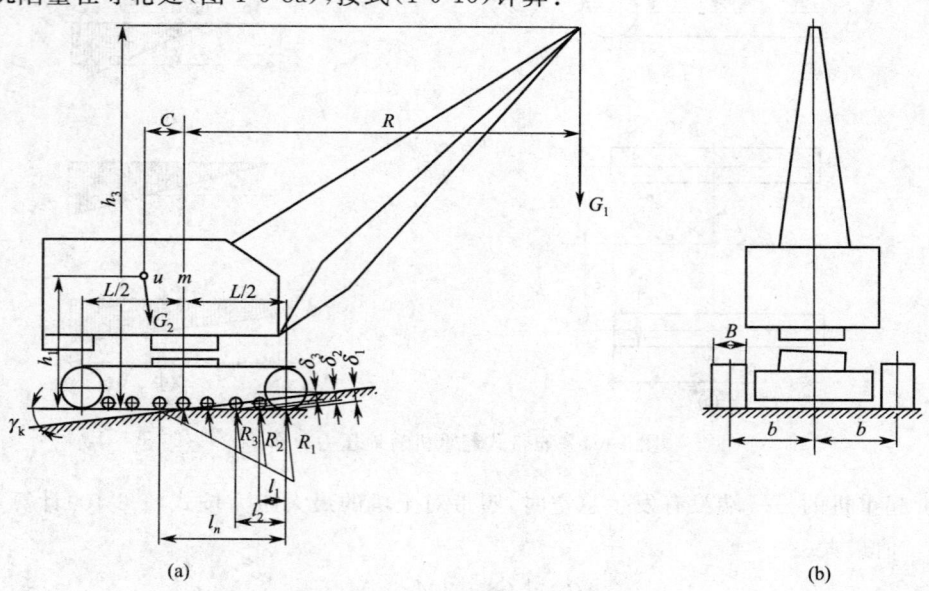

图 1-6-8　履带式起重机沉陷与倾角计算

$$\delta_1 = \frac{(G_1+G_2)\cdot l}{q_0 A S_1} \tag{1-6-15}$$

式中 $l$——当 $n$ 个支重轮接地时的实际支承长度(m);

$q_0$——地面体刚度(MN/m³)(见表 1-6-1);

$A$——链板实际接地面积,$A=2Bl$(m²);

$S_1$——当量距离:

$$S_1 = l \cdot (n-1) - \sum_{i=1}^{n-1} l_i$$

其中 $n$——接地支重轮数。

2. 起重机沉陷倾角 $\gamma$

沉陷引起的起重机倾角按式(1-6-16)确定:

$$\tan\gamma = \frac{\delta_1}{l} = \frac{G_1+G_2}{q_0 \cdot A \cdot S_1} \tag{1-6-16}$$

式中符号意义同式(1-6-16)。

## 第五节 桥架型起重机支承反力计算

桥架类型的起重机都采用四支点承载桥跨结构,由于其结构的对称性和桥架具有一定的弯曲和扭转弹性,一般都采用铰接车架假设计算小车和大车的支承反力。

### 一、桥式起重机支承反力计算

1. 小车支承反力

假定小车与货物重心在水平面内的投影互相重合,如图 1-6-9,小车支承反力可由下式计算。

$$\begin{cases} R_1 = (G_2+Q)\left(1-\frac{t}{b}\right)\left(1-\frac{e}{l}\right) \\ R_2 = (G_2+Q)\left(1-\frac{t}{b}\right) \cdot \frac{e}{l} \\ R_3 = (G_2+Q) \cdot \frac{t}{b} \cdot \left(1-\frac{e}{l}\right) \\ R_4 = (G_2+Q) \cdot \frac{te}{bl} \end{cases} \tag{1-6-17}$$

式中 $G_2$——小车重力;

$Q$——货物(包括吊具)重力;

$t$、$e$——小车及货物重心在支承平面内投影点的坐标与 $R_1$ 点相应坐标的差值;

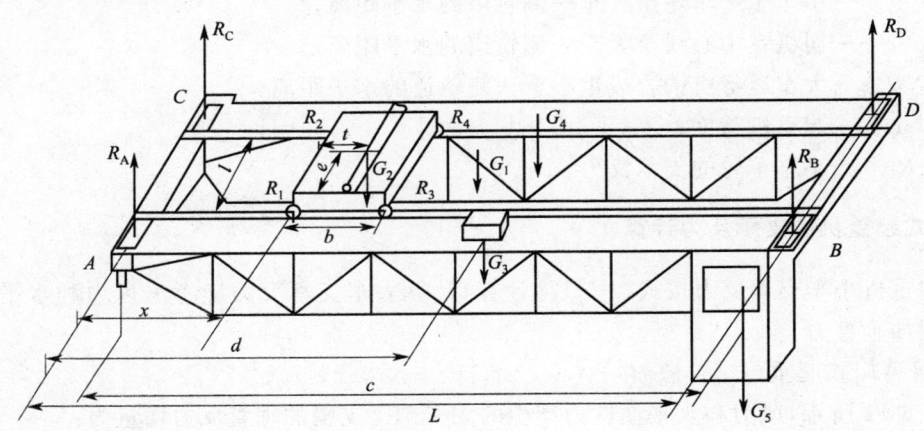

图 1-6-9 桥式起重机支承反力计算

$b$、$l$——小车轴距及轨距。

若小车具有刚性悬挂装置时(图 1-6-10),应考虑小车、大车起动制动时惯性力引起的附加垂直反力 $\Delta R$。

大车起动制动时,小车单个车轮支承反力增量:

$$\Delta R_d = (F_1 h_1 + F_2 h_2) \cdot \frac{1}{2l} \tag{1-6-18a}$$

小车起动制动时,小车单个车轮支承反力增量:

$$\Delta R_s = (F_1' h_1 + F_2' h_2) \cdot \frac{1}{2b} \tag{1-6-18b}$$

式中 $F_1$、$F_1'$——大车或小车起动制动时刚性悬挂装置的惯性力;

$F_2$、$F_2'$——大车或小车起动制动时,货物的惯性力;

$b$、$l$——小车轴距和轨距。

刚性悬挂装置小车单个车轮的支承反力为:$R_{Gi} = R_i \pm \Delta R, i = 1, 2, 3, 4$。

$R_i$ 由式(1-6-17)计算,$\Delta R$ 由式(1-6-18a)或(1-6-18b)计算。式中加减号由惯性力方向确定。

**2. 桥架支承反力**

假定桥架自身的重心在支承平面的投影与支承平面的形心重合,桥架支承反力由式(1-6-19)确定。小车处于两端极限位置(即 $x$ 取最大最小值时)支承反力出现最大最小值。

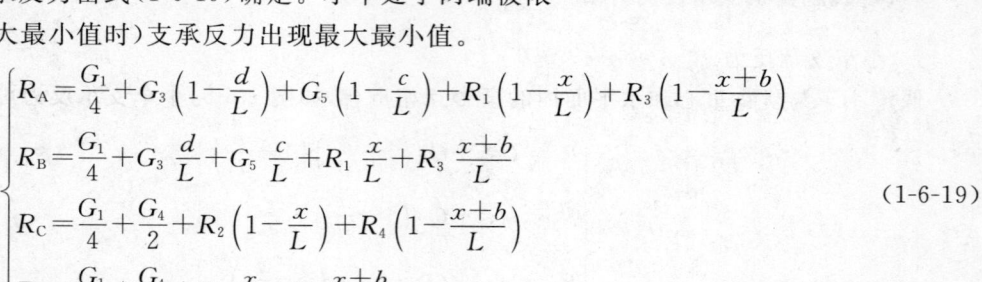

图 1-6-10 具有刚性悬挂装置的小车

$$\begin{cases} R_A = \frac{G_1}{4} + G_3 \left(1 - \frac{d}{L}\right) + G_5 \left(1 - \frac{c}{L}\right) + R_1 \left(1 - \frac{x}{L}\right) + R_3 \left(1 - \frac{x+b}{L}\right) \\ R_B = \frac{G_1}{4} + G_3 \frac{d}{L} + G_5 \frac{c}{L} + R_1 \frac{x}{L} + R_3 \frac{x+b}{L} \\ R_C = \frac{G_1}{4} + \frac{G_4}{2} + R_2 \left(1 - \frac{x}{L}\right) + R_4 \left(1 - \frac{x+b}{L}\right) \\ R_D = \frac{G_1}{4} + \frac{G_4}{2} + R_2 \frac{x}{L} + R_4 \frac{x+b}{L} \end{cases} \tag{1-6-19}$$

式中 $G_1$——桥架重力;

$G_3$——大车运行机构重力;

$G_4$——小车供电装置重力;

$G_5$——司机室重力;

$x$——小车 1、2 车轮至大车一侧轨道的水平距离;

$c$——司机室中心线至大车一侧轨道的水平距离;

$d$——大车运行机构合成重心至一侧轨道的水平距离;

$L$——起重机跨度;

$R_1$、$R_2$、$R_3$、$R_4$——小车车轮的支承反力。

### 二、门式起重机的支承反力计算

门式起重机小车支承反力按式(1-6-17)计算,计算大车支承反力应考虑风力和水平惯性力产生的大车附加垂直力。

**1. 无悬臂门式起重机**

如图 1-6-11 所示,风力和水平惯性力产生的大车单个支腿的垂直反力增量为:

$$\Delta R = \frac{1}{2B}(F_{f1} h_1 + F_{f2} h_2 + F_1 h_3 + F_2 h_2) \tag{1-6-20}$$

式中 $F_{f1}$、$F_{f2}$——桥架和小车、货物所受的风载荷；

$F_1$、$F_2$——大车起动制动时桥架和小车、货物的水平惯性力；

$h_1$、$h_2$——桥架和小车迎风面积形心至轨面高度；

$h_3$——桥架重心至轨面高度；

$B$——大车轮距。

大车单个支腿总支承反力为：

$$R_Z = R \pm \Delta R \qquad (1\text{-}6\text{-}21)$$

式中 $R$——按式(1-6-19)计算。

$\Delta R$——按式(1-6-20)计算，加减号取决于风力和水平惯性力的方向。

2. 带悬臂门式起重机

对于带悬臂的门式起重机，满载小车位于悬臂末端时大车小车同时起动制动，大车支承反力出现最大最小值(图1-6-12)。

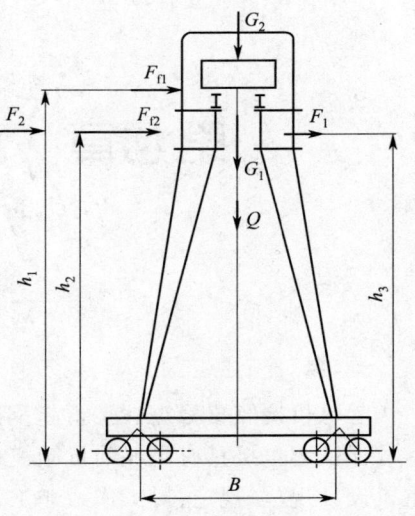

图 1-6-11 风力和水平惯性力对大车支承反力的影响

大车支承反力按式(1-6-22)计算：

$$\begin{cases} R_A = \dfrac{G_1}{4} + G_3 \dfrac{c(B-m)}{LB} + (G_2+Q)\dfrac{l+L}{2L} - \dfrac{M_I}{2B} + \dfrac{M_{II}}{2L} \\[6pt] R_B = \dfrac{G_1}{4} + G_3 \dfrac{cm}{LB} + (G_2+Q)\dfrac{l+L}{2L} + \dfrac{M_I}{2B} + \dfrac{M_{II}}{2L} \\[6pt] R_C = \dfrac{G_1}{4} + G_3 \dfrac{m(L-C)}{LB} - (G_2+Q)\dfrac{l}{2L} + \dfrac{M_I}{2B} - \dfrac{M_{II}}{2L} \\[6pt] R_D = \dfrac{G_1}{4} + G_3 \dfrac{(L-C)(B-m)}{LB} - (G_2+Q)\dfrac{l}{2L} - \dfrac{M_I}{2B} - \dfrac{M_{II}}{2L} \end{cases} \qquad (1\text{-}6\text{-}22)$$

式中 $M_I$——风力矩及大车制动时小车与货物的惯性力矩：

$$M_I = F_{f1} \cdot h_1 + (F_{f2} + F_{fQ} + F'_2 + F'_Q) \cdot h_2 + F'_1 \cdot h_3$$

其中 $F'_1$、$F'_2$、$F'_Q$——大车起制动时，桥架、小车及货物的水平惯性力，

$F_{f1}$、$F_{f2}$、$F_{fQ}$——作用于桥架、小车及货物的风载荷；

$M_{II}$——小车制动时小车和货物的惯性力矩：

$$M_{II} = (F_2 + F_Q) \cdot h_2$$

其中 $F_2$、$F_Q$——小车起制动时，小车及货物的水平惯性力。

其余符号意义见图(1-6-12)。

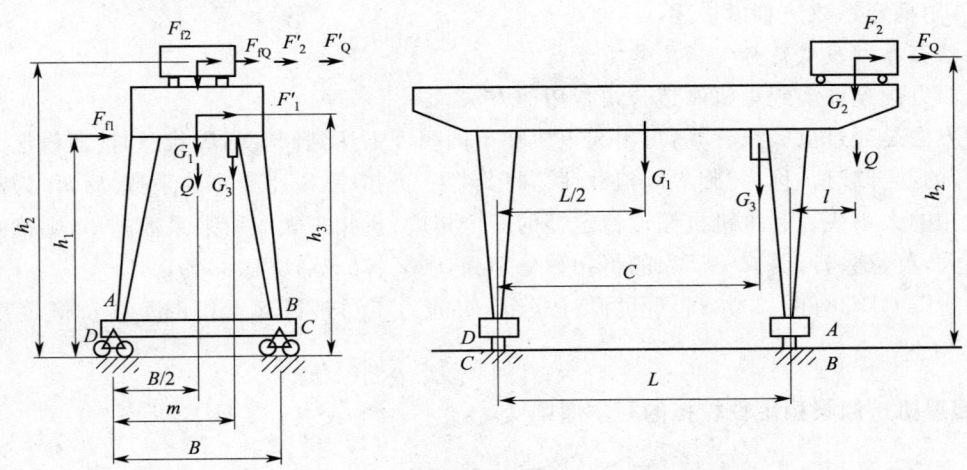

图 1-6-12 双悬臂门式起重机大车支承反力计算

# 第七章　起重机抗倾覆稳定性和抗风防滑安全性

## 第一节　抗倾覆稳定性计算

**一、概　述**

起重机抗倾覆稳定性是指起重机在自重和外载荷作用下抵抗翻倒的能力。

保证起重机具有足够的抗倾覆稳定性,是起重机设计最基本的要求之一。GB 3811—2008《起重机设计规范》规定:对工作或非工作时有可能发生整体倾覆的起重机,应通过计算来校核其整体抗倾覆稳定性。

目前,国内外对起重机抗倾覆稳定性的校核主要有三种方法:力矩法,稳定系数法和按临界倾覆载荷标定额定起重量。

(一)力　矩　法

这是我国《起重机设计规范》所采用的方法,欧洲各国和日本等也广泛采用。

力矩法校核抗倾覆稳定性的基本原则是:作用于起重机上包括自重在内的各项载荷对起重机特定倾覆线计算的稳定力矩的代数和大于倾覆力矩的代数和,则认为起重机整机是稳定的。

如果起稳定作用的力矩为正,起倾覆作用的力矩为负,则力矩法可表示为:作用于起重机上包括自重在内的各项载荷对特定倾覆线的力矩代数和必须大于零,即 $\sum M>0$。

(二)稳定系数法

这是以往我国沿用前苏联的一种方法。

稳定系数定义为起重机所受的各种载荷对倾覆边产生的稳定力矩与倾覆力矩的比值。稳定系数作为起重机抗倾覆能力的判据,不能小于规定值。稳定系数有三种规定值:工作状态考虑附加载荷的载重稳定系数为1.15;工作状态不考虑附加载荷的载重稳定系数为1.4;自重稳定系数为1.15。

稳定系数法的不足之处是对哪些力矩应算作稳定力矩,哪些力矩应算作倾覆力矩,其界限不是十分明确,因而对同一起重机可能得到不同的稳定系数。另外对于起重机的突然卸载和吊具突然脱落工况,用稳定系数法难以描述。

(三)按临界倾覆载荷标定额定起重量

这是西方国家许多起重机制造公司常用的方法。

这种方法是通过试验或计算,得出起重机在不同幅度下达到倾翻临界状态时(即稳定力矩等于倾覆力矩)的起升载荷,称为"临界倾覆载荷",将其打一折扣(乘以小于1的系数)后,作为额定起升载荷。折扣的大小代表起重机抗倾覆稳定性的安全裕度(折扣越大或所乘系数越小,则抗倾覆稳定性裕度越大,英、德、日、美有关厂家的折扣数分别为:66%、75%、78%、85%)。

本手册以 GB 3811—2008《起重机设计规范》中的力矩法进行起重机的整体抗倾覆稳定性校核。

**二、起重机抗倾覆稳定性校核的基本原则**

(一)稳定性校核的基本要求与假定

1. 整机稳定条件。

针对起重机特定的倾覆线,如果稳定力矩的代数和大于倾覆力矩的代数和,则认为起重机整机是稳定的。即起重机整体稳定条件为：

$$M_S > M_T \tag{1-7-1}$$

式中　$M_S$——稳定力矩的代数和；
　　　$M_T$——倾覆力矩的代数和。

自重载荷产生稳定力矩,除自重载荷外的其他载荷产生倾覆力矩,这些力矩都是对规定的特定倾覆线计算的结果。

进行起重机整体稳定性计算时,求倾覆力矩所用的计算载荷应按表1-7-2、表1-7-3、表1-7-6和表1-7-7选取,不考虑其他动力系数的影响。计算中要考虑起重机的结构形态及其零部件位置,各项载荷与力作用的方向及其影响均按实际可能出现的最不利载荷组合的原则来考虑。

2. 抗倾覆稳定性计算时假定起重机是在坚实、水平的支承面或轨道上工作。如果起重机需要在倾斜面上工作,在校核计算时应考虑此特定条件,加上倾斜坡度的影响并予以说明。

3. 对于固定的起重机,在具体使用现场或地区如有地震或其他的基础外部激励效应,则在相应的工作状态或非工作状态抗倾覆稳定性的校核中,将其作为附加的载荷情况予以考虑。对于地震的影响,应参考国家有关部门相应的抗震规范,根据不同地区的设防等级来计算。

(二)稳定性校核的工况与计算载荷

1. 流动式起重机稳定性的校核工况与载荷

对流动式起重机,应核算验证起重机在表1-7-1所列的载荷情况下满足整机抗倾覆稳定性条件。

表1-7-1　起重机抗倾覆稳定性的校核工况

| 校核工况 | 工况特征 | 校核工况 | 工况特征 |
| --- | --- | --- | --- |
| 1 | 无风试验或运行 | 3 | 向后倾翻 |
| 2 | 有风工作或运行 | 4 | 非工作风作用时 |

(1)无风试验或运行时的整体抗倾覆稳定性

在风速不大于8.3 m/s的风载荷作用下,流动式起重机作稳定性试验或带载运行。用自重载荷与表1-7-2规定的载荷计算出相应的稳定力矩和倾覆力矩,来判定起重机是否符合整体抗倾覆稳定性的条件。

表1-7-2　流动式起重机整体抗倾覆稳定性校验的计算载荷——无风试验或运行时

| 起重机的状态和计算条件 | 载荷性质 | 计算载荷[1),3)] |
| --- | --- | --- |
| 轮胎起重机、汽车起重机支腿伸出[2)]或履带起重机 | 作用载荷 | $1.25P_Q+0.1F$ |
| 轮胎起重机、汽车起重机支腿收回[2)] | 作用载荷 | $1.33P_Q+0.1F$ |
| 轮胎起重机、汽车起重机或履带起重机运行,最大运行速度不大于0.4 m/s | 作用载荷 | $1.33P_Q+0.1F$ |
| 轮胎起重机、汽车起重机或履带起重机运行,最大运行速度大于0.4 m/s | 作用载荷 | $1.5P_Q+0.1F$ |

1)$P_Q$是在不同幅度下起重机的最大起升载荷。$F$是将主臂质量$G$(作用于质心上)或副臂质量$g$(作用于质心上)按力矩相等原理换算到主臂端部或副臂端部的质量的重力。

2)与本表相对应的条件是：起重机静止不动,但作升降、变幅、臂架伸缩和回转等动作的载荷试验,或者起重机作整机带载运行,但不作起升、变幅、臂架伸缩和回转等动作。

3)"计算载荷"是与不大于8.3m/s的试验风速相对应的。在特殊情况下,如果要求限制最大起升载荷,制造商应明确说明在抗倾覆稳定的校核计算中采用的最大风速。当考虑其他的最大风速时,制造商也应予以明确说明。

对于轮胎式起重机、汽车起重机和履带起重机,表1-7-2中所列的载荷$F$是按力矩等效原理换算到主臂或副臂端部的臂架自重。在稳定性计算中,臂架重力通过力矩等效原理转化成作用在臂架端部和臂架根部的两个载荷,一般情况下,转化到端部的载荷产生倾翻力矩,转化到根部的载荷产生稳定力矩。转化后的载荷计算如下(图1-7-1)：

$$F = \frac{mG_b + g_b(j+n)}{j+k}$$

$$F_r = \frac{G_b(j+k-m) + g_b(k-n)}{j+k} \tag{1-7-2}$$

式中　$F$——等效到臂架端部的质量的重力(N)；
　　　$F_r$——等效到臂架根部的质量的重力(N)；
　　　$G_b$——主臂自重(N)；
　　　$g_b$——副臂自重(N)；
　　　$m$——主臂重心到主臂下铰点的水平距离(m)；
　　　$n$——副臂重心到副臂下铰点的水平距离(m)；
　　　$j$——主臂长度$L$的水平投影(m)；
　　　$k$——副臂长度$l$的水平投影(m)。

当起重机只有主臂时,式(1-7-2)中$g_b = n = k = 0$；

当起重机带有副臂而主臂头部起升载荷时,上式中的$k = 0$；

当起重机带有副臂而副臂头部起升载荷时,按式(1-7-2)计算$F$。

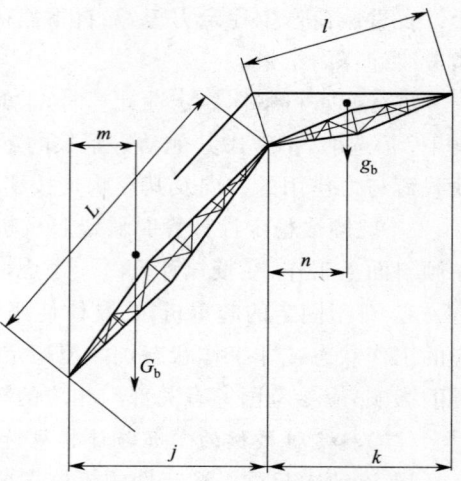

图1-7-1　臂架自重的换算简图

(2) 有风工作或运行时的整体抗倾覆稳定性

在工作风载作用下流动式起重机不移动,但作起升、回转、变幅、臂架伸缩等动作；或整机移动,但不作起升、回转、变幅、臂架伸缩等动作。用自重载荷与表1-7-3规定的载荷计算相应的稳定力矩和倾覆力矩,来判定起重机是否符合整体抗倾覆稳定性的条件。

表1-7-3　流动式起重机整体抗倾覆稳定性校验的计算载荷——有风工作或运行时

| 起重机的状态和计算条件 | 载荷性质 | 计算载荷[1] |
|---|---|---|
| 轮胎起重机、汽车起重机支腿伸出[2]或履带起重机 | 作用载荷 | $1.1P_Q$ |
| | 风载荷 | $P_{wⅡ}$ |
| | 惯性力 | $P_D$ |
| 轮胎起重机、汽车起重机支腿收回[2] | 作用载荷 | $1.17P_Q$ |
| | 风载荷 | $P_{wⅡ}$ |
| | 惯性力 | $P_D$ |
| 轮胎起重机、汽车起重机或履带起重机运行[3]最大运行速度不大于0.4 m/s | 作用载荷 | $1.17P_Q$ |
| | 风载荷 | $P_{wⅡ}$ |
| | 惯性力 | $P_D$ |
| 轮胎起重机、汽车起重机或履带起重机运行[3]最大运行速度大于0.4 m/s | 作用载荷 | $1.33P_Q$ |
| | 风载荷 | $P_{wⅡ}$ |
| | 惯性力 | $P_D$ |

1) $P_Q$是在不同幅度下起重机的最大起升载荷。$P_D$是由于起升、回转、变幅、臂架伸缩或运行等机构驱动产生的惯性力。对于分级变速控制的起重机,$P_D$应采用产生的实际惯性力值；对于无级变速控制的起重机,$P_D$值为0,$P_{wⅡ}$是工作状态下的风载荷,见第一篇第三章计算载荷与组合。

2) 与本表相对应的条件是：起重机有风工作,不移动,但作起升、回转、变幅、臂架伸缩等动作。

3) 与此相对应的条件是：起重机有风工作,且整机移动,但不作起升、回转、变幅、臂架伸缩等运动。

(3) 抗后倾覆稳定性

起重机处于表1-7-4所示的支承条件和质量分布状态时,应配置平衡重,并保证起重机有一个合理的稳定安全系数。

表 1-7-4 流动式起重机抗后倾覆稳定性验算条件

| 验算条件 | 起重机支承条件和质量分布状态 |
|---|---|
| 1 | 起重机放置在坚实、水平的支承面或轨道上(最大坡度为1%) |
| 2 | 起重机装有规定的最短臂架,且此臂架处于最大推荐臂架角度 |
| 3 | 将吊钩、吊钩滑轮组或其他取物装置放在地面上 |
| 4 | 使外伸支腿脱离支承面,起重机支承在车轮(轮胎)上 |
| 5 | 起重机装有规定的最长主臂或主臂与副臂的组合结构,并且此主臂或臂架组合结构处于最大推荐臂架角度,还承受最不利方向的工作风载荷 |

应验算对上述规定的各种质量分布状态及在相应的平衡重配置条件下,对制造商允许的起重机回转到最不稳定位置,起重机均不应向后倾翻。对轮胎起重机、汽车起重机和履带式起重机,按照表 1-7-5 进行载荷验算,判定是否发生向后倾覆。

表 1-7-5 流动式起重机抗后倾覆稳定性校核工况

| 起重机类型 | 校核载荷 | 不小于起重机总重量的比例 |
|---|---|---|
| 轮胎起重机<br>汽车起重机 | 起重机回转的上部结构纵向轴线与承载底架纵向轴线成90°(即正侧方)时,承载侧车轮(轮胎)或底架支腿的总载荷 | 15% |
| | 起重机回转的上部结构纵向轴线与承载底架纵向轴线重合(即正前方、正后方)时,承载底架的轻载端,车轮(轮胎)或支腿上的总载荷 | 15%(制造商指定的工作区域)<br>10%(非工作区域) |
| 履带起重机 | 侧面或支承最小载荷的底盘端部倾覆线上的总载荷 | 15% |

(4)非工作风载荷作用下的起重机整体抗倾覆稳定性

制造商应规定起重机在工作时承受风载荷的极限以及在非工作状态时应该采取的特殊预防措施。非工作风载荷见第一篇第三章计算载荷与组合。

2. 塔式起重机整体抗倾覆稳定性的校核工况与载荷

(1)校核工况与载荷

塔式起重机的整体抗倾覆稳定性按表 1-7-6 中的五种工况进行校核,并采用有相应载荷系数的计算载荷。

表 1-7-6 塔式起重机整体抗倾覆稳定性校验的计算载荷

| | 工况和计算条件 | 载荷性质 | 计算载荷 |
|---|---|---|---|
| 工作状态 | Ⅰ.基本稳定性(无风时起升静载试验载荷) | 自重载荷 | $P_G$ |
| | | 起升载荷 | $1.6P_Q$ |
| | | 风载荷 | 0 |
| | | 惯性力 | 0 |
| | Ⅱ.动态稳定性(有风工作时起升正常工作载荷) | 自重载荷 | $P_G$ |
| | | 起升载荷 | $1.35P_Q$ |
| | | 风载荷 | $P_{WⅡ}$ |
| | | 惯性力 | $P_D$ |
| | Ⅲ.抗后倾覆稳定性(有向后吹工作风载,且突然空中卸载) | 自重载荷 | $P_G$ |
| | | 起升载荷 | $-0.2P_Q$ |
| | | 风载荷 | $P_{WⅡ}$ |
| | | 惯性力 | 0 |

续上表

| 工况和计算条件 | | 载荷性质 | 计算载荷 |
|---|---|---|---|
| 非工作状态 | IV. 抗暴风稳定性（非工作时遭暴风袭击） | 自重载荷 | $P_G$ |
| | | 起升载荷 | $P_q$ |
| | | 风载荷 | $1.2P_{wIII}$ |
| | | 惯性力 | 0 |
| 非工作状态 | V. 装拆稳定性（在许可风中进行装拆） | 自重载荷 | $P_G$ |
| | | 起升载荷 | $1.25P_a$ |
| | | 风载荷 | $P'_{wII}$ |
| | | 惯性力 | $P_D$ |

注：$P_G$——自重载荷；
$P_D$——由机构驱动产生的惯性力，此时取 $\varphi_5=1$；
$P_Q$——最大起升载荷；
$P_q$——起升吊具、垂悬钢丝绳及起升附件等的重力；
$P_a$——安装/拆卸时被起吊的安装/拆除的部件的重力；
$P_{wII}$——起重机承受的工作状态风载荷，见手册第一篇第三章计算载荷与组合；
$P_{wIII}$——起重机承受的非工作状态风载荷，见手册第一篇第三章计算载荷与组合；
$P'_{wII}$——由制造商操作手册给定的或在起重机安装/拆卸作业时限制的风载荷。

(2) 塔式起重机校核计算说明

1) 在轨道上带载运行的塔式起重机，应考虑轨道允许的最大垂直高低差和坡度引起的载荷，作为其他载荷列入表 1-7-6 中的工况 II。

2) 起升载荷应考虑所有起升部件质量引起的载荷。

3) 工作状态的风载荷按最不利方向施加。

4) 对不能随风自由回转的塔式起重机，非工作状态的风载荷按最不利方向施加；对可随风回转的塔式起重机，非工作状态的风载荷按设计预期的方向施加于塔式起重机的上部结构，并按最不利的方向施加于塔式起重机的下部结构。

5) 塔式起重机的基础。制造商应提供在允许使用的所有工况中，塔式起重机对地面或基础作用的载荷，并说明提供的载荷数据对应的使用工况。如果是依靠塔式起重机的基础来实现塔式起重机的部分或全部抗倾覆稳定时，应对用作该塔式起重机基础的要求作出规定。当塔式起重机需要在斜面上作业时，稳定性计算中应考虑相应的工况。

6) 塔式起重机的临时辅助稳定装置。临时辅助装置用来满足表 1-7-6 中的工况 V，保证安装或拆卸时的抗倾覆稳定性。可以用可拆卸的压重来满足工况 IV 的整体稳定性要求，但当没有这些外加的压重，并且将风载荷取为 $1.1P_{wIII}$ 时，该起重机也应符合稳定性要求。

7) 大变形的影响。在塔式起重机最不利的结构形态和最不利的载荷组合工况下，如果大变形（按二阶理论计算的变形）的影响在塔身中增加的弯矩小于 10%（可按 $N/N_E<0.1$ 界定）时，整体抗倾覆稳定性计算就可以不考虑此大变形的影响（即仍按一阶理论计算）；如果超过上述范围，则表 1-7-6 中各工况的倾覆力矩应考虑随二阶理论计算的变形增大而增加。

3. 其他起重机整体抗倾覆稳定性的校核工况

(1) 校核工况与载荷

除流动式、塔式和浮式起重机以外的起重机整体稳定性计算中，稳定力矩由自重载荷计算，倾覆力矩由表 1-7-7 给出的计算载荷计算。

(2) 校核计算说明

1) 工作状态的抗后倾覆稳定性。当起重机处于卸载状态，所有可移动工作部件都缩回到最靠近向后倾覆线的位置时，按以下方法校验其抗后倾覆稳定性：

a. 力矩法。按对倾覆线计算,由工作状态风载荷和惯性力构成的倾覆力矩不大于稳定力矩的90%。

b. 重力法。不考虑风载荷作用时,静止起重机的质心在水平面上的投影位置不应超过从前支点到后倾覆线距离的80%。

2)风载荷的作用。工作状态风载荷按最不利的方向施加。对不能随风自由回转的起重机,非工作状态的风载荷按最不利方向施加;对可随风回转的起重机,非工作状态的风载荷按设计预期的方向施加于起重机的上部结构,并按最不利的方向作用于起重机的下部结构。

3)起重机的基础。制造商应规定起重机对作为基础的地面或承载结构物的作用力。如果是用基础来保证起重机全部或部分抗倾覆稳定性,制造商应对基础的要求作出规定。

4)临时辅助稳定装置。临时辅助稳定装置是指为增加起重机的整体抗倾覆稳定性而对起重机基本的或正常的结构增加的临时辅助附件。当需要设置临时辅助装置时,起重机使用说明书应全面叙述需要的临时辅助稳定装置的类型、安装方法,以及他们的作用是否满足工作、非工作或抗后倾覆的稳定性。

5)大变形的影响。对由于固定载荷、变动载荷、风载荷或动载的影响而产生显著弹性变形(即大变形)的起重机,在计算整体抗倾覆稳定性和抗后倾覆稳定性时应计及大的弹性变形的影响。

(三)抗倾覆稳定性校核的力矩表达式

表1-7-1～表1-7-7列出了不同类型起重机在稳定性校核时的计算工况,在实际计算中,以最不利的载荷组合计算各项载荷对起重机支承平面上的倾覆线的力矩。假定对起重机起稳定作用的力矩为正,起倾覆作用的力矩为负,则式(1-7-1)表示的整体稳定性条件可表示为:如果各项载荷对倾覆线的力矩的代数和大于零($\sum M > 0$),则认为起重机是稳定的。其力矩形式的一般表达式可表示为:

$$\sum M = M_G + M_P + M_i + M_f > 0 \qquad (1-7-3)$$

式中 $M_G$、$M_P$、$M_i$ 和 $M_f$——分别为起重机自重、起升载荷、水平惯性力和风力对倾覆线的力矩(N·m)。

抗倾覆稳定性校核时,应根据起重机的类型和验算工况决定相应的载荷系数和载荷组合。考虑各种载荷的变化(起升载荷超载的可能性、动载荷的大小、起重机自重估算的误差等),各项载荷应按照规范要求乘上载荷系数。不同类型起重机的验算工况和载荷系数、载荷组合列于表1-7-2～表1-7-7。

表1-7-7 其他起重机整体抗倾覆稳定性校验的计算载荷

| 计算条件 | 载荷性质 | 计算载荷 |
|---|---|---|
| Ⅰ.基本稳定性 | 作用载荷 | $1.5 P_Q$ |
| | 风载荷 | 0 |
| | 惯性力 | 0 |
| Ⅱ.动态稳定性 | 作用载荷 | $1.3 P_Q$ |
| | 风载荷 | $P_{wⅡ}$ |
| | 惯性力 | $P_D$ |
| Ⅲ.非工作时最大风载荷 | 作用载荷 | 0 |
| | 风载荷 | $1.2 P_{wⅢ}$ |
| | 惯性力 | 0 |
| Ⅳ.突然卸载 | 作用载荷 | $-0.2 P_1$ |
| | 风载荷 | $P_{wⅡ}$ |
| | 惯性力 | |

注:$P_D$——由机构驱动产生的惯性力;

$P_Q$——最大起升载荷。在起重机工作时的永久性起升附件,无论它是否是规定的起升载荷的组成部分,在计算抗倾覆稳定性时均应计入在最大起升载荷中;

$P_1$——起重机的有效载荷,但不包括起重机在工作状态中作为永久性起升附件的重力;

$P_{wⅡ}$——起重机承受的工作状态风载荷,见第一篇第三章计算载荷与组合;

$P_{wⅢ}$——起重机承受的非工作状态风载荷,见第一篇第三章计算载荷与组合。

（四）危险倾覆线的确定

倾覆线指起重机发生倾翻时绕其翻转的轴线。

倾覆线与起重机的构造、验算工况和臂架位置有关。抗倾覆稳定性校核应按最危险的情况，即力矩代数和$\sum M$为最小的倾覆线（危险倾覆线）进行计算。

1. 起重机支承在车轮（轮胎）上

起重机不用支腿作业时，根据作业规程要求，悬挂装置一般需要锁定，防止起重机作业时车体倾斜，避免弹簧过载折断。根据是否有悬架及悬架装置的锁定情况，倾覆线的确定方法如下：

（1）车轮（轮胎）不带悬架或悬架装置被锁定

横向倾覆线为前后车轮着地点的连线（后桥为双胎时取外胎着地点），见图1-7-2和图1-7-3；纵向倾覆线决定于悬架装置，对于装有双轮轴或多后轴摆动悬架的底盘，纵向倾覆线应考虑两种情况（图1-7-2和图1-7-3）：

1）摆动悬架轴被固定或被锁定的情况下，倾覆线为外车轮（轮胎）着地点的连线；

2）车轮安装在可摆动悬架上时，倾覆线为摆动轴的轴线。

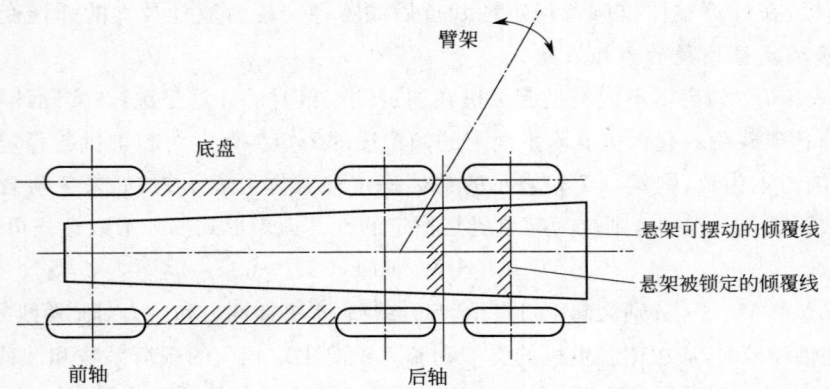

图1-7-2　车轮不带悬架或悬架装置被锁定的倾覆线

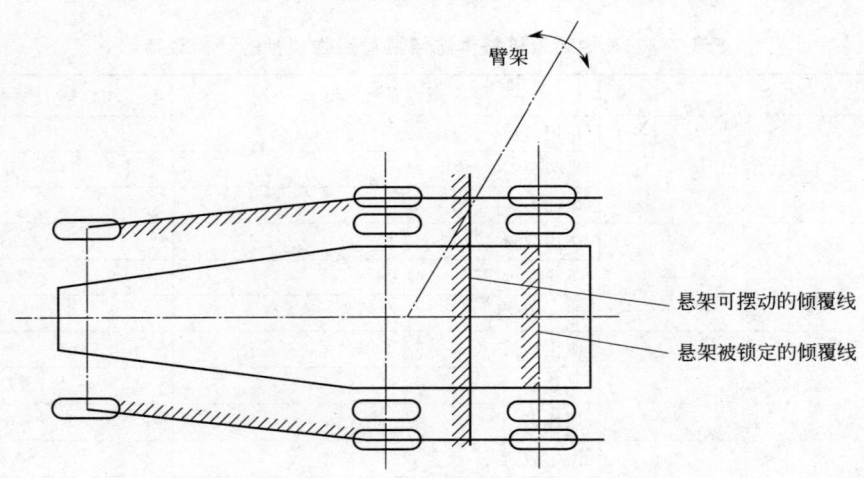

图1-7-3　车轮不带悬架或悬架装置被锁定的倾覆线

（2）车轮悬架装置未锁定

车轮悬架装置未锁定时，起重机的倾覆线为悬架装置作用点的连线（图1-7-4）。

2. 起重机支承在外伸支腿上

起重机支承在外伸支腿上，倾覆线是各支承中心点的连线（图1-7-5）。如果除外伸支腿外还存在柔性支承面（如充气轮胎），则应考虑此柔性支承面。

3. 起重机支承在履带上

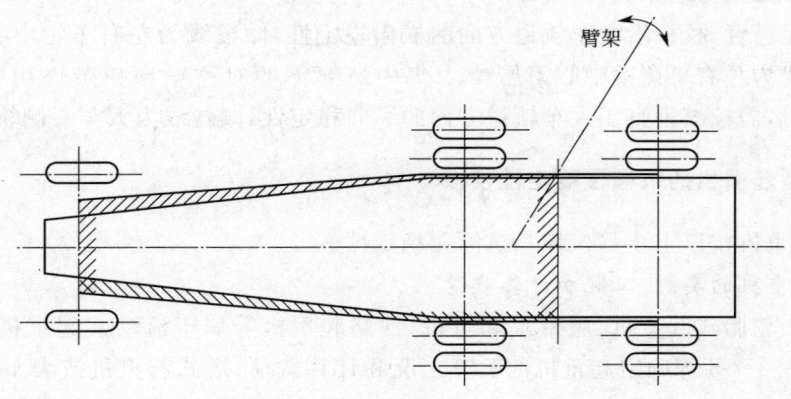

图 1-7-4　车轮悬架装置未锁定的倾覆线

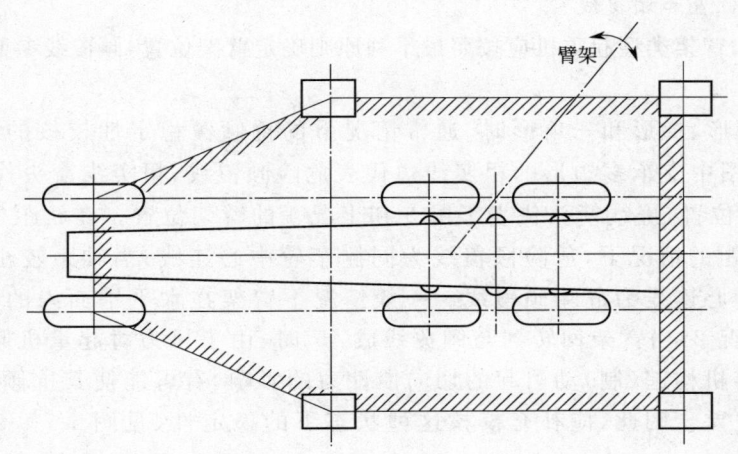

图 1-7-5　起重机支承在外伸支腿上的倾覆线

起重机支承在履带上时,横向倾覆线为左右履带板的中心线,纵向倾覆线为前后导向轮和驱动轮的中心线(图 1-7-6)。

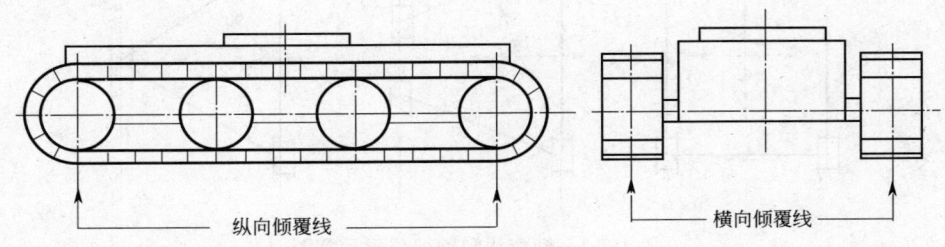

图 1-7-6　起重机支承在履带上的倾覆线

4. 铁路起重机的倾覆线

使用支腿作业时,倾覆线的确定与轮胎式和汽车式起重机相同(图 1-7-5)。不用支腿定点作业或吊重走行时,轮对弹簧由均衡油缸锁定,此时,横向倾覆线为车轮与轨道的接触线,纵向倾覆线为臂架一侧最外轮对的轴线。

5. 门座起重机和塔式起重机

一般取轨距和轴距(车架为平衡梁时,取门座沿轨道方向的跨距)中数值较小者为倾翻方向。因此,危险倾覆线或为一侧轨道(轨距小于轴距或门座在轨道方向的跨距时),或为左右车轮中心连线(轨距大于轴距或门座在轨道方向的跨距时)。

6. 龙门起重机和装卸桥

(1)不论有无悬臂,校核沿大车轨道方向的横向稳定性,倾覆线为左右车轮中心连线。车架为平衡梁时,倾覆线为左右平衡梁中心销连线。

(2)有悬臂时,需校核垂直于大车轨道方向的纵向稳定性,倾覆线为大车一侧轨道中心线。

### 三、臂架类型起重机的抗倾覆稳定性校核

臂架类型起重机按以下步骤校核其抗倾覆稳定性。

#### (一)确定起重机的类别、工况和计算载荷

汽车起重机、轮胎式起重机、履带式起重机、铁路起重机等属于流动式起重机,按表 1-7-1、表 1-7-2、表 1-7-3、表 1-7-5 等确定起重机的验算工况和计算载荷;塔式起重机按表 1-7-6 确定校核工况和计算载荷;除流动式、塔式和浮式起重机以外的其他起重机按表 1-7-7 确定其校核工况和计算载荷。

#### (二)确定臂架位置和倾覆线

稳定性校核时,臂架类型起重机应按照最不利原则确定臂架位置,倾覆线参照本节前述的方法确定。

当支承面为矩形、梯形和三角形时,通常情况下的抗倾覆稳定性校核的臂架位置和倾覆线示于图 1-7-7。图中支承多边形的粗实线边代表危险倾覆线,粗实线箭头代表 1-7-1 中工况 1 和工况 2 的臂架位置,虚线箭头代表工况 3 和工况 4 的臂架位置。在轨距(或两侧车轮间的横向距离)小于轴距的情况下,危险倾覆线为同侧车轮中心连线;当轴距较小或带载运行时,左右两边的车轮中心连线为危险倾覆线。一般情况下臂架在水平平面内的位置取为垂直于倾覆线,但对于工况 2,当臂架回转到与倾覆线成 45°时,由于风力对起重机倾翻的影响加大,并且还应计及回转机构起(制)动引起的切向惯性力的影响,有可能使其抗倾覆稳定性比臂架垂直于倾覆线时更差。因此,应补充校核这种状态下的稳定性(见图 1-7-9 和图 1-7-10 中的虚线位置)。

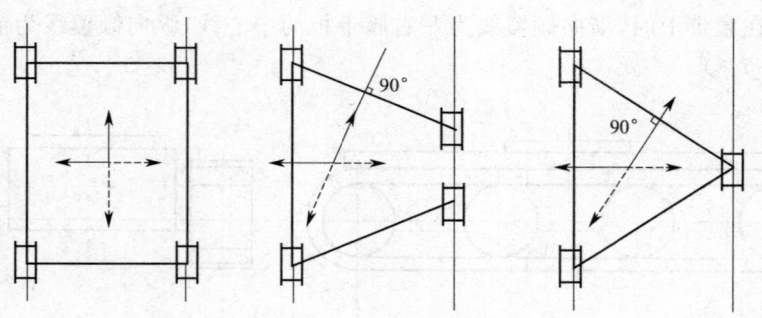

图 1-7-7 倾覆线和臂架位置示意图

#### (三)抗倾覆稳定性校核计算式

1. 工况 1:无风试验或运行(图 1-7-8)

对大多数臂架式的流动起重机而言,无风试验或运行时,危险倾覆位置一般为臂架处于正侧方和正后方位置。下面以臂架位于正侧方工作为例进行说明。

起升载荷作用线在支承平面以外,处于该起吊重量所允许的最大幅度,臂架垂直于危险倾覆线,起吊静载试验载荷或额定载荷,不计附加载荷和坡度的影响,其抗倾覆稳定性校核计算式为:

$$\sum M = G(b+c) - (K_P P_Q + 0.1F) \cdot (R_{max} - b) > 0 \quad (1\text{-}7\text{-}4)$$

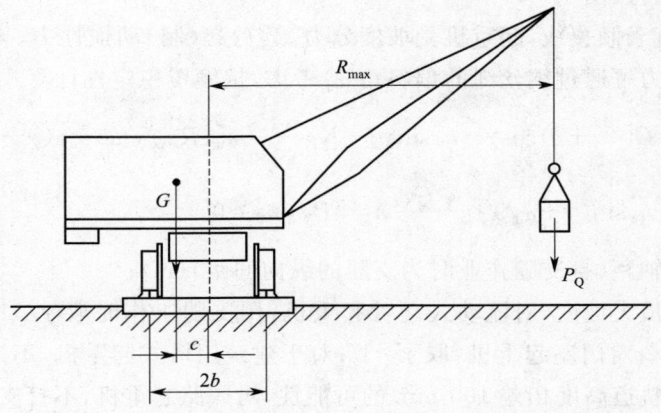

图 1-7-8 无风试验或运行工况的抗倾覆稳定性计算简图

式中 $K_P$——无风试验或运行时起升载荷的载荷系数(见表 1-7-2,表 1-7-6,表 1-7-7);
$G$——起重机重力(N);
$P_Q$——起升载荷(包括吊具自重)(N);
$F$——臂架质量按力矩等效原理换算到臂端的等效载荷(N),按式(1-7-2)计算;
$2b$——起重机轨距(对汽车式和轮胎式起重机为两侧车轮间的横向间距),打支腿作业时为支腿的横向间距(m);
$c$——起重机重心到转台回转中心的水平距离(m);
$R_{max}$——起升载荷所允许的最大幅度(m)。

2. 工况 2:有风工作或运行

起吊额定载荷,最大幅度的臂架垂直于倾覆线或与倾覆线成 45°,有不利于稳定性的坡度,工作状态最大风力由后向前吹,起重机上作用着不利于稳定的机构起(制)动水平惯性力。对带载运行与不带载运行的起重机,应分别进行稳定性校核。

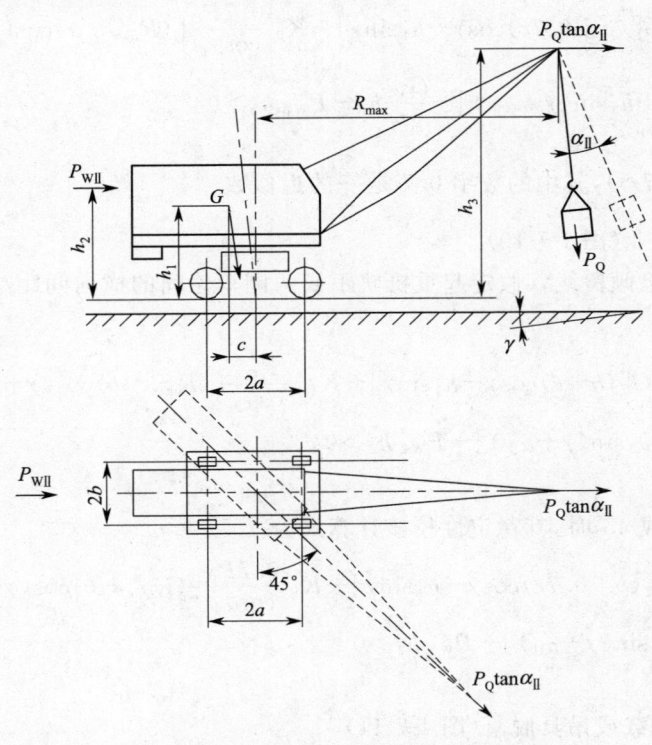

图 1-7-9 起重机带载运行时的抗倾覆稳定性

(1) 起重机带载运行(图 1-7-9)

1) 臂架前置,垂直于倾覆线,起重机受坡度分力、运行起(制)动惯性力、风力作用,作用在物品上的风力和水平惯性力可通过钢丝绳的偏斜角 $\alpha_{\mathrm{II}}$ 考虑,抗倾覆稳定性计算式为:

$$\sum M = G[(a+c)\cos\gamma - h_1\sin\gamma] - K_P \frac{P_Q}{\cos\alpha_{\mathrm{II}}}[(R_{\max}-a)\cos(\gamma+\alpha_{\mathrm{II}})+$$

$$h_3\sin(\gamma+\alpha_{\mathrm{II}})] - \frac{Gv_2}{gt_2}h_1 - P_{\mathrm{WII}}h_2 > 0 \tag{1-7-5}$$

式中 $2a$——起重机轴距(打支腿作业时为支腿的纵向间距)(m);

$\gamma$——允许的最大坡度,对流动式动臂起重机,用支腿工作时取 $\gamma \geqslant 1.5°$,不用支腿工作时取 $\gamma \geqslant 3°$;对门座起重机,取 $\gamma \geqslant 1°$;对于建筑用塔式起重机,不论它的轨距多大,应计及两根轨道高度相差 100 mm 的可能性;对铁路起重机,不打支腿在曲线轨道上作业时,应考虑外轨道超高;履带起重机在松软土壤上工作时,应考虑由于土壤沉陷的倾斜度(见第一篇第六章第四节);

$h_1$——起重机重心高度(m);

$\alpha_{\mathrm{II}}$——工作状态下吊重绳相对铅垂线的最大偏摆角(°)(见第一篇第三章);

$h_3$——起重机臂架端物品悬吊点的高度(m);

$v_2$——起重机运行速度(m/s);

$g$——重力加速度,$g=9.8 \mathrm{~m/s}^2$;

$t_2$——起重机运行制(起)动时间(s);

$P_{\mathrm{WII}}$——作用于起重机上的风载荷(N)(作用于物品上的风力已在 $\alpha_{\mathrm{II}}$ 中考虑),风载荷的计算见第一篇第三章,对有风工作或运行工况,按工作状态最大计算风压计算;

$h_2$——起重机挡风面积的形心高度(m)。

其余符号同前。

2) 臂架与倾覆线成 45°时,其稳定性校核计算式为:

$$\sum M = G[(a+0.7c)\cos\gamma - h_1\sin\gamma] - K_P \frac{0.7P_Q}{\cos\alpha_{\mathrm{II}}}[(R_{\max}-a)\cos(\gamma+\alpha_{\mathrm{II}})$$

$$+ h_3\sin(\gamma+\alpha_{\mathrm{II}})] - \frac{Gv_2}{gt_2}h_1 - P_{\mathrm{WII}}h_2 > 0 \tag{1-7-6}$$

式中符号同式(1-7-5),其中的数字 0.7 是 $\frac{\sqrt{2}}{2}$ 的近似数。

(2) 起重机定置作业(图 1-7-10)

1) 臂架垂直于危险倾覆线,(假定起重机轨距或两侧车轮间的横向间距小于轴距)其稳定性校核计算式为:

$$\sum M = G[(b+c)\cos\gamma - h_1\sin\gamma] - K_P \frac{P_Q}{\cos\alpha_{\mathrm{II}}}[(R_{\max}-b)\cos(\gamma+\alpha_{\mathrm{II}})+$$

$$h_3\sin(\gamma+\alpha_{\mathrm{II}})] - P_{\mathrm{WII}}h_2 > 0 \tag{1-7-7}$$

式中符号同前。

2) 臂架与倾覆线成 45°时,其稳定性校核计算式为:

$$\sum M = G[(b+0.7c)\cos\gamma - h_1\sin\gamma] - K_P \frac{0.7P_Q}{\cos\alpha_{\mathrm{II}}}[(R_{\max}-b)\cos(\gamma+\alpha_{\mathrm{II}})+$$

$$h_3\sin(\gamma+\alpha_{\mathrm{II}})] - P_{\mathrm{WII}}h_2 > 0 \tag{1-7-8}$$

式中符号同前。

3. 工况 3:突然卸载或吊具脱落(图 1-7-11)

最小幅度的臂架垂直于危险倾覆线,由于突然卸载或吊具脱落相当于在物品悬吊点上产生一

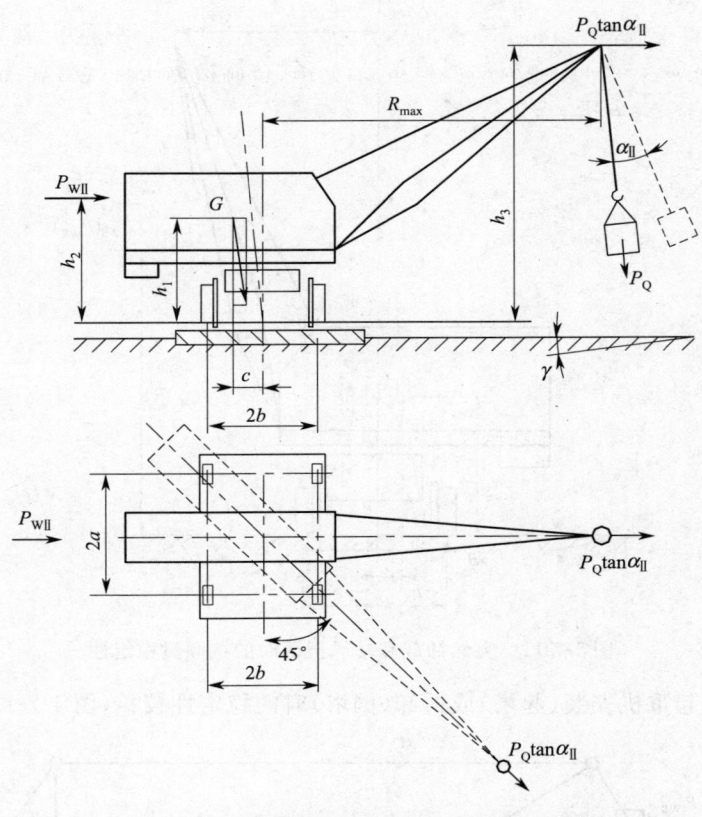

图 1-7-10 起重机定置作业时的抗倾覆稳定性

个反向作用力,工作状态下的最大风力由前向后吹,有不利于稳定性的坡度。其抗倾覆稳定性校核计算式为:

$$\sum M = G[(b-c)\cos\gamma - h_1\sin\gamma] - 0.2P_Q[(R_{\min}+b)\cos\gamma - h_3\sin\gamma] - P_{WII}h_2 > 0 \quad (1\text{-}7\text{-}9)$$

式中 $R_{\min}$——最小幅度(m);

$h_3$——起重机臂架端物品悬吊点离地面的高度(m)。

其余符号意义同前。

对臂架悬吊在柔性拉索或变幅滑轮组上的动臂起重机,还应验算在这种工况下动臂绕其下铰轴向后翻倒的可能性。

4. 工况 4:暴风侵袭(图 1-7-11)

非工作状态下的起重机,臂架垂直于倾覆边并处于最小幅度,非工作状态的最大风力由前向后吹,有前高后低的允许最大坡度。此时的抗倾覆稳定性校核计算式为

$$\sum M = G[(b-c)\cos\gamma - h_1\sin\gamma] - 1.2P_{WIII}h_2 > 0 \quad (1\text{-}7\text{-}10)$$

式中 $P_{WIII}$——非工作状态风载荷(N),计算方法见第一篇第三章计算载荷与组合。

其余符号意义同前。

伸缩臂起重机不必验算本工况。

5. 轮胎、汽车、履带和铁路起重机的后方稳定性校核

增加平衡重可以提高起重机的静稳定性和作业稳定性,改善起重机性能。但平衡重过重,有可能使起重机朝臂架的反方向翻倒,丧失后方稳定性。后方稳定性是起重机在工作状态下,臂架全伸,处于最小幅度和不利于稳定的位置,吊钩置于地面,风从前方向后吹来,吊臂一侧的支腿、轮胎或车轮对地面(或轨道)的总压力不得小于该工作状态下整机自重的15%,见表 1-7-5。

平衡重的配置必须满足起重机在各种作业工况时的后方稳定性要求。

6. 塔式起重机装拆状态的稳定性校核

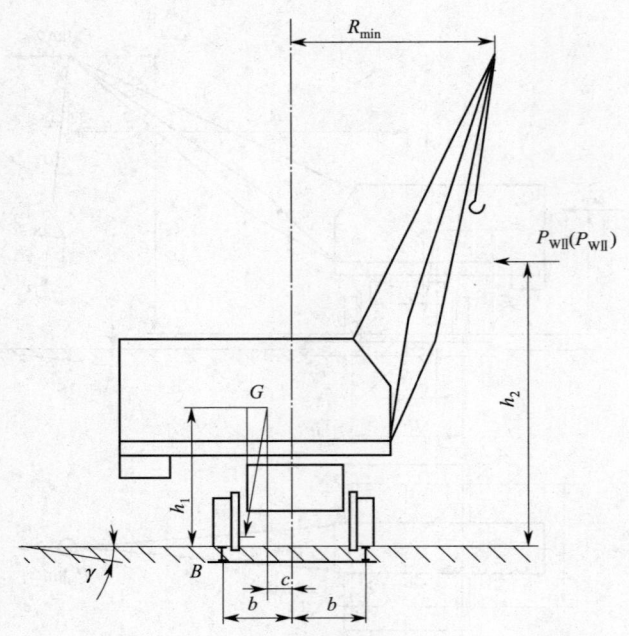

图 1-7-11 突然卸载和暴风侵袭时的抗倾覆稳定性

(1)下回转塔式起重机安装(起塔)或拆卸(倒塔)时的稳定性校核(图 1-7-12)

图 1-7-12 下回转塔式起重机起塔倒塔时的稳定性

装拆状态的稳定性校核的原则是稳定力矩大于倾覆力矩,即:

$$\sum M = G_1 \cdot a - 1.25 G_2 \cdot b - P'_{wII} \cdot h_w - P_D \cdot b > 0$$
(1-7-11)

式中 $G_1$——起重机固定部分自重(N);
$G_2$——起重机被提升部分自重(N);
$a$、$b$——$G_1$、$G_2$ 相对于倾覆线的力臂(m);
$P'_{wII}$——作用在起重机上的风载荷(N),按装拆状态下的最大允许风压计算;
$h_w$——风载荷合力作用点离地面的高度(m);
$P_D$——由机构驱动产生的惯性力(N)。

(2)上回转塔式起重机立塔后的稳定性校核(图 1-7-13)

对塔身和平衡重先安装、起重臂后安装的塔式起重机,为防止塔式起重机向后倾覆,必须验算安装时的稳定性。计算公式如下:

$$G_1 \cdot c - P'_{wII} \cdot h > 0 \quad (1-7-12)$$

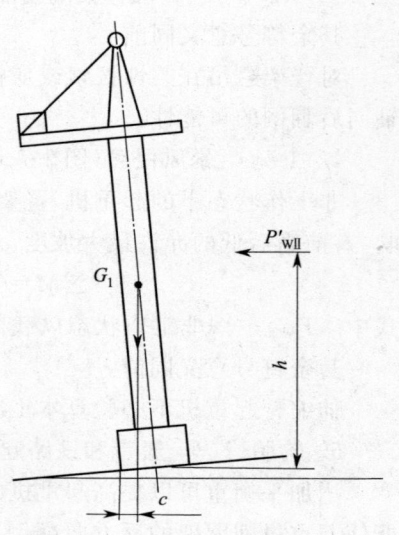

图 1-7-13 上回转塔式起重机立塔后的稳定性

式中 $G_1$——起重机已安装部分的重力(N);
$P'_{wII}$——作用在起重机上的风载荷(N),按装拆状态下的最大允许风压计算;

$h$——风载荷合力作用点离地高度(m)；

$c$——考虑地面倾斜后，装配部分的重心到倾覆边的水平距离(m)。

### 四、龙门起重机和装卸桥的抗倾覆稳定性校核

龙门起重机和装卸桥按表 1-7-7 中规定的计算条件进行校核。

当龙门起重机和装卸桥无悬臂时，仅需验算横向(大车走行方向)工况在暴风侵袭下的非工作状态稳定性。

对带悬臂的龙门起重机和装卸桥，需验算纵向(悬臂平面)的基本稳定性(无风静载)和动态稳定性(有风动载)，以及横向(大车走行方向)工况在暴风侵袭下的非工作状态稳定性。

（一）基本稳定性(纵向悬臂平面，无风静载，参见图 1-7-14)

小车位于悬臂端，起吊额定起升载荷。其抗倾覆稳定性校核计算式为：

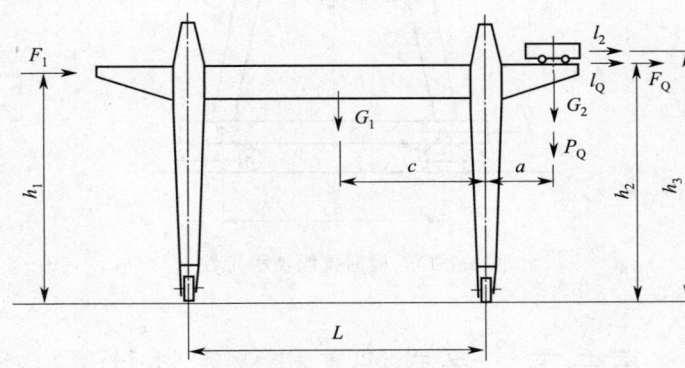

图 1-7-14　纵向抗倾覆稳定性

$$\sum M = G_1 \cdot c - G_2 \cdot a - K_P \cdot P_Q \cdot a > 0 \quad (1\text{-}7\text{-}13)$$

式中　$K_P$——作用载荷的载荷系数(表 1-7-7)，对无风静载工况，载荷系数取 1.5；

$G_1$、$G_2$——桥架、小车重力(N)；

$c$、$a$——桥架重心、小车重心到倾覆线的水平距离(m)；

$P_Q$——额定起升载荷(N)。

（二）动态稳定性(纵向悬臂平面，有风动载，参见图 1-7-14)

满载小车在悬臂端起(制)动，工作状态下的最大风力向不利于稳定的方向吹。其抗倾覆稳定性校核计算式为：

$$\sum M = (G_1 c - G_2 a) - K_P P_Q a - (I_P h_2 + I_2 h_3) - (F_1 h_1 + F_Q h_2) > 0 \quad (1\text{-}7\text{-}14)$$

式中　$K_P$——作用载荷的载荷系数(表 1-7-7)，对有风动载工况，载荷系数取 1.3；

$I_P$——小车运行起(制)动引起的物品(包括吊具)的水平惯性力(N)；

$I_2$——小车运行起(制)动引起的小车水平惯性力(N)；

$F_1$——纵向作用于桥架上的风力(N)，风压按工作状态最大风压 $q_{\text{II}}$ 计算；

$F_Q$——作用于物品上的工作状态下最大风力(N)，风压按工作状态最大风压 $q_{\text{II}}$ 计算；

$h_1$——桥架与小车纵向挡风面积形心高度(m)；

$h_2$——起升机构上部定滑轮组(或卷筒)高度(m)；

$h_3$——小车重心高度(m)。

其余符号意义同前。

（三）横向工况(大车走行方向，暴风侵袭，见图 1-7-15)

非工作状态的起重机受沿大车轨道方向的暴风侵袭。其抗倾覆稳定性校核计算式为：

$$\sum M = (G_1 + G_2) B/2 - 1.2 F_1' h_1' > 0 \quad (1\text{-}7\text{-}15)$$

式中 $B$——轴距或前后支腿间的跨距(m);

$F_1'$——横向作用于桥架及小车上的风力(N),按非工作状态风压 $q_Ⅲ$ 计算;

$h_1'$——桥架与小车横向挡风面积自支腿铰接点量起的形心高度(m)。

其余符号意义同前。

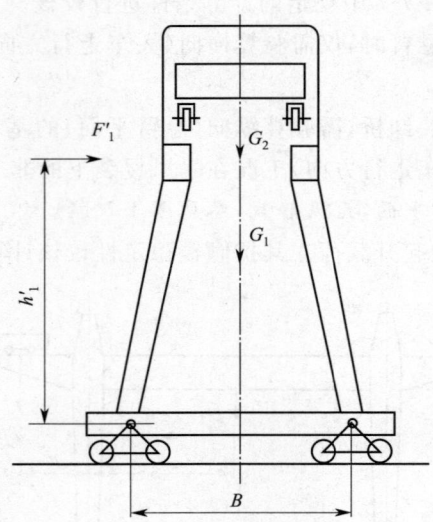

图 1-7-15 横向抗倾覆稳定性

## 第二节 浮式起重机稳定性计算

### 一、浮式起重机的稳性分析

陆上起重机只要具有足够的抗倾覆稳定性,在倾覆力矩作用下起重机是直立的。浮式起重机由于靠浮船支承在水面上,任何倾侧力矩(起重机自重偏心或受水平载荷作用)都会使起重机和支承它的浮船产生倾斜。当载荷变化时,起重机会产生摇摆。当倾角增大到甲板入水或船底露出水面时,浮船就会倾翻。浮式起重机稳定性计算的目的就是校核浮船的最大倾角是否小于允许值。

浮式起重机的稳性是指使其发生倾斜的外加倾侧力矩(自重偏心力矩、载重力矩、风力矩等)停止作用后回复到初始位置的能力。

浮式起重机的稳性通常用限制其倾角不大于允许值来保证。倾角允许值通常由以下因素决定:保证浮船甲板或开口孔洞不浸入水中,并留有一定的干舷高度;保证船底不露出水面;保证不因倾角太大而影响起重机的平稳操作;最重要的是保证在任何情况下起重机不致倾翻沉没。当起重机有特殊要求时,还应根据情况相应地减小极限倾角值以满足要求。

(一)倾角的计算

在图 1-7-16 中所示的浮式起重机浮船上,作用着垂直向下的载荷合力(总重,N),作用点在重心 $G$;同时还作用着垂直向上的浮力 $D$,其大小等于浮船所排开的同体积的水重,作用点的总排水体积 $V$ 的容积中心即"浮心"$C_0$。总重 $N$ 和浮力 $D$ 大小相等,若它们都作用在浮船纵舯剖面和横舯剖面的交线 $OZ$ 上,则浮船无倾斜,称为"正浮"。

若倾侧力矩的作用时间不小于浮船摇摆周期的 3 倍,可认为倾侧力矩的作用是静态的(起重量 50 t~300 t 浮式起重机横摇摆周期的实测值约为 5 s~8 s)。

船体受纵向静倾侧力矩 $M_\varphi$ 或横向静倾侧力矩 $M_\theta$ 的作用产生纵倾角 $\varphi$ 或横倾角 $\theta$。水线(浮船与静水平面的交线)由正浮时的 $BS_0$ 变到倾侧后的 $BS_1$,浮心由 $C_0$ 沿曲线 $C_0C_1$ 移到 $C_1$。当倾角小于 10°~15°时,可认为 $C_0C_1$ 是圆弧。$C_0C_1$ 的曲率中心称为纵向稳心 $M$(纵倾)或横向稳心 $m$(横倾）。倾角较小时，稳心位于 $OZ$ 上并与倾角大小无关而保持不变。纵向稳心和横向稳心到浮心的距离称为纵向稳心半径 $r_\varphi$ 和横向稳心半径 $r_\theta$，其值可由下式计算：

$$\left.\begin{aligned} r_\varphi &= \frac{J_y}{V} \\ r_\theta &= \frac{J_x}{V} \end{aligned}\right\} \tag{1-7-16}$$

式中　$J_x$、$J_y$——初始水线面积相对于纵向和横向摇摆轴线的惯性矩（$m^4$）；
　　　$V$——浮船的排水容积（$m^3$）。

纵向和横向摇摆轴线为通过水线面积形心 $O_1$ 并分别平行于横坐标轴 $OY$ 和纵坐标轴 $OX$ 的直线。

对于形状为平行六面体的浮船，若型长为 $L$，型宽为 $B$，船体、起重机和物品重量分别为 $G_c$、$G_j$ 和 $P_Q$，水的体积质量为 $\gamma$，则带载吃水深度为 $T=(G_c+G_j+P_Q)/(\gamma BL)$，排水容积 $V=BLT$。代入式（1-7-16）得：

$$\left.\begin{aligned} r_\theta &= \frac{B^2}{12T} \\ r_\varphi &= \frac{L^2}{12T} \end{aligned}\right\} \tag{1-7-17}$$

对棱角处为弧形的平行六面体浮船：

$$\left.\begin{aligned} r_\theta &= \frac{\alpha^2 B^2}{11.4T\delta} \\ r_\varphi &= \frac{\alpha^2 L^2}{14T\delta} \end{aligned}\right\} \tag{1-7-18}$$

式中　$\alpha$——水线面积充填系数，即水线面积与面积 $BL$ 的比值；
　　　$\delta$——排水容积充填系数，即船体水下部分体积与体积 $BLT$ 的比值。

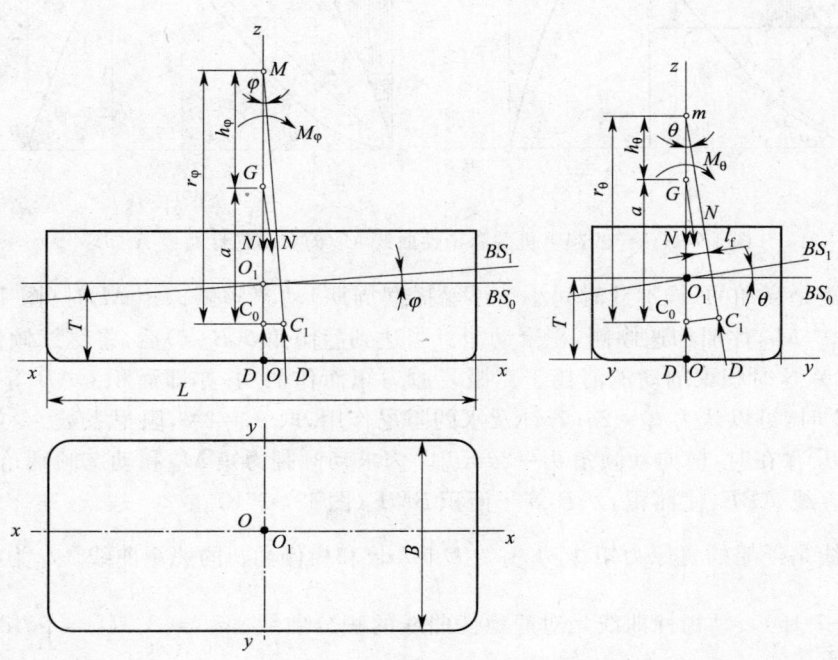

图 1-7-16　浮式起重机稳定性示意图

对于带载起重机，浮力 $D=G_c+G_j+P_Q$ 作用于浮心 $C_1$ 上，它与总重 $N$ 大小相等，方向相反，

组成与倾侧力矩平衡的复原力矩,即

$$\left.\begin{aligned} M_\theta &= Dh_\theta\sin\theta \approx Dh_\theta\theta \\ M_\varphi &= Dh_\varphi\sin\varphi \approx Dh_\varphi\varphi \end{aligned}\right\} \quad (1\text{-}7\text{-}19)$$

故可得横倾角 $\theta$ 和纵倾角 $\varphi$:

$$\left.\begin{aligned} \theta &= \frac{M_\theta}{Dh_\theta} \\ \varphi &= \frac{M_\varphi}{Dh_\varphi} \end{aligned}\right\} \quad (1\text{-}7\text{-}20)$$

式中 $M_\theta$、$M_\varphi$——横向静倾侧力矩和纵向静倾侧力矩;

$h_\theta$、$h_\varphi$——横向和纵向的初始稳心高度:

$$h_\theta = r_\theta - a, \quad h_\varphi = r_\varphi - a$$

其中 $a$——起重机重心(包括浮船和物品)与浮心的距离。

**(二)静稳性曲线和动稳性曲线**

当倾角大于15°时,复原力矩与倾角不再保持线性关系,这时,应按照浮船的静稳性曲线确定倾角。静稳性曲线是船舶的复原力矩 $M_f$ 随倾角大小变化的曲线 $M_f(\theta)$ 或 $M_f(\varphi)$。图1-7-17是一个典型的平行六面体浮船的横向静稳性曲线。当倾侧力矩逐渐增大到等于最大复原力矩 $M_{fmax}$ 时,横倾角达到极限值 $\theta_M$,起重机处于稳定临界状态,倾侧力矩稍许增加,就会导致起重机倾翻。$K$ 点是最大的横倾角 $\theta_C$,超过此角度复原力矩 $M_f<0$,起重机倾翻。浮式起重机的技术资料中必须包含静稳性曲线图。

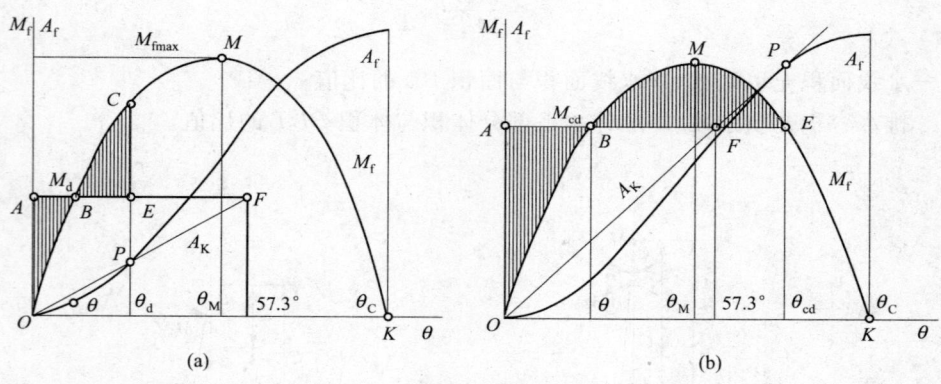

图1-7-17 浮式起重机的静稳性曲线 $M_f(\theta)$ 和动稳性曲线 $A_f(\theta)$

当倾侧力矩是突加的(或加载时间小于浮船摇摆周期)动态倾侧力矩 $M_d$ 时(图1-7-17a),由于在倾侧初期 $M_d>M_f$,浮船加速倾侧,积聚动能。当达到静倾角 $\theta$($B$点)后,将继续倾侧直到达到动横倾角 $\theta_d$($C$点),这时积聚的动能消耗于克服复原力矩而作的功,亦即面积 $OAB$ 等于面积 $CBE$。当 $\theta_d \leqslant 10°\sim 15°$ 时,可以认为 $\theta_d = 2\theta$;若计及水的阻尼作用,取 $\theta_d = 2\xi\theta$,阻尼系数 $\xi = 0.6\sim 0.7$。当有初始横倾角 $\theta_0$ 存在时,横向动倾角 $\theta_d = 2\theta \pm \theta_0$。为求动倾翻力矩 $M_{cd}$ 和动态倾翻角 $\theta_{cd}$,可以在静稳性曲线中取直线 $ABE$,使面积 $OAB$ 等于面积 $BME$(图1-7-17b)。

动稳性曲线是浮船的复原力矩作功 $A_f = D\int_0^\theta l_f\mathrm{d}\theta$ 和横倾角 $\theta$ 的关系曲线。$l_f$ 为横倾时复原力矩的力臂(图1-7-16)。动稳性曲线是对静稳性曲线的积分曲线。$d_f = A_f/D = \int_0^\theta l_f\mathrm{d}\theta$ 称为动稳性臂。横倾力矩作功 $A_K = M_d\theta_d = Dd_k$,$d_k = A_K/D = (M_d\theta_d)/D$ 为横倾力矩的比功。$A_K$ 与 $\theta_d$ 的关系曲线是通过 $O$ 点和 $F$ 点(横坐标是1rad,纵坐标是 $M_d$)的直线 $OF$。由动稳性曲线与直线 $OF$ 的交点(图1-7-17a)或切点(图1-7-17b)$P$,可以求得动倾角 $\theta_d$ 和动倾翻角 $\theta_{cd}$。

## 二、浮式起重机的稳定性验算

### (一)验算工况

浮式起重机应按以下三种工况验算其横向稳定性:

**1. 正常工作状态**

在工作状态最大风力作用下,吊钩在最大幅度满载起升物品(验算前倾),或吊钩无载、臂架升到最高位置(验算后倾)。

**2. 吊重突然脱落**

在工作状态最大风力作用下,臂架升到最高位置,吊重突然脱落,验算后倾。

**3. 非工作状态暴风侵袭**

在非工作状态最大风力作用下,起重机处于水上锚定状态,验算后倾。

### (二)稳性验算计算式

由于各种浮式起重机允许的最大静倾角一般不超过 5°,最大动倾角不会超过最小的甲板入水角和船舷出水角,因此可用以下的近似稳性计算式代替复杂的静稳性曲线和动稳性曲线进行计算。当稳心高度大于起始稳心半径的 0.4 倍时,其误差不超过 2.5%~3%。

**1. 正常工作状态下的稳性计算**

(1)吊钩满载(前倾)

$$\theta = 57.3 \frac{M_{(G_j+P_Q)} + M_{W\mathrm{II}}}{(G_j + P_Q)h_\theta} \leqslant [\theta] \qquad (1\text{-}7\text{-}21)$$

式中 $M_{(G_j+P_Q)}$——起重机自重和吊重产生的横倾力矩(N·m);

$G_j$——起重机重力(包括浮船)(N);

$P_Q$——起升载荷(N);

$M_{W\mathrm{II}}$——吊重的起重机在工作状态最大风力(顺着臂架平面)作用下产生的力矩(N·m);

$h_\theta$——吊重的起重机横向初始稳心高度(m);

$[\theta]$——规范规定的许用极限横倾角,中小型装卸浮式起重机取为 3°,其他用途的浮式起重机取为 5°。

式中的 57.3 是将表示角度的"弧度"转化为"度"而引入的常数。

(2)吊钩无载(后倾)

$$\theta = 57.3 \frac{M_{G_j} + M'_{W\mathrm{II}}}{G_j h'_\theta} \leqslant [\theta] \qquad (1\text{-}7\text{-}22)$$

式中 $M_{G_j}$——不带吊重的起重机自重(包括浮船)产生的横倾力矩(N·m);

$M'_{W\mathrm{II}}$——不带吊重的起重机臂架升到最高位置,工作状态最大风压(向后吹)产生的力矩(N·m);

$h'_\theta$——没有吊重的情况下,起重机的横向初始稳心高度(m)。

其余符号意义同前。

**2. 吊重突然脱落时的稳性验算**

$$\theta_d = 57.3 \left[ (1.6 \sim 1.7) \frac{M_{G_j} + M'_{W\mathrm{II}}}{G_j h_\theta} + \frac{M_{(G_j+P_Q)} - M_{W\mathrm{II}}}{(G_j+P_Q)h_\theta} \right] \leqslant [\theta_d] \qquad (1\text{-}7\text{-}23)$$

式中 $\theta_d$——动横倾角(°);

$[\theta_d]$——许用极限动横倾角(°),其值取甲板最小入水角和船舷最小出水角之小者,即 $[\theta_d]=\min[\theta_a, \theta_b]$;

$\theta_a$——甲板最小入水角(°),$\theta_a = \tan^{-1}\dfrac{2f}{B}$;

$\theta_b$——船舷最小出水角(°),$\theta_b=\tan^{-1}\dfrac{2d}{B}$;

$f$——无载状态下起重机平底船的干舷高度(m);

$B$——无载状态下起重机平底船的吃水深度(m)。

其余符号意义同前。

3. 非工作状态(暴风侵袭)的稳性验算

$$\theta_d = 57.3\left[\dfrac{M_{G_j}}{G_j h_\theta}+(1.6\sim1.7)\dfrac{M_{w\text{Ⅲ}}}{G'_j h'_\theta}\right]\leqslant[\theta_d] \qquad (1-7-24)$$

式中 $M_{w\text{Ⅲ}}$——作用在臂架平面内非工作状态最大风力产生的横倾力矩(N·m)。

其余符号意义同前。

对于能回转的浮式起重机,可按类似原则列出其稳性验算公式。

以上验算只限于港内和内河作业的浮式起重机,验算中不考虑波浪引起的横摇。出海拖航时的稳性应参照我国海船稳性有关规范进行验算。

## 第三节 起重机抗风防滑安全性计算

抗风防滑安全性是指起重机在工作状态和非工作状态下抵抗因风力作用而发生滑行的能力。为保证轨行式起重机安全可靠地工作,必须使起重机具有足够的抗风防滑安全性。

工作状态下的抗风防滑安全性通常用制动装置加以保证,非工作状态下的抗风防滑安全性一般用防风夹轨器、锚定装置来保证。

### 一、除塔式起重机以外的轨道起重机抗风防滑安全性计算

(一)正常工作状态

起重机正常工作状态设定为带载、顺风、下坡运行制动。即起重机工作状态下的风力沿着走行方向作用,有不利于防滑的最大坡度和最小的运行阻力。其校验公式为

$$P_{Z1} \geqslant 1.1 P_{w\text{Ⅱ}} + P_a + P_D - P_f \qquad (1-7-25)$$

式中 $P_{Z1}$——运行机构制动器在车轮踏面上产生的制动力(N);

$P_{w\text{Ⅱ}}$——起重机承受的工作状态风载荷(工作状态最大风力,沿运行方向)(N),按第一篇第三章计算载荷与组合计算;

$P_a$——起重机自重载荷与起升载荷沿坡道方向产生的滑行力(N);

$P_D$——起重机运行停车减速惯性力(N),计算时取 $\varphi_5=1$,按第一篇第三章计算载荷与组合计算;

$P_f$——起重机运行摩擦阻力(N):

$$P_f = \mu \cdot (P_Q + P_G)$$

其中 $\mu$——运行摩擦阻力系数,按表 1-7-8 选取,

$P_Q+P_G$——额定起升载荷与自重载荷产生的总轮压(N)。

当制动力 $P_{Z1}$ 大于被制动车轮与轨道的黏着力(即摩擦力)时,$P_{Z1}$ 用被制动车轮与轨道的黏着力代替,计算黏着力时,摩擦系数 $f$ 按表 1-7-8 选取。仅有部分车轮制动力大于车轮与轨道的黏着力时,则按不同情况的车轮分别计算。

当制动力 $P_{Z1}$ 大于被制动车轮与轨道的黏着力时,表示靠制动器已无法保证抗风防滑要求,应设法增大主动轮轮压以加大黏着力,或者采取其他防风制动措施(如止动铁鞋、夹轨器等)。起重机

正常工作状态下的抗风防滑安全性应满足起重机空车和满载两种情况的要求。

为了避免按式(1-7-25)选用的制动器使起重机制动过猛而影响正常作业,可以采用双级制动,第一级制动用于减速,第二级制动用以保证工作状态下的抗风防滑安全性。

表 1-7-8　运行摩擦阻力系数和静摩擦系数

| 运行摩擦阻力系数 $\mu$ | | 静摩擦系数 $f$ | |
|---|---|---|---|
| 装滑动轴承的车轮 | 装减摩(滚动)轴承的车轮 | 轨道与制动车轮之间 | 轨道与夹轨钳之间 |
| 0.015 | 0.006 | 0.14 | 0.25 |

(二) 非工作状态

起重机受非工作状态下的最大风力沿着运行方向作用,有不利于防滑的最大坡度和最小运行阻力,起重机的防滑和锚定装置处于工作状态,不考虑制动器的抗风防滑作用(偏于安全)。抗风防滑安全性的验算式为:

$$P_{Z2} \geqslant 1.1 P_{W\text{Ⅲ}} + P_{aG} - P_f \tag{1-7-26}$$

式中　$P_{Z2}$——由制动器与夹轨器、锚定装置或防风拉索等沿轨道方向产生的抗风防滑阻力(N),夹轨器单独作用时:

$$P_{Z2} = P \cdot f$$

其中　$P$——夹轨器对轨道产生的夹持力(N);

　　　　$f$——静摩擦系数,见表 1-7-8;

　　$P_{W\text{Ⅲ}}$——起重机非工作状态风载荷(N),计算方法见第一篇第三章《计算载荷与组合》;

　　$P_{aG}$——起重机自重载荷沿坡道方向产生的滑行力(N);

　　$P_f$——非工作状态下阻止起重机被风吹移动的摩擦阻力(即被制动轮与轨道的黏着力)(N):

$$P_f = P_G \cdot f$$

其中　$P_G$——自重载荷(N)。

当制动力等抗风阻力 $P_{Z2}$ 大于被制动车轮与轨道的黏着力时,$P_{Z2}$ 用被制动车轮与轨道的黏着力代替,计算黏着力时,摩擦系数 $f$ 按表 1-7-8 选取。仅有部分车轮制动力大于车轮与轨道的黏着力时,则按不同情况的车轮分别计算。

手工操作夹轨器时,手动的最大操作力不得大于 200 N。

对于受很大风载荷作用的起重机,如岸边集装箱起重机等,采用将全部车轮(主动轮和从动轮)都制动的方法,可获得良好的抗风防滑安全性。还可采用主动轮两级制动的方式。

## 二、轨道塔式起重机抗风防滑安全性计算

(一) 正常工作状态

核算抗风防滑安全性时,塔式起重机的正常工作状态设定为带载、顺风、下坡运行制动。其抗风防滑安全性校验计算式为:

$$P_{Z1} \geqslant 1.2 P_{W\text{Ⅱ}} + P_{aG} + 1.35 P_{aQ} + P_D - P_f \tag{1-7-27}$$

式中　$P_{Z1}$——同式(1-7-25);

　　$P_{W\text{Ⅱ}}$——同式(1-7-25);

　　$P_{aG}$——起重机自重载荷沿坡道方向产生的滑行力(N);

　　$P_{aQ}$——额定起升载荷沿坡道方向产生的滑行力(N);

　　$P_D$——同式(1-7-25);

　　$P_f$——同式(1-7-25)。

当制动力 $P_{Z1}$ 大于被制动车轮与轨道的黏着力时，$P_{Z1}$ 用被制动车轮与轨道的黏着力代替，计算黏着力时，摩擦系数 $f$ 按表 1-7-8 选取。仅有部分车轮制动力大于车轮与轨道的黏着力时，则按不同情况的车轮分别计算。

### （二）非工作状态

起重机受非工作状态下的最大风力沿着运行方向作用，有不利于防滑的最大坡度和最小运行阻力，起重机的防滑和锚定装置处于工作状态，不考虑制动器的抗风防滑作用（偏于安全）。抗风防滑安全性的验算式为：

$$P_{Z2} \geqslant 1.2 P_{wIII} + P_{aG} + P_{aq} - P_f \tag{1-7-28}$$

式中　$P_{Z2}$——制动器、夹轨器等装置轨道方向产生的抗风防滑阻力（N）；

　　　$P_{wIII}$——起重机非工作状态风载荷（N）；

　　　$P_{aG}$——同式（1-7-26）；

　　　$P_{aq}$——固定吊具（吊钩、下滑轮组及 1/2 悬吊钢丝绳等）的重力沿坡道方向产生的滑行力（N）；

　　　$P_f$——同式（1-7-26）。

当制动力等抗风阻力 $P_{Z2}$ 大于被制动车轮与轨道的黏着力时，$P_{Z2}$ 用被制动车轮与轨道的黏着力代替，计算黏着力时，摩擦系数 $f$ 按表 1-7-8 选取。仅有部分车轮制动力大于车轮与轨道的黏着力时，则按不同情况的车轮分别计算。

# 第八章　起重机常用材料

## 第一节　起重机常用材料种类和要求

起重机的金属结构、机构零件、联接件和附件可由黑色金属、有色金属和非金属等材料加工制成。设计起重机时，应根据起重机整机、结构、机构和零部件的载荷状态、工作级别、安全要求和经济合理性等因素，正确选择合适的材料，设计合理的结构形式，以保证起重机能安全正常地工作。

### 一、金属结构的材料

起重机金属结构使用的材料主要是钢材。铝合金比钢的比重小，延伸率大，弹性模量仅为钢的1/3，价格昂贵，国内起重机金属结构中尚未采用。

普通碳素钢 Q235 是制造起重机金属结构最常用的材料，详见 GB/T 700—2006《普通碳素结构钢钢号和一般技术条件》。根据化学成分和脱氧方法，Q235 分为 A、B、C、D 四个质量等级（表1-8-5 和表 1-8-6）。

当起重机结构的强度由最大载荷控制，不取决于所受交变载荷作用需考虑的疲劳寿命，则可采用低合金高强度结构钢 Q345，设计效果最好，详见 GB/T 1591—2008《低合金高强度结构钢》。与碳素钢相比，低合金钢高强度结构钢具有更高的屈服极限与抗拉强度，更好的抗低温冷脆性和耐磨性，较好的可焊性，但疲劳强度的有效应力集中系数较高。

起重机金属结构主要承载构件应符合 GB/T 700—2006《普通碳素结构钢钢号和一般技术条件》的规定采用 Q235B、Q235C 和 Q235D。对于一般起重机金属结构，当设计温度高于－20 ℃时，允许采用平炉或氧气顶吹转炉沸腾钢 Q235BF。工作级别 A7 和 A8 的起重机金属结构，宜采用平炉镇静钢 Q235C 或特殊镇静钢 Q235D。需要减轻结构重量时，可采用 Q345 材料。

### 二、机构零件材料

起重机机构零件一般由钢材的轧制件、锻件、焊接件、铸件作为坯件，经机械加工而成。表 1-8-2 介绍了起重机常用钢和铸铁的分类、特点以及材料牌号的表示方法。

机构零件可通过不同热处理方法，获得满足受载情况要求的机械性能，为了使设计者选用材料方便，表 1-8-3 列有钢的常用热处理方法及应用，详见 GB/T 7232—1999《金属热处理工艺术语》。

锻件、轧制件和焊接件主要采用碳素结构钢、优质碳素结构钢和低合金结构钢。重要零件采用合金结构钢。有特殊要求的零件可用特殊合金钢。起重机常用钢的特性与应用见表 1-8-4。

按照零件的载荷性质和工作要求，铸件可采用铸钢、铸铁或铸铜。为了改善材料的机械性能，提高零件的承载能力和使用寿命，铸件必须进行热处理。

有色金属及其合金用于性能有特殊要求的零件——高的导电性、耐磨性、抗腐蚀性和高强度。使用有色金属和合金时，应该注意经济合理性。

### 三、联接方法与材料

起重机结构中常用的联接方法有：螺栓联接、焊接连接两种。

(一)螺栓联接

螺栓联接的常用材料应符合 GB 3098—2000《紧固件机械性能》的规定。

1. 普通螺栓联接

在常温下(−20 ℃以上)工作的起重机采用非铰制孔的螺栓和螺母,可使用 Q235 碳素结构钢。在−20 ℃以下工作时,应选用 20 号优质碳素结构钢为螺栓螺母材料。

铰制孔的螺栓可用 20 号优质碳素结构钢制作,螺母材料可用 Q235 碳素结构钢。对于承载大的重要螺栓联接,宜采用 35 号或 45 号优质碳素结构钢,并经调质处理。

2. 高强度螺栓联接

起重机用高强度螺栓、螺母的机械性能及螺栓、螺母与垫圈的使用组合及材料可参见表 1-8-16 和表 1-8-17,详见 GB/T 1231—2006《钢结构用高强度大六角头螺栓、大六角螺母、垫圈技术条件》、GB/T 3632—2008《钢结构用扭剪型高强度螺栓连接副》。

(二)焊接连接

焊接中使用的焊条或焊丝的型号应与主体金属强度相适应。对工作级别高、承受动载荷的机构焊缝,必须保证焊条或焊丝材料有足够的强度、韧性和塑性。

采用手工电弧焊时,所用的焊条应符合 GB 5117—1995《碳钢焊条》,GB 5118—1995《低合金钢焊条》,GB/T 10044—2006《铸铁焊条及焊丝》的要求,起重机金属结构手工电弧焊焊条的选用见表 1-8-18〜表 1-8-21。

使用埋弧焊时,应采用能保证焊缝性能与主体金属材料性能适应的焊丝及对应的焊剂,详见 GB/T 5293—1999《埋弧焊用碳钢焊丝及焊剂》、GB/T 12470—2003《埋弧焊用低合金钢焊丝和焊剂》。起重机金属结构常用的焊丝及焊剂见表 1-8-22 及表 1-8-23。

在采用气体保护焊时,应选用保证焊缝质量与主体金属材料性能相适应的实心焊丝或药芯焊丝,详见 GB/T 8110—2008《气体保护焊用碳钢、低合金钢焊丝》。焊接碳素钢和低合金结构钢时,可采用二氧化碳($CO_2$)气体保护焊。焊接不锈钢和有色金属时宜使用氩(Ar)弧焊或氦(He)弧焊。常用气体保护焊焊丝的选用可参考表 1-8-24 及表 1-8-25。

## 第二节 起重机常用金属材料

### 一、金属材料的分类及表示方法

起重机常用金属材料主要有:钢、铸铁、有色金属及各种合金材料。

金属材料中常用化学元素的名称及符号见表 1-8-1。

起重机常用钢和铸铁的分类、特点及表示方法可参见表 1-8-2。

钢的热处理方法及应用可参见 GB/T 7232—1999《金属热处理工艺术语》。起重机常用钢材的热处理工艺及应用见表 1-8-3。

钢的性能及应用可参见:GB/T 700—2006《碳素结构钢》,GB/T 1591—2008《低合金高强度结构钢》,GB/T 699—1999《优质碳素结构钢》,GB/T 3077—1999《合金结构钢》,GB/T 1222—2007《弹簧钢》,起重机常用钢的性能及应用见表 1-8-4〜表 1-8-10。

铸造金属材料的性能及应用可参见:GB/T 11352—2009《一般工程用铸造碳钢件》,GB/T 5680—2010《奥氏体锰钢铸件》,GB/T 9439—2010《灰铸铁件》,GB/T 1348—2009《球墨铸铁件》,GB/T 1176—1987《铸造铜合金技术条件》,起重机常用铸造金属材料的性能及应用见表 1-8-11〜表 1-8-15。

表 1-8-1 金属材料中常用化学元素的名称及符号

| 名称 | 铝 | 砷 | 硼 | 碳 | 钙 | 铬 | 铜 | 铁 | 镁 | 锰 | 钼 | 氮 | 镍 | 铌 | 磷 | 铅 | 硫 | 硅 | 锡 | 钛 | 钨 | 钒 | 锌 | 稀土 |
|---|---|---|---|---|---|---|---|---|---|---|---|---|---|---|---|---|---|---|---|---|---|---|---|---|
| 符号 | Al | As | B | C | Ca | Cr | Cu | Fe | Mg | Mn | Mo | N | Ni | Nb | P | Pb | S | Si | Sn | Ti | W | V | Zn | Xt 或 RE |

## 表 1-8-2 起重机常用钢和铸铁的分类、特点和表示方法

| 产品名称 | | 牌号举例 | 牌号表示方法说明 |
|---|---|---|---|
| 碳素结构钢(GB/T 700—2006) | | Q235-A<br>Q235-B<br>Q235-C<br>Q235-D | Q 235-A F<br>Q——代表"屈服点"<br>235——屈服点数值(MPa)<br>A——质量等级代号,共分A、B、C、D四等<br>F——标注F表示沸腾钢<br>脱氧方法——不标此符号表示镇静钢(Z) |
| 低合金高强度结构钢(GB/T 1591—2008) | | Q345-B<br>Q345-D | |
| 优质碳素钢 | 普通含锰量优质碳素结构钢 | 08F<br>45<br>20A | 08 F——表示平均含碳量为万分之几,表示脱氧方法或化学元素符号<br>08 F——表示平均含碳量为0.08%的沸腾钢<br>45——表示平均含碳量为0.45%的镇静钢<br>20 A——表示平均含碳量为0.2%的高级优质碳素结构钢 |
| | 较高含锰量优质碳素结构钢 | 40Mn<br>70Mn | 40 Mn——表示平均含碳量为0.4%、含锰量较高(0.70%～1.00%)的镇静钢 |
| 合金钢 | 低合金结构钢 | 16Mn<br>15MnV | 数字或符号：数字表示平均含碳量为万分之几(如16Mn表示平均含碳量为0.16%)<br>元素代号<br>数字表示平均含碳量为千分之几(一个"0"表示含碳量<0.1%,两个"0"表示≤0.03%)<br>在钢号前加"H"表示焊接用钢,数字为平均含碳的万分之几<br>数字：表示平均合金含量<br>A：最后标有符号"A"的钢号,表示磷和硫含量较低的高级优质钢<br>1. 平均合金含量<1.5%的钢号仅标明元素,如10MnPN5RE；<br>2. 平均合金含量≥1.5%～2.49%、2.50%～3.49%、…、22.50%～23.49%、…时,相应地写成2、3、…、23、… |
| | 合金结构钢 | 30CrMnSi<br>38CrMoAlA | |
| | 合金弹簧钢 | 60Si2Mn<br>50CrVA | |
| | 不锈耐酸钢 | 2Cr13<br>00Cr18Ni10 | |
| | 耐热钢 | 4Cr10Si2Mo<br>1Cr23Ni18 | |
| | 焊接用钢 | H30CrMnSiA | |
| 专门用途钢 | 锅炉钢<br>桥梁用钢<br>冷镦钢 | 20g<br>16q<br>ML30CrMo | 专门用途的普通碳素钢(如锅炉钢、桥梁钢等)、低合金或合金结构钢,基本上采用上述普通碳素钢的表示方法,但在牌号头部或末尾加注用途符号。例如铆螺钢标以ML30CrMnSi,桥梁钢标以16q |
| 铸钢 | 铸造碳钢 | ZG230-450<br>ZG310-570 | ZG 230-450<br>铸钢 屈服极限(MPa) 抗拉强度(MPa)<br>按质量分三级：<br>Ⅰ级-含P.S≤0.04%高级铸件<br>Ⅱ级-含P.S≤0.05%优级铸件<br>Ⅲ级-含P.S≤0.06%普通铸件 |
| | 合金铸钢 | ZG40Mn2<br>ZG35CrMo | ZG 40 Mn2<br>铸钢 含碳0.35%～0.45% 合金锰含量1.6%～1.8% |
| 铸铁 | 灰铸铁 | HT200<br>HT300 | HT 200<br>灰铸铁 抗拉强度(MPa) |
| | 球墨铸铁 | QT400-15<br>QT400-7 | QT 400-15<br>球墨铸铁 抗拉强度(MPa) 延伸率(%)<br>石墨球化,机械性能近于铸钢,耐磨性和减振性优于铸钢 |

表 1-8-3 钢的常用热处理方法及应用（GB/T 7232—1999）

| 名称 | 方法说明 | 应用 |
|---|---|---|
| 退火 | 工件加热到适当温度,保持一定时间,然后缓慢冷却的热处理工艺 | 用来消除铸、锻、焊零件的内应力,降低硬度,以易于切削加工,细化金属晶粒,改善组织,增加韧度 |
| 正火 | 工件加热奥氏体化后在空气中冷却的热处理工艺 | 用来处理低碳和中碳结构钢材及渗碳零件,使其组织细化,增加强度及韧度,减少内应力,改善切削性能 |
| 淬火 | 工件加热奥氏体化后以适当的方式冷却获得马氏体或(和)贝氏体组织的热处理工艺 | 用来提高钢的硬度和强度极限。但淬火时会引起内应力使钢变脆,所以淬火后必须回火 |
| 回火 | 工件淬硬后加热到临界点 $A_{c1}$ 以下的某一温度,保温一段时间,然后冷却到室温的热处理工艺 | 用来消除淬火后的脆性和内应力,提高钢的塑性和冲击韧度 |
| 调质 | 工件淬火并高温回火的复合热处理工艺 | 用来使钢获得高的韧度和足够的强度,很多重要零件是经过调质处理的 |
| 表面淬火 | 仅对工件表层进行的淬火。包括感应淬火、接触电阻加热淬火、火焰淬火、激光淬火、电子束淬火等 | 常用来处理齿轮的表面 |
| 时效 | 工件经固溶处理或淬火后在室温或高于室温的适当温度保温,以达到沉淀硬化的目的 | 用来消除或减小淬火后的微观应力,防止变形和开裂,稳定工件形状及消除机械加工的残余应力 |
| 渗碳 | 为提高工件表层的含碳量并在其中形成一定的碳含量梯度,将工件在渗碳介质中加热、保温,使碳原子渗入的化学热处理工艺 | 增加钢件的耐磨性能、表面硬度、抗拉强度及疲劳极限。适用于低碳、中碳(<0.40%C)结构钢的中小型零件和大型重负荷、受冲击、耐磨的零件 |
| 碳氮共渗 | 在奥氏体状态下同时将碳、氮原子渗入工件表层,并以渗碳为主的化学热处理工艺。有液体碳氮共渗、气体碳氮共渗、离子碳氮共渗等 | 增加结构钢、工具钢制件的耐磨性能、表面硬度和疲劳极限,提高刀具切削性能和使用寿命。适应于要求硬度高、耐磨的中、小型及薄片的零件和刀具等 |
| 渗氮 | 在一定温度下于一定介质中使氮原子渗入工件表层的化学热处理工艺 | 增加钢件的耐磨性能、表面硬度、疲劳极限和抗蚀能力。适应于结构钢和铸件钢,如气缸套、气门座、机床主轴、丝杠等耐磨零件,以及在潮湿碱水和燃烧气体介质的环境中工作的零件,如水泵轴、排气阀等零件 |

表 1-8-4 起重机常用钢的特性和应用

| 品种 | 含碳量/% | 机械性能特性及应用 |
|---|---|---|
| 低碳钢 | C≤0.25 | 机械强度和硬度均低,但塑性、韧性、可锻性、可焊性均好,冷塑性变形能力高,一般不采用热处理,可做渗碳钢,制作受载小而韧性要求较高的零件 |
| 中碳钢 | C=0.30~0.60 | 机械强度和硬度均较高,塑性韧性较低,冷作变形能力好,切削性较好,焊接性较差,制造受载零件,可通过热处理强化,当零件要求高强度、高硬度及良好耐磨性可采取淬火及低温回火处理;但零件要求耐磨且能承受冲击载荷和重载荷,可采取调质后进行火焰或高频表面淬火以代替渗碳处理;大型零件可采取正火或回火处理 |
| 高碳钢 | C>0.60 | 经热处理可得到好的韧性和高的强度,冷作变形塑性差,焊接性差,切削性尚好,水淬易产生裂纹,小尺寸零件采用油淬为佳,一般在淬火后中温回火或正火或表面淬火状态使用,适宜于制造耐磨零件和弹簧 |

表 1-8-5 起重机常用的碳素结构钢（摘自 GB/T 700—2006）

| 牌号 | 等级 | 拉伸试验 $\sigma_s$/(N/mm²) 钢材厚度（直径）/mm ≤16 | >16~40 | >40~60 | >60~100 | >100~150 | >150~200 | $\sigma_b$/(N/mm²) | $\delta_s$/% 钢材厚度/mm ≤16 | >16~40 | >40~60 | 冲击试验 温度/℃ | 冲击吸收功（纵向）/J |
|---|---|---|---|---|---|---|---|---|---|---|---|---|---|
| | | 不小于 | | | | | | | 不小于 | | | | 不小于 |
| Q195 | — | (195) | (185) | — | — | — | — | 315~430 | 33 | — | — | | — |
| Q215 | A | 215 | 205 | 195 | 185 | 175 | 165 | 335~450 | 31 | 30 | 29 | | — |
| | B | | | | | | | | | | | 20 | 27 |
| Q235 | A | 235 | 225 | 215 | 205 | 195 | 185 | 370~500 | 26 | 25 | 24 | | — |
| | B | | | | | | | | | | | 20 | 27 |
| | C | | | | | | | | | | | 0 | |
| | D | | | | | | | | | | | −20 | |

续上表

| 牌号 | 等级 | 拉伸试验 | | | | | | | | | | 冲击试验 | |
|---|---|---|---|---|---|---|---|---|---|---|---|---|---|
| | | $\sigma_s/(N/mm^2)$ | | | | | | $\sigma_b/$ $(N/mm^2)$ | $\delta_s/\%$ | | | 温度 /℃ | 冲击吸收功 (纵向)/J |
| | | 钢材厚度(直径)/mm | | | | | | | 钢材厚度/mm | | | | |
| | | ≤16 | >16~40 | >40~60 | >60~100 | >100~150 | >150~200 | | ≤16 | >16~40 | >40~60 | | |
| | | 不小于 | | | | | | | 不小于 | | | | 不小于 |
| Q275 | A | 275 | 265 | 255 | 245 | 225 | 215 | 410~540 | 22 | 21 | 20 | — | — |
| | B | | | | | | | | | | | 20 | 27 |
| | C | | | | | | | | | | | 0 | |
| | D | | | | | | | | | | | −20 | |

| 牌号 | 试样方向 | 冷弯实验 B=2a,180° | | 应用举例 |
|---|---|---|---|---|
| | | 钢材厚度(或直径) A/mm | | |
| | | ≤60 | >60~100 | |
| | | 弯心直径 d | | |
| Q195 | 纵 | 0 | — | 罩壳、司机室、墙板、护板,用冷冲压、冷卷或冷弯法制成的构件,以及其他用厚3mm以下轧制钢板制成的构件。垫圈、开口销、铆钉,渗碳零件及次要焊接件,可焊性好 |
| | 横 | 0.5a | — | |
| Q215 | 纵 | 0.5a | 1.5a | |
| | 横 | A | 2a | |
| Q235 | 纵 | A | 2a | 除在−40℃以下工作的焊接结构外,全部起重机焊接结构和铆接结构。垫圈、挡圈、螺栓、螺母、楔、盖,焊接卷筒及滑轮,板钩、吊钩悬夹的夹板,焊接链,轴套,销轴,焊接支架,可焊性好 |
| | 横 | 1.5a | 2.5a | 除在−20℃以下工作的以外,全部轻级、中级和重级工作类型的起重机焊接结构和铆接结构 |
| Q275 | 纵 | 1.5a | 2.5a | 螺栓和双头螺栓、转轴、心轴、键以及其他强度要求一般的零件,可焊性尚好 |
| | 横 | 2a | 3a | 运行机构和回转机构的转轴、受剪螺栓、销轴、方钢轨道、键以及其他强度需较高的零件,可焊性尚可 |

注:1. 冷弯实验中 B 为试样宽度,a 为钢材厚度(直径);
2. 钢材厚度或直径大于100mm时,弯曲试验由双方协商确定;
3. Q195的屈服点仅供参考,不作为交货条件;
4. 厚度或直径大于100mm的钢材,抗拉强度下限允许降低20N/mm²,宽带钢抗拉强度上限不作交货条件;
5. 厚度小于25mm的Q235B级钢,如供方能保证冲击吸收功值合格,经需方同意,可不作检验。

**表 1-8-6 起重机用碳素结构钢化学成分(GB/T 700—2006)** %

| 牌号 | 等级质量 | 脱氧方法 | 化学成分(质量分数),不大于 | | | | |
|---|---|---|---|---|---|---|---|
| | | | C | Si | Mn | P | S |
| Q195 | — | F、Z | 0.12 | 0.30 | 0.50 | 0.035 | 0.040 |
| Q215 | A | F、Z | 0.15 | 0.35 | 1.20 | 0.045 | 0.050 |
| | B | | | | | | 0.045 |
| Q235 | A | F、Z | 0.22 | 0.35 | 1.40 | 0.045 | 0.050 |
| | B | | 0.20 | | | 0.045 | 0.045 |
| | C | Z | | | | 0.040 | 0.040 |
| | D | TZ | 0.17 | | | 0.035 | 0.035 |
| Q275 | A | F、Z | 0.24 | 0.35 | 1.50 | 0.045 | 0.050 |
| | B | Z | 0.21 | | | 0.045 | 0.045 |
| | C | Z | | | | 0.040 | 0.040 |
| | D | TZ | 0.20 | | | 0.035 | 0.035 |

注:1. 表中牌号表示:Q——钢材屈服点"屈"字汉语拼音首位字母;钢的牌号由代表屈服点的字母、屈服点的数值、质量等级符号、脱氧方法等四个部分按顺序组合;脱氧方法中的"Z"与"TZ"在钢的牌号中予以省略。
2. 脱氧方法符号表示:F——沸腾钢"沸"字汉语拼音首位字母;Z——镇静钢"镇"字汉语拼音首位字母;TZ——特殊镇静钢"特殊"两字汉语拼音首位字母。
3. 经需方同意,Q235B的碳含量可"不大于0.22%"。

表 1-8-7　起重机常用的优质碳素结构钢（GB/T 699—1999）

| 序号 | 牌号 | 式样毛坯尺寸/mm | 推荐热处理/℃ ||| 力学性能 |||||  交货状态硬度 HBS10/30 000 不大于 || 特性和用途 |
|---|---|---|---|---|---|---|---|---|---|---|---|---|---|
| | | | 正火 | 淬火 | 回火 | $\sigma_b$/MPa | $\sigma_s$/MPa | $\delta_5$/% | $\psi$/% | $A_{kU}$/J | 未热处理钢 | 退火钢 | |
| | | | | | | 不小于 ||||| | | |
| 1 | 08 | 25 | 930 | | | 325 | 195 | 33 | 60 | | 131 | | 渗碳和氰化零件：套筒、短轴、离合器盘 |
| 2 | 10 | 25 | 930 | | | 335 | 205 | 31 | 55 | | 137 | | 在冷状态下容易模压成形。一般用作拉杆、卡头、垫片、铆钉。无回火脆性倾向，焊接性甚好，冷压或正火状态的切削加工性能比退火状态好 |
| 3 | 15 | 25 | 920 | | | 375 | 225 | 27 | 55 | | 143 | | 焊接性能和冷冲性能均极好，用于受力不大韧性要求较高的零件、渗碳零件、紧固件、冲模锻件及不要热处理的低负荷零件，如螺栓、螺钉、拉条、法兰盘，小模数齿轮、滚子、套筒链条轴套等 |
| 4 | 20 | 25 | 910 | | | 410 | 245 | 25 | | | 156 | | 一般供弯曲、压延用，为了获得好的深冲压延性能，板材应正火或高温回火。用于不经受很大应力而要求很大韧性的机械零件，如杠杆、轴套、螺钉、吊钩等。还可用于表面硬度高而心部强度要求不大的渗碳与氰化零件 |
| 5 | 25 | 25 | 900 | 860 | 600 | 450 | 275 | 23 | 50 | 71 | 170 | | 焊接性及冷应变塑性均高，无回火脆性倾向，用于制造焊接设备，以及经锻造、热冲压和机械加工的补承受高应力的零件如轴、辊子、连接器、垫圈、螺栓、螺钉、螺母 |
| 6 | 35 | 25 | 870 | 850 | 600 | 530 | 315 | 20 | 45 | 55 | 197 | | 多在正火和调制状态下使用。焊接性能尚可，但焊前要预热，焊后回火处理，一般不作焊接。用于制造曲轴、转轴、杠杆、连杆、圆盘、套筒、钩环、飞轮、机身、法兰、螺栓、螺母 |
| 7 | 40 | 25 | 860 | 840 | 600 | 570 | 335 | 19 | 45 | 47 | 217 | 187 | 冷变形时塑性中等，焊接性差，焊前须预热，焊后应热处理，多在正火和调制状态下使用，用于制造辊子、轴、曲柄销、活塞杆等 |
| 8 | 45 | 25 | 850 | 840 | 600 | 600 | 355 | 16 | 40 | 39 | 229 | 197 | 制作承受负荷较大的小截面调制件和应力较小的大型正火零件，以及对心部强度要求不高的表面淬火件，如吊钩横梁、传动轴、齿轮、蜗杆、链轮等。水淬时有形成裂纹的倾向，形状复杂的零件应在热水或油中淬火。焊接性差 |
| 9 | 50Mn | 25 | 830 | 830 | 600 | 645 | 390 | 13 | 40 | 31 | 255 | 217 | 弹性、强度、硬度均高，多在淬火与回火后应用；在某些情况下也可在正火后应用。焊接性差。用于制造耐磨性要求很高、在高负荷作用下的热处理零件，如齿轮、齿轮轴、摩擦盘和界面在Φ80 mm 以下的心轴等 |

**表 1-8-8　起重机常用的低合金高强度结构钢（GB/T 1591—2008）**

| 牌号 | 质量等级 | 钢材边长或直径/mm | $\sigma_s$/(N/mm²)不小于 | $\sigma_b$/(N/mm²) | $\delta_5$/%不小于 | 冲击吸收能量/(kV₂/J) | 180°弯曲试验 d=弯心直径 A=试样厚度 |
|---|---|---|---|---|---|---|---|
| Q345 | A,B,C,D,E | ≤16 | 345 | 470~630 | 20(A,B) 21(C,D,E) | B,C,D,E级 ≥34 | d=2a |
| | | >16~40 | 335 | | | | |
| | | >40~63 | 325 | 470~630 | 19(A,B) 20(C,D,E) | | d=3a |
| | | >63~80 | 315 | 470~630 | 19(A,B) 20(C,D,E) | | |
| | | >80~100 | 305 | 470~630 | | | |
| | | >100~150 | 285 | 450~600 | 18(A,B) 19(C,D,E) | | |
| | | >150~200 | 275 | 450~600 | 17(A,B) 18(C,D,E) | B,C,D,E级 ≥27 | — |
| | | >200~250 | 265 | | | | |
| | D,E | >250~400 | 265 | 450~600 | 17 | D,E级≥27 | |
| Q390 | A,B,C,D,E | ≤16 | 390 | 490~650 | 20 | B,C,D,E级 ≥34 | d=2a |
| | | >16~40 | 370 | | | | |
| | | >40~63 | 350 | 490~650 | 19 | | d=3a |
| | | >63~80 | 330 | 490~650 | 19 | | |
| | | >80~100 | 330 | 490~650 | | | |
| | | >100~150 | 310 | 470~620 | 18 | | — |
| Q420 | A,B,C,D,E | ≤16 | 420 | 520~680 | 19 | B,C,D,E级 ≥34 | d=2a |
| | | >16~40 | 400 | | | | |
| | | >40~63 | 380 | 520~680 | 18 | | d=3a |
| | | >63~80 | 360 | 520~680 | 18 | | |
| | | >80~100 | 360 | 520~680 | | | |
| | | >100~150 | 340 | 500~650 | 18 | | — |
| Q460 | C,D,E | ≤16 | 460 | 520~680 | 17 | B,C,D,E级 ≥34 | d=2a |
| | | >16~40 | 440 | | | | |
| | | >40~63 | 420 | 520~680 | 16 | | d=3a |
| | | >63~80 | 400 | 520~680 | 16 | | |
| | | >80~100 | 400 | 520~680 | | | |
| | | >100~150 | 380 | 500~650 | 16 | | — |
| Q500 | C,D,E | ≤16 | 500 | 610~770 | 17 | | |
| | | >16~40 | 480 | | | | |
| | | >40~63 | 470 | 600~760 | 17 | | |
| | | >63~80 | 450 | 590~750 | 17 | | |
| | | >80~100 | 440 | 540~730 | | C级0℃ ≥55 | |
| Q550 | C,D,E | ≤16 | 550 | 670~830 | 16 | | |
| | | >16~40 | 530 | | | | |
| | | >40~63 | 520 | 620~810 | 16 | D级-20℃ ≥47 | — |
| | | >63~80 | 500 | 600~790 | | | |
| | | >80~100 | 490 | 590~780 | 16 | | |
| Q620 | C,D,E | ≤16 | 620 | 710~880 | 15 | E级-40℃ ≥31 | |
| | | >16~40 | 600 | | | | |
| | | >40~63 | 590 | 690~880 | 15 | | |
| | | >63~80 | 570 | 670~860 | 15 | | |
| Q690 | C,D,E | ≤16 | 690 | 770~940 | 14 | | |
| | | >16~40 | 670 | | | | |
| | | >40~63 | 660 | 750~920 | 14 | | |
| | | >63~80 | 640 | 730~900 | 14 | | |

注：1. 宽度不小于600 mm扁平材拉伸试验横向取样，宽度小于600 mm扁平、型材及棒材材拉伸试验纵向取样，断后伸长率最小值应提高1%（绝对值）；

2. 厚度>250~400 mm的数值适用于扁平材；

3. 冲击功试验纵向取样。

表 1-8-9 起重机常用合金结构钢(GB/T 3077—1999)

| 牌号 | 试样毛坯尺寸/mm | 热处理 淬火 温度/℃ 第一次 | 热处理 淬火 温度/℃ 第二次 | 热处理 淬火 冷却剂 | 热处理 回火 温度/℃ | 热处理 回火 冷却剂 | 抗拉强度 $\sigma_b$ /(N/mm²) | 屈服强度 $\sigma_s$ /(N/mm²) | 伸长率 $\delta_5$ /% | 断面收缩率 $\psi$ /% | 冲击功(冲击值) $A_K$/J | 供应状态硬度/HB | 特性及应用举例 |
|---|---|---|---|---|---|---|---|---|---|---|---|---|---|
| | | | | | | | 不小于 | | | | | 不大于 | |
| 20Mn2 | φ15 | 850 | | 水、油 | 200 | 水、空 | 785 | 590 | 10 | 40 | 47 | 187 | 具有中等强度、低温冲击韧性、焊接性较 20Cr 好，冷变形时塑性高，切削加工性良好，适用于制作螺钉、螺栓、螺帽、链环等铆焊件 |
| 40MnB | φ25 | 850 | | 油 | 500 | 水、油 | 980 | 785 | 10 | 45 | 47 | 207 | 具有高强度、高硬度、良好的塑性及韧性，高温回火后，低温冲击韧性良好，在调质状态下使用，可代替 40Cr、45Cr，适应于制造中、小截面耐磨的调质件和高频淬火件，如轴套、齿轮、凸轮、齿轮轴、花键轴等 |
| 20Cr | φ15 | 880 | 780~820 | 油 | 200 | 水、空 | 835 | 540 | 10 | 40 | 47 | 179 | 强度和淬透性均比 20 号钢高，切削性良好，焊接性较好，渗透层具有高的表面硬度和较好的耐磨性，适用于制造心部强度高、表面耐磨的零件，如齿轮轴、花键轴、齿轮、蜗杆、爪形离合器、链轮和履带板的销轴 |
| 40Cr | 25 | 850 | | 油 | 520 | 水、油 | 980 | 785 | 9 | 45 | 47 | 207 | 调质处理后，具有良好的综合机械性能，淬透性好，氰化处理后可制造尺寸较大、低温韧性要求较高的传动零件，适用于制造承受变载荷强烈磨损而无很大冲击的重要调质零件，如回转机构的摆线齿轮、大针轮支撑环的针柱、齿轮轴、花键轴、心轴、减速器输出轴、蜗杆、变幅螺杆、棘轮及爪、链轮、滚轮、重要销轴、预紧螺栓等 |

续上表

| 牌号 | 试样毛坯尺寸/mm | 热处理 淬火 温度/℃ 第一次 | 热处理 淬火 温度/℃ 第二次 | 热处理 淬火 冷却剂 | 热处理 回火 温度/℃ | 热处理 回火 冷却剂 | 抗拉强度 $\sigma_b$ /(N/mm²) | 屈服强度 $\sigma_s$ /(N/mm²) | 伸长率 $\delta_5$ /% | 断面收缩率 $\psi$ /% | 冲击功(冲击值) $A_K$/J | 供应状态硬度/HB | 特性及应用举例 |
|---|---|---|---|---|---|---|---|---|---|---|---|---|---|
| | | | | | | | 不小于 | | | | | 不大于 | |
| 15CrMo | φ30 | 900 | | 空 | 650 | 空 | 440 | 295 | 22 | 60 | 94 | 179 | 耐热钢、韧性稍低,切削性和冷应变塑性良好,焊接性尚可,适用制造常温工作下的各种重要零件 |
| 35CrMo | φ25 | 850 | | 油 | 550 | 水、油 | 980 | 835 | 12 | 45 | 63 | 229 | 高温下具有高的持久强度和蠕变强度,低温韧性好,冷变形时塑性尚可,切削性能中等,适用于制造承受冲压、弯扭、高载的重要零件,如运行机构的齿轮、车轴、中间支承轴,变速器的人字齿轮、曲轴 |
| 42CrMo | φ25 | 850 | | 油 | 560 | 水、油 | 1080 | 930 | 12 | 45 | 63 | 217 | 机械性能和35CrMo钢相近,强度和淬透性均优于35CrMo钢,调质后有较高的强度和抗冲击能力,低温冲击韧性良好,一般做调质处理后使用,适应于制造运行机构齿轮、齿轮轴、变速箱低速齿轮 |
| 40B | φ25 | 870 | | 水 | 550 | 水 | 785 | 635 | 12 | 45 | 55 | 207 | 适用于制造钢结构用高强度大六角螺栓 |

表 1-8-10 起重机常用弹簧钢(GB/T 1222—2007)

| 牌号 | 热处理 淬火温度/℃ | 热处理 冷却剂 | 热处理 回火温度/℃ | 机械性能 屈服强度 $\sigma_s$/MPa | 机械性能 抗拉强度 $\sigma_b$/MPa | 机械性能 伸长率 $\delta_{10}$/% | 机械性能 收缩率 $\psi$/% | 特性及应用举例 |
|---|---|---|---|---|---|---|---|---|
| | | | | 不小于 | | | | |
| 65Mn | 830 | 油 | 540 | 785 | 980 | 8 | 30 | 强度高,淬透性好,脱碳倾向小,但有过热敏感性和回火脆性,易产生淬火裂纹。适用于制造弹簧垫圈、孔用及轴用弹性垫圈、车轮、回转支承装置的滚道、制作尺寸较大的各种扁圆弹簧、气门弹簧冷卷盘、高强度螺栓用垫圈 |
| 60Si2Mn | 870 | 油 | 480 | 1180 | 1275 | 5 | 25 | 由于钢中加入了硅,显著提高了屈服强度与抗拉强度之比($\sigma_s/\sigma_b$),提高回火稳定性,高温回火可达到良好综合机械性能。适用于制造缓冲器弹簧、变速机构手柄弹簧、螺旋弹簧、止回阀弹簧,及高应力下工作的重要弹簧,还用作低于250 ℃条件下使用的耐热弹簧 |

表 1-8-11 起重机常用碳素铸钢(GB/T 11352—2009)

| 牌号 | 最小值 | | | | | | 特性及应用举例 |
|---|---|---|---|---|---|---|---|
| | 屈服强度 $\sigma_s$ 或 $\sigma_{0.2}$ /(N/mm²) | 抗拉强度 $\sigma_b$ /(N/mm²) | 延伸率 $\delta$ /% | 收缩率 $\psi$ /% | 冲击韧性 $A_{KV}$ /J | $A_{KU}$ /J | |
| ZG230-450 | 230 | 450 | 22 | 32 | 25 | 35 | 低碳铸钢,韧性及塑性均好,但强度和硬度低,低温冲击韧性大,脆性转变温度低,导磁导电性能好,焊接性好,铸造性差,适用于平坦的零件,如底板、机座、轴承盖、中间盖、减速箱体、外伸支座、缓冲器壳体、左右制动臂、卷筒 |
| ZG270-500 | 270 | 500 | 18 | 25 | 22 | 27 | 中碳铸钢,有一定韧性及塑性,强度和硬度较高,切削性良好,焊接性尚可,铸造性比低碳铸钢好,适应于轴承座、箱、制动轮、卷筒、滑轮、齿轮、制动器杠杆、耳扳、耳座 |
| ZG310-570 | 310 | 570 | 15 | 21 | 15 | 24 | 中碳铸钢,韧性、塑性、强度、硬度均高,切削性尚好,焊接性差,铸造性好,适用于齿轮、内齿圈、齿条、链轮、制动轮、辊子、联轴器、重载荷机架、机构的轴承座、盖、过桥大齿轮、车轮 |
| ZG340-640 | 340 | 640 | 10 | 18 | 10 | 16 | 高碳铸钢,具有高强度,高硬度及高耐磨性,塑性、韧性低,铸造性、焊接性都差,裂纹敏感性较大,适用于齿圈、齿轮、内外齿套、齿轮联轴器、车轮、滚轮、制动轮、制动臂,回转支承装置上下座圈和大齿圈及要求较高强度和耐磨性的铸件等 |

表 1-8-12 起重机常用合金铸钢(GB/T 5680—2010)

| 牌号 | 机械性能 | | | | | | | | | 特性及应用举例 |
|---|---|---|---|---|---|---|---|---|---|---|
| | 屈服强度 $\sigma_s$ 或 $\sigma_{0.2}$ /MPa | | 抗拉强度 $\sigma_b$ /MPa | | 延伸率 $\delta$ /% | | 收缩率 $\psi$ /% | | 硬度 HB (≤) | | |
| | 回火+正火 | 调质 | 回火+正火 | 调质 | 回火+正火 | 调质 | 回火+正火 | 调质 | 回火+正火 | 调质 | |
| ZG40Mn2* | 395 | 685 | 590 | 835 | 20 | 13 | 55 | 45 | 179 | 269~302 | 适用于制造在较高应力作用下承受摩擦和冲击的零件,如齿轮、滚轮、重载链轮、斗链等 |
| ZG120Mn13 | | | 685 | | 25 | | 25 | | 118 | | 适用于制造承受冲击并要求高度耐磨、不需加工的零件,如抓斗斗齿、履带板等 |

* 摘自 JB/ZQ 4297—1986。

表 1-8-13 起重机常用灰铸铁(GB/T 9439—2010)

| 牌号 | 铸件壁厚/mm | | 最小抗拉强度 $\sigma_b$(min) | | 应用举例 |
|---|---|---|---|---|---|
| | 大于 | 至 | 附铸试棒 /MPa | 铸件本体预期/MPa | |
| HT100 | 5 | 40 | — | — | 配重 |
| HT150 | 5 | 10 | 155 | | 适用于各种盖、套、薄壁(厚度在15 mm以下)滑轮、减速器壳体、闷盖、透盖、手轮等 |
| | 10 | 20 | 130 | | |
| | 20 | 40 | 120 | 110 | |
| | 40 | 80 | 110 | 95 | |
| HT200 | 5 | 10 | 205 | | 适用于一般强度的零件,如滑轮、减速器壳体、制动壳、链轮、手动起重机车轮、车轮轴盖、轴承座、卷铜毂、闷盖、透盖、支座等 |
| | 10 | 20 | 180 | | |
| | 20 | 40 | 170 | 155 | |
| | 40 | 80 | 150 | 130 | |

续上表

| 牌号 | 铸件壁厚/mm 大于 | 铸件壁厚/mm 至 | 最小抗拉强度 $\sigma_b$(min) 附铸试棒/MPa | 最小抗拉强度 $\sigma_b$(min) 铸件本体预期/MPa | 应 用 举 例 |
|---|---|---|---|---|---|
| HT250 | 5 | 10 | 250 | | 适用于较高强度的零件,如高强度的滑轮、卷筒、减速器壳体、凸轮、齿轮、活塞等 |
| | 10 | 20 | 225 | | |
| | 20 | 40 | 210 | 195 | |
| | 40 | 80 | 190 | 170 | |
| HT300 | 10 | 20 | 270 | | 适用于强度高、硬度大的零件,如高强度的滑轮、卷筒、链轮、凸轮、齿轮、高压液压缸、液压泵、滑阀的壳体等 |
| | 20 | 40 | 250 | 240 | |
| | 40 | 80 | 220 | 210 | |
| HT350 | 10 | 20 | 315 | | 适用于重要铸件(截面变化不大,厚度在20 mm以上),如齿轮、链轮、高强度滑轮、卷筒等 |
| | 20 | 40 | 290 | 280 | |
| | 40 | 80 | 260 | 250 | |

表 1-8-14 起重机常用球墨铸铁(GB/T 1348—2009)

| 牌号 | 主要金相 | 抗拉强度 $\sigma_b$/MPa | 屈服强度 $\sigma_s$/MPa | 伸长率 $\delta$/% | 硬度/HB | 特性及应用举例 |
|---|---|---|---|---|---|---|
| QT400-15 | 铁素体 | 400 | 240 | 15 | 120～180 | 强度、塑性及耐磨性均比灰铸铁高,为钢零件的代用品。适用于制造大开式齿轮、回转机构大齿圈、滚轮、蜗轮、滑轮、轴承箱、轴承座、卷筒、千斤顶底座等 |
| QT450-10 | 铁素体 | 450 | 310 | 10 | 160～210 | |
| QT500-7 | 铁素体+珠光体 | 500 | 320 | 7 | 170～230 | |

注:牌号第一组数字代表抗拉强度,第二组数字代表伸长率。

表 1-8-15 起重机常用铸造铜合金(GB/T 1176—1987)

| 牌号 | 铸造方法 | 抗拉强度 $\sigma_b$/MPa | 屈服强度 $\sigma_{0.2}$/MPa | 伸长率 $\delta_5$/% | 布式硬度/HB | 特性及应用举例 |
|---|---|---|---|---|---|---|
| | | 不小于 | | | | |
| ZCuSn10Pb1 | S | 220 | 130 | 3 | 785 | 硬度高,耐磨性极好,不易产生咬死现象,有较好的铸造性能和切削性能,在大气中有良好的耐蚀性,适用于高负荷(20 MPa以下)和高滑动速度(8 m/s)下工作的耐磨零件。如涡轮齿圈、齿圈、轴瓦、衬套、主轴轴承、螺母。当与淬火钢轴颈相配合时:$Pv \leq 400$ N·m/(cm²·s),$v \leq 8$ m/s |
| | J | 310 | 170 | 2 | 885 | |
| | Li | 330 | 170 | 4 | 885 | |
| | La | 360 | 170 | 6 | 885 | |
| ZCuAl10Fe3 | S | 490 | 180 | 13 | 980 | 有高的力学性能,较好的热稳定性,在大气中腐蚀性好,铸造性好,组织致密,气密性高,耐磨性好,能承受冲击载荷,可焊接适用制造耐磨耐腐蚀。如衬套、轴瓦、蜗轮齿圈,当与未淬火钢轴颈相配合时,$Pv=750\sim1\,000$ N·m/(cm²·s),$v=2.5$ m/s～5 m/s |
| | J | 540 | 200 | 15 | 1080 | |
| | Li、La | 540 | 200 | 15 | 1080 | |
| ZCuAl10Fe3Mn2 | S | 490 | | 15 | 1080 | 有高的力学性能,可热处理,耐磨性,高温下耐蚀性和抗氧性均好,在大气、海水中耐蚀性好,可以焊接,大型铸件自700 ℃空冷可以防止变脆,适用于高强度、高耐磨、耐蚀零件。如齿圈、螺母、轴套、轴承等 |
| | J | 540 | | 20 | 1175 | |
| ZCuZn38Mn2Pb2 | S | 245 | | 10 | 685 | 有较高的力学性能和耐蚀性,耐磨性较好,切削性能良好,用于一般用途结构件,如套筒、滑块、轴瓦等 |
| | J | 345 | | 18 | 785 | |
| ZCuZn25Al6Fe3Mn3 | S | 725 | 380 | 10 | 1570 | 有很高的力学性能,铸造性能良好,耐蚀性较好,有应力腐蚀开裂倾向,可以焊接。适用于变幅螺杆的螺母,重载作用下的涡轮齿圈、螺母、滑块等 |
| | J | 740 | 400 | 7 | 1665 | |
| | Li、La | 740 | 400 | 7 | 1665 | |

注:1. 铸造方法代号表示:S—砂型铸造,J—金属型铸造,Li—离心铸造,La—连续铸造;
2. 布氏硬度试验力的单位为牛(N)。

## 二、螺栓联接及焊接材料

起重机常用的联接方法有：螺栓联接、焊接连接。螺栓联接又可分为普通螺栓联接和高强度螺栓联接。

普通螺栓联接的性能及选用可参见：GB 3098—2000《紧固件机械性能》。

高强度螺栓联接的高强度螺栓、螺母的性能及选用可参见：GB/T 1231—2006《钢结构用高强度大六角头螺栓、大六角螺母、垫圈技术条件》，起重机常用高强度螺栓、螺母的性能及选用见表 1-8-16～表 1-8-17。

**表 1-8-16　起重机常用高强度螺栓、螺母机械性能**（GB/T 1228～1231—2006）

| 螺栓性能等级 | 抗拉强度 $\sigma_b$ /(N/mm²) | 屈服强度 $\sigma_{0.2}$ /(N/mm²) | 伸长率 $\delta_s$/% | 收缩率 $\psi$/% | 冲击韧性 $A_{KU}$/J |
|---|---|---|---|---|---|
| | | | 不少于 | | |
| 10.9S | 1 040～1 240 | 940 | 10 | 42 | 47 |
| 8.8S | 830～1 030 | 660 | 12 | 45 | 63 |

| 螺母性能等级 | 螺母公称直径 $D$/mm | 12 | 16 | 20 | (22) | 24 | (27) | 30 | 应用举例 |
|---|---|---|---|---|---|---|---|---|---|
| 10H | 保证载荷/N | 87,700 | 163,000 | 255,000 | 315,000 | 367,000 | 477,000 | 583,000 | 适应于桥架、支腿、臂架、立柱、回转机构 |
| | 洛氏硬度 | 98 HRB～32 HRC | | | | | | | |
| | 维氏硬度 | 222 HV30～304 HV30 | | | | | | | |
| 8H | 保证载荷/N | 70,000 | 130,000 | 203,000 | 251,000 | 293,000 | 381,000 | 466,000 | 适用于起升、变幅机构限位、驱动装置、臂架滑轮、立柱、人字架 |
| | 洛氏硬度 | 95 HRB～30 HRC | | | | | | | |
| | 维氏硬度 | 206 HV30～289 HV30 | | | | | | | |

**表 1-8-17　起重机常用高强度螺栓、螺母及垫圈**（GB/T 1231—2006）

| 类别 | 性能等级 | 推荐材料 | 使用规格 | 螺栓、螺母、垫圈的使用组合 | | |
|---|---|---|---|---|---|---|
| 螺栓 | 10.9S | 20MnTiB | ≤M24 | 螺栓 | 10.9S | 8.8S |
| | | 35VB | ≤M30 | | | |
| | 8.8S | 45,35 | ≤M20 | 螺母 | 10H | 8H |
| | | 35VB | ≤M30 | | | |
| 螺母 | 10H | 45,35,ML35 | | | | |
| | 8H | | | 垫圈 | 35 HRC～45 HRC | 35 HRC～45 HRC |
| 垫圈 | | 45,35 | | | | |

焊接连接主要有：电弧焊接、埋弧电弧焊接、气体保护焊接。电弧焊接焊条的性能及选用见表 1-8-18、表 1-8-19、埋弧电弧焊接焊丝的性能及选用可参见表 1-8-20，气体保护焊接焊丝的性能及选用可参见表 1-8-21。

电弧焊接焊条完整的型号表示方法举例如下：

E 43 1 5
- 5——表示焊条药皮为低氢钠型，采用直流反接焊接
- 1——表示焊条适用于全位置焊接
- 43——表示熔敷金属抗拉强度的最小值
- E——表示焊条

电弧焊碳钢焊条型号如表 1-8-18 所示（GB/T 5117—1995《碳钢焊条》）。各种低合金钢焊条型号见表 1-8-19 电弧焊低合金钢焊条型号及焊接方法（GB/T 5118—1995《低合金钢焊条》）、拉伸

性能及冲击吸收功参数见表1-8-19和表1-8-20（JB/T 56102-1999《碳钢、低合金钢及不锈钢焊条》）。

表1-8-18　电弧焊碳钢焊条型号及焊接方法（GB/T 5117—1995）

| 焊条型号 | 药皮类型 | 焊接位置 | 电流种类 |
|---|---|---|---|
| E43系列-熔敷金属抗拉强度≥420 MPa（43 kgf/mm²） ||||
| E4300 | 特殊型 | 平、立、仰、横 | 交流或直流正、反接 |
| E4301 | 钛铁矿型 | 平、立、仰、横 | 交流或直流正、反接 |
| E4303 | 钛钙型 | 平、立、仰、横 | 交流或直流正、反接 |
| E4310 | 高纤维钠型 | 平、立、仰、横 | 直流反接 |
| E4311 | 高纤维钾型 | 平、立、仰、横 | 交流或直流反接 |
| E4312 | 高钛钠型 | 平、立、仰、横 | 交流或直流正接 |
| E4313 | 高钛钾型 | 平、立、仰、横 | 交流或直流正、反接 |
| E4315 | 低氢钠型 | 平、立、仰、横 | 直流反接 |
| E4316 | 低氢钾型 | 平、立、仰、横 | 交流或直流反接 |
| E4320 | 氧化铁型 | 平 | 交流或直流正、反接 |
| E4320 | 氧化铁型 | 平角焊 | 交流或直流正接 |
| E4322 | 氧化铁型 | 平 | 交流或直流正接 |
| E4323 | 铁粉钛钙型 | 平、平角焊 | 交流或直流正、反接 |
| E4324 | 铁粉钛型 | 平、平角焊 | 交流或直流正、反接 |
| E4327 | 铁粉氧化铁型 | 平 | 交流或直流正、反接 |
| E4327 | 铁粉氧化铁型 | 平角焊 | 交流或直流正接 |
| E4328 | 铁粉低氢型 | 平、平角焊 | 交流或直流反接 |
| E50系列-熔敷金属抗拉强度≥490 MPa（50 kgf/mm²） ||||
| E5001 | 钛铁矿型 | 平、立、仰、横 | 交流或直流正、反接 |
| E5003 | 钛钙型 | 平、立、仰、横 | 交流或直流正、反接 |
| E5010 | 高纤维素钠型 | 平、立、仰、横 | 直流反接 |
| E5011 | 高纤维素钾型 | 平、立、仰、横 | 交流或直流反接 |
| E5014 | 铁粉钛型 | 平、立、仰、横 | 交流或直流正、反接 |
| E5015 | 低氢钠型 | 平、立、仰、横 | 直流反接 |
| E5016 | 低氢钾型 | 平、立、仰、横 | 交流或直流反接 |
| E5018 | 铁粉低氢钾型 | 平、立、仰、横 | 交流或直流反接 |
| E5018M | 铁粉低氢型 | 平、立、仰、横 | 直流反接 |
| E5023 | 铁粉钛钙型 | 平、平角焊 | 交流或直流正、反接 |
| E5024 | 铁粉钛型 | 平、平角焊 | 交流或直流正、反接 |
| E5027 | 铁粉氧化铁型 | 平、平角焊 | 交流或直流正接 |
| E5028 | 铁粉低氢型 | 平、平角焊 | 交流或直流反接 |
| E5048 | 铁粉低氢型 | 平、仰、横、立向下 | 交流或直流反接 |

注：1. 焊接位置栏中文字涵义：平—平焊、立—立焊、仰—仰焊、横—横焊、平角焊—水平角焊、立向下—向下立焊。
　　2. 焊接位置栏中立和仰系指适用于立焊和仰焊的直径不大于4.0 mm的E5014、EXX15、EXX16、E5018和E5018M焊条及直径不大于5.0 mm的其他型号焊条。
　　3. E4322型焊条适宜单道焊。
　　4. 本标准除了E5018M型焊条可以列入E5018型焊条外（同时符合这两种型号焊条的所有要求），凡列入一种型号的焊条不能再列入其他型号。

**表 1-8-19　电弧焊低合金钢焊条型号及焊接方法**（GB/T 5118—1995）

| 焊条型号 | 药皮类型 | 焊接位置 | 电流种类 |
|---|---|---|---|
| E50 系列-熔敷金属抗拉强度≥490 MPa(50 kgf/mm²) | | | |
| E5003-× | 特钛钙 | 平、立、仰、横 | 交流或直流正、反接 |
| E5010-× | 高纤维素钠型 | | 直流反接 |
| E5011-× | 高纤维素钠型 | | 交流或直流反接 |
| E5015-× | 低氢钠型 | | 直流反接 |
| E5016-× | 低氢钾型 | | 交流或直流反接 |
| E5018-× | 铁粉低氢型 | | |
| E5020-× | 高氧化铁型 | 平角焊 | 交流或直流正接 |
| | | 平 | 交流或直流正、反接 |
| E5027-× | 铁粉氧化铁 | 平角焊 | 交流或直流正接 |
| | | 平 | 交流或直流正、反接 |
| E55 系列-熔敷金属抗拉强度≥540 MPa(55 kgf/mm²) | | | |
| E5500-× | 特殊型 | 平、立、仰、横 | 交流或直流正、反接 |
| E5503-× | 钛钙型 | | |
| E5510-× | 高纤维素型 | | 直流反接 |
| E5513-×× | 高钛钾型 | | 交流或直流正、反接 |
| E5515-× | 低氢钠型 | | 直流反接 |
| E5516-× | 低氢钾型 | | 交流或直流反接 |
| E5518-× | 铁粉低氢型 | | |
| E60 系列-熔敷金属抗拉强度≥590 MPa(60 kgf/mm²) | | | |
| E6000-× | 钛铁矿型 | 平、立、仰、横 | 交流或直流正、反接 |
| E6010-× | 高纤维素钠型 | | 直流反接 |
| E6011-× | 高纤维素钾型 | | 交流或直流反接 |
| E6013-× | 高钛钾型 | | 交流或直流正、反接 |
| E6015-× | 低氢钠型 | | 直流反接 |
| E6016-× | 低氢钾型 | | 交流或直流反接 |
| E6018-× | 铁粉低氢型 | | |
| E70 系列-熔敷金属抗拉强度≥690 MPa(69 kgf/mm²) | | | |
| E7010-× | 高纤维素钠型 | 平、立、仰、横 | 直流反接 |
| E7011-× | 高纤维素钾型 | | 交流或直流反接 |
| E7013-× | 高钛钾型 | | 交流或直流正、反接 |
| E7015-× | 低氢钠型 | | 直流反接 |
| E7016-× | 低氢钾型 | | 交流或直流反接 |
| E7018-× | 铁粉低氢型 | | |
| E75 系列-熔敷金属抗拉强度≥740 MPa(75 kgf/mm²) | | | |
| E7515-× | 低氢钠型 | 平、立、仰、横 | 直流反接 |
| E7516-× | 低氢钾型 | | 交流或直流反接 |
| E7518-× | 铁粉低氢型 | | |
| E80 系列-熔敷金属抗拉强度≥780 MPa(80 kgf/mm²) | | | |
| E8015-× | 低氢钠型 | 平、立、仰、横 | 直流反接 |
| E8016-× | 低氢钾型 | | 交流或直流反接 |
| E8018-× | 铁粉低氢型 | | |

续上表

| 焊条型号 | 药皮类型 | 焊接位置 | 电流种类 |
|---|---|---|---|
| E85 系列-熔敷金属抗拉强度≥830 MPa(85 kgf/mm²) | | | |
| E8515-× | 低氢钠型 | 平、立、仰、横 | 直流反接 |
| E8516-× | 低氢钾型 | | 交流或直流反接 |
| E8518-× | 铁粉低氢型 | | |
| E90 系列-熔敷金属抗拉强度≥880 MPa(90 kgf/mm²) | | | |
| E9015-× | 低氢钠型 | 平、立、仰、横 | 直流反接 |
| E9016-× | 低氢钾型 | | 交流或直流反接 |
| E9018-× | 铁粉低氢型 | | |
| E100 系列-熔敷金属抗拉强度≥980 MPa(100 kgf/mm²) | | | |
| E10015-× | 低氢钠型 | 平、立、仰、横 | 直流反接 |
| E10016-× | 低氢钾型 | | 交流或直流反接 |
| E10018-× | 铁粉低氢型 | | |

注：1. 后缀字母 X 表示熔敷金属化学成分分类代号。
2. 焊接位置字义：平——平焊；立——立焊；仰——仰焊；横——横焊；平角焊——水平角焊。

### 表 1-8-20 低合金钢焊条拉伸性能（JB/T 56102—1999）

| 焊条型号 | 抗拉强度 $\sigma_b$/MPa | 屈服点 $\sigma_s$ 或屈服强度 $\sigma_{0.2}$/MPa | 伸长率 $\delta_s$/% | | |
|---|---|---|---|---|---|
| | 合格品、一等品、优等品 | | 合格品 | 一等品 | 优等品 |
| E5003-× | 490 | 390 | 20 | 22 | 23 |
| E5010-× | | | | | |
| E5011-× | | | | | |
| E5015-× | | | 22 | 24 | 25 |
| E5016-× | | | | | |
| E5018-× | | | | | |
| E5020-× | | | | | |
| E5027-× | | | | | |
| E5500-× | 450 | 440 | 16 | 17 | 18 |
| E5503-× | | | | | |
| E5510-× | | | 17 | 18 | 19 |
| E5511-× | | | | | |
| E5513-× | | | 16 | 17 | 18 |
| E5515-× | | | 17 | 18 | 19 |
| E5516-× | 540 | 440 | 17 | 18 | 19 |
| E5518-× | | | | | |
| E5516-C3 | | 440~540 | 22 | 24 | 25 |
| E5518-C3 | | | | | |
| E6000-× | 590 | 490 | 14 | 15 | 16 |
| E6010-× | | | 15 | 16 | 17 |
| E6011-× | | | 14 | 15 | 16 |
| E6013-× | | | | | |
| E6015-× | | | | | |

续上表

| 焊条型号 | 抗拉强度 $\sigma_b$/MPa | 屈服点 $\sigma_s$ 或屈服强度 $\sigma_{0.2}$/MPa | 伸长率 $\delta_s$/% | | |
|---|---|---|---|---|---|
| | 合格品、一等品、优等品 | | 合格品 | 一等品 | 优等品 |
| E6016-× | | | 15 | 16 | 17 |
| E6018-× | | | 15 | 16 | 17 |
| E6018-M | | | 22 | 24 | 25 |
| E7010-× | 690 | 590 | 15 | 16 | 17 |
| E7011-× | | | 15 | 16 | 17 |
| E7013-× | | | 13 | 14 | 15 |
| E7015-× | | | 15 | 16 | 17 |
| E7016-× | | | 15 | 16 | 17 |
| E7018-× | | | 15 | 16 | 17 |
| E7018-M | | | 18 | 20 | 21 |
| E7515-× | 740 | 640 | 13 | 14 | 15 |
| E7516-× | | | 13 | 14 | 15 |
| E7518-× | | | 18 | 20 | 21 |
| E7518-M | | | 18 | 20 | 21 |
| E8015-× | 780 | 690 | 13 | 14 | 15 |
| E8016-× | | | 13 | 14 | 15 |
| E8018-× | | | 13 | 14 | 15 |
| E8515-× | 830 | 740 | 12 | 13 | 14 |
| E8516-× | | | 12 | 13 | 14 |
| E8518-× | | | 15 | 16 | 17 |
| E8518-M | | | 15 | 16 | 17 |
| E8518-M1 | | | 15 | 16 | 17 |
| E9015-× | 880 | 780 | 12 | 13 | 14 |
| E9016-× | | | 12 | 13 | 14 |
| E9018-× | | | 12 | 13 | 14 |
| E10015-× | 980 | 880 | 12 | 13 | 14 |
| E10016-× | | | 12 | 13 | 14 |
| E10018-× | | | 12 | 13 | 14 |

注：1. 表中的单值均为最小值。

2. E50××-× 型焊后状态下的屈服强度要不小于 410 MPa。

3. E8518-M1 焊条的抗拉强度一般不小于 830 MPa。如果供需双方达成协议时，也可例外。

4. 带附加化学成分的焊条型号应符合相应不带附加化学成分的力学性能。

5. E55××-B3-VWB 型焊条的屈服强度不小于 340 MPa。

铸铁焊接用焊条型号标记方法及示例如下。铸铁焊条类别与型号见表 1-8-21（GB/T 10044—2006《铸铁焊条及焊丝》）。

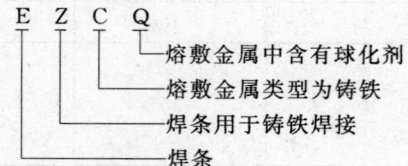

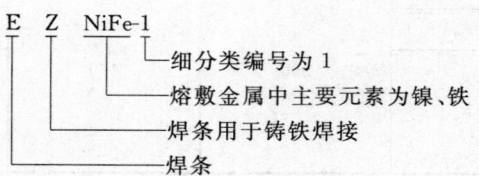

表 1-8-21　铸铁焊接用焊条类别与型号（GB/T 10044—2006）

| 类别 | 型号 | 名称 |
| --- | --- | --- |
| 铁基焊条 | EZC | 灰口铸铁焊条 |
|  | EZCQ | 球墨铸铁焊条 |
| 镍基焊条 | EZNi | 纯镍铸铁焊条 |
|  | EZNiFe | 镍铁铸铁焊条 |
|  | EZNiCu | 镍铜铸铁焊条 |
|  | EZNiFeCu | 镍镍铁铜铸铁焊条 |
| 其他焊条 | EZFe | 纯铁及碳钢焊条 |
|  | EZV | 高钒焊条 |

埋弧焊用碳钢、低合金钢焊丝和焊剂的表示方法可分别参见 GB/T 5293—1999《埋弧焊用碳钢焊丝及焊剂》、GB/T 12470—2003《埋弧焊用低合金钢焊丝和焊剂》。表 1-8-22 为低合金钢焊丝的拉伸试验参数要求，表 1-8-23 为低合金钢焊丝的冲击试验参数要求。埋弧焊用碳钢、低合金钢焊丝和焊剂的表示方法如下。

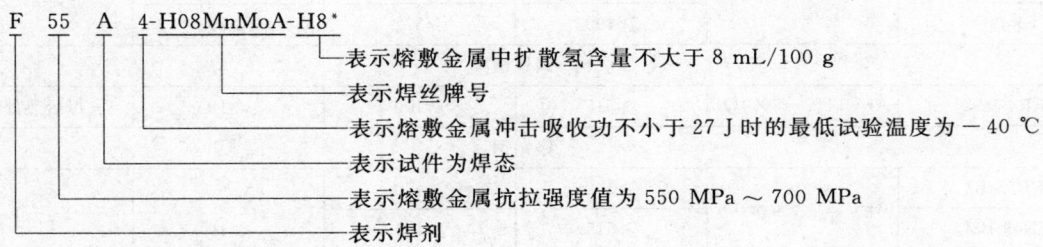

\* 此代号标注与否由焊剂生产厂决定。

表 1-8-22　低合金钢焊丝的拉伸试验参数要求（GB/T 12470—2003）

| 焊剂型号 | 抗拉强度 $\sigma_b$/MPa | 屈服强度 $\sigma_{0.2}$ 或 $\sigma_s$/MPa | 伸长率 $\delta_s$/% |
| --- | --- | --- | --- |
| F48××-H××× | 480～660 | 400 | 22 |
| F55××-H××× | 550～700 | 470 | 20 |
| F62××-H××× | 620～760 | 540 | 17 |
| F69××-H××× | 690～830 | 610 | 16 |
| F76××-H××× | 760～900 | 680 | 15 |
| F83××-H××× | 830～970 | 740 | 14 |

注：表中单值均为最小值。

表 1-8-23　低合金钢焊丝的冲击试验参数要求（GB/T 12470—2003）

| 焊剂型号 | 冲击吸收功 $A_{kv}$/J | 试验温度/℃ |
| --- | --- | --- |
| F×××0-H××× | ≥27 | 0 |
| F×××2-H××× | | −20 |
| F×××3-H××× | | −30 |
| F×××4-H××× | | −40 |
| F×××5-H××× | | −50 |
| F×××6-H××× | | −60 |
| F×××7-H××× | | −70 |
| F×××10-H××× | | −100 |
| F×××Z-H××× | 不要求 | |

气体保护焊接用碳钢、低合金钢焊丝型号、性能及参数可参见 GB/T 8110—2008《气体保护电弧焊用碳钢、低合金钢焊丝》。表1-8-24 为气体保护焊焊丝熔敷金属拉伸试验要求。表1-8-25 为气体保护焊焊丝熔敷金属冲击试验要求。气体保护焊接用碳钢、低合金钢焊丝完整的型号示例如下：

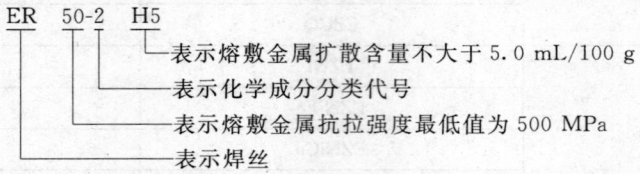

**表 1-8-24　气体保护焊焊丝熔敷金属拉伸试验要求**（GB/T 8110—2008）

| 焊丝型号 | 保护气体[1] | 抗拉强度[2] $R_m$/MPa | 屈服强度[2] $R_{P0.2}$/MPa | 伸长率 A/% | 试样状态 |
|---|---|---|---|---|---|
| 碳钢 | | | | | |
| ER50-2 | $CO_2$ | ≥500 | ≥420 | ≥22 | 焊态 |
| ER50-3 | | | | | |
| ER50-4 | | | | | |
| ER50-6 | | | | | |
| ER50-7 | | | | | |
| ER49-1 | | ≥490 | ≥372 | ≥20 | |
| 碳钼钢 | | | | | |
| ER49-A1 | Ar+(1%~5%)$O_2$ | ≥515 | ≥400 | ≥19 | 焊后热处理 |
| 铬钼钢 | | | | | |
| ER55-B2 | Ar+(1%~5%)$O_2$ | ≥550 | ≥470 | ≥19 | 焊后热处理 |
| ER49-B2L | | ≥515 | ≥400 | | |
| ER55-B2-MnV | Ar+20%$CO_2$ | ≥550 | ≥440 | ≥20 | |
| ER55-B2-Mn | | | | | |
| ER62-B3 | Ar+(1%~5%)$O_2$ | ≥620 | ≥540 | ≥17 | |
| ER55-B3L | | ≥550 | ≥470 | | |
| ER55-B6 | | | | | |
| ER55-B8 | | | | | |
| ER62-B9 | Ar+5%$O_2$ | ≥620 | ≥410 | ≥16 | |
| 镍钢 | | | | | |
| ER55-Ni1 | Ar+(1%~5%)$O_2$ | ≥550 | ≥470 | ≥24 | 焊态 |
| ER55-Ni2 | | | | | 焊后热处理 |
| ER55-Ni3 | | | | | |
| 锰钼钢 | | | | | |
| ER55-D2 | $CO_2$ | ≥550 | ≥470 | ≥17 | 焊态 |
| ER62-D2 | Ar+(1%~5%)$O_2$ | ≥620 | ≥540 | ≥17 | |
| ER55-D2-Ti | $CO_2$ | ≥550 | ≥470 | ≥17 | |
| 其他低合金钢 | | | | | |
| ER55-1 | Ar+20%$CO_2$ | ≥550 | ≥450 | ≥22 | 焊态 |
| ER69-1 | Ar+2%$O_2$ | ≥690 | ≥610 | ≥16 | |
| ER76-1 | | ≥760 | ≥660 | ≥15 | |
| ER83-1 | | ≥830 | ≥730 | ≥14 | |
| ERXX-G | 供需双方协商 | | | | |

[1] 本标准分类时限定的保护气体类型，在实际应用中并不限制采用其他保护气体类型，但力学性能可能会产生变化。

[2] 对于 ER50-2、ER50-3、ER50-4、ER50-6、ER50-7 型焊丝，当伸长率超过最低值时，每增加 1%，抗拉强度和屈服强度可减少 10MPa，但抗拉强度最低值不得小于 480 MPa，屈服强度最低值不得小于 400 MPa。

表 1-8-25 气体保护焊冲击试验要求(GB/T 8110—2008)

| 焊丝型号 | 试验温度/℃ | V形缺口冲击吸收功/J | 试样状态 |
|---|---|---|---|
| 碳钢 | | | |
| ER50-2 | −30 | ≥27 | 焊态 |
| ER50-3 | −20 | | |
| ER50-4 | 不要求 | | |
| ER50-6 | −30 | ≥27 | 焊态 |
| ER50-7 | | | |
| ER49-1 | 室温 | ≥47 | |
| 碳钼钢 | | | |
| ER49-A1 | 不要求 | | |
| 铬钼钢 | | | |
| ER55-B2 | 不要求 | | |
| ER49-B2L | | | |
| ER55-B2-MnV | 室温 | ≥27 | 焊后热处理 |
| ER55-B2-Mn | | | |
| ER62-B3 | 不要求 | | |
| ER55-B3L | | | |
| ER55-B6 | | | |
| ER55-B8 | | | |
| ER62-B9 | | | |
| 镍钢 | | | |
| ER55-Ni1 | −45 | ≥27 | 焊态 |
| ER55-Ni2 | −60 | | 焊后热处理 |
| ER55-Ni3 | −75 | | |
| 锰钼钢 | | | |
| ER55-D2 | −40 | ≥27 | 焊态 |
| ER62-D2 | | | |
| ER55-D2-Ti | | | |
| 其他低合金钢 | | | |
| ER55-1 | −40 | ≥60 | 焊态 |
| ER69-1 | −50 | ≥68 | |
| ER76-1 | | | |
| ER83-1 | | | |
| ERXX-G | 供需双方协商确定 | | |

## 第三节　起重机常用非金属材料

工程中应用的非金属材料主要有：橡胶、工程塑料、工业用毛毡、石棉摩擦片和有机玻璃等。起重机常用的非金属材料性能及选用见表 1-8-26～表 1-8-32。

工业硫化橡胶板(GB/T 5574—2008)的产品类型表示方法如下：

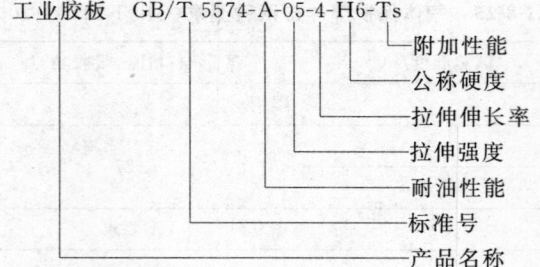

起重机常用工业硫化橡胶板性能见表 1-8-26。

**表 1-8-26　起重机用工业硫化橡胶板性能**（GB/T 5574—2008）

| 橡胶板类型 | 代号 | 拉断强度 /kPa ≥ | 拉断伸长率/% ≥ | 邵尔硬度/A | 特性及应用举例 |
|---|---|---|---|---|---|
| 工业胶板 | A-04-3-H6 | 4 000 | 300 | 56～65 | 较高硬度,物理机械性能一般,压力不大,使用在工作温度为-30℃～+60℃的空气中,用于冲制密封垫圈和铺设地板 |
| | A-08-3.5-H5 | 8 000 | 350 | 46～55 | 中等硬度,物理机械性能较好,压力不大,适用工作温度-30℃～+60℃,制作各种缓冲垫圈、胶垫,门窗密封条铺设工作台、地板 |
| | A-13-4-H6 | 13 000 | 400 | 56～65 | 中等硬度,具有较好的耐磨性和弹性,能在较高压力下,温度-30℃～+60℃空气中工作,制作耐磨、耐冲压及缓冲性能的垫圈,门窗密封条和垫板 |
| 耐油橡胶板 | B-07-2.5-H7 | 7 000 | 250 250 | 66～75 | 较高硬度,具有较好的耐容积膨胀性能,在-30℃～+100℃的机油、变压器油、汽油等介质中工作,适用于制作各种垫圈 |
| | B-09-2.5-H7 | 9 000 | 250 250 | 66～75 | 较高硬度,具有耐溶剂膨胀性能,可在温度-30℃～+80℃之间的机油、润滑油、汽油等介质中工作,适用于制作各种形状的垫圈 |

**表 1-8-27　工程塑料的品种、特性和用途**

| 品种(代号) | 特　　性 | 主要用途 |
|---|---|---|
| 硬质聚氯乙烯(PVC) | 强度较高,化学稳定性及介电性能优良,耐油性和抗老化性也较好,易熔接及黏合,价格较低。缺点是适用温度低(在60℃以下),线膨胀系数大,成型加工性不良 | 制品有管、棒、板、焊条及焊件,除作日常生活用品外,主要用作耐磨蚀的结构材料或设备衬里材料(带有色合金、不锈钢和橡胶)及电气绝缘材料 |
| 软质聚氯乙烯(PVC) | 抗拉强度、抗弯强度及冲击韧性均较硬质聚氯乙烯低,但破裂伸长率较高。质柔软、耐摩擦、挠曲,弹性良好,像橡胶,吸水性低,易加工成型,有良好的耐磨性和电气性能,化学稳定性强,能制各种鲜艳而透明的制品。缺点是使用温度低,在-15℃～+55℃间使用 | 通常制成管、棒、薄板、薄膜、耐寒管、耐酸碱软管等半成品,供作绝缘包皮、套管,耐腐蚀材料和包装材料 |
| 低压聚乙烯(HDPE) | 具有良好的节电性能、耐冲击、耐水性好,化学稳定性高,使用温度可达80℃～100℃,摩擦性能和耐寒性好。缺点是机械强度不高,质较软,成型收缩率大 | 用作一般电缆的包皮,耐腐蚀的管道、阀、泵的结构零件,亦可喷涂于金属表面,作为耐磨、减磨及防腐蚀涂层 |
| 改性聚苯乙烯(204) | 有较好的韧性和一定的冲击强度,透明度优良,化学稳定性、耐水、耐油性能较好,且易于成型 | 作透明零件,如汽车用各种灯罩和电气零件等 |
| 改性聚苯乙烯(203A) | 有较高的韧性和抗冲击强度;耐酸、耐碱性能好,不耐有机溶剂,电气性能优良,透光性好,着色性佳,并易成型 | 作一般结构零件和透明结构零件以及仪表零件、油浸式多点切换开关、电池外壳等 |
| 聚甲基丙烯酸甲酯(改性有机玻璃)(PMMA) | 有较好的透光性,可透过90%以上的太阳光,紫外线光达73%,;强度较高,有一定耐热耐寒性,耐腐蚀、绝缘性能良好,尺寸稳定,易于成型,质较脆,易溶于有机溶剂中,表面硬度不够,易擦毛 | 可作要求有一定强度的透明结构零件,如油标、油杯、光学玻璃片、窥镜、设备标牌和防护罩等 |
| 苯乙烯-丁二烯-丙烯腈共聚体(ABS) | 具有良好的综合性能,即高的冲击韧性和良好的力学性能,优良的耐热、耐油性能和化学稳定性,尺寸稳定、易机械加工,表面还可以镀金属,电性能良好 | 作一般结构或耐磨受力传动零件和耐腐蚀设备,用ABS制成泡沫夹层可作小轿车车身 |

续上表

| 品种（代号） | 特　性 | 主要用途 |
|---|---|---|
| 聚砜<br>（PSU） | 有很高的力学性能、绝缘性能和化学稳定性，并且在−100 ℃～+150 ℃以下能长期使用，在高温下保持常温下所具有的各种力学性能和硬度，蠕变值很小，用F-4填充后，可做摩擦材料 | 适于高温下工作的耐磨受力传动零件，如汽车分速器盖、齿轮以及电绝缘零件等 |
| 尼龙66<br>（PA-66） | 疲劳强度和刚性较高，耐热性较好，摩擦系数低，耐磨性好，但吸湿性大，尺寸稳定性不够 | 适用于中等负荷、使用温度≤100 ℃～120 ℃、无润滑或少润滑条件下工作的耐磨受力传动零件 |
| 尼龙6<br>（PA-6） | 疲劳强度、刚性、耐热性稍不及尼龙66，但弹性好，有较好的消震，降低噪声能力。其余同尼龙66 | 在轻负荷、中等温度（最高80 ℃～100 ℃）、无润滑或少润滑、要求噪音低的条件下工作的耐磨受力传动零件 |
| 尼龙610<br>（PA-610） | 强度、刚性、耐热性略低于尼龙66，但吸湿性较小，耐磨性好 | 同尼龙6，宜作要求比较精密的齿轮，用于湿度波动大的条件下工作的零件 |
| 尼龙1010<br>（PA-1010） | 强度、刚性、耐热性均与尼龙6及610相似，吸湿性低于尼龙610，成型工艺较好，耐磨性亦好 | 轻负荷、温度不高、湿度变化较大的条件下无润滑或少润滑条件下工作的零件 |
| 单体浇铸尼龙<br>（MC尼龙） | 强度、耐疲劳性、耐热性、刚性均优于尼龙6及尼龙66，吸湿性低于尼龙6及尼龙66，耐磨性好，能直接在模型中聚合成型，宜浇筑大型零件 | 在较高负荷，较高的使用温度（最高使用温度小于120 ℃）无润滑或少润滑的条件下工作的零件 |
| 聚苯醚<br>（POM） | 抗拉强度、冲击韧性、刚性、疲劳强度、抗蠕变性能都很高，尺寸稳定性好，吸水性小，摩擦系数小，有很好的耐化学药品能力，性能不亚于尼龙，但价格较低，缺点是加热易分解，成型比尼龙困难 | 可用作轴承、齿轮、凸轮、阀门、管道螺帽、泵叶轮、车身底盘的小部件、汽车仪表板、汽化器、箱体、容器、杆件以及喷雾器的各种代铜零件 |
| 聚碳酸酯<br>（PC） | 具有突出的冲击韧性和抗蠕变性能，有很高的耐热性，耐寒性也很好，脆化温度达−100 ℃，抗弯抗拉强度与尼龙等相当，并有较高的伸长率和弹性模数，但疲劳强度小于尼龙66，吸水性较低，收缩率小，尺寸稳定性好，耐磨性与尼龙相当，并有一定的抗腐蚀能力。缺点是成型条件要求较高 | 可用作各种齿轮、蜗轮、齿条、凸轮、轴承、心轴、滑轮、传送链、螺帽、垫圈、泵叶轮、灯罩、容器、外壳、盖板等 |

表1-8-28　根据工作条件选用工程塑料品种

| 用　途 | 工作条件 | 应用举例 | 推荐用材料 |
|---|---|---|---|
| 一般结构零件 | 强度和耐热性无特殊要求，一般批量较大，要求有较高的生产率，成本低 | 壳体、盖板、支架、手轮、手柄、导管、管接头紧固件等 | 低压聚乙烯、改性聚苯乙烯、聚丙烯、ABS |
| 透明结构零件 | 除上述条件外，还需有良好的透明度 | 仪表壳、灯罩、风窗玻璃、液面计、油标、透明管路和光学镜片等 | 改性有机玻璃（372）、聚碳酸酯、透明ABS、聚砜、改性聚苯乙烯 |
| 耐磨传动零件 | 承受交变应力和冲击负荷，表面受磨损，要求有较高的机械性能和热稳定性 | 轴承、齿轮、齿条、蜗轮、凸轮、辊子、联轴器等 | 尼龙、MC尼龙、聚甲醛、聚碳酸酯、氯化聚醚、线型聚酯、聚酚氧 |
| 减磨、自润滑条件 | 一般受力较小，但运动速度较高，要求有低的摩擦系数、高的耐磨性和好的自润滑性 | 活塞环、机械动密封圈、填料函、滑动导轨以及轴承等 | F-4，填充的F-4、F-4填充的聚甲醛、填充改性的聚酰亚胺、低压聚乙烯、F-46 |
| 耐高温零件 | 在较高温度下工作，要求有高的热变形温度和高温抗蠕动性，并要求有高温耐磨、耐腐蚀以及电绝缘性能 | 高温下工作的机械零件，如：齿轮、轴承、活塞环、泵及阀门零部件，B、F、H和C级电气绝缘零件 | （1）工作温度≤130 ℃：聚苯醚、聚碳酸酯、氯化聚醚、线型聚酯<br>（2）工作温度≤150 ℃：聚砜、环氧、玻璃纤维增强聚丙烯或尼龙66<br>（3）工作温度≤180 ℃：有机硅DAP、芳香尼龙、F-46<br>（4）工作温度≤250 ℃：F-4、聚酰亚胺、聚芳砜<br>（5）工作温度≤315 ℃：聚苯并咪唑、体型聚酯 |

续上表

| 用途 | 工作条件 | 应用举例 | 推荐用材料 |
|---|---|---|---|
| 耐腐蚀零部件 | 在常温或较高温度下,长期受酸、碱或其他腐蚀介质的侵蚀 | 化工容器、管道、泵、阀门、塔器、冷凝器、分离和排气净化装置、搅拌器等 | 聚四氟乙烯、聚丙烯、聚氯乙烯、ABS、酚醛玻璃钢、环氧玻璃钢、氯化聚醚 |
| 高强度、高模量结构件 | 负荷大、运转速度高,有的承受强大的离心力和热应力,有的受介质腐蚀 | 燃气轮机压气机叶片、高速风扇叶轮、泵叶轮、压力容器、高速离心转筒、船艇壳体、汽车车身等 | 玻璃布层压塑料、玻璃纤维增强尼龙、环氧玻璃钢、聚酯玻璃钢 |

表 1-8-29 起重机常用工程塑料性能

| 品种 | 密度 | 导热系数 | 吸水率 | 压缩负荷变形(在 1.5 Pa~5×10$^{-2}$ Pa 时) | 工作温度 | 伸长率 | 抗拉强度 | 焦化温度 | 特性及应用举例 |
|---|---|---|---|---|---|---|---|---|---|
| | g/cm³ | W/(m·k) | g/cm² | % | ℃ | % | MPa | ℃ | |
| 硬质聚氯乙烯 | 0.04 | 0.03 | 0.4~0.6 | — | — | 30 | 0.40 | 不燃烧 | 机械强度较高,耐油和抗老化性均较好,易熔接和黏合,缺点线性膨胀系数大,成型加工性不良,适用于制作各种仪表壳、盖板、手轮、管接头、紧固件、耐腐蚀的结构材料、电气绝缘材料 |
| 软质聚氯乙烯 | 0.065~0.15 | 0.044~0.035 | ≤0.4 | 25 | −35~80 | 80 | 0.10 | — | 抗拉强度、抗弯强度及冲击韧性比硬质聚氯乙烯低,但质柔、耐摩擦、弹性好,像橡胶,有良好的耐寒性,化学稳定性强,适用于制作防寒、隔热、隔音、吸音材料,座椅、靠背填料及各种耐腐蚀材料 |

表 1-8-30 起重机常用石棉摩擦片(GB 11834—2000)

| 分类及代号 | | | | | 物理机械性能 | | | | | |
|---|---|---|---|---|---|---|---|---|---|---|
| 类别 | 特性 | 代号 | 用途 | 材料 | 指标 | 类别 | 摩擦面温度/℃ | | | |
| | | | | | | | 100 | 150 | 200 | 250 |
| 1类 | 软质 | ZP1 ZD1 | 制动片 制动带 | 普通编制品 | 磨损率 V /[10$^{-7}$ cm³ /(N·m)] | 1类 | ≤1.00 | ≤2.00 | — | |
| 2类 | 半硬质 | ZP2 ZD2 | 制动片 制动带 | 软质模压制品 | | 2类 | ≤0.50 | ≤0.75 | ≤1.00 | — |
| 3类 | 硬质 | 1号 ZP3-1 ZD3-1 | 制动片 制动带 | 特殊加工编织制品 | | 3类 1号 | ≤0.50 | ≤0.75 | ≤1.00 | |
| | | 2号 ZP3-2 | 制动片 | 模压或半模压制品 | | 3类 2号 | ≤0.50 | ≤0.75 | ≤1.00 | ≤0.20 |
| | | | | | | 3类 3号 | ≤0.50 | ≤0.75 | ≤1.00 | |
| | | | | | 摩擦系数 μ | 1类 | 0.30~0.60 | 0.25~0.60 | | |
| | | | | | | 2类 | 0.30~0.60 | 0.25~0.60 | 0.20~0.60 | |
| | | 3号 LP3-3 | 离合器片 | 半金属模压制品 | | 3类 1号 | 0.30~0.60 | 0.30~0.60 | 0.20~0.60 | |
| | | | | | | 3类 2号 | 0.30~0.60 | 0.30~0.60 | 0.20~0.60 | 0.15~0.60 |
| | | | | | | 3号 | 0.25~0.60 | 0.20~0.60 | 0.15~0.60 | |
| 标记示例 | | 宽 35mm,厚 6mm 硬质制动带 ZD3-1-35×6GB11834 宽 180mm,厚 16mm 硬质制动片 ZP3-2-180×16GB11834 | | | 弯曲强度 $\sigma_a$/MPa | | ≥24.5 | | | |
| | | | | | 最大应变 $\varepsilon$/(10$^{-3}$ mm/mm) | | ≥6.0 | | | |

表 1-8-31　工业用毛毡的规格及性能（FZ/T 25001—1992）

| 类型 | 牌号 | 密度 /(g/cm³) | 性能 | | | | 用途 |
|---|---|---|---|---|---|---|---|
| | | | 断裂强度/(N/cm²)≥ | | 断裂时伸长/%≤ | | |
| | | | 一等品 | 二等品 | 一等品 | 二等品 | |
| 细毛毡 | T112-44 | 0.44 | 490 | 392 | 90 | 108 | 密封用 |
| | T112-39 | 0.39 | 441 | 353 | 110 | 132 | 垫片用 |
| | T 112-32 | 0.32 | 245 | 196 | 120 | 144 | 衬垫用 |
| 半粗毛毡 | T 122-38 | 0.38 | 392 | 314 | 95 | 114 | 密封用 |
| | T 122-34 | 0.34 | 294 | 235 | 110 | 132 | 衬垫用 |
| | T 122-25 | 0.25 | 245 | 196 | 125 | 150 | 滤油用 |

表 1-8-32　起重机用有机玻璃板材、棒材和管材（GB/T 7134—2008）

| 有机玻璃板材物理机械性能 | | | | | 用途 |
|---|---|---|---|---|---|
| 厚 度 | 指 标 | | 无色 | 有色 | |
| 1.5, 2.0, 2.5, 2.8, 3.0, 3.5, 4.0, 4.5, 5.0, 6.0, 8.0, 9.0, 10.0, 12.0, 13.0, 15.0, 16.0, 18.0, 20.0, 25.0, 30.0, 35.0, 40.0, 45.0, 50.0 | 拉伸强度/ MPa | ≥ | 70 | 65 | 制作防震门、罩及其他零件 |
| | 拉伸断裂应变/% | ≥ | 3 | — | |
| | 拉伸弹性模量/MPa | ≥ | 3 000 | — | |
| | 简支无缺口冲击强度/(kJ/m²) | ≥ | 17 | 15 | |
| | 维卡软化温度/℃ | ≥ | 100 | — | |
| | 加热时尺寸变化（收缩） | ≤ | 2.5 | — | |
| | 总透光率/% | ≥ | 91 | — | |

# 第四节　起重机常用轧制型材

## 一、冷轧、热轧钢板和钢带、花纹钢板

冷轧钢板和钢带、热轧钢板和钢带和花纹钢板的规格、尺寸数据可参见：GB/T 708—2006《冷轧钢板和钢带的尺寸、外形、重量及允许偏差》、GB/T 709—2006《冷轧钢板和钢带的尺寸、外形、重量及允许偏差》、GB/T 3277—1991《花纹钢板》。表 1-8-33～表 1-8-35 列入了冷轧、热轧钢板和钢带、花纹钢板的规格、尺寸数据。

表 1-8-33　冷轧钢板和钢带规格、尺寸数据（GB/T 708—2006）

| 冷轧钢板和钢带 | 尺寸、规格 | | |
|---|---|---|---|
| 公称厚度 | 0.30 mm～4.00 mm | 公称厚度小于 1 mm 的钢板和钢带：按 0.05 mm 倍数的任何尺寸 | 公称厚度不小于 1 mm 的钢板和钢带：按 0.1 mm 倍数的任何尺寸 |
| 公称宽度 | 600 mm～2 050 mm | 在此范围内，按 10 mm 倍数的任何尺寸 | |
| 公称长度 | 1 000 mm～6 000 mm | 在此范围内，按 50 mm 倍数的任何尺寸 | |

表 1-8-34　热轧钢板和钢带规格、尺寸数据（GB/T 709—2006）

| 热轧钢板和钢带 | 尺寸、规格 | | |
|---|---|---|---|
| 单轧钢板的公称厚度 | 3 mm～400 mm | 公称厚度小于 30 mm 的钢板按 0.5 mm 倍数的任何尺寸 | 厚度不小于 30 mm 的钢板按 1 mm 倍数的任何尺寸 |
| 单轧钢板的公称宽度 | 600 mm～4 800 mm | 在此范围内，按 10 mm 或 50 mm 倍数的任何尺寸 | |

续上表

| 热轧钢板和钢带 | 尺寸、规格 | |
|---|---|---|
| 钢板的公称长度 | 2 000 mm～20 000 mm | 在此范围内,按 50 mm 或 100 mm 倍数的任何尺寸 |
| 钢带(连轧钢板)的公称厚度 | 0.8 mm～25.4 mm | 在此范围内,按 50 mm 或 100 mm 倍数的任何尺寸 |
| 钢带(连轧钢板)的公称宽度 | 600 mm～2 200 mm | 在此范围内,按 10 mm 倍数的任何尺寸 |
| 纵切钢带的公称宽度 | 120 mm～900 mm | |

表 1-8-35　花纹钢板规格、尺寸数据(GB/T 3277—1991)

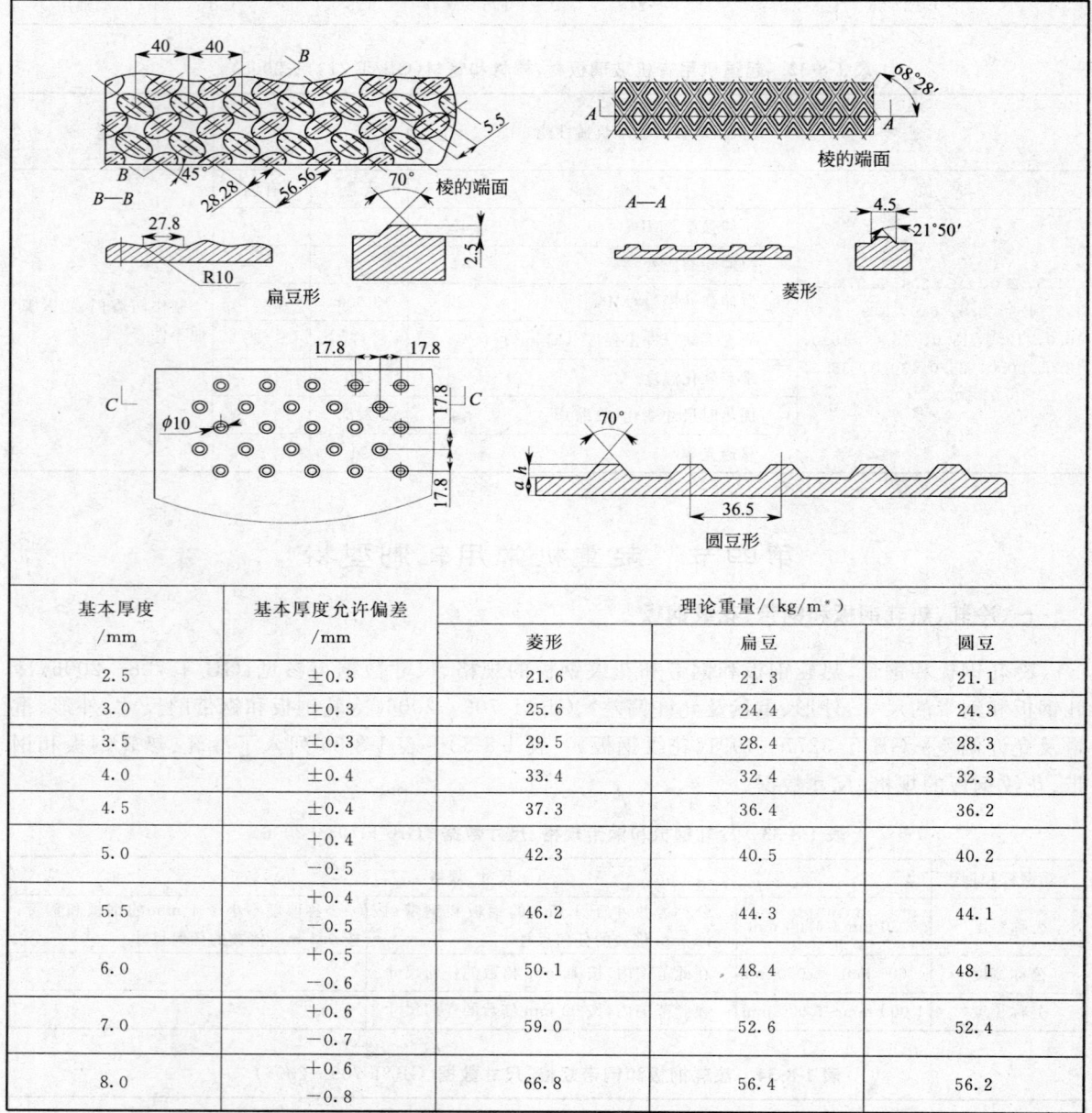

| 基本厚度 /mm | 基本厚度允许偏差 /mm | 理论重量/(kg/m²) | | |
|---|---|---|---|---|
| | | 菱形 | 扁豆 | 圆豆 |
| 2.5 | ±0.3 | 21.6 | 21.3 | 21.1 |
| 3.0 | ±0.3 | 25.6 | 24.4 | 24.3 |
| 3.5 | ±0.3 | 29.5 | 28.4 | 28.3 |
| 4.0 | ±0.4 | 33.4 | 32.4 | 32.3 |
| 4.5 | ±0.4 | 37.3 | 36.4 | 36.2 |
| 5.0 | +0.4 −0.5 | 42.3 | 40.5 | 40.2 |
| 5.5 | +0.4 −0.5 | 46.2 | 44.3 | 44.1 |
| 6.0 | +0.5 −0.6 | 50.1 | 48.4 | 48.1 |
| 7.0 | +0.6 −0.7 | 59.0 | 52.6 | 52.4 |
| 8.0 | +0.6 −0.8 | 66.8 | 56.4 | 56.2 |

注:1. 花纹纹高不小于基板厚度的 0.2 倍。
　　2. 花纹钢板的平面度应符合 GB/T 709 的规定。
　　3. 花纹钢板按实际重量或理论重量交货。
　　4. 宽度为 600 mm～1 800 mm 按 50 mm 进级；长度为 2 000 mm～12 000 mm 按 100 mm 进级。
　\* 按 GB/T 3102.8—1993 规定,重量单位为 N,质量单位为 kg,此处仍保留理论重量；单位见表中。

花纹钢标记示例:用 Q235-A 钢制成的,尺寸为 4 mm×1 000 mm×4 000 mm 圆豆形花纹钢板,其标记为:圆豆形花纹钢板 Q235-A-4×1 000×4 000-GB/T 3277—1991。

## 二、热轧圆钢、方钢及扁钢

热轧圆钢、方钢及扁钢的型号规格、尺寸数据可参见 GBT 702—2008《热轧钢棒尺寸、外形、重量及允许偏差》。表 1-8-36～表 1-8-38 为热轧圆钢、方钢及扁钢的型号规格、尺寸数据。

**表 1-8-36　热轧圆钢和方钢的尺寸规格(GB/T 702—2008)**

| 公称直径或边长/mm |
|---|
| 5.5,6,7,8,9,10,11,12,13,14,15,16,17,18,19,20,21,22,23,24,25,26,27,28,29,30, |
| 31,32,33,34,35,36,38,40,42,45,48,50,53,55,56,58,60,63,65,68,70,75,80,85,90, |
| 95,100,105,110,115,120,125,130,135,140,145,150,155,160,165,170,180,190,200, |
| (210,220,230,240,250,260,270,280,290,300,310) |

注:1. 理论重量(kg/m)按理论横截面面积、1m 长、密度 7.85 g/cm³ 进行计算;
　　2. 表中括号内数字只有圆钢规格、无方钢规格。

**表 1-8-37　热轧圆钢、方钢和扁钢的通常长度及短尺长度(GB/T 702—2008)**

| 钢　类 | 通常长度 | | 短尺长度/m(不小于) |
|---|---|---|---|
| | 截面公称尺寸/mm | 钢棒长度/m | |
| 普通质量钢<br>(圆钢和方钢) | ≤25 | 4～12 | 2.5 |
| | ＞25 | 3～12 | |
| 优质及特殊质量钢<br>(圆钢和方钢) | 全部规格 | 2～12 | 1.5 |
| | 碳素和<br>合金工具钢　≤75 | 2～12 | 1.0 |
| | 　　　　　　　　＞75 | 1～8 | 0.5 |
| 普通质量钢<br>(扁钢) | 理论重量≤19 kg/m | 3～9 | ≥1.5 |
| | 理论重量≥19 kg/m | 3～7 | |
| 优质及特殊质量钢(扁钢) | | 2～6 | |

**表 1-8-38　热轧扁钢的尺寸规格及理论重量(GB/T 702—2008)**

| 宽度/mm | 厚度/mm | 宽度/mm | 厚度/mm | 宽度/mm | 厚度/mm | 宽度/mm | 厚度/mm |
|---|---|---|---|---|---|---|---|
| 10 | 3～8 | 32 | 3～20 | 80 | 4～56 | 140 | 7～60 |
| 12 | 3～8 | 35 | 3～28 | 85 | 5～60 | 150 | 7～60 |
| 14 | 3～8 | 40 | 3～28 | 90 | 5～60 | 160 | 7～60 |
| 16 | 3～10 | 45 | 3～36 | 95 | 5～60 | 180 | 7～60 |
| 18 | 3～10 | 50 | 3～36 | 100 | 5～60 | 200 | 7～60 |
| 20 | 3～12 | 55 | 3～36 | 105 | 5～60 | — | — |
| 22 | 3～12 | 60 | 4～45 | 110 | 5～60 | | |
| 25 | 3～16 | 65 | 4～45 | 120 | 5～60 | | |
| 28 | 3～16 | 70 | 4～45 | 125 | 6～60 | | |
| 30 | 3～20 | 75 | 4～45 | 130 | 6～60 | | |
| 厚度规格/mm | 3,4,5,6,7,8,9,10,11,12,14,16,18,20,22,25,28,30,32,36,40,45,50,56,60 | | | | | | |

注:理论重量计算中,钢材密度为 7.85 g/cm³。

### 三、热轧工字钢、槽钢、等边角钢、不等边角钢、L型角钢

热轧工字钢、槽钢、等边角钢、不等边角钢、L型角钢的型号、规格及截面参数可参见 GB/T 706—2008《热轧型钢》。表 1-8-39～表 1-8-43 分别为热轧工字钢、槽钢、等边角钢、不等边角钢、L型角钢的型号、单位长度重量、断面尺寸以及断面惯性矩等数据。

表 1-8-39 热轧工字钢（GB/T 706—2008）

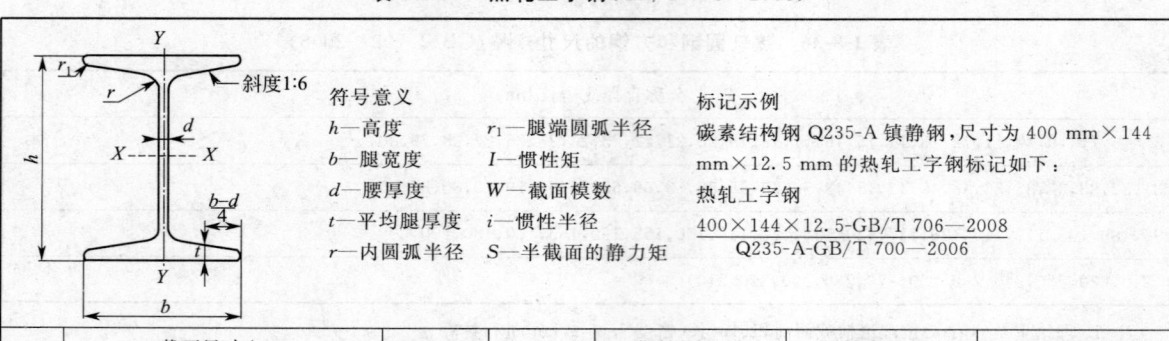

| 型号 | 截面尺寸/mm | | | | | | 截面面积/cm² | 理论重量/(kg/m) | 惯性矩/cm⁴ | | 惯性半径/cm | | 截面模数/cm³ | |
|---|---|---|---|---|---|---|---|---|---|---|---|---|---|---|
| | $h$ | $b$ | $d$ | $T$ | $r$ | $r_1$ | | | $I_x$ | $I_y$ | $i_x$ | $i_y$ | $W_x$ | $W_y$ |
| 10 | 100 | 68 | 4.5 | 7.6 | 6.5 | 3.3 | 14.345 | 11.261 | 245 | 33.0 | 4.14 | 1.52 | 49.0 | 9.72 |
| 12 | 120 | 74 | 5.0 | 8.4 | 7.0 | 3.5 | 17.818 | 13.987 | 436 | 46.9 | 4.95 | 1.62 | 72.7 | 12.7 |
| 12.6 | 126 | 74 | 5.0 | 8.4 | 7.0 | 3.5 | 18.118 | 14.223 | 488 | 46.9 | 5.20 | 1.61 | 77.5 | 12.7 |
| 14 | 140 | 80 | 5.5 | 9.1 | 7.5 | 3.8 | 21.516 | 16.890 | 712 | 64.4 | 5.76 | 1.73 | 102 | 16.1 |
| 16 | 160 | 88 | 6.0 | 9.9 | 8.0 | 4.0 | 26.131 | 20.153 | 1 130 | 93.1 | 6.58 | 1.89 | 141 | 21.2 |
| 18 | 180 | 94 | 6.5 | 10.7 | 8.5 | 4.3 | 30.756 | 24.143 | 1 660 | 122 | 7.36 | 2.00 | 185 | 26.0 |
| 20a | 220 | 100 | 7.0 | 11.4 | 9.0 | 4.5 | 35.578 | 27.929 | 2 370 | 158 | 8.15 | 2.12 | 237 | 31.5 |
| 20b | | 102 | 9.0 | | | | 39.578 | 31.069 | 2 500 | 169 | 7.96 | 2.06 | 250 | 33.1 |
| 22a | 220 | 110 | 7.5 | 12.3 | 9.5 | 4.8 | 42.128 | 33.070 | 3 400 | 225 | 8.99 | 2.31 | 309 | 40.9 |
| 22b | | 112 | 9.5 | | | | 46.528 | 36.524 | 3 570 | 239 | 8.78 | 2.27 | 325 | 42.7 |
| 24a | 240 | 116 | 8.0 | 13.0 | 10.0 | 5.0 | 47.741 | 37.477 | 4 570 | 280 | 9.77 | 2.42 | 381 | 48.4 |
| 24b | | 118 | 10.0 | | | | 52.541 | 41.245 | 4 800 | 297 | 9.57 | 2.38 | 400 | 50.4 |
| 25a | 250 | 116 | 8.0 | | | | 48.541 | 38.105 | 5 020 | 280 | 10.2 | 2.40 | 402 | 48.3 |
| 25b | | 118 | 10.0 | | | | 53.541 | 42.030 | 5 280 | 309 | 9.94 | 2.40 | 423 | 52.4 |
| 27a | 270 | 122 | 8.5 | 13.7 | 10.5 | 5.3 | 54.554 | 42.825 | 6 550 | 345 | 10.9 | 2.51 | 485 | 56.6 |
| 27b | | 124 | 10.5 | | | | 59.954 | 47.064 | 6 870 | 366 | 10.7 | 2.47 | 509 | 58.9 |
| 28a | 280 | 122 | 8.5 | | | | 55.404 | 43.492 | 7 110 | 345 | 11.3 | 2.50 | 508 | 56.6 |
| 28b | | 124 | 10.5 | | | | 61.004 | 47.888 | 7 480 | 379 | 11.1 | 2.49 | 534 | 61.2 |
| 30a | 300 | 126 | 9.0 | 14.4 | 11.0 | 5.5 | 61.254 | 48.084 | 8 950 | 400 | 12.1 | 2.55 | 597 | 63.5 |
| 30b | | 128 | 11.0 | | | | 67.254 | 52.794 | 9 400 | 422 | 11.8 | 2.50 | 627 | 65.9 |
| 30c | | 130 | 13.0 | | | | 73.254 | 57.504 | 9 850 | 445 | 11.6 | 2.46 | 657 | 68.5 |
| 32a | 320 | 130 | 9.5 | 15.0 | 11.5 | 5.8 | 67.156 | 52.717 | 11 100 | 460 | 12.8 | 2.62 | 692 | 70.8 |
| 32b | | 132 | 11.5 | | | | 73.556 | 57.741 | 11 600 | 502 | 12.6 | 2.61 | 726 | 76.0 |
| 32c | | 134 | 13.5 | | | | 79.956 | 62.765 | 12 200 | 544 | 12.3 | 2.61 | 760 | 81.2 |
| 36a | 360 | 136 | 10.0 | 15.8 | 12.0 | 6.0 | 76.480 | 60.037 | 15 800 | 552 | 14.4 | 2.69 | 875 | 81.2 |
| 36b | | 138 | 12.0 | | | | 83.680 | 65.689 | 16 500 | 582 | 14.1 | 2.64 | 919 | 84.3 |
| 36c | | 140 | 14.0 | | | | 90.880 | 71.341 | 17 300 | 612 | 13.8 | 2.60 | 962 | 87.4 |

续上表

| 型号 | 截面尺寸/mm | | | | | | 截面面积 /cm² | 理论重量 /(kg/m) | 惯性矩/cm⁴ | | 惯性半径/cm | | 截面模数/cm³ | |
|---|---|---|---|---|---|---|---|---|---|---|---|---|---|---|
| | $h$ | $b$ | $d$ | $T$ | $r$ | $r_1$ | | | $I_x$ | $I_y$ | $i_x$ | $i_y$ | $W_x$ | $W_y$ |
| 40a | 400 | 142 | 10.5 | 16.5 | 12.5 | 6.3 | 86.112 | 67.598 | 21 700 | 660 | 15.9 | 2.77 | 1 090 | 93.2 |
| 40b | 400 | 144 | 12.5 | 16.5 | 12.5 | 6.3 | 94.112 | 73.878 | 22 800 | 692 | 15.6 | 2.71 | 1 140 | 96.2 |
| 40c | | 146 | 14.5 | | | | 102.112 | 80.158 | 23 900 | 727 | 15.2 | 2.65 | 1 190 | 99.6 |
| 45a | 450 | 150 | 11.5 | 18.0 | 13.5 | 6.8 | 102.446 | 80.420 | 32 200 | 855 | 17.7 | 2.89 | 1 430 | 114 |
| 45b | | 152 | 13.5 | | | | 111.446 | 87.485 | 33 800 | 894 | 17.4 | 2.84 | 1 500 | 118 |
| 45c | | 154 | 15.5 | | | | 120.446 | 94.550 | 35 300 | 938 | 17.1 | 2.79 | 1 570 | 122 |
| 50a | 500 | 158 | 12.0 | 20.0 | 14.0 | 7.0 | 119.304 | 93.654 | 46 500 | 1 120 | 19.7 | 3.07 | 1 860 | 142 |
| 50b | | 160 | 14.0 | | | | 129.304 | 101.504 | 48 600 | 1 170 | 19.4 | 3.01 | 1 940 | 146 |
| 50c | | 162 | 16.0 | | | | 139.304 | 109.354 | 50 600 | 1 220 | 19.0 | 2.96 | 2 080 | 151 |
| 55a | 550 | 166 | 12.5 | 21.0 | 14.5 | 7.3 | 134.185 | 105.335 | 62 900 | 1 370 | 21.6 | 3.19 | 2 290 | 164 |
| 55b | | 168 | 14.5 | | | | 145.185 | 113.970 | 65 600 | 1 420 | 21.2 | 3.14 | 2 390 | 170 |
| 55c | | 170 | 16.5 | | | | 156.185 | 122.605 | 68 400 | 1 480 | 20.9 | 3.08 | 2 490 | 175 |
| 56a | 560 | 166 | 12.5 | 21.0 | 14.5 | 7.3 | 135.435 | 106.316 | 65 600 | 1 370 | 22.0 | 3.18 | 2 340 | 165 |
| 56b | | 168 | 14.5 | | | | 146.635 | 115.108 | 68 500 | 1 490 | 21.6 | 3.16 | 2 450 | 174 |
| 56c | | 170 | 16.5 | | | | 157.835 | 123.900 | 71 400 | 1 560 | 21.3 | 3.16 | 2 550 | 183 |
| 63a | 630 | 176 | 13.0 | 22.0 | 15.0 | 7.5 | 154.658 | 121.407 | 93 900 | 1 700 | 24.5 | 3.31 | 2 980 | 193 |
| 63b | | 178 | 15.0 | | | | 167.258 | 131.298 | 98 100 | 1 810 | 24.2 | 3.29 | 3 160 | 204 |
| 63c | | 180 | 17.0 | | | | 179.858 | 141.189 | 102 000 | 1 920 | 23.8 | 3.27 | 3 300 | 214 |

注：表中 $r$、$r_1$ 的数据用于孔型设计，不做交货条件。

表 1-8-40　热轧槽钢（GB/T 706—2008）

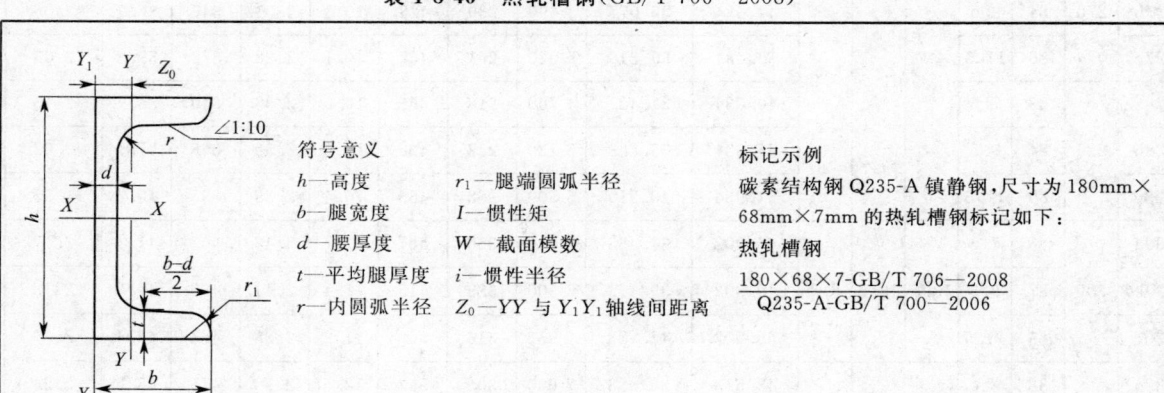

符号意义
$h$—高度　　$r_1$—腿端圆弧半径
$b$—腿宽度　　$I$—惯性矩
$d$—腰厚度　　$W$—截面模数
$t$—平均腿厚度　　$i$—惯性半径
$r$—内圆弧半径　　$Z_0$—YY 与 $Y_1Y_1$ 轴线间距离

标记示例
碳素结构钢 Q235-A 镇静钢，尺寸为 180mm×68mm×7mm 的热轧槽钢标记如下：
**热轧槽钢**
180×68×7-GB/T 706—2008
Q235-A-GB/T 700—2006

| 型号 | 截面尺寸/mm | | | | | | 截面面积 /cm² | 理论重量 /(kg/m) | 惯性矩 /cm⁴ | | | 惯性半径 /cm | | 截面模数 /cm³ | | 重心距离 /cm |
|---|---|---|---|---|---|---|---|---|---|---|---|---|---|---|---|---|
| | $h$ | $b$ | $d$ | $t$ | $r$ | $r_1$ | | | $I_x$ | $I_y$ | $I_{y1}$ | $i_x$ | $i_y$ | $W_x$ | $W_y$ | $Z_0$ |
| 5 | 50 | 37 | 4.5 | 7.0 | 7.0 | 3.5 | 6.928 | 5.438 | 26.0 | 8.30 | 20.9 | 1.94 | 1.10 | 10.4 | 3.55 | 1.35 |
| 6.3 | 63 | 40 | 4.8 | 7.5 | 7.5 | 3.8 | 8.451 | 6.634 | 50.8 | 11.9 | 28.4 | 2.45 | 1.19 | 16.1 | 4.50 | 1.36 |
| 6.5 | 65 | 40 | 4.3 | 7.5 | 7.5 | 3.8 | 8.457 | 6.709 | 55.2 | 12.0 | 28.3 | 2.54 | 1.19 | 17.0 | 4.59 | 1.38 |
| 8 | 80 | 43 | 5.0 | 8.0 | 8.0 | 4.0 | 10.248 | 8.045 | 101 | 16.6 | 37.4 | 3.15 | 1.27 | 25.3 | 5.79 | 1.43 |
| 10 | 100 | 48 | 5.3 | 8.5 | 8.5 | 4.2 | 12.748 | 10.007 | 198 | 25.6 | 54.9 | 3.95 | 1.41 | 39.7 | 7.80 | 1.52 |
| 12 | 120 | 53 | 5.5 | 9.0 | 9.0 | 4.5 | 15.362 | 12.059 | 346 | 37.4 | 77.7 | 4.75 | 1.56 | 57.7 | 10.2 | 1.62 |
| 12.6 | 126 | 53 | 5.5 | 9.0 | 9.0 | 4.5 | 15.692 | 12.318 | 391 | 38.0 | 77.1 | 4.95 | 1.57 | 62.1 | 10.2 | 1.59 |

续上表

| 型号 | 截面尺寸/mm | | | | | | 截面面积/cm² | 理论重量/(kg/m) | 惯性矩/cm⁴ | | | 惯性半径/cm | | 截面模数/cm³ | | 重心距离/cm |
|---|---|---|---|---|---|---|---|---|---|---|---|---|---|---|---|---|
| | h | b | d | t | r | $r_1$ | | | $I_x$ | $I_y$ | $I_{y1}$ | $i_x$ | $i_y$ | $W_x$ | $W_y$ | $Z_0$ |
| 14a | 140 | 58 | 6.0 | 9.5 | 9.5 | 4.8 | 18.516 | 14.535 | 564 | 53.2 | 107 | 5.52 | 1.70 | 80.5 | 13.0 | 1.71 |
| 14b | 140 | 60 | 8.0 | 9.5 | 9.5 | 4.8 | 21.316 | 16.733 | 609 | 61.1 | 123 | 5.35 | 1.69 | 87.1 | 14.1 | 1.67 |
| 16a | 160 | 63 | 6.5 | 10.0 | 10.0 | 5.0 | 21.962 | 17.24 | 866 | 73.3 | 144 | 6.28 | 1.83 | 108 | 16.3 | 1.80 |
| 16b | 160 | 65 | 8.5 | 10.0 | 10.0 | 5.0 | 25.162 | 19.752 | 935 | 83.4 | 161 | 6.10 | 1.82 | 117 | 17.6 | 1.75 |
| 18a | 180 | 68 | 7.0 | 10.5 | 10.5 | 5.2 | 25.699 | 20.174 | 1 270 | 98.6 | 190 | 7.04 | 1.96 | 141 | 20.0 | 1.88 |
| 18b | 180 | 70 | 9.0 | 10.5 | 10.5 | 5.2 | 29.299 | 23.000 | 1 370 | 111 | 210 | 6.84 | 1.95 | 152 | 21.5 | 1.84 |
| 20a | 200 | 73 | 7.0 | 11.0 | 11.0 | 5.5 | 28.837 | 22.637 | 1 780 | 128 | 244 | 7.86 | 2.11 | 178 | 24.2 | 2.01 |
| 20b | 200 | 75 | 9.0 | 11.0 | 11.0 | 5.5 | 32.837 | 25.777 | 1 910 | 144 | 268 | 7.64 | 2.09 | 191 | 25.9 | 1.95 |
| 22a | 220 | 77 | 7.0 | 11.5 | 11.5 | 5.8 | 31.846 | 24.999 | 2 390 | 158 | 298 | 8.67 | 2.23 | 218 | 28.2 | 2.10 |
| 22b | 220 | 79 | 9.0 | 11.5 | 11.5 | 5.8 | 36.246 | 28.453 | 2 570 | 176 | 326 | 8.42 | 2.21 | 234 | 30.1 | 2.03 |
| 24a | 240 | 78 | 7.0 | 12.0 | 12.0 | 6.0 | 34.217 | 26.860 | 3 050 | 174 | 325 | 9.45 | 2.25 | 254 | 30.5 | 2.10 |
| 24b | 240 | 80 | 9.0 | 12.0 | 12.0 | 6.0 | 39.017 | 30.628 | 3 280 | 194 | 355 | 9.17 | 2.23 | 274 | 32.5 | 2.03 |
| 24c | 240 | 82 | 11.0 | 12.0 | 12.0 | 6.0 | 43.817 | 34.396 | 3 510 | 213 | 388 | 8.96 | 2.21 | 293 | 34.4 | 2.00 |
| 25a | 250 | 78 | 7.0 | 12.0 | 12.0 | 6.0 | 34.917 | 27.410 | 3 370 | 176 | 322 | 9.82 | 2.24 | 270 | 30.6 | 2.07 |
| 25b | 250 | 80 | 9.0 | 12.0 | 12.0 | 6.0 | 39.917 | 31.335 | 3 530 | 196 | 353 | 9.41 | 2.22 | 282 | 32.7 | 1.98 |
| 25c | 250 | 82 | 11.0 | 12.0 | 12.0 | 6.0 | 44.917 | 35.260 | 3 690 | 218 | 384 | 9.07 | 2.21 | 295 | 35.9 | 1.92 |
| 27a | 270 | 82 | 7.5 | 12.5 | 12.5 | 6.2 | 39.284 | 30.838 | 4 360 | 216 | 393 | 10.5 | 2.34 | 323 | 35.5 | 2.13 |
| 27b | 270 | 84 | 9.5 | 12.5 | 12.5 | 6.2 | 44.684 | 35.077 | 4 690 | 239 | 428 | 10.3 | 2.31 | 347 | 37.7 | 2.06 |
| 27c | 270 | 86 | 11.5 | 12.5 | 12.5 | 6.2 | 50.084 | 39.316 | 5 020 | 261 | 467 | 10.1 | 2.28 | 372 | 39.8 | 2.03 |
| 28a | 280 | 82 | 7.5 | 12.5 | 12.5 | 6.2 | 40.034 | 31.427 | 4 760 | 218 | 388 | 10.9 | 2.33 | 340 | 35.7 | 2.10 |
| 28b | 280 | 84 | 9.5 | 12.5 | 12.5 | 6.2 | 45.634 | 35.823 | 5 130 | 242 | 428 | 10.6 | 2.30 | 366 | 37.9 | 2.02 |
| 28c | 280 | 86 | 11.5 | 12.5 | 12.5 | 6.2 | 51.234 | 40.219 | 5 500 | 268 | 463 | 10.4 | 2.29 | 393 | 40.3 | 1.95 |
| 30a | 300 | 85 | 7.5 | 13.5 | 13.5 | 6.8 | 43.902 | 34.463 | 6 050 | 260 | 467 | 11.7 | 2.43 | 403 | 41.1 | 2.17 |
| 30b | 300 | 87 | 9.5 | 13.5 | 13.5 | 6.8 | 49.902 | 39.173 | 6 500 | 289 | 515 | 11.4 | 2.41 | 433 | 44.0 | 2.13 |
| 30c | 300 | 89 | 11.5 | 13.5 | 13.5 | 6.8 | 55.902 | 43.883 | 6 950 | 316 | 560 | 11.2 | 2.38 | 463 | 46.4 | 2.09 |
| 32a | 320 | 88 | 8.0 | 14.0 | 14.0 | 7.0 | 48.513 | 38.083 | 7 600 | 305 | 552 | 12.5 | 2.50 | 475 | 46.5 | 2.24 |
| 32b | 320 | 90 | 10.0 | 14.0 | 14.0 | 7.0 | 54.913 | 43.107 | 8 140 | 336 | 593 | 12.2 | 2.47 | 509 | 49.2 | 2.16 |
| 32c | 320 | 92 | 12.0 | 14.0 | 14.0 | 7.0 | 61.313 | 48.131 | 8 690 | 374 | 643 | 11.9 | 2.47 | 543 | 52.6 | 2.09 |
| 36a | 360 | 96 | 9.0 | 16.0 | 16.0 | 8.0 | 60.910 | 47.814 | 11 900 | 455 | 818 | 14.0 | 2.73 | 660 | 63.5 | 2.44 |
| 36b | 360 | 98 | 11.0 | 16.0 | 16.0 | 8.0 | 68.110 | 53.466 | 12 700 | 497 | 880 | 13.6 | 2.70 | 703 | 66.9 | 2.37 |
| 36c | 360 | 100 | 13.0 | 16.0 | 16.0 | 8.0 | 75.310 | 59.118 | 13 400 | 536 | 948 | 13.4 | 2.67 | 746 | 70.0 | 2.34 |
| 40a | 400 | 100 | 10.5 | 18.0 | 18.0 | 9.0 | 75.068 | 58.928 | 17 600 | 592 | 1 070 | 15.3 | 2.81 | 879 | 78.8 | 2.49 |
| 40b | 400 | 102 | 12.5 | 18.0 | 18.0 | 9.0 | 83.068 | 65.208 | 18 600 | 640 | 114 | 15.0 | 2.78 | 932 | 82.5 | 2.44 |
| 40c | 400 | 104 | 14.5 | 18.0 | 18.0 | 9.0 | 91.068 | 71.488 | 19 700 | 688 | 1 220 | 14.7 | 2.75 | 986 | 86.2 | 2.42 |

注：表中 $r$、$r_1$ 的数据用于孔型设计，不做交货条件。

表 1-8-41 热轧等边角钢(GB/T 706—2008)

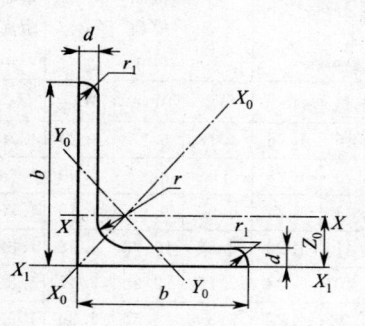

符号意义
$b$—边宽度　　　$d$—边厚度
$r$—内圆弧半径　$r_1$—边端圆弧半径
$I$—惯性矩　　　$i$—惯性半径
$W$—截面模数　　$Z_0$—重心距离

标记示例
碳素结构钢 Q235—A 镇静钢，尺寸为 160 mm×160 mm×16 mm 的热轧等边角钢标记如下：
热轧等边角钢
160×160×16-GB/T 706—2008
Q235-A-GB/T700—2006

| 型号 | 截面尺寸 /mm | | | 截面面积 /cm² | 理论重量 /(kg/m) | 外表面积 /(m²/m) | 惯性矩 /cm⁴ | | | | 惯性半径 /cm | | | 截面模数 /cm³ | | | 重心距离 /cm |
|---|---|---|---|---|---|---|---|---|---|---|---|---|---|---|---|---|---|
| | $b$ | $d$ | $r$ | | | | $I_x$ | $I_{x1}$ | $I_{x0}$ | $I_{y0}$ | $i_x$ | $i_{x0}$ | $i_{y0}$ | $W_x$ | $W_{x0}$ | $W_{y0}$ | $Z_0$ |
| 2 | 20 | 3 | 3.5 | 1.132 | 0.889 | 0.078 | 0.40 | 0.81 | 0.63 | 0.17 | 0.59 | 0.75 | 0.39 | 0.29 | 0.45 | 0.20 | 0.60 |
| | | 4 | | 1.459 | 1.145 | 0.077 | 0.50 | 1.09 | 0.78 | 0.22 | 0.58 | 0.73 | 0.38 | 0.36 | 0.55 | 0.24 | 0.64 |
| 2.5 | 25 | 3 | | 1.432 | 1.124 | 0.098 | 0.82 | 1.57 | 1.29 | 0.34 | 0.76 | 0.95 | 0.49 | 0.46 | 0.73 | 0.33 | 0.73 |
| | | 4 | | 1.859 | 1.459 | 0.097 | 1.03 | 2.11 | 1.62 | 0.43 | 0.74 | 0.93 | 0.48 | 0.59 | 0.92 | 0.40 | 0.76 |
| 3 | 30 | 3 | | 1.749 | 1.373 | 0.117 | 1.46 | 2.71 | 2.31 | 0.61 | 0.91 | 1.15 | 0.59 | 0.68 | 1.09 | 0.51 | 0.85 |
| | | 4 | | 2.276 | 1.786 | 0.117 | 1.84 | 3.63 | 2.92 | 0.77 | 0.90 | 1.13 | 0.58 | 0.87 | 1.37 | 0.62 | 0.89 |
| 3.6 | 36 | 3 | 4.5 | 2.109 | 1.656 | 0.141 | 2.58 | 4.68 | 4.09 | 1.07 | 1.11 | 1.39 | 0.71 | 0.99 | 1.61 | 0.76 | 1.00 |
| | | 4 | | 2.756 | 2.163 | 0.141 | 3.29 | 6.25 | 5.22 | 1.37 | 1.09 | 1.38 | 0.70 | 1.28 | 2.05 | 0.93 | 1.04 |
| | | 5 | | 3.382 | 2.654 | 0.141 | 3.95 | 7.84 | 6.24 | 1.65 | 1.08 | 1.36 | 0.70 | 1.56 | 2.45 | 1.00 | 1.07 |
| 4 | 40 | 3 | | 2.359 | 1.852 | 0.157 | 3.59 | 6.41 | 5.69 | 1.49 | 1.23 | 1.55 | 0.79 | 1.23 | 2.01 | 0.96 | 1.09 |
| | | 4 | | 3.086 | 2.422 | 0.157 | 4.60 | 8.56 | 7.29 | 1.91 | 1.22 | 1.54 | 0.79 | 1.60 | 2.58 | 1.19 | 1.13 |
| | | 5 | | 3.791 | 2.976 | 0.156 | 5.53 | 10.74 | 8.76 | 2.30 | 1.21 | 1.52 | 0.78 | 1.96 | 3.10 | 1.39 | 1.17 |
| 4.5 | 45 | 3 | 5 | 2.659 | 2.088 | 0.177 | 5.17 | 9.12 | 8.20 | 2.14 | 1.40 | 1.76 | 0.89 | 1.58 | 2.58 | 1.24 | 1.22 |
| | | 4 | | 3.486 | 2.736 | 0.177 | 6.65 | 12.18 | 10.56 | 2.75 | 1.38 | 1.74 | 0.89 | 2.05 | 3.32 | 1.54 | 1.26 |
| | | 5 | | 4.292 | 3.369 | 0.176 | 8.04 | 15.2 | 12.74 | 3.33 | 1.37 | 1.72 | 0.88 | 2.51 | 4.00 | 1.81 | 1.30 |
| | | 6 | | 5.076 | 3.985 | 0.176 | 9.33 | 18.36 | 14.76 | 3.89 | 1.36 | 1.70 | 0.8 | 2.95 | 4.64 | 2.06 | 1.33 |
| 5 | 50 | 3 | 5.5 | 2.971 | 2.332 | 0.197 | 7.18 | 12.50 | 11.37 | 2.98 | 1.55 | 1.96 | 1.00 | 1.96 | 3.22 | 1.57 | 1.34 |
| | | 4 | | 3.897 | 3.059 | 0.197 | 9.26 | 16.69 | 14.70 | 3.82 | 1.54 | 1.94 | 0.99 | 2.56 | 4.16 | 1.96 | 1.38 |
| | | 5 | | 4.803 | 3.770 | 0.196 | 11.21 | 20.90 | 17.79 | 4.64 | 1.53 | 1.93 | 0.98 | 3.13 | 5.03 | 2.31 | 1.42 |
| | | 6 | | 5.688 | 4.465 | 0.196 | 13.05 | 25.14 | 20.68 | 5.42 | 1.52 | 1.91 | 0.98 | 3.68 | 5.85 | 2.63 | 1.46 |
| 5.6 | 56 | 3 | 6 | 3.343 | 2.624 | 0.221 | 10.19 | 17.56 | 16.14 | 4.24 | 1.75 | 2.20 | 1.13 | 2.48 | 4.08 | 2.02 | 1.48 |
| | | 4 | | 4.390 | 3.446 | 0.220 | 13.18 | 23.43 | 20.92 | 5.46 | 1.73 | 2.18 | 1.11 | 3.24 | 5.28 | 2.52 | 1.53 |
| | | 5 | | 5.415 | 4.251 | 0.220 | 16.02 | 29.33 | 25.42 | 6.61 | 1.72 | 2.17 | 1.10 | 3.97 | 6.42 | 2.98 | 1.57 |
| | | 6 | | 6.420 | 5.040 | 0.220 | 18.69 | 35.26 | 29.66 | 7.73 | 1.71 | 2.15 | 1.10 | 4.68 | 7.49 | 3.40 | 1.61 |
| | | 7 | | 7.404 | 5.812 | 0.219 | 21.23 | 41.23 | 33.63 | 8.82 | 1.69 | 2.13 | 1.09 | 5.36 | 8.49 | 3.80 | 1.64 |
| | | 8 | | 8.367 | 6.568 | 0.219 | 23.63 | 47.24 | 37.37 | 9.89 | 1.68 | 2.11 | 1.09 | 6.03 | 9.44 | 4.16 | 1.68 |
| 6 | 60 | 5 | 6.5 | 5.829 | 4.57 | 0.236 | 19.89 | 36.05 | 31.57 | 8.21 | 1.85 | 2.33 | 1.19 | 4.59 | 7.44 | 3.48 | 1.67 |
| | | 6 | | 6.914 | 5.42 | 0.235 | 23.25 | 43.33 | 36.89 | 9.60 | 1.83 | 2.31 | 1.18 | 5.41 | 8.70 | 3.98 | 1.70 |
| | | 7 | | 7.977 | 6.262 | 0.235 | 26.44 | 50.65 | 41.92 | 10.96 | 1.82 | 2.29 | 1.17 | 6.21 | 9.88 | 4.45 | 1.74 |
| | | 8 | | 9.020 | 7.081 | 0.235 | 29.47 | 58.02 | 46.66 | 12.28 | 1.81 | 2.27 | 1.17 | 6.98 | 11.00 | 4.88 | 1.78 |

续上表

| 型号 | 截面尺寸/mm | | | 截面面积/cm² | 理论重量/(kg/m) | 外表面积/(m²/m) | 惯性矩/cm⁴ | | | | 惯性半径/cm | | | 截面模数/cm³ | | | 重心距离/cm |
|---|---|---|---|---|---|---|---|---|---|---|---|---|---|---|---|---|---|
| | $b$ | $d$ | $r$ | | | | $I_x$ | $I_{x1}$ | $I_{x0}$ | $I_{y0}$ | $i_x$ | $i_{x0}$ | $i_{y0}$ | $W_x$ | $W_{x0}$ | $W_{y0}$ | $Z_0$ |
| 6.3 | 63 | 4 | 7 | 4.978 | 3.907 | 0.248 | 19.03 | 33.35 | 30.17 | 7.89 | 1.96 | 2.46 | 1.26 | 4.13 | 6.78 | 3.29 | 1.70 |
| | | 5 | | 6.143 | 4.822 | 0.248 | 23.17 | 41.73 | 36.77 | 9.57 | 1.94 | 2.45 | 1.25 | 5.08 | 8.25 | 3.90 | 1.74 |
| | | 6 | | 7.288 | 5.721 | 0.247 | 27.12 | 50.14 | 43.03 | 11.20 | 1.93 | 2.43 | 1.24 | 6.00 | 9.66 | 4.46 | 1.78 |
| | | 7 | | 8.412 | 6.603 | 0.247 | 30.87 | 58.60 | 48.96 | 12.79 | 1.92 | 2.41 | 1.23 | 6.88 | 10.99 | 4.98 | 1.82 |
| | | 8 | | 9.515 | 7.469 | 0.247 | 34.46 | 67.11 | 54.56 | 14.33 | 1.90 | 2.40 | 1.23 | 7.75 | 12.25 | 5.47 | 1.85 |
| | | 10 | | 11.657 | 9.151 | 0.246 | 41.09 | 84.31 | 64.85 | 17.33 | 1.88 | 2.36 | 1.22 | 9.39 | 14.56 | 6.36 | 1.93 |
| 7 | 70 | 4 | 8 | 5.570 | 4.372 | 0.275 | 26.39 | 45.74 | 41.80 | 10.99 | 2.18 | 2.74 | 1.40 | 5.14 | 8.44 | 4.17 | 1.86 |
| | | 5 | | 6.875 | 5.397 | 0.275 | 32.21 | 57.21 | 51.08 | 13.31 | 2.16 | 2.73 | 1.39 | 6.32 | 10.32 | 4.95 | 1.91 |
| | | 6 | | 8.160 | 6.406 | 0.275 | 37.77 | 68.73 | 59.93 | 15.61 | 2.15 | 2.71 | 1.38 | 7.48 | 12.11 | 5.67 | 1.95 |
| | | 7 | | 9.424 | 7.398 | 0.275 | 43.09 | 80.29 | 68.35 | 17.82 | 2.14 | 2.69 | 1.38 | 8.59 | 13.81 | 6.34 | 1.99 |
| | | 8 | | 10.667 | 8.373 | 0.274 | 48.17 | 91.92 | 76.37 | 19.98 | 2.12 | 2.68 | 1.37 | 9.68 | 15.43 | 6.98 | 2.03 |
| 7.5 | 75 | 5 | 9 | 7.412 | 5.818 | 0.295 | 39.97 | 70.56 | 63.30 | 16.63 | 2.23 | 2.92 | 1.50 | 7.32 | 11.94 | 5.77 | 2.04 |
| | | 6 | | 8.797 | 6.905 | 0.294 | 46.95 | 84.55 | 74.38 | 19.51 | 2.31 | 2.90 | 1.49 | 8.64 | 14.02 | 6.67 | 2.07 |
| | | 7 | | 10.160 | 7.976 | 0.294 | 53.57 | 98.71 | 84.96 | 22.18 | 2.30 | 2.89 | 1.48 | 9.93 | 16.02 | 7.44 | 2.11 |
| | | 8 | | 11.503 | 9.030 | 0.294 | 59.96 | 112.97 | 95.07 | 24.86 | 2.28 | 2.88 | 1.47 | 11.20 | 17.93 | 8.19 | 2.15 |
| | | 9 | | 12.825 | 10.068 | 0.294 | 66.10 | 127.30 | 104.71 | 27.48 | 2.27 | 2.86 | 1.46 | 12.43 | 19.75 | 8.89 | 2.18 |
| | | 10 | | 14.126 | 11.089 | 0.293 | 71.98 | 141.71 | 113.92 | 30.05 | 2.26 | 2.84 | 1.46 | 13.64 | 21.48 | 9.56 | 2.22 |
| 8 | 80 | 5 | 9 | 7.912 | 6.211 | 0.315 | 48.79 | 85.36 | 77.33 | 20.25 | 2.48 | 3.13 | 1.60 | 8.34 | 13.67 | 6.66 | 2.15 |
| | | 6 | | 9.397 | 7.376 | 0.314 | 57.35 | 102.50 | 90.98 | 23.72 | 2.47 | 3.11 | 1.59 | 9.87 | 16.08 | 7.65 | 2.19 |
| | | 7 | | 10.860 | 8.525 | 0.314 | 65.58 | 119.70 | 104.07 | 27.09 | 2.46 | 3.10 | 1.58 | 11.37 | 18.40 | 8.58 | 2.23 |
| | | 8 | | 12.303 | 9.658 | 0.314 | 73.49 | 136.97 | 116.60 | 30.39 | 2.44 | 3.08 | 1.57 | 12.83 | 20.61 | 9.46 | 2.27 |
| | | 9 | | 13.725 | 10.774 | 0.314 | 81.11 | 154.31 | 128.60 | 33.61 | 2.43 | 3.06 | 1.56 | 14.25 | 22.73 | 10.29 | 2.31 |
| | | 10 | | 15.126 | 11.874 | 0.313 | 88.43 | 171.74 | 140.09 | 36.77 | 2.42 | 3.04 | 1.56 | 15.64 | 24.76 | 11.08 | 2.35 |
| 9 | 90 | 6 | 10 | 10.637 | 8.350 | 0.354 | 82.77 | 145.87 | 131.26 | 34.28 | 2.79 | 3.51 | 1.80 | 12.61 | 20.63 | 9.95 | 2.44 |
| | | 7 | | 12.301 | 9.656 | 0.354 | 94.83 | 170.30 | 150.47 | 39.18 | 2.78 | 3.50 | 1.78 | 14.54 | 23.64 | 11.19 | 2.48 |
| | | 8 | | 13.944 | 10.946 | 0.353 | 106.47 | 194.80 | 168.97 | 43.97 | 2.76 | 3.48 | 1.78 | 16.42 | 26.55 | 12.35 | 2.52 |
| | | 9 | | 15.566 | 12.219 | 0.353 | 117.72 | 219.39 | 186.77 | 48.66 | 2.75 | 3.46 | 1.77 | 18.27 | 29.35 | 13.46 | 2.56 |
| | | 10 | | 17.167 | 13.476 | 0.353 | 128.58 | 244.07 | 203.90 | 53.26 | 2.74 | 3.45 | 1.76 | 20.07 | 32.04 | 14.52 | 2.59 |
| | | 12 | | 20.306 | 15.940 | 0.352 | 149.22 | 293.76 | 236.21 | 62.22 | 2.71 | 3.41 | 1.75 | 23.57 | 37.12 | 16.49 | 2.67 |
| 10 | 100 | 6 | 12 | 11.932 | 9.366 | 0.393 | 114.95 | 200.07 | 181.98 | 47.92 | 3.10 | 3.90 | 2.00 | 15.68 | 25.74 | 12.69 | 2.67 |
| | | 7 | | 13.796 | 10.830 | 0.393 | 131.86 | 233.54 | 208.97 | 54.74 | 3.09 | 3.89 | 1.99 | 18.10 | 29.55 | 14.26 | 2.71 |
| | | 8 | | 15.638 | 12.276 | 0.393 | 148.24 | 267.09 | 235.07 | 61.41 | 3.08 | 3.88 | 1.98 | 20.47 | 33.24 | 15.75 | 2.76 |
| | | 9 | | 17.462 | 13.708 | 0.392 | 164.12 | 300.73 | 260.30 | 67.95 | 3.07 | 3.86 | 1.97 | 22.79 | 36.81 | 17.18 | 2.80 |
| | | 10 | | 19.261 | 15.120 | 0.392 | 179.51 | 334.48 | 284.68 | 74.35 | 3.05 | 3.84 | 1.96 | 25.06 | 40.26 | 18.54 | 2.84 |
| | | 12 | | 22.800 | 17.898 | 0.391 | 208.90 | 402.34 | 330.95 | 86.84 | 3.03 | 3.81 | 1.95 | 29.48 | 46.80 | 21.08 | 2.91 |
| | | 14 | | 26.256 | 20.611 | 0.391 | 236.53 | 470.75 | 374.06 | 99.00 | 3.00 | 3.77 | 1.94 | 33.73 | 52.90 | 23.44 | 2.99 |
| | | 16 | | 29.627 | 23.257 | 0.390 | 262.53 | 539.80 | 414.16 | 110.89 | 2.98 | 3.74 | 1.94 | 37.82 | 58.57 | 25.63 | 3.06 |
| 11 | 110 | 7 | 12 | 15.196 | 11.928 | 0.433 | 177.16 | 310.64 | 280.94 | 73.38 | 3.41 | 4.30 | 2.20 | 22.05 | 36.12 | 17.51 | 2.96 |
| | | 8 | | 17.238 | 13.535 | 0.433 | 199.46 | 355.20 | 316.49 | 82.42 | 3.40 | 4.28 | 2.19 | 24.95 | 40.69 | 19.39 | 3.01 |
| | | 10 | | 21.261 | 16.690 | 0.432 | 242.19 | 444.65 | 384.39 | 99.98 | 3.38 | 4.25 | 2.17 | 30.60 | 49.42 | 22.91 | 3.09 |
| | | 12 | | 25.200 | 19.782 | 0.431 | 282.55 | 534.60 | 448.17 | 116.93 | 3.35 | 4.22 | 2.15 | 36.05 | 57.62 | 26.15 | 3.16 |
| | | 14 | | 29.056 | 22.809 | 0.431 | 320.71 | 625.16 | 508.01 | 133.40 | 3.32 | 4.18 | 2.14 | 41.31 | 65.31 | 29.14 | 3.24 |

续上表

| 型号 | 截面尺寸/mm | | | 截面面积/cm² | 理论重量/(kg/m) | 外表面积/(m²/m) | 惯性矩/cm⁴ | | | | 惯性半径/cm | | | 截面模数/cm³ | | | 重心距离/cm |
|---|---|---|---|---|---|---|---|---|---|---|---|---|---|---|---|---|---|
| | $b$ | $d$ | $r$ | | | | $I_x$ | $I_{x1}$ | $I_{x0}$ | $I_{y0}$ | $i_x$ | $i_{x0}$ | $i_{y0}$ | $W_x$ | $W_{x0}$ | $W_{y0}$ | $Z_0$ |
| 12.5 | 125 | 8 | | 19.750 | 15.504 | 0.492 | 297.03 | 521.01 | 470.89 | 123.16 | 3.88 | 4.88 | 2.50 | 32.52 | 53.28 | 25.86 | 3.37 |
| | | 10 | | 24.373 | 19.133 | 0.491 | 361.67 | 651.93 | 573.89 | 149.46 | 3.85 | 4.85 | 2.48 | 39.97 | 64.93 | 30.62 | 3.45 |
| | | 12 | | 28.912 | 22.696 | 0.491 | 423.16 | 783.42 | 671.44 | 174.88 | 3.83 | 4.82 | 2.46 | 41.17 | 75.96 | 35.03 | 3.53 |
| | | 14 | | 33.367 | 26.193 | 0.490 | 481.65 | 915.61 | 763.73 | 199.57 | 3.80 | 4.78 | 2.45 | 54.16 | 86.41 | 39.13 | 3.61 |
| | | 16 | | 37.739 | 29.625 | 0.489 | 537.31 | 1 048.62 | 850.98 | 223.65 | 3.77 | 4.75 | 2.43 | 60.93 | 96.28 | 42.96 | 3.68 |
| 14 | 140 | 10 | 14 | 27.373 | 21.488 | 0.551 | 514.65 | 915.11 | 817.27 | 212.04 | 4.34 | 5.46 | 2.78 | 50.58 | 82.56 | 39.20 | 3.82 |
| | | 12 | | 32.512 | 25.522 | 0.551 | 603.68 | 1 099.28 | 958.79 | 248.57 | 4.31 | 5.43 | 2.76 | 59.80 | 96.85 | 45.02 | 3.90 |
| | | 14 | | 37.567 | 29.490 | 0.550 | 688.81 | 1 284.22 | 1 093.56 | 284.05 | 4.28 | 5.40 | 2.75 | 68.75 | 110.47 | 50.45 | 3.98 |
| | | 16 | | 42.539 | 33.393 | 0.549 | 770.24 | 1 470.07 | 1 221.81 | 318.67 | 4.26 | 5.36 | 2.74 | 77.46 | 123.42 | 55.55 | 4.06 |
| 15 | 150 | 8 | | 23.750 | 18.644 | 0.592 | 521.37 | 899.55 | 827.49 | 215.25 | 4.69 | 5.90 | 3.01 | 47.36 | 78.02 | 38.14 | 3.99 |
| | | 10 | | 29.373 | 23.058 | 0.591 | 637.50 | 1 125.09 | 1 012.79 | 262.21 | 4.66 | 5.87 | 2.99 | 58.35 | 95.49 | 45.51 | 4.08 |
| | | 12 | | 34.912 | 27.406 | 0.591 | 748.85 | 1 351.26 | 1 189.97 | 307.73 | 4.63 | 5.84 | 2.97 | 69.04 | 112.19 | 52.38 | 4.15 |
| | | 14 | | 40.367 | 31.688 | 0.590 | 855.64 | 1 578.25 | 1 359.30 | 351.98 | 4.60 | 5.80 | 2.95 | 79.45 | 128.16 | 58.83 | 4.23 |
| | | 15 | | 43.063 | 33.804 | 0.590 | 907.39 | 1 692.10 | 1 441.09 | 373.69 | 4.59 | 5.78 | 2.95 | 84.56 | 135.87 | 61.90 | 4.27 |
| | | 16 | | 45.739 | 35.905 | 0.589 | 958.08 | 1 806.21 | 1 521.02 | 395.14 | 4.58 | 5.77 | 2.94 | 89.59 | 143.40 | 64.89 | 4.31 |
| 16 | 160 | 10 | | 31.502 | 24.729 | 0.630 | 779.53 | 1 365.33 | 1 237.30 | 321.76 | 4.98 | 6.27 | 3.20 | 66.70 | 109.36 | 52.76 | 4.31 |
| | | 12 | | 37.441 | 29.391 | 0.630 | 916.58 | 1 639.57 | 1 455.68 | 377.49 | 4.95 | 6.24 | 3.18 | 78.98 | 128.67 | 60.74 | 4.39 |
| | | 14 | | 43.296 | 33.987 | 0.629 | 1 048.36 | 1 914.68 | 1 665.02 | 431.70 | 4.92 | 6.20 | 3.16 | 90.95 | 147.17 | 68.24 | 4.47 |
| | | 16 | 16 | 49.067 | 38.518 | 0.629 | 1 175.08 | 2 190.82 | 1 865.57 | 484.59 | 4.89 | 6.17 | 3.14 | 102.63 | 164.89 | 75.31 | 4.55 |
| 18 | 180 | 12 | | 42.241 | 33.159 | 0.710 | 1 321.35 | 2 332.80 | 2 100.10 | 542.61 | 5.59 | 7.05 | 3.58 | 100.82 | 165.00 | 78.41 | 4.89 |
| | | 14 | | 48.896 | 38.383 | 0.709 | 1 514.48 | 2 723.48 | 2 407.42 | 621.53 | 5.56 | 7.02 | 3.56 | 116.25 | 189.14 | 88.38 | 4.97 |
| | | 16 | | 55.467 | 43.542 | 0.709 | 1 700.99 | 3 115.29 | 2 703.37 | 698.60 | 5.54 | 6.98 | 3.55 | 131.13 | 212.40 | 97.83 | 5.05 |
| | | 18 | | 61.055 | 48.634 | 0.708 | 1 875.12 | 3 502.43 | 2 988.24 | 762.01 | 5.50 | 6.94 | 3.51 | 145.64 | 234.78 | 105.14 | 5.13 |
| 20 | 200 | 14 | 18 | 54.642 | 42.894 | 0.788 | 2 103.55 | 3 734.10 | 3 343.26 | 863.83 | 6.20 | 7.82 | 3.98 | 144.70 | 236.40 | 111.82 | 5.46 |
| | | 16 | | 62.013 | 48.680 | 0.788 | 2 366.15 | 4 270.39 | 3 760.89 | 971.41 | 6.18 | 7.79 | 3.96 | 163.65 | 265.93 | 123.96 | 5.54 |
| | | 18 | | 69.301 | 54.401 | 0.787 | 2 620.64 | 4 808.13 | 4 164.54 | 1 076.74 | 6.15 | 7.75 | 3.94 | 182.22 | 294.48 | 135.52 | 5.62 |
| | | 20 | | 76.505 | 60.056 | 0.787 | 2 867.30 | 5 347.51 | 4 554.55 | 1 180.04 | 6.12 | 7.72 | 3.93 | 200.42 | 322.06 | 146.55 | 5.69 |
| | | 24 | | 90.661 | 71.168 | 0.785 | 3 338.25 | 6 457.16 | 5 294.97 | 1 381.53 | 6.07 | 7.64 | 3.90 | 236.17 | 374.41 | 166.65 | 5.87 |
| 22 | 220 | 16 | 21 | 68.664 | 53.901 | 0.866 | 3 187.35 | 5 681.62 | 5 063.73 | 1 310.99 | 6.81 | 8.59 | 4.37 | 199.56 | 325.51 | 153.81 | 6.03 |
| | | 18 | | 76.752 | 60.250 | 0.866 | 3 534.30 | 6 395.93 | 5 615.32 | 1 453.27 | 6.79 | 8.55 | 4.35 | 222.37 | 360.97 | 168.29 | 6.11 |
| | | 20 | | 84.756 | 66.533 | 0.865 | 3 871.49 | 7 112.04 | 6 150.08 | 1 592.90 | 6.76 | 8.52 | 4.34 | 244.77 | 395.34 | 182.16 | 6.18 |
| | | 22 | | 92.676 | 72.751 | 0.865 | 4 199.23 | 7 830.19 | 6 668.37 | 1 730.10 | 6.73 | 8.48 | 4.32 | 266.78 | 428.66 | 195.45 | 6.26 |
| | | 24 | | 100.512 | 78.902 | 0.864 | 4 517.83 | 8 550.57 | 7 170.55 | 1 865.11 | 6.70 | 8.45 | 4.31 | 288.39 | 460.94 | 208.21 | 6.33 |
| | | 26 | | 108.264 | 84.987 | 0.864 | 4 827.58 | 9 273.39 | 7 656.98 | 1 998.17 | 6.68 | 8.41 | 4.30 | 309.62 | 492.21 | 220.49 | 6.41 |
| 25 | 250 | 18 | 24 | 87.842 | 68.956 | 0.985 | 5 268.22 | 9 379.11 | 8 369.04 | 2 167.41 | 7.74 | 9.76 | 4.97 | 290.12 | 473.42 | 224.03 | 6.84 |
| | | 20 | | 97.045 | 76.180 | 0.984 | 5 779.34 | 10 426.97 | 9 181.94 | 2 376.74 | 7.72 | 9.73 | 4.95 | 319.66 | 519.41 | 242.85 | 6.92 |
| | | 24 | | 115.201 | 90.433 | 0.983 | 6 763.93 | 12 529.74 | 10 742.67 | 2 785.19 | 7.66 | 9.66 | 4.92 | 377.34 | 607.70 | 278.38 | 7.07 |
| | | 26 | | 124.154 | 97.461 | 0.982 | 72 38.08 | 13 585.18 | 11 491.33 | 2 984.84 | 7.63 | 9.62 | 4.90 | 405.50 | 650.05 | 295.19 | 7.15 |
| | | 28 | | 133.022 | 104.422 | 0.982 | 7 700.60 | 14 643.62 | 12 219.39 | 3 181.81 | 7.61 | 9.58 | 4.89 | 433.22 | 691.23 | 311.42 | 7.22 |
| | | 30 | | 141.807 | 111.318 | 0.981 | 8 151.80 | 15 706.30 | 12 927.26 | 3 376.34 | 7.58 | 9.55 | 4.88 | 460.51 | 731.28 | 327.12 | 7.30 |
| | | 32 | | 150.508 | 118.149 | 0.981 | 8 592.01 | 16 770.41 | 13 615.32 | 3 568.71 | 7.56 | 9.51 | 4.87 | 487.39 | 770.20 | 342.33 | 7.37 |
| | | 35 | | 163.402 | 128.271 | 0.980 | 9 232.44 | 18 374.95 | 14 611.16 | 3 853.72 | 7.52 | 9.46 | 4.86 | 526.97 | 826.53 | 364.30 | 7.48 |

注：截面图中的 $r_1=1/3d$ 及表中 $r$ 的数据用于孔型设计，不做交货条件。

## 表 1-8-42 热轧不等边角钢（GB/T 706—2008）

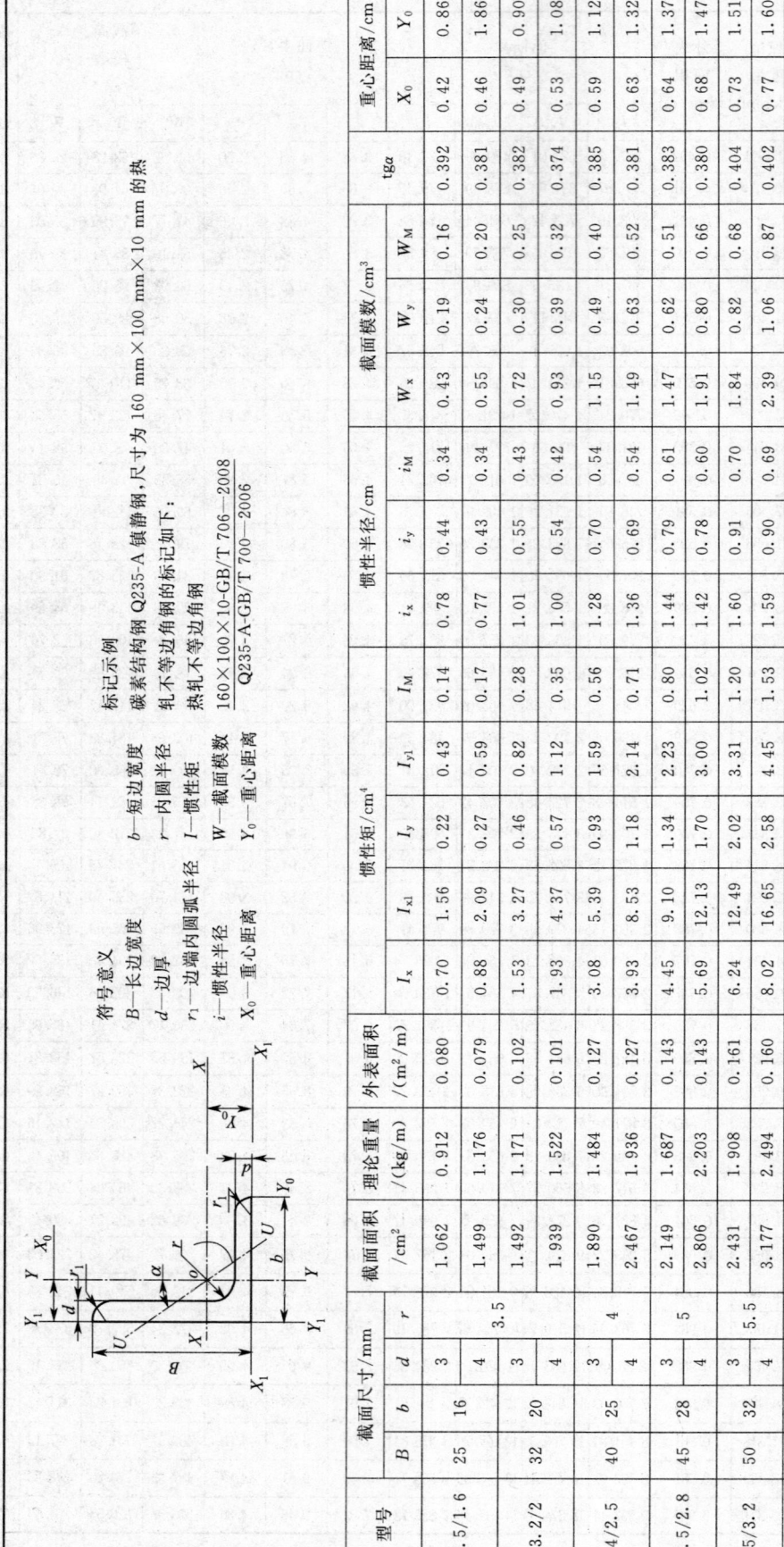

**符号意义**
- B—长边宽度
- b—短边宽度
- d—边厚
- r—内圆半径
- $r_1$—边端内圆弧半径
- i—惯性半径
- $X_0$—重心距离
- W—截面模数
- I—惯性矩
- $Y_0$—重心距离

**标记示例**
碳素结构钢 Q235-A 镇静钢,尺寸为 160 mm×100 mm×10 mm 的热轧不等边角钢的标记如下：

热轧不等边角钢 $\dfrac{160\times100\times10\text{-GB/T 706}-2008}{\text{Q235-A-GB/T 700}-2006}$

| 型号 | 截面尺寸/mm | | | | 截面面积 /cm² | 理论重量 /(kg/m) | 外表面积 /(m²/m) | 惯性矩/cm⁴ | | | | | 惯性半径/cm | | | 截面模数/cm³ | | | tgα | 重心距离/cm | |
|---|---|---|---|---|---|---|---|---|---|---|---|---|---|---|---|---|---|---|---|---|---|
| | B | b | d | r | | | | $I_x$ | $I_{x1}$ | $I_y$ | $I_{y1}$ | $I_M$ | $i_x$ | $i_y$ | $i_M$ | $W_x$ | $W_y$ | $W_M$ | | $X_0$ | $Y_0$ |
| 2.5/1.6 | 25 | 16 | 3 | 3.5 | 1.062 | 0.912 | 0.080 | 0.70 | 1.56 | 0.22 | 0.43 | 0.14 | 0.78 | 0.44 | 0.34 | 0.43 | 0.19 | 0.16 | 0.392 | 0.42 | 0.86 |
| | | | 4 | | 1.499 | 1.176 | 0.079 | 0.88 | 2.09 | 0.27 | 0.59 | 0.17 | 0.77 | 0.43 | 0.34 | 0.55 | 0.24 | 0.20 | 0.381 | 0.46 | 1.86 |
| 3.2/2 | 32 | 20 | 3 | | 1.492 | 1.171 | 0.102 | 1.53 | 3.27 | 0.46 | 0.82 | 0.28 | 1.01 | 0.55 | 0.43 | 0.72 | 0.30 | 0.25 | 0.382 | 0.49 | 0.90 |
| | | | 4 | | 1.939 | 1.522 | 0.101 | 1.93 | 4.37 | 0.57 | 1.12 | 0.35 | 1.00 | 0.54 | 0.42 | 0.93 | 0.39 | 0.32 | 0.374 | 0.53 | 1.08 |
| 4/2.5 | 40 | 25 | 3 | 4 | 1.890 | 1.484 | 0.127 | 3.08 | 5.39 | 0.93 | 1.59 | 0.56 | 1.28 | 0.70 | 0.54 | 1.15 | 0.49 | 0.40 | 0.385 | 0.59 | 1.12 |
| | | | 4 | | 2.467 | 1.936 | 0.127 | 3.93 | 8.53 | 1.18 | 2.14 | 0.71 | 1.36 | 0.69 | 0.54 | 1.49 | 0.63 | 0.52 | 0.381 | 0.63 | 1.32 |
| 4.5/2.8 | 45 | 28 | 3 | 5 | 2.149 | 1.687 | 0.143 | 4.45 | 9.10 | 1.34 | 2.23 | 0.80 | 1.44 | 0.79 | 0.61 | 1.47 | 0.62 | 0.51 | 0.383 | 0.64 | 1.37 |
| | | | 4 | | 2.806 | 2.203 | 0.143 | 5.69 | 12.13 | 1.70 | 3.00 | 1.02 | 1.42 | 0.78 | 0.60 | 1.91 | 0.80 | 0.66 | 0.380 | 0.68 | 1.47 |
| 5/3.2 | 50 | 32 | 3 | 5.5 | 2.431 | 1.908 | 0.161 | 6.24 | 12.49 | 2.02 | 3.31 | 1.20 | 1.60 | 0.91 | 0.70 | 1.84 | 0.82 | 0.68 | 0.404 | 0.73 | 1.51 |
| | | | 4 | | 3.177 | 2.494 | 0.160 | 8.02 | 16.65 | 2.58 | 4.45 | 1.53 | 1.59 | 0.90 | 0.69 | 2.39 | 1.06 | 0.87 | 0.402 | 0.77 | 1.60 |
| 5.6/3.6 | 56 | 36 | 3 | 6 | 2.743 | 2.153 | 0.181 | 8.88 | 17.54 | 2.92 | 4.70 | 1.73 | 1.80 | 1.03 | 0.79 | 2.32 | 1.05 | 0.87 | 0.408 | 0.80 | 1.78 |
| | | | 4 | | 3.590 | 2.818 | 0.180 | 11.45 | 23.39 | 3.76 | 6.33 | 2.23 | 1.79 | 1.02 | 0.79 | 3.03 | 1.37 | 1.13 | 0.408 | 0.85 | 1.82 |
| | | | 5 | | 4.415 | 3.466 | 0.180 | 13.86 | 29.25 | 4.49 | 7.94 | 2.67 | 1.77 | 1.01 | 0.78 | 3.71 | 1.65 | 1.36 | 0.404 | 0.88 | 1.87 |
| 6.3/4 | 63 | 40 | 4 | 7 | 4.058 | 3.185 | 0.202 | 16.49 | 33.30 | 5.23 | 8.63 | 3.12 | 2.02 | 1.14 | 0.88 | 3.87 | 1.70 | 1.40 | 0.398 | 0.92 | 2.04 |
| | | | 5 | | 4.993 | 3.920 | 0.202 | 20.02 | 41.63 | 6.31 | 10.86 | 3.76 | 2.00 | 1.12 | 0.87 | 4.74 | 2.07 | 1.71 | 0.396 | 0.95 | 2.08 |
| | | | 6 | | 5.908 | 4.638 | 0.201 | 23.36 | 49.98 | 7.29 | 13.12 | 4.34 | 1.96 | 1.11 | 0.86 | 5.59 | 2.43 | 1.99 | 0.393 | 0.99 | 2.08 |
| | | | 7 | | 6.802 | 5.339 | 0.201 | 26.53 | 58.07 | 8.24 | 15.47 | 4.97 | 1.98 | 1.10 | 0.86 | 6.40 | 2.78 | 2.29 | 0.389 | 1.03 | 2.12 |

续上表

| 型号 | 截面尺寸/mm | | | | 截面面积 /cm² | 理论重量 /(kg/m) | 外表面积 /(m²/m) | 惯性矩/cm⁴ | | | | 惯性半径/cm | | | 截面模数/cm³ | | | tgα | 重心距离/cm | |
|---|---|---|---|---|---|---|---|---|---|---|---|---|---|---|---|---|---|---|---|---|
| | B | b | d | r | | | | $I_x$ | $I_{x1}$ | $I_y$ | $I_{y1}$ | $I_M$ | $i_x$ | $i_y$ | $i_M$ | $W_x$ | $W_y$ | $W_M$ | | $X_0$ | $Y_0$ |
| 7/4.5 | 70 | 45 | 4 | 7.5 | 4.547 | 3.570 | 0.226 | 23.17 | 45.92 | 7.55 | 12.26 | 4.40 | 2.26 | 1.29 | 0.98 | 4.86 | 2.17 | 1.77 | 0.410 | 1.02 | 2.15 |
| | | | 5 | | 5.609 | 4.403 | 0.225 | 27.95 | 57.10 | 9.13 | 15.39 | 5.40 | 2.23 | 1.28 | 0.98 | 5.92 | 2.65 | 2.19 | 0.407 | 1.06 | 2.24 |
| | | | 6 | | 6.647 | 5.218 | 0.225 | 32.54 | 68.35 | 10.62 | 18.58 | 6.35 | 2.21 | 1.26 | 0.98 | 6.95 | 3.12 | 2.59 | 0.404 | 1.09 | 2.28 |
| | | | 7 | | 7.657 | 6.011 | 0.225 | 37.22 | 79.99 | 12.01 | 21.84 | 7.16 | 2.20 | 1.25 | 0.97 | 8.03 | 3.57 | 2.94 | 0.402 | 1.13 | 2.32 |
| 7.5/5 | 75 | 50 | 5 | 8 | 6.125 | 4.808 | 0.245 | 34.86 | 70.00 | 12.61 | 21.04 | 7.41 | 2.39 | 1.44 | 1.10 | 6.83 | 3.30 | 2.74 | 0.435 | 1.37 | 2.36 |
| | | | 6 | | 7.260 | 5.699 | 0.245 | 41.12 | 84.30 | 14.70 | 25.37 | 8.54 | 2.38 | 1.42 | 1.08 | 8.12 | 3.88 | 3.19 | 0.435 | 1.21 | 2.40 |
| | | | 8 | | 9.467 | 7.431 | 0.244 | 52.39 | 112.50 | 18.53 | 34.23 | 10.87 | 2.35 | 1.40 | 1.07 | 10.52 | 4.99 | 4.10 | 0.429 | 1.29 | 2.44 |
| | | | 10 | | 11.590 | 9.098 | 0.244 | 62.71 | 140.80 | 21.96 | 43.43 | 13.10 | 2.33 | 1.38 | 1.06 | 12.79 | 6.04 | 4.99 | 0.423 | 1.36 | 2.52 |
| 8/5 | 80 | 50 | 5 | 8 | 6.375 | 5.005 | 0.255 | 41.96 | 85.21 | 12.82 | 21.06 | 7.66 | 2.56 | 1.42 | 1.10 | 7.78 | 3.32 | 2.74 | 0.388 | 1.14 | 2.60 |
| | | | 6 | | 7.560 | 5.935 | 0.255 | 49.49 | 102.53 | 14.95 | 25.41 | 8.85 | 2.56 | 1.41 | 1.08 | 9.25 | 3.91 | 3.20 | 0.387 | 1.18 | 2.65 |
| | | | 7 | | 8.724 | 6.848 | 0.255 | 56.16 | 119.33 | 18.85 | 29.82 | 10.18 | 2.54 | 1.39 | 1.08 | 10.58 | 4.48 | 3.70 | 0.384 | 1.21 | 2.69 |
| | | | 8 | | 9.867 | 7.745 | 0.254 | 62.83 | 136.41 | 18.85 | 34.32 | 11.38 | 2.52 | 1.38 | 1.07 | 11.92 | 5.03 | 4.16 | 0.381 | 1.25 | 2.73 |
| 9/5.6 | 90 | 56 | 5 | 9 | 7.214 | 5.661 | 0.287 | 60.45 | 121.32 | 18.32 | 29.53 | 10.98 | 2.90 | 1.59 | 1.23 | 9.92 | 4.21 | 3.49 | 0.385 | 1.25 | 2.91 |
| | | | 6 | | 8.557 | 6.717 | 0.286 | 71.03 | 145.59 | 21.42 | 35.58 | 12.90 | 2.88 | 1.58 | 1.23 | 11.74 | 4.96 | 4.13 | 0.384 | 1.29 | 2.95 |
| | | | 7 | | 9.880 | 7.756 | 0.286 | 81.01 | 169.60 | 24.36 | 41.71 | 14.67 | 2.86 | 1.57 | 1.22 | 13.49 | 5.70 | 4.72 | 0.382 | 1.33 | 3.00 |
| | | | 8 | | 11.183 | 8.779 | 0.286 | 91.03 | 194.17 | 27.15 | 47.93 | 16.34 | 2.85 | 1.56 | 1.21 | 15.27 | 6.41 | 5.29 | 0.380 | 1.36 | 3.04 |
| 10/6.3 | 100 | 63 | 6 | 10 | 9.617 | 7.550 | 0.320 | 99.06 | 199.71 | 30.94 | 50.50 | 18.42 | 3.21 | 1.79 | 1.38 | 14.64 | 6.35 | 5.25 | 0.394 | 1.43 | 3.24 |
| | | | 7 | | 11.111 | 8.722 | 0.320 | 113.45 | 233.00 | 35.26 | 59.14 | 21.00 | 3.20 | 1.78 | 1.38 | 16.88 | 7.29 | 6.02 | 0.394 | 1.47 | 3.28 |
| | | | 8 | | 12.534 | 9.878 | 0.319 | 127.37 | 266.32 | 39.39 | 67.88 | 23.50 | 3.18 | 1.77 | 1.37 | 19.08 | 8.21 | 6.78 | 0.391 | 1.50 | 3.32 |
| | | | 10 | | 15.467 | 12.142 | 0.319 | 153.81 | 333.06 | 47.12 | 85.73 | 28.33 | 3.15 | 1.74 | 1.35 | 23.32 | 9.98 | 8.24 | 0.387 | 1.58 | 3.40 |
| 10/8 | 100 | 80 | 6 | 10 | 10.637 | 8.350 | 0.354 | 107.04 | 199.83 | 61.24 | 102.68 | 31.65 | 3.17 | 2.40 | 1.72 | 15.19 | 10.16 | 8.37 | 0.627 | 1.97 | 2.95 |
| | | | 7 | | 12.301 | 9.656 | 0.354 | 122.73 | 233.20 | 70.08 | 119.98 | 36.17 | 3.16 | 2.39 | 1.72 | 17.52 | 11.71 | 9.60 | 0.626 | 2.01 | 3.0 |
| | | | 8 | | 13.944 | 10.946 | 0.353 | 137.92 | 266.61 | 78.58 | 137.37 | 40.58 | 3.14 | 2.37 | 1.71 | 19.81 | 13.21 | 10.80 | 0.625 | 2.05 | 3.04 |
| | | | 10 | | 17.167 | 13.476 | 0.353 | 166.87 | 333.63 | 94.65 | 172.48 | 49.10 | 3.12 | 2.35 | 1.69 | 24.24 | 16.12 | 13.12 | 0.622 | 2.13 | 3.12 |
| 11/7 | 110 | 70 | 6 | 10 | 10.637 | 8.350 | 0.354 | 133.37 | 265.78 | 42.92 | 69.08 | 25.36 | 3.54 | 2.01 | 1.54 | 17.85 | 7.90 | 6.53 | 0.403 | 1.57 | 3.53 |
| | | | 7 | | 12.301 | 9.656 | 0.354 | 153.00 | 310.07 | 49.01 | 80.82 | 28.95 | 3.53 | 2.00 | 1.53 | 20.60 | 9.09 | 7.50 | 0.402 | 1.61 | 3.57 |
| | | | 8 | | 13.944 | 10.946 | 0.353 | 172.04 | 354.39 | 54.87 | 92.70 | 32.45 | 3.51 | 1.98 | 1.53 | 23.30 | 10.25 | 8.45 | 0.401 | 1.65 | 3.62 |
| | | | 10 | | 17.167 | 13.476 | 0.353 | 208.39 | 443.13 | 65.88 | 116.83 | 39.20 | 3.48 | 1.96 | 1.51 | 28.54 | 12.48 | 10.29 | 0.397 | 1.72 | 3.70 |

续上表

| 型号 | 截面尺寸/mm | | | | 截面面积/cm² | 理论重量/(kg/m) | 外表面积/(m²/m) | 惯性矩/cm⁴ | | | | | 惯性半径/cm | | | 截面模数/cm³ | | | tgα | 重心距离/cm | |
|---|---|---|---|---|---|---|---|---|---|---|---|---|---|---|---|---|---|---|---|---|---|
| | B | b | d | r | | | | $I_x$ | $I_{x1}$ | $I_y$ | $I_{y1}$ | $I_M$ | $i_x$ | $i_y$ | $i_M$ | $W_x$ | $W_y$ | $W_M$ | | $X_0$ | $Y_0$ |
| 12.5/8 | 125 | 80 | 7 | 11 | 14.096 | 11.066 | 0.403 | 227.98 | 454.99 | 74.42 | 120.32 | 43.81 | 4.02 | 2.30 | 1.76 | 26.86 | 12.01 | 9.92 | 0.408 | 1.80 | 4.01 |
| | | | 8 | | 15.989 | 12.551 | 0.403 | 256.77 | 519.99 | 83.49 | 137.85 | 49.15 | 4.01 | 2.28 | 1.75 | 30.41 | 13.56 | 11.18 | 0.407 | 1.84 | 4.06 |
| | | | 10 | | 19.712 | 15.474 | 0.402 | 312.04 | 650.09 | 100.67 | 173.40 | 59.45 | 3.98 | 2.26 | 1.74 | 37.33 | 16.56 | 13.64 | 0.404 | 1.92 | 4.14 |
| | | | 12 | | 23.351 | 18.330 | 0.402 | 364.41 | 780.39 | 116.67 | 209.67 | 69.35 | 3.95 | 2.24 | 1.72 | 44.01 | 19.43 | 16.01 | 0.400 | 2.00 | 4.22 |
| 14/9 | 140 | 90 | 8 | 12 | 18.038 | 14.160 | 0.453 | 365.64 | 730.53 | 120.69 | 195.79 | 70.83 | 4.50 | 2.59 | 1.98 | 38.48 | 17.34 | 14.31 | 0.411 | 2.04 | 4.50 |
| | | | 10 | | 22.261 | 17.475 | 0.452 | 445.50 | 913.20 | 140.03 | 245.92 | 85.82 | 4.47 | 2.56 | 1.96 | 47.31 | 21.22 | 17.48 | 0.409 | 2.12 | 4.58 |
| | | | 12 | | 27.600 | 20.724 | 0.451 | 521.59 | 1096.09 | 169.79 | 296.89 | 100.21 | 4.44 | 2.54 | 1.95 | 55.87 | 24.95 | 20.54 | 0.406 | 2.19 | 4.66 |
| | | | 14 | | 30.456 | 23.908 | 0.451 | 594.10 | 1279.26 | 192.10 | 348.82 | 114.13 | 4.42 | 2.51 | 1.94 | 64.18 | 28.54 | 23.52 | 0.403 | 2.27 | 4.74 |
| 15/9 | 150 | 90 | 8 | 12 | 18.839 | 14.788 | 0.473 | 442.05 | 898.35 | 122.80 | 195.96 | 74.14 | 4.84 | 2.55 | 1.98 | 43.86 | 17.47 | 14.48 | 0.364 | 1.97 | 4.92 |
| | | | 10 | | 23.261 | 18.260 | 0.472 | 539.24 | 1122.85 | 148.62 | 246.26 | 89.86 | 4.81 | 2.53 | 1.97 | 53.97 | 21.38 | 17.69 | 0.362 | 2.05 | 5.01 |
| | | | 12 | | 27.600 | 21.666 | 0.471 | 632.08 | 1347.50 | 172.85 | 297.46 | 104.95 | 4.79 | 2.50 | 1.95 | 63.79 | 25.14 | 20.80 | 0.359 | 2.12 | 5.09 |
| | | | 14 | | 31.856 | 25.007 | 0.471 | 720.77 | 1572.38 | 195.62 | 349.74 | 119.53 | 4.76 | 2.48 | 1.94 | 73.33 | 28.77 | 23.84 | 0.356 | 2.20 | 5.17 |
| | | | 15 | | 33.952 | 26.652 | 0.471 | 763.62 | 1684.93 | 206.50 | 376.33 | 126.67 | 4.74 | 2.47 | 1.93 | 77.99 | 30.53 | 25.33 | 0.354 | 2.24 | 5.21 |
| | | | 16 | | 36.027 | 28.281 | 0.470 | 805.51 | 1797.55 | 217.07 | 403.24 | 133.72 | 4.73 | 2.45 | 1.93 | 82.60 | 32.27 | 26.82 | 0.252 | 2.27 | 5.25 |
| 16/10 | 160 | 100 | 10 | 13 | 25.315 | 19.872 | 0.512 | 668.69 | 1362.89 | 205.03 | 336.59 | 121.74 | 5.14 | 2.85 | 2.19 | 62.13 | 26.56 | 21.92 | 0.390 | 2.28 | 5.24 |
| | | | 12 | | 30.054 | 23.592 | 0.511 | 784.91 | 1635.56 | 239.06 | 405.94 | 142.33 | 5.11 | 2.82 | 2.17 | 73.49 | 31.28 | 25.79 | 0.388 | 2.36 | 5.32 |
| | | | 14 | | 34.709 | 27.247 | 0.510 | 896.30 | 1908.50 | 271.20 | 476.42 | 162.23 | 5.08 | 2.80 | 2.16 | 84.56 | 35.83 | 29.56 | 0.385 | 0.43 | 5.40 |
| | | | 16 | | 29.281 | 30.835 | 0.510 | 1003.04 | 2181.79 | 301.60 | 548.22 | 182.57 | 5.05 | 2.77 | 2.16 | 95.33 | 40.24 | 33.44 | 0.382 | 2.51 | 5.48 |
| 18/11 | 180 | 110 | 10 | 14 | 28.373 | 22.273 | 0.571 | 956.25 | 1940.40 | 278.11 | 447.22 | 166.50 | 5.80 | 3.13 | 2.42 | 78.96 | 32.49 | 26.88 | 0.376 | 2.44 | 5.89 |
| | | | 12 | | 33.712 | 26.440 | 0.571 | 1124.72 | 2328.38 | 325.03 | 538.94 | 194.87 | 5.78 | 3.10 | 2.40 | 95.53 | 38.32 | 31.66 | 0.374 | 2.52 | 5.98 |
| | | | 14 | | 38.967 | 30.589 | 0.570 | 1286.91 | 2716.60 | 369.55 | 631.95 | 222.30 | 5.75 | 3.08 | 2.39 | 107.76 | 43.97 | 36.32 | 0.372 | 2.59 | 6.06 |
| | | | 16 | | 44.139 | 34.649 | 0.569 | 1443.06 | 3105.15 | 411.85 | 726.46 | 248.94 | 5.72 | 3.06 | 2.38 | 121.64 | 49.44 | 40.87 | 0.369 | 2.67 | 6.14 |
| 20/12.5 | 200 | 125 | 12 | 14 | 37.912 | 29.761 | 0.641 | 1570.90 | 3193.85 | 483.16 | 787.74 | 285.79 | 6.44 | 3.57 | 2.74 | 116.73 | 49.99 | 41.23 | 0.392 | 2.83 | 6.54 |
| | | | 14 | | 43.687 | 34.436 | 0.640 | 1800.97 | 3726.17 | 550.83 | 922.47 | 326.58 | 6.41 | 3.54 | 2.73 | 134.65 | 57.44 | 47.34 | 0.390 | 2.91 | 6.62 |
| | | | 16 | | 49.739 | 39.045 | 0.639 | 2023.35 | 4258.88 | 615.44 | 1058.86 | 366.21 | 6.38 | 3.52 | 2.71 | 152.18 | 64.89 | 53.32 | 0.388 | 2.99 | 6.70 |
| | | | 18 | | 55.526 | 43.588 | 0.639 | 2238.30 | 4792.00 | 677.19 | 1197.13 | 404.83 | 6.35 | 3.49 | 2.70 | 169.33 | 71.74 | 59.18 | 0.385 | 3.06 | 6.78 |

注：截面图中的 $r_1 = 1/3d$ 及表中 $r$ 的数据用于孔型设计，不做交货条件。

表 1-8-43 L型钢截面尺寸、截面面积、理论重量及截面特性

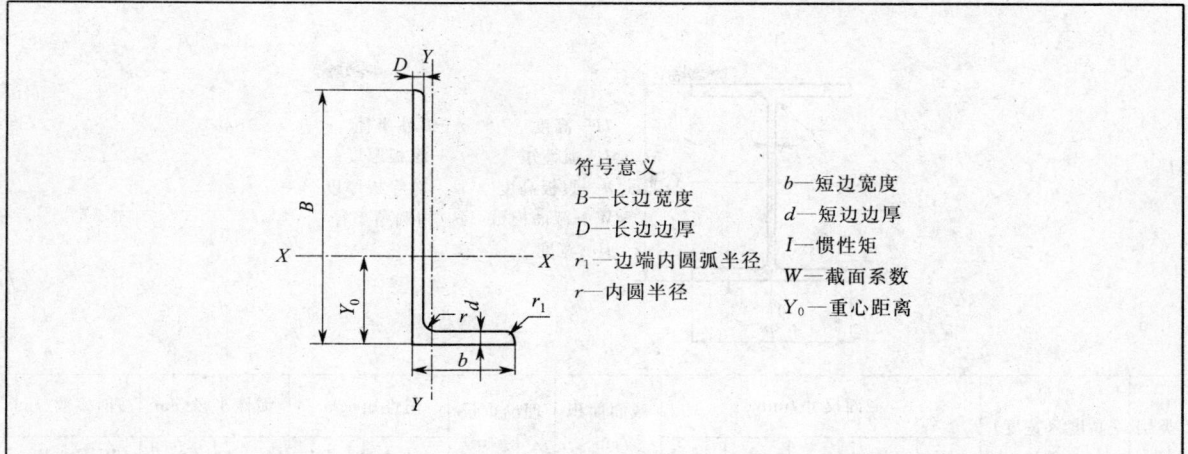

| 型　号 | 截面尺寸/mm | | | | | | 截面面积 /cm² | 理论重量 /(kg/m) | 惯性矩 $I_x$ /cm⁴ | 重心距离 $Y_0$ /cm |
|---|---|---|---|---|---|---|---|---|---|---|
| | $B$ | $b$ | $D$ | $d$ | $r$ | $r_1$ | | | | |
| L250×90×9×13 | 250 | 90 | 9 | 13 | 15 | 7.5 | 33.4 | 26.2 | 2 190 | 8.64 |
| L250×90×10.5×15 | | | 10.5 | 15 | | | 38.5 | 30.3 | 2 510 | 8.76 |
| L250×90×11.5×16 | | | 11.5 | 16 | | | 41.7 | 32.7 | 2 710 | 8.90 |
| L300×100×10.5×16 | 300 | 100 | 10.5 | 16 | | | 45.3 | 35.6 | 4 290 | 10.6 |
| L300×100×11.5×16 | | | 11.5 | 16 | | | 49.0 | 38.5 | 4 630 | 10.7 |
| L350×120×10.5×16 | 350 | 120 | 10.5 | 16 | | | 54.9 | 43.1 | 7 110 | 12.0 |
| L350×120×11.5×18 | | | 11.5 | 18 | | | 60.4 | 47.4 | 7 780 | 12.0 |
| L400×120×11.5×23 | 400 | 120 | 11.5 | 23 | 20 | 10 | 71.6 | 56.2 | 11 900 | 13.3 |
| L450×120×11.5×25 | 450 | 120 | 11.5 | 25 | | | 79.5 | 62.4 | 16 800 | 15.1 |
| L500×120×12.5×33 | 500 | 120 | 12.5 | 33 | | | 98.6 | 77.4 | 25 500 | 16.5 |
| L500×120×13.5×35 | | | 13.5 | 35 | | | 105.0 | 82.8 | 27 100 | 16.6 |

### 四、热轧、焊接H型钢

H型钢可分为热轧H型钢和焊接H型钢，具体可参见：GB/T 11263—2010《热轧H型钢和剖分T型钢》、YB 3301—2005《焊接H型钢》。

热轧H型钢和H型钢桩的规格标记采用：H与高度H值×宽度B值×腹板厚度t1值×翼缘厚度t2值表示。通常交货长度为12 m，根据需方要求也可按其他定尺长度供应。钢的牌号和化学成分：应符合GB/T 700或GB 712或GB/T 714或GB/T 1591或GB/T 4171的有关规定。经供需双方协商，并在合同中注明，也可按其他牌号和化学成分供货。

表1-8-44为热轧H型钢的型号、尺寸及截面特性参数。

焊接H型钢标记用分数形式表示：分子部分由其型号、腹板厚度、翼缘厚度、长度、标准号及年号组成，分母部分由其钢材牌号、钢材标准号及年号组成。焊接H型钢的通常长度为6 m～12 m，经供需双方协商，可按定尺长度供货。

表1-8-45为焊接H型钢的型号、尺寸及截面特性参数。

表 1-8-44 热轧 H 型钢的型号、尺寸及截面特性参数(GB/T 11263—2010)

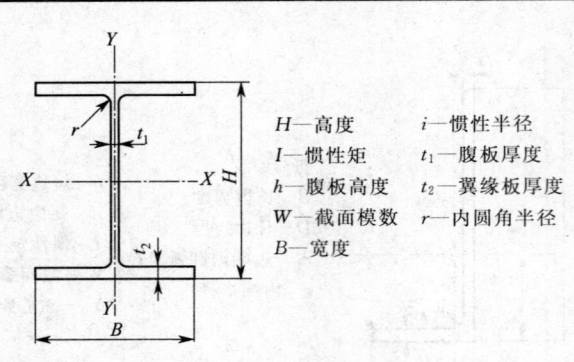

H—高度　　　i—惯性半径
I—惯性矩　　$t_1$—腹板厚度
h—腹板高度　$t_2$—翼缘板厚度
W—截面模数　r—内圆角半径
B—宽度

| 类别 | 型号<br>(高度×宽度)<br>/(mm×mm) | 截面尺寸/mm ||||| 截面面积<br>/cm² | 理论重量<br>/(kg/m) | 惯性矩/cm⁴ || 惯性半径/cm || 截面模数/cm³ ||
|---|---|---|---|---|---|---|---|---|---|---|---|---|---|---|
| | | H | B | $t_1$ | $t_2$ | r | | | $I_x$ | $I_y$ | $i_x$ | $i_y$ | $W_x$ | $W_y$ |
| HW | 100×100 | 100 | 100 | 6 | 8 | 8 | 21.58 | 16.9 | 378 | 134 | 4.18 | 2.48 | 75.6 | 26.7 |
| | 125×125 | 125 | 125 | 6.5 | 9 | 8 | 30.0 | 23.6 | 839 | 293 | 5.28 | 3.12 | 134 | 46.9 |
| | 150×150 | 150 | 150 | 7 | 10 | 8 | 39.64 | 31.1 | 1 620 | 563 | 6.39 | 3.76 | 216 | 75.1 |
| | 175×175 | 175 | 175 | 7.5 | 11 | 13 | 51.42 | 40.4 | 2 900 | 984 | 7.50 | 4.37 | 331 | 112 |
| | 200×200 | 200 | 200 | 8 | 12 | 13 | 65.53 | 49.9 | 4 270 | 1 600 | 8.61 | 5.02 | 472 | 160 |
| | | *200 | 204 | 12 | 12 | 13 | 71.53 | 56.2 | 4 980 | 1 700 | 8.34 | 4.87 | 498 | 167 |
| | 250×250 | *244 | 252 | 11 | 11 | 13 | 81.31 | 63.8 | 8 700 | 2 940 | 10.3 | 6.01 | 713 | 233 |
| | | 250 | 250 | 9 | 14 | 13 | 91.43 | 71.8 | 10 700 | 3 650 | 10.8 | 6.31 | 860 | 292 |
| | | *250 | 255 | 14 | 14 | 13 | 103.9 | 81.6 | 11 400 | 3 880 | 10.5 | 6.10 | 912 | 304 |
| | 300×300 | *294 | 302 | 12 | 12 | 13 | 106.0 | 83.5 | 16 600 | 5 510 | 12.5 | 7.20 | 1 130 | 365 |
| | | 300 | 300 | 10 | 15 | 13 | 118.5 | 93.0 | 20 200 | 6 750 | 13.1 | 7.55 | 1 350 | 450 |
| | | *300 | 305 | 15 | 15 | 13 | 133.5 | 105 | 21 300 | 7 100 | 12.6 | 7.29 | 1 420 | 466 |
| | 350×350 | *338 | 351 | 13 | 13 | 13 | 133.3 | 105 | 27 700 | 9 380 | 14.4 | 8.38 | 1 640 | 534 |
| | | *344 | 348 | 10 | 16 | 13 | 144.0 | 113 | 32 800 | 11 200 | 15.1 | 8.83 | 1 910 | 646 |
| | | *344 | 354 | 16 | 16 | 13 | 164.7 | 129 | 34 900 | 11 800 | 14.6 | 8.48 | 2 030 | 669 |
| | | 350 | 350 | 12 | 19 | 13 | 171.9 | 135 | 39 800 | 13 600 | 15.2 | 8.88 | 2 280 | 776 |
| | | *350 | 357 | 19 | 19 | 13 | 196.4 | 154 | 42 300 | 14 400 | 14.7 | 8.57 | 2 420 | 808 |
| | 400×400 | *388 | 402 | 15 | 15 | 22 | 178.5 | 140 | 49 000 | 16 300 | 16.6 | 9.54 | 2 520 | 809 |
| | | *394 | 398 | 11 | 18 | 22 | 186.8 | 147 | 56 100 | 18 900 | 17.3 | 10.1 | 2 850 | 951 |
| | | *394 | 405 | 18 | 18 | 22 | 214.4 | 168 | 59 700 | 20 000 | 16.7 | 9.64 | 3 030 | 985 |
| | | 400 | 400 | 13 | 21 | 22 | 218.7 | 172 | 66 600 | 22 400 | 17.5 | 10.1 | 3 330 | 1 120 |
| | | *400 | 408 | 21 | 21 | 22 | 250.7 | 197 | 70 900 | 23 800 | 16.8 | 9.74 | 3 540 | 1 170 |
| | | *414 | 405 | 18 | 28 | 22 | 295.4 | 232 | 92 800 | 31 000 | 17.7 | 10.2 | 4 480 | 1 530 |
| | | *428 | 407 | 20 | 35 | 22 | 360.7 | 283 | 119 000 | 39 400 | 18.2 | 10.4 | 5 570 | 1 930 |
| | | *458 | 417 | 30 | 50 | 22 | 528.6 | 415 | 187 000 | 60 500 | 18.8 | 10.7 | 8 170 | 2 900 |
| | | *498 | 432 | 45 | 70 | 22 | 770.1 | 604 | 298 000 | 94 400 | 19.7 | 11.1 | 12 000 | 4 370 |
| | 500×500 | *492 | 465 | 15 | 20 | 22 | 258.0 | 202 | 117 000 | 33 500 | 21.3 | 11.4 | 4 770 | 1 440 |
| | | *502 | 465 | 15 | 25 | 22 | 304.5 | 239 | 146 000 | 41 900 | 21.9 | 11.7 | 5 810 | 1 800 |
| | | *502 | 470 | 20 | 25 | 22 | 329.6 | 259 | 151 000 | 43 300 | 21.4 | 11.5 | 6 020 | 1 840 |

续上表

| 类别 | 型号<br>(高度×宽度)<br>/(mm×mm) | 截面尺寸/mm | | | | | 截面面积<br>/cm² | 理论重量<br>/(kg/m) | 惯性矩/cm⁴ | | 惯性半径/cm | | 截面模数/cm³ | |
|---|---|---|---|---|---|---|---|---|---|---|---|---|---|---|
| | | $H$ | $B$ | $t_1$ | $t_2$ | $r$ | | | $I_x$ | $I_y$ | $i_x$ | $i_y$ | $W_x$ | $W_y$ |
| HM | 150×100 | 148 | 100 | 6 | 9 | 8 | 26.34 | 20.7 | 1 000 | 150 | 6.16 | 2.38 | 135 | 30.1 |
| | 200×150 | 194 | 150 | 6 | 9 | 8 | 38.10 | 29.9 | 2 630 | 507 | 8.30 | 3.64 | 271 | 67.6 |
| | 250×175 | 244 | 175 | 7 | 11 | 13 | 55.49 | 43.6 | 6 040 | 984 | 10.4 | 4.21 | 495 | 112 |
| | 300×200 | 294 | 200 | 8 | 12 | 13 | 71.05 | 55.8 | 11 100 | 1 600 | 12.5 | 4.74 | 756 | 160 |
| | | *298 | 201 | 9 | 14 | 13 | 82.03 | 64.4 | 13 100 | 1 900 | 12.6 | 4.80 | 878 | 189 |
| | 350×250 | 340 | 250 | 9 | 14 | 13 | 99.53 | 78.1 | 21 200 | 3 650 | 14.6 | 6.05 | 1 250 | 292 |
| | 400×300 | 390 | 300 | 10 | 16 | 13 | 133.3 | 105 | 37 900 | 7 200 | 16.9 | 7.35 | 1 940 | 480 |
| | 450×300 | 440 | 300 | 11 | 18 | 13 | 153.9 | 121 | 54 700 | 8 110 | 18.9 | 7.25 | 2 490 | 540 |
| | 500×300 | *482 | 300 | 11 | 15 | 13 | 141.2 | 111 | 58 300 | 6 760 | 20.3 | 6.91 | 2 420 | 450 |
| | | 488 | 300 | 11 | 18 | 13 | 159.2 | 125 | 68 900 | 8 110 | 20.8 | 7.13 | 2 820 | 540 |
| | 600×300 | *582 | 300 | 12 | 17 | 13 | 169.2 | 133 | 98 900 | 7 660 | 24.2 | 6.72 | 3 400 | 511 |
| | | 588 | 300 | 12 | 20 | 13 | 187.2 | 147 | 114 000 | 9 010 | 24.7 | 6.93 | 3 890 | 601 |
| | | *594 | 302 | 14 | 23 | 13 | 217.1 | 170 | 134 000 | 10 600 | 24.8 | 6.97 | 4 500 | 700 |
| HN | *100×50 | 100 | 50 | 5 | 7 | 8 | 11.84 | 9.30 | 187 | 14.8 | 3.97 | 1.11 | 37.5 | 5.91 |
| | *125×60 | 125 | 60 | 6 | 8 | 8 | 16.68 | 13.1 | 409 | 29.1 | 4.95 | 1.32 | 65.4 | 9.71 |
| | 150×75 | 150 | 75 | 5 | 7 | 8 | 17.84 | 14.0 | 666 | 49.5 | 6.10 | 1.66 | 88.8 | 13.2 |
| | 175×90 | 175 | 90 | 5 | 8 | 8 | 22.89 | 18.0 | 1210 | 97.5 | 7.25 | 2.06 | 138 | 21.7 |
| | 200×100 | *198 | 99 | 4.5 | 7 | 8 | 22.68 | 17.8 | 1 540 | 113 | 8.24 | 2.23 | 156 | 22.9 |
| | | 200 | 100 | 5.5 | 8 | 8 | 26.66 | 20.9 | 1 810 | 134 | 8.22 | 2.23 | 181 | 26.7 |
| | 250×125 | *248 | 124 | 5 | 8 | 8 | 31.98 | 25.1 | 3 450 | 255 | 10.4 | 2.82 | 278 | 41.1 |
| | | 250 | 125 | 6 | 9 | 8 | 36.96 | 29.0 | 3 960 | 294 | 10.4 | 2.81 | 317 | 47.0 |
| | 300×150 | *298 | 149 | 5.5 | 8 | 13 | 40.80 | 32.0 | 6 320 | 442 | 12.4 | 3.29 | 424 | 59.3 |
| | | 300 | 150 | 6.5 | 9 | 13 | 46.78 | 36.7 | 7 210 | 508 | 12.4 | 3.29 | 481 | 67.7 |
| | 350×175 | *346 | 174 | 6 | 9 | 13 | 52.45 | 41.2 | 11 000 | 791 | 14.5 | 3.88 | 638 | 91.0 |
| | | 350 | 175 | 7 | 11 | 13 | 62.91 | 49.4 | 13 500 | 984 | 14.6 | 3.95 | 771 | 112 |
| | 400×150 | 400 | 150 | 8 | 13 | 13 | 70.37 | 55.2 | 18 600 | 734 | 16.3 | 3.22 | 929 | 97.8 |
| | 400×200 | *396 | 199 | 7 | 11 | 13 | 71.41 | 56.1 | 19 800 | 1 450 | 16.6 | 4.50 | 999 | 145 |
| | | 400 | 200 | 8 | 13 | 13 | 83.37 | 65.4 | 23 500 | 1 740 | 16.8 | 4.56 | 1 170 | 174 |
| | 450×150 | *446 | 150 | 7 | 12 | 13 | 66.99 | 52.6 | 22 000 | 677 | 18.1 | 3.17 | 985 | 90.3 |
| | | *450 | 151 | 8 | 14 | 13 | 77.49 | 60.8 | 25 700 | 806 | 18.2 | 3.22 | 1 140 | 107 |
| | 450×200 | 446 | 199 | 8 | 12 | 13 | 82.97 | 65.1 | 28 100 | 1 580 | 18.4 | 4.36 | 1 260 | 159 |
| | | 450 | 200 | 9 | 14 | 13 | 95.43 | 74.9 | 32 900 | 1 870 | 18.6 | 4.42 | 1 460 | 187 |
| | 475×150 | *470 | 150 | 7 | 13 | 13 | 71.53 | 56.2 | 26 200 | 733 | 19.1 | 3.20 | 1 110 | 97.8 |
| | | *475 | 151.5 | 8.5 | 15.5 | 13 | 86.15 | 67.6 | 31 700 | 901 | 19.2 | 3.23 | 1 330 | 119 |
| | | 482 | 153.5 | 10.5 | 19 | 13 | 106.4 | 83.5 | 39 600 | 1150 | 19.3 | 3.28 | 1 640 | 150 |
| | 500×150 | *492 | 150 | 7 | 12 | 13 | 70.21 | 55.1 | 27 500 | 677 | 19.8 | 3.10 | 1 120 | 90.3 |
| | | *500 | 152 | 9 | 16 | 13 | 92.21 | 72.4 | 37 000 | 940 | 200 | 3.19 | 1 480 | 124 |
| | | 504 | 153 | 10 | 18 | 13 | 103.3 | 81.1 | 41 900 | 1 080 | 20.1 | 3.23 | 1 660 | 141 |
| | 500×200 | *496 | 199 | 9 | 14 | 13 | 99.29 | 77.9 | 40 800 | 1 840 | 20.3 | 4.30 | 1 650 | 185 |
| | | 500 | 200 | 10 | 16 | 13 | 112.3 | 88.1 | 46 800 | 2 140 | 20.4 | 4.36 | 1 870 | 214 |
| | | *506 | 201 | 11 | 19 | 13 | 129.3 | 102 | 55 500 | 2 580 | 20.7 | 4.46 | 2 190 | 257 |

续上表

| 类别 | 型号<br>(高度×宽度)<br>/(mm×mm) | 截面尺寸/mm | | | | | 截面面积<br>/cm² | 理论重量<br>/(kg/m) | 惯性矩/cm⁴ | | 惯性半径/cm | | 截面模数/cm³ | |
|---|---|---|---|---|---|---|---|---|---|---|---|---|---|---|
| | | $H$ | $B$ | $t_1$ | $t_2$ | $r$ | | | $I_x$ | $I_y$ | $i_x$ | $i_y$ | $W_x$ | $W_y$ |
| HN | 550×200 | *546 | 199 | 9 | 14 | 13 | 103.8 | 81.5 | 50 800 | 1 840 | 22.1 | 4.21 | 1 860 | 185 |
| | | 550 | 200 | 10 | 16 | 13 | 117.3 | 92.0 | 58 200 | 2 140 | 22.3 | 4.27 | 2 120 | 214 |
| | 600×200 | *596 | 199 | 10 | 15 | 13 | 117.8 | 92.4 | 66 600 | 1 980 | 23.8 | 4.09 | 2 240 | 199 |
| | | 600 | 200 | 11 | 17 | 13 | 131.7 | 103 | 75 600 | 2 270 | 24.0 | 4.15 | 2 520 | 2 27 |
| | | *606 | 201 | 12 | 20 | 13 | 149.8 | 118 | 88 300 | 2 720 | 24.3 | 4.25 | 2 910 | 270 |
| | 625×200 | *625 | 198.5 | 11.5 | 17.5 | 13 | 138.8 | 109 | 85 000 | 2 290 | 24.8 | 4.06 | 2 720 | 231 |
| | | 630 | 200 | 13 | 20 | 13 | 158.2 | 124 | 97 900 | 2 680 | 24.9 | 4.11 | 3 110 | 268 |
| | | *638 | 202 | 15 | 24 | 13 | 186.9 | 147 | 118 000 | 3 320 | 25.2 | 4.21 | 3 710 | 328 |
| | 650×300 | *646 | 299 | 10 | 15 | 13 | 152.8 | 120 | 110 000 | 6 690 | 26.9 | 6.61 | 3 410 | 447 |
| | | *650 | 300 | 11 | 17 | 13 | 171.2 | 134 | 125 000 | 7 660 | 27.0 | 6.68 | 3 850 | 511 |
| | | *656 | 301 | 12 | 20 | 13 | 195.8 | 154 | 147 000 | 9 100 | 27.4 | 6.81 | 4 470 | 605 |
| | 700×300 | *692 | 300 | 13 | 20 | 18 | 207.5 | 163 | 168 000 | 9 020 | 28.5 | 6.59 | 4 870 | 601 |
| | | 700 | 300 | 13 | 24 | 18 | 231.5 | 18 | 197 000 | 10 800 | 29.2 | 6.83 | 5 640 | 721 |
| | 750×300 | *734 | 299 | 12 | 16 | 18 | 182.7 | 143 | 161 000 | 7140 | 29.7 | 6.25 | 4 390 | 478 |
| | | *742 | 300 | 13 | 20 | 18 | 214.0 | 168 | 197 000 | 9 020 | 30.4 | 6.49 | 5 320 | 601 |
| | | *750 | 300 | 13 | 24 | 18 | 238.0 | 187 | 231 000 | 10 800 | 31.1 | 6.74 | 6 150 | 721 |
| | | *758 | 300 | 16 | 28 | 18 | 284.8 | 224 | 276 000 | 13 000 | 31.1 | 6.75 | 7 270 | 859 |
| | 800×300 | *792 | 300 | 14 | 22 | 18 | 239.5 | 188 | 24 8000 | 9 920 | 32.2 | 6.43 | 6 270 | 661 |
| | | 800 | 300 | 14 | 26 | 18 | 263.5 | 207 | 286 000 | 11 700 | 33.0 | 6.66 | 7 160 | 781 |
| | 850×300 | *834 | 298 | 14 | 19 | 18 | 227.5 | 179 | 251 000 | 8 400 | 33.2 | 6.07 | 6 020 | 564 |
| | | *842 | 299 | 15 | 23 | 18 | 259.7 | 204 | 298 000 | 10 300 | 33.9 | 6.28 | 7 080 | 687 |
| | | *850 | 300 | 16 | 27 | 18 | 292.1 | 229 | 346 000 | 12 200 | 33.4 | 6.45 | 8 140 | 812 |
| | | *858 | 301 | 17 | 31 | 18 | 324.7 | 255 | 395 000 | 14 100 | 34.9 | 6.59 | 9 210 | 939 |
| | 900×300 | *890 | 299 | 15 | 23 | 18 | 266.9 | 210 | 339 000 | 10 300 | 35.6 | 6.20 | 7 610 | 687 |
| | | 900 | 300 | 16 | 28 | 18 | 305.8 | 240 | 404 000 | 12 600 | 36.4 | 6.42 | 8 990 | 842 |
| | | *912 | 302 | 18 | 34 | 18 | 360.1 | 283 | 491 000 | 15 700 | 36.9 | 6.59 | 10 800 | 1 040 |
| | 1000×300 | *970 | 297 | 16 | 21 | 18 | 276.0 | 217 | 393 000 | 9 210 | 37.8 | 5.77 | 8 110 | 620 |
| | | *980 | 298 | 17 | 26 | 18 | 315.5 | 248 | 472 000 | 11 500 | 38.7 | 6.04 | 9 630 | 772 |
| | | *990 | 298 | 17 | 31 | 18 | 345.3 | 271 | 544 000 | 13 700 | 39.7 | 6.30 | 11 000 | 921 |
| | | *1 000 | 300 | 19 | 36 | 18 | 395.1 | 310 | 634 000 | 16 300 | 40.1 | 6.41 | 12 700 | 1 080 |
| | | *1 008 | 302 | 21 | 40 | 18 | 439.3 | 345 | 712 000 | 18 400 | 40.3 | 6.47 | 14 100 | 1 220 |
| HT | 100×50 | 95 | 48 | 3.2 | 4.5 | 8 | 7.620 | 5.98 | 115 | 8.39 | 3.88 | 1.04 | 24.2 | 3.49 |
| | | 97 | 49 | 4 | 5.5 | 8 | 9.370 | 7.36 | 143 | 10.9 | 3.91 | 1.07 | 29.6 | 4.45 |
| | 100×100 | 96 | 99 | 4.5 | 6 | 8 | 16.20 | 12.7 | 272 | 7.2 | 4.09 | 2.44 | 56.7 | 19.6 |
| | 125×60 | 118 | 58 | 3.2 | 4.5 | 8 | 9.250 | 7.26 | 218 | 14.7 | 4.85 | 1.26 | 37.0 | 5.08 |
| | | 120 | 59 | 4 | 5.5 | 8 | 11.39 | 8.94 | 271 | 19.0 | 4.87 | 1.29 | 45.2 | 6.43 |
| | 125×125 | 119 | 123 | 4.5 | 6 | 8 | 20.12 | 15.8 | 532 | 186 | 5.14 | 3.04 | 89.5 | 30.3 |
| | 150×75 | 145 | 73 | 3.2 | 4.5 | 8 | 11.47 | 9.00 | 416 | 29.3 | 6.01 | 1.59 | 57.3 | 8.02 |
| | | 147 | 74 | 5 | 5.5 | 8 | 14.12 | 111 | 516 | 37.3 | 6.04 | 1.62 | 70.2 | 10.1 |
| | 150×100 | 139 | 97 | 3.2 | 4.5 | 8 | 13.43 | 10.6 | 476 | 68.6 | 5.94 | 2.25 | 68.4 | 14.1 |
| | | 142 | 99 | 4.5 | 6 | 8 | 18.27 | 14.3 | 654 | 97.2 | 5.98 | 2.30 | 92.1 | 19.6 |

续上表

| 类别 | 型号 (高度×宽度) /(mm×mm) | 截面尺寸/mm | | | | | 截面面积 /cm² | 理论重量 /(kg/m) | 惯性矩/cm⁴ | | 惯性半径/cm | | 截面模数/cm³ | |
|---|---|---|---|---|---|---|---|---|---|---|---|---|---|---|
| | | $H$ | $B$ | $t_1$ | $t_2$ | $r$ | | | $I_x$ | $I_y$ | $i_x$ | $i_y$ | $W_x$ | $W_y$ |
| HT | 150×150 | 144 | 148 | 5 | 7 | 8 | 27.76 | 21.8 | 1 090 | 378 | 6.25 | 3.69 | 151 | 51.1 |
| | | 147 | 149 | 6 | 8.5 | 8 | 33.67 | 26.4 | 1 350 | 469 | 6.32 | 3.73 | 183 | 63.0 |
| | 175×90 | 168 | 88 | 3.2 | 4.5 | 8 | 13.55 | 10.6 | 670 | 51.2 | 7.02 | 1.94 | 79.7 | 11.6 |
| | | 171 | 89 | 4 | 6 | 8 | 17.58 | 13.8 | 894 | 70.7 | 7.13 | 2.00 | 105 | 15.9 |
| | 175×175 | 167 | 173 | 5 | 7 | 13 | 33.32 | 26.2 | 1 780 | 605 | 7.30 | 4.26 | 213 | 69.9 |
| | | 172 | 175 | 6.5 | 9.5 | 13 | 44.64 | 35.0 | 2 470 | 850 | 7.43 | 4.36 | 287 | 97.1 |
| | 200×100 | 193 | 98 | 3.2 | 4.5 | 8 | 15.25 | 12.0 | 994 | 70.7 | 8.07 | 2.15 | 103 | 14.4 |
| | | 196 | 99 | 4 | 6 | 8 | 19.78 | 15.5 | 1 320 | 97.2 | 8.18 | 2.21 | 135 | 19.6 |
| | 200×150 | 188 | 149 | 6 | 8 | 8 | 26.34 | 20.7 | 1 730 | 331 | 8.09 | 3.54 | 184 | 44.4 |
| | 200×200 | 192 | 198 | 6 | 8 | 13 | 43.69 | 34.3 | 3 060 | 1 040 | 8.37 | 4.86 | 319 | 105 |
| | 250×125 | 244 | 124 | 4.5 | 6 | 13 | 25.86 | 20.3 | 2 650 | 191 | 10.1 | 2.71 | 217 | 30.8 |
| | 250×175 | 238 | 173 | 4.5 | 8 | 13 | 39.12 | 30.7 | 4 240 | 691 | 10.4 | 4.20 | 356 | 79.9 |
| | 300×150 | 294 | 148 | 6 | 8 | 13 | 31.90 | 25.0 | 4 800 | 325 | 12.3 | 3.19 | 327 | 43.9 |
| | 300×200 | 286 | 198 | 6 | 8 | 13 | 49.33 | 38.7 | 7 360 | 1040 | 12.2 | 4.58 | 515 | 105 |
| | 350×175 | 340 | 173 | 4.5 | 8 | 13 | 36.97 | 29.0 | 7 490 | 518 | 14.2 | 3.74 | 441 | 59.9 |
| | 400×150 | 390 | 148 | 6 | 8 | 13 | 47.57 | 37.3 | 11 700 | 434 | 15.7 | 3.01 | 602 | 58.6 |
| | 400×250 | 390 | 198 | 6 | 8 | 13 | 55.57 | 43.6 | 14 700 | 1 040 | 16.2 | 4.31 | 752 | 105 |

注：表中带"＊"的规格为市场非常用规格。

**表 1-8-45  焊接 H 型钢的型号、尺寸及截面特性参数（YB 3301—2005）**

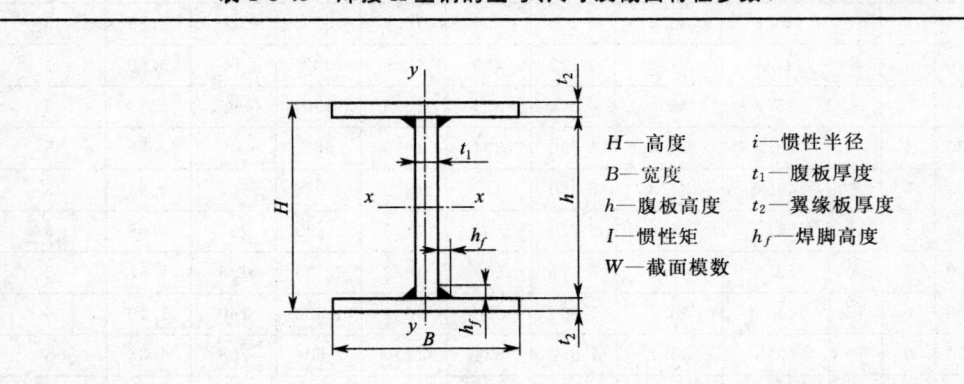

$H$—高度　　　$i$—惯性半径
$B$—宽度　　　$t_1$—腹板厚度
$h$—腹板高度　$t_2$—翼缘板厚度
$I$—惯性矩　　$h_f$—焊脚高度
$W$—截面模数

| 型号 | 尺寸 | | | | 截面面积 /cm² | 理论重量 /(kg/m) | 截面特性参数 | | | | | | 焊脚尺寸 $h_f$/mm |
|---|---|---|---|---|---|---|---|---|---|---|---|---|---|
| | $H$ | $B$ | $t_1$ | $t_2$ | | | $x-x$ | | | $y-y$ | | | |
| | /mm | | | | | | $I_x$ /cm⁴ | $W_x$ /cm³ | $i_x$ /cm | $I_y$ /cm⁴ | $W_y$ /cm³ | $i_y$ /cm | |
| WH100×50 | 100 | 50 | 3.2 | 4.5 | 7.41 | 5.82 | 122 | 24 | 4.05 | 9 | 3 | 1.10 | 3 |
| | 100 | 50 | 4 | 5 | 8.60 | 6.75 | 137 | 27 | 3.99 | 10 | 4 | 1.07 | 4 |
| WH100×75 | 100 | 75 | 4 | 6 | 12.5 | 9.83 | 221 | 44 | 4.20 | 42 | 11 | 1.83 | 4 |
| WH100×100 | 100 | 100 | 4 | 6 | 15.5 | 12.2 | 288 | 57 | 4.31 | 100 | 20 | 2.54 | 4 |
| | 100 | 100 | 6 | 8 | 21.0 | 16.5 | 369 | 73 | 4.19 | 133 | 26 | 2.51 | 5 |
| WH125×75 | 125 | 75 | 4 | 6 | 13.5 | 10.6 | 366 | 58 | 5.20 | 42 | 11 | 1.76 | 4 |
| WH125×125 | 125 | 125 | 4 | 6 | 19.5 | 15.3 | 579 | 92 | 5.44 | 195 | 31 | 3.16 | 4 |

续上表

| 型　号 | 尺　寸 | | | | 截面面积 /cm² | 理论重量 /(kg/m) | 截面特性参数 | | | | | | 焊脚尺寸 $h_f$/mm |
| | H | B | $t_1$ | $t_2$ | | | x—x | | | y—y | | | |
| | /mm | | | | | | $I_x$ /cm⁴ | $W_x$ /cm³ | $i_x$ /cm | $I_y$ /cm⁴ | $W_y$ /cm³ | $i_y$ /cm | |
| WH150×75 | 150 | 75 | 3.2 | 4.5 | 11.2 | 8.8 | 432 | 57 | 6.21 | 31 | 8 | 1.66 | 3 |
| | 150 | 75 | 4 | 6 | 14.5 | 11.4 | 554 | 73 | 6.18 | 42 | 11 | 1.70 | 4 |
| | 150 | 75 | 5 | 8 | 18.7 | 14.7 | 705 | 94 | 6.14 | 56 | 14 | 1.73 | 5 |
| WH150×100 | 150 | 100 | 3.2 | 4.5 | 13.5 | 10.6 | 551 | 73 | 6.38 | 75 | 15 | 2.35 | 3 |
| | 150 | 100 | 4 | 6 | 17.5 | 13.8 | 710 | 94 | 6.36 | 100 | 20 | 2.39 | 4 |
| | 150 | 100 | 5 | 8 | 22.7 | 17.8 | 907 | 120 | 6.32 | 133 | 26 | 2.42 | 5 |
| WH150×150 | 150 | 150 | 4 | 6 | 23.5 | 18.5 | 1 021 | 136 | 6.59 | 337 | 44 | 3.78 | 4 |
| | 150 | 150 | 5 | 8 | 30.7 | 24.1 | 1 311 | 174 | 6.53 | 450 | 60 | 3.82 | 5 |
| | 150 | 150 | 6 | 8 | 32.0 | 25.2 | 1 331 | 177 | 6.44 | 450 | 60 | 3.75 | 5 |
| WH200×100 | 200 | 100 | 3.2 | 4.5 | 15.1 | 11.9 | 1 045 | 104 | 8.31 | 75 | 15 | 2.22 | 3 |
| | 200 | 100 | 4 | 6 | 19.5 | 15.3 | 1 350 | 135 | 8.32 | 100 | 20 | 2.26 | 4 |
| | 200 | 100 | 5 | 8 | 25.2 | 19.8 | 1 734 | 173 | 8.29 | 133 | 26 | 2.29 | 5 |
| WH200×150 | 200 | 150 | 4 | 6 | 25.5 | 20.0 | 1 915 | 191 | 8.66 | 337 | 44 | 3.63 | 4 |
| | 200 | 150 | 5 | 8 | 33.2 | 26.1 | 2 472 | 247 | 8.62 | 450 | 60 | 3.68 | 5 |
| WH200×200 | 200 | 200 | 5 | 8 | 41.2 | 32.3 | 3 210 | 321 | 8.82 | 1 066 | 106 | 5.08 | 5 |
| | 200 | 200 | 6 | 10 | 50.8 | 39.9 | 3 904 | 390 | 8.76 | 1 333 | 133 | 5.12 | 5 |
| WH250×125 | 250 | 125 | 4 | 6 | 24.5 | 19.2 | 2 682 | 214 | 10.4 | 195 | 31 | 2.82 | 4 |
| | 250 | 125 | 5 | 8 | 31.7 | 24.9 | 3 463 | 277 | 10.4 | 260 | 41 | 2.86 | 5 |
| | 250 | 125 | 6 | 10 | 38.8 | 30.5 | 4 210 | 336 | 10.4 | 325 | 52 | 2.89 | 5 |
| WH250×150 | 250 | 150 | 4 | 6 | 27.5 | 21.6 | 3 129 | 250 | 10.6 | 337 | 44 | 3.50 | 4 |
| | 250 | 150 | 5 | 8 | 35.7 | 28.0 | 4 048 | 323 | 10.6 | 450 | 60 | 3.55 | 5 |
| | 250 | 150 | 6 | 10 | 43.8 | 34.4 | 4 930 | 394 | 10.6 | 562 | 74 | 3.58 | 5 |
| WH250×200 | 250 | 200 | 5 | 8 | 43.7 | 34.3 | 5 220 | 417 | 10.9 | 1 066 | 106 | 4.93 | 5 |
| | 250 | 200 | 5 | 10 | 51.5 | 4.04 | 6 270 | 501 | 11.0 | 1 333 | 133 | 5.08 | 5 |
| | 250 | 200 | 6 | 10 | 53.8 | 42.2 | 6 371 | 509 | 10.8 | 1 333 | 133 | 4.97 | 5 |
| | 250 | 200 | 6 | 12 | 61.5 | 48.3 | 7 380 | 590 | 10.9 | 1 600 | 160 | 5.10 | 6 |
| WH250×250 | 250 | 250 | 6 | 10 | 63.8 | 50.1 | 7 812 | 624 | 11.0 | 2 604 | 208 | 6.38 | 5 |
| | 250 | 250 | 6 | 12 | 73.5 | 57.7 | 9 080 | 726 | 11.1 | 3 125 | 250 | 6.52 | 6 |
| | 250 | 250 | 8 | 14 | 87.7 | 68.9 | 10 487 | 838 | 10.9 | 3 646 | 291 | 6.44 | 6 |
| WH300×200 | 300 | 200 | 6 | 8 | 49.0 | 38.5 | 7 698 | 531 | 12.7 | 1 067 | 106 | 4.66 | 5 |
| | 300 | 200 | 6 | 10 | 56.8 | 44.6 | 9 510 | 634 | 12.9 | 1 333 | 133 | 4.84 | 5 |
| | 300 | 200 | 6 | 12 | 64.5 | 50.7 | 11 010 | 734 | 13.0 | 1 600 | 160 | 4.98 | 6 |
| | 300 | 200 | 8 | 14 | 77.7 | 61.0 | 12 802 | 853 | 12.8 | 1 867 | 186 | 4.90 | 6 |
| | 300 | 200 | 10 | 16 | 90.8 | 71.3 | 14 522 | 968 | 12.6 | 2 135 | 213 | 4.84 | 6 |
| WH300×250 | 300 | 250 | 6 | 10 | 66.8 | 52.4 | 11 614 | 774 | 13.1 | 2 604 | 208 | 6.24 | 5 |
| | 300 | 250 | 6 | 12 | 76.5 | 60.1 | 13 500 | 900 | 13.2 | 3 125 | 250 | 6.39 | 6 |
| | 300 | 250 | 8 | 14 | 91.7 | 72.0 | 15 667 | 1 044 | 13.0 | 3 646 | 291 | 6.30 | 6 |
| | 300 | 250 | 10 | 16 | 106 | 83.8 | 17 752 | 1 193 | 12.9 | 4 168 | 333 | 6.27 | 6 |

续上表

| 型 号 | 尺 寸 | | | | 截面面积 /cm² | 理论重量 /(kg/m) | 截面特性参数 | | | | | | 焊脚尺寸 $h_f$/mm |
| --- | --- | --- | --- | --- | --- | --- | --- | --- | --- | --- | --- | --- | --- |
| | | | | | | | $x-x$ | | | $y-y$ | | | |
| | $H$ | $B$ | $t_1$ | $t_2$ | | | $I_x$ /cm⁴ | $W_x$ /cm³ | $i_x$ /cm | $I_y$ /cm⁴ | $W_y$ /cm³ | $i_y$ /cm | |
| | | /mm | | | | | | | | | | | |
| WH300×300 | 300 | 300 | 6 | 10 | 76.8 | 60.3 | 13 717 | 914 | 13.3 | 4 500 | 300 | 7.65 | 5 |
| | 300 | 300 | 8 | 12 | 94.0 | 73.9 | 16 340 | 1 089 | 13.1 | 5401 | 360 | 7.58 | 6 |
| | 300 | 300 | 8 | 14 | 105 | 83.0 | 18 532 | 1 235 | 13.2 | 6 301 | 420 | 7.74 | 6 |
| | 300 | 300 | 10 | 16 | 122 | 96.4 | 20 981 | 1 398 | 13.1 | 7 202 | 480 | 7.68 | 6 |
| | 300 | 300 | 10 | 18 | 134 | 106 | 23 033 | 1 535 | 13.1 | 8 102 | 540 | 7.77 | 7 |
| | 300 | 300 | 12 | 20 | 151 | 119 | 25 317 | 1 687 | 12.9 | 9 003 | 600 | 7.72 | 8 |
| WH350×175 | 350 | 175 | 4.5 | 6 | 36.2 | 28.4 | 7 661 | 437 | 14.5 | 536 | 61.2 | 3.84 | 4 |
| | 350 | 175 | 4.5 | 8 | 43.0 | 33.8 | 9 586 | 547 | 14.9 | 714 | 81 | 4.07 | 4 |
| | 350 | 175 | 6 | 8 | 48.0 | 3 737 | 10 051 | 574 | 14.4 | 715 | 81.7 | 3.85 | 5 |
| | 350 | 175 | 6 | 10 | 54.8 | 43.0 | 11 914 | 680 | 14.7 | 893 | 102 | 4.03 | 5 |
| | 350 | 175 | 6 | 12 | 61.5 | 48.3 | 13 732 | 784 | 14.9 | 1 072 | 122 | 4.17 | 6 |
| | 350 | 175 | 8 | 12 | 68.0 | 53.4 | 14 310 | 817 | 14.5 | 1 073 | 122 | 3.97 | 6 |
| | 350 | 175 | 8 | 14 | 74.7 | 58.7 | 16 063 | 917 | 14.6 | 1 251 | 142 | 4.09 | 6 |
| | 350 | 175 | 10 | 16 | 87.8 | 68.9 | 18 309 | 1 046 | 14.4 | 1 431 | 163 | 4.03 | 6 |
| WH350×200 | 350 | 200 | 6 | 8 | 52.0 | 40.9 | 11 221 | 641 | 14.6 | 1 067 | 106 | 4.52 | 5 |
| | 350 | 200 | 6 | 10 | 59.8 | 46.9 | 13 360 | 763 | 14.9 | 1 333 | 133 | 4.72 | 5 |
| | 350 | 200 | 6 | 12 | 67.5 | 53.0 | 15 447 | 882 | 15.1 | 1 600 | 160 | 4.86 | 6 |
| | 350 | 200 | 8 | 10 | 66.4 | 52.1 | 13 959 | 797 | 14.4 | 1 334 | 133 | 4.48 | 5 |
| | 350 | 200 | 8 | 12 | 74.0 | 58.2 | 16 024 | 915 | 14.7 | 1 601 | 160 | 4.65 | 6 |
| | 350 | 200 | 8 | 14 | 81.7 | 64.2 | 18 040 | 1 030 | 14.8 | 1 868 | 186 | 4.78 | 6 |
| | 350 | 200 | 10 | 16 | 95.8 | 75.2 | 20 542 | 1 171 | 14.6 | 2 135 | 213 | 4.72 | 6 |
| WH350×250 | 350 | 250 | 6 | 10 | 69.8 | 54.8 | 16 251 | 928 | 15.2 | 2 604 | 208 | 6.10 | 5 |
| | 350 | 250 | 6 | 12 | 79.5 | 62.5 | 18 876 | 1 078 | 15.4 | 3 125 | 250 | 6.26 | 6 |
| | 350 | 250 | 8 | 12 | 86.0 | 67.6 | 19 453 | 1111 | 15.0 | 3 126 | 250 | 6.02 | 6 |
| | 350 | 250 | 8 | 14 | 95.7 | 75.2 | 21 993 | 1 256 | 15.1 | 3 647 | 291 | 6.17 | 6 |
| | 350 | 250 | 10 | 16 | 111 | 87.8 | 25 008 | 1 429 | 15.0 | 4 169 | 333 | 6.12 | 6 |
| WH350×300 | 350 | 300 | 6 | 10 | 79.8 | 62.6 | 19 141 | 1 093 | 15.4 | 4 500 | 300 | 7.50 | 5 |
| | 350 | 300 | 6 | 12 | 91.5 | 71.9 | 22 304 | 1 274 | 15.6 | 5 400 | 360 | 7.68 | 6 |
| | 350 | 300 | 8 | 14 | 109 | 86.2 | 25 947 | 1 482 | 15.4 | 6 301 | 420 | 7.60 | 6 |
| | 350 | 300 | 10 | 16 | 127 | 100 | 29 473 | 1 684 | 15.2 | 7 202 | 480 | 7.53 | 6 |
| | 350 | 300 | 10 | 18 | 139 | 109 | 32 369 | 1 849 | 15.2 | 8 102 | 540 | 7.63 | 7 |
| WH350×350 | 350 | 350 | 6 | 12 | 103 | 81.3 | 25 733 | 1 470 | 15.8 | 8 575 | 490 | 9.12 | 6 |
| | 350 | 350 | 8 | 14 | 123 | 97.2 | 29 901 | 1 708 | 15.5 | 10 005 | 571 | 9.01 | 6 |
| | 350 | 350 | 8 | 16 | 137 | 108 | 33 403 | 1 908 | 15.6 | 11 434 | 653 | 9.13 | 6 |
| | 350 | 350 | 10 | 16 | 143 | 113 | 33 939 | 1 939 | 15.4 | 11 435 | 653 | 8.94 | 6 |
| | 350 | 350 | 10 | 18 | 157 | 124 | 37 334 | 2 133 | 15.4 | 12 865 | 735 | 9.05 | 7 |
| | 350 | 350 | 12 | 20 | 177 | 139 | 41 140 | 2 350 | 15.2 | 14 296 | 816 | 8 398 | 8 |

续上表

| 型 号 | 尺寸 | | | | 截面面积 /cm² | 理论重量 /(kg/m) | 截面特性参数 | | | | | | 焊脚尺寸 $h_f$/mm |
| | H | B | $t_1$ | $t_2$ | | | x—x | | | y—y | | | |
| | /mm | | | | | | $I_x$ /cm⁴ | $W_x$ /cm³ | $i_x$ /cm | $I_y$ /cm⁴ | $W_y$ /cm³ | $i_y$ /cm | |
|---|---|---|---|---|---|---|---|---|---|---|---|---|---|
| WH400×200 | 400 | 200 | 6 | 8 | 55.0 | 43.2 | 15 125 | 756 | 16.5 | 1 067 | 106 | 4.40 | 5 |
| | 400 | 200 | 6 | 10 | 62.8 | 49.3 | 17 956 | 897 | 16.9 | 1 334 | 133 | 4.60 | 5 |
| | 400 | 200 | 6 | 12 | 70.5 | 55.4 | 20 728 | 1 036 | 17.1 | 1 600 | 160 | 4.76 | 6 |
| | 400 | 200 | 8 | 12 | 78.0 | 61.3 | 21 614 | 1 080 | 16.6 | 1 601 | 160 | 4.53 | 6 |
| | 400 | 200 | 8 | 14 | 85.7 | 67.3 | 24 300 | 1 215 | 16.8 | 1 868 | 186 | 4.66 | 6 |
| | 400 | 200 | 8 | 16 | 93.4 | 73.4 | 26 929 | 1 346 | 16.9 | 2 134 | 213 | 4.77 | 6 |
| | 400 | 200 | 8 | 18 | 101 | 79.4 | 29 500 | 1 475 | 17.0 | 2 401 | 240 | 4.87 | 7 |
| | 400 | 200 | 10 | 16 | 100 | 79.1 | 27 759 | 1 387 | 16.6 | 2 136 | 213 | 4.62 | 6 |
| | 400 | 200 | 10 | 18 | 108 | 85.1 | 30 304 | 1 515 | 16.7 | 2 403 | 240 | 4.71 | 7 |
| | 400 | 200 | 10 | 20 | 116 | 91.1 | 32 794 | 1 639 | 16.8 | 2 669 | 266 | 4.79 | 7 |
| WH400×250 | 400 | 250 | 6 | 10 | 72.8 | 57.1 | 21 760 | 1 088 | 17.2 | 2 604 | 208 | 5.98 | 5 |
| | 400 | 250 | 6 | 12 | 82.5 | 64.8 | 25 246 | 1 262 | 17.4 | 3 125 | 250 | 6.15 | 6 |
| | 400 | 250 | 8 | 14 | 99.7 | 78.3 | 29 517 | 1 475 | 17.2 | 3 647 | 291 | 6.04 | 6 |
| | 400 | 250 | 8 | 16 | 109 | 85.9 | 32 830 | 1 641 | 17.3 | 4 168 | 333 | 6.18 | 6 |
| | 400 | 250 | 8 | 18 | 119 | 93.5 | 36 072 | 1 803 | 17.4 | 4 689 | 375 | 6.27 | 7 |
| | 400 | 250 | 10 | 16 | 116 | 91.7 | 3 3661 | 1 683 | 17.0 | 4 169 | 333 | 5.99 | 6 |
| | 400 | 250 | 10 | 18 | 126 | 99.2 | 36 876 | 1 843 | 17.1 | 4 690 | 375 | 6.10 | 7 |
| | 400 | 250 | 10 | 20 | 136 | 107 | 40 021 | 2 001 | 17.1 | 5 211 | 416 | 6.19 | 7 |
| WH400×300 | 400 | 300 | 6 | 10 | 82.8 | 65.0 | 25 563 | 1 278 | 17.5 | 4 500 | 300 | 7.37 | 5 |
| | 400 | 300 | 6 | 12 | 94.5 | 74.2 | 29 764 | 1 488 | 17.7 | 5 400 | 360 | 7.55 | 6 |
| | 400 | 300 | 8 | 14 | 113 | 89.3 | 34 734 | 1 736 | 17.5 | 6 301 | 420 | 7.46 | 6 |
| | 400 | 300 | 10 | 16 | 132 | 104 | 39 562 | 1 978 | 17.3 | 7 203 | 480 | 7.38 | 6 |
| | 400 | 300 | 10 | 18 | 144 | 113 | 43 447 | 2 172 | 17.3 | 8 103 | 540 | 7.50 | 7 |
| | 400 | 300 | 10 | 20 | 156 | 122 | 47 248 | 2 362 | 17.4 | 9 003 | 600 | 7.59 | 7 |
| | 400 | 300 | 12 | 20 | 163 | 128 | 48 025 | 2 401 | 17.1 | 9 005 | 600 | 7.43 | 8 |
| WH400×400 | 400 | 400 | 8 | 14 | 141 | 111 | 45 169 | 2 258 | 17.8 | 14 934 | 746 | 10.2 | 6 |
| | 400 | 400 | 8 | 18 | 173 | 136 | 55 786 | 2 789 | 17.9 | 19 201 | 960 | 10.5 | 7 |
| | 400 | 400 | 10 | 16 | 164 | 129 | 51 366 | 2 568 | 17.6 | 17 069 | 853 | 10.2 | 6 |
| | 400 | 400 | 10 | 18 | 180 | 142 | 56 590 | 2 829 | 17.7 | 19 203 | 960 | 10.3 | 7 |
| | 400 | 400 | 10 | 20 | 196 | 154 | 61 701 | 3 085 | 17.7 | 21 336 | 1 066 | 10.4 | 7 |
| | 400 | 400 | 12 | 22 | 218 | 172 | 67 451 | 3 372 | 17.5 | 23 471 | 1 173 | 10.3 | 8 |
| | 400 | 400 | 12 | 25 | 242 | 190 | 74 704 | 3 735 | 17.5 | 26 671 | 1 333 | 10.4 | 8 |
| | 400 | 400 | 16 | 25 | 256 | 201 | 76 133 | 3 806 | 17.2 | 26 678 | 1 333 | 10.2 | 10 |
| | 400 | 400 | 20 | 32 | 323 | 254 | 93 211 | 4 660 | 16.9 | 34 155 | 1 707 | 10.2 | 12 |
| | 400 | 400 | 20 | 40 | 384 | 301 | 109 568 | 5 478 | 16.8 | 42 688 | 2 134 | 10.5 | 12 |

续上表

| 型号 | 尺寸 /mm | | | | 截面面积 /cm² | 理论重量 /(kg/m) | 截面特性参数 | | | | | | 焊脚尺寸 $h_f$/mm |
| | $H$ | $B$ | $t_1$ | $t_2$ | | | $x-x$ | | | $y-y$ | | | |
| | | | | | | | $I_x$ /cm⁴ | $W_x$ /cm³ | $i_x$ /cm | $I_y$ /cm⁴ | $W_y$ /cm³ | $i_y$ /cm | |
|---|---|---|---|---|---|---|---|---|---|---|---|---|---|
| WH450×250 | 450 | 250 | 8 | 12 | 94.0 | 73.9 | 33 937 | 1 508 | 19.0 | 3 126 | 250 | 5.76 | 6 |
| | 450 | 250 | 8 | 14 | 103 | 81.5 | 38 288 | 1 701 | 19.2 | 3 647 | 291 | 5.95 | 6 |
| | 450 | 250 | 10 | 16 | 121 | 95.6 | 43 774 | 1 945 | 19.0 | 4 170 | 333 | 5.87 | 6 |
| | 450 | 250 | 10 | 18 | 131 | 103 | 47 927 | 2 130 | 19.1 | 4 690 | 375 | 5.98 | 7 |
| | 450 | 250 | 10 | 20 | 141 | 111 | 52 001 | 2 311 | 19.2 | 5 211 | 416 | 6.07 | 7 |
| | 450 | 250 | 12 | 22 | 158 | 125 | 57 112 | 2 538 | 19.0 | 5 735 | 458 | 6.02 | 8 |
| | 450 | 250 | 12 | 25 | 173 | 136 | 62 910 | 2 796 | 19.0 | 6 516 | 521 | 6.13 | 8 |
| WH450×300 | 450 | 300 | 8 | 12 | 106 | 83.3 | 39 694 | 1 764 | 19.3 | 5 401 | 360 | 7.13 | 6 |
| | 450 | 300 | 8 | 14 | 117 | 92.4 | 44 943 | 1 997 | 19.5 | 6 301 | 420 | 7.33 | 6 |
| | 450 | 300 | 10 | 16 | 137 | 108 | 51 312 | 2 280 | 19.3 | 7 203 | 480 | 7.25 | 6 |
| | 450 | 300 | 10 | 18 | 149 | 117 | 56 330 | 2 503 | 19.4 | 8 103 | 540 | 7.37 | 7 |
| | 450 | 300 | 10 | 20 | 161 | 126 | 61 253 | 2 722 | 19.5 | 9 003 | 600 | 7.47 | 7 |
| | 450 | 300 | 12 | 20 | 169 | 133 | 62 402 | 2 773 | 19.2 | 9 005 | 600 | 7.29 | 8 |
| | 450 | 300 | 12 | 22 | 180 | 142 | 67 196 | 2 986 | 19.3 | 9 905 | 660 | 7.41 | 8 |
| | 450 | 300 | 12 | 25 | 198 | 155 | 74 212 | 3 298 | 19.3 | 11 255 | 750 | 7.53 | 8 |
| WH450×400 | 450 | 400 | 8 | 14 | 145 | 114 | 58 255 | 2 589 | 20.0 | 14 935 | 746 | 10.1 | 6 |
| | 450 | 400 | 10 | 16 | 169 | 133 | 66 387 | 2 950 | 19.8 | 17 070 | 853 | 10.0 | 6 |
| | 450 | 400 | 10 | 18 | 185 | 146 | 73 136 | 3 250 | 19.8 | 19 203 | 960 | 10.1 | 7 |
| | 450 | 400 | 10 | 20 | 201 | 158 | 79 756 | 3 544 | 19.9 | 21 336 | 1 066 | 10.3 | 7 |
| | 450 | 400 | 12 | 22 | 224 | 176 | 87 364 | 3 882 | 1 937 | 23 472 | 1 173 | 10.2 | 8 |
| | 450 | 400 | 12 | 25 | 248 | 195 | 96 816 | 4 302 | 19.7 | 26 672 | 1 333 | 10.3 | 8 |
| WH500×250 | 500 | 250 | 8 | 12 | 98.0 | 77.0 | 42 918 | 1 716 | 20.9 | 3 127 | 250 | 5.64 | 6 |
| | 500 | 250 | 8 | 14 | 107 | 84.6 | 48 356 | 1 934 | 21.2 | 3 647 | 291 | 5.83 | 6 |
| | 500 | 250 | 8 | 16 | 117 | 92.2 | 53 701 | 2 148 | 21.4 | 4 168 | 333 | 5.96 | 6 |
| | 500 | 250 | 10 | 16 | 126 | 99.5 | 55 410 | 2 216 | 20.9 | 4 170 | 333 | 5.75 | 6 |
| | 500 | 250 | 10 | 18 | 136 | 107 | 60 621 | 2 424 | 21.1 | 4 691 | 375 | 5.87 | 7 |
| | 500 | 250 | 10 | 20 | 146 | 115 | 65 744 | 2 629 | 21.2 | 5 212 | 416 | 5.97 | 7 |
| | 500 | 250 | 12 | 22 | 164 | 129 | 72 359 | 2 894 | 21.0 | 5 735 | 458 | 5.91 | 8 |
| | 500 | 250 | 12 | 25 | 179 | 141 | 79 685 | 3 187 | 21.0 | 6 516 | 521 | 6.03 | 8 |
| WH500×300 | 500 | 300 | 8 | 12 | 110 | 86.4 | 50 064 | 2 002 | 21.3 | 5 402 | 360 | 7.00 | 6 |
| | 500 | 300 | 8 | 14 | 121 | 95.6 | 56 625 | 2 265 | 21.6 | 6 302 | 420 | 7.21 | 6 |
| | 500 | 300 | 8 | 16 | 133 | 105 | 63 075 | 2 523 | 21.7 | 7 201 | 480 | 7.35 | 6 |
| | 500 | 300 | 10 | 16 | 142 | 112 | 64 783 | 2 591 | 21.3 | 7 203 | 480 | 7.12 | 6 |
| | 500 | 300 | 10 | 18 | 154 | 121 | 71 081 | 2 843 | 21.4 | 8 103 | 540 | 7.25 | 7 |
| | 500 | 300 | 10 | 20 | 166 | 130 | 77 271 | 3 090 | 21.5 | 9 003 | 600 | 7.36 | 7 |
| | 500 | 300 | 12 | 22 | 186 | 147 | 84 934 | 3 397 | 21.3 | 9 906 | 660 | 7.29 | 8 |
| | 500 | 300 | 12 | 25 | 204 | 160 | 93 800 | 3 752 | 21.4 | 11 256 | 750 | 7.42 | 8 |

续上表

| 型号 | 尺寸 | | | | 截面面积 /cm² | 理论重量 /(kg/m) | 截面特性参数 | | | | | | 焊脚尺寸 $h_f$/mm |
| | H | B | $t_1$ | $t_2$ | | | $x$—$x$ | | | $y$—$y$ | | | |
| | /mm | | | | | | $I_x$ /cm⁴ | $W_x$ /cm³ | $i_x$ /cm | $I_y$ /cm⁴ | $W_y$ /cm³ | $i_y$ /cm | |
|---|---|---|---|---|---|---|---|---|---|---|---|---|---|
| WH500×400 | 500 | 400 | 8 | 14 | 149 | 118 | 73 163 | 2 926 | 22.1 | 14 935 | 746 | 10.0 | 6 |
| | 500 | 400 | 10 | 16 | 174 | 137 | 83 531 | 3 341 | 21.9 | 17 070 | 853 | 9.90 | 6 |
| | 500 | 400 | 10 | 18 | 190 | 149 | 92 000 | 3 680 | 22.0 | 19 203 | 960 | 10.0 | 7 |
| | 500 | 400 | 10 | 20 | 206 | 162 | 100 324 | 4 012 | 22.0 | 21 337 | 1 066 | 10.1 | 7 |
| | 500 | 400 | 12 | 22 | 230 | 181 | 110 085 | 4 403 | 21.8 | 23 473 | 1 173 | 10.1 | 8 |
| | 500 | 400 | 12 | 25 | 254 | 199 | 122 029 | 4 881 | 21.9 | 26 673 | 1 333 | 10.2 | 8 |
| WH500×500 | 500 | 500 | 10 | 18 | 226 | 178 | 112 919 | 4516 | 22.3 | 37 503 | 1 500 | 12.8 | 7 |
| | 500 | 500 | 10 | 20 | 246 | 193 | 123 378 | 4 935 | 22.3 | 41 670 | 1 666 | 13.0 | 7 |
| | 500 | 500 | 12 | 22 | 274 | 216 | 135 236 | 5 409 | 22.2 | 45 839 | 1 833 | 12.9 | 8 |
| | 500 | 500 | 12 | 25 | 304 | 239 | 150 258 | 6 010 | 22.2 | 52 089 | 2 083 | 13.0 | 8 |
| | 500 | 500 | 20 | 25 | 340 | 267 | 156 333 | 6 253 | 21.4 | 52 113 | 2 084 | 12.3 | 12.3 |
| WH600×300 | 600 | 300 | 8 | 14 | 129 | 102 | 84 603 | 2 820 | 25.6 | 6 302 | 420 | 6.98 | 6 |
| | 600 | 300 | 10 | 16 | 152 | 120 | 97 144 | 3 238 | 25.2 | 7 204 | 480 | 6.88 | 6 |
| | 600 | 300 | 10 | 18 | 164 | 129 | 106 435 | 3 547 | 25.4 | 8 104 | 540 | 7.02 | 7 |
| | 600 | 300 | 10 | 20 | 176 | 138 | 115 594 | 3 853 | 25.6 | 9 004 | 600 | 7.15 | 7 |
| | 600 | 300 | 12 | 22 | 198 | 156 | 127 488 | 4 249 | 25.3 | 9 908 | 660 | 7.07 | 8 |
| | 600 | 300 | 12 | 25 | 216 | 170 | 140 700 | 4 690 | 25.5 | 11 257 | 750 | 7.21 | 8 |
| WH600×400 | 600 | 400 | 8 | 14 | 157 | 124 | 108 645 | 3 621 | 26.3 | 14 935 | 746 | 9.75 | 6 |
| | 600 | 400 | 10 | 16 | 184 | 145 | 124 436 | 4 147 | 26.0 | 17 071 | 853 | 9.63 | 6 |
| | 600 | 400 | 10 | 18 | 200 | 157 | 136 930 | 4 564 | 26.1 | 19 204 | 960 | 9.79 | 7 |
| | 600 | 400 | 10 | 20 | 216 | 170 | 149 248 | 4 974 | 26.2 | 21 338 | 1 066 | 9.93 | 7 |
| | 600 | 400 | 10 | 25 | 255 | 200 | 179 281 | 5 976 | 26.5 | 26 671 | 1 333 | 10.2 | 7 |
| | 600 | 400 | 12 | 22 | 242 | 191 | 164 255 | 5 475 | 26.0 | 23 474 | 1 173 | 9.84 | 8 |
| | 600 | 400 | 12 | 28 | 289 | 227 | 199 468 | 6 648 | 26.2 | 29 874 | 1 493 | 10.1 | 8 |
| | 600 | 400 | 12 | 30 | 304 | 239 | 210 866 | 7 028 | 26.3 | 32 007 | 1 600 | 10.2 | 9 |
| | 600 | 400 | 14 | 32 | 331 | 260 | 224 663 | 7 488 | 26.0 | 34 145 | 1 707 | 10.1 | 9 |
| WH700×300 | 700 | 300 | 10 | 18 | 174 | 137 | 150 008 | 4 285 | 29.3 | 8 105 | 540 | 6.82 | 7 |
| | 700 | 300 | 10 | 20 | 186 | 146 | 162 718 | 4 649 | 29.5 | 9 005 | 600 | 6.95 | 7 |
| | 700 | 300 | 10 | 25 | 215 | 169 | 193 822 | 5 537 | 30.0 | 11 255 | 750 | 7.23 | 8 |
| | 700 | 300 | 12 | 22 | 210 | 165 | 179 979 | 5142 | 29.2 | 9 909 | 660 | 6.86 | 8 |
| | 700 | 300 | 12 | 25 | 228 | 179 | 198 400 | 5 668 | 29.4 | 11 259 | 750 | 7.02 | 8 |
| | 700 | 300 | 12 | 28 | 245 | 193 | 216 484 | 6 185 | 29.7 | 12 609 | 840 | 7.17 | 8 |
| | 700 | 300 | 12 | 30 | 256 | 202 | 228 354 | 6 524 | 29.8 | 13509 | 900 | 7.26 | 9 |
| | 700 | 300 | 12 | 36 | 291 | 229 | 263 084 | 7516 | 30.0 | 16 209 | 1 080 | 7.46 | 9 |
| | 700 | 300 | 14 | 32 | 281 | 221 | 244 364 | 6 981 | 29.4 | 14 414 | 960 | 7.16 | 9 |
| | 700 | 300 | 16 | 36 | 316 | 248 | 271 340 | 7 752 | 29.3 | 16 221 | 1 081 | 7.16 | 10 |

续上表

| 型号 | 尺寸 | | | | 截面面积 /cm² | 理论重量 /(kg/m) | 截面特性参数 | | | | | | 焊脚尺寸 $h_f$/mm |
| --- | --- | --- | --- | --- | --- | --- | --- | --- | --- | --- | --- | --- | --- |
| | $H$ | $B$ | $t_1$ | $t_2$ | | | $x-x$ | | | $y-y$ | | | |
| | /mm | | | | | | $I_x$ /cm⁴ | $W_x$ /cm³ | $i_x$ /cm | $I_y$ /cm⁴ | $W_y$ /cm³ | $i_y$ /cm | |
| WH700×350 | 700 | 350 | 10 | 18 | 192 | 151 | 170 944 | 4 884 | 29.8 | 12 868 | 735 | 8.18 | 7 |
| | 700 | 350 | 10 | 20 | 206 | 162 | 185 844 | 5 309 | 30.0 | 14 297 | 816 | 8.33 | 7 |
| | 700 | 350 | 10 | 25 | 240 | 188 | 222 312 | 6 351 | 30.4 | 17 870 | 1 021 | 8.62 | 8 |
| | 700 | 350 | 12 | 22 | 232 | 183 | 205 270 | 5 864 | 29.7 | 15 730 | 898 | 8.23 | 8 |
| | 700 | 350 | 12 | 25 | 253 | 199 | 226 889 | 6 482 | 29.9 | 17 873 | 1 021 | 8.40 | 8 |
| | 700 | 350 | 12 | 28 | 273 | 215 | 248 113 | 7 088 | 30.1 | 20 017 | 1 143 | 8.56 | 8 |
| | 700 | 350 | 12 | 30 | 286 | 225 | 262 044 | 7 486 | 30.2 | 21 446 | 1225 | 8.65 | 9 |
| | 700 | 350 | 12 | 36 | 327 | 257 | 302 803 | 8 651 | 30.4 | 25 734 | 1 470 | 8.87 | 9 |
| | 700 | 350 | 14 | 32 | 313 | 246 | 280 090 | 8 002 | 29.9 | 22 881 | 1 307 | 8.54 | 9 |
| | 700 | 350 | 16 | 36 | 352 | 277 | 311 059 | 8 887 | 29.7 | 25 746 | 1 471 | 8.55 | 10 |
| WH700×400 | 700 | 400 | 10 | 18 | 210 | 165 | 191 879 | 5 482 | 30.2 | 19 205 | 960 | 9.56 | 7 |
| | 700 | 400 | 10 | 20 | 226 | 177 | 208 971 | 5 970 | 30.4 | 21 338 | 1 066 | 9.71 | 7 |
| | 700 | 400 | 10 | 25 | 265 | 208 | 250 802 | 7 165 | 30.7 | 26 672 | 1 333 | 10.0 | 8 |
| | 700 | 400 | 12 | 22 | 254 | 200 | 230 561 | 6 587 | 30.1 | 23 476 | 1 173 | 9.61 | 8 |
| | 700 | 400 | 12 | 25 | 278 | 218 | 255 379 | 7 296 | 30.3 | 26 676 | 1 333 | 9.79 | 8 |
| | 700 | 400 | 12 | 28 | 301 | 237 | 279 742 | 7 992 | 30.4 | 29 875 | 1 493 | 9.96 | 8 |
| | 700 | 400 | 12 | 30 | 316 | 249 | 295 734 | 8 449 | 30.5 | 32 009 | 1 600 | 10.0 | 9 |
| | 700 | 400 | 12 | 36 | 363 | 285 | 342 523 | 9 786 | 30.7 | 38 409 | 1 920 | 10.2 | 9 |
| | 700 | 400 | 14 | 32 | 345 | 271 | 315 815 | 9 023 | 30.2 | 34 147 | 1 707 | 9.94 | 9 |
| | 700 | 400 | 16 | 36 | 388 | 305 | 350 779 | 10 022 | 30.0 | 38 421 | 1 921 | 9.95 | 10 |
| WH800×300 | 800 | 300 | 10 | 18 | 184 | 145 | 202 302 | 5 057 | 33.1 | 8 106 | 540 | 6.63 | 7 |
| | 800 | 300 | 10 | 20 | 196 | 154 | 219 141 | 5 478 | 33.4 | 9 006 | 600 | 6.77 | 7 |
| | 800 | 300 | 10 | 25 | 225 | 177 | 260 468 | 6 511 | 34.0 | 11 256 | 750 | 9.07 | 8 |
| | 800 | 300 | 12 | 22 | 222 | 175 | 243 005 | 6075 | 33.0 | 9 910 | 660 | 6.68 | 8 |
| | 800 | 300 | 12 | 25 | 240 | 188 | 267 500 | 6 687 | 33.3 | 11 260 | 750 | 6.84 | 8 |
| | 800 | 300 | 12 | 28 | 257 | 202 | 29 1606 | 7 290 | 33.6 | 12 610 | 840 | 7.00 | 8 |
| | 800 | 300 | 12 | 30 | 268 | 211 | 307 462 | 7 686 | 33.8 | 13 510 | 900 | 7.10 | 9 |
| | 800 | 300 | 12 | 36 | 303 | 238 | 354 011 | 8 850 | 34.1 | 16 210 | 1 080 | 7.31 | 9 |
| | 800 | 300 | 14 | 32 | 295 | 232 | 329 792 | 8 244 | 33.4 | 14 416 | 961 | 6.99 | 9 |
| | 800 | 300 | 16 | 36 | 332 | 261 | 366 872 | 9 171 | 33.2 | 16 224 | 1 081 | 6.99 | 10 |
| WH800×350 | 800 | 350 | 10 | 18 | 202 | 159 | 229 826 | 5 745 | 33.7 | 12 868 | 735 | 7.98 | 7 |
| | 800 | 350 | 10 | 20 | 216 | 170 | 249 568 | 6 239 | 33.9 | 14 298 | 817 | 8.13 | 7 |
| | 800 | 350 | 10 | 25 | 250 | 196 | 298 020 | 7 450 | 34.5 | 17 870 | 1 021 | 8.45 | 8 |
| | 800 | 350 | 12 | 22 | 244 | 192 | 276 304 | 6 907 | 33.6 | 15 731 | 898 | 8.02 | 8 |
| | 800 | 350 | 12 | 25 | 265 | 208 | 305 052 | 7626 | 33.9 | 17 875 | 1 021 | 8.21 | 8 |
| | 800 | 350 | 12 | 28 | 285 | 224 | 333 343 | 8 333 | 34.1 | 20 019 | 1 143 | 8.38 | 8 |
| | 800 | 350 | 12 | 30 | 298 | 235 | 351 952 | 8 798 | 34.3 | 21 448 | 1 225 | 8.48 | 9 |
| | 800 | 350 | 12 | 36 | 339 | 266 | 406 583 | 10 164 | 34.6 | 25 735 | 1 470 | 8.71 | 9 |
| | 800 | 350 | 14 | 32 | 327 | 257 | 377 006 | 9425 | 33.9 | 22 883 | 1 307 | 8.36 | 9 |
| | 800 | 350 | 16 | 36 | 368 | 289 | 419 444 | 10 486 | 33.7 | 25 749 | 1 471 | 8.36 | 10 |

续上表

| 型号 | 尺寸 | | | | 截面面积 /cm² | 理论重量 /(kg/m) | 截面特性参数 | | | | | | 焊脚尺寸 $h_f$/mm |
| | $H$ | $B$ | $t_1$ | $t_2$ | | | $x-x$ | | | $y-y$ | | | |
| | | | | | | | $I_x$ /cm⁴ | $W_x$ /cm³ | $i_x$ /cm | $I_y$ /cm⁴ | $W_y$ /cm³ | $i_y$ /cm | |
| | /mm | | | | | | | | | | | | |
|---|---|---|---|---|---|---|---|---|---|---|---|---|---|
| WH800×400 | 800 | 400 | 10 | 18 | 220 | 173 | 257 349 | 6 433 | 34.2 | 19 206 | 960 | 9.34 | 7 |
| | 800 | 400 | 10 | 20 | 236 | 185 | 279 994 | 6 999 | 34.4 | 21 339 | 1 066 | 9.50 | 7 |
| | 800 | 400 | 10 | 25 | 275 | 216 | 335 572 | 8 389 | 34.9 | 26 672 | 1 333 | 9.84 | 8 |
| | 800 | 400 | 10 | 28 | 298 | 234 | 368 216 | 9 250 | 35.1 | 29 872 | 1 493 | 10.0 | 8 |
| | 800 | 400 | 12 | 22 | 266 | 209 | 309 604 | 7 740 | 34.1 | 23 477 | 1 173 | 9.39 | 8 |
| | 800 | 400 | 12 | 25 | 290 | 228 | 342 604 | 8 565 | 34.3 | 26 677 | 1 333 | 9.59 | 8 |
| | 800 | 400 | 12 | 28 | 313 | 246 | 375 080 | 9 377 | 34.6 | 29 877 | 1 493 | 9.77 | 8 |
| | 800 | 400 | 12 | 32 | 344 | 270 | 417 574 | 10 439 | 34.8 | 34 143 | 1 707 | 9.96 | 9 |
| | 800 | 400 | 12 | 36 | 375 | 295 | 459 154 | 11 478 | 34.9 | 38 410 | 1 920 | 10.1 | 9 |
| | 800 | 400 | 14 | 32 | 359 | 282 | 424 219 | 10 605 | 34.3 | 34 150 | 1 707 | 9.75 | 9 |
| | 800 | 400 | 16 | 36 | 404 | 318 | 472 015 | 11 800 | 34.1 | 38 424 | 1 921 | 9.75 | 10 |
| WH900×350 | 900 | 350 | 10 | 20 | 226 | 177 | 324 091 | 7 202 | 37.8 | 14 298 | 817 | 7.95 | 7 |
| | 900 | 350 | 12 | 20 | 243 | 191 | 334 692 | 7 437 | 37.1 | 14 304 | 817 | 7.67 | 8 |
| | 900 | 350 | 12 | 22 | 256 | 202 | 359 574 | 7 990 | 37.4 | 15 733 | 899 | 7.83 | 8 |
| | 900 | 350 | 12 | 25 | 277 | 217 | 396 464 | 8 810 | 37.8 | 17 876 | 1 021 | 8.03 | 8 |
| | 900 | 350 | 12 | 28 | 297 | 233 | 432 837 | 9 618 | 38.1 | 20 020 | 1 144 | 8.21 | 8 |
| | 900 | 350 | 14 | 32 | 341 | 268 | 490 274 | 10 894 | 37.9 | 22 885 | 1 307 | 8.19 | 9 |
| | 900 | 350 | 14 | 36 | 367 | 289 | 536 792 | 11 928 | 38.2 | 25 743 | 1 471 | 8.37 | 9 |
| | 900 | 350 | 16 | 36 | 384 | 302 | 546 253 | 12 138 | 37.7 | 25 753 | 1471 | 8.18 | 10 |
| WH900×400 | 900 | 400 | 10 | 20 | 246 | 193 | 362 818 | 8 062 | 38.4 | 21 340 | 1 067 | 9.31 | 7 |
| | 900 | 400 | 12 | 20 | 263 | 207 | 373 418 | 8 298 | 37.6 | 21 345 | 1 067 | 9.00 | 8 |
| | 900 | 400 | 12 | 22 | 278 | 219 | 401 982 | 8 932 | 38.0 | 23 478 | 1 173 | 9.18 | 8 |
| | 900 | 400 | 12 | 25 | 302 | 237 | 444 329 | 9 873 | 38.3 | 26 678 | 1 333 | 9.39 | 8 |
| | 900 | 400 | 12 | 28 | 325 | 255 | 486 082 | 10 801 | 38.6 | 29 878 | 1 493 | 9.58 | 8 |
| | 900 | 400 | 12 | 30 | 340 | 268 | 513 590 | 11 413 | 38.8 | 32 012 | 1 600 | 9.70 | 9 |
| | 900 | 400 | 14 | 32 | 373 | 293 | 550 575 | 12 235 | 38.4 | 34 152 | 1 707 | 9.56 | 9 |
| | 900 | 400 | 14 | 36 | 403 | 317 | 604 015 | 13 422 | 38.7 | 38 418 | 1 920 | 9.76 | 9 |
| | 900 | 400 | 14 | 40 | 434 | 341 | 656 432 | 14 587 | 38.8 | 42 685 | 2 134 | 9.91 | 10 |
| | 900 | 400 | 16 | 36 | 420 | 330 | 613 476 | 13 632 | 38.2 | 38 428 | 1 921 | 9.56 | 10 |
| | 900 | 400 | 16 | 40 | 451 | 354 | 665 622 | 14 791 | 38.4 | 42 694 | 2 134 | 9.72 | 10 |
| WH1100×400 | 1 100 | 400 | 12 | 20 | 287 | 225 | 585 714 | 10 649 | 45.1 | 21 348 | 1 067 | 8.62 | 8 |
| | 1 100 | 400 | 12 | 22 | 302 | 238 | 629 146 | 11 439 | 45.6 | 23 481 | 1 174 | 8.81 | 8 |
| | 1 100 | 400 | 12 | 25 | 326 | 256 | 693 679 | 12 612 | 46.1 | 26 681 | 1 334 | 9.04 | 8 |
| | 1 100 | 400 | 12 | 28 | 349 | 274 | 757 478 | 13 772 | 46.5 | 29 881 | 1 494 | 9.25 | 8 |
| | 1 100 | 400 | 14 | 30 | 385 | 303 | 818 354 | 14 879 | 46.1 | 32 023 | 1 601 | 9.12 | 9 |
| | 1 100 | 400 | 14 | 32 | 401 | 315 | 859 943 | 15 635 | 46.3 | 34 157 | 1 707 | 9.22 | 9 |
| | 1 100 | 400 | 14 | 36 | 431 | 339 | 942 163 | 17 130 | 46.7 | 38 423 | 1921 | 9.44 | 9 |
| | 1 100 | 400 | 16 | 40 | 483 | 379 | 1 040 801 | 18 923 | 46.4 | 42 701 | 2 135 | 9.40 | 10 |

续上表

| 型号 | 尺寸 | | | | 截面面积 /cm² | 理论重量 /(kg/m) | 截面特性参数 | | | | | | 焊脚尺寸 $h_f$/mm |
| | H | B | $t_1$ | $t_2$ | | | x—x | | | y—y | | | |
| | /mm | | | | | | $I_x$ /cm⁴ | $W_x$ /cm³ | $i_x$ /cm | $I_y$ /cm⁴ | $W_y$ /cm³ | $i_y$ /cm | |
|---|---|---|---|---|---|---|---|---|---|---|---|---|---|
| WH1100×500 | 1 100 | 500 | 12 | 20 | 327 | 257 | 702 368 | 12 770 | 46.3 | 41 681 | 1 667 | 11.2 | 8 |
| | 1 100 | 500 | 12 | 22 | 346 | 272 | 756 993 | 13 763 | 46.7 | 45 848 | 1 833 | 11.5 | 8 |
| | 1 100 | 500 | 12 | 25 | 376 | 295 | 838 158 | 15 239 | 47.2 | 52 098 | 2 083 | 11.7 | 8 |
| | 1 100 | 500 | 12 | 28 | 405 | 318 | 918 401 | 16 698 | 47.6 | 58 348 | 2 333 | 12.0 | 8 |
| | 1 100 | 500 | 14 | 30 | 445 | 350 | 990 134 | 18 002 | 47.1 | 62 523 | 2 500 | 11.8 | 9 |
| | 1 100 | 500 | 14 | 32 | 465 | 365 | 1 042 497 | 18 954 | 47.3 | 66 690 | 2 667 | 11.9 | 9 |
| | 1 100 | 500 | 14 | 36 | 503 | 396 | 1 146 018 | 20 836 | 47.7 | 75 023 | 3 000 | 12.2 | 9 |
| | 1 100 | 500 | 16 | 40 | 563 | 442 | 1 265 627 | 23 011 | 47.4 | 83 368 | 3 334 | 12.1 | 10 |
| WH1200×400 | 1 200 | 400 | 14 | 20 | 322 | 253 | 739 117 | 12 318 | 47.9 | 21 359 | 1 067 | 8.1 | 9 |
| | 1 200 | 400 | 14 | 22 | 337 | 265 | 790 879 | 13 181 | 48.4 | 23 493 | 1 174 | 8.3 | 9 |
| | 1 200 | 400 | 14 | 25 | 361 | 283 | 867 852 | 14 464 | 49.0 | 26 692 | 1 334 | 8.5 | 9 |
| | 1 200 | 400 | 14 | 28 | 384 | 302 | 944 026 | 15 733 | 49.5 | 29 892 | 1 494 | 8.8 | 9 |
| | 1 200 | 400 | 14 | 30 | 399 | 314 | 994 366 | 16 572 | 49.9 | 32 026 | 1 601 | 8.9 | 9 |
| | 1 200 | 400 | 14 | 32 | 415 | 326 | 1 044 355 | 17 405 | 50.1 | 34 159 | 1 707 | 9.0 | 9 |
| | 1 200 | 400 | 14 | 36 | 445 | 350 | 1 143 281 | 19 054 | 50.6 | 38 425 | 1 921 | 9.2 | 9 |
| | 1 200 | 400 | 16 | 40 | 499 | 392 | 1 264 230 | 21 070 | 50.3 | 42 704 | 2 135 | 9.2 | 10 |
| WH1200×450 | 1 200 | 450 | 14 | 20 | 342 | 269 | 808 744 | 13 479 | 48.6 | 30 401 | 1 351 | 9.4 | 9 |
| | 1 200 | 450 | 14 | 22 | 359 | 282 | 867 210 | 14 453 | 49.1 | 33 438 | 1 486 | 9.6 | 9 |
| | 1 200 | 450 | 14 | 25 | 386 | 303 | 954 154 | 15 902 | 49.7 | 37 995 | 1 688 | 9.9 | 9 |
| | 1 200 | 450 | 14 | 28 | 412 | 324 | 1 040 195 | 17 336 | 50.2 | 42 551 | 1 891 | 10.1 | 9 |
| | 1 200 | 450 | 14 | 30 | 429 | 337 | 1 097 056 | 18 284 | 50.5 | 45 588 | 2 026 | 10.3 | 9 |
| | 1 200 | 450 | 14 | 32 | 447 | 351 | 1 153 520 | 19 225 | 50.7 | 48 625 | 2 161 | 10.4 | 9 |
| | 1 200 | 450 | 14 | 36 | 481 | 378 | 1 265 261 | 21 087 | 51.2 | 54 700 | 2 431 | 10.6 | 9 |
| | 1 200 | 450 | 16 | 36 | 504 | 396 | 1 289 182 | 21 486 | 50.5 | 54 713 | 2 431 | 10.4 | 10 |
| | 1 200 | 450 | 16 | 40 | 539 | 423 | 1 398 843 | 23 314 | 50.9 | 60 788 | 2 701 | 10.6 | 10 |
| WH1200×500 | 1 200 | 500 | 14 | 20 | 362 | 284 | 87 8371 | 14 639 | 49.2 | 41 693 | 1 667 | 10.7 | 9 |
| | 1 200 | 500 | 14 | 22 | 381 | 300 | 943 542 | 15 725 | 49.7 | 45 859 | 1 834 | 10.9 | 9 |
| | 1 200 | 500 | 14 | 25 | 411 | 323 | 1 040 456 | 17 340 | 50.3 | 52 109 | 2 084 | 11.2 | 9 |
| | 1 200 | 500 | 14 | 28 | 440 | 346 | 1 136 364 | 18 939 | 50.8 | 58 359 | 2 334 | 11.5 | 9 |
| | 1 200 | 500 | 14 | 32 | 479 | 376 | 1 262 686 | 21 044 | 51.3 | 66 692 | 2 667 | 11.7 | 9 |
| | 1 200 | 500 | 14 | 36 | 517 | 407 | 1 387 240 | 23 120 | 51.8 | 75 025 | 3 001 | 12.0 | 9 |
| | 1 200 | 500 | 16 | 36 | 540 | 424 | 1 411 161 | 23 519 | 51.1 | 75 038 | 3 001 | 11.7 | 10 |
| | 1 200 | 500 | 16 | 40 | 579 | 455 | 1 533 457 | 25 557 | 51.4 | 83 371 | 3 334 | 11.9 | 10 |
| | 1 200 | 500 | 16 | 45 | 627 | 493 | 1 683 888 | 28 064 | 51.8 | 93 787 | 3 751 | 12.2 | 11 |
| WH1200×600 | 1 200 | 600 | 14 | 30 | 519 | 408 | 1 405 126 | 23 418 | 52.0 | 108 026 | 3 600 | 14.4 | 9 |
| | 1 200 | 600 | 16 | 36 | 612 | 481 | 1 655 120 | 27 585 | 52.0 | 129 638 | 4 321 | 14.5 | 10 |
| | 1 200 | 600 | 16 | 40 | 659 | 517 | 1 802 683 | 30 044 | 52.3 | 144 038 | 4 801 | 14.7 | 10 |
| | 1 200 | 600 | 16 | 45 | 717 | 563 | 1 984 195 | 33 069 | 52.6 | 162 037 | 5 401 | 15.0 | 11 |

续上表

| 型号 | 尺寸 | | | | 截面面积 /cm² | 理论重量 /(kg/m) | 截面特性参数 | | | | | | 焊脚尺寸 $h_f$/mm |
| --- | --- | --- | --- | --- | --- | --- | --- | --- | --- | --- | --- | --- | --- |
| | $H$ | $B$ | $t_1$ | $t_2$ | | | $x-x$ | | | $y-y$ | | | |
| | /mm | | | | | | $I_x$ /cm⁴ | $W_x$ /cm³ | $i_x$ /cm | $I_y$ /cm⁴ | $W_y$ /cm³ | $i_y$ /cm | |
| WH1300×450 | 1 300 | 450 | 16 | 25 | 425 | 334 | 1 174 947 | 18 076 | 52.5 | 38 011 | 1 689 | 9.4 | 10 |
| | 1 300 | 450 | 16 | 30 | 468 | 368 | 1 343 126 | 20 663 | 53.5 | 45 604 | 2 026 | 9.8 | 10 |
| | 1 300 | 450 | 16 | 36 | 520 | 409 | 1 541 390 | 23 713 | 54.4 | 54 716 | 2 431 | 10.2 | 10 |
| | 1 300 | 450 | 18 | 40 | 579 | 455 | 1 701 697 | 26 179 | 54.2 | 60 809 | 2 702 | 10.2 | 11 |
| | 1 300 | 450 | 18 | 45 | 622 | 489 | 1 861 130 | 28 632 | 54.7 | 68 402 | 3 040 | 10.4 | 11 |
| WH1300×500 | 1 300 | 500 | 16 | 25 | 450 | 353 | 1 276 562 | 19 639 | 53.2 | 52 126 | 2 085 | 10.7 | 10 |
| | 1 300 | 500 | 16 | 30 | 498 | 391 | 1 464 116 | 22 524 | 54.2 | 62 542 | 2 501 | 11.2 | 10 |
| | 1 300 | 500 | 16 | 36 | 556 | 437 | 1 685 222 | 25 926 | 55.0 | 75 041 | 3 001 | 11.6 | 10 |
| | 1 300 | 500 | 18 | 40 | 619 | 486 | 1 860 510 | 28 623 | 54.8 | 83 392 | 3 335 | 11.6 | 11 |
| | 1 300 | 500 | 18 | 45 | 667 | 524 | 2 038 396 | 31 359 | 55.2 | 93 808 | 3 752 | 11.8 | 11 |
| WH1300×600 | 1 300 | 600 | 16 | 30 | 558 | 438 | 1 706 096 | 26 247 | 55.2 | 108 042 | 3 601 | 13.9 | 10 |
| | 1 300 | 600 | 16 | 36 | 628 | 493 | 1 972 885 | 30 352 | 56.0 | 129 641 | 4 321 | 14.3 | 10 |
| | 1 300 | 600 | 18 | 40 | 699 | 549 | 2 178 137 | 33 509 | 55.8 | 144 059 | 4 801 | 14.3 | 11 |
| | 1 300 | 600 | 18 | 45 | 757 | 595 | 2 392 929 | 36 814 | 56.2 | 162 058 | 5 401 | 14.6 | 11 |
| | 1 300 | 600 | 20 | 50 | 840 | 659 | 2 633 000 | 40 507 | 55.9 | 180 080 | 6 002 | 14.6 | 12 |
| WH1400×450 | 1 400 | 450 | 16 | 25 | 441 | 346 | 1 391 643 | 19 880 | 56.1 | 38 014 | 1 689 | 9.2 | 10 |
| | 1 400 | 450 | 16 | 30 | 484 | 380 | 1 587 923 | 22 684 | 57.2 | 45 608 | 2 027 | 9.7 | 10 |
| | 1 400 | 450 | 18 | 36 | 563 | 442 | 1 858 657 | 26 552 | 57.4 | 54 739 | 2 432 | 9.8 | 11 |
| | 1 400 | 450 | 18 | 40 | 597 | 469 | 2 010 115 | 28 715 | 58.0 | 60 814 | 2 702 | 10.0 | 11 |
| | 1 400 | 450 | 18 | 45 | 640 | 503 | 2 196 872 | 31 383 | 58.5 | 68 407 | 3 040 | 10.3 | 11 |
| WH1400×500 | 1 400 | 500 | 16 | 30 | 466 | 366 | 1 509 820 | 21 568 | 56.9 | 52 129 | 2 085 | 10.5 | 10 |
| | 1 400 | 500 | 16 | 36 | 514 | 404 | 1 728 713 | 24 695 | 57.9 | 62 545 | 2 501 | 11.0 | 10 |
| | 1 400 | 500 | 18 | 40 | 599 | 470 | 2 026 141 | 28 944 | 58.1 | 75 064 | 3 002 | 11.1 | 11 |
| | 1 400 | 500 | 18 | 45 | 637 | 501 | 2 195 128 | 31 358 | 58.7 | 83 397 | 3 335 | 11.4 | 11 |
| | 1 400 | 500 | 18 | 50 | 685 | 538 | 2 403 501 | 34 335 | 59.2 | 93 813 | 3 752 | 11.7 | 11 |
| WH1400×600 | 1 400 | 600 | 16 | 25 | 574 | 451 | 2 010 293 | 28 718 | 59.1 | 108 045 | 3 601 | 13.7 | |
| | 1 400 | 600 | 16 | 30 | 644 | 506 | 2 322 074 | 33 172 | 600 | 129 645 | 4 321 | 14.1 | 10 |
| | 1 400 | 600 | 18 | 36 | 717 | 563 | 2 565 155 | 36 645 | 59.8 | 144 064 | 4 802 | 14.1 | 11 |
| | 1 400 | 600 | 18 | 40 | 775 | 609 | 2 816 758 | 40 239 | 60.2 | 162 063 | 5 402 | 14.4 | 11 |
| | 1 400 | 600 | 18 | 45 | 934 | 655 | 3 064 550 | 43 779 | 60.6 | 180 063 | 6 002 | 14.6 | 11 |
| WH1500×500 | 1 500 | 500 | 18 | 25 | 511 | 401 | 1 817 189 | 24 229 | 59.6 | 52 153 | 2 086 | 10.1 | 11 |
| | 1 500 | 500 | 18 | 30 | 559 | 439 | 2 068 797 | 27 583 | 60.8 | 62 569 | 2 502 | 10.5 | 11 |
| | 1 500 | 500 | 18 | 36 | 617 | 484 | 2 366 148 | 31 548 | 61.9 | 75 069 | 3 002 | 11.0 | 11 |
| | 1 500 | 500 | 18 | 40 | 655 | 515 | 2 561 626 | 34 155 | 62.5 | 83 405 | 3 336 | 11.2 | 11 |
| | 1 500 | 500 | 20 | 45 | 732 | 575 | 2 849 616 | 37 994 | 62.3 | 93 844 | 3 753 | 11.3 | 12 |
| WH1500×550 | 1 500 | 550 | 18 | 30 | 589 | 463 | 2 230 887 | 29 745 | 61.5 | 83 257 | 3 027 | 11.8 | 11 |
| | 1 500 | 550 | 18 | 36 | 653 | 513 | 2 559 083 | 34 121 | 62.6 | 99 894 | 3 632 | 12.3 | 11 |
| | 1 500 | 550 | 18 | 40 | 695 | 546 | 2 774 839 | 36 997 | 63.1 | 110 985 | 40 35 | 12.6 | 11 |
| | 1 500 | 550 | 20 | 45 | 777 | 610 | 3 087 857 | 41 171 | 63.0 | 124 875 | 4 540 | 12.6 | 12 |

续上表

| 型号 | 尺寸 | | | | 截面面积 /cm² | 理论重量 /(kg/m) | 截面特性参数 | | | | | | 焊脚尺寸 $h_f$/mm |
| | H | B | $t_1$ | $t_2$ | | | $x-x$ | | | $y-y$ | | | |
| | /mm | | | | | | $I_x$ /cm⁴ | $W_x$ /cm³ | $i_x$ /cm | $I_y$ /cm⁴ | $W_y$ /cm³ | $i_y$ /cm | |
|---|---|---|---|---|---|---|---|---|---|---|---|---|---|
| WH1500×600 | 1 500 | 600 | 18 | 30 | 619 | 486 | 2 392 977 | 31 906 | 62.1 | 108 069 | 3 602 | 13.2 | 11 |
| | 1 500 | 600 | 18 | 36 | 689 | 541 | 2 752 019 | 36 693 | 63.1 | 129 669 | 4 322 | 13.7 | 11 |
| | 1 500 | 600 | 18 | 40 | 735 | 577 | 2 988 053 | 39 840 | 63.7 | 144 069 | 4 802 | 14.0 | 11 |
| | 1 500 | 600 | 20 | 45 | 822 | 645 | 3 326 098 | 44 347 | 63.6 | 162 094 | 5 403 | 14.0 | 12 |
| | 1 500 | 600 | 20 | 50 | 880 | 691 | 3 612 333 | 48 164 | 64.0 | 180 093 | 6 003 | 14.3 | 12 |
| WH1600×600 | 1 600 | 600 | 18 | 30 | 637 | 500 | 2 766 519 | 34 581 | 65.9 | 108 704 | 3 602 | 13.0 | 11 |
| | 1 600 | 600 | 18 | 36 | 707 | 555 | 3 177 382 | 39 717 | 67.0 | 129 674 | 4 322 | 13.5 | 11 |
| | 1 600 | 600 | 18 | 40 | 753 | 592 | 3 447 731 | 43 096 | 37.6 | 144 073 | 4 802 | 13.8 | 11 |
| | 1 600 | 600 | 20 | 45 | 842 | 661 | 3 839 070 | 47 988 | 67.5 | 162 100 | 5 403 | 13.8 | 12 |
| | 1 600 | 600 | 20 | 50 | 900 | 707 | 4 167 500 | 52 093 | 68.0 | 180 100 | 6 003 | 14.1 | 12 |
| WH1600×650 | 1 600 | 650 | 18 | 30 | 667 | 524 | 2 951 409 | 36 892 | 66.5 | 137 387 | 4 227 | 14.3 | 11 |
| | 1 600 | 650 | 18 | 36 | 743 | 583 | 3 397 570 | 42 469 | 67.6 | 164 849 | 5 072 | 14.8 | 11 |
| | 1 600 | 650 | 18 | 40 | 793 | 623 | 3 691 144 | 46 139 | 68.2 | 183 157 | 5 635 | 15.1 | 11 |
| | 1 600 | 650 | 20 | 45 | 887 | 696 | 4 111 173 | 51 389 | 68.0 | 206 069 | 6 340 | 15.2 | 12 |
| | 1 600 | 650 | 20 | 50 | 950 | 746 | 4 467 916 | 55 848 | 68.5 | 228 954 | 7 044 | 15.5 | 12 |
| WH1600×700 | 1 600 | 700 | 18 | 30 | 697 | 547 | 3 136 299 | 39 203 | 67.0 | 171 574 | 4 902 | 15.6 | 11 |
| | 1 600 | 700 | 18 | 36 | 779 | 612 | 3 617 757 | 45 221 | 68.1 | 205 874 | 5 882 | 16.2 | 11 |
| | 1 600 | 700 | 18 | 40 | 833 | 654 | 3 934 557 | 49 181 | 68.7 | 228 740 | 6 535 | 16.5 | 11 |
| | 1 600 | 700 | 20 | 45 | 932 | 732 | 4 383 277 | 54 790 | 68.5 | 257 350 | 7 352 | 16.6 | 12 |
| | 1 600 | 700 | 20 | 50 | 1 000 | 785 | 4 768 333 | 59 604 | 69.0 | 285 933 | 8 169 | 16.9 | 12 |
| WH1700×600 | 1 700 | 600 | 18 | 30 | 655 | 514 | 3 171 921 | 37 316 | 69.5 | 108 079 | 3 602 | 12.8 | 11 |
| | 1 700 | 600 | 18 | 36 | 725 | 569 | 3 638 098 | 42 801 | 70.8 | 129 679 | 4 322 | 13.3 | 11 |
| | 1 700 | 600 | 18 | 40 | 771 | 606 | 3 945 089 | 46 412 | 71.5 | 144 078 | 4 802 | 13.6 | 11 |
| | 1 700 | 600 | 20 | 45 | 862 | 677 | 4 394 141 | 51 695 | 71.3 | 162 107 | 5 403 | 13.7 | 12 |
| | 1 700 | 600 | 20 | 50 | 920 | 722 | 4 767 666 | 56 090 | 71.9 | 180 106 | 6 003 | 13.9 | 12 |
| WH1700×650 | 1 700 | 650 | 18 | 30 | 685 | 538 | 3 381 111 | 39 777 | 70.2 | 137 392 | 4 227 | 14.1 | 11 |
| | 1 700 | 650 | 18 | 36 | 761 | 597 | 3 387 337 | 45 733 | 71.4 | 164 854 | 5 072 | 14.7 | 11 |
| | 1 700 | 650 | 18 | 40 | 811 | 637 | 4 220 702 | 49 655 | 72.1 | 183 162 | 5 635 | 15.0 | 11 |
| | 1 700 | 650 | 20 | 45 | 907 | 712 | 4 702 358 | 55 321 | 72.0 | 206 076 | 6 340 | 15.0 | 12 |
| | 1 700 | 650 | 20 | 50 | 970 | 761 | 5 108 083 | 60 095 | 72.5 | 228 960 | 7 044 | 15.3 | 12 |
| WH1700×700 | 1 700 | 700 | 18 | 32 | 742 | 583 | 3 773 285 | 44 391 | 71.3 | 183 012 | 5 228 | 15.7 | 11 |
| | 1 700 | 700 | 18 | 36 | 797 | 626 | 4 136 577 | 48 665 | 72.0 | 205 879 | 5 882 | 16.0 | 11 |
| | 1 700 | 700 | 18 | 40 | 851 | 669 | 4 496 315 | 52 897 | 72.6 | 228 745 | 6 535 | 16.3 | 11 |
| | 1 700 | 700 | 20 | 45 | 952 | 747 | 5 010 574 | 58 947 | 72.5 | 257 357 | 7 353 | 16.4 | 12 |
| | 1 700 | 700 | 20 | 50 | 1 020 | 801 | 5 448 500 | 64 100 | 73.0 | 285 940 | 8 169 | 16.7 | 12 |
| WH1700×750 | 1 700 | 750 | 18 | 32 | 774 | 608 | 3 995 890 | 47 010 | 71.8 | 225 079 | 6 002 | 17.0 | 11 |
| | 1 700 | 750 | 18 | 36 | 833 | 654 | 4 385 816 | 51 597 | 72.5 | 253 204 | 6 752 | 17.4 | 11 |
| | 1 700 | 750 | 18 | 40 | 891 | 700 | 4 771 929 | 56 140 | 73.1 | 281 328 | 7 502 | 17.7 | 11 |
| | 1 700 | 750 | 20 | 45 | 997 | 783 | 5 318 790 | 62 574 | 73.0 | 316 513 | 8 440 | 17.8 | 12 |
| | 1 700 | 750 | 20 | 50 | 1 070 | 840 | 5 788 916 | 68 104 | 73.5 | 351 669 | 9 377 | 18.1 | 12 |

续上表

| 型号 | 尺寸 | | | | 截面面积 /cm² | 理论重量 /(kg/m) | 截面特性参数 | | | | | | 焊脚尺寸 $h_f$/mm |
| | H | B | $t_1$ | $t_2$ | | | x—x | | | y—y | | | |
| | /mm | | | | | | $I_x$ /cm⁴ | $W_x$ /cm³ | $i_x$ /cm | $I_y$ /cm⁴ | $W_y$ /cm³ | $i_y$ /cm | |
|---|---|---|---|---|---|---|---|---|---|---|---|---|---|
| WH1800×600 | 1 800 | 600 | 18 | 30 | 673 | 528 | 3 610 083 | 40112 | 73.2 | 108 084 | 3 602 | 12.6 | 11 |
| | 1 800 | 600 | 18 | 36 | 743 | 583 | 4 135 065 | 45 945 | 74.6 | 129 683 | 4 322 | 13.2 | 11 |
| | 1 800 | 600 | 18 | 40 | 789 | 620 | 4 481 027 | 49 789 | 75.3 | 144 083 | 4 802 | 13.5 | 11 |
| | 1 800 | 600 | 20 | 45 | 882 | 692 | 4 992 313 | 55 470 | 75.2 | 162 114 | 5 403 | 13.5 | 12 |
| | 1 800 | 600 | 20 | 50 | 940 | 738 | 5 413 833 | 60 153 | 75.8 | 180 113 | 6 003 | 13.8 | 12 |
| WH1800×650 | 1 800 | 650 | 18 | 30 | 703 | 552 | 3 845 073 | 42 723 | 73.9 | 137 397 | 4 227 | 13.9 | 11 |
| | 1 800 | 650 | 18 | 36 | 779 | 612 | 4 415 156 | 49 057 | 75.2 | 164 858 | 5 072 | 14.5 | 11 |
| | 1 800 | 650 | 18 | 40 | 829 | 651 | 4 790 840 | 53 231 | 76.0 | 183 166 | 5 635 | 14.8 | 11 |
| | 1 800 | 650 | 20 | 45 | 927 | 728 | 5 338 892 | 59 321 | 75.8 | 206 082 | 6 340 | 14.9 | 12 |
| | 1 800 | 650 | 20 | 50 | 990 | 777 | 5 796 750 | 64 408 | 76.5 | 228 967 | 7 045 | 15.2 | 12 |
| WH1800×700 | 1 800 | 700 | 18 | 32 | 760 | 597 | 4 286 071 | 47 623 | 75.0 | 183 017 | 5 229 | 15.5 | 11 |
| | 1 800 | 700 | 18 | 36 | 815 | 640 | 4 695 248 | 52 169 | 75.9 | 205 883 | 5 882 | 15.8 | 11 |
| | 1 800 | 700 | 18 | 40 | 869 | 683 | 5 100 653 | 56 673 | 76.6 | 228 750 | 6 535 | 16.2 | 11 |
| | 1 800 | 700 | 20 | 45 | 972 | 763 | 5 685 471 | 63 171 | 76.4 | 257 364 | 7 353 | 16.2 | 12 |
| | 1 800 | 700 | 20 | 50 | 1 040 | 816 | 6 179 666 | 68 662 | 77.0 | 285 946 | 8 169 | 16.5 | 12 |
| WH1800×750 | 1 800 | 750 | 18 | 32 | 792 | 622 | 4 536 164 | 50 401 | 75.6 | 225 084 | 6 002 | 16.8 | 11 |
| | 1 800 | 750 | 18 | 36 | 851 | 668 | 4 975 339 | 55 281 | 76.4 | 253 208 | 6 752 | 17.2 | 11 |
| | 1 800 | 750 | 18 | 40 | 909 | 714 | 5 410 467 | 60 116 | 77.1 | 281 333 | 7 502 | 17.5 | 11 |
| | 1 800 | 750 | 20 | 45 | 1017 | 798 | 6 032 049 | 67 022 | 77.0 | 316 520 | 8 440 | 17.6 | 12 |
| | 1 800 | 750 | 20 | 50 | 1090 | 856 | 6 562 583 | 72 917 | 77.5 | 351 675 | 9 378 | 17.9 | 12 |
| WH1900×650 | 1 900 | 650 | 18 | 30 | 721 | 566 | 4 344 195 | 45 728 | 77.6 | 137 401 | 4 227 | 13.8 | 11 |
| | 1 900 | 650 | 18 | 36 | 797 | 626 | 4 981 928 | 52 441 | 79.0 | 164 863 | 5 072 | 14.3 | 11 |
| | 1 900 | 650 | 18 | 40 | 847 | 665 | 5 402 458 | 56 867 | 79.8 | 183 171 | 5 636 | 14.7 | 11 |
| | 1 900 | 650 | 20 | 45 | 947 | 743 | 6 021 776 | 63 387 | 79.7 | 206 089 | 6 341 | 14.7 | 12 |
| | 1 900 | 650 | 20 | 50 | 1010 | 793 | 6 534 916 | 68 788 | 80.4 | 228 974 | 7 045 | 15.0 | 12 |
| WH1900×700 | 1 900 | 700 | 18 | 32 | 778 | 611 | 4 836 881 | 50 914 | 78.8 | 183 022 | 5 229 | 15.3 | 11 |
| | 1 900 | 700 | 18 | 36 | 833 | 654 | 5 294 671 | 55 733 | 79.7 | 205 888 | 5 882 | 15.7 | 11 |
| | 1 900 | 700 | 18 | 40 | 887 | 697 | 5 748 471 | 60 510 | 80.5 | 228 755 | 6 535 | 16.0 | 11 |
| | 1 900 | 700 | 20 | 45 | 992 | 779 | 6 408 967 | 67 462 | 80.3 | 257 370 | 7 353 | 16.1 | 12 |
| | 1 900 | 700 | 20 | 50 | 1 060 | 832 | 6 962 833 | 73 292 | 81.0 | 285 953 | 8 170 | 16.4 | 12 |
| WH1900×750 | 1 900 | 750 | 18 | 34 | 839 | 659 | 5 362 275 | 56 445 | 79.9 | 239 151 | 6 377 | 16.8 | 11 |
| | 1 900 | 750 | 18 | 36 | 869 | 682 | 5 607 415 | 59 025 | 80.3 | 253 213 | 6 752 | 17.0 | 11 |
| | 1 900 | 750 | 18 | 40 | 927 | 728 | 6 094 485 | 64 152 | 81.0 | 281 338 | 7 502 | 17.4 | 11 |
| | 1 900 | 750 | 20 | 45 | 1 037 | 814 | 6 796 158 | 71 538 | 80.9 | 316 526 | 8 440 | 17.4 | 12 |
| | 1 900 | 750 | 20 | 50 | 1 110 | 871 | 7 390 750 | 77 797 | 81.5 | 351 682 | 9 378 | 17.7 | 12 |
| WH1900×800 | 1 900 | 800 | 18 | 34 | 873 | 686 | 5 658 274 | 59 560 | 80.5 | 290 222 | 7 255 | 18.2 | 11 |
| | 1 900 | 800 | 18 | 36 | 905 | 710 | 5 920 158 | 62 317 | 80.8 | 307 288 | 7 682 | 18.4 | 11 |
| | 1 900 | 800 | 18 | 40 | 967 | 760 | 6 440 498 | 67 794 | 81.6 | 341 421 | 8 535 | 18.7 | 11 |
| | 1 900 | 800 | 20 | 45 | 1 082 | 849 | 7 183 350 | 75 614 | 81.4 | 384 120 | 9 603 | 18.8 | 12 |
| | 1 900 | 800 | 20 | 50 | 1160 | 911 | 7 818 666 | 82 301 | 82.0 | 426 786 | 10 669 | 19.1 | 12 |

续上表

| 型号 | 尺寸 | | | | 截面面积 /cm² | 理论重量 /(kg/m) | 截面特性参数 | | | | | | 焊脚尺寸 $h_f$/mm |
| --- | --- | --- | --- | --- | --- | --- | --- | --- | --- | --- | --- | --- | --- |
| | H | B | $t_1$ | $t_2$ | | | $x-x$ | | | $y-y$ | | | |
| | /mm | | | | | | $I_x$ /cm⁴ | $W_x$ /cm³ | $i_x$ /cm | $I_y$ /cm⁴ | $W_y$ /cm³ | $i_y$ /cm | |
| WH2000×650 | 2 000 | 650 | 18 | 30 | 739 | 580 | 4 879 377 | 48 793 | 81.2 | 137 406 | 4 227 | 13.6 | 11 |
| | 2 000 | 650 | 18 | 36 | 815 | 640 | 5 588 551 | 55 885 | 82.8 | 164 868 | 5 072 | 14.2 | 11 |
| | 2 000 | 650 | 18 | 40 | 865 | 679 | 6 056 456 | 60 564 | 83.6 | 183 176 | 5 636 | 14.5 | 11 |
| | 2 000 | 650 | 20 | 45 | 967 | 759 | 7 652 010 | 67 520 | 83.5 | 206 096 | 6 341 | 14.5 | 12 |
| | 2 000 | 650 | 20 | 50 | 1 030 | 809 | 7 323 583 | 73 235 | 84.3 | 228 980 | 7 045 | 14.9 | 12 |
| WH2000×700 | 2 000 | 700 | 18 | 32 | 796 | 625 | 5 426 616 | 54 266 | 82.5 | 183 027 | 5 229 | 15.1 | 11 |
| | 2 000 | 700 | 18 | 36 | 851 | 668 | 5 935 746 | 59 357 | 83.5 | 205 893 | 5 882 | 15.5 | 11 |
| | 2 000 | 700 | 18 | 40 | 905 | 711 | 6 440 669 | 64 406 | 84.3 | 228 759 | 6 535 | 15.8 | 11 |
| | 2 000 | 700 | 18 | 45 | 1 012 | 794 | 7 182 064 | 71 820 | 84.3 | 257 377 | 7 353 | 15.9 | 11 |
| | 2 000 | 700 | 20 | 50 | 1 080 | 848 | 7 799 000 | 77 990 | 84.9 | 285 960 | 8 170 | 16.2 | 12 |
| WH2000×750 | 2 000 | 750 | 18 | 34 | 857 | 673 | 6 010 279 | 60 102 | 83.7 | 239 156 | 6 377 | 16.7 | 11 |
| | 2 000 | 750 | 18 | 36 | 887 | 696 | 6 282 942 | 62 829 | 84.1 | 253 218 | 6 752 | 16.8 | 11 |
| | 2 000 | 750 | 18 | 40 | 945 | 742 | 6 824 883 | 68 248 | 84.9 | 281 343 | 7 502 | 17.2 | 11 |
| | 2 000 | 750 | 20 | 45 | 1 057 | 830 | 7 612 118 | 76 121 | 84.8 | 316 533 | 8 440 | 17.3 | 12 |
| | 2 000 | 750 | 20 | 50 | 1 130 | 887 | 8 274 416 | 82 744 | 85.5 | 351 689 | 9 378 | 17.6 | 12 |
| WH2000×800 | 2 000 | 800 | 18 | 34 | 891 | 700 | 6 338 850 | 63 388 | 84.3 | 290 227 | 7 255 | 18.0 | 11 |
| | 2 000 | 800 | 18 | 36 | 923 | 725 | 6 630 137 | 66 301 | 84.7 | 307 293 | 7 682 | 18.2 | 11 |
| | 2 000 | 800 | 18 | 40 | 1 024 | 804 | 7 327 061 | 73 270 | 84.5 | 341 461 | 8 536 | 18.2 | 11 |
| | 2 000 | 800 | 20 | 45 | 1 102 | 865 | 8 042 171 | 80 421 | 85.4 | 384 127 | 9 603 | 18.6 | 12 |
| | 2 000 | 800 | 20 | 50 | 1 180 | 926 | 8 749 833 | 87 498 | 86.1 | 426 793 | 10 669 | 19.0 | 12 |
| WH2000×850 | 2 000 | 850 | 18 | 36 | 959 | 753 | 6 977 333 | 69 773 | 85.2 | 368 568 | 8 672 | 19.6 | 11 |
| | 2 000 | 850 | 18 | 36 | 1 025 | 805 | 7 593 309 | 75 933 | 86.0 | 409 509 | 9 635 | 19.9 | 11 |
| | 2 000 | 850 | 18 | 40 | 1 147 | 900 | 8 472 225 | 84 722 | 85.9 | 460 721 | 10 840 | 20.0 | 11 |
| | 2 000 | 850 | 20 | 45 | 1 230 | 966 | 9 225 249 | 92 252 | 86.6 | 511 897 | 12 044 | 20.4 | 12 |
| | 2 000 | 850 | 20 | 50 | 1 313 | 1 031 | 9 970 389 | 99 703 | 87.1 | 563 073 | 13 248 | 20.7 | 12 |

注：1. 表列 H 型钢的板件厚度比应根据钢材牌号和 H 型钢用于结构的类型验算腹板和翼缘的局部稳定性，当不满足时应按 GB 50017 及相关规范、规程的规定进行验算并采取相应措施（如设置加筋肋等）。

2. 特定工作条件下的焊接 H 型钢板件宽厚比限值，应遵守相关现行国家规范、规程的规定。

3. 表中理论重量未包括焊缝重量。

### 五、冷、热轧无缝钢管、镀锌焊接钢管、起重机钢轨、轻轨及铁路钢轨

冷轧（拔）无缝钢管、热轧无缝钢管的型号、尺寸可参见 GB/T 17395—2008《无缝钢管尺寸、外形、重量及允许偏差》。表 1-8-46 为轧（拔）、热轧普通无缝钢管规格尺寸，表 1-8-47 为冷轧（拔）、热轧精密无缝钢管规格尺寸。表 1-8-48 为无缝钢外径和壁厚的允许偏差（GB/T 8162—2008 结构用无缝钢管）。表 1-8-49 为低压流体输送用的型号、断面尺寸等数据（GB/T 3091—2008）。

起重机钢轨可用材料有：起重机钢轨、轻轨及热轧钢轨，详见 YB/T 5055—1993《起重机钢轨》、GB 11264—1989《轻轨》、GB 2585—2007《铁路用热轧钢轨》。表 1-8-50、表 1-8-51、表 1-8-52 分别为起重机钢轨、轻轨、热轧钢轨的型号、尺寸及截面特性参数。

表 1-8-46 普通钢管外径及壁厚规格尺寸(GB/T 17395—2008)  mm

截面面积　$A=\dfrac{\pi}{4}(D^2-d^2)=\pi\delta(D-d)$

惯性半径　$r=\dfrac{1}{4}\sqrt{D^2+d^2}$

惯性矩　　$I=\dfrac{\pi}{64}(D^4-d^4)$

| 外径 | | | 壁厚范围 | 外径 | | | 壁厚范围 | 外径 | | | 壁厚范围 |
|---|---|---|---|---|---|---|---|---|---|---|---|
| 系列1 | 系列2 | 系列3 | | 系列1 | 系列2 | 系列3 | | 系列1 | 系列2 | 系列3 | |
| | | 6 | 0.25~2.0 | | 32/31.8 | | 0.40~8.0 | 89/88.9 | | | 1.4~24 |
| | | 7 | 0.25~2.5/2.6 | 34/33.7 | | | 0.40~8.0 | | 95 | | 1.4~24 |
| | | 8 | 0.25~2.5/2.6 | | | 35 | 0.40~9.0/8.8 | | 102/101.6 | | 1.4~28 |
| | | 9 | 0.25~2.8 | | 38 | | 0.40~10.0 | | | 108 | 1.4~30 |
| 10/10.2 | | | 0.25~3.5/3.6 | | 40 | | 0.40~10.0 | 114/114.3 | | | 1.5~30 |
| | 11 | | 0.25~3.5/3.6 | 42/42.4 | | | 1.0~10.0 | | 121 | | 1.5~32 |
| | 12 | | 0.25~4.0 | | | 45/44.5 | 1.0~12/12.5 | | 127 | | 1.8~32 |
| 13/12.7 | | | 0.25~4.0 | 48/48.3 | | | 1.0~12/12.5 | | 133 | | 2.5/2.6~36 |
| 13.5 | | | 0.25~4.0 | | 51 | | 1.0~12/12.5 | 140/139.7 | | | 3.0/2.9~36 |
| | | 14 | 0.25~4.0 | | | 54 | 1.0~14/14.2 | | | 142/141.3 | 3.0/2.9~36 |
| | 16 | | 0.25~5.0 | | 57 | | 1.0~14/14.2 | | 146 | | 3.0/2.9~40 |
| 17/17.2 | | | 0.25~5.0 | 60/60.3 | | | 1.0~16 | | | 152/152.4 | 3.0/2.9~40 |
| | 18 | | 0.25~5.0 | | 63/63.5 | | 1.0~16 | | 159 | | 3.5/3.6~45 |
| | | 19 | 0.25~6.0 | | 65 | | 1.0~16 | 168/168.3 | | | 3.5/3.6~45 |
| | | 20 | 0.25~6.0 | | 68 | | 1.0~16 | | | 180/177.8 | 3.5/3.6~50 |
| 21/21.3 | | | 0.40~6.0 | | 70 | | 1.0~17/17.5 | | | 194/193.7 | 3.5/3.6~50 |
| | 22 | | 0.40~6.0 | | | 73 | 1.0~19.0 | | 203 | | 3.5/3.6~55 |
| | 25 | | 0.40~7.0/7.1 | 76/76.1 | | | 1.0~20.0 | 219/219.1 | | | 6~55 |
| | | 25.4 | 0.40~7.0/7.1 | | 77 | | 1.4~20.0 | | 232 | | 6~65 |
| 27/26.9 | | | 0.40~7.0/7.1 | | 80 | | 1.4~20.0 | | | 245/244.5 | 6~65 |
| | 28 | | 0.40~7.0/7.1 | | | 83/82.5 | 1.4~22.0/22.2 | | | 267/267.4 | 6~65 |
| | | 30 | 0.40~8.0 | | 85 | | 1.4~22.0/22.2 | 273 | | | 6.5/6.3~85 |

续上表

| 外径 | | | 壁厚范围 | 外径 | | | 壁厚范围 | 外径 | | | 壁厚范围 |
|---|---|---|---|---|---|---|---|---|---|---|---|
| 系列 1 | 系列 2 | 系列 3 | | 系列 1 | 系列 2 | 系列 3 | | 系列 1 | 系列 2 | 系列 3 | |
| 299/298.5 | | | 7.5～100 | | 426 | | 9/8.8～100 | | | 699 | 12～120 |
| | | 302 | 7.5～100 | | 450 | | 9/8.8～100 | 711 | | | 12～120 |
| | | 318.5 | 7.5～100 | 457 | | | 9/8.8～100 | | 720 | | 12～120 |
| 325/323 | | | 7.5～100 | | 473 | | 9/8.8～100 | | 762 | | 20～120 |
| | 340/339.7 | | 8～100 | | 480 | | 9/8.8～100 | | | 788.5 | 20～120 |
| | 351 | | 8～100 | | 500 | | 9/8.8～110 | 813 | | | 20～120 |
| 356/355.6 | | | 9/8.8～100 | 508 | | | 9/8.8～110 | | | 864 | 20～120 |
| | | 368 | 9/8.8～100 | | 530 | | 9/8.8～120 | 914 | | | 25～120 |
| | 377 | | 9/8.8～100 | | | 560/559 | 9/8.8～120 | | | 965 | 25～120 |
| | 402 | | 9/8.8～100 | 610 | | | 9/8.8～120 | 1016 | | | 25～120 |
| 406/406.4 | | | 9/8.8～100 | | 630 | | 9/8.8～120 | — | — | — | |
| | | 419 | 9/8.8～100 | | | 660 | 9/8.8～120 | | | | |

| 壁厚尺寸系列 | 0.25 | 0.30 | 0.40 | 0.50 | 0.60 | 0.80 | 1.0 | 1.2 | 1.4 | 1.5 | 1.6 | 1.8 |
| | 2.0 | 2.2/2.3 | 2.5/2.6 | 2.8 | 3.0/2.9 | 3.2 | 3.5/3.6 | 4.0 | 4.5 | 5.0 | 5.5/5.4 | 6.0 |
| | 6.5/6.3 | 7.0/7.1 | 7.5 | 8.0 | 8.5 | 9.0/8.8 | 9.5 | 10 | 11 | 12/12.5 | 13 | 14/14.2 |
| | 15 | 16 | 17/17.5 | 18 | 19 | 20 | 22/22.5 | 24 | 25 | 26 | 28 | 30 |
| | 32 | 34 | 36 | 38 | 40 | 42 | 45 | 48 | 50 | 55 | 60 | 65 |
| | 70 | 75 | 80 | 85 | 90 | 95 | 100 | 110 | 120 | | | |

注：1. 系列 1 为通用系列，属推荐选用系列，系列 2 是非通用系列；系列 3 是少数特殊、专用系列。
2. 表中带斜线的后一尺寸为 ISO4200 的规格。

### 表 1-8-47 精密钢管外径及壁厚规格尺寸（GB/T 17395—2008） mm

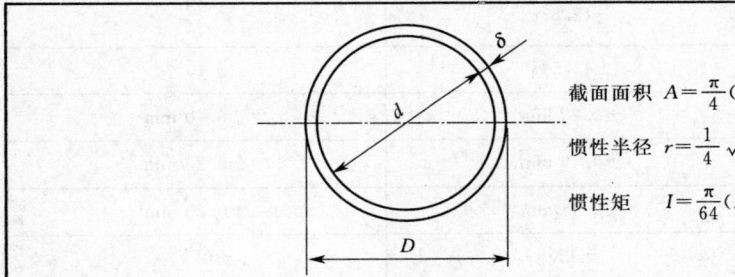

截面面积 $A=\dfrac{\pi}{4}(D^2-d^2)=\pi\delta(D-d)$

惯性半径 $r=\dfrac{1}{4}\sqrt{D^2+d^2}$

惯性矩 $I=\dfrac{\pi}{64}(D^4-d^4)$

| 外径 | | 壁厚范围 | 外径 | | 壁厚范围 | 外径 | | 壁厚范围 |
|---|---|---|---|---|---|---|---|---|
| 系列 2 | 系列 3 | | 系列 2 | 系列 3 | | 系列 2 | 系列 3 | |
| 4 | | 0.5～1.2 | 10 | | 0.5～2.5 | 16 | | 0.5～4.0 |
| 5 | | 0.5～1.2 | 12 | | 0.5～3.0 | | 18 | 0.5～4.5 |
| 6 | | 0.5～2.0 | 12.7 | | 0.5～3.0 | 20 | | 0.5～5.0 |
| 8 | | 0.5～2.5 | | 14 | 0.5～3.5 | 22 | | 0.5～5.0 |

续上表

| 外径 系列2 | 外径 系列3 | 壁厚范围 | 外径 系列2 | 外径 系列3 | 壁厚范围 | 外径 系列2 | 外径 系列3 | 壁厚范围 |
|---|---|---|---|---|---|---|---|---|
| 25 | | 0.5~6.0 | | 55 | 0.8~14.0 | | 140 | 1.8~25.0 |
| | 28 | 0.5~8.0 | 60 | | 0.8~16.0 | 150 | | 1.8~25.0 |
| | 30 | 0.5~8.0 | | 63 | 0.8~16.0 | 160 | | 1.8~25.0 |
| 32 | | 0.5~8.0 | 70 | | 0.8~16.0 | 170 | | 3.5~25.0 |
| | 35 | 0.5~8.0 | | 76 | 0.8~16.0 | | 180 | 5.0~25.0 |
| 38 | | 0.5~10.0 | 80 | | 0.8~18.0 | 190 | | 5.5~25.0 |
| 40 | | 0.5~10.0 | | 90 | 1.2~18.0 | 200 | | 6.0~25.0 |
| 42 | | 0.8~10.0 | 100 | | 1.2~22.0 | | 220 | 7.0~25.0 |
| | 45 | 0.8~12.5 | | 110 | 1.2~25.0 | | 240 | 7.0~25.0 |
| 48 | | 0.8~12.5 | 120 | | 1.8~25.0 | | 260 | 7.0~25.0 |
| 50 | | 0.8~12.5 | 130 | | 1.8~25.0 | — | — | — |

| 壁厚尺寸系列 | | | | | | | | | |
|---|---|---|---|---|---|---|---|---|---|
| 0.5 | (0.8) | 1.0 | (1.2) | 1.5 | (1.8) | 2.0 | (2.2) | 2.5 | (2.8) |
| 3.0 | (3.5) | 4.0 | (4.5) | 5.0 | (5.5) | 6.0 | (7.0) | 8.0 | (9.0) |
| 10.0 | (11.0) | 12.5 | (14.0) | 16.0 | (18.0) | 20.0 | (22.0) | 25.0 | — |

注：1. 管子通常长度：3.0 m～12.0 m。
2. 带括号的规格不推荐使用。
3. 管的理论质量（钢密度为 7.85 g/cm³）计算公式：$m = 0.024\,661\,5(D-\delta)(\text{kg/m})$（$D$、$\delta$ 的单位为 mm）。

**表 1-8-48 无缝钢外径和壁厚的允许偏差**（GB/T 8162—2008）

| 钢管种类 | 钢管尺寸 /mm | | 允许偏差 | |
|---|---|---|---|---|
| | | | 普通级 | 高级 |
| 热轧（挤压扩）管 | 外径 $D$ | <50 | ±0.50 mm | ±0.40 mm |
| | | ≥50 | ±1% | ±0.75% |
| | 壁厚 $s$ | <4 | ±12.5%（最小值为±0.40 mm） | ±10（最小值为±0.30 mm） |
| | | ≥4~20 | +15%<br>−12.5% | ±10% |
| | | >20 | ±12.5% | ±10% |
| 冷拔（轧）管 | 外径 $D$ | 6~10 | ±0.20 mm | ±0.10 mm |
| | | >10~30 | ±0.40 mm | ±0.20 mm |
| | | >30~50 | ±0.45 mm | ±0.25 mm |
| | | >50 | ±1% | ±0.5% |
| | 壁厚 $s$ | ≤1 | ±0.15 mm | ±0.12 mm |
| | | >1~3 | +15%<br>−10% | ±10% |
| | | >3 | +12.5%<br>−10% | ±10% |

注：对外径不小于 351 mm 的热扩管，壁厚允许偏差为±18%。

表 1-8-49  低压流体输送用镀锌焊接钢管(GB/T 3091—2008)    mm

| 公称口径 | 外径 | 普通钢管 公称壁厚 | 加厚钢管 公称壁厚 |
|---|---|---|---|
| 6 | 10.2 | 2.0 | 2.5 |
| 8 | 13.5 | 2.5 | 2.8 |
| 10 | 17.2 | 2.5 | 2.8 |
| 15 | 21.3 | 2.8 | 3.5 |
| 20 | 26.9 | 2.8 | 3.5 |
| 25 | 33.7 | 3.2 | 4.0 |
| 32 | 42.4 | 3.5 | 4.0 |
| 40 | 48.3 | 3.5 | 4.5 |
| 50 | 60.3 | 3.8 | 4.5 |
| 65 | 76.1 | 4.0 | 4.5 |
| 80 | 88.9 | 4.0 | 5.0 |
| 100 | 114.3 | 4.0 | 5.0 |
| 125 | 139.7 | 4.0 | 5.5 |
| 150 | 168.3 | 4.5 | 6.0 |

注：1. 表中的公称口径系近似内径的名义尺寸，不表示公称外径减去两个公称壁厚所得的内径。
2. 经供需双方协议，可供表中规定以外尺寸的管厚。钢管长度通常为 3 m~12 m，也可协商供货。
3. 常用钢管材料有：Q195、Q215A、Q215B、Q235A、Q235B、Q295A、Q295B、Q345 A、Q345B 和其他易焊接钢。

表 1-8-50  起重机钢轨型号、尺寸及截面特性参数(YB/T 5055—1993)

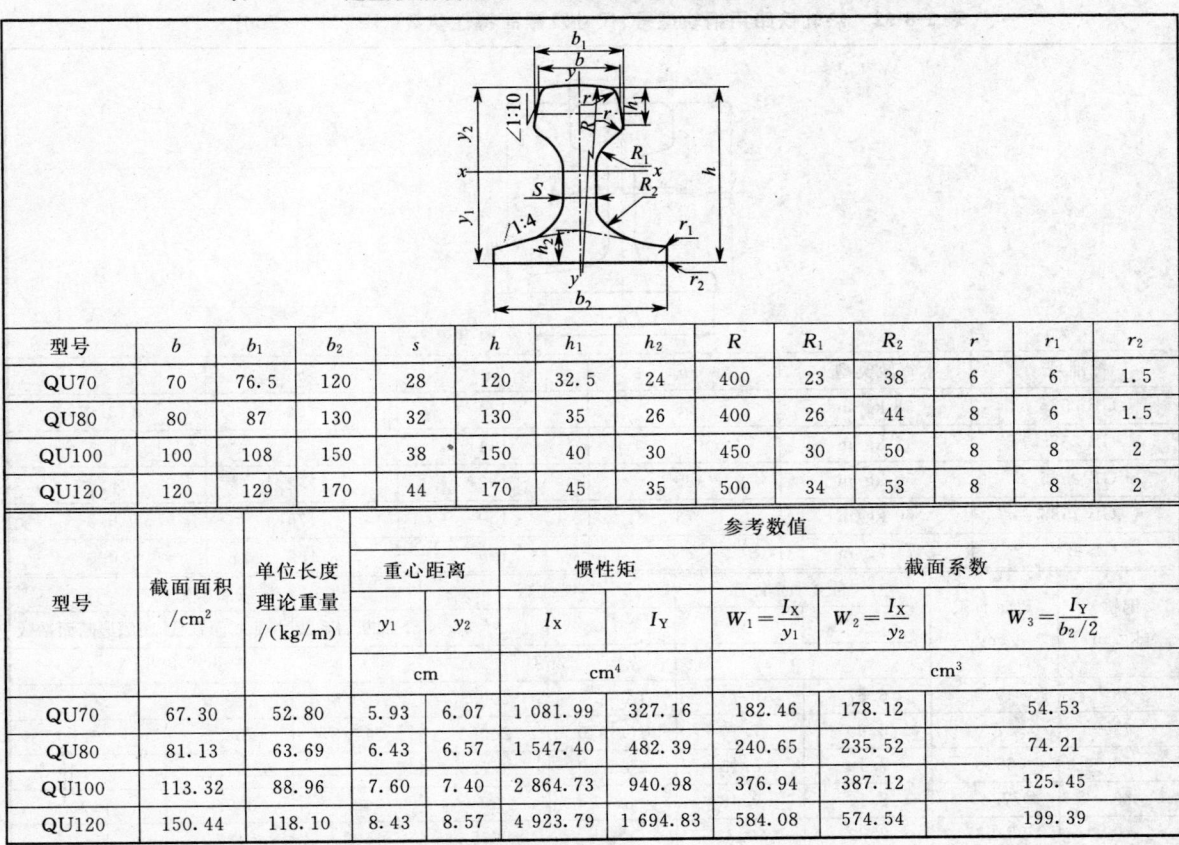

| 型号 | $b$ | $b_1$ | $b_2$ | $s$ | $h$ | $h_1$ | $h_2$ | $R$ | $R_1$ | $R_2$ | $r$ | $r_1$ | $r_2$ |
|---|---|---|---|---|---|---|---|---|---|---|---|---|---|
| QU70 | 70 | 76.5 | 120 | 28 | 120 | 32.5 | 24 | 400 | 23 | 38 | 6 | 6 | 1.5 |
| QU80 | 80 | 87 | 130 | 32 | 130 | 35 | 26 | 400 | 26 | 44 | 8 | 6 | 1.5 |
| QU100 | 100 | 108 | 150 | 38 | 150 | 40 | 30 | 450 | 30 | 50 | 8 | 8 | 2 |
| QU120 | 120 | 129 | 170 | 44 | 170 | 45 | 35 | 500 | 34 | 53 | 8 | 8 | 2 |

| 型号 | 截面面积 /cm² | 单位长度 理论重量 /(kg/m) | 参考数值 | | | | | | |
|---|---|---|---|---|---|---|---|---|---|
| | | | 重心距离 | | 惯性矩 | | 截面系数 | | |
| | | | $y_1$ | $y_2$ | $I_X$ | $I_Y$ | $W_1=\dfrac{I_X}{y_1}$ | $W_2=\dfrac{I_X}{y_2}$ | $W_3=\dfrac{I_Y}{b_2/2}$ |
| | | | cm | | cm⁴ | | cm³ | | |
| QU70 | 67.30 | 52.80 | 5.93 | 6.07 | 1 081.99 | 327.16 | 182.46 | 178.12 | 54.53 |
| QU80 | 81.13 | 63.69 | 6.43 | 6.57 | 1 547.40 | 482.39 | 240.65 | 235.52 | 74.21 |
| QU100 | 113.32 | 88.96 | 7.60 | 7.40 | 2 864.73 | 940.98 | 376.94 | 387.12 | 125.45 |
| QU120 | 150.44 | 118.10 | 8.43 | 8.57 | 4 923.79 | 1 694.83 | 584.08 | 574.54 | 199.39 |

注：1. 本标准适用于起重机大车及小车轨道用的特种截面钢轨。
2. 钢轨的截面形状、部位名称如图所示，其截面尺寸、截面面积、重量和界面参考数值应符合表中规定。
3. 钢轨的材料为 U71Mn。
4. 钢轨的标准长度为 9，9.5，10，10.5，11，11.5，12，12.5 m。

### 表 1-8-51　轻轨型号、尺寸及截面特性参数（GB 11264—1989）

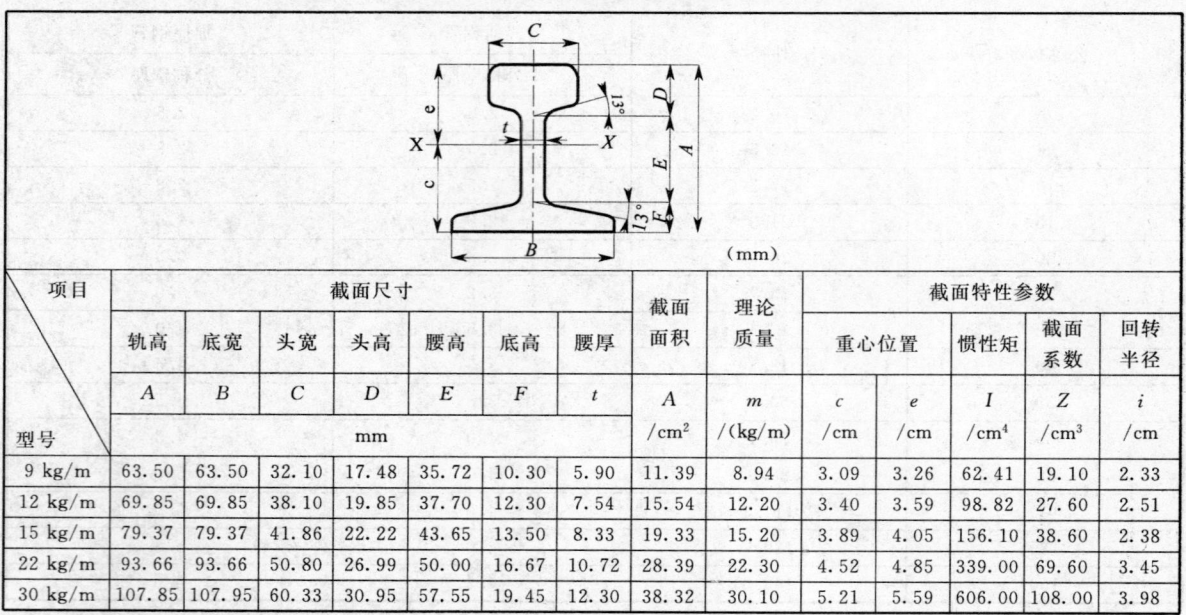

| 项目 | 截面尺寸 | | | | | | | 截面面积 | 理论质量 | 截面特性参数 | | | |
|---|---|---|---|---|---|---|---|---|---|---|---|---|---|
| | 轨高 | 底宽 | 头宽 | 头高 | 腰高 | 底高 | 腰厚 | | | 重心位置 | | 惯性矩 | 截面系数 | 回转半径 |
| | $A$ | $B$ | $C$ | $D$ | $E$ | $F$ | $t$ | $A$ | $m$ | $c$ | $e$ | $I$ | $Z$ | $i$ |
| 型号 | mm | | | | | | | /cm² | /(kg/m) | /cm | /cm | /cm⁴ | /cm³ | /cm |
| 9 kg/m | 63.50 | 63.50 | 32.10 | 17.48 | 35.72 | 10.30 | 5.90 | 11.39 | 8.94 | 3.09 | 3.26 | 62.41 | 19.10 | 2.33 |
| 12 kg/m | 69.85 | 69.85 | 38.10 | 19.85 | 37.70 | 12.30 | 7.54 | 15.54 | 12.20 | 3.40 | 3.59 | 98.82 | 27.60 | 2.51 |
| 15 kg/m | 79.37 | 79.37 | 41.86 | 22.22 | 43.65 | 13.50 | 8.33 | 19.33 | 15.20 | 3.89 | 4.05 | 156.10 | 38.60 | 2.38 |
| 22 kg/m | 93.66 | 93.66 | 50.80 | 26.99 | 50.00 | 16.67 | 10.72 | 28.39 | 22.30 | 4.52 | 4.85 | 339.00 | 69.60 | 3.45 |
| 30 kg/m | 107.85 | 107.95 | 60.33 | 30.95 | 57.55 | 19.45 | 12.30 | 38.32 | 30.10 | 5.21 | 5.59 | 606.00 | 108.00 | 3.98 |

注：表中理论质量按密度为 7.85 g/cm³ 计算。

轻轨的长度：9 kg/m：7.0、6.5、6.0、5.5、5.0 m。

12、15 kg/m：10.0、9.5、9.0、8.5、2.0、7.6、7.0、6.5、6.0 m。

22、30 kg/m：10.0、9.5、9.0、8.5、8.0、7.5、7.0 m。

### 表 1-8-52　热轧铁路用钢轨型号、尺寸及截面特性参数（GB 2585—2007）

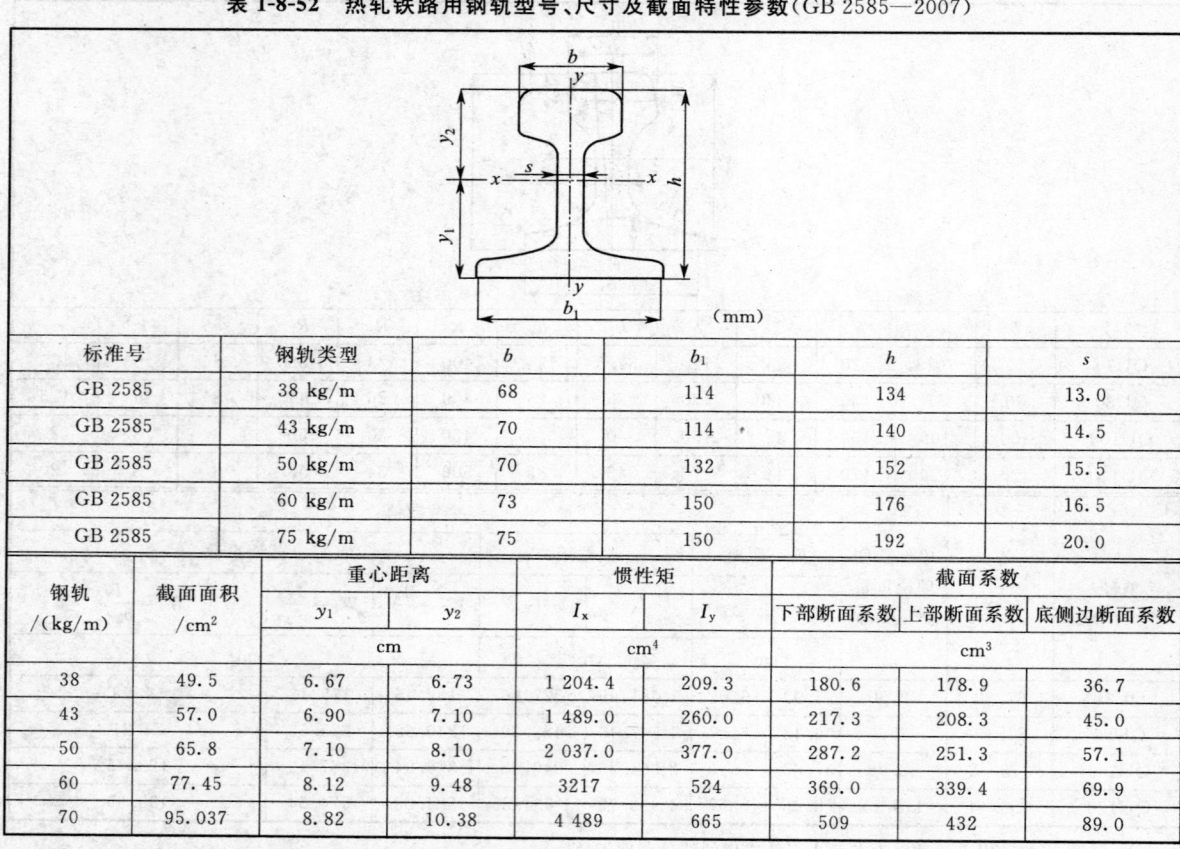

| 标准号 | 钢轨类型 | $b$ | $b_1$ | $h$ | $s$ |
|---|---|---|---|---|---|
| GB 2585 | 38 kg/m | 68 | 114 | 134 | 13.0 |
| GB 2585 | 43 kg/m | 70 | 114 | 140 | 14.5 |
| GB 2585 | 50 kg/m | 70 | 132 | 152 | 15.5 |
| GB 2585 | 60 kg/m | 73 | 150 | 176 | 16.5 |
| GB 2585 | 75 kg/m | 75 | 150 | 192 | 20.0 |

| 钢轨 /(kg/m) | 截面面积 /cm² | 重心距离 | | 惯性矩 | | 截面系数 | | |
|---|---|---|---|---|---|---|---|---|
| | | $y_1$ | $y_2$ | $I_x$ | $I_y$ | 下部断面系数 | 上部断面系数 | 底侧边断面系数 |
| | | cm | | cm⁴ | | cm³ | | |
| 38 | 49.5 | 6.67 | 6.73 | 1 204.4 | 209.3 | 180.6 | 178.9 | 36.7 |
| 43 | 57.0 | 6.90 | 7.10 | 1 489.0 | 260.0 | 217.3 | 208.3 | 45.0 |
| 50 | 65.8 | 7.10 | 8.10 | 2 037.0 | 377.0 | 287.2 | 251.3 | 57.1 |
| 60 | 77.45 | 8.12 | 9.48 | 3217 | 524 | 369.0 | 339.4 | 69.9 |
| 70 | 95.037 | 8.82 | 10.38 | 4 489 | 665 | 509 | 432 | 89.0 |

注：1. 钢轨的标准长度为 12.5 m、25 m，其偏差为 ±6.0 mm。

2. 钢轨的计算数据和重量应符合上表的规定。

3. 材料为 U71、U71Mn、U70MnSi。

4. 钢轨型号表示，例如 43 kg/m 钢轨可表示为 P43。

# 第二篇　起重机金属结构

## 第一章　起重机金属结构设计计算总论

### 第一节　设计计算方法

**一、现代设计方法简介**

现代设计计算方法显著的特点是采用电子计算机这一先进手段，而计算手段的现代化又促进了设计计算理论的发展。

起重运输机械金属结构的设计计算不可避免地要涉及空间结构的超静定问题，同时计算工况甚多，采用手算方法难以应付如此复杂的分析和繁重的计算工作量，传统的设计计算方法不得不作出各种各样的简化和假定，使计算结果与实际情况有较大出入，只能通过加大安全系数给予补偿。过去由于计算过于繁杂而不能解决的问题，现在借助于计算机已变得轻而易举。利用矩阵进行计算尤便于计算机程序的设计，矩阵理论的发展与计算机在结构分析中的应用相得益彰。

应用计算机进行结构分析最具普遍意义的方法是有限元法。有限元法是把所要分析的弹性体假想地分割为有限个单元，各单元仅在节点处连接并传递内力，连接应满足变形协调条件，这个过程称为离散化。外载荷以节点载荷的形式施加，把所有的外力向节点移置。将无限自由度连续体的力学计算转变为有限单元节点参数的计算，以完成复杂结构的力学分析。有限元法通常用位移法求解。有限元法的计算精度取决于单元的数量和形状，所以总可以达到所要求的精度。由于单元数量较多，必然要依靠计算机来求解庞大的线性联立方程组。

在现代设计理论和方法中，优化设计无疑占有重要地位。在结构设计的传统方法中，除最简单的结构设计外，都是首先凭借经验和判断，选择和确定结构方案，初选构件的截面尺寸，然后进行强度、刚度和稳定性的校核验算。对方案的修改或对为数不多的方案进行比较，同样是校核性的。由于计算工作量庞大，事实上只可能做少量的方案比较，结构设计的优劣过多地依赖于设计者的水平和经验，即使是优秀的设计者亦难达到很满意的设计。从被动地进行安全校核转变为主动地从各种可能的设计方案中寻求尽可能完善或适宜的方案，是结构优化设计所追求的目标。自然，要把结构设计人员的精力从繁重的计算工作中解放出来，把主要精力转到优化方案的选择上去，也必然要依靠计算机。

结构优化设计的理论和方法，基本上可以归结为两大类：第一类是准则方法，它是从结构力学的原理出发，首先选定使结构达到最优的准则（例如满应力准则、能量准则等），然后根据这些准则寻求结构的最优解（即满应力设计、满应变能设计等）；第二类是数学方法，它是从解极值问题的数学原理出发，运用数学规划和优选法等各种方法，求得一系列设计参数的最优解（例如最轻设计）。

结构优化设计问题，广义地说，应该把材料的用量、制造工艺和使用维修等各种因素综合起来考虑。尽管材料的用量最少（结构最轻）并不等同于最经济或最优，但仍不失为对结构设计方案进行比较的一个重要指标。满应力设计与最轻设计并不一定是一回事，但在很多情况下这两种设计的结果是相同的,或者是相当接近的,而满应力设计要比最轻设计简单得多,所以满应力设计是一种切实可行,同时又是设计者比较熟悉、比较容易掌握的一种优化方法。通常采用应力比方法逐次逼近满应力(比例满应力法),该方法首先选定一个初始方案(各杆件的初始截面),计算在各种载荷组合下各杆件的最大内力和相应的最大应力,然后将它们与许用应力相比,其比值 $k<1$ 表示杆件原截面有富裕,$k>1$ 则表示杆件原截面不足。将各杆件的截面乘以对应的 $k$ 值作为新截面重新计算应力,如此循环迭代直到 $k_i \to 1$ 即得到满应力设计方案。有时满应力设计会收敛到非最优点(超静定结构退化为静定结构)。为避免这种情况,通常采用齿行法。所谓齿行法是在满应力设计法中增加射线步,即从坐标原点出发,经过上一步比例满应力的设计点,沿此连线方向回到约束曲线(根据约束条件确定的可行域与不可行域的分界线)。在每一步比例满应力设计之后,加一步回到约束曲线的射线步,两种步法间隔地进行。每一次射线步后记录一次结构重量。当发现某一射线步后结构的重量大于上次的重量时,就取上次的设计点为最优点。

第二类优化设计方法中的数学规划,是在等式或不等式表示的限制(约束)条件下求多变量函数(目标函数)的极值问题。如果目标函数和约束方程是线性的,则寻求这类问题的最优解即为用线性规划进行结构的优化设计;如果目标函数或约束方程是非线性的,则为用非线性规划进行结构的优化设计。结构设计中的优化,通常是有约束的,是约束最优化问题。非线性规划大致分为三类:第一类是直接处理约束的方法,例如可行方向法、最速下降法、梯度投影法、减缩梯度法等;第二类方法是用线性规划法去逐次逼近非线性规划,如割平面法、逼近规划法等;第三类方法是将约束最优化问题化为一系列无约束最优化问题。除此之外,还有非常适宜于处理桁架、塔梁、梁和连续梁的动态规划,以及几何规划、整数规划等。

在结构优化设计中利用计算机有很多可供选择的方法,分属于两条不同的途径;其一是充分利用计算机的能力,使之自动化地进行探索;其二是利用人的直觉,以人机对话的方式指导计算机进行计算,即 CAD(计算机辅助设计)。

结构的现代设计还有另一方面的重要内涵,即设计原理的革新。由计算机的应用引起的有限元及优化设计等还只是手段和方法上的革新。归根结底,结构及其构件的安全可靠(有足够的强度和稳定性)、满足使用要求(静刚度和动刚度)的判断依据更具有基础性的意义,这是设计原理所要解决的而不是用手段和方法可以代替的问题。

由于实际结构的载荷、材料的质量和制造质量都具有随机性,因此只有应用概率论才能更真实地描述和反映结构的有效性,所以当前结构设计原理的发展趋势是采用以概率论为基础的极限状态设计法。这在建筑钢结构设计领域内已成为最先进的结构设计方法。我国《钢结构设计规范》在1988年修订时,在静力强度和稳定计算中已经采用了这一设计原则;在疲劳计算中,由于疲劳极限状态的概念还不够确切,对有关因素研究得还不够,目前采用容许应力幅法进行计算。

在起重运输机械金属结构领域内,我国的 GB 3811—2008《起重机设计规范》亦推荐采用以概率论为基础的极限状态设计法。

在结构疲劳计算中,根据断裂力学的观点,允许出现一定程度的裂纹,并保证在下次检查前能安全使用,据此进行的设计就是损伤容限设计。

值得注意的是各种现代设计方法的交叉渗透所开辟的广阔天地中还有大量的工作有待探索研究。

根据 GB 3811—2008《起重机设计规范》,在起重机金属结构设计计算中采用两种方法:极限状态设计法和许用应力设计法。当结构在外载荷作用下产生了较大变形,以至内力与载荷呈非线性关系时,宜采用极限状态设计法。

极限状态设计法的基础是:在起重机使用条件下对金属结构的受载情况进行统计分析;对金属结构材料性能的均匀程度进行统计研究。在极限状态法中不采用安全系数的概念。

根据起重机使用经验确定的强度安全系数是许用应力设计法的基础。许用应力法目前仍然是起重机金属结构计算中广泛应用的方法。结构件及其连接的疲劳强度仍按许用应力设计法计算。

许用应力设计法和极限状态设计法的典型流程见第一篇第三章第三节。

本篇中的计算公式,是按许用应力设计法给出的。若采用极限状态设计法计算结构的强度及屈曲稳定性,应按第一篇第三章第三节极限状态设计法的流程计算载荷及极限设计应力。

基于概率论和应用统计的可靠性计算法,能够评估起重机金属结构的使用寿命和可靠度,用这种方法设计的各类结构可达到期望的可靠度。

**二、刚度要求**

有关构件(受压构件、受弯构件、受扭构件)的刚度计算见本章相应节。

对起重机的刚度要求是为了保证起重机的正常使用。刚度要求一般分静态和动态两个方面。

(一)静态刚度和动态刚度

受弯构件的静态刚度以在规定的载荷作用于指定位置时,结构在某一位置处的静态弹性变形值来表征。

计算静态弹性变形时不考虑冲击系数和动载系数。

弹性变形值按结构力学的方法计算。结构中遇到变截面构件则以相应的折算惯性矩代替,有关折算惯性矩的计算见本章第五节。

动态刚度以满载情况下,钢丝绳绕组的下放悬吊长度相当于额定起升高度时,系统在垂直方向的最低阶固有频率(简称满载自振频率)来表征。本手册推荐,必要时还可以同时以水平方向的满载自振频率来表征。

对起重机的动态刚度一般不作要求,当用户要求或设计本身有要求时则做动态特性校核。其指标由设计者与用户确定,并在提交给用户的有关资料中说明。

常用起重机结构的静态刚度要求见表 2-1-1。其他起重机可在保证工作性能的条件下,由设计者参照表 2-1-1 自行确定。

表 2-1-1 起重机金属结构静态及动态刚度要求

| 起重机类型 | 规定与建议 | 规定载荷 | 载荷作用位置或幅度 | 变形计算部位 | 静态刚度或动态刚度 | 刚度要求 | | 控制目的 | 附注 |
|---|---|---|---|---|---|---|---|---|---|
| 手动桥式起重机 | | | 跨中 | 跨中 | 垂直静挠度 $f_L$ | $f_L \leq \dfrac{L}{400}$ | | | $L$——起重机跨度(mm);可接受定位精度指低与中等之间的定位精度 |
| 电动桥式类型起重机(包括门式起重机和装卸桥) | 《起重机设计规范》要求 | 额定起升载荷+小车(或电动葫芦)自重 | 跨中 | 跨中 | 垂直静挠度 $f_L$ | 定位精度及控制系统 | 低定位精度或具有无级调速 $f_L \leq \dfrac{L}{500}$ | 降低小车运行坡度 | |
| | | | | | | | 简单控制系统能达到中等定位精度 $f_L \leq \dfrac{L}{750}$ | | |
| | | | | | | | 低起升速度和低加速度能达到可接受定位精度 $f_L \leq \left(\dfrac{L}{750} \sim \dfrac{L}{500}\right)$ | | |
| | | | | | | | 高定位精度 $f_L \leq \dfrac{L}{1\,000}$ | | |
| | | | 悬臂有效工作长度处 | 悬臂有效工作长度处 | 垂直静挠度 $f_1$ | $f_1 \leq \dfrac{l_C}{350}$ | | | $l_C$——有效悬臂长度(mm) |
| | 建议补充 | | 跨中 | — | 垂直方向满载自振频率(包括钢丝绳滑轮组)$f_1$ | 2 Hz $\leq f_1 <$ 4 Hz 当跨度较大时 $f_1$ 可适当降低 | | 作业要求;司机生理、心理影响 | 用户或设计本身有要求时验算 |

续上表

| 起重机类型 | 规定与建议 | 规定载荷 | 载荷作用位置或幅度 | 变形计算部位 | 静态刚度或动态刚度 | 刚度要求 | 控制目的 | 附注 |
|---|---|---|---|---|---|---|---|---|
| 电动桥式类型起重机（包括门式起重机和装卸桥） | 建议补充 | 额定起升载荷＋小车（或电动葫芦）自重 | 跨中支腿处（一刚一柔支腿时为柔性支腿处）或悬臂有效工作位置（仅对U形支腿，且桥架无上端梁者） | 小车轮下 | 两主梁（主桁架）顶相对水平位移 $f_H$ | $f_H \leq \dfrac{L}{2\,000}$ | 对双轮缘车轮避免卡轨；对单轮缘车轮保证轮轨正常接触长度 | 按空间结构计算 |
| | | | 悬臂有效工作位置 | — | 满载自振频率（垂直方向）$f_2$ | $2\,Hz \leq f_2 < 4\,Hz$ 当跨度较大时$f_2$可适当降低 | 作业要求；司机生理、心理影响 | 用户或设计本身有要求时验算 |
| | | | 小车在任意位置，起、制动 | — | 满载纵向（小车运行方向）水平自振频率 $f_3$ | $f_3 \geq 1\,Hz$ | | |
| 箱形伸缩式臂架的汽车式、轮胎式和铁路起重机 | 《起重机设计规范》要求 | 额定起升载荷 | 相应工作幅度 | 臂端 | 吊重平面内的静位移（垂直于臂架轴线方向）$Y_L$ | 当$L_C<45\,m$时，$Y_L \leq 0.1(L_C/100)^2$(cm) 当$L_C \geq 45\,m$时，式中系数0.1可适当增大 | 作业要求；伸缩油缸正常工作 | $L_C$——臂长/cm，不考虑底架变形及变幅油缸的压缩；计算时应同时考虑弯矩和轴向力的作用 |
| | | 5%额定起升载荷的侧向载荷 | 相应工作幅度，作用于臂端 | 臂端 | 回转平面内的水平（侧向）静位移 $X_L$ | $X_L \leq 0.07(L_C/100)^2$(cm) | 防止在侧向变形的情况下吊重使构件失稳；回转作业的平稳性 | |
| 塔式起重机 | 《起重机设计规范》要求 | 额定起升载荷 | 相应工作幅度 | 塔身与臂架连接处或转柱与臂架连接处 | 水平静位移 $\Delta_L$ | $\Delta_L \leq \dfrac{1.34H}{100}$ | 作业要求；司机生理、心理影响；损失起升高度；对倾覆稳定性和结构强度的影响；对小车坡度的影响 | $H$——自行式塔式起重机为计算位置（连接处）至轨面的垂直距离；附着式塔式起重机为计算位置至最高一个附着点的垂直距离/mm |
| 门座起重机 | 建议补充 | 额定起升载荷 | 最大工作幅度 | — | 满载自振频率 $f$ | $f \geq 1\,Hz$ | 作业要求 | 用户要求或设计本身有要求时验算 |

### （二）常用结构静态刚度的计算

起重机常用结构的静位移计算见表 2-1-2。

表 2-1-2 起重机常用结构的静位移

| 结构及载荷 | 静位移（c点）/mm |
|---|---|
| 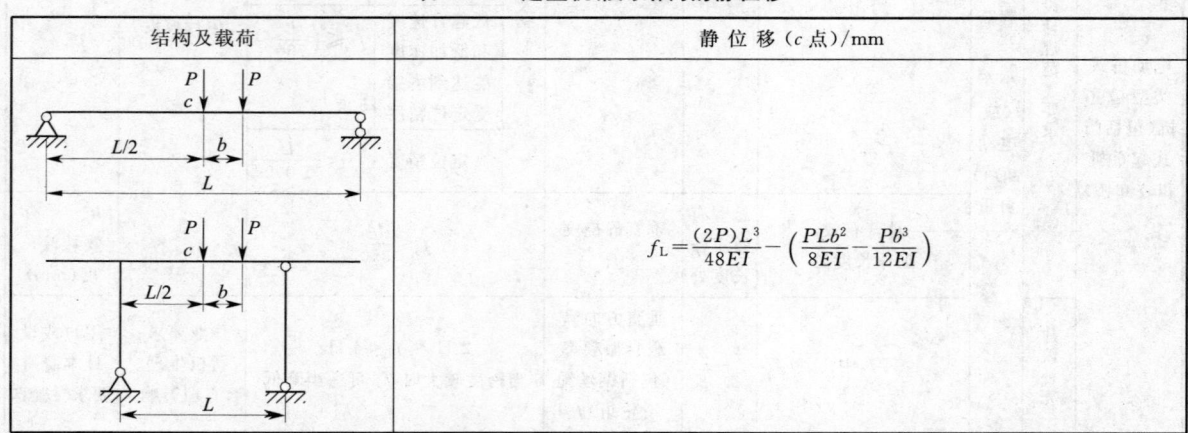 | $f_L = \dfrac{(2P)L^3}{48EI} - \left(\dfrac{PLb^2}{8EI} - \dfrac{Pb^3}{12EI}\right)$ |

续上表

| 结构及载荷 | 静位移（c点）/mm |
|---|---|
| 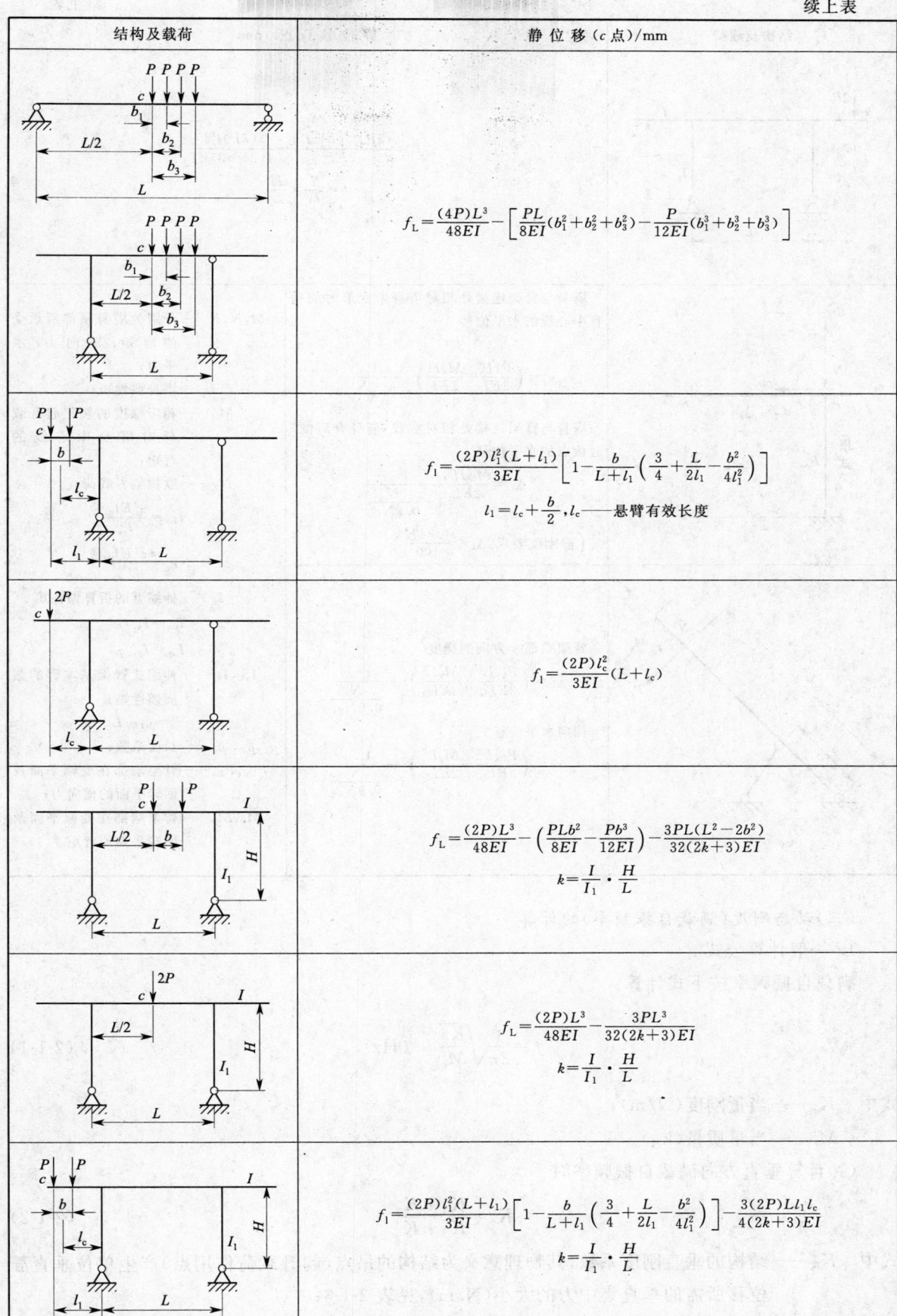 | $f_L = \dfrac{(4P)L^3}{48EI} - \left[\dfrac{PL}{8EI}(b_1^2+b_2^2+b_3^2) - \dfrac{P}{12EI}(b_1^3+b_2^3+b_3^3)\right]$ |
| | $f_1 = \dfrac{(2P)l_1^2(L+l_1)}{3EI}\left[1 - \dfrac{b}{L+l_1}\left(\dfrac{3}{4}+\dfrac{L}{2l_1}-\dfrac{b^2}{4l_1^2}\right)\right]$<br>$l_1 = l_c + \dfrac{b}{2}$，$l_c$——悬臂有效长度 |
| | $f_1 = \dfrac{(2P)l_c^2}{3EI}(L+l_c)$ |
| | $f_L = \dfrac{(2P)L^3}{48EI} - \left(\dfrac{PLb^2}{8EI} - \dfrac{Pb^3}{12EI}\right) - \dfrac{3PL(L^2-2b^2)}{32(2k+3)EI}$<br>$k = \dfrac{I}{I_1} \cdot \dfrac{H}{L}$ |
| | $f_L = \dfrac{(2P)L^3}{48EI} - \dfrac{3PL^3}{32(2k+3)EI}$<br>$k = \dfrac{I}{I_1} \cdot \dfrac{H}{L}$ |
| | $f_1 = \dfrac{(2P)l_1^2(L+l_1)}{3EI}\left[1 - \dfrac{b}{L+l_1}\left(\dfrac{3}{4}+\dfrac{L}{2l_1}-\dfrac{b^2}{4l_1^2}\right)\right] - \dfrac{3(2P)Ll_1l_c}{4(2k+3)EI}$<br>$k = \dfrac{I}{I_1} \cdot \dfrac{H}{L}$ |

续上表

| 结构及载荷 | 静位移（c 点）/mm | |
|---|---|---|
| （图：悬臂结构，$2P$ 作用于 c 点，跨度 $L$，$l_c$，高度 $H$，惯性矩 $I$、$I_1$） | $f_1 = \dfrac{(2P)l_c^2(L+l_c)}{3EI} - \dfrac{3(2P)l_c^2 L}{4(2k+3)EI}$<br>$k = \dfrac{I}{I_1} \cdot \dfrac{H}{L}$ | |
| （图：塔式结构，塔身顶部受 $N$、$M$、$P$，高 $H$，惯性矩 $I$） | 塔身与臂架连接处相对塔身未变形时的垂直中心线的水平位移<br>$y_c = \left(\dfrac{PH^3}{3EI} + \dfrac{MH^2}{2EI}\right)\dfrac{1}{1-\dfrac{N}{0.9N_{Ex}}}$<br>塔身与臂架连接处相对空载（塔身有后倾）时该点的水平位移<br>$\Delta_L = \dfrac{M_Q H^2}{2EI}\dfrac{1}{1-\dfrac{N}{0.9N_{Ex}}}$<br>（静刚度要求：$\Delta_L \leqslant \dfrac{1.34H}{100}$） | $M, N, P$——分别为塔身顶部所承受的弯矩、轴向力、水平力；<br>$I$——塔身惯性矩；<br>$M_Q$——相应幅度的额定起升载荷对塔身中心线的弯矩；<br>$N_E$——欧拉临界载荷<br>$N_{Ex} = \dfrac{\pi^2 EI_{dx}}{l_{cx}^2}$<br>$N_{Ey} = \dfrac{\pi^2 EI_{dy}}{l_{cy}^2}$<br>$I_d$——伸缩臂的折算惯性矩<br>$I_{dx} = I_{x1}/\mu_2^2$<br>$I_{dy} = I_{y1}/\mu_2^2$<br>$I_{x1}, I_{y1}$——伸缩式臂架基本臂的截面惯性矩；<br>$l_c = \mu_1\mu_3 L$<br>$\mu_1, \mu_2, \mu_3$——长度系数；<br>$P_{Ly}, P_{Lx}$——臂架端部在变幅平面及回转平面的横向力；<br>$M_x, M_y$——臂架端部在变幅平面及回转平面的弯矩 |
| （图：倾斜臂架结构，端部受 $N$、$M_x$、$P_{Ly}$，长度 $L$） | 臂架端部 $y$ 方向的挠度<br>$y_L = \left(\dfrac{P_{Ly}L^3}{3EI_{dx}} + \dfrac{M_x L^2}{2EI_{dx}}\right)\dfrac{1}{1-\dfrac{N}{0.9N_{Ex}}}$<br>侧向水平位移<br>$x_L = \left(\dfrac{P_{Lx}L^3}{3EI_{dy}} + \dfrac{M_y L^2}{2EI_{dy}}\right)\dfrac{1}{1-\dfrac{N}{0.9N_{Ey}}}$ | |

（三）动态刚度（满载自振频率）的计算

1. 一般计算公式

满载自振频率按下式计算：

$$f = \frac{1}{2\pi}\sqrt{\frac{K_e}{M_e}} \quad (\text{Hz}) \tag{2-1-1}$$

式中　$K_e$——当量刚度（N/m）；

　　　$M_e$——当量质量（kg）。

（1）计算垂直方向满载自振频率时

$$K_e = \frac{K_S \cdot K_t}{K_S + K_t} \tag{2-1-2}$$

式中　$K_S$——结构的垂直刚度系数，其物理意义为结构的吊点（起升载荷作用点）产生单位垂直静位移所需的垂直集中力的大小（N/m），见表 2-1-3；

　　　$K_t$——钢丝绳绕组的刚度系数（N/m），见式（2-1-3）、式（2-1-4）。

**表 2-1-3 计算动态刚度时的换算质量与刚度系数**

| 振动方向 | 承载结构状况 | 结构换算质量/kg | 刚度系数/(N/m) |
|---|---|---|---|
| 垂直方向 | 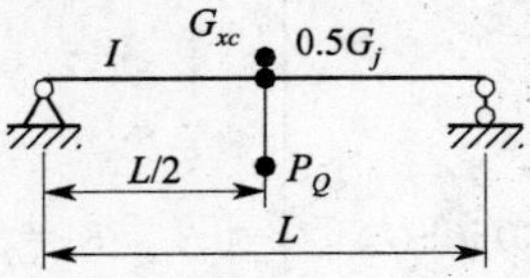 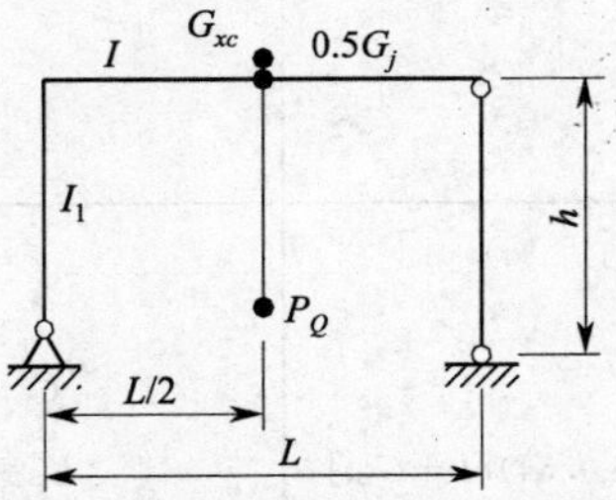 (简支梁，跨中集中载荷 $P_Q$，$G_{xc}$，$0.5G_j$，L/2，L) | $m_S = \dfrac{1}{g}(0.5G_j + G_{xc})$ | $K_S = \dfrac{48EI}{L^3}$ |
| | 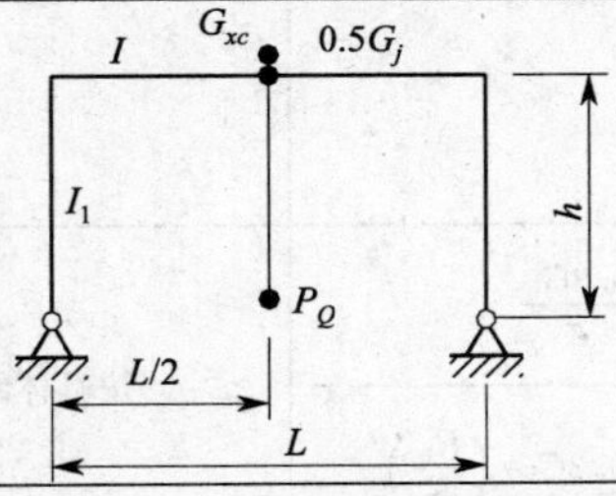 (门架结构，顶部梁 I，立柱 $I_1$，高 h，L/2，L) | $m_S = \dfrac{1}{g}(0.5G_j + G_{xc})$ | |
| | (门架结构，两侧铰支，高 h，L/2，L) | $m_S = \dfrac{1}{g}(0.5G_j + G_{xc})$ | |
| | 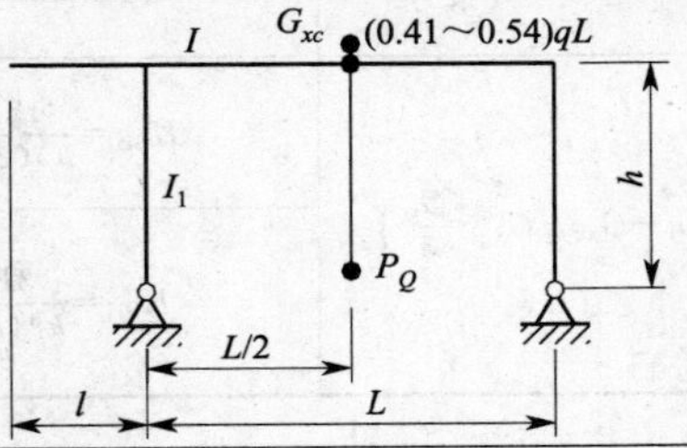 (带悬臂门架，$G_{xc}$，$(0.41\sim 0.54)qL$，l，L/2，L，h) | $m_S = \dfrac{1}{g}[(0.41\sim 0.54)qL + G_{xc}]$ | $K_S = \dfrac{48EI}{L^3}\left(\dfrac{8k+12}{8k+3}\right)$ |
| | 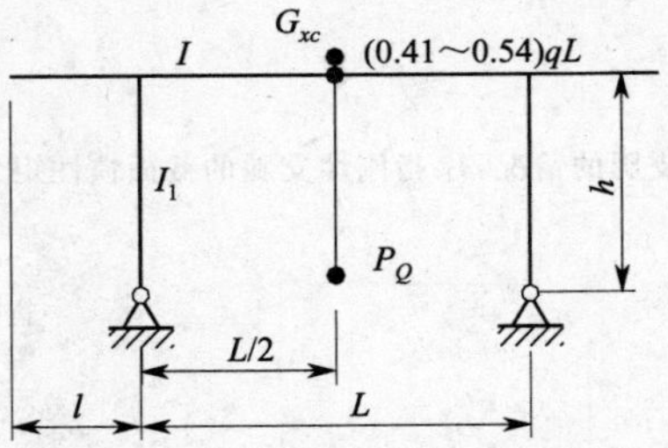 (带悬臂门架结构类似上图) | | |
| | 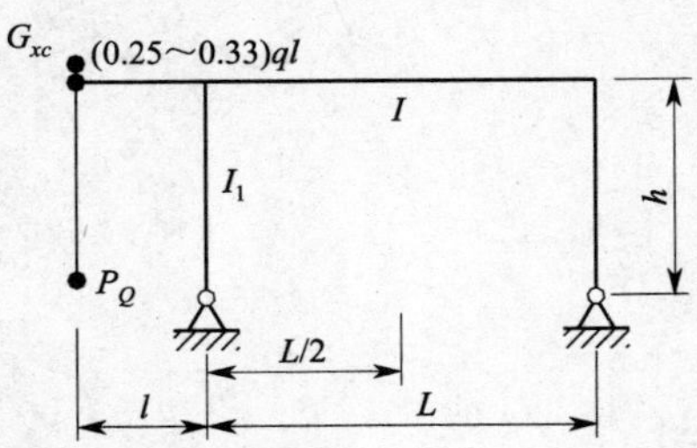 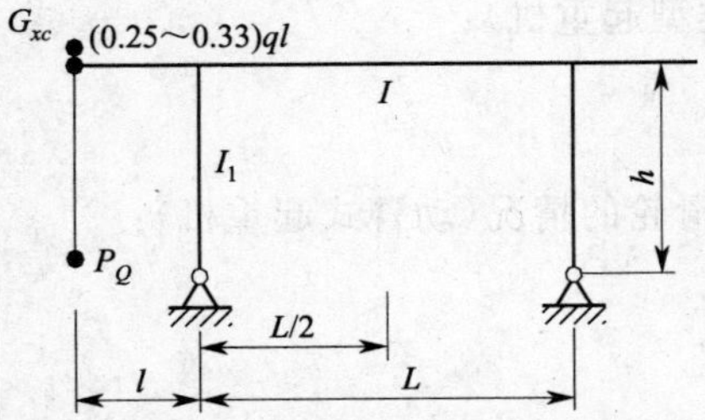 (带悬臂结构，$G_{xc}$，$(0.25\sim 0.33)ql$，l，L/2，L，h) | $m_S = \dfrac{1}{g}[(0.25\sim 0.33)ql + G_{xc}]$ | $K_S = \dfrac{3EI}{l^2\left(\dfrac{8k+3}{8k+12}L+l\right)}$ |
| | (带悬臂结构类似上图) | | |

续上表

| 振动方向 | 承载结构状况 | | 结构换算质量/kg | 刚度系数/(N/m) |
|---|---|---|---|---|
| 垂直方向 | （图：$G_{xc}$, $(0.25\sim0.33)ql$, $I$, $I_1$, $P_Q$, $h$, $l$, $L/2$, $L$） | | $m_S=\dfrac{1}{g}[(0.25\sim0.33)ql+G_{xc}]$ | $K_S=\dfrac{3EI}{l^2(L+l)}$ |
| | （图：$I$, $G_{xc}$, $(0.41\sim0.54)qL$, $I_1$, $P_Q$, $h$, $L/2$, $L$） | | $m_S=\dfrac{1}{g}[(0.41\sim0.54)qL+G_{xc}]$ | $K_S=\dfrac{48EI}{L^3}$ |
| | 动臂起重机及单臂架式门座起重机 | | $m_S=\dfrac{0.3G_b}{g}$ | 按具体结构计算 |
| | 组合臂架的门座起重机 | | $m_S=\dfrac{1}{g}(G_X+0.3G_b)\left(\dfrac{R_b}{R}\right)^2$ | |
| 水平方向 | 门式起重机（不论是否带悬臂） | 两个刚性支腿 | $m_{SH}=\dfrac{1}{g}\left(G_j+G_{xc}+G_s+\dfrac{G_t}{3}\right)$ | $K_{SH}=\dfrac{12EI_1k}{h^3(2k+1)}$ |
| | | 一个刚性支腿一个柔性支腿 | | $K_{SH}=\dfrac{3EI_1k}{h^3(k+1)}$ |

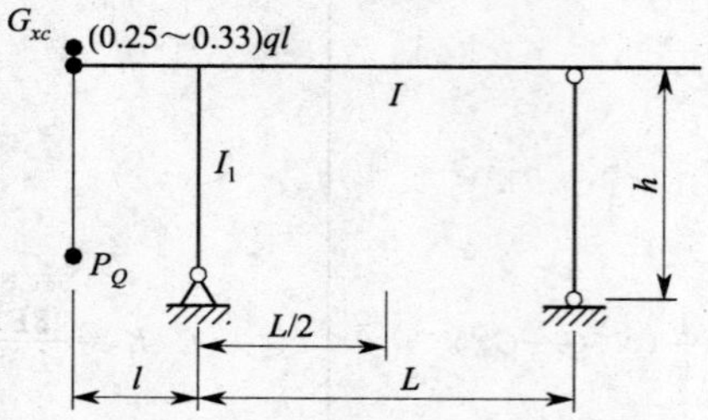

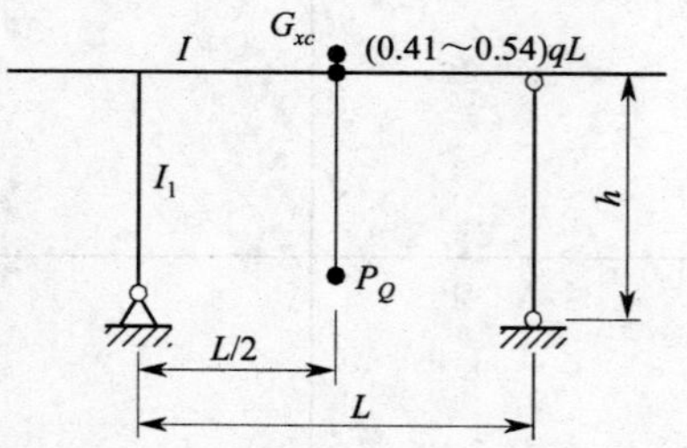

表中符号为：

$E$——弹性模量，钢材 $E=2.06\times10^{11}\,\text{N/m}^2$；

$I$——全部桥架结构的主梁截面惯性矩($\text{m}^4$)；

$I_1$——一根大车走行轨道上方全部支腿的截面惯性矩(对于一刚一柔支腿的情况，$I_1$ 指刚性支腿的截面惯性矩)，变截面支腿按折算惯性矩计算(见本章第五节)，($\text{m}^4$)；

$g$——重力加速度，$g=9.81\,\text{m/s}^2$；

$G_j$——全部桥架结构(连同走台等附件)的重量(N)；

$G_s$——司机室(包括室内电气设备等)的重量(N)；

$G_t$——全部支腿(两侧)的重量(N)；

$G_{xc}$——整个起重小车的重量(N)；

$G_b$——臂架重量(N)；

$G_X$——象鼻架重量(N)；

$q$——全部桥架结构的单位长度重量(N/m)；

$k$——$k$ 值：$k=\dfrac{I}{I_1}\cdot\dfrac{h}{L}$。

对钢丝绳直接从卷筒下放至动滑轮的情况(桥式类型起重机)：

$$K_t=\dfrac{nE_rF_r}{l_r} \qquad (2\text{-}1\text{-}3)$$

对钢丝绳从卷筒绕出后通过导向定滑轮下放至动滑轮的情况(动臂式起重机)：

$$K_t=\dfrac{n^2E_rF_r}{nl'_r+l_0} \qquad (2\text{-}1\text{-}4)$$

式中　$n$——绕组的分支数；

$E_r$——所用钢丝绳的纵向弹性模量,与钢丝绳的结构形式有关,$E_r=(0.7\sim1.2)\times10^{11}$ N/m²,无实测数据时取平均值 $1.0\times10^{11}$ N/m²;

$F_r$——一根钢丝绳的钢丝总截面面积(m²);

$l_r$——钢丝绳绕组在相当于额定起升高度的实际平均下放长度,可近似地取为卷筒中心与上部固定滑轮中心之半处至吊具滑轮中心的实际平均下放长度(m)(见图 2-1-1);

$l'_r$——臂架端部滑轮中心至吊具滑轮中心的实际下放长度,此时吊具在吊重可能的最低位置(m);

$l_0$——卷筒至臂架端部滑轮的绳长(m)。

$$M_e = m_Q + \frac{m_S}{\left(1+\dfrac{K_S}{K_t}\right)^2} \tag{2-1-5}$$

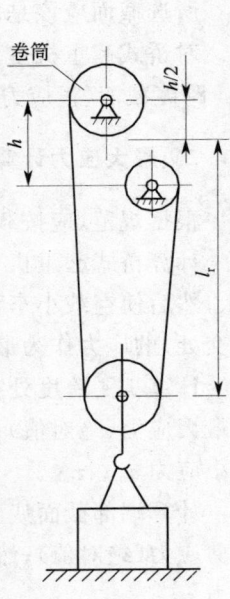

图 2-1-1 实际平均下放长度

式中 $m_Q$——起升载荷(包括取物装置)的质量(kg);

$m_S$——计算垂直方向自振频率时承载结构在计算处的换算质量(kg),见表 2-1-3。

将 $K_e$ 和 $M_e$ 的数值代入公式(2-1-1)即可求得满载自振频率 $f$。对于电动桥式类型起重机(包括门式起重机和装卸桥)可直接用下式确定 $f$ 值:

$$f = 0.16\sqrt{\frac{K_S}{m_S}}\sqrt{\frac{m(1+k_1)}{m+(1+k_1)^2}} \quad \text{(Hz)} \tag{2-1-6}$$

式中 $m$——$m_S$ 与 $m_Q$ 之比,$m=\dfrac{m_S}{m_Q}$;

$k_1$——$K_S$ 与 $K_t$ 之比,$k_1=\dfrac{K_S}{K_t}$。

计算上述各项参数时应注意,小车质量包含在 $m_S$ 中,而取物装置的质量包含在 $m_Q$ 中。对于两侧均采用刚性支腿的门式起重机,刚度系数 $K_S$ 应按一次超静定门架结构考虑。对于闭口截面的主梁,计算 $f$ 时不考虑扭转的影响。

(2)计算水平方向满载自振频率时

此时 $K_e$ 与钢丝绳滑轮组的刚度系数无关,即为结构本身的水平刚度系数,其物理意义为结构在计算处产生单位水平静位移所需的水平集中力的数值(N/m),见表 2-1-3 中的 $K_{SH}$。

计算状态应为起升载荷在最高位置时(钢丝绳绕组下放长度最短),起升载荷的质量向承载结构计算部位作全质量的转换:

$$M_e = m_{SH} + m_Q \tag{2-1-7}$$

式中 $m_{SH}$——计算水平方向自振频率时承载结构在计算部位的换算质量(kg),见表 2-1-3。

2. 无起重小车的起重机其满载自振频率的简化计算公式

对门座、汽车及轮胎等臂架式起重机,垂直方向的满载自振频率可由式(2-1-6)进一步简化得到的公式计算:

$$f = \frac{0.5}{\sqrt{y_L+\lambda_0}} \quad \text{(Hz)} \tag{2-1-8}$$

式中 $y_L$——额定起升载荷在臂架端部(或象鼻架端部)引起的垂直方向的静位移(m);

$\lambda_0$——不考虑支承结构的弹性时,钢丝绳绕组在额定吊重悬挂处的静伸长(m);计算时必须计及从臂架端部滑轮至卷筒之间的钢丝绳(绳长为 $l_0$)的伸长量对 $\lambda_0$ 的影响:

$$\lambda_0 = \frac{P_Q l'_r}{n E_r F_r} + \frac{P_Q l_0}{n^2 E_r F_r} = \frac{P_Q}{n E_r F_r}\left(l'_r + \frac{l_0}{n}\right) \quad \text{(m)}$$

其中 $P_Q$——额定起升载荷(包含取物装置)(N);

其他符号意义同式(2-1-4)。

## 第二节 结构件(连接)的疲劳强度计算

结构件(连接)的疲劳强度取决于构件的工作级别、材料种类、连接型式、最大工作应力及应力循环特性等因素。根据《起重机设计规范》(GB 3811—2008),对工作级别为 E4(含)以上的结构件(连接),必须进行疲劳强度计算。疲劳强度计算按下列步骤进行。

### 一、确定疲劳计算的截面位置

所选截面应该是应力循环中产生最大正应力或最大剪应力,或正应力和剪应力都比较大的位置。对桥式起重机主梁,计算截面应选跨中附近(最大正应力区),或端部截面(最大剪应力区),或 1/4 跨度截面(正应力和剪应力都比较大);对门式起重机主梁则应选取跨中、支腿内外侧截面。

### 二、最大应力计算

根据规范,应按载荷组合 A(第一篇第三章表 1-3-24)进行结构件疲劳强度计算。

计算桥式起重机主梁跨中截面疲劳强度时,应使满载小车位于最不利位置计算最大正应力 $\sigma_{max}$;然后使空载小车移至端部极限位置,计算跨中与 $\sigma_{max}$ 同一计算点(常取主梁截面腹板与翼缘板相交处)的应力作为最小应力 $\sigma_{min}$。

计算 1/4 跨度处截面的疲劳强度时,应使满载小车位于 1/4 跨度处,计算该截面的 $\sigma_{max}$、$\tau_{max}$ 作为最大应力(绝对值);然后使空载小车移至端部极限位置,求出与最大应力同一计算点的应力作为最小应力 $\sigma_{min}$、$\tau_{min}$。

计算端部截面疲劳强度时,应使满载小车位于端部极限位置,计算该截面的剪应力 $\tau_{max}$ 作为最大剪应力(绝对值);然后,空载小车移至另一端极限位置,计算与 $\tau_{max}$ 同一点的剪应力作为最小剪应力 $\tau_{min}$。

### 三、应力循环特征 r 的计算

应力循环特征 r 按以下公式计算(按绝对值确定最大、最小应力值,代入时应含各自的正负号)。对桥式起重机主梁,跨中截面主要承受正应力($\tau \approx 0$):

$$r_\sigma = \frac{\sigma_{min}}{\sigma_{max}} \tag{2-1-9}$$

端部截面主要承受剪应力($\sigma \approx 0$):

$$r_\tau = \frac{\tau_{min}}{\tau_{max}} \tag{2-1-10}$$

1/4 跨度处的正应力和剪应力都比较大:

$$\left. \begin{aligned} r_x &= \frac{\sigma_{xmin}}{\sigma_{xmax}} \\ r_y &= \frac{\sigma_{ymin}}{\sigma_{ymax}} \\ r_{xy} &= \frac{\tau_{xymin}}{\tau_{xymax}} \end{aligned} \right\} \tag{2-1-11}$$

由于计算点在截面下角点,可按单向应力考虑,即 $\sigma_y = 0$。

### 四、疲劳许用应力计算

构件疲劳许用应力按表 2-1-4 列出的公式计算,连接件的疲劳许用应力按表 2-1-5 的公式计算。表中 $r$ 为应力循环特性，$[\sigma_{-1}]$ 为应力循环特性 $r=-1$ 时的疲劳许用应力基本值，由对称应力循环试验中得到的疲劳极限(具有 90% 的可靠度)除以安全系数(1.34)，并考虑构件工作级别、构件连接的应力集中情况等级和构件材质三个因素后得到，$[\sigma_{-1}]$ 由表 2-1-6 查取。

**表 2-1-4　构件疲劳许用应力计算公式**

| 应力循环特性 | | 疲劳许用应力计算公式 | 备注 |
|---|---|---|---|
| $-1 \leqslant r \leqslant 0$ | 拉伸 $t$ | $[\sigma_{rt}] = \dfrac{5}{3-2r}[\sigma_{-1}]$ | $X$ 方向的为 $[\sigma_{xrt}]$<br>$Y$ 方向的为 $[\sigma_{yrt}]$ |
| | 压缩 $c$ | $[\sigma_{rc}] = \dfrac{2}{1-r}[\sigma_{-1}]$ | $X$ 方向的为 $[\sigma_{xrc}]$<br>$Y$ 方向的为 $[\sigma_{yrc}]$ |
| $0 < r \leqslant 1$ | 拉伸 $t$ | $[\sigma_{rt}] = \dfrac{1.67[\sigma_{-1}]}{1-\left(1-\dfrac{[\sigma_{-1}]}{0.45\sigma_b}\right)r}$ | $X$ 方向的为 $[\sigma_{xrt}]$<br>$Y$ 方向的为 $[\sigma_{yrt}]$ |
| | 压缩 $c$ | $[\sigma_{rc}] = 1.2[\sigma_{rt}] = \dfrac{2[\sigma_{-1}]}{1-\left(1-\dfrac{[\sigma_{-1}]}{0.45\sigma_b}\right)r}$ | $X$ 方向的为 $[\sigma_{xrc}]$<br>$Y$ 方向的为 $[\sigma_{yrc}]$ |
| $-1 \leqslant r \leqslant 1$ | 剪切 | $[\tau_{xyr}] = \dfrac{[\sigma_{rt}]}{\sqrt{3}}$ | 本行中的 $[\sigma_{rt}]$ 是根据剪切的 $r$ 值计算的相应于 $W_0$ 的值 |

注：计算出的 $[\sigma_{rt}]$ 不应大于 $0.75\sigma_b$，$[\sigma_{rc}]$ 不应大于 $0.9\sigma_b$，$[\tau_{xyr}]$ 不应大于 $0.75\sigma_b/\sqrt{3}$。若超过时，则 $[\sigma_{rt}]$ 取为 $0.75\sigma_b$，$[\sigma_{rc}]$ 取为 $0.9\sigma_b$，$[\tau_{xyr}]$ 取为 $0.75\sigma_b/\sqrt{3}$。$\sigma_b$ 为被连接构件钢材的抗拉强度，Q235 的 $\sigma_b=370$ N/mm²，Q345 的 $\sigma_b=490$ N/mm²。

**表 2-1-5　连接件的疲劳许用应力计算公式**

| 连接类型 | | 疲劳许用应力计算公式 | 说明 |
|---|---|---|---|
| 焊缝连接 | 拉伸压缩 | 同构件疲劳许用应力计算公式 | |
| | 剪切 | $[\tau_{xyr}]^* = \dfrac{[\sigma_{rt}]}{\sqrt{2}}$ | 本行中的 $[\sigma_{rt}]$ 是根据焊缝剪切的 $r$ 值计算的相应于 $K_0$ 的值 |
| A、B级螺栓连接或铆钉连接 | 拉伸压缩 | 不必进行疲劳计算 | 尽量避免螺栓、铆钉在拉伸下工作 |
| | 单剪 | $[\tau_{xyr}] = 0.6[\sigma_{rt}]$，但不应大于 $0.45\sigma_b$ | 本行中的 $[\sigma_{rt}]$ 是根据螺栓或铆钉剪切的 $r$ 值计算的相应于 $W_2$ 的值 |
| | 双剪 | $[\tau_{xyr}] = 0.8[\sigma_{rt}]$，但不应大于 $0.6\sigma_b$ | |
| | 承压 | $[\tau_{cyr}] = 2.5[\tau_{xyr}]$ | $[\tau_{xyr}]$ 为螺栓或铆钉的剪切疲劳许用应力 |

* 计算出的 $[\tau_{xyr}]$ 不应大于 $0.75\sigma_b/\sqrt{2}$。若超过时，则取 $0.75\sigma_b/\sqrt{2}$ 值代之。$\sigma_b$ 为连接件钢材的抗拉强度。

**表 2-1-6　拉伸和压缩疲劳强度许用应力的基本值 $[\sigma_{-1}]$**　　　　N/mm²

| 构件工作级别 | 非焊接件构件连接的应力集中情况等级 | | | | | | 焊接件构件连接的应力集中情况等级 | | | | |
|---|---|---|---|---|---|---|---|---|---|---|---|
| | $W_0$ | | $W_1$ | | $W_2$ | | $K_0$ | $K_1$ | $K_2$ | $K_3$ | $K_4$ |
| | Q235 | Q345 | Q235 | Q345 | Q235 | Q345 | Q235 或 Q345 | | | | |
| E1 | 249.1 | 298.0 | 211.7 | 253.3 | 174.4 | 208.6 | (361.9) | (323.1) | 271.4 | 193.9 | 116 |
| E2 | 224.4 | 261.7 | 190.7 | 222.4 | 157.1 | 183.2 | (293.8) | 262.3 | 220.3 | 157.4 | 94.4 |
| E3 | 202.2 | 229.8 | 171.8 | 195.3 | 141.5 | 160.8 | 238.4 | 212.9 | 178.8 | 127.7 | 76.6 |
| E4 | 182.1 | 201.8 | 154.8 | 171.5 | 127.5 | 141.2 | 193.5 | 172.3 | 145.1 | 103.7 | 62.2 |
| E5 | 164.1 | 177.2 | 139.5 | 150.6 | 114.2 | 124.0 | 157.1 | 140.3 | 117.8 | 84.2 | 50.5 |
| E6 | 147.8 | 155.6 | 125.7 | 132.3 | 103.5 | 108.9 | 127.6 | 113.6 | 95.6 | 68.3 | 41.0 |
| E7 | 133.2 | 136.6 | 113.2 | 116.2 | 93.2 | 95.7 | 103.5 | 92 | 77.6 | 55.4 | 33.3 |
| E8 | 120.0 | 120.0 | 102.0 | 102.0 | 84.0 | 84.0 | 84.0 | 75.0 | 63.0 | 45.0 | 27.0 |

注：括号内的数值为大于 Q235 的 $0.75\sigma_b$（抗拉强度）的理论计算值，仅应用于求取公式（2-1-14）用到的 $[\sigma_{xr}]$、$[\sigma_{yr}]$ 和 $[\tau_{xyr}]$ 的值。

起重机的构件连接和接头对结构件的疲劳强度有很大影响。由试验得到的 $\sigma_{-1}$ 和 $[\sigma_{-1}]$ 已考虑了应力集中的影响,根据构件不同的接头型式和工艺方法,对非焊接件,应力集中情况分为 $W_0$、$W_1$、$W_2$ 三个等级;对焊接件,应力集中情况分为 $K_0$、$K_1$、$K_2$、$K_3$ 和 $K_4$ 五个等级。构件连接的应力集中情况等级和构件接头型式列于表 2-1-7。

表 2-1-7　构件连接的应力集中情况等级和构件接头形式

| 构件接头型式的标号 | 说　明 | 图　示 | 代　号 |
|---|---|---|---|
| | 1——非焊接件 应力集中情况等级 $W_0$ | | |
| $W_0$ | 母材均匀,构件表面无接缝或不需连接(实体杆),无切口应力集中效应,除非后者可以计算 | 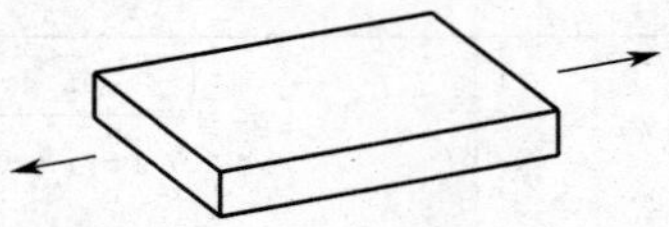 | |
| | 应力集中情况等级 $W_1$ | | |
| $W_1$ | 钻孔构件;用于铆钉或螺栓连接的钻孔构件,其中的铆钉或螺栓承载可高达许用值的 20%;用于高强度螺栓连接的钻孔构件,其中高强度螺栓的最大承载可高达许用值的 100% | 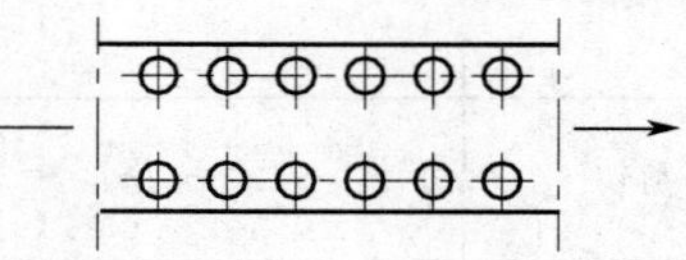 | |
| | 应力集中情况等级 $W_2$ | | |
| $W_{2-1}$ | 用于铆钉和螺栓连接的钻孔构件,其中的铆钉或螺栓承受双剪 | 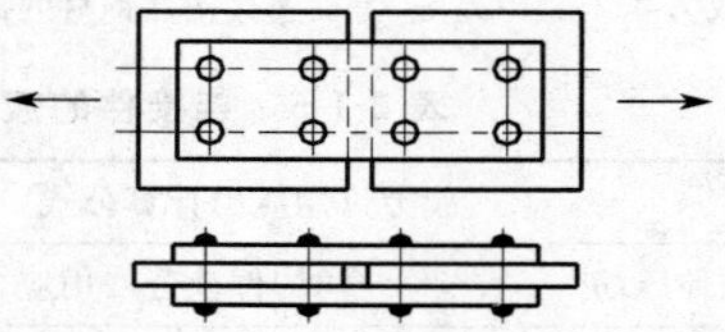 | |
| $W_{2-2}$ | 用于铆钉或螺栓连接的钻孔构件,其中的铆钉或螺栓承受单剪(考虑偏心承载)。构件没有支承 | 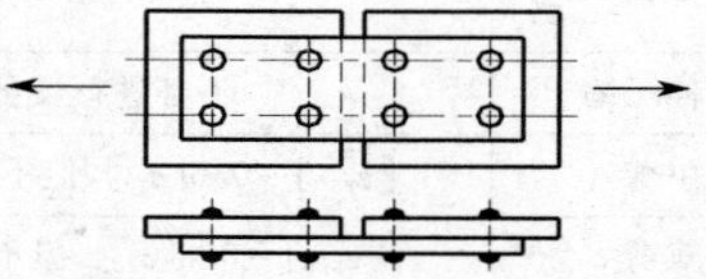 | |
| $W_{2-3}$ | 用铆钉或螺栓装配的钻孔构件,其中的铆钉或螺栓承受单剪,构件作支承或导向用 | 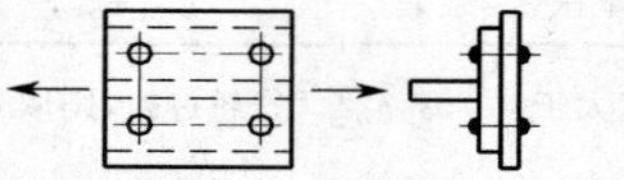 | |
| | 2——焊接件 应力集中情况等级 $K_0$——轻度应力集中 | | |
| 0.1 | 焊缝垂直于力的方向,用对接焊缝(S.Q)连接的构件 | 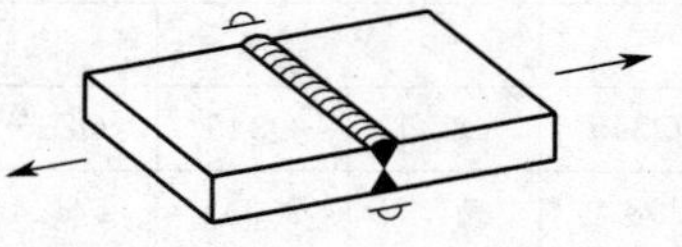 |  P100 |
| 0.11 | 焊缝垂直于力的方向,用对接焊缝(S.Q)连接不同厚度的构件。不对称斜度 1/4 至 1/5(或对称斜度 1/3) | 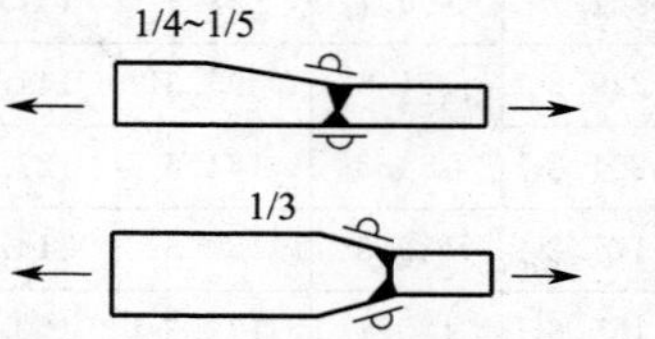 |  P100 |
| 0.12 | 腹板横向接头对接焊缝(S.Q) | 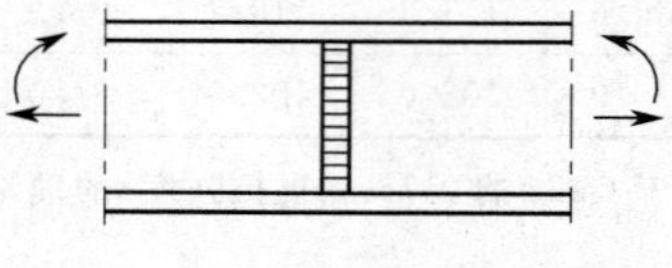 |  P100 |

续上表

| 构件接头型式的标号 | 说　　明 | 图　　示 | 代　号 |
|---|---|---|---|
| 0.13 | 焊缝垂直于力的方向，用对接焊缝（S.Q）镶焊的角撑板 | 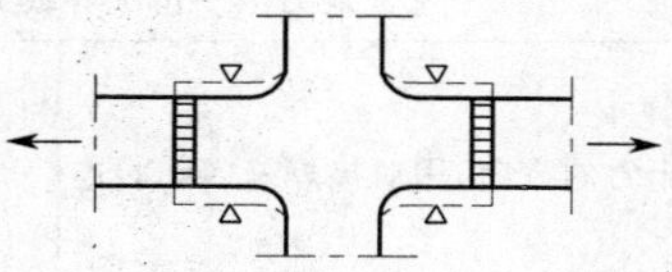 |  P100 |
| 0.3 | 焊缝平行于力的方向，用对接焊缝（O.Q）连接的构件 | 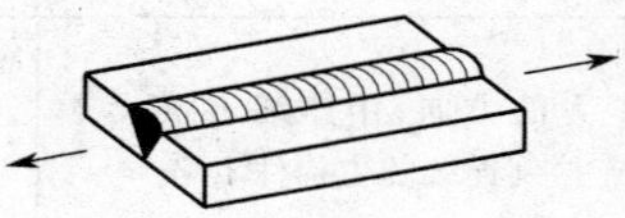 |  P100 或 P10 |
| 0.31 | 焊缝平行于力的方向，用角焊缝（O.Q）连接的构件（力沿连接构件纵向作用） | 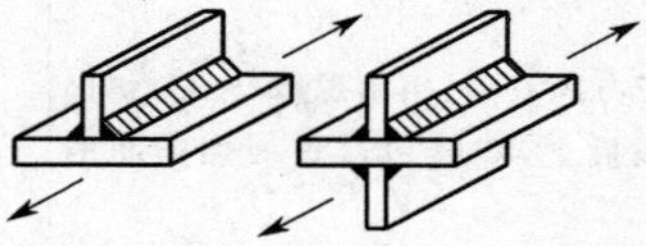 |  |
| 0.32 | 梁的翼缘型钢和腹板之间的对接焊缝（O.Q） | 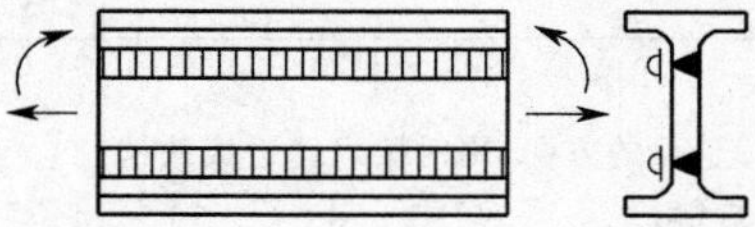 |  P100 或 P10 |
| 0.33 | 梁的翼缘和腹板之间的 K 形焊缝或角焊缝（O.Q），梁按复合应力计算 | 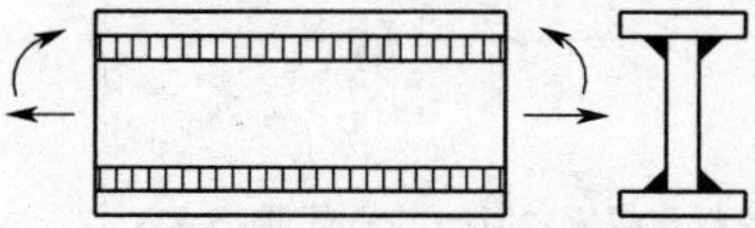 | 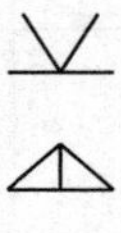 |
| 0.5 | 纵向剪切情况下的对接焊缝（O.Q） | 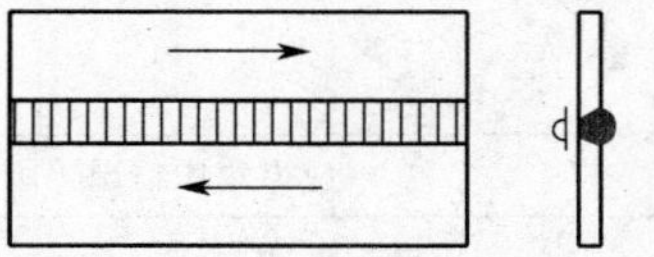 | 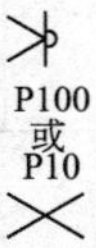 P100 或 P10 |
| 0.51 | 纵向剪切情况下的角焊缝（O.Q）或 K 形焊缝（O.Q） | 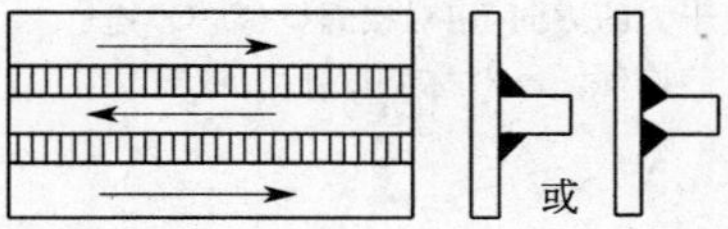 |  |
| 应力集中情况等级 $K_1$ ——适度应力集中 ||||
| 1.1 | 焊缝垂直于力的方向，用对接焊缝（O.Q）连接的构件 | 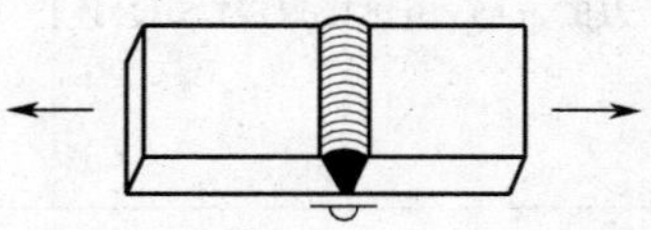 | 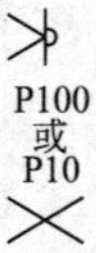 P100 或 P10 |
| 1.11 | 焊缝垂直于力的方向，用对接焊缝（O.Q）连接不同厚度的构件。不对称斜度 1/4 至 1/5（或对称斜度 1/3） | 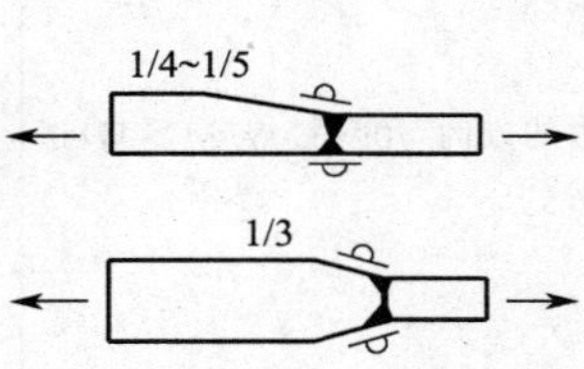 | 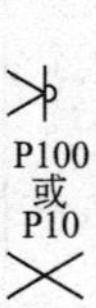 P100 或 P10 |
| 1.12 | 腹板横向接头的对接焊缝（O.Q） | 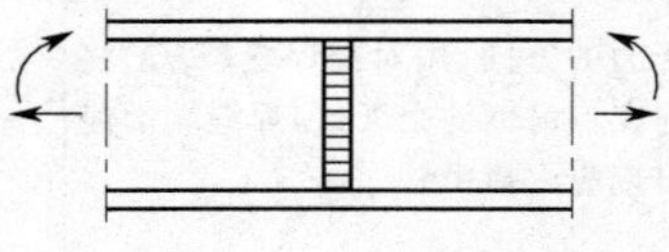 |  P100 或 P10 |

续上表

| 构件接头型式的标号 | 说 明 | 图 示 | 代 号 |
|---|---|---|---|
| 应力集中情况等级 $K_1$ ——适度应力集中 ||||
| 1.13 | 焊缝垂直于力的方向,用对接焊缝(O.Q)连接的撑板 | 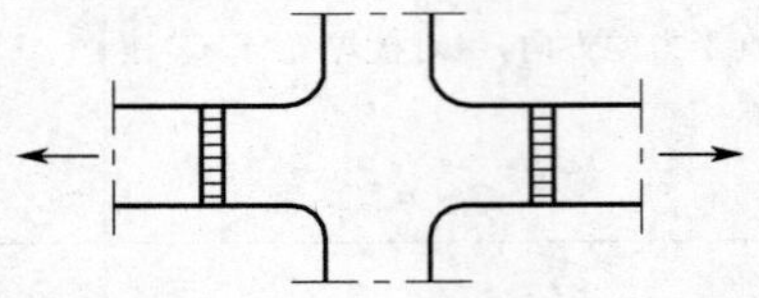 |  P100 或 P10 |
| 1.2 | 焊缝垂直于力的方向,用连续 K 形焊缝(S.Q)将构件连接到连续的主构件上 |  |  |
| 1.21 | 焊缝垂直于力的方向,用角焊缝(S.Q)将加劲肋连接到腹板上,焊缝包过腹板加劲肋的各角 | 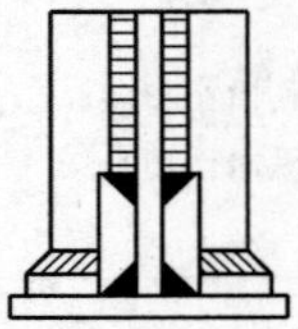 | 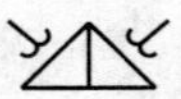 |
| 1.3 | 焊缝平行于力的方向,用对接焊缝连接的构件(不检查焊缝) | 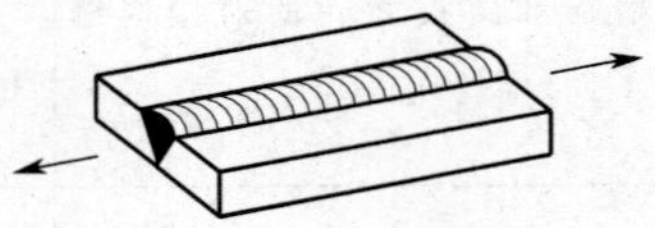 |  |
| 1.31 | 弧形翼缘板和腹板之间的 K 形焊缝(S.Q) | 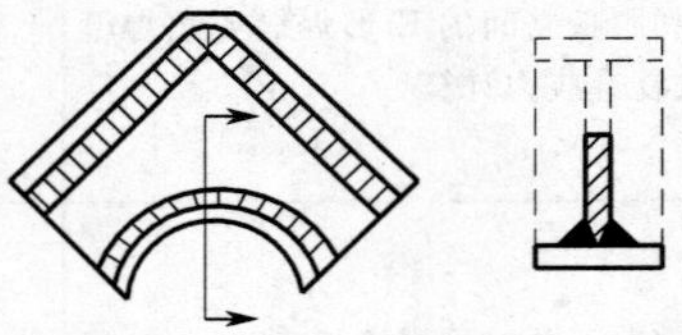 |  |
| 应力集中情况等级 $K_2$ ——中等应力集中 ||||
| 2.1 | 焊缝垂直于力的方向,用对接焊缝(O.Q)连接不同厚度的构件。不对称斜度 1/3(或对称斜度 1/2) | 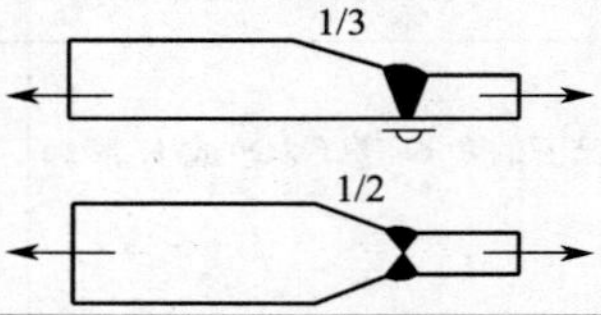 | 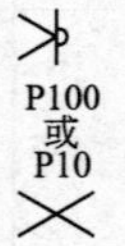 P100 或 P10 |
| 2.11 | 焊缝垂直于力的方向,用对接焊缝(S.Q)连接的型钢 | 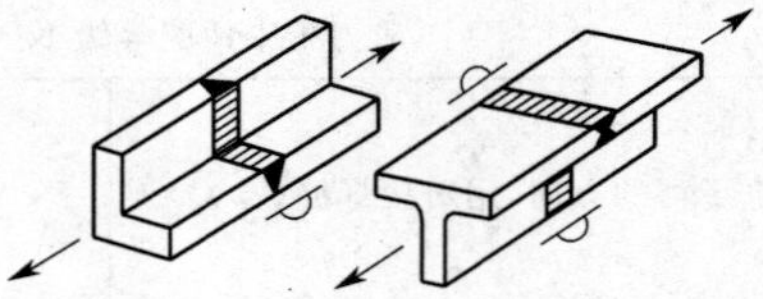 |  P100 |
| 2.12 | 焊缝垂直于力的方向,用对接焊缝(S.Q)连接节点板与型钢 | 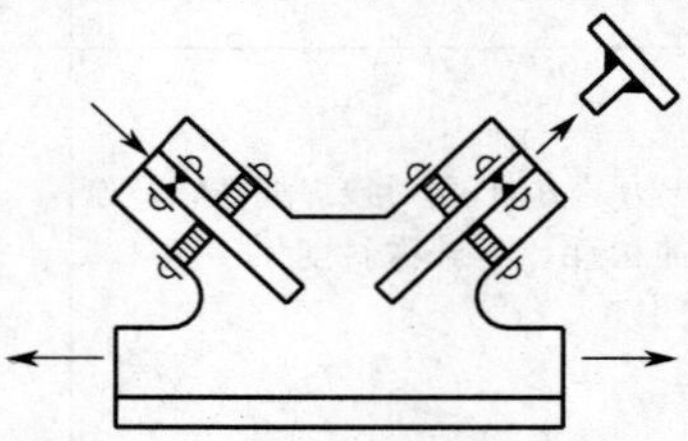 |  P100 |
| 2.13 | 焊缝垂直于力的方向,用对接焊缝(S.Q)将辅助角撑板焊在各扁钢的交叉处,焊缝端部经打磨以防止出现应力集中 | 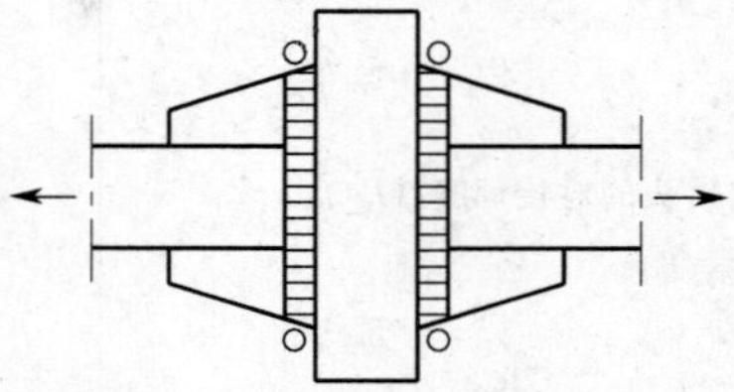 |  P100 |

续上表

| 构件接头型式的标号 | 说 明 | 图 示 | 代 号 |
|---|---|---|---|
| 应力集中情况等级 K₂——中等应力集中 ||||
| 2.2 | 焊缝垂直于力的方向，用角焊缝(S.Q)将横隔板、腹板加劲肋、圆环或套筒连接到连续主构件上 | 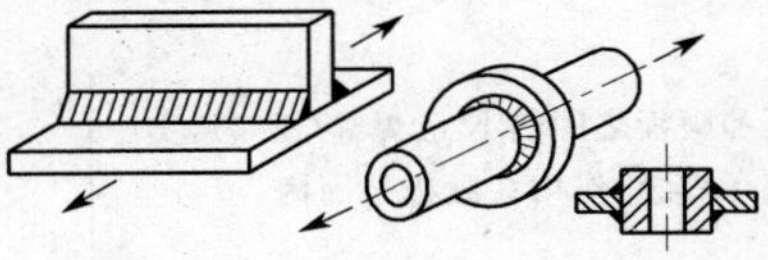 |  |
| 2.21 | 用角焊缝(S.Q)将带切角的横向加劲肋焊在腹板上，焊缝不包角 | 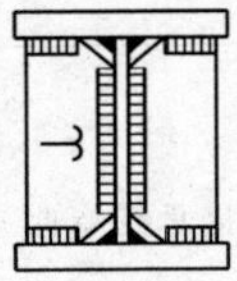 | 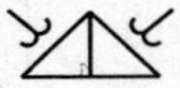 |
| 2.22 | 用角焊缝(S.Q)焊接的带切角的横隔板，焊缝不包角 | 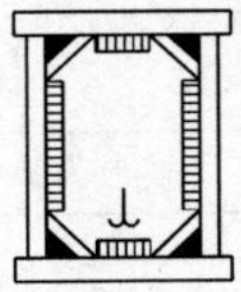 | 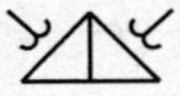 |
| 2.3 | 焊缝平行于力的方向，用对接焊缝(S.Q)将构件焊接到连续的主构件的边缘上，这些构件的端部有斜度或圆角，焊缝端头经打磨以防止出现应力集中 | 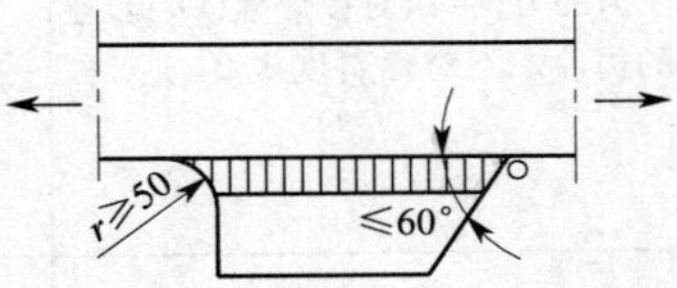 |  P100  |
| 2.31 | 焊缝平行于力的方向，将构件焊接到连续的主构件上，这些构件的端部有斜度或圆角，在焊缝端头相当于十倍厚度的长度上为 K 形焊缝(S.Q)，焊缝端头经打磨以防止出现应力集中 | 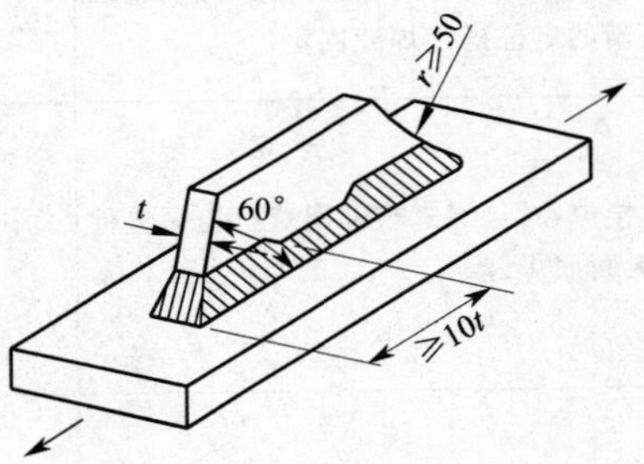 |  |
| 2.33 | 用角焊缝(S.Q)将扁钢(板边斜度 1/3)连接到连续的主构件上，扁钢端部在 $x$ 区域内用角焊缝焊接，$h_f = 0.5t$ | 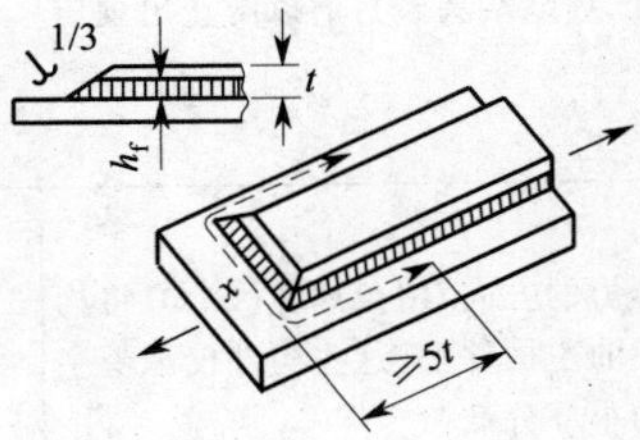 |  |
| 2.34 | 弧形翼缘板和腹板之间的 K 形焊缝(O.Q) | 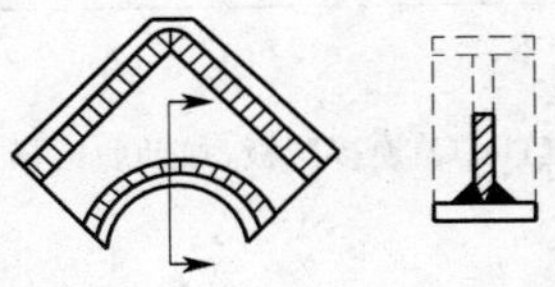 | 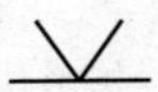 |
| 2.4 | 焊缝垂直于力的方向，用 K 形焊缝(S.Q)连接的十字形接头 | 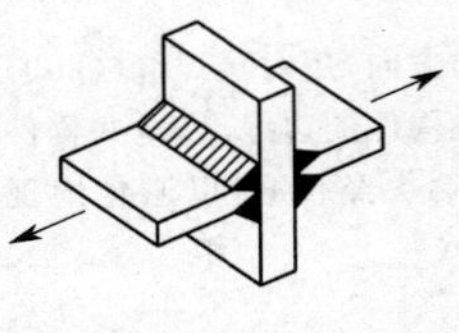 | D 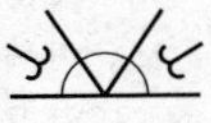 |

续上表

| 构件接头型式的标号 | 说 明 | 图 示 | 代 号 |
|---|---|---|---|
| 应力集中情况等级 $K_2$——中等应力集中 ||||
| 2.41 | 翼缘板和腹板之间的 K 形焊缝(S. Q),集中载荷垂直于焊缝,作用在腹板平面内 | 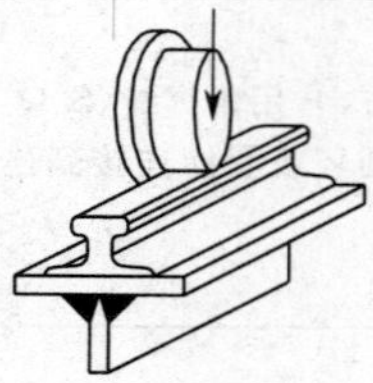 |  |
| 2.5 | 用 K 形焊缝(S. Q)连接承受弯曲应力和剪切应力的构件 | 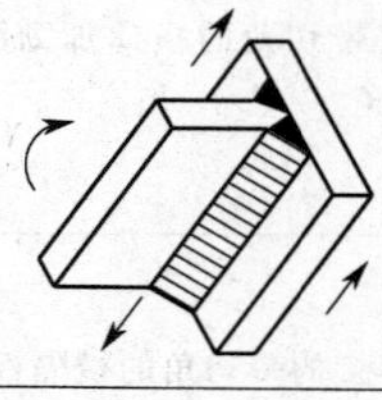 |  |
| 应力集中情况等级 $K_3$——严重应力集中 ||||
| 3.1 | 焊缝垂直于力的方向,用对接焊缝(O. Q)连接不同厚度的构件。不对称斜度 1/2,或对称无斜度 | 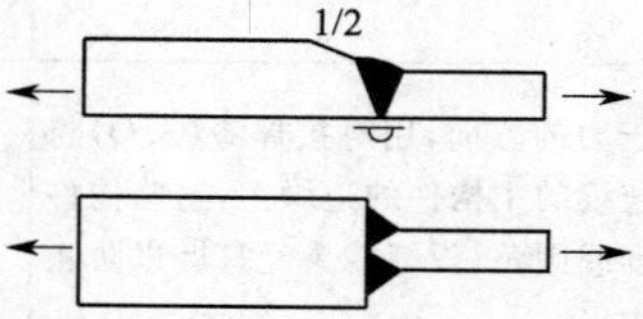 |  P100 或 P10 |
| 3.11 | 有背面垫板而无封底焊缝的对接焊缝,背面垫板用间断的定位搭接焊缝固定 |  |  |
| 3.12 | 管件对接焊,对接焊缝根部用背(里)面垫件支承,但无封底焊缝 | 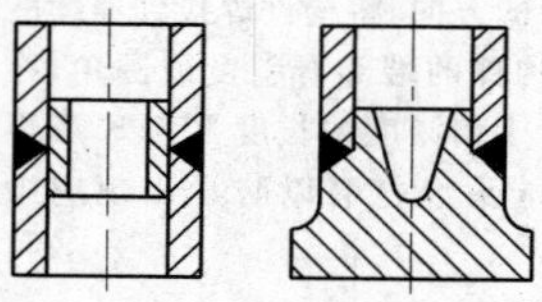 |  |
| 3.13 | 用对接焊缝(O. Q)将辅助角撑板焊接到各扁钢的交叉处,焊缝端头经打磨以防止出现应力集中 | 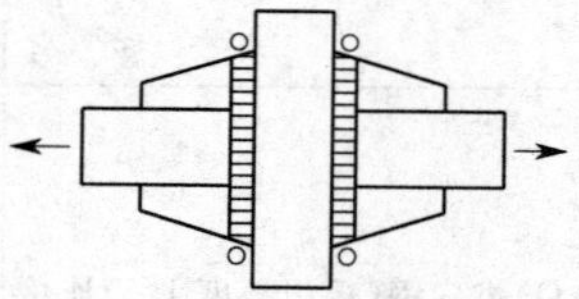 |  P100 或 P10 |
| 3.2 | 焊缝垂直于力的方向,用角焊缝(O. Q)将构件焊接到连续的主构件上,这些构件仅承受主构件所传递的小部分载荷 | 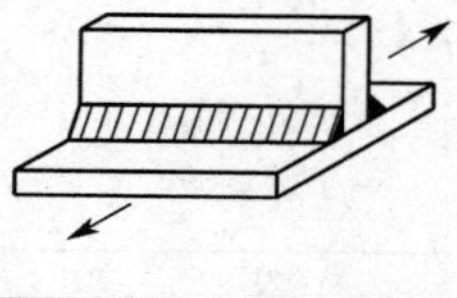 |  |
| 3.21 | 用连续角焊缝(O. Q)连接腹板,加劲肋或横隔板 | 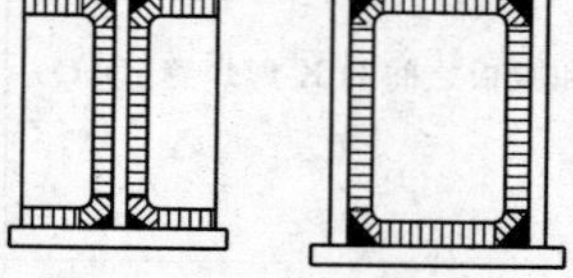 |  |
| 3.3 | 焊缝平行于力的方向,用对接焊缝(O. Q)将构件焊接到连续主构件的边缘上,这些构件的端部有斜度,焊缝端头经打磨,以避免出现应力集中 | 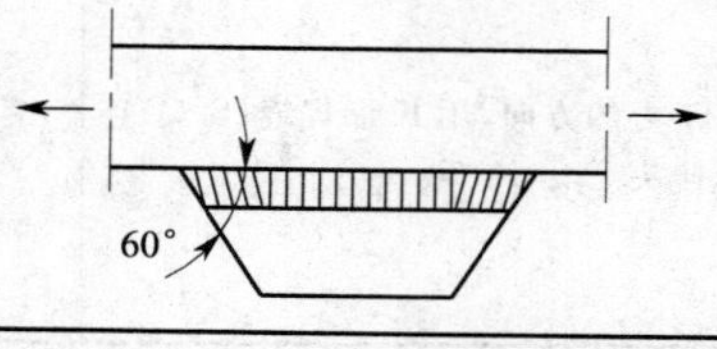 | 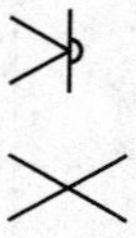 |

续上表

| 构件接头型式的标号 | 说　明 | 图　示 | 代　号 |
|---|---|---|---|
| 应力集中情况等级 $K_3$ ——严重应力集中 ||||
| 3.31 | 焊缝平行于力的方向，将构件焊接到连续主构件上。这些构件的端部有斜度或圆角。焊缝端头相当于 10 倍厚度的长度上为角焊缝 (S.Q)，焊缝端头经打磨以避免出现应力集中 | 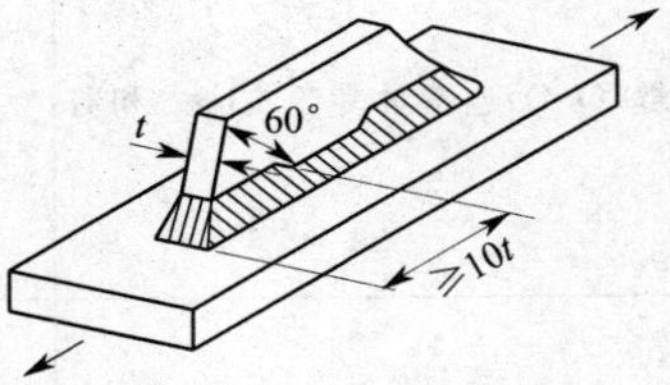 |  |
| 3.32 | 穿过连续主构件伸出一板块，板端沿力的方向有斜度或圆角，在相当于 10 倍厚度的长度上用 K 形焊缝 (O.Q) 固定 | 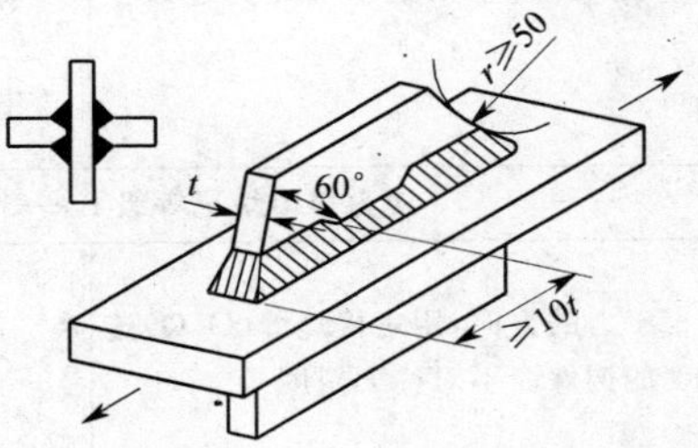 |  |
| 3.33 | 焊缝平行于力的方向，用指定范围内的角焊缝 (S.Q) 将扁钢焊接到连续主构件上。其中 $t_1 < 1.5 t_2$ | 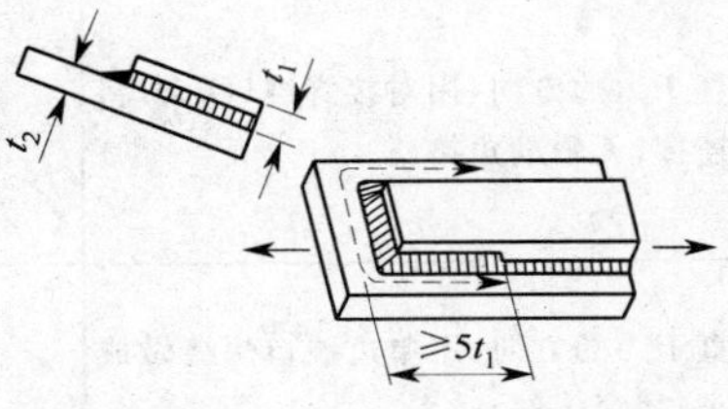 |  |
| 3.34 | 在构件端部用角焊缝 (S.Q) 固定连接板，其中 $t_1 < t_2$。在单面连接板情况下，应考虑偏心载荷 | 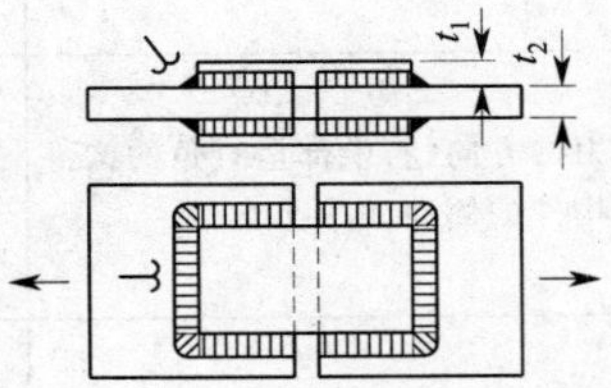 |  |
| 3.35 | 焊缝平行于力的方向，将加劲肋焊接到连续主构件上，焊缝端头相当于 10 倍厚度的长度上为角焊缝 (S.Q)，且经打磨以避免出现应力集中 | 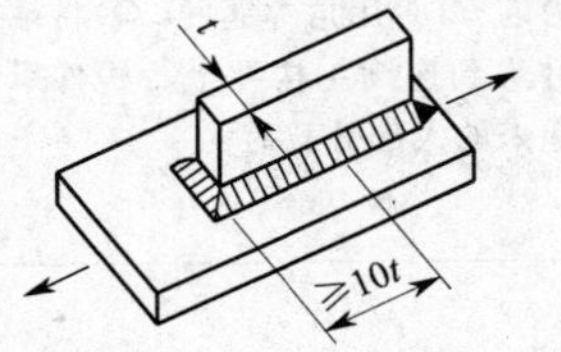 | 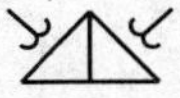 |
| 3.36 | 焊缝平行于力的方向，用间断角焊缝 (O.Q) 或用焊在缺口间的角焊缝 (O.Q) 将加劲肋固定到连续主构件上 | 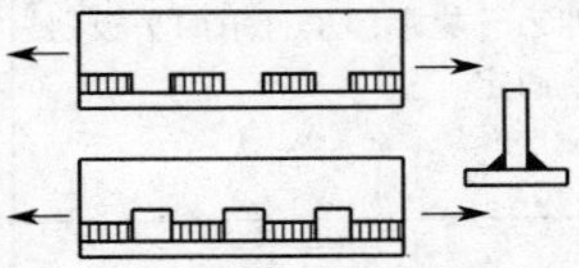 |  |
| 3.4 | 焊缝垂直于力的方向，用 K 形焊缝 (O.Q) 做成的十字形接头 | 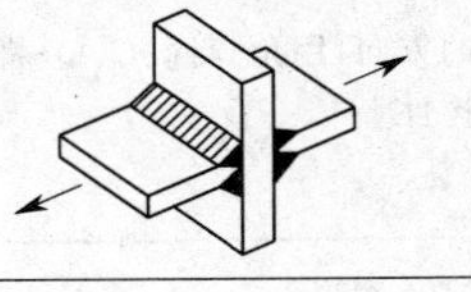 | D  |
| 3.41 | 翼缘板和腹板之间的 K 形焊缝 (O.Q)。集中载荷垂直于焊缝，作用在腹板平面内 | 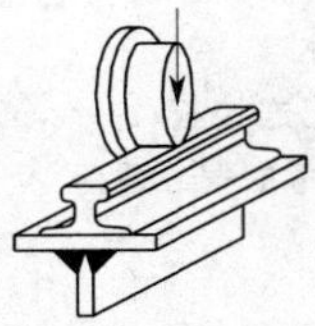 |  |

续上表

| 构件接头型式的标号 | 说　明 | 图　示 | 代　号 |
|---|---|---|---|
| | 应力集中情况等级 $K_3$——严重应力集中 | | |
| 3.5 | 用 K 形焊缝(O.Q)连接承受弯曲应力和剪切应力的构件 | 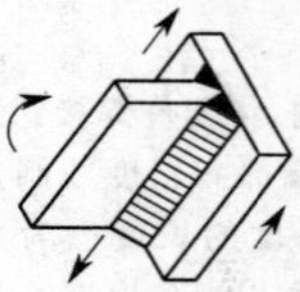 | 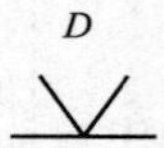 |
| 3.6 | 用角焊缝(S.Q)将型钢或管子焊到连续主构件上 | 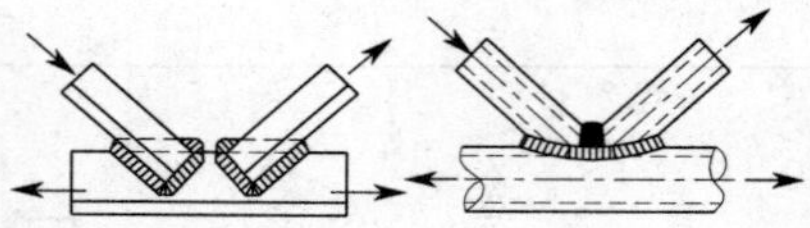 |  |
| | 应力集中情况等级 $K_4$——非常严重的应力集中 | | |
| 4.1 | 焊缝垂直于力的方向,用对接焊缝(O.Q)连接不同厚度的构件。不对称无斜度 | 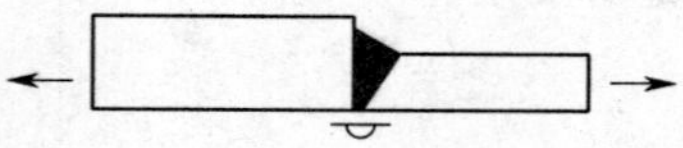 |  |
| 4.11 | 焊缝垂直于力的方向,用对接焊缝(O.Q)将扁钢交叉连接(无辅助角撑) | 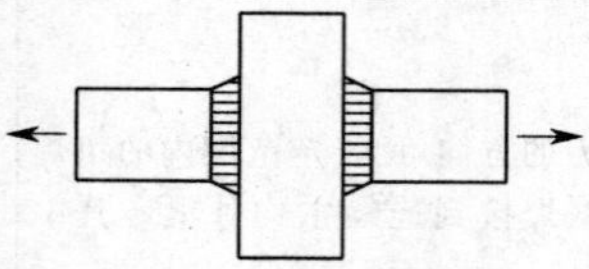 |  |
| 4.12 | 焊缝垂直于力的方向,用单边坡口焊缝做成十字形接头(相交构件) | 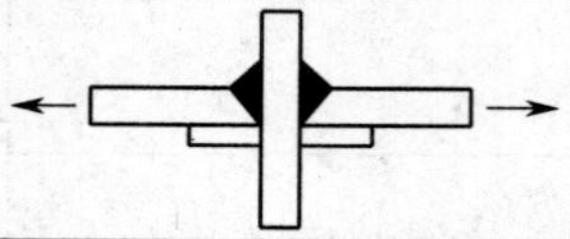 |  |
| 4.3 | 焊缝平行于力的方向,将端部呈直角的构件焊接到连续主构件的侧面 | 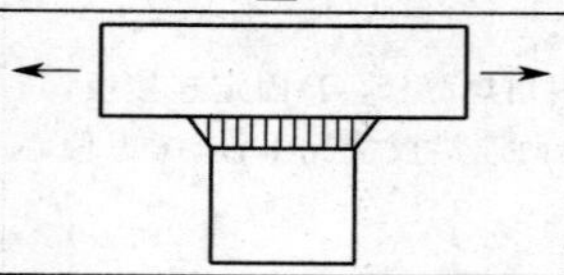 | |
| 4.31 | 焊缝平行于力的方向,用角焊缝(O.Q)将端部呈直角的构件焊到连续主构件上。构件承受由主构件传递来的大部分载荷 | 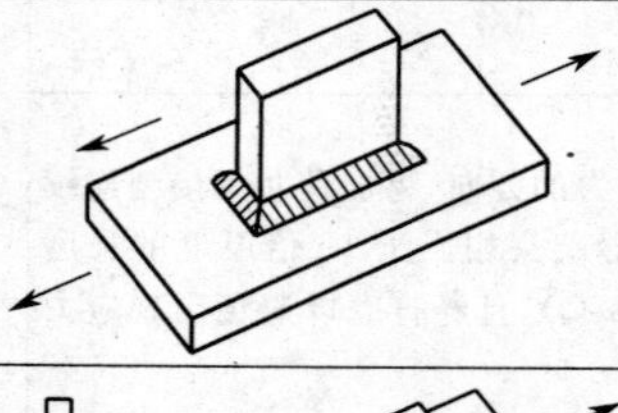 |  |
| 4.32 | 穿过主构件伸出一块端部呈直角的平板,且用角焊缝(O.Q)固定 | 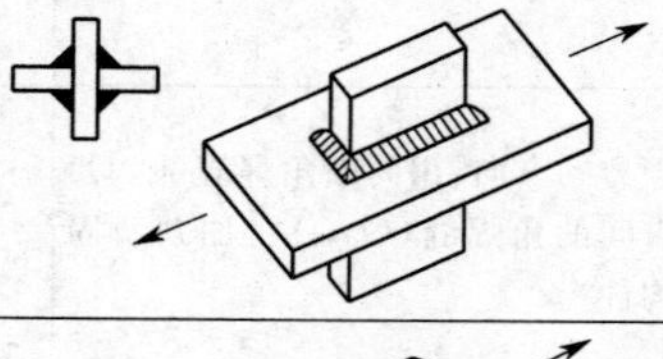 |  |
| 4.33 | 焊缝平行于力的方向,用角焊缝(O.Q)将扁钢焊接到连续主构件上 | 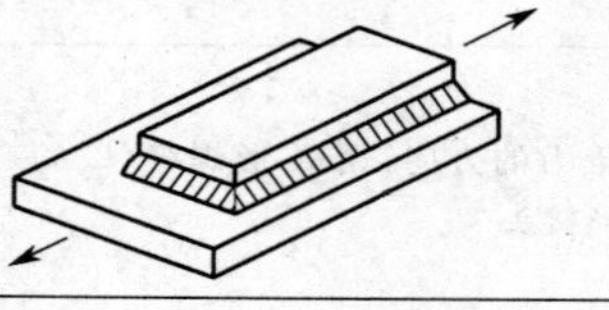 |  |
| 4.34 | 用角焊缝(O.Q)固定连接板($t_1 = t_2$),在单面连接板的情况下,应考虑偏心载荷 | 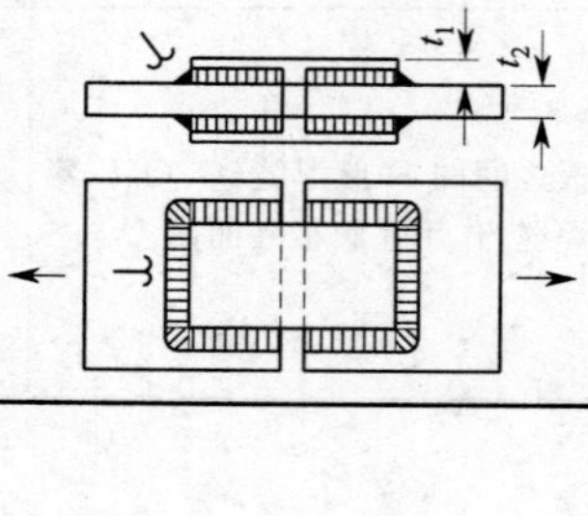 |  |

续上表

| 构件接头型式的标号 | 说 明 | 图 示 | 代 号 |
|---|---|---|---|
| 应力集中情况等级 $K_4$——非常严重的应力集中 ||||
| 4.35 | 在槽内或孔内,用角焊缝(O.Q)将一个构件焊接到另一个上 | 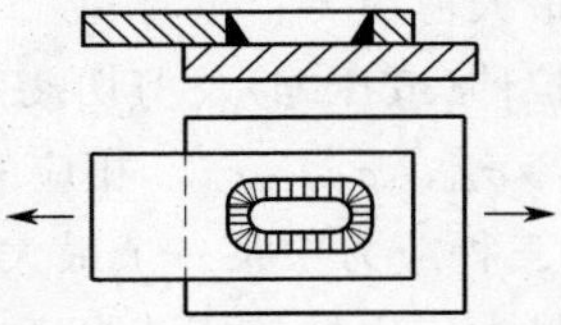 |  ◸ |
| 4.36 | 用角焊缝(O.Q)或者对接焊缝(O.Q)将连接板固定在两个连续的主构件之间 | 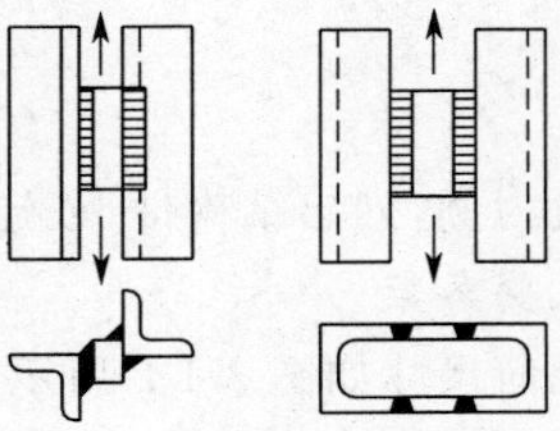 |   ◸ ⋈ |
| 4.4 | 焊缝垂直于力的方向,用角焊缝(O.Q)做成的十字接头 | 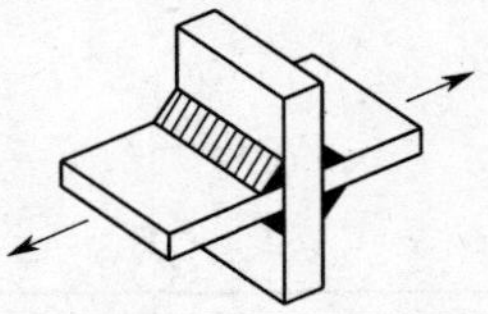 | D  △ |
| 4.41 | 翼缘板和腹板之间的角焊缝(O.Q),集中载荷垂直于焊缝,作用在腹板平面内 | 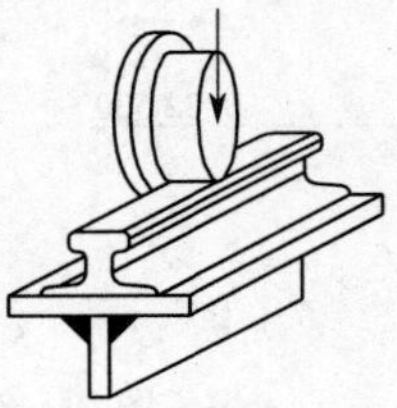 |  △ |
| 4.5 | 用角焊缝(O.Q)连接承受弯曲应力和剪切应力的构件 | 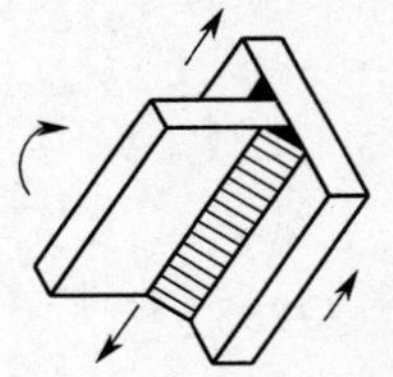 | D  △ |
| 4.6 | 用角焊缝(O.Q)将型钢或管子焊接到连续主构件上 | 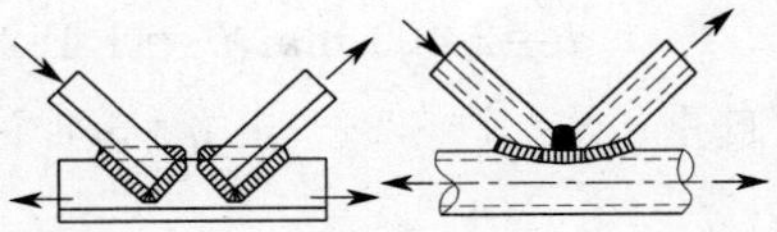 |  ◸ |

注:表中代号(符号)意义:S.Q——特殊质量的焊缝;O.Q——普通质量的焊缝;P100——对接焊缝全长(100%)进行检验;P10——对接焊缝至少抽检焊缝长度的10%;O——对接焊缝端部打磨;D——对某些开坡口焊缝或角焊缝连接,做垂直于受力方向钢板的拉伸检验,钢板无层状撕裂;⊥——K形焊缝或角焊缝全长打磨。

**五、结构疲劳强度计算**

结构件(或连接)只承受正应力作用时:

$$|\sigma_{max}| \leqslant [\sigma_r] \qquad (2-1-12)$$

结构件(或连接)只承受剪应力作用时:

$$|\tau_{max}| \leqslant [\tau_r] \qquad (2-1-13)$$

结构件(或连接)同时承受正应力和剪应力作用时:

$$\left(\frac{\sigma_{xmax}}{[\sigma_{xr}]}\right)^2 + \left(\frac{\sigma_{ymax}}{[\sigma_{yr}]}\right)^2 - \frac{\sigma_{xmax}\sigma_{ymax}}{[\sigma_{xr}][\sigma_{yr}]} + \left(\frac{\tau_{xymax}}{[\tau_{xyr}]}\right)^2 \leqslant 1.1 \qquad (2\text{-}1\text{-}14)$$

式中 $\sigma_{max}$，$\tau_{max}$——构件（或连接）在疲劳计算点上的绝对值最大正应力和绝对值最大剪应力；

$\sigma_{xmax}$，$\sigma_{ymax}$，$\tau_{xymax}$——构件（或连接）在疲劳计算点上沿 $x$、$y$ 方向的最大正应力和在 $xy$ 平面上的最大剪应力；

$[\sigma_r]$，$[\tau_r]$——拉伸（或压缩）及剪切疲劳许用应力；

$[\sigma_{xr}]$，$[\sigma_{yr}]$，$[\tau_{xyr}]$——与 $\sigma_{xmax}$、$\sigma_{ymax}$、$\tau_{xymax}$ 相应的疲劳许用应力。

当 $\sigma_{xmax}$、$\sigma_{ymax}$、$\tau_{xymax}$ 三种应力中某一个最大应力在任何应力循环中均显著大于其他两个最大应力时，可以只用这一个最大应力校核疲劳强度，另两个最大应力可忽略不计。

### 六、算 例

下面以桥式起重机为例，列出结构件（或连接）的疲劳强度验算过程。

#### （一）计算简图和主要参数

计算简图和截面几何尺寸如图 2-1-2 所示。

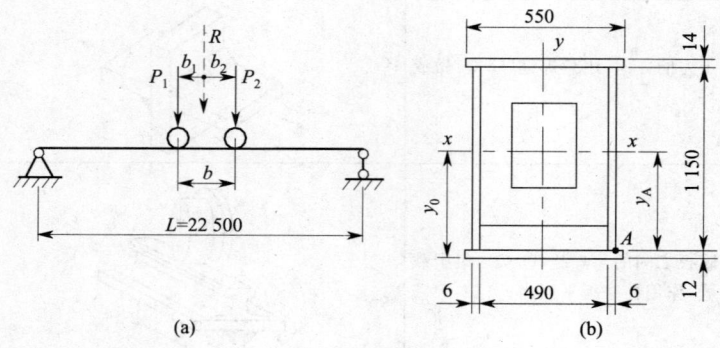

图 2-1-2 主梁几何尺寸（mm）

主要参数：
$$L = 22.5 \text{ m}$$
$$Q = 20 \text{ t}$$

工作级别为 E5，材料为 Q235：
$$P_1 = 71\,000 \text{ N}, P_2 = 65\,540 \text{ N}, R = 136\,540 \text{ N}$$
$$b = 2\,400 \text{ mm}, b_1 = 1\,152 \text{ mm}$$

主梁单位长度自重： $q = 3.4 \text{ N/mm}$

主梁截面特性：

形心： $y_0 = 610 \text{ mm}$

$$I_x = 6.34 \times 10^9 \text{ mm}^4, I_y = 1.21 \times 10^9 \text{ mm}^4$$

#### （二）计算截面和计算点

根据理论分析和设计计算实践，对桥式起重机主梁，只需验算跨中和 1/4 跨度处两个截面。计算点取截面拉应力区的下翼缘焊缝处 A 点。

A 点距形心：$y_A = 598 \text{ mm}$

A 点抗弯模量：$W_x = 1.06 \times 10^7 \text{ mm}^3$，$W_y = 0.482 \times 10^7 (\text{mm}^3)$

#### （三）跨中截面最大应力和最小应力计算

小车轮压引起的弯矩：
$$M_{L/2}^P = \frac{RL}{4}\left(1 - \frac{b_1}{L}\right)^2 = 6.91 \times 10^8 (\text{N} \cdot \text{mm})$$

主梁自重引起的弯矩：

$$M_{1/2}^q = \frac{qL^2}{8} = 2.15 \times 10^8 (\text{N} \cdot \text{mm})$$

大车制动时，小车轮压处的水平惯性力引起的弯矩：

$$M_{1/2}^{P'} = \frac{R'L}{4}\left(1-\frac{b_1}{L}\right)^2 = 0.36 \times 10^8 (\text{N} \cdot \text{mm})$$

大车制动时，主梁自重水平惯性力引起的弯矩：

$$M_{1/2}^{q'} = 0.11 \times 10^8 \text{ N} \cdot \text{mm}$$

计算弯矩为（取动载系数 $\varphi_1 = 1.1, \varphi_2 = 1.15$）：

$$M_{1/2}^{P+q} = \varphi_1 M_{1/2}^q + \varphi_2 M_{1/2}^P = 10.31 \times 10^8 (\text{N} \cdot \text{mm})$$

$$M_{1/2}^{P'+q'} = M_{1/2}^{P'} + M_{1/2}^{q'} = 0.47 \times 10^8 (\text{N} \cdot \text{mm})$$

最大应力为：

$$(\sigma_{1/2})_{\max} = \frac{M_{1/2}^{P+q}}{W_x} + \frac{M_{1/2}^{P'+q'}}{W_y}$$

$$= \frac{10.31 \times 10^8}{1.06 \times 10^7} + \frac{0.47 \times 10^8}{0.482 \times 10^7} = 107 (\text{N/mm}^2)$$

最小应力计算时，空载小车位于端部极限位置，作上述同样计算得：

$$(\sigma_{1/2})_{\min} = 30.1 \text{ N/mm}^2$$

同理可计算出 1/4 跨度处截面 A 点的最大与最小正应力和剪应力：

$$(\sigma_{1/4})_{\max} = 86.3 \text{ N/mm}^2$$

$$(\tau_{1/4})_{\max} = 7.52 \text{ N/mm}^2$$

空载小车位于端部极限位置，计算最小应力：

$$(\sigma_{1/4})_{\min} = 21.9 \text{ N/mm}^2$$

$$(\tau_{1/4})_{\min} = 4.83 \text{ N/mm}^2$$

（四）计算应力循环特征 $r$ 和疲劳许用应力 $[\sigma_{rt}]$

$$r_{1/2} = \frac{(\sigma_{1/2})_{\min}}{(\sigma_{1/2})_{\max}} = \frac{30.1}{107} = 0.28$$

$$r_{1/4} = \frac{(\sigma_{1/4})_{\min}}{(\sigma_{1/4})_{\max}} = \frac{21.9}{86.3} = 0.254$$

$$r_\tau = \frac{(\tau_{1/4})_{\min}}{(\tau_{1/4})_{\max}} = \frac{4.83}{7.52} = 0.642$$

下翼缘焊缝处应力集中等级为 $K_3$，材料 Q235，$\sigma_b = 370 \text{ N/mm}^2$，查表 2-1-6 得 $[\sigma_{-1}] = 84.2 \text{ N/mm}^2$，代入表 2-1-4 相应公式得：

跨中 $\quad [\sigma_{rt}] = \dfrac{1.67 \times 84.2}{1-[1-84.2/(0.45 \times 370)] \times 0.28} = 163.2 (\text{N/mm}^2)$

$l/4$ 跨度处 $\quad [\sigma_{rt}] = \dfrac{1.67 \times 84.2}{1-[1-84.2/(0.45 \times 370)] \times 0.254} = 160.8 (\text{N/mm}^2)$

$$[\tau_{rt}] = \frac{[\sigma_{rt}]_{K_0}}{\sqrt{2}} = \frac{272.2}{\sqrt{2}} = 192.5 (\text{N/mm}^2)$$

式中 $[\sigma_{rt}]_{K_0}$ 是根据焊缝剪切的 $r_\tau$ 值计算的相应于 $K_0$ 的值，计算如下：

查表 2-1-6 得 $[\sigma_{-1}]_{K_0} = 157.1 \text{ N/mm}^2$，代入相应公式计算得：

$$[\sigma_{rt}]_{K_0} = \frac{1.67 \times 157.1}{1-[1-157.1/(0.45 \times 370)] \times 0.642} = 272.2 (\text{N/mm}^2)$$

## （五）验算疲劳强度

跨中 $\sigma_{max}=107 \text{ N/mm}^2<[\sigma_{rt}]=163.2 \text{ N/mm}^2$

$l/4$ 跨度处 $\sigma_{max}=86.3 \text{ N/mm}^2<[\sigma_{rt}]=160.8 \text{ N/mm}^2$

正应力和剪应力同时作用应满足：

$$\left[\frac{(\sigma_{l/4})_{max}}{[\sigma_{rt}]_{l/4}}\right]^2+\left(\frac{(\tau_{l/4})_{max}}{[\tau_{rt}]}\right)^2\leqslant 1.1$$

即

$$\left[\frac{86.3}{160.8}\right]^2+\left(\frac{7.52}{192.5}\right)^2=0.29\leqslant 1.1$$

故疲劳强度满足要求。

## 第三节 起重机金属结构的载荷及许用应力

### 一、载荷分类

作用在起重机上的载荷分为常规载荷、偶然载荷、特殊载荷及其他载荷。

（一）常规载荷

常规载荷指在起重机正常工作时经常发生的载荷，包括由重力产生的载荷，由驱动机构或制动器的作用使起重机加（减）速运动而产生的载荷及因起重机结构的位移或变形引起的载荷。在防屈服、防弹性失稳及在有必要时进行的防疲劳失效等验算中，应考虑这类载荷。

1. 自重载荷 $P_G$ 的动力效应

当物品起升离地时，或将悬吊在空中的部分物品突然卸除时，或悬吊在空中的物品下降制动时，起重机结构自重将因出现振动而产生脉冲式增大或减小的动力响应，此自重振动载荷用起升冲击系数 $\varphi_1$ 来考虑（$\varphi_1 P_G$）；起重机（或起重小车）在不平的道路或轨道上运行时自重载荷对结构产生的垂直冲击动力效应，用运行冲击系数 $\varphi_4$ 来考虑（$\varphi_4 P_G$）。

2. 起升载荷 $P_Q$ 的动力效应

当物品无约束地起升离开地面时，物品的惯性力会使起升载荷出现动载增大的作用，此起升动力效应用起升动载系数 $\varphi_2$ 来考虑（$\varphi_2 P_Q$）；有些起重机正常工作时会在空中突然卸除部分起升质量（例如使用抓斗或起重电磁吸盘进行空中卸载），这将对起重机结构产生减载振动作用，减小后的起升动载荷用突然卸载冲击系数 $\varphi_3$ 来考虑（$\varphi_3 P_Q$）；起重机（或起重小车）在不平的道路或轨道上运行时起升载荷对结构产生的垂直冲击动力效应，用运行冲击系数 $\varphi_4$ 来考虑（$\varphi_4 P_Q$）。

3. 变速运动引起的载荷分两种情况

（1）驱动机构（包括起升驱动机构）加速引起的载荷。

（2）水平惯性力：指运行、回转或变幅机构起（制）动时引起的水平惯性力。

4. 位移和变形引起的载荷

（二）偶然载荷

偶然载荷指起重机正常工作时不经常发生而只是偶然出现的载荷，包括由工作状态的风、雪、冰、温度变化及偏斜运行引起的载荷。疲劳强度计算时通常不考虑这些载荷。

（三）特殊载荷

特殊载荷指在起重机非正常工作时或不工作时的特殊情况下才发生的载荷，包括由起重机试验、受非工作状态风、缓冲器碰撞及起重机（或其一部分）发生倾翻、起重机意外停车、传动机构失效或起重机基础受到外部激励等引起的载荷，以及起重机安装、拆卸和运输时引起的载荷。疲劳强度计算时也不考虑这些载荷。

（四）其他载荷

其他载荷指在某些特定情况下发生的载荷，包括工艺性载荷，作用在起重机的平台或通道上的载荷等。

上述各类载荷及动力系数的计算方法见第一篇第三章。

### 二、载荷组合

上述各种载荷不可能同时作用于起重机结构上,应按照各种载荷出现的频繁程度和结构的重要性进行合理的组合。载荷的分类是载荷合理组合的基础,载荷组合又是确定安全系数(从而也是确定许用应力)的前提。根据不同的载荷组合确定不同的安全系数是使许用应力计算法在起重机结构设计中合理化的一项措施。

计算起重机金属结构时,采用三种载荷组合形式:载荷组合 A、载荷组合 B 及载荷组合 C。在每种载荷组合中,与可能出现的实际使用情况相对应,又有若干个可能的具体载荷组合型式。起重机金属结构的载荷组合详见第一篇第三章。

应根据具体的机种、工况和计算目的选取对所计算结构最不利的组合方式。

载荷组合 A 为常规载荷的组合,用于结构件及其连接的强度、弹性稳定性和疲劳强度计算。载荷组合 B 为常规载荷+偶然载荷的组合。载荷组合 C 为常规载荷+偶然载荷+特殊载荷,或常规载荷+特殊载荷的组合。载荷组合 B、C 用于结构件及其连接的强度和弹性稳定性计算。

起重机金属结构计算的载荷与载荷组合总表见第一篇第三章表 1-3-24。流动式、塔式、臂架式、桥式和门式起重机的载荷与载荷组合表见表 1-3-25~表 1-3-28。

### 三、许用应力

(一)结构件材料的许用应力

1. 基本许用应力

基本许用应力即结构件材料的拉伸、压缩和弯曲许用应力,对不同的载荷组合类别(组合 A、组合 B 及组合 C)规定相应的安全系数 $n$,得到各载荷组合下的基本许用应力 $[\sigma]$。

当 $\sigma_s/\sigma_b < 0.7$ 时,基本许用应力:

$$[\sigma] = \frac{\sigma_s}{n} \tag{2-1-15}$$

当 $\sigma_s/\sigma_b \geq 0.7$ 时,基本许用应力:

$$[\sigma] = \frac{0.5\sigma_s + 0.35\sigma_b}{n} \tag{2-1-16}$$

式中 $[\sigma]$——钢材的基本许用应力($N/mm^2$),与载荷组合类别相对应;

$n$——与载荷组合类别相对应的强度安全系数;

$\sigma_s$——钢材的屈服点($N/mm^2$),当钢材无明显的屈服点时,取 $\sigma_{0.2}$ 为 $\sigma_s$($\sigma_{0.2}$ 为钢材标准拉力试验残余应变达 0.2% 时的试验应力);

$\sigma_b$——钢材的抗拉强度($N/mm^2$)。

钢材基本许用应力 $[\sigma]$ 和安全系数 $n$ 见表 2-1-8。当 $\sigma_s/\sigma_b \geq 0.7$ 时,以 $0.5\sigma_s + 0.35\sigma_b$ 代替表内的 $\sigma_s$。

表 2-1-8 安全系数 $n$ 和钢材的基本许用应力 $[\sigma]$

| 载荷组合 | A | B | C |
|---|---|---|---|
| 强度安全系数 $n$ | 1.48 | 1.34 | 1.22 |
| 基本许用应力 $[\sigma]$($N/mm^2$) | $\sigma_s/1.48$ | $\sigma_s/1.34$ | $\sigma_s/1.22$ |

注:1. 在一般非高危险的正常情况下,高危险度系数 $\gamma_n = 1$,强度安全系数 $n$ 就是表 1-3-22 中的强度系数 $\gamma_{fi}$;

2. $\sigma_s$ 值应根据钢材厚度选取。

2. 剪切许用应力和端面承压许用应力

剪切许用应力和端面承压许用应力用基本许用应力 $[\sigma]$ 按下面的公式分别确定:

$$[\tau] = \frac{[\sigma]}{\sqrt{3}} \qquad (2\text{-}1\text{-}17)$$

$$[\sigma_{cd}] = 1.4[\sigma] \qquad (2\text{-}1\text{-}18)$$

式中 $[\tau]$——剪切许用应力($N/mm^2$);

$[\sigma_{cd}]$——承压许用应力($N/mm^2$)。

(二)连接材料的许用应力

1. 焊缝的许用应力

按规定要求采用焊条、焊丝、焊剂施焊时,焊缝的许用应力见本篇第二章表 2-2-3。

2. 铆钉连接的许用应力

铆钉分剪切铆钉(单剪、双剪或复剪)、拉力铆钉和拉剪组合铆钉。

铆钉在承受拉、剪组合应力时应分别核算剪切应力和拉伸应力,计算值应分别小于对应的许用应力。

主要承载构件使用铆钉连接时,应避免铆钉受拉。

在连接中沿同一受力方向至少排列两个以上铆钉。

铆钉连接的许用应力见表 2-1-9。

3. 普通螺栓、销轴连接的许用应力

普通螺栓、销轴连接的许用应力见表 2-1-10。

表 2-1-9 铆钉连接的许用应力(Ⅰ类孔[1])　　　　　　　　　　　$N/mm^2$

| 应力种类 | 铆钉许用应力[2),4)] | 被连接构件承压许用应力 |
| --- | --- | --- |
| 单剪 | $0.6[\sigma]$[3)] | $1.5[\sigma]$ |
| 双剪、复剪 | $0.8[\sigma]$ | $2[\sigma]$ |
| 拉伸 | $0.2[\sigma]$ | — |

1) Ⅰ类孔有:

——在装配好的结构件上按设计孔径钻成的孔;

——在单个零件和结构件上按设计孔径分别用钻模钻成的孔;

——在单个零件上先钻成或冲成较小的孔径,然后在装配好的构件上再扩钻至设计孔径的孔。

2) 工地安装的连接铆钉,其许用应力宜适当降低。

3) $[\sigma]$为铆钉或构件相应钢材的基本许用应力,见表 2-1-8。

4) 当为埋头或半埋头铆钉时,表中数值乘以 0.8 予以降低。

表 2-1-10 普通螺栓、销轴连接的许用应力　　　　　　　　　　　$N/mm^2$

| 接头种类 | 应力种类 | 符号 | 螺栓、销轴许用应力 | 被连接构件许用应力 |
| --- | --- | --- | --- | --- |
| A、B 级螺栓连接 | 拉伸 | $[\sigma]$ | $0.8\sigma_{SP}$[1)]$/n$[2)] | — |
| | 单剪切 | $[\tau_j]$ | $0.6\sigma_{SP}/n$ | — |
| | 双剪切 | $[\tau_j]$ | $0.8\sigma_{SP}/n$ | — |
| | 承压 | $[\sigma_c]$ | — | $1.8[\sigma]$[3)] |
| C 级螺栓连接 | 拉伸 | $[\sigma]$ | $0.8\sigma_{SP}/n$ | — |
| | 剪切 | $[\tau_j]$ | $0.6\sigma_{SP}/n$ | — |
| | 承压 | $[\sigma_c]$ | — | $1.4[\sigma]$ |
| 销轴连接[4)] | 弯曲 | $[\sigma_w]$ | $[\sigma]$ | — |
| | 剪切 | $[\tau_j]$ | $0.6[\sigma]$ | — |
| | 承压 | $[\sigma_c]$ | — | $1.4[\sigma]$ |

1) $\sigma_{SP}$——与螺栓性能等级相应的螺栓保证应力,按 GB/T 3098.1 的规定选取,见本篇第二章表 2-2-7。

2) $n$——安全系数,按表 2-1-8 确定。

3) $[\sigma]$——与螺栓、销轴或构件相应钢材的基本许用应力,见表 2-1-8。

4) 当销轴在工作中可能产生微动时,其承压许用应力宜适当降低。

## 第四节 轴向受力构件的计算

轴向受力构件包括轴心受拉构件、轴心受压构件、拉弯构件和压弯构件四种基本构件,每种基本构件又可分为实腹式和格构式两种。这些构件应进行的计算见表 2-1-11。

表 2-1-11 轴向受力构件应作的计算

| 基本构件 | 应计算内容 | | | |
|---|---|---|---|---|
| | 刚度 | 强度 | 整体稳定 | 局部稳定 |
| 轴心受拉构件 | √ | √ | — | — |
| 轴心受压构件 | √ | √ | √ | √ |
| 拉弯构件 | √ | √ | — | — |
| 压弯构件 | √ | √ | √ | √ |

### 一、轴向受力构件的刚度计算

轴向受力构件的刚度计算是要求其长细比 $\lambda$ 不超过容许长细比 $[\lambda]$。这属于满足正常使用要求,而不是承载能力的要求。

对轴向受拉构件而言,刚度不足将产生下列不利影响:
(1) 在运输和安装过程中,可能因刚度不足而造成弯曲变形;
(2) 在使用期间会因自重或横向载荷作用而明显下垂;
(3) 在动力影响下发生过大的振动。

对轴向受压构件而言,除上述不利影响外,由于刚度不足产生的过大的初弯曲和自重等因素产生的下垂挠度,对其整体稳定性将产生不利影响(故受压构件的容许长细比 $[\lambda]$ 的规定值更为严格)。

对轴向受压构件,当压力不大时,很可能不是受稳定性的控制而是受刚度的控制。

(一) 刚度条件

刚度条件为:

$$\lambda \leqslant [\lambda] \tag{2-1-19}$$

式中 $\lambda$——结构构件的长细比;

$[\lambda]$——结构构件的容许长细比,见表 2-1-12。

表 2-1-12 结构构件的容许长细比 $[\lambda]$

| 构件名称 | | 受拉结构件 | 受压结构件 |
|---|---|---|---|
| 主要承载结构 | 对桁架的弦杆 | 180 | 150 |
| | 对整个结构 | 200 | 180 |
| 次要承载结构(如主桁架的其他杆件、辅助桁架的弦杆等) | | 250 | 200 |
| 其他构件 | | 350 | 300 |

注:当结构构件为格构式组合构件时,"对整个结构"栏系指其换算长细比 $\lambda_h$(见表 2-1-13)的许用值。

(二) 实腹式轴向受力构件的长细比

实腹式轴向受力构件的长细比 $\lambda$,分为 $\lambda_x$ 和 $\lambda_y$,按下式计算:

$$\left.\begin{array}{l} \lambda_x = \dfrac{l_{cx}}{r_x} \\[6pt] \lambda_y = \dfrac{l_{cy}}{r_y} \end{array}\right\} \tag{2-1-20}$$

式中　$\lambda_x, \lambda_y$——实腹式轴向受力构件对强轴（$x$ 轴）和弱轴（$y$ 轴）的计算长细比；

$l_{cx}, l_{cy}$——结构构件对通过截面形心的强轴（$x$ 轴）和弱轴（$y$ 轴）的计算长度（mm），不同情况下的计算长度见本节有关内容；

$r_x, r_y$——结构构件毛截面对强轴（$x$ 轴）和弱轴（$y$ 轴）的回转半径（mm），按下式计算：

$$\left.\begin{array}{l} r_x = \sqrt{\dfrac{I_x}{A}} \\ r_y = \sqrt{\dfrac{I_y}{A}} \end{array}\right\} \tag{2-1-21}$$

其中　$I_x, I_y$——结构构件对强轴（$x$ 轴）和弱轴（$y$ 轴）的毛截面惯性矩（$mm^4$）；

$A$——结构构件毛截面面积（$mm^2$）。

（三）格构式组合构件的换算长细比 $\lambda_h$

格构式组合构件按缀材的类型分为缀条式和缀板式两种。缀条式如图 2-1-3 所示。

对格构式组合构件，其绕实轴的长细比的计算同实腹构件；绕虚轴的长细比应按换算长细比考虑。等截面格构式构件换算长细比 $\lambda_h$ 计算公式见表 2-1-13。

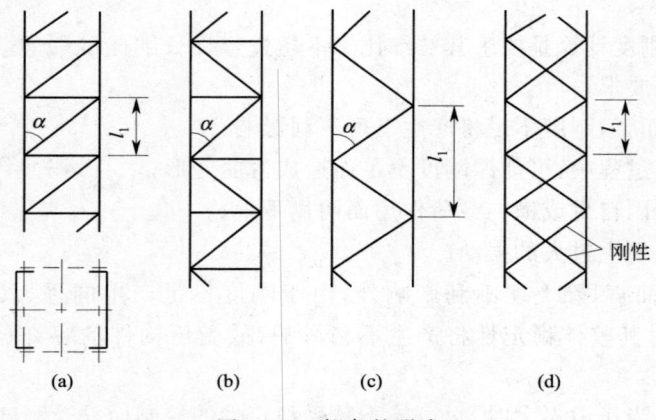

图 2-1-3　缀条的形式

**表 2-1-13　等截面格构式构件换算长细比 $\lambda_h$ 计算公式**

| 项次 | 构件截面形式 | 缀材类别 | 计算公式 | 符 号 意 义 |
|---|---|---|---|---|
| 1 | (a) | 缀板 | $\lambda_{hy} = \sqrt{\lambda_y^2 + \lambda_1^2}$ | $\lambda_y$——整个构件对虚轴 $y-y$ 的长细比；$\lambda_1$——单肢对 1-1 轴的长细比，其计算长度取缀板间的净距离（铆接构件取缀板边缘铆钉中心间的距离） |
| 2 | (a) | 缀条 | $\lambda_{hy} = \sqrt{\lambda_y^2 + 27 \dfrac{A}{A_1}}$ | $A$——构件横截面所截各弦杆（主肢）的毛截面面积之和；$A_1$——构件横截面所截各斜缀条的毛截面面积之和 |
| 3 | (b) | 缀板 | $\lambda_{hx} = \sqrt{\lambda_x^2 + \lambda_1^2}$<br>$\lambda_{hy} = \sqrt{\lambda_y^2 + \lambda_1^2}$ | $\lambda_x, \lambda_y$——整个构件分别对虚轴 $x-x$ 或 $y-y$ 的长细比；$\lambda_1$——单肢对最小刚度轴 1-1 的长细比，其计算长度取缀板间的净距离（铆接构件取缀板边缘铆钉中心间的距离） |
| 4 | (b) | 缀条 | $\lambda_{hx} = \sqrt{\lambda_x^2 + 40 \dfrac{A}{A_{1x}}}$<br>$\lambda_{hy} = \sqrt{\lambda_y^2 + 40 \dfrac{A}{A_{1y}}}$ | $A$——构件各弦杆的毛截面面积之和；$A_{1x}$——构件横截面所截垂直于 $x-x$ 轴的平面内各斜缀条的毛截面面积之和；$A_{1y}$——构件横截面所截垂直于 $y-y$ 轴的平面内各斜缀条的毛截面面积之和 |

| 项次 | 构件截面形式 | 缀材类别 | 计算公式 | 符号意义 |
|---|---|---|---|---|
| 5 | (c) | 缀条 | $\lambda_{hx}=\sqrt{\lambda_x^2+\dfrac{42A}{A_1(1.5-\cos^2\theta)}}$ <br> $\lambda_{hy}=\sqrt{\lambda_y^2+\dfrac{42A}{A_1\cos^2\theta}}$ | $\lambda_x,\lambda_y$——整个构件分别对虚轴 $x$—$x$ 或 $y$—$y$ 的长细比； <br> $A$——构件横截面所截各弦杆的毛截面面积之和； <br> $A_1$——构件横截面所截各斜缀条的毛截面面积之和； <br> $\theta$——缀条所在平面与 $x$ 轴的夹角 |

注：1. 缀板组合结构件的单肢长细比 $\lambda_1$ 不应大于 40。
2. 缀板尺寸应符合下列规定：缀板沿构件纵向的宽度不小于肢件轴线之间距离的 2/3，厚度不应小于该距离的 1/40，且不小于 6 mm。
3. 斜缀条与结构件轴线间的夹角应保持在 40°～70°范围内。

（四）用垫板相连的组合构件

用垫板连接的双角钢或双槽钢构件，实际上是缀板式组合构件的一种特殊情况（图 2-1-4），两肢相距很近，垫板的线刚度很大，但绕虚轴弯曲时，分肢变形和两肢受力不等的情况仍然存在。在满足如下条件时，可与实腹式构件一样计算：

对受拉构件：$l_0 \leqslant 80r$

对受压构件：$l_0 \leqslant 40r$

式中　$l_0$——垫板之间的距离（mm）；

$r$——一个角钢（或槽钢）对与垫板平行的形心轴 $x_1$-$x_1$ 的回转半径（图 2-1-4b、c）；当用双角钢组成十字形截面构件时，$r$ 应取为其中一个角钢的最小回转半径（图 2-1-4d）(mm)。

用垫板相连的组合构件在其两个侧向固定点间的垫板数不应小于 2。

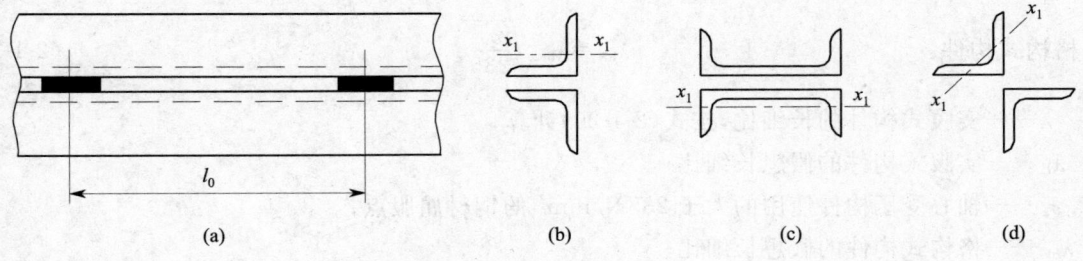

图 2-1-4　用垫板连接的组合构件

### 二、轴心受力构件的强度及轴心受压构件的稳定性计算

（一）轴心受拉与轴心受压构件的强度计算

强度计算公式为：

$$\sigma=\frac{N}{A_j}\leqslant [\sigma] \tag{2-1-22}$$

式中　$N$——计算轴向力（N）；

$A_j$——构件的净截面面积（mm²），对格构式构件为横截面所截各弦杆净截面面积之和。

对摩擦型高强度螺栓连接的轴心受力构件,计算接头处净截面强度时,要考虑到接头最外一列螺栓所在截面上,每个螺栓所产生的摩擦力的一部分已不再作用在该截面上,应予扣除,此时强度计算公式为:

$$\sigma=\frac{N'}{A_j}\leqslant[\sigma] \quad (2\text{-}1\text{-}23)$$

式中 $N'$——接头最外一列螺栓所在截面上的轴向合力(N),计算式为:

$$N'=\left(1-0.5\frac{n_1}{n}\right) \quad (2\text{-}1\text{-}24)$$

其中 $n$——接头处构件一端的高强度螺栓总数;
$n_1$——计算截面(接头最外一列螺栓所在截面)处的高强度螺栓数。

当轴心受力构件连接接头(或节点)处构件截面只有部分连接时(例如工字形截面只连接翼缘;角钢截面只连接每个角钢的一个肢),如图2-1-5所示(图中黑点处为半截面形心位置),应考虑连接传力的偏心影响,净截面面积 $A_j$ 应乘以折减系数 $\eta$:

$$\eta=1-\frac{e}{l}$$

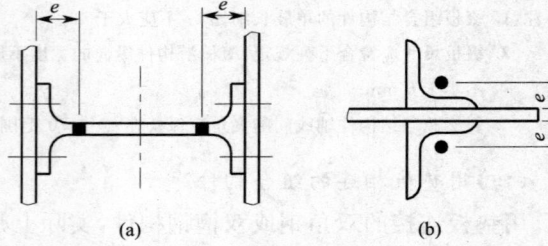

图 2-1-5 连接传力的偏心影响

式中 $e$——所连接截面形心到节点板的距离(mm);
$l$——连接长度(mm)。

(二)轴心受压构件的整体稳定性计算

1. 构件的假想长细比

当计算钢材屈服点大于 235 N/mm²(Q235 钢的屈服点)的轴心受压构件稳定性时,需用假想长细比,对实腹式构件和格构式构件假想长细比的计算式如下:

实腹式构件:
$$\lambda_F=\lambda\sqrt{\frac{\sigma_s}{235}} \quad (2\text{-}1\text{-}25)$$

格构式构件:
$$\lambda_{hF}=\lambda_h\sqrt{\frac{\sigma_s}{235}} \quad (2\text{-}1\text{-}26)$$

式中 $\lambda$——实腹式构件的长细比,按式(2-1-20)计算;
$\lambda_F$——实腹式构件的假想长细比;
$\sigma_s$——轴心受压构件使用的大于235N/mm² 的钢材屈服点;
$\lambda_{hF}$——格构式构件的假想长细比;
$\lambda_h$——格构式构件的换算长细比,按表 2-1-13 中公式计算。

2. 轴心受压构件整体稳定性验算

整体稳定性按下式验算:

$$\sigma=\frac{N}{\varphi A}\leqslant[\sigma] \quad (2\text{-}1\text{-}27)$$

式中 $A$——构件的毛截面面积(mm²);
$N$——轴心压力(N);
$\varphi$——根据轴心受压构件的假想长细比 $\lambda_F$(格构式构件为 $\lambda_{hF}$)和构件的截面类型(表 2-1-14)确定的轴心受压稳定系数,有对 $x$ 轴的 $\varphi_x$ 和对 $y$ 轴的 $\varphi_y$ 之分。$\varphi$ 值按表 2-1-15~表 2-1-18 查取。

表 2-1-14 轴心受压构件的截面类别

| 截面分类 | | 对 $x$ 轴 | 对 $y$ 轴 |
|---|---|---|---|
| 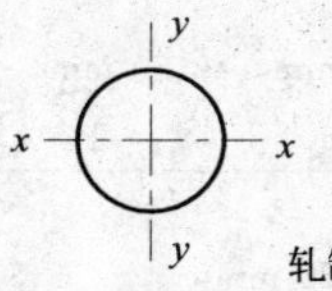 轧制（圆形） | | a 类 | a 类 |
| 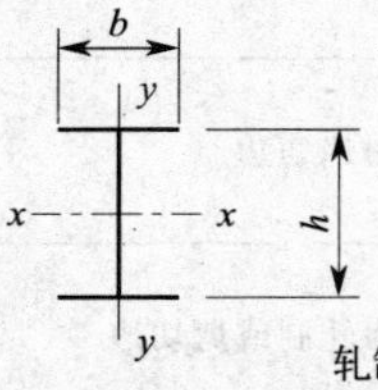 轧制 $b/h \leq 0.8$ | | a 类 | b 类 |
| 轧制 $b/h > 0.8$；焊接，翼缘为焰切边；焊接；轧制、焊接（板件宽厚比>20） | 板厚 $\delta <$ 40 mm | b 类 | b 类 |
| 轧制；轧制等边角钢 | | | |
| 焊接；轧制截面和翼缘为焰切边的焊接截面 | | | |
| 格构式；焊接，板边焰切 | | | |
| 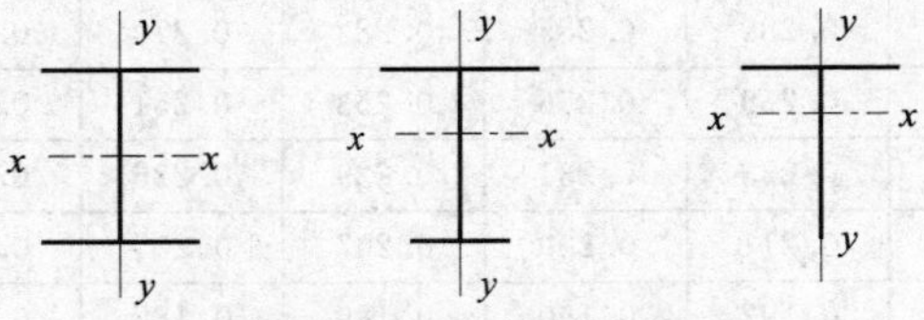 焊接，翼缘为轧制或剪切边 | | b 类 | c 类 |
| 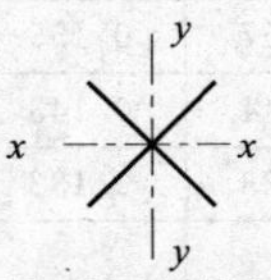 焊接，板边轧制或剪切；焊接（板件宽厚比≤20） 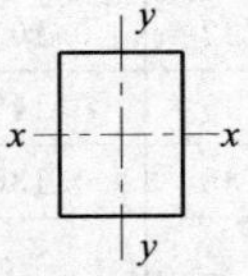 | | c 类 | c 类 |

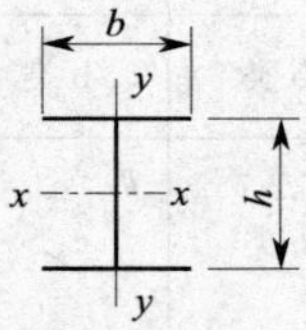

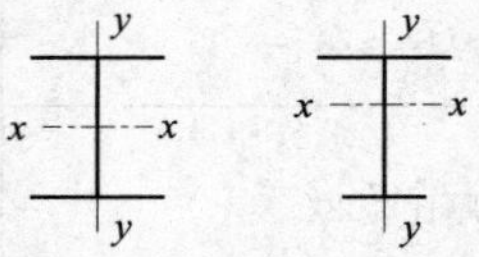

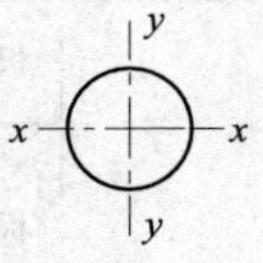

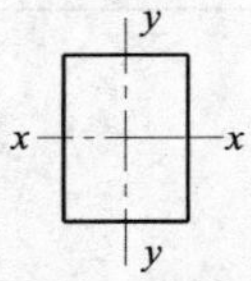

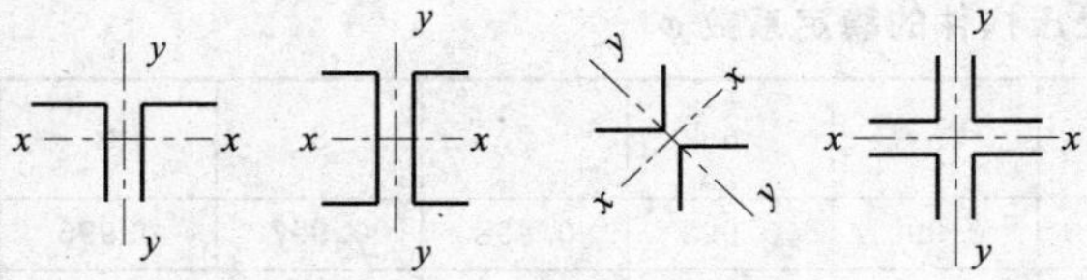

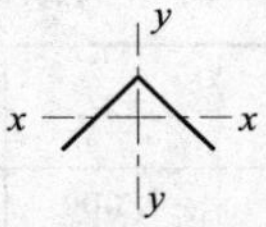

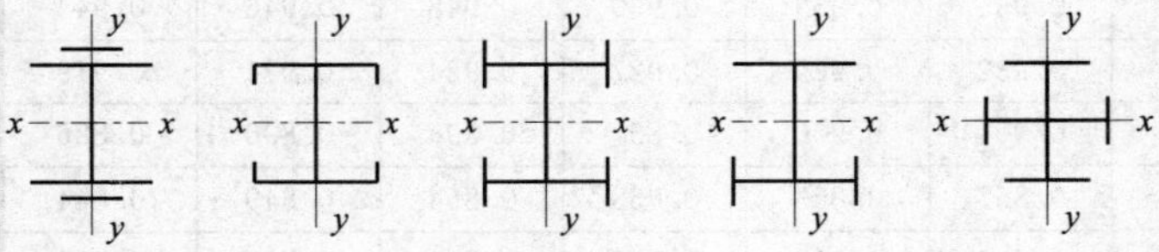

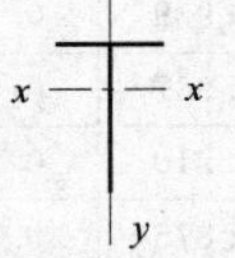

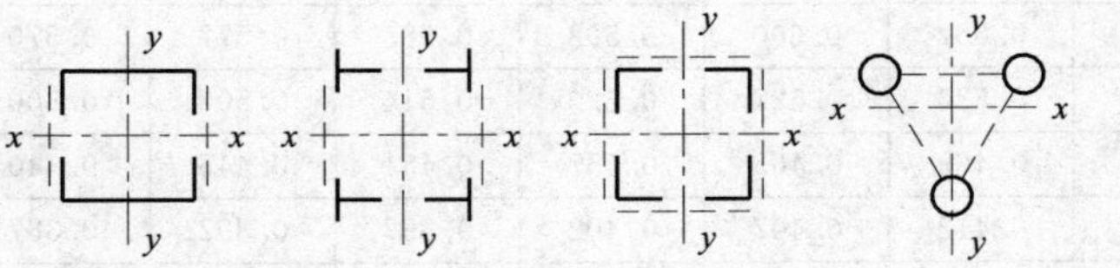

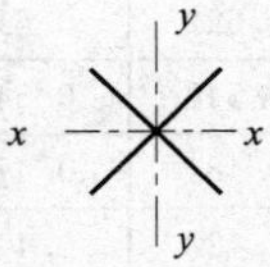

续上表

| 截面分类 | | 对 x 轴 | 对 y 轴 |
|---|---|---|---|
| 轧制工字形或H形截面 | 40 mm≤t<80 mm | b类 | c类 |
| 轧制工字形或H形截面 | t≥80 mm | c类 | d类 |
| 焊接工字形截面,板厚t≥40 mm | 翼缘为焰切边 | b类 | b类 |
| 焊接工字形截面,板厚t≥40 mm | 翼缘为轧制或剪切边 | c类 | d类 |
| 焊接箱形截面,板厚t≥40 mm | 板件宽厚比>20 | b类 | b类 |
| 焊接箱形截面,板厚t≥40 mm | 板件宽厚比≤20 | c类 | c类 |

**表 2-1-15　a 类截面轴心受压构件的稳定系数 $\varphi$**

| $\lambda\sqrt{\dfrac{\sigma_s}{235}}$ | 0 | 1 | 2 | 3 | 4 | 5 | 6 | 7 | 8 | 9 |
|---|---|---|---|---|---|---|---|---|---|---|
| 0 | 1.000 | 1.000 | 1.000 | 1.000 | 0.999 | 0.999 | 0.998 | 0.998 | 0.997 | 0.996 |
| 10 | 0.995 | 0.994 | 0.993 | 0.992 | 0.991 | 0.989 | 0.988 | 0.986 | 0.985 | 0.983 |
| 20 | 0.981 | 0.979 | 0.977 | 0.976 | 0.974 | 0.972 | 0.970 | 0.968 | 0.966 | 0.964 |
| 30 | 0.963 | 0.961 | 0.959 | 0.957 | 0.955 | 0.952 | 0.950 | 0.948 | 0.946 | 0.944 |
| 40 | 0.941 | 0.939 | 0.937 | 0.934 | 0.932 | 0.929 | 0.927 | 0.924 | 0.921 | 0.919 |
| 50 | 0.916 | 0.913 | 0.910 | 0.907 | 0.904 | 0.900 | 0.897 | 0.894 | 0.890 | 0.886 |
| 60 | 0.883 | 0.879 | 0.875 | 0.871 | 0.867 | 0.863 | 0.858 | 0.854 | 0.849 | 0.844 |
| 70 | 0.839 | 0.834 | 0.829 | 0.824 | 0.818 | 0.813 | 0.807 | 0.801 | 0.795 | 0.789 |
| 80 | 0.783 | 0.776 | 0.770 | 0.763 | 0.757 | 0.750 | 0.743 | 0.736 | 0.728 | 0.721 |
| 90 | 0.714 | 0.706 | 0.699 | 0.691 | 0.684 | 0.676 | 0.668 | 0.661 | 0.653 | 0.645 |
| 100 | 0.638 | 0.630 | 0.622 | 0.615 | 0.607 | 0.600 | 0.592 | 0.585 | 0.577 | 0.570 |
| 110 | 0.563 | 0.555 | 0.548 | 0.541 | 0.534 | 0.527 | 0.520 | 0.514 | 0.507 | 0.500 |
| 120 | 0.494 | 0.488 | 0.481 | 0.475 | 0.469 | 0.463 | 0.457 | 0.451 | 0.445 | 0.440 |
| 130 | 0.434 | 0.429 | 0.423 | 0.418 | 0.412 | 0.407 | 0.402 | 0.397 | 0.392 | 0.387 |
| 140 | 0.383 | 0.378 | 0.373 | 0.369 | 0.364 | 0.360 | 0.356 | 0.351 | 0.347 | 0.343 |
| 150 | 0.339 | 0.335 | 0.331 | 0.327 | 0.323 | 0.320 | 0.316 | 0.312 | 0.309 | 0.305 |
| 160 | 0.302 | 0.298 | 0.295 | 0.292 | 0.289 | 0.285 | 0.282 | 0.279 | 0.276 | 0.273 |
| 170 | 0.270 | 0.267 | 0.264 | 0.262 | 0.259 | 0.256 | 0.253 | 0.251 | 0.248 | 0.246 |
| 180 | 0.243 | 0.241 | 0.238 | 0.236 | 0.233 | 0.231 | 0.229 | 0.226 | 0.224 | 0.222 |
| 190 | 0.220 | 0.218 | 0.215 | 0.213 | 0.211 | 0.209 | 0.207 | 0.205 | 0.203 | 0.201 |
| 200 | 0.199 | 0.198 | 0.196 | 0.194 | 0.192 | 0.190 | 0.189 | 0.187 | 0.185 | 0.183 |
| 210 | 0.182 | 0.180 | 0.179 | 0.177 | 0.175 | 0.174 | 0.172 | 0.171 | 0.169 | 0.168 |
| 220 | 0.166 | 0.165 | 0.164 | 0.162 | 0.161 | 0.159 | 0.158 | 0.157 | 0.155 | 0.154 |
| 230 | 0.153 | 0.152 | 0.150 | 0.149 | 0.148 | 0.147 | 0.146 | 0.144 | 0.143 | 0.142 |
| 240 | 0.141 | 0.140 | 0.139 | 0.138 | 0.136 | 0.135 | 0.134 | 0.133 | 0.132 | 0.131 |
| 250 | 0.130 | — | — | — | — | — | — | — | — | — |

注：同表 2-1-18 注。

表 2-1-16  b 类截面轴心受压构件的稳定系数 φ

| $\lambda\sqrt{\frac{\sigma_s}{235}}$ | 0 | 1 | 2 | 3 | 4 | 5 | 6 | 7 | 8 | 9 |
|---|---|---|---|---|---|---|---|---|---|---|
| 0 | 1.000 | 1.000 | 1.000 | 0.999 | 0.999 | 0.998 | 0.997 | 0.996 | 0.995 | 0.994 |
| 10 | 0.992 | 0.991 | 0.989 | 0.987 | 0.985 | 0.983 | 0.981 | 0.978 | 0.976 | 0.973 |
| 20 | 0.970 | 0.967 | 0.963 | 0.960 | 0.957 | 0.953 | 0.950 | 0.946 | 0.943 | 0.939 |
| 30 | 0.936 | 0.932 | 0.929 | 0.925 | 0.922 | 0.918 | 0.914 | 0.910 | 0.906 | 0.903 |
| 40 | 0.899 | 0.895 | 0.891 | 0.887 | 0.882 | 0.878 | 0.874 | 0.870 | 0.865 | 0.861 |
| 50 | 0.856 | 0.852 | 0.847 | 0.842 | 0.838 | 0.833 | 0.828 | 0.823 | 0.818 | 0.813 |
| 60 | 0.807 | 0.802 | 0.797 | 0.791 | 0.786 | 0.780 | 0.774 | 0.769 | 0.763 | 0.757 |
| 70 | 0.751 | 0.745 | 0.739 | 0.732 | 0.726 | 0.720 | 0.714 | 0.707 | 0.701 | 0.694 |
| 80 | 0.688 | 0.681 | 0.675 | 0.668 | 0.661 | 0.655 | 0.648 | 0.641 | 0.635 | 0.628 |
| 90 | 0.621 | 0.614 | 0.608 | 0.601 | 0.594 | 0.588 | 0.581 | 0.575 | 0.568 | 0.561 |
| 100 | 0.555 | 0.549 | 0.542 | 0.536 | 0.529 | 0.523 | 0.517 | 0.511 | 0.505 | 0.499 |
| 110 | 0.493 | 0.487 | 0.481 | 0.475 | 0.470 | 0.464 | 0.458 | 0.453 | 0.447 | 0.442 |
| 120 | 0.437 | 0.432 | 0.426 | 0.421 | 0.416 | 0.411 | 0.406 | 0.402 | 0.397 | 0.392 |
| 130 | 0.387 | 0.383 | 0.378 | 0.374 | 0.370 | 0.365 | 0.361 | 0.357 | 0.353 | 0.349 |
| 140 | 0.345 | 0.341 | 0.337 | 0.333 | 0.329 | 0.326 | 0.322 | 0.318 | 0.315 | 0.311 |
| 150 | 0.308 | 0.304 | 0.301 | 0.298 | 0.295 | 0.291 | 0.288 | 0.285 | 0.282 | 0.279 |
| 160 | 0.276 | 0.273 | 0.270 | 0.267 | 0.265 | 0.262 | 0.259 | 0.256 | 0.254 | 0.251 |
| 170 | 0.249 | 0.246 | 0.244 | 0.241 | 0.239 | 0.236 | 0.234 | 0.232 | 0.229 | 0.227 |
| 180 | 0.225 | 0.223 | 0.220 | 0.218 | 0.216 | 0.214 | 0.212 | 0.210 | 0.208 | 0.206 |
| 190 | 0.204 | 0.202 | 0.200 | 0.198 | 0.197 | 0.195 | 0.193 | 0.191 | 0.190 | 0.188 |
| 200 | 0.186 | 0.184 | 0.183 | 0.181 | 0.180 | 0.178 | 0.176 | 0.175 | 0.173 | 0.172 |
| 210 | 0.170 | 0.169 | 0.167 | 0.166 | 0.165 | 0.163 | 0.162 | 0.160 | 0.159 | 0.158 |
| 220 | 0.156 | 0.155 | 0.154 | 0.153 | 0.151 | 0.150 | 0.149 | 0.148 | 0.146 | 0.145 |
| 230 | 0.144 | 0.143 | 0.142 | 0.141 | 0.140 | 0.138 | 0.137 | 0.136 | 0.135 | 0.134 |
| 240 | 0.133 | 0.132 | 0.131 | 0.130 | 0.129 | 0.128 | 0.127 | 0.126 | 0.125 | 0.124 |
| 250 | 0.123 | — | — | — | — | — | — | — | — | — |

注：同表 2-1-18 注。

表 2-1-17  c 类截面轴心受压构件的稳定系数 φ

| $\lambda\sqrt{\frac{\sigma_s}{235}}$ | 0 | 1 | 2 | 3 | 4 | 5 | 6 | 7 | 8 | 9 |
|---|---|---|---|---|---|---|---|---|---|---|
| 0 | 1.000 | 1.000 | 1.000 | 0.999 | 0.999 | 0.998 | 0.997 | 0.996 | 0.995 | 0.993 |
| 10 | 0.992 | 0.990 | 0.988 | 0.986 | 0.983 | 0.981 | 0.978 | 0.976 | 0.973 | 0.970 |
| 20 | 0.966 | 0.959 | 0.953 | 0.947 | 0.940 | 0.934 | 0.928 | 0.921 | 0.915 | 0.909 |
| 30 | 0.902 | 0.896 | 0.890 | 0.884 | 0.877 | 0.871 | 0.865 | 0.858 | 0.852 | 0.846 |
| 40 | 0.839 | 0.833 | 0.826 | 0.820 | 0.814 | 0.807 | 0.801 | 0.794 | 0.788 | 0.781 |
| 50 | 0.775 | 0.768 | 0.762 | 0.755 | 0.748 | 0.742 | 0.735 | 0.729 | 0.722 | 0.715 |
| 60 | 0.709 | 0.702 | 0.695 | 0.689 | 0.682 | 0.676 | 0.669 | 0.662 | 0.656 | 0.649 |
| 70 | 0.643 | 0.636 | 0.629 | 0.623 | 0.616 | 0.610 | 0.604 | 0.597 | 0.591 | 0.584 |
| 80 | 0.578 | 0.572 | 0.566 | 0.559 | 0.553 | 0.547 | 0.541 | 0.535 | 0.529 | 0.523 |
| 90 | 0.517 | 0.511 | 0.505 | 0.500 | 0.494 | 0.488 | 0.483 | 0.477 | 0.472 | 0.467 |

| $\lambda\sqrt{\dfrac{\sigma_s}{235}}$ | 0 | 1 | 2 | 3 | 4 | 5 | 6 | 7 | 8 | 9 |
|---|---|---|---|---|---|---|---|---|---|---|
| 100 | 0.463 | 0.458 | 0.454 | 0.449 | 0.445 | 0.441 | 0.436 | 0.432 | 0.428 | 0.423 |
| 110 | 0.419 | 0.415 | 0.411 | 0.407 | 0.403 | 0.399 | 0.395 | 0.391 | 0.387 | 0.383 |
| 120 | 0.379 | 0.375 | 0.371 | 0.367 | 0.364 | 0.360 | 0.356 | 0.353 | 0.349 | 0.346 |
| 130 | 0.342 | 0.339 | 0.335 | 0.322 | 0.328 | 0.325 | 0.322 | 0.319 | 0.315 | 0.312 |
| 140 | 0.309 | 0.306 | 0.303 | 0.300 | 0.297 | 0.294 | 0.291 | 0.288 | 0.285 | 0.282 |
| 150 | 0.280 | 0.277 | 0.274 | 0.271 | 0.269 | 0.266 | 0.264 | 0.261 | 0.258 | 0.256 |
| 160 | 0.254 | 0.251 | 0.249 | 0.246 | 0.244 | 0.242 | 0.239 | 0.237 | 0.235 | 0.233 |
| 170 | 0.230 | 0.228 | 0.226 | 0.224 | 0.222 | 0.220 | 0.218 | 0.216 | 0.214 | 0.212 |
| 180 | 0.210 | 0.208 | 0.206 | 0.205 | 0.203 | 0.201 | 0.199 | 0.197 | 0.196 | 0.194 |
| 190 | 0.192 | 0.190 | 0.189 | 0.187 | 0.186 | 0.184 | 0.182 | 0.181 | 0.179 | 0.178 |
| 200 | 0.176 | 0.175 | 0.173 | 0.172 | 0.170 | 0.169 | 0.168 | 0.166 | 0.165 | 0.163 |
| 210 | 0.162 | 0.161 | 0.159 | 0.158 | 0.157 | 0.156 | 0.154 | 0.153 | 0.152 | 0.151 |
| 220 | 0.150 | 0.148 | 0.147 | 0.146 | 0.145 | 0.144 | 0.143 | 0.142 | 0.140 | 0.139 |
| 230 | 0.138 | 0.137 | 0.136 | 0.135 | 0.134 | 0.133 | 0.132 | 0.131 | 0.130 | 0.129 |
| 240 | 0.128 | 0.127 | 0.126 | 0.125 | 0.124 | 0.124 | 0.123 | 0.122 | 0.121 | 0.120 |
| 250 | 0.119 | — | — | — | — | — | — | — | — | — |

注：同表 2-1-18 注。

**表 2-1-18  d 类截面轴心受压构件的稳定系数 $\varphi$**

| $\lambda\sqrt{\dfrac{\sigma_s}{235}}$ | 0 | 1 | 2 | 3 | 4 | 5 | 6 | 7 | 8 | 9 |
|---|---|---|---|---|---|---|---|---|---|---|
| 0 | 1.000 | 1.000 | 0.999 | 0.999 | 0.998 | 0.996 | 0.994 | 0.992 | 0.990 | 0.987 |
| 10 | 0.984 | 0.981 | 0.978 | 0.974 | 0.969 | 0.965 | 0.960 | 0.955 | 0.949 | 0.944 |
| 20 | 0.937 | 0.927 | 0.918 | 0.909 | 0.900 | 0.891 | 0.883 | 0.874 | 0.865 | 0.857 |
| 30 | 0.848 | 0.840 | 0.831 | 0.823 | 0.815 | 0.807 | 0.799 | 0.790 | 0.782 | 0.774 |
| 40 | 0.766 | 0.759 | 0.751 | 0.743 | 0.735 | 0.728 | 0.720 | 0.712 | 0.705 | 0.697 |
| 50 | 0.690 | 0.683 | 0.675 | 0.668 | 0.661 | 0.654 | 0.646 | 0.639 | 0.632 | 0.625 |
| 60 | 0.618 | 0.612 | 0.605 | 0.598 | 0.591 | 0.585 | 0.578 | 0.572 | 0.565 | 0.559 |
| 70 | 0.552 | 0.546 | 0.540 | 0.534 | 0.528 | 0.522 | 0.516 | 0.510 | 0.504 | 0.498 |
| 80 | 0.493 | 0.487 | 0.481 | 0.476 | 0.470 | 0.465 | 0.460 | 0.454 | 0.449 | 0.444 |
| 90 | 0.439 | 0.434 | 0.429 | 0.424 | 0.419 | 0.414 | 0.410 | 0.405 | 0.401 | 0.397 |
| 100 | 0.394 | 0.390 | 0.387 | 0.383 | 0.380 | 0.376 | 0.373 | 0.370 | 0.366 | 0.363 |
| 110 | 0.359 | 0.356 | 0.353 | 0.350 | 0.346 | 0.343 | 0.340 | 0.337 | 0.334 | 0.331 |
| 120 | 0.328 | 0.325 | 0.322 | 0.319 | 0.316 | 0.313 | 0.310 | 0.307 | 0.304 | 0.301 |
| 130 | 0.299 | 0.296 | 0.293 | 0.290 | 0.288 | 0.285 | 0.282 | 0.280 | 0.277 | 0.275 |
| 140 | 0.272 | 0.270 | 0.267 | 0.265 | 0.262 | 0.260 | 0.258 | 0.255 | 0.253 | 0.251 |
| 150 | 0.248 | 0.246 | 0.244 | 0.242 | 0.240 | 0.237 | 0.235 | 0.233 | 0.231 | 0.229 |

续上表

| $\lambda\sqrt{\dfrac{\sigma_s}{235}}$ | 0 | 1 | 2 | 3 | 4 | 5 | 6 | 7 | 8 | 9 |
|---|---|---|---|---|---|---|---|---|---|---|
| 160 | 0.227 | 0.225 | 0.223 | 0.221 | 0.219 | 0.217 | 0.215 | 0.213 | 0.212 | 0.210 |
| 170 | 0.208 | 0.206 | 0.204 | 0.203 | 0.201 | 0.199 | 0.197 | 0.196 | 0.194 | 0.192 |
| 180 | 0.191 | 0.189 | 0.188 | 0.186 | 0.184 | 0.183 | 0.181 | 0.180 | 0.178 | 0.177 |
| 190 | 0.176 | 0.174 | 0.173 | 0.171 | 0.170 | 0.168 | 0.167 | 0.166 | 0.164 | 0.163 |
| 200 | 0.162 | — | — | — | — | — | — | — | — | — |

注：1. 表 2-1-15 至表 2-1-18 中所指的 a、b、c、d 类截面，见表 2-1-14。

2. 表 2-1-15 至表 2-1-18 中的 $\varphi$ 值系按下列公式计算：

当 $\lambda_n = \dfrac{\lambda}{\pi}\sqrt{\sigma_s/E} \leqslant 0.215$ 时：$\varphi = 1 - \alpha_1 \lambda_n^2$

当 $\lambda_n > 0.215$ 时：$\varphi = \dfrac{1}{2\lambda_n^2}\left[(\alpha_2 + \alpha_3 \lambda_n + \lambda_n^2) - \sqrt{(\alpha_2 + \alpha_3 \lambda_n + \lambda_n^2)^2 - 4\lambda_n^2}\right]$

式中 $\alpha_1, \alpha_2, \alpha_3$——系数，根据表 2-1-14 的截面分类，由表 2-1-19 查取；

$\lambda_n$——正则长细比；$\lambda$——构件长细比。

3. 当构件的 $\lambda\sqrt{\sigma_s/235}$ 值超出表 2-1-15 至表 2-1-18 的范围时，$\varphi$ 值按注 2 所列的公式计算。$\sigma_s$ 为钢材的屈服点（N/mm²）。

表 2-1-19　系数 $\alpha_1$、$\alpha_2$、$\alpha_3$

| 截面类型 | | $\alpha_1$ | $\alpha_2$ | $\alpha_3$ |
|---|---|---|---|---|
| a 类 | | 0.41 | 0.986 | 0.152 |
| b 类 | | 0.65 | 0.965 | 0.300 |
| c 类 | $\lambda_n \leqslant 1.05$ | 0.73 | 0.906 | 0.595 |
| | $\lambda_n > 1.05$ | | 1.216 | 0.302 |
| d 类 | $\lambda_n \leqslant 1.05$ | 1.35 | 0.868 | 0.915 |
| | $\lambda_n > 1.05$ | | 1.375 | 0.432 |

**3. 开口薄壁截面轴心压杆的扭转屈曲和弯扭屈曲**

这类杆件除绕截面主轴弯曲屈曲外，由于其扭转刚度较小而有可能以扭转屈曲或弯扭屈曲的型式失稳，应予验算。

**(1) 扭转屈曲**

常见的支承条件为：两端铰接、端部不能扭转，但其他截面可以自由扭转，如图 2-1-6 所示。

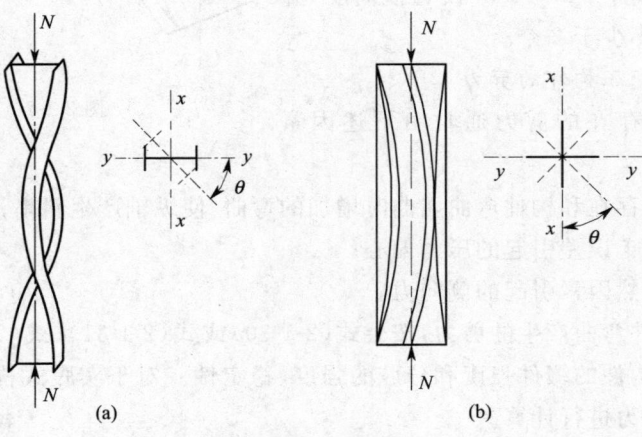

图 2-1-6　扭转屈曲

轴心压杆的扭转屈曲可以引入等效长细比 $\lambda_\omega$ 并按弯曲屈曲的公式计算。等效长细比为：

$$\lambda_\omega = \sqrt{\dfrac{I_p}{\dfrac{I_\omega}{L_\omega^2} + 0.039 I_k}} \qquad (2\text{-}1\text{-}28)$$

式中 $\lambda_\omega$ ——轴心压杆扭转屈曲时的等效长细比；

$I_p$ ——对截面弯心的极惯性矩($mm^4$)，其值为：

$$I_p = I_x + I_y$$

其中 $I_x, I_y$ ——对 $x$ 轴和 $y$ 轴的截面惯性矩($mm^4$)；

$I_\omega$ ——翘曲惯性矩（即截面主扇性惯性矩）($mm^6$)，对工字形截面：$I_\omega = I_y \left(\dfrac{h}{2}\right)^2$，其余截面见本章第六节；

$I_k$ ——自由扭转惯性矩，可取为各组成板件扭转惯性矩之和：$I_k = \dfrac{1}{3} \sum b_i t_i^3 \,(mm^4)$；

$L_\omega$ ——扭转屈曲的计算长度($mm$)。

如果等效长细比 $\lambda_\omega$ 小于对截面主轴的长细比 $\lambda_x$ 或 $\lambda_y$，则由弯曲屈曲控制设计，如一般工字形截面轴心压杆（图 2-1-6a）即属此类，不必验算扭转屈曲。

对十字形截面（图 2-1-6b），由于 $I_\omega$ 很小，可以近似地取其为零，则：

$$\lambda_\omega = \sqrt{\dfrac{I_p}{0.039 I_k}} \qquad (2\text{-}1\text{-}29)$$

此时等效长细比（或临界力）与长度无关。当长度不大时有可能由扭转屈曲控制设计，宜慎用。

(2) 弯扭屈曲

具有双轴对称截面的轴心压杆只发生弯曲屈曲或扭转屈曲。

对单轴对称截面轴心压杆，当绕其对称轴屈曲时，由于截面的弯心 $S$ 和形心 $C$ 不重合，必然在弯曲的同时伴随有扭转，即可能发生弯扭屈曲（图 2-1-7）。

单轴对称截面杆件绕对称轴的弯扭屈曲临界力总是低于绕对称轴的弯曲屈曲临界力。

4. 实腹式受压构件的构造要求

(1) 腹板计算高度 $h_0$ 与其厚度 $\delta$ 之比大于 80 时，应采用成对的横向加劲肋加强，其间距不得大于 $3h_0$，加劲肋的尺寸见本章第五节之三、(一)。

(2) 大型实腹式受压构件除在受较大水平力处设置横向肋外，尚应每隔 4 m～6 m 设置横向肋，并且在每个运输单元上不少于 2 个。

(三) 格构式轴心受压构件的剪力

轴心受压构件中存在的剪力通常由下述因素引起：

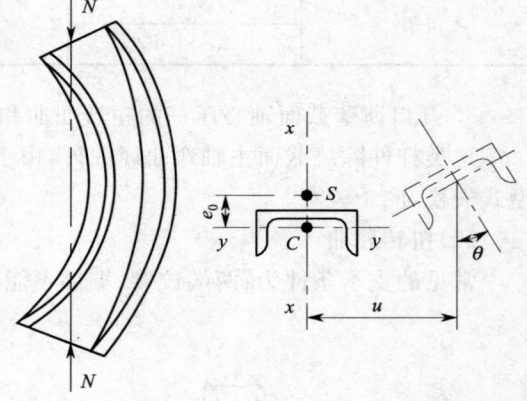

图 2-1-7 弯扭屈曲

(1) 由于初弯曲的存在和构件弯曲屈曲时增加的弯曲，使纵轴产生斜率；

(2) 端部连接和施工误差引起的压力偏心；

(3) 自重或其他偶然因素引起的侧向力。

基于主要考虑构件弯曲产生的剪力，按公式(2-1-30)或式(2-1-31)、式(2-1-32)计算剪力 $Q$，并用其计算格构式受压构件的缀件强度和分肢的强度、稳定性。对于实腹式构件的翼缘与腹板的连接，必要时也应以此剪力进行计算。

剪力沿构件长度是变化的，如图 2-1-8c 所示（图中 $v_0$ 为初弯曲），计算时可近似假定剪力沿全长均匀分布，如图 2-1-8d 所示。

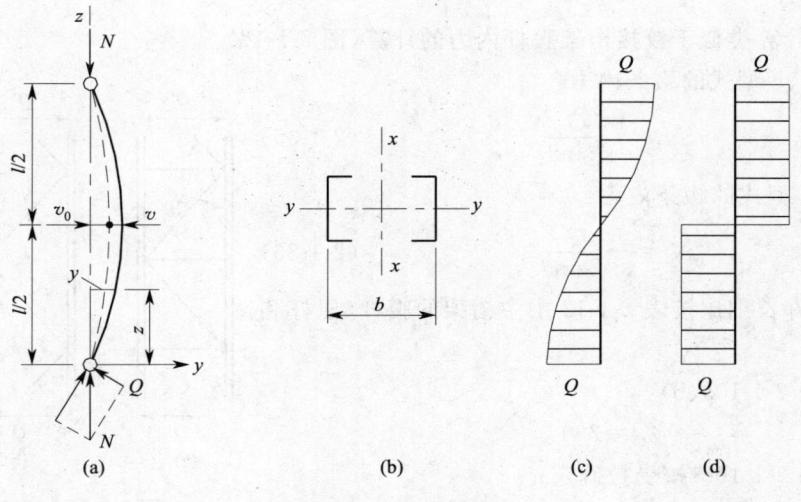

图 2-1-8 剪力计算

$$Q=\frac{A[\sigma]}{85}\sqrt{\frac{\sigma_s}{235}} \quad 或 \quad Q=\frac{N}{85\varphi}\sqrt{\frac{\sigma_s}{235}}(N) \qquad (2\text{-}1\text{-}30)$$

或取：

Q235 钢制成的构件：

$$Q=2A(N) \qquad (2\text{-}1\text{-}31)$$

Q345 钢制成的构件：

$$Q=3.4A(N) \qquad (2\text{-}1\text{-}32)$$

式中  $Q$——格构式构件横截面的剪力(N)；

　　　$[\sigma]$——构件材料的许用应力(N/mm²)；

　　　$\sigma_s$——所用材料的屈服点(N/mm²)；

　　　$A$——构件所有分肢的毛截面面积之和(mm²)；

　　　$N$——构件的轴向力(N)；

　　　$\varphi$——轴心压杆稳定系数，同式(2-1-27)。

（四）缀材内力及设计

通过缀材平面作用的剪力 $Q'$（图 2-1-9）按构件截面形式由式(2-1-33)、式(2-1-34)计算。

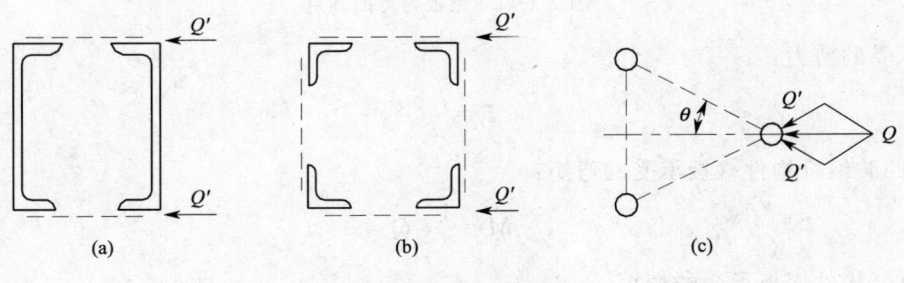

图 2-1-9 剪力分配

二肢、四肢组合构件（图 2-1-9a、b）：

$$Q'=\frac{1}{2}Q \qquad (2\text{-}1\text{-}33)$$

三肢组合构件（图 2-1-9c）：

$$Q'=\frac{1}{2\cos\theta}Q \qquad (2\text{-}1\text{-}34)$$

1. 缀条内力

缀条内力计算类似于铰接桁架腹杆内力的计算（图 2-1-10）。

图 2-1-10a、b 型式的缀条内力：

$$N_1 = -\frac{Q'}{\sin\theta} \quad (2\text{-}1\text{-}35)$$

图 2-1-10c 型式的缀条内力：

$$N_1 = -\frac{Q'}{2\sin\theta} \quad (2\text{-}1\text{-}36)$$

缀条的容许长细比按表 2-1-12 中主桁架的腹杆（压杆和拉杆）选取，即

单缀条（图 2-1-10a、b）：

$$[\lambda] = 200$$

双缀条（图 2-1-10c）按受拉确定：

$$[\lambda] = 250$$

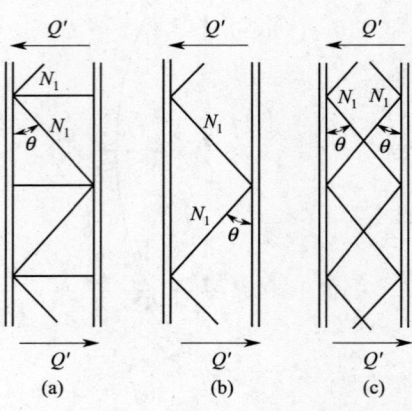

图 2-1-10 缀条内力计算

缀条的强度与稳定性计算同实腹构件。

2. 缀板内力

计算缀板式组合构件时，假定二肢、四肢构件变形时，分肢与缀板的反弯点在各节间的中点；三肢构件分肢的反弯点也在中点，缀板的反弯点在 1/3 长度处（图 2-1-11）。

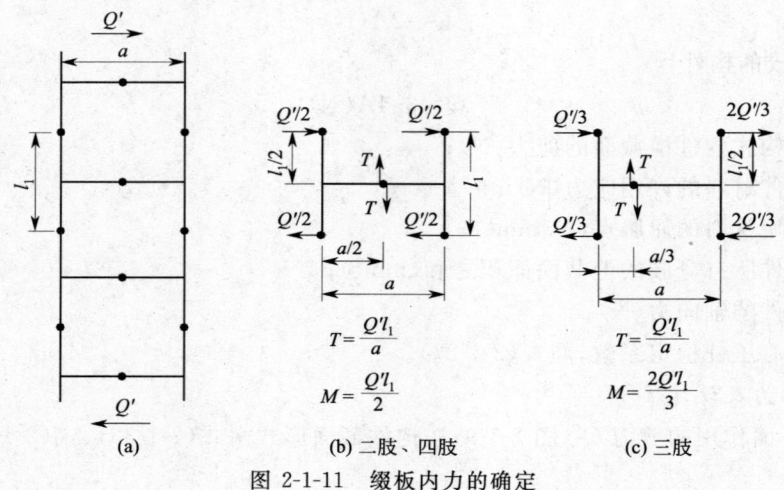

图 2-1-11 缀板内力的确定

缀板承受的剪力：

$$T = \frac{l_1}{a}Q' \quad (2\text{-}1\text{-}37)$$

二肢、四肢组合构件缀板承受的弯矩：

$$M = \frac{1}{2}l_1 Q' \quad (2\text{-}1\text{-}38)$$

三肢组合构件缀板承受的弯矩：

$$M = \frac{2}{3}l_1 Q' \quad (2\text{-}1\text{-}39)$$

式中　$Q'$——分配到一个缀材面上的剪力（N）；

　　　$l_1$——两缀板间的中心距，即肢杆的节距（mm）；

　　　$a$——肢杆轴线间距离（mm）。

根据缀板内力验算其强度。

缀板同时要满足下述构造要求：

(1) 沿构件长度方向的缀板宽度 $h \geqslant 0.6a$。

(2) 缀板厚度 $\delta \geqslant \dfrac{a}{40}$ 及 $\delta \geqslant 6\text{mm}$。

(五) 格构式轴心受压构件的稳定性计算

1. 整体稳定性

格构式轴心受压构件对实轴的整体稳定性计算同实腹式轴心受压构件，在引入换算长细比 $\lambda_h$ (见表 2-1-13)并由其查得 $\varphi$ 后，也同实腹式轴心受压构件一样计算对虚轴的整体稳定性。

2. 分肢的强度和稳定性

(1) 缀条式轴心受压组合构件整体弯曲后(图 2-1-12a)两分肢受力不等，凹侧分肢受力必然大于凸侧分肢。对缀条式组合构件的分肢稳定性，只需考虑构件长度的中部节间(剪力为零，挠度最大)，按下式计算：

$$\frac{N_1}{\varphi A_1} \leqslant [\sigma] \qquad (2\text{-}1\text{-}40)$$

式中 $\varphi$ —— 分肢对自身较弱轴的稳定系数，由分肢长细比 $\lambda_1$ 查得；

$A_1$ —— 分肢截面积($\text{mm}^2$)；

$N_1$ —— 分肢的轴心压力(N)。

对二肢、四肢组合构件：

$$N_1 = \frac{N}{n} + \frac{2lQ}{n\pi a} \qquad (2\text{-}1\text{-}41)$$

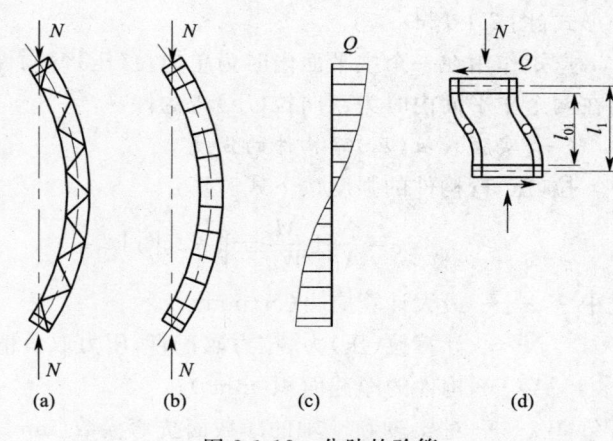

图 2-1-12 分肢的验算

对三肢组合构件：

$$N_1 = \frac{N}{3} + \frac{lQ}{3\pi a_1} \qquad (2\text{-}1\text{-}42)$$

式中 $l$ —— 组合构件全长(mm)；

$a$ —— 分肢轴线间距离(mm)；

$n$ —— 构件的分肢数，$n=2$ 或 4；

$a_1$ —— 三肢的截面形心形成的等腰三角形的高(mm)。

当分肢长细比 $\lambda_1 \leqslant 0.7\lambda_{\max}$ 时基本上能使分肢不先于整体失稳，一般可不验算分肢的稳定性；若无截面削弱，也不必验算分肢的强度。$\lambda_{\max}$ 为构件两个方向的长细比(对虚轴取换算长细比)中的较大者。

(2) 缀板式轴心受压组合构件弯曲时(图 2-1-12b)，不但两分肢受力不等，而且分肢内还有剪力产生的弯矩。

缀板柱的分肢一般由端部节间(图 2-1-12d)的强度控制设计，该节间处剪力 $Q$ 最大，挠度近似为零。应按下式验算分肢与端缀板连接处的强度：

$$\sigma = \frac{N_1}{A_1} + \frac{M_1}{W_1} \leqslant [\sigma] \qquad (2\text{-}1\text{-}43)$$

式中 $N_1$ —— 分肢的轴心压力(N)，按各分肢平均承受总压力 $N$ 计算；

$A_1$ —— 一个分肢的截面积($\text{mm}^2$)；

$W_1$ —— 分肢截面对弯曲对应轴的抗弯模量($\text{mm}^3$)；

$M_1$ —— 一个分肢上剪力产生的弯矩(N·mm)

$$M_1 = \frac{1}{2n} Q l_{01} \qquad (2\text{-}1\text{-}44)$$

其中 $n$ —— 分肢数，$n=2$ 或 4，

$l_{01}$——缀板间的净距离(mm)。

当分肢长细比 $\lambda_1 \leqslant 0.5\lambda_{max}$ ($\lambda_{max} < 50$ 时取 $\lambda_{max}=50$),且 $\lambda_1 \leqslant 40$ 时,一般可保证分肢不先于整体失稳,不必验算分肢的稳定性;若无截面削弱,也不必验算分肢的强度。

### 三、实腹式拉(压)弯构件的强度及稳定性计算

拉弯构件和压弯构件指该构件除受轴向力(拉或压)外还受弯矩作用。拉(压)弯构件按弯矩的作用方式可分三种形式(图 2-1-13)。图 2-1-13a 中 $M_1$、$M_2$ 为端弯矩,$M_1$ 可以不等于 $M_2$;端弯矩与轴向力成正比的情况(图 2-1-13b)就是偏心受拉(压)构件;弯矩由横向力引起的为第三种形式(图 2-1-13c)。

弯矩作用在一个主平面内时为单向拉(压)弯构件;弯矩作用在两个主平面内时为双向拉(压)弯构件。

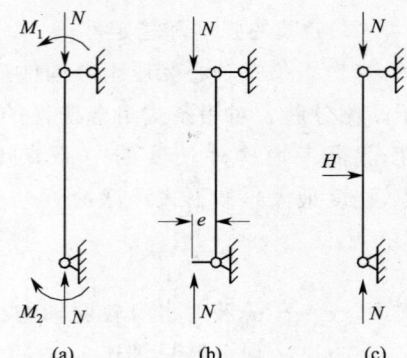

图 2-1-13 压弯构件

(一)实腹式拉(压)弯构件的强度

拉(压)弯构件的强度按下式验算:

$$\sigma = \frac{N}{A_j} \pm \frac{M_x}{W_{jx}} \pm \frac{M_y}{W_{jy}} \leqslant [\sigma] \quad (2\text{-}1\text{-}45)$$

式中  $\sigma$——最大计算应力(N/mm²);

$N$——计算拉(压)力,拉力取正直,压力取负值(N);

$A_j$——构件的净截面积(mm²);

$W_{jx}$,$W_{jy}$——对 $x$ 轴和 $y$ 轴的净截面抗弯模数(mm⁴);

$M_x$,$M_y$——对 $x$ 轴和 $y$ 轴的计算弯矩(N·mm)。

在偏心受拉(压)构件中:

$$M_x = N \cdot e_x$$
$$M_y = N \cdot e_y$$

式中  $e_x$,$e_y$——对 $x$ 轴和 $y$ 轴的偏心距(mm)。

当 $M_x$(或 $M_y$)$=0$ 时,即为单向拉(压)弯构件。

(二)轴向力很小的实腹式拉弯构件

当拉弯构件的拉力很小而弯矩相对很大时,截面的一侧将出现压应力,除计算受拉一侧的强度外,还应按下式计算受压侧的整体稳定性:

$$\sigma = \frac{1}{\varphi_b}\left(-\frac{N}{A} + \frac{M_x}{W_x}\right) \leqslant [\sigma] \quad (2\text{-}1\text{-}46)$$

式中  $M_x$——计算弯矩(N·mm);

$N$——轴向拉力,取正值(N);

$A$——构件毛截面积(mm²);

$W_x$——受压侧的毛截面抗弯模数(mm³);

$\varphi_b$——受弯构件侧向屈曲稳定系数,见本章第五节式(2-1-85)。

由于拉弯构件截面内的拉应力范围比受弯构件大,故用式(2-1-46)计算稳定性是偏于安全的。

(三)实腹式压弯构件的整体稳定性计算

单向压弯构件的整体稳定性按下式验算:

主要受压的压弯构件  $\dfrac{N}{\varphi A} + \dfrac{M_x}{(1-N/N_{Ex})W_x} \leqslant [\sigma] \quad (2\text{-}1\text{-}47)$

主要受弯的压弯构件  $\dfrac{N}{\varphi A} + \dfrac{M_x}{(1-N/N_{Ex})\varphi_b W_x} \leqslant [\sigma] \quad (2\text{-}1\text{-}48)$

双向压弯构件的整体稳定性按下式验算:

$$\frac{N}{\varphi A}+\frac{M_x}{(1-N/N_{Ex})W_x}+\frac{M_y}{(1-N/N_{Ey})W_y}\leqslant[\sigma] \tag{2-1-49}$$

式中 $N$——作用在构件上的轴向压力(N)；

$M_x, M_y$——对 $x$ 轴和 $y$ 轴的计算弯矩(N·mm)；

$W_x, W_y$——计算截面对 $x$ 轴和 $y$ 轴的毛截面抗弯模量($mm^3$)；

$\varphi$——轴心压杆稳定系数，同式(2-1-27)；

$N_{Ex}, N_{Ey}$——构件对 $x$ 轴和 $y$ 轴的名义欧拉临界力(N)；

$$N_{Ex}=\frac{\pi^2 EA}{\lambda_x^2}, \quad N_{Ey}=\frac{\pi^2 EA}{\lambda_y^2}$$

当 $N/N_{Ex}$ 和 $N/N_{Ey}$ 均小于 0.1 时，可不计基本弯矩增大系数，则式(2-1-49)变为：

$$\frac{N}{\varphi A}+\frac{M_x}{W_x}+\frac{M_y}{W_y}\leqslant[\sigma] \tag{2-1-50}$$

同样，使用式(2-1-47)或式(2-1-48)时，当 $N/N_E<0.1$ 时，可不计增大系数 $\frac{1}{1-N/N_{Ex}}$，即令其为1。

其他符号意义同式(2-1-46)。

### 四、格构式拉(压)弯构件的强度及压弯构件的稳定性计算

#### (一)格构式拉(压)弯构件的强度

格构式拉(压)弯构件的连缀件，一般采用缀条而不用缀板。如需在拉(压)弯构件中采用缀板，则在分肢的强度和稳定性计算中都应考虑剪力引起的局部弯矩，剪力应比较式(2-1-30)的计算值和横向载荷引起的实际剪力而取大者。

作用在格构式构件上的轴向力和弯矩按下述原则分配给分肢：

1. 对四分肢构件(作用有 N 及 $M_x$、$M_y$)及弯矩绕虚轴作用的两分肢构件(作用有 N 及绕虚轴的 $M_x$)

类似于桁架弦杆的计算，可将弯矩换算为分肢的轴心力。如图 2-1-14 的情况，可按下式计算：

分肢 1 的轴心力：

$$N_1=\frac{y_2}{y_1+y_2}N\pm\frac{M_x}{y_1+y_2} \tag{2-1-51}$$

分肢 2 的轴心力：

$$N_2=N-N_1 \tag{2-1-52}$$

若 N 为轴心压力，则弯矩使分肢 1 受压时公式(2-1-51)中第二项取"+"，反之取"−"。若 N 为轴心拉力，则弯矩使分肢 1 受压时公式(2-1-51)中第二项取"−"，反之取"+"。

2. 弯矩绕实轴作用的两分肢构件

绕实轴作用的弯矩 $M_y$ 的分配，从保持平衡和变形协调的原则出发：每个分肢所分配到的弯矩与该分肢对 $y$ 轴的惯性矩($I_1$ 或 $I_2$)成正比，与该分肢至 $x$ 轴的距离($y_1$ 或 $y_2$)成反比，即：

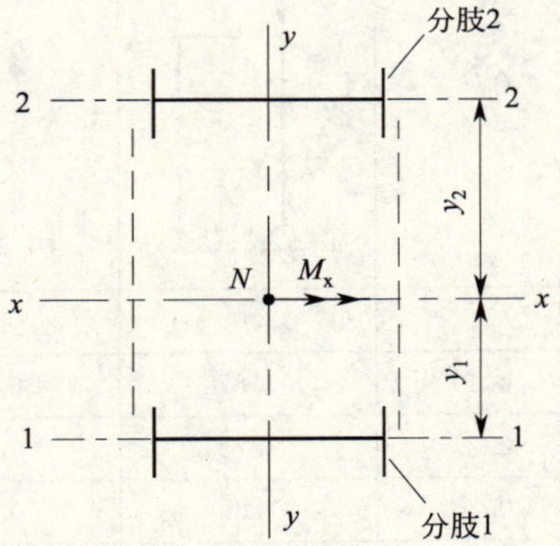

图 2-1-14 格构式压弯构件截面

分肢 1 承受的弯矩：

$$M_{y1}=\frac{I_1/y_1}{I_1/y_1+I_2/y_2}M_y \tag{2-1-53}$$

分肢 2 承受的弯矩：

$$M_{y2}=M_y-M_{y1} \tag{2-1-54}$$

分肢的强度按净面积计算。连缀件可参照本节之二、(四)计算。

### (二) 格构式压弯构件的稳定性计算

#### 1. 整体稳定性

格构式压弯构件的整体稳定性计算同实腹式，即按式(2-1-47)~(2-1-49)计算。

#### 2. 分肢稳定性

对于四肢构件，将构件的 $N$ 和 $M$ 按类似于桁架弦杆的方法换算为分肢的轴心力后，对受压分肢按轴心受压实腹构件验算分肢稳定性；对于两肢构件则按单向受弯实腹构件验算分肢稳定性。

槽形截面用于格构式受压构件的分肢时，由于分肢的扭转变形受到缀件的牵制，所以计算分肢的稳定性时应按 b 类截面的数据而不是 c 类截面的数据。

构件绕虚轴弯曲后，$N$ 对构件截面产生一个弯矩，分肢内力除平衡轴向压力 $N$ 外，还要平衡这一附加弯矩，从而使两分肢受力不相等，凹侧分肢受力大而凸侧分肢受力小。但在式(2-1-51)~(2-1-52)中并未反映这个附加弯矩对轴向力的影响，偏于不安全。因此在计算分肢稳定性时不要把许用应力用足。

### 五、轴向受力构件的计算长度

#### (一) 一般构件的计算长度

##### 1. 支承情况变化时的计算长度

支承情况对构件计算长度的影响由系数 $\mu_1$ 考虑：

$$l_c = \mu_1 \cdot l \quad (\text{mm}) \tag{2-1-55}$$

式中 $l_c$——构件的计算长度(mm)；

$l$——构件的实际几何长度(mm)；

$\mu_1$——取决于支承方式的长度系数，在两个平面内不一定相同，见表 2-1-20。

**表 2-1-20　与支承方式有关的长度系数 $\mu_1$ 值**

| $l_1/l$ | 构件支承方式 | | | | | |
|---|---|---|---|---|---|---|
| | | | | | | |
| 0 | 2.00 | 0.70 | 0.50 | 2.00 | 0.70 | 0.50 |
| 0.1 | 1.87 | 0.65 | 0.47 | 1.85 | 0.65 | 0.46 |
| 0.2 | 1.73 | 0.60 | 0.44 | 1.70 | 0.59 | 0.43 |
| 0.3 | 1.60 | 0.56 | 0.41 | 1.55 | 0.54 | 0.39 |
| 0.4 | 1.47 | 0.52 | 0.41 | 1.40 | 0.49 | 0.36 |
| 0.5 | 1.35 | 0.50 | 0.44 | 1.26 | 0.44 | 0.35 |
| 0.6 | 1.23 | 0.52 | 0.49 | 1.11 | 0.41 | 0.36 |
| 0.7 | 1.13 | 0.56 | 0.54 | 0.98 | 0.41 | 0.39 |
| 0.8 | 1.06 | 0.60 | 0.59 | 0.85 | 0.44 | 0.43 |
| 0.9 | 1.01 | 0.65 | 0.65 | 0.76 | 0.47 | 0.46 |
| 1.0 | 1.00 | 0.70 | 0.70 | 0.70 | 0.50 | 0.50 |

##### 2. 构件截面变化时的计算长度

两端铰支的变截面构件的计算长度可按下式计算：

$$l_c = \mu_2 l \tag{2-1-56}$$

式中 $\mu_2$——两端铰支情况下的变截面长度系数，见表 2-1-21 及表 2-1-22。

箱形伸缩臂架的变截面长度系数见本篇第八章。

对于板厚沿长度不变的箱形（或工字形）变截面，当高度不变而宽度按直线规律变化、宽度不变高度按直线规律变化以及高、宽均按直线规律变换的情况，可近似地看做 $I_x$ 的变化规律分别为一、三、四次方，利用表 2-1-21、表 2-1-22 近似确定长度系数 $\mu_2$。

**表 2-1-21　两端铰支对称变化构件的变截面长度系数 $\mu_2$**

| $I_x$变化规律 | $\dfrac{I_{\min}}{I_{\max}}$ | $l_1/l$ | | | | | 构件简图示例 |
|---|---|---|---|---|---|---|---|
| | | 0.0 | 0.2 | 0.4 | 0.6 | 0.8 | |
| 一次方 | 0.0 | 1.31 | 1.18 | 1.09 | 1.03 | 1.00 | |
| | 0.1 | 1.23 | 1.14 | 1.07 | 1.02 | 1.00 | |
| | 0.2 | 1.19 | 1.11 | 1.05 | 1.01 | 1.00 | |
| | 0.4 | 1.12 | 1.07 | 1.04 | 1.01 | 1.00 | |
| | 0.6 | 1.07 | 1.04 | 1.02 | 1.01 | 1.00 | |
| | 0.8 | 1.03 | 1.02 | 1.01 | 1.00 | 1.00 | |
| | 1.0 | 1.00 | — | — | — | — | |
| 二次方 | 0.0000 | 3.14 | 2.51 | 1.88 | 1.26 | 1.01 | |
| | 0.0001 | 3.14 | 1.82 | 1.44 | 1.14 | 1.01 | |
| | 0.0100 | 1.69 | 1.45 | 1.23 | 1.07 | 1.01 | |
| | 0.1000 | 1.35 | 1.22 | 1.11 | 1.03 | 1.01 | |
| | 0.2000 | 1.25 | 1.15 | 1.07 | 1.02 | 1.01 | |
| | 0.4000 | 1.14 | 1.08 | 1.04 | 1.01 | 1.00 | |
| | 0.6000 | 1.08 | 1.05 | 1.02 | 1.01 | 1.00 | |
| | 0.8000 | 1.03 | 1.02 | 1.01 | 1.00 | 1.00 | |
| | 1.0000 | 1.00 | — | — | 1.00 | — | |
| 三次方 | 0.01 | 1.97 | 1.64 | 1.35 | 1.11 | 1.01 | |
| | 0.10 | 1.4 | 1.31 | 1.12 | 1.04 | 1.01 | |
| | 0.20 | 1.27 | 1.16 | 1.08 | 1.03 | 1.01 | |
| | 0.40 | 1.15 | 1.09 | 1.04 | 1.01 | 1.00 | |
| | 0.60 | 1.08 | 1.05 | 1.02 | 1.01 | 1.00 | |
| | 0.80 | 1.03 | 1.02 | 1.01 | 1.00 | 1.00 | |
| | 1.00 | 1.00 | — | — | — | — | |
| 四次方 | 0.01 | 2.14 | 1.78 | 1.43 | 1.15 | 1.02 | |
| | 0.10 | 1.43 | 1.33 | 1.13 | 1.04 | 1.01 | |
| | 0.20 | 1.28 | 1.17 | 1.08 | 1.03 | 1.00 | |
| | 0.40 | 1.15 | 1.09 | 1.04 | 1.01 | 1.00 | |
| | 0.60 | 1.08 | 1.05 | 1.02 | 1.01 | 1.00 | |
| | 0.80 | 1.03 | 1.02 | 1.01 | 1.00 | 1.00 | |
| | 1.00 | 1.00 | — | — | — | — | |
| 惯性矩按阶梯形变化 | 0.01 | — | 8.03 | 6.04 | 4.06 | 2.06 | |
| | 0.10 | — | 2.59 | 2.03 | 1.48 | 1.07 | |
| | 0.20 | — | 1.88 | 1.53 | 1.21 | 1.03 | |
| | 0.40 | — | 1.39 | 1.22 | 1.08 | 1.01 | |
| | 0.60 | — | 1.19 | 1.10 | 1.03 | 1.01 | |
| | 0.80 | — | 1.07 | 1.04 | 1.01 | 1.00 | |
| | 1.00 | — | — | — | — | — | |

**3. 非两端铰支变截面构件的计算长度**

(1) 关于 $\mu_1 \cdot \mu_2$

① $\mu_1$ 是在等截面受压构件的条件下得出的，因而 $\mu_1$ 只适用于等截面构件而不适用于变截面

构件,不同变化规律的变截面受压构件的 $\mu_1$ 也是不同的。实际上,由图 2-1-15 可知,等截面受压构件在图 2-1-15a、b、c 三种支承情况下的 $\mu_1$ 分别为 2、0.5 和 0.7。但在变截面情况下,支承对整个构件的约束程度发生了变化,对应于图 2-1-15b、c 中的反弯点已不在原来的位置,即在变截面的情况下 $\mu_1$ 不再为 0.5 和 0.7。

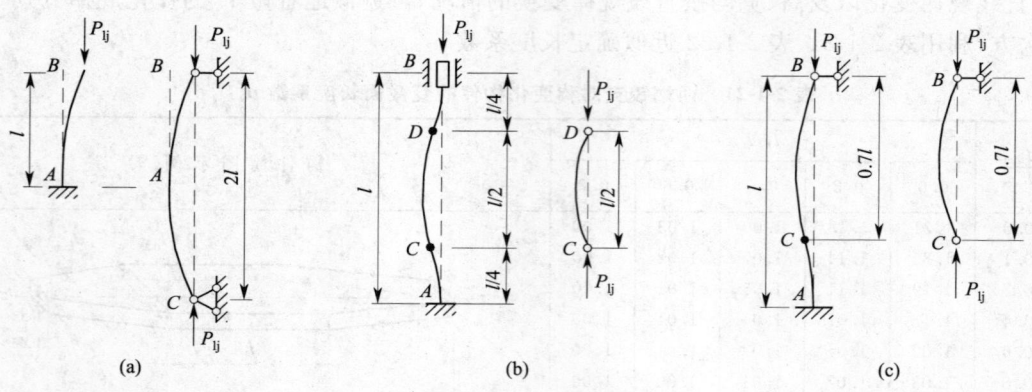

图 2-1-15 支承的影响

② $\mu_2$ 是在两端铰支的情况下推导出来的,因而 $\mu_2$ 也只适用于两端铰支的受压构件而不适用于其他支承方式,对同一变化规律的变截面构件在不同支承方式下的 $\mu_2$ 也是不同的,这是因为同一变化规律的变截面构件在支承条件改变时的挠曲轴形状不再与两端简支时相同。

③ 根据①,不能简单地引用表 2-1-20 的 $\mu_1$ 将非两端铰支的变截面受压构件等效转化为两端铰支的变截面受压构件;同样,根据②,也不能简单地引用表 2-1-21、式 2-1-22 的 $\mu_2$ 将非两端铰支的变截面受压构件等效地转化为该支承条件下的等截面受压构件。因此,对非两端铰支的变截面受压构件求计算长度 $l_c$ 时,建议慎用计算公式:

$$l_c = \mu_1 \cdot \mu_2 l$$

一般情况下,建议针对实际的支承条件和截面变化规律直接从有关结构稳定的手册和专著中引用或自行推导。

(2) 大端固定、小端自由的变截面受压构件的计算长度

在起重机结构中应用较广的大端固定、小端自由的变截面受压杆件,可以利用图 2-1-15a 所表达的等效关系和表 2-1-21 的长度系数 $\mu_2$ 确定计算长度 $l_c$,因为不论是等截面构件还是变截面构件,图 2-1-15a 所表达的等效关系是确定的,即图 2-1-16 中的 (a) 可以等效转化为 (b);(c) 可以等效转化为 (d),而 (b)、(d) 均为两端铰支,可以应用表 2-1-22 中的 $\mu_2$ 等效转化为等截面构件计算其稳定性。注意:不能引用表 2-1-22 中的 $\mu_2$ 值计算图 2-1-16a、c 的 $l_c$ ($I_{min}/I_{max}$ 值越小,误差越大)。

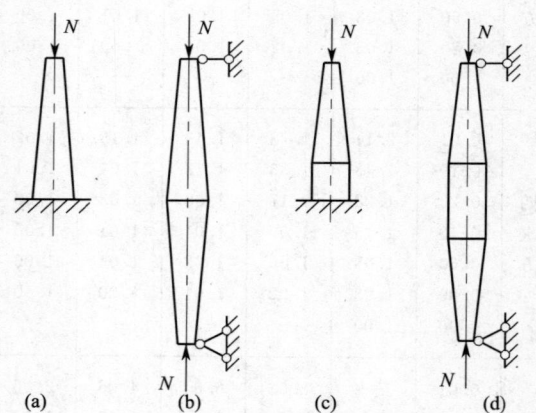

图 2-1-16 变截面构件的计算长度

图 2-1-16a、c 所示变截面受压构件的计算长度按下式计算:

$$l_c = 2\mu_2 l$$

式中　$l$——大端固定、小端自由的变截面受压构件的几何长度 (mm);
　　　$\mu_2$——由表 2-1-21 确定的长度系数,对于图 2-1-16a 的情况按 $l_1/l=0$ 查取;对于图 2-1-16c 的情况按相应的 $l_1/l$ 确定。

表 2-1-22　两端铰支非对称变化构件的变截面长度系数 $\mu_2$

| $I_x$ 变化规律 | $I_{min}/I_{max}$ | | | | | 构件简图示例 |
| --- | --- | --- | --- | --- | --- | --- |
| | 0.1 | 0.2 | 0.4 | 0.6 | 0.8 | |
| 一次方 | 1.45 | 1.35 | 1.21 | 1.13 | 1.06 | |
| 二次方 | 1.66 | 1.45 | 1.24 | 1.13 | 1.05 | |
| 三次方 | 1.74 | 1.48 | 1.25 | 1.14 | 1.06 | |
| 四次方 | 1.78 | 1.50 | 1.26 | 1.14 | 1.06 | |

(二)桁架受压构件的计算长度

**1. 受压弦杆及单系腹杆的计算长度**

受压弦杆及单系腹杆(用节点板与弦杆连接)的计算长度 $l_c$ 按图 2-1-17、图 2-1-18 及表 2-1-23 确定。

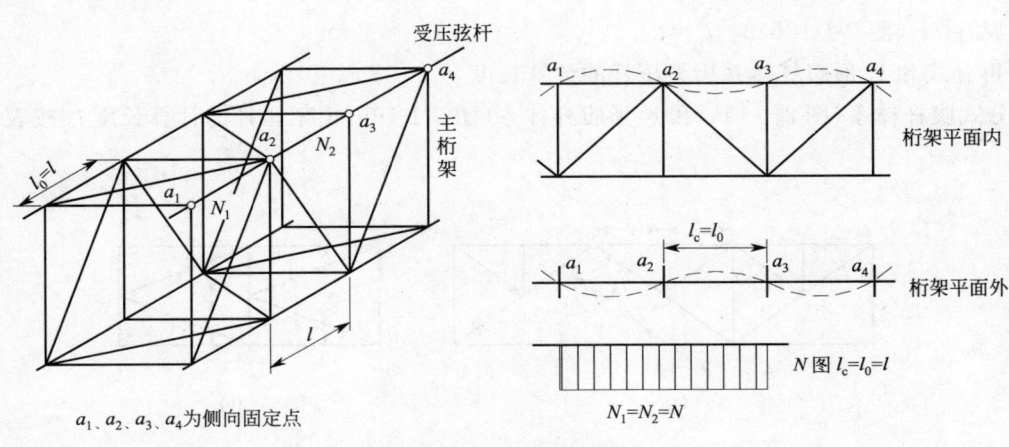

图 2-1-17　桁架的弦杆和腹杆(一)

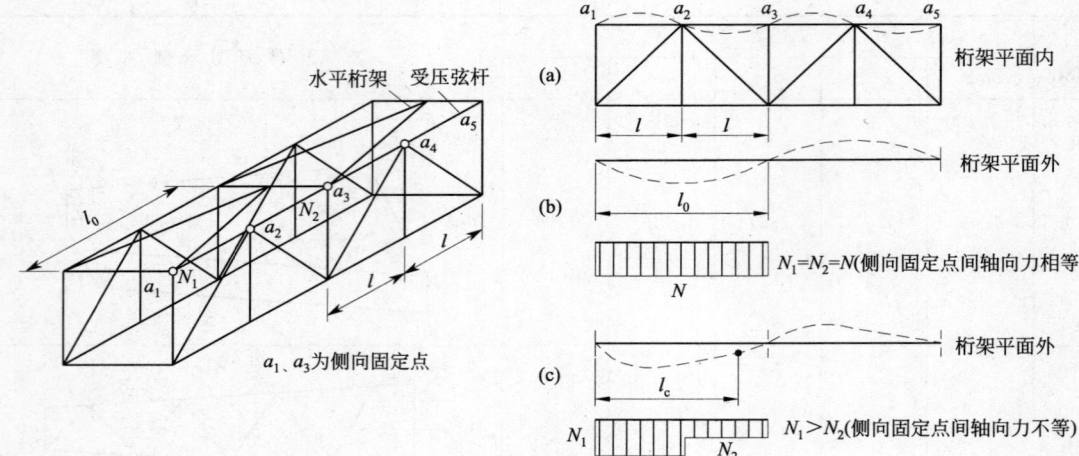

图 2-1-18 桁架的弦杆和腹杆(二)

表 2-1-23 桁架弦杆和单系腹杆的计算长度 $l_c$

| 序 号 | 屈曲的方向 | 弦杆 | 腹 杆 | |
|---|---|---|---|---|
| | | | 支座处斜杆和竖杆 | 其他腹杆 |
| 1 | 桁架平面内 | $l$ | $l$ | $0.8l$ |
| 2 | 桁架平面外 | $l_0$ | $l$ | $l$ |
| 3 | 斜平面 | — | $l$ | $0.9l$ |

注：1. $l$——构件的几何长度(节点中心间的距离)；

$l_0$——桁架平面外固定点之间的距离。

2. 序号 3 适用于单角钢腹杆和双角钢十字形截面腹杆,当截面两主轴均不在桁架平面内时。

当桁架弦杆侧向固定点之间的距离 $l_0$ 大于弦杆节间长度 $l$ 时,如果侧向固定点之间弦杆的压力不相等(如图 2-1-18c 中 $N_1 > N_2$),则验算该弦杆在桁架平面外的稳定性时,计算长度 $l_c$ 按下式计算：

$$l_c = l_0 \left(0.75 + 0.25 \frac{N_2}{N_1}\right) \tag{2-1-57}$$

式中 $l_0$——侧向固定点之间的距离(mm)；

$N_1$——较大的压力(轴向力),计算时取正值；

$N_2$——较小的轴向力, $N_2$ 为压力时取正值,为拉力时取负值。

计算出的 $l_c < 0.5l$ 时,取 $l_c = 0.5l$。

当 $N_1 = N_2$ (图 2-1-18b)时, $l_c = l_0$。

2. 再分式和 K 形腹杆体系桁架压杆的计算长度

再分式腹杆体系(图 2-1-19a)和 K 形腹杆体系(图 2-1-19b)桁架压杆的计算长度 $l_c$ 按表 2-1-24 确定。

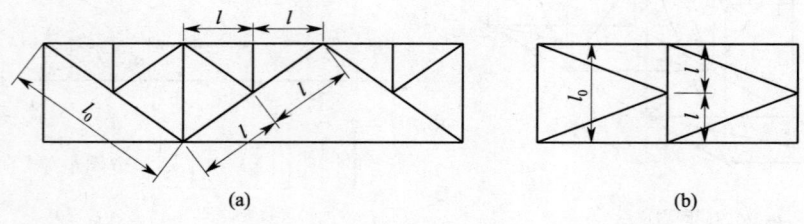

图 2-1-19 再分式与 K 形腹杆体系

表 2-1-24　再分式与 K 形腹杆体系桁架压杆的计算长度

| 桁架平面内 | $l$ |
|---|---|
| 桁架平面外 | 拉杆取 $l_0$；压杆按式(2-1-57)计算 |

### 3. 交叉腹杆的计算长度

图 2-1-20 所示的交叉腹杆体系杆件的计算长度：

桁架平面内：$l_c = l$；

桁架平面外：按表 2-1-25 确定。

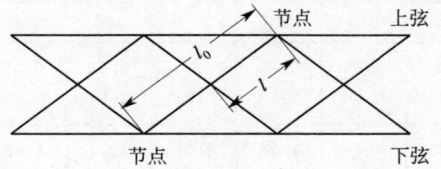

图 2-1-20　交叉腹杆体系

表 2-1-25　交叉腹杆系在桁架平面外的计算长度

| 计算杆受力特点 | 交叉节点情况 | 支撑杆受力情况 | | |
|---|---|---|---|---|
| | | 受拉 | 受压 | 不受力 |
| 压杆 | 相交的两杆均不中断 | $0.5l_0$ | $l_0$ | $0.7l_0$ |
| | 支承杆中断并用节点板连接 | $0.7l_0$ | $l_0$ | $l_0$ |
| 拉杆 | | | $l_0$ | |

注：$l_0$——节点间距离（交叉点不作为节点处理），当两杆都为压杆时，交叉点不宜有一杆中断。

### (三) 刚架中受压构件的计算长度

### 1. 等截面受压构件的计算长度

刚架中等截面受压构件（图 2-1-21）的计算长度按表 2-1-26、表 2-1-27 确定。

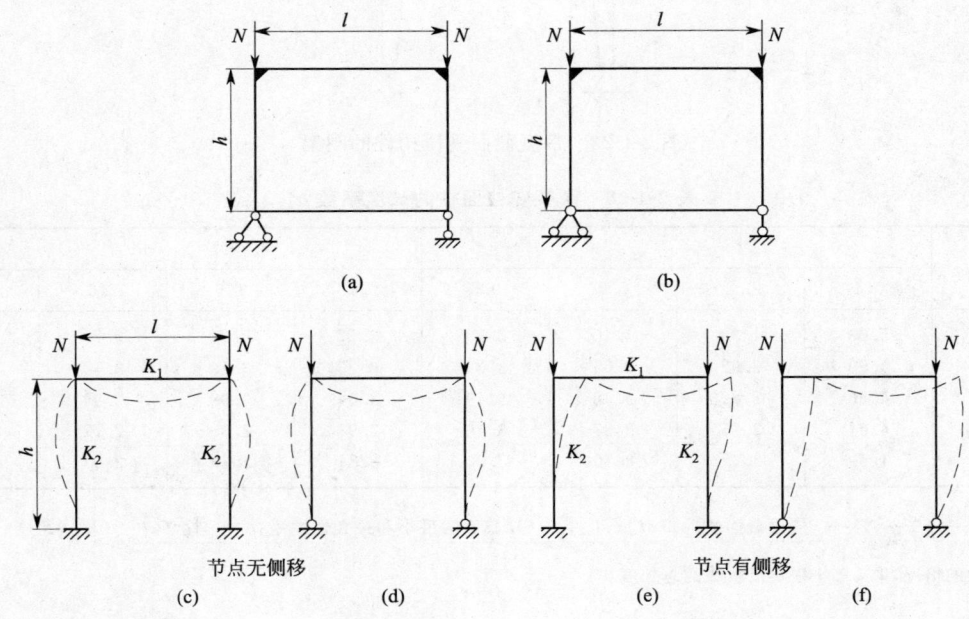

图 2-1-21　等截面受压构件的刚架

表 2-1-26  刚架中等截面柱的计算长度

| 图 2-1-21 中的情况 | | 计算长度 $l_c$ |
|---|---|---|
| 刚架平面内 | (a) | $l_c = 0.7h$ |
| | (b) | $l_c = 0.8h$ |
| | (c)、(d)、(e)、(f) | $l_c = \mu_1 h$；$\mu_1$ 见表 2-1-27 |
| 刚架平面外 | | $l_c = h$ |

表 2-1-27  刚架受压杆的计算长度系数 $\mu_1$

| 图 2-1-21 中的情况 | 节点情况 | 支承情况 | $K_1/K_2$ | | | | | | | | | |
|---|---|---|---|---|---|---|---|---|---|---|---|---|
| | | | 0 | 0.2 | 0.5 | 1.0 | 1.5 | 2.0 | 2.5 | 3.0 | 4.0 | ≥10 |
| (c) | 节点无侧移 | 固定支承 | 0.7 | 0.68 | 0.66 | 0.63 | 0.60 | 0.59 | 0.58 | 0.57 | 0.56 | 0.5 |
| (d) | | 铰接支承 | 1.00 | 0.96 | 0.92 | 0.88 | 0.84 | 0.82 | 0.80 | 0.79 | 0.78 | 0.70 |
| (e) | 节点有侧移 | 固定支承 | 2.00 | 1.5 | 1.28 | 1.16 | 1.11 | 1.08 | 1.06 | 1.06 | 1.04 | 1.00 |
| (f) | | 铰接支承 | ∞ | 3.42 | 2.64 | 2.33 | 2.22 | 2.17 | 2.13 | 2.11 | 2.08 | 2.00 |

注：1. $K_1$——刚架横梁抗弯刚度，$K_1 = I_1/l$，$I_1$ 为横梁截面惯性矩；
  2. $K_2$——竖杆（受压杆）抗弯刚度，$K_2 = I_2/h$，$I_2$ 为竖杆截面惯性矩；
  3. 当横梁与竖杆铰接时取 $K_1/K_2 = 0$。

**2. 铰接支承、变截面受压构件的计算长度**

如图 2-1-22 所示，在对称载荷作用下，受压构件按 $I_{max}$ 计算稳定性，长度系数由表 2-1-28 确定，计算长度为：

$$l_c = \mu_2 h \tag{2-1-58}$$

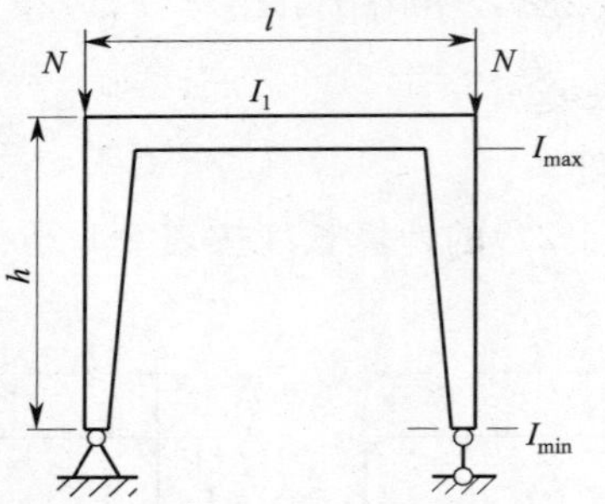

图 2-1-22  带变截面受压构件的刚架

表 2-1-28  刚架变截面柱的长度系数 $\mu_2$

| $\dfrac{I_{min}}{I_{max}}$ | $K$ | | | | | | | |
|---|---|---|---|---|---|---|---|---|
| | 0.1 | 0.2 | 0.3 | 0.5 | 0.75 | 1.0 | 2.0 | ≥10 |
| 0.01 | 5.03 | 4.33 | 4.10 | 3.89 | 3.77 | 3.74 | 3.70 | 3.65 |
| 0.05 | 4.90 | 3.98 | 3.65 | 3.39 | 3.25 | 3.19 | 3.10 | 3.05 |
| 0.10 | 4.66 | 3.82 | 3.48 | 3.19 | 3.04 | 2.98 | 2.94 | 2.75 |
| 0.15 | 4.61 | 3.75 | 3.37 | 3.10 | 2.93 | 2.85 | 2.72 | 2.65 |
| 0.20 | 4.59 | 3.67 | 3.30 | 3.00 | 2.84 | 2.75 | 2.63 | 2.55 |

注：$K = \dfrac{I_1}{l} \cdot \dfrac{h}{I_{max}}$；$I_1$——横梁截面惯性矩；$I_{min}$，$I_{max}$——柱截面的最小和最大惯性矩；$h$——柱高；$l$——横梁跨度。对折线形横梁的情况，取 $l$ 等于横梁沿折线的总长度。

**（四）变幅和起升钢丝绳对起重臂计算长度的影响**

该部分内容见本篇第八章。

#### 六、受压构件的局部稳定性

在轴心受压构件和压弯构件中,如果组成板件局部失稳将会加速构件的整体失稳,因此在设计中必须保证局部稳定性。

(一)箱形、工字形以及 T 形截面构件的局部稳定性

对于箱形、工字形以及 T 形截面构件保证组成板件局部不先于整体失稳的措施是限制其宽厚比。保证受压构件局部稳定性的允许宽厚比由表 2-1-29 确定。当不能满足要求时,可加纵向加劲肋(参见本章第五节)。

表 2-1-29 受压构件的允许宽厚比

| 项次 | 截面 | 轴心受压构件 | 压弯构件(弯矩作用于竖直平面) |
|---|---|---|---|
| 1 | | $\dfrac{b}{t}\left(\text{或}\dfrac{b_1}{t}\right)\leqslant(10+0.1\lambda)\sqrt{\dfrac{235}{\sigma_s}}$ | $\dfrac{b}{t}\left(\text{或}\dfrac{b_1}{t}\right)\leqslant 15\sqrt{\dfrac{235}{\sigma_s}}$ |
| 2 | | $\dfrac{b_1}{t_1}\left(\text{或}\dfrac{b}{t}\right)\leqslant(10+0.1\lambda)\sqrt{\dfrac{235}{\sigma_s}}$ | 当 $\alpha_0\leqslant 1$ 时 $\dfrac{b_1}{t_1}\left(\text{或}\dfrac{b}{t}\right)\leqslant 15\sqrt{\dfrac{235}{\sigma_s}}$ <br> 当 $\alpha_0>1$ 时 $\dfrac{b_1}{t_1}\left(\text{或}\dfrac{b}{t}\right)\leqslant 18\sqrt{\dfrac{235}{\sigma_s}}$ |
| 3 | | $\dfrac{h_0}{t_w}\leqslant(25+0.5\lambda)\sqrt{\dfrac{235}{\sigma_s}}$ | 当 $0\leqslant\alpha_0\leqslant 1.6$ 时 $h_0/t_w\leqslant(16\alpha_0+0.5\lambda+25)\sqrt{\dfrac{235}{\sigma_s}}$ <br> 当 $1.6<\alpha_0\leqslant 2$ 时 $h_0/t_w\leqslant(48\alpha_0+0.5\lambda-26.2)\sqrt{\dfrac{235}{\sigma_s}}$ |
| 4 | | $b/t$ 同项次 1 | $b/t$ 同项次 1 |
| 5 | | $\dfrac{b_0}{t}\leqslant 40\sqrt{\dfrac{235}{\sigma_s}}$ | $\dfrac{b_0}{t}\leqslant 40\sqrt{\dfrac{235}{\sigma_s}}$ |
| 6 | | $\dfrac{h_0}{t_w}\leqslant 40\sqrt{\dfrac{235}{\sigma_s}}$ | $h_0/t_w\leqslant 0.8\times$ 项次 3 右侧的值(当此值小于 40 $\sqrt{235/\sigma_s}$ 时,取 40 $\sqrt{235/\sigma_s}$) |
| 注 | | $\lambda$ 为两方向长细比的较大值。当 $\lambda<30$ 时,取 $\lambda=30$;当 $\lambda>100$ 时,取 $\lambda=100$ | ①$\lambda$ 为构件在弯矩作用平面内的长细比。当 $\lambda<30$ 时,取 $\lambda=30$;当 $\lambda>100$ 时,取 $\lambda=100$。<br>②$\alpha_0=(\sigma_{max}-\sigma_{min})/\sigma_{max}$。$\sigma_{max}$ 和 $\sigma_{min}$ 为腹板计算高度边缘的最大压应力和另一边缘的应力(压应力取正值,拉应力取负值),按构件强度公式计算 |

(二)圆柱壳的局部稳定性

受压或压弯联合作用的薄壁圆柱壳体,当壳体壁厚 $\delta$ 与壳体中面半径 $R$ 的比值:

$$\frac{\delta}{R}\leqslant 25\frac{\sigma_s}{E}$$

时必须计算其局部稳定性。

1. 圆柱壳体受轴压或压弯联合作用时的临界应力:

$$\sigma_{c,cr}=0.2\frac{E\delta}{R} \qquad (2\text{-}1\text{-}59)$$

式中 $\sigma_{c,cr}$——圆柱壳体受轴压或压弯联合作用时的临界应力(N/mm²);

$R$——圆柱壳体的中面半径(mm);

$\delta$——圆柱壳体的壁厚(mm)。

当按公式(2-1-59)算得的临界应力超过 $0.8\sigma_s$ 时，按下式折减：

$$\sigma_{cr}=\sigma_s\left(1-\frac{1}{1+6.25\ m^2}\right) \quad (2\text{-}1\text{-}60)$$

式中，$m=\dfrac{\sigma_{c,cr}}{\sigma_s}$。

2. 受轴压或压弯联合作用的薄壁圆柱壳体的局部稳定性按下式验算：

$$\frac{N}{A_j}+\frac{M}{W_j}\leqslant\frac{\sigma_{c,cr}}{n} \quad (2\text{-}1\text{-}61)$$

式中　$N$——轴向力(N)；
　　　$M$——弯矩(N·mm)；
　　　$A_j$——圆柱壳的净截面面积($\text{mm}^2$)；
　　　$W_j$——圆柱壳的净截面抗弯模量($\text{mm}^3$)；
　　　$\sigma_{c,cr}$——同式(2-1-59)，当 $\sigma_{c,cr}>0.8\sigma_s$ 时，按式(2-1-60)折减；
　　　$n$——安全系数，取与强度安全系数一致。

3. 圆柱壳两端应设置加劲环或设置有相应作用的结构件；当壳体长度大于 $10R$ 时，需设置中间加劲环。加劲环的间距不大于 $10R$，加劲环的截面惯性矩 $I_z$ 应满足下式的要求：

$$I_z\geqslant\frac{R\delta^3}{2}\sqrt{\frac{R}{\delta}} \quad (2\text{-}1\text{-}62)$$

式中　$I_z$——圆柱壳加劲环的截面惯性矩($\text{mm}^4$)。

## 第五节　受弯构件的计算

受弯构件包括实腹式(梁)和桁架式两种，本节指前者。

受弯构件应进行强度、刚度(见本章第一节)、侧向屈曲稳定性和局部稳定性计算。

### 一、受弯构件的强度计算

(一)正应力

1. 在一个主平面内受弯的梁，按下式计算正应力

$$\sigma=\frac{M}{W_j}\leqslant[\sigma] \quad (2\text{-}1\text{-}63)$$

式中　$M$——计算截面上的计算弯矩(N·mm)；
　　　$W_j$——净截面抗弯模量($\text{mm}^3$)；
　　　$[\sigma]$——材料的弯曲许用应力($\text{N/mm}^2$)。

2. 在两个主平面内受弯的梁，按下式计算正应力

$$\sigma=\frac{M_x}{W_{jx}}+\frac{M_y}{W_{jy}}\leqslant[\sigma] \quad (2\text{-}1\text{-}64)$$

式中　$M_x,M_y$——对 $x$ 轴和对 $y$ 轴的计算弯矩(N·mm)；
　　　$W_{jx},W_{jy}$——对 $x$ 轴和对 $y$ 轴的净截面抗弯模量($\text{mm}^3$)。

(二)剪应力

梁的剪应力按下式计算：

$$\tau=\frac{QS}{I\delta}\leqslant[\tau] \quad (2\text{-}1\text{-}65)$$

式中　$Q$——计算截面上的计算剪力(N)；
　　　$I$——截面惯性矩($\text{mm}^4$)；

$S$——计算剪应力处以上截面对中性轴的静面矩($mm^3$);

$\delta$——腹板厚度(mm);

$[\tau]$——材料抗剪许用应力($N/mm^2$)。

(三)局部压应力

由集中载荷(轮压)产生的局部压应力按下式计算:

$$\sigma_m = \frac{P}{\delta c} \leqslant [\sigma] \qquad (2\text{-}1\text{-}66)$$

式中 $P$——集中载荷(N);

$\delta$——板厚;

$c$——集中载荷分布长度(mm),可按下式计算:

$$c = a + 2h_y \qquad (2\text{-}1\text{-}67)$$

其中 $a$——集中载荷作用长度,对滑块取滑块长度,对车轮取 $a=50mm$;

$h_y$——自构件顶面(无轨时)或轨顶(有轨时)至板计算高度上边缘的距离(mm)。

(四)约束弯曲应力

工字梁由于翼缘宽度受局部稳定性条件的控制一般较窄,不考虑约束弯曲应力。

箱形截面梁(特别是偏轨梁)的翼缘宽度较大,应该计算约束弯曲正应力。在翼缘板上腹板处(箱形截面的角点)约束弯曲正应力最大,应将此正应力与自由弯曲正应力叠加;约束弯曲剪应力不予计算。

约束弯曲正应力将在梁的刚性固定支承、弹性支承和外载荷作用截面上产生。在起重机结构中,实际上并不存在对截面翘曲起刚性固定作用的支承,因此不予考虑。弹性支承是指对截面的翘曲有部分约束的支承,梁的非端部支承即属此类。梁的端部支承属于自由支承,对截面翘曲无约束作用,该处约束弯曲应力为零。弹性支承对梁的约束弯曲来说,其效果与外载荷相当。

1. 跨中截面角点的约束弯曲正应力 $\sigma_\varphi$

$$\sigma_\varphi = \varphi_0 \sigma_w \qquad (2\text{-}1\text{-}68)$$

式中 $\sigma_\varphi$——跨中截面角点由外载荷引起的最大约束弯曲正应力($N/mm^2$);

$\sigma_w$——跨中截面翼缘板处的自由弯曲正应力($N/mm^2$);

$\varphi_0$——跨中的约束弯曲过应力系数,由下式确定:

$$\varphi_0 = 0.805 \frac{m}{k} \cdot \frac{(nk^3+7)}{\sqrt{(nk^3+3)(10nk+14)}} \qquad (2\text{-}1\text{-}69)$$

或

$$\varphi_0 \approx 0.875 \frac{b}{l} \qquad (2\text{-}1\text{-}70)$$

其中 $k, m, n$——梁尺寸比:

$$k = \frac{h}{b}$$

$$m = \frac{h}{l}$$

$$n = \frac{\delta_2}{\delta_3}$$

其中 $\delta_2, \delta_3, b, h$——分别为角点处腹板厚、翼缘板厚、腹板中心间和翼缘板中心间的距离,

$l$——梁的跨度 $L$ 之半。

2. 非端部支承截面角点的约束弯曲正应力

$$\sigma_\varphi = \varphi_1 \sigma_w \qquad (2\text{-}1\text{-}71)$$

式中 $\varphi_1$——非端部支承约束弯曲过应力系数。

约束弯曲应力是由剪应变产生截面翘曲受到限制而产生的(由剪力滞后引起),带悬臂梁(如带

悬臂的门式起重机主梁)的支承处的约束弯曲过应力系数:

$$\varphi_1 = \frac{L+l_0}{L}\varphi_0 \tag{2-1-72}$$

式中　$L$——跨度;
　　　$l_0$——有效悬臂长度。

(五)约束扭转应力

约束扭转应力见本章第六节。

(六)复合应力

当构件的同一计算截面的同一点上有正应力 $\sigma$(由拉压应力、自由弯曲应力、约束弯曲应力和约束扭转应力叠加)、剪应力 $\tau$ 和局部压应力 $\sigma_m$ 时,还应按下式验算复合应力:

$$\sqrt{\sigma^2+\sigma_m^2-\sigma\sigma_m+3\tau^2} \leqslant [\sigma] \tag{2-1-73}$$

式中 $\sigma$ 和 $\sigma_m$ 应带各自的正负号。

(七)变截面受弯构件的折算惯性矩

在起重机的金属结构设计中,经常遇到变截面受弯构件,其中以箱形变截面受弯构件最为普遍。含变截面构件的结构系统,其刚度计算以及超静定结构的内力计算比较复杂,若用等效的等截面构件代替原变截面构件计算则十分方便,该等效等截面构件的截面惯性矩即为其折算惯性矩。

变截面构件实际惯性矩较大的一端称为大端,惯性矩较小的一端称为小端,其惯性矩分别为 $I_{max}$ 和 $I_{min}$。折算惯性矩应介于 $I_{max}$ 和 $I_{min}$ 之间。

在弯曲计算、扭转计算和稳定性计算中有各自的折算惯性矩。在弯、扭联合作用的空间分析中,对同一构件的弯曲分析和扭转分析应采用各自的折算惯性矩。在同一构件的弯曲分析中,相应于两个方向的折算惯性矩也应分别计算。在同一构件同一方向的弯曲分析中,对应于不同的支承方式和载荷形式也有不同的折算惯性矩。唯其如此,才能真正满足"等效"的要求。

以具有折算惯性矩的等截面构件代替结构系统中的变截面构件所计算出来的位移和内力分布是真实的(有一定的近似),但在计算构件截面的应力时,仍应按原变截面构件的实际截面计算。

1. 箱形变截面受弯构件惯性矩变化规律的近似表达

箱形变截面构件可归结为三种类型(图 2-1-23):

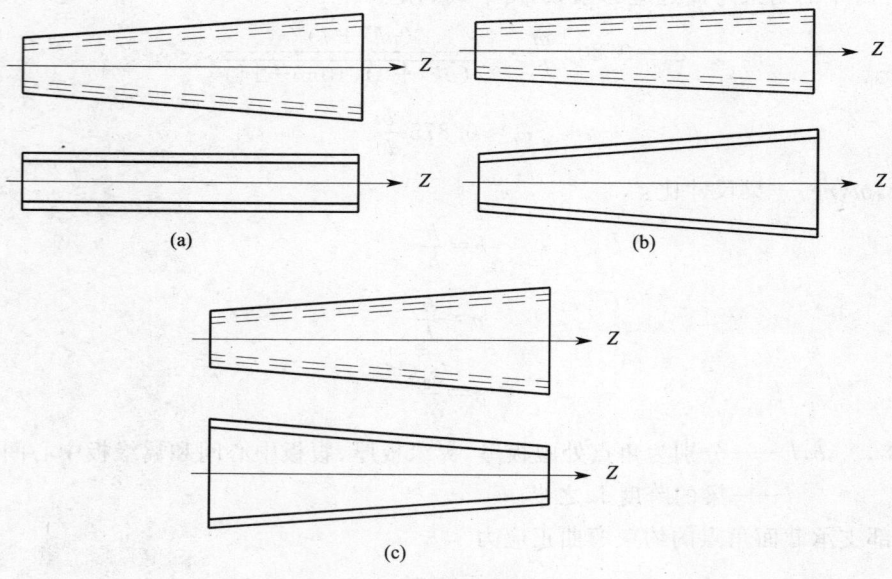

图 2-1-23　箱形变截面构件的类型

(1)截面的一个方向尺寸保持不变,另一方向的尺寸沿 $Z$ 轴线性变化(图 2-1-23a);

(2) 截面的两个方向的尺寸均沿 Z 轴线性增大(图 2-1-23b);
(3) 截面的一个方向尺寸沿 Z 轴线性增大,另一方向的尺寸则沿 Z 轴线性减小(图 2-1-23c)。

对上述三种类型的变截面构件,其惯性矩沿 Z 轴的变化规律可用一个统一的表达式近似描述,保证构件两个端截面和中央截面均与实际惯性矩一致,其他截面则是近似的:

$$I(Z) = \left(1 + \frac{Z}{Z_0}\right)^m I_{\min} \tag{2-1-74}$$

式中 $I(Z)$——对应于坐标 $Z$ 的截面惯性矩($mm^4$);

$Z_0$——按截面惯性矩的变化规律延伸至 $I=0$ 的截面位置($m$ 次曲线通过的原点)到小端截面的距离,在确定折算惯性矩的过程中,实际上并不需要求 $Z_0$ 的具体数值;

$m$——惯性矩变化指数,不必为整数,由下式确定:

$$m = \frac{\lg k}{\lg(u-1)} \tag{2-1-75}$$

其中

$$u = 4.018\left(\sqrt[n-1]{\frac{2}{n}} - 0.5\right) \tag{2-1-76}$$

$$n = \frac{\lg k}{\lg k'} > 1 \tag{2-1-77}$$

$$k = \frac{I_{\max}}{I_{\min}} \tag{2-1-78}$$

$$k' = \frac{I_{\mathrm{md}}}{I_{\min}} \tag{2-1-79}$$

其中 $I_{\min}, I_{\max}, I_{\mathrm{md}}$——构件小端、大端和中央截面的实际惯性矩($mm^4$)。

表达式(2-1-74)所描述的截面变化规律有足够的精度。

2. 折算惯性矩

对不同情况的折算惯性矩和折算系数的符号用脚标加以区分:X 代表横向力或线位移;M 代表弯矩或角位移;第二个脚标代表外载荷(横向力或弯矩);第一个脚标代表在该外载荷作用下按何种位移(线位移或角位移)等效;在第一个脚标前的"－"号代表构件的小端固定,无"－"的则为构件的大端固定。

基本的折算情况和折算惯性矩的计算公式为:

小端作用横向力,按线位移($\Delta$)等效:

$$I_{\mathrm{X \cdot X}} = C_{\mathrm{X \cdot X}} I_{\min} \tag{2-1-80}$$

小端作用横向力,按角位移($\theta$)等效,或者小端作用弯矩,按线位移($\Delta$)等效:

$$I_{\mathrm{M \cdot X}} = I_{\mathrm{X \cdot M}} = C_{\mathrm{M \cdot X}} I_{\min} = C_{\mathrm{X \cdot M}} I_{\min} \tag{2-1-81}$$

小端作用弯矩,按角位移($\theta$)等效:

$$I_{\mathrm{M \cdot M}} = C_{\mathrm{M \cdot M}} I_{\min} \tag{2-1-82}$$

大端作用横向力,按线位移($\Delta$)等效:

$$I_{-\mathrm{X \cdot X}} = C_{-\mathrm{X \cdot X}} I_{\min} \tag{2-1-83}$$

大端作用横向力,按角位移($\theta$)等效,或者大端作用弯矩,按线位移等效:

$$I_{-\mathrm{M \cdot X}} = I_{-\mathrm{X \cdot M}} = C_{-\mathrm{M \cdot X}} I_{\min} = C_{-\mathrm{X \cdot M}} I_{\min} \tag{2-1-84}$$

式中带脚标的 $I$ 为折算惯性矩;带脚标的 $C$ 为折算系数;$I_{\min}$ 为小端的实际惯性矩。折算系数可由表 2-1-30 查用(表中 $k = I_{\max}/I_{\min}$,$I_{\max}$ 为大端的实际惯性矩),各系数的应用场合举例见该表中附注及图 2-1-24、图 2-1-25,也可由表 2-1-31 的近似公式(有足够的精度)来计算。

3. 用图乘法求位移时遇到梯形弯矩图时折算公式的应用

在用位移一般公式计算位移时,应对不同的情况采用相应的折算惯性矩。在图乘法中反映为,要求在表 2-1-30 中所选折算公式的适用弯矩图与实际结构要图乘的弯矩图图形相一致,特别要注意三角形弯矩图与变截面构件的大、小端对应,$C_{\mathrm{X \cdot X}}$ 与 $C_{-\mathrm{X \cdot X}}$ 不能混用;$C_{\mathrm{X \cdot M}}$ 与 $C_{-\mathrm{X \cdot M}}$ 不能混用。

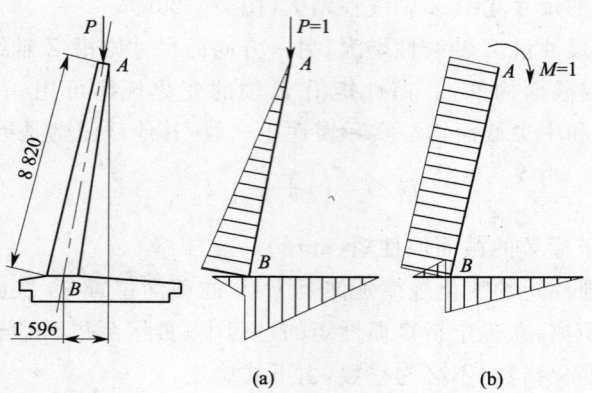

图 2-1-24　L形门式起重机支腿（mm）

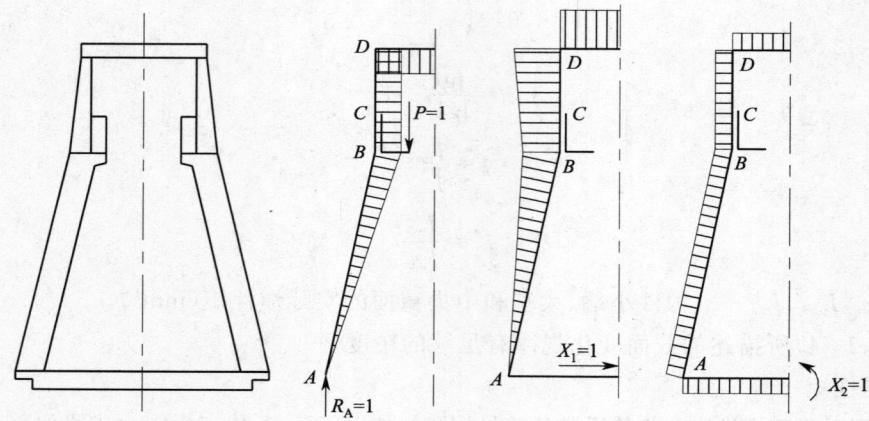

图 2-1-25　双梁门式起重机支承架

计算结构系统的位移时会遇到梯形弯矩图，而在表 2-1-30 中并无与梯形弯矩图对应的折算公式。对此，只需将梯形划分为一个三角形和一个矩形弯矩图即可应用表 2-1-30、表 2-1-31 中的折算系数的公式，如图 2-1-26 所示。选择折算系数公式时需注意三角形的尖端（$E$ 点）所对应的是大端还是小端。在两个梯形图乘时（图 2-1-27a、b），需注意的是所划分出来的两个三角形的尖端（$E$、$H$）应在同一端，如图 2-1-27b 中，为达到上述要求，梯形 $ABFH$ 需视作矩形 $ABGH$ 与三角形 $HFG$ 之差。

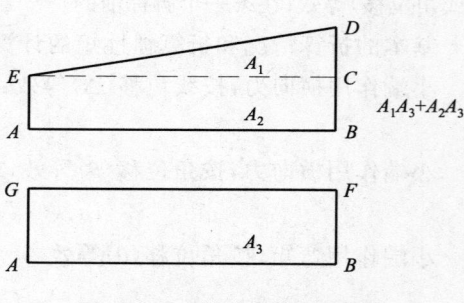

图 2-1-26　梯形弯矩图的图乘

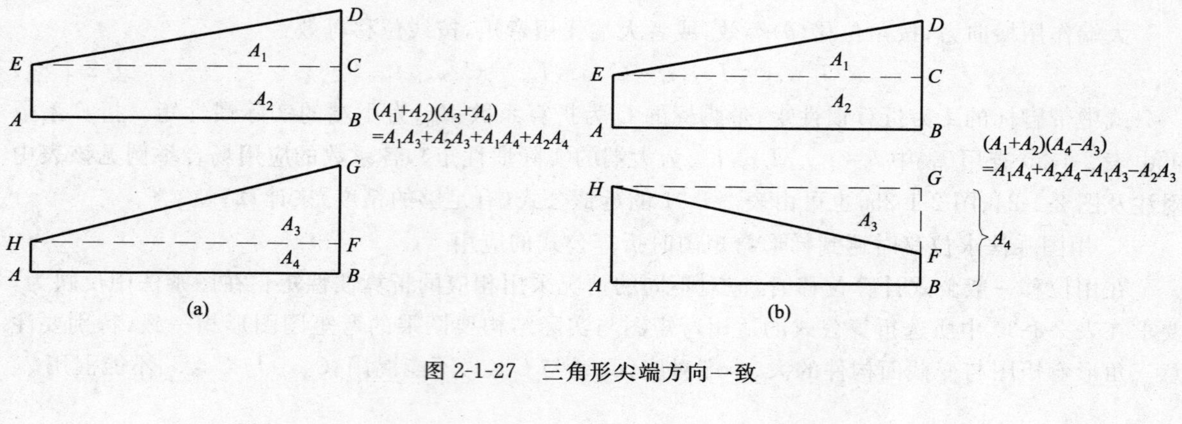

图 2-1-27　三角形尖端方向一致

表 2-1-30 几种基本折算情况下的折算系数

| 简 图 | 求位移时的弯矩图 | $m$ | 折 算 系 数 | | 应用场合举例 |
|---|---|---|---|---|---|
| 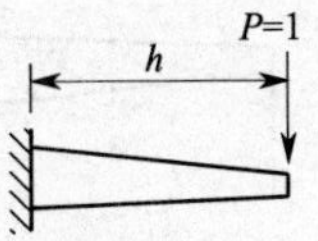 (一) $P=1$, $h$ | 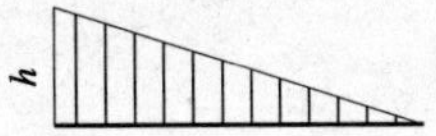 (三角形,底 $h$) | 1 | $C_{\text{X·X}}$ | $2(k-1)^3 / \{3[(k-1)(k-3)+2\ln k]\}$ | 图 2-1-24a 中 $AB$ 段,求 $A$ 点线位移 |
| 按 $\Delta$ 等效 | | 2 | | $(\sqrt{k}-1)^2 / \left\{3\left(1+\dfrac{1}{\sqrt{k}}-\dfrac{2}{\sqrt{k}-1}\ln\sqrt{k}\right)\right\}$ | |
| | | 3 | | $(\sqrt[3]{k}-1)^3 / \left\{3\left(\ln\sqrt[3]{k}+\dfrac{2}{\sqrt[3]{k}}-\dfrac{1}{2}-\dfrac{3}{2\sqrt[3]{k^2}}\right)\right\}$ | |
| | | $m$ 为 1,2,3 以外的任意值 | | $\dfrac{(\sqrt[m]{k}-1)^3}{3\left[\dfrac{k^{\frac{3-m}{m}}}{3-m}-\dfrac{2k^{\frac{2-m}{m}}}{2-m}+\dfrac{k^{\frac{1-m}{m}}}{1-m}-\dfrac{2}{(3-m)(2-m)(1-m)}\right]}$ | |
| 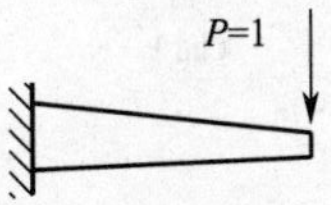 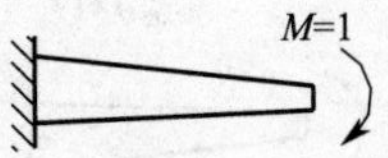 (二) $P=1$ | 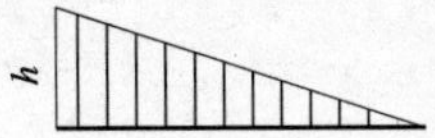 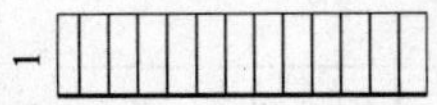 (三角形) | 1 | $C_{\text{M·X}}$ 或 $C_{\text{X·M}}$ | $(k-1)^2 / [2(k-1-\ln k)]$ | 图 2-1-24a 中 $AB$ 段,求 $A$ 点角位移;或图 2-1-24b 中 $AB$ 段,求 $A$ 点线位移 |
| 按 $\theta$ 等效 | | 2 | | $(\sqrt{k}-1)^2 / \left\{2\left(\ln\sqrt{k}+\dfrac{1}{\sqrt{k}}-1\right)\right\}$ | |
| $M=1$ 按 $\Delta$ 等效 | (矩形) | 特例:3 | | $(\sqrt[3]{k}-1)^2 / \left(\dfrac{1}{\sqrt[3]{k^2}}-\dfrac{2}{\sqrt[3]{k}}+1\right)$ | |

续上表

| 简 图 | 求位移时的弯矩图 | $m$ | | 折 算 系 数 | 应用场合举例 |
|---|---|---|---|---|---|
| (三) $M=1$ 按 $\theta$ 等效 | I | 1 | $C_{-\mathrm{M}\cdot\mathrm{M}}$ | $(k-1)/\ln k$ | 图 2-1-24b 中 $AB$ 段，求 $A$ 点角位移。图 2-1-25 中 $AB$ 段求 $\delta_{22}$，$BC$ 段求 $\Delta_{2p}$、$\delta_{22}$ |
| | | $m$ 为 1 以外的任意值 | | $(1-m)(\sqrt[m]{k}-1)/(k_m^{\frac{1-m}{m}}-1)$ | |
| | | 特例：2 | | $\sqrt{k}$ | |
| | | 特例：3 | | $2(\sqrt[3]{k^2}-k)/(1-\sqrt[3]{k^2})$ | |
| (四) $P=1$ 按 $\Delta$ 等效 | $h$ | 1 | $C_{-\mathrm{x}\cdot\mathrm{x}}$ | $(k-1)^3 / \left\{ 3\left[ k^2(\ln k - \dfrac{3}{2}) + 2k - \dfrac{1}{2} \right] \right\}$ | 图 2-1-25 中 $BC$ 段求 $\delta_{11}$ |
| | | 2 | | $(\sqrt{k}-1)^3 / \left[ 3(k-1-2\sqrt{k}\ln\sqrt{k}) \right]$ | |
| | | 3 | | $(\sqrt[3]{k}-1)^3 / \left\{ 3\left( \dfrac{3}{2} + \dfrac{\sqrt[3]{k^2}}{2} - 2\sqrt[3]{k} + \ln\sqrt[3]{k} \right) \right\}$ | |
| | | $m$ 为 1,2,3 以外的任意值 | | $(\sqrt[m]{k}-1)^3 / \left\{ 3\left[ 2k^{\frac{3-m}{m}} - k_m^{\frac{2}{m}}(m^2-5m+6) + 2k_m^{\frac{1}{m}}(m^2-4m+3) - (m^2-3m+2) \right] \right\}$ | |
| (五) $P=1$ 按 $\Delta$ 等效 | $h$ | 1 | $C_{-\mathrm{M}\cdot\mathrm{x}}$ 或 $C_{-\mathrm{x}\cdot\mathrm{M}}$ | $(k-1)^2 / \left\{ 2\left[ k(\ln k - 1) + 1 \right] \right\}$ | 图 2-1-25 中 $BC$ 段求 $\Delta_{1p}$ 及 $\delta_{12}$ $=\delta_{21}$ |
| | | 2 | | $(\sqrt{k}-1)^2 / \left[ 2(\sqrt{k}-1-\ln\sqrt{k}) \right]$ | |
| (五) $M=1$ 按 $\theta$ 等效 | I | $m$ 为 1,2 以外的任意值 | | $(\sqrt[m]{k}-1)^2 / \left\{ 2\left[ \dfrac{k^{\frac{2-m}{m}}}{(1-m)(2-m)} - \dfrac{k_m^{\frac{1}{m}}}{1-m} + \dfrac{1}{(2-m)} \right] \right\}$ | |
| | | 特例：3 | | $(\sqrt[3]{k}-1)^2 / \left( \dfrac{1}{\sqrt[3]{k}} - \sqrt[3]{k} - 2 \right)$ | |

表 2-1-31  各种折算系数的近似公式

| 序号 | $m$ 值 | $C$ | 折算系数 $k:1\sim5$ | $k:5\sim10$ | $k:10\sim20$ | $k:20\sim40$ |
|---|---|---|---|---|---|---|
| （一） | 1 | $C_{X \cdot X}$ | $0.3+0.7k$ | $0.41+0.678k$ | $0.48+0.671k$ | $0.54+0.668k$ |
|  | 1.5 |  | $0.35+0.65k$ | $0.6+0.6k$ | $1.03+0.557k$ | $1.33+0.542k$ |
|  | 2 |  | $0.37+0.63k$ | $0.84+0.536k$ | $1.26+0.494k$ | $1.96+0.459k$ |
|  | 2.5 |  | $0.39+0.61k$ | $0.91+0.506k$ | $1.46+0.451k$ | $2.38+0.405k$ |
|  | 3 |  | $0.4+0.6k$ | $1+0.48k$ | $1.6+0.42k$ | $2.6+0.37k$ |
| （二） | 1 | $C_{M \cdot X}$ 或 $C_{X \cdot M}$ | $0.41+0.59k$ | $0.67+0.538k$ | $0.82+0.523k$ | $1.02+0.513k$ |
|  | 1.5 |  | $0.46+0.54k$ | $0.96+0.44k$ | $1.36+0.4k$ | $2.02+0.367k$ |
|  | 2 |  | $0.49+0.51k$ | $1.08+0.392k$ | $1.64+0.336k$ | $2.58+0.289k$ |
|  | 2.5 |  | $0.5+0.5k$ | $1.2+0.36k$ | $1.8+0.3k$ | $2.94+0.243k$ |
|  | 3 |  | $0.52+0.48k$ | $1.22+0.34k$ | $1.87+0.275k$ | $3.05+0.216k$ |
| （三） | 1 | $C_{M \cdot M}$ | $0.63+0.37k$ | $1.05+0.286k$ | $1.48+0.243k$ | $2.1+0.212k$ |
|  | 1.5 |  | $0.67+0.33k$ | $1.25+0.215k$ | $1.76+0.164k$ | $2.52+0.126k$ |
|  | 2 |  | $0.69+0.31k$ | $1.32+0.184k$ | $1.85+0.131k$ | $2.61+0.093k$ |
|  | 2.5 |  | $0.7+0.3k$ | $1.37+0.166k$ | $1.9+0.113k$ | $2.64+0.076k$ |
|  | 3 |  | $0.71+0.29k$ | $1.38+0.157k$ | $1.93+0.102k$ | $2.65+0.066k$ |
| （四） | 1 | $C_{-X \cdot X}$ | $0.81+0.19k$ | $1.08+0.136k$ | $1.3+0.114k$ | $1.64+0.097k$ |
|  | 1.5 |  | $0.85+0.15k$ | $1.1+0.1k$ | $1.4+0.07k$ | $1.76+0.052k$ |
|  | 2 |  | $0.86+0.14k$ | $1.16+0.08k$ | $1.43+0.053k$ | $1.77+0.036k$ |
|  | 2.5 |  | $0.865+0.135k$ | $1.2+0.068k$ | $1.44+0.044k$ | $1.72+0.03k$ |
|  | 3 |  | $0.87+0.13k$ | $1.2+0.064k$ | $1.45+0.039k$ | $1.74+0.0245k$ |
| （五） | 1 | $C_{-M \cdot X}$ 或 $C_{-X \cdot M}$ | $0.755+0.245k$ | $1.07+0.182k$ | $1.37+0.152k$ | $1.81+0.13k$ |
|  | 1.5 |  | $0.79+0.21k$ | $1.19+0.13k$ | $1.53+0.096k$ | $2.02+0.0715k$ |
|  | 2 |  | $0.807+0.193k$ | $1.23+0.108k$ | $1.57+0.074k$ | $2.03+0.051k$ |
|  | 2.5 |  | $0.817+0.183k$ | $1.25+0.096k$ | $1.58+0.063k$ | $2.02+0.041k$ |
|  | 3 |  | $0.822+0.178k$ | $1.27+0.088k$ | $1.59+0.056k$ | $2+0.0353k$ |

实际上，五种基本折算情况也可以精简为三种，其中 $C_{-X \cdot X}$ 和 $C_{-X \cdot M}(=C_{-M \cdot X})$ 也可以利用上述方法用 $C_{X \cdot X}$ 及 $C_{X \cdot M}$ 代替。如图 2-1-28 所示，如 $A$ 点对应于变截面构件的小端，三角形 $ABC$ 与三角形 $ABD$ 图乘应采用 $C_{-X \cdot X}$ 来计算折算惯性矩；若把它们视作矩形与三角形面积之差，则对三角形 $ACE$ 和 $ADF$ 就可采用 $C_{X \cdot X}$。但直接应用 $C_{-X \cdot X}$ 和 $C_{-X \cdot M}$ 更方便。

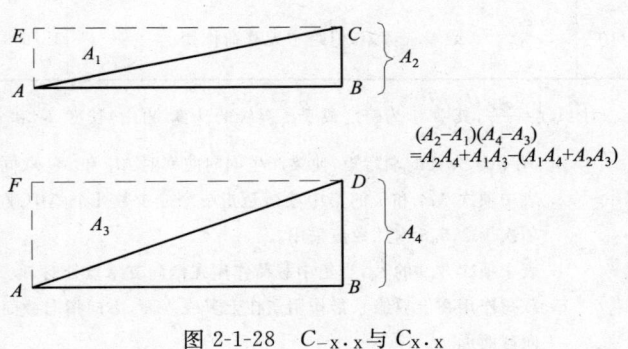

图 2-1-28  $C_{-X \cdot X}$ 与 $C_{X \cdot X}$

### 二、受弯构件的整体稳定性

受弯构件的整体稳定性，是指其抗侧向整体弯扭屈曲的稳定性。

（一）凡符合下列情况之一的受弯构件，不必验算其整体稳定性

1. 有刚性较强的走台和铺板与受弯构件的受压翼缘牢固相连，能阻止受压翼缘侧向位移时。

2. 箱形截面受弯构件的截面高度 $h$ 与两腹板外侧之间的翼缘板宽度 $b$ 的比值 $h/b \leqslant 3$ 时，或构件截面足以保证其侧向刚度（如为空间桁架）时。

3. 两端简支且端部支承不能扭转的等截面轧制 H 形钢、工字形钢或焊接工字形截面的受弯构件，其受压翼缘的侧向支承间距 $l$（无侧向支承点者，则为构件的跨距）与其受压翼缘的宽度 $b$ 之比满足以下条件：

（1）无侧向支承且载荷作用在受压翼缘上时，$l/b \leqslant 13\sqrt{235/\sigma_s}$；

(2)无侧向支承且载荷作用在受拉翼缘上时,$l/b \leqslant 20\sqrt{235/\sigma_s}$;

(3)跨中受压翼缘有侧向支承时,$l/b \leqslant 16\sqrt{235/\sigma_s}$。

(二)不符合上述情况的受弯构件的整体稳定性按以下方法计算

1. 在最大刚度平面内受弯的构件,按下式计算:

$$\frac{M_x}{\varphi_b W_x} \leqslant [\sigma] \tag{2-1-85}$$

式中 $M_x$——绕构件强轴($x$轴)作用的最大弯矩(N·mm);
$W_x$——按构件受压最大纤维确定的毛截面抗弯模量(mm³);
$\varphi_b$——绕构件强轴弯曲所确定的受弯构件侧向屈曲稳定系数,按式(2-1-87)~式(2-1-89)及表 2-1-33、表 2-1-34 确定。

**表 2-1-32　H 型钢和等截面工字形简支梁的整体稳定等效临界弯矩系数 $\beta_b$**

| 项次 | 侧向支承 | 载荷 | | $\xi \leqslant 2.0$ | $\xi > 2.0$ | 适用范围 |
|---|---|---|---|---|---|---|
| 1 | 跨中无侧向支承 | 均布载荷作用在 | 上翼缘 | $0.69+0.13\xi$ | 0.95 | 双轴对称焊接工字形截面、加强受压翼缘的单轴对称焊接工字形截面、轧制 H 型钢截面 |
| 2 | | | 下翼缘 | $1.73-0.20\xi$ | 1.33 | |
| 3 | | 集中载荷作用在 | 上翼缘 | $0.73+0.18\xi$ | 1.09 | |
| 4 | | | 下翼缘 | $2.23-0.28\xi$ | 1.67 | |
| 5 | 跨度中点有一个侧向支承点 | 均布载荷作用在 | 上翼缘 | 1.15 | | 双轴对称焊接工字形截面、加强受压翼缘的单轴对称焊接工字形截面、加强受拉翼缘的单轴对称焊接工字形截面、轧制 H 型钢截面 |
| 6 | | | 下翼缘 | 1.40 | | |
| 7 | | 集中载荷作用在截面高度上任意位置 | | 1.75 | | |
| 8 | 跨中有不少于两个等距离侧向支承点 | 任意载荷作用在 | 上翼缘 | 1.20 | | |
| 9 | | | 下翼缘 | 1.40 | | |
| 10 | 梁端有弯矩,但跨中无载荷作用 | | | $1.75-1.05\left(\dfrac{M_2}{M_1}\right)+0.3\left(\dfrac{M_2}{M_1}\right)^2$,但 $\leqslant 2.3$ | | |

注:1. $\xi = \dfrac{tl_1}{b_1 h}$,其中 $l_1$ 为跨度或受压翼缘的计算(自由)长度,$b_1$ 和 $t$ 为受压翼缘的宽度和厚度。

2. $M_1$、$M_2$ 为梁的端弯矩,使梁产生同向曲率时 $M_1$ 和 $M_2$ 取同号,产生反向曲率时取异号,$|M_1| \geqslant |M_2|$。

3. 表中项次 3、4 和 7 的集中载荷是指一个或少数几个集中载荷位于跨中附近的情况,对其他情况的集中载荷,应按表中项次 1、2、5、6 内的数值采用。

4. 表中项次 8、9 的 $\beta_b$,当集中载荷作用在侧向支承点处时,取 $\beta_b = 1.20$。

5. 载荷作用在上翼缘系指作用点在上翼缘表面,方向指向截面形心;载荷作用在下翼缘,系指作用在下翼缘表面,方向背向截面形心。

6. $I_1$ 和 $I_2$ 分别为工字形截面受压翼缘和受拉翼缘对 $y$ 轴的惯性矩,对 $m = \dfrac{I_1}{I_1+I_2} > 0.8$ 的加强受压翼缘工字形截面,下列项次算出的 $\beta_b$ 值应乘以相应的系数:

项次 1:当 $\xi \leqslant 1.0$ 时,乘以 0.95;

项次 3:当 $\xi \leqslant 0.5$ 时,乘以 0.9;当 $0.5 < \xi \leqslant 1.0$ 时,乘以 0.95。

2. 在两个互相垂直的平面内都受弯的轧制 H 形钢或焊接工字形截面构件,按下式计算:

$$\frac{M_x}{\varphi_b W_x} + \frac{M_y}{W_y} \leqslant [\sigma] \tag{2-1-86}$$

式中 $M_x, M_y$——构件计算截面对强轴($x$轴)和对弱轴($y$轴)的最大弯矩(N·mm);
$W_x, W_y$——构件计算截面对强轴($x$轴)和对弱轴($y$轴)的毛截面抗弯模量(mm³)。

3. 受弯构件侧向屈曲稳定系数(整体稳定系数)$\varphi_b$:

(1)承受端弯矩和横向载荷时的等截面焊接工字形组合截面和轧制 H 形钢构件简支梁的侧向

屈曲稳定系数 $\varphi_b$ 按下式计算：

$$\varphi_b = \beta_b \frac{4\,320}{\lambda_y^2} \frac{Ah}{W_x} \left[ k(2m-1) + \sqrt{1+\left(\frac{\lambda_y t}{4.4h}\right)^2} \right] \frac{235}{\sigma_s} \quad (2\text{-}1\text{-}87)$$

式中 $\beta_b$——简支梁受横向载荷的等效临界弯矩系数，见表 2-1-32；
$\lambda_y$——受弯构件（梁）对弱轴（$y$ 轴）的长细比；
$A$——构件毛截面面积（$mm^2$）；
$h$——构件截面的全高（mm）；
$W_x$——按受压最大纤维确定的截面对强轴（$x$ 轴）的抗弯模量（$mm^3$）；
$k$——截面对称系数，对双轴对称截面取为 1，对单轴对称截面取为 0.8；
$m$——受压翼缘对弱轴（$y$ 轴）的惯性矩与全截面对弱轴（$y$ 轴）的惯性矩之比，双轴对称取为 0.5；
$t$——构件截面的受压翼缘厚度（mm）；
$\sigma_s$——钢材屈服点（$N/mm^2$）。

（2）轧制普通工字钢，两端简支的受弯构件，其 $\varphi_b$ 值查表 2-1-33。

当算出或查出的 $\varphi_b$ 值大于 0.8 时，用按下式算出的或从表 2-1-34 中查取的修正值 $\varphi_b'$ 代替 $\varphi_b$。

$$\varphi_b' = \frac{\varphi_b^2}{\varphi_b^2 + 0.16} \quad (2\text{-}1\text{-}88)$$

式中 $\varphi_b'$——轧制普通工字钢，两端简支的受弯构件侧向屈曲稳定系数的修正值；
$\varphi_b$——轧制普通工字钢，两端简支的受弯构件侧向屈曲稳定系数。

表 2-1-33 轧制普通工字钢，两端简支梁构件的 $\varphi_b$ 值

| 载荷情况 | | | 工字钢型号 | 自由长度 $l/m$ | | | | | | | | |
|---|---|---|---|---|---|---|---|---|---|---|---|---|
| | | | | 2 | 3 | 4 | 5 | 6 | 7 | 8 | 9 | 10 |
| 跨中无侧向支承点的构件 | 集中载荷作用于 | 上翼缘 | 10~20 | 2.00 | 1.30 | 0.99 | 0.80 | 0.68 | 0.58 | 0.53 | 0.48 | 0.43 |
| | | | 22~32 | 2.40 | 1.48 | 1.09 | 0.86 | 0.72 | 0.62 | 0.54 | 0.49 | 0.45 |
| | | | 36~63 | 2.80 | 1.60 | 1.07 | 0.83 | 0.68 | 0.56 | 0.50 | 0.45 | 0.40 |
| | | 下翼缘 | 10~20 | 3.10 | 1.95 | 1.34 | 1.01 | 0.82 | 0.69 | 0.63 | 0.57 | 0.52 |
| | | | 22~40 | 5.50 | 2.80 | 1.84 | 1.37 | 1.07 | 0.86 | 0.73 | 0.64 | 0.56 |
| | | | 45~63 | 7.30 | 3.60 | 2.30 | 1.62 | 1.20 | 0.96 | 0.80 | 0.69 | 0.60 |
| | 均布载荷作用于 | 上翼缘 | 10~20 | 1.70 | 1.12 | 0.84 | 0.68 | 0.57 | 0.50 | 0.45 | 0.41 | 0.37 |
| | | | 22~40 | 2.10 | 1.30 | 0.93 | 0.73 | 0.60 | 0.51 | 0.45 | 0.40 | 0.36 |
| | | | 45~63 | 2.60 | 1.45 | 0.97 | 0.73 | 0.59 | 0.50 | 0.44 | 0.38 | 0.35 |
| | | 下翼缘 | 10~20 | 2.50 | 1.55 | 1.08 | 0.83 | 0.68 | 0.56 | 0.52 | 0.47 | 0.42 |
| | | | 22~40 | 4.00 | 2.20 | 1.45 | 1.10 | 0.85 | 0.70 | 0.60 | 0.52 | 0.46 |
| | | | 45~63 | 5.60 | 2.80 | 1.80 | 1.25 | 0.95 | 0.78 | 0.65 | 0.55 | 0.49 |
| 跨中有侧向支承点的构件（不论载荷作用点在截面高度上的位置） | | | 10~20 | 2.20 | 1.39 | 1.01 | 0.79 | 0.66 | 0.57 | 0.52 | 0.47 | 0.42 |
| | | | 22~40 | 3.00 | 1.80 | 1.24 | 0.96 | 0.76 | 0.65 | 0.56 | 0.49 | 0.43 |
| | | | 45~63 | 4.00 | 2.20 | 1.38 | 1.01 | 0.80 | 0.66 | 0.56 | 0.49 | 0.43 |

注：1. 集中载荷指一个或少数几个集中载荷位于跨中附近的情况，对其他情况的载荷均按均布载荷考虑。
2. 载荷作用在上翼缘系指作用点在翼缘表面，方向指向截面形心；载荷作用在下翼缘也系指作用在翼缘表面，方向背向截面形心。
3. $\varphi_b$ 适用于 Q235 号钢，当用其他钢号时，查得 $\varphi_b$ 应乘以 $235/\sigma_s$。
4. $\varphi_b$ 不小于 2.5 时不需要验算其侧向屈曲稳定性；表中大于 2.5 的 $\varphi_b$ 值，为其他钢号换算备用。

表 2-1-34 稳定系数 $\varphi_b$ 的修正值 $\varphi_b'$

| $\varphi_b$ | 0.80 | 0.85 | 0.90 | 0.95 | 1.00 | 1.05 | 1.10 | 1.15 | 1.20 | 1.25 | 1.30 |
|---|---|---|---|---|---|---|---|---|---|---|---|
| $\varphi_b'$ | 0.800 | 0.818 | 0.835 | 0.850 | 0.862 | 0.874 | 0.883 | 0.892 | 0.901 | 0.908 | 0.913 |
| $\varphi_b$ | 1.35 | 1.40 | 1.45 | 1.50 | 1.55 | 1.60 | 1.80 | 2.00 | 2.20 | 2.40 | ≥2.50 |
| $\varphi_b'$ | 0.919 | 0.925 | 0.930 | 0.934 | 0.938 | 0.941 | 0.953 | 0.961 | 0.968 | 0.973 | 1.000 |

(3) 轧制槽钢的简支梁构件，不论载荷的形式和作用位置，其 $\varphi_b$ 值按下式计算，大于 1 者取 1。

$$\varphi_b = \frac{570bt}{lh} \frac{235}{\sigma_s} \tag{2-1-89}$$

式中　$\varphi_b$——轧制槽钢简支梁构件的侧向屈曲稳定系数；
　　　$b$——受压翼缘的宽度（mm）；
　　　$t$——受压翼缘的平均厚度（mm）；
　　　$l$——受压翼缘的计算（自由）长度（mm）；
　　　$h$——槽钢截面高度（mm）。

### 三、受弯构件的局部稳定性

（一）腹板的局部稳定性

组合受弯构件腹板的局部稳定性，通常采取设置加劲肋的方法予以保证。

**1. 加劲肋的配置间距**

按以下条件设置加劲肋，同时加劲肋本身满足式（2-1-101）～式（2-1-106）的要求，则不必验算腹板的局部稳定性。

考虑腹板稳定性时，分为有局部压应力 $\sigma_m$（轮压作用在腹板上或受弯构件支承处）和无局部压应力（$\sigma_m = 0$）两种情况分别对待，均可根据腹板高度 $h_0$ 与腹板厚度 $\delta_h$ 之比确定。

(1) $\dfrac{h_0}{\delta_h} \leqslant 80 \sqrt{\dfrac{235}{\sigma_s}}$ 时：

① 当 $\sigma_m = 0$ 时，不需要配置加劲肋；
② 当 $\sigma_m \neq 0$ 时，按构造设置横向加劲肋。

(2) $80\sqrt{\dfrac{235}{\sigma_s}} < \dfrac{h_0}{\delta_h} \leqslant 100\sqrt{\dfrac{235}{\sigma_s}}$ 时，应设置横向加劲肋（图 2-1-29a）。横向加劲肋间距 $a \leqslant 2.5h_0$。

(3) $100\sqrt{\dfrac{235}{\sigma_s}} < \dfrac{h_0}{\delta_h} \leqslant 170\sqrt{\dfrac{235}{\sigma_s}}$ 时，应设置横向加劲肋，其间距 $a$ 按下述方法确定：

1) $\sigma_m = 0$ 的一般梁（简支梁、连续梁、带外伸臂梁；等截面的或变截面的）：

当 $\dfrac{h_0}{\delta_h}\sqrt{\eta\tau} \leqslant 1\,200$ 时：　　　　　　$a \leqslant 2h_0$

当 $1\,200 < \dfrac{h_0}{\delta_h}\sqrt{\eta\tau} \leqslant 1\,500$ 时：

$$a \leqslant \frac{500h_0}{\dfrac{h_0}{\delta_h}\sqrt{\eta\tau} - 1\,000} \tag{2-1-90}$$

当 $\dfrac{h_0}{\delta_h}\sqrt{\eta\tau} > 1\,500$ 时：

$$a \leqslant \frac{1\,000h_0}{\dfrac{h_0}{\delta_h}\sqrt{\eta\tau} - 500} \tag{2-1-91}$$

式中　$\tau$——所考虑构件区段内最大剪力 $Q$ 产生的平均剪应力（N/mm²），按 $\tau = \dfrac{Q}{h_0 \delta_h}$ 计算；
　　　$\eta$——考虑弯曲正应力（$\sigma_1$）影响的增大系数，按式（2-1-92）计算，或按表 2-1-35 查取：

$$\eta=\frac{1}{\sqrt{1-\left[\frac{\sigma_1}{715}\left(\frac{h_0}{100\delta_h}\right)^2\right]^2}} \tag{2-1-92}$$

其中 $\sigma_1$——与上述剪应力 $\tau$ 同一截面上腹板计算高度边缘的弯曲压应力($N/mm^2$),应按 $\sigma_1=\frac{My_1}{I}$ 计算($I$ 为梁毛截面惯性矩;$y_1$ 为腹板计算高度受压边缘至截面中性轴的距离)。

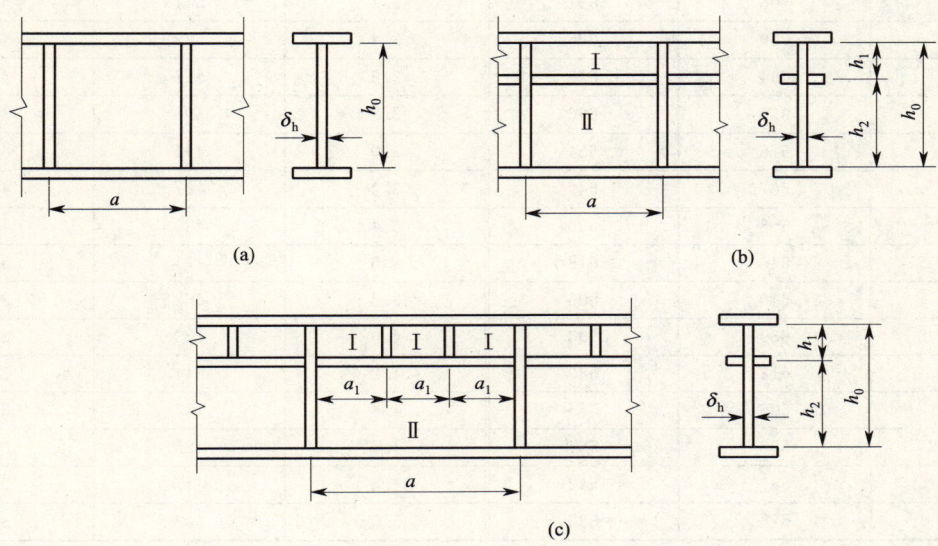

图 2-1-29 腹板加劲肋

$a$ 值应在所计算区段内 $\sigma_1$ 和 $\tau$ 共同作用的各种不利截面处进行计算并取最小值。必要时横向加劲肋可沿构件全长作不等距离设置。

表 2-1-35 系数 $\eta$

| $\sigma_1\left(\frac{h_0}{100\delta_h}\right)^2$ | 0 | 100 | 140 | 180 | 200 | 220 | 240 | 260 | 280 | 300 | 320 | 340 | 360 | 380 |
|---|---|---|---|---|---|---|---|---|---|---|---|---|---|---|
| $\eta$ | 1.00 | 1.01 | 1.02 | 1.03 | 1.04 | 1.05 | 1.06 | 1.07 | 1.09 | 1.10 | 1.12 | 1.14 | 1.16 | 1.18 |
| $\sigma_1\left(\frac{h_0}{100\delta_h}\right)^2$ | 400 | 420 | 440 | 460 | 480 | 500 | 520 | 540 | 560 | 580 | 600 | 620 | 640 | |
| $\eta$ | 1.21 | 1.24 | 1.27 | 1.31 | 1.35 | 1.40 | 1.46 | 1.53 | 1.61 | 1.71 | 1.84 | 2.01 | 2.24 | |

2)简支梁的端部区域、悬臂梁及由邻跨延伸出来的伸臂梁(图 2-1-30)的轮压直接作用处只考虑 $\sigma_m$ 及 $\tau$:

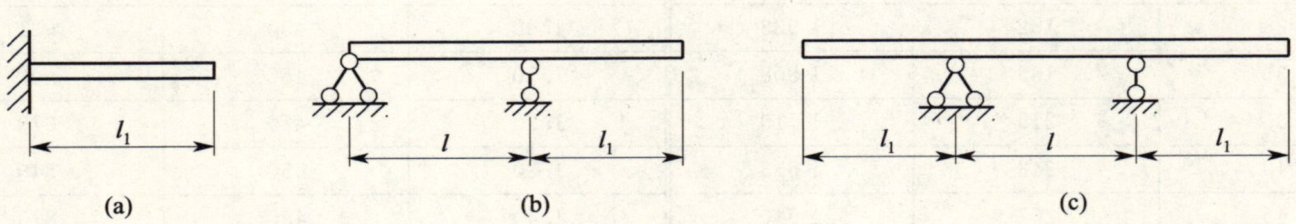

图 2-1-30 悬臂梁和伸臂梁

$$a\leqslant\frac{k_1 h_0}{\frac{h_0}{\delta_h}\sqrt{\tau}-k_2} \tag{2-1-93}$$

式中 $\tau$——该区段最大剪力产生的腹板平均剪应力($N/mm^2$),按 $\tau=\frac{Q_{max}}{h_0\delta_h}$ 计算;

$k_1, k_2$——由 $\dfrac{\sigma_m}{\tau}$ 值确定的系数,查表 2-1-36;

$\sigma_m$——梁腹板计算高度边缘的局部压应力(N/mm²)。

表 2-1-36　参数 $k_1$、$k_2$

| $\sigma_m/\tau$ | $k_1$ | $k_2$ | $\sigma_m/\tau$ | $k_1$ | $k_2$ |
| --- | --- | --- | --- | --- | --- |
| ≤0.2 | 712 | 700 | 1.9 | 569 | 520 |
| 0.3 | 709 | 697 | 2.0 | 560 | 511 |
| 0.4 | 706 | 691 | 2.2 | 541 | 493 |
| 0.5 | 700 | 685 | 2.4 | 529 | 475 |
| 0.6 | 694 | 676 | 2.6 | 517 | 457 |
| 0.7 | 685 | 666 | 2.8 | 505 | 439 |
| 0.8 | 676 | 654 | 3.0 | 494 | 426 |
| 0.9 | 667 | 642 | 3.2 | 487 | 414 |
| 1.0 | 658 | 630 | 3.4 | 480 | 402 |
| 1.1 | 649 | 618 | 3.6 | 471 | 390 |
| 1.2 | 640 | 606 | 3.8 | 462 | 378 |
| 1.3 | 630 | 593 | 4.0 | 453 | 368 |
| 1.4 | 618 | 580 | 4.2 | 444 | 359 |
| 1.5 | 606 | 566 | 4.4 | 435 | 350 |
| 1.6 | 596 | 554 | 4.6 | 426 | 341 |
| 1.7 | 587 | 542 | 4.8 | 417 | 332 |
| 1.8 | 578 | 530 | 5.0 | 408 | 323 |

3)简支梁跨中附近区段,$\sigma_m \neq 0$ 的腹板(剪应力影响较小):

$$a \leqslant \dfrac{k_3 h_0}{\dfrac{h_0}{\delta_h}\sqrt{\sigma_1} - k_4} \tag{2-1-94}$$

式中　$\sigma_1$——简支梁最大弯矩产生的腹板计算高度边缘的弯曲压应力(N/mm²);

$k_3, k_4$——由 $\dfrac{\sigma_m}{\sigma_1}$ 值确定的系数,由表 2-1-37 确定。

表 2-1-37　参数 $k_3$、$k_4$

| $\sigma_m/\sigma_1$ | $k_3$ | $k_4$ | $\sigma_m/\sigma_1$ | $k_3$ | $k_4$ |
| --- | --- | --- | --- | --- | --- |
| ≤0.05 | 21 | 2 362 | 0.80 | 402 | 1 096 |
| 0.10 | 42 | 2 292 | 0.85 | 417 | 1 044 |
| 0.15 | 64 | 2 219 | 0.90 | 429 | 1 001 |
| 0.20 | 107 | 2 076 | 0.95 | 441 | 965 |
| 0.25 | 152 | 1 933 | 1.00 | 450 | 931 |
| 0.30 | 189 | 1 808 | 1.10 | 450 | 900 |
| 0.35 | 219 | 1 710 | 1.20 | 450 | 870 |
| 0.40 | 248 | 1 613 | 1.30 | 450 | 840 |
| 0.45 | 267 | 1 540 | 1.40 | 450 | 810 |
| 0.50 | 289 | 1 467 | 1.50 | 450 | 780 |
| 0.55 | 310 | 1 394 | 1.60 | 450 | 750 |
| 0.60 | 331 | 1 324 | 1.70 | 450 | 720 |
| 0.65 | 352 | 1 254 | 1.80 | 450 | 690 |
| 0.70 | 371 | 1 199 | 1.90 | 450 | 660 |
| 0.75 | 387 | 1 147 | 2.00 | 450 | 630 |

公式(2-1-93)、(2-1-94)右侧计算得到的值小于 $0.5h_0$ 时，说明腹板的 $h_0/\delta_h$ 值过大，应增加纵向加劲肋或修改截面；当算得的值大于 $2h_0$ 或为负值时，应取 $a=2h_0$。

通常简支梁采用等间距设置横向加劲肋，此时应取(2-1-93)、(2-1-94)两式算得的较小值；如两式算得的 $a$ 值相差较大，可分别采取不同的间距，$a$ 值小的区段应至少延续至 1/4 跨度处。

4) 变截面简支梁，$\sigma_m \neq 0$，且每端变截面区段长度不超过跨度的 1/6 时：

①腹板高度变化的变截面梁。

a. 端部变截面区段按式(2-1-93)计算，但式中 $h_0$ 取该区段腹板的平均计算高度；$\tau$ 取梁端部腹板的最大平均剪应力。

b. 中部等截面区段 $a$ 值应同时满足(2-1-93)、(2-1-94)两式，$\tau$ 取两区段交界处的腹板平均剪应力。

②翼缘截面变化的变截面梁。

a. 端部变截面区段的 $a$ 值应同时满足式(2-1-93)、(2-1-94)的要求，$\sigma_1$ 应按改变截面处的弯矩用较小的截面计算，且查得的 $k_3$、$k_4$ 值应乘以 0.75。

b. 梁中部区段的 $a$ 值也应同时满足式(2-1-93)、(2-1-94)的要求，$\tau$ 按改变截面处的剪力计算。

5) 等截面连续梁，$\sigma_m \neq 0$ 的腹板：

①跨中区段。

$a$ 值按式(2-1-94)计算。

②支座附近区段的腹板（腹板上边缘受拉，下边缘受压，$\sigma_m$ 作用于受拉边缘）。

$a$ 值由式(2-1-93)确定。

(4) $170\sqrt{\dfrac{235}{\sigma_S}} < \dfrac{h_0}{\delta_h} \leqslant 240\sqrt{\dfrac{235}{\sigma_S}}$ 时，腹板应同时设置横向加劲肋和纵向加劲肋（图 2-1-29b），纵向加劲肋至腹板计算高度受压边缘的距离 $h_1$ 应在 $\left(\dfrac{1}{5} \sim \dfrac{1}{4}\right)h_0$ 范围内。

1) $\sigma_m = 0$ 的一般梁（简支梁、连续梁、带外伸臂梁；等截面的或变截面的）：

①受压翼缘与纵向加劲肋之间的区格 I（图 2-1-29b）。

$$h_1 \leqslant \dfrac{1\,120\delta_h}{\sqrt{\sigma_1}} \tag{2-1-95}$$

式中 $\sigma_1$——所考虑区段内最大弯矩处腹板计算高度边缘的弯曲压应力（N/mm²），按 $\sigma_1 = \dfrac{M_{max}}{W_1}$ 计算。

②受拉翼缘与纵向加劲肋之间的区格 II（图 2-1-29b）。

当 $\dfrac{h_2}{\delta_h} \leqslant 100$ 时：$\qquad a \leqslant 2.5h_2$

当 $\dfrac{h_2}{\delta_h}\sqrt{\tau} \leqslant 1\,200$ 时：$\qquad a \leqslant 2h_2$

当 $1\,200 < \dfrac{h_2}{\delta_h}\sqrt{\tau} \leqslant 1\,500$ 时：$\qquad a \leqslant \dfrac{500h_2}{\dfrac{h_2}{\delta_h}\sqrt{\tau} - 1\,000}$ $\qquad$ (2-1-96)

当 $\dfrac{h_2}{\delta_h}\sqrt{\tau} > 1\,500$ 时：$\qquad a \leqslant \dfrac{1\,000h_2}{\dfrac{h_2}{\delta_h}\sqrt{\tau} - 500}$ $\qquad$ (2-1-97)

③对连续梁中部支座附近，腹板下半部为受压区，应将纵向加劲肋设置于距下翼缘板

$\left(\dfrac{1}{5}\sim\dfrac{1}{4}\right)h_0$ 处(图 2-1-31)。$h_1$ 和 $a$ 值的确定公式同上。

④带伸臂的简支梁(例如带悬臂的门式起重机主梁),当集中轮压分别作用在两伸臂端有效工作位置(轮压不移动)时,如图 2-1-32 所示,全梁的腹板下半部均受压,上半部均受拉。设置腹板下部加劲肋时应考虑这一工况,$h_1$ 和 $a$ 的确定方法同上。

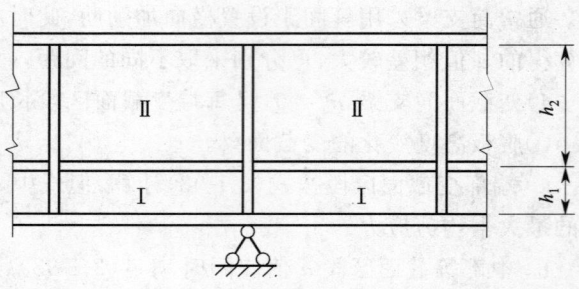

图 2-1-31 连续梁支座附近加劲肋的布置

2) 简支梁,$\sigma_m \neq 0$ 时:

①受压翼缘与纵向加劲肋之间的区格 I,$h_1$ 仍在 $\left(\dfrac{1}{5}\sim\dfrac{1}{4}\right)h_0$ 范围。

当 $\dfrac{\sigma_m}{\sigma_1} \leqslant 0.4$ 时:
$$h_1 \leqslant \dfrac{1\,120\delta_h}{\sqrt{\sigma_1+\sigma_m}} \qquad (2\text{-}1\text{-}98)$$

当 $\dfrac{\sigma_m}{\sigma_1} > 0.4$ 时:
$$h_1 \leqslant \dfrac{1\,400\delta_h}{\sqrt{\sigma_1+3\sigma_m}} \qquad (2\text{-}1\text{-}99)$$

如算出的 $h_1 < \dfrac{h_0}{5}$ 时,仍按 $h_1 = \left(\dfrac{1}{5}\sim\dfrac{1}{4}\right)h_0$,同时在腹板受压区设置横向短加劲肋,并按下面(三)所述方法验算被短加劲肋分隔后的板的稳定性。

②受拉翼缘与纵向加劲肋之间的区格 II。

$$a \leqslant \dfrac{k_1 h_2}{\dfrac{h_2}{\delta_h}\sqrt{\tau}-k_2} \qquad (2\text{-}1\text{-}100)$$

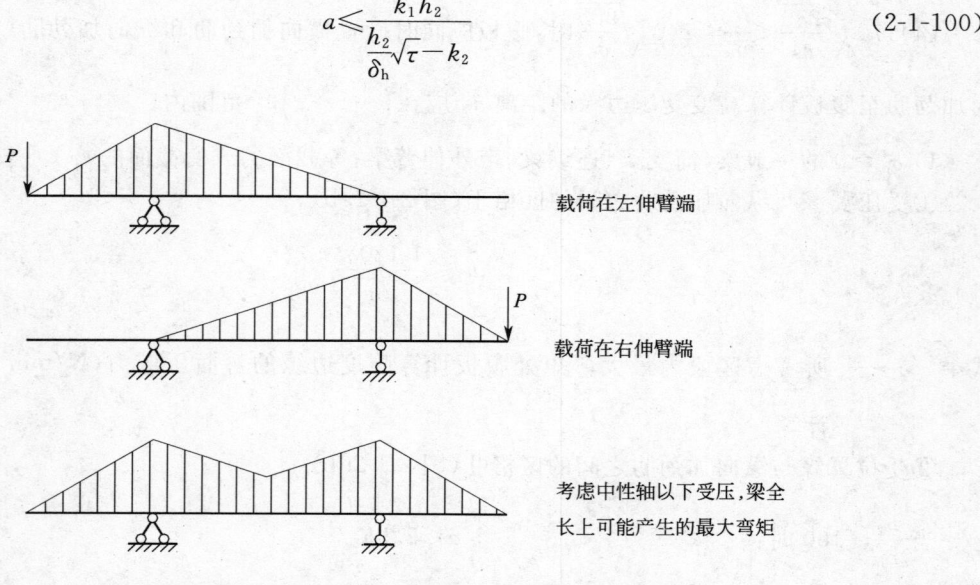

图 2-1-32 带伸臂简支梁设置腹板加劲肋时的一种工况

在确定 $k_1$、$k_2$ 时应以 $0.3\sigma_m$ 代替 $\sigma_m$。

如按上式算得的 $a$ 值大于 $2h_0$ 或为负值时,可根据构造要求取 $a \leqslant 2h_2$。

3) 变截面简支梁,$\sigma_m \neq 0$ 的情况:

确定 $h_1$、$a$ 的公式同②所述,但需注意:

①对腹板高度变化的变截面梁,在确定 $h_1$ 后再确定端部变截面区段的 $a$ 值时,$h_2$ 取该区段腹板下区格的平均高度,$\tau$ 值取该区段端部的腹板平均剪应力;在确定梁中部等截面区段的 $a$ 值时,$\tau$ 取两区段交界处腹板的平均剪应力。

②对翼缘变化的变截面梁确定 $a$ 值时，$\tau$ 取梁的端部腹板的平均剪应力。

4) 带伸臂的简支梁，如系偏轨箱形梁，在计算其主腹板的局部稳定性时，还应考虑集中轮压在伸臂段上移动时，轮压作用点附近处上部主腹板(有较大的 $\sigma_m$ 和 $\tau$，但无弯曲压应力，拉应力为零或接近于零)的稳定性。在离腹板下边缘 $h_1$ 处已设置有纵向加劲肋，$h_2$ 区格内的横向加劲肋间距 $a$ 也应按式(2-1-100)进行验算。

5) $240\sqrt{\dfrac{235}{\sigma_s}} < \dfrac{h_0}{\delta_h} \leqslant 320\sqrt{\dfrac{235}{\sigma_s}}$ 时，一般应在腹板受压区设置两道纵向加劲肋。通常第一道设置在距腹板受压边缘 $(0.15\sim0.2)h_0$ 处，第二道设置在距腹板受压边缘 $(0.35\sim0.4)h_0$ 处。(4)中所述计算原则仍有效。首先按(4)中有关公式验算确定 $h_1$，然后把第一道纵向加劲肋以下，对称于原中性轴的部分视作新梁的腹板，其计算高度为 $h_{01}=h_0-2h_1$（图 2-1-33a），其受压边缘的弯曲压应力为 $\sigma_1' = \left(1-\dfrac{2h_1}{h_0}\right)\sigma_1$，局部压应力为 $\sigma_m'$（按式(2-1-116)计算，或近似取 $\sigma_m'=0.4\sigma_m$），重新按(4)的有关公式确定新梁的 $h_1$（即为原梁的 $h_2$）和横向加劲肋的间距 $a$。

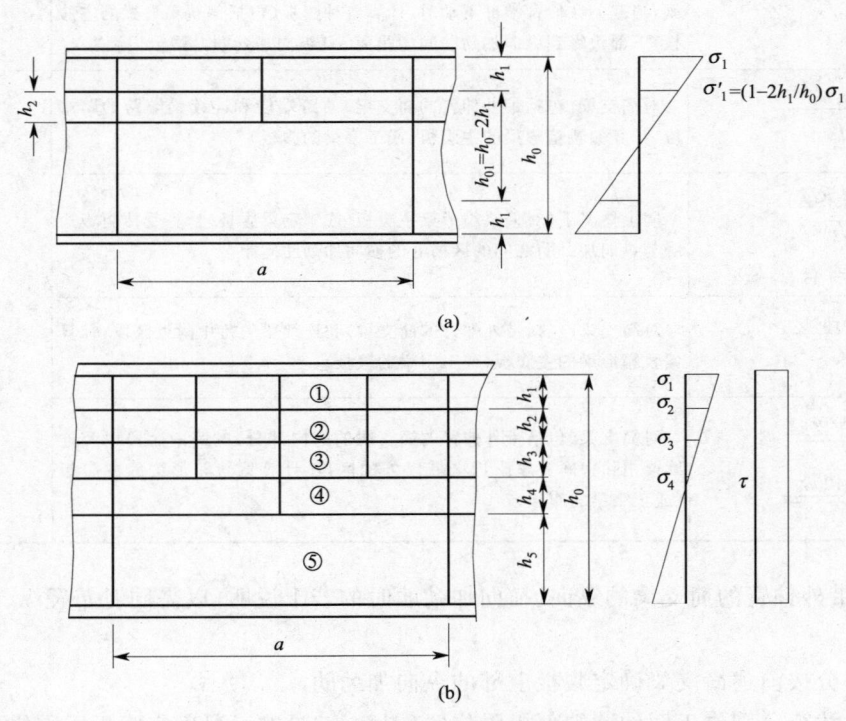

图 2-1-33 两道和多道纵向加劲肋

6) $\dfrac{h_0}{\delta_h} > 320\sqrt{\dfrac{235}{\sigma_s}}$ 时属于高腹板，只在大起重量大跨度的情况下可能采用。这种情况应在腹板受压区设置多道纵向加劲肋，如图 2-1-33b 所示。根据高腹板的特点，计算时不考虑翼缘板对腹板的嵌固作用，并假定在第一道纵向加劲肋处局部压应力下降成为 $0.4\sigma_m$；在第二道纵向加劲肋处为 $0.2\sigma_m$；在第三道纵向加劲肋处为 $0.1\sigma_m$；在第四道及以下的纵向加劲肋处不再计及局部压应力。剪应力仍假定沿腹板高度均匀分布。通常可先根据经验布置纵向和横向加劲肋，然后按下面(三)所述方法验算各区格板的局部稳定性。

2. 设置腹板加劲肋的说明

(1) 上述直接确定纵向、横向加劲肋间距的各公式应用比较方便，但必须在符合其特定条件时才能应用。在不符合其特定条件时，必须先布置加劲肋然后按(三)所述方法验算板的稳定性。为便于确切应用这些公式，列表于 2-1-38。

**表 2-1-38　梁腹板加劲肋布置的公式应用**

| 公式（基本形式） | 应用场合 | | 公式简化时忽略的应力 |
|---|---|---|---|
| | 结构型式及计算部位 | $\sigma_m$ | |
| $a \leqslant \dfrac{500h_0}{\dfrac{h_0}{\delta_h}\sqrt{\eta\tau}-1\,000}$　$a \leqslant \dfrac{1\,000h_0}{\dfrac{h_0}{\delta_h}\sqrt{\eta\tau}-500}$ | 简支梁、简支带外伸臂梁、连续梁，等截面、变截面梁的正轨、小偏轨箱形梁的腹板，偏轨箱形梁的副腹板以及无移动载荷的梁的腹板 | 0 | — |
| $a \leqslant \dfrac{500h_2}{\dfrac{h_2}{\delta_h}\sqrt{\tau}-1\,000}$　$a \leqslant \dfrac{1\,000h_2}{\dfrac{h_2}{\delta_h}\sqrt{\tau}-500}$ | 同上情况中计算受拉边缘与纵向加劲肋之间的区格；对带外伸臂的简支梁，当载荷在伸臂端不动时计算各种腹板（包括偏轨箱形梁的主腹板）的上部边缘与纵向加劲肋间的区格 | | $\sigma_1 \approx 0$ |
| $h_1 \leqslant \dfrac{1\,120\delta_h}{\sqrt{\sigma_1}}$ | 同上情况中计算腹板受压边缘与纵向加劲肋间的区格 I 的位置（对连续梁的中部支座附近，纵向加劲肋在腹板下部）；对带外伸臂的简支梁，当载荷在伸臂端部不动时，计算各种腹板（包括偏轨箱形梁的主腹板）下部边缘到纵向加劲肋间的距离 $h_1$（纵向加劲肋沿梁全长设置） | | $\tau \approx 0$ |
| $a \leqslant \dfrac{k_1 h_0}{\dfrac{h_0}{\delta_h}\sqrt{\tau}-k_2}$ | 对简支梁（包括带外伸臂的简支梁）的跨端段和连续梁端跨的跨端段，计算偏轨箱形梁的主腹板（或工字梁的腹板） | | $\sigma_1 \approx 0$ |
| $a \leqslant \dfrac{k_1 h_2}{\dfrac{h_2}{\delta_h}\sqrt{\tau}-k_2}$（以 $\sigma'_m$ 代替 $\sigma_m$ 查 $k_1$、$k_2$） | 同上情况下，对偏轨箱形梁主腹板（或工字梁腹板）计算受拉腹板边缘与纵向加劲肋之间的区格 II 的横向加劲肋间距 | $\neq 0$ | $\sigma_1 \approx 0$ |
| $a \leqslant \dfrac{k_3 h_0}{\dfrac{h_0}{\delta_h}\sqrt{\sigma_1}-k_4}$ | 对简支梁（包括带外伸臂的简支梁）和连续梁的跨中附近区段，计算偏轨箱形梁的主腹板（或工字梁的腹板） | | |
| $h_1 \leqslant \dfrac{1\,120\delta_h}{\sqrt{\sigma_1+\sigma_m}}$　$h_1 \leqslant \dfrac{1\,400\delta_h}{\sqrt{\sigma_1+3\sigma_m}}$ | 对简支梁（包括带外伸臂的简支梁的跨内部分）的跨中区段以及连续梁中除中间支座附近区域以外的区段，计算偏轨箱形梁的主腹板（或工字梁的腹板） | | $\tau \approx 0$ |

（2）确定带外伸臂的简支梁的纵向、横向加劲肋时的若干说明（以需同时布置纵、横加劲肋的情况为例）：

1）跨内部分按前述简支梁确定腹板上部的纵向加劲肋。

2）按移动载荷分别位于两伸臂端部极限位置（图 2-1-32）的工况确定腹板下部纵向加劲肋的位置，通常需沿梁的全长布置（图 2-1-34a）。跨中部分腹板下部不布置纵向加劲肋（图 2-1-34b）是不正确的。

3）对伸臂段按载荷在伸臂段极限位置不动时的工况，对腹板上边缘到下部纵向加劲肋之间的区格确定横向加劲肋的间距 $a$。

4）对跨中部分，分别按移动载荷在跨中和在伸臂端部极限位置两种工况，对腹板上、下纵向加劲肋之间的区格确定横向加劲肋的间距 $a$。

5）对偏轨箱形梁应在确定各区段 $h_1$ 和 $a$ 的过程中分别考虑主腹板和副腹板（主、副腹板等厚时仅需考虑主腹板）。

6）然后统筹确定整个梁的腹板的纵向、横向加劲肋。对于主、副腹板，纵向加劲肋允许作不同的布置，横向加劲肋必须统一间距。

3. 腹板加劲肋的构造要求和截面设计

（1）加劲肋间距的构造要求

加劲肋的间距，除按腹板局部稳定性计算确定外，还应满足构造要求以避免间距过大而在施工过程中产生较大的初始鼓曲（波形变形），或避免因间距过小造成施工复杂。根据构造要求规定：

1）仅设置横向加劲肋时，$a=(0.5\sim2)h_0$，且不大于 2 m。

2）同时设置纵向、横向加劲肋时，纵向加劲肋与受压边缘间的距离 $h_1=\left(\dfrac{1}{5}\sim\dfrac{1}{4}\right)h_0$；横向加劲肋的间距应取为 $a=0.5h_0\sim2h_2$，且不大于 2 m。若在受压区还设置有短加劲肋，则短加劲肋的间距 $a_1\geqslant0.75h_1$。

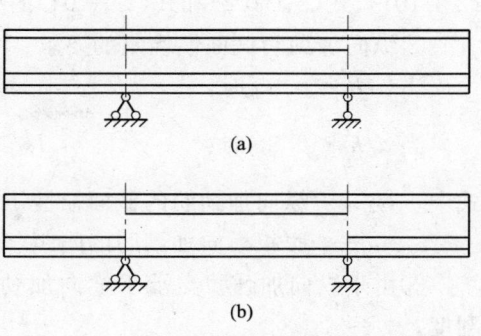

图 2-1-34　带外伸臂简支梁腹板下部的纵向加劲肋

（2）加劲肋的截面形式

焊接梁的加劲肋一般用钢板制成，大型梁也可采用肢尖焊于腹板的角钢。

加劲肋可以双侧成对布置，也允许单侧布置（图 2-1-35）。单侧加劲肋施工方便、减轻自重，一般并不影响对腹板的支承作用。

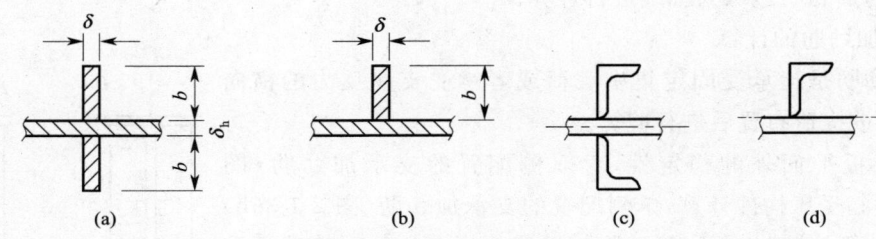

图 2-1-35　加劲肋的截面

（3）加劲肋的截面尺寸和惯性矩

加劲肋应有足够的刚度才能作为腹板的支承，为此规定：

1）仅设置横向加劲肋时：

①腹板两侧成对配置矩形截面横向加劲肋（图 2-1-35a）时，其截面尺寸应满足：

外伸宽度　　　　　　　　　　$b\geqslant\dfrac{h_0}{30}+40$　（mm）　　　　　　　　　　（2-1-101）

厚度　　　　　　　　　　　　$\delta\geqslant\dfrac{b}{15}\sqrt{\dfrac{\sigma_s}{235}}$　（mm）　　　　　　　　　　（2-1-102）

式中　$h_0$——腹板高度（mm）。

②腹板一侧配置矩形截面横向加劲肋（图 2-1-35b）时，为获得与成对配置时相同的线刚度，加劲肋的外伸宽度应大于按式（2-1-101）算得的 1.2 倍，即其截面尺寸应满足：

$$b\geqslant1.2\left(\dfrac{h_0}{30}+40\right)\quad(\text{mm})\tag{2-1-103}$$

$$\delta\geqslant\dfrac{b}{15}\sqrt{\dfrac{\sigma_s}{235}}\quad(\text{mm})$$

③腹板采用非矩形截面横向加劲肋（图2-1-35c、2-1-35d）时，其横向加劲肋的截面惯性矩应满足式（2-1-104）的要求。

$$I_{Z1}\geqslant3h_0\delta_h^3\tag{2-1-104}$$

式中　$I_{Z1}$——横向加劲肋的截面惯性矩（mm⁴）。

2）同时设置纵向和横向加劲肋时：

①腹板同时采用矩形截面的横向加劲肋和纵向加劲肋时，其横向加劲肋应同时满足式

式(2-1-101)、式(2-1-102)和式(2-1-104)的要求。

② 纵向加劲肋截面惯性矩的要求：

当 $a/h_0 \leq 0.85$ 时：
$$I_{Z2} \geq 1.5 h_0 \delta_h^3 \qquad (2\text{-}1\text{-}105)$$

当 $a/h_0 > 0.85$ 时：
$$I_{Z2} \geq \left(2.5 - 0.45 \frac{a}{h_0}\right) \frac{a^2}{h_0} \delta_h^3 \qquad (2\text{-}1\text{-}106)$$

式中 $I_{Z2}$——纵向加劲肋的截面惯性矩($mm^4$)；

$a$——腹板横向加劲肋的间距(mm)。

③ 由于纵向加劲肋支承于横向加劲肋，要求横向加劲肋的线刚度不得小于纵向加劲肋的线刚度。

④ 矩形截面短加劲肋的外伸宽度：$b_s \geq 0.7b$。

短加劲肋的最小间距为 $0.75 h_1$；短加劲肋的厚度 $\delta_s \geq \frac{b_s}{15} \sqrt{\frac{\sigma_s}{235}}$。

⑤ 用型钢制成的加劲肋，其截面惯性矩不得小于上述相应矩形截面钢板加劲肋的惯性矩。

3) 加劲肋截面惯性矩计算：

当加劲肋在板两侧成对配置时，其截面惯性矩按板厚中心线为轴线进行计算；一侧配置时，按与板相连接的加劲肋边缘为轴线进行计算。

4. 支承加劲肋的计算

支承加劲肋是指承受固定集中载荷或者承受支座反力的横向加劲肋，一般按构造布置后进行验算。

(1) 在腹板平面外的稳定性，对双侧配置的支承加劲肋(图 2-1-36a)按轴心受压构件计算；单侧配置的支承加劲肋(图 2-1-36b)按压弯构件计算，其偏心距 $e$ 等于腹板轴线至压弯构件计算截面重心的距离。上述两种情况的计算截面均应包括加劲肋截面和每侧宽度为 $15\delta_h \sqrt{\frac{235}{\sigma_s}}$ 的腹板板条的截面。计算长度取为腹板的计算高度 $h_0$。

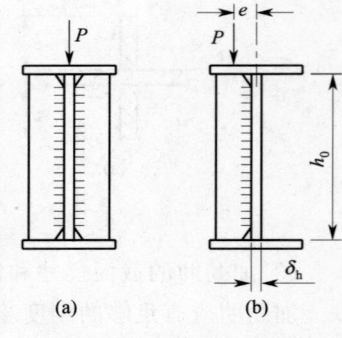

图 2-1-36 支撑加劲肋

(2) 在该载荷作用下，计算支承加劲肋的端面承压应力(当支承加劲肋端面为刨平顶紧时)，或计算焊缝应力(当支承加劲肋端部为焊接时)不超过许用值。

(3) 支承加劲肋与腹板连接焊缝的计算，可假定应力沿焊缝全长均匀分布。

(二) 受压翼缘板的局部稳定性

受压翼缘板可控制其宽厚比来保证局部稳定性(翼缘板宽度较大时用设置纵向加劲肋来减小宽厚比)。

受压翼缘板自由外伸部分(图 2-1-37)的宽厚比：

$$\frac{b}{\delta} \leq 15 \sqrt{\frac{235}{\sigma_s}} \qquad (2\text{-}1\text{-}107)$$

箱形梁在腹板之间的受压翼缘板(图 2-1-37b)的宽厚比：

$$\frac{b_0}{\delta} \leq 60 \sqrt{\frac{235}{\sigma_s}} \qquad (2\text{-}1\text{-}108)$$

翼缘板宽度较大时，应设置一道或多道纵向加劲肋(图 2-1-37c)，由加劲肋划分出来的区格宽度 $b_0$ 同样应满足式(2-1-108)的要求。

满足上述要求且板中计算压缩应力不大于 $0.8[\sigma]$ 时，可不必验算其受压翼缘板的局部稳定性。

加劲肋可用扁钢、角钢或 T 字钢等制成。纵向加劲肋应支承在梁的横隔上，并与之焊接。

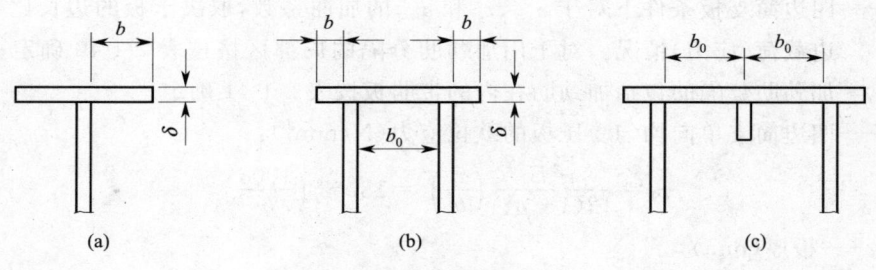

图 2-1-37 受压翼缘板

均匀受压翼缘板的纵向加劲肋等间距布置时,应满足以下要求:

当 $\alpha=\dfrac{a}{b}<\sqrt{2n^2(1+n\beta)-1}$ 时:

$$I_{Z3} \geqslant 0.092\left\{\dfrac{\alpha^2}{n}[4n^2(1+n\beta)-2]-\dfrac{\alpha^4}{n}+\dfrac{1+n\beta}{n}\right\}b\delta^3 \qquad (2\text{-}1\text{-}109)$$

当 $\alpha=\dfrac{a}{b}\geqslant\sqrt{2n^2(1+n\beta)-1}$ 时:

$$I_{Z3} \geqslant 0.092\left\{\dfrac{1}{n}[2n^2(1+n\beta)-1]^2+\dfrac{1+n\beta}{n}\right\}b\delta^3 \qquad (2\text{-}1\text{-}110)$$

式中 $I_{Z3}$——翼缘板纵向加劲肋的截面对翼缘板接触面轴线的惯性矩;

$n$——翼缘板被纵向加劲肋等间距分割的区格数;

$\alpha$——翼缘板的边长比,$\alpha=a/b$,$a$ 为翼缘板横向加劲肋的间距,$b$ 为两腹板间翼缘板的宽度;

$\beta$——单根纵向加劲肋截面面积与翼缘板截面面积之比,$\beta=b_s\delta_s/b\delta$,$b_s$、$\delta_s$ 为单根纵向加劲肋的外伸宽度和厚度,$\delta$ 为翼缘板的厚度。

也可采用下面简化公式进行近似计算:

$$I_{Z3} \geqslant m\left(0.64+0.09\dfrac{a}{b}\right)\dfrac{a^2}{b}\delta^3 \qquad (2\text{-}1\text{-}111)$$

式中 $m$——翼缘板纵向加劲肋数。

(三)板的局部稳定性计算

前述确定受弯构件的局部稳定性时直接求出加劲肋间距的实用简化方法在结构设计中应用十分方便。考虑到设计时可能遇到不能直接应用这些公式的场合,仍需给出板的局部稳定性计算公式。原则上,在选择好加劲肋的布置方案后,应算出各区格的最大弯矩与相应的剪力、最大剪力和相应的弯矩,然后对各区格进行验算。如不满足局部稳定条件或过于富裕,还需重新布置加劲肋后再次验算。在前述确定加劲肋间距的公式中,$\sigma_1$ 和 $\tau$ 是按梁的最大弯矩和最大剪力,忽略某些较小应力而算得的,在使用下述各验算公式时,$\sigma_1$ 和 $\tau$ 是指所验算区格按规定计算所得的弯曲压应力和剪应力,应加以注意。

1. 压缩应力 $\sigma_1$、剪应力 $\tau$ 和局部压应力 $\sigma_m$ 单独作用时的临界应力及稳定性验算:

临界压缩应力 $\qquad \sigma_{1cr}=\chi K_\sigma \sigma_E \quad (\text{N}/\text{mm}^2) \qquad (2\text{-}1\text{-}112)$

临界剪应力 $\qquad \tau_{cr}=\chi K_\tau \sigma_E \quad (\text{N}/\text{mm}^2) \qquad (2\text{-}1\text{-}113)$

临界局部挤压应力 $\qquad \sigma_{mcr}=\chi K_m \sigma_E \quad (\text{N}/\text{mm}^2) \qquad (2\text{-}1\text{-}114)$

式中 $\chi$——板边弹性嵌固系数。弯曲应力作用时,对受压翼缘扭转无约束的工字梁的腹板,可取 $\chi=1.38$;对受压翼缘扭转有约束的工字梁和箱形梁的腹板,可取 $\chi=1.64$;剪切应力作用时,对上述梁的腹板均可取 $\chi=1.23$;局部压应力作用时,可取 $\chi=1\sim1.25$;对其他板和板区格,应参考专门文献加以确定,一般取 $\chi=1$。亦可参考表 2-1-39 确定。

$K_\sigma, K_\tau, K_m$——四边简支板条件下对于 $\sigma_{1cr}$、$\tau_{cr}$ 和 $\sigma_{mcr}$ 的屈曲系数,取决于板的边长比 $\alpha=a/b$ 及板边载荷(应力)情况。对于用加劲肋分隔的局部区格按表 2-1-40 确定;对于用柔性加劲肋分隔的包括加劲肋在内的带肋板按表 2-1-41 确定。

$\sigma_E$——四边简支单向均匀受压板的欧拉应力($N/mm^2$):

$$\sigma_E = \frac{\pi^2 E}{12(1-\mu^2)}\left(\frac{\delta}{b}\right)^2 = 18.62\left(\frac{100\delta}{b}\right)^2 \tag{2-1-115}$$

其中 $\delta$——板厚(mm),

$b$——区格宽度或板的总宽(高)度(mm),

$E$——材料的弹性模量,钢为 $2.06\times10^5$($N/mm^2$),

$\mu$——泊桑比,钢为 0.3。

**表 2-1-39 板支承情况影响系数 $\chi$**

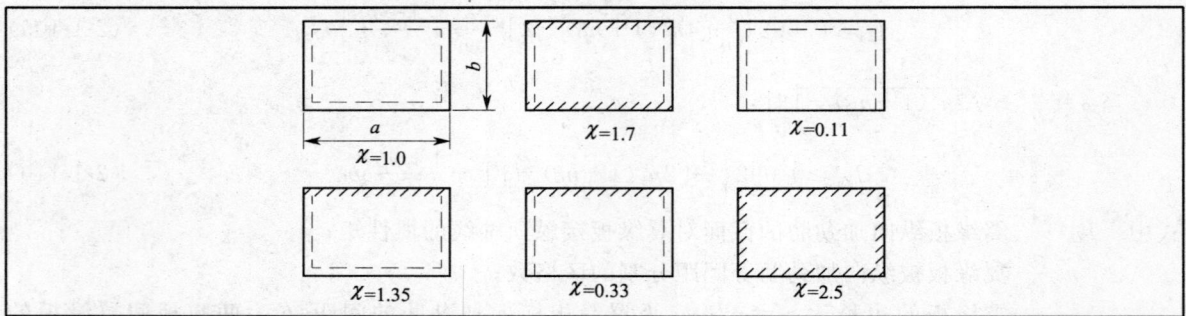

注:━━━ 表示可转动、亦可沿板向移动的简支支承;

╱╱╱╱ 表示不可转动,但可沿板向移动的固接支承;

━━━ 表示自由边。

**表 2-1-40 局部区格简支板的屈曲系数 $K$**

| 序号 | 载荷(应力)情况 | | $\alpha=a/b$ | $K$ |
|---|---|---|---|---|
| 1 | 均匀或不均匀压缩 $0\leqslant\psi\leqslant1$ | (图) | $\alpha\geqslant1$ | $K_\sigma=\dfrac{8.4}{\psi+1.1}$ |
| | | | $\alpha<1$ | $K_\sigma=\left(\alpha+\dfrac{1}{\alpha}\right)^2\dfrac{2.1}{\psi+1.1}$ |
| 2 | 纯弯曲或以拉为主的弯曲 $\psi\leqslant-1$ | (图) | $\alpha\geqslant\dfrac{2}{3}$ | $K_\sigma=23.9$ |
| | | | $\alpha<\dfrac{2}{3}$ | $K_\sigma=15.87+\dfrac{1.87}{\alpha^2}+8.6\alpha^2$ |
| 3 | 以压为主的弯曲 $-1<\psi<0$ | (图) | | $K_\sigma=(1+\psi)K'_\sigma-\psi K''_\sigma+10\psi(1+\psi)$ $K'_\sigma$——$\psi=0$ 时的屈曲系数(序号1) $K''_\sigma$——$\psi=-1$ 时的屈曲系数(序号2) |
| 4 | 纯剪切 | (图) | $\alpha\geqslant1$ | $K_\tau=5.34+\dfrac{4}{\alpha^2}$ |
| | | | $\alpha<1$ | $K_\tau=4+\dfrac{5.34}{\alpha^2}$ |

续上表

| 序号 | 载荷（应力）情况 | $\alpha=a/b$ | $K$ |
|---|---|---|---|
| 5 | 单边局部压缩 | $\alpha\leqslant 1$ | $K_m=\dfrac{2.86}{\alpha^{1.5}}+\dfrac{2.65}{\alpha^2\beta}$ |
|  |  | $1<\alpha\leqslant 3$ | $K_m=\left(2+\dfrac{0.7}{\alpha^2}\right)\left(\dfrac{1+\beta}{\alpha\beta}\right)$<br>当 $a>3$ 时，按 $a=3b$ 计算 $\alpha,\beta,K_m$ 值 |
| 6 | 双边局部压缩 |  | $K_m=0.8K'_m$<br>$K'_m$——按序号5计算的 $K_m$ 值 |

注：1. $\sigma_1$ 为板边最大压应力，$\psi=\sigma_2/\sigma_1$ 为板边两端应力比；$\sigma_1$、$\sigma_2$ 各带自己的正负号。
2. 对有一条纵向加劲肋分隔的、受局部压应力作用的腹板，其上区格可参照序号6栏计算屈曲系数，其下区格在确定局部压应力 $\sigma_m(y)$ 及扩算区宽度 $c(y)$ 后可参照序号5栏计算屈曲系数。对有两条和两条以上纵向加劲肋的情况，也可按照上述原则对照相应区格进行计算。

表2-1-40序号6中用加劲肋分隔的局部区格简支板边缘的局部压应力 $\sigma_m(y)$ 及其分布长度 $c(y)$（图2-1-38）按下式计算：

$$\sigma_m(y)=\frac{2\sigma_m}{\pi}\left[\arctan\frac{c}{y}-3\left(\frac{y}{B}\right)^2\left(1-\frac{2y}{3B}\right)\arctan\frac{c}{B}\right] \quad (2\text{-}1\text{-}116)$$

$$c(y)=c\frac{\sigma_m}{\sigma_m(y)}\left(1-\frac{y}{B}\right) \quad (2\text{-}1\text{-}117)$$

式中　$\sigma_m$——由集中载荷产生的板边局部压应力（N/mm²），见式(2-1-66)；
　　　$\sigma_m(y)$——局部压应力 $\sigma_m$ 沿板宽方向变化到 $y$ 处的值（N/mm²）；
　　　$c(y)$——局部压应力的分布长度 $c$ 沿板宽方向变化到 $y$ 处的值（mm）；
　　　$y$——以局部压应力作用边为原点向另一边方向的坐标，即板的上边缘至下区格上边缘的距离（mm）；
　　　$B$——腹板的总宽（高）度（mm）。

$\arctan\dfrac{c}{y}$、$\arctan\dfrac{c}{B}$ 的单位为弧度。

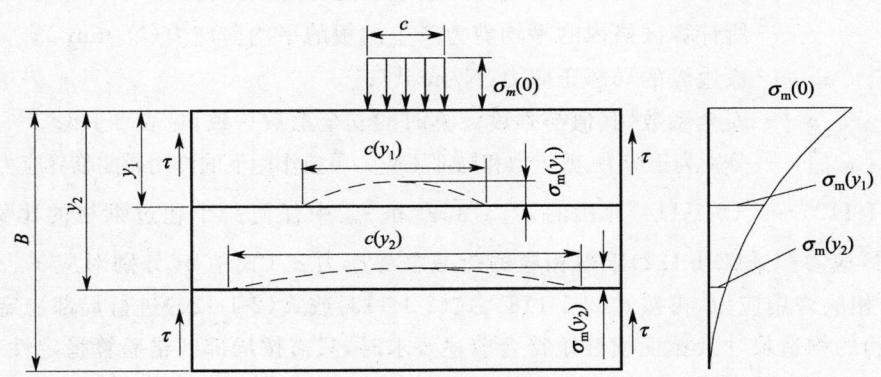

图2-1-38　纵向加劲肋分隔之区格边缘的局部压应力及分布长度

**表 2-1-41　带肋简支板的屈曲系数 K**

| 序号 | 载荷（应力）情况 | K |
|---|---|---|
| 1 | 压缩 | $K_\sigma = \dfrac{(1+\alpha^2)^2 + r \cdot \gamma_a}{\alpha^2(1+r \cdot \delta_a)} \cdot \dfrac{2}{1+\psi}$ |
| 2 | 纯剪切 | $K_\tau$ 值见下表 |
| 3 | 局部挤压 | $K_m = K'_m(1+\eta)$ <br> $K'_m$——按表 2-1-40 中的序号 5 计算的 $K_m$ 值 <br> $\eta = \dfrac{\sum\limits_{i=1}^{r-1}\left(\sin\dfrac{\pi y_i}{b} - \dfrac{1}{4}\sin\dfrac{2\pi y_i}{b}\right)^2}{\alpha^4 + \dfrac{5}{4}\alpha^2 + \dfrac{17}{32}}\gamma_a$ |

序号 2 纯剪切 $K_\tau$ 值：

| $m$ | 5 | 10 | 20 | 30 | 40 | 50 | 60 | 70 | 80 | 90 | 100 |
|---|---|---|---|---|---|---|---|---|---|---|---|
| $K_\tau$ | 6.98 | 7.7 | 8.67 | 9.36 | 9.6 | 10.4 | 10.8 | 11.1 | 11.4 | 11.7 | 12 |

$m = 2\sum\limits_{i=1}^{r-1}\sin^2\left(\dfrac{\pi y_i}{b}\right)\gamma_a$，加劲肋等距离平分板宽时，$2\sum\limits_{i=1}^{r-1}\sin^2\left(\dfrac{\pi y_i}{b}\right) = r$

注：$\gamma_a = \dfrac{EI_z}{bD}$，$\delta_a = \dfrac{A_z}{b\delta}$；

$I_z$——单根纵向加劲肋截面惯性矩($mm^4$)，当加劲肋在板两侧成对配置时，其截面惯性矩按板厚中心线为轴线计算；一侧配置时，按与板相连的加劲肋边缘为轴线计算；

$A_z$——单根纵向加劲肋截面面积($mm^2$)；

$r$——板被加劲肋分隔的区格数；

$D = \dfrac{E\delta^3}{12(1-\mu^2)}$（$\mu$ 为材料的泊桑比）。

$\sigma_1$、$\tau$、$\sigma_m$ 单独作用时的局部稳定性按下式验算：

$$\sigma_1 \leqslant [\sigma_{1cr}] = \dfrac{\sigma_{1cr}}{n} \tag{2-1-118}$$

$$\tau \leqslant [\tau_{cr}] = \dfrac{\tau_{cr}}{n} \tag{2-1-119}$$

$$\sigma_m \leqslant [\sigma_{mcr}] = \dfrac{\sigma_{mcr}}{n} \tag{2-1-120}$$

式中　　$\sigma_1$——所计算区格内的平均弯矩引起的边缘弯曲压应力($N/mm^2$)；

$\tau$——所计算区格内的平均剪力产生的板的平均剪应力($N/mm^2$)；

$\sigma_m$——板边缘的局部压应力($N/mm^2$)；

$n$——安全系数，其值与强度计算时的安全系数一致，见表 2-1-8；

$[\sigma_{1cr}]$，$[\tau_{cr}]$，$[\sigma_{mcr}]$——分别为正应力、剪应力和局部压应力单独作用下的许用屈曲临界应力($N/mm^2$)。

按式(2-1-112)～式(2-1-114)算出的 $\sigma_{1cr}$、$\sqrt{3}\,\tau_{cr}$ 和 $\sigma_{mcr}$ 中任何一个超过钢材的比例极限 $\sigma_P$（取 $\sigma_P = 0.8\sigma_s$）时，应参照式(2-1-122)求得相应的折减临界应力 $\sigma_{cr}$（式中 $m$ 分别对应 $\sigma_{1cr}/\sigma_s$、$\sqrt{3}\,\tau_{cr}/\sigma_s$ 和 $\sigma_{mcr}/\sigma_s$）及相应许用应力，再按式(2-1-118)、式(2-1-119)或式(2-1-120)进行局部稳定性验算。

当加劲肋的构造尺寸及截面惯性矩符合前述要求时，只需按局部区格验算稳定性，否则应同时计算局部区格板和带肋板两种情况的稳定性。

2. 压缩应力 $\sigma_1$、剪切应力 $\tau$ 和局部压应力 $\sigma_m$ 同时作用时板的临界复合应力及局部稳定性验算：

临界复合应力为：

$$\sigma_{i,cr} = \frac{\sqrt{\sigma_1^2 + \sigma_m^2 - \sigma_1 \sigma_m + 3\tau^2}}{\frac{1+\psi}{4}\left(\frac{\sigma_1}{\sigma_{1cr}}\right) + \sqrt{\left[\frac{3-\psi}{4}\left(\frac{\sigma_1}{\sigma_{1cr}}\right) + \frac{\sigma_m}{\sigma_{mcr}}\right]^2 + \left(\frac{\tau}{\tau_{cr}}\right)^2}} \tag{2-1-121}$$

式中 $\sigma_1, \tau, \sigma_m$——腹板（或区格）受压边的弯曲压应力、平均剪应力和局部压应力；

$\sigma_{1cr}, \tau_{cr}, \sigma_{mcr}$——按式(2-1-112)～式(2-1-114)求得的临界应力值；

$\psi$——腹板（或区格）两边缘上弯曲应力之比，$\psi = \sigma_2/\sigma_1$（$\sigma_1$、$\sigma_2$ 带各自正负号）。

特殊情况：$\tau = 0, \sigma_m = 0$ 时：$\sigma_{i,cr} = \sigma_{1cr}$；

$\sigma_1 = 0, \sigma_m = 0$ 时：$\sigma_{i,cr} = \sqrt{3}\,\tau_{cr}$；

$\sigma_1 = 0, \tau = 0$ 时：$\sigma_{i,cr} = \sigma_{mcr}$。

当局部压应力作用于板的受拉边缘时，$\sigma_1$ 与 $\sigma_m$ 不相关，可分别取 $\sigma_m = 0$ 以及 $\sigma_1 = 0$ 进行计算。当临界复合应力 $\sigma_{i,cr}$（含特殊情况）超过 $0.8\sigma_s$ 时，应按式(2-1-122)进行折减修正。计算 $\sigma_{i,cr}$ 时，式中单项临界应力超过 $0.8\sigma_s$ 时不需修正。

折减临界应力为：

$$\sigma_{cr} = \sigma_s \left(1 - \frac{1}{1 + 6.25\,m^2}\right) \tag{2-1-122}$$

式中 $m$——大于 $0.8\sigma_s$ 的临界复合应力（含特殊情况）与钢材的屈服点之比，$m = \frac{\sigma_{i,cr}}{\sigma_s}$。

板的局部稳定许用应力 $[\sigma_{cr}]$ 按以下两式计算：

当 $\sigma_{i,cr} \leqslant 0.8\sigma_s$ 时： $$[\sigma_{cr}] = \frac{\sigma_{i,cr}}{n} \tag{2-1-123}$$

当 $\sigma_{i,cr} > 0.8\sigma_s$ 时： $$[\sigma_{cr}] = \frac{\sigma_{cr}}{n} \tag{2-1-124}$$

式中 $n$——安全系数，取与强度安全系数一致，见表 2-1-8。

腹板或区格的局部稳定性按下式验算：

$$\sqrt{\sigma_1^2 + \sigma_m^2 - \sigma_1 \sigma_m + 3\tau^2} \leqslant [\sigma_{cr}] \tag{2-1-125}$$

## 第六节 受扭构件的计算

起重机金属结构中的受扭构件主要指薄壁构件。按其截面的形式可分为开口薄壁构件和闭口薄壁构件两类。开口薄壁构件的抗扭能力很弱，在起重机金属结构中用作受扭（或弯扭联合作用）构件的主要是闭口薄壁构件。

构件受扭分自由扭转和约束扭转两种应力状态。

结构构件所受的扭矩通常是由偏心的横向载荷引起的。在这种情况下可将载荷转化为通过弯心的横向载荷和扭矩进行分析计算。

### 一、自由扭转

构件受扭时截面不发生纵向翘曲，或虽发生纵向翘曲但不限制其自由翘曲的为自由扭转。

（一）弯心（剪心）和扭心

当横向载荷的作用线通过构件横截面上某一特殊点时构件只弯不扭，则该点为截面的弯心（剪心）；在扭转过程中构件截面上不产生位移（只扭不弯）的某一特殊点为截面的扭心。根据位移互等原理，弯心（剪心）和扭心是重合的。

有对称轴的截面，其弯心必在对称轴上。只有无对称轴或只有一个对称轴的截面才需要通过计算确定弯心的位置。由两个相交于一点的矩形条所组成的开口截面(如 T 形、十字形截面和角钢截面)的弯心即为其中心线的交点。开口截面的弯心位置见表 2-1-42。闭口截面最常见的是箱形截面。有两个对称轴的箱形截面的弯心即为两对称轴的交点。有一个对称轴的箱形截面(图 2-1-39a)的弯心坐标按下式确定：

$$e_x = \frac{[3\delta(3b-4e_0)+\delta_2 h]b}{h(\delta_1+\delta_2)+6\delta b} \tag{2-1-126}$$

$$e_y = 0 \tag{2-1-127}$$

如果忽略翼缘板的承剪能力，可近似按下式计算：

$$e_x = \frac{\delta_2}{\delta_1+\delta_2}b \tag{2-1-128}$$

式中 $e_0$——翼缘板剪应力零点的 $x$ 坐标，$e_0 = \dfrac{\delta_1 b(\delta h+\delta_2 b)}{2\delta_1 \delta_2 b+(\delta_1+\delta_2)\delta h}$ (mm)；

$\delta_1, \delta_2, \delta$——主腹板、副腹板和翼缘板厚度(mm)；

$b, h$——以板厚中线表示的截面宽度和高度(mm)。在扭转计算中，不计翼缘板的外伸部分。

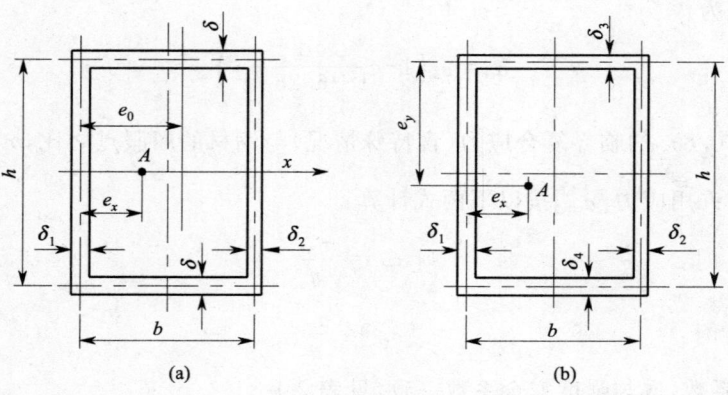

图 2-1-39 箱形截面

表 2-1-42 开口截面扇性几何特性

| 截面型式 | 弯曲中心坐标 $e_x(e_y)$/mm | 主扇性坐标 $\omega$ 图/mm² | 主扇性惯性矩 $I_\omega$/mm⁶ |
|---|---|---|---|
| (槽形截面图) | $\dfrac{3b^2\delta_2}{6\delta_2 b+h\delta_1}$ | (扇性坐标图，标注 $\dfrac{he_x}{2}$、$\dfrac{h}{2}(b-e_x)$) | $\dfrac{b^3 h^2 \delta_2}{12} \cdot \dfrac{2h\delta_1+3b\delta_2}{6\delta_2 b+h\delta_1}$ |
| (工字形截面图) | 由于截面对称，弯曲中心在重心 $A$ 点上，同理，主扇性零点在翼缘中央 | (扇性坐标图，标注 $\dfrac{bh}{4}$) | $\dfrac{b^3 h^2 \delta_2}{24}$ |

| 截面型式 | 弯曲中心坐标 $e_x(e_y)$/mm | 主扇性坐标 $\omega$ 图/mm² | 主扇性惯性矩 $I_\omega$/mm⁶ |
|---|---|---|---|
| (图) | $\dfrac{I_{3y}h}{I_{2y}+I_{3y}}=\dfrac{d^3\delta_3 h}{b^3\delta_2+d^3\delta_3}$ | (图) | $\dfrac{I_{2y}I_{3y}h^2}{I_{2y}+I_{3y}}=\dfrac{b^3\delta_2 d^3\delta_3 h^2}{12(b^3\delta_2+d^3\delta_3)}$ |

无对称轴的箱形截面（图 2-1-39b）弯心的横坐标 $e_x$ 按下式确定：

$$e_x=\frac{(\alpha_1+\alpha_2)\{\alpha_3[(2\alpha_4\alpha_5-3\alpha_6)\alpha_2-\alpha_1\alpha_4\alpha_5]+6\alpha_4\alpha_6\alpha_7[\alpha_1+(1+2\alpha_5\alpha_6)\alpha_2]\}b}{2\alpha_3[\alpha_5(\alpha_4+1)(\alpha_1^2-\alpha_1\alpha_2+\alpha_2^2)+3(\alpha_1^2\alpha_7+\alpha_2^2\alpha_6)]} \quad (2\text{-}1\text{-}129)$$

式中 $\alpha_4=\dfrac{\delta_2}{\delta_1}$；

$\alpha_5=\dfrac{h}{b}$；

$\alpha_6=\dfrac{\delta_3}{\delta_1}$；

$\alpha_7=\dfrac{\delta_4}{\delta_1}$；

$\alpha_1=\alpha_6+\dfrac{\alpha_5}{2}(1+\alpha_4)$；

$\alpha_2=\alpha_7+\dfrac{\alpha_5}{2}(1+\alpha_4)$；

$\alpha_3=\alpha_4(\alpha_6+\alpha_7)+\alpha_5\alpha_6\alpha_7(1+\alpha_4)$。

然后将图 2-1-39b 旋转 90°，并重新按图 2-1-40 标注尺寸，再代入公式（2-1-129），并将公式左边的 $e_x$ 改成 $e_y$，即可得到弯心的纵坐标 $e_y$。

**（二）自由扭转剪应力**

**1. 开口截面的自由扭转剪应力**

开口薄壁构件自由扭转剪应力如图 2-1-41 所示，剪应力沿壁厚为线性分布。

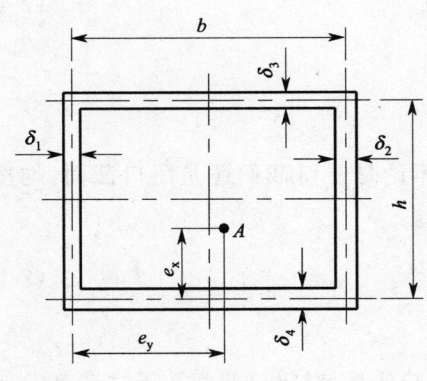

图 2-1-40 旋转 90°的图形

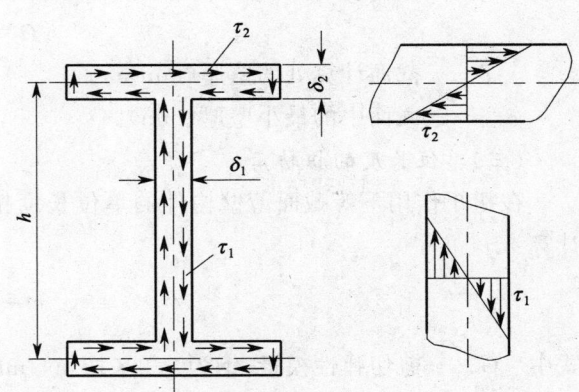

图 2-1-41 开口截面自由扭转剪应力

开口截面薄壁构件自由扭转剪应力按下式计算：

$$\tau_K = \frac{M_K}{I_K}\delta \tag{2-1-130}$$

最大剪应力：

$$\tau_{Kmax} = \frac{M_K}{I_K}\delta_{max} \tag{2-1-131}$$

式中　$M_K$——作用在计算截面上的自由扭转的扭矩(N·mm)；
　　　$\delta$——截面上计算处的壁厚(mm)；
　　　$\delta_{max}$——截面上的最大壁厚(mm)；
　　　$\tau_K$——所计算处边缘纤维上的剪应力(N/mm²)；
　　　$\tau_{Kmax}$——全截面上的最大剪应力(N/mm²)；
　　　$I_K$——截面的扭转惯性矩(mm⁴)，由矩形窄条组成的截面，$I_K$ 按下式计算：

$$I_K = \alpha \sum \frac{b_i \delta_i^3}{3} \tag{2-1-132}$$

其中　$b_i, \delta_i$——矩形窄条的长度和宽度(轧制型钢的壁厚按平均值计算)(mm)；
　　　$\alpha$——修正系数，按表 2-1-43 选取。

表 2-1-43　$\alpha$ 值

| 截面型式及成形方法 | $\alpha$ |
|---|---|
| 轧制和焊接槽钢、T 字钢 | 1.12 |
| 轧制工字钢、角钢 | 1.20 |
| 焊接组合工字钢 | 1.40 |

2. 闭口截面的自由扭转剪应力

闭口截面自由扭转剪应力沿截面的分布见图 2-1-42，剪应力沿壁厚均匀分布，沿截面中线形成封闭的剪力流。

闭口截面自由扭转剪应力按下式计算：

$$\tau = \frac{M_K}{\Omega \delta} \tag{2-1-133}$$

最大剪应力：

$$\tau_{max} = \frac{M_K}{\Omega \delta_{min}} \tag{2-1-134}$$

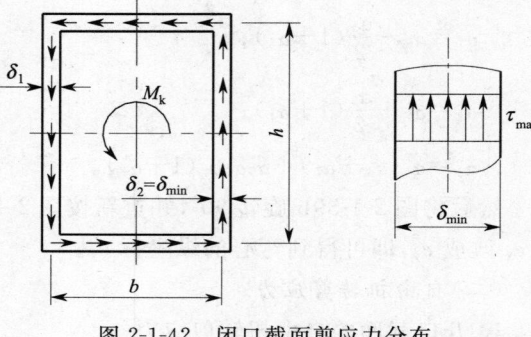

图 2-1-42　闭口截面剪应力分布

式中　$\Omega$——截面轮廓中线所围成面积的两倍，对于箱形截面：

$$\Omega = 2bh \tag{2-1-135}$$

　　　$\delta$——截面计算处的壁厚(mm)；
　　　$\delta_{min}$——截面中的最小壁厚(mm)。

（三）单位长度的扭转角

在扭矩作用下等截面薄壁构件的单位长度扭转角，不论是开口截面还是闭口截面，均按下式计算：

$$\theta = \frac{M_K}{GI_K} \tag{2-1-136}$$

式中　$G$——剪切弹性模量，钢为 $7.9 \times 10^4$ N/mm²；
　　　$I_K$——扭矩惯性矩(mm⁴)，对开口截面按式(2-1-132)计算；对闭口截面按下式计算：

$$I_K = \beta \frac{\Omega^2}{\oint \frac{ds}{\delta}} \tag{2-1-137}$$

其中　$\beta$——系数，对焊接结构 $\beta=1$，对铆接结构 $\beta=0.3$，
　　　$s$——封闭周边的长度(mm)，
　　　$\delta$——壁厚(mm)。

对于箱形截面(图 2-1-39b)：

$$\oint \frac{\mathrm{d}s}{\delta} = \frac{h}{\delta_1} + \frac{h}{\delta_2} + \frac{b}{\delta_3} + \frac{b}{\delta_4} \tag{2-1-138}$$

(四)结构的自由扭转分析

确定不同支承情况下的支承扭矩是单个受扭构件或结构受扭分析的重要环节。支承扭矩确定后，构件或结构各截面的扭矩即可解得。

1. 扭转分析的特点

(1)支承

在受弯构件中熟悉的支承方式，在受扭构件中将提供不同的作用，这在弯扭联合作用的构件中尤须注意。例如在受弯构件中的"简支"，指的是能限制线位移但不限制在弯曲平面内的角位移。同一个简支结构在受扭构件中，一般也能起阻止扭转的作用，但某些构造的简支或弯曲分析中起简支作用的支承方式则不能起到阻止扭转的作用，它对扭转分析来说就不是一个支承。对扭转分析而言，支承是指能部分地或全部地阻止截面扭转的构造方式，前者为弹性支承，后者为刚性支承。对双梁门式起重机的上部框架结构

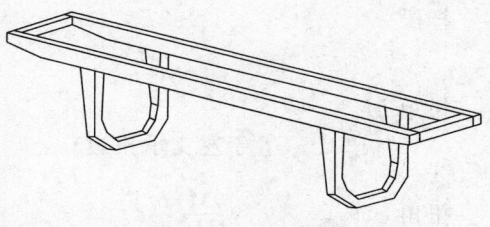

图 2-1-43　U形门式起重机金属结构

(图 2-1-43)而言，起重机的支承结构(图 2-1-43 中的支腿和下部走行梁)是其弹性支承。对主梁而言，上部框架结构的端梁也是扭转分析中的弹性支承，而在主梁的弯曲分析中，上端梁根本就不是支承。

(2)静定与超静定

有两个简支支承的梁(简支梁)在弯曲分析中属于静定结构。而在扭转分析中，有一个弹性或刚性支承的构件是静定的，有两个扭转支承则是超静定的，由力矩的平衡方程已不足以求出两个支承扭矩，必须再利用位移条件才能解出支承扭矩。

2. 单根等截面构件的扭转分析

(1)集中扭矩作用的静定杆件(图 2-1-44a)

杆段　　$0<Z<a$　　　$a<Z<l$

扭矩 $M_K$　　$M$　　　　$0$

扭角 $\varphi$　　$\dfrac{M_K}{GI_K}Z$　　$\dfrac{M_K}{GI_K}a$

(2)均布扭矩作用的静定杆件(图 2-1-44b)

可以把均布扭矩等效地转化为作用于 $a$ 段中点的集中扭矩 $M=ma$，求出支承扭矩，然后求出各截面的扭矩和扭角。

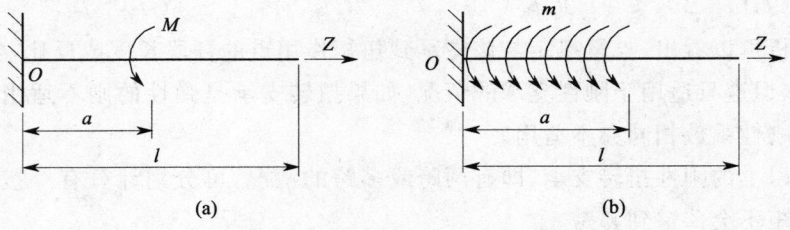

图 2-1-44　静定受扭构件

| 杆段 | $0<Z<a$ | $a<Z<l$ |
|---|---|---|
| 扭矩 $M_K$ | $m(a-Z)$ | 0 |
| 扭角 $\varphi$ | $\dfrac{m}{GI_K}\left(aZ-\dfrac{Z^2}{2}\right)$ | $\dfrac{ma^2}{2GI_K}$ |

支承扭矩 $M_{K0}=m(a-Z)|_{Z=0}=ma$。对于 $0<Z<a$ 段的扭角公式 $\varphi=\dfrac{m}{GI_K}\left(aZ-\dfrac{Z^2}{2}\right)$，可作如下理解：$Z$ 截面相对于左边支承的扭角在数值上等于左边支承相对于 $Z$ 截面的扭角（方向相反）。公式中的第一项为由支承扭矩 $ma$ 产生的左支承相对于 $Z$ 截面的扭角；第二项为由左支承到 $Z$ 截面之间的 $m$ 产生的、左边支承相对于 $Z$ 截面的扭角 $-\dfrac{1}{GI_K}\int_0^Z mt\,dt = -\dfrac{m}{GI_K}\dfrac{t^2}{2}\bigg|_0^Z = -\dfrac{m}{2GI_K}Z^2$。

（3）集中扭矩作用、两端为刚性支承的杆件（图 2-1-45a）

按超静定结构求解可以证明：两端的支承扭矩与该支承到集中扭矩作用点的距离成反比，可以用集中横向力作用下的简支受弯梁求支座反力来比拟。

| 杆段 | $0<Z<a$ | $a<Z<l$ |
|---|---|---|
| 扭矩 $M_K$ | $M\dfrac{b}{l}$ | $M\dfrac{a}{l}$ |
|  | （等于左支承扭矩） | （等于右支承扭矩） |
| 扭角 $\varphi$ | $\dfrac{M}{GI_K}\dfrac{b}{l}Z$ | $\dfrac{M}{GI_K}\dfrac{a}{l}(l-Z)$ |

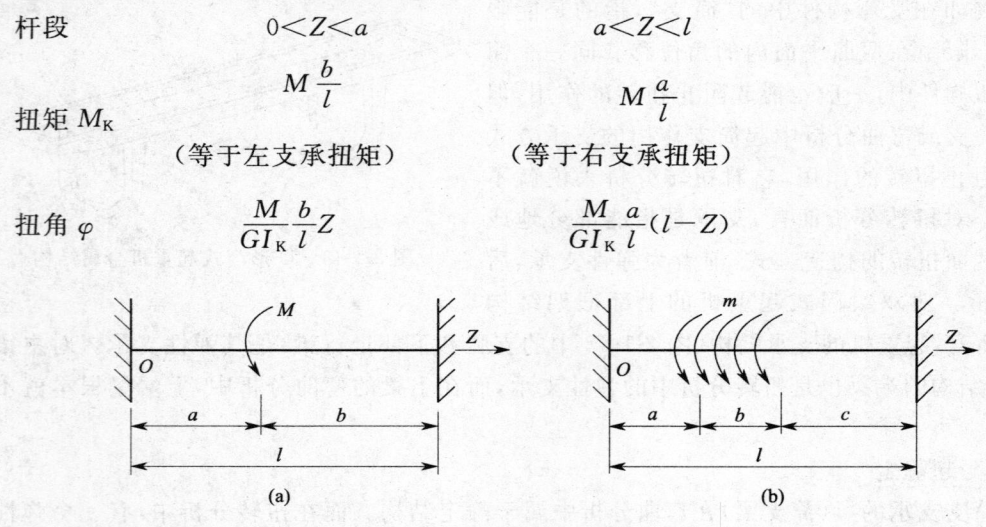

图 2-1-45　两支承受扭构件

（4）局部均布扭矩作用、两端为刚性支承的杆件（图 2-1-45b）

把局部均布扭矩视为作用于 $b$ 段中点的集中扭矩 $M=mb$，按（3）所述确定两端支承扭矩，然后仍按局部均布扭矩求各截面的扭矩及扭角。

| 杆段 | $0<Z<a$ | $a<Z<a+b$ | $a+b<Z<l$ |
|---|---|---|---|
| 扭矩 $M_K$ | $mb\dfrac{\dfrac{b}{2}+c}{l}$ | $mb\dfrac{\dfrac{b}{2}+c}{l}-m(Z-a)$ | $mb\dfrac{\dfrac{b}{2}+a}{l}$ |
|  | （等于左支承扭矩） |  | （等于右支承扭矩） |
| 扭角 $\varphi$ | $\dfrac{mb}{GI_K}\dfrac{\dfrac{b}{2}+c}{l}Z$ | $\dfrac{mb}{2GI_K}\left(\dfrac{b+2c}{l}\right)Z-\dfrac{m}{2GI_K}(Z-a)^2$ | $\dfrac{mb}{GI_K}\dfrac{\dfrac{b}{2}+a}{l}(l-Z)$ |

从上面的分析可以看出，支承扭矩与该支承到扭矩作用点的杆段长度成反比，类似于简支梁求支座反力的情况，但这只适用于刚性支承的情况，如果扭转支承是弹性的则不适用，即使是对称结构两扭转支承的刚性系数相同亦不适用。

如果有两个以上的刚性扭转支承，即有两跨或多跨的情况，可分别计算有外扭矩作用的跨，计算方法同上。扭矩不会传递到邻跨。

（5）弹性支承情况的扭转分析

绝大多数情况下，受扭构件的支承是弹性的，则各支承所承受的扭矩（支承扭矩）将与支承的刚性系数以及各段杆件的扭转刚度有关。求出支承扭矩后，即可求得任一截面的扭矩及转角。

可以用力法、位移法、三扭矩方程法、三转角方程法等各种方法求解多次超静定问题确定各支承扭矩，应用本手册的扭矩分配法可能比较直观和简便。

每个弹性转动支承 $K_i$ 有一个相应的刚性系数 $k_i$，其物理意义为：使支承 $K_i$ 产生单位扭角 ($\varphi_i = 1$) 时所需作用在该支承上的扭矩。

图 2-1-46 为最简单的只有两个弹性支承的受扭构件。在扭矩分配法中，以一杆段端部带一个弹性支承作为分配单元，以杆段和弹性支承的组合刚性系数为扭矩的分配依据。

1）两个弹性转动支承、集中扭矩作用于内跨某一截面上（图 2-1-46 实线所示 $M$）。

设：支承 $K_1$ 的刚性系数为 $k_1$；

支承 $K_2$ 的刚性系数为 $k_2$；

杆件截面的扭转惯性矩为 $I_K$；

$a$ 段杆件的刚性系数 $k_a = \dfrac{GI_K}{a}$；

$b$ 段杆件的刚性系数 $k_b = \dfrac{GI_K}{b}$。

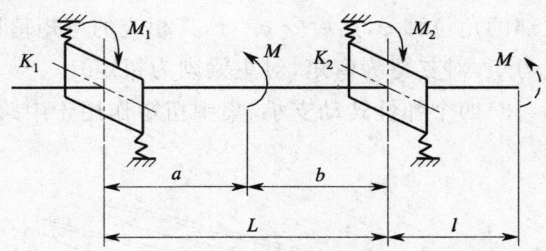

图 2-1-46 弹性支承上的受扭构件

扭矩 $M$ 将在 $a$-$K_1$ 单元与 $b$-$K_2$ 单元之间进行分配。

$a$-$K_1$ 单元的组合刚性系数：

$$k_{a1} = \frac{1}{\dfrac{1}{k_a} + \dfrac{1}{k_1}} = \frac{k_1 k_a}{k_1 + k_a} \tag{2-1-139}$$

$b$-$K_2$ 单元的组合刚性系数：

$$k_{b2} = \frac{k_2 k_b}{k_2 + k_b} \tag{2-1-140}$$

支承扭矩 $M_1$、$M_2$ 按下式分配：

$$M_1 = \frac{k_{a1}}{k_{a1} + k_{b2}} M \tag{2-1-141}$$

$$M_2 = \frac{k_{b2}}{k_{a1} + k_{b2}} M = M - M_1 \tag{2-1-142}$$

当 $K_1$、$K_2$ 为扭转刚性支承（$k_1$、$k_2 \to \infty$）时：

$$k_{a1} = k_a = \frac{GI_K}{a}$$

$$k_{b2} = k_b = \frac{GI_K}{b}$$

$$M_1 = \frac{k_{a1}}{k_{a1} + k_{b2}} M = \frac{\dfrac{GI_K}{a}}{\dfrac{GI_K}{a} + \dfrac{GI_K}{b}} M = \frac{b}{L} M$$

$$M_2 = \frac{a}{L} M$$

即为（3）所述的情况。

2）两个弹性转动支承、集中扭矩作用于伸臂端（图 2-1-46 中虚线所示的 $M$）。

扭矩由伸臂端传递到 $K_2$ 支承前无任何构件或支承可以分担，$l$ 段承受全部扭矩 $M$，传到 $K_2$ 支承后将在支承 $K_2$ 与 $L$-$K_1$ 单元之间进行分配。

$L$-$K_1$ 单元的组合刚性系数：

$$k_{L1} = \frac{k_1 k_L}{k_1 + k_L}$$

$$M_2 = \frac{k_2}{k_{L1} + k_2} M$$

$$M_1 = M - M_2$$

在起重机设计中,单主梁门式起重机(L形和C形)的主梁以及无上端梁的U形门式起重机(图2-1-47)的主梁,进行扭转分析时即可归结为上述1)、2)两种计算模型,其中主梁的扭转弹性支承 $K_1$、$K_2$ 为门式起重机的两个支腿系统。

$k_1$、$k_2$ 的计算可按结构力学的位移一般公式用图乘法求出。在支腿顶部作用弯矩 $M$,求出支腿顶部的角位移 $\varphi$,然后令 $\varphi=1$,其相应的弯矩值即为弹性支承的刚性系数(主梁与支腿连接处的节点力矩,对支腿为弯矩,对主梁则为扭矩)。

3)四个弹性转动支承、集中扭矩作用于中跨某一截面(图2-1-48)。

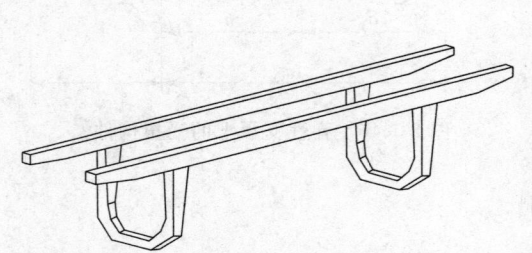

图 2-1-47 无上端梁的 U 形门式起重机金属结构

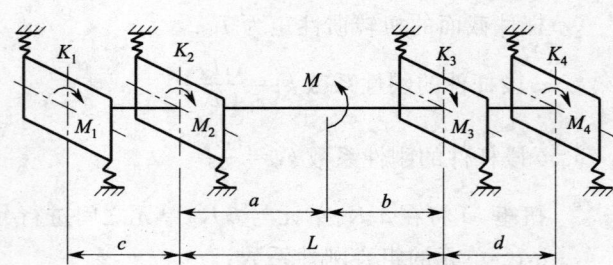

图 2-1-48 四个弹性支承的连续受扭构件
(集中扭矩作用于中跨)

$c$-$K_1$ 单元的刚性将加强 $K_2$ 支承;同样地,$d$-$K_4$ 单元的刚性也将加强 $K_3$ 支承。扭矩 $M$ 将在强化 $a$-$K_2$ 单元与强化 $b$-$K_3$ 单元之间进行分配,然后再在 $K_2$ 支承与 $c$-$K_1$ 单元之间,在 $K_3$ 支承与 $d$-$K_4$ 单元之间进行二次分配得到 $K_1$、$K_2$、$K_3$、$K_4$ 支承的支承扭矩 $M_1$、$M_2$、$M_3$ 和 $M_4$。

一次分配:

$$M_a = \frac{k_{\overline{a2}}}{k_{\overline{a2}} + k_{\overline{b3}}} M \tag{2-1-143}$$

$$M_b = M - M_a \tag{2-1-144}$$

式中 $M_a$——强化 $a$-$K_2$ 单元所分配到的扭矩,等于 $a$ 段构件承受的扭矩(N·mm);

$M_b$——强化 $b$-$K_3$ 单元所分配到的扭矩,等于 $b$ 段构件承受的扭矩(N·mm);

$k_{\overline{a2}}$——强化 $a$-$K_2$ 单元的组合刚性系数,按(2-1-145)式计算;

$k_{\overline{b3}}$——强化 $b$-$K_3$ 单元的组合刚性系数,按(2-1-146)式计算。

$$k_{\overline{a2}} = \frac{1}{\dfrac{1}{k_a} + \dfrac{1}{k_2 + k_{c1}}} \tag{2-1-145}$$

$$k_{\overline{b3}} = \frac{1}{\dfrac{1}{k_b} + \dfrac{1}{k_3 + k_{d4}}} \tag{2-1-146}$$

其中 $(k_2 + k_{c1})$——由 $c$-$K_1$ 单元加强后的 $K_2$ 支承的刚性系数,因 $c$-$K_1$ 单元与 $K_2$ 支承是加强关系而不是分配关系,故为两个刚性系数之和;

$(k_3 + k_{d4})$——由 $d$-$K_4$ 单元加强后的 $K_3$ 支承的刚性系数,同理系 $K_3$ 和 $d$-$K_4$ 单元的刚性系数之和;

$k_{c1}$——$c$-$K_1$ 单元的组合刚性系数:

$$k_{c1}=\frac{1}{\frac{1}{k_c}+\frac{1}{k_1}}=\frac{k_c k_1}{k_c+k_1} \tag{2-1-147}$$

$k_{d4}$——$d$-$K_4$单元的组合刚性系数：

$$k_{d4}=\frac{1}{\frac{1}{k_d}+\frac{1}{k_4}}=\frac{k_d k_4}{k_d+k_4} \tag{2-1-148}$$

二次分配：对集中扭矩 $M$ 作用截面的左、右两部分，分别应用在2)中所述的方法进行二次分配：

$$M_1=\frac{k_{c1}}{k_{c1}+k_2}M_a \tag{2-1-149}$$

$$M_2=\frac{k_2}{k_{c1}+k_2}M_a=M_a-M_1 \tag{2-1-150}$$

$$M_3=\frac{k_3}{k_{d4}+k_3}M_b \tag{2-1-151}$$

$$M_4=\frac{k_{d4}}{k_{d4}+k_3}M_b=M_b-M_3 \tag{2-1-152}$$

式中　$M_1,M_2,M_3,M_4$——分别为支承 $K_1$、$K_2$、$K_3$、$K_4$ 的支承扭矩。

求出 $M_1 \sim M_4$ 后，各杆段的扭矩值用力矩平衡方程很容易得出。

4) 四个弹性转动支承、集中力矩作用于边跨上的某一截面(图 2-1-49)。

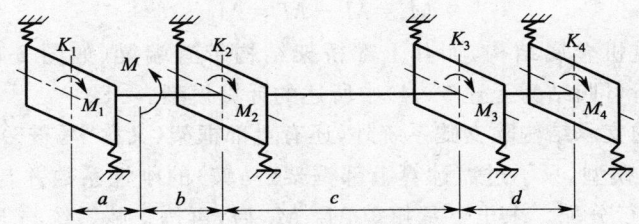

图 2-1-49　四个弹性支承的连续受扭构件
（集中扭矩作用于边跨）

$d$-$K_4$ 单元的刚性加强了 $K_3$ 支承，强化 $c$-$K_3$ 单元的刚性又加强了 $K_2$ 支承。集中扭矩 $M$ 将在 $a$-$K_1$ 单元与强化 $b$-$K_2$ 单元之间进行一次分配，然后再在 $M$ 作用截面以右的部分中进行二次分配和三次分配。

一次分配：

$$M_a=\frac{k_{a1}}{k_{a1}+k_{\overline{b2}}}M \tag{2-1-153}$$

$$M_b=M-M_a \tag{2-1-154}$$

式中　$k_{a1}$——$a$-$K_1$ 单元的组合刚性系数：

$$k_{a1}=\frac{k_1 k_a}{k_1+k_a} \tag{2-1-155}$$

$k_{\overline{b2}}$——强化 $b$-$K_2$ 单元的组合刚性系数，按式(2-1-156)计算：

$$k_{\overline{b2}}=\frac{k_{\overline{2}} k_b}{k_{\overline{2}}+k_b} \tag{2-1-156}$$

其中　$k_{\overline{2}}$——强化 $K_2$ 支承的刚性系数：

$$k_{\overline{2}}=k_2+k_{\overline{c3}} \tag{2-1-157}$$

其中　$k_{\overline{c3}}$——强化 $c$-$K_3$ 单元的组合刚性系数：

$$k_{\overline{c3}}=\frac{k_c k_{\overline{3}}}{k_c+k_{\overline{3}}} \tag{2-1-158}$$

其中 $k_{\bar{3}}$——强化 $K_3$ 支承的刚性系数：
$$k_{\bar{3}}=k_3+k_{d4} \tag{2-1-159}$$

其中 $k_{d4}$——$d$-$K_4$ 单元的组合刚性系数：
$$k_{d4}=\frac{k_d k_4}{k_d+k_4} \tag{2-1-160}$$

式(2-1-155)~式(2-1-160)中，式(2-1-157)、式(2-1-159)为强化支承的刚性系数计算式，故均为两刚性系数之和的形式；其余各式均为单元组合刚性的计算式，故均为组合刚性特有的表达形式（组合刚性的倒数等于各刚性倒数之和）。

$K_1$ 的支承扭矩 $M_1$ 无需再分配：
$$M_1=M_a$$

$M$ 作用截面以右部分需按②中所述的分配原则进行二次分配确定相应的支承扭矩 $M_2$、$M_3$、$M_4$：

$$M_2=\frac{k_2}{k_{\bar{c3}}+k_2}M_b \tag{2-1-161}$$

$$M_c=M_b-M_2 \tag{2-1-162}$$

式中 $M_c$——杆段 $c$ 承受的扭矩。

$$M_3=\frac{k_3}{k_3+k_{d4}}M_c \tag{2-1-163}$$

$$M_d=M_c-M_3=M_4 \tag{2-1-164}$$

带悬臂的门式起重机金属结构，如其上部桥架结构带有端梁（如图 2-1-43 的 U 形门式起重机），则主梁的扭转分析可归结为上述 3)、4)中所述的计算模型。

5) 如门式起重机的支承结构除支腿系统外，还有上部框架（又称"马鞍"），主梁的扭转分析仍可用上述 3)、4)两种计算模型，只不过需计算上部框架（马鞍）的刚性系数并与相应支腿系统的刚性系数相加作为 $k_2$、$k_3$ 进行分配。求出支承扭矩 $M_2$、$M_3$ 后，再按支腿系统与上部框架（马鞍）的刚性系数分配给二者，用以验算支腿系统和上部框架（马鞍）。

6) 如有若干个集中扭矩作用于弹性支承的受扭构件，则可用上述方法分别确定各集中外扭矩引起的支承扭矩，然后应用叠加原理解决。

7) 如外载荷为局部均布扭矩 $m$（分布长度为 $a$），对弹性支承的受扭构件作扭转分析确定支承扭矩时，可简单地以作用在 $a$ 段中点的集中扭矩 $M=ma$ 代替均布扭矩，只在确定 $a$ 段内的截面扭矩时仍应恢复均布外扭矩的作用。若 $m$ 的分布长度 $a$ 跨越支承时，则应将支承两边的均布扭矩分别简化为两个集中扭矩。这种以集中扭矩代替均布扭矩的处理方法，对等截面受扭构件是正确的（对扭角位移是等效的），对变截面受扭构件是近似的，在 $a$ 远小于各跨长度的情况下误差不大。

**3. 箱形变截面构件的扭转分析**

在确定支承扭矩时，可由具有折算扭转惯性矩的等截面构件代替原变截面构件。应对各段（由外扭矩和支承所在截面分段）分别计算折算扭转惯性矩。

箱形变截面构件的折算扭转惯性矩按下式计算：
$$I_{KZ}=C_K I_{Kmin} \tag{2-1-165}$$

式中 $C_K$——扭转惯性矩的折算系数，在数值上等于变截面受弯构件的折算系数 $C_{M \cdot M}$（见表 2-1-30、表 2-1-31）：
$$C_K=C_{M \cdot M} \tag{2-1-166}$$

$I_{Kmin}$——变截面受扭构件的小端扭转惯性矩（$mm^4$）。

## 二、约束扭转

一般薄壁构件在扭转时截面将发生纵向翘曲，当翘曲受到限制（约束）时为约束扭转。

在起重机金属结构设计中,对开口截面构件及箱形梁的腹板均可不计算约束扭转剪应力而按自由扭转剪应力计算,简便而偏于安全(箱形梁的翼缘板剪应力很小,主要考虑正应力,约束扭转剪应力亦可忽略不计)。在开口截面薄壁构件中约束扭转正应力不可忽略;在闭口截面薄壁构件中约束扭转正应力数值不是很大,可按后面所述方法计算。对外扭矩不很大的弯扭联合作用构件(例如双梁箱形偏轨主梁),也可与约束弯曲正应力一并考虑(较宽的梁约束弯曲正应力较大而约束扭转正应力较小,较窄的梁则相反),按自由弯曲正应力的15%计算,这特别适用于初步设计。但外扭矩较大的构件(例如单主梁桥式、门式起重机的主梁),除初步设计外,不宜采用这种估算方法。

(一)开口截面薄壁构件的约束扭转正应力

开口截面薄壁构件约束扭转正应力按下式计算:

$$\sigma_\omega = \frac{B_\omega \omega}{I_\omega} \tag{2-1-167}$$

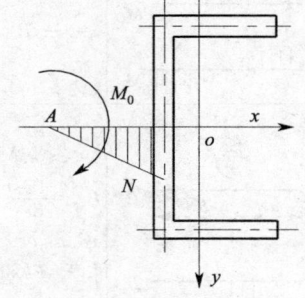

图 2-1-50　$\omega$ 计算图

式中　$\sigma_\omega$——开口截面薄壁构件的约束扭转正应力($N/mm^2$);

$B_\omega$——截面上的约束扭转双力矩,取决于构件的支承型式和外扭矩的作用情况,可按表 2-1-44 计算($N \cdot mm^2$);

$\omega$——开口截面主扇性坐标($mm^2$),见表 2-1-42;

$$\omega = \int_s h \mathrm{d}s \tag{2-1-168}$$

其中　$h$——由极点(弯心)A 至截面中线上某点切线的垂直距离(mm),见图 2-1-50;

$I_\omega$——截面主扇性惯性矩($mm^6$),见表 2-1-42:

$$I_\omega = \int_A \omega^2 \mathrm{d}A = \int_s \delta \omega^2 \mathrm{d}s \tag{2-1-169}$$

(二)闭口截面薄壁构件的约束扭转正应力

闭口截面薄壁构件的约束扭转正应力按下式计算:

$$\sigma_{\bar\omega} = \frac{B_{\bar\omega} \bar\omega}{I_{\bar\omega}} \tag{2-1-170}$$

式中　$B_{\bar\omega}$——闭口截面约束扭转双力矩($N \cdot mm^2$);

$\bar\omega$——闭口截面广义主扇性坐标($mm^2$);

$I_{\bar\omega}$——闭口截面广义主扇性惯性矩($mm^6$)。

1. $\bar\omega$ 的计算

闭口截面广义主扇性坐标按下式计算:

$$\bar\omega = \int_0^s r \mathrm{d}s - \frac{\Omega}{\oint \frac{\mathrm{d}s}{\delta}} \int_0^s \frac{\mathrm{d}s}{\delta} \tag{2-1-171}$$

式中　$\int_0^s r \mathrm{d}s$——以弯心为极点,从主扇性零点(周边上离弯心最近的点)算起(逆时针方向)的周边上某点的主扇性面积($mm^2$);

$\Omega$——截面轮廓中线围成面积的两倍($mm^2$);

$\oint \frac{\mathrm{d}s}{\delta}$——沿封闭截面中线全长计算的换算周长,$\delta$ 为壁厚;

$\int_0^s \frac{\mathrm{d}s}{\delta}$——从主扇性零点算起,逆时针方向至周边上某点的换算长度。

(1)有一个对称轴的箱形截面(图 2-1-39a)的 $\bar\omega$ 如图 2-1-51 所示,其四个角点(从主扇性零点起逆时针转到的第一个角点为 A,其余角点依次为 B、C、D)的 $\bar\omega$ 值计算如下:

### 表 2-1-44 开口截面薄壁杆件约束扭转内力计算公式

| 载荷及内力图 | 双力矩 $B_\omega$ | 载荷及内力图 | 双力矩 $B_\omega$ |
|---|---|---|---|
| (简支梁均布载荷 $q$，偏心 $e$，跨 $l$；图示 $B_\omega, M_\omega, M_K$) | $B_\omega = \dfrac{qe}{K^2}\left[1 - \dfrac{\mathrm{ch}K\left(\dfrac{l}{2}-z\right)}{\mathrm{ch}\dfrac{Kl}{2}}\right]$<br>$\left.\begin{array}{l}z=0\\z=l\end{array}\right\},B_\omega=0$<br>$z=\dfrac{l}{2},B_{\omega\max}=qe\dfrac{\mathrm{ch}\dfrac{Kl}{2}-1}{K^2\mathrm{ch}\dfrac{Kl}{2}}$ | (两端固支中点集中力 $P$，偏心 $e$，跨 $l/2+l/2$) | $0 \leqslant z \leqslant l/2,$<br>$B_\omega = \dfrac{Pe}{2}\dfrac{\mathrm{ch}Kz - \mathrm{ch}K\left(\dfrac{l}{2}-z\right)}{K\mathrm{sh}\dfrac{Kl}{2}}$<br>$l/2 < z \leqslant l,$<br>$B_\omega = \dfrac{Pe}{2}\dfrac{\mathrm{ch}K(l-z) - \mathrm{ch}K\left(\dfrac{l}{2}-z\right)}{K\mathrm{sh}\dfrac{Kl}{2}}$<br>$\left.\begin{array}{l}z=0\\z=l\end{array}\right\},B_\omega=-\dfrac{Pe}{2}\dfrac{\mathrm{ch}\dfrac{Kl}{2}-1}{K\mathrm{sh}\dfrac{Kl}{2}}$<br>$\left.\begin{array}{l}z=l/4\\z=3l/4\end{array}\right\},B_\omega=0$<br>$z=\dfrac{l}{2},B_\omega = \dfrac{Pe}{2}\dfrac{\mathrm{ch}\dfrac{Kl}{2}-1}{K\mathrm{sh}\dfrac{Kl}{2}}$ |
| (简支梁集中力 $P$ 于 $a,b$；偏心 $e$) | $0 < z \leqslant a,$<br>$B_\omega = \dfrac{Pe}{K}\dfrac{\mathrm{sh}Kb \cdot \mathrm{sh}Kz}{\mathrm{sh}Kl}$<br>$a < z \leqslant l,$<br>$B_\omega = \dfrac{Pe}{K}\dfrac{\mathrm{sh}Ka \cdot \mathrm{sh}K(l-z)}{\mathrm{sh}Kl}$<br>$\left.\begin{array}{l}z=0\\z=l\end{array}\right\},B_\omega=0$<br>$z=a,$<br>$B_{\omega\max} = Pe\dfrac{\mathrm{sh}Ka \cdot \mathrm{sh}Kb}{K\mathrm{sh}Kl}$ | | |
| (悬臂梁端部集中力 $P$，偏心 $e$) | $B_\omega = -\dfrac{Pe}{K}\dfrac{\mathrm{sh}K(l-z)}{\mathrm{ch}Kl}$<br>$z=0,B_{\omega\max}=-\dfrac{Pe}{K}\dfrac{\mathrm{sh}Kl}{\mathrm{ch}Kl}$<br>$z=l,B_\omega=0$ | | |
| (悬臂梁均布载荷 $q$，偏心 $e$) | $B_\omega = -\dfrac{qe}{K^2\mathrm{ch}Kl}[Kl\mathrm{sh}K(l-z) - \mathrm{ch}Kl + \mathrm{ch}Kz]$<br>$z=0,$<br>$B_\omega = -\dfrac{qe}{K^2\mathrm{ch}Kl}[Kl\mathrm{sh}Kl - \mathrm{ch}Kl + 1]$<br>$z=l,B_\omega=0$ | (两端固支均布载荷 $q$，偏心 $e$) | $B_\omega = \dfrac{qe}{K^2}\left[1 - \dfrac{Kl\mathrm{ch}K\left(\dfrac{l}{2}-z\right)}{2\mathrm{sh}\dfrac{Kl}{2}}\right]$<br>$\left.\begin{array}{l}z=0\\z=l\end{array}\right\},$<br>$B_{\omega\max} = -\dfrac{qe}{K^2}\left[\dfrac{Kl\mathrm{ch}\dfrac{Kl}{2}}{2\mathrm{sh}\dfrac{Kl}{2}} - 1\right]$<br>$z=\dfrac{l}{2},B_\omega = \dfrac{qe}{K^2}\left(1 - \dfrac{Kl}{2\mathrm{sh}\dfrac{Kl}{2}}\right)$ |

注：表中 $K = \sqrt{\dfrac{GI_k}{EI_\omega}}$——截面翘曲特性数；$GI_k$——梁自由扭转刚度。

$$\bar{\omega}_A = \dfrac{h}{2}e_x - \dfrac{2bh}{\dfrac{h}{\delta_1} + \dfrac{h}{\delta_2} + \dfrac{2b}{\delta}} \cdot \dfrac{h}{2\delta_1} \tag{2-1-172}$$

$$\bar{\omega}_B = \dfrac{h}{2}e_x + \dfrac{h}{2}b - \dfrac{2bh}{\dfrac{h}{\delta_1} + \dfrac{h}{\delta_2} + \dfrac{2b}{\delta}}\left(\dfrac{h}{2\delta_1} + \dfrac{b}{\delta}\right) \tag{2-1-173}$$

$$\bar{\omega}_C = -\bar{\omega}_B \tag{2-1-174}$$

$$\bar{\omega}_D = -\bar{\omega}_A \tag{2-1-175}$$

(2) 无对称轴的箱形截面(图 2-1-39b)角点的 $\bar{\omega}$ 值(图 2-1-51)计算如下：

$$\bar{\omega}_A = e_x(h-e_y) - \frac{2bh}{\frac{h}{\delta_1}+\frac{b}{\delta_4}+\frac{h}{\delta_2}+\frac{b}{\delta_3}} \cdot \frac{h-e_y}{\delta_1} \tag{2-1-176}$$

$$\bar{\omega}_B = \bar{\omega}_A + b(h-e_y) - \alpha\left(\frac{b}{\delta_4}+\frac{h-e_y}{\delta_1}\right) \tag{2-1-177}$$

$$\bar{\omega}_C = \bar{\omega}_B + h(b-e_x) - \alpha\left(\frac{h}{\delta_2}+\frac{h-e_y}{\delta_1}+\frac{b}{\delta_4}\right) \tag{2-1-178}$$

$$\bar{\omega}_D = \bar{\omega}_C + be_y - \alpha\left(\frac{b}{\delta_3}+\frac{h}{\delta_2}+\frac{h-e_y}{\delta_1}+\frac{b}{\delta_4}\right) \tag{2-1-179}$$

其中：

$$\alpha = \frac{2bh}{\frac{h}{\delta_1}+\frac{b}{\delta_4}+\frac{h}{\delta_2}+\frac{b}{\delta_3}} \tag{2-1-180}$$

2. $I_{\bar{\omega}}$ 的计算

广义主扇性惯性矩按下式计算：

$$I_{\bar{\omega}} = \oint \bar{\omega}^2 \delta \mathrm{d}s \tag{2-1-181}$$

可由 $\bar{\omega}$ 图与 $\bar{\omega}\delta$ 图用图乘法计算。

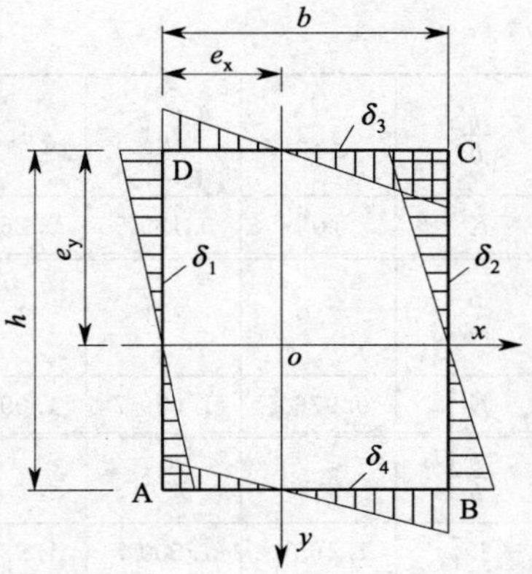

3. $B_{\bar{\omega}}$ 的计算

在弹性约束处或集中外扭矩作用处，约束扭转双力矩按下式计算：

$$B_{\bar{\omega}} = \frac{\mu}{2k} M_k \tag{2-1-182}$$

式中 $\mu$——翘曲系数，按下式计算：

$$\mu = 1 - \frac{I_k}{I_p} \tag{2-1-183}$$

图 2-1-51 $\bar{\omega}$ 图

其中 $I_p$——极惯性矩($mm^4$)，按下式计算：

$$I_p = \oint r^2 \delta \mathrm{d}s$$

其中 $r$——弯心至周边的垂直距离($mm$)。

对有一个对称轴的箱形截面(图 2-1-39a)：

$$I_p = \sum r^2 \delta \cdot s = e_x^2 \delta_1 h + 2\left(\frac{h}{2}\right)^2 \delta b + (b-e_x)^2 \delta_2 h \tag{2-1-184}$$

对无对称轴的箱形截面(图 2-1-39b)：

$$I_p = e_x^2 \delta_1 h + (b-e_x)^2 \delta_2 h + e_y^2 \delta_3 b + (h-e_y)^2 \delta_4 b \tag{2-1-185}$$

$k$——弯扭特性系数，按下式计算：

$$k = \sqrt{\mu \frac{GI_k}{EI_{\bar{\omega}}}} \tag{2-1-186}$$

其中 $GI_k$——梁自由扭转刚度。

$M_k$——作用在构件中间截面(非端截面)上的外扭矩或作用在中间弹性扭转支承处的支承力矩，约束扭转正应力即发生在这类截面上(在起重机的金属结构中，受扭构件的端部基本允许自由翘曲，$B_{\bar{\omega}} \approx 0$)。

如果外扭矩(例如偏心轮压引起的扭矩)为两个(或若干个)，相距在一个梁高以上，则应分别计算外扭矩作用截面处的双力矩和约束扭转正应力，不能以其合扭矩代替，否则约束扭转正应力就被夸大了。

支承扭矩按其引发约束扭转正应力的作用来说，与外扭矩的作用无异。支承扭转按前述自由扭转分析的方法计算。

对有两个对称轴的箱形截面,如满足或接近满足下式,则 $\mu$ 等于或接近等于零,构件受扭时,$B_{\bar{\omega}}$ 和 $\sigma_{\bar{\omega}}$ 等于或接近等于零:

$$\delta h = \delta_1 b \tag{2-1-187}$$

式中  $\delta$——翼缘板厚度(mm);

  $\delta_1$——腹板厚度(mm);

  $h, b$——截面的高和宽(图 2-1-39)。

若为等厚箱形截面,则四个角点上的约束扭矩正应力在数值上相等,且其值 $\sigma_{\bar{\omega}}$ 可用下式计算:

$$\sigma_{\bar{\omega}} = K' \tau'_K \quad (\text{N/mm}^2) \tag{2-1-188}$$

式中  $\tau'_K$——假想扭转剪应力,按公式(2-1-133)计算,其中 $M_K$ 为中间截面外扭矩或中间支承扭矩,并非截面内力;

  $K'$——系数,按表 2-1-45 确定。

表 2-1-45  系数 $K'$

| $\dfrac{h}{b}$ | 1.0 | 1.1 | 1.2 | 1.3 | 1.4 | 1.5 | 1.6 | 1.7 | 1.8 | 1.9 |
|---|---|---|---|---|---|---|---|---|---|---|
| $K'$ | 0 | 0.139 5 | 0.266 4 | 0.382 2 | 0.488 3 | 0.586 0 | 0.676 2 | 0.759 6 | 0.837 1 | 0.909 3 |
| $\dfrac{h}{b}$ | 2.0 | 2.1 | 2.2 | 2.3 | 2.4 | 2.5 | 2.6 | 2.7 | 2.8 | 2.9 |
| $K'$ | 0.976 7 | 1.039 7 | 1.098 8 | 1.154 2 | 1.206 5 | 1.255 7 | 1.302 2 | 1.346 2 | 1.387 9 | 1.427 4 |
| $\dfrac{h}{b}$ | 3.0 | 3.1 | 3.2 | 3.3 | 3.4 | 3.5 | 3.6 | 3.7 | 3.8 | 3.9 |
| $K'$ | 1.465 0 | 1.500 7 | 1.534 8 | 1.567 2 | 1.598 2 | 1.627 8 | 1.656 1 | 1.683 2 | 1.709 2 | 1.734 1 |

注:$h/b$ 为长边/短边。

**4. $\sigma_{\bar{\omega}}$ 正负号的确定**

确定 $\sigma_{\bar{\omega}}$ 正负号比较直观、不易出现差错的方法是:把箱形截面的短边假想为工字钢的两个翼缘板,支承情况不变,把外扭矩化成作用在翼缘上的一对大小相等、方向相反的力(形成一个力偶,见图 2-1-52)。在该力作用下,翼缘板受弯(不考虑腹板),确定其受拉侧和受压侧。对应的箱形截面构件在该外扭矩作用下,截面四个角点的约束扭转正应力的符号与此假想工字梁翼缘弯曲应力的符号一致。

如果在计算 $\bar{\omega}$ 时,$\bar{\omega}$ 的正、负号与图 2-1-52 所标的相反(截面几何尺寸很特殊的情况下出现),则应以箱形截面的长边作为假想工字梁的翼缘板。

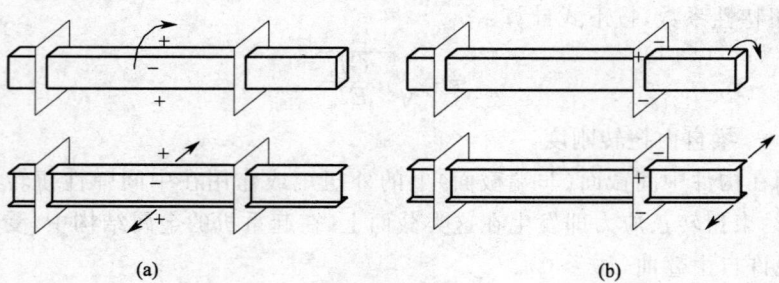

图 2-1-52  $\sigma_{\bar{\omega}}$ 的符号

# 第二章 起重机金属结构的连接

起重机金属结构所采用的连接方法有焊接连接、螺栓连接、销轴连接和铆钉连接等。

焊接连接是起重机金属结构最主要的连接形式。焊接可分为电弧焊、接触焊、气焊和电渣焊等,其中以电弧焊最常见。电弧焊又分为手工焊、自动焊和半自动焊。采用电弧焊的焊接连接又称为焊缝连接。

普通螺栓分为精制螺栓和粗制螺栓两种。精制螺栓由于制造精度要求较高,装配孔需要铰孔,安装很不方便,故仅在受剪情况下使用。粗制螺栓连接因抗剪性能较差,故主要用于受拉的连接或用作安装连接中的临时定位螺栓。

高强度螺栓连接施工简单、静力及动力性能良好,应用日趋广泛,常用作安装连接,也可用来代替铆钉连接。

铆钉连接的韧性和塑性较好,但施工复杂,近年来已逐步被焊接和高强度螺栓连接所代替。

## 第一节 焊 接 连 接

### 一、焊接接头及焊缝型式

焊接接头型式可分为对接、搭接和 T 形接(顶接)三种(表 2-2-1)。

焊缝型式按构造可分为对接焊缝和角焊缝两类。对接焊缝的板边要刨削加工成各种形状的坡口,角焊缝不需开坡口且不要求刨削板件。

对接焊缝的静力和动力性能较好,而且省料,但加工要求较高。角焊缝构造简单、施工方便,但静力及动力性能较差。

**表 2-2-1 焊接接头及焊缝型式**

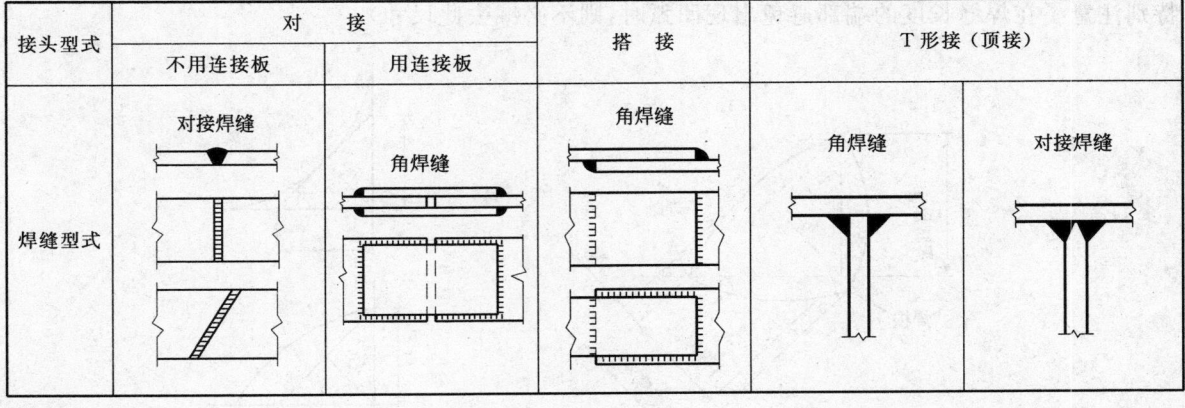

### 二、焊缝连接的构造要求

在正常情况下当不采用特殊措施焊接时,焊件厚度为:对于低碳钢不宜大于 50 mm,对于低合金钢不宜大于 36 mm。

在设计中不得任意加大焊缝,避免焊缝立体交叉和在一处集中大量焊缝,同时焊缝的布置应尽可能对称于构件重心。

焊缝金属宜与主体金属相适应。不同强度的钢材连接时,可采用与较低强度钢材相适应的焊缝材料。

### (一) 对接焊缝

对接焊缝的坡口形式,应根据板厚和施工条件按现行 GB/T 985.1—2008《气焊、焊条电弧焊、气体保护焊和高能束焊的推荐坡口》和 GB/T 985.2—2008《埋弧焊的推荐坡口》的要求选用。

在对接焊缝的拼接处,当焊件的宽度不同或厚度相差 4 mm 以上时,应分别在宽度方向或厚度方向从一侧或两侧加工成不大于 1:4 的过渡斜度(见图 2-2-1)。厚度不同时,焊缝坡口的型式应根据较薄的焊件厚度选用坡口。

用于低温或承受动力载荷结构的对接焊缝,施焊时应在对接焊缝两端设置引弧板(引弧板的厚度和坡口型式应与基材相同),待焊完后再将引弧板割除,见图 2-2-2。

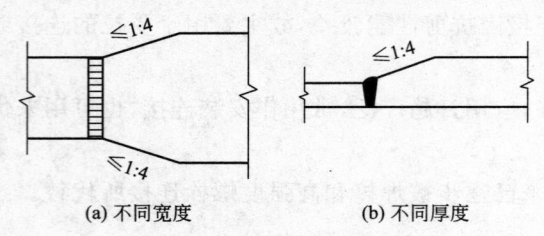

(a) 不同宽度　　(b) 不同厚度

图 2-2-1　不同宽度或厚度钢板拼接示例

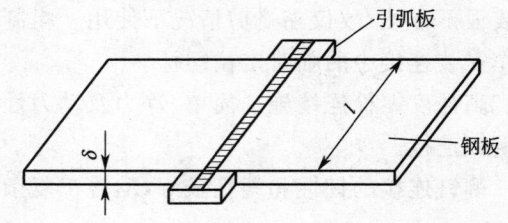

图 2-2-2　引弧板图示

### (二) 角焊缝

当角焊缝的两焊脚边夹角 $\alpha$ 为 90° 时,称为直角角焊缝,即一般所指的角焊缝。夹角 $\alpha > 120°$ 或 $\alpha < 60°$ 的斜角角焊缝,不宜用作受力焊缝,钢管结构除外。

参看图 2-2-3,通常把角焊缝的截面视为等腰直角三角形,其直角边的长度称为角焊缝的焊脚尺寸,用 $h_f$ 表示。直角角焊缝三角形斜边上的高 $h_e$ 称为角焊缝的计算厚度,手工焊时取 $h_e = 0.7h_f$;自动焊时,对直线形焊缝通常取 $h_e = h_f$,而凹形焊缝取 $h_e = 0.7h_f$。若角焊缝两直角边不等,则焊脚尺寸按短边计算。角焊缝的计算面积定义为计算厚度 $h_e$ 与角焊缝计算长度 $l_f$ 之积。若内力沿侧向角焊缝全长分布时,焊缝的计算长度取为其实际长度减去 $2h_f$(如果焊缝为自身闭合或特别注意了在焊缝长度的端部避免出现凹弧时,则不必减去此尺寸)。

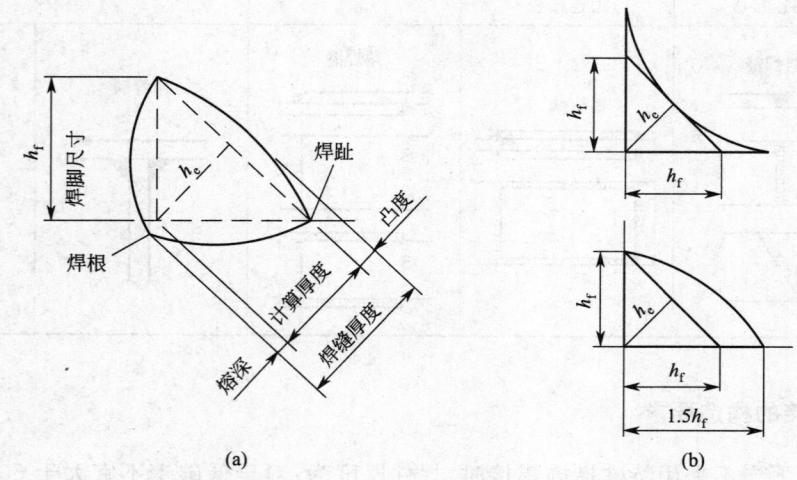

图 2-2-3　直角角焊缝截面

角焊缝的尺寸应符合下列要求:

(1) 角焊缝的焊脚尺寸 $h_f$(mm) 不应小于表 2-2-2 的规定。

对于碳素钢也可按下式确定：

$$h_f \geqslant 1.5\sqrt{t} \quad (\text{mm}) \tag{2-2-1}$$

式中　$t$——连接件中较厚焊件的厚度(mm)。

对于合金钢按式(2-2-1)计算时，其计算值再加 2 mm。

当焊件厚度 $t \leqslant 4$ mm 时，取 $h_{f_{\min}} = t$。

表 2-2-2　角焊缝最小焊脚尺寸　　　　　　　　　　　　　　　mm

| 连接件中较厚焊件的厚度 $t$ | $h_{f_{\min}}$ |
|---|---|
| $t \leqslant 10$ | 4/6 |
| $10 < t \leqslant 20$ | 6/8 |
| $20 < t \leqslant 30$ | 8/10 |

注：表中数值分子用于碳素钢，分母用于低合金钢。

(2) 角焊缝的焊脚尺寸不宜大于较薄焊件厚度的 1.2 倍(钢管结构除外)，但板件边缘的角焊缝最大焊脚尺寸，应符合下列规定：

当 $t \leqslant 6$ mm 时，$h_f \leqslant t$；

当 $t > 6$ mm 时，$h_f \leqslant t - (1 \sim 2)$ mm。

(3) 受动载荷的主要承载结构，角焊缝的表面应呈凹弧形或直线形。焊缝直角边的比例，对侧焊缝为 1∶1，对端焊缝为 1∶1.5(长边顺作用力方向)。

(4) 角焊缝(侧焊缝或端焊缝)的最小计算长度为 $8h_f$ 和 40 mm。对于受动载荷的侧焊缝最大计算长度为 $40h_f$；受静载荷的侧焊缝最大计算长度为 $60h_f$；若焊缝长度超过上述规定，则超过部分在计算中不予考虑。

(5) 在次要构件或次要焊缝连接中，允许采用断续焊缝。断续角焊缝之间的净距不应大于 $15t$(对受压构件)或 $30t$(对受拉构件)，$t$ 为较薄焊件厚度。

### 三、对接焊缝的计算

对接焊缝的计算面积等于计算厚度与计算长度的乘积。一般取对接焊缝计算厚度等于被连接件的板厚；当被连接的两板厚不等时，取较薄的板厚。由此，对接焊缝的计算截面近似等于被连接板件的截面，所以对接焊缝的计算方法与构件的强度计算相同。

1. 承受轴心拉力或压力的对接焊缝

在与对接焊缝长度方向垂直的轴心拉力或压力作用下(图 2-2-4)，对接焊缝的强度按下列公式计算：

$$\sigma = \frac{N}{tl_f} \leqslant [\sigma_h] \tag{2-2-2}$$

式中　$N$——轴心拉力或压力；

$l_f$——焊缝计算长度，如未采用引弧板施焊时，取实际长度减去 $2t$；

$t$——焊缝厚度，取连接件中较小板厚，对 T 形接头取为腹板厚度；

$[\sigma_h]$——对接焊缝的拉伸、压缩许用应力，由表 2-2-3 查取。

2. 承受弯矩和剪力共同作用时的对接焊缝

如图 2-2-5，以工字钢对接为例，对接焊缝的截面亦为工字形，在弯矩 $M$ 和剪力 $Q$ 作用下，对接焊缝的强度按下列公式计算：

最大正应力(图示计算点 1)：

$$\sigma_1 = \frac{M}{W_f} \leqslant [\sigma_h] \tag{2-2-3}$$

式中 $W_f$——焊缝截面的抗弯模量。

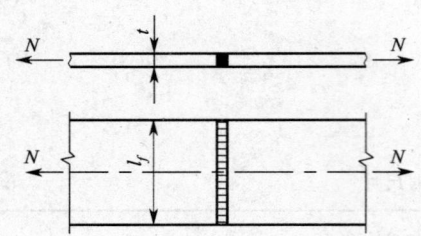

图 2-2-4 承受拉力（或压力）的对接焊缝

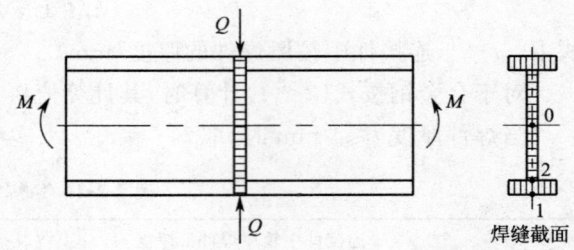

图 2-2-5 承受弯矩和剪力共同作用的对接焊缝

最大剪应力（图示计算点 0）：

$$\tau_0 = \frac{QS_f}{I_f t} \leqslant [\tau_h] \tag{2-2-4}$$

式中 $I_f$——焊缝截面的惯性矩；
　　$t$——计算点处腹板厚；
　　$S_f$——焊缝截面中性轴（点 0 处）以上部分对中性轴的面积矩；
　　$[\tau_h]$——焊缝的剪切许用应力，由表 2-2-3 查取。

表 2-2-3 焊缝的许用应力[1]　　　　　　　　　　　　　　　　　　　N/mm²

| 焊缝型式 | | | 纵向拉、压许用应力$[\sigma_h]$[4] | 剪切许用应力$[\tau_h]$ |
|---|---|---|---|---|
| 对接焊缝 | 质量分级[2] | B级、C级 | $[\sigma]$[3] | $[\sigma]/\sqrt{2}$ |
| | | D级 | $0.8[\sigma]$ | $0.8[\sigma]/\sqrt{2}$ |
| 角焊缝 | 自动焊、手工焊 | | — | $[\sigma]/\sqrt{2}$ |

1) 计算疲劳强度时的焊缝许用应力见表 2-1-5。
2) 焊缝质量分级按 GB/T 19418 的规定。
3) 表中$[\sigma]$为母材的基本许用应力，见表 2-1-8。
4) 施工条件较差的焊缝或受横向载荷的焊缝，表中焊缝许用应力宜适当降低。

在正应力和剪应力都较大的部位，如图示计算点 2 需要按复合应力计算焊缝强度，根据 GB/T 3811—2008《起重机设计规范》，对接焊缝复合应力按下列公式计算：

$$\sigma_{c2} = \sqrt{\sigma_2^2 + 2\tau_2^2}$$
$$= \sqrt{\left(\frac{My_2}{I_f}\right)^2 + 2\left(\frac{QS_{f2}}{I_f t}\right)^2} \leqslant [\sigma_h] \tag{2-2-5}$$

式中 $\sigma_2, \tau_2$——计算点 2 的正应力和剪应力；
　　$y_2$——计算点 2 到中性轴的距离；
　　$S_{f2}$——计算点 2 以下部分对中性轴的面积矩。

式（2-2-5）是在大量试验的基础上，国际标准化组织（ISO）推荐的公式，而不是基材的能量强度理论复合应力公式。公式中剪应力 $\tau$ 前面的系数与钢材种类有关，对 Q235 钢材是 1.8，对其他钢材一般为 1.7～3.0。

焊缝中可能存在气孔、夹渣、咬边和未焊透等缺陷，这些缺陷对焊缝抗拉强度的影响较大，其抗拉强度只相当于基材抗拉强度的 80%～85%；但对抗压和抗剪强度影响不大，可以认为与基材等强度。

GB/T 3811—2008 在规定焊缝许用应力（表 2-2-3）时，要求焊缝质量分级按 GB/T 19418—2003《钢的弧焊接头 缺陷质量分级指南》中的规定，该规范将焊缝缺陷质量分为 B（严格）、C（中等）和 D（一般）三个级别。

### 四、角焊缝的计算

角焊缝分为侧焊缝和端焊缝两种。侧焊缝平行于所传递的力,而端焊缝垂直于所传递的力。侧焊缝也称为纵向焊缝,端焊缝则称为横向焊缝。两种焊缝联合使用而形成围焊缝。侧焊缝的破坏主要是受剪破坏,因此按剪切验算其强度。端焊缝受拉、弯、剪作用,应力状况比较复杂。为简化计算,端焊缝也按剪切验算强度,这样偏于安全,同时使端焊缝采用与侧焊缝相同的公式验算强度。

为简化计算,假定角焊缝沿强度较小的焊缝分角线平面发生剪切破坏。

1. 承受轴心拉力(或压力)的角焊缝计算

$$\tau = \frac{N}{h_e \sum l_f} \leqslant [\tau_h] \qquad (2\text{-}2\text{-}6)$$

式中　$h_e$——角焊缝的计算厚度,手工焊时 $h_e = 0.7 h_f$,自动焊时 $h_e = h_f$;
　　　$\sum l_f$——连接一侧各段角焊缝计算长度之和,有引弧板时取焊缝实长,无引弧板则每端减去 5 mm。

2. 在扭矩 $T$ 作用下的角焊缝计算

角焊缝在扭矩 $T$ 作用下引起的焊缝剪应力,一般采用比较保守的弹性计算法,以下列假设为前提:

(1)所有连接件是绝对刚体,而焊缝是弹性的;

(2)在扭矩作用下,连接件产生绕焊缝形心的相对转动,焊缝上任一点的剪应力方向垂直于该点与形心的连线,其大小与此连线的长短成正比。

参见图 2-2-6b,角焊缝上任一点 B 的剪应力,根据假设可得:

$$\tau = kr$$

式中　$r$——焊缝上任一点至形心的距离,$r = \sqrt{x^2 + y^2}$;
　　　$k$——比例常数。

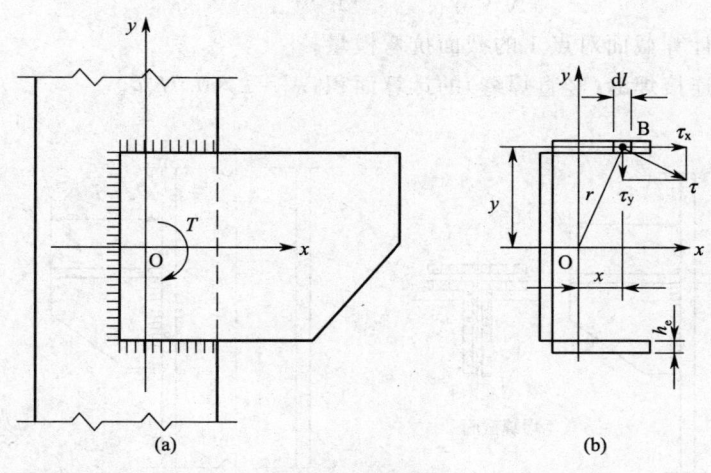

图 2-2-6　角焊缝受扭矩作用计算简图

图示焊缝上 B 点所在微段 $dl$(其面积为 $dA = h_e \cdot dl$)上的剪应力为 $\tau$,该微段传递的剪力为:

$$dN = \tau dA = kr dA$$

剪力 $dN$ 绕形心 O 点的力矩为:

$$dT = r dN = kr^2 dA$$

根据平衡条件:

$$T = k \int r^2 dA = k I_p$$

$$k=\frac{T}{I_p} \tag{2-2-7}$$

式中 $I_p$——焊缝计算截面对形心的极惯性矩,按下式计算:

$$I_p = \int r^2 dA = \int (x^2+y^2)dA = I_x + I_y \tag{2-2-8}$$

其中 $I_x, I_y$——焊缝计算截面对 $x$ 轴和 $y$ 轴的惯性矩。

因此焊缝上任一点的剪应力为:

$$\tau = \frac{T \cdot r}{I_p} \tag{2-2-9}$$

为便于计算,通常将剪应力 $\tau$ 分解为沿坐标轴方向的分量 $\tau_x$ 及 $\tau_y$,即:

$$\left. \begin{array}{l} \tau_x = \tau \cdot \dfrac{y}{r} = \dfrac{T \cdot y}{I_p} \\ \tau_y = \tau \cdot \dfrac{x}{r} = \dfrac{T \cdot x}{I_p} \end{array} \right\} \tag{2-2-10}$$

参看图 2-2-6(b),剪应力 $\tau_x$ 与焊缝长度方向平行,$\tau_y$ 与焊缝长度方向垂直,焊缝的强度应按合成剪应力计算:

$$\tau = \sqrt{\tau_x^2 + \tau_y^2} \leqslant [\tau_h] \tag{2-2-11}$$

焊缝强度计算应选择距形心 O 点最远的端点,其剪应力最大。

3. T 形截面支托架与柱采用角焊缝连接的强度计算

(1)有横向加劲肋(图 2-2-7a)

由于翼缘焊缝垂直刚度较差,剪力的绝大部分由腹板焊缝承担。计算时通常假设腹板焊缝承受全部剪力。在翼缘处有横向加劲肋加强时,则弯矩由全部焊缝承受。图示最大应力点 1 的焊缝强度为:

$$\sqrt{\left(\frac{Q \cdot e}{W_{fl}}\right)^2 + \left(\frac{Q}{A'_f}\right)^2} \leqslant [\tau_h] \tag{2-2-12}$$

式中 $W_{fl}$——焊缝计算截面对点 1 的截面抗弯模量;

$A'_f$——腹板连接焊缝(竖直焊缝)的计算面积,$A'_f = 2 \times 0.7 h_f l_f$。

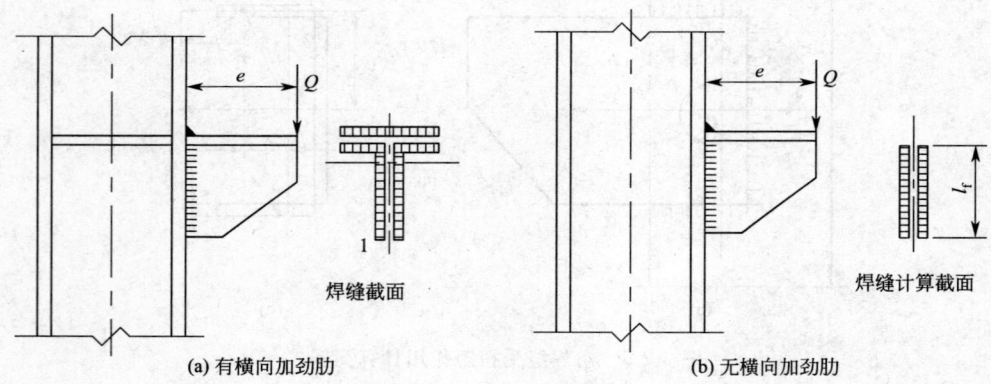

(a) 有横向加劲肋    (b) 无横向加劲肋

图 2-2-7 T 形截面支托架与柱的连接

(2)无横向加劲肋

翼缘处无横向加劲肋加强时,为了安全起见,按只有竖直焊缝传力进行焊缝强度计算:

$$\sqrt{\left(\frac{6Q \cdot e}{2 \times 0.7 h_f l_f^2}\right)^2 + \left(\frac{Q}{2 \times 0.7 h_f l_f}\right)^2} \leqslant [\tau_h] \tag{2-2-13}$$

4. 几种常见角焊缝连接的强度计算

常见角焊缝连接的强度计算公式见表 2-2-4。

表 2-2-4 角焊缝连接的强度计算公式

| 项次 | 连接形式及受力情况 | 计 算 公 式 | 备 注 |
|---|---|---|---|
| 1 | 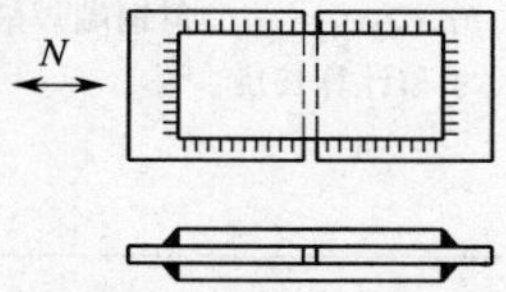 | $\tau = \dfrac{N}{0.7 h_f \sum l_f} \leqslant [\tau_h]$  (2-2-14) | $h_f$——角焊缝较小的焊脚尺寸；<br>$\sum l_f$——连接一侧的各段焊缝计算长度之和 |
| 2 | 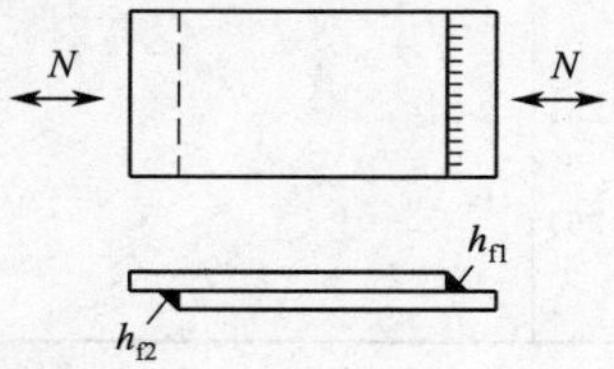 | $\tau = \dfrac{N}{0.7(h_{f1}+h_{f2}) l_f} \leqslant [\tau_h]$  (2-2-15) | |
| 3 | 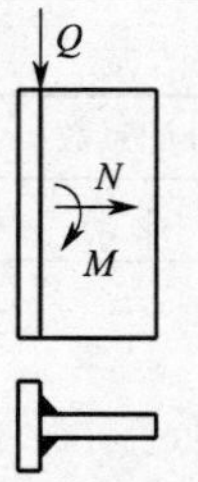 | $\left[\left(\dfrac{6M}{2\times 0.7 h_f l_f^2}+\dfrac{N}{2\times 0.7 h_f l_f}\right)^2 +\left(\dfrac{Q}{2\times 0.7 h_f l_f}\right)^2\right]^{0.5} \leqslant [\tau_h]$  (2-2-16) | |
| 4 | 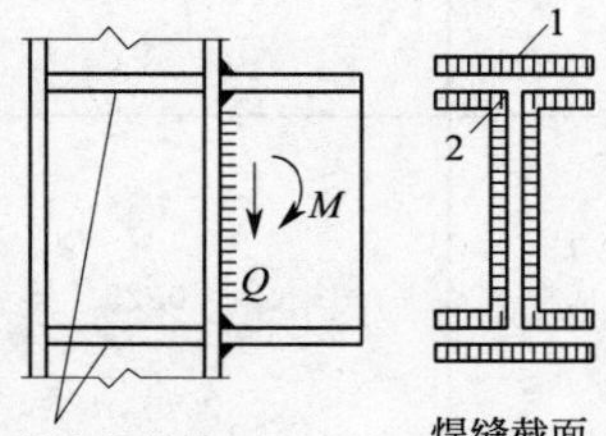 | 点 1 处：<br>$\tau_{f1}=\dfrac{M}{W_{f1}} \leqslant [\tau_h]$  (2-2-17)<br>点 2 处：<br>$\sqrt{\left(\dfrac{M}{W_{f2}}\right)^2+\left(\dfrac{Q}{A_f'}\right)^2} \leqslant [\tau_h]$  (2-2-18) | $W_{f1},W_{f2}$——焊缝计算截面对点 1 及点 2 的截面抗弯模量；<br>$A_f'$——腹板焊缝的计算面积。<br>如翼缘处无横向加劲肋，则只有竖直焊缝传力，这时按公式 (2-2-13) 计算 |
| 5 | 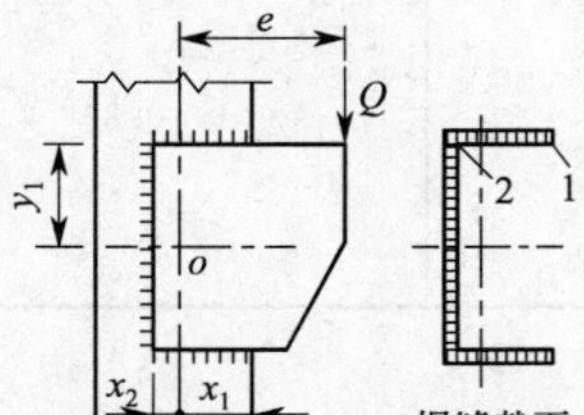 | 点 1 处：<br>$\sqrt{\left(\dfrac{Q}{A_f}+\dfrac{Qex_1}{I_{fp}}\right)^2+\left(\dfrac{Qey_1}{I_{fp}}\right)^2} \leqslant [\tau_h]$  (2-2-19)<br>点 2 处：<br>$\sqrt{\left(\dfrac{Q}{A_f}-\dfrac{Qex_2}{I_{fp}}\right)^2+\left(\dfrac{Qey_1}{I_{fp}}\right)^2} \leqslant [\tau_h]$  (2-2-20) | $A_f$——焊缝计算截面面积；<br>$I_{fp}$——焊缝截面的极惯性矩 |

**5. 角钢的角焊缝计算**

角钢与钢板连接的角焊缝，按表 2-2-5 所列公式计算。角钢肢背和肢尖的焊缝内力分配系数 $k_1$ 及 $k_2$，由表 2-2-6 查取。

表 2-2-5 角钢与钢板连接的角焊缝计算公式

| 项次 | 连接形式 | 计 算 公 式 | 备 注 |
|---|---|---|---|
| 1 | 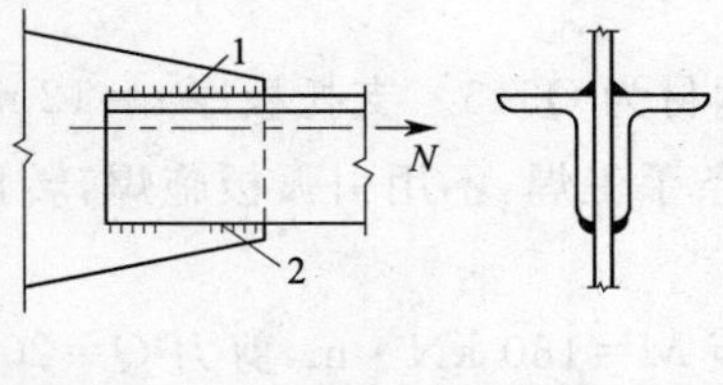 | $l_{f1}=\dfrac{k_1 N}{2\times 0.7 h_{f1}[\tau_h]}$  (2-2-21)<br>$l_{f2}=\dfrac{k_2 N}{2\times 0.7 h_{f2}[\tau_h]}$  (2-2-22) | $h_{f1},l_{f1}$——一个角钢肢背焊缝的焊脚尺寸和计算长度；<br>$h_{f2},l_{f2}$——一个角钢肢尖焊缝的焊脚尺寸和计算长度 |

续上表

| 项次 | 连接形式 | 计算公式 | 备注 |
|---|---|---|---|
| 2 | 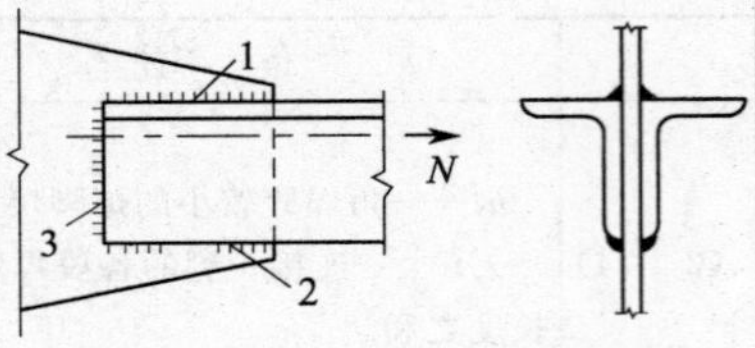 | $N_1 = k_1 N - \dfrac{N_3}{2}, N_2 = k_2 N - \dfrac{N_3}{2}$<br>$N_3 = 2 \times 0.7 h_{f3} l_{f3} [\tau_h]$<br>$l_{f1} = \dfrac{N_1}{2 \times 0.7 h_{f1} [\tau_h]}$ (2-2-23)<br>$l_{f2} = \dfrac{N_2}{2 \times 0.7 h_{f2} [\tau_h]}$ (2-2-24) | $h_{f3}, l_{f3}$——一个角钢端焊缝的焊脚尺寸和计算长度 |
| 3 | 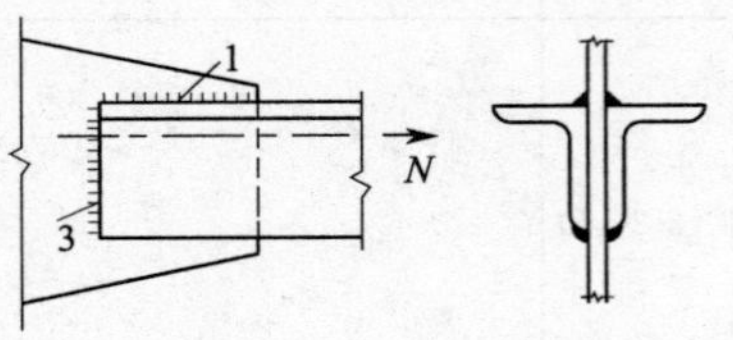 | $N_3 = 2 k_2 N$<br>$l_{f1} = \dfrac{N - N_3}{2 \times 0.7 h_{f1} [\tau_h]}$ (2-2-25)<br>$h_{f3} = \dfrac{N_3}{2 \times 0.7 l_{f3} [\tau_h]}$ (2-2-26) | |

表 2-2-6  角钢肢背和肢尖的焊缝内力分配系数 $k_1$ 和 $k_2$

| 项次 | 角钢类型 | 连接形式 | 焊缝内力分配系数 | |
|---|---|---|---|---|
| | | | $k_1$（肢背） | $k_2$（肢尖） |
| 1 | 等边角钢 | 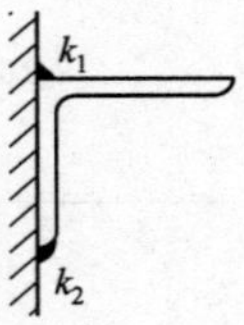 | 0.70 | 0.30 |
| 2 | 不等边角钢短边相连 | 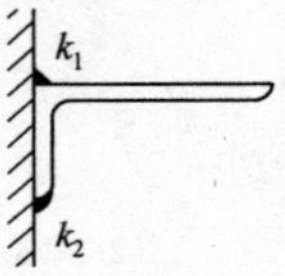 | 0.75 | 0.25 |
| 3 | 不等边角钢长边相连 |  | 0.65 | 0.35 |

**五、焊接的疲劳强度计算**

起重机金属结构受变载荷作用,经常会发生疲劳破坏。焊缝连接的疲劳强度主要取决于钢材的种类、接头型式(应力集中状况)、结构工作级别、连接处的最大应力及应力循环特性等。焊缝连接的疲劳强度计算及疲劳许用应力,详见本篇第一章第二节及表 2-1-5。

**六、焊缝连接计算例题**

**例题 1**:支托板与柱的焊缝连接计算

(一)已知数据

如图 2-2-8 所示支托板与柱的焊缝连接。支托板与柱的钢材为 Q345。支托板厚 $t=12$ mm,与柱搭接,三面围焊,焊缝焊脚尺寸 $h_f=10$ mm。采用 E50 型焊条手工焊,不用引弧板施焊,转角处连续施焊。

将结构承受的外载荷转化到焊缝形心 O 处的载荷为:弯矩 $M=160$ kN·m,剪力 $Q=200$ kN,

轴心力 $N=50$ kN。

(二)连接计算

1. 焊缝截面几何特性计算

因为未用引弧焊,故两水平焊缝端部各减去 5 mm 计算焊缝长度。

焊缝截面形心位置:

$$y_0=0$$

$$x_0=\frac{2\times 395\times \frac{395}{2}}{2\times 395+400}=131 \text{(mm)}$$

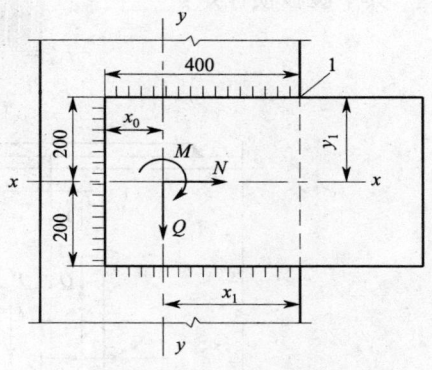

图 2-2-8 支托板与柱的连接

焊缝截面的极惯性矩 $I_{fp}$:

$$I_{fx}=0.7\times 10\times \left(\frac{400^3}{12}+2\times 395\times 200^2\right)=259\times 10^6 \text{(mm}^4\text{)}$$

$$I_{fy}=0.7\times 10\times \left[400\times 131^2+\frac{2\times 395^3}{12}+2\times 395\times \left(\frac{395}{2}-131\right)^2\right]=144\times 10^6 \text{(mm}^4\text{)}$$

$$I_{fp}=I_{fx}+I_{fy}=259\times 10^6+144\times 10^6=403\times 10^6 \text{(mm}^4\text{)}$$

最大应力点 1 至焊缝形心的距离:

$$x_1=395-131=264 \text{(mm)}$$
$$y_1=200 \text{(mm)}$$

焊缝的计算面积

$$A_f=\sum h_e l_f=0.7\times 10\times (400+2\times 395)=8\,330 \text{(mm}^2\text{)}$$

2. 焊缝强度计算

参照公式(2-2-19),计算点 1 处的焊缝最大应力为

$$\sqrt{\left(\frac{Q}{A_f}+\frac{Mx_1}{I_{fp}}\right)^2+\left(\frac{N}{A_f}+\frac{My_1}{I_{fp}}\right)^2}$$

$$=\left\{\left(\frac{200\times 10^3}{8\,330}+\frac{160\times 10^6\times 264}{403\times 10^6}\right)^2+\left(\frac{50\times 10^3}{8\,330}+\frac{160\times 10^6\times 200}{403\times 10^6}\right)^2\right\}^{\frac{1}{2}}$$

$$=155 \text{(N/mm}^2\text{)}<[\tau_h]$$

其中 $[\tau_h]=\frac{[\sigma]}{\sqrt{2}}=\frac{345}{1.34\times \sqrt{2}}=182 \text{(N/mm}^2\text{)}$

**例题 2**:工字形截面焊接梁的拼接焊缝计算

(一)已知数据

如图 2-2-9 所示的工字形截面焊接梁采用直角角焊缝拼接。梁与拼接板的钢材为 Q235 钢,采用 E43 型焊条手工焊。验算腹板处的拼接,并设计翼缘处拼接。

接缝处承受弯矩 $M=2\,200$ kN·m,剪力 $Q=200$ kN。

(二)梁截面的几何特性计算

梁的截面面积:

$$A=1\,420\times 12+2\times 450\times 20=35\,040 \text{(mm}^2\text{)}$$

梁的截面惯性矩:

$$I_x=\frac{12\times 1\,420^3}{12}+2\times \left[\frac{450\times 20^3}{12}+450\times 20\times \left(\frac{1\,420}{2}+\frac{20}{2}\right)^2\right]$$

$$=12\,195\times 10^6 \text{(mm}^4\text{)}$$

其中腹板惯性矩：
$$I_{bx}=\frac{12\times1\,420^3}{12}=2\,863\times10^6(\text{mm}^4)$$

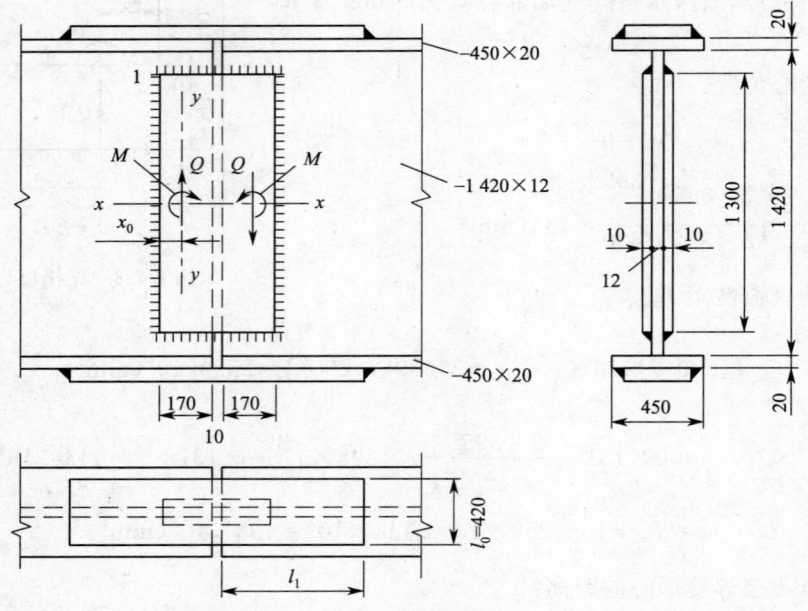

图 2-2-9　工字形焊接梁的拼接

(三)连接计算

1. 翼缘拼接计算

翼缘拼接板及其连接焊缝按与翼缘板等强度的条件计算。考虑焊缝的焊脚尺寸，采用 $420\times22$ 的拼接板，其截面面积为 $9\,240\,\text{mm}^2$，大于翼缘板的截面面积 $A_n$（$A_n=450\times20=9\,000\,\text{mm}^2$），故不必验算拼接板本身的强度。

翼缘拼接的最大承载力按翼缘板所能承受的最大轴向力 $N_n$ 计算，即：
$$N_n=A_n[\sigma]=9\,000\times235\div1.34=1.578\times10^6(\text{N})$$

拼接板采用三面围焊，焊缝的焊脚尺寸 $h_f=12$ mm，则拼接板一侧的焊缝承载力应等于 $N_n$，即：
$$0.7h_f(2l_1+l_0)[\tau_h]=N_n$$

故
$$l_1=\frac{1}{2}\left(\frac{N_n}{0.7h_f[\tau_h]}-l_0\right)=\frac{1}{2}\left(\frac{1.578\times10^6}{0.7\times12\times124}-420\right)=547.5(\text{mm})$$

拼接板实际长度应大于 $2\times547.5+10=1\,105$(mm)，采用 $l=1\,110$ mm。

2. 腹板拼接验算

(1)焊缝截面几何特性

焊缝的焊脚尺寸采用 $h_f=8$ mm，其形心位置：
$$y_0=0$$
$$x_0=\frac{2\times165\times\frac{165}{2}}{2\times165+1\,300}=16.7(\text{mm})$$

焊缝的极惯性矩：
$$I_{fp}=I_{fx}+I_{fy}=1\,806\times10^6+14\times10^6=1\,820\times10^6(\text{mm}^4)$$

最大应力点至焊缝形心的距离：
$$x_1=165-16.7=148.3(\text{mm})$$

$$y_1 = 650 \text{ mm}$$

焊缝的计算面积为：
$$A_f = \sum h_e l_f = 0.7 \times 8 \times (1\,300 + 2 \times 165) = 9\,128 \text{ (mm}^2)$$

(2) 腹板焊缝承受的载荷

在工字梁中剪力主要由腹板承受，故腹板的拼接按承受全部剪力计算，其剪力 $Q = 200$ kN。
腹板承担的弯矩 $M_b$ 按腹板惯性矩在梁惯性矩中所占比例计算：
$$M_b = \frac{I_{bx}}{I_x} M = \frac{2\,863 \times 10^6}{12\,195 \times 10^6} \times 2\,200 = 516 \text{ (kN·m)}$$

(3) 焊缝强度计算

参照公式(2-2-19)，计算点 1 处的焊缝最大应力为：
$$\frac{1}{2} \sqrt{\left(\frac{Q}{A_f} + \frac{M_b x_1}{I_{fp}}\right)^2 + \left(\frac{M_b y_1}{I_{fp}}\right)^2}$$
$$= \frac{1}{2} \left\{ \left(\frac{200 \times 10^3}{9\,128} + \frac{516 \times 10^6 \times 148.3}{1\,820 \times 10^6}\right)^2 + \left(\frac{516 \times 10^6 \times 650}{1\,820 \times 10^6}\right)^2 \right\}^{\frac{1}{2}}$$
$$= 97.5 \text{ (N/mm}^2) < [\tau_h] = 124 \text{ N/mm}^2$$

由于腹板拼接板的截面面积 $2 \times 10 \times 1\,300 = 26\,000 \text{ mm}^2$，大于梁腹板的截面面积 $17\,040 \text{ mm}^2$，故其强度不必验算。

## 第二节　螺栓连接

**一、螺栓的种类**

螺栓分普通螺栓和高强度螺栓两大类。

螺栓按照性能等级(GB/T 3098.1—2000)分为 3.6、4.6、4.8、5.6、5.8、6.8、8.8、9.8、10.9、12.9 级 10 个等级，其中 8.8 级(含)以上螺栓材质为低碳合金钢或中碳钢并经热处理(淬火并回火)，通称为高强度螺栓，其余通称为普通螺栓。普通螺栓分 A、B、C 三级，A、B 级为精制螺栓，C 级为粗制螺栓。粗制螺栓的螺杆表面不经特别加工，相配合的孔径比栓径大 2 mm～4 mm，由于配合间隙较大，当传递剪力时，其连接变形较大，故只能用于受拉力的连接或作安装临时固定用。精制螺栓是经机械加工制成的，表面光洁，尺寸准确，一般孔径比栓径大 0.3 mm～0.5 mm，安装时需轻轻敲打才能装入，因此精制螺栓安装比较困难，仅适用于受剪力的连接。

高强度螺栓分为摩擦型高强度螺栓和承压型高强度螺栓两种。

摩擦型高强度螺栓用高强度钢材(45 钢、40B 钢等)制造，安装时施加接近于螺栓钢材屈服限的预紧力，使连接件间产生强大的压紧力，利用构件接触面间的摩擦力来传递剪力。因此摩擦型高强度螺栓的整体性能好，抗疲劳能力强，在起重机结构中应用广泛。

承压型高强度螺栓的材料和施工要求与摩擦型相同，但是允许传递的剪力超过构件接触面间的摩擦力而产生滑移，使栓杆抵住孔壁，通过摩擦与承压共同传力，承载能力比摩擦型提高 50% 以上。我国规范规定承压型高强度螺栓的抗剪强度不得超过摩擦型的 30%，确保在正常载荷作用下接触面间不产生滑移，其工作情况与摩擦型相同。如果超载，再以杆身抵住孔壁传递剪力。承压型高强度螺栓适用于不直接承受动力载荷且连接处无反向内力作用的结构，故起重机结构一般不采用。

目前我国生产供应的高强度螺栓没有摩擦型和承压型之分，只是在确定承载能力时区分摩擦型与承压型。美国开始应用高强度螺栓时，只按摩擦型传力设计，后来才考虑外力超过摩擦力引起滑移，通过摩擦与承压共同传力，并将高强度螺栓分为摩擦型和承压型两种。

螺栓机械性能见表 2-2-7。

表 2-2-7 螺栓、螺钉和螺柱的机械性能    N/mm²

| 机械性能 | | 性能等级 | | | | | | 8.8[1] | | 9.8[2] | 10.9 | 12.9 |
|---|---|---|---|---|---|---|---|---|---|---|---|---|
| | | 3.6 | 4.6 | 4.8 | 5.6 | 5.8 | 6.8 | $d \leqslant 16$[3] mm | $d > 16$[3] mm | | | |
| 公称抗拉强度 $\sigma_b$ | | 300 | 400 | | 500 | | 600 | 800 | 800 | 900 | 1 000 | 1 200 |
| 最小抗拉强度 $\sigma_{bmin}^{4),5)}$ | | 330 | 400 | 420 | 500 | 520 | 600 | 800 | 830 | 900 | 1 040 | 1 220 |
| 屈服点 $\sigma_s^{6)}$ | 公称 | 180 | 240 | 320 | 300 | 400 | 480 | — | — | — | — | — |
| | min | 190 | 240 | 340 | 300 | 420 | 480 | — | — | — | — | — |
| 规定非比例伸长应力 $\sigma_{P0.2}^{7)}$ | 公称 | — | — | — | — | — | — | 640 | 640 | 720 | 900 | 1 080 |
| | min | — | — | — | — | — | — | 640 | 660 | 720 | 940 | 1 100 |
| 保证应力 | $\sigma_{SP}/\sigma_s$ 或 $\sigma_{SP}/\sigma_{P0.2}$ | 0.94 | 0.94 | 0.91 | 0.93 | 0.90 | 0.92 | 0.91 | 0.91 | 0.90 | 0.88 | 0.88 |
| | $\sigma_{SP}$ | 180 | 225 | 310 | 280 | 380 | 440 | 580 | 600 | 650 | 830 | 970 |

1) 因超拧造成载荷超出保证载荷时,对螺纹直径 $d \leqslant 16$ mm 的 8.8 级螺栓,则增加了螺母脱扣的危险。推荐参考 GB/T 3098.2。
2) 仅适用于螺纹直径 $d \leqslant 16$ mm。
3) 对钢结构用螺栓为 12 mm。
4) 最小抗拉强度适用于公称长度 $l \geqslant 2.5d$ 的产品;最低硬度适用于长度 $l < 2.5d$ 以及其他不能进行拉力试验(如头部结构的影响)的产品。
5) 对螺栓、螺钉和螺柱的实物进行楔负载试验时,应按 $\sigma_{bmin}$ 计算。
6) 当不能测定屈服点 $\sigma_s$ 时,允许以测量规定非比例伸长应力 $\sigma_{P0.2}$ 代替。4.8、5.8 和 6.8 级的 $\sigma_s$ 值仅为计算用,不是试验数值。
7) 按性能等级标记的屈强比和规定非比例伸长应力 $\sigma_{P0.2}$ 适用于机械加工试件。因受试件加工方法和尺寸的影响,这些数值与螺栓和螺钉实物测出的数值是不相同的。

(注:该表选自 GB/T 3098.1—2000)

## 二、螺栓的承载力

(一)螺栓连接的抗剪承载力

1. 普通螺栓连接的抗剪承载力

对于普通螺栓只要求安装时适当拧紧,应视为不施加预紧力进行计算。受剪螺栓连接的破坏形式主要有两种:一是螺杆被剪断,二是螺孔被挤压破坏。

(1)按抗剪确定螺栓的承载力 $[N_v]$

$$[N_v] = n_v \frac{\pi d^2}{4} [\tau_j] \tag{2-2-27}$$

式中 $n_v$——剪切面数目,单剪 $n_v = 1$,双剪 $n_v = 2$;

$d$——螺栓杆直径;

$[\tau_j]$——螺栓的许用剪应力,见本篇第一章表 2-1-10。

(2)按承压确定螺栓的承载力 $[N_c]$

$$[N_c] = d \sum t \cdot [\sigma_c] \tag{2-2-28}$$

式中 $\sum t$——同一受力方向的承压构件的较小总厚度;

$[\sigma_c]$——孔壁的许用压应力,见本篇第一章表 2-1-10。

在抗剪螺栓连接中,单个普通螺栓的许用承载力,应按抗剪和承压条件分别计算,取其中的较小者。

2. 摩擦型高强度螺栓连接的抗剪承载力

摩擦型高强度螺栓安装时施加的预紧力达到规定的数值,使连接件间产生强大的压紧力,利用构件接触面间的摩擦力来传递剪力,这时接触面间不发生滑移,整体工作性能好。

摩擦型高强度螺栓连接的抗剪承载力按下式计算：

$$[N_v] = \frac{Z_m \mu P}{n} \qquad (2\text{-}2\text{-}29)$$

式中　$Z_m$——传力的摩擦面数；
　　　$\mu$——摩擦系数，由表 2-2-8 查取；
　　　$P$——单个高强度螺栓的预紧力，由表 2-2-9 查取；
　　　$n$——安全系数，见本篇第一章表 2-1-8。

表 2-2-8　摩擦系数 $\mu$ 值

| 连接处构件接触面的处理方法 | 构件材料 | |
|---|---|---|
| | Q235 | Q345 及以上 |
| 喷砂（喷砂后生赤绣） | 0.45 | 0.55 |
| 喷砂（或酸洗）后涂无机富锌漆 | 0.35 | 0.40 |
| 钢丝刷清理浮绣或未经处理的干净轧制表面 | 0.30 | 0.35 |

表 2-2-9　单个高强度螺栓的预拉力值 $P^*$

| 螺栓等级 | 抗拉强度 $\sigma_b$ (N/mm²) | 屈服点 $\sigma_{sl}$ (N/mm²) | 螺栓有效截面积 $A_l$ (mm²) | | | | | | | | | |
|---|---|---|---|---|---|---|---|---|---|---|---|---|
| | | | 157 | 192 | 245 | 303 | 353 | 459 | 561 | 694 | 817 | 976 |
| | | | 螺栓公称直径(mm) | | | | | | | | | |
| | | | M16 | M18 | M20 | M22 | M24 | M27 | M30 | M33 | M36 | M39 |
| | | | 单个高强度螺栓的预拉力 $P$ (kN) | | | | | | | | | |
| 8.8S | ≥800 | ≥640 | 70 | 86 | 110 | 135 | 158 | 205 | 250 | 310 | 366 | 437 |
| 10.9S | ≥1 000 | ≥900 | 99 | 120 | 155 | 190 | 223 | 290 | 354 | 437 | 515 | 615 |
| 12.9S | ≥1 200 | ≥1 080 | 119 | 145 | 185 | 229 | 267 | 347 | 424 | 525 | 618 | 738 |

\* 表中预拉力值按 $0.7\sigma_{sl} \cdot A_l$ 计算，其中 $\sigma_{sl}$ 取各档中的最小值。

**（二）螺栓连接的抗拉承载力**

**1. 普通螺栓的抗拉承载力**

普通螺栓的抗拉承载力按下式计算：

$$[N_t] = \frac{\pi d_1^2}{4}[\sigma_l] \qquad (2\text{-}2\text{-}30)$$

式中　$d_1$——螺纹内径；
　　　$[\sigma_l]$——螺栓的许用应力，见本篇第一章表 2-1-10。

**2. 摩擦型高强度螺栓的抗拉承载力**

在受拉连接中，单个摩擦型高强度螺栓沿螺杆轴向的许用承载力 $[N_t]$ 按下式计算，并不宜大于螺栓的预拉力 $P$。

$$[N_t] \leqslant \frac{0.2\sigma_{sl}A_l}{1\,000 n\beta} \qquad (2\text{-}2\text{-}31)$$

式中　$\sigma_{sl}$——高强度螺栓钢材的屈服点(N/mm²)，有确切数据的按值选取，也可按表 2-2-9 中最低值选取；
　　　$A_l$——螺栓有效截面积(mm²)，可按表 2-2-9 选取；
　　　$n$——安全系数，同式(2-2-29)；
　　　$\beta$——载荷分配系数，$\beta$ 与连接板总厚度 $L$ 和螺栓（公称）直径 $d$ 有关，按下式计算：

当 $L/d \geqslant 3$ 时，$\beta = (0.26 - 0.026 L/d) + 0.15$；
当 $L/d < 3$ 时，$\beta = (0.17 - 0.057 L/d) + 0.33$。

### (三)剪力和拉力共同作用下,螺栓连接的承载力

#### 1. 普通螺栓

普通螺栓在剪力和拉力共同作用下,应考虑下列两种可能的破坏形式:一是螺栓杆受剪兼受拉破坏;二是孔壁承压破坏。

根据试验结果,兼受剪力和拉力的螺栓杆,将剪力和拉力分别除以各自单独作用时的承载力,无量纲化后的相关关系近似为一圆曲线。故螺栓杆的计算式为:

$$\sqrt{\left(\frac{N_v}{[N_v]}\right)^2+\left(\frac{N_t}{[N_t]}\right)^2}=1 \qquad (2\text{-}2\text{-}32)$$

式中 $N_v,N_t$——单个螺栓所承受的剪力和拉力;
$[N_v],[N_t]$——单个螺栓的抗剪和抗拉许用承载力。

孔壁承压的计算式为:

$$N_v \leqslant [N_c] \qquad (2\text{-}2\text{-}33)$$

式中 $[N_c]$——螺栓孔壁承压许用承载力。

#### 2. 摩擦型高强度螺栓

在外拉力 $N_t$ 作用下,连接件接触面间的压紧力由预紧力 $P$ 减小到 $(P-N_t)$。根据试验,这时接触面上摩擦系数 $\mu$ 值也有所降低。为了安全起见,规范规定接触面间的压紧力取为 $(P-1.25N_t)$。于是可以得到单个摩擦型高强度螺栓有拉力作用时的抗剪承载力

$$[N_v]=\frac{Z_m\mu(P-1.25N_t)}{n} \qquad (2\text{-}2\text{-}34)$$

同时要求外拉力 $N_t$ 不应大于 $0.7P$。

## 三、螺栓群计算

### (一)螺栓群轴心受剪

#### 1. 短接头

当连接长度 $l_1 \leqslant 15d_0$($d_0$ 为螺孔公称直径)时称为短接头(图 2-2-10)。根据试验,对于短接头可以认为轴心力 $N$ 由每个螺栓平均承受(图 2-2-10b),其螺栓数为:

$$n_z=\frac{N}{[N_v]} \qquad (2\text{-}2\text{-}35)$$

式中 $[N_v]$——单个螺栓抗剪许用承载力。

#### 2. 长接头

当连接长度 $l_1 > 15d_0$ 时称为长接头。由于连接长度较长,螺栓在长度方向受力不均(图 2-2-10c),两端螺栓受力大,中间小。所以,对长接头应将螺栓许用承载力乘以折减系数 $\eta$,则需要的螺栓数为:

$$n_z=\frac{N}{\eta[N_v]} \qquad (2\text{-}2\text{-}36)$$

式中折减系数 $\eta$ 按下式计算:

$$\eta=1.1-\frac{l_1}{150d_0} \geqslant 0.7 \qquad (2\text{-}2\text{-}37)$$

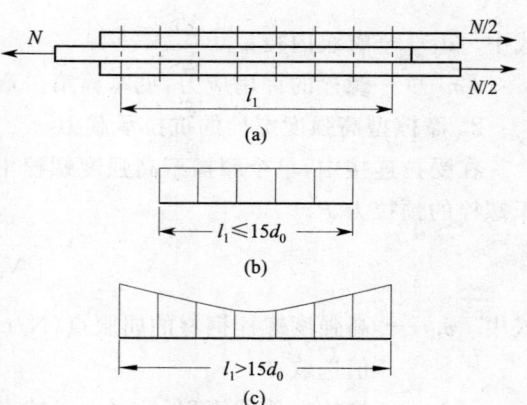

图 2-2-10 长、短接头螺栓的内力分布图

### (二)螺栓群偏心受剪

螺栓群偏心受剪(图 2-2-11)时,一般先将偏心力分解为轴心力和扭矩,然后求出受力最大螺栓的内力。

在轴心力 $F$(图 2-2-11b)作用下,由于计算扭矩产生的内力时采用了偏于安全的弹性分析法,故可不考虑长接头的折减系数 $\eta$,每个螺栓所受剪力取为:

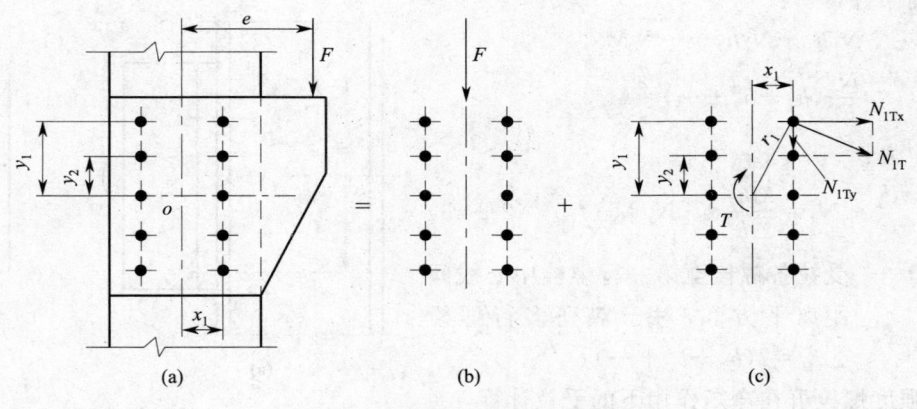

图 2-2-11 螺栓群偏心受剪计算简图

$$N_{1F}=\frac{F}{n_z} \quad (2-2-38)$$

在偏心力 $F$ 产生的扭矩 $T=F \cdot e$ 作用下,假定连接板刚度很大,绕螺栓群形心旋转,则各螺栓所受剪力大小与螺栓至形心的距离 $r$ 成正比,其方向与 $r$ 垂直(图 2-2-11c),即:

$$\frac{N_{1T}}{r_1}=\frac{N_{2T}}{r_2}=\cdots=\frac{N_{iT}}{r_i}=\cdots$$

由平衡条件得:

$$N_{1T}r_1+N_{2T}r_2+\cdots+N_{iT}r_i+\cdots=T$$

以上二式联立,可解得:

$$N_{1T}=\frac{T \cdot r_1}{\sum r_i^2}=\frac{T \cdot r_1}{\sum x_i^2+\sum y_i^2} \quad (2-2-39)$$

将 $N_{1T}$ 分解为水平分力与垂直分力:

$$\left.\begin{array}{l} N_{1Tx}=N_{1T}\dfrac{y_1}{r_1}=\dfrac{T \cdot y_1}{\sum x_i^2+\sum y_i^2} \\ N_{1Ty}=N_{1T}\dfrac{x_1}{r_1}=\dfrac{T \cdot x_1}{\sum x_i^2+\sum y_i^2} \end{array}\right\} \quad (2-2-40)$$

螺栓强度按下式计算:

$$N_1=\sqrt{N_{1Tx}^2+(N_{1Ty}+N_{1F})^2} \leqslant [N_v] \quad (2-2-41)$$

当螺栓布置在一个狭长带 ($y_1 \geqslant 3x_1$) 上时,可在扭矩产生的剪力计算式中近似取 $x_i=0$,故 $N_{1Ty}=0$,则:

$$N_1=\sqrt{\left(\frac{T \cdot y_1}{\sum y_i^2}\right)^2+\left(\frac{F}{n_z}\right)^2} \leqslant [N_v] \quad (2-2-42)$$

以上计算式对普通螺栓和高强度螺栓都适用。

(三)螺栓群在弯矩作用下受拉

在弯矩作用下螺栓承受拉力,普通螺栓和高强度螺栓的内力计算有较大区别。

1. 普通螺栓群在弯矩作用下的受拉计算

普通螺栓连接接触面间的压紧力较小,在弯矩作用下受拉螺栓被拉长,接触面间的压紧力减小到零时连接面开始分离出现间隙。假定被连接构件的刚性很大,在弯矩作用下绕弯矩指向一侧的第一行螺栓中心线转动(图 2-2-12),第一行螺栓中心线至板端是受压区,起支承作用。

在弯矩 $M$ 作用下,各螺栓所受的拉力大小与该螺栓至第一行螺栓中心线的距离成正比(图 2-2-12b),即:

$$\frac{N_1}{h_1}=\frac{N_2}{h_2}=\cdots$$

由平衡条件可得：
$$N_1 h_1 + N_2 h_2 + \cdots = M$$
$$\frac{N_1}{h_1}(h_1^2 + h_2^2 + \cdots) = M$$

最大拉力：
$$N_1 = \frac{M h_1}{\sum h_i^2} \leqslant [N_t] \qquad (2\text{-}2\text{-}43)$$

式中 $\sum h_i^2$ ——受拉各螺栓至第一行螺栓中心线间距离平方和，对于双列多行螺栓 $\sum h_i = 2(h_1^2 + h_2^2 + \cdots)$。

2. 高强度螺栓群在弯矩作用下的受拉计算

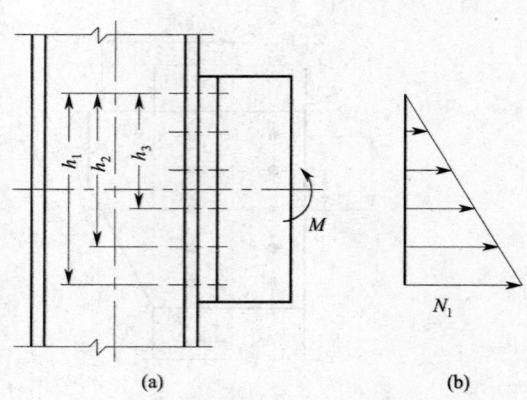

图 2-2-12 普通螺栓群弯矩受拉

高强度螺栓承受弯矩而使部分螺栓受拉时，由于螺栓承受的外拉力始终小于预紧力 $P$，故连接面未发生离缝现象，因此，可认为中性轴在螺栓群的形心轴上（图 2-2-13）。

在弯矩 $M$ 作用下，高强度螺栓群受拉时，最大拉力验算式为：
$$N_1 = \frac{M y_1}{\sum y_i^2} \leqslant [N_t] \qquad (2\text{-}2\text{-}44)$$

式中 $y_1$ ——螺栓群形心轴至螺栓的最大距离；
$\sum y_i^2$ ——形心轴上、下各螺栓至形心轴距离的平方和。

（四）螺栓群偏心受拉

1. 普通螺栓群偏心受拉

螺栓群偏心受拉相当于拉力和弯矩的联合作用。普通螺栓群偏心受拉，应分两种情况进行计算。

（1）拉力作用在螺栓群有效截面的核心距之内（$e \leqslant \rho$）

参看图 2-2-14，在拉力 $F$ 和弯矩 $M = F \cdot e$ 联合作用下，螺栓群不出现受压区的条件（即连接面不可能绕第一行螺栓中心线转动）：
$$\frac{F}{n_z} - \frac{F \cdot e \cdot y_1}{\sum y_i^2} \geqslant 0$$

解得
$$e \leqslant \frac{\sum y_i^2}{n_z y_1} = \rho \qquad (2\text{-}2\text{-}45)$$

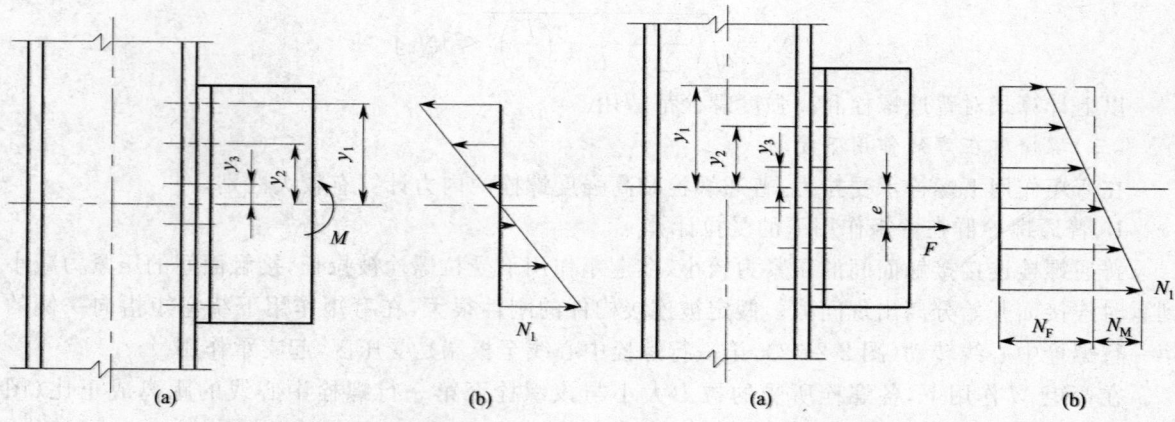

图 2-2-13 高强度螺栓群弯矩受拉　　图 2-2-14 拉力作用在核心距之内

此时，所有螺栓均受拉力，计算由弯矩 $M = F \cdot e$ 产生的螺栓拉力时，应取螺栓群有效截面的形心轴为中性轴,则螺栓最大拉力为：

$$N_1=\frac{F}{n_z}+\frac{F\cdot e\cdot y_1}{\sum y_i^2}\leqslant [N_t] \qquad (2\text{-}2\text{-}46)$$

式中 $n_z$——螺栓总数；
$y_1$——形心轴至螺栓的最大距离；
$\sum y_i^2$——各螺栓至形心轴距离的平方和。

(2)拉力作用在螺栓群有效截面的核心距之外($e>\rho$)

这种情况下将有局部板端受压,设中性轴位于弯矩指向一侧第一行螺栓中心线上(图 2-2-15)。

将偏心拉力 $F$ 转化到中性轴上,其弯矩为 $F\cdot(e+0.5h_1)$,则螺栓的最大拉力按下式验算：

$$N_1=\frac{F(e+0.5h_1)h_1}{\sum h_i^2}\leqslant [N_t] \qquad (2\text{-}2\text{-}47)$$

2. 高强度螺栓群偏心受拉

在偏心拉力作用下,高强度螺栓连接面之间仍有压紧力存在,使接触面紧密贴合在一起。所以不论偏心距 $e$ 大或小均应按普通螺栓拉力作用于螺栓有效截面核心距之内的公式计算：

$$N_1=\frac{F}{n_z}+\frac{F\cdot e\cdot y_1}{\sum y_i^2}\leqslant [N_t] \qquad (2\text{-}2\text{-}48)$$

式中, $[N_t]\leqslant\dfrac{0.2\sigma_{sl}A_l}{1\,000n\beta}$。

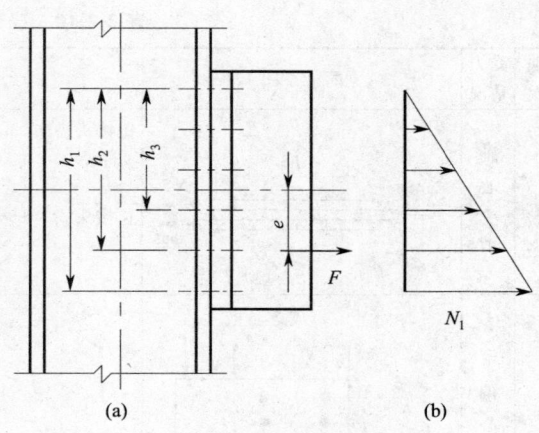

图 2-2-15 拉力作用在核心距之外

(五)螺栓群受拉力、弯矩和剪力共同作用

参看图 2-2-16,螺栓群在偏心拉力 $F$ 作用下,螺栓的最大拉力 $N_1$ 按式(2-2-46)、式(2-2-47)或式(2-2-48)计算。

偏心拉力 $F$ 与剪力 $Q$ 联合作用下的承载力验算,应按螺栓的种类不同分别计算。

1. 普通螺栓

计算每个螺栓由剪力 $Q$ 产生的内力时,按平均分配计算,不必考虑长接头的折减系数 $\eta$。

在最大拉力 $N_1$ 和剪力 $N_v$ 的共同作用下,应按以下两式验算：

$$\left.\begin{array}{l}\sqrt{\left(\dfrac{N_v}{[N_v]}\right)^2+\left(\dfrac{N_1}{[N_t]}\right)^2}\leqslant 1 \\ N_v=\dfrac{Q}{n_z}\leqslant [N_c]\end{array}\right\} \qquad (2\text{-}2\text{-}49)$$

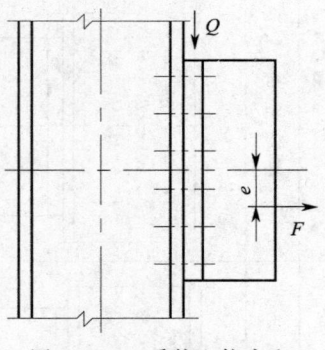

图 2-2-16 受偏心拉力和剪力作用

式中 $[N_v],[N_t],[N_c]$——单个螺栓的抗剪、抗拉和承压许用承载力。

2. 摩擦型高强度螺栓

由于在偏心拉力作用下每行螺栓所受拉力不同(见式(2-2-48)),因而每行螺栓抗剪承载力也不相同。抗剪强度按下式计算：

$$Q\leqslant\frac{Z_m\mu(n_zP-1.25\sum N_i)}{n} \qquad (2\text{-}2\text{-}50)$$

式中 $n_z$——螺栓总数；
$\sum N_i$——各螺栓拉力的总和, $N_i$ 按下式计算：

$$N_i=\frac{F}{n_z}+\frac{F\cdot e\cdot y_i}{\sum y_i^2} \qquad (2\text{-}2\text{-}51)$$

其余参数同式(2-2-29)。

按式(2-2-51)计算各行螺栓拉力，然后计算$\sum N_i$值(不计压力值)。

还应按式(2-2-48)验算螺栓最大拉力$N_1 \leqslant [N_t]$，并不大于螺栓预拉力$P$。

如果在图 2-2-16 的托架下方设置抗剪支托板(见图 2-2-19)，则竖直剪力$Q$由支托板承受，而螺栓群只受偏心拉力，计算方法与前相同。

（六）螺栓连接计算公式

普通螺栓连接计算公式见表 2-2-10；摩擦型高强度螺栓连接计算公式见表 2-2-11。表中符号含义详见前面相应正文。

表 2-2-10  普通螺栓连接计算公式

| 项次 | 受力情况 | 简图 | 计算公式 | 许用承载力 |
|---|---|---|---|---|
| 1 | 轴心受剪 | 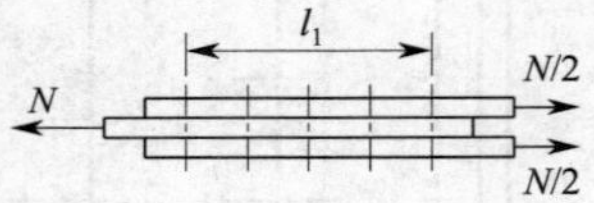 | 短接头 $l_1 \leqslant 15d_0$：<br>$n_z = \dfrac{N}{[N_v]}$ (2-2-35)<br>长接头 $l_1 > 15d_0$：<br>$n_z = \dfrac{N}{\eta [N_v]}$ (2-2-36) | |
| 2 | 偏心受剪 | 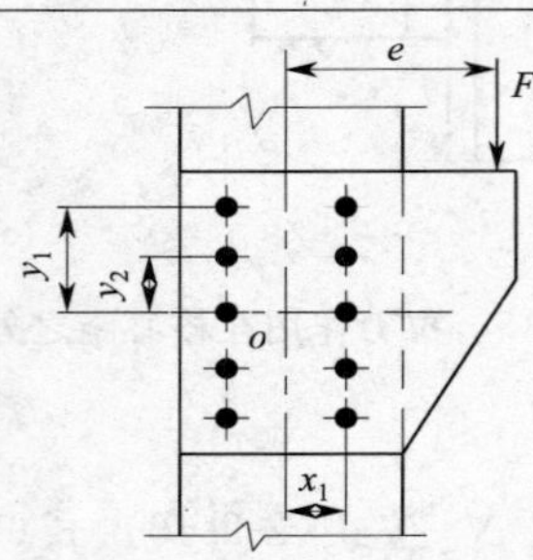 | $N_{1F} = F/n_z$ (2-2-38)<br>$\left. \begin{array}{l} N_{1Tx} = \dfrac{T \cdot y_1}{\sum x_i^2 + \sum y_i^2} \\ N_{1Ty} = \dfrac{T \cdot x_1}{\sum x_i^2 + \sum y_i^2} \end{array} \right\}$ (2-2-40)<br>$N_1 = \sqrt{N_{1Tx}^2 + (N_{1Ty} + N_{1F})^2} \leqslant [N_v]$ (2-2-41) | $[N_v] = n_v \dfrac{\pi d^2}{4}[\tau_j]$ (2-2-27)<br>$[N_c] = d \sum t \cdot [\sigma_c]$ (2-2-28)<br>取二者较小者 |
| 3 | 弯矩受拉 | 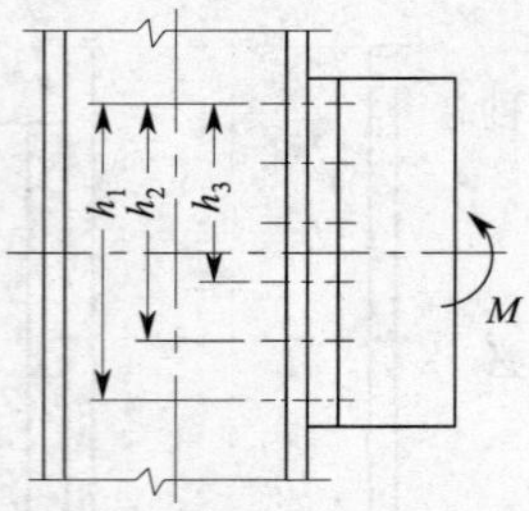 | $N_1 = \dfrac{M h_1}{\sum h_i^2} \leqslant [N_t]$ (2-2-43) | |
| 4 | 偏心受拉 | | $\rho = \dfrac{\sum y_i^2}{n_z y_1}$ (2-2-45)<br>当$e \leqslant \rho$时<br>$N_1 = \dfrac{F}{n_z} + \dfrac{F \cdot e \cdot y_1}{\sum y_i^2} \leqslant [N_t]$ (2-2-46)<br>当$e > \rho$时<br>$N_1 = \dfrac{F(e + 0.5h_1)h_1}{\sum h_i^2} \leqslant [N_t]$ (2-2-47) | $[N_t] = \dfrac{\pi d_1^2}{4}[\sigma_l]$ (2-2-30) |

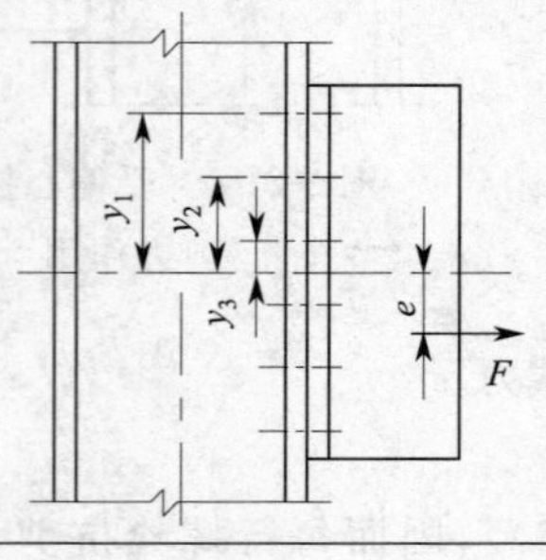

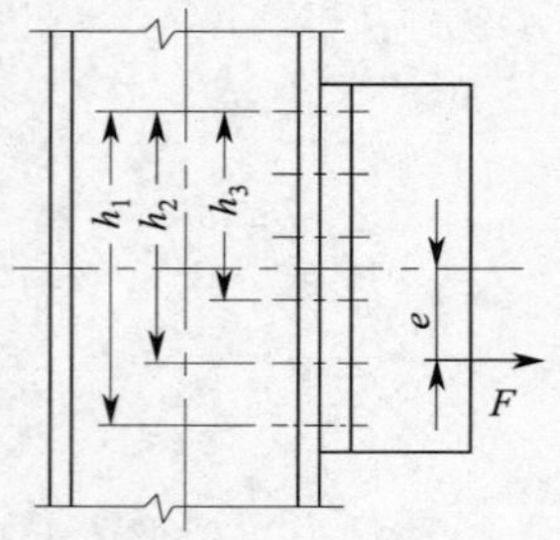

续上表

| 项次 | 受力情况 | 简 图 | 计算公式 | 许用承载力 |
|---|---|---|---|---|
| 5 | 偏心拉力与剪力联合作用 | 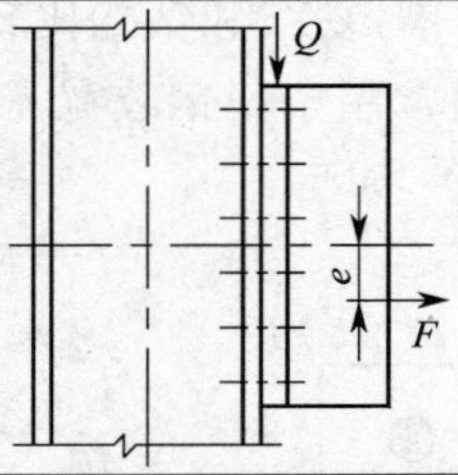 | $\sqrt{\left(\dfrac{N_v}{[N_v]}\right)^2+\left(\dfrac{N_1}{[N_t]}\right)^2}\leqslant 1$ <br> $N_v=\dfrac{Q}{n_z}\leqslant [N_c]$   (2-2-49) <br> 式中 $N_1$——按式(2-2-46)或式(2-2-47)计算 | $[N_t]=\dfrac{\pi d_1^2}{4}[\sigma_1]$  (2-2-30) |

表 2-2-11 摩擦型高强度螺栓连接计算公式

| 项次 | 受力情况 | 简 图 | 计算公式 | 许用承载力 |
|---|---|---|---|---|
| 1 | 轴心受剪 | 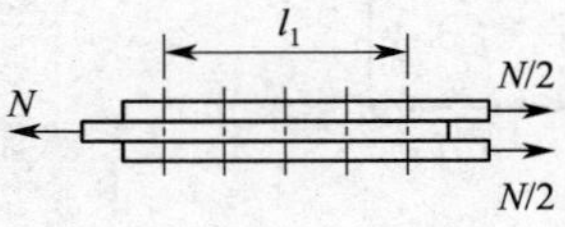 | 短接头 $l_1\leqslant 15d_0$：<br> $n_z=\dfrac{N}{[N_v]}$  (2-2-35) <br> 长接头 $l_1>15d_0$：<br> $n_z=\dfrac{N}{\eta[N_v]}$  (2-2-36) | |
| 2 | 偏心受剪 | 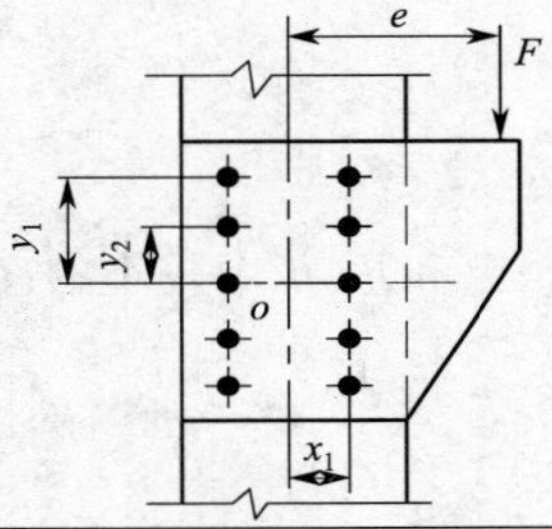 | $N_{1F}=\dfrac{F}{n_z}$  (2-2-38) <br> $\left.\begin{array}{l}N_{1Tx}=\dfrac{T\cdot y_1}{\sum x_i^2+\sum y_i^2}\\ N_{1Ty}=\dfrac{T\cdot x_1}{\sum x_i^2+\sum y_i^2}\end{array}\right\}$  (2-2-40) <br> $N_1=\sqrt{N_{1Tx}^2+(N_{1Ty}+N_{1F})^2}\leqslant [N_v]$  (2-2-41) | $[N_v]=\dfrac{Z_m\mu P}{n}$  (2-2-29) |
| 3 | 弯矩受拉 | 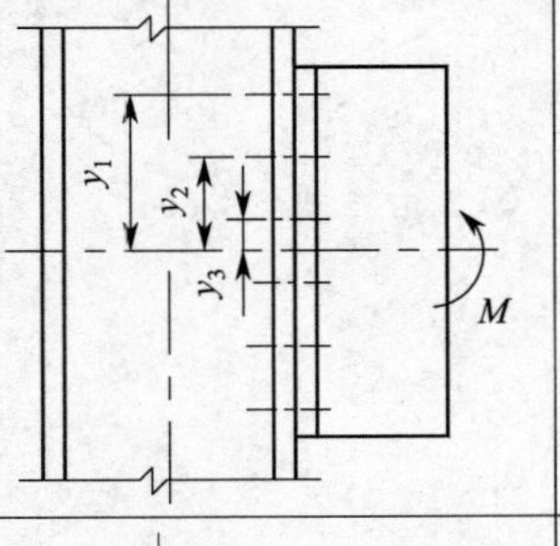 | $N_1=\dfrac{My_1}{\sum y_i^2}\leqslant [N_t]$  (2-2-44) | |
| 4 | 偏心受拉 | 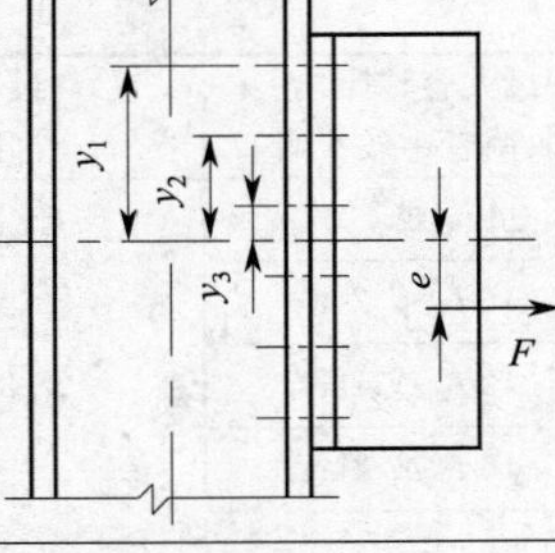 | $N_1=\dfrac{F}{n_z}+\dfrac{F\cdot e\cdot y_1}{\sum y_i^2}\leqslant [N_t]$  (2-2-48) | $[N_t]\leqslant\dfrac{0.2\sigma_{sl}A_l}{1\,000n\beta}$  (2-2-31) |
| 5 | 偏心拉力与剪力联合作用 | 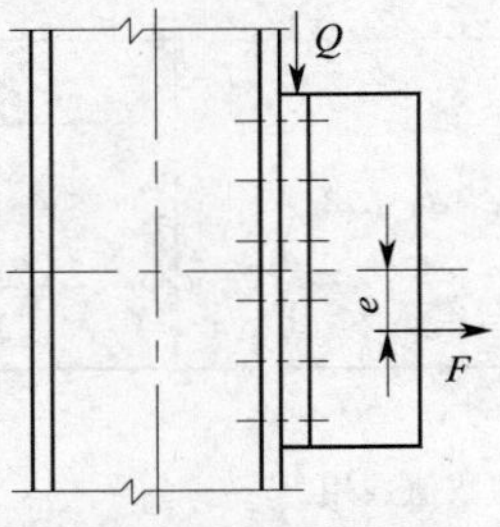 | $N_1=\dfrac{F}{n_z}+\dfrac{F\cdot e\cdot y_1}{\sum y_i^2}\leqslant [N_t]$  (2-2-48) <br> $Q\leqslant\dfrac{Z_m\mu(n_z P-1.25\sum N_i)}{n}$  (2-2-50) | |

### 四、螺栓群的布置

螺栓的布置分并列式和错列式两种(图 2-2-17)。并列式比较简单,划线和钻孔比较方便,应用较多。错列式可以减少对钢板截面的削弱,因而可减少螺栓数目,通常用于型钢肢宽需要布置两条螺栓线的连接。

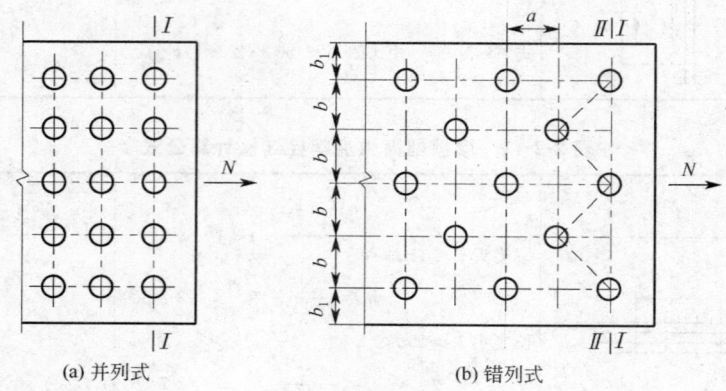

(a) 并列式　　(b) 错列式

图 2-2-17　螺栓的布置

螺栓并列式布置时,在连接处构件截面的净面积 $A_j$ 为:

$$A_j = A - n_1 d_0 t \tag{2-2-52}$$

螺栓错列式布置时,在连接处构件截面的净面积 $A_j$ 取截面 I-I 和 II-II 中较小的净面积进行强度计算。

$$\left.\begin{array}{l} A_{j1} = A - n_1 d_0 t \\ A_{j2} = [2b_1 + (n_2-1)\sqrt{a^2+b^2} - n_2 d_0]t \end{array}\right\} \tag{2-2-53}$$

式中　$A$——构件截面的毛面积;
　　　$d_0$——螺栓孔直径;
　　　$n_1$——计算截面 I-I 中的螺栓数目;
　　　$n_2$——齿形截面 II-II 中的螺栓数目;
　　　$t$——连接板厚度。

螺栓布置的间距应符合表 2-2-12 的要求。

表 2-2-12　螺栓布置的极限尺寸

| 名称 | 位置和方向 | | | 最大容许距离(取两者中较小者) | 最小容许距离 |
|---|---|---|---|---|---|
| 中心间距 | 外排(垂直内力方向或沿内力方向) | | | $8d_0$ 或 $12t$ | $3d_0$ |
| | 中间排 | 垂直内力方向 | | $16d_0$ 或 $24t$ | |
| | | 沿内力方向 | 受压构件 | $12d_0$ 或 $18t$ | |
| | | | 受拉构件 | $16d_0$ 或 $24t$ | |
| | 沿对角线方向 | | | — | |
| 中心至构件边缘的距离 | 沿内力方向 | | | $4d_0$ 或 $8t$ | $2d_0$ |
| | 垂直于内力方向 | 剪切边或手工气割边 | | | $1.5d_0$ |
| | | 轧制边、自动气割或锯割边 | 高强度螺栓 | | |
| | | | 其他螺栓 | | $1.2d_0$ |

注:1. $d_0$ 为螺栓的孔径,$t$ 为外层较薄板件的厚度。
　　2. 钢板边缘与刚性构件(如角钢、槽钢等)相连的螺栓的最大间距,可按中间排的数值选用。

### 五、例 题

**例题 1**：螺栓群偏心受剪

（一）已知数据

如图 2-2-18 所示。$n_z=13$，螺栓群承受偏心剪力 $F=60$ kN，扭矩 $T=F \cdot e=60\,000$ kN·mm 作用。连接板钢材为 Q235，板厚 $t=12$ mm。试确定图示螺栓群的螺栓直径。

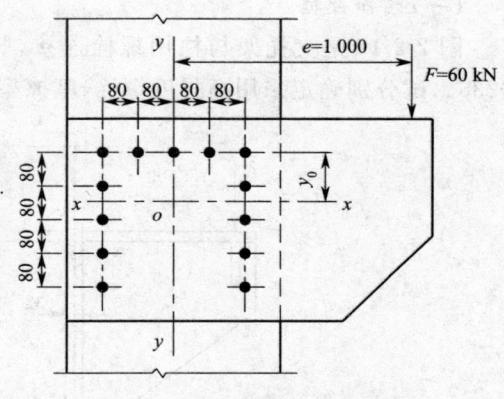

图 2-2-18 螺栓群偏心受剪

（二）确定螺栓群的形心位置

$$y_0 = \frac{2 \times (80+160+240+320)}{13} = 123 \text{(mm)}$$

（三）由轴心力 $F$ 引起每个螺栓的剪力

$$N_{1F} = \frac{F}{n_z} = \frac{60}{13} = 4.615 \text{(kN)}$$

（四）由扭矩 $T=60\,000$ kN·mm 引起的螺栓最大剪力按式(2-2-40)计算

$$\sum x_i^2 + \sum y_i^2 = 2 \times (80^2 + 5 \times 160^2) + 2 \times (123-80)^2 + 5 \times 123^2 +$$
$$2 \times [(160-123)^2 + (240-123)^2 + (320-123)^2] = 455\,877 \text{(mm}^2\text{)}$$

$$x_1 = 160 \text{ mm}, y_1 = 320 - 123 = 197 \text{(mm)}$$

$$N_{1Tx} = \frac{T \cdot y_1}{\sum x_i^2 + \sum y_i^2} = \frac{60\,000 \times 197}{455\,877} = 25.928 \text{(kN)}$$

$$N_{1Ty} = \frac{T \cdot x_1}{\sum x_i^2 + \sum y_i^2} = \frac{60\,000 \times 160}{455\,877} = 21.058 \text{(kN)}$$

（五）螺栓承受的最大剪力按式(2-2-41)计算

$$N_1 = \sqrt{N_{1Tx}^2 + (N_{1Ty} + N_{1F})^2}$$
$$= \sqrt{25.928^2 + (21.058 + 4.615)^2} = 36.488 \text{(kN)}$$

（六）采用摩擦型高强度螺栓

按式(2-2-29)求出高强度螺栓的预紧力为：

$$P \geqslant \frac{N_1 \cdot n}{Z_m \mu} = \frac{36.488 \times 1.34}{1 \times 0.35} = 139.7 \text{(kN)}$$

根据表 2-2-9 选用 10.9 级高强度螺栓 M20，预紧力为 $P=155$ kN。

（七）采用 5.6 级精制螺栓

假定选用螺栓为 M20×2.5，验算其强度。

按式(2-2-27)确定螺栓的抗剪承载力

$$[N_v] = n_v \frac{\pi d^2}{4} [\tau_j] = \frac{\pi \times 20^2}{4} \times 125 = 39.27 \text{(kN)}$$

其中 $[\tau_j] = \frac{0.6 \sigma_{SP}}{n} = \frac{0.6 \times 280}{1.34} = 125 \text{(N/mm}^2\text{)}$

按式(2-2-28)确定螺栓的承压承载力：

$$[N_c] = d \sum t \cdot [\sigma_c] = d \sum t \cdot 1.8[\sigma] = 20 \times 12 \times 1.8 \times 235/1.34 = 75.6 \text{(kN)}$$

取两者之中较小者作为螺栓的设计承载力进行螺栓强度验算：

$$N_1 = 36.488 < [N_v] = 39.27 \text{(kN)}$$

强度验算通过。

**例题 2**：螺栓群在弯矩作用下受拉

(一)已知数据

图 2-2-19 是支托架与柱用螺栓连接,竖直载荷 $Q=60$ kN,偏心距 $e=500$ mm,构件钢材为 Q235。试分别确定采用高强度螺栓(摩擦型)和粗制普通螺栓的直径。

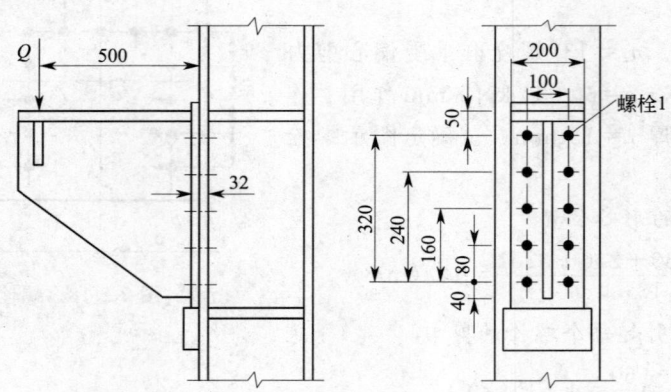

图 2-2-19 螺栓群弯矩受拉

由于连接板下方设置有支托板,故竖直剪力由支托板承受。螺栓群只承受弯矩,其值为:

$$M=Q \cdot e = 30\,000(\text{kN} \cdot \text{mm})$$

(二)采用高强度螺栓

按式(2-2-44)确定螺栓最大拉力 $N_1$:

$$N_1 = \frac{My_1}{\sum y_i^2} = \frac{30\,000 \times 160}{4 \times (80^2 + 160^2)} = 37.5(\text{kN})$$

由表 2-2-9,选用 10.9 级高强度螺栓 M16,其预紧力 $P=99$ kN。

根据连接板总厚度 $L$ 和螺栓直径 $d$ 之比 $L/d=32/16=2$,得载荷分配系数 $\beta=0.386$,由式(2-2-31)得:

$$[N_t] \leqslant \frac{0.2\sigma_{sl}A_1}{1\,000 n\beta} = \frac{0.2 \times 900 \times 157}{1\,000 \times 1.34 \times 0.386} = 54.64(\text{kN})$$

$N_1 < [N_t]$,故满足要求。

(三)采用粗制螺栓(C级)

按式(2-2-43)确定螺栓最大拉力 $N_1$:

$$N_1 = \frac{Mh_1}{\sum h_i^2} = \frac{30\,000 \times 320}{2 \times (80^2 + 160^2 + 240^2 + 320^2)} = 25(\text{kN})$$

选用 4.6 级粗制螺栓 M18×2.5,则螺栓内径 $d_1=15.65$ mm,按式(2-2-30)确定螺栓抗拉承载力:

$$[N_t] = \frac{\pi d_1^2}{4}[\sigma_1] = \frac{\pi d_1^2}{4} \cdot 0.8 \cdot \frac{\sigma_{SP}}{n}$$

$$= \frac{\pi \times 15.65^2}{4} \times 0.8 \times \frac{225}{1.34} = 25.84(\text{kN})$$

则 $N_1 = 25$ kN $< [N_t] = 25.84$ kN

结论:选用高强度螺栓为 10.9 级 M16;选用粗制螺栓为 4.6 级 M18×2.5。

**例题 3:螺栓群偏心受拉**

(一)已知数据

如图 2-2-20 所示,偏心拉力 $F=250$ kN,偏心距分 $e=100$ mm 及 $e=200$ mm 两种情况计算。

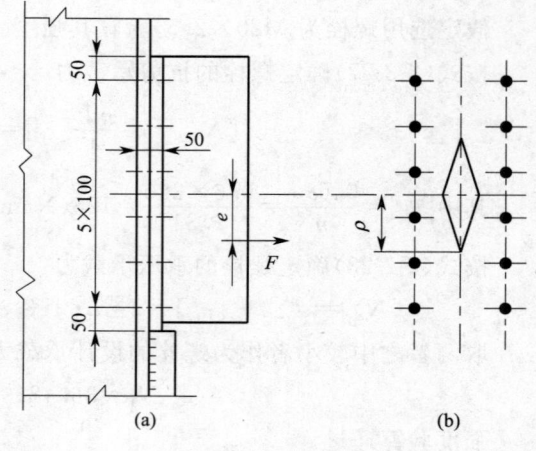

图 2-2-20 螺栓群偏心受拉

按图示 12 个螺栓,每列 6 个布置,试求普通螺栓和高强度螺栓的直径。

（二）普通螺栓

首先按式(2-2-45)确定螺栓群有效截面的核心距 $\rho$：

$$\rho = \frac{\sum y_i^2}{n_z y_1} = \frac{4 \times (50^2 + 150^2 + 250^2)}{12 \times 250} = 117 \text{（mm）}$$

1. $e = 100$ mm $< \rho$，偏心力 $F$ 作用在核心距之内

按式(2-2-46)计算螺栓最大拉力：

$$N_1 = \frac{F}{n_z} + \frac{F \cdot e \cdot y_1}{\sum y_i^2} = \frac{250}{12} + \frac{250 \times 100 \times 250}{4 \times (50^2 + 150^2 + 250^2)} = 38.7 \text{（kN）}$$

先假定选用 4.6 级粗制螺栓 M22×2.5，其抗拉许用承载力 $[N_t]$ 按式(2-2-30)计算：

$$[N_t] = \frac{\pi d_1^2}{4}[\sigma_1] = \frac{\pi d_1^2}{4} \cdot 0.8 \cdot \frac{\sigma_{SP}}{n}$$

$$= \frac{\pi \times 19.65^2}{4} \times 0.8 \times \frac{225}{1.34} = 40.7 \text{（kN）}$$

由于 $N_1 = 38.7$ kN $< [N_t] = 40.7$ kN，强度验算通过。所以选用 4.6 级 M22×2.5 粗制螺栓是合适的。

2. $e = 200$ mm $> \rho$，偏心拉力 $F$ 作用在核心距之外

按式(2-2-47)计算螺栓最大拉力：

$$N_1 = \frac{F(e + 0.5h_1)h_1}{\sum h_i^2}$$

$$= \frac{250 \times (200 + 0.5 \times 500) \times 500}{2 \times (100^2 + 200^2 + 300^2 + 400^2 + 500^2)} = 51.14 \text{（kN）}$$

先假定选用 4.8 级粗制螺栓 M24×3，按式(2-2-30)确定螺栓抗拉许用承载力：

$$[N_t] = \frac{\pi d_1^2}{4} \cdot 0.8 \cdot \frac{\sigma_{SP}}{n}$$

$$= \frac{\pi \times 21.19^2}{4} \times 0.8 \times \frac{310}{1.34} = 65.27 \text{（kN）}$$

由于 $N_1 = 51.14$ kN $< [N_t] = 65.27$ kN，所以选用 4.8 级 M24×3 粗制螺栓是合适的。

（三）高强度螺栓

偏心距 $e = 100$ mm 或 $e = 200$ mm 都按式(2-2-48)计算螺栓最大拉力。本例按 $e = 200$ mm 不利工况选择螺栓。螺栓最大拉力为：

$$N_1 = \frac{F}{n_z} + \frac{F \cdot e \cdot y_1}{\sum y_i^2} = \frac{250}{12} + \frac{250 \times 200 \times 250}{4 \times (50^2 + 150^2 + 250^2)} = 56.5 \text{（kN）}$$

由表 2-2-9，选用 10.9 级高强度螺栓 M16，其预紧力 $P = 99$ kN。

根据连接板总厚度 $L$ 和螺栓直径 $d$ 之比 $L/d = 50/16 = 3.125$，得载荷分配系数 $\beta = 0.33$，由式(2-2-31)得：

$$[N_t] \leqslant \frac{0.2\sigma_{sl}A_1}{1000n\beta} = \frac{0.2 \times 900 \times 157}{1000 \times 1.34 \times 0.33} = 63.9 \text{（kN）}$$

由于 $N_1 = 56.5$ kN $< [N_t] = 63.9$ kN，所以选用 10.9 级高强度螺栓 M16 是合适的。

## 第三节　销　轴　连　接

销轴连接是起重机金属结构常用的连接形式，例如起重机臂架根部的连接（图 2-2-21a）以及拉杆或撑杆的连接等（图 2-2-21b），通常都采用销轴连接。

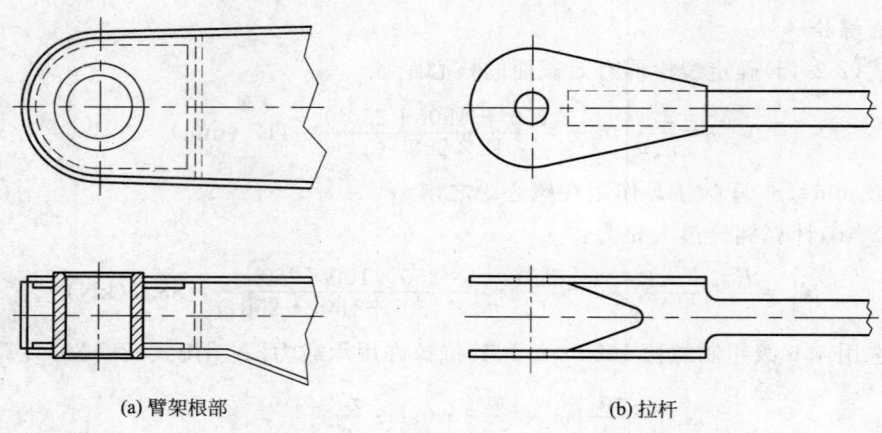

(a) 臂架根部  (b) 拉杆

图 2-2-21 销轴连接示例

## 一、销轴计算

### (一) 销轴抗弯强度验算

$$\sigma_\mathrm{w} = \frac{M}{W} \leqslant [\sigma] \tag{2-2-54}$$

式中 $M$——销轴承受的最大弯矩；

$W$——销轴抗弯截面模量，$W = \dfrac{\pi d^3}{32}$；

$[\sigma]$——销轴钢材的基本许用应力，见本篇第一章表 2-1-10 及表 2-1-8。

### (二) 销轴抗剪强度验算

$$\tau_{\max} = \frac{QS}{Id} = \frac{Q\left(\dfrac{d^3}{12}\right)}{\left(\dfrac{\pi d^4}{64}\right)d} = \frac{16}{3} \cdot \frac{Q}{\pi d^2} \leqslant [\tau] \tag{2-2-55}$$

式中 $Q$——把销轴当作简支梁分析求得的最大剪力；

$[\tau]$——销轴许用剪应力，$[\tau] = 0.6[\sigma]$，$[\sigma]$ 同式 (2-2-54)。

## 二、销孔拉板的计算

### (一) 销孔壁承压应力验算

$$\sigma_\mathrm{c} = \frac{P}{d \cdot \delta} \leqslant [\sigma_\mathrm{c}] \tag{2-2-56}$$

式中 $P$——构件的轴向拉力，即销孔拉板通过承压传给销轴的力；

$\delta$——销孔拉板的承压厚度；

$d$——销孔的直径；

$[\sigma_\mathrm{c}]$——销孔拉板的承压许用应力，$[\sigma_\mathrm{c}] = 1.4[\sigma]$，$[\sigma]$ 为拉板钢材的基本许用应力，当销轴在工作中可能产生微动时，其承压许用应力宜适当降低。

### (二) 销孔拉板的强度计算

首先根据销孔拉板承受的最大拉力 $P$ 求出危险截面（图 2-2-22a 中的水平截面 b-b 及垂直截面 a-a）上的内力，然后用弹性曲梁公式求出相应的应力，并进行强度校核。

1. 内力计算

拉板承受的拉力 $P$ 通过销孔壁以沿弧长分布压力 $p$ 的形式传给销轴，假定 $p$ 沿弧长按正弦规

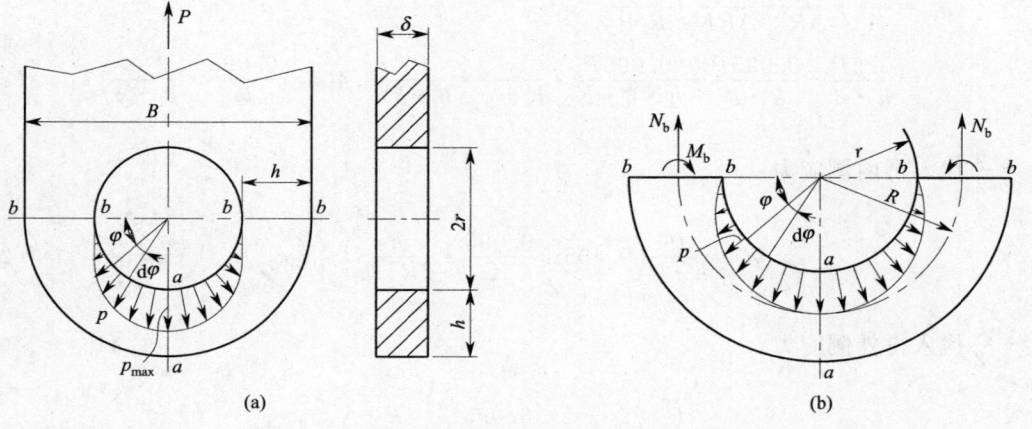

图 2-2-22 销孔拉板计算简图

律分布,即:

$$p = p_{max} \cdot \sin\varphi \tag{2-2-57}$$

由图 2-2-22a,根据拉板的平衡条件可得:

$$P = 2\int_0^{\frac{\pi}{2}} p \cdot r\mathrm{d}\varphi \cdot \sin\varphi = 2p_{max} \cdot r \int_0^{\frac{\pi}{2}} \sin^2\varphi \cdot \mathrm{d}\varphi = \frac{\pi r p_{max}}{2}$$

则

$$p_{max} = \frac{2P}{\pi r} \tag{2-2-58}$$

根据拉板结构和受力的对称性,可知拉板上反对称的内力(即剪力)等于零。若沿销孔中心线截开拉板,则截面上只有轴力 $N_b$ 及弯矩 $M_b$,如图 2-2-22b 所示。

根据平衡条件 $\Sigma Y=0$,得:

$$N_b = \frac{P}{2} \tag{2-2-59}$$

图 2-2-22b 为一次超静定问题,根据变形条件求得 $M_b$ 按下式计算:

$$M_b = \left(\frac{4}{\pi^2} - \frac{1}{2}\right)PR = -0.095PR \tag{2-2-60}$$

$a$—$a$ 截面的弯矩为:

$$M_a = \left(\frac{4}{\pi^2} - \frac{1}{\pi}\right)PR = 0.087PR \tag{2-2-61}$$

根据平衡条件 $\Sigma X=0$,得 $a$-$a$ 截面的轴力为:

$$N_a = \int_0^{\frac{\pi}{2}} p \cdot r\mathrm{d}\varphi \cdot \cos\varphi = \frac{2}{\pi}P \int_0^{\frac{\pi}{2}} \sin\varphi \cdot \cos\varphi \mathrm{d}\varphi = \frac{P}{\pi} = 0.32P \tag{2-2-62}$$

2. 强度计算

应用弹性曲梁公式求危险截面的应力:

$$\sigma_y = \frac{N_i}{A} + \frac{M_i}{AR} + \frac{M_i}{ARK} \cdot \frac{y}{R+y} \tag{2-2-63}$$

式中 $A$——计算截面积,对于矩形面积 $A=h\delta$;

$K$——与计算截面形状有关的系数,对于矩形截面:

$$K = \frac{R}{h} \cdot \ln\frac{2R+h}{2R-h} - 1 \tag{2-2-64}$$

$b$—$b$ 截面:

$$\sigma_y^b = \frac{N_b}{A} + \frac{M_b}{AR} + \frac{M_b}{ARK} \cdot \frac{y}{R+y}$$

$$= \frac{0.5P}{h \cdot \delta} - \frac{0.095P}{h \cdot \delta} - \frac{0.095P}{h \cdot \delta \cdot K} \cdot \frac{y}{R+y} = \frac{P}{h \cdot \delta}\left(0.405 - \frac{0.095}{K} \cdot \frac{y}{R+y}\right) \quad (2\text{-}2\text{-}65)$$

将 $y = -\dfrac{h}{2}$ 代入得内侧应力：

$$\sigma_n^b = \frac{P}{h \cdot \delta}\left(0.405 + \frac{0.095}{K} \cdot \frac{h}{2R-h}\right) \leqslant [\sigma] \quad (2\text{-}2\text{-}66)$$

将 $y = +\dfrac{h}{2}$ 代入得外侧应力：

$$\sigma_w^b = \frac{P}{h \cdot \delta}\left(0.405 - \frac{0.095}{K} \cdot \frac{h}{2R+h}\right) \leqslant [\sigma] \quad (2\text{-}2\text{-}67)$$

$a$—$a$ 截面：

$$\sigma_y^a = \frac{N_a}{A} + \frac{M_a}{AR} + \frac{M_a}{ARK} \cdot \frac{y}{R+y}$$

$$= \frac{0.32P}{h \cdot \delta} + \frac{0.087P}{h \cdot \delta} + \frac{0.087P}{h \cdot \delta K} \cdot \frac{y}{R+y} = \frac{P}{h \cdot \delta}\left(0.407 + \frac{0.087}{K} \cdot \frac{y}{R+y}\right) \quad (2\text{-}2\text{-}68)$$

将 $y = -\dfrac{h}{2}$ 代入得内侧应力：

$$\sigma_n^a = \frac{P}{h \cdot \delta}\left(0.407 - \frac{0.087}{K} \cdot \frac{h}{2R-h}\right) \leqslant [\sigma] \quad (2\text{-}2\text{-}69)$$

将 $y = +\dfrac{h}{2}$ 代入得外侧应力：

$$\sigma_w^a = \frac{P}{h \cdot \delta}\left(0.407 + \frac{0.087}{K} \cdot \frac{h}{2R+h}\right) \leqslant [\sigma] \quad (2\text{-}2\text{-}70)$$

### 三、例 题

已知图 2-2-22 中，$P = 200$ kN，$h = 63$ mm，$\delta = 25$ mm，$R = 73.5$ mm，试求危险截面的应力。拉板材料为 Q345 钢。

解  $$K = \frac{R}{h} \cdot \ln\frac{2R+h}{2R-h} - 1 = \frac{73.5}{63} \times \ln\frac{2 \times 73.5 + 63}{2 \times 73.5 - 63} - 1 = 0.069$$

$$\sigma_n^b = \frac{P}{h \cdot \delta}\left(0.405 + \frac{0.095}{K} \times \frac{h}{2R-h}\right)$$

$$= \frac{200\,000}{63 \times 25}\left(0.405 + \frac{0.095}{0.069} \times \frac{63}{2 \times 73.5 - 63}\right)$$

$$= 182.6 \text{ MPa} < [\sigma] = \frac{\sigma_s}{1.34} = 257 \text{ (MPa)}$$

$$\sigma_w^b = \frac{P}{h \cdot \delta}\left(0.405 - \frac{0.095}{K} \times \frac{h}{2R+h}\right)$$

$$= \frac{200\,000}{63 \times 25}\left(0.405 - \frac{0.095}{0.069} \times \frac{63}{2 \times 73.5 + 63}\right) = -1.02 \text{ (MPa)}$$

$$\sigma_n^a = \frac{P}{h\delta}\left(0.407 - \frac{0.087}{K} \cdot \frac{h}{2R-h}\right)$$

$$= \frac{200\,000}{63 \times 25}\left(0.407 - \frac{0.087}{0.069} \times \frac{63}{2 \times 73.5 - 63}\right) = -68.4 \text{ (MPa)}$$

$$\sigma_w^a = \frac{P}{h \cdot \delta}\left(0.407 + \frac{0.087}{K} \cdot \frac{h}{2R+h}\right)$$
$$= \frac{200\,000}{63 \times 25}\left(0.407 + \frac{0.087}{0.069} \times \frac{63}{2 \times 73.5 + 63}\right)$$
$$= 99.7(\mathrm{MPa}) < [\sigma] = 257 \text{ MPa}$$

销孔拉板危险截面上的应力分布如图 2-2-23 所示。

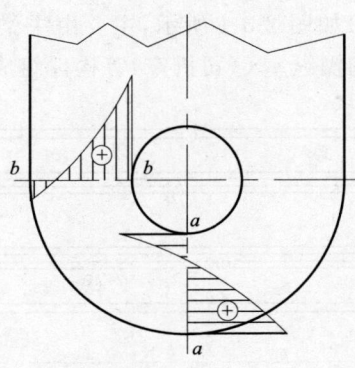

图 2-2-23

# 第三章　桥式起重机金属结构设计计算

桥式起重机的金属结构（桥架）如图 2-3-1 所示，主要由主梁 1（主桁架）、端梁 2、栏杆 3（副桁架）、走台 4（或水平桁架）、轨道 5 和操纵室 6（司机室）等构件组成。

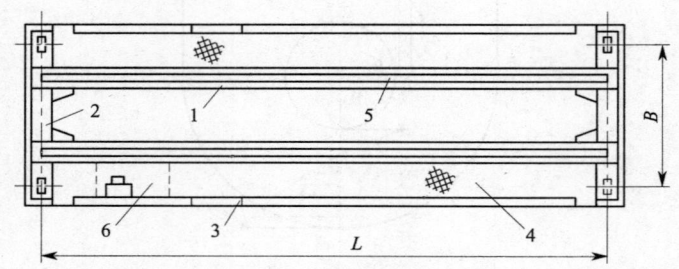

图 2-3-1　桥式起重机桥架

桥式起重机金属结构型式繁多（见图 2-3-2），按主梁数目可分为单梁桥架和双梁桥架；按结构元件类型可分为型钢梁式桥架、箱形结构桥架、桁架式桥架。

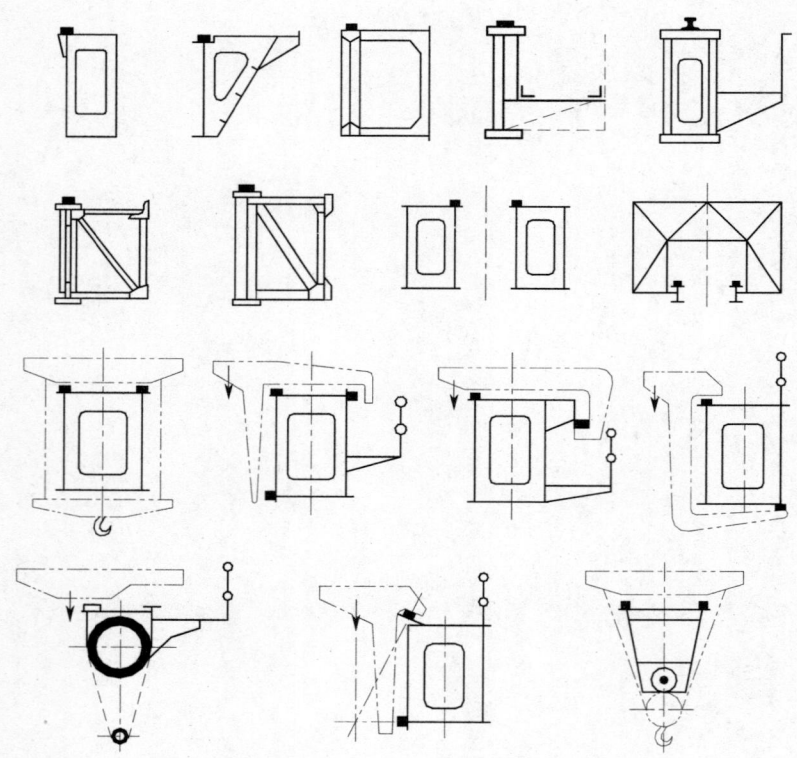

图 2-3-2　桥架主梁截面的型式

型钢梁式桥架的主梁一般采用工字钢或加强型的工字钢，其运行小车一般采用电动葫芦。这类桥架结构简单，起重量一般较小。

箱形结构桥架是广泛应用的一种结构型式，其具有制造工艺简单、组装方便、通用性强、便于自动焊、抗扭刚度好等优点。缺点是自重大，主梁易下挠，桥架水平刚度较差，箱形内部施焊条件差，上翼缘板与腹板之间连接焊缝寿命低,上翼缘板与横向加劲肋之间焊缝易开裂等。随着新结构、新工艺和现代设计方法的应用,这些缺点正逐步得以改善。

桁架式桥架又分为三角形桁架式、四桁架式及空腹桁架式结构。桁架式结构较箱形结构制造工艺复杂,费工时,难以保证各构件按规定的形心要求组装,焊接变形大。优点是迎风面积小,自重较轻。

## 第一节 单梁葫芦桥式起重机金属结构

单梁葫芦桥式起重机一般采用工字钢作为电动葫芦的运行轨道,电动葫芦沿工字钢下翼缘运行。我国生产的电动葫芦起重量多为 0.1 t～16 t,起升高度为 3 m～30 m。

在满足强度、刚度、稳定性的前提下,小跨度的桥式起重机只用一根工字钢作主梁,适用于起重量不大于 5 t,跨度不大于 11 m 的情况。为保证主梁的整体稳定性并提高其水平刚度,主梁与端梁之间应设隅支撑,必要时设水平桁架,主梁和端梁常采用焊接连接。大跨度的主梁常采用型钢组合梁或钢板与工字钢构成的组合梁。常用的主梁截面型式如图 2-3-3 所示,除轧制的或焊接的宽翼缘工字钢(图 2-3-3c)外,其他均采用带有内侧倾斜翼缘的工字钢。大跨度桥式起重机还应设置水平走台。

对于大吨位、大跨度的主梁亦可采用以钢板为翼缘的箱形梁(图 2-3-4a),或以型钢为翼缘的箱形梁(图 2-3-4b)。

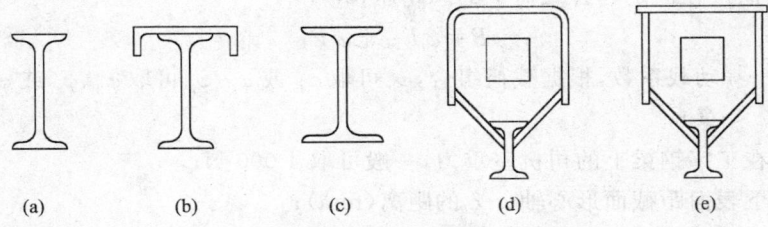

图 2-3-3 单梁葫芦桥式起重机主梁截面型式

### 一、主梁设计计算

(一)实腹式梁

1. 主梁截面的选择

当选定主梁截面型式后,截面尺寸可按静刚度条件进行初选。对于移动载荷,因小车轮距较小,可近似按一个集中载荷处理。主梁跨中的静刚度按简支梁(图 2-3-5)计算,其计算式为:

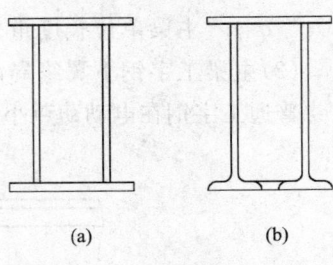

图 2-3-4 箱型梁结构型式

$$f = \frac{P_j L^3}{48 E I_x} \leqslant [f] \tag{2-3-1}$$

根据刚度条件,主梁所需的截面惯性矩为:

$$I_x \geqslant \frac{P_j L^3}{48 E [f]} \tag{2-3-2}$$

式中 $L$——梁的跨度(mm);

$[f]$——主梁的许用挠度,见本篇第一章表 2-1-1,可取 $[f] = \frac{L}{700}$;

$P_j$——电动葫芦在额定起升载荷时的总静轮压(不计动力系数),

$$P_j = P_{xc} + P_Q$$

其中 $P_{xc}$——电动葫芦小车自重(N),

$P_Q$——额定起升载荷(N)。

根据 $I_x$ 选择适当的工字钢及加强截面的尺寸。

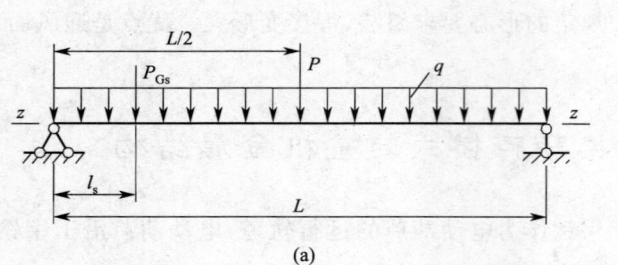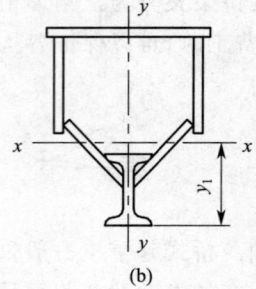

图 2-3-5　单梁桥架计算简图

**2. 主梁强度校核**

选定主梁截面尺寸后,应校核主梁跨中截面的弯曲正应力和跨端截面的剪应力。

跨中截面的弯曲正应力包括梁的整体弯曲应力和由小车轮压在工字钢下翼缘引起的局部弯曲应力两部分,将它们合成后进行强度校核。

(1)垂直载荷在下翼缘引起的弯曲正应力,计算简图见图 2-3-5a:

$$\sigma_z = \frac{y_1}{I_x}\left(\frac{PL}{4}+\frac{\varphi_i P_{G_s} l_s}{2}+\frac{\varphi_i q L^2}{8}\right) \tag{2-3-3}$$

式中　$P$——电动葫芦在额定起升载荷下的总轮压(N),

$$P = \varphi_i P_{xc} + \varphi_j P_Q$$

其中　$\varphi_i, \varphi_j$——动载系数,根据载荷组合,$\varphi_i$ 可取 $\varphi_1$ 或 $\varphi_4$,$\varphi_j$ 可取 $\varphi_2$、$\varphi_3$ 或 $\varphi_4$(见第一篇第三章);

$P_{G_s}$——悬挂在工字钢梁上的司机室重力,一般可取 4 000 N;

$y_1$——梁的下表面距截面形心轴 $x$-$x$ 的距离(mm);

$I_x$——梁跨中截面对 $x$-$x$ 轴的惯性矩(mm⁴);

$l_s$——司机室距端部距离(mm);

$q$——主梁单位长度重力(N/mm)。

(2)主梁工字钢下翼缘局部弯曲应力

普通工字钢在电动葫芦小车轮压作用下,工字钢下翼缘的局部弯曲应力按下式计算(图 2-3-6)。

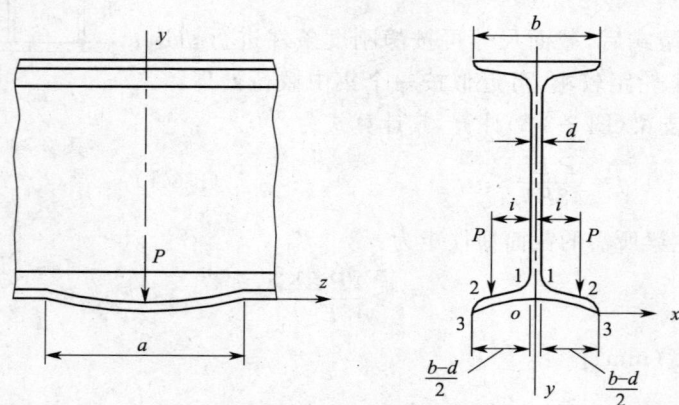

图 2-3-6　局部弯曲应力示意图

腹板根部 1 点由翼缘在 $xoy$ 平面内及 $zoy$ 平面内弯曲引起的应力分别为:

$$\sigma_{x1} = \pm K_1 \cdot \frac{2P}{t^2} \tag{2-3-4}$$

$$\sigma_{z1} = \mp K_2 \cdot \frac{2P}{t^2} \tag{2-3-5}$$

轮压作用点 2 由翼缘在 $xoy$ 及 $zoy$ 平面内弯曲引起的应力分别为：

$$\sigma_{x2} = \mp K_3 \cdot \frac{2P}{t^2} \tag{2-3-6}$$

$$\sigma_{z2} = \mp K_4 \cdot \frac{2P}{t^2} \tag{2-3-7}$$

翼缘外边缘点 3 由翼缘在 $zoy$ 平面内弯曲引起的应力为：

$$\sigma_{z3} = \mp K_5 \cdot \frac{2P}{t^2} \tag{2-3-8}$$

式中 $K_1, K_2, K_3, K_4, K_5$——由轮压作用点位置比值 $\xi = \dfrac{i}{0.5(b-d)}$ 决定的系数（图 2-3-7），式中 $i、b、d$ 含义见图 2-3-6；

$P$——电动葫芦一个车轮的最大轮压（N）；

$t$——距边缘 $\dfrac{b-d}{4}$ 处的翼缘厚度（mm）。

上述公式中的正负号，在上面的表示工字钢下翼缘上表面应力符号，在下面的表示工字钢下翼缘下表面的应力符号。

(3) 复合应力

由水平载荷引起的弯曲应力较小，可忽略不计。

工字钢下翼缘下表面 1 点的复合应力为：

$$\sigma_{c1} = \sqrt{\sigma_{x1}^2 + (\sigma_{z1} + \sigma_z)^2 - \sigma_{x1}(\sigma_{z1} + \sigma_z)^2} \leqslant [\sigma] \tag{2-3-9}$$

轮压作用点 2 的复合应力为：

$$\sigma_{c2} = \sqrt{\sigma_{x2}^2 + (\sigma_{z2} + \sigma_z)^2 - \sigma_{x2}(\sigma_{z2} + \sigma_z)^2} \leqslant [\sigma] \tag{2-3-10}$$

下翼缘下表面 3 点的复合应力为：

$$\sigma_{c3} = \sigma_{z3} + \sigma_z \leqslant [\sigma] \tag{2-3-11}$$

式中 $\sigma_z$——主梁整体弯曲应力；

$[\sigma]$——钢材许用应力（N/mm²），见本篇第一章表 2-1-8。

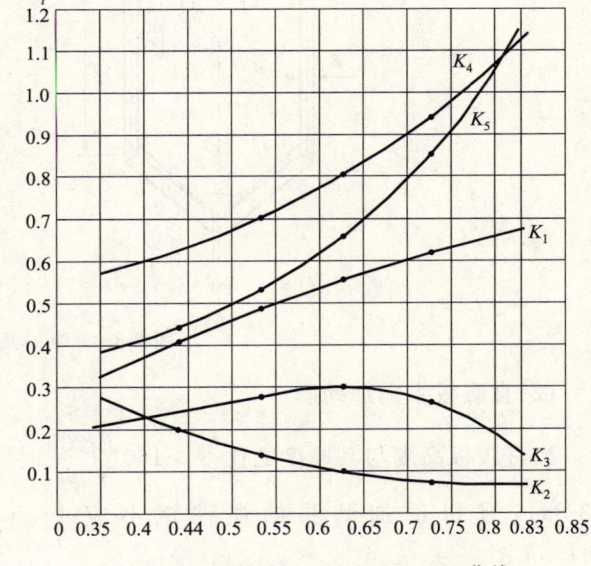

图 2-3-7 系数 $K_1, K_2, K_3, K_4, K_5$ 曲线

(4) 跨端截面剪应力

$$\tau_{max} = \frac{Q_{max} S_x}{I_x \delta} = \frac{S_x}{I_x \delta}\left(P + \varphi_i P_{Gs}\frac{L-l_s}{L} + \frac{\varphi_i qL}{2}\right) \leqslant [\tau] \tag{2-3-12}$$

式中 $Q_{max}$——计算截面最大剪力（N）；

$S_x$——主梁跨端截面的静矩（mm³）；

$\delta$——主梁截面中性轴处的腹板厚度（mm）；

$[\tau]$——剪切许用应力（N/mm²）。

3. 整体稳定性

单根工字钢作主梁时，除应保证必要的强度、刚度外，还应防止其丧失整体稳定性。

当工字钢受压翼缘板的自由长度 $l$ 与其宽度 $b$ 之比不超过本篇第一章第五节之二"受弯构件的整体稳定性"中相关规定的数据时，可不计算梁的整体稳定性，否则应按下式验算梁的整体稳定性。

$$\sigma=\frac{M_{\max}}{\varphi_b W_x}\leqslant[\sigma] \tag{2-3-13}$$

式中 $M_{\max}$——由垂直载荷引起的梁的最大计算弯矩（N·mm）；

$W_x$——梁的抗弯模量（mm³）；

$\varphi_b$——工字钢整体稳定系数,按表 2-1-33 查取,当查出的 $\varphi_b$ 值大于 0.8 时,应按式（2-1-88）算出的或从表 2-1-34 中查取的修正值 $\varphi_b'$ 代替 $\varphi_b$。

**4. 局部稳定性**

在剪应力、弯曲应力、局部挤压应力及其共同作用下,可能会使主梁腹板局部失稳。在弯曲压应力作用下,可能使翼缘板（盖板）失稳。防止局部失稳的方法通常是设置纵向及横向加劲肋。

（1）上翼缘板纵向加劲肋

当上翼缘板宽度与其厚度之比 $\frac{b_0}{\delta}>60\sqrt{\frac{235}{\sigma_s}}$ 时（见图 2-3-8）,上翼缘板应设置一道或多道纵向加劲肋,并且间隔宽度 $c$ 不应大于 $60\delta$,每条纵向加劲肋的惯性矩应大于 $3.5b_0\delta^3$。

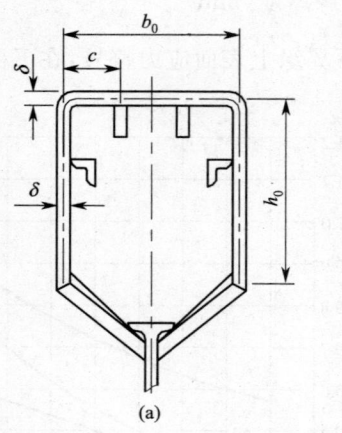 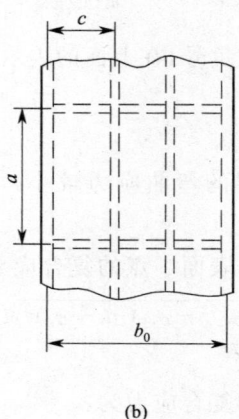

图 2-3-8 纵向及横向加劲肋

（2）直腹板纵向加劲肋

当直腹板高度与其厚度之比 $\frac{h_0}{\delta}>160\sqrt{\frac{235}{\sigma_s}}$ 时,直腹板内侧应布置一道或多道纵向加劲肋（图 2-3-8a）,且每道加劲肋的惯性矩不应小于 $1.5h_0\delta^3$。

（3）横向加劲肋

主梁内部应布置横向加劲肋（图 2-3-8b）,以提高直腹板的局部稳定性和上翼缘板的横向抗弯曲能力。

有关局部稳定性的计算见本篇第一章第五节。

**（二）桁构梁**

当跨度大于 11 m 时,工字钢的强度和刚度往往不能满足要求,需采用桁构梁结构（图 2-3-9）。其主要尺寸为:

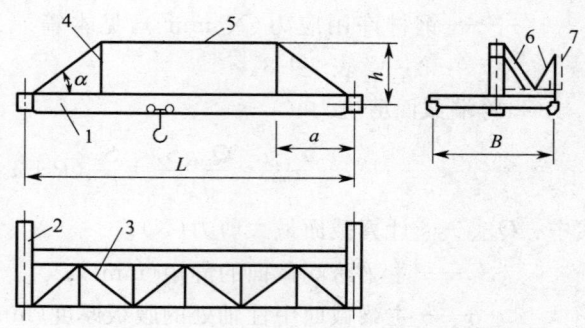

图 2-3-9 桁构式单梁桥架
1—工字钢梁；2—端梁；3—水平桁架；
4—支杆；5—弦杆；6—斜支撑；7—副桁架

$$h=\left(\frac{1}{10}\sim\frac{1}{15}\right)L, a=\left(\frac{1}{3}\sim\frac{1}{4}\right)L$$

1. 强度计算

桁构梁的内力可用力法直接确定,也可用下面的简化方法计算。

当电动葫芦位于跨中时,上弦杆轴向压力为:

$$N = \eta_1 P + \frac{2}{\pi} qL\eta_1 \tag{2-3-14}$$

式中 $\eta_1$——与结构型式和尺寸有关的系数,由表 2-3-1 查取;
$P$——小车总轮压(N);
$q$——桥架均布载荷(N/m)。

端部斜弦杆轴向压力为:

$$D = \frac{N}{\cos\alpha} \tag{2-3-15}$$

式中 $\alpha$——斜弦杆与水平弦杆的夹角。

支杆轴向拉力:

$$V = N\tan\alpha \tag{2-3-16}$$

工字梁总轴向拉力:

$$T = N \tag{2-3-17}$$

工字梁总弯矩:

$$M = \eta_2 PL + \eta_3 qL^2 \tag{2-3-18}$$

式中 $\eta_2, \eta_3$——系数,见表 2-3-1。

工字梁拉伸和弯曲应力之和为:

$$\sigma = \frac{T}{A} + \frac{M}{W_x} \tag{2-3-19}$$

式中 $A$——工字梁跨中的截面积($mm^2$);
$W_x$——工字梁跨中截面的抗弯模量($mm^3$)。

表 2-3-1 系数 $\eta_1$、$\eta_2$ 及 $\eta_3$ 的值

| 结构型式 | $h/L$ | | | | | | $\eta_2$ | $\eta_3$ |
| --- | --- | --- | --- | --- | --- | --- | --- | --- |
| | $\frac{1}{10}$ | $\frac{1}{11}$ | $\frac{1}{12}$ | $\frac{1}{13}$ | $\frac{1}{14}$ | $\frac{1}{15}$ | | |
| | $\eta_1$ | | | | | | | |
| 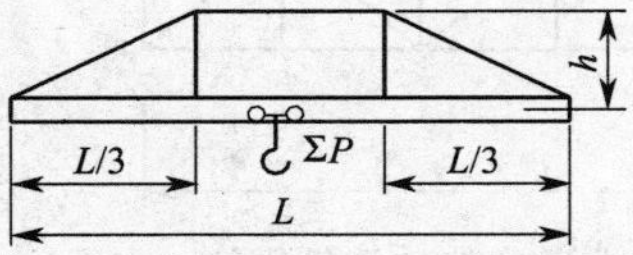 型式1 (L/3) | 1.89 | 2.08 | 2.27 | 2.46 | 2.65 | 2.84 | 0.06 | 0.004 |
| 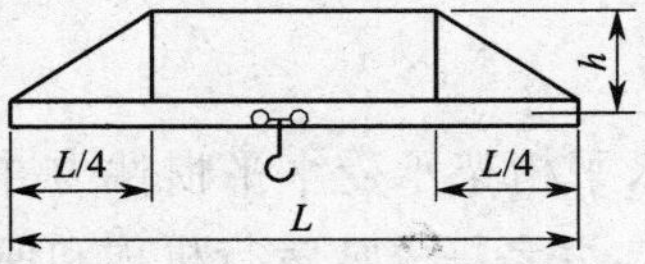 型式2 (L/4) | 1.71 | 1.89 | 2.06 | 2.23 | 2.40 | 2.57 | 0.08 | 0.016 |
| 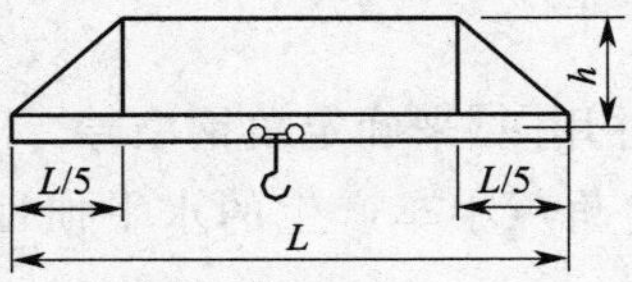 型式3 (L/5) | 1.62 | 1.78 | 1.95 | 2.10 | 2.27 | 2.43 | 0.09 | 0.022 |

工字钢下翼缘在小车轮压作用下产生的局部弯曲应力和复合应力按式(2-3-4)~式(2-3-11)计算。

加强上弦一般采用两槽钢组合封闭截面,按压杆计算,主要验算其稳定性。

中段弦杆

$$\sigma = \frac{N}{\varphi A_1} \leqslant [\sigma] \tag{2-3-20}$$

斜弦杆

$$\sigma = \frac{D}{\varphi A_2} \leqslant [\sigma] \tag{2-3-21}$$

式中 $\varphi$——轴心压杆稳定系数,根据杆件的长细比及截面类型(表 2-1-14)按表 2-1-15～表 2-1-18 查取。其计算长度取为每段弦杆长;

$A_1$, $A_2$——分别为中段弦杆和斜弦杆的截面积($mm^2$)。

弦杆的容许长细比为$[\lambda]=150$。

支杆多用双角钢或槽钢制成,其强度条件为:

$$\sigma = \frac{N}{A_j} \leqslant [\sigma] \tag{2-3-22}$$

式中 $A_j$——支杆的净截面面积($mm^2$)。

支杆的容许长细比为$[\lambda]=250$。

2. 挠度计算

桁构梁的挠度可由结构力学方法确定,也可用简化方法按下式计算:

$$f = \frac{P_j L^3}{48 E I_x} - \eta_1 \frac{P_j h}{24 E I_x}(3L^2 - 4a^2) \tag{2-3-23}$$

式中符号意义同式(2-3-1),尺寸参数见图 2-3-9。

一般桁构式主梁均设有水平桁架,水平刚度和整体稳定性可不验算。

### 二、隅支撑及水平桁架

防止工字钢主梁失稳的隅支撑(图 2-3-10)通常用角钢制成,与主梁的夹角 $\alpha=35°\sim45°$,因其受力不大,可按容许长细比$[\lambda]=200$ 的条件来选择角钢型号。只有在较小跨度时才允许工字钢主梁独立工作。

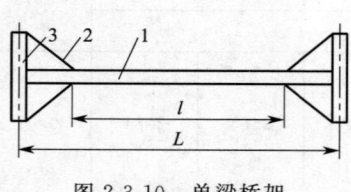

图 2-3-10 单梁桥架
1—工字钢梁;2—隅支撑;3—端梁

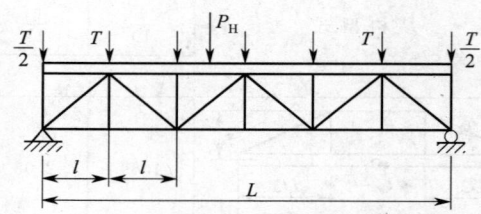

图 2-3-11 水平桁架计算简图

当用隅支撑不能保证主梁的整体稳定性时,需用水平桁架加强。水平桁架承受水平惯性力并防止工字梁失稳,同时作为走台安装运行机构。其宽度由水平刚度决定,并考虑安放运行机构和便于行人,一般宽度为 700 mm～1 000 mm。

水平桁架多用三角形腹杆体系(图 2-3-11),腹杆多由单角钢制成,并用$[\lambda]$来确定角钢型号。

跨度较大者可按图 2-3-11 进行内力分析。大车制动(起动)时由电葫芦小车产生的水平惯性力 $P_H = \varphi_5 \frac{a}{g}(P_Q + P_{xc})$ 视为移动集中载荷。式中 $\varphi_5$ 为起重机运行驱动力突变时对结构的动力效应系数(见第一篇第三章),$a$ 为运行平均加速度,$g$ 为重力加速度。

桥架单位长度自重产生的惯性力 $q_H = \varphi_5 \frac{a}{g} \cdot \frac{P_G}{L}$,换算为节点载荷 $T = \varphi_5 \frac{a}{g} \cdot \frac{P_G l}{L}$,$P_G$ 为桥架

自重。

所有腹杆均按压杆计算并选择截面。

### 三、端梁设计计算

单梁葫芦桥式起重机的端梁一般采用钢板冷压成 U 形，再组焊成箱形端梁（图 2-3-12a），也有用型钢或钢板组焊的箱形端梁（图 2-3-12b、c）。端梁通过车轮将主梁支承在轨道上，端梁同车轮的连接形式有两种，一种是将车轮通过心轴直接安装在端梁端部腹板上（图 2-3-13a），另一种是采用角形轴承箱（图 2-3-13b）。前一种连接方式比较简单。

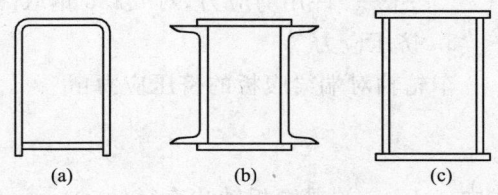

图 2-3-12 单梁葫芦桥式起重机端梁

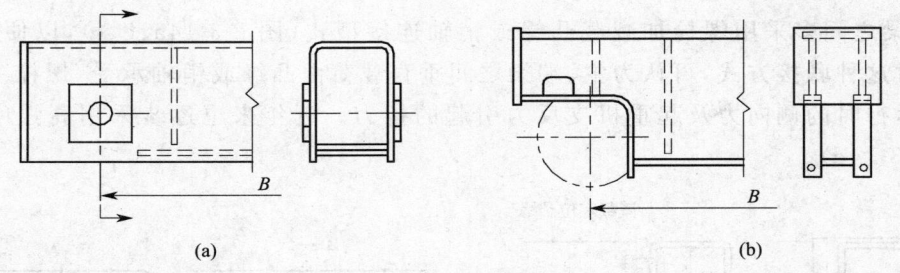

图 2-3-13 端梁与车轮的连接形式

#### （一）轮距的确定

轮距 $B$（图 2-3-13）和跨度 $L$ 之间的关系一般为：

$$\frac{B}{L}=\frac{1}{5}\sim\frac{1}{7}$$

根据跨度 $L$，可确定轮距 $B$。

#### （二）端梁强度计算

端梁应验算中央截面（和主梁连接处截面）的弯曲正应力和支承车轮处截面的剪应力，对于图 2-3-13a 所示的结构，还应验算车轮轴对腹板的挤压应力。

1. 计算工况及载荷

端梁强度计算工况为小车位于跨端极限位置满载下降制动，同时大车在运行中偏斜。其垂直载荷为操纵室一侧极限位置的满载电葫芦以及固定载荷引起的主梁最大支反力 $R_{max}$，水平载荷为大车偏斜运行时的侧向力 $P_s$，其以力偶形式作用在端梁上。

2. 端梁强度

当大车车轮与主梁对称布置时，端梁跨中截面的弯曲强度为：

$$\sigma=\frac{R_{max}B}{4W_x}+\frac{P_s B}{2W_y}\leqslant[\sigma] \tag{2-3-24}$$

式中  $W_x$，$W_y$——端梁跨中截面的垂直及水平抗弯模量（mm⁴）；

$R_{max}$——主梁最大支反力；

$P_s$——大车偏斜运行侧向力（N）；

$[\sigma]$——许用弯曲应力，在忽略一些次要载荷的情况下，对 Q235 钢取 $[\sigma]=140$ MPa。

支承截面的剪切强度为：

$$\tau=\frac{R_{max}S_x}{2I_x\delta'_x}\leqslant[\tau] \tag{2-3-25}$$

式中  $S_x$——支承处计算剪应力截面的最大静矩；

$I_x$——支承处截面的垂直惯性矩；

$\delta'_x$——支承处截面腹板的厚度；

$[\tau]$——许用剪应力,对 Q235 钢取$[\tau]=85$ MPa。

3. 挤压应力

车轮轴对端梁腹板的挤压应力:

$$\sigma_m = \frac{R_{max}}{d\delta'} \leqslant [\sigma_m] \tag{2-3-26}$$

式中 $d$——端梁腹板轴孔直径(mm);

$\delta'$——端梁支承处腹板厚(mm);

$[\sigma_m]$——许用挤压应力,对 Q235 钢取$[\sigma_m]=115$ MPa。

### 四、主梁与端梁的联接计算

主、端梁之间多采用螺栓加减载凸缘或销轴连接型式(图 2-3-14a、b、c),以便拆装、运输与贮存。对这种联接方式,可认为主、端梁之间垂直载荷由凸缘或销轴承受,螺栓主要承受起重机偏斜运行时的侧向力及起重机支反力引起的拉力。近年来也逐步采用高强度螺栓联接方式(图 2-3-14d)。

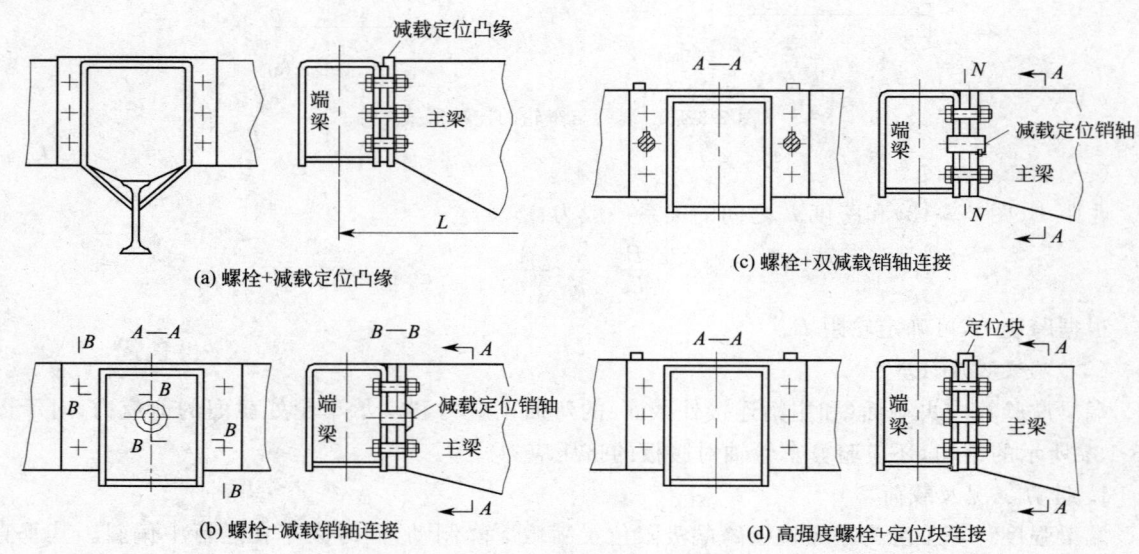

(a) 螺栓+减载定位凸缘　　(c) 螺栓+双减载销轴连接

(b) 螺栓+减载销轴连接　　(d) 高强度螺栓+定位块连接

图 2-3-14　主、端梁连接型式

(一) 螺栓承载力

螺栓预紧力以主、端梁接触面不脱开为原则进行设计。采用普通螺栓连接时,旋转中性轴如图 2-3-15 所示。

在偏斜侧向力和垂直载荷引起的弯矩作用下,下边缘角点(图 2-3-15 的 A 点)螺栓拉力最大,应满足下式:

$$N_{1t} = \frac{M_y}{nx} + \frac{M_x y_1}{\sum y_i^2} \leqslant [N_t] \quad (N) \tag{2-3-27}$$

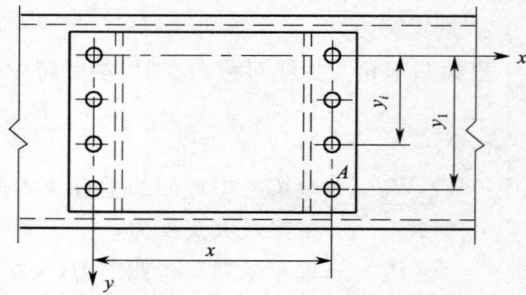

图 2-3-15　采用普通螺栓的主、端梁连接

式中 $M_y$——偏斜侧向力 $P_s$ 引起的水平力矩,$M_y = P_s \cdot B$ (N·mm),$B$ 为大车轮距;

$x$——一侧边缘螺栓距 $y$ 轴的距离(mm);

$n$——一侧螺栓总数;

$M_x$——连接处垂直方向(绕 $x$ 轴)的计算弯矩(N·mm);

$y_1$——最下边缘螺栓($A$ 点)距 $x$ 轴的距离(mm);

$\sum y_i^2$——垂直方向每个螺栓距 $x$ 轴的距离平方和;

$[N_t]$——普通螺栓单栓抗拉许用承载力,见本篇第二章第二节。

(二)焊缝强度

各凸缘法兰板与主、端梁间常用角焊缝连接,焊缝强度应满足:

$$\tau_h = \frac{R_{max}}{0.7 h_f \sum l_f} \leqslant [\tau_h] \tag{2-3-28}$$

式中 $h_f$、$\sum l_f$ 及 $[\tau_h]$ 的含义见本篇第二章第一节。

(三)减载凸缘或销轴强度

凸缘或销轴剪切强度为:

$$\tau = c \frac{R_{max}}{A'} \leqslant [\tau] \tag{2-3-29}$$

式中 $c$——受剪断面形状系数,对矩形断面 $c=1.5$;

$A'$——受剪面积($mm^2$);

$[\tau]$——许用剪应力,对 Q235 钢取 $[\tau]=95$ MPa。

凸缘或销轴挤压强度为:

$$\sigma_m = \frac{R_{max}}{A''} \leqslant [\sigma_m] \tag{2-3-30}$$

式中 $A''$——承压端面面积($mm^2$);

$[\sigma_m]$——许用挤压应力,对 Q235 钢取 $[\sigma_m]=240$ MPa。

若主梁与端梁采用高强度螺栓连接,有关计算见本篇第二章第二节。

## 第二节 单梁小车式桥式起重机金属结构

单梁小车式桥式起重机的桥架主梁通常为箱形截面,起重小车有对中悬挂(图 2-3-16a、b)和侧向悬挂(图 2-3-16c、d、e)两种。比较常见的是偏轨箱形桥架、小车侧向悬挂。对中悬挂一般用于造船用起重机。

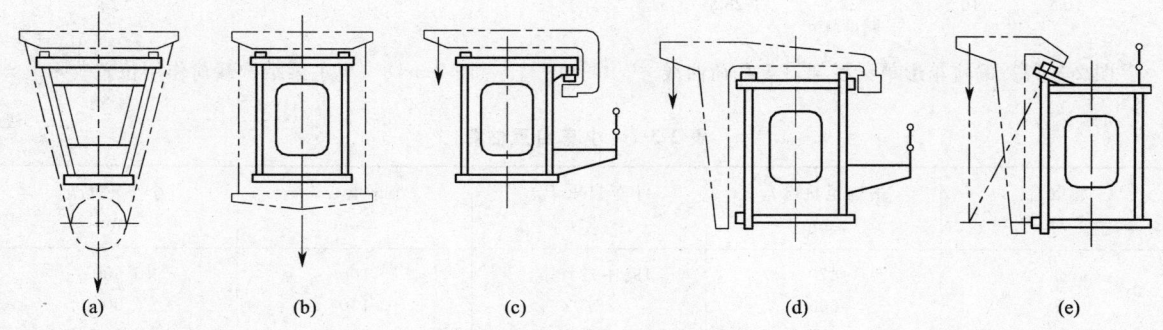

图 2-3-16 箱形单主梁的截面型式

偏轨箱形单梁桥架主梁上的小车轨道有三种安装方式:

(1)垂直反滚轮式(图 2-3-16c):主梁工艺性好、反滚轮易于维修。为二支点小车,小车垂直轮压较大。一般用于起重量不大于 20 t 的单梁桥式起重机。

(2)水平反滚轮式(图 2-3-16d):为三支点小车。起重量相同时,小车垂直轮压比垂直反滚轮式小,但其主梁工艺性较差,吊钩一侧的水平轮维修不便。这种型式一般用于起重量大于 20 t 的单梁桥式起重机。

(3)斜轨反滚轮式(图 2-3-16e):一般用于起重量 10 t 以下的单梁桥式起重机,因其制造和安装都比较困难,故很少采用。

## 一、载荷计算

### (一)计算载荷

作用在桥架上的载荷有自重载荷、起升载荷、水平载荷及起重机偏斜运行侧向载荷。

#### 1. 自重载荷

自重载荷包括桥架自重、机构零部件和电气设备的重力。主梁、小车轨道、走台、栏杆、滑线、电气管道、传动轴(集中驱动)等的重力沿主梁全长均布。司机室、大车运行机构、小车、电气设备(如控制柜)等的重力按集中载荷作用在主梁上。

桥架自重载荷一般参照现有类似结构来确定。在初步确定偏轨箱形单梁桥式起重机桥架的自重载荷 $P_{Gj}$ 时,可查图 2-3-17。

垂直反滚轮式小车自重在初算时,可参考图 2-3-18 的载荷作用位置和表 2-3-2。水平反滚轮式小车的自重约为垂直反滚轮式小车的 1.3 倍。

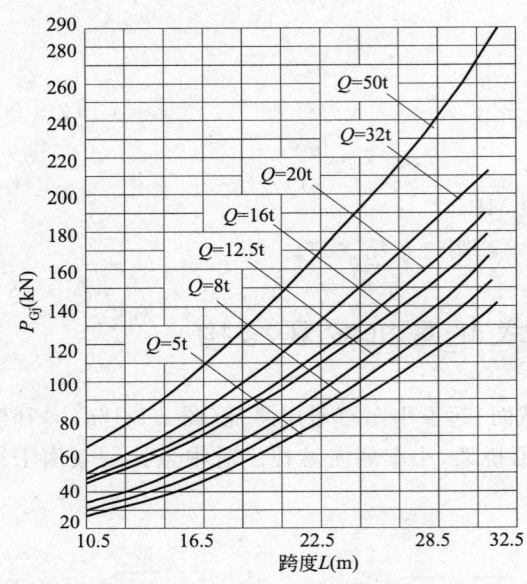
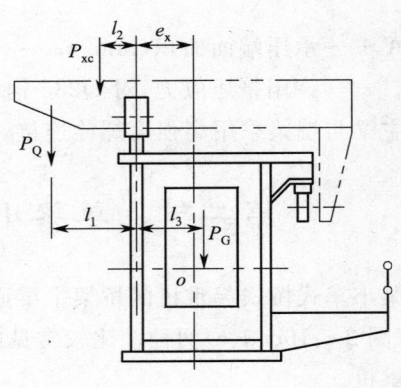

图 2-3-17 偏轨箱形单梁桥架自重载荷曲线　　图 2-3-18 单主梁结构载荷作用位置

表 2-3-2　小车自重估算

| 起重量 /t | 吊钩至轨道 $l_1$ /mm | 小车自重 $P_{xc}$ /kN | 小车重心 $l_2$ /mm | 小车轮距 $b$ /mm |
| --- | --- | --- | --- | --- |
| 5 | 470 | 19(中)24(重) | 100 | 1 600 |
| 8 | 500 | 28/32 | 100 | 2 000 |
| 12.5 | 575 | 41/43 | 150 | 2 100 |
| 16 | 690 | 62/67 | 200 | 2 400 |
| 20 | 620 | 67/74 | 300 | 2 600 |
| 32 | 700 | 108/114 | 250 | 2 370 |
| 50 | 750 | 143/148 | 500 | 2 590 |

#### 2. 水平惯性载荷

大车运行机构起(制)动引起的惯性载荷水平作用于主梁,其中带载小车质量引起的惯性力以集中载荷 $P_H$ 作用于跨中,桥架质量引起的惯性载荷 $q_H$ 均布作用于主梁(图 2-3-19)。惯性载荷的计算方法见第一篇第三章。

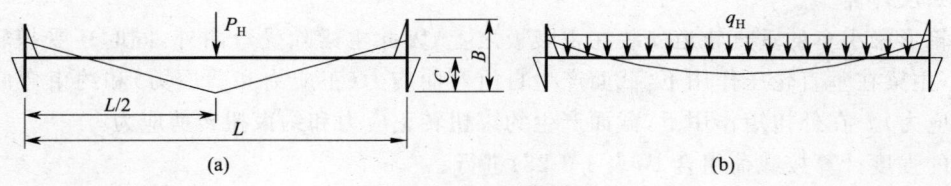

图 2-3-19 水平惯性载荷作用简图

**3. 大车偏斜运行侧向载荷**

大车偏斜运行侧向载荷 $P_S$ 以一力偶形式作用于同一侧端梁上或两侧端梁的对角线位置(见图 2-3-20)。$P_S$ 的计算见第一篇第三章。

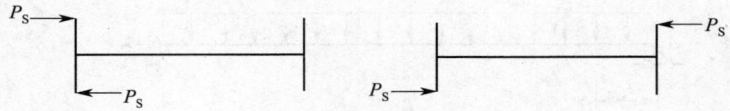

图 2-3-20 大车偏斜运行侧向载荷作用简图

## (二)载荷组合

桥式起重机结构的载荷组合,见第一篇第三章表 1-3-28。

## 二、主梁设计计算

箱形主梁截面由上、下翼缘板及主、副腹板构成,截面形式通常是矩形或梯形截面。

对偏轨箱形单主梁,主梁高度为:

$$h_0 = \left(\frac{1}{16} \sim \frac{1}{10}\right)L$$

主梁宽度为:

$$b_0 = (0.6 \sim 0.8)h_0 \text{(多采用 } b_0 = 0.7h_0\text{)}$$

若主梁内需布置机构及电气设备,梁高和梁宽还应满足布置和安装工艺上的要求。

表 2-3-3 列出了单主梁通用桥式起重机系列产品的主梁截面尺寸,供设计时参考。

表 2-3-3 单主梁通用桥式起重机主梁截面尺寸

| 截面尺寸 /mm | 跨度 /m | 起重量/t ||||||| 
|---|---|---|---|---|---|---|---|---|
| | | 5 | 8 | 12.5 | 16/5 | 20/5 | 32/8 | 50/12.5 |
| 表中数字表示为 $b_0 \times \delta$ $h_0 \times \delta_1 \times \delta_2$ | 10.5 | 550×6<br>650×6×5 | 600×6<br>750×6×6 | 650×6<br>800×8×6 | 800×6<br>950×8×6 | 850×6<br>1 000×8×6 | 940×6<br>1 050×8×6 | 1 090×8<br>1 200×10×6 |
| | 13.5 | 550×6<br>800×6×5 | 600×6<br>900×6×6 | 650×6<br>950×8×6 | 800×6<br>1 100×8×6 | 850×6<br>1 150×8×6 | 940×6<br>1 250×8×6 | 1 090×8<br>1 350×10×6 |
| | 16.5 | 550×6<br>900×6×5 | 600×6<br>1 050×6×6 | 650×6<br>1 100×8×6 | 800×6<br>1 300×8×6 | 850×6<br>1 350×8×6 | 940×8<br>1 350×8×6 | 1 090×10<br>1 450×10×6 |
| | 19.5 | 750×6<br>1 000×6×5 | 750×6<br>1 150×6×6 | 800×6<br>1 200×8×6 | 850×6<br>1 450×8×6 | 900×6<br>1 550×8×6 | 1 090×8<br>1 500×8×6 | 1 190×10<br>1 600×10×6 |
| | 22.5 | 750×6<br>1 150×6×5 | 750×6<br>1 300×6×6 | 800×6<br>1 350×8×6 | 850×6<br>1 600×8×6 | 900×6<br>1 750×8×6 | 1 090×8<br>1 650×8×6 | 1 190×12<br>1 700×10×6 |
| | 25.5 | 1 000×6<br>1 300×6×5 | 1 000×6<br>1 400×6×6 | 1 050×6<br>1 450×8×6 | 950×6<br>1 750×8×6 | 950×8<br>1 800×8×6 | 1 090×10<br>1 750×8×6 | 1 190×12<br>1 850×10×6 |
| | 28.5 | 1 000×6<br>1 500×6×5 | 1 000×6<br>1 600×6×6 | 1 050×8<br>1 600×8×6 | 950×6<br>1 800×8×6 | 950×8<br>1 900×8×6 | 1 090×10<br>1 900×8×6 | 1 190×14<br>1 900×10×6 |
| | 31.5 | 1 000×8<br>1 600×6×5 | 1 000×6<br>1 700×6×6 | 1 050×10<br>1 700×8×6 | 950×8<br>1 900×8×6 | 950×10<br>1 950×8×6 | 1 090×12<br>1 950×8×6 | 1 240×16<br>1 950×10×6 |

### (一) 强度计算

偏轨箱形梁小车的垂直轨道安装在主腹板之上,因此主梁除受弯曲外,同时还受扭转(图 2-3-18)作用。主梁在垂直轮压作用下,截面产生自由弯曲应力(正应力和剪应力)和约束弯曲应力(正应力和剪应力)。在外扭矩作用下,截面产生约束扭转正应力和约束扭转剪应力。

主梁的强度计算按载荷组合 B(表 1-3-28)进行。

**1. 自由弯曲应力**

主梁在垂直方向的自由弯曲应力按简支梁计算,水平方向的自由弯曲应力按框架计算,计算简图见图 2-3-21。

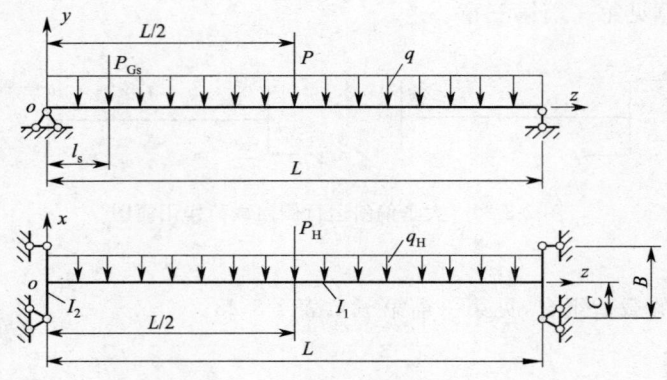

图 2-3-21 主梁计算简图

垂直载荷在主梁跨中引起的弯矩为:

$$M_x = \frac{1}{4}(\varphi_i P_{xc} + \varphi_j P_Q)L + \frac{\varphi_1}{8}qL^2 + \frac{1}{2}\varphi_i P_{Gs} l_s \tag{2-3-31}$$

式中 $P_{xc}$——小车自重载荷(N);

$P_Q$——起升载荷(N);

$P_{Gs}$——司机室自重载荷(N)。

其余符号意义同式(2-3-3)。

大车制动时,作用于小车轮缘上的总水平惯性力 $P_H$ 和桥架惯性力 $q_H$ 引起的跨中水平弯矩为

$$M_y = \frac{P_H L}{4}\left(1 - \frac{L}{2r}\right) + \frac{q_H L^2}{24}\left(3 - \frac{2L}{r}\right) \tag{2-3-32}$$

式中 $r = L + \frac{2}{3}C\left(1 - \frac{C}{B}\right)\frac{I_1}{I_2}$;

其中 $I_1, I_2$——主梁及端梁截面绕垂直轴($y$ 轴)的惯性矩($mm^4$),

$C$——端梁一侧支承距主梁轴线距离(图 2-3-21)。

跨中截面翼缘板角点处的最大弯曲正应力为:

$$\sigma_W = \frac{M_x}{W_x} + \frac{M_y}{W_y} \tag{2-3-33}$$

若主、副腹板的板厚不同,应按下式分别计算主、副腹板的弯曲剪应力:

$$\tau = \frac{QS_i}{I_x \delta_i} \tag{2-3-34}$$

式中 $Q$——计算截面剪力(N);

$I_x$——计算截面的惯性矩($mm^4$);

$\delta_i$——计算点的板厚(mm);

$S_i$——以剪力零点 $A_0$ 为起点至计算点的截面对 $x$ 轴(见图 2-3-22)的静矩($mm^3$)。

主腹板中点①的静矩:

$$S_1 = -\frac{h_0}{2}\left(e_0\delta + \frac{h_0}{4}\delta_1\right) \qquad (2\text{-}3\text{-}35)$$

副腹板中点②的静矩：

$$S_2 = \frac{h_0}{2}\left[(b_0 - e_0)\delta + \frac{h_0}{4}\delta_2\right] \qquad (2\text{-}3\text{-}36)$$

式中 $e_0 = \dfrac{\delta_1 b_0(\delta h_0 + \delta_2 b_0)}{2\delta_1\delta_2 b_0 + (\delta_1 + \delta_2)\delta h_0}$；

$\delta_1, \delta_2, \delta$——主、副腹板及翼缘板厚度；

$b_0, h_0$——主梁截面两腹板中心线间距和两翼缘板中心线间距。

2. 约束弯曲应力 $\sigma_\varphi$

箱形梁由约束弯曲引起的二次正应力及总的弯曲正应力如图 2-3-23 所示。箱形梁截面角点处约束弯曲正应力最大。

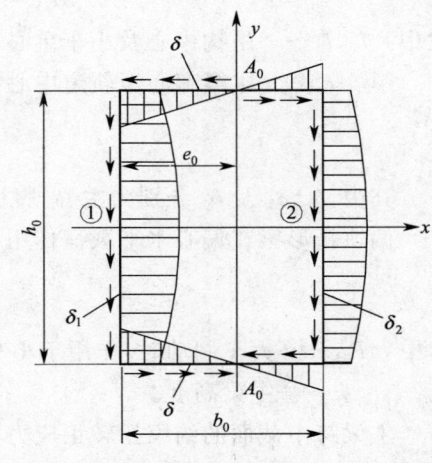

图 2-3-22 剪应力分布及静矩 $S_i$ 计算图

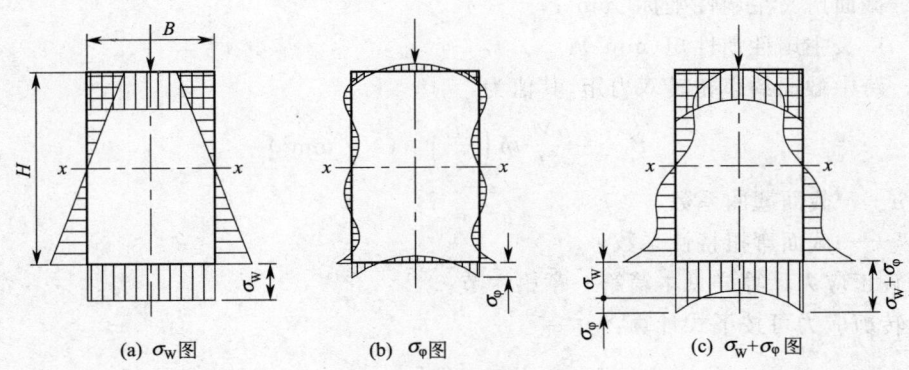

图 2-3-23 箱形梁的弯曲正应力图

由集中载荷 $P$ 和均布载荷 $q$ 在梁跨中截面角点处引起的约束弯曲正应力分别为：

$$\left.\begin{aligned}\sigma_{\varphi P} &= \varphi_P \sigma_{WP} \\ \sigma_{\varphi q} &= \varphi_q \sigma_{Wq}\end{aligned}\right\} \qquad (2\text{-}3\text{-}37)$$

式中 $\sigma_{WP}, \sigma_{Wq}$——集中载荷及均布载荷引起的自由弯曲应力；

$\varphi_P, \varphi_q$——梁在集中载荷及均布载荷的作用下，跨中截面的约束弯曲过应力系数：

$$\left.\begin{aligned}\varphi_P &= 0.805\frac{m}{\mu} \cdot \frac{(n\mu^3 + 7)}{\sqrt{(n\mu^3 + 3)(10\mu n + 14)}} \\ \varphi_q &= 2\varphi_P - 0.87 \cdot \frac{28\delta b_0^3 + 4\delta_2 h_0^3}{L^2(14\delta b_0 + 10\delta_2 h_0)}\end{aligned}\right\} \qquad (2\text{-}3\text{-}38)$$

其中 $\mu = \dfrac{h_0}{b_0}, m = \dfrac{2h_0}{L}, n = \dfrac{\delta_2}{\delta}$。

约束弯曲剪应力很小，可忽略不计。

3. 约束扭转应力

主梁在垂直载荷及水平载荷作用下承受的扭矩为：

$$M_n = M_{nV} + M_{nH} \qquad (2\text{-}3\text{-}39)$$

图 2-3-18 为偏轨箱形单主梁在有载小车作用下的受力简图，$O$ 点是主梁截面弯心。将主梁上的偏心外力小车自重载荷 $\varphi_i P_{xc}$ 及起升载荷 $\varphi_j P_Q$ 转化到截面弯心上（因主梁自重载荷偏心作用很小，可忽略不计），可得扭矩为：

$$M_{nV} = \varphi_i P_{xc}(l_2 + e_x) + \varphi_j P_Q(l_1 + e_x) \tag{2-3-40}$$

式中 $l_1, l_2$——吊钩中心及小车重心至轨道中心线之间的距离(图 2-3-18);

$e_x$——主梁弯心至轨道中心线之间的距离(图 2-3-18),可近似按下式计算:

$$e_x \approx \frac{\delta_2}{\delta_1 + \delta_2} b_0$$

其中,$\delta_1$、$\delta_2$ 及 $b_0$ 分别为主、副腹板厚度及主、副腹板中心线之间距离。

偏轨箱形梁在偏心水平载荷作用下引起的扭矩,可近似按下式计算:

$$M_{nH} = P_H \frac{h}{2} \tag{2-3-41}$$

式中 $P_H$——大车制动时,作用于小车轮缘上的总水平力;

$h$——主梁高度。

主梁跨中截面的约束扭转正应力为:

$$\sigma_{\bar{\omega}} = \frac{B_{L/2} \bar{\omega}}{I_{\bar{\omega}}} \quad (\text{N/mm}^2) \tag{2-3-42}$$

式中 $\bar{\omega}$——截面广义主扇性坐标($\text{mm}^2$);

$I_{\bar{\omega}}$——广义主扇性惯性矩($\text{mm}^6$);

$B_{L/2}$——跨中截面约束扭转双力矩,其值为:

$$B_{L/2} = \frac{\mu M_n}{2k} th\left(\frac{kL}{2}\right) \quad (\text{N} \cdot \text{mm}^2) \tag{2-3-43}$$

其中 $\mu$——截面翘曲系数,

$k$——截面弯扭特性系数。

约束扭转正应力计算详见本篇第一章第六节。

约束扭转剪应力可按下式计算:

$$\tau_{\bar{\omega}} = \varphi_\tau \tau_n \tag{2-3-44}$$

式中 $\tau_n$——纯扭转剪应力,由下式计算:

$$\tau_n = \frac{M_n}{2h_0 b_0 \delta_i} \tag{2-3-45}$$

其中 $\delta_i$——计算点板厚(mm);

$\varphi_\tau$——剪应力的过应力系数,计算式为:

$$\varphi_\tau = \pm \frac{\mu_1 - \mu_2}{\mu_1 + \mu_2} \tag{2-3-46}$$

其中 $\mu_1 = \frac{h_0}{b_0}$  $\mu_2 = \frac{\delta}{\delta_2}$

其中 $\delta, \delta_2$——翼缘板及副腹板厚度。

式(2-3-46)中的正号用于求翼缘板的 $\varphi_\tau$,负号用于求腹板的 $\varphi_\tau$。

**4. 平均挤压应力**

小车轮压对主腹板产生的平均挤压应力为

$$\sigma_m = \frac{P}{(2h_y + 50)\delta_1} \leqslant [\sigma] \tag{2-3-47}$$

式中 $P$——一个车轮的轮压,不计动力系数和冲击系数(N);

$\delta_1$——主腹板厚度(mm);

$h_y$——小车轨道高度与上翼缘板厚度之和(mm)。

**5. 应力合成**

弯矩最大截面(跨中)的合成正应力为:

$$\sigma = \sigma_W + \sigma_{\bar{\omega}} + \sigma_\varphi \leqslant [\sigma] \tag{2-3-48}$$

跨中截面正应力的分布见图2-3-24,角点 $B$ 为最大压应力点、角点 $D$ 为最大拉应力点,应对该两点的正应力进行校核。

为简化计算,可将自由弯曲正应力 $\sigma_W$ 增大15%来考虑约束扭转和约束弯曲的影响,即:

$$\sigma = 1.15\sigma_W \leqslant [\sigma] \tag{2-3-49}$$

跨端截面的合成剪应力为:

$$\tau = \tau_W + \tau_n + \tau_{\bar{\omega}} \leqslant [\tau] \tag{2-3-50}$$

式中 $\tau_W$——弯曲剪应力。

上述三种剪应力沿截面的分布见图2-3-25。由于约束扭转的影响,主腹板剪力流增加,副腹板的剪力流减少。在设计腹板时,要使主、副腹板的剪力流相等,必须使 $\delta_1 > \delta_2$ 才能达到。校核剪应力时,应分别校核主、副腹板的剪切强度。

跨中截面角点 $B$、$D$ 处的复合应力分别为:

$$\sigma_B = \sqrt{\sigma^2 + \sigma_m^2 - \sigma\sigma_m + 3\tau^2} \leqslant [\sigma] \tag{2-3-51}$$

$$\sigma_D = \sqrt{\sigma^2 + 3\tau^2} \leqslant [\sigma] \tag{2-3-52}$$

式(2-3-51)及式(2-3-52)中的 $\sigma$ 和 $\tau$ 应取同一点的应力。

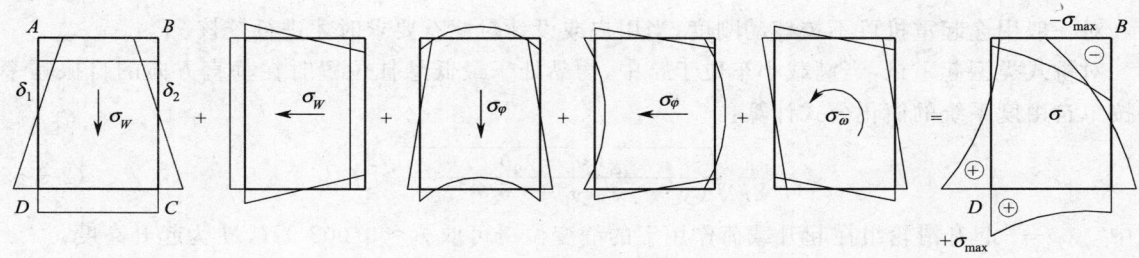

图 2-3-24 跨中截面的正应力分布图

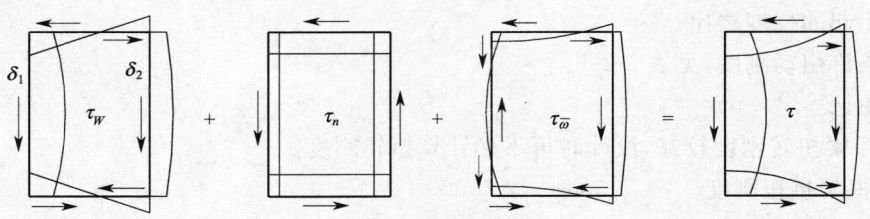

图 2-3-25 跨端截面剪应力分布图

(二)疲劳强度计算

对于工作级别E4(含)以上的起重机金属结构和连接应按载荷组合A(见第一篇表1-3-28)进行疲劳强度验算。具体计算详见本篇第一章。

(三)主梁的局部稳定性验算

1. 翼缘板的稳定性

当主梁两腹板间宽度 $b_0$ 与受压翼缘板厚度 $\delta$ 之比 $\dfrac{b_0}{\delta} > 60\sqrt{\dfrac{235}{\sigma_s}}$ 时,应考虑受压翼缘板的局部稳定性,设置一道或多道纵向加劲肋。

2. 腹板局部稳定性

偏轨箱形梁因其轨道在主腹板上,故不需设置短横向加劲肋。

因主、副腹板厚度不同和受力情况不同,要分别验算主、副腹板的局部稳定性。主腹板要考虑集中轮压的作用,而副腹板按无集中轮压考虑。

有关主梁局部稳定性按本篇第一章第五节介绍的方法进行验算。

## (四) 刚度计算

### 1. 垂直静刚度

主梁的垂直静刚度按简支梁计算,计算式为:

$$f=\frac{(P_Q+P_{xc})l(0.75L^2-l^2)}{12EI}\leqslant [f] \tag{2-3-53}$$

式中 $l=\frac{L-b}{2}$;

$b$——小车轴距;

$[f]$——许用静挠度,见表 2-1-1。

### 2. 水平静刚度

水平静刚度按框架计算,由大车起(制)动引起的作用于小车轮缘上的总水平惯性力 $P_H$ 及桥架自重引起的水平惯性力 $q_H$ 在主梁跨中引起的水平变位为:

$$f_H=\frac{P_H L^3}{48EI_1}\left(1-\frac{3L}{4r}\right)+\frac{q_H L^4}{384EI_1}\left(5-\frac{4L}{r}\right)\leqslant [f_H]=\frac{L}{2\,000} \tag{2-3-54}$$

式中各符号含义同式(2-3-32)。

### 3. 动刚度

对一般用途起重机可不校核动刚度,当用户或设计对此有要求时才进行校核。

对桥式类型起重机,当满载小车位于跨中,物品处于最低悬挂位置时在垂直方向的自振频率,可按单自由度系统的简化公式计算:

$$f_d=\frac{1}{2\pi}\sqrt{\frac{g(y_L+\lambda_0)}{(y_c+\gamma y_q)y_L+(y_L+\lambda_0)^2}}\geqslant [f_d] \tag{2-3-55}$$

式中 $\lambda_0$——起升滑轮组在起升载荷作用下的静变位。可取 $\lambda_0\approx 0.002\,9H$,$H$ 为起升高度;

$y_q,y_c,y_L$——桥架结构在其质量换算处分别由结构自重、小车自重及吊重引起的垂直静挠度;

$\gamma$——比例系数,结构在质量换算点处由换算集中载荷引起的挠度与结构自重分布载荷引起的挠度之比;

$[f_d]$——许用动刚度,见表 2-1-1。

### 4. 扭转刚度

偏轨箱形梁扭转刚度较好,设计时可不必计算扭转刚度。

### 5. 横向框架抗扭刚度

偏轨箱形梁应设置横向加劲肋,以抵抗扭转载荷引起的箱形截面周边扭曲变形(也称畸变)和向一边侧倾。

横向加劲肋通常制成中间开孔的框架结构与腹板和受压翼缘板焊接,与受拉翼缘板可焊也可不焊。必要时横向框架可用镶边来加强。横向框架周边扭曲变形量 $\Delta$ 按下式计算(图 2-3-26):

$$\Delta=\frac{M_n B_0^2}{96E}\left[\left(\frac{1}{I_1}+\frac{1}{I_2}\right)\frac{H_0}{B_0}+\left(\frac{1}{I_3}+\frac{1}{I_4}\right)\right]\leqslant (0.001\sim 0.002)B_0 \tag{2-3-56}$$

式中各符号意义见图 2-3-26。

当镶边时,为便于计算,框架杆件取为工字形截面,取与横向加劲肋相焊的主梁翼缘板或腹板宽度等于其厚度 20 倍的板作为框架杆件的翼缘板来计算各杆件的惯性矩。

## (五) 上拱度设计

为保证起重机主梁正常工作,当桥式起重机跨度大于 15 m 时,应设置上拱。主梁下料时的最大上拱值为:

$$f=\frac{L}{1\,000}+\frac{5qL^2}{384EI_x} \tag{2-3-57}$$

式中 $q$——主梁单位长度自重(N/mm)。

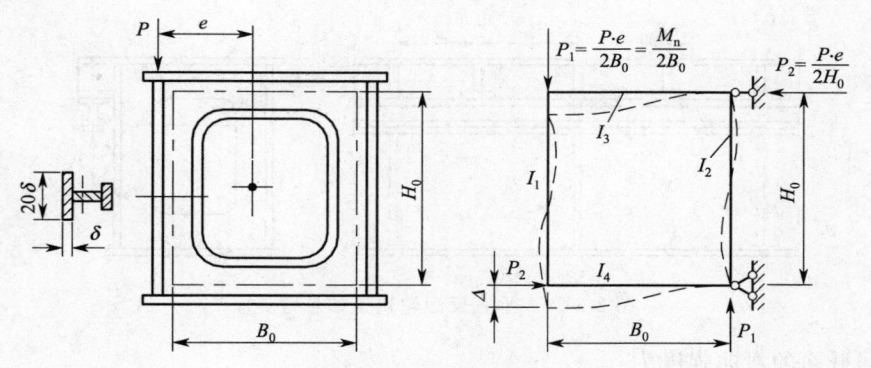

图 2-3-26 横向框架的计算简图

梁上其他各点上拱值一般按二次抛物线或正弦曲线计算(图 2-3-27),即

$$y=\frac{4f(L-x)}{L} \cdot x \quad (2\text{-}3\text{-}58)$$

或

$$y=f \cdot \sin\left(\frac{\pi x}{L}\right) \quad (2\text{-}3\text{-}59)$$

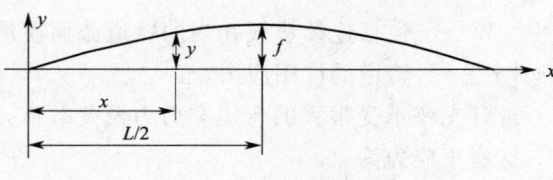

图 2-3-27 上拱曲线图

式中 $x$——计算点到左支座的距离;
  $y$——计算点的拱度值。

(六)主梁接头计算

由于制造、运输(长度大于 22 m 时要求分段)的原因,跨度较大的主梁一般设有接头,接头应设在受力较小、主梁分段又不太长的位置。接头一般用螺栓连接,如图 2-3-28 所示。

主梁接头按小车位于接头处起升或下降重物的工况计算,连接螺栓按本篇第二章计算。

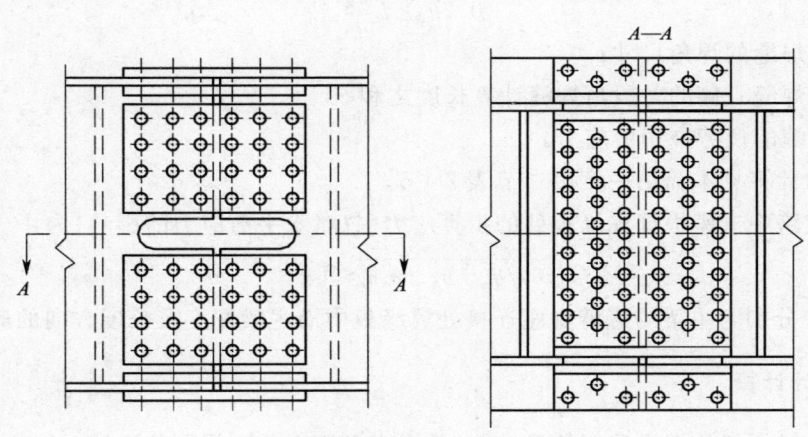

图 2-3-28 主梁的螺栓连接接头

(七)小车反滚轮轨道和悬臂支座计算

对垂直反滚轮式小车,主梁一侧应设置悬臂支座以支承反滚轮的轨道,支座应设置在主梁的横隔板处,如有中间支座,梁内应有短横隔板相对应(图 2-3-29),支座间距即为横隔板间距 $a$。反滚轮轨道多用工字钢制成。为防止磨损,在工字钢下再焊一条连续垫板。

当反滚轮位于轨道支承中间位置时,轨道中间截面的弯矩 $M$ 为:

$$M=\frac{P_b \cdot a}{6} \quad (2\text{-}3\text{-}60)$$

式中 $P_b$——反滚轮计算轮压;
  $a$——轨道支承间距。

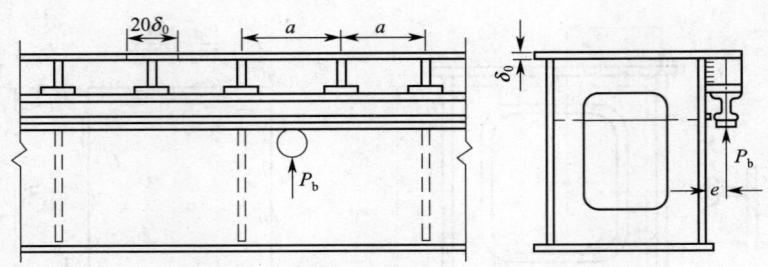

图 2-3-29 垂直反滚轮轨道和悬臂支座

轨道中间截面的弯曲强度为：

$$\sigma = \frac{M}{W} \leqslant [\sigma_g] \tag{2-3-61}$$

式中 $W$——包括连续垫板在内的轨道截面模量；

$[\sigma_g]$——轨道的许用应力。

悬臂支座承受很大的弯矩和剪力及变载荷，应验算支座根部截面特别是连接焊缝的强度。

支座正应力为：

$$\sigma_x = \frac{P_b \cdot e}{W} \leqslant [\sigma_r] \tag{2-3-62}$$

式中 $W$——轨道支座的截面模量（其上翼缘板宽度取 $20\delta_0$，见图 2-3-29）；

$e$——垂直反滚轮轨道与副腹板间的距离；

$[\sigma_r]$——焊缝的疲劳许用正应力。

支座焊缝强度为：

$$\tau = \frac{P_b}{0.7 h_f \sum l_f} \leqslant [\tau_r] \tag{2-3-63}$$

式中 $h_f$——角焊缝的焊角尺寸；

$\sum l_f$——在焊缝一侧的各段角焊缝计算长度之和；

$[\tau_r]$——焊缝的疲劳许用剪应力。

$[\sigma_r]$、$[\tau_r]$ 的计算见本篇第一章第二节表 2-1-5。

反滚轮轨道跨中支座根部翼缘板处的折算应力（忽略水平剪应力的影响）为：

$$\sqrt{\sigma_x^2 + \sigma_z^2 - \sigma_x \sigma_z} \leqslant [\sigma] \tag{2-3-64}$$

式中 $\sigma_x, \sigma_z$——分别为主梁与悬臂支座连接处翼缘板中沿主梁宽度及长度方向的应力。

### 三、端梁设计计算

偏轨箱形单梁桥架的端梁采用箱形结构，并在水平面内与主梁刚性连接。

（一）主梁在端梁上的安装位置

为使大车轮压接近相等，主梁在端梁上的安装位置（图 2-3-30）应满足下式：

$$B_1 = \frac{B}{2} - \frac{M_n}{P_Q + P_{xc} + \dfrac{P_{Gl}}{2}} \tag{2-3-65}$$

式中 $M_n = P_Q(l_1 + e_x) + P_{xc}(l_2 + e_x)$；

$P_{Gl}$——主梁重力。

（二）强度计算

为简化计算，可忽略一些次要载荷，但应将许用应力降低 10%～20%。端梁强度计算按载荷组合 B（见表 1-3-28）进行。

在垂直平面内,端梁受到主梁支反力的作用,可不考虑端梁自重影响;在水平面内,受到小车起(制)动时的水平惯性力和大车偏斜运行侧向力的作用,端梁的计算简图见图 2-3-30。

端梁强度应校核最大弯矩截面 $I$-$I$ 或 $I'$-$I'$、端部支承处截面 $II$-$II$ 或 $II'$-$II'$ 及安装接头处被螺栓孔削弱的截面。

端梁 $I$-$I$ 或 $I'$-$I'$、$II$-$II$ 或 $II'$-$II'$ 截面的弯曲应力为:

考虑小车惯性力时:

$$\sigma = \frac{M_V}{W_x} + \frac{M_H}{W_y} \leqslant [\sigma_d] \qquad (2\text{-}3\text{-}66)$$

考虑大车偏斜侧向力时:

$$\sigma = \frac{M_V}{W_x} + \frac{BP_S}{W_y} \leqslant [\sigma_d] \qquad (2\text{-}3\text{-}67)$$

式中  $M_V$——由端梁上垂直载荷引起的弯矩;
$M_H$——由小车惯性力引起的端梁水平弯矩;
$W_x,W_y$——计算截面对水平轴($x$ 轴)及垂直轴($y$ 轴)的净截面抗弯模量;
$[\sigma_d]$——端梁许用应力,考虑未计及的影响因素,对 Q235 钢取 $[\sigma_d]$ = 140 MPa。

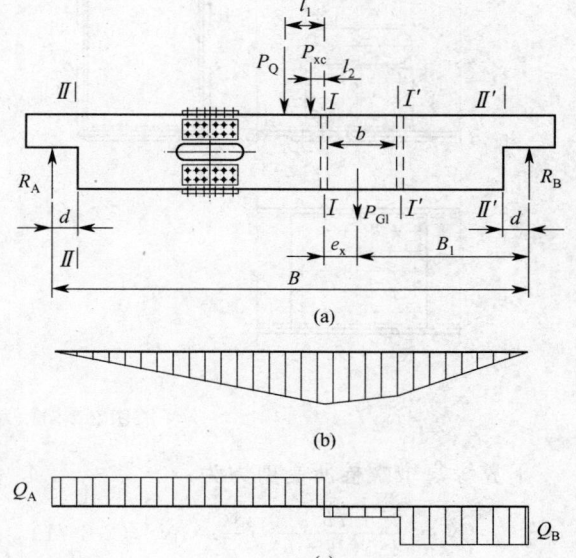

图 2-3-30 端梁计算简图

$II$-$II$ 或 $II'$-$II'$ 截面的剪应力为:

$$\tau = \frac{R \cdot S_x}{2I_x \delta} \leqslant [\tau_d] \qquad (2\text{-}3\text{-}68)$$

式中  $R$——端梁支反力,对 $II$-$II$ 截面取 $R_A$,对 $II'$-$II'$ 截面取 $R_B$;
$S_x$——截面计算点以外面积对中性轴的静矩;
$\delta$——截面计算点的板厚;
$[\tau_d]$——端梁许用剪应力,考虑未计及的影响因素,对 Q235 钢取 $[\tau_d]$ = 90 MPa。

对 $II$-$II$ 或 $II'$-$II'$ 截面还应校核其复合应力:

$$\sigma_c = \sqrt{\sigma^2 + 3\tau^2} \leqslant [\sigma_d] \qquad (2\text{-}3\text{-}69)$$

垂直载荷非对称作用于端梁时,通常仍按轮压相等原则($R_A = R_B$)布置大车车轮,但如因此导致端梁过长,也允许两侧轮压有一定差值。

对于 E4(含)以上工作级别的桥式起重机,还应按照表 1-3-28 的载荷组合 A 进行疲劳强度计算,其计算部位依设计情况确定,一般为 $II$-$II$ 或 $II'$-$II'$ 截面。

(三) 接头计算

因运输的限制,有时需将端梁做成两段,到现场后再组装,其安装接头应布置在端梁被动车轮一侧。

端梁安装接头有两种型式:一种如图 2-3-31a 所示,螺栓在弯矩作用下受剪;另一种如图 2-3-31b 所示,顶部翼缘板和腹板采用角钢对接,顶部角钢顶紧,上翼缘螺栓基本不受力。

腹板和下翼缘板螺栓受力计算简图如图 2-3-32 所示。

腹板下边缘一排螺栓受力最大,每个螺栓所受拉力为

$$N_t = \frac{(H-b)M}{\dfrac{n_0 H^2}{2.5}\dfrac{d_0^2}{d_1^2} + 2n(H-b-a_1)^2 + 4\sum_{i=1}^{n/2} a_i^2} \qquad (2\text{-}3\text{-}70)$$

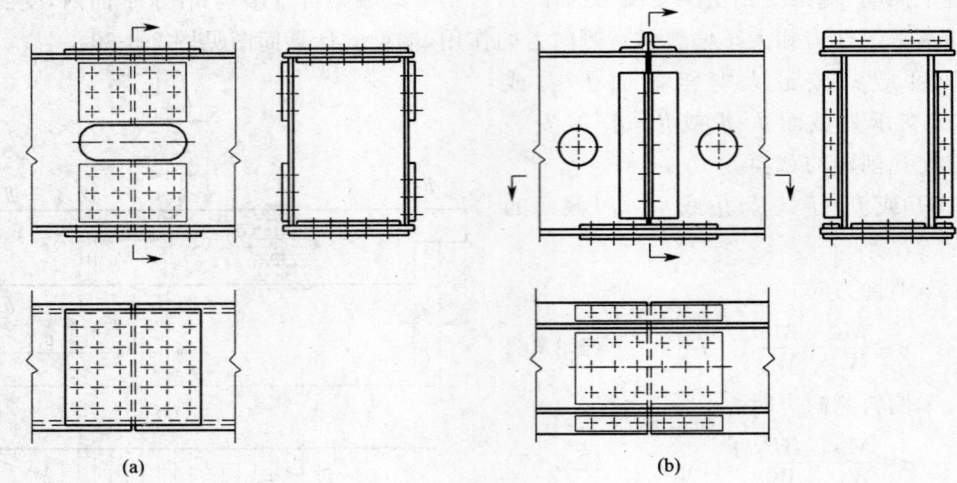

(a)            (b)

图 2-3-31 端梁安装接头

下翼缘每个螺栓所受剪力为：

$$N_v = \frac{H}{2.5(H-b)} \cdot \frac{d_0^2}{d_1^2} \cdot N_t \quad (2\text{-}3\text{-}71)$$

式中  $n_0$——下翼缘板一端总受剪面数；
    $n$——连接一侧腹板螺栓总数；
    $d_1$——腹板连接螺栓的螺纹内径(mm)；
    $d_0$——下翼缘板连接螺栓直径(mm)；
    $H$——端梁高度(mm)；
    $M$——连接处的垂直弯矩(N·mm)。

上翼缘角钢连接焊缝受剪，其值为：

$$Q = \left[\frac{2n(H-b-a_1)}{H-b} + \frac{n_0 H}{2.5(H-b)} \cdot \frac{d_0^2}{d_1^2}\right] N_t \quad (2\text{-}3\text{-}72)$$

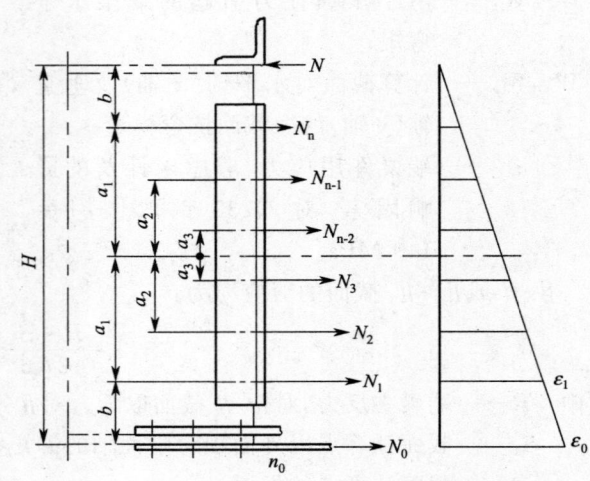

图 2-3-32 螺栓受力计算简图

腹板角钢的连接焊缝同时受拉和受弯，其值分别为：

$$N_f = \frac{n(H-b-a_1)}{H-b} \cdot N_t \quad (2\text{-}3\text{-}73)$$

$$M_f = \frac{2\sum_{i=1}^{n/2} a_i^2}{H-b} \cdot N_t \quad (2\text{-}3\text{-}74)$$

螺栓和焊缝的强度计算见本篇第二章。

### 四、主梁与端梁的连接计算

主梁与端梁的连接通常有两种方式：一种为主梁与端梁焊接(图 2-3-33a)，桥架接头布置在端梁上被动车轮一侧，但包括主梁、走台在内的驱动轮一侧的总宽度必须小于运输极限宽度；另一种为主梁与端梁用螺栓连接(图 2-3-33b)，端梁为一独立部件，这种连接方式日益广泛地被采用。

连接计算按两种工况进行：

第一种工况：小车位于跨中满载起升或下降制动，同时大车制动。

连接处水平平面的剪力

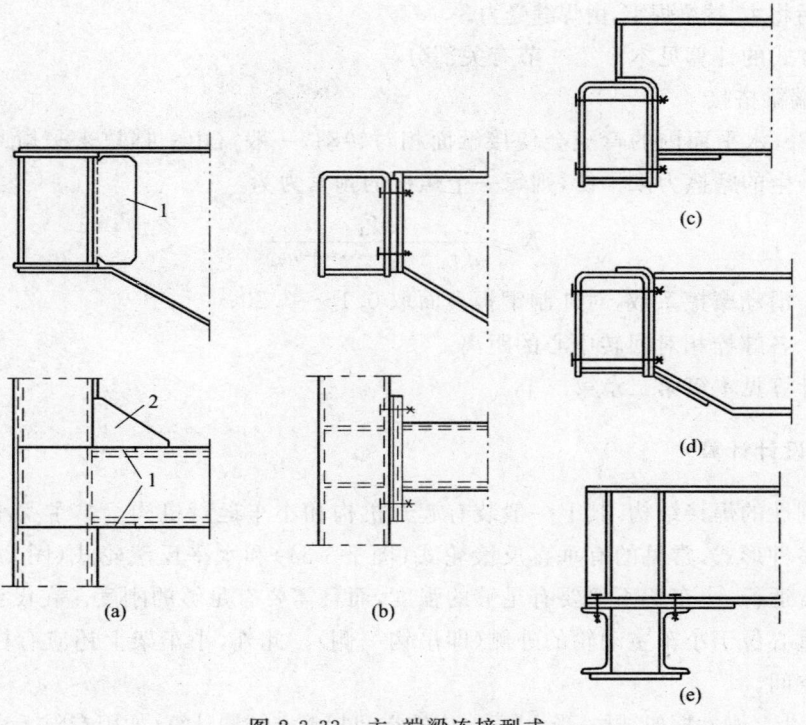

图 2-3-33 主、端梁连接型式

$$R_H = \frac{P_H}{2} + \frac{q_H L}{2} \tag{2-3-75}$$

连接处水平平面的弯矩：

$$M_H = \frac{P_H L^2}{8r} + \frac{q_H L^3}{12r} \tag{2-3-76}$$

式中各符号意义同式(2-3-32)。

连接处垂直平面的剪力：

$$R_V = \frac{\varphi_i P_{xc}}{2} + \frac{\varphi_j P_Q}{2} + \frac{\varphi_i P_{Gl}}{2} \tag{2-3-77}$$

式中 $P_{Gl}$ 为主梁重力，其余符号意义同式(2-3-31)。

第二种工况：小车位于跨端极限位置满载起升或下降制动，同时大车偏斜运行。

垂直平面连接处的剪力为：

$$R_V = \frac{\varphi_i P_{Gl}}{2} + \frac{L-l}{L}(\varphi_i P_{xc} + \varphi_j P_Q) \tag{2-3-78}$$

式中 $l$——小车轮压距跨端支座的距离。

连接处水平平面的弯矩为：

$$M_H = B \cdot P_S \tag{2-3-79}$$

式中各符号意义见图 2-3-30。

（一）焊接连接

垂直剪力由连接板传递，翼缘处的三角形板（图 2-3-33a）形成水平面内的刚性连接并传递水平弯矩。

连接焊缝强度计算见本篇第二章第一节。

（二）螺栓连接

螺栓连接有两种方式。

1. 主梁端面与端梁侧面连接

为保证连接的可靠性，连接处常有减载措施（如图 2-3-33b 有减载凸缘），对没有减载凸缘的螺栓连接,装配调整好后将主、端梁焊牢,由焊缝受力。

这种连接方式的计算见本章第一节有关部分。

2. 主梁与端梁搭接

如图 2-3-33e,水平面内的弯矩会使接触面相对转动,一般需由一挡块来平衡此力矩。若由螺栓压紧接触面产生的摩擦力来平衡,则每一个螺栓的预紧力为

$$N \geqslant \frac{M_H}{\mu(r_1 + r_2 + \cdots + r_n)} \tag{2-3-80}$$

式中 $\mu$——滑动摩擦系数,对轧制钢板表面取 0.15~0.20;

$r_1, r_2, \cdots, r_n$——各螺栓相对回转中心的距离。

螺栓强度计算见本篇第二章第二节。

**五、小车架设计计算**

小车架是刚性的焊接结构,其上一般装有起升机构和小车运行机构。单主梁小车架根据车轮支承情况可有多种形式,常见的有垂直反滚轮式(图 2-3-34)和水平反滚轮式(图 2-3-35)两种。为保证小车的正常运行,小车架不仅要有足够的强度,而且需要有足够的刚度。在设计小车时应保证空载时小车的重心位于小车主动轮的外侧(即吊钩一侧)。此外,小车架上还应有栏杆并留有足够的安装和检修空间。

小车架实际为一刚性框架结构,受力复杂,应按空间超静定结构计算(如用有限元法建模分析)。为便于利用传统力学方法求解,可将其分解成简支梁,并在计算时忽略实际载荷在梁上的偏心作用。

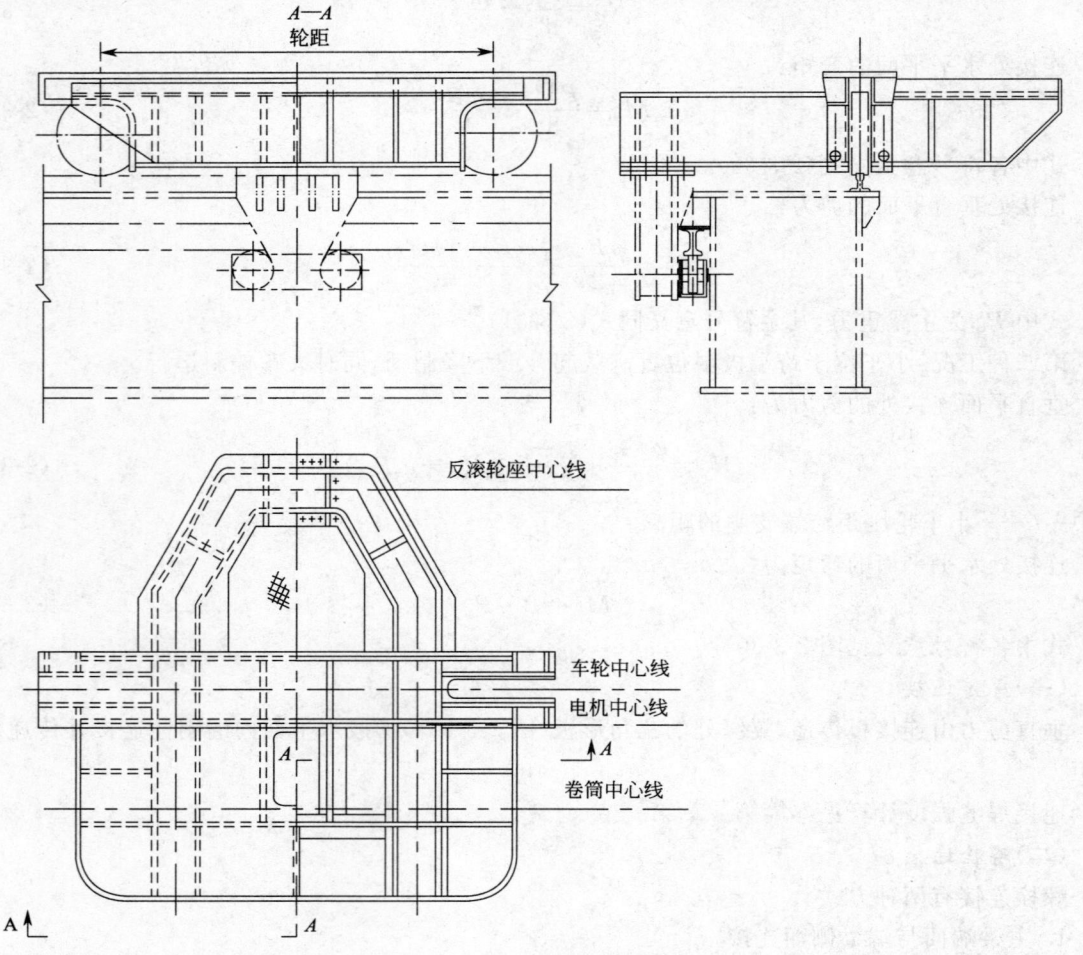

图 2-3-34 垂直反滚轮式小车架

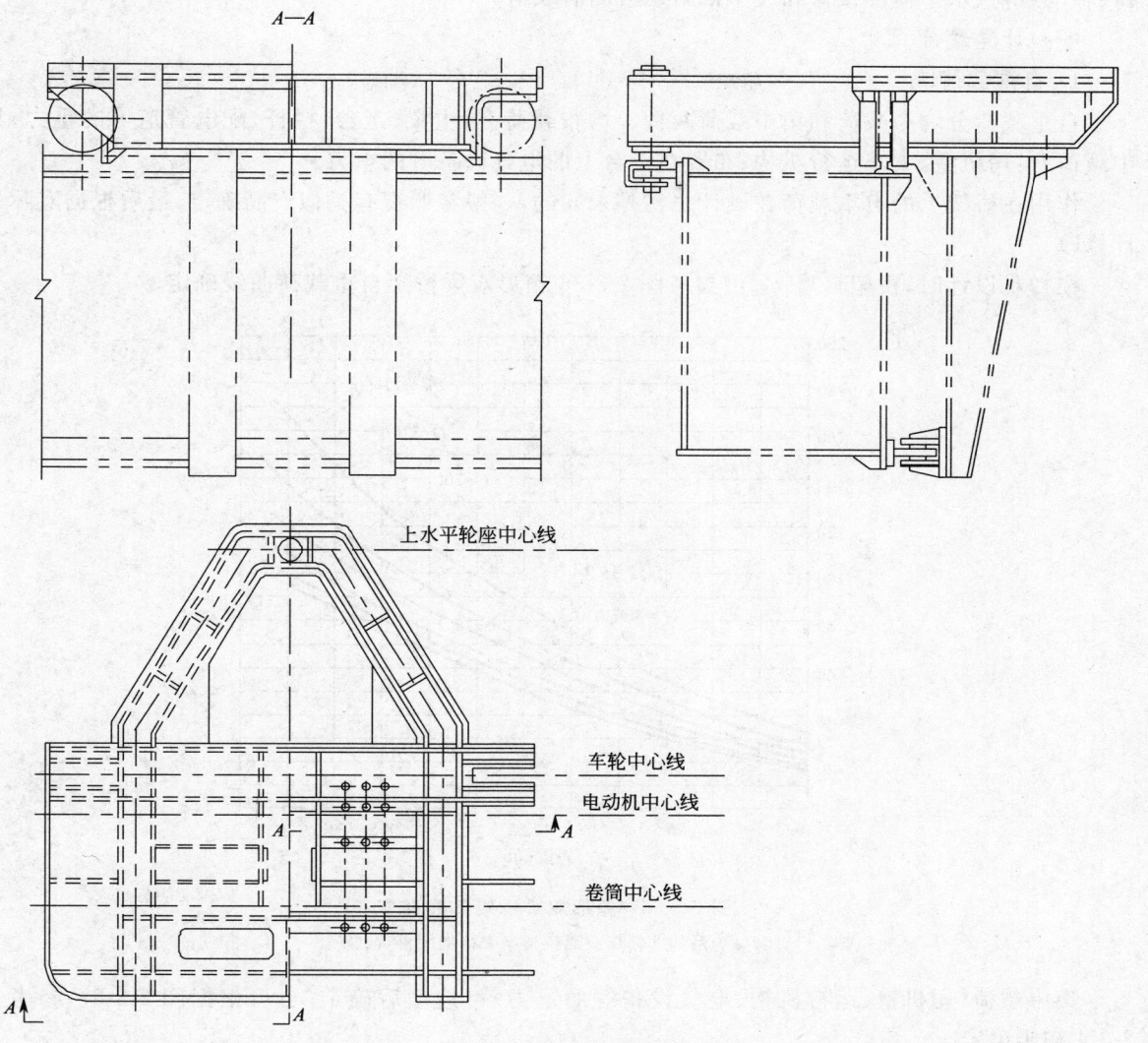

图 2-3-35 水平反滚轮式小车架

小车架的计算工况为:大、小车不动,起升机构满载起升或下降制动。

采用 Q235 钢时,小车架各梁的许用应力为:

$[\sigma]=90$ MPa——用于车轮支承梁;

$[\sigma]=80$ MPa——用于其他各梁;

$[\sigma]=80$ MPa——用于腹板;

$[\tau]=70$ MPa——用于焊缝。

小车架许用挠度$[f]=\dfrac{l}{2\,000}$,悬臂情况下$[f]=\dfrac{l_1}{1\,000}$。其中$l$、$l_1$分别为小车架的跨度和悬臂长度。

## 第三节 双梁小车式桥式起重机金属结构

双梁小车式桥式起重机桥架是一种广泛采用的结构型式,其桥架的结构型式有:箱形结构、偏轨空腹箱形、四桁架式及空腹桁架式等。

### 一、载荷计算

作用在双梁小车式桥式起重机金属结构上的载荷与单梁小车式桥式起重机相同,包括自重载荷、移动载荷、水平惯性载荷和大车偏斜运行侧向载荷。

(一)计算载荷

1. 自重载荷

自重载荷分均布载荷和集中载荷两种。均布载荷有：主梁、走台、栏杆、配电管道等的重力；集中载荷有：司机室、大车运行机构、布置在走台上的电气设备等的重力。

作用在桥架上的自重载荷在设计之初是未知的，一般参照现有类似产品确定，最后根据实际设计修改。

在初步设计时，桥架自重 $P_{Gj}$ 可参考图 2-3-36 箱形双梁桥架自重载荷曲线确定。

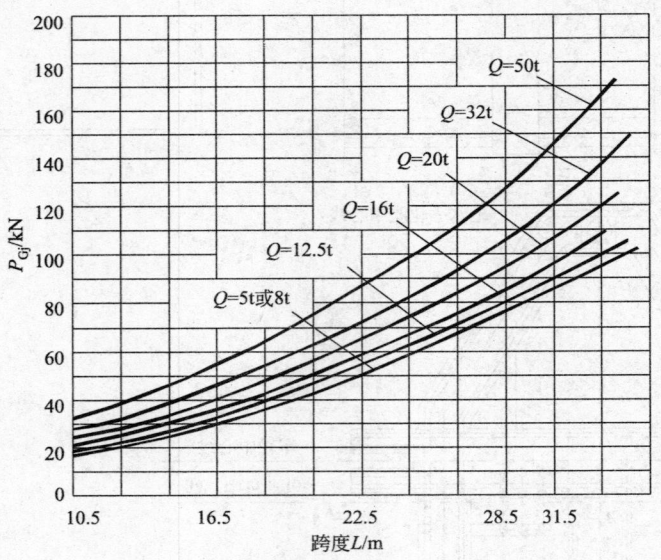

图 2-3-36 箱形双梁桥架自重曲线

注：$P_{Gj}$ 为吊钩式箱形双梁桥架半个桥架的自重载荷。

集中载荷(司机室、运行机构、电气设备等的重力)可选型后确定，也可根据图 2-3-37，参考表 2-3-4 初步确定。

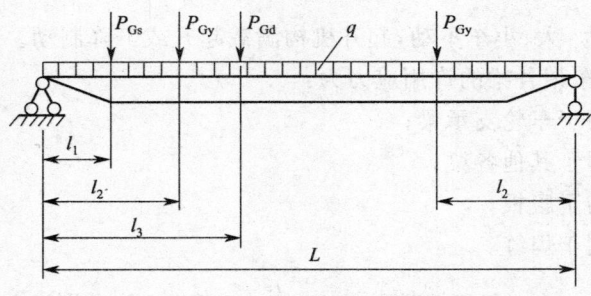

图 2-3-37 集中静载荷的分布

表 2-3-4 集中静载荷及其位置

| 项目<br>起重量 $Q$/t | 操纵室<br>$P_{Gs}$<br>/kN | 运行机构<br>$P_{Gy}$<br>/kN | 电气设备<br>$P_{Gd}$<br>/kN | $l_1$<br>/mm | $l_2$<br>/mm | $l_3$<br>/mm |
|---|---|---|---|---|---|---|
| 5～10 | 13.5 | 5.5 | 1.5 | 2 800 | 1 600 | 3 500 |
| 15～20 | 15 | 5 | 1.6 | 2 900 | 1 600 | 4 100 |
| 30～50 | 14 | 8 | 6 | 2 900 | 1 600 | 5 300 |
| 75～100 | 8 | 13 | 22 | 2 900 | 1 600 | 6 000 |

## 2. 移动载荷

移动载荷为小车自重载荷 $P_{xc}$ 和起升载荷 $P_Q$ 之和,以小车轮压的方式作用在主梁上,计算时应考虑不同载荷组合下的动力系数。

小车的自重 $P_{xc}$ 可按实际小车结构和机构来计算或按类似产品估计,也可粗略按下式估算。

吊钩式小车 $P_Q < 300$ kN    $P_{xc} \approx 0.35 P_Q$

      $P_Q > 500$ kN    $P_{xc} \approx 0.32 P_Q$

电磁式小车        $P_{xc} \approx 0.45 P_Q$

抓斗式小车        $P_{xc} \approx P_Q$

初步计算时小车轮压可参考表 2-3-5～表 2-3-7 选取(未计动载系数)。

表 2-3-5 双梁吊钩式小车轮压

| 起重量/t | 轮压/kN | | 轮距/mm | | 图示 |
|---|---|---|---|---|---|
| | $P_1$ | $P_2$ | $b$ | $a$ | |
| 5 | 21 | 18 | 1 100 | — | 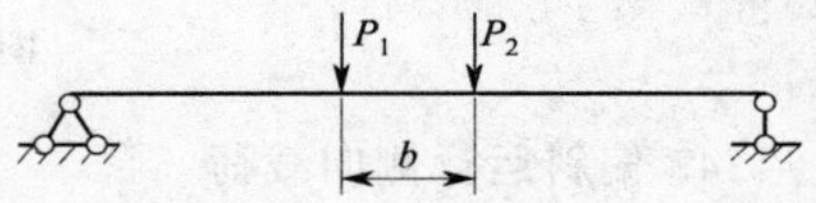 |
| 10 | 37 | 36 | 1 400 | — | |
| 15 | 56 | 57 | 2 400 | — | |
| 20 | 73 | 67 | 2 400 | — | |
| 30 | 110 | 107 | 2 700 | — | |
| 50 | 175 | 170 | 3 850 | — | |
| 75 | 234 | 233 | 4 400 | — | |
| 100 | 385 | 335 | 2 920 | — | |
| 125 | 455 | 390 | 2 920 | — | |
| 160 | 2×305 | 2×250 | 2 270 | 830 | 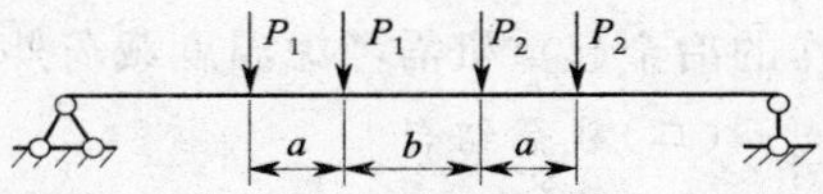 |
| 200 | 2×360 | 2×310 | 2 270 | 830 | |
| 250 | 2×420 | 2×400 | 2 870 | 830 | |

表 2-3-6 双梁电磁式小车轮压

| 起重量/t | 轮压/kN | | 轮距 $b$/mm | 图示 |
|---|---|---|---|---|
| | $P_1$ | $P_2$ | | |
| 5 | 21 | 18 | 1 100 | 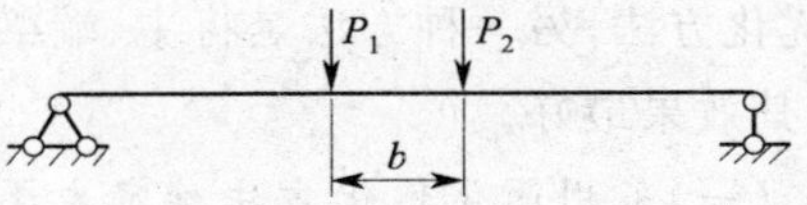 |
| 10 | 40 | 39 | 1 500 | |
| 15 | 55 | 54 | 1 700 | |
| 20 | 85 | 52 | 2 850 | |
| 30 | 122 | 92 | 3 150 | |

表 2-3-7 双梁抓斗式小车轮压

| 起重量/t | 轮压/kN | | 轮距 $b$/mm | 图示 |
|---|---|---|---|---|
| | $P_1$ | $P_2$ | | |
| 5 | 25 | 26 | 2 300 | 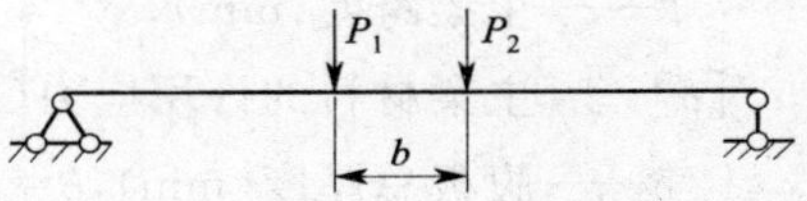 |
| 10 | 44 | 50 | 2 900 | |
| 15 | 80 | 72 | 3 500 | |
| 20 | 107 | 92 | 4 000 | |

### 3. 水平惯性载荷

当大车运行机构起动或制动时,载重小车引起的惯性力以水平集中载荷 $P_H$ 作用于主梁,桥架质量产生的惯性载荷作为均布载荷 $q_H$ 作用在桥架主梁上。

水平惯性载荷 $P_H$ 和 $q_H$(图 2-3-38a)按第一篇第三章计算。

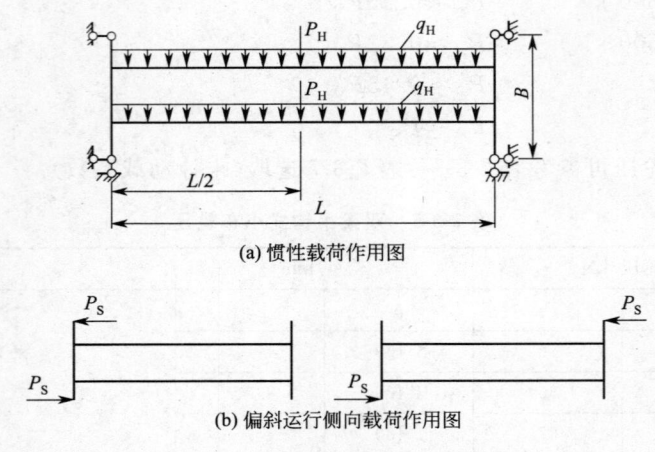

图 2-3-38 双梁桥架水平载荷作用图

### 4. 偏斜运行侧向载荷

偏斜运行侧向载荷 $P_S$ 作用于端梁并对桥架形成力偶,如图 2-3-38b 所示。$P_S$ 计算方法见第一篇第三章。

### 5. 其他载荷

对于风载荷不大的地区或室内工作的桥式起重机,不考虑风载荷。另外,除在温度较高场合工作的冶金起重机需考虑温度载荷外,其他场合均不考虑温度载荷。

(二)载荷组合

桥式起重机结构计算的载荷组合见第一篇第三章表 1-3-28。

## 二、主梁和端梁截面几何参数的优化

在双梁小车式桥式起重机结构中,以箱形主梁居多。在设计时,应该选择最佳结构参数,使产品达到最佳经济和技术性能指标,降低自重,提高产品的性价比。

确定主梁最佳截面尺寸,一种近似的方法是按主梁的强度及刚度条件来确定,可以称其为简化的优化方法;另一种方法是将主、端梁作为一个系统来考虑,采用优化方法确定主、端梁截面最佳尺寸,其效果最好。

(一)采用简化优化方法确定主梁截面尺寸

1. 按梁的强度条件确定梁高和自重

由强度条件决定的经济梁高 $h_s$ 为:

$$h_s = \left[\frac{P_Q L K_1}{4[\sigma]\delta\left(\frac{2}{3}+\alpha\right)}\right]^{\frac{1}{2}} \quad \text{(mm)} \tag{2-3-81}$$

式中 $P_Q$——额定起升载荷(N);

$L$——主梁跨度(mm);

$[\sigma]$——主梁材料的许用应力(N/mm²);

$\delta$——腹板总厚度(mm),$\delta=\delta_1+\delta_2$;

$K_1$——弯矩系数,其值为:

$$K_1 = \left(\varphi_j + \varphi_i \frac{P_{xc}}{P_Q}\right)C_1 + \varphi_i \frac{G}{P_Q};$$

其中 $C_1$——将小车轮压转化为跨中集中载荷时,计算弯矩的换算系数:

$$C_1 = \left(1 - \frac{b}{2L}\right)^2$$

$b$——小车轴距(mm);

$P_{xc}$——小车自重载荷(N);

$G$——半个桥架自重载荷(N);

$\varphi_i, \varphi_j$——动载系数,同式(2-3-3);

$$\alpha = \frac{\text{腹板加劲肋重量}}{\text{腹板重量}} \approx \frac{1}{3}。$$

梁的最小自重:

$$G_s = \left[\frac{P_Q L K_1 \delta}{[\sigma]}\left(\frac{2}{3} + \alpha\right)\right]^{\frac{1}{2}} L\gamma(1+\lambda) \quad (\text{N}) \tag{2-3-82}$$

式中 $\gamma$——单位容重,钢材 $\gamma = 78.5 \times 10^{-6} \text{ N/mm}^3$;

$\lambda$——系数,其值为:

$$\lambda = \frac{\text{走台、栏杆、轨道、机械及电气设备重量}}{\text{梁的重量}} \approx 0.2 \sim 0.3$$

**2. 按梁的刚度条件确定梁高及自重**

由刚度条件决定的经济梁高为:

$$h_g = \left[\frac{P_Q L^2 [\beta] C_2}{24 E\delta\left(\frac{2}{3}+\alpha\right)}\right]^{\frac{1}{3}} \quad (\text{mm}) \tag{2-3-83}$$

式中 $[\beta]$——刚度系数,$[\beta] = L/[f]$,$[f]$为许用挠度;

$C_2$——把小车轮压转化为跨中载荷时,计算挠度的换算系数:

$$C_2 = \frac{1}{2}\left(1 + \frac{P_{xc}}{P_Q}\right)\left(1 - \frac{b}{L}\right)\left[3 - \left(1 - \frac{b}{L}\right)^2\right]$$

梁的最小重量为:

$$G_g = \left\{\frac{P_Q [\beta] C_2}{3E}\left[\delta\left(\frac{2}{3}+\alpha\right)\right]^2\right\}^{\frac{1}{3}} L^{\frac{5}{3}} \gamma(1+\lambda) \quad (\text{N}) \tag{2-3-84}$$

**3. 强度和刚度控制条件的判别**

同时满足强度和刚度条件的主梁高跨比为:

$$\frac{h}{L} = \frac{[\sigma][\beta] C_2}{6 E K_1} \tag{2-3-85}$$

式中 $[\beta]$——700~1000,需要高定位精度的起重机取大值,定位精度要求不高的取小值;

$[\sigma]$——设计许用应力,推荐值为:

Q235钢:$[\sigma] = 140$ MPa

Q345钢:$[\sigma] = 180$ MPa~200 MPa

实际工程设计很难做到同时使强度和刚度都达到许用值,往往只能一个达到许用值,而另一个富裕些。将同时满足强度和刚度条件的起重量定义为判别起重量$[Q]$,其计算式为:

$$[Q] = \left(\frac{A_2}{1+B_2}\right)^3 \quad (\text{N}) \tag{2-3-86}$$

式中 $A_2 = \dfrac{[\sigma]}{\left(\varphi_j + \varphi_i \dfrac{P_{xc}}{P_Q}\right) C_1}\left[\left(\dfrac{C_2[\beta]}{3E}\right)^2\left(\dfrac{2}{3}+\alpha\right)\delta L\right]^{\frac{1}{3}}$

$$B_2 = \frac{\varphi_i L^{\frac{5}{3}} \gamma(1+\lambda)}{\left(\varphi_j + \varphi_i \dfrac{P_{xc}}{P_Q}\right) C_1} \left\{ \frac{C_2[\beta]}{3EP_Q^2} \left[\delta\left(\frac{2}{3}+\alpha\right)\right]^2 \right\}^{\frac{1}{3}}$$

$P_Q > [Q]$，强度是控制条件，梁高 $h = h_s$，梁重 $G = G_s$；

$P_Q < [Q]$，刚度是控制条件，梁高 $h = h_g$，梁重 $G = G_g$；

$P_Q = [Q]$，刚度和强度均为控制条件，$h$ 和 $G$ 按上述任一种计算均可。

4. 弯矩系数 $K_1$ 的确定

(1) 若强度是控制条件

$$K_1^s = \left[\frac{A_1}{2} + \sqrt{\left(\frac{A_1}{2}\right)^2 + B_1}\right]^2 \tag{2-3-87}$$

式中 $A_1 = \varphi_i \left[\dfrac{\delta\left(\dfrac{2}{3}+\alpha\right)}{[\sigma] P_Q}\right]^{\frac{1}{2}} L^{\frac{3}{2}} \gamma(1+\lambda)$

$B_1 = \left(\varphi_j + \varphi_i \dfrac{P_{xc}}{P_Q}\right) C_1$

(2) 若刚度是控制条件

$$K_1^g = \left(\varphi_j + \varphi_i \frac{P_{xc}}{P_Q}\right) C_1 + \varphi_i \left\{\frac{C_2[\beta]}{3EP_Q^2}\left[\delta\left(\frac{2}{3}+\alpha\right)\right]^2\right\}^{\frac{1}{3}} L^{\frac{5}{3}} \gamma(1+\lambda) \tag{2-3-88}$$

5. 梁截面参数的取值

(1) 梁高 $h$

主梁高度与跨度之比一般取为：

$$\frac{h}{L} = \frac{1}{14} \sim \frac{1}{18}$$

其中小跨度时 $\dfrac{h}{L}$ 取大值，反之取小值。

上面求得的梁高 $h$ 通常作为腹板高度 $h_0$，为下料方便，腹板高度一般取尾数为零的值。

(2) 腹板和翼缘板的厚度

腹板厚度通常由起重量决定：

$Q = 5\ \text{t} \sim 50\ \text{t}$　　　$\delta = 6\ \text{mm}$

$Q = 75\ \text{t} \sim 100\ \text{t}$　　　$\delta = 8\ \text{mm}$

$Q = 125\ \text{t} \sim 200\ \text{t}$　　　$\delta = 10\ \text{mm}$

$Q \geqslant 250\ \text{t}$　　　$\delta = 12\ \text{mm}$

腹板最小厚度不应小于 6 mm。

受压翼缘板厚度由局部稳定性条件决定，一般为：

Q235：$\delta \geqslant \dfrac{b}{60}$

Q345：$\delta \geqslant \dfrac{b}{50}$

(3) 翼缘板宽度 $b$

正轨和窄翼缘偏轨箱形梁：$b = (0.33 \sim 0.5)h$

宽翼缘偏轨和小偏轨箱形梁：$b = (0.6 \sim 0.8)h$

两腹板间距 $b_0 = b - (40 \sim 60)\ \text{mm} \geqslant 300\ \text{mm}$，手工焊时翼缘板悬伸长度取小值，自动焊时取大值。

对于偏轨箱形梁，为能在主腹板上安置轨道和轨道压板，主腹板侧的翼缘板悬伸长度应大一些，一般 $b_上 = b_下 + (70 \sim 120)\ \text{mm}$。

为制造和下料方便,翼缘板宽度 $b$ 的尾数应圆整为零。

通用桥式起重机箱形主梁截面尺寸可参考表 2-3-8～表 2-3-10。

**表 2-3-8  5 t～50 t 通用桥式起重机主梁截面尺寸**

| 截面尺寸/mm | 跨度/m | 起重量/t | | | | | |
|---|---|---|---|---|---|---|---|
| | | 5 及 8 | 12.5 | 16/5 | 20/5 | 32/8 | 50/12.5 |
| | | 刚度系数 $[\beta]=700\sim1\,000$ | | | | | |
| 表中数字表示为 $b\times\delta_1\times\delta_2$ $h_0\times\delta_0$ | 10.5 | 300×6×6<br>650×6 | 350×8×6<br>650×6 | 350×6×6<br>750×6 | 350×8×6<br>750×6 | 450×8×8<br>850×6 | 500×8×8<br>1 000×6 |
| | 13.5 | 300×6×6<br>750×6 | 400×8×6<br>750×6 | 450×6×6<br>870×6 | 450×8×8<br>870×6 | 500×8×8<br>1 050×6 | 500×8×8<br>1 250×6 |
| | 16.5 | 350×6×6<br>870×6 | 450×8×6<br>870×6 | 500×8×6<br>1 000×6 | 500×8×8<br>1 000×6 | 550×8×8<br>1 250×6 | 550×8×8<br>1 400×6 |
| | 19.5 | 450×8×6<br>1 000×6 | 500×8×6<br>1 000×6 | 500×8×6<br>1 150×6 | 500×8×8<br>1 150×6 | 550×8×8<br>1 400×6 | 600×8×8<br>1 600×6 |
| | 22.5 | 500×8×6<br>1 100×6 | 500×8×6<br>1 100×6 | 500×8×6<br>1 300×6 | 550×8×8<br>1 300×6 | 550×8×8<br>1 600×6 | 600×10×10<br>1 700×6 |
| | 25.5 | 500×8×6<br>1300×6 | 500×8×6<br>1 300×6 | 550×8×6<br>1 450×6 | 550×8×8<br>1 450×6 | 600×10×10<br>1 700×6 | 650×12×12<br>1 800×6 |
| | 28.5 | 550×8×6<br>1 400×6 | 550×8×6<br>1 400×6 | 550×8×8<br>1 500×6 | 550×10×10<br>1 500×6 | 600×10×10<br>1 700×6 | 700×12×12<br>1 900×6 |
| | 31.5 | 550×8×6<br>1 500×6 | 550×8×6<br>1 500×6 | 660×8×8<br>1 600×6 | 600×10×10<br>1 600×6 | 650×12×12<br>1 800×6 | 700×16×16<br>1900×6 |

**表 2-3-9  通用桥式起重机主梁截面尺寸**

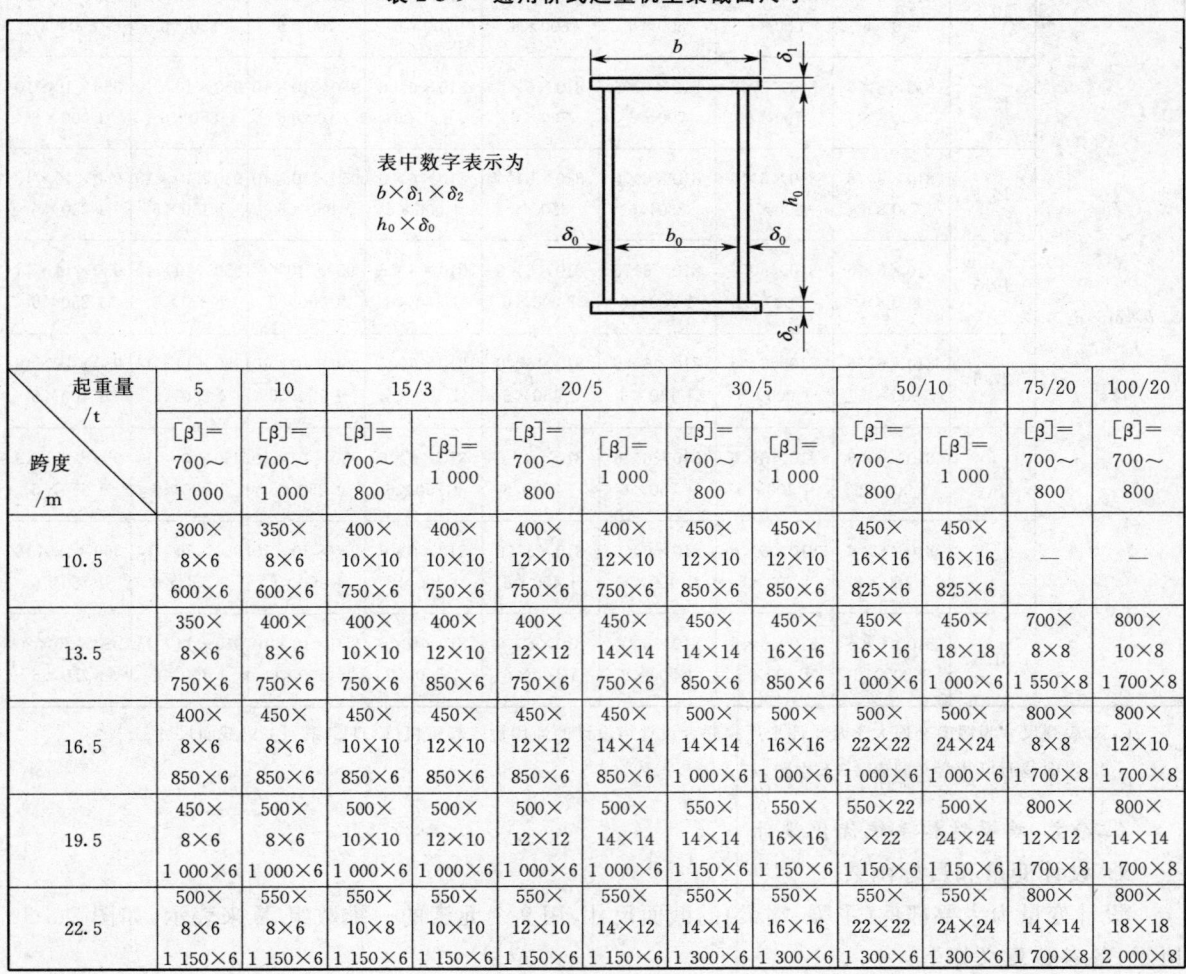

| 起重量/t 跨度/m | 5 | 10 | 15/3 | 20/5 | | 30/5 | | 50/10 | | 75/20 | 100/20 |
|---|---|---|---|---|---|---|---|---|---|---|---|
| | $[\beta]=$ 700～1 000 | $[\beta]=$ 700～1 000 | $[\beta]=$ 700～800 | $[\beta]=$ 1 000 | $[\beta]=$ 700～800 | $[\beta]=$ 1 000 | $[\beta]=$ 700～800 | $[\beta]=$ 1 000 | $[\beta]=$ 700～800 | $[\beta]=$ 700～800 | $[\beta]=$ 700～800 |
| 10.5 | 300×<br>8×6<br>600×6 | 350×<br>8×6<br>600×6 | 400×<br>10×10<br>750×6 | 400×<br>10×10<br>750×6 | 400×<br>12×10<br>750×6 | 400×<br>12×10<br>750×6 | 450×<br>12×10<br>850×6 | 450×<br>12×10<br>850×6 | 450×<br>16×16<br>825×6 | 450×<br>16×16<br>825×6 | — | — |
| 13.5 | 350×<br>8×6<br>750×6 | 400×<br>8×6<br>750×6 | 400×<br>10×10<br>750×6 | 400×<br>12×10<br>850×6 | 400×<br>12×12<br>750×6 | 450×<br>14×14<br>750×6 | 450×<br>14×14<br>850×6 | 450×<br>16×16<br>1 000×6 | 450×<br>16×16<br>1 000×6 | 700×<br>18×18<br>1 550×8 | 700×<br>8×8<br>1 550×8 | 800×<br>10×8<br>1 700×8 |
| 16.5 | 400×<br>8×6<br>850×6 | 450×<br>8×6<br>850×6 | 450×<br>10×10<br>850×6 | 450×<br>12×10<br>850×6 | 450×<br>12×12<br>850×6 | 450×<br>14×14<br>1 000×6 | 500×<br>14×14<br>1 000×6 | 500×<br>16×16<br>1 000×6 | 500×<br>22×22<br>1 000×6 | 500×<br>24×24<br>1 000×6 | 800×<br>8×8<br>1 700×8 | 800×<br>12×10<br>1 700×8 |
| 19.5 | 450×<br>8×6<br>1 000×6 | 500×<br>8×6<br>1 000×6 | 500×<br>10×10<br>1 000×6 | 500×<br>12×10<br>1 000×6 | 500×<br>12×12<br>1 000×6 | 500×<br>14×14<br>1 000×6 | 550×<br>14×14<br>1 150×6 | 550×<br>16×16<br>1 150×6 | 550×22<br>×22<br>1 150×6 | 500×<br>24×24<br>1 150×6 | 800×<br>12×12<br>1 700×8 | 800×<br>14×14<br>1 700×8 |
| 22.5 | 500×<br>8×6<br>1 150×6 | 550×<br>8×6<br>1 150×6 | 550×<br>10×8<br>1 150×6 | 550×<br>10×10<br>1 150×6 | 550×<br>12×10<br>1 150×6 | 550×<br>14×12<br>1 150×6 | 550×<br>14×14<br>1 300×6 | 550×<br>16×16<br>1 300×6 | 550×<br>22×22<br>1 300×6 | 550×<br>24×24<br>1 300×6 | 800×<br>14×14<br>1 700×8 | 800×<br>18×18<br>2 000×8 |

续上表

| 起重量/t<br>跨度/m | 5<br>$[\beta]=$<br>700~<br>1 000 | 10<br>$[\beta]=$<br>700~<br>1 000 | 15/3<br>$[\beta]=$<br>700~<br>800 | 15/3<br>$[\beta]=$<br>1 000 | 20/5<br>$[\beta]=$<br>700~<br>800 | 20/5<br>$[\beta]=$<br>1 000 | 30/5<br>$[\beta]=$<br>700~<br>800 | 50/10<br>$[\beta]=$<br>700~<br>1 000 | 75/20<br>$[\beta]=$<br>700~<br>800 | 100/20<br>$[\beta]=$<br>700~<br>800 |
|---|---|---|---|---|---|---|---|---|---|---|
| 25.5 | 550×<br>8×6<br>1 300×6 | 550×<br>8×8<br>1 300×6 | 550×<br>10×8<br>1 300×6 | 600×<br>10×10<br>1 300×6 | 550×<br>12×10<br>1 300×6 | 550×<br>14×12<br>1 300×6 | 600×<br>14×14<br>1 450×6 | 600×<br>16×16<br>1 450×6 | 600×<br>22×22<br>1 450×6 | 600×<br>24×24<br>1 450×6 | 800×<br>14×14<br>2 000×8 | 800×<br>20×18<br>2 000×8 |
| 28.5 | 600×<br>8×6<br>1 450×6 | 600×<br>8×8<br>1 450×6 | 600×<br>10×8<br>1 450×6 | 600×<br>10×10<br>1 450×6 | 600×<br>12×10<br>1 450×6 | 600×<br>14×12<br>1 450×6 | 600×<br>14×14<br>1 600×6 | 600×<br>16×61<br>1 600×6 | 600×<br>22×22<br>1 600×6 | 600×<br>24×24<br>1 600×6 | 800×<br>16×16<br>2 000×8 | 800×<br>22×20<br>2 000×8 |
| 31.5 | 600×<br>8×6<br>1 600×6 | 600×<br>8×8<br>1 600×6 | 600×<br>10×8<br>1 600×6 | 600×<br>10×10<br>1 600×6 | 600×<br>12×10<br>1 600×6 | 600×<br>14×12<br>1 600×6 | 650×<br>14×14<br>1 700×6 | 650×<br>16×16<br>1 700×6 | 650×<br>22×22<br>1 700×6 | 650×<br>24×24<br>1 700×6 | 800×<br>18×18<br>2 000×8 | 800×<br>24×24<br>2 000×8 |

表 2-3-10 通用桥式起重机(小偏轨)主梁截面尺寸

| 截面尺寸<br>/mm | 跨度<br>/m | 起重量/t | | | | | | | |
|---|---|---|---|---|---|---|---|---|---|
| | | 5 | 8 | 10 | 12.5 | 16/5 | 20/5 | 32/8 | 50/12.5 |
| | | 刚度系数$[\beta]=700\sim1\,000$ | | | | | | | |
| $b\times\delta_1\times\delta_2$<br>$h_0\times\delta_0$ | 10.5 | 810×6×6<br>600×6 | 810×6×6<br>600×6 | 810×6×6<br>600×6 | 810×6×6<br>600×6 | 810×6×6<br>700×6 | 950×8×8<br>700×6 | 950×8×8<br>850×6 | 950×10×10<br>850×6 |
| | 13.5 | 810×6×6<br>600×6 | 810×6×6<br>700×6 | 810×6×6<br>700×6 | 810×6×6<br>700×6 | 810×6×6<br>850×6 | 950×10×10<br>700×6 | 950×10×10<br>850×6 | 950×10×10<br>1 000×6 |
| | 16.5 | 810×6×6<br>700×6 | 810×6×6<br>800×6 | 810×6×6<br>850×6 | 810×6×6<br>850×6 | 810×6×6<br>1 000×6 | 950×10×10<br>850×6 | 950×10×10<br>1 150×6 | 950×10×10<br>1 250×6 |
| | 19.5 | 810×6×6<br>800×6 | 810×6×6<br>900×6 | 810×6×6<br>1 000×6 | 810×6×6<br>1 000×6 | 810×6×6<br>1 150×6 | 950×10×0<br>1 000×6 | 950×10×10<br>1 250×6 | 950×14×14<br>1 250×6 |
| | 22.5 | 810×6×6<br>900×6 | 810×6×6<br>1 000×6 | 810×6×6<br>1 150×6 | 810×6×6<br>1 150×6 | 810×6×6<br>1 150×6 | 950×10×10<br>1 150×6 | 950×14×14<br>1 250×6 | 950×16×16<br>1 400×6 |
| | 25.5 | 810×6×6<br>1 000×6 | 810×6×6<br>1 100×6 | 810×6×6<br>1 250×6 | 810×6×6<br>1 250×6 | 810×6×6<br>1 250×6 | 950×10×10<br>1 250×6 | 950×14×14<br>1 400×6 | 950×16×16<br>1 550×6 |
| | 28.5 | 810×6×6<br>1 100×6 | 810×6×6<br>1 200×6 | 810×6×6<br>1 400×6 | 810×6×6<br>1 400×6 | 810×6×6<br>1 400×6 | 950×10×10<br>1 400×6 | 950×14×14<br>1 550×6 | 950×16×16<br>1 750×6 |
| | 31.5 | 810×6×6<br>1 200×6 | 810×6×6<br>1 400×6 | 810×6×6<br>1 500×6 | 810×6×6<br>1 500×6 | 810×6×6<br>1 500×6 | 950×10×10<br>1 500×6 | 950×14×14<br>1 700×6 | 950×20×20<br>1 750×6 |

注：1. 表列尺寸为西南交通大学及十四个厂家联合设计组设计的通用桥式起重机(EOTC)系列主梁截面尺寸。
2. 表中截面尺寸含义同表 2-3-8 中图。

(二)主、端梁结构系统优化设计

1. 设计变量和目标函数

设计变量为主要部件(主梁、端梁)的截面尺寸，用 9 个元素的一维数组 $X$ 来表示，如图 2-3-39 所示，各参数意义如下：

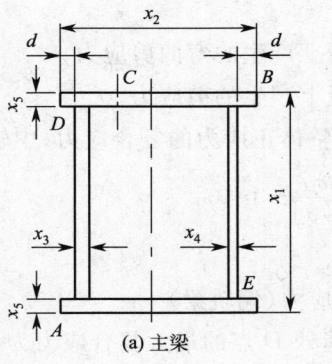 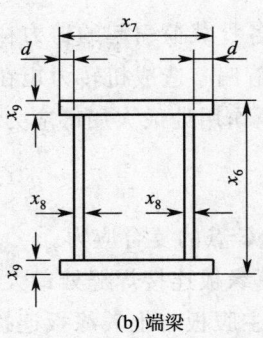

图 2-3-39 设计变量示意图

$x_1$——主梁高度（dm）；

$x_2$——主梁翼缘板宽度（dm）；

$x_3$——主梁主腹板厚度（mm）；

$x_4$——主梁副腹板厚度（mm）；

$x_5$——主梁翼缘板厚度（mm）；

$x_6$——端梁高度（dm）；

$x_7$——端梁宽度（dm）；

$x_8$——端梁腹板厚度（mm）；

$x_9$——端梁翼缘板厚度（mm）。

为使设计变量规格化，对 9 个设计变量采用不同的单位，其中板厚参数的单位为 mm，板的横向尺寸参数以 dm 为单位。

优化设计的目标函数 $F(x)$ 为主梁和端梁的重量之和，其计算式为：

$$F(x)=2[（主梁的横截面积）\times L \times \gamma+（每块隔板重）\times（隔板数）+$$
$$（端梁横截面积）\times B \times \gamma+（每块隔板重）\times（隔板数）]$$

式中 $L$——桥架跨度；

$\gamma$——钢材比重；

$B$——大车轴距。

主梁横隔板间距可取梁高 $x_1$ 值，横隔板厚度可取主梁副腹板的厚度 $x_4$。端梁横隔板间距取端梁高 $x_6$，横隔板厚度取腹板厚 $x_8$。

2. 约束函数

优化设计以桥式起重机金属结构现行的设计计算方法及 GB 3811—2008《起重机设计规范》中的各项规定为依据，全面满足强度、刚度、稳定性及制造工艺、尺寸限制等方面的要求。

(1) 主梁跨中最大应力

$$g_1(x)=\frac{\sigma_A}{[\sigma]}-1\leqslant 0 \qquad (2-3-89)$$

$$g_2(x)=\frac{\sigma_B}{[\sigma]}-1\leqslant 0 \qquad (2-3-90)$$

式中 $\sigma_A$——主梁跨中最大弯矩截面 $A$ 点最大正应力（图 2-3-39a）；

$\sigma_B$——主梁跨中最大弯矩截面 $B$ 点最大正应力。

(2) 主梁跨端截面腹板的最大剪应力

$$g_3(x)=\frac{\tau_1+\tau_2}{[\tau]}-1\leqslant 0 \tag{2-3-91}$$

式中 $\tau_1$——由梁上各种载荷引起的剪力在腹板上产生的弯曲剪应力;

$\tau_2$——由于载荷偏心造成扭转力矩在腹板上产生的剪应力。

(3)上翼缘板轮压作用处最大局部应力点与整体正应力的复合应力(中轨及小偏轨梁)

$$g_4(x)=\frac{\sigma_{cC}}{[\sigma]}-1\leqslant 0 \tag{2-3-92}$$

式中 $\sigma_{cC}$——主梁上 $C$ 点的复合应力。

(4)主腹板与上翼缘板连接焊缝处最大复合应力(偏轨梁)

在跨中附近截面主腹板与上翼缘板连接焊缝处 $D$ 点的最大复合应力为:

$$\sigma_{cD}=\sqrt{\sigma_{Dxmax}^2+\sigma_m^2-\sigma_{Dxmax}\sigma_m+3\tau_D^2} \tag{2-3-93}$$

式中 $\sigma_{Dxmax}$——跨中附近截面 $D$ 点最大正应力;

$\sigma_m$——由小车轮压作用在 $D$ 点形成的挤压应力;

$\tau_D$——$D$ 点的剪应力。

$$g_5(x)=\frac{\sigma_{cD}}{[\sigma]}-1\leqslant 0 \tag{2-3-94}$$

(5)跨中截面焊缝处的疲劳强度

跨中最大弯矩截面 $D$ 点及 $E$ 点的疲劳强度都应进行约束。

$$g_6(x)=\frac{1}{1.1}\left[\left(\frac{\sigma_{Dxmax}}{[\sigma_{xr}]}\right)^2+\left(\frac{\sigma_m}{[\sigma_{yr}]}\right)^2-\frac{\sigma_{Dxmax}\cdot\sigma_m}{[\sigma_{xr}][\sigma_{yr}]}+\left(\frac{\tau_D}{[\tau_{xyr}]}\right)^2\right]-1\leqslant 0 \tag{2-3-95}$$

$$g_7(x)=\frac{1}{1.1}\left[\left(\frac{\sigma_{Exmax}}{[\sigma_{xr}]}\right)^2+\left(\frac{\tau_E}{[\tau_{xyr}]}\right)^2\right]-1\leqslant 0 \tag{2-3-96}$$

式中 $[\sigma_{xr}]$——与 $\sigma_{Dxmax}$(或 $\sigma_{Exmax}$)相应的压缩(或拉伸)疲劳许用应力;

$[\sigma_{yr}]$——与 $\sigma_m$ 相应的压缩疲劳许用应力;

$[\tau_{xyr}]$——与 $\tau_D$(或 $\tau_E$)相应的剪切疲劳许用应力;

$\sigma_{Exmax}$——跨中附近截面 $E$ 点最大正应力;

$\tau_E$——相应的 $E$ 点最大剪应力。

(6)主梁的静刚度约束

$$g_8(x)=\frac{f}{[f]}-1\leqslant 0 \tag{2-3-97}$$

$$g_9(x)=\frac{f_H}{[f_H]}-1\leqslant 0 \tag{2-3-98}$$

式中 $f,f_H$——主梁跨中最大垂直挠度及最大水平挠度;

$[f],[f_H]$——跨中垂直方向及水平方向许用挠度。

(7)主梁的动刚度约束

$$g_{10}(x)=1-\frac{f_d}{[f_d]}\leqslant 0 \tag{2-3-99}$$

式中 $f_d$——满载小车位于跨中时结构的振动频率(1/s);

$[f_d]$——相应的许用自振频率,可取 $[f_d]=2$ Hz。

(8)端梁最大正应力约束

$$g_{11}(x)=\frac{\sigma}{[\sigma]}-1\leqslant 0 \tag{2-3-100}$$

式中 $\sigma$——端梁最大弯矩截面上的最大计算正应力。

(9)端梁最大剪应力约束

$$g_{12}(x) = \frac{\tau}{[\tau]} - 1 \leqslant 0 \qquad (2\text{-}3\text{-}101)$$

式中 $\tau$——端梁端部截面的最大计算剪应力。

(10)上翼缘板的走台宽度约束(仅对偏轨箱形梁和小偏轨箱形梁)

$$g_{13}(x) = 1 - \frac{x_2 - 2d - B_p}{B_s} \leqslant 0 \qquad (2\text{-}3\text{-}102)$$

式中 $B_s$——规定走台应满足宽度和小车外伸尺寸之和,其为输入参数;

$B_p$——偏轨量;

$d$——见图 2-3-39。

(11)各板的局部稳定性约束

对各板局部稳定性的约束采用限制板的宽厚比或高厚比来实现,只要满足这些条件,各板的局部稳定性均可通过加肋来解决。各限制值应取相应的设计规定值。

$g_{14}(x)$——主梁主腹板高厚比约束;

$g_{15}(x)$——主梁副腹板高厚比约束;

$g_{16}(x)$——端梁腹板高厚比约束;

$g_{17}(x)$——主梁上翼缘板宽厚比约束;

$g_{18}(x)$——端梁翼缘板宽厚比约束。

(12)其他约束条件

$g_{19}(x)$——主梁高度与跨度之比约束;

$g_{20}(x)$——主梁宽度与跨度之比约束;

$g_{21}(x)$——端梁高度与大车轴距之比约束;

$g_{22}(x)$——端梁宽度与大车轴距之比约束;

$g_{23}(x)$——主梁高宽比约束;

$g_{24}(x)$——端梁高宽比约束;

$g_{25}(x)$——主梁腹板间最小间距约束。

还应约束:板宽、板高的最大、最小值及各板厚的最大、最小值。

上述约束条件中一些项目的计算公式见本节后面的第三、四部分。

3. 优化方法

在桥式起重机金属结构优化设计中,一部分变量为连续变量,而另一部分变量(板厚)为离散变量,因此须采用约束非线性混合离散变量优化方法。MDOD 优化程序经多个实例验证是一个很好的约束非线性混合离散变量优化程序,可直接使用。

4. 优化前的数据准备

优化前须准备好图 2-3-40 中的数据。图中各参数意义如下:

(1)$P_{Gy}$——一套大车运行机构的重量;

(2)$P_{Gs}$——司机室和电气设备的重量;

(3)$q$——主梁及其上设备的均布重量;

(4)$P_{xc}$——小车自重载荷;

(5)$P_Q$——起升载荷;

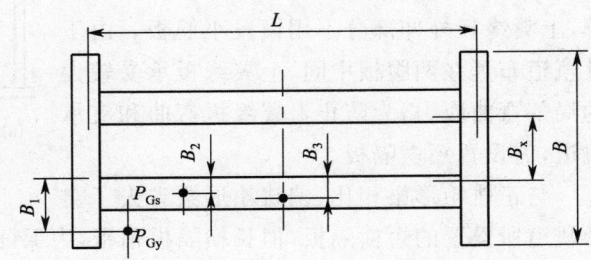

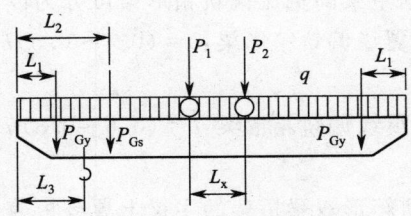

图 2-3-40 输入参数示意图

(6) $L$——跨度;

(7) $L_1$——大车运行机构重心至大车轮距离;

(8) $L_2$——司机室重心至大车轮距离;

(9) $L_3$——吊钩中心至大车轮的最短距离;

(10) $L_x$——小车轴距;

(11) $B$——大车轴距;

(12) $B_x$——小车轨距;

(13) $B_1$——大车运行机构重心至主腹板距离;

(14) $B_2$——司机室重心至主腹板距离;

(15) $B_3$——主梁上均布载荷重心至主腹板距离;

(16) $B_4$——偏轨量;

(17) $H_x$——小车结构突出轨道的尺寸;

(18) $H_g$——小车轨道高;

(19) $B_g$——小车轨道宽;

(20) $I_g$——小车轨道截面惯性矩;

(21) $b$——由工艺条件决定的主梁腹板最小间距;

(22) $E$——工作级别;

(23) $d$——主、端梁上由工艺条件决定的翼缘板边缘外伸长度。

### 三、主梁的计算

(一) 箱形结构双梁桥架

**1. 构造型式**

箱形结构双梁桥架根据小车轨道在主梁上的位置可分为:中轨箱形双梁桥架、小偏轨(或称半偏轨)箱形双梁桥架和全偏轨箱形双梁桥架,如图 2-3-41 所示。

正轨箱形梁桥架的主梁外侧需设置走台用于放置设备和人员通行,走台一般是悬臂支承于主梁外侧并需装设栏杆。

正轨箱形双梁桥架零部件少,便于自动焊,上翼缘板外伸部分不用设置小筋板。由于其轨道布置在两腹板中间,上翼缘板承受较大的局部弯曲应力,为防止上翼缘板弯曲和支承轨道,需设置短横隔板。

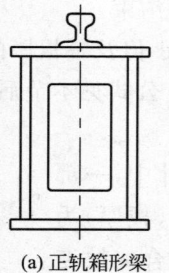 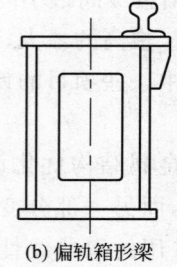 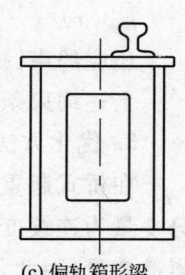

(a) 正轨箱形梁　　(b) 偏轨箱形梁　　(c) 偏轨箱形梁

图 2-3-41　箱形结构双梁桥架主梁形式

与正轨箱形梁相比,偏轨箱形梁省去了支承轨道所设置的短横隔板,但长横隔板稍密,为保证主腹板外侧悬伸翼缘的局部稳定需增设三角形筋板。根据主梁高宽比偏轨箱形梁可分为以下两种:

(1) 窄翼缘偏轨箱形梁: $b=(0.4\sim0.5)h$,截面参数与正轨箱形梁类似,适用于小起重量的起重机。

(2) 宽翼缘偏轨箱形梁: $b=(0.6\sim0.8)h$,截面参数与偏轨箱形单主梁类似,适用于大起重量的起重机。

小偏轨箱形双梁桥架的主梁上翼缘板兼作走台,小车轨道采用小偏轨布置方式,省去了正轨箱形梁为支承钢轨而设置的短横隔板(长隔板略密些),省去了大量焊缝,减少了制造中的焊接变形和板的波浪变形,又取消了全偏轨梁为支承悬伸翼缘而设置的三角筋。

主梁跨端与端梁连接,主梁跨端高度和端部变截面区长度(图 2-3-42)通常取为:

$$H_1=(0.4\sim 0.6)H, l_1=\left(\frac{1}{4}\sim\frac{1}{6}\right)L$$

2. 强度计算

桥式起重机桥架结构应依据表 1-3-28,按载荷组合 B 进行强度计算。

(1)弯曲应力

在垂直平面内,桥架按简支梁计算,所受弯曲力矩由自重载荷和移动载荷产生。

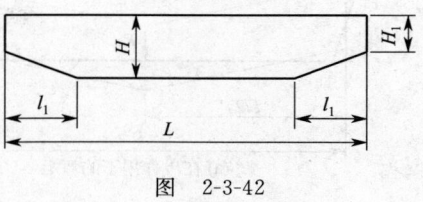

图 2-3-42

移动载荷通过小车车轮作用于主梁。当四轮小车作用于桥架[图 2-3-43(a)]且 $P_1>P_2$ 时,主梁最大弯矩截面距左支点的距离为:

$$z=\frac{L}{2}-\frac{P_2}{P_1+P_2}\cdot\frac{b}{2} \tag{2-3-103}$$

式中 $P_1,P_2$——计算轮压(按载荷组合考虑相应的动载系数)。

其最大弯矩为:

$$M_{max}=\frac{1}{4L(P_1+P_2)}[(P_1+P_2)L-P_2b]^2 \tag{2-3-104}$$

当小车位于跨端($z=0$)时,主梁剪力最大。

$$Q_{max}=P_1+P_2-P_2\frac{b}{L} \tag{2-3-105}$$

当八轮小车作用于桥架(图 2-3-43b)时,最大弯矩截面位置为:

$$z_1=\frac{1}{2}\left(L-\frac{P_2}{P_1+P_2}\cdot b+\frac{P_1-P_2}{P_1+P_2}\cdot\frac{a}{2}\right) \tag{2-3-106}$$

最大弯矩为:

$$M_{max}=\frac{P_1+P_2}{2L}\cdot(L-z_1)^2-P_1 a \tag{2-3-107}$$

当小车位于梁端极限位置 $z_{min}$ 处时,梁的端部最大剪力为:

$$Q_{max}=\frac{2(P_1+P_2)}{L}\left(L-z_{min}-\frac{P_2\cdot b}{P_1+P_2}+\frac{a}{2}\cdot\frac{P_1-P_2}{P_1+P_2}-a\right) \tag{2-3-108}$$

计算固定载荷在计算截面引起的弯矩和跨端截面的剪力时,应考虑相应载荷组合的动载系数。

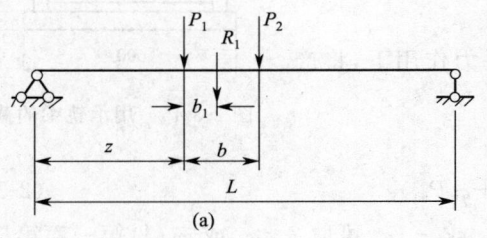
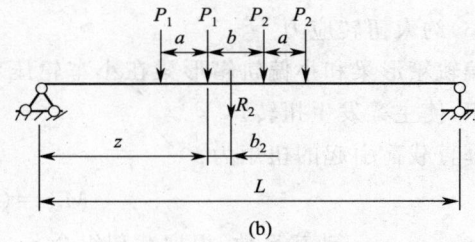

图 2-3-43

主梁在水平平面内按框架计算,由 $P_H$ 和 $q_H$ 引起的跨中弯矩(见图 2-3-44)为:

$$M_y=\frac{P_H L}{4}\left(1-\frac{L}{2r}\right)+\frac{q_H L^2}{24}\left(3-\frac{2L}{r}\right) \tag{2-3-109}$$

式中 $r=L+\frac{8C^3+l^3}{3B^2}\cdot\frac{I_1}{I_2}$

其中 $I_1$、$I_2$ 为主、端梁水平方向的截面惯性矩。其余符号见图 2-3-44。

跨中截面翼缘板角点应力最大,其值为:

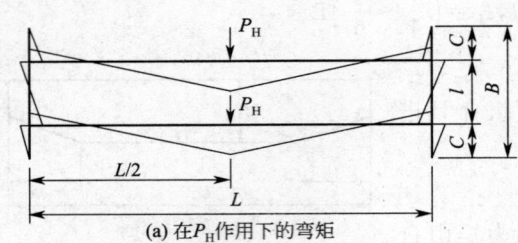
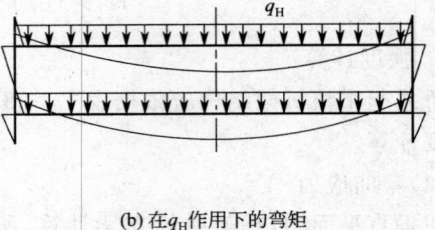

图 2-3-44 双梁桥架水平面内弯矩图

$$\sigma_W = \frac{M_x}{W_x} + \frac{M_y}{W_y} \leqslant [\sigma] \qquad (2\text{-}3\text{-}110)$$

式中 $M_x$——由垂直方向的固定和移动载荷在计算截面引起的弯矩之和；

$W_x, W_y$——计算截面垂直方向及水平方向的截面抗弯模量。

跨端截面腹板的最大剪应力为：

$$\tau = \frac{QS_x}{2I_x\delta} \leqslant [\tau] \qquad (2\text{-}3\text{-}111)$$

式中 $Q$——计算截面的剪力；

$I_x$——计算截面的惯性矩；

$S_x$——计算剪应力处截面的最大静矩；

$\delta$——腹板厚度。

对于偏轨箱形梁和小偏轨箱形梁，若主、副腹板不等厚，则应分别计算主、副腹板的剪应力。计算方法同偏轨箱形单梁起重机剪应力的计算。

为便于更换轨道，小车轨道通常用压板固定在箱形梁的上翼缘板上，因此计算主梁截面时不考虑轨道的截面积。在正轨重型梁中，若轮压很大，则可取消梁中的小隔板而用支承于大隔板开孔处的工字钢托梁作承轨梁（图 2-3-45），若工字钢连续焊在翼缘板上，计算时应包括在主梁截面内，否则不予考虑。

(2) 约束弯曲应力 $\sigma_\varphi$

约束弯曲应力 $\sigma_\varphi$ 的计算同偏轨箱形单梁桥架主梁 $\sigma_\varphi$ 的计算，见式(2-3-37)、式(2-3-38)。

(3) 约束扭转应力

偏轨箱形梁和小偏轨箱形梁在小车轮压和水平力作用下，将产生扭矩，使主梁发生扭转。

图 2-3-45 用承轨梁的截面

垂直载荷引起的扭矩为：

$$M_{nV} = (\varphi_i P_{xc} + \varphi_j P_Q)e \qquad (2\text{-}3\text{-}112)$$

式中 $\varphi_i, \varphi_j$——动载系数，根据载荷组合，$\varphi_i$ 可取 $\varphi_1$ 或 $\varphi_4$，$\varphi_j$ 可取 $\varphi_2$、$\varphi_3$ 或 $\varphi_4$（见第一篇第三章）；

$P_{xc}$——小车重力(N)；

$P_Q$——起升载荷(N)；

$e$——主梁截面弯心到轨道中心线之间的距离。

水平载荷引起的扭矩为：

$$M_{nH} = P_H h' \qquad (2\text{-}3\text{-}113)$$

式中 $P_H$——大车制动时由小车质量和起升质量引起的作用于小车轮压处的水平惯性力：

$$P_H = \varphi_5 (P_{xc} + P_Q)\frac{a}{g}$$

其中 $\varphi_5$——起重机运行驱动力突变时对结构的动力效应系数,常取 $\varphi_5=1.5$,
$a$——大车制动加速度($m/s^2$),
$g$——重力加速度 $9.81(m/s^2)$;
$h'$——水平力作用点到主梁高度方向中心的距离,一般近似取 $h'=h/2$,或按下式精确计算:

$$h' = \frac{h}{2} + h_g + h_2$$

其中 $h$——主梁高度,
$h_g$——小车轨道高度,
$h_2$——小车重心到小车轨面距离。

主梁总的扭矩为:

$$M_n = M_{nV} + M_{nH} \tag{2-3-114}$$

约束扭转正应力 $\sigma_\omega$、约束扭转剪应力 $\tau_\omega$ 及纯扭转剪应力 $\tau_n$ 的计算公式见式(2-3-42)~(2-3-46)。

(4) 上翼缘板局部弯曲应力计算

对于正轨箱形梁和小偏轨箱形梁,上翼缘板在计算轮压 $P$ 作用下,将产生纵向(梁轴线 $z$ 方向)和横向(梁宽 $x$ 方向)的局部弯曲应力 $\sigma_z$ 和 $\sigma_x$。翼缘板上表面最大局部弯曲应力为:

$$\left. \begin{aligned} \sigma_x &= -\frac{6K_x N}{\delta_3^2} \\ \sigma_z &= -\frac{6K_z N}{\delta_3^2} \end{aligned} \right\} \tag{2-3-115}$$

式中 $\delta_3$——上翼缘板厚度;
$N$——经由小车轨道传给上翼缘板的部分计算轮压,可按下式计算:

当 $b_1 \leqslant a_1$ 时

$$N = \frac{P}{1 + \dfrac{96 K_1 b_1^2 I_g}{a_1^3 \delta_3^3}} \tag{2-3-116}$$

当 $b_1 > a_1$ 时

$$N = \frac{P}{1 + \dfrac{96 K_1 I_g}{a_1 \delta_3^3}} \tag{2-3-117}$$

其中 $I_g$——小车轨道截面惯性矩,
$P$——计算轮压,
$a_1$——横隔板间距,
$b_1$——腹板间距;

$$K_1 = 0.175 \sum_{m=1}^{\infty} \left( \text{th}\beta_m - \frac{\beta_m}{\text{ch}^2 \beta_m} \right) \cdot \frac{1}{m^3} \cdot \sin^2 \left( \frac{m\pi c}{b_1} \right) \tag{2-3-118}$$

其中 $\beta_m = \dfrac{m\pi a_1}{2 b_1}$, $m=1,2,3\cdots$(可只取 3 项)。

对于正轨箱形梁 $K_1$ 值可查表 2-3-11。

$$\left. \begin{aligned} K_x &= \frac{1}{8\pi}(A+B) \\ K_z &= \frac{1}{8\pi}(A-B) \end{aligned} \right\} \tag{2-3-119}$$

$$\left. \begin{aligned} A &= \left[ 2\ln \frac{4 b_1 \sin\left(\dfrac{\pi c}{b_1}\right)}{\pi d} + \lambda - \varphi \right](1+v) \\ B &= (\xi + \psi)(1-v) \end{aligned} \right\} \tag{2-3-120}$$

$$\left.\begin{aligned}\varphi &= \eta\arctan\frac{1}{\eta} + \frac{1}{\eta}\arctan\eta \\ \psi &= \eta\arctan\frac{1}{\eta} - \frac{1}{\eta}\arctan\eta\end{aligned}\right\} \quad (2\text{-}3\text{-}121)$$

$$\left.\begin{aligned}\lambda &= 3 - 4\sum_{m=1}^{\infty}\frac{e^{-\beta_m}}{\mathrm{ch}\beta_m}\cdot\sin^2\left(\frac{m\pi c}{b_1}\right) \\ \xi &= 1 - \frac{2\pi a_1}{b_1}\sum_{m=1}^{\infty}\frac{1}{\mathrm{ch}^2\beta_m}\cdot\sin^2\left(\frac{m\pi c}{b_1}\right)\end{aligned}\right\} \quad (2\text{-}3\text{-}122)$$

式中　$c$——偏轨量，对正轨 $c=0.5b_1$；

　　　$v$——材料的泊桑比；

　　　$d$—— $d=\sqrt{a_2^2+b_2^2}$

其中　$a_2, b_2$——局部应力作用区域矩形面积的边长：

$$a_2 = 2h_\mathrm{g} + 50 \quad (\mathrm{mm})$$
$$b_2 = b_\mathrm{g}$$

　　　$h_\mathrm{g}, b_\mathrm{g}$——分别为轨道的高度和底宽；

　　　$\eta$—— $\eta = \dfrac{a_2}{b_2}$。

式(2-3-121)中的系数 $\varphi$ 及 $\psi$ 可根据 $\eta$ 由表 2-3-12 查取。式(2-3-122)中的系数 $\lambda$ 及 $\xi$ 可根据 $\dfrac{a_1}{b_1}$ 及 $\dfrac{c}{b_1}$ 由表 2-3-13 查取。

表 2-3-11　正轨箱形梁 $\left(\dfrac{c}{b_1}=0.5\right)$ 的 $K_1$ 值

| $\dfrac{a_1}{b_1}$ | 1.0 | 1.1 | 1.2 | 1.4 | 1.6 | 1.8 | 2.0 | 3.0 | ∞ |
|---|---|---|---|---|---|---|---|---|---|
| $K_1$ | 0.126 5 | 0.138 1 | 0.147 8 | 0.162 1 | 0.171 4 | 0.176 9 | 0.180 3 | 0.184 6 | 0.184 9 |

表 2-3-12　系数 $\varphi$、$\psi$

| $\eta$ | $\varphi$ | $\psi$ | $\eta$ | $\varphi$ | $\psi$ | $\eta$ | $\varphi$ | $\psi$ |
|---|---|---|---|---|---|---|---|---|
| 0 | 1.000 | −1.000 | 1.0 | 1.571 | 0.000 | 2.5 | 1.427 | 0.475 |
| 0.05 | 1.075 | −0.923 | 1.1 | 1.569 | 0.054 | 3.0 | 1.382 | 0.549 |
| 0.1 | 1.144 | −0.850 | 1.2 | 1.564 | 0.104 | 4.0 | 1.311 | 0.648 |
| 0.2 | 1.262 | −0.712 | 1.3 | 1.556 | 0.148 | 5.0 | 1.262 | 0.712 |
| 0.3 | 1.355 | −0.588 | 1.4 | 1.547 | 0.189 | 6.0 | 1.225 | 0.757 |
| 0.4 | 1.427 | −0.475 | 1.5 | 1.537 | 0.227 | 7.0 | 1.197 | 0.789 |
| 0.5 | 1.481 | −0.374 | 1.6 | 1.526 | 0.261 | 8.0 | 1.176 | 0.814 |
| 0.6 | 1.519 | −0.282 | 1.7 | 1.515 | 0.293 | 9.0 | 1.158 | 0.834 |
| 0.7 | 1.545 | −0.200 | 1.8 | 1.504 | 0.322 | 10 | 1.144 | 0.850 |
| 0.8 | 1.560 | −0.217 | 1.9 | 1.492 | 0.349 | 20 | 1.075 | 0.923 |
| 0.9 | 1.568 | −0.060 | 2.0 | 1.481 | 0.374 | ∞ | 1.000 | 1.000 |

(5) 小车轮压对主腹板产生的平均挤压应力 $\sigma_\mathrm{m}$

偏轨箱形梁的小车轨道在主腹板之上，小车轮压对主腹板产生的平均挤压应力 $\sigma_\mathrm{m}$ 的计算见式(2-3-47)。

(6) 合成应力

考虑约束扭转及约束弯曲正应力后的合成正应力为：

$$\sigma = \sigma_\mathrm{W} + \sigma_{\bar{\omega}} + \sigma_\varphi \leqslant [\sigma] \quad (2\text{-}3\text{-}123)$$

合成剪应力为：

$$\tau = \tau_\mathrm{W} + \tau_\mathrm{n} + \tau_{\bar{\omega}} \leqslant [\tau] \quad (2\text{-}3\text{-}124)$$

表 2-3-13 系数 $\lambda$、$\xi$

| $a_1/b_1$ | $\lambda(c/b_1)$ | | | | | $\xi(c/b_1)$ | | | | |
|---|---|---|---|---|---|---|---|---|---|---|
| | 0.1 | 0.2 | 0.3 | 0.4 | 0.5 | 0.1 | 0.2 | 0.3 | 0.4 | 0.5 |
| 0.5 | 2.792 | 2.352 | 1.945 | 1.686 | 1.599 | 0.557 | −0.179 | −0.647 | −0.852 | −0.906 |
| 0.6 | 2.861 | 2.545 | 2.227 | 2.011 | 1.936 | 0.677 | 0.053 | −0.439 | −0.701 | −0.779 |
| 0.7 | 2.904 | 2.677 | 2.433 | 2.259 | 2.198 | 0.758 | 0.240 | −0.227 | −0.514 | −0.605 |
| 0.8 | 2.933 | 2.768 | 2.584 | 2.448 | 2.399 | 0.814 | 0.391 | −0.031 | −0.310 | −0.404 |
| 0.9 | 2.952 | 2.832 | 2.694 | 2.591 | 2.553 | 0.856 | 0.456 | 0.148 | −0.108 | −0.498 |
| 1.0 | 2.966 | 2.879 | 2.776 | 2.698 | 2.669 | 0.887 | 0.611 | 0.304 | 0.080 | 0.0000 |
| 1.2 | 2.982 | 2.936 | 2.880 | 2.836 | 2.820 | 0.931 | 0.756 | 0.551 | 0.393 | 0.335 |
| 1.4 | 2.990 | 2.966 | 2.936 | 2.912 | 2.903 | 0.958 | 0.849 | 0.719 | 0.616 | 0.578 |
| 1.6 | 2.995 | 2.982 | 2.966 | 2.953 | 2.948 | 0.975 | 0.908 | 0.828 | 0.764 | 0.740 |
| 1.8 | 2.997 | 2.990 | 2.982 | 2.975 | 2.972 | 0.985 | 0.945 | 0.897 | 0.858 | 0.843 |
| 2.0 | 2.999 | 2.995 | 2.990 | 2.987 | 2.985 | 0.991 | 0.968 | 0.939 | 0.915 | 0.906 |
| 3.0 | 3.000 | 3.000 | 3.000 | 2.999 | 2.999 | 0.999 | 0.998 | 0.996 | 0.995 | 0.994 |
| ∞ | 3.000 | 3.000 | 3.000 | 3.000 | 3.000 | 1.000 | 1.000 | 1.000 | 1.000 | 1.000 |

式中符号意义同式(2-3-48)及式(2-3-50)。

对正轨箱形梁，$\sigma_{\bar{\omega}}$、$\tau_n$、$\tau_{\bar{\omega}}$ 均为 0。偏轨箱形梁和小偏轨箱形梁的合成正应力可用下式近似计算：

$$\sigma \approx 1.15\sigma_W \leqslant [\sigma] \tag{2-3-125}$$

正轨箱形梁和小偏轨箱形梁的上翼缘板中，除了正应力外，还有局部弯曲应力 $\sigma_x$ 和 $\sigma_z$，则上翼缘板上表面的复合应力为：

$$\sigma_{c1} = \sigma + \sigma_z \leqslant [\sigma] \tag{2-3-126}$$

$$\sigma_{c2} = \sqrt{(\sigma+\sigma_z)^2 + \sigma_x^2 - (\sigma+\sigma_z)\sigma_x} \leqslant [\sigma] \tag{2-3-127}$$

偏轨箱形梁跨中截面上翼缘板与主腹板交接处，除正应力外，还有挤压应力作用，其复合应力按式(2-3-128)计算，下翼缘板与主腹板交接处的复合应力按式(2-3-129)计算：

$$\sigma_{c3} = \sqrt{\sigma^2 + \sigma_m^2 - \sigma\sigma_m + 3\tau^2} \leqslant [\sigma] \tag{2-3-128}$$

$$\sigma_{c4} = \sqrt{\sigma^2 + 3\tau^2} \leqslant [\sigma] \tag{2-3-129}$$

上述式中 $\sigma$ 及 $\tau$ 按式(2-3-123)及式(2-3-124)计算。

(7) 小车轨道应力

正轨箱形梁和小偏轨箱形梁的小车轨道弯曲应力为：

$$\sigma_g = \frac{(P-N)a_1}{6W_g} \leqslant [\sigma_g] \tag{2-3-130}$$

式中 $P$——小车计算轮压；

$N$——上翼缘板上的支反力，由式(2-3-116)、(2-3-117)计算；

$W_g$——轨道截面的抗弯模量；

$[\sigma_g]$——轨道的许用应力，当轨重小于 43 kg/m 时，取 230 MPa；当轨重大于等于 43 kg/m 时，取 270 MPa。

(8) 横向加劲肋

正轨箱形梁和小偏轨箱形梁的横向加劲肋间距 $a_1$ 可由钢轨应力和上翼缘板应力两个条件决定，横向加劲肋厚度为：

$$\delta_1 \geqslant \frac{P}{(b_g+2\delta_3)[\sigma]} \tag{2-3-131}$$

式中 $b_g$，$\delta_3$——分别为轨道底宽和上翼缘板厚度。

轨道接头应位于横向加劲肋处，短横隔板高度一般为梁高的 0.3 倍。

### 3. 主梁的局部稳定性计算

箱形双梁桥架主梁的腹板和翼缘板的局部稳定性计算和加劲肋的设置,按本篇第一章第五节方法计算。

### 4. 疲劳强度计算

对于工作级别为 E4(含)以上的起重机结构,应依据表 1-3-28 按载荷组合 A 验算主梁的疲劳强度,其计算部位视设计情况而定,计算方法见本篇第一章第二节。

### 5. 主梁刚度计算

主梁的垂直静刚度计算如下:

四轮小车

$$f=\frac{(P_1+P_2)(0.75L^2-l_1^2)l_1}{12EI}\leqslant[f] \tag{2-3-132}$$

八轮小车

$$f=\frac{(P_1+P_2)}{12EI}\cdot[l_1(0.75L^2-l_1^2)+l_2(0.75L^2-l_2^2)]\leqslant[f] \tag{2-3-133}$$

式中  $P_1,P_2$——分别为小车静轮压;

$l_1$—— $l_1=\frac{L-b}{2}$;

$l_2$—— $l_2=\frac{L-(b+2a)}{2}$。

式中其他符号意义见图 2-3-43。

主梁水平刚度按框架计算:

$$f_H=\frac{P_H L^3}{48EI_1}\left(1-\frac{3L}{4r}\right)+\frac{q_H L^4}{384EI_1}\left(5-\frac{4L}{r}\right)\leqslant[f_H]=\frac{L}{2\,000} \tag{2-3-134}$$

$$r=L+\frac{8C^3+l^3}{3B^2}\cdot\frac{I_1}{I_2}$$

式中  $I_1,I_2$——分别为主梁、端梁水平方向截面惯性矩。

其余符号意义见图 2-3-44。

若有特殊要求,可按本章第二节所述方法计算主梁的动刚度。

### 6. 横向框架抗扭刚度

偏轨箱形和小偏轨箱形双梁桥架主梁的横向框架抗扭刚度计算见式(2-3-56)。

### 7. 主梁上拱度计算

双梁箱形桥架主梁的上拱度计算与单梁箱形桥架相同,见本章第二节式(2-3-57)~式(2-3-59)。

### 8. 主梁接头计算

主梁受运输条件限制每段不能太长(小于 22 m),因此必须在受力不太大而分段又不太长的位置分段,其接头的计算按本篇第二章的方法进行。

(二)偏轨空腹箱形双梁桥架

### 1. 构造型式

偏轨空腹箱形双梁桥架的结构与偏轨箱形双梁桥架基本一样,只是偏轨箱形主梁的副腹板开设许多带镶边的矩形孔(图 2-3-46),一般用于大起重量的起重机结构。

偏轨空腹箱形梁由偏轨箱形梁发展而成,副腹板开孔既减轻自重又便于梁内通风散热,对梁内焊接、放置运行机构和电器设备都提供了有利条件,同时增加梁内亮度,便于维修,外形美观。但制造较费工,且不宜用于灰尘多的场合。

偏轨空腹箱形梁的截面尺寸、强度和刚度计算与偏轨箱形梁大致相同,其梁宽 $B=(0.8\sim1.0)H$。

一般副腹板上的孔高 $h_0=(0.5\sim0.6)H$,孔长 $l_0=(0.8\sim1.0)H$,中间竖杆宽度 $c=(0.3\sim0.5)H$。孔边应设置镶边,镶边宽度应大于 $\frac{l_0}{17}$(对 Q235 钢)及 $\frac{l_0}{14}$(对 Q345 钢),镶边宽度与其厚度之比不宜大于 13:1,镶边圆角半径一般取 200 mm~300 mm。

2. 弯心计算

偏轨空腹箱形梁实际的弯心轴(各截面弯心的连线)并不是一直线,可能是一根曲折轴。考虑到梁整体刚度的影响,梁的弯心轴位置将有所改变。为了简化计算,假设弯心的轨迹为一条与主腹板相距 $e$ 的平行直线,当箱形梁上、下翼缘板厚度相等时,弯心位于腹板 1/2 高度的水平面内(见图 2-3-46)。

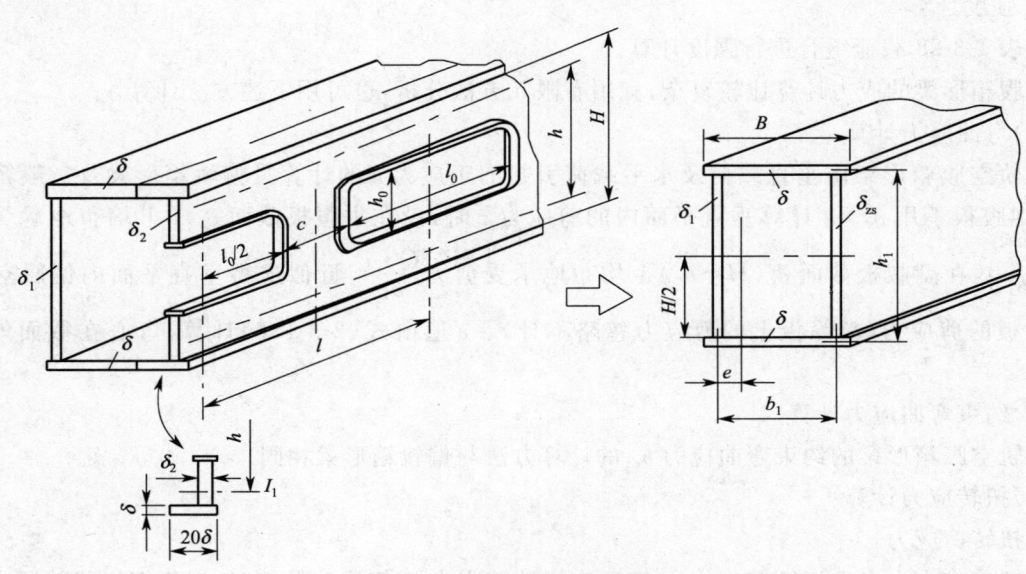

图 2-3-46 偏轨空腹箱形主梁

计算弯心时,将开孔及镶边的副腹板按剪切位移相等的原则折算成等厚度 $\delta_{zs}$ 的折算板。在折算时,从翼缘板中取出宽度为 $20\delta$ 的板条作为弦杆的组成部分,以此求得上、下弦杆的重心距 $h$ 及弦杆对其自身重心轴的惯性矩 $I_1$。

副腹板折算板厚:

$$\delta_{zs}=\frac{1}{HK} \qquad (2\text{-}3\text{-}135)$$

式中 $H$——副腹板高度;

$K$——系数,按下式计算:

$$K=\frac{l_0^3}{60lI_1}+\frac{lh_0^3}{30h^2I_2}+\frac{0.6l_0}{lA_1}+\frac{1.2lh_0}{h^2A_2}$$

其中 $I_1$——弦杆对自身重心轴的惯性矩,

$I_2$——腹杆惯性矩,

$A_1$——弦杆腹板的截面积,

$A_2$——腹杆腹板的截面积,一般取 $A_2 \geq 1.4A_1$,

$l$——空腹间距,

$l_0$——孔净长度,

$h_0$——孔净高度,

$h$——上、下弦杆重心距。

弯心位置按下式近似计算:

$$e=\frac{b_1[3\delta(3b_1-4e_0)+\delta_{zs}h_1]}{(\delta_1+\delta_{zs})h_1+6\delta b_1} \tag{2-3-136}$$

式中　　$e_0=\dfrac{\delta_1 b_1(\delta h_1+\delta_{zs}b_1)}{2\delta_1\delta_{zs}b_1+(\delta_1+\delta_{zs})\delta h_1}$

$e$ 为负值时，表明弯心在主腹板外侧（弯心在箱形截面外）；$e$ 为正值时，表明弯心在箱形截面内部。

调整孔口尺寸和镶边截面可改变梁的弯心位置。偏轨空腹箱形梁最理想的情况是消除扭矩，也就是使弯心尽量或正好在主腹板上，这时梁只受弯曲而无扭转，桥架结构较轻。否则由扭转造成的附加正应力虽然不大（约为自由弯曲正应力的 5% 左右），但扭转造成的附加剪应力较大。

3. 强度计算

按表 1-3-28 载荷组合进行强度计算。

空腹箱形梁的应力计算比较复杂，宜用有限元方法分析，也可用下述方法计算。

(1) 弯曲应力计算

偏轨空腹箱形梁由垂直载荷及水平载荷引起的正应力 $\sigma$ 的计算见偏轨箱形梁及一般箱形梁部分（副腹板不用 $\delta_{zs}$）。计算垂直平面内的剪应力 $\tau$ 时，设在主腹板截面 $\delta_1 H$ 上均布地承受剪力 $Q\left(1-\dfrac{e}{b_1}\right)$，在副腹板截面 $\delta_2(H-h_0)$ 上均布地承受剪力 $\dfrac{Q\cdot e}{b_1}$，近似求得垂直平面内偏轨空腹箱形梁腹板的剪应力（翼缘板上的剪应力忽略不计）。$e$ 值由式（2-3-136）计算，弯心在截面外时，$e$ 为负值。

(2) 约束弯曲应力计算

偏轨空腹箱形梁的约束弯曲应力 $\sigma_\varphi$ 的计算方法与偏轨箱形梁相同。

(3) 扭转应力计算

1) 扭转剪应力

扭转剪应力由自由扭转剪应力 $\tau_n$ 和约束扭转剪应力 $\tau_\omega$ 组成。计算时，以折算板代替原来开孔的副腹板后形成一个实腹板的偏轨箱形梁。

截面各部位的自由扭转剪应力 $\tau_n$ 为：

$$\tau_n=\frac{M_n}{2b_1 h_1 \delta} \tag{2-3-137}$$

式中　　$M_n$——计算截面上的外加扭矩；当满载小车位于跨中时，取 $M_n\approx\dfrac{\sum P}{2}e$；当满载小车位于跨端时，取 $M_n\approx\sum P\cdot e$，其中 $\sum P$ 指作用在同一主梁上的全部小车计算轮压之和，$e$ 为轮压作用点至主梁弯心的水平距离；由固定载荷引起的扭矩可忽略不计；

$\delta$——截面计算部位板厚（$\delta$、$\delta_1$ 或 $\delta_{zs}$）；

$h_1$，$b_1$——见图 2-3-46。

弯心在箱形截面内时，主腹板扭转剪应力 $\tau_n+\tau_\omega$ 与弯曲产生的剪应力 $\tau_w$ 同号，副腹板 $\tau_n+\tau_\omega$ 与 $\tau_w$ 异号，其分布见图 2-3-47。

弯心在箱形截面外时，主腹板扭转剪应力 $\tau_n+\tau_\omega$ 与弯曲产生的剪应力 $\tau_w$ 异号，副腹板 $\tau_n+\tau_\omega$ 与 $\tau_w$ 也异号，见图 2-3-48。

副腹板的实际剪应力等于由图 2-3-47 及图 2-3-48 求得值的 $\dfrac{\delta_{zs}H}{\delta_2(H-h_0)}$ 倍。

2) 约束扭转正应力

偏轨空腹箱形梁的约束扭转正应力 $\sigma_{\tilde\omega}$ 按偏轨箱形梁计算（副腹板厚度用 $\delta_{zs}$）。

当弯心在箱形截面内时，主腹板的约束扭转正应力 $\sigma_{\tilde\omega}$ 的符号与自由弯曲正应力 $\sigma_w$ 异号，而副腹板的约束扭转正应力 $\sigma_{\tilde\omega}$ 与自由弯曲正应力 $\sigma_w$ 同号。弯心在箱形截面外时，则刚好相反（见图 2-3-49）。

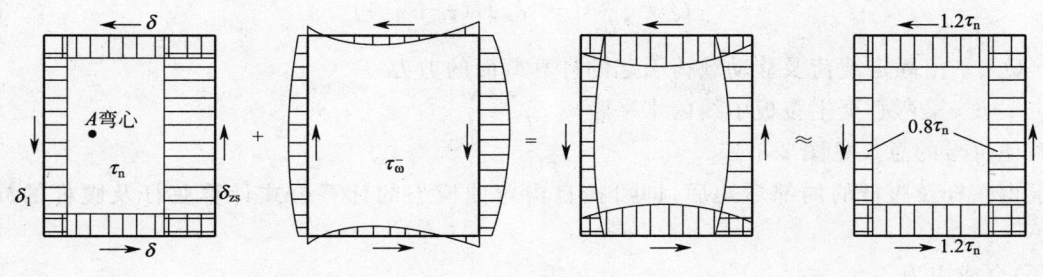

图 2-3-47 扭转剪应力 $\tau_n + \tau_{\bar{\omega}}$（一）

在正应力合成时需取副腹板的实际正应力，其等于由图 2-3-49 求得值的 $\dfrac{\delta_{zs} H^2}{\delta_2 \left(H^2 - \dfrac{h_0^2}{2}\right) + 1.5 h_0 A}$ 倍，式中 $A$ 指镶边截面积。镶边截面中的正应力，按均布考虑，取为图 2-3-49 中的孔边应力。

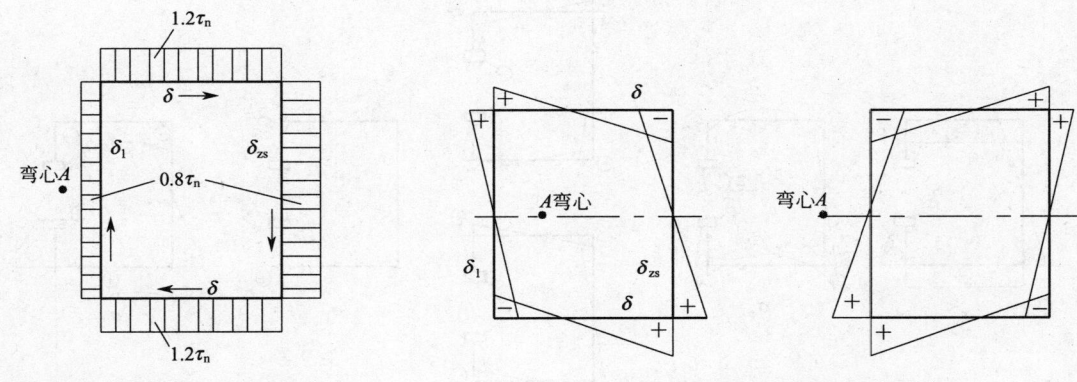

图 2-3-48 扭转剪应力 $\tau_n + \tau_{\bar{\omega}}$（二）　　　　图 2-3-49 约束扭转正应力

（4）局部弯曲应力

除上述应力外，在副腹板及镶边和部分翼缘板所组成的弦杆及腹杆截面（见图 2-3-50）上还存在着由副腹板剪力所引起的局部弯曲应力，但弦杆中轴向力 $\dfrac{Q_2 l}{h}$ 引起的正应力可略去不计。

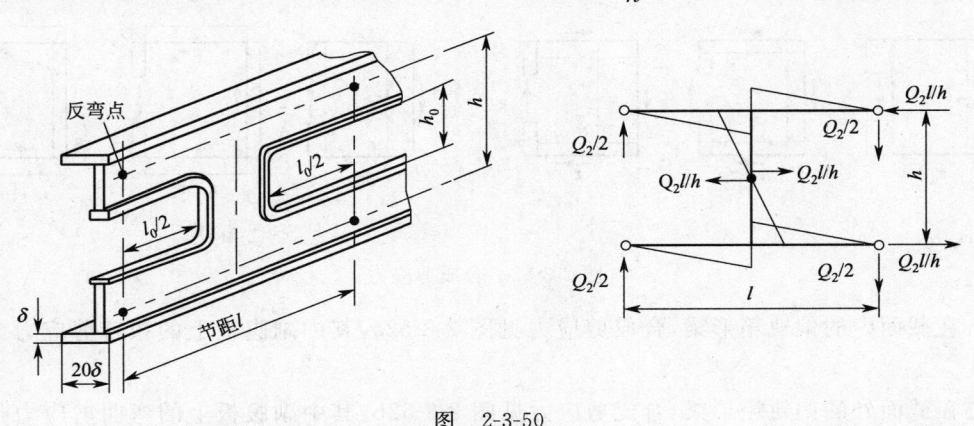

图 2-3-50

图 2-3-50 中，截取宽度为 20 倍翼缘板厚度的板条作为弦杆组成部分。假设弦杆及腹杆的反弯点均在节间中点，则弦杆的最大局部弯矩为：$M_1 = \dfrac{1}{4} Q_2 l_0$，腹杆最大局部弯矩为：$M_2 = \dfrac{Q_2 l h_0}{2h}$。$Q_2$ 为梁受弯时的剪力 $\dfrac{Qe}{b_1}$ 与受扭时的剪力之差，按下式计算：

$$Q_2 = \left|\frac{Qe}{b_1}\right| - |\delta_{zs} H(\tau_n + \tau_{\bar{\omega}})| \tag{2-3-138}$$

式中　$Q$——由固定载荷及移动载荷引起的计算截面的剪力；

　　　$e$——梁弯心至主腹板中线的水平距离。

其他符号的意义见图 2-3-46。

求得弦杆及腹杆的局部弯矩后，即可按自由弯曲应力的计算公式计算弦杆及腹杆的局部正应力。

(5) 合成应力

计算截面中的合成正应力由自由弯曲正应力 $\sigma_w$、约束弯曲正应力 $\sigma_\varphi$ 及约束扭转正应力 $\sigma_{\bar{\omega}}$ 组成，在副腹板侧的截面中还存在着局部弯曲正应力 $\sigma_j$：

$$\sigma = \sigma_w + \sigma_\varphi + \sigma_{\bar{\omega}} + \sigma_j \tag{2-3-139}$$

正应力的合成见图 2-3-51，当弯心在主腹板中线上时，$\sigma_{\bar{\omega}} = 0$。副腹板上的约束扭转正应力已换算成副腹板的实际正应力。

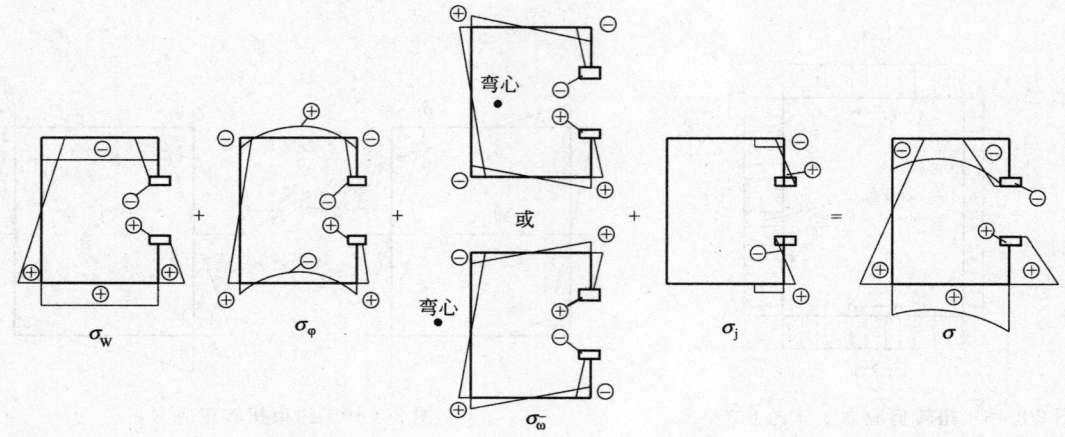

图 2-3-51　合成正应力

计算截面中的合成剪应力由弯曲剪应力 $\tau_w$ 及扭转剪应力 $(\tau_n + \tau_{\bar{\omega}})$ 所组成（见图 2-3-52），即

$$\tau = \tau_w + (\tau_n + \tau_{\bar{\omega}}) \tag{2-3-140}$$

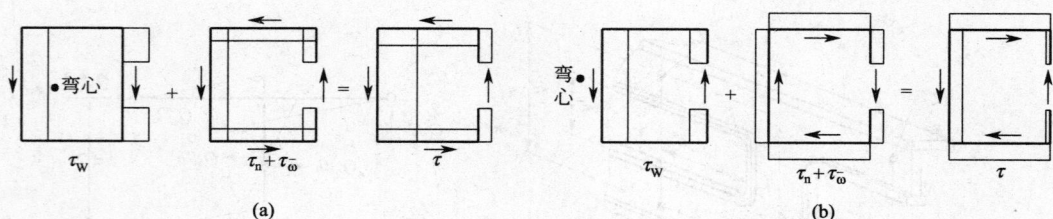

图 2-3-52　合成剪应力

弯心在截面内的偏轨箱形梁，合成剪应力见图 2-3-52a，其中副腹板上的扭转剪应力为实际剪应力。

弯心在截面外的偏轨箱形梁，合成剪应力见图 2-3-52b，其中副腹板上的弯曲剪应力与弯心在截面内时的符号相反，副腹板上的扭转剪应力为实际剪应力。

(6) 近似计算法

对孔边镶边的偏轨空腹箱形梁可采用近似法计算应力。

梁的跨中截面，只有垂直弯曲而无扭转时（考虑约束弯曲）：

$$\sigma = 1.15\sigma_w \leqslant [\sigma] \tag{2-3-141}$$

垂直弯曲和扭转联合作用,或垂直弯曲、水平弯曲和扭转联合作用时:
$$\sigma = 1.2\sigma_w \leqslant [\sigma] \tag{2-3-142}$$

式中 $\sigma_w$——梁跨中截面翼缘板计算角点上的自由弯曲正应力,按下式计算:
$$\sigma_w = \frac{M_x}{W_x} + \frac{M_y}{W_y} \tag{2-3-143}$$

其中 $M_x, M_y$——分别为梁跨中截面由垂直载荷及水平载荷引起的弯矩,无水平载荷时,$M_y = 0$。

梁支承截面主腹板的剪应力可参照偏轨箱形梁做近似计算。

偏轨空腹箱形结构桥架的刚度计算(包括横向框架的计算)与偏轨箱形结构类同,可参看偏轨箱形梁的有关计算部分。

(三)四桁架式桥架

1. 构造型式

四桁架式桥架主要由主桁架(或单腹板主梁)、辅助(副)桁架、上水平桁架和下水平桁架以及箱形截面的端梁构成。横截面设置斜撑以保持空间结构几何不变。上水平桁架表面一般都铺有走台板,在桥架适当部位配置桥架运行机构和电气设备。四桁架式桥架的结构和截面如图 2-3-53 所示。

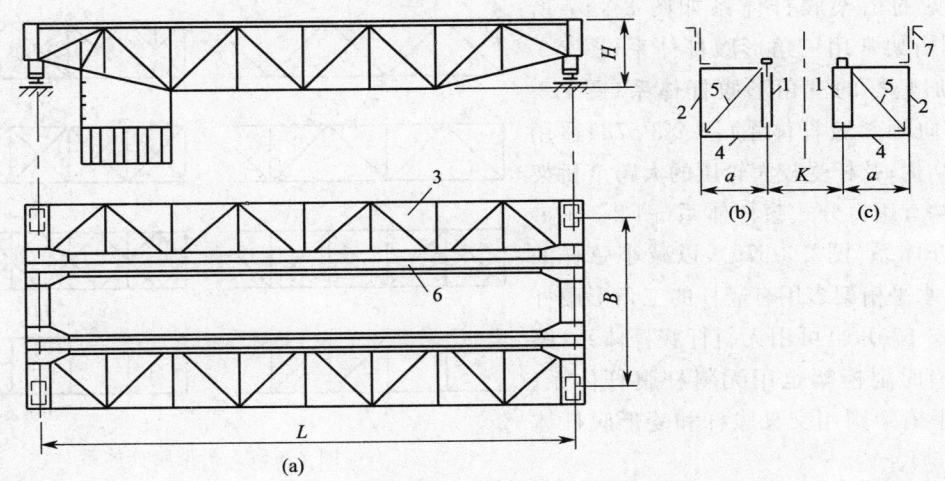

图 2-3-53 四桁架桥架图

1—主桁架(图 b)或主梁(图 c);2—副桁架;3—上水平桁架;
4—下水平桁架;5—斜撑杆;6—轨道;7—栏杆

单腹板主梁比主桁架制造简单,承载能力比主桁架强,当跨度不大($L < 20$ m),起重量较大($Q > 15$ t)时多用主梁;当跨度较大($L > 20$ m),起重量不大($Q < 15$ t)时,宜用主桁架。

主梁采用钢板焊成的工字形梁,而主桁架杆件一般采用 T 形组合截面的弦杆和双角钢腹杆,重型桁架则采用Ⅱ形截面弦杆和槽钢组合的腹杆(见图 2-3-54~图 2-3-56)。副桁架受力不大,一般用单角钢做杆件。

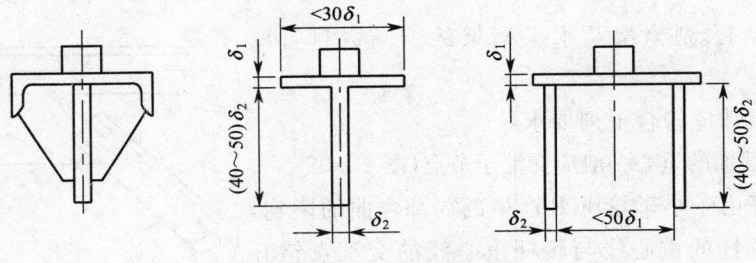

图 2-3-54 上弦杆常见截面型式

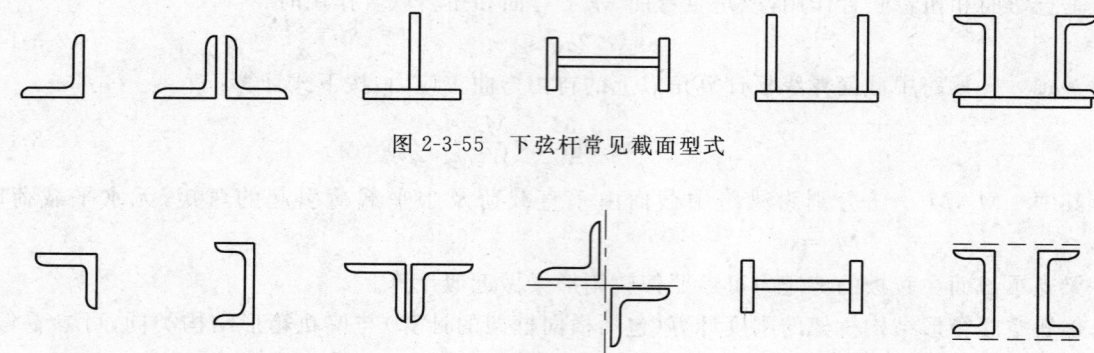

图 2-3-55 下弦杆常见截面型式

图 2-3-56 腹杆常见截面型式

水平桁架是主、副桁架弦杆的联系结构,还兼作为走台的支撑杆,其弦杆亦是主、副桁架的弦杆,腹杆用单角钢制作。

斜撑杆一般也用单角钢,可设置在主、副桁架每一竖杆所在的横截面内,也可隔一竖杆设置。小车轨道一般用压板固定在上弦杆翼缘板上。栏杆用角钢或钢管制成。

较常见的桁架腹杆体系如图 2-3-57 所示。主、副桁架常用三角形腹杆体系(图 2-3-57a)和附加竖杆的三角形腹杆体系(图 2-3-57b、c);单向倾斜腹杆体系(图 2-3-57d)适用于悬臂式结构;弦杆受较大轮压的大跨度桥架或悬臂结构宜用再分式腹杆体系(图 2-3-57e)和菱形腹杆体系(图 2-3-57g),以减小弦杆的局部弯曲;水平桁架多用有竖杆的三角形腹杆体系(图 2-3-57c),也可用无斜杆腹杆体系(图 2-3-57h);有时副桁架也用无斜杆腹杆体系;较宽的水平桁架则用交叉腹杆和菱形腹杆体系(图 2-3-57f、g)。

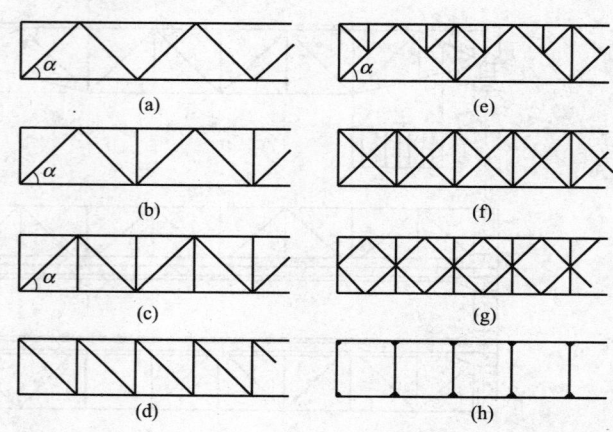

图 2-3-57 桁架腹杆体系

主桁架的上弦杆由于还承受小车轮压引起的局部弯曲,一般设计得比下弦杆强。所有形式的斜腹杆倾角一般以取 45°为宜。

在选择桁架杆件时,应使杆件有足够的刚度,不应太细长,以免因偶然的作用力而弯曲,或在动载作用下振动幅度过大等。因此,受压杆件及受拉杆件都必须满足许用长细比。受压杆件还应满足稳定性要求。

在组合杆件中,各分肢在杆件长度的适当位置上用垫板互相连接(详见本篇第一章第四节)。

工字形主梁的横向加劲肋间距要和副桁架的竖杆位置相对应,取为 $H$ 或 $2H$,以便连接横向斜支撑。

按照桁架高度来划分节间长度较好,两端节间长度可以和中间的不同,但要对称于跨中来划分。为制造方便,主、副桁架及水平桁架的节间数目宜取偶数。

桁架节点的设计应符合下列要求:

(1)桁架杆件截面的重心一般应交汇于节点(图 2-3-58)。

为减少上弦杆由于小车轮压 $P$ 产生的局部弯曲的影响,也可将主桁架上弦杆的重心线与腹杆重心线的交汇点错开(图 2-3-59),则上弦杆节中的最大弯矩约为:

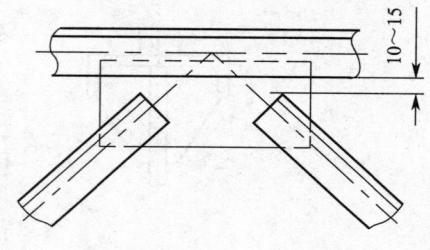

图 2-3-58

$$M_{jz} = \frac{Pl}{6} - N \cdot e \quad (2\text{-}3\text{-}144)$$

上弦杆节点处的弯矩约为：

$$M_{jd} = \frac{Pl}{12} + N \cdot e \quad (2\text{-}3\text{-}145)$$

若使上弦杆的材料合理利用，令 $M_{jz} = M_{jd}$，则偏心距 $e$ 约为：

$$e = \frac{Pl}{24N} \quad (2\text{-}3\text{-}146)$$

式中　$N$——上弦杆承受的最大计算轴向力；
　　　$P$——小车计算轮压；
　　　$l$——上弦杆节间长度。

上式给出的偏心距（用于双轴对称截面的上弦杆）是一近似值。

副桁架由于不存在小车轮压的局部弯曲作用，因此不采用偏心连接。

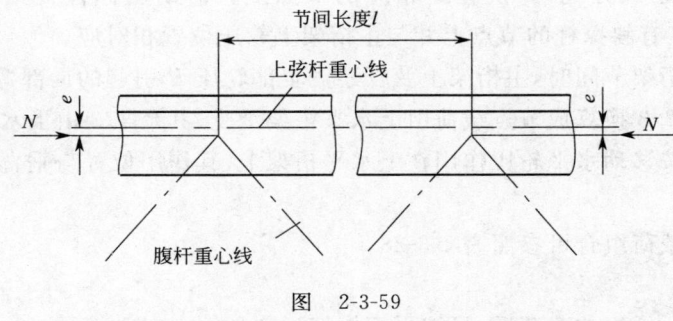

图 2-3-59

(2) 节点的设计应紧凑。要求节点板形状简单，锐角不外露，并能均匀传递作用力，尽量避免受弯及偏心连接。

节点板的厚度可根据腹杆受力的大小近似确定，见本篇第四章表 2-4-7。

(3) 节点处焊缝的起止端应离开节点板边缘 10 mm 以上，以减少焊接缺陷对节点板应力集中的影响。焊缝宜采用三面围焊的角焊缝，以提高焊缝在动载荷作用下的疲劳强度。

目前，桥架多为焊接结构，大型桥架设有铆钉连接或螺栓连接的安装接头。

桥架（主桁架或主梁）高度取决于跨度和起重量，一般取为 $H = \left(\frac{1}{12} \sim \frac{1}{16}\right)L$，跨度小时 $H$ 取大值，跨度大时 $H$ 取小值。跨度相同时起重量愈大，$H$ 也愈大。

桥架支承处高度取为 $H_1 = (0.4 \sim 0.6)H$。

桥架端部变高度区长度 $d = \left(\frac{1}{4} \sim \frac{1}{6}\right)L$，最小为 $d = \frac{L}{8}$。

桥架轴距 $B \geqslant \left(\frac{1}{5} \sim \frac{1}{7}\right)L$。

水平桁架（走台）宽度与跨度、起重量、运行机构布置及检修通道等因素有关。一般 $a = \left(\frac{1}{15} \sim \frac{1}{20}\right)L$，约为 1.5 m 左右。

两主桁架间距即小车轨距 $K$ 由小车结构和小车上的机构布置而定，主要取决于小车所选用的卷筒长度。

四桁架桥架一般比其他型式的双梁桥架轻，焊接变形容易控制，但其杆件太多，制造工作量较大，目前除大跨度桥架外一般用得较少。

2. 强度计算

(1) 载荷分配

将四桁架式桥架分为两半,半个桥架自重 $G$ 包括四片平面桁架和走台及栏杆等重量。这些自重载荷由主桁架和副桁架承担,并按下述近似方法分配。

一个主梁(主桁架)所承担的自重为:
$$G_1 = (0.6 \sim 0.7)G$$

起重量大者用大值。

一个副桁架所承担的自重为:
$$G_2 = (0.3 \sim 0.4)G$$

起重量大者取小值。

桥架自重对主梁视为均布载荷,对主、副桁架则换算成节点集中载荷。

运行机构及电器设备自重载荷按一定比例分配到主、副桁架上。分别驱动时运行机构位于桥架端部,对桥架影响不大,司机室自重载荷均分在主、副桁架的四个悬挂点上。

作为移动载荷的小车轮压直接作用在上弦杆的轨道上。小车轮压 $P$ 按 90% 作用于主桁架上,10% 作用于副桁架上近似分配,并换算到相应的节点上。借助斜撑杆传给副桁架的部分轮压($0.1P$),只考虑作用在有斜撑杆的节点上并与主桁架上轮压位置相对应。

当轮压作用在主桁架节间时,主桁架上弦杆还受全部轮压 $P$ 引起的局部弯曲作用。

桥架惯性载荷的 2/3 换算成节点载荷由上水平桁架承受,其余 1/3 由下水平桁架承受。

小车水平惯性力按移动水平轮压作用在上水平桁架上,其作用位置与垂直轮压相同,方向互相垂直。

四桁架式桥架的载荷组合可参照表 1-3-28。

(2)强度计算

确定了各片桁架所承担的载荷后,可按平面桁架近似计算。

主桁架(主梁)除受分配来的各种垂直载荷外,由于弦杆亦是与水平桁架的共用弦杆,因此还受有水平惯性力引起的弦杆内力。小车沿上弦轨道产生的惯性力一般不大,需要时也可计入弦杆内力中。

主桁架(主梁)和副桁架都按简支梁计算。副桁架的内力分析与主桁架相同,只是不考虑弦杆的局部弯曲,但需考虑司机室重力和跨中有 2 kN 的维修工人重力。

桁架内力的求解方法很多,如节点法、截面法、图解法、影响线法等,可参看有关文献。

水平桁架是构成封闭桥架的不可缺少的部件。水平桁架承受分配来的惯性载荷。小车惯性载荷按移动载荷计算,其余均为节点载荷。有走台板时,小车惯性力不会对水平桁架产生局部弯曲。

水平桁架近似按简支梁计算,也可按桁架端部为固定端考虑(见图 2-3-60),即弦杆均与端梁连接,为三次静不定支承。

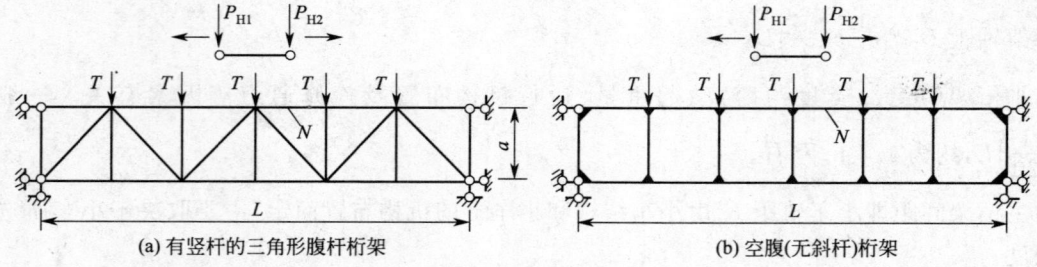

图 2-3-60 端部固定的水平桁架计算简图

水平桁架都按压杆计算,共用弦杆则将各平面桁架算得的内力迭加起来。

桥架斜支撑杆是保持横截面几何不变的主要杆件,并起着传递主、副桁架之间载荷的作用。在每个有竖杆的节点都设置斜支撑,在开始改变高度的截面和跨中截面必须设置斜支撑来传力。斜支撑的内力按传递 0.1P 的轮压来计算,一般用单角钢制成,大的桥架也可用双角钢。当斜撑杆内力不大时,也可按容许长细比 $[\lambda]=150\sim200$ 来选型钢。

桁架杆件的强度计算参见本篇第一章第四节。

3. 桁架的静刚度和上拱度

主桁架在 90% 的小车轮压(不计动力系数)作用下(小车位于跨中),在跨中产生的挠度为:

$$f=\sum \frac{N_P N_1 l}{EA} \leqslant [f] \qquad (2\text{-}3\text{-}147)$$

式中 $N_P$——90% 的小车轮压作用于跨中时,桁架各杆件产生的内力;

$N_1$——单位力作用于跨中时,桁架各杆件产生的内力;

$l$——杆件长度;

$A$——杆件截面积;

$E$——弹性模量。

$[f]$——许用静挠度,见表 2-1-1。

桁架的上拱度设计见本篇第四章第三节。

(四) 空腹桁架式桥架

1. 构造型式

空腹桁架式桥架是用空腹桁架作为主要承载结构的桥架。

空腹桁架式桥架广泛采用的一种型式为副桁架用空腹桁架,主桁架用工字形梁(见图 2-3-61)。在特大起重量的起重机中,工字形主梁可用箱形梁代替,在中、小起重量的起重机中可用空腹桁架代替(见图 2-3-62)。空腹桁架式桥架由实腹工字形梁(箱形梁或空腹桁架式主桁架)、空腹桁架式辅助桁架,以及上、下水平桁架等构成。大车运行机构及电气设备安装在桥架内部。上、下水平桁架表面铺设走台板以供人员通行。

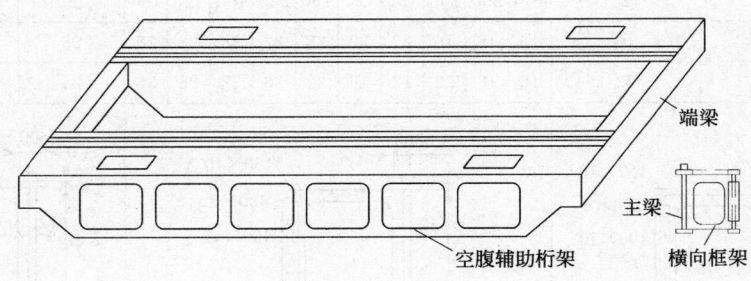

图 2-3-61 空腹桁架式桥架

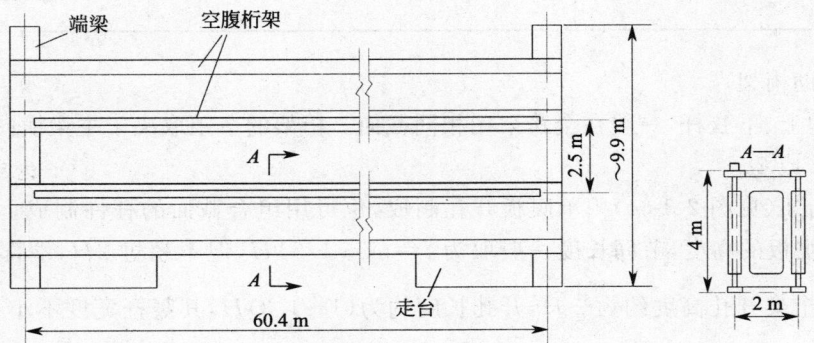

图 2-3-62 全空腹桁架式桥架

在副桁架每一节点上都应设置横向框架以保证桥架的空间刚度,横向框架中间开孔,便于安放设备和人员通行。开孔的边缘用镶边加强。

空腹桁架式桥架具有偏轨空腹箱形桥架的优点,因走台板较薄,重量稍轻,但开孔镶边增加了制造劳动量,工艺性欠佳。

2. 截面选择

(1)主梁

采用工字形主梁(图 2-3-63)的空腹桁架式桥架, $\frac{h_0}{L}=\frac{1}{14}\sim\frac{1}{18}$($L$ 为起重机跨度),当桥架内部需要通行时,$h_0 \geqslant 1.9$ m。

腹板厚度 $\delta_0$ 可按以下条件确定:

$$\delta_0 \geqslant \frac{h_0}{320} (\text{Q235 钢})$$

$$\delta_0 \geqslant \frac{h_0}{270} (\text{Q345 钢})$$

且 $\delta_0 \geqslant 6$ mm$\sim 8$ mm。

主梁上、下翼缘板一般在全跨采用相同截面,其宽度 $b$ 与节间长度 $l$、翼缘板厚度 $\delta$ 之间应满足以下条件:

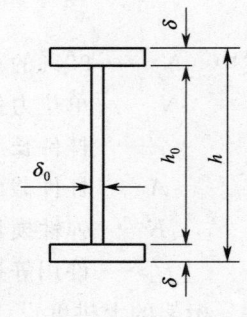

图 2-3-63

$$\frac{l}{12} \leqslant b \leqslant 30\delta (\text{Q235 钢})$$

$$\frac{l}{10} \leqslant b \leqslant 24\delta (\text{Q345 钢})$$

主梁腹板按局部稳定性条件(见本篇第一章第五节)设置横向及纵向加劲肋。

采用工字形主梁的空腹桁架式桥架的截面尺寸可参考表 2-3-14。

**表 2-3-14　空腹桁架式桥架截面尺寸**

| 起重量/t | 100 | 125 | 160 | 200 | 250 | 100 | 125 | 160 | 200 | 100 | 125 | 160 | 160 | 200 | 250 |
|---|---|---|---|---|---|---|---|---|---|---|---|---|---|---|---|
| 跨度/m | 16 | 16 | 16 | 16 | 16 | 22 | 22 | 22 | 22 | 28 | 28 | 28 | 28 | 28 | 28 |
| $\delta$/mm | 18 | 22 | 16 | 18 | 22 | 12 | 16 | 22 | 30 | 22 | 28 | 36 | 24 | 28 | 36 |
| 截面图 | 300宽,1760高,2150宽,8厚,150×10,200×8,100×10 | | | | | 500宽,2200高,2150宽,12厚,150×10,300×8,100×12 | | | | | | | 600宽,2600高,2150宽,12厚,200×12,350×8,150×14 | | |

(2)空腹辅助桁架

空腹桁架的上、下弦杆,一般在全跨采用相同截面。桁架的节距取决于主梁横向加劲肋的间距 $a$,节距可取为 $a$ 或 $2a$。

空腹辅助桁架(见图 2-3-64)用单腹板开孔制成,也可用组合截面的杆件制成。空腹辅助桁架取 $H$ 等于主梁腹板的高度,节间长度一般取为 $l=(1\sim1.5)H$,但不超过 $2H$,端部节间长度取为 $l'=0.8l$。空腹桁架开孔高度约为 $\frac{4}{5}H$,开孔长度约为 $(1\sim1.3)H$,其竖杆宽度不小于 $\frac{1}{7}H$,弦杆截面高度约为 $\frac{1}{10}H$。其腹板厚度不得小于 6 mm$\sim$8 mm。

空腹桁架的开孔边缘都须用镶边来加强,镶边板条的宽厚比不大于 15(Q235 钢)和 12(Q345 钢),镶边内圆弧半径约取 $r=\frac{1}{6}H$。通常,辅助桁架端部不开孔而做成实腹结构。

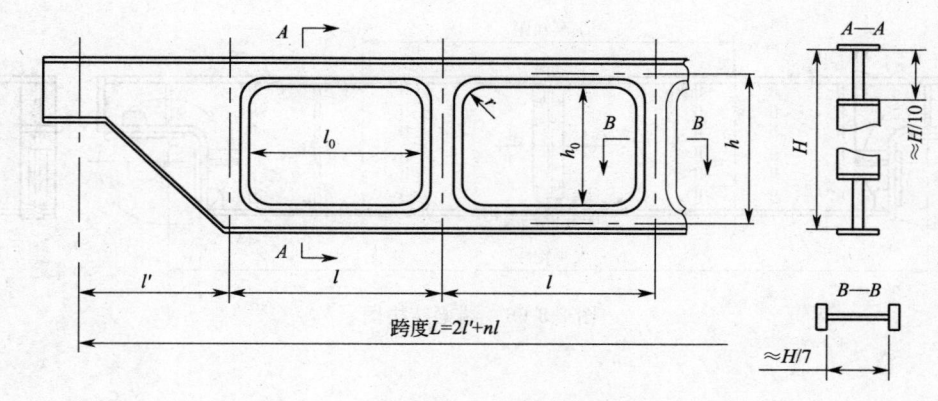

图 2-3-64

(3) 水平桁架

主梁上、下翼缘板及空腹桁架上、下弦杆截面相同,上、下水平桁架的截面也一样。

水平桁架(见图 2-3-65)宽度 $B$ 应根据桥架内装设大车运行机构、电器设备以及人员通行条件来确定,并尽可能取较小值。

水平桁架可设计成带斜杆或不带斜杆的,前者水平刚性稍强,但在水平桁架上铺设走台板后,则两者的刚性差别不大。

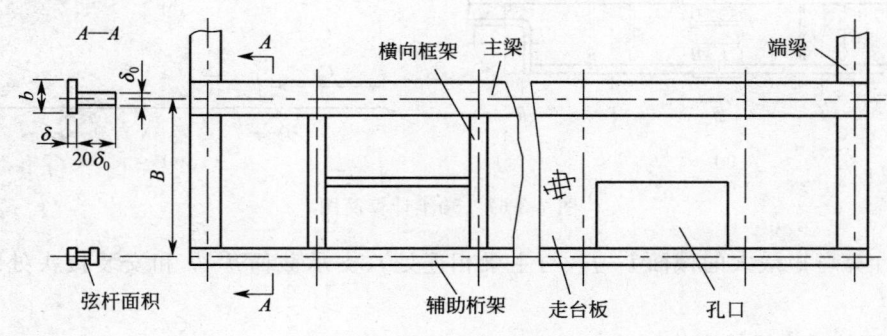

图 2-3-65 水平桁架示意图

3. 空腹桁架式桥架计算

空腹桁架式桥架的载荷在各片平面结构之间的分配是一个多次静不定问题,要精确计算各种载荷对各平面的实际作用是十分复杂的,最好利用有限元方法进行分析。

载荷组合可参照表 1-3-28 进行。

除用有限元法分析外,也可利用近似方法进行计算,载荷的分配可参照四桁架式桥架,主梁和副桁架都按简支结构计算,但无受局部弯曲的杆件。水平桁架和主梁(或副桁架)的共用弦(翼缘),应将两片结构算得的内力(或应力)叠加。

近似计算方法可参阅有关资料。

## 四、端梁计算

箱形双梁桥架的端梁都采用钢板焊成的箱形结构,并在水平面内与主梁刚性连接。

主梁与端梁的连接型式有多种(参见单梁箱形桥架端梁与主梁的连接),当用连接板焊接时,若整体运输超限,则应在端梁中间设置 1～2 个运输安装接头,把端梁分成 2～3 段,在靠近接头的腹板中部应开有手孔以便安装螺栓(图 2-3-66)。

端梁两端安装车轮,用直角形轴承座安装车轮时,端梁外部下端作成角形切口并用弯板分别焊在两腹板上;在腹板上开孔直接安装车轮轴承时,端梁不开口。端梁也可用其他型式的车轮轴

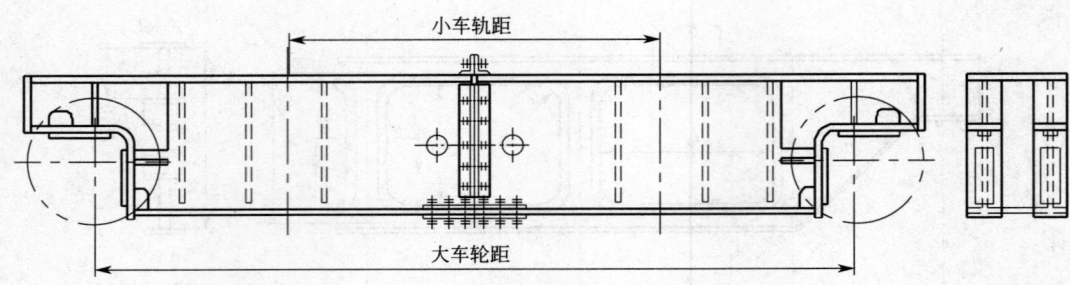

图 2-3-66 端梁结构图

承座。

端梁的载荷组合按表 1-3-28 进行。

端梁承受主梁的最大支承压力 $V_{max}$ 和桥架偏斜运行侧向载荷 $P_S$。$V_{max}$ 由主梁自重和满载小车在梁端极限位置求得,对端梁产生垂直弯矩和剪力,并认为两主梁的压力相同。由于小车制动惯性载荷和端梁自重的影响很小,通常在计算强度时忽略不计,端梁的载荷作用图见图 2-3-67。

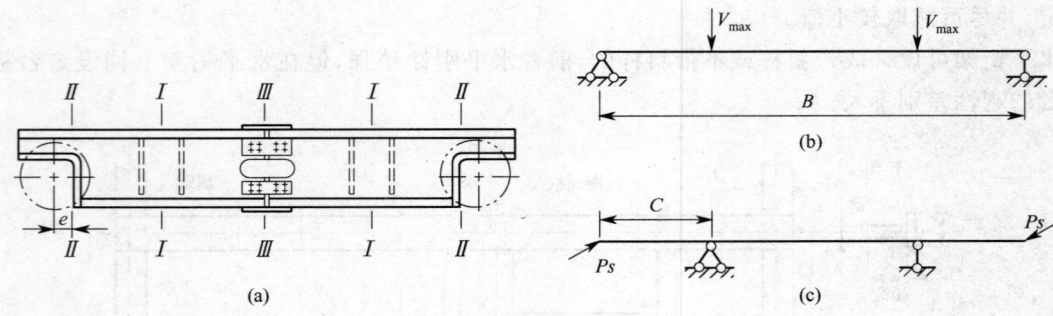

图 2-3-67 端梁计算简图

端梁应计算弯矩最大的截面 I-I(与主梁相连处)、支承截面 II-II 和安装接头处螺栓孔削弱的截面 III-III。

I-I 截面的垂直及水平弯矩为:

$$M_V = V_{max} \cdot C$$
$$M_H = P_S \cdot C$$

剪力为:
$$Q_V = V_{max}$$

I-I 截面的应力为:

$$\sigma = \frac{M_V}{W_x} + \frac{M_H}{W_y} \leqslant [\sigma] \tag{2-3-148}$$

式中 $W_x,W_y$ ——端梁 I-I 截面对水平轴($x$ 轴)和竖直轴($y$ 轴)的截面抗弯模量。

剪应力一般不大,可不考虑。

II-II 截面的弯矩为:

$M'_V = V_{max} \cdot e$(水平弯矩很小,不考虑)。

剪力为:
$$Q_V = V_{max}$$

应力为:

$$\left.\begin{array}{l}\sigma = \dfrac{M'_V}{W_{II-II}} \leqslant [\sigma] \\ \tau = \dfrac{Q_V S_x}{2 I_x \delta} \leqslant [\tau]\end{array}\right\} \tag{2-3-149}$$

式中 $I_x$ ——支承截面 II-II 的惯性矩;

$W_{II-II}$——II-II 截面的抗弯模量；

$S_x$——II-II 截面的最大静矩。

II-II 截面腹板边缘同时存在正应力和剪应力，应验算折算应力。

III-III 截面的垂直弯矩很大，但剪力和水平弯矩不大，主要计算安装接头的螺栓连接，并计算削弱后的截面强度。

端梁的安装接头有两种型式，一种是用拼接板螺栓连接，另一种是用角钢法兰连接。接头的计算见本章第二节。

对于工作级别在 E4（含）以上的起重机的端梁还应按表 1-3-28 的载荷组合 A，验算疲劳强度，其计算部位取弯板的焊缝处或钉孔削弱的截面。

主梁与端梁的连接计算见本章第二节单梁小车式桥式起重机桥架的主、端梁连接计算。

### 五、小 车 架

双梁小车式桥式起重机的小车架多由两根端梁及两根或多根横梁组成框架结构，上面铺以钢板。其结构较复杂，自重较大，重心也较高。图 2-3-68 是一般带主、副钩的小车架，纵梁 1、2、3 为焊接箱形或工字形梁，横梁 4、5 为焊接的箱形。也有采用薄板冲压件焊接的小车架，见图 2-3-69 所示，小车车轮轴承箱直接固定于横梁两端。

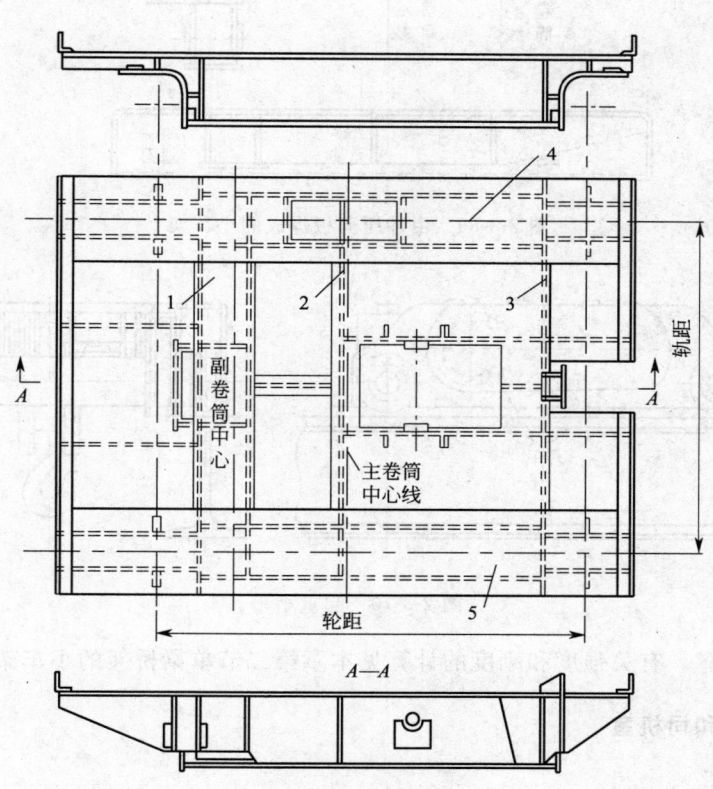

图 2-3-68 钢板焊成的小车架

起重量不大的小车也可以采用方框形小车架，或只有两根端梁，以卷筒代替横梁，将两端梁联接在一起，如图 2-3-70 所示，小车运行机构采用"三合一"机构，使结构大为简化，并减轻自重，降低小车高度。

为了使各工作机构受载后能正常工作，小车架应具有较大刚性，并应有栏杆和安装、检修空间，室外工作的小车架还应有防雨罩。

双梁桥架的小车架仍是一个空间超静定结构，要精确计算可采用有限元法，也可按分解成简支

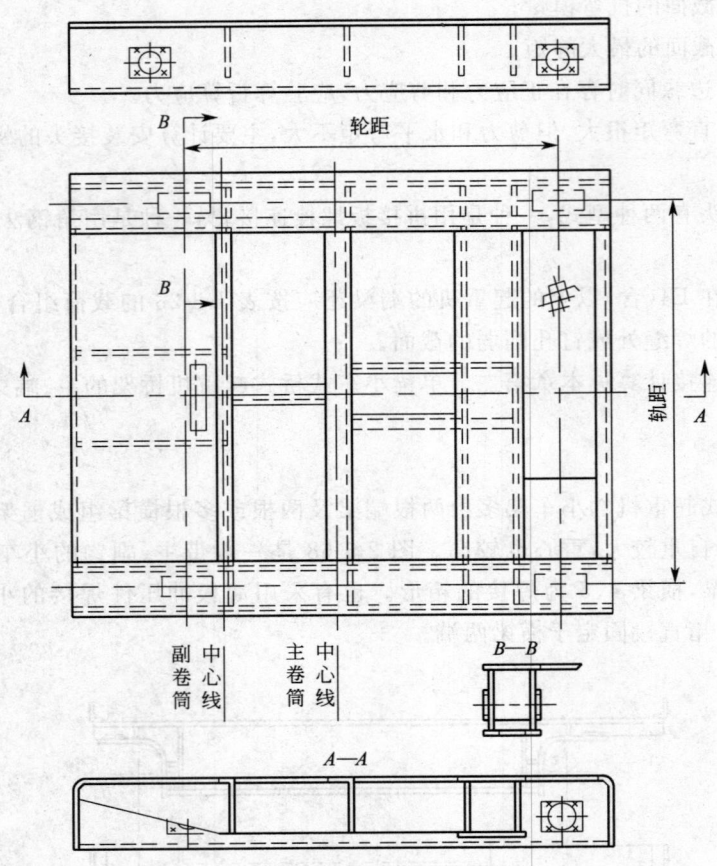

图 2-3-69　由冲压薄板焊成的小车架

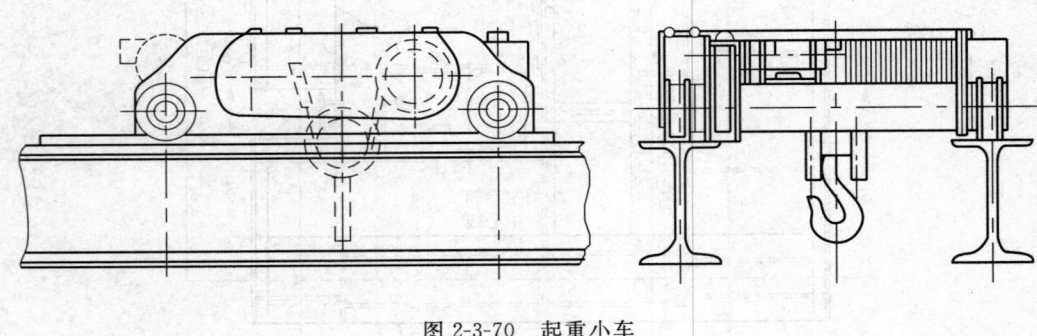

图 2-3-70　起重小车

梁的简化方法来计算。有关强度和刚度的计算见本章第二节单梁桥架的小车架计算部分。

## 六、走台、栏杆和司机室

### (一) 走台、栏杆

桥式起重机一般设有走台,以便于检修。走台一般布置成悬臂式(偏轨、小偏轨箱形结构双梁桥架一般不需另设走台),走台板下加一斜撑,以保证走台有足够的刚度,如图 2-3-71 所示。走台面也可与主梁上翼缘板平面平齐。走台宽度对于电动起重机不应小于 500 mm,对人力驱动的起重机不应小于 400 mm,上面有移动构件或物体的走台其净空高度不应小于 1 800 mm,并且能承受 3 kN 的移动集中载荷而无塑性变形。为了安全,走台必须具有防滑性能,不积水。

有走台时必须设栏杆,栏杆高度为 1 050 mm,并应设有间距为 350 mm 的水平横杆,底部应设置高度不小于 70 mm 的围护板。

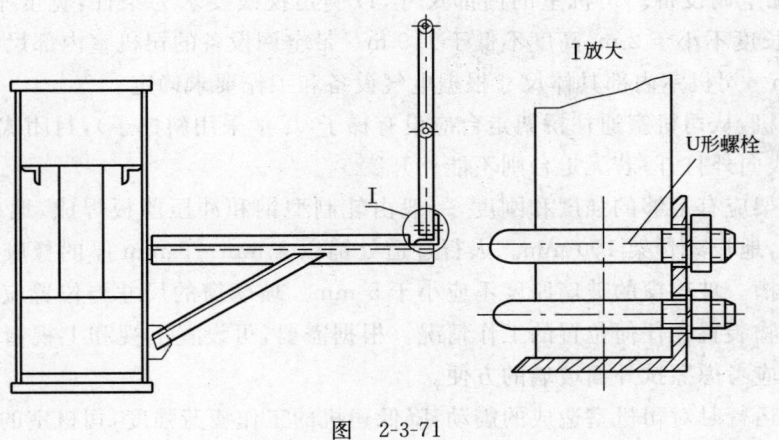

图 2-3-71

### (二)司 机 室

司机室的构造与安装位置,应保证司机有良好的视野。司机室一般与桥架固定,并应装在无滑线一侧,如图 2-3-72 所示。

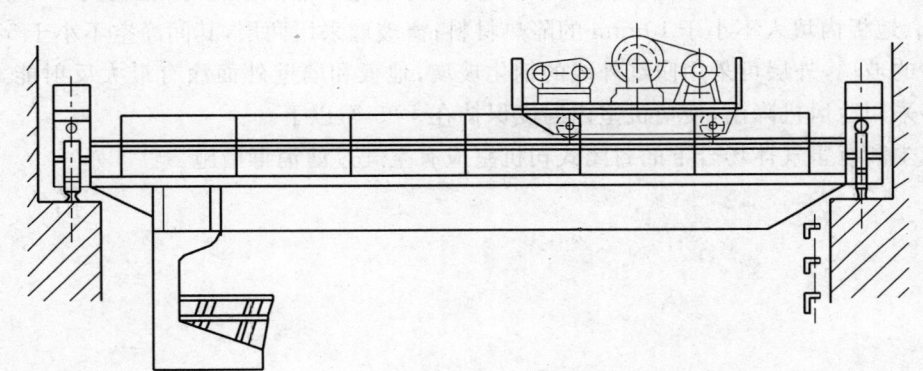

图 2-3-72

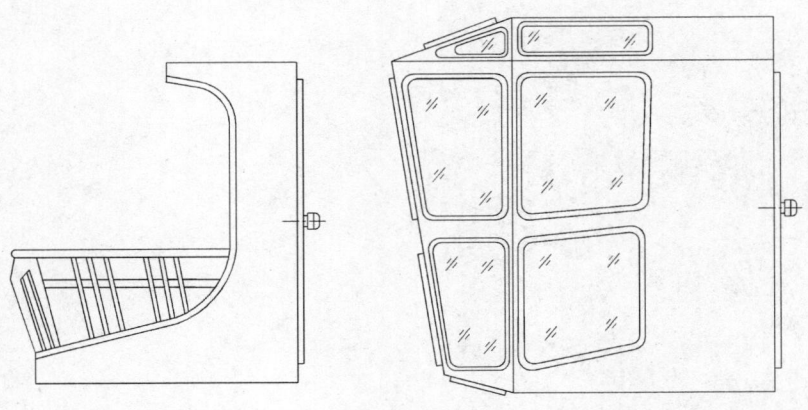

图 2-3-73

司机室的结构有敞开式和封闭式两种,如图 2-3-73 所示。若无特殊要求,室温在 10 ℃～40 ℃ 的厂房内工作的司机室一般制成敞开式;在多灰尘和有害气体的场合、露天及高温车间工作的司机室,一般制成封闭式的。

司机室内布置操纵设备和司机座椅(或成套的联动控制台)、照明设备、仪表箱及灭火设备。司机室内应留有足够的操作和检修空间,一般应能容纳两人,电器控制箱等热源设备一般不布置在司机室内(除小容量的电器控制箱外),否则应该采取隔热措施。根据现场用户需要,在封闭式司机室内,可安装取暖和空调设备。司机室的内部尺寸,以满足视线要求为条件,宽度不宜过大,一般取 1.3 m~1.6 m,长度不小于 2 m,高度不低于 1.9 m。带空调设备的司机室内部尺寸一般宽为 2 m、长 2.5 m、高 2 m。司机室内部具体尺寸根据电气设备和工作要求确定。

对桥式起重机,从司机室通往桥架走台应设有梯子(尽量采用斜梯子),封闭式司机室外如有走台,其门应设计成向外打开;若无走台则不能外开。

司机室的骨架应有足够的强度和刚度,一般由轧制型钢和冲压薄板焊成,地板应用厚 20 mm 左右的木板制成,地板离骨架 100 mm。人行过道处铺以 4 mm~5 mm 厚的橡胶板。地板和墙壁内应留有电缆线槽。玻璃窗的玻璃厚度不应小于 5 mm。玻璃窗的尺寸与位置应保证司机坐着能看到起重机的取物装置在任何位置的工作情况。根据需要,可设置下视和上视窗口。闭式司机室玻璃窗的设计还应考虑擦拭外面玻璃的方便。

为减小大车运行时对司机室造成的震动,降低司机的工作疲劳强度,司机室的悬挂可采用弹性元件减震。

露天工作的司机室应有防雨、隔热措施,在墙壁、地板、天花板内填放隔热材料。对于低温地区(低于-10 ℃)还应配取暖设备(如电热器等),保证气温在-25 ℃时室内温度保持在 10 ℃以上。

在高温车间工作的封闭式司机室应有隔热、降温等措施。隔热措施有:在司机室墙壁内填入不小于 40 mm、地板内填入不小于 10 mm 的隔热材料;窗玻璃采用两层,其间净空不小于 5 mm;对直接受热辐射的玻璃,外层可采用防红外线的钢化玻璃;地板和墙壁外面涂有最大反射能力的材料;降温措施多采用冷风机降温,使司机室内温度保持在+25 ℃以下。

在多灰尘和有害气体场合下的封闭式司机室应有空气过滤消毒措施。

# 第四章　桁架式门式起重机金属结构设计计算

## 第一节　主要型式与总体布局

### 一、主要型式

桁架式门式起重机(当其跨度大于 35 m 时常称为装卸桥)的金属结构具有自重轻、迎风面积小、维修方便等特点。适用于中、小起重量以及作业范围较大的场合。

桁架式门式起重机按其主梁数可分为单梁和双梁两种类型(图 2-4-1),单梁桁架式门式起重机小车多采用电动葫芦,电动葫芦沿主梁下部的工字钢下翼缘运行,这类起重机构造简单、自重轻、制造与安装容易,属于低速、轻载的机种。双梁桁架式门式起重机小车多为四支点标准的桥式起重机小车,其作业速度高,起重量较大。

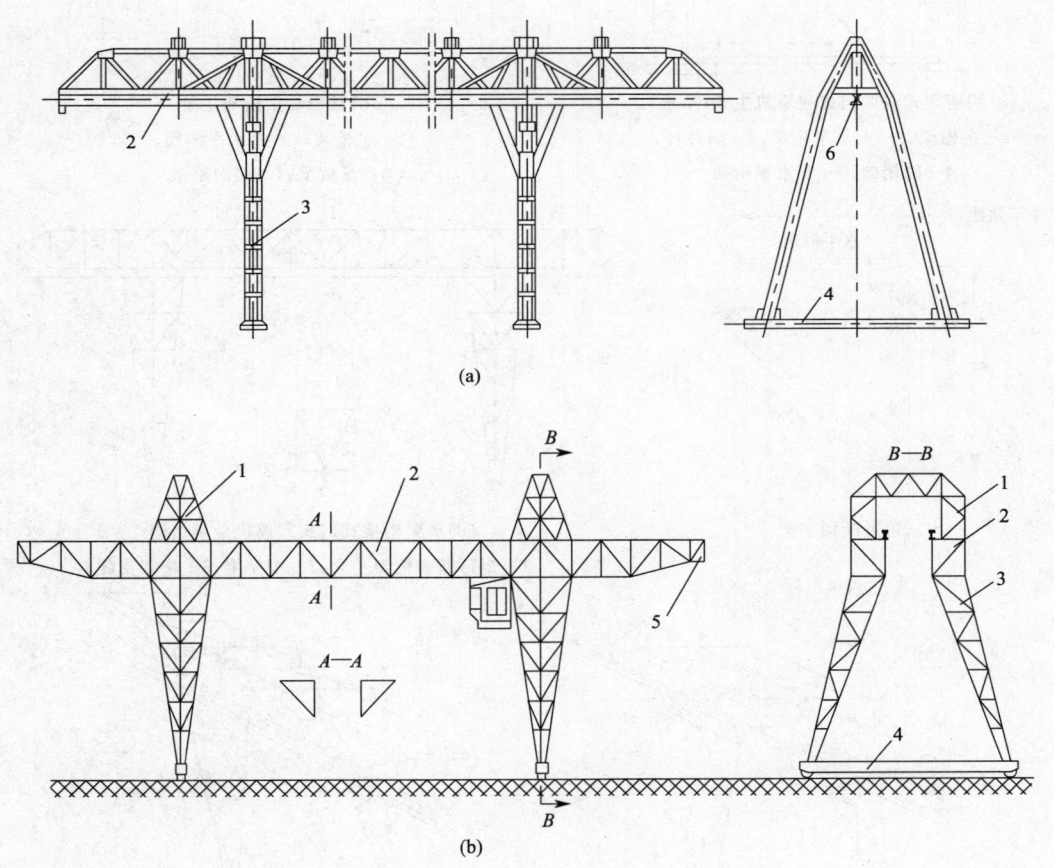

图 2-4-1　单、双梁桁架式门式起重机
1—马鞍；2—主梁；3—支腿；4—下横梁；5—端梁；6—承载梁

桁架式门式起重机的支腿可以是两刚性支腿(图 2-4-1),也可以是一刚一柔的支腿形式(图 2-4-2)。通常对跨度大于 35 m 的门式起重机采用一刚一柔的支腿形式。

根据桁架式门式起重机主梁的截面形式不同,可分为Ⅱ形双梁、四桁架式和三角形截面等结构型式,如图 2-4-3 所示。

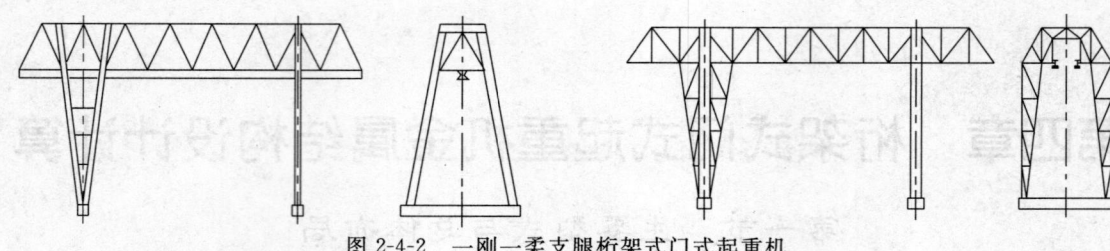

图 2-4-2　一刚一柔支腿桁架式门式起重机

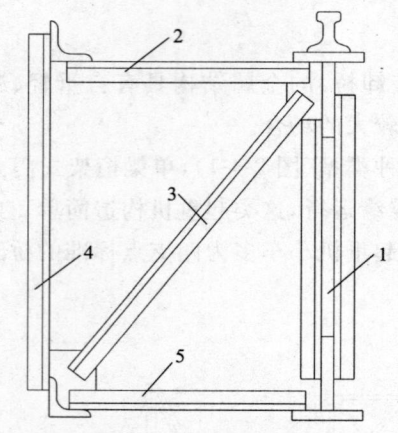

(a) 四桁架式双梁门式起重机主梁(单根)
1—主桁架；2—上水平桁架；3—斜撑杆；
4—副桁架；5—下水平桁架

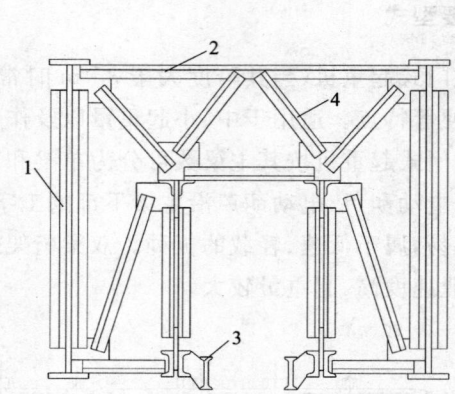

(b) Ⅱ形双梁桁架主梁
1—主桁架；2—上水平桁架；
3—承轨梁；4—横向框架

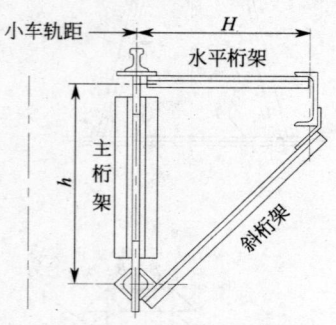

(c) 三角形断面主梁

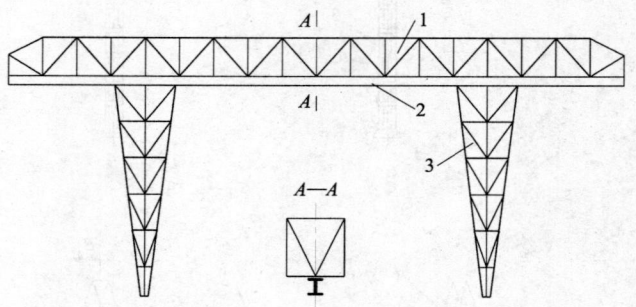

(d) 单梁桁架式门式起重机金属结构
1—矩形断面桁架主梁；2—工字梁；3—桁架支腿

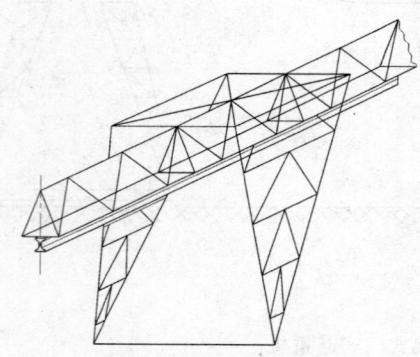

(e) 正三角形桁架主梁

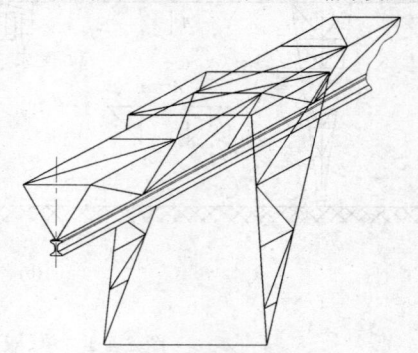

(f) 倒三角形桁架主梁

图 2-4-3　桁架式门式起重机主梁的截面型式

Ⅱ形双梁桁架式门式起重机的金属结构承载能力大、刚性好,适用于高速作业的机型,但其自重较大,小车维护不便。

四桁架式双梁门式起重机的金属结构适用于较大起重量和高速作业的机型,其自重较轻、小车易于维护,是目前常见的结构型式。

三角形截面双梁桁架式门式起重机的结构是由四桁架式结构演变而来的,它不仅构造更简单,而且自重更轻。但在大车运行方向上的水平刚度不如上述两种结构,故仅限于在中、小起重量,中等工作速度与跨度的机型上使用。

单梁桁架式门式起重机的金属结构按主梁的截面型式不同,有相应的适用范围,见表 2-4-1。这类结构在中、小起重量、较低作业速度以及中、小跨度的机型中最为多见。

此外,桁架式门式起重机的金属结构还有带悬臂、不带悬臂、轻型桁架和重型桁架等构造型式。

表 2-4-1　单梁桁架式门式起重机主梁截面型式适用范围

| 主梁截面 | 起重量 | 工作速度 | 跨度 | 悬臂要否 |
| --- | --- | --- | --- | --- |
| 矩形 | 较大 | 较高 | 较大 | 可有 |
| 正三角形 | 较小 | 较低 | 中等 | 可有 |
| 倒三角形 | 较小 | 较低 | 中等 | 不宜 |

## 二、总体布局

### (一)总体尺寸

桁架式门式起重机金属结构的总体尺寸有:跨度、主梁高度、悬臂长度、大车与小车轴距、小车轨距等,这些尺寸都与整机外形有关。

门式起重机的跨度已系列化,详见第一篇有关内容。主梁高度主要取决于起重量和跨度。悬臂长度可按作业场地情况,以材料合理利用、方便车辆装卸和货物堆码的原则确定,也可以由用户提出。通常门式起重机的悬臂长度约为其跨度的 20%~35%。适宜车辆装卸的有效悬臂长度如图 2-4-4 所示。

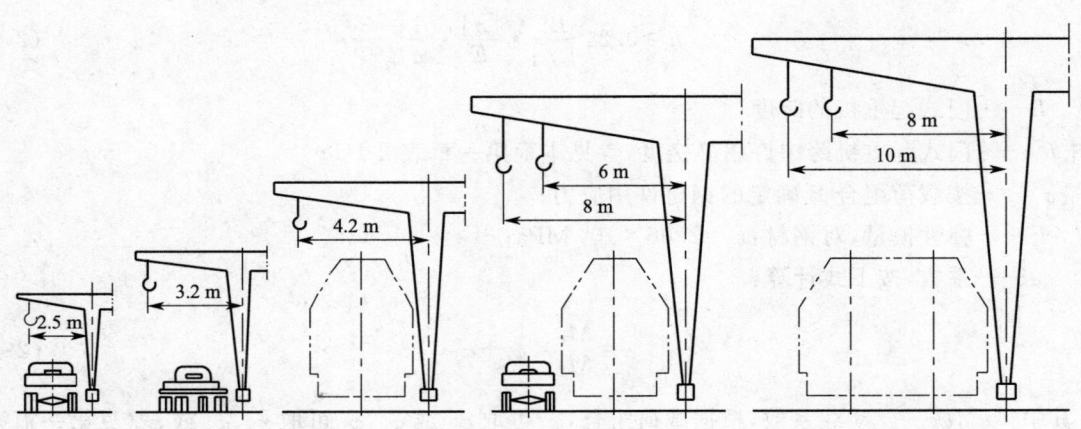

图 2-4-4　门式起重机的悬臂长度

大车轴距的取值关系到整机运行的平稳性和偏斜运行的程度,以及货物的过腿净空、整机抗倾覆稳定性等问题。大车轴距常取为 $B \geqslant L/6$($L$ 为门式起重机的跨度)。

司机室的位置是根据跨度、悬臂长度和司机视野良好等因素确定的。跨度大时,司机室在跨内距一侧支腿中心线远些;当跨度 $L \geqslant 30$ m 或悬臂长度 $l \geqslant 11$ m 时,司机室可装在小车上,与小车同步运行,以保障司机操作的视野。

双梁门式起重机的主梁间距由小车轨距决定。司机室和小车导电装置不应在同一根主梁上设置。马鞍内侧的净空高度不应小于 1.7 m,保证小车顺利通过。

表 2-4-2 列出了国内正在使用的几种桁架式门式起重机的技术特性,供总体设计时参考。

表 2-4-2 常用桁架式门式起重机技术特性表

| 起重量/t 主钩/副钩 | 起升高度/m 主钩/副钩 | 跨度/m | 悬臂长度/m 左/右 | 起升速度/(m/min) 主钩/副钩 | 运行速度/(m/min) 大车/小车 | 整机总重/t | 结构型式特征 |
|---|---|---|---|---|---|---|---|
| 5 | 8.5 | 20.0 | 5.0/5.0 | 9.0 | 60.0/24.0 | 18.0 | 三角形桁架梁挂电动葫芦 |
| 5 | 11.0 | 26.0 | 7.5/7.8 | 40.5 | 46.5/46.2 | 82.1 | Π形桁架梁抓斗起重机 |
| 5 | 12.0 | 29.5 | 16.3/4.0 | 38.6 | 31.5/55.3 | 118.0 | （同上） |
| 10 | 8.5 | 19.2 | 6.4/6.4 | 4.0 | 40.0/24.0 | 37.0 | 矩形桁架梁挂电动葫芦 |
| 10 | 9.5 | 28.0 | 8.0/8.5 | 7.0 | 60.0/44.6 | 41.0 | 三角形桁架双梁吊式 |
| 10 | 10.0 | 32.0 | 8.0/9.6 | 15.4 | 45.0/44.6 | 68.4 | Π形桁架梁吊钩式 |
| 10 | 8.0 | 36.0 | 14.2/14.2 | 12.0 | 44.8/38.3 | 88.0 | 四桁架双梁吊钩式 |
| 15/5 | 8.5/8.5 | 18.0 | 7.5/9.0 | 10.0/16.0 | 30.0/44.6 | 40.2 | 三角形桁架双梁吊钩式 |
| 30/10 | 9.0/10.0 | 33.0 | 无 | 3.0/7.0 | 37.9/10.0 | 48.0 | 四桁架双梁吊钩式 |
| 50/10 | 10.5/11.5 | 23.0 | 7.7/7.7 | 1.52/7.3 | 34.0/24.5 | 160.0 | （同上） |

（二）桁架的构成

应根据桁架式门式起重机的起重量、总体尺寸、工作速度和工作级别设计计算桁架，选取合理的桁架截面形式和腹杆体系，确定相应的节点构造等。一般用途的桁架式门式起重机采用单跨简支的轻型桁架结构。

图 2-4-1～图 2-4-3 是几种典型的桁架式门式起重机的构造型式。

桁架的主要参数有：桁架高度 $h$（或水平桁架的宽度 $H$）、桁架的节间数与节间长度 $a$、桁架腹杆体系的倾角和桁架自重。

常用的桁架式门式起重机主梁高度可由下式确定：

$$h \geqslant 0.24 \frac{L^2}{[f]} \cdot \frac{[\sigma]}{E} \cdot \frac{1}{\alpha} \tag{2-4-1}$$

式中 $L$——门式起重机的跨度；

$[f]$——门式起重机跨中许用静挠度，参见本篇第一章表 2-1-1；

$[\sigma]$——按载荷组合 B 确定的钢材许用应力；

$E$——弹性模量，对钢材：$E = 2.06 \times 10^5$ MPa；

$\alpha$——系数，按下式计算：

$$\alpha = \frac{M_1}{M_2} \times \varphi_i + \varphi_j \tag{2-4-2}$$

其中 $\varphi_i, \varphi_j$——动载系数，根据载荷组合，$\varphi_i$ 可取 $\varphi_1$ 或 $\varphi_4$，$\varphi_j$ 可取 $\varphi_2$、$\varphi_3$ 或 $\varphi_4$（见第一篇第三章），

$M_1, M_2$——固定载荷和移动载荷引起的桁架主梁跨中弯矩。

主梁高度一般取 $h \geqslant (L/12 \sim L/15)$，且 $h \leqslant 3.4$ m，以满足运输限界。起重量较大时，$h$ 取大值，否则宜取小值。

桁架主梁的宽度 $H$ 是由主梁走台的通行宽度和保证起重机大车运行方向的刚度决定的，通常取：

$$H = L/15 \sim L/20 \tag{2-4-3}$$

且 $H \geqslant 0.7$ m。

桁架的节间数由节间长度 $a$ 取 50 mm 倍数的数值决定。一般 $a = 1.5$ m～3.0 m，常取 $a \approx h$，以利于制造、安装和维护。

桁架式门式起重机主梁和主桁架跨内部分自重可分别按式(2-4-4)和表2-4-3中的公式估算。

$$P_{GL}=3.93\times\frac{M_2}{[\sigma]} \quad (N) \tag{2-4-4}$$

式中 $P_{GL}$——桁架主梁跨内部分自重载荷。

其余各项符号意义同式(2-4-2)。

表 2-4-3 主桁架跨内自重载荷计算公式

| 起重量 $Q$/t | 主桁架自重载荷计算公式/N |
| --- | --- |
| 5～40 | $P_{GZ}=[Q(L-5)+70]\times 100$ |
| 40～80 | $P_{GZ}=Q(L-5)\times 100$ |

注：$P_{GZ}$——主桁架跨内部分自重载荷(N)；

$Q$——起重量(t)；

$L$——门式起重机的跨度(m)。

为使桁架自重轻，制造方便，桁架式门式起重机常采用三角形腹杆体系，如图2-4-5和图2-4-6所示，腹杆倾角多取45°。采用斜腹杆体系时(图2-4-6c、d)，腹杆倾角应为35°。

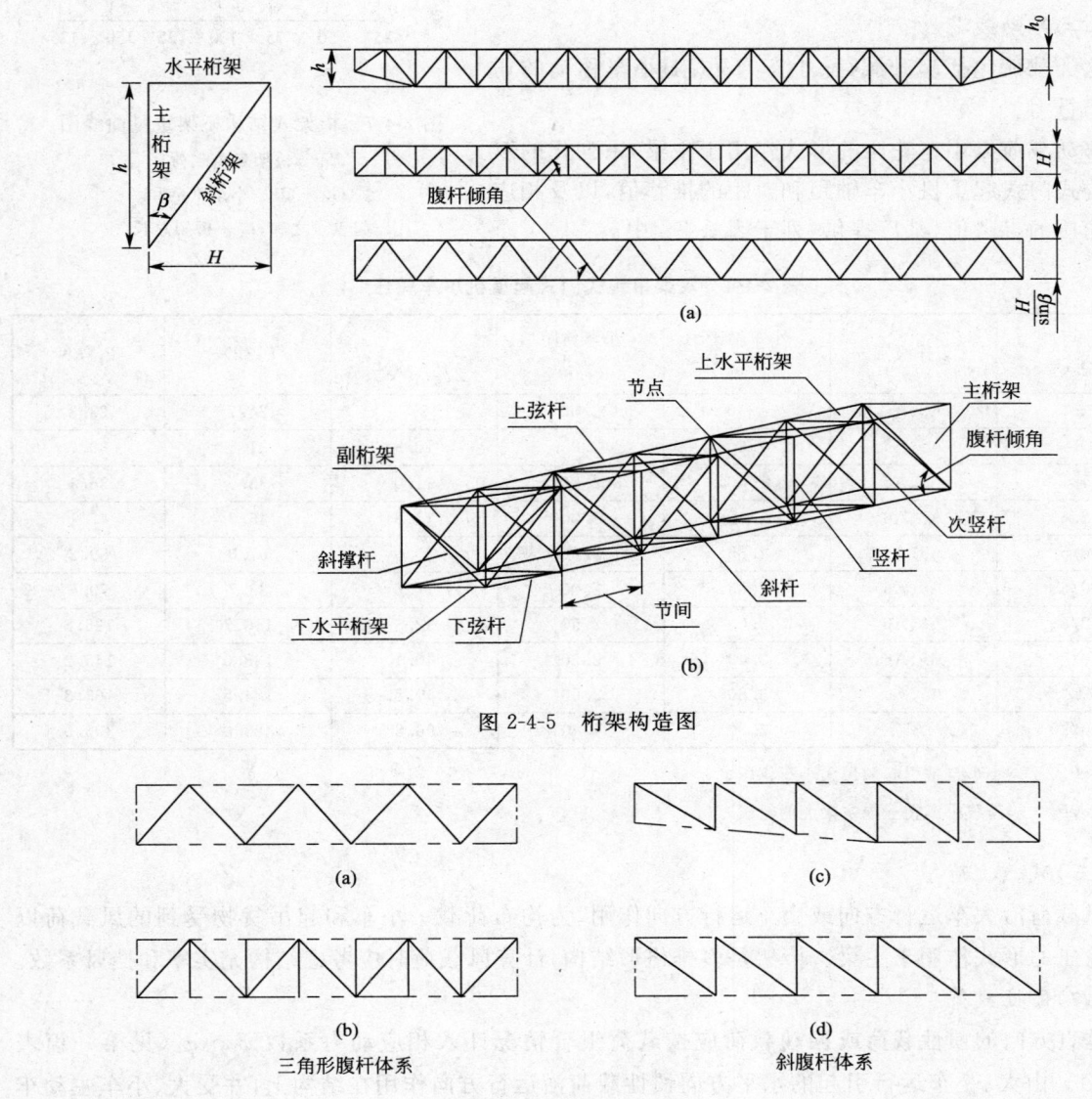

图 2-4-5 桁架构造图

三角形腹杆体系　　　　　斜腹杆体系

图 2-4-6 桁架的腹杆体系

## 第二节 载荷计算、内力分析及杆件设计

### 一、载荷计算

作用在桁架结构上的载荷主要有：

自重(固定)载荷、移动载荷、起升动载荷、运行冲击载荷、起重机大车及小车运行时的惯性载荷、风载荷以及起重机偏斜运行侧向载荷等。

#### (一)自重(固定)载荷

包括金属结构及附属设施自重。附属设施主要有：扶梯、走台、司机室、轨道、栏杆、导电装置等。利用经验公式和类比现有产品可初定这类载荷，作为寻求准确载荷的初始值。常用式(2-4-4)和表2-4-3中的公式估算。也可以采用图2-4-7和表2-4-2的有关数据类比得出。

自重载荷对桁架内力的影响较大，尤其当桁架式门式起重机的起重量较小、跨度较大时。

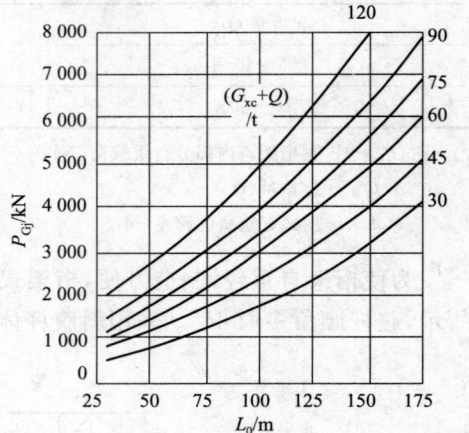

图 2-4-7　桁架式结构桥架重量曲线图
$P_{Gj}$—桥架自重载荷；
$(G_{xc}+Q)$—小车重量和起重量之和；$L_0$—桥架总长

#### (二)移动载荷

这类载荷包括起升载荷、小车自重、随小车移动的司机室等重力。

移动载荷以小车轮压的形式作用于主梁，系列化的双梁吊钩式门式起重机小车轴距和轨距的推荐值，以及相应小车轮压的参考值(某厂提供)列于表2-4-4中。

表 2-4-4　双梁吊钩式门式起重机小车轮压

| 起重量 $Q$/t | 工作级别 | 小车轴距 $b$/m | 小车轨距 $b_k$/m | $P_{xc1}$/kN | $P_1$/kN | $P_2$/kN |
|---|---|---|---|---|---|---|
| 5 | A5、A6 | 1.40 | 2.00 | 8.7 | 24.7 | 23.3 |
| 8 | A5、A6 | 1.40 | 2.00 | 10.8 | 31.1 | 30.7 |
| 10 | A5、A6 | 1.40 | 2.00 | 11.0 | 35.5 | 36.1 |
| 12.5 | A5、A6 | 1.40 | 2.00 | 11.3 | 45.7 | 47.1 |
| 16/5 | A5、A6 | 2.85 | 2.00 | 20.0 | 67.0 | 59.2 |
| 20/5 | A5、A6 | 2.85 | 2.00 | 21.6 | 83.7 | 70.6 |
| 32/8 | A5、A6 | 3.00 | 2.50 | 32.3 | 110.7 | 125.2 |
| 40/8 | A5、A6 | 3.40 | 2.50 | 40.1 | 138.0 | 145.2 |
| 50/12.5 | A5、A6 | 3.80 | 2.50 | 40.8 | 184.5 | 163.3 |
| 100/20 | A5 | 2.80 | 4.40 | 96.8 | 385.0 | 335.0 |

注：$P_{xc1}$——小车自重引起的最大小车轮压；
$P_1$，$P_2$——满载小车在一根主梁上的轮压。

#### (三)风载荷

风载荷沿大车运行方向或小车运行方向作用，为均布荷载。小车和起吊货物受到的风载荷以水平轮压的形式作用于主梁。桁架是多排格形结构，计算风载荷时应考虑结构充实率和挡风系数。

#### (四)惯性载荷

垂直方向的惯性载荷或振动载荷应按载荷组合情况计入相应动力系数 $\varphi_1 \sim \varphi_4$ (见第一篇表1-3-28)。由大、小车运行引起的水平方向惯性载荷沿运行方向作用在结构上，并受大、小车主动车轮打滑条件的限制。小车与起吊货物的水平惯性载荷以集中水平轮压作用于主梁上。

### (五)偏斜运行侧向载荷

起重机偏斜运行时的水平侧向载荷 $P_S$ 作用在大车轮缘处,侧向力使支腿、主梁产生弯曲和扭转,形成如图 2-4-8 所示的门架内力。

风载荷、惯性载荷及偏斜运行侧向载荷的计算见第一篇第三章相关内容。

## 二、内力分析

目前常用的桁架杆件内力分析方法有:

(1)利用通用有限元分析程序建立实际结构的三维有限元模型,可采用全梁单元或梁、杆混合单元(梁单元模拟弦杆、杆单元模拟腹杆)建模,按实际情况施加约束及各类节点载荷(如集中载荷、风载荷)、惯性载荷(通

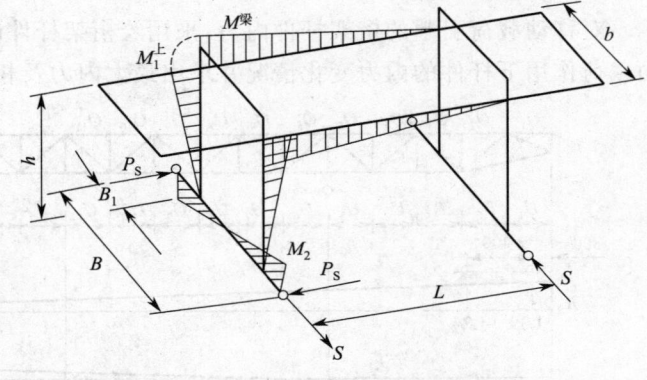

图 2-4-8 偏斜运行侧向载荷 $P_S$ 引起的门架内力

过施加重力加速度计算自重载荷,施加运行加速度计算运行惯性力),这种方法可以精确地计算出各杆件的内力、应力以及整机结构的变形情况。

(2)按照空间杆系结构承受固定和移动载荷的计算模型,利用空间桁架计算程序计算各杆件的内力。

上述两种方法精确、可靠,但数据准备、模型简化的工作量较多。

(3)将空间桁架分解成若干片平面桁架,同时把空间载荷按刚度等效或力系等效的原则分配到平面桁架,使空间桁架问题转化为平面桁架问题求解。

第三种方法是近似的桁架内力分析方法。经过多年实践证明,尽管它在内力分析上有一定的局限,但其简便、易行,能满足一般桁架结构设计计算的要求,下面主要介绍这种方法。

### (一)计算简图

为便于分析桁架结构,作以下计算假定:

(1)桁架中的各杆件属细长杆,各杆件间的连接点(节点)视为光滑铰接点。

(2)桁架杆件的重心线与其几何轴线重合,杆件轴线受载后仍为直线。

(3)空间桁架可以分解为若干个平面桁架,平面桁架内所有杆件的轴线位于同一平面内。

(4)外载荷可按一定原则等效分解到桁架节点上,移动载荷引起的杆件局部弯曲另行计算。

上述计算假定将桁架杆件视为理想的拉、压杆,经实践证明,能满足设计计算的一般精度要求。图 2-4-9 是将空间桁架分解为平面桁架的主梁和支腿的计算简图。

从图 2-4-9 可以看出:桁架各杆件均以其几何轴线表示,桁架所受的外载荷都等效分解为节点载荷,在桁架与基础或其他部件连接的部位采用固定或平移光滑铰支座反映它们相互约束的情况。

空间桁架的计算简图也可依此按不同平面通过相应节点的连接得出,直接按空间桁架计算时,节点载荷不用向各平面桁架分解。

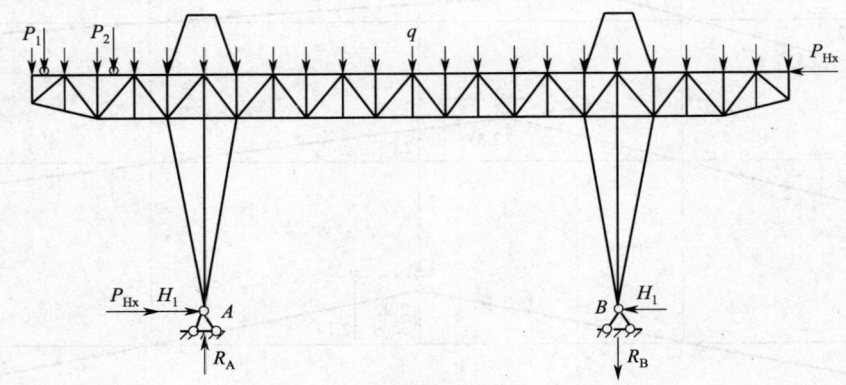

图 2-4-9 门架平面计算简图

## (二)桁架杆件内力求解方法

求解由固定载荷引起的桁架某些杆件的内力时,采用截面法计算较简便,要求解桁架所有杆件内力时,可采用图解法或节点法。

对移动载荷引起的桁架杆件内力,采用绘桁架杆件内力影响线的方法(图 2-4-10),可求出在移动载荷作用下杆件的内力变化情况并求出最大内力及相应的移动载荷位置。

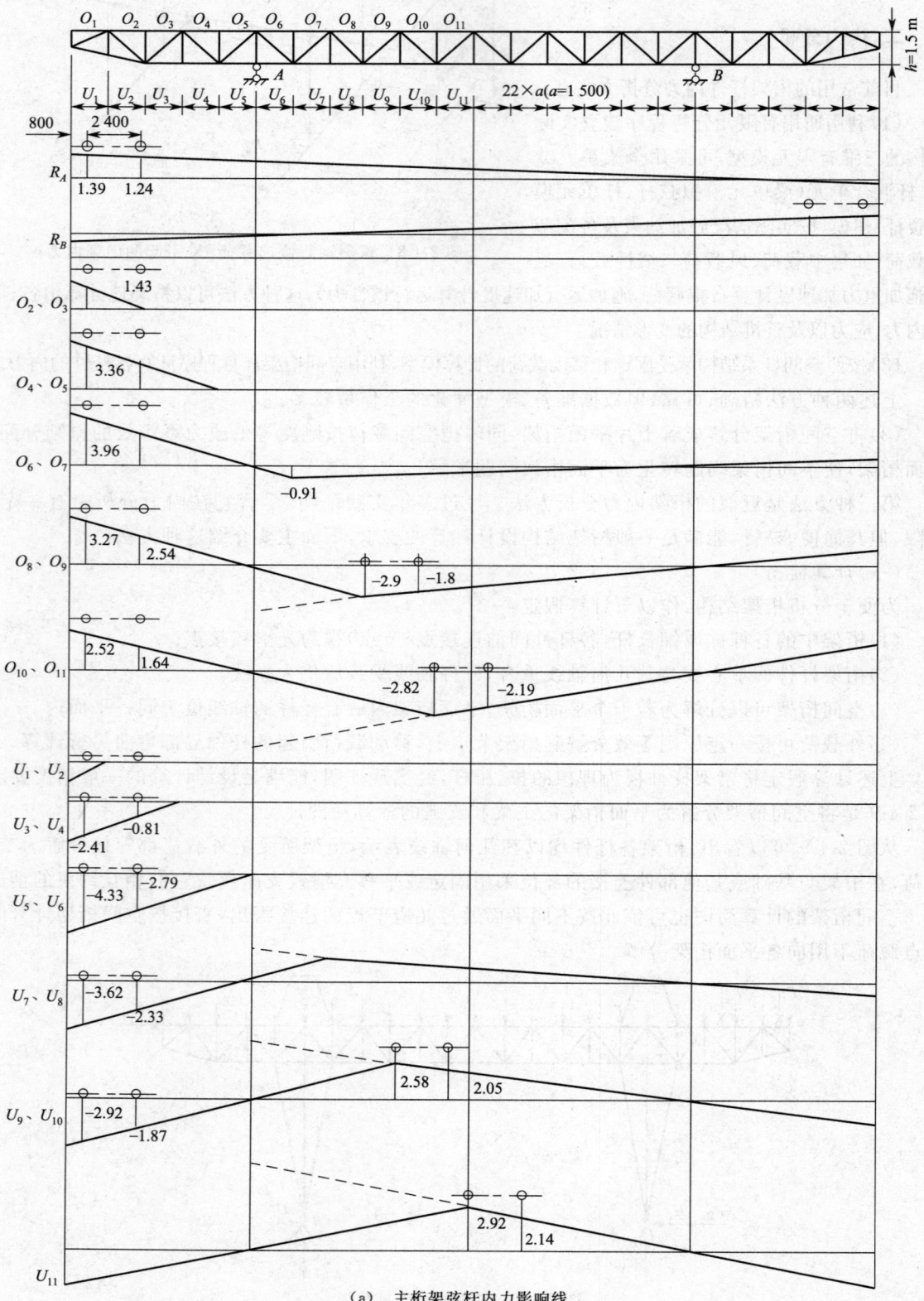

(a) 主桁架弦杆内力影响线

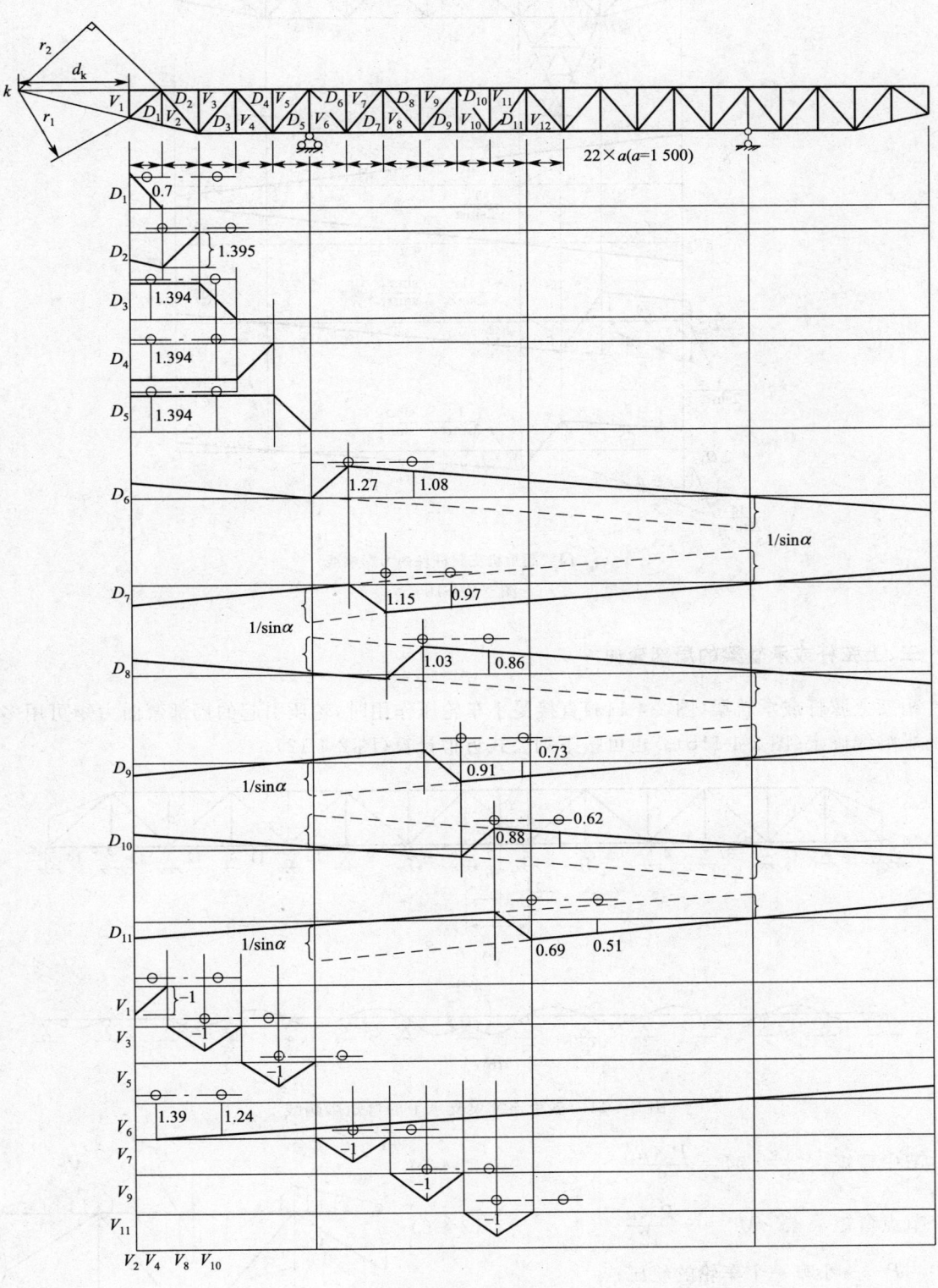

(b) 主桁架腹杆内力影响线

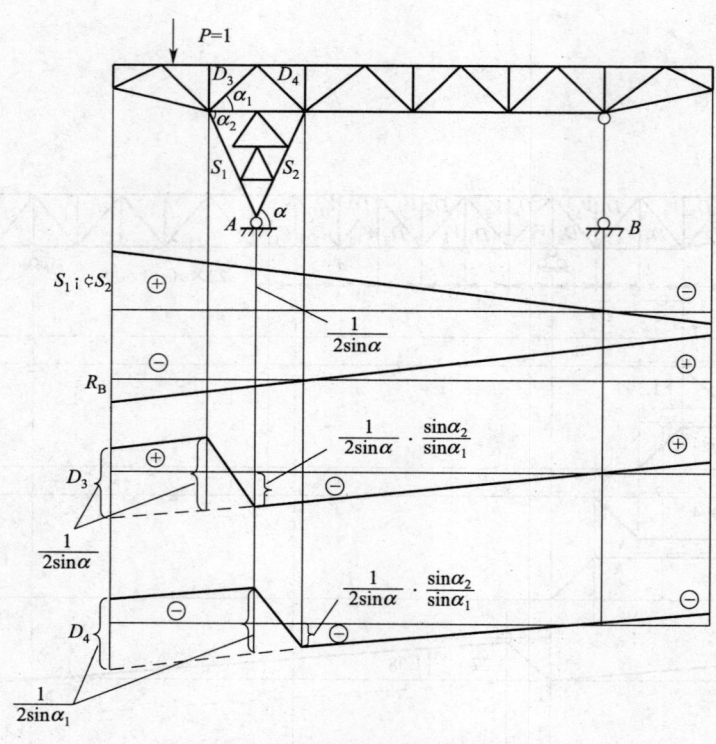

(c) 门式起重机支腿杆件内力影响线

图 2-4-10

## 三、上弦杆或承轨梁的局部弯曲

桁架上弦杆或承轨梁(图 2-4-11a)直接受小车轮压作用时,轮压引起的局部弯曲力矩可用多跨梁的影响线确定(图 2-4-11b)。也可按下列公式近似计算(图 2-4-12)。

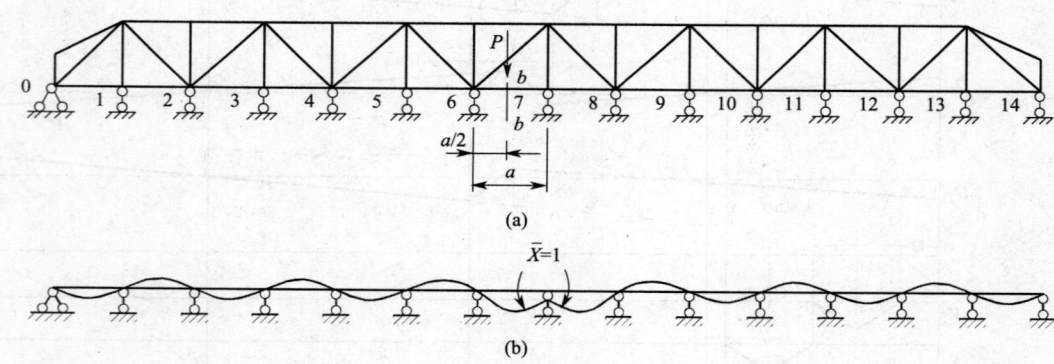

图 2-4-11 多跨连续梁支承下的弯矩影响线

节中弯矩 $\quad M^{jz} = \dfrac{P \times a}{6} \quad$ (2-4-5)

节点弯矩 $\quad M^{jd} = -\dfrac{P \times a}{12} \quad$ (2-4-6)

式中 $P$——小车一个车轮的轮压;
$\quad\quad a$——上弦杆的节间长度。

## 四、型钢杆件选择要点

常用桁架杆件断面型式如图 2-4-13 所示。

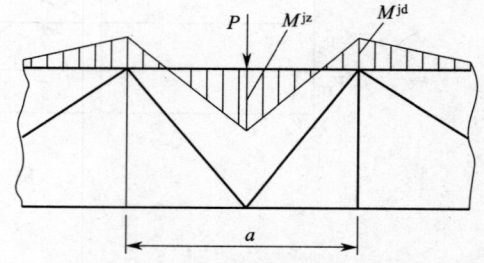

图 2-4-12 轮压引起的局部弯矩

为便于制造，通常每片桁架中型钢的型号不多于 5 种，若需调整型钢型号，应以大代小。

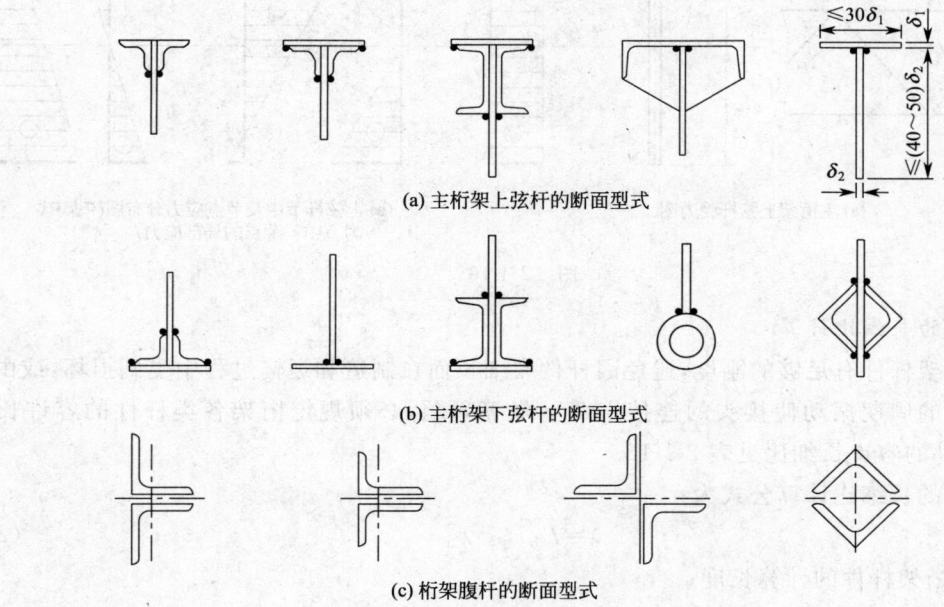

(a) 主桁架上弦杆的断面型式

(b) 主桁架下弦杆的断面型式

(c) 桁架腹杆的断面型式

图 2-4-13　桁架中各杆件的断面型式

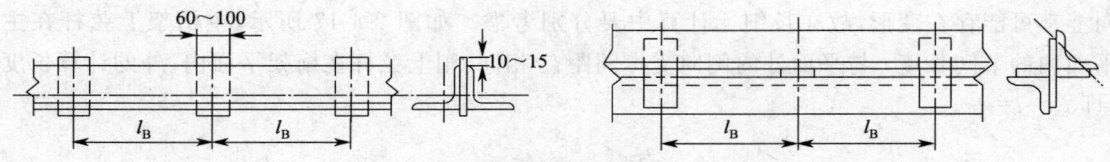

图 2-4-14　垫板的设置

由两根型钢构成组合截面杆件时，应沿杆件长度方向设置垫板，如图 2-4-14 所示，垫板间距为

$$受压杆：l_B \leqslant 40 \times r_{min}$$
$$受拉杆：l_B \leqslant 80 \times r_{min}$$

式中　$r_{min}$——单根型钢对自身轴的最小回转半径，如图 2-4-15 所示。

　　　$l_B$——型钢构成的组合杆件中垫板中心间距。

垫板宽常取 60 mm～100 mm，伸出型钢 10 mm～15 mm 以便焊接。对需单独运送的杆件，垫板应不少于两块。

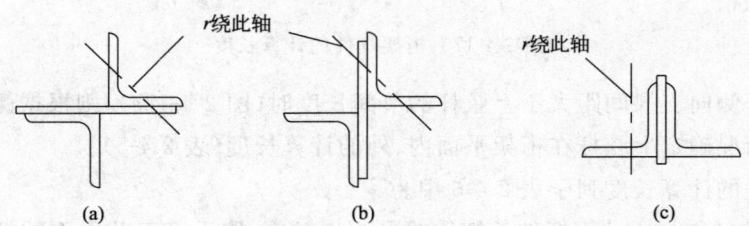

图 2-4-15　型钢对自身轴的最小回转半径

### 五、杆件设计计算

**（一）强度计算**

大多数桁架杆件属于轴向拉、压杆，但上弦杆或承轨梁则是压（拉）弯构件，如图 2-4-16 所示。这些杆件的计算见本篇第一章第四节的有关内容。

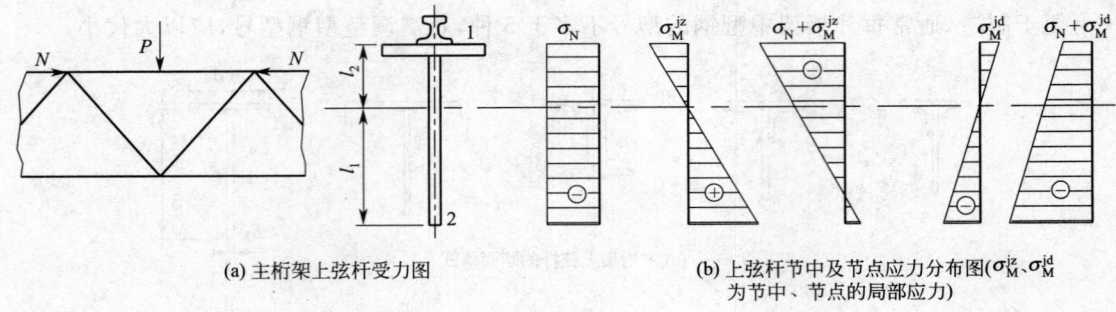

(a) 主桁架上弦杆受力图　　(b) 上弦杆节中及节点应力分布图（$\sigma_M^{jz}$、$\sigma_M^{jd}$为节中、节点的局部应力）

图 2-4-16

### (二) 杆件的长细比计算

为保证桁架杆件有足够的刚度，避免因杆件太细长而在制造和运输过程中受到损坏，或由于动载荷引起杆件的周期振动使接头的连接寿命下降等问题，必须规定桁架各类杆件的容许长细比$[\lambda]$。桁架杆件的容许长细比见表 2-1-12。

桁架杆件的长细比计算公式为：

$$\lambda = l_c / r \leqslant [\lambda] \tag{2-4-7}$$

式中　$l_c$——桁架杆件的计算长度；
　　　$r$——桁架杆件对自身轴的回转半径。

在式（2-4-7）中，$l_c$、$r$应分别取桁架平面内和桁架平面外两种情况计算。因桁架杆件在这两个方向上都可能存在变形，故在长细比计算中要分别考虑。如图 2-4-17 所示，主桁架上弦杆在主桁架平面内的节间长度$l$与平面外的侧向支撑间距$l_0$相同，则上弦杆在桁架平面内、外的计算长度相等，即$l_c = l = l_0$。

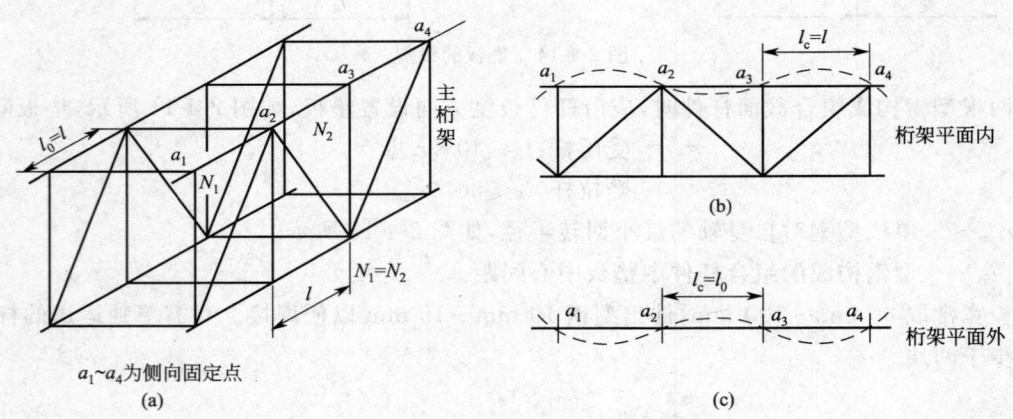

图 2-4-17　桁架杆件的计算长度

当桁架上弦杆侧向支撑间距大于上弦杆的节间长度时（图 2-4-18a），则根据侧向支撑间相邻上弦杆的内力比较情况确定上弦杆在桁架平面内、外的计算长度（表 2-4-5）。

常见桁架杆件的计算长度列于表 2-4-6 中。

式（2-4-7）中的$r$应与所计算杆件长细比的平面相对应，取垂直于此平面的杆件绕自身轴的回转半径。

表 2-4-5　桁架平面内、外杆件计算长度

| 内力比较 | 桁架平面内 | 桁架平面外 |
|---|---|---|
| $N_1 = N_2$ | $l_c = l$ | $l_c = l_0 = 2l$ |
| $N_1 \neq N_2$ | $l_c = l$ | $l_c = l_0 \times \left(0.75 + 0.25 \dfrac{N_2}{N_1}\right)$ |

注：表中符号含义见图 2-4-18b、c。

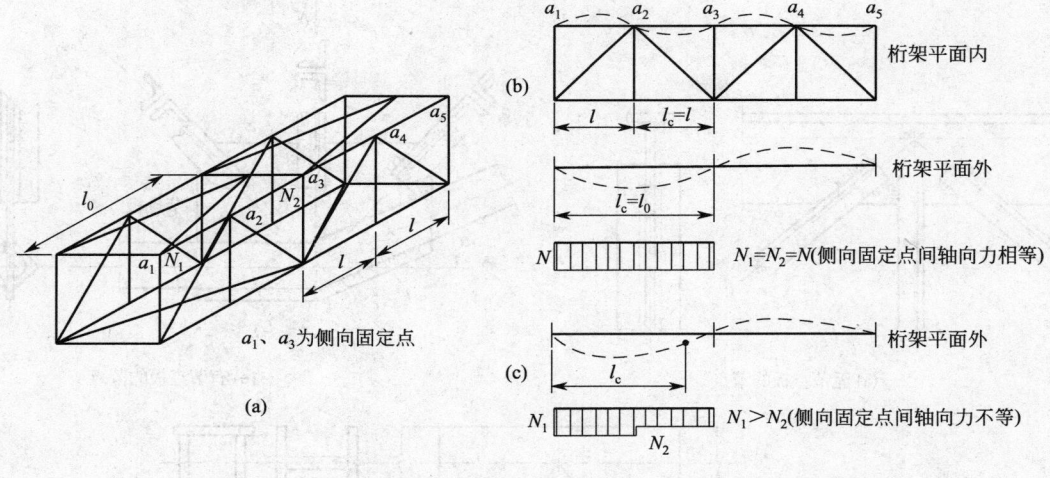

图 2-4-18 桁架侧向固定点之间轴力不等时杆件计算长度

表 2-4-6 桁架杆件的计算长度

| 杆件名称 | 杆件屈曲方向 | |
|---|---|---|
| | 桁架平面内 | 桁架平面外 |
| 弦杆 | $l$ | $l_0$ |
| 端部支承处腹杆 | $l$ | $l$ |
| 其他腹杆 | $0.8l$ | $l$ |

注：$l$——节点间的距离；
$l_0$——桁架平面外支撑间的距离。

## 六、桁架节点设计

### (一)节点的构造要求

节点的一般构造如图 2-4-19 所示，节点构造应满足下述要求：

(1)所有被连接杆件的几何轴线交汇于一点，几何轴线到型钢一条边缘的距离取为 5 mm 的倍数。

(2)节点焊缝构成的重心线应与杆件重心线重合。

(3)节点上腹杆与弦杆间应留有 15 mm～20 mm 的间距，腹杆与腹杆间最小间距应在 20 mm～30 mm 以上。角钢肢背向下，以避免积尘。

(4)节点板的形状和尺寸应便于杆件连接，如图 2-4-19 和图 2-4-20 所示。

(5)节点板的厚度由腹杆受力情况及节点构造决定，也可参考表 2-4-7 确定。杆件与节点板的相对位置应便于施焊。

表 2-4-7 腹杆内力与节点板厚度关系

| 腹杆内力/kN | <100 | <150 | 150～300 | ≥300～400 | >400 |
|---|---|---|---|---|---|
| 节点板厚/mm | 6 | 8 | 10～12 | 12～14 | 16～18 |

### (二)节点焊缝计算

节点焊缝均为贴角焊缝，焊脚尺寸 $h_f$ 的推荐值见本篇第二章表 2-2-2。$h_f$ 的取值应不大于被连接件的最小厚度 $t_{min}$ 的值，且最小值 $h_{fmin} \geq 4$ mm。在一块节点板上 $h_f$ 的取值相同。

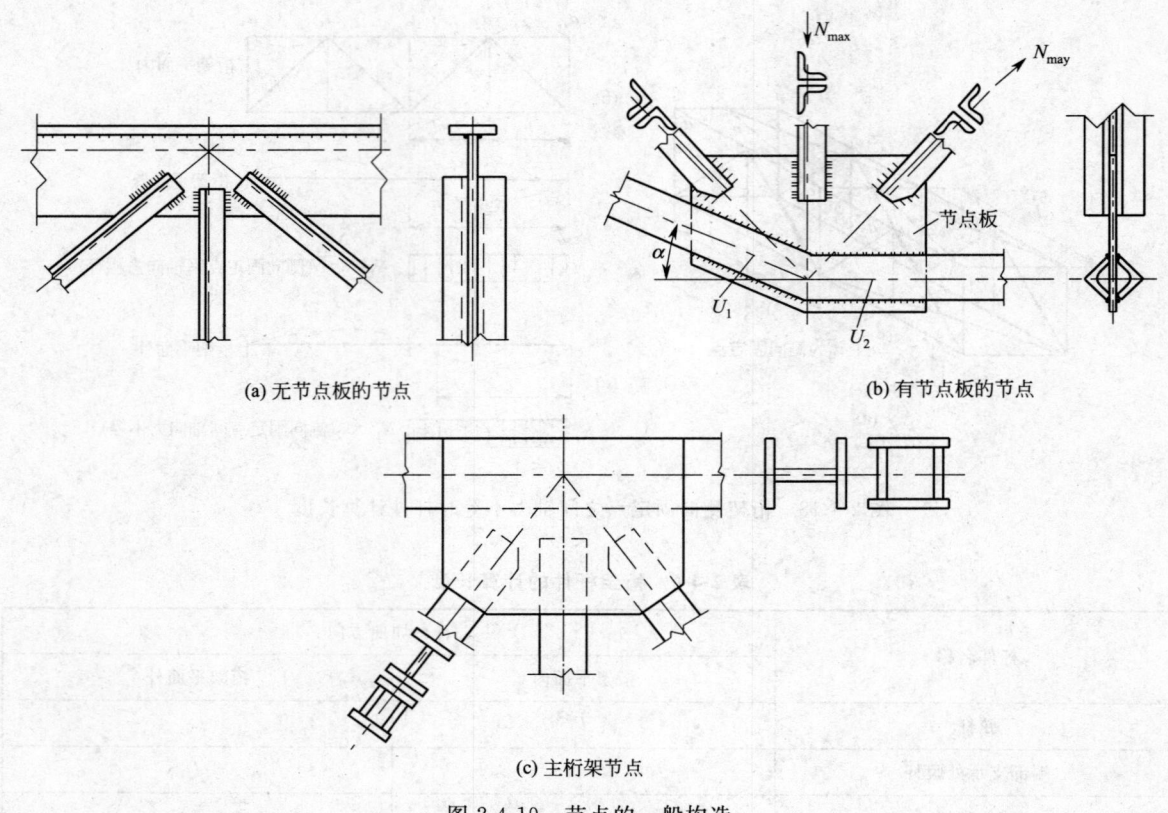

(a) 无节点板的节点  (b) 有节点板的节点

(c) 主桁架节点

图 2-4-19 节点的一般构造

对图 2-4-19b 所示腹杆与节点板的连接焊缝,可由被连接腹杆的内力 $N_{max}$ 计算其在节点板单面所需焊缝的总长度:

$$\sum l_f = \frac{\frac{1}{2} \times N_{max}}{0.7 \times h_f \times [\tau_h]} \quad (2\text{-}4\text{-}8)$$

式中符号意义见本篇第二章第一节。

由图 2-4-19b 所示的角钢构成腹杆时,应将 $\sum l_f$ 按表 2-4-8 所列的焊缝长度分配系数 $k_1$、$k_2$ 分配到角钢的肢背和肢尖上。

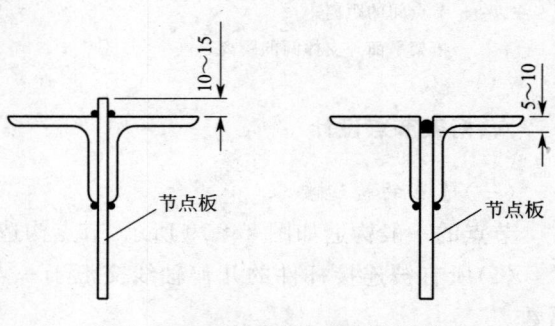

图 2-4-20 节点板与弦杆的连接

表 2-4-8 焊缝长度分配系数

| 角钢类型 | 分配系数 | |
|---|---|---|
| | $k_1$ | $k_2$ |
| 等边角钢 | 0.70 | 0.30 |
| 不等边角钢短肢焊接 | 0.75 | 0.25 |
| 不等边角钢长肢焊接 | 0.65 | 0.35 |

肢背、肢尖的角焊缝长度为:

$$\text{肢背}: l_{f1} = k_1 \times \sum h_f + 10 \quad (\text{mm}) \quad (2\text{-}4\text{-}9)$$

$$\text{肢尖}: l_{f2} = k_2 \times \sum h_f + 10 \quad (\text{mm}) \quad (2\text{-}4\text{-}10)$$

弦杆与节点板的焊缝长度，可由相邻弦杆的内力差计算。如图 2-4-19b 所示，节点板单面上弦杆所需焊缝总长度为：

$$\sum l_f = \frac{\frac{1}{2} \times (U_2 - U_1 \cos\alpha)}{0.7 \times h_f \times [\tau_h]} \tag{2-4-11}$$

式中　$U_1, U_2$——弦杆的内力（图 2-4-19b）。

对图 2-4-19b 中的弦杆 $k_1 = k_2 = 0.5$，焊缝每边长度为：$0.5 \times \sum l_f + 10$ （mm）。

若桁架弦杆上作用有小车轮压，如图 2-4-21 所示，则节点板单面上弦杆所需焊缝总长度为：

$$\sum l_f = \frac{\sqrt{(O_2 - O_1)^2 + P^2}}{2 \times 0.7 \times h_f \times [\tau_h]} \tag{2-4-12}$$

式中　$O_1, O_2$——弦杆的内力（图 2-4-21）；
　　　$P$——小车轮压。

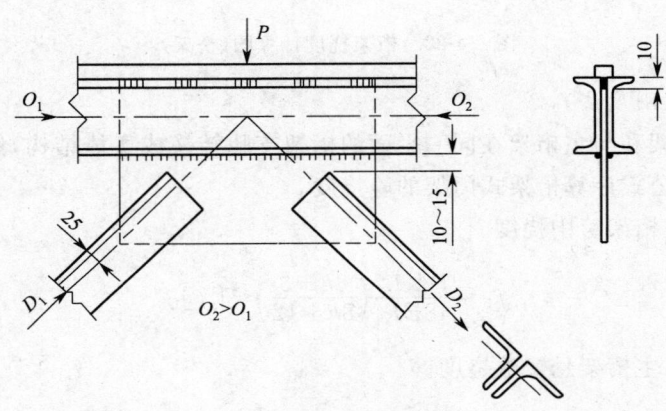

图 2-4-21　有集中轮压作用的弦杆节点

## 第三节　桁架结构刚度计算和上拱设计

### 一、桁架式门架的静刚度计算

桁架式门架的静刚度用其跨中和悬臂端的弹性变形（下挠位移）来衡量。计算桁架式门架的静挠度时只考虑小车静轮压，不考虑结构自重和动载荷。

桁架式门架的挠度可用下列公式之一计算。

（一）精确法（莫尔公式法）

$$f = \sum \frac{\overline{N_1} \times N_P}{E \times A_i} l_i \leqslant [f] \tag{2-4-13}$$

式中　$f$——桁架式门架跨中或悬臂端下挠变形量；
　　　$\overline{N_1}$——单位力 $P=1$ 作用于跨中或有效悬臂长度位置时引起的桁架各杆件内力，见图 2-4-22；
　　　$N_P$——小车静轮压作用于跨中或有效悬臂长度位置时引起的桁架各杆件内力；
　　　$l_i, A_i$——桁架各杆件的计算长度和截面面积；
　　　$E$——材料的弹性模量；
　　　$[f]$——许用静挠度，见表 2-1-1。

这种计算方法虽然比较精确，但由于计算桁架各杆件的 $\overline{N_1}$、$N_P$ 较繁，所以常用计算机计算或采用式(2-4-14)、式(2-4-15)近似公式计算。对新设计的桁架结构,因在内力分析中已有 $N_P$ 的计算结果,$\overline{N_1}$ 也可以通过 $N_P$ 的结果推算得出,采用这种方法计算静刚度比较合适。但对桁架门架的校核性计算则用近似公式更方便。

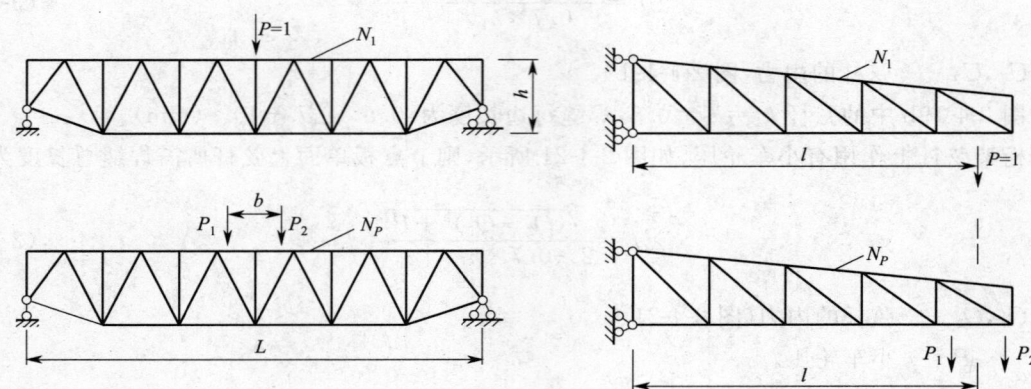

图 2-4-22 桁架挠度计算图(桥架)

(二)近似法(等效刚度法)

近似法是把主桁架和与主桁架在同一平面的桁架支腿转换成实体结构,然后按与箱形门式起重机类似的刚度计算公式计算桁架式门架的静挠度。

小车在跨中时,主桁架跨中挠度

$$f_L = \frac{P \times L^3}{48EI_{zh}} \left( \frac{8k+3}{8k+12} \right) \leqslant [f]_L \tag{2-4-14}$$

小车在悬臂端时,主桁架悬臂端挠度

$$f_l = \frac{P \times l^2}{3EI_{zh}} \left( l + \frac{8k+3}{8k+12} L \right) \leqslant [f]_l \tag{2-4-15}$$

式中 $P$——小车静轮压,$P = P_1 + P_2$;

$L, l$——门式起重机跨度和有效悬臂长度;

$I_{zh}$——把主桁架视为实体梁时,该梁的折算惯性矩。按下式计算:

$$I_{zh} = \frac{A_s \times A_x \times h^2}{\mu (A_s + A_x)} \tag{2-4-16}$$

其中 $A_s, A_x$——主桁架上、下弦杆截面积,

$h$——主桁架计算高度,

$\mu$——系数,对图 2-4-6 所示的三角形腹杆体系,腹杆倾角为 30°、45° 及 60° 且 $A_s = A_x$ 时,$\mu$ 由图 2-4-23、图 2-4-24 及图 2-4-25 查得;若 $A_s = 1.25A_x$,而其他条件相同时,则由图 2-4-26 和图 2-4-27 查取腹杆倾角为 30°和 45°时对应的 $\mu$ 值;图 2-4-23~图 2-4-27 中的 $n$ 为桁架节间数,$A_g$ 为斜腹杆截面面积;

$k$——系数,计算式为:

$$k = \frac{I_{zh}}{I_{zt}} \cdot \frac{\mu_2 \times H}{L} \tag{2-4-17}$$

其中 $L, H$——门式起重机的跨度和支腿投影高度,

$I_{zh}$——同式(2-4-16),

$\mu_2$——变截面支腿长度折算系数,见本篇第一章第四节的有关内容;

$I_{zt}$——将桁架支腿视为实体构件时支腿的折算惯性矩,当支腿各分肢截面面积相等时:

$$I_{zt} = A_z \times h_t^2 / (2 \times \mu_t) \qquad (2\text{-}4\text{-}18)$$

其中　$A_z$——桁架支腿一个分肢的截面积;

　　　$h_t$——支腿与主桁架连接处两个分肢间的距离;

　　　$\mu_t$——系数,对三角形腹杆体系,$\mu_t$ 的近似值可由图 2-4-23～图 2-4-25 查得。

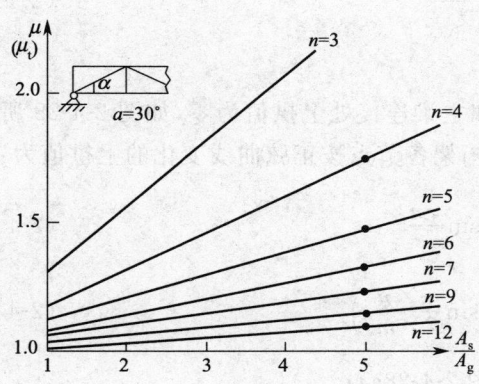

图 2-4-23　$\alpha=30°, A_s=A_x$ 时的 $\mu$ 值

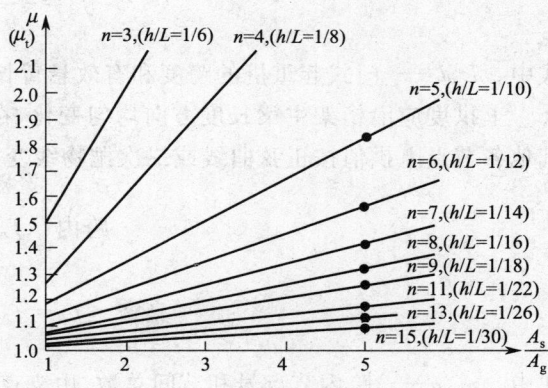

图 2-4-24　$\alpha=45°, A_s=A_x$ 时的 $\mu$ 值

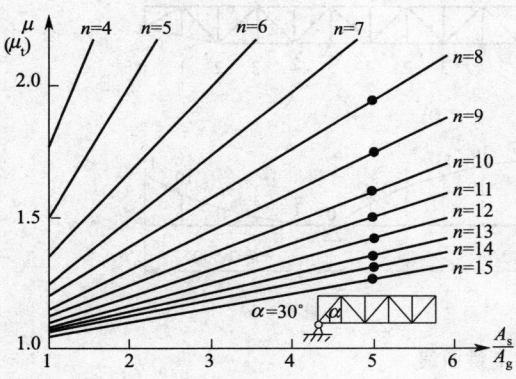

图 2-4-25　$\alpha=60°, A_s=A_x$ 时的 $\mu$ 值

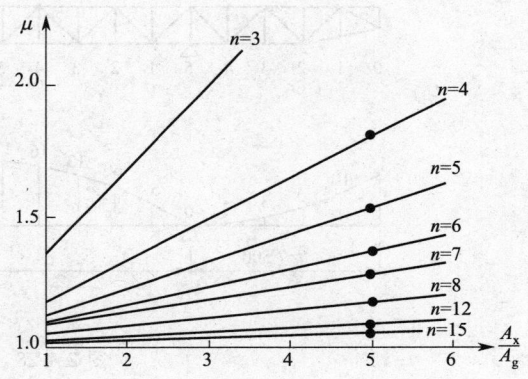

图 2-4-26　$\alpha=30°, A_s=1.25A_x$ 时的 $\mu$ 值

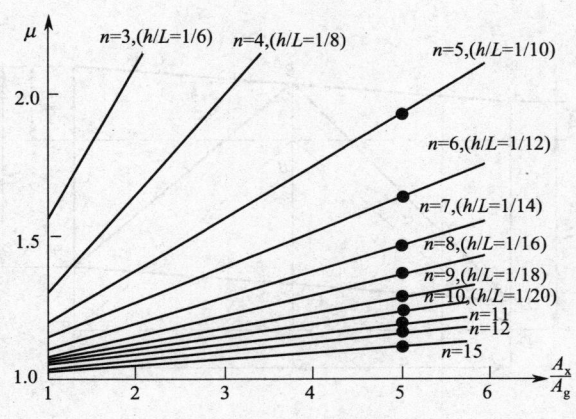

图 2-4-27　$\alpha=45°, A_s=1.25A_x$ 时的 $\mu$ 值

## 二、桁架式主梁的上拱设计

桁架式主梁的上拱可以消除梁自重引起的下挠,并使小车在梁上工作时大致呈水平运行。

对跨度≥17 m,悬臂长度≥5 m 的桁架式主梁均应设计上拱。通常跨中上拱度为:

$$f_z = \frac{(1.1 \sim 1.2) \times L}{1000} \tag{2-4-19}$$

悬臂端上拱度为:

$$f_d = \frac{(1.1 \sim 1.2) \times l}{500} \tag{2-4-20}$$

式中  $L, l$——门式起重机的跨度和有效悬臂长度。

上拱度应沿桁架主梁长度方向均匀变化,在支腿和主梁连接处上拱值为零,如图 2-4-28 所示,其他各节点上拱值按正弦曲线或二次抛物线变化。主桁架各节点按正弦曲线变化的上拱值为:

$$跨内 \quad f_{zi} = f_z \times \sin\frac{\pi n}{m} \tag{2-4-21}$$

$$悬臂 \quad f_{di} = f_d \times \left(1 - \sin\frac{\pi \times n'}{2 \times m'}\right) \tag{2-4-22}$$

式中  $m, n$——跨内节点号和节间总数,由支点编起(图 2-4-28a);
  $m', n'$——悬臂节点号和节间总数,由端部编起。

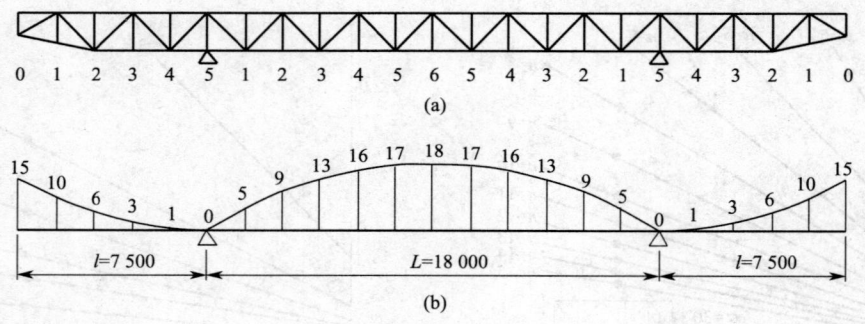

图 2-4-28  主桁架上拱曲线

桁架式主梁设计上拱后,斜腹杆和弦杆的长度会有相应变化,如图 2-4-29 所示。工艺设计时,应根据上拱值计算各杆的下料长度。竖腹杆和水平桁架腹杆的长度在上拱前后不变。

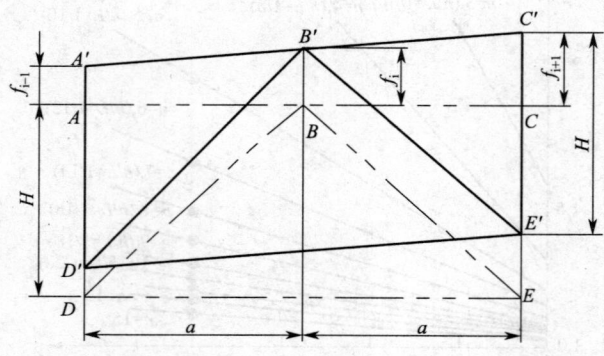

图 2-4-29  桁架上拱后杆件长度的变化

# 第四节　Π形双梁桁架式门式起重机金属结构的计算

## 一、主要构成

Π形双梁桁架式门式起重机的金属结构如图 2-4-30 所示，主要由主桁架、横向框架、承轨梁、水平桁架、支腿和下横梁等构成。

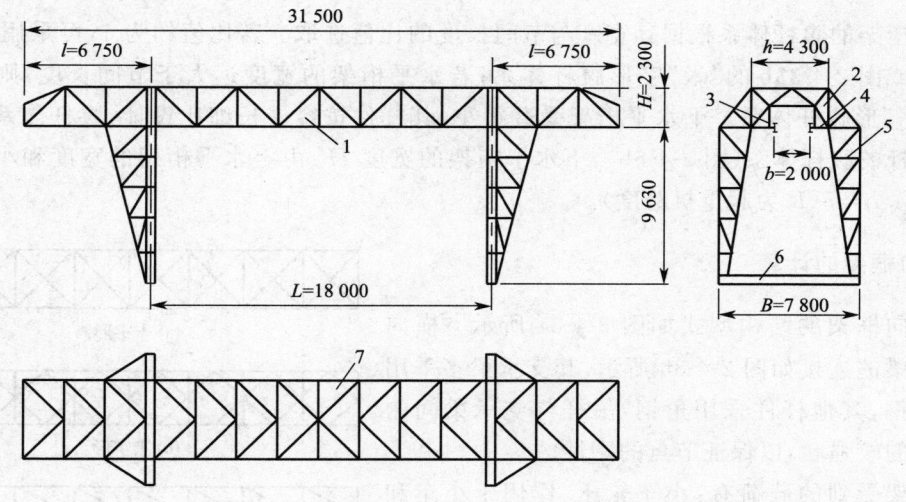

图 2-4-30　Π型双梁门式起重机金属结构（单位：mm）
1—主桁架；2—横向框架；3—承轨梁；4—下水平桁架；5—支腿；6—下横梁；7—上水平桁架

## 二、主桁架的计算

作用在主桁架上的载荷主要有主桁架自重、上、下水平桁架自重、横向框架内部杆件分配到主桁架上的重量、承轨梁的自重以及小车垂直轮压，小车轮压由承轨梁经横向框架传到主桁架的节点上。水平载荷主要有风力、大车运行惯性力和小车偏斜运行侧向力。小车侧向载荷会引起桁架主梁的扭转，使主桁架产生附加垂直载荷。

在小车轮压 $P_1$、$P_2$（设 $P_1 \geqslant P_2$）的作用下，主桁架受到的移动载荷按下式计算：

$$V_1 = P_1 - (P_1 - P_2) \times d/a \qquad (2\text{-}4\text{-}23)$$

$$V_2 = P_2 + (P_1 - P_2) \times d/a \qquad (2\text{-}4\text{-}24)$$

式中各项符号意义见图 2-4-31。

小车侧向力 $S_{xc}$ 引起的载荷为：

$$V_{xc} = \frac{S_{xc} \times h}{a} \qquad (2\text{-}4\text{-}25)$$

式中各项符号的意义见图 2-4-31。

主桁架的内力分析可采用图 2-4-32 所示的计算简图，杆件的设计和刚度计算见本章第二、三节和第一章第四节的有关内容。

## 三、水平桁架的计算

Π形桁架式主梁（图 2-4-30）的上水平桁架一般承受约 90% 的水平载荷，而下水平桁架仅承受约 10% 的水平载荷。

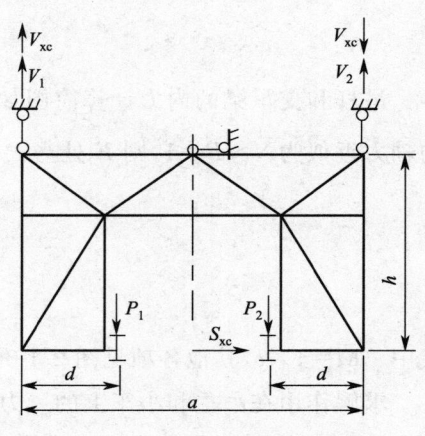

图 2-4-31　小车侧向力 $S_{xc}$ 引起的载荷

上、下水平桁架与主桁架共用的弦杆,应分别计算其在各平面桁架所受的内力,然后再几何叠加。

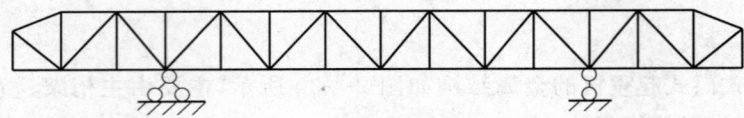

图 2-4-32　主桁架计算简图

上水平桁架的腹杆体系根据其宽度与节间长度的比值选取。若比值约为1,可采用图 2-4-33a 的"十"字形或图 2-4-33b 的"米"字形腹杆体系;若水平桁架的宽度远大于节间长度,则应采用图 2-4-33c 的"K"形腹杆体系。下水平桁架受载很小,其杆件按容许长细比设计,腹杆体系常采用带竖杆和次竖杆的腹杆体系(图 2-4-6b),下水平桁架的宽度 $H_1$ 由上水平桁架的宽度和小车轨距确定,常取 $H_1 \geqslant L/35$($L$ 为起重机跨度)。

### 四、横向框架的计算

常用横向框架的结构型式如图 2-4-34 所示。横向框架与承轨梁的连接如图 2-4-35 所示,其支承梁多采用槽钢或工字钢,其他杆件采用角钢,吊杆与支承梁间的节点板常做的较强壮,以保证节点的刚性。

横向框架受到的载荷有:小车轮压、作用于小车和吊重的风载荷、小车偏斜运行侧向力等。

计算小车轮压引起的横向框架内力时,可假设小车轮压 $P=1$,求出各杆件在此条件下的内力,然后将杆件内力乘以实际小车轮压值,得到各杆件的实际内力值,如图 2-4-36a 所示。

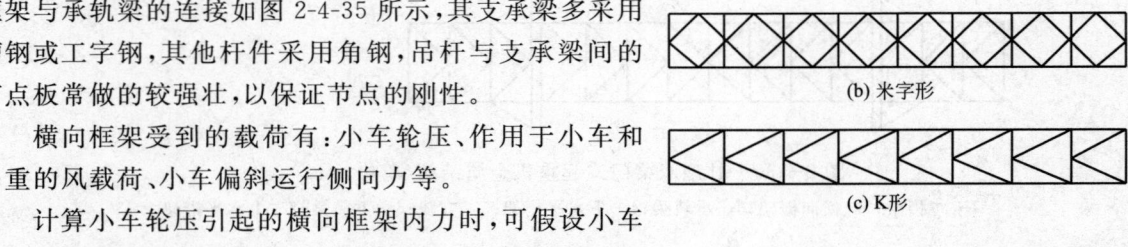

图 2-4-33　十字形、米字形、K形腹杆体系

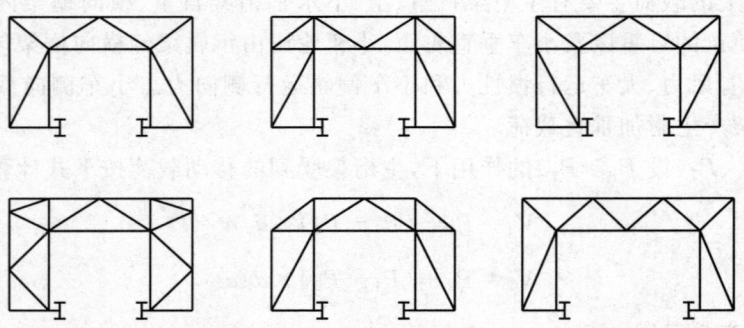

图 2-4-34　横向框架的结构型式

吊杆和支承梁的内力计算简图如图 2-4-36a 右边的图所示。吊杆承受轴向力和弯矩,若吊杆的轴力近似为 $\bar{N} \approx P=1$,则 $E$ 处当 $P=1$ 时的弯矩为:

$$\overline{M_1} = \frac{\bar{M}}{1+\dfrac{I_2}{I_1} \times \dfrac{l}{b}} \tag{2-4-26}$$

式中　$\bar{M}=1 \times c$,其他各项见图 2-4-36a。

求解作用在吊重和小车上的风力引起的横向框架杆件内力时,可先算出每片横向框架受到的风力 $P_{w1}$、$P_{w2}$,再将其转化成相应的节点载荷,求出各杆件的内力,如图 2-4-36b 所示。

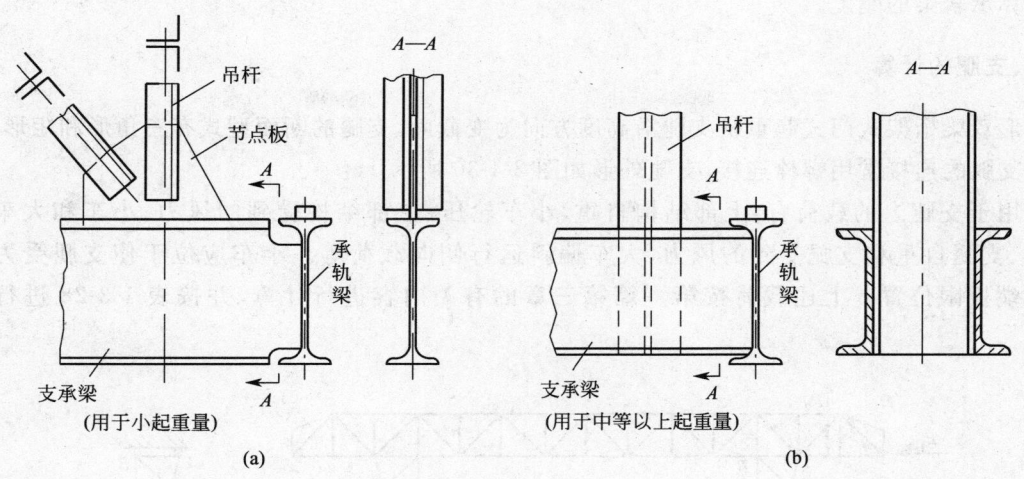

图 2-4-35　横向框架和承轨梁的连接

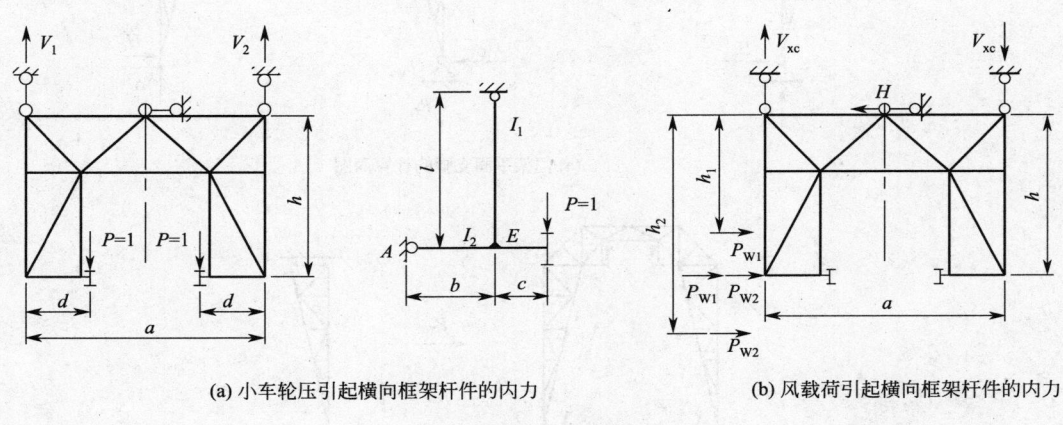

(a) 小车轮压引起横向框架杆件的内力　　(b) 风载荷引起横向框架杆件的内力

图 2-4-36　横向框架的内力分析

## 五、承轨梁的计算

承轨梁通常用工字钢或钢板焊成，其上装有小车轨道，如图 2-4-35 所示。承轨梁高 $h$ 常取承轨梁两支承间距的 $1/8 \sim 1/12$。

作用在承轨梁上的载荷主要有：承轨梁自重、小车轮压、小车偏斜运行侧向力以及大车运行惯性力引起的载荷。在垂直平面内承轨梁按图 2-4-11a 所示的计算简图计算弯矩：

$$\left.\begin{array}{ll} 跨中 & M_L = 0.8 \times M_{max} \\ 支座 & M_A = -0.6 \times M_{max} \end{array}\right\} \quad (2\text{-}4\text{-}27)$$

式中　$M_{max}$——按简支梁计算单跨承轨梁时的弯矩，即

$$M_{max} = \frac{(2 \times P + G_L) \times l}{8}$$

其中　$P, G_L$——作用在承轨梁上的集中载荷及单跨承轨梁的自重；

　　　$l$——承轨梁两支承间的距离。

水平面内承轨梁的计算与垂直平面类似，只是在确定单跨简支梁跨度时，应取水平桁架与承轨梁两相邻连接点的距离。

计算出承轨梁的内力后，可按本章第二节和本篇第一章第四节的有关内容进行杆件设计，通常

不必计算承轨梁的刚度。

### 六、支腿的计算

Ⅱ形双梁桁架式门式起重机支腿沿高度方向为变截面,支腿的断面型式有三角形和矩形两种。主梁与支腿的连接常用螺栓连接,支腿外形如图 2-4-30 所示。

作用于支腿上的载荷有:上部结构自重、小车轮压、上部结构受到的风力、小车和大车运行惯性力、支腿自重和支腿受到的风力、大车偏斜运行侧向载荷等。小车应位于使支腿受力最大的悬臂端极限位置。上述载荷按第一篇第三章的有关内容进行计算,并按表 1-3-28 进行载荷组合。

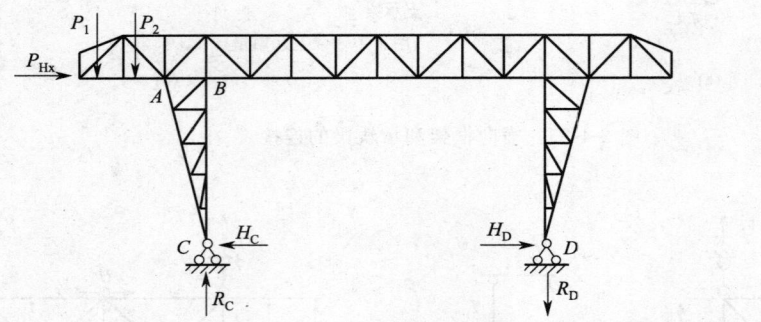

(a) 门架平面支腿的计算简图

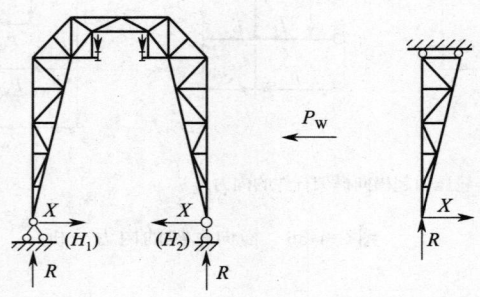

(b) 支腿平面支腿的计算简图

图 2-4-37 支腿计算简图

支腿可以分解为两个平面桁架进行计算,计算简图如图 2-4-37 所示。在门架平面按一次超静定计算简图计算,超静定力 $H_C$、$H_D$ 可由本篇第五章第三节的方法求得,此时把支腿视为上端固定下端铰支的变截面压弯柱。支腿平面的计算简图要根据支腿与下横梁的连接强弱确定。一般支腿与下横梁连接处断面较小,可简化成铰接,如图 2-4-37b 所示,这种情形下计算简图取为外力静定,内力一次超静定。下横梁的轴向力可由结构力学方法求得:

$$X = \frac{\sum \frac{\overline{N}_1 \cdot N_P}{A_i} \cdot l_i}{l_0/A_0 + \sum \frac{\overline{N}_1^2}{A_i} l_i} \tag{2-4-28}$$

式中　$l_0$,$A_0$——下横梁的长度和截面面积;

$\overline{N}_1$——$X=1$ 所引起的静定结构各杆件的内力;

$N_P$——外载荷在静定结构中引起的各杆件的内力;

$l_i$,$A_i$——支腿平面各杆件的长度和截面面积。

求出 $X$ 后,可计算各杆件的内力:

$$N_i = N_P + \overline{N}_1 \times X \tag{2-4-29}$$

如上所述,在支腿平面支腿可简化成上端固定、下端简支的变截面格形压弯构件。

支腿的强度、整体稳定性计算和杆件设计可参照本篇第一章第四节和本章第二节的有关内容进行。

## 第五节 四桁架式双梁门式起重机金属结构的计算

### 一、主要构成与主要尺寸

四桁架式双梁门式起重机的金属结构如图 2-4-38 和图 2-4-39 所示。

四桁架式主梁的高度用主桁架的高度表示。主桁架在跨内的高度 $h$ 由起重机的跨度 $L$ 和起重量 $Q$ 初定,如表 2-4-9 所示。

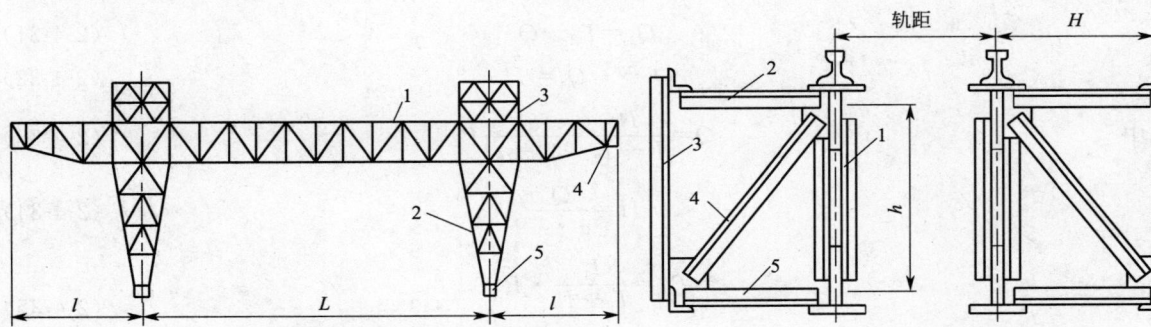

图 2-4-38 四桁架式双梁门式起重机的金属结构
1—桁架主梁;2—桁架支腿;3—马鞍;
4—上端梁;5—下横梁

图 2-4-39 四桁架式主梁断面
1—主桁架;2—上水平桁架;3—副桁架;
4—斜撑杆;5—下水平桁架

表 2-4-9 四桁架式主梁主桁架高 $h$ 的取值

| 起重量 $Q$/t | <20 | | 20~30 | | 50~100 | >100 |
|---|---|---|---|---|---|---|
| 跨度 $L$/m | <14 | 15~20 | <17 | >14 | — | — |
| 主桁架高 $h$/m | <$L/14$ | <$L/15$ | <$L/14$ | <$L/15$ | <$L/14$ | <$L/12$~$L/13$ |

靠近悬臂端的主梁可设计成折线形(图 2-4-38),折线部分的长度一般取 1~2 个节间长度,端梁高度 $h_0 = (0.6 \sim 0.8) \times h$。

水平桁架的宽度 $H$ 应保证主梁有足够的水平刚度,通常 $H = L/15 \sim L/20$($L$ 为起重机的跨度),且 700 mm $\leq H \leq$ 2 000 mm。

其他主要尺寸见本章第一节。

### 二、主梁的计算

四桁架式主梁是多次超静定空间桁架结构,可以将其分解成四片平面桁架进行分析计算。首先把作用在空间桁架上的载荷按下述方法分配到各片平面桁架上,再对每片平面桁架进行内力分析。

(一)固定载荷

主桁架:主桁架自重、走台和水平桁架重量的一半、端梁重量的 1/4。

副桁架:副桁架自重、走台和水平桁架重量的一半、端梁重量的 1/4、三个带工具人员的重量,以及小车可拆换零部件的重量。

## (二)移动载荷

移动载荷向各片桁架的分配见图 2-4-40。

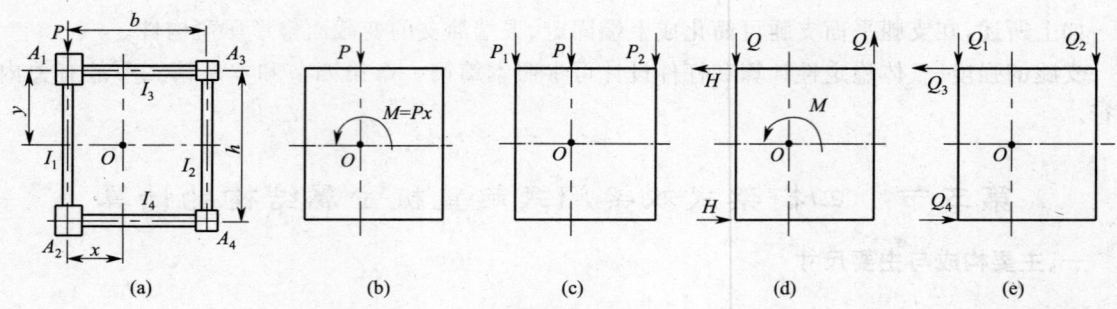

图 2-4-40 移动载荷向各片桁架的分配

小车运行时:

$$Q_1 = Q + P_1 \tag{2-4-30}$$

$$Q_2 = P_2 - Q \tag{2-4-31}$$

$$Q_3 = -Q_4 = H \tag{2-4-32}$$

式中

$$Q = \frac{I_2}{I_1 + I_2} \cdot \frac{\alpha\lambda^2}{1+\alpha\lambda^2} P \tag{2-4-33}$$

$$H = \frac{Q}{\alpha \cdot \lambda} \tag{2-4-34}$$

$$\left.\begin{array}{l} P_1 = \dfrac{I_1}{I_1+I_2} \cdot P \\ P_2 = P - P_1 \end{array}\right\} \tag{2-4-35}$$

其中 $P$——小车轮压;

$$\alpha = \frac{I_1 \cdot I_2}{I_3 \cdot I_4} \cdot \frac{(I_3+I_4)}{(I_1+I_2)} \tag{2-4-36}$$

$$\lambda = b/h \tag{2-4-37}$$

其中 $I_1, I_2, I_3, I_4$——桁架的折算惯性矩,见式(2-4-16)和图 2-4-40,

$b, h$——桁架主梁的宽度和高度。

小车不动时:

$$Q_1' = P - Q_2' \tag{2-4-38}$$

$$Q_2' = \frac{P}{1 + K_2 + K_4\lambda^2} \tag{2-4-39}$$

$$Q_3' = 0 \tag{2-4-40}$$

$$Q_4' = -\lambda \cdot Q_2' \tag{2-4-41}$$

式中

$$K_2 = I_1/I_2 \tag{2-4-42}$$

$$K_4 = I_1/I_4 \tag{2-4-43}$$

其他各项与前述相同。

弦杆计算的最不利工况:

(1)主桁架上弦杆和副桁架下弦杆为小车不动工况。

(2)主桁架下弦杆和副桁架上弦杆为小车运行工况。

(3)各片桁架的移动载荷取小车位于跨中或悬臂端极限位置。

沿大车运行方向的小车水平轮压可参照上述方法进行分配。

四桁架式主梁的载荷组合见第一篇表 1-3-28,参照该表列出各片桁架的载荷组合见表 2-4-10。

表 2-4-10 四桁架式主梁各片桁架载荷组合表

| 计算项目<br>起重机工况<br>载荷情况 | | 主桁架 | | | 副桁架 | | | 水平桁架 | |
|---|---|---|---|---|---|---|---|---|---|
| | | 疲劳计算 | 强度计算 | | 疲劳计算 | 强度计算 | | 疲劳计算 | 强度计算 |
| | | | 上弦杆 | 其他杆 | | 上弦杆 | 其他杆 | | |
| | | 大车不动，小车位于跨中或悬臂端，吊重起升离地 | 大车不动，小车位于跨中或悬臂端，吊重下降制动 | 大车不动，小车运行至跨中或悬臂端制动，吊重下降制动 | 同主桁架 | 大车不动，小车运行至跨中或悬臂端制动，吊重下降制动 | 大车不动，小车运行至跨中或悬臂端制动 | 大车运行制动，小车运行至跨中或悬臂端制动 | 大车运行经过不平坦轨面制动 |
| 常规载荷 | 桁架自重载荷 $q$ | $\varphi_1 q_z$ | $\varphi_1 q_z$ | $\varphi_1 q_z$ | $\varphi_1 q_f$ | $\varphi_1 q_f$ | $\varphi_1 q_f$ | $\varphi_4 q_s$ | $\varphi_4 q_s$ |
| | 小车自重载荷 $P_{xc}$ | $\varphi_2 Q_1$ | $\varphi_2 Q_1'$ | $\varphi_2 Q_1$ | $\varphi_2 Q_2$ | $\varphi_2 Q_2$ | $\varphi_2 Q_2'$ | $\varphi_4 Q_3$ 或 $\varphi_4 Q_4$ | $\varphi_4 Q_3'$ 或 $\varphi_4 Q_4'$ |
| | 起升载荷 $P_Q$ | | | | | | | | |
| | 大车制动惯性载荷 $q_H$ | | | | | | | $q_H$ | $q_H$ |
| | 小车制动惯性载荷 $P_{Hx}$ | | | $P_{Hx}$ | | | | $P_{Hx}$ | |
| 偶然载荷 | 工作状态风载荷 $q_W$ | | | | | | | | $q_W$ |
| | 偏斜运行侧向载荷 $P_S$ | | | | | | | | |
| 其他 | 非工作状态风载荷 $q_{WⅢ}$ | | | | | | | | |

注：1. 主桁架上弦杆和水平桁架弦杆的局部弯矩，载荷组合表中未列出；
2. 根据分析，四片桁架的弦杆应取不同的工况(小车运行和小车不动)，为简化计算，未单独列出弦杆的载荷组合；
3. 主桁架自重载荷 $G_z$ 可按经验公式计算；副桁架的自重载荷可取 $G_f=G_z/2$；水平桁架的自重载荷 $G_s=G_z/3$。

主、副桁架和上水平桁架的计算简图如图 2-4-41a～图 2-4-41c 所示(图中 $q_z$、$q_f$、$q_m$、$q_{Gs}$、$P_d$ 分别为主桁架、副桁架、马鞍、司机室、端梁自重节点载荷；$q_{Hz}$、$q_{Hf}$、$q_{Hm}$、$q_{Hs}$、$P_{Hd}$ 分别为上述结构质量

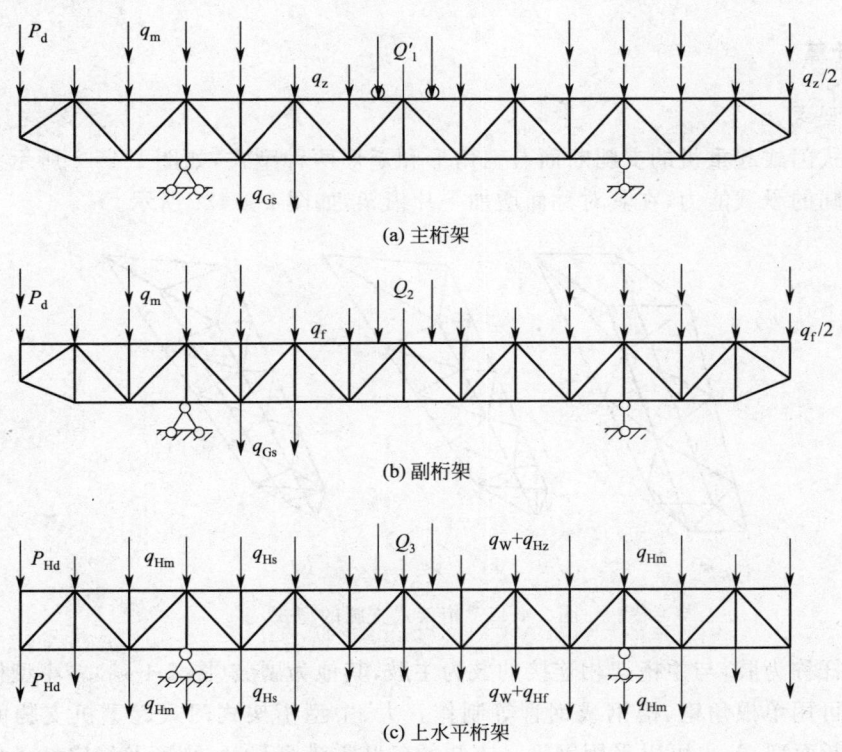

图 2-4-41 主桁架、副桁架和上水平桁架的计算简图

引起的水平惯性载荷；$q_w$ 为节点风载荷），小车运行制动惯性力作用于主桁架时的计算简图同图 2-4-37a。下水平桁架的计算简图与上水平桁架基本一致，绘制时需把主、副桁架下弦杆的折线部分拉直，下水平桁架常采用图 2-4-6a 所示的腹杆体系。

两片桁架共用的弦杆，其内力由两片平面桁架分别产生，计算时须将两个平面的内力叠加。分解成平面桁架的杆件内力计算格式可参照表 2-4-11。

各杆件的内力求出后，按本篇第一章第四节和本章第二节的内容进行杆件设计。四桁架式主梁的刚度计算见本章第三节。

表 2-4-11 主桁架内力表示例

| 杆件组别 | 杆件号数 | 固定载荷引起的杆件内力 $N_q$ | 移动载荷引起的杆件内力 $N_Q$ | | 小车制动惯性载荷引起的内力 $N_H$ | 上弦杆局部弯矩 | | | | 疲劳计算 | | 强度计算 | |
|---|---|---|---|---|---|---|---|---|---|---|---|---|---|
| | | | | | | 节中 | | 节点 | | 包括水平载荷引起的弦杆内力 | | 包括水平载荷引起的弦杆内力 | |
| | | | 小车在跨中 | 小车在悬臂端 | | $M_x$ | $M_y$ | $M_x$ | $M_y$ | 小车在跨中 | 小车在悬臂端 | 小车在跨中 | 小车在悬臂端 |
| 上弦杆 | $O_1$ $O_2$ $O_3$ … | | | | | | | | | | | | |
| 下弦杆 | $U_1$ $U_2$ $U_3$ … | | | | | | | | | | | | |
| 腹杆 | $V_1$ $D_1$ $V_2$ $D_2$ … | | | | | | | | | | | | |

### 三、支腿计算

**（一）支腿型式**

双梁桁架式门式起重机的支腿断面有三角形和矩形两种型式，如图 2-4-42 所示。有时为提高三角形断面支腿的承载能力，在其对称面增加一片桁架，如图 2-4-42c 所示。

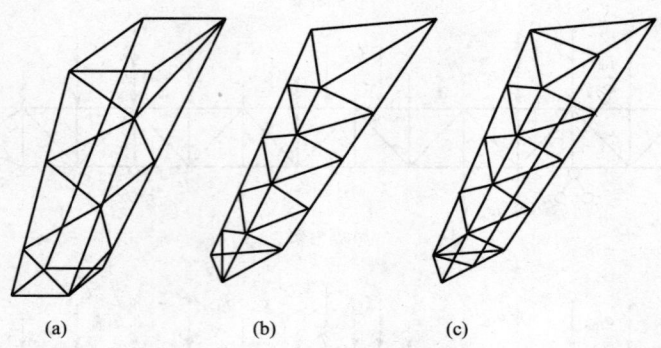

图 2-4-42 桁架式支腿的型式

支腿的弦杆称为肢，与主桁架相连接的肢为主肢，其他为副肢（图 2-4-43）。小型桁架式门式起重机支腿的肢可用单根角钢、槽钢或钢管等制作。大、中型桁架式门式起重机支腿的肢应采用图 2-4-44 所示的断面型式，也可以采用钢管。支腿的各肢需满足强度、刚度及稳定性条件。

根据支腿的受力特点，桁架支腿呈上大下小的变截面型式，如图 2-4-37 所示。

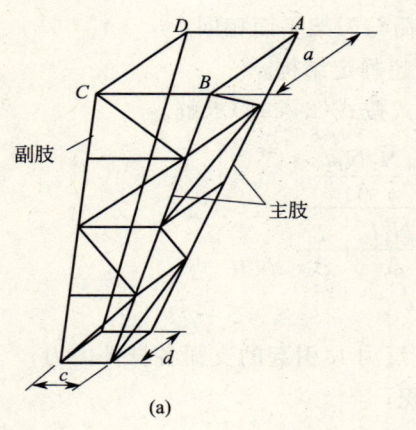
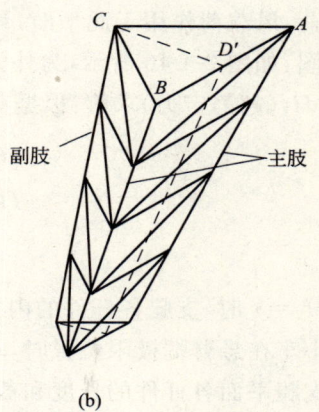

图 2-4-43 支腿的构造

(二)桁架支腿的计算

与桁架式主梁的计算相似,可将桁架支腿分解成平面桁架进行计算。

1. 门架平面支腿的受力分析

(1)计算工况:小车满载运行至主梁悬臂端极限位置制动,同时起升机构下降制动,大车运行机构不动作。

(2)作用载荷:小车轮压、结构自重 $q$、小车运行惯性力 $P_{Hx}$。该平面内不考虑风力。

(3)计算简图:如图 2-4-9 所示,为一次超静定结构。

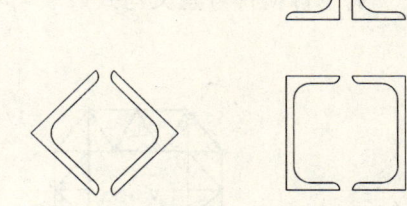

图 2-4-44 支腿的断面型式

(4)超静定力的求解:对图 2-4-9 中的超静定力(即横推力 $H_1$),由莫尔公式(如式 2-4-13)计算在杆系支座处($A$ 处)位移为零条件下的作用力,解得 $H_1$(参考式(2-4-45))。作为近似计算,也可以把上部结构与支腿看成是实体结构,引进折算惯性矩计算 $H_1$(参见本篇第五章第三节)。

由图 2-4-45a,$H_1$ 只由主肢 $N_2$、$N_3$(或 $N_2$、$N_3$ 和 $N_4$)承受,根据图 2-4-45b、c 得:

$$N_2 = -N_3 = \frac{H_1}{2 \cdot \sin\gamma} \tag{2-4-44}$$

垂直反力 $R$ 引起的各肢内力在支腿平面考虑。

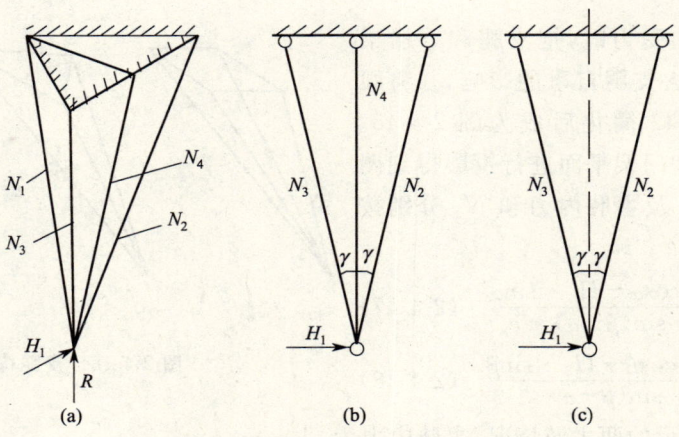

图 2-4-45 支腿分肢内力计算简图

2. 支腿平面的受力分析

(1)计算工况:与门架平面相同。

(2)作用载荷:风载荷作用于此平面,其他载荷与门架平面相同。

(3)计算简图:如图 2-4-46 所示,为外力一次超静定结构。

(4)横推力 $H_2$(超静定力)求解:根据莫尔公式按式(2-4-45)求解。

$$H_2=\frac{\sum\dfrac{\overline{N}_1 N_P l_i}{A_i}}{\sum\dfrac{\overline{N}_1^2 l_i}{A_i}+\dfrac{l_0}{A_0}} \tag{2-4-45}$$

式中 $\overline{N}_1$——$H_2=1$ 时,支腿各杆件的内力;

$N_P$——小车在悬臂端极限位置时,垂直支反力 $R$ 引起的支腿各杆件内力;

$l_i$,$A_i$——支腿平面各杆件的长度和截面面积;

$l_0$,$A_0$——下横梁的长度和截面面积。

也可以采用图 2-4-47 所示的"三铰拱"静定计算简图近似求解 $H_2$。

$H_2$ 求出后,各杆件的实际内力按下式计算:

$$N_i=N_P+\overline{N}_1\times H_2 \tag{2-4-46}$$

式中各项符号意义与式(2-4-45)相同。

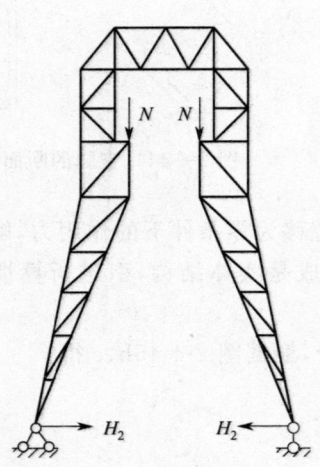

图 2-4-46 支腿平面计算简图

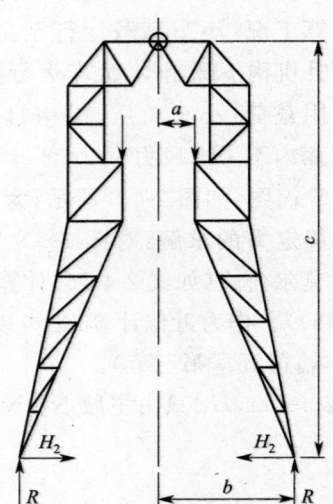

图 2-4-47 三铰拱计算简图

分析支腿各肢的受力时,把支腿和下横梁连接处视为铰接,略去支腿自重的影响,并将腹杆视为零杆,图 2-4-42 简化后成为图 2-4-48。对图 2-4-48 在支腿和门架平面进行投影得到图 2-4-49,副肢内力 $N'_1$ 及主肢内力和 $N_\Sigma$ 分别按下式计算:

$$N'_1=\frac{R\cdot\cos\alpha-H_2\cdot\sin\alpha}{\sin(\beta-\alpha)} \tag{2-4-47}$$

$$N_\Sigma=\frac{R\cdot\cos\beta-H_2\cdot\sin\beta}{\sin(\beta-\alpha)} \tag{2-4-48}$$

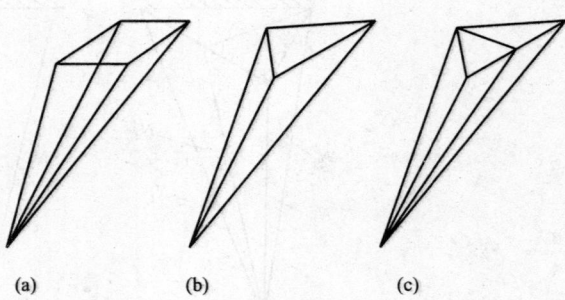

图 2-4-48 支腿构造简化

对图 2-4-49b 所示的两主肢情况,主肢内力为:

$$N_2=N_3=\frac{N_\Sigma}{2\cdot\cos\gamma} \tag{2-4-49}$$

对图 2-4-49c 所示的三主肢情况,主肢内力为

$$N_2 = N_3 = \frac{N_\Sigma}{2\cos\gamma + \dfrac{A_4}{A_2} \cdot \dfrac{1}{\cos^2\gamma}} \tag{2-4-50}$$

$$N_4 = N_\Sigma - 2 \cdot N_2 \cos\gamma \tag{2-4-51}$$

式中 $A_2, A_4$——主肢 $N_2$、$N_4$ 的截面面积。

其余各项符号的意义见图 2-4-49。

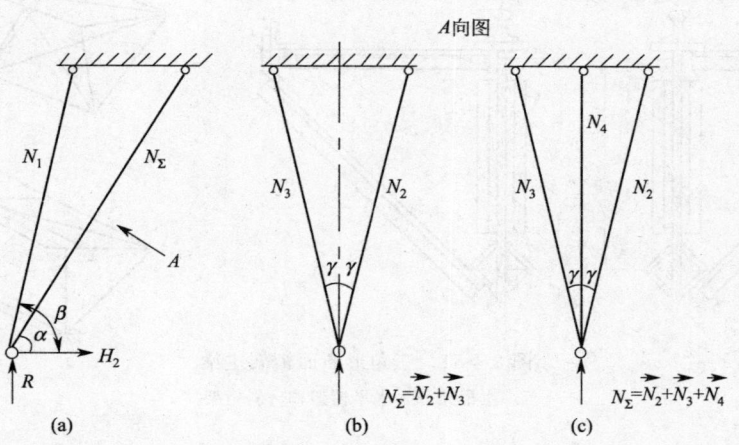

图 2-4-49 支腿分肢内力计算简图

支腿为三角形截面时,$N_1' = N_1$;支腿为矩形截面时,$\dfrac{N_1'}{2} = N_{11} = N_{12}$,$N_{11}$ 和 $N_{12}$ 是矩形截面支腿两个副肢的内力。

计算主、副肢强度及分肢稳定性时,应将门架平面及支腿平面计算出的分肢内力叠加,再进行相应计算。

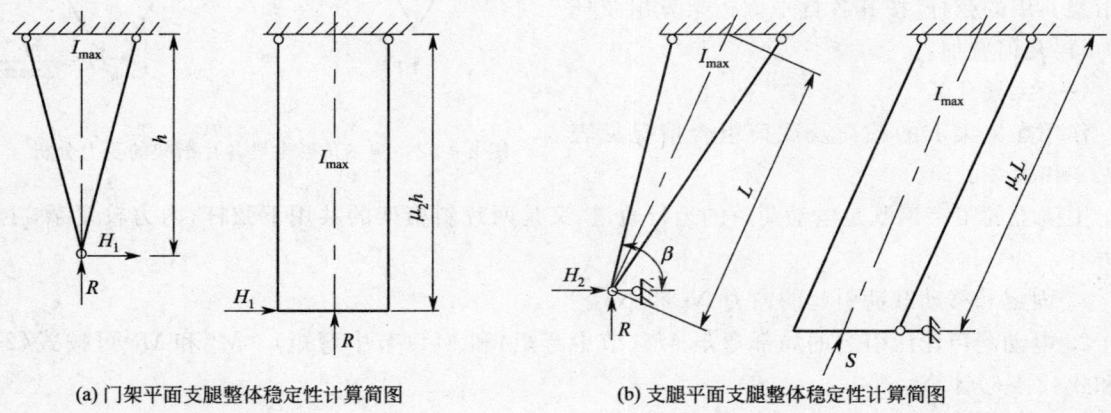

(a) 门架平面支腿整体稳定性计算简图    (b) 支腿平面支腿整体稳定性计算简图

图 2-4-50

支腿的整体稳定性计算简图如图 2-4-50 所示。在门架平面支腿可视为上端固定、下端自由的压弯构件;在支腿平面可简化为上端固定、下端铰支的计算简图。支腿的强度、稳定性计算见本篇第一章第四节和第五节。

马鞍的计算与Ⅱ形双梁门式起重机的横向框架计算相似,也可以采用容许长细比进行杆件设计。

下横梁是拉弯构件,一般按材料力学的方法计算。

# 第六节  三角形断面桁架式门式起重机金属结构计算

三角形断面桁架式门式起重机的金属结构构造如图 2-4-1 所示,其主梁断面形式见图 2-4-3c、e、f 和图 2-4-51。

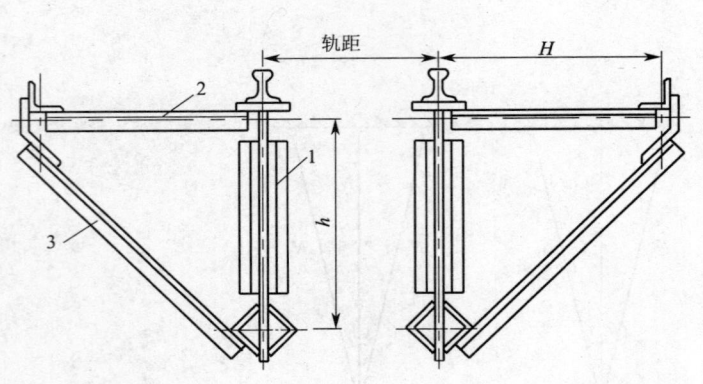

图 2-4-51  三角形断面桁架主梁
1—主桁架；2—水平桁架；3—斜桁架

## 一、倒三角形截面单梁门架结构的计算

如图 2-4-3f 所示的倒三角形断面桁架主梁可分解成一片水平桁架和两片斜桁架。斜桁架各杆件的内力由移动载荷（电动葫芦的轮压）和固定载荷引起；水平桁架各杆件的内力由水平载荷引起,如图 2-4-52 所示。内力分析及杆件设计方法可参照本章第二节的有关内容。对斜桁架和水平桁架共用的弦杆,按其各自平面桁架算出弦杆内力,再几何叠加。

（一）主梁计算

作用在主梁上的载荷及载荷组合情况见表 1-3-28 和表 2-4-10。

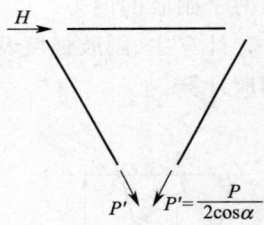

图 2-4-52  倒三角形主梁各片桁架的受力分析

主梁上的工字钢既是电动葫芦的运行轨道,又是两片斜桁架的共用下弦杆,内力较复杂,主要内力有：

1. 固定和移动载荷引起的内力 $N_q$ 和 $N_P$。
2. 电动葫芦轮压引起的局部弯矩 $M^{jz}$（节中弯矩）和 $M^{jd}$（节中弯矩）。$M^{jz}$ 和 $M^{jd}$ 可按式(2-4-5)和式(2-4-6)计算。
3. 电动葫芦轮压引起的工字钢轨道下翼缘的局部应力计算见本篇第三章第一节。

图 2-4-53 是将主梁视为实体悬伸简支梁时的计算简图和内力图,假定垂直载荷 $P$、$q$ 在门架平面内引起的弯矩 $M_P$、$M_q$ 全部由上、下弦杆承受,则弦杆内力可按下式近似计算：

跨中
$$N = \mp \frac{M_q + M_P}{h} \tag{2-4-52}$$

悬臂端
$$N = \pm \frac{M_q + M_P}{h} \tag{2-4-53}$$

式中　$M_q$，$M_P$——固定和移动载荷引起的主梁弯矩；
　　　$h$——桁架式主梁的计算高度。

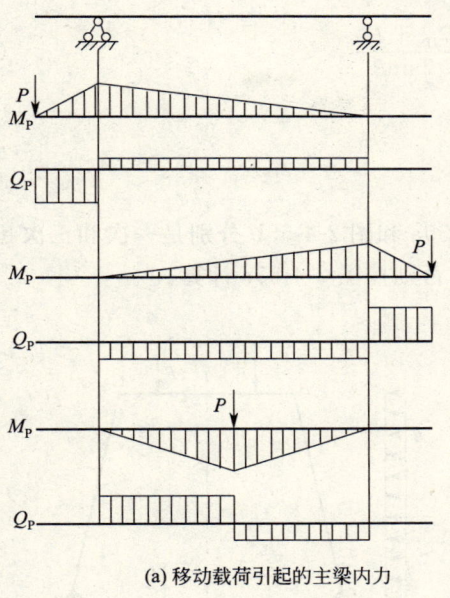

(a) 移动载荷引起的主梁内力

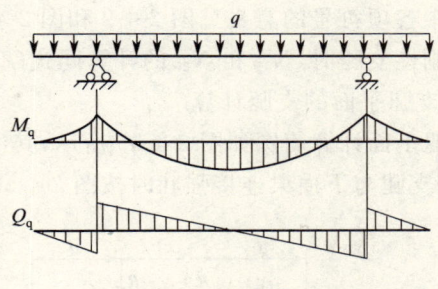

(b) 均布固定载荷引起的主梁内力

图 2-4-53 主梁内力图

主梁刚度按本章第三节的方法计算,可以利用莫尔公式,也可以简化成实体梁按下式近似计算:

跨中
$$f_L = k' \frac{PL^3}{48EI_{zh}} \leq [f]_L \tag{2-4-54}$$

悬臂端
$$f_1 = k' \frac{Pl^3}{3EI_{zh}} \leq [f]_1 \tag{2-4-55}$$

式中 $k'$——系数,常取 $k'=1.1\sim1.2$。

其他符号的意义同式(2-4-14)和式(2-4-15)。

(二)支腿的计算

按平面桁架计算倒三角形断面单梁桁架式门式起重机的支腿时,要考虑门架和支腿两个平面的受力情况。计算工况为小车满载位于悬臂端极限位置制动,起升机构下降制动,风沿大车运行方向。

1. 门架平面的支腿计算

如图 2-4-54 所示的门式起重机(一刚性腿,一柔性腿),水平力 $H$ 引起的肢 1 和肢 2 的内力为:

$$N_{1H} = -N_{2H} = \frac{H}{2\sin\beta} \tag{2-4-56}$$

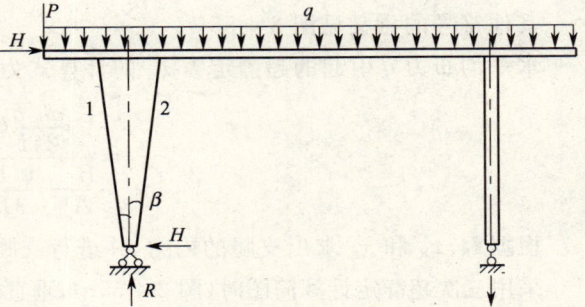

图 2-4-54 单梁门式起重机门架平面支腿计算简图

由于水平力 $H$ 是双向载荷,所以肢 1 和肢 2 均按承受压力考虑。

垂直反力 $R$ 引起的分肢内力为:

$$N_{1R} = N_{2R} = \frac{R}{2\cos\beta} \tag{2-4-57}$$

对如图 2-4-9 所示的门式起重机(二个刚性支腿),水平力 $P_{Hx}$ 和移动载荷 $P$(小车轮压)都将引起横推力,可用本篇第五章第三节的方法(表 2-5-4)求出 $P$ 引起的横推力 $H_1$,然后按下式计算 $N_{1H}$

和 $N_{2H}$：

$$N_{1H}=-N_{2H}=\frac{P_{Hx}+H_1}{2\sin\beta} \tag{2-4-58}$$

式中各项符号的意义见图 2-4-9 和图 2-4-54。

二刚性支腿时，$N_{1R}$ 和 $N_{2R}$ 的计算同式（2-4-57）。

**2. 支腿平面的支腿计算**

支腿平面计算简图如图 2-4-55 所示，其中图 2-4-55a 和图 2-4-55b 分别是一次和三次超静定计算简图，支腿与下横梁连接强壮时按图 2-4-55b 计算，否则按图 2-4-55a 计算。

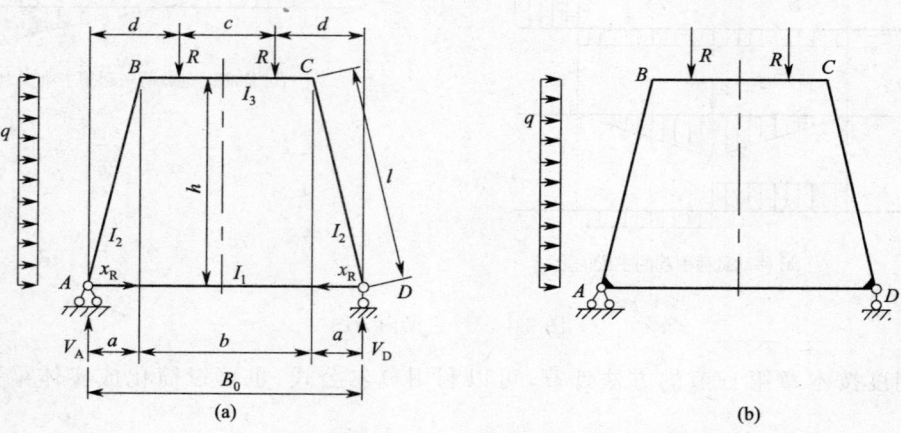

图 2-4-55 单梁门式起重机支腿平面的支腿计算简图

当采用如图 2-4-55a 所示的计算简图时，垂直力 $R$ 引起的超静定力 $x_R$ 按下式计算：

$$x_R=\frac{\dfrac{Rh}{3I_3}[3(d^2+d\cdot c-a^2)+2abk_1]}{\dfrac{B_0}{A}+\dfrac{h^2}{3}\dfrac{b}{I_3}(3+2k_1)} \tag{2-4-59}$$

式中 $k_1$——系数，$k_1=\dfrac{I_3}{I_2}\cdot\dfrac{l}{b}$；

$A$——下横梁的截面面积。

其他符号的意义见图 2-4-55。

水平均布力 $q$ 引起的超静定力 $x_q$ 的计算式为：

$$x_q=\frac{\dfrac{qh^3b}{24I}(6+5k_1)}{\dfrac{B_0}{A}+\dfrac{h^2B_0}{3I_3}(3+2k_1)} \tag{2-4-60}$$

根据 $R$、$x_R$ 和 $x_q$ 求出支腿的内力，并进行支腿强度和稳定性计算。

采用三次超静定计算简图时（图 2-4-55b），垂直载荷 $R$ 和水平均布力 $q$ 引起的弯矩图如图 2-4-56 所示。垂直载荷 $R$ 引起的弯矩按下式计算：

$$M_A=M_D=Rbk_2\beta(1-\beta)R_1 \tag{2-4-61}$$

$$M_B=M_C=Rb\beta[3k_1+2k_2-k_2^2-\beta(3k_1+2k_2)]R_1 \tag{2-4-62}$$

$$M_R=Rb\beta R_1 R_3 \tag{2-4-63}$$

水平载荷 $q$ 引起的弯矩为：

$$M'_A=\frac{qh^2}{24}(R_1R_6+R_2R_7) \tag{2-4-64}$$

$$M'_B=\frac{qh^2}{24}(R_1R_4-R_2R_5) \tag{2-4-65}$$

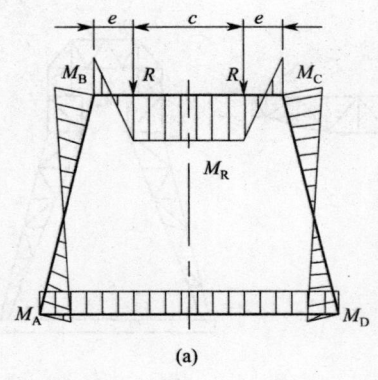 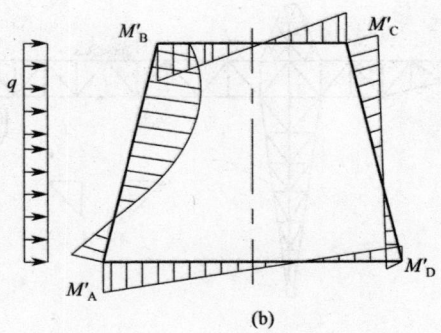

图 2-4-56 支腿内力图

$$M'_C = \frac{qh^2}{24}(R_1R_4 + R_2R_5) \tag{2-4-66}$$

$$M'_D = \frac{qh^2}{24}(R_1R_6 - R_2R_7) \tag{2-4-67}$$

上述各式中弯矩的作用位置如图 2-4-56 所示。

式中
$R_1 = \dfrac{1}{3k_1 + 2k_2 + 2k_1k_2 + k_2^2}$

$R_2 = \dfrac{1}{\alpha^2(k_1 + 2k_2) + 2\alpha k_2 + 1 + 2k_2}$

$R_3 = \beta(3k_1 + 2k_2) + k_2(2k_1 + k_2)$

$R_4 = k_2(3k_1 + k_2)$

$R_5 = 3(2\alpha k_1 + 3\alpha k_2 + k_2)$

$R_6 = k_2(3 + k_2)$

$R_7 = 3(\alpha^2 k_2 + 3\alpha k_2 + 4k_2 + 2)$

其中　$\beta = e/b, k_1 = \dfrac{I_3}{I_1} \cdot \dfrac{B_0}{b}, k_2 = \dfrac{I_3}{I_2} \cdot \dfrac{l}{b}, \alpha = \dfrac{B_0}{b}$

单梁门式起重机的支腿有箱形、型钢以及桁架结构型式。对箱形及型钢结构的支腿可参照本篇第一章第四节和本篇第五章第三节及第四节进行支腿的强度、稳定性计算；对桁架式支腿可根据本篇第一章第四节和本章第五节的有关内容计算支腿的强度与稳定性，并进行支腿杆件的设计。

**二、三角形断面双梁门架结构的计算**

三角形断面双梁门式起重机的门架结构与四桁架式双梁门式起重机金属结构相似，只是主梁的断面为三角形，如图 2-4-51a 和图 2-4-57 所示。

主梁的主桁架高度 $h$ 按照本章第一节的方法确定，主梁宽度（水平桁架宽度）$H$ 常取 0.8 m～1.8 m，主桁架与斜桁架间的夹角 $\beta$ 一般取 $35°\sim 45°$。

常用三角形断面的主梁可分解为三片平面桁架，平面桁架的外形及腹杆体系如图 2-4-51 所示。主桁架上弦杆常用的截面型式如图 2-4-13a 所示，主桁架下弦杆多采用闭合断面，以便下弦杆与斜桁架的连接，斜桁架上弦杆多采用单根型钢，如图 2-4-51 所示。

（一）主梁的计算

图 2-4-58 为三角形断面桁架式主梁所受载荷 $P$ 向各片平面桁架分配的情况，将作用于主桁架的外力 $P$ 移到主梁断面的弯心 $O$ 上，根据力系等效原则，附加扭矩 $M_P = P \cdot a$；将 $P$ 及 $M_P$ 分配到各片平面桁架上（图 2-4-58c、d），再将各片桁架承受的载荷叠加，则各片桁架所受总载荷为：

主桁架　　　　　$P_{zh} = P_1 + P_{MP_1} = \dfrac{P(h_2 - a)}{h_2} + \dfrac{Pa}{h_2} = P \tag{2-4-68}$

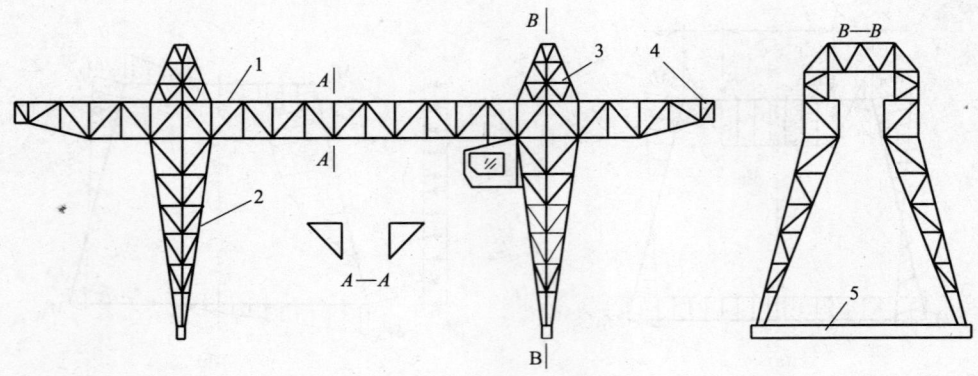

图 2-4-57 三角形断面双梁桁架式门式起重机金属结构
1—上部桁架主梁；2—桁架支腿；3—马鞍；4—上端梁；5—下横梁

水平桁架
$$P_{sh} = P_2 + P_{MP_2} = P'\tan\beta - \frac{M_P}{h_1} = 0 \quad (2\text{-}4\text{-}69)$$

斜桁架
$$P_{xh} = P_3 + P_{MP_3} = \frac{P'}{\cos\beta} - \frac{M_P}{h_1\sin\beta} = 0 \quad (2\text{-}4\text{-}70)$$

式中各项符号的意义见图 2-4-58。

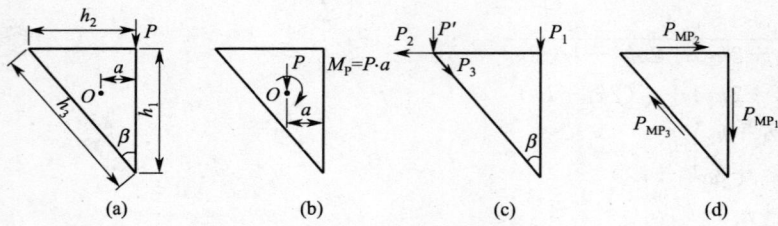

图 2-4-58 三角形断面桁架主梁各片桁架的受力分析

由上述分析可知，分解为平面桁架计算时，作用于某片桁架上的载荷由该片桁架承受，即不必考虑载荷不作用于弯心的影响。作用在水平桁架和斜桁架交点处的载荷应分解到水平桁架和斜桁架上。

计算出各片桁架杆件的内力后，即可按本篇第一章第四节和本章第二节的有关内容进行杆件的设计计算。

三角形断面桁架式主梁的刚度计算参照本章第三节的相关内容。

(二)支腿的计算

三角形断面双梁门式起重机支腿的构造与四桁架式双梁门式起重机的支腿基本相同，如图 2-4-38 与图 2-4-57 所示，只是主梁与支腿的连接处有些差异，因此，支腿的计算可参照之。

# 第五章 箱形门式起重机金属结构设计计算

## 第一节 结构型式、主要参数和载荷计算

### 一、结构型式

箱形门式起重机金属结构由上部主梁、端梁、马鞍、支腿、下横梁以及小车架、司机室和走台栏杆等组成。根据门架的结构特点、有无悬臂及悬臂数目,金属结构分为无悬臂式(图 2-5-1a)、双悬臂式(图 2-5-1b)和单悬臂式(图 2-5-1c)等。

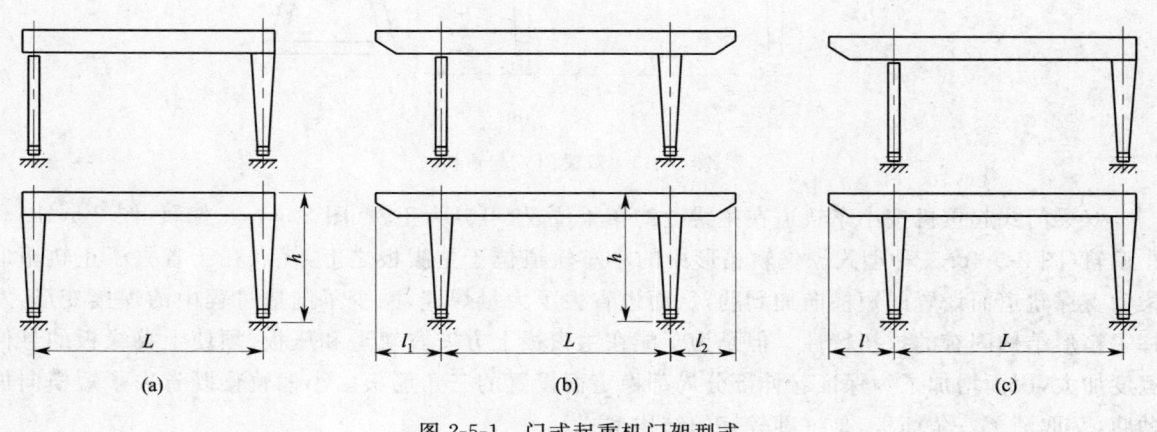

图 2-5-1 门式起重机门架型式

按支腿与主梁的连接方式,可分为两个刚性支腿、一个刚性支腿与一个柔性支腿。两种结构型式的对比参见图 2-5-1。柔性支腿与主梁之间可采用螺栓连接、柱形铰、球形铰连接或其他连接方式。

按主梁数量,可分为单梁(图 2-5-2)和双梁(图 2-5-3)门式起重机,按支腿平面内的支腿形状,又可分为 L 型、C 型单主梁门式起重机(图 2-5-2a)及 O 型、U 型、A 型和八字腿带马鞍双梁门式起

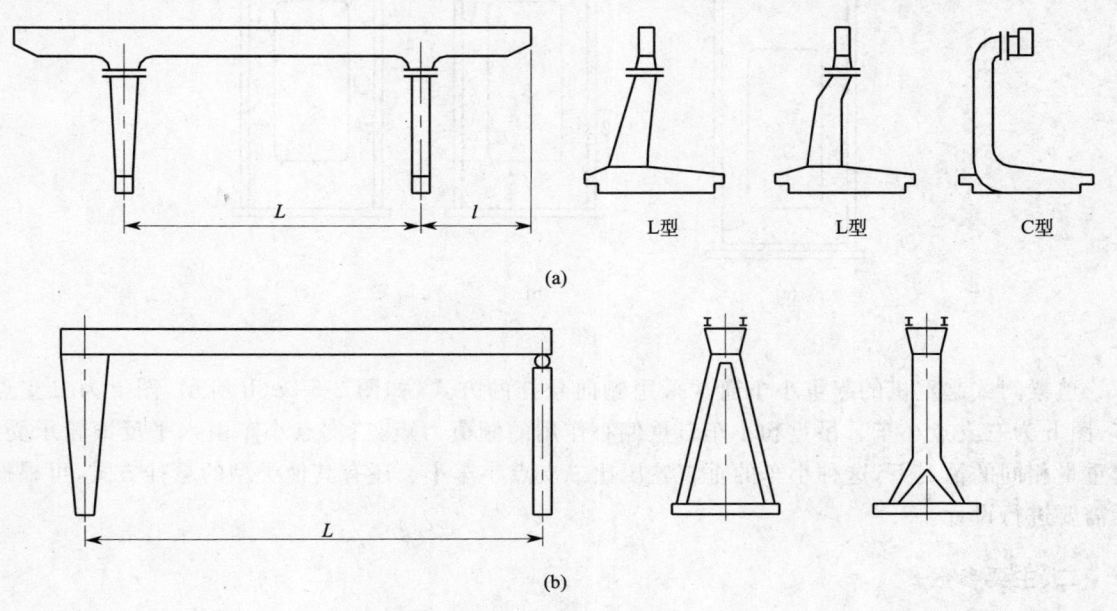

图 2-5-2 单主梁门式起重机

重机(图 2-5-3)等结构型式。

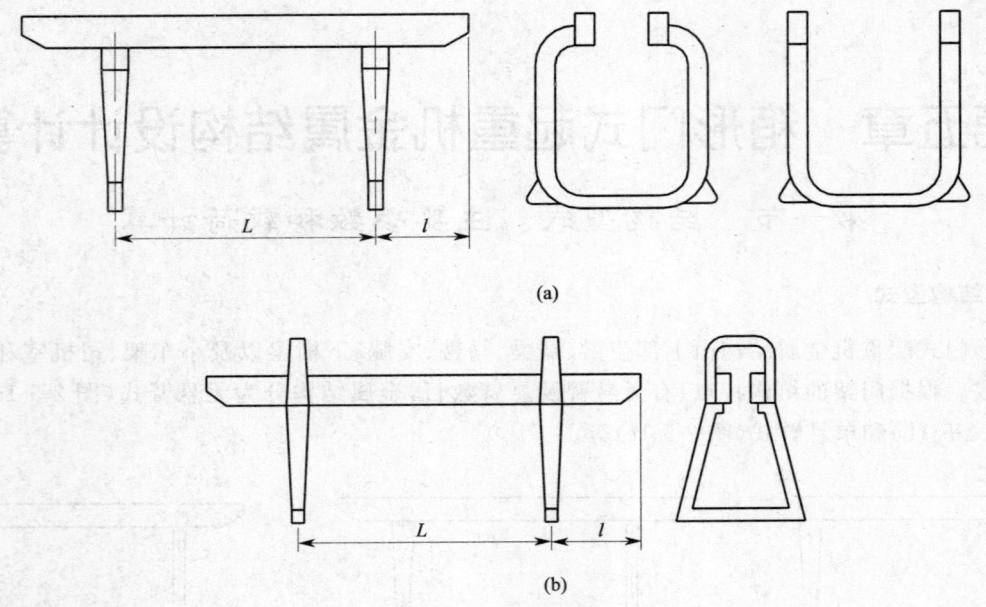

图 2-5-3 双梁门式起重机

双梁门式起重机按小车轨道在主梁上的布置位置,可分为正轨(图 2-5-4a)、偏轨(图 2-5-4b)和小偏轨(图 2-5-4c)三种型式。偏轨箱形梁的小车轨道位于主腹板之上,优点在于省去了正轨箱形梁为支撑轨道而设置的短横向加劲肋,从而也省去了大量焊缝,减少了制造过程中的焊接变形,发挥了箱形结构固有的抗扭特性。但是为了能在主腹板上方安置轨道和压板,须使上翼缘板的悬伸宽度加大,因而增加了为保证悬伸部分局部稳定而设置的三角筋板。小偏轨梁既省去了短横向加劲肋,又取消了三角筋板,是一种较好的结构型式。

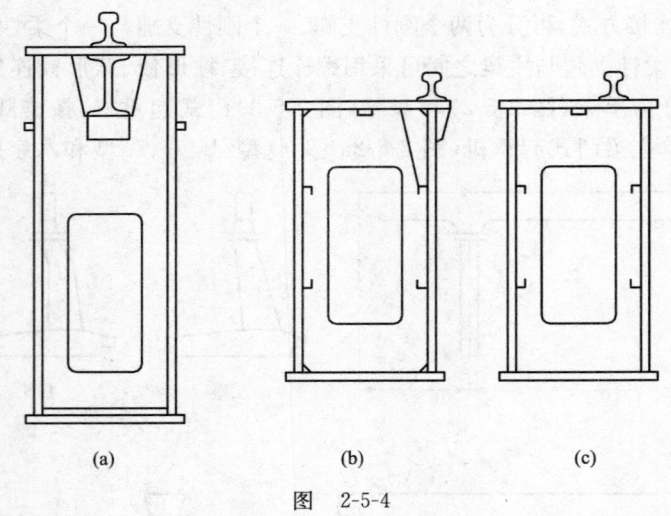

图 2-5-4

单梁门式起重机的起重小车通常采用侧向悬挂的方式,如图 2-5-5a、b 所示,图 a 为二支点小车,图 b 为三支点小车。吊重和小车自重偏心作用的倾覆力矩,三支点小车由水平反滚轮承受,在起重量相同的情况下,这种小车的垂直轮压比二支点小车小。还有其他类型的悬挂方式,可根据实际需要进行设计。

## 二、主要参数

门式起重机的跨度、门架高度、悬臂长度及支腿型式应根据使用要求确定。通用门式起重机的

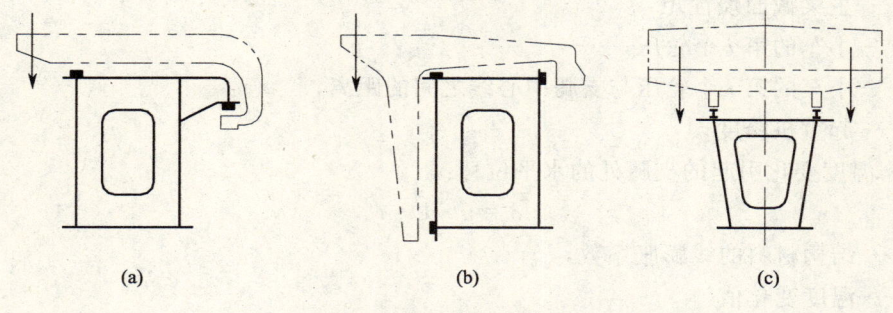

图 2-5-5 小车悬挂方式

跨度 $L$ 一般在 18 m～35 m，门架高度 $h$ 一般取 10 m～15 m。特殊用途的门式起重机（如造船用门式起重机）的跨度可达 60 m～140 m，门架高度可达 50 m～100 m 或者更高。

悬臂长度应根据使用要求确定，但悬臂的构造合理长度应按在自重和移动载荷分别作用下，使悬臂的最大弯矩和跨中最大弯矩相等的原则确定（图 2-5-6a、b）。

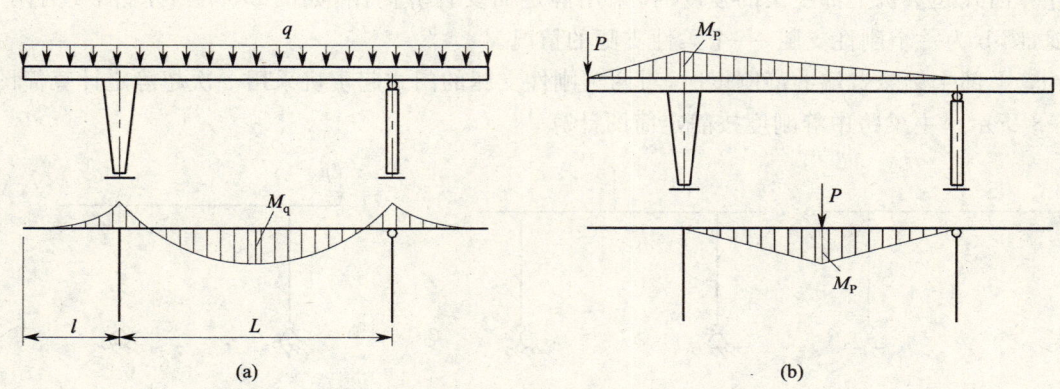

图 2-5-6 确定悬臂合理长度示意图

在自重作用下，悬臂的合理长度约为：
$$l=0.35L$$
在移动载荷 $P$ 作用下，悬臂的合理长度约为：
$$l=0.25L$$
综上所述，悬臂长度可取为：
$$l=(0.25～0.35)L$$

在满足使用要求的前提下，悬臂长度的确定还应尽量避免使悬臂端的垂直静刚度成为控制条件。

当跨度 $L\leqslant 35$ m 时，门架可采用两个刚性支腿；当跨度 $L>35$ m 时，为补偿温差所造成的结构变形，可以制成一个刚性支腿和一个柔性支腿。在设计之初，可根据下列原则确定是否要设置柔性支腿。

取大车车轮踏面宽度与轨道头部宽度差为 $\Delta$，则：

当支腿在大车轨道处的水平位移 $\delta\leqslant\Delta$ 时，无须设计柔性支腿；

当 $\delta>\Delta$ 时，应考虑设置柔性支腿。

$$\delta=\delta_P+\delta_t \tag{2-5-1}$$

式中　$\delta_P$——小车轮压引起的支腿在大车轨道处产生的垂直于轨道方向的水平位移：

$$\delta_P=\frac{h}{2EI}\sum P_i(L-x_i)x_i \tag{2-5-2}$$

其中　$h$——支腿高度，

$I$ —— 主梁截面惯性矩；
$P_i$ —— 小车的第 $i$ 个轮压；
$x_i$ —— 小车的第 $i$ 个轮压与支腿中心线之间的距离；
$L$ —— 起重机跨度；
$\delta_t$ —— 温度变化引起的支腿处的水平位移：
$$\delta_t = \alpha \cdot L \cdot t \tag{2-5-3}$$

其中 $\alpha$ —— 结构材料的线膨胀系数；
$t$ —— 温度变化值。

门式起重机的大车轴距由跨度及倾覆稳定性决定，一般取轴距 $B \geqslant \left(\dfrac{1}{5} - \dfrac{1}{7}\right) L$。

支腿高度取决于起升高度的要求，铁路通用门式起重机支腿的投影高度在 8 m～15 m。

### 三、门式起重机金属结构计算简图

计算门式起重机上部主梁的强度时，采用静定简支计算简图，如图 2-5-7 所示，图 a 为两个刚性支腿，图 b 为一个刚性支腿、一个柔性支腿的情况。

计算上部主梁悬臂端的静刚度时，对两个刚性支腿的门式起重机采用一次超静定计算简图，如图 2-5-8 所示。主梁跨中静刚度按静定简图计算。

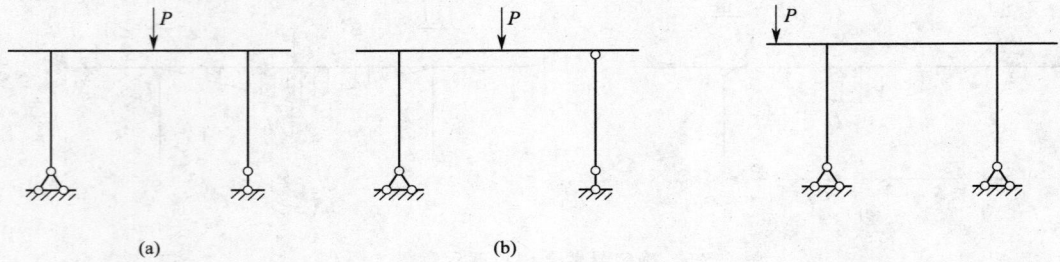

图 2-5-7 计算上部主梁强度时门架平面计算简图　　图 2-5-8 两个刚性支腿时悬臂端静刚度计算简图

计算门架平面支腿强度时，采用何种计算简图决定于水平力 $P_{Hx}$ 和横推力 $H$（横推力 $H$ 由垂直载荷引起），如图 2-5-9 所示。

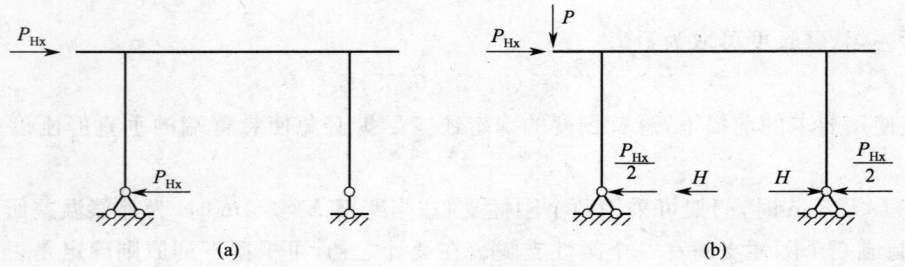

图 2-5-9 门架平面支腿强度计算简图

当 $P_{Hx} > \dfrac{P_{Hx}}{2} + H$ 时，采用静定计算简图；

当 $P_{Hx} < \dfrac{P_{Hx}}{2} + H$ 时，采用超静定计算简图。

计算支腿平面的强度和刚度时，对单主梁小车式门式起重机，支腿为 L 型、C 型或直腿型时均采用静定计算简图，如图 2-5-10a、b、c。

双梁 O 型门式起重机计算支腿时亦取静定计算简图（图 2-5-11a）。双梁八字腿门式起重机计算支腿时，取一次超静定计算简图，如图 2-5-11b 所示。

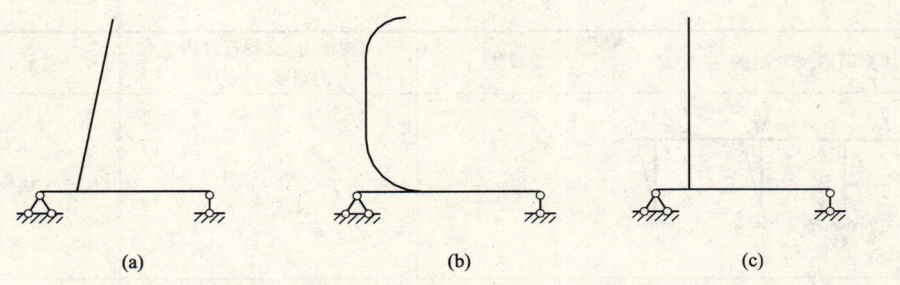

图 2-5-10 单主梁门式起重机支腿计算简图

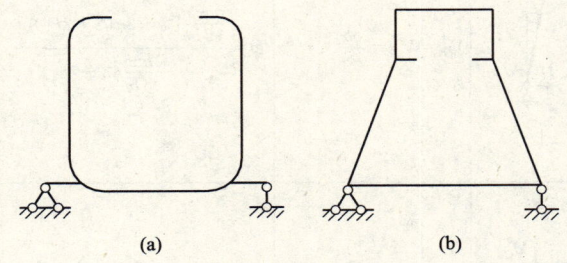

图 2-5-11 双主梁门式起重机支腿计算简图

门式起重机按一次超静定计算简图时,支腿受到的横推力、支反力及主梁、支腿的弯矩见表 2-5-1。

**表 2-5-1 门式起重机按一次超静定计算公式**

| 计算简图及弯矩图 | 支反力 | 横推力、支腿杆件内力或水平反力 | 主梁、支腿弯矩 $M$ |
|---|---|---|---|
| | $V_A = \dfrac{Pb}{L} + \dfrac{Hh}{L}$ <br> $V_C = \dfrac{Pa}{L} - \dfrac{Hh}{L}$ | $H = \dfrac{Pab(L+b)}{2hL^2(k+1)}$ | $M_B = -Hh$ <br> $M_P = \dfrac{Pab(2L^2k+3La-a^2)}{2L^3(k+1)}$ |
| | $V_A = \dfrac{Pb}{L}$ <br> $V_D = \dfrac{Pa}{L}$ | $H = \dfrac{3Pab}{2hL(2k+3)}$ | $M_B = M_C = -Hh$ <br> $M_P = \dfrac{4k+3}{2k+3} \cdot \dfrac{Pab}{2L}$ |
| | $V_A = \dfrac{P}{L}(c+2b)$ <br> $V_D = \dfrac{P}{L}(c+2a)$ <br> 当 $a=b$ <br> $V_A = V_D = P$ | $H = \dfrac{3P(ac+2ab+bc)}{2hL(2k+3)}$ <br> 当 $a=b$ <br> $H = \dfrac{3Pa(a+c)}{hL(2k+3)}$ | $M_B = M_C = -Hh$ <br> $M_P = V_A \cdot a + M_B$ <br> $M_{max} = V_D \cdot b + M_C$ <br> 当 $a=b$ <br> $M_B = M_C = -\dfrac{3Pa(a+c)}{L(2k+3)}$ <br> $M_P = Pa + M_B$ |
| | $V_A = 2P\left(1+\dfrac{l_1}{L}\right)$ <br> $V_D = -2P\dfrac{l_1}{L}$ | $H = \dfrac{3(2P)l_1}{2h(2k+3)}$ | $M_{B左} = 2Pl_1$ <br> $M_{B右} = 2Pl_1 - Hh$ <br> $M_C = Hh$ |

续上表

| 计算简图及弯矩图 | 支反力 | 横推力、支腿杆件内力或水平反力 | 主梁、支腿弯矩 $M$ |
|---|---|---|---|
| 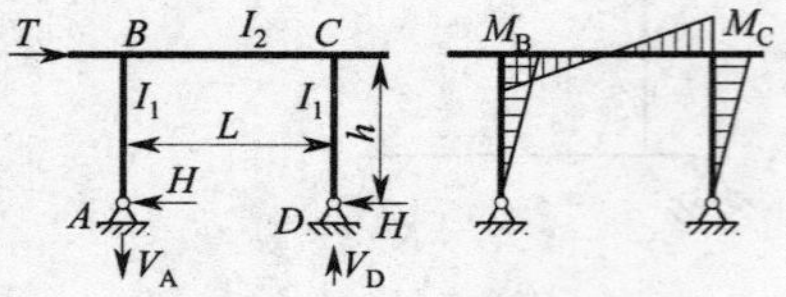 (图：T力作用于B点的刚架) | $V_A=-V_D=\dfrac{Th}{L}$ | $H=\dfrac{1}{2}T$ | $M_B=-M_C=\dfrac{hT}{2}$ |
| 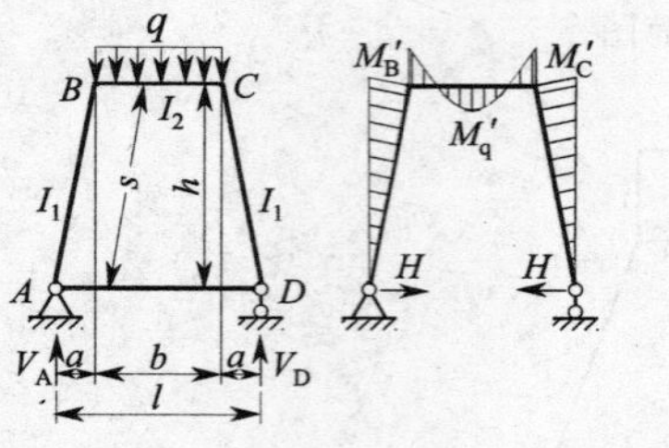 (图：均布荷载q作用于BC上的梯形刚架) | $V_A=V_D=\dfrac{qb}{2}$ | $H=\dfrac{\dfrac{qb^2h}{12I_2}[b+2a(3+2k_1)]}{\dfrac{l}{A}+\dfrac{h^2b}{3I_2}(3+2k_1)}$ | $M'_B=M'_C=V_A\cdot a-Hh$ <br> $M'_q=V_A\left(a+\dfrac{b}{2}\right)-Hh-\dfrac{qb^2}{8}$ |
| 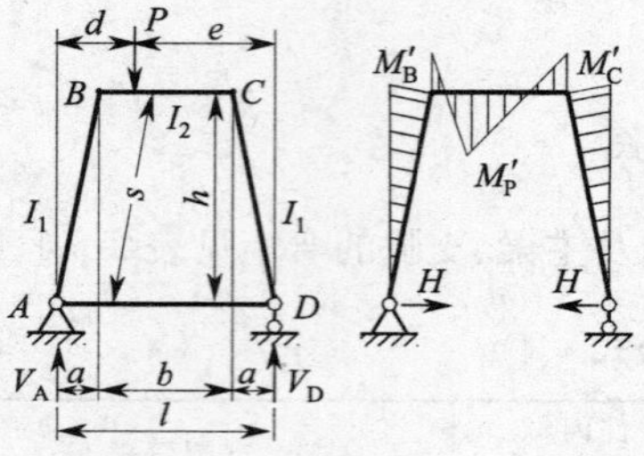 (图：集中力P作用于BC段d处) | $V_A=P\dfrac{e}{l}$ <br> $V_D=P\dfrac{d}{l}$ | $H=\dfrac{\dfrac{Ph}{6I_2}[3(de-a^2)+2abk_1]}{\dfrac{l}{A}+\dfrac{h^2b}{3I_2}(3+2k_1)}$ | $M'_B=V_A\cdot a-Hh$ <br> $M'_P=V_A\cdot d-Hh$ <br> $M'_C=V_D\cdot a-Hh$ |
| 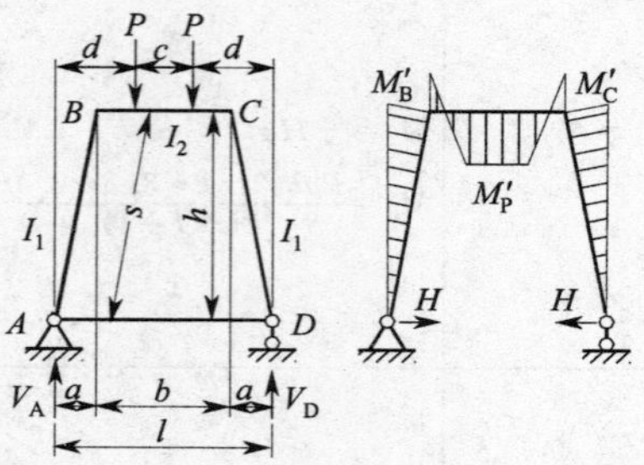 (图：两对称集中力P) | $V_A=V_D=P$ | $H=\dfrac{\dfrac{Ph}{3I_2}[3(d^2+dc-a^2)+2abk_1]}{\dfrac{l}{A}+\dfrac{h^2b}{3I_2}(3+2k_1)}$ | $M'_B=M'_C=V_A\cdot a-Hh$ <br> $M'_P=V_A\cdot d-Hh$ |
| 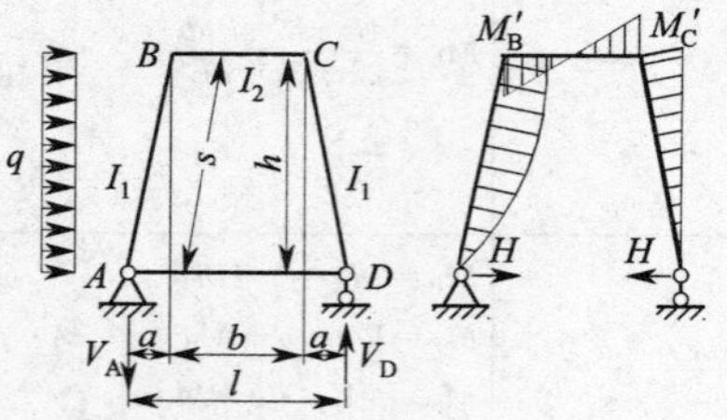 (图：左支腿上三角分布荷载q) | $-V_A=V_D=\dfrac{qh^2}{2l}$ | $H=\dfrac{\dfrac{qh^3b}{24I_2}(6+5k_1)}{\dfrac{l}{A}+\dfrac{h^2l}{3I_2}(3+2k_1)}$ | $M'_B=V_D(l-a)-Hh$ <br> $M'_C=V_D\cdot a-Hh$ |
| 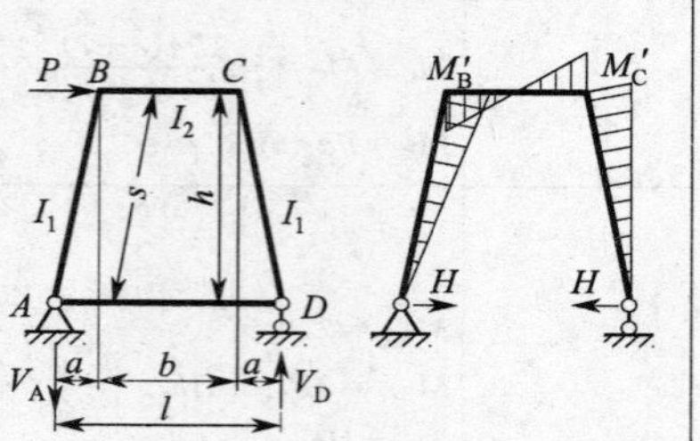 (图：水平集中力P作用于B点) | $-V_A=V_D=P\cdot\dfrac{h}{l}$ | $H=\dfrac{\dfrac{Ph^2b}{6I_2}(3+2k_1)}{\dfrac{l}{A}+\dfrac{h^2b}{3I_2}(3+2k_1)}$ | $M'_B=V_D(l-a)-Hh$ <br> $M'_C=V_D\cdot a-Hh$ |

注：表中 $k=\dfrac{I_2}{I_1}\cdot\dfrac{h}{L}$；$k_1=\dfrac{I_2}{I_1}\cdot\dfrac{s}{b}$；$A$ 为拉杆（$\overline{AD}$）的截面积。

**四、计算载荷及其组合**

作用在门式起重机金属结构上的载荷有结构自重载荷 $P_G$、小车自重载荷 $P_{xc}$、起升载荷 $P_Q$、大车制动产生的惯性载荷 $P_{HD}$、小车制动产生的惯性载荷 $P_{Hx}$、风载荷 $P_W$、偏斜运行侧向载荷 $P_S$ 以及轨道对支腿产生的横推力 $H$。

确定金属结构的计算载荷及组合时,应参照第一篇第三章。

门式起重机金属结构计算载荷与载荷组合表见第一篇第三章表 1-3-28。

结构自重 $P_G$ 可参考类似结构,查有关图表或利用经验公式确定。当缺乏任何资料时,对起重量 $Q \leqslant 80t$ 的门式起重机金属结构(包括主梁和支腿),在方案设计阶段可按下式初估:

无悬臂门式起重机

$$P_{G1} = 7\sqrt{Q \cdot H_0 \cdot L_0} \text{ (kN)}$$

有悬臂门式起重机

$$P_{G2} = 5\sqrt{Q \cdot H_0 \cdot L_0} \text{ (kN)}$$

式中　$Q$——起重量(t);

　　　$L_0$——上部主梁总长(m);

　　　$H_0$——起升高度(m)。

此公式所得结果仅供参考,在设计阶段应按结构的具体尺寸予以估算。

支腿单位长度重量约为主梁(单根)单位长度重量的 0.2 倍~0.4 倍。

小车自重和起升载荷以小车轮压的形式作用在主梁上。

起升载荷 $P_Q$ 为起重量再加上吊钩和钢丝绳的重量,对于抓斗、电磁吸盘、集装箱门式起重机,$P_Q$ 还应包括抓斗、电磁吸盘及集装箱吊具的重量。

结构设计中各类动载荷系数的计算及惯性载荷、风载荷、偏斜运行侧向力等载荷的计算见第一篇第三章。

## 第二节　箱形门式起重机金属结构系统的优化设计

门式起重机金属结构的重量通常约占整机重量的 60% 以上,一些大型门式起重机则可达到 90%。因此采用先进的设计方法降低金属结构的自重,从而降低大车轮压,减少走行基础的基建投资,是门式起重机设计人员所关心的问题。除采用有限元方法对结构进行比较准确的分析之外,在规范及现有计算方法的基础上,改变过去的类比设计方法,采用最优化设计是一条有效的途径。经对已有结构进行优化设计,并将所得结果与现有方案相比,重量可减轻 15% 左右。

**一、数学模型的建立及非线性混合离散变量的优化设计问题**

用最优化技术进行门式起重机金属结构系统优化设计的第一步,是根据设计所要追求的目标,以及各种结构、工艺、强度、刚度、稳定性等性能方面的限制条件建立数学模型。即求一组设计变量 $X$:

$$X = [X_1, X_2, \cdots, X_m]^T$$

使多变量的设计目标函数 $F(X)$ 在给定的不等式约束条件 $g_u(X) \leqslant 0 (u=1,2,\cdots,m)$、等式约束条件 $h_v(X) = 0 (v=m+1, m+2, \cdots, p)$ 及 $Q(X^d) = 0$ ($X^d$——离散型变量,当 $X^d$ 为所要求的离散型变量时,$Q(X^d) = 0$)等条件下,达到函数的极小值。相应于这个函数的极值就是门式起重机金属结构系统的最优解。

优化设计算法多种多样,但对于门式起重机结构系统的优化设计这类复杂问题,求解其众多约束函数的导数并非一件易事,故建议采用仅要求函数表达式,并不要求其导数的算法。例如采用混合惩罚函数法,以 SUMT—Powell 方法求解优化过程。但一般的混和惩罚函数法用于求解连续设计变量,而在门式起重机金属结构的构件中,与板厚相应的设计变量应取为 6、8、10、12、…(mm) 的钢板。由于这类变量对门式起重机结构重量的影响很大,不可能通过圆整连续值来求得答案,为此将惩罚函数法加以扩展,用于解决非线性混合离散变量的优化设计问题。这种方法的要点是将设计变量分为两类:

$$\boldsymbol{X}=[X_1,X_2,\cdots,X_n]^T = \begin{cases} X^c \in R^c \\ X^d \in R^d \end{cases} \tag{2-5-4}$$

式中　$R^c$——连续设计变量的子集;

$R^d$——离散整数设计变量的子集。

将 $\min_{X \in R^n} F(X)$ 受约束于:

$g_u(X) \leqslant 0 \quad (u=1,2,\cdots,m)$

$h_v(X) = 0 \quad (v=m+1, m+2, \cdots, p)$

的非线性规划问题,变换为如下形式的惩罚函数:

$$\min \phi(X, R_1^{(k)}, R_2^{(k)}) = \min\left\{ F(X) - R_1^{(k)} \sum_{u=1}^{m} \frac{1}{g_u(X)} + \frac{1}{\sqrt{R_1^{(k)}}} \sum_{v=m+1}^{p} [h_v(X)]^2 + R_2^{(k)} Q(X^d) \right\}$$

$$(2-5-5)$$

式中　$Q(X^d)$——离散型惩罚项;

$R_1^{(k)}, R_2^{(k)}$——加权惩罚因子 ($k=0,1,2,\cdots$),加权惩罚因子 $R_1^{(k)}$ 是一个递减的正序列:

$$R_1^{(k+1)} = C \cdot R^{(k)}$$

其中　$C$——下降系数,通常在 0.025～0.5 范围内选取。

加权惩罚因子 $R_2^{(k)}$ 用以控制离散型惩罚项计入惩罚函数中的变化幅度,是一个递增的正序列:

$$\frac{R_2^{(k+1)}}{R_2^{(k)}} = \left(\frac{R_1^{(k)}}{R_1^{(k+1)}}\right)^{1/2} = \left(\frac{1}{C}\right)^{1/2} = \delta$$

当 $C=0.05$ 时,近似得 $R_2^{(k+1)} = \delta \cdot R_2^{(k)} = 4.5 R_2^{(k)}$

离散型惩罚项具有以下特性:

$$Q(X^d) = \begin{cases} 0(X^d \in R^d, \text{当设计点满足离散值时}) \\ >0(X^d \notin R^d, \text{设计点不满足离散值时}) \end{cases}$$

如在门式起重机金属结构系统优化设计中,第 $j \sim k$ 设计变量为表达钢板厚度的离散型整数变量,其值应取大于等于 6mm 的偶数值。当设计点不满足离散值要求时,其离散惩罚项定义为:

$$Q(X^d) = \sum_{i=j}^{k} [4q_i(1-q_i)]^{\beta(k)} \tag{2-5-6}$$

式中　$q_i = \frac{X_i - Z_i}{2}$;$Z_i$ 为小于 $X_i$ 的最大离散点的取值。

为保证在相邻离散点之间惩罚函数 $\phi(X, R_1^{(k)}, R_2^{(k)})$ 的一阶导数是连续的,$\beta^{(k)}$ 应取大于 1 的数,一般情况下,取一个较大的 $\beta^{(0)}$ 值可以改善收敛性。$\beta^{(k)}$ 序列按下式产生:

$$\beta^{(k+1)} = \beta^{(k)}/\varepsilon \quad (\varepsilon = 1.2)$$

离散型惩罚项 $Q(X^d)$ 是一个归一化的对称函数,如图 2-5-12 所示。其最大值为 1。对于 $\beta^{(k)} \geqslant 1$ 的不同值,其函数在离散点之间的一阶导数是连续的。

对于一系列因子 $R_1^{(k)}$、$R_2^{(k)}$,当 $k \to \infty$ 时有:

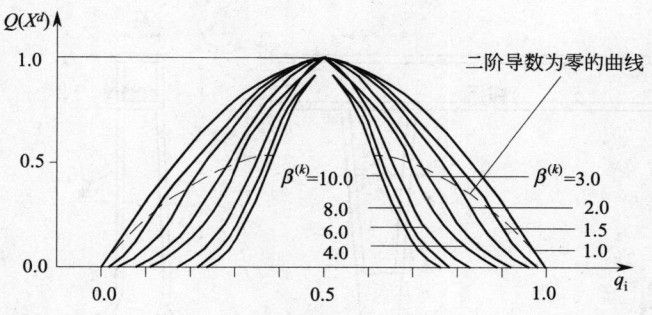

图 2-5-12 离散型惩罚项 $Q(X^d)$ 函数图

$$\left.\begin{array}{l}\min\phi(X,R_1^{(k)},R_2^{(k)})\to\min F(X)\\ g_u(X)\leqslant 0(u=1,2,\cdots,m)\\ h_v(X)\to 0(v=m+1,m+2,\cdots,p)\\ Q(X^d)\to 0\end{array}\right\} \quad (2\text{-}5\text{-}7)$$

使离散设计变量收敛到离散点上。通常 $R_1^{(k)}$、$R_2^{(k)}$ 的变化次数并不多,一般约为 $K_{\max}=6\sim 10$。

在给定惩罚因子 $R_1^{(k)}$、$R_2^{(k)}$ 的情况下,当设计变量不多(10 余个左右)时,可用 Powell 方法求解 $\phi(X,R_1^{(k)},R_2^{(k)})$ 的极小值。关于 Powell 方法每次迭代方向的产生,以及共轭方向的形成可参看有关优化设计方法的论著。

计算 $Q(X^d)$ 的子程序编制可参照图 2-5-13。

优化设计方法有许多种类,并且目前有关算法仍在研究发展中,本节举一可行之例。设计者亦可参照有关优化设计的论著选取其他计算方法。

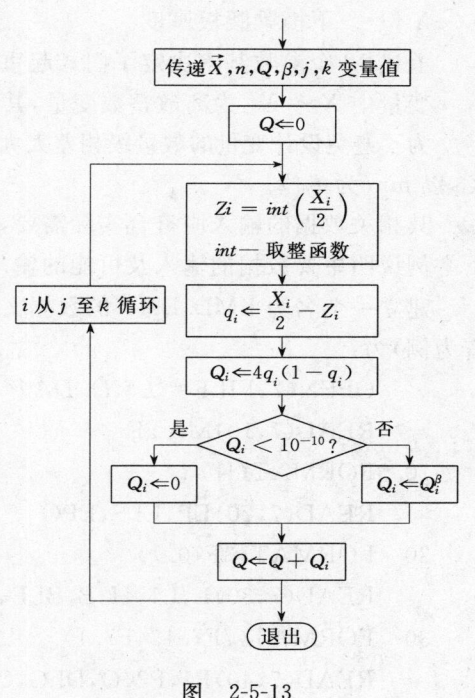

图 2-5-13

**二、优化设计程序的一般输入格式及计算实例**

优化设计所涉及的首要问题为设计变量的选取。现以西南交通大学机械工程研究所编制的门式起重机结构系统优化设计软件为例,这一程序可对双梁 U 型、O 型、八字腿型门式起重机和单主梁 C 型门式起重机进行优化设计,有悬臂和无悬臂时均适用。在无悬臂的情况下,当有效悬臂长的输入参数为 0 时,程序在运行时会自动取消有关悬臂的约束条件。

该优化程序以门式起重机结构系统主要部件(主梁、支腿、下横梁)的截面尺寸为设计变量,以结构系统的重量最轻为指标建立目标函数。选取以下 12 个截面参数作为设计变量 $X$(见图 2-5-14):

$X_1$——主梁高度;

$X_2$——主梁宽度(支腿上端截面高度);

$X_3$——支腿上端截面宽度;

$X_4$——支腿下端截面高度;

$X_5$——支腿下端截面宽度(下横梁宽度);

$X_6$——下横梁截面高度;

$X_7$——主梁翼缘板厚度;

$X_8$——主梁腹板厚度;

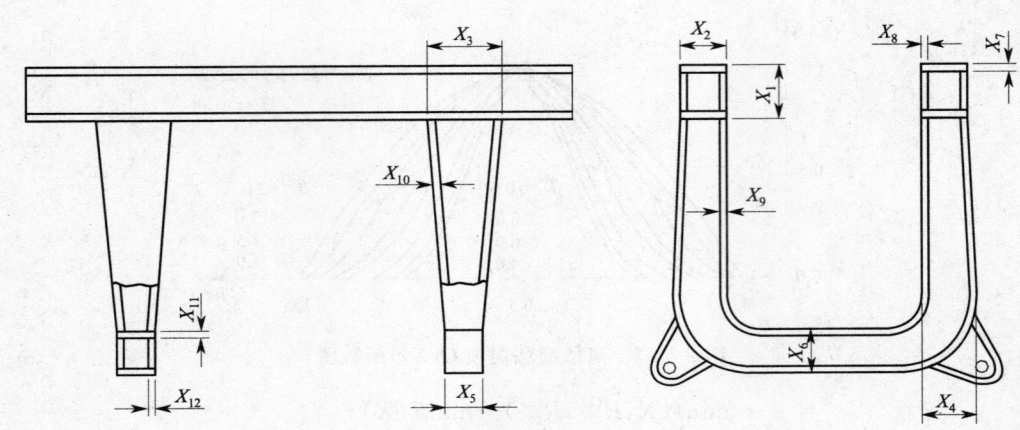

图 2-5-14　门式起重机结构系统设计变量

$X_9$——支腿翼缘板厚度；

$X_{10}$——支腿腹板厚度；

$X_{11}$——下横梁翼缘板厚度；

$X_{12}$——下横梁腹板厚度。

上述 12 个参数基本决定了门式起重机结构系统的重量。

变量中 $X_7 \sim X_{12}$ 为离散整数变量，其值应取大于等于 6mm 的偶数值。

为了避免设计变量的数量级相差太大，采用了不同的单位，其中 $X_1 \sim X_6$ 以 dm 为单位，而 $X_7 \sim X_{12}$ 以 mm 为单位。

其相关数据的输入应符合实际需要，准确表达所设计门式起重机结构的工作及受载条件。以下举例说明主要数据的输入及可能的输入方式。

建立一个名为 LMD.DAT 的数据文件，在主程序中相应的读取语句及格式（以 FORTRAN 语言为例）为：

```
      OPEN(7,FILE='LMD.DAT')
      READ(7,10)MATE
10    FORMAT(I1)
      READ(7,20)EP,EPS,EPO
20    FORMAT(3F10.7)
      READ(7,30)L,L1,H,B,BLD,BXC,RBL,CG,BH,LD1,HJZ
30    FORMAT(7F7.1/4F7.1)
      READ(7,40)P1,P2,Q,DLG,GSJ,GXC
40    FORMAT(6F8.1)
      READ(7,50)AFDG,PGL
50    FORMAT(F10.1,F5.2)
      READ(7,60)(X(I),I=1,12)
60    FORMAT(12F6.2)
      ENDFILE7
```

其中　MATE——结构材料，Q345 钢时，MATE=1；当用 Q235 钢时，MATE=0；

EP,EPS,EPO——控制收敛精度的三个值，根据使用要求选择；

L——跨度（cm）；

L1——悬臂长度（cm）；

H——门式起重机小车轨面至大车轨面的距离（cm）；

$B$——支腿内侧净空宽度(cm)；
$BLD, BXC$——分别为大车及小车轴距(cm)；
$RBL$——支腿下端内半径(指对 U 型、O 型及 C 型腿)(cm)；
$CG$——司机室至支腿中心距离(cm)；
$BH$——主梁顶面至小车轨道上表面间距离(cm)；
$LD1$——悬臂有效长度(cm)；
$HJZ$——支腿与台车均衡架或大车走行轮之间铰点至大车轨面的距离(cm)；
$P_1, P_2$——小车计算轮压(kN)，$P_1 \geqslant P_2$；
$Q$——额定起重量(kg)；
$DLG$——一根端梁的重量(kg)；
$GSJ$——司机室重量(kg)；
$GXC$——小车重量(包括吊具)(kg)；
$AFDG$——吊重及小车迎风面积(cm²)；
$PGL$——偏轨量，当 $PGL=1$ 时为全偏轨，当 $PGL=0$ 时为中轨梁，当 $0<PGL<1$ 为小偏轨梁。

$X$ 数组要求输入 12 个设计参数的初始值。

优化算法所需的参数 $R_1$、$R_2$、$C$、$\beta^{(0)}$ 值，可按照程序运行过程中的提示由键盘输入，或通过数据文件读入。

按优化程序对数台门式起重机结构系统进行了优化，优化结果及与原设计方案的比较见表 2-5-2。通过对优化结果及输出的约束函数值进行分析可知，在跨度较大的情况下，影响门式起重机结构系统重量的决定性因素是结构的刚度条件，强度影响并不是主要的，此时采用高强度钢在经济上并无益处。

表 2-5-2 门式起重机结构系统原设计和优化结果比较

| 型号 参数 | TJLQ30.5B | | | 10×18 双梁 U 型 | | | 10×22 双梁 U 型 | | 20×26 双梁 U 型 | |
|---|---|---|---|---|---|---|---|---|---|---|
| | 原设计 Q345 | 优化 Q345 | 优化 Q235 | 原设计 Q345 | 优化 Q345 | 优化 Q235 | 原设计 Q235 | 优化 Q235 | 原设计 Q235 | 优化 Q235 |
| X(1)dm | 20.2 | 21.0 | 22.0 | 13.7 | 12.7 | 12.7 | 14.2 | 13.8 | 16.7 | 16.7 |
| X(2)dm | 14.0 | 12.8 | 13.2 | 7.2 | 7.7 | 7.6 | 7.2 | 8.3 | 8.6 | 10.1 |
| X(3)dm | 20.0 | 20.9 | 22.9 | 13.6 | 11.0 | 11.0 | 13.1 | 11.1 | 16.7 | 15.0 |
| X(4)dm | 17.0 | 18.4 | 17.3 | 6.7 | 10.5 | 10.0 | 10.5 | 10.6 | 14.2 | 13.5 |
| X(5)dm | 12.0 | 6.3 | 9.3 | 5.7 | 3.8 | 4.6 | 6.1 | 4.8 | 7.2 | 5.5 |
| X(6)dm | 14.0 | 10.3 | 15.5 | 6.7 | 6.5 | 7.8 | 6.7 | 7.9 | 11.0 | 9.2 |
| X(7)mm | 10 | 10 | 8 | 8 | 6 | 6 | 8 | 6 | 8 | 6 |
| X(8)mm | 8 | 8 | 8 | 8 | 6 | 6 | 8 | 6 | 8 | 6 |
| X(9)mm | 10 | 8 | 8 | 8 | 6 | 6 | 8 | 6 | 10 | 6 |
| X(10)mm | 8 | 8 | 6 | 8 | 6 | 6 | 8 | 6 | 10 | 6 |
| X(11)mm | 10 | 12 | 6 | 8 | 6 | 6 | 8 | 6 | 12 | 6 |
| X(12)mm | 8 | 6 | 6 | 8 | 6 | 6 | 8 | 6 | 8 | 6 |
| 金属结构总重/t | 94.34 | 84.9 | 97.8 | 32.3 | 25.3 | 25.5 | 38.7 | 29.1 | 55.6 | 39.0 |
| | | 下降 15.4% | | | 下降 21% | | | 下降 24% | | 下降 29.8% |

实例表明，将门式起重机金属结构作为系统进行优化设计，可以使整机的结构参数更趋合理，能够取得比较明显的经济效果。在门式起重机的设计中，应采用优化设计的方法对其结构系统参数进行优选，以期达到降低自重，减少制造成本，提高整机性能的目的。

### 三、门式起重机结构系统优化设计中目标函数及约束条件的确定

门式起重机金属结构系统的优化设计一般以使结构系统的重量最轻为指标建立目标函数。一

一般来说,起重机金属结构的重量能体现出机器设备的制造成本。

门式起重机金属结构的自重主要由以下几部分组成:主梁重量 $P_{G1}$、支腿重量 $P_{G2}$、下横梁重量 $P_{G3}$ 及上端梁重量 $P_{G4}$。上端梁受力较小,其结构参数可根据经验选取,因此在优化设计中将上端梁重量 $P_{G4}$ 作为输入参数。箱形梁横隔板的间距一般取为梁高的(0.9~1.1)倍,因此可统一地将横隔板间距取与梁高相等。

门式起重机结构系统的目标函数为:
$$P_G(X) = P_{G1} + P_{G2} + P_{G3} + P_{G4}$$

(一) 主梁重 $P_{G1}$

主梁截面积:$S_{ZL} = 2 \cdot X_2 \cdot X_7 + 2X_8(X_1 - 2X_7)$
$$P_{G1} = 2\rho \cdot S_{ZL} \cdot C_g(L + 2L_1)$$

式中　$\rho$——材料密度;
　　　$C_g$——考虑横向及纵向加劲肋的系数,$C_g = 1.2$;
　　　$L$——主梁跨度;
　　　$L_1$——主梁悬臂长度(用于两端悬臂长度相等的情况)。

(二) 支腿重 $P_{G2}$

支腿高:$H_{ZT} = H - X_1 - \dfrac{X_6}{2} - 20$

支腿中部截面积:$S_{ZTZ} = X_9(X_3 + X_5) + 2X_{10}\left(\dfrac{X_2 + X_4}{2} - 2X_9\right)$

$$P_{G2} = 4\rho C_g \left[ S_{ZTZ}\left(H_{ZT} - R_{BL} - \dfrac{X_6}{2}\right) + \pi[2X_5 X_9 + 2X_{10}(X_4 - 2X_9)]\left(R_{BL} + \dfrac{X_4}{2}\right) \right]$$

式中　$H$——大车轨道至主梁顶面高度;
　　　$R_{BL}$——支腿下曲梁内侧半径。

(三) 下横梁重 $P_{G3}$

下横梁长:$L_{XHL} = B - 2R_{BL}$

下横梁截面积:$S_{XHL} = 2X_5 X_{11} + 2X_{12}(X_6 - 2X_{11})$

$$P_{G3} = 2\rho \cdot C_g \cdot S_{XHL} \cdot L_{XHL}$$

门式起重机箱形结构的优化设计,应以现行的设计计算方法及《起重机设计规范》中的规定为依据建立约束条件,使结果能全面地满足强度、刚度、稳定性以及制造工艺等方面的要求。一些主要的约束条件简述如下:

1. 跨中最大正应力

按规范规定的载荷组合求出主梁跨中最大正应力 $\sigma_{GZ}$,得约束条件:

$$g_1(X) = \dfrac{\sigma_{GZ}}{[\sigma]} - 1 \leqslant 0 \tag{2-5-8}$$

式中　$\sigma_{GZ} = 1.15\left(\dfrac{M_{LZX}}{W_{ZLX}} + \dfrac{M_{LZY}}{W_{ZLY}}\right)$;

　　　$M_{LZX}, M_{LZY}$——主梁跨中截面垂直及水平方向的最大弯矩;
　　　$W_{ZLX}, W_{ZLY}$——相应的截面抗弯模量。

2. 跨中主腹板与翼缘板焊缝处的复合应力

跨中主腹板与翼缘板焊缝处的正应力 $\sigma_{GMZ}$、小车轮压引起的挤压应力 $\sigma_{GMJ}$(在非全偏轨梁中 $\sigma_{GMJ} = 0$) 及剪应力 $\tau_{OZ}$ 求出后,得复合应力为:

$$\sigma_{GZC} = \sqrt{\sigma_{GMZ}^2 + \sigma_{GMJ}^2 - \sigma_{GMZ} \cdot \sigma_{GMJ} + 3\tau_{OZ}^2}$$

$$g_2(X) = \dfrac{\sigma_{GZC}}{[\sigma]} - 1 \leqslant 0 \tag{2-5-9}$$

### 3. 悬臂根部最大正应力

悬臂根部最大正应力为：

$$\sigma_{GD} = \frac{M_{LDX}}{W_{ZLX}} + \frac{M_{LDY}}{W_{ZLY}}$$

式中　$M_{LDX}$，$M_{LDY}$——主梁悬臂根部截面垂直及水平方向的最大弯矩。

$$g_3(X) = \frac{\sigma_{GD}}{[\sigma]} - 1 \leqslant 0 \tag{2-5-10}$$

### 4. 悬臂根部腹板与翼缘板焊缝处的复合应力

翼缘焊缝处正应力 $\sigma_{GMD}$ 及剪应力 $\tau_{OD}$ 求出后，复合应力为：

$$\sigma_{GDC} = \sqrt{\sigma_{GMD}^2 + 3\tau_{OD}^2}$$

$$g_4(X) = \frac{\sigma_{GDC}}{[\sigma]} - 1 \leqslant 0 \tag{2-5-11}$$

### 5. 悬臂根部腹板最大剪应力

$$g_5(X) = \frac{\tau_{OFD}}{[\tau]} - 1 \leqslant 0 \tag{2-5-12}$$

式中　$\tau_{OFD}$——悬臂根部腹板的最大剪应力。

### 6. 主梁跨中静刚度

$$g_6(X) = \frac{f_z}{[f_z]} - 1 \leqslant 0 \tag{2-5-13}$$

式中　$f_z$——主梁跨中静挠度；

$[f_z]$——主梁跨中许用静挠度，$[f_z] = \frac{L}{700} \sim \frac{L}{1\,000}$。

### 7. 悬臂端静刚度

$$g_7(X) = \frac{f_d}{[f_d]} - 1 \leqslant 0 \tag{2-5-14}$$

式中　$f_d$——主梁有效悬臂处静挠度；

$[f_d]$——主梁悬臂端许用静挠度，$[f_d] = \frac{L_1}{350}$，$L_1$ 为悬臂有效长度。

### 8. 双梁门式起重机水平静刚度

$$g_8(X) = \frac{f_H}{[f_H]} - 1 \leqslant 0 \tag{2-5-15}$$

式中　$f_H$——小车位于跨中时两主梁顶部相对水平位移；

$[f_H]$——许用水平静挠度，$[f_H] = \frac{L}{2\,000}$。

### 9. 跨中动刚度

以满载小车位于跨中时桥架结构在垂直方向的自振频率 $f_1$ 控制结构的动刚度，要求 $f_1 \geqslant 2\,\text{Hz}$。

$$g_9(X) = 1 - \frac{f_1}{2} \leqslant 0 \tag{2-5-16}$$

### 10. 悬臂端动刚度

$$g_{10}(X) = 1 - \frac{f_2}{2} \leqslant 0 \tag{2-5-17}$$

式中　$f_2$——满载小车位于有效悬臂端时，结构在垂直方向的自振频率。

### 11. 门架平面内支腿上端的稳定性

此断面内的当量应力为：

$$\sigma_{TMS} = \frac{V_M}{\varphi \cdot A_S} + 1.1\frac{M_{TMS}}{W_{TMS}}$$

式中 $\varphi$——轴压稳定系数；
$A_S$——支腿上端截面面积；
$V_M$——轴向力；
$M_{TMS}$——门架平面内，支腿上端截面的弯矩；
$W_{TMS}$——相应支腿上端截面的抗弯模量。

$$g_{11}(X)=\frac{\sigma_{TMS}}{[\sigma]}-1\leqslant 0 \tag{2-5-18}$$

12. 门架平面内支腿中部的稳定性

此断面内的当量应力为：

$$\sigma_{TMZ}=\frac{V_M}{\varphi\cdot A_Z}+1.1\frac{M_{TMZ}}{W_{TMZ}}$$

式中 $A_Z$——支腿计算截面横截面积；
$M_{TMZ}$——计算截面的弯矩；
$W_{TMZ}$——相应截面抗弯模量。

$$g_{12}(X)=\frac{\sigma_{TMZ}}{[\sigma]}-1\leqslant 0 \tag{2-5-19}$$

13. 支腿平面内支腿中部的稳定性

支腿中部的当量应力为：

$$\sigma_{TZZ}=\frac{V_M}{\varphi\cdot A_Z}+1.1\frac{M_{TZZ}}{W_{TZZ}}$$

式中 $M_{TZZ}$——支腿中部计算截面的弯矩；
$W_{TZZ}$——相应截面抗弯模量。

$$g_{13}(X)=\frac{\sigma_{TZZ}}{[\sigma]}-1\leqslant 0 \tag{2-5-20}$$

14. 支腿平面内支腿下部的稳定性

支腿下部的当量应力为：

$$\sigma_{TZX}=\frac{V_M}{\varphi\cdot A_X}+1.1\frac{M_{TZX}}{W_{TZX}}$$

式中 $A_X$——支腿下部截面面积；
$M_{TZX}$——支腿下部截面的弯矩；
$W_{TZX}$——相应截面抗弯模量。

$$g_{14}(X)=\frac{\sigma_{TZX}}{[\sigma]}-1\leqslant 0 \tag{2-5-21}$$

以上 4 个约束条件中，$\varphi$ 的数值视不同的情况取相应的数值。

15. 门架平面内的水平动刚度

以门架在小车运行方向的水平自振频率 $f_3$ 控制门架平面内的水平动刚度，要求 $f_3\geqslant 1$ Hz。

$$g_{15}(X)=1-f_3\leqslant 0 \tag{2-5-22}$$

16. 下横梁最大正应力

下横梁的最大正应力 $\sigma_{MM}$ 为：

$$\sigma_{MM}=\frac{M_{SLX}}{W_{JHLX}}+\frac{M_{SLY}}{W_{JHLY}}$$

式中 $M_{SLX}$，$M_{SLY}$——下横梁弯矩最大截面的垂直弯矩及水平弯矩；
$W_{JHLX}$，$W_{JHLY}$——相应的截面抗弯模量。

$$g_{16}(X)=\frac{\sigma_{MM}}{[\sigma]}-1\leqslant 0 \tag{2-5-23}$$

## 17. 下横梁翼缘焊缝处的最大复合应力

在求得焊缝处最大正应力 $\sigma_{MH}$ 及相应剪应力 $\tau_{HF}$ 后，其复合应力为：

$$\sigma_{HL}=\sqrt{\sigma_{MH}^2+3\tau_{HF}^2}$$

$$g_{17}(X)=\frac{\sigma_{HL}}{[\sigma]}-1\leqslant 0 \tag{2-5-24}$$

## 18. 下横梁腹板的最大剪应力

$$\tau_{Tmax}=\frac{Q_{VHL}S_{HH}}{2X_{12}I_{HLX}}$$

式中 $Q_{VHL}$——下横梁中的最大剪应力；
$S_{HH}$——中性轴以上截面积对中性轴的静面矩；
$I_{HLX}$——截面惯性矩。

$$g_{18}(X)=\frac{\tau_{Tmax}}{[\tau]}-1\leqslant 0 \tag{2-5-25}$$

## 19. 支腿在门架平面内上、下端截面惯性矩之比

门式起重机支腿在门架平面内的上端惯性矩须大于下端惯性矩。

$$K_1=\frac{I_{MT}}{I_{MB}}$$

式中 $I_{MT}$——门架平面内支腿上端惯性矩；
$I_{MB}$——门架平面内支腿下端惯性矩。

$$g_{19}(X)=1.0-K_1\leqslant 0 \tag{2-5-26}$$

## 20. 在支腿平面内支腿上、下端截面惯性矩之比

$$K_2=\frac{I_{TSH}}{I_{TS}}$$

式中 $I_{TSH}$——支腿平面内支腿下端惯性矩；
$I_{TS}$——支腿平面内支腿上端惯性矩。

$$g_{20}(X)=1.0-K_2\leqslant 0 \tag{2-5-27}$$

除上述约束条件外，还应约束主梁、支腿、下横梁的局部稳定及疲劳强度。

由构造要求确定的约束条件主要有下述 40 个：

限制支腿惯性矩的 2 个；

限制主梁、支腿、下横梁箱形断面高宽比的 6 个；

限制各设计变量最小下限的 12 个；

限制各设计变量最大上限的 12 个；

限制主梁高与跨度之比的 1 个；

限制下横梁高与走行轮轴距之比的 1 个；

限制各盖板、腹板宽厚比的 6 个。

在约束条件中，尽量采用归一化的约束，使约束函数取值在 0~1 之间，避免约束函数的数量级相差太大，使反映数值变化的灵敏度差别较大，导致约束函数在惩罚函数中所起的作用不同。如果不采用归一化约束，计算时灵敏度高的约束条件在极小化过程中会首先得到满足，而其余的几乎得不到考虑，使计算结果失误。

在以上约束条件计算公式及中间过程的计算中，应按载荷组合（参见第一篇第三章表 1-3-28）考虑相应的动载系数，以及风载荷、惯性载荷、偏斜运行侧向力等。

## 第三节 主梁和支腿的受力分析及校核计算

本节以全偏轨箱形门式起重机为例，分析主梁和支腿的内力并进行强度、稳定性校核。正轨梁

的门式起重机目前已较少采用,小偏轨梁的结构计算可参照全偏轨箱形梁。

## 一、主梁的内力计算

带柔性支腿的门式起重机在门架平面的计算简图是静定支撑的刚架,如图 2-5-15a 所示,其主梁在垂直平面和水平平面均按两端简支的外伸梁计算内力,如图 2-5-15b。

有两个刚性支腿的门式起重机通过双轮缘大车走行轮支撑在轨道上,轨道侧面与轮缘有 20 mm~30 mm 的间隙。车轮踏面与轨道间的滑动摩擦力和车轮轮缘与轨道侧面相接触共同形成侧向约束,产生横推力(参见表 2-5-1)。其中轮缘与轨道相接触的约束是主要的。为便于分析,轮轨间的滑动摩擦约束作用略而不计。实践表明,在大车运行或不动的情况下,轮缘与轨道侧面相接触情况时而出现,时而消失,即横推力有时有,有时没有。有横推力时,门架为一次超静定刚架,如图 2-5-16a 所示;没有横推力时,门架为静定支撑的刚架,如图 2-5-16b 所示。比较 a、b 两种情况,主梁按静定简图计算为最不利工况(图 2-5-16c),而支腿按一次超静定简图计算为最不利工况,如图 2-5-16a 所示。

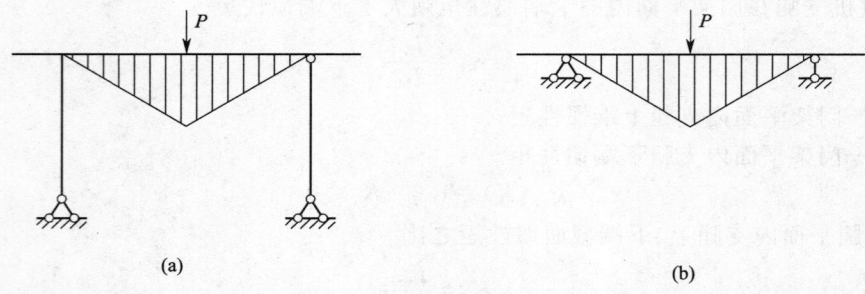

图 2-5-15　带柔性支腿的门式起重机主梁计算简图

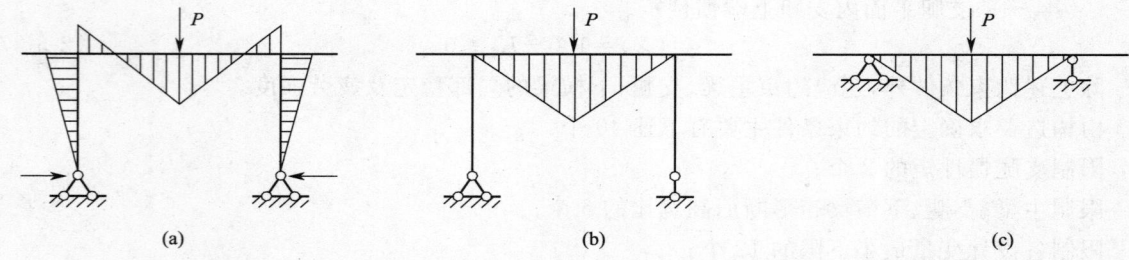

图 2-5-16　具有两个刚性支腿的门式起重机主梁计算简图

综上所述,主梁的最不利计算简图是按两端简支的外伸梁计算,不因其结构型式和支撑情况而改变。

作用于门式起重机主梁上的计算载荷按其方向分为垂直载荷和水平载荷,用这些载荷计算主梁的相应内力。

(一)垂直载荷引起的主梁内力

垂直载荷包括固定载荷和移动载荷。

固定载荷引起的内力计算:

垂直固定载荷包括主梁结构自重,以及安放在主梁上的机械部分、电气部分、司机室(对安装电梯的门式起重机还应包括电梯的重量)的重量等。固定载荷以匀布载荷(N/mm 或 kN/m)或集中载荷(N 或 kN)的方式作用于主梁。

主梁的匀布载荷为:

$$q = \frac{G_m + G_s + G_c + G_r}{L + 2l} \qquad (2\text{-}5\text{-}28)$$

式中　$G_m$——一根主梁的自重；
　　　$G_s$——走台栏杆的重量；
　　　$G_c$——小车导电架和供电电缆的重量；
　　　$G_r$——小车运行轨道的重量；
　　　$L$——跨度；
　　　$l$——悬臂长度。

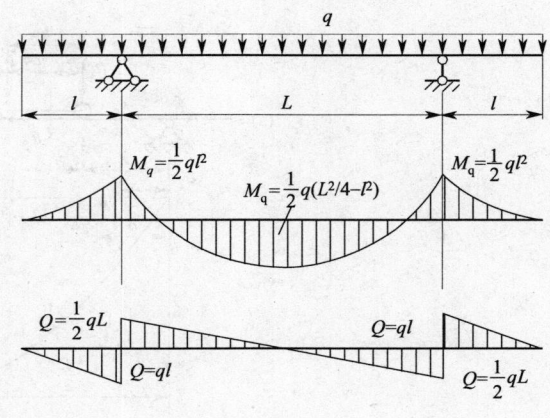

图 2-5-17

计算 $q$ 时，应根据不同的载荷组合，乘以起升冲击系数 $\varphi_1$ 或运行冲击系数 $\varphi_4$。

由 $q$ 引起的内力见图 2-5-17。

移动载荷引起的内力：

沿主梁移动的载荷包括小车自重 $P_{xc}$，额定起升载荷（包括吊具的重量，当起升高度较大时，还应考虑钢丝绳的重量）$P_Q$，移动载荷以小车轮压的形式作用于主梁。计算移动载荷时应考虑不同载荷组合下的动力系数和冲击系数。

一根主梁上总的小车轮压为：

$$R=\frac{\varphi_i P_{xc}+\varphi_j P_Q}{n} \tag{2-5-29}$$

式中　$n$——主梁的根数；
　　　$P_{xc}$——小车自重载荷；
　　　$P_Q$——起升载荷；
　　　$\varphi_i,\varphi_j$——动载系数，根据载荷组合，$\varphi_i$ 可取起升冲击系数 $\varphi_1$ 或运行冲击系数 $\varphi_4$；$\varphi_j$ 可取起升动载系数 $\varphi_2$、突然卸载冲击系数 $\varphi_3$ 或 $\varphi_4$（见第一篇第三章）。

若起重小车在每根轨道上有两个车轮，计算轮压分别为 $P_1$ 和 $P_2$，$P_1$ 可能等于 $P_2$，也可能不相等。如图 2-5-18a，设 $P_1>P_2$，则：

$$R=P_1+P_2,a_1=\frac{P_2 b}{R},a_2=\frac{P_1 b}{R}$$

若 $P_1=P_2$，则 $a_1=a_2=\dfrac{b}{2}$（图 2-5-18b），$b$ 为小车轴距。

当小车位于跨内时，若 $P_1>P_2$，则最大弯矩（图 2-5-18a）为：

$$M_{cmax}=(P_1+P_2)\frac{(L-a_1)^2}{4L} \tag{2-5-30}$$

若 $P_1=P_2=P$，则最大弯矩（图 2-5-18b）为：

$$M_{cmax}=\frac{P}{2L}\left(L-\frac{b}{2}\right)^2$$

当小车位于跨内时，若 $P_1>P_2$，则最大剪力（图 2-5-18c）为：

$$Q_{cmax}=(P_1+P_2)-\frac{P_2 b}{L} \tag{2-5-31}$$

若 $P_1=P_2=P$，则最大剪力（图 2-5-18d）为：

$$Q_{cmax}=2P-\frac{Pb}{L}$$

当小车位于悬臂端时，若 $P_1>P_2$，则最大弯矩（图 2-5-19a）为：

$$M_{max}=P_1 l+P_2(l-b) \tag{2-5-32}$$

若 $P_1=P_2=P$，则最大弯矩如图 2-5-19b 所示。

当小车位于悬臂端时，若 $P_1>P_2$，则最大剪力（图 2-5-19c）为：

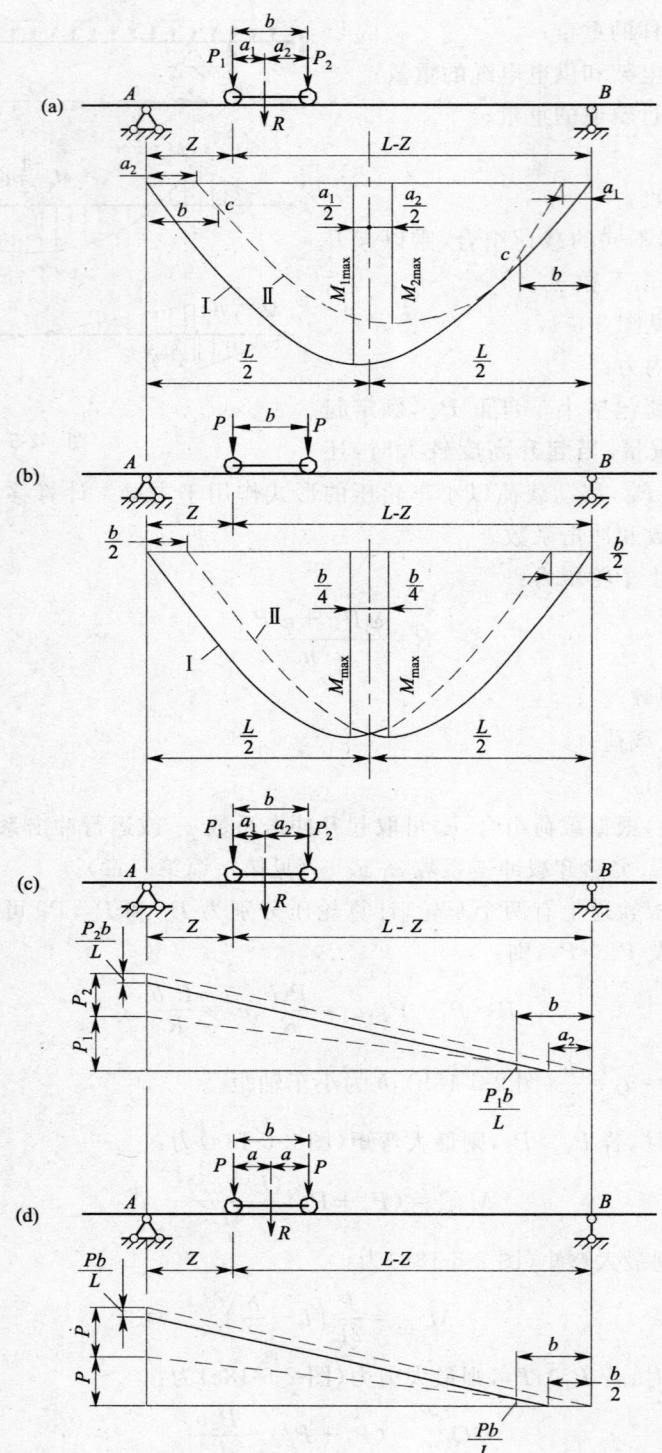

图 2-5-18 小车位于跨内时的弯矩和剪力图

$$Q_{max} = P_1 + P_2$$

若 $P_1 = P_2 = P$，其最大剪力为 $Q_{max} = 2P$。

(二) 水平载荷引起的内力

作用于主梁上的水平载荷主要有：大车运行制动惯性载荷、小车制动惯性载荷和风载荷。

1. 大车制动时引起的惯性力如表 2-5-3 所示。

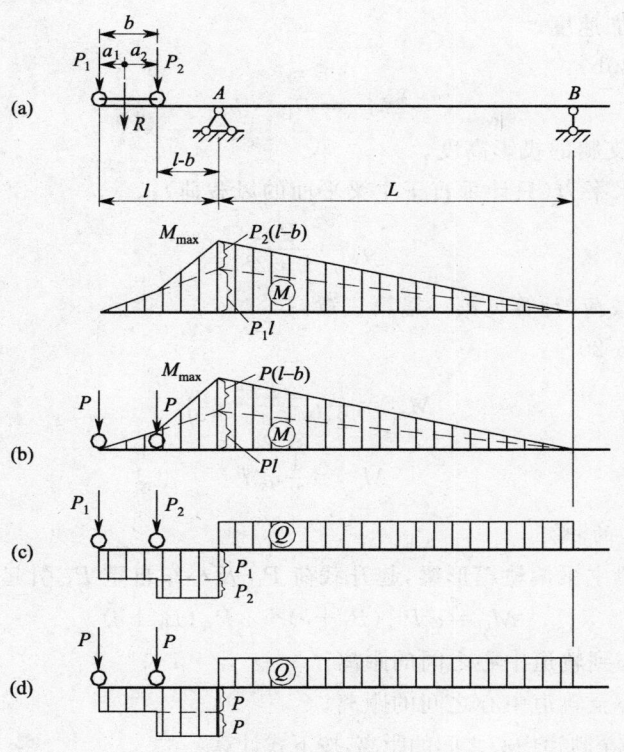

图 2-5-19 小车位于悬臂端时的弯矩和剪力图

内力分布如图 2-5-20a 所示。

表 2-5-3 大车制动时引起的惯性力及力矩

| 载荷计算公式 | | 内力计算公式 | |
| --- | --- | --- | --- |
| | | 小车位于跨中 | 小车位于悬臂 |
| 主梁自重惯性力 | $q_H = \varphi_5 \dfrac{a}{g} q$ | $M_q^s = \dfrac{1}{2} q_H \left( \dfrac{L^2}{4} - l^2 \right)$ | $M_q^s = \dfrac{1}{2} q_H l^2$ |
| 小车自重及起升质量的惯性力 | $P_{H1} = \varphi_5 \dfrac{a}{g} P_1$<br>$P_{H2} = \varphi_5 \dfrac{a}{g} P_2$ | $M_P^s = (P_{H1} + P_{H2}) \dfrac{(L-a_1)^2}{4L}$ | $M_P^s = P_{H1} l + P_{H2}(l-b)$ |

表中：上标 s 表示水平方向载荷引起的弯矩；a 为大车运行加速度；g 为重力加速度；$\varphi_5$ 为动力系数，见第一篇第三章。

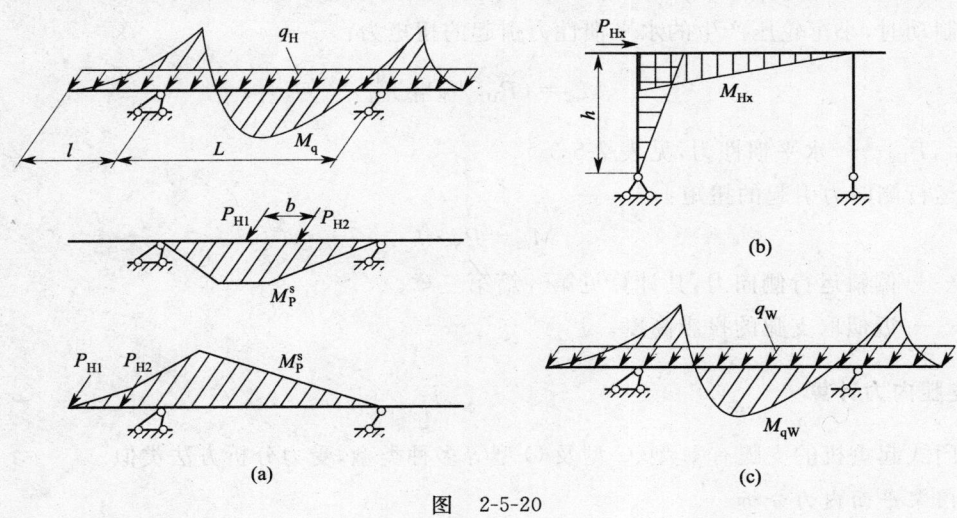

图 2-5-20

**2. 小车制动引起的水平惯性力**

$$P_{Hx} = \varphi_5 \dfrac{a}{g} (P_{xc} + P_Q) \tag{2-5-33}$$

式中 $a$——小车运行加速度。

最大弯矩(图 2-5-20b):
$$M_{Hx}=P_{Hx} \cdot h$$

式中 $h$——门架平面支腿的投影高度。

3. 风载荷引起的水平力(只计垂直于主梁平面的风载荷):
$$q_w=\frac{P_w}{L+2l} \tag{2-5-34}$$

式中 $P_w$——主梁风载荷,计算见第一篇第三章。

相应的弯矩(图 2-5-20c):

跨中 $$M_{q_w}=\frac{1}{2}q_w\left(\frac{L^2}{4}-l^2\right)$$

悬臂 $$M_{q_w}=\frac{1}{2}q_w l^2$$

(三)偏心载荷引起的扭矩

如图 2-5-21 所示单主梁偏轨箱形梁,起升载荷 $P_Q$ 及小车自重 $P_{xc}$ 引起的扭矩为
$$M_{n1}=\varphi_i P_{xc}(B_1+e)+\varphi_j P_Q(B_2+e) \tag{2-5-35}$$

式中 $B_1$——小车重心到轨道中心之间的距离;

$B_2$——吊钩中心至轨道中心之间的距离;

$e$——主梁弯心至轨道中心之间的距离,按下式计算:
$$e=b_0\frac{\beta(\eta u_1+3u_2)+12\eta u_2^2(1+u_1 u_2)}{\beta[u_1(\eta+1)+6u_2]} \tag{2-5-36}$$

其中 $\eta=\frac{\delta_2}{\delta_1}, u_1=\frac{h_0}{b_0}, u_2=\frac{\delta_0}{\delta_1}, \beta=2\eta u_2+u_1 u_2^2(\eta+1)$;

$b_0, h_0, \delta_1, \delta_2, \delta_0$——如图 2-5-21 所示。

若轨道在主腹板上方,$e$ 亦可按下式作近似计算:
$$e=\frac{\delta_2}{\delta_1+\delta_2}b_0 \tag{2-5-37}$$

若为双主梁偏轨箱形梁,则:
$$M_{n1}=(P_1+P_2) \cdot e \tag{2-5-38}$$

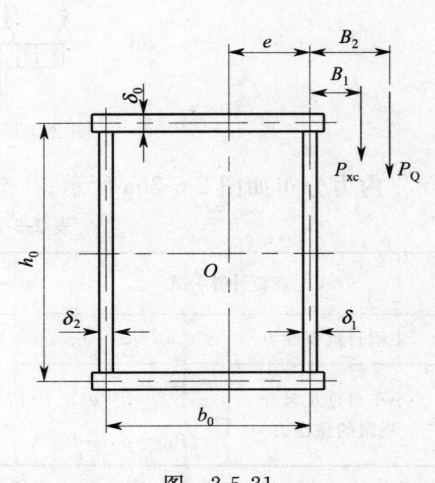

图 2-5-21

大车制动时,小车轮压产生的水平惯性力引起的扭矩为:
$$M_{n2}=(P_{H1}+P_{H2})\frac{h_0}{2} \tag{2-5-39}$$

式中 $P_{H1}, P_{H2}$——水平惯性力,见表 2-5-3。

偏斜运行侧向力引起的扭矩:
$$M_{n3}=P_S \cdot h \tag{2-5-40}$$

式中 $P_S$——偏斜运行侧向力,其计算见第一篇第三章;

$h$——近似取支腿的投影高度。

二、支腿内力计算

箱形门式起重机的支腿有 L 型、C 型及 O 型等多种类型,受力分析方法类似。

(一)门架平面内力分析

门架平面按一次超静定计算时,小车轮压、水平载荷引起的支腿内力如表 2-5-4 所示。

按静定结构计算时,支腿在门架平面的受力如图 2-5-22 所示。

计算门架平面支腿内力时不计算风力(风力在支腿平面内考虑)。

由表 2-5-4 和图 2-5-22 可以看出,支腿在门架平面为压弯构件。

表 2-5-4  支腿在门架平面按一次超静定计算内力表

| 载荷分类 | 小车在跨中 | 小车在悬臂 | 小车制动载荷 |
|---|---|---|---|
| 计算简图 | | | |
| $M$ 图 | | | |
| $Q$ 图 | | | |
| 反力、$M$、$Q$ 计算式 | $V_A = P\left(1 - \dfrac{b}{2L}\right)$<br>$V_B = P\left(1 + \dfrac{b}{2L}\right)$<br>$H = \dfrac{3P\left(\dfrac{L^2}{2} - \dfrac{5}{8}b^2\right)}{2hL(2k+3)}$<br>$k = \dfrac{I_2}{I_1} \cdot \dfrac{h}{L}$<br>$Q_D = V_A, Q_C = V_B$<br>$Q_A = Q_B = H$<br>$M_C = M_D = H \cdot h$ | $V_A = 2P\left(1 + \dfrac{l_1}{L}\right)$<br>$V_B = -2P\dfrac{l_1}{L}$<br>$H = \dfrac{3(2P)l_1}{2h(2k+3)}$<br>$M_C = H \cdot h$<br>$M_{D左} = 2Pl_1$<br>$M_{D右} = 2Pl_1 - H \cdot h$<br>$Q_A = Q_B = H$<br>$Q_C = Q_{D右} = 2Pl_1/L$<br>$Q_{D左} = 2P$ | $V_A = -V_B = \dfrac{P_{Hx}h}{L}$<br>$H = \dfrac{1}{2}P_{Hx}$<br>$M_C = M_D = \dfrac{hP_{Hx}}{2}$<br>$Q_A = Q_B = H$<br>$Q_C = Q_D = V_A$ |

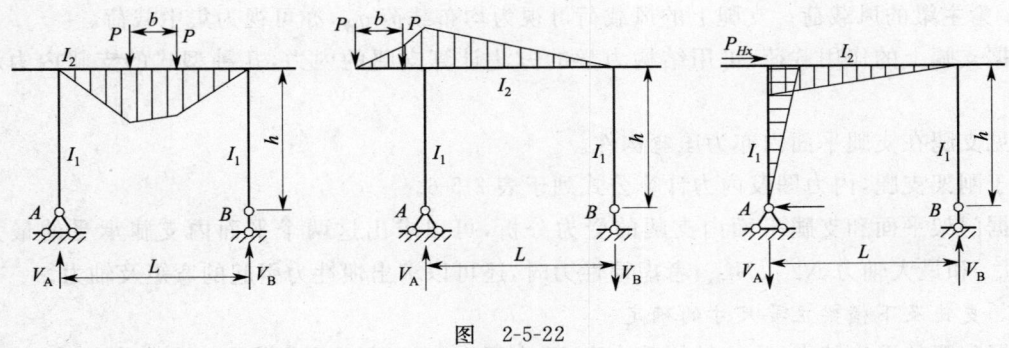

图 2-5-22

**(二)支腿平面内力分析**

L 型及 C 型门式起重机在支腿平面按静定计算简图计算,如图 2-5-23 及图 2-5-24 所示。支腿上的作用载荷如下:

垂直载荷 $N$,以小车位于悬臂端作为计算位置时:

$$N=\frac{qL_0}{2}+(P_1+P_2)\left(1+\frac{l}{L}\right) \quad (2\text{-}5\text{-}41)$$

式中 $q$——主梁单位长度自重载荷;
$L_0$——主梁总长度,$L_0=L+2l$;
$P_1,P_2$——小车计算轮压;
$L$——跨度;
$l$——悬臂长度。

集中力矩 $M$ 为:

$$M=M_{n1}+M_{n2} \quad (2\text{-}5\text{-}42)$$

式中 $M_{n1}$——主梁上垂直偏心载荷产生的扭矩,按式(2-5-35)计算;
$M_{n2}$——主梁上水平偏心载荷产生的扭矩,包括小车及吊重惯性力产生的扭矩(按式(2-5-39)计算),以及小车及吊重风载荷产生的扭矩。

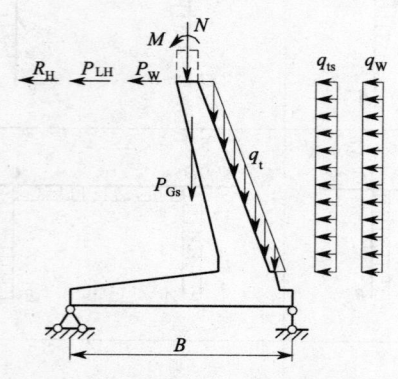

图 2-5-23 L型支腿计算简图

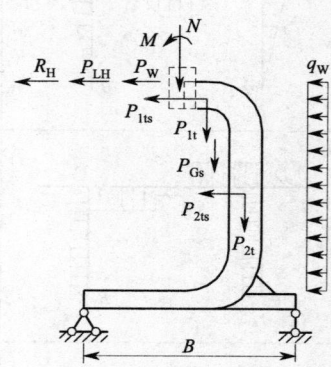

图 2-5-24 C型支腿计算简图

L型支腿的自重视为均布载荷 $q_t$,其水平惯性载荷为 $q_{ts}$;C型支腿上部曲腿和直腿的自重均视为集中载荷 $P_{1t}$ 和 $P_{2t}$,它们的水平惯性载荷分别为 $P_{1ts}$ 和 $P_{2ts}$。支腿的自重(两个腿都是刚性腿)在开始设计时可估取主梁自重的 0.7 倍左右。

司机室的重量 $P_{Gs}$,按照实际位置作用于支腿,其重量常取 18 kN 左右。

支腿上端作用的载荷 $P_{LH}(P_{LH}=q_H \cdot L_0)$ 和 $R_H(R_H=P_{H1}+P_{H2})$ 为主梁重量和带载小车产生的水平惯性力,其计算参见表 2-5-3。

支腿重量引起的惯性力 $q_{ts}$ 的计算方法同主梁。

$P_W$ 为主梁的风载荷。支腿上的风载荷可视为均布载荷 $q_W$,亦可视为集中载荷。

根据支腿上的作用载荷,可用结构力学的方法计算支腿的内力,几种型式的支腿内力示于表 2-5-5。

可见支腿在支腿平面内亦为压弯构件。

对于刚架支腿,内力图及内力计算公式列于表 2-5-6。

根据门架平面和支腿平面内支腿的受力分析,可以求出这两个平面内支腿承受的最大弯矩 $M_{max}^L$、$M_{max}^Z$ 和最大轴力 $N_{max}^L$、$N_{max}^Z$;考虑惯性力时,还可以求出惯性力引起的弯矩及轴力。

(三)支腿及下横梁主要尺寸的确定

根据支腿的受力特点,为使结构受力合理,支腿在门架平面通常做成上宽下窄的结构形式,上端连接宽度推荐取与主梁高度相同的尺寸;下端宽度与下横梁的宽度相同,下横梁的宽度与大车运行机构的构造有关。

在支腿平面,根据受力特点和构造要求,通常做成上端尺寸小而下端尺寸大的形式,上端尺寸根据支腿与主梁的连接计算确定。

## 表 2-5-5 支腿平面的支腿内力计算公式

| 名 称 | 计算简图和内力图 | 支反力 $V$ 或 $N$ 和弯矩 $M$ |
|---|---|---|
| 由起升载荷 $\varphi_j P_Q$，小车自重载荷 $\varphi_i P_{xc}$、桥架自重载荷 $\varphi_i P_G$ 引起的支腿垂直载荷 $V_A$ 及由 $V_A$ 引起的内力。根据载荷组合 $\varphi_i$ 为 $\varphi_1$ 或 $\varphi_4$，$\varphi_j$ 为 $\varphi_2$、$\varphi_3$ 或 $\varphi_4$ | 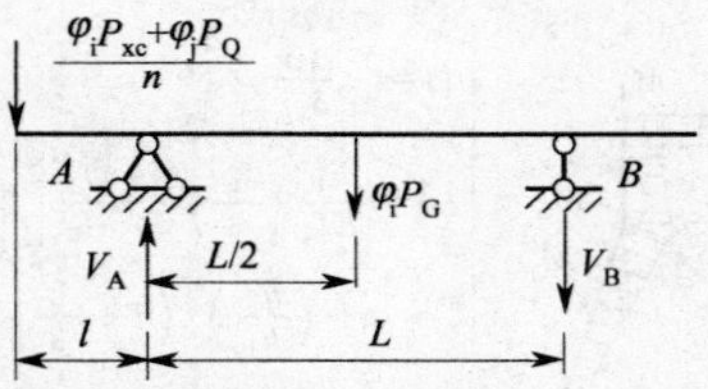 | $V_A = \dfrac{\varphi_i P_{xc} + \varphi_j P_Q}{n}\left(1 + \dfrac{l}{L}\right) + \dfrac{1}{2}\varphi_i P_G$ <br> $-V_B = \dfrac{\varphi_i P_{xc} + \varphi_j P_Q}{n} \cdot \dfrac{l}{L} - \dfrac{1}{2}\varphi_i P_G$ |
| | 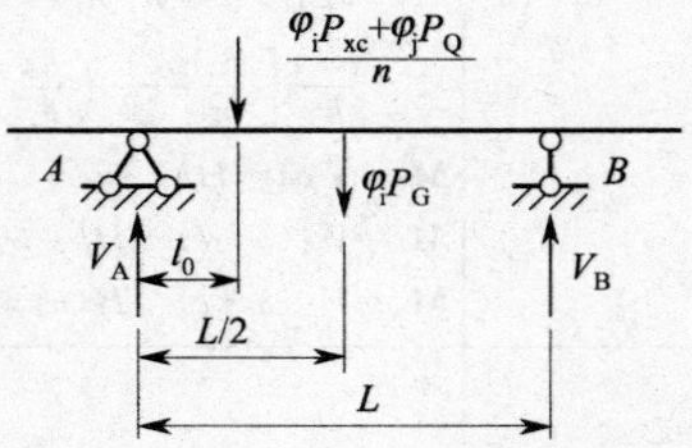 | $V_A = \dfrac{\varphi_i P_{xc} + \varphi_j P_Q}{n}\left(1 - \dfrac{l_0}{L}\right) + \dfrac{1}{2}\varphi_i P_G$ <br> $V_B = \dfrac{\varphi_i P_{xc} + \varphi_j P_Q}{n} \cdot \dfrac{l_0}{L} + \dfrac{1}{2}\varphi_i P_G$ |
| | 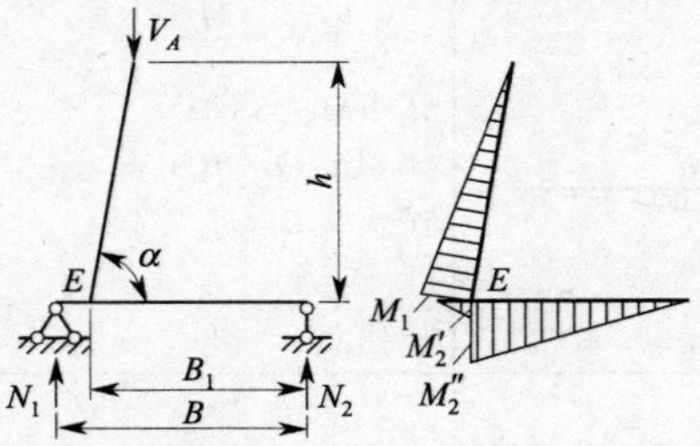 | $N_1 = V_A \dfrac{B_1 - h\cot\alpha}{B}$ <br> $N_2 = V_A \dfrac{B - B_1 + h\cot\alpha}{B}$ <br> $M_1 = V_A h\cot\alpha$ <br> $M_2' = N_1(B - B_1),\ M_2'' = N_2 B_1$ |
| | 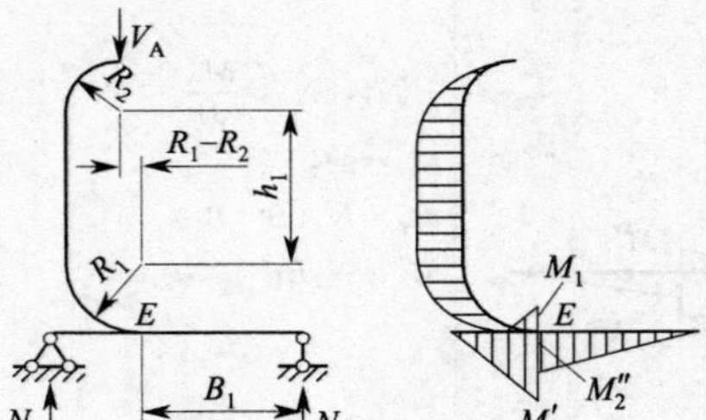 | $N_1 = V_A \dfrac{R_1 - R_2 + B_1}{B}$ <br> $N_2 = V_A \dfrac{B - B_1 - R_1 + R_2}{B}$ <br> $M_1 = V_A(R_1 - R_2),\ M_{1\max} = V_A R_2$ <br> $M_2' = N_1(B - B_1),\ M_2'' = N_2 B_1$ |
| | 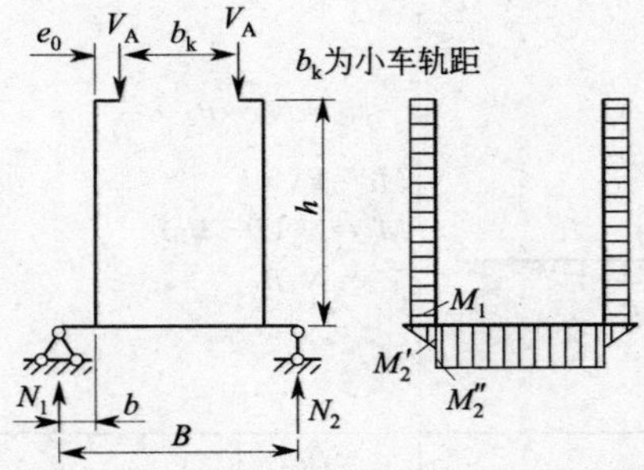 | $N_1 = N_2 = V_A$ <br> $M_1 = V_A e_0$ <br> $M_2' = V_A b$ <br> $M_2'' = V_A(e_0 + b)$ |
| | 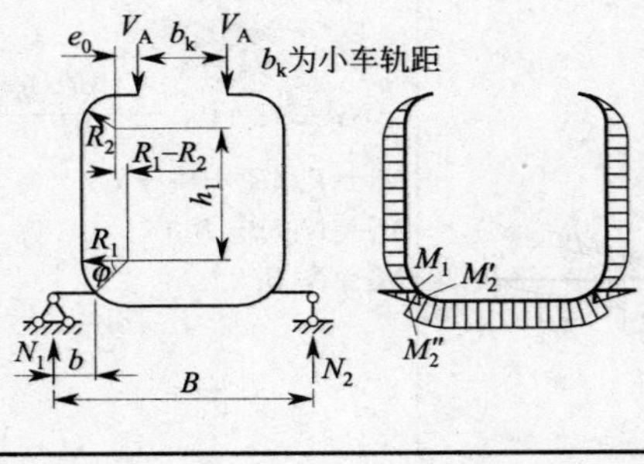 | $N_1 = N_2 = V_A$ <br> $M_1' = V_A(R_1\cos\varphi - R_1 + R_2 + e_0)$ <br> $M_{1\max} = V_A(R_2 + e_0),\ M_2' = V_A b$ <br> $M_2'' = M_{2\max}$ <br> $\quad = V_A(R_1\cos\varphi - R_1 + R_2 + e_0 + b)$ |

续上表

| 名 称 | 计算简图和内力图 | 支反力 $V$ 或 $N$ 和弯矩 $M$ |
|---|---|---|
| 由起升载荷 $\varphi_i P_Q$，小车自重载荷 $\varphi_i P_{xc}$、桥架自重载荷 $\varphi_i P_G$ 引起的支腿垂直载荷 $V_A$ 及由 $V_A$ 引起的内力。根据载荷组合 $\varphi_i$ 为 $\varphi_1$ 或 $\varphi_4$，$\varphi_j$ 为 $\varphi_2$、$\varphi_3$ 或 $\varphi_4$ | | $N_1 = N_2 = V_A$ <br> $H = -\dfrac{\Delta_{1P}}{\delta_{11}}$ <br> $\delta_{11} = \dfrac{h_1^3}{EI_1}\left\{\dfrac{2}{3}\dfrac{l}{h_1} + \dfrac{I_1}{I_3}\left[2\dfrac{h_2}{h_1}\times\left(1+\dfrac{1}{2}\times\dfrac{h_2}{h_1}\right)\right.\right.$ <br> $\left.\left. +\left(\dfrac{h_2}{h_1}\right)^2\left(1+\dfrac{2}{3}\times\dfrac{h_2}{h_1}\right) + \dfrac{b}{h_1}\left(1+\dfrac{h_2}{h_1}\right)^2\right]\right\}$ <br> $\Delta_{1P} = \dfrac{2V_A h_1^3}{EI_1}\left\{\dfrac{1}{3}\dfrac{l}{h_1}\dfrac{a}{h_1} + \dfrac{I_1}{I_3}\times\right.$ <br> $\left.\dfrac{a+c}{h_1}\left[\dfrac{h_2}{h_1}+\dfrac{1}{2}\left(\dfrac{h_2}{h_1}\right)^2+\dfrac{1}{2}\times\dfrac{b}{h_1}\times\left(1+\dfrac{h_2}{h_1}\right)\right]\right\}$ <br> $M_1 = V_A a - H h_1$ <br> $M_3 = V_A(a+c) - H h_1$ <br> $M_4 = V_A(a+c) - H(h_1 + h_2)$ |
| 由起升载荷 $\varphi_i P_Q$，小车自重载荷 $\varphi_i P_{xc}$、大车制动惯性载荷 $P_H$ 和风载荷 $P_W$ 引起的扭矩 $M_A$ 作用下的支腿内力 | | $-N_1 = N_2 = \dfrac{M_A}{B}$ <br> $M_1 = M_A$ <br> $M_2' = N_1(B - B_1)$ <br> $M_2'' = N_2 B_1$ |
| | | $-N_1 = N_2 = \dfrac{M_A}{B}$ <br> $M_1 = M_A$ <br> $M_2' = N_1(B - B_1)$ <br> $M_2'' = N_2 B_1$ |
| 由大车制动惯性载荷 $P_H$、风载荷 $P_W$ 作用产生水平力 $P_A$ 引起的内力 | | $-N_1 = N_2 = P_A \cdot \dfrac{h}{B}$ <br> $M_1 = P_A \cdot h$ <br> $M_2' = N_1(B - B_1)$ <br> $M_2'' = N_2 B_1$ |
| | | $-N_1 = N_2 = P_A \dfrac{R_1 + R_2 + h_1}{B}$ <br> $M_1 = P_A(R_1 + R_2 + h_1)$ <br> $M_2' = N_1(B - B_1)$ <br> $M_2'' = N_2 B_1$ |

续上表

| 名 称 | 计算简图和内力图 | 支反力 $V$ 或 $N$ 和弯矩 $M$ |
|---|---|---|
| 由大车制动惯性载荷 $P_H$、风载荷 $P_W$ 作用产生水平力 $P_A$ 引起的内力 | 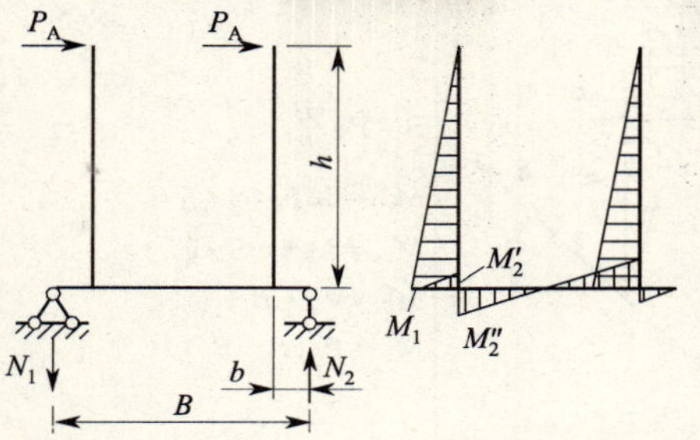 | $-N_1 = N_2 = 2P_A \dfrac{h}{B}$<br>$M_1 = P_A h$<br>$M_2' = N_1 b$<br>$M_2'' = N_2(B-b) - P_A h$ |
| | 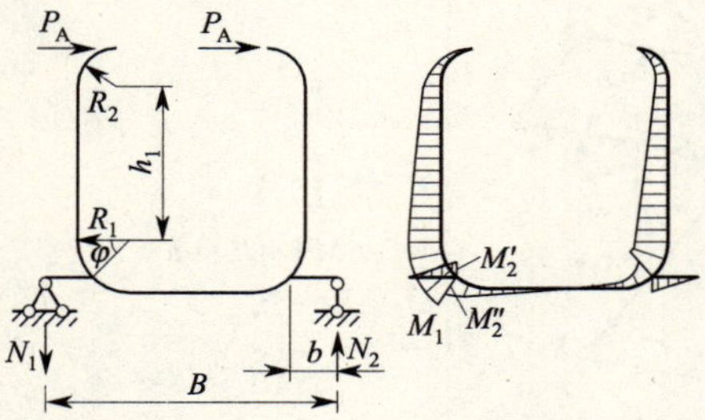 | $-N_1 = N_2 = 2P_A \dfrac{R_1\sin\varphi + R_2 + h_1}{B}$<br>$M_1 = P_A(R_1\sin\varphi + R_2 + h_1)$<br>$M_2' = N_1 b$<br>$M_2'' = P_A(R_1\sin\varphi + R_2 + h_1) - N_1 b$ |
| 由大车制动惯性载荷 $P_H$、风载荷 $P_W$ 作用产生水平力 $q_A$ 引起的内力 | 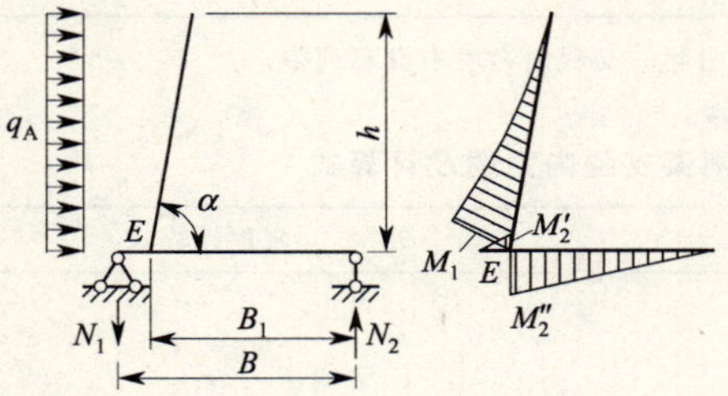 | $-N_1 = N_2 = q_A \dfrac{h^2}{2B}$<br>$M_1 = \dfrac{q_A h^2}{2}$<br>$M_2' = N_1(B - B_1)$<br>$M_2'' = N_2 B_1$ |
| | 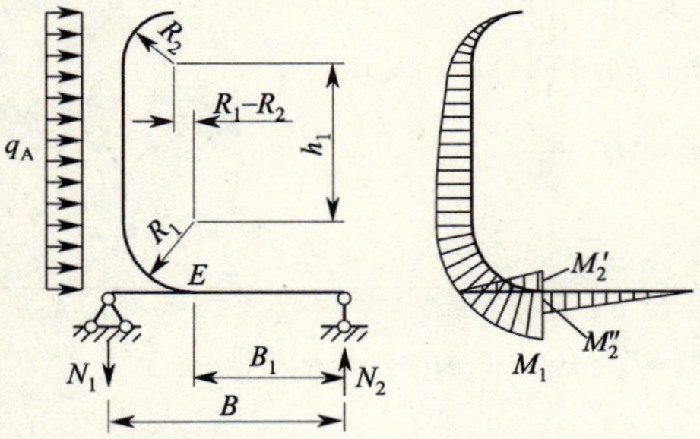 | $-N_1 = N_2 = \dfrac{q_A (R_1 + R_2 + h_1)^2}{2B}$<br>$M_1 = \dfrac{1}{2} q_A (R_1 + R_2 + h_1)^2$<br>$M_2' = N_1(B - B_1)$<br>$M_2'' = N_2 B_1$ |
| | 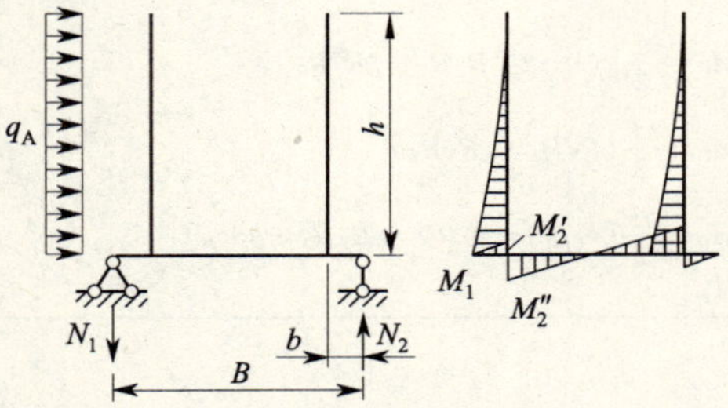 | $-N_1 = N_2 = q_A \dfrac{h^2}{B}$<br>$M_1 = \dfrac{q_A h^2}{2}$<br>$M_2' = N_1 b$<br>$M_2'' = M_1 - M_2'$ |
| | 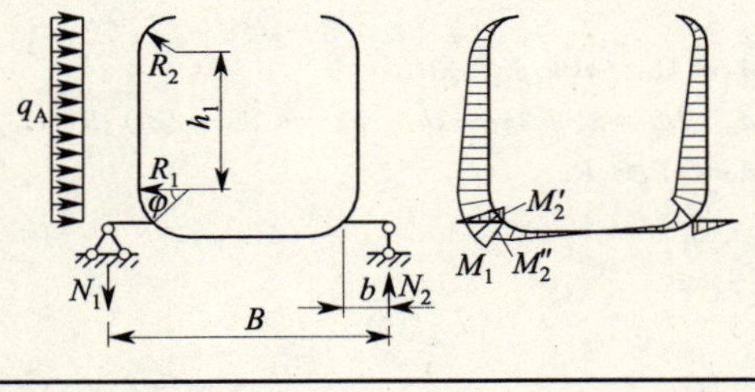 | $-N_1 = N_2 = q_A \dfrac{(R_1\sin\varphi + R_2 + h_1)^2}{B}$<br>$M_1 = \dfrac{1}{2} q_A (R_1\sin\varphi + R_2 + h_1)^2$<br>$M_2' = N_1 b$<br>$M_2'' = M_1 - M_2'$ |

| 名 称 | 计算简图和内力图 | 支反力 $V$ 或 $N$ 和弯矩 $M$ |
|---|---|---|
| 由偏斜运行侧向载荷 $P_S$ 引起的支腿及主梁内力 | L型 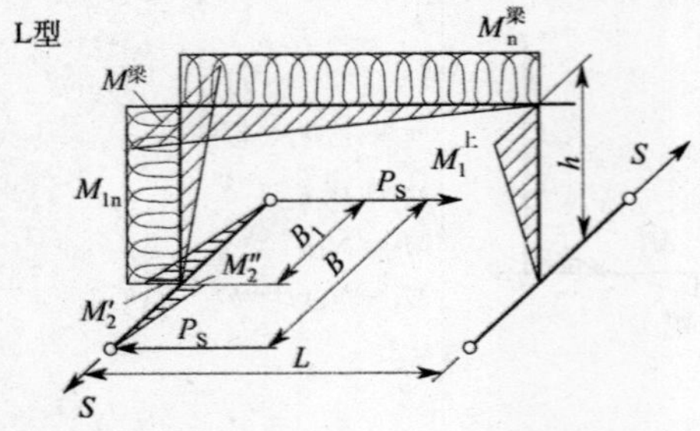 | $S = P_S \dfrac{B}{L}$<br>$M_1^{上} = M_n^{梁} = S \cdot h$<br>$M_{1n} = M^{梁} = S \cdot L$<br>$M_2' = P_S \cdot B_1$<br>$M_2'' = P_S(B - B_1)$ |
| | U型 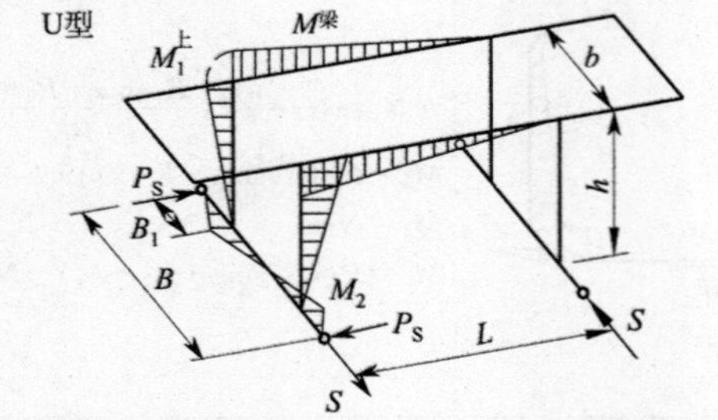 | $S = P_S \dfrac{B}{L}$<br>$M_1^{上} = M^{梁} = P_S \cdot h$<br>$M_2 = P_S \cdot B_1$ |

注：由于带马鞍支腿的形状较复杂，侧向力 $P_S$ 及 $q_A$ 引起的支腿内力表中没有列举。

### 表 2-5-6　刚架支腿内力图及计算式

| 作用载荷及内力图 | 弯矩计算式 |
|---|---|
| 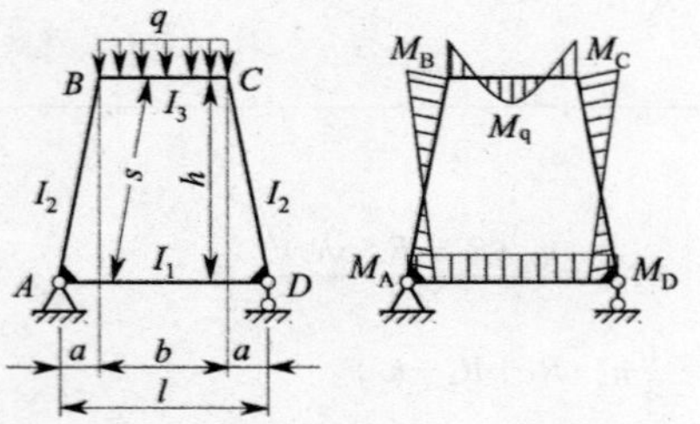 (均布载荷 $q$) | $M_A = M_D = \dfrac{qb^2}{12} k_2 R_1$<br>$M_B = M_C = \dfrac{qb^2}{12}(3k_1 + 2k_2) R_1$<br>$M_q = M_B - \dfrac{qb^2}{8}$ |
| 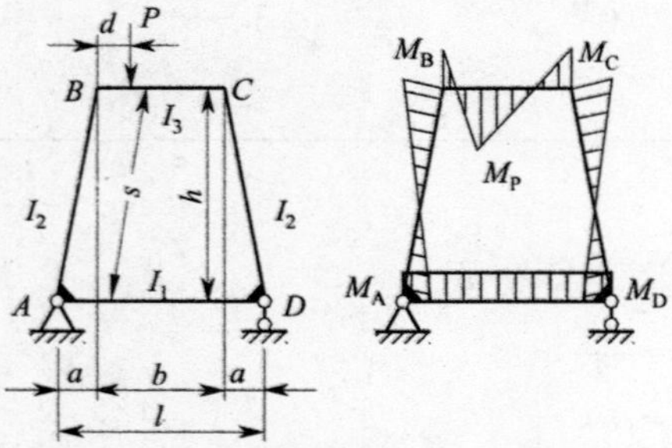 (单集中载荷 $P$) | $M_A = \dfrac{bP}{2}[k_2\beta(1-\beta)R_1 + \alpha R_2 R_3 - (\beta + \mu)]$<br>$M_B = \dfrac{bP}{2}(2\beta - R_2 R_3 - \beta R_1 R_4)$<br>$M_P = \dfrac{bP}{2}[(1-2\beta)R_2 R_3 + \beta R_1 R_4]$<br>$M_C = \dfrac{bP}{2}(R_2 R_3 - \beta R_1 R_4)$<br>$M_D = \dfrac{bP}{2}[k_2\beta(1-\beta)R_1 - \alpha R_2 R_3 + \beta + \mu]$ |
| 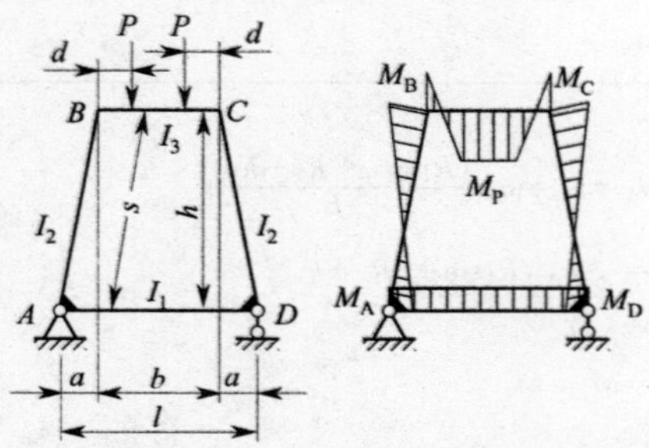 (双对称集中载荷 $P$) | $M_A = M_D = bPk_2\beta(1-\beta)R_1$<br>$M_B = M_C = bP\beta[3k_1 + 2k_2 - k_2^2 - \beta(3k_1 + 2k_2)]R_1$<br>$M_P = bP\beta R_1 R_4$ |

续上表

| 作用载荷及内力图 | 弯矩计算式 |
|---|---|
| 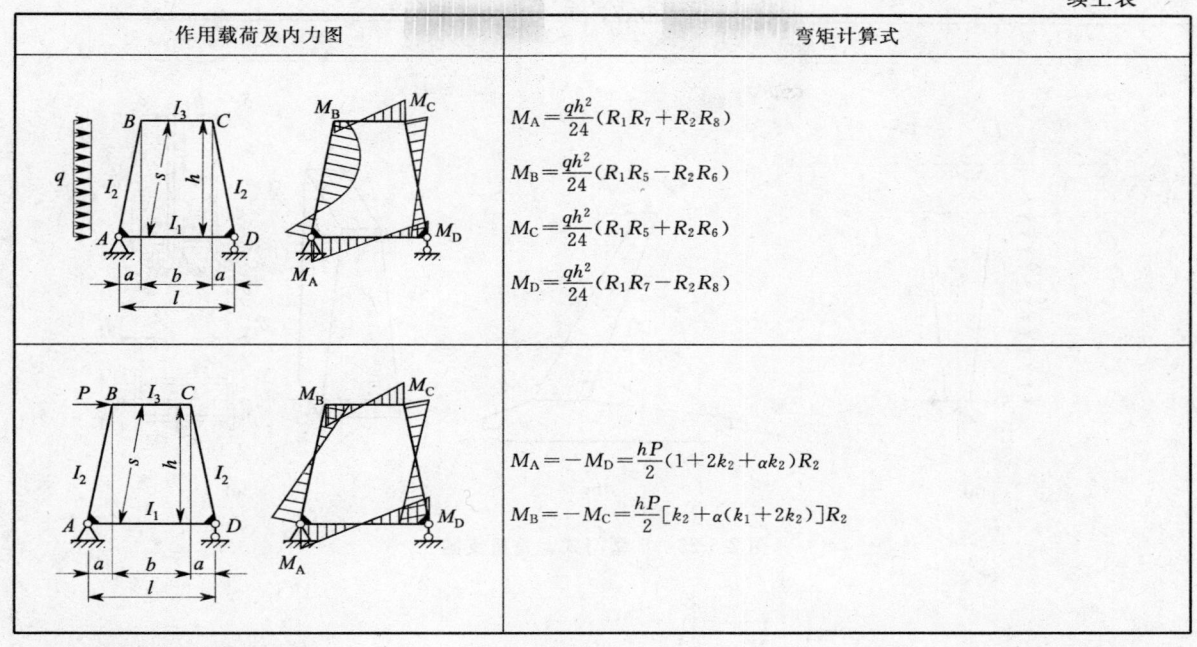 | $M_A = \dfrac{qh^2}{24}(R_1 R_7 + R_2 R_8)$<br>$M_B = \dfrac{qh^2}{24}(R_1 R_5 - R_2 R_6)$<br>$M_C = \dfrac{qh^2}{24}(R_1 R_5 + R_2 R_6)$<br>$M_D = \dfrac{qh^2}{24}(R_1 R_7 - R_2 R_8)$ |
|  | $M_A = -M_D = \dfrac{hP}{2}(1 + 2k_2 + \alpha k_2) R_2$<br>$M_B = -M_C = \dfrac{hP}{2}[k_2 + \alpha(k_1 + 2k_2)] R_2$ |

注：表中各符号内容为：

$\alpha = \dfrac{l}{b}$；$\beta = \dfrac{d}{b}$；$\mu = \dfrac{a}{b}$；$k_1 = \dfrac{I_3}{I_1} \dfrac{l}{b}$；$k_2 = \dfrac{I_3}{I_2} \dfrac{s}{b}$

$R_1 = \dfrac{1}{3k_1 + 2k_2 + 2k_1 k_2 + k_2^2}$；

$R_2 = \dfrac{1}{\alpha^2(k_1 + 2k_2) + 2\alpha k_2 + 2k_2 + 1}$；

$R_3 = \beta^2(3 - 2\beta) + \beta(3\alpha k_2 + \alpha k_1 + 3k_2) + \mu(2\alpha k_2 + \alpha k_1 + k_2)$；

$R_4 = \beta(3k_1 + 2k_2) + k_2(2k_1 + k_2)$；

$R_5 = k_2(3k_1 + k_2)$；

$R_6 = 3(2\alpha k_1 + 3\alpha k_2 + k_2)$；

$R_7 = k_2(3 + k_2)$；

$R_8 = 3(\alpha^2 k_2 + 3\alpha k_2 + 2 + 4k_2)$

图 2-5-25 所示 20/10t C 型门式起重机支腿主要截面的尺寸图，供设计时参考。

双梁 O 型支腿可视为两个 C 型支腿的组合，其支腿尺寸可参考 C 型支腿。

L 型支腿如图 2-5-26 所示，支腿上端与主梁连接，故上端宽度 $b_上$ 通常取成等于梁宽，取尺寸 $c_上$ 略大于梁高，且 $c_上 = (1.38 \sim 1.8) b_上$；支腿下端与下横梁相连接，故支腿下端尺寸 $c_下$ 可取等于下横梁的宽度，而下横梁宽度由走行车轮支承结构决定，通常 $c_下 \geqslant (400 \sim 700)$ mm，$b_下 = (2.9 \sim 3.7) c_下$。

下横梁是支腿的组成部分。单主梁门式起重机的下横梁如图 2-5-27a 所示，双梁无马鞍门式起重机的下横梁见图 2-5-27b。a 图中单主梁门式起重机下横梁的支腿支承点 $C$ 的位置应根据 $A$ 及 $B$ 两点的支承反力相等的条件来确定，即 $R_A = R_B$，由此得：

图 2-5-25(mm)

$$b = \dfrac{B}{2} - \dfrac{M}{P} \quad (2\text{-}5\text{-}43)$$

对于带马鞍的门式起重机，如图 2-5-28 所示，根据受力情况，在支腿的两个平面内都制成上宽下窄。通常，其尺寸宽差率为：

$$\frac{b_{上}-b_{下}}{b_{上}}\approx 0.7, \frac{c_{上}-c_{下}}{c_{上}}\approx 0.7$$

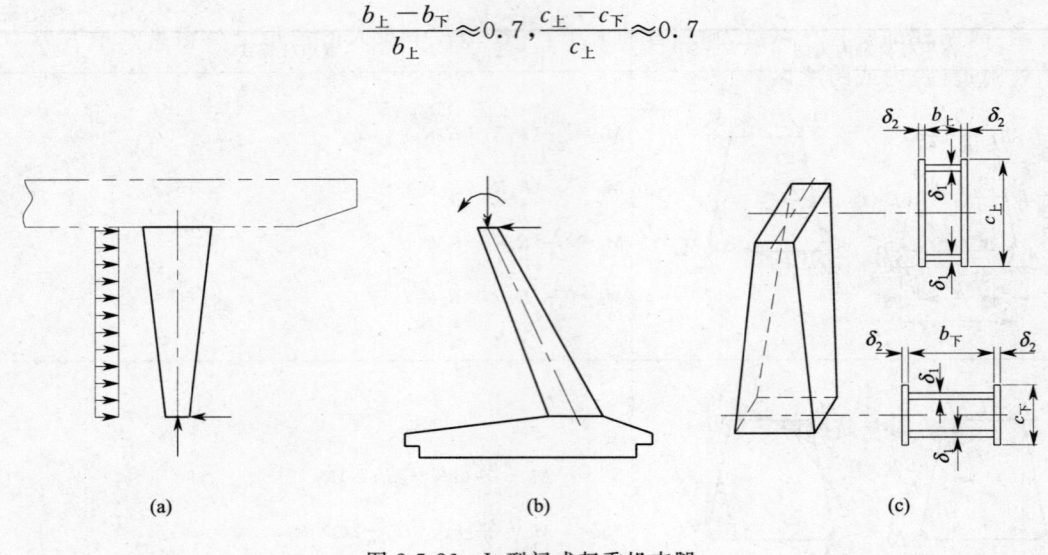

图 2-5-26　L 型门式起重机支腿

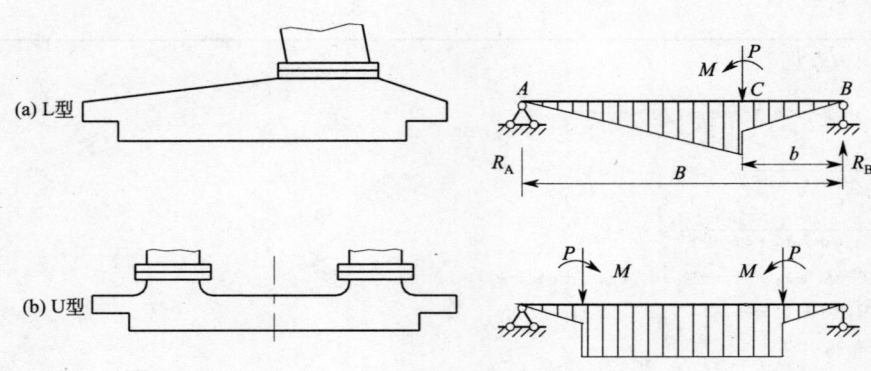

图 2-5-27　下横梁简图

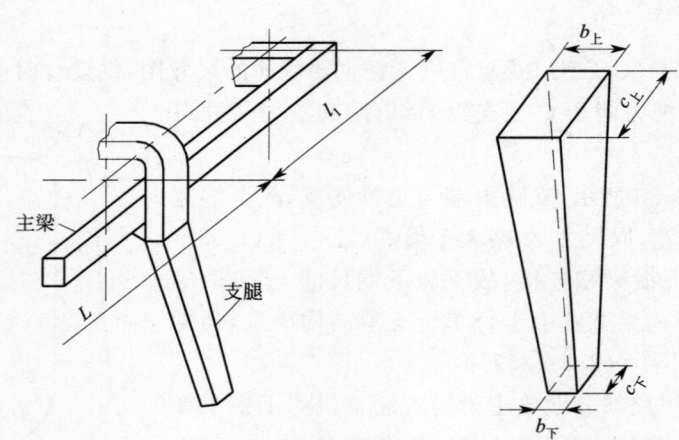

图 2-5-28　带马鞍的双梁门式起重机八字形支腿

### 三、主梁承载力校核计算

#### （一）强度校核

应对主梁危险截面进行强度校核。所谓危险截面，是指主梁上弯矩或剪力最大的截面。对不带悬臂的门式起重机，跨中截面弯矩最大；对有悬臂的门式起重机，跨中和支承处截面都可能出现最大弯矩，故两处都要验算，若已知二者的大小，可按二者中较大的弯矩进行验算。最大剪力一般在支承处附近（跨内或跨度以外）。

由于偏轨箱形梁截面尺寸较大，板厚较薄，梁在弯曲时，由于约束条件引起的附加约束弯曲应力在强度计算时应予以考虑。

约束弯曲正应力计算表达式为：

$$\sigma_\varphi = \frac{B_\varphi}{I_\varphi}\varphi(s) \tag{2-5-44}$$

式中 $B_\varphi$——约束弯曲双力矩；

$I_\varphi$——截面约束弯曲惯性矩；

$\varphi(s)$——$\sigma_\varphi$ 的翘曲函数。

$B_\varphi$、$I_\varphi$、$\varphi(s)$ 的计算方法如下：

1. 约束弯曲双力矩 $B_\varphi$

在梁的约束处和集中外力作用处 $B_\varphi$ 出现最大值。在刚性支承处 $B_\varphi$ 为：

$$B_{\varphi 1} = \frac{C}{K_\varphi} P \quad (\text{N} \cdot \text{mm}^2) \tag{2-5-45}$$

在弹性支承处和集中外力作用处 $B_\varphi$ 为：

$$B_{\varphi 2} = \frac{C}{2K_\varphi} P \quad (\text{N} \cdot \text{mm}^2) \tag{2-5-46}$$

$P$ 为约束处的支反力或集中力作用处的外力，$P$ 的作用方向和所规定的 $y$ 坐标轴方向一致时为正值，反之为负。显然，$B_{\varphi 1}$ 的正负由 $P$ 的符号所决定。$C$ 为正交系数，计算式为：

$$C = \frac{2\xi b_0^2}{5 h_0} \quad (\text{mm});$$

式中 $\xi$——系数，

$$\xi = \frac{5\delta_0 b_0}{\delta_1 h_0 + \delta_2 h_0 + 6\delta_0 b_0}$$

$K_\varphi$ 为弯曲特征系数，按下式计算：

$$K_\varphi = \frac{2}{b_0 \sqrt{1-\xi}} \quad (\text{mm}^{-1})$$

其余符号意义见图 2-5-29。

2. 约束弯曲惯性矩 $I_\varphi$

$$I_\varphi = \frac{\delta_0 b_0^5}{15}(1-\xi) \quad (\text{mm}^6) \tag{2-5-47}$$

3. 截面翘曲系数 $\varphi(s)$

如图 2-5-29 所示，$\varphi(s)$ 取值如下：

$$\varphi(1) = \varphi(3) = -\frac{\xi}{5} b_0^2 \quad (\text{mm}^2)$$

$$\varphi(2) = -\varphi(5) = \left(\frac{1}{4} - \frac{\xi}{5}\right) b_0^2 \quad (\text{mm}^2)$$

$$\varphi(4) = \varphi(6) = \frac{\xi}{5} b_0^2 \quad (\text{mm}^2)$$

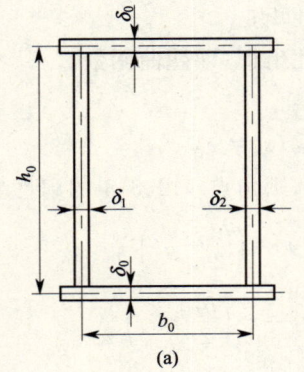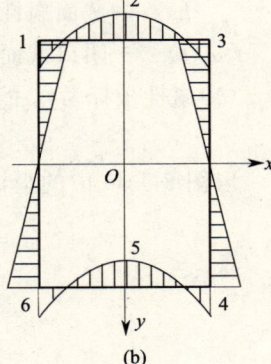

图 2-5-29

几种常见梁的弯曲双力矩 $B_\varphi$ 列于表 2-5-7。

约束弯曲剪应力较小，通常不予计算。

偏轨箱形梁偏心外力引起的扭转，由于支座情况和载荷情况及沿梁长截面变化等原因，使梁扭转时截面不能自由翘曲而引起约束扭转正应力。闭口截面的约束扭转正应力按下式计算：

表 2-5-7 常见梁的弯曲双力矩 $B_\varphi$

| 梁的受力简图及坐标 | 支反力 R | 弯曲双力矩 $B_\varphi$ 双力矩分布图 | $B_\varphi$ 计算式 |
|---|---|---|---|
| （悬臂梁简图） | $R=P$ | （分布图） | $Z=0, B_\varphi=0$<br>$Z=l, B_\varphi=-\dfrac{C}{K_\varphi}R$ |
| （简支梁 AB，集中力 P，距 A 为 a） | $R_B=\dfrac{a}{L}P$<br>$R_A=\dfrac{L-a}{L}P$ | （分布图） | $Z=0, B_\varphi=0$<br>$Z=L, B_\varphi=0$<br>$Z=L-a, B_\varphi=\dfrac{C}{2K_\varphi}P$ |
| （带悬臂梁，端部 P） | $R_1=\left(1+\dfrac{l}{L}\right)P$<br>$R_2=\dfrac{l}{L}P$ | （分布图） | $Z=0, B_\varphi=0$<br>$Z=l, B_\varphi=-\dfrac{C}{2K_\varphi}R_1$<br>$Z=l+L, B_\varphi=\dfrac{C}{2K_\varphi}R_2$<br>$Z=L+2l, B_\varphi=0$ |
| （带悬臂梁，跨中 P 距 a） | $R_1=\left(1-\dfrac{a}{L}\right)P$<br>$R_2=\dfrac{a}{L}P$ | （分布图） | $Z=0, B_\varphi=0$<br>$Z=l, B_\varphi=-\dfrac{C}{2K_\varphi}R_1$<br>$Z=l+a, B_\varphi=\dfrac{C}{2K_\varphi}P$<br>$Z=l+L, B_\varphi=-\dfrac{C}{2K_\varphi}R_2$<br>$Z=L+2l, B_\varphi=0$ |

$$\sigma_{\bar{\omega}}=\frac{B_{\bar{\omega}}}{I_{\bar{\omega}}}\bar{\omega}(s) \tag{2-5-48}$$

式中　$B_{\bar{\omega}}$——截面弯扭双力矩；

　　　$I_{\bar{\omega}}$——截面扇性惯性矩；

　　$\bar{\omega}(s)$——闭口截面扇性坐标，即翘曲函数。

(1) 扇性坐标 $\bar{\omega}(s)$ 的计算

$$\bar{\omega}(s)=xy$$

取图 2-5-30 中的坐标系，则角点 1、2、3、4 的扇性坐标值为

$$\bar{\omega}_1=x_1y_1=\left(\frac{b_0}{2}-\alpha_x\right)\frac{h_0}{2}$$

$$\bar{\omega}_2=x_2y_2=-\left(\frac{b_0}{2}+\alpha_x\right)\frac{h_0}{2}$$

$$\bar{\omega}_3=x_3y_3=\left(\frac{b_0}{2}+\alpha_x\right)\frac{h_0}{2}$$

$$\bar{\omega}_4=x_4y_4=-\left(\frac{b_0}{2}-\alpha_x\right)\frac{h_0}{2}$$

式中　$\alpha_x=\dfrac{\frac{1}{2}h_0b_0(\delta_1-\delta_2)}{6\delta_0b_0+h_0(\delta_1+\delta_2)}$　(mm)

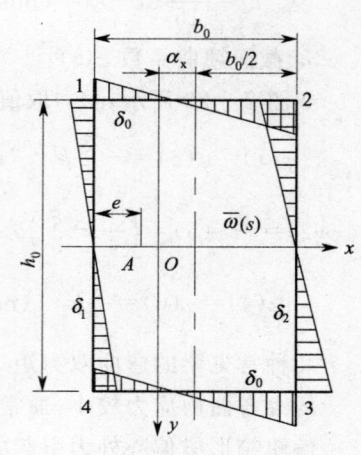

图 2-5-30

(2) $I_{\bar{\omega}}$ 的计算

$$I_{\bar{\omega}} = \frac{1}{6}\delta_0 h_0^2 b_0 \left(\frac{b_0^2}{4} + 3\alpha_x^2\right) + \frac{h_0^3}{12}\left[\delta_1\left(\frac{b_0}{2} - \alpha_x\right)^2 + \delta_2\left(\frac{b_0}{2} + \alpha_x\right)^2\right]$$

(3) 双力矩 $B_{\bar{\omega}}$ 的计算

在弹性约束处及外扭矩作用处：

$$B_{\bar{\omega}} = \frac{\lambda_{\bar{\omega}}}{2K_{\bar{\omega}}} M_i$$

式中 $M_i$——弹性支承处的支反扭矩或集中扭矩作用处的外扭矩。

$$\lambda_{\bar{\omega}} = \frac{2n-1}{2n+1}; n = \frac{b_0}{h} \frac{\delta_1 \delta_2}{\delta_0(\delta_1+\delta_2)}$$

$$K_{\bar{\omega}} = \frac{4.4}{h_0}\sqrt{\frac{1}{2\varepsilon}\left[\frac{n(3-2n)}{1+2n}\left(\frac{h_0}{b_0}\right)^2 + \eta\right]} \quad (\text{mm}^{-1})$$

$$\varepsilon = 1 + \frac{3}{25}\xi^2\zeta^2 + 2\eta$$

$$\eta = \frac{h_0}{100\delta_0 b_0}\left[\delta_1(5-\xi\zeta)^2 + \delta_2(5+\xi\zeta)^2\right]$$

$$\xi = \frac{5\delta_0 b_0}{\delta_1 h_0 + \delta_2 h_0 + 6\delta_0 b_0}; \zeta = \frac{\delta_1 - \delta_2}{\delta_0}\frac{h_0}{b_0}$$

门式起重机的支承扭矩 $M_i$，双力矩 $B_{\bar{\omega}}$ 可直接从表 2-5-8 中查取。

约束扭转剪应力值很小，通常不予计算。

计算表明，箱形梁由于约束弯曲引起的正应力约为自由弯曲正应力的 5%～10%；由约束扭转引起的正应力约为自由弯曲正应力的 5%。

偏轨箱形梁强度计算的表达式为：

跨内弯曲正应力：

$$\sigma = \frac{M_x}{W_x} + \frac{M_y}{W_y} + \sigma_\varphi + \sigma_{\bar{\omega}} \leqslant [\sigma] \tag{2-5-49}$$

式中 $M_x$——由垂直载荷引起的主梁弯矩；

$M_y$——由水平载荷（如风载荷、惯性载荷）引起的主梁弯矩；

$\sigma_\varphi, \sigma_{\bar{\omega}}$——约束弯曲正应力和约束扭转正应力；

$W_x, W_y$——绕主梁截面水平轴（$x$ 轴）及垂直轴（$y$ 轴）的抗弯模量。

表 2-5-8 门式起重机支承处的扭矩及双力矩

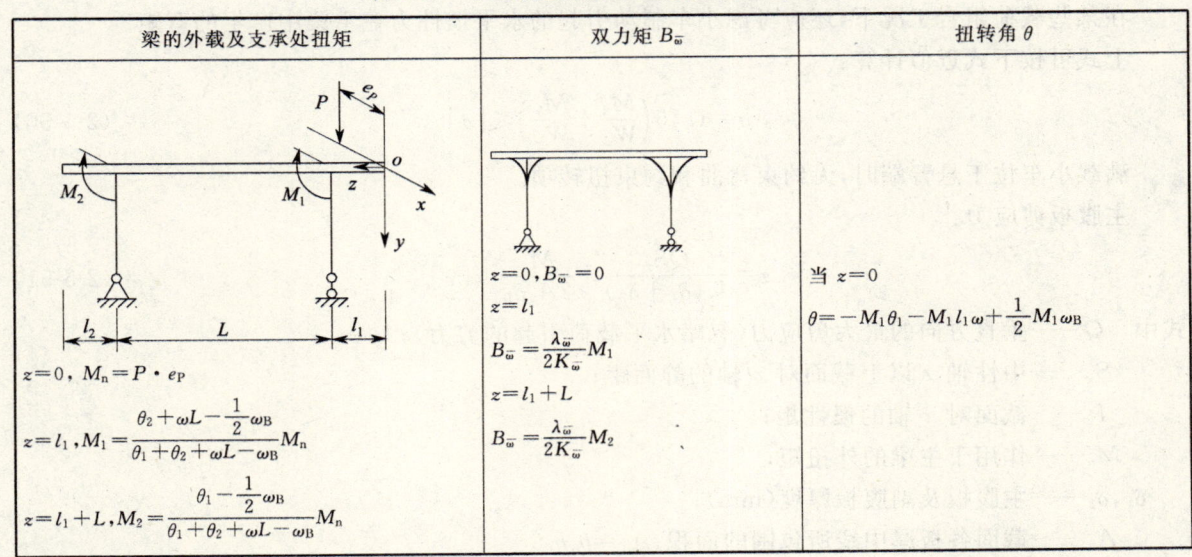

续上表

| 梁的外载及支承处扭矩 | 双力矩 $B_{\bar{\omega}}$ | 扭转角 $\theta$ |
|---|---|---|
| 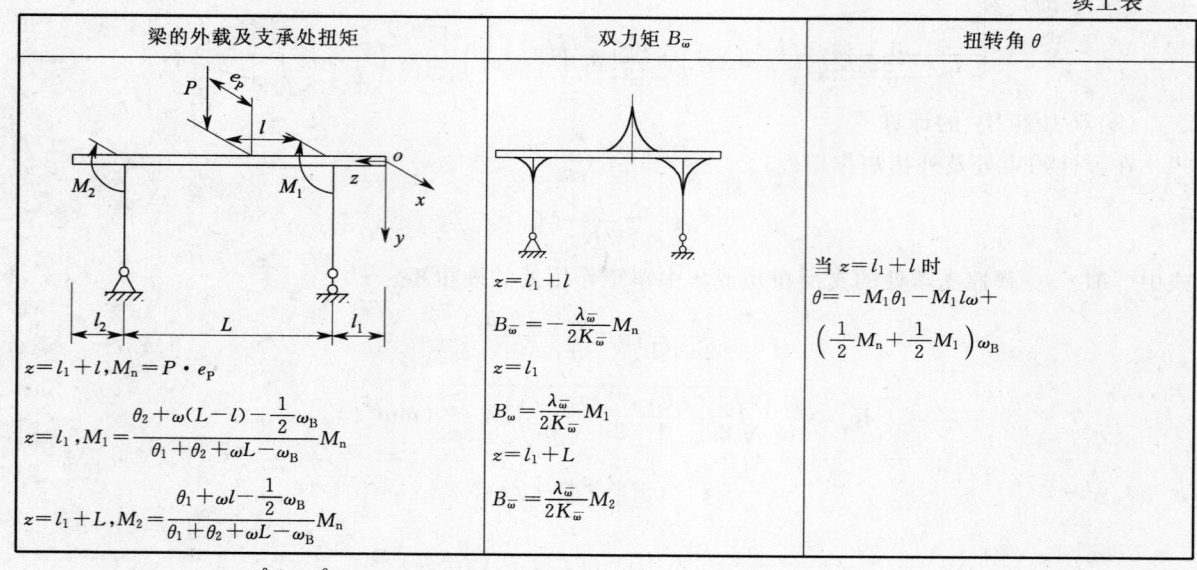 $z=l_1+l, M_n = P \cdot e_P$ $z=l_1, M_1 = \dfrac{\theta_2+\omega(L-l)-\dfrac{1}{2}\omega_B}{\theta_1+\theta_2+\omega L-\omega_B} M_n$ $z=l_1+L, M_2 = \dfrac{\theta_1+\omega l-\dfrac{1}{2}\omega_B}{\theta_1+\theta_2+\omega L-\omega_B} M_n$ | $z=l_1+l$ $B_{\bar{\omega}} = -\dfrac{\lambda_{\bar{\omega}}}{2K_{\bar{\omega}}} M_n$ $z=l_1$ $B_{\bar{\omega}} = \dfrac{\lambda_{\bar{\omega}}}{2K_{\bar{\omega}}} M_1$ $z=l_1+L$ $B_{\bar{\omega}} = \dfrac{\lambda_{\bar{\omega}}}{2K_{\bar{\omega}}} M_2$ | 当 $z=l_1+l$ 时 $\theta = -M_1\theta_1 - M_1 l\omega + \left(\dfrac{1}{2}M_n + \dfrac{1}{2}M_1\right)\omega_B$ |

注：$\omega = \dfrac{h_0^2 + 2\eta b_0^2}{G h_0^2 \delta_0 b_0 [h_0^2(3n-2n^2)+\eta b_0^2(1+2n)]}$ $\left(\dfrac{1}{\text{N}\cdot\text{mm}^2}\right)$;

$\omega_B = \dfrac{\lambda_{\bar{\omega}}^2}{G b_0^3 \delta_0 K_{\bar{\omega}} \left[\dfrac{3n-2n^2}{1+2n}\left(\dfrac{h_0}{b_0}\right)^2 + \eta\right]}$ $\left(\dfrac{1}{\text{N}\cdot\text{mm}}\right)$;

$M_n$——集中外扭矩，$M_n = P \cdot e_P$;

$e_P$——外力 $P$ 作用点至弯心位置之间的距离;

$\theta_1, \theta_2$——分别为门架的支腿在与主梁连接处作用单位力矩时，支腿的转角值（图 2-5-31），$\theta_1 = \theta_2 = \sum\int \dfrac{\overline{M_1^2}}{EI} ds$。

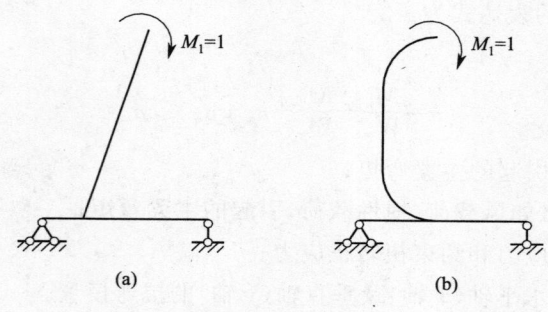

图 2-5-31

在某些载荷组合工况下，还应考虑小车制动引起的水平惯性力在主梁中产生的弯矩。

上式可按下式近似计算：

$$\sigma = 1.15\left(\dfrac{M_x}{W_x} + \dfrac{M_y}{W_y}\right) \leqslant [\sigma] \tag{2-5-50}$$

满载小车位于悬臂端时，无约束弯曲和约束扭转项。

主腹板剪应力：

$$\tau = \dfrac{QS_x}{I_x(\delta_1+\delta_2)} + \dfrac{M_n}{2A_0\delta_1} \leqslant [\tau] \tag{2-5-51}$$

式中 $Q$——垂直方向的最大剪应力（忽略水平载荷引起的剪力）；

$S_x$——中性轴 $x$ 以上截面对 $x$ 轴的静面距；

$I_x$——截面对 $x$ 轴的惯性矩；

$M_n$——作用于主梁的外扭矩；

$\delta_1, \delta_2$——主腹板及副腹板厚度（mm）；

$A_0$——截面各板厚中线所包围的面积，$A_0 = b_0 h_0$。

平均挤压应力：

$$\sigma_m = \frac{P}{2(h_y+50)\delta_1} \leqslant [\sigma] \tag{2-5-52}$$

式中　$P$——一个车轮的最大轮压，不计动力系数和冲击系数；

　　　　$h_y$——小车轨道高度与上翼缘板厚度之和(mm)。

对于小偏轨梁及中轨梁，小车轮压对上翼缘板产生的局部弯曲应力及强度校核见本篇第三章第三节。

复合应力：

主梁跨中危险截面的主腹板与上翼缘板连接处同时作用有正应力、剪应力和挤压应力，需按第四强度理论进行校核：

$$\sqrt{\sigma^2 + \sigma_m^2 - \sigma\sigma_m + 3\tau^2} \leqslant [\sigma] \tag{2-5-53}$$

上式中的 $\sigma$ 和 $\tau$ 应取主腹板与上翼缘板连接处同一点的应力。满载小车位于悬臂端时，验算复合应力时无需计入平均挤压应力。

水平弯矩计算见表 2-5-3。

偏轨箱形梁截面正应力分布见图 2-5-32。

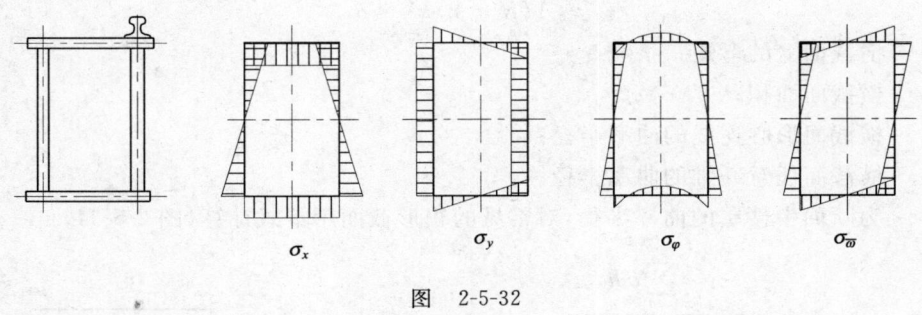

图　2-5-32

（二）偏轨箱形梁的整体和局部稳定性计算

偏轨箱形梁的整体和局部稳定性校核计算参照本篇第三章"桥式起重机金属结构设计计算"中的有关方法进行，并合理布置横向和纵向加劲肋。

为使主梁上下焊缝对称、减少焊接变形，带悬臂的门式起重机在主梁主、副腹板的上下区都设置纵向加劲肋，以保证制造中的对称性，确保局部稳定。

**四、支腿承载力校核计算**

（一）支腿强度计算

在门架平面内，支腿上端为危险截面；在支腿平面内，支腿下端为危险截面。由于支腿通常为变截面，除了校核上述危险截面外，还应对中间截面进行强度校核。

支腿危险截面的强度校核式如下：

$$\sigma = \frac{N}{A} + \frac{M_x}{W_x} + \frac{M_y}{W_y} \leqslant [\sigma] \tag{2-5-54}$$

式中　$N$——计算截面的轴向力；

　　　　$M_x$——门架平面内计算截面的弯矩；

　　　　$M_y$——支腿平面内计算截面的弯矩；

$A, W_x, W_y$——计算截面的净截面面积和净截面抗弯模量。

式(2-5-54)的应力叠加是指同一截面上同一点的应力。计算支腿下端危险截面的应力时，式中 $M_x = 0$。

支腿的剪应力值较小，通常不予计算。

对于 C 型和 O 型支腿的圆弧部分，当 $R_0 \geqslant 4h$ 时，可按直梁公式计算，其误差不大。$R_0$ 和 $h$ 见图 2-5-33。当 $R_0 < 4h$ 时，则应按曲梁计算。

当按曲梁计算时，可取图 2-5-33 的计算简图。任意横截面 $m$-$n$ 上因轴力 $N$ 引起的正应力，可按直梁公式计算，即：

$$\sigma_N = \frac{N}{A} \quad (2\text{-}5\text{-}55)$$

剪力 $Q$ 产生的剪应力 $\tau_Q$ 也可以近似地按直梁受横力弯曲时横截面上剪应力的公式来计算：

$$\tau_Q = \frac{QS_x}{I_x \delta_\Sigma} \quad (2\text{-}5\text{-}56)$$

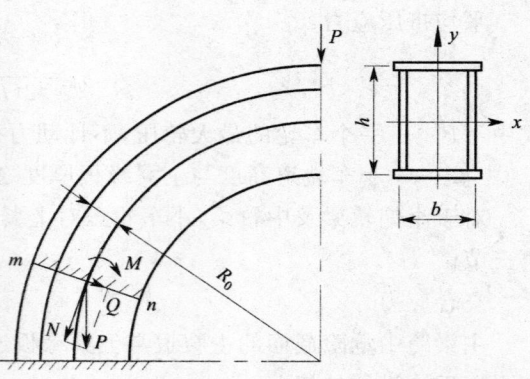

图 2-5-33 曲腿计算图

而由 $M$ 引起的正应力则不能按直梁的弯曲正应力公式计算，因为在曲梁中由变形的平面假定所得到的横截面上弯曲正应力的分布规律不是直线规律而是双曲线规律。

假定杆件纤维间的挤压应力可以略去不计，截面上的正应力计算公式为：

$$\sigma = \frac{M}{A(R_0 - r)}\left(1 - \frac{r}{\rho}\right) \quad (2\text{-}5\text{-}57)$$

式中　$M$——横截面上的弯矩；
　　　$A$——横截面面积；
　　　$R_0$——横截面形心连线的曲率半径；
　　　$\rho$——横截面任意纤维的曲率半径。

上式中 $r$ 为断面中性层的曲率半径，对常见的箱形截面用下式计算（图 2-5-34）：

$$r = \frac{\sum_{i=1}^{n} b_i h_i}{\sum_{i=1}^{n} b_i \ln \dfrac{R_i}{R_{i+1}}}$$

对于图 2-5-34 的对称箱形断面，$r$ 的计算式为：

$$r = \frac{b_1 h_1 + 2b_2 h_2 + b_3 h_3}{b_1 \ln \dfrac{R_1}{R_2} + 2b_2 \ln \dfrac{R_2}{R_3} + b_3 \ln \dfrac{R_3}{R_4}}$$

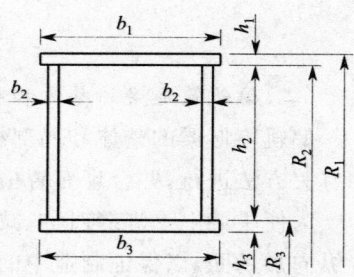

图 2-5-34

箱形截面最大拉伸正应力和最大压缩正应力发生在截面最外缘和最内缘的纤维处。已知曲杆中性轴的曲率半径 $r$ 和横截面面积对中性轴的静矩 $S_x$，计算如图 2-5-34 所示截面最外纤维处的应力时，只需将 $\rho = R_1$，$y_1 = R_1 - r$ 代入下式：

$$\sigma_M^{外} = \frac{My_1}{S_x \rho} = \frac{M(R_1 - r)}{S_x R_1} \quad (2\text{-}5\text{-}58)$$

式中　$\sigma_M^{外}$——曲梁外侧由弯矩引起的应力。

计算最内侧的纤维应力时，将 $\rho = R_3$，$y_3 = R_3 - r$ 代入下式：

$$\sigma_M^{内} = \frac{My_3}{S_x \rho} = \frac{M(R_3 - r)}{S_x R_3} \quad (2\text{-}5\text{-}59)$$

考虑轴力 $N$ 的作用，横截面上的最大拉伸应力 $\sigma_l$ 和压缩应力 $\sigma_c$ 可按叠加原理求出：

$$\left. \begin{aligned} \sigma_l &= \sigma_M^{外} + \sigma_N = \frac{M(R_1 - r)}{S_x R_1} + \frac{N}{A} \\ \sigma_c &= \sigma_M^{内} + \sigma_N = \frac{M(R_3 - r)}{S_x R_3} + \frac{N}{A} \end{aligned} \right\} \quad (2\text{-}5\text{-}60)$$

横截面的正应力分布曲线如图 2-5-35 所示。

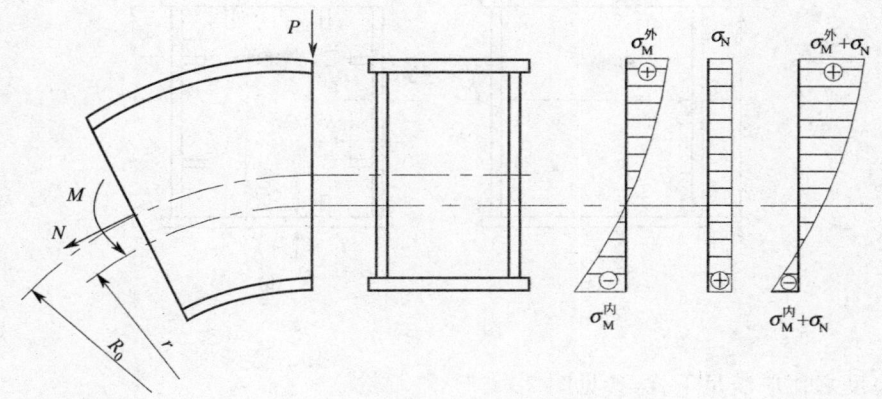

图 2-5-35 曲腿正应力分布曲线

(二)支腿的整体和局部稳定性计算

门式起重机支腿是压弯构件,故应验算其整体稳定性。支腿整体稳定性按下式验算:

$$\sigma = \frac{N}{\varphi A} + \frac{M_x}{W_x} + \frac{M_y}{W_y} \leqslant [\sigma] \quad (2\text{-}5\text{-}61)$$

式中 $M_x, M_y$——门架平面和支腿平面的计算弯矩(常取距支腿小端 $0.45h$ 处截面的弯矩);

$N$——支腿承受的轴力;

$A, W_x, W_y$——距支腿小端 $0.45h$ 截面的毛截面面积和毛截面抗弯模量;

$\varphi$——轴心压杆稳定系数,根据支腿长细比 $\lambda = \dfrac{\mu_1 \mu_2 h}{r}$ 查表,$\lambda$ 应取门架平面和支腿平面计算出的最大值。

其中 $\mu_1$ 是由支腿的支承情况决定的折算长度系数,支腿在门架平面内的支承情况可视为上端固定、下端铰支,由本篇第一章表 2-1-20 则 $\mu_1 = 0.7$;支腿平面内的支承情况可视为下端固定、上端自由,则 $\mu_1 = 2$。$\mu_2$ 为变截面支腿的折算长度系数,由表 2-5-9 查取。$r$ 为支腿计算截面的回转半径。

表 2-5-9 变截面支腿折算长度系数 $\mu_2$

| $\eta = \dfrac{I_{\min}}{I_{\max}}$ | 0.01 | 0.02 | 0.03 | 0.04 | 0.05 | 0.06 | 0.07 | 0.08 | 0.09 | 0.10 |
|---|---|---|---|---|---|---|---|---|---|---|
| $\mu_2$ | 2.402 | 2.175 | 2.043 | 1.949 | 1.877 | 1.818 | 1.769 | 1.726 | 1.689 | 1.656 |
| $\eta = \dfrac{I_{\min}}{I_{\max}}$ | 0.15 | 0.20 | 0.25 | 0.30 | 0.35 | 0.40 | 0.45 | 0.50 | 0.55 | 0.60 |
| $\mu_2$ | 1.531 | 1.444 | 1.378 | 1.325 | 1.281 | 1.243 | 1.210 | 1.181 | 1.156 | 1.132 |
| $\eta = \dfrac{I_{\min}}{I_{\max}}$ | 0.65 | 0.70 | 0.75 | 0.80 | 0.85 | 0.90 | 0.95 | 0.97 | 0.98 | 0.99 |
| $\mu_2$ | 1.111 | 1.091 | 1.073 | 1.057 | 1.041 | 1.027 | 1.013 | 1.008 | 1.005 | 1.003 |

为了防止支腿的腹板和翼缘板发生波浪变形,应对支腿进行局部稳定性校核,否则有可能导致结构过早损坏。

对于轴心受压的箱形截面支腿,其腹板的计算高度与其厚度之比和箱形截面两腹板间翼缘板宽度与其厚度之比(图 2-5-36)应满足下式:

$$\left. \begin{aligned} \frac{b_0}{\delta_1} &\leqslant 50\sqrt{\frac{235}{\sigma_s}} + 0.1\lambda \\ \frac{c_0}{\delta_2} &\leqslant 50\sqrt{\frac{235}{\sigma_s}} + 0.1\lambda \end{aligned} \right\} \quad (2\text{-}5\text{-}62)$$

对于偏心受压的箱形截面支腿,其腹板的计算高度与其厚度之比和箱形截面两腹板间的翼缘

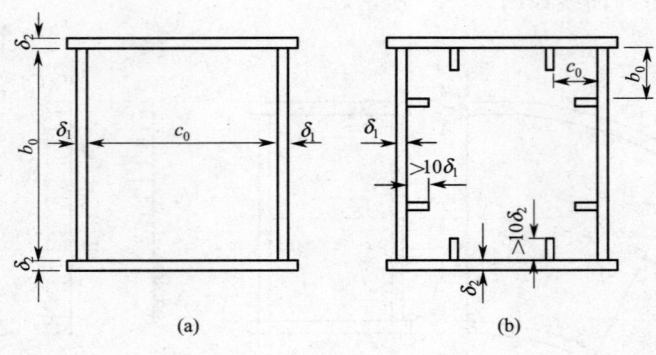

图 2-5-36

板宽度与其厚度之比应满足下式(参见图 2-5-36)：

$$\left.\begin{array}{l}\dfrac{b_0}{\delta_1}\leqslant 100\sqrt{\dfrac{\xi}{\sigma_{\max}}}\\[2mm]\dfrac{c_0}{\delta_2}\leqslant 100\sqrt{\dfrac{\xi}{\sigma_{\max}}}\end{array}\right\} \quad (2\text{-}5\text{-}63)$$

式中　$\xi$——系数，根据 $\alpha=\dfrac{\sigma_{\max}-\sigma_{\min}}{\sigma_{\max}}$ 值，查表 2-5-10；

$\sigma_{\max}$——腹板计算高度边缘(或翼缘板计算宽度边缘)的最大压应力；

$\sigma_{\min}$——腹板计算高度(或翼缘板计算宽度)另一边缘的应力(压应力取正值，拉应力取负值)。

表 2-5-10　$\xi$ 值

| $\alpha$ | 0.2 | 0.4 | 0.6 | 0.8 | 1.0 | 1.2 | 1.4 | 1.6 |
|---|---|---|---|---|---|---|---|---|
| $\xi$ | 400 | 750 | 1 100 | 1 400 | 1 600 | 1 800 | 1 950 | 2 100 |

若受压支腿的腹板(或翼缘板)与其厚度之比不满足上述要求，需设纵向加劲肋，然后再按上述方法验算受压较大的腹板(或翼缘板)在加劲肋之间的计算长度与厚度之比(图 2-5-36b)。纵向加劲肋通常用钢板条或扁钢制成。

纵向加劲肋应成对布置，其宽度 $b_1 > 10\delta$，厚度 $\delta_1 > \dfrac{3}{4}\delta$（$\delta$ 为腹板或翼缘板的厚度，即 $\delta_1$ 或 $\delta_2$）。

为增加支腿的抗扭刚度，必须设横向加劲肋。横向加劲肋间距通常为 $(2.5\sim 3)b_0$（或 $c_0$），参看图 2-5-37。

横向加劲肋宽度：

$$\left.\begin{array}{l}b_1\geqslant\dfrac{b_0}{30}+40(\mathrm{mm})\\[2mm]b_1\geqslant\dfrac{c_0}{30}+40(\mathrm{mm})\end{array}\right\} \quad (2\text{-}5\text{-}64)$$

横向加劲肋厚度：

$$\delta_1\geqslant\dfrac{b_1}{15}\sqrt{\dfrac{\sigma_s}{235}} \quad (2\text{-}5\text{-}65)$$

加劲肋在支腿上的布置如图 2-5-37 所示。

支腿下横梁的局部稳定与主梁无集中轮压作用时的情况相同，参阅本篇第一章第五节合理地布置横向及纵向加劲肋。

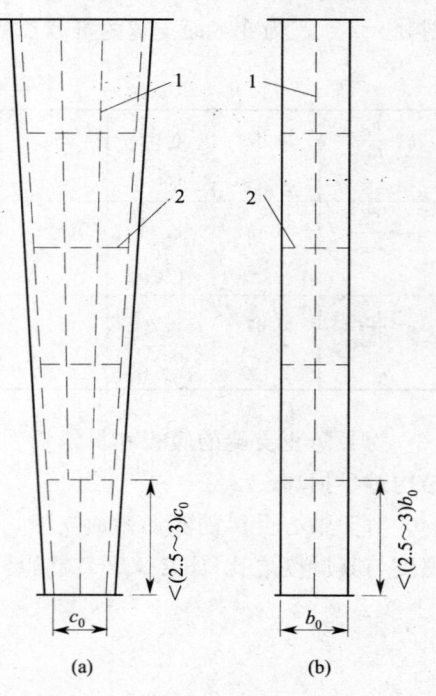

图 2-5-37　支腿加劲肋布置简图
1—纵向加劲肋；2—横向加劲肋

### 五、下横梁强度校核

下横梁跨间截面根据相应的载荷组合按弯曲强度进行校核。

大车走行车轮通过角形轴承座安装在下横梁的两端,为了安放角形轴承座,将下横梁两端的腹板切去一部分,如图 2-5-38 所示。

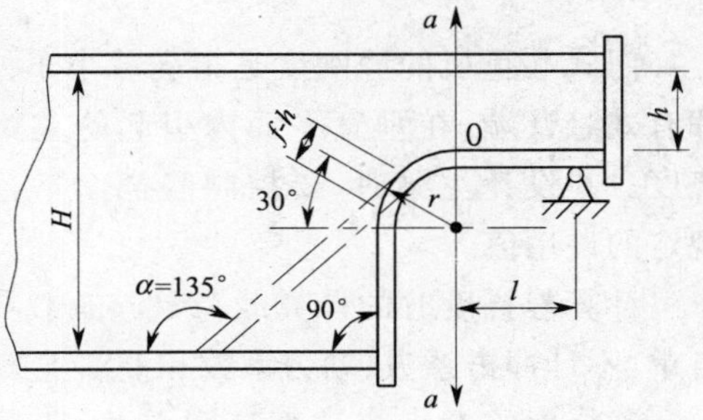

试验表明,下横梁的破坏形式主要是切口处圆弧 $f$-$h$ 区段发生疲劳破坏。该区段承受的应力有:

$$\left.\begin{array}{l}\text{径向正应力} \quad \sigma_R = k_R \sigma_0 \\ \text{切向正应力} \quad \sigma_Q = k_Q \sigma_0 \\ \text{切应力} \quad \tau_{QR} = k_\tau \tau_0 \end{array}\right\} \quad (2\text{-}5\text{-}66)$$

式中 $\sigma_0, \tau_0$——腹板切口圆弧段起点 $O$ 处的正应力和剪应力;

$k_R, k_Q$——系数,与 $\dfrac{A_x}{A_f}$、$\dfrac{h}{H}$ 及过渡角 $\alpha$ 有关,由图 2-5-39 查取;$A_x$ 为下翼缘板截面积,$A_f$ 为 $a$—$a$ 截面所截腹板的截面积;

图 2-5-38 下横梁端部简图

$k_\tau$——与 $\dfrac{l}{h}$ 及 $\alpha$ 有关的系数,由图 2-5-39 查取。

疲劳强度按下式校核:

$$k_h k_r \sqrt{\sigma_R^2 + \sigma_Q^2 - \sigma_R \sigma_Q + 3\tau_{QR}^2} \leqslant [\sigma_r] \quad (2\text{-}5\text{-}67)$$

式中 $k_r$——系数,与 $\dfrac{r}{h}$ 及 $\dfrac{h}{H}$ 有关,由图 2-5-39 查取;

$k_h$——焊缝形状系数,腹板与下翼缘板成 T 字形连接,双面焊 $k_h=1$,单面焊 $k_h=1.4$;

$[\sigma_r]$——疲劳许用应力,见本篇第一章第二节。

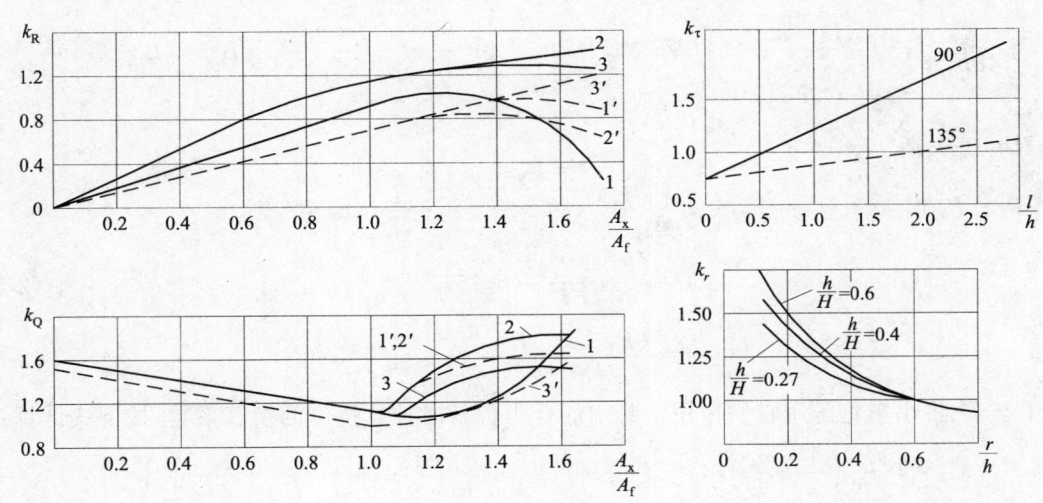

图 2-5-39 系数 $k_R$、$k_Q$、$k_\tau$ 及 $k_r$ 的图线

1 和 1'—$\dfrac{h}{H}=0.55$;2 和 2'—$\dfrac{h}{H}=0.4$;3 和 3'—$\dfrac{h}{H}=0.25$;

实线为 $\alpha=90°$(即装角形轴承座);虚线为 $\alpha=135°$

## 第四节 主梁和支腿的刚度计算

门式起重机的刚性要求分静态和动态两个方面。静态刚性以在规定的载荷作用于指定位置时结构在某一位置处的静态弹性变形值来表征。起重机作为振动系统的动态刚性,以满载情况下钢

丝绳绕组的下放悬吊长度相当于额定起升高度时系统在垂直方向的最低固有频率（简称满载自振频率）来表征。

### 一、主梁的静刚度校核

门式起重机的静刚度是指满载小车位于跨中和有效悬臂端，在垂直平面内引起的主梁最大静挠度。在设计主梁时，要控制静挠度不超过规范规定的许用值。

计算静挠度时的计算载荷是起升载荷和小车自重，不计冲击系数、动力系数和上部主梁自重。

静挠度的大小与计算简图有关，所采用的计算简图不同，计算出的静挠度值也会略有差异。

1. 按简支外伸梁计算静挠度

(1) 满载小车位于跨中（图 2-5-40）：

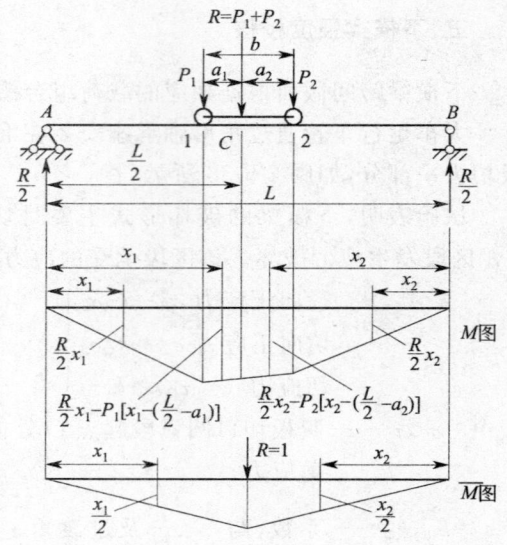

图 2-5-40　两个车轮引起的跨中挠度

单主梁小车和双主梁小车通常以两个车轮作用于一根主梁上，两个车轮在跨中引起的挠度按莫尔公式计算：

$$f = \int \frac{M\overline{M}}{EI} dx$$

$$= \frac{1}{EI} \left\{ \int_0^{\frac{L}{2}-a_1} \frac{R}{2} x_1 \cdot \frac{x_1}{2} dx_1 + \int_{\frac{L}{2}-a_1}^{\frac{L}{2}} \left\{ \frac{R}{2} x_1 - P_1 \left[ x_1 - \left( \frac{L}{2} - a_1 \right) \right] \right\} \cdot \frac{x_1}{2} \cdot dx_1 \right.$$

$$\left. + \int_0^{\frac{L}{2}-a_2} \frac{R}{2} x_2 \cdot \frac{x_2}{2} dx_2 + \int_{\frac{L}{2}-a_2}^{\frac{L}{2}} \left\{ \frac{R}{2} x_2 - P_2 \left[ x_2 - \left( \frac{L}{2} - a_2 \right) \right] \right\} \cdot \frac{x_2}{2} \cdot dx_2 \right\}$$

$$= \frac{R}{48EI} \left\{ \frac{P_1}{R} \cdot \frac{(L-2a_1)}{2} [3L^2 - (L-2a_1)^2] + \frac{P_2}{R} \cdot \frac{(L-2a_2)}{2} [3L^2 - (L-2a_2)^2] \right\}$$

(2-5-68)

式中　$R = P_1 + P_2$

当 $P_1 = P_2$ 时，$a_1 = a_2 = \frac{b}{2}$，$\frac{P_1}{R} = \frac{P_2}{R} = \frac{1}{2}$，并令 $\frac{L}{2} - a_1 = \frac{L}{2} - a_2 = l$，则

$$f = \frac{(P_1 + P_2)l}{12EI}(0.75L^2 - l^2) \tag{2-5-69}$$

或

$$f = \frac{(P_1 + P_2)L^3}{48EI} \cdot C_2 \leq [f] \tag{2-5-70}$$

式中　$C_2$——将小车轮压用它们作用于跨中的合力代替时计算挠度的换算系数，按下式计算：

$$C_2 = 4 \left\{ \frac{P_1}{R} \left( \frac{1}{2} - \frac{a_1}{L} \right) \left[ \frac{3}{4} - \left( \frac{1}{2} - \frac{a_1}{L} \right)^2 \right] + \frac{P_2}{R} \left( \frac{1}{2} - \frac{a_2}{L} \right) \left[ \frac{3}{4} - \left( \frac{1}{2} - \frac{a_2}{L} \right)^2 \right] \right\}$$

当 $P_1 = P_2$ 时，$a_1 = a_2 = \frac{b}{2}$，$\frac{P_1}{R} = \frac{P_2}{R} = \frac{1}{2}$，得：

$$C_2 = \frac{1}{2} \left( 1 - \frac{b}{L} \right) \left[ 3 - \left( 1 - \frac{b}{L} \right)^2 \right]$$

$[f]$——许用静挠度，见本篇第一章表 2-1-1。

(2) 满载小车位于有效悬臂端（图 2-5-41）：

支反力为：

$$R_B = \frac{P_1(l_1 + b_1) + P_2(l_1 - b_2)}{L}$$

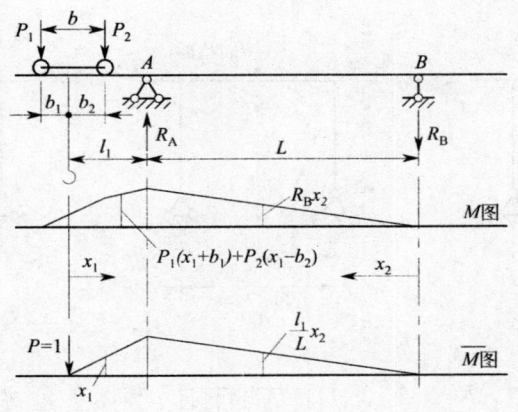

图 2-5-41 两个车轮引起的有效悬臂端挠度

有效悬臂端的挠度为：

$$f = \int \frac{M\overline{M}}{EI} dx = \frac{1}{EI}\left\{\int_0^{b_2} P_1(x_1+b_1)x_1 dx_1 + \right.$$

$$\left. \int_{b_2}^{l_1}[P_1(x_1+b_1)+P_2(x_1-b_2)]x_1 dx_1 + \int_0^L R_B x_2 \cdot \frac{l_1}{L}x_2 dx_2\right\}$$

$$= \frac{(P_1+P_2)l_1^3}{3EI}\left\{1+\frac{L}{l_1}+\frac{(P_1b_1-P_2b_2)l_1(2L+3l_1)+P_2b_2^3}{2(P_1+P_2)l_1^3}\right\} \tag{2-5-71}$$

或

$$f = \frac{(P_1+P_2)}{3EI}l_1^2(L+l_1) \cdot C_3 \leqslant [f] \tag{2-5-72}$$

式中 $[f]$——主梁有效悬臂端的许用挠度，根据起重机设计规范，$[f]=\frac{l_1}{350}$；

$l_1$——悬臂有效工作长度；

$b_1, b_2$——吊钩位置至轮压 $P_1$、$P_2$ 的距离；

$C_3$——将小车轮压用它们作用于有效悬臂端的合力代替时计算挠度的换算系数，按下式计算：

$$C_3 = 1 + \frac{(P_1b_1-P_2b_2)l_1(2L+3l_1)+P_2b_2^3}{2(P_1+P_2)l_1^2(L+l_1)}$$

2. 按一次超静定门架简图计算静挠度

(1)满载小车位于跨中（图 2-5-42a、b）

1)求横推力 $x_1$（图 2-5-42c、d）

$$\delta_{11}x_1 + \Delta_{1P} = 0$$

$$x_1 = -\frac{\Delta_{1P}}{\delta_{11}}$$

$$\delta_{11} = \frac{L^3}{EI_2}\left(\frac{h}{L}\right)^2\left(\frac{2}{3}\frac{I_2}{I_1}\frac{h}{L}+1\right)$$

$$\Delta_{1P} = -\frac{1}{8}\frac{L^3}{EI_2}(P_1+P_2) \cdot \frac{h}{L} \cdot C_2$$

故

$$x_1 = \frac{3(P_1+P_2)L \cdot C_2}{8h(2k+3)} \tag{2-5-73}$$

式中 $k=\frac{I_2}{I_1} \cdot \frac{h}{L}$

$I_1$ 是支腿的惯性矩，对于变截面支腿，$I_1$ 取折算惯性矩，其值约等于距支腿小端 $0.72h$（带马

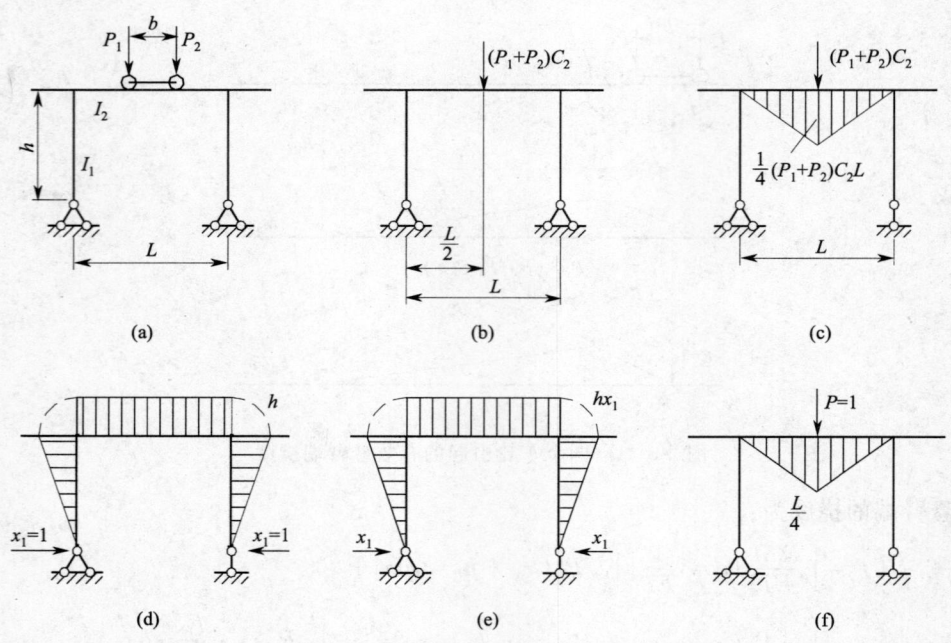

图 2-5-42 小车位于跨中的计算简图

鞍为 $\frac{2}{3}h$) 处的截面惯性矩。

2) 求跨中挠度 $f$ (图 2-5-42c、e、f)

将图 f 与图 c 及 e 图图乘，得：

$$f = \frac{1}{EI_2}\left[\frac{(P_1+P_2)L^3 C_2}{48} - \frac{3(P_1+P_2)L^3 C_2}{64(2k+3)}\right]$$

$$= \frac{(P_1+P_2)L^3 C_2}{48EI_2} \cdot \frac{8k+3}{8k+12} \leqslant [f] \tag{2-5-74}$$

(2) 满载小车位于有效悬臂端 (图 2-5-43a、b)

1) 求横推力 $x_1$ (图 2-5-43c、d)

$$\delta_{11} x_1 + \Delta_{1P} = 0$$

$$x_1 = -\frac{\Delta_{1P}}{\delta_{11}}$$

$$\delta_{11} = \frac{L^3}{EI_2}\left(\frac{h}{L}\right)^2 \left(\frac{2}{3}\frac{I_2}{I_1}\frac{h}{L} + 1\right)$$

$$\Delta_{1P} = \frac{(P_1+P_2)L^3}{2EI_2}\frac{l_1}{L}\frac{h}{L}C_3$$

故

$$x_1 = -\frac{3}{2}(P_1+P_2)C_3 \frac{l_1}{h}\frac{1}{(2k+3)} \tag{2-5-75}$$

2) 求有效悬臂端挠度 (图 2-5-43c、e、f)

将图 2-5-43 中 f 图与 c 及 e 图图乘，可得：

$$f = \frac{(P_1+P_2)l_1^2 C_3}{3EI_2}\left(l_1 + L\frac{8k+3}{8k+12}\right) \leqslant [f] \tag{2-5-76}$$

3. 不同条件下计算方法的选择

具有柔性支腿的门式起重机应按简支外伸梁计算简图计算静挠度。

具有两个刚性支腿的门式起重机分两种情况：

(1) 小车位于跨中时，建议按简支梁计算简图计算，即按式 (2-5-70) 进行静刚度校核。由于这

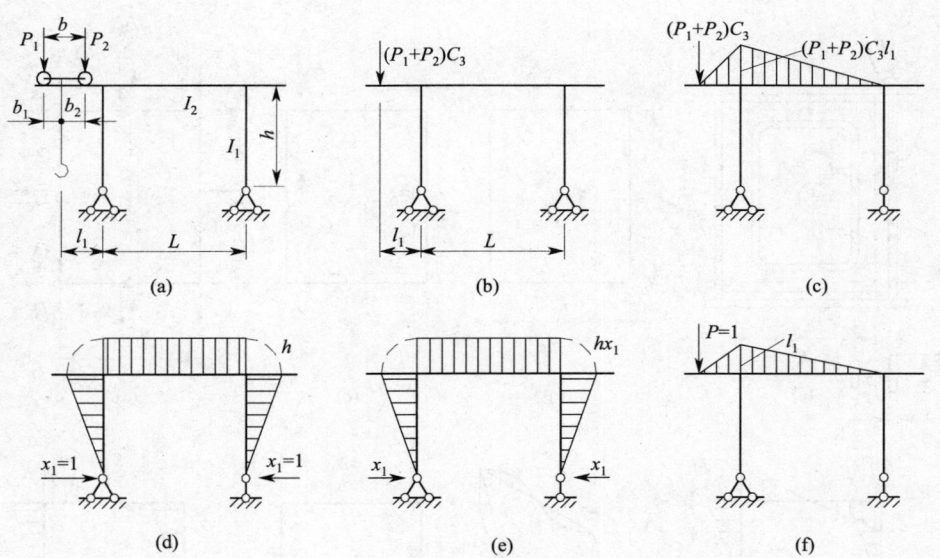

图 2-5-43 小车位于悬臂端的计算简图

种工况是对称结构对称载荷,其运行阻力也对称,大车运行不易走歪斜,车轮轮缘可能不参与约束或约束作用很小,横推力可略而不计。

(2)小车位于有效悬臂端时,有效悬臂端静挠度建议按一次超静定门架计算简图计算,即按式(2-5-76)进行静刚度校核。由于这种工况是对称结构不对称载荷,其运行阻力也不对称,大车运行容易发生歪斜,车轮轮缘参与约束,产生横推力。

## 二、横向框架抗扭刚度校核

偏轨箱形梁应设置横向加劲肋,以抵抗扭转载荷引起箱形截面的周边扭曲变形(也称畸变)和向一边侧倾(图 2-5-44f)。

横向加劲肋通常制成中间开孔的框架结构与腹板和受压翼缘板焊接,与受拉翼缘板可焊也可不焊。在需要时横向框架可用镶边来加强(图 2-5-44a)。当有镶边时,为了便于计算,框架杆件取为工字形截面,由翼缘板或腹板构成工字形截面的一侧翼缘板的宽度,通常取其板厚的 20 倍进行计算,横向框架的计算简图如图 2-5-44 所示。

箱形截面(闭口截面)在扭矩 $M_n = P \cdot e_x$ 的作用下引起的纯扭转剪应力按下式计算:

$$\tau = \frac{M_n}{2A_0\delta} = \frac{M_n}{2h_0b_0\delta} \tag{2-5-77}$$

由上式可见,单位周边长度上的剪力为 $\frac{M_n}{2h_0b_0}$。因此,扭矩在框架竖直杆件上引起的剪力为:

$$Q_c = \frac{M_n}{2h_0b_0} \cdot h_0 = \frac{M_n}{2b_0}$$

在水平杆件上引起的剪力为:

$$Q_s = \frac{M_n}{2h_0b_0} b_0 = \frac{M_n}{2h_0}$$

将剪力 $Q_c$ 及 $Q_s$ 标于横向框架的杆件上,如图 2-5-44c 所示。

为了求得剪力 $Q_c$ 及 $Q_s$ 在横向框架中引起的弯矩,可以近似地认为各杆件的反弯点在杆件的中点,反弯点处无弯矩只有剪力,如图 2-5-44d 所示。由此可绘制出各杆件的弯矩图,示于图 2-5-44e。

根据图 e 的弯矩图可以绘制出横向框架的周边扭曲变形及其侧倾,如图 2-5-44f 所示。为了控制横向框架的侧倾和周边扭曲变形量,通常以控制横向框架两竖杆相对错移量 Δ 来表示。令

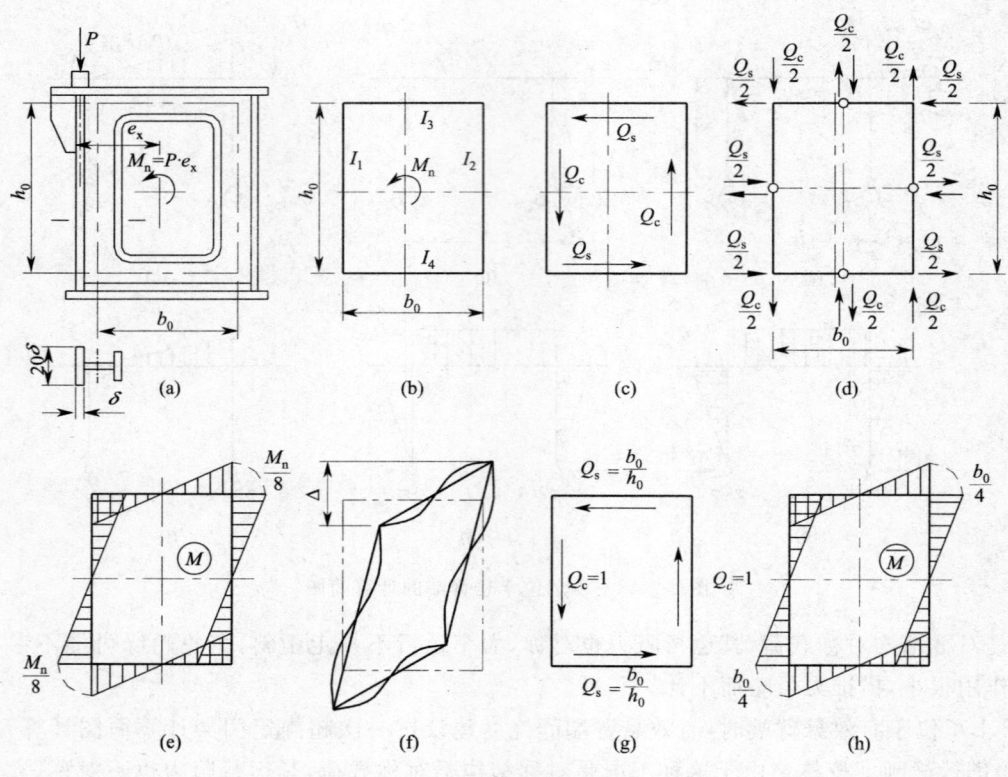

图 2-5-44 横向框架的计算简图

$Q_c=1$，则 $Q_s=\dfrac{b_0}{h_0}$（图 2-5-44g），并绘出弯矩图 $\overline{M}$，如图 2-5-44h。

将图 e 的 $M$ 图与图 h 的 $\overline{M}$ 图图乘可求得 $\Delta$，即

$$\Delta = 2 \cdot \frac{1}{2} \cdot \frac{b_0}{2} \cdot \frac{M_n}{8} \cdot \frac{2}{3} \cdot \frac{b_0}{4}\left(\frac{1}{EI_3}+\frac{1}{EI_4}\right) + 2 \cdot \frac{1}{2} \cdot \frac{h_0}{2} \cdot \frac{M_n}{8} \cdot \frac{2}{3} \cdot \frac{b_0}{4}\left(\frac{1}{EI_1}+\frac{1}{EI_2}\right)$$

$$= \frac{M_n b_0^2}{96E}\left[\left(\frac{1}{I_1}+\frac{1}{I_2}\right)\frac{h_0}{b_0}+\left(\frac{1}{I_3}+\frac{1}{I_4}\right)\right] \leqslant (0.001 \sim 0.002) b_0 \tag{2-5-78}$$

式中各符号意义见图 2-5-44。

### 三、动刚度校核

起重机在加载、卸载时，主梁在垂直方向将产生衰减振动。这种振动对结构强度的影响不大，但在频率过低时对起重机的正常使用以及司机的操作条件不利。缓慢的衰减过程会影响起重机的生产率。因此，从生产的要求出发，尤其对高速运行的起重机以及要求精确安装的起重机，应具有一定的动刚度。

《起重机设计规范》对一般的起重机动刚度指标无强制性要求，当用户或设计本身对此有要求时，才进行校核，校核对象为满载自振频率。当满载小车位于跨中（或悬臂端）、钢丝绳绕组的悬吊长度相当于额定起升高度时垂直及水平方向的自振频率 $f$ 可按本篇第一章式（2-1-1）计算。

### 四、单梁门式起重机支腿的刚度计算

门式起重机支腿的刚度计算，通常只考虑支腿平面的变位，门架平面的刚度一般不予考虑。

门式起重机支腿平面的刚度，是指支腿和主梁连接处在移动载荷作用下，引起的垂直变位、水平变位和转角。《起重机设计规范》对支腿平面的刚度指标未作强制性规定，故在设计中按具体要

求自行确定,一般推荐下列许用值供设计时参考:支腿垂直变位的许用值取支腿水平投影长度的 1/200;水平变位的许用值取支腿垂直投影长度的 1/200;转角的许用值为 1°。

对带悬臂的门式起重机,以小车位于悬臂端极限位置作为支腿刚度的计算位置。

图 2-5-45 为 L 型及 C 型门式起重机支腿的刚度计算简图。图中 $I_t$ 为变截面箱形支腿的折算惯性矩,简单计算时可取距支腿小端 $0.72h'$ 处截面的惯性矩。$h'$ 为支腿的投影高度。$I_h$ 为下横梁的截面惯性矩,

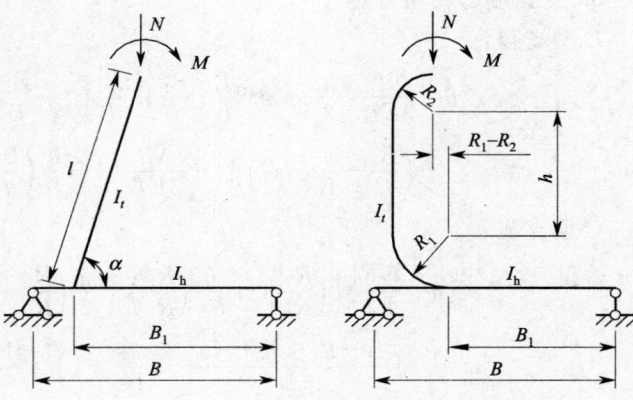

图 2-5-45　L 型、C 型支腿刚度计算简图

若是变截面,则用折算惯性矩,折算惯性矩可简单取距下横梁小端 $0.72B_1$ 处的截面惯性矩。

1. 支腿垂直变位计算

L 型支腿:

$$f_1 = \frac{Nl^3}{3EI_t}\left\{\cos^2\alpha + \frac{I_t}{I_h}\left(\frac{B_1}{l}\right)^3\left[\left(-\frac{B_1}{B}+\frac{l}{B}\cos\alpha\right)^2 + \left(\frac{B_1}{B}-1\right)^3\left(\frac{B_1}{B}-\frac{l}{B}\cos\alpha\right)^2\right]\right\}$$
$$+ \frac{Ml^2}{3EI_t}\left\{\frac{3}{2}\cos\alpha + \frac{I_t}{I_h}\left(\frac{B_1}{l}\right)^2\left(\frac{B_1}{B}\right)\left[1-\frac{B_1}{B}+\frac{l}{B}\cos\alpha - \left(\frac{B}{B_1}-1\right)^3\left(\frac{B}{B_1}-\frac{l}{B}\cos\alpha\right)\right]\right\}$$

(2-5-79)

C 型支腿:

$$f_t = \frac{NR_1^3}{EI_t}\left\{\left[\frac{\pi}{4}\left(1+\frac{R_2^3}{R_1^3}\right)+\frac{h}{R_1}\left(\frac{R_2}{R_1}\right)^2+2\left(\frac{R_2}{R_1}-1\right)+\frac{\pi}{2}\left(\frac{R_2}{R_1}-1\right)^2\right] + \right.$$
$$\left. \frac{1}{3}\frac{I_t}{I_h}\left(\frac{B_1}{R_1}\right)^3\left[\left(\frac{B-B_1+R_2-R_1}{B}\right)^2+\left(\frac{B}{B_1}-1\right)^3\left(\frac{B-R_2+R_1}{B}\right)^2\right]\right\} +$$
$$\frac{MR_1^2}{EI_t}\left\{\left(\frac{R_2}{R_1}\right)^2+\frac{R_2}{R_1}\frac{h}{R_1}+1+\frac{\pi}{2}\left(\frac{R_2}{R_1}-1\right)+\frac{1}{3}\frac{I_t}{I_h}\frac{B_1}{B}\left(\frac{B}{R_1}\right)^2 \cdot \right.$$
$$\left. \left[\frac{B-B_1+R_2-R_1}{B}-\frac{B_1-R_2+R_1}{B}\left(\frac{B}{B_1}-1\right)^3\right]\right\}$$

(2-5-80)

2. 支腿水平变位计算

L 型支腿:

$$f_s = \frac{Nl^3}{3EI_t}\sin\alpha\left\{\cos\alpha + \frac{I_t}{I_h}\left(\frac{B_1}{l}\right)^2\left[\frac{B_1}{B}\left(1-\frac{B_1}{B}+\frac{l}{B}\cos\alpha\right) - \right.\right.$$
$$\left.\left. \left(\frac{B}{B_1}-1\right)^2\left(1-\frac{B_1}{B}\right)\left(\frac{B_1}{B}+\frac{l}{B}\cos\alpha\right)\right]\right\} +$$
$$\frac{Ml^2}{3EI_t}\sin\alpha\left\{\frac{3}{2}+\frac{I_t}{I_h}\left(\frac{B_1}{l}\right)\left(\frac{B_1}{B}\right)\left[\frac{B_1}{B}+\left(\frac{B}{B_1}-1\right)^2\left(1-\frac{B_1}{B}\right)\right]\right\}$$

(2-5-81)

C 型支腿:

$$f_s = \frac{NR_t^3}{2EI_t}\left\{\left(\frac{R_2}{R_1}\right)^2+\frac{h}{R_1}\left(\frac{R_2}{R_1}\right)\left(\frac{h}{R_2}+2\right)+\pi\left(\frac{R_2}{R_1}-1\right) \cdot \right.$$
$$\left(\frac{R_2}{R_1}+\frac{h}{R_1}\right)+4\frac{R_2}{R_1}+2\frac{h}{R_1}-1+\frac{2}{3}\frac{I_t}{I_h}\left(\frac{B_1}{R_1}\right)^3\left(\frac{h+R_2+R_1}{B}\right) \cdot$$
$$\left.\left[\frac{B-B_1+R_2-R_1}{B}-\left(\frac{B}{B_1}-1\right)^3\left(\frac{B_1-R_2+R_1}{B}\right)\right]\right\} + \frac{MR_1^2}{2EI_t} \cdot$$
$$\left\{\left(\frac{R_2+h}{R_1}\right)^2+\pi\frac{R_2+h}{R_1}+2+\frac{2}{3}\frac{I_t}{I_h}\left(\frac{B_1}{R_1}\right)^2\frac{B_1}{B}\left(\frac{h+R_2+R_1}{B}\right)\left[1+\left(\frac{B}{B_1}-1\right)^3\right]\right\}$$

(2-5-82)

## 3. 支腿端部转角计算

L 型支腿：

$$\theta = \frac{Nl^2}{3EI_t}\left\{\frac{3}{2}\cos\alpha + \frac{I_t}{I_h}\left(\frac{B_1}{l}\right)^2 \frac{B_1}{B}\left[1-\frac{B_1}{B}+\frac{l}{B}\cos\alpha-\left(\frac{B}{B_1}-1\right)^3 \cdot \right.\right.$$
$$\left.\left.\left(\frac{B_1}{B}-\frac{l}{B}\cos\alpha\right)\right]\right\} + \frac{Ml}{3EI_t}\left\{3+\frac{I_t}{I_h}\left(\frac{B_1}{l}\right)\left(\frac{B_1}{B}\right)^2\left[1+\left(\frac{B}{B_1}-1\right)^3\right]\right\} \quad (2\text{-}5\text{-}83)$$

C 型支腿：

$$\theta = \frac{NR_1^2}{EI_t}\left\{\left(\frac{R_2}{R_1}\right)^2 + \frac{h}{R_1}\left(\frac{R_2}{R_1}\right) + \frac{\pi}{2}\left(\frac{R_2}{R_1}-1\right) + 1 + \frac{1}{3}\frac{I_t}{I_h}\frac{B_1}{B}\left(\frac{B_1}{R_1}\right)^2 \cdot \right.$$
$$\left.\left[\frac{B-B_1+R_2-R_1}{B} - \left(\frac{B}{B_1}-1\right)^3\left(\frac{B_1-R_2+R_1}{B}\right)\right]\right\} + \quad (2\text{-}5\text{-}84)$$
$$\frac{MR_1}{EI_t}\left\{\frac{\pi}{2}\left(\frac{R_2}{R_1}+1\right) + \frac{h}{R_1} + \frac{1}{3}\frac{I_t}{I_h}\left(\frac{B_1}{B}\right)^2 \frac{B_1}{R_1}\left[1+\left(\frac{B}{B_1}-1\right)^3\right]\right\}$$

以上计算式由莫尔公式推导出：

$$f = \sum \int \frac{M\overline{M}}{EI} dS$$

式中　$\overline{M}$——待求变位处单位力或单位弯矩引起的支腿各部分的弯矩；

$M$——外载荷引起支腿各部分的弯矩。

由于轴力和剪力对位移的影响很小，常略而不计。

上式可用图乘法进行随后的推导。

### 五、双梁门式起重机桥架水平刚度校核

双梁门式起重机如果桥架水平刚度不够，会出现两根主梁向中间并拢，甚至出现小车卡轨现象。为避免卡轨现象，须对桥架水平刚度进行校核。满载小车位于有效悬臂端，其中一条支腿出现最大支反力为水平刚度校核的最不利工况。

1. 计算载荷

(1) 一根主梁作用于支腿上端的垂直压力（图 2-5-46）为：

$$\left.\begin{array}{l} V_A = \dfrac{1}{2}(P_Q + P_{xc})\dfrac{L+l}{L} \\ V_B = \dfrac{1}{2}(P_Q + P_{xc})\dfrac{l}{L} \end{array}\right\} \quad (2\text{-}5\text{-}85)$$

式中　$P_Q$——起升载荷；

$P_{xc}$——小车重力。

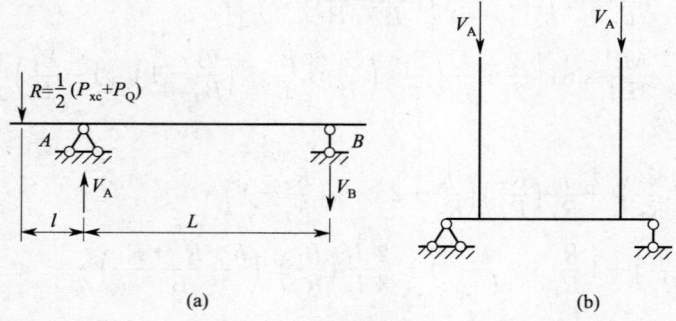

图 2-5-46　支腿垂直压力计算简图

(2) 由于小车偏心作用引起的扭矩，如图 2-5-47 所示。图中 $M_n = \dfrac{1}{2}(P_Q + P_{xc})e$，$e$ 为偏心距；

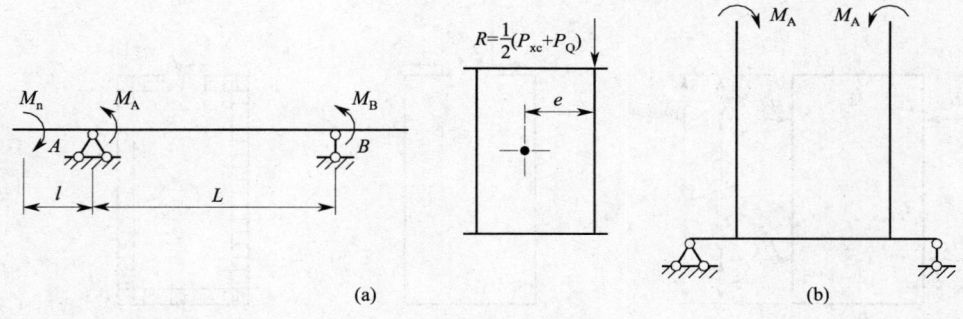

图 2-5-47 支腿扭矩计算简图

$M_A + M_B = M_n$。

(3) 主梁与端梁构成平面框架,其对支腿水平变位起约束作用。框架水平支反力以 $H_A$ 及 $H_B$ 表示,$H_A$ 及 $H_B$ 可以根据水平框架和支腿的变形协调条件求得。

2. 求水平支反力 $H_A$ 及 $H_B$

根据平面框架与支腿上端连接处水平变位相等的条件求 $H_A$ 及 $H_B$。

支腿上端的水平变位,可用图 2-5-48 中的 d 图与 a、b、c 图图乘得到:

$$f_A^a = \frac{2h^2}{EI_t}\left(\frac{1}{2}M_A - \frac{1}{3}hH_A\right) + \frac{h(B-2b)}{EI_h}(V_A b + M_A - hH_A) \tag{2-5-86}$$

式中 $I_t$, $I_h$ —— 分别为支腿和下横梁的截面惯性矩。

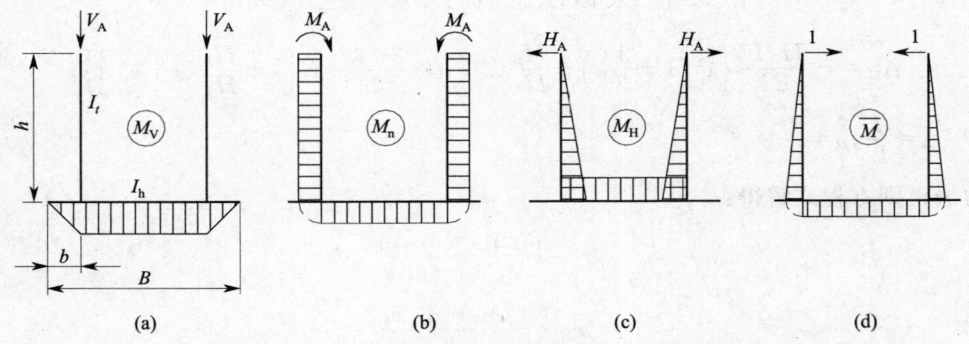

图 2-5-48 双梁门式起重机支腿上端水平变位计算简图

主梁与端梁组成的平面框架在支腿连接处 A 的水平变位:

平面框架属于三次超静定结构,由于结构对称、载荷对称,其支反力的未知力 $x_3 = 0$(图 2-5-49),其余两个未知力的力法正则方程式为:

$$\begin{cases} \delta_{11} x_1 + \delta_{12} x_2 + \Delta_{1P} = 0 \\ \delta_{21} x_1 + \delta_{22} x_2 + \Delta_{2P} = 0 \end{cases}$$

式中 $\delta_{11} = \dfrac{2L_0}{EI_z}(1+K)$;

$\delta_{22} = \dfrac{2}{3} \cdot \dfrac{L_0^3}{EI_z}\left(1+\dfrac{3}{2}K\right)$;

$\delta_{12} = \delta_{21} = \dfrac{L_0^2}{EI_z}(1+K)$;

其中 $K = \dfrac{I_z}{I_d} \cdot \dfrac{B_0}{L_0}$,

$I_z$, $I_d$ —— 分别为主梁和端梁的截面惯性矩;

$$\Delta_{1P} = -\frac{H_A L_0^2}{EI_z}\left\{\lambda^2 + \frac{H_B}{H_A}(\mu+\lambda)^2 + K\left[\lambda + \frac{H_B}{H_A}(\mu+\lambda)\right]\right\};$$

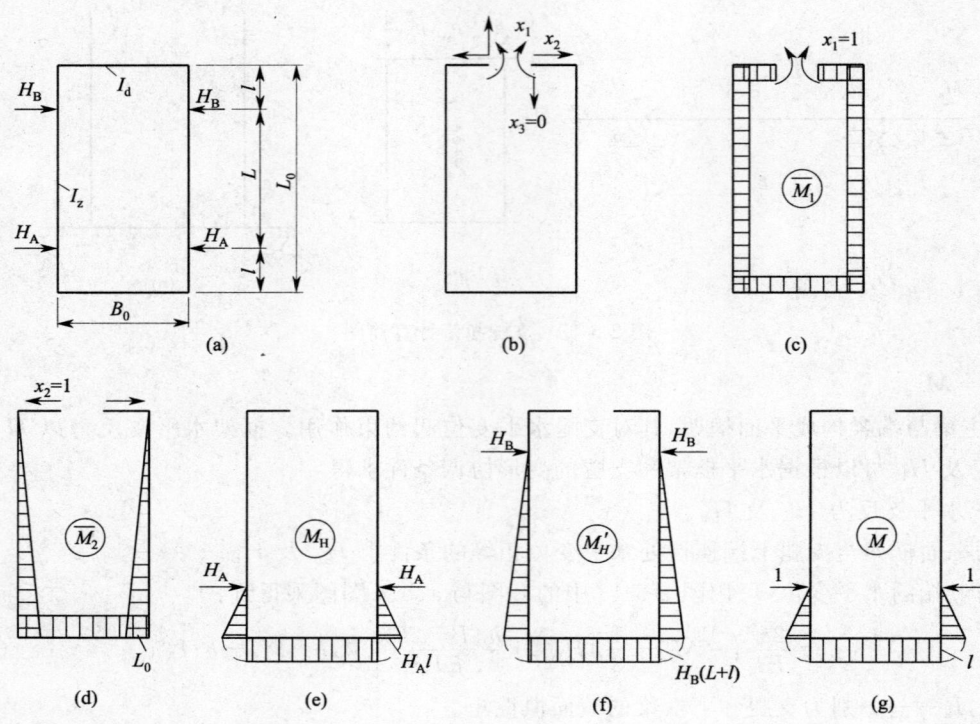

图 2-5-49 双梁门式起重机主梁水平变位计算简图

$$\Delta_{2P}=-\frac{H_A L_0^3}{EI_z}\left\{\lambda^2\left(1-\frac{1}{3}\lambda\right)+\frac{H_B}{H_A}(\lambda+\mu)^2\frac{2+\lambda}{3}+K\left[\lambda+\frac{H_B}{H_A}(\lambda+\mu)\right]\right\};$$

其中 $\lambda=\dfrac{l}{L},\mu=\dfrac{L}{L_0}$。

由力法正则方程式解得：

$$x_1=\frac{\delta_{12}\Delta_{2P}-\delta_{22}\Delta_{1P}}{\delta_{11}\delta_{22}-\delta_{12}^2}$$

$$x_2=-\frac{\Delta_{1P}+\delta_{11}x_1}{\delta_{12}}$$

水平力 $H_A$ 作用点（即 A 支承处）的水平变位，可用图 2-5-49 中的图 g 与图 c、d、e、f 图乘得到：

$$f_A^k=\frac{H_A L_0^3}{EI_z}\cdot\frac{\lambda^2}{2}\left\{\frac{2}{3}\lambda+\frac{H_B}{H_A}\left(\frac{2}{3}\lambda+\mu\right)-\frac{x_1}{L_0 H_A}-\left(1-\frac{\lambda}{3}\right)\frac{x_2}{H_A}\right.$$

$$\left.+\frac{K}{\lambda}\left[\lambda+\frac{H_B}{H_A}(\lambda+\mu)-\frac{x_1}{L_0 H_A}-\frac{x_2}{H_A}\right]\right\} \tag{2-5-87}$$

计算水平变位时，小车位于有效悬臂端，$H_A$ 为靠近小车所在悬臂的支腿水平支反力，$H_B$ 为远端的水平支反力。假定 $H_A$ 及 $H_B$ 按垂直支反力的比例进行分配，即

$$H_B=\frac{V_B}{V_A}\cdot H_A$$

将 $H_B$ 和 $x_1$、$x_2$ 代入 $f_A^k$ 方程式即可得到以 $H_A$ 为未知量的表达式。

根据主梁和支腿在连接处的变形协调条件，即 $f_A^z=f_A^k$，求得 $H_A$ 值。再将 $H_A$ 代入 $f_A^z$，即求得主梁和支腿在其连接处的最大水平变位 $f_A^z$。且应使

$$f_A^z<\Delta=b_c-b_g \tag{2-5-88}$$

式中 $b_c$——小车车轮踏面宽度；

$b_g$——小车轨道头部宽度。

根据求得的水平支反力 $H_A$、$H_B$ 还可以更加精确地进行支腿和主梁的强度计算。

**六、变截面支腿的折算惯性矩**

根据门式起重机支腿的受力情况，按等强度设计支腿并出于结构方面的要求，支腿通常都做成变截面的形式（图 2-5-50），箱形变截面支腿可沿长度一个方向改变截面（图 2-5-50a）也可沿长度两个方向改变截面（图 2-5-50b）。

由于门式起重机的支腿是变截面的形式，这使按一次超静定门架计算简图计算横推力和刚度验算复杂化。为简化计算，通常将变截面支腿根据刚度相等的条件折算为等截面支腿进行计算，即用惯性矩等于折算惯性矩的等截面支腿代替变截面支腿。

折算惯性矩的计算通过确定折算惯性矩所在截面位置即距支腿小端距离：

$$h_t = \xi_t \cdot h$$

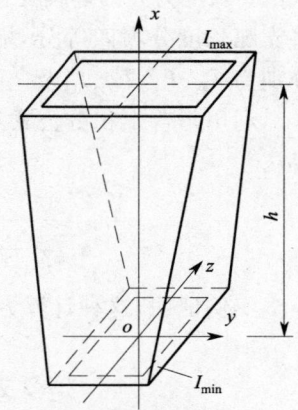

(a) 支腿截面沿 $x$ 轴仅在一个方向（$y$ 方向）都变化

(b) 支腿截面沿 $x$ 轴在两个方向（$y$、$z$ 方向）都变化

图 2-5-50　变截面支腿

的方法解决，此截面的实际惯性矩就是所求的折算惯性矩 $I_{zt}$。其中 $\xi_t$ 按下式计算：

$$\xi_t = \frac{1}{\sqrt{3\left[1+\sqrt{\eta}+\dfrac{2\sqrt{\eta}}{1-\sqrt{\eta}} \cdot \ln\sqrt{\eta}\right]}} - \frac{\sqrt{\eta}}{1-\sqrt{\eta}} \qquad (2\text{-}5\text{-}89)$$

式中 $\eta = \dfrac{I_{z\min}}{I_{z\max}}$，是表征支腿截面变化情况的系数，$\eta$ 值小说明沿支腿长度方向截面变化大；$\eta$ 值大说明截面变化小。利用上面公式，由 $\eta$ 值求出相应的 $\xi_t$ 值，列于表 2-5-11，供计算时查用。

表 2-5-11　$\xi_t$ 值

| $\eta=\dfrac{I_{z\min}}{I_{z\max}}$ | 0.01 | 0.02 | 0.03 | 0.04 | 0.05 | 0.06 | 0.07 | 0.08 | 0.085 | 0.090 |
|---|---|---|---|---|---|---|---|---|---|---|
| $\xi_t$ | 0.642 | 0.654 | 0.662 | 0.668 | 0.673 | 0.677 | 0.681 | 0.684 | 0.685 | 0.687 |
| $\eta=\dfrac{I_{z\min}}{I_{z\max}}$ | 0.095 | 0.10 | 0.15 | 0.20 | 0.25 | 0.30 | 0.35 | 0.40 | 0.45 | 0.50 |
| $\xi_t$ | 0.688 | 0.689 | 0.699 | 0.706 | 0.712 | 0.717 | 0.721 | 0.725 | 0.728 | 0.731 |
| $\eta=\dfrac{I_{z\min}}{I_{z\max}}$ | 0.55 | 0.60 | 0.65 | 0.70 | 0.75 | 0.80 | 0.85 | 0.90 | 0.95 | 0.99 |
| $\xi_t$ | 0.733 | 0.736 | 0.738 | 0.740 | 0.742 | 0.744 | 0.745 | 0.747 | 0.749 | 0.751 |

由表列数据可以看出，$\eta$ 值变化范围为 $\eta=0.01\sim0.99$ 时，相应的折算惯性矩所在位置 $\xi_t$ 的变化范围是 $\xi_t=0.642\sim0.751$，即支腿两端惯性矩的比值增大 100 倍，折算惯性矩所在的截面位置才变动 17%。

带马鞍的箱形门式起重机支腿的 $\eta$ 值通常在 $\eta=0.03\sim0.07$，相应的 $\xi_t=0.662\sim0.681$，初步计算时可用其平均值 $\xi_t=0.67=\dfrac{2}{3}$，即取距支腿小端为 $\dfrac{2}{3}h$ 截面的实际惯性矩作为折算惯性矩。

单主梁门式起重机以及 O 型和 U 型双梁门式起重机变截面支腿的 $\eta=0.15\sim0.75$，相应的

$\xi_t = 0.669 \sim 0.742$,初步计算时可用其平均值 $\xi_t = 0.72$,即取距支腿小端为 $0.72h$ 截面的实际惯性矩作为折算惯性矩。

支腿及下横梁的折算惯性矩也可由辛普生积分公式求出。长度为 $h$ 的连续变化的变截面支腿示于图 2-5-51,将支腿长度分为四等分,端部及各等分处的截面惯性矩分别为 $I_{z0}$、$I_{z1}$、$I_{z2}$、$I_{z3}$ 及 $I_{z4}$。

利用辛普生积分公式,并根据刚度相等的原则,推导得

$$I_{zt} = \frac{16}{\dfrac{1}{I_{z1}} + \dfrac{2}{I_{z2}} + \dfrac{9}{I_{z3}} + \dfrac{4}{I_{z4}}} \quad (2\text{-}5\text{-}90)$$

实例证明,这种计算方法足够精确。

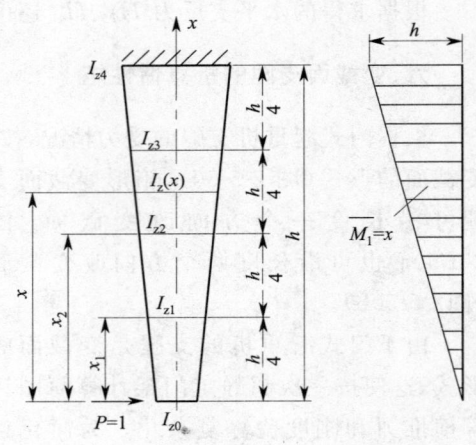

图 2-5-51 变截面支腿受单位力作用简图

## 第五节 造船用门式起重机金属结构

### 一、结构形式

随着造船工业的迅速发展,造船用门式起重机的起重量、跨度与高度都在日益增加。图 2-5-52 所示为常见的用以实现工件翻转、吊运等要求的造船用门式起重机的结构型式之一。这种起重机的主、副小车在梁上沿各自轨道运行。

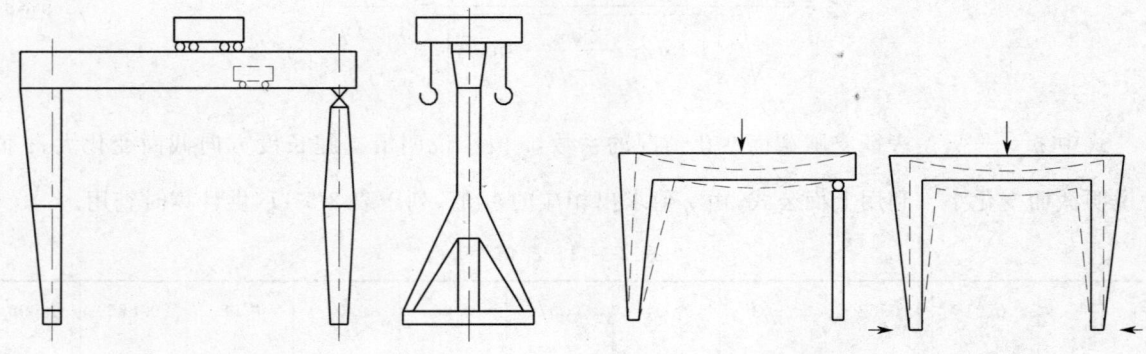

图 2-5-52 造船用门式起重机　　　　图 2-5-53 主梁与支腿的连接

在大型造船用门式起重机上,支腿与主梁的连接一般采用一侧刚性支腿与主梁固接、另一侧柔性支腿通过球铰与主梁连接的方式。由此,整个门架成为一个静定系统,可消除载荷产生的侧向(水平)推力(见图 2-5-53);大车偏斜运行时,静定门架系统的受力状态也比较明确。

图 2-5-54 为几种常用的主梁截面形式。采用单主梁形式时,门架自重较轻,但下部小车需要另备承轨梁,其轮压通过纵向承轨梁的支承传给主梁,因而会对主梁造成横向附加应力,使主梁应力局部增大。

采用双主梁形式时,上部小车和下部小车的轮压直接作用在主梁腹板上,主梁翼缘板不承受局部弯矩。小车维修容易,运输、安装也比较方便。采用单主梁,往往由于吊装件的重量很大和主梁外形庞大而造成制造、运输和安装的困难。

无论采用单主梁还是双主梁,主梁的腹板一般应布置成倾斜的,下翼缘板相应变窄以适应起升钢丝绳偏摆的需要。

图 2-5-55 所示为一台造船用门式起重机的单主梁截面及其腹板和翼缘板的加肋情况。翼缘

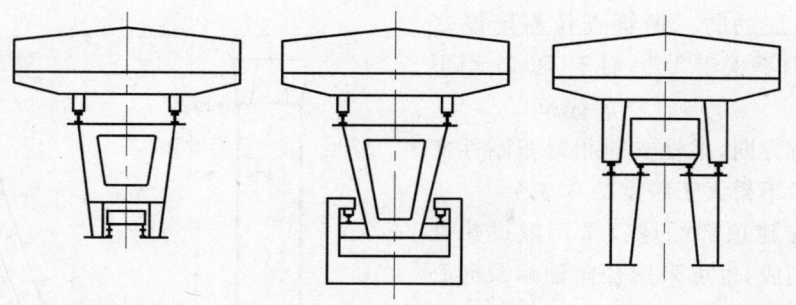

图 2-5-54 主梁截面形式

板和腹板的厚度均可按需要变化。图中横向框架的间距,一般约等于梁高。

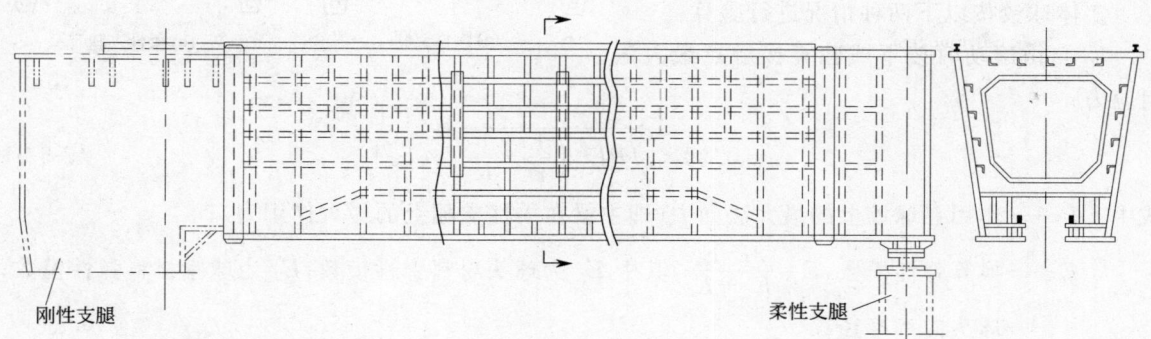

图 2-5-55 造船用门式起重机单主梁结构图

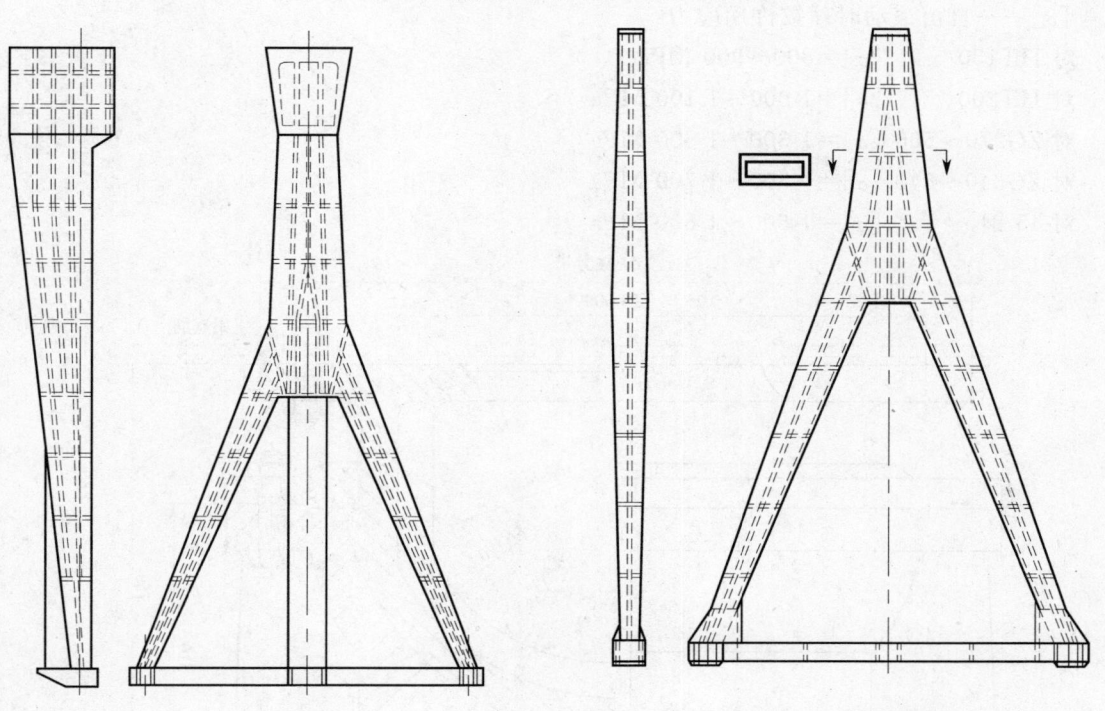

图 2-5-56 刚性支腿结构图　　图 2-5-57 柔性支腿结构图

刚性支腿除采用图 2-5-56 所示的结构型式外,也常采用图 2-5-58a 所示的型式,便于在空中分段拼装。在箱形结构的刚性支腿内常布置电梯及阶梯,并放置电器设备。

柔性支腿常采用图 2-5-57 及图 2-5-58b 所示的结构形式,其顶部采用球铰支承主梁(单梁或双梁),并使柔性支腿能相对主梁转动。

柔性支腿可采用箱形结构或圆管结构,目前常采用图 2-5-58b 所示的用钢管做成的 A 字形结构,在管内不设加劲肋。钢管直径与壁厚之比,对于 Q235 钢不大于 100;对于 Q345 钢不大于 80。

在大车运行方向,柔性支腿相对于刚性支腿的容许偏斜量不得大于跨度的 0.5%。

位于柔性支腿顶部的球铰采用经过热处理的高强度钢制成,也可采用径向轴承及向心推力轴承来代替实体球铰。

图 2-5-59 所示为 200 t 造船用门式起重机柔性支腿上的球铰结构图。

实体球铰按以下两种情况进行验算:

1. 自由滚动时按下式验算接触点最大法向应力:

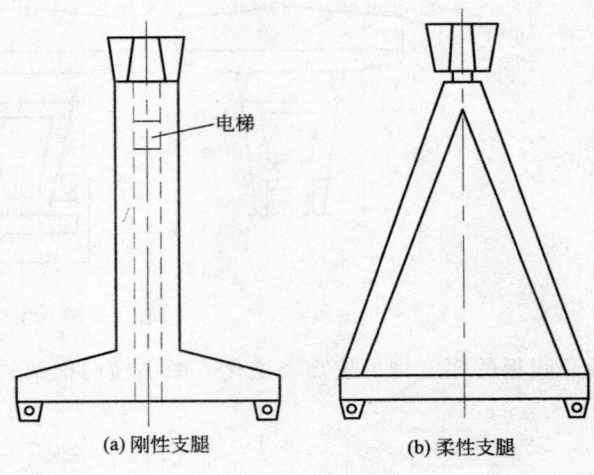

图 2-5-58

$$\sigma = 0.39 \times \sqrt[3]{PE^2 \left(\frac{1}{r} - \frac{1}{R}\right)^2} \leqslant [\sigma] \tag{2-5-91}$$

式中  $P$——作用在球铰上的最大法向力(即主梁在柔性支腿上的最大作用力);

$E$——换算弹性模数,$E = \dfrac{2E_1 E_2}{E_1 + E_2}$,其中 $E_1$ 为球头材料弹性模数,$E_2$ 为球座材料弹性模数;

$r$——球头曲率半径;

$R$——球座曲率半径;

$[\sigma]$——自由滚动时球铰许用应力:

对 HT150    $[\sigma] = 800 \sim 900$ MPa

对 HT200    $[\sigma] = 1\,000 \sim 1\,100$ MPa

对 ZG270~500 $[\sigma] = 1\,300 \sim 1\,500$ MPa

对 ZG340~640 $[\sigma] = 1\,500 \sim 1\,700$ MPa

对 45 钢     $[\sigma] = 1\,600 \sim 1\,800$ MPa

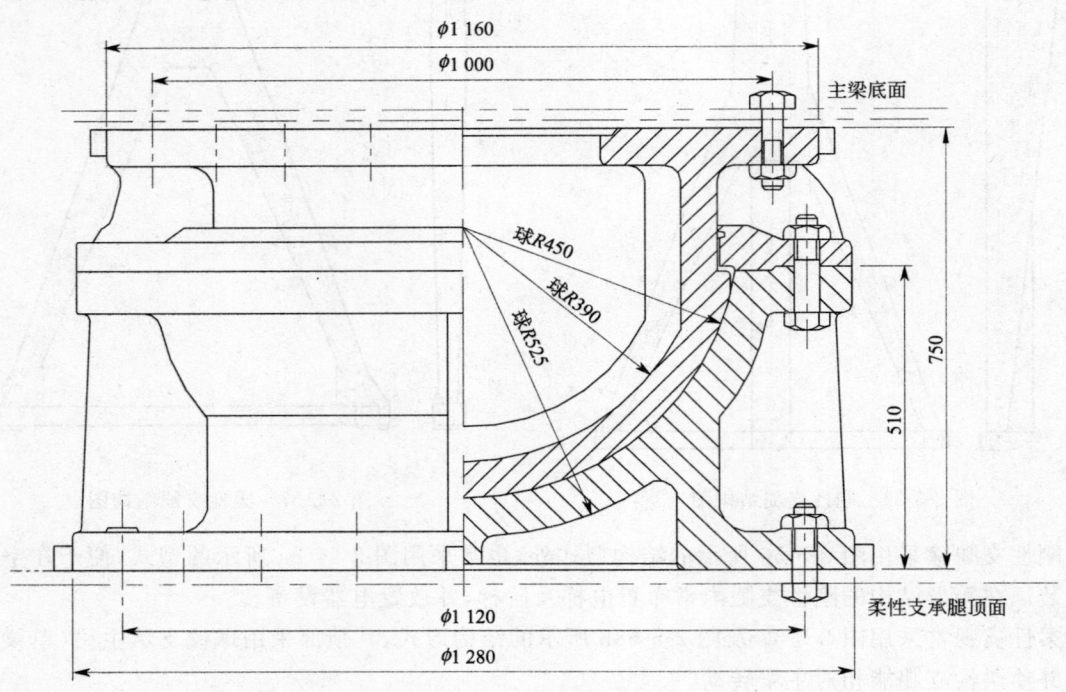

图 2-5-59  球铰结构图

球头与球座的曲率半径满足以下关系时,不滑动(自由滚动)的条件即可保证:

$$\left.\begin{array}{ll} \varphi < 0.03 \text{ 时} & \dfrac{r}{R} \geqslant 0.85 \\ \varphi > 0.03 \text{ 时} & \dfrac{r}{R} \leqslant 1\varphi \sim 5\varphi \end{array}\right\} \quad (2\text{-}5\text{-}92)$$

$\varphi$ 为球头与球座的相对转动角,以弧度计。

2. 球头与球座有相对滑动时按下式验算比压:

$$\sigma_P = \frac{P}{\alpha A} \leqslant [\sigma_P] \qquad (2\text{-}5\text{-}93)$$

式中  $A$——球头与球座接触面积的水平投影;

$\alpha$——系数,用来考虑油槽及加工光洁度等因素对实际接触面积减小的影响,初步计算时可取 $\alpha = 0.8 \sim 0.9$;

$[\sigma_P]$——许用比压应力,钢对钢可取 $[\sigma_P] = 30 \text{ MPa} \sim 35 \text{ MPa}$。

## 二、计算载荷

造船用门式起重机的载荷组合参照第一篇第三章表 1-3-28。对单主梁造船门式起重机门架,可采用图 2-5-60 所示的计算简图。双主梁式门架的受力情况与单主梁式类同。

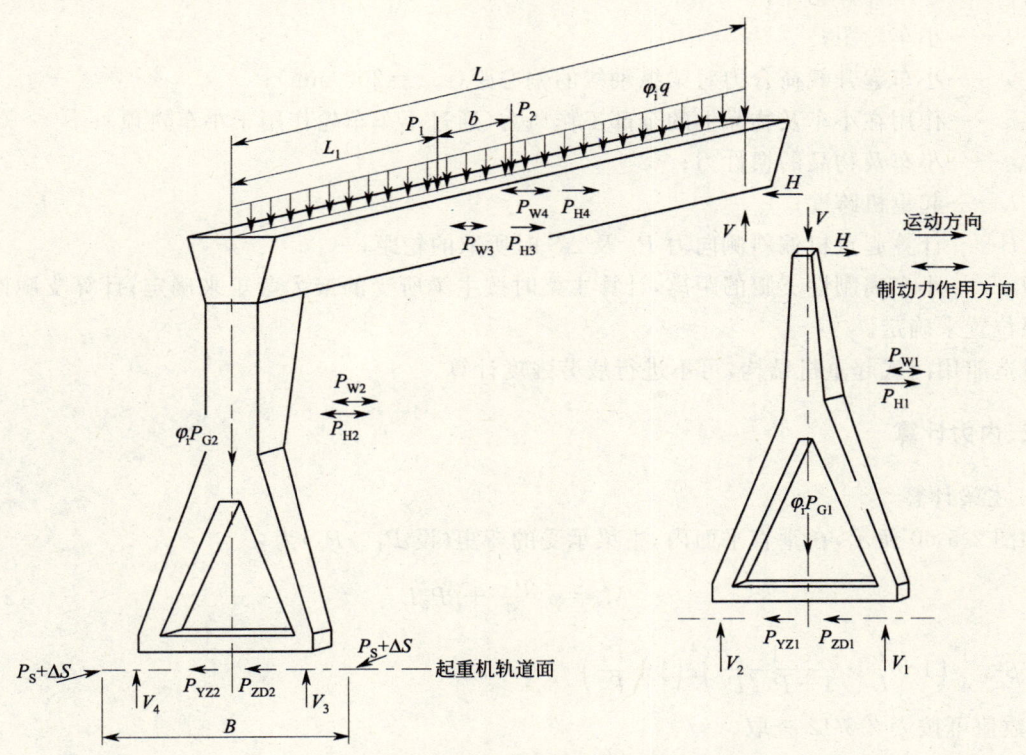

图 2-5-60  造船用门式起重机载荷作用图

图 2-5-60 中风力的作用方向规定如下:计算主梁时风力方向与惯性力方向相同;计算支腿时两者相反。图中各符号意义如下:

$P_{W1}$——作用在柔性支腿上的工作风力;

$P_{H1}$——柔性支腿上的惯性力;

$P_{ZD1}$——柔性支腿侧大车运行机构的制动力;

$P_{YZ1}$——柔性支腿侧的运行阻力;

$P_{G1}$——柔性支腿及其运行机构的重力;

$\varphi_i$ ——由载荷组合确定的动载系数；

$V$ 和 $H$ ——球铰承受的垂直与水平力；

$V_1, V_2$ ——柔性支腿侧的大车轮压；

$P_{w2}$ ——作用在刚性支腿上的工作风力；

$P_{H2}$ ——刚性支腿上的惯性力；

$P_{ZD2}$ ——刚性支腿侧大车运行机构的制动力；

$P_{YZ2}$ ——刚性支腿侧的运行阻力；

$P_{G2}$ ——刚性支腿及其运行机构的重力；

$V_3, V_4$ ——刚性支腿侧的大车轮压；

$P_S$ ——大车偏斜运行侧向力(计算主梁时取 $P_S=0$)；

$\Delta S$ ——由风力产生的附加侧向力(此时带载小车位于刚性支腿侧的极限位置上)；

$$\Delta S = \left(P_{w1}L + \frac{1}{2}P_{w3}L + P_{w4}L_1\right)/B$$

$q$ ——主梁及其内部设备的均布重力；

$P_{w3}$ ——作用在主梁上的工作风力；

$P_{H3}$ ——主梁及其内部设备的惯性力；

$P_1, P_2$ ——小车计算轮压；

$b$ ——小车轮距；

$e$ ——小车起升载荷合力对梁纵轴线的偏心距($e_{max}=200$ mm)；

$P_{w4}$ ——作用在小车及物品上的全部工作风力(通过小车车轮作用于小车轨顶)；

$P_{H4}$ ——小车及物品的惯性力；

$L$ ——起重机跨度；

$B$ ——计算起重机偏斜侧向力 $P_S$ 及 $\Delta S$ 时所取的轮距；

$L_1$ ——小车离刚性支腿的距离,计算主梁时按主梁所受的最大弯矩来确定；计算支腿时按小车极限位置来确定。

对造船用门式起重机结构,可不进行疲劳强度计算。

### 三、内力计算

1. 主梁计算

如图 2-5-60 所示,在垂直平面内,主梁承受的弯矩(设 $P_1>P_2$)为：

$$M_x = \varphi_i \frac{qL^2}{8} + \beta P_2 L \tag{2-5-94}$$

式中 $\beta = \frac{1}{4}\left(1 - \frac{b}{L} \cdot \frac{1}{1+P_1/P_2}\right)^2 \left(1 + \frac{P_1}{P_2}\right)$

$\beta$ 数值可按表 2-5-12 查取。

最大弯矩截面位置 $Z$(参见图 2-5-61)按下式求出：

$$Z = \frac{[P_1 + P_2(1-b/L)]L}{2(P_1+P_2)} \tag{2-5-95}$$

在水平面内,主梁承受的弯矩为：

$$M_y = \frac{1}{8}(P_{H3}+P_{w3})L + \frac{1}{4}(P_{H4}+P_{w4})L \tag{2-5-96}$$

主梁除承受 $M_x$ 及 $M_y$ 外,还承受由下列因素产生的合成扭矩 $M_n$。

(1)小车轮压的偏心作用:在造船用门式起重机上,根据装配船体时的要求,需要吊钩在垂直于梁纵轴的方向移动一段距离(100 mm~200 mm),以便使所吊运的船体段能绕垂直轴作少量转动,

表 2-5-12　$P_1 > P_2$ 时的系数 $\beta$ 值

| b/L | $P_1/P_2$ | | | | | | | | |
|---|---|---|---|---|---|---|---|---|---|
| | 1.10 | 1.15 | 1.20 | 1.25 | 1.30 | 1.35 | 1.40 | 1.45 | 1.50 |
| 0.05 | 0.500 | 0.512 | 0.525 | 0.537 | 0.550 | 0.562 | 0.575 | 0.587 | 0.600 |
| 0.10 | 0.476 | 0.488 | 0.501 | 0.513 | 0.526 | 0.539 | 0.551 | 0.564 | 0.576 |
| 0.15 | 0.453 | 0.465 | 0.477 | 0.490 | 0.502 | 0.515 | 0.527 | 0.540 | 0.552 |
| 0.20 | 0.430 | 0.442 | 0.455 | 0.467 | 0.479 | 0.492 | 0.504 | 0.516 | 0.529 |
| 0.25 | 0.408 | 0.420 | 0.432 | 0.444 | 0.456 | 0.468 | 0.482 | 0.494 | 0.506 |
| 0.30 | 0.386 | 0.398 | 0.410 | 0.432 | 0.436 | 0.447 | 0.460 | 0.472 | 0.483 |
| 0.35 | 0.364 | 0.376 | 0.389 | 0.401 | 0.413 | 0.425 | 0.438 | 0.450 | 0.462 |
| 0.40 | 0.344 | 0.355 | 0.368 | 0.380 | 0.392 | 0.404 | 0.417 | 0.428 | 0.441 |
| 0.45 | 0.324 | 0.336 | 0.348 | 0.359 | 0.372 | 0.384 | 0.397 | 0.408 | 0.420 |
| 0.50 | 0.305 | 0.317 | 0.328 | 0.340 | 0.352 | 0.364 | 0.376 | 0.388 | 0.400 |

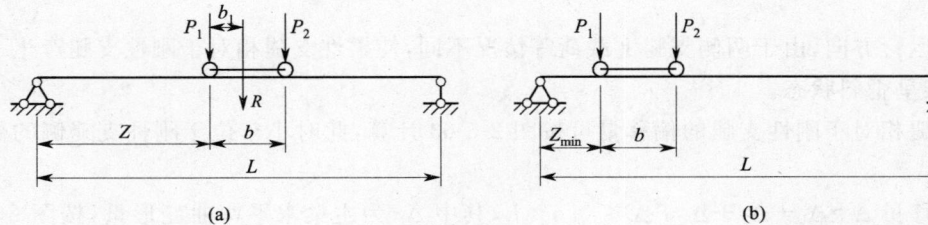

图 2-5-61　主梁移动载荷作用图

这种横向移动会对主梁造成扭矩。此外,如小车两吊钩上的载荷不相等也会产生扭矩。

由小车轮压的偏心作用产生的扭矩为 $(P_1+P_2)e$。

(2)小车水平力 $P_{H4}$ 及 $P_{W4}$ 作用在主梁顶部的小车轨顶上,对主梁产生扭矩。

(3)主梁上的 $P_{W3}$ 产生的扭矩(因主梁截面不对称所造成的)。

(4)球铰水平反力 $H$ 造成对主梁的扭矩作用。

主梁在 $M_x$、$M_y$、$M_n$ 以及剪切力作用下的强度计算见前面有关部分。

2. 支腿计算

计算刚性支腿时,可采用图 2-5-62 所示的计算简图,此时大车不动,起重机受小车运行方向的工作风压作用,载重小车位于极限工作位置时下降制动,同时小车运行机构制动。

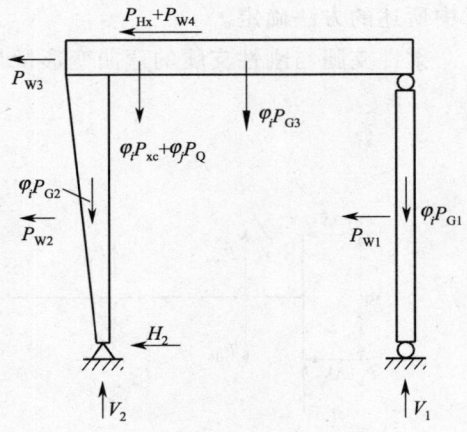

图 2-5-62　刚性支腿计算载荷

按表 1-3-28 中的载荷组合计算刚性支腿强度时,亦可采用图 2-5-60 的计算简图,但此时小车应位于刚性支腿侧的极限位置上。在刚性支腿上除图 2-5-60 所示的载荷外,还应考虑主梁承受的全部扭矩转化到刚性支腿上的弯矩。

计算柔性支腿的强度时,小车位于柔性支腿侧的极限位置上,可参照图 2-5-60 和图 2-5-62 进行计算。图 2-5-62 中各符号的意义如下:

$P_{W1}$——作用在柔性支腿上的工作风力;

$P_{W2}$——作用在刚性支腿上的工作风力;

$P_{W3}$——作用在主梁端面上的工作风力;

$P_{W4}$——作用在小车及所吊物品上的工作风力(通过小车车轮作用在梁顶部的小车轨面上);

$\varphi_i, \varphi_j$——由载荷组合确定的动载系数；

$P_{xc}, P_Q$——小车自重及起升载荷；

$P_{G1}, P_{G2}, P_{G3}$——分别为柔性支腿、刚性支腿及主梁的自重；

$P_{Hx}$——小车运行制动时作用在小车轨面上的小车（连同货物）惯性力；

$V_1, V_2$——分别为柔性支腿及刚性支腿侧的总轮压；

$H_2$——刚性支腿的水平推力。

门架的刚度计算参见本章第四节所述。

主梁、支腿等的局部稳定性计算方法见本篇第一章第五节及本章第三节的有关论述。

主梁内设置的横向框架除用作主梁腹板的横向加劲肋外，还需按主梁可能出现的最大扭矩计算框架的刚度，参照本章第四节。

### 四、支腿偏移量的计算

在大车运行方向，由于两侧支腿上载荷等情况不同，使柔性支腿相对于刚性支腿产生一定的偏移量，即门架呈歪斜状态。

柔性支腿相对于刚性支腿的偏移量可按图 2-5-63 计算，此时小车位于刚性支腿侧的极限位置上。

总的偏移量 $\Delta = \Delta_1 + \Delta_2 + \Delta_3 + \Delta_4 \leqslant 0.5\%L$，其中 $\Delta_1$ 为主梁水平弯曲变形量，按图 2-5-63a 计算；$\Delta_2$ 为柔性支腿的弯曲变形量，按图 2-5-63b 计算；$\Delta_3$ 为刚性支腿的弯曲变形量；$\Delta_4 = \varphi L$ 为刚性支腿扭转 $\varphi$ 角后引起的变形量，按图 2-5-63c 计算。

图 2-5-63a 中的力 $H$ 可根据力矩平衡条件求得。大车偏斜运行侧向力、风力、惯性力等可按本章中所述的方法确定。

柔性支腿与刚性支腿的弯曲变形量与扭转角的计算按结构力学方法确定。

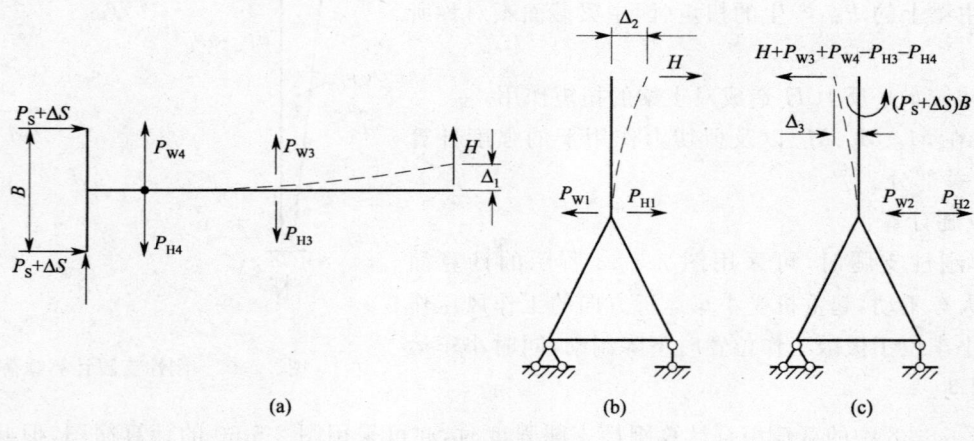

图 2-5-63

# 第六章 塔式起重机金属结构设计计算

塔式起重机是各种工程建设,特别是现代工业与民用建筑中主要的施工机械。金属结构是塔式起重机的重要组成部分,通常占整机重量的一半以上,耗钢量大,起重机的各种工作机构及零部件安装或支承在这些金属结构上,它承受起重机的自重以及作业时的各种载荷,是整机的骨架;同时还是与机械配合实现不同或多用机型的基本条件。因此,塔式起重机金属结构的合理设计,对起重机减轻自重,提高性能,扩大功用和节省钢材都有重要意义。

塔式起重机金属结构的设计应满足以下要求:

(1)总体设计要求。塔式起重机金属结构应满足建设施工的作业空间要求,保证有足够的工作高度和作业半径,满足各种机构的布置、协调要求。

(2)安全可靠的要求。塔式起重机金属结构必须有足够的强度、刚度、整体和局部稳定性。

(3)重量轻、材料省。整机重量是塔式起重机的重要技术经济指标,降低金属结构的重量可以节约钢材、减轻工作机构负荷、降低整机造价。

(4)结构合理,工艺良好。塔式起重机金属结构的构造必须适应结构受力,并且有良好的工艺性,便于制造、运输、安装和拆卸。

(5)外形美观。金属结构的外形、尺寸、比例等应尽可能协调,体现设计美感。

## 第一节 塔式起重机金属结构的组成

塔式起重机金属结构的基本组成构件包括:塔身、臂架、平衡臂或活动支撑、底架等,对于多用塔式起重机还附加有爬升套架和附着装置(图 2-6-1,图 2-6-2)。

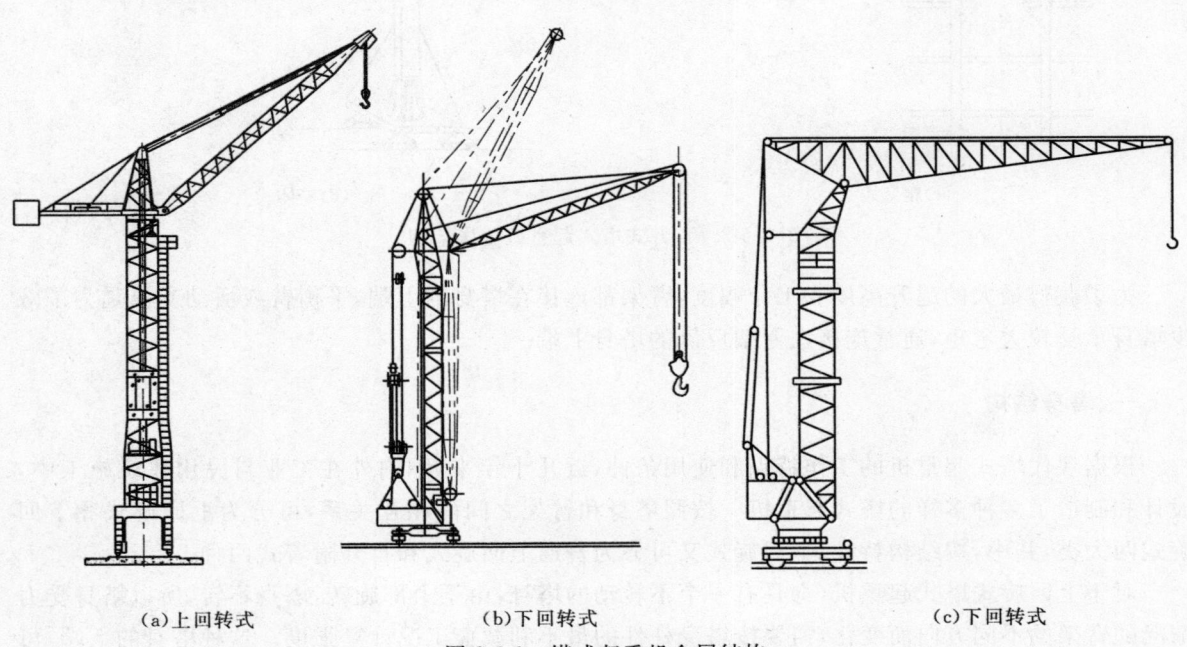

(a)上回转式　　(b)下回转式　　(c)下回转式

图 2-6-1 塔式起重机金属结构

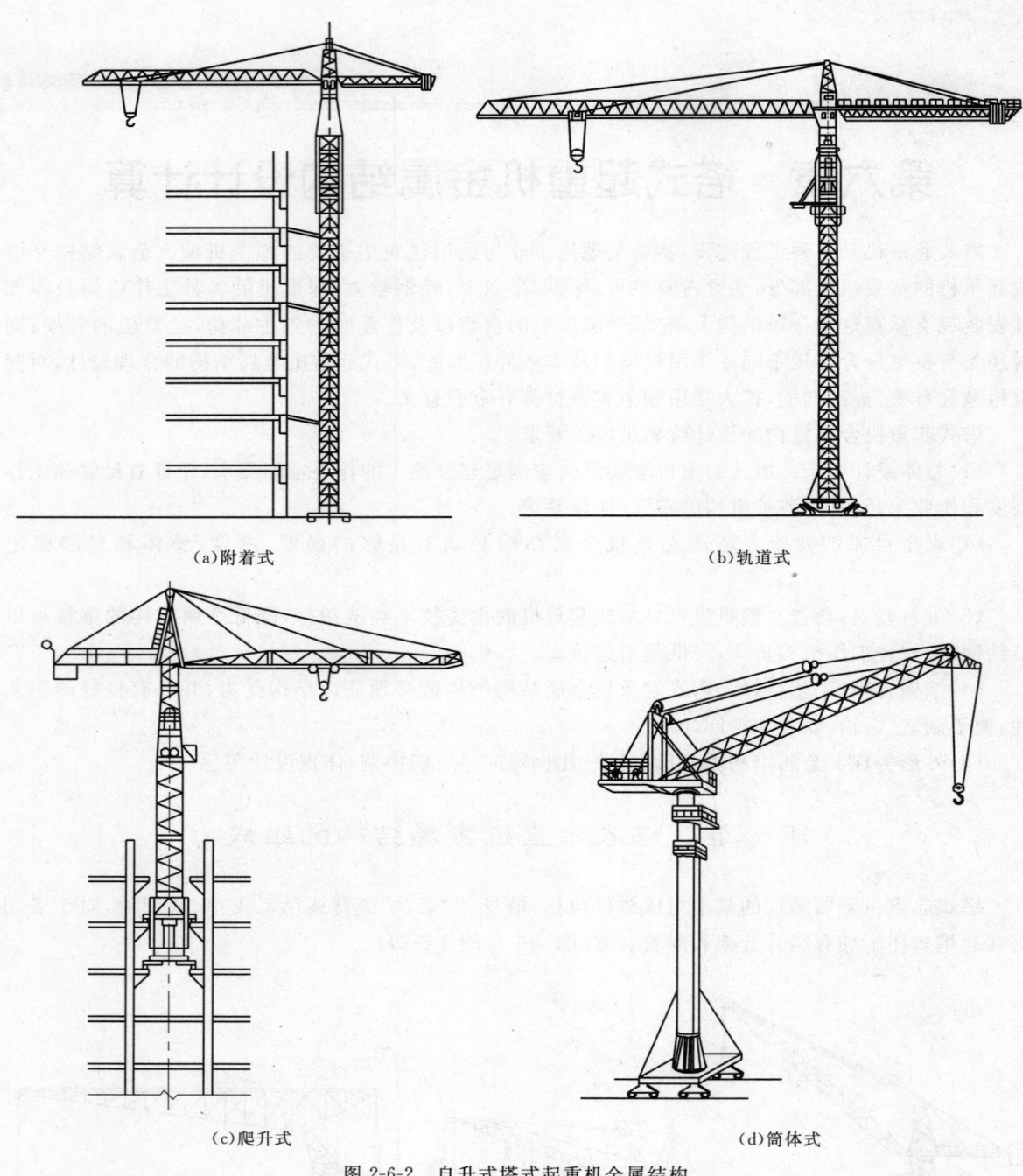

(a)附着式　　(b)轨道式

(c)爬升式　　(d)筒体式

图 2-6-2　自升式塔式起重机金属结构

为了获得最大的起升高度和工作幅度，臂架都连接在塔身的上端，平衡臂或活动支撑是为了减少塔身承受较大弯矩，通常连接在臂架反侧的塔身上端。

## 一、塔身结构

根据现代塔式起重机的工作特点和使用条件，近几十年来，国内外在工业与民用建筑施工中，设计和制造了多种多样的塔式起重机。按照塔身和臂架之间的相互关系，可分为上回旋式和下回旋式两大类，其中，按结构特征，上回旋式又可分为普通上回旋式和自升附着式两种。

对于上回旋式塔式起重机，都具有一个不转动的塔身，由于上部旋转，塔身不转，所以塔身受力情况随臂架的不同方向而变化，需要按塔身杆件的最不利载荷工况计算强度。这种塔身的下端，可固定在多种形式的底架上。上端塔顶部分的回转支承构造有三种型式：塔帽式、转柱式和转盘式

(图 2-6-3)。塔身的下端固定在底架上，底架有沿轨道行走的门式底架、轮胎式或履带式回转底架、四角带伸缩式支撑的底座和直接固定在基础上的底座等形式。底部支承结构如图 2-6-4 所示。

塔帽式塔顶做成棱锥形，塔帽套装在塔顶上，其有上、下两个支承，上支承为水平及轴向止推支承，承受水平载荷及垂直载荷，下水平支承只承受水平力。塔帽借助回转机构围绕塔身转动，臂架和平衡臂分别铰接在塔帽两侧。这种型式比较轻巧，转动惯量较小，所以经常用在中、小型塔式起重机上。

在转柱式塔顶上，装有臂架和平衡臂的转柱插装在塔身顶部轴线上，它也有上、下两个支承，但与塔帽式相反，上支承只承受水平力，下支承同时承受水平力和轴向力。转柱式结构由于塔身和转柱重叠，金属结构重量大，但它可以使上下支承间距变大，塔身能承受较大的力矩，故常用在重型工业建筑塔式起重机上。

在转盘式塔顶上，旋转平台用轴承式回转支承与塔身顶部连接，转台上装有臂架和高人字架，高人字架用以改善变幅钢绳的受力。这种构造虽然受转台尺寸所限，不宜实现大的起重力矩，但是金属结构无重叠部分，结构紧凑，重量较轻，尤其轴承式回转支承精度高，间隙小，回转时振动冲击小，在上回转塔式起重机上，很有发展前途。

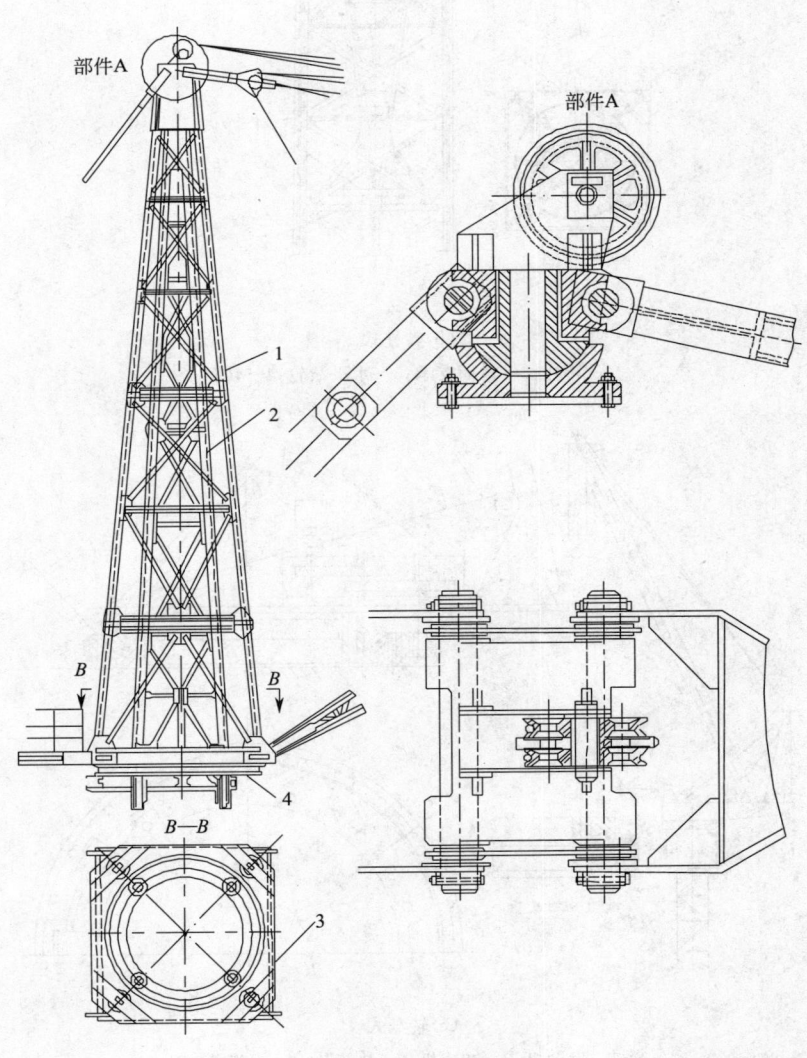

(a) 塔帽式

1—塔帽；2—塔顶；3—水平滚轮；4—支承环

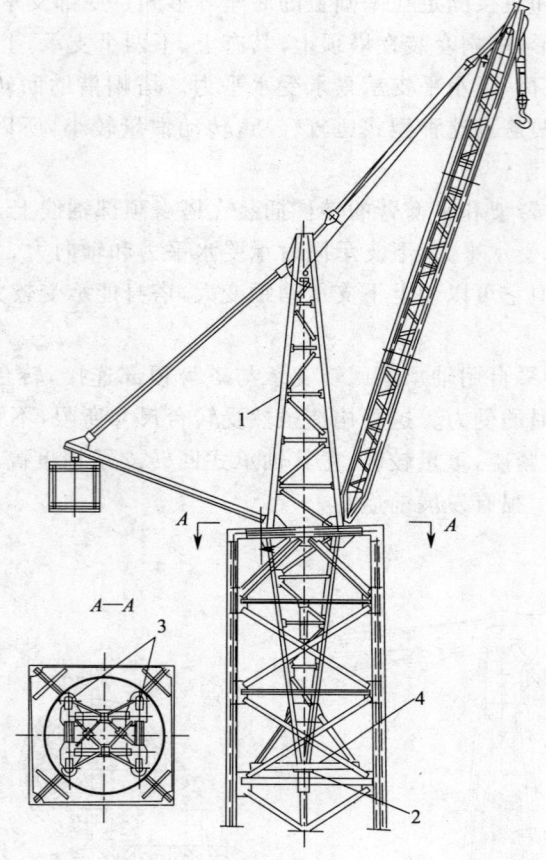

(b) 转柱式
1—转柱；2—球面支承；3—水平滚轮；4—转盘

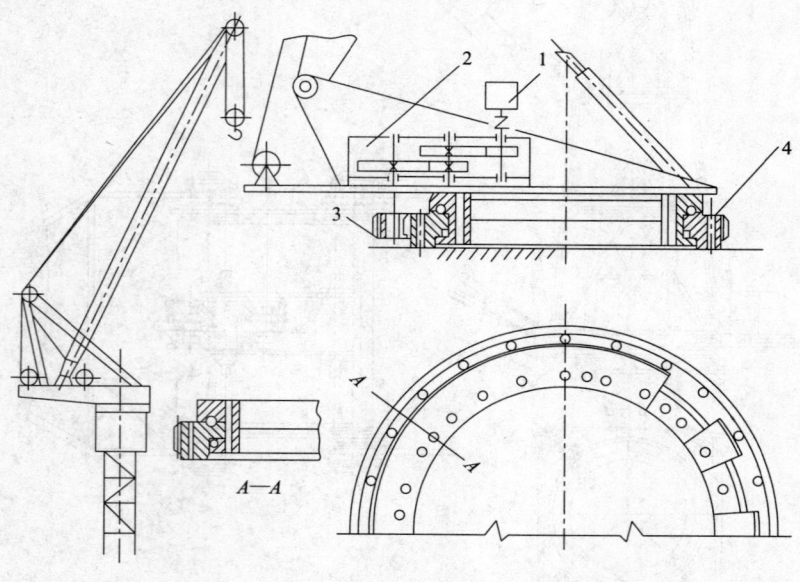

(c) 转盘式
1—发动机；2—减速机；3—小齿轮；4—大齿轮

图 2-6-3　上回转塔式起重机塔顶结构型式

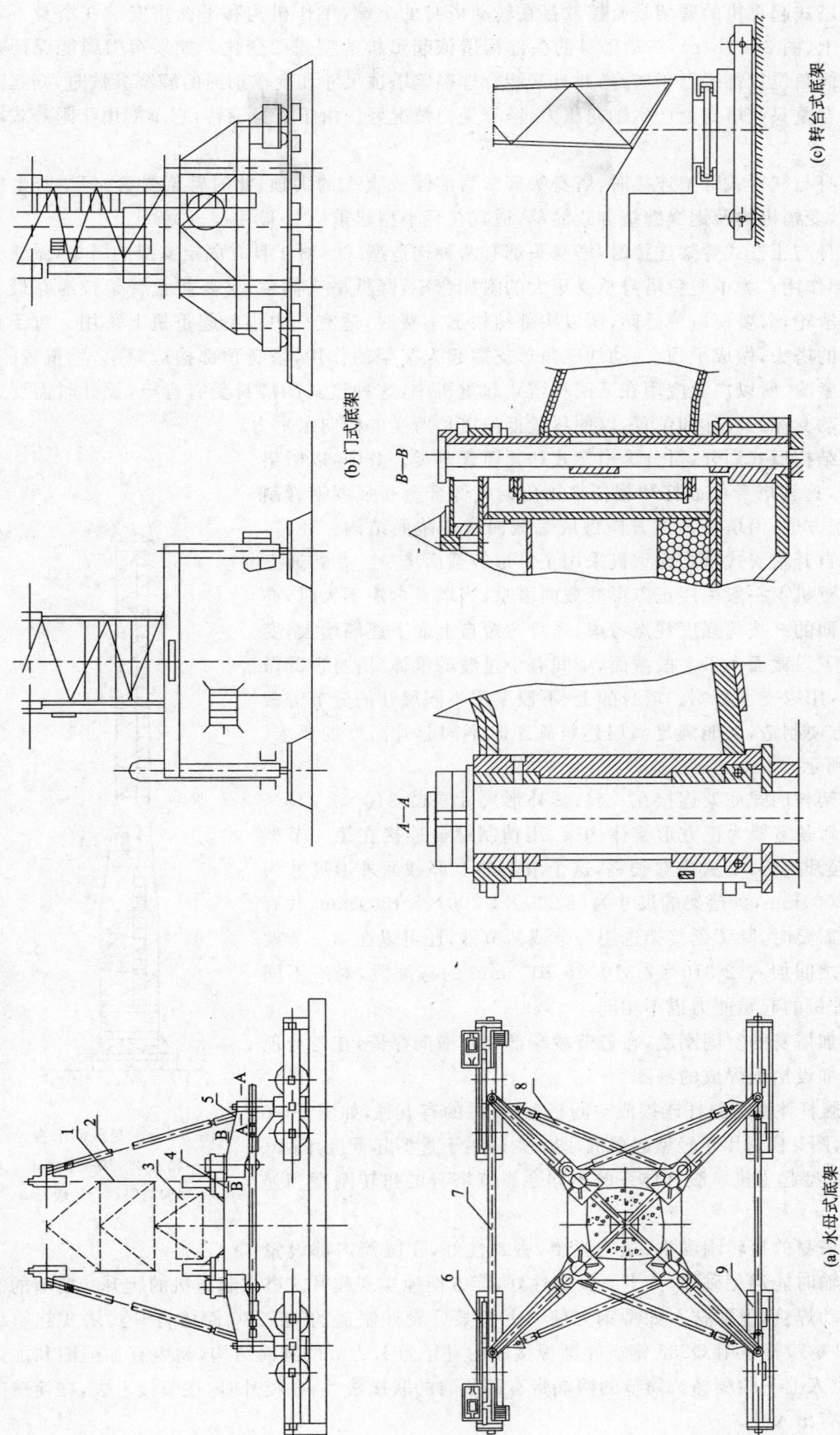

图 2-6-4 底部支承结构
1—塔身加强节;2—斜撑杆;3—压铁;4—底座;5—活络支腿;6—主动台车;7—水平杆;8—水平斜杆;9—从动台车

下回转塔式起重机的臂架是直接铰接在转动塔身的上端,工作机构和平衡重安装在塔身下端的旋转平台上(图 2-6-1b、c),转动塔身的头部构造依起重机的型式而变化。如果牵引绳能保证在臂架的各种倾角位置都平行于塔身,并且又能合理确定塔顶尺寸和变幅钢绳的缠绕参数时,则起升质量与臂架自重只在塔身上产生轴向压力,塔身受力情况好。由于塔身旋转,它不能用于附着式塔式起重机。

转动塔身与杠杆式臂架连接时,塔身头部常为前倾或直立的尖顶,此时臂架受弯,但塔身上的附加弯矩小,变幅机构及钢绳缠绕方式简单,适宜在轻小型起重机上采用。

转动塔身与压杆式臂架连接时,塔身头部有两种构造型式。对于具有固定支撑的塔头,做成尖顶,起人字架作用。为了避免塔身承受很大的附加弯矩,降低塔头高度,又要防止臂架拉绳在最大倾角时脱开滑轮,需要使塔顶后倾,所以头部结构加工费时,适宜在中小型起重机上采用。对于具有活动支撑的塔头,做成平顶,活动的三角形支撑起人字架的作用,塔身顶部构造简单,重量较轻,拖运时结构紧凑,所以广泛应用在下回转塔式起重机中,这种型式的塔身受有弯矩,设计时需要合理地确定活动支撑的尺寸和位置,以便尽量抵消塔顶所受的横向水平力。

塔身按结构型式划分,可分为桁架式和圆筒式两类。其中,以桁架式塔身居多,这种塔身的肢杆和腹杆常用角钢或低合金高强度钢管制作,截面为正方形,沿塔身高度方向做成等截面或变截面结构。通常,下回旋式和自升附着式塔式起重机采用正方形等截面塔身。在普通上回转塔式起重机上一般采用正方形变截面塔身,当塔身弯矩不大时,亦可采用等截面的。按等强度观点考虑,塔身弯矩自上而下逐渐增大,变截面塔身的下段截面大于上段截面,中间有个过渡的锥体,塔身顶部做成正方锥体,用以支承塔帽。塔身的上、下段采用不同尺寸的分节等截面结构,既方便制造,又能满足高层建筑施工时不同起升高度的要求,如图 2-6-5 所示。

第一节架与门式底架连接在一起,其外形尺寸是(2 310×2 310×4 060)mm,驾驶室架为正方形锥体构架,用精制螺栓连接在第一节架上,下层装起升机构,上层为驾驶室,这个节架的上部截面外形尺寸为(1 200×1 200)mm,延接架的尺寸为(1 200×1 200×5 100)mm,共有两节。施工需要时,除了延接架选用一节或两节外,还可以在第一节架与驾驶室架之间加入(2 310×2 310×5 100)mm 的标准段,对应不同的节数,起重机的起重能力也不相同。

为了增加塔身的空间刚度,在各节段端部加设横向撑杆,在塔身顶部变截面处加设槽钢焊成的箍圈。

塔身的腹杆体系将肢杆连接成空间桁架,常见的有五种,如图 2-6-6 所示。其中,图 a 仅适用于轻型起重机,图 e 则适用于重型起重机,图 b、c、d 适用于中型起重机。腹杆体系的不同会影响塔身的扭转刚度和弹性稳定性。

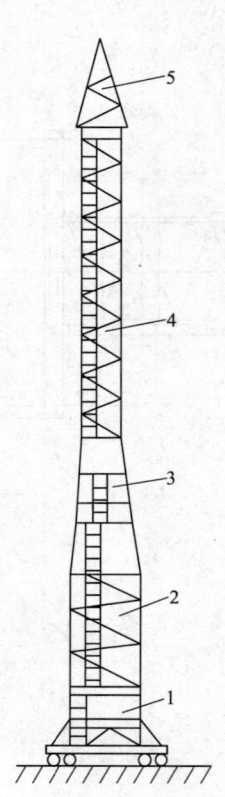

图 2-6-5 变截面塔身
1—底架;2—第一节架;
3—驾驶室架;4—延接架;
5—塔顶

圆筒形塔身的扭转刚度大,结构紧凑,密封性好,在圆筒内部设置的扶梯在运输时能避免碰坏,人上下安全性好,能方便地实现爬升式塔式起重机的爬升。筒节的制造可采用自动焊接,但取材不如型钢方便。上海某厂设计制造的 QTZ80 筒体自升式塔式起重机的塔身(图 2-6-7)就是用 Q235 钢板轧圆焊接成的直径为 1.2 m 的圆筒结构,筒内有加强圈和加强筋板,以及供人上下的爬梯。筒节的两端带有凹凸肩的联接法兰,在爬升时,逐节接上去,在筒壁的适当位置开有出入孔。

为了便于安装、拆卸和分段运输,通常将整个塔身分为数段,各段之间采用可拆的连接。图

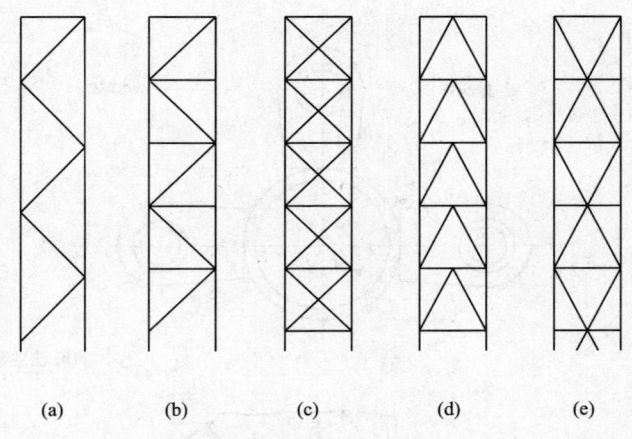

图 2-6-6 塔身的腹杆体系

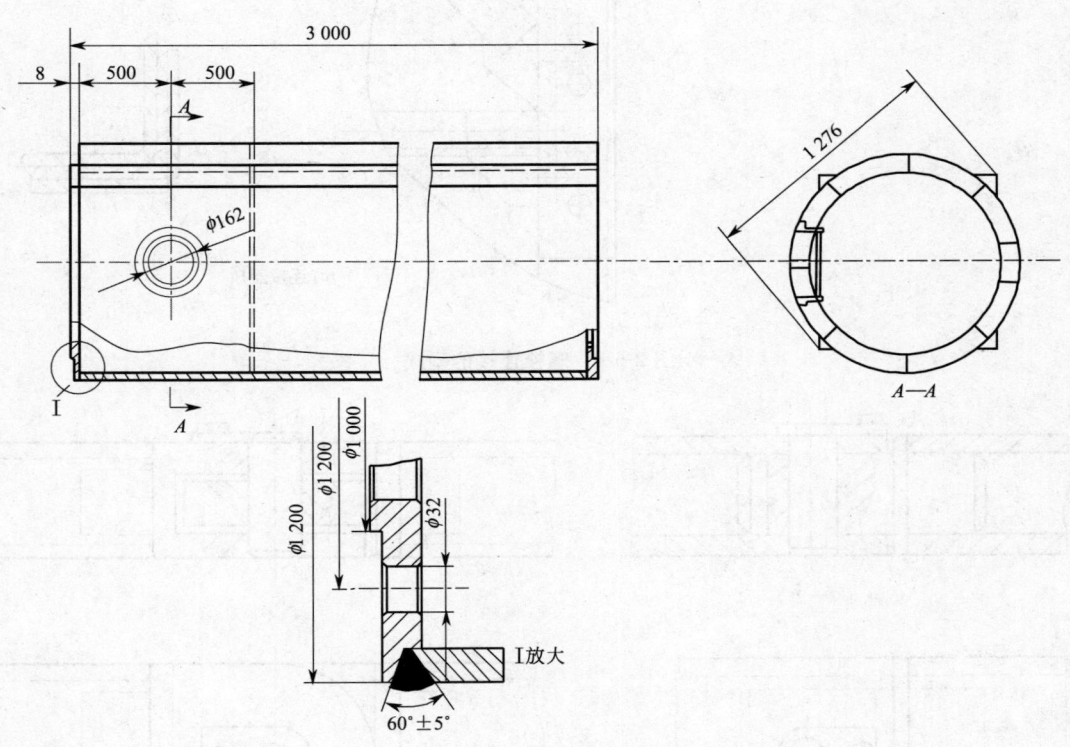

图 2-6-7 QTZ80 筒体标准段结构(mm)

2-6-8 是几种螺栓连接接头的型式,其中图 a 和图 b 分别为法兰盘和法兰套柱螺栓连接。法兰螺栓连接是一种早期的连接型式,为了防止螺栓受剪,在法兰上需要增设抗剪环或开一个"子口",以承受横向载荷。另外,对于受拉弦杆的连接螺栓,还需要用定值力矩扳手进行预紧,以减小接头处的缝隙和改善螺栓受变化载荷的循环特性。但是,这种接头自重较大,螺栓多,拆装费事,不适宜连接承受变化载荷的弦杆。图 c 为盖板螺栓连接,这种接头可以承受较大的载荷,紧密性较好,但螺栓孔对杆件截面有较大削弱,使杆件强度降低,同时拆装也比较麻烦。

图 2-6-9 为插销式连接的接头型式,这种接头拆装方便,紧密性好,销子受剪力,连接强度主要取决于销子的强度,所以一般适用于 800 kN·m 载重力矩以下的塔式起重机的塔身连接。

插销式连接是一种紧密接触承压连接型式,应按紧密接触承压和承剪计算销轴的抗弯强度和抗剪强度。另外,由于连接板和耳板边的集中应力很高,还需要计算板的强度。当满足条件 $\dfrac{2a+d}{d}=$

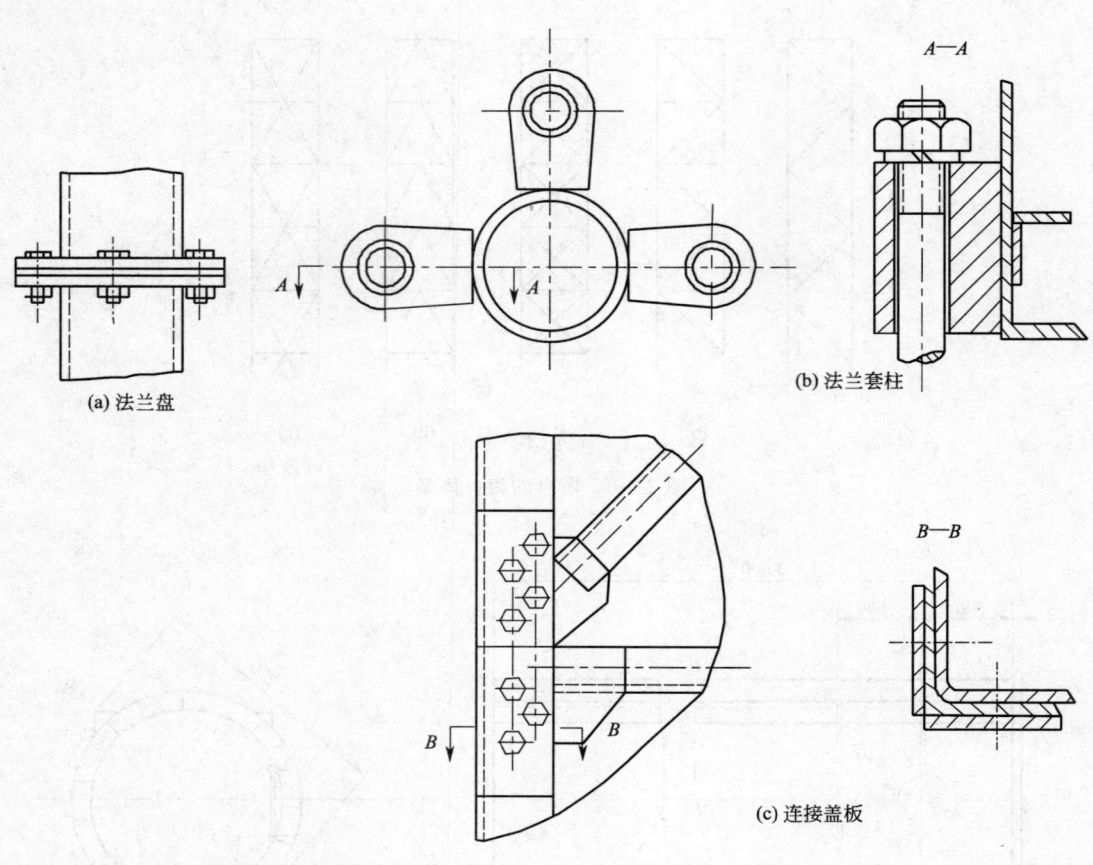

图 2-6-8 螺栓连接的型式

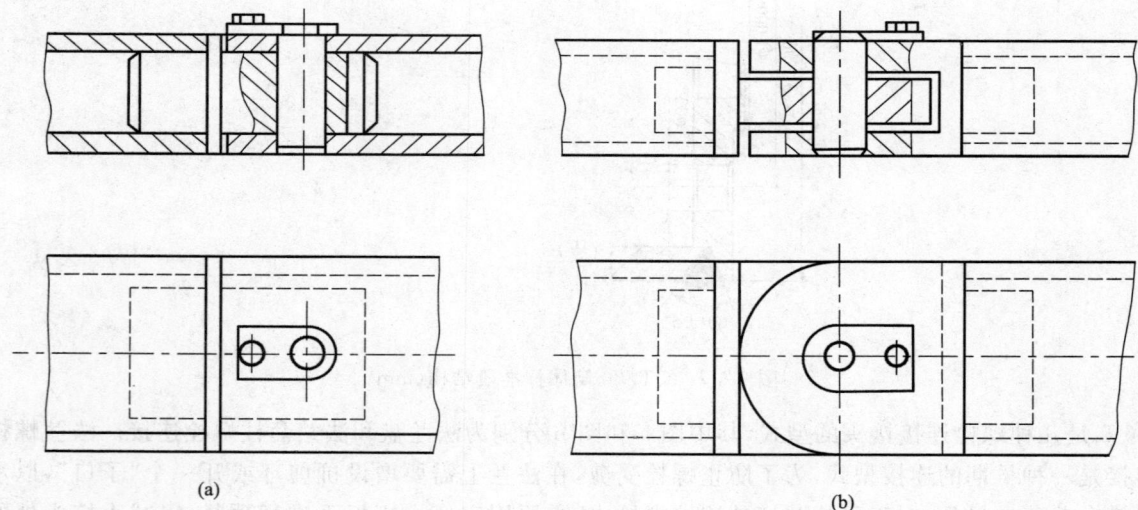

图 2-6-9 插销连接的型式

1.5~3.5时（$a$ 为孔两边板的宽度，$d$ 为板上孔径），可用近似公式计算板的孔边沿受力方向的最大应力：

$$\sigma = \frac{k \cdot N}{2a \cdot \delta} \leqslant [\sigma] \tag{2-6-1}$$

式中 $N$——板或耳板所传递的内力（N）；

$k$——由 $a$ 与 $d$ 的比值确定的系数，取值范围 2~4，计算时多取偏大值；

$\delta$——板的厚度(mm);

$[\sigma]$——材料的许用应力(MPa);

连接板应力的精确计算可参阅文献[3]《起重运输机金属结构》。

上述各种连接型式,都要有互换性,接头的加工要有较高的精度,以适应调节塔身长短的需要。

## 二、臂架结构

塔式起重机的臂架,按主要受力特点,可分为受压臂架和受弯臂架两种。

### 1. 受压臂架

受压臂架也称压杆式臂架,它是利用固定在臂架头部的变幅钢绳来实现臂架的俯仰变幅,臂架在起升载荷、起升绳和变幅绳拉力作用下,主要受轴向压力(臂架自重和风载荷产生的弯矩很小)。这种臂架在变幅平面内常做成中部尺寸大两端缩小的形状。影响这种臂架承载能力的主要因素是其整体稳定性。

图 2-6-10 是压杆式臂架的示意图,在变幅平面内,中间部分的桁架高度通常是不变的,而向两端逐渐缩小并用钢板加固,以适应头部轮滑和根部铰支座安装时,需要增强刚度的构造要求。回转平面内,臂架的宽度由头部向根部逐渐扩大,以对应水平载荷引起的水平弯矩变化。当需要调整臂架长度时,臂架宽度可采用区段变化的形式,只要改变中间等截面标准节臂的节数,就很容易实现制造和组装。对于长度较大的臂架,为了减小自重引起的横向弯曲,可在臂架设计时,使臂顶的合力作用线与臂架轴线有一个偏心距。

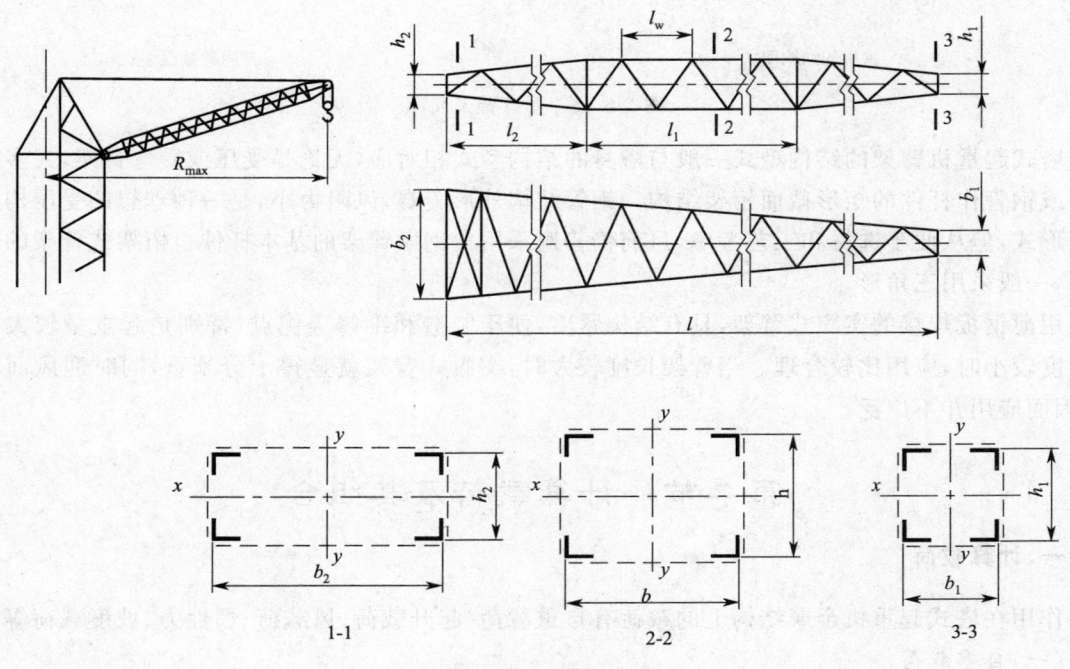

图 2-6-10 受压臂架简图

### 2. 受弯臂架

借助沿臂架下弦杆运行的小车来实现变幅的水平式臂架和动臂变幅的杠杆式臂架都属于这一类臂架。它主要承受横向弯曲,显然,臂架的强度和刚度在设计中起主要控制作用。这种臂架在自升附着式和下回转自装式塔式起重机中应用较多。

图 2-6-11 是几种受弯臂架的示意图,均为矩形或三角形截面的空间桁架结构,杠杆式臂架采用三角形桁架,小车变幅式臂架一般采用平行弦桁架。近年来,为了减轻大幅度水平式臂架的自重,普遍采用三角形截面钢管结构,常见的有正三角形和倒三角形两种截面,构成臂架的斜桁架和

水平桁架一般选用三角形腹杆体系。正三角形结构,上弦杆为圆管,两个下弦杆为方管,常用角钢组成也可以直接选用矩形钢管,两个下弦杆兼作小车的运行轨道,臂架除两端在高度方向减小外,其余截面均不变化,下水平桁架作为人行通道可不另做栏杆,但水平宽度不变不适应水平弯矩的变化。倒三角形结构,两上弦杆一般为圆管,下弦杆为工字钢兼作小车的轨道,支持绳与上弦杆相连接。两上弦杆可以组成变宽度的水平桁架,以适应水平弯矩的变化,但是,垂直于臂架纵轴的水平力对臂架产生附加弯矩,且上水平桁架必须另做栏杆方可用作人行通道。因而,在两种形式中,正三角形结构具有更优良的综合性能。我国制造的起重力矩为 1 200 kN·m 的高层建筑施工用自升式塔式起重机的臂架,采用正三角形管结构。

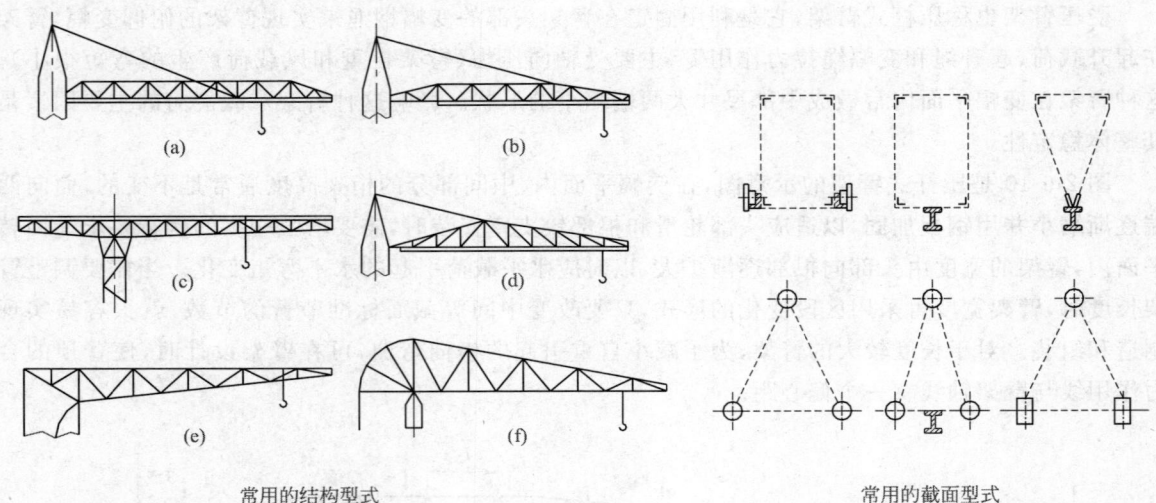

图 2-6-11 受弯臂架简图

塔式起重机臂架的结构型式一般与塔身的结构型式相对应,无论是受压或受弯臂架,大多采用型钢或钢管作杆件的矩形截面桁架结构。钢管结构外形美观,风阻力小,是一种理想的受压构件的截面形式,但从便于选材和工艺考虑,目前仍普遍采用角钢做臂架的基本杆件。桁架式臂架的腹杆体系,一般采用三角形。

用薄钢板焊接的实腹式臂架,具有结构紧凑,便于制造和维修等优点,特别是起重量较大而臂架长度较小时,应用比较合理。当臂架长度较大时,实腹式臂架就显得十分笨重,同时迎风面积较大,因而应用并不广泛。

## 第二节 计算载荷及其组合

### 一、计算载荷

作用在塔式起重机金属结构上的载荷有自重载荷、起升载荷、风载荷、惯性力、坡度载荷等。

(一) 自重载荷

自重包括结构自身重量和支撑在结构上的机电设备的重量,塔身、臂架、平衡臂等均布质量的重力按节点载荷作用于格构式构件的节点上,或按均布力作用于实腹式构件上;机电设备的重量按集中力分配到结构相应的节点上。在塔身计算时,臂架、平衡臂的重量和它们的外载荷,转化为支承力作用于塔身连接处。设计前,自重载荷是未知的,参照类似产品或有关文献的统计资料进行估算是比较有效的方法,有时也可以按近似公式计算其自重。计算自重载荷时应考虑冲击因素对重力产生的附加动力作用,通常将自重载荷乘以相应的冲击系数来计算。

(二) 起升载荷

起升载荷是塔式起重机的工作载荷,包括起重量和吊具与钢绳的重量,简称吊重。对于动臂变幅的塔式起重机，吊重及其起升钢绳的拉力通过臂架头部的固定滑轮作用于臂端，是一个固定的集中载荷。对于小车变幅塔式起重机，吊重和小车自重是对水平臂架横向作用的移动载荷，通常，用小车轮压表示。由于塔式起重机的起重力矩是一个定值，所以在不同工作幅度下的起升载荷是不相同的。计算起升载荷时，需要考虑起升机构起、制动时对结构产生的动力作用，通常，用起升载荷乘以相应的动力系数来计算。

(三) 风 载 荷

风力是露天工作的起重机上的附加载荷，并认为是任意方向的水平力。在计算塔身和臂架时，通常在顺轨道和垂直轨道的风向中选取对构件最不利的作用方向，作用在吊重和结构上的工作或非工作状态风载荷，按第一篇第三章的方法进行计算。对于高耸结构来说，风振是一种很重要的动力现象，因为它不仅使结构上的风压值显著增大，而且风压的连续脉动作用，还可能使结构杆件和连接发生疲劳断裂损坏，因此，对高耸结构，除计算风的静力作用外，还必须计算风振影响，必要时应验算结构的疲劳强度。

(四) 惯性载荷

塔式起重机的吊装作业，通常是在几个工作机构协同作用下完成的，除起升机构起、制动时对结构产生垂直方向的动力作用，按相应的冲力系数和动力系数估算外，还需要计算运行、回转、变幅机构在非稳定运动状态时，对结构产生的水平惯性载荷。

1. 起重机（载重小车）起、制动时，结构自重和吊重的惯性载荷，按下面公式计算：

结构自重的惯性载荷：

$$P_{HG} = \frac{G}{g} \times \frac{v}{60t} \tag{2-6-2}$$

吊重的惯性载荷：

$$P_{HQ} = \frac{Q+G_1}{g} \times \frac{v}{60t} \tag{2-6-3}$$

式中　$G$——构件（塔身、臂架、起重小车）的重量（N）；
　　　$Q$——起重量（N）；
　　　$G_1$——吊具重（N）；
　　　$v$——起重机（小车）运行速度（m/min）；
　　　$t$——运行机构起、制动时间（s）。

2. 回转惯性载荷和离心力，按下面公式计算：

回转制动时，臂架和吊重的切向惯性载荷：

$$P_{HG} = \frac{G\omega}{2gt}(2l+L) = \frac{G}{g} \times \frac{\pi n}{60t} \times (2l+L) \tag{2-6-4}$$

$$P_{HQ} = \frac{Q+G_1}{g} \times \frac{\omega}{t}(l+R) = \frac{Q+G_1}{g} \times \frac{\pi n(l+R)}{30t} \tag{2-6-5}$$

回转时，臂架和吊重的径向离心载荷：

$$P_{lG} = \frac{G\omega^2}{2g}(l+R) \approx \frac{Gn^2}{1\,800} \cdot (l+R) \tag{2-6-6}$$

$$P_{lQ} = \frac{Q+G_1}{g}\omega^2 R \approx \frac{(Q+G_1)n^2 R}{900} \quad \text{（吊重在最高位置）} \tag{2-6-7}$$

$$P_{lQ} = \frac{Q+G_1}{g-\omega^2 y}\omega^2 R \approx \frac{(Q+G_1)n^2 R}{900-n^2 y} \quad \text{（吊重在任意位置）} \tag{2-6-8}$$

式中　$\omega$——起重机旋转角速度，$\omega=\dfrac{\pi n}{30}(\text{rad/s})$；

　　　$n$——起重机旋转速度(r/min)；

　　　$t$——回转机构的起(制)动时间(s)；

　　　$g$——重力加速度(m/s)；

　　　$L$——臂架总长(m)；

　　　$R$——起重机的工作幅度(m)；

　　　$l$——臂架根部的铰轴中心至起重机旋转轴的水平距离(m)；

　　　$y$——吊重与臂架端点的垂直距离(m)。

3. 臂架变幅制动时的惯性载荷和离心力，按下面公式计算：

切向惯性载荷

$$P_{HG}=\dfrac{G}{g}\cdot\dfrac{\omega}{t}\cdot L_r\approx\dfrac{G}{2g}\cdot\dfrac{\omega}{t}\cdot L \tag{2-6-9}$$

$$P_{HQ}=\dfrac{Q+G_1}{g}\cdot\dfrac{\omega}{t}\cdot L \tag{2-6-10}$$

径向离心力

$$P_{lG}=\dfrac{G}{g}\cdot\omega^2\cdot L_r\approx\dfrac{G}{2g}\cdot\omega^2\cdot L \tag{2-6-11}$$

$$P_{lQ}=\dfrac{Q+G_1}{g}\cdot\omega^2\cdot L \tag{2-6-12}$$

式中　$\omega$——变幅角速度，其计算式：$\omega=\dfrac{\pi}{180}\cdot\dfrac{\alpha_w}{t_w}(\text{rad/s})$

其中　$\alpha_w$——臂架的最大倾角与最小倾角之差(°)；

　　　$t_w$——臂架的变幅制动时间(s)；

　　　$t$——臂架的变幅制动时间(s)；

　　　$L$——臂架的轴向长度(m)；

　　　$L_r$——臂架重心沿臂架轴向至根部铰点的距离(m)。

起重机回转、变幅机构工作时，按上面公式计算的臂架惯性载荷(切向惯性载荷和径向离心力)是一个合力总值，并且把臂架近似作为均布质量看待。实际上，不同回转半径处的均布质量产生的惯性载荷和沿臂架长度方向的分布是不均匀的，自臂架的根部向头部呈递增规律分布，回转惯性载荷构成梯形面积，变幅惯性载荷构成三角形面积。因而，惯性载荷的合力在臂架上的作用位置，由载荷分布图形的形心来确定。找出作用点后，可计算臂架所受的惯性力矩。对于格构式臂架，也可以按节点质量计算惯性载荷。

以上各公式的计算值，只是符合质点力学定律的理论值，当起重机猛烈起(制)动时，惯性载荷将使弹性结构产生剧烈振动，从而增大理论计算值对结构的作用，因此，起重机设计规范规定，用加速度计算惯性载荷时，应考虑一个增大系数 $\varphi_5$，表示惯性载荷在结构上实际作用的动力效应，$\varphi_5$ 的取值参阅第一篇第三章。

## 二、载荷组合

塔式起重机的金属结构按许用应力法计算时，一般要进行强度、刚度、弹性稳定性的验算。考虑各项计算对结构承载能力的实际影响大小，通常，只对工作级别 E4(含)以上的起重机结构进行疲劳强度验算，对工作级别 E4 以下的起重机结构，只作静强度验算。但是，计算高耸结构风振时的疲劳强度，与起重机的工作级别无关。

为了保证设计计算的可靠性和合理性，塔式起重机结构的计算载荷，必须选用最不利工况时的载荷组合。

对于塔式起重机的金属结构计算,一般来说,动臂变幅时臂架和吊重的切向惯性载荷和径向离心力,回转时臂架和吊重的径向离心力,对支撑反力和杆件内力的影响都很小,可以忽略不计。轨道式塔式起重机的轨道坡度不超过 0.5% 时,不计算坡道载荷。附着式塔式起重机,不考虑基础倾斜。安装载荷和地震载荷只在特殊条件下才作计算。

采用许用应力法设计时,GB 3811—2008 规定的塔式起重机计算载荷和载荷组合参见第一篇第三章表 1-3-26。

## 第三节 小车变幅式臂架的设计和计算

### 一、吊点位置的确定

臂架长度小于 50 m,对最大起重量无特别要求时,一般采用单吊点结构,若臂架总长在 50 m 以上,或对跨中附近最大起重量有特别要求,应采用双吊点。

1. 单吊点吊臂吊点位置的确定

图 2-6-12 为小车变幅式臂架的结构简图,格构式水平臂架以支持绳吊点为界分为简支和伸臂两段,为减轻臂架自重,应合理选择臂架支持绳吊点的位置。一般情况下,在臂架截面未选出之前,根据主要载荷在简支跨产生的最大弯矩与伸臂吊点处最大弯矩相等的条件,可以确定出一个使臂架结构最轻的近似理想的吊点位置。对吊点位置进行近似估算时,可取 $L_1/L_2 = 0.4 \sim 0.7$,其中 $L_1$ 为从吊点开始的悬臂部分长度,$L_2$ 为吊臂根部到吊点的长度。

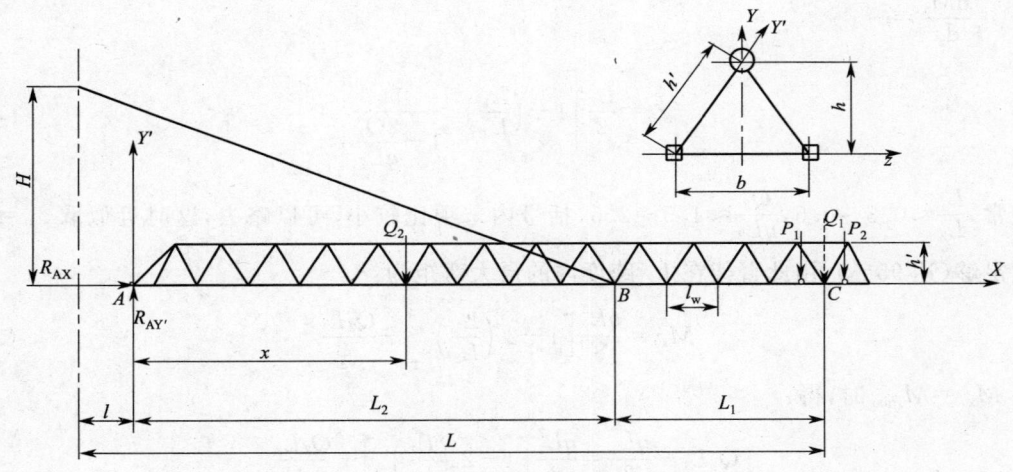

图 2-6-12 小车变幅式臂架结构简图

设臂架的外伸长度为 $L_1$,简支跨为 $L_2$,$Q_1$ 为最大幅度时的移动载荷(包括吊重和小车自重),$Q_2$ 为相应 $x$ 处的移动载荷(图 2-6-13)。

对于用小车变幅的塔式起重机格构式臂架,建议用下面的近似公式计算其自重:

$$G = \frac{Q}{\dfrac{\pi^2 E \tan\beta}{4n\gamma\alpha(1+1.5\theta)L} \cdot \left(\dfrac{h}{L}\right)^2 - 0.5} \tag{2-6-13}$$

式中 $Q$——起重量(N);

$E$——臂架材料的弹性模量(N/mm²),对钢材,$E = 2.06 \times 10^5$ N/mm²;

$\beta$——臂架支持绳与水平线之间的夹角(°);

$n$——系数,取 $n = 1.15 \sim 1.40$;

$\theta$——桁架斜腹杆截面积与弦杆截面积的比值,$\theta = 0.3 \sim 0.7$;

$\gamma$——材料的容重($N/mm^3$);

$L$——臂架的总长度(mm);

$h$——臂架的计算高度可近似取 $h=\left(\dfrac{1}{18}\sim\dfrac{1}{24}\right)L$;

$\alpha$——弦杆的重量与斜杆重量的比值,$\alpha=1.2\sim1.5$,对起重量和幅度较大的臂架取大值。

伸臂吊点处的最大弯矩(图 2-6-13)为:

$$M_{1max}=Q_1L_1+\dfrac{qL_1^2}{2} \quad (2\text{-}6\text{-}14)$$

式中 $q$——臂架单位长度的重量,$q=\dfrac{G}{L}$。

简支跨内移动载荷作用处的弯矩(图 2-6-13)为:

$$M_x=\dfrac{qx(L_2-x)}{2}-\dfrac{qL_1^2}{2}\cdot\dfrac{x}{L_2}+Q_2\dfrac{(L_2-x)x}{L_2} \quad (2\text{-}6\text{-}15)$$

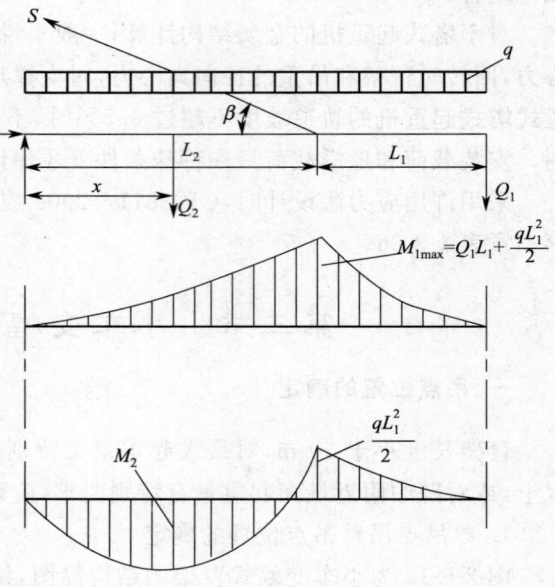

图 2-6-13 臂架弯矩图

式中 $x$——移动载荷作用点至臂架根部铰点的水平距离。

最大弯矩假定发生在距臂架左支点某一距离 $x_0$ 处,这一距离可由下式求得:

令 $\dfrac{dM_x}{dx}=0$

得 
$$x_0=\dfrac{L_2}{2}\left[1-\left(\dfrac{L_1}{L_2}\right)^2\dfrac{1}{1+\dfrac{2Q_2}{qL_2}}\right] \quad (2\text{-}6\text{-}16)$$

通常,$\dfrac{L_1}{L_2}\approx 0.3\sim 0.5$,$\dfrac{Q_2}{qL_2}\approx 1.5\sim 2.5$,括号内末项比较小,可以略去,这时近似取 $x_0=\dfrac{L_2}{2}$,计算精度足够(达95%),由此臂架在 $L_2$ 跨度内的最大弯矩为:

$$M_{x0}=\dfrac{qL_2^2}{8}\left[1-2\left(\dfrac{L_1}{L_2}\right)^2\right]+\dfrac{Q_2L_2}{4} \quad (2\text{-}6\text{-}17)$$

当 $M_{x0}=M_{1max}$ 时,得:

$$Q_1L_1+\dfrac{qL_1^2}{2}=\dfrac{qL_2^2}{8}\left[1-2\left(\dfrac{L_1}{L_2}\right)^2\right]+\dfrac{Q_2L_2}{4}$$

令 $k=\dfrac{L_1}{L_2}$;$m=\dfrac{Q_2}{qL_2}$;$n=\dfrac{Q_1}{Q_2}$,整理上式得方程:

$$k^3+\dfrac{4}{3}m\cdot n\cdot k-\dfrac{2m+1}{6}=0$$

解此方程式,取实根即可得出臂架外伸长度 $L_1$ 与简支跨长 $L_2$ 的最佳比值:

$$k=\sqrt{(0.67m\cdot n)^2+\dfrac{2m+1}{6}}-0.67m\cdot n \quad (2\text{-}6\text{-}18)$$

由于三角形截面对其水平中性轴不对称,以小车轮压表示的移动载荷在桁架上的作用需要转化为节点载荷,并且在简支跨内与吊点两处截面弯矩有正负之分,所以在弯矩绝对值相等的截面中,相应弦杆的最大内力和应力并非相等。也就是说,等弯矩条件在实际结构中,并不等同于等强度和等稳定条件。要想求得精确的吊点位置,需要在已经确定的结构上,根据实际载荷大小,按等强度和等稳定条件,采用类似上面的分析进行计算。

## 2. 双吊点吊臂吊点位置的确定

对于臂架长度超过 50 m 的吊臂，或对跨中附近最大起重量有特别要求，应采用双吊点结构。双吊点臂架由于是超静定结构，确定理想吊点位置比较繁琐，一般情况下可采用经验值：

$$L_1 = 0.27L; L_2 = 0.52L; L_3 = 0.21L$$

其中 $L$ 为吊臂总长度，$L_1$ 为吊臂根部到第一吊点的长度，$L_2$ 为第一吊点到第二吊点的长度，$L_3$ 为第二吊点到悬臂末端的悬伸长度。对双吊点理想位置的精确计算方法可参考相关文献。

## 二、单吊点臂架受力分析

正三角形格构式臂架（图 2-6-12）是一个空间桁架结构，对空间桁架的内力和位移可应用有限元法作精确的计算，也可按工程设计中传统的方法，将空间桁架有条件地离散为平面桁架进行分析，这种方法虽然是近似的，但经大量实践证明，它具有简单可靠的特点和较高的实用价值。下面以此进行臂架的受力分析。

确定计算简图和进行载荷分配是实现结构平面分析的首要工作，小车变幅式臂架的计算简图，根据总体布置来确定，在起升平面（即垂直平面）作为伸臂梁计算；在回转平面（即水平平面）则作为悬臂梁计算，但在确定回转平面内的计算长度时，还应考虑支持绳的影响。

视臂架结构由三片平行弦桁架构成，彼此间由共用弦杆来连接。其中，两片斜面桁架主要承受垂直载荷，如自重、起升载荷等；水平桁架主要承受水平载荷，如风载荷、水平惯性载荷，以及垂直载荷的水平分力等。

如图 2-6-14 所示，设臂架总的自重为 $G$，并且三片桁架的自重相等，每片桁架的自重约为 $G/3$，作用在各片的中点，然后再均分到三角形的三个顶点上去，每个顶点上的重力为 $G/3$，再沿两个相邻平面桁架分解。

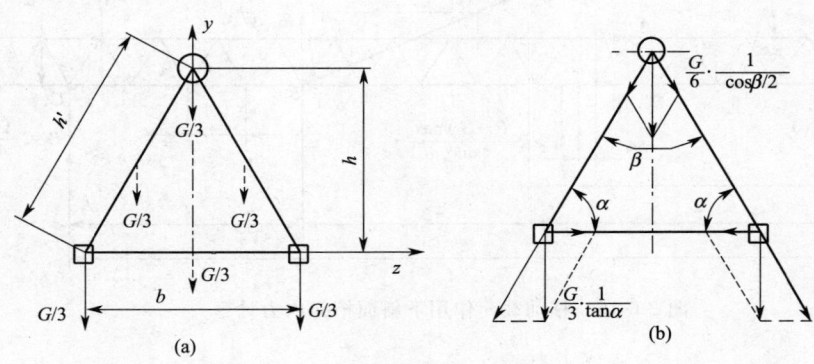

图 2-6-14 臂架自重的分解

移动载荷包括吊重 $Q$（含吊具重）和小车自重 $G_c$，通过行走轮以集中轮压的方式作用在两边下弦杆上。如果总共有 4 个行走轮，则每一边下弦杆上各作用两个行走轮压，轮压均匀分布，每个轮压为 $(Q+G_c)/4$。同样，也沿斜面桁架和水平桁架分解，如图 2-6-15 所示。

臂架上的水平载荷，全部由水平桁架承受，其中，臂架的惯性载荷和风载荷是均匀分布的，吊重的惯性载荷和风载荷以一个集中力作用在臂架端部（相当于钢绳偏摆角引起的水平分力）。

由于支持绳方向与臂架构成空间关系，因此，支持绳拉力在吊点处沿臂架轴向和斜桁架平面及水平桁架平面分解为三个分力（图 2-6-20），其中轴向分力连同载重小车行走

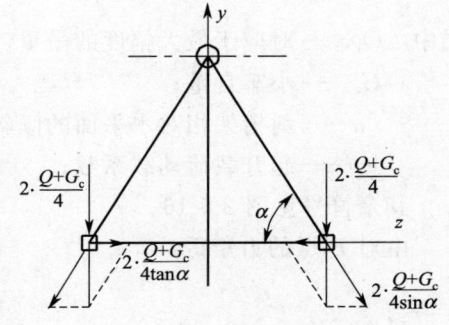

图 2-6-15 吊重的分解

惯性力和起升绳张力,作为下弦杆的轴向压力计算。支持绳与上弦相连时,力的分配与此不同。此外,兼作小车轨道的下弦杆,还承受小车轮压产生的局部弯矩。

### 三、单吊点臂架内力计算

由于许用应力法的强度条件是控制结构中最大受力构件的应力不超过许用值,因此,对臂架的内力分析不必进行全部杆件的计算,只要能确定最大载荷组合和最不利载荷作用位置的内力最大截面,便可以应用桁架静力分析方法计算出杆件的最大内力。对单吊点小车变幅式臂架,通常考虑下列三种计算情况:

(1)在最大幅度起吊额定起重量,风向垂直臂架,计算吊点截面内力(该处在起升平面内负弯矩最大)和臂架根部截面内力(该处在回转平面内的水平弯矩最大)。

(2)在简支跨的最大内力幅度下起吊额定起重量,风向垂直臂架,计算跨中截面内力(该处在起升平面内的正弯矩最大)。

(3)在最小幅度下起吊额定起重量,风向垂直臂架,计算臂架根部截面内力(该处腹杆内力最大)。

#### (一)斜面桁架的内力计算

1. 移动载荷作用。移动载荷(考虑动力系数)在斜面桁架上的作用如图 2-6-16 所示。

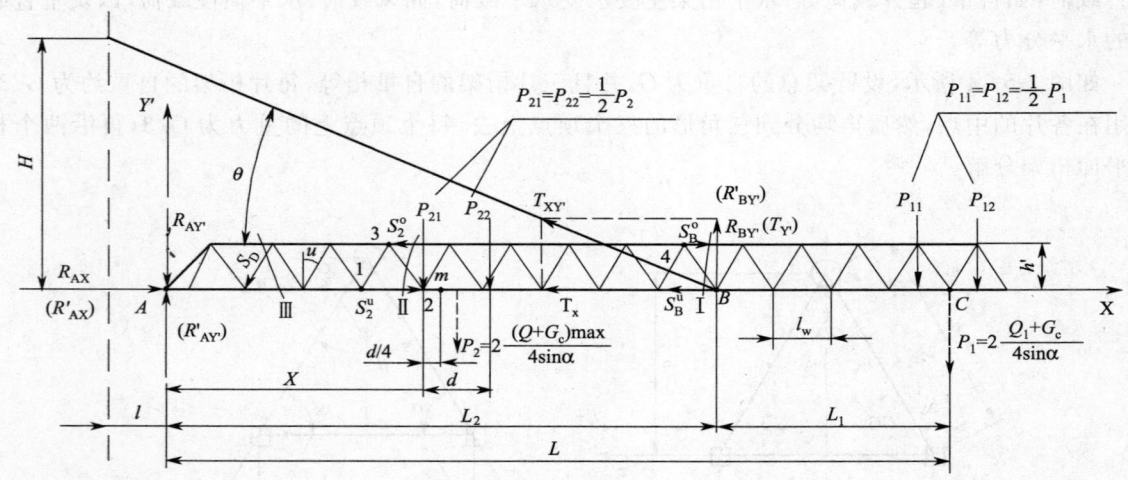

图 2-6-16 移动载荷作用下斜面桁架内力计算

(1)载重小车在臂架伸臂端最大幅度。轮压 $P_{11}$ 和 $P_{12}$ 的位置对称于 $C$ 点,假设 $P_{11}=P_{12}=\frac{1}{2}P_1$,则小车轮压在斜面桁架上的分力为(力的分解方法见图 2-6-15):

$$P_{11}=P_{12}=\frac{1}{2}P_1=\frac{\varphi_2(Q_1+G_c)}{4\sin\alpha} \quad (2\text{-}6\text{-}19)$$

式中 $Q_1$——对应于最大幅度的吊重(含吊具重);

$G_c$——小车自重;

$\alpha$——斜桁架相对水平面的倾斜角;

$\varphi_2$——起升载荷动载系数;

其余符号见图 2-6-16。

由对 $B$ 点的力矩得:

$$P_1 L_1 = R_{AY'} \cdot L_2$$

$$R_{AY'}=P_1\frac{L_1}{L_2}=\frac{\varphi_2(Q_1+G_c)}{2\sin\alpha}\left(\frac{L}{L_2}-1\right) \quad (2\text{-}6\text{-}20)$$

由对 $A$ 点的力矩得：

$$R_{BY'} \cdot L_2 = P_1 \cdot L$$

$$R_{BY'} = P_1 \frac{L}{L_2} = \frac{\varphi_2(Q_1+G_c)}{2\sin\alpha} \frac{L}{L_2} \tag{2-6-21}$$

$$R_{AX} = \frac{R_{BY'}}{\tan\theta} = P_1 \frac{L}{L_2} \cdot \frac{L_2+l}{H} \tag{2-6-22}$$

式中　$\tan\theta \approx \dfrac{H}{L_2+l}$

由截面 Ⅰ 左端各力对 $B$ 点的力矩得：

$$R_{AY'} \cdot L_2 = S_B^o \cdot h'$$

$$S_B^o = R_{AY'} \frac{L_2}{h'} = P_1\left(\frac{L}{L_2}-1\right) \times \frac{L_2}{h'} \tag{2-6-23}$$

由对节点 4 的力矩得：

$$S_B^u \cdot h' = R_{AY'}\left(L_2 - \frac{l_w}{2}\right) + R_{AX} \cdot h'$$

$$S_B^u = \frac{R_{AY'}}{h'}\left(L_2 - \frac{l_w}{2}\right) + R_{AX} = \frac{P_1}{h'}\left(\frac{L}{L_2}-1\right)\left(L_2 - \frac{l_w}{2}\right) + P_1 \frac{L}{L_2} \cdot \frac{L_2+l}{H} \tag{2-6-24}$$

（2）载重小车在 $AB$ 跨间，从 $B$ 向 $A$ 运行至任一节点（如轮压 $P_{21}$ 位于节点 2）时，距 $A$ 点的距离设为 $X$（移动载荷在该位置引起的支反力符号上加"′"以示区别），则：

$$R'_{AY'} = P_2\left[1 - \frac{X+\dfrac{d}{2}}{L_2}\right] \tag{2-6-25}$$

$$R'_{BY'} = T'_Y = P_2 \frac{X+\dfrac{d}{2}}{L_2} \tag{2-6-26}$$

$$R'_{AX} = T_X = \frac{R'_{BY'}}{\tan\theta} = \frac{P_2(L_2+l)}{HL_2}\left(X+\frac{d}{2}\right) \tag{2-6-27}$$

式中　$P_2 = \dfrac{\varphi_2(Q+G_c)}{2\sin\alpha}$

其中　$Q$——简支跨内的最大吊重。

由截面 Ⅱ 左端各力对节点 2 的力矩得：

$$S_2^o h' = R'_{AY'} X$$

$$S_2^o = R'_{AY'} \frac{X}{h'} = \frac{P_2}{h'}\left[1 - \frac{X+\dfrac{d}{2}}{L_2}\right] X \tag{2-6-28}$$

由对节点 3 的力矩得：

$$S_2^u h' = R'_{AY'}\left(X - \frac{l_w}{2}\right) - R'_{AX} h'$$

$$\begin{aligned}
S_2^u &= \frac{R'_{AY'}}{h'}\left(X - \frac{l_w}{2}\right) - R'_{AX} \\
&= \frac{P_2}{h'}\left[1 - \frac{X+\dfrac{d}{2}}{L_2}\right]\left(X - \frac{l_w}{2}\right) - \frac{P_2(L_2+l)}{HL_2}\left(X+\frac{d}{2}\right)
\end{aligned} \tag{2-6-29}$$

确定小车在 $AB$ 间使弦杆产生最大内力的位置，$AB$ 间 $X$ 处的弯矩为：

$$M_X = R'_{AY'} \cdot X = P_2 \cdot \left[1 - \frac{X+\dfrac{d}{2}}{L_2}\right] \cdot X$$

使
$$\frac{dM_X}{dX} = P_2\left(1 - \frac{2}{L_2}X - \frac{d}{2L_2}\right) = 0$$

得
$$X = \frac{L_2}{2} - \frac{d}{4} \tag{2-6-30}$$

即当小车的第一行走轮走到与 A 距离为 $\left(\frac{L_2}{2} - \frac{d}{4}\right)$ 时,行走轮压力 $P_{21}$ 处的弯矩最大。虽然,$X = \frac{L_2}{2} - \frac{d}{4}$ 时,$P_{21}$ 不会正好在桁架的一个节点上,但由于节间长度 $l_w \ll L_2$,故一定能够找到一个接近 X 值的节点,做这样的近似计算不会对计算精度有大的影响。于是可以把 $X = \frac{L_2}{2} - \frac{d}{4}$ 代入(2-6-25)~(2-6-29)各式,求出 AB 跨中弦杆的最大内力 $S_2^o$、$S_2^u$ 和各支反力。

斜面桁架腹杆的最大内力是在最小幅度下起吊额定起重量时产生,(见图 2-6-16,以截面Ⅲ左端各力在 $Y'$ 坐标方向的合力为 0)。计算如下:

$$\because S_D \cos u = R'_{AY'}$$

$$\therefore S_D = \frac{R'_{AY'}}{\cos u}$$

以式(2-6-25)代入,则得腹杆最大内力计算式

$$S_{Dmax} = \frac{\varphi_2 (Q+G_c)_{max}}{2\sin\alpha \cdot \cos u}\left(1 - \frac{d}{2L_2} - \frac{X_{min}}{L_2}\right) \tag{2-6-31}$$

式中 $X_{min}$——载重小车的第一个行走轮可能走近 A 端的最小容许距离;

$u$——斜腹杆轴线与竖直线间的夹角。

2. 自重载荷作用。臂架自重 $G$,小车牵引变幅机构的重量 $G_1$,沿三个平面桁架的分解和在斜面桁架上的作用分别见图 2-6-17~图 2-6-19。

臂架自重分解在斜桁架上的均布载荷 $q = \frac{\varphi_i G}{3L}\left(\frac{1}{\sin\alpha} + \frac{1}{2\cos\beta/2}\right)$,分解成上、下弦杆的节点载荷 $F_o = \frac{\varphi_i G}{6n\cos\beta/2}$ 和 $F_u = \frac{\varphi_i G}{3m \cdot \sin\alpha}$,($n,m$ 分别为上、下弦杆的节点数,$\varphi_i$ 为动载系数,根据载荷组合,$\varphi_i$ 可取 $\varphi_1$ 或 $\varphi_4$。

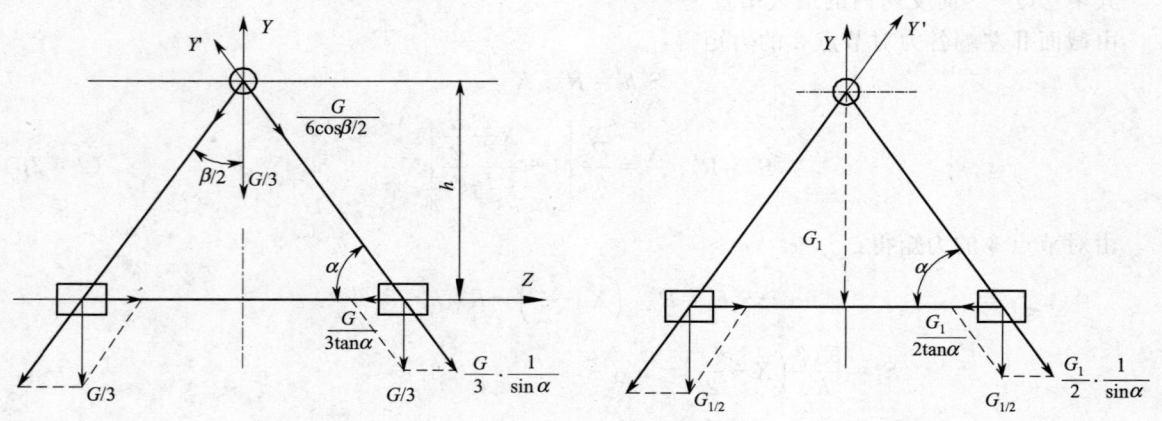

图 2-6-17 自重的分解　　图 2-6-18 小车牵引机构自重的分解

小车牵引变幅机构自重作用在斜桁架上的集中载荷,分配在机构附近的两个下弦杆的节点上,每个节点载荷为 $F_1 = \frac{\varphi_i G_1}{4\sin\alpha}$。下面算式中的各节点载荷已含 $\varphi_i$ 作用。

(1) 支承反力

由图 2-6-19,$\sum M_B = 0$,得:

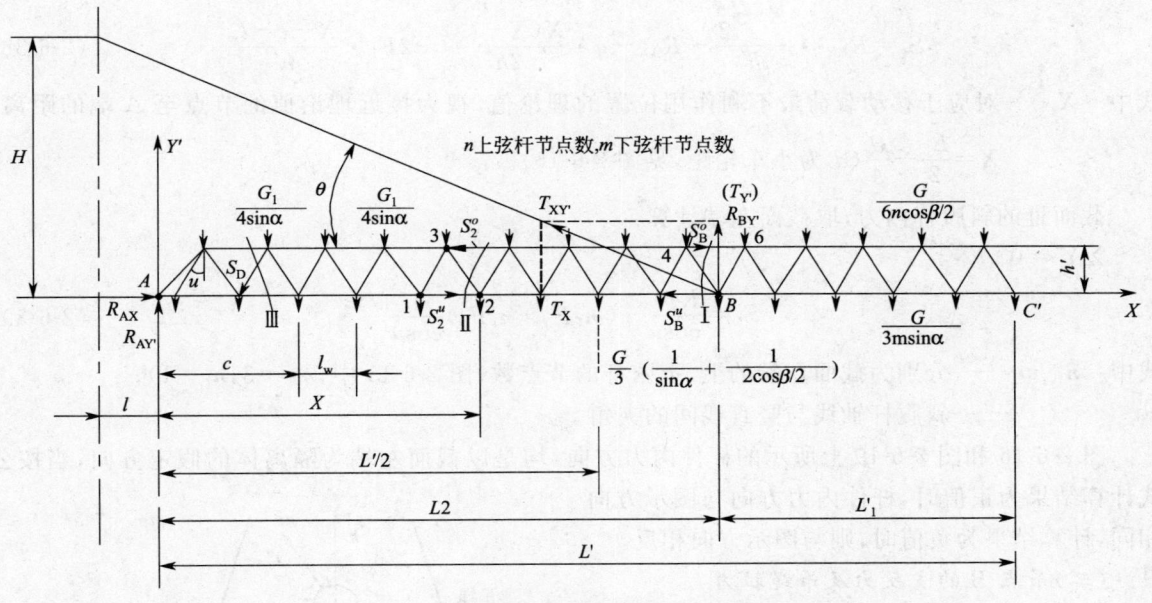

图 2-6-19 自重载荷作用下斜面桁架内力计算

$$R_{AY'} = \left[qL'\left(L_2 - \frac{L'}{2}\right) + 2F_1\left(L_2 - c - \frac{l_w}{2}\right)\right]\frac{1}{L_2} \tag{2-6-32}$$

$\sum M_A = 0$

$$R_{BY'} = T_{Y'} = \left[qL' \cdot \frac{L'}{2} + 2F_1\left(c + \frac{l_w}{2}\right)\right]\frac{1}{L_2} \tag{2-6-33}$$

$\sum X = 0$

$$R_{AX} = T_X = \frac{R_{BY'}}{\tan\theta}$$

$$\because \quad \tan\theta \approx \frac{H}{L_2 + l}$$

$$\therefore \quad R_{AX} = T_X = \frac{R_{BY'}}{\tan\theta} = \left[\frac{qL'^2}{2} + 2F_1\left(c + \frac{l_w}{2}\right)\right] \times \frac{L_2 + l}{L_2 H} \tag{2-6-34}$$

(2) 上下弦杆及斜腹杆内力

为了取得受力最大杆件的内力组合,仍和移动载荷作用的情况一样,取图 2-6-19 中 I、II、III 三个截面,计算其杆件内力。在建立静力平衡条件时,为了简化计算,对截面隔离体上各个节点载荷的作用,可近似用隔离体的合重力代替,其结果不会产生大的误差。

截面 I 的弦杆内力,取截面右端计算:

$\sum M_B = 0$

$$S_B^o = \frac{qL_1'^2}{2h'} \tag{2-6-35}$$

$\sum M_6 = 0$

$$S_B^u = R_{BY'}\frac{l_w}{2h'} + R_{AX} + \frac{qL_1'(L_1' - l_w)}{2h'} \tag{2-6-36}$$

截面 II 的弦杆内力,取截面左端计算:

$\sum M_2 = 0$

$$S_2^o = R_{AY'}\frac{X}{h'} - q\frac{X^2}{2h'} - 2F_1 \cdot \frac{X - c - \frac{l_w}{2}}{h'} \tag{2-6-37}$$

$\sum M_3 = 0$

$$S_2^u = R_{AY'} \cdot \frac{X - \frac{l_w}{2}}{h'} - R_{AX} - q \cdot \frac{X(X - l_w)}{2h'} - 2F_1 \cdot \frac{X - c - l_w}{h'} \qquad (2\text{-}6\text{-}38)$$

式中 $X$——对应于移动载荷最不利作用位置的理论值,视为接近理论值的节点至 $A$ 端的距离,

$X = \frac{L_2}{2} - \frac{d}{4}$($d$ 为小车轮距,见图 2-6-16)。

截面Ⅲ的斜腹杆内力,取截面左端计算:

$\sum Y' = 0$

$$S_D = \frac{R_{AY'}}{\cos u} - (m_1 F_u - n_1 F_o)\frac{1}{\cos u} \qquad (2\text{-}6\text{-}39)$$

式中 $n_1$、$m_1$——分别为截面左端的上、下弦杆的节点数(图 2-6-19 中,$m_1 = 3, n_1 = 1$);

$u$——斜腹杆轴线与竖直线间的夹角。

图 2-6-16 和图 2-6-19 上所示的杆件内力方向,均是以截面左端为隔离体的假定方向,当按公式计算结果为正值时,杆件内力方向与图示方向相同,计算结果为负值时,则与图示方向相反。

(二)吊点 B 的支反力及吊绳拉力

支持绳在吊点 B 对移动载荷和自重载荷产生的支反力,在斜桁架平面内沿 X 方向的分力为 $T_X$,沿 $Y'$ 方向的分力为 $R_{BY'}$(或 $T_Y'$)。如图 2-6-20 所示。因为吊绳在 YZ 平面的投影方向并非在 $Y'$ 方向上。所以,欲求吊绳拉力,需要在 YZ 平面内,将 $T_Y'$ 分解成沿吊绳投影方向的一个分力 $T_{YZ}$ 和沿水平方向(水平桁架平面)一个分力 $T_Z'$。

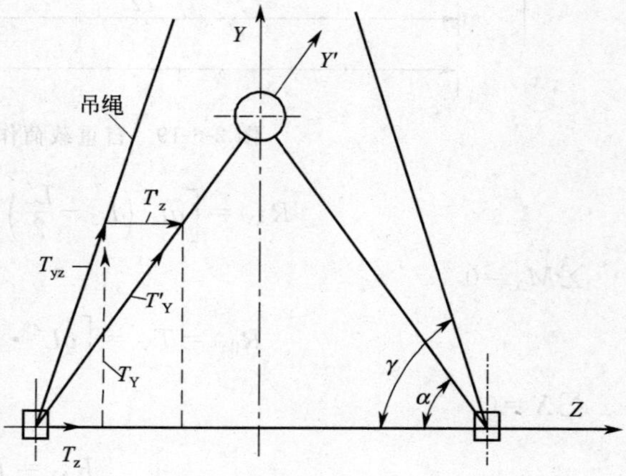

根据图 2-6-20 上三个力三角形的几何关系,得

图 2-6-20 吊绳和水平桁架在吊点 B 的拉力

$$T_Y = T_Y' \sin\alpha$$

$$T_Z = \frac{T_Y}{\tan\gamma}$$

$$T_Z' = T_Y' \cos\alpha - T_Z = T_Y'\left(\cos\alpha - \frac{\sin\alpha}{\tan\gamma}\right) \qquad (2\text{-}6\text{-}40)$$

吊绳的拉力为:

$$T = \sqrt{\sum T_X^2 + \sum T_Y^2 + \sum T_Z^2} \qquad (2\text{-}6\text{-}41)$$

式中 $T_Z$——表示水平桁架在吊点 B 处对斜面桁架的水平拉力;

$T_X$、$T_Y$——表示由移动载荷(或自重载荷)单独作用时,在斜面桁架的吊点 B 沿 $X$、$Y'$ 方向引起的支反力;

$\sum T_X$、$\sum T_Y$、$\sum T_Z$——由移动载荷和自重载荷在吊点 B 处沿 $X$、$Y$、$Z$ 方向产生的支反力之和。

(三)水平桁架的内力计算

1. 垂直载荷作用

移动载荷和自重载荷(考虑动力系数)产生的水平方向分力和吊点 B 处的水平拉力,在水平桁架节点上的作用情况,如图 2-6-21 所示。

水平桁架在对称载荷(水平力)作用下,只引起竖杆内力,其中:

竖腹杆 $C-C$ 轴向压力

$$S_{C-C} = \frac{\varphi_i G_1}{4\tan\alpha} + \frac{\varphi_i G}{3m \cdot \tan\alpha} \qquad (2\text{-}6\text{-}42)$$

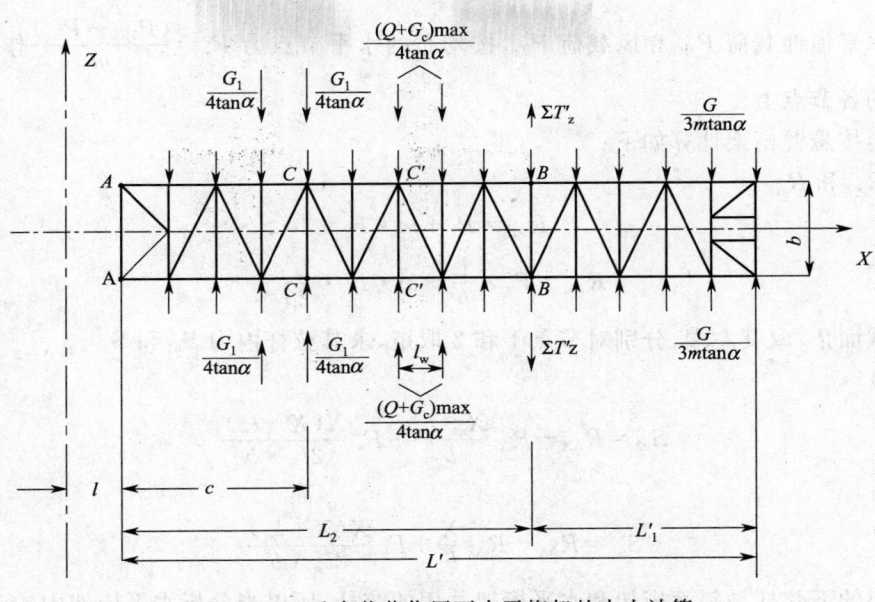

图 2-6-21 垂直载荷作用下水平桁架的内力计算

竖腹杆 $C'-C'$ 轴向压力

$$S_{C'-C'} = \frac{\varphi_i (Q+G_c)_{\max}}{4\tan\alpha} + \frac{\varphi_j G}{3m \cdot \tan\alpha} \quad (2-6-43)$$

竖腹杆 $B-B$ 轴向压力

$$S_{B-B} = \sum T'_z - \frac{\varphi_i G}{3m \cdot \tan\alpha} \quad (2-6-44)$$

式(2-6-42)~式(2-6-44)中：

$\sum T'_z$——由垂直载荷(包括移动载荷和自重载荷)在吊点 B 产生的水平拉力。

$\varphi_i, \varphi_j$——动载系数,根据载荷组合,$\varphi_i$ 可取 $\varphi_1$ 或 $\varphi_4$，$\varphi_j$ 可取 $\varphi_2$、$\varphi_3$ 或 $\varphi_4$；

其余符号意义同前。

2. 水平载荷作用

水平桁架在起重机起、制动惯性载荷(臂架垂直于起重机轨道)和风载荷(风向垂直于臂架)作用下的计算简图见图 2-6-22。

吊重的水平惯性载荷 $P_{HQ}$ 和风载荷 $P_{fQ}$，按集中水平力 $P_s = P_{HQ} + P_{fQ}$ 作用于臂端的水平桁架

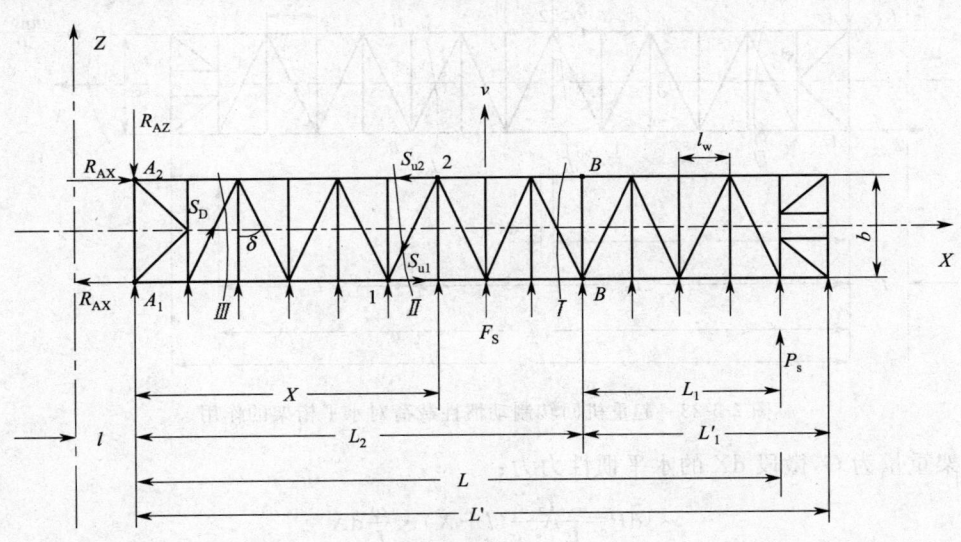

图 2-6-22 起重机行走制动惯性力对水平桁架的作用

上。臂架的水平惯性载荷 $P_{HG}$ 和风载荷 $P_{fG}$，按均布的水平节点力 $F_s = \dfrac{(P_{HG}+P_{fG})}{m}$ 作用于水平桁架一侧弦杆的各节点上。

杆件内力按悬臂桁架计算如下：

支反力 $R_{AZ}$ 和 $R_{AX}$：

$$R_{AZ} = P_s + m \cdot F_s \tag{2-6-45}$$

$$R_{AX} = P_s \cdot \frac{L}{b} + m \cdot F_s \cdot \frac{L'}{2b} \tag{2-6-46}$$

任意一截面 Ⅱ，取其左端，分别对节点 1 和 2 取矩，求其弦杆内力 $S_{u1}$ 和 $S_{u2}$。

$\sum M_1 = 0$

$$S_{u2} = R_{AX} - R_{AZ}\frac{X-l_w}{b} + F_s \frac{X(X-l_w)}{2l_w \cdot b} \tag{2-6-47}$$

$\sum M_2 = 0$

$$S_{u1} = R_{AX} - R_{AZ}\frac{X}{b} + F_s \frac{X(X+l_w)}{2l_w \cdot b} \tag{2-6-48}$$

由于臂架的下弦杆是斜面桁架和水平桁架共用的弦杆，所以当分析水平桁架中的弦杆内力时，选择计算截面要使弦杆在两个桁架中的合成内力最大。对斜桁架的分析，在式(2-6-47)和式(2-6-48)中，仍应取 $X = \dfrac{L_2}{2} - \dfrac{d}{4}$ 和 $X = L_2$ 代入计算。

水平桁架中斜腹杆的内力，应在靠近支承的剪力最大截面 Ⅲ 中计算。取截面左端，由 $\sum Z = 0$，得：

$$S_D \approx \frac{R_{AZ}}{\cos\delta} \tag{2-6-49}$$

式中　$\delta$——斜腹杆轴线与竖直线的夹角。

当起重机回转制动时，由吊重产生的水平回转惯性力，在水平桁架中引起的弦杆和腹杆内力，计算方法与吊重运行制动惯性载荷在杆件中产生的内力分析相同。回转制动时，臂架本身的水平惯性力引起的杆件内力计算见图 2-6-23。

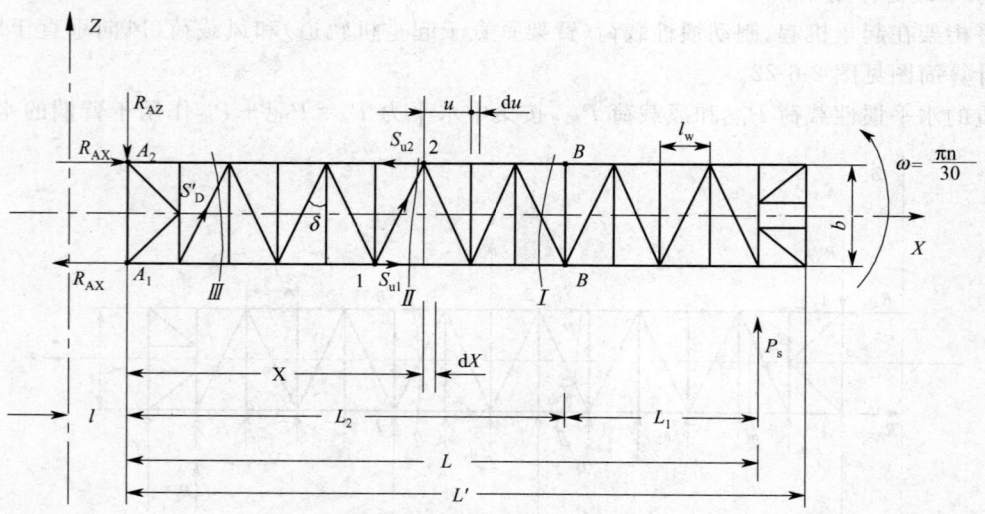

图 2-6-23　起重机回转制动惯性载荷对水平桁架的作用

设臂架重量为 $G$，微段 $dX$ 的水平惯性力为：

$$dP = \frac{G}{L' \cdot g}(l+X) \cdot \frac{\omega}{t} dX$$

支反力 $R_{AZ}$ 和 $R_{AX}$：

由 $\sum Z = 0$ 得

$$R_{AZ} = \int_0^{L'} dP = \int_0^{L'} \frac{G}{L' \cdot g}(l+X)\frac{\omega}{t} dX = \frac{G \cdot \omega}{2g \cdot t}(L'+2l) \quad (2\text{-}6\text{-}50)$$

由 $\sum M_{A2} = 0$

$$R_{AX} = \frac{1}{b}\int_0^{L'} dP \cdot X = \frac{1}{b}\int_0^{L'} \frac{G}{L'g}(l+X)\frac{\omega}{t} \cdot X \cdot dX = \frac{G \cdot \omega \cdot L'}{b \cdot g \cdot t}\left(\frac{l}{2} - \frac{L'}{3}\right) \quad (2\text{-}6\text{-}51)$$

任意一截面 II，取其右端，分别对节点 1 和节点 2 取矩，求其弦杆内力 $S_{u1}$ 和 $S_{u2}$。

由 $\sum M_1 = 0$ 得

$$S_{u2} = \frac{1}{b}\int_X^{L'} \frac{G}{L' g}(X+l+u)\frac{\omega}{t} \cdot (u+l_w) du$$

$$= \frac{G \cdot \omega(L'-X)}{b \cdot g \cdot L' \cdot t} \cdot \left[(X+l)l_w + (l_w+X+l)\frac{L'+X}{2} + \frac{1}{3}(L'^2+L'X+X^2)\right] \quad (2\text{-}6\text{-}52)$$

由 $\sum M_2 = 0$ 得

$$S_{u1} = \frac{1}{b}\int_X^{L'} \frac{G}{L' \cdot g}(X+l+u)\frac{\omega}{t} \cdot u \cdot du$$

$$= \frac{G \cdot \omega \cdot (L'-X)}{b \cdot g \cdot L' \cdot t} \cdot \left[\frac{(X+l)(L'+X)}{2} + \frac{L'^2+L'X+X^2}{3}\right] \quad (2\text{-}6\text{-}53)$$

同理，式 (2-6-52) 和式 (2-6-53)，仍应取 $X = \frac{L_2}{2} - \frac{d}{4}$ 和 $X = L_2$ 代入计算。$\omega$ 为回转角速度，$t$ 为回转制动时间。

取截面 III 以左，由 $\sum Z = 0$，计算斜腹杆内力 $S'_D$：

$$S'_D = \frac{R_{AZ}}{\cos\delta} \quad (2\text{-}6\text{-}54)$$

水平惯性载荷和风载荷都具有双向性，水平桁架的弦杆和腹杆均作压杆计算。

（四）下弦杆附加内力计算

1. 下弦杆承受的压力

载重小车行走制动惯性载荷，由兼作小车轨道的两根臂架下弦杆平均承受，当小车负载从吊点 B 向支点 A 行走制动时，简支 AB 段下弦杆受压。因此，下弦杆要以移动载荷 $(Q+G_c)_{max}$ 产生的惯性力，作为轴向压力计算。每一根下弦杆承受的压力为

$$S_u = \frac{1}{2}P_a = \frac{1}{2} \cdot \frac{(Q+G_c)_{max}}{g} \cdot \frac{v}{60t} \approx \frac{(Q+G_c)_{max}}{1200t} \cdot v \quad (2\text{-}6\text{-}55)$$

式中　$v$——载重小车运行速度 (m/min)；

　　　$t$——制动时间 (s)。

2. 小车轮压在下弦杆上的局部弯矩

计算下弦杆的局部弯曲，是把下弦杆看作以节点为支承的多跨连续梁，如图 2-6-24 所示。下弦杆中的局部弯曲力矩，可用无限多等跨连续梁的影响线来确定，它与小车轮压的大小及作用方式、小车轮距与下弦杆节间长度的比值 $b/l_w$ 有关。通常，采用下面的近似公式计算。

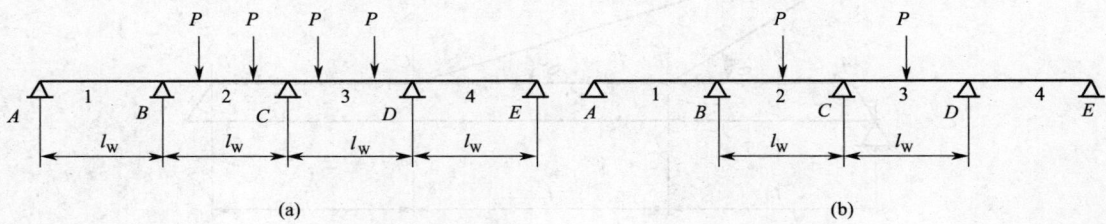

图 2-6-24　轮压对下弦杆（轨道）的附加弯矩

对于图 2-6-24a 作用方式：

$$\left.\begin{array}{ll} 节间弯矩 & M_2=M_3=0.1746 \cdot P \cdot l_w \\ 节点弯矩 & M_B=-0.0952 \cdot P \cdot l_w \\ & M_C=-0.2857 \cdot P \cdot l_w \\ & M_D=-0.0952 \cdot P \cdot l_w \end{array}\right\} \quad (2\text{-}6\text{-}56)$$

对于图 2-6-24b 作用方式：

$$\left.\begin{array}{ll} 节间弯矩 & M_2=M_3=0.1428 \cdot P \cdot l_w \\ 节点弯矩 & M_B=-0.0536 \cdot P \cdot l_w \\ & M_C=-0.1607 \cdot P \cdot l_w \\ & M_D=-0.0536 \cdot P \cdot l_w \end{array}\right\} \quad (2\text{-}6\text{-}57)$$

式中 $P$——小车的集中轮压（考虑动力系数），其值大小由小车及对应幅度的起升载荷而定；

$l_w$——下弦杆的节间长度。

3. 起升绳和牵引绳的张力

根据牵引式小车的起升绳和牵引绳的穿绕与固定方式，起升绳和牵引绳的张力还使臂架下弦杆承受轴向压力。

$$起升绳张力 \quad S_1=\frac{Q}{a \cdot \eta} \quad (2\text{-}6\text{-}58)$$

$$牵引绳张力 \quad S_2=\frac{W}{\eta_1} \quad (2\text{-}6\text{-}59)$$

式中 $Q$——吊重（包括吊具重，并考虑动力系数）；

$W$——载重小车的总运行阻力；

$a$——起升绳滑轮组倍率；

$\eta$——起升滑轮组和导向滑轮的效率，$\eta=\dfrac{1}{(1+\eta_0) \cdot \eta_0}$，$\eta_0$ 为单个滑轮的效率；

$\eta_1$——牵引绳导向滑轮的效率。

起升绳和牵引绳张力，小车行走制动惯性载荷，实际上都不作用在下弦杆的截面重心上，它们有上有下，可近似地作为轴心压力计算，忽略偏心影响。

各项载荷在臂架杆件中产生的内力，按最不利工况组合后，进行臂架的强度和弹性稳定性验算。

**四、双吊点臂架内力计算**

(一) 双吊点吊臂支反力与拉杆受力计算

双吊点吊臂一般对四个截面位置进行计算，如图 2-6-25 所示：吊臂根部截面；从吊臂根部到第一个吊点之间的跨中截面；第一个吊点到第二个吊点之间的跨中截面；吊臂的第二个吊点截面。采用的计算工况为：在最大幅度起吊额定载荷；在最小幅度起吊额定载荷；在跨中位置起吊额定载荷；

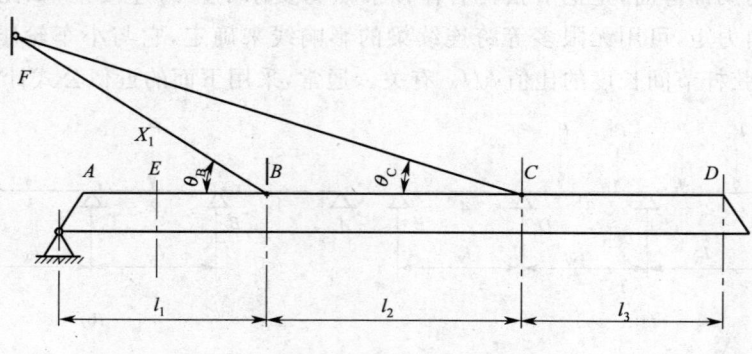

图 2-6-25 双吊点吊臂计算简图

在内跨中位置起吊额定载荷;在外跨中位置起吊额定载荷。

在起升平面内,双吊点吊臂为一次超静定结构。将作支承用的内拉杆切断(即如图 2-6-25 所示的拉杆 $BF$),然后代之以约束力 $X_1$,得到静定组合结构,然后用力法方程求解。在回转平面内,吊臂可视为悬臂梁,其内力可参照前述单吊点吊臂的计算方法进行计算。下面只介绍在起升平面内吊臂的内力计算。

根据叠加原理,可分别计算各种载荷单独作用时产生的内力,然后将内力分别叠加,即得到所有载荷共同作用产生的总内力。

**1. 臂架自重引起的内力**

根据叠加原理可知,如图 2-6-25 所示吊臂 $B$ 点的竖向位移应该等于由臂架自重载荷 $q$ 单独作用引起的 $B$ 点位移 $\Delta_{Bq}$(见图 2-6-26)和由未知力 $X_1$ 单独作用引起的 $B$ 点竖向位移 $\Delta_{B1}$(见图 2-6-27)之和,即:

$$\Delta_B = \Delta_{Bq} + \Delta_{B1}$$

对于原结构而言,$BF$ 为一钢拉杆,其变形伸长引起 $B$ 点竖向位移为:

$$\Delta_B = \frac{N_B l_B}{EA_B \sin\theta_B} = \frac{X_1 l_B}{EA_B \sin\theta_B} \tag{2-6-60}$$

式中 $N_B$——拉杆 $BF$ 的轴向力;

$l_B$——拉杆 $BF$ 的长度;

$E$——弹性模量;

$A_B$——拉杆 $BF$ 的截面积;

其余符号含义见图 2-6-25~图 2-6-27。

正则方程为:

$$\delta_{B1} X_1 + \Delta_{Bq} = \frac{X_1 l_B}{EA_B \sin\theta_B} \tag{2-6-61}$$

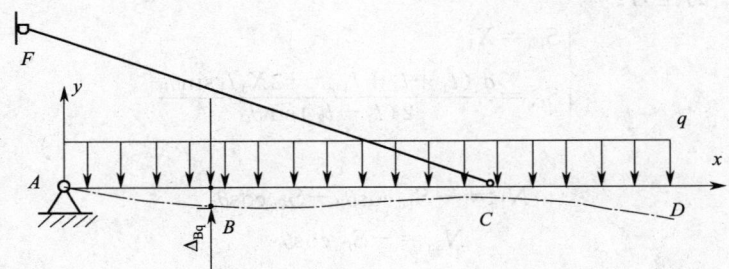

图 2-6-26 自重载荷单独作用下的计算简图

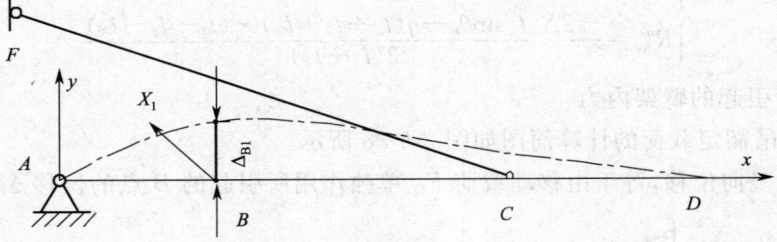

图 2-6-27 $X_1$ 单独作用下的计算简图

对于 $\Delta_{Bq}$ 和柔度系数 $\delta_{B1}$,可根据单位载荷法并应用图乘法求解。吊臂及拉杆包含梁和杆件两种受力结构,图乘法积分计算位移时对于臂架只计及弯矩对位移的影响,对于拉杆只计及轴力对位移的影响。

$$\Delta_{Bq} = \frac{q l_1 l_2 (l_1^2 + l_2^2 + 3 l_1 l_2)}{24 EI} - \frac{q l_1 l_2 l_3^2 (2 l_1 + l_2)}{12 EI (l_1 + l_2)} + \frac{q l_1 l_C (l_1 + l_2 + l_3)^2}{2 EA_C (l_1 + l_2)^2 \sin^2\theta_C} \tag{2-6-62}$$

$$\delta_{B1} = \frac{-l_1^2 l_2^2 \sin\theta_B}{3EI(l_1+l_2)} - \frac{l_1^2 l_C \sin\theta_B}{EA_C(l_1+l_2)^2 \sin^2\theta_C} \quad (2\text{-}6\text{-}63)$$

$$X_1 = \frac{\Delta_{Bq}}{\dfrac{l_B}{EA_B\sin\theta_B} - \delta_{B1}} \quad (2\text{-}6\text{-}64)$$

式中 $l_1, l_2, l_3$——吊臂根部铰点到第一个吊点、第一个吊点到第二个吊点、第三个吊点到吊臂端部最大幅度处的距离(见图 2-6-25);

$A_C$——拉杆 $CF$ 的截面积;

$\theta_B, \theta_C$——拉杆 $BF$ 和 $CF$ 与吊臂间的夹角;

$q$——臂架自重均布载荷;

$l_C$——拉杆 $CF$ 的长度;

$I$——臂架截面惯性矩;

其余符号同式(2-6-60)。

吊臂在自重载荷作用下的内力,是自重载荷 $q$ 单独作用下的内力和由未知力 $X_1$ 单独作用产生的内力之和。

距吊臂根部铰点为 $x$ 的任一截面弯矩为:

$$M_q(x) = \begin{cases} \dfrac{qx^2}{2} + \dfrac{2X_1 l_2 \sin\theta_B - q(l_1+l_2+l_3)(l_1+l_2-l_3)}{2(l_1+l_2)} x & (x \leqslant l_1) \\ \dfrac{qx^2}{2} + \dfrac{2X_1 l_2 \sin\theta_B - q(l_1+l_2+l_3)(l_1+l_2-l_3)}{2(l_1+l_2)} x - X_1 \sin\theta_B (x-l_1) & (l_1 < x \leqslant l_1+l_2) \\ \dfrac{q}{2}(l_1+l_2+l_3-x)^2 & (x > l_1+l_2) \end{cases}$$

$$(2\text{-}6\text{-}65)$$

拉杆 $BF$ 和 $CF$ 的拉力:

$$\begin{cases} S_{Bq} = X_1 \\ S_{Cq} = \dfrac{q(l_1+l_2+l_3)^2 - 2X_1 l_1 \sin\theta_B}{2(l_1+l_2)\sin\theta_C} \end{cases} \quad (2\text{-}6\text{-}66)$$

轴向力

$AB$ 段:
$$N_{1q} = -S_{Bq}\cos\theta_B - S_{Cq}\cos\theta_C \quad (2\text{-}6\text{-}67)$$

$BC$ 段:
$$N_{2q} = -S_{Cq}\cos\theta_C \quad (2\text{-}6\text{-}68)$$

臂架根部铰点 $A$ 的支反力:

$$\begin{cases} R_{Ax}^q = -S_{Bq}\cos\theta_B - S_{Cq}\cos\theta_C \\ R_{Ay}^q = \dfrac{-2X_1 l_2 \sin\theta_B + q(l_1+l_2+l_3) \cdot (l_1+l_2-l_3)}{2(l_1+l_2)} \end{cases} \quad (2\text{-}6\text{-}69)$$

**2. 移动载荷引起的臂架内力**

最大幅度起吊额定载荷的计算简图如图 2-6-28 所示。

吊臂 $B$ 点的竖向位移,等于由移动载荷 $F_Q$ 单独作用所引起的 $B$ 点的位移 $\Delta_{BQ}$ 和由未知力 $X_1$

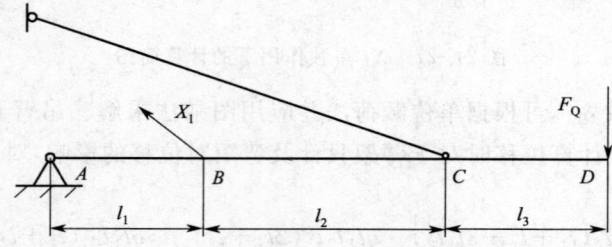

图 2-6-28 移动载荷作用下的计算简图

单独作用引起的 $B$ 点竖向位移 $\Delta_{B1}$ 之和。根据力法方程 $\Delta_B = \Delta_{BQ} + \Delta_{B1}$，即：

$$\delta_{B1}X_1 + \Delta_{BQ} = \frac{X_1 l_B}{EA_B \sin\theta_B}$$

根据计算有：

$$\Delta_{BQ} = \frac{-F_Q l_1 l_2 l_3 (2l_1 + l_2)}{6EI(l_1+l_2)} + \frac{F_Q l_1 l_C (l_1+l_2+l_3)}{EA_C (l_1+l_2)^2 \sin^2\theta_C} \tag{2-6-70}$$

$$\delta_{B1} = \frac{-l_1^2 l_2^2 \sin\theta_B}{3EI(l_1+l_2)} - \frac{l_1^2 l_C \sin\theta_B}{EA_C (l_1+l_2)^2 \sin^2\theta_C} \tag{2-6-71}$$

$$X_1 = \frac{\Delta_{BQ}}{\dfrac{l_B}{EA_B \sin\theta_B} - \delta_{B1}} \tag{2-6-72}$$

吊臂在移动载荷作用下的内力，就是移动载荷 $F_Q$ 单独作用下的内力和未知力 $X_1$ 单独作用下产生的内力之和。

距吊臂根部铰点为 $x$ 的任一截面弯矩为：

$$M_Q(x) = \begin{cases} \dfrac{X_1 l_2 \sin\theta_B + F_Q l_3}{l_1+l_2} x & (x \leqslant l_1) \\ \dfrac{X_1 l_2 \sin\theta_B + F_Q l_3}{l_1+l_2} x - X_1 \sin\theta_B (x-l_1) & (l_1 < x \leqslant l_1+l_2) \\ F_Q(l_1+l_2+l_3-x) & (x > l_1+l_2) \end{cases} \tag{2-6-73}$$

拉杆 $BF$ 和 $CF$ 的拉力：

$$\begin{cases} S_{BQ} = X_1 \\ S_{CQ} = \dfrac{F_Q(l_1+l_2+l_3) - X_1 l_1 \sin\theta_B}{(l_1+l_2)\sin\theta_C} \end{cases} \tag{2-7-74}$$

轴向力

$AB$ 段：
$$N_{1Q} = -S_{BQ}\cos\theta_B - S_{CQ}\cos\theta_C \tag{2-6-75}$$

$BC$ 段：
$$N_{2Q} = -S_{CQ}\cos\theta_C \tag{2-6-76}$$

臂架根部铰点 $A$ 处的支反力：

$$\begin{cases} R_{Ax}^Q = -S_{BQ}\sin\theta_B - S_{CQ}\sin\theta_C \\ R_{Ay}^Q = \dfrac{-X_1 l_2 \sin\theta_B - F_Q l_3}{l_1+l_2} \end{cases} \tag{2-6-77}$$

在端部吊重工况下，起升平面内由吊臂自重和移动载荷共同作用所引起的臂架内力、支反力和拉杆拉力为以上两种载荷单独作用所引起的力的叠加。即：

$$\begin{cases} M(x) = M_q(x) + M_Q(x) \\ R_{Ax} = R_{Ax}^q + R_{Ax}^Q \\ R_{Ay} = R_{Ay}^q + R_{Ay}^Q \\ S_B = S_{Bq} + S_{BQ} \\ S_C = S_{Cq} + S_{CQ} \\ N_1 = N_{1q} + N_{1Q} \\ N_2 = N_{2q} + N_{2Q} \end{cases} \tag{2-6-78}$$

式中 $M(x)$——吊臂自重和移动载荷作用下，距吊臂根部铰点为 $x$ 的任一截面弯矩；

$R_{Ax}, R_{Ay}$——吊臂自重和移动载荷作用下，根部铰点在 $x$ 和 $y$ 方向的支反力；

$S_B, S_C$——吊臂自重和移动载荷作用下，拉杆 $BF$ 和 $CF$ 的拉力；

$N_1, N_2$——吊臂自重和移动载荷作用下，臂架 $AB$ 段和 $BC$ 段的轴向力。

仿照上述方法可计算吊重位于 $AB$、$BC$ 间时起升平面内各截面的弯矩、铰点支反力、拉杆拉力和臂架各段的轴向力。

以上计算式中未列出动载系数 $\varphi_i$，实际计算时应计入此系数。

回转平面内，吊臂可视为悬臂梁，其计算可参照前述单吊点吊臂的计算方法进行。

(二)双吊点吊臂臂架内力计算

由于许用应力法的强度条件是控制结构中最大受力杆件的应力不超过许用值，因此，对臂架的内力分析不必进行全部杆件的计算，只要能确定最大载荷组合和最不利载荷作用位置时的内力最大截面，便可以应用桁架静力分析方法计算出杆件的最大内力。

双吊点吊臂臂架和单吊点臂架计算时最大的区别在于前者是超静定结构，用前面的力法方程求出各截面的弯矩、铰点支反力、拉杆拉力和臂架各段的轴向力后，对斜面桁架和水平桁架内力的计算方法与单吊点吊臂的计算方法相似，可参照前面介绍的方法进行。

### 五、臂架截面选择与验算

臂架截面的型式与尺寸，应根据强度、刚度、稳定性条件，以及构造等要求来确定。对于小车变幅的格构式臂架，通常优先采用正三角形截面型式，截面高度 $h = \left(\dfrac{1}{50} \sim \dfrac{1}{25}\right) L$（$L$ 为臂架长度），截面宽度 $b$ 应与塔身宽度相配合，上弦杆和腹杆常选用圆管，兼作小车轨道的下弦杆采用方管为宜，可用角钢拼焊，也可以直接选用矩形钢管制作，杆件尺寸可参考类似结构选取。

根据计算出的杆件内力和及其截面几何特性，进行臂架的验算，就整体受力而言，臂架是一个轴向受压，双向弯曲的压弯空间桁架，除了按一般强度公式验算外，还要进行弹性稳定性验算。

(一)臂架稳定性验算

在起升平面内，臂架 $AB$ 简支段的计算长度按下式计算（参见图 2-6-12）：

$$l_0 = \mu_1 \cdot \mu_2 \cdot L \tag{2-6-79}$$

在回转平面内，臂架 $AB$ 简支段的计算长度按下式计算：

$$l_0 = \mu_1 \cdot \mu_2 \cdot \mu_3 \cdot L \tag{2-6-80}$$

式中　$L$——吊臂长度；

　　　$\mu_1$——支承条件长度系数，对于两端铰支构件，$\mu_1 = 1$；对于悬臂构件，$\mu_1 = 2$；

　　　$\mu_2$——变截面长度系数，对于等截面臂架，$\mu_2 = 1$；对于变截面臂架，可参考本篇第一章第四节；

　　　$\mu_3$——考虑变幅钢丝绳或钢拉杆对吊臂侧向位移约束的长度影响系数，$\mu_3 = 1 - \dfrac{l_{AB}}{2l_{OB}}$，对小车变幅臂架，$l_{AB}$ 是吊点到吊臂根部销轴中心长度，$l_{OB}$ 是吊点到塔机回转中心的长度；对于动臂变幅臂架，$l_{AB}$ 是臂架在水平方向上的投影长度，$l_{OB}$ 是变幅拉索在水平方向上的投影长度。

臂架为压弯构件，应计算其整体稳定性和单肢稳定性。

1. 弯矩作用平面的整体稳定性

臂架在起升和回转平面内的整体稳定性，按双向压弯构件验算。根据起重机设计规范 GB 3811—2008，双向压弯构件整体稳定性的计算方法如下。

(1)当 $N/N_{Ex}$ 和 $N/N_{Ey}$ 均小于 0.1 时，臂架整体稳定性的计算式为：

$$\dfrac{N}{\varphi A} + \dfrac{M_x}{W_x} + \dfrac{M_y}{W_y} \leqslant [\sigma] \tag{2-6-81}$$

式中　$N$——作用在构件上的轴向力(N)；

　　　$\varphi$——根据轴心受压构件的假想长细比和构件的截面类别确定的轴心受压稳定系数，轴压稳定系数，有对 $x$ 轴和 $y$ 轴之分，按(表 2-1-15)~(表 2-1-18)选取；

　　　$A$——结构构件毛截面面积($mm^2$)；

　　　$M_x, M_y$——构件对强轴($x$ 轴)或弱轴($y$ 轴)作用的弯矩(N·mm)；

　　　$W_x, W_y$——构件计算截面对强轴($x$ 轴)或弱轴($y$ 轴)的抗弯模量($mm^3$)；

$N_{Ex}$，$N_{Ey}$——构件对 $x$ 轴或 $y$ 轴的名义欧拉临界力(N)，计算式为：

$$N_{Ex}=\frac{\pi^2 EA}{\lambda_x^2}, \quad N_{Ey}=\frac{\pi^2 EA}{\lambda_y^2}$$

其中，$E$——为材料的弹性模量，对钢材取 $E=2.06\times 10^5 (\mathrm{N/mm^2})$；

$\lambda_x$，$\lambda_y$——构件对 $x$ 轴或 $y$ 轴的计算长细比，按表 2-1-12 确定；

$[\sigma]$——钢材的基本许用应力($\mathrm{N/mm^2}$)，按表 2-1-8 确定。

(2)当 $N/N_{Ex}$ 和 $N/N_{Ey}$ 均大于 0.1 时，臂架整体稳定性的计算式为：

$$\frac{N}{\varphi A}+\left(\frac{1}{1-\frac{N}{N_{Ex}}}\right)\frac{M_x}{W_x}+\left(\frac{1}{1-\frac{N}{N_{Ey}}}\right)\frac{M_y}{W_y}\leqslant[\sigma] \tag{2-6-82}$$

式中各符号含义同式(2-6-81)。

**2. 单肢的稳定性**

根据臂架的内力分析，一般说来，臂架在吊点的外伸部分，上弦杆为轴心拉杆，下弦杆为轴心压杆。当杆件截面无削弱时，拉杆验算强度，压杆验算稳定性。轴心受压构件的整体稳定性按下式计算：

$$\frac{N}{\varphi A}\leqslant[\sigma] \tag{2-6-83}$$

式中各符号含义同式(2-6-81)。

**(二)腹杆的计算**

臂架腹杆稳定性按轴心压杆计算，计算公式见式(2-6-83)。受压腹杆的计算长度系数，一般说来，将随腹杆与受拉弦杆线刚度比值的增加而增加，但考虑实际工程设计中的具体构造情况，计算时取为常数。腹杆在桁架平面内的计算长度 $l_c=0.8l$ (在桁架支座处的斜杆和竖杆，取 $l_c=l$，$l$ 为腹杆几何长度)，在桁架平面外，取 $l_c=l$。

## 第四节 塔式起重机塔身的计算

塔身结构虽然依工作要求不同而型式多种多样，但概括起来，按构造分为格构式和实腹式两种；按受力特点分为以承受轴向力为主的旋转塔身和受压弯扭转作用的不旋转塔身。

无论设计哪种型式的塔身，都必须计算其强度、刚度和稳定性等共性问题。对薄壁圆筒结构的塔身，除了应特别考虑局部应力外，采用传统方法实现实腹式塔身的整体性计算，是不难做到的。而应用板壳有限单元法，并借助计算机，可同时把塔身的整体性问题和形状复杂区域的局部应力计算出来。格构式塔身采用空间杆系有限元方法求解，亦可得到比较精确的结果。相对而言，采用平面静力分析方法，计算格构式塔身要繁杂一些。下面主要介绍格构式塔身的平面分析方法。

### 一、塔身的受力分析

塔身受力分工作和非工作两种状态，两种状态的分析方法相同。

塔身上的载荷有：塔身自重，上部臂架和平衡臂上的各种载荷对塔身产生的作用力，起重机运行、回转机构起制动时，由塔身质量产生的水平惯性载荷及作用于塔身上的风载荷等。

以上各种载荷，要按最不利工况时的载荷组合，作为塔身计算的基本依据。对于上回转塔式起重机的不转动塔身，一般选取下面两种最不利工作状态的计算工况。

(1)臂架位于塔身对角线上，风由平衡臂向臂架方向吹，即平行于臂架吹，如图 2-6-29 所示。当为小车变幅时，取载重小车在最大幅度计算塔身不回转部分的主弦杆；当为动臂变幅时，取最小幅度吊重计算塔身主弦杆。

(2)臂架垂直于起重机轨道，风沿轨道方向，即垂直于臂架吹，如图 2-6-30 所示。对于两种变幅形式的塔身，都取最大幅度吊重计算塔身的腹杆和回转部分的主弦杆。

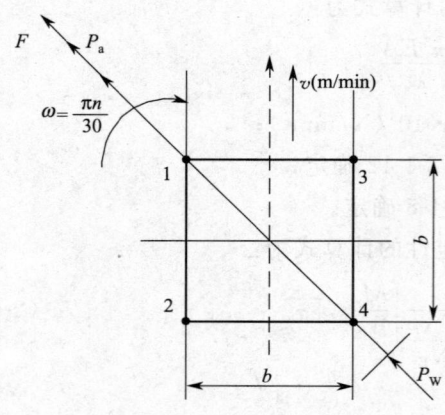
图 2-6-29 臂架位置及风向

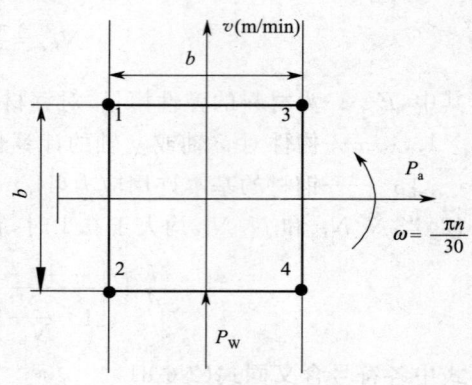
图 2-6-30 臂架位置及风向

对于下回转塔式起重机的转动塔身,由于臂架同塔身是一起旋转的,并且一般为动臂变幅,所以塔身主弦杆的计算工况应为:臂架垂直于起重机轨道,在垂直和平行臂架的风向中,选取对弦杆作用的较大者,取最小幅度吊重计算主弦杆。计算塔身的腹杆时,则仍选取与(2)完全相同的工况。

工作状态下,起重机的 4 个工作机构中有几个同时产生水平惯性载荷,要根据操作的实际可能性来决定,通常取影响较大的三种运动的组合。离心力可以忽略不计,因为它不仅数值很小,而且臂架和平衡臂两侧的离心力又能相互抵消。

塔身在非工作状态下的计算工况,与上面类似,只是要按塔式起重机载荷作用和臂架位置的实际情况加以取舍。

外载荷在各种工况下对塔身的作用,最终都可以转化为直接作用的横向力、轴向力、弯矩和扭矩等。计算这些外载荷在塔身杆件中产生的内力,通常是把塔身视作由几个平面桁架组成的空间桁架结构,从而可将各载荷分解到各片平面桁架上,先单独计算各平面桁架的杆件内力,然后再把同一杆件的内力叠加起来,作为验算塔身强度、刚度和稳定性的主要依据。可见,这种平面静力分析方法的关键是如何将外载荷在平面结构中进行合理分解与计算。

外载荷在各片平面桁架中的分解如下:

1. 横向载荷(风载荷和水平惯性载荷等)

当载荷作用在塔身对称的矩形截面中间时,就平均分配到两个与外载荷方向相平行的侧面桁架上(图 2-6-31a);如果外载荷不作用在截面中间,就按杠杆比例分解到两侧面桁架上。

如果外载荷沿对角线方向作用在正方形截面的空间结构上,则各片桁架受力如图 2-6-31b 所示;三角形截面空间结构,外载荷的分解如图 2-6-31c 所示。

2. 轴向载荷

图 2-6-32 是一个塔身结构的顶视图,有一个轴向载荷 $P$ 作用在 $A$ 点,则通过横梁 $LM$,将力分解到 $BC$ 和 $DE$ 上。作用在 $BC$ 片桁架上的分力为 $\dfrac{a}{a+b} \cdot P$;作用在 $DE$ 片桁架上的分力为 $\dfrac{b}{a+b} \cdot P$。

3. 弯矩的分解

一个对称的正方形截面的塔身,如在对称轴上受弯矩 $M_x$ 时,则平均分配在 $AB$ 和 $DC$ 两片

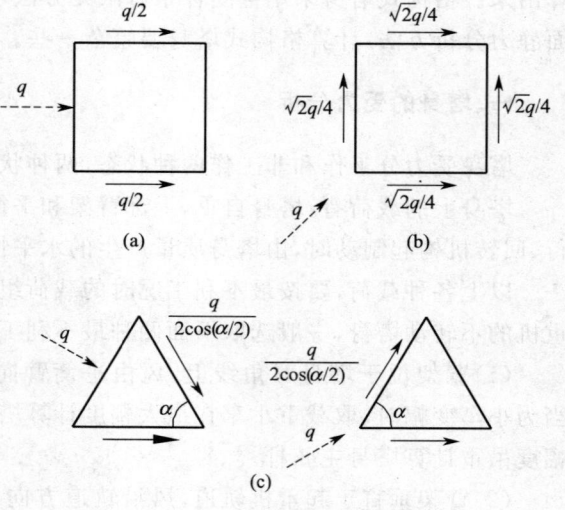
图 2-6-31 横向载荷的分解

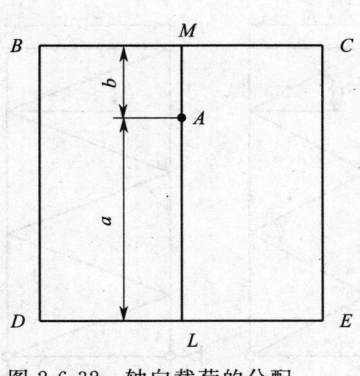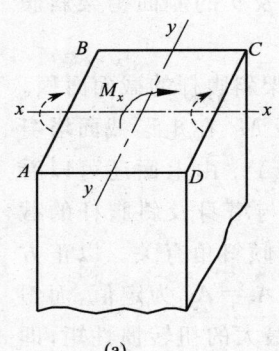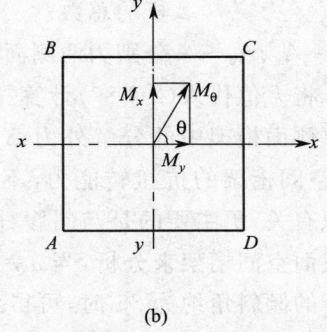

图 2-6-32 轴向载荷的分配　　　　　图 2-6-33 弯矩的分解

桁架上。如在任意方向受弯矩 $M_\theta$，则先将 $M_\theta$ 分解为 $M_x$、$M_y$，再分别分解到 $AB$、$DC$、$AD$、$BC$ 四片桁架上（图 2-6-33）。

**4. 扭矩的分解**

空间桁架受扭时，扭矩的分解及腹杆体系对扭转刚度的影响是个比较复杂的问题。

假设矩形等截面空间桁架承受扭矩时其截面形状保持不变。在扭矩作用下，顶部截面相对于底部截面转动了某一角度 $\varphi$：

$$\varphi = \frac{2\Delta a}{b} = \frac{2\Delta b}{a} \tag{2-6-84}$$

$\Delta a$ 及 $\Delta b$（图 2-6-34）是 $C$ 点在两个平面上的位移分量，对每一侧面的平面桁架来说，相当于分别在外力 $X$、$Y$ 的作用下而产生的弹性位移，设边长为 $a$ 的侧面平面桁架及边长为 $b$ 的侧面桁架在顶部截面单位水平力作用下所产生的位移为 $f_a$ 及 $f_b$，则有 $\Delta a = f_a X$ 及 $\Delta b = f_a Y$，代入式（2-6-84）得：

$$\varphi = \frac{2f_a X}{b} = \frac{2f_b Y}{a} \tag{2-6-85}$$

由平衡条件得：

$$Xb + Ya = M_n \tag{2-6-86}$$

解式（2-6-85）、（2-6-86）的联立方程式得：

$$\begin{cases} X = \dfrac{M_n}{b} \cdot \dfrac{m^2 k}{1 + m^2 k} \\ Y = \dfrac{M_n}{a} \cdot \dfrac{1}{1 + m^2 k} \end{cases} \tag{2-6-87}$$

式中　$m = \dfrac{b}{a}$；$k = \dfrac{f_b}{f_a}$。

对于正方形截面，且各片侧面桁架都完全相同的情况下，$m = 1$，$k = 1$。所以，由式（2-6-87）知

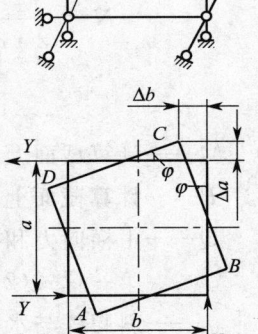

图 2-6-34 扭矩的分解

$$X = Y = \frac{M_n}{2a} \tag{2-6-88}$$

对于矩形截面，因各片侧面桁架杆件的尺寸不同，各片桁架的腹杆体系有时也不一样，如两侧面桁架采用 K 型腹杆体系，而另外两侧面采用三角形腹杆体系，必须先分别求出 $f_a$ 及 $f_b$ 才能计算 $X$ 和 $Y$。每片桁架在单位水平力作用下产生的位移可用结构力学的方法计算，对常见的三角形腹杆体系的塔身（图 2-6-35），若忽略空间桁架弦杆的受力与变形，经分析整理可得出位移比：

$$k = \frac{f_b}{f_a} = m \cdot \frac{n_b}{n_a} \cdot \left(\frac{\cos\alpha}{\cos\beta}\right)^3 \cdot \frac{A_a}{A_b} \tag{2-6-89}$$

式中 $n_a$、$n_b$——分别是宽度为 $a$ 及 $b$ 的侧面桁架斜腹杆的总数；

$A_a$、$A_b$——分别为两侧面桁架斜腹杆的截面面积。

将 $k$ 值代入(2-6-87)计算扭矩 $M_n$ 在矩形截面塔身相邻侧面桁架中的分解外力 $X$ 和 $Y$。由上面还可以看出，空间桁架的抗扭转能力，不仅与塔身及斜腹杆的截面积有关，更主要的是与斜腹杆的倾斜角有关。以正方形截面空间桁架来分析，当 $\alpha=\beta$，$A_a=A_b$ 为定值，而斜腹杆的倾斜角约为 35°时，可得到最大的扭转惯性矩，即表明空间桁架的扭转刚度最大。

等边三角形截面空间桁架受扭后分解到各平面桁架上的力可近似取为

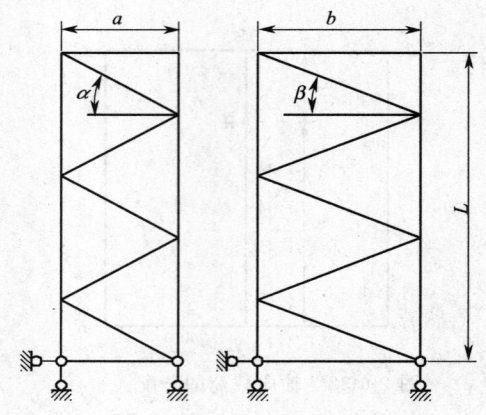

图 2-6-35 矩形截面塔架的分析

$$Q=\frac{M_n b}{2F} \tag{2-6-90}$$

式中 $F$——三角形截面的轮廓面积(见图 2-6-36)。

当各种外力按一定规则分配到各平面以后，就可以按平面桁架进行杆件内力计算，按载荷组合进行内力叠加和验算。

如果不需要求出每一根杆件的内力，只需对其危险截面进行验算时，也可以不必将塔身分解成平面桁架，特别是对于正方形等截面塔身，其腹杆内力主要是平衡截面剪力和扭矩，而弦杆内力主要是平衡截面弯矩和轴向力。所以，可以先根据外载荷求出截面上的内力，然后再计算杆件内力。

对边长为 $a$ 的正方形截面空间桁架，其弦杆内力 $N$ 和斜腹杆内力 $D$ 为：

$$N=\frac{M}{2a}+\frac{P}{4} \quad (M \text{ 平行 } x \text{ 轴或 } y \text{ 轴方向}) \tag{2-6-91}$$

$$N=\frac{M}{\sqrt{2}\cdot a}+\frac{P}{4} \quad (M \text{ 在对角线方向}) \tag{2-6-92}$$

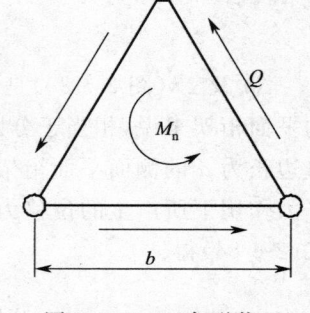

图 2-6-36 三角形截面塔架受扭分析

$$D=\frac{Q}{\cos\alpha} \tag{2-6-93}$$

式中 $M$——计算截面上的弯矩；

$P$——计算截面上的轴向压力；

$Q$——由横向力和扭矩在平面桁架计算截面上产生的剪力，或按规范公式确定剪力(见本篇第一章式(2-1-30))，取两者中的较大值；

$\alpha$——斜腹杆与水平线的夹角。

## 二、转动塔身头部高度的计算

为了使下回转压杆式塔式起重机的结构能够适应快速装卸和转场的要求，塔身设计必须尽量减小附加弯矩作用。改善塔身受力，减轻结构自重，不但能节省材料，而且更具重要意义的是提高整机机动性，降低设备运营费用。欲达上述目的，首先必须正确处理塔身设计的几个重要参数之间的关系，图 2-6-37 所示的是下回转塔式起重机转动塔身的受力简图。

由臂架上的作用载荷，对铰点 A 的力矩平衡得：

$$S'_w=\frac{Q\cdot a+G\cdot b-S_q l_q}{l_w} \tag{2-6-94}$$

在臂架变幅绳系统中，从 1 到 7 是一根钢绳，若忽略滑轮组效率，变幅绳对臂架和塔身的总拉

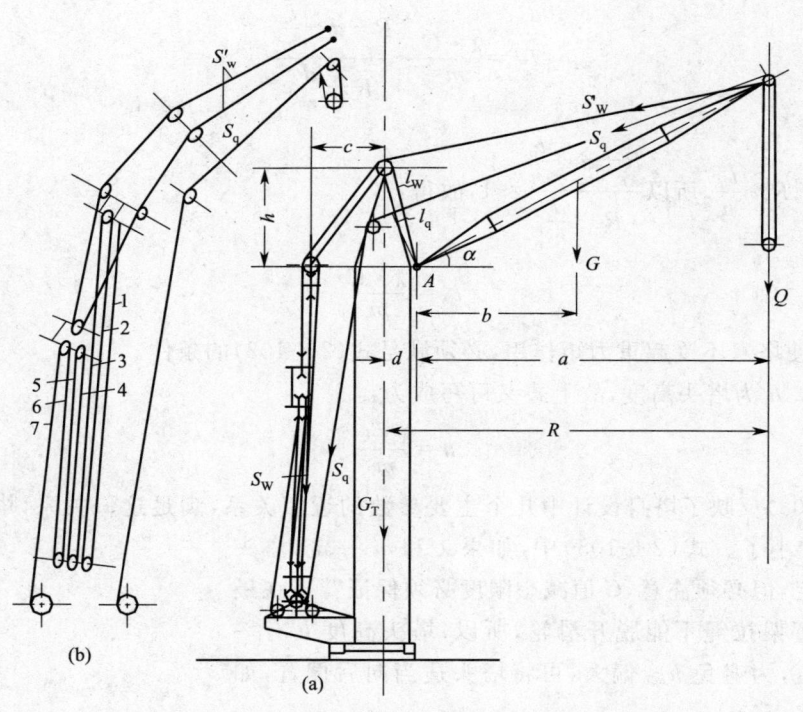

图 2-6-37 下回转式塔式起重机转动塔身的受力分析

力,一般可分别表示为:

$$S'_w = m \cdot S \qquad (2\text{-}6\text{-}95)$$
$$S_w = \lambda \cdot S \qquad (2\text{-}6\text{-}96)$$

式中 $m$、$\lambda$——牵拉臂架和塔身的变幅绳分支数(对应图示情况,$m=4$,$\lambda=7$);
$S$——一根变幅绳中的拉力。

$\lambda$ 和 $m$ 的值,要根据牵拉塔身和臂架时,所需的工作速度和钢绳的承载能力(钢绳直径)而定,同时还要考虑使塔身不受起重力矩的作用。

如果只考虑臂架自重,牵拉臂架的总拉力为:

$$S'_{WG} = G \cdot \frac{b}{l_w} \qquad (2\text{-}6\text{-}97)$$

上式中臂架自重 $G$ 为定值,$l_w$ 的值变化较小,近似认为 $S'_{WG}$ 主要是随 $b$ 变化。当臂架幅度大,自重对塔身向前的力矩大时,$S'_{WG}$ 大,相应的拉塔身的 $S_{WG}$ 也大;当臂架幅度小,正好产生相反的结果。可见臂架自重对塔身没有显著的力矩作用。

如果只考虑吊重 $Q$(包括吊具重)作用,牵拉臂架的总拉力为:

$$S'_{Wq} = \frac{Q \cdot a - S_q l_q}{l_w} \qquad (2\text{-}6\text{-}98)$$

对塔身来说,向前倾的力矩为:

$$Q \cdot R = Q(a+d) = Qa + Qd \qquad (2\text{-}6\text{-}99)$$

向后倾的力矩为:

$$S_{Wq} \cdot C + S_q \cdot d = \frac{\lambda S'_{Wq}}{m} \cdot C + S_q \cdot d \qquad (2\text{-}6\text{-}100)$$

上式中,起升绳拉力 $S_q$ 对塔身中心线的力臂,近似取为 $d$,且已知 $S_q \approx \frac{Q}{n}$($n$ 为起升滑轮组倍率,忽略滑轮组效率)。

若使式(2-6-99)等于式(2-6-100),则塔身就可以不受起重力矩的作用,由此整理得

$$l_w = \frac{\lambda \cdot C}{m} \cdot \frac{R - d - \frac{l_q}{n}}{R - \frac{d}{n}} \tag{2-6-101}$$

因为，$R \gg d$；$R \gg \frac{l_q}{n}$，所以 $\frac{R - d - \frac{l_q}{n}}{R - \frac{d}{n}} \approx 1$，故得：

$$l_w = \frac{\lambda \cdot C}{m} \tag{2-6-102}$$

由此可见，使塔身不受起重力矩作用，必须满足式(2-6-102)的条件。

一般，$l_w \approx h$，$h$ 为塔头高度，故上式又可写成为：

$$h = \frac{\lambda \cdot C}{m} \tag{2-6-103}$$

公式(2-6-103)反映了塔身设计中几个主要参数的近似关系，满足这一关系，塔身受到吊重的力矩作用就比较小了。式(2-6-103)中，如果 $\lambda$ 和 $m$ 一定，塔头高度 $h$ 随 $C$ 而定，但必须注意，$C$ 值减小限度必须保证臂架在最大仰角 $\alpha_{max}$ 时，臂架拉绳不能脱开滑轮，所以，塔头高度 $h$ 有一个客观的最小值，为避免 $h_{min}$ 偏大，可将塔头适当向后偏置，如图 2-6-38 中虚线所示。

总之，要根据具体情况，适当选取参数 $h$、$\lambda$、$m$ 和 $C$，保证满足式(2-6-103)。

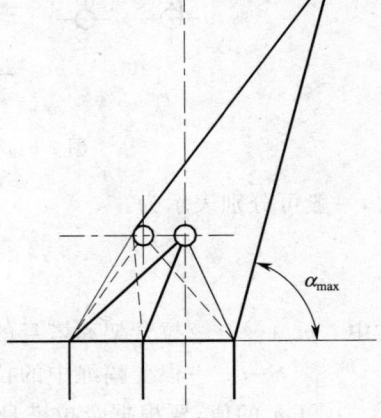

图 2-6-38　塔顶偏置

### 三、塔身强度计算

通常，独立式塔身可按上端自由、下端固定的偏心受压构件验算强度，杆件内力根据实际情况可以按平面桁架计算，也可以按空间桁架计算。计算时必须按载荷组合来确定危险截面的最大杆件内力，保证满足要求的强度条件。按平面桁架计算杆件内力，能够全面地掌握杆件内力的分布情况，但比较繁杂，为了能灵活地进行内力组合，减少差错，最好参考有关文献应用表格计算法。

附着式塔身的强度，一般都按带悬臂的多跨连续梁计算，锚固装置相当于一个刚性支点。研究表明，在各锚固点之间的杆件内力分布比较复杂，与锚固装置的相对刚性密切相关。但经理论分析与实验表明，不管支承如何，对等截面塔身其最危险截面是在最高锚固点截面处。该处内力与支承情况无关，所以可以简化为只计算塔身最危险截面处的强度。高耸塔架的强度精确计算应按非线性分析进行。

### 四、塔身稳定性计算

**1. 上回转塔式起重机的塔身稳定性**

塔身是高耸的受压结构，必须考虑弹性稳定性。

对上回转的独立式塔身，可看作上端自由、下端固定的等截面或变截面柱，按压弯构件进行强度、整体稳定性和单肢稳定性计算。

附着式塔身的临界载荷值，受锚固装置的影响很大，与锚固装置的数量，位置和刚性都有密切关系。一般设计中，对附着式塔身的稳定性做近似计算，即只考虑最上面一道锚固装置的作用，这样计算结果偏于安全，图 2-6-39 为附着式塔身稳定性计算简图，其计算长度为 $\mu l$，长度系数 $\mu$ 依比值 $b/l$ 由本篇第一章表 2-1-20 查出。

当塔身稳定性的计算假定确定后，就可以按柱的稳定性计算公式进行稳定性计算。

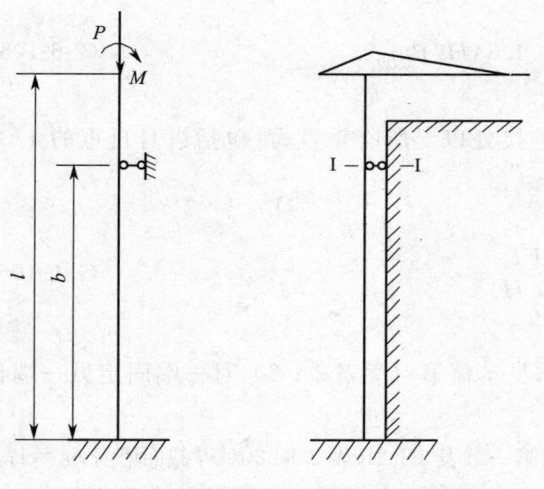

图 2-6-39　附着式塔身稳定性计算

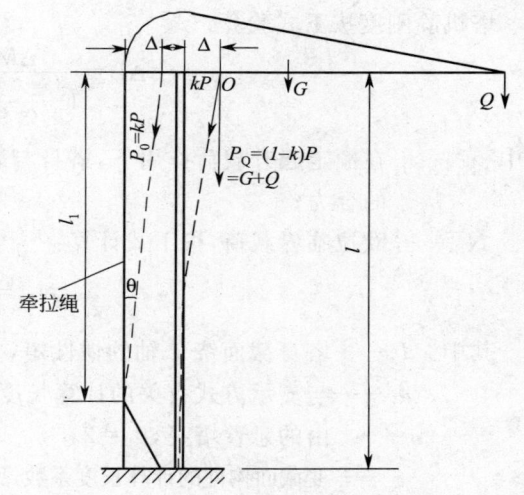

图 2-6-40　有牵引绳的塔身稳定性计算

### 2. 有变幅牵引绳的塔身稳定性

对于下回转塔式起重机的转动塔身,如果仍采用上面的计算就偏于保守,需要考虑牵拉绳偏斜对塔身稳定性的影响(图 2-6-40)。假定塔身下端和臂架牵拉绳的固定处均为绝对刚性,有关研究给出了塔身计算长度系数 $\mu$ 与比值系数 $k_1 = \dfrac{P_0}{P} \times \dfrac{l}{l_1}$ 的关系(见表 2-6-1)。其中,$P_0$ 为牵拉绳的总拉力(又称保向力),$P$ 为作用在塔顶的总垂直载荷(是改向力和保向力的合力),$l/l_1$ 是塔身几何长度与牵拉绳长度之比。

表 2-6-1　计算长度系数 $\mu$ 值

| $k_1 = \dfrac{P_0}{P} \cdot \dfrac{l}{l_1}$ | 0 | 0.1 | 0.2 | 0.3 | 0.4 | 0.5 | 0.6 | 0.7 |
|---|---|---|---|---|---|---|---|---|
| $\mu$ | 2.00 | 1.93 | 1.83 | 1.75 | 1.65 | 1.55 | 1.44 | 1.34 |
| $k_1 = \dfrac{P_0}{P} \cdot \dfrac{l}{l_1}$ | 0.8 | 0.9 | 1.0 | 1.1 | 1.2 | 1.5 | 2.0 | ∞ |
| $\mu$ | 1.21 | 1.11 | 1.00 | 0.9 | 0.85 | 0.77 | 0.745 | 0.7 |

在实际结构中,塔身下部固定处和牵拉绳的固定支架并不是绝对刚性的,它们受力后的弹性变形会降低塔身的临界载荷,因此在选取表中 $\mu$ 值时,应考虑这一因素,取值稍偏大些。

最后按受压构件的计算公式进行稳定性计算:

$$\frac{N}{\varphi A} = \frac{P_0 + Q + G}{\varphi A} \leqslant [\sigma] \tag{2-6-104}$$

式中　$N$——塔身截面的轴向压力,单位为牛顿(N),$N = P_0 + Q + G$;

　　　$A$——塔身截面弦杆总面积;

　　　$\varphi$——轴心压杆的稳定系数,根据构件长细比 $\lambda$ 由本篇第一章表 2-1-15～表 2-1-18 查出。

　　　$[\sigma]$——钢材的基本许用应力,单位为牛每平方毫米(N/mm²),按本篇第一章表 2-1-8 确定。

若考虑风载及惯性载荷引起的弯矩,可按压弯构件计算塔身的整体稳定性。

### 五、塔身刚度计算

根据 GB 3811—2008《起重机设计规范》的要求,塔式起重机在额定起升载荷作用下,塔身在臂架连接处或臂架与转柱的连接处的水平静位移应不大于 $\dfrac{1.34H}{100}$。其中 $H$ 为塔身自由高度,对自行式塔式起重机 $H$ 为臂架连接处至轨道顶面的垂直距离;对附着式塔式起重机 $H$ 为臂架连接处至最高一个附着点的垂直距离。计算塔身的静位移可按悬臂桁架进行精确或近似计算。

塔机静刚度按下式验算：

$$\Delta L = \frac{\Delta M}{1-\dfrac{N}{0.9N_{Ex}}} \leqslant 1.34H/100 \quad (2\text{-}6\text{-}105)$$

式中 $N$——在额定起升载荷作用下，塔身与臂架连接处以上所有垂直力（包括塔身自重的 1/3）的合力；

$N_{Ex}$——欧拉临界载荷，按下式计算：

$$N_{Ex} = \frac{\pi^2 EI_x}{(\mu_1\mu_2 H)^2} \quad (2\text{-}6\text{-}106)$$

其中 $I_x$——塔身截面绕 $x$ 轴的惯性矩，

$\mu_1$——与支承方式有关的计算长度系数，见本篇第一章表 2-1-20，对一端固定另一端自由的悬臂塔身，$\mu_1=2$，

$\mu_2$——变截面构件的计算长度系数，见本篇第一章表 2-1-21、表 2-1-22，对等截面塔身，$\mu_2=1$；

$\Delta M$——额定起升载荷对塔身中心线的弯矩 $M$ 引起的塔身与起重臂连接处的水平位移。

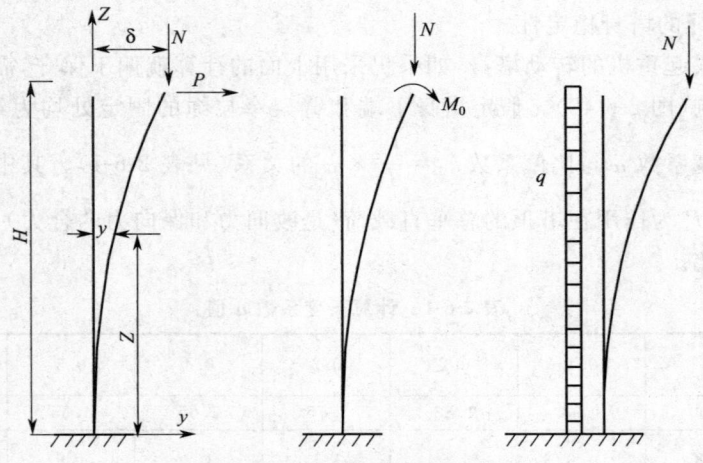

图 2-6-41 塔架非线性计算简图

塔身塔顶处在轴向力 $N$、横向力 $P$、端弯矩 $M_0$ 和均布横向力 $q$ 的联合作用下，相对于塔身中心线引起的最大水平位移 $y_{max}$，按图 2-6-41 所示的非线性力学模型分析，可以近似采用下式计算：

$$y_{max} = \left(\frac{PH^3}{3EI} + \frac{M_0 H^2}{2EI} + \frac{qH^4}{8EI}\right)\frac{1}{1-\dfrac{N}{0.9N_{Ex}}} \quad (2\text{-}6\text{-}107)$$

对于高度很大的高耸塔身，也常常需要计算振动问题，主要是校核动态刚度，即塔身的水平自振频率，以防止因外界周期性的干扰而引起共振，以保证司机操作舒适性。同时，在考虑风载荷的风振影响时，也需要计算塔身的自振周期。塔身的动态特性计算，应用能量等效原理或集中质量换算原则的方法，通常都可以达到工程实用要求。

# 第七章 门座起重机金属结构设计

## 第一节 门座起重机金属结构的组成

门座起重机的金属结构主要由臂架系统、人字架及平衡系统、转台、门架等组成,如图 2-7-1 所示。但不同类型门座起重机的金属结构组成略有不同。

合理选择各部分金属结构件的型式,对满足起重机的作业要求、降低自重、提高起重机的性能等都十分重要。

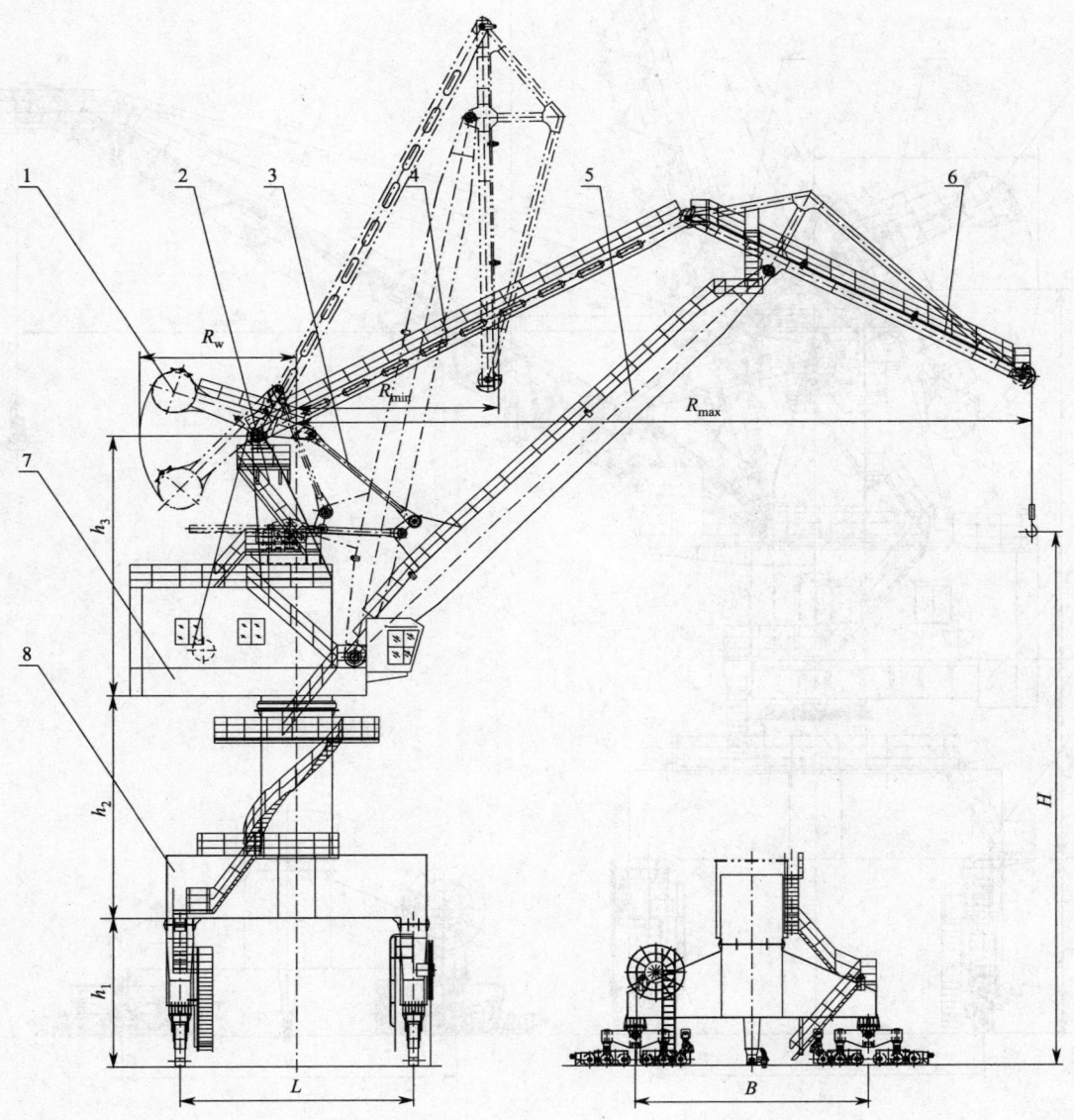

(a)四连杆门座起重机

1—平衡梁;2—人字架;3—小拉杆;4—大拉杆;5—臂架;6—象鼻架;7—转台;8—圆筒门架

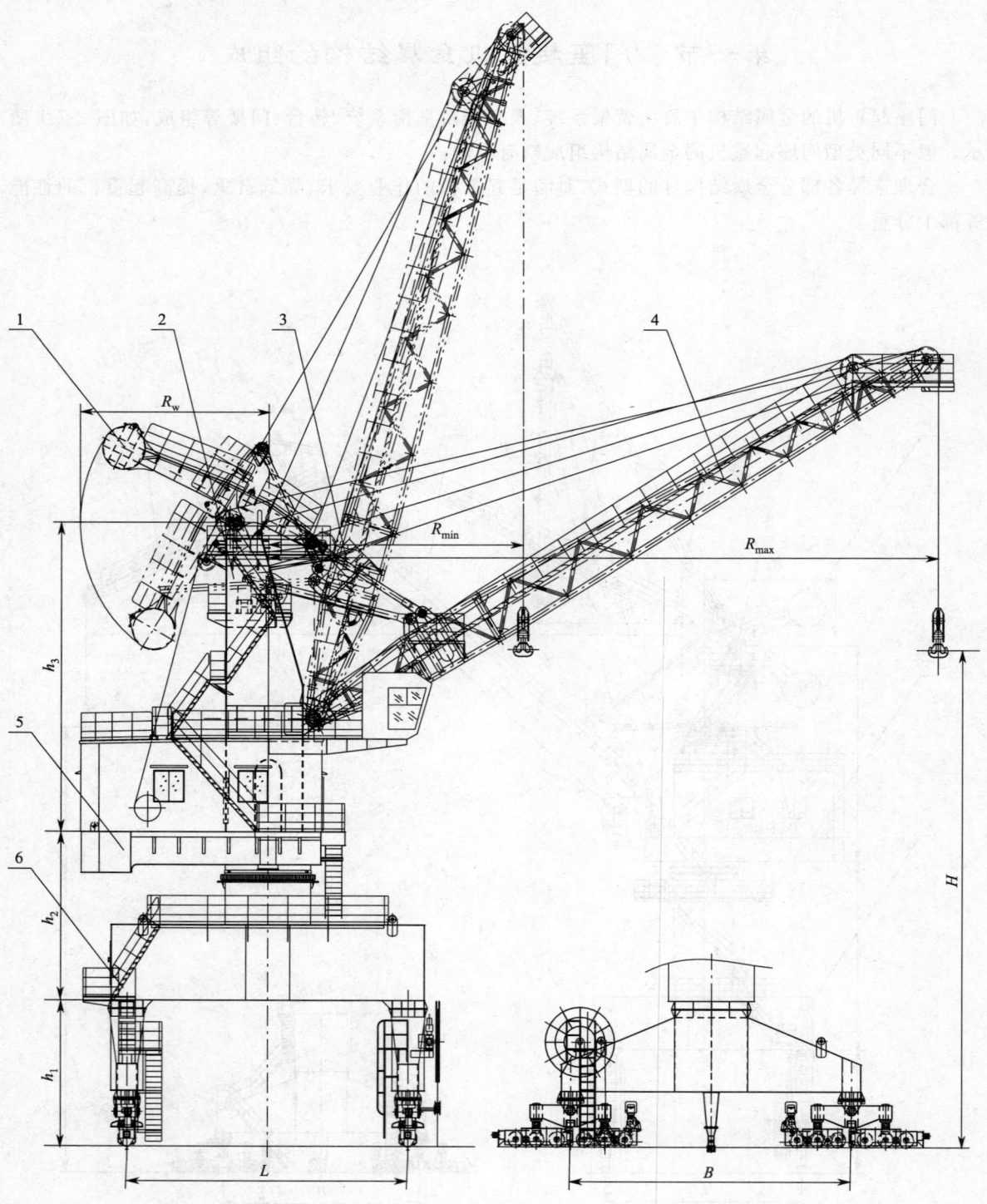

(b)单臂架刚性变幅门座起重机
1—平衡梁;2—人字架;3—小拉杆;4—臂架;5—转台;6—圆筒门架

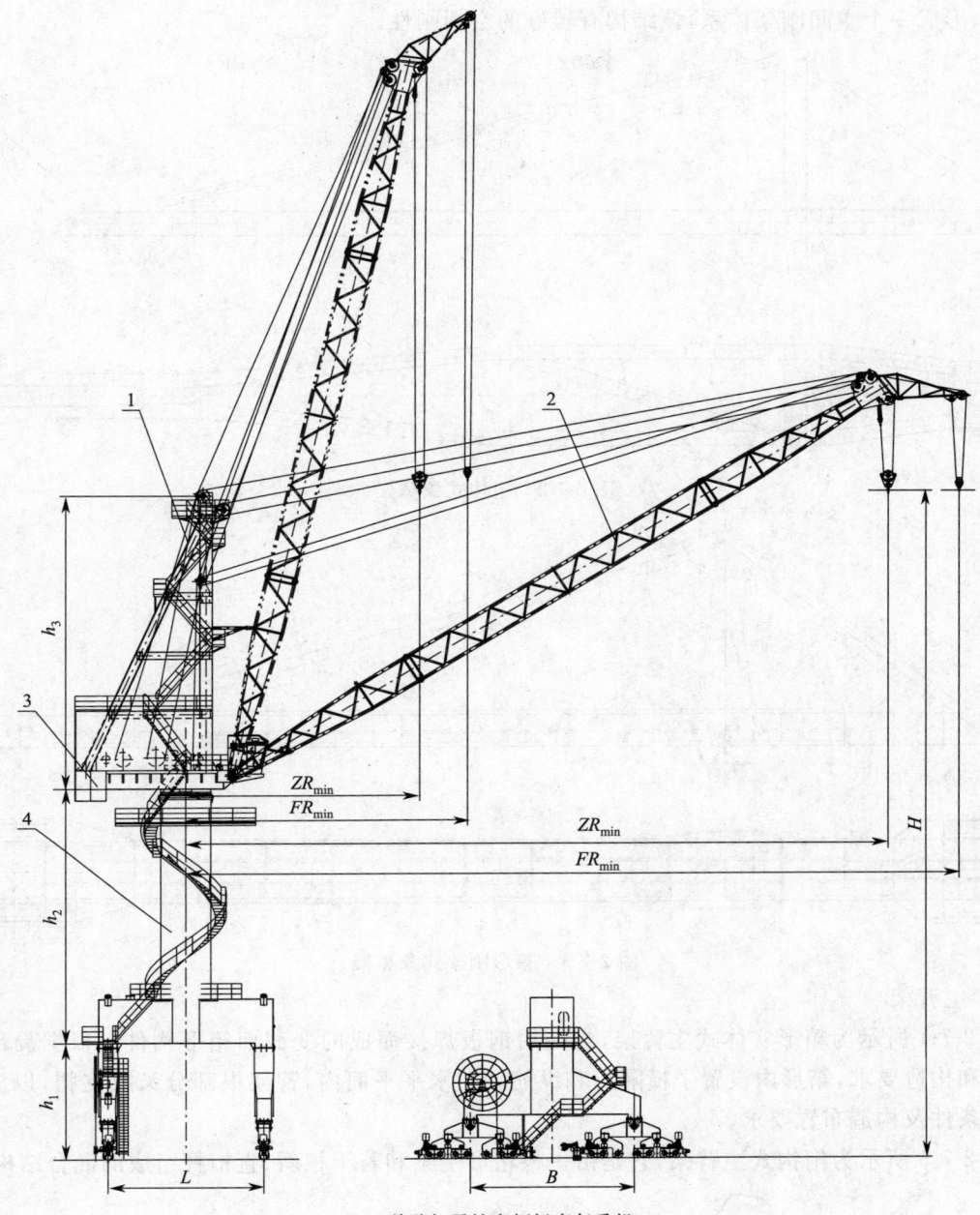

(c) 单臂架柔性变幅门座起重机

1—人字架；2—臂架；3—转台；4—圆筒门架

图 2-7-1 门座起重机金属结构组成

## 一、臂架系统

门座起重机的臂架系统通常有两种结构形式：组合臂架系统和单臂架系统。

**1. 组合臂架系统**

刚性四连杆组合臂架系统（图 2-7-1a）是目前港口门座起重机普遍采用的一种型式，它由象鼻架、大拉杆和主臂架三部分通过铰轴连接，并与人字架、转台等支撑构件形成四连杆平面机构。

（1）象鼻架

图 2-7-2 所示为桁构式象鼻架，它由一根箱形主梁和一片或二片桁杆系统焊接而成。象鼻架与臂架相连的铰轴结构布置在主梁下方，与大拉杆相连的铰轴布置在象鼻架后方。

图 2-7-3 所示为箱形刚架式象鼻架，它的底面是两根小箱形梁组成的平面刚架，上部桁杆用横

杆相连，形成一个空间刚架体系，该结构有较好的空间刚性。

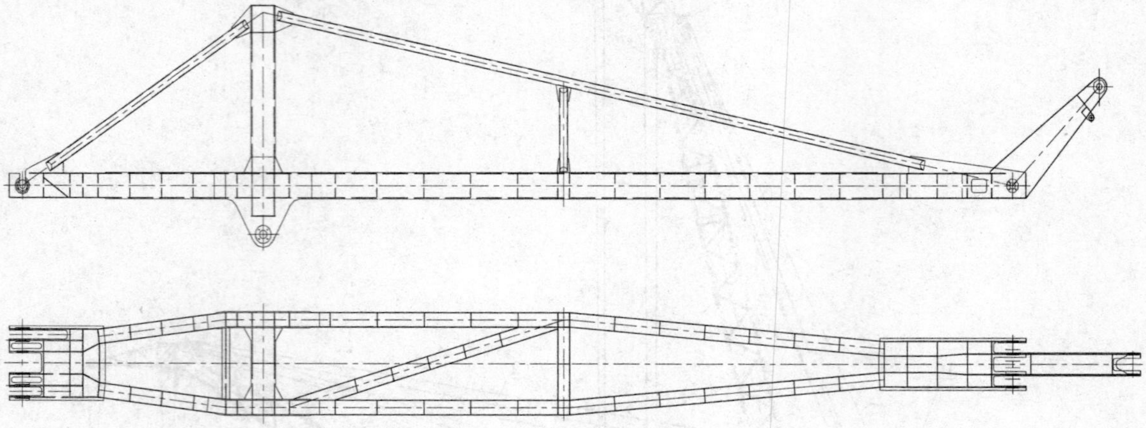

图 2-7-2　桁构式象鼻架

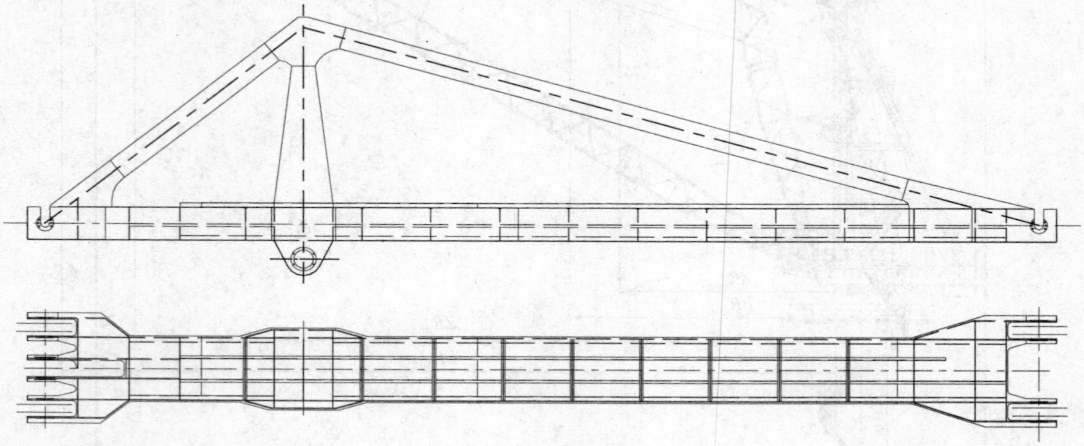

图 2-7-3　箱形刚架式象鼻架

（2）主臂架

图 2-7-4 所示为箱形实体式主臂架，它是用钢板焊接而成的变截面箱形构件。根据局部稳定性条件和构造要求，箱形内设置了横隔板和纵筋。在水平平面内，臂架根部分叉成支腿，以满足水平刚度条件及构造布置要求。

图 2-7-5 所示为桁构式主臂架，它是由一根箱形主梁和若干根斜、直桁杆组成的混合结构。

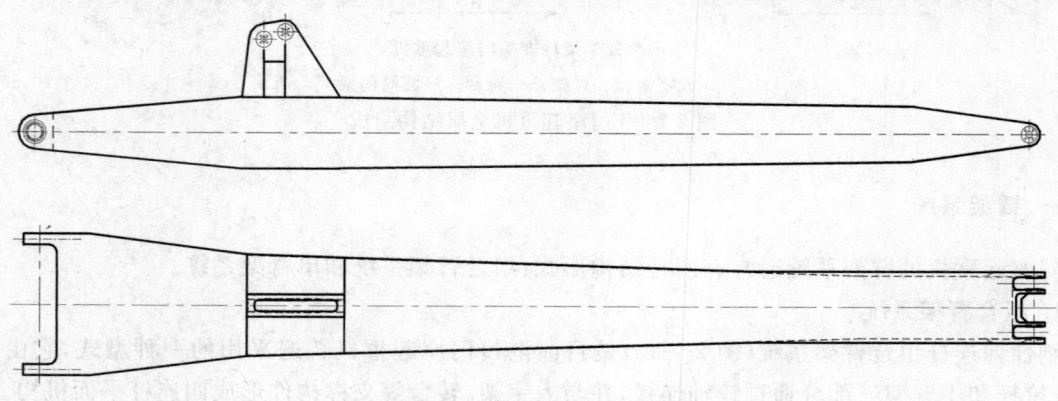

图 2-7-4　箱形实体式主臂架

（3）大拉杆

图 2-7-6 所示为实腹式箱形大拉杆，按照连接布置的需要，其根部也可分叉成支腿状。为了减少风振的影响，有些箱形大拉杆在侧向腹板上沿轴线方向间隔地开有一些长圆形的导流孔，如图 2-7-7 所示。

图 2-7-8 所示为桁构式大拉杆,其特点是自重轻,下挠小,风振影响小,但制造较麻烦。

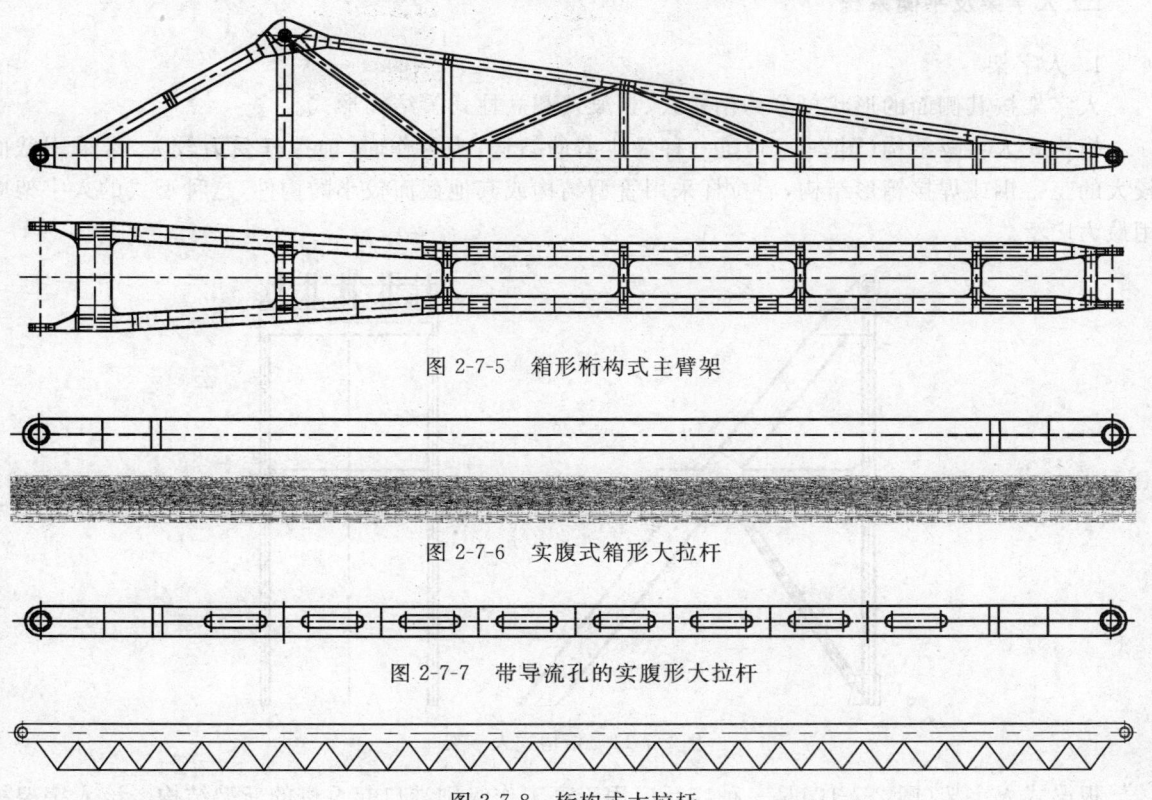

图 2-7-5　箱形桁构式主臂架

图 2-7-6　实腹式箱形大拉杆

图 2-7-7　带导流孔的实腹形大拉杆

图 2-7-8　桁构式大拉杆

2. 单臂架系统

门座起重机单臂架系统根据变幅驱动方式的不同其构造有所不同。

采用刚性传动件驱动变幅的单臂架(图 2-7-9)一般是由钢管、型钢焊接成变截面桁架结构或由钢板焊接成箱形变截面结构,变幅拉点处截面最高,截面宽度从头部向根部逐渐增大。

采用柔性拉索驱动变幅的单臂架(图 2-7-10)大多是用型钢或钢管焊接成桁架结构。臂架中部等高度结构,靠近两端逐渐缩小,并用钢板加固。臂架的宽度从头部向根部逐渐扩大。有时为了改善臂架受力状况,将通过下铰中心的臂架轴线设计成稍微偏离截面中心线。

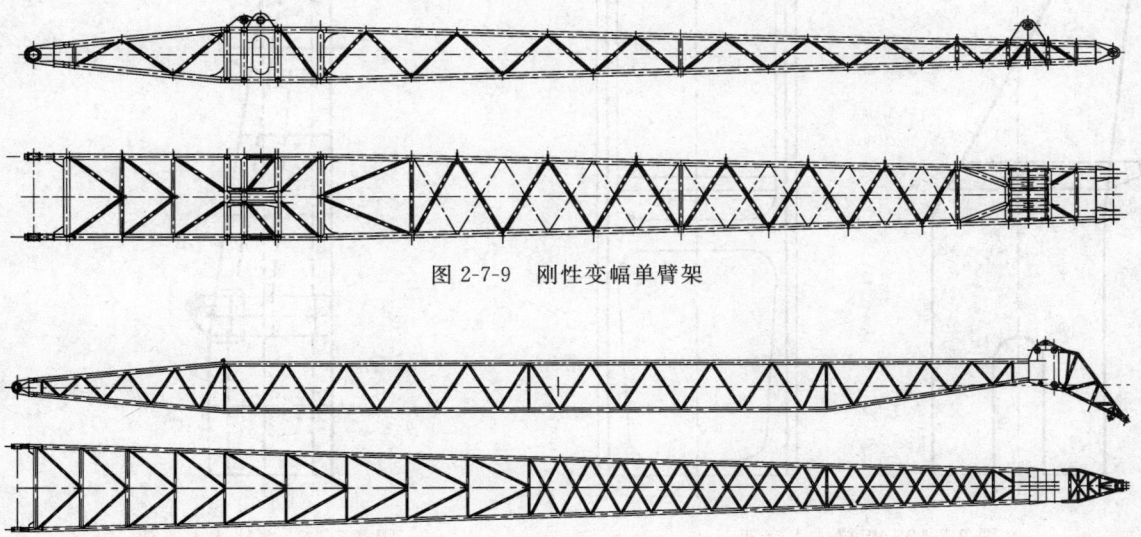

图 2-7-9　刚性变幅单臂架

图 2-7-10　柔性变幅单臂架

## 二、人字架及平衡系统

1. 人字架

人字架按其侧面的形状可分为桁构式、板梁式和立柱式等结构形式。

桁构式人字架结构(图 2-7-11)是一种最典型的结构,当工作时,前撑杆受力较大,常采用截面较大的工字钢或焊接箱形结构,后拉杆采用管型结构或其他截面较小的构件,这种型式的人字架应用最为广泛。

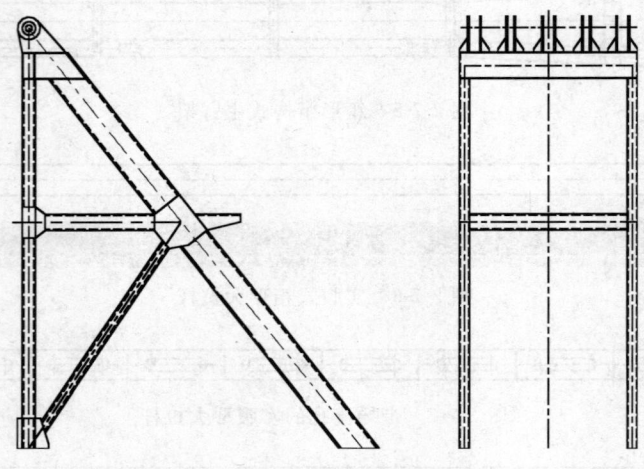

图 2-7-11 桁构式人字架

板梁式人字架(图 2-7-12)是一种广泛应用于高工作级别港口起重机的新型结构。该人字架结构完全由板材围成一个大的、空心的四棱柱。前后两片大面积镂空、左右两侧则基本为实腹式结构,该结构简洁,施工方便,容易采用自动焊接工艺制作。

立柱式人字架(图 2-7-13)是一种对传统人字架进行简化处理后的新结构型式,广泛适用于单臂架门机中。该结构可以做成箱型式或完全筒体式,根据立柱的受力沿着高度方向可做成变截面。

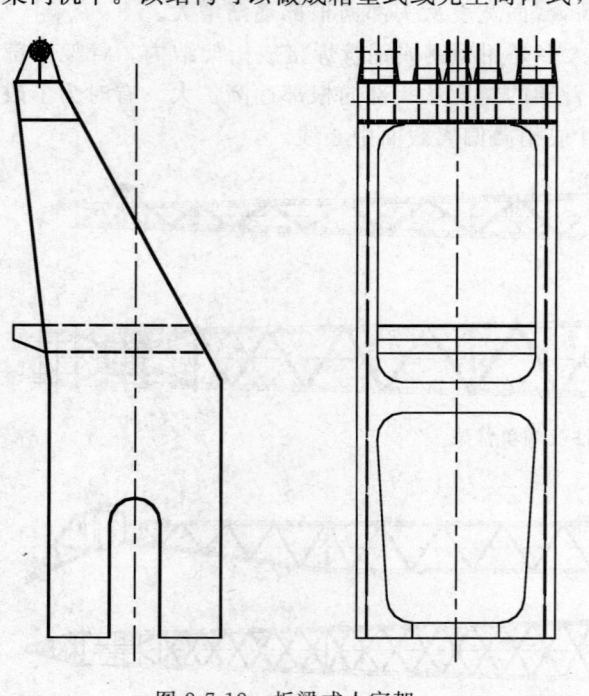
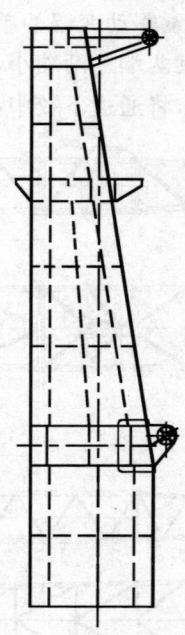

图 2-7-12 板梁式人字架　　　　图 2-7-13 立柱式人字架

对于刚性变幅的门座起重机,在人字架顶部的横梁上设有大拉杆、平衡梁及导向滑轮支座,在人字架中部横梁上连接有变幅机构平台。对于柔性变幅的门座起重机,在人字架顶部的横梁上设有导向滑轮、补偿滑轮支座等。

各种人字架下部通常与转台直接焊接,也可以采用螺栓或铰轴连接。

2. 平衡系统

根据门座起重机臂架系统的结构型式,衍生出了有臂架自重平衡(图 2-7-1a、b)和无臂架自重平衡(图 2-7-1c)两种型式。大多数装卸门座起重机的臂架系统带有自重平衡。其系统由平衡梁与小拉杆组成。在臂架自重平衡系统中,平衡梁结构支撑在人字架顶部横梁上,拉杆通过铰点与平衡梁和臂架相连,在平衡梁的尾部设有活配重箱。

(1) 平衡梁

平衡梁一般采用箱型结构(图 2-7-14),由于是起杠杆作用,其支撑铰点处的结构受力最大。

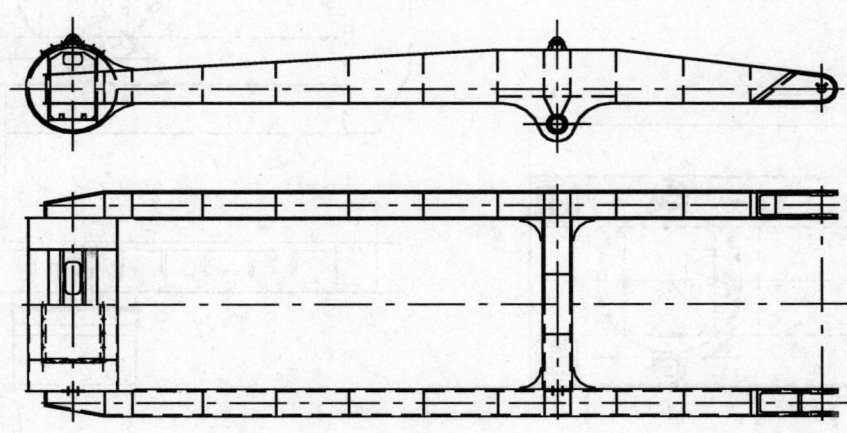

图 2-7-14　平衡梁结构

(2) 小拉杆

小拉杆(图 2-7-15a、b)是臂架和平衡梁之间的连接杆,其连接点均利用铰接,通常将小拉杆看成二力杆,其构造有独立型和组合型,可以用钢管、工字钢或焊接箱形等制作。

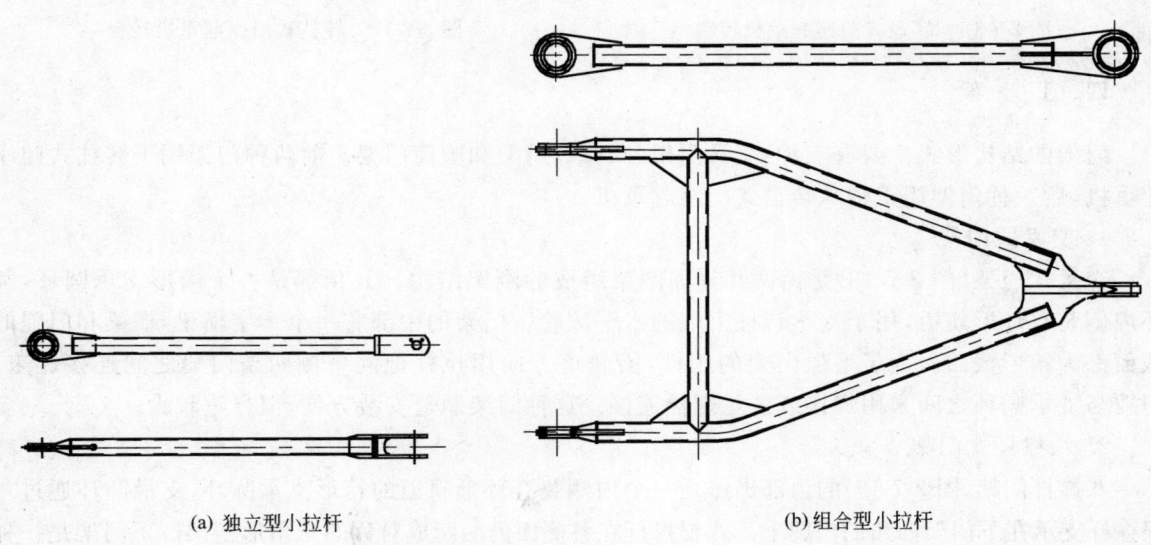

(a) 独立型小拉杆　　　　　　　　　　(b) 组合型小拉杆

图 2-7-15　小拉杆

### 三、转　台

转台通常是由两根纵向主梁和若干根横梁并辅以一些面板和筋板组成的平面板梁结构。主梁和横梁设计成箱形或工字形截面梁,两根主梁的中心距尽可能与臂架下铰点间距以及人字架横向间距相同或相近。转台尾部做成箱体,以便装载一定数量的固定配重。横梁和筋板的设置应根据转台上的机构和结构的安装位置来确定。对于大轴承转盘式门座起重机,转台的下方通常有一节支撑圆筒和一个连接法兰。支撑圆筒插入到转台内部与转台焊接成一体,以加强连接的刚性和改善传力条件(图 2-7-16)。对于转柱式门座起重机,转台下方配有连接下转柱用的箱体(图 2-7-17),并用带拼接板的对接方式实现两者之间的高强度螺栓连接。

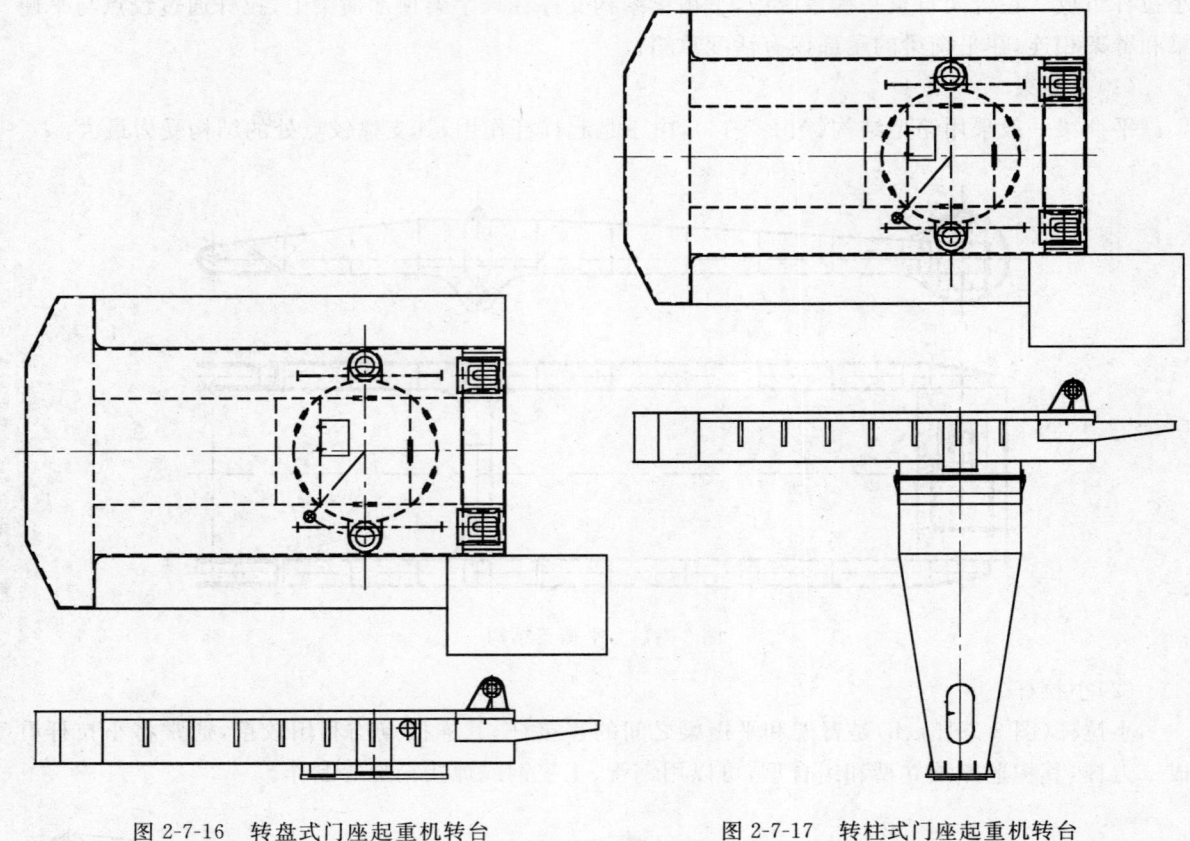

图 2-7-16　转盘式门座起重机转台　　　　图 2-7-17　转柱式门座起重机转台

### 四、门　架

门架的结构形式主要有三种:交叉门架、八撑杆门架和圆筒门架。前两种门架用于转柱式门座起重机,后一种门架用于轴承转盘式门座起重机。

1. 交叉式门架

交叉式门架(图 2-7-18)是由两片平面刚架组成的刚架结构。其顶部是一个箱形支承圆环,圆环内侧装有环形轨道,用于支承转柱上端的水平滚轮。门架的中部有一个十字横梁,横梁和门腿的截面都为箱形截面。为了增强门架的刚性,沿轨道方向用拉杆把同一侧两条门腿之间连接起来。门腿与支承圆环之间采用焊接或法兰螺栓连接。这种门架制造安装方便,但自重较大。

2. 八撑杆式门架

八撑杆门架(图 2-7-19)的顶部仍然是一个内侧装有环形轨道的箱形支承圆环,支承圆环通过八根撑杆支承在下门架四角的门腿上。八根撑杆在各侧面内两两成对称的三角形桁架。下门架是一种交叉刚架,这种门架自重较轻,但是抗扭性能较差。当门架的高度较大时,可采用双层八撑杆式门架。

3. 圆筒式门架

圆筒门架(图 2-7-20)的顶部是一个特制的圆环形法兰盘,法兰盘的刚性要求很大,以确保上部连接大轴承的正常工作。门架的中部是一个直圆筒,直圆筒要求有足够的刚度。为了保证门架下

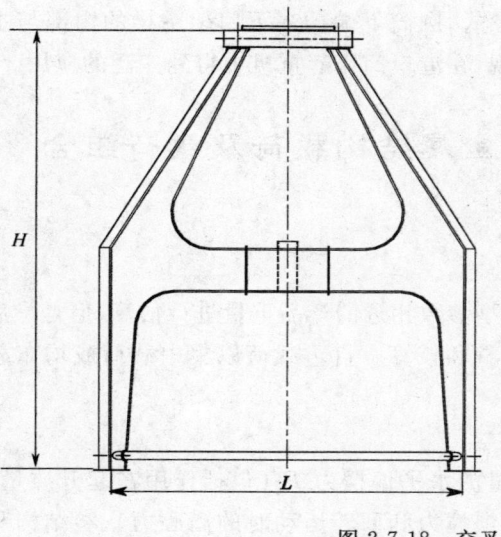
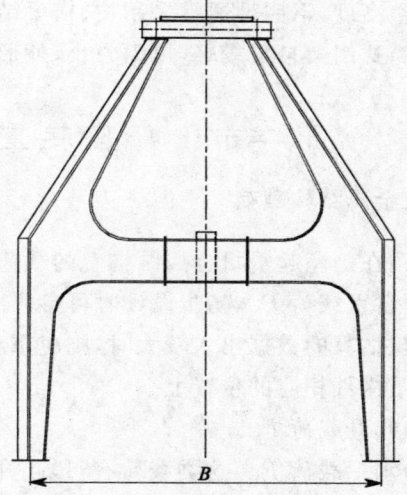

图 2-7-18　交叉式门架

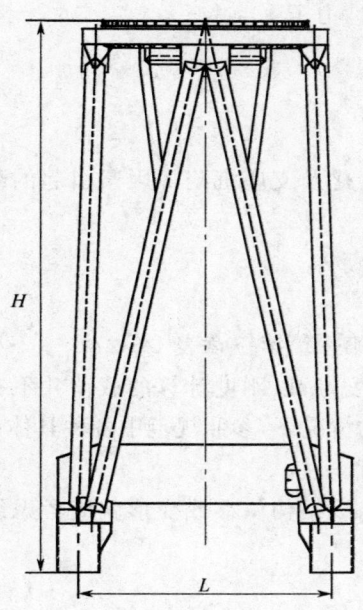
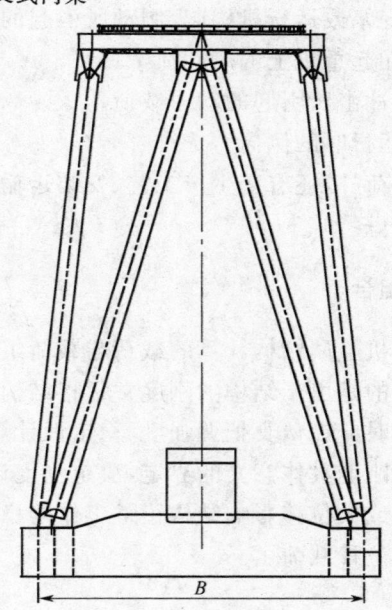

图 2-7-19　八撑杆式门架

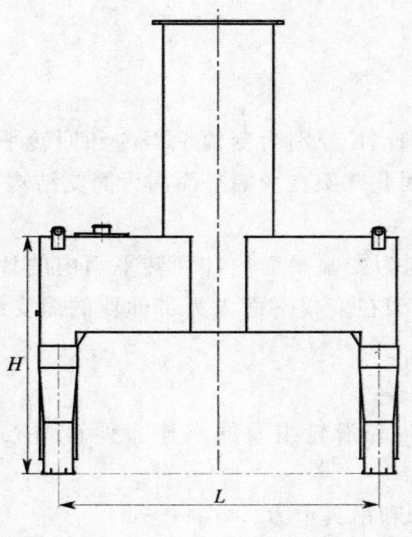
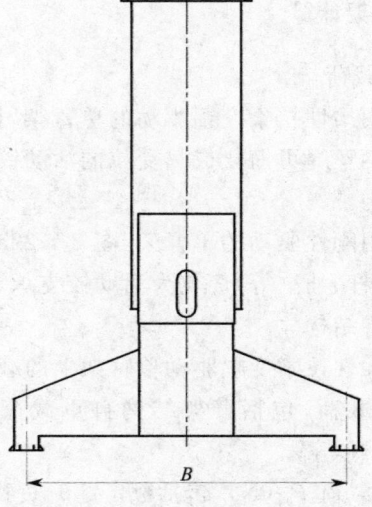

图 2-7-20　圆筒式门架

部的净空高度,下门架通常采用主、横梁结构形式,圆筒下端插入下门架主梁的内部与主梁焊成一体。圆筒式门架自重较轻,风阻力小,外形美观,在港口门座起重机中得到广泛的应用。

## 第二节 门座起重机金属结构载荷及载荷组合

### 一、金属结构载荷

作用在门座起重机金属结构上的载荷主要有:

(1) 自重载荷 $P_G$,初步设计时可参照同类型参数相近的产品重量进行估算,但是最后核算的数据如果与估算的数据出入较大时,则应重新调整和核算。自重载荷以集中载荷或均布载荷的形式作用在结构件相应的位置上。

(2) 起升载荷 $P_Q$。

(3) 水平载荷 $P_H$,这类载荷有:1)起升质量的水平偏摆力 $P_a$(包括作用在起升质量上的风力、变幅和回转起、制动时由起升质量产生的水平惯性力和回转运动时的离心力);2)结构和机电设备质量因回转、变幅或运行机构起、制动所引起的水平惯性力 $P_i$。

(4) 作用在起重机上的风载荷 $P_w$。

(5) 振动、冲击所引起的动力载荷。

(6) 偏斜运行时的侧向力 $P_s$。

除上述载荷外,还有因生产工艺、安装运输、温度变化及支座沉陷等因素引起的载荷应根据具体情况加以考虑。

### 二、载荷组合

门座起重机金属结构计算的载荷与载荷组合表见第一篇第三章表 1-3-27。

需要说明的是由于结构的刚度常常指结构的静刚度,所以刚度计算的载荷并不在以上载荷组合表中。设计时应在认真把握强度、稳定性计算工况的情况下,参照规范中各种具体起重机的刚度设计准则对于刚度具体意义的界定,决定刚度计算载荷。

当大变形或大位移影响结构正常工作的稳定性时,该结构位移或变形就应考虑纳入强度和稳定性计算中的位移载荷了。

## 第三节 臂架系统结构设计

### 一、单臂架计算

1. 作用载荷

对于采用柔性拉索变幅驱动的单臂架,图 2-7-21a、b 分别为变幅平面内和回转平面内的计算简图。变幅钢丝绳可简化成只受拉的活动铰支承,因此臂架在变幅平面内为简支结构,在回转平面内为悬臂结构。

对于采用刚性驱动的单臂架,图 2-7-22a、b 分别为变幅平面内和回转平面内的计算简图。变幅齿条(或螺杆、油缸等)简化为活动铰支承,因此臂架在变幅平面内为带伸臂的简支结构,在回转平面内为悬臂结构。

作用在柔性拉索变幅驱动单臂架上的载荷主要有:

(1) 自重载荷,包括臂架结构自重载荷 $P_{Gb}$(N)和滑轮组及绳端连接件自重载荷 $P_{h1}$(N)、$P_{h2}$(N)、$P_{h3}$(N)等;

(2) 起升载荷 $P_Q$(N),包括额定起升货物的重力和吊具重力;

(3) 起升质量水平偏摆载荷,$P_a = P_Q \text{tg}\alpha$ (N);

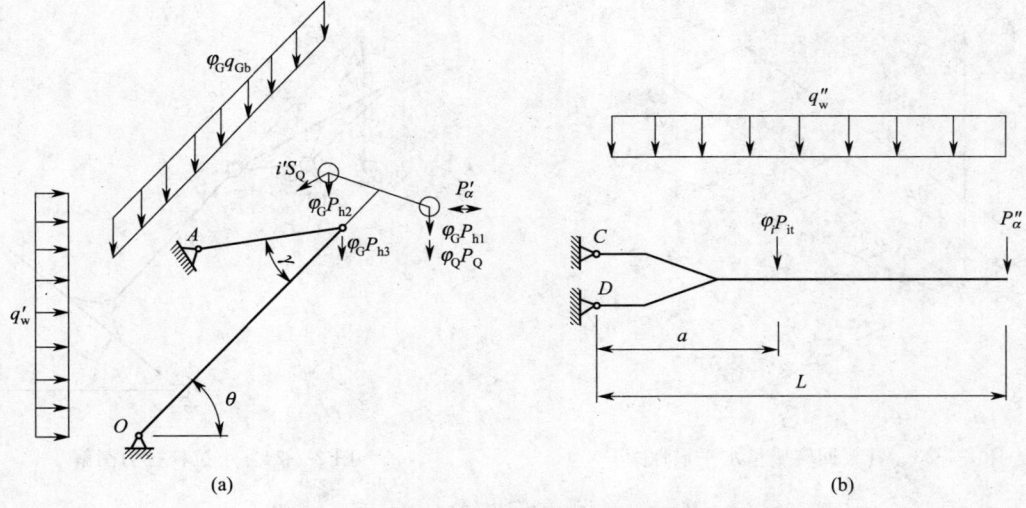

图 2-7-21 柔性变幅驱动的单臂架计算简图

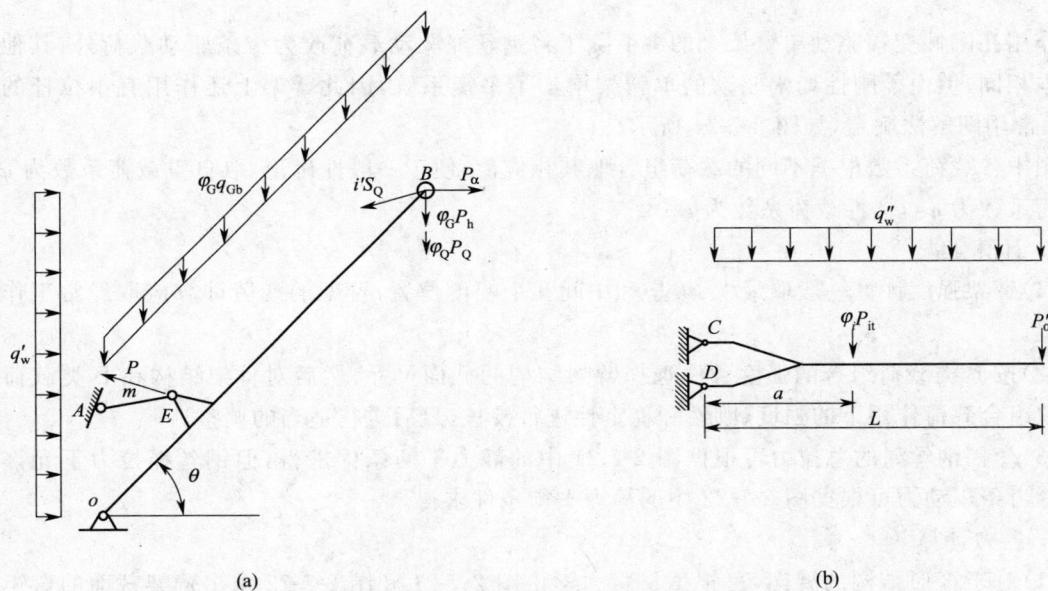

图 2-7-22 刚性变幅驱动的单臂架计算简图

(4) 风载荷，认为风载荷沿臂架全长均匀分布，用均布载荷 $q_w = P_w/L$，N/mm 表示；图 2-7-21 中分别用 $q'_w$ 和 $q''_w$ 表示臂架变幅平面和回转平面的风载荷。

(5) 钢丝绳作用载荷 $S_Q$(N)；

(6) 回转、起制动时臂架质量的水平惯性力 $P_{it}$ (N/mm)，此惯性力沿臂架长度不均匀分布，且在端部达到最大值（图 2-7-23），通常计算时简化成一集中力。

$$P_{it} = \frac{P_{Gb}}{g} \cdot \frac{n\pi}{30t}\left(r_1 + \frac{L}{2}\cos\theta\right) \tag{2-7-1}$$

式中　$n$——起重机回转速度(r/min)；

$P_{Gb}$——臂架重力(N)；

$t$——回转机构起制动时间(s)；

$r_1$——臂架下铰点到起重机回转中心线的水平距离(m)；

$\theta$——臂架仰角(°)；

$g$——重力加速度(m/s²)。

如图 2-7-23 所示，$P_{it}$ 作用点至下铰点的距离为：

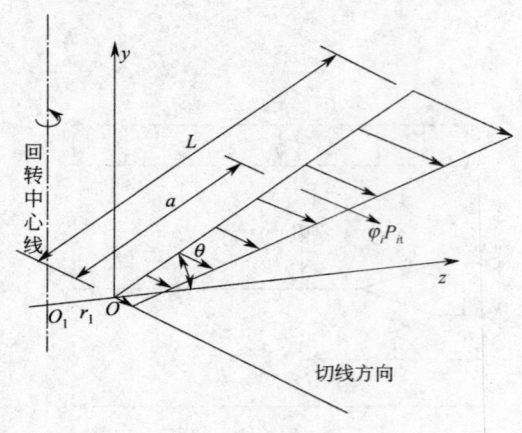

图 2-7-23 臂架回转质量水平惯性力

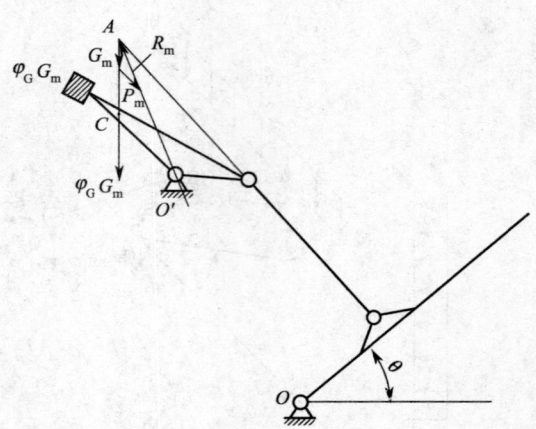

图 2-7-24 小拉杆拉力图解

$$a = \frac{L}{3} \cdot \frac{3r_1 + 2L\cos\theta}{2r_1 + 2L\cos\theta} \tag{2-7-2}$$

作用在刚性变幅驱动单臂架上的载荷除了将钢丝绳驱动载荷改为齿条驱动载荷外，其他与以上基本相同，但由于刚性变幅驱动的单臂架增加了平衡系统，因此臂架上还作用有小拉杆的拉力 $P_m$，通常用图解法确定，如图 2-7-24 所示。

图中各载荷系数根据不同的载荷组合取其相应值，便于一般性讨论，取自重载荷系数为 $\varphi_G$，起重载荷系数为 $\varphi_Q$，惯性载荷系数为 $\varphi_i$。

2. 计算工况

(1) 臂架强度计算一般取最大、最小和中间几个幅度位置；臂架的疲劳计算应取经常工作的幅度位置。

(2) 按 B 类载荷组合的强度条件选择臂架结构的截面尺寸，然后对臂架结构在 B 类载荷组合和其他组合载荷作用下的强度、刚性和稳定性进行校核，最后进行适当的调整。

(3) 变幅钢丝绳的总拉力可根据图 2-7-21 中的静力平衡条件求得，但钢丝绳拉力不允许出现负值。齿条驱动力可根据图 2-7-22 中的静力平衡条件求得。

3. 内力计算

(1) 对于箱形结构的臂架，可根据材料力学由图 2-7-21 和图 2-7-22 求出臂架截面的弯矩和轴向力及剪力分布图。

(2) 对于矩形截面的桁架臂架，通常将臂架分解成平面桁架来求解杆件内力，认为变幅平面内的载荷由两片侧向桁架平均承受、回转平面内的载荷由上下两片桁架平均承受。

(3) 对于三角形截面的桁架臂架，垂直载荷可分解成由两个斜桁架承受，水平载荷由水平桁架承受（图 2-7-25）。

(4) 对于无斜杆单臂架结构，在变幅平面内仍作为实体结构可直接根据该平面内的载荷作出内力图。在回转平面内，无斜杆单臂架是一个多次超静定的平面框架结构（图 2-7-26）。

假定每个节间弦杆的中点为弯矩零点（或称反弯点），这样就可将原来 a 图的超静定结构简化成 b 图的静定结构，然后由力平衡条件解出杆件内力。如求第 $i$ 节间弦杆的内力，取右边臂架部

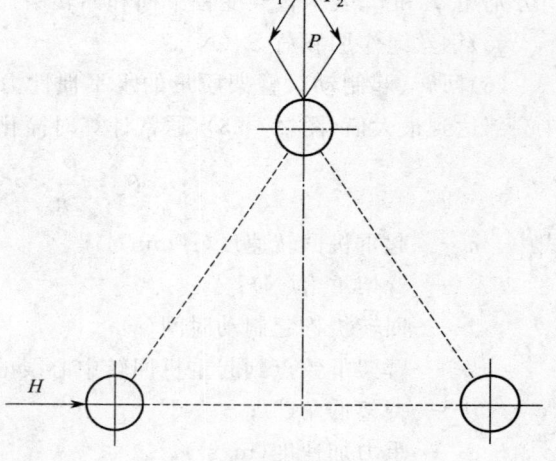

图 2-7-25 三角形桁架上的载荷分解图

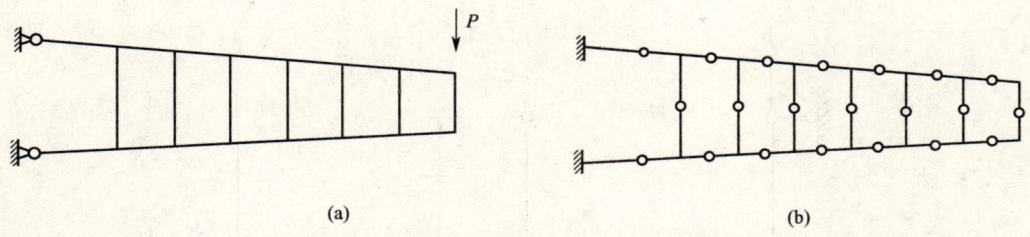

图 2-7-26 无斜杆臂架在回转平面内的计算简图

分作为隔离体(见图 2-7-27a),则上、下弦杆的中点(弯矩零点)作用垂直力和水平力,其值为:

$$S_{1,i} = \frac{P}{2} \tag{2-7-3}$$

$$S_{2,i} = \frac{Pl_i}{h_i} \tag{2-7-4}$$

同样可解出第 $i-1$ 节间弦杆中点的作用力 $S_{1,i-1}$、$S_{2,i-1}$ 以及其他节间弦杆中点的作用力。

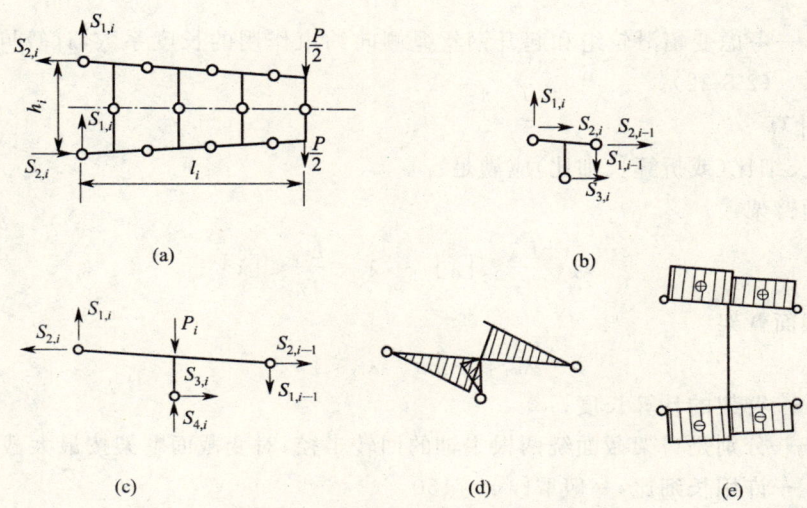

图 2-7-27 无斜杆臂架的内力分析

竖杆上的作用力由于结构对称、外载荷反对称(即将 $P$ 化为两个 $P/2$ 力分别作用于上、下弦杆上,见图 2-7-27a),所以竖杆反弯点处只有水平力 $S_{3,i}$(图 2-7-27a、b),其值为:

$$S_{3,i} = S_{2,i-1} - S_{2,i} \tag{2-7-5}$$

当竖杆的节点上有外力 $P_i$ 作用时(图 2-7-27c),竖杆上还有轴向力 $S_{4,i}$,其值为:

$$S_{4,i} = P_i/2 \tag{2-7-6}$$

当有数个外力作用时,可用迭代原理计算。图 2-7-27d、e 表示相邻两个节间上的弯矩和轴向力的分布图。

4. 稳定性计算

单臂架属于双向压弯构件,图 2-7-28a、b、c 所示分别为柔性变幅和刚性变幅单臂架在变幅平面和回转平面内的整体稳定性计算简图。

变幅平面内的计算长度

$$L_{cx} = \mu_{1x}\mu_{2x}L \tag{2-7-7}$$

回转平面内的计算长度

$$L_{cy} = \mu_{1y}\mu_{2y}\mu_{3y}L \tag{2-7-8}$$

式中 $\mu_{1x}$、$\mu_{1y}$——分别是变幅和回转平面内臂架支承方式决定的长度系数,见本篇第一章表 2-1-20;

$\mu_{2x}$、$\mu_{2y}$——分别是变幅和回转平面内臂架的变截面系数,见本篇第一章表 2-1-21、表 2-1-22;

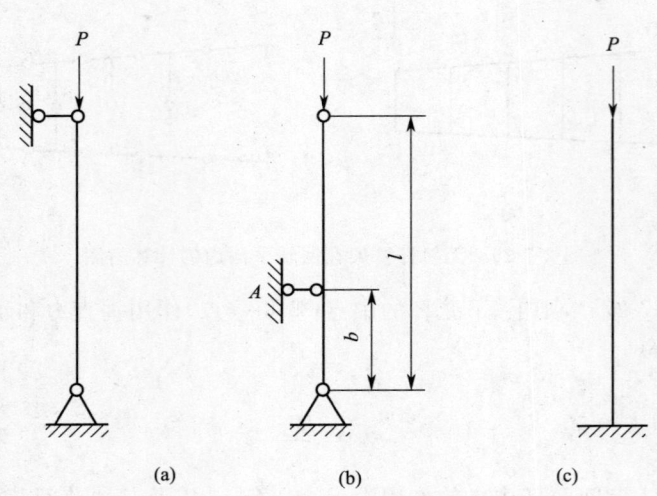

图 2-7-28 臂架整体稳定性计算简图

$\mu_{3y}$——考虑变幅滑轮组和起升钢丝绳侧向约束作用的长度系数,计算同本篇第八章式(2-8-22)。

5. 静刚性计算

(1)臂架的长细比(或折算长细比)应满足:

对箱形截面臂架

$$\lambda_x = \frac{L_{cx}}{r_x} \leqslant [\lambda] \qquad \lambda_y = \frac{L_{cy}}{r_y} \leqslant [\lambda] \qquad (2\text{-}7\text{-}9)$$

对桁架形截面臂架

$$\lambda_{hx} \leqslant [\lambda] \qquad \lambda_{hy} \leqslant [\lambda] \qquad (2\text{-}7\text{-}10)$$

式中 $L_{cx}$、$L_{cy}$——臂架的计算长度;

$r_x$、$r_y$——分别是臂架截面绕两根主轴的回转半径,对变截面臂架按最大截面计算;

$[\lambda]$——许用长细比,一般取$[\lambda]=150$。

(2)变形条件:柔性变幅的臂架在变幅平面内的挠度一般不计算。在货物水平偏摆力和臂架侧向风力作用下,臂架顶端侧向位移的允许值可参照下列数据选取:轻型起重机取 $L/300$;中型起重机取 $L/400$;重型起重机取 $L/500$。

刚性变幅的单臂架顶端在变幅平面内的位移应不大于 $L/600 \sim L/800$,臂架顶端侧向位移取值与柔性变幅的单臂架相同。

对于变截面箱形单臂架可用以下近似方法计算其顶端在变幅平面内的位移。如图 2-7-29 所示。

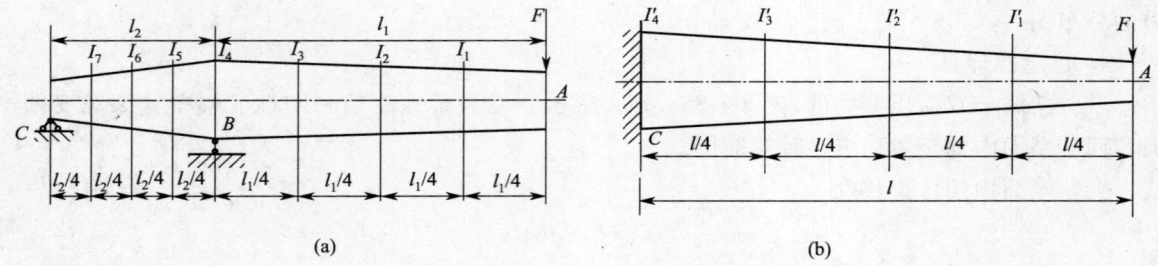

图 2-7-29 变截面箱形臂架折算惯性矩计算简图

将支座 $B$ 的左右各分成四段,并求出各分段处截面的惯性矩,则 $AB$ 和 $BC$ 两段臂架的折算惯性矩 $I'_c$、$I''_c$(mm$^4$)分别为:

$$I'_c = \frac{16}{\left(\dfrac{1}{I_1} + \dfrac{4}{I_2} + \dfrac{9}{I_3} + \dfrac{16}{I_4}\right)} \qquad (2\text{-}7\text{-}11)$$

$$I''_c = \frac{16}{\left(\dfrac{1}{I_7} + \dfrac{4}{I_6} + \dfrac{9}{I_5} + \dfrac{16}{I_4}\right)} \qquad (2\text{-}7\text{-}12)$$

则由外力 $F$ 产生的臂架顶端位移为：

$$\Delta_y = \frac{FL_1^3}{3EI'_c} + \frac{FL_1^2 L_2}{3EI''_c} \qquad (2\text{-}7\text{-}13)$$

在回转平面内将臂架全长等分成四段，各段交界处截面的水平惯性矩如图上所示，其等效惯性矩为：

$$I_c = \frac{16}{\left(\dfrac{1}{I_1} + \dfrac{2}{I_2} + \dfrac{9}{I_3} + \dfrac{4}{I_4}\right)} \qquad (2\text{-}7\text{-}14)$$

由水平力产生的 $A$ 端变位为：

$$\Delta_x = \frac{FL_1^3}{3EI_c} \qquad (2\text{-}7\text{-}15)$$

## 二、组合臂架计算

### 1. 象鼻架计算

（1）计算简图

图 2-7-30a、b 分别为象鼻架在某一幅度位置时变幅和回转平面内的计算简图。图 a 中象鼻架尾部的活动铰支承是沿大拉杆轴线方向的定向铰；图 b 是将臂架头部两侧铰轴作为象鼻架在回转平面内的铰支座。

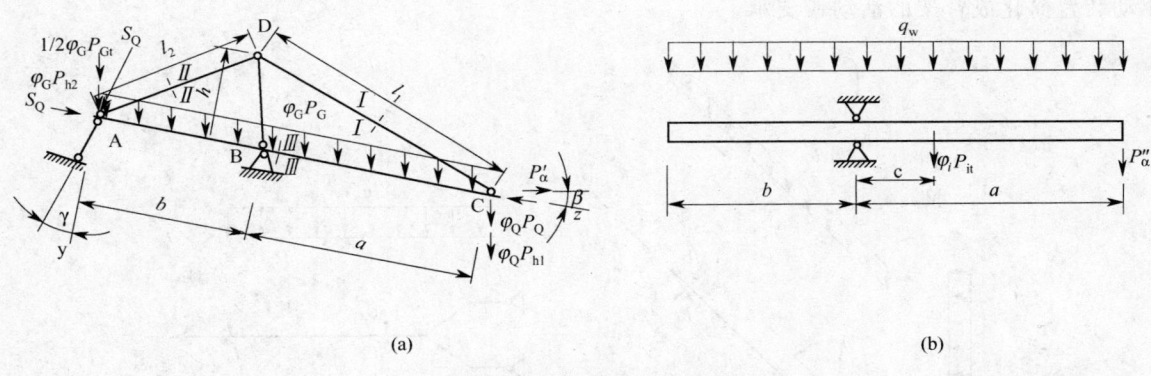

图 2-7-30 象鼻架计算简图

（2）计算载荷

①自重载荷，包括象鼻架结构的自重，以均布载荷 $P_G$ 表示；象鼻架前后滑轮组的自重 $P_{h1}$(N)、$P_{h2}$(N)；大拉杆的一半重力 $\dfrac{1}{2}P_{Gt}$(N)；

②起升载荷 $P_Q$(N)；

③起升质量水平偏摆力 $P_\alpha$(N)；

④风载荷 $P_w$(N)，风从侧面垂直吹向象鼻架，以均布载荷 $q_w$ 作用在主梁上；

⑤起升钢丝绳张力 $S_Q$(N)；

⑥回转机构起制动时象鼻架质量的水平惯性力 $P_{it}$(N)。

（3）内力计算

在变幅平面内将象鼻架简化为一次超静定结构（图 2-7-30a），可求得危险截面Ⅲ上的内力(N)为：

轴力： $$N = F_{cz} + a\varphi_G \cdot P_G \cdot \sin\beta - \frac{a}{l_1} N_{CD} \quad (\text{N}) \tag{2-7-16}$$

剪力： $$Q_y = \frac{h}{l_1} N_{CD} - F_{Cy} - a\varphi_G P_G \cos\beta \quad (\text{N}) \tag{2-7-17}$$

弯矩： $$M_x = a F_{Cy} + \frac{a^2}{2}\varphi_G P_G \cos\beta - \frac{ah}{l_1} N_{CD} \quad (\text{N}) \tag{2-7-18}$$

式中：
$$F_{CZ} = (\varphi_Q \cdot P_Q + \varphi_G \cdot P_{h1})\sin\beta - S_Q \pm P'_a \cos\beta \quad (\text{N}) \tag{2-7-19}$$
$$F_{Cy} = (\varphi_Q \cdot P_Q + \varphi_G \cdot P_{h1})\cos\beta - S_Q \mp P'_a \sin\beta \quad (\text{N}) \tag{2-7-20}$$

$F_{cz}$、$F_{cy}$ 中的正负号，外摆时取上方的符号，内摆时取下方的符号。

在回转平面内桁构式象鼻架前部简化成悬臂梁(图 2-7-30b)，回转平面内的载荷全部由主梁承受，其危险截面的内力(N)为：

剪力： $$Q_x = P''_a + \varphi_i P_{it} + a P_w \quad (\text{N}) \tag{2-7-21}$$

弯矩： $$M_y = a P''_a + c\varphi_i P_{it} + \frac{1}{2} a^2 P_w \quad (\text{N} \cdot \text{m}) \tag{2-7-22}$$

对于箱形框架式象鼻架，其前部在回转平面内可简化成无斜杆框架计算。

(4) 静刚性和稳定性

象鼻架前、后撑杆和直杆的长细比应满足
$$\lambda = [\lambda] \tag{2-7-23}$$

对受拉的前后撑杆取 $[\lambda] = 150$，受压的直杆 $[\lambda] = 120$，且按轴心压杆验算直杆的稳定性。

2. 臂架计算

(1) 计算简图

图 2-7-31a、b 分别为臂架在某一幅度位置时变幅平面和回转平面内的计算简图，图中的变幅驱动装置简化成臂架的活动铰支承。

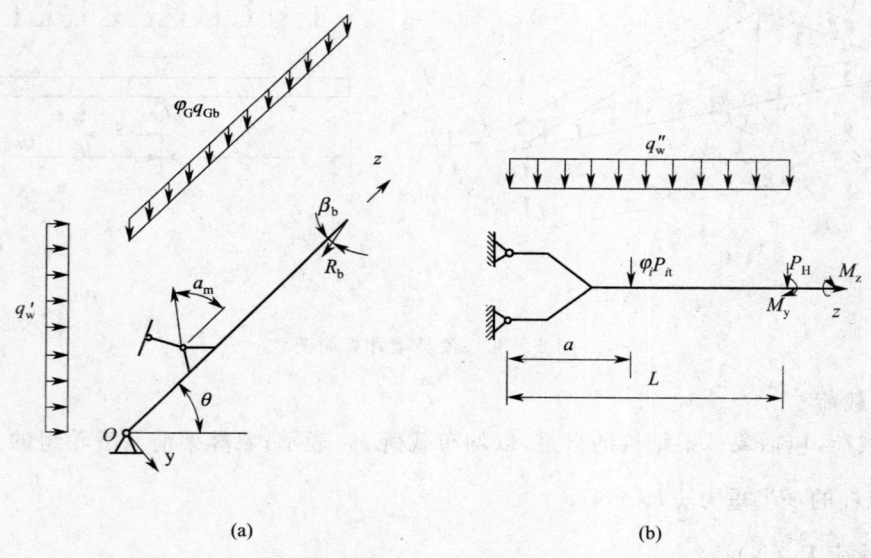

图 2-7-31 臂架计算简图

(2) 计算载荷

图 2-7-31 中，作用在臂架上的载荷除了与单臂架相同的自重载荷、风载荷、惯性载荷和小拉杆的拉力外，还有由象鼻架传来的如下载荷：

①象鼻架铰支承作用在臂架头部的支承力 $R_b$。可根据象鼻架的平衡条件用图(2-7-32a,b,c,d,e)所示的图解法求得。

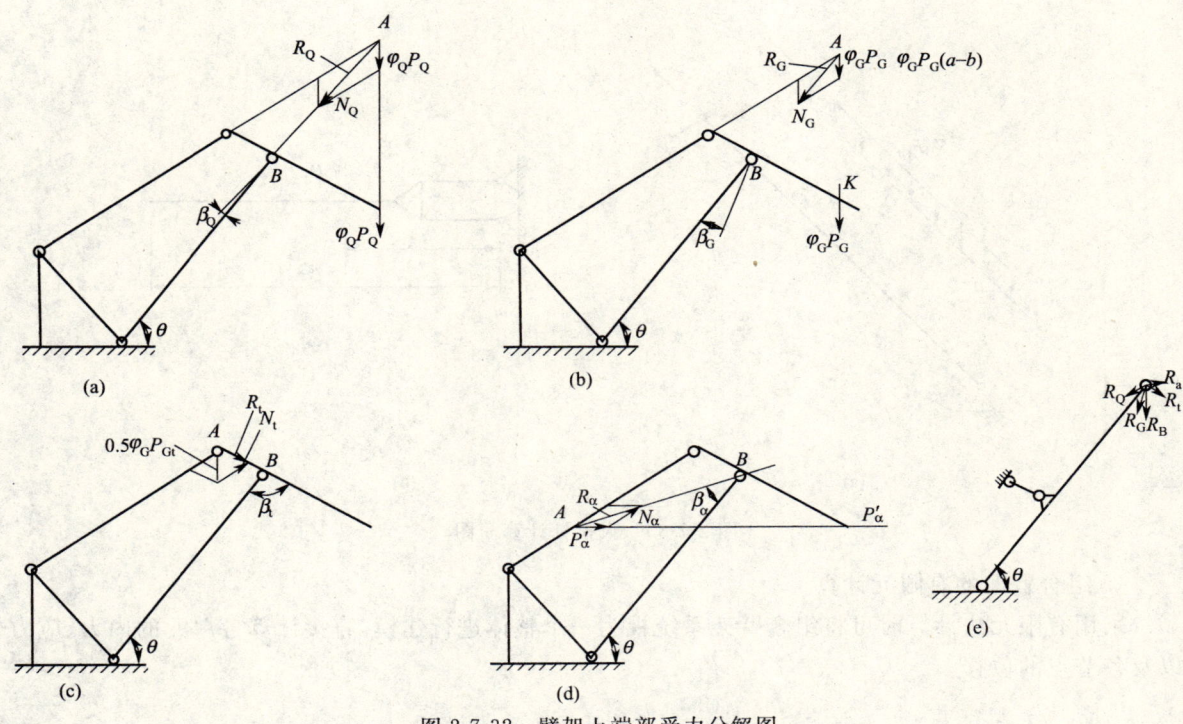

图 2-7-32 臂架上端部受力分解图

图中 $R_Q$、$R_G$、$R_t$、$R_a$ 分别为起升质量、象鼻架自重、大拉杆自重、货物偏摆载荷转换到臂架头部的载荷，$R_B$ 为所有载荷的矢量合成值。

②由起升质量侧向水平偏摆力作用在象鼻架头部引起的臂架头部的侧向作用力 $P_H(N)$、扭矩 $M_y(N \cdot m)$ 和弯矩 $M_z(N \cdot m)$。

(3) 内力计算

对于桁架式臂架和箱形臂架，内力计算和单臂架相同，对于桁构式臂架内力计算与象鼻架相似。

(4) 稳定性计算

臂架的稳定性计算与单臂架类似，但在确定臂架在变幅平面内的计算长度时，由于无法了解臂架头部的侧向约束程度，故无法给出 $\lambda$ 的值，常取 $\lambda=1$。

3. 大拉杆

(1) 计算简图

图(2-7-33a,b)为大拉杆的计算简图，在变幅平面内为简支结构，在回转平面内为悬臂结构。

(2) 计算载荷

作用在大拉杆上的载荷主要有：

①象鼻架尾部铰支承传来的作用力 $N(N)$，可按图 2-7-32 由象鼻架的平衡条件求得；

②大拉杆自重载荷，用均布载荷 $P_{Gt}(N/mm)$ 表示；

③起升钢丝绳张力 $S_Q(N)$；

④回转机构起制动引起的大拉杆质量的水平切向惯性力 $P_{jt}(N)$；

风载荷可略去不计。

(3) 计算工况

当臂架位于最大幅度位置且起升质量内摆角最大时，大拉杆的轴向力达到最大值，当臂架位于最小幅度位置且起升质量外摆角最大时，大拉杆可能处于压弯状态。因此，上述最大幅度位置应作为大拉杆的设计计算位置，最小幅度位置应作为大拉杆整体稳定性验算位置。大拉杆在两个平面内的长细比 $\lambda_x$ 和 $\lambda_y$ 都应小于许用长细比，即

$$\lambda = [\lambda] = 150$$

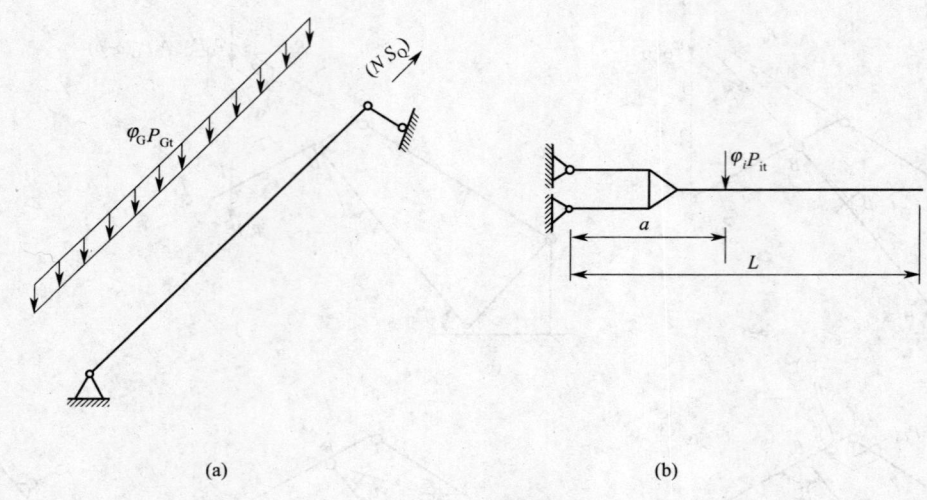

图 2-7-33　大拉杆计算简图

**4. 组合臂架的有限元计算**

采用有限元法计算时可将组合臂架系统视为一个整体进行建模,直接计算各单元的内力、应力以及各节点的位移。

## 第四节　人字架系统结构设计

### 一、人字架

**1. 计算简图**

不同形式的人字架有不同的计算简图。

桁架式人字架一般用于柔性牵引变幅的起重机,在忽略次应力的情况下可将其简化成图 2-7-34 所示的计算简图。人字架顶部横梁可简化成双向受弯和受扭的简支梁。

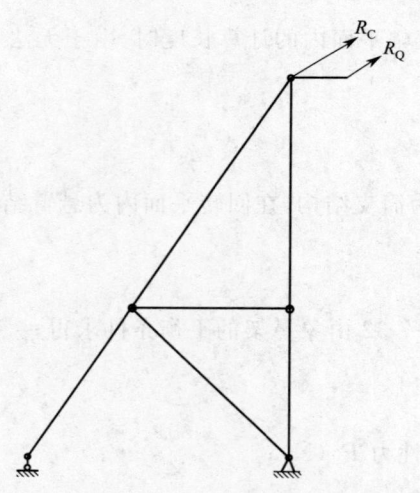

图 2-7-34　桁架式人字架计算简图

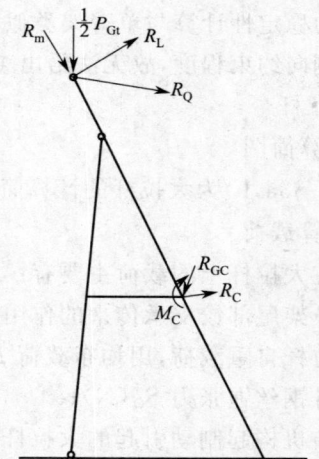

图 2-7-35　桁构式人字架计算简图

桁构式人字架和框架式人字架一般用于刚性驱动变幅的起重机,图 2-7-35 所示为四连杆组合臂架门机人字架计算简图,图 2-7-36 所示为单臂架钢丝绳滑轮组水平位移补偿门机人字架计算简图。人字架顶部横梁是一个双向受弯和受扭的构件,在垂直于前门框内可简化成简支梁。

**2. 计算载荷**

作用在人字架上的载荷根据不同的变幅驱动形式和水平位移补偿方式而不同。

柔性牵引变幅起重机的人字架载荷主要有：
(1) 变幅钢丝绳张力的合力 $R_C(N)$；
(2) 起升钢丝绳张力的合力（包括补偿滑轮组钢丝绳张力）$R_Q(N)$；
(3) 负荷限制器支座作用力(N)；
(4) 人字架结构的自重载荷(N)；

刚性变幅起重机人字架的载荷主要有：
(1) 起升钢丝绳张力的合力 $R_Q(N)$；
(2) 大拉杆的拉力 $R_L(N)$；
(3) 大拉杆的一半自重载荷 $\frac{1}{2}P_{Gt}(N)$；
(4) 变幅驱动力 $R_C(N)$ 和力矩 $M_C(N \cdot mm)$；
(5) 变幅机构自重载荷 $R_{GC}(N)$；
(6) 平衡梁支座作用力 $R_m(N)$；
(7) 负荷限制器支座作用力(N)；
(8) 人字架结构的自重载荷(N)。

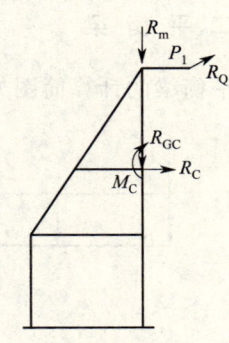

图 2-7-36 框架式人字架计算简图

**3. 内力计算**

不同工作幅度或不同起升载荷时，作用在人字架结构上的各项载荷的数值和方向是不同的，人字架结构的计算工况为最不利的最大幅度位置和最小幅度位置。对于起升质量分幅度的起重机，还必须增加具有最大起重量的工作幅度位置计算工况。

桁架式人字架的内力可采用截面法或图解法求解。

桁构式人字架可将其侧平面简化成一次超静定，取后拉杆的内力为未知力，用力法求解人字架的内力。

对框架式人字架，将其上中下分为三个独立的刚架，将外载荷和相互传递的内载荷分别作用在各自的节点上，用力法分别解三部分结构的内力。

采用有限元法可对桁构式、框架式人字架进行整体建模计算，将得到更加精确的内力和变形的计算结果。图 2-7-37 和图 2-7-38 分别为桁构式人字架和框架式人字架的有限元计算简图。

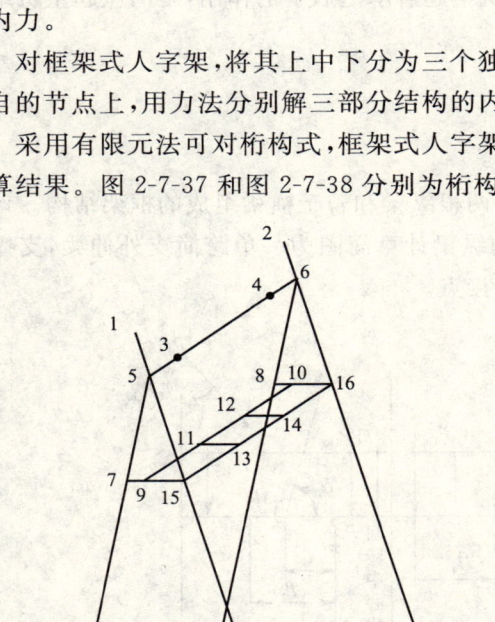

图 2-7-37 桁构式人字架有限元计算简图

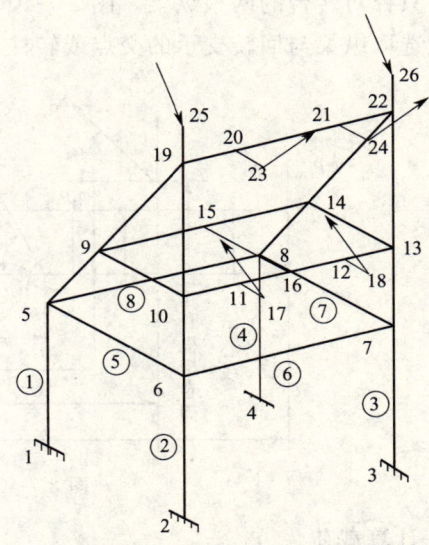

图 2-7-38 框架式人字架有限元计算简图

对于立柱式和板梁式人字架结构，运用手工计算将是不可能完成的工作，通常采用有限元中的板壳单元来计算。

## 二、平 衡 梁

平衡梁的计算简图如图 2-7-39 所示。

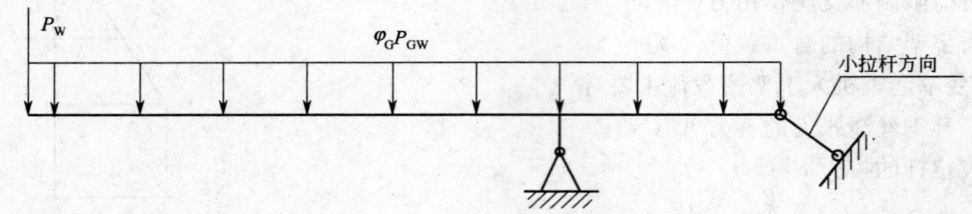

图 2-7-39 平衡梁计算简图

其受力最大的计算位置也常常是平衡梁处于水平状态时的位置,或平衡梁尾部上摆角度最大时的位置。图 2-7-39 所示将平衡梁简化成简支结构,可直接按简支结构计算内力。

## 三、小 拉 杆

小拉杆是臂架和平衡梁之间的连接构件,两端均为铰接,所以常看做二力杆。通常计算最大幅度、最小幅度和平衡梁水平三个幅度位置的拉杆受力。

# 第五节 转 台

转台是门座起重机回转部分的支承平台。它既承受门座起重机上部回转部分所产生的各种载荷,又将这些载荷向下传递给门架。转台在门座起重机中起着承上启下的作用,是门座起重机结构的重要组成部分。

### 一、转台结构设计

1. 计算简图

转台为一板梁结构,受力比较复杂,一般可简化为两根纵梁和若干横梁组成的框架结构。计算时主要只针对转台的两根纵梁。图 2-7-40 所示转台的纵梁计算简图为一单跨简支外伸梁,支撑点可近似选取纵梁与回转支承的交点或转柱与纵梁的连接点。

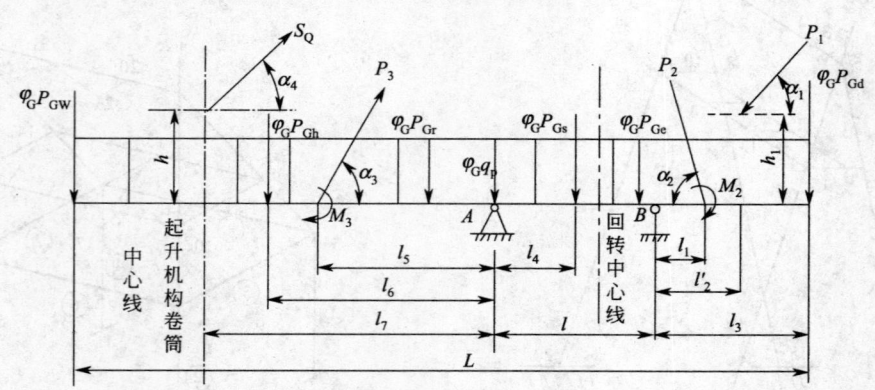

图 2-7-40 转台的纵梁计算简图

2. 计算载荷

作用在转台上的载荷有:
(1) 臂架支座传来的作用力 $P_1(N)$,由臂架部分计算求得;
(2) 人字架前后支腿传来的作用力 $P_2$、$P_3(N)$ 和 $M_2$、$M_3(N \cdot mm)$;

(3) 起升机构重力载荷 $P_{Gh}$ 和回转机构重力载荷 $P_{GS}$(N)；

(4) 司机室重力载荷 $P_{Gd}$(N)；

(5) 起升绳张力 $S_Q$(N)；

(6) 固定配重重力载荷 $P_{Gw}$(N)；

(7) 转台自重载荷，包括转台结构自重载荷 $q_p$、电气设备重力载荷 $P_{Ge}$ 和机器房结构的自重载荷 $P_{Gr}$(N)。

3. 设计计算

转台为单跨简支的箱形或工字形外伸梁，可直接求出主梁的内力图，然后按箱形或工字形结构的要求设计。

转台一般为等截面梁，只需对内力最大的截面进行强度验算。

转台一般取最大、中间和最小三个幅度位置作为主梁结构的计算位置，并取其中最不利位置的载荷进行组合。

为获得精确的计算结果，可将转台简化为空间载荷作用下的平面有限元模型来计算。

### 二、转柱结构计算

1. 计算简图

转柱式转台结构是利用上水平滚轮和下支承轴承实现门座起重机上旋部分的回转功能。作用在上旋部分的所有载荷都经过水平滚轮和支承轴承传递到门架，其结构计算可简化为图 2-7-41 所示的压弯构件计算简图。

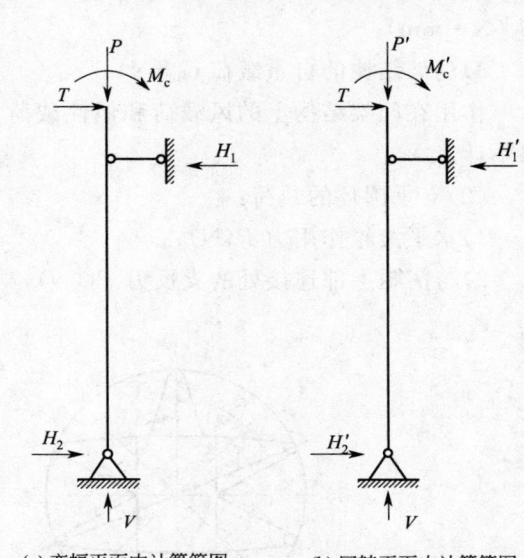

(a) 变幅平面内计算简图　(b) 回转平面内计算简图

图 2-7-41　转柱计算简图

2. 计算载荷

作用在转柱上的载荷主要有由转台作用在转柱顶部在变幅平面和回转平面内的轴向力 $P$(N)、水平力 $T$(N) 和弯矩 $M$(N·mm)。转柱的自重载荷和风载荷可忽略不计。

3. 设计计算

根据图 2-7-41 所示的变幅平面和回转平面的载荷静力平衡条件，可求得转柱的支反力并由此画出内力图。

转柱是一个双向压弯构件，应满足结构的强度和稳定性要求。它的计算工况一般是最大工作幅度且满载工作时验算危险截面的应力和整体稳定性。

## 第六节　门　架

门座起重机的门架是支承上部回转部分的结构，承受上部结构全部自重、货物重量、风力和各机构（起升、变幅、回转和运行）运行时产生的惯性力以及由这些力产生的力矩。为保证起重机正常运转，门架必须有足够的强度和刚度。

### 一、交叉门架

1. 计算简图

交叉门架是一个空间刚架结构，为简化计算通常将门架分解成两片相互交叉的平面刚架进行计算。每片平面刚架为内部三次超静定结构，图 2-7-42 为其计算简图。

除了对门架平面刚架进行计算外还需对上部支承圆环单独进行计算。图 2-7-43 为其计算简图。

2. 计算载荷

(1)门架单片刚架上的载荷有:

1)下转柱传来的作用力 $H_1$、$H_2$ 及 $V(N)$;

2)下转柱下支承装置由于水平力产生的力矩 $M_1 = H_2 \cdot e (N \cdot mm)$;

3)门架上部支承圆环处由大齿圈传来的扭矩 $M_k(N \cdot mm)$;

4)门架结构的自重载荷 $G_m(N)$。

作用在门架结构上的风载荷和惯性载荷可以忽略不计。

(2)支承圆环的载荷:

1)水平滚轮作用力 $P(N)$;

2)与门腿上部连接处的支反力 $P_1(N)$,与 $P$ 的作用方向相反。

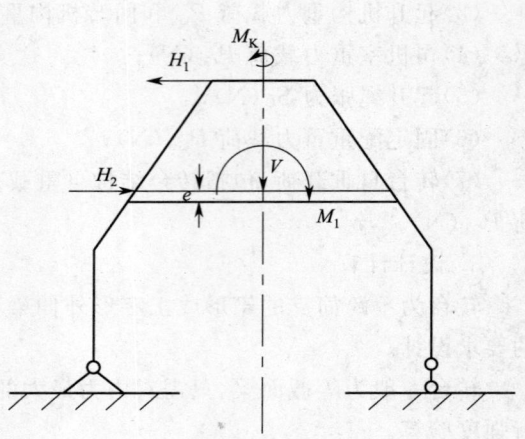

图 2-7-42 交叉门架单片刚架计算简图

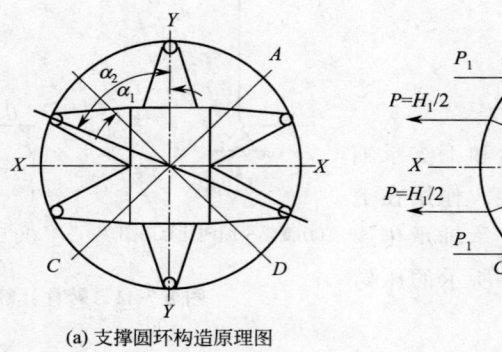

(a) 支撑圆环构造原理图

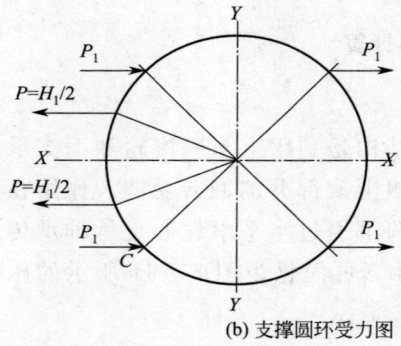

(b) 支撑圆环受力图

图 2-7-43 支承圆环计算简图

3. 内力计算

(1)门架结构按单片内部三次超静定结构计算,利用图 2-7-44 所示的单位载荷内力图用力法求解多余未知力。

(2)支承圆环按一个三次超静定对称结构计算,利用图 2-7-45 所示力学方法可求得三个多余

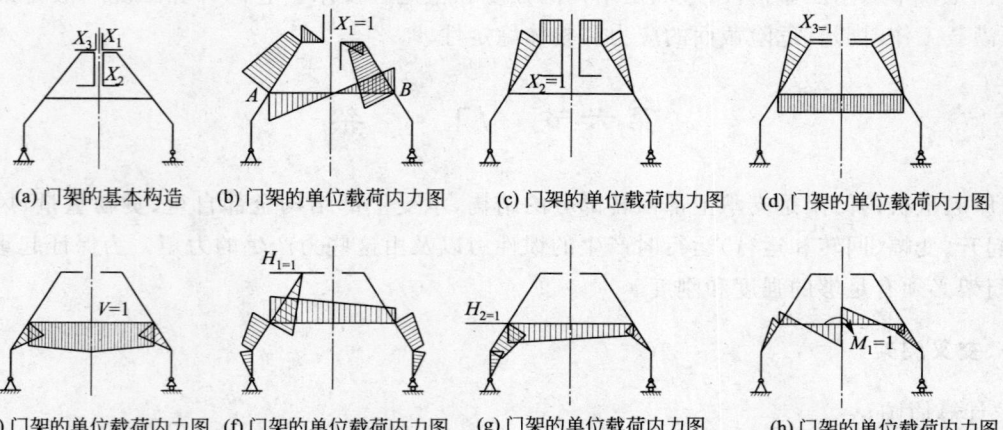

(a) 门架的基本构造　(b) 门架的单位载荷内力图　(c) 门架的单位载荷内力图　(d) 门架的单位载荷内力图

(e) 门架的单位载荷内力图　(f) 门架的单位载荷内力图　(g) 门架的单位载荷内力图　(h) 门架的单位载荷内力图

图 2-7-44 单位载荷内力图

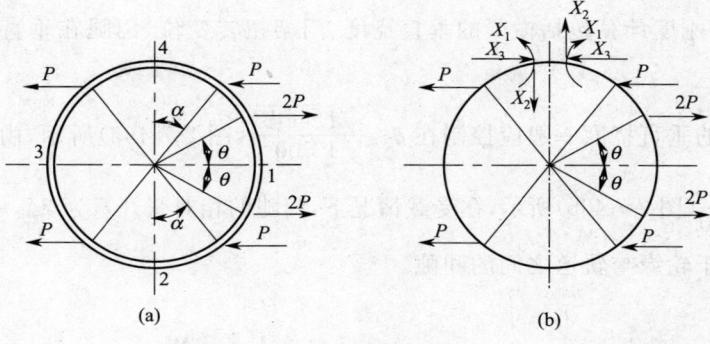

图 2-7-45 圆环计算简图

未知力。

$$X_1 = \frac{2PR}{\pi}\left(\frac{\pi}{2} - \theta\sin\theta - \cos\theta\right)$$
$$X_2 = \frac{2P}{\pi}(\cos^2\alpha - \sin^2\theta)$$
$$X_3 = P$$
(2-7-24)

由于结构对称,图 2-7-45a 中的 $\alpha = 45°$,圆环上各点的弯矩 $M$、拉力 $N$ 和剪切力 $Q$ 计算结果为:

$$M_1 = 2PR\left[\sin\theta - 0.196 - \frac{1}{\pi}(\theta\sin\theta + \cos\theta + \sin^2\theta)\right]$$
$$N_1 = 2P\left[\frac{1}{\pi}\left(\frac{1}{2} - \sin^2\theta\right)\right]$$
$$Q_1 = 0$$
(2-7-25)

$$M_2 = 2PR\left[0.646 - \frac{1}{\pi}(\theta\sin\theta + \cos\theta)\right]$$
$$N_2 = P$$
$$Q_2 = 2P\left[\frac{1}{\pi}\left(\sin^2\theta - \frac{1}{2}\right)\right]$$
(2-7-26)

$$M_3 = 2PR\left[\frac{1}{\pi}(1.72 - \theta\sin\theta - \cos\theta + \sin^2\theta)\right]$$
$$N_3 = -2P\left[\frac{1}{\pi}\left(\frac{1}{2} - \sin^2\theta\right)\right]$$
$$Q_3 = 0$$
(2-7-27)

$$M_\theta = 2PR\left[\sin\theta - 0.354 - \frac{1}{\pi}\left(\theta\sin\theta - \frac{1}{2}\cos\theta - \cos\theta \cdot \sin^2\theta\right)\right]$$
$$N_\theta = 2P\left[\frac{1}{\pi}\cos\theta\left(\frac{1}{2}\sin^2\theta\right) + \sin\theta\right]$$
$$Q_\theta = 2P\left[\frac{1}{\pi}\sin\theta\left(\sin^2\theta - \frac{1}{2}\right) + \cos\theta\right]$$
(2-7-28)

圆环径向变形为:

$$\Delta_x = \frac{2PR^3}{EI}\left[0.5\sin^2\theta - \frac{2}{\pi}(\theta\sin\theta + \cos\theta) + 0.543\right]$$
(2-7-29)

$$\Delta_y = \frac{2PR^3}{EI}\left[\sin\theta - 1.1366\left(\theta\sin\theta + \cos\theta + \frac{\pi}{2}\right)\right]$$
(2-7-30)

式中 $I$——圆环对垂直轴的截面惯性矩;

$E$——圆环材料的弹性模量。

(3)根据以上内力计算对交叉式门架进行强度计算。

(4)交叉门架的刚度计算包括横梁的垂直挠度、门架扭转变位、门腿在垂直于轨道方向的变形量三种。

门架交叉横梁的垂直挠度一般应控制在 $\delta \leqslant \dfrac{\sqrt{L^2+B^2}}{1\,500}$(图 2-7-46a)所示,由扭矩引起的水平位移应控制在 $\delta' \leqslant \dfrac{h}{1\,000}$(图 2-7-46b)所示,在受载情况下,门腿的相对张开量为 $2\Delta_P = 2\Delta\cos\varphi$(图 2-7-47),其值应控制在不大于轮缘与轨道之间的间隙。

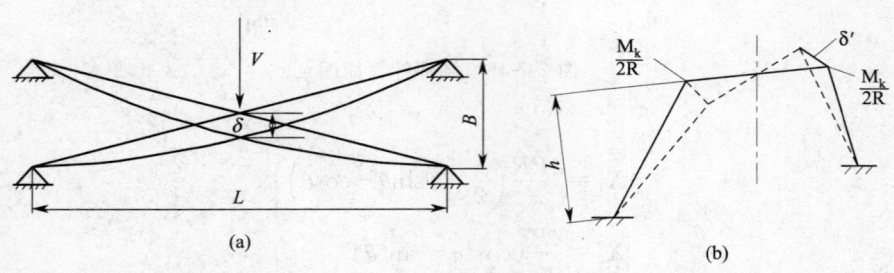

图 2-7-46 门架刚性计算简图

## 二、八撑杆门架

1. 计算简图

八撑杆门架通常分解成上圆环、八撑杆和下门架三部分结构进行计算,其计算简图如(图 2-7-48a,b,c,d,e)所示。

2. 计算载荷

(1)作用在门架上的载荷

1)由起重机回转部分传递来的作用力 $H_1$、$H_2$、和 $V$(N)。

2)由 $H_2$ 产生的附加力矩 $M_1 = H_2 \cdot e$(N·mm)。

3)门架上部支撑圆环处承受的扭矩 $M_k$(N·mm)。

4)门架的自重载荷 $G_m$(N)。

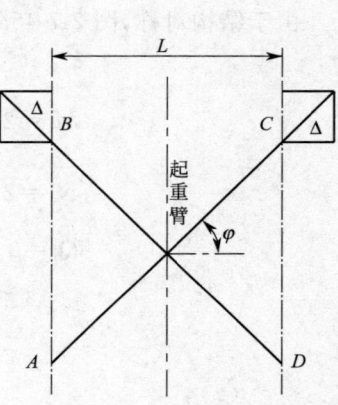

图 2-7-47 门架变形简图

作用在门架上的风载荷和惯性载荷可忽略不计。

(2)作用在上圆环的载荷

作用在上圆环的载荷有水平滚轮传到圆环上的水平力 $P = H_1/2$(N),八撑杆支承点传来的支承反力 $P$(N),方向与水平滚轮作用力相反。

(3)作用在八撑杆上的载荷

八撑杆两两成对,图 2-7-48c)为其中一个侧面的一对撑杆。作用在其上的载荷有:

1)圆环重力的 1/4 与撑杆总重力的 1/8 之和 $G$(N)。

2)由门架水平力 $H_1$ 及扭矩 $M_k$ 产生的作用在侧面一对撑杆上的水平力 $H_4$(N):

$$H_4 = \frac{1}{2}\left(H_1 + \frac{M_K}{2R}\right) \tag{2-7-31}$$

(4)作用在下门架的载荷

下门架一般由两片刚架和横梁组成,可取一片刚架进行载荷分析。

1)下门架自重载荷和 1/2 的撑杆重力和 $G'_m$(N)。

2)由撑杆作用在门架四角节点上的垂直载荷 $G$ 和 $Q'$。其中:

$$Q' = \frac{H_1 h_0}{2L} \tag{2-7-32}$$

式中 $h_0$——八撑杆的高度。

3) 由下转柱传给横梁的垂直力 $V$ 和水平力 $H_2$ 平均分配到两片刚架上。

4) 由 $H_2$ 产生的附加力矩 $M_1 = H_2 \cdot e$，通过横梁的扭转平均传到两片刚架上。

5) 由起重机扭转力矩 $M_K$ 产生的门架节点力 $M_K/2L$ 和 $M_K/2B$。

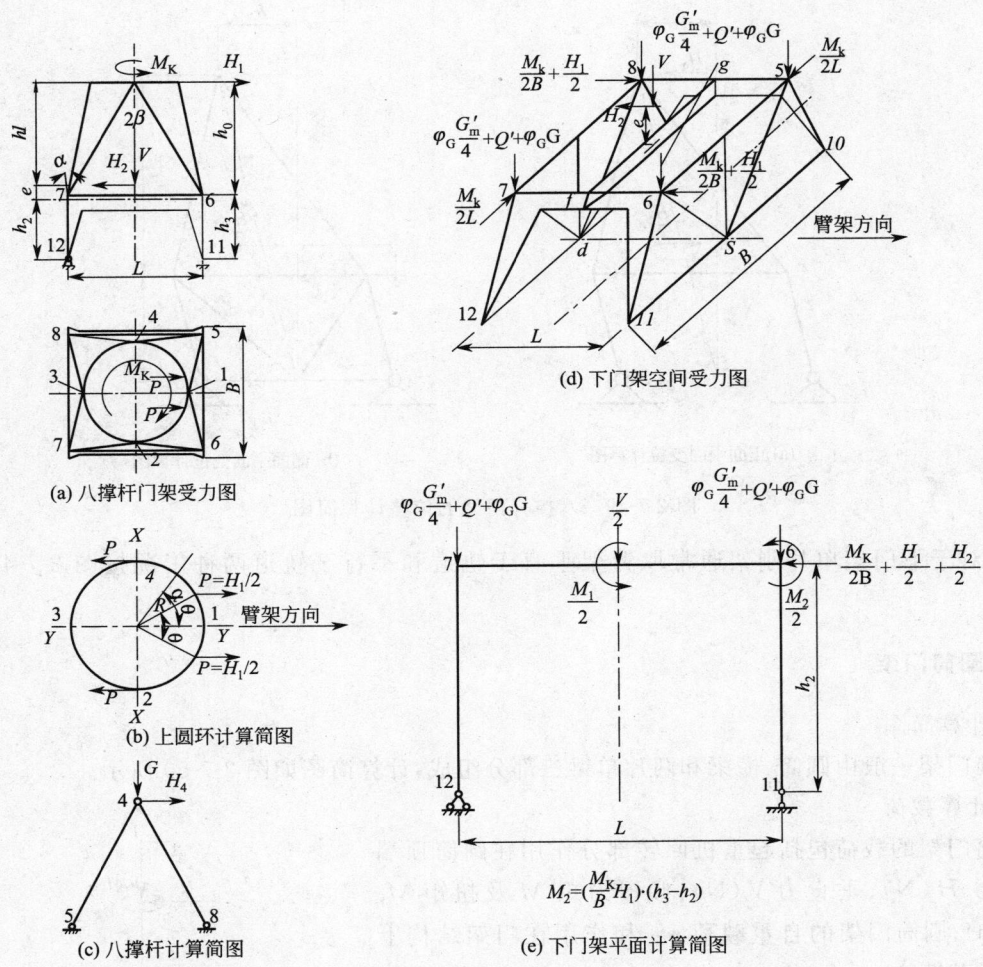

图 2-7-48 八撑杆门架简图

### 3. 设计计算

(1) 上圆环为内部三次超静定，其内力计算与交叉门架相同。

(2) 所有八撑杆均按最大受压情况计算其内力，由图 2-7-48c 可得撑杆中最大轴向压力为：

$$N_{4-8} = \frac{H_1 + \frac{M_K}{2R}}{4\sin\beta\cos\alpha} + \frac{G}{2\cos\beta\cos\alpha} \tag{2-7-33}$$

(3) 下门架单片刚架简化为静定的平面刚架结构（图 2-7-48e），可直接求得其内力图。

(4) 八撑杆门架的计算工况通常取最大幅度满载作业，且臂架处于与单片刚架相平行的平面内。

(5) 上圆环在 $X$、$Y$ 两个坐标轴方向（图 2-7-48b）的变形应按实际要求控制，其变形为：

$$\Delta_x = \frac{PR^3}{EI}\left[\frac{1}{2}(\sin^2\theta + 1) - \frac{2}{\pi}(\theta\sin\theta + \cos\theta)\right] \tag{2-7-34}$$

$$\Delta_y = \frac{PR^3}{EI}\left[\sin\theta - \frac{1}{2}(\sin\theta\cos\theta + \theta) - \frac{2}{\pi}(\theta\sin\theta + \cos\theta) + \frac{\pi}{4}\right] \tag{2-7-35}$$

式中 $I$——上圆环截面的水平惯性矩。

(6)八撑杆门架在 $X$、$Y$ 两个方向的水平位移(图 2-7-49)可根据以下要求控制:

$$\delta_1 = \delta_2 \leqslant \frac{h_1 + e + h_2}{700} \tag{2-7-36}$$

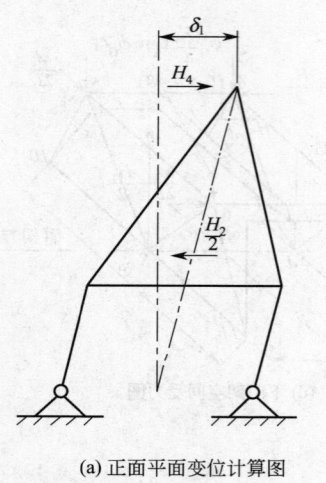
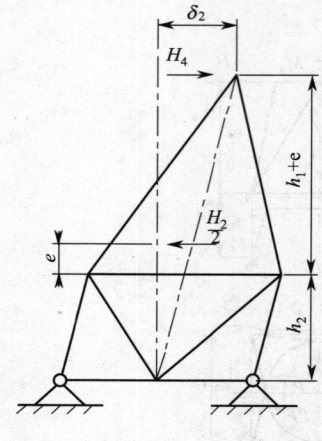

(a) 正面平面变位计算图　　　(b) 侧面平面变位计算图

图 2-7-49　八撑杆门架的位移计算简图

(7)对于下门架单片刚架通常取臂架垂直于轨道和平行于轨道两种工况按图 2-7-48e 进行计算。

### 三、圆筒门架

1. 计算简图

圆筒门架一般由圆筒、横梁和两片单梁三部分组成,计算简图如图 2-7-50 所示。

2. 计算载荷

圆筒门架的载荷包括起重机回转部分作用在圆筒顶端的水平力 $H$(N)、垂直力 $V$(N)、倾覆力矩 $M$ 及扭矩 $M_k$(N·mm);圆筒门架的自重载荷 $q_{TG}$ 和作用在门架结构上的均布风载荷 $q_w$。

3. 设计计算

(1)圆筒门架的计算可简化成圆筒、横梁和端梁分别按静定结构直接求出各自的内力图。

(2)计算工况一般取最大幅度满载作业,且臂架分别位于垂直于轨道和平行于轨道位置。

(3)圆筒上端的水平位移应根据要求进行控制,计算式为:

$$\delta_x = \frac{Hl^3}{3EI} + \frac{Ml^2}{2EI} \leqslant [\delta_x] \tag{2-7-37}$$

式中 $I$——圆筒截面的惯性矩($mm^4$);

　　　$E$——圆筒材料的弹性模量(MPa);

　　　$[\delta_x]$——要求控制的许用位移量(mm),推荐值为圆筒高度的 1/350。

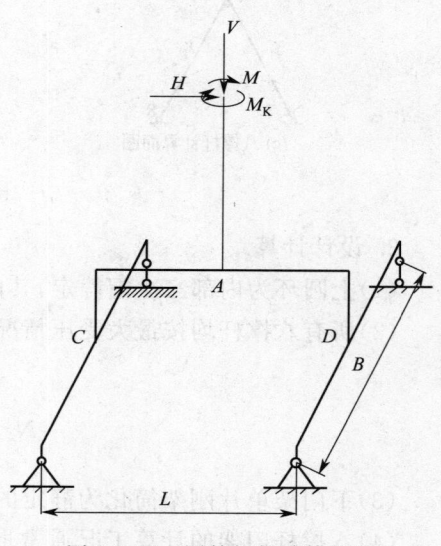

图 2-7-50　圆筒门架计算简图

(4)圆筒结构为压弯结构,应保证其整体稳定性和局部稳定性。

# 第八章　轮式起重机金属结构设计计算

轮式起重机金属结构主要由三部分构成：吊臂或臂架系统、转台及车架，如图 2-8-1 所示。

吊臂或臂架系统是轮式起重机的主要受力构件，吊臂的设计合理与否，直接影响到起重机的承载能力、整机稳定性和自重。为了提高产品的性能和竞争力，吊臂截面的选择及外观均要合理，并保证其强度、刚度及稳定性。

转台是用来安装吊臂、起升机构、变幅机构、旋转机构、配重、发动机和司机室等的机架。转台通过旋转支承装置安装在起重机的底架上。为了保证起重机正常工作，转台应具有足够的强度和刚度。对于轮式和轨行式起重机，为了有较好的通过性，转台的外形尺寸应尽量小，转台上机构的配置应紧凑，并使转台受力合理。

车架用来安装轮式起重机的底盘及运行部分，同时将起重机上车的载荷传递到支腿或车轮，车架必须保证具有足够的强度和刚度，机构配置应合理，使车架具有良好的力学性能，并保证整机具有良好的维修性。

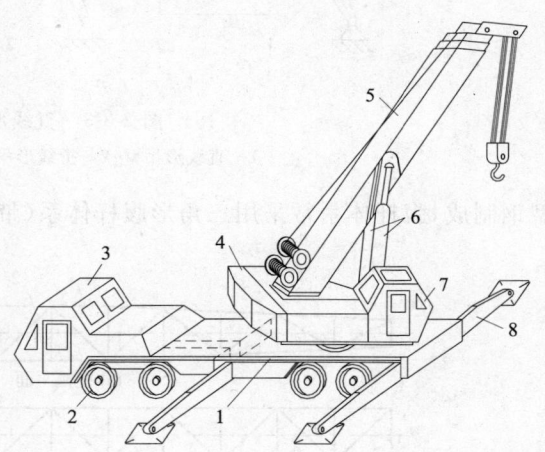

图 2-8-1　轮式起重机结构简图
1—车架；2—走行装置；3—驾驶室；4—转台；5—吊臂；
6—变幅油缸；7—起重机操纵室；8—支腿

## 第一节　吊臂结构的形式与分类

轮式起重机吊臂的结构形式根据变幅方式的不同分为定长式吊臂和伸缩式吊臂两种（图 2-8-2）；根据基本构件的型式不同分为桁架式吊臂和箱形吊臂。

### 一、桁架式吊臂

桁架式吊臂由钢管、型钢或异型钢管制作而成。通常是用柔性的钢丝绳牵拉吊臂端部实现变幅，故吊臂是以受压为主的压弯构件。吊臂可以制成轴向为直线形或折线形两种形式（图 2-8-3）。其中直线形吊臂结构简单，制造方便，受力情况较好。为了增大臂下作业空间，提高起重机的起升高度，扩大工作范围，还可以在臂端安装直线形副臂。折线形吊臂能充分利用臂下空间，但吊臂构造复杂，受力情况不好，制造工艺也较复杂。

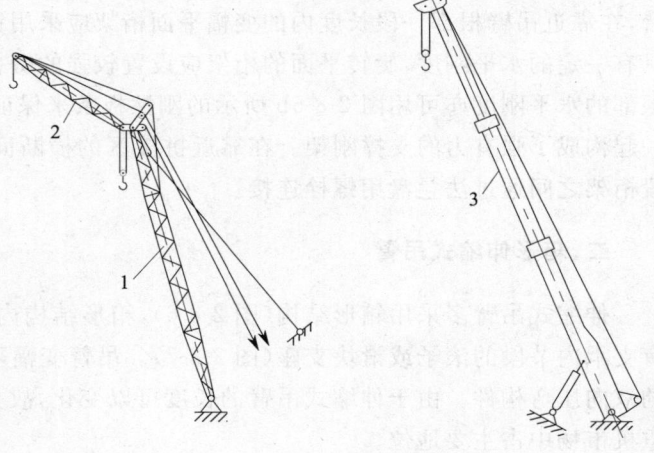

图 2-8-2　轮式起重机吊臂结构简图
1—桁架式主臂；2—桁架式副臂；3—箱形伸缩臂

吊臂的断面可制成矩形或三角形截面形式，吊臂的弦杆和腹杆由无缝钢管、方形钢管和角钢等

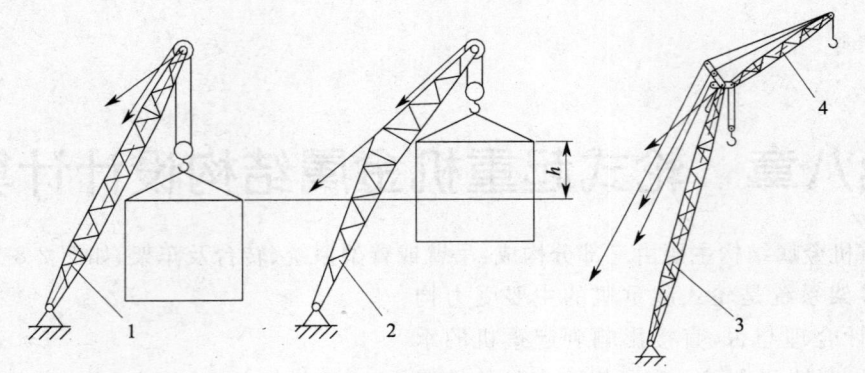

图 2-8-3　直线形与折线形桁架式吊臂
1—直线形吊臂；2—折线形吊臂；3—直线形主臂；4—直线形副臂

型钢制成，腹杆体系常采用三角形腹杆体系（带竖杆或不带竖杆），如图 2-8-4 所示。

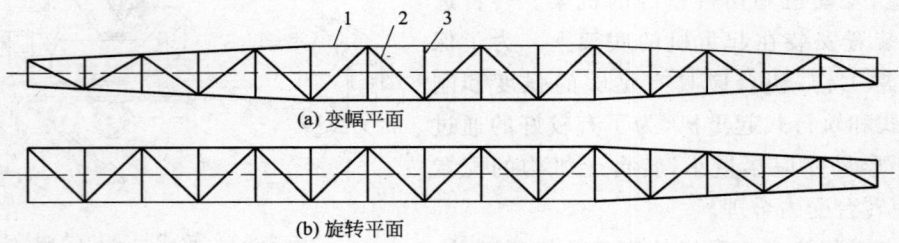

图 2-8-4　桁架式吊臂腹杆体系简图
1—弦杆；2—斜腹杆；3—竖腹杆

根据吊臂的受力特点及构造要求，吊臂在变幅平面的两片桁架通常制成中间部分为等截面的平行弦杆、两端为梯形的结构形式（图 2-8-4a）。旋转平面的两片桁架则制成端部尺寸小、根部尺寸大的形式（图 2-8-4b）。为了能够拼接成不同长度的吊臂，在桁架式吊臂的中间部分可以制成几段等截面形式。

桁架式吊臂结构的端部、根部及拼接区的构造设计必须合理，其常用结构形式如图 2-8-5 所示。吊臂端部通常用钢板代替腹杆体系，以保证端部具有足够的刚性。为了更好地将压力传至转台，在靠近吊臂根部一段长度内的变幅平面桁架应采用钢板加强。此外，为了保证桁架式吊臂根部具有一定的水平刚度，旋转平面的桁架应设置较强的缀板，缀板的位置应尽量靠近支承铰点。吊臂根部的水平刚度亦可用图 2-8-5b 所示的刚性板条来保证，刚性板条同旋转平面桁架的腹杆及弦杆一起构成了强有力的支撑刚架。在靠近拼接区的横断面中应设置横向刚架（图 2-8-5c），拼接区各段桁架之间通过法兰盘用螺栓连接。

**二、箱形伸缩式吊臂**

伸缩式吊臂多采用箱形结构（图 2-8-6），箱形结构内装有伸缩油缸，在吊臂的每个外节段内装有支承内节段的滚子或滑块支座（图 2-8-7）。吊臂变幅采用液压缸来实现，因此吊臂是以受弯为主的双向压弯构件。由于伸缩式吊臂的长度可以变化，故具有良好的通过性，适用范围广，在轮式起重机市场中占主要地位。

（一）按基本臂轴线形式分类

按基本臂轴线形式可分为折臂形与直臂形（图 2-8-7）。

折臂形基本臂可使臂根部铰点位置降低，使转台部件容易布置，吊臂与转台间的铰点一般位于回转中心的后方。

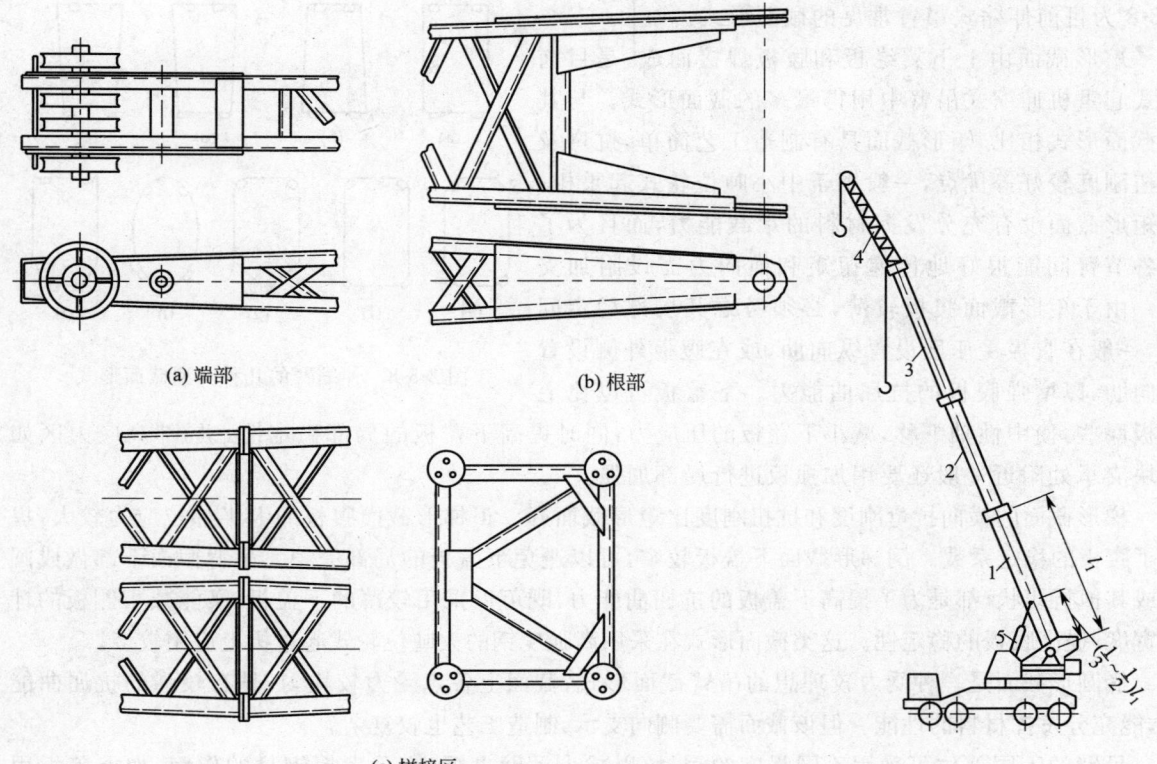

图 2-8-5 桁架式吊臂局部结构简图

图 2-8-6 伸缩式吊臂结构简图
1—基本臂;2、3—伸缩臂;4—桁架式副臂;5—变幅液压油缸

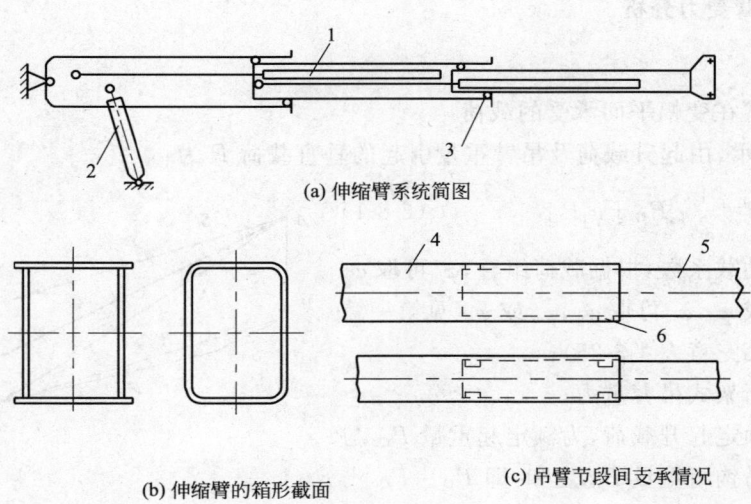

图 2-8-7 伸缩式吊臂结构形式
1—伸缩油缸;2—变幅油缸;3—支承辊子;4—伸缩臂的外节段;5—伸缩臂的内节段;6—滑块支座

吊臂根部铰点、变幅油缸与基本臂及转台的连接铰点,此三铰点的布置合理与否,对整机性能及主要参数的确定至关重要,通常需要按多目标决策问题采用优化方法确定合理的三铰点位置。

(二)按吊臂结构截面形式分类

由于伸缩臂是双向压弯构件,除受整体强度、刚度、稳定性的约束限制外,还受局部稳定性约束。因此采用何种截面形式使吊臂的自重较小、充分利用材料,是伸缩式吊臂设计的关键技术。图

2-8-8 为目前伸缩式吊臂常见的截面形式。

矩形截面由上下翼缘板和腹板焊接而成,是目前轮式起重机伸缩式吊臂中用得最多的截面形式。与其他截面形式相比,矩形截面具有制造工艺简单,抗弯及抗扭刚度较好等优点,一般用于中小吨位轮式起重机。但矩形截面没有充分发挥材料的承载能力,而且为了使各节臂间能很好地传递扭矩和横向力需设附加支承。由于矩形截面腹板较薄,必须考虑其局部稳定问题,一般在腹板受压区设置纵向肋,或在腹板外侧设置斜向肋,以增强腹板的抗屈曲能力。下盖板可以比上盖板厚些,使中性轴下移,减小下盖板的压应力,同时提高下盖板的局部稳定性。局部高应力区如滑块支承处附近一般还要用加强板进行局部加强。

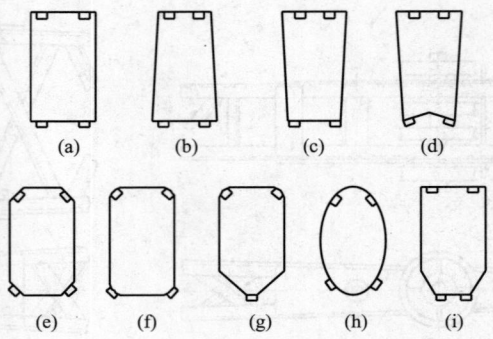

图 2-8-8 伸缩臂的几种典型截面形式

梯形截面的横向抗弯刚度和抗扭刚度比矩形截面好。正梯形截面腹板的上半部拉应力较大,提高了腹板的稳定系数。倒梯形截面下盖板较窄,可以避免下盖板的局部失稳。吊臂截面下部做成圆形或其他折线状,都是为了提高下盖板的抗屈曲能力,既可以采用较薄的下盖板,又能减小侧板的计算宽度,提高腹板的稳定性。这类截面形式在采用高强度钢的大吨位轮式起重机上应用较多。

椭圆形截面是一种受力较理想的吊臂截面形式,截面上各点受力较均匀,具有较强的抗屈曲能力,能充分发挥材料的性能。但该截面需要侧向支承,制造工艺也较复杂。

吊臂的不同部位可采用不同强度的钢材,以减小吊臂自重,充分发挥钢材的作用,如上盖板用高强度钢,下盖板用普通钢等来制造吊臂。

## 第二节 桁架式吊臂的设计计算

### 一、桁架式吊臂受力分析

(一)变幅平面

1. 桁架式吊臂在变幅平面承受的载荷

如图 2-8-9 所示,由起升载荷及吊臂重量引起的垂直载荷 $P$ 为:

$$P = \frac{1}{2}\varphi_i P_G + \varphi_j P_Q \quad (2\text{-}8\text{-}1)$$

式中 $\varphi_i, \varphi_j$——动载系数,根据载荷组合,$\varphi_i$ 可取 $\varphi_1$ 或 $\varphi_4$,$\varphi_j$ 可取 $\varphi_2$、$\varphi_3$ 或 $\varphi_4$(见第一篇第三章表 1-3-25);

$P_G$——桁架式吊臂重力;

$P_Q$——额定起升载荷,为额定起重量 $P_{Q0}$ 与吊钩组重量 $P_{G0}$ 之和,即 $P_Q = P_{Q0} + P_{G0}$。

起升绳拉力 $S$:

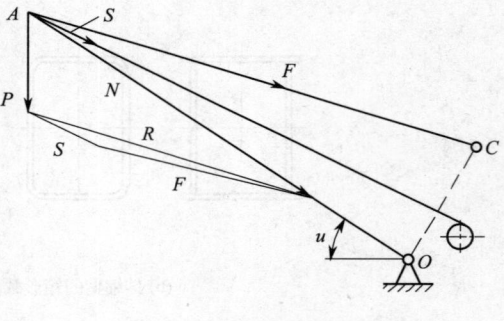

图 2-8-9 变幅平面吊臂受力简图

$$S = \varphi_j P_Q / (m \cdot \eta) \quad (2\text{-}8\text{-}2)$$

式中 $m$——起升滑轮组倍率;

$\eta$——起升滑轮组效率。

起升绳拉力 $S$ 位于臂架端点与起升卷筒的连线上,因此其大小及方向都是确定的。

变幅滑轮组拉力 $F$:

变幅滑轮组拉力 $F$ 的大小未知,其方向与吊臂端点和人字架定滑轮轴心(或变幅卷筒)的连线相一致。

### 2. 计算假定

假定 $P$、$S$ 和 $F$ 汇交于桁架式吊臂端点,其合力沿吊臂轴线方向,则桁架式吊臂在变幅平面可视为两端简支的中心受压构件。

### 3. 用作图法或解析法求轴向力 $N$

参看图 2-8-9,桁架式吊臂端点 $A$ 共有四个力作用,其中力 $P$ 和 $S$ 的大小和方向都是确定的,而力 $F$ 和 $N$ 的大小未知但方向已知,故可用作图法或解析法求出 $F$ 和 $N$。

根据力多边形原则可以求出 $S$ 与 $F$ 的合力 $R$。由于起升绳拉力 $S$ 较变幅滑轮组拉力 $F$ 小得多,因此合力 $R$ 的方向与 $F$ 的方向很接近。$P$、$S$ 和 $F$ 的合力与轴向压力 $N$ 大小相等,方向相反。

## (二)旋转平面

桁架式吊臂在旋转平面视为根部固定、端部自由的悬臂梁,主要承受下列三种横向载荷:

### 1. 货物偏摆引起的载荷

在轮式起重机中,货物一般通过钢丝绳悬挂在吊臂端部,货物在风力和旋转机构起动或制动惯性力作用下偏离铅垂线一个角度 $\alpha$(规范规定 $\alpha=3°\sim6°$),由此在吊臂端部引起的侧向力 $T_h$ 为:

$$T_h = P_Q \tan\alpha = (0.05 \sim 0.10) P_Q \tag{2-8-3}$$

### 2. 吊臂的风载荷和惯性载荷

吊臂在旋转机构起、制动时的惯性载荷以及作用于吊臂的风载荷,以分布载荷的形式作用于吊臂的侧面。为简化计算,通常取吊臂惯性载荷 $P_H$ 和风载荷 $P_W$ 的 40% 以集中力 $T_b$ 的形式作用于吊臂端部,即 $T_b = 0.4(P_W + P_H)$。

### 3. 臂端力矩

如果用副臂进行吊重作业,则作用于副臂的侧向载荷转化到主臂端部时,除侧向力外还有臂端力矩 $M_L$。

综上所述,主臂在旋转平面的载荷包括:轴向压力 $N$、臂端侧向力 $T = T_h + T_b$ 及臂端力矩 $M_L$。

## (三)$\alpha$ 系数的确定

桁架式吊臂通常采用滑轮组变幅。由于变幅滑轮组拉力 $F$ 和起升绳拉力 $S$ 的作用,使轴向压力 $N$ 在吊臂旁弯过程中方向发生变化,用来表征轴向压力方向变化的参数为 $\alpha$ 系数。

由于起升绳拉力 $S$ 较变幅滑轮组拉力 $F$ 小得多,通常可忽略起升绳拉力 $S$ 的影响,如图 2-8-10,若 $\overline{AC}=F$,则 $\overline{CO'}=P$,$\overline{AO'}=N$。在吊臂受侧向力作用发生旁弯时,力三角形 $ACO'$ 以 $\overline{CO'}$ 为轴线旋转,合力 $N$ 绕 $O'$ 旋转而改向,则 $\overline{OO'}=\alpha L$。根据相似三角形可求出 $\alpha$,即

$$\alpha = \frac{\overline{OO'}}{L} = \frac{b}{a} \tag{2-8-4}$$

式中　$\alpha$——轴向压力方向变化系数;

　　　$a$——吊钩中心至吊臂根部铰点间的水平距离;

　　　$b$——吊臂根部铰点至人字架顶点间的水平距离。

## 二、桁架式吊臂的强度计算

### (一)桁架式吊臂的截面弯矩

#### 1. 用微分方程法求截面弯矩

采用滑轮组变幅的桁架式吊臂在变幅平面内按两端简支中心受压构件计算,在旋转平面内按臂根固定、臂端自由受纵横弯曲作用的压弯构件计算,因此后者是吊臂最不利的计算情况。

如图 2-8-11 所示,考虑到吊臂旁弯过程中压力 $N$ 绕 $O'$ 转动的情况,则距吊臂根部为 $x$ 的截面弯矩为:

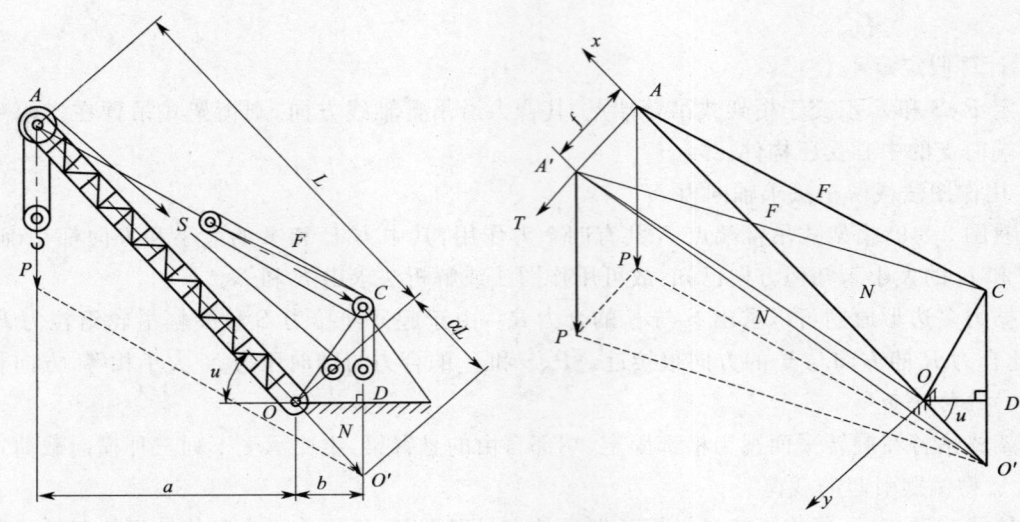

图 2-8-10

$$M(x) = T(L-x) + N\left(\frac{x+\alpha L}{L+\alpha L}f - y\right) + M_L \tag{2-8-5}$$

吊臂根部($x=0$ 处)弯矩为：

$$M_0 = TL + \frac{\alpha}{1+\alpha}f \cdot N + M_L \tag{2-8-6}$$

式中 $f$——臂端挠度，可按式(2-8-16)或式(2-8-17)计算。

$M_L = 0$ 时最大弯矩截面位置：

$$\bar{x} = L\left(1 - \frac{\pi}{2kL}\right) \tag{2-8-7}$$

$$k = \sqrt{N/(EI_z)} \tag{2-8-8}$$

式中 $I_z$——吊臂截面对 $Z$ 轴的惯性矩。

$M_L = 0$ 时的最大弯矩：

$$M_{max} = M_0/\sin(kL) \tag{2-8-9}$$

最大弯矩截面位置与压力 $N$ 的大小有关，压力增大，最大弯矩截面离吊臂根部越远；压力减小，最大弯矩截面离吊臂根部越近。当压力过小，甚至会出现最大弯矩截面坐标 $\bar{x}$ 为负值的情况，这时应取 $\bar{x}=0$ 作为危险截面。由于桁架式吊臂根部一般都被加强，因此常取距吊臂根部最近而又没有被加强的截面为危险截面。实践证明，轮式起重机桁架式吊臂的破坏通常是在超载情况下在离吊臂根部不远位置处发生横向破坏。

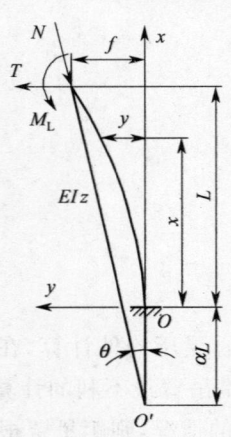

图 2-8-11 旋转平面吊臂受力简图

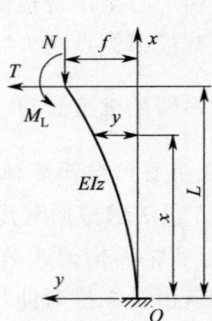

图 2-8-12

## 2. 用放大系数法求截面弯矩

如图 2-8-12 所示,将吊臂在旋转平面的计算简图简化为等截面、臂端作用有定向轴向压力 $N$、横向力 $T$ 及力矩 $M_L$ 的压弯构件。则吊臂任一截面的弯矩为:

$$M(x) = N(f-y) + M_W(x) \qquad (2\text{-}8\text{-}10)$$

式中 $M_W(x)$ ——由横向力和力矩引起的弯矩:

$$M_W(x) = T(L-x) + M_L \qquad (2\text{-}8\text{-}11)$$

根据材料的弹性理论推导出:

$$M(x) = \frac{M_W(x)}{1 - \dfrac{N}{N_{cr}}} \qquad (2\text{-}8\text{-}12)$$

$$N_{cr} = \frac{\pi^2 E I_z}{(\mu L)^2} \qquad (2\text{-}8\text{-}13)$$

式中 $N_{cr}$ ——吊臂在旋转平面的临界力;
$\mu$ ——折算长度系数,$\mu = \mu_1 \mu_2 \mu_3$,具体计算见式(2-8-21);
$1 - \dfrac{N}{N_{cr}}$ ——弯矩放大系数。

### (二)桁架式吊臂的强度计算

$$\sigma = \frac{N}{A} + \frac{M(\bar{x})}{W_z} \leqslant [\sigma] \qquad (2\text{-}8\text{-}14)$$

或

$$\sigma = \frac{N}{A} + \frac{M_W(x)}{\left(1 - \dfrac{N}{0.9 N_{cr}}\right) W_z} \leqslant [\sigma] \qquad (2\text{-}8\text{-}15)$$

式中 $M(\bar{x})$ ——最大截面弯矩;
$A$ ——计算截面各弦杆净截面面积之和;
$W_z$ ——计算截面各弦杆对 $Z$ 轴的净截面抗弯模数;
$[\sigma]$ ——钢材许用应力。

为了使许用应力法与极限状态法计算时的结果有相近的安全度,通常将放大系数取为 $\dfrac{1}{1 - \dfrac{N}{0.9 N_{cr}}}$。

## 三、桁架式吊臂的刚度校核

桁架式吊臂只需计算回转平面的臂端水平侧向挠度。计算载荷取相应工作幅度的额定起重量 $P_{Q0}$ 及臂端 $T = 0.05 P_{Q0}$ 的侧向力,不考虑吊具及臂架结构自重。

### (一)臂端挠度

1. 用微分方程法求臂端挠度

由图 2-8-11 可求得臂端挠度为:

$$f = \frac{1+\alpha}{N(1+kL\alpha \cot kL)} \left[ TL(1 - kL \cot kL) + kL M_L \left( \frac{1}{\sin kL} - \cot kL \right) \right] \qquad (2\text{-}8\text{-}16)$$

式中 $\alpha, k$ ——同式(2-8-4)及式(2-8-8)。

2. 用放大系数法求臂端挠度

$$f = \frac{f_W}{1 - \dfrac{N}{N_{cr}}} \qquad (2\text{-}8\text{-}17)$$

式中 $f_W$ ——仅由横向力及力矩引起的臂端挠度:

$$f_W = \frac{TL^3}{3EI_z} + \frac{M_L L^2}{2EI_z} \tag{2-8-18}$$

$$N_{cr} = \frac{\pi^2 EI_z}{(\mu L)^2}$$

式(2-8-16)及式(2-8-18)中，$M_L$ 为 $T=0.05P_{Q0}$ 作用于副臂时引起的，无副臂则 $M_L=0$。当臂架结构为大变形时，挠度 $f$ 宜采用非线性分析方法计算。

(二) 桁架式吊臂的刚度校核

桁架式吊臂的刚度校核式为：

$$f = \frac{1+\alpha}{N(1+kL\alpha \cot kL)}\left[TL(1-kL\cot kL)+kLM_L\left(\frac{1}{\sin kL}-\cot kL\right)\right] \leqslant [f] \tag{2-8-19}$$

或

$$f = \frac{f_W}{1-\dfrac{N}{0.9N_{cr}}} \leqslant [f] \tag{2-8-20}$$

式中　$[f]$——臂端容许挠度，根据 GB/T 6068—2008《汽车起重机和轮胎起重机试验规范》，对桁架式吊臂，取 $[f]=L/100$，$L$ 为臂长。

**四、桁架式吊臂的整体稳定性校核**

1. 桁架式吊臂的临界力

桁架式吊臂的临界力按下式计算：

$$N_{cr} = \eta \frac{\pi^2 EI_z}{(\mu_1\mu_2\mu_3 L)^2} = \eta \cdot \frac{\pi^2 EA}{\lambda_z^2} = \frac{\pi^2 EA}{\lambda_h^2} \tag{2-8-21}$$

对矩形截面的桁架式吊臂，换算长细比 $\lambda_h$ 为：

$$\lambda_h = \frac{\lambda_z}{\sqrt{\eta}} = \sqrt{\lambda_z^2 + 40\frac{A_0}{A}}$$

$$\lambda_z = \frac{\mu_1\mu_2\mu_3 L}{\sqrt{I_z/A}}$$

式中　$\mu_1$——由吊臂支承条件决定的长度系数，桁架式吊臂在旋转平面为臂根固定、臂端自由，故 $\mu_1=2$；

　　　$\mu_2$——变截面长度系数，将变截面桁架式吊臂（图 2-8-13）转化为等截面臂（等效臂）时，等截面臂的惯性矩取变截面臂的最大惯性矩，等截面臂的计算长度为 $\mu_2 L$，$\mu_2$ 由表 2-8-1 查取；

　　　$\mu_3$——考虑拉臂钢丝绳或起升钢丝绳阻碍臂架在回转平面内变形的长度系数，按式(2-8-22)计算，当计算值小于 0.5 时，取 $\mu_3=0.5$；

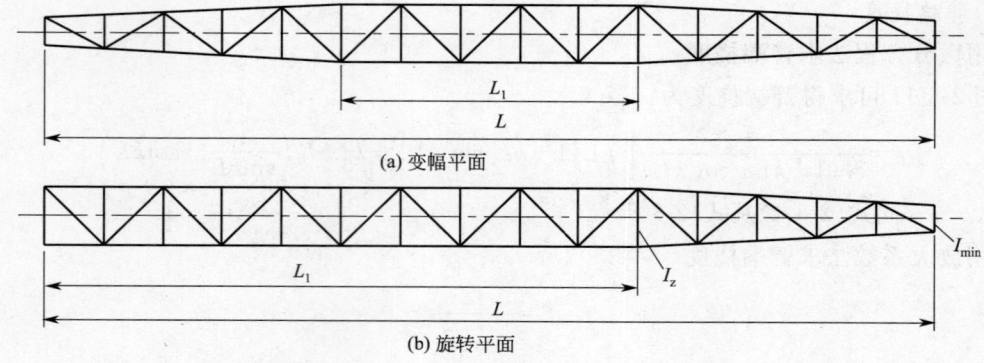

图 2-8-13　桁架式吊臂简图

$$\mu_3 = 1 - \frac{a}{2b} \tag{2-8-22}$$

其中 $a, b$——几何参数,见图 2-8-14;

$\eta$——桁架式吊臂临界力折减系数,考虑剪力影响后,压杆的临界力将下降;

$\lambda_h$——桁架式吊臂的换算长细比;

$\lambda_z$——计算截面绕 $Z$ 轴的长细比;

$A_0$——计算截面所截旋转平面内两片桁架斜腹杆截面面积之和;

$A$——各弦杆毛截面面积之和。

**2. 桁架式吊臂的整体稳定性校核**

桁架式吊臂的整体稳定性按下式验算:

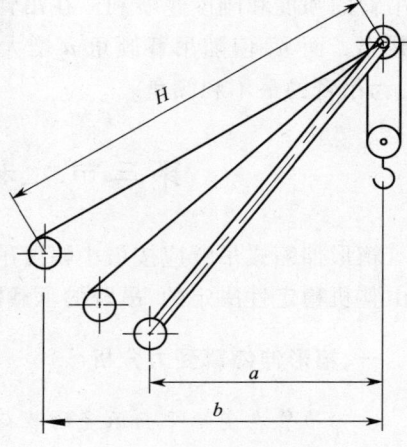

图 2-8-14 几何参数 $a$、$b$

表 2-8-1 变截面长度系数 $\mu_2$ 值

| $\dfrac{I_{\min}}{I_z}$ $\dfrac{L_1}{L}$ | 0.0001 | 0.01 | 0.1 | 0.2 | 0.3 | 0.4 | 0.5 | 0.6 | 0.7 | 0.8 | 0.9 | 1.0 |
|---|---|---|---|---|---|---|---|---|---|---|---|---|
| 0 | 3.14 | 1.69 | 1.35 | 1.25 | 1.18 | 1.14 | 1.10 | 1.08 | 1.05 | 1.03 | 1.02 | 1.0 |
| 0.2 | 1.82 | 1.45 | 1.22 | 1.15 | 1.11 | 1.08 | 1.06 | 1.05 | 1.03 | 1.02 | 1.01 | — |
| 0.4 | 1.44 | 1.23 | 1.11 | 1.07 | 1.05 | 1.04 | 1.03 | 1.02 | 1.01 | 1.01 | 1.00 | — |
| 0.6 | 1.14 | 1.07 | 1.03 | 1.02 | 1.02 | 1.01 | 1.01 | 1.01 | 1.00 | 1.00 | 1.00 | — |
| 0.8 | 1.01 | 1.01 | 1.00 | 1.00 | 1.00 | 1.00 | 1.00 | 1.00 | 1.00 | 1.00 | 1.00 | — |

注:$I_z$——变截面臂的最大惯性矩;$L_1$——等截面部分长度,见图 2-8-13。

$$\sigma = \frac{N}{\varphi A} + \frac{M(\bar{x})}{W_z} \leqslant [\sigma] \tag{2-8-23}$$

或

$$\sigma = \frac{N}{\varphi A} + \frac{M_W(x)}{\left(1 - \dfrac{N}{0.9 N_{cr}}\right) W_z} \leqslant [\sigma] \tag{2-8-24}$$

式中 $A$——各弦杆毛截面面积之和;

$W_z$——计算截面各弦杆对 $Z$ 轴的毛截面抗弯模数;

$\varphi$——轴压稳定系数,由 $\lambda_h$ 查表,见本篇第一章第四节。

其余符号意义同式(2-8-14)、式(2-8-15)。

### 五、桁架式吊臂的腹杆体系

为了便于制造,吊臂的腹杆一般采用相同截面的杆件。由于腹杆受力较小,可按容许长细比 $[\lambda]$ 确定断面所需的回转半径 $r$,用 $r$ 选择腹杆所用型钢,即:

$$\lambda = l_c / r \leqslant [\lambda] \tag{2-8-25}$$

$$r \geqslant \frac{l_c}{[\lambda]} \tag{2-8-26}$$

式中 $l_c$——腹杆的计算长度,当腹杆挠曲方向在桁架平面内时 $l_c = 0.8l$,当腹杆挠曲方向在桁架平面外时 $l_c = l$,$l$ 为腹杆的几何长度;

$r$——腹杆断面对某轴的回转半径;

$[\lambda]$——腹杆容许长细比,取 $[\lambda] = 200$。

### 六、桁架式吊臂的最不利倾角

由式(2-8-17)可知,臂端挠度随临界力的减小而增大,进而使吊臂应力增大。因此临界力越小对吊臂的强度和刚度越不利。在吊臂结构确定的情况下，临界力随钢丝绳影响长度系数 $\mu_3$ 的增大而减小。而 $\mu_3$ 值随吊臂倾角 $u$ 增大而增大，当吊臂位于最大倾角 $u_{max}$ 时，$\mu_3$ 达到最大值。因此，$u_{max}$ 为吊臂的最不利倾角。

## 第三节　箱形伸缩式吊臂的设计计算

箱形伸缩式吊臂应按最小幅度吊最大起重量的工况进行计算。最大幅度时起吊的最小起重量是由整机稳定性决定的，吊臂的承载能力有富余，不必验算。

### 一、箱形伸缩臂受力分析

(一)吊臂在变幅平面承受的载荷

1. 垂直载荷 $P$

$$P = \frac{1}{3}\varphi_i P_G + \varphi_j P_Q \tag{2-8-27}$$

式中　$P_G$——伸缩臂重力。

其余符号意义同式(2-8-1)。

2. 起升绳拉力 $S$

$S$ 计算同式(2-8-2)。将起升绳拉力 $S$ 分解为平行吊臂轴线方向的分力 $S_1 = S \cdot \cos\beta_1$ 和垂直吊臂轴线方向的分力 $S_2 = S \cdot \sin\beta_1$（图 2-8-15）；将垂直载荷 $P$ 分解为平行吊臂轴线方向的分力 $P_1 = P \cdot \sin u$ 和垂直吊臂轴线方向的分力 $P_2 = P \cdot \cos u$。则伸缩臂在变幅平面承受的外力为：

轴向力　　　　　　　　　$N = S\cos\beta_1 + P\sin u = S_1 + P_1 \tag{2-8-28}$

横向力　　　　　　　　　$T_z = P\cos u - S\sin\beta_1 = P_2 - S_2 \tag{2-8-29}$

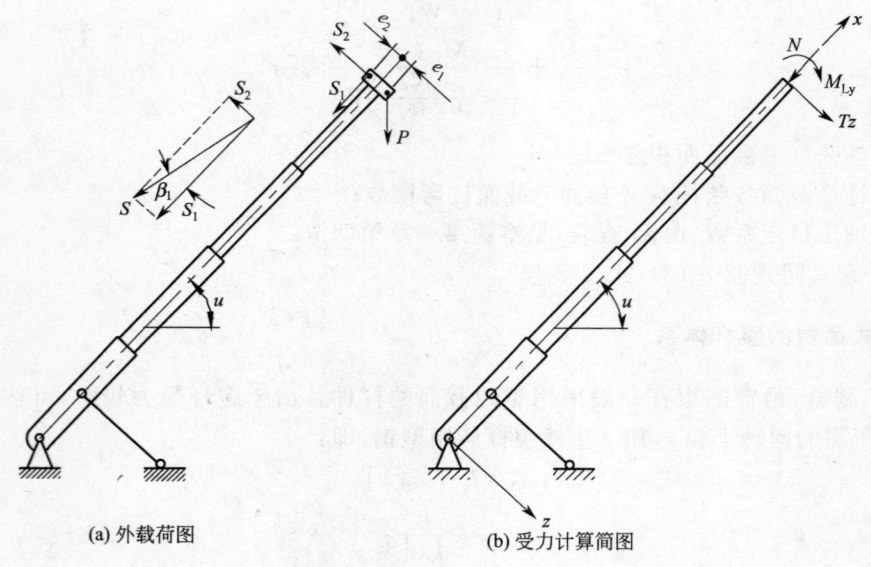

(a) 外载荷图　　　　　　　　(b) 受力计算简图

图 2-8-15　变幅平面伸缩臂受力简图

由 $P_Q$ 和起升绳拉力 $S$ 对吊臂轴线偏心引起的力矩为：

$$M_{Ly} = \varphi_j P_Q e_1 \sin u - S_1 e_2 \tag{2-8-30}$$

式中　$u$——伸缩臂在变幅平面的倾角；

　　　$e_1$——臂端定滑轮与吊臂轴线的偏心距；

　　　$e_2$——臂端导向滑轮与吊臂轴线的偏心距。

吊臂在变幅平面的计算简图可视为简支外伸梁，它的两个支点是臂根的铰接点和变幅油缸支承点。

(二) 吊臂在旋转平面承受的载荷

1. 侧向载荷

伸缩臂在旋转平面的侧向载荷包括货物的偏摆载荷 $T_h = P_Q \tan\alpha (\alpha=3°\sim6°)$；转化到臂端的吊臂风载荷和惯性载荷 $T_b = 0.4(P_W + P_H)$，式中 $P_W$ 和 $P_H$ 为吊臂侧面迎风的风力和吊臂惯性力，则侧向力 $T_y$ 为：

$$T_y = T_h + T_b \tag{2-8-31}$$

当用副臂进行作业时，还有臂端力矩 $M_{Lz}$：

$$M_{Lz} = T_y \cdot L_{fb} \tag{2-8-32}$$

$L_{fb}$ 为副臂长度，若无副臂，则 $M_{Lz} = 0$。

侧向力 $T_y$ 中的货物偏摆载荷 $T_h = P_Q \tan\alpha$ 作用于臂端定滑轮的轴心处，因此吊臂还受有扭矩 $M_n$：

$$M_n = T_h e_1 = P_Q e_1 \tan\alpha \tag{2-8-33}$$

2. 轴向力

伸缩臂在变幅平面承受的轴向力 $N = P_1 + S_1$，在旋转平面也作用于吊臂上，如图 2-8-16 所示，轴向力 $N$ 可以分解为当吊臂旁弯时不变方向的轴向力 $P_1$ 和变方向轴向力 $S_1$。

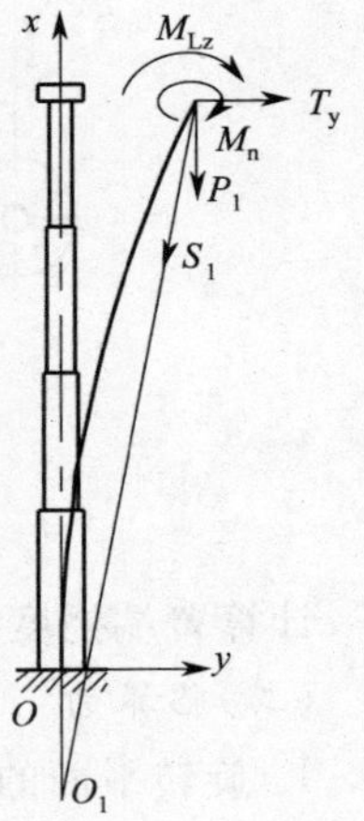

$$\left. \begin{array}{l} P_1 = P\sin u \\ S_1 = S\cos\beta_1 \end{array} \right\}$$

图 2-8-16　旋转平面伸缩臂受力简图

二、箱形伸缩臂的刚度校核

(一) 刚度校核

伸缩臂按压弯构件采用放大系数法计算臂端挠度并进行刚度校核。变幅平面考虑起吊额定起重量并处于相应工作幅度时，计算臂端在变幅平面内垂直于臂架轴线方向的静位移 $f_z$。旋转平面除考虑轴向压力外，还需考虑在臂端施加 5% 额定起重量的侧向力 $T_y = 0.05 P_{Q0}$，计算臂端水平侧向静位移 $f_y$。计算静位移时不考虑动载系数、吊具及臂架结构自重。

变幅平面

$$f_z = \frac{1}{1 - \dfrac{N}{0.9 N_{cry}}} \left( f_{Wz} + \Delta_z \sum_{i=1}^{K-1} \frac{H_{i+1}}{l_{i+1}} \right) \leqslant [f] = \frac{L^2}{1\,000} \quad (m) \tag{2-8-34}$$

旋转平面

$$f_y = \frac{1}{1 - \dfrac{N}{0.9 N_{crz}}} \left( f_{Wy} + \Delta_y \sum_{i=1}^{K-1} \frac{H_{i+1}}{l_{i+1}} \right) \leqslant [f] = \frac{0.7 L^2}{1\,000} \quad (m) \tag{2-8-35}$$

式中　$N$——吊臂承受的轴向压力；

$f_{Wz}$——仅由变幅平面横向载荷引起的臂端挠度，按式 (2-8-41) 计算；

$f_{Wy}$——仅由旋转平面横向载荷引起的臂端挠度，按式 (2-8-48) 计算；

$N_{cry}$——吊臂在变幅平面的临界力；

$N_{crz}$——吊臂在旋转平面的临界力；

$\Delta_z$——在变幅平面内相邻两节臂之间的横向间隙，并假定各节臂之间的间隙均相等，间隙的大小由使用要求和工艺条件决定，通常 $\Delta_z = 1$ mm $\sim 3$ mm；

$\Delta_y$——在旋转平面内相邻两节臂之间的侧向间隙；

$K$——伸缩臂的节数；

$H_{i+1}$、$l_{i+1}$——伸缩臂的几何尺寸(参看图 2-8-17);

[$f$]——伸缩臂的许用挠度;

$L$——伸缩臂臂长(m)。

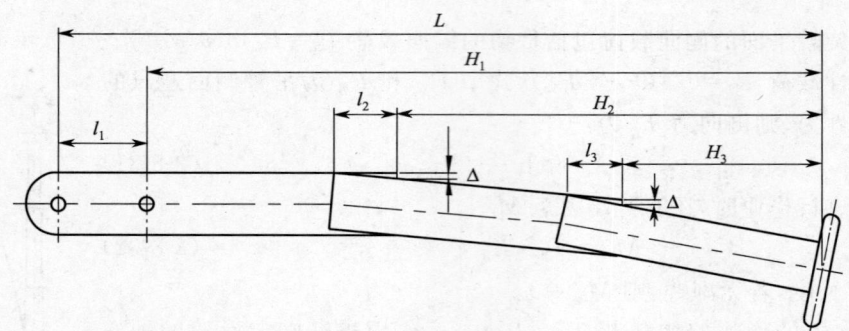

图 2-8-17 伸缩臂的几何尺寸

计算臂端挠度时,计算载荷应只考虑有效载荷的静力作用,即不计自重载荷和动力系数。

(二)临界力

1. 旋转平面的临界力 $N_{crz}$

在旋转平面内,臂架为根部固定,端部自由的压弯构件(见图 2-8-18a),但在臂架侧向变形时,起升绳对臂架有一定支承作用,故旋转平面的临界力按下式计算:

$$N_{crz}=\frac{\pi^2 EI_{z1}}{(\mu_1\mu_2\mu_3 L)^2} \tag{2-8-36}$$

式中 $I_{z1}$——第一节臂(基本臂)的截面惯性矩;

$\mu_1$——由伸缩臂在旋转平面的支承条件决定的长度系数,此处 $\mu_1=2$;

$\mu_2$——由变截面伸缩臂决定的长度系数,按式(2-8-37)计算,或按各节臂伸出后的长度与臂架全长之比 $\alpha_i$(见图 2-8-18a)和相邻臂刚度之比 $\beta_i$,由表 2-8-2 查取;

$$\mu_2=\sqrt{\sum_{i=1}^{K}\frac{I_{z1}}{I_{zi}}\left[\alpha_i-\alpha_{i-1}+\frac{1}{\pi}(\sin\pi\alpha_i-\sin\pi\alpha_{i-1})\right]} \tag{2-8-37}$$

其中 $\alpha_i$——第 $i$ 节臂伸出后的长度与吊臂全长之比,

$K$——箱形伸缩臂的节数,

$I_{zi}$——第 $i$ 节臂的截面惯性矩;

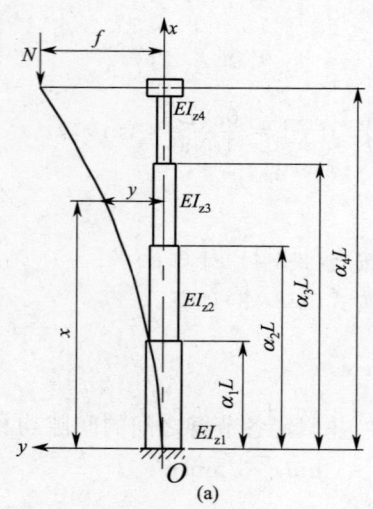
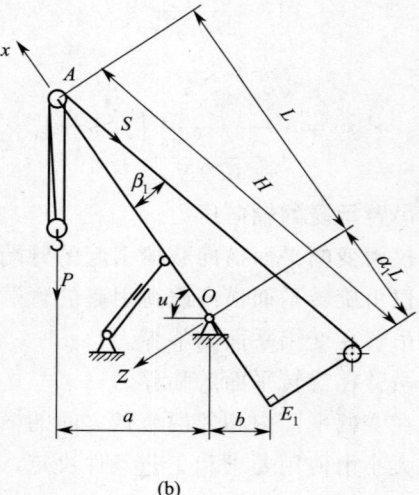

图 2-8-18 箱形伸缩臂旋转平面临界力的计算

$\mu_3$——起升钢丝绳影响的长度系数,按式(2-8-38)计算:

$$\mu_3 = 1 - \frac{c}{2} \qquad (2-8-38)$$

其中 $c$——系数,$c = \dfrac{1}{\cos\beta_1 + m\sin u} \cdot \dfrac{L}{H}$

$m$——起升滑轮组倍率;

$u, \beta_1, H$——几何尺寸,见图 2-8-18b。

2. 变幅平面的临界力 $N_{cry}$(图 2-8-19)

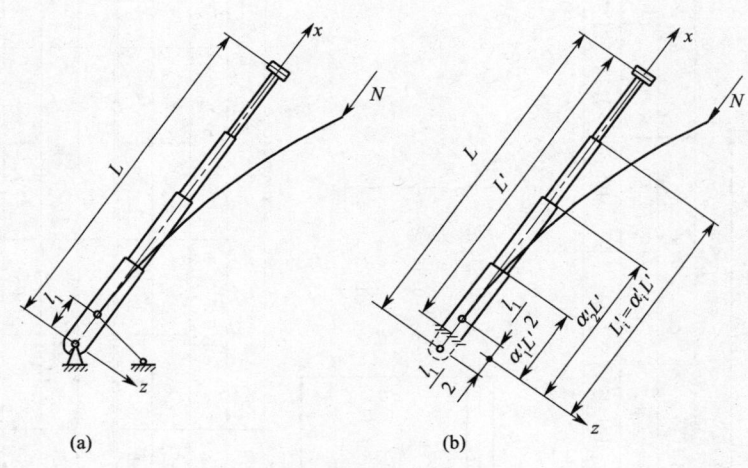

图 2-8-19 变幅平面的临界力 $N_{cry}$

伸缩臂在变幅平面的支承情况与旋转平面主要有两点不同:一是起升绳拉力方向的改变在旋转平面对吊臂旁弯起维持平衡作用,但在变幅平面不起作用,因此在求临界力时不必考虑起升绳拉力方向的影响,即 $\mu_3 = 1$;二是吊臂在变幅平面的计算简图是简支外伸梁,由支承情况决定的长度系数 $\mu_1$ 可根据具体支承情况由 $l_1/L$ 查本篇第一章表 2-1-20 得到($l_1$ 及 $L$ 见图 2-8-19a)。因此,变幅平面的临界力计算式为:

$$N_{cry} = \frac{\pi^2 E I_{y1}}{(\mu_1 \mu_2 L)^2} \qquad (2-8-39)$$

式中 $I_{y1}$——基本臂的截面惯性矩;

$\mu_2$——伸缩臂变截面长度系数,按下式计算:

$$\mu_2 = \sqrt{\sum_{i=1}^{K} \frac{I_{y1}}{I_{yi}} \left[ \alpha_i' - \alpha_{i-1}' + \frac{1}{\pi}(\sin\pi\alpha_i' - \sin\pi\alpha_{i-1}') \right]} \qquad (2-8-40)$$

其中 $I_{yi}$——第 $i$ 节臂的截面惯性矩。

由于臂架在变幅平面为简支外伸梁,根据受力情况知臂架的挠曲线在臂架变幅油缸支点与臂根铰点中间某点的挠度为零,故借用公式(2-8-37)时,取臂架换算点长度为 $L' = L - \dfrac{l_1}{2}$(图 2-8-19b,$l_1$ 为变幅油缸支点与臂根铰点间距),则 $\alpha_1' = \dfrac{L_1'}{L'}$,$\alpha_i' = \dfrac{L_i'}{L'}$。$\mu_2$ 值也可由表 2-8-2 查取。

(三)横向载荷引起的臂端挠度 $f_W$

按式(2-8-34)和式(2-8-35)求臂端挠度时,须先求出由横向力 $T$ 和臂端力矩 $M_L$ 引起的臂端挠度 $f_W$。

1. 变幅平面的臂端挠度 $f_{Wz}$

变幅平面内的箱形多节伸缩臂在臂端横向载荷 $T_z$、$M_{Ly}$ 的作用下产生的挠曲变形如图 2-8-20b 所示,若伸缩臂共有 $K$ 节臂,则臂端挠度 $f_{Wz}$ 可按下式计算:

### 表 2-8-2 箱形伸缩臂变截面长度系数 $\mu_2$ 值

**伸缩臂几何特性**

(a)

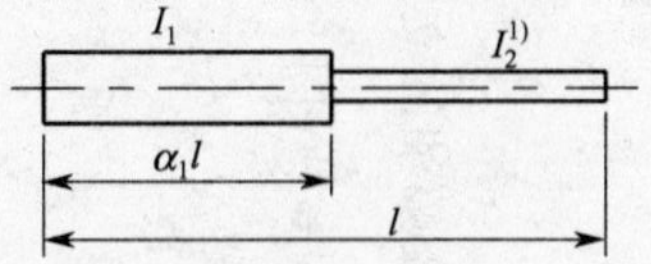


$\alpha_1=0.6$  $\beta_2$[2)]$=\frac{I_1}{I_2}$

(b)

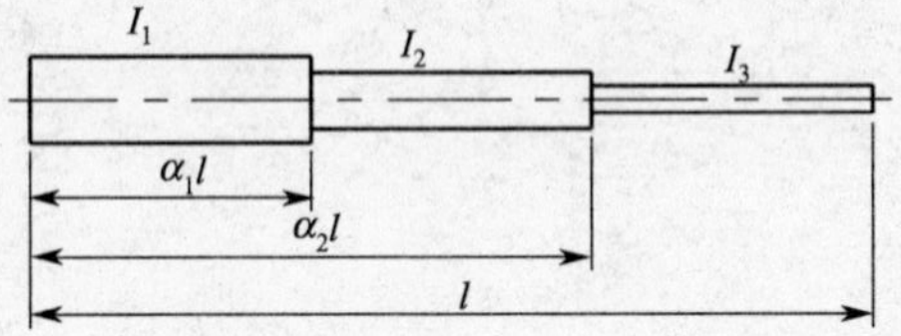


$\alpha_1=0.4$ ，$\beta_2=\frac{I_1}{I_2}$；

$\alpha_2=0.7$ ，$\beta_3=\frac{I_2}{I_3}$；

| | (a) | | | | | (b) | | | | | | | | | |
|---|---|---|---|---|---|---|---|---|---|---|---|---|---|---|---|
| $\beta_2$ | 1.3 | 1.6 | 1.9 | 2.2 | 2.5 | 1.3 | | 1.6 | | 1.9 | | 2.2 | | 2.5 | |
| $\beta_3$ | — | — | — | — | — | 1.3 | 2.5 | 1.3 | 2.5 | 1.3 | 2.5 | 1.3 | 2.5 | 1.3 | 2.5 |
| $\mu_2$ | 1.015 | 1.030 | 1.045 | 1.061 | 1.077 | 1.053 | 1.089 | 1.099 | 1.144 | 1.144 | 1.198 | 1.189 | 1.250 | 1.232 | 1.301 |

**伸缩臂几何特性**

(c)

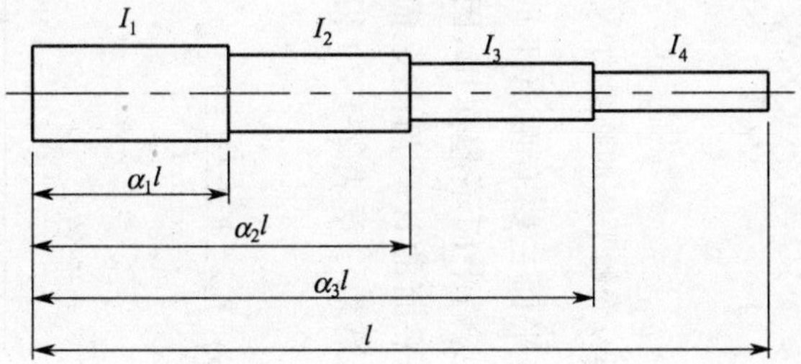


$\alpha_1=0.34$ ，$\beta_2=\frac{I_1}{I_2}$；

$\alpha_2=0.56$ ，$\beta_3=\frac{I_2}{I_3}$；

$\alpha_3=0.78$ ，$\beta_4=\frac{I_3}{I_4}$ ；

| | | | | | | | | | | | | | | | | | | |
|---|---|---|---|---|---|---|---|---|---|---|---|---|---|---|---|---|---|---|
| $\beta_2$ | 1.3 | | | | | | | | | | 1.6 | | | | | | | |
| $\beta_3$ | 1.3 | | 1.6 | | 1.9 | | 2.2 | | 2.5 | | 1.3 | | 1.6 | | 1.9 | | 2.2 | |
| $\beta_4$ | 1.3 | 2.5 | 1.3 | 2.5 | 1.3 | 2.5 | 1.3 | 2.5 | 1.3 | 2.5 | 1.3 | 2.5 | 1.3 | 2.5 | 1.3 | 2.5 | 1.3 | 2.5 |
| $\mu_2$ | 1.086 | 1.105 | 1.113 | 1.138 | 1.140 | 1.170 | 1.167 | 1.203 | 1.194 | 1.236 | 1.147 | 1.171 | 1.179 | 1.210 | 1.212 | 1.249 | 1.244 | 1.288 |
| $\beta_2$ | 1.6 | | 1.9 | | | | | | | | | | 2.2 | | | | | |
| $\beta_3$ | 2.5 | | 1.3 | | 1.6 | | 1.9 | | 2.2 | | 2.5 | | 1.3 | | 1.6 | | 1.9 | |
| $\beta_4$ | 1.3 | 2.5 | 1.3 | 2.5 | 1.3 | 2.5 | 1.3 | 2.5 | 1.3 | 2.5 | 1.3 | 2.5 | 1.3 | 2.5 | 1.3 | 2.5 | 1.3 | 2.5 |
| $\mu_2$ | 1.277 | 1.327 | 1.207 | 1.235 | 1.244 | 1.279 | 1.281 | 1.325 | 1.319 | 1.370 | 1.356 | 1.414 | 1.264 | 1.296 | 1.306 | 1.346 | 1.348 | 1.397 |
| $\beta_2$ | 2.2 | | | | 2.5 | | | | | | | | | | | | | |
| $\beta_3$ | 2.2 | | 2.5 | | 1.3 | | 1.6 | | 1.9 | | 2.2 | | 2.5 | | | | | |
| $\beta_4$ | 1.3 | 2.5 | 1.3 | 2.5 | 1.3 | 2.5 | 1.3 | 2.5 | 1.3 | 2.5 | 1.3 | 2.5 | 1.3 | 2.5 | | | | |
| $\mu_2$ | 1.390 | 1.447 | 1.432 | 1.497 | 1.319 | 1.355 | 1.366 | 1.411 | 1.412 | 1.466 | 1.458 | 1.521 | 1.504 | 1.576 | | | | |

续上表

(d) 伸缩臂几何特性

$\alpha_1 = 0.24,\ \beta_1 = \dfrac{I_1}{I_2}$

$\alpha_2 = 0.43,\ \beta_2 = \dfrac{I_2}{I_3}$

$\alpha_3 = 0.62,\ \beta_3 = \dfrac{I_3}{I_4}$

$\alpha_4 = 0.81,\ \beta_4 = \dfrac{I_4}{I_5}$

| $\beta_2$ | 1.3 | | | | | | | | | | | | | | |
|---|---|---|---|---|---|---|---|---|---|---|---|---|---|---|---|
| $\beta_3$ | 1.3 | | | | | 1.6 | | | 1.9 | | | 2.2 | | 2.5 | |
| $\beta_4$ | 1.3 | | 2.5 | | 1.3 | | 2.5 | 1.3 | | 2.5 | 1.3 | | 2.5 | 1.3 | 2.5 |
| $\beta_5$ | 1.3 | 2.5 | 1.3 | 2.5 | 1.3 | 2.5 | 1.3 | 1.3 | 2.5 | 1.3 | 1.3 | 2.5 | 1.3 | 1.3 | 1.3 |
| $\mu_2$ | 1.152 | 1.168 | 1.206 | 1.226 | 1.245 | 1.281 | 1.259 | 1.283 | 1.310 | 1.338 | 1.360 | 1.392 | 1.444 | 1.529 | 1.594 |

| $\beta_2$ | 1.6 | | | | | | | | | | | | | | |
|---|---|---|---|---|---|---|---|---|---|---|---|---|---|---|---|
| $\beta_3$ | 1.3 | | | | | 1.6 | | | 1.9 | | | 2.2 | | 2.5 | |
| $\beta_4$ | 1.3 | | 2.5 | | 1.3 | | 2.5 | 1.3 | | 2.5 | 1.3 | | 2.5 | 1.3 | 2.5 |
| $\beta_5$ | 1.3 | 2.5 | 1.3 | 2.5 | 1.3 | 2.5 | 1.3 | 1.3 | 2.5 | 1.3 | 1.3 | 2.5 | 1.3 | 1.3 | 1.3 |
| $\mu_2$ | 1.240 | 1.259 | 1.302 | 1.326 | 1.349 | 1.391 | 1.363 | 1.391 | 1.422 | 1.455 | 1.480 | 1.517 | 1.577 | 1.673 | 1.748 |

| $\beta_2$ | 1.9 | | | | | | | | | | | | | | |
|---|---|---|---|---|---|---|---|---|---|---|---|---|---|---|---|
| $\beta_3$ | 1.3 | | | | | 1.6 | | | 1.9 | | | 2.2 | | 2.5 | |
| $\beta_4$ | 1.3 | | 2.5 | | 1.3 | | 2.5 | 1.3 | | 2.5 | 1.3 | | 2.5 | 1.3 | 2.5 |
| $\beta_5$ | 1.3 | 2.5 | 1.3 | 2.5 | 1.3 | 2.5 | 1.3 | 1.3 | 2.5 | 1.3 | 1.3 | 2.5 | 1.3 | 1.3 | 1.3 |
| $\mu_2$ | 1.322 | 1.344 | 1.392 | 1.420 | 1.446 | 1.493 | 1.461 | 1.493 | 1.527 | 1.564 | 1.591 | 1.633 | 1.701 | 1.807 | 1.890 |

| $\beta_2$ | 2.2 | | | | | | | | | | | | | | |
|---|---|---|---|---|---|---|---|---|---|---|---|---|---|---|---|
| $\beta_3$ | 1.3 | | | | | 1.6 | | | 1.9 | | | 2.2 | | 2.5 | |
| $\beta_4$ | 1.3 | | 2.5 | | 1.3 | | 2.5 | 1.3 | | 2.5 | 1.3 | | 2.5 | 1.3 | 2.5 |
| $\beta_5$ | 1.3 | 2.5 | 1.3 | 2.5 | 1.3 | 2.5 | 1.3 | 1.3 | 2.5 | 1.3 | 1.3 | 2.5 | 1.3 | 1.3 | 1.3 |
| $\mu_2$ | 1.400 | 1.425 | 1.478 | 1.508 | 1.537 | 1.590 | 1.553 | 1.588 | 1.626 | 1.666 | 1.696 | 1.741 | 1.817 | 1.931 | 2.022 |

| $\beta_2$ | 2.5 | | | | | | | | | | | | | | |
|---|---|---|---|---|---|---|---|---|---|---|---|---|---|---|---|
| $\beta_3$ | 1.3 | | | | | 1.6 | | | 1.9 | | | 2.2 | | 2.5 | |
| $\beta_4$ | 1.3 | | 2.5 | | 1.3 | | 2.5 | 1.3 | | 2.5 | 1.3 | | 2.5 | 1.3 | 2.5 |
| $\beta_5$ | 1.3 | 2.5 | 1.3 | 2.5 | 1.3 | 2.5 | 1.3 | 1.3 | 2.5 | 1.3 | 1.3 | 2.5 | 1.3 | 1.3 | 1.3 |
| $\mu_2$ | 1.474 | 1.501 | 1.559 | 1.591 | 1.623 | 1.681 | 1.640 | 1.678 | 1.718 | 1.762 | 1.794 | 1.843 | 1.925 | 2.048 | 2.147 |

1) $I_i$ 为第 I 节臂的截面平均惯性矩。

2) 若 $\beta_i$ 值处在 1.3 和 2.5 之间，可用线性插值法求得 $\mu_2$ 值。

$$f_{Wz} = \sum_{i=1}^{K} f_i + \sum_{i=1}^{K-1} \theta_{i+1} H_{i+1} \tag{2-8-41}$$

式中　$f_i$——第 $i$ 节臂的端点线位移,按式(2-8-44)计算;

　　　$\theta_{i+1}$——第 $i+1$ 节臂绕第 $i$ 节臂端部转动的转角,按式(2-8-45)计算;

　　　$H_{i+1}$——第 $i$ 节臂端部到臂端的距离(见图 2-8-20a)。

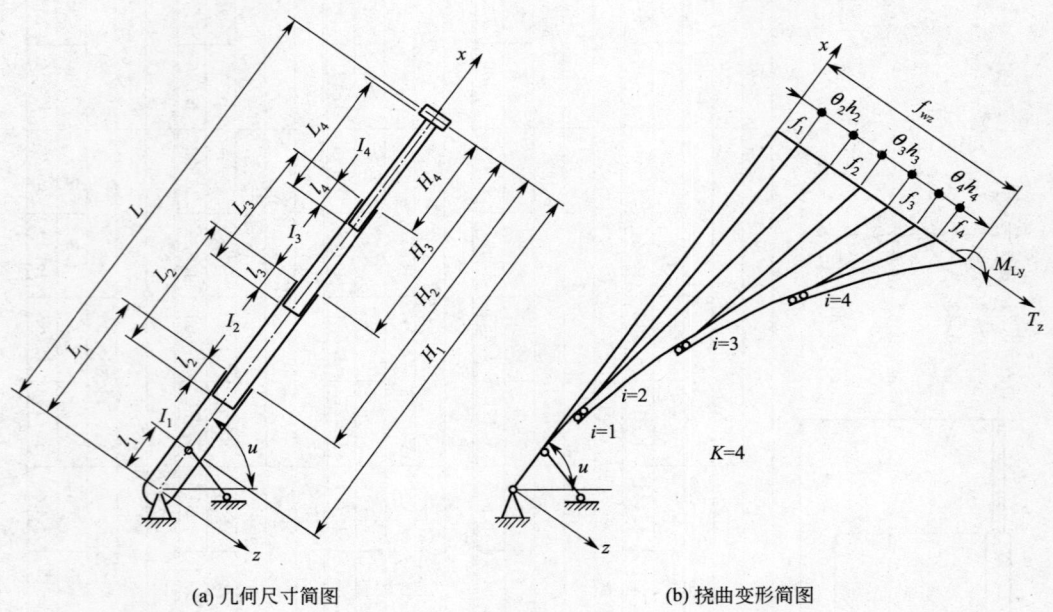

(a) 几何尺寸简图　　　　(b) 挠曲变形简图

图 2-8-20　伸缩臂在变幅平面的挠曲变形计算简图

第 $i$ 节臂的端点挠度 $f_i$ 和第 $i+1$ 节臂绕第 $i$ 节臂端部转动的转角 $\theta_{i+1}$ 需要根据第 $i$ 节臂计算得到(图 2-8-21)。

将臂端承受的横向力 $T_z$ 和力矩 $M_{Ly}$ 转化到第 $i+1$ 节臂的根部(参考图 2-8-20 及图 2-8-21),可得:

$$\left.\begin{array}{l} M_i = M_{Ly} + T_z H_{i+1} \\ T_i = T_z \end{array}\right\} \tag{2-8-42}$$

计算 $T_z$ 及 $M_{Ly}$ 时不计动力系数、吊具及臂架结构自重。可按下式计算:

$$\left.\begin{array}{l} T_z = P_{Q0} \cos u - \dfrac{P_{Q0}}{m\eta} \sin\beta_1 \\ M_{Ly} = P_{Q0} \cdot e_1 \sin u - \dfrac{P_{Q0}}{m\eta} e_2 \cos\beta_1 \end{array}\right\} \tag{2-8-43}$$

式中　$P_{Q0}$——额定起重量;

　　　$m$——起升滑轮组倍率;

　　　$\eta$——起升滑轮组效率。

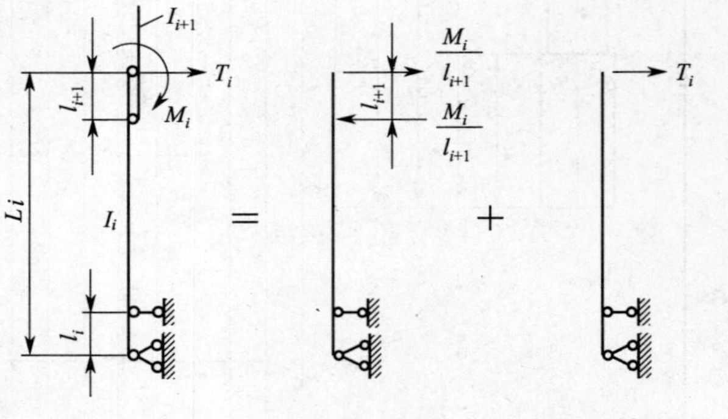

图 2-8-21　第 $i$ 节臂的计算简图

其余符号意义见图 2-8-15a。

将第 $i+1$ 节臂根部承受的力矩 $M_i$ 和集中力 $T_i$ 转化到第 $i$ 节臂的端部(图 2-8-21b、c)。则由 $M_i$ 和 $T_i$ 引起的第 $i$ 节臂的端点挠度 $f_i$ 为:

$$f_i = f_{iM} + f_{iT} = \frac{M_i}{EI_i}\left(\frac{L_i^2}{2} - \frac{2}{3}L_i l_i + \frac{l_i^2}{6} - \frac{l_{i+1}^2}{6}\right) + \frac{T_i}{3EI_i} L_i (L_i - l_i)^2 \tag{2-8-44}$$

式中,$l_{i+1}$ 对于最后一节臂(即 $i=K$),取 $l_{i+1} = l_{K+1} = 0$。

第 $i+1$ 节臂绕第 $i$ 节臂端部转动的转角 $\theta_{i+1}$ 为：

$$\theta_{i+1}=\theta_{i+1,\mathrm{M}}+\theta_{i+1,\mathrm{T}}=\frac{M_i}{EI_i}\left(L_i-\frac{2}{3}l_i-\frac{2}{3}l_{i+1}\right)+\frac{T_i}{EI_i}\left(\frac{L_i^2}{2}-\frac{2}{3}L_il_i+\frac{l_i^2}{6}-\frac{l_{i+1}^2}{6}\right) \quad (2\text{-}8\text{-}45)$$

**2. 旋转平面的臂端挠度 $f_{\mathrm{Wy}}$**

参照伸缩臂在变幅平面由侧向载荷引起的臂端挠度的计算方法可以写出伸缩臂在旋转平面由侧向载荷引起的臂端挠度的计算式，其中不同的是伸缩臂在变幅平面按简支外伸梁计算，而在旋转平面按悬臂梁计算。若将变幅平面吊臂挠度计算式中的 $l_1$ 取为 $l_1=0$，便可得到旋转平面中吊臂挠度相应的计算式。

旋转平面第 $i$ 节臂的计算载荷按下式计算：

$$\left.\begin{array}{l} M_i=M_{\mathrm{Lz}}+T_yH_{i+1}\\ T_i=T_y \end{array}\right\} \quad (2\text{-}8\text{-}46)$$

式中臂端侧向载荷 $T_y$ 及 $M_{\mathrm{Lz}}$ 按下式计算：

$$\left.\begin{array}{l} T_y=0.05P_{\mathrm{Q0}}\\ M_{\mathrm{Lz}}=T_y \cdot L_{\mathrm{fb}} \end{array}\right\} \quad (2\text{-}8\text{-}47)$$

$L_{\mathrm{fb}}$ 为副臂长度，若无副臂，则 $M_{\mathrm{Lz}}=0$。

伸缩臂在旋转平面由侧向载荷引起的臂端挠度 $f_{\mathrm{Wy}}$ 的计算式为：

$$f_{\mathrm{Wy}}=\sum_{i=1}^{K}f_i+\sum_{i=1}^{K-1}\theta_{i+1}H_{i+1} \quad (2\text{-}8\text{-}48)$$

式中，$f_i$ 和 $\theta_{i+1}$ 分别按式(2-8-44)和式(2-8-45)计算，其中 $M_i$ 和 $T_i$ 应按式(2-8-46)求得。其余符号含义同前。

**3. 按当量惯性矩法计算臂端挠度 $f_{\mathrm{W}}$**

按式(2-8-41)和式(2-8-48)计算挠度 $f_{\mathrm{W}}$ 比较繁琐，一般在精确计算时才应用。初步计算时也可用当量惯性矩将变截面吊臂转化为刚度相当的等截面吊臂计算挠度 $f_{\mathrm{W}}$，即：

$$\left.\begin{array}{l} f_{\mathrm{Wz}}=\dfrac{T_zL^3}{3EI_{\mathrm{yd}}}+\dfrac{M_{\mathrm{Ly}}L^2}{2EI_{\mathrm{yd}}}\\ f_{\mathrm{Wy}}=\dfrac{T_yL^3}{3EI_{\mathrm{zd}}}+\dfrac{M_{\mathrm{Lz}}L^2}{2EI_{\mathrm{zd}}} \end{array}\right\} \quad (2\text{-}8\text{-}49)$$

式中 $I_{\mathrm{yd}}$，$I_{\mathrm{zd}}$——等截面当量臂的截面惯性矩，按下式计算：

$$I_d=\dfrac{1}{\sum_{i=1}^{K}\dfrac{\beta_i^3-\beta_{i-1}^3}{I_i}} \quad (2\text{-}8\text{-}50)$$

式中符号见图2-8-22，其中 $\beta$ 值应计入 1/2 搭接长度。

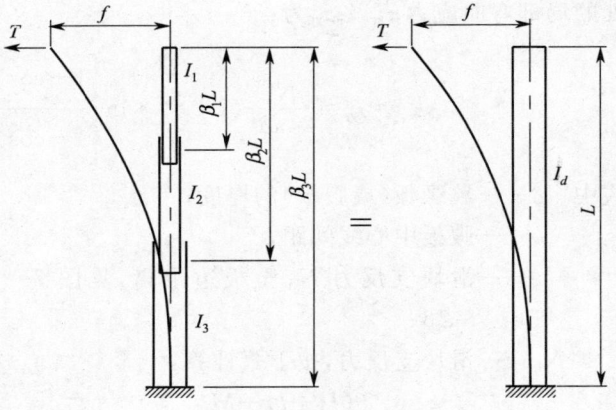

图 2-8-22 等截面当量臂的截面惯性矩 $I_d$ 计算简图

### 三、伸缩臂的强度校核

**(一)伸缩臂非重叠部分的强度校核**

伸缩臂计算截面角点处正应力按下式计算：

$$\sigma_x=\frac{N}{A}+\frac{M_y}{W_y\left(1-\dfrac{N}{0.9N_{\mathrm{cry}}}\right)}+\frac{M_z}{W_z\left(1-\dfrac{N}{0.9N_{\mathrm{crz}}}\right)}\leqslant[\sigma] \quad (2\text{-}8\text{-}51)$$

式中 $N$——伸缩臂的轴向压力，当伸缩臂不承受轴向压力时 $N=0$；

$M_y,M_z$——仅由横向载荷在变幅平面和旋转平面引起的计算截面弯矩；

$$M_y = M_{Ly} + T_z(L-x) \brace M_z = M_{Lz} + T_y(L-x)$$

$N_{cry}, N_{crz}$——伸缩臂在变幅平面和旋转平面的临界力；
$A$——伸缩臂计算截面的净截面积；
$W_y, W_z$——伸缩臂计算截面对 $y$ 轴和 $z$ 轴的净截面抗弯模数。

翼缘板和腹板的剪应力按下式计算：

$$\left.\begin{array}{l}\tau_B = \dfrac{T_y}{2B\delta_B} + \dfrac{M_n}{2A_0\delta_B} \\ \tau_H = \dfrac{T_z}{2H\delta_H} + \dfrac{M_n}{2A_0\delta_H}\end{array}\right\} \leq [\tau] \quad (2\text{-}8\text{-}52)$$

式中　$\delta_B, \delta_H$——翼缘板和腹板的厚度；
　　　$B, H$——翼缘板宽度和腹板高度；
　　　$A_0$——翼缘板和腹板的中心线所包围的面积。

### (二)伸缩臂重叠部分的强度校核

**1. 局部弯曲应力**

箱形伸缩臂翼缘板和腹板在滑块处的局部弯曲问题，通常采用薄板弯曲的解析解乘以修正系数来计算，修正系数由实验测得。

翼缘板(或腹板)可视为两边简支无限长的薄板，受滑块支反力 $N_h$(按集中力)作用，如图 2-8-23。考虑板边实际支承情况对理论公式加以修正后，得到翼缘板(或腹板)滑块附近距板边($x$ 轴)为 $y$ 处的局部弯曲应力 $\sigma_{xj}$ 及 $\sigma_{yj}$ 为：

$$\sigma_{xj} = \sigma_{yj} = \dfrac{N_h}{24\pi\delta^2}(1+\mu) \cdot \ln\left[\dfrac{1-\cos\dfrac{\pi(y+\xi)}{b}}{1-\cos\dfrac{\pi(y-\xi)}{b}} \cdot \dfrac{1+\cos\dfrac{\pi(y-\xi)}{b}}{1+\cos\dfrac{\pi(y+\xi)}{b}}\right] \quad (2\text{-}8\text{-}53)$$

式中　$\delta$——翼缘板(或腹板)的厚度；
　　　$b$——腹板中心线间距；
　　　$\xi$——滑块支反力 $N_h$ 至板边距离，见图 2-8-23；
　　　$N_h$——滑块支反力，按下式计算：

$$N_h = \dfrac{T(H+l) + M}{2l} \quad (2\text{-}8\text{-}54)$$

式中符号意义见图 2-8-25。

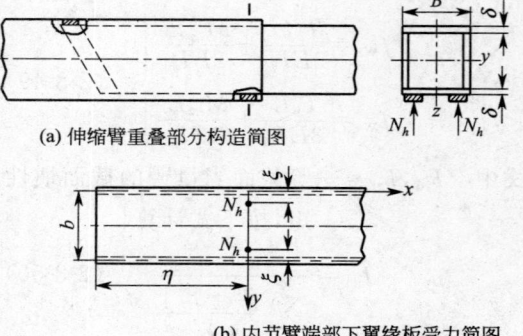

图 2-8-23　导向支承件对翼缘板的作用简图
(a) 伸缩臂重叠部分构造简图
(b) 内节臂端部下翼缘板受力简图

局部弯曲应力沿板宽方向($y$ 轴)的分布如图 2-8-24，在着力点处最大($y=\xi$ 时，$\sigma_{xj}=\sigma_{yj}=\infty$)，但衰减很快。为了得到着力点处的最大局部弯曲应力，可取 $y=\xi+0.000\,036b$。

由式(2-8-53)可知，局部弯曲应力与板厚的平方成反比。因此，对于箱形伸缩臂采用带弯边的腹板或用板条加强翼缘板，可以有效降低翼缘板的局部弯曲应力。

**2. 强度校核**

箱形伸缩臂重叠部分的内节臂应按图 2-8-25 所示危险截面进行强度校核：

(1)下翼缘板角点 $A$ 只有整体弯曲应力，按式(2-8-51)及式(2-8-52)作强度校核；

(2)下翼缘板滑块支承力 $N_h$ 作用点 $B$ 附近处的应力按整体弯曲和局部弯曲联合作用进行强度校核，即

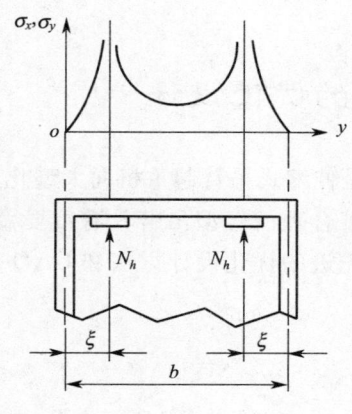 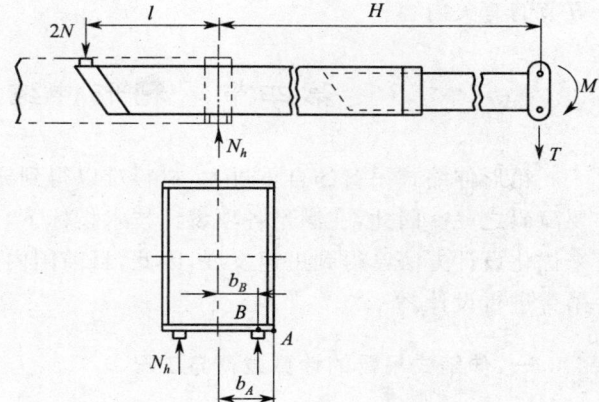

图 2-8-24 局部弯曲应力沿板宽分布图　　图 2-8-25 伸缩臂重叠部分受力简图

$$\sigma_B = \sqrt{(\sigma_x + \sigma_{xj})^2 + \sigma_{yj}^2 - \sigma_{yj}(\sigma_x + \sigma_{xj}) + 3\tau_B^2} \leqslant [\sigma] \tag{2-8-55}$$

式中　$\tau_B$——翼缘板上的剪应力,按式(2-8-52)计算;

$\sigma_x$——伸缩臂的整体弯曲应力,按下式计算:

$$\sigma_x = \frac{M_y}{W_y\left(1 - \dfrac{N}{0.9N_{cry}}\right)} + \frac{M_z}{W_z\left(1 - \dfrac{N}{0.9N_{crz}}\right)} \cdot \frac{b_B}{b_A} \tag{2-8-56}$$

其中　$M_y, M_z$——仅由横向载荷引起的伸缩臂计算截面在变幅平面和旋转平面的弯矩;

$b_A, b_B$——计算尺寸,参看图 2-8-25。

按式(2-8-53)计算局部弯曲应力 $\sigma_{xj}$、$\sigma_{yj}$ 时,因 $N_h$ 力实际上是分布力,因此取 $N_h$ 力作用点(见图 2-8-24)附近处计算比较切合实际。

这里只介绍了翼缘板危险点的强度校核,关于伸缩臂在旋转平面侧向载荷作用下腹板危险点的强度校核可参照翼缘板危险点的强度校核公式计算。

### 四、伸缩臂整体稳定性校核

伸缩臂为双向压弯构件,因此必须进行整体稳定性验算,其整体稳定性应满足下式:

$$\frac{N}{\varphi A} + \frac{M_y}{W_y\left(1 - \dfrac{N}{0.9N_{cry}}\right)} + \frac{M_z}{W_z\left(1 - \dfrac{N}{0.9N_{crz}}\right)} \leqslant [\sigma] \tag{2-8-57}$$

式中　$\varphi$——轴心压杆稳定系数,见本篇第一章第四节;

$A$——吊臂根部截面的毛截面面积;

$M_y, M_z$——由横向载荷引起的截面最大弯矩;

$W_z, W_y$——计算截面的毛截面抗弯模量。

### 五、伸缩臂的局部稳定性校核

为了减轻伸缩臂自重,其翼缘板和腹板的厚度通常取得很薄,在承载时,局部板件有可能发生翘曲变形而丧失承载能力。因此,在设计吊臂时,必须对翼缘板及腹板的局部稳定性进行校核。

通常按四边简支板分析箱形伸缩臂的翼缘板和腹板。但实际上,腹板对翼缘板(或翼缘板对腹板)的支承情况,往往界于简支和固定之间,称为弹性固定。但按简支分析比较简单,而且偏于安全。在无横向加劲肋时,板长的计算值取成与板宽计算值相等,即板的边长比 $\alpha = 1$,在有横向加劲肋时,则板长计算值取其间距。

箱形伸缩臂的翼缘板和腹板除受弯曲应力和剪应力作用外,腹板在滑块处还有可能承受局部挤压应力的作用,因此,应按复合应力情况验算其局部稳定性,具体验算方法可参看本篇第一章第

## 第四节 箱形伸缩式吊臂的优化设计

箱形伸缩式吊臂的自重过大,材料难以得到充分利用,是伸缩式吊臂起重机向大型化发展的主要障碍之一。因此,在满足各项设计技术指标下,设计出经济合理的轻型吊臂具有重要意义,近年来优化设计方法已得到迅速发展,因此,目前国内外均采用先进的优化设计方法和 CAD 对伸缩式吊臂进行设计。

### 一、伸缩式吊臂的计算载荷与工况

1. 伸缩式吊臂计算载荷

伸缩式吊臂采用液压缸实现变幅,作用在臂架上的载荷有起升载荷、自重载荷、回转惯性力以及风载荷等。风载荷只考虑作用在臂架的侧面与背面。各类载荷按变幅平面和旋转平面转换到吊臂顶端,并分解为轴向力 $N$、横向力 $T$、弯矩 $M$ 及扭矩 $M_n$,其计算见本章第三节式(2-8-28)~式(2-8-33)。

2. 伸缩式吊臂计算工况

箱形伸缩臂的计算工况应根据起重机的起重特性曲线选取。该特性曲线由臂架强度曲线和起重机稳定性曲线的包络线来描述。吊臂在小幅度工作时决定于强度曲线,在大幅度时决定于稳定性曲线。因此选择起重特性曲线和强度曲线、稳定性曲线的相交点作为吊臂的计算工况,即以各种臂长的起重特性曲线上的最大起重量及其对应的最大幅度工况作为计算工况。

### 二、确定目标函数与设计变量

吊臂长度是根据使用要求事先确定的,在材料选定的条件下,减轻吊臂重量的唯一途径在于选择合理的截面尺寸。显然,吊臂的重量是目标函数,即:

$$f(x) = \rho \sum_{i=1}^{n} A_i(x) L_i \tag{2-8-58}$$

式中  $\rho$——材料密度;
 $A_i(x)$——第 $i$ 节臂截面面积;
 $L_i$——第 $i$ 节臂长度;
 $n$——伸缩臂节数。

以图 2-8-26 所示六边形截面为例,任一节臂的设计变量取图所示的 $x_1, x_2, \cdots, x_7$。若伸缩臂共有 $n$ 节,则总的设计变量为:

$$x = \begin{bmatrix} x_{11} & x_{12} & \cdots & x_{17} \\ x_{21} & x_{22} & \cdots & x_{27} \\ \vdots & \vdots & & \vdots \\ x_{n1} & x_{n2} & \cdots & x_{n7} \end{bmatrix} \tag{2-8-59}$$

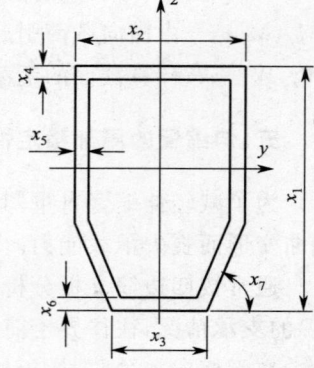

图 2-8-26 吊臂截面简图

### 三、约束条件

为了使吊臂能安全可靠地工作,伸缩臂要满足强度、刚度、整体稳定、局部稳定及几何尺寸等方面的要求,根据这些要求对目标函数 $f(x)$ 建立如下约束条件。

1. 非重叠部分危险截面强度约束条件

$$\sigma_{ix} - [\sigma] \leq 0 \tag{2-8-60}$$

式中  $\sigma_{ix}$——第 $i$ 节臂非重叠部分危险截面角点处最大正应力,其计算见式(2-8-51)。

**2. 重叠部分强度约束条件**

$$\sigma_{iB} - [\sigma] \leq 0 \qquad (2\text{-}8\text{-}61)$$

式中 $\sigma_{iB}$——第 $i$ 节臂重叠部分滑块作用处复合应力，其计算见式(2-8-55)。

**3. 刚度约束条件**

变幅平面
$$f_z - \frac{L^2}{1\,000} \leq 0 \qquad (2\text{-}8\text{-}62)$$

旋转平面
$$f_y - \frac{0.7L^2}{1\,000} \leq 0 \qquad (2\text{-}8\text{-}63)$$

式中 $f_z, f_y$——变幅平面和旋转平面的臂端挠度，计算见式(2-8-34)及式(2-8-35)。

**4. 整体稳定性约束条件**

伸缩式吊臂为双向压弯构件，必须验算其整体稳定性，其约束函数为：

$$\sigma_G - [\sigma] \leq 0 \qquad (2\text{-}8\text{-}64)$$

式中 $\sigma_G$——考虑整体稳定时的计算应力，计算见式(2-8-57)。

**5. 局部稳定性约束条件**

箱形吊臂的破坏大多数由于翼缘板和腹板的局部失稳而发生，因此必须对翼缘板和腹板的局部稳定性进行约束。板的局部稳定性约束函数为：

$$\sigma_r - [\sigma_{cr}] \leq 0 \qquad (2\text{-}8\text{-}65)$$

式中 $\sigma_r$——板的复合应力；

$[\sigma_{cr}]$——板的局部稳定许用应力，见本篇第一章第五节。

**6. 几何参数约束条件**

由于各节伸缩臂之间要用滑块来导向和承受载荷，因此相邻两节臂之间的相应边必须保持平行，以保证伸缩臂伸缩时能够自动导向。另外，在相邻两节臂高度与宽度方向必须留有一定的滑动间隙。因此各节臂的尺寸应满足一定的关系，从而构成各设计变量间的相互约束，沿截面高、宽方向共可列出 $4 \times n$ 个约束方程。

此外，还应根据设计要求给出设计变量 $x_i$ 的上、下限约束条件。

## 第五节 伸缩吊臂变幅机构三铰点位置的优化设计

由伸缩吊臂根部铰点和变幅油缸上下铰点所组成的变幅机构三铰点是整机设计所需考虑的一个重要问题，也是吊臂设计的基础。通常三铰点位置的布置是通过作图和计算相结合的原则确定的，其过程十分繁琐，还往往得不到最合理的布局。采用优化方法设计变幅机构三铰点位置时，可以确定如下优化目标：

(1)在满足起重力矩前提下，变幅油缸受力最小；
(2)转台受力最小；
(3)吊臂受力最小；
(4)在满足起升高度的前提下，基本臂工作长度最短。

显然，这是一个多目标优化问题(MOP)，必须采用多目标优化方法求解才能得到真正的最优解。多目标优化问题的求解方法可采用评价函数法。所谓评价函数法就是事先协商好按某种关系建立一个由各分目标组合起来的新目标函数，只要对此新目标函数(评价函数)直接优化便可得到多目标优化的解。但这种方法求得的只是局部最优解，不能得到 MOP 的最优解。

用交互式多目标决策方法求解多目标优化问题的特点在于它在优化过程中能根据决策者的要求，随时修改评价函数，使优化结果不断向决策人的要求靠近，进而从一系列局部最优解中选出最优解。因此采用交互式多目标决策方法求解三铰点位置优化问题。

## 一、设计变量

变幅机构是平面运动机构,如图 2-8-27。一般三铰点需由 6 个坐标定位,再加上变幅油缸伸缩比 $\lambda$,起重臂最大仰角 $\alpha_{\max}$ 和最小仰角 $\alpha_{\min}$,共 9 个设计变量。一般取 $\alpha_{\min}=0$,并将 $\lambda$ 作为约束条件。所以设计变量只有 7 个,其矢量表达式为:

$$\boldsymbol{X}=\{e,f,h,g,l_1,e_1,\alpha_{\max}\}=\{x_1,x_2,\cdots,x_7\} \tag{2-8-66}$$

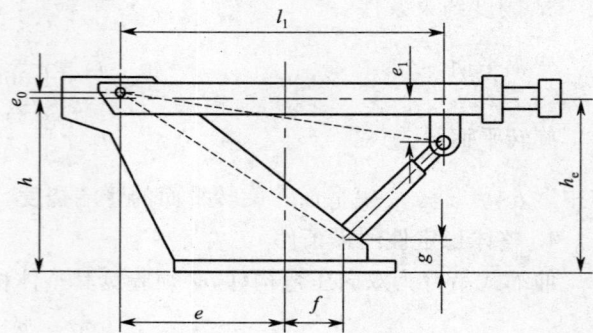

图 2-8-27　变幅机构三铰点示意图

## 二、目标函数

如前所述,多目标优化必须先确定各个分目标函数,然后构成多目标决策问题(MDMP)。故三铰点优化首先分解为以下 4 个参数的分目标优化问题。

### 1. 变幅油缸受力分析

如图 2-8-28 所示,吊臂变幅惯性力忽略不计,由 $\sum M_O=0$ 得:

$$N=[\varphi_i(P_{G1}\cdot LB_1+P_{G2}\cdot LB_2)+\varphi_j P_Q\cdot LB]\cdot\cos\alpha/(nl) \tag{2-8-67}$$

式中　$N$——一个变幅油缸的推力;

$\varphi_i,\varphi_j$——动载系数,根据载荷组合,$\varphi_i$ 可取 $\varphi_1$ 或 $\varphi_4$,$\varphi_j$ 可取 $\varphi_2$、$\varphi_3$ 或 $\varphi_4$(见第一篇第三章表 1-3-25);

$P_{G1},P_{G2}$——分别为基本臂与伸缩臂的重力;

$P_Q$——额定起升载荷;

$LB_1,LB_2$——分别为基本臂与伸缩臂的重心至臂根铰点的距离;

$LB$——基本臂工作长度;

$n$——变幅油缸数;

$l$——变幅油缸力臂。

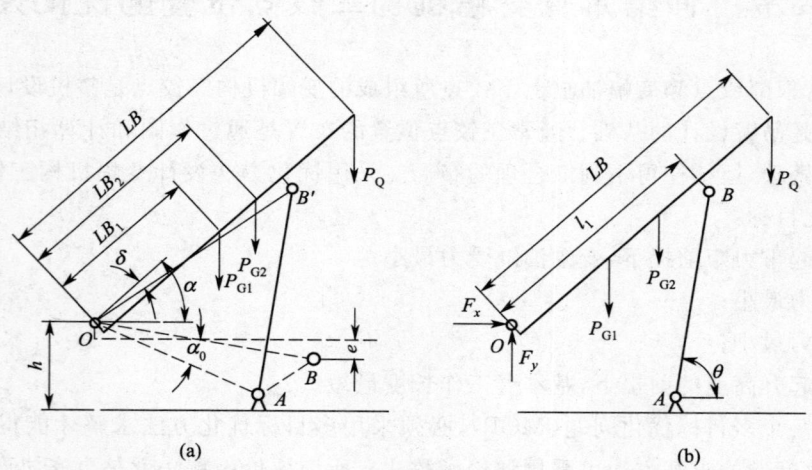

图 2-8-28　变幅油缸受力分析

显然,变幅油缸推力 $N$ 完全可以由给定的设计变量表示,即:

$$N=N(x)$$

则分目标函数为:

$$F_1(x)=N(x)$$

## 2. 转台受力分析

假设转台为刚体,按结构力学分析其受力。转台主要承受变幅油缸反力及吊臂根部铰点支反力,如图 2-8-29,$A$、$C$ 支点处为危险截面,其力矩为:

$$M_A = F_y(e - D/2) - F_x \cdot h + M_z \quad (2\text{-}8\text{-}68)$$
$$M_C = N' \cdot \sin\theta(f - D/2) - N'\cos\theta \cdot g \quad (2\text{-}8\text{-}69)$$

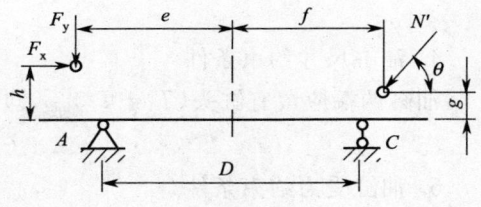

图 2-8-29 转台受力分析

式中 $D$——回转支承滚道直径;

$e, f$——分别为吊臂根部铰点、变幅油缸下铰点至回转中心距离;

$h, g$——分别为吊臂根部铰点、变幅油缸下铰点至转台下表面距离;

$N'$——变幅油缸反力,$N' = -N$;

$M_z$——配重引起的 $A$ 点力矩;

$$F_x = N\cos\theta;$$
$$F_y = \varphi_j P_Q + \varphi_i (P_{G1} + P_{G2}) - N\sin\theta;$$
$$\theta = \theta(x)。$$

## 3. 吊臂受力分析

基本臂危险截面在变幅油缸支承点 $B$ 处,如图 2-8-28 所示,则

$$M_B = \varphi_j P_Q [(LB - l_1)\cos\alpha - e_2 \sin\alpha] \quad (2\text{-}8\text{-}70)$$

式中 $l_1$——臂根铰点至变幅油缸上铰点距离;

$e_2$——定滑轮偏心距(图 2-8-30),忽略头部宽度。

## 4. 基本臂工作长度

如图 2-8-30,在满足起升高度 $H$ 的条件下应使基本臂工作长度 $LB$ 最短,基本臂工作长度按下式计算:

$$LB = [H + C + (e_0 + e_2)\cos\alpha - h_1 - h]/\sin\alpha \quad (2\text{-}8\text{-}71)$$

式中 $e_0$——吊臂根部铰点至基本臂中心线距离;

$h_1$——转台下表面离地高度。

根据上述分析,各分目标函数分别为:

$$\begin{cases} F_1(x) = N(x) \\ F_2(x) = M_x\{M_A, M_C\} \\ F_3(x) = M_B(x) \\ F_4(x) = LB(x) \end{cases} \quad (2\text{-}8\text{-}72)$$

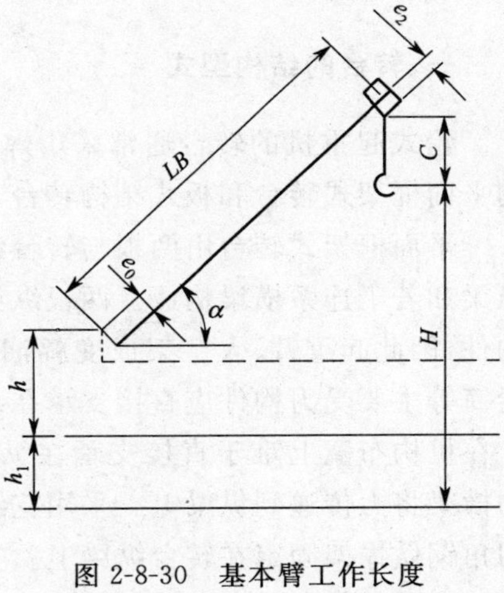

图 2-8-30 基本臂工作长度

### 三、约束条件

#### 1. 自变量上下限约束

根据实际要求,自变量应有上下限约束,即:

$$x_{\min} \leqslant x_i \leqslant x_{\max} \quad (i = 1, 2, \cdots, 7) \quad (2\text{-}8\text{-}73)$$

#### 2. 结构的几何约束条件

如图 2-8-28a,在三角形 $OAB$ 及 $OAB'$ 中,由两边之和应大于第三边得到 6 个约束条件:

$$\left.\begin{array}{l} \overline{OA} + \overline{OB} - \overline{AB} > 0, \overline{OA} + \overline{OB'} - \overline{AB'} > 0 \\ \overline{OA} + \overline{AB} - \overline{OB} > 0, \overline{OA} + \overline{AB'} - \overline{OB'} > 0 \\ \overline{OB} + \overline{AB} - \overline{OA} > 0, \overline{OB'} + \overline{AB'} - \overline{OA} > 0 \end{array}\right\} \quad (2\text{-}8\text{-}74)$$

#### 3. 结构运动特性条件

当臂架仰角从 $\alpha_{\min} \to \alpha_{\max}$ 变化时,油缸伸缩比 $\lambda$ 须满足:

$$l_{max} - \lambda l_{min} = 0 \tag{2-8-75}$$

**4. 油缸尺寸约束条件**

油缸两端应留有缸头$(T_1+T_2)_{min}$,即油缸行程$\Delta L$与两端缸头之和应大于油缸压缩后的尺寸:

$$\Delta L + (T_1+T_2)_{min} - \overline{AB}_{min} > 0 \tag{2-8-76}$$

**5. 油缸受力约束条件**

油缸为细长受压构件,因此应考虑其稳定性问题。按两端简支轴心压杆计算其稳定性,得临界力计算式:

$$\sqrt{\frac{P}{EI_2}} \times \tan\left(\sqrt{\frac{P}{EI_1}} \times L_1\right) + \sqrt{\frac{P}{EI_1}} \times \tan\left(\sqrt{\frac{P}{EI_2}} \times L_2\right) = 0 \tag{2-8-77}$$

式中　$I_1, I_2$——分别为缸体及活塞杆的惯性矩;

　　　$L_1, L_2$——分别为缸体长度及活塞杆外伸长度;

　　　$P$——活塞杆所受轴向压力。

借助数值计算方法解此方程即可得到临界力$P_{cr}$,设$[n]$为油缸稳定系数许用值,$N$为油缸实际受力,则油缸受力约束条件为:

$$P_{cr} - [n] \cdot N > 0 \tag{2-8-78}$$

综上所述,变幅三铰点多目标优化的数学模型为:

$$\begin{cases} 求 \quad \min F(x) \\ s.t.\ G_j(x) > 0 \quad (j=1,2,\cdots,22) \\ \quad h_k(x) = 0 \quad (k=1) \end{cases} \tag{2-8-79}$$

其中,$F(x) = \{F_1(x), F_2(x), F_3(x), F_4(x)\}$。

## 第六节　轮式起重机转台

### 一、转台的结构型式

轮式起重机的转台通常采用焊接结构。转台的结构型式主要有如图 2-8-31 和图 2-8-32 所示的平面框架式转台和板式结构转台。

平面框架式转台由两根与转台纵向轴线对称布置的纵梁和若干连系横梁构成。两根纵梁是转台的主要承力构件,因此起重臂、人字架或变幅油缸、变幅卷筒和起升卷筒等主要受力构件应直接支承在纵梁上。若某些零部件在机构布置上难于直接支承在纵梁上,也应当用相应的横梁将力传递到纵梁上。采用花纹钢板制成的走台须用角钢做撑架固定在转台纵梁上。安装在转台尾部的配重,可制成整体铸铁件或由若干块铸铁件拼装起来,配重的重量应均匀作用于两根纵梁上。

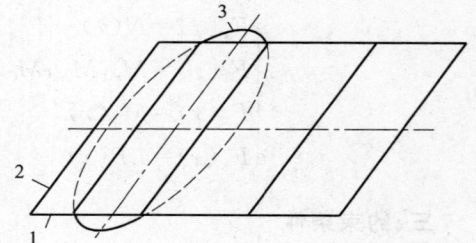

图 2-8-31　平面框架转台示意图
1—纵梁;2—横梁;3—旋转支承装置

板式结构转台是根据转台上机构和设备的布置要求,由钢板组焊成的承压构件,如图 2-8-32 所示。高强度钢的板式结构转台常用于大吨位轮式起重机中。

### 二、转台的计算

**(一)转台计算简图**

转台为空间高次超静定结构,精确计算应采用有限元方法。对平面框架式转台,可选用薄壁扭转梁单元与板单元进行建模;对板式结构转台,可选用板单元与体单元相结合进行结构分析。约束通常施加在转台与回转支承连接螺栓处。

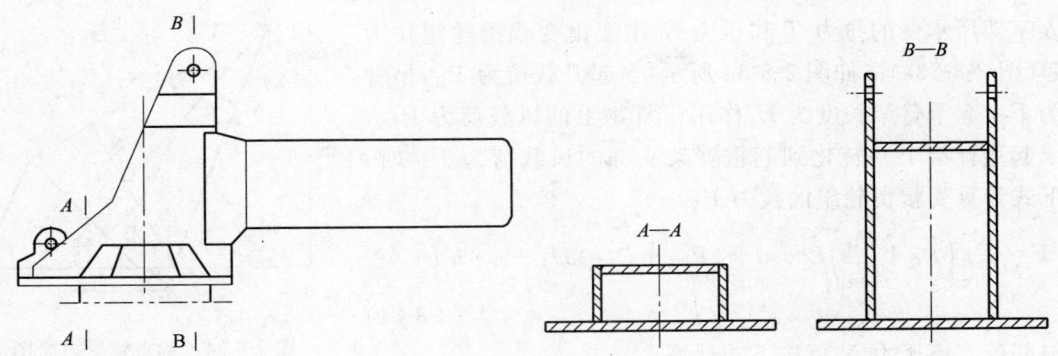

图 2-8-32 板式结构转台简图

平面框架式转台采用结构力学方法分析时,精确计算相当复杂。由于在结构上可以保证各主要受力构件直接支承在纵梁上,因此可以足够精确地按两根纵梁承受转台全部作用力的简支外伸梁进行计算。板式结构转台也可以近似地按简支外伸梁计算。转台纵梁轴线与旋转支承圈中心线的两个交点可视为简支外伸梁的铰支座(图 2-8-33)。

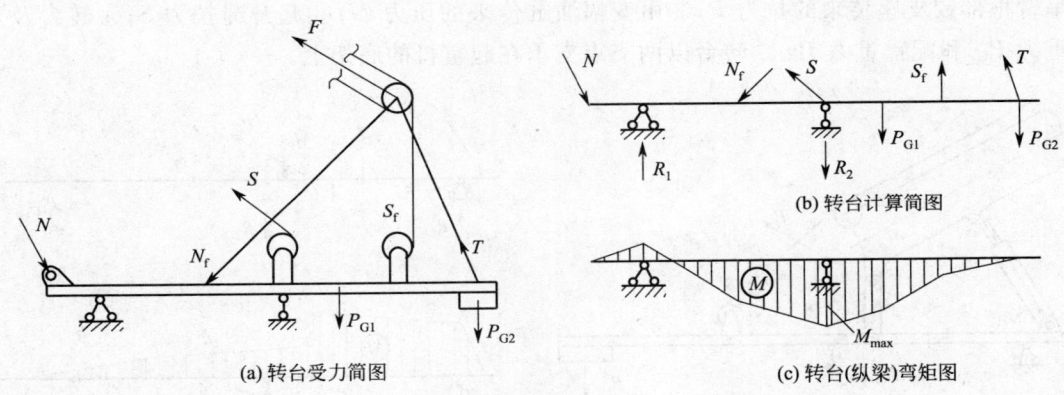

(a) 转台受力简图

(b) 转台计算简图

(c) 转台(纵梁)弯矩图

图 2-8-33 采用滑轮组变幅的转台计算简图

(二)采用滑轮组变幅的转台计算

采用滑轮组变幅的转台受力简图如图 2-8-33 所示。当起吊载荷 $P_Q$ 时,作用于转台上的载荷有:①由吊臂的根部铰支座传来的压力 $N$;②由人字架传来的拉力 $T$ 和压力 $N_f$;③起升绳拉力 $S$;④变幅绳拉力 $S_f$;⑤转台及上部机构重力 $P_{G1}$ 和配重重力 $P_{G2}$。转台以两支点支承于起重机的底架上。

转台的计算工况为:吊臂位于最小幅度(即吊臂倾角 $u \approx 70° \sim 80°$)起吊额定起重量,以此来确定转台上的作用载荷,设计转台结构的截面尺寸。

作用于转台上的各种载荷确定后,便可绘制出转台纵梁的弯矩图,如图 2-8-33c 所示。最大弯矩一般发生在前支承点或后支承点处。通常,为了减少前支承点处弯矩,往往使吊臂根部铰支座尽量靠近前支承点,甚至就放在前支承点的上方,此时,最大弯矩发生在后支承点上,即回转支承与纵梁的连接处。

转台纵梁的强度校核表达式为:

$$\sigma = \frac{M_{max}}{W} \leqslant [\sigma] \tag{2-8-80}$$

式中 $W$ ——转台两根纵梁的抗弯截面模量。

转台的刚度对于保证起重机的正常工作具有重要意义,设计时应充分考虑,转台变形过大,对

人字架所承受的拉力 $T$ 和压力 $N_f$ 主要由变幅滑轮组拉力 $F$ 引起(图 2-8-33a)。如图 2-8-34 所示,当起升载荷为 $P_Q$,吊臂重力为 $P_G$,起重臂架长度为 $L$,作用于货物上的风载荷为 $P_{W1}$,作用于起重臂架上并转化到起重臂架头部的风载荷为 $P_{W2}$ 时,可按下式计算变幅滑轮组的拉力 $F$:

$$F=\frac{1}{H}\left[\left(P_Q+\frac{P_G}{2}\right)L\cos u+(P_{W1}+P_{W2})H_1-S\cdot h\right] \quad (2\text{-}8\text{-}81)$$

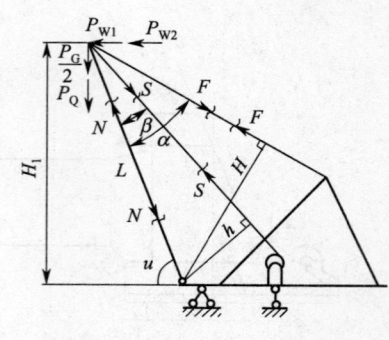

图 2-8-34 起重臂受力简图

吊臂根部铰支座压力 $N$ 可按下式计算:

$$N=\frac{1}{\sin u}\left[F\cos(90°-u+\alpha)+S\cos(90°-u+\beta)+P_Q+\frac{P_G}{2}\right] \quad (2\text{-}8\text{-}82)$$

其中: $\alpha=\arcsin\dfrac{H}{L}$, $\beta=\arcsin\dfrac{h}{L}$

(三)采用油缸变幅的转台计算

采用油缸变幅的转台受力简图如图 2-8-35 所示。当起吊载荷 $P_Q$ 时,作用于转台上的载荷有:①由吊臂根部铰支座传来的拉力 $P$;②由变幅油缸传来的压力 $N$;③起升绳拉力 $S$;④转台及上部机构重力 $P_{G1}$ 和配重重力 $P_{G2}$。转台以两支点支承在起重机的底架上。

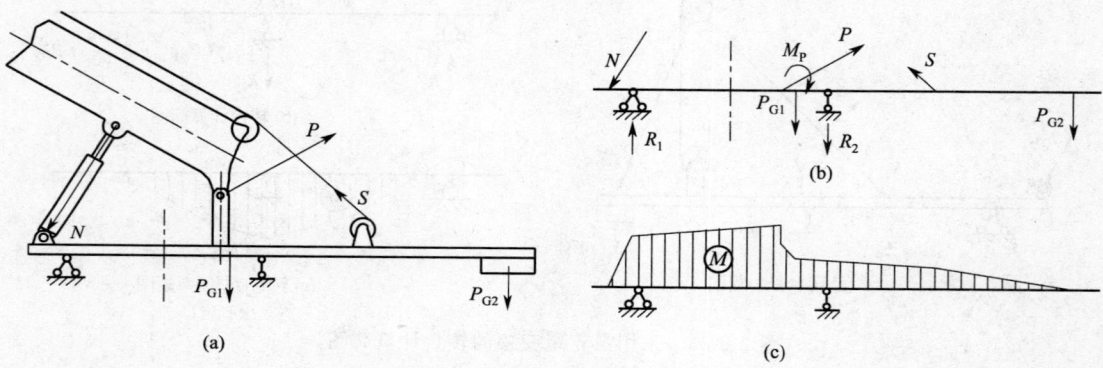

图 2-8-35 采用油缸变幅的转台计算简图

转台最不利受力情况通常是起重臂位于最小工作幅度时起吊额定起升载荷。故以此作为转台的计算工况。

采用油缸变幅的转台的危险截面可能在前、后支承处,也可能发生在吊臂根部铰支座所在截面,如图 2-8-35c 所示。

转台纵梁(或板式结构)的强度校核可按公式(2-8-80)进行。

变幅油缸压力 $N$ 和吊臂根部铰支座作用力 $P$ 可根据吊臂外力的平衡方程解出,参看图 2-8-36。

由吊臂根部铰点 A 的力矩平衡方程式 $\sum M_A=0$,得:

$$N=\frac{1}{H}\left[\left(P_Q+\frac{1}{2}P_G\right)L\cos u+(P_{W1}+P_{W2})H_1-S\cdot r\right] \quad (2\text{-}8\text{-}83)$$

由 $\sum Y=0$ 和 $\sum X=0$,解得 $P_y$ 和 $P_x$:

$$\left.\begin{array}{l}P_y=P_Q+P_G-N\sin\alpha+S\sin\beta \\ P_x=P_{W1}+P_{W2}-N\cos\alpha-S\cos\beta\end{array}\right\} \quad (2\text{-}8\text{-}84)$$

### 三、转台优化设计简介

由于转台的外形尺寸(长、宽、高)是由总体设计事先确定的,所以对转台进行优化设计,减轻其

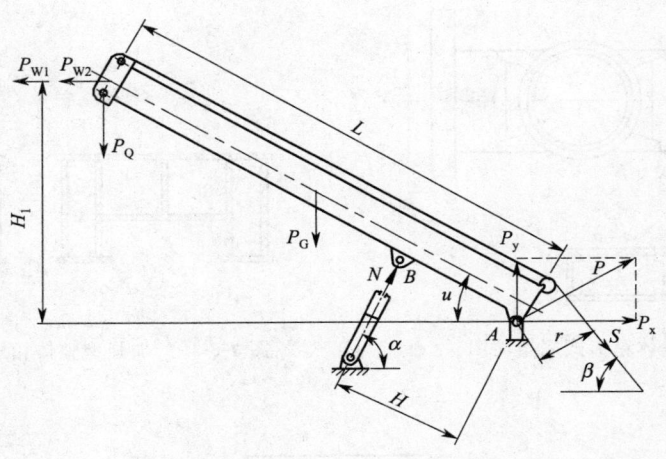

图 2-8-36　起重臂及反力计算简图

重量的主要途径是选择合理的纵梁及横梁截面尺寸。故建立转台优化模型时，应以纵梁及横梁的截面尺寸（梁高、梁宽及板厚）为设计变量，以强度、刚度及板的局部稳定为约束条件，以转台结构重量为优化目标。可采用通用优化程序或有限元软件中的优化模块进行优化计算。

## 第七节　轮式起重机的底架

### 一、轮式起重机底架型式

轮式起重机底架通常由纵梁和横梁组成。底架可制成由两根纵梁和两根横梁组成的长方形平面框架结构。图 2-8-37 为 QLY-16 型轮胎起重机底架的结构简图，纵梁和横梁都是箱形截面，纵梁可制成箱形变截面的型式。对于平面框架式结构，为了增加底架的刚性，在框架中间须加装若干连系横梁和斜撑。为了支撑起重机的旋转部分，在底架中部装有旋转机构的大齿圈和环形滚道，称为转台底座，底架简图如图 2-8-38 所示。

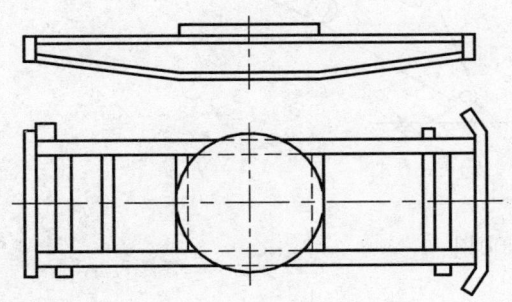

图 2-8-37　QLY-16 型轮胎起重机底架简图

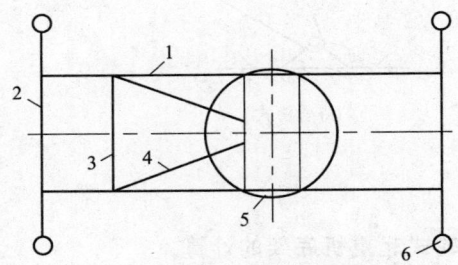

图 2-8-38　平面框架式底架简图

1—纵梁；2—横梁；3—连系横梁；4—斜撑；5—转台底座；6—支腿

轮式起重机的底架也可制成由一根纵梁和两根横梁组成的整体箱形底架或大箱形底架，参看图 2-8-39。由于这种结构型式的底架较平面框架式底架的抗扭刚度大，因此可以减小或消除抬腿现象，且制造构件少，近年来得到广泛应用。

对于大吨位的轮式起重机底架纵梁，可采用如图 2-8-40 所示的单根加强型多箱体纵梁。

底架横梁的结构与支腿型式有关。轮式起重机支腿有 H 型支腿、X 型支腿、蛙式支腿和辐射式支腿等四种型式，其中以 H 型支腿（图 2-8-41）用得最多，其次是蛙式支腿（图 2-8-42）和 X 型支腿（图 2-8-43）。

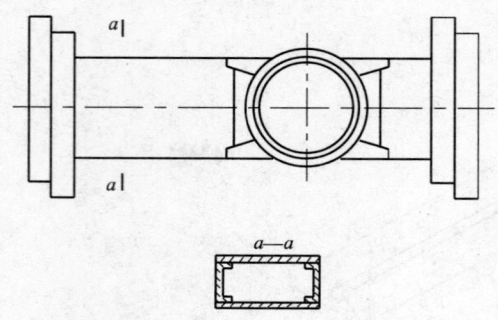

图 2-8-39 整体箱形式底架简图

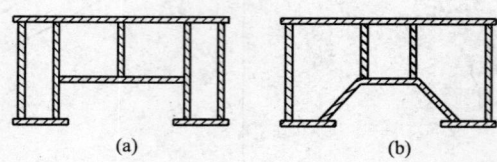

图 2-8-40 加强型整体箱式底架纵梁截面简图

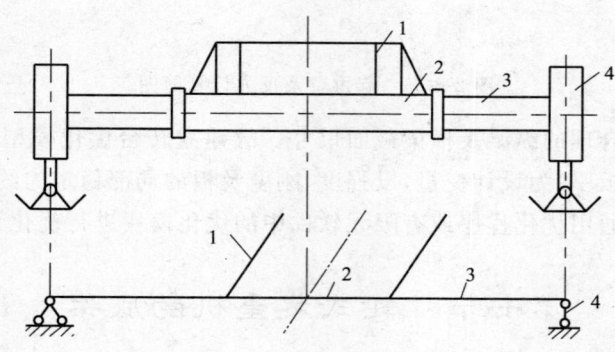

图 2-8-41 H 型支腿的支腿平面简图
1—纵梁;2—车架横梁;3—支腿横梁;4—支腿

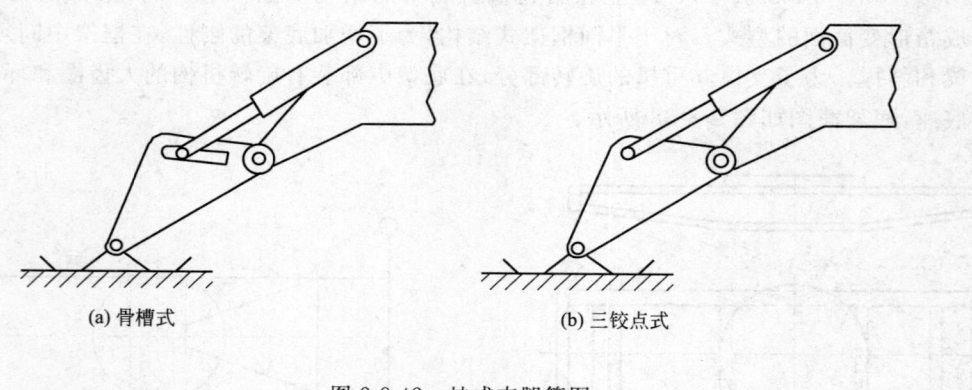

(a) 骨槽式　　　　　　(b) 三铰点式

图 2-8-42 蛙式支腿简图

## 二、轮式起重机底架的计算

### (一)底架上的作用载荷

作用在底架上的载荷除下车自重 $P_{G2}$ 外,还有上车各机构和结构件的重力 $P_{G1}$、起升载荷 $P_Q$ 以及他们产生的偏心力矩 $M$。将上车所有载荷转换到回转支承中心得到垂直合力 $N=P_{G1}+P_Q$,力矩 $M$ 作用于变幅平面内,如图 2-8-44 所示。

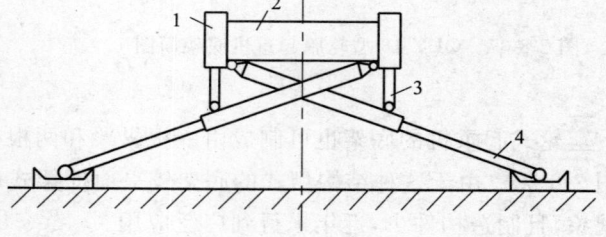

图 2-8-43 X 型支腿简图
1—纵梁;2—横梁;3—垂直油缸;4—可伸缩式支腿

合力 $N$ 及力矩 $M$ 实际上通过回转支承联接螺栓传给底架的纵、横梁,$N$ 在各螺栓点上均匀分布,$M$ 可转化为沿垂直方向作用于回转支承圈螺栓处的等效集中载荷,并近视按余弦规律分布(图

2-8-45),因此每个螺栓点处的总垂直力 $F_i$ 为:

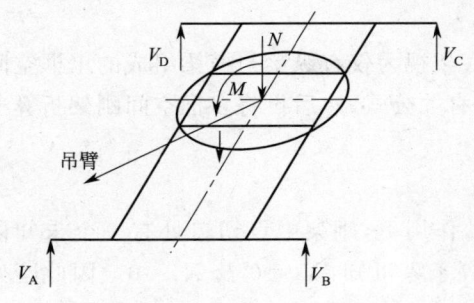

图 2-8-44 作用在底架上的载荷

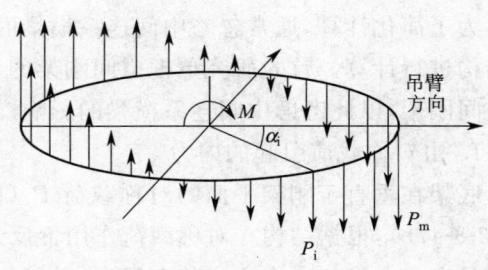

图 2-8-45 力矩 M 的等效载荷

$$F_i = \frac{N}{n_0} + P_i = \frac{N}{n_0} + P_m \cos\alpha_i \quad (i=1,2,\cdots,n_0) \quad (2\text{-}8\text{-}85)$$

式中 $n_0$——回转支承圈联接螺栓个数;

$\alpha_i$——第 $i$ 个螺栓中心与回转中心连线到吊臂轴线间的夹角,$\alpha_i = \frac{2\pi}{n_0}(i-1)$;

$P_m$——由力矩 $M$ 转化得到的最大等效垂直载荷,按下式计算:

$$P_m = \frac{M}{D \sum_{i=1}^{n_0/2} \cos^2\alpha_i} \quad (2\text{-}8\text{-}86)$$

其中 $D$——螺栓分布圆直径。

底架为空间结构,目前多采用有限元法分析其力学性能。通常按吊臂垂直于底架对角线和纵轴线两种不利工况计算合力 $N$ 及力矩 $M$,并按式(2-8-85)计算出载荷 $F_i$ 后施加在回转支承圈连接螺栓处。

采用传统力学方法近似计算时,考虑到底架在转台支承圈处得到加强,通常将转台支承圈视为刚性平面(图 2-8-46a),刚性平面将底架截分为前后两部分。框架式底架的前部空间框架如图 2-8-46b 所示。经过处理可将图 2-8-46b 多框空间框架折算为图 2-8-46c 所示的单框空间刚架。为便于计算,再将支腿反力 $V_A$ 及 $V_B$ 转化为刚架结点处的对称载荷 $P_1$(图 2-8-46d)及反对称载荷 $P_2$(图 2-8-46e),由此可导出框架式底架有关计算式。用类似方法亦可得出整体箱形底架的有关计算式。

通常按吊臂垂直于底架对角线和纵轴线两种不利工况确定的三支点或四支点支腿反力 $V_A$、

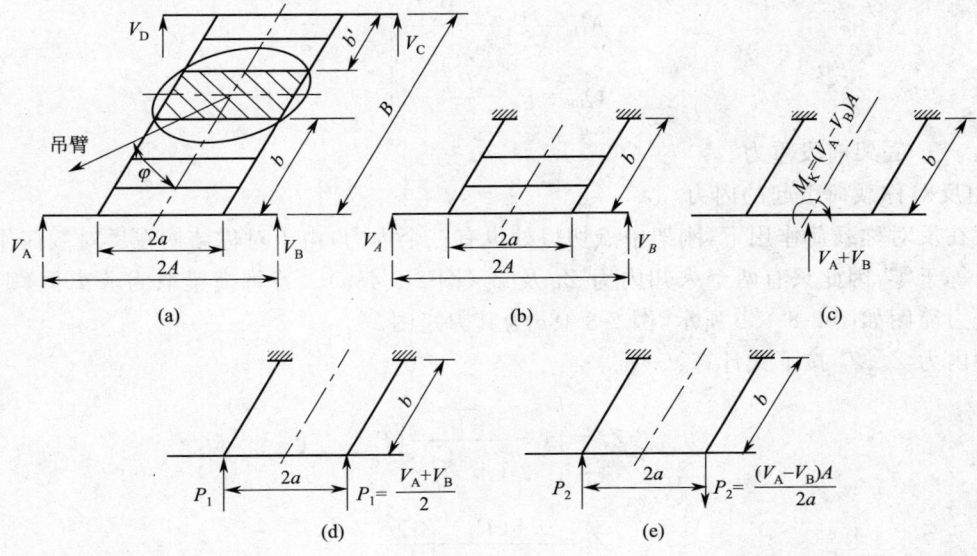

图 2-8-46 底架计算简图

$V_B$、$V_C$ 及 $V_D$ 作为底架的计算载荷。支腿反力按最小幅度时起吊最大起重量的计算工况确定。

(二)单框架式底架的内力计算

为了简化计算,通常忽略中间连系横梁的影响,将底架视为仅有纵梁与横梁组成的单框空间刚架结构进行计算。首先研究单框空间刚架的计算,导出有关公式,然后再将多框空间刚架折算成单框空间刚架,以此考虑中间连系横梁的影响。

1. 由对称载荷引起的内力

底架在垂直于刚架平面的对称载荷 $P_1$(图 2-8-47a)作用下,刚架中点切口处有三个未知内力(图 2-8-47b),根据结构在对称载荷作用下反对称内力等于零可知:$X_2=0$ 及 $X_3=0$。因此刚架切口处只有一个未知内力 $X_1$,其方程为:

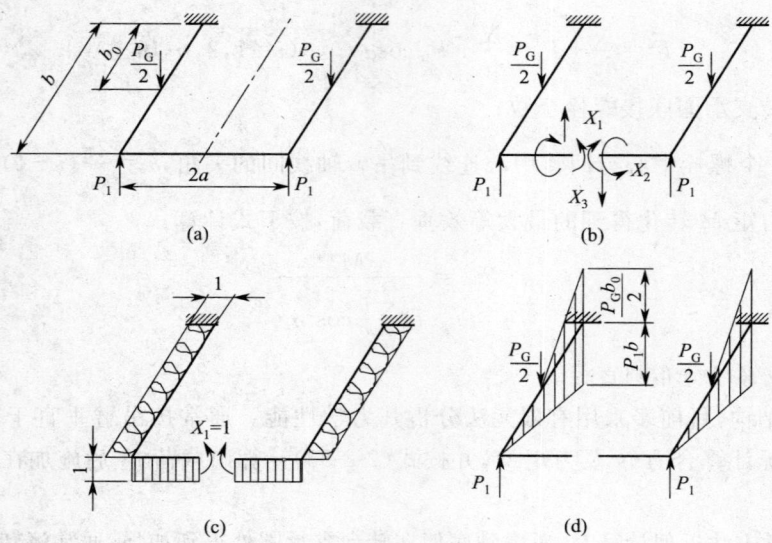

图 2-8-47 对称载荷作用下的底架计算简图

$$\delta_{11} \cdot X_1 + \Delta_{1p} = 0 \tag{2-8-87}$$

式中 $\Delta_{1p}$ 为外载荷在刚架中点引起的转角,由图 2-8-47c 与图 2-8-47d 图乘求得,在图示情况下 $\Delta_{1p}=0$,故 $X_1=0$。因此底架在对称载荷作用下可按图 2-8-47d 所示静定简图计算,纵梁的最大弯矩和剪力为:

$$\left. \begin{array}{l} M_{b1} = P_1 b - \dfrac{P_G b_0}{2} \\ Q_{b1} = P_1 - \dfrac{P_G}{2} \end{array} \right\} \tag{2-8-88}$$

式中 $P_G$——底架前段重力。

2. 由反对称载荷引起的内力

底架在反对称载荷作用下,刚架中点切口处也有三个内力,由于对称结构在反对称载荷作用下对称的内力等于零,因此只有两个未知内力 $Z_1$ 及 $Z_2$(图 2-8-48a)。若将横梁取为分离体,则横梁和纵梁的受力简图如图 2-8-48b 所示,图 2-8-48c 为其力矩图。

图中内力 $Z_1$、$Z_2$ 按下式计算:

$$Z_1 = \left(1 - \dfrac{1}{1+\dfrac{C_1}{a^2 C_2}}\right) P_2 \tag{2-8-89}$$

$$Z_2 = \dfrac{0.5(P_2 - Z_1)b}{1 + \dfrac{a}{b} \cdot \dfrac{EI_b}{GI_{Ka}}} \tag{2-8-90}$$

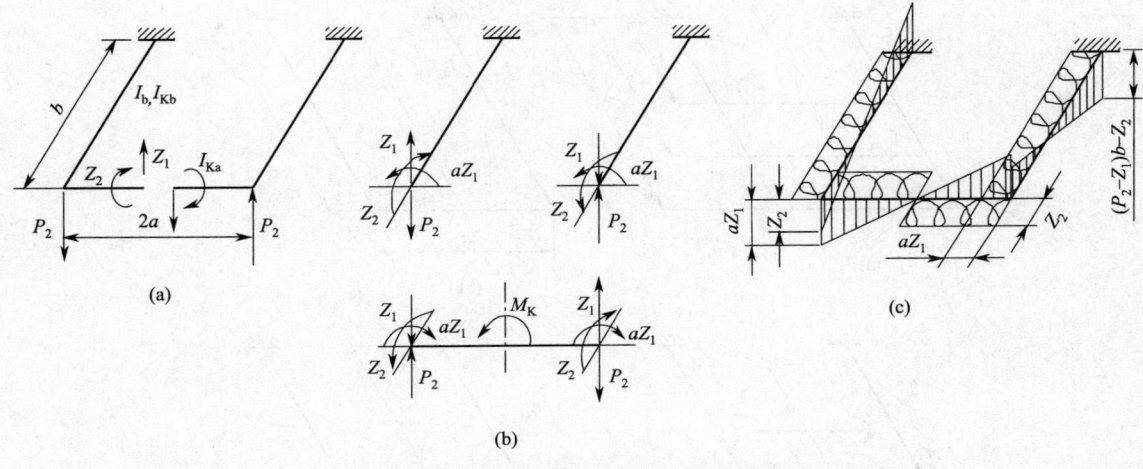

图 2-8-48 反对称载荷作用下的底架计算简图

式中 $C_1$、$C_2$ 分别为纵梁弯曲柔度系数和扭转柔度系数，按下式计算：

$$C_1 = \frac{b^3}{3EI_b}\left\{1 - \frac{0.75}{1 + \dfrac{a}{b} \cdot \dfrac{EI_b}{GI_{Ka}}}\right\} \quad (2\text{-}8\text{-}91)$$

$$C_2 = \frac{b}{GI_{Kb}} \quad (2\text{-}8\text{-}92)$$

式中 $I_b, I_{Kb}$——分别为纵梁抗弯和抗扭惯性矩；

$I_{Ka}$——横梁抗扭转惯性矩；

$E$——弹性模量；

$G$——剪切弹性模量。

其余符号含义见图 2-8-48。

纵梁和横梁的最大弯矩、扭矩和剪力为：

纵梁：

$$\left.\begin{array}{ll} 弯矩 & M_{b2} = (P_2 - Z_1)b - Z_2 \\ 扭矩 & M_{Kb2} = a \cdot Z_1 \\ 剪力 & Q_{b2} = P_2 - Z_1 \end{array}\right\} \quad (2\text{-}8\text{-}93)$$

横梁：

$$\left.\begin{array}{ll} 弯矩 & M_{a2} = a \cdot Z_1 \\ 扭矩 & M_{ka2} = Z_2 \\ 剪力 & Q_{a2} = Z_1 \end{array}\right\} \quad (2\text{-}8\text{-}94)$$

对于 H 型支腿的横梁还应考虑外伸部分引起的弯矩。

(三) 多框架式底架内力的简化计算

多框架式底架是高次超静定结构，精确求解非常麻烦，这对于方案设计和初步计算是不必要的。由于底架横梁承受弯曲作用十分微小，可以忽略不计，主要考虑扭转作用，并使多框底架的若干根横梁的抗扭作用与一根当量横梁的抗扭作用相当，把多框架转化为单框刚架进行计算（图 2-8-49）。

如果悬臂的纵梁在一系列横梁扭矩 $Y_1$、$Y_2$、$\cdots$、$Y_i$、$\cdots$、$Y_p$ 作用下（图 2-8-49c）产生的梁端挠度与该梁在当量横梁扭矩 $\bar{Y}$ 作用下（图 2-8-49d）产生的梁端挠度相等，则认为当量横梁与若干根横梁的抗扭作用相当。据此推导出当量横梁的折算抗扭惯性矩为：

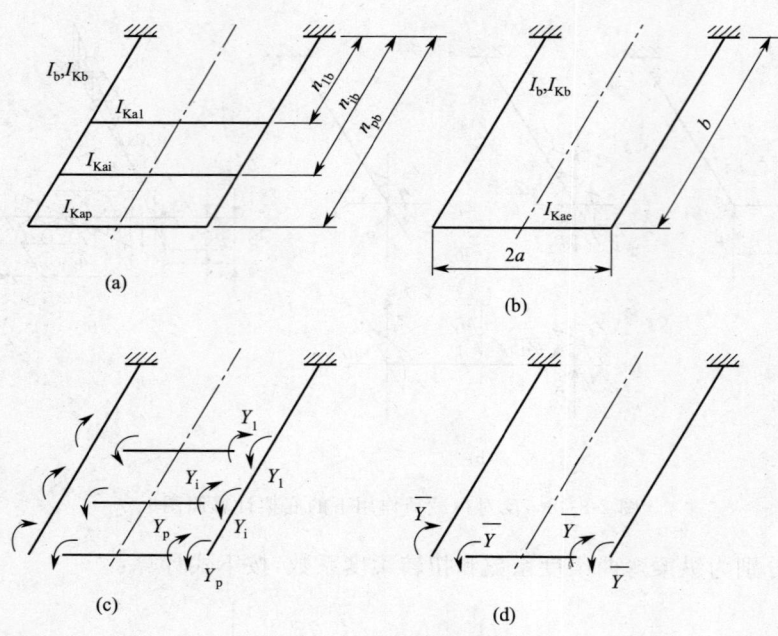

图 2-8-49 多框架底架力学模型

$$I_{Kae} = \sum_{i=1}^{p} I_{Kai} n_i (2 - n_i) \sin \frac{\pi n_i}{2} \qquad (2\text{-}8\text{-}95)$$

式中 $I_{Kai}$——第 $i$ 根横梁的抗扭惯性矩；

$n_i$——第 $i$ 根横梁距纵梁固定端的距离与 $b$ 的比值，如图 2-8-49a 所示。

将单框刚架各计算公式中的横梁抗扭惯性矩 $I_{Ka}$ 用当量横梁的抗扭惯性矩 $I_{Kae}$ 置换，便得到多框框架相应的计算公式，从而使多框框架式底架的计算得到简化。但对横梁进行强度校核时，应用横梁本身的抗扭惯性矩，而不能用折算抗扭惯性矩。

（四）整体箱形式底架的内力计算

将框架式底架的两根纵梁用一个封闭的整体箱形结构代替，其计算载荷和计算简图如图 2-8-50 所示，其与框架结构的纵梁计算简图相类似，因此，框架式底架纵梁的计算方法对整体箱形底架也是适用的。

整体箱形底架纵梁的最大弯矩、扭矩和剪力：

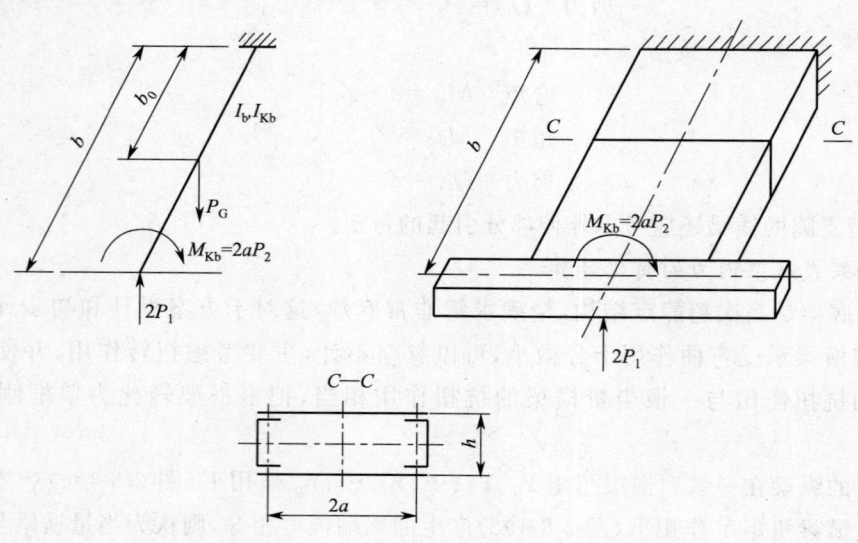

图 2-8-50 整体箱形底架计算简图

$$\left.\begin{array}{ll}\text{弯矩} & M_b = 2P_1 b - P_G b_0 \\ \text{扭矩} & M_{Kb} = 2aP_2 \\ \text{剪力} & Q_b = 2P_1 - P_G\end{array}\right\} \quad (2\text{-}8\text{-}96)$$

### (五)底架的强度校核

框架式底架和整体箱形底架的强度校核相同,下面以纵梁为例说明底架的强度校核,横梁强度计算可参照纵梁进行。对悬臂纵梁,其根部为危险截面。

**1. 正应力**

$$\sigma_b = \frac{M_{b1} + M_{b2}}{W_b} + \sigma_\omega \leqslant [\sigma] \quad (2\text{-}8\text{-}97)$$

式中 $W_b$——纵梁的截面抗弯模数;
$M_{b1}, M_{b2}$——对称载荷及反对称载荷引起的弯矩;
$\sigma_\omega$——由约束扭转引起的正应力,见式(2-8-102)。

**2. 剪应力**

弯曲剪应力:
$$\tau_{Wb} = \frac{(Q_{b1} + Q_{b2})S_x}{I_b \delta_\Sigma} \quad (2\text{-}8\text{-}98)$$

式中 $Q_{b1}, Q_{b2}$——由对称载荷及反对称载荷引起的剪力;
$S_x$——$\tau_{Wb}$所在点以上的截面积对中性轴的静面矩;
$\delta_\Sigma$——$\tau_{Wb}$所在点处截面总的板厚(腹板厚度)。

扭转剪应力:

$$\left.\begin{array}{ll}\text{开口截面} & \tau_{Kb} = \dfrac{M_{Kb}}{I_{Kb}}\delta \\ \text{闭口截面} & \tau_{Kb} = \dfrac{M_{Kb}}{2\delta A_0}\end{array}\right\} \quad (2\text{-}8\text{-}99)$$

式中 $\delta$——截面壁厚,取腹板厚度;
$A_0$——闭口截面中心线包围的面积。

剪应力校核
$$\tau_b = \tau_{Wb} + \tau_{Kb} \leqslant [\tau] \quad (2\text{-}8\text{-}100)$$

**3. 按第四强度理论作强度校核**

$$\sigma = \sqrt{\sigma_b^2 + 3\tau_b^2} \leqslant [\sigma] \quad (2\text{-}8\text{-}101)$$

式中 $\sigma_b$、$\tau_b$——纵梁同一截面同一点的正应力和剪应力,通常校核纵梁悬臂根部截面之腹板与翼缘板相接触纤维层的计算应力。

**4. 约束扭转**

轮式起重机底架由约束扭转引起的正应力是可观的,即使是箱形截面底架由约束扭转引起的正应力也约占弯曲正应力的15%~20%,因此不容忽视。而由约束扭转引起的剪应力很小,可以忽略不计。

底架的纵梁和横梁通常制成具有垂直和水平两个对称轴的工字形或箱形梁,简称双对称开口和闭口截面,其弯心与截面形心重合,使约束扭转计算大为简化。

约束扭转引起的正应力按下式计算:

$$\sigma_\omega = \frac{B_\omega \omega}{I_\omega} \quad (2\text{-}8\text{-}102)$$

式中 $B_\omega$——双力矩;
$\omega$——截面广义主扇性坐标;
$I_\omega$——广义主扇性惯性矩。

式中各项的计算见本篇第一章第六节。

# 第三篇　起重机机构

# 第一章　起升机构

在起重机中，用以提升或下降货物的机构称为起升机构，一般采用卷扬式。起升机构是起重机中最重要、最基本的机构，其工作的好坏直接影响整台起重机的工作性能。

## 第一节　起升机构的组成和典型形式

起升机构一般由驱动装置、钢丝绳卷绕系统、取物装置和安全保护装置等组成。驱动装置包括电动机、联轴器、制动器、减速器、卷筒等部件。钢丝绳卷绕系统包括钢丝绳、卷筒、定滑轮和动滑轮。取物装置有吊钩、吊环、抓斗、电磁吸盘、吊具、挂梁等多种形式。安全保护装置有超负荷限制器、起升高度限位器、下降深度限位器、超速保护开关、安全制动器等，根据实际需要配用。

起升机构有内燃机驱动、电动机驱动和液压驱动三种驱动方式。

内燃机驱动的起升机构，其动力由内燃机经机械传动装置集中传给包括起升机构在内的各个工作机构。这种驱动方式的优点是具有自身独立的能源，机动灵活，适用于流动作业的流动式起重机。为保证各机构的独立运动，整机的传动系统复杂笨重。由于内燃机不能逆转，不能带载起动，需依靠传动环节的离合实现起动和换向，这种驱动方式调速困难，操纵麻烦，属于淘汰类型。目前只在现有的少数履带起重机和铁路起重机上应用。

电动机驱动是起升机构主要的驱动方式。直流电动机的机械特性适合起升机构工作要求，调速性能好，但获得直流电源较为困难。在大型的工程起重机上，常采用内燃机和直流发电机实现直流传动。交流电动机驱动能直接从电网取得电能，操纵简单，维护容易，机组重量轻，工作可靠，在电动起升机构中被广泛采用。

液压驱动的起升机构，由原动机带动液压泵，将工作油液输入执行构件（液压缸或液压马达）使机构动作，通过控制输入执行构件的液体流量实现调速。液压驱动的优点是传动比大，可以实现大范围的无级调速，结构紧凑，运转平稳，操作方便，过载保护性能好。缺点是液压传动元件的制造精度要求高，液体容易泄漏。目前液压驱动在流动式起重机上获得日益广泛的应用。

设计起升机构时需给定的主要参数有：起重量、工作级别、起升高度和起升速度。

起重量对起升机构的组成型式、传动部件的型号尺寸和电动机的驱动功率都有重要的影响。在起重机系列设计时，合理选择起重量系列是重要的环节。一般情况下，当起重量超过 10 t 时，常设两个起升机构，即主起升机构和副起升机构。主起升机构的起重量大，用以起吊重的货物。副起升机构的起重量小，但速度较快，用以起吊较轻的货物或作辅助性工作，提高工作效率。

起升速度的选择与起重量、起升高度、工作级别和使用要求有关，中、小起重量的起重机选用高速以提高生产率；大起重量的起重机选用低速以降低驱动功率，提高工作的平稳性和安全性。工作级别高、经常使用、要求生产率高的起重机宜选用高速；反之，工作级别低、用于辅助性工作的起重机可选用低速。用于安装与设备维修的起重机除应选用低速外，还可备有微速或调速功能。大起升高度的起重机为了提高工作效率，除适当提高起升速度外，还可备有空载快速升降功能。各类起重机常用起升速度可参见表 3-1-1。

表 3-1-1 起升机构工作速度

| 起重机类型 | 起重能力 | 类别 | 主钩起升速度/(m/min) | 副钩起升速度/(m/min) |
|---|---|---|---|---|
| 单梁起重机 | 1 t~5 t | 中速 | 6.3~16 | — |
| | | 低速 | 0.32~5 | — |
| 通用吊钩桥式起重机 | ≤50 t | 高速 | 6.3~20 | 10~25 |
| | | 中速 | 4~12.5 | 5~16 |
| | | 低速 | 2.5~8 | 4~12.5 |
| | 63 t~125 t | 高速 | 4~12.5 | 5~16 |
| | | 中速 | 2.5~8 | 4~12.5 |
| | | 低速 | 1.25~4 | 2.5~10 |
| | 140 t~320 t | 高速 | 2.5~8 | 4~12.5 |
| | | 中速 | 1.25~4 | 2.5~10 |
| | | 低速 | 0.63~2 | 2~8 |
| 抓斗桥式起重机 | ≤50 t | 高速 | 30~63 | — |
| 电磁桥式起重机 | ≤50 t | 高速 | 10~25 | — |
| 通用吊钩门式起重机 | ≤50 t | 高速 | 6.3~16 | 10~20 |
| | | 中速 | 5~12.5 | 8~16 |
| | | 低速 | 2.5~8 | 6.3~12.5 |
| | 63 t~125 t | 高速 | 5~10 | 8~16 |
| | | 中速 | 2.5~8 | 6.3~12.5 |
| | | 低速 | 1.25~4 | 4~12.5 |
| | 140 t~320 t | 中速 | 1.25~4 | 2.5~10 |
| | | 低速 | 0.63~2 | 2~8 |
| 抓斗门式起重机 | ≤50 t | 高速 | 25~50 | — |
| 电磁门式起重机 | ≤50 t | 高速 | 16~32 | — |
| 防爆桥式起重机 | ≤50 t | 中速 | 2~4 | — |
| | | 低速 | 0.2~0.8 | — |
| 抓斗装卸桥 | ≤50 t | 高速 | 50~100 | — |
| 塔式起重机 | 6 t·m~20 t·m | 中速 | 15~20 | — |
| | | 低速下降 | 6 | — |
| | 25 t·m~60 t·m | 中速 | 25~45 | — |
| | | 低速下降 | 5 | — |
| | 80 t·m~120 t·m | 中速 | 50~55 | — |
| | | 低速下降 | 4 | — |
| 巷道堆垛起重机 | 0.1 t~2 t | 中速 | 6.3~25 | — |
| 岸边集装箱装卸桥 | 30.5 t | 高速 满载/空载 | 50/120 | — |
| 轮胎式集装箱门式起重机 | 30.5 t | 中速 满载/空载 | 27/13.5 | — |
| 港口用门座起重机 | 5 t~25 t | 高速 | 50~100 | — |
| 造船用门座起重机 | 25 t~160 t | 中速 | 5~20 | 20~40 |
| | | 微动 | 0.25~1 | 0.25~1 |
| 建筑用门座起重机 | 10 t~63 t | 中速 | 15~25 | 20~50 |

# 一、电动起升机构的典型形式

## (一)驱动装置布置方式

### 1. 平行轴线布置

大多数起重机起升机构的驱动装置都采取电动机轴与卷筒轴平行布置。

(1)吊钩起重机

起升机构的基本驱动型式见图 3-1-1。当起升机构用于吊运液态金属及其他危险物品时,需采用双制动器,按图 3-1-1 中的双点划线选择布置。当需设主、副两个起升机构时,布置方式见图 3-1-2。也有采用电动葫芦作为副起升机构,可使布置更加紧凑。

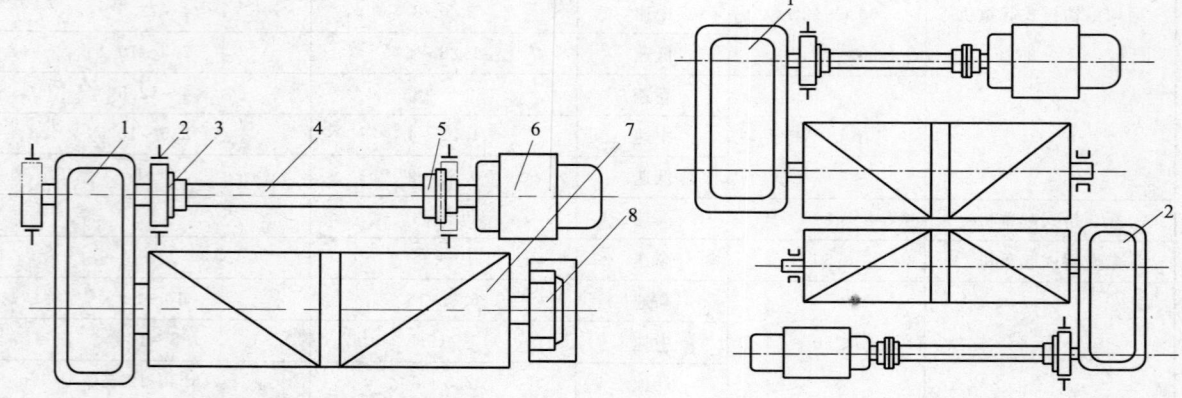

图 3-1-1 起升机构的驱动装置
1—减速器;2—制动器;3—带制动轮的联轴器;4—浮动轴;
5—联轴器;6—电动机;7—卷筒;8—卷筒支座

图 3-1-2 主、副钩起升机构的驱动装置
1—主起升机构;2—副起升机构

大起重量的起升机构,由于起升速度相对较慢,减速器传动比增大,也有采用在减速器输出端加一级开式齿轮的方式,见图 3-1-3。起重量超过 100 t 的大型起重机也可采用图 3-1-4 的布置方式。慢速起升机构采用一台减速器其传动比已不能满足要求时,可采用图 3-1-5 的布置方式。

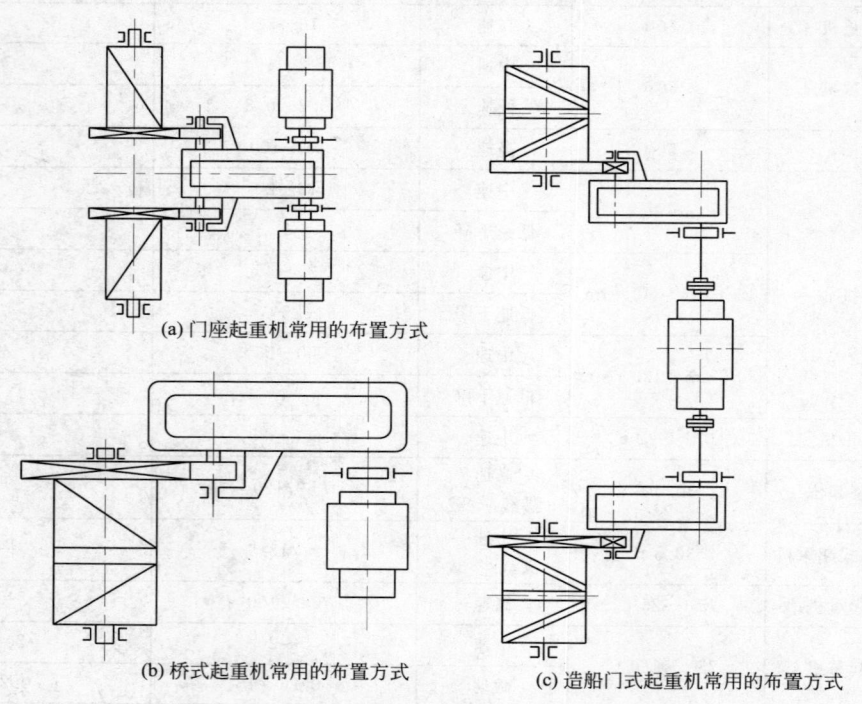

(a) 门座起重机常用的布置方式

(b) 桥式起重机常用的布置方式

(c) 造船门式起重机常用的布置方式

图 3-1-3 带开式齿轮的驱动装置

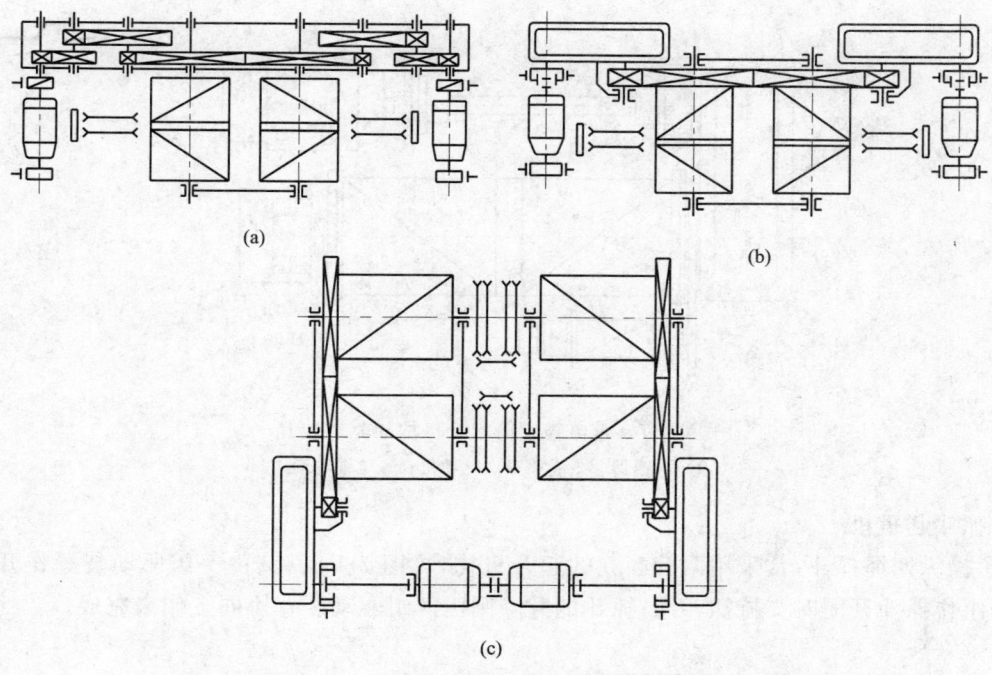

图 3-1-4 大起重量起重机起升机构的驱动装置

上述起升机构方案中,各部件都是分别支承,固定在小车架上。要求小车架有足够的精度和刚度,从而使小车架的自重增大,加工制造及安装调整也很麻烦。为了减轻和简化这样的小车架,可采用带有制动器的电动机,并将其直接套装在减速器上,使整个传动机构形成一个独立的整体。通过减速器的两个支承点和卷筒支承座的一个支承点形成稳定支承,可降低对小车架安装精度的要求。此外还可将定滑轮直接套装在卷筒上,并使卷筒直接作为小车架的主体,在两端安装行走端梁构成整个起重小车,使结构大为简化,见图 3-1-6。但这种方案只适合于中、小吨位的起重机。

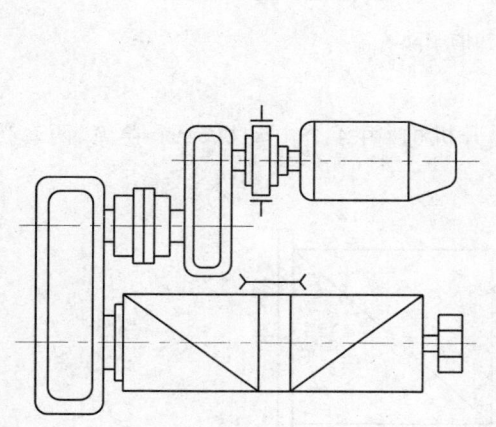

图 3-1-5 慢速起升机构的驱动装置

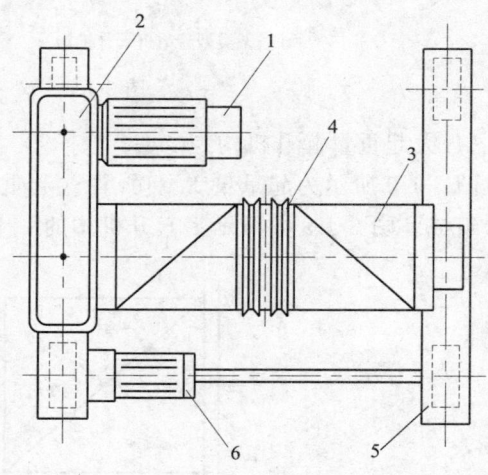

图 3-1-6 简易型起重小车

1—带制动器的电动机;2—减速器;3—卷筒;
4—定滑轮;5—端梁;6—运行驱动装置

(2)电磁起重机

为给电磁吸盘提供电源,需设电缆卷筒,其卷绕速度应与电磁吸盘提升速度相等。电缆卷筒用齿轮传动时按图 3-1-7 中实线布置;用链传动时,按图中虚线布置。当采用电动抓斗作为取物装置时,也采用上述驱动装置。

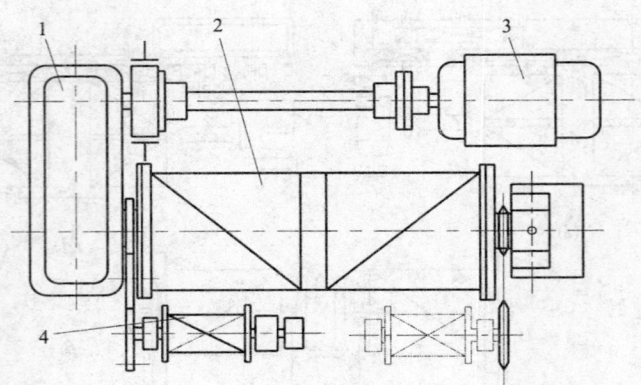

图 3-1-7 带电缆卷筒起升机构的驱动装置
1—减速器;2—卷筒;3—电动机;4—电缆卷筒

(3)抓斗起重机

为了操纵四绳抓斗,常采用两套独立的起升机构,见图 3-1-8。其中一组驱动装置作开闭抓斗用;另一组作抓斗开闭时支持抓斗用;抓斗的升降则由两组驱动装置协同工作来完成。

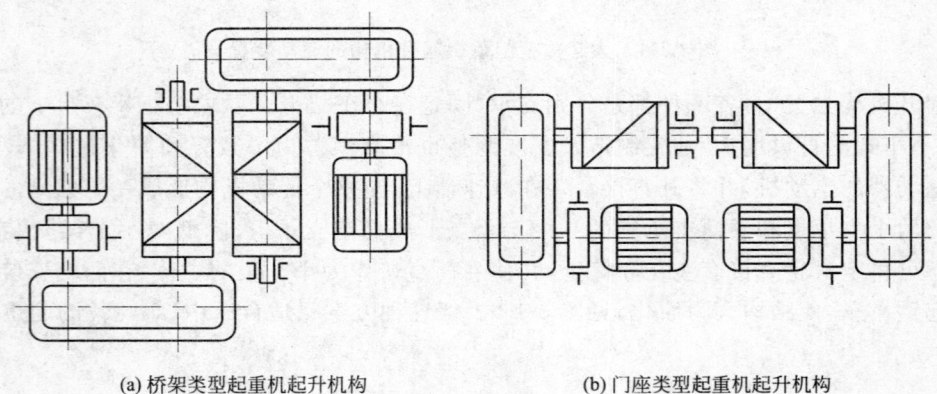

(a) 桥架类型起重机起升机构　　　　(b) 门座类型起重机起升机构

图 3-1-8 双卷筒起升机构的驱动装置

(4)大起重量起升机构

图 3-1-9 所示为起重量 1 400 t 浮式起重机的主起升机构,由 4 个电动机、4 个卷筒、两套传动装置组成。图 3-1-9 中所示为起升机构的一半。

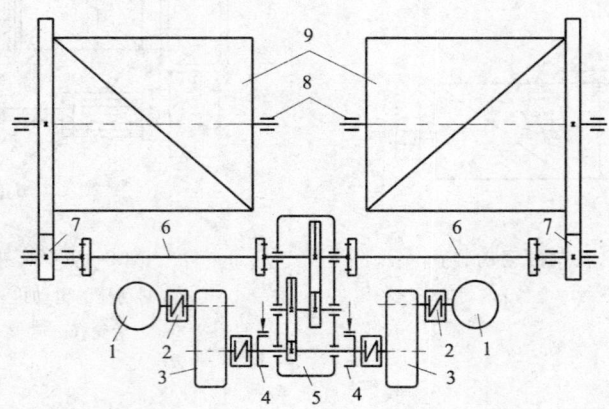

图 3-1-9 起重量 1 400 t 浮式起重机的主起升机构
1—电动机;2—弹性联轴器;3,5—减速器;4—制动器和弹性联轴器;6—带齿轮联轴器的浮动轴;7—开式齿轮传动;8—卷筒轴承;9—卷筒

## 2. 同轴线布置

将电动机、减速器和卷筒成直线排列,电动机和卷筒分别布置在同轴线减速器(常为普通行星减速器或少齿差行星减速器)的两端,或者把减速器布置在卷筒内部,如图 3-1-10 所示。为使机构紧凑和提高组装性能,可采用带制动器的端面安装型式的电动机。同轴线布置的起升机构横向尺寸紧凑,但加工精度和安装要求较高,维修不太方便。

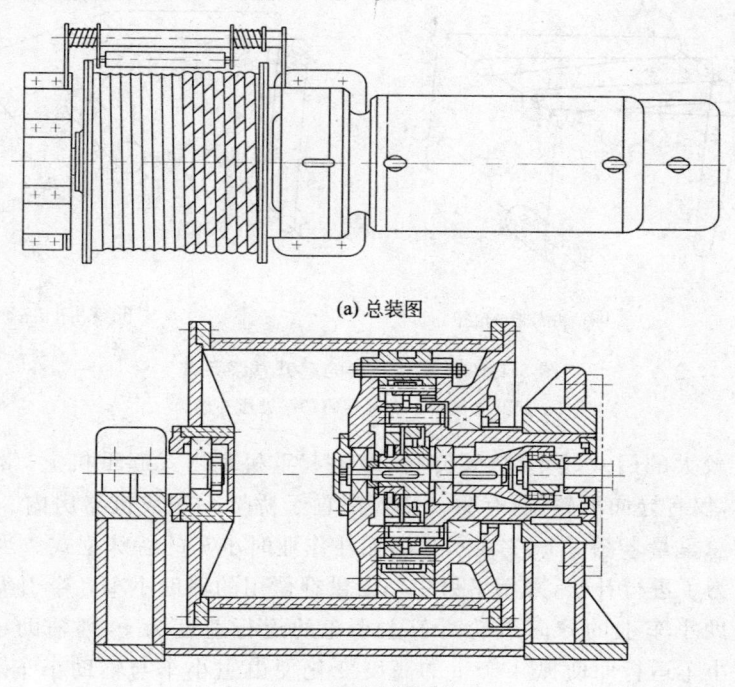

(a) 总装图

(b) 卷筒剖面图

图 3-1-10 同轴线布置的起升机构

电动葫芦是一种常用的轻小型起重设备,在工厂车间、仓库等处广泛应用。电动葫芦是电动机与卷筒同轴线布置的又一典型实例,见图 3-1-11。

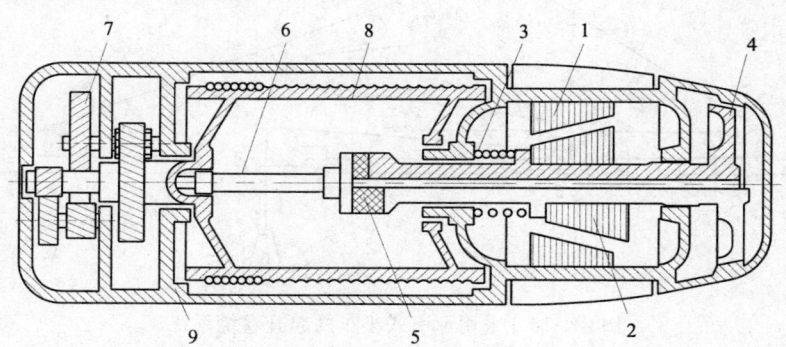

图 3-1-11 钢丝绳电动葫芦

1—定子;2—转子;3—弹簧;4—锥形制动器;5—联轴器;6—动力轴;
7—减速器;8—卷筒;9—外壳

### (二)钢丝绳卷绕系统

卷绕系统是传动系统的一部分,由挠性元件(钢丝绳或链条)、导向和贮存元件(滑轮和卷筒)组成。它将旋转运动改变成直线运动,起着运动形式的转换和能量的传递作用。

### 1. 卷绕系统典型形式

桥架类型和臂架类型起重机常用卷绕系统见第四篇第二章图 4-2-5。

图 3-1-12 是臂架类型起重机上采用的起升钢丝绳特殊卷绕系统,用来补偿门座起重机臂架变

幅时起吊物品高度位置的变化。在图 3-1-12a 所示方案中,变幅时因臂架头部滑轮组的轴线 A—A 与立柱头部滑轮组轴线 B—B 间的距离变化,使钢丝绳放出或收进,由此使物品作近似水平运动。在图 3-1-12b 所示方案中,起升钢丝绳由起升卷筒 1 引出,经过吊钩滑轮组后,其末端引向与变幅卷筒 2 一起旋转的起升绳锥形补偿筒 3 上。变幅时物品高度保持不变是由锥形卷筒来实现的。

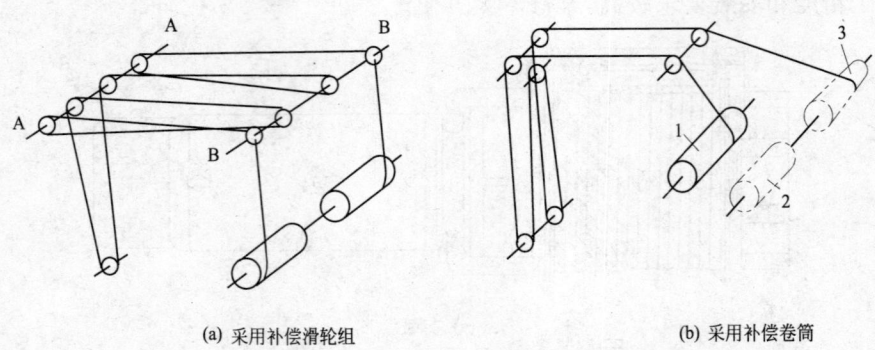

(a) 采用补偿滑轮组　　　　　　　　　　(b) 采用补偿卷筒

图 3-1-12　带有补偿的起升卷绕系统
1—起升卷筒；2—变幅卷筒；3—锥形补偿筒

在跨度或幅度较大的门式起重机、装卸桥、缆索起重机和塔式起重机上,常采用牵引式小车。小车上无驱动装置,仅有导向滑轮,所有驱动装置都置于桥架一端或机器房内。这种小车自重轻,可以降低起重机的总重量。图 3-1-13 表示采用抓斗作业时小车的特殊型式。当小车运行时,抓斗高度要随之改变。为了进行补偿,采用了另一个专供补偿用的辅助小车。牵引绳、起重绳与开闭绳按图示方法绕过辅助小车上的导向滑轮。若主小车的运行速度为 $v$,则辅助小车的运行速度为 $v/2$。这样,由于主小车运行而使抓斗产生的高度变化便由主小车与辅助小车之间的钢丝绳长度变化得到补偿,抓斗保持水平移动。

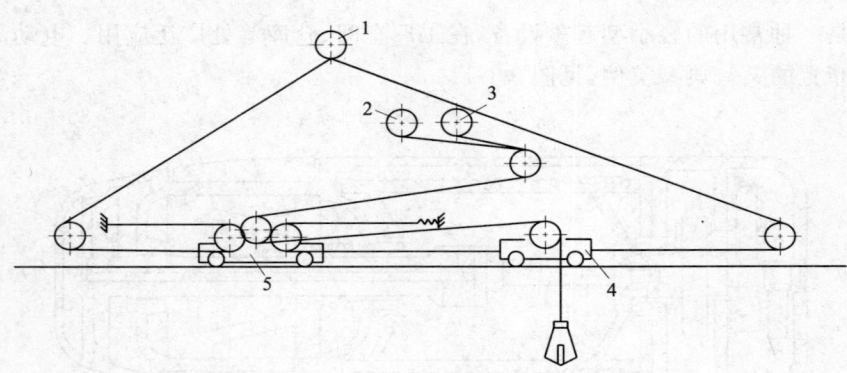

图 3-1-13　采用牵引式小车的起升卷绕系统
1—小车运行机构；2—抓斗开闭卷筒；3—抓斗支持卷筒；4—主小车；5—辅助小车

在卷绕系统设计时,应尽量避免钢丝绳反向弯折,或尽可能减少反向弯折的次数。出现反向弯折时,可用增大滑轮直径、提高滑轮直径与钢丝绳直径的比值来减缓钢丝绳的疲劳损伤。

设计起升机构时,应根据具体情况合理选择滑轮组的倍率。倍率大,则钢丝绳的拉力减小,钢丝绳直径、滑轮和卷筒的直径减少、减速器的速比也相应减小。但钢丝绳长度和卷筒长度增加,钢丝绳的磨损增加。一般情况下,小起重量的起重机选用较小倍率,以与较高的起升速度相匹配；大起重量的起重机选用较大的倍率,减小重物的升降速度,同时避免采用过粗的钢丝绳。起升高度很大时,宜选较小的倍率,以免卷筒过长。

桥式、门座和流动式起重机常用滑轮组倍率见第四篇第二章表 4-2-8～表 4-2-10。

## 2. 大起升高度卷绕系统

当桥架类型起重机起升高度超过 20 m、臂架类型起重机起升高度超过 40 m 时,钢丝绳卷绕系统一般要特殊考虑,采取合适的方案。

(1) 加大卷筒直径或长度

此方案简单易行。但过分加大卷筒直径会带来起升机构高度尺寸的增加;过度增加卷筒长度会导致钢丝绳对滑轮和卷筒绳槽偏斜角的增大,加剧磨损,甚至引起滑轮绳槽的破坏或钢丝绳跳槽,这种方案局限性较大。

(2) 减小滑轮组倍率

此方案简单可行。适当减小倍率能减少钢丝绳在卷筒上的绕绳量,并不增加机构外形尺寸,在对起升机构外形尺寸有限制的场合更为有利。但卷筒受力增加,钢丝绳直径增大,减速器传动比也要增加,有一定的使用局限性。

(3) 普通双层卷绕

如图 3-1-14 所示,将钢丝绳端固定于卷筒中部,起升时钢丝绳从中间向两头绕于卷筒绳槽中,绕满碰到端壁时,由于钢丝绳拉力的水平分力指向当中,钢丝绳向当中返回绕第二层。这种方案构造简单,但钢丝绳的斜偏角不能大于 3°,否则第二层钢丝绳排列不整齐,磨损也厉害,适用于不频繁使用的场合。

(4) 双卷筒卷绕

如图 3-1-15 所示,由两个卷筒同时卷绕,可使起升高度增加一倍,但机构的外形尺寸较大。

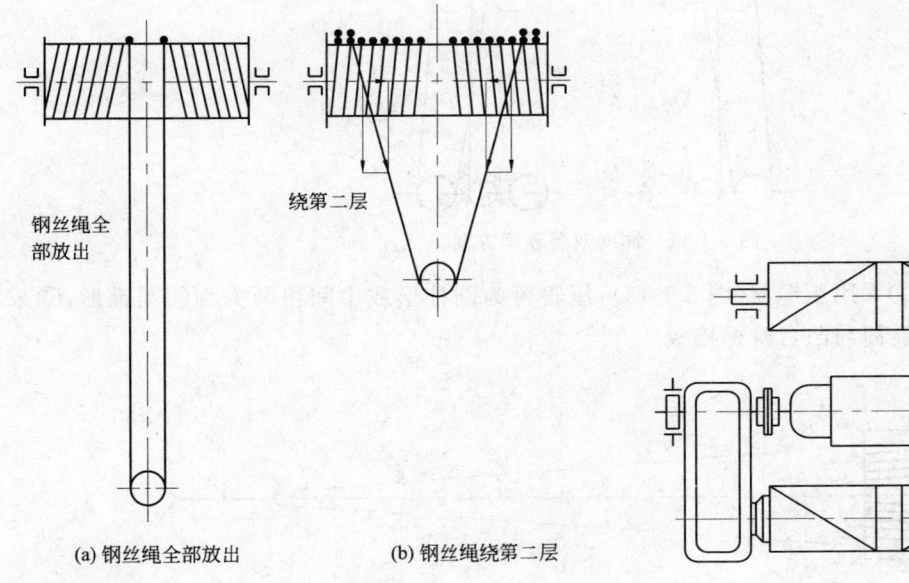

(a) 钢丝绳全部放出　　(b) 钢丝绳绕第二层

图 3-1-14　普通双层卷绕方案　　　图 3-1-15　双卷筒卷绕方案

(5) 同向双层卷绕

如图 3-1-16 所示,卷绕在卷筒上的内层钢丝绳作为外层钢丝绳的导槽,内外层钢丝绳同时卷绕(图 3-1-16a)。这种方案钢丝绳排列整齐,磨损慢,效果较好。为避免钢丝绳相碰,两固定滑轮需错开一个距离(图 3-1-16b)。这种方案由于滑轮倍率减小,使卷筒受力增加,减速器速比也要增大。

与上述方案相似的另一种同向双层卷绕方案(图 3-1-17),底层钢丝绳的一头固定于卷筒端部,通过滑轮组后,其另一头仍固定于卷筒的同侧端部,为了平衡滑轮组钢丝绳拉力,每组定滑轮都铰接在支架上。

(6) 多层卷绕

多层绕卷时为使钢丝绳在卷筒上排列整齐,通常采取以下措施:① 卷筒壁开螺旋绳槽,保证第

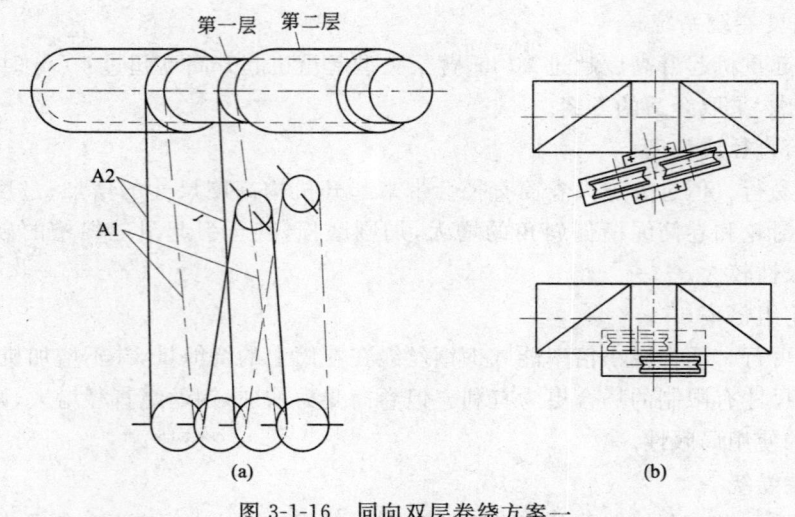

图 3-1-16 同向双层卷绕方案一

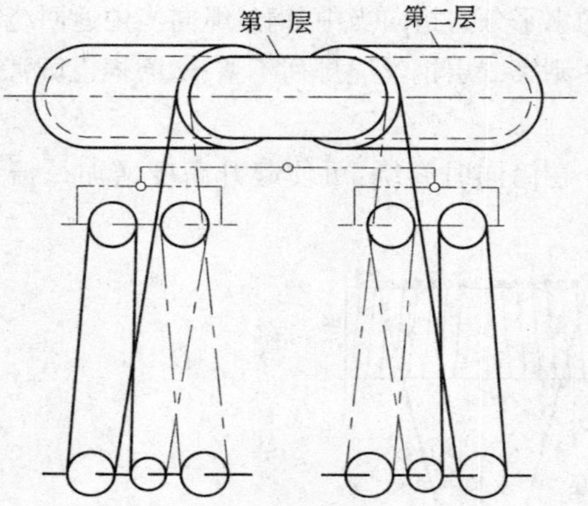

图 3-1-17 同向双层卷绕方案二

一层钢丝绳整齐排列；②采用压绳器（图 3-1-18），压辊可为圆柱形或中间粗两头小的圆锥形；③采用排绳器；④采用折线卷筒与凸台阶梯挡板。

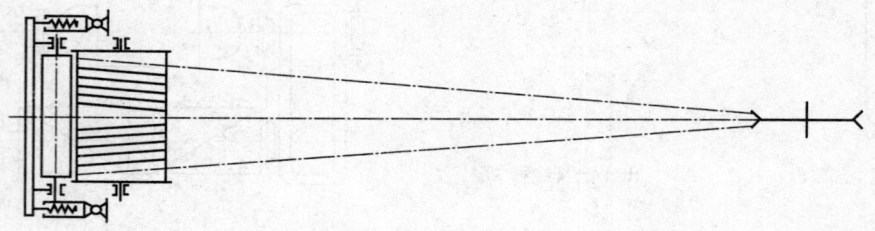

图 3-1-18 压绳器

图 3-1-19 所示是采用双向螺杆排绳器的多层卷绕。进出卷筒的钢丝绳由两个滚轮夹着导向。导向滚轮通过嵌入螺纹凹槽的螺母月牙板，可沿着螺杆移动。螺杆有左右双向螺纹凹槽，左右螺纹在螺杆两头互相衔接过渡形成封闭回路，因此导向滚轮可沿螺杆来回移动。螺杆通过链条链轮由卷筒带动旋转，当卷筒旋转一周时，使钢丝绳沿轴向正好移动一个绳圈节距的距离。当钢丝绳绕完一层到达卷筒端部时，螺母月牙板也同时在螺杆头部从一个方向的螺纹过渡到另一方向的螺纹上去。这种方案的优点是可实现反复多层卷绕。缺点是月牙板等零件磨损较快，可用于使用不太频繁的起重机上。

图 3-1-20 所示是单向螺杆排绳器。液压马达带动卷筒，卷筒出轴通过圆锥齿轮传动带动正反两向旋转的圆锥齿轮 1 与 2。与螺杆用花键连接的牙嵌离合器 3 在中央位置时与两个圆锥齿轮有

相等的微隙,但由于拨叉 4 与轴 5 受弹簧 6 的作用,总是偏向一侧。导向滑轮运行到一端尽头时,阻力矩增大,牙嵌离合器被迫脱开,转到另一侧,螺杆即转换旋转方向,导向滑轮反向运行。

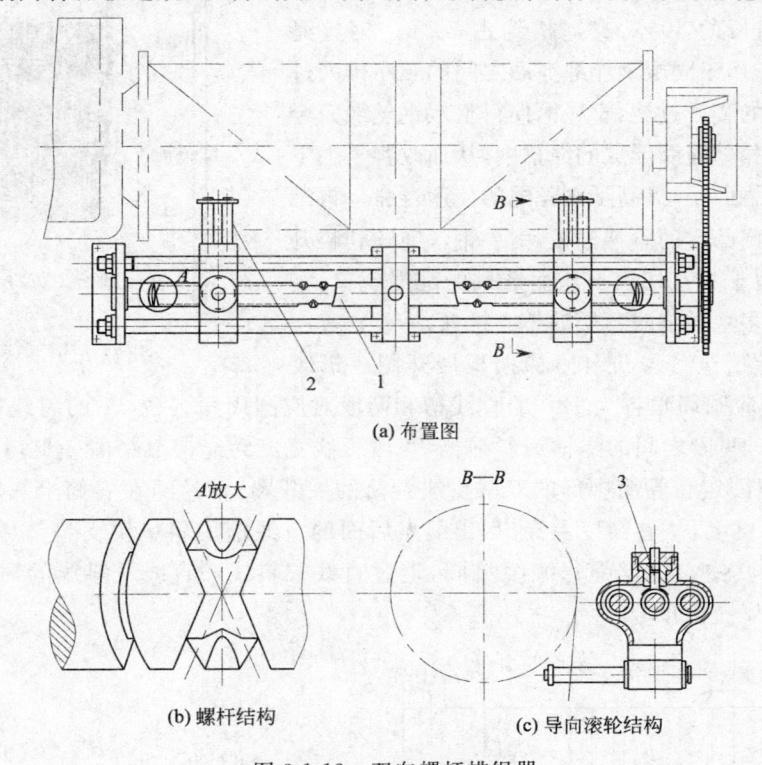

图 3-1-19　双向螺杆排绳器
1—双向螺杆;2—导向滚轮;3—月牙板

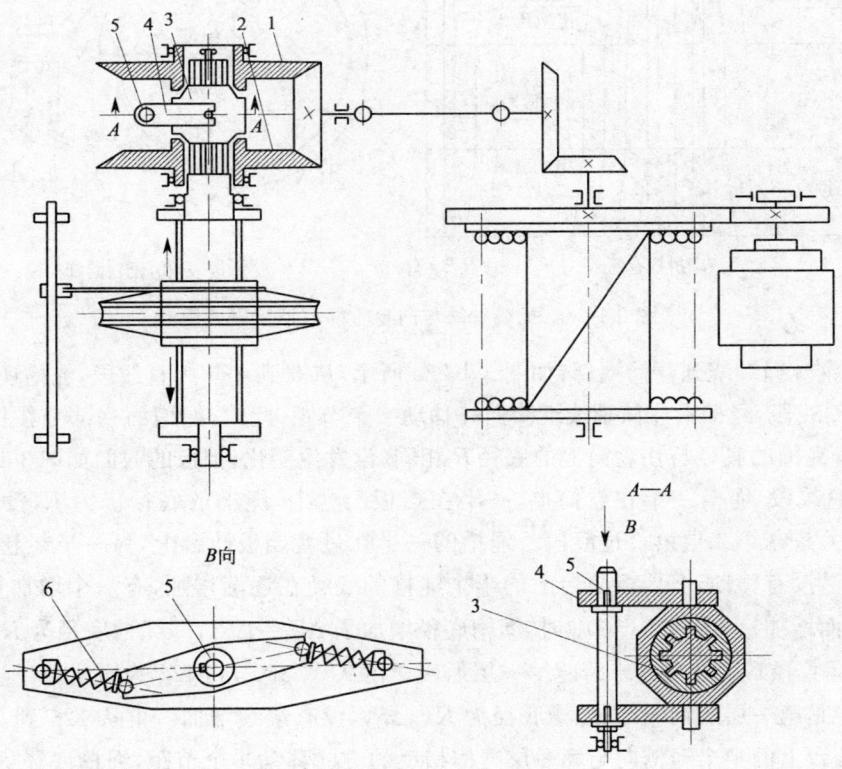

图 3-1-20　单向螺杆排绳器
1、2—圆锥齿轮;3—牙嵌离合器;4—拨叉;5—轴;6—弹簧

图 3-1-21 所示是采用折线卷筒与凸台阶梯挡板配合实现多层有序卷绕。折线卷筒由斜绳槽和直绳槽组成，斜绳槽约占卷筒圆周长的 30%，直绳槽约占 70%。钢丝绳多层卷绕时，斜绳槽用于同层钢丝绳绳圈之间的顺序排列过渡以及挡板处绳层的爬升过渡，直绳槽使得上层钢丝绳完全落入下层钢丝绳两相邻绳圈形成的绳槽内，从而改善了上下层钢丝绳之间的接触面积，提高了钢丝绳的使用寿命。再配合卷筒两端带有返回凸台的阶梯挡板，引导钢丝绳顺利爬升返回，避免钢丝绳由于相互切入挤压而造成的乱绳现象，实现钢丝绳在卷筒上多层卷绕时各层的整齐排列。

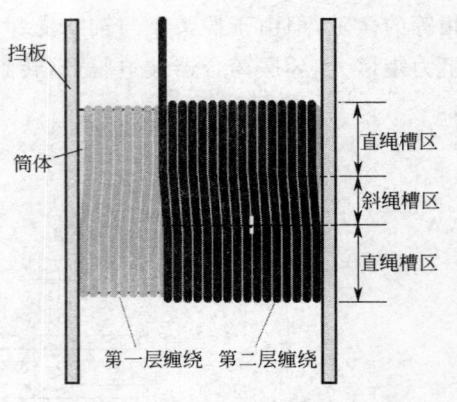

图 3-1-21 折线卷筒

图 3-1-22 为折线卷筒与凸台阶梯挡板展开图。折线绳槽通常由两段对应圆周角各为 126° 的直线槽和两段对应圆周角各位 54° 的斜线槽组成。在 126° 到 180°、306° 到 360° 两段之间的绳槽为斜绳槽，每段折线宽度为绳槽节距的一半，其余段为直线槽。图 3-1-22 为钢丝绳固定在卷筒中部的双联折线卷筒的展开图，钢丝绳在卷筒上三层缠绕。钢丝绳固定在卷筒中部内壁上，从卷筒壁上穿出，出绳点后面的空绳槽用斜垫块支垫，以避免钢丝绳第二层缠绕到此处掉入其中。钢丝绳每缠绕一圈，走过直线—斜线—直线—斜线的绳槽，移动一个节距，绳槽的展开图为一条折线。

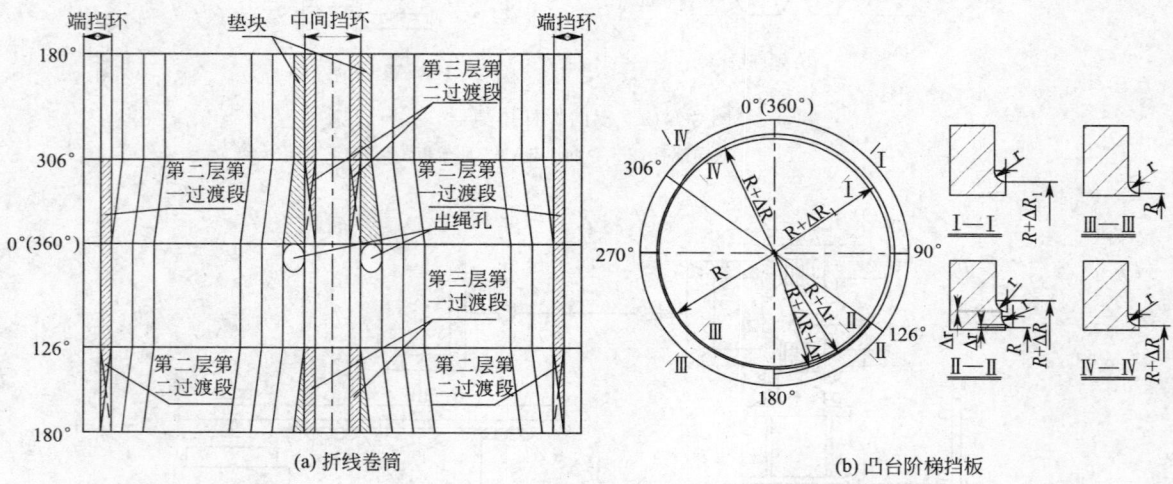

图 3-1-22 折线卷筒与凸台阶梯右挡板展开图

当第一层钢丝绳缠绕到卷筒端部，如图 3-1-22a 所示，从 0° 到 126° 为直线段，绳槽还在卷筒上。从 126° 到 180° 为斜线段，绳槽沿卷筒轴线继续向外移动半个节距，此时，绳槽的一部分在挡板凸台上，一部分在卷筒上，绳槽的底径与在卷筒上的底径 $R$ 相同，没发生变化，挡板的截面如图 3-1-22b 所示。从 180° 到 306° 为直线段，绳槽一半在卷筒上，一半在挡板凸台上，绳槽的底径仍为 $R$，没发生变化。从 306° 到 0°(360°)，进入第二层第一过渡段。绳槽的一半在过渡挡板凸台上，另一半在卷筒上。绳槽在卷筒轴线上仍然没有移动，但挡板凸台上的半个绳槽的底径在逐渐增加，有一个增加量 $\Delta R_i$（随卷筒转过转角增加而增加）。当到 0°(360°) 时，绳槽底径增加了 $\Delta R_i = \Delta R_1$，即绳槽底径为 $R + \Delta R_1$。此时，$\Delta R_1 < d$（钢丝绳直径），钢丝绳并未跨越第一层返回。再从 0°(360°) 到 126° 为直线段，绳槽一半在挡板凸台上，另一半是第一层的钢丝绳，绳槽底径为 $R + \Delta R_1$，没有继续增加。再从 126° 到 180° 到斜线段，此时，在挡板凸台上的半个绳槽向与第一层绳槽相反的方向移动半个节距，绳槽底径 $R + \Delta R_i$ 继续增大，直到 $R + \Delta R_i = R + d$，钢丝绳跨越第一层的钢丝绳，完成第一层向第二层的过渡，进入直线段（第一层钢丝绳形成的绳槽）。以后每过一次斜线段，跨越一次，即以后每一圈都跨越两次，这是与螺旋卷筒

的不同之处(螺旋卷筒每一圈只跨越一次)。第二层缠绕满到卷筒中部,向第三层过渡的过程,与第一层向第二层过渡的过程是相似的,不同的是,绳槽到挡板上是从306°开始的,第一层是从126°开始的,刚好错开180°。从以上过渡可知,挡板凸台上的绳槽,控制着钢丝绳的缠绕过程,一方面将钢丝绳抬到跨越的高度(在两个斜线段上),另一方面,推动钢丝绳跨越(在126°~180°斜线段),顺利完成钢丝绳缠绕的层间过渡,开始有序的第二层、第三层的缠绕。

目前,钢丝绳在折线卷筒上进行多层缠绕时,其层数不超过三层。主要是由于第一层向第二层过渡的时候,在跨越前过渡段的钢丝绳比第二层的钢丝绳低,形成的绳槽不规则,第三层钢丝绳缠绕过此处会掉入其中,出现"背绳"和跳绳的现象,无法确保第四层钢丝绳的反向折送和整齐有序排列。

### (三)机械变速方案

有些场合要求起升机构有一定的调速范围,如安装作业中遇到安装精度较高的重要部件,要求有微速升降和准确定位的挡位;铸造工序要求微动下降便于合箱。大起升高度的装卸、安装用起重机常要求空钩能快速下降,以提高工作效率。热处理车间的淬火工序要求能快速地把加热过的工件投入油池等等。上述各种工作场合都对起重机起升机构的驱动装置提出变速要求。

常用的变速方法分电气调速和机械变速两类。机械变速方法主要有以下几种方案:

#### 1. 变速齿轮箱方案

构造及原理与汽车的变速相似,但只要求两个速度,因而构造比较简单。通常用离合器或滑动齿轮转换速度。速度转换只能在无载情况下进行。应当装设闭锁装置,保证在有载条件下不能进行转换,以免在离合器或滑动齿轮脱开时发生货物坠落事故。

#### 2. 双电动机—行星减速器方案

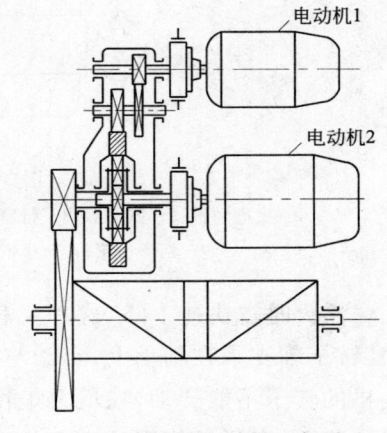

图 3-1-23 双电动机—行星减速器变速方案

如图 3-1-23 所示,两个电动机同向旋转或异向旋转,或一个制动另一个转动,通过行星减速器的运动叠加,可得到四种不同的升降速度:

$v_1$——单独开动电动机1;

$v_2$——单独开动电动机2;

$v_1+v_2$——同向开动两台电动机;

$v_1-v_2$——异向开动两台电动机。

这种方案适用于经常需要变速的场合。

#### 3. 双电动机—行星联轴器方案

如图 3-1-24 所示,用正常速度运转时,主电机 1 工作,带动卷筒 3 旋转,此时制动器 4 松闸,副电动机 7 不动。需要慢速时,制动器 4 制动,副电动机 7 接电工作,通过减速器 6 及行星联轴器 5

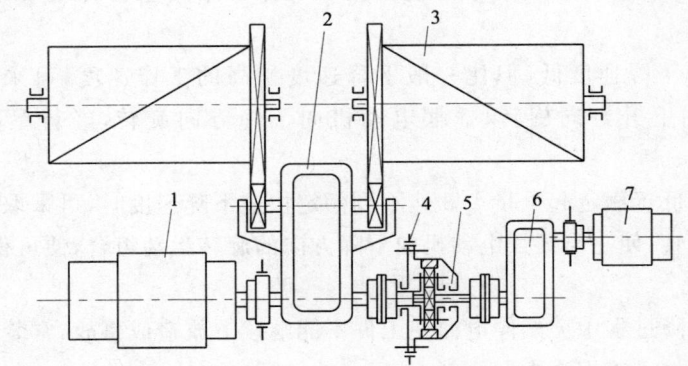

图 3-1-24 双电动机—行星联轴器变速方案

1—主电动机;2、6—减速器;3—卷筒;4—制动器;5—行星联轴器;7—副电动机

和减速器 2 得到减速,主电动机从动。这种装置适用于经常需要微速运转的场合。

4. 淬火起重机快速下降方案

根据淬火工艺的要求,炽热的工件需要迅速浸入淬火池中,故淬火起重机应能快速下降。淬火起重机起升功率较小,下降功率很大,下降时输出能量,目前一般都采用落重制动的方法,将淬火工件的位能以摩擦功的形式变为热量,维持恒定的下降速度。

(1) 摇摆电动机控制的快速下降

如图 3-1-25 所示,当机构以常速工作时,主电动机 1 接通,两个液压推杆制动器 2 松闸,主电动机通过行星减速器 3 带动卷筒 4,实现常速的升降运动。

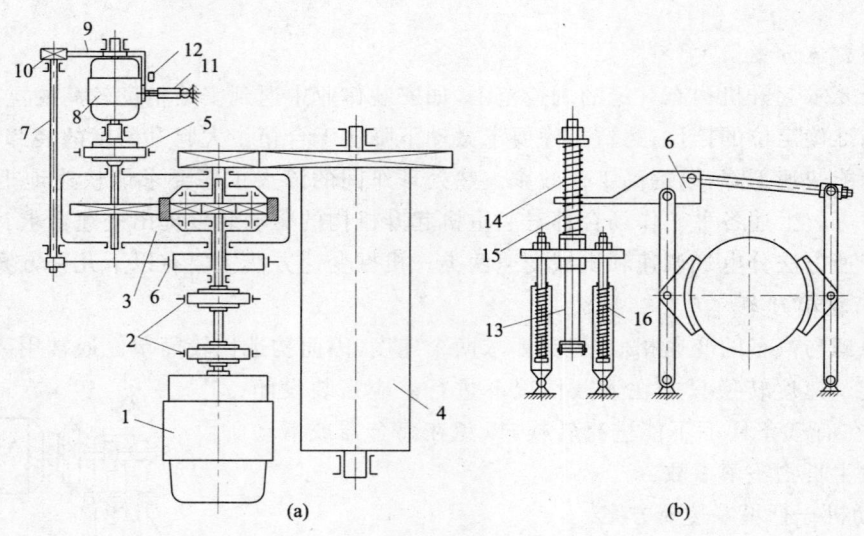

图 3-1-25 摇摆电动机控制的快速下降装置
1—主电动机;2—制动器;3—行星减速器;4—卷筒;5—制动轮;6—组合弹簧制动器;7—轴;8—摇摆电动机;
9—扇形齿轮;10—小齿轮;11—阻尼装置;12—定位块;13—臂杆;14、15、16—组合弹簧

淬火时需快速下降,这时主电动机 1 不动,两个液压推杆制动器 2 闸住。摇摆电动机 8 接通(其转子轴支承在轴承上,定子与外壳未固定,可旋转),但制动器 6 仍处于抱紧状态,故摇摆电动机的转子不能转动,在反力矩作用下,其定子朝着与转子旋转方向相反的方向转动。由于有限制装置,定子只能摆动一定角度。摆动动作经扇形齿轮 9、小齿轮 10 及轴 7,最后打开组合弹簧制动器 6,摇摆电动机 8 的转子在淬火工件自重作用下开始加速旋转。随着它的转速增加,转差率减少,对定子作用的力矩也减小,对制动器 6 的松闸作用力也减小,制动器 6 在组合弹簧的作用下又逐渐抱紧。当制动力矩增加到维持平衡时,淬火工件以恒定的速度下降。这种自动调节系统存在稳定性问题,有时会出现下降速度波动现象。采用组合弹簧和阻尼装置 11 都是为了保证运动的稳定性。

为了得到比快速下降速度低,但比一般下降速度稍高的工作速度,可采用两个电动机的差动运动。主电动机向上升方向旋转,摇摆电动机向下降方向旋转,经行星减速器将运动传给卷筒。

如淬火工件重量低于额定起重量 1/3 达不到额定快速下降速度时,可采取另一种差动运动,主电动机向下降方向旋转,使它与摇摆电动机向下降方向的旋转运动组合,便可得到接近额定快速下降速度。

为防止在快速下降过程中突然停电而使工件不能继续下放造成事故,常装设脚踏松闸装置,由司机操纵将工件继续放入淬火池中。

(2) 可控硅控制的电动液压推杆快速下降

如图 3-1-26 所示,快速下降的控制过程如下:输入给定讯号,可控硅导通,液压推杆制动器通电后打开。在淬火工件自重的作用下,卷筒、减速器与主电动机旋转,而且速度愈来愈快。随着速度增加,测速发电机发出的电压也增大,这个电压抵消了部分给定讯号,使输入放大器的讯号减小,从而减小了可控硅的导通角,亦即减小了制动器上的推动器电机的定子端电压,使液压推杆制动器重新产生一制动力矩,其大小介于全关闭与全打开之间,因此限制了工件下降速度的继续增加。最后,在某一速度下达到动态平衡,实现工件稳定快速下降。

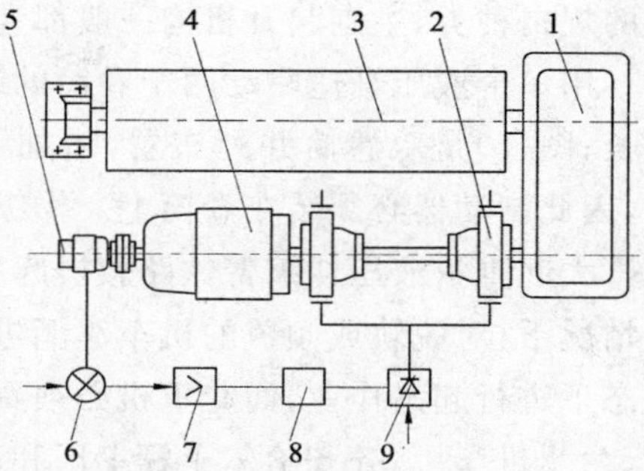

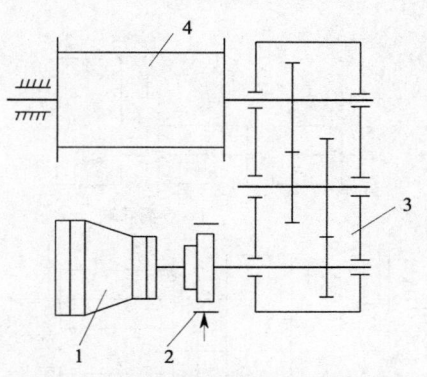

图 3-1-26　可控硅控制的电动液压推杆快速下降
1—减速器；2—制动器；3—卷筒；4—主电机；
5—测速发电机；6—讯号器；7—放大器；
8—触发器；9—可控硅控制箱

有关电动液压推杆制动器调速详见第五篇第三章。

## 二、液压起升机构的典型形式

液压起升机构主要用于汽车式、轮胎式、履带式和铁路起重机。某些液压传动的物料搬运机械(叉车、集装箱吊运机、升降台、液压电梯等)也使用液压起升机构。按照液压驱动装置的类型,液压起升机构分为高速液压马达驱动、低速大扭矩液压马达驱动和液压缸驱动三种型式。

### (一)高速液压马达驱动

这种型式的起升机构在液压起重机中应用最广,这是因为高速液压马达多数能与液压泵互换,工作可靠,成本低,寿命长,效率高,可以采用批量生产的减速器与其配套。

图 3-1-27 是高速液压马达与普通圆柱齿轮减速器和卷筒构成的起升机构,液压马达和卷筒并列布置,是中小吨位液压起重机最常见的机构型式。

图 3-1-28 采用行星齿轮减速器,是近些年来国内外大吨位汽车和铁路起重机广泛应用的起升机构型式。行星齿轮减速器和多片盘式制动器置于卷筒内腔,卷筒与液压马达同轴线布置,结构紧凑。制动器、行星齿轮减速器和卷筒制成三合一总成,习称液压卷筒。使用时,只需配装液压马达即组成所需的起升机构。在我国,液压卷筒已有专业厂生产。

图 3-1-27　高速液压马达与卷筒并列布置
1—高速液压马达；2—制动器；3—圆柱齿轮减速器；4—卷筒

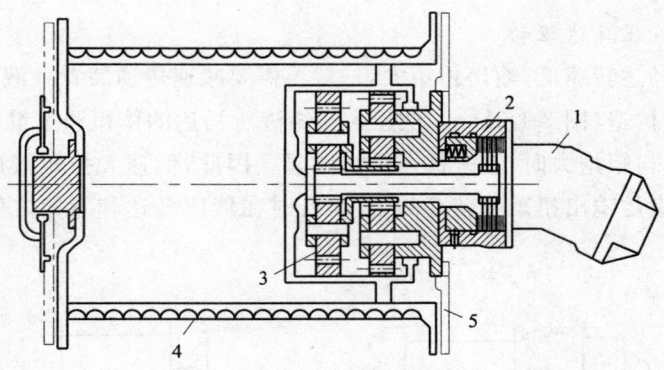

图 3-1-28　高速液压马达与卷筒同轴布置
1—高速液压马达；2—多片盘式制动器；3—行星减速器；4—卷筒；5—支架

在大中型液压起重机上,一般除主起升机构外,为了提高轻载或空钩时的速度,还装设副起升机构。需要双钩同时工作的某些特殊用途起重机,必须装设相同的两个起升机构。为了减少零部件的规格种类,主副起升机构一般都为独立驱动,构造完全相同,只减小副起升机构的滑轮组倍率。

用一个液压马达驱动两个卷筒的起升机构见示意图3-1-29。图(a)是双卷筒同轴布置,轴向尺寸长;图(b)是双卷筒并列布置,增加了开式齿轮传动。由于卷筒通过操纵式离合器与传动轴联接,因此制动器必须装在卷筒上。操纵制动器松开离合器可以实现物品自由下降,提高作业效率。

大起重量液压伸缩臂铁路救援起重机能在隧道内、下承式桥梁上和电气化铁道不拨动接触网的情况下,对脱轨或倾覆的机车车辆进行救援作业。由于隧道净空的限制,臂架只能在近乎水平的状态下进行起吊作业,而起重机必须具有起复倾覆车辆必需的最小起升高度。由西南交通大学设计、兰州机车厂、齐齐哈尔车辆工厂和武汉桥机厂制造的100 t和160 t液压伸缩臂铁路起重机的起升机构(图3-1-30),采用了两个规格相同的液压卷筒,各由高速液压马达驱动。卷筒用链条相互联结,实现机械同步。改变了臂架头部的传统构造,对起升滑轮组的钢丝绳卷绕系统进行了特殊设计。取消副钩,用一个超短型吊钩组兼作主副吊钩使用。为了使一个吊钩同时具有常规主副起升机构所保有的重载低速和轻载高速的功能,液压系统中采用变量泵——定量马达开式油路作为起升机构油路。重载低速时,两个液压泵各向一个液压马达供油;轻载高速时,双泵合流,向一个液压马达供油,链条带动另一卷筒的马达浮动。吊钩起升速度的调节范围为0～11 m/min。

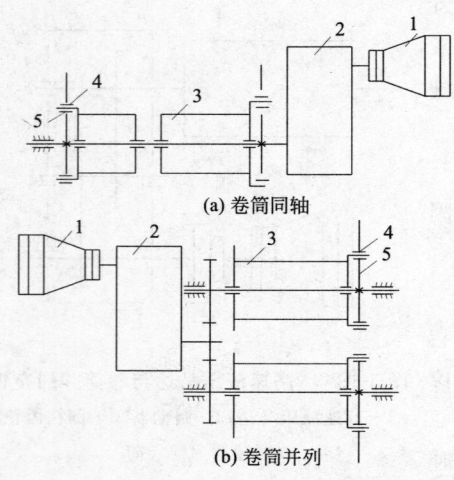

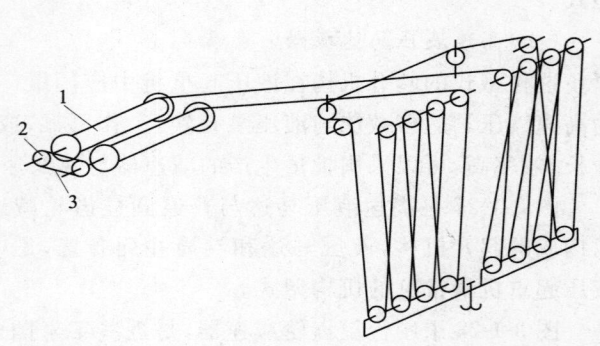

图3-1-29 单油马达驱动双卷筒
1—高速油马达;2—减速器;
3—卷筒;4—制动器;5—离合器

图3-1-30 大起重量液压伸缩臂铁路起重机起升机构
1—液压卷筒;2—链轮;3—链条

(二)低速大扭矩液压马达驱动

低速大扭矩液压马达转速低,输出扭矩大,一般不需要减速传动装置。液压马达直接与卷筒联接,简化了机构传动和构造(图3-1-31a)。低速大扭矩液压马达的体积和重量比同功率的普通齿轮减速器小得多,当输出扭矩增大时,这一优点更加明显。因此,低速大扭矩液压马达适用于大起重量的起升机构。为了满足输出扭矩和转速的要求,有时在液压马达和卷筒之间增加一级开式齿轮传动(图3-1-31b)。

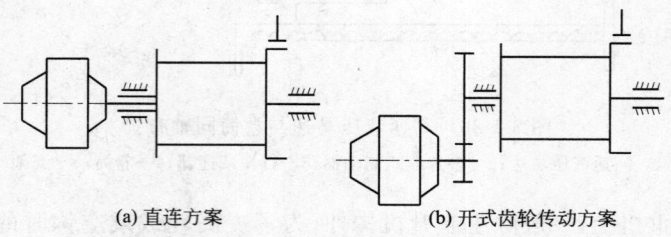

图3-1-31 低速液压马达驱动

### (三)液压缸驱动

液压缸作直线往复运动。液压缸驱动的起升机构有多种型式。最简单的是液压缸直立,直接顶升物品,如液压电梯和塔式起重机中的顶升机构,液压缸行程和推力与被顶物品的重量和起升高度相等(不计摩擦阻力)。

图 3-1-32 是起升液压缸配增速滑轮组构成的起升机构。如活塞杆的行程为 $S$,速度为 $v_0$,则物品的起升高度和起升速度分别为 $aS$ 和 $av_0$,在此 $a$ 为滑轮组倍率。这种起升机构受液压缸行程限制,只用于起重量和起升高度都不大的场合。

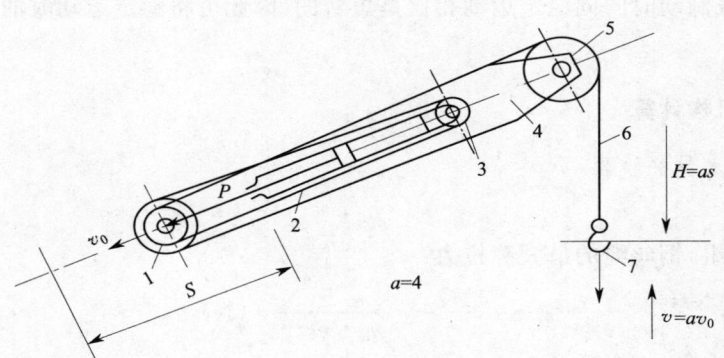

图 3-1-32 液压缸驱动增速滑轮组
1—动滑轮;2—液压缸;3—定滑轮;4—吊臂;5—导向滑轮;6—钢丝绳;7—吊钩

图 3-1-33 是起升液压缸和剪叉机构构成的起升机构——升降台,它用于设备安装、房屋和电气检修、库内搬运,起重量可从几十公斤至十余吨,起升高度可超过 10 m。

图 3-1-34 是伸缩臂架变幅机构起着物品起升机构的作用,变幅液压缸驱使臂架摆动,物品随同臂架升降,物品运动轨迹为圆弧。臂架伸缩液压缸运动用以调整物品的工作幅度和起升高度。集装箱吊运机是采用这种型式的起升机构的代表。

液压起升机构的调速见第六篇。

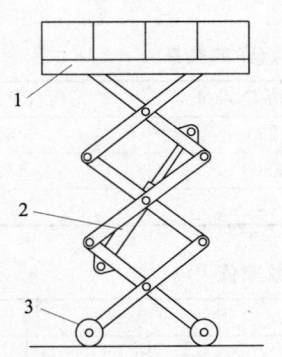

图 3-1-33 液压缸驱动剪叉机构
1—升降台;2—液压缸;3—车轮

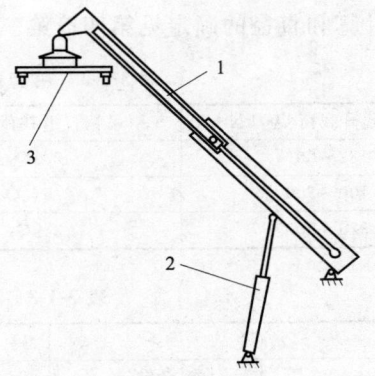

图 3-1-34 臂架变幅和伸缩液压缸驱动物品升降
1—伸缩液压缸;2—变幅液压缸;3—集装箱吊具

## 第二节 电动及液压起升机构计算

起升机构的计算是在给定了设计参数,并将机构布置方案确定后进行的。通过计算,选用机构中所需要的标准部件(如电动机、减速器、制动器、联轴器、钢丝绳等)。对非标准零部件根据需要作进一步的强度与刚度计算。

起升机构的载荷特点是：

(1)物品起升或下降时，在驱动机构中由钢丝绳拉力产生的扭矩方向不变，即扭矩是单向作用的。

(2)物品悬挂系统一般由挠性钢丝绳组成，这时候物品惯性引起的附加转矩对机构影响不大，一般不超过静转矩的10%，使用抓斗时则需另行考虑。

(3)机构起动或制动时，只有电动机出轴到制动器之间的零件承受较大的动载荷，齿轮传动和其他低速轴零件所受的动载荷不大。

(4)机构起动或制动时间同稳定运动相比是短暂的，因此可将稳定运动时的起升载荷作为机构的计算载荷。

### 一、电动起升机构计算

(一)钢丝绳与卷筒的选择

1. 钢丝绳计算

采用单联滑轮组，钢丝绳的最大静拉力：

$$S=\frac{Q}{a\cdot \eta_z}\cdot \frac{1}{\eta_1\cdot \eta_2\cdots} \quad (N) \tag{3-1-1}$$

采用双联滑轮组，钢丝绳的最大静拉力：

$$S=\frac{Q}{2a\cdot \eta_z}\cdot \frac{1}{\eta_1\cdot \eta_2\cdots} \quad (N) \tag{3-1-2}$$

式中 $Q$——起升载荷(N)，$Q=Q_0+q$，$Q_0$ 为额定起升载荷，$q$ 为取物装置的重力，采用普通吊钩时可参考表3-1-2，当起升高度大于50 m时，起升钢丝绳的重力亦应计入；

$a$——滑轮组倍率；

$\eta_z$——滑轮组效率(表4-2-11)；

$\eta_1,\eta_2,\cdots$——导向滑轮效率(表3-1-3)。

抓斗起重机采用双绳抓斗时，闭合绳和支撑绳的载荷分配原则见第四篇第一章。

钢丝绳直径按最大静拉力确定。钢丝绳选择、滑轮直径的确定见第四篇第一章和第二章。卷筒长度计算和直径的确定见第四篇第三章。

表3-1-2 吊钩自重载荷 $q$ 与额定起升载荷 $Q_0$ 的关系

| 额定起升载荷 $Q_0$/kN | 吊钩自重载荷 $q$/kN | 额定起升载荷 $Q_0$/kN | 吊钩自重载荷 $q$/kN |
|---|---|---|---|
| 32~80 | 2%$Q_0$ | 630~1250 | 3.5%$Q_0$ |
| 100~200 | 2.5%$Q_0$ | 1600~2500 | 4%$Q_0$ |
| 320~500 | 3%$Q_0$ | | |

表3-1-3 与包角 $\alpha$ 有关的导向滑轮效率值

| $\alpha/(°)$ | | 15 | 45 | 90 | 180 |
|---|---|---|---|---|---|
| $\eta$ | 滑动轴承 | 0.985 | 0.975 | 0.96 | 0.95 |
| | 滚动轴承 | 0.99 | 0.987 | 0.985 | 0.98 |

2. 卷筒转速的计算

单层卷绕卷筒转速 $n_t$ 为：

$$n_t=\frac{60a\cdot v}{\pi D_0} \quad (r/min) \tag{3-1-3}$$

式中 $v$——起升速度(m/s)；

$D_0$——卷筒卷绕直径(m)，$D_0=D+d$($D$ 为卷筒槽底的直径，$d$ 为钢丝绳直径)。

卷筒筒壁厚度的强度校核见第四篇第三章。

(二)选择电动机

1. 电动机的型式

起重机的主要机构(起升、运行、回转、变幅)一般选用起重冶金用系列异步电动机(绕线转子异步电动机、笼型异步电动机、交流变频电动机)和直流电动机。在电动葫芦的起升机构中也可采用锥形转子制动异步电动机或圆柱形转子制动电动机。在具有爆炸性气体的危险场合使用的起重机应选择防爆系列起重用电动机。适合于起重机使用特点的其他电动机也可选用。

2. 计算电动机的稳态起升功率

$$P_N = \frac{Q \cdot v}{1\,000\eta} \quad (kW) \quad (3-1-4)$$

式中 $P_N$——电动机的稳态起升功率(kW);

$\eta$——机构总效率,$\eta = \eta_z \cdot \eta_d \cdot \eta_t \cdot \eta_c$,在此 $\eta_z$ 为滑轮组效率,见表4-2-11;$\eta_d$ 为导向滑轮效率,见表3-1-3;$\eta_t$ 为卷筒效率,$\eta_t \approx \eta_d$;$\eta_c$ 为传动效率,见表3-1-4。采用闭式圆柱齿轮传动作初步计算时,$\eta \approx 0.8 \sim 0.85$。

表 3-1-4 传动效率 $\eta_c$

| 常用传动型式 | 轴承型式 | $\eta_c$ | 常用传动型式 | 轴承型式 | $\eta_c$ |
|---|---|---|---|---|---|
| 闭式双级圆柱齿轮传动 | 滚动 | 0.94～0.96 | 开式一级圆锥齿轮传动 | 滚动 | 0.90～0.92 |
| 闭式三级圆柱齿轮传动 | 滚动 | 0.92～0.94 | | 滑动 | 0.88～0.90 |
| 开式一级圆柱齿轮传动 | 滚动 | 0.92～0.94 | 一级行星摆线针轮传动 | 滚动 | 0.85～0.90 |
| | 滑动 | 0.90～0.92 | 涡轮蜗杆传动 | 单头 | 0.70～0.75 |
| 闭式双级圆锥齿轮传动 | 滚动 | 0.88～0.92 | | 双头 | 0.75～0.80 |
| | 滑动 | 0.85～0.90 | | 三头 | 0.80～0.85 |

3. 电动机的初选功率

(1)稳态负载系数法

起重机的起升机构一般使用绕线转子异步电动机。对 YZR 系列等能提供有关按 $CZ$ 值计算选择电动机资料的异步电动机,其所选电动机的功率应满足下式要求:

$$P_n \geq G \cdot P_N \quad (kW) \quad (3-1-5)$$

式中 $P_n$——所选电动机在相应的 $CZ$ 值和实际接电持续率 $JC$ 值下的功率(kW);

$G$——稳态负载平均系数,见表3-1-5。

表 3-1-5 稳态负载平均系数 $G$

| 稳态负载平均系数 | 起升机构 | 稳态负载平均系数 | 起升机构 |
|---|---|---|---|
| $G_1$ | 0.7 | $G_3$ | 0.9 |
| $G_2$ | 0.8 | $G_4$ | 1.0 |

起重机起升机构的接电持续率 $JC$ 值和稳态负载平均系数 $G$,均应根据实际载荷和控制情况计算。如无具体资料时,可参考表3-1-6选取。

表 3-1-6 起升机构的 $JC$ 值、$CZ$ 值和 $G$ 值

| 起重机型式 | | 用途 | 起升机构 | | | 副起升机构 | | |
|---|---|---|---|---|---|---|---|---|
| | | | $JC/\%$ | $CZ$ | $G$ | $JC/\%$ | $CZ$ | $G$ |
| 桥式起重机 | 吊钩式 | 电站安装及检修用 | 15～25 | 150 | $G_2$ | 15～25 | 150 | $G_1$ |
| | | 车间及仓库用 | 25 | 150 | $G_2$ | 25 | 150 | $G_2$ |
| | | 繁重的工作车间、仓库用 | 40 | 300 | $G_2$ | 25 | 150 | $G_2$ |
| | 抓斗式 | 间断装卸用 | 40 | 450 | $G_2$ | | | |

续上表

| 起重机型式 | | 用途 | 起升机构 | | | 副起升机构 | | |
|---|---|---|---|---|---|---|---|---|
| | | | JC/% | CZ | G | JC/% | CZ | G |
| 门式起重机 | 吊钩式 | 一般用途 | 25 | 150 | $G_2$ | 25 | 150 | $G_2$ |
| 门座起重机 | 吊钩式 | 安装用 | 25 | 150 | $G_2$ | 25 | 150 | $G_2$ |
| | 吊钩式 | 装卸用 | 40 | 300 | $G_2$ | | | |
| | 抓斗式 | | 60 | 450 | $G_3$ | | | |

注：表中 CZ 值为惯量增加率 C 与折合的每小时全起动次数 Z 的乘积，它是起动、制动工况影响电动机发热的重要参数，CZ 值的常用数值是 150、300、450、600 和 1 000。

(2) 稳态计算功率法

对未能提供 CZ 值及相应计算数据的电动机，可以根据式(3-1-4)计算得到的稳态起升功率 $P_N$，考虑该机构实际的接电持续率(见表 3-1-7)，直接从电动机样本上初选出所需要的电动机。

表 3-1-7  起升机构的接电持续率和每小时工作循环数参考值

| 序号 | 起重机类型 | 特点 | 每小时工作循环数 | 接电持续率 JC/% |
|---|---|---|---|---|
| 1 | 安装用臂架起重机 | | 2～25 | 25～40 |
| 2 | 电站、机加工车间安装起重机 | | 2～25 | 15～40 |
| 3 | 货场装卸桥 | 吊钩 | 20～60 | 40 |
| 4 | 货场装卸桥 | 抓斗或电磁盘 | 25～80 | 60～100 |
| 5 | 车间起重机 | | 10～15 | 25～40 |
| 6 | 抓斗或电磁起重机、繁忙的仓库及货场用门式起重机 | | 40～120 | 40～100 |
| 7 | 铸造起重机 | | 3～10 | 40～60 |
| 8 | 均热炉起重机 | | 30～60 | 40～60 |
| 9 | 锻造起重机 | | 6 | 40 |
| 10 | 岸边装卸用起重机 岸边集装箱起重机 | 吊钩或其他吊具 | 20～60 | 40～60 |
| 11 | 卸货用抓斗或电磁起重机 | | 20～80 | 40～100 |
| 12 | 船厂臂架起重机 | 吊钩 | 20～50 | 40 |
| 13 | 门座起重机 | 吊钩 | 40 | 60 |
| 14 | 门座起重机 集装箱起重机 | 抓斗、电磁盘或集装箱吊具 | 25～60 | 60～100 |
| 15 | 建筑用塔式起重机 | | 20 | 40～60 |
| 16 | 桅杆起重机 | | 10 | S1 或 S2 30min |
| 17 | 铁路起重机 | | 10 | 40 |

注：表中 S1、S2 为电动机工作制类型，S1 为连续工作制，S2 为短时工作制。

(3) 等效接电持续率经验法

对未能提供按 CZ 值计算选择电动机的资料，但已知起升机构工作级别，可以根据式(3-1-4)计算得到的稳态起升功率 $P_N$，按照起升机构工作级别由表 3-1-8 查出等效接电持续率 $JC'$，从电动机样本上初选出所需要的电动机。

表 3-1-8  起升机构工作级别与等效接电持续率 $JC'$

| 起升机构工作级别 | 电动机等效接电持续率 $JC'$/% | 起升机构工作级别 | 电动机等效接电持续率 $JC'$/% |
|---|---|---|---|
| M1～M3 | 15～25 | M6 | 40 |
| M4～M5 | 25 | M7～M8 | 60 |

(4)特殊规定

对下述起重机的起升机构,选择其电动机功率时,还应考虑:

1)抓斗起重机:如设计的钢丝绳卷绕系统能使闭合绳和支持绳的载荷接近平均分配,则闭合绳机构和支持绳机构电动机功率各取为总计算功率的 66%;当采用直流调速或交流变频调速,能实时监控并保证抓斗闭合终止时支持绳与闭合绳载荷准确相等,各机构电动机功率可取为总计算功率的 55%。

2)铸造起重机:起升机构中采用有刚性联系的两套驱动装置双电机驱动时,每台电动机的功率不小于总计算功率的 60%;当要求用一台电动机驱动,起重机以满载(额定载荷)完成一个工作循环时,每台电动机的功率不小于总计算功率的 66%;采用行星差动减速器双电机驱动时,每台电动机的功率不小于总计算功率的 50%。

3)水电站门式起重机等起升速度慢、起升行程范围大的起重机或特殊用途的慢速起重机:在一个工作循环中起升机构运转时间往往超过 10 min,其电动机功率应按短时工作方式 S2 选择;在一个工作循环中起升机构平均运转时间为 10 min～30 min 时,S2 标定时间为 30 min;在一个工作循环中起升机构平均运转时间为 30 min～60 min 时,S2 标定时间为 60 min。

4. 电动机轴上所需的转矩

(1)稳态起升额定载荷的转矩

稳态起升额定载荷时电动机轴上的转矩 $M_N$ 按下式计算:

$$M_N = \frac{QD}{2ai\eta} \quad (\text{N} \cdot \text{m}) \tag{3-1-6}$$

式中 $D$——按最外层钢丝绳中心计算的卷筒卷绕直径(m);

$a$——钢丝绳滑轮组的倍率;

$i$——由电动机轴到卷筒轴的总传动比;

$\eta$——起升物品时起升机构传动装置和滑轮组的总效率。

(2)电动机产生转矩的最低要求

为了加速起升额定载荷或起升试验载荷,以及为补偿电源电压或采用变频控制时频率变化所导致的转矩损失,电动机轴上转速 $n=0$ 时产生的转矩应满足以下最低要求。

1)对直接起动的笼型异步电动机:

$$M_d \geq 1.6 M_N \quad (\text{N} \cdot \text{m}) \tag{3-1-7}$$

式中 $M_d$——起动时(转速 $n=0$ 时)电动机轴上具有的转矩(N·m)。

2)对绕线转子异步电动机:

$$M_d \geq 1.9 M_N \quad (\text{N} \cdot \text{m}) \tag{3-1-8}$$

3)对采用变频控制的所有类型的电动机:

$$M_d \geq 1.4 M_N \quad (\text{N} \cdot \text{m}) \tag{3-1-9}$$

5. 电动机过载校验

电动机过载校验,是检验在设计要求的极限起动条件下,所选电动机的最大转矩或堵转转矩是否能满足机构起动的需要。起升机构电动机按下式进行过载校验计算:

$$P_N \geq \frac{H}{m\lambda_m} \cdot \frac{Qv}{1\,000\eta} \quad (\text{kW}) \tag{3-1-10}$$

式中 $P_N$——在基准接电持续率时的电动机额定功率(kW);

$H$——系数,按有电压损失(交流电动机-15%,直流电动机和变频电动机不考虑)、最大转矩或堵转转矩有允差(绕线转子异步电动机-10%,笼型异步电动机-15%,直流电动机和变频电动机不考虑)、起升额定载荷等条件确定;绕线转子异步电动机和笼型异步电动机取 2.5,变频异步电动机取 2.2,直流电动机取 1.4;

$m$——电动机台数；

$\lambda_m$——相对于 $P_N$ 时的电动机最大转矩倍数（由电动机样本提供），对于直接全压起动的笼型电动机，堵转转矩倍数 $\lambda_m \geqslant 2.2$。

电动机发热校验，是检验在满足设计要求的正常运转条件下，电动机不应出现过热，计算方法见第五篇第一章。

若起重机安装使用地点海拔超过 1 000 m，或起重机使用环境温度超过 40 ℃，就应对电动机容量进行校验和修正，计算方法见第五篇第一章。

### （三）选择减速器

**1. 减速器传动比**

起升机构传动比 $i_0$ 按下式计算：

$$i_0 = \frac{n}{n_t} \tag{3-1-11}$$

式中　$n$——电动机额定转速（r/min）；

$n_t$——卷筒转速（r/min）。

按所采用的传动方案考虑传动比分配，选用标准减速器或进行减速装置的设计，根据 $i_0$ 确定出实际传动比 $i$。

**2. 标准减速器的选用**

在一般情况下，起升机构减速器的设计预期寿命应与该机构工作级别中所对应的使用等级一致。但对一些工作特别繁重，允许在起重机使用期限内更换减速器的，则所选减速器的设计预期寿命可小于该起升机构所对应的机构工作寿命。采用起重机用 QJ 型减速器时，当所选用的减速器参数表上标注的工作级别与所设计的起升机构的工作级别不一致时，应引入减速器功率修正系数。

根据传动比、输入轴的转速、工作级别和电动机的额定功率可以来选择标准减速器的具体型号，并使减速器的许用功率 $[P]$ 满足下式：

$$[P] \geqslant K \cdot P_n \quad (\text{kW}) \tag{3-1-12}$$

式中　$K$——选用系数，根据减速器的型号和使用场合确定。

许多标准减速器有自己特定的选用方法。QJ 型起重机减速器用于起升机构的选用方法为：

$$[P] \geqslant \frac{1}{2}(1+\varphi_2) \times 1.12^{(I-5)} \cdot P_n \quad (\text{kW}) \tag{3-1-13}$$

式中　$\varphi_2$——起升载荷动载荷系数，参照第一篇第三章表 1-3-5 计算；

$I$——工作级别，$I=1 \sim 8$。

**3. 减速器的验算**

采用普通用途减速器时，还应用电动机的最大起动转矩验算减速器输入轴的强度。减速器输出轴通过齿轮连接盘与卷筒相连时，用额定起升载荷（考虑起升动载系数 $\varphi_{2\max}$）作用在减速器输出轴上的短暂最大扭矩和最大径向力验算减速器输出轴的强度。

轴端最大径向力 $F_{\max}$ 按下式校验：

$$F_{\max} = \varphi_2 S + \frac{G_t}{2} \leqslant [F] \quad (\text{N}) \tag{3-1-14}$$

式中　$S$——钢丝绳的最大静拉力（N）；

$G_t$——卷筒重力（N）；

$[F]$——减速器输出轴端的允许最大径向载荷（N）。

基于起升机构载荷的特点，减速器输出轴承受的短暂最大扭矩应满足以下条件：

$$M_{\max} = \varphi_2 M \leqslant [M] \quad (\text{N} \cdot \text{m}) \tag{3-1-15}$$

式中　$M$——钢丝绳最大静拉力在卷筒上产生的扭矩（N·m）；

$[M]$——减速器输出轴允许的短暂最大扭矩(N·m),由手册或产品目录查得。

(四)选择制动器

在起升机构中,支持制动是用来将起升的物品支持在悬空状态,由机械式制动器产生支持制动作用。制动器是保证起重机安全的重要部件,起升机构的每一套独立的驱动装置至少要装设一个支持制动器。吊运液态金属及其他危险物品的起升机构,每套独立的驱动装置至少应有两个支持制动器。起升机构制动器的制动距离应满足起重机使用要求。支持制动器应是常闭式的,制动轮(盘)必须装在与传动机构刚性联接的轴上。起升机构制动器的制动转矩必须大于由货物产生的静转矩,在货物处于悬吊状态时具有足够的安全裕度,制动转矩应满足下式要求:

$$M_z \geqslant K_z \frac{Q \cdot D \eta'}{2a \cdot i} \quad (\text{N} \cdot \text{m}) \tag{3-1-16}$$

式中　$M_z$——制动器制动转矩(N·m);
　　　$K_z$——制动安全系数,与机构重要程度和机构工作级别有关,见表3-1-9;
　　　$Q$——额定起升载荷(N);
　　　$D$——按最外层钢丝绳中心计算的卷筒卷绕直径(m);
　　　$\eta'$——物品下降时起升机构传动装置和滑轮组的总效率;
　　　$a$——滑轮组倍率;
　　　$i$——传动机构传动比。

根据计算所得的制动转矩选择制动器,制动器的类型和规格见第四篇第七章。

对于工作特别频繁的起升机构,宜对制动器进行发热校验。

表 3-1-9　制动安全系数 $K_Z$

| 起升机构工作级别和使用场合 | | $K_Z$ |
|---|---|---|
| 一般起升机构,工作级别通常为 M1～M5 | | ≥1.50 |
| 重要起升机构,工作级别通常为 M6～M8 | | ≥1.75 |
| 吊运液态金属或易燃易爆化学品及危险品的起升机构 | 在一套驱动装置中装两个支持制动器 | ≥1.25 |
| | 两套以上驱动装置,刚性相连,每套装置装有两个支持制动器 | ≥1.10 |
| | 采用行星差动减速器传动,每套装置装有两个支持制动器 | ≥1.75 |
| 液压传动起升机构 | | ≥1.25 |

如果起升机构中有两个制动器,其中一个是载荷自制式制动器,另一个制动器与电动机同轴(如电动葫芦),载荷自制式制动器的制动安全系数为1.1,高速轴上的制动器为1.25。在手动起升机构中,可以用自锁式传动副代替两个制动器中的一个。在液压传动的起升机构中,平衡阀(或液压锁)中的单向阀可视为第二个制动器。

在起升机构中,不宜采用无控制的物品自由下降方式,减速制动是用来将悬挂在空中的正在向下运动的物品减速到停机或到一个较低的下降速度时实施停机制动。起升机构的减速制动可以由机械式支持制动器来完成,也可以由控制制动来完成。推荐支持制动与控制制动并用,以减缓制动器的磨损,减轻因制动过猛产生的冲击和振动。控制制动一般为电气式的,如再生制动、反接制动、能耗制动及涡流器制动等(见第五篇第三章)。控制制动仅用来消耗动能,使物品安全减速,不能用于支持制动和安全制动。在与控制制动并用时,支持制动器的制动安全系数仍应满足上述要求。

在安全性要求特别高的起升机构中,为防止起升机构的驱动装置一旦损坏而出现特殊的事故,在钢丝绳卷筒上装设机械式制动器作安全制动用。此安全制动器在机构失效或传动装置损坏导致物品超速下降,下降速度达到1.5倍额定速度前自动起作用。

## (五)选择联轴器

依据所传递的扭矩、转速和被联接的轴径等参数选择联轴器的具体规格,起升机构中的联轴器应满足下式要求:

$$M = k_1 \cdot k_3 \cdot M_{\text{II max}} \leqslant [M] \quad (\text{N} \cdot \text{m}) \tag{3-1-17}$$

式中 $M$——所传扭矩的计算值(N·m);

$M_{\text{II max}}$——按第Ⅱ类载荷计算的轴传最大扭矩,对高速轴 $M_{\text{II max}} = (0.7 \sim 0.8)\lambda_m M_n$,在此 $\lambda_m$ 为电动机转矩允许过载倍数,$M_n$ 为电动机额定转矩,$M_n = 9550\dfrac{P}{n}$(N·m),$P$ 为电动机额定功率(kW),$n$ 为转速(r/min);对低速轴,$M_{\text{II max}} = \varphi_2 \cdot M_j$,在此 $\varphi_2$ 为起升载荷动载系数,$M_j$ 为钢丝绳最大静拉力作用于卷筒的扭矩(N·m);

$[M]$——联轴器许用扭矩(N·m),由本手册相关内容或产品目录中查得;

$k_1$——联轴器重要程度系数,对起升机构,$k_1 = 1.8$(见表 4-12-2);

$k_3$——角度偏差系数,选用齿轮联轴器时,$k_3$ 值见表 4-12-4,对其他类型联轴器 $k_3 = 1$。

## (六)起、制动时间验算

机构起动和制动时,产生加速度和惯性力。如起动和制动时间过长,加速度小,要影响起重机的生产率;如起动和制动时间过短,加速度太大,会给金属结构和传动部件施加很大的动载荷。因此,必须把起动和制动时间(或起动加速度与制动减速度)控制在一定范围内。

**1. 起动时间和起动平均加速度验算**

起动时间 $t_q$ 按下式计算:

$$t_q = \frac{n\left[k(J_1+J_2)+\dfrac{J_3}{\eta}\right]}{9.55(M_{dq}-M_N)} \leqslant [t_q] \quad (\text{s}) \tag{3-1-18}$$

式中 $n$——电动机额定转速(r/min);

$k$——其他传动件的转动惯量折算到电动机轴上的影响系数,$k = 1.05 \sim 1.20$;

$J_1$——电动机转子的转动惯量(kg·m²),在电动机样本中查取,如样本中给出的是飞轮矩 $GD^2$,则按 $J_1 = \dfrac{GD^2}{4g}$ 换算;

$J_2$——电动机轴上制动轮和联轴器的转动惯量(kg·m²);

$J_3$——作起升运动的物品的惯量折算到电动机轴上的转动惯量(kg·m²),按下式计算:

$$J_3 = \frac{QD^2}{4ga^2i^2} \quad (\text{kg} \cdot \text{m}^2) \tag{3-1-19}$$

$M_{dq}$——电动机平均起动转矩(N·m),按下式计算:

$$M_{dq} = \lambda_{AS} M_n \quad (\text{N} \cdot \text{m}) \tag{3-1-20}$$

$\lambda_{AS}$——电动机平均起动转矩倍数,其值见表 3-1-10;

$M_n$——电动机的额定转矩,$M_n = 9550\dfrac{P}{n}$ (N·m);

$M_N$——稳态起升额定载荷时电动机轴上的转矩(N·m),按式(3-1-6)计算;

$[t_q]$——推荐起动时间(s),参见表 3-1-11。

**表 3-1-10 电动机平均起动转矩倍数值**

| 电动机型式 | | $\lambda_{AS}$ | 电动机型式 | $\lambda_{AS}$ |
|---|---|---|---|---|
| 起重用三相交流绕线式电动机 | | 1.5~1.8 | 并励直流电动机 | 1.7~1.8 |
| 起重用三相笼型电动机 | 普通型式 | 电动机堵转转矩倍数 | 串励直流电动机 | 1.8~2.0 |
| | 变频器控制型式 | 1.5~1.8 | 复励直流电动机 | 1.8~1.9 |

**表 3-1-11　起升机构起(制)动时间和平均升降加(减)速度推荐值**

| 起重机的用途及类型 | 起(制)动时间/s | 平均加(减)速度/(m/s²) |
|---|---|---|
| 作精密安装用的起重机 | 1～3 | ≤0.01 |
| 吊运液态金属和危险品的起重机 | 3～5 | ≤0.07 |
| 通用桥式起重机和通用门式起重机 | 0.7～3 | 0.01～0.15 |
| 冶金工厂中生产率高的起重机 | 3～5 | 0.02～0.05 |
| 港口用门座起重机 | 1～3 | 0.3～0.7 |
| 岸边集装箱起重机 | 1.5～5 | 0.2～0.8 |
| 卸船机 | 1～5 | 0.5～2.2 |
| 塔式起重机 | 4～8 | 0.25～0.5 |
| 汽车起重机 | 3～5 | 0.15～0.5 |

中、小起重量的起重机,起动时间可短些;大起重量或速度高的起重机,起动时间可稍长些。起动时间是否合适,还可根据起动平均加速度来验算。

$$a_q = \frac{v}{t_q} \leq [a] \quad (\text{m/s}^2) \tag{3-1-21}$$

式中　$a_q$——起动平均加速度(m/s²);

　　　$v$——起升速度(m/s);

　　　$[a]$——平均升降加(减)速度推荐值(m/s²),参见表 3-1-11。

根据起重机不同的使用要求,对起升机构起(制)动时间或平均升降加(减)速度两者只选其中一项进行校核计算即可。

2.制动时间和制动平均减速度验算

采用机械式制动器的满载下降制动时间 $t_z$ 按下式计算:

$$t_z = \frac{n'[k(J_1 + J_2) + J_3 \eta]}{9.55(M_z - M_j')} \leq [t_z] \quad (\text{s}) \tag{3-1-22}$$

式中　$n'$——满载(额定载荷)下降且制动器投入有效制动转矩时电动机转速(r/min),通常取 $n' = 1.1n$。

　　　$M_z$——机械式制动器的计算制动转矩(N·m)。

　　　$M_j'$——稳态下降额定载荷时电动机制动轴上的转矩(N·m),按下式计算:

$$M_j' = \frac{QD}{2ai} \eta' \quad (\text{N·m}) \tag{3-1-23}$$

　　　$\eta'$——物品下降时起升机构系统的总效率。

　　　$[t_z]$——推荐制动时间(s),参见表 3-1-11,可取 $[t_z] \approx [t_q]$。

制动时间长短与起重机作业条件有关。作精密安装用的起重机,制动时间过短,会引起物件上下跳动,难于准确对位。制动时间过长,会产生"溜钩"现象,影响吊装工作。用于港口装卸货物的起重机,因速度高,如制动过猛,会引起整机振动,影响起重机连续、高效的作业。通常可在一定范围内对制动器调整,确定合适的制动力矩。最好的措施是电气控制制动与机械支持制动合并使用。

制动平均减速度 $a_z$:

$$a_z = \frac{v'}{t_z} \leq [a] \quad (\text{m/s}^2) \tag{3-1-24}$$

式中　$v'$——满载下降且制动器开始有效制动时的下降速度(m/s),可取 $v' = 1.1v$。

无特殊要求时,下降制动时物品减速度不应大于表 3-1-11 的推荐值。

## 二、液压起升机构计算

液压起升机构大多采用高速液压马达驱动。机构中的钢丝绳、滑轮组、卷筒、减速器和制动器的计算方法与电动起升机构相同。液压起升机构计算的特点是液压马达和液压泵的选择。

### (一)选择液压马达

1. 满载起升时液压马达输出功率 $P_m$

$$P_m = \frac{\varphi_2 Q \cdot v}{1\,000\eta} \quad (\text{kW}) \tag{3-1-25}$$

式中 $\varphi_2$——起升载荷动载系数,因液压马达不具有电动机的过载能力,而马达工作压力又受系统压力限制,一般取 $\varphi_2 = 1.15 \sim 1.3$;

$Q$——额定起升载荷(N);

$v$——物品起升速度(m/s);

$\eta$——机构总效率,初步计算时,取 $\eta = 0.8 \sim 0.85$。

2. 计算卷筒转速,选择减速器

单层绕卷筒转速 $n_t$ 的计算方法同式(3-1-3)。卷筒多层绕时:

$$n_t = \frac{av}{\pi [D_d + (2z-1)d]} \times 60 \quad (\text{r/min}) \tag{3-1-26}$$

式中 $a$——滑轮组倍率;

$v$——物品起升速度(m/s);

$D_d$——卷筒绳槽底部直径(m);

$z$——钢绳在卷筒上的卷绕层数;

$d$——钢丝绳直径(m)。

根据液压马达输出功率 $P_m$(即减速器高速轴的输入功率)和卷筒转速 $n_t$(即减速器低速轴转速),从减速器承载能力表中查找合适的传动比 $i$ 和高速轴转速 $n_h$,选定减速器。

3. 计算满载起升时液压马达输出扭矩 $M_m$

$$M_m = \frac{\varphi_2 Q [D_d + (2z-1)d]}{2ai\eta} \quad (\text{N} \cdot \text{m}) \tag{3-1-27}$$

式中 $i$——减速器传动比。

其余符号意义同式(3-1-25)和式(3-1-26)。

4. 根据系统工作压力,确定液压马达工作油压 $p_m$

$$p_m = p_b - \sum \Delta p \quad (\text{MPa}) \tag{3-1-28}$$

式中 $p_b$——液压泵输出压力(MPa);

$\sum \Delta p$——从液压泵至液压马达的油路压力损失,包括阀的局部损失和管路沿程损失,初算时可取 $\sum \Delta p = 1.0 \sim 1.5$ MPa。

5. 确定液压马达排量 $q_m$

$$q_m = \frac{2\pi M_m}{(p_m - p_0)\eta_{m,m}} \quad (\text{m}^3/\text{r}) \tag{3-1-29}$$

式中 $M_m$——液压马达输出扭矩(N·m),由式(3-1-27)算出;

$\eta_{m,m}$——液压马达机械效率,$\eta_{m,m} = \dfrac{\eta_m}{\eta_{m,v}}$,$\eta_m$ 和 $\eta_{m,v}$ 分别为液压马达的总效率和容积效率,从液压马达技术性能表中查得,初步计算时可取 $\eta_m = 0.9 \sim 0.95$;

$p_m - p_0$——液压马达工作压力差，$p_0$ 为液压马达背压，$p_0 = 0.3 \text{ MPa} \sim 0.5 \text{ MPa}$。

6. 计算液压马达转速 $n_m$ 和输入油量 $Q_m$

减速器选定后，其实际传动比与要求值不可能完全一致，要保证额定起升速度，必须使液压马达转速满足下式要求：

$$n_m = \frac{60aiv}{\pi[D_d + (z-1)d]} = \frac{Q_m}{q_m}\eta_{m,v} \quad (\text{r/min}) \tag{3-1-30}$$

由此得到满足起升速度要求的液压马达输入油量 $Q_m$：

$$Q_m = \frac{60aivq_m}{\pi[D_d + (z-1)d]\eta_{m,v}} \quad (\text{m}^3/\text{min}) \tag{3-1-31}$$

7. 双泵合流时，校核液压马达的最高转速 $n_{m,max}$

起升机构作业时，为了提高轻载或空钩的起升速度，从而提高起重机的工作效率，采用双泵合流（除主液压泵外，再将另一液压泵的油量同时输给液压马达），提高液压马达转速。此时液压马达的转速最高为 $n_{m,max}$，$n_{m,max}$ 不许超过液压马达允许的最高转速 $[n_{m,max}]$：

$$n_{m,max} = \frac{Q_{max}}{q_m}\eta_{m,v} \leqslant [n_{m,max}] \quad (\text{r/min}) \tag{3-1-32}$$

式中 $n_{m,max}$——液压马达在双泵合流时的最高转速(r/min)；

$Q_{max}$——双泵合流时，输入液压马达的油量($\text{m}^3/\text{min}$)；

$q_m$——液压马达排量($\text{m}^3/\text{r}$)；

$\eta_{m,v}$——液压马达容积效率；

$[n_{m,max}]$——液压马达允许的最高转速，从液压马达技术规格中查得(r/min)。

(二)选择液压泵

1. 确定液压泵最大工作压力 $p_b$

$$p_b = \frac{2\pi M_m}{q_m \eta_{m,m}} + p_0 + \sum \Delta p \quad (\text{MPa}) \tag{3-1-33}$$

式中 $M_m$——液压马达输出扭矩(N·m)，按式(3-1-27)计算；

$q_m$——液压马达排量($\text{m}^3/\text{r}$)；

$\eta_{m,m}$——液压马达机械效率；

$p_0$——液压马达背压，$p_0 = 0.3 \text{ MPa} \sim 0.5 \text{ MPa}$；

$\sum \Delta p$——从液压泵至液压马达区间的压力损失(MPa)。

液压泵工作压力决定于负载的大小。若一个液压泵向多个执行元件供油，应按系统中最大工作压力确定 $p_b$。选择液压泵时，应留有 10%～25%（必要时可以更大）的压力裕量，以延长泵的寿命。

2. 确定液压泵流量 $Q_b$

$$Q_b = \frac{Q_m}{\eta_v} \quad (\text{m}^3/\text{min}) \tag{3-1-34}$$

式中 $Q_m$——液压马达输入油量($\text{m}^3/\text{min}$)，由式(3-1-31)算出；

$\eta_v$——液压泵至液压马达之间的容积效率。

3. 液压泵所需功率 $P_b$

$$P_b = \frac{p_b \cdot Q_b}{1000\eta_b} \quad (\text{kW}) \tag{3-1-35}$$

式中 $\eta_b$——液压泵的总效率，视液压泵类型而定，轴向柱塞泵为 0.85～0.9，齿轮泵为 0.7～0.8。

4. 计算液压泵转速 $n_b$，确定液压泵驱动装置的传动比 $i_b$

$$n_b = \frac{Q_b}{q_b \cdot \eta_{b,v}} \quad (\text{r/min}) \tag{3-1-36}$$

液压臂架式起重机大都采用柴油机经减速或增速传动装置驱动液压泵，传动装置的传动比 $i_b$ 为：

$$i_b = \frac{n_z}{n_b} = \frac{n_z \cdot q_b \cdot \eta_{b,v}}{Q_b} \tag{3-1-37}$$

式中　$n_z$——柴油机工作转速，为延长柴油机寿命，保证柴油机可靠工作，推荐 $n_z = (0.8 \sim 0.85) n_0$，$n_0$ 为柴油机的额定转速；

　　　$q_b$——液压泵排量（$m^3/r$）；

　　　$\eta_{b,v}$——液压泵容积效率，视液压泵类型而定，齿轮泵为 0.75～0.9，轴向柱塞泵为 0.9～0.98；

　　　$Q_b$——液压泵流量，由式(3-1-34)算出。

# 第二章　轨行式运行机构

运行机构用于支承起重机或小车本身重量和起升载荷并使起重机或小车运行。根据起重机工作要求,运行机构分为工作性运动和调整性运动两类,工作性运动是带着起升载荷运行,构成了起重机工作循环时间的一部分,影响起重机的生产效率,因此一般运动速度较高,机构功率也较大,机构的接电持续率也较高,零部件计算一般要考虑动载荷,许多零部件还要核算疲劳和寿命;调整性运动是调整起重机工作位置的运动,速度低,使用不频繁。从运行装置分类,起重机的运行机构分为有轨运行和无轨运行两类,桥式、门式、塔式、门座起重机的运行机构基本上都是轨行式的。

轨行式运行机构主要用于水平运移物品,调整起重机工作位置以及将作用在起重机上的载荷传递给基础建筑,起重机在专门铺设的轨道上运行,具有负荷能力大、运行阻力小,可以采用电力驱动等特点,但工作场地范围有限。

## 第一节　轨行式运行机构的组成和典型形式

轨行式运行机构主要由运行支承装置与运行驱动装置两大部分组成。运行支承装置用来承受起重机的自重和外载荷,并将所有这些载荷传递给轨道基础建筑,主要包括均衡装置、车轮与轨道等。运行驱动装置用来驱动起重机在轨道上运行,主要由电动机、减速器、制动器等组成。

运行机构的工作速度随起重机的类型和用途而定,其值可参考表 3-2-1 选用。

表 3-2-1　起重机运行机构工作速度　　　　　　　　　　m/min

| 起重机名称 | 起重能力 | 类别 | 小车运行速度 | 起重机运行速度 | 起重机名称 | 起重能力 | 类别 | 小车运行速度 | 起重机运行速度 |
|---|---|---|---|---|---|---|---|---|---|
| 梁式起重机 | 1 t~5 t | 中速 | — | 20~50 | 通用吊钩门式起重机 | ≤50 t | 高速 | 40~63 | 50~63 |
| | | 低速 | — | 3.2~16 | | | 中速 | 32~50 | 32~50 |
| 通用吊钩桥式起重机 | ≤50 t | 高速 | 40~63 | 71~100 | | | 低速 | 10~25 | 10~20 |
| | | 中速 | 25~40 | 56~90 | | 63 t~125 t | 高速 | 32~40 | 32~50 |
| | | 低速 | 10~25 | 20~50 | | | 中速 | 25~32 | 16~25 |
| | 63 t~125 t | 高速 | 32~40 | 56~90 | | 140 t~320 t | 高速 | 10~16 | 10~16 |
| | | 中速 | 20~36 | 50~71 | | | 中速 | 20~25 | 10~20 |
| | | 低速 | 10~20 | 20~40 | | | 低速 | 10~16 | 6~12.5 |
| | 140 t~320 t | 高速 | 25~40 | 50~71 | 抓斗门式起重机 | ≤50 t | 高速 | 40~50 | 32~50 |
| | | 中速 | 16~25 | 32~63 | 电磁门式起重机 | ≤50 t | 高速 | 40~50 | 32~50 |
| | | 低速 | 10~16 | 16~32 | 抓斗装卸桥 | ≤50 t | 高速 | 100~320 | 16~40 |
| 抓斗桥式起重机 | ≤50 t | 高速 | 25~56 | 71~100 | 岸边集装箱起重机 | 30.5 t | 高速 | 132~160 | 40~50 |
| 电磁桥式起重机 | ≤50 t | 高速 | 20~56 | 40~90 | 塔式起重机 | 16 t·m~1 000 t·m | 中速 | 16~40 | 10~20 |
| 防爆桥式起重机 | ≤50 t | 低速 | ≤10 | ≤16 | 门座起重机 | 5 t~160 t | 中速 | | 16~32 |

## 一、桥架类型起重机小车运行机构的典型形式

### （一）双梁小车运行机构

双梁小车是指双梁桥式起重机和双梁门式起重机的起重小车。小车运行机构常采用低速轴集中驱动，布置简图如图 3-2-1 所示。电动机通过固定在小车架上的立式减速器、联轴器和传动轴驱动车轮，主动轮常取总轮数的一半，制动器放在电动机另一端的外伸轴上，或与高速轴联轴器合为一体。这种驱动型式的优点是可以采用标准部件，安装和维修方便。通常将立式减速器布置在小车架中心线（图 3-2-1a），有时由于结构的需要，立式减速器也可偏于一侧（图 3-2-1b）。

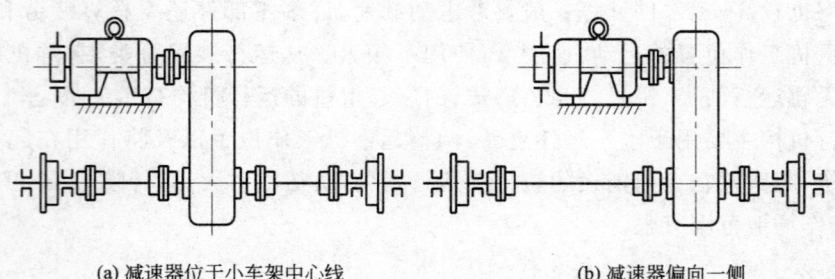

(a) 减速器位于小车架中心线　　　　　　(b) 减速器偏向一侧

图 3-2-1　双梁小车运行机构简图

把驱动、制动和传动装置三者合为一体的"三合一"驱动装置已得到推广使用，见图 3-2-2。电动机与制动器制成一体，直接联在减速器上，减速器套装在车轮轴上，减速器上方有一弹性支承与小车架相连。这种驱动型式的优点是结构紧凑，自重轻，装拆方便，运行平稳，使用可靠，但维修不太方便。

装卸桥小车运行速度高，使用频繁。当运行速度 $v \geq 2$ m/s 时，传动机构应放在弹性支架上（图 3-2-3），从而减小传动机构的冲击以及司机由此产生的疲劳感。为了保证起动和制动时不打滑，大多采用全部车轮驱动。为了减少轮缘啃轨，轨道内侧常增设水平轮。

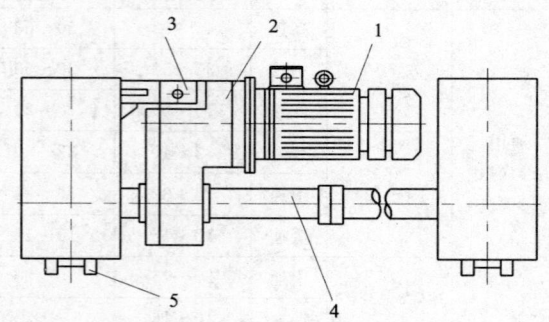　　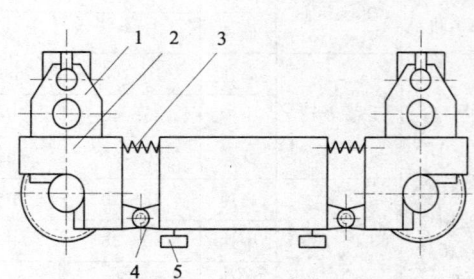

图 3-2-2　"三合一"小车运行机构　　　　　图 3-2-3　装卸桥小车运行机构简图
1—带制动器电机；2—减速器；3—弹性支承；4—传动轴；5—车轮　　1—驱动机构；2—支架；3—弹簧；4—转动铰；5—水平轮

### （二）单主梁小车运行机构

单主梁小车根据支承型式可分为二支点（垂直反滚轮式）和三支点（水平反滚轮式）两种。

二支点单主梁小车运行机构如图 3-2-4a 所示。这种小车运行不及双梁小车平稳。为了减小轮缘摩擦阻力，垂直车轮没有轮缘，用水平轮导向，减速器采用立式套装型式。这种结构型式车轮较多，装配精度要求较高，与双梁小车运行机构相比，垂直轮压力大，加工和装配工作量也大。常用于起重量为 5 t~20 t 的单主梁起重机。

三支点单主梁小车运行机构如图 3-2-4b 所示。吊重和小车自重偏心引起的倾覆力矩由水

平反滚轮承受，垂直车轮只承受垂直载荷（吊重和小车自重），所以垂直轮压比二支点式小，宜用于起重量为 32 t～50 t 的单主梁起重机。

为使单主梁小车使用安全可靠，在垂直车轮以及反滚轮旁设有安全钩，小车向两个方向发生倾翻时都可钩住轨道。

### 二、桥架类型起重机大车运行机构的典型形式

#### （一）集中驱动

由一台电动机通过传动轴驱动两边车轮转动，称为集中驱动，如图 3-2-5 所示。根据传动轴的转速可分为低速轴驱动（图 3-2-5a）、高速轴驱动（图 3-2-5b）、中速轴驱动（图 3-2-5c）

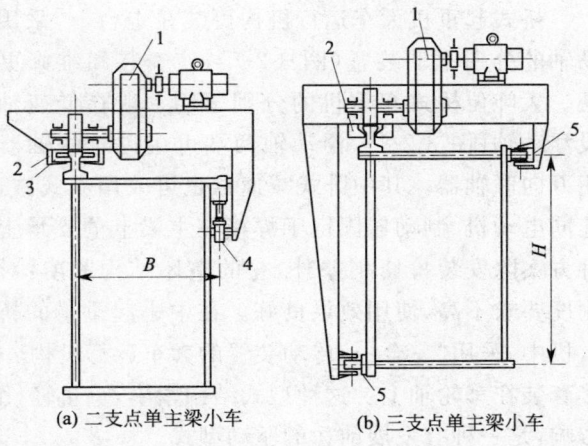

图 3-2-4　单主梁小车运行机构简图
1—减速器；2—安全钩；3—水平轮；4—垂直反滚轮；
5—水平反滚轮

三种。采用集中驱动对走台的刚性要求高。低速轴驱动工作可靠，由于低速轴传递的扭矩大，轴径粗，自重也大。高速轴驱动的传动轴细而轻，但振动较大，安装精度要求较高，需要两套减速器成本也高。中速轴驱动机构复杂，分组性差。

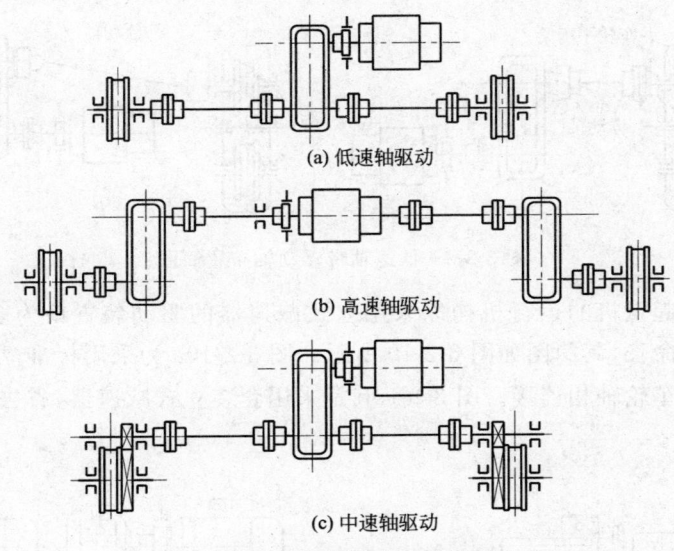

图 3-2-5　集中驱动布置简图

集中驱动的大车运行机构主要用于早期生产的一些桥式起重机。由于集中驱动的传动零部件多、自重大、安装复杂、成本高、维修不便，目前已大多被分别驱动替代。

#### （二）分别驱动

两边车轮分别由两套独立的无机械联系的驱动装置驱动（图 3-2-6），省去了中间传动轴，自重轻，部件分组性好，安装和维修方便。在起重机（大车）运行机构上得到广泛采用。

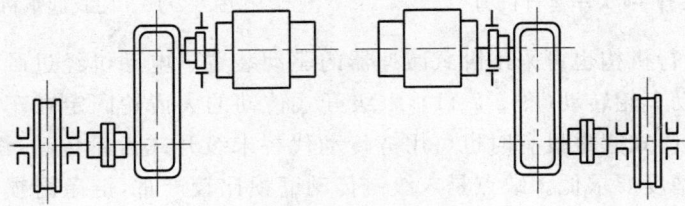

图 3-2-6　分别驱动布置简图

桥式起重机大车运行机构可装在走台上,采用带浮动轴的分别驱动装置(图 3-2-7),使安装和维修更加方便。大吨位桥式起重机的分别驱动一般在低速轴段增设浮动轴(图 3-2-8),浮动轴两端可用齿轮联轴器或采用万向联轴器。其中卧式减速器也可改用立式减速器,连同电动机、制动器固定于焊接在主梁上的支承上。这种方案除安装检修稍差外,它的整体结构紧凑,对走台刚度要求不高,使用效果良好。在中小起重量的桥式起

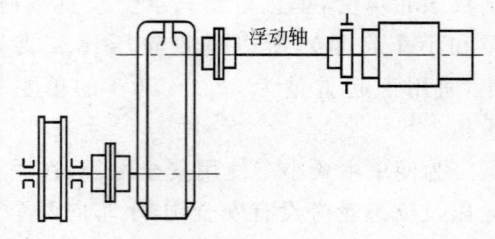

图 3-2-7 桥式起重机分别驱动布置简图

重机中,采用"三合一"传动装置的大车运行机构分别驱动方案已日益广泛(图 3-2-9),减速器可直接套装在车轮轴上。这种型式结构紧凑,重量轻,组装性好,机构安装与走台无关,不受走台变形的影响,是一种有发展前途的驱动型式。

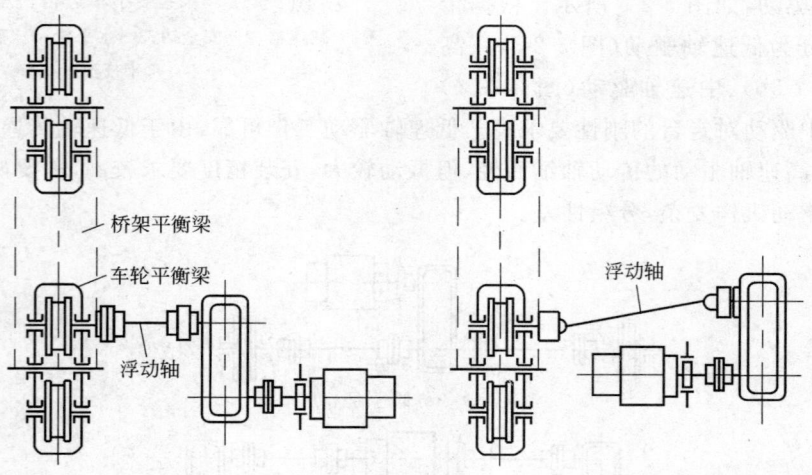

图 3-2-8 低速轴带浮动轴布置简图

中小起重量门式起重机的运行机构以采用立式减速器的驱动装置最为多见。它没有开式传动,机构紧凑,使用寿命长,其简图如图 3-2-10 所示。图 3-2-10a 为采用标准立式减速器,用联轴器将减速器的低速轴与车轮轴相连接。图 3-2-10b 是采用套装立式减速器,省去了低速轴联轴器,使机构更加紧凑。

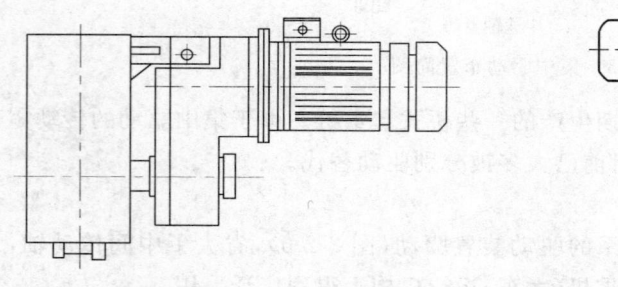

图 3-2-9 "三合一"大车运行机构

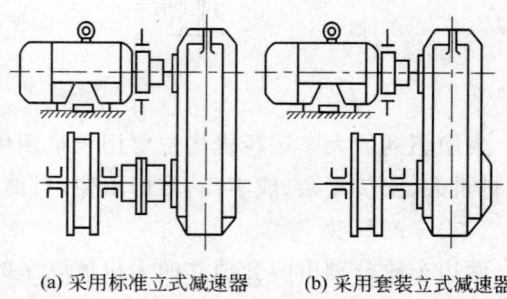

(a) 采用标准立式减速器　　(b) 采用套装立式减速器

图 3-2-10 门式起重机大车运行机构

门式起重机的运行机构也可采用卧式减速器的驱动装置。电动机经过卧式减速器、末级开式齿轮传动减速后,带动车轮转动(图 3-2-11),末级开式传动的大齿轮固定在车轮上,车轮轴不传递扭矩。中小起重量的门式起重机有时也可用链传动代替末级开式齿轮传动(图 3-2-12),这种型式机构布置方便,安装精度要求低。缺点是末级链传动磨损比较严重,链条磨损伸长,引起链条下垂而与链轮脱齿,产生冲击。因此应尽量加大两链轮连心线与铅垂线的夹角 $\alpha$。

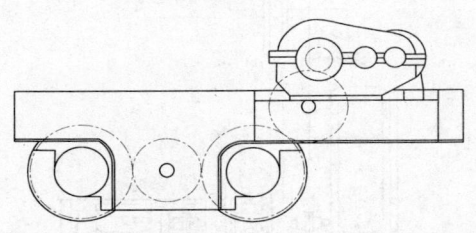
图 3-2-11　大车运行机构开式齿轮传动

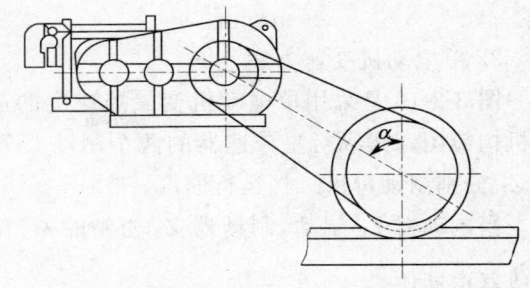
图 3-2-12　大车运行机构链传动装置

门式起重机运行机构采用"三合一"传动装置，一般将制动电机立式布置，减速器需采用垂直轴形式（图 3-2-13），这种形式结构紧凑，组装性好。

为了改善驱动性能，还可在电动机与减速器之间串接限矩型液力耦合器（图 3-2-14），可使起重机平稳起、制动，减少传动部件的震动和冲击力，延长使用寿命。采用这种方案可将绕线式电动机改换成普通的 Y 系列笼型电动机，将逐级切除电阻起动改为直接起动，简化操作，降低成本，提高起重机的可靠性。

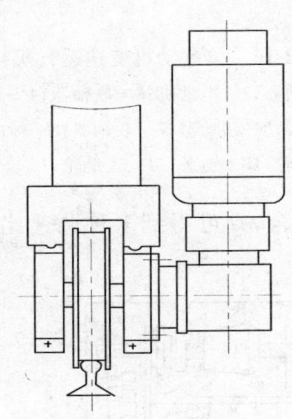

图 3-2-13　立式"三合一"大车运行机构

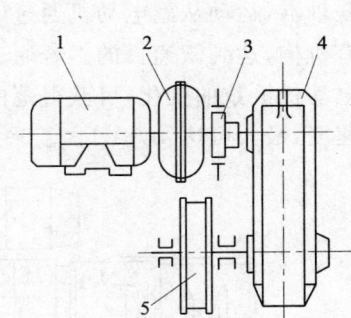

图 3-2-14　液力耦合器应用于运行机构
1—电动机；2—液力耦合器；3—制动器；4—减速器；5—车轮

### （三）机械变速方案

#### 1. 双电动机变速方案

如图 3-2-15 所示，蜗杆 1 由电动机 $D_1$ 带动，经涡轮传动减速（$i_{12}$）之后驱动锥齿轮 a；蜗杆 3 由电动机 $D_3$ 带动，经涡轮传动减速（$i_{34}$）之后驱动锥齿轮 b。轮 a 及轮 b 是差速器的两个中心轮，齿数相等。系杆 H 是减速器的输出轴，再经末级链传动驱动车轮转动。

当电动机 $D_1$ 驱动蜗杆 1 转动，电动机 $D_3$ 停止时，减速器输出转速为：

$$n_1 = \frac{n_{D1}}{2 \cdot i_{12}}$$

当电动机 $D_1$ 停止，电动机 $D_3$ 驱动蜗杆 3，减速器输出转速为：

$$n_2 = \frac{n_{D3}}{2 \cdot i_{34}}$$

当两台电动机同时开动，并且转向相同时，减速器输出转速为：

$$n_3 = n_1 + n_2$$

当两台电动机同时开动，并且转向相反时，减速器输出转速为：

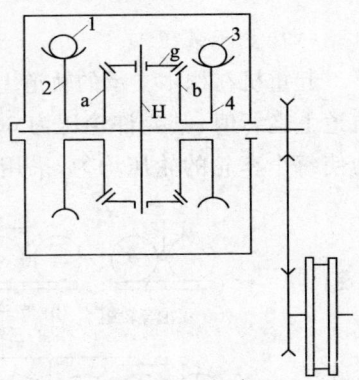

图 3-2-15　差动变速运行机构
1、3—蜗杆；2、4—蜗轮；a、b—锥齿轮（中心轮）；g—锥齿轮（行星轮）；H—系杆

$$n_4 = n_1 - n_2$$

### 2. 单电动机变速方案

图 3-2-16 是采用单电动机变二挡速度的运行机构简图。操纵行星减速器的两个制动器 $Z_1$ 和 $Z_2$ 分别制动可得二挡运行速度。

当制动器 $Z_1$ 制动,制动器 $Z_2$ 松闸时,行星减速器传动比 $i_1 = 1 + \dfrac{Z_{b1}}{Z_{a1}}$。

当制动器 $Z_1$ 松闸,制动器 $Z_2$ 制动时,行星减速器传动比 $i_2 = 1 + \dfrac{Z_{b2}}{Z_{a2}}$。

### 3. 子母电动机变速方案

如图 3-2-17 所示,变速装置由两个锥形转子制动电机和中间减速器组成。主电动机工作时,与制动器脱开,为常速运行。当主电动机断电,副电动机工作时,主电动机制动器处于制动状态,其转子和中间减速器低速轴之间形成一个摩擦力矩联轴器,运动从副电动机通过中间减速器传给原有机构,达到微速目的。若通过减速器传动比和电动机极数的变化,可获得范围极大的快慢两种速度,最大可达 400∶1。若采用变极电机通过相互组合,则可得到多种调速比。

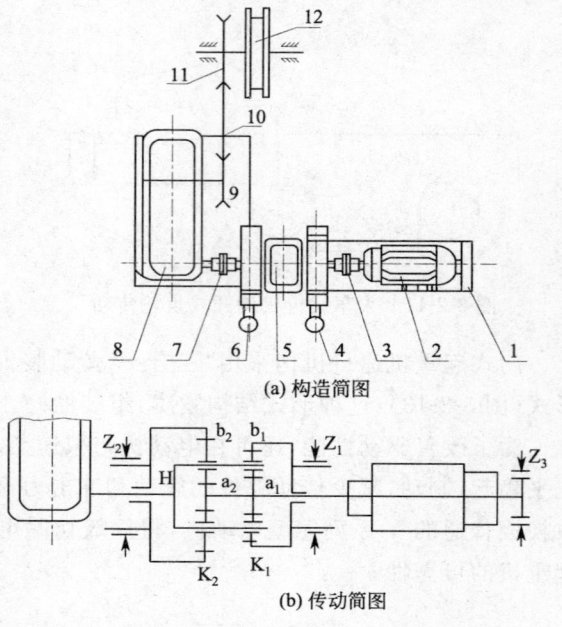

图 3-2-16 单电动机变速运行机构

1—涡流制动器;2—电动机;3—联轴器;4—制动器;5—行星减速器;6—制动器;7—联轴器;8—标准减速器;9—小链轮;10—链条;11—大链轮;12—车轮

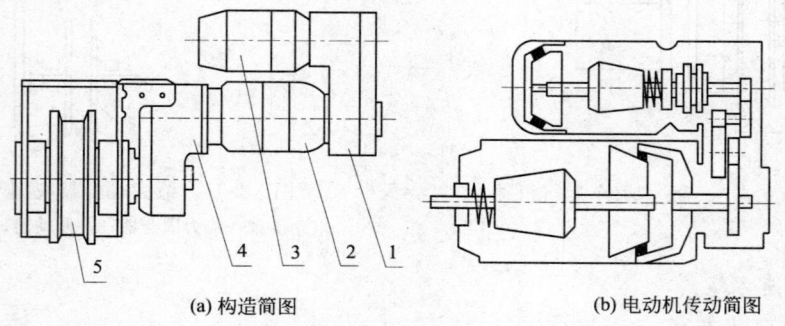

(a) 构造简图　　(b) 电动机传动简图

图 3-2-17 子母电动机变速运行机构

1—中间减速器;2—主电动机;3—副电动机;4—"三合一"减速器;5—车轮组

#### (四)支承装置

起重机在枕木支承的轨道上运行时,其允许轮压为 100 kN～120 kN;在混凝土和钢结构支承的轨道上运行时,其允许轮压为 600 kN。当起重量过大时,通常用增加车轮数目的方法来降低轮压。为使每个车轮的轮压均匀,采用均衡台车式的支承装置,如图 3-2-18 所示。对于车轮数目特多的

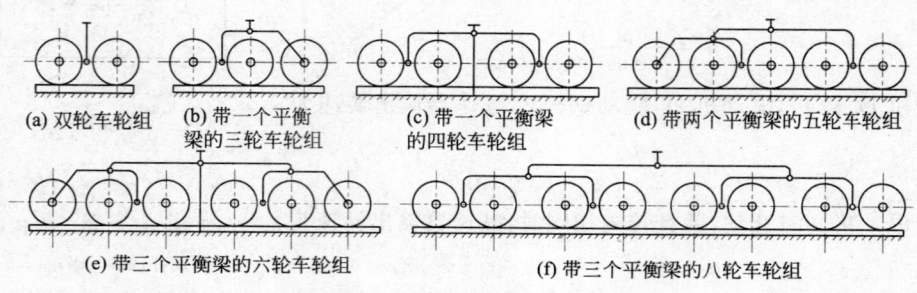

(a) 双轮车轮组　(b) 带一个平衡梁的三轮车轮组　(c) 带一个平衡梁的四轮车轮组　(d) 带两个平衡梁的五轮车轮组

(e) 带三个平衡梁的六轮车轮组　(f) 带三个平衡梁的八轮车轮组

图 3-2-18 带各种平衡梁的车轮组

巨型起重机，为了缩短车轮的排列长度，往往采用双轨轨道。这时均衡台车有四个车轮，上部铰点需采用球铰（图3-2-19）。

考虑到制造、安装和维修的方便以及系列化的要求，常把车轮、轴、轴承等设计成车轮组件。桥式起重机大车与小车的车轮组大多采用角型轴承箱结构（图3-2-20），为转轴型式。采用这种结构制造、安装、调整都很方便，但构造较复杂，重量大，零件多，安装精度低。对在繁重条件下使用的起重机，为避免起重机歪斜运行时轮缘与轨道侧面接触，

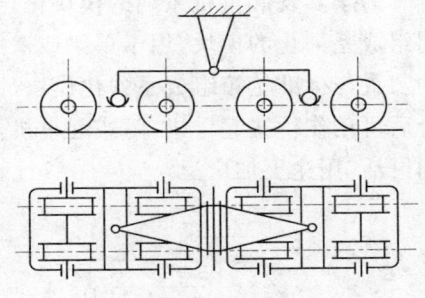

图3-2-19 双轨四轮台车

加剧车轮轮缘磨损和增加摩擦阻力，可采用带水平轮的车轮组（图3-2-21）。为了提高车轮的安装精度，减少车轮组的重量，可采用直接在车架上镗孔组装车轮的方式（图3-2-22），传动轴与车轮采用无键锥面联接。为了方便安装和维修，还可采用45°剖分形式安装车轮（图3-2-23）。采用镗孔组装车轮缺点是在车架上需要机械加工，工艺比较麻烦，调整车轮也不如采用角型轴承箱方便。在门式起重机和门座起重机的大车运行台车上，车轮组也可采用定轴的方式（图3-2-24）。

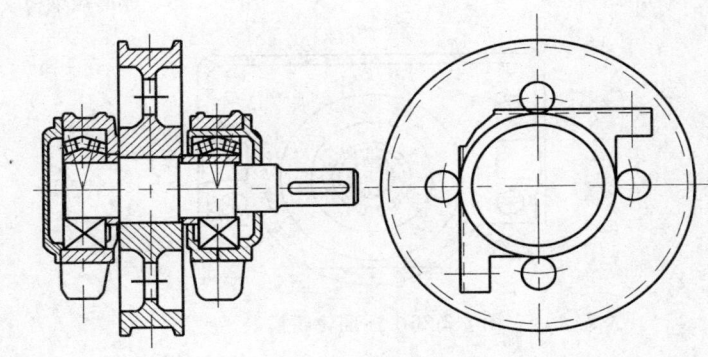

图3-2-20 角型轴承箱结构

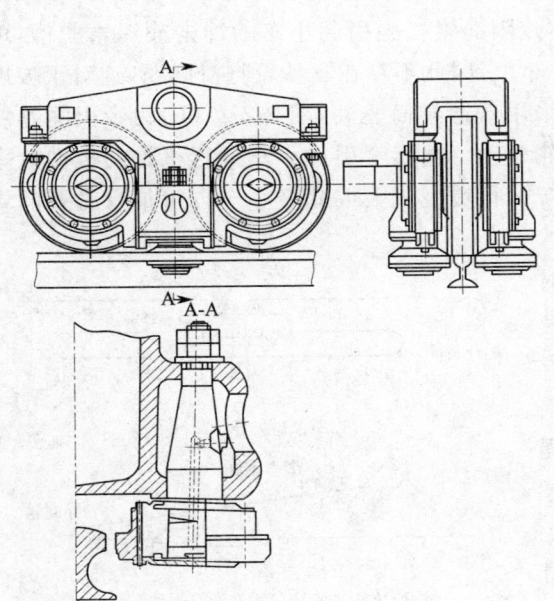

图3-2-21 带水平轮的车轮组

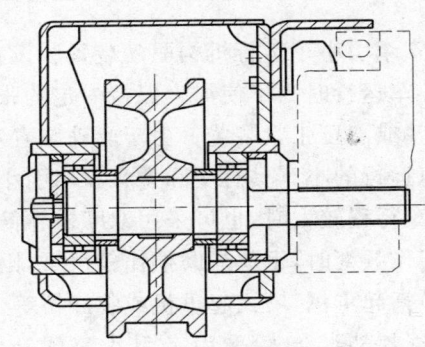

图3-2-22 镗孔安装车轮

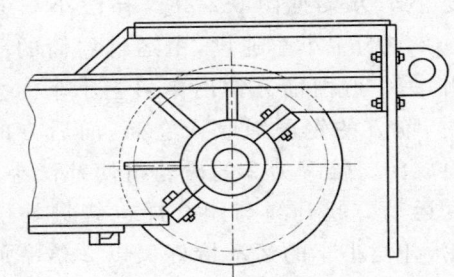

图3-2-23 45°剖分安装车轮

为了实现起重机系列的模块化,可将电动机、制动器、减速器和车轮组成的驱动装置与端梁共同组成系列化的模块,用于单梁或双梁桥式起重机的运行机构(图 3-2-25)。也可将不同规格的驱动装置与标准轮箱组成系列化模块(图 3-2-26),这种轮箱根据需要可组装成台车,与金属结构件组合后可用作桥式起重机、门式起重机及其他轨行式起重机的运行机构。由于不受轮距限制,组合更加灵活,用途更加广泛。

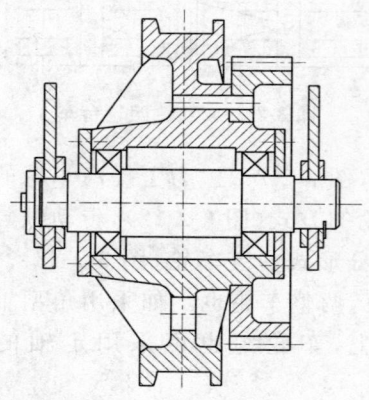

图 3-2-24 定轴式车轮组结构

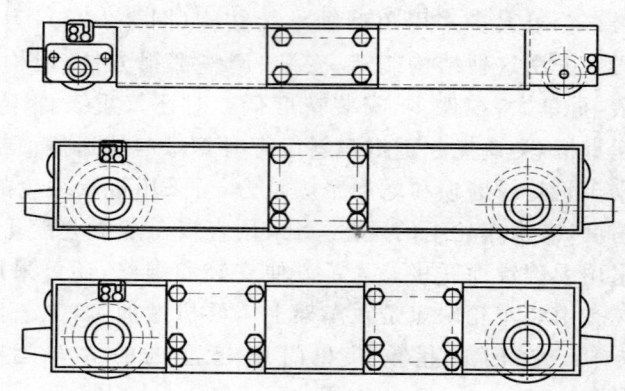

图 3-2-25 标准端梁模块

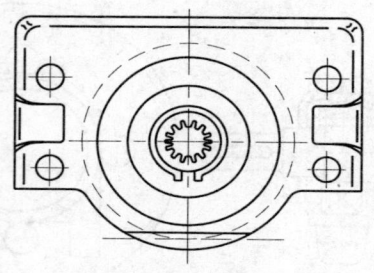

图 3-2-26 标准轮箱模块

### 三、绳索牵引小车运行机构的典型形式

绳索牵引小车运行机构驱动装置装设在起重小车的外部,靠钢丝绳牵引实现小车运行(图 3-2-27)。小车运行时为了使绳索保持一定的张紧力,不致因绳索松弛引起小车的冲击或绳索脱槽,可采用弹簧或液压张紧装置。由于驱动装置不装在小车上,因此不存在驱动轮打滑问题,这对于坡度大、高速运行的小车具有实际意义。牵引小车一般采用普通卷筒驱动,图 3-2-27(b)为牵引绳卷绕图。小车行程较大时,也可采用双摩擦卷筒或驱绳轮驱动。绳索牵引式小车运行机构的传动效率较低,工作频繁时,钢丝绳磨损比较严重,因而只用于运行坡度较大或减轻小车自重很有必要的场合,如缆索起重机、塔式起重机或装卸桥等。

双绳抓斗装卸桥采用牵引小车式运行机构时的补偿小车方案见图 3-2-28。补偿小车的运行速度为 $v/2$,$v$ 为主小车速度,由运行卷筒的一股钢丝绳牵引,另一股由前方伸出牵引主小车。小车向前运行时,前方的钢丝绳收入卷筒,而后方的钢丝绳从卷筒放出。倍率为 2 的滑轮组使补偿小车以 $v/2$ 的速度运动。起升绳与闭合绳也绕进补偿小车上的滑轮,补偿小车的运动恰好又以 2 倍率放出起升绳与闭合绳,使抓斗不随运行机构的运动而升降。为了使牵引绳构成封闭系统,在主小车与补偿小车

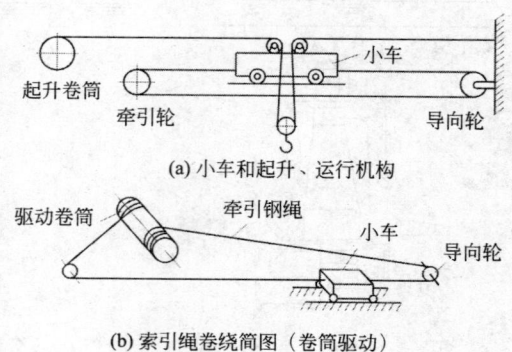

图 3-2-27 绳索牵引小车运行机构

之间装有张紧绳。张紧绳绕过补偿小车的滑轮后,固定于起重机机架上的一个弹簧装置。弹簧装置在抓斗满载时保持最小张力,在抓斗落于地面时,伸长到最大张力。

行星差动减速器传动的单小车方案也可用于抓斗装卸桥(图 3-2-29),它采用行星差动减速器(图 3-2-30)组成综合驱动机构完成抓斗的抓取、提升、开闭及小车往返运行的牵引。另外一种行星差动减速器传动方案由两组相同参数的行星减速器和四组卷筒组成(图 3-2-31),没有直接的运行牵引卷筒,而靠提升和开闭卷筒的联合运动合成小车运行的牵引,可由计算机进行控制。这种方案绳索系统简单实用,优点较多。

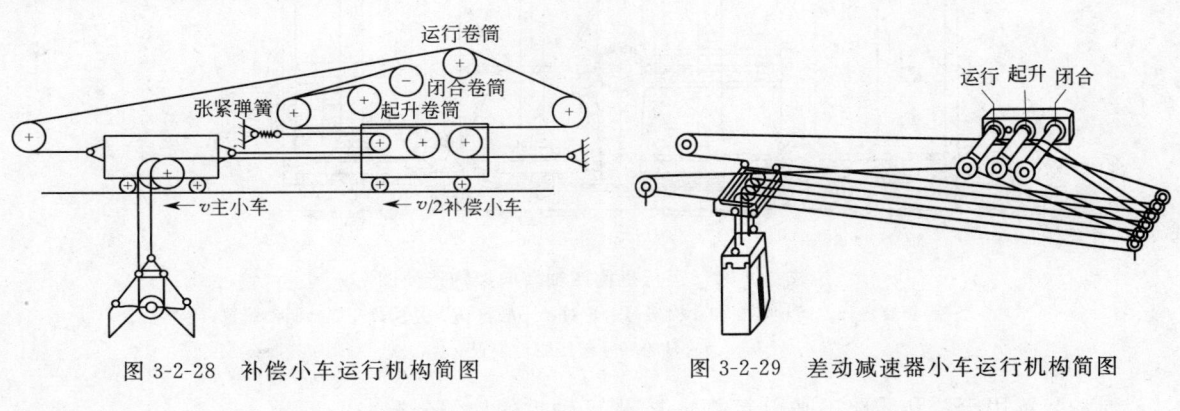

图 3-2-28　补偿小车运行机构简图　　　　图 3-2-29　差动减速器小车运行机构简图

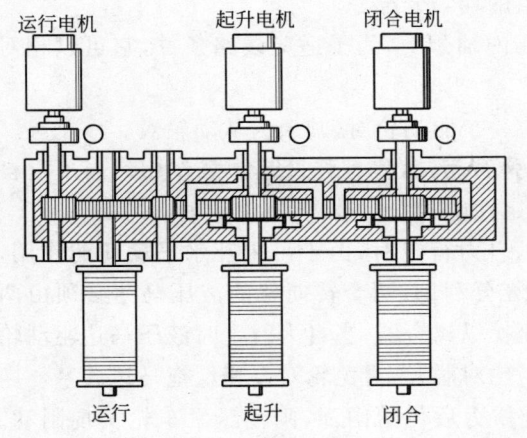

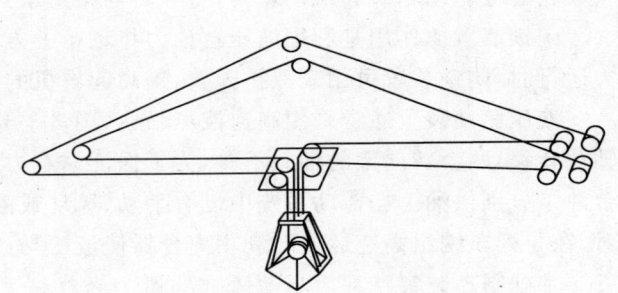

图 3-2-30　行星差动减速器简图　　　　图 3-2-31　四卷筒小车运行机构简图

### 四、液压铁路起重机运行机构的典型形式

铁路起重机是在铁路轨道上运行的臂架式起重机,供铁路站场、工矿企业、建设工地与列车运行事故现场等进行铺轨、架桥、设备安装、货物装卸、电气化铁道立杆作业和机车车辆脱轨与颠覆事故救援等工作。臂架分定长臂和伸缩臂,驱动方式有蒸汽、内燃电动和内燃液压传动。目前的大中型铁路起重机普遍采用内燃液压传动,由柴油机带动油泵,向油马达和油缸供油,驱动各工作机构。

铁路起重机运行机构的特点在于它既要实现起重机的低速吊重自力行走,又要便于与列车联挂高速行驶,因此它采用了铁路机车车辆专用的转向架。大中型铁路起重机有两个转向架,每个转向架根据起重量大小可以采用双轴、三轴和四轴。只有两根轴的小型起重机没有转向架,也不能与列车编组联挂。

图 3-2-32 是液压铁路起重机运行机构四轴转向架的构造简图。主要由构架、心盘与旁承、弹簧装置、轴箱、轮对、闭锁装置、液压驱动装置和基础制动装置等部件组成。

构架是转向架的骨架,由左右两片侧梁和连接侧梁的横梁构成。

心盘主要传递纵向和横向力,车架以上的重量全部由四个刚性旁承传递。

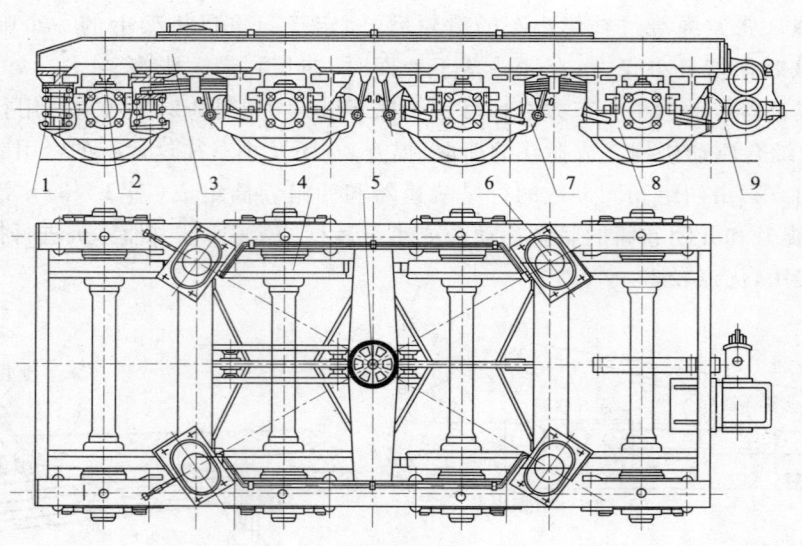

图 3-2-32 运行机构四轴转向架构造简图
1—弹簧装置；2—闭锁装置；3—构架；4—轮对；5—心盘；6—旁承；7—基础制动装置；
8—轴箱；9—液压驱动装置

弹簧装置用于缓和线路不平引起的冲击，保证轴重的均匀分配。

轴箱是联系构架和轮对的活动关节，装在车轴两端的轴颈上，为了适应线路条件，它可以相对于构架上下、左右和前后少量移动。

轮对分驱动轮对和从动轮对，每个转向架通常只有一个驱动轮对，其余为从动轮对。

闭锁装置的作用是利用液压缸推力将轴箱上方的弹簧闭锁，代替弹簧起承载作用。当吊重自力运行时，闭锁装置可用来保护弹簧，提高起重机的稳定性，并使同一转向架中的轴载均衡。

液压驱动装置通常采用高速液压马达（图 3-2-33），自力行走时，由于吊重及水平载荷的作用，轴载转移，两个转向架的轴载不等，为了保证黏着力的充分利用，两个转向架的液压马达必须由两台油泵分别供油。在传动系统中设有手动、风动或液压操纵离合器，当自力行走时液压马达驱动轮对，在与列车编组高速运行时利用离合器使液压马达与轮对脱开，避免轮对高速反拖马达。

基础制动装置是利用制动风缸的风力经杠杆系统增力后传给闸瓦，闸瓦压紧车轮实现制动。自力行走时制动风缸的压缩空气来自起重机自备的空气压缩机，与列车联挂后改由牵引列车的风管供气，气路的转换由梭形阀实现（图 3-2-34）。铁路起重机转向架的全部轮对（包括主动和从动）都装有闸瓦，所有轮对都产生制动力。

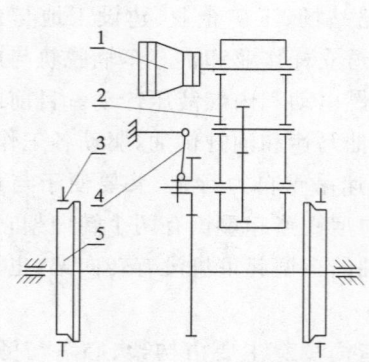

图 3-2-33 运行机构传动系统简图
1—高速液压马达；2—减速齿轮箱；
3—制动闸瓦；4—离合器；5—驱动轮对

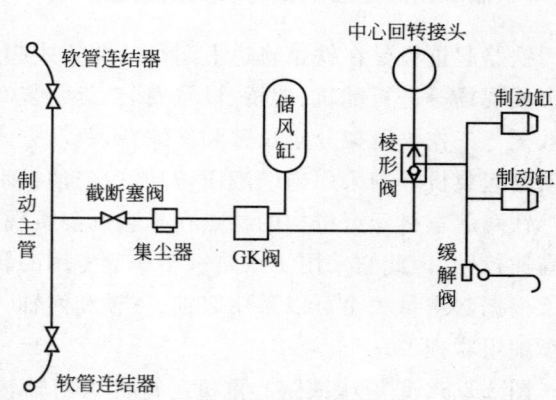

图 3-2-34 基础制动装置的管路系统

## 第二节 电动及液压轨行式运行机构计算

### 一、稳态运行阻力的计算

起重机或小车在直线轨道上稳定运行的静阻力 $F_j$ 由摩擦阻力 $F_m$、坡道阻力 $F_p$ 和风阻力 $F_{wI}$ 三项组成。

$$F_j = F_m + F_p + F_{wI} \quad (N) \tag{3-2-1}$$

**（一）摩擦阻力 $F_m$**

起重机或小车沿直线满载运行时的最大摩擦阻力 $F_m$ 主要包括车轮踏面的滚动摩擦阻力、车轮轴承的摩擦阻力以及附加摩擦阻力三部分：

$$F_m = (Q+G)\frac{2f+\mu d}{D}\beta = (Q+G)\omega \quad (N) \tag{3-2-2}$$

式中 $Q$——起升载荷(N)；

$G$——起重机或运行小车的自重载荷(N)；

$f$——车轮沿轨道的滚动摩擦力臂(mm)，由表 3-2-2 查取；

$\mu$——车轮轴承的摩擦阻力系数，由表 3-2-3 查取；

$d$——与轴承相配合处车轮轴的直径(mm)；

$D$——车轮踏面直径(mm)；

$\beta$——考虑车轮轮缘与轨顶侧面摩擦或牵引供电电缆及集电器摩擦等的附加摩擦阻力系数，见表 3-2-4；

$\omega$——摩擦阻力系数，初步计算时可取：车轮为滑动轴承时 $\omega=0.015$；车轮为滚动轴承时 $\omega=0.006$。

满载运行时最小摩擦阻力：

$$F_{m1} = (Q+G)\frac{2f+\mu d}{D} \quad (N) \tag{3-2-3}$$

空载运行时最小摩擦阻力：

$$F_{m2} = G\frac{2f+\mu d}{D} \quad (N) \tag{3-2-4}$$

单主梁起重机垂直反滚轮式小车满载运行时的最大摩擦阻力：

$$F_m = (Q+G+R_h)\frac{2f+\mu d}{D}\beta + R_h\frac{2f+\mu d_1}{D_1} \quad (N) \tag{3-2-5}$$

式中 $R_h$——垂直反滚轮的轮压(N)；

$d_1$——垂直反滚轮的轴承内径(mm)；

$D_1$——垂直反滚轮的踏面直径(mm)。

单主梁起重机水平反滚轮式小车满载运行时的最大摩擦阻力：

$$F_m = (Q+G)\frac{2f+\mu d}{D}\beta + 2R_1\frac{2f+\mu d_2}{D_2} \quad (N) \tag{3-2-6}$$

式中 $R_1$——水平反滚轮的轮压(N)；

$d_2$——水平反滚轮的轴承内径(mm)；

$D_2$——水平反滚轮的踏面直径(mm)。

表 3-2-2　车轮的滚动摩擦力臂 $f$　　　　　　　　　　　　　　　　　　　　mm

| 车轮材料 | 钢轨型式 | 车轮踏面直径/mm | | | | | | |
|---|---|---|---|---|---|---|---|---|
| | | 100,160 | 200,250,315 | 400,500 | 630,710 | 800 | 900,1 000 |
| 钢 | 平顶钢轨 | 0.25 | 0.3 | 0.5 | 0.6 | 0.7 | 0.7 |
| | 圆顶钢轨 | 0.3 | 0.4 | 0.6 | 0.8 | 1.0 | 1.2 |
| 铸铁 | 平顶钢轨 | — | 0.4 | 0.6 | 0.8 | 0.9 | 0.9 |
| | 圆顶钢轨 | — | 0.5 | 0.7 | 0.9 | 1.2 | 1.4 |

表 3-2-3　车轮轴承的摩擦阻力系数 $\mu$

| 轴承型式 | 滑动轴承 | | 滚动轴承 | | |
|---|---|---|---|---|---|
| 轴承结构 | 开式 | 稀油滑润 | 滚珠和滚柱式 | 锥形滚子式 | 调心滚子式 |
| $\mu$ | 0.1 | 0.08 | 0.015 | 0.02 | 0.004 |

表 3-2-4　附加摩擦阻力系数 $\beta$

| 车轮形状 | | 机　构 | 驱动型式 | $\beta$ |
|---|---|---|---|---|
| 圆锥车轮 | | 桥式起重机大车运行机构 | 集中驱动 | 1.2 |
| 圆柱车轮 | 有轮缘 | 桥式、门式和门座起重机的大车运行机构 | 分别驱动 | 1.5 |
| | 无轮缘（有水平轮） | | 分别驱动 | 1.1 |
| | 有轮缘 | 具有柔性支腿的装卸桥,门式起重机的大车运行机构 | 分别驱动 | 1.3 |
| | 有轮缘 | 双梁桥式、门式起重机的小车运行机构 | 滑线导电 集中驱动 | 1.6 |
| | | | 电缆导电 集中驱动 | 1.3 |
| | 有轮缘 | 受偏心载荷的单梁小车运行机构 | 滑线导电 | 1.6 |
| | 无轮缘 | | | 1.5 |
| | 有轮缘 | | 电缆导电 | 1.3 |
| | 无轮缘 | | | 1.2 |
| 圆锥车轮（单轮缘） | | 悬挂在工字梁或箱形梁下翼缘上的小车运行机构 | 单边驱动 | 1.5 |
| | | | 双边驱动 | 2.0 |

(二)坡道阻力 $F_p$

$$F_p = (Q+G)\tan\alpha \quad (\text{N}) \tag{3-2-7}$$

式中　$\alpha$——坡度角(°),当坡度很小时,在计算中可用轨道坡度 $i$ 代替 $\tan\alpha$,即:

$$F_p = (Q+G)i$$

$i$ 值与起重机类型有关,桥式起重机为 0.001,门式和门座起重机为 0.003,铁路起重机为 0.004;建筑塔式起重机为 0.005,桥架上的小车为 0.002。在臂架或桥架悬臂上运行的小车,$i$ 值由计算确定。

(三)风阻力 $F_{wI}$

在露天工作的起重机要考虑起重机和起吊物品所受的风阻力,按工作状态计算风压 $q_I$ 计算,风阻力计算见第一篇第三章。

除以上三项基本运行阻力外,有时还需考虑特殊运行阻力。

对于在曲线轨道(弯道)上运行的起重机,还要考虑曲线运行附加阻力 $F_q$:

$$F_q = \xi(Q+G) \quad (\text{N}) \tag{3-2-8}$$

式中　$\xi$——曲线运行附加阻力系数,一般需由试验测定。对于塔式起重机,可取 $\xi=0.005$。

## 二、电动机的选择

### (一)电动机的稳态运行功率 $P_N$

$$P_N = \frac{F_j \cdot v_0}{1\,000\eta \cdot m} \quad (kW) \tag{3-2-9}$$

式中　$F_j$——起重机或小车的稳态运行阻力(N);
　　　$v_0$——运行速度(m/s);
　　　$\eta$——机构传动效率,可取 $\eta = 0.85 \sim 0.95$;
　　　$m$——电动机台数。

由于运行机构的静载荷变化较小,起动加速惯性力较大,因此所选电动机的额定功率应比稳态运行功率大,以满足电动机的起动要求。对于桥架类型起重机的大、小车运行机构电动机:

$$P = K_d \cdot P_N \quad (kW) \tag{3-2-10}$$

式中　$K_d$——考虑到电动机起动时惯性影响的功率增大系数。室外作业的起重机,常取 $K_d = 1.1 \sim 1.3$(速度高者取大值);对于室内作业的起重机及室外作业的装卸桥小车运行机构可取 $K_d = 1.2 \sim 2.6$(对应速度 30 m/min~180 m/min)。

### (二)电动机初选

**1. 稳态负载系数法**

起重机的运行机构一般使用绕线转子异步电动机。对 YZR 系列等能提供有关按 CZ 值计算选择电动机资料的异步电动机,其所选电动机的功率应满足下式要求:

$$P_n \geq G \cdot P \quad (kW) \tag{3-2-11}$$

式中　$P_n$——所选电动机在相应的 $CZ$ 值和实际接电持续率 $JC$ 值下的功率(kW);
　　　$G$——稳态负载平均系数,见表 3-2-5。

表 3-2-5　稳态负载平均系数 $G$

| 稳态负载平均系数 | 运行机构 | | |
|---|---|---|---|
| | 室内起重机小车 | 室内起重机大车 | 室外起重机小、大车 |
| $G_1$ | 0.7 | 0.85 | 0.75 |
| $G_2$ | 0.8 | 0.90 | 0.8 |
| $G_3$ | 0.9 | 0.95 | 0.85 |
| $G_4$ | 1.0 | 1.0 | 0.9 |

起重机运行机构的接电持续率 $JC$ 值和稳态负载平均系数 $G$,均应根据实际载荷和控制情况计算。如无具体资料时,可参考表 3-2-6 选取。

表 3-2-6　运行机构的 $JC$ 值、$CZ$ 值和 $G$ 值

| 起重机型式 | | 用途 | 小车运行机构 | | | 大车运行机构 | | |
|---|---|---|---|---|---|---|---|---|
| | | | JC/% | CZ | G | JC/% | CZ | G |
| 桥式起重机 | 吊钩式 | 电站安装及检修用 | 15 | 300 | $G_1$ | 15 | 600 | $G_1$ |
| | | 车间及仓库用 | 25 | 300 | $G_2$ | 25 | 600 | $G_2$ |
| | | 繁重的工作车间、仓库用 | 25 | 600 | $G_2$ | 40 | 1000 | $G_2$ |
| | 抓斗式 | 间断装卸用 | 40 | 800 | $G_2$ | 40 | 1500 | $G_2$ |
| 门式起重机 | 吊钩式 | 一般用途 | 25 | 300 | $G_2$ | 25 | 450 | $G_2$ |
| 门座起重机 | 吊钩式 | 安装用 | | | | 25 | 150 | $G_2$ |
| | 吊钩式 | 装卸用 | | | | 15 | 150 | $G_2$ |
| | 抓斗式 | | | | | 15 | 150 | $G_2$ |

## 2. 稳态计算功率法

对未能提供 $CZ$ 值及相应计算数据的电动机,可以根据式(3-2-10)计算得到的稳态起升功率 $P$,并考虑该机构实际的接电持续率 $JC$ 值(见表 3-2-7),直接从电动机样本上初选出所需要的电动机。

表 3-2-7 运行机构的接电持续率和每小时工作循环数参考值

| 序号 | 起重机类型 | 特点 | 每小时工作循环数 | 接电持续率 $JC$/% 大车运行 | 接电持续率 $JC$/% 小车运行 |
|---|---|---|---|---|---|
| 1 | 安装用臂架起重机 | | 2～25 | 25～40 | 25～40 |
| 2 | 电站、机加工车间安装起重机 | | 2～25 | 25 | 25 |
| 3 | 货场装卸桥 | 吊钩 | 20～60 | 25～40 | 40～60 |
| 4 | 货场装卸桥 | 抓斗或电磁盘 | 25～80 | 15～40 | 60 |
| 5 | 车间起重机 | | 10～15 | 25～40 | 25～40 |
| 6 | 抓斗或电磁起重机、繁忙的仓库及货场用门式起重机 | | 40～120 | 60～100 | 40～60 |
| 7 | 铸造起重机 | | 3～10 | 40～60 | 40～60 |
| 8 | 均热炉起重机 | | 30～60 | 40～60 | 40～60 |
| 9 | 锻造起重机 | | 6 | 25 | 25 |
| 10 | 岸边装卸用起重机 岸边集装箱起重机 | 吊钩或其他吊具 | 20～60 | 15～40 | 40～60 |
| 11 | 卸货用抓斗或电磁起重机 | | 20～80 | 15～60 | 40～100 |
| 12 | 船厂臂架起重机 | 吊钩 | 20～50 | 25～40 | 40 |
| 13 | 门座起重机 | 吊钩 | 40 | 15～25 | 40 |
| 14 | 门座起重机 集装箱起重机 | 抓斗、电磁盘或集装箱吊具 | 25～60 | 25～40 | |
| 15 | 建筑用塔式起重机 | | 20 | 15～40 | 25 |

## 3. 等效平均功率法

对能获得负荷图的运行机构,可计算出等效平均阻力矩 $M_{med}$。

$$M_{med}=\sqrt{\frac{M_1^2 t_1+M_2^2 t_2+M_3^2 t_3+\cdots+M_n^2 t_n}{t_1+t_2+t_3+\cdots+t_n}} \quad (\text{N}\cdot\text{m}) \quad (3\text{-}2\text{-}12)$$

式中 $M_1,M_2,M_3,\cdots,M_n$——包括电动机转动及移动质量全部惯性力在内的各个阶段的转矩值。在变载荷情况下,至少取 10 个连续工作循环中载荷最大的一个循环计算;

$t_1,t_2,t_3,\cdots,t_n$——发生不同转矩的时间段,静止时间不计入。

由等效平均阻力矩 $M_{med}$ 可计算出电动机的等效平均功率 $P_{med}$。

$$P_{med}=\frac{M_{med}n}{9\,550\eta} \quad (\text{kW}) \quad (3\text{-}2\text{-}13)$$

如果电动机的一次负载运行时间不超过 10 min,按式(3-2-13)计算结果从电动机样本上选出的 S3 断续周期工作制的电动机即为所要求的电动机。

### (三)电动机的过载校验

运行机构的电动机必须进行过载校验。

$$P_N \geq \frac{1}{m\cdot\lambda_{as}}\left[\frac{F_{jII}\cdot v}{1\,000\eta}+\frac{\sum J\cdot n^2}{91\,200 t_a}\right] \quad (\text{kW}) \quad (3\text{-}2\text{-}14)$$

式中 $P_N$——基准接电持续率时电动机额定功率(kW);

$m$——电动机个数;

$\lambda_{as}$——相对于 $P_N$ 的平均起动转矩倍数。对绕线转子异步电动机取 1.7，采用频敏变阻器时取 1，笼型异步电动机取 $0.9\lambda_m$（相对于 $P_N$ 时的电动机最大转矩倍数，由电动机制造厂提供），串励直流电动机取 1.9，复励直流电动机取 1.8，他励直流电动机取 1.7，对变频调速电动机取 1.7；

$F_{jII}$——运行静阻力(N)，按式(3-2-1)计算，风阻力按工作状态最大计算风压 $q_{II}$ 计算，室内工作的起重机风阻力为零；

$v$——运行速度(m/s)，根据 $v_0$ 与初选的电动机转速 $n$ 确定传动比 $i$（见减速器的选择）计算得到，$v=\dfrac{\pi D \cdot n}{60\,000 i}$；

$\eta$——机构传动效率；

$t_a$——机构初选起动时间，可根据运行速度确定，一般情况下桥架类型起重机大车运行机构 $t_a=8\text{ s}\sim10\text{ s}$，小车运行机构 $t_a=4\text{ s}\sim6\text{ s}$；

$\sum J$——机构对电动机轴的总惯量，即包含直线运动质量和传动机构的全部质量的惯量折算到电动机轴上的转动惯量和电动机轴上自身的转动惯量之和(kg·m²)。

$$\sum J = k(J_1+J_2) \cdot m + \frac{9.3(Q+G)v^2}{n^2 \cdot \eta} \quad (\text{kg}\cdot\text{m}^2) \tag{3-2-15}$$

式中 $J_1$——电动机转子转动惯量(kg·m²)；

$J_2$——电动机轴上制动轮和联轴器的转动惯量(kg·m²)；

$k$——计及其他传动件飞轮矩影响的系数，折算到电动机轴上可取 $k=1.05\sim1.2$；

$n$——电动机额定转速(r/min)；

$Q$——起升载荷(N)；

$G$——起重机或运行小车的重力(N)。

对工作频繁的工作性运行机构，为避免电动机过热损坏，应进行发热校验。电动机的发热校验见第五篇第一章。

若起重机安装使用地点海拔超过 1 000 m，或起重机使用环境温度超过 40 ℃，就应对电动机容量进行校验和修正，计算方法见第五篇第一章。

(四)起动时间与起动平均加速度验算

1. 满载、上坡、迎风时的起动时间

$$t=\frac{n \cdot \sum J}{9.55(m \cdot M_{mq}-M_j)} \quad (\text{s}) \tag{3-2-16}$$

式中 $n$——电动机额定转速(r/min)；

$\sum J$——机构总转动惯量(kg·m²)，见式(3-2-12)；

$m$——电动机台数；

$M_{mq}$——电动机的平均起动转矩(N·m)，见式(3-1-20)；

$M_j$——满载、上坡、迎风时作用于电动机轴上的静阻力矩(N·m)，按下式计算：

$$M_j=\frac{F_{jI} \cdot D}{2\,000 i \cdot \eta} \quad (\text{N}\cdot\text{m}) \tag{3-2-17}$$

其中 $F_{jI}$——运行静阻力(N)，见式(3-2-1)，风阻力按计算风压 $q_I$ 计算，

$D$——车轮踏面直径(mm)，

$i$——减速器的传动比，

$\eta$——机构传动效率。

起动时间一般应满足下列要求：对起重机，$t\leqslant8\text{ s}\sim10\text{ s}$；对小车，$t\leqslant4\text{ s}\sim6\text{ s}$。时间 $t$ 也可参照表 3-2-8 确定。

表 3-2-8　运行机构加(减)速时间 $t$ 及相应的加(减)速度 $a$ 的推荐值

| 运行速度/(m/s) | 低速和中速长距离运行 | | 正常使用中速与高速运行 | | 高加速度、高速运行 | |
|---|---|---|---|---|---|---|
| | 加(减)速时间/s | 加(减)速度/(m/s²) | 加(减)速时间/s | 加(减)速度/(m/s²) | 加(减)速时间/s | 加(减)速度/(m/s²) |
| 4.00 | — | — | 8.0 | 0.50 | 6.0 | 0.67 |
| 3.15 | — | — | 7.1 | 0.44 | 5.4 | 0.58 |
| 2.50 | — | — | 6.3 | 0.39 | 4.8 | 0.52 |
| 2.00 | 9.1 | 0.22 | 5.6 | 0.35 | 4.2 | 0.47 |
| 1.60 | 8.3 | 0.19 | 5.0 | 0.32 | 3.7 | 0.43 |
| 1.00 | 6.6 | 0.15 | 4.0 | 0.25 | 3.0 | 0.33 |
| 0.63 | 5.2 | 0.12 | 3.2 | 0.19 | — | — |
| 0.40 | 4.1 | 0.098 | 2.5 | 0.16 | — | — |
| 0.25 | 3.2 | 0.078 | — | — | — | — |
| 0.16 | 2.5 | 0.064 | — | — | — | — |

**2. 起动平均加速度**

为了避免过大的冲击及物品摆动,应验算起动时的平均加速度,一般应在允许的范围内(参考表 3-2-8)。

$$a=\frac{v}{t} \quad (\text{m/s}^2) \tag{3-2-18}$$

式中　$a$——起动平均加速度(m/s²);

　　　$v$——运行机构的稳定运行速度(m/s);

　　　$t$——起动时间(s)。

### 三、减速器的选择

**(一)减速器的传动比**

机构的计算传动比:

$$i_0=\frac{\pi n \cdot D}{60\,000 v_0} \tag{3-2-19}$$

式中　$n$——电动机额定转速(r/min);

　　　$D$——车轮踏面直径(mm);

　　　$v_0$——初选运行速度(m/s);

　　　$i_0$——计算传动比。

按所采用的传动方案考虑传动比分配,并选用标准减速器或进行减速装置的设计,根据 $i_0$ 确定出实际传动比 $i$。

**(二)标准减速器的选用**

选用标准型号的减速器时,其总设计寿命一般应与机构工作级别所对应的使用等级相符合。但对一些工作特别繁重,允许在起重机使用期限内更换减速器的,则所选减速器的预期寿命可小于运行机构的工作寿命。在不稳定运转过程中减速器承受动载荷不大的机构,可按额定载荷或电动机额定功率选择减速器,对于动载荷较大的机构,应按实际载荷(考虑动载荷影响)来选择减速器。

与起升机构减速器不同,运行机构减速器在工作时承受双向载荷,且在机构起(制)动时要传递更大的驱动或制动力矩,在选择运行机构减速器时应特别考虑此因素。由于运行机构起(制)动时的惯性载荷大,惯性质量主要分布在低速部分,因此起(制)动时的惯性载荷几乎全部

传递给传动零件,所以在选用或设计减速器时,输入功率应按起动工况确定。减速器的计算输入功率为:

$$P_j = \frac{1}{m} \cdot \frac{(F_j + F_g) \cdot v}{1\,000\eta} \quad \text{(kW)} \tag{3-2-20}$$

式中 $m$——运行机构减速器的个数;
$v$——运行速度(m/s);
$\eta$——运行机构的传动效率;
$F_j$——运行静阻力(N),按式(3-2-1)计算;
$F_g$——运行起动时的惯性力(N):

$$F_g = \varphi_5 \frac{(Q+G)}{g} \frac{v}{t} \tag{3-2-21}$$

其中 $\varphi_5$——加速动载系数,$\varphi_5 = 1.0\sim3.0$,见第一篇第三章。

根据计算输入功率,可从标准减速器的承载能力表中选择适用的减速器时。在选用标准减速器时,如果所选用的减速器参数表上没有给定工作级别,或标定的工作级别与运行机构的工作级别不一致,应引入适应减速器繁忙使用条件的功率修正系数。对工作级别大于 M5 的运行机构,考虑到工作条件比较恶劣,根据实践经验,减速器的输入功率以取 1.8~2.2 倍的计算输入功率为宜。

许多标准减速器有自己特定的选用方法。

QJ 型起重机减速器用于运行机构的选用方法:

$$P_j = \varphi_8 \cdot P_n \times 1.12^{(I-5)} \leqslant [P] \quad \text{(kW)} \tag{3-2-22}$$

式中 $P_j$——减速器的计算输入功率(kW);
$\varphi_8$——刚性动载荷系数,$\varphi_8 = 1.2\sim2.0$,该系数与电动机驱动特性和计算零件两侧的转动惯量的比值有关,见第一篇第三章;
$P_n$——基准接电持续率时电动机额定功率(kW);
$I$——工作级别,$I=1\sim8$;
$[P]$——标准减速器承载能力表中的许用功率(kW)。

QS 型起重机用"三合一"运行机构减速器的选用方法:

$$P_j = \varphi_5 \cdot P_n \times 1.12^{(I-6)} \leqslant [P] \quad \text{(kW)} \tag{3-2-23}$$

式中 $\varphi_5$——弹性振动力矩增大系数,$\varphi_5 = 1.5\sim2.5$,系统的弹性和阻尼大者取小值。
其他符号同上。

### 四、制动器的选择

运行机构装设制动器的作用一般是为了实现减速制动,并使停止下来的起重机在作业时运行机构能保持不动。运行机构机械式制动器的制动转矩与运行摩擦阻力矩之和,应能使处于满载、顺风和下坡状态下运行的起重机或小车在规定的时间内停止下来。制动转矩按下式计算:

$$M_Z = (F_P + F_{w\mathrm{II}} - F_{m1})\frac{D \cdot \eta}{2\,000 i \cdot m'} + \frac{1}{m' \cdot t_Z}\left[0.975\frac{(Q+G)v^2\eta}{n} + \frac{k(J_1+J_2) \cdot n \cdot m}{9.55}\right] \quad \text{(N·m)} \tag{3-2-24}$$

式中 $F_P$——坡道阻力(N),见式(3-2-7);
$F_{w\mathrm{II}}$——风阻力(N),按工作状态最大计算风压 $q_{\mathrm{II}}$ 计算;
$F_{m1}$——满载运行时最小摩擦阻力,见式(3-2-3);
$m'$——制动器个数;
$m$——电动机台数,一般 $m=m'$;

$t_Z$——制动时间,参考表 3-2-8 选取。

其他符号同前。

对那些驱动轮与轨道之间有足够大黏着力的露天工作起重机的运行小车或未采用自动作用夹轨器的起重机,应验算在顺风、下坡情况下制动器制动力矩是否足以防止在带风工作中的起重机发生滑动。对除塔式起重机以外的轨道起重机,为实现正常工作状态下的抗风防滑安全性,制动器制动力矩应满足以下条件:

$$M_Z \geq \frac{D \cdot \eta}{2\,000 i \cdot m}(1.1 F_{w\mathrm{II}} + F_p + F_g' - F_{m\mathrm{l}}) \quad (\mathrm{N \cdot m}) \quad (3\text{-}2\text{-}25)$$

式中 $F_g'$——起重机运行停车减速惯性力(N),按式(3-2-21)计算时取 $\varphi_5 = 1.0$。

对塔式起重机,制动器制动力矩应满足以下条件:

$$M_Z \geq \frac{D \cdot \eta}{2\,000 i \cdot m}(1.2 F_{w\mathrm{II}} + F_{pG} + 1.35 F_{pQ} + F_g' - F_{m\mathrm{l}}) \quad (\mathrm{N \cdot m}) \quad (3\text{-}2\text{-}26)$$

式中 $F_{pG}$——自重载荷沿坡道方向产生的滑行力(N);

$F_{pQ}$——额定起升载荷沿坡道方向产生的滑行力(N)。

制动器的选择条件,一般 $[M_z] \geq M_z$,$[M_z]$ 是所选制动器参数表中给出的制动转矩。对频繁制动的制动器,在同一挡制动力矩的各个制动器中,宜选用制动轮较大的制动器。

### 五、联轴器的选择

高速轴联轴器的计算扭矩 $M_{c1}$ 应满足:

$$M_{c1} = n_1 \cdot \varphi_8 \cdot M_n \leq M_t \quad (\mathrm{N \cdot m}) \quad (3\text{-}2\text{-}27)$$

式中 $n_1$——联轴器安全系数;

$\varphi_8$——刚性动载系数;

$M_n$——电动机额定扭矩(N·m);

$M_t$——联轴器许用扭矩(N·m)。

低速轴联轴器的计算扭矩 $M_{c2}$ 应满足:

$$M_{c2} = n_1 \cdot \varphi_8 \cdot M_n \cdot i \cdot \eta \leq M_t \quad (\mathrm{N \cdot m}) \quad (3\text{-}2\text{-}28)$$

### 六、运行打滑验算

为了使起重机运行时可靠地起动或制动,防止出现驱动轮在轨道上的打滑现象,避免车轮打滑影响起重机的正常工作和加剧车轮的磨损,应分别对驱动轮作起动和制动时的打滑验算。

对于小车运行机构按空载运行工况验算,对于桥式起重机大车运行机构验算空载小车位于桥架一端时轮压最小的驱动轮。对于门式起重机大车运行机构,按满载小车位于悬臂端时验算另一端轮压最小的驱动轮。对于回转类型起重机验算满载时轮压最小的驱动轮。

(1)起动时按下式验算:

$$\left(\frac{\varphi}{K} + \frac{\mu \cdot d}{D}\right) R_{\min} \geq \frac{2\,000 i \cdot \eta}{D} \left[M_{mq} - \frac{500 k (J_1 + J_2) \cdot i}{D} a\right] \quad (3\text{-}2\text{-}29)$$

(2)制动时按下式验算:

$$\left(\frac{\varphi}{K} - \frac{\mu \cdot d}{D}\right) R_{\min} \geq \frac{2\,000 i}{\eta \cdot D} \left[M_z - \frac{500 k (J_1 + J_2) \cdot i}{D} a_z\right] \quad (3\text{-}2\text{-}30)$$

式中 $\varphi$——钢质车轮与钢轨的黏着系数,对室外工作的起重机取 0.12(下雨时取 0.08);室内工作的起重机取 0.14;钢轨上撒砂时取 0.2~0.25;

$K$——黏着安全系数,可取 $K = 1.05 \sim 1.2$;

$\mu$——轴承摩擦系数,见表 3-2-3;

$d$——轴承内径(mm);

$D$——车轮踏面直径(mm);

$R_{min}$——驱动轮最小轮压(集中驱动时为全部驱动轮压)(N);

$M_{mq}$——打滑一侧电动机的平均起动转矩(N·m);

$k$——计及其他传动件飞轮矩影响的系数,折算到电动机轴上可取 $k=1.1\sim1.2$;

$J_1$——电动机转子转动惯量(kg·m$^2$);

$J_2$——电动机轴上带制动轮联轴器的转动惯量(kg·m$^2$);

$a$——起动平均加速度(m/s$^2$),见式(3-2-18);

$M_z$——打滑一侧的制动器的制动转矩(N·m);

$a_z$——制动平均减速度(m/s$^2$),$a_z=v/t_z$。

计算表明,对于带悬臂的门式起重机或装卸桥以及某些自重较轻,运行速度较快的起重机或起重小车,其最小轮压的驱动轮往往不能通过打滑验算。这会增加车轮磨损,实际起动时间也将延长。对于不经常使用的起重机,产生这种短暂的打滑还是允许的。为了使工作繁忙的起重机工作时车轮不打滑,应合理选择电动机,并尽可能降低加速度或减速度,同时应选取合适的驱动轮数,必要时可采取全部车轮驱动。

### 七、牵引式小车运行机构的计算

一般采用的牵引式小车钢丝绳缠绕系统见图 3-2-27,大型装卸桥上常用的牵引式小车钢丝绳缠绕系统见图 3-2-28。进行牵引式小车运行机构的计算时,受力简图如图 3-2-35 所示。

(一)运行阻力的计算

小车稳定运行时钢丝绳的牵引力:

$$F_j = F_m + F_p + F_w + F_q + F_z \quad (N) \tag{3-2-31}$$

式中 $F_q$——由起升绳的僵性和滑轮轴的摩擦引起的阻力(N):

$$F_q = \frac{Q}{m}(K_k^{m+1} - 1) \quad (N) \tag{3-2-32}$$

$F_z$——使钢丝绳保持一定垂度所需的张力(N):

$$F_z = \frac{ql^2}{8f} \quad (N) \tag{3-2-33}$$

在以上二式中:

$Q$——起升载荷(N);

$m$——起升滑轮组的倍率;

$K_k$——滑轮阻力系数,采用滚动轴承时取 1.03,采用滑动轴承时取 1.05;

$q$——钢丝绳单位长度的自重载荷(N/m);

$l$——钢丝绳自由悬垂部分的长度(m);

$f$——下绕度(m),一般取 $f/l=1/30\sim1/50$,或 $f\leqslant 0.1\text{ m}\sim 0.15\text{m}$。

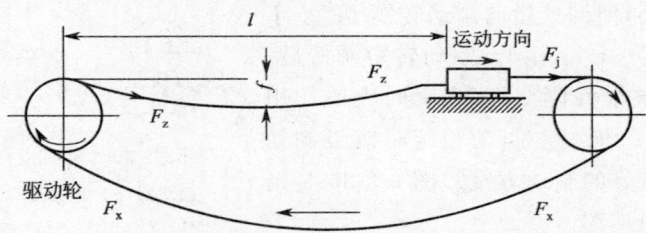

图 3-2-35 牵引式小车运行机构受力简图

下分支钢丝绳的牵引力为:
$$F_x = F_j \cdot K_k \quad (\text{N}) \tag{3-2-34}$$

如图 3-2-31 所示的钢丝绳缠绕系统,计算钢丝绳牵引力时还需计及由满载抓斗重量引起的起升绳与开闭绳的张力。

由于牵引钢丝绳的缓冲作用,只有当运行速度 $v > (2.5 \sim 3)$ m/s 时,才考虑小车起动时的惯性力。

牵引绳大多采用卷筒驱动,两根牵引绳分别从卷筒的上下方引出(一出一进),固定在小车两端。

如果驱动轮采用摩擦卷筒,则须满足下式要求:
$$1.25 \frac{F_x}{F_z} \leq e^{\mu 2\pi n} \tag{3-2-35}$$

式中 $\mu$——钢丝绳与卷筒之间的摩擦系数,一般对工作于室内的取 $\mu = 0.16$,工作于室外的取 $\mu = 0.12$;

$n$——缠绕圈数。

必要的缠绕圈数 $n$ 按下式计算:
$$n \geq \frac{\log 1.25 F_x - \log F_z}{\mu 2\pi \log e} \tag{3-2-36}$$

(二)电动机的选择

驱动轮上的转矩为:
$$M = \left(\frac{F_x}{\eta_1} - F_z\right) \frac{R}{\eta_2} \quad (\text{N} \cdot \text{m}) \tag{3-2-37}$$

式中 $\eta_1$——驱动轮(或卷筒)效率;

$\eta_2$——驱动机构效率;

$R$——驱动轮(或卷筒)半径(m)。

电动机按小车稳定运行时的稳态功率初选:
$$P_N = \frac{M \cdot n}{9550} \quad (\text{kW}) \tag{3-2-38}$$

式中 $n$——驱动轮(或卷筒)的转速(r/min)。

电动机的选择同通用运行机构一致。电动机初选后还应验算起动时间和起动加速度。对于一些专用的起重机(如集装箱起重机)应在电气传动中采取特殊的调速系统,以避免起动时物品摆动过大。

**八、大车运行机构的延时制动和双级制动**

户外工作的桥、门式起重机,吊重和风力作用的情况变化很大,按照满载、顺风、下坡运行制动工况计算制动转矩(式(3-2-24)),选取自动作用的常闭式制动器,在正常作业时,制动转矩显得过大,制动猛烈。现场常常将制动弹簧调松,使调整后的制动转矩 $M_t$ 小于额定制动转矩 $[M_t = (0 \sim 0.7) M_z]$。制动转矩调低后,起重机作业时的防风抗滑性能变坏,在瞬时大风作用下,容易溜车发生事故。延时点制动和延时双级制动是在实际使用中效果较好的制动方案。图 3-2-36 是延时点制动系统的电气原理图。

大车运行机构通电工作时,交流接触器 1ZJ 的常

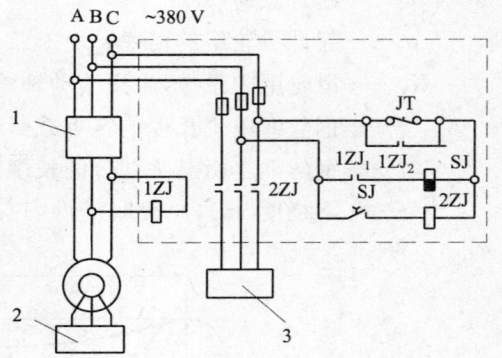

图 3-2-36 延时点制动系统电气原理图
1—控制器;2—电阻器;3—制动器;JT—脚踏开关;
1ZJ、1ZJ$_1$、1ZJ$_2$、2ZJ—交流接触器线圈及触头;
SJ—时间继电器线圈及触头

开触头 1ZJ₁、时间继电器的常开触头 SJ 和交流接触器 2ZJ 的常开触头闭合,制动器松闸。电机断电时,接触器 1ZJ 的触头 1ZJ₁ 和 1ZJ₂ 断开,时间继电器的触头 SJ 延脱开(延时 6 s 左右,可以调节),制动器待延时结束后断电抱闸。电机断电后,起重机在延时期间内在惯性作用下继续走行。为了准确停车,踩动装在司机室地板上的脚踏开关 JT,断开 2ZJ 电路,制动器断电制动,称为点制动。松开脚踏开关,制动器重新接通电源松闸。点制动可在延时期间内多次进行,实现准确对位。延时结束后,制动器自动断电制动。

交流接触器 1ZJ 的另一个触头 1ZJ₂ 的作用是防止电动机通电运行时,踩动脚踏开关 JT,使制动器抱闸。只用在电动机断电后,踩动脚踏开关才起制动作用。

长时间踩下脚踏开关 JT 时,制动器与电动机同时断电制动。

延时点制动在一定程度上使自动作用的常闭式制动器兼有操纵常闭式制动器的功能。

延时双级制动是在一个运行机构中装设两台制动器,制动转矩总和等于机构的额定制动转矩。制动时,第二台制动器延时抱闸。松闸时,两台制动器同时作用。

### 九、液压铁路起重机运行机构的计算

(一)确定总轴数

根据铁路起重机编组运行时的自重 $G_0$(起重机自重 $G$ 扣除搭载在附车上的重力部分)和线路允许的轴荷重 $W$,确定起重机的总轴数 $n$:

$$n \geqslant G_0/W \tag{3-2-39}$$

采用 43 kg/m 钢轨的线路,$W=(200\sim220)\times10^3$ N;50 kg/m 钢轨的线路,$W=(230\sim250)\times10^3$ N。由于铁路起重机用两套转向架支承,在算得总轴数后必须圆整为偶数,即 $n=2、4、6$ 或 8 等。

(二)自力行走阻力计算

铁路起重机满载、迎风、上坡自力行走时的各项阻力(总阻力为 $F_0$)为:

$$F_0 = F_b + F_p + F_q + F_g + F_w \quad (N) \tag{3-2-40}$$

上式中除风阻力 $F_w$ 外,其余各项阻力均可以重力的系数表示,于是

$$F_0 = (w_b + w_p + w_q + w_g)(Q+G) + F_w \quad (N) \tag{3-2-41}$$

式中 $Q,G$——分别为自力行走时额定吊重和起重机自重(N);

$F_b、w_b$——起重机运行时由于摩擦和冲击产生的运行阻力和单位运行阻力,参考相近类型机车的经验公式有:

$$w_b = (1.04 + 0.016\,2v + 0.000\,138v^2)/1\,000 \tag{3-2-42}$$

$F_p、w_p$——由线路坡道引起的坡道阻力和单位坡道阻力,对于限制坡度为 12‰ 的一级线路,$w_p = 0.012$;

$F_q、w_q$——曲线运行的附加阻力和单位曲线阻力,建议取:

$$w_q = 0.7/R \tag{3-2-43}$$

$F_g、w_g$——起动惯性阻力和单位惯性阻力,参考相近类型机车可取 $w_g = 0.005$;

$F_w$——风阻力,按实际迎风面积计算;

$v$——自力行走速度,一般为 $v = 10$ km/h $\sim 15$ km/h;

$R$——线路曲线半径(m)。

(三)起动运行能力校核

铁路起重机满载自力行走时的牵引力 $F_{max}$ 应能克服运行总阻力 $F_0$,但不能大于起重机车轮与钢轨间的最大黏着力总和 $\sum F_{nmax}$,即:

$$F_0 \leqslant F_{\max} \leqslant \sum F_{n\max} \tag{3-2-44}$$

且

$$\sum F_{n\max} = \mu_j \sum W \tag{3-2-45}$$

式中 $\mu_j$——计算黏着系数,它与线路状态、车速、轴荷重、行走装置类型等因素有关,参考相近类型的机车建议取:

$$\mu_j = 0.25 + 8/(100 + 20v) \tag{3-2-46}$$

若线路半径小于 600 m,须根据半径 $R$ 对计算黏着系数进行调整,即取

$$\mu_r = \mu_j(0.67 + 0.00055R) \tag{3-2-47}$$

$\sum W$——起重机驱动轴荷重的总和(N),有:

$$\sum W = W_1 + W_2 = n_d(Q+G)/n \quad (N) \tag{3-2-48}$$

式中 $n_d$——动轴数;
　　　$n$——整机总轴数;
$W_1$、$W_2$——分别为考虑吊重和水平载荷作用产生的轴重转移后,沿吊臂方向前后转向架的动轴荷重(N)。

### (四)液压马达计算

**1. 满载自力行走时前后转向架的驱动力**

若前后转向架所需驱动力为 $F_1$ 和 $F_2$,当运行机构为恒功率变量系统时:

$$F_1 = F_2 = F_0/2 \quad (N) \tag{3-2-49}$$

当运行机构采用定量泵与定量马达时:

$$\begin{cases} F_1 + F_2 = F_0 \\ F_1/F_2 = W_1/W_2 \end{cases} \tag{3-2-50}$$

同时应满足:

$$\begin{cases} F_1 \leqslant \mu_j W_1 \\ F_2 \leqslant \mu_j W_2 \end{cases} \tag{3-2-51}$$

**2. 液压马达所需输出力矩**

$$M_m = F'_{\max} D/(2i\eta) \quad (N \cdot m) \tag{3-2-52}$$

式中 $F'_{\max}$——$F_1$ 与 $F_2$ 中之大值(N);
　　　$D$——驱动轮直径(m);
　　　$i$——齿轮箱传动比;
　　　$\eta$——运行机构传动效率,取 $\eta = 0.85 \sim 0.9$。

**3. 液压马达工作压力**

$$p_m = \frac{2\pi M_m}{q_m \cdot \eta_m} \times 10^{-6} \quad (MPa) \tag{3-2-53}$$

式中 $q_m$——液压马达排量(m³/r);
　　　$\eta_m$——液压马达机械效率,取 $\eta_m = 0.9 \sim 0.92$。

**4. 液压马达额定转速**

$$n_m = iv/(0.06\pi D) \quad (r/min) \tag{3-2-54}$$

**5. 液压马达最大流量**

$$Q_m = n_m q_m/\eta_v \quad (m^3/min) \tag{3-2-55}$$

式中 $\eta_v$——液压马达容积效率,取 $\eta_v = 0.92 \sim 0.94$。

**6. 液压马达最大功率**

$$P_m = p_m Q_m/(0.06\eta_z) \quad (kW) \tag{3-2-56}$$

式中 $\eta_z$——液压马达总效率,$\eta_z = \eta_m \cdot \eta_v$。

计算时,必须综合考虑系统的压力、传动比以及马达型号与参数的选择。对于液压泵的选型还应考虑起重机其他工作机构的性能要求。

(五) 制动装置的计算

1. 铁路起重机运行机构基础制动装置在起重机编组运行时随列车同步制动,在自力行走时应满足起重机作业时制动与定位的要求。当起重机满载、顺风、下坡运行时要求基础制动装置具有最大的制动能力,此时制动力 $B_z$ 的计算式为:

$$B_z = F_p + F_f - F'_b + v(Q+G)/(3.6 t_z g) \quad (N) \tag{3-2-57}$$

式中 $F'_b$——铁路起重机滑行时基本阻力(N),有:

$$F'_b = (Q+G)w'_b \tag{3-2-58}$$

$w'_b$——滑行时的单位基本阻力,参考相近类型机车的经验公式有:

$$w'_b = (2.28 + 0.029\,3v + 0.000\,178v^2)/1\,000 \tag{3-2-59}$$

$t_z$——制动时间,平道满速制动推荐取 $t_z = 8\,\text{s} \sim 10\,\text{s}$。

对于救援用铁路起重机,由于救援现场往往铺设临时轨道供起重机作业,线路基础松软,在重力作用下易于沉陷,保持起重机在满载、顺风和沉陷的坡道上停住不动所需的制动力为:

$$B_z = F'_p + F_f - F_b \quad (N) \tag{3-2-60}$$

式中 $F'_p$——松软线路坡度增大后的坡道分力(N),有:

$$F'_p = (Q+G)w'_p \quad (N) \tag{3-2-61}$$

$w'_p$——单位坡道分力,可取 $w'_p = 0.015 \sim 0.020$。

在计算 $F_b$ 时,可利用式(3-2-58)和式(3-2-59),此时 $v$ 取为零。

2. 每块闸瓦需要的压力为:

$$K = B_z/(n_k \varphi_k) \quad (N) \tag{3-2-62}$$

式中 $n_k$——闸瓦数,等于车轮数的 2 倍;

$\varphi_k$——闸瓦摩擦系数,与闸瓦材料有关,普通铸铁闸瓦为:

$$\varphi_k = 0.6(16K + 1\,000)/(80k + 1\,000) \tag{3-2-63}$$

中磷闸瓦为:

$$\varphi_k = 0.64(10K + 100)/(50k + 100) \tag{3-2-64}$$

式中 $K$——闸瓦压力(N),可通过迭代求得。

3. 为了保证正常制动,制动力不得超过黏着力,对于一副轮对:

$$n_1 K \varphi_k \leqslant \mu_k W \quad (N) \tag{3-2-65}$$

式中 $n_1$——一副轮对闸瓦数,一般为 $n_1 = 4$;

$W$——轮对轴荷重(N);

$\mu_k$——黏着系数极限值,常取 $\mu_K = 0.1 \sim 0.3$。

4. 制动风缸直径用下式计算:

$$d_b \geqslant \sqrt{\frac{4}{\pi} \frac{K n_k}{p_{b\max} \eta_b r_b n_b}} \quad (\text{mm}) \tag{3-2-66}$$

式中 $r_b$——制动系统倍率;

$n_b$——制动缸数;

$\eta_b$——制动装置传动效率,取 $\eta_b \approx 0.85$;

$p_{b\max}$——制动缸最大空气压力(N/mm²),自力行走时为起重机自备空气压缩机排气压力。

根据要求的制动力和制动缸空气压力算出缸径后,按照规定的制动缸径系列 254、305、356 和 406 mm 选用最适宜缸径。

## 第三节 起重机通过曲线验算

在通常情况下,有轨运行式起重机都是沿直线铺设的轨道运行的。由于安装场地自然条件的限制或者由于实际作业的需要,有时也要求起重机能够在曲线轨道上运行,例如水电站使用的门式起重机、建筑工地使用的塔式起重机等。

**一、曲线运行的基本问题和设计方案**

有轨运行式起重机大多采用四支点式,车轮为双轮缘的圆柱形车轮。起重机沿曲线轨道运行时曲线轨道的最小曲率半径受到车轮轮缘卡轨条件的限制。当起重机一侧的两个支点沿同一根曲线轨道运行时,另一侧的两个支点会出现偏离轨道的现象,并且在直线轨道和曲线轨道的衔接部分分别具有不相重合的各自的运行轨迹(图 3-2-37),因此必须采用相应方法进行补偿和修正。为使起重机能够在曲线轨道上顺利运行,还要求跨度两侧的运行机构应能实现分别驱动,使两侧车轮的运行速度与对应的轨道曲率半径成正比。

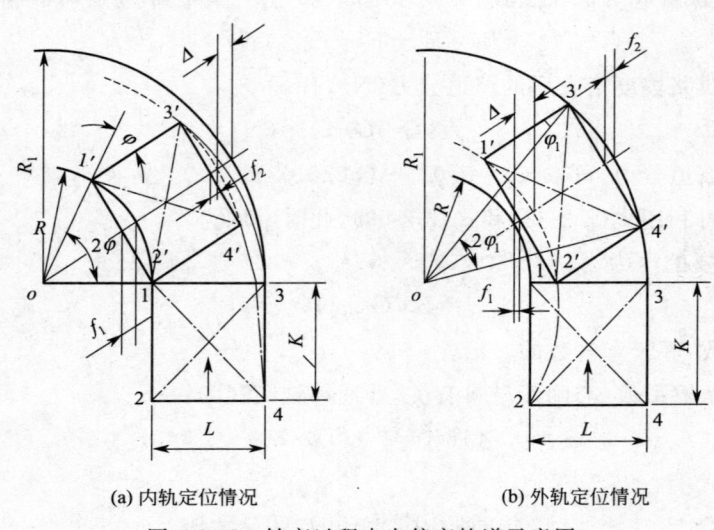

(a) 内轨定位情况      (b) 外轨定位情况

图 3-2-37 转弯过程支点偏离轨道示意图

为了解决起重机在曲线轨道上运行时可能出现的车轮卡轨、脱轨现象,可考虑采用以下几种方案:

1. 摇臂台车

在保持轨距不变的条件下,通过摇臂台车绕垂直轴线的转动改变起重机的"跨度",从而补偿支点在转弯过程中对轨道的偏离(图 3-2-38)。

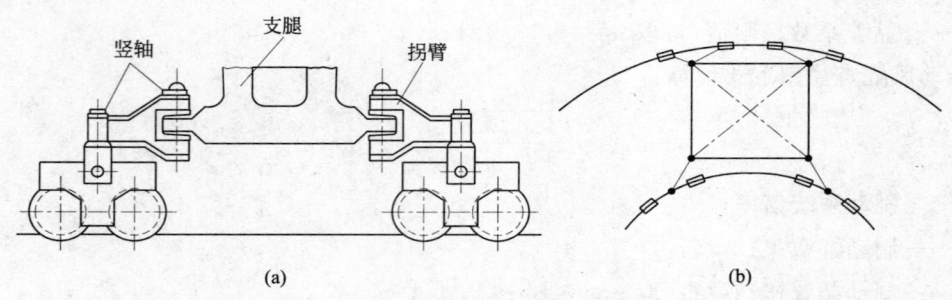

图 3-2-38 摇臂台车简图

2. 游动车轮

通常车轮只能相对其轴线转动,为了补偿转弯过程中对轨道的偏离,将车轮制成可沿其轴线移动,从而改变起重机的"跨度"。

3. 加宽车轮踏面

设 $B_1$ 为标准车轮踏面宽度,$\Delta$ 为脱轨的尺寸,则加宽后的车轮踏面宽度 $B_1' = B_1 + \Delta$。

4. 修正轨道

由于起重机同侧的两个支点在直线到曲线或曲线到直线轨道的过渡部分运行轨迹不重合(参看图 3-2-37),可采用修正轨道的方案(加宽轨距)。当车轮对轨道的偏离量较大时,可考虑采用车轮游动或加宽车轮踏面与修正轨道相结合的方案。

## 二、曲线轨道最小曲率半径的确定

1. 单个车轮通过圆弧轨道的条件

起重机的四个支点仅各有一个车轮,在车轮均可绕垂直轴线自由转动的情况下,通过曲线轨道的最小曲率半径为(图 3-2-39):

$$R_{\min} = \frac{D_1^2 - D^2}{8(B_1 - B)} + \frac{B_1}{2} \quad (\text{m}) \tag{3-2-67}$$

式中　$D$——车轮踏面直径(m);
　　　$D_1$——车轮轮缘直径(m);
　　　$B_1$——车轮踏面宽度(m);
　　　$B$——轨道顶面宽度(m)。

由式(3-2-67)求出的 $R_{\min}$,还应按照起重机一侧两个支点顺利通过曲线轨道的条件用下式验算:

$$R_{\min} \geq \frac{K}{2} \quad (\text{m}) \tag{3-2-68}$$

式中　$K$——起重机的基距(m)。

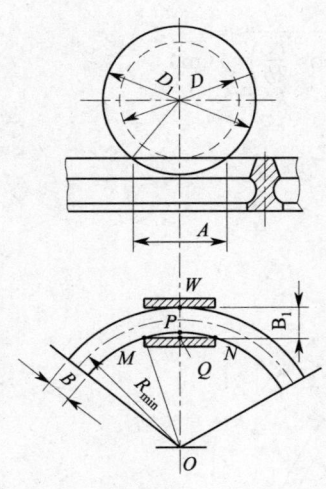

图 3-2-39　车轮卡轨计算简图

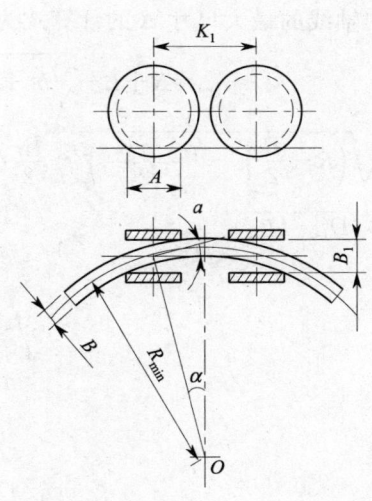

图 3-2-40　两轮台车卡轨计算简图

2. 两轮台车通过圆弧轨道的条件

起重机的四个支点仅各有一个双轮台车,在双轮台车均可绕垂直轴线自由转动的情况下,通过曲线轨道的最小曲率半径为(见图 3-2-40):

$$R_{\min} \approx \frac{K_1}{2} \sqrt{1 + \frac{2D_1(D_1 - D)}{(B_1 - B)^2}} \quad (\text{m}) \tag{3-2-69}$$

式中　$K_1$——两轮台车的轮距(m)。

求出的 $R_{\min}$ 仍需按式(3-2-68)验算。

### 三、脱轨计算

1. 转弯过程中以起重机一侧的支点中心定位时，另一侧的支点中心对轨道的最大偏离量

(1) 内轨定位情况（图 3-2-37a）

假定在转弯过程中，内侧支点中心 1、2 始终位于内轨的纵向轴线上，则外侧支点中心 3、4 相对外轨的最大偏离 $\Delta$ 的计算公式为：

$$\Delta = (R+L) - \sqrt{R^2 + L^2 + 2RL\cos\varphi} \quad (m) \tag{3-2-70}$$

式中 $L$——起重机的跨度或轨距(m)；
$R$——内轨道的曲率半径(m)；
$\varphi$——内轨定位角(°)，计算式为：

$$\cos\varphi = \frac{1}{2R}\sqrt{4R^2 - K^2};$$

$K$——起重机的基距(m)。

(2) 外轨定位情况（图 3-2-37(b)）

类似内轨定位情况，内侧支点中心 1、2 相对内轨的最大偏离 $\Delta$ 的计算式为：

$$\Delta = \sqrt{R_1^2 + L^2 - 2R_1 L\cos\varphi_1} - (R_1 - L) \quad (m) \tag{3-2-71}$$

式中 $R_1$——外轨道的曲率半径(m)；
$\varphi_1$——外轨定位角(°)，计算式为：

$$\cos\varphi_1 = \frac{1}{2R_1}\sqrt{4R_1^2 - K^2}.$$

2. 转弯过程中以内轨上的车轮轮缘定位时，起重机外侧支点中心对外轨的最大偏离量

如图 3-2-41 所示，一个支点上仅有一台可绕垂直轴线自由转动的两轮台车，外侧支点中心偏离外轨纵向轴线的最大尺寸 $\Delta$ 的计算式为：

$$\Delta = R + L - \sqrt{b^2 + L^2 + 2bL\cdot\sin\left(\arccos\frac{K}{2b}\right)} \quad (m) \tag{3-2-72}$$

式中 $b = \sqrt{\left(R-\frac{B}{2}\right)^2 - \left(\frac{A+K_1}{2}\right)^2} + \frac{B_1}{2};$

$A = \sqrt{D_1^2 - D^2}.$

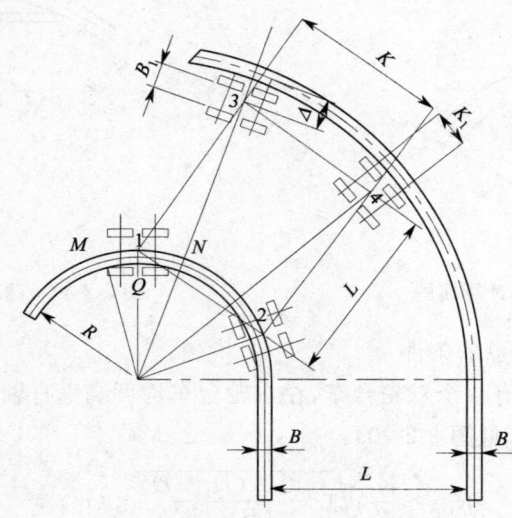

图 3-2-41 车轮脱轨计算简图

# 第三章　无轨式运行机构

无轨式运行机构是各种流动起重机械(如汽车式和轮胎式起重机)和装卸机械(如叉车)的重要组成部分。运行机构使机械以所需的速度和牵引力沿规定的方向行驶。运行机构的性能直接影响整机的使用性能。

无轨式运行机构分为轮胎式和履带式两种。

## 第一节　轮胎式运行机构的组成和典型形式

轮胎式运行机构由传动系统、行走系统、转向系统和制动系统四部分组成。

### 一、传动系统

发动机和驱动轮之间的传动部件总称为传动系统。

轮胎式运行机构的传动系统一般有机械传动、液力—机械传动、静压传动和电动-机械传动等型式。

（一）机械传动

由内燃机驱动的轮胎式运行机构传动系统主要包括：主离合器、变速箱、传动轴、主传动器、差速器、半轴和驱动桥壳等。图 3-3-1 是轮胎式运行机构机械传动系统简图。机械传动具有传动效率高、构造简单、工作可靠等优点。

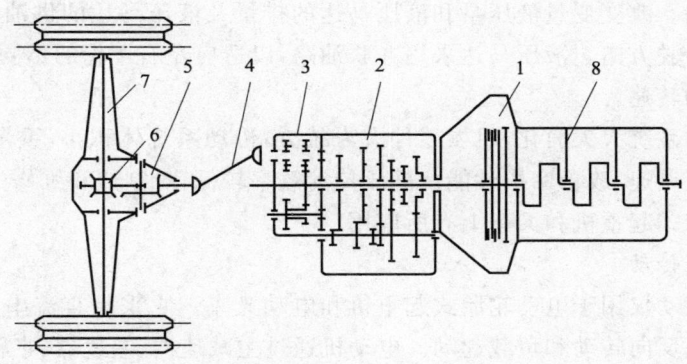

图 3-3-1　机械传动系统简图

1—离合器；2—变速箱；3—换向器；4—万向传动轴；5—主传动轴；6—差速器；7—半轴；8—发动机

（二）液力—机械传动

液力—机械传动用液力变矩器代替了机械传动的主离合器。图 3-3-2 为液力—机械传动系统简图。液力变矩器按级数分为单级、二级、三级和多级；按相数分为单相、二相和三相等多种型式。

液力变矩器可在有负荷的情况下，在较广范围内实现无级改变传动比和变矩比。当机械起步时，变矩器的从动轴转速为零，主动轴的转速等于发动机的曲轴转速，这时的传动比为无限大，变矩比也最大（约为 2～4），从而提高机械起动的加速度。随着变矩器从动轴的转速逐渐增加，变矩比减小。当变矩比减至 1 时，变矩器起液力耦合器的作用。为了扩大变矩范围，简化操纵，通常在变矩器之后再加一套动力换挡的机械式变速箱。

液力传动可根据不同运行阻力自动无级变速、变矩，可在不切断动力的情况下靠拨动液压阀换

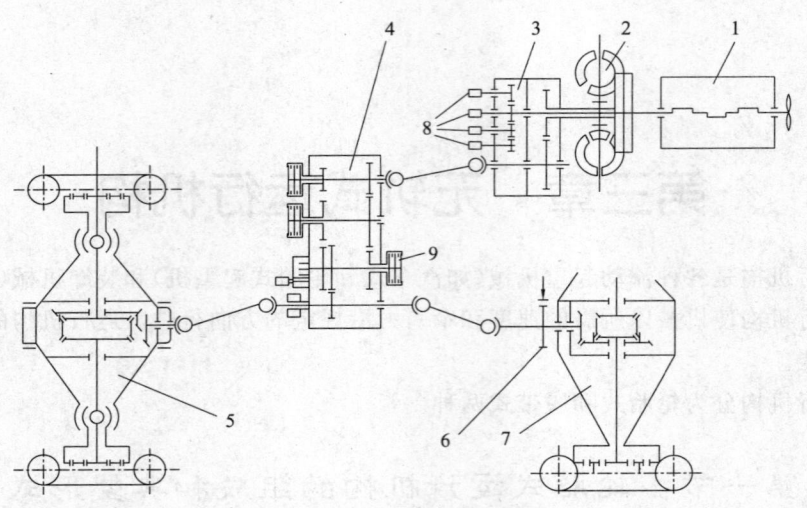

图 3-3-2 液力—机械传动系统简图
1—柴油机；2—液力变矩器；3—功率输出箱；4—变速箱；5—前桥；
6—驻车制动器；7—后桥；8—液压泵；9—换挡离合器

挡。液力传动可减小冲击，在外载荷突然增大时，保护发动机不过载、避免熄火，有利于延长部件的使用寿命。液力传动效率较机械式传动低，成本较高。

（三）静压传动

起重机和装卸机械的静压传动主要由液压泵和液压马达组成。根据不同性能的液压泵和液压马达组合，使机械获得各种不同的牵引特性。图 3-3-3 为静压传动系统简图。

在液压传动中，可采用变量泵和定量马达、变量泵和变量马达等型式，车轮多采用分别驱动。采用高速马达时，一般通过行星减速器驱动车轮。若采用低速大扭矩马达，则可取消减速器，由液压马达直接驱动车轮。改变变量液压泵和液压马达的排量及液压马达的供油方向，可以得到不同的行驶速度和改变行驶方向。液压马达采用并联油路，以适应左右车轮的不同阻力，并使两边车轮在转弯时获得不同的转速。

静压传动使传动系统大大简化，机械零件大为减少，传动系统体积小，重量轻，操纵容易，可在较大范围内实现无级调速，改善牵引性能。静压传动效率较低，对制造和维修的要求高，价格较贵。目前静压传动在履带式起重机和叉车上有所应用。

（四）电动—机械传动

电动—机械式传动仅用于电动轮胎式起重机和电动叉车。它采用直流串激式电动机，具有良好的牵引性能，能正、反向转动和负载起动。电动机通过主减速器、差速器、半轴驱动车轮。左右车轮也可分别由电动机通过减速装置驱动（图 3-3-4）。

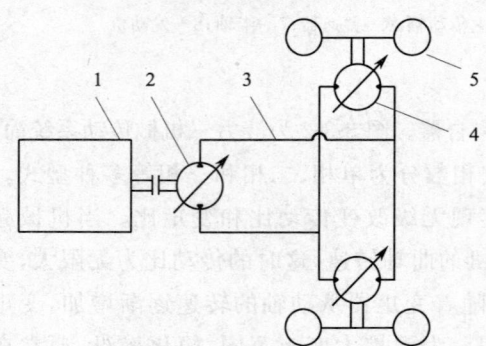

图 3-3-3 静压传动系统简图
1—内燃机；2—变量液压泵；3—液压管路；
4—低速液压马达；5—驱动车轮

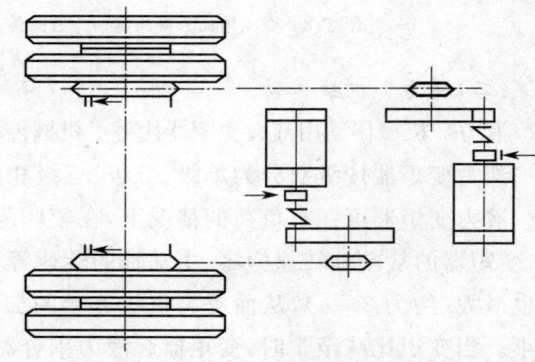

图 3-3-4 电动—机械式传动系统简图

## 二、行走系统

轮胎和汽车式起重机的行走系统由车架、车桥、悬架、车轮和轮胎等组成。车架通过悬架和车桥相连,车桥两端安装车轮。

### (一) 车 架

车架是整个起重机的基础结构,它将起重机工作时作用在回转支承装置上的载荷传递给起重机的支承装置(支腿或轮胎)。在起重机运行时,承受各总成件的重量和它们传递的各种力和力矩。

车架应具有足够的强度(保证在其大修期内,车架的主要零部件不因受力而破坏)、足够的抗弯刚度和抗扭刚度。

现代轮胎和汽车式起重机一般采用冲压件或钢板焊接的整体式箱形车架,它具有很好的抗扭刚度,避免起重机吊货作业时出现支腿离地现象。

### (二) 车 桥

车桥的主要作用是在车架与车轮之间传递各种作用力和力矩。根据车轮的作用,车桥有转向桥、驱动桥、支持桥和转向驱动桥多种类型。支持桥和转向桥均属从动桥,支持桥除不能转向外,其他功能与转向桥相同,转向驱动桥与驱动桥的不同在于它多一套转向装置。

一般轮胎式起重机多以前桥为转向桥,后桥或中、后两桥为驱动桥。大吨位的汽车起重机为提高通过性常采用多桥驱动。现代多桥驱动的汽车起重机都采用贯通式驱动桥。大吨位汽车起重机底架长,为减小起重机行驶时的转弯半径,大多采用多桥转向机构。

### (三) 转向轮定位

为使转向轮能直线行驶,保证转向轮自动回正,并减小车轮偏转的操纵力矩,在从动桥上的转向轮和主销应具有一定的角度。

#### 1. 主销内倾角 $\beta$

主销上端在横向垂直平面内,向内倾斜的角度称为主销内倾角(图3-3-5)。主销内倾角 $\beta$ 起自动回正作用,减小操纵转向轮偏转的力矩,使转向轻便。轮胎式起重机内倾角 $\beta$ 一般不大于 $8°$,$L_1$ 为 $40\ \text{mm} \sim 60\ \text{mm}$。

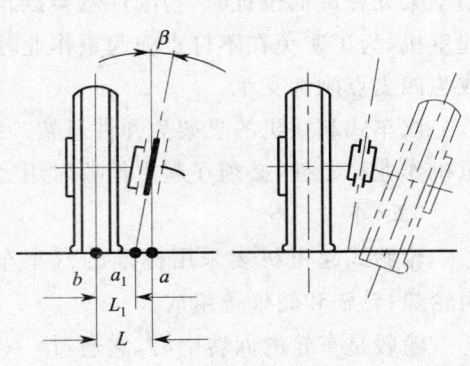

图3-3-5 主销内倾角

#### 2. 主销后倾角 $\gamma$

主销在纵向垂直平面内其上端向后倾斜的角度称为主销后倾角(图3-3-6)。它主要起转向轮自动回正作用,提高行驶稳定性。主销后倾角 $\gamma$ 过大会增加转向时所需的操纵力,一般在 $0° \sim 3°$ 以内。需要经常进行穿梭式作业的轮式装卸机械 $\gamma = 0°$。

#### 3. 转向轮外倾角 $\alpha$

转向轮外倾角 $\alpha$ 指车轮滚动平面相对垂直平面向外倾斜的角度(图3-3-7)。它的主要作用是当机械承载后,消除车轮轮毂轴承和主销衬套存在的间隙,使车轮在接近于垂直平面中滚动,保证车轮正常行驶和转向。一般外倾角 $\alpha$ 在 $1°$ 左右。

#### 4. 转向轮前束 $\delta$

转向轮前束 $\delta$ 指左右转向轮后端距离 $A$ 与前端距离 $B$ 的差值,以毫米计(图3-3-8)。它的作用是减小轮胎的磨损。通常前束值 $\delta$ 取 $2\ \text{mm} \sim 12\ \text{mm}$。经常穿梭作业的装卸机械一般不用前束。

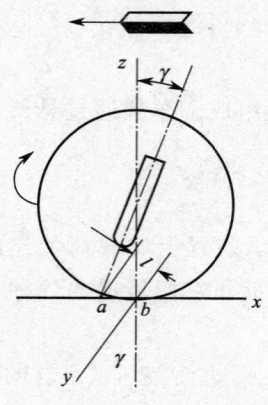

图 3-3-6　主销后倾角

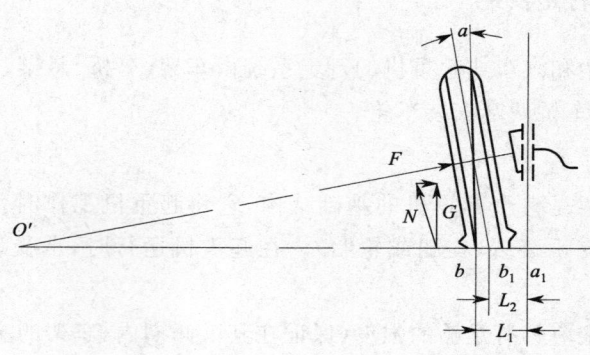

图 3-3-7　转向轮外倾角

### (四) 悬　　架

悬架用以连接车架和车桥。轮胎式起重机作业时由于要求工作平稳并需带载行驶，多采用刚性悬架，车架和车桥刚性相连。当行驶速度大于 30 km/h 时，轮轴应装在弹性悬架上，以免在行驶中过烈的振动，但在起重或吊重行驶时，必须把悬架锁死成为刚性。主动式油气悬架能很好地满足机械作业时为刚性悬架、高速运行时为弹性悬架的要求。采用主动式油气悬架的轮胎式起重机所有车轮都经油气悬架装在车架上，它采用全封闭环路系统，具有高度调节装置和控制阀。当车架处在最低位置时，为刚性悬架；当车架升起时，为弹性悬架。对于刚性三支点支承的轮胎式起重机，为了避免在不打支腿起重作业时平衡桥的摆动，必须用稳定器将其锁住，使其不能摆动而成为四支点刚性支承。

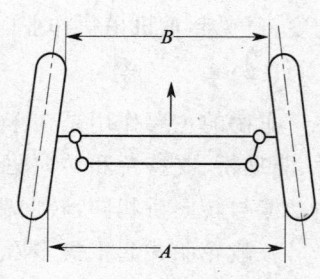

图 3-3-8　转向轮前束

汽车式起重机的悬架为弹性悬架。为避免作业时，车架被支腿抬起后，轮胎接触地面，影响起重机作业稳定性，必须在起重作业时用稳定器锁住弹性悬架（图 3-3-9）。

### (五) 车　　轮

轮胎式起重机多采用标准的汽车车轮。车轮由轮毂、轮辐和轮辋等组成。

轮毂是车轮的回转中心，它通过一对圆锥滚子轴承支承在桥壳或转向节指轴上。轮毂上有凸缘用以固定轮辐和制动鼓。轮辐与轮毂的同心度由轮胎螺栓的锥面和轮辐螺栓孔锥面来保证。为防止螺母自动松脱，一般左边车轮采用左旋螺纹，右边车轮采用右旋螺纹。

轮辐是连接轮毂和轮辋的钢质圆盘。轮辐通常由冲压制成，与轮辋焊接或连成一体，用螺栓固定在轮毂上。轮胎式起重机后桥和叉车前桥一般使用复式车轮。为便于互换，轮辐螺栓孔两端面都做成锥形。

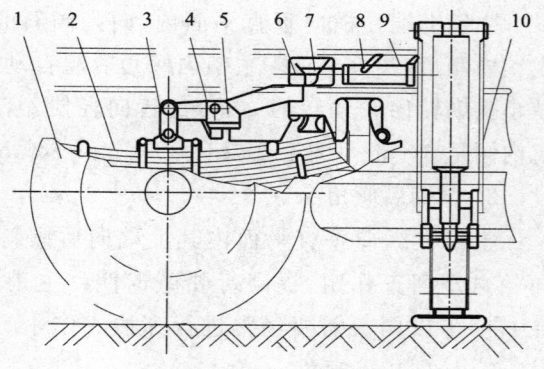

图 3-3-9　汽车起重机稳定器
1—后轮；2—板弹簧；3—拉板；4—杠杆；5—支座；
6—挡板；7—滑座；8—稳定器油缸；9—车架；10—支腿

轮辋用来支承和固定轮胎。工业车辆轮辋结构常采用深式和平式两种形式，其具体规格系列参见 GB/T 2883—2002。深式轮辋断面中部槽较深且有带肩的凸缘，以便安放外胎的胎圈。平式轮辋断面较浅，用挡圈和开口锁圈固定轮胎。

国产充气轮胎用轮辋型号的表示方法如下：

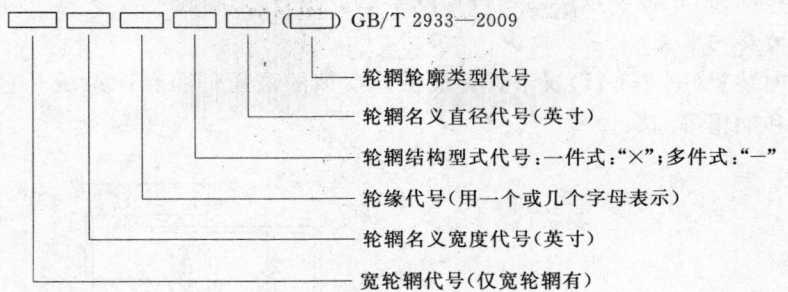

有些类型的轮辋（如平底轮辋），其名义宽度代号也代表了轮缘轮廓，不用字母表示。另外，当新设计轮胎以毫米表示直径时，轮辋直径和宽度也用毫米表示。

（六）轮　　胎

轮胎式起重机大多采用充气橡胶轮胎，吸收和缓和不平路面产生的大部分振动和冲击。

轮胎按胎内压力分为高压胎、低压胎和超低压胎。高压胎充气压力为 0.5 MPa～0.7 MPa；低压胎为 0.15 MPa～0.45 MPa；超低压胎为 0.05 MPa～0.15 MPa。在轮胎尺寸不变的情况下，增加气压可提高轮胎的承载能力。轮胎式起重机、叉车因胎负荷大，重心要求低，主要使用承载能力大的高压轮胎。

我国国产的载重和乘用充气轮胎都用英制表示（新设计轮胎可用公制表示），其表示式为：$B-d$。$B$ 为充气轮胎断面宽度（in），$d$ 为轮辋直径（in）。轮胎外径 $D=d+2H$，$H$ 为轮胎断面高度（in），$H$ 和 $B$ 大致相等。

### 三、转向系统

（一）转向型式

轮胎式起重机的转向型式有：偏转车轮式（图 3-3-10(a)）、转轴式（图 3-3-10(b)）和铰接车架转向（图 3-3-10(c)）等。轮胎式和汽车式起重机大多采用偏转车轮式转向。

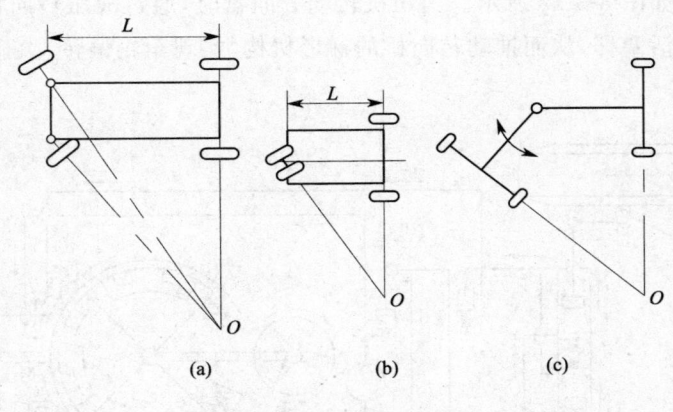

图 3-3-10　转向型式

（二）机械式转向装置

机械式转向装置由转向器和转向传动机构两部分组成。转向器以一定的传动比将方向盘上的作用力和转角准确地传递给转向传动机构。轮胎式起重机常用的机械式转向器有球面蜗杆滚轮式和循环球式两种。

球面蜗杆滚轮式转向器传动副的滑动摩擦大，传动效率低。循环球式转向器的传动效率高，操纵轻便，转向轮易自动回正，寿命长。

球面蜗杆滚轮式转向器属于极限可逆式转向器,即正传动效率大于逆传动效率。循环球式转向器属于可逆式转向器,正传动效率与逆传动效率近乎相等。

(三)液压助力转向装置

液压助力转向装置(图 3-3-11)属于具有机械外反馈的液压伺服转向系统。它由齿轮泵、转向机、液压缸、管路和油箱等组成。

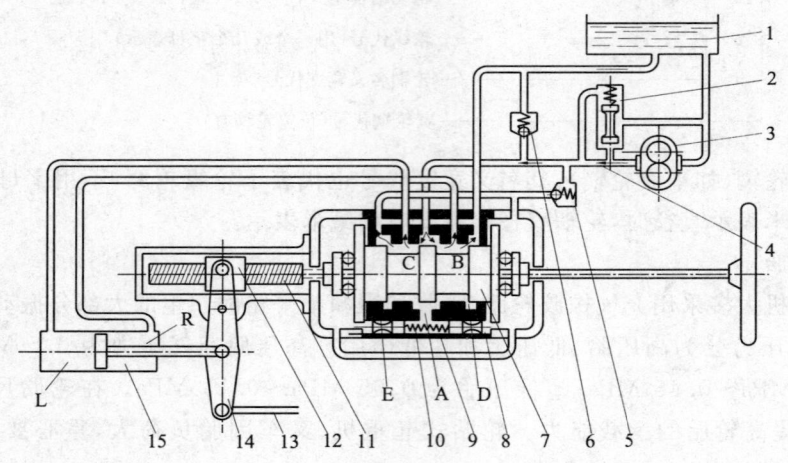

图 3-3-11 液压助力转向装置

1—油箱;2—溢流阀;3—齿轮油泵;4—量孔;5—单向阀;6—安全阀;7—滑阀;8—反作用阀;
9—分配阀体;10—回位弹簧;11—转向螺杆;12—转向螺母;13—纵拉杆;14—转向垂臂;15—液压缸

转向系统的液压缸能以一定的准确度复现与转向垂臂相连的纵拉杆或阀芯的运动规律,液压缸移动的距离始终追随阀芯移动的距离,与之比较且相等。

转向系统可选用标准的转向器,液压缸和阀体固定在一起,阀体上的孔道直接作为油路,结构简单,但重量和尺寸较大。

(四)全液压转向装置

全液压转向装置如图 3-3-12 所示。当司机转动方向盘时,通过液压转向器输出高压油推动双向作用的转向液压缸活塞杆,从而推动转向桥的梯形机构,实现车轮偏转。它操纵轻便,重量轻,体积小,总体布置方便。

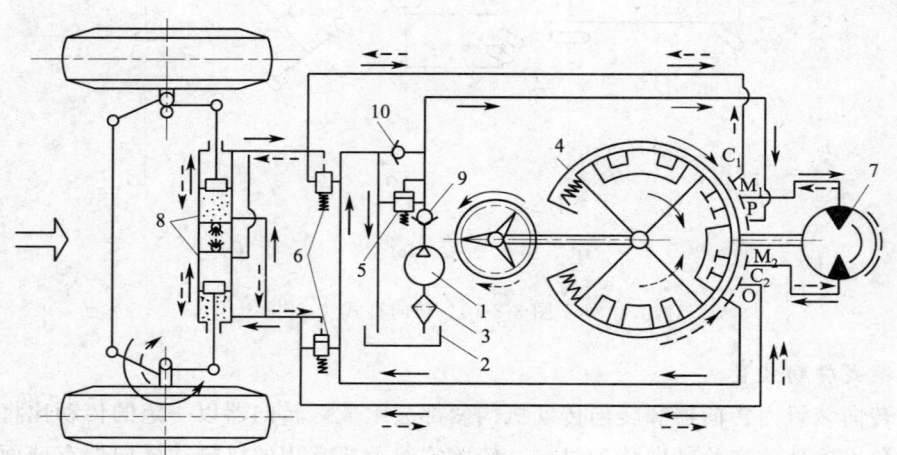

图 3-3-12 摆线转阀式全液压转向装置

1—液压泵;2—油箱;3—过滤器;4—转阀;5—安全阀;
6—双向缓冲阀;7—计量马达;8—液压缸;9、10—单向阀

在中小吨位的轮胎式起重机的全液压转向装置中广泛采用摆线转阀式全液压转向器。当发动机熄火或液压泵出现故障不能动力转向时,采用手动转向作为应急措施。这时,计量马达起液压泵作用。

BZZ 型全液压转向器型号表示如下:

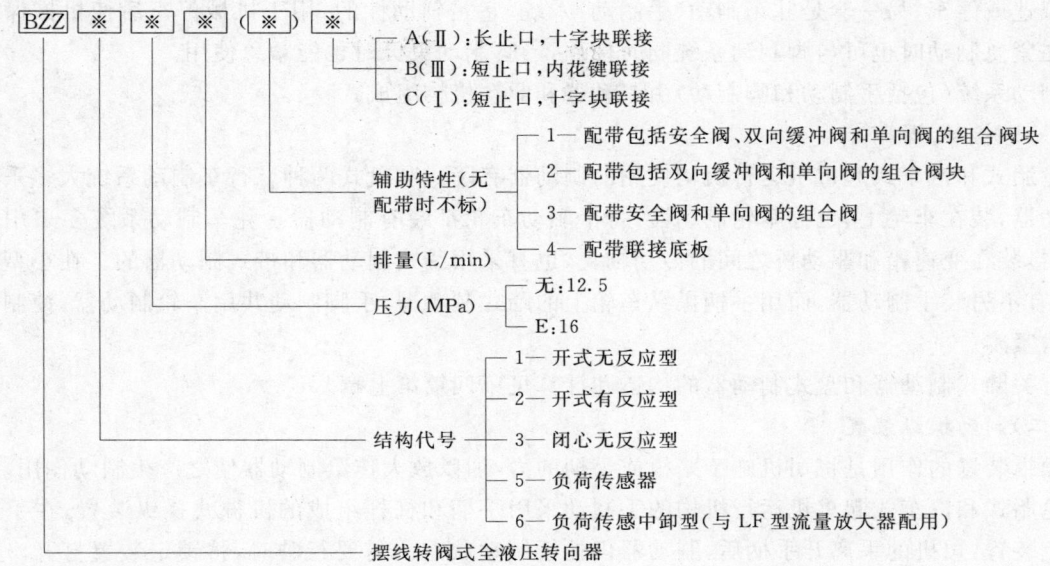

BZZ 型转向器的最大工作压力为 12.5 MPa,最大瞬时背压为 6.3 MPa,连续背压为 2.5 MPa,其他参数见表 3-3-1。

表 3-3-1　BZZ 型转向器规格

| 型号规格 | 公称流量[1]/(L/min) | 压力损失[2]/MPa 进→回 | 压力损失[2]/MPa 进→左 或 进→右 | 质量/kg |
|---|---|---|---|---|
| $BZZ_1$-50 | 3.75 | | | 6 |
| -80 | 6.0 | | | 6.2 |
| -100 | 7.5 | <0.06 | <0.25 | 6.5 |
| -125 | 9.4 | | | 6.7 |
| -160 | 12.0 | | | 7.1 |
| $BZZ_1$-200 | 15.0 | <0.16 | <1.0 | 7.5 |
| -250 | 18.8 | | | 8.0 |
| $BZZ_1$-315 | 23.6 | <0.4 | <2.1 | 8.8 |
| -400 | 30.0 | | | 9.6 |
| $BZZ_1$-500 | 37.5 | <0.5 | <1.5 | 10.7 |
| -630 | 47.25 | <0.7 | <2.0 | 12.0 |
| -800 | 48.0 | <0.9 | <2.1 | 13.8 |
| -1 000 | 61.0 | <1.2 | <2.5 | 15.8 |
| $BZZ_2$-80 | 6.0 | | | 6.2 |
| -100 | 7.5 | <0.06 | <0.3 | 6.5 |
| -125 | 9.4 | | | 6.7 |
| $BZZ_2$-160 | 12.0 | <0.16 | <1.1 | 7.1 |
| -200 | 15.0 | | | 7.5 |

(以上数据由镇江液压件总厂提供)

注:1)指方向盘转速为 75 r/min 的理论流量。对 $BZZ_1$-800~1 000,为方向盘转速 60 r/min 的理论流量;

2)进:指进油口;回:指回油口;左、右:指接油缸的左、右油口。

轮胎式起重机转向方式的选择取决于转向桥负荷的大小。转向桥负荷较小的,一般采用构造简单的机械式转向;转向桥负荷较大时,采用液压助力或全液压转向。

## 四、制动系统

轮胎式和汽车式起重机的制动系统通常有两套：一套是行车制动（脚制动）系统，在行驶过程中用来减速或停车；另一套是驻车制动（手制动）系统，它是辅助性的，用于机械停车后使机械保持不动。在紧急制动时也可与脚制动系统同时使用，当脚制动失灵时也能紧急使用。

制动系统（包括手制动和脚制动）由制动器和驱动机构组成。

### （一）制动器

轮胎式和汽车式起重机运行机构使用的制动器有蹄式和盘式两种。行车制动系统大多采用蹄式制动器，装在车轮上，也称车轮制动器，每个驱动车轮都装有制动器。驻车制动系统多采用盘式制动器，装在变速箱和驱动桥之间的传动轴上，也有采用蹄式制动器和带式制动器的。在小型机械上，也有不另装手制动器，而用手柄操纵车轮上的蹄式制动器，手脚制动共用车轮制动器，使制动装置结构紧凑。

有关蹄式制动器和盘式制动器的构造和计算见第四篇第七章。

### （二）制动操纵装置

操纵装置的作用是将司机施于踏板或手柄的力，加以放大传给制动器使之产生制动作用。

轮胎式和汽车式起重机运行机构的手制动采用手柄和杠杆组成的机械式操纵装置，在手柄上设锁定装置，司机的手离开手柄后，制动器仍处于制动状态。需要行驶时，将锁定装置打开。脚制动的驱动有机械式、液压式、气压式及气—液综合式等型式。

**1. 液压驱动机构**

液压驱动机构见图 3-3-13。司机踏下制动踏板，制动总泵内的油液产生一定压力（可达 8 MPa～12 MPa），油液推动制动分泵的活塞，把制动蹄压到制动鼓上产生制动作用。车速降低的程度和快慢决定于司机作用于踏板上的力。

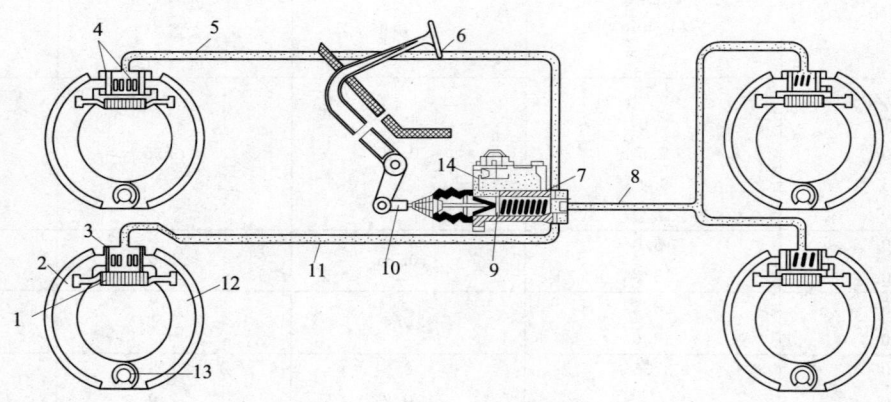

图 3-3-13 液压式驱动机构

1—回位弹簧；2、12—制动器；3—分泵；4—活塞；5、8、11—油管；6—制动踏板；7—总泵；
9—活塞；10—推杆；13—支销；14—储液室

**2. 气压驱动机构**

气压驱动机构见图 3-3-14，压缩空气作为制动的动力。司机踏下制动踏板，作用于制动阀，使空压机贮气筒的压缩空气推动气室推杆而使制动蹄张开，实现制动。气压驱动机构在轮胎式起重机上应用较广。

**3. 气—液综合式驱动机构**

气—液综合式驱动机构见图 3-3-15，它采用汽车标准件。当司机踏下制动踏板后，压缩空气通过增力器使制动分泵的油压升高，促使制动蹄张开，实现制动。

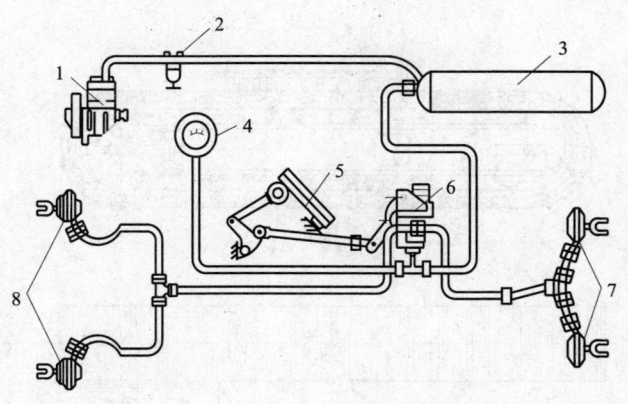

图 3-3-14 气压驱动机构
1—空气压缩器；2—油水分离器；3—储气筒；4—气压表；5—制动踏板；6—制动阀；7、8—制动气室

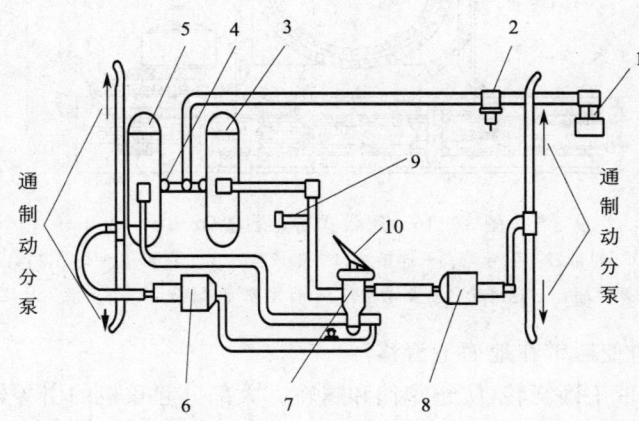

图 3-3-15 气—液综合式驱动机构
1—空气压缩器；2—油水分离器；3、5—储气筒；4—单向阀；
6、8—气推油增力器；7—制动阀；9—气压表；10—制动踏板

## 第二节 履带式运行机构的组成和典型形式

履带式运行机构牵引力大，接地比压小，越野性能好，稳定性好，转弯半径小。

### 一、组　成

履带式起重机的行走装置见图 3-3-16，它由底架、支重轮、引导轮、履带、托链轮、驱动轮及行走驱动装置等组成。

履带起重机上部结构由底座支承在左右履带架上。履带下分支形成垫轨，支承于地面。驱动轮装在履带架后端，驱动履带转动，前端的引导轮用以张紧并引导履带正确绕转，防止跑偏或脱轨。装在履带架下的支重轮将整机载荷经履带板传给地面。为减小履带上分支的挠度，一般采用 1～2 个托链轮支持。履带因磨损而伸长时，可用张紧装置调整松紧程度。

履带的作用是将起重机的全部载荷传给地面并传递行走时所需的牵引力。

驱动轮将动力传给履带，要求啮合正确，传动平稳。驱动轮齿轮一般取为奇数，以便各齿轮能与链轨销套啮合而磨损均匀。

支重轮将起重机所受的载荷经履带传到地面。支重轮靠轮缘夹持轨链，避免横向脱落，并沿轨

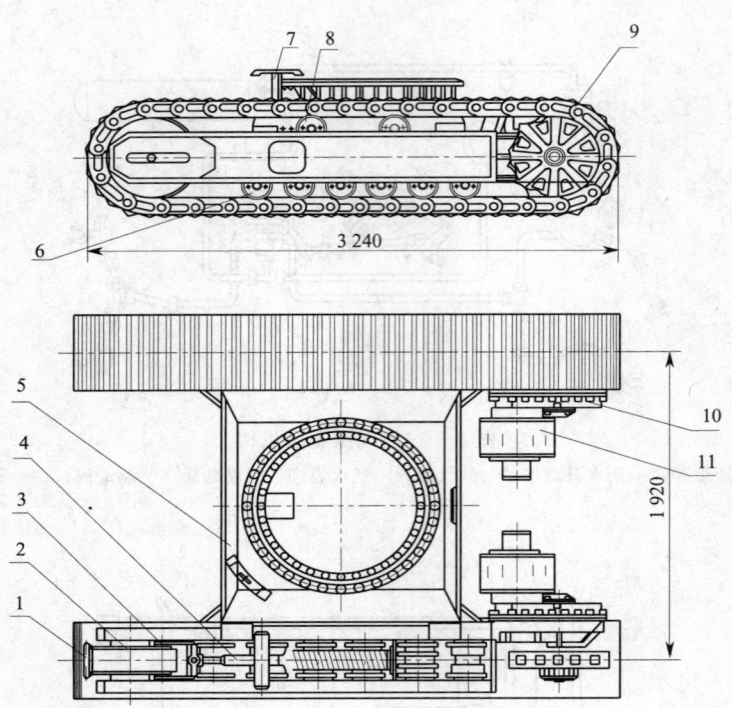

图 3-3-16　履带式行走装置(mm)

1—履带；2—引导轮；3—连接叉；4—张紧装置；5—底架；6—支重轮；
7—插销座；8—托链轮；9—驱动轮；10—行走减速机构；11—行走液压马达

链踏面滚动，在转向时迫使履带在地面上滑移。

引导轮用以引导履带正确绕转，防止跑偏和越轨。大部分起重机的引导轮兼起支重轮的作用，以增加履带的接地长度，减小接地比压。

履带张紧装置与引导轮一起使履带保持一定的张紧度，缓和地面传来的冲击，减小履带在运动过程中的振动。遇到障碍时，张紧装置可让引导轮适当后移，起缓冲作用，使履带不会因局部过紧而损坏。

履带张紧装置常见的有机械式（螺杆螺母）和液压式。现广泛采用液压式。

底架为履带行走装置的支重架，由底架、横梁和履带架组成。履带底架上安装回装支承装置与转台，承受上部载荷并经横梁传给履带架。

## 二、履带式运行机构的传动

现代履带起重机运行机构多采用液压传动（机械传动和电传动也有采用），每条履带由单独的液压马达驱动。液压马达有高速和低速两种。

高速液压马达通过大传动比的多级定轴齿轮或行星齿轮减速箱使履带驱动轮转动。图 3-3-17 为行星式减速器，此种方案传动比大，结构紧凑，体积小，机械离地间隙较大，通过性较好。

低速液压马达经一级齿轮式减速后带动驱动轮（图 3-3-18），传动简单，传动比小，但液压马达径向尺寸大，机械离地间隙较小，马达转速低时效率也低。

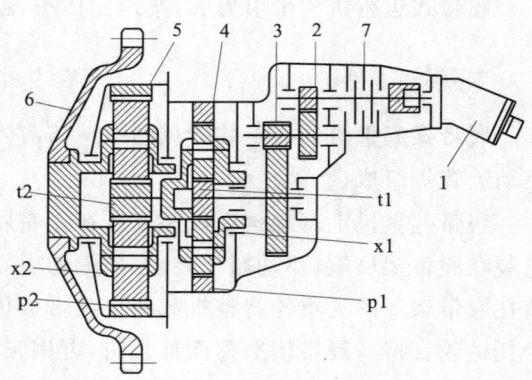

图 3-3-17　行星式行走减速器

1—液压马达；2—圆柱齿轮减速；3—圆柱齿轮减速；
4—行星齿轮减速；5—行星齿轮减速；6—驱动轮；7—行走制动器；$t_1$、$t_2$—太阳轮；$x_1$、$x_2$—行星轮；$p_1$、$p_2$—齿圈

### 三、履带式起重机的转向

履带式行走装置的转向采用两履带差速原理。原地转向时(图 3-3-19a),左右行走马达反向旋转,带动左右履带反向卷绕,此时转弯半径最小。另一种常用的转向方式是一条履带停止运动,另一边马达驱动履带行走(图 3-3-19b)。

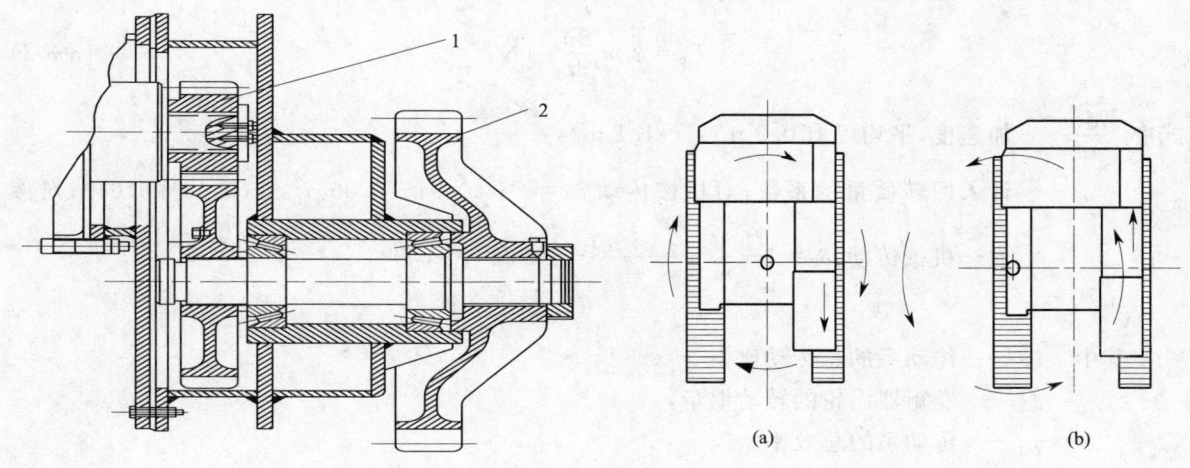

图 3-3-18 低速液压马达驱动
1—行走减速小齿轮;2—驱动轮

图 3-3-19 履带式运行机构的转向方式

## 第三节 轮胎式运行机构计算

### 一、传动系统计算

(一)运行阻力计算

轮胎式和汽车式起重机的运行阻力由滚动阻力、坡度阻力、加速阻力、风阻力等组成。

1. 滚动阻力 $F_f$

车轮的滚动阻力主要由轮胎变形或地面变形引起,计算时以滚动阻力系数来考虑。

$$F_f = mgf\cos\alpha \quad (N) \tag{3-3-1}$$

式中 $m$——机械的运行质量(kg);
$\alpha$——道路坡度角;
$g$——重力加速度(m/s²);
$f$——滚动阻力系数,见表 3-3-2。

表 3-3-2 滚动阻力系数 $f$ 值

| 路面类型 | $f$ | 路面类型 | $f$ |
|---|---|---|---|
| 良好的沥青或混凝土路面 | 0.015~0.018 | 干 砂 | 0.100~0.300 |
| 一般的沥青或混凝土路面 | 0.018~0.020 | 湿 砂 | 0.060~0.150 |
| 碎石路面 | 0.020~0.025 | 黏土质干燥荒地 | 0.040~0.060 |
| 良好的卵石路面 | 0.025~0.030 | 黏土质湿荒地 | 0.100~0.200 |
| 坑洼的卵石路面 | 0.035~0.060 | 黏土质泥泞荒地 | 0.200~0.300 |
| 干燥土路 | 0.025~0.036 | 结冰路面 | 0.015~0.030 |
| 雨后土路 | 0.050~0.150 | 雪 道 | 0.030~0.050 |
| 泥泞土路(雨季或解冻季) | 0.100~0.250 | | |

2. 坡度阻力 $F_p$

$$F_p = mg\sin\alpha \quad (N) \tag{3-3-2}$$

$\alpha$ 较小时($\alpha<6°$),$\sin\alpha \approx \tan\alpha$。

3. 加速阻力 $F_g$

机械加速行驶时,需克服机械平移的惯性力和回转质量的惯性力矩。

$$F_g = \delta_0 m \frac{dv}{dt} \quad (N) \tag{3-3-3}$$

式中 $\dfrac{dv}{dt}$——加速度,平均可取 $0.5 \text{ m/s}^2 \sim 1.1 \text{ m/s}^2$;

$\delta_0$——计入回转质量的系数,对机械传动 $\delta_0 = 1 + (0.04\sim0.06)i_M^2 + (0.03\sim0.04)$;对液力—机械传动:$\delta_0 = 1 + \dfrac{1}{m} \times \dfrac{J_2 i_M^2 \eta_M}{r_r^2} + (0.03\sim0.04)$

其中 $i_M$——传动系的总传动比,

$J_2$——变矩器涡轮的转动惯量,

$\eta_M$——传动系的总效率,

$r_r$——驱动轮的滚动半径,$r_r = \varepsilon r_0$,$r_0$ 为车轮的自由半径,$\varepsilon$ 为变形系数。低压胎 $\varepsilon = 0.93\sim0.95$,高压胎 $\varepsilon = 0.945\sim0.95$。

4. 风阻力 $F_w$

风阻力 $F_w$ 的计算见第一篇第三章。

(二)运行功率计算

1. 轮胎式起重机运行功率

轮胎式起重机运行功率按以下两种工况计算,取其大值。

(1)高速运行工况:起重机在坚硬水平路面上,克服Ⅰ类风载荷,以最高车速匀速直线行驶并保持一定的动力储备。

$$P_1 = \frac{F_1 v_{max}}{3.6 \times 10^3 \eta_M \eta} \quad (kW) \tag{3-3-4}$$

式中 $F_1$——运行阻力(N),$F_1 = F_f + F_{wI}$,高速运行时的阻力 $F_f = mg(f+0.02)$;

$v_{max}$——高速挡运行速度(km/h);

$\eta$——变矩器效率,可取 $\eta=0.75$;机械传动 $\eta=1$。

(2)爬坡运行工况:起重机在不良路面上克服Ⅱ类风载荷,以最低速度匀速直线爬最大坡度角 $\alpha_{max}$。

$$P_2 = \frac{F_2 v_{min}}{3.6 \times 10^3 \eta_M \eta} \quad (kW) \tag{3-3-5}$$

式中 $F_2$——运行阻力(N),$F_2 = F_f + F_{pmax} + F_{wII}$;

$v_{min}$——最低运行速度(km/h)。

道路最大坡度见表 3-3-3。在极坏路面和野外无路条件下作业的轮胎式起重机,或用户对爬坡度有特殊要求时,最大坡度由用户提出,双方商定。

2. 装卸机械(如叉车)发动机功率

内燃式轮胎装卸机械(叉车、集装箱吊运机等)的发动机功率一般按运行工况确定。计算机械在 3°坡道上起动所需功率,然后按低速爬越最大坡度($\alpha=10°$)进行校核。装卸机械运行速度较低,一般不考虑风载荷。

表 3-3-3 道路最大坡度 $p_{max}$

| 普通公路 | | 企业内部道路 | | | |
|---|---|---|---|---|---|
| 计算车速 (km/h) | $p$ | 车辆轮轴型式 | 厂内和厂间硬路面 | 露天 | |
| | | | | 硬路面 | 土路面 |
| | | | | $p$ | |
| 150 | 0.03 | 4×4 和 6×6 | | 0.17 | 0.12~0.13 |
| 120 | 0.04 | 8×6 | 0.08 | 0.11 | 0.06~0.07 |
| 100 | 0.05 | 6×4 | | 0.10 | 0.05~0.06 |
| 80 | 0.06 | 4×2 | | 0.07 | 0.02~0.03 |
| 60 | 0.07 | 8×4 | 0.06 | 0.05 | — |
| 50 | 0.08 | 6×2 | 0.04 | 0.03 | — |
| 40 | 0.09 | 8×2 | 0.03 | 0.02 | — |
| 30 | 0.10 | 小型内燃搬运车 | 0.04 | — | — |

(1) 机械满载在 3° 坡道上起动,功率为:

$$P_1 = \frac{F_1 v_{min}}{3.6 \times 10^3 \eta_M \eta} \quad (kW) \tag{3-3-6}$$

式中　$F_1$——运行阻力(N),$F_1 = F_f + F_p + F_g$;

　　　$v_{min}$——机械前进一挡速度(km/h)。

(2) 机械低速爬越最大坡度,进行功率校核:

$$P_2 = \frac{F_2 v_{min}}{3.6 \times 10^3 \eta_M \eta} \quad (kW) \tag{3-3-7}$$

式中　$F_2$——运行阻力(N),$F_2 = F_f + F_{pmax}$。

(三) 离合器的计算

1. 离合器摩擦转矩 $T_c$

$$T_c = \beta T_{emax} = [p_0] A \mu R_c Z \quad (N \cdot m) \tag{3-3-8}$$

式中　$T_{emax}$——发动机的最大转矩(N·m);

　　　$A$——摩擦片单面摩擦面积(m²),$A = \frac{\pi}{4}(D^2 - d^2)$,$D$、$d$ 为摩擦片的外径和内径;

　　　$R_c$——摩擦片平均摩擦半径(m),$R_c = \frac{D^3 - d^3}{3(D^2 - d^2)}$;

　　　$Z$——摩擦面数,单片 $Z=2$,双片 $Z=4$;

　　　$\mu$——摩擦系数,见表 3-3-4;

　　　$[p_0]$——摩擦片许用单位压力(N·m$^{-2}$),见表 3-3-4;

　　　$\beta$——储备系数,见表 3-3-5。

表 3-3-4 摩擦系数 $\mu$ 和许用单位压力 $[p_0]$

| 摩擦副材料 | 摩擦表面状况 | | | |
|---|---|---|---|---|
| | 干式 | | 湿式 | |
| | $[p_0]/(N \cdot m^{-2})$ | $\mu$ | $[p_0]/(N \cdot m^{-2})$ | $\mu$ |
| 钢对钢或铸铁 | (2.0~4.0)×10⁵ | 0.15~0.20 | (6.0~10)×10⁵ | 0.03~0.09 |
| 钢对铜丝石棉 | (1.0~2.5)×10⁵ | 0.25~0.35 | (2.0~4.0)×10⁵ | 0.07~0.15 |
| 钢对粉末冶金材料 | (4~6)×10⁵ | 0.4~0.55 | (20~25)×10⁵ | 0.09~0.12 |

表 3-3-5　离合器的储备系数 $\beta$

| 离合器名称 | 机械传动 | | 液力—机械传动 | |
|---|---|---|---|---|
| | 干式 | 湿式 | 变矩器前 | 变矩器后 |
| 主离合器 | 2.5～3.5 | 2.0～2.5 | 2.0～3.0 | 1.1～2.0 |
| 换挡离合器 | 2.0～3.0 | 2.0～2.5 | / | 1.1～2.0 |
| 转向离合器 | 1.5～2.5 | 1.1～1.5 | / | 1.1～1.5 |
| 闭锁离合器 | / | / | 1.4～1.8 | |

**2. 摩擦片尺寸的确定**

机械传动用干式摩擦离合器，摩擦片的平均半径为

$$R_c = 0.78 \sqrt[3]{\frac{\beta T_{emax}}{\mu [p_0] Z(1-c^3)}} \quad (m) \tag{3-3-9}$$

式中　$c$——比例系数，$c=d/D$。一般小型 $c \geqslant 0.65$，中型 $c \approx 0.58$，大型 $c < 0.56 \sim 0.53$。

摩擦片尺寸应符合尺寸系列标准 GB/T 5764—1998。所选的 $D$ 应使最大圆周速度不超过 65 m/s～70 m/s。

**(四)液力变矩器主要尺寸确定**

在选择好液力变矩器和发动机型号后，应确定变矩器的有效直径 $D$。

确定变矩器有效直径 $D$ 的原则是：保证变矩器在正常工作范围内，涡轮轴上输出的平均功率最大，以提高机械的作业效率。

简单式液力变矩器的有效直径 $D$ 按下式确定：

$$D = \sqrt[5]{\frac{T_e}{\lambda_1^* \gamma n_e^2}} \quad (m) \tag{3-3-10}$$

式中　$T_e$，$n_e$——分别为发动机的额定转矩(N·m)和额定转速(r/min)；

　　　$\lambda_1^*$——与变矩器最高效率工况对应的泵轮力矩系数；

　　　$\gamma$——油液重度($N/m^3$)。

对于综合式液力变矩器，由于它既有变矩器工况，又有耦合器工况，应兼顾两种工况选择有效直径 $D$。

**(五)传动系挡位数及各挡传动比的确定**

**1. 传动系总传动比**

传动系总传动比为发动机曲轴转速 $n_e$ 与驱动轮转速 $n$ 之比，即：

$$i_M = \frac{n_e}{n} = i_g i_0 i \tag{3-3-11}$$

式中　$i_g$——变速箱的传动比；

　　　$i_0$——主传动器的传动比，单级传动时 $i_0 = 4 \sim 8$，双级传动 $i_0 = 7 \sim 18$；

　　　$i$——轮边减速装置的传动比。

(1)机械传动

机械传动的最小传动比 $i_{Mmin}$ 按最高车速确定：

$$i_{Mmin} = 0.377 r_r \frac{n_{emax}}{v_{max}} \tag{3-3-12}$$

式中　$n_{emax}$——发动机最大功率时转速(r/min)；

　　　$v_{max}$——机械最高行驶速度(km/h)。

以一挡速度 $v_{min}$ 代入上式求出最大传动比 $i_{Mmax}$，按爬越最大坡度工况校核，即保证能爬越最大坡度，且不使驱动轮打滑。

$$\frac{10G_\varphi \varphi r_r}{T_{emax}\eta_M} \geqslant i_{Mmax} \geqslant \frac{10G(f\cos\alpha_{max}+\sin\alpha_{max})r_r}{T_{emax}\eta_M} \qquad (3\text{-}3\text{-}13)$$

式中　$T_{emax}$——发动机最大转矩（N·m）；
　　　$\alpha_{max}$——道路最大坡度角；
　　　$G_\varphi$——机械的黏着重量（kg）；
　　　$G$——机械的总重量（kg）；
　　　$\varphi$——轮胎与路面间的黏着系数，见表 3-3-6。

表 3-3-6　黏着系数 $\varphi$ 值

| 路面状况 | | 轮胎种类 | | |
|---|---|---|---|---|
| 类 型 | 状 态 | 高 压 | 低 压 | 越 野 |
| 沥青或混凝土路面 | 干 燥 | 0.50～0.70 | 0.70～0.80 | 0.70～0.80 |
|  | 潮 湿 | 0.35～0.45 | 0.45～0.55 | 0.50～0.60 |
|  | 脏 污 | 0.35～0.45 | 0.25～0.40 | 0.35～0.45 |
| 卵石路面 | 干 燥 | 0.40～0.50 | 0.50～0.55 | 0.60～0.70 |
| 碎石路面 | 干 燥 | 0.50～0.60 | 0.60～0.70 | 0.60～0.70 |
|  | 潮 湿 | 0.30～0.40 | 0.40～0.50 | 0.40～0.50 |
| 积雪荒地 | 松 软 | 0.20～0.30 | 0.20～0.40 | 0.20～0.40 |
|  | 压 实 | 0.15～0.20 | 0.10～0.20 | 0.30～0.40 |
| 土路 | 干 燥 | 0.40～0.50 | 0.50～0.60 | 0.50～0.60 |
|  | 潮 湿 | 0.20～0.30 | 0.35～0.45 | 0.35～0.50 |
|  | 泥 泞 | 0.15～0.20 | 0.15～0.25 | 0.20～0.30 |
| 砂质荒地 | 干 燥 | 0.20～0.30 | 0.22～0.40 | 0.20～0.30 |
|  | 潮 湿 | 0.35～0.40 | 0.40～0.50 | 0.40～0.50 |
| 黏土荒地结冰路面 | 干 燥 | 0.40～0.50 | 0.45～0.55 | 0.40～0.50 |
|  | 潮 湿 | 0.15～0.20 | 0.15～0.25 | 0.15～0.25 |
|  | 零下温度 | 0.08～0.15 | 0.10～0.20 | 0.05～0.10 |

(2) 液力—机械传动

对于液力—机械传动，变矩器应工作在高效区（$\eta \geqslant 0.75$）。

液力—机械传动高速运行时消耗的功率为：

$$P = \frac{F_{kmin}v_{max}}{3.6\times 10^3 \eta_M} \quad (\text{kW}) \qquad (3\text{-}3\text{-}14)$$

式中　$F_{kmin}$——车速为 $v_{max}$ 时的牵引力，$F_{kmin}=F_f+F_w$。

当 $P<P_A$ 时（图 3-3-20），以相应于 $P_A$ 的转速 $n_A$ 代替式（3-3-12）中的 $n_{emax}$ 求得 $i_{Mmin}$。当 $P>P_A$ 时，则以 $P=P_B$ 的转速 $n$ 代入式（3-3-12）求得 $i_{Mmin}$。

确定 $i_{Mmax}$ 时，将变矩器最大输出功率的转速 $n_{emax}$ 和 $v_{min}$ 值代入式（3-3-12）求得。

液力—机械传动系统在求得 $i_{Mmax}$ 后，仍要用式（3-3-13）进行校核。

传动比的变化范围 $\frac{i_{Mmax}}{i_{Mmin}}$ 一般在 6～7 之间。当最大运行速度不高（≤12 km/h），最大爬坡度不大时，可在 2～4 之间。

2. 变速箱挡位数的确定

一般当传动比变化范围在 2～4 时可用 2 挡；6～7 或更高时，用 4 挡～10 挡。

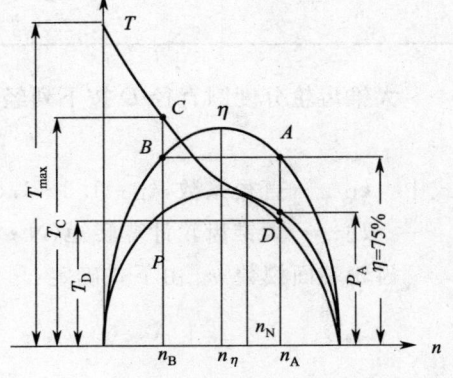

图 3-3-20　液压—机械传动输出特性曲线

变速箱最低及最高挡总传动比分别为：

$$\left.\begin{array}{l} i_{\mathrm{I}}=\dfrac{i_{\mathrm{Mmax}}}{i_0 i} \\ i_{\mathrm{n}}=\dfrac{i_{\mathrm{Mmin}}}{i_0 i} \end{array}\right\} \qquad (3\text{-}3\text{-}15)$$

式中 $i_0$、$i$——见式(3-3-11)。

选定挡位数 $n$ 之后，按下式计算各挡总传动比的公比 $q$：

$$q=\sqrt[n-1]{\dfrac{i_{\mathrm{I}}}{i_{\mathrm{n}}}} \qquad (3\text{-}3\text{-}16)$$

各挡传动比的关系为：

$$i_{n-1}=i_n q \qquad (3\text{-}3\text{-}17)$$

对于液力—机械传动系统，为保证变矩器的涡轮转速变化范围在高效区内，变速箱的最小挡位数 $n'$ 为：

$$n'=\dfrac{\log i_{\mathrm{I}}-\log i_{\mathrm{n}}}{\log n_{\mathrm{A}}-\log n_{\mathrm{B}}}+1 \qquad (3\text{-}3\text{-}18)$$

然后按式(3-3-16)和式(3-3-17)确定中间挡位总传动比。

### （六）驱 动 桥

驱动桥包含主传动、差速器和半轴，有时还有轮边减速器。

**1. 主传动**

主传动多由一对常啮合的圆锥齿轮组成，传动比 $i_0 \leqslant 7$，为保证一定的重叠系数，其齿数和不应小于40。采用双级主传动时，第一级锥齿轮的传动比应取小些，以提高啮合平顺性和齿轮强度。

主传动的传动比和小锥齿轮的齿数可参考表 3-3-7 选取。

表 3-3-7 主传动的传动比和小锥齿轮齿数

| 型　号 | 圆锥齿轮副的传动比 | 齿数容许范围 $z_1$ | 推 荐 齿 数 |
|---|---|---|---|
| 单级主传动器 | 3.5～4.0 | 9～11 | 10 |
| | 4.0～4.5 | 8～10 | 9 |
| | 4.5～5.0 | 7～9 | 8 |
| | 5.0～6.0 | 6～8 | 7 |
| | 6.0～7.5 | 5～7 | 6 |
| | 7.5～10 | 5～6 | 5 |
| 双级主传动器 | 1.5～1.75 | 12～16 | 14 |
| | 1.75～2.0 | 11～15 | 13 |
| | 2.0～2.5 | 10～13 | 11 |
| | 2.5～3.0 | 9～11 | 10 |

大锥齿轮分度圆直径 $D$ 按下列经验公式确定：

$$D=k_{\mathrm{D}}\sqrt[3]{T_2}\quad(\mathrm{mm}) \qquad (3\text{-}3\text{-}19)$$

式中 $k_{\mathrm{D}}$——直径系数，$k_{\mathrm{D}}=1.3\sim1.53$；

$T_2$——大锥齿轮计算转矩（N·mm）。

齿轮端面模数 $m_{\mathrm{s}}$ 由下式确定：

$$m_{\mathrm{s}}=\dfrac{D}{Z_2} \qquad (3\text{-}3\text{-}20)$$

式中 $Z_2$——大锥齿轮齿数。

初定 $m_{\mathrm{s}}$ 后，再用下式校核：

$$m_{\mathrm{s}}=k_{\mathrm{m}}\sqrt[3]{T_2}\quad(\mathrm{mm}) \qquad (3\text{-}3\text{-}21)$$

式中 $k_m$——模数系数,取 0.065~0.085。

主传动圆锥齿轮齿面宽度 $b$ 一般取 $b \leqslant 0.3A$,$A$ 为节锥距。

为保证轮齿强度和齿轮啮合的平顺性,重叠系数 $\varepsilon > 1.25$。为保证此值,齿数愈少,需要螺旋角 $\beta$ 愈大(表 3-3-8)。

表 3-3-8 主传动圆锥齿轮螺旋角 $\beta$ 参考值

| 小锥齿轮齿数 | 5 | 6 | 7 | 8 |
|---|---|---|---|---|
| 螺旋角 $\beta$ | 42°~45° | 40°~42° | 38°~40° | 35°~38° |

螺旋角 $\beta$ 不宜过大,以免过分增加齿轮工作时的轴向力。

主传动其他几何参数及强度验算可按有关手册进行。

**2. 差速器**

轴间差速器传动比 $i_d$ 值宜根据机械与地面极限黏着情况来选择,以保证在绝大多数工况条件下,各轮黏着力得以充分利用。

对两轴驱动的轮式起重机:

$$i_d = \frac{G_{\varphi 2}}{G_{\varphi 1}} \tag{3-3-22}$$

式中 $G_{\varphi 2}$、$G_{\varphi 1}$——分别为考虑轴荷转移影响时的两轴轴荷。

计算载荷由以下三种情况确定。

(1)按发动机最大转矩和最低传动比确定从动锥齿轮计算转矩 $T_{Ge}$:

$$T_{Ge} = \frac{K_d T_{emax} K i_1 i_f i_0 \eta}{n} \quad (\text{N} \cdot \text{m}) \tag{3-3-23}$$

式中 $T_{emax}$——发动机最大使用转矩(N·m);

　　　$n$——计算驱动桥数;

　　　$i_1$——变速器一挡传动比;

　　　$i_f$——分动器传动比,对 4×4 机械,当分动器高挡传动比 $i_{fg}$ 与低挡传动比 $i_{fd}$ 间有 $i_{fg} > i_{fd}/2$ 时,$i_f$ 取 $i_{fg}$,此时 $n$ 取 1;当 $i_{fg} < i_{fd}/2$ 时,$i_f$ 取 $i_{fd}$,此时 $n$ 取 2;对于 6×6 机械,当 $i_{fg}/2 > i_{fd}/3$ 时,$i_f$ 取 $i_{fg}$,$n$ 取 2;当 $i_{fg}/2 < i_{fd}/3$ 时,$i_f$ 取 $i_{fd}$,$n$ 取 3;

　　　$i_0$——主减速器传动比;

　　　$\eta$——从发动机至主减速器从动齿轮间的传动效率;

　　　$K$——液力变矩器变矩系数,$K = (K_0 - 1)/2 + 1$,$K_0$ 为最大变矩系数;

　　　$K_d$——由于离合器接合产生的动载系数,对于一般轮式起重机可取 $K_d = 1$。

(2)按驱动轮打滑确定从动锥齿轮计算转矩 $T_{Gs}$:

$$T_{Gs} = \frac{G_2 m_2' \varphi r_r}{i_m \eta_m} \quad (\text{N} \cdot \text{m}) \tag{3-3-24}$$

式中 $G_2$——满载状态下一个驱动桥上的静负荷(N);

　　　$m_2'$——最大加速度时的后轴负荷转移系数;

　　　$\varphi$——轮胎与路面间的黏着系数,对于安装一般轮胎的轮式起重机,在良好的混凝土或沥青路上,取 $\varphi = 0.85$;对于越野轮式起重机,一般取 $\varphi = 1$;

　　　$r_r$——车轮滚动半径(m);

　　　$i_m$——主减速器从动齿轮到车轮间的传动比;

　　　$\eta_m$——主减速器从动齿轮到车轮间的传动效率。无轮边减速器时,$\eta_m = 1$。

(3)按日常行驶平均(当量)转矩确定从动锥齿轮计算转矩 $T_{GF}$:

$$T_{GF} = \frac{F_i r_r}{i_m \eta_m n} \quad (\text{N} \cdot \text{m}) \tag{3-3-25}$$

式中 $F_i$——轮式起重机日常行驶平均(当量)牵引力(N);
　　　$n$——驱动桥数;
　　$\eta_m$、$i_m$——符号意义同式(3-3-24)。

按(1)、(2)两种情况所得的计算转矩 $T_{Ge}$ 和 $T_{Gs}$ 中的较小值作锥齿轮的强度计算,按情况(3)确定的计算转矩对锥齿轮进行寿命计算。

### 二、轮胎选择

轮胎一般按其负荷选择,要求轮胎的承载能力大于轮胎的负荷。

轮胎式起重机械的轮胎按 GB/T 2980—2001、GB/T 2981—2001、GB/T 2982—2001 等选取。

充气轮胎的承载能力可根据下式确定:

$$W = 2.31 K A P^{0.583} B^{1.39}(d+B) \quad (N) \tag{3-3-26}$$

式中 $K$——轮胎的构造系数,$K=0.425\sim0.465$;
　　$P$——轮胎充气压力($kg/cm^2$);
　　$d$——轮辋直径(cm);
　　$A$——速度系数,可参考表 3-3-9 选取;

表 3-3-9　速度系数 $A$

| 速度(km/h) | 80 | 32 | 24 | 16 | 8 |
|---|---|---|---|---|---|
| $A$ | 1.0 | 1.406 | 1.52 | 1.653 | 1.9 |

　　$B$——装在理想轮辋上的充气轮胎断面宽度(cm);

$$B = B_1 \frac{180° - \arcsin \frac{C}{B_1}}{141.3°}$$

其中　$B_1$——轮胎断面宽度(cm);
　　　$C$——轮辋宽度(cm)。

### 三、转向系统计算

(一)转向系的传动比

转向系的传动比由转向系的力传动比 $i_p$ 和角传动比 $i_\omega$ 组成。

1. 力传动比 $i_p$

从轮胎接地中心作用在两个转向轮上的合力 $2F_\omega$ 与作用在转向盘上的手力 $F_h$ 之比,称为力传动比 $i_p$:

$$i_p = \frac{2F_\omega}{F_h} \tag{3-3-27}$$

轮胎与地面之间的转向阻力 $F_\omega$ 和作用在转向节上的转向阻力矩 $T_r$ 的关系为:

$$F_\omega = \frac{T_r}{a} \tag{3-3-28}$$

式中 $a$——主销偏移距,即从转向节主销轴线的延长线与支承平面的交点至车轮中心平面与支承平面的交线的距离。

作用在转向盘上的手力 $F_h$ 为:

$$F_h = \frac{T_h}{R_{s\omega}} \tag{3-3-29}$$

式中 $T_h$——作用在转向盘上的力矩;
　　$R_{s\omega}$——转向盘作用半径。

通常 $a$ 值在 30~60 mm 内。对于一定车型,可用试验方法确定。转向盘半径 $R_{s\omega}$ 根据车型不同按国家标准系列选取。

2. 角传动比 $i_{\omega 0}$

转向盘转角的增量 $\Delta\varphi$ 与同侧转向节转角的相应增量 $\Delta\beta_k$ 之比,称为转向系角传动比 $i_{\omega 0}$。它由转向器角传动比 $i_\omega$ 和转向传动机构角传动比 $i'_\omega$ 组成。

转向盘转角的增量 $\Delta\varphi$ 与摇臂轴转角的相应增量 $\Delta\beta_p$ 之比,称为转向器角传动比:

$$i_\omega = \frac{\Delta\varphi}{\Delta\beta_p} \tag{3-3-30}$$

摇臂轴转角的增量 $\Delta\beta_p$ 与同侧转向节转角的相应增量 $\Delta\beta_k$ 之比,称为转向传动机构的角传动比:

$$i'_\omega = \frac{\Delta\beta_p}{\Delta\beta_k} \tag{3-3-31}$$

转向传动机构的角传动比可近似地用转向节臂臂长 $l_2$ 与摇臂臂长 $l_1$ 之比来表示:

$$i'_\omega \approx \frac{l_2}{l_1} \tag{3-3-32}$$

$l_2$ 和 $l_1$ 的比值一般约在 0.85~1.1 之间。

转向系角传动比 $i_{\omega 0}$ 为:

$$i_{\omega 0} = i_\omega \cdot i'_\omega = \frac{\Delta\varphi}{\Delta\beta_k} \approx \frac{\Delta\varphi}{\Delta\beta_p} \tag{3-3-33}$$

(二)转向系的计算载荷

在沥青或混凝土路面上的原地转向阻力矩 $T_r$ 可用以下半经验公式计算:

$$T_r = \frac{f}{3}\sqrt{\frac{G_1^3}{p}} \quad (\text{N}\cdot\text{mm}) \tag{3-3-34}$$

式中 $f$——轮胎和路面间的滑动摩擦系数,一般取 0.7 左右;
$G_1$——转向轴负荷(N);
$p$——轮胎气压(MPa)。

作用在转向盘上的力 $F_h$ 为:

$$F_h = \frac{l_1 T_r}{l_2 R_{s\omega} i_\omega \eta} \tag{3-3-35}$$

式中 $\eta$——转向系传动效率。

对于给定的机械,上式计算出的作用力是最大值,可用此值作为计算载荷。对于转向轴负荷大的机械,若上式计算出的力超过驾驶员生理上的可能,则取驾驶员作用在转向盘轮缘上的最大瞬时力 700 N 为转向器和动力转向的动力缸以前零件的计算载荷。

(三)单桥转向梯形机构优化设计

1. 理论转向特性

两轴轮式起重机转向时,若忽略轮胎侧偏影响,两转向前轮轴的延长线应交与后轴延长线上(图 3-3-21),外转向轮转角 $\theta_0$ 和内转向轮转角 $\theta_i$ 的关系为:

$$\cot\theta_0 - \cot\theta_i = \frac{K}{L} \tag{3-3-36}$$

式中 $K$——两主销中心线延长线到地面交点之间的距离;
$L$——轴距。

单桥转向梯形机构的理论转向特性为:

$$\theta_i = f(\theta_0) = \text{arccot}(\cot\theta_0 - \frac{K}{L}) \tag{3-3-37}$$

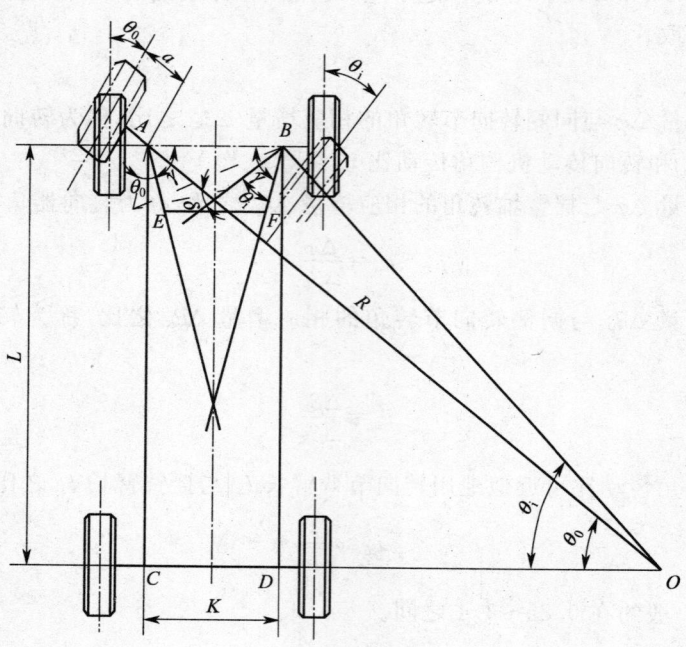

图 3-3-21 理想的内、外轮转角关系简图

**2. 实际转向特性**

由图 3-3-21 可推得单桥转向梯形机构的实际转向特性为：

$$\theta_i' = \gamma - \arcsin\frac{\sin(\gamma+\theta_0)}{\sqrt{\left(\frac{K}{m}\right)^2+1-2\frac{K}{m}\cos(\gamma+\theta_0)}} - \arccos\frac{\frac{K}{m}[2\cos\gamma-\cos(\gamma+\theta_0)-\cos2\gamma]}{\sqrt{\left(\frac{K}{m}\right)^2+1-2\frac{K}{m}\cos(\gamma+\theta_0)}} \quad (3\text{-}3\text{-}38)$$

式中　$m$——梯形臂长；
　　　$\gamma$——梯形底角。

**3. 目标函数**

转向梯形机构的实际转向特性应尽量接近于理论转向特性。在最常用的中间位置附近小转角内偏差应尽量小，以减小高速运行时轮胎的磨损。在不经常使用且车速较慢的最大转角时，适当放宽要求，为此引入加权因子 $\omega(\theta_0)$，构成的目标函数 $f(X)$ 为：

$$f(X) = \sum_{\theta_{0i}=1}^{\theta_{0\max}} \omega(\theta_{0i}) \left|\frac{\theta_i'(\theta_{0i}) - \theta_i(\theta_{0i})}{\theta_i(\theta_{0i})}\right| \times 100\% \quad (3\text{-}3\text{-}39)$$

式中　$X$——设计变量，$X = [x_1, x_2]^T = [\gamma, m]^T$；
　　　$\theta_{0\max}$——外转向轮最大转角：

$$\theta_{0\max} = \arcsin\frac{L}{R_{\min} - a} \quad (3\text{-}3\text{-}40)$$

其中　$R_{\min}$——机械最小转弯半径，
　　　$a$——主销偏移距。

考虑到多数使用工况下转角 $\theta_0$ 小于 20°，且 10°以内的小转角使用频繁，因此加权函数可取为：

$$\omega(\theta_0) = \begin{cases} 1.5 & 0°\leqslant\theta_0\leqslant 10° \\ 1 & 10°\leqslant\theta_0\leqslant 20° \\ 0.5 & 20°\leqslant\theta_0\leqslant\theta_{0\max} \end{cases} \quad (3\text{-}3\text{-}41)$$

### 4. 约束条件

为防止横拉杆的轴向力过大及梯形布置困难,对 $m$ 的上、下限及 $\gamma$ 的下限应设置约束条件:

$$m - m_{\min} \geqslant 0$$
$$m_{\max} - m \geqslant 0$$
$$\gamma - \gamma_{\min} \geqslant 0$$

梯形臂长度 $m$ 通常取 $m_{\min}=0.11K$,$m_{\max}=0.15K$。梯形底角 $\gamma_{\min}=70°$。

转向梯形机构在机械向右转弯至极限位置时 $\delta$ 达最小值,此时的传动角约束条件为:

$$\frac{\cos\delta_{\min} - 2\cos\gamma + \cos(\gamma+\theta_{0\max})}{(\cos\delta_{\min} - \cos\gamma)\cos\gamma} - \frac{2m}{K} \geqslant 0 \tag{3-3-42}$$

### (四)双桥转向空间摇臂机构优化设计

双桥转向空间摇臂机构(简称空间机构)是由左右空间四杆机构和中间一个平面四杆机构组成的单摇臂式连杆机构(图 3-3-22)。

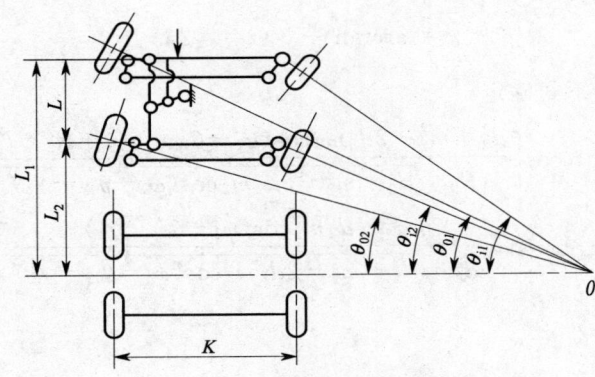

图 3-3-22  汽车起重机双桥转向机构简图

#### 1. 理论转向特性

为使两个转向机构的转向轮只作滚动而无滑动,各轮必须同时绕一公共中心点转动,因此有:

$$\theta_{01} = \arctan\left(\frac{L_1}{L_2}\tan\theta_{02}\right) \tag{3-3-43}$$

式中  $\theta_{01}$、$\theta_{02}$——两外转向轮的偏转角;

$L_1$、$L_2$——传动桥间轴距。

#### 2. 实际转向特性

图 3-3-23 是双桥转向摇臂机构的计算简图,其实际转向特性为:

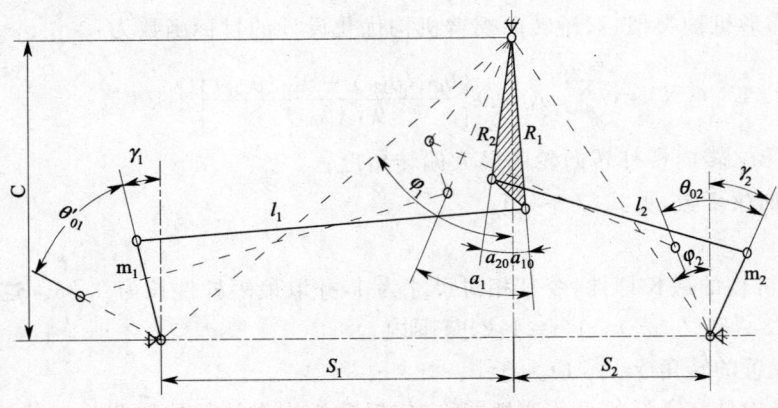

图 3-3-23  双桥转向摇臂机构计算简图

$$\theta'_{01} = \arccos\left[\frac{d_1^2 + R_1^2 - 2d_1 R_1 \cos(\varphi_1 - \alpha_1 - \alpha_{10}) + m_1^2 - l_1^2}{2m_1 \sqrt{d_1^2 + R_1^2 - 2d_1 R_1 \cos(\varphi_1 - d_1 - d_{10})}}\right]$$

$$-\arccos\left[\frac{d_1^2 - d_1 R_1 \cos(\varphi_1 - \alpha_1 - \alpha_{10})}{d_1 \sqrt{d_1^2 + R_1^2 - 2d_1 R_1 \cos(\varphi_1 - d_1 - d_{10})}}\right] - \gamma_1 - \varphi_1 \quad (3\text{-}3\text{-}44)$$

式中 $R_1$——摇臂长度；

$m_1$——节臂长度；

$l_1$——拉杆长度；

$\alpha_1$——摇臂 $R_1$ 转角；

$\alpha_{10}$——摇臂 $R_1$ 的初始角；

$\gamma_1$——节臂 $m_1$ 的初始角。

$$d_i = \sqrt{c^2 + s_i^2} \quad (i=1,2)$$

式中 $c$ 和 $s_i(i=1,2)$ 意义见图 3-3-23。

$$\varphi_i = \arctan\frac{s_i}{c} \quad (i=1,2)$$

摇臂 $R_1$ 的转角 $\alpha_1$ 由下式确定：

$$\alpha_1 = \arccos\left[\frac{d_2^2 + m_2^2 - 2d_2 m_2 \cos(\varphi_2 - \theta_{02} - \gamma_2) + R_2^2 - l_2^2}{2R_2 \sqrt{d_2^2 + m_2^2 - 2d_2 m_2 \cos(\varphi_2 - \theta_{02} - \gamma_2)}}\right]$$

$$-\arccos\left[\frac{d_2^2 - d_2 m_2 \cos(\varphi_2 - \theta_{02} - \gamma_2)}{d_2^2 \sqrt{d_2^2 + m_2^2 - 2d_2 m_2 \cos(\varphi_2 - \theta_{02} - \gamma_2)}}\right] - \alpha_{20} - \varphi_2 \quad (3\text{-}3\text{-}45)$$

式中 $m_2$——节臂长度；

$R_2$——摇臂长度；

$l_2$——拉杆长度；

$\gamma_2$——节臂 $m_2$ 的初始角；

$\alpha_{20}$——摇臂 $R_2$ 的初始角。

摇臂 $R_1$、$R_2$ 的初始角由下式确定：

$$\alpha_{i0} = \arccos\left[\frac{d_i^2 + m_i^2 - 2d_i m_i(\varphi_i + \gamma_i) + R_i^2 - l_i^2}{2R_i \sqrt{d_i^2 + m_i^2 - 2d_i m_i \cos(\varphi_i + \gamma_i)}}\right] - \arccos\left[\frac{d_i^2 - d_i m_i \cos(\varphi_i + \gamma_i)}{d_i^2 \sqrt{d_i^2 + m_i^2 - 2d_i m_i \cos(\varphi_i + \gamma_i)}}\right] - \varphi_i \quad (i=1,2)$$

$$(3\text{-}3\text{-}46)$$

3. 设计变量和目标函数

双桥梯形转向机构的设计变量为：

$$X = [R_1 \ R_2 \ l_1 \ l_2 \ m_1 \ m_2 \ \gamma_1 \gamma_2]^T$$

与单桥转向梯形机构类似，双桥转向摇臂机构优化设计的目标函数为：

$$f(X) = \sum_{\theta_{02i}=1}^{\theta_{02\max}} \omega(\theta_{02i}) \left|\frac{\theta'_{01i}(\theta_{02i}) - \theta_{01i}(\theta_{02i})}{\theta_{01i}(\theta_{02i})}\right| \times 100\% \quad (3\text{-}3\text{-}47)$$

式中 $\theta_{02\max}$——第二转向桥外转向轮的最大偏转角度；

$\omega(\theta_{02i})$——加权函数，见式(3-3-41)。

4. 约束条件

设 $d_2$ 为摇臂机构的最长杆件，令其相对尺寸为 1，并取最短杆件长为 0.23。这样，机构中的各杆件长度应在 $0.23 \leqslant R_i(l_i, m_i) \leqslant 1 (i=1,2)$ 范围内。

节臂在初始位置的转角 $\gamma_1$、$\gamma_2$ 应大于 0。

为确保摇臂机构具有良好的力传递性能，应使摇臂机构在初始位置附近工作时的摇臂和节臂与连杆的夹角接近 90°，因此处于初始位置的第 $i$ 个四杆机构的初始转角应满足 $80° \leqslant \mu_{i0} \leqslant 100°$，而

$\mu_{i0}$ 为：

$$\mu_{i0}=\arccos\left(\frac{m_i^2+l_i^2-d_i^2-R_i^2+2d_iR_i\cos\beta_{i0}}{2m_il_i}\right) \quad (3\text{-}3\text{-}48)$$

式中 $\beta_{i0}$ ——连杆初始角，$\beta_{i0}=\varphi_i+(-1)^i\alpha_{i0}$。

其相应的约束函数为：

当 $\mu_{i0}\geqslant 80°$ 时，

$$m_1^2+l_1^2-d_1^2-R_1^2+2d_1R_1\cos\beta_{10}-0.35m_1l_1\leqslant 0$$
$$m_2^2+l_2^2-d_2^2-R_2^2+2d_2R_2\cos\beta_{20}-0.35m_2l_2\leqslant 0$$

当 $\mu_{i0}\leqslant 100°$ 时，

$$d_1^2+R_1^2-m_1^2-l_1^2-2d_1R_1\cos\beta_{10}-0.35m_1l_1\leqslant 0$$
$$d_2^2+R_2^2-m_2^2-l_2^2-2d_2R_2\cos\beta_{20}-0.35m_2l_2\leqslant 0$$

### 四、制动系统计算

#### （一）制动性能指标

制动性能表示机械在行驶中根据要求降低车速及停车的能力。通常以在一定行驶速度下制动时制动距离大小来加以衡量。制动距离小则制动性能好。

对于轮式起重机，当脱开发动机进行制动时，其制动性能指标建议按表 3-3-10 推荐值选用。

表 3-3-10　轮胎起重机制动性能指标推荐值

| 起重量 $Q/t$ | 最高车速 $v_{max}/(km/h)$ | 制动初速度 $v_0/(km/h)$ | 制动距离 $S_z/m$ | 制动减速度 $j_z/(m/s^2)$ |
|---|---|---|---|---|
| $Q\leqslant 8$ | $\leqslant 25$ | 10 | 2 | 3 |
| | $>25$ | 20 | 6 | 3.5 |
| $Q>8$ | $\leqslant 25$ | 10 | 2.5 | 2.5 |
| | $>25$ | 20 | 7 | 3 |

对于叉车，一般空载运行状态，前进车速为 $(20\pm 2)km/h$ 时，制动距离 $\leqslant 6\ m$；叉车满载运行状态，前进车速为 $(10\pm 1)km/h$ 时，制动距离 $\leqslant 3\ m$。

机械实际制动距离为：

$$S_z=S_{zt}+S_0 \quad (3\text{-}3\text{-}49)$$

式中 $S_{zt}$ ——理论制动距离，指在制动器计算制动力矩作用下，机构理论计算出的制动距离；

$S_0$ ——司机反应时间和踏下制动踏板到制动器达到其计算制动力矩的时间 $t_0$（制动延续时间）内，机械通过的距离 $S_0=v_0t_0$，一般 $t_0$ 取 $0.25\ s$。

叉车用制动器的性能应符合 GB/T 18849 的有关规定。

#### （二）制动器设计的一般原则

##### 1. 制动器效能

制动器在单位输入压力或力的作用下所输出的力或力矩称为制动器效能，常用制动器效能因数来评价。在制动鼓或制动盘的作用半径上所得到的摩擦力与输入力之比称为制动器效能因数。

钳盘式制动器的效能因数 $K$ 为：

$$K=\frac{2\mu F_0}{F_0}=2\mu \quad (3\text{-}3\text{-}50)$$

式中 $F_0$ ——两侧制动块对制动盘的压紧力；

$\mu$ ——制动衬块与盘之间的摩擦系数。

蹄式制动器的效能因数 $K$ 为：

$$K=\frac{T_\mu}{F_0 R}=\frac{2(T_{\mu t_1}+T_{\mu t_2})}{(F_{01}+F_{02})R} \tag{3-3-51}$$

式中 $T_\mu$——整个蹄式制动器的摩擦力矩；

$F_0$——两蹄张开力的平均值；

$R$——制动鼓的作用半径；

$T_{\mu t_1}$、$T_{\mu t_2}$——两蹄加于制动鼓的摩擦力矩；

$F_{01}$、$F_{02}$——两蹄张开力。

制动器的效能因数不能过高，以免发生自锁。

2. 制动器效能的稳定性

制动器效能的稳定性主要取决于其效能因数 $K$ 对摩擦系数的敏感性（$dK/df$）。影响摩擦系数的因素除摩擦副的材料外，主要是摩擦副表面温度和水湿程度，其中经常作用的为温度，因此制动器的热稳定性更加重要。

要制动器的热稳定性好，除应选择效能因数对摩擦系数的敏感性较低的结构型式外，还要求摩擦副材料有良好的抗衰退性和恢复性，并应使制动鼓具有足够的热容量和散热能力。

3. 制动器间隙调整的简便性

制动器间隙调整装置的结构型式和安装位置必须保证调整操作简便，最好采用自动调整装置。

4. 制动器的尺寸和质量

宜选用尺寸小而效能高的制动器，以便能在轮辋内安装。

车轮制动器应尽可能减轻其质量，以提高机械行驶平顺性。

5. 噪声的减轻

制动器设计中应采取必要的结构措施，减小噪声，但应注意其可能产生的制动转矩下降和踏板行程损失加大等副作用。

（三）制动转矩的计算

1. 行驶制动器制动转矩的确定

(1) 正常行驶制动转矩 $T$ 按规定的制动距离计算：

$$T=\frac{\delta_0 m \gamma_r}{2 S_{zt}}\left(\frac{v_0}{3.6}\right)^2 \quad (\text{N·m}) \tag{3-3-52}$$

式中 $\delta_0$——回转质量及平移质量的折算系数，可取 1.05；

$m$——机械质量（kg）；

$v_0$——制动初速度（km/h）；

$\gamma_r$——车轮滚动半径（m）；

$S_{zt}$——理论制动距离（m），$S_{zt}=S_z-S_0$。

$S_z$ 按表 3-3-10 或有关规定选取，$S_0$ 由计算得出，见式（3-3-49）。

前后轮均制动时，前后轮制动转矩分别为：

$$\left.\begin{array}{l} T_1=T\left(\dfrac{\lambda}{1+\lambda}\right) \\ T_2=T\left(\dfrac{1}{1+\lambda}\right) \end{array}\right\} \tag{3-3-53}$$

式中 $\lambda$——前后轮制动力矩分配比。

$$\lambda=\frac{T_1}{T_2}=\frac{L_2-\varphi_0 h_g}{L_1-\varphi_0 h_g} \tag{3-3-54}$$

式中 $h_g$——质心高度；

$\varphi_0$——同步黏着系数，取 $\varphi_0=0.3\sim0.4$；

$L_1$、$L_2$——质心至前轴和后轴的距离。

(2)最大制动转矩 $T_{max}$ 按在良好、水平的沥青或混凝土路面实行紧急制动,前车轮抱死拖滑的工况计算。前轮的最大制动转矩 $T_{1max}$ 为:

$$T_{1max} = \left(R_1 + \frac{mg\varphi_0 h_g}{L}\right)\varphi_0 r_r \tag{3-3-55}$$

式中 $R_1$——前轴静负荷;

$L$——轴距。

后轮的最大制动转矩 $T_{2max}$ 为:

$$T_{2max} = \lambda T_{1max} \tag{3-3-56}$$

2. 应急制动和驻车制动所需的制动转矩

(1)应急制动

应急制动时,后轮一般都将抱死滑移,后轴制动转矩为:

$$T_2' = \frac{mgL_1}{L+\varphi h_g}\varphi r_r \tag{3-3-57}$$

式中 $\varphi$——轮胎与路面黏着系数。

若用后轮制动器作为应急制动器,则单个后轮制动器应急制动转矩为 $T_2'/2$。

若用中央制动器作为应急制动器,则其应具有的制动转矩为 $T_2'/i_0$,$i_0$ 为主传动比。

(2)驻车制动

驻车制动器的制动转矩按最大爬坡度、整车结构参数及地面黏着条件计算。当驻车制动器布置在变速箱和驱动桥之间的传动轴上时,其制动转矩计算式如下。

对于前、后桥全驱动的机械:

$$T'' = \frac{mg\varphi r_r}{i_0 i}\cos\alpha \tag{3-3-58}$$

对于前桥驱动的机械:

$$T'' = \frac{mg\varphi r_r}{L\ i_0 i}(L_2\cos\alpha - h_g\sin\alpha) \tag{3-3-59}$$

对于后桥驱动的机械:

$$T'' = \frac{mg\varphi r_r}{Li_0 i}(L_1\cos\alpha + h_g\sin\alpha) \tag{3-3-60}$$

式中 $i_0$、$i$——主传动器及轮边减速器速比;

$\alpha$——道路坡度角。对于轮式起重机坡度取 20%~30%;对叉车,满载爬坡度为 15%,空载爬坡度为 20%。

其余符号与以上各式相同。

制动器的设计计算见第四篇第七章。

## 第四节 履带式运行机构计算

### 一、运行阻力计算

履带式起重机械运行时的总阻力 $F$ 由四部分组成。即:

$$F = F_1 + F_2 + F_3 + F_4 \tag{3-3-61}$$

式中 $F_1$——履带构件中的内部摩擦阻力;

$F_2$——机械使地面土壤变形产生的阻力;

$F_3$——坡道阻力;

$F_4$——转弯阻力。

1. 内部摩擦阻力 $F_1$

履带式机械运行时的内部摩擦阻力 $F_1$ 由四部分组成,即:

$$F_1 = F_1' + F_1'' + F_1''' + F_1'''' \tag{3-3-62}$$

式中 $F_1'$——履带板绕过导向轮和驱动轮时,履带销子与履带销套间相对转动时的摩擦阻力;
$F_1''$——支重轮处的摩擦阻力;
$F_1'''$——导向轮处的摩擦阻力;
$F_1''''$——驱动轮处的摩擦阻力。

机械前进时,履带内部摩擦阻力 $F_1$ 为:

$$F_1 = \mu_1 d_1 \frac{\pi}{Zt}(P_1 + 3P_2) + \frac{G}{D_2}(2f + \mu_2 d_2) + 2P_2 \mu_3 \frac{d_3}{D_3} + (P_1 + P_2)\mu_4 \frac{d_4}{D_4} \tag{3-3-63}$$

机械后退时,履带内部摩擦阻力 $F_1$ 为:

$$F_1 = \mu_1 d_1 \frac{\pi}{Zt}(3P_1 + P_2) + \frac{G}{D_2}(2f + \mu_2 d_2) + 2P_2 \mu_3 \frac{d_3}{D_3} + (P_1 + P_2)\mu_4 \frac{d_4}{D_4} \tag{3-3-64}$$

式中 $\mu_1$——履带销与销套间的摩擦系数,$\mu_1 = 0.1 \sim 0.3$;
$d_1$——履带销子直径;
$Zt$——驱动轮作用齿数;
$t$——履带板节距;
$P_1$——履带紧边拉力,即驱动轮作用到履带上的圆周力;
$P_2$——履带松边拉力,一般 $P_2 \approx (0.1 \sim 0.15)P_1$;
$G$——支重轮传动履带板的重力;
$d_2$——支重轮轴径;
$D_2$——支重轮外径;
$\mu_2$——支重轮和轮轴之间的摩擦系数,$\mu_2$ 一般不大于 0.1;
$\mu_3$——导向轮轴和轴承间的摩擦系数;
$d_3$——导向轮轴径;
$D_3$——导向轮滚道直径;
$\mu_4$——驱动轮轴承的摩擦系数;
$d_4$——驱动轮轴直径;
$D_4$——驱动轮节圆直径;
$f$——滚动阻力臂,一般取 $f = 3 \text{ mm} \sim 5 \text{ mm}$。

初步估算时,可取:

$$F_1 = (0.05 \sim 0.10) mg \tag{3-3-65}$$

式中 $m$——机械质量(kg)。

2. 支承面土壤变形阻力 $F_2$

$$F_2 = \frac{p^2}{c_1} b \tag{3-3-66}$$

式中 $p$——履带对地面的单位面积压力($\text{N/mm}^2$),非均匀分布时,取 $p_{\max}$ 值;
$b$——履带板宽度(mm);
$c_1$——沉陷阻力系数,参考表 3-3-11 选取。

初步估算时,根据道路情况可取:

$$F_2 = fmg = (0.05 \sim 0.15) mg \tag{3-3-67}$$

式中 $f$——履带式机械运行时,土壤变形引起的滚动阻力系数,参考表 3-3-12。

表 3-3-11　沉陷阻力系数 $c_1$ 及最大允许比压力 $p_{max}$

| 土壤种类和状态 | 沉陷阻力系数 $c_1$/(N/mm² · mm) | 最大允许比压力 $p_{max}$/(N/mm²) |
|---|---|---|
| 沼泽土 | 0.001～0.001 5 | 0.08～0.10 |
| 类沼泽土，细砂 | 0.001 8～0.002 5 | 0.20～0.30 |
| 松砂，松软的湿黏土，耕地 | 0.002 5～0.003 5 | 0.30～0.50 |
| 粗粒胶结成块的砂，湿的黏土 | 0.003 5～0.006 0 | 0.60～0.80 |
| 密室的黏土 | 0.010 0～0.012 5 | 0.80～1.20 |
| 泥灰土 | 0.013 0～0.018 0 | 1.00～1.50 |

表 3-3-12　土壤变形阻力系数 $f$

| 铺装路面 | 0.05～0.06 | 细砂土 | 0.10～0.12 |
|---|---|---|---|
| 干路面 | 0.06～0.07 | 松软的砂质土路 | 0.08～0.10 |
| 草地 | 0.07～0.08 | 开垦的耕地 | 0.10～0.12 |
| 泥泞地 | 0.10～0.15 | 冻土路 | 0.03～0.04 |

3. 坡道阻力 $F_3$

$$F_3 = mg\sin\alpha \tag{3-3-68}$$

式中　$\alpha$——坡度角。

4. 履带起重机按图 3-3-24(a) 正常转向时的转弯阻力 $F_4$

$$F_4 = 0.5mg\mu \frac{L}{B} \tag{3-3-69}$$

式中　$\mu$——转向阻力系数，一般 $\mu = 0.4 \sim 0.7$；

　　　$L$——履带接地长度；

　　　$B$——两侧履带中心距。

初步计算时，取 $\mu = 0.5$，则有

$$F_4 \approx (0.3 \sim 0.325)mg \tag{3-3-70}$$

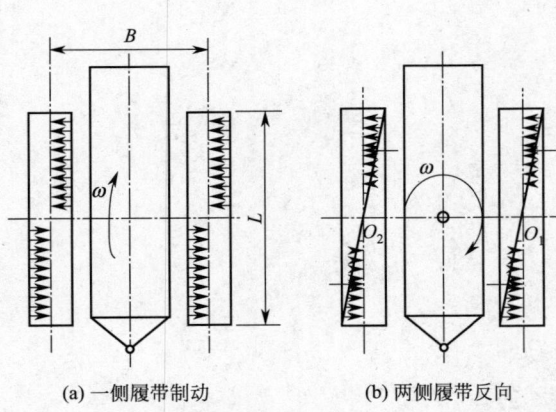

(a) 一侧履带制动　　(b) 两侧履带反向

图 3-3-24　转向阻力作用示意图

## 二、履带式运行机构转向计算

1. 转向阻力矩 $T$

若机械质心落在履带架的中心(即履带接地比压均匀分布)，一侧履带制动转向时的转向阻力矩(与式 3-3-69 比较)为：

$$T=\frac{1}{4}mg\mu L \tag{3-3-71}$$

两侧履带反向转向时(图 3-3-24(b)),转向总阻力矩为:

$$T=\frac{1}{6}mg\mu L \tag{3-3-72}$$

式中 $\mu$——转向阻力系数,一般取 0.7。

2. 转向条件

(1)一侧履带制动转向(图 3-3-24(a))

平地上一侧履带制动转向,驱动侧履带的轮周切线牵引力为:

$$P=\frac{1}{2}mgf+\frac{mg\mu L}{4B} \tag{3-3-73}$$

式中 $f$——滚动阻力系数,见表 3-3-12;

　　　$\mu$——转向阻力系数,取 $\mu=0.4\sim0.7$。

地面黏着系数 $\varphi$ 应满足下式要求:

$$\frac{L}{B}<\frac{2}{\mu}(\varphi-f) \tag{3-3-74}$$

(2)两侧履带反向转向(图 3-3-24(b))

每侧履带应提供的轮周切线牵引力为:

$$P=\frac{mg}{2}f+\frac{mg\mu L}{6B} \tag{3-3-75}$$

地面黏着条件应满足下式要求:

$$\frac{L}{B}<\frac{3}{\mu}(\varphi-f) \tag{3-3-76}$$

# 第四章 回转机构

## 第一节 回转机构的组成和典型形式

### 一、回转机构组成

回转机构由回转支撑装置和回转驱动装置两部分组成。前者将起重机的回转部分支持在固定部分上,后者驱动回转部分相对于固定部分回转。

### 二、回转支承装置

回转支承装置简称回转支承。主要分为柱式和转盘式两大类,根据不同的使用要求、各种回转支承的特点以及制造厂的加工条件等合理地选定。回转支承保证起重机回转部分有确定的回转运动,并承受起重机回转部分作用于它的垂直力、水平力和倾覆力矩。

(一)柱式回转支承装置

1. 定柱式回转支承装置(图3-4-1)

定柱式回转支承装置结构简单、制造方便,起重机回转部分的转动惯量小,自重和驱动功率较小,能使起重机的重心降低。

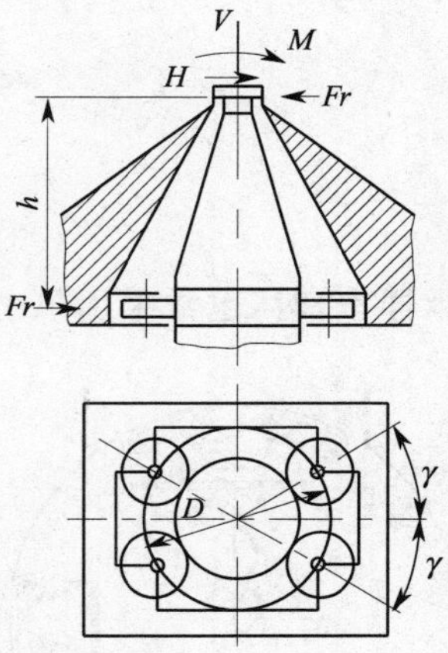

图3-4-2a所示为上支座构造。它由一个推力轴承与一个自位径向轴承组成。推力轴承球面垫的球心应与自位径向轴承的球心重合。图3-4-2b所示为下支座的构造。由于定柱下部直径大,下水平支座通常制成滚轮的形式。滚轮装在转动部分上。图中有四个支点,每个支点有两个滚轮,装在均衡梁上。四个支点的位置根据受力情况布置。传统的浮式起重机常采用定柱式回转支承。

图3-4-1 定柱式回转支承装置

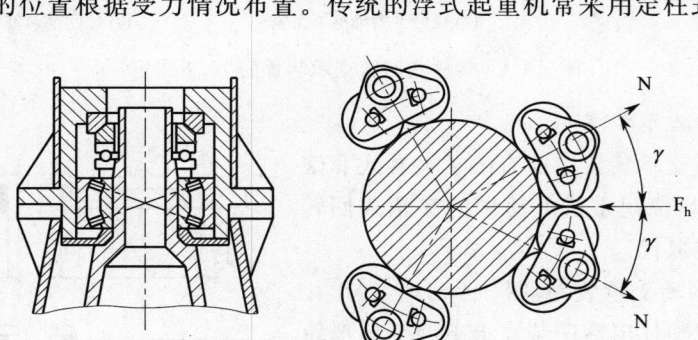

(a)上支座　　(b)下支座

图3-4-2 定柱式上、下支承座

2. 转柱式回转支承装置(图3-4-3)

转柱式回转支承装置结构简单,制造方便,适用于起升高度和工作幅度较大而起重机的高度尺寸没有严格限制的起重机(如塔式、门座起重机)。

图3-4-4所示为转柱式上、下支座的构造,转动心轴可以调整上支座滚轮与环形滚道之间的间隙。上支座采用滚轮式结构时下支承的构造如图3-4-4b、c所示。下支承的作用是承受回转部分的重量和水平力,一般采用有自动调位作用的推力轴承和径向球面轴承组合结构(图3-4-4c),为保证自动调位作用,应使两轴承球面中心重合于一点。当水平力较小,$V/F_r > e$(滚动轴承的$e$值见

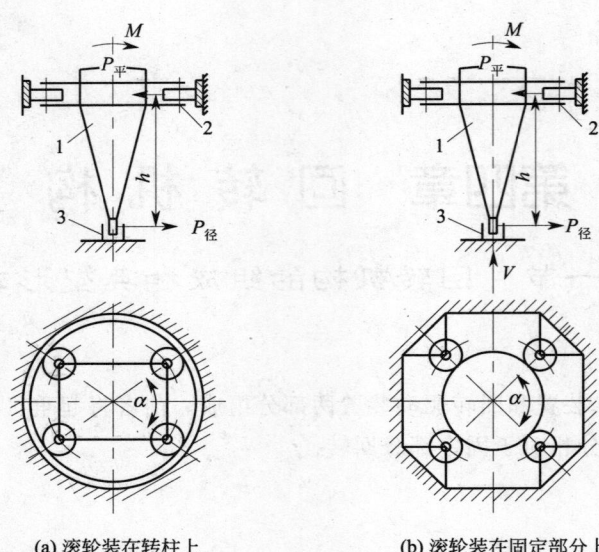

(a) 滚轮装在转柱上　　　(b) 滚轮装在固定部分上

图 3-4-3　转柱式回转支承装置
1—转柱；2—上支座；3—下支座

轴承样本)时，也常采用单个径向推力轴承支座(图 3-4-4b)。

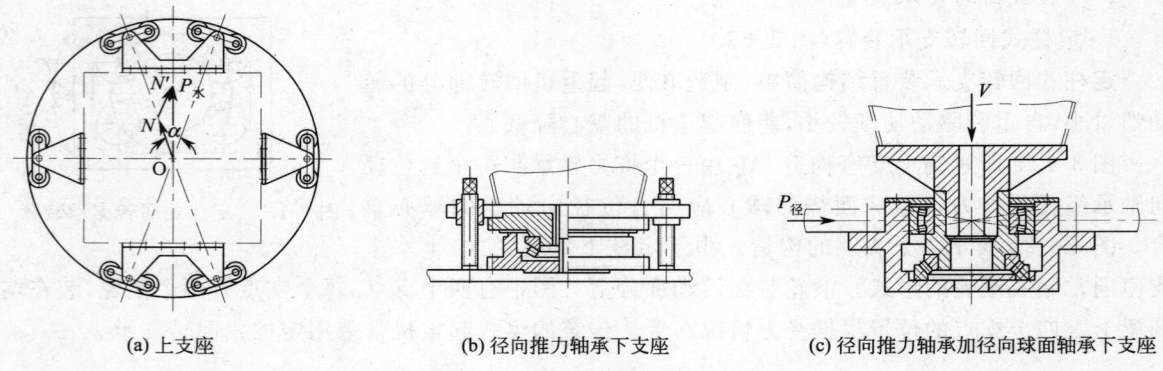

(a) 上支座　　　(b) 径向推力轴承下支座　　　(c) 径向推力轴承加径向球面轴承下支座

图 3-4-4　转柱式回转支承装置的上、下支座

(二) 转盘式回转支承装置

现代转盘式回转支承装置主要有滚子夹套式和滚动轴承式(过去中小吨位起重机上使用的滚轮式回转支承已由滚动轴承式取代)。

1. 滚子夹套式回转支承装置(图 3-4-5)

它由许多圆锥或圆柱形滚子装在上下两个环形轨道之间。固结在转台底面的轨道通常在受力大的前后方制成两段圆弧形。

圆锥滚子用于轨道直径较小的情况，可以避免附加的摩擦阻力与磨损。由于锥形滚子产生轴向力，因此滚子装在由许多拉杆构成的保持架上。

在轨道直径较大的情况下，可以采用圆柱形滚子。圆柱形滚子可制成单轮缘或双轮缘，装在由槽钢制成的保持架上。这种保持架应该有足够的强度和刚度。

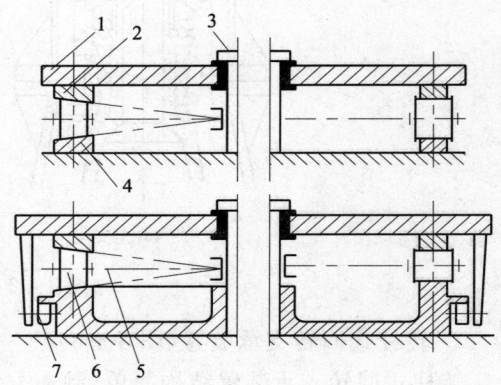

图 3-4-5　滚子夹套式回转支承装置
1—转盘；2—转动轨道；3—中心轴枢；4—固定轨道；
5—拉杆；6—滚子；7—反抓滚子

滚子夹套式回转支承装置已逐渐被滚动轴承式回转支承装置所取代。

## 2. 滚动轴承式回转支承装置

滚动轴承式回转支承装置尺寸紧凑、性能完善，可以同时承受垂直力、水平力和倾覆力矩，是应用最广的回转支承装置。为保证轴承装置正常工作，对固定轴承座圈的机架要求有足够的刚度。

起重机回转部分固定在大轴承的回转座圈上，而大轴承的固定座圈则与底架或门座的顶面相固结。

图 3-4-6 是常用的四种滚动轴承式回转支承装置结构。

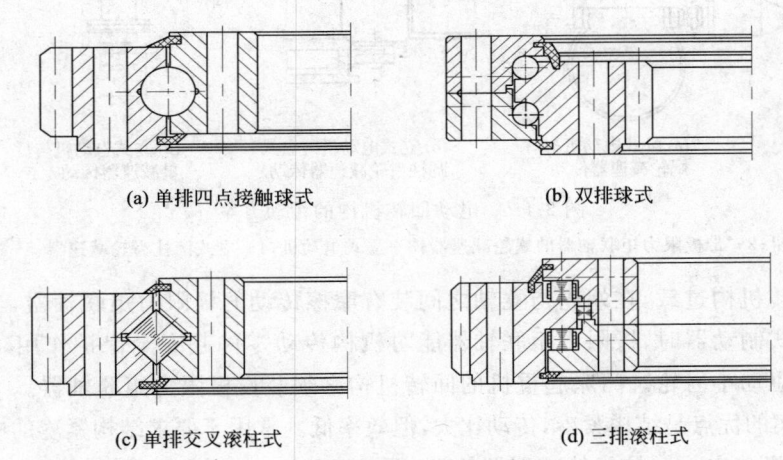

(a) 单排四点接触球式　　(b) 双排球式

(c) 单排交叉滚柱式　　(d) 三排滚柱式

图 3-4-6　滚动轴承式回转支承装置

(1) 单排四点接触球式回转支承（图 3-4-6a）

它由两个座圈组成，结构紧凑、重量轻、高度尺寸小。内外座圈上的滚道是两个对称的圆弧面，钢球与圆弧面滚道四点接触，能同时承受轴向力、径向力和倾覆力矩。适用于中小型起重机。

(2) 双排球式回转支承（图 3-4-6b）

它有三个座圈，采用开式装配，钢球和隔离块可直接排入上下滚道，上下两排钢球采用不同直径以适应受力状况的差异。滚道接触压力角较大（60°～90°），因此能承受很大的轴向载荷和倾覆力矩。适用于中型塔式起重机、汽车起重机。

(3) 单排交叉滚柱式回转支承（图 3-4-6c）

它由两个座圈组成，滚柱轴线 1∶1 交叉排列，接触压力角为 45°。由于滚柱与滚道间是线接触，所以承载能力高于单排钢球式。这种回转支承制造精度高，装配间隙小，安装精度要求较高，适用于中小型起重机。

(4) 三排滚柱式回转支承（图 3-4-6d）

它由三个座圈组成，上下及径向滚道各自分开。上下两排滚柱水平平行排列，承受轴向载荷和倾覆力矩，径向滚道垂直排列的滚柱承受径向载荷，是常用四种形式的回转支承中承载能力最大的一种，适用于回转支承直径较大的大吨位起重机。

为避免铁路起重机尾部可伸出平衡重侵入相邻线路而影响邻线通车或与路堑边坡冲突，德国 KIROW 公司生产的大吨位铁路起重机采用了双回转支承式结构，伸缩吊臂和伸缩平衡重可在一定范围内分别回转，详细结构布置参见第七篇第六章。

## 三、回转驱动装置

### （一）电动回转驱动装置

回转驱动装置通常装在起重机的回转部分上，电动机经过减速器带动最后一级小齿轮，小齿轮与装在起重机固定部分上的大齿圈（或针齿圈）相啮合，以实现起重机回转。在起重机回转机构中常用的是下列三种形式机械传动装置。

## 1. 卧式电动机与蜗轮减速器传动(图 3-4-7a)

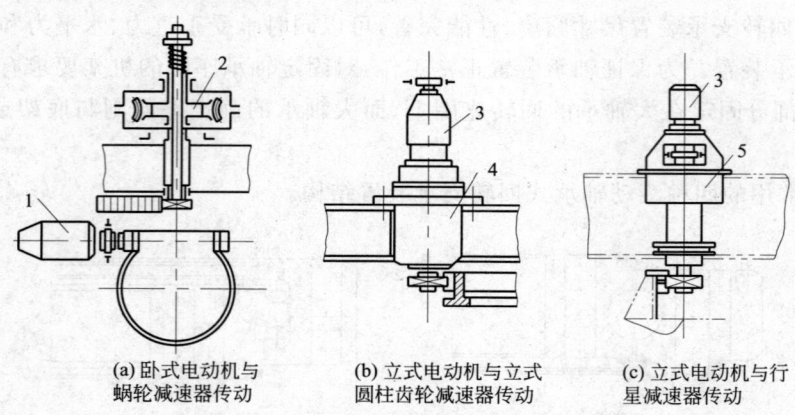

(a) 卧式电动机与蜗轮减速器传动　(b) 立式电动机与立式圆柱齿轮减速器传动　(c) 立式电动机与行星减速器传动

图 3-4-7　电动回转机构的传动方案

1—卧式电动机；2—带极限力矩联轴器的蜗轮减速器；3—立式电动机；4—立式圆柱齿轮减速器；5—行星减速器

为了防止回转机构过载,在蜗轮与立轴之间装有摩擦传动的极限力矩联轴器,当蜗杆传动出现自锁或采用常闭式制动器时,极限力矩联轴器能对机构传动零件起安全保护作用。极限力矩联轴器应尽可能靠近驱动小齿轮。门座起重机的回转机构必须装设极限力矩联轴器。

这种传动方案的优点是结构紧凑,传动比大,但效率低。常用于要求结构紧凑的中小型起重机。

## 2. 立式电动机与立式圆柱齿轮减速器传动(图 3-4-7b)

这种传动方案的优点是平面布置紧凑,传动效率高,维护容易。

## 3. 立式电动机与行星减速器传动(图 3-4-7c)

这种传动方案采用的行星减速器有 3Z 传动、2Z-X 传动、摆线针轮传动、渐开线少齿差或谐波传动等。行星传动具有传动比大,结构紧凑等优点,是起重机回转机构较理想的传动方案。

中小起重量起重机,其回转机构一般为单套驱动装置,大起重量起重机有时采用同规格的双套驱动装置。

电动回转机构应采用自动作用的常闭式制动器(塔式起重机和门座起重机例外)。对于塔式起重机和门座起重机推荐采用可操纵的常开式制动器,以避免制动作用过猛,遇有强风时,能自动回转到顺风位置,减小倾覆危险(采用常开式制动器时,应有制动器制动后的锁住装置)。

### (二)液压回转驱动装置

#### 1. 高速液压马达与蜗轮减速器或行星减速器传动

高速液压马达与蜗轮减速器或行星减速器传动,在传动型式上与电动机驱动基本相同(见图 3-4-7a、c)。液压驱动的小起重量起重机,通过液压回路和换向阀的合适机能,可以使回转机构不装制动器,同时保证回转部分在任意位置上停住,并避免冲击。高速液压马达的驱动型式,在汽车式、轮胎式和铁路起重机上应用广泛。

#### 2. 低速大扭矩液压马达回转机构(图 3-4-8)

低速大扭矩液压马达的转速在每分钟 0~100 转的范围内,因此,可以直接在油马达轴上安装回转机构的小齿轮,如马达输出扭矩不满足传动要求,可以加装一级机械减速装置。该型式在一些小吨位汽车起重机上有所应用。有的不装制动器,也可以在液压马达输出轴上加装制动器。

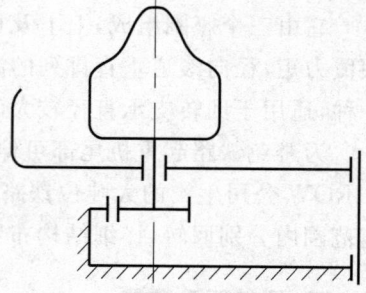

图 3-4-8　低速大转矩液压马达回转机构

采用低速大扭矩液压马达可以省去或减小减速装置,因此机构很紧凑。但低速大扭矩液压马达成本高,使用可靠性不如高速液压马达,加之可以采用结构紧凑、传动比大的行星传动或蜗轮传动,高速液压马达在起重机的回转机构中使用广泛。

### 3. 液压回转驱动机构典型油路（图 3-4-9）

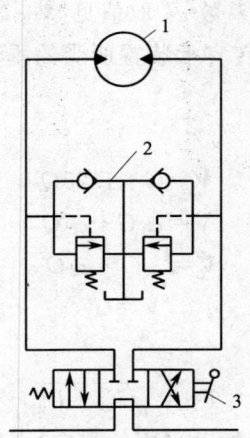

图 3-4-9　回转驱动机构典型油路
1—液压马达；2—双向缓冲阀；3—换向阀

液压马达由换向阀控制旋转方向，双向缓冲阀的作用是避免回转机构起动或制动时产生过高的压力，使机构动作平稳。缓冲阀的调整压力应略大于回路的额定工作压力。大吨位起重机回转惯性力大，需要加装缓冲阀，小吨位起重机回转机构可以不装。

## 第二节　回转支承装置计算

### 一、回转支承装置的计算载荷

回转支承装置的计算载荷见表 3-4-1。

表 3-4-1　起重机回转支承装置的计算载荷

| 载荷名称 | 载荷工况 | | | |
| --- | --- | --- | --- | --- |
| | A | B | C | D |
| 起重机回转部分自重（包括对重，臂架） | $G$ | $\varphi_1 G$ | $\varphi_1 G$ | $G$ |
| 起升载荷 | $1.25Q$ | $\varphi_2 Q$ | $\varphi_2 Q'$ | — |
| 钢丝绳偏斜产生的水平力 | — | $Q\tan\alpha_{\mathrm{II}}$ | $Q'\tan\alpha_{\mathrm{II}}$ | — |
| 起重机回转部分受的风力（不包括起吊物品受的风力） | — | $F_{w\mathrm{II}}$ | $F_{w\mathrm{II}}$ | $F_{w\mathrm{III}}$ |
| 波浪使船体摇摆产生的惯性力（只用于浮式和甲板起重机） | — | $F_\theta$ | $F_\theta$ | $F_{\theta\max}$ |

在表 3-4-1 中，载荷工况 A 为起重机静载试验工况（起吊额定起重量的125%），通常按此工况计算回转支承装置的静容量。

载荷工况 B 为起重机在最小幅度起吊最大起重量 $Q$ 的作业工况，承受工作状态下的最大风载荷 $F_{f\mathrm{II}}$，钢丝绳偏斜角为 $\alpha_{\mathrm{II}}$（$F_{f\mathrm{II}}$ 计算和 $\alpha_{\mathrm{II}}$ 取值均见第一篇第三章）。

载荷工况 C 为起重机在最大幅度起吊相应的额定起重量 $Q'$ 的作业工况（$Q'$ 可能等于 $Q$，也可能小于 $Q$，视起重机类型及起重性能而定）。

载荷工况 D 为起重机在非工作状态时承受非工作状态最大风压 $q_{\mathrm{III}}$ 产生的风载荷 $F_{f\mathrm{III}}$，风向按不利于回转支承装置受载的方向选取。

船体摇摆惯性力与横倾角 $\theta$ 有关，初步计算时取 $\theta=5°\sim6°$，$\theta_{\max}=\arctan\dfrac{2T}{B}$（$B$ 为平底船宽，$T$

为起重机无载时的船体吃水深度)。

起升冲击系数 $\varphi_1$ 和起升载荷动载系数 $\varphi_2$ 取值见第一篇第三章。

根据表 3-4-1 中载荷工况,计算回转支承装置所受的垂直方向的总轴向力、水平方向的总径向力和总力矩。

1. 总轴向力

工况 A $$V=G+1.25Q \tag{3-4-1}$$
工况 B $$V=\varphi_1 G+\varphi_2 Q \tag{3-4-2}$$
工况 C $$V=\varphi_1 G+\varphi_2 Q' \tag{3-4-3}$$
工况 D $$V=G \tag{3-4-4}$$

2. 总径向力

$$F_H=\sqrt{F_x^2+F_y^2} \tag{3-4-5}$$

式中 $F_x=\sum F_{xi}$——$x$ 轴方向(即臂架摆动平面的方向)上所有水平力的总和;
$F_y=\sum F_{yi}$——$y$ 轴方向(垂直于臂架摆动平面方向)上所有水平力的总和。

3. 总力矩

$$M=\sqrt{M_x^2+M_y^2} \tag{3-4-6}$$

式中 $M_x$——在垂直臂架摆动平面内垂直力及水平力对回转支承装置中心的倾覆力矩和;
$M_y$——在臂架摆动平面内垂直力及水平力对回转支承装置中心的倾覆力矩和。

### 二、柱式回转支承装置的计算

柱式回转支承装置都是由一个止推轴承承受垂直力,用上、下支座的水平支承承受水平力和力矩(图 3-4-1 和图 3-4-3)。

止推轴承的反力为:

$$F_t=V \tag{3-4-7}$$

下支座径向轴承的反力为:

$$F_r=\frac{M}{h} \tag{3-4-8}$$

式中 $h$——两个水平支承间的距离。

水平滚轮支座反力为:

$$F_h=F_r+F_H=\frac{M}{h}+F_H \tag{3-4-9}$$

式中 $F_H$——由式(3-4-5)求出的径向力。

当水平力 $F_h$ 由两个滚轮或两个滚轮组承受时,每个水平滚轮或滚轮组所受的力为:

$$N=\frac{F_h}{2\cos\gamma} \tag{3-4-10}$$

式中 $\gamma$——两个滚轮或滚轮组之间的夹角。

支座反力求出后,可选用标准轴承或自行设计轴承零件。

柱式回转支承的柱体,可根据求得的支座反力按金属结构设计计算方法进行设计。

### 三、转盘式回转支承装置的计算

(一)滚子夹套式

1. 滚子轮压计算(图 3-4-10)

按表 3-4-1 所示的四种载荷工况,计算滚子压力,最大压力一般出现在臂架方向前端的滚子上。

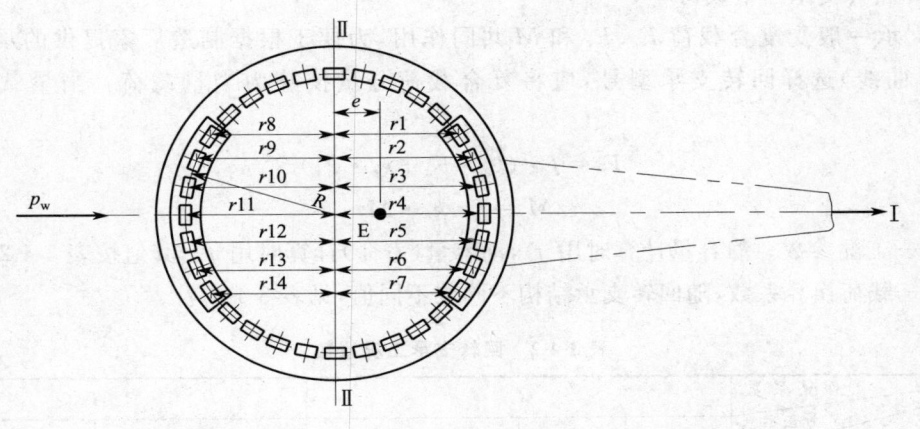

图 3-4-10 滚子夹套式回转支承装置压力计算简图

滚子最大载荷为:

$$N_{\max} = \frac{F_G}{n} + \frac{MR}{\sum r_i^2} \quad (N) \tag{3-4-11}$$

式中 $F_G = G + Q$,视不同计算工况,计入起升冲击系数 $\varphi_1$,起升动载系数 $\varphi_2$ 或超载试验系数 1.25 (N);

$n$——位于圆形轨道上的承压滚子数;

$M$——倾覆力矩(N·m);

$R$——圆形轨道的半径(m);

$\sum r_i^2$——受载滚子中心到平面Ⅱ—Ⅱ(见图 3-4-10)的距离平方和($m^2$)。

2. 中心轴枢

中心轴枢应根据工作状态下的最大载荷进行静强度计算(表 3-4-1 中的工况 A、B、C),再按非工作状态下的最大载荷(表 3-4-1 中的工况 D)进行静强度验算。作用在中心轴枢上的载荷有垂直力和水平力。垂直力包括中心轴枢的预紧力和在最大倾覆力矩作用下中心轴枢所承受的垂直拉力。中心轴枢的尺寸根据水平力引起的弯曲和垂直力引起的拉伸联合作用计算。

(二)滚动轴承式

滚动轴承式回转支承国内外都有专业工厂生产标准系列化产品。常用滚动轴承式回转支承系列和结构性能参数见表 3-4-4 至表 3-4-7。我国的专业生产厂有徐州罗特艾得回转支承有限公司、洛阳矿山机械厂和马鞍山统力回转支承有限公司等。

设计时可按下列步骤选取合适型号:

1. 回转支承选型所需的技术参数

(1)作用在回转支承上的载荷;

(2)主要工作条件;

(3)传动齿轮工作扭矩及齿轮参数;

(4)滚道中心圆直径;

(5)联结螺栓直径、数量及强度等级。

载荷计算见表 3-4-1。在确定回转支承上的总轴向力 $F_a$、总径向力 $F_r$ 和合力矩 $M$ 时,不考虑表中的起升冲击系数 $\varphi_1$ 和起升动载系数 $\varphi_2$。在计算当量载荷时以静、动容量工况系数 $f_s$ 和 $f_d$ 考虑。

2. 确定回转支承结构型式

根据工作条件、联结方式确定回转支承结构型式。

### 3. 计算回转支承当量载荷

回转支承一般受复合载荷 $F_a$、$F_r$ 和 $M$ 共同作用，为便于根据制造厂家提供的承载能力曲线（$F_a-M$ 曲线）选择回转支承型号，应将复合载荷分量换算为当量载荷。当量载荷按下式计算：

$$F'_a = f \cdot (k_a \cdot F_a + k_r \cdot F_r) \quad (3\text{-}4\text{-}12)$$

$$M' = f \cdot k_a \cdot M \quad (3\text{-}4\text{-}13)$$

式中 $f$——工况参数。静容量计算时用 $f_s$，动容量（寿命）计算时用 $f_d$，其值按表 3-4-2 选取；

$k_a$，$k_r$——载荷换算系数，随回转支承结构不同取不同值，见表 3-4-3。

表 3-4-2 回转支承工况系数

| 应用对象 | 工况系数 支承类型 | $f_s$ | | | | $f_d$ | | | |
|---|---|---|---|---|---|---|---|---|---|
| | | 01 | 02 | 11 | 13 | 01 | 02 | 11 | 13 |
| 轮胎起重机（吊钩）浮式起重机（吊钩）甲板起重机（抓斗） | | 1.10 | 1.10 | 1.10 | 1.10 | 1.36 | 1.00 | 1.07 | 1.00 |
| 塔式起重机 | 上回转 $M_f \leq 0.5M$ | 1.25 | 1.25 | 1.25 | 1.25 | 1.36 | 1.00 | 1.07 | 1.00 |
| | $0.5M < M_f \leq 0.8M$ | | | | | 1.55 | 1.15 | 1.20 | 1.13 |
| | $M_f \geq 0.8M$ | | | | | 1.71 | 1.26 | 1.32 | 1.23 |
| | 下回转 | 1.25 | 1.25 | 1.25 | 1.25 | 1.36 | 1.00 | 1.07 | 1.00 |
| 门座起重机（吊钩）船厂用起重机 | | 1.25 | 1.25 | 1.25 | 1.25 | 1.55 | 1.15 | 1.20 | 1.13 |
| 冶金起重机 | | 1.45 | 1.45 | 1.45 | 1.45 | 1.50 | 1.49 | 1.50 | 1.43 |
| 轮胎起重机（抓斗、吸盘）门座起重机（抓斗、吸盘）桥式起重机（抓斗、吸盘）浮式起重机（抓斗、吸盘） | | 1.45 | 1.45 | 1.45 | 1.45 | 1.71 | | | 1.62 |
| 铁路起重机 甲板起重机（吊钩） | | 1.00 | 1.00 | 1.00 | 1.00 | 只检查静态。计算由振动冲击引起的附加载荷 | | | |

注：$M_f$——空载时的反向倾覆力矩。

表 3-4-3 回转支承载荷换算系数

| 回转支承类型 | | $k_a$ | $k_r$ |
|---|---|---|---|
| 01 | 滚道接触角 $\alpha = 45°$ | 1.225 | 2.676 |
| | 滚道接触角 $\alpha = 60°$ | 1.0 | 5.046 |
| 02 | $F_r \leq 10\% F_a$ | 1.0 | 0 |
| | $F_r > 10\% F_a$ | 考虑滚道接触角变化，进行接触强度校核计算 | |
| 11 | | 1.0 | 2.05 |
| 13 | | 1.0 | 0 |

### 4. 按承载能力曲线选取合适的回转支承型号

根据计算得到的当量载荷 $F'_a$、$M'$ 的值在回转支承承载能力曲线图中找点，当该点位于某一型号承载能力曲线以下时，说明该型号回转支承满足要求。每一型号回转支承都有相应的承载能力曲线。图 3-4-12 至图 3-4-15 为部分型号回转支承的承载能力曲线。

滚动轴承式回转支承选型计算举例：

已知一吊钩式门座起重机（图 3-4-11）最大幅度时的载荷为：

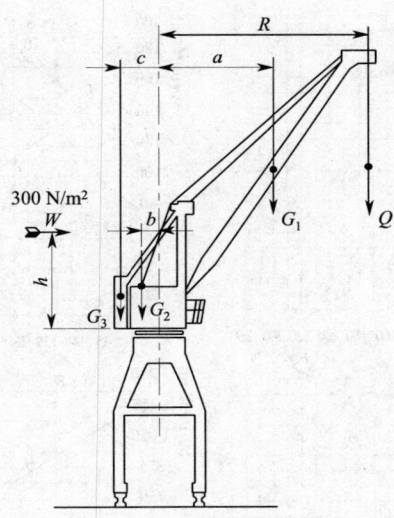

图 3-4-11　门座起重机载荷计算图

$Q = 22 \times 10^4$ N　$G_1 = 7.5 \times 10^4$ N　$G_2 = 45 \times 10^4$ N　$G_3 = 90 \times 10^4$ N　$W = 2.7 \times 10^4$ N

$R_{max} = 23$ m　　$a_{max} = 11$ m　　　$b = 0.75$ m　　　$c = 3$ m　　　$h = 6.5$ m

不同工况下回转支承所受载荷计算如下：

(1) 考虑八级风力时的最大工作载荷

$F_a = Q + G_1 + G_2 + G_3 = (22 + 7.5 + 45 + 90) \times 10^4 = 164.5 \times 10^4 (\text{N})$

$M = Q \cdot R_{max} + G_1 \cdot a_{max} + W \cdot h - G_2 \cdot b - G_3 \cdot c$

$= (22 \times 23 + 7.5 \times 11 + 2.7 \times 6.5 - 45 \times 0.75 - 90 \times 3) \times 10^4 = 302.3 \times 10^4 (\text{N} \cdot \text{m})$

(2) 不计风力，考虑 125% 试验载荷时最大工作载荷

$F_a = 1.25Q + G_1 + G_2 + G_3 = (1.25 \times 22 + 7.5 + 45 + 90) \times 10^4 = 170 \times 10^4 (\text{N})$

$M = 1.25Q \cdot R_{max} + G_1 \cdot a_{max} - G_2 \cdot b - G_3 \cdot c$

$= (1.25 \times 22 \times 23 + 7.5 \times 11 - 45 \times 0.75 - 90 \times 3) \times 10^4 = 411.25 \times 10^4 (\text{N} \cdot \text{m})$

(3) 不计风力时的最大工作载荷

$F_a = 164.5 \times 10^4$ N

$M = Q \cdot R_{max} + G_1 \cdot a_{max} - G_2 \cdot b - G_3 \cdot c$

$= (22 \times 23 + 7.5 \times 11 - 45 \times 0.75 - 90 \times 3) \times 10^4 = 284.75 \times 10^4 (\text{N} \cdot \text{m})$

工况(2)可作为静态容量计算载荷，工况(1)作为动态容量计算载荷。回转支承结构型式考虑采用单排四点接触球式(01 系列)。根据表 3-4-2、表 3-4-3，工况参数和载荷换算系数如下：

$$f_s = 1.25 \quad f_d = 1.55 \quad k_a = 1.0 (\text{接触压力角 } \alpha = 60°)$$

回转支承当量载荷为(径向载荷数值较小忽略不计)：

静态：$F_a' = 1.25 \times 170 \times 10^4 = 212.5 \times 10^4 (\text{N})$

　　　$M' = 1.25 \times 411.25 \times 10^4 = 514 \times 10^4 (\text{N} \cdot \text{m})$

动态：$F_a'' = 1.55 \times 164.5 \times 10^4 = 255 \times 10^4 (\text{N})$

　　　$M'' = 1.55 \times 302.3 \times 10^4 = 469 \times 10^4 (\text{N} \cdot \text{m})$

螺栓计算载荷：$F_a = 170 \times 10^4$ N

　　　　　　　$M = 411.25 \times 10^4$ N·m

根据上述计算结果，对照承载能力曲线可确定选用 01×75.315 0 回转支承。

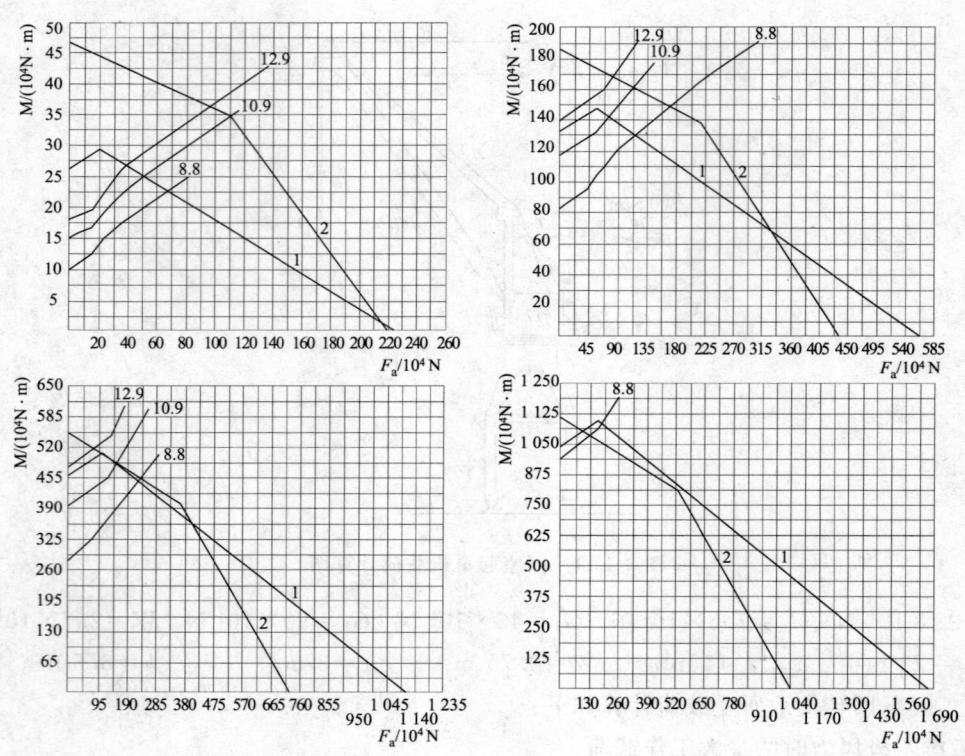

图 3-4-12 承载能力曲线—01 系列
1—静态承载能力曲线；8.8,10.9,12.9—螺栓承载能力曲线；2—动态承载能力曲线

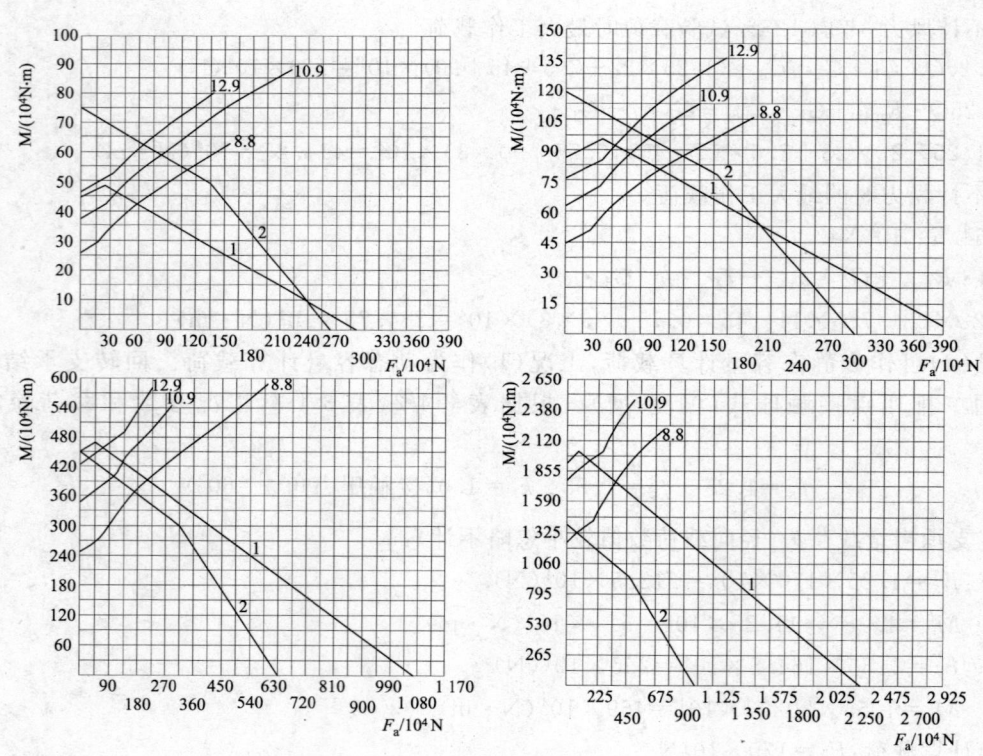

图 3-4-13 承载能力曲线—02 系列
1—静态承载能力曲线；8.8,10.9,12.9—螺栓承载能力曲线；2—动态承载能力曲线

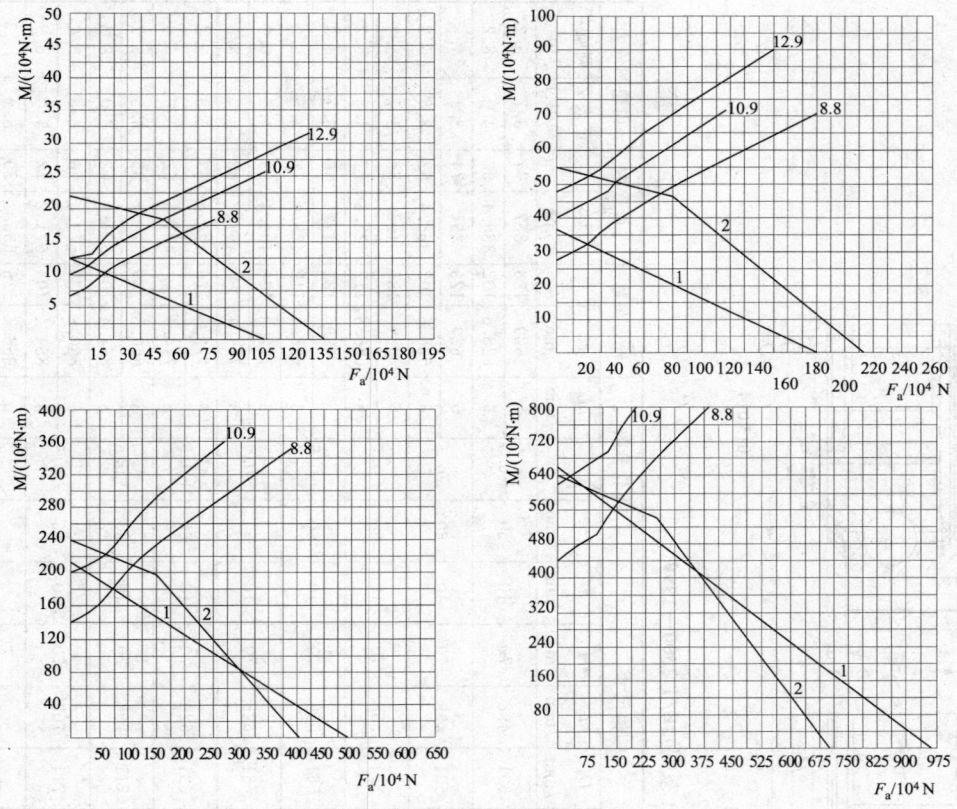

图 3-4-14 承载能力曲线—11 系列
1—静态承载能力曲线；8.8，10.9，12.9—螺栓承载能力曲线；2—动态承载能力曲线

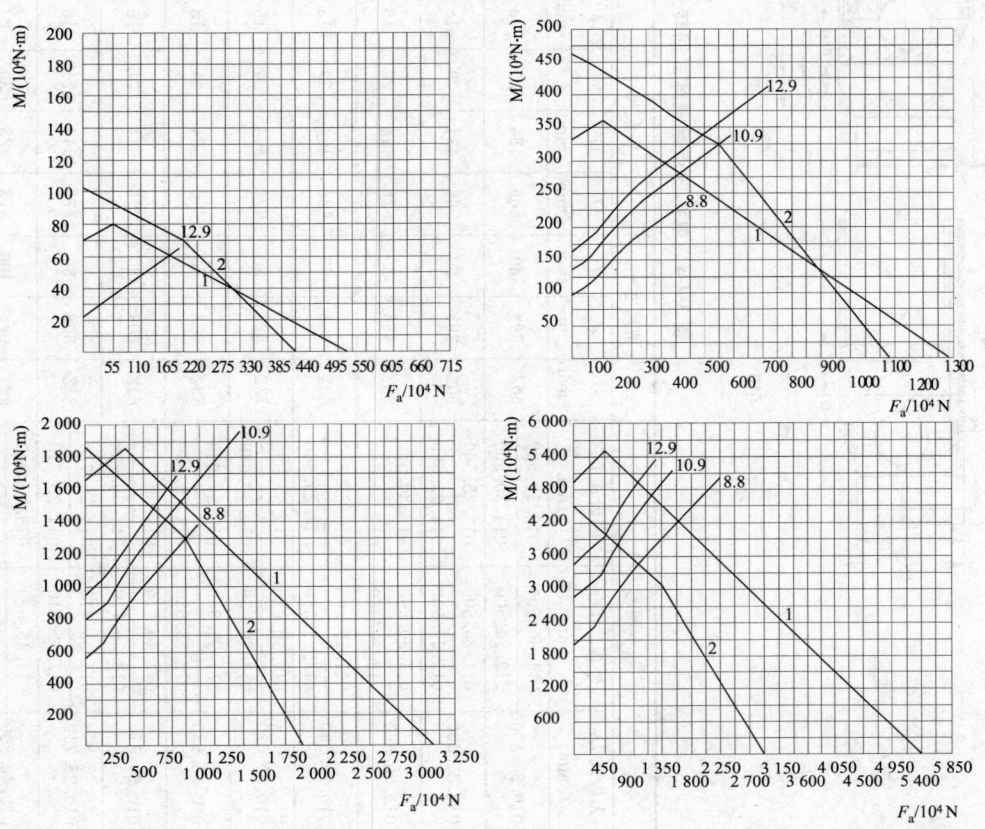

图 3-4-15 承载能力曲线—13 系列
1—静态承载能力曲线；8.8，10.9，12.9—螺栓承载能力曲线；2—动态承载能力曲线

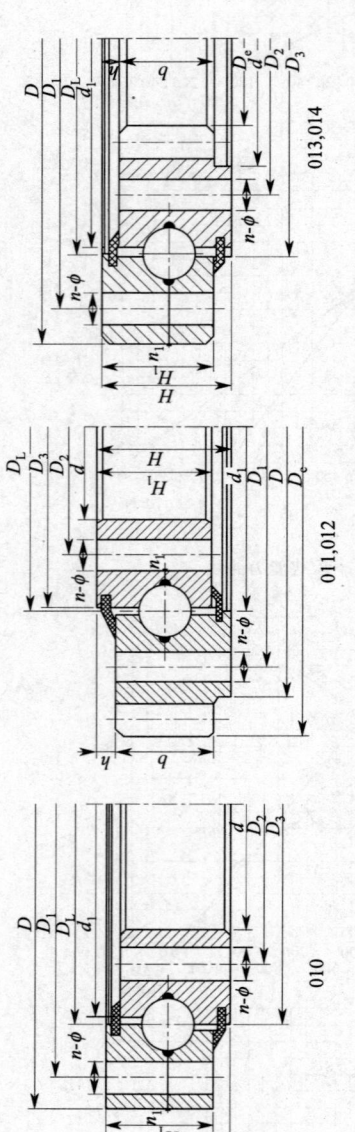

表 3-4-4 单排四点接触球式回转支承(01 系列)JB/T 2300—1999

| 承载曲线图编号 | 基本型号 无齿式 $D_L$ /mm | 基本型号 外齿式 $D_L$ /mm | 基本型号 内齿式 $D_L$ /mm | 外型尺寸 $D$ /mm | 外型尺寸 $d$ /mm | 外型尺寸 $H$ /mm | 安装尺寸 $D_1$ /mm | 安装尺寸 $D_2$ /mm | 安装尺寸 $n$ | 安装尺寸 $\phi$ /mm | 安装尺寸 $n_1$ | 结构尺寸 $D_3$ /mm | 结构尺寸 $d_1$ /mm | 结构尺寸 $H_1$ /mm | 结构尺寸 $h$ /mm | 齿轮参数 $b$ /mm | 齿轮参数 $x$ | 齿轮参数 $m$ /mm | 外齿参数 $D_e$ /mm | 外齿参数 $Z$ | 内齿参数 $D_e$ /mm | 内齿参数 $Z$ | 齿轮圆周力 正火 $Z$ /$10^4$N | 齿轮圆周力 调质 $T$ /$10^4$N |
|---|---|---|---|---|---|---|---|---|---|---|---|---|---|---|---|---|---|---|---|---|---|---|---|---|
| 1 | 010.30.500 | 011.30.500 | 013.30.500 | 602 | 398 | 80 | 566 | 434 | 20 | 18 | 4 | 501 | 498 | 70 | 10 | 60 | +0.5 | 5 | 629 | 123 | 367 | 74 | 3.7 | 5.2 |
| 1' | 010.25.500 | 012.30.500 | 014.30.500 | 602 | 398 | 80 | 566 | 434 | 20 | 18 | 4 | 501 | 499 | 70 | 10 | 60 | +0.5 | 6 | 628.8 | 102 | 368.4 | 62 | 4.5 | 6.2 |
| | | 011.25.500 | 013.25.500 | | | | | | | | | | | | | | | | | | | | | |
| 2 | 010.30.560 | 012.25.500 | 014.25.500 | 662 | 458 | 80 | 626 | 494 | 20 | 18 | 4 | 561 | 558 | 70 | 10 | 60 | +0.5 | 5 | 629 | 123 | 367 | 74 | 3.1 | 4.3 |
| | | 011.30.560 | 013.30.560 | | | | | | | | | | | | | | | | | | | | | |
| 2' | 010.25.560 | 012.30.560 | 014.30.560 | 662 | 458 | 80 | 626 | 494 | 20 | 18 | 4 | 561 | 559 | 70 | 10 | 60 | +0.5 | 6 | 628.8 | 102 | 368.4 | 62 | 3.8 | 5.2 |
| | | 011.25.560 | 013.25.560 | | | | | | | | | | | | | | | | | | | | | |
| 3 | 010.30.630 | 012.25.560 | 014.25.560 | 732 | 528 | 80 | 696 | 564 | 24 | 18 | 4 | 631 | 628 | 70 | 10 | 60 | +0.5 | 5 | 689 | 135 | 427 | 86 | 3.7 | 5.2 |
| | | 011.30.630 | 013.30.630 | | | | | | | | | | | | | | | | | | | | | |
| 3' | 010.25.630 | 012.30.630 | 014.30.630 | 732 | 528 | 80 | 696 | 564 | 24 | 18 | 4 | 631 | 629 | 70 | 10 | 60 | +0.5 | 6 | 688.8 | 112 | 428.4 | 72 | 4.5 | 6.2 |
| | | 011.25.630 | 013.25.630 | | | | | | | | | | | | | | | | | | | | | |
| 4 | 010.30.710 | 012.25.630 | 014.25.630 | 812 | 608 | 80 | 776 | 644 | 24 | 18 | 4 | 711 | 708 | 70 | 10 | 60 | +0.5 | 5 | 689 | 135 | 427 | 86 | 3.1 | 4.3 |
| | | 011.30.710 | 013.30.710 | | | | | | | | | | | | | | | | | | | | | |
| 4' | 010.25.710 | 012.30.710 | 014.30.710 | 812 | 608 | 80 | 776 | 644 | 24 | 18 | 4 | 711 | 709 | 70 | 10 | 60 | +0.5 | 6 | 688.8 | 112 | 428.4 | 72 | 3.8 | 5.2 |
| | | 011.25.710 | 013.25.710 | | | | | | | | | | | | | | | | | | | | | |
| 5 | 010.40.800 | 012.25.710 | 014.25.710 | 922 | 678 | 100 | 878 | 722 | 30 | 22 | 6 | 801 | 798 | 90 | 10 | 80 | +0.5 | 8 | 772.8 | 126 | 494.4 | 83 | 6.0 | 8.3 |
| | | 011.40.800 | 013.40.800 | | | | | | | | | | | | | | | | | | | | | |
| 5' | 010.30.800 | 012.40.800 | 014.40.800 | 922 | 678 | 100 | 878 | 722 | 30 | 22 | 6 | 801 | 798 | 90 | 10 | 80 | +0.5 | 8 | 774.4 | 94 | 491.2 | 62 | 3.8 | 5.2 |
| | | 011.30.800 | 013.30.800 | | | | | | | | | | | | | | | | | | | | | |
| | | 012.30.800 | 014.30.800 | | | | | | | | | | | | | | | | | | | | | |

续上表

| 承载曲线图编号 | 基本型号 无齿式 $D_L$/mm | 基本型号 外齿式 $D_L$/mm | 基本型号 内齿式 $D_L$/mm | 外型尺寸 $D$/mm | 外型尺寸 $d$/mm | 外型尺寸 $H$/mm | 安装尺寸 $D_1$/mm | 安装尺寸 $D_2$/mm | 安装尺寸 $n$ | 安装尺寸 $\phi$/mm | 安装尺寸 $n_1$ | 结构尺寸 $D_3$/mm | 结构尺寸 $d_1$/mm | 结构尺寸 $H_1$/mm | 结构尺寸 $h$/mm | 齿轮参数 $b$/mm | 齿轮参数 $x$ | 齿轮参数 $m$/mm | 外齿参数 $D_e$/mm | 外齿参数 $Z$ | 内齿参数 $D_e$/mm | 内齿参数 $Z$ | 齿轮圆周力 正火 Z /10⁴N | 齿轮圆周力 调质 T /10⁴N |
|---|---|---|---|---|---|---|---|---|---|---|---|---|---|---|---|---|---|---|---|---|---|---|---|---|
| 6 | 010.40.900 | 011.40.900 | 013.40.900 | 1 022 | 778 | 100 | 978 | 822 | 30 | 22 | 6 | 901 | 898 | 90 | 10 | 80 | | 8 | 1 062.4 | 130 | 739.2 | 93 | 8.0 | 11.1 |
| 6′ | 010.40.900 | 012.40.900 | 014.40.900 | 1 022 | 778 | 100 | 978 | 822 | 30 | 22 | 6 | 901 | 898 | 90 | 10 | 80 | +0.5 | 10 | 1 068 | 104 | 734 | 74 | 10.0 | 14.0 |
| 7 | 010.30.900 | 011.30.900 | 013.30.900 | 1 122 | 878 | 100 | 1078 | 922 | 36 | 22 | 6 | 1001 | 998 | 90 | 10 | 80 | | 8 | 1 062.4 | 130 | 739.2 | 93 | 6.0 | 8.3 |
| 7′ | 010.30.900 | 012.30.900 | 014.30.900 | 1 122 | 878 | 100 | 1078 | 922 | 36 | 22 | 6 | 1001 | 998 | 90 | 10 | 80 | +0.5 | 10 | 1 068 | 104 | 734 | 74 | 7.5 | 10.5 |
| 8 | 010.40.100 0 | 011.40.100 0 | 013.40.100 0 | 1 242 | 998 | 100 | 1198 | 1042 | 36 | 22 | 6 | 1 121 | 1 118 | 90 | 10 | 80 | | 10 | 1 185.6 | 116 | 824 | 83 | 10.0 | 14.0 |
| 8′ | 010.40.100 0 | 012.40.100 0 | 014.40.100 0 | 1 242 | 998 | 100 | 1198 | 1042 | 36 | 22 | 6 | 1 121 | 1 118 | 90 | 10 | 80 | +0.5 | 12 | 1 188 | 96 | 820.8 | 69 | 12.0 | 16.7 |
| 9 | 010.30.100 0 | 011.30.100 0 | 013.30.100 0 | 1 390 | 1110 | 110 | 1 337 | 1 163 | 40 | 26 | 5 | 1 252 | 1 248 | 100 | 10 | 90 | | 10 | 1 185.6 | 116 | 824 | 83 | 7.5 | 10.5 |
| 9′ | 010.30.100 0 | 012.30.100 0 | 014.30.100 0 | 1 390 | 1110 | 110 | 1 337 | 1 163 | 40 | 26 | 5 | 1 251 | 1 248 | 100 | 10 | 90 | +0.5 | 12 | 1 188 | 96 | 820.8 | 69 | 9.0 | 12.5 |
| 10 | 010.40.112 0 | 011.40.112 0 | 013.40.112 0 | 1 540 | 1 260 | 110 | 1 487 | 1 313 | 40 | 26 | 5 | 1 402 | 1 398 | 100 | 10 | 90 | | 10 | 1 298 | 127 | 944 | 95 | 10.0 | 14.0 |
| 10′ | 010.35.112 0 | 012.35.112 0 | 014.35.112 0 | 1 540 | 1 260 | 110 | 1 487 | 1 313 | 40 | 26 | 5 | 1 401 | 1 398 | 100 | 10 | 90 | +0.5 | 12 | 1 305.6 | 106 | 940.8 | 79 | 12.0 | 16.7 |
| 11 | 010.45.125 0 | 011.45.125 0 | 013.45.125 0 | 1 740 | 1 460 | 110 | 1 687 | 1 513 | 45 | 26 | 5 | 1 602 | 1 598 | 100 | 10 | 90 | | 10 | 1 298 | 127 | 944 | 95 | 7.5 | 10.5 |
| 11′ | 010.35.125 0 | 012.35.125 0 | 014.35.125 0 | 1 740 | 1 460 | 110 | 1 687 | 1 513 | 45 | 26 | 5 | 1 601 | 1 598 | 100 | 10 | 90 | +0.5 | 12 | 1 305.6 | 106 | 940.8 | 79 | 9.0 | 12.5 |
| 12 | 010.45.140 0 | 011.45.140 0 | 013.45.140 0 | 1 940 | 1 660 | 110 | 1 887 | 1 713 | 45 | 26 | 5 | 1 802 | 1 798 | 100 | 10 | 90 | | 12 | 1 449.6 | 118 | 1 048.8 | 88 | 13.5 | 18.8 |
| 12′ | 010.35.140 0 | 012.35.140 0 | 014.35.140 0 | 1 940 | 1 660 | 110 | 1 887 | 1 713 | 45 | 26 | 5 | 1 801 | 1 798 | 100 | 10 | 90 | +0.5 | 14 | 1 453.2 | 101 | 1 041.6 | 75 | 15.8 | 21.9 |
| 13 | 010.45.160 0 | 011.45.160 0 | 013.45.160 0 | 2 178 | 1 825 | 144 | 2 110 | 1 891 | 48 | 33 | 8 | 2 002 | 1 998 | 132 | 12 | 120 | | 12 | 1 449.6 | 118 | 1 048.8 | 88 | 10.5 | 14.6 |
| 13′ | 010.35.160 0 | 012.35.160 0 | 014.35.160 0 | 2 178 | 1 825 | 144 | 2 110 | 1 891 | 48 | 33 | 8 | 2 001 | 1 998 | 132 | 12 | 120 | +0.5 | 14 | 1 453.2 | 101 | 1 041.6 | 75 | 12.3 | 17.0 |
| | 010.45.180 0 | 011.45.180 0 | 013.45.180 0 | | | | | | | | | | | | | | | 12 | 1 605.6 | 131 | 1 192.8 | 100 | 13.5 | 18.8 |
| | 010.35.180 0 | 012.45.180 0 | 014.45.180 0 | | | | | | | | | | | | | | +0.5 | 14 | 1 607.2 | 112 | 1 195.6 | 86 | 15.8 | 21.9 |
| | 010.45.180 0 | 011.35.180 0 | 013.35.180 0 | | | | | | | | | | | | | | | 12 | 1 605.6 | 131 | 1 192.8 | 100 | 10.5 | 14.6 |
| | 010.35.180 0 | 012.35.180 0 | 014.35.180 0 | | | | | | | | | | | | | | +0.5 | 14 | 1 607.2 | 112 | 1 195.6 | 86 | 12.3 | 17.0 |
| | 010.45.160 0 | 011.45.160 0 | 013.45.160 0 | | | | | | | | | | | | | | | 14 | 1 817.2 | 127 | 1 391.6 | 100 | 15.8 | 21.9 |
| | 010.45.160 0 | 012.45.160 0 | 014.45.160 0 | | | | | | | | | | | | | | +0.5 | 16 | 1 820.8 | 111 | 1 382.4 | 87 | 18.1 | 25.0 |
| | 010.35.160 0 | 011.35.160 0 | 013.35.160 0 | | | | | | | | | | | | | | | 14 | 1 817.2 | 127 | 1 391.6 | 100 | 12.3 | 17.0 |
| | 010.35.160 0 | 012.35.160 0 | 014.35.160 0 | | | | | | | | | | | | | | +0.5 | 16 | 1 820.8 | 111 | 1 382.4 | 87 | 14.1 | 19.4 |
| | 010.45.180 0 | 011.45.180 0 | 013.45.180 0 | | | | | | | | | | | | | | | 14 | 2 013.2 | 141 | 1 573.6 | 113 | 15.8 | 21.9 |
| | 010.45.180 0 | 012.45.180 0 | 014.45.180 0 | | | | | | | | | | | | | | +0.5 | 16 | 2 012.8 | 123 | 1 574.4 | 99 | 18.1 | 25.0 |
| | 010.35.180 0 | 011.35.180 0 | 013.35.180 0 | | | | | | | | | | | | | | | 14 | 2 013.2 | 141 | 1 573.6 | 113 | 12.3 | 17.0 |
| | 010.35.180 0 | 012.35.180 0 | 014.35.180 0 | | | | | | | | | | | | | | +0.5 | 16 | 2 012.8 | 123 | 1 574.4 | 99 | 14.1 | 19.4 |
| | 010.60.200 0 | 011.60.200 0 | 013.60.200 0 | | | | | | | | | | | | | | | 16 | 2 268.8 | 139 | 1 734.4 | 109 | 24.1 | 33.3 |
| | 010.60.200 0 | 012.60.200 0 | 014.60.200 0 | | | | | | | | | | | | | | +0.5 | 18 | 2 264.4 | 123 | 1 735.2 | 97 | 27.1 | 37.5 |
| | 010.40.200 0 | 011.40.200 0 | 013.40.200 0 | | | | | | | | | | | | | | | 16 | 2 268.8 | 139 | 1 734.4 | 109 | 16.1 | 22.2 |
| | 010.40.200 0 | 012.40.200 0 | 014.40.200 0 | | | | | | | | | | | | | | +0.5 | 18 | 2 264.4 | 123 | 1 735.2 | 97 | 18.1 | 25.0 |

续上表

| 承载曲线图编号 | 基本型号 无齿式 $D_L$ /mm | 基本型号 外齿式 $D_L$ /mm | 基本型号 内齿式 $D_L$ /mm | 外型尺寸 $D$/mm | 外型尺寸 $d$/mm | 外型尺寸 $H$/mm | 安装尺寸 $D_1$/mm | 安装尺寸 $D_2$/mm | 安装尺寸 $n$ | 安装尺寸 $\phi$/mm | 安装尺寸 $n_1$ | 结构尺寸 $D_3$/mm | 结构尺寸 $d_1$/mm | 结构尺寸 $H_1$/mm | 结构尺寸 $h$/mm | 齿轮参数 $b$/mm | 齿轮参数 $x$ | 齿轮参数 $m$/mm | 外齿参数 $D_e$/mm | 外齿参数 $Z$ | 内齿参数 $D_e$/mm | 内齿参数 $Z$ | 齿轮圆周力 正火 $T$ /$10^4$N | 齿轮圆周力 调质 $T$ /$10^4$N |
|---|---|---|---|---|---|---|---|---|---|---|---|---|---|---|---|---|---|---|---|---|---|---|---|---|
| 14 | 010.60.224 0 | 011.60.224 0 | 013.60.224 0 | 2 418 | 2 065 | 144 | 2 350 | 2 131 | 48 | 33 | 8 | 2242 | 2238 | 132 | 12 | 120 | +0.5 | 16 | 2 492.8 | 153 | 1 990.4 | 125 | 24.1 | 33.3 |
|    |              | 012.60.224 0 | 014.60.224 0 | 2 418 | 2 065 | 144 | 2 350 | 2 131 | 48 | 33 | 8 | 2242 | 2238 | 132 | 12 | 120 | +0.5 | 18 | 2 498.4 | 136 | 1 987.2 | 111 | 27.1 | 37.5 |
| 14′ | 010.40.224 0 | 011.40.224 0 | 013.40.224 0 | 2 418 | 2 065 | 144 | 2 350 | 2 131 | 48 | 33 | 8 | 2241 | 2 238 | 132 | 12 | 120 | +0.5 | 16 | 2 492.8 | 153 | 1 990.4 | 125 | 16.1 | 22.2 |
|    |              | 012.40.224 0 | 014.40.224 0 | 2 418 | 2 065 | 144 | 2 350 | 2 131 | 48 | 33 | 8 | 2241 | 2 238 | 132 | 12 | 120 | +0.5 | 18 | 2 498.4 | 136 | 1 987.2 | 111 | 18.1 | 25.0 |
| 15 | 010.60.250 0 | 011.60.250 0 | 013.60.250 0 | 2 678 | 2 325 | 144 | 2 610 | 2 391 | 56 | 33 | 8 | 2 502 | 2 498 | 132 | 12 | 120 | +0.5 | 18 | 2 768.4 | 151 | 2 239.2 | 125 | 27.1 | 37.5 |
|    |              | 012.60.250 0 | 014.60.250 0 | 2 678 | 2 325 | 144 | 2 610 | 2 391 | 56 | 33 | 8 | 2 502 | 2 498 | 132 | 12 | 120 | +0.5 | 20 | 2 776 | 136 | 2 228 | 112 | 30.1 | 41.8 |
| 15′ | 010.40.250 0 | 011.40.250 0 | 013.40.250 0 | 2 678 | 2 325 | 144 | 2 610 | 2 391 | 56 | 33 | 8 | 2 501 | 2 498 | 132 | 12 | 120 | +0.5 | 18 | 2 768.4 | 151 | 2 239.2 | 125 | 18.1 | 25.0 |
|    |              | 012.40.250 0 | 014.40.250 0 | 2 678 | 2 325 | 144 | 2 610 | 2 391 | 56 | 33 | 8 | 2 501 | 2 498 | 132 | 12 | 120 | +0.5 | 20 | 2 776 | 136 | 2 228 | 112 | 20.1 | 27.9 |
| 16 | 010.60.280 0 | 011.60.280 0 | 013.60.280 0 | 2 978 | 2 625 | 144 | 2 910 | 2 691 | 56 | 33 | 8 | 2 802 | 2 798 | 132 | 12 | 120 | +0.5 | 18 | 3 074.4 | 168 | 2 527.2 | 141 | 27.1 | 37.5 |
|    |              | 012.60.280 0 | 014.60.280 0 | 2 978 | 2 625 | 144 | 2 910 | 2 691 | 56 | 33 | 8 | 2 802 | 2 798 | 132 | 12 | 120 | +0.5 | 20 | 3 076 | 151 | 2 528 | 127 | 30.1 | 41.8 |
| 16′ | 010.40.280 0 | 011.40.280 0 | 013.40.280 0 | 2 978 | 2 625 | 144 | 2 910 | 2 691 | 56 | 33 | 8 | 2 801 | 2 798 | 132 | 12 | 120 | +0.5 | 18 | 3 074.4 | 168 | 2 527.2 | 141 | 18.1 | 25.0 |
|    |              | 012.40.280 0 | 014.40.280 0 | 2 978 | 2 625 | 144 | 2 910 | 2 691 | 56 | 45 | 8 | 2 801 | 2 798 | 132 | 12 | 120 | +0.5 | 20 | 3 076 | 151 | 2 528 | 127 | 20.1 | 27.9 |
| 17 | 010.75.315 0 | 011.75.315 0 | 013.75.315 0 | 3 376 | 2 922 | 174 | 3 286 | 3 014 | 56 | 45 | 8 | 3 152 | 3 147 | 162 | 12 | 150 | +0.5 | 20 | 3 476 | 171 | 2 828 | 142 | 37.7 | 52.2 |
|    |              | 012.75.315 0 | 014.75.315 0 | 3 376 | 2 922 | 174 | 3 286 | 3 014 | 56 | 45 | 8 | 3 152 | 3 147 | 162 | 12 | 150 | +0.5 | 22 | 3 471.6 | 155 | 2 824.8 | 129 | 41.5 | 57.4 |
| 17′ | 010.50.315 0 | 011.50.315 0 | 013.50.315 0 | 3 376 | 2 922 | 174 | 3 286 | 3 014 | 56 | 45 | 8 | 3 152 | 3 148 | 162 | 12 | 150 | +0.5 | 20 | 3 476 | 171 | 2 828 | 142 | 25.1 | 34.8 |
|    |              | 012.50.315 0 | 014.50.315 0 | 3 376 | 2 922 | 174 | 3 286 | 3 014 | 56 | 45 | 8 | 3 152 | 3 148 | 162 | 12 | 150 | +0.5 | 22 | 3 471.6 | 155 | 2 824.8 | 129 | 27.7 | 38.3 |
| 18 | 010.75.355 0 | 011.75.355 0 | 013.75.355 0 | 3 776 | 3 322 | 174 | 3 686 | 3 414 | 56 | 45 | 8 | 3 552 | 3 547 | 162 | 12 | 150 | +0.5 | 20 | 3 876 | 191 | 3 228 | 162 | 37.7 | 52.2 |
|    |              | 012.75.355 0 | 014.75.355 0 | 3 776 | 3 322 | 174 | 3 686 | 3 414 | 56 | 45 | 8 | 3 552 | 3 548 | 162 | 12 | 150 | +0.5 | 22 | 3 889.6 | 174 | 3 220.8 | 147 | 41.5 | 57.4 |
| 18′ | 010.50.355 0 | 011.50.355 0 | 013.50.355 0 | 3 776 | 3 322 | 174 | 3 686 | 3 414 | 56 | 45 | 10 | 3 552 | 3 548 | 162 | 12 | 150 | +0.5 | 20 | 3 889.6 | 191 | 3 228 | 162 | 25.1 | 34.8 |
|    |              | 012.50.355 0 | 014.50.355 0 | 3 776 | 3 322 | 174 | 3 686 | 3 414 | 60 | 45 | 10 | 3 552 | 3 548 | 162 | 12 | 150 | +0.5 | 22 | 3 889.6 | 174 | 3 220.8 | 147 | 27.7 | 38.3 |
| 19 | 010.75.400 0 | 011.75.400 0 | 013.75.400 0 | 4 226 | 3 772 | 174 | 4 136 | 3 864 | 60 | 45 | 10 | 4 002 | 3 997 | 162 | 12 | 150 | +0.5 | 22 | 4 329.6 | 194 | 3 660 | 167 | 41.5 | 57.4 |
|    |              | 012.75.400 0 | 014.75.400 0 | 4 226 | 3 772 | 174 | 4 136 | 3 864 | 60 | 45 | 10 | 4 002 | 3 998 | 162 | 12 | 150 | +0.5 | 25 | 4 345 | 171 | 3 660.8 | 147 | 47.1 | 65.2 |
| 19′ | 010.50.400 0 | 011.50.400 0 | 013.50.400 0 | 4 226 | 3 772 | 174 | 4 136 | 3 864 | 60 | 45 | 10 | 4 002 | 3 998 | 162 | 12 | 150 | +0.5 | 22 | 4 329.6 | 194 | 3 660 | 167 | 27.7 | 38.3 |
|    |              | 012.50.400 0 | 014.50.400 0 | 4 226 | 3 772 | 174 | 4 136 | 3 864 | 60 | 45 | 10 | 4 002 | 3 998 | 162 | 12 | 150 | +0.5 | 25 | 4 345 | 171 | 3 660.8 | 147 | 31.4 | 43.5 |
| 20 | 010.75.450 0 | 011.75.450 0 | 013.75.450 0 | 4 726 | 4 272 | 174 | 4 636 | 4 364 | 60 | 45 | 10 | 4 502 | 4 497 | 162 | 12 | 150 | +0.5 | 22 | 4 835.6 | 217 | 4 166.8 | 190 | 41.5 | 57.4 |
|    |              | 012.75.450 0 | 014.75.450 0 | 4 726 | 4 272 | 174 | 4 636 | 4 364 | 60 | 45 | 10 | 4 502 | 4 498 | 162 | 12 | 150 | +0.5 | 25 | 4 845 | 191 | 4 160 | 167 | 47.1 | 65.2 |
| 20′ | 010.50.450 0 | 011.50.450 0 | 013.50.450 0 | 4 726 | 4 272 | 174 | 4 636 | 4 364 | 60 | 45 | 10 | 4 502 | 4 498 | 162 | 12 | 150 | +0.5 | 22 | 4 835.6 | 217 | 4 166.8 | 190 | 27.7 | 38.3 |
|    |              | 012.50.450 0 | 014.50.450 0 | 4 726 | 4 272 | 174 | 4 636 | 4 364 | 60 | 45 | 10 | 4 502 | 4 498 | 162 | 12 | 150 | +0.5 | 35 | 4 845 | 191 | 4 160 | 167 | 31.4 | 43.5 |

注：1. $n_1$ 为润滑油孔数，均布，油杯 M10×1 GB 1152～1153—1979；
2. 安装孔 $n-\phi$ 可改用螺孔，齿宽 $b$ 可改为 $H-h$；
3. 表内齿轮圆周力为最大圆周力，额定圆周力取其 1/2；
4. 外齿轮修顶系数为 0.1，内齿轮修顶系数为 0.2。

## 表 3-4-5 双排球式回转支承（02 系列）JB/T 2300—1999

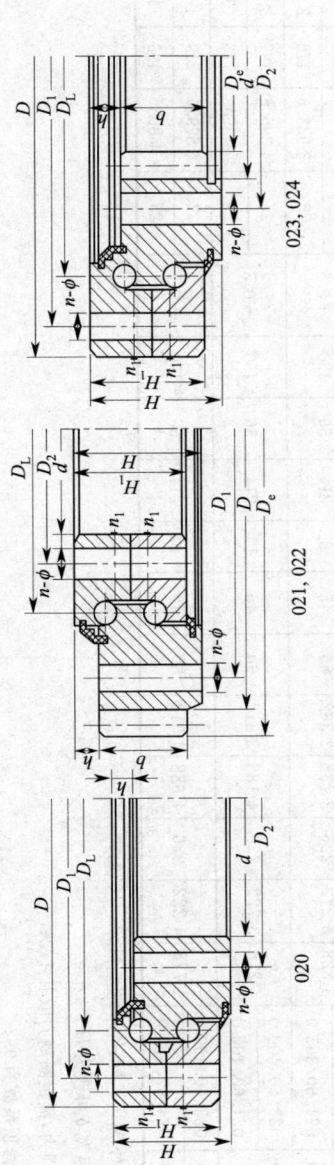

| 承载曲线图编号 | 基本型号 无齿式 $D_L$ /mm | 基本型号 外齿式 $D_L$ /mm | 基本型号 内齿式 $D_L$ /mm | 外形尺寸 $D$ /mm | 外形尺寸 $d$ /mm | 外形尺寸 $H$ /mm | 安装尺寸 $D_1$ /mm | 安装尺寸 $D_2$ /mm | 安装尺寸 $n$ | 安装尺寸 $\phi$ /mm | 结构尺寸 $n_1$ | 结构尺寸 $H_1$ /mm | 结构尺寸 $h$ /mm | 结构尺寸 $b$ /mm | 齿轮参数 $x$ | 齿轮参数 $m$ /mm | 外齿参数 $D_e$ /mm | 外齿参数 $Z$ | 内齿参数 $D_e$ /mm | 内齿参数 $Z$ | 齿轮圆周力 正火 $Z$ /$10^4$N | 齿轮圆周力 调质 $T$ /$10^4$N |
|---|---|---|---|---|---|---|---|---|---|---|---|---|---|---|---|---|---|---|---|---|---|---|
| 1 | 020.25.500 | 021.25.500 | 023.25.500 | 616 | 384 | 106 | 580 | 420 | 20 | 18 | 4 | 96 | 26 | 60 | +0.5 | 5 | 644 | 126 | 357 | 72 | 3.7 | 5.2 |
|   |            | 022.25.500 | 024.25.500 | 616 | 384 | 106 | 580 | 420 | 20 | 18 | 4 | 96 | 26 | 60 | +0.5 | 6 | 646.8 | 105 | 350.4 | 59 | 4.5 | 6.2 |
| 2 | 020.25.560 | 021.25.560 | 023.25.560 | 676 | 444 | 106 | 640 | 480 | 20 | 18 | 4 | 96 | 26 | 60 | +0.5 | 5 | 704 | 138 | 417 | 84 | 3.7 | 5.2 |
|   |            | 022.25.560 | 024.25.560 | 676 | 444 | 106 | 640 | 480 | 20 | 18 | 4 | 96 | 26 | 60 | +0.5 | 6 | 706.8 | 115 | 410.4 | 69 | 4.5 | 6.2 |
| 3 | 020.25.630 | 021.25.630 | 023.25.630 | 746 | 514 | 106 | 710 | 550 | 24 | 18 | 4 | 96 | 26 | 60 | +0.5 | 6 | 790.8 | 129 | 482.4 | 81 | 4.5 | 6.2 |
|   |            | 022.25.630 | 024.25.630 | 746 | 514 | 106 | 710 | 550 | 24 | 18 | 4 | 96 | 26 | 60 | +0.5 | 8 | 790.4 | 96 | 475.2 | 60 | 6.0 | 8.3 |
| 4 | 020.25.710 | 021.25.710 | 023.25.710 | 826 | 594 | 106 | 790 | 630 | 24 | 18 | 4 | 96 | 26 | 60 | +0.5 | 6 | 862.8 | 141 | 560.4 | 94 | 4.5 | 6.2 |
|   |            | 022.25.710 | 024.25.710 | 826 | 594 | 106 | 790 | 630 | 24 | 18 | 4 | 96 | 26 | 60 | +0.5 | 8 | 862.4 | 105 | 555.2 | 70 | 6.0 | 8.3 |
| 5 | 020.30.800 | 021.30.800 | 023.30.800 | 942 | 658 | 124 | 898 | 702 | 30 | 22 | 6 | 114 | 29 | 80 | +0.5 | 8 | 982.4 | 120 | 619.2 | 78 | 8.0 | 11.1 |
|   |            | 022.30.800 | 024.30.800 | 942 | 658 | 124 | 898 | 702 | 30 | 22 | 6 | 114 | 29 | 80 | +0.5 | 10 | 988 | 96 | 614 | 62 | 10.0 | 14.0 |
| 6 | 020.30.900 | 021.30.900 | 023.30.900 | 1042 | 758 | 124 | 998 | 802 | 30 | 22 | 6 | 114 | 29 | 80 | +0.5 | 8 | 1086.4 | 133 | 715.2 | 90 | 8.0 | 11.1 |
|   |            | 022.30.900 | 024.30.900 | 1042 | 758 | 124 | 998 | 802 | 30 | 22 | 6 | 114 | 29 | 80 | +0.5 | 10 | 1088 | 106 | 714 | 72 | 10.0 | 14.0 |
| 7 | 020.30.1000 | 021.30.1000 | 023.30.1000 | 1142 | 858 | 124 | 1098 | 902 | 36 | 22 | 6 | 114 | 29 | 80 | +0.5 | 10 | 1198 | 117 | 814 | 82 | 10.0 | 14.0 |
|   |             | 022.30.1000 | 024.30.1000 | 1142 | 858 | 124 | 1098 | 902 | 36 | 22 | 6 | 114 | 29 | 80 | +0.5 | 12 | 1197.6 | 97 | 796.8 | 67 | 12.0 | 16.7 |
| 8 | 020.30.1120 | 021.30.1120 | 023.30.1120 | 1262 | 978 | 124 | 1218 | 1022 | 36 | 22 | 6 | 114 | 29 | 80 | +0.5 | 10 | 1318 | 129 | 924 | 93 | 10.0 | 14.0 |
|   |             | 022.30.1120 | 024.30.1120 | 1262 | 978 | 124 | 1218 | 1022 | 36 | 22 | 6 | 114 | 29 | 80 | +0.5 | 12 | 1317.6 | 107 | 916.8 | 77 | 12.0 | 16.7 |

续上表

| 承载曲线图编号 | 基本型号 无齿式 $D_L$/mm | 基本型号 外齿式 $D_L$/mm | 基本型号 内齿式 $D_L$/mm | 外型尺寸 $D$/mm | 外型尺寸 $d$/mm | 外型尺寸 $H$/mm | 安装尺寸 $D_1$/mm | 安装尺寸 $D_2$/mm | 安装尺寸 $n$ | 安装尺寸 $\phi$/mm | 结构尺寸 $n_1$ | 结构尺寸 $H_1$/mm | 结构尺寸 $h$/mm | 结构尺寸 $b$/mm | 齿轮参数 $x$ | 齿轮参数 $m$/mm | 外齿参数 $D_e$/mm | 外齿参数 $Z$ | 内齿参数 $D_e$/mm | 内齿参数 $Z$ | 齿轮圆周力 正火 $Z$ /$10^4$N | 齿轮圆周力 调质 $T$ /$10^4$N |
|---|---|---|---|---|---|---|---|---|---|---|---|---|---|---|---|---|---|---|---|---|---|---|
| 9 | 020.40.125 0 | 021.40.125 0 | 023.40.125 0 | 1 426 | 1 074 | 160 | 1 374 | 1 126 | 40 | 26 | 5 | 150 | 39 | 90 | +0.5 | 12 | 1 497.6 | 122 | 1 012.8 | 85 | 13.5 | 18.8 |
|  |  | 022.40.125 0 | 024.40.125 0 |  |  |  |  |  |  |  |  |  |  |  |  | 14 | 1 495.2 | 104 | 1 013.6 | 73 | 15.8 | 21.9 |
| 10 | 020.40.140 0 | 021.40.140 0 | 023.40.140 0 | 1 576 | 1 224 | 160 | 1 524 | 1 272 | 40 | 26 | 5 | 150 | 39 | 90 | +0.5 | 12 | 1 641.6 | 134 | 1 156.8 | 97 | 13.5 | 18.8 |
|  |  | 022.40.140 0 | 024.40.140 0 |  |  |  |  |  |  |  |  |  |  |  |  | 14 | 1 649.2 | 115 | 1 153.6 | 83 | 15.8 | 21.9 |
| 11 | 020.40.160 0 | 021.40.160 0 | 023.40.160 0 | 1 776 | 1 424 | 160 | 1 724 | 1 476 | 45 | 26 | 5 | 150 | 39 | 90 | +0.5 | 14 | 1 845.2 | 129 | 1 349.6 | 97 | 15.8 | 21.9 |
|  |  | 022.40.160 0 | 024.40.160 0 |  |  |  |  |  |  |  |  |  |  |  |  | 16 | 1 852.8 | 113 | 1 350.4 | 85 | 18.1 | 25.0 |
| 12 | 020.40.180 0 | 021.40.180 0 | 023.40.180 0 | 1 976 | 1 624 | 160 | 1 924 | 1 676 | 45 | 26 | 5 | 150 | 39 | 90 | +0.5 | 14 | 2 055.2 | 144 | 1 545.6 | 111 | 15.8 | 21.9 |
|  |  | 022.40.180 0 | 024.40.180 0 |  |  |  |  |  |  |  |  |  |  |  |  | 16 | 2 060.8 | 126 | 1 542.4 | 97 | 18.1 | 25.0 |
| 13 | 020.50.200 0 | 021.50.200 0 | 023.50.200 0 | 2 215 | 1 785 | 190 | 2 149 | 1 851 | 48 | 33 | 8 | 178 | 47 | 120 | +0.5 | 16 | 2 300.8 | 141 | 1 702.4 | 107 | 24.1 | 33.3 |
|  |  | 022.50.200 0 | 024.50.200 0 |  |  |  |  |  |  |  |  |  |  |  |  | 18 | 2 300.4 | 125 | 1 699.2 | 95 | 27.1 | 37.5 |
| 14 | 020.50.224 0 | 021.50.224 0 | 023.50.224 0 | 2 455 | 2 025 | 190 | 2 389 | 2 091 | 48 | 33 | 8 | 178 | 47 | 120 | +0.5 | 16 | 2 540.8 | 156 | 1 942.4 | 122 | 24.1 | 33.3 |
|  |  | 022.50.224 0 | 024.50.224 0 |  |  |  |  |  |  |  |  |  |  |  |  | 18 | 2 552.4 | 139 | 1 933.2 | 108 | 27.1 | 37.5 |
| 15 | 020.50.250 0 | 021.50.250 0 | 023.50.250 0 | 2 715 | 2 205 | 190 | 2 649 | 2 351 | 56 | 33 | 8 | 178 | 47 | 120 | +0.5 | 18 | 2 804.4 | 153 | 2 203.2 | 123 | 27.1 | 37.5 |
|  |  | 022.50.250 0 | 024.50.250 0 |  |  |  |  |  |  |  |  |  |  |  |  | 20 | 2 816 | 138 | 2 188 | 110 | 30.1 | 41.8 |
| 16 | 020.50.280 0 | 021.50.280 0 | 023.50.280 0 | 3 015 | 2 585 | 190 | 2 949 | 2 651 | 56 | 33 | 8 | 178 | 47 | 120 | +0.5 | 18 | 3 110.4 | 170 | 2 491.2 | 139 | 27.1 | 37.5 |
|  |  | 022.50.280 0 | 024.50.280 0 |  |  |  |  |  |  |  |  |  |  |  |  | 20 | 3 116 | 153 | 2 488 | 125 | 30.1 | 41.8 |
| 17 | 020.60.315 0 | 021.60.315 0 | 023.60.315 0 | 3 428 | 2 872 | 226 | 3 338 | 2 962 | 56 | 45 | 8 | 214 | 56 | 150 | +0.5 | 20 | 3 536 | 174 | 2 768 | 139 | 37.7 | 52.2 |
|  |  | 022.60.315 0 | 024.60.315 0 |  |  |  |  |  |  |  |  |  |  |  |  | 22 | 3 537.6 | 158 | 2 758.8 | 126 | 41.5 | 57.4 |
| 18 | 020.60.355 0 | 021.60.355 0 | 023.60.355 0 | 3 828 | 3 272 | 226 | 3 738 | 3 362 | 56 | 45 | 8 | 214 | 56 | 150 | +0.5 | 20 | 3 936 | 194 | 3 168 | 159 | 37.7 | 52.2 |
|  |  | 022.60.355 0 | 024.60.355 0 |  |  |  |  |  |  |  |  |  |  |  |  | 22 | 3 933.6 | 176 | 3 176.8 | 145 | 41.5 | 57.4 |
| 19 | 020.60.400 0 | 021.60.400 0 | 023.60.400 0 | 4 278 | 3 722 | 226 | 4 188 | 3 812 | 60 | 45 | 10 | 214 | 56 | 150 | +0.5 | 22 | 4 395.6 | 197 | 3 616.8 | 165 | 41.5 | 57.4 |
|  |  | 022.60.400 0 | 024.60.400 0 |  |  |  |  |  |  |  |  |  |  |  |  | 25 | 4 395 | 173 | 3 610 | 145 | 47.1 | 65.2 |
| 20 | 020.60.450 0 | 021.60.450 0 | 023.60.450 0 | 4 778 | 4 222 | 226 | 4 688 | 4 312 | 60 | 45 | 10 | 214 | 56 | 150 | +0.5 | 22 | 4 879.6 | 219 | 4 122.8 | 188 | 41.5 | 57.4 |
|  |  | 022.60.450 0 | 024.60.450 0 |  |  |  |  |  |  |  |  |  |  |  |  | 25 | 4 895 | 193 | 4 110 | 165 | 47.1 | 65.2 |

注:1. $n_1$ 为润滑油孔数,均布;油杯 M10×1 GB 1152~1153—1979;
2. 安装孔 $n$—$\phi$ 可改用螺孔,齿宽 $b$ 可改为 $H-h$;
3. 表内齿轮圆周力为最大圆周力,额定圆周力取其 1/2;
4. 外齿修顶系数为 0.1,内齿修顶系数为 0.2。

## 表 3-4-6 单排交叉滚柱式回转支承(11 系列)JB/T 2300—1999

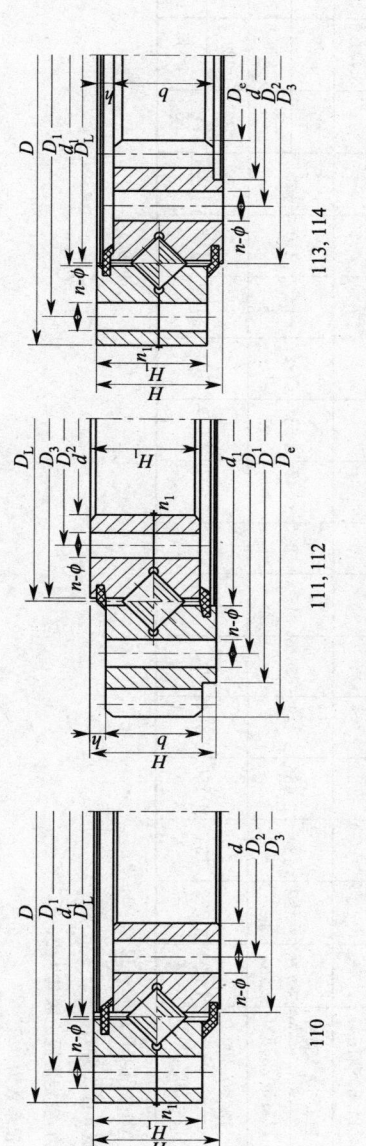

110

111, 112

113, 114

| 承载曲线图编号 | 基本型号 无齿式 $D_L$ /mm | 基本型号 内齿式 $D_L$ /mm | 基本型号 外齿式 $D_L$ /mm | 外型尺寸 $D$ /mm | 外型尺寸 $d$ /mm | 外型尺寸 $H$ /mm | 安装尺寸 $D_1$ /mm | 安装尺寸 $D_2$ /mm | 安装尺寸 $n$ | 安装尺寸 $\phi$ /mm | 结构尺寸 $n_1$ | 结构尺寸 $D_3$ /mm | 结构尺寸 $d_1$ /mm | 结构尺寸 $H_1$ /mm | 结构尺寸 $h$ /mm | 齿轮参数 $b$ /mm | 齿轮参数 $x$ | 齿轮参数 $m$ /mm | 外齿参数 $D_e$ /mm | 外齿参数 $Z$ | 内齿参数 $D_e$ /mm | 内齿参数 $Z$ | 齿轮圆周力 正火 $Z$ /$10^4$N | 齿轮圆周力 调质 $T$ /$10^4$N |
|---|---|---|---|---|---|---|---|---|---|---|---|---|---|---|---|---|---|---|---|---|---|---|---|---|
| 1 | 110.25.500 | 111.25.500 | 113.25.500 | 602 | 398 | 75 | 566 | 434 | 20 | 18 | 4 | 498 | 502 | 65 | 10 | 60 | | 5 | 629 | 123 | 367 | 74 | 3.7 | 5.2 |
| 1 | 110.25.500 | 112.25.500 | 114.25.500 | 602 | 398 | 75 | 566 | 434 | 20 | 18 | 4 | 498 | 502 | 65 | 10 | 60 | +0.5 | 6 | 628.8 | 102 | 368.4 | 62 | 4.5 | 6.2 |
| 2 | 110.25.560 | 111.25.560 | 113.25.560 | 662 | 458 | 75 | 626 | 494 | 20 | 18 | 4 | 558 | 562 | 65 | 10 | 60 | | 5 | 689 | 135 | 427 | 86 | 3.7 | 5.2 |
| 2 | 110.25.560 | 112.25.560 | 114.25.560 | 662 | 458 | 75 | 626 | 494 | 20 | 18 | 4 | 558 | 562 | 65 | 10 | 60 | +0.5 | 6 | 688.8 | 112 | 428.4 | 72 | 4.5 | 6.2 |
| 3 | 110.25.630 | 111.25.630 | 113.25.630 | 732 | 528 | 75 | 696 | 564 | 24 | 18 | 4 | 628 | 632 | 65 | 10 | 60 | | 6 | 772.8 | 126 | 494.4 | 83 | 4.5 | 6.2 |
| 3 | 110.25.630 | 112.25.630 | 114.25.630 | 732 | 528 | 75 | 696 | 564 | 24 | 18 | 4 | 628 | 632 | 65 | 10 | 60 | +0.5 | 8 | 774.4 | 94 | 491.2 | 62 | 6.0 | 8.3 |
| 4 | 110.25.710 | 111.25.710 | 113.25.710 | 812 | 608 | 75 | 776 | 644 | 24 | 18 | 4 | 708 | 712 | 65 | 10 | 60 | | 6 | 850.8 | 139 | 572.4 | 96 | 4.5 | 6.2 |
| 4 | 110.25.710 | 112.25.710 | 114.25.710 | 812 | 608 | 75 | 776 | 644 | 24 | 18 | 4 | 708 | 712 | 65 | 10 | 60 | +0.5 | 8 | 854.4 | 104 | 571.2 | 72 | 6.0 | 8.3 |
| 5 | 110.28.800 | 111.28.800 | 113.28.800 | 922 | 678 | 82 | 878 | 722 | 30 | 22 | 6 | 798 | 802 | 72 | 10 | 65 | | 8 | 966.4 | 118 | 635.2 | 80 | 6.5 | 9.1 |
| 5 | 110.28.800 | 112.28.800 | 114.28.800 | 922 | 678 | 82 | 878 | 722 | 30 | 22 | 6 | 798 | 802 | 72 | 10 | 65 | +0.5 | 8 | 968 | 94 | 634 | 64 | 8.1 | 11.4 |
| 6 | 110.28.900 | 111.28.900 | 113.28.900 | 1022 | 778 | 82 | 978 | 822 | 30 | 22 | 6 | 898 | 902 | 72 | 10 | 65 | | 8 | 1062.4 | 130 | 739.2 | 93 | 6.5 | 9.1 |
| 6 | 110.28.900 | 112.28.900 | 114.28.900 | 1022 | 778 | 82 | 978 | 822 | 30 | 22 | 6 | 898 | 902 | 72 | 10 | 65 | +0.5 | 10 | 1068 | 104 | 734 | 74 | 8.1 | 11.4 |
| 7 | 110.28.1000 | 111.28.1000 | 113.28.1000 | 1122 | 878 | 82 | 1078 | 922 | 36 | 22 | 6 | 998 | 1002 | 72 | 10 | 65 | | 10 | 1188 | 116 | 824 | 83 | 8.1 | 11.4 |
| 7 | 110.28.1000 | 112.28.1000 | 114.28.1000 | 1122 | 878 | 82 | 1078 | 922 | 36 | 22 | 6 | 998 | 1002 | 72 | 10 | 65 | +0.5 | 12 | 1185.6 | 96 | 820.8 | 69 | 9.7 | 13.6 |
| 8 | 110.28.1120 | 111.28.1120 | 113.28.1120 | 1242 | 998 | 82 | 1198 | 1042 | 36 | 22 | 6 | 1118 | 1122 | 72 | 10 | 65 | | 10 | 1298 | 127 | 944 | 95 | 8.1 | 11.4 |
| 8 | 110.28.1120 | 112.28.1120 | 114.28.1120 | 1242 | 998 | 82 | 1198 | 1042 | 36 | 22 | 6 | 1118 | 1122 | 72 | 10 | 65 | +0.5 | 12 | 1305.6 | 106 | 940.8 | 79 | 9.7 | 13.6 |

续上表

| 承载曲线图编号 | 基本型号 无齿式 $D_L$ /mm | 基本型号 外齿式 $D_L$ /mm | 基本型号 内齿式 $D_L$ /mm | 外型尺寸 $D$ /mm | 外型尺寸 $d$ /mm | 外型尺寸 $H$ /mm | 安装尺寸 $D_1$ /mm | 安装尺寸 $D_2$ /mm | 安装尺寸 $n$ | 安装尺寸 $\phi$ /mm | 安装尺寸 $n_1$ | 结构尺寸 $D_3$ /mm | 结构尺寸 $d_1$ /mm | 结构尺寸 $H_1$ /mm | 结构尺寸 $h$ /mm | 齿轮参数 $b$ /mm | 齿轮参数 $x$ | 齿轮参数 $m$ /mm | 外齿参数 $D_e$ /mm | 外齿参数 $Z$ | 内齿参数 $D_e$ /mm | 内齿参数 $Z$ | 正火 $Z$ /$10^4$ N | 调质 $Z$ /$10^4$ N | 齿轮圆周力 $T$ /$10^4$ N |
|---|---|---|---|---|---|---|---|---|---|---|---|---|---|---|---|---|---|---|---|---|---|---|---|---|---|
| 9 | 110.32.125 0 | 111.32.125 0 | 113.32.125 0 | 1 390 | 1 110 | 91 | 1 337 | 1 163 | 40 | 26 | 5 | 1248 | 1252 | 81 | 10 | 75 | +0.5 | 12 | 1 449.6 | 118 | 1 048.8 | 88 | 11.3 | 15.7 | |
|   |   | 112.32.125 0 | 114.32.125 0 |   |   |   |   |   |   |   |   |   |   |   |   |   |   | 14 | 1 453.2 | 101 | 1 041.6 | 75 | 13.2 | 18.2 | |
| 10 | 110.32.140 0 | 111.32.140 0 | 113.32.140 0 | 1 540 | 1 260 | 91 | 1 487 | 1 313 | 40 | 26 | 5 | 1 398 | 1 402 | 81 | 10 | 75 | +0.5 | 12 | 1 605.6 | 131 | 1 192.8 | 100 | 11.3 | 15.7 | |
|   |   | 112.32.140 0 | 114.32.140 0 |   |   |   |   |   |   |   |   |   |   |   |   |   |   | 14 | 1 607.2 | 112 | 1 195.6 | 86 | 13.2 | 18.2 | |
| 11 | 110.32.160 0 | 111.32.160 0 | 113.32.160 0 | 1 740 | 1 460 | 91 | 1 687 | 1 513 | 45 | 26 | 5 | 1 598 | 1 602 | 81 | 10 | 75 | +0.5 | 14 | 1 817.2 | 127 | 1 391.6 | 100 | 13.2 | 18.2 | |
|   |   | 112.32.160 0 | 114.32.160 0 |   |   |   |   |   |   |   |   |   |   |   |   |   |   | 16 | 1 820.8 | 111 | 1 382.4 | 87 | 15.1 | 22.4 | |
| 12 | 110.32.180 0 | 111.32.180 0 | 113.32.180 0 | 1 940 | 1 660 | 91 | 1 887 | 1 713 | 45 | 26 | 5 | 1 798 | 1 802 | 81 | 10 | 75 | +0.5 | 14 | 2 013.2 | 141 | 1 573.6 | 113 | 13.2 | 18.2 | |
|   |   | 112.32.180 0 | 114.32.180 0 |   |   |   |   |   |   |   |   |   |   |   |   |   |   | 16 | 2 012.8 | 123 | 1 574.4 | 99 | 15.1 | 22.4 | |
| 13 | 110.40.200 0 | 111.40.200 0 | 113.40.200 0 | 2 178 | 1 825 | 112 | 2 110 | 1 891 | 48 | 33 | 8 | 1 997 | 2 003 | 100 | 12 | 90 | +0.5 | 16 | 2 268.8 | 139 | 1 734.4 | 109 | 18.1 | 25.0 | |
|   |   | 112.40.200 0 | 114.40.200 0 |   |   |   |   |   |   |   |   |   |   |   |   |   |   | 18 | 2 264.4 | 123 | 1 735.2 | 97 | 20.3 | 28.1 | |
| 14 | 110.40.224 0 | 111.40.224 0 | 113.40.224 0 | 2 418 | 2 065 | 112 | 2 350 | 2 131 | 48 | 33 | 8 | 2 237 | 2 243 | 100 | 12 | 90 | +0.5 | 16 | 2 492.8 | 153 | 1 990.4 | 125 | 18.1 | 25.0 | |
|   |   | 112.40.224 0 | 114.40.224 0 |   |   |   |   |   |   |   |   |   |   |   |   |   |   | 18 | 2 498.4 | 136 | 1 987.2 | 111 | 20.3 | 28.1 | |
| 15 | 110.40.250 0 | 111.40.250 0 | 113.40.250 0 | 2 678 | 2 325 | 112 | 2 610 | 2 391 | 56 | 33 | 8 | 2 497 | 2 503 | 100 | 12 | 90 | +0.5 | 18 | 2 768.4 | 151 | 2 239.2 | 125 | 20.3 | 28.1 | |
|   |   | 112.40.250 0 | 114.40.250 0 |   |   |   |   |   |   |   |   |   |   |   |   |   |   | 20 | 2 776 | 136 | 2 228 | 112 | 22.6 | 31.3 | |
| 16 | 110.40.280 0 | 111.40.280 0 | 113.40.280 0 | 2 978 | 2 625 | 112 | 2 910 | 2 691 | 56 | 33 | 8 | 2797 | 2 803 | 100 | 12 | 90 | +0.5 | 18 | 3 074.4 | 168 | 2 527.2 | 141 | 20.3 | 28.1 | |
|   |   | 112.40.280 0 | 114.40.280 0 |   |   |   |   |   |   |   |   |   |   |   |   |   |   | 20 | 3 076 | 151 | 2 528 | 127 | 22.6 | 31.3 | |
| 17 | 110.50.315 0 | 111.50.315 0 | 113.50.315 0 | 3 376 | 2 922 | 134 | 3 286 | 3 014 | 56 | 45 | 8 | 3 147 | 3 153 | 122 | 12 | 110 | +0.5 | 20 | 3 476 | 171 | 2 828 | 142 | 27.6 | 38.3 | |
|   |   | 112.50.315 0 | 114.50.315 0 |   |   |   |   |   |   |   |   |   |   |   |   |   |   | 22 | 3 471.6 | 155 | 2 824.8 | 129 | 30.4 | 42.1 | |
| 18 | 110.50.355 0 | 111.50.355 0 | 113.50.355 0 | 3 776 | 3 322 | 134 | 3 686 | 3 414 | 56 | 45 | 8 | 3 547 | 3 553 | 122 | 12 | 110 | +0.5 | 20 | 3 876 | 191 | 3 228 | 162 | 27.6 | 38.3 | |
|   |   | 112.50.355 0 | 114.50.355 0 |   |   |   |   |   |   |   |   |   |   |   |   |   |   | 22 | 3 889.6 | 174 | 3 220.8 | 147 | 30.4 | 42.1 | |
| 19 | 110.50.400 0 | 111.50.400 0 | 113.50.400 0 | 4 226 | 3 772 | 134 | 4 136 | 3 864 | 60 | 45 | 10 | 3 997 | 4 003 | 122 | 12 | 110 | +0.5 | 22 | 4 329.6 | 194 | 3 660.8 | 167 | 30.4 | 42.1 | |
|   |   | 112.50.400 0 | 114.50.400 0 |   |   |   |   |   |   |   |   |   |   |   |   |   |   | 25 | 4 345 | 171 | 3 660 | 147 | 34.5 | 47.8 | |

注:1. $n_1$ 为润滑油孔数,均布,油杯 M10×1 GB 1152~1153—1979;
 2. 安装孔 $n-\phi$ 可改用螺孔,油杯 $b$ 可改为 $H-h$;
 3. 表内齿轮圆周力为最大圆周力,额定圆周力取其 1/2;
 4. 外齿修顶系数为 0.1,内齿修顶系数为 0.2。

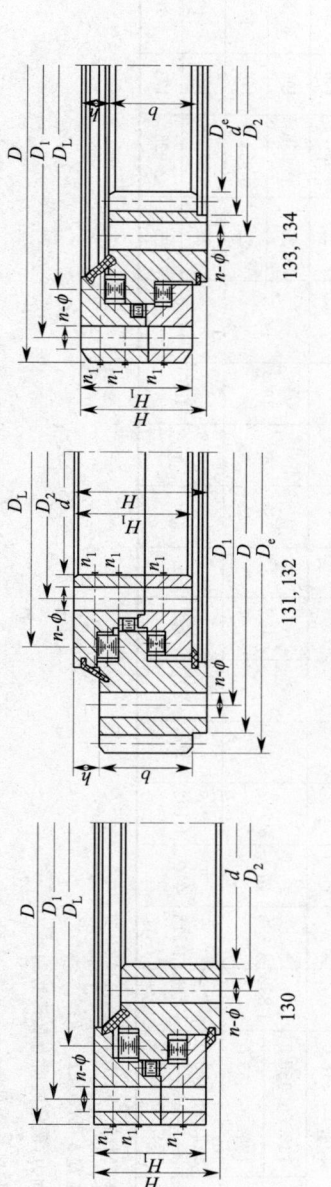

表 3-4-7 三排滚柱式回转支承(13 系列)JB/T 2300—1999

| 承载曲线图编号 | 基本型号 无齿式 $D_L$ /mm | 外齿式 $D_L$ /mm | 内齿式 $D_L$ /mm | 外型尺寸 $D$ /mm | $d$ /mm | $H$ /mm | 安装尺寸 $D_1$ /mm | $D_2$ /mm | $n$ | $\phi$ /mm | 结构尺寸 $n_1$ | $H_1$ /mm | $h$ /mm | $b$ /mm | 齿轮参数 $x$ | $m$ /mm | 外齿参数 $D_e$ /mm | $Z$ | 内齿参数 $D_e$ /mm | $Z$ | 齿轮圆周力 正火 $Z$ /$10^4$N | 调质 $T$ /$10^4$N |
|---|---|---|---|---|---|---|---|---|---|---|---|---|---|---|---|---|---|---|---|---|---|---|
| 1 | 130.25.500 | 131.25.500 | 133.25.500 | 634 | 366 | 148 | 598 | 402 | 24 | 18 | 4 | 138 | 32 | 80 | +0.5 | 5 | 664 | 130 | 337 | 68 | 5.0 | 6.7 |
|   |            | 132.25.500 | 134.25.500 |     |     |     |     |     |    |    |   |     |    |    |      | 6 | 664.8 | 108 | 338.4 | 57 | 6.0 | 8.0 |
| 2 | 130.25.560 | 131.25.560 | 133.25.560 | 694 | 426 | 148 | 658 | 462 | 24 | 18 | 4 | 138 | 32 | 80 | +0.5 | 5 | 724 | 142 | 397 | 80 | 5.0 | 6.7 |
|   |            | 132.25.560 | 134.25.560 |     |     |     |     |     |    |    |   |     |    |    |      | 6 | 724.8 | 118 | 398.4 | 67 | 6.0 | 8.0 |
| 3 | 130.25.630 | 131.25.630 | 133.25.630 | 764 | 496 | 148 | 728 | 532 | 28 | 18 | 4 | 138 | 32 | 80 | +0.5 | 6 | 808.8 | 132 | 458.4 | 77 | 6.0 | 8.0 |
|   |            | 132.25.630 | 134.25.630 |     |     |     |     |     |    |    |   |     |    |    |      | 8 | 806.4 | 98 | 459.2 | 58 | 8.0 | 11.0 |
| 4 | 130.25.710 | 131.25.710 | 133.25.710 | 844 | 576 | 148 | 808 | 612 | 28 | 18 | 4 | 138 | 32 | 80 | +0.5 | 6 | 886.8 | 145 | 536.4 | 90 | 6.0 | 8.0 |
|   |            | 132.25.710 | 134.25.710 |     |     |     |     |     |    |    |   |     |    |    |      | 8 | 886.4 | 108 | 539.2 | 68 | 8.0 | 11.0 |
| 5 | 130.32.800 | 131.32.800 | 133.32.800 | 964 | 636 | 182 | 920 | 680 | 36 | 22 | 4 | 172 | 40 | 120 | +0.5 | 8 | 1 006.4 | 123 | 595.2 | 75 | 12.1 | 16.7 |
|   |            | 132.32.800 | 134.32.800 |     |     |     |     |     |    |    |   |     |    |    |      | 10 | 1 008 | 98 | 594 | 60 | 15.1 | 20.9 |
| 6 | 130.32.900 | 131.32.900 | 133.32.900 | 1 064 | 736 | 182 | 1 020 | 780 | 36 | 22 | 4 | 172 | 40 | 120 | +0.5 | 8 | 1 102.4 | 135 | 691.2 | 87 | 12.1 | 16.7 |
|   |            | 132.32.900 | 134.32.900 |     |     |     |     |     |    |    |   |     |    |    |      | 10 | 1 108 | 108 | 694 | 70 | 15.1 | 20.9 |
| 7 | 130.32.100 0 | 131.32.100 0 | 133.32.100 0 | 1 164 | 836 | 182 | 1 120 | 880 | 40 | 22 | 5 | 172 | 40 | 120 | +0.5 | 10 | 1 218 | 119 | 784 | 79 | 15.1 | 20.9 |
|   |              | 132.32.100 0 | 134.32.100 0 |       |     |     |       |     |    |    |   |     |    |     |      | 12 | 1 221.6 | 99 | 784.8 | 66 | 18.1 | 25.1 |
| 8 | 130.32.112 0 | 131.32.112 0 | 133.32.112 0 | 1 284 | 956 | 182 | 1 240 | 1 000 | 40 | 22 | 5 | 172 | 40 | 120 | +0.5 | 10 | 1 338 | 131 | 904 | 91 | 15.1 | 20.9 |
|   |              | 132.32.112 0 | 134.32.112 0 |       |     |     |       |       |    |    |   |     |    |     |      | 12 | 1 341.6 | 109 | 904.8 | 76 | 18.1 | 25.1 |

续上表

| 承载曲线图编号 | 基本型号 无齿式 $D_L$ /mm | 基本型号 内齿式 $D_L$ /mm | 基本型号 外齿式 $D_L$ /mm | 外型尺寸 $D$ /mm | 外型尺寸 $d$ /mm | 外型尺寸 $H$ /mm | 安装尺寸 $D_1$ /mm | 安装尺寸 $D_2$ /mm | 安装尺寸 $n$ | 安装尺寸 $\phi$ /mm | 结构尺寸 $n_1$ | 结构尺寸 $H_1$ /mm | 结构尺寸 $h$ /mm | 结构尺寸 $b$ /mm | 齿轮参数 $x$ | 齿轮参数 $m$ /mm | 外齿参数 $D_e$ | 外齿参数 $Z$ | 内齿参数 $D_e$ | 内齿参数 $Z$ | 正火 $Z$ /$10^4$N | 调质 $T$ /$10^4$N |
|---|---|---|---|---|---|---|---|---|---|---|---|---|---|---|---|---|---|---|---|---|---|---|
| 9 | 130.40.125 0 | 131.40.125 0 | 133.40.125 0 | 1 445 | 1 055 | 220 | 1 393 | 1 107 | 45 | 26 | 5 | 210 | 50 | 150 | +0.5 | 12 | 1 509.6 | 123 | 988.8 | 83 | 22.9 | 31.4 |
|   |   | 132.40.125 0 | 134.40.125 0 | 1 595 | 1 205 | 220 | 1 543 | 1 257 | 45 | 26 | 5 | 210 | 50 | 150 | +0.5 | 14 | 1 509.2 | 105 | 985.6 | 71 | 26.3 | 36.6 |
| 10 | 130.40.140 0 | 131.40.140 0 | 133.40.140 0 |   |   |   |   |   |   |   |   |   |   |   |   | 12 | 1 665.6 | 136 | 1 144.8 | 96 | 22.9 | 31.4 |
|   |   | 132.40.140 0 | 134.40.140 0 |   |   |   |   |   |   |   |   |   |   |   |   | 14 | 1 663.2 | 116 | 1 139.6 | 82 | 26.3 | 36.6 |
| 11 | 130.40.160 0 | 131.40.160 0 | 133.40.160 0 | 1 795 | 1 405 | 220 | 1 743 | 1 457 | 48 | 26 | 6 | 210 | 50 | 150 | +0.5 | 14 | 1 873.2 | 131 | 1 335.6 | 96 | 26.3 | 36.6 |
|   |   | 132.40.160 0 | 134.40.160 0 |   |   |   |   |   |   |   |   |   |   |   |   | 16 | 1 868.8 | 114 | 1 334.4 | 84 | 30.2 | 41.7 |
| 12 | 130.40.180 0 | 131.40.180 0 | 133.40.180 0 | 1 995 | 1 605 | 220 | 1 943 | 1 657 | 48 | 26 | 6 | 210 | 50 | 150 | +0.5 | 14 | 2 069.2 | 145 | 1 531.6 | 110 | 26.3 | 36.6 |
|   |   | 132.40.180 0 | 134.40.180 0 |   |   |   |   |   |   |   |   |   |   |   |   | 16 | 2 076.8 | 127 | 1 526.4 | 96 | 30.2 | 41.7 |
| 13 | 130.45.200 0 | 131.45.200 0 | 133.45.200 0 | 2 221 | 1 779 | 231 | 2 155 | 1 845 | 60 | 33 | 6 | 219 | 54 | 160 | +0.5 | 16 | 2 300.8 | 141 | 1 702.4 | 107 | 32.2 | 44.5 |
|   |   | 132.45.200 0 | 134.45.200 0 |   |   |   |   |   |   |   |   |   |   |   |   | 18 | 2 300.4 | 125 | 1 699.2 | 95 | 36.2 | 50.1 |
| 14 | 130.45.224 0 | 131.45.224 0 | 133.45.224 0 | 2 461 | 2 019 | 231 | 2 395 | 2 085 | 60 | 33 | 6 | 219 | 54 | 160 | +0.5 | 16 | 2 556.8 | 157 | 1 926.4 | 121 | 32.2 | 44.5 |
|   |   | 132.45.224 0 | 134.45.224 0 |   |   |   |   |   |   |   |   |   |   |   |   | 18 | 2 552.4 | 139 | 1 933.2 | 108 | 36.2 | 50.1 |
| 15 | 130.45.250 0 | 131.45.250 0 | 133.45.250 0 | 2 721 | 2 279 | 231 | 2 655 | 2 345 | 72 | 33 | 8 | 219 | 54 | 160 | +0.5 | 18 | 2 822.4 | 154 | 2 185.2 | 122 | 36.2 | 50.1 |
|   |   | 132.45.250 0 | 134.45.250 0 |   |   |   |   |   |   |   |   |   |   |   |   | 20 | 2 816 | 138 | 2 188 | 110 | 40.2 | 55.6 |
| 16 | 130.45.280 0 | 131.45.280 0 | 133.45.280 0 | 3 021 | 2 579 | 231 | 2 955 | 2 645 | 72 | 33 | 8 | 219 | 54 | 160 | +0.5 | 18 | 3 110.4 | 170 | 2 491.2 | 139 | 36.2 | 50.1 |
|   |   | 132.45.280 0 | 134.45.280 0 |   |   |   |   |   |   |   |   |   |   |   |   | 20 | 3 116 | 153 | 2 488 | 125 | 40.2 | 55.6 |
| 17 | 130.50.315 0 | 131.50.315 0 | 133.50.315 0 | 3 432 | 2 868 | 270 | 3 342 | 2 958 | 72 | 45 | 8 | 258 | 68 | 180 | +0.5 | 20 | 3 536 | 174 | 2 768 | 139 | 45.2 | 62.6 |
|   |   | 132.50.315 0 | 134.50.315 0 |   |   |   |   |   |   |   |   |   |   |   |   | 22 | 3 537.6 | 158 | 2 758.8 | 126 | 49.8 | 68.9 |
| 18 | 130.50.355 0 | 131.50.355 0 | 133.50.355 0 | 3 832 | 3 268 | 270 | 3 742 | 3 358 | 72 | 45 | 8 | 258 | 65 | 180 | +0.5 | 20 | 3 936 | 194 | 3 168 | 159 | 45.2 | 62.2 |
|   |   | 132.50.355 0 | 134.50.355 0 |   |   |   |   |   |   |   |   |   |   |   |   | 22 | 3 933.6 | 176 | 3 154.8 | 144 | 49.8 | 68.9 |
| 19 | 130.50.400 0 | 131.50.400 0 | 133.50.400 0 | 4 282 | 3 718 | 270 | 4 192 | 3 808 | 80 | 45 | 8 | 258 | 65 | 180 | +0.5 | 22 | 4 395.6 | 197 | 3 616.8 | 165 | 49.8 | 68.9 |
|   |   | 132.50.400 0 | 134.50.400 0 |   |   |   |   |   |   |   |   |   |   |   |   | 25 | 4 395 | 173 | 3 610 | 145 | 56.5 | 78.3 |

注:1. $n_1$ 为润滑油孔数,均布;油杯 M10×1 GB 1152~1153—1979;
2. 安装孔 $n-\phi$ 可改用攀孔,齿宽 $b$ 可改为 $H-h$;
3. 表内齿圆周力为最大圆周力,额定圆周力取其 1/2;
4. 外齿修顶系数为 0.1,内齿修顶系数为 0.2。

## 第三节　回转机构驱动装置计算

原始计算数据：起重机回转部分的质量以及质心相对于回转轴线的坐标（初步计算时可参考现有的相似机械，也可使用表 3-4-8 中所列的质量估算式）；起重机的起重量和起重特性；回转支承装置的类型、主要尺寸以及所受的载荷；回转机构的驱动型式和传动简图；回转速度；机构工作级别。

**表 3-4-8　起重机及起重小车质量的估算式**

| 起重机及小车类型 | 质量估算式 |
| --- | --- |
| 壁上旋转起重机： | |
| 　　移动小车式 | $m_0 = 2 + 0.15 Q R_{\max}$ |
| 　　幅度定值式 | $m_0 = 1.5 + 0.04 Q R$ |
| 柱式旋转臂架起重机： | |
| 　　无对重式 | $m_0 = 3 + 0.07 Q R_{\max}$ |
| 　　移动小车式回转部分质量 | $m_s = 3 + 0.2 Q R_{\max}$ |
| 无对重自行车式起重机： | |
| 　　总质量 | $m_0 = 0.4 + 0.3 Q R$ |
| 　　回转部分质量 | $m_s = 3 + 0.07 Q R$ |
| 跨度 30 m 以下桥式起重机（不包括小车）： | |
| 　　起重量不大于 5 t | $m_0 = 3.5 + 0.07 Q L$ |
| 　　起重量 10～15 t | $m_0 = 2 + 0.06 Q L$ |
| 　　起重量 16～20 t | $m_0 = 1.2 + 0.05 Q L$ |
| 　　起重量 30～40 t | $m_0 = 6.5 + 0.03 Q L$ |
| 悬臂起重机 | $m_0 = 4 + 0.25 Q R_{\max}$ |
| 无悬臂门式起重机 | $m_0 = 10 + 0.01 Q L$ |
| 起重小车： | |
| 　　车轮驱动 | $m_t = 1.5 + 0.2 Q$ |
| 　　绳索牵引 | $m_t = 0.45 + 0.07 Q$ |

注：表中 $m_0$、$m_s$ 和 $m_t$——分别为起重机整机、起重机回转部分和起重小车的质量（t）；
　　　$Q$——起重机的起重量（t）；
　　　$R$——臂架幅度（m）；
　　　$L$——起重机跨度（m）。

### 一、回转阻力矩

起重机回转时需要克服的回转阻力矩 $T$ 为：

$$T = T_m + T_p + T_w + T_g \tag{3-4-14}$$

式中　$T_m$——回转支承装置中的摩擦阻力矩（N·m）；
　　　$T_p$——坡道阻力矩（N·m）；
　　　$T_w$——风阻力矩（N·m）；
　　　$T_g$——惯性阻力矩（N·m），仅出现在回转起动和制动时。

（一）摩擦阻力矩 $T_m$

1. 柱式回转支承装置

$$T_m = T_s + T_x + T_z \tag{2-5-15}$$

式中　$T_s$——水平滚轮的摩擦阻力矩（N·m）；
　　　$T_x$——径向轴承的摩擦阻力矩（N·m）；
　　　$T_z$——止推轴承的摩擦阻力矩（N·m）。

（1）水平滚轮的摩擦阻力矩 $T_s$

$$T_s = \frac{1}{2} f D \sum N \quad (\text{N·m}) \tag{3-4-16}$$

式中　$\sum N$——全部水平滚轮轮压之和(N)；

　　　$D$——当滚道固定、水平滚轮沿滚道作行星运动时(图3-4-1和图3-4-3a)，$D$为水平滚轮中心圆直径；当滚道旋转带动装在固定部分的水平滚轮自转时(图3-4-3b)，$D$为滚道直径(m)；

　　　$f$——摩擦阻力系数，初步计算时可取$f=0.005\sim0.009$(滚动轴承)，$f=0.028\sim0.035$(滑动轴承)。

(2) 径向轴承的摩擦阻力矩 $T_x$

$$T_x = \frac{1}{2}\mu_x d_x F_r \quad (\text{N·m}) \tag{3-4-17}$$

式中　$F_r$——径向轴承所受的水平力(N)，见式(3-4-8)；

　　　$\mu_x$——径向轴承的摩擦系数，$\mu_x=0.015\sim0.02$；

　　　$d_x$——径向轴承的内径(m)。

(3) 止推轴承的摩擦阻力矩 $T_z$

$$T_z = \frac{1}{2}\mu_z d_z F_t \quad (\text{N·m}) \tag{3-4-18}$$

式中　$F_t$——止推轴承所受的垂直力(N)，见式(3-4-7)；

　　　$\mu_z$——止推轴承的摩擦系数，$\mu_z=0.01\sim0.015$；

　　　$d_z$——止推轴承内径与外径的平均直径(m)。

### 2. 滚子夹套式回转支承装置

$$T_m = \frac{1}{2}\omega D \sum N \quad (\text{N·m}) \tag{3-4-19}$$

式中　$\omega$——阻力系数，$\omega=0.005\sim0.018$；

　　　$D$——滚道平均直径(m)；

　　　$\sum N$——工作滚子所受载荷之和(N)，如果转台尾部底面轨道不脱离滚子，即全部工作滚子受压，则$\sum N = G + Q$，$G$为起重机回转部分重量，$Q$为起重量。

### 3. 滚动轴承式回转支承装置

摩擦阻力矩 $T_m$ 可根据回转支承厂的产品资料获得，也可按下式计算：

$$T_m = \frac{1}{2}\omega D \sum N \tag{3-4-20}$$

式中　$\omega$——回转阻力系数，$\omega=0.01$(滚球式)，$\omega=0.012$(滚柱式)；

　　　$D$——滚道平均直径(m)；

　　　$\sum N$——全部滚球或滚柱所受的总压力(N)，其计算方法如下。

当回转支承装置中的滚动体承压方向一致时：

$$\sum N = \frac{F_a}{\sin\gamma} + \frac{4F_r}{\pi\cos\gamma} \tag{3-4-21}$$

式中　$F_a$——回转支承装置所受的总垂直力(轴向力)；

　　　$F_r$——回转支承装置所受的总水平力(径向力)；

　　　$\gamma$——滚动体的压力角。

当回转支承装置中的滚动体承压方向不同时(部分滚动体承受向下的压力，另一部分滚动体承受向上的压力)：

$$\sum N = \frac{F_a}{\sin\gamma}\left(1 - \frac{2\varphi}{\pi}\right) + \frac{2KT\sin\varphi}{\pi D\sin\varphi} + \frac{4F_r}{\pi\cos\gamma} \tag{3-4-22}$$

式中　$\varphi = \arccos\dfrac{DF_a}{KT}$；

$K$——与滚动体形状和滚道刚度有关的系数,对滚柱轴承 $K=4\sim4.5$;对滚珠轴承 $K=4.5\sim5$;滚道刚度小时取大值,刚度大时取小值。

原苏联国家标准 ГОСТ 13994—1981《建筑塔式起重机计算规范》,对滚动轴承式回转支承装置的摩擦阻力矩计算作以下规定:

如果 $T\leqslant\frac{1}{4}DF_a$[在此 $T$ 和 $F_a$ 分别为回转支承装置所受的合力矩和总垂直力(轴向力)],则按式(3-4-20)计算 $T_m$。

如果 $T>\frac{1}{4}DF_a$,则按下式计算 $T_m$:

$$T_m = \frac{1}{2}\omega D \sum_{i=1}^{n} N_i \left[1 + \frac{1}{2}\delta\left(\frac{4T}{F_a D} - 1\right)\right] \tag{3-4-23}$$

式中 $\delta=1.3\sim3\times10^{-4}F_a$,$F_a$ 的单位为千牛。

(二)坡道阻力矩 $T_p$

起重机回转平面与水平面成 $\theta$ 角,在回转时产生坡道阻力矩 $T_p$(图3-4-16)为:

$$T_p = \sum_{i=1}^{n} G_i l_i \sin\theta \sin\varphi \tag{3-4-24}$$

式中 $G_i$——起重机各回转部件质量的重力(N);
$l_i$——各部件重心至回转轴线的距离(m);
$\theta$——坡道角度(由地面坡度、土壤沉陷、支腿不平、转柱歪斜、铁路弯道内外轨高差等引起);
$\varphi$——起重机回转角度。

当 $\varphi=90°$ 或 $270°$ 时,坡道阻力矩最大:

$$T_{pmax} = \sum_{i=1}^{n} G_i l_i \sin\theta \tag{3-4-25}$$

臂架回转时,$T_p$ 随回转角 $\varphi$ 不断变化,$\varphi$ 由 $0°$ 转至 $90°$ 或 $180°$ 的等效坡道力矩为:

$$T_{pe} \approx 0.7 T_{pmax} \tag{3-4-26}$$

浮式起重机由于船体倾侧造成的回转阻力矩 $T_p$ 为:

$$T_p = \frac{G^2 b^2}{2\gamma}\left(\frac{1}{J_1-Vh} - \frac{1}{J_2-Vh}\right)\sin 2\beta \tag{3-4-27}$$

$$T_{pmax} = \frac{G^2 b^2}{2\gamma}\left(\frac{1}{J_1-Vh} - \frac{1}{J_2-Vh}\right) \tag{3-4-28}$$

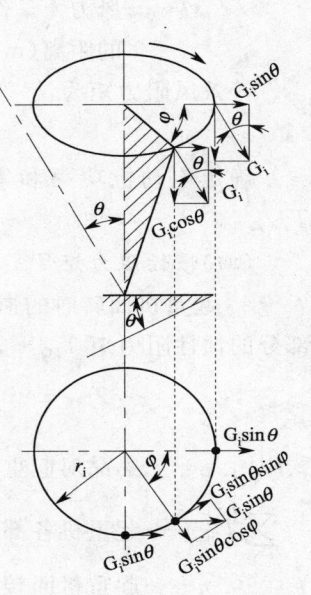

图3-4-16 坡道阻力矩计算简图

式中 $G$——包括起吊物品在内的起重机回转部分的重力(N);
$b$——$G$ 的作用线至回转轴线的距离(m);
$J_1$——载重吃水线上的浮船对横轴的惯性矩,

$$J_1 = \frac{L^3 B}{12} \quad (m^4)$$

$J_2$——载重吃水线上的浮船对纵轴的惯性矩,

$$J_2 = \frac{B^3 L}{12} \quad (m^4)$$

其中 $L$——浮船长度(m);
$B$——浮船宽度(m);
$V$——起重机带载时浮船排水量(m³);
$h$——带载起重机重心高出浮船浮心的高度(m);

$\beta$——臂架对船体横轴的回转角；

$\gamma$——水的密度（$kg/m^3$），一般可取 $\gamma=1\,000\,kg/m^3$。

$$T_{pe}\approx 0.7T_{pmax} \qquad (3\text{-}4\text{-}29)$$

### （三）风阻力矩 $T_w$

臂架与风向垂直时，由风力产生的阻力矩达到最大值（图3-4-17）。

$$T_{wmax}=F_{wQ}R+F_{wG}l \qquad (3\text{-}4\text{-}30)$$

式中 $F_{wQ}$——物品受的风力（N），根据不同的计算要求，由计算风压 $q_I$ 或 $q_{II}$ 与物品迎风面积的乘积获得；

$R$——起重机幅度（m）；

$F_{wG}$——起重机回转部分受的风力（N）；

$l$——风力 $F_{wG}$ 作用线至起重机回转中心线的距离（m）。

等效风阻力矩为：

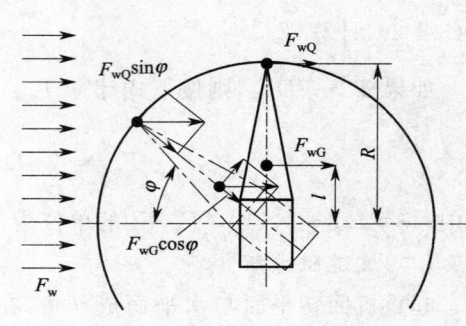

图3-4-17 风阻力矩 $T_w$ 计算简图

$$T_{we}\approx 0.7T_{wmax} \qquad (3\text{-}4\text{-}31)$$

确定电动机功率和零部件疲劳计算时，按起重机正常工作状态下的计算风压 $q_I$ 计算 $T_{wmax}$。

### （四）惯性阻力矩 $T_g$

起重机回转时的惯性阻力矩，由绕起重机回转中心线回转的物品惯性阻力矩和起重机回转部分的惯性阻力矩 $T_{gQ}+T_{gG}$，以及机构传动部分的惯性阻力矩 $T_{gm}$ 组成：

$$T_{gQ}+T_{gG}=\left(J_Q+\sum_{i=1}^n J_{Gi}\right)\frac{n}{9.55t}\quad (N\cdot m) \qquad (3\text{-}4\text{-}32)$$

式中 $J_Q$——物品对起重机回转中心线的转动惯量（$kg\cdot m^2$）；

$\sum_{i=1}^n J_{Gi}$——起重机各部件和构件绕回转中心线的转动惯量（$kg\cdot m^2$）；

$n$——起重机回转速度（r/min）；

$t$——机构起动或制动时间（s）。

物品、部件和构件绕起重机回转中心线的转动惯量见图3-4-18。

物品惯性阻力矩 $T_{gQ}$ 也可按钢丝绳偏斜角 $\alpha$ 求得。

作用在电动机轴上的机构传动部分的惯性阻力矩为：

$$T_{gm}=\frac{1.2J_m n_m}{9.55t}\quad (N\cdot m) \qquad (3\text{-}4\text{-}33)$$

式中 $J_m$——电动机轴上电动机转子、联轴器、制动轮的转动惯量（$kg\cdot m^2$）；

1.2——考虑除电动机轴以外其他转动零件转动惯量的系数；

$n_m$——电动机额定转速（r/min）；

$t$——机构起动时间（s）。

## 二、电动机选择

### （一）电动机的运行等效功率 $P_e$

根据机构稳定运动的等效静阻力矩、回转速度和机构效率计算机构的等效功率：

$$P_e=\frac{(T_m+T_{pe}+T_{we}+T_{aI})n}{9\,550\eta}\quad (kW) \qquad (3\text{-}4\text{-}34)$$

式中 $n$——起重机回转速度(r/min);

$\eta$——机构效率,蜗杆传动为 $0.6\sim0.65$,行星齿轮传动为 $0.80\sim0.85$;

$T_m$——摩擦阻力矩,根据回转支承类型按式(3-4-15)、式(3-4-19)或式(3-4-20)计算;

$T_{pe}$——等效坡道阻力矩,按式(3-4-26)计算;

$T_{we}$——等效风阻力矩,按计算风压 $q_I$ 由式(3-4-31)计算;

$T_{\alpha I}$——吊重钢丝绳摆动 $\alpha_1$ 角的阻力矩。

如果机构的静阻力矩小,而惯性阻力矩大,则电动机功率宜按下式确定:

$$P = \frac{T_m + T_{wI\max} + (1.1\sim1.3)(T_{gQ} + T_{gG})}{9\,550\eta\lambda_{as}} \cdot n \quad (\text{kW})$$

(3-4-35)

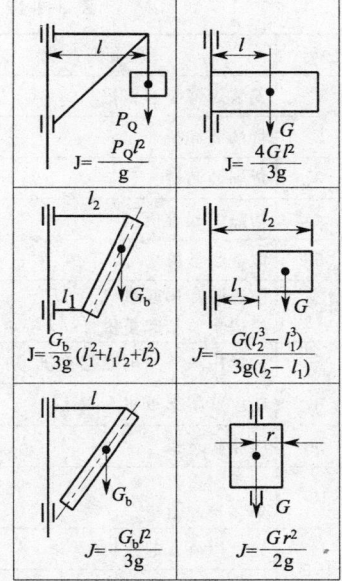

图 3-4-18 物品和构件的转动惯量

式中 $T_{wI\max}$——按风压 $q_I$ 计算的最大风阻力矩;

$\lambda_{as}$——电动机平均起动转矩标么值,即平均起动转矩 $T_{mq}$ 与基准接电持续率时的额定转矩 $T_n$ 之比(表3-4-9);

$1.1\sim1.3$——系数,考虑回转机构传动部分(包括电动机转子、联轴器和制动轮等)的转动惯量的影响,将物品惯性阻力矩 $T_{gQ}$ 和起重机回转部分阻力矩 $T_{gG}$ 加大的系数。

(二)电动机初选

1. 稳态负载系数法

起重机的回转机构使用 YZR 系列绕线转子异步电动机等能提供有关按 CZ 值计算选择电动机资料的异步电动机,其所选电动机的功率应满足下式要求:

$$P_n \geqslant G \cdot P_e \quad (\text{kW}) \quad (3\text{-}4\text{-}36)$$

式中 $P_n$——所选电动机在相应的 CZ 值和实际接电持续率 JC 值下的功率(kW);

$G$——稳态负载平均系数,见表 3-4-10。

表 3-4-9 电动机平均起动转矩标么值 $\lambda_{as}=\dfrac{T_{mq}}{T_n}$

| 电动机类型 | $\lambda_{as}$ |
|---|---|
| 三相交流绕线式电动机 | 1.5~1.6 |
| 直流电动机: | |
| 他励式 | 1.7~1.8 |
| 串励式 | 1.8~2 |
| 复励式 | 1.8~1.9 |

注:1. 电动机滑差率大者取大值;
2. 三相交流鼠笼电动机的平均起动转矩 $T_{mq}=(0.7\sim0.8)T_{\max}$,$T_{\max}=(2.8\sim3.4)T_n$,$T_{\max}$ 为电动机最大转矩。

表 3-4-10 稳态负载平均系数 $G$

| 稳态负载平均系数 | 回转机构 ||
|---|---|---|
| | 室内 | 室外 |
| $G_1$ | 0.8 | 0.5 |
| $G_2$ | 0.85 | 0.6 |
| $G_3$ | 0.9 | 0.7 |
| $G_4$ | 1.0 | 0.8 |

表 3-4-11 回转机构的 JC 值、CZ 值和 G 值

| 起重机型式 | 用途 | | 回转机构 | | |
|---|---|---|---|---|---|
| | | | JC/% | CZ | G |
| 门座起重机 | 吊钩式 | 安装用 | 25 | 300 | $G_2$ |
| | 吊钩式 | 装卸用 | 25 | 1 000 | $G_2$ |
| | 抓斗式 | | 40 | 1 000 | $G_2$ |

起重机回转机构的接电持续率 JC 值和稳态负载平均系数 G,均应根据实际载荷和控制情况计算。如无具体资料时,可参考表 3-4-11 选取。

2. 等效计算功率法

对未能提供 CZ 值及相应计算数据的电动机,可以根据式(3-4-34)计算得到的等效功率 $P_e$,并考虑该机构实际的接电持续率 JC 值(见表 3-4-12),直接从电动机样本上初选出所需要的电动机。

**表 3-4-12　回转机构的接电持续率和每小时工作循环数参考值**

| 序号 | 起重机类型 | 特点 | 每小时工作循环数 | 接电持续率 JC/% |
|---|---|---|---|---|
| 1 | 安装用臂架起重机 |  | 2～25 | 25 |
| 2 | 货场装卸桥 | 吊钩 | 20～60 | 15～40 |
| 3 | 货场装卸桥 | 抓斗或电磁盘 | 25～80 | 40 |
| 4 | 均热炉起重机 |  | 30～60 | 40 |
| 5 | 锻造起重机 |  | 6 | 100 |
| 6 | 岸边装卸用起重机<br>岸边集装箱起重机 | 吊钩或其他吊具 | 20～60 | 15～40 |
| 7 | 卸货用抓斗或电磁起重机 |  | 20～80 | 40 |
| 8 | 船厂臂架起重机 | 吊钩 | 20～50 | 25 |
| 9 | 门座起重机 | 吊钩 | 40 | 25～40 |
| 10 | 门座起重机<br>集装箱起重机 | 抓斗、电磁盘或集装箱吊具 | 25～60 | 40～60 |
| 11 | 建筑用塔式起重机 |  | 20 | 40～60 |
| 12 | 桅杆起重机 |  | 10 | 25 |
| 13 | 铁路起重机 |  | 10 | 25 |

3. 等效平均功率法

对能获得负荷图的回转机构，可计算出等效平均阻力矩 $T_{med}$

$$T_{med}=\sqrt{\frac{T_1^2 t_1+T_2^2 t_2+T_3^2 t_3+\cdots+T_n^2 t_n}{t_1+t_2+t_3+\cdots+t_n}}\quad(\text{N·m}) \tag{3-4-37}$$

式中　$T_1,T_2,T_3,\cdots,T_n$——包括电动机转动及移动质量全部惯性力在内的各个阶段的转矩值（N·m）。在变载荷情况下，至少取 10 个连续工作循环中载荷最大的一个循环计算；

　　　$t_1,t_2,t_3,\cdots,t_n$——发生不同转矩的时间段(s)，静止时间不计入。

由等效平均阻力矩 $T_{med}$ 可计算出电动机的等效平均功率 $P_{med}$

$$P_{med}=\frac{T_{med}n}{9\,550\eta}\quad(\text{kW}) \tag{3-4-38}$$

如果电动机的一次负载运行时间不超过 10 min，按式(3-4-38)计算结果从电动机样本上选出的 S3 断续周期工作制的电动机即为所要求的电动机。

（三）电动机的过载校验

回转机构电动机的过载校验按下式进行：

$$P_N \geq \frac{H\cdot n_m}{m\cdot\lambda_m}\cdot\frac{(T_m+T_{pmax}+T_{w\text{II}max}+T_{aI})}{9\,550 i\cdot\eta} \tag{3-4-39}$$

式中　$P_N$——基准接电持续率的电动机额定功率(kW)；

　　　$m$——电动机个数；

　　　$n_m$——电动机额定转速(r/min)；

　　　$i$——机构传动比；

　　　$\eta$——机构效率；

　　　$H$——系数，按电压有损失（交流电动机为 15%，直流电动机不考虑）、最大转矩或堵转转矩有允差（绕线型异步电动机为 10%，笼型电动机为 15%）等条件，绕线型异步电动机取 $H=1.55$，鼠笼型电动机取 $H=1.6$，直流电动机取 $H=1$；

　　　$\lambda_m$——相对于 $P_N$ 时的电动机最大转矩倍数（由电动机样本提供），对于直接全压起动的笼型电动机，堵转转矩倍数 $\lambda_m\geq 2.2$。

其他符号同前。

对工作频繁的回转机构,为避免电动机过热损坏,应进行发热校验。电动机的发热校验见第五篇第一章。

若起重机安装使用地点海拔超过 1 000 m,或起重机使用环境温度超过 40 ℃,就应对电动机容量进行校验和修正,计算方法见第五篇第一章。

(四)起动时间与起动加速度验算

1. 校核起动时间 $t$

$$t=\frac{[J]n_m}{9.55(T_{mq}-T_j)} \quad (s) \tag{3-4-40}$$

式中 $T_{mq}=\lambda_{as}T_n$——电动机平均起动转矩;

其中 $\lambda_{as}$——电动机平均起动转矩标幺值,见表 3-4-9,

$T_n$——电动机额定转矩,$T_n=9\,550\dfrac{P}{n_m}$,$P$ 为基准接电持续率时的电动机功率(kW),$n_m$ 为电动机额定转速(r/min);

$T_j$——回转机构静阻力矩(换算到电动机轴上),$T_j=(T_m+T_{pe}+T_{we})/i\eta$;

$[J]$——换算到电动机轴上的机构总转动惯量,

$$[J]=1.15J_m+\frac{QR^2}{i^2\eta}+\frac{\sum m_i l_i^2}{i^2\eta} \quad (kg \cdot m^2) \tag{3-4-41}$$

其中 $J_m$——电动机轴上电机转子、制动轮、联轴器的转动惯量(kg·m²),

$i$——机构传动比,

$\eta$——机构效率,

$R$——起重机幅度,$R=(0.7\sim0.8)R_{max}$,

$Q$——起吊物品与吊具的质量(kg)。

回转机构起动时间,无风时 $t=3\,s\sim5\,s$;有风时 $t=4\,s\sim10\,s$;在最大坡度和最大风力下起动时,$t$ 可达 20 s。

2. 校核起动加速度

对于电动机直接起动的回转机构应计算机构的起动加速度,应使臂架起重机回转臂架头部切向加(减)速度不大于允许值:

$$a_t=\frac{v_t}{t}\leqslant[a_t] \quad (m/s^2) \tag{3-4-42}$$

式中 $a_t$——臂架起重机回转臂架头部切向加(减)速度(m/s²);

$v_t$——臂架头部的回转稳定运行速度(m/s);

$t$——起动时间(s);

$[a_t]$——臂架起重机回转臂架头部切向加(减)速度允许值(m/s²)。对于回转速度较低的安装用起重机,根据起重量大小,一般取为 0.1 m/s²～0.3 m/s²;对于回转速度较高的装卸用起重机,根据起重量大小,一般取为 0.8 m/s²～1.2 m/s²。起重量大者取小值。

### 三、液压马达选择

汽车、轮胎和铁路起重机的回转机构,多数采用液压马达驱动。液压马达的主要技术参数是:额定和最高压力、排量,最高和最低转数。

液压马达的工作压力 $p$ 决定于回转机构阻力矩和液压马达的排量:

$$p=\frac{2\,000\pi T}{qi\eta_m} \quad (MPa) \tag{3-4-43}$$

式中 $T$——回转机构阻力矩(N·m),计算方法同前;

$q$——液压马达排量（mL/r）；
$i$——机构传动比；
$\eta_m$——液压马达机械效率。

在回转阻力矩 $T$ 一定的情况下，由式(3-4-43)可以确定初选的液压马达（此时 $q$ 为定值）的工作压力；也可以根据设定的压力 $p$ 计算需要的液压马达排量 $q$，选择适合的液压马达。马达初步选定后，应根据机构的最大回转阻力矩验算液压马达的过载能力。

液压马达的最大输出转矩 $T_{max}$ 应满足以下条件：

$$T_{max}=\frac{p_{max}q}{2\,000\pi}i\eta_m \geqslant T_m+T_{pmax}+T_{w\,\mathbb{II}\,max}+T_{aI} \quad (\text{N}\cdot\text{m}) \tag{3-4-44}$$

式中　$p_{max}$——液压马达最高工作压力，受液压系统最大压力和马达最高压力限制（MPa）。
其他符号同前。

液压马达的转速决定于液压泵的流量和液压马达的排量：

$$n_m=\frac{1\,000Q}{q}\eta_v \quad (\text{r/min}) \tag{3-4-45}$$

式中　$Q$——液压泵流量（L/min）；
　　　$\eta_v$——液压马达容积效率。

液压马达的转速 $n_m$ 不能超过其最高转速。

回转机构液压回路参见第六篇第一章第三节。

**四、极限力矩联轴器选择**

回转惯性矩大的电动臂架式起重机（如门座、塔式起重机），为了避免机构零件和结构损坏，在回转机构末级传动的小齿轮轴上通常装设摩擦式极限力矩联轴器。液压传动的回转机构，在液压系统中，为了缓和冲击，通常设置双向缓冲阀，限制工作液体的最大压力，不必另装机械式极限力矩联轴器。

极限力矩联轴器的摩擦力矩按下式确定：

$$T_c=1.1\left[T_{max}-\frac{J_m n_m}{9.55t}\right]i_c\eta_c \tag{3-4-46}$$

式中　$T_c$——极限力矩联轴器摩擦力矩（N·m）；
　　　$T_{max}$——电动机最大起动转矩或制动器制动转矩（N·m）；
　　　$J_m$——电动机轴上电机转子、制动轮和联轴器的转动惯量（kg·m²）；
　　　$n_m$——电动机额定转速（r/min）；
　　　$i_c$、$\eta_c$——电动机轴至极限力矩联轴器轴的传动比和传动效率；
　　　$t$——起、制动时间（s）。

**五、制动器选择**

回转速度低的小型液压汽车起重机，由于回转惯性矩小，采用液压系统闭锁能够达到制动目的，一般不另装制动器。回转速度高、惯性矩大的起重机，为了准确停住对位，必须设置制动器。采用液压传动的回转机构，如果在液压回路中装有双向缓冲阀，缓和制动时的冲击，通常采用常闭式自动作用的制动器。回转惯性矩大的电动起重机，推荐采用可操纵的常开式制动器。

在回转机构最不利工作状态下，其制动器应能使回转部分从运动中停止；对塔式起重机，则是使已停住的回转部分在工作中能保持定位不动。装在电动机（液压马达）轴上的制动器制动力矩为：

$$T_z=\frac{1.2J_m n_m}{9.55t_z}+(T_{w\,\mathbb{II}\,max}+T_{pmax}+T_{gQ}+T_{gG}-T_m)\frac{\eta}{i} \tag{3-4-47}$$

式中 $T_{gQ}+T_{gG}$——物品和起重机回转部分对回转中心线的惯性力矩(N·m),按式(3-4-32)计算;

$t_z$——制动时间(s)。

其余符号同前。

如果回转机构中装有极限力矩联轴器,则制动器的制动力矩为:

$$T_z = \frac{T_c}{i_c \eta_c} + \frac{1.2 J_m n_m}{9.55 t_z} \approx 1.1 T_{max} \tag{3-4-48}$$

式中 $T_c$——极限力矩联轴器摩擦力矩(N·m);

$i_c$、$\eta_c$——分别为电动机轴至极限力矩联轴器轴的传动比和传动效率;

$T_{max}$——电动机最大转矩(N·m)。

其余符号同前。

无风正常制动时的制动时间按下式校核:

$$t_z = \frac{1.2 J_m n_m}{9.55(T_z + T'_m - T'_p)} + \frac{(QR^2 + \sum m_i l_i^2)n_m \eta}{9.55(T_z + T'_m - T'_p)i^2} \quad (s) \tag{3-4-49}$$

式中 $T'_m$ 和 $T'_p$——换算到制动器轴上的回转摩擦力矩和坡道力矩(N·m)。

其余符号同前。

为了工作平稳,回转机构的起动和制动时间一般以不小于 3 s~4 s 为宜。制动减速度也应满足式(3-4-42)的要求。

### 六、机构传动比

$$i = \frac{n_m}{n} = i_1 \cdot i_2 \tag{3-4-50}$$

式中 $i_1$——减速器传动比;

$i_2$——末级开式齿轮(或针齿轮)传动比。

回转机构的减速器用等效功率进行选择,减速器的工作特点和选择原则与运行机构减速器相同。

末级开式齿轮传动的型式属行星齿轮传动。大齿轮(圈)是太阳轮,小齿轮是行星轮,转台是系杆。由于在回转机构中,大齿轮装在车架上固定不动,此时小齿轮绕大齿轮作公转的转速就是转台的转速。末级开式齿轮传动比 $i_2$ 由下式得到:

$$i_2 = \frac{Z_{大}}{Z_{小}} \tag{3-4-51}$$

在此,$Z_{大}$、$Z_{小}$ 分别为大、小齿轮的齿数。

### 七、针齿轮传动的主要尺寸与计算

与普通齿轮传动比较,针齿轮传动的优点是:维修方便,重量轻、成本低,可在普通机床上制造,啮合传动时几无径向力,对中心距误差的敏感性小。缺点是动载荷大(针齿轮传动的精度低于普通齿轮传动)。

针齿轮传动的几何计算式及强度计算式分别列于表 3-4-13 和表 3-4-14。根据摆线小齿轮齿顶不变尖的条件,小齿轮相对齿高系数 $\varphi_{hp}$ 的最大值与其齿数 $Z_1$ 和针齿直径系数 $\varphi_{dp}$ 的关系见图 3-4-19。摆线小齿轮齿廓绘制方法示于图 3-4-20(比例尺不宜小于 4:1)。

内齿啮合和针齿条啮合的计算与此相同。

推荐在动力传递中 $\varepsilon=1.2\sim1.3$,运动传递或轻载传动中 $\varepsilon=1.1\sim1.3$,精度和平稳性的要求更高时,$\varepsilon\approx1.3$。

### 表 3-4-13 针齿轮传动的基本几何关系

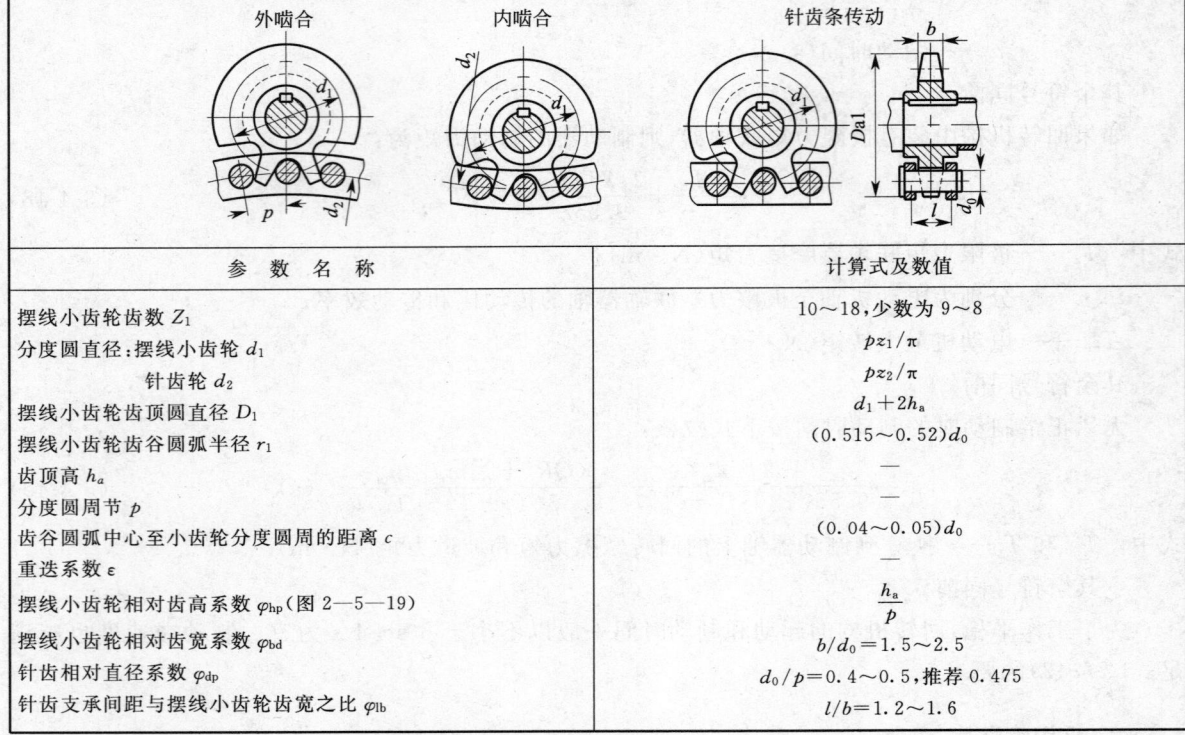

| 参 数 名 称 | 计算式及数值 |
|---|---|
| 摆线小齿轮齿数 $Z_1$ | $10 \sim 18$,少数为 $9 \sim 8$ |
| 分度圆直径:摆线小齿轮 $d_1$ | $pz_1/\pi$ |
| 针齿轮 $d_2$ | $pz_2/\pi$ |
| 摆线小齿轮齿顶圆直径 $D_1$ | $d_1+2h_a$ |
| 摆线小齿轮齿谷圆弧半径 $r_1$ | $(0.515 \sim 0.52)d_0$ |
| 齿顶高 $h_a$ | — |
| 分度圆周节 $p$ | — |
| 齿谷圆弧中心至小齿轮分度圆周的距离 $c$ | $(0.04 \sim 0.05)d_0$ |
| 重迭系数 $\varepsilon$ | — |
| 摆线小齿轮相对齿高系数 $\varphi_{hp}$(图 2—5—19) | $\dfrac{h_a}{p}$ |
| 摆线小齿轮相对齿宽系数 $\varphi_{bd}$ | $b/d_0=1.5 \sim 2.5$ |
| 针齿相对直径系数 $\varphi_{dp}$ | $d_0/p=0.4 \sim 0.5$,推荐 $0.475$ |
| 针齿支承间距与摆线小齿轮齿宽之比 $\varphi_{lb}$ | $l/b=1.2 \sim 1.6$ |

注:重迭系数 $\varepsilon$ 从图 3-4-19 中确定。例:外啮合 $Z_1=12$,$\varphi_{dp}=0.475$,从 $Z_1$ 和 $\varphi_{dp}$ 的曲线交点,求得 $\varepsilon=1.3$,$\varphi_{hpmax}=0.47$。如果已知 $\varepsilon$ 和 $Z_1$,则求 $\varphi_{hp}$ 的最大许可值。如果 $\varphi_{hp}$ 位于 $\varphi_{dp}$ 曲线的右边,则摆线小齿轮的齿顶将会过尖。此时应将 $\varphi_{hp}$ 减小到许用值,此值由增大后的 $\varepsilon$ 或 $Z_1$ 所得的 $\varphi_{dp}$ 相应曲线。

### 表 3-4-14 针齿柱销传动的强度计算式

| 计 算 类 别 ||
|---|---|
| 接触寿命 | 接触强度 |
| 柱销直径 $d_0$ <br> $d_0=\dfrac{194}{\sigma_{HP}}\sqrt{\dfrac{P}{\varphi_{bd}}(\dfrac{\varphi_{dp}}{\varepsilon-1}+2)}$ (1) <br> $\sigma_{HP}=\min(\sigma_{HPⅠ,Ⅱ})$ (2) <br> $P_H=2\,000T_{IH}/d_1$ | 同式(1)和式(2),以 $T_{IM}$ 取代 $T_{IH}$,以 $\sigma_{HPM}$ 取代 $\sigma_{HP}$ |
| 弯曲寿命 | 弯曲强度 |
| 柱销直径 $d_0$ <br> $d_0=\dfrac{P_Fb(\varphi_{eb}-0.5)}{0.4[\sigma_w]_Ⅰ}$ (3) <br> $P_F=2000T_{IF}/d_1$ (4) | 同式(3)和式(4),以 $T_{IM}$ 取代 $T_{IF}$ <br> $[\sigma_w]_Ⅰ=[\sigma_w]_Ⅱ$ |

注:1. $[\sigma_w]_Ⅰ$ 和 $[\sigma_w]_Ⅱ$ 分别为按第Ⅰ类和第Ⅱ类载荷计算的弯曲许用应力。
2. $T_{IH}=\varphi_e T_n i$;$T_{IF}=\varphi_e T_n i$;$T_{IM}=T_{max}i$。
3. $T_n$ 为电动机的额定转矩;$i$ 为传动比;$\varphi_e$ 为等效载荷系数:$\varphi_e=k_m \cdot k_n$。
4. $k_m$ 为载荷系数:$k_m=\sqrt[m]{\sum\left(\dfrac{T_i}{T_n}\right)^m\left(\dfrac{t_i}{\sum t_i}\right)}$;$k_n$ 为循环次数系数:$k_n=\sqrt[m]{\dfrac{\sum n_i}{N_0}}$。
5. $T_i$ 为计算零件所受的各个载荷(转矩);$t_i$ 为载荷 $T_i$ 作用的时间;$\sum t_i$ 为零件受各个载荷作用的总时间;$\sum n_i$ 为零件实际应力循环总次数;$N_0$ 为基本应力循环次数;$m$ 为疲劳曲线指数,按接触计算时,$m=6$;按拉、压、弯、扭以及综合作用计算时,$m=9$。
6. $T_{max}$ 为电动机的最大转矩,由电动机性能表中查得,$T_{max}$ 也可能为极限力矩联轴器的极限力矩。
7. 其他符号见表 3-4-13。

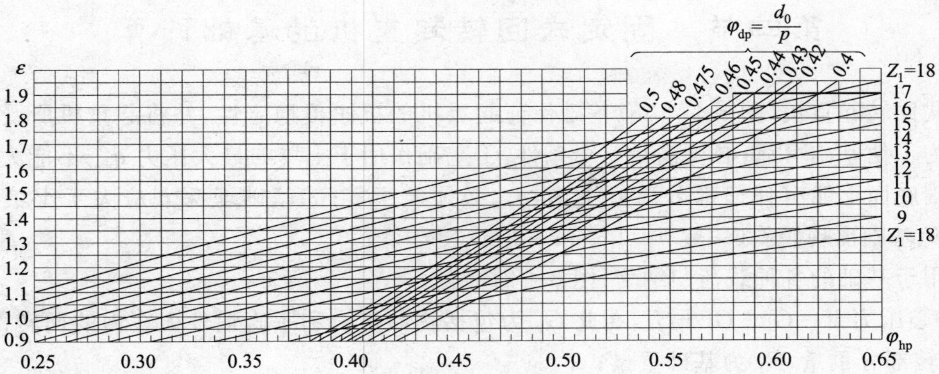

(a) 外啮合

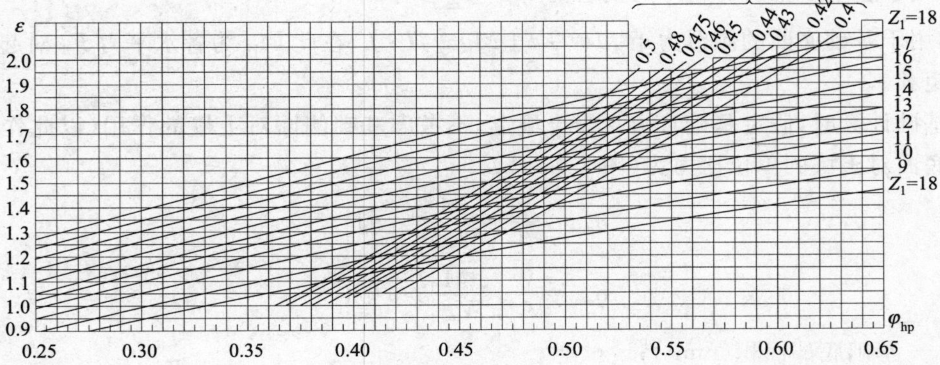

(b) 内啮合

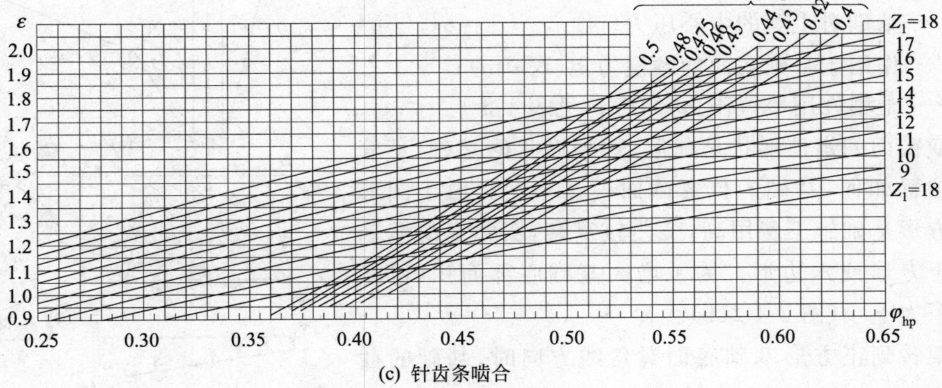

(c) 针齿条啮合

图 3-4-19　针齿轮传动中 $\varphi_{dp}$、$z_1$ 和 $\varepsilon$ 的关系曲线

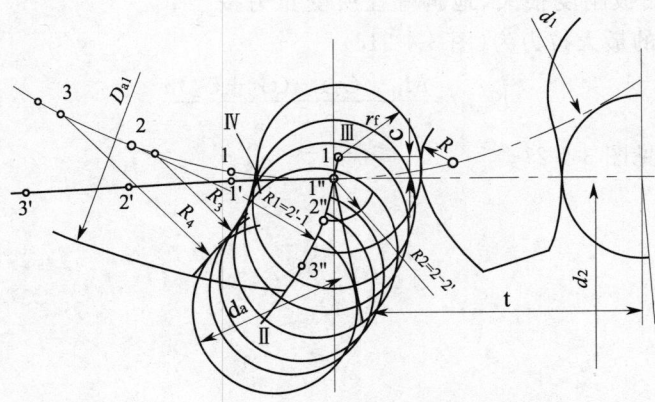

图 3-4-20　外啮合摆线小齿轮齿廓绘制

# 第四节　固定式回转起重机的基础计算

固定式回转起重机(图 3-4-21)靠基础保证起重机的抗倾覆稳定性,并将起重机所受的载荷传给土壤。为了使基础可靠,必须满足三个条件:①基础作用于土壤的最大压力 $q_{max}$ 不能大于许可值 $[q]$;②基础底面不能有任何部分离开土壤,$q_{min}$ 必须大于零;③基础埋深 $h$ 应大于土壤冰冻深度 0.2 m,以免基础出现倾斜(一般 $h=1.2$ m$\sim 2$ m)。

将作用于基础的各种载荷归纳为(图 3-4-21a):

(1)中心压力 $V=G_1+G_2+G_3$,在此 $G_1$ 为包括物品重力和垂直惯性力在内的回转部分重量;$G_2$ 为非回转部分重量,$G_3$ 为基础重量;

(2)作用于起重机上所有水平力的合力 $H=\sum F_h$;

(3)作用于基础底面的倾覆力矩 $M=G_1 l+M_H+H \cdot h$,在此 $M_H$ 为各水平力 $F_h$ 对起重机底座平面的力矩和。

进行基础计算时,假定基础自由立于土壤上,不考虑基础侧面对土壤的作用(以此作为安全储备),基础底面对土壤的单位压力为(图 3-4-21b):

$$\left.\begin{array}{l} q_{max}=\dfrac{V}{A}+\dfrac{M}{W_{min}} \leqslant [q] \\ q_{min}=\dfrac{V}{A}-\dfrac{M}{W_{min}} > 0 \end{array}\right\} \tag{3-4-52}$$

式中　$A$——基础底部面积($mm^2$);
　　　$W_{min}$——基础底面的最小截面模量($mm^3$);
　　　$V$——基础对土壤的中心压力(N);
　　　$M$——作用于基础底面的倾覆力矩(N·m);
　　　$[q]$——土壤许用单位压力(MPa),见表 1-6-1。

基础横截面的最佳形状是圆形,这种形状的基础,不管臂架回转位置如何,基础的抗弯截面模量不变。由于圆形基础比正方形基础施工费用高,工艺较复杂,实际上的基础形状多为正方形或六边形。为了增大基础底部面积,可将基础作成下大上小(图 3-4-21b)。

当臂架转到正方形基础底面对角线方向时,基础的截面模量最小,$W_{min}=0.12B^3$,$B$ 为基础底面的边长。

当臂架位于图 3-4-21 所示位置时,底板有绕 $x-x$ 轴线向上抬起之势。假定底板刚度很大,地脚螺栓所受拉力按线性分布,则地脚螺栓的最大拉力为(图 3-4-21c):

$$N_{max}=\dfrac{M_H+G_1 l-(G_1+G_2)a}{5a} \tag{3-4-53}$$

式中符号同前,并见图 3-4-21。

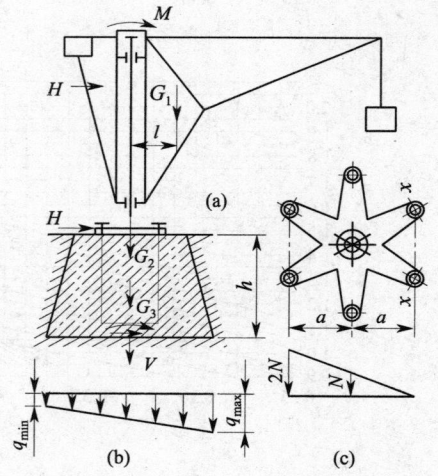

图 3-4-21　基础计算简图

# 第五章 变幅机构

## 第一节 变幅机构的类型

起重机变幅机构按工作性质分为非工作性变幅和工作性变幅;按机构运动形式分为运行小车式变幅和臂架摆动式变幅;按臂架变幅性能分为非平衡动臂式变幅和平衡臂架式变幅。

非工作性变幅机构只在起重机空载时改变幅度,调整取物装置的作业位置。其特点是变幅次数少,变幅时间对起重机的生产率影响小,一般采用较低的变幅速度。

工作性变幅机构用于在带载条件下变幅、变幅过程是起重机工作循环主要环节的情况。变幅时间对起重机的生产率有直接影响,一般采用较高的变幅速度(吊具平均水平位移速度为 0.33~1.66 m/s)。为降低驱动功率,改善操作性能,工作性变幅机构常采用多种方法实现吊重水平位移和臂架自重平衡。

运行小车式变幅机构用于具有水平臂架的起重机,依靠小车沿臂架弦杆运行以改变起重机幅度。运行小车有自行式和绳索牵引式两种。绳索牵引式小车自重较轻,可减小整机结构自重,应用较广。

臂架摆动式变幅机构是通过臂架在垂直平面内绕其铰轴摆动改变幅度。伸缩臂式起重机臂架既可摆动,也可伸缩,既能增加起升高度,也能改变起重机幅度。

非平衡动臂式变幅机构变幅时会同时引起臂架重心和物品重心升降,耗费额外的驱动功率,适用于非工作性变幅,在偶尔需要带载变幅时,也可应用。

平衡臂架式变幅机构采用各种补偿方法和臂架平衡系统,使变幅过程中物品重心沿水平线或近似水平线移动,臂架及其平衡系统的合成重心高度基本不变,从而节省驱动功率,适用于工作性变幅。

### 一、普通臂架变幅机构

普通臂架变幅机构有两种主要形式:非平衡动臂式和运行小车式。图 3-5-1 是这两种形式的变幅机构简图。

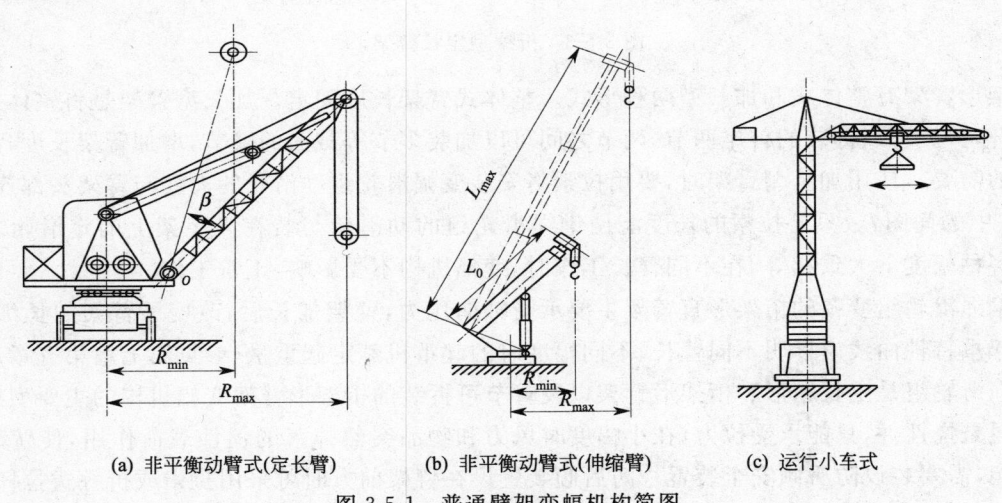

(a) 非平衡动臂式(定长臂)   (b) 非平衡动臂式(伸缩臂)   (c) 运行小车式

图 3-5-1 普通臂架变幅机构简图

(一)非平衡动臂式变幅机构

非平衡动臂式变幅机构主要有定长臂架和伸缩臂架两种形式(图 3-5-1a、b),在变幅过程中物品和臂架重心会随幅度改变而发生不必要的升降(图 3-5-2),需要耗费额外的能量,在增大幅度时产生较大的惯性载荷。这种变幅机构构造简单,在非工作性变幅或不经常带载变幅的汽车起重机、轮胎起重机、履带式起重机、铁路起重机、桅杆起重机和塔式起重机上被广泛采用。

1. 定长臂架变幅机构

定长臂架结构有箱形和桁架形两种形式。桁架形臂架多为直臂架,一般采用钢绳滑轮组式变幅机构(图 3-5-1a)。为增大在小幅度时的臂架下工作空间,臂架上部常制成如图 3-5-3a 所示的折线型式。小起重量的定长臂架起重机也可采用液压缸变幅,臂架下部制成折线型式,变幅液压缸布置方式根据需要可按表 3-5-2 选择(图 3-5-3b)。

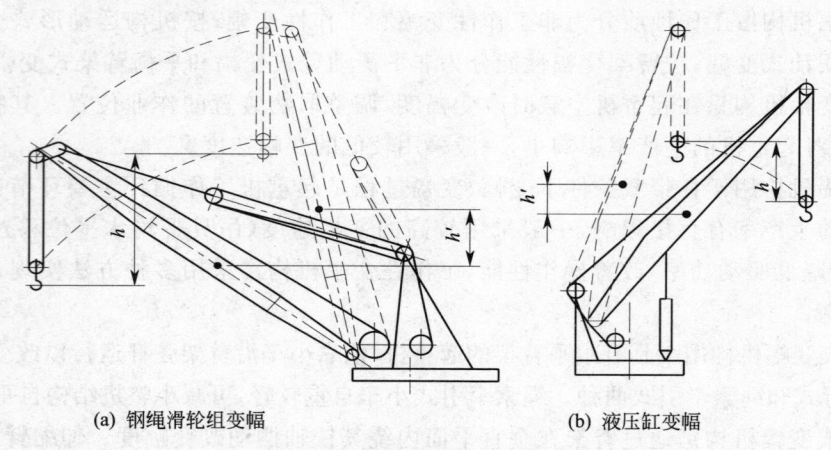

图 3-5-2 非平衡动臂式变幅物品和臂架重心变化图

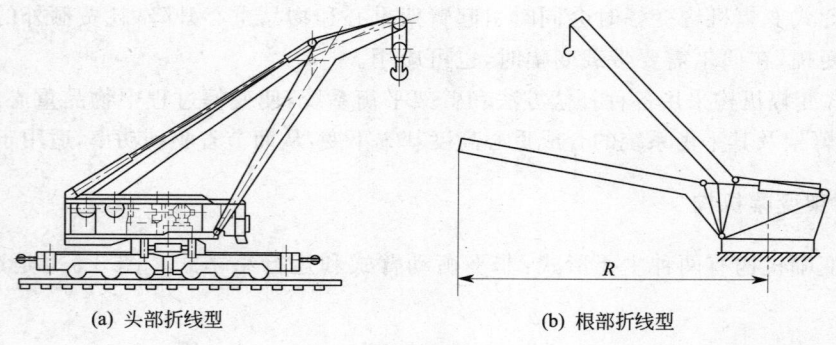

图 3-5-3 折线型定长臂架

桁架形臂架有整体式和加长型两种形式。整体式臂架长度固定。加长型臂架是将整体式臂架中间断开,分成可以拆装的首尾两节,两节之间可以加装多节等截面的臂节,增加臂架长度,满足起升高度的需要。使用加长型臂架时,要用拉索将安装变幅滑轮组动滑轮的夹套与臂架头部连接(见表 3-5-1 中的简图)。只要拉索的长度能使钢绳滑轮组的动滑轮与装在人字架上的定滑轮之间的距离在各种幅度下大致相等,在不同臂长工作时,变幅机构不受影响,正常工作。

用钢绳滑轮组变幅的桁架形直臂架主要承受轴向压力,臂架加长后,改变了臂架的长细比,起重机的起重特性曲线应标明不同臂长、不同幅度时的起重机额定起重量(参见第七篇第五章)。

钢绳滑轮组是定长箱形和桁架形臂架以及臂节可拆装的桁架形臂架变幅机构的主要型式。由于钢丝绳是挠性件,只能承受拉力,在小幅度时风力和物品突然掉落的惯性载荷作用,使臂架有后倾的可能,需要装设防后倾安全装置。防后倾装置设在臂架前方时可采用拉索或折叠式拉杆,设在臂架后方时则采用伸缩式撑杆。另一方面,钢绳滑轮组变幅机构在增大幅度时只能靠臂架自重和物品重量自动下落。为了吸收臂架下落时的势能,控制落臂速度,电机驱动时可以采用电气制动,液压驱动时,依靠油路中的平衡阀限速。

变幅定滑轮组的安装位置及其支承件人字架的形式直接影响变幅力和构件受力。人字架的形式及特点列于表 3-5-1 中。在确定人字架的形式时,应从减小变幅力、满足整机高度、改善构件受力及特殊要求等方面综合考虑。对于大起重量起重机,采用折叠式人字架能较好地满足各方面的要求。

钢绳滑轮组变幅的优点是构造简单,工作可靠,臂架受力小,而且可以放至最低位置,能采用标准卷扬机作为驱动装置,总体布置也较方便。缺点是效率低、臂架容易晃动、钢绳易磨损。

2. 伸缩臂架变幅机构

液压缸变幅是伸缩臂式起重机最有代表性的变幅形式。液压缸变幅机构结构简单紧凑,易于布置,工作平稳。根据变幅力大小,可采用双缸或单缸。臂架变幅液压缸有三种布置方式:前置式、后置式和后拉式,它们的简图和特点列于表 3-5-2 中。

图 3-5-4 是液压缸变幅油路图。为控制臂架下降速度,油路系统中装有平衡阀,保证臂架平稳下降。

臂架伸缩时,虽然幅度随之改变,但伸缩式臂架的主要目的是使流动式起重机(如汽车起重机、铁路起重机等)在作业时伸出臂架取得较大的起升高度,在行驶时收缩臂架以获得较小的外形尺寸,一般不作为变幅机构使用。伸缩臂式铁路起重机进行救援作业时,有时在特殊地形条件下(如隧道内)为了吊出倾覆车辆,需要将臂架平置,依靠伸缩液压缸使臂架收缩完成救援作业。

伸缩式臂架采用箱形结构,由基本臂和若干节伸缩臂组成。臂架伸缩机构见本篇第六章。

表 3-5-1　人字架形式和特点

| 序号 | 型式 | 简图 | 特点 |
| --- | --- | --- | --- |
| 1 | 锐角三角形人字架 | 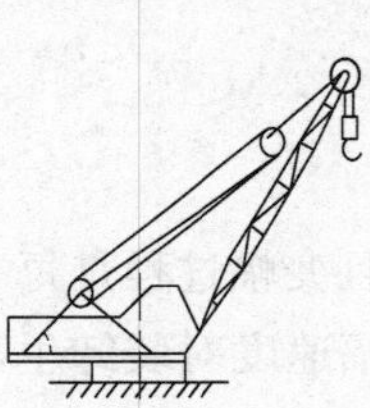 | 高度大,杆件长,支杆受力较小,尾部后伸较长 |
| 2 | 直角三角形人字架 | 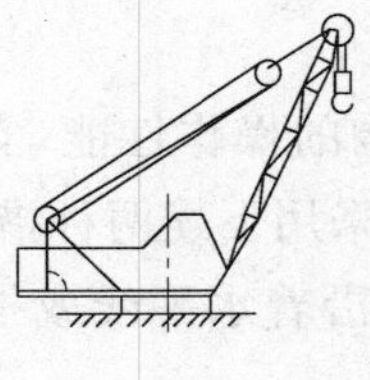 | 高度低,杆件较短,尾部后伸较短,支杆受力大 |
| 3 | 钝角三角形人字架 | 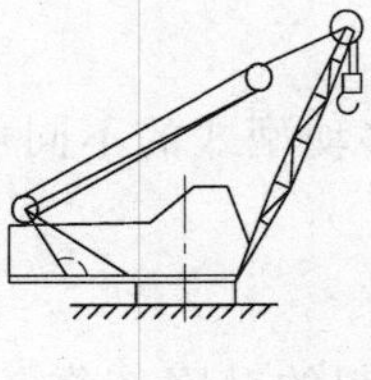 | 高度及杆件长度最小,支杆受力最不利 |
| 4 | 组合式人字架 | 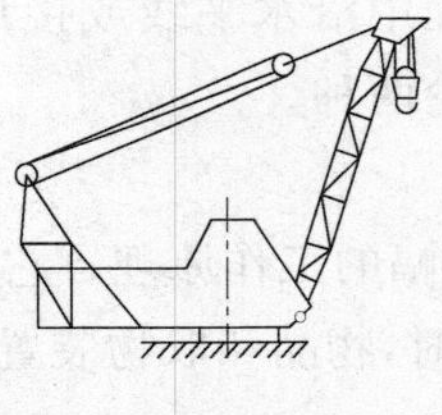 | 高度大,尾部后伸短,变幅拉力小,外部尺寸较大 |

表 3-5-2　变幅油缸布置简图和特点

| 序号 | 型式 | 简图 | 特点 |
|---|---|---|---|
| 1 | 前置式 | 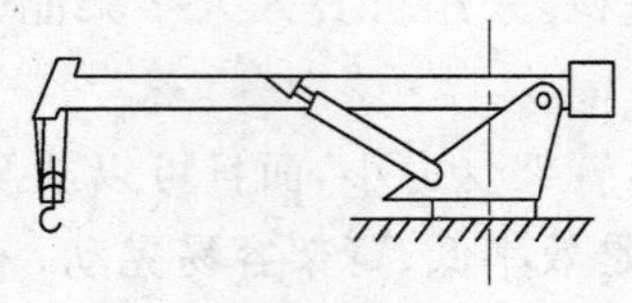 | 1. 变幅推力小,可采用小直径液压缸<br>2. 臂架悬臂部分短,臂架受力有利<br>3. 臂架下方有效空间小 |
| 2 | 后置式 | 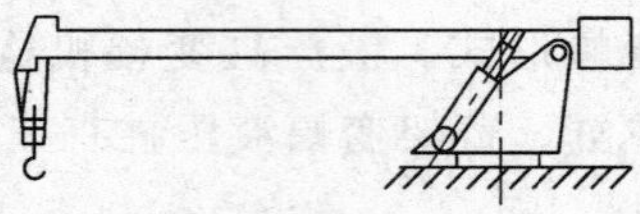 | 1. 液压缸后移,对起重机稳定有利<br>2. 需要的变幅推力大<br>3. 臂架悬臂部分长,臂架受力不利<br>4. 臂架下方有效空间大 |
| 3 | 后拉式 | 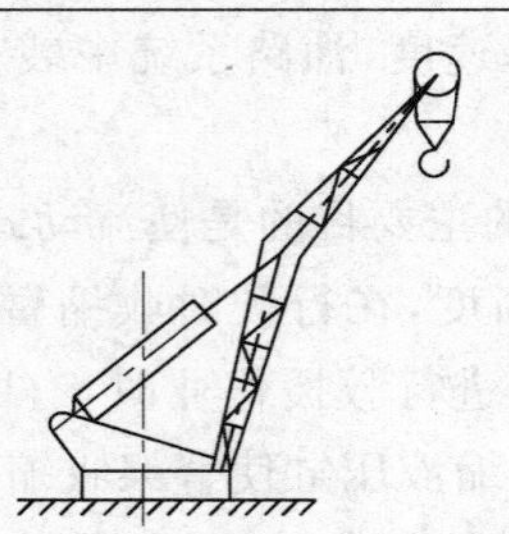 | 主要用于定长桁架形臂架,臂架前方有效空间大 |

### (二)牵引小车式变幅机构

牵引小车运行机构用于水平臂架的起重机时(例如塔式起重机),就起变幅机构的作用。有关牵引小车的结构布置和计算见本篇第二章。

### 二、平衡臂架式变幅机构

工作性变幅的起重机可在带载条件下变幅,而且变幅过程是每一工作周期中的主要工序之一。其主要特征是变幅频繁,变幅速度对装卸生产率有直接影响。在装卸类型起重机中,一般变幅速度为 40 m/min~60 m/min,在安装类型起重机中为 8 m/min~20 m/min,其他如用于水电站建设的起重机,其变幅速度为 10 m/min~36 m/min。

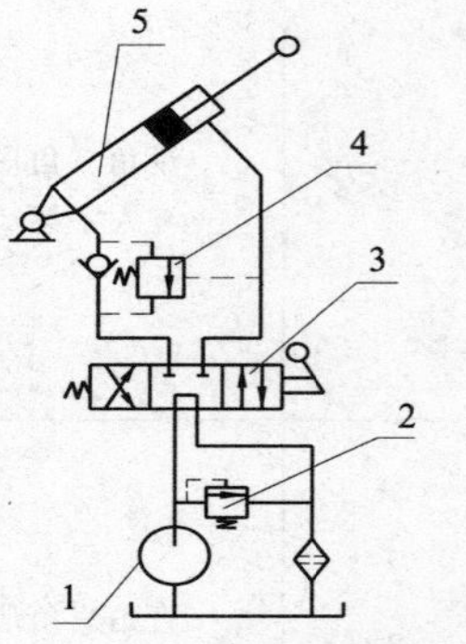

为了尽可能降低机构的驱动功率和提高机构的操作性能,实行带载变幅的工作性变幅机构都为平衡臂架变幅,普遍采用下述两种措施:

(1)载重水平移动——使物品在变幅过程中沿着水平线或接近水平线的轨迹运动,采用物品升降补偿装置;

(2)臂架自重平衡——使臂架装置的总重心高度在变幅过程中不变或变化较小,采用臂架平衡系统。

图 3-5-4　变幅油路图
1—油泵;2—安全阀;3—换向阀;4—平衡阀;5—液压缸

平衡臂架式(工作性)变幅机构按载重水平移动型式的不同可以归纳为绳索补偿型和组合臂架型。

#### (一)绳索补偿型

绳索补偿型的特点是,物品在变幅过程中引起的升降依靠起升绳绕绳系统及时放出或收进一定长度的起升绳来补偿,从而使物品在变幅过程中沿水平线或接近水平线的轨迹移动。绳索补偿型有多种方案,常用的有补偿滑轮组和补偿滑轮两种。

1. 补偿滑轮组

图 3-5-5 表示利用补偿滑轮组使物品水平变幅的工作原理。它的特点是在起升绳绕绳系统中增设一个补偿滑轮组,当臂架从位置Ⅰ转动到位置Ⅱ时,物品和取物装置一方面随着臂架端点的升高而升

高,另一方面又由于补偿滑轮组长度缩短,放出钢丝绳,增加悬挂长度而下降。如果在变幅过程中的各个位置上,由于臂架端点上升而引起的物品升高值大致等于因补偿滑轮组缩短而引起的物品下降值,则物品将沿近似水平线移动。

采用滑轮组补偿时,实现水平变幅应满足的条件式:

$$Hm_L = (l_1 - l_2)m_K \tag{3-5-1}$$

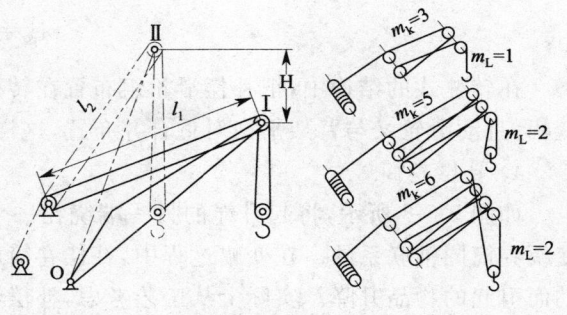

图 3-5-5 补偿滑轮组工作原理图

式中 $m_L$——起升滑轮组的倍率(通常 $m_L \leqslant 2$);

$m_K$——补偿滑轮组的倍率(常用 $m_K = 3$)。

这种补偿法的主要优点是构造简单,臂架受力情况比较有利,容易获得较小的最小幅度。缺点是起升绳的长度大,磨损快,小幅度时物品摆动角度大,用于大起重量起重机有一定困难。

**2. 补偿滑轮**

图 3-5-6 表示利用补偿滑轮使物品水平变幅的工作原理。从卷筒出来的钢丝绳,经过装在摆动杠杆上的导向滑轮(图 3-5-6 中的 $B$),然后通向臂架头部。装有补偿导向滑轮的杠杆通过拉杆与臂架连接。在变幅过程中,补偿导向滑轮位置的变化,使从卷筒到臂架头部之间的钢丝绳长度的变化与吊钩随臂架头部的升降相补偿,即

$$AB + BC - A'B' - B'C \approx H \tag{3-5-2}$$

则吊钩就可位于同一水平线上。

与滑轮组补偿相比,这种型式的主要优点是起升绳的长度和磨损减小,摆动杠杆可以兼作对重杠杆。但臂架所受弯曲力矩较大,并难以获得较小的最小幅度。这种方案可用于吊钩及抓斗起重机,近年来在较大起重量的起重机上应用日益增多。

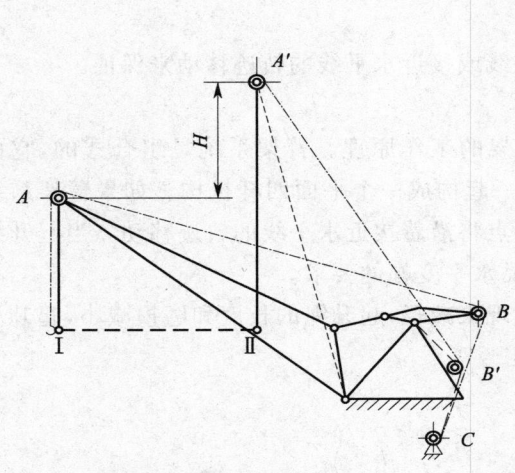

图 3-5-6 补偿滑轮工作原理图

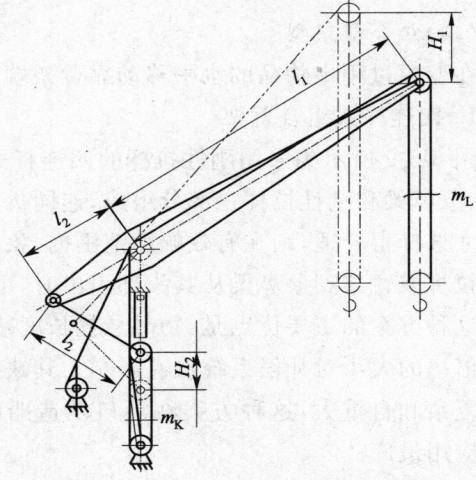

图 3-5-7 连杆—补偿滑轮组装置简图

**3. 连杆补偿滑轮组**

图 3-5-7 所示的补偿型式是通过连杆将沿垂直导轨移动的补偿滑轮组的动滑轮与臂架尾部联系起来,连杆的长度与臂架的尾长相等,在变幅过程中,保持下列关系:

$$\frac{H_1}{H_2} = \frac{l_1}{2l_2}$$

当起升滑轮组的倍率 $m_L$ 和补偿滑轮组的倍率 $m_k$ 之间保持下列关系时,物品就准确地沿水平线移动。这个关系是:

$$m_\text{K} = \frac{l_1}{2l_2} m_\text{L} \tag{3-5-3}$$

在转柱式的结构中,把补偿滑轮组布置在转柱里面,由液压缸推动滑轮组动滑轮而使臂架摆动变幅,且动滑轮又与臂架平衡对重合并布置,这样得到的变幅系统很紧凑。

4. 补偿卷筒

如图 3-5-8 所示,将起升绳的另一端绕在一个由变幅机构驱动的补偿卷筒上,而补偿卷筒是与变幅卷筒同轴联系的。在变幅过程中,补偿卷筒放出或收进一定长度的起升绳,以补偿由于臂架摆动而引起的物品升降。实际上从工艺考虑,补偿卷筒常是圆锥形的,可近似地达到物品水平变幅。

各类绳索补偿法的共同缺点是:起升绳长度大,磨损快,小幅度时物品悬挂长度大,摆动也大;优点是:使用单臂架,构造简单,自重轻。

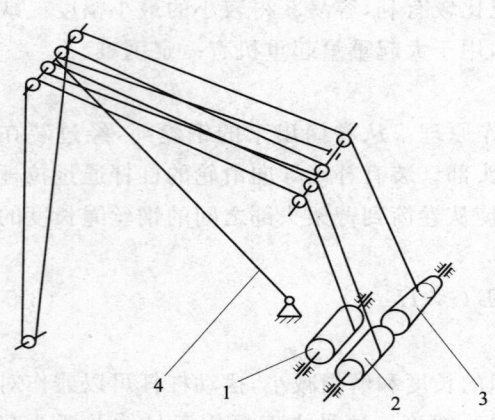

图 3-5-8 卷筒补偿简图
1—起升卷筒;2—变幅卷筒;3—补偿卷筒;4—臂架

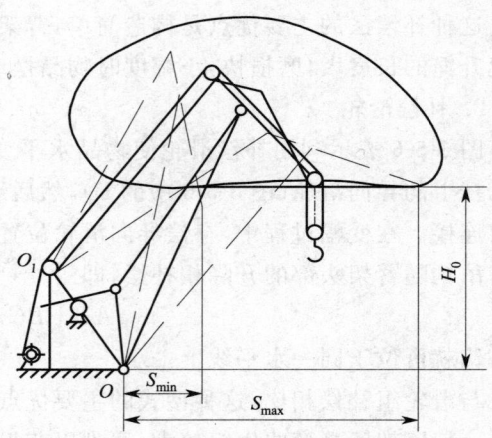

图 3-5-9 四连杆式组合臂架

(二)组合臂架型

在变幅过程中物品的水平移动靠臂架端点沿水平线或接近水平线的轨迹移动来保证。

1. 四连杆式组合臂架

图 3-5-9 所示为采用刚性拉杆的四连杆式组合臂架的工作原理。臂架系统是组合式的,它由臂架、象鼻梁和刚性拉杆三部分组成,连同机架($OO_1$)一起构成一个平面四杆机构。如果臂架系统的尺寸选择得合适,则在有效幅度范围内,象鼻梁的端点将沿着接近水平线的轨迹移动。当起升绳沿着拉杆或臂架到象鼻梁从其头部引出时,可满足物品水平变幅的要求。

这种方案的主要优点是:物品悬挂长度减小,摆动现象减轻,起升绳的长度和磨损减小,起升滑轮组倍率的大小对补偿系统没有影响。其缺点是臂架系统复杂和自重大,这种方案在港口及造船门座起重机上应用最广。

2. 平行四边形组合臂架

图 3-5-10 所示的平行四边形组合臂架,通过由拉杆、象鼻梁、臂架与连杆所构成的平行四边形,可保证吊重在变幅过程中严格地走水平线。

在工作过程中会产生物品偏摆,在同样幅度情况下,直臂架的物品悬挂长度比组合臂架要大 1.4~1.7 倍,尤其当小幅度时差别更大,因此物品的圆弧偏摆幅度差不多也以同样的倍数增大,这既对操作工序带来不便,而且也对电动机造成不稳定的载荷。

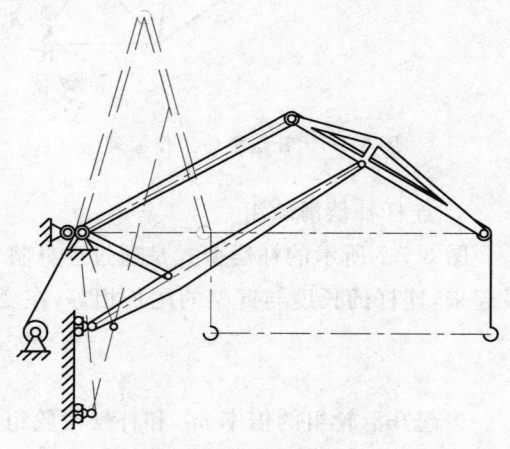

图 3-5-10 平行四边形组合臂架

## 第二节 普通臂架变幅机构的计算

### 一、钢绳滑轮组变幅

(一)变幅阻力计算

图 3-5-11 为非平衡动臂式钢绳滑轮组变幅机构计算简图。

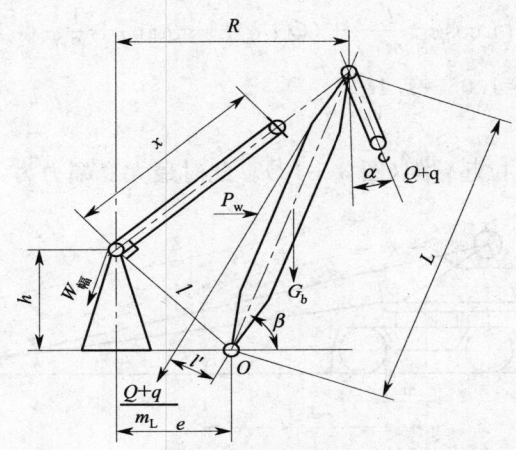

图 3-5-11 非平衡动臂式钢绳滑轮组变幅机构简图

1. 正常工作时的变幅阻力

汽车、轮胎、履带、铁路等流动式起重机的变幅机构理论上是非工作性的,带载变幅不是起重机正常工作循环的组成环节,但在实际作业中,带载变幅有时难于避免。因此,在计算非平衡动臂式变幅阻力时,应该考虑带载变幅的情况。

正常工作时的变幅阻力(变幅滑轮组拉力)一般以变幅和回转两机构同时工作,机构均作稳定运动的工况计算(未考虑起重机轨道坡道影响)。

$$T=\frac{1}{l}\left[(Q+q)\left(L\cos\beta+L\sin\beta\tan\alpha-\frac{l'}{m_L}\right)+\frac{1}{2}G_bL\cos\beta+\frac{1}{2}P_wL\sin\beta+\frac{n_t^2}{900}\cdot G_b\cdot R'\cdot\frac{2}{3}L\sin\beta\right]$$

(3-5-4)

式中 $T$——变幅滑轮组拉力(N);

$(Q+q)$——物品和吊具重力(N);

$G_b$——臂架的重力(N);

$P_w$——作用在臂架重心处的风力(N);

$l$——变幅滑轮组中心线至铰点 $O$ 的垂直距离(m);

$L$——臂架长度(m);

$l'$——起升滑轮组拉力至铰点 $O$ 的垂直距离(m);

$m_L$——起升滑轮组的倍率;

$n_t$——转台回转速度(r/min);

$R'$——臂架重心至回转中心线的距离(m);

$\beta$——臂架仰角;

$\alpha$——吊重钢丝绳偏摆角,一般取 $\alpha\approx\alpha_I$。功率计算时 $\alpha_I=(0.25\sim0.3)\alpha_{II}$,$\alpha_{II}=3°\sim6°$。

2. 最大变幅阻力

按最大变幅阻力验算机构零件。最大变幅阻力按下列三种工况计算。

(1)稳定回转时起升物品:

$$T'_{\max}=\frac{1}{l}\Big[\varphi(Q+q)\Big(L\cos\beta-\frac{l'}{m_L}\Big)+(Q+q)L\sin\beta\tan\alpha+\frac{1}{2}G_bL\cos\beta+$$

$$\frac{1}{2}P_wL\sin\beta+\frac{n_t^2}{900}\cdot G_b\cdot R'\cdot \frac{2}{3}L\sin\beta\Big] \qquad (3\text{-}5\text{-}5)$$

式中 $\varphi$——起升载荷动载系数，$\varphi=1.15\sim 1.30$；其余符号同前。

(2) 变幅机构带载起动：

$$T''_{\max}=\frac{1}{l}\Big[\varphi_1(Q+q)\Big(L\cos\beta-\frac{l'}{m_L}\Big)+(Q+q)L\sin\beta\tan\alpha+\frac{1}{2}\varphi_1 G_bL\cos\beta+\frac{1}{2}P_wL\sin\beta\Big] \qquad (3\text{-}5\text{-}6)$$

式中 $\varphi_1$——动载系数，$\varphi_1=1.05\sim 1.10$。

其余符号同前。

(3) 臂架安装时，从地面拉起臂架（图 3-5-12）。此时最大变幅力为：

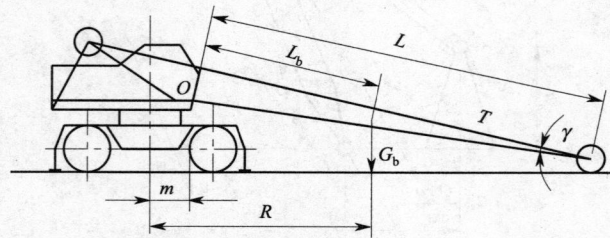

图 3-5-12 臂架安装时的变幅力

$$T'''_{\max}=\frac{1.2G_bL_b}{L\sin\gamma} \qquad (3\text{-}5\text{-}7)$$

式中 1.2——考虑臂架惯性和其他超载因数；

$\gamma$——臂架与变幅滑轮组中心线之间的夹角；

$L_b$——臂架重心至铰点 $O$ 的距离（m）。

(二) 变幅机构参数计算

1. 变幅钢丝绳最大拉力和钢丝绳选择

$$S_{\max}=\frac{T_{\max}}{m_1\cdot \eta_d\cdot \eta_l} \qquad (3\text{-}5\text{-}8)$$

式中 $T_{\max}$——取式 (3-5-5)~式 (3-5-7) 中最大值；

$m_1$——变幅滑轮组倍率；

$\eta_d$——导向滑轮效率；

$\eta_l$——变幅滑轮组效率。

按 $S_{\max}$ 及钢丝绳选择系数 $C$ 确定变幅钢丝绳直径。$C$ 值见第四篇第一章表 4-1-2。变幅机构工作级别为 M1~M3。

若选择变幅钢丝绳规格与起升绳相同，则变幅滑轮组倍率为：

$$m_1=\frac{n\cdot T_{\max}}{F_0\cdot \eta_d\cdot \eta_l} \qquad (3\text{-}5\text{-}9)$$

式中 $n$——按变幅机构工作级别确定的安全系数（见第四篇第一章）；

$F_0$——所选起升绳的破断拉力。

2. 变幅卷筒卷绕量及卷绕层数

变幅卷筒卷绕量由变幅滑轮组动滑轮与定滑轮之间的距离 $x$ 的变化量决定，见图 3-5-11。

$$x=\frac{L\sin\beta-h}{\sin\Big(\tan^{-1}\dfrac{L\sin\beta-h}{L\cos\beta+e}\Big)} \qquad (3\text{-}5\text{-}10)$$

式中 $h$——变幅滑轮组定滑轮中心与臂架铰点 $O$ 之间的垂直距离（m）；

$e$——变幅滑轮组定滑轮中心与臂架铰点 $O$ 之间的水平距离(m)。

从最大幅度变到最小幅度时(仰角由 $\beta_{\min}$ 变到 $\beta_{\max}$),卷筒绕绳量为:

$$l_k = (x_{\max} - x_{\min}) \cdot m_1 \quad (3\text{-}5\text{-}11)$$

式(3-5-11)中,$x_{\max}$、$x_{\min}$ 可由 $\beta_{\min}$、$\beta_{\max}$ 代入式(3-5-10)求得。

变幅卷筒由于绕绳量大,布置空间有限,一般采用多层卷绕,卷绕层数按下式计算:

$$n = \frac{\left(\pi^2 D_0^2 + \dfrac{1.1 l_k}{l_t} \cdot 4\pi d^2\right)^{\frac{1}{2}} - \pi D_0}{2\pi d} \quad (3\text{-}5\text{-}12)$$

式中 1.1——钢绳卷绕不均匀系数;
   $D_0$——卷筒直径,确定方法见第四篇第三章;
   $d$——变幅钢丝绳直径;
   $l_t$——卷筒长度,由安装空间条件确定;
   $l_k$——卷筒绕绳量。

3. 变幅钢丝绳绕入速度及卷筒转速

钢丝绳绕入速度 $v_a$:

$$v_a = m_1 \cdot \frac{x_{\max} - x_{\min}}{t} \quad (\text{m/s}) \quad (3\text{-}5\text{-}13)$$

式中 $t$——由最大幅度 $R_{\max}$ 到最小幅度 $R_{\min}$ 的变幅时间(s);

其余符号同前。

卷筒转速 $n_t$:

$$n_t = \frac{60 v_a}{\pi D_0} \quad (\text{r/min}) \quad (3\text{-}5\text{-}14)$$

式中 $v_a$——钢丝绳绕入速度(m/s);
   $D_0$——卷筒卷绕直径(m)。

(三)变幅机构原动机选择

1. 电动机驱动

按机构静功率 $P_j$ 和接电持续率 $JC$ 值选择电动机。非平衡动臂滑轮组式变幅机构接电持续率 $JC=15\%$,电动机静功率 $P_j$ 为:

$$P_j = \frac{T \cdot v_a}{1000 m_1 \cdot \eta_0 \cdot \eta_1 \cdot \eta_d} \quad (\text{kW}) \quad (3\text{-}5\text{-}15)$$

式中 $T$——正常工作时变幅滑轮组的变幅力(N),按式(3-5-4)计算;
   $v_a$——变幅钢丝绳卷绕速度(m/s),见式(3-5-13);
   $\eta_0$——变幅机构传动装置效率;
   $\eta_1$——变幅滑轮组效率;
   $\eta_d$——导向滑轮效率;
   $m_1$——变幅滑轮组的倍率。

非平衡动臂式的变幅机构属非工作性机构,按计算所得的静功率及机构的 $JC$ 值查得的电动机功率不需要进行电动机起动能力和发热校核。

2. 液压马达驱动

按变幅钢丝绳在卷筒最外层卷绕时所需的最大转矩 $T_{\max}$ 和卷筒转速 $n$ 校核液压马达的油压 $p$、排量 $q$ 和转速 $n_m$。

$$T_{\max} = S_{\max} \cdot \frac{D_n}{2} = \frac{\Delta P \cdot q}{2\pi} i \cdot \eta_m \cdot \eta_0 \quad (\text{N} \cdot \text{m}) \quad (3\text{-}5\text{-}16)$$

在系统压力给定时,液压马达的排量为:

$$q = \frac{\pi D_n S_{\max}}{\Delta p \cdot i \cdot \eta_m \cdot \eta_0} \quad (\text{m}^3/\text{r}) \quad (3\text{-}5\text{-}17)$$

式中　$S_{max}$——变幅钢丝绳最大拉力(N)；
　　　$D_n$——卷筒最外层钢丝绳处计算直径(m)；
　　　$\Delta p$——液压马达进出口压差(Pa)，$\Delta p = p_i - p_r$，$p_i$ 为马达进口处压力，$p_r$ 为马达背压；
　　　$i$——马达与卷筒之间的传动比；
　　　$\eta_m$——液压马达机械效率；
　　　$\eta_0$——传动装置效率。

泵流量给定时，液压马达转速不应超过马达最大允许转速 $n_{m\cdot max}$。

$$n_m = \frac{60Q\eta_v}{q} = n_t \cdot i (\text{r/min}) \leqslant n_{mmax} \quad (3\text{-}5\text{-}18)$$

式中　$Q$——马达入口处的实际流量($m^3/s$)；
　　　$\eta_v$——马达容积效率；
　　　$n_t$——卷筒转速(r/min)。

**(四)制动器选择**

制动转矩按下述两种工况计算并选择大者。

(1)起重机吊重回转，并受工作状态下的最大风力作用，钢丝绳出现最大偏摆角($\alpha_{\mathrm{II}}$)。此时制动转矩 $M_z$ 为：

$$M_z \geqslant 1.25 M_{\mathrm{II}\,max} \quad (3\text{-}5\text{-}19)$$

(2)起重机不工作，在第Ⅲ类风载荷下制动转矩 $M_z$ 为：

$$M_z \geqslant 1.15 M_{\mathrm{III}\,max} \quad (3\text{-}5\text{-}20)$$

式中　$M_{\mathrm{II}\,max}$、$M_{\mathrm{III}\,max}$——两种计算工况下变幅钢丝绳最大拉力换算到制动器轴上的转矩(N·m)。

变幅机构必须装设常闭式制动器。在一般情况下应装一个机械式制动器，或一个制动器另加一个停止器。液压变幅机构在油路中应有平衡阀。

## 二、液压缸变幅

定长臂和伸缩臂液压缸变幅阻力计算与钢绳滑轮组变幅基本相同，变幅阻力计算可直接引用式(3-5-4)、(3-5-5)、(3-5-6)，式中 $l$ 在此表示液压缸的作用力臂。但液压缸变幅力的大小及液压缸行程、臂架受力等与液压缸安装方式、铰接位置密切相关。

液压变幅三铰点的多目标优化见第二篇第八章。

## 三、牵引小车式变幅

钢丝绳牵引小车式变幅机构的计算与牵引式小车运行机构相同，见本篇第二章第二节。

# 第三节　平衡臂架式变幅机构的设计

## 一、臂架平衡系统设计

**(一)载重水平变幅系统的设计**

**1. 补偿滑轮组装置的设计(图 3-5-13)**

根据工作需要和构造布置确定臂架长度 $L$、最大幅度 $R_{max}$、最小幅度 $R_{min}$、臂架铰点 $O$、起升滑轮组的倍率 $m_L$ 和补偿滑轮组的倍率 $m_K$。在幅度为 $R_{max}$ 时，臂架对水平线的夹角 $\varphi_{min}$ 宜取为 $20°\sim40°$；$R_{min}$ 时，臂架对水平线的夹角 $\varphi_{max}$ 宜取为 $60°\sim80°$。用图解法确定补偿滑轮组定滑轮夹套的装设位置(图 3-5-13 中补偿点 $A$ 的位置)。以一定的比例先作出两个臂架位置Ⅱ和Ⅲ(图 3-5-13)，这两个位置以选择离 $R_{max}$ 和 $R_{min}$ 的距离各为 $R/4$ 时较为合适。在臂架端点以一定的比例作出物品自重载荷 $F_Q$ 和补偿滑轮组对臂架的作用力 $S = F_Q \dfrac{m_K}{m_L}$，使它们的合力 $F'$、$F''$ 通过臂架铰点 $O$。根据

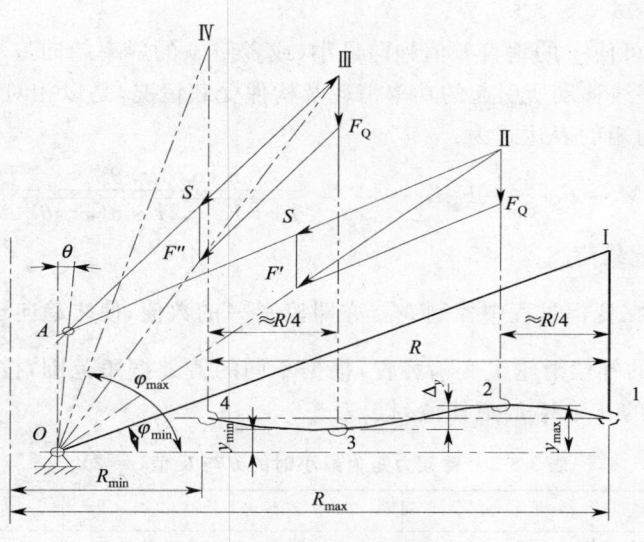

图 3-5-13 补偿点 A 的图解确定

这一条件,找出在图示Ⅱ、Ⅲ位置上,补偿滑轮组应有的轴线ⅡA 和ⅢA,两者的交点就是所求补偿点 A 的位置。一般,A 点的位置大约在 O 点上方稍向前偏的地方。

A 点的位置确定以后,根据整个变幅范围内的一系列臂架位置,作出变幅过程中物品移动的实际轨迹线,校验其实际最大高度差,一般规定它不超过幅度行程的 1%~3%。此外还应根据整个工作幅度内一系列臂架位置上求出的未平衡物品力矩,作出该力矩的变化图,校验其最大值,一般不应超过最大载重力矩的 5%~10%。通过校验,如对以上两项不满意,则应修正 A 点的位置,直到满意为止。

下面介绍解析法,以便利用计算机代替手工作图。

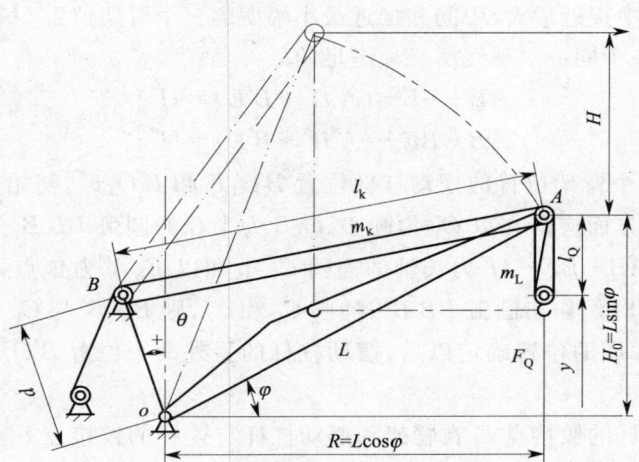

图 3-5-14 带补偿滑轮组的变幅装置轨迹计算图

变幅过程中吊钩轨迹计算式(图 3-5-14):

$$\left.\begin{array}{l} y = L[\sin\varphi + t\sqrt{1+K^2-2K\sin(\varphi-\theta)}] - \dfrac{D}{m_L} \\[4pt] K = \dfrac{d}{L} \\[4pt] t = \dfrac{m_K}{m_L} \\[4pt] D = m_L l_Q + m_K l_K = \text{const} \end{array}\right\} \quad (3\text{-}5\text{-}21)$$

式中全部符号见图 3-5-14。

为使 $y$ 趋向平直,可使 $y$ 的垂直差值趋向最小,或者使 $y$ 的斜率趋向最小。在变幅过程中,由于吊钩未严格按照水平线移动所引起的功率消耗及构件受载情况,是以相对于臂架铰轴 $O$ 的力矩 $M_0$ 作为衡量指标,该力矩的表达式为:

$$M_0 = F_Q \frac{dy}{d\varphi} = F_Q L \left[ \cos\varphi - t \frac{K\cos(\varphi-\theta)}{\sqrt{1+K^2-2K\sin(\varphi-\theta)}} \right] \quad (3\text{-}5\text{-}22)$$

式中　$F_Q$——物品自重载荷。

从臂架平衡来看,在变幅过程中控制 $M_0$,亦即控制 $\frac{dy}{d\varphi}$ 的数值,使之趋向于最小较为合理。

对最常用的 $t=3$ 的补偿滑轮组变幅装置,根据不同的臂架摆角范围,按限制臂架力矩为最小的方法进行计算,所得的 $\theta$ 与 $K$ 的最佳值列于表 3-5-3。

表 3-5-3　臂架力矩为最小时的 $\theta$ 与 $K$ 值($t=3$)

| 最佳参数 $\varphi_{min}$ \ $\varphi_{max}$ | $\theta$ | $K$ | $\theta$ | $K$ | $\theta$ | $K$ |
|---|---|---|---|---|---|---|
| | 70° | | 75° | | 80° | |
| 20° | −6.3° | 0.304 | −5.0° | 0.300 | −4.4° | 0.298 |
| 25° | −5.6° | 0.300 | −4.8° | 0.297 | −3.9° | 0.294 |
| 30° | −5.0° | 0.296 | −4.2° | 0.293 | −3.3° | 0.2 |
| 35° | −4.5° | 0.292 | −3.6° | 0.288 | −2.9° | 0.285 |

**2. 补偿滑轮装置的设计**(图 3-5-15)

设计工作的主要内容是合理选择杠杆系统的尺寸,具体步骤如下:

(1)初步选定臂架铰轴 $O$ 和摆动杠杆支点 $O_1$ 的位置,并根据给定的最大尾部半径初步确定补偿滑轮的起始位置 $B$ 和摆动杠杆与连杆的铰点的起始位置 $F$(相应于最大幅度时的位置)。

(2)作出变幅过程中接近最大、中间和接近最小幅度的三个臂架位置 $OA$、$OA'$ 和 $OA''$。吊钩在上述三个臂架位置上位于同一水平线所必须满足的条件是:

$$\left. \begin{array}{l} AB+BE-(A'B'+B'E)=H' \\ AB+BE-(A''B''+B''E)=H'' \end{array} \right\} \quad (3\text{-}5\text{-}23)$$

(3)确定相应于三个臂架位置的摆动杠杆位置 $B'O_1F'$ 和 $B''O_1F''$,初始位置 $BO_1F$ 在步骤(1)已经给定。$B'$ 和 $B''$ 一方面应落在以 $O_1$ 为圆心、$O_1B$ 为半径的圆弧 $BB'B''$ 上,另一方面又应分别落在以 $E$、$A'$ 为焦点,$AB+BE-H'$ 为长轴的椭圆 $C_1$ 上和以 $E$、$A''$ 为焦点,$AB+BE-H''$ 为长轴的椭圆 $C_2$ 上(式 3-5-23)。作出圆弧 $BB'B''$、椭圆 $C_1$ 和 $C_2$,则 $BB'B''$ 与 $C_1$ 和 $C_2$ 的交点即为所要确定的 $B'$ 和 $B''$。$B'$ 和 $B''$ 的位置确定以后,摆动杠杆的另外两个位置 $B'O_1F'$ 和 $B''O_1F''$ 也就确定了。

(4)确定臂架与连杆的铰接点 $D$ 在臂架和摆动杠杆与连杆的铰接点 $F$、$F'$ 和 $F''$ 之间的相对位置保持不变的条件下,使第Ⅱ和第Ⅲ个臂架位置连同 $F'$ 和 $F''$ 绕 $O$ 点逆时针转到第Ⅰ个臂架相重合的位置上,这时 $F'$ 和 $F''$ 相应地转到了 $F_1'$ 和 $F_1''$。作 $FF_1'$ 和 $FF_1''$ 的中垂线,这两个中垂线的交点就是所要确定的臂架与连杆的铰接点 $D$。

作出吊钩在变幅过程中的实际轨迹和物品未平衡力矩变化图,检验其是否合乎要求。

这种装置的轨迹分析计算法与前一种类似。

**3. 四连杆式组合臂架装置的设计**

这里介绍起升绳沿平行于臂架或拉杆轴线引出的常用方案。

设计前,最大幅度 $R_{max}$、最小幅度 $R_{min}$、起升高度 $H$ 等主要工作参数是给定的。根据起重机总体布置和构造上的要求初步选定臂架铰点 $O$ 的位置,从而确定了 $f$ 和 $H_0$。(图 3-5-16)。

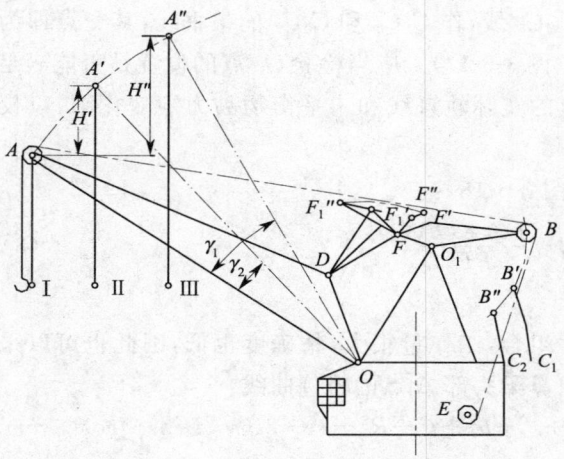

图 3-5-15 补偿滑轮装置设计简图

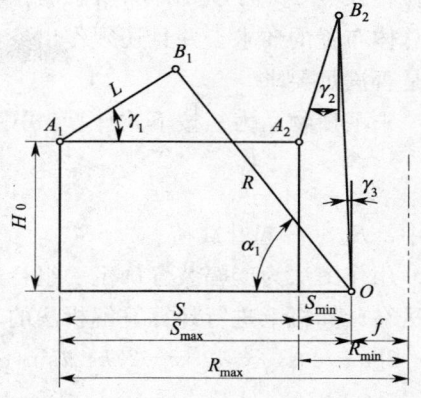

图 3-5-16 确定臂架长度 $R$ 和象鼻梁前臂长度 $L$ 的计算简图

计算幅度以象鼻梁头部滑轮轴线为准,当起升滑轮组倍率大于 1 时,计算幅度与实际幅度是符合的,当倍率为 1 时,则计算幅度应比实际幅度缩进一段头部滑轮卷绕半径的距离。

初定臂架长度 $R$ 和象鼻梁前臂长度 $L$。作图时建议取 $\gamma_2 = \gamma_3 = 5° \sim 10°$,$\gamma_1 = 10° \sim 25°$,$\alpha_1 = 40° \sim 50°$。$\gamma_2$ 过小时,起升绳可能由于偏摆而从头部滑轮绳槽脱出。$\gamma_1$ 取值过小时,将使象鼻梁头部轨迹的水平性能恶化。

对最小幅度位置从 $O$ 点作与垂直线夹角为 $\gamma_3$ 的臂架位置线,从 $A_2$ 点作与垂直线夹角为 $\gamma_2$ 的象鼻梁位置线,相交于 $B_2$ 点,得

$$R = OB_2 \qquad L = A_2B_2$$

根据 $R$ 和 $L$,画出最大幅度时的所在位置 $OB_1$ 和 $B_1A_1$,对照上述角度推荐值,检验 $\gamma_1$ 与 $\alpha_1$ 是否合适,如不满意,可修改重作。

根据设计经验,取象鼻梁后臂长度 $l$(图 3-5-17)为:

$$l = (0.3 \sim 0.5)L$$

作出最大、最小和中间幅度的三个臂架和象鼻梁的位置,建议中间幅度取在离最大计算幅度 $(0.2 \sim 0.25)S$ 处(图 3-5-17),并使象鼻梁的端点都在同一水平线上。

按象鼻梁后臂长度 $l$ 可定出象鼻梁尾部端点 $C$ 的位置。有时由于结构布置的需要,将铰点 $B$ 相对于象鼻梁轴线 $AC$ 下移一段距离,即 $C$ 点不在 $AB$ 的延长线上,而是稍向上偏。将三个位置上

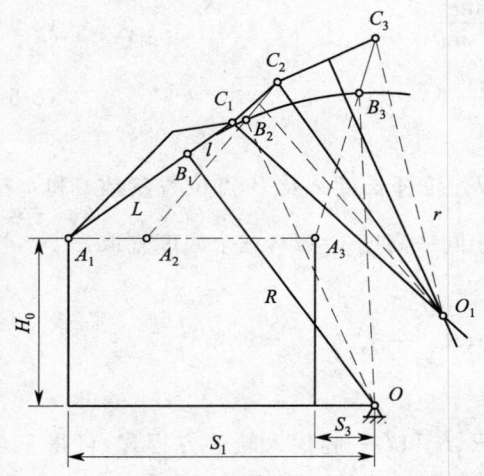

图 3-5-17 确定拉杆长度 $r$ 及铰点 $O_1$ 位置的计算简图

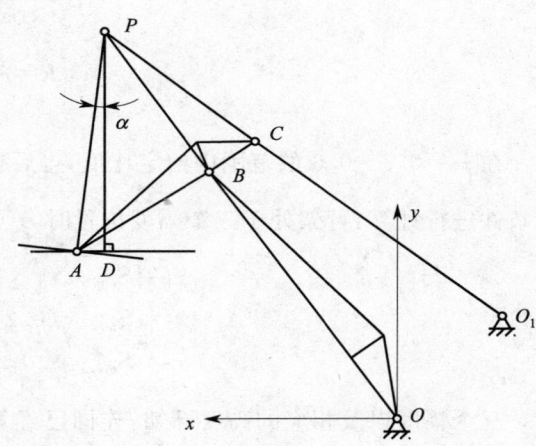

图 3-5-18 未平衡的物品力矩计算图

的象鼻梁尾部端点依次连接起来,得 $C_1C_2$ 和 $C_2C_3$ 线,作 $C_1C_2$ 和 $C_2C_3$ 的中垂线,其交点即为所求的拉杆铰点 $O_1$,而 $O_1C$ 即为所求的拉杆长度 $r$(图 3-5-17)。应当检验 $O_1$ 点的位置是否能满足起重机总体布置的要求。并且还须作出象鼻梁端点的实际轨迹线和未平衡物品力矩变化图,以校验两者是否满足要求。

未平衡物品力矩按下式计算(式中符号见图 3-5-18):

$$M_Q = F_Q \frac{DA \times OB}{PB} \tag{3-5-24}$$

式中　$F_Q$——起升载荷。

用作图法为变幅装置确定一组合适的尺寸组合,工作量很大,精确度也低,因此也可以采用解析法在计算机上进行计算。解析法的基础是象鼻梁头部 $A$ 点的轨迹曲线:

$$-2[t+l\cos(\varphi-\omega)]x-2[h+l\sin(\varphi-\omega)]y+t^2+h^2+l^2+R^2-r^2+2l(t-L\cos\varphi)\cos(\varphi-\omega)-2tL\cos\varphi+2l(h-L\sin\varphi)\sin(\varphi-\omega)-2hL\sin\varphi=0$$

$$\varphi=\arccos\left[\frac{x(R^2-L^2-x^2-y^2)+y\sqrt{4L^2(x^2+y^2)-(R^2-L^2-x^2-y^2)^2}}{2L(x^2+y^2)}\right] \tag{3-5-25}$$

式中符号见图 3-5-19a。

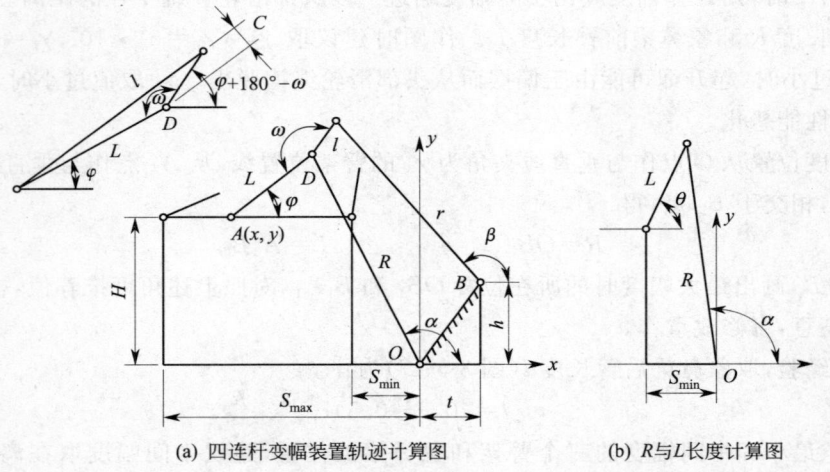

(a) 四连杆变幅装置轨迹计算图　　(b) $R$ 与 $L$ 长度计算图

图 3-5-19　四连杆变幅装置几何尺寸计算图

同作图法原理一样,当给出最小幅度时臂架和象鼻梁前臂的角度后(图 3-5-19b),可以算出:

$$L=\frac{H+S_{\min}\tan\alpha}{\cos\theta\tan\alpha-\sin\theta} \tag{3-5-26}$$

$$R=\frac{H+L\sin\theta}{\sin\alpha} \tag{3-5-27}$$

在 $\frac{l}{L}=0.3\sim0.5$ 的范围内给定比值,得后臂长度 $l$。拉杆长度 $r$ 及 $B$ 点位置参数 $t$ 和 $h$ 按如下条件进行计算:臂架处于三个幅度位置时 $A$ 点都位于同一高度 $y=H$,三个幅度宜取:

$$x_1=S_{\min}$$
$$x_2=S_{\max}-(0.2\sim0.25)(S_{\max}-S_{\min})$$
$$x_3=S_{\max}$$

三个幅度以及相应的高度已知,连同已经算出的 $R$、$L$ 和 $l$ 一起代入轨迹方程式,可得三个计算式,从而可解得 $r$、$t$ 和 $h$。得出臂架装置尺寸参数后,即可计算其变幅轨迹。

将轨迹曲线按工作幅度作若干等分后,得到每一小区段路程 $\Delta S_i$ 上的物品高度差 $\Delta y_i$,同时按轨迹曲线可算出相应于 $\Delta S_i$ 的臂架角度变化 $\Delta\alpha_i$，于是可得每一小区段上的由物品 $F_Q$ 所引起的臂架摆动力矩 $M_i = \dfrac{F_Q \Delta y_i}{\Delta \alpha_i}$。这样，对应于一套臂架装置设计参数，就可得到在整个变幅过程中的臂架力矩数值变化情况，包括它的最大值及其位置。以此为基础去建立数学模型，即可进行优化设计计算。

采用图解法确定象鼻梁头部变幅速度（$A$ 点速度在水平方向的投影，见图 3-5-18）时，按下式计算：

$$v = PD \times \frac{OB}{PB} \times \omega_0 \tag{3-5-28}$$

式中　$\omega_0$——臂架俯仰角速度（是随臂架位置以及变幅驱动装置传动型式而定的变量）。

以上所列的变幅装置都不能使物品的水平变幅速度均匀，大多数变幅装置的水平变幅速度在最小幅度时为最大，而在最大幅度时则最小。尤其是在小幅度范围内，由于速度加快，对装卸和安装工作都很不利。图 3-5-20 所示为一种改进的四连杆臂架方案，通过臂架下铰点设置一个与四连杆臂架装置相平行，但按比例缩小 $M$ 倍的四连杆装置，这套复式四连杆由平装的螺杆（或齿条）牵引连杆末端 I，并通过铰点 II 带动臂架工作，当复式四连杆末端 I 被水平螺杆牵动时，四连杆臂架系统的运动便相当于放大了 $M$ 倍的复式四连杆的运动，再通过电气控制起动与制动时的加速与减速，便能在驱动机构平稳运转的情况下达到平稳变幅的目的。

4. 变幅轨迹修正

在变幅过程中，由于起重机构件发生变形，或者浮式起重机船倾变化，对变幅轨迹的水平程度都有影响，因此应作一定的修正。

在实际带载变幅过程中，由于从支承基础到起重机各传递载荷的构件都发生变形，随着幅度增大，反映在象鼻梁头部的累计下降挠度也在增加，因此实际的带载变幅轨迹将是一条向外下倾的斜线。为了对

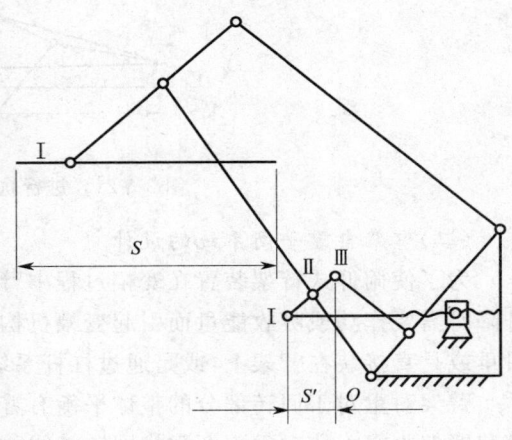

图 3-5-20　复式四连杆匀速牵引装置

此进行补偿，可将变幅轨迹向外伸方向预先升高某个角度，进行倾斜修正，使象鼻梁头部在最大幅度时预先抬高 $\left(\dfrac{1}{600} \sim \dfrac{1}{500}\right) R_{\max}$，$R_{\max}$ 为最大幅度。按照这个抬升高度，算出需要修正的倾斜角度，然后对原来按水平变幅设计好的臂架系统，保持其全部相对位置，将其拉杆下铰点 $O_1$ 的位置绕臂架下铰点 $O$ 后转一个等于上述修正量的角度即可（两点之间的距离当然也保持不变），原来的臂架系统尺寸都保持原样，只是改用 $O_1$ 点转动后的位置而已。

安装在浮船上的水平变幅系统，由于变化的倾侧力矩会引起不同程度的船倾，这时实际的变幅轨迹相对于水平面将是一条向外下倾的斜线（确切地讲，是一条下凹的抛物线）。其补偿办法也是将变幅轨迹向外伸方向预先升高 2.5°或 2°作为倾斜修正，通常有三种简单的修正计算法。

(1) 仍按陆地起重机的一般程序设计计算，同上述修正法一样使拉杆下铰点 $O_1$ 的位置绕臂架下铰点 $O$ 后转一个修正角等于 2.5°或 2°。但这时应对其工作参数（高度与幅度等）预计转角修正的影响作相应的调整，使其在浮船倾侧的条件下仍符合高度与幅度等方面的作业要求。

(2) 将象鼻梁结构作适当的调整，原来水平变幅的直线象鼻梁使其头部上翘一个距离 $b$（图 3-5-21），变幅轨迹即被上抬一个角度 $\gamma$，而且这条轨迹曲线是上凹的，同船倾对于轨迹的影响恰好对称抵消。$\gamma$ 的数值取决于 $b$，$b$ 可用作图法或计算求得。

修正前的 $\varphi_1$、$\varphi_2$ 和 $S$ 是已知的，符号见图 3-5-21。根据所需修正的角度 $\gamma$，便可求得 $b$ 的高度：

$$b=\frac{S\cdot\tan\gamma}{(\cos\varphi_1-\cos\varphi_2)-\tan\gamma(\sin\varphi_1-\sin\varphi_2)} \quad (3\text{-}5\text{-}29)$$

高度 $b$ 确定以后，原来的直线象鼻梁便成折线象鼻梁了。

(3) 直接按修正后的倾斜轨迹进行设计计算，其计算程序与上述初选各种尺寸的试算相同，只是这里预定三个幅度位置上的象鼻梁头部高度按预定的修正轨迹给定，其余的作图或计算都不变。

以上补偿船倾影响的轨迹修正方法也可类似地应用于考虑变形时的变幅轨迹修正。

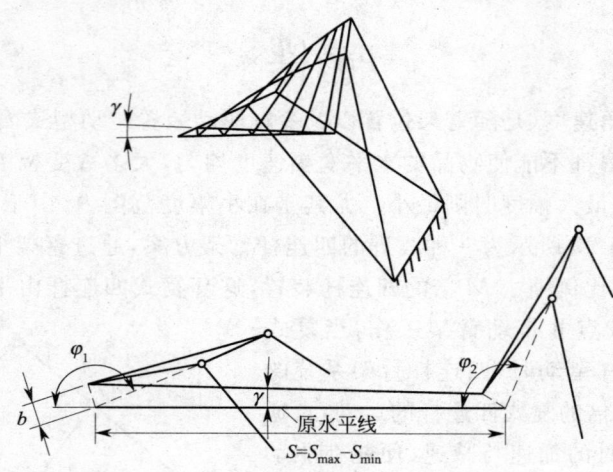

图 3-5-21　进行轨迹修正时，象鼻梁尺寸的计算

### (二) 臂架自重平衡系统的设计

为了使俯仰式臂架装置在变幅过程中臂架系统的重心尽可能不发生升降现象，以免由于重心升降时需要作功或吸收能量而引起变幅机构驱动功率的增大，臂架系统的自重要用对重加以平衡。对重或是直接装在臂架上，或是通过杠杆系统或挠性件与臂架相连接。

臂架对重对于回转部分的整体平衡有着重要影响，因此应使对重离开回转轴线远些为好，并且随着臂架收幅而使对重逐渐靠拢回转轴线，在很多情况下，对回转部分的尾部半径要求要小，即对重的布置位置受到限制，因此要求对平衡系统的尺寸进行选择。

**1. 臂架平衡型式**

(1) 尾重

将对重直接布置在臂架尾部的延长端上 (图 3-5-22)，并使对重重力 $F_c$ 和臂架重力 $F_b$ 的合成重心正好位于臂架铰轴 $O$ 上，即：

$$F_c=F_b\cdot\frac{r_1}{r_2} \quad (3\text{-}5\text{-}30)$$

对重在臂架侧面分左右两翼夹着机房，限制了它的宽度。整个臂架系统的重心在臂架铰轴 $O$ 上固定不变，达到完全平衡，但对整个回转部分的平衡是不利的。

(2) 杠杆式活动对重 (图 3-5-23)

这种装置可将对重向回转部分尾部后移。如果杠杆系统成平行四边形，则同样还保持上述臂架尾部对重的关系而达到完全平衡。

一般都采用非平行四边形的杠杆系统，这样可增大对重的升降行程，减少对重的重量，并可充分发挥对重对起重机稳定性所起的作用。

(3) 特殊的臂架运动轨迹

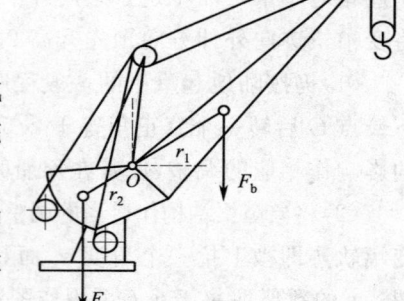

图 3-5-22　尾重式臂架平衡装置

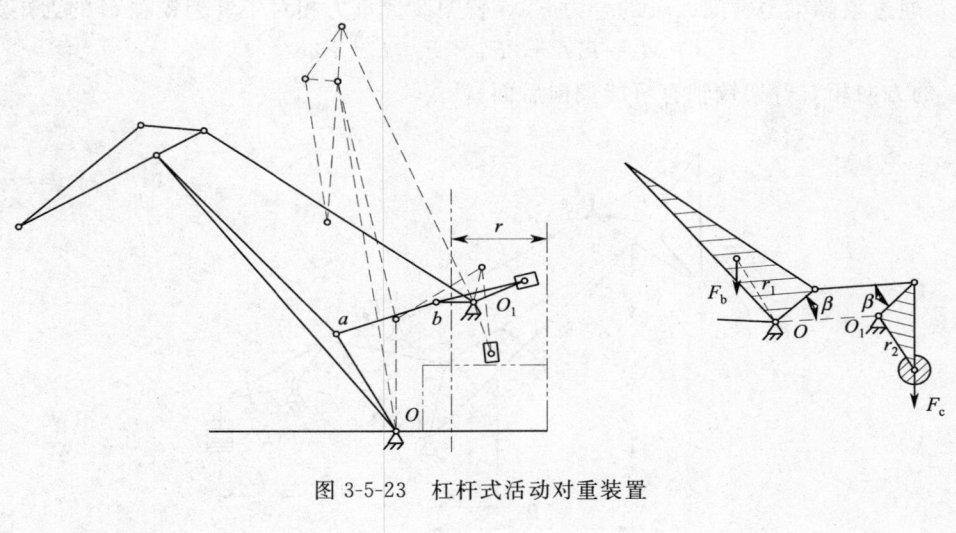

图 3-5-23　杠杆式活动对重装置

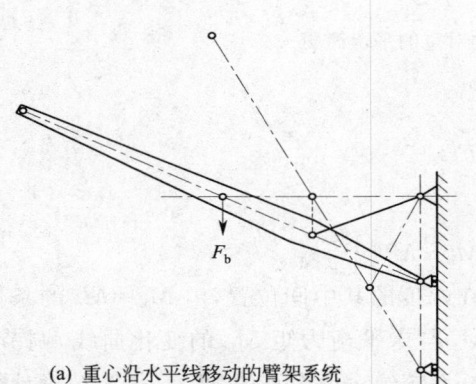

(a) 重心沿水平线移动的臂架系统

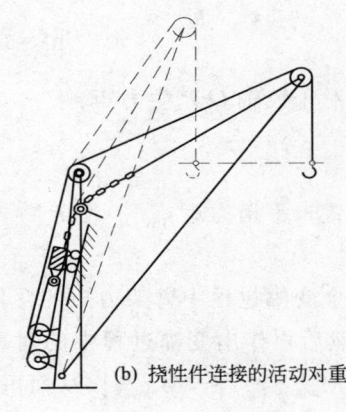

(b) 挠性件连接的活动对重

图　3-5-24

图 3-5-24a 所示的结构型式保证臂架重心在变幅过程中作准确的水平移动,这类方案构造复杂,部分构件受载过大,一般很少采用。

(4) 挠性件连接的活动对重(图 3-5-24b)

这种型式的优点是构造简单,容易达到较小的尾部半径,缺点是挠性件容易磨损,当对重用钢丝绳悬挂时,不准许钢丝绳在滑轮上弯绕。

2. 平衡系统对重计算

以杠杆式活动对重为例加以说明。

(1) 杠杆系统尺寸确定

根据构造条件,选定对重杠杆支点 $O_1$ 的位置,按给定的最大尾部半径 $r$,定出对重杠杆的后臂长度(图 3-5-23)。一般,臂架的铰接点 $a$ 也是预先给定的(通常变幅牵引构件的铰接点也布置于同一位置)。按臂架处于最大幅度以及对重位于行程最高点时,直接选定 $b$ 点位置,$ab$ 的尺寸也随之得出。检验相应于臂架最小幅度时的对重位置,如不符合要求,则调整 $b$ 点位置,重新检验。对重的行程尽量要大,对重重量就可以减小。通常对重杠杆后臂的摆角在铰点水平线以下不超过 90°范围,如果臂架在最大幅度时,对重越过水平位置而上翘,则对重重量由于行程加大而减得更小,但臂架系统的平衡性能将因而变差。

(2) 对重重量计算

对重应与臂架重力 $F_b$、象鼻梁重力 $F_n$ 以及拉杆重力 $F_d$ 的一半(如不计杠杆系统自重重力)相平衡。

如图 3-5-25 所示,$F_n$ 和 $0.5F_d$ 按杠杆力臂分解为 $F_{n1}$、$F_{n2}$ 和 $F_{d1}$、$F_{d2}$,作用力 $F_{n2}-F_{d2}$ 引起拉

杆力 $F$ 以及通过象鼻梁与臂架铰轴的合力 $F_N$。臂架装置重力相对于臂架铰轴 $O$ 的力矩为：

$$M_b = F_b l_b + (F_{n1} + F_{d1}) l_n \pm F_N e \tag{3-5-31}$$

力 $F_N$ 的方向相对臂架铰轴有可能偏向后面。

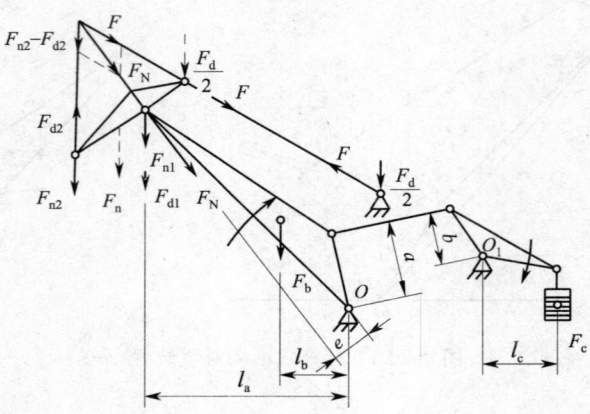

图 3-5-25 摆动对重的平衡简图

对重相对于铰轴 $O$ 产生力矩：

$$M_c = F_c l_c \frac{a}{b} \tag{3-5-32}$$

臂架装置未平衡力矩：

$$M_{nb} = M_b - M_c \tag{3-5-33}$$

作出整个变幅过程中臂架力矩的变化曲线，在幅度的某中间位置，由 $M_b = M_c$ 的条件，求出对重重力 $F_c$，然后再作出变幅过程中对重力矩 $M_c$ 与未平衡力矩 $M_{nb}$ 的变化曲线，调节对重重力 $F_c$，达到 $|+M_{nb\max}| = |-M_{nb\max}|$，从而可得该杠杆系统绝对值最小的 $M_{nb}$。较为精确计算时，还须计入杠杆系统的重力。

设计时要求达到 $M_{nb\max} < 0.1 M_b$。

臂架平衡系统的设计也可采用力法或能量法在计算机上进行计算。

**二、变幅驱动机构型式与安全装置**

1. 驱动型式

变幅机构可直接作用于臂架，也可作用于对重杠杆或补偿滑轮杠杆等。变幅机构的型式主要分为推杆式（螺杆式、齿条式、液压推杆式）、扇形齿轮式和曲柄连杆式等。

设计时预先给定的变幅速度通常是指臂架全幅摆动时间 $t_0$ 内的变幅速度平均值 $v$：

$$v = \frac{R_{\max} - R_{\min}}{t_0} = \frac{\Delta R}{t_0} \tag{3-5-34}$$

式中 $R_{\max}$、$R_{\min}$——分别为最大和最小幅度。

臂架装置和变幅机构应尽可能做到变幅速度均匀。

常用的变幅驱动装置有下列几种型式。

(1) 齿条变幅驱动机构

在图 3-5-26 所示的传动型式中，臂架直接由齿条推动。齿条则由小齿轮驱动，齿条搁在滚轮上并被夹在摆动的导向架里移动。大尺寸的齿条常做成针齿条的形式，其制造和维修简单。这种传动型式结构较紧凑、自重轻，但起动和制动时有冲击，齿条工作条件差，易磨损。

(2) 螺杆变幅驱动机构

这种螺杆传动副，通常都由螺母驱动螺杆（图 3-5-27），推动臂架实现变幅，螺母连同其传动装置和电动机布置在能绕水平轴线摆动的摇架上,摇架的支承轴线须与螺杆中心线相交,摇架支承处实际上是一个十字铰结构,螺杆机构尺寸紧凑,传动平稳无噪声。对螺杆传动须特别注意密封和润滑,目前都采用伸缩式密封套管来防护螺杆,螺杆螺母的传动效率低,一般都采用双头以上的螺纹。如果采用滚珠螺杆来代替一般的传动螺杆,传动效率可以显著提高。

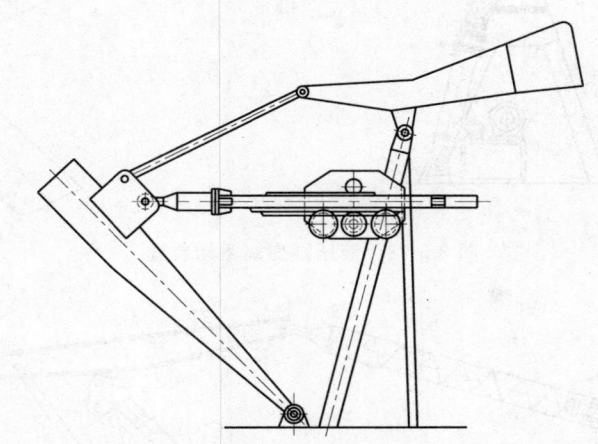

图 3-5-26 齿条变幅驱动机构

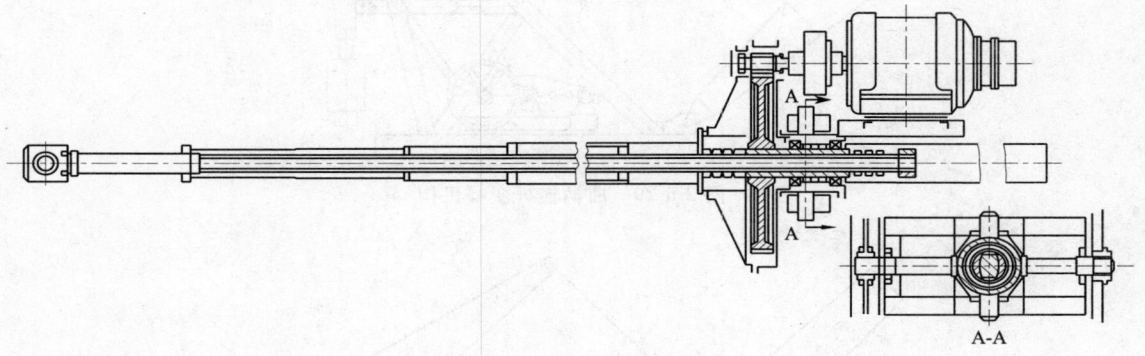

图 3-5-27 螺杆变幅驱动机构

(3)液压缸变幅驱动机构(图 3-5-28)

由于活塞杆行程有限,所以只能在靠近对重杠杆支承铰点处(或在靠近臂架下铰点处)连接对重杠杆,因而力臂小,受力大。液压系统必须考虑到在同一变幅过程中,活塞杆有交替承受推力和拉力的可能。

液压缸变幅机构结构紧凑、自重轻、可调速,但对制造精度和密封防漏要求高。要使臂架保持在某个幅度位置上时,还须依靠闭锁装置。

(4)曲柄连杆变幅驱动机构(图 3-5-29)

曲柄连杆机构能自动限制变幅极限位置,使工作可靠性增大,但变幅速度很不均匀,电动机和曲柄之间所需传动比大,因而使装置的尺寸和自重增大。这种装置虽有自动限幅性能,但仍需装设行程开关,以免曲柄越过死点后,使变幅运动方向与控制器方向不符,造成操作失误。这种型式现已很少采用。

(5)扇形齿轮变幅驱动机构(图 3-5-30)

这种驱动装置的减速机构比较笨重,现已较少采用。

以上各种驱动机构,常常制成双联推动方式,这时应考虑采用均衡装置。如果在臂架上仅以一点固定,则按图 3-5-31a 的方式布置,如果在臂架上以两点固定,则按图 3-5-31b、c 的方式布置。

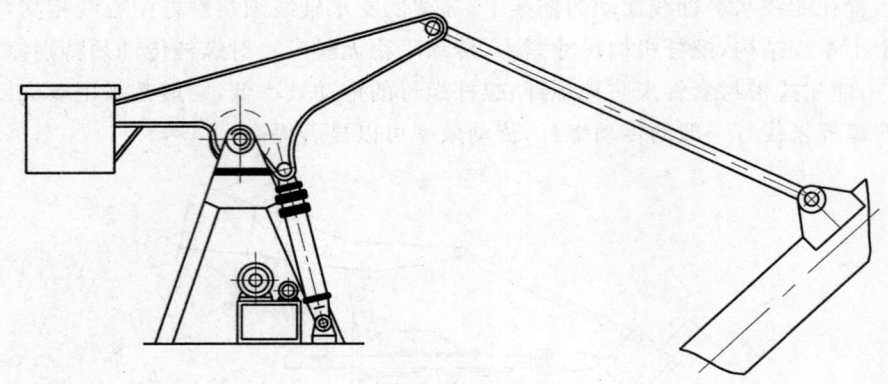

图 3-5-28　液压缸变幅驱动装置

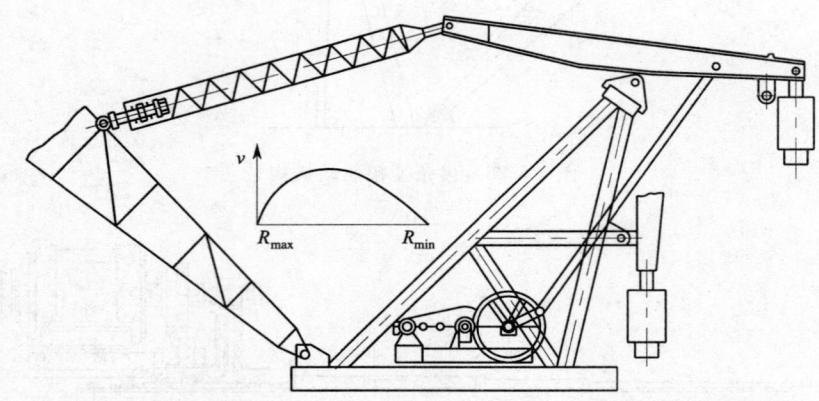

图 3-5-29　曲柄连杆变幅机构

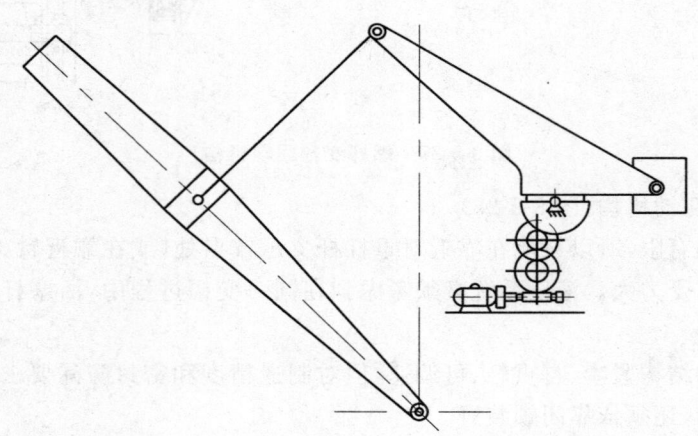

图 3-5-30　扇形齿轮变幅驱动机构

**2. 安全装置**

为了减缓变幅起动和制动时的冲击并消除振动,加上变幅机构承受的载荷的符号常是改变的,为适应载荷的变化特性,常在机构与臂架之间的连接构件上装设弹簧或橡胶的缓冲与减振装置。

橡胶缓冲器(图 3-5-32)具有较好的吸收振动能量的阻尼性能。图 3-5-33 所示的弹簧缓冲器附设了一个阻尼油缸,以消除振动。阻尼的大小可通过调整活塞两侧节流阀的开度加以调节。这两种缓冲装置的结构除了能够短时间储存能量外,还通过橡胶变形或工作油的节流发热吸收部分冲击动能,起着消振作用。

为限制臂架的变幅行程,须装设终点开关。此外,为可靠起见,还装有弹性缓冲止挡器。

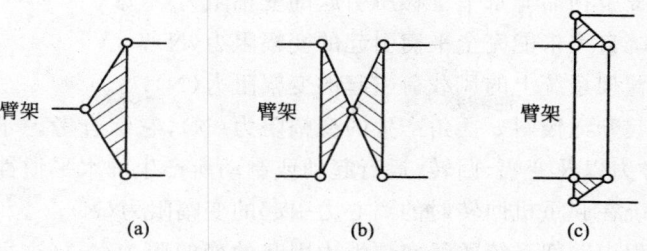

图 3-5-31 驱动构件与臂架的连接方式

司机室应装有幅度和起重量指示器、起重力矩限制器,对载重力矩实行限制。

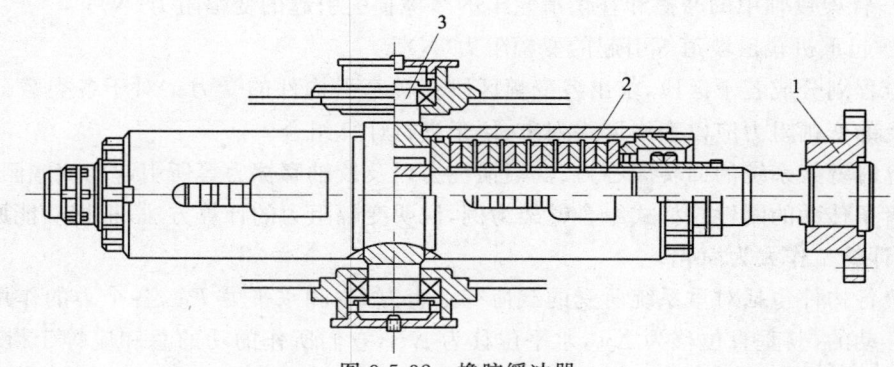

图 3-5-32 橡胶缓冲器
1—连接齿条的突缘;2—橡胶圈;3—连接臂架的轴

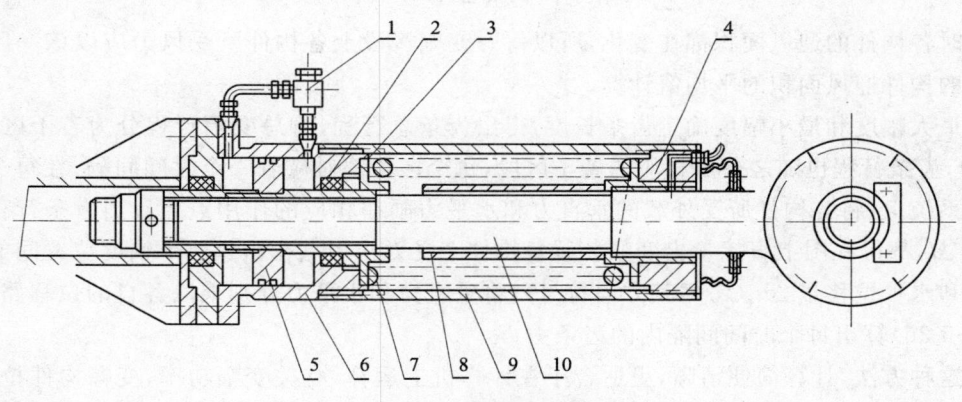

图 3-5-33 液压弹簧缓冲器
1—节流阀;2—密封圈;3—压紧螺母;4—调节螺母;
5—活塞;6—缸体;7—弹簧;8—定位套;9—外壳;10—心轴。

## 第四节 平衡臂架式变幅机构的计算

**一、平衡臂架式变幅机构变幅阻力计算**

对平衡臂架式变幅机构,其总变幅阻力在变幅全过程中的不同幅度位置有较大变化,每一个变幅位置上变幅牵引构件(例如齿条、螺杆、液压缸活塞杆等)的最大变幅阻力是将各种变幅阻力直接相加(按作用方向将其代数值相加)。即在变幅和回转两机构同时工作、机构均作稳定运动的计算工况时,为使臂架绕其铰轴 $O$ 摆动,牵引构件正常工作时必须克服的总变幅阻力可综合归纳为:

$$F = F_Q + F_b + F_w + F_H + F_c + F_i + F_f + F_p \tag{3-5-35}$$

式中　$F_Q$——变幅过程中物品非水平位移所引起的变幅阻力(N)；

　　　$F_b$——臂架系统自重未能完全平衡引起的变幅阻力(N)；

　　　$F_w$——作用在臂架系统上的风载荷引起的变幅阻力(N)；

　　　$F_H$——物品的起升绳偏斜 α 摆角产生的变幅阻力(N)，它综合考虑了作用在物品上的风载荷、离心力以及变幅、回转、运行起动或制动所产生的水平惯性力；

　　　$F_c$——臂架系统在起重机回转时的离心力引起的变幅阻力(N)；

　　　$F_i$——变幅过程中臂架系统的径向惯性力引起的变幅阻力(N)(这里所考虑的惯性力只是当变幅驱动为等速运动时所产生的惯性力，至于变幅驱动装置在起、制动时的惯性力则在验算起动与制动时间时考虑)；

　　　$F_f$——臂架铰轴中的摩擦和补偿滑轮组的摩擦损失引起的变幅阻力(N)；

　　　$F_p$——起重机轨道坡道等引起的变幅阻力(N)。

将变幅全程划分成若干区段，求出各变幅区段变幅牵引构件的受力。对于各类载荷情况下在各变幅区段上的变幅阻力应以表格形式列出，便于进行计算组合。

一般计算时臂架系统的回转离心力、变幅惯性力以及铰轴摩擦力等所引起的变幅阻力都不计。

下面以齿条传动的刚性拉杆式组合臂架为例，说明变幅阻力的计算方法，根据功能原理采用下述方法，可使计算工作大为简化。

变幅系统各构件包括对重系统所受的载荷有垂直力 $F_{Vi}$ 和水平力 $F_{Hi}$，各个力的作用点在变幅过程中都是移动的，其垂直位移为 $\Delta y_i$，水平位移为 $\Delta x_i$，它们所作的功的总和应等于齿条力 $F_u$ 移动齿条长度 $\Delta l$ 所作的功(不计臂架装置各铰点轴承的摩擦损失)，即

$$\sum (F_{Vi} \Delta y_i + F_{Hi} \Delta x_i) = F_u \cdot \Delta l \tag{3-5-36}$$

变幅时各构件的迎风面积都在变化，所以每一变幅区段上各构件所受风力应以该一区段两端幅度位置的构件迎风面积的平均值计算。

根据最大幅度和最小幅度确定齿条长度，得出齿条总行程，将总变幅行程分为若干区段(一般为 8~10)，齿条行程也随之分成相应的若干区段，每个区段都对应着一个时间间隔，在每个幅度位置的臂架系统上，将各构件所受外载的垂直力和水平力画在相应的作用点上。当齿条行程每变动一个区段 $\Delta l$，都可在图上直接量出变幅装置各构件上受力作用点在相邻两个幅度位置间的垂直位移量 $\Delta y_i$ 和水平位移量 $\Delta x_i$(考虑其方向符号)，将垂直力和水平力分别乘以各自的位移路程，于是可按式(3-5-36)算出每个时间间隔内的齿条力 $F_u$。

采用这种方法，计算简便清晰，更适合于在计算机上运算，有关变幅功率、变幅构件拉力、变幅速度、加速度等都可仿此原理进行计算。

对于物品非水平位移所引起的变幅阻力，也可按上述原理进行计算，但若采用作图法，则在变幅轨迹上其各相邻位置间的垂直落差不易精确量取，故按式(3-5-24)计算未平衡物品力矩 $M_Q$，将 $M_Q$ 除以力臂算出齿条阻力 $F_Q$，然后将 $F_Q$ 叠加到总的变幅阻力中去。

对于幅度小于 25 m，转速小于 1 r/min 的起重机，其回转离心力可不计算。若要考虑离心力时，可只考虑象鼻梁和臂架所产生的离心力。象鼻梁可以近似地认为质量集中于臂架端点上，它的离心力就作用于该点。臂架产生的离心力其数值等于质量集中于其质心所产生的离心力，但其合力作用点则在离臂架下铰点 $\frac{2}{3}$ 臂架长度处。

构件离心力 $F_{ci}$ 按下式计算：

$$F_{ci} = \left(\frac{\pi}{30}\right)^2 m_i n^2 x_i \tag{3-5-37}$$

式中　$m_i$——构件质量；

　　　$n$——回转速度(r/min)；

$x_i$——构件重心离回转轴线的距离。

## 二、载荷组合

### 1. Ⅰ类载荷

(1) 电动机发热验算载荷

对非平衡动臂式变幅机构,每一个变幅位置上变幅牵引构件的最大变幅阻力是将各种变幅阻力直接相加(按作用方向将其代数值相加):

$$F_{\text{I}} = F_Q + F_b + F_{w\text{I}} + F_{H\text{I}} + F_c + F_f + F_p \qquad (3\text{-}5\text{-}38)$$

式中 $F_{w\text{I}}$——Ⅰ类载荷的风力(N);

$F_{H\text{I}}$——Ⅰ类载荷的起升绳偏斜阻力(N), $\alpha_{\text{I}}$ 值见第一篇第三章。

对平衡臂架式变幅机构,每个位置上的变幅阻力也可以采用式(3-5-38)计算。同时将变幅全程划分成若干区段,根据机构一次满载全程变幅作出变幅阻力和幅度之间的变化图线(用表格也可以),这个图线也代表了 $F_{\text{I}i}$ 和 $t_i$ 的关系。则在变幅全过程的变幅等效阻力 $F_{\text{I}d}$ 按下式计算:

$$F_{\text{I}d} = \sqrt{\dfrac{\sum\limits_{i=1}^{n} F_{\text{I}i}^2 \Delta t_i}{\sum\limits_{i=1}^{n} \Delta t_i}} \qquad (3\text{-}5\text{-}39)$$

式中 $F_{\text{I}d}$——平衡臂架式变幅机构Ⅰ类载荷变幅等效阻力(N);

$F_{\text{I}i}$——臂架从位置 $i$ 到位置 $i+1$ 幅度区段上两个相邻计算位置的变幅阻力 $F_{\text{I}}$ 的平均值(N);

$t_i$——$F_{\text{I}i}$ 的作用时间(s);

$\Delta t_i$——臂架从位置 $i$ 到位置 $i+1$ 的变幅时间, $\Delta t_i = \dfrac{\Delta l_i}{v_z}$。

其中 $\Delta l_i$——臂架从位置 $i$ 到位置 $i+1$ 时牵引构件的行程,

$v_z$——牵引构件速度。

(2) 接触疲劳强度等效载荷

$$F_{\text{I}z} \approx (1.0 \sim 1.1) F_{\text{I}d} \qquad (3\text{-}5\text{-}40)$$

计算时风载荷略去不计。

### 2. Ⅱ类载荷

稳定运动时期(用于变幅电动机过载能力的验算),工作状态下的最大变幅阻力为:

$$F_{\text{II}} = F_Q + F_b + F_{w\text{II}} + F_{H\text{II}} + F_c + F_f + F_p \qquad (3\text{-}5\text{-}41)$$

计算时取Ⅱ类偏角和Ⅱ类风力。以稳定运动时的最大稳态载荷作为Ⅱ类载荷,计算简便,较常采用。

非稳定运动时(用于变幅机构零部件的静强度计算),工作状态下的最大变幅阻力为:

$$F_{\text{II}} = F_Q + F_b + F_{w\text{II}} + F_{H\text{II}} + F_c + F_i + F_f + F_p \qquad (3\text{-}5\text{-}42)$$

### 3. Ⅲ类载荷

$$F_{\text{III}} = F_b + F_{w\text{III}} \qquad (3\text{-}5\text{-}43)$$

这时按非工作的幅度位置计算,对于门座起重机取最小幅度位置。

## 三、电动机选择

### 1. 电动机的等效变幅功率

平衡臂架式变幅机构电动机的等效变幅功率为:

$$P_e = \frac{F_{Id} \cdot v_a}{1000\eta} \quad (\text{kW}) \tag{3-5-44}$$

式中 $F_{Id}$——变幅全过程的等效变幅阻力(N),$F_{Id}$按式(3-5-39)计算；

$v_a$——变幅牵引构件(齿条、螺杆、液压缸活塞杆等)的运动线速度(m/s)；

$\eta$——变幅驱动机构的传动效率。

**2. 电动机初选**

(1)稳态负载系数法

起重机的变幅机构使用 YZR 系列绕线转子异步电动机等能提供有关按 $CZ$ 值计算选择电动机资料的异步电动机,其所选电动机的功率应满足下式要求：

$$P_n \geq G \cdot P_e \quad (\text{kW}) \tag{3-5-45}$$

式中 $P_n$——所选电动机在相应的 $CZ$ 值和实际接电持续率 $JC$ 值下的功率(kW)；

$G$——稳态负载平均系数,见表 3-5-4。

表 3-5-4 稳态负载平均系数 $G$

| 稳态负载平均系数 | 变幅机构 |
|---|---|
| $G_1$ | 0.7 |
| $G_2$ | 0.75 |
| $G_3$ | 0.8 |
| $G_4$ | 0.85 |

表 3-5-5 变幅机构的 $JC$ 值、$CZ$ 值和 $G$ 值

| 起重机型式 | 用途 | 变幅机构 | | |
|---|---|---|---|---|
| | | $JC/\%$ | $CZ$ | $G$ |
| 门座起重机 | 吊钩式 安装用 | 25 | 150 | $G_2$ |
| | 吊钩式 装卸用 | 25 | 600 | $G_2$ |
| | 抓斗式 装卸用 | 40 | 600 | $G_2$ |

起重机变幅机构的接电持续率 $JC$ 值和稳态负载平均系数 $G$,均应根据实际载荷和控制情况计算。如无具体资料时,可参考表 3-5-5 选取。

(2)等效计算功率法

对未能提供 $CZ$ 值及相应计算数据的电动机,可以根据式(3-5-44)计算得到的等效功率 $P_e$,并考虑该机构实际的接电持续率 $JC$ 值(见表 3-5-6),直接从电动机样本上初选出所需要的电动机。

表 3-5-6 变幅机构的接电持续率和每小时工作循环数参考值

| 序号 | 起重机类型 | 特 点 | 每小时工作循环数 | 接电持续率 $JC/\%$ | |
|---|---|---|---|---|---|
| | | | | 铰接臂俯仰 | 臂架俯仰 |
| 1 | 安装用臂架起重机 | | 2~25 | | 25 |
| 2 | 货场装卸桥 | 吊钩 | 20~60 | S2,15 min~30 min | |
| 3 | 货场装卸桥 | 抓斗或电磁盘 | 25~80 | S2,15 min~30 min | |
| 4 | 岸边装卸用起重机 岸边集装箱起重机 | 吊钩或其他吊具 | 20~60 | S2,15 min~30 min | |
| 5 | 卸货用抓斗或电磁起重机 | | 20~80 | S2,15 min~30 min | |
| 6 | 船厂臂架起重机 | 吊钩 | 20~50 | | 40 |
| 7 | 门座起重机 | 吊钩 | 40 | | 40~60 |
| 8 | 门座起重机 集装箱起重机 | 抓斗、电磁盘或集装箱吊具 | 25~60 | | 40~60 |
| 9 | 建筑用塔式起重机 | | 20 | | 25~40 |
| 10 | 桅杆起重机 | | 10 | | S1 或 S2,30 min |

注:表中 S1、S2 为电动机工作制类型,S1 为连续工作制,S2 为短时工作制。

**3. 电动机的过载校验**

变幅机构电动机的过载校验按下式进行：

$$P_N \geq \frac{H}{m \cdot \lambda_m} \cdot \frac{F_{II} \cdot v_a}{1000\eta} \tag{3-5-46}$$

式中 $P_N$——基准接电持续率的电动机额定功率(kW);

$F_{\text{II}}$——工作状态下的最大变幅阻力(N),$F_{\text{II}}$ 按式(3-5-41)计算;

$m$——电动机个数;

$\eta$——机构效率;

$v_a$——变幅牵引构件(齿条、螺杆、液压缸活塞杆等)的运动线速度(m/s);

$H$——系数,按电压有损失(交流电动机为15%,直流电动机不考虑)、最大转矩或堵转转矩有允差(绕线型异步电动机为10%,笼型电动机为15%)等条件,绕线型异步电动机取 $H=1.55$,鼠笼型电动机取 $H=1.6$,直流电动机取 $H=1$;

$\lambda_m$——相对于 $P_N$ 时的电动机最大转矩倍数(由电动机样本提供),对于直接全压起动的笼型电动机,堵转转矩倍数 $\lambda_m \geq 2.2$;

对工作频繁的变幅机构,为避免电动机过热损坏,应进行发热校验。电动机的发热校验见第五篇第一章。

若起重机安装使用地点海拔超过 1 000 m,或起重机使用环境温度超过 40 ℃,就应对电动机容量进行校验和修正,计算方法见第五篇第一章。

4. 起动能力与起动加速度验算

(1) 校核起动能力

对于变幅机构,一般可免去验算起动时间,但应验算电动机的最大转矩是否能克服稳定运动时的Ⅱ类载荷:

$$\left. \begin{array}{l} T_{\max} \geq T_{\text{II}} \\ T_{\text{II}} = \dfrac{d_z F_{\text{II}}}{2i\eta} \end{array} \right\} \tag{3-5-47}$$

式中 $T_{\max}$——电动机最大转矩(N·m);

$F_{\text{II}}$——工作状态下变幅拉杆中的最大变幅阻力(N),$F_{\text{II}}$ 按式(3-5-41)计算;

$d_z$——驱动牵引构件的齿轮或驱动轮的直径(m);

$i$、$\eta$——从电动机到驱动牵引构件处的传动比和传动效率。

(2) 校核起动加速度

对于电动机直接起动的变幅机构应校核机构的起动加速度,应使起重机变幅时臂架端部水平移动的最大加(减)速度不大于允许值:

$$a_t = \frac{v_t}{t} \leq [a_t] \quad (\text{m/s}^2) \tag{3-5-48}$$

式中 $a_t$——起重机变幅时臂架端部水平移动的加(减)速度(m/s²);

$v_t$——起重机变幅时臂架端部水平移动稳定运行速度(m/s);

$t$——起动时间(s);

$[a_t]$——起重机变幅时臂架端部水平移动的加(减)速度允许值(m/s²),一般取 0.6 m/s²。

### 四、减速器选择

平衡臂架式变幅机构减速器的工作特点和选择原则与运行机构减速器相同。

### 五、制动器选择

平衡臂架式变幅机构应采用常闭式机械制动器。当用变幅过程中变幅钢丝绳或变幅拉杆中的最大拉力换算到制动器轴上的转矩进行计算时,按下述两种工况计算制动转矩并选择大者。

(1) 起重机吊重回转并受工作状态下的最大风力作用,钢丝绳出现最大偏摆角($\alpha_{\text{II}}$)。此时制动转矩 $T_Z$ 为:

$$\left.\begin{array}{l}T_z \geqslant 1.25 T_{\mathrm{II}} \\ T_{\mathrm{II}} = \dfrac{d_z F_{\mathrm{II}} \eta}{2i}\end{array}\right\} \quad (3\text{-}5\text{-}49)$$

式中 $T_{\mathrm{II}}$——工作状态下变幅拉杆中的最大拉力换算到制动器轴上的转矩（N·m）；

$F_{\mathrm{II}}$——工作状态下变幅拉杆中的最大变幅阻力（N），$F_{\mathrm{II}}$ 按式(3-5-41)计算；

$d_z$——驱动牵引构件的齿轮或驱动轮的直径（m）；

$i$、$\eta$——从电动机到驱动牵引构件处的传动比和传动效率，计算时传动效率取大值。

(2) 起重机不工作，在第Ⅲ类风载荷下制动转矩 $T_z$ 为：

$$\left.\begin{array}{l}T_z \geqslant 1.15 T_{\mathrm{III}} \\ T_{\mathrm{III}} = \dfrac{d_z F_{\mathrm{III}} \eta}{2i}\end{array}\right\} \quad (3\text{-}5\text{-}50)$$

式中 $T_{\mathrm{III}}$——非工作状态下变幅拉杆中的最大拉力换算到制动器轴上的转矩（N·m）；

$F_{\mathrm{III}}$——非工作状态下变幅拉杆中的最大变幅阻力（N），$F_{\mathrm{III}}$ 按式(3-5-43)计算。

其余符号同前。

计算上述各最大变幅阻力矩时，是指促使臂架继续运动的顺风情况。在无风或逆风条件下，为避免发生剧烈制动的现象，可以采用时间延迟先后上闸的两级制动。要获得平稳制动可以采用液力制动器。

# 第六章 伸缩机构

起重机的伸缩机构包括臂架伸缩机构和支腿收放机构。臂架伸缩机构的作用是改变臂架长度,以获得需要的幅度和起升高度,满足作业要求。支腿收放机构的用途是增大起重机的基地面积,调整作业场地的坡度,提高抗倾覆稳定性,增大起重能力。

## 第一节 臂架伸缩机构设计计算

具有臂架伸缩机构的起重机,不需要接臂和拆臂,缩短了辅助作业时间。臂架全部缩回以后,起重机外形尺寸减小,提高了机动性和通过性。臂架采用液压伸缩机构,可以实现无级伸缩和带载伸缩,扩大了汽车和轮胎起重机、铁路救援起重机在复杂环境条件下的使用功能。

**一、臂架伸缩方式**

具有三节或三节以上的吊臂,各节臂的伸缩,基本有三种方式:顺序伸缩、同步伸缩和独立伸缩。

顺序伸缩是指各节伸缩臂按一定先后次序完成伸缩动作。为了使各节伸缩臂伸出后的起重能力与起重机的起重特性相适应,伸臂顺序一般为先 2 后 3(图 3-6-1a),即先外后里。缩臂顺序与伸臂顺序相反,先 3 后 2,即先里后外。

同步伸缩是指各节伸缩臂以相同的行程比率同时伸缩(图 3-6-1b)。

独立伸缩是指各节伸缩臂无关联地独立进行伸缩动作。显然,独立伸缩机构同样也可以完成顺序伸缩或同步伸缩的动作。

在实践中,三节和三节以上伸缩臂的伸缩机构,往往是上述几种伸缩方式的综合,很少单独采用某一种伸缩方式。

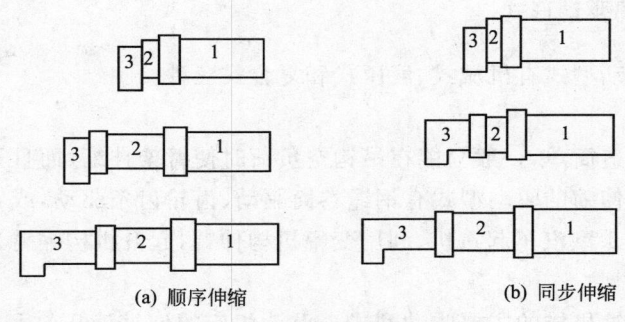

(a) 顺序伸缩　　　　　　　　　(b) 同步伸缩

图 3-6-1　臂架伸缩方式

1—基本臂;2—二节臂(第一节伸缩臂);3—三节臂(第二节伸缩臂)

**二、臂架伸缩方式对起重性能和吊臂受力的影响**

1. 伸缩方式对起重性能的影响

吊臂自重和吊臂重心位置直接影响起重性能,不同的伸缩方式使吊臂自重和重心位置在吊臂伸缩过程中起着程度不同的作用。在起重特性相同时,顺序伸缩机构的吊臂可以比同步伸缩机构设计得轻一些,这是因为后者伸缩臂的危险截面、位置变化较多,不易做成变截面结构。吊臂全伸和全缩时,重心位置一定,与伸缩方式无关。但是在相同的中间臂长作业时,同步伸缩的吊臂重心距回转中心较近,起重性能可以提高。

图 3-6-2 表示不同伸缩方式对起重量的影响。$G'$ 为臂架自重 $G$ 换算成不同臂长时的臂端重量,$G'$ 越大,有效起重量降低越多。图中取同步伸缩时 $G'$ 为 100%,纵直线阴影部分为相同臂长时同步伸缩比顺序伸缩的起重量增值。两种伸缩方式在臂架全伸和全缩位置时的起重量相同,在接近最大臂长的 1/2 时起重量的增值最大。

2. 伸缩方式对吊臂受力的影响

在相同臂长时,由于伸缩方式不同,各节臂对应的实际搭接长度和搭接处的支反力也不相同。在中间臂长时,由于顺序伸缩的臂节搭接长度小于同步伸缩,在相应幅度的额定起重量作用下,臂节搭接处的支反力要比同步伸缩大得多。

顺序伸缩时,伸缩阻力是依次出现的(图 3-6-3 中的实线)。同步伸缩时,各节伸缩臂的摩擦阻力同时产生,而且随着搭接长度的减小而增大,在接近全伸时摩擦阻力明显升高(图 3-6-3 中的虚线)。

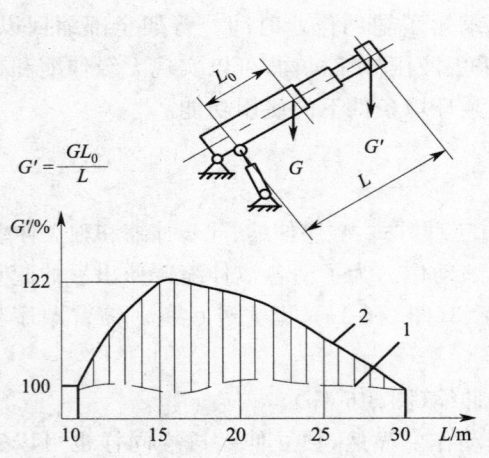

图 3-6-2 不同伸缩方式对起重量的影响
1—同步伸缩;2—顺序伸缩

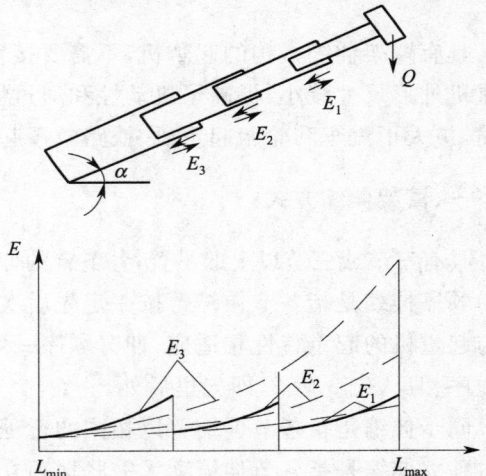

图 3-6-3 不同伸缩方式对伸臂摩擦力的影响
——顺序伸缩;-----同步伸缩

### 三、臂架伸缩机构的驱动形式

臂架伸缩机构的驱动型式有机械式、液压式和复合式三种。

#### (一)机械式

机械式驱动装置构造简单,一般只能在吊钩空负荷时使臂架伸缩,而且只用于有一节伸缩臂的小吨位起重机上。臂架伸缩的驱动型式有钢绳卷筒驱动、齿轮齿条驱动,或者利用其他工作机构驱动(例如原东德 ADK63-1 型汽车起重机,利用变幅机构伸臂,起升机构缩臂)。

#### (二)液压式

液压驱动是吊臂伸缩机构的主要驱动型式。设计相应的伸缩液压缸和油路,可以实现臂架的各种伸缩方式。

1. 顺序伸缩

(1)单级单缸方案

用一个液压缸依次实行多节臂架顺序伸缩。它只能在臂架基本放平的空负荷状态下进行臂架伸缩,而且只能按照伸臂时由里及外、缩臂时由外及里的顺序。图 3-6-4 表示具有两节伸缩臂的臂架伸缩示意图。液压缸筒一端与基本臂铰接,活塞杆头用插销与伸缩臂节连接。插销由人力插入或拔出,或借助光、气、电技术实现自动操作。例如德国利勃海尔(Liebherr)公司生产的 LTM1300 型轮胎式起重机,应用利康(LICON)计算机装置和光学无触蹼式传感器实现插销的自动控制。

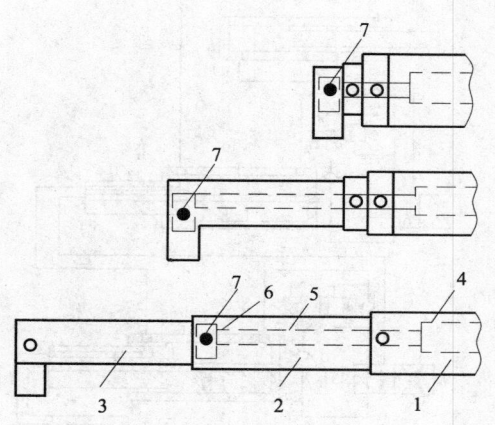
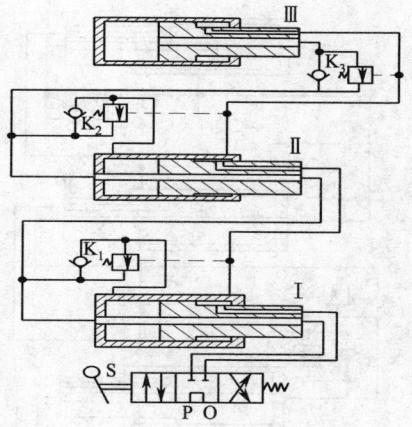

图 3-6-4 单缸多节臂顺序伸缩示意图
1—基本臂；2—第一节伸缩臂；3—第二节伸缩臂；
4—伸缩液压缸缸筒；5—活塞杆；6—滑块；7—插销

图 3-6-5 差积式顺序伸缩原理图
Ⅰ、Ⅱ、Ⅲ—伸缩液压缸；S—操纵阀；
$K_1$、$K_2$、$K_3$—平衡阀

(2) 单级多缸方案

采用多个单级液压缸实现臂架顺序伸缩的方案很多。图 3-6-5 是利用各液压缸有效面积差控制顺序伸缩。图中三个单级液压缸由一个操作阀控制，免除了长的高压软管和软管卷筒。平衡阀 K 可以保证臂架在受载状态下平稳收缩，同时防止由于泄漏或油管破裂臂架自动回缩。为了保证顺序缩臂，平衡阀的开启压力必须满足 $K_1 > K_2 > K_3$ 的条件。显然，液压缸的伸缩顺序取决于各腔的有效面积以及各缸的伸缩阻力，伸缩液压缸直径按比例增大将导致末级液压缸过粗，另外由于影响臂架伸缩阻力的因素很多，液压缸难于严格保证按规定的顺序伸缩。

图 3-6-6 是用单向顺序阀控制伸缩顺序，前级液压缸伸到位后，升高的油压开启单向顺序阀，从而后级液压缸开始伸出。此方案对液压缸面积无特殊要求，有利于减轻机构自重。图中双单向阀的设置，省去了前一方案中的两根回油软管和软管卷筒。

图 3-6-7 是用电液换向阀控制伸缩顺序，司机通过按钮操纵装在液压缸头部的电液换向阀，油液输往相应的液压缸。这种系统在司机正确操纵时能可靠地保证伸缩顺序，但该方案比前述方案多了两个电液换向阀 $C_1$ 和 $C_2$，从而需要设置电线和卷线盒。

2. 同步伸缩

臂架同步伸缩的基本判据是：各节伸缩臂完成伸缩运动所需的时间相等，即

$$\frac{L_1}{v_1} = \frac{L_2}{v_2} = \cdots = \frac{L_n}{v_n} \tag{3-6-1}$$

或

$$\frac{L_1 A_1}{Q_1} = \frac{L_2 A_2}{Q_2} = \cdots = \frac{L_n A_n}{Q_n} \tag{3-6-2}$$

式中 $L_1$、$L_2$、$\cdots$、$L_n$——第 1、2、$\cdots$、n 号液压缸的行程；
$v_1$、$v_2$、$\cdots$、$v_n$——各个对应液压缸的运动速度；
$A_1$、$A_2$、$\cdots$、$A_n$——各伸缩液压缸相应缸腔的有效截面积；
$Q_1$、$Q_2$、$\cdots$、$Q_n$——输入各伸缩液压缸相应缸腔中的油液流量。

液压缸行程 $L_1$、$L_2$、$\cdots$、$L_n$ 在设计臂架时确定。从式(3-6-2)中可知，要实现液压同步伸缩，可以有两种途径：

(1) 当伸缩液压缸相应缸腔的有效截面积 $A_1$、$A_2$、$\cdots$、$A_n$ 一定时，调节输入各相应缸腔的流量 $Q_1$、$Q_2$、$\cdots$、$Q_n$，使满足式(3-6-2)的条件。实际措施是采用分流马达(图 3-6-8a)或分流集流阀(图 3-6-8b)按比例调节流量，由于泄漏和伸缩阻力变化的影响，同步精度不超过 2%～5%。

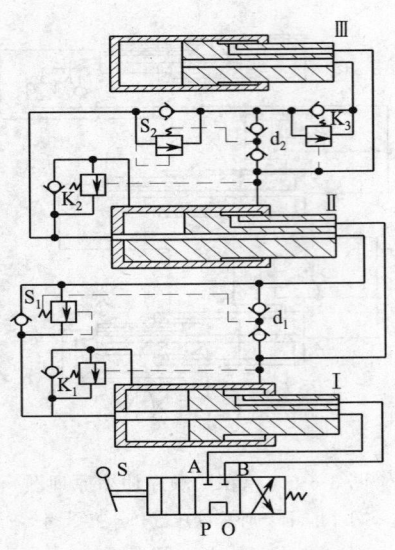

图 3-6-6 单向顺序阀顺序伸缩原理图

$S_1$、$S_2$—单向顺序阀；S—换向阀；
$d_1$、$d_2$—双单向阀；$K_1$、$K_2$、$K_3$—平衡阀；
Ⅰ、Ⅱ、Ⅲ—伸缩液压缸

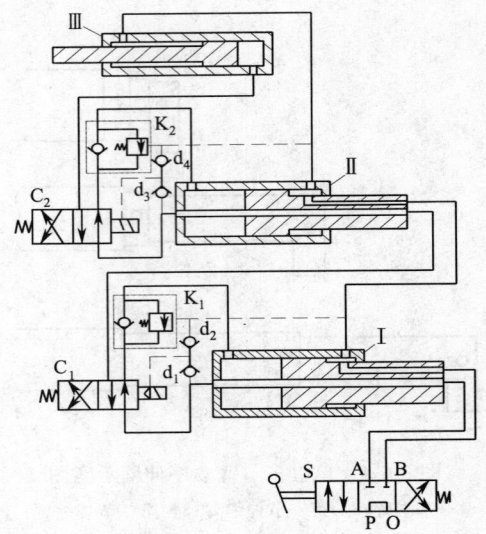

图 3-6-7 电液换向阀顺序伸缩原理图

S—换向阀；$C_1$、$C_2$—电液换向阀；
Ⅰ、Ⅱ、Ⅲ—伸缩液压缸

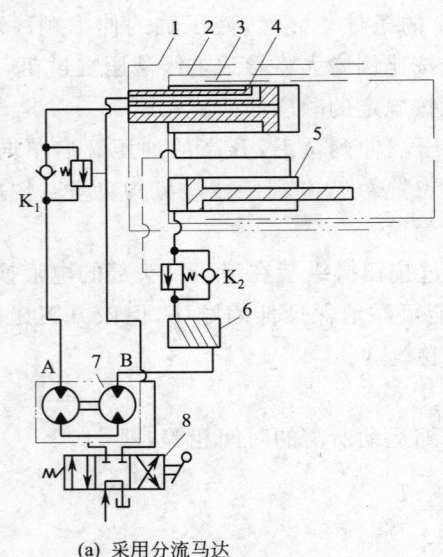

(a) 采用分流马达

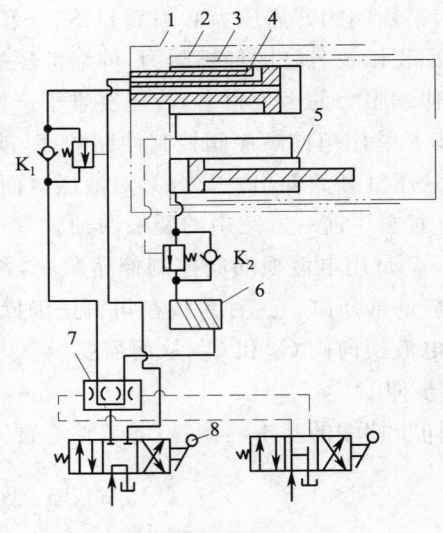

(b) 采用分流集流阀

图 3-6-8 实现同步伸缩原理图

1、2、3—伸缩臂；4、5—伸缩液压缸；6—软管卷筒；
7—分流马达或液控分流集流阀；8—换向阀；$K_1$、$K_2$—平衡阀

(2) 如果进入各个液压缸的流量相等，即 $Q_1=Q_2=\cdots=Q_n=Q$，根据式(3-6-2)合理确定各液压缸相应缸腔的有效截面积 $A_1$、$A_2$、$\cdots$、$A_n$，使与各自行程 $L_1$、$L_2$、$\cdots$、$L_n$ 的乘积相等，即可使伸缩同步。图 3-6-9 是根据这一原则采用串联液压缸实现三节伸缩臂同步伸缩。图中液压缸 1 的活塞杆腔与液压缸 2 的活塞腔连通，且有效容积相等，即 $L_1A_1'=L_2A_2$；液压缸 2 的活塞杆腔与液压缸 3 活塞腔连通，且有效容积相等，即 $L_2A_2'=L_3A_3$，则三节伸缩臂就能同步外伸。同理，满足 $L_1A_1=L_2A_2'$ 与 $L_2A_2=L_3A_3'$，就能实行同步缩回。双作用单向阀 15 的作用是控制液压泵液压油路向静压腔补偿泄漏，减小同步误差。截止阀 11、12、13、14 的作用是在液压缸组装后向液压缸静压腔供油。图 3-6-10 是串联液压缸的构造简图。

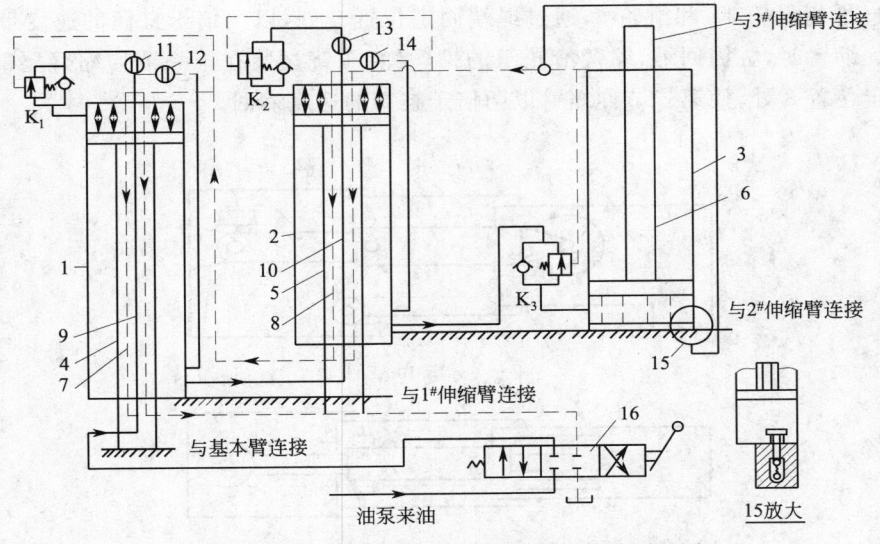

图 3-6-9 用串联液压缸实现臂架同步伸缩原理图
1、2、3—伸缩液压缸；4、5、6—活塞杆；7、8—油管；9、10—小油管；
11、12、13、14—截止阀；15—双作用单向阀；16—手动换向阀

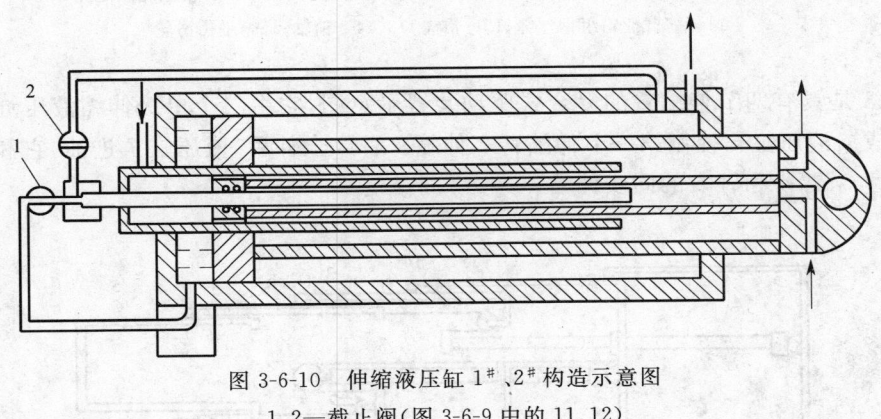

图 3-6-10 伸缩液压缸 1#、2# 构造示意图
1、2—截止阀（图 3-6-9 中的 11、12）

### 3. 独立伸缩

图 3-6-11 是采用独立油路实现三节伸缩臂的独立伸缩。该系统构造简单，成本低，但需要设置高压软管和软管卷筒。若改用电液换向阀操纵，或设计带伸缩油道的液压缸等方法，可以取消高压软管和软管卷筒。

### （三）复合式

复合式驱动由伸缩液压缸和机械传动装置组成。油缸的数目和作用方式视活动臂节数而定。机械传动装置通常采用钢绳或链条滑轮组。钢绳滑轮组的缺点是，钢绳伸长量大，而且有可能跳槽，张紧度调整不当时，伸缩运动不平稳，使用中的维护工作量增加。链条滑轮组虽能克服上述部分缺点，但重量较大。目前以钢绳滑轮组使用较多。

图 3-6-12 是具有二节伸缩臂的复合式驱动实现同步伸缩示意图。它由一个单级作用液压缸和两套增速型滑轮组构成，一套供伸臂用，另一套供缩臂用，平衡滑轮 15 装在基本臂上。伸臂时，缸筒 3 通过销轴 13 带动第一节伸缩臂 4 伸出，伸臂滑轮组的

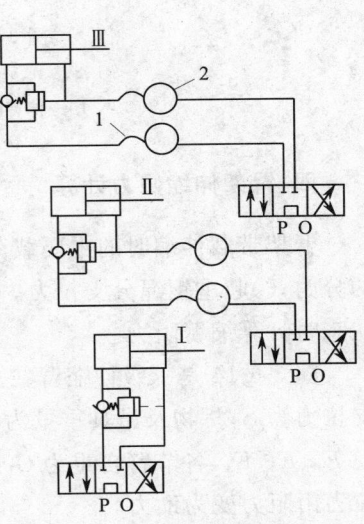

图 3-6-11 独立式伸缩机构原理图
Ⅰ、Ⅱ、Ⅲ—伸缩液压缸；
1—软管卷筒；2—软管

钢丝绳 7 绕过平衡滑轮 15 和滑轮 6，通过绳端固定位置 9 处，以两倍于缸筒的速度带动第二节伸缩臂 5 外伸。缩臂时，缸筒回缩，缩臂滑轮组的钢丝绳 11 绕过装在第一节伸缩臂尾部的滑轮 12，通过绳端固定位置 8 处，使第二节伸缩臂以两倍于缸筒的速度缩回。

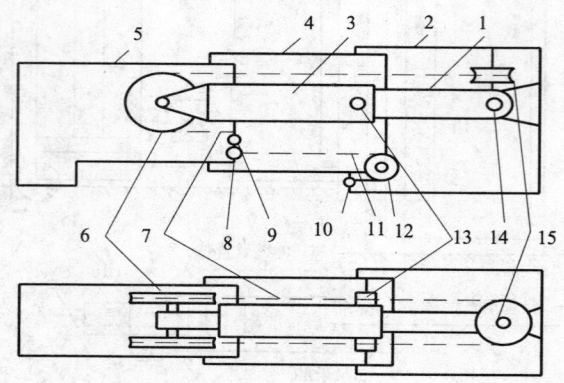

图 3-6-12 复合式同步伸缩驱动系统
1—伸缩液压缸活塞杆；2—基本臂；3—缸筒；4—第一节伸缩臂；5—第二节伸缩臂；
6—滑轮；7—伸缩滑轮组钢丝绳；8、10—缩臂钢丝绳固定点；9—伸臂钢丝绳固定点；
11—缩臂滑轮组钢丝绳；12—滑轮；13、14—销轴；15—平衡滑轮

图 3-6-13 是具有四节伸缩臂的复合式驱动装置示意图，它由二个单级伸缩液压缸和两套增速型滑轮组构成。液压缸 6 控制第一节伸缩臂 2 伸缩。臂 2 全伸后，液压缸 7 进油，它和两套钢丝绳滑轮组控制臂 3、臂 4 和臂 5 的同步伸缩。

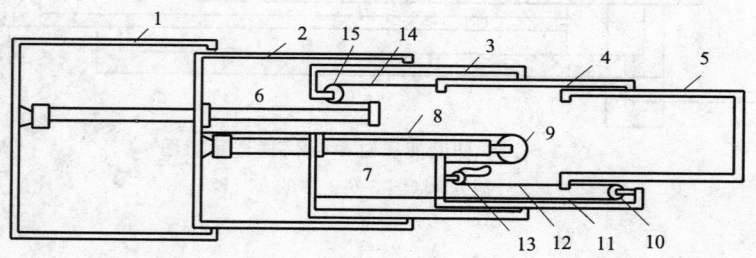

图 3-6-13 二个单级液压缸和二套钢丝绳伸缩机构
1、2、3、4、5—臂架；6、7—伸缩液压缸；8—组合钢丝绳；9—组合绳滑轮；
10—伸臂绳滑轮；11—伸臂绳；12、14—缩臂绳；13、15—缩臂绳滑轮

### 四、臂架伸缩阻力计算

臂架带载伸缩时的主要载荷有：①臂架搭接处的摩擦力；②伸缩臂和货物重量在臂架轴线方向的分力；③起重钢绳分支拉力。通常在臂架最大仰角状态时计算伸臂阻力，在臂架最小仰角或水平状态时计算缩臂阻力。

图 3-6-14 是三级伸缩臂在全伸、吊重工况下各伸缩臂的受力简图。设臂架仰角为 $\alpha$，起重绳分支拉力为 $S$，货物及吊具重量为 $Q$，搭接处支反力为 $A_1$、$A_2$、$A_3$ 及 $B_1$、$B_2$、$B_3$，摩擦力为 $F_1$、$F_2$、$F_3$ 及 $E_1$、$E_2$、$E_3$，各节臂自重为 $G_1$、$G_2$、$G_3$，液压缸推力为 $R_1$、$R_2$、$R_3$。缩臂时，重量分力和起重绳分支拉力由阻力变为助力。

图 3-6-14(b) 是一节伸缩臂的伸缩阻力计算图。此时摩擦力为 $F_1=\mu A_1$，$E_1=\mu B_1$。由 $\sum X=0$，$\sum Y=0$，$\sum M_0=0$ 的平衡方程得：

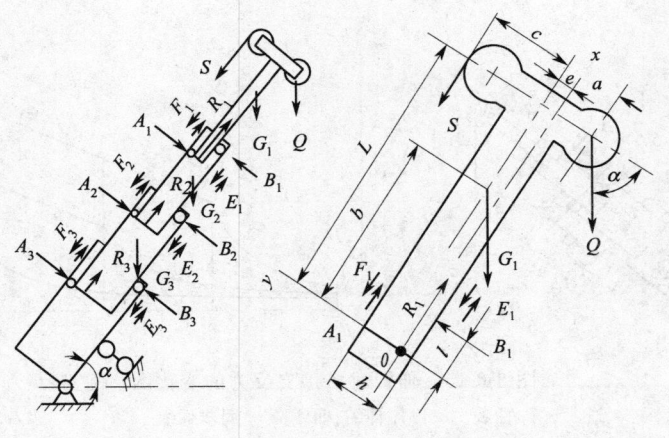

(a) 同步伸缩时力的作用　　(b) 一节臂伸缩阻力计算

图 3-6-14　臂架伸缩阻力计算图

$$\begin{cases} R_1 = A_1\mu + B_1\mu + S + (G_1+Q)\sin\alpha \\ A_1 - B_1 + (G_1+Q)\cos\alpha = 0 \\ A_1\mu\left(\dfrac{h}{2}+e\right) + B_1\left(l - \mu\dfrac{h}{2} + \mu e\right) = Q[L\cos\alpha + (a-e)\sin\alpha] + G_1(b\cos\alpha - e\sin\alpha) - S(c+e) \end{cases}$$

联立解以上三式得：

$$A_1 = \dfrac{Q\left[\left(L - l + \mu\dfrac{h}{2} - \mu e\right)\cos\alpha + (a-e)\sin\alpha\right] + G_1\left[\left(b - l + \mu\dfrac{h}{2} - \mu e\right)\cos\alpha - e\sin\alpha\right] - S(c+e)}{l + 2\mu e}$$

(3-6-3)

$$B_1 = \dfrac{Q\left[\left(L + \mu\dfrac{h}{2} + \mu e\right)\cos\alpha + (a-e)\sin\alpha\right] + G_1\left[\left(b + \mu\dfrac{h}{2} + \mu e\right)\cos\alpha - e\sin\alpha\right] - S(c+e)}{l + 2\mu e}$$

(3-6-4)

$$R_1 = \dfrac{Q\left[(2L + \mu h - e)\cos\alpha + \left(2a + \dfrac{l}{\mu}\right)\sin\alpha\right] + G_1\left[(2b + \mu h - l)\cos\alpha + \dfrac{l}{\mu}\sin\alpha\right] + S\left(\dfrac{l}{\mu} - 2c\right)}{2e + \dfrac{l}{\mu}}$$

(3-6-5)

同理可求得 $A_2$、$B_2$、$R_2$ 和 $A_3$、$B_3$、$R_3$。

从以上三式可以看出，搭接处支反力和伸臂阻力随着臂架外伸、搭接长度减小而渐次增大。图 3-6-15 表示在伸臂时搭接支反力的变化情况。当 $l \to l_{min}$，$\alpha \to \alpha_{min}$ 时，$A$、$B$ 和 $R$ 达到极大值。$A_{max}$ 和 $B_{max}$ 用于臂架局部应力和臂架支承装置计算。$R_{max}$ 用于校核液压缸尺寸和液压泵压力，以及选择钢丝绳或链条。

伸缩机构的工作级别按 M3 考虑。钢丝绳选择见第四篇第一章。链条破断强度的安全系数不小于 5。

**五、臂架伸缩液压缸和活塞杆**

臂架伸缩液压缸都是将活塞杆固定在基本臂上，缸筒连同伸缩臂一道伸缩（多节伸缩臂中，使用带插销的单级单液压缸除外）。缸筒联接伸缩臂的销轴位于缸筒全伸后的活塞平面内，作为液压缸的中间支座，这种结构可以使液压缸轴向弯曲计算简化为活塞杆的纵向弯曲计算，同时还提高了液压缸的承载力。臂架伸缩液压缸的活塞杆承受纵向弯曲时的临界力为：

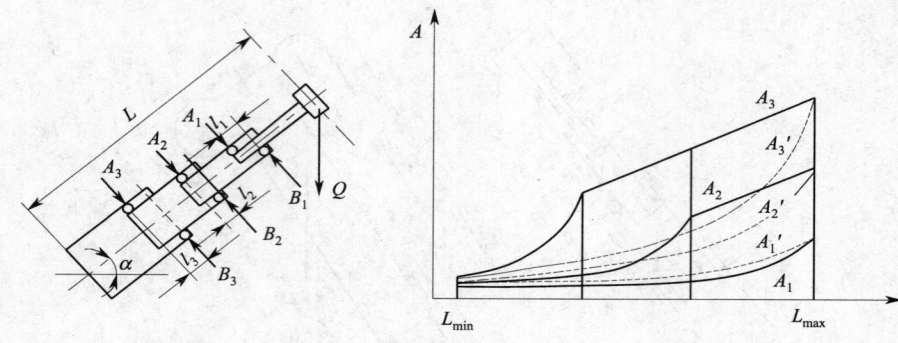

图 3-6-15 伸臂时搭接支反力的变化图
曲线 A—顺序伸缩；曲线 A′—同步伸缩

$$P_{cr}=\frac{\pi^2 EI}{(\mu l)^2}\times 10^6 \quad (N) \tag{3-6-6}$$

式中 $E$——活塞杆材料的弹性模量，$E=2.1\times 10^5$ MPa；

$\mu$——由活塞杆端部支承决定的长度折算系数，活塞杆两端铰支时，$\mu=1$；

$l$——活塞杆的实际长度(m)；

$I$——活塞杆截面惯性矩，$I=\frac{\pi}{64}(d_0^4-d_1^4)$，在此 $d_0$ 为活塞杆外径，$d_1$ 为内径，单位均为 m。

活塞杆一般做成空心的，空心腔中焊有输油管，这使活塞杆的实际承载能力有所增加。活塞杆的允许承载能力为：

$$P=\frac{P_{cr}}{n}\geqslant R_{max} \tag{3-6-7}$$

式中 $n$——安全系数，$n=2\sim 3.5$；

$R_{max}$——伸缩液压缸所受的最大推力。

现代汽车起重机伸缩液压缸的单级行程已超过 10 m，空心活塞杆机加工时应保证壁厚均匀。如果空心活塞杆承受外压作用(在多节伸缩的油路中，这一现象不可避免)，当壁厚低于某一数值或油压高于某一临界值时，管壁有可能出现凹陷现象，造成屈曲破坏。油液造成管壁局部屈曲的临界外压为：

$$p_{cr}=\frac{m^2 Et^3(\beta^2-1)}{12(m^2-1)r^3} \quad (MPa) \tag{3-6-8}$$

式中 $m$——钢的泊松系数倒数，$m=3.3$；

$E$——钢的弹性模量，$E=2.1\times 10^5$ MPa；

$t$——空心活塞杆的壁厚(m)；

$r$——空心活塞杆的平均半径(m)；

$\beta$——由屈曲变形状态决定的常数，对于最易出现的椭圆形变形，$\beta=2$。

在设计多节臂的伸缩机构时，由于空心活塞杆及杆内的输油管都属于薄壁筒类，在内压作用下将产生径向变形。臂架伸缩时，这些径向变形的总和对伸缩机构的刚度有着不可忽视的影响。刚度小的系统，反应速度慢，机构动作滞后。薄壁筒径向变形 $\Delta d$ 可由下式算出：

$$\Delta d=\frac{pD_1^2}{4Et}\left(1-\frac{\mu}{2}\right) \quad (m) \tag{3-6-9}$$

式中 $\mu$——松柏系数，对于钢 $\mu=0.33$；

$E$——钢的弹性模量，$E=2.1\times 10^5$ MPa；

$p$——薄壁筒内压(MPa)；

$D_1$——薄壁筒内径(m)；

$t$——筒壁厚度(m)。

### 六、液压泵校核和臂架伸缩时间计算

液压泵额定压力应保证伸缩油缸产生伸臂和缩臂所需要的最大推力,液压泵流量应满足臂架伸缩时间和动作可靠的要求。

1. 伸臂运动

伸臂时,油液进入液压缸的活塞腔,活塞杆腔接通油箱,由于伸缩油缸的速比 $i$ 很大($i$ 等于大小两腔有效截面积之比),从活塞杆腔排出的油量小,回油管道中的流速低,压力损失小,系统的压力损失主要在进油管路中。

图 3-6-16 为伸缩油路简图。伸缩条件是:

$$(p_e - \Delta p_1) \times \frac{\pi}{4} D^2 - \Delta p_2 \times \frac{\pi}{4}(D^2 - d_0^2) \geqslant R_{max} \times 10^{-6} \quad (3\text{-}6\text{-}10)$$

式中 $R_{max}$——最大伸臂阻力(N);
$p_e$——液压泵额定压力,或伸缩油路溢流阀的调整压力(MPa);
$D$、$d_0$——缸筒内径和活塞杆外径(m);
$\Delta p_1$——从液压泵出油口至伸缩液压缸进油腔之间的压力损失(MPa);
$\Delta p_2$——从伸缩液压缸出油腔至油箱之间的压力损失(MPa)。

管路中的压力损失等于直管内的沿程损失与各种局部损失之和,可由下式计算:

$$\Delta p = \left(\Sigma \lambda \frac{l}{d} + \Sigma \xi\right) \frac{v^2}{2g} \rho \times 10^{-5} \quad (\text{MPa}) \quad (3\text{-}6\text{-}11)$$

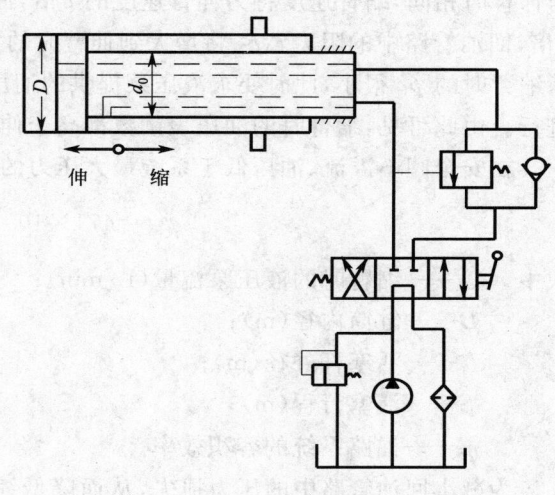

图 3-6-16 伸缩油路简图

式中 $\lambda$——管内油流的摩擦系数;
$l$——管路长度(m);
$d$——油管内径(m);
$\xi$——局部阻力系数,与管路和阀装置的具体构造有关;
$v$——管内平均流速(m/s);
$g$——重力加速度,$g = 9.81 \text{ m/s}^2$;
$\rho$——油的重度(N/m³)。

在初步计算时,$\Delta p$ 可由下式近似算出:

$$\Delta p = 8\,000 \gamma \frac{Ql}{d^4} K \quad (\text{MPa}) \quad (3\text{-}6\text{-}12)$$

式中 $Q$——油路中的流量(L/min);
$l, d$——见式(3-6-11);
$\gamma$——油的运动黏度(m²/s);
$K$——修正系数,当 $R_e \leqslant 2\,000$,$K = 1$;$R_e > 2\,000$ 时,$K = \sqrt[4]{\left(\dfrac{Q}{\gamma d}\right)^3}$。

伸臂时间:

$$t_e = 471 \times 10^5 \frac{D^2 S}{Q \eta_v} \quad (\text{s}) \quad (3\text{-}6\text{-}13)$$

式中 $Q$——液压泵流量(L/min);
$\eta_v$——液压泵容积效率;

$D$——液压缸内径(m);
$S$——液压缸行程(m)。

臂架伸缩系统油路管道长,在油压作用下,由于油缸、空心活塞杆、输油管等薄壁筒直径的变形,整个系统的刚度减小,反应速度降低,动作时间滞后,滞后时间一般达 2～4 s。

**2. 缩臂运动**

臂架能否回缩,决定于缩臂时与油箱连通的油缸活塞腔中的油压,能否克服回油管路中的阻力。缩臂条件是:

$$p_b + \frac{p}{i} \geqslant \Delta p_2 \tag{3-6-14}$$

式中 $p_b$——由臂架自重及货重在克服搭接处摩擦力以后,在活塞腔中产生的油压(MPa);

$p$——活塞杆腔的进油压力,$p = p_e - \Delta p_1$,$p$ 必须大于平衡阀的导控压力;

$i$——伸缩液压缸的速比,$i = \dfrac{D^2}{D^2 - d_0^2}$,$D$ 为缸筒内径,$d_0$ 为活塞杆外径;

$\Delta p_1$、$\Delta p_2$——缩臂时,液压缸进油管路和回油管路中的压力损失(MPa),可按式(3-6-11)或式(3-6-12)计算。

由于平衡阀的作用,缩臂速度取决于液压缸活塞杆腔的进油量。如果液压泵在缩臂时的流量与伸臂时相同,缩臂速度将为伸臂速度的 $i$ 倍,油液在回油管路中的流速也增为伸臂时管中流速的 $i$ 倍,回油管路中的阻力 $\Delta p_2$ 将增大到伸臂时的 $i^2$ 倍。伸缩液压缸的速比 $i$ 很大,特别当吊钩空负荷缩臂时的 $p_b$ 很小,此时要求液压泵提供的油压很高,整个缩臂过程都将在安全阀溢流的情况下进行。由此可见,缩臂时的油压表读数都高于伸臂时的油压。

在安全阀不溢流、油压低于系统最大压力的情况下,缩臂时间为:

$$t_{缩} = 471 \times 10^5 \frac{(D^2 - d_0^2)S}{Q' \eta_v} \quad (s) \tag{3-6-15}$$

式中 $Q'$——缩臂时的液压泵流量(L/min);

$D$——缸筒内径(m);

$d_0$——活塞杆外径(m);

$S$——活塞行程(m);

$\eta_v$——油路系统的容积效率。

为减小回油管路中的压力损失,从而降低缩臂时的油液压力,$Q'$ 应小于伸臂时的液压泵流量 $Q$。一般情况下,$t_{缩} = \dfrac{1}{2} t_{伸}$ 即可满足工作要求,此时 $v_{缩} = 2 v_{伸}$,$Q' = \dfrac{2}{i} Q$。

## 第二节 支腿收放机构设计计算

汽车、轮胎和铁路起重机都装有可收放支腿。支腿的作用是增大起重机的支承基底,提高起重能力。起重机一般装有四个支腿,前后左右两侧分置。为了补偿作业场地地面的倾斜和不平,增大起重机的抗倾覆稳定性,支腿应能单独调节高度。支腿要求坚固可靠,收放自如。工作时支腿外伸着地,起重机抬起。行驶时,将支腿收回,减小外形尺寸,提高通过性。

**一、支腿类型**

支腿收放有手动和液压两种驱动型式。用人力收放支腿,笨重费力,使用不便。近代汽车和轮胎式起重机都采用液压驱动的支腿。常见的支腿类型有以下几种。

**1. 蛙式支腿**

蛙式支腿的工作原理如图 3-6-17 所示。支腿的收放动作是由一个液压缸完成。图 3-6-17a 是普通式支腿,液压缸推动支腿绕车架上的销轴 A 转动实现支腿的收放动作。支腿的运行轨迹,除垂直位移外,在接地时还有水平位移。这水平位移引起摩擦阻力,增大了液压缸的推力。

图 3-6-17b 为滑槽式支腿,在支腿摇臂上开有曲线滑槽,当支承盘着地后产生水平滑移时,液压缸活塞头部沿槽外滑,使力臂从 $r$ 增大到 $R$,从而使液压缸推力减小,改善了普通式支腿在接地后水平位移的缺点。

图 3-6-17c 为连杆式支腿,液压缸推力只用于使车架抬起,车架一经抬起后,支腿的支承反力直接由支腿摇臂、撑杆和活动套传给车架,支腿液压缸不再受力。

蛙式支腿结构简单,液压缸数量少(一腿一缸),重量轻。但每个支腿在高度上单独调节困难,不易保证车架水平,而且支承摇臂尺寸有限,因而支腿跨距 $a$ 就不能很大,宜在小吨位起重机中使用。

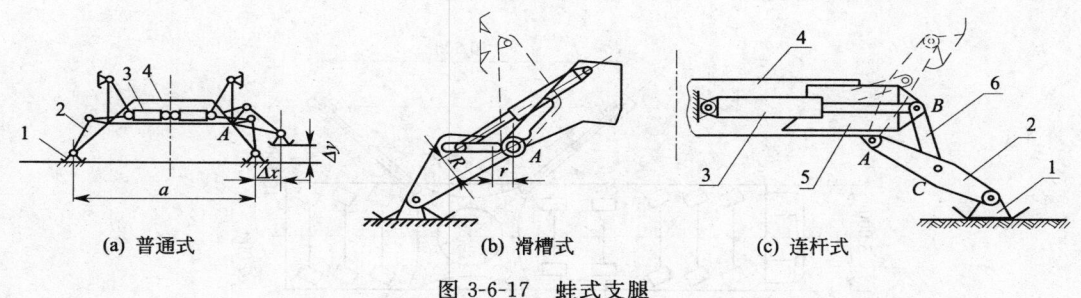

(a) 普通式　　　(b) 滑槽式　　　(c) 连杆式

图 3-6-17　蛙式支腿

1—支承盘;2—支承摇臂;3—液压缸;4—车架;5—活动套;6—撑杆

### 2. H 形支腿

H 形支腿如图 3-6-18 所示,每一支腿有两个液压缸:水平外伸液压缸和垂直支承液压缸。为保证足够的外伸距离,左右支腿的固定梁前后错开。H 形支腿外伸距离大,每个腿可以单独调节,对作业场地和地面的适应性好,广泛用于中、大型起重机上。缺点是重量大,支腿高度大,影响作业空间。

### 3. X 形支腿

X 形支腿如图 3-6-19 所示,此支腿的垂直支承液压缸作用在固定腿上,每个腿能单独调节高度,可以伸入斜角内支承。X 形支腿铰轴数目多,行驶时离地间隙小,垂直液压缸的压力比 H 形支腿高,在打支腿时有水平位移。现已逐渐被 H 形支腿取代。

### 4. 辐射式支腿

辐射式支腿用于大型轮胎式起重机。支腿结构直接装在回转支承装置的底座上,起重机上车所受的全部载荷,直接经过回转支承装置传到支腿上,而不像普通起重机那样要先经过车架大梁再传给支腿。这种构造方式,可以避免由于支腿反力过大,要求车架

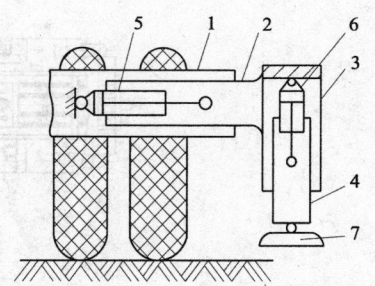

图 3-6-18　H 形支腿

1—固定梁;2—活动梁;3—立柱外套;
4—立柱内套;5—水平液压缸;
6—垂直液压缸;7—支脚盘

加大断面,增加自重,整个底盘可以减轻重量 5%～10%。图 3-6-20 为起重量 140 t 的液压汽车起重机的支腿简图。起重机底盘共有 8 桥,其中 4、5 两桥的轮距缩小,这是为了支腿横梁收回后,在车架两侧有足够的空间贴放支腿,以免横向尺寸过大,影响行驶时的通过性能。

### 5. 铰接式支腿

铰接式支腿如图 3-6-21 所示,活动支腿与车架铰接,由人力或水平液压缸实现支腿的水平摆动(收拢或放开),收腿时活动支腿紧靠车架大梁两侧,放开时根据需要支腿与车架形成不同的夹角,从而改变跨距 $a$,以适应不同场地和不同作业性能的要求。这种支腿的垂直支承液压缸如同 H 形支腿,但整体刚度比 H 形支腿好,没有因伸缩套筒之间的间隙而引起车架摆动现象。常用于中、大吨位的铁路起重机上。

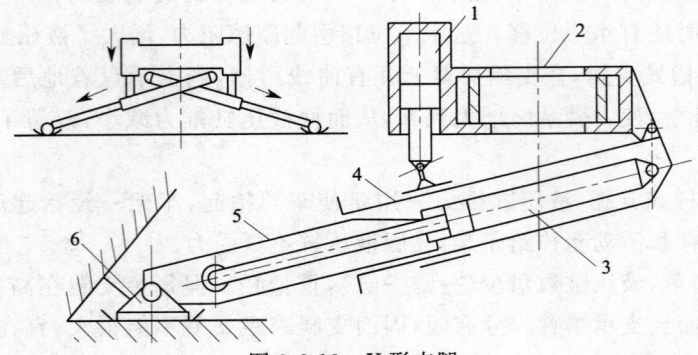

图 3-6-19　X形支腿

1—垂直液压缸；2—车架；3—伸缩液压缸；4—固定腿；5—伸缩腿；6—支脚盘

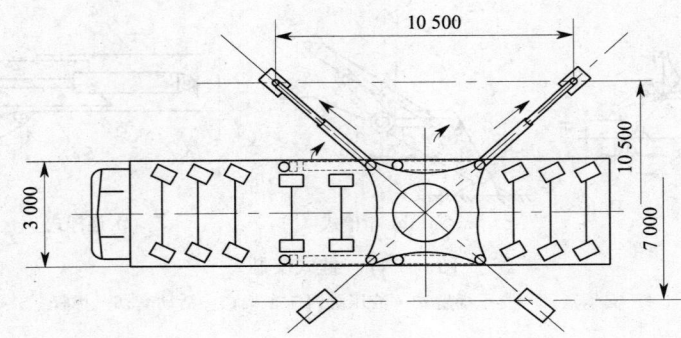

图 3-6-20　辐射式支腿（mm）

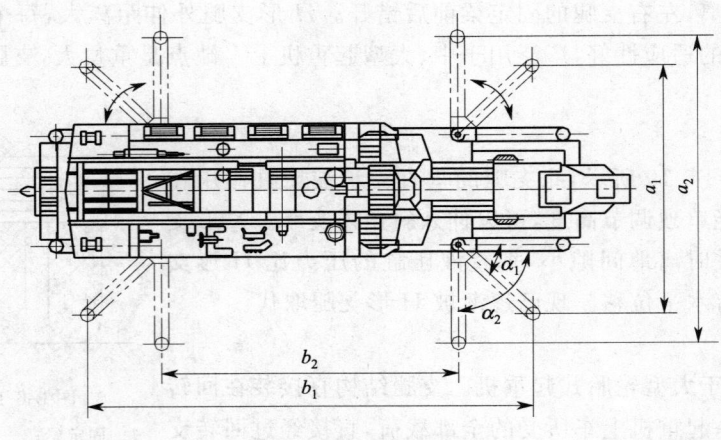

图 3-6-21　铰接式支腿

## 二、支腿收放机构计算

### 1. 支腿支承点位置的确定

起重机支腿通常是前后设置，向左右两侧伸出，四个支腿支承点形成矩形的水平包围面积。支腿支承点位置确定的原则是：

（1）在各种工况下，必须保证起重机抗倾覆稳定性的要求。即臂架在任意幅度和任意位置下起吊该工况下的额定起重量时，起重机所受的合成垂直载荷作用线，始终在支腿支承点构成的矩形面积内。

（2）在保证抗倾覆稳定性的条件下，支腿的支承基底最小，以扩大有效作业面积。

（3）起重机在运输状态下臂架放平，全机的重心必须位于支腿前后支承线之间，否则支腿不可能使全部车轮离地。

支承点位置的确定方法如图3-6-22所示。图中$O$为起重机回转中心，$G_1$为下车自重，下车重心坐标为$(x_1,y_1)$，且$x_1=-L$，$y_1=0$。$G_2$为包括货重在内的上车总重，$G_2$距$O$点的水平距离为$R$，其坐标为$(x_2,y_2)$。起重机回转时，$G_2$的运动轨迹方程为：

$$x_2^2+y_2^2=R^2 \tag{3-6-16}$$

起重机总重$G=G_1+G_2$，其作用点坐标$(x,y)$为：

$$x=\frac{G_1x_1+G_2x_2}{G},\ y=\frac{G_1y_1+G_2y_2}{G} \tag{3-6-17}$$

将$G_1(x_1,y_1)$、$G(x,y)$坐标代入$G_2$点运动轨迹方程中，得：

$$\left(x+\frac{G_1L}{G}\right)^2+y^2=\left(\frac{G_2R}{G}\right)^2 \tag{3-6-18}$$

上式即为合力$G$的运动轨迹方程，是一个圆心坐标为$\left(-\frac{G_1L}{G},0\right)$、半径为$\frac{G_2R}{G}$的圆，称之为合力圆。如果将支腿支承点布置在合力圆的外切四边形的四角，就能满足抗倾覆稳定性的要求。理论上支腿跨距成方形，但在实际上，由于总体布置的需要，通常支腿纵向跨距大于支腿横向跨距。

如果起重机有多种工况，就将有多个合力圆，此时支承点应置于包络各合力圆的切线所成的四边形的角点上，如图3-6-23中的$A$、$B$、$C$、$D$四点。如对每个工况都作合力圆，势必工作繁琐，一般情况下只以最大额定起重量和其相应幅度的工况作合力圆确定支承点位置，其他工况则从已确定的支承点位置反求其临界起重量。对于某些大幅度下有特定起重性能要求的起重机，当上述基准工况确定的支承点位置不能满足抗倾覆要求时，应同时作出该工况的合力圆，并综合基准工况确定支承点位置。

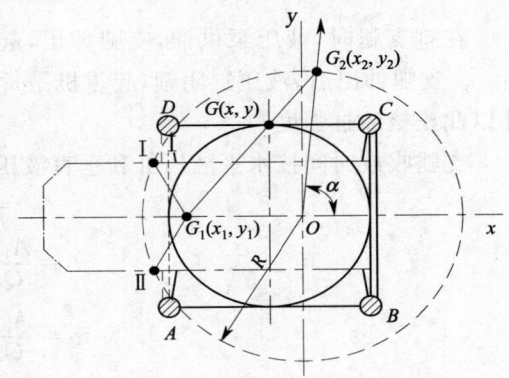

图3-6-22 支腿支承点位置的确定

对于汽车起重机，臂架吊货时不许转过下车驾驶室的上空，即货物不能进入图3-6-23中$\angle \mathrm{I}O\mathrm{II}$的范围内。下车重力作用点$G_1$与I和II的连线，与以$O_3$为圆心绘得的圆弧交于$\mathrm{I}'$和$\mathrm{II}'$两点（此圆为距回转中心$O$最远的合力圆），连$\mathrm{I}'\mathrm{II}'$并延长，交$CD$于$D'$，交$AB$于$A'$，则$A'BCD'$四点为满足上述设计要求的支腿支承点。

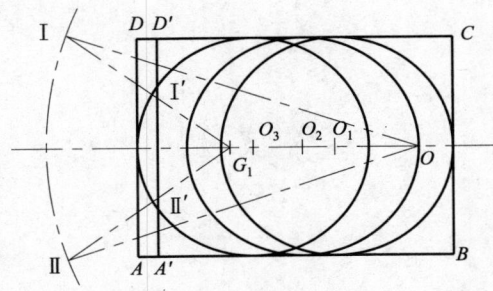

图3-6-23 汽车起重机多工况作业时支腿支承点位置的确定

### 2. 支腿液压系统计算特点

支腿收放机构的液压回路与支腿结构形式有关，蛙式支腿的每个支腿只需一个液压缸，H形、X形及铰接式支腿的每个支腿需要两个液压缸。

图3-6-24是适用于汽车起重机典型的H形支腿液压回路。发动机和液压泵装在下车上，选择阀1用来控制液压泵来油是进入支腿回路还是通向上车。在换向阀3和每个垂直支腿液压缸的无

杆腔之间设置了两位两通的转阀 4，通过控制阀 4 和阀 3，使某一个或几个支腿垂直缸伸缩，从而使车架达到水平。支腿垂直液压缸必须安装双向液压锁 5，以保证吊货作业时，不会由于软管爆裂发生起重机倾覆事故，在起重机行驶时，不出现支腿垂直液压缸活塞杆落下的现象。

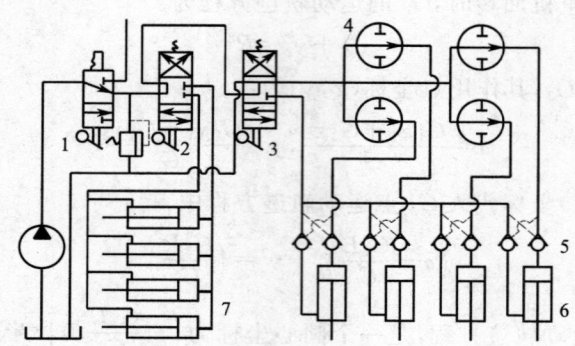

图 3-6-24　H 形支腿液压回路

1—选择阀；2、3—换向阀；4—两位两通转阀；5—双向液压锁；6—支腿垂直液压缸；7—支腿水平液压缸

在打支腿时，液压泵供油，支腿伸出，起重机抬起离地，按此工况计算液压缸的最大工作压力 $p_{lmax}$。支腿伸出后，液压缸闭锁，起重机吊货作业，按支腿最大支承反力确定液压缸最大静压 $p_{jmax}$，并以此校核油缸强度。

支腿收放时间按水平液压缸和垂直液压缸全部伸出或缩回所需时间计算：

$$t=t_1+t_2 \quad (\text{s}) \tag{3-6-19}$$

$$t_1=\frac{A_1 S_1}{Q\eta_v}\times 6\times 10^4 \quad (\text{s}) \tag{3-6-20}$$

$$t_2=\frac{A_2 S_2}{Q\eta_v}\times 6\times 10^4 \quad (\text{s}) \tag{3-6-21}$$

式中　$Q$——液压泵流量（L/min）；

$A_1$、$A_2$——水平和垂直液压缸相应缸腔的有效截面积（m²）；

$S_1$、$S_2$——水平和垂直液压缸活塞杆行程（m）；

$\eta_v$——液压泵容积效率；

$t_1$、$t_2$——水平和垂直液压缸伸缩时间（s）；

$t$——支腿收放时间，一般为 15 s～30 s。

# 第四篇　起重机零部件

## 第一章　钢丝绳及绳具

### 第一节　钢丝绳的特性及种类

**一、钢丝绳的特性**

钢丝绳是广泛应用于起重机中的挠性件。与焊接环形链、片式链等挠性件相比，它具有承载能力大、卷绕性好、运动平稳无噪音、极少突然断裂、工作可靠等优点。

**二、钢丝绳的种类和应用**

起重机使用圆形截面的钢丝绳，绳股截面也多是圆形。
按钢丝绳绳股内相邻层钢丝的接触状态，分点接触、线接触和面接触（图 4-1-1）。

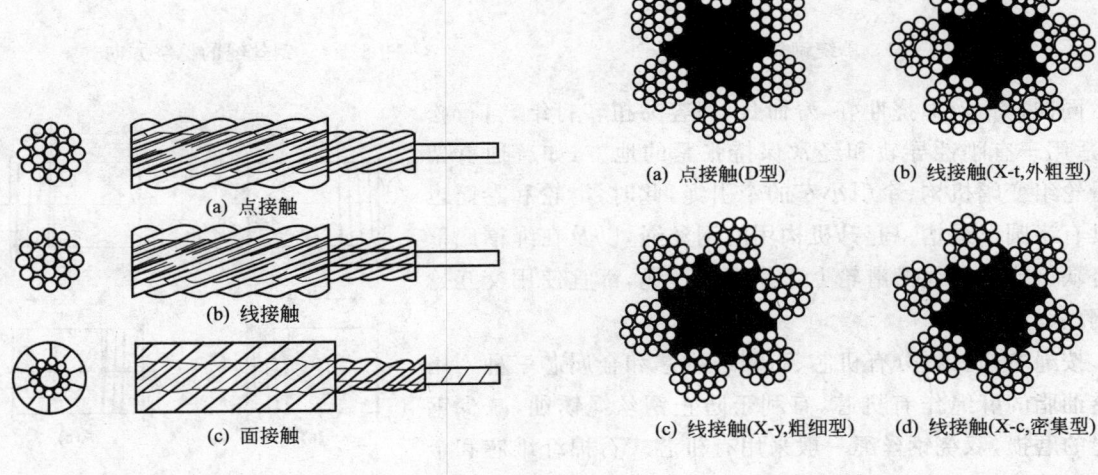

图 4-1-1　钢丝接触状态　　　　　　图 4-1-2　双绕钢丝绳

1. 点接触（D型）钢丝绳（图 4-1-2a）

点接触钢丝绳股内各层钢丝相互交叉，呈点接触。单股点接触钢丝绳在起重机中极少使用。多股点接触钢丝绳过去应用较多，由于钢丝间接触应力大，磨损快，现已逐渐被线接触钢丝绳取代。

2. 线接触（X型）钢丝绳

线接触钢丝绳股内各层钢丝在全长上平行捻制，呈线接触，在起重机中应用最广。线接触钢丝绳分三种类型：

(1) X-t，外粗型（图 4-1-2b），也称西尔型（S），股中钢丝外粗内细。

(2) X-y，粗细型（图 4-1-2c），也称瓦伦吞型（W），各股外层钢丝粗细相间。

(3) X-c，密集型（图 4-1-2d），又称填充型（T），各股外层钢丝形成的沟槽中，填充细钢丝。

线接触钢丝绳承载能力大,耐磨性好,使用寿命长,在相同使用条件下,比点接触(D型)钢丝绳寿命高50%~100%。在起重机中,凡是绕过滑轮和绕入卷筒的钢丝绳,都应选用线接触钢丝绳。

### 3. 面接触钢丝绳

面接触钢丝绳股内钢丝形状特殊,呈面接触。

按钢丝绳捻绕次数,有单绕和双绕之分:

由若干根圆形钢丝按螺旋状捻绕而成的单绕钢丝绳,刚性大,表面不光滑,在起重机上仅用作固定张紧绳(图4-1-3a)。用异形截面钢丝可以捻制成封闭绳(图4-1-3b),绳的表面光滑,能承受横向载荷,常用作缆式起重机和架空索道的承载绳。

双绕钢丝绳按外层绳股的捻绕方向分为右旋和左旋(图4-1-4);按绳股和股中钢丝的捻绕方向相同或相反而分为同向捻(钢丝和股的捻绕方向一致)和交互捻(钢丝与股的捻绕方向相反)。钢丝绳的捻向(左旋或右旋)只在使用无绳槽光面卷筒时才需要考虑。此时,应将钢丝绳的捻向与钢丝绳在卷筒上卷绕的螺旋形走向一致,以避免钢丝绳开绳松股(图4-1-5)。

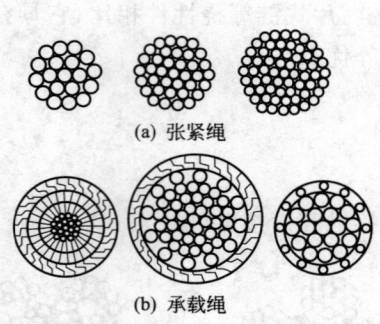

图 4-1-3 单绕钢丝绳

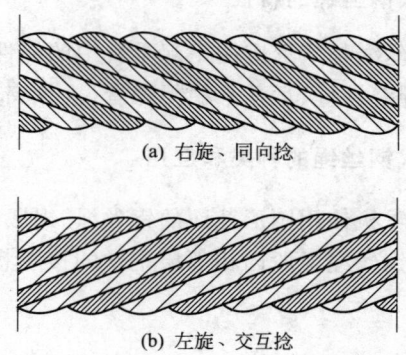

图 4-1-4 钢丝绳的捻绕方向

同向捻钢丝绳挠性好,寿命长,但容易扭转打结,自行松散,适用于有刚性导轨和经常保持张紧的地方,如普通臂架的滑轮组变幅机构、牵引小车的牵引绳,此时,滑轮和卷筒也应具有半圆形绳槽。起升机构用的钢丝绳,以及在绳槽底部开有缺口或楔形绳槽滑轮上工作的钢丝绳,都宜使用交互捻制钢丝绳。

按绳芯的材料分有机芯、石棉纤维芯和金属芯三种。用浸透油脂的麻绳作有机芯,有利于防止钢丝绳锈蚀,减少钢丝绳的磨损,双绕钢丝绳一般采用有机芯。石棉纤维芯和金属芯钢丝绳适用于高温车间,金属芯钢丝绳能承受较大的横向挤压力,可在多层绕卷筒上使用。

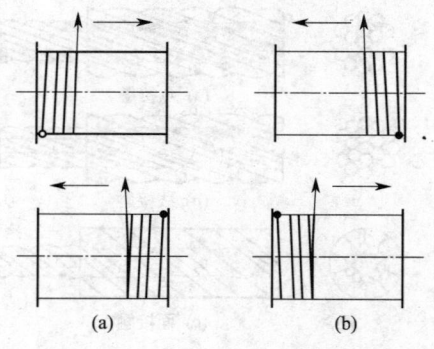

图 4-1-5 使用光面卷筒时钢丝绳捻向与卷向的正确关系

按钢丝表面情况分光面和镀锌钢丝绳。在室内或一般工作环境中大都使用光面钢丝绳。镀锌钢丝绳是用于在潮湿环境或有酸性侵蚀的地方工作。

按照钢丝绳自行扭转的程度分扭转松散钢丝绳(如钢丝绳端不捆扎,或将钢丝绳切断,绳中的股丝会自行松散),轻微扭转钢丝绳(多层多股,相邻层股的捻向相反,图4-1-6)和不扭转钢丝绳(在捻制钢丝绳之前,将钢丝预先成型,加工成在绳中的形状,钢丝内应力小,不扭转打结,挠性好,寿命长,较一般钢丝绳可提高寿命50%)。在起升高度大、承载分支数少的场合(如港口门座起重机、高层建筑用塔式起重机)推荐使用轻微扭转或不扭转钢丝绳。

钢丝绳中钢丝强度极限以 $1\,400\ \text{N/mm}^2 \sim 1\,850\ \text{N/mm}^2$ 为宜。很少选用钢丝强度达 $2\,000\ \text{N/mm}^2$ 的钢丝绳。钢丝强度越高,僵性越大,卷绕性越差。

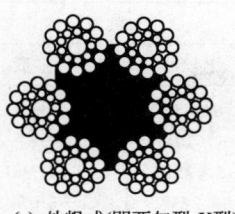 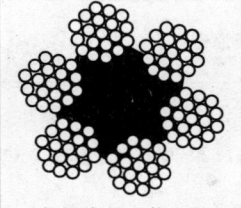 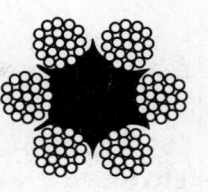

(a) 外粗式(即西尔型-X型)　　(b) 粗细式(即瓦伦吞型-W型)　　(c) 填充式(T型)

图 4-1-6　多股多层轻微扭转钢丝绳

如果以Ⅰ级光面钢丝捻制的交互捻轻微扭转钢丝的价格为100%，则扭转钢丝绳为95%，同向捻钢丝绳为105%。用Ⅱ级钢丝制成的钢丝绳比用Ⅰ级钢丝制成的钢丝绳便宜16%。镀锌钢丝绳比光面钢丝绳贵30%～40%。

钢丝绳使用场合及其合适的结构式见表4-1-1。钢丝绳分类见表4-1-2。

**表 4-1-1　钢丝绳的使用场合及其结构型式**

| 使用场合 | | | | 常用型号 |
|---|---|---|---|---|
| 起升或变幅用 | 单层卷绕 | 吊钩及抓斗起重机 | $e$ <20 | 6×31S  6×37S  6×36W  6×25F  8×25F |
| | | | ≥20 | 6×19S  6×19W  8×19S  8×19W |
| | | 起升高度大的起重机 | | 多股不扭转 18×7<br>18×9 |
| | 多层卷绕 | | | 6×19S  6×19W 金属芯 |
| 牵引用 | 无导绕系统(不绕过滑轮) | | | 1×19  6×37<br>6×19 |
| | 有导绕系统(绕过滑轮) | | | 与起升或变幅绳同 |

注：$e$为滑轮或卷筒直径与钢丝绳直径之比。

密封式面接触钢丝绳(图4-1-7)，钢丝为异形断面(如梯形、Z形等)，捻制后的钢丝呈面接触，表面光滑，抗蚀性和耐磨性好，能承受较大的横向力，用于缆式起重机和架空索道作承载绳。

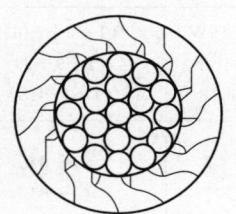 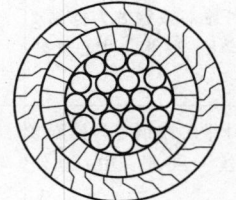 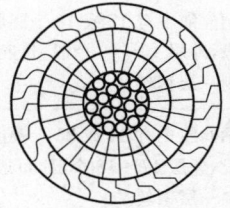

(a) 一层Z形钢丝　　(b) 一层Z形钢丝,一层梯形钢丝　　(c) 一层Z形钢丝,两层梯形钢丝

图 4-1-7　密封式面接触钢丝绳

**表 4-1-2　钢丝绳分类**(GB/T 20118—2006)

| 组别 | 类别 | 分类原则 | 典型结构 | | 直径范围 |
|---|---|---|---|---|---|
| | | | 钢丝绳 | 股 | |
| 1 | 单股钢丝绳 | 1个圆股，每股外层丝可到18根，中心丝外捻制1～3层钢丝 | 1×7<br>1×19<br>1×37 | (1+6)<br>(1+6+12)<br>(1+6+12+18) | 0.6～12<br>1～16<br>1.4～22.5 |
| 2 | 6×7 | 6个圆股，每股外层丝可到7根，中心丝(或无)外捻制1～3层钢丝，钢丝等捻距 | 6×7<br>6×9W | (1+6)<br>(3+3/3) | 1.8～3.6<br>14～36 |

续上表

| 组别 | 类别 | 分类原则 | 典型结构 钢丝绳 | 典型结构 股 | 直径范围 |
|---|---|---|---|---|---|
| 3 | 6×19(a) | 6个圆股，每股外层丝8～12根，中心丝外捻制2～3层钢丝，钢丝等捻距 | 6×19S<br>6×19W<br>6×25Fi<br>6×26WS<br>6×31WS | (1+9+9)<br>(1+6+6/6)<br>(1+6+6F+12)<br>(1+5+5/5+10)<br>(1+6+6/6+12) | 6～36<br>6～40<br>8～44<br>13～40<br>12～46 |
| | 6×19(b) | 6个圆股，每股外层丝12根，中心丝外捻制2层钢丝． | 6×19 | (1+6+12) | 3～46 |
| 4 | 6×37(a) | 6个圆股，每股外层丝14～18根，中心丝外捻制3～4层钢丝，钢丝等捻距 | 6×29Fi<br>6×36WS<br>6×37S<br>（点线接触）<br>6×41WS<br>6×49SWS<br>6×55SWS | (1+7+7F+14)<br>(1+7+7/7+14)<br>(1+6+15+15)<br><br>(1+8+8/8+16)<br>(1+8+8/8/8+16)<br>(1+9+9/9+18) | 10～44<br>12～60<br>10～60<br><br>32～60<br>36～60<br>36～60 |
| | 6×37(b) | 6个圆股，每股外层丝18根，中心丝外捻制3层钢丝． | 6×37 | (1+6+12+18) | 5～60 |
| 5 | 6×61 | 6个圆股，每股外层丝24根，中心丝外捻制4层钢丝． | 6×61 | (1+6+12+18+24) | 40～60 |
| 6 | 8×19 | 8个圆股，每股外层丝8～12根，中心丝外捻制2～3层钢丝，钢丝等捻距 | 8×19S<br>8×19W<br>8×25Fi<br>8×26WS<br>8×31WS | (1+9+9)<br>(1+6+6/6)<br>(1+6+6F+12)<br>(1+5+5/5+10)<br>(1+6+6/6+12) | 11～44<br>10～48<br>18～52<br>16～48<br>14～56 |
| 7 | 8×37 | 8个圆股，每股外层丝14～18根，中心丝外捻制3～4层钢丝，钢丝等捻距 | 8×WS<br>8×41WS<br>8×49SWS<br>8×55SWS | (1+7+7/7+14)<br>(1+8+8/8+16)<br>(1+8+8/8/8+16)<br>(1+9+9/9/9+18) | 14～60<br>40～60<br>44～60<br>44～60 |
| 8 | 18×7 | 钢丝绳中有17或18个圆股，在纤维芯或钢芯为捻制2层股，外层10～12个股，每股外层丝4～7根。中心丝外捻制一层钢丝。 | 17×7<br>18×7 | (1+6)<br>(1+6) | 6～44+<br>6～44 |
| 9 | 18×19 | 钢丝绳中有17或18个圆股，在纤维芯或钢芯为捻制2层股，外层10～12个股，每股外层丝8～12根。中心丝外捻制一层钢丝。 | 18×19W<br>18×19S<br>18×19 | (1+6+6/6)<br>(1+9+9)<br>(1+6+12) | 14～44<br>14～44<br>10～44 |
| 10 | 34×7 | 钢丝绳中有34或36个圆股，在纤维芯或钢芯为捻制3层股，外层17～18个股，每股外层丝4～8根。中心丝外捻制一层钢丝。 | 34×7<br>36×7 | (1+6)<br>(1+6) | 16～44<br>16～44 |

## 第二节　钢丝绳的选择

钢丝绳的选择包括钢丝绳结构形式的选择和钢丝绳直径的确定。

绕经滑轮和卷筒的机构工作钢丝绳应优先选用线接触钢丝绳。一般情况下选用麻芯及棉芯钢丝绳；高温条件工作宜用石棉芯或金属芯钢丝绳；横向承压的宜采用金属钢丝绳；在室内及一般工作条件下采用光面钢丝绳；水下潮湿或腐蚀环境宜采用镀锌钢丝绳。钢丝绳的性能和强度满足机构安全正常工作的要求。

根据国际标准 ISO 4308—1：1986 和我国起重机设计规范 GB 3811—2008 的规定，起重机用钢丝绳可以按下述两种方法的一种确定钢丝绳直径。

## 一、$C$ 系数法

本方法只适用于运动绳。选取的钢丝绳直径不应小于(最接近于)按式 4-1-1 计算的钢丝绳直径。

$$d_{\min} = C\sqrt{S} \tag{4-1-1}$$

式中 $d_{\min}$——钢丝绳的最小直径(mm);

$C$——选择系数($\mathrm{mm/N^{\frac{1}{2}}}$);

$S$——钢丝绳最大工作静拉力(N)。

钢丝绳选择系数 $C$ 值与钢丝的公称抗拉强度和机构工作级别有关,见表 4-1-3。

起升机构钢丝绳最大工作静拉力的计算见第三篇第三章式(3-2-1)和(3-2-2)。

对于双绳抓斗的闭合绳和支撑绳,如果机构能实现载荷平均分配,则闭合绳和支撑绳的拉力各取为总载荷的 66%。如果不能在抓斗起升过程中实现载荷平均分配,则闭合绳拉力取总载荷的 100%,支撑绳拉力取总载荷的 66%。

选择系数 $C$ 的取值与机构工作级别有关,见表 4-1-3。表中 $C$ 值是钢丝绳充满系数 $\omega$ 为 0.46、折减系数 $\kappa$ 为 0.82 时的数值。当钢丝绳的 $\omega$、$\kappa$ 和 $\sigma_b$ 值与表中不同时,可根据工作级别从表中选择安全系数 $n$,并根据所选钢丝绳的 $\omega$、$\kappa$ 和 $\sigma_b$ 按下式换算选择系数 $C$,最后按式(4-1-1)计算钢丝绳直径。

$$C = \sqrt{\frac{n}{k' \cdot \sigma_t}} \tag{4-1-2}$$

式中 $n$——安全系数,按表 4-1-3 选取;

$k'$——钢丝绳最小破断拉力系数,见表 4-1-3 注;

$\sigma_t$——钢丝的公称抗拉强度($\mathrm{N/mm^2}$)。

## 二、最小安全系数法

本方法对运动绳和静态绳都适用。按与钢丝绳所在机构工作级别有关的安全系数选择钢丝绳直径。所选钢丝绳的整绳最小破断拉力应满足式(4-1-3)

$$F_0 \geqslant Sn \tag{4-1-3}$$

式中 $F_0$——钢丝绳的整绳最小破断拉力,单位(kN);

$S$——钢丝绳最大工作静拉力(N);

$n$——安全系数,按表 4-1-3 或表 4-1-4 选取。

表 4-1-3 钢丝绳的选择系数 $C$ 和安全系数 $n$

| 机构工作级别 | | 选择系数 $C$ 值 | | | | | | | 安全系数 $n$ | |
|---|---|---|---|---|---|---|---|---|---|---|
| | | 钢丝绳公称抗拉强度 $\sigma_t/(\mathrm{N/mm^2})$ | | | | | | | | |
| | | 1 470 | 1 570 | 1 670 | 1 770 | 1 870 | 1 960 | 2 160 | 运动绳 | 静态绳 |
| 纤维芯钢丝绳 | M1 | 0.081 | 0.078 | 0.076 | 0.073 | 0.071 | 0.070 | 0.066 | 3.15 | 2.5 |
| | M2 | 0.083 | 0.080 | 0.078 | 0.076 | 0.074 | 0.072 | 0.069 | 3.35 | 2.5 |
| | M3 | 0.086 | 0.083 | 0.080 | 0.078 | 0.076 | 0.074 | 0.071 | 3.55 | 3 |
| | M4 | 0.091 | 0.088 | 0.085 | 0.083 | 0.081 | 0.079 | 0.075 | 4 | 3.5 |
| | M5 | 0.096 | 0.093 | 0.090 | 0.088 | 0.085 | 0.083 | 0.079 | 4.5 | 4 |
| | M6 | 0.107 | 0.104 | 0.101 | 0.098 | 0.095 | 0.093 | 0.089 | 5.6 | 4.5 |
| | M7 | 0.121 | 0.117 | 0.114 | 0.110 | 0.107 | 0.105 | 0.100 | 7.1 | 5 |
| | M8 | 0.136 | 0.132 | 0.128 | 0.124 | 0.121 | 0.118 | 0.112 | 9 | 5 |

续上表

| | 机构工作级别 | 选择系数 $C$ 值 | | | | | | | 安全系数 $n$ | |
|---|---|---|---|---|---|---|---|---|---|---|
| | | 钢丝绳公称抗拉强度 $\sigma_t/(N/mm^2)$ | | | | | | | | |
| | | 1 470 | 1 570 | 1 670 | 1 770 | 1 870 | 1 960 | 2 160 | 运动绳 | 静态绳 |
| 钢芯钢丝绳 | M1 | 0.078 | 0.075 | 0.073 | 0.071 | 0.069 | 0.067 | 0.064 | 3.15 | 2.5 |
| | M2 | 0.080 | 0.077 | 0.075 | 0.073 | 0.071 | 0.069 | 0.066 | 3.35 | 2.5 |
| | M3 | 0.082 | 0.080 | 0.077 | 0.075 | 0.073 | 0.071 | 0.068 | 3.55 | 3 |
| | M4 | 0.087 | 0.085 | 0.082 | 0.080 | 0.078 | 0.076 | 0.072 | 4 | 3.5 |
| | M5 | 0.093 | 0.090 | 0.087 | 0.085 | 0.082 | 0.080 | 0.076 | 4.5 | 4 |
| | M6 | 0.103 | 0.100 | 0.097 | 0.094 | 0.092 | 0.090 | 0.085 | 5.6 | 4.5 |
| | M7 | 0.116 | 0.133 | 0.109 | 0.106 | 0.103 | 0.101 | 0.096 | 7.1 | 5 |
| | M8 | 0.131 | 0.127 | 0.123 | 0.120 | 0.116 | 0.114 | 0.108 | 9 | 5 |

注：1. 对于吊运危险物品的起重机用钢丝绳，一般应比设计工作级别高一级的工作级别选择表中的钢丝绳选择系数 $C$ 和钢丝绳最小安全系数 $n$ 值。对起升机构工作级别为 M7、M8 的某些冶金起重机和港口集装箱起重机等，在使用过程中能监控钢丝绳劣化损伤发展进程，保证安全使用，保证一定寿命和及时更换钢丝绳的前提下，允许按稍低的工作级别选择钢丝绳；对冶金起重机最低安全系数不应小于 7.1，港口集装箱起重机伸缩臂架用的钢丝绳，安全系数不应小于 4。

2. 本表给出的 $C$ 值是根据起重机常用的钢丝绳 $6 \times 19W(S)$ 型的最小破断拉力系数 $k'$、且只针对运动绳的安全系数用式 (4-1-1) 计算而得。对纤维芯(NF)钢丝绳 $k'=0.330$，对金属丝绳芯(IWR)或金属丝股芯(IWS)钢丝绳 $k'=0.356$。

流动式起重机钢丝绳的安全系数见表 4-1-4（普通钢丝绳）和表 4-1-5（抗扭转钢丝绳）。

表 4-1-4　流动式起重机用普通钢丝绳

| 起重机工作条件 | 起重机工作级别 | 工作钢丝绳 | | | | | 固定钢丝绳 | |
|---|---|---|---|---|---|---|---|---|
| | | 起升 | | 变幅与臂架伸缩 | | | | |
| | | 机构工作级别 | $n$ | 机构工作级别 | 工作绳 $n$ | 安装绳 $n$ | 工作绳 $n$ | 安装绳 $n$ |
| 一般 | A1 | M3 | 3.55 | M2 | 3.35 | 3.05 | 3 | 2.73 |
| 经常使用 | A3 | M4 | 4 | M3 | 3.55 | 3.05 | 3 | 2.73 |
| 繁忙使用 | A4 | M5 | 4.5 | M3 | 3.55 | 3.05 | 3 | 2.73 |

表 4-1-5　流动式起重机用抗扭转钢丝绳

| 起重机工作条件 | 起重机工作级别 | 起升用工作钢丝绳 $n$ |
|---|---|---|
| 一般 | A1 | 4.5 |
| 经常使用 | A2 | 5.6 |
| 繁忙使用 | A3 | 5.6 |

在进行缆式起重机的承载绳计算和绳索牵引小车的牵引绳计算时，需要确定钢丝绳的垂度。作为柔索的钢丝绳在自重作用下的挠垂曲线，可用抛物线近似（图 4-1-8）。钢丝绳在拉力 $S$ 作用下的垂度 $f_x$ 按下式计算：

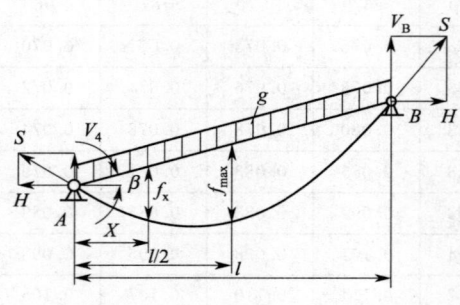

图 4-1-8　钢丝绳在自重作用下的挠垂曲线

$$f_x = \frac{qgx(l-x)}{2 \cdot S \cdot \cos^2\beta} \tag{4-1-4}$$

当 $x = \frac{l}{2}$ 时，垂度最大：

$$f_{max} = \frac{qgl^2}{8S\cos^2\beta} \tag{4-1-5}$$

式中　$q$——钢丝绳每米长的质量；
　　　$g$——重力加速度；
　　　$l$——钢丝绳跨距；
　　　$\beta$——钢丝绳支座连线的坡度；
　　　$S$——钢丝绳拉力，$S \approx \frac{H}{\cos\beta}$，$H$ 为钢丝绳支座处的水平分力。

作用于钢丝绳两支座的垂直载荷为 $V_{A,B}$：

$$V_{A,B} = \frac{qgl}{2\cos\beta} \mp S \cdot \sin\beta \tag{4-1-6}$$

利用以上三式，如给定 $S$，则可求出 $f$。相反，如规定 $f$ 值，则可求得 $S$。

进行起重机动力学计算，或计算起重机满载自振频率（动态刚性），都需要引入钢丝绳的弹性模数。钢丝绳弹性模数 $E_r$ 小于钢的弹性模数 $E$。

$$Er = \alpha E \tag{4-1-7}$$

式中　$\alpha \approx 0.4 \sim 0.6$——双绕钢丝绳；
　　　$\alpha \approx 0.65 \sim 0.85$——单绕钢丝绳。

钢丝绳受力复杂，除拉伸外，当钢丝绳绕过滑轮和绕入卷筒时，在钢丝中还产生弯曲应力和接触应力，外层钢丝应力最大，疲劳破坏由外层钢丝开始。增大滑轮与钢丝绳的直径比 $D/d$，减小钢丝绳承受的拉力，能提高钢丝绳寿命。在设计钢丝绳卷绕系统时，应尽量避免钢丝绳正反方向弯折。从对钢丝绳寿命的影响程度而言，正反向弯折一次等同于同向弯折两次。

承载绳除承受拉伸载荷外，还受由小车车轮轮压产生的局部弯曲应力和接触应力，因而使钢丝发生疲劳破坏。增大承载绳的拉力，可使钢丝的弯曲应力减小。在小车车轮踏面上镶裹橡胶，能显著增长承载绳的使用寿命。根据承载绳寿命的要求，小车车轮的轮压 $R$ 应予以限制：$R \leqslant \left(\frac{1}{35} \sim \frac{1}{50}\right) S_{min}$，$S_{min}$ 为承载绳所受的最小拉伸载荷。

钢丝绳的标注方法举例（GB/T 8706—2006；GB/T 20118—2006）：

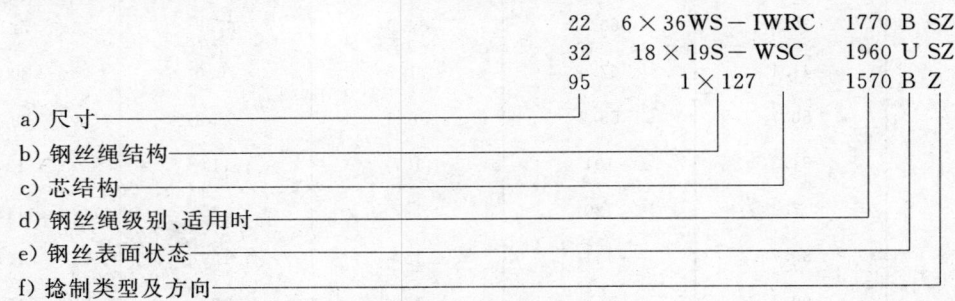

注：本示例及本标准其他部分各特性之间的间隔在实际应用中通常不留空间。

## 第三节　常用钢丝绳的主要性能

起重机常用钢丝绳的主要性能见表 4-1-6 至 表 4-1-15（GB/T 20118—2006）。

表 4-1-6

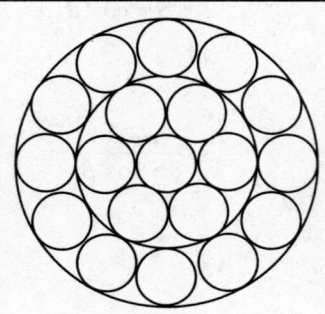

1×19

| 钢丝绳公称直径 /mm | 参考重量 /(kg/100 m) | 钢丝绳公称抗拉强度/MPa | | | |
|---|---|---|---|---|---|
| | | 1 570 | 1 670 | 1 770 | 1 870 |
| | | 钢丝绳最小破断拉力/kN | | | |
| 1 | 0.51 | 0.83 | 0.89 | 0.94 | 0.99 |
| 1.5 | 1.14 | 1.87 | 1.99 | 2.11 | 2.23 |
| 2 | 2.03 | 3.33 | 3.54 | 3.75 | 3.96 |
| 2.5 | 3.17 | 5.20 | 5.53 | 5.86 | 6.19 |
| 3 | 4.56 | 7.49 | 7.97 | 8.44 | 8.92 |
| 3.5 | 6.21 | 10.2 | 10.8 | 11.5 | 12.1 |
| 4 | 8.11 | 13.3 | 14.2 | 15.0 | 15.9 |
| 4.5 | 10.3 | 16.9 | 17.9 | 19.0 | 20.1 |
| 5 | 12.7 | 20.8 | 22.1 | 23.5 | 24.8 |
| 5.5 | 15.3 | 25.2 | 26.8 | 28.4 | 30.0 |
| 6 | 18.3 | 30.0 | 31.9 | 33.8 | 35.7 |
| 6.5 | 21.4 | 35.2 | 37.4 | 39.6 | 41.9 |
| 7 | 24.8 | 40.8 | 43.4 | 46.0 | 48.6 |
| 7.5 | 28.5 | 46.8 | 49.8 | 52.8 | 55.7 |
| 8 | 32.4 | 56.6 | 56.6 | 60.0 | 63.4 |
| 8.5 | 36.6 | 60.1 | 63.9 | 67.8 | 71.6 |
| 9 | 41.1 | 67.4 | 71.7 | 76.0 | 80.3 |
| 10 | 50.7 | 83.2 | 88.6 | 93.8 | 99.1 |
| 11 | 61.3 | 101 | 107 | 114 | 120 |
| 12 | 73 | 120 | 127 | 135 | 143 |
| 13 | 85.7 | 141 | 150 | 159 | 167 |
| 14 | 99.4 | 163 | 173 | 184 | 194 |
| 15 | 114 | 187 | 199 | 211 | 223 |
| 16 | 130 | 213 | 227 | 240 | 254 |

注：最小钢丝破断拉力总和＝钢丝绳最小破断拉力×1.11。

表 4-1-7

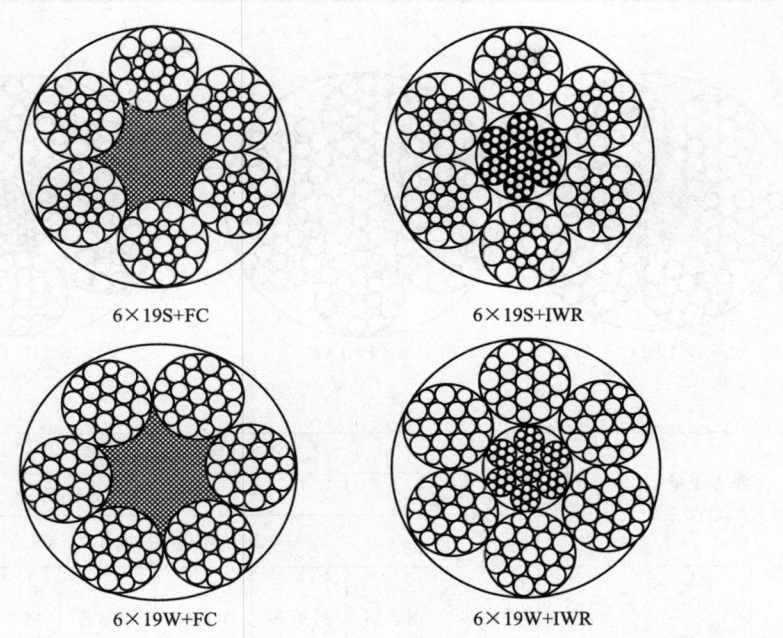

6×19S+FC　　6×19S+IWR
6×19W+FC　　6×19W+IWR

| 钢丝绳公称直径/mm | 参考重量/(kg/100 m) | | 钢丝绳公称抗拉强度/MPa | | | | | | | | | | | |
|---|---|---|---|---|---|---|---|---|---|---|---|---|---|---|
| | | | 1 570 | | 1 670 | | 1 770 | | 1 870 | | 1 960 | | 2 160 | |
| | 天然纤维芯钢丝绳 | 合成纤维芯钢丝绳 | 钢丝绳最小破断拉力/kN | | | | | | | | | | | |
| | | | 钢芯钢丝绳 | 纤维芯钢丝绳 | 钢芯钢丝绳 | 纤维芯钢丝绳 | 钢芯钢丝绳 | 纤维芯钢丝绳 | 钢芯钢丝绳 | 纤维芯钢丝绳 | 钢芯钢丝绳 | 纤维芯钢丝绳 | 钢芯钢丝绳 | 纤维芯钢丝绳 |
| 6 | 13.3 | 13.0 | 14.6 | 18.7 | 20.1 | 19.8 | 21.4 | 21.0 | 22.7 | 22.2 | 24.0 | 23.3 | 25.1 | 25.7 | 27.7 |
| 7 | 18.1 | 17.6 | 19.9 | 25.4 | 27.4 | 27.0 | 29.1 | 28.6 | 30.9 | 30.2 | 32.6 | 31.7 | 34.2 | 34.9 | 37.7 |
| 8 | 23.6 | 23.0 | 25.9 | 33.2 | 35.8 | 35.3 | 38.0 | 37.4 | 40.3 | 39.5 | 42.6 | 41.4 | 44.6 | 45.6 | 49.2 |
| 9 | 29.9 | 29.1 | 32.8 | 42.0 | 45.3 | 44.6 | 48.2 | 47.3 | 51.0 | 50.0 | 53.9 | 52.4 | 56.5 | 57.7 | 62.3 |
| 10 | 36.9 | 36.0 | 40.6 | 51.8 | 55.9 | 55.1 | 59.5 | 58.4 | 63.0 | 61.7 | 66.6 | 64.7 | 69.8 | 71.3 | 76.9 |
| 11 | 44.6 | 43.5 | 49.1 | 62.7 | 67.6 | 66.7 | 71.9 | 70.7 | 76.2 | 74.7 | 80.6 | 78.3 | 84.4 | 86.2 | 93.0 |
| 12 | 53.1 | 51.8 | 58.4 | 74.6 | 80.5 | 79.4 | 85.6 | 84.1 | 90.7 | 88.9 | 95.9 | 93.1 | 100 | 103 | 111 |
| 13 | 62.3 | 60.8 | 68.5 | 87.6 | 94.5 | 93.1 | 100 | 98.7 | 106 | 104 | 113 | 109 | 118 | 120 | 130 |
| 14 | 72.2 | 70.5 | 79.5 | 102 | 110 | 108 | 117 | 114 | 124 | 121 | 130 | 127 | 137 | 140 | 151 |
| 16 | 94.4 | 92.1 | 104 | 133 | 143 | 141 | 152 | 150 | 161 | 158 | 170 | 166 | 179 | 182 | 197 |
| 18 | 119 | 117 | 131 | 168 | 181 | 179 | 193 | 189 | 204 | 200 | 216 | 210 | 226 | 231 | 249 |
| 20 | 147 | 144 | 162 | 207 | 224 | 220 | 238 | 234 | 252 | 247 | 266 | 259 | 279 | 285 | 308 |
| 22 | 178 | 174 | 196 | 251 | 271 | 267 | 288 | 283 | 305 | 299 | 322 | 313 | 338 | 345 | 372 |
| 24 | 212 | 207 | 234 | 298 | 322 | 317 | 342 | 336 | 363 | 355 | 383 | 373 | 402 | 411 | 443 |
| 26 | 249 | 243 | 274 | 350 | 378 | 373 | 402 | 395 | 426 | 417 | 450 | 437 | 472 | 482 | 520 |
| 28 | 289 | 282 | 318 | 406 | 438 | 432 | 466 | 458 | 494 | 484 | 522 | 507 | 547 | 559 | 603 |
| 30 | 332 | 324 | 365 | 466 | 503 | 496 | 535 | 526 | 567 | 555 | 599 | 582 | 628 | 642 | 692 |
| 32 | 377 | 369 | 415 | 531 | 572 | 564 | 609 | 598 | 645 | 632 | 682 | 662 | 715 | 730 | 787 |
| 34 | 426 | 416 | 469 | 599 | 646 | 637 | 687 | 675 | 728 | 713 | 770 | 748 | 807 | 824 | 889 |
| 36 | 478 | 466 | 525 | 671 | 724 | 714 | 770 | 757 | 817 | 800 | 863 | 838 | 904 | 924 | 997 |
| 38 | 532 | 520 | 585 | 748 | 807 | 796 | 858 | 843 | 910 | 891 | 961 | 934 | 1 010 | 1 030 | 1 110 |
| 40 | 590 | 576 | 649 | 829 | 894 | 882 | 951 | 935 | 1010 | 987 | 1070 | 1030 | 1 120 | 1 140 | 1 230 |

注:最小钢丝破断拉力总和=钢丝绳最小破断拉力×1.214(纤维芯)或1.308(钢芯)。

表 4-1-8

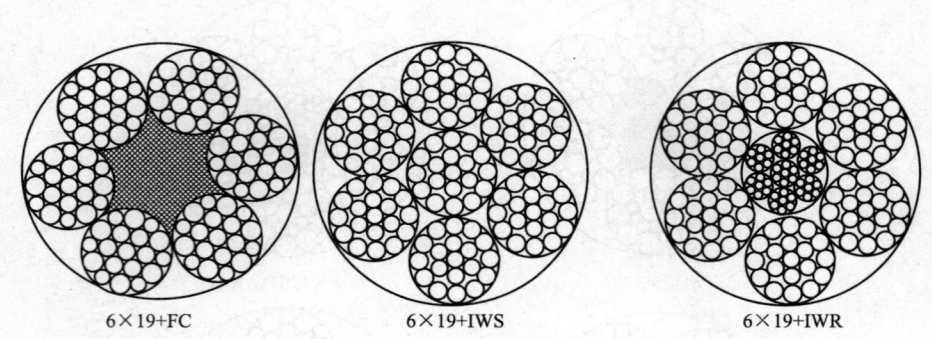

6×19+FC　　　6×19+IWS　　　6×19+IWR

| 钢丝绳公称直径/mm | 参考重量/(kg/100 m) | | | 钢丝绳公称抗拉强度/MPa | | | | | | | |
|---|---|---|---|---|---|---|---|---|---|---|---|
| | | | | 1 570 | | 1 670 | | 1 770 | | 1 870 | |
| | | | | 钢丝绳最小破断拉力/kN | | | | | | | |
| | 天然纤维芯钢丝绳 | 合成纤维芯钢丝绳 | 钢芯钢丝绳 | 纤维芯钢丝绳 | 钢芯钢丝绳 | 纤维芯钢丝绳 | 钢芯钢丝绳 | 纤维芯钢丝绳 | 钢芯钢丝绳 | 纤维芯钢丝绳 | 钢芯钢丝绳 |
| 3 | 3.16 | 3.10 | 3.60 | 4.34 | 4.69 | 4.61 | 4.99 | 4.89 | 5.29 | 5.17 | 5.59 |
| 4 | 5.62 | 5.50 | 6.40 | 7.71 | 8.34 | 8.20 | 8.87 | 8.69 | 9.40 | 9.19 | 9.93 |
| 5 | 8.78 | 8.60 | 10.0 | 12.0 | 13.0 | 12.8 | 13.9 | 13.6 | 14.7 | 14.4 | 15.5 |
| 6 | 12.6 | 12.4 | 14.4 | 17.4 | 18.8 | 18.5 | 20.0 | 19.6 | 21.2 | 20.7 | 22.4 |
| 7 | 17.2 | 16.9 | 19.6 | 23.6 | 25.5 | 25.1 | 27.2 | 26.6 | 28.8 | 28.1 | 30.4 |
| 8 | 22.5 | 22.0 | 25.6 | 30.8 | 33.4 | 32.8 | 35.5 | 34.8 | 37.6 | 36.7 | 39.7 |
| 9 | 28.4 | 27.9 | 32.4 | 39.0 | 42.2 | 41.6 | 44.9 | 44.0 | 47.6 | 46.5 | 50.3 |
| 10 | 35.1 | 34.4 | 40.0 | 48.2 | 52.1 | 51.3 | 55.4 | 54.4 | 58.8 | 57.4 | 62.1 |
| 11 | 42.5 | 41.6 | 48.4 | 58.3 | 63.1 | 62.0 | 67.1 | 65.8 | 71.1 | 69.5 | 75.1 |
| 12 | 50.5 | 50.0 | 57.6 | 69.4 | 75.1 | 73.8 | 79.8 | 78.2 | 84.6 | 82.7 | 89.4 |
| 13 | 59.3 | 58.1 | 67.6 | 81.5 | 88.1 | 86.6 | 93.7 | 91.8 | 99.3 | 97.0 | 105 |
| 14 | 68.8 | 67.4 | 78.4 | 94.5 | 102 | 100 | 109 | 107 | 115 | 113 | 122 |
| 16 | 89.9 | 88.1 | 102 | 123 | 133 | 131 | 142 | 139 | 150 | 147 | 159 |
| 18 | 114 | 111 | 130 | 156 | 169 | 166 | 180 | 176 | 190 | 186 | 201 |
| 20 | 140 | 138 | 160 | 193 | 208 | 205 | 222 | 217 | 235 | 230 | 248 |
| 22 | 170 | 168 | 194 | 233 | 252 | 248 | 268 | 263 | 284 | 278 | 300 |
| 24 | 202 | 198 | 230 | 278 | 300 | 295 | 319 | 313 | 338 | 331 | 358 |
| 26 | 237 | 233 | 270 | 326 | 352 | 346 | 375 | 367 | 397 | 388 | 420 |
| 28 | 275 | 270 | 314 | 378 | 409 | 402 | 435 | 426 | 461 | 450 | 487 |
| 30 | 316 | 310 | 360 | 434 | 469 | 461 | 499 | 489 | 529 | 517 | 559 |
| 32 | 359 | 352 | 410 | 494 | 534 | 525 | 568 | 557 | 602 | 588 | 636 |
| 34 | 406 | 398 | 462 | 557 | 603 | 593 | 641 | 628 | 679 | 664 | 718 |
| 36 | 455 | 446 | 518 | 625 | 676 | 664 | 719 | 704 | 762 | 744 | 805 |
| 38 | 507 | 497 | 578 | 696 | 753 | 740 | 801 | 785 | 849 | 829 | 896 |
| 40 | 562 | 550 | 640 | 771 | 834 | 820 | 887 | 869 | 940 | 919 | 993 |
| 42 | 619 | 607 | 706 | 850 | 919 | 904 | 978 | 959 | 1 040 | 1 010 | 1 100 |
| 44 | 680 | 666 | 774 | 933 | 1 010 | 993 | 1 070 | 1 050 | 1 140 | 1 110 | 1 200 |
| 46 | 743 | 728 | 846 | 1 020 | 1 100 | 1 080 | 1 170 | 1 150 | 1 240 | 1 210 | 1 310 |

注：最小钢丝破断拉力总和＝钢丝绳最小破断拉力×1.226（纤维芯）或1.321（钢芯）。

表 4-1-9

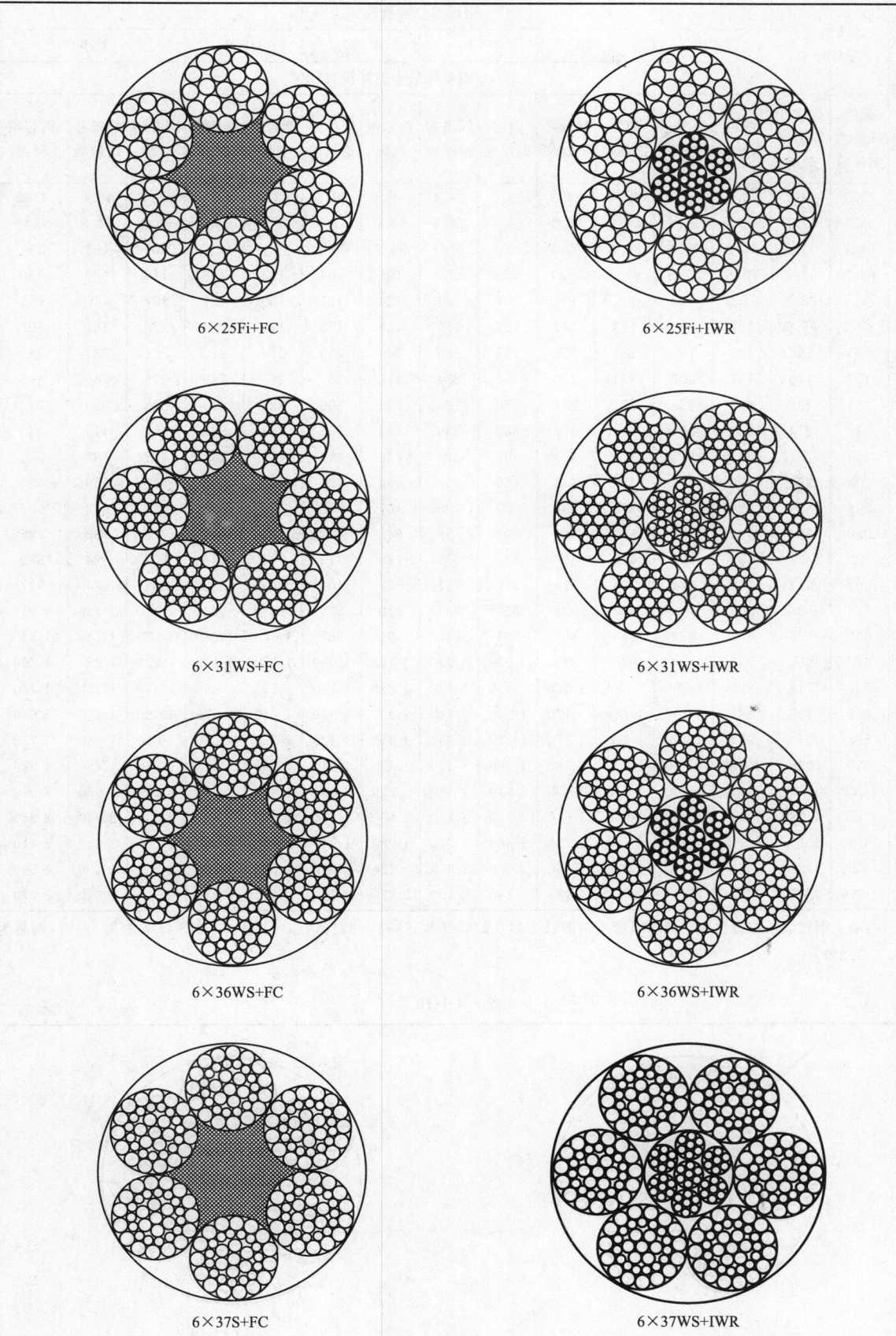

续上表

| 钢丝绳公称直径/mm | 参考重量/(kg/100 m) | | 钢丝绳公称抗拉强度/MPa | | | | | | | | | | | |
|---|---|---|---|---|---|---|---|---|---|---|---|---|---|---|
| | | | 1 570 | | 1 670 | | 1 770 | | 1 870 | | 1 960 | | 2 160 | |
| | | | 钢丝绳最小破断拉力/kN | | | | | | | | | | | |
| | 天然纤维芯钢丝绳 | 合成纤维芯钢丝绳 | 钢芯钢丝绳 | 纤维芯钢丝绳 | 钢芯钢丝绳 | 纤维芯钢丝绳 | 钢芯钢丝绳 | 纤维芯钢丝绳 | 钢芯钢丝绳 | 纤维芯钢丝绳 | 钢芯钢丝绳 | 纤维芯钢丝绳 | 纤维芯钢丝绳 | 钢芯钢丝绳 |
| 8 | 24.3 | 23.7 | 26.8 | 33.2 | 35.8 | 35.3 | 38.0 | 37.4 | 40.3 | 39.5 | 42.6 | 41.4 | 44.7 | 45.6 | 49.2 |
| 10 | 38.0 | 37.1 | 41.8 | 51.8 | 55.9 | 55.1 | 59.5 | 58.4 | 63.0 | 61.7 | 66.6 | 64.7 | 69.8 | 71.3 | 76.9 |
| 12 | 54.7 | 53.4 | 60.2 | 74.6 | 80.5 | 79.4 | 85.6 | 84.1 | 90.7 | 88.9 | 95.9 | 93.1 | 100 | 103 | 111 |
| 13 | 64.2 | 62.7 | 70.6 | 87.6 | 94.5 | 93.1 | 100 | 98.7 | 106 | 104 | 113 | 109 | 118 | 120 | 130 |
| 14 | 74.5 | 72.7 | 81.9 | 102 | 110 | 108 | 117 | 114 | 124 | 121 | 130 | 127 | 137 | 140 | 151 |
| 16 | 97.3 | 95.0 | 107 | 133 | 143 | 141 | 152 | 150 | 161 | 158 | 170 | 166 | 179 | 182 | 197 |
| 18 | 123 | 120 | 135 | 168 | 181 | 179 | 193 | 189 | 204 | 200 | 216 | 210 | 226 | 231 | 249 |
| 20 | 152 | 148 | 167 | 207 | 224 | 220 | 238 | 234 | 252 | 247 | 266 | 259 | 279 | 285 | 308 |
| 22 | 184 | 180 | 202 | 251 | 271 | 267 | 288 | 283 | 305 | 299 | 322 | 313 | 338 | 345 | 372 |
| 24 | 219 | 214 | 241 | 298 | 322 | 317 | 342 | 336 | 363 | 355 | 383 | 373 | 402 | 411 | 443 |
| 26 | 257 | 251 | 283 | 350 | 378 | 373 | 402 | 395 | 426 | 417 | 450 | 437 | 472 | 482 | 520 |
| 28 | 298 | 291 | 328 | 406 | 438 | 432 | 466 | 458 | 494 | 484 | 522 | 507 | 547 | 559 | 603 |
| 30 | 342 | 334 | 376 | 466 | 503 | 496 | 535 | 526 | 567 | 555 | 599 | 582 | 628 | 642 | 692 |
| 32 | 389 | 380 | 428 | 531 | 572 | 564 | 609 | 598 | 645 | 632 | 682 | 662 | 715 | 730 | 787 |
| 34 | 439 | 429 | 483 | 599 | 646 | 637 | 687 | 675 | 728 | 713 | 770 | 748 | 807 | 824 | 889 |
| 36 | 492 | 481 | 542 | 671 | 724 | 714 | 770 | 757 | 817 | 800 | 863 | 838 | 904 | 924 | 997 |
| 38 | 549 | 536 | 604 | 748 | 807 | 796 | 858 | 843 | 910 | 891 | 961 | 934 | 1 010 | 1 030 | 1 110 |
| 40 | 608 | 594 | 669 | 829 | 894 | 882 | 951 | 935 | 1 010 | 987 | 1 070 | 1 030 | 1 120 | 1 140 | 1 230 |
| 42 | 670 | 654 | 737 | 914 | 986 | 972 | 1 050 | 1 030 | 1 110 | 1 090 | 1 170 | 1 140 | 1 230 | 1 260 | 1 360 |
| 44 | 736 | 718 | 809 | 1 000 | 1 080 | 1 070 | 1 150 | 1 130 | 1 220 | 1 190 | 1 290 | 1 250 | 1 350 | 1 380 | 1 490 |
| 46 | 804 | 785 | 884 | 1 100 | 1 180 | 1 170 | 1 260 | 1 240 | 1 330 | 1 310 | 1 410 | 1 370 | 1 480 | 1 510 | 1 630 |
| 48 | 876 | 855 | 963 | 1 190 | 1 290 | 1 270 | 1 370 | 1 350 | 1 450 | 1 420 | 1 530 | 1 490 | 1 610 | 1 640 | 1 770 |
| 50 | 950 | 928 | 1 040 | 1 300 | 1 400 | 1 380 | 1 490 | 1 460 | 1 580 | 1 540 | 1 660 | 1 620 | 1 740 | 1 780 | 1 920 |
| 52 | 1 030 | 1 000 | 1 130 | 1 400 | 1 510 | 1 490 | 1 610 | 1 580 | 1 700 | 1 670 | 1 800 | 1 750 | 1 890 | 1 930 | 2 080 |
| 54 | 1 110 | 1 080 | 1 220 | 1 510 | 1 630 | 1 610 | 1 730 | 1 700 | 1 840 | 1 800 | 1 940 | 1 890 | 2 030 | 2 080 | 2 240 |
| 56 | 1 190 | 1 160 | 1 310 | 1 620 | 1 750 | 1 730 | 1 860 | 1 830 | 1 980 | 1 940 | 2 090 | 2 030 | 2 190 | 2 240 | 2 410 |
| 58 | 1 280 | 1 250 | 1 410 | 1 740 | 1 880 | 1 850 | 2 000 | 1 960 | 2 120 | 2 080 | 2 240 | 2 180 | 2 350 | 2 400 | 2 590 |
| 60 | 1 370 | 1 340 | 1 500 | 1 870 | 2 010 | 1 980 | 2 140 | 2 100 | 2 270 | 2 220 | 2 400 | 2 330 | 2 510 | 2 570 | 2 770 |

注：最小钢丝破断拉力总和＝钢丝绳最小破断拉力×1.226（纤维芯）或1.321（钢芯），其中 6×37S 纤维芯为 1.191，钢芯为 1.283。

表 4-1-10

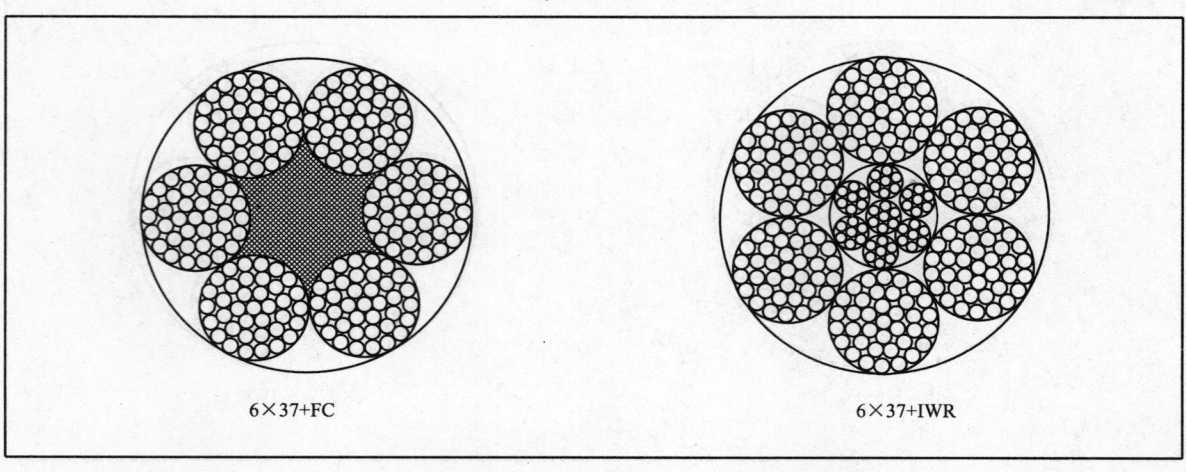

6×37+FC      6×37+IWR

续上表

| 钢丝绳公称直径/mm | 参考重量/(kg/100 m) | | | 钢丝绳公称抗拉强度/MPa | | | | | | | |
|---|---|---|---|---|---|---|---|---|---|---|---|
| | | | | 1 570 | | 1 670 | | 1 770 | | 1 870 | |
| | | | | 钢丝绳最小破断拉力/kN | | | | | | | |
| | 天然纤维芯钢丝绳 | 合成纤维芯钢丝绳 | 钢芯钢丝绳 | 纤维芯钢丝绳 | 钢芯钢丝绳 | 纤维芯钢丝绳 | 钢芯钢丝绳 | 纤维芯钢丝绳 | 钢芯钢丝绳 | 纤维芯钢丝绳 | 钢芯钢丝绳 |
| 5 | 8.65 | 8.43 | 10.0 | 11.6 | 12.5 | 12.3 | 13.3 | 13.1 | 14.1 | 13.8 | 14.9 |
| 6 | 12.5 | 12.1 | 14.4 | 16.7 | 18.0 | 17.7 | 19.2 | 18.8 | 20.3 | 19.9 | 21.5 |
| 7 | 17.0 | 16.5 | 19.6 | 22.7 | 24.5 | 24.1 | 26.1 | 25.6 | 27.7 | 27.0 | 29.2 |
| 8 | 22.1 | 21.6 | 25.6 | 29.6 | 32.1 | 31.5 | 34.1 | 33.4 | 36.1 | 35.3 | 38.2 |
| 9 | 28.0 | 27.3 | 32.4 | 37.5 | 40.6 | 39.9 | 43.2 | 42.3 | 45.7 | 44.7 | 48.3 |
| 10 | 34.6 | 33.7 | 40.0 | 46.3 | 50.1 | 49.3 | 53.3 | 52.2 | 56.5 | 55.2 | 59.7 |
| 11 | 41.9 | 40.8 | 48.4 | 56.0 | 60.6 | 59.6 | 64.5 | 63.3 | 68.3 | 66.7 | 72.2 |
| 12 | 49.8 | 48.5 | 57.6 | 66.7 | 72.1 | 70.9 | 76.7 | 75.2 | 81.3 | 79.4 | 85.9 |
| 13 | 58.5 | 57.0 | 67.6 | 78.3 | 84.6 | 83.3 | 90.0 | 88.2 | 95.4 | 93.2 | 101 |
| 14 | 67.8 | 66.1 | 78.4 | 90.8 | 98.2 | 96.6 | 104 | 102 | 111 | 108 | 117 |
| 16 | 88.6 | 86.3 | 102 | 119 | 128 | 126 | 136 | 134 | 145 | 141 | 153 |
| 18 | 112 | 109 | 130 | 150 | 162 | 160 | 173 | 169 | 183 | 179 | 193 |
| 20 | 138 | 135 | 160 | 185 | 200 | 197 | 213 | 209 | 226 | 221 | 239 |
| 22 | 167 | 163 | 194 | 224 | 242 | 238 | 258 | 253 | 273 | 267 | 289 |
| 24 | 199 | 194 | 230 | 267 | 288 | 284 | 307 | 301 | 325 | 318 | 344 |
| 26 | 234 | 228 | 270 | 313 | 339 | 333 | 360 | 353 | 382 | 373 | 403 |
| 28 | 271 | 264 | 314 | 363 | 393 | 386 | 418 | 409 | 443 | 432 | 468 |
| 30 | 311 | 303 | 360 | 417 | 451 | 443 | 479 | 470 | 508 | 496 | 537 |
| 32 | 354 | 345 | 410 | 474 | 513 | 504 | 546 | 535 | 578 | 565 | 611 |
| 34 | 400 | 390 | 462 | 535 | 579 | 570 | 616 | 604 | 653 | 638 | 690 |
| 36 | 448 | 437 | 518 | 600 | 649 | 638 | 690 | 677 | 732 | 715 | 773 |
| 38 | 500 | 487 | 578 | 669 | 723 | 711 | 769 | 754 | 815 | 797 | 861 |
| 40 | 554 | 539 | 640 | 741 | 801 | 788 | 852 | 835 | 903 | 883 | 954 |
| 42 | 610 | 594 | 706 | 817 | 883 | 869 | 940 | 921 | 996 | 973 | 1 050 |
| 44 | 670 | 652 | 774 | 897 | 970 | 954 | 1 030 | 1 010 | 1 090 | 1 070 | 1 150 |
| 46 | 732 | 713 | 846 | 980 | 1 060 | 1 040 | 1 130 | 1 100 | 1 190 | 1 170 | 1 260 |
| 48 | 797 | 776 | 922 | 1 070 | 1 150 | 1 140 | 1 230 | 1 200 | 1 300 | 1 270 | 1 370 |
| 50 | 865 | 843 | 1 000 | 1 160 | 1 250 | 1 230 | 1 330 | 1 300 | 1 410 | 1 380 | 1 490 |
| 52 | 936 | 911 | 1 080 | 1 250 | 1 350 | 1 330 | 1 440 | 1 410 | 1 530 | 1 490 | 1 610 |
| 54 | 1 010 | 983 | 1 170 | 1 350 | 1 460 | 1 440 | 1 550 | 1 520 | 1 650 | 1 610 | 1 740 |
| 56 | 1 090 | 1 060 | 1 250 | 1 450 | 1 570 | 1 540 | 1 670 | 1 640 | 1 770 | 1 730 | 1 870 |
| 58 | 1 160 | 1 130 | 1 350 | 1 560 | 1 680 | 1 660 | 1 790 | 1 760 | 1 900 | 1 860 | 2 010 |
| 60 | 1 250 | 1 210 | 1 440 | 1 670 | 1 800 | 1 770 | 1 920 | 1 880 | 2 030 | 1 990 | 2 150 |

注：最小钢丝破断拉力总和＝钢丝绳最小破断拉力×1.249(纤维芯)或1.336(钢芯)。

表 4-1-11

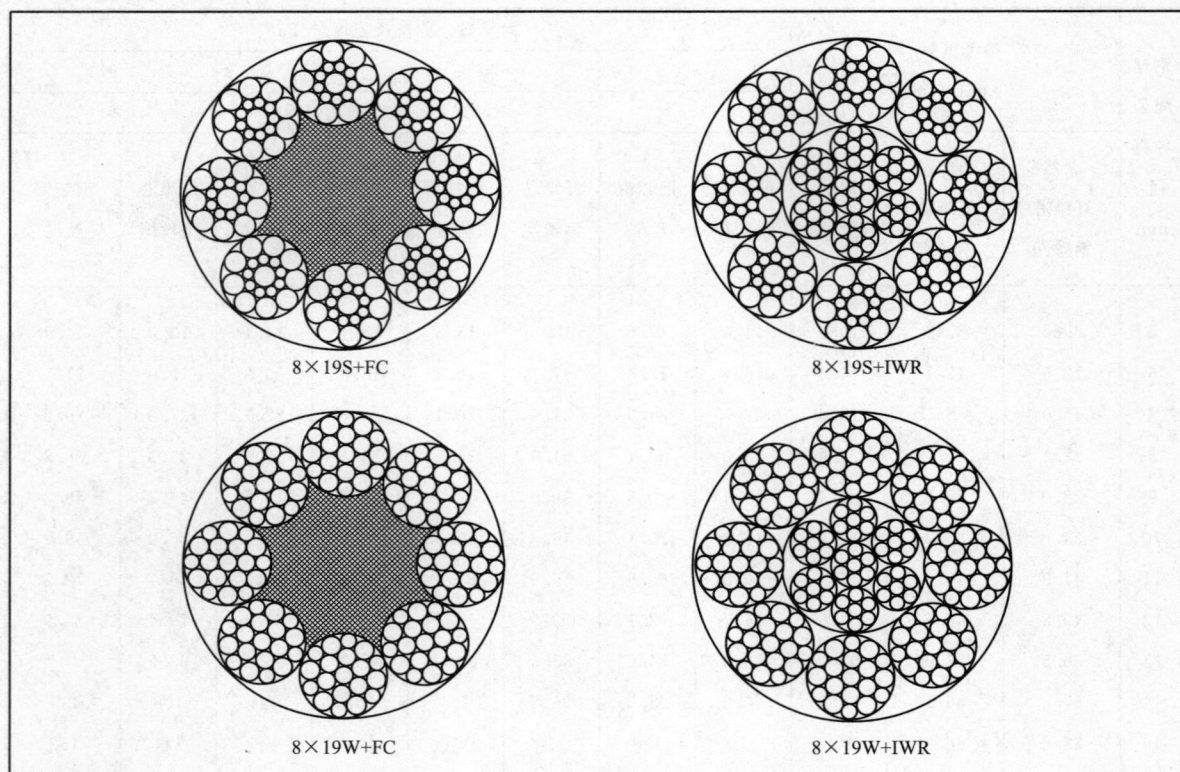

8×19S+FC　　8×19S+IWR

8×19W+FC　　8×19W+IWR

| 钢丝绳公称直径/mm | 参考重量/(kg/100 m) | | 钢丝绳公称抗拉强度/MPa | | | | | | | | | | |
|---|---|---|---|---|---|---|---|---|---|---|---|---|---|
| | | | 1 570 | | 1 670 | | 1 770 | | 1 870 | | 1 960 | | 2 160 |
| | | | 钢丝绳最小破断拉力/kN | | | | | | | | | | |
| | 天然纤维芯钢丝绳 | 合成纤维芯钢丝绳 | 钢芯钢丝绳 | 纤维芯钢丝绳 | 钢芯钢丝绳 | 纤维芯钢丝绳 | 钢芯钢丝绳 | 纤维芯钢丝绳 | 钢芯钢丝绳 | 纤维芯钢丝绳 | 钢芯钢丝绳 | 纤维芯钢丝绳 | 钢芯钢丝绳 |
| 10 | 34.6 | 33.4 | 42.2 | 46.0 | 54.3 | 48.9 | 57.8 | 51.9 | 61.2 | 54.8 | 64.7 | 57.4 | 67.8 | 63.3 | 74.7 |
| 11 | 41.9 | 40.4 | 51.1 | 55.7 | 65.7 | 59.2 | 69.9 | 62.8 | 74.1 | 66.3 | 78.3 | 65.9 | 82.1 | 76.6 | 90.4 |
| 12 | 49.9 | 48.0 | 60.8 | 66.2 | 78.2 | 70.5 | 83.2 | 74.7 | 88.2 | 78.9 | 93.2 | 82.7 | 97.7 | 91.1 | 108 |
| 13 | 58.5 | 56.4 | 71.3 | 77.7 | 91.8 | 82.7 | 97.7 | 87.6 | 103 | 92.6 | 109 | 97.1 | 115 | 107 | 126 |
| 14 | 67.9 | 65.4 | 82.7 | 90.2 | 106 | 95.9 | 113 | 102 | 120 | 107 | 127 | 113 | 133 | 124 | 146 |
| 16 | 88.7 | 85.4 | 108 | 118 | 139 | 125 | 148 | 133 | 157 | 140 | 166 | 147 | 174 | 162 | 191 |
| 18 | 112 | 108 | 137 | 149 | 176 | 159 | 187 | 168 | 198 | 178 | 210 | 186 | 220 | 205 | 242 |
| 20 | 139 | 133 | 169 | 184 | 217 | 196 | 231 | 207 | 245 | 219 | 259 | 230 | 271 | 253 | 299 |
| 22 | 168 | 162 | 204 | 223 | 263 | 237 | 280 | 251 | 296 | 265 | 313 | 278 | 328 | 306 | 362 |
| 24 | 199 | 192 | 243 | 265 | 313 | 382 | 333 | 299 | 353 | 316 | 373 | 331 | 391 | 365 | 430 |
| 26 | 234 | 226 | 285 | 311 | 367 | 331 | 391 | 351 | 414 | 370 | 437 | 388 | 458 | 428 | 505 |
| 28 | 271 | 262 | 331 | 361 | 426 | 384 | 453 | 407 | 480 | 430 | 507 | 450 | 532 | 496 | 586 |
| 30 | 312 | 300 | 380 | 414 | 489 | 440 | 520 | 467 | 551 | 493 | 582 | 517 | 610 | 570 | 673 |
| 32 | 355 | 342 | 432 | 471 | 556 | 501 | 592 | 531 | 627 | 561 | 663 | 588 | 694 | 648 | 765 |
| 34 | 400 | 386 | 488 | 532 | 628 | 566 | 668 | 600 | 708 | 633 | 748 | 664 | 784 | 732 | 864 |
| 36 | 449 | 432 | 547 | 596 | 704 | 634 | 749 | 672 | 794 | 710 | 839 | 744 | 879 | 820 | 969 |
| 38 | 500 | 482 | 609 | 664 | 784 | 707 | 834 | 749 | 884 | 791 | 934 | 829 | 979 | 914 | 1 080 |
| 40 | 554 | 534 | 675 | 736 | 869 | 783 | 925 | 830 | 980 | 877 | 1 040 | 919 | 1 090 | 1 010 | 1 200 |
| 42 | 611 | 589 | 744 | 811 | 958 | 863 | 1 020 | 915 | 1 080 | 967 | 1 140 | 1 010 | 1 200 | 1 120 | 1 320 |
| 44 | 670 | 646 | 817 | 891 | 1 050 | 974 | 1 120 | 1 000 | 1 190 | 1 060 | 1 250 | 1 110 | 1 310 | 1 230 | 1 450 |
| 46 | 733 | 706 | 893 | 973 | 1 150 | 1 040 | 1 220 | 1 100 | 1 300 | 1 160 | 1 370 | 1 220 | 1 430 | 1 340 | 1 580 |
| 48 | 798 | 769 | 972 | 1 060 | 1 250 | 1 130 | 1 330 | 1 190 | 1 410 | 1 260 | 1 490 | 1 320 | 1 560 | 1 460 | 1 720 |

注：最小钢丝破断拉力总和＝钢丝绳最小破断拉力×1.214(纤维芯)或1.360(钢芯)。

表 4-1-12

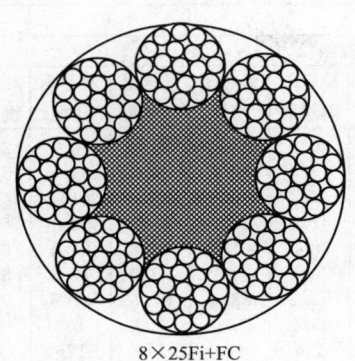
8×25Fi+FC

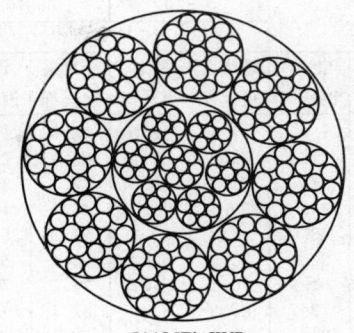
8×25Fi+IWR

| 钢丝绳公称直径/mm | 参考重量/(kg/100 m) | | 钢丝绳公称抗拉强度/MPa | | | | | | | | | | | |
|---|---|---|---|---|---|---|---|---|---|---|---|---|---|---|
| | | | 1 570 | | 1 670 | | 1 770 | | 1 870 | | 1 960 | | 2 160 | |
| | | | 钢丝绳最小破断拉力/kN | | | | | | | | | | | |
| | 天然纤维芯钢丝绳 | 合成纤维芯钢丝绳 | 钢芯钢丝绳 | 纤维芯钢丝绳 | 钢芯钢丝绳 | 纤维芯钢丝绳 | 钢芯钢丝绳 | 纤维芯钢丝绳 | 钢芯钢丝绳 | 纤维芯钢丝绳 | 钢芯钢丝绳 | 纤维芯钢丝绳 | 钢芯钢丝绳 | 纤维芯钢丝绳 |
| 14 | 70.0 | 67.4 | 85.3 | 90.2 | 106 | 95.9 | 113 | 102 | 120 | 107 | 127 | 113 | 133 | 124 | 146 |
| 16 | 91.4 | 88.1 | 111 | 118 | 139 | 125 | 148 | 133 | 157 | 140 | 166 | 147 | 174 | 162 | 191 |
| 18 | 116 | 111 | 141 | 149 | 176 | 159 | 187 | 168 | 198 | 178 | 210 | 186 | 220 | 205 | 242 |
| 20 | 143 | 138 | 174 | 184 | 217 | 196 | 231 | 207 | 245 | 219 | 259 | 230 | 271 | 253 | 299 |
| 22 | 173 | 166 | 211 | 223 | 263 | 237 | 280 | 251 | 296 | 265 | 313 | 278 | 328 | 306 | 362 |
| 24 | 206 | 198 | 251 | 265 | 313 | 282 | 333 | 299 | 353 | 316 | 373 | 331 | 391 | 365 | 430 |
| 26 | 241 | 233 | 294 | 311 | 367 | 331 | 391 | 351 | 414 | 370 | 437 | 388 | 458 | 428 | 505 |
| 28 | 280 | 270 | 341 | 361 | 426 | 384 | 453 | 407 | 480 | 430 | 507 | 450 | 532 | 496 | 586 |
| 30 | 321 | 310 | 392 | 414 | 489 | 440 | 520 | 467 | 551 | 493 | 582 | 517 | 610 | 570 | 673 |
| 32 | 366 | 352 | 445 | 471 | 556 | 501 | 592 | 531 | 627 | 561 | 663 | 588 | 694 | 648 | 765 |
| 34 | 413 | 398 | 503 | 532 | 628 | 566 | 668 | 600 | 708 | 633 | 748 | 664 | 784 | 732 | 864 |
| 36 | 463 | 446 | 564 | 596 | 704 | 634 | 749 | 672 | 794 | 710 | 839 | 744 | 879 | 820 | 969 |
| 38 | 516 | 497 | 628 | 664 | 784 | 707 | 834 | 749 | 884 | 791 | 934 | 829 | 979 | 914 | 1 080 |
| 40 | 571 | 550 | 696 | 736 | 869 | 783 | 925 | 830 | 980 | 877 | 1 040 | 919 | 1 090 | 1 010 | 1 230 |
| 42 | 630 | 607 | 767 | 811 | 958 | 863 | 1 020 | 915 | 1 080 | 967 | 1 140 | 1 010 | 1 200 | 1 230 | 1 320 |
| 44 | 691 | 666 | 842 | 890 | 1 050 | 947 | 1 120 | 1 000 | 1 190 | 1 060 | 1 250 | 1 110 | 1 310 | 1 230 | 1 450 |
| 46 | 755 | 728 | 920 | 973 | 1 150 | 1 040 | 1 220 | 1 100 | 1 300 | 1 160 | 1 370 | 1 220 | 1 430 | 1 340 | 1 580 |
| 48 | 823 | 793 | 1 000 | 1 060 | 1 250 | 1 130 | 1 330 | 1 190 | 1 410 | 1 260 | 1 490 | 1 320 | 1 560 | 1 460 | 1 720 |
| 50 | 892 | 860 | 1 090 | 1 150 | 1 360 | 1 220 | 1 440 | 1 300 | 1 530 | 1 370 | 1 620 | 1 440 | 1 700 | 1 580 | 1 870 |
| 52 | 965 | 930 | 1 180 | 1 240 | 1 470 | 1 320 | 1 560 | 1 400 | 1 660 | 1 480 | 1 750 | 1 550 | 1 830 | 1 710 | 2 020 |
| 54 | 1 040 | 1 000 | 1 270 | 1 340 | 1 580 | 1 430 | 1 680 | 1 510 | 1 790 | 1 600 | 1 890 | 1 670 | 1 980 | 1 850 | 2 180 |
| 56 | 1 120 | 1 080 | 1 360 | 1 440 | 1 700 | 1 530 | 1 810 | 1 630 | 1 920 | 1 720 | 2 030 | 1 800 | 2 130 | 1 980 | 2 340 |
| 58 | 1 200 | 1 160 | 1 460 | 1 550 | 1 830 | 1 650 | 1 940 | 1 740 | 2 060 | 1 840 | 2 180 | 1 930 | 2 280 | 2 130 | 2 510 |
| 60 | 1 290 | 1 240 | 1 570 | 1 660 | 1 960 | 1 760 | 2 080 | 1 870 | 2 200 | 1 970 | 2 330 | 2 070 | 2 440 | 2 280 | 2 690 |

注：最小钢丝破断拉力总和＝钢丝绳最小破断拉力×1.226（纤维芯）或 1.374（钢芯）。

表 4-1-13

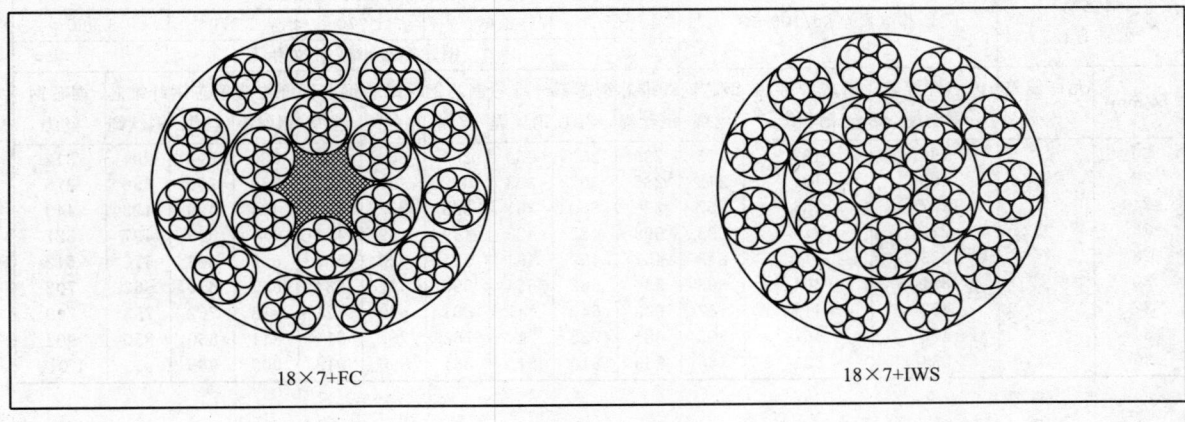

18×7+FC  　　　　　18×7+IWS

续上表

| 钢丝绳公称直径/mm | 参考重量/(kg/100 m) | | 钢丝绳公称抗拉强度/MPa | | | | | | | | | | | |
|---|---|---|---|---|---|---|---|---|---|---|---|---|---|---|
| | | | 1 570 | | 1 670 | | 1 770 | | 1 870 | | 1 960 | | 2 160 | |
| | | | 钢丝绳最小破断拉力/kN | | | | | | | | | | | |
| | 纤维芯钢丝绳 | 钢芯钢丝绳 | 纤维芯钢丝绳 | 钢芯钢丝绳 | 纤维芯钢丝绳 | 钢芯钢丝绳 | 纤维芯钢丝绳 | 钢芯钢丝绳 | 纤维芯钢丝绳 | 钢芯钢丝绳 | 纤维芯钢丝绳 | 钢芯钢丝绳 | 纤维芯钢丝绳 | 钢芯钢丝绳 |
| 6 | 14.0 | 15.5 | 17.5 | 18.5 | 18.6 | 19.7 | 19.8 | 20.9 | 20.9 | 22.1 | 21.9 | 23.1 | 24.1 | 25.5 |
| 7 | 19.1 | 21.1 | 23.8 | 25.5 | 25.1 | 26.8 | 26.9 | 28.4 | 28.4 | 30.1 | 29.8 | 31.5 | 32.8 | 34.7 |
| 8 | 25.0 | 27.5 | 31.1 | 33.0 | 33.1 | 35.1 | 35.1 | 37.2 | 37.1 | 39.3 | 38.9 | 41.1 | 42.9 | 45.3 |
| 9 | 31.6 | 34.8 | 39.4 | 41.7 | 41.9 | 44.4 | 44.4 | 47.0 | 47.0 | 49.7 | 49.2 | 52.1 | 54.2 | 57.4 |
| 10 | 39.0 | 43.0 | 48.7 | 51.5 | 51.8 | 54.8 | 54.9 | 58.1 | 58.0 | 61.3 | 60.8 | 64.3 | 67.0 | 70.8 |
| 11 | 47.2 | 52.0 | 58.9 | 62.3 | 62.6 | 66.3 | 66.4 | 70.2 | 70.1 | 74.2 | 73.5 | 77.8 | 81.0 | 85.7 |
| 12 | 56.2 | 61.9 | 70.1 | 74.2 | 74.5 | 78.9 | 79.0 | 83.6 | 83.5 | 88.3 | 87.5 | 92.6 | 96.4 | 102 |
| 13 | 65.9 | 72.7 | 82.3 | 87.0 | 87.5 | 92.6 | 92.7 | 98.1 | 98.0 | 104 | 103 | 109 | 113 | 120 |
| 14 | 76.4 | 84.3 | 95.4 | 101 | 101 | 107 | 108 | 114 | 114 | 120 | 119 | 126 | 131 | 139 |
| 16 | 99.8 | 110 | 125 | 132 | 133 | 140 | 140 | 149 | 148 | 157 | 156 | 165 | 171 | 181 |
| 18 | 126 | 139 | 158 | 167 | 168 | 177 | 178 | 188 | 188 | 199 | 197 | 208 | 217 | 230 |
| 20 | 156 | 172 | 195 | 206 | 207 | 219 | 219 | 232 | 232 | 245 | 243 | 257 | 268 | 283 |
| 22 | 189 | 208 | 236 | 249 | 251 | 265 | 266 | 281 | 281 | 297 | 294 | 311 | 324 | 343 |
| 24 | 225 | 248 | 280 | 297 | 298 | 316 | 316 | 334 | 334 | 353 | 350 | 370 | 386 | 408 |
| 26 | 264 | 291 | 329 | 348 | 350 | 370 | 371 | 392 | 392 | 415 | 411 | 435 | 453 | 479 |
| 28 | 306 | 337 | 382 | 404 | 406 | 429 | 430 | 455 | 454 | 481 | 476 | 504 | 525 | 555 |
| 30 | 351 | 387 | 438 | 463 | 466 | 493 | 494 | 523 | 522 | 552 | 547 | 579 | 603 | 638 |
| 32 | 399 | 440 | 498 | 527 | 530 | 561 | 562 | 594 | 594 | 628 | 622 | 658 | 686 | 725 |
| 34 | 451 | 497 | 563 | 595 | 598 | 633 | 634 | 671 | 670 | 709 | 702 | 743 | 774 | 819 |
| 36 | 505 | 557 | 631 | 667 | 671 | 710 | 711 | 752 | 751 | 795 | 787 | 833 | 868 | 918 |
| 38 | 563 | 621 | 703 | 744 | 748 | 791 | 792 | 838 | 837 | 886 | 877 | 928 | 967 | 1020 |
| 40 | 624 | 688 | 779 | 824 | 828 | 876 | 878 | 929 | 928 | 981 | 972 | 1 030 | 1 070 | 1 130 |
| 42 | 688 | 759 | 859 | 908 | 913 | 966 | 968 | 1 020 | 1 020 | 1 080 | 1 070 | 1 130 | 1 180 | 1 250 |
| 44 | 755 | 832 | 924 | 997 | 1 000 | 1 060 | 1 060 | 1 120 | 1 120 | 1 190 | 1 180 | 1 240 | 1 300 | 1 370 |

注：最小钢丝破断拉力总和＝钢丝绳最小破断拉力×1.283，其中17×7为1.250。

表 4-1-14 异型股钢丝绳（GB 8918—2006）

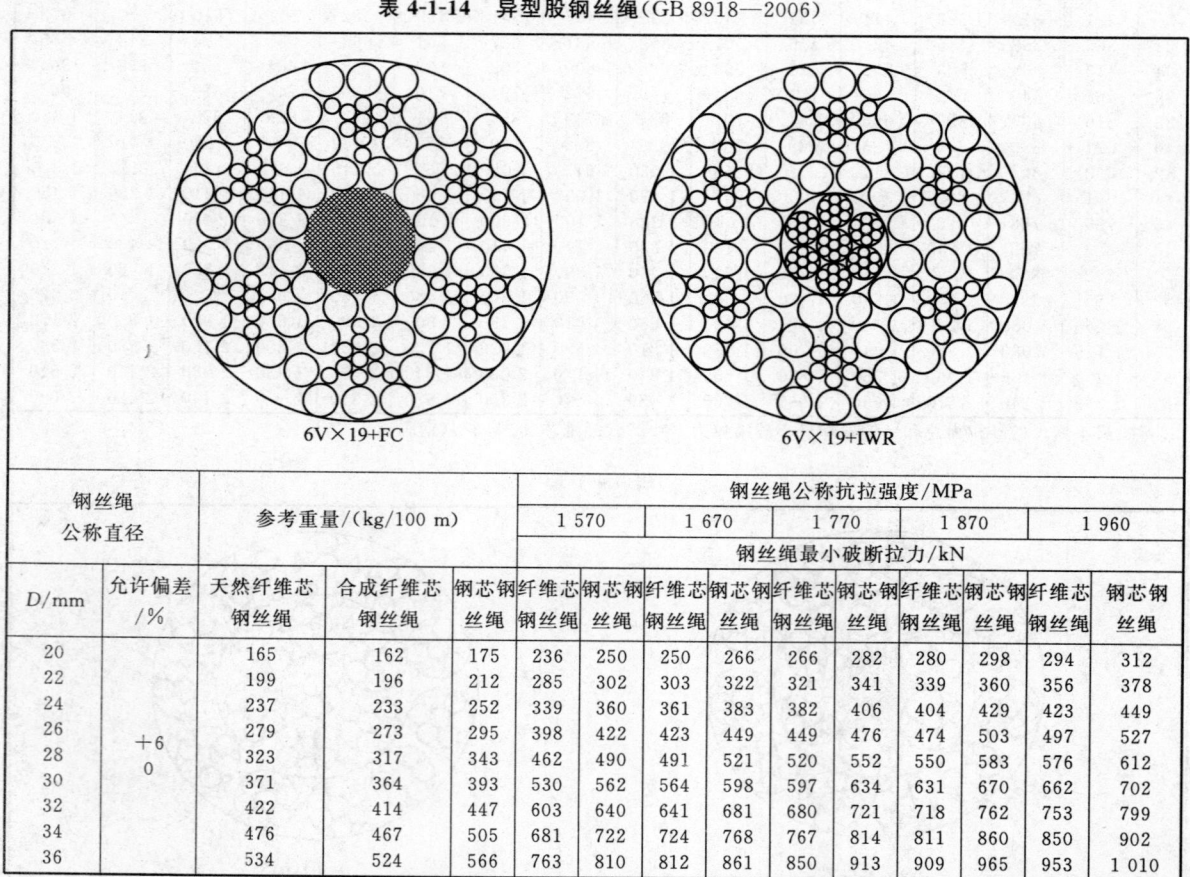

6V×19+FC    6V×19+IWR

| 钢丝绳公称直径 | | 参考重量/(kg/100 m) | | 钢丝绳公称抗拉强度/MPa | | | | | | | | | |
|---|---|---|---|---|---|---|---|---|---|---|---|---|---|
| | | | | 1 570 | | 1 670 | | 1 770 | | 1 870 | | 1 960 | |
| | | | | 钢丝绳最小破断拉力/kN | | | | | | | | | |
| D/mm | 允许偏差/% | 天然纤维芯钢丝绳 | 合成纤维芯钢丝绳 | 钢芯钢丝绳 | 纤维芯钢丝绳 | 钢芯钢丝绳 | 纤维芯钢丝绳 | 钢芯钢丝绳 | 纤维芯钢丝绳 | 钢芯钢丝绳 | 纤维芯钢丝绳 | 钢芯钢丝绳 | 纤维芯钢丝绳 | 钢芯钢丝绳 |
| 20 | +6 0 | 165 | 162 | 175 | 236 | 250 | 250 | 266 | 266 | 282 | 280 | 298 | 294 | 312 |
| 22 | | 199 | 196 | 212 | 285 | 302 | 303 | 322 | 321 | 341 | 339 | 360 | 356 | 378 |
| 24 | | 237 | 233 | 252 | 339 | 360 | 361 | 383 | 382 | 406 | 404 | 429 | 423 | 449 |
| 26 | | 279 | 273 | 295 | 398 | 422 | 423 | 449 | 449 | 476 | 474 | 503 | 497 | 527 |
| 28 | | 323 | 317 | 343 | 462 | 490 | 491 | 521 | 520 | 552 | 550 | 583 | 576 | 612 |
| 30 | | 371 | 364 | 393 | 530 | 562 | 564 | 598 | 597 | 634 | 631 | 670 | 662 | 702 |
| 32 | | 422 | 414 | 447 | 603 | 640 | 641 | 681 | 680 | 721 | 718 | 762 | 753 | 799 |
| 34 | | 476 | 467 | 505 | 681 | 722 | 724 | 768 | 767 | 814 | 811 | 860 | 850 | 902 |
| 36 | | 534 | 524 | 566 | 763 | 810 | 812 | 861 | 850 | 913 | 909 | 965 | 953 | 1 010 |

**表 4-1-15 密封式钢丝绳**(GB 352—64,GB 353—64,GB 354—64)

标记示例:以公称抗拉强度 1 100 MPa 特号光面钢丝制成的直径 32 mm 右向捻钢丝绳：

密封钢丝绳 32—1100—特—Z  GB 352—64

| 钢丝绳种类 | 钢丝绳直径 /mm | 钢丝的数量和尺寸 | | | | | | | 全部钢丝的断面积 /mm² | 一百米钢丝绳的自重 /kg | 钢丝绳公称抗拉强度/MPa | | | | | |
|---|---|---|---|---|---|---|---|---|---|---|---|---|---|---|---|---|
| | | 圆钢丝 | | 梯形钢丝 | | | | Z形钢丝 | | | | | | | | |
| | | | | 第一层 | | 第二层 | | | | | | 1 000 | 1 100 | 1 200 | 1 300 | 1 400 |
| | | 直径 /mm | 数量 /根 | 高 /mm | 数量 /根 | 高 /mm | 数量 /根 | 高 /mm | 数量 /根 | 共计 /根 | | | 全部钢丝的破断拉力总和∑t/N | | | | |
| 一层Z形钢丝绳(GB 352—64) | 30.5 | 4.1 | 19 | | | | | 5 | 19 | 38 | 596 | 500 | 596 000 | 655 500 | 715 000 | | |
| | 32.0 | 4.4 | 19 | | | | | 5 | 20 | 39 | 660 | 560 | 660 000 | 726 000 | 792 000 | | |
| | 34.0 | 3.4 | 37 | | | | | 5 | 21 | 58 | 730 | 630 | 730 000 | 803 000 | 876 000 | | |
| | 35.5 | 3.6 | 37 | | | | | 5 | 22 | 59 | 796 | 700 | 796 000 | 875 500 | 955 000 | | |
| 一层梯形和一层Z形钢丝绳(GB 353—64) | 38.5 | 3.3 | 19 | 5 | 17 | | | 6 | 18 | 54 | 1 000 | 855 | | 1 100 000 | 1 200 000 | 1 300 000 | 1 400 000 |
| | 40.5 | 3.9 | 19 | 5 | 18 | | | 6 | 19 | 56 | 1 135 | 960 | | 1 245 000 | 1 360 000 | 1 475 000 | 1 585 000 |
| | 42.5 | 4.1 | 19 | 5 | 19 | | | 6 | 20 | 58 | 1 210 | 1 030 | | 1 330 000 | 1 450 000 | 1 570 000 | 1 690 000 |
| | 45.0 | 4.6 | 19 | 5 | 20 | | | 6 | 21 | 60 | 1 356 | 1 150 | | 1 490 000 | 1 625 000 | 1 760 000 | 1 895 000 |
| | 47.0 | 3.55 | 37 | 5 | 22 | | | 6 | 22 | 81 | 1 460 | 1 250 | | 1 605 000 | 1 605 000 | 1 895 000 | 2 040 000 |
| 两层梯形和一层Z形钢丝绳(GB 354—64) | 50 | 3.6 | 19 | 5 | 18 | 5 | 24 | 6 | 24 | 85 | 1790 | 1495 | | 196 500 | 214 500 | | |

注：$k=0.9$，$S=k\sum t$。

# 第四节 钢丝绳端的固定和联接

## 一、固定和联接

钢丝绳常用的固定方法有以下几种。

### (一)编结法(图 4-1-9a)

长度为$(20\sim25)d$($d$ 为钢丝绳直径)的钢丝绳尾端绕过套环后,每个绳股依次穿插在绳的主体中,与主体绳编结在一起,并用细钢丝扎紧。直径 15 mm 以下的钢丝绳,每股穿插次数不少于 4;直径 15 mm～28 mm 的钢丝绳不少于 5;直径 28 mm～60 mm 的钢丝绳不少于 6。用编结法固定绳端的钢丝绳强度为钢丝绳本身强度的 75%～90%(绳径小的取大值)。

### (二)绳卡固定法(图 4-1-9b)

此法简单可靠,拆联方便,获得广泛应用。绳卡数目根据钢丝绳直径而定,但不应少于 3 个(表 4-1-16)。绳卡底板应与钢丝绳的主支接触,U 形螺栓扣在钢丝绳的尾支上。绳卡螺母拧紧力矩见表 4-1-17。根据使用经验,一般认为,当绳卡中的钢丝绳直径减小 $\frac{1}{3}$,表明螺母的拧紧度合适。绳卡型号的选用见表 4-1-18。

表 4-1-16 钢丝绳直径与绳卡数

| 钢丝绳直径/mm | 7～16 | 19～27 | 28～37 | 38～45 |
|---|---|---|---|---|
| 绳卡数 | 3 | 4 | 5 | 6 |

表 4-1-17 绳卡螺母拧紧力矩

| 螺 纹 | M6 | M8 | M10 | M12 | M16 | M20 | M24 | M30 | M36 |
|---|---|---|---|---|---|---|---|---|---|
| 拧紧力/(N·m) | 0.03 | 0.1 | 0.3 | 0.55 | 0.8 | 1.25 | 2 | 3.3 | 4.5 |

表 4-1-18 绳卡型号选用

| 绳卡型号 | 钢丝绳最大直径 $d$/mm | 绳卡型号 | 钢丝绳最大直径 $d$/mm | 绳卡型号 | 钢丝绳最大直径 $d$/mm | 绳卡型号 | 钢丝绳最大直径 $d$/mm |
|---|---|---|---|---|---|---|---|
| Y1-6 | 6 | Y5-15 | 15 | Y9-28 | 28 | Y13-50 | 50 |
| Y2-8 | 8 | Y6-20 | 20 | Y10-32 | 32 | | |
| Y3-10 | 10 | Y7-22 | 22 | Y11-40 | 40 | | |
| Y4-12 | 12 | Y8-25 | 25 | Y12-45 | 45 | | |

绳卡间距和最后一个绳卡后的钢丝绳尾端长度都不应小于$(5\sim6)d$,$d$ 为钢丝绳直径。绳卡固定处的强度约为钢丝绳强度的 80%～90%。如绳卡装反,强度将下降到 75% 以下。

### (三)楔形套筒固定(图 4-1-9c)

钢丝绳尾端绕过楔块,利用楔块在套筒内的锁紧作用使钢丝绳固定,这种固定方法用于空间紧凑的地方。固定处的强度约为钢丝绳强度的 75%～85%。

### (四)锥形套筒灌锌固定(图 4-1-9d)

钢丝绳尾端穿入锥形套筒后将钢丝绳松散,钢丝末端弯成钩状,浇入锌、铝或其他易熔金属。由于工艺简单,联接可靠,应用较广。固定处的强度与钢丝绳强度大致相同。

### (五)锥形套筒中多楔固定(图 4-1-9e)

这种固定方法用于有粗钢丝的承载绳。钢丝绳尾端穿入套筒后,将钢丝松散,在各层粗钢丝之间插入楔条,再浇入锌液。

### (六)钢丝绳快速联接(图 4-1-10)

这种联接用于需要快速拆换钢丝绳联接的部件,例如用吊钩组替换抓斗。它采用链节式接头,可

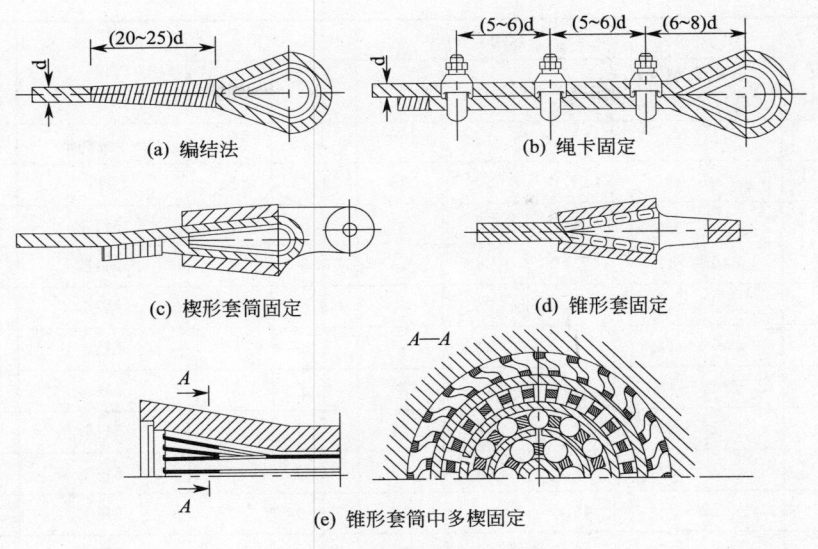

图 4-1-9 钢丝绳端部的固定方法

以快速装拆钢丝绳的两端,为了链节顺利通过滑轮不损坏钢丝绳,将滑轮轮缘适当加宽(图 4-1-11)。

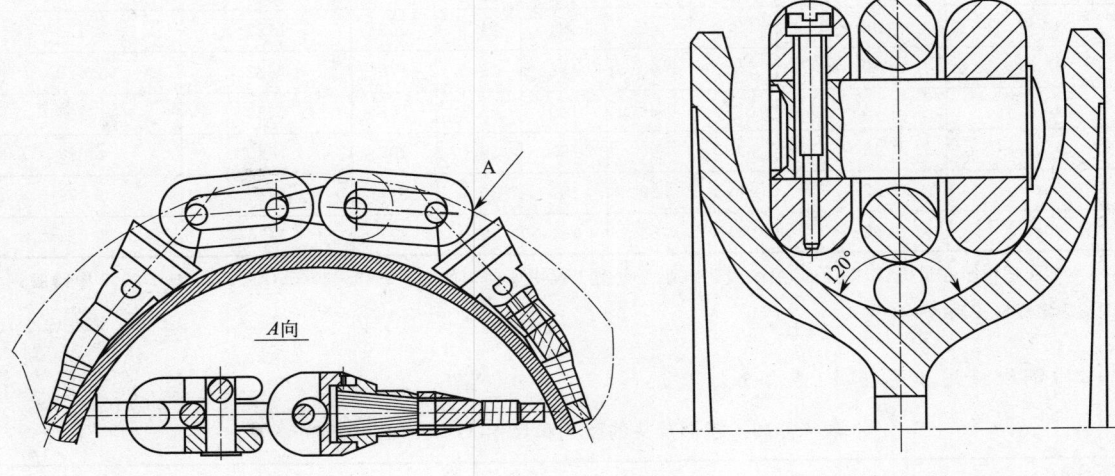

图 4-1-10 钢丝绳快速连接　　　　图 4-1-11 轮缘加宽的滑轮

## 二、绳　具

（一）钢丝绳夹（表 4-1-19）

**表 4-1-19　绳夹的型式和尺寸**（GB 5976—2006）

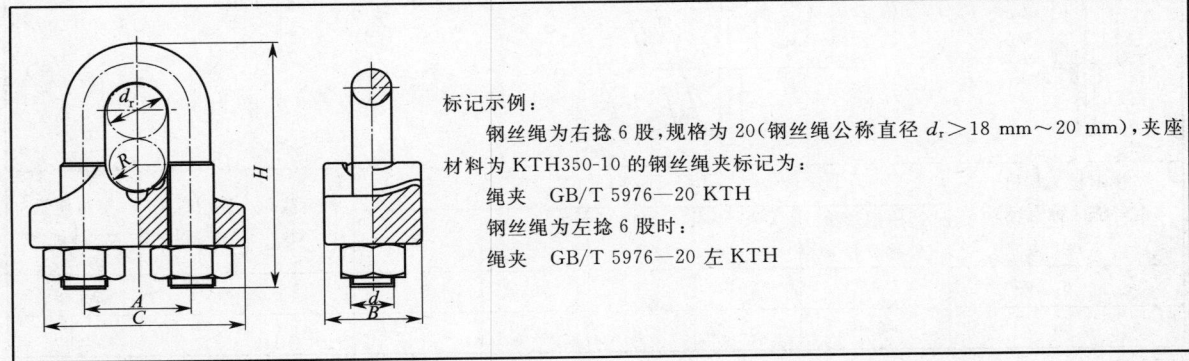

标记示例：

钢丝绳为右捻 6 股,规格为 20（钢丝绳公称直径 $d_r$ >18 mm～20 mm）,夹座材料为 KTH350-10 的钢丝绳夹标记为：

绳夹　GB/T 5976—20 KTH

钢丝绳为左捻 6 股时：

绳夹　GB/T 5976—20 左 KTH

续上表

| 绳夹规格（钢丝绳公称直径$d_r$）/mm | 适用钢丝绳公称直径$d_r$ | 尺寸/mm A | B | C | R | H | 螺母 GB/T 41—2000 d | 单组质量/kg |
|---|---|---|---|---|---|---|---|---|
| 6 | 6 | 13.0 | 14 | 27 | 3.5 | 31 | M6 | 0.034 |
| 8 | >6~8 | 17.0 | 19 | 36 | 4.5 | 41 | M8 | 0.073 |
| 10 | >8~10 | 21.0 | 23 | 44 | 5.5 | 51 | M10 | 0.140 |
| 12 | >10~12 | 25.0 | 28 | 53 | 6.5 | 62 | M12 | 0.243 |
| 14 | >12~14 | 29.0 | 32 | 61 | 7.5 | 72 | M14 | 0.372 |
| 16 | >14~16 | 31.0 | 32 | 63 | 8.5 | 77 | M14 | 0.402 |
| 18 | >16~18 | 35.0 | 37 | 72 | 9.5 | 87 | M16 | 0.601 |
| 20 | >18~20 | 37.0 | 37 | 74 | 10.5 | 92 | M16 | 0.624 |
| 22 | >20~22 | 43.0 | 46 | 89 | 12.0 | 108 | M20 | 1.122 |
| 24 | >22~24 | 45.5 | 46 | 91 | 13.0 | 113 | M20 | 1.205 |
| 26 | >24~26 | 47.5 | 46 | 93 | 14.0 | 117 | M20 | 1.244 |
| 28 | >26~28 | 51.5 | 51 | 102 | 15.0 | 127 | M22 | 1.605 |
| 32 | >28~32 | 55.5 | 51 | 106 | 17.0 | 136 | M22 | 1.727 |
| 36 | >32~36 | 61.5 | 55 | 116 | 19.5 | 151 | M24 | 2.286 |
| 40 | >36~40 | 69.0 | 62 | 131 | 21.5 | 168 | M27 | 3.133 |
| 44 | >40~44 | 73.0 | 62 | 135 | 23.5 | 178 | M27 | 3.470 |
| 48 | >44~48 | 80.0 | 69 | 149 | 25.5 | 196 | M30 | 4.701 |
| 52 | >48~52 | 84.5 | 69 | 153 | 28.0 | 205 | M30 | 4.897 |
| 56 | >52~56 | 88.5 | 69 | 157 | 30.0 | 214 | M30 | 5.075 |
| 60 | >56~60 | 98.5 | 83 | 181 | 32.0 | 237 | M36 | 7.921 |

注：本标注适用于起重机、矿山运输、船舶和建筑业等重型工况中所使用的 GB 8918—2006、GB/T 20118—2006 中圆股钢丝绳的绳端固定或连接用的钢丝绳夹。

(二) 钢丝绳用楔形接头 (表 4-1-20)

表 4-1-20 楔形接头的型式和尺寸 (GB 5973—2006)

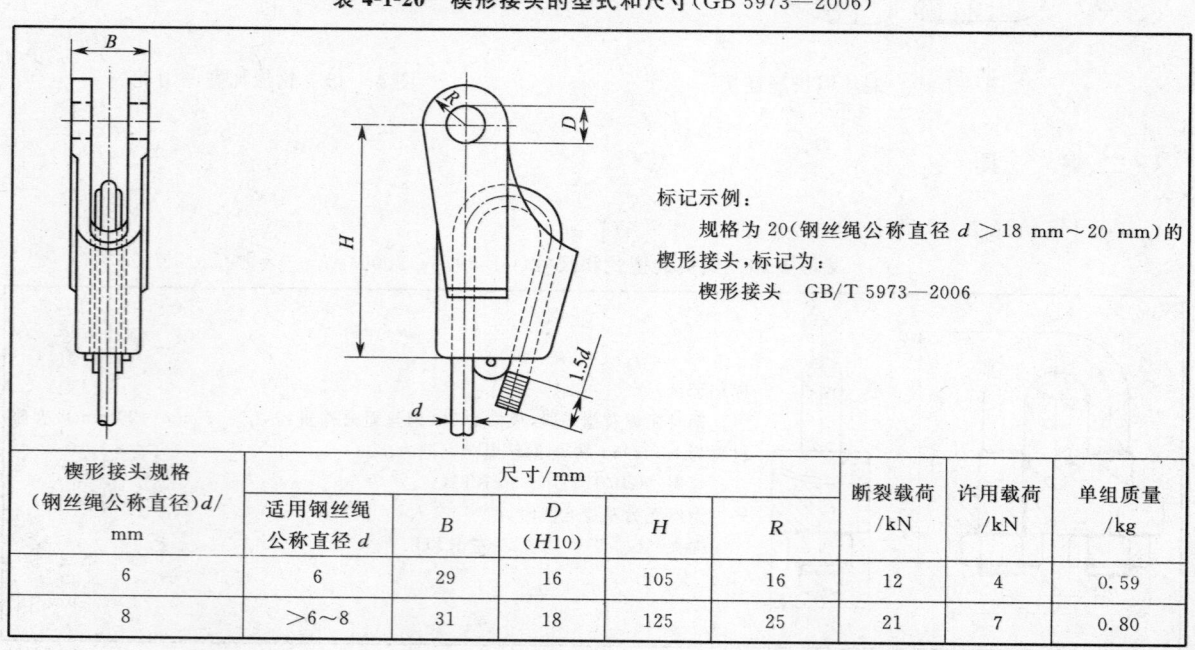

标记示例：
规格为 20 (钢丝绳公称直径 $d > 18$ mm~20 mm) 的楔形接头，标记为：
楔形接头 GB/T 5973—2006

| 楔形接头规格（钢丝绳公称直径）d/mm | 适用钢丝绳公称直径 d | 尺寸/mm B | D (H10) | H | R | 断裂载荷/kN | 许用载荷/kN | 单组质量/kg |
|---|---|---|---|---|---|---|---|---|
| 6 | 6 | 29 | 16 | 105 | 16 | 12 | 4 | 0.59 |
| 8 | >6~8 | 31 | 18 | 125 | 25 | 21 | 7 | 0.80 |

续上表

| 楔形接头规格(钢丝绳公称直径)d/mm | 尺寸/mm 适用钢丝绳公称直径 d | B | D (H10) | H | R | 断裂载荷/kN | 许用载荷/kN | 单组质量/kg |
|---|---|---|---|---|---|---|---|---|
| 10 | >8~10 | 38 | 20 | 150 | 25 | 32 | 11 | 1.04 |
| 12 | >10~12 | 44 | 25 | 180 | 30 | 48 | 16 | 1.73 |
| 14 | >12~14 | 51 | 30 | 185 | 35 | 66 | 22 | 2.34 |
| 16 | >14~16 | 60 | 34 | 195 | 42 | 85 | 28 | 3.27 |
| 18 | >16~18 | 64 | 36 | 195 | 44 | 108 | 36 | 4.00 |
| 20 | >18~20 | 72 | 38 | 220 | 50 | 135 | 45 | 5.45 |
| 22 | >20~22 | 76 | 40 | 240 | 52 | 168 | 56 | 6.37 |
| 24 | >22~24 | 83 | 50 | 260 | 60 | 190 | 63 | 8.32 |
| 26 | >24~26 | 92 | 55 | 280 | 65 | 215 | 75 | 10.16 |
| 28 | >26~28 | 94 | 55 | 320 | 70 | 270 | 90 | 13.97 |
| 32 | >28~32 | 110 | 65 | 360 | 77 | 336 | 112 | 17.94 |
| 36 | >32~36 | 122 | 70 | 390 | 85 | 450 | 150 | 23.03 |
| 40 | >36~40 | 145 | 75 | 470 | 90 | 540 | 180 | 32.35 |

注:本标准适用于各类起重机上的,符合 GB 8918—2006、GB/T 20118—2006 规定的绳端固定或连接的圆股钢丝绳用楔形接头。

(三)钢丝绳铝合金压制接头

1. 型式

按接头结构外形分为:A 型—圆柱形接头;B 型—圆柱锥端形接头(图 3-1-12)。基本参数见表 4-1-22。

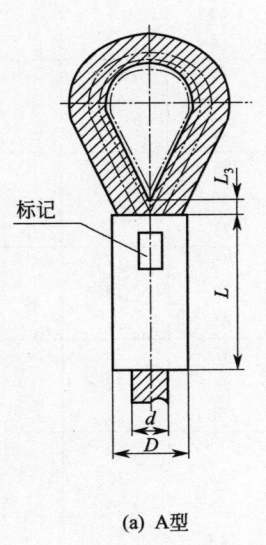
(a) A型

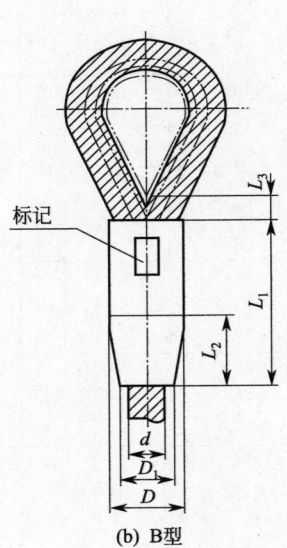
(b) B型

图 4-1-12 接头形式

2. 型号表示方法

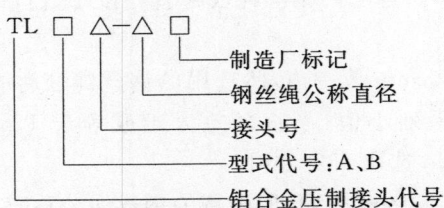

型号标记示例:直径为 16 mm 的钢丝绳,按钢丝绳截面积选用 18 号圆柱锥端型铝合金压制接

头,制造厂标为××,标记为:接头 TLB18—16 ××

3. 规格系列

接头号系列见表 4-1-21。

表 4-1-21 接头号系列(GB 6946—2006)

| 6 | 7 | 8 | 9 | 10 | 11 | 12 | 13 |
|---|---|---|---|----|----|----|----|
| 14 | 16 | 18 | 20 | 22 | 24 | 26 | 28 |
| 30 | 32 | 34 | 36 | 38 | 40 | 44 | 48 |
| 52 | 56 | 60 | 65 | | | | |

接头号的选取与钢丝绳公称直径及其金属截面积有关,按表 4-1-22 中钢丝绳公称直径,再根据钢丝绳金属截面积选取接头号(表 4-1-21)。

表 4-1-22 接头基本参数(GB 6946—2008)

| 接头号 | D/mm 基本尺寸 | D/mm 极限偏差 | $D_{1min}$/mm | $L_{min}$/mm | $L_{1min}$/mm | $L_{2min}$/mm | $L_3 \approx$/mm | 压制力(参考值)/kN |
|---|---|---|---|---|---|---|---|---|
| 6 | 13 | +0.35 / 0 | — | 30 | — | — | 3 | 300 |
| 7 | 15 | | — | 34 | — | — | 4 | 350 |
| 8 | 17 | | — | 38 | 42 | — | 4 | 400 |
| 9 | 19 | +0.40 / 0 | 15 | 44 | 48 | 20 | 5 | 450 |
| 10 | 21 | | 16 | 49 | 53 | 22 | 5 | 500 |
| 11 | 23 | | 18 | 54 | 75 | 24 | 6 | 600 |
| 12 | 25 | +0.50 / 0 | 19 | 59 | 75 | 27 | 6 | 700 |
| 13 | 27 | | 21 | 64 | 75 | 29 | 7 | 800 |
| 14 | 29 | | 22 | 69 | 75 | 31 | 7 | 1 000 |
| 16 | 33 | +0.60 / 0 | 25 | 78 | 83 | 35 | 8 | 1 200 |
| 18 | 37 | | 28 | 88 | 90 | 40 | 9 | 1 400 |
| 20 | 41 | | 31 | 98 | 110 | 44 | 10 | 1 600 |
| 22 | 45 | +0.80 / 0 | 34 | 108 | 115 | 49 | 11 | 1 800 |
| 24 | 49 | | 37 | 118 | 126 | 53 | 12 | 2 000 |
| 26 | 54 | | 41 | 127 | 142 | 57 | 13 | 2 250 |
| 28 | 58 | +1.0 / 0 | 44 | 137 | 150 | 62 | 14 | 2 550 |
| 30 | 62 | | 47 | 147 | 155 | 66 | 15 | 2 950 |
| 32 | 66 | | 50 | 157 | 176 | 71 | 16 | 3 400 |
| 34 | 70 | +1.5 / 0 | 53 | 167 | 180 | 75 | 17 | 3 800 |
| 36 | 74 | | 56 | 176 | 185 | 79 | 18 | 4 300 |
| 38 | 78 | | 59 | 186 | 205 | 84 | 19 | 4 800 |
| 40 | 82 | +2.0 / 0 | 62 | 196 | 210 | 88 | 20 | 5 300 |
| 44 | 90 | | 68 | 215 | 228 | 96 | 22 | 6 200 |
| 48 | 98 | | 74 | 235 | 248 | 106 | 24 | 7 300 |
| 52 | 106 | +2.0 / 0 | 80 | 255 | 270 | 114 | 26 | 8 600 |
| 56 | 114 | | 85 | 275 | 290 | 124 | 28 | 10 000 |
| 60 | 124 | | 93 | 295 | 315 | 132 | 30 | 12 000 |
| 65 | 135 | | 102 | 360 | - | 144 | 33 | 15 300 |

介于表 4-1-23 钢丝绳公称直径系列之间的钢丝绳,应按下列原则选取:

(1)直径为 6 mm～14 mm,所选用的钢丝绳公称直径按小数位四舍五入选取。例如:$\phi$9.3 mm 选取 $\phi$9 mm。

(2)在直径大于 14 mm～40 mm 范围内,所选用的钢丝绳公称直径与表 4-1-23 中钢丝绳公称直径之差小于 1mm 时,选取系列小值;当直径差大于或等于 1 mm 时,选取系列大值。例如:$\phi$22.5 mm 选取 $\phi$22 mm,$\phi$31 mm 选取 $\phi$32 mm。

(3)在直径大于 40 mm～65mm 范围内,所选用的钢丝绳公称直径与表 4-1-23 中钢丝绳公称直径之差小于或等于 2 mm 时,选取系列小值;当直径差大于 2 mm 时,选取系列大值,例如:$\phi$46 mm 选

取 $\phi44$ mm，$\phi47.5$ mm 选取 48 mm。

**表 4-1-23　钢丝绳金属截面积与接头号关系（GB 6946—2008）**

| 钢丝绳公称直径 $d$/mm | 第一种情况 | | | 第二种情况 | | | 第三种情况 | | |
|---|---|---|---|---|---|---|---|---|---|
| | 钢丝绳金属截面积/mm² | | 接头号 | 钢丝绳金属截面积/mm² | | 接头号 | 钢丝绳金属截面积/mm² | | 接头号 |
| | > | ≤ | | > | ≤ | | > | ≤ | |
| 6 | 11.9 | 16.5 | 6 | 16.5 | 20.5 | 7 | 20.5 | 25.9 | 8 |
| 7 | 13.9 | 19.2 | 7 | 19.2 | 23.9 | 8 | 23.9 | 30.0 | 9 |
| 8 | 18.1 | 25.0 | 8 | 25.0 | 31.2 | 9 | 31.2 | 39.2 | 10 |
| 9 | 22.9 | 31.7 | 9 | 31.7 | 39.4 | 10 | 39.4 | 49.6 | 11 |
| 10 | 28.3 | 39.2 | 10 | 39.2 | 48.7 | 11 | 48.7 | 61.3 | 12 |
| 11 | 34.2 | 47.5 | 11 | 47.5 | 58.9 | 12 | 58.9 | 74.1 | 13 |
| 12 | 40.7 | 56.6 | 12 | 56.6 | 70.1 | 13 | 70.1 | 88.2 | 14 |
| 13 | 47.8 | 66.2 | 13 | 66.2 | 82.3 | 14 | 82.3 | 104.0 | 16 |
| 14 | 55.4 | 76.8 | 14 | 76.8 | 95.4 | 16 | 95.4 | 120.0 | 18 |
| 16 | 72.4 | 100.0 | 16 | 100.0 | 125.0 | 18 | 125.0 | 157.0 | 20 |
| 18 | 91.6 | 127.0 | 18 | 127.0 | 158.0 | 20 | 158.0 | 199.0 | 22 |
| 20 | 113.0 | 157.0 | 20 | 157.0 | 195.0 | 22 | 195.0 | 245.0 | 24 |
| 22 | 137.0 | 189.0 | 22 | 189.0 | 236.0 | 24 | 236.0 | 296.0 | 26 |
| 24 | 163.0 | 226.0 | 24 | 226.0 | 280.0 | 26 | 280.0 | 353.0 | 28 |
| 26 | 191.0 | 265.0 | 26 | 265.0 | 329.0 | 28 | 329.0 | 414.0 | 30 |
| 28 | 222.0 | 308.0 | 28 | 308.0 | 382.0 | 30 | 382.0 | 480.0 | 32 |
| 30 | 254.0 | 352.0 | 30 | 352.0 | 438.0 | 32 | 438.0 | 551.0 | 34 |
| 32 | 290.0 | 401.0 | 32 | 401.0 | 499.0 | 34 | 499.0 | 627.0 | 36 |
| 34 | 327.0 | 454.0 | 34 | 454.0 | 563.0 | 36 | 563.0 | 708.0 | 38 |
| 36 | 366.0 | 509.0 | 36 | 509.0 | 631.0 | 38 | 631.0 | 794.0 | 40 |
| 38 | 408.0 | 565.0 | 38 | 565.0 | 703.0 | 40 | 703.0 | 884.0 | 44 |
| 40 | 452.0 | 630.0 | 40 | 630.0 | 780.0 | 44 | 780.0 | 980.0 | 48 |
| 44 | 547.0 | 760.0 | 44 | 760.0 | 942.0 | 48 | 942.0 | 1185.0 | 52 |
| 48 | 651.0 | 904.0 | 48 | 904.0 | 1 121.0 | 52 | 1 121.0 | 1 411.0 | 56 |
| 52 | 764.0 | 1 061.0 | 52 | 1 061.0 | 1 316.0 | 56 | 1 316.0 | 1 656.0 | 60 |
| 56 | 886.0 | 1 231.0 | 56 | 1 231.0 | 1 526.0 | 60 | — | — | — |
| 60 | 1 017.0 | 1 413.0 | 60 | — | — | — | — | — | — |
| 65 | — | — | 65 | — | — | — | — | — | — |

注：本标准适用于直径 6 mm～65 mm，公称抗拉强度不大于 1 870 MPa 的圆股钢丝绳的接头。本标准不适用于单股和异形股钢丝绳的接头。

**（四）钢丝绳用压板（表 4-1-24）**

**表 4-1-24　钢丝绳压板（GB 5975—2006）**

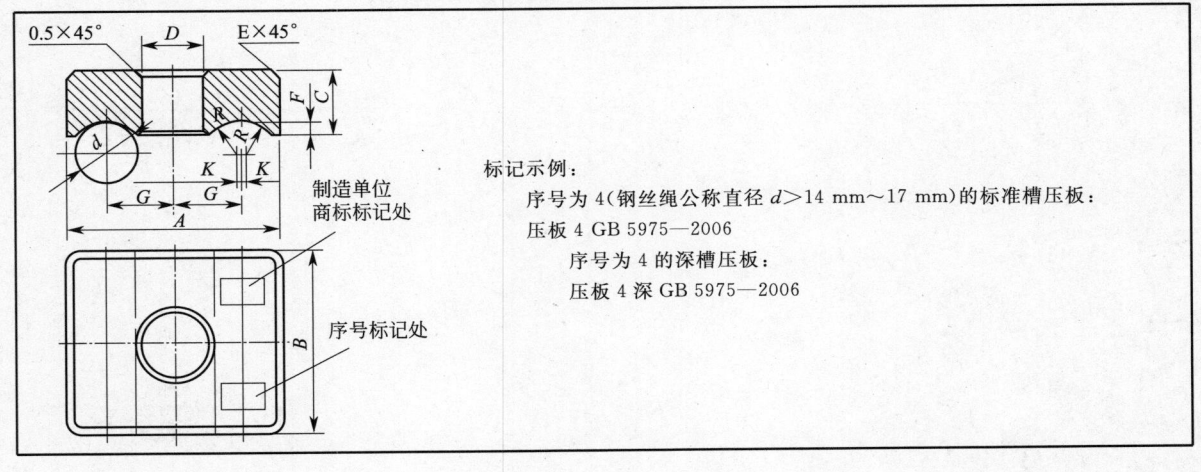

标记示例：

序号为 4（钢丝绳公称直径 $d>14$ mm～17 mm）的标准槽压板：

压板 4 GB 5975—2006

序号为 4 的深槽压板：

压板 4 深 GB 5975—2006

续上表

| 压板序号 | 适用钢丝绳公称直径 $d$/mm | 尺寸/mm | | | | | | | | | | | | | | 单件质量/kg | |
|---|---|---|---|---|---|---|---|---|---|---|---|---|---|---|---|---|---|
| | | $A$ | | $B$ | $C$ | $D$ | $E$ | $F$ | $G$ | | $K$ | $R$ | | 压板螺栓直径 | 标准槽 | 深槽 |
| | | 标准槽 | 深槽 | | | | | | 标准槽 | 深槽 | | 基本尺寸 | 极限偏差 | | | |
| 1 | 6~8 | 25 | 29 | 25 | 8 | 9 | 1 | 2.0 | 8.0 | 10.0 | 1.0 | 4.0 | +0.10 | M8 | 0.03 | 0.04 |
| 2 | >8~11 | 35 | 39 | 35 | 12 | 11 | 1 | 3.0 | 11.5 | 13.5 | 1.5 | 5.5 | +0.10 | M10 | 0.10 | 0.12 |
| 3 | >11~14 | 45 | 51 | 45 | 16 | 15 | 2 | 3.5 | 14.5 | 17.5 | 1.5 | 7.0 | +0.10 | M14 | 0.22 | 0.25 |
| 4 | >14~17 | 55 | 66 | 50 | 18 | 18 | 2 | 4.0 | 17.5 | 21.5 | 1.5 | 8.5 | +0.10 | M16 | 0.32 | 0.37 |
| 5 | >17~20 | 65 | 73 | 60 | 20 | 22 | 3 | 5.0 | 21.0 | 25.0 | 1.0 | 10.0 | +0.20 | M20 | 0.48 | 0.55 |
| 6 | >20~23 | 75 | 85 | 60 | 20 | 22 | 4 | 6.0 | 24.5 | 29.5 | 1.5 | 11.5 | +0.20 | M20 | 0.55 | 0.65 |
| 7 | >23~26 | 85 | 95 | 70 | 25 | 26 | 4 | 6.5 | 28.0 | 33.0 | 1.0 | 13.0 | +0.20 | M24 | 0.91 | 1.05 |
| 8 | >26~29 | 95 | 105 | 70 | 25 | 30 | 5 | 7.0 | 31.5 | 36.5 | 1.5 | 14.5 | +0.20 | M27 | 0.99 | 1.12 |
| 9 | >29~32 | 105 | 117 | 80 | 30 | 33 | 5 | 8.0 | 34.5 | 40.5 | 1.5 | 16.0 | +0.20 | M30 | 1.52 | 1.75 |
| 10 | >32~35 | 115 | 129 | 90 | 30 | 33 | 6 | 9.0 | 38.0 | 45.0 | 1.5 | 17.5 | +0.30 | M30 | 2.23 | 2.58 |
| 11 | >35~38 | 125 | 141 | 90 | 35 | 39 | 6 | 10.0 | 40.5 | 48.5 | 1.5 | 19.0 | +0.30 | M36 | 2.29 | 2.69 |
| 12 | >38~41 | 135 | 153 | 100 | 40 | 45 | 8 | 11.0 | 44.0 | 53.0 | 1.0 | 20.5 | +0.30 | M42 | 3.17 | 3.74 |
| 13 | >41~44 | 145 | 163 | 110 | 40 | 45 | 8 | 12.0 | 47.5 | 56.5 | 1.5 | 22.0 | +0.30 | M42 | 3.82 | 4.44 |
| 14 | >44~47 | 155 | 175 | 110 | 50 | 45 | 8 | 13.0 | 51.5 | 61.5 | 1.5 | 23.5 | +0.30 | M42 | 5.25 | 6.12 |
| 15 | >47~52 | 170 | 189 | 125 | 50 | 52 | 10 | 13.0 | 56.0 | 65.0 | 2.0 | 26.0 | +0.30 | M48 | 6.69 | 7.57 |

注：1. 本标准适用于各类起重机卷筒上（钢丝绳电动葫芦和多层缠绕的起重机用卷筒除外）所使用的 GB/T 20118—2006《一般用途钢丝绳》的绳端固定。
2. 材料为 Q235，压板表面应光滑平整、无毛刺、瑕疵、锐边和表面粗糙不平等缺陷。

# 第二章 滑轮与滑轮组

## 第一节 滑轮的构造、尺寸和型式

滑轮可以支撑钢丝绳、改变钢丝绳的走向、平衡钢丝绳分支的拉力、组成滑轮组以达到省力或者增速的目的。

### 一、构造和材料

承受负载不大的滑轮,结构尺寸较小(直径 $D<350$ mm),通常作成实体结构,用强度不低于铸铁 HT200 的材料制造。承受大载荷的滑轮,为了减轻重量,多做成筋板带孔结构,用强度不低于 HT200、球铁 QT40—17 和铸钢 ZG230—450 等材料制造。大型滑轮(直径 $D>800$ mm)由轮缘、带筋板的轮辐和轮毂焊接而成,单件生产时也宜采用焊接滑轮。20 世纪 80 年代出现的热轧滑轮在国内外已有使用,我国也制订了相应的行业标准,热轧滑轮的材料为 Q235 直接轧出滑轮绳槽,切屑加工量少,制造工效高。在流动式起重机上,重量轻的尼龙滑轮已获得广泛的应用。铸铁滑轮适用于工作级别 M4 以下的机构,钢制滑轮用于工作级别 M4 以上的机构。

双幅板压制滑轮是将钢板坯料压制成带有 1/2 绳槽的两片轮辐,再通过胀管铆接技术将两片轮辐连为一体。在轮缘绳槽中镶有工程塑料护绳环,可大大提高钢丝绳使用寿命,这种滑轮兼有铸型尼龙滑轮和轧制滑轮的优点。

滑轮大多使用滚动轴承。用尼龙或者其他聚合材料制作的滑动轴承,也开始在起重机的滑轮上使用。

钢丝绳出入滑轮绳槽的偏角较大时($>5°$),绳槽侧壁将受到较大横向力的作用,容易使槽口损坏,使钢丝绳脱槽。为了减小钢丝绳的磨损,在滑轮绳槽中可用铝或聚酰胺作为衬垫材料,但这会使滑轮构造复杂,只有当钢丝绳很长,在技术和经济上对钢丝绳寿命有特殊要求时,才推荐使用。

### 二、滑轮尺寸

滑轮的主要尺寸是滑轮直径 $D$、轮毂宽度 $B$ 和绳槽尺寸。起重机滑轮选用应参照 GB/T 26472—2011 流动式起重机 卷筒和滑轮尺寸;GB/T 27546—2011 起重机械 滑轮;JB/T 8398—1996 双幅板压制滑轮等标准执行。滑轮结构尺寸可按钢丝绳直径进行选定。起重机常用铸造滑轮,其结构尺寸参照标准(JB/T 9005.3—1999)执行。

#### (一)工作滑轮直径 $D$

$$D = h \cdot d \tag{4-2-1}$$

式中　$D$——按钢丝绳中心计算的滑轮或卷筒的卷绕直径(mm);
　　　$h$——卷筒、滑轮和平衡滑轮的卷绕直径与钢丝绳直径之比值,分别为 $h_1$、$h_2$、$h_3$;其值不应小于表 4-2-1 的规定值;
　　　$d$——钢丝绳公称直径(mm)。

表 4-2-1　轮绳直径比系数 $h$

| 机构工作级别 | 卷筒 $h_1$ | 滑轮 $h_2$ | 平衡滑轮 $h_3$ |
|---|---|---|---|
| M1 | 11.2 | 12.5 | 11.2 |
| M2 | 12.5 | 14 | 12.5 |
| M3 | 14 | 16 | 12.5 |
| M4 | 16 | 18 | 14 |
| M5 | 18 | 20 | 14 |
| M6 | 20 | 22.4 | 16 |
| M7 | 22.4 | 25 | 16 |
| M8 | 25 | 28 | 18 |

注：1. 采用抗扭钢丝绳时，$h$ 值应按比机构工作级别高一级的值选取；
　　2. 对于流动式起重机及某些水工工地用的臂架起重机，建议取 $h=18$，与工作级别无关；
　　3. 臂架伸缩机构滑轮的 $h_2$ 值，可选为卷筒的 $h_1$ 值；
　　4. 桥式和门式起重机，取 $h_3=h_2$。

桥式类型起重机小车的平衡滑轮，在工作时经常来回摆动，为了减少钢丝绳的疲劳和损坏，平衡滑轮直径宜取为不小于工作滑轮直径的 0.6 倍。

（二）轮毂宽度 $B$

通常：
$$B=(1.5\sim1.8)d_0 \quad (\text{mm}) \tag{4-2-2}$$

式中　$d_0$——滑轮轴径(mm)

（三）滑轮绳槽尺寸

铸造滑轮按"起重机用铸造滑轮绳槽断面"(JB/T 9005.1—1999)选用（表 4-2-2）。

滑轮绳槽半径 $R=13.5$ mm，表面精度为 2 级的绳槽断面，标记为：

绳槽断面 13.5-2　JB/T 9005.1—1999

表 4-2-2　铸造滑轮绳槽断面及尺寸　　　　　　　　　　　mm

绳槽表面粗糙度精度分为两级：
1 级：$R_a$，表面粗糙度 6.3
2 级：$R_a$，表面粗糙度 12.5

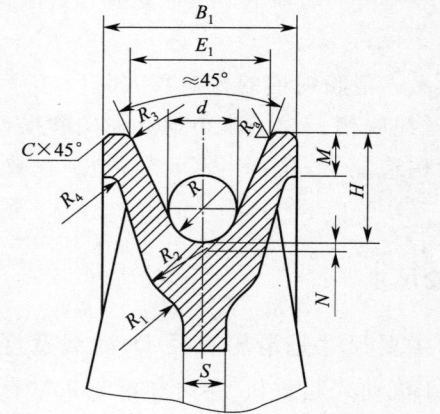

| 钢丝绳直径 $d$ | 基本尺寸 | | | 参考尺寸 | | | | | | | | | |
|---|---|---|---|---|---|---|---|---|---|---|---|---|---|
| | $R$ | | | $H$ | $B_1$ | $E_1$ | $C$ | $R_1$ | $R_2$ | $R_3$ | $R_4$ | $M$ | $N$ | $S$ |
| | 尺寸 | 极限偏差 | | | | | | | | | | | | |
| | | 1 级 | 2 级 | | | | | | | | | | | |
| 5～6 | 3.3 | | | 12.5 | 22 | 15 | 0.5 | 7 | 5 | 1.5 | 2.0 | 4 | 0 | 6 |
| >6～7 | 3.8 | | | 15.0 | 26 | 17 | 0.5 | 8 | 5 | 2.0 | 2.5 | 5 | 0 | 7 |
| >7～8 | 4.3 | +0.10 | +0.20 | | | 18 | | | | | | | | |
| >8～9 | 5.0 | | | 17.5 | 32 | 21 | 1.0 | 1.0 | 8 | 2.0 | 2.5 | 6 | 0 | 8 |
| >9～10 | 5.5 | | | | | 22 | | | | | | | | |

续上表

| 钢丝绳直径 $d$ | 基本尺寸 | | | $H$ | $B_1$ | $E_1$ | $C$ | 参考尺寸 | | | | | | |
|---|---|---|---|---|---|---|---|---|---|---|---|---|---|---|
| | $R$ | | | | | | | $R_1$ | $R_2$ | $R_3$ | $R_4$ | $M$ | $N$ | $S$ |
| | 尺寸 | 极限偏差 | | | | | | | | | | | | |
| | | 1级 | 2级 | | | | | | | | | | | |
| >10~11 | 6.0 | | | 20.0 | 36 | 25 | 1.0 | 12 | 10 | 2.5 | 3.0 | 8 | 0 | 9 |
| >11~12 | 6.5 | | +0.30 | | | | | | | | | | | |
| >12~13 | 7.0 | | | 22.5 | 40 | 28 | 1.0 | 13 | 11 | 2.5 | 3.0 | 8 | 0 | 10 |
| >13~14 | 7.5 | | | 25.0 | 45 | 31 | 1.0 | 15 | 12 | 3.0 | 4.0 | 10 | 0 | 11 |
| >15~16 | 9.0 | | | 27.5 | 50 | 35 | 1.5 | 16 | 13 | 3.0 | 4.0 | 10 | 0 | 12 |
| >16~17 | 9.5 | | | 30.0 | 53 | 38 | 1.5 | 18 | 15 | 3.0 | 5.0 | 12 | 0 | 12 |
| >18~19 | 10.5 | | | 32.5 | 56 | 41 | 1.5 | 18 | 15 | 3.0 | 5.0 | 12 | 0 | 12 |
| >19~20 | 11.0 | +0.20 | | 35 | 60 | 44 | 1.5 | 20 | 16 | 3.0 | 5.0 | 14 | 2.0 | 14 |
| >20~21 | 11.5 | | | | | | | | | | | | | |
| >21~22 | 12.0 | | +0.40 | | 63 | 45 | 1.5 | 20 | 16 | 3.0 | 5.0 | 14 | 2.0 | 14 |
| >22~23 | 12.5 | | | | | 46 | | | | | | | | |
| >23~24 | 13 | | | 37.5 | 67 | 48 | 1.5 | 20 | 16 | 4.0 | 6.0 | 16 | 2.5 | 16 |
| >24~25 | 13.5 | | | 40.0 | 71 | 51 | 1.5 | 22 | 18 | 4.0 | 6.0 | 16 | 3.0 | 16 |
| >25~26 | 14.5 | | | | | 52 | | | | | | | | |
| >26~28 | 15.0 | | | | 75 | 53 | 1.5 | 25 | 20 | 4.0 | 6.0 | 16 | 3.0 | 18 |
| >28~30 | 16.0 | | | 45.0 | 85 | 59 | 2.0 | 25 | 20 | 5.0 | 6.0 | 18 | 4.0 | 18 |
| >30~32 | 17.0 | | | | | 61 | | | | | | | | |
| >32~34 | 18.0 | | | 50.0 | 90 | 66 | 2.0 | 28 | 22 | 5.0 | 6.0 | 18 | 4.0 | 20 |
| >34~36 | 19.0 | | | 55.0 | 100 | 72 | 2.5 | 32 | 25 | 5.0 | 8.0 | 20 | 4.0 | 20 |
| >36~38 | 20.0 | | | | | 73 | | | | | | | | |
| >38~40 | 21.0 | | | 60.0 | 105 | 78 | 2.5 | 36 | 28 | 5.0 | 8.0 | 22 | 5.0 | 22 |
| >40~41 | 22.0 | | | | | 79 | | | | | | | | |
| >41~43 | 23.0 | | | 65.0 | 115 | 84 | 2.5 | 36 | 28 | 6.0 | 8.0 | 25 | 5.0 | 24 |
| >43~45 | 24.0 | +0.40 | +0.80 | | | 86 | | | | | | | | |
| >45~46 | 25.0 | | | 67.5 | 120 | 90 | 2.5 | 40 | 32 | 6.0 | 8.0 | 25 | 5.0 | 24 |
| >46~47 | 25.0 | | | 70.0 | 125 | 92 | 3.0 | 40 | 32 | 6.0 | 8.0 | 28 | 6.0 | 26 |
| >47~48.5 | 26.0 | | | | | 94 | | | | | | | | |
| >48.5~50 | 27.0 | | | 72.5 | 130 | 96 | 3.0 | 40 | 32 | 6.0 | 10.0 | 28 | 6.0 | 26 |
| >50~52 | 28.0 | | | 75.0 | | 99 | | | | | | | | |
| >52~54.5 | 29.0 | | | 77.5 | 140 | 103 | 4.0 | 45 | 36 | 6.0 | 10.0 | 32 | 6.0 | 28 |
| >54.5~56 | 30.0 | | | 80.0 | | 106 | | | | | | | | |
| >56~58 | 31.0 | | | 82.5 | 150 | 110 | 4.0 | 50 | 40 | 8.0 | 10.0 | 32 | 8.0 | 30 |
| >58~60.5 | 32.0 | | | 85.0 | | 114 | | | | | | | | |

注：1. 对于冶金起重机推荐用 1 级精度；
   2. 参考尺寸是按铸铁滑轮提出的。

绳槽断面采用 JB/T 9005.1—1999 中规定的型式。

热轧滑轮的典型结构见图 4-2-1a。滑轮绳槽断面的主要尺寸见图 4-2-1b 和表 4-2-3。

尼龙滑轮自重轻（为铸铁滑轮的 1/5，热轧滑轮的 1/4），耐磨性好（使用寿命比钢滑轮长 4~5

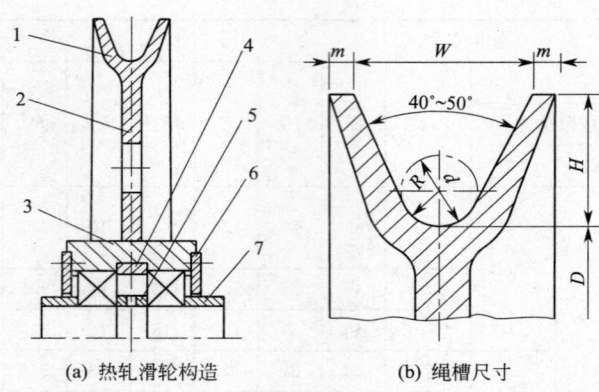

图 4-2-1 热轧滑轮构造
1—轮缘；2—辐板；3—轮毂；4—涨圈；5—隔离环；6—防尘盖；7—隔套；
R—绳槽半径；H—槽的高度；W—绳槽宽度；m—边宽；d—钢丝绳直径；D—滑轮直径

倍），与钢滑轮比较能提高钢丝绳寿命 4 倍（冶金起重机）至 10 倍（汽车起重机）。装有铸型 MC 尼龙滑轮的汽车起重机在 -40 ℃ 低温露天环境下工作 1 个月，未见滑轮在任何异常。尼龙滑轮在起重机（特别是臂架起重机）上的应用日渐增多。

表 4-2-3　轧制滑轮绳槽断面主要尺寸　　　　　　　　　　　　　　　　　　　mm

| 钢丝绳直径 $d$ | $R$ | $H$ | $w$ | $m$ |
| --- | --- | --- | --- | --- |
| 10～14 | 7 | 22.5 | 26～28 | 4.5 |
| >14～19 | 10 | 30 | 36～38 | 6 |
| >19～23.5 | 12 | 35.5 | 43～46 | 7 |
| >23.5～30 | 15 | 45 | 54～57 | 8 |
| >30～37 | 19 | 56 | 67～72 | 10 |
| >37～43 | 22 | 63 | 77～82 | 11 |
| >43～50 | 26 | 76 | 92～98 | 12.5 |
| >50～58 | 29 | 86 | 103～110 | 12.5 |

### 三、滑轮型式

（一）铸造滑轮

按结构和使用要求不同分为 6 种。此 6 种型式都已标准化（JB/T 9005.3—1999）。

A 型和 B 型为严密密封式，带有滚动轴承。A 型有内轴套，B 型无内轴套。用于工作条件恶劣的环境中。

C 型和 D 型为较严密密封式，带有滚动轴承。C 型有内轴套，D 型无内轴套。

E 型为一般密封式，带有滚动轴承而无内轴套。

F 型为带有滑动轴承的滑轮。用于转速较低的地方。

带滚动轴承的滑轮按所带轴承的类型不同分为Ⅰ型（向心球轴承）Ⅱ型（圆柱滚子轴承）。

起重机用得较多的是 C 型、D 型和 E 型。E 型滑轮的结构和主要尺寸分别见图 4-2-2 和表 4-2-4。

（二）焊接滑轮

焊接滑轮通常用钢板和型钢焊接而成。其重量可比同级铸钢滑轮轻 30%～50%。起重机常用的焊接滑轮见图 4-2-3 和表 4-2-5。

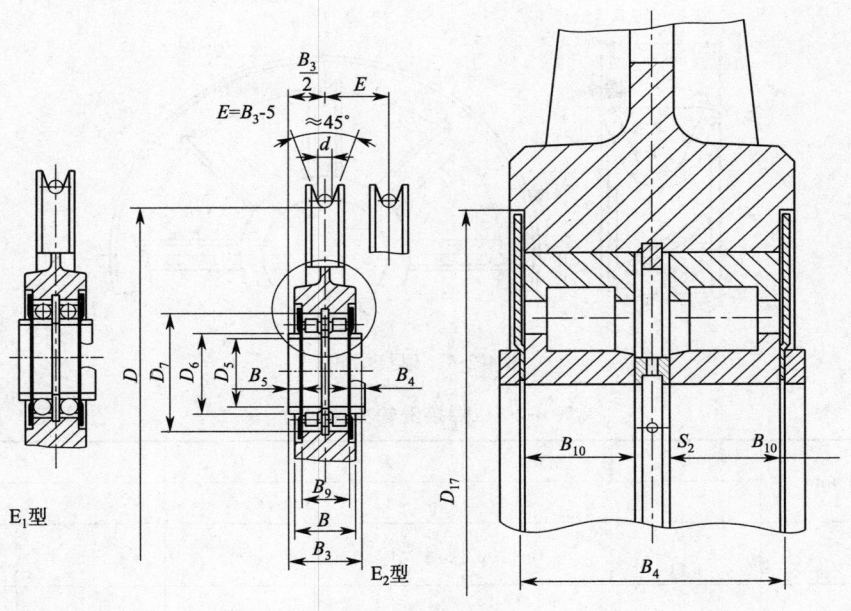

图 4-2-2 E 型滑轮

表 4-2-4 E 型滑轮主要尺寸(参见图 4-2-2)

| 尺寸/mm | | | | | | | | | 滚动轴承型号 | | $B_{10}$ |
|---|---|---|---|---|---|---|---|---|---|---|---|
| $D_5$ | $D_6$ | $D_7$ | $D_{17}$ | $B$ | $B_3$ | $B_4$ | $B_9$ | $S_2$ | $E_1$型按 GB 276 | $E_2$型按 GB 283 | |
| 45 | 60 | 85 | 110 | 55 | 65 | 48 | 45 | 7 | 209 | 42 209 | 19 |
| 50 | 60 | 90 | 115 | 60 | 70 | 53 | 50 | 10 | 210 | 42 210 | 20 |
| 55 | 70 | 100 | 125 | 60 | 70 | 53 | 50 | 8 | 211 | 42 211 | 21 |
| 60 | 70 | 110 | 135 | 60 | 70 | 53 | 50 | 6 | 212 | 42 212 | 22 |
| 65 | 80 | 120 | 150 | 65 | 75 | 58 | 55 | 9 | 213 | 42 213 | 23 |
| 70 | 80 | 125 | 155 | 65 | 75 | 58 | 55 | 7 | 214 | 42 214 | 24 |
| 75 | 90 | 130 | 160 | 70 | 80 | 63 | 60 | 10 | 215 | 42 215 | 25 |
| 80 | 100 | 140 | 170 | 70 | 80 | 63 | 60 | 8 | 216 | 42 216 | 26 |
| 90 | 110 | 160 | 190 | 80 | 90 | 74 | 70 | 10 | 218 | 42 218 | 30 |
| 100 | 120 | 180 | 210 | 85 | 95 | 79 | 75 | 7 | 220 | 42 220 | 34 |
| 110 | 130 | 200 | 230 | 95 | 105 | 89 | 85 | 9 | 222 | 42 222 | 38 |
| 120 | 140 | 215 | 245 | 100 | 110 | 94 | 90 | 10 | 224 | 42 224 | 40 |
| 130 | 150 | 230 | 265 | 100 | 110 | 94 | 90 | 10 | 226 | 42 226 | 40 |
| 140 | 160 | 250 | 285 | 100 | 110 | 94 | 90 | 6 | 228 | 42 228 | 42 |
| 150 | 170 | 270 | 305 | 110 | 120 | 104 | 100 | 10 | 230 | 42 230 | 45 |
| 160 | 180 | 290 | 325 | 115 | 125 | 109 | 105 | 9 | 232 | 42 232 | 48 |
| 170 | 190 | 310 | 345 | 125 | 135 | 119 | 115 | 11 | 234 | 42 234 | 52 |
| 180 | 200 | 320 | 355 | 125 | 135 | 119 | 115 | 11 | 236 | 42 236 | 52 |
| 190 | 220 | 340 | 375 | 130 | 140 | 124 | 120 | 10 | 238 | 42 238 | 55 |
| 200 | 220 | 360 | 395 | 135 | 145 | 129 | 125 | 9 | 240 | 42 240 | 58 |
| 220 | 240 | 400 | 445 | 150 | 160 | 144 | 140 | 10 | 244 | 42 240 | 65 |

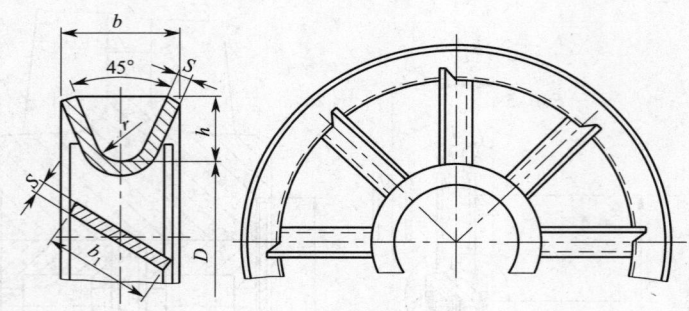

图 4-2-3 焊接滑轮

表 4-2-5 焊接滑轮主要尺寸

| 钢丝绳直径 $d$/mm | $D$ | $h$ | $s$ | $b$ | $r$ | $b_1$ |
|---|---|---|---|---|---|---|
| | | | mm | | | |
| 18～23 | 400<br>630 | 36 | 10 | 66 | 12.5 | 60 |
| >23～28 | 450<br>630<br>710 | 45 | 12 | 80 | 15.5 | 70 |
| >28～35 | 500<br>700 | 50 | | 88 | 18.5 | 80 |

(三) 尼龙滑轮

MC 尼龙滑轮按密封性能分为两类：一般密封型滑轮和严密密封型滑轮。一般密封型滑轮的构造形式见图 4-2-4，滑轮系列见表 4-2-6。

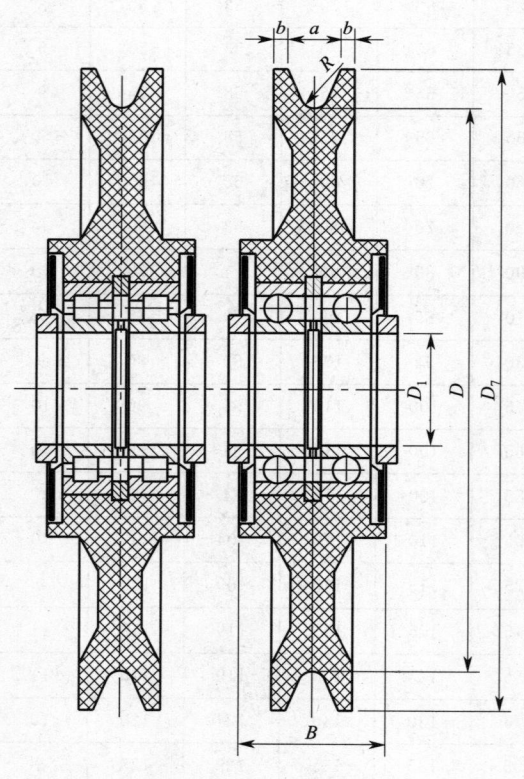

图 4-2-4 尼龙滑轮

表 4-2-6　MC 尼龙滑轮(一般密封)系列表(泸州工程塑料厂资料)

| 滑轮代号 | 钢丝绳直径 $d$/mm | 主要尺寸/mm $D$ | $D_7$ | $R$ | $a$ | $b$ | $D_1$ | $B$ | 推荐轴承型号 GB 276 | GB 283 |
|---|---|---|---|---|---|---|---|---|---|---|
| LGS5.0×225-85-55 | 9 | 225 | 260 | 5.0 | 21 | 5.5 | 85 | 55 | 209 | 42 209 |
| LGS5.5×225-90-60 | >9~10 | 225 | 260 | 5.5 | 22 | 5.5 | 90 | 60 | 210 | 42 210 |
| LGS6.0×225-100-60 | >10~11 | 225 | 265 | 6.0 | 25 | 5.5 | 100 | 60 | 211 | 42 211 |
| LGS6.5×225-110-60 | >11~12 | 225 | 265 | 5.5 | 25 | 5.5 | 110 | 60 | 212 | 42 212 |
| LGS5.5×260-90-60 | >9~10 | 260 | 295 | 5.5 | 22 | 5.5 | 90 | 60 | 210 | 42 210 |
| LGS6.0×260-100-60 | >10~11 | 260 | 300 | 6.0 | 25 | 5.5 | 100 | 60 | 211 | 42 211 |
| LGS6.5×260-110-60 | >11~12 | 260 | 300 | 6.5 | 25 | 5.5 | 110 | 60 | 212 | 42 212 |
| LGS7.0×260-120-65 | >12~13 | 260 | 305 | 7.0 | 28 | 6.0 | 120 | 65 | 213 | 42 213 |
| LGS6.0×280-100-60 | >10~11 | 280 | 320 | 6.0 | 25 | 5.5 | 100 | 60 | 211 | 42 211 |
| LGS6.5×280-110-60 | >11~12 | 280 | 320 | 6.5 | 25 | 5.5 | 110 | 60 | 212 | 42 212 |
| LGS7.0×280-120-65 | >12~13 | 280 | 325 | 7.0 | 28 | 6.0 | 120 | 65 | 213 | 42 213 |
| LGS7.5×280-125-65 | >13~14 | 280 | 330 | 7.5 | 31 | 7.0 | 125 | 65 | 214 | 42 214 |
| LGS6.5×315-110-60 | >11~12 | 315 | 355 | 6.5 | 25 | 5.5 | 110 | 60 | 212 | 42 212 |
| LGS7.0×315-120-65 | >12~13 | 315 | 360 | 7.0 | 28 | 6.0 | 120 | 65 | 213 | 42 213 |
| LGS7.5×315-125-65 | >13~14 | 315 | 365 | 7.5 | 31 | 7.0 | 125 | 65 | 214 | 42 214 |
| LGS8.2×315-130-70 | >14~15 | 315 | 365 | 8.2 | 31 | 7.0 | 130 | 70 | 215 | 42 215 |
| LGS7.5×355-125-65 | >13~14 | 355 | 405 | 7.5 | 31 | 7.0 | 125 | 65 | 214 | 42 214 |
| LGS8.2×355-130-70 | >14~15 | 355 | 405 | 8.2 | 31 | 7.0 | 130 | 70 | 215 | 42 215 |
| LGS9.0×355-140-70 | >15~16 | 355 | 410 | 9.0 | 35 | 7.5 | 140 | 70 | 216 | 42 216 |
| LGS8.5×355-160-80 | >16~17 | 355 | 415 | 9.5 | 38 | 7.5 | 160 | 80 | 218 | 42 218 |
| LGS8.2×400-130-70 | >14~15 | 400 | 450 | 8.2 | 31 | 7.0 | 130 | 70 | 215 | 42 215 |
| LGS9.0×400-140-70 | >15~16 | 400 | 455 | 9.0 | 35 | 7.5 | 140 | 70 | 216 | 42 216 |
| LGS9.5×400-160-80 | >16~17 | 400 | 460 | 9.5 | 38 | 7.5 | 160 | 80 | 218 | 42 218 |
| LGS10.0×400-180-85 | >17~18 | 400 | 460 | 10.0 | 38 | 7.5 | 180 | 85 | 220 | 42 220 |
| LGS9.0×450-140-70 | >15~16 | 450 | 505 | 9.0 | 35 | 7.5 | 140 | 70 | 216 | 42216 |
| LGS9.5×450-160-80 | >16~17 | 450 | 510 | 9.5 | 38 | 7.5 | 160 | 80 | 218 | 42 218 |
| LGS10.0×450-180-85 | >17~18 | 450 | 510 | 10.0 | 38 | 7.5 | 180 | 85 | 220 | 42 220 |
| LGS10.5×450-200-95 | >18~19 | 450 | 515 | 10.5 | 41 | 7.5 | 200 | 95 | 220 | 42 222 |
| LGS9.5×500-160-80 | >16~17 | 500 | 560 | 9.5 | 38 | 7.5 | 160 | 80 | 218 | 42 218 |
| LGS10.0×500-180-85 | >17~18 | 500 | 560 | 10.0 | 38 | 7.5 | 180 | 85 | 220 | 42 220 |
| LGS10.5×500-200-95 | >18~19 | 500 | 565 | 10.5 | 41 | 7.5 | 200 | 95 | 222 | 42 222 |
| LGS11.0×500-215-100 | >19~20 | 500 | 570 | 11.0 | 44 | 8.0 | 215 | 100 | 224 | 42 224 |
| LGS10.5×560-200-95 | >18~19 | 560 | 625 | 10.5 | 41 | 7.5 | 200 | 95 | 222 | 42 222 |
| LGS11.0×560-215-100 | >19~20 | 560 | 680 | 11.0 | 44 | 8.0 | 215 | 100 | 224 | 42 224 |
| LGS11.50×560-230-100 | >20~21 | 560 | 680 | 11.5 | 44 | 8.0 | 230 | 100 | 226 | 42226 |
| LGS12.0×560-250-100 | >21~22 | 560 | 680 | 12.0 | 45 | 9.0 | 250 | 100 | 228 | 42 228 |
| LGS12.0×630-215-100 | >21~22 | 630 | 700 | 12.0 | 48 | 9.0 | 215 | 100 | 224 | 42 224 |
| LGS13.0×630-230-100 | >22~24 | 630 | 700 | 13.0 | 51 | 9.5 | 230 | 100 | 226 | 42 226 |
| LGS13.5×630-250-110 | >24~25 | 630 | 710 | 13.5 | 52 | 10.0 | 250 | 100 | 228 | 42 228 |
| LGS14.0×630-270-100 | >25~26 | 630 | 710 | 14.0 | 48 | 10.0 | 270 | 110 | 230 | 42 230 |

续上表

| 滑轮代号 | 钢丝绳直径 $d$/mm | 主要尺寸/mm | | | | | | | 推荐轴承型号 | |
|---|---|---|---|---|---|---|---|---|---|---|
| | | $D$ | $D_7$ | $R$ | $a$ | $b$ | $D_1$ | $B$ | GB 276 | GB 283 |
| LGS13.0×710-230-100 | >22~24 | 710 | 785 | 13.0 | 51 | 9.5 | 230 | 100 | 226 | 42 226 |
| LGS13.5×710-250-100 | >24~25 | | 790 | 13.5 | 52 | 10.0 | 250 | 100 | 228 | 42 228 |
| LGS14.0×710-270-115 | >25~26 | | | 14.0 | 48 | | 270 | 110 | 230 | 42 230 |
| LGS15.0×710-290-100 | >26~28 | | | 15.0 | 51 | 11.0 | 290 | 115 | 232 | 42 232 |
| LGS14.0×800-250-100 | >25~26 | 800 | 880 | 14.0 | 52 | 10.0 | 250 | 100 | 228 | 42 228 |
| LGS15.0×800-270-115 | >26~28 | | | 15.0 | 53 | 11.0 | 270 | 110 | 230 | 42 230 |
| LGS16.0×800-290-125 | >28~30 | | 890 | 16.0 | 52 | | 290 | 115 | 232 | 42 232 |
| LGS17.0×800-310-100 | >30~32 | | | 17.0 | 53 | 12.0 | 310 | 125 | 224 | 42 234 |
| LGS17.0×900-250-110 | >30~32 | 900 | 990 | 17.0 | 59 | 12.0 | 250 | 100 | 228 | 42 228 |
| LGS18.0×900-270-115 | >32~34 | | 1 000 | 18.0 | 61 | | 270 | 110 | 230 | 42 230 |
| LGS19.0×900-290-125 | >34~36 | | 1 010 | 19.0 | 61 | 13.5 | 290 | 115 | 232 | 42 232 |
| LGS20.0×900-315-100 | >36~38 | | | 20.0 | 66 | | 310 | 125 | 234 | 42 234 |
| LGS18.0×1000-270-110 | >32~34 | 1 000 | 1 100 | 18.0 | 72 | 12.0 | 270 | 110 | 230 | 42 230 |
| LGS19.0×1000-290-115 | >34~36 | | 1 100 | 19.0 | 73 | 13.5 | 290 | 115 | 232 | 42 232 |
| LGS20.0×1000-310-125 | >36~38 | | | 20.0 | 66 | | 310 | 125 | 234 | 42 234 |
| LGS21.0×1000-320-125 | >30~40 | | 1 120 | 21.0 | 72 | | 320 | 125 | 236 | 42 236 |
| LGS20.0×1120-290-115 | >36~38 | 1 120 | 1230 | 20.0 | 73 | | 290 | 115 | 232 | 42 232 |
| LGS21.0×1120-310-125 | >38~40 | | 1 240 | 21.0 | 78 | 13.5 | 310 | 125 | 234 | 42 234 |
| LGS22.0×1120-320-125 | >40~41 | | | 22.0 | 73 | | 320 | 125 | 236 | 42 236 |
| LGS23.0×1120-340-130 | >41~43 | | 1250 | 23.0 | 78 | 14.5 | 340 | 130 | 238 | 42 238 |
| LGS22.0×1250-310-125 | >40~41 | 1 250 | 1 370 | 22.0 | 79 | 13.5 | 310 | 125 | 234 | 42 234 |
| LGS23.0×1250-320-125 | >41~43 | | 1 380 | 23.0 | 84 | | 320 | 125 | 236 | 42 236 |
| LGS24.0×1250-340-130 | >43~45 | | | 24.0 | 86 | 14.5 | 340 | 130 | 238 | 42 238 |
| LGS25.0×1250-360-135 | >45~46 | | 1 385 | 25.0 | 90 | | 360 | 135 | 240 | 42 240 |
| LGS25.0×1400-320-125 | >45~46 | 1 400 | 1535 | 25.0 | 90 | 14.5 | 320 | 125 | 236 | 42 236 |
| LGS25.0×1400-340-130 | >46~47 | | 1540 | 25.0 | 92 | | 340 | 130 | 238 | 42 238 |
| LGS26.0×1400-360-135 | >47~48.5 | | | 26.0 | 94 | 15.5 | 360 | 135 | 240 | 42 240 |
| LGS27.0×1400-400-150 | >48.5~50 | | 1545 | 27.0 | 96 | | 400 | 150 | 244 | 42 244 |
| LGS28.0×1600-320-125 | >50~52 | 1 600 | 1 750 | 28.0 | 41 | 7.5 | 320 | 125 | 236 | 42 236 |
| LGS29.0×1600-340-130 | >52~54.5 | | 1 755 | 29.0 | 44 | | 340 | 130 | 238 | 42 238 |
| LGS30.0×1600-360-135 | >54.5~56 | | 1 760 | 30.0 | | 18.0 | 360 | 135 | 240 | 42 240 |
| LGS31.0×1600-400-150 | >56~58 | | 1 765 | 31.0 | 45 | | 400 | 150 | 244 | 42 244 |
| LGS31.0×1800-320-125 | >56~58 | 1 800 | 1 965 | 31.0 | 110 | | 320 | 125 | 236 | 42 236 |
| LGS31.0×1800-340-130 | | | | | | 18.0 | 340 | 130 | 238 | 42 238 |
| LGS32.5×1800-360-135 | >58~60.5 | | 1 970 | 32.0 | 114 | | 360 | 135 | 240 | 42 240 |
| LGS32.0×1800-400-150 | | | | | | | 400 | 150 | 244 | 42 244 |

注：MC尼龙滑轮标注实例：

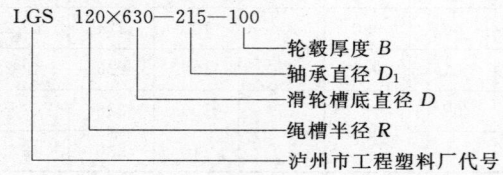

LGS 120×630—215—100
- 轮毂厚度 $B$
- 轴承直径 $D_1$
- 滑轮槽底直径 $D$
- 绳槽半径 $R$
- 泸州市工程塑料厂代号

（四）双幅板压制滑轮

双幅板压制滑轮的幅板由两片 4 mm～8 mm 厚的钢板压制而成，并用胀铆钉和过盈配合使滑轮轮壳连成一体。滑轮自重仅为铸钢滑轮的 1/3。滑轮绳槽内镶装铸型尼龙衬垫，能显著延长钢丝绳使用寿命。双幅板压制滑轮的规格尺寸见表 4-2-7。

表 4-2-7　双幅板压制滑轮（镇江黄墟锚链厂资料）

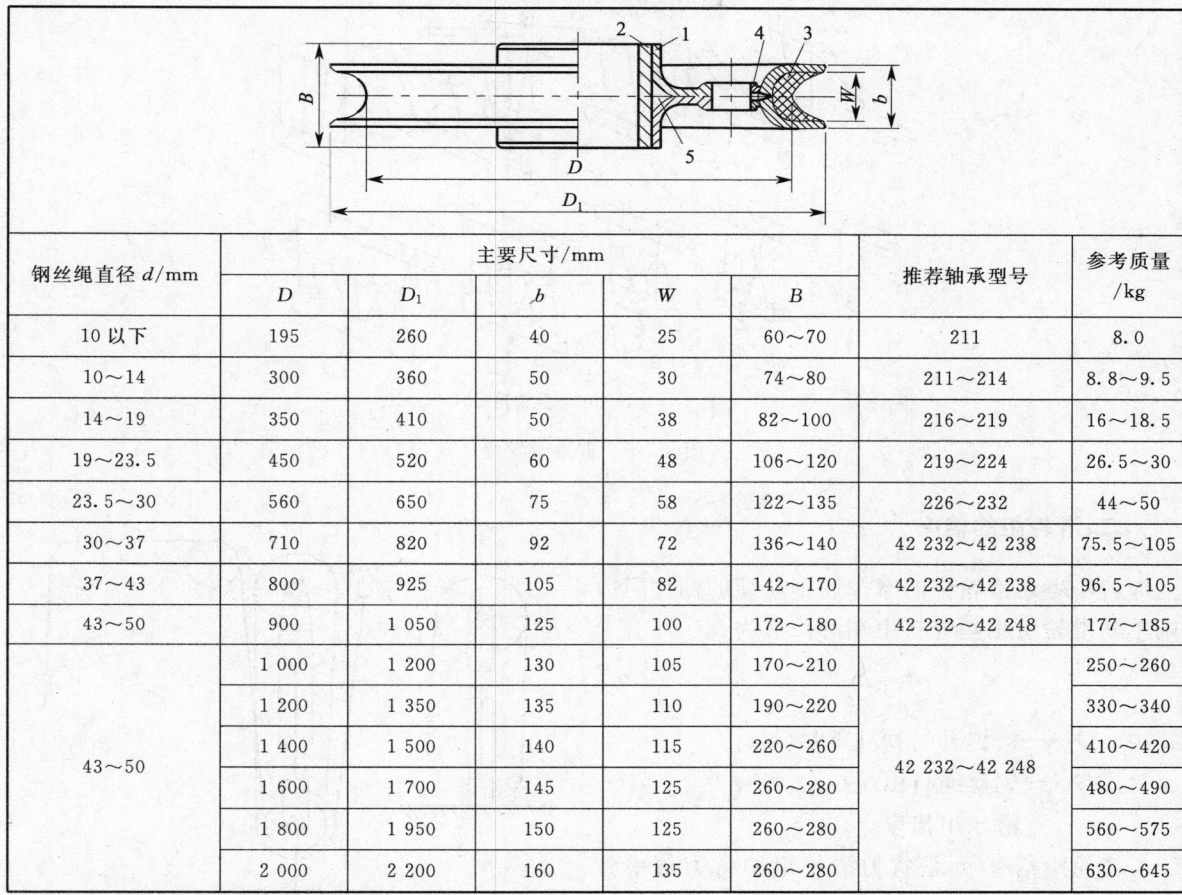

| 钢丝绳直径 $d$/mm | 主要尺寸/mm | | | | | 推荐轴承型号 | 参考质量/kg |
|---|---|---|---|---|---|---|---|
| | $D$ | $D_1$ | $b$ | $W$ | $B$ | | |
| 10 以下 | 195 | 260 | 40 | 25 | 60～70 | 211 | 8.0 |
| 10～14 | 300 | 360 | 50 | 30 | 74～80 | 211～214 | 8.8～9.5 |
| 14～19 | 350 | 410 | 50 | 38 | 82～100 | 216～219 | 16～18.5 |
| 19～23.5 | 450 | 520 | 60 | 48 | 106～120 | 219～224 | 26.5～30 |
| 23.5～30 | 560 | 650 | 75 | 58 | 122～135 | 226～232 | 44～50 |
| 30～37 | 710 | 820 | 92 | 72 | 136～140 | 42 232～42 238 | 75.5～105 |
| 37～43 | 800 | 925 | 105 | 82 | 142～170 | 42 232～42 238 | 96.5～105 |
| 43～50 | 900 | 1 050 | 125 | 100 | 172～180 | 42 232～42 248 | 177～185 |
| 43～50 | 1 000 | 1 200 | 130 | 105 | 170～210 | 42 232～42 248 | 250～260 |
| | 1 200 | 1 350 | 135 | 110 | 190～220 | | 330～340 |
| | 1 400 | 1 500 | 140 | 115 | 220～260 | | 410～420 |
| | 1 600 | 1 700 | 145 | 125 | 260～280 | | 480～490 |
| | 1 800 | 1 950 | 150 | 125 | 260～280 | | 560～575 |
| | 2 000 | 2 200 | 160 | 135 | 260～280 | | 630～645 |

注：1. 参考质量中不包括轴承质量；
2. 非上列规格由供需双方协商另议。

## 第二节　滑轮组的构造、种类、倍率和效率

### 一、构造和种类

由钢丝绳依次绕过若干动滑轮和定滑轮而组成的装置称为滑轮组。根据滑轮组的功能分为省力滑轮组和增速滑轮组。

省力滑轮组（图 4-2-5）广泛用于起重机的起升机构和普通臂架变幅机构，它能用较小的钢丝绳拉力吊起数倍于钢丝绳拉力的重物。增速滑轮组（图 4-2-6）主要用于液压或气力驱动的机构中，利用油缸和气缸使工作装置获得数倍于活塞行程和速度，如叉车的门架货叉升降机和轮式起重机的吊臂伸缩机构。

滑轮组按构造特点分为单联滑轮组（图 4-2-5a）和双联滑轮组（图 4-2-5b）。双联滑轮组在桥式、门式和门座起重机中普遍应用。单联滑轮组多用于汽车、轮胎、履带、铁路、塔式和缆式起重机。双联滑轮组多与单层绕双联卷筒并用，与单联滑轮组配合使用的多为多层绕卷筒。

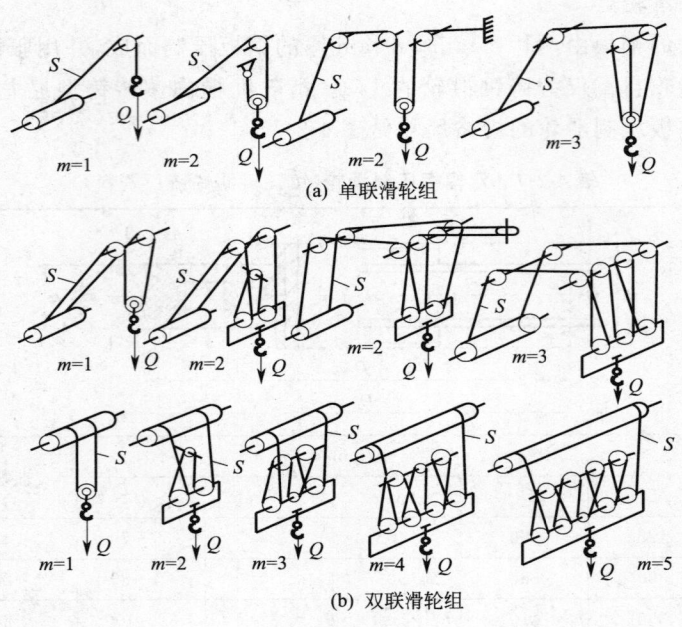

(a) 单联滑轮组

(b) 双联滑轮组

图 4-2-5 省力滑轮组

## 二、滑轮组的倍率

若不考虑滑轮中的摩擦和钢丝绳的僵性阻力，则单联滑轮组钢丝绳自由端的拉力为：

$$S=\frac{Q}{m} \quad (4\text{-}2\text{-}3)$$

式中 $Q$——被提升的物品重量(N)；
$S$——钢丝绳自由端拉力(N)；
$m$——滑轮组倍率。

滑轮组倍率 $m$ 是省力滑轮组的省力倍率数，也是增速滑轮组的增速倍数。

$$m=\frac{Q}{S}=\frac{L}{H}=\frac{v_0}{v} \quad (4\text{-}2\text{-}4)$$

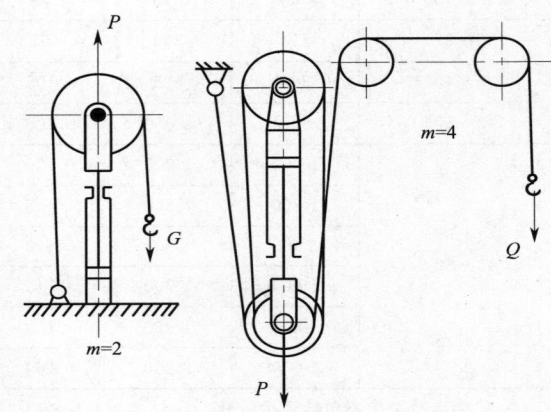

图 4-2-6 增速滑轮组

式中 $L$——钢丝绳自由端移动的距离(m)；
$H$——物品提升距离(m)；
$v_0$——钢丝绳线速度(m/s)；
$v$——物品的提升速度(m/s)。

单联滑轮组的倍率等于吊起物品钢丝绳的分支数。双联滑轮组可以看成是两个倍率相同、各吊起 $Q/2$ 的单联滑轮组通过平衡滑轮并联而成，因此双联滑轮的倍率等于吊起物品钢丝绳分支数的 1/2。

滑轮组倍率的选定，对于起升机构的总体尺寸影响较大，倍率增大，则钢丝绳分支拉力减小，钢丝绳直径、滑轮和卷筒直径都减小，在起升速度不变时，需提高卷筒转数，即减小机构传动比。但倍率过大，会使滑轮组本身体积和重量增大，同时也会降低效率，加速钢丝绳的磨损。

起重量小时，选用小的倍率，随着起重量的增大，倍率相应提高。倍率增大，起升速度相应减小。

门、桥式起重机常用的双联滑轮组倍率数见表 4-2-8，门座起重机常用的双联滑轮组倍率数见表 4-2-9 流动式起重机常用的单联滑轮组倍率数见表 4-2-10。通常，门座起重机的机房空间大，可以采用较大直径的卷筒,因而表中同级起重量的倍率数比其他类型起重机要小。

表 4-2-8　门、桥式起重机常用双联滑轮组倍率

| 额定起重量 $Q/t$ | 3 | 5 | 8 | 12.5 | 16 | 20 | 32 | 50 | 80 | 100 | 125 | 160 | 200 | 250 |
|---|---|---|---|---|---|---|---|---|---|---|---|---|---|---|
| 倍率 $m$ | 1 | 2 | 2 | 3 | 3 | 4 | 4 | 5 | 5 | 6 | 6 | 6 | 8 | 8 |

表 4-2-9　门座起重机常用双联滑轮组倍率

| 额定起重量 $Q/t$ | 5 | 10 | 16 | 25 | 32 | 40 | 63 | 100 | 150 | 200 |
|---|---|---|---|---|---|---|---|---|---|---|
| 倍率 $m$ | 1 | 1 | 1 | 1 | 1或2 | 4 | 4 | 4 | 4 | 4 |

表 4-2-10　流动式起重机常用单联滑轮组倍率

| 额定起重量 $Q/t$ | 3 | 5 | 8 | 12 | 16 | 25 | 40 | 65 | 100 |
|---|---|---|---|---|---|---|---|---|---|
| 倍率 $m$ | 2 | 3 | 4～6 | 6 | 6～8 | 8～10 | 10 | 12～16 | 16～20 |

### 三、滑轮组的滑轮配置

滑轮组中的滑轮按所需倍率和结构要求配置。门座和桥式起重机的滑轮组配置见图 4-2-5b,流动式起重机、塔式和缆式起重机的滑轮组配置见图 4-2-5a。

双联滑轮组倍率 $m \leqslant 4$ 时,从卷筒引出的钢丝绳两根分支,一般通向吊钩架最外边的两个动滑轮,平衡滑轮位于中间位置。当 $m > 4$ 时,为了不使卷筒中间的光面部分过长,应将两根钢丝绳分支引向吊钩组中间两个动滑轮,用平衡梁代替平衡滑轮。为避免钢丝绳分支在运动中相碰,中间两个动滑轮的直径应稍微加大(图 4-2-7)。

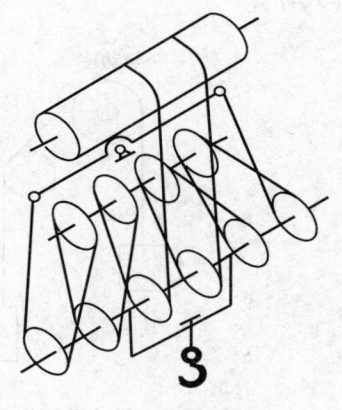

$m=6$

图 4-2-7　使用平衡梁的双联滑轮组

### 四、滑轮组的效率

滑轮组效率与滑轮效率和滑轮组倍率有关,可由下式计算:

$$\eta = \frac{1-\eta_0^m}{m(1-\eta_0)} \quad (4\text{-}2\text{-}5)$$

式中　$\eta_0$——滑轮效率;
　　　$m$——滑轮组倍率。

滑轮组效率也可由表 4-2-11 选用。

表 4-2-11　滑轮组效率 $\eta$

| 滑轮效率 $\eta_0$ | 滑轮组效率 $\eta$ | | | | | | |
|---|---|---|---|---|---|---|---|
| | 滑轮组倍率 $m$ | | | | | | |
| | 2 | 3 | 4 | 5 | 6 | 8 | 10 |
| 滚动轴承 0.98 | 0.99 | 0.98 | 0.97 | 0.96 | 0.95 | 0.93 | 0.92 |
| 滑动轴承 0.96 | 0.98 | 0.95 | 0.93 | 0.90 | 0.88 | 0.84 | 0.80 |

注:倍率为 2 的滑轮组只有一个动滑轮。由于动滑轮的效率高于定滑轮,因此 $m=2$ 的滑轮组效率高于滑轮效率。

## 第三节　驱　动　滑　轮

驱动滑轮又称动力滑轮或驱绳轮,它利用钢丝绳与滑轮绳槽之间的摩擦力曳引和吊起货物,适用于起升高度大和牵引距离长的场合,如电梯的升降机构和大跨度($L \geqslant 500$ m)缆式起重机的驱动机构。采用驱动滑轮能避免卷筒过长的缺点,而且钢丝绳与绳槽之间的相对滑动兼起过载保护作

用。

驱动滑轮采用耐磨性能不低于 QT62—2 的球墨铸铁制造,硬度在 HB190—220 的范围内。滑轮上各部位的硬度差不大于 HB15。

保证钢丝绳在滑轮绳槽中不打滑的条件是(图 4-2-8)。

$$\frac{S_{max}}{S_{min}} \leqslant e^{f_0 \alpha} \tag{4-2-6}$$

式中 $S_{max}$——牵引钢丝绳的紧边拉力(N);

$S_{min}$——牵引钢丝绳的松边拉力(N);

$f_0$——牵引钢丝绳与绳槽间的当量摩擦数;

$\alpha$——钢丝绳在滑轮上的包角(rad)。

提高驱动滑轮驱动力的措施是,增大钢丝绳在滑轮上的包角和提高当量摩擦系数。为此,改变槽型和采用摩擦系数大的衬垫材料是有效的方法。电梯的驱动轮多用前者,缆索起重机的驱动轮常用后者。

**一、电梯驱动滑轮**

电梯驱动滑轮的绳槽有半圆形、楔形和带切口的半圆形(图 4-2-9)。其当量摩擦系数可由以下算式计算。

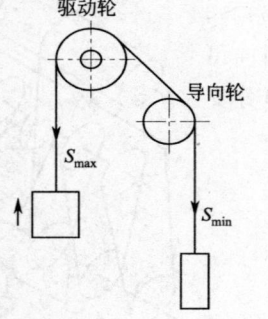

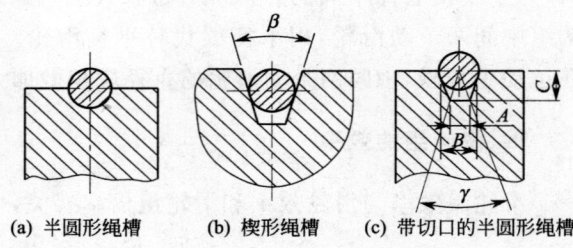

(a) 半圆形绳槽　　(b) 楔形绳槽　　(c) 带切口的半圆形绳槽

图 4-2-8　驱动滑轮传动计算简图　　　　图 4-2-9　绳槽

1. 半圆形绳槽(图 4-2-9a)

$$f_0 = \frac{4}{\pi} f \tag{3-2-7}$$

式中 $f$——钢丝绳与绳槽的摩擦系数。

2. 楔形绳槽(图 4-2-9b)

$$f_0 = \frac{f}{\sin\frac{\beta}{2} + f \cdot \cos\frac{\beta}{2}} \tag{4-2-8}$$

式中 $\beta$——绳槽楔形角。

3. 带切口的半圆形绳槽(图 4-2-9c)

$$f_0 = \frac{4(1 - \sin\frac{\gamma}{2})}{\pi - \gamma - \sin\gamma} f \tag{4-2-9}$$

式中 $\gamma$——钢丝绳中心至切口底部两端形成的角度。

带切口的半圆形绳槽摩擦力,对钢丝绳损伤小,目前应用最广。其绳槽的槽形尺寸见表 4-2-12。

表 4-2-12　带切口半圆形绳槽槽形尺寸　　　　　　　　　　　　　　　　　　　　mm

| 绳径 d | 绳槽半径 R | A | B | 槽深 C |
|---|---|---|---|---|
| 9.5 | 5 | 6.24 | 7.07 | 9.5 |
| 13 | 6.75 | 8.10 | 9.55 | 13 |
| 16 | 8.25 | 10.85 | 11.67 | 16 |
| d | $\frac{1}{2}(d+0.5)$ | | | |

## 二、缆索起重机的驱动滑轮

钢丝绳在驱动轮上的缠绕方式常用的有四种（图 4-2-10）。图中(a)、(b)为单轮驱动，(c)、(d)为双轮驱动。

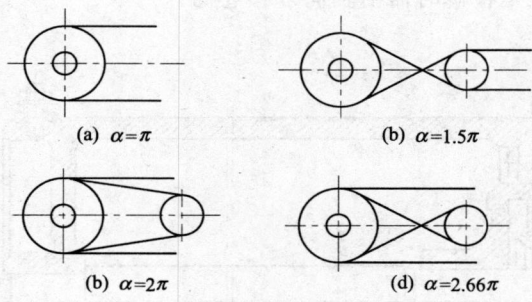

(a) $\alpha=\pi$　　(b) $\alpha=1.5\pi$
(b) $\alpha=2\pi$　　(d) $\alpha=2.66\pi$

图 4-2-10　钢丝绳在驱动轮上的缠绕方式

缆索起重机驱动滑轮常用衬垫材料有皮革、木材和塑料。

# 第三章 卷筒组

## 第一节 卷筒组类型及构造

卷筒组是起升机构和牵引机构中卷绕钢丝绳的部件。常用卷筒组类型有齿轮联接盘式、周边大齿轮式、短轴式和内装行星齿轮式。

齿轮联接盘式卷筒组（图4-3-1）为封闭式传动，分组性好，卷筒轴不承受扭矩，是目前桥式起重机卷筒组的典型结构。缺点是检修时需沿轴向外移卷筒。

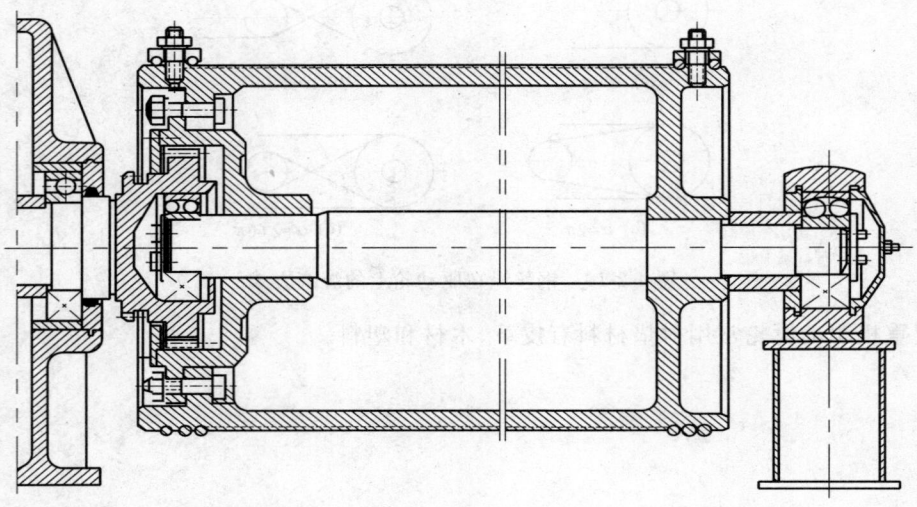

图 4-3-1 齿轮联接盘式卷筒组

周边大齿轮卷筒组（图4-3-2）多用于传动速比大、转速低的场合，一般为开式传动，卷筒轴只承受弯矩。

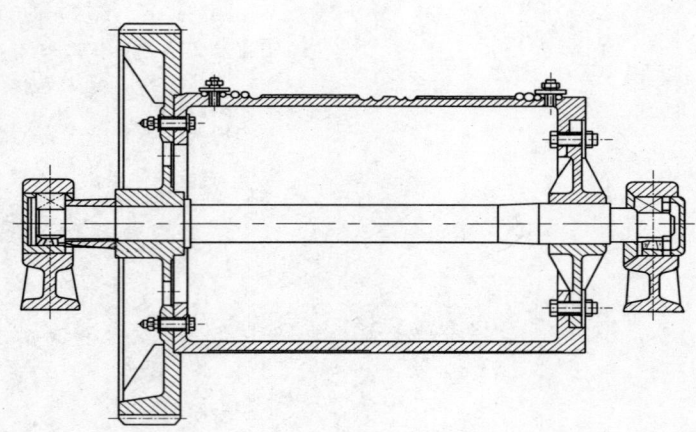

图 4-3-2 周边大齿轮式卷筒组

短轴式卷筒组（图4-3-3）采用分开的短轴代替整根卷筒长轴。减速器侧短轴采用键过盈配合与卷筒法兰盘刚性联接，减速器通过钢球或圆柱销与底架铰接；支座侧采用定轴式（图4-3-3a）或转轴式(图 4-3-3b)短轴,其优点是构造简单,调整安装比较方便。

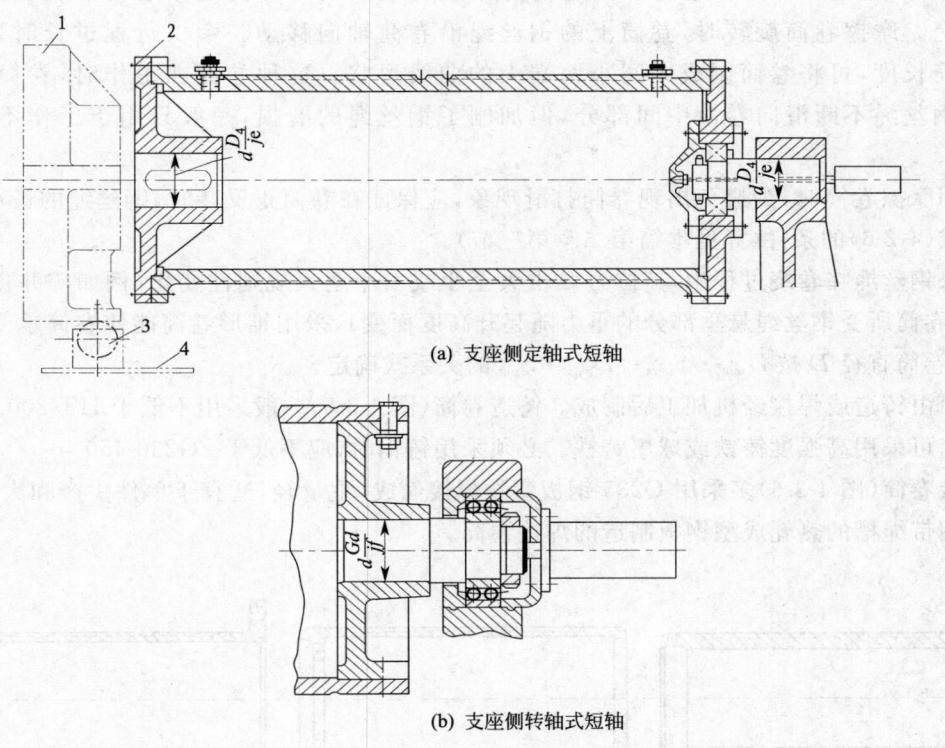

图 4-3-3　短轴式卷筒组
1—减速器;2—法兰盘;3—钢球或圆柱销;4—小车架底板

内装行星齿轮式卷筒组(图 4-3-4)输入轴与卷筒同轴线布置,行星减速器置于卷筒内腔,结构紧凑,重量较轻,但制造与装配精度要求较高,维修不便,常用于结构要求紧凑、工作级别为 M5 以下的机构中。

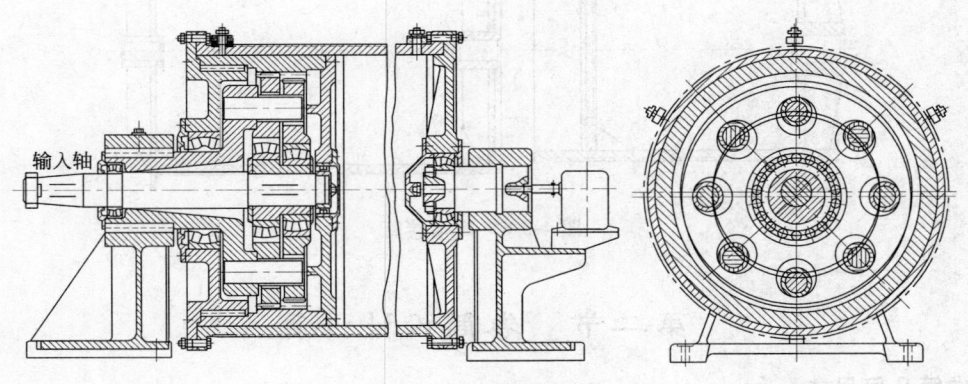

图 4-3-4　内装行星齿轮式卷筒组

根据钢丝绳在卷筒上卷绕的层数分单层绕卷筒和多层绕卷筒。根据钢丝绳卷入卷筒的情况分单联卷筒(一根钢丝绳分支绕入卷筒)和双联卷筒(两根钢丝绳分支同时卷入卷筒)。单联卷筒可以单层绕或多层绕,双联卷筒一般为单层绕。起升速度大时,为了减小双联卷筒长度,有将两个多层绕卷筒同轴布置,或平行布置外加同步装置的实例。

多层绕卷筒可以减小卷筒长度,使结构紧凑,但钢丝绳磨损加快,工作级别 M5 以上的机构不宜使用。

在绳索牵引机构中,钢丝绳两端一般都在卷筒上固定,卷筒旋转时钢丝绳从卷筒的一边放出,从另一边卷入。摩擦卷筒利用卷筒与钢丝绳之间的摩擦传递牵引力,钢丝绳端不固定在卷筒上。摩擦卷筒旋转时,卷筒上的钢丝绳沿卷筒轴向移动。牵引行程过长时,为了缩短摩擦卷筒长度,可将卷筒制成中间小两端大的曲线形状。这种卷筒在工作时,卷筒的曲线外形能使钢丝绳不断滑向卷筒中间部分,但加剧了钢丝绳的磨损,一般只用于工作不频繁的场合。

使用摩擦卷筒时,为避免出现卷筒打滑现象,应保证在卷筒正反转时,钢丝绳的最小拉力 $S_{min}$ 都满足式(4-2-6)的条件(详见本篇第二章第三节)。

如果钢丝绳在卷绕过程中,其拉力 $S$ 由大至小或由小至大规则性变化(例如矿井提升机吊笼升降时,卷筒所受钢丝绳悬垂部分的重力随起升高度而变),采用锥形卷筒能使卷筒承受的扭矩保持恒定,卷筒直径 $D$ 按 $D_{min} \cdot S_{max} = D_{max} \cdot S_{min}$ 的关系式确定。

卷筒由铸造或焊接经机加工后制成。铸造卷筒(图 4-3-5)一般采用不低于 HT-200 的灰铸铁,重要卷筒可采用高强度铸铁或球墨铸铁。必须采用铸钢时,应不低于 ZG230-450。

焊接卷筒(图 4-3-6)多采用 Q235 钢板弯卷焊接而成,重量轻,适宜于单件生产和大尺寸卷筒。国外有用带绳槽的热轧成型钢板制造的焊接卷筒。

图 4-3-5 铸造卷筒

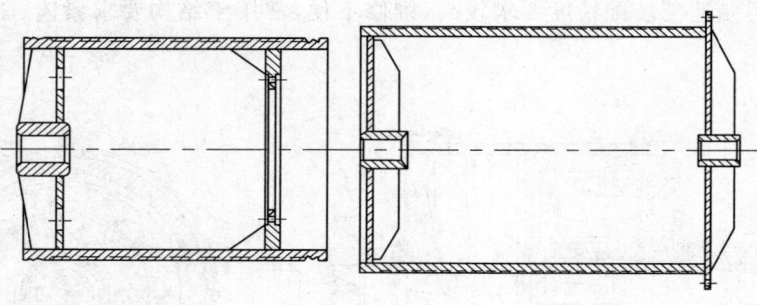

图 4-3-6 焊接卷筒

## 第二节 卷筒设计计算

### 一、卷筒几何尺寸

卷筒主要几何尺寸按表 4-3-1 确定。

单层绕卷筒表面通常切出导向螺旋槽,绳槽分标准槽与深槽两种形式,一般情况都采用标准槽。当钢丝绳有脱槽危险(例如抓斗起升机构卷筒,钢丝绳向上引出的卷筒)以及高速机构中,采用深槽。表 4-3-1 及表 4-3-3 给出卷筒绳槽的尺寸。

绳槽表面精度分为两级:1 级—$Ra$ 值 6.2

2 级—$Ra$ 值 12.5

表 4-3-1 卷筒主要尺寸计算

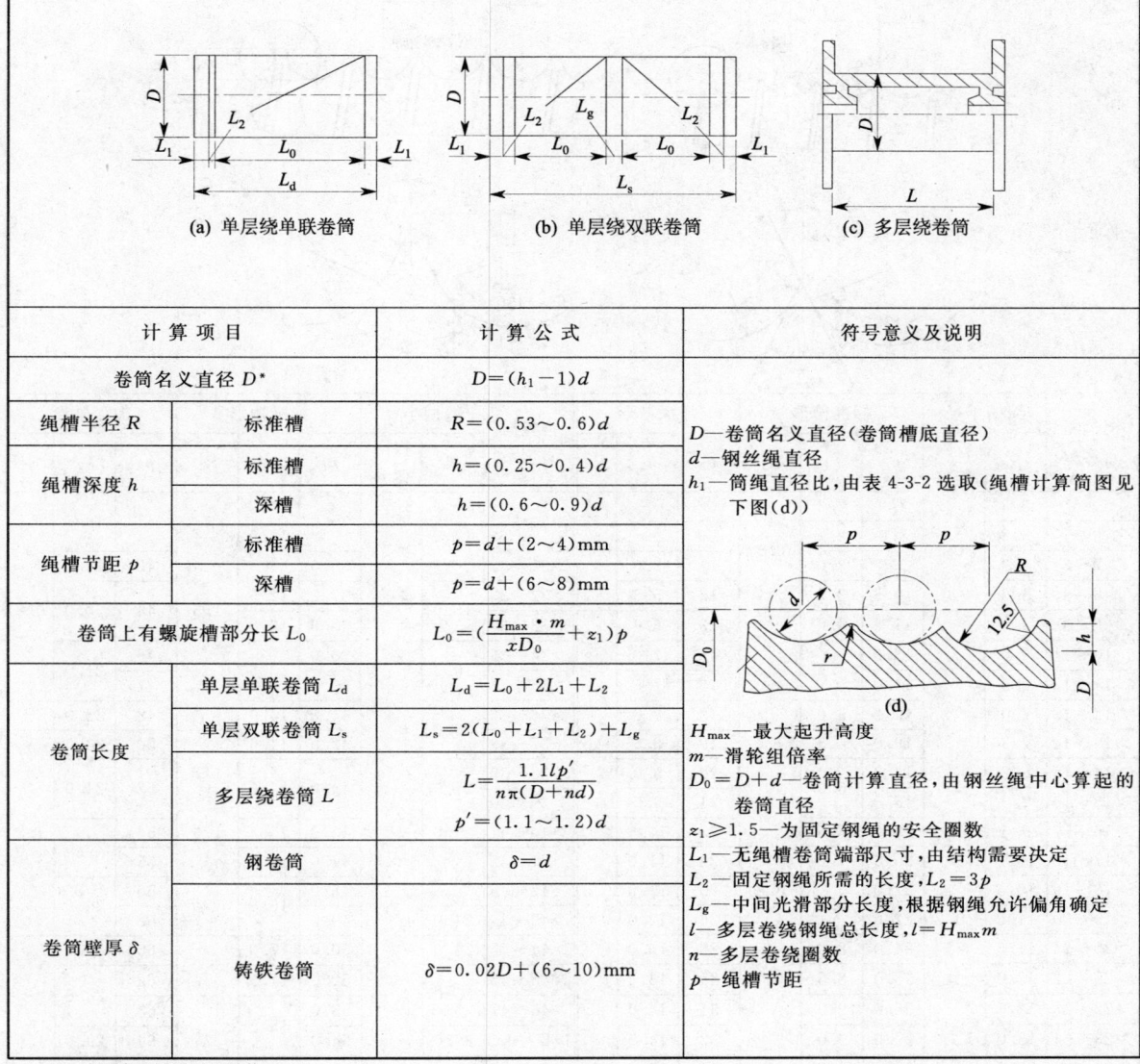

| 计算项目 | | 计算公式 | 符号意义及说明 |
|---|---|---|---|
| 卷筒名义直径 $D^*$ | | $D=(h_1-1)d$ | $D$—卷筒名义直径（卷筒槽底直径）<br>$d$—钢丝绳直径<br>$h_1$—筒绳直径比，由表4-3-2选取（绳槽计算简图见下图(d)）<br>$H_{max}$—最大起升高度<br>$m$—滑轮组倍率<br>$D_0=D+d$—卷筒计算直径，由钢丝绳中心算起的卷筒直径<br>$z_1 \geqslant 1.5$—为固定钢绳的安全圈数<br>$L_1$—无绳槽卷筒端部尺寸，由结构需要决定<br>$L_2$—固定钢绳所需的长度，$L_2=3p$<br>$L_g$—中间光滑部分长度，根据钢绳允许偏角确定<br>$l$—多层卷绕钢绳总长度，$l=H_{max}m$<br>$n$—多层卷绕圈数<br>$p$—绳槽节距 |
| 绳槽半径 $R$ | 标准槽 | $R=(0.53\sim0.6)d$ | |
| 绳槽深度 $h$ | 标准槽 | $h=(0.25\sim0.4)d$ | |
| | 深槽 | $h=(0.6\sim0.9)d$ | |
| 绳槽节距 $p$ | 标准槽 | $p=d+(2\sim4)$mm | |
| | 深槽 | $p=d+(6\sim8)$mm | |
| 卷筒上有螺旋槽部分长 $L_0$ | | $L_0=(\dfrac{H_{max}\cdot m}{xD_0}+z_1)p$ | |
| 卷筒长度 | 单层单联卷筒 $L_d$ | $L_d=L_0+2L_1+L_2$ | |
| | 单层双联卷筒 $L_s$ | $L_s=2(L_0+L_1+L_2)+L_g$ | |
| | 多层绕卷筒 $L$ | $L=\dfrac{1.1lp'}{n\pi(D+nd)}$<br>$p'=(1.1\sim1.2)d$ | |
| 卷筒壁厚 $\delta$ | 钢卷筒 | $\delta=d$ | |
| | 铸铁卷筒 | $\delta=0.02D+(6\sim10)$mm | |

注：多层绕卷筒取下限值。

表 4-3-2 筒绳直径比 $h_1$

| 机构工作级别 | $h_1$ | 机构工作级别 | $h_1$ |
|---|---|---|---|
| M1 | 11.2 | M5 | 18 |
| M2 | 12.5 | M6 | 20 |
| M3 | 14 | M7 | 22.4 |
| M4 | 16 | M8 | 25 |

注：1. 采用抗扭转钢丝绳时，$h_1$值按比机构工作级别高一级的值选取；
2. 对于流动式起重机，建议取 $h_1=16$，与工作级别无关。

多层绕卷筒表面以往都推荐作成光面，以减小钢丝绳磨损。但实践证明，带螺旋槽的卷筒多层卷绕时，由于绳槽保证第一层钢丝绳排列整齐，有利于以后各层钢丝绳的整齐排列。光面卷筒极易使钢丝绳多层卷绕时杂乱无序，由此导致的钢丝绳磨损远大于有绳槽的卷筒。

带绳槽单层绕双联卷筒，可以不设挡边，因为钢丝绳的两头固定在卷筒的两端。多层卷绕两端应设挡边，以防止钢丝绳脱出筒外，挡边高度应比最外层钢丝绳高出$(1\sim1.5)d$。

表 4-3-3 卷筒绳槽尺寸 (mm)

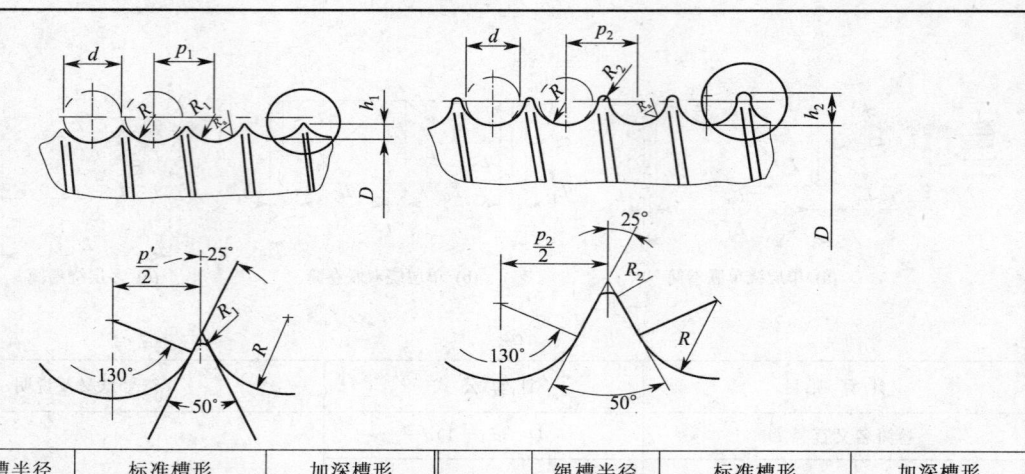

| 钢丝绳直径 d | 绳槽半径 R | 极限偏差 | 标准槽形 $p_1$ | 标准槽形 $h_1$ | 标准槽形 $R_1$ | 加深槽形 $p_2$ | 加深槽形 $h_2$ | 加深槽形 $R_2$ | 钢丝绳直径 d | 绳槽半径 R | 极限偏差 | 标准槽形 $p_1$ | 标准槽形 $h_1$ | 标准槽形 $R_1$ | 加深槽形 $p_2$ | 加深槽形 $h_2$ | 加深槽形 $R_2$ |
|---|---|---|---|---|---|---|---|---|---|---|---|---|---|---|---|---|---|
| 5~6 | 3.3 | +0.10 | 7.0 | 2.3 | 0.5 | — | — | 0.3 | >30~31 | 17.0 | +0.40 | 35.0 | 12.0 | 1.3 | 41 | 18.5 | 0.8 |
| >6~7 | 3.8 | | 8.0 | 2.7 | | — | — | | >31~32 | | | 36.0 | | | 42 | 19.0 | |
| >7~8 | 4.3 | | 9.0 | 3.0 | | 11 | 5.0 | | >32~33 | 18.0 | | 37.0 | 12.5 | | 44 | 20.0 | |
| >8~9 | 5.0 | | 10.5 | 3.5 | | 12 | 5.5 | | >33~34 | | | 38.0 | 13.0 | | | | |
| >9~10 | 5.5 | | 11.5 | 4.0 | | 13 | 6.0 | | >34~35 | 19.0 | | 39.0 | 13.5 | | 46 | 21.0 | |
| >10~11 | 6.0 | | 13.0 | 4.5 | | 15 | 7.0 | | >35~36 | | | 40.0 | | | 47 | | |
| >11~12 | 6.5 | | 14.0 | | | 16 | 7.5 | | >36~37 | 20.0 | | 41.0 | 14.0 | | 48 | 22.0 | |
| >12~13 | 7.0 | | 15.0 | 5.0 | | 18 | 8.0 | | >37~38 | | | 42.0 | 14.5 | | 50 | 23.0 | |
| >13~14 | 7.5 | | 16.0 | 5.5 | | 19 | 8.5 | | >38~39 | 21.0 | | 44.0 | 15.0 | | 52 | 24.0 | |
| >14~15 | 8.2 | | 17.0 | 6.0 | | 20 | 9.0 | | >39~40 | | | | | | | | |
| >15~16 | 9.0 | | 18.0 | | | 21 | 9.5 | | >40~41 | 22.0 | | 45.0 | 15.5 | 1.6 | 54 | 25.0 | 1.3 |
| >16~17 | 9.5 | | 19.0 | 6.5 | | 23 | 10.5 | | >41~42 | 23.0 | | 47.0 | 16.0 | | 55 | | |
| >17~18 | 10.0 | | 20.0 | 7.0 | 0.8 | 24 | 11.0 | 0.5 | >42~43 | | | 48.0 | | | 56 | 26.0 | |
| >18~19 | 10.5 | | 21.0 | 7.5 | | 25 | 11.5 | | >43~44 | 24.0 | | 49.0 | 16.5 | | 58 | | |
| >19~20 | 11.0 | +0.20 | 22.0 | | | 26 | 12.0 | | >44~45 | 24.0 | | 50.0 | 17.0 | | 60 | 27.0 | |
| >20~21 | 11.5 | | 24.0 | 8.0 | | 28 | 13.0 | | >45~46 | 25.0 | | 52.0 | 17.5 | | 62 | 28.0 | |
| >21~22 | 12.0 | | 25.0 | 8.5 | | 29 | 13.5 | | >46~47 | | | 53.0 | | | 63 | | |
| >22~23 | 12.5 | | 26.0 | 9.0 | | 31 | 14.0 | | >47~48.5 | 26.0 | | 54.0 | 18.5 | 2 | 64 | 29.0 | 1.6 |
| >23~24 | 13.0 | | 27.0 | 9.0 | | 32 | 14.5 | | >48.5~50 | 27.0 | | 58.0 | 19.0 | | 65 | 30.0 | |
| >24~25 | 13.5 | | 28.0 | 9.5 | | 33 | 15.0 | | >50~52 | 28.0 | | 60.0 | 19.5 | | — | — | |
| >25~26 | 14.0 | | 29.0 | 10.0 | | 34 | 16.0 | | >52~54.5 | 29.0 | | 60.0 | 21.0 | | — | — | |
| >26~27 | 15.0 | | 30.0 | 10.5 | | 36 | 16.5 | | >54.5~56 | 30.0 | | 63.0 | | | — | — | |
| >27~28 | | | 31.0 | | | 37 | 17.0 | | >56~58 | 31.0 | | 65.0 | 22.0 | 2.5 | — | — | — |
| >28~29 | 16.0 | | 33.0 | 11.0 | 1.3 | 38 | 17.5 | 0.8 | >58~60.5 | 32.0 | | 67.0 | 23.0 | 3.0 | | | |
| >29~30 | | | 34.0 | 11.5 | | 39 | 18.0 | | | | | | | | | | |

## 二、钢丝绳在卷筒上的固定

钢丝绳端在卷筒上的固定必须安全可靠,便于检查和更换钢丝绳。最常用的方法是压板固定(图 4-3-7a),它构造简单,检查拆装方便,但不能用于多层绕卷筒。图 4-3-7b 为楔块固定,楔块斜度为 1:4~1:5。图 4-3-7c 为板条固定,将钢丝绳引入卷筒内的特别槽中,用螺钉板条固定。图 4-3-7d 为压板在卷筒侧板上固定,钢丝绳头引出到卷筒侧板外,用螺钉压板将绳头固定,构造简单。

图 4-3-7a 只能用于单层卷筒,b、c、d 三种固定方法除用于多层绕卷筒外,必须缩短卷筒长度时,也可用于单层绕卷筒。

当吊具下降到最低极限位置时,钢丝绳在卷筒上的剩余安全圈(不包括固定绳端所占的圈数)至少应保持 2 圈(对塔式起重机为 3 圈)。当钢丝绳和卷筒之间的摩擦系数取 0.1 时,在此安全圈下,绳端固定装置应在承受 2.5 倍钢丝绳最大工作静拉力时不发生永久变形。

钢丝绳压板已标准化,根据钢丝绳直径从表 4-3-4 中选取。这种压板适用于各种圆股钢丝绳(GB 1102—74)的绳端固定,不宜用于电动葫芦和多层绕卷筒。压板在卷筒上的布置见图 4-3-7a,一根绳端的压板数量不少于 3 块。

### 三、钢丝绳允许偏角

钢丝绳绕进或绕出卷筒时,钢丝绳偏离螺旋槽两侧的角度推荐不大于 3.5°。

对于光面卷筒和多层绕卷筒,钢丝绳与垂直于卷筒轴的平面的偏角推荐不大于 2°,以避免乱绳。

布置卷绕系统时,钢丝绳绕进或绕出滑轮槽的最大偏角推荐不大于 5°,以避免槽口损坏和钢丝绳脱槽。

### 四、卷筒强度计算

卷筒在钢丝绳拉力作用下,产生压缩,弯曲和扭转应力,其中压缩应力最大。当 $L \leqslant 3D$ 时,弯曲和扭转的合成应力不超过压缩应力的 10%~15%,只计算压应力即可。当 $L > 3D$ 时,要考虑弯曲应力。对尺寸较大,壁厚较薄的卷筒还必须对筒壁进行抗压稳定性验算。

卷筒筒壁的最大压应力出现在筒壁的内表面,压应力 $\sigma_c$ 按下式计算:

$$\sigma_c = A_1 A_2 \frac{S_{max}}{\delta p} \leqslant [\sigma_c] \tag{4-3-1}$$

式中 $\sigma_c$——卷筒壁压应力(MPa);
$S_{max}$——钢丝绳最大静拉力(N);
$\delta$——卷筒壁厚(mm);
$p$——绳槽节距(mm);
$A_1$——应力减小系数,在绳圈拉力作用下,筒壁产生径向弹性变形,使绳圈紧度降低,钢丝绳拉力减小,一般取 $A_1 = 0.75$;
$A_2$——多层卷绕系数。多层卷绕时,卷筒外层绳圈的箍紧力压缩下层钢丝绳,使各层绳圈的紧度降低,钢丝绳拉力减小,筒壁压应力不与卷绕层数成正比,$A_2$ 按表 4-3-4 取值;
$[\sigma_c]$——许用压应力,对于铸铁 $[\sigma_c] = \sigma_b/5$,$\sigma_b$ 为铸铁抗压强度极限,对钢 $[\sigma_c] = \sigma_s/2$,$\sigma_s$ 为钢的屈服极限。

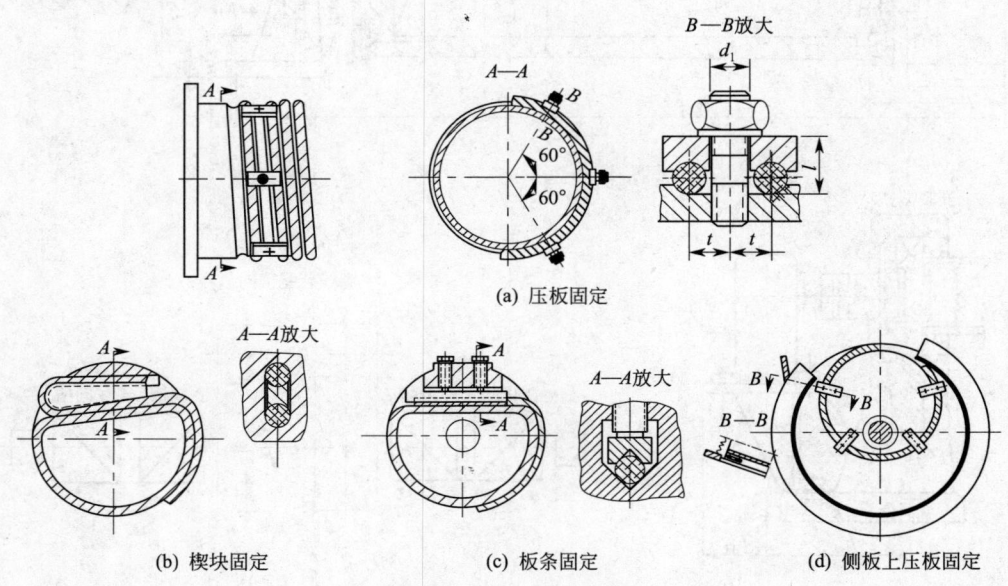

图 4-3-7 钢丝绳在卷筒上的固定方法
(a) 压板固定  (b) 楔块固定  (c) 板条固定  (d) 侧板上压板固定

表 4-3-4 $A_2$ 值

| 卷绕层数 | 1 | 2 | 3 | ≥4 |
|---|---|---|---|---|
| $A_2$ | 1.0 | 1.4 | 1.8 | 2.0 |

卷筒筒壁的稳定性与卷筒长度 $L$,直径 $D$,筒壁厚度 $\delta$ 和压应力 $\sigma_c$ 等因素有关。如果 $L/D$ 值符合表 4-3-5 的要求,则筒壁不需进行稳定性计算。

表 4-3-5 $L/D$ 值

| $\sigma_c$ /MPa | $D/\delta$ | | | | | | | | $\sigma_c$ /MPa | $D/\delta$ | | | | | | | |
|---|---|---|---|---|---|---|---|---|---|---|---|---|---|---|---|---|---|
| | 25 | 30 | 35 | 40 | 45 | 50 | 55 | 60 | | 25 | 30 | 35 | 40 | 45 | 50 | 55 | 60 |
| | 铸铁卷筒 | | | | | | | | | 钢卷筒 | | | | | | | |
| 100 | 5.2 | 4.6 | 3.7 | 3 | 2.5 | 2.1 | — | — | 150 | — | 6.5 | 5.2 | 4.2 | 3.5 | 3 | 2.7 | 2.4 |
| 125 | 4.1 | 3.7 | 2.9 | 2.4 | 2 | 1.7 | — | — | 200 | — | 5.2 | 3.9 | 3.1 | 2.6 | 2.2 | 2 | 1.8 |
| 150 | 3.4 | 3.1 | 2.5 | 2 | 1.7 | 1.4 | — | — | 250 | — | 4.2 | 3.1 | 2.5 | 2.1 | 1.8 | 1.6 | 1.4 |

注:$L$ 为卷筒端部侧板间或相邻筋板间的距离;$\sigma_c$ 为筒壁中的名义应力,$\sigma_c = \dfrac{S_{\max}}{p\delta}$。

## 第三节 卷筒组系列和主要零件尺寸

表 4-3-6 齿轮联接盘式卷筒组系列表

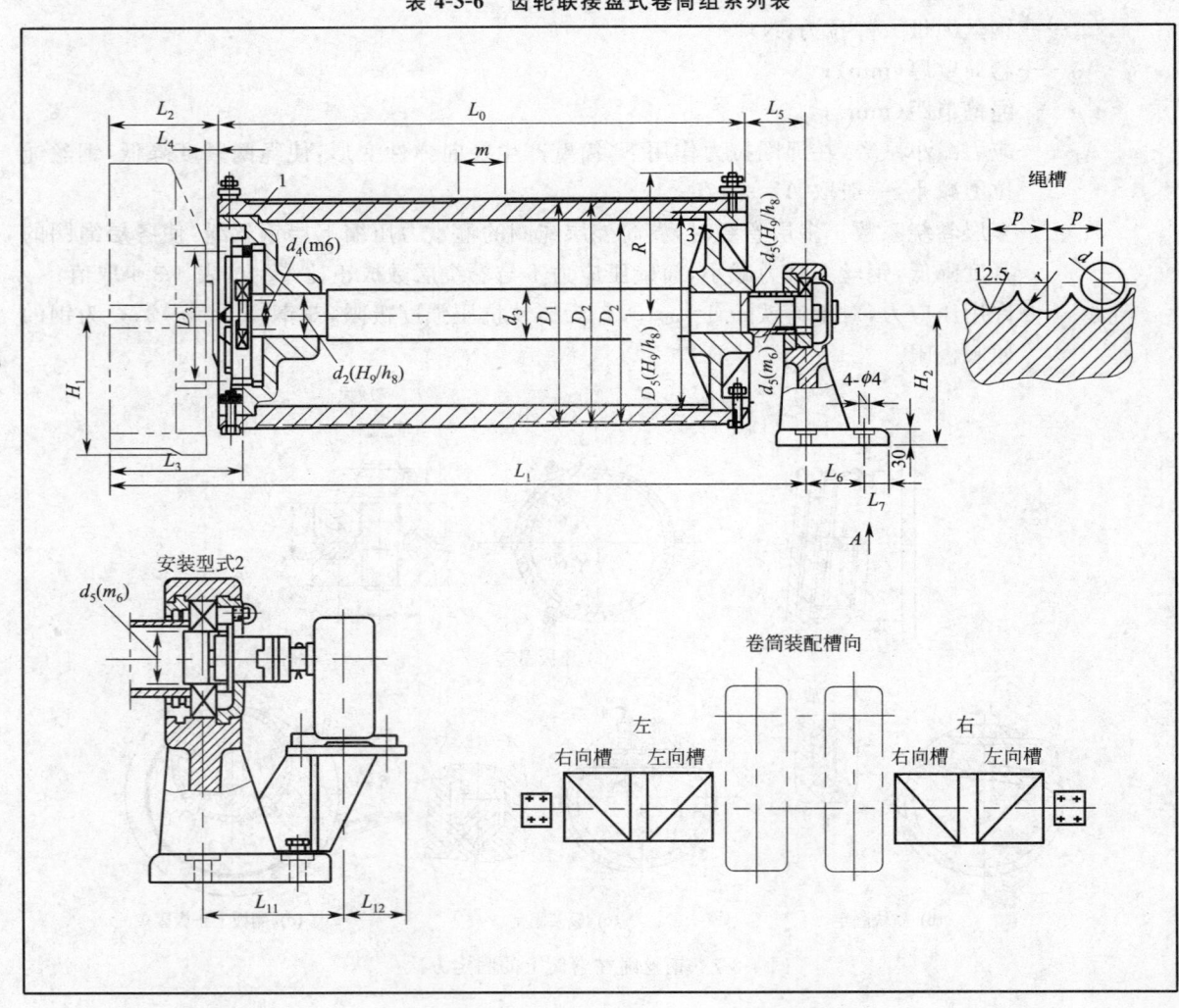

续上表

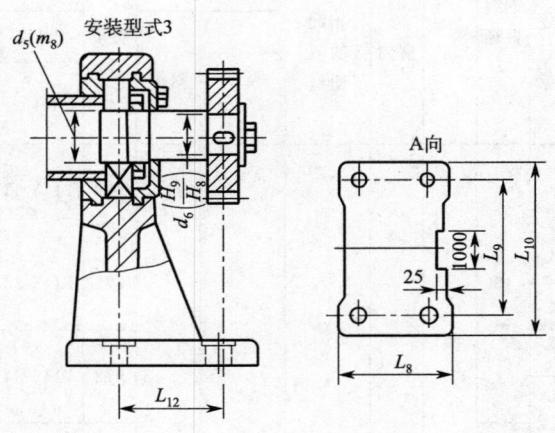

| 图号 | 规格 $D_0$ | 规格 $L_0$ | 起重量 /t | 最大起升高度 /m | 滑轮组倍率 | 钢绳直径 $d$ /mm | 型式 | 槽向 | 相配的减速器 | 轴承 型号 | 轴承 数量 | 质量 /kg | 主要零件图号 1 卷筒 | 主要零件图号 2 齿轮联接盘 | 主要零件图号 3 卷筒鼓 | 备注 |
|---|---|---|---|---|---|---|---|---|---|---|---|---|---|---|---|---|
| T153 | 300 | 1 000 | | 16 | | 11 | 2 | | ZQ-400 | 1608/1313 | 1/1 | 264 | T143-32 | T143-71 | T153-31 | 中级 |
| T143 | 300 | 1 000 | 5 | 16 | 2 | 11 | | | ZQ-400 | 1608/1313 | 1/1 | 254 | | T143-71 | T143-31 | |
| T143 | 300 | 1 500 | 5 | 24 | 2 | 11 | | | ZQ-400 | 1608/1313 | 1/1 | 344 | T143-33 | T143-71 | T143-31 | |
| T143 | 300 | 2 000 | | 34 | | | | | | | | 434 | T143-44 | | | |
| T144 | | 1 000 | | 16 | | | 1 | 左右 | | | | 339 | T144-31 | | T144-83 | 重级 |
| T144 | | 1 000 | | | | | | | | | | 340 | T144-32 | | | 电磁 |
| T144 | | 1 500 | 3 | 43 | 1 | 14 | | | | | | 456 | T144-33 | | | 中级 |
| T144 | | 1 500 | 5 | 22 | 2 | | | | | | | | | | | |
| T144 | | 1 500 | 10 | 16 | 3 | | | | | | | | | | | 中、重级 |
| T144 | | 2 000 | 3 | 50 | 1 | | | | | | | 564 | T144-34 | | | |
| T144 | | 2 000 | 5 | 36 | 2 | | | | | | | | | | | |
| T144 | | 2 000 | 10 | 24 | 3 | | | | | | | | | | | |
| T144 | | 2 500 | 5 | 46 | 2 | | | | | | | 682 | T144-35 | | | |
| T144 | | 2 500 | 10 | 30 | 3 | | | | | | | | | | | |
| T154 | 400 | 1 000 | 5 | 16 | 2 | | 2 | | ZQ-500 | 1311/1313 | 1/1 | 408 | T144-32 | T144-71 | T154-81 | 重级 |
| T154 | 400 | 1 500 | 3 | 43 | 1 | | | | | | | 460 | T144-33 | | | |
| T154 | 400 | 1 500 | 5 | 22 | 2 | | | | | | | | | | | |
| T154 | 400 | 1 500 | 10 | 16 | 3 | | | | | | | | | | | |
| T154 | 400 | | | 22 | 3～5 | 16 | | | | | | 520 | T154-31 | | | 抓斗开闭用 |
| T154 | 400 | | | | 1 | | | | | | | | | | | 抓斗升降用 |
| T154 | 400 | 2 000 | 5 | 36 | 3～5 | | | | | | | 651 | T154-32 | | | 抓斗开闭用 |
| T154 | 400 | 2 000 | | | 1 | | | | | | | | | | | 抓斗升降用 |
| T149 | | 1 000 | | 16 | 2 | 14 | 3 | | | | | 408 | T144-32 | | | |
| T149 | | 1 500 | 3 | 43 | 1 | | | | | | | 460 | T144-33 | | | |
| T149 | | 1 500 | 5 | 22 | 2 | | | | | | | | | | | |
| T149 | | | 10 | 16 | 3 | | | | | | | | | | | |

续上表

| 图号 | | 规格 | | 起重量/t | 最大起升高度/m | 滑轮组倍率 | 钢绳直径 $d$/mm | 型式 | 槽向 | 相配的减速器 | 轴承 | | 质量/kg | 主要零件图号 | | | 备注 |
|---|---|---|---|---|---|---|---|---|---|---|---|---|---|---|---|---|---|
| | | $D_0$ | $L_0$ | | | | | | | | 型号 | 数量 | | 1 卷筒 | 2 齿轮联接盘 | 3 卷筒鼓 | |
| T145 | 1 | 500 | 1 500 | 20 | 12 | 4 | 18 | 1 | 左右 | ZQ-650 | 1 616 | 2 | 788 | T145-32 | T145-71 | T145-31 | 中、重级 |
| | | | | 15 | 16 | 3 | | | | | | | | | | | |
| | 2 | | 1 485 | 10 | 22 | 2 | | | | | | | 777 | T145-33 | | | |
| | 3 | | 2 000 | 20 | 16 | 4 | | | | | | | 972 | T145-34 | | | |
| | | | | 15 | 22.5 | 3 | | | | | | | | | | | |
| | 4 | | 1 500 | 10 | 22 | 2 | 14 | | | | | | 780 | T145-35 | | | |
| | 5 | | 1 200 | 16 | 12 | 3 | 18 | | | | | | 660 | T171-31 | | | |
| | 6 | | 2 500 | 15 | 32 | 3 | 16 | | | | | | 1 194 | T145-36 | | | |
| | 7 | | | | 30 | | | | | | | | 1 164 | T145-37 | | | |
| | 8 | | 2 800 | 20 | 22 | 4 | 18 | | | | | | 1 276 | T145-38 | | | |
| | | | | 15 | 30 | 3 | | | | | | | | | | | |
| | | | | 20 | 22 | 4 | | | | | | | | | | | |
| | 9 | | 3 800 | 15 | 42 | 3 | | | | | | | 1 650 | T145-39 | | | |
| | | | | 20 | 32 | 4 | | | | | | | | | | | |
| | 10 | | 1 000 | 7.5+7.5 | 14 | 2 | | | | | | | 593 | T155-35 | | | |
| T155 | 1 | | 1 500 | 10 | 20 | 3～5 | 19.5 | 2 | | | | | 884 | T155-32 | T155-31 | | 抓斗升降、开闭 |
| | 2 | | | 20 | 12 | 4 | 18 | | | | | | 789 | T145-32 | | | |
| | | | | 15 | 16 | 3 | | | | | | | | | | | |
| | 3 | | 1 200 | 5 | 15 | 3～5 | 16 | | | | | | 752 | T155-33 | | | 抓斗升降、开闭 |
| | 4 | | 2 000 | 20 | 16 | 4 | 18 | | | | | | 981 | T155-34 | | | |
| | | | | 15 | 22 | 3 | | | | | | | | | | | |
| | 5 | | 1 000 | 7.5+7.5 | 14 | 2 | | | | | | | 595 | T155-35 | | | |
| | 6 | | 2 000 | 10 | 34 | 3～5 | 19.5 | | | | | | 1 106 | T155-36 | | | 抓斗升降、开闭 |
| T171 | 1 | | 1 200 | 16 | | 3 | | | 右 | | | | 648 | T171-31 | | | |
| | 2 | | 1 500 | 20 | 12 | 4 | 18 | | | | | | 760 | T171-32 | | | |
| | 3 | | 1 300 | 16 | | 3 | | | | | | | 685 | T171-33 | | | 仅用于单梁重级 |
| T208 | | 650 | 2 000 | 30 | 17 | 4 | 21 | 1 | 左右 | ZQ-580 | 3 522 | | 1 379 | T208-31 | T208-71 | T208-32 | |
| T209 | | 700 | 1 860 | 15 | 30 | 3～5 | 23.5 | 2 | | | | | 1 843 | T209-31 | T209-71 | T209-32 | 抓斗用 |
| T211 | | 800 | 1 800 | 20 | 26 | | 27 | | | ZQ-1000 | | | 2 217 | T211-31 | T210-71 | T211-32 | 抓斗用 |
| T210 | | | 2 000 | 50 | 13 | 5 | 24 | 1 | | | | | 2 484 | T210-31 | | T210-32 | |

（以上数据由大连重工·起重集团有限公司提供）

## 表 4-3-7　齿轮联接盘式卷筒组尺寸（见表 4-3-5 插图）

尺寸/mm

| 图号 | 序号 | 起重量/t | $D_0$ | $L_0$ | $m$ | $p$ | $r$ | $D_1$ | $D_2$ | $D_3$ | $D_4$ | $D_5$ | $d_1$ | $d_2$ | $d_3$ | $d_4$ | $d_5$ | $d_6$ | $L_1$ | $L_2$ | $L_3$ | $L_4$ | $L_5$ | $L_6$ | $L_7$ | $L_8$ | $L_9$ | $L_{10}$ | $L_{11}$ | $L_{12}$ | $R$ | $H_1/H_2$ |
|---|---|---|---|---|---|---|---|---|---|---|---|---|---|---|---|---|---|---|---|---|---|---|---|---|---|---|---|---|---|---|---|---|
| T153 | 1 | 1 | 300 | 1000 | 38 | 13 | 7 | 308 | 265 | 168 | 22 | 275 | 40 | 75 | 80 | 75 | 65 | | 1288 | | | | 100 | | | | | | 210 | 100 | 180 | 250 |
| T143 | 1 | | | 1500 | 82 | | | | | | | | | | | | | | 1318 | 188 | 207.5 | 33 | | | | | | | | | | |
| | 2 | 5 | | 2000 | 38 | | | | | | | | | | | | | | 1818 | | | | 130 | | | | | | | | | |
| | 3 | | | | | | | | | | | | | | | | | | 2318 | | | | | | | | | | | | | |
| T144 | 1 | 3 | | 1000 | 48 | 16 | 8 | 409 | 365 | 224 | 22 | 370 | 55 | 75 | 90 | 85 | 65 | | 1330 | 200 | | 25 | | | | | | | | | | |
| | 2 | 5 | | 1500 | 250 | | | | | | | | | | | | | | 1368.5 | | 238.5 | 53.5 | 140 | 140 | 35 | 220 | 300 | 370 | | | 235 | 300 |
| | 3 | 10 | | | 150 | | | | | | | | | | | | | | 1868.5 | | | | | | | | | | | | | |
| | 4 | | | | 50 | | | | | | | | | | | | | | | | | | | | | | | | | | | |
| | 5 | | | 2000 | 250 | | | | | | | | | | | | | | 2363.5 | 238.5 | | | | | | | | | | | | |
| | | | | 2500 | 150 | | | | | | | | | | | | | | 2868.5 | | | | | | | | | | | | | |
| T154 | 1 | 3 | 400 | 1000 | 50 | | | | | | | | | | | | | | 1368.5 | | | | | | | | | | | | | |
| | 2 | 5 | | 1500 | 48 | 22 | 9 | 418 | | | | | | | | | | 45 | 1868.5 | | | | | | | | | | 206 | 89 | | |
| | 3 | 10 | | | 250 | 16 | 8 | 409 | | | | | | | | | | | 2368.5 | | | | | | | | | | | | | |
| | 4 | | | 2000 | 150 | | | | | | | | | | | | | | 1368.5 | | | | | | | | | | | | | |
| 149 | 1 | | | 1000 | 50 | | | | | | | | | | | | | | 1868.5 | | | | | | | | | | 100 | | | |
| | 2 | | | 1500 | 250 | | | | | | | | | | | | | | | | | | | | | | | | | | | |

续上表

| 图号 | 起重量/t | 规格 $L_0$ | $m$ | $p$ | $r$ | $D_1$ | $D_2$ | $D_3$ | $D_4$ | $D_5$ | $d_1$ | $d_2$ | $d_3$ | $d_4$ | $d_5$ | $d_6$ | $L_1$ | $L_2$ | $L_3$ | $L_4$ | $L_5$ | $L_6$ | $L_7$ | $L_8$ | $L_9$ | $L_{10}$ | $L_{11}$ | $L_{12}$ | $R$ | $H_1/H_2$ |
|---|---|---|---|---|---|---|---|---|---|---|---|---|---|---|---|---|---|---|---|---|---|---|---|---|---|---|---|---|---|---|
| | | | | | | | | | | | | | | | | | 尺寸/mm | | | | | | | | | | | | | |
| T145 | 15/20 | 1 500 | 120 | 20 | 10 | 512 | | 330 | 22 | 465 | 80 | 95 | 110 | 105 | 80 | | 1 895 | 250 | | 15 | 145 | 210 | 40 | 310 | 355 | 435 | — | — | 325 | 320 |
| | 10/15 | 1 485 | 105 | 20 | 10 | 512 | | | | | | | | | | | | | | | | | | | | | | | | |
| | 15/20 | 2 000 | 120 | 20 | 10 | 512 | | | | | | | | | | | 2 395 | 265 | | 30 | | | | | | | | | | |
| | 10/15 | 1 500 | 50 | 16 | 8 | 509 | | | | | | | | | | | 1 910 | 250 | | 15 | | | | | | | | | | |
| | 4/10 | 1 200 | 120 | 20 | 10 | 512 | | | | | | | | | | | 1 610 | | | | | | | | | | | | | |
| | 16/20 | 2 500 | 50 | 18 | 19 | 511 | | | | | | | | | | | 2 910 | 265 | | 30 | | | | | | | | | | |
| | 15/20 | 2 800 | 400 | 20 | 10 | 512 | | | | | | | | | | | 3 210 | | 310 | | | | | | | | | | | |
| | 15/20 | 3 800 | 50 | 20 | 10 | 512 | | | | | | | | | | | 4 210 | | | | | | | | | | | | | |
| | 15/20 | 1 000 | 300 | 26 | 9 | 524 | | | | | | | | | | | 1 395 | 250 | | 15 | 130 | | | | | | | | | |
| | 7.5/7.5 | 1 500 | 120 | 20 | 10 | 512 | | | | | | | | | | | 1 895 | 265 | | 30 | 145 | | | | | | | | | |
| T155 | 10/15 | 1 200 | 200 | 22 | 9 | 522 | | | | | | | | | | | 1 595 | 250 | | 15 | 70 | | | | | | | | | |
| | 15/20 | 2 000 | 330 | 20 | 10 | 512 | | | | | | | | | | | 2 395 | 265 | | 30 | | | | | | | | 230 | 100 | | |
| | 7.5/7.5 | 1 000 | 120 | 20 | 10 | 524 | | | | | | | | | | | 1 395 | 250 | | | | | | | | | | | | | |
| | 5 | 2 000 | 50 | 26 | 10 | 512 | | | | | | | | | | | 2395 | 265 | | | | | | | | | | | | 316 | |
| | 10/16 | 1 200 | 300 | 20 | 10 | | | | | | | | | | | | 1 835 | | 363 | | | | | | | | | | | | |
| T171 | 15/20 | 1 500 | 80 | 26 | 11.5 | 664 | 590 | 432 | | 600 | 110 | 120 | 130 | 120 | 110 | | 1 635 | 320 | | | 10 | 200 | 50 | 320 | 410 | 500 | — | — | 402 | 400 |
| T208 | 30 | 650 | 150 | 24 | 13 | 728 | 640 | | | 650 | | 130 | 140 | 130 | | | 2 420 | 320 | | | 140 | | | | | | 230 | 100 | 434 | |
| T209 | 15/20 | 1 860 | 400 | 32 | 15 | 832 | 740 | 480 | 26 | 750 | | | | | | | 2 320 | 350 | 442 | 20 | 150 | | | | 460 | 550 | — | — | 486 | 400/460 |
| T211 | 20 | 1 800 | 350 | 36 | 13 | 816 | | | | | | | | | | | 2 300 | | | | 100 | | | | | | | | 478 | |
| T210 | 50 | 2 000 | | 26 | | | | | | | | | | | | | 2 450 | | | | | | | | | | | | | |

（以上数据由大连重工·起重集团有限公司提供）

表 4-3-8 周边大齿轮式卷筒组系列尺寸 (mm)

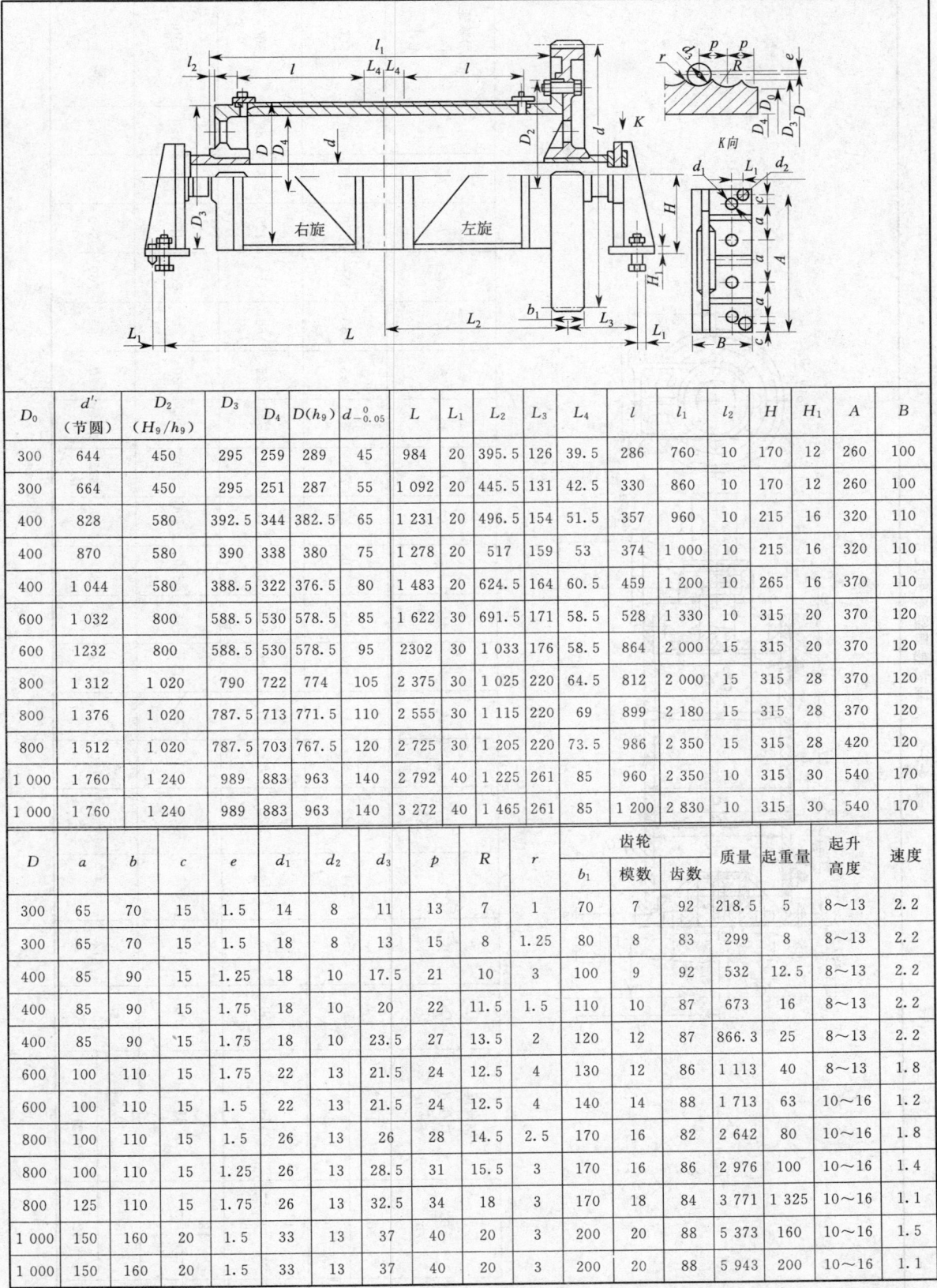

| $D_0$ | $d'$(节圆) | $D_2$($H_9/h_9$) | $D_3$ | $D_4$ | $D(h_9)$ | $d_{-0.05}^{0}$ | $L$ | $L_1$ | $L_2$ | $L_3$ | $L_4$ | $l$ | $l_1$ | $l_2$ | $H$ | $H_1$ | $A$ | $B$ |
|---|---|---|---|---|---|---|---|---|---|---|---|---|---|---|---|---|---|---|
| 300 | 644 | 450 | 295 | 259 | 289 | 45 | 984 | 20 | 395.5 | 126 | 39.5 | 286 | 760 | 10 | 170 | 12 | 260 | 100 |
| 300 | 664 | 450 | 295 | 251 | 287 | 55 | 1 092 | 20 | 445.5 | 131 | 42.5 | 330 | 860 | 10 | 170 | 12 | 260 | 100 |
| 400 | 828 | 580 | 392.5 | 344 | 382.5 | 65 | 1 231 | 20 | 496.5 | 154 | 51.5 | 357 | 960 | 10 | 215 | 16 | 320 | 110 |
| 400 | 870 | 580 | 390 | 338 | 380 | 75 | 1 278 | 20 | 517 | 159 | 53 | 374 | 1 000 | 10 | 215 | 16 | 320 | 110 |
| 400 | 1 044 | 580 | 388.5 | 322 | 376.5 | 80 | 1 483 | 20 | 624.5 | 164 | 60.5 | 459 | 1 200 | 10 | 265 | 16 | 370 | 110 |
| 600 | 1 032 | 800 | 588.5 | 530 | 578.5 | 85 | 1 622 | 30 | 691.5 | 171 | 58.5 | 528 | 1 330 | 10 | 315 | 20 | 370 | 120 |
| 600 | 1232 | 800 | 588.5 | 530 | 578.5 | 95 | 2302 | 30 | 1 033 | 176 | 58.5 | 864 | 2 000 | 15 | 315 | 20 | 370 | 120 |
| 800 | 1 312 | 1 020 | 790 | 722 | 774 | 105 | 2 375 | 30 | 1 025 | 220 | 64.5 | 812 | 2 000 | 15 | 315 | 28 | 370 | 120 |
| 800 | 1 376 | 1 020 | 787.5 | 713 | 771.5 | 110 | 2 555 | 30 | 1 115 | 220 | 69 | 899 | 2 180 | 15 | 315 | 28 | 370 | 120 |
| 800 | 1 512 | 1 020 | 787.5 | 703 | 767.5 | 120 | 2 725 | 30 | 1 205 | 220 | 73.5 | 986 | 2 350 | 15 | 315 | 28 | 420 | 120 |
| 1 000 | 1 760 | 1 240 | 989 | 883 | 963 | 140 | 2 792 | 40 | 1 225 | 261 | 85 | 960 | 2 350 | 10 | 315 | 30 | 540 | 170 |
| 1 000 | 1 760 | 1 240 | 989 | 883 | 963 | 140 | 3 272 | 40 | 1 465 | 261 | 85 | 1 200 | 2 830 | 10 | 315 | 30 | 540 | 170 |

| $D$ | $a$ | $b$ | $c$ | $e$ | $d_1$ | $d_2$ | $d_3$ | $p$ | $R$ | $r$ | $b_1$ | 齿轮 模数 | 齿轮 齿数 | 质量 | 起重量 | 起升高度 | 速度 |
|---|---|---|---|---|---|---|---|---|---|---|---|---|---|---|---|---|---|
| 300 | 65 | 70 | 15 | 1.5 | 14 | 8 | 11 | 13 | 7 | 1 | 70 | 7 | 92 | 218.5 | 5 | 8~13 | 2.2 |
| 300 | 65 | 70 | 15 | 1.5 | 18 | 8 | 13 | 15 | 8 | 1.25 | 80 | 8 | 83 | 299 | 8 | 8~13 | 2.2 |
| 400 | 85 | 90 | 15 | 1.25 | 18 | 10 | 17.5 | 21 | 10 | 3 | 100 | 9 | 92 | 532 | 12.5 | 8~13 | 2.2 |
| 400 | 85 | 90 | 15 | 1.75 | 18 | 10 | 20 | 22 | 11.5 | 1.5 | 110 | 10 | 87 | 673 | 16 | 8~13 | 2.2 |
| 400 | 85 | 90 | 15 | 1.75 | 18 | 10 | 23.5 | 27 | 13.5 | 2 | 120 | 12 | 87 | 866.3 | 25 | 8~13 | 2.2 |
| 600 | 100 | 110 | 15 | 1.75 | 22 | 13 | 21.5 | 24 | 12.5 | 4 | 130 | 12 | 86 | 1 113 | 40 | 8~13 | 1.8 |
| 600 | 100 | 110 | 15 | 1.5 | 22 | 13 | 21.5 | 24 | 12.5 | 4 | 140 | 14 | 88 | 1 713 | 63 | 10~16 | 1.2 |
| 800 | 100 | 110 | 15 | 1.5 | 26 | 13 | 26 | 28 | 14.5 | 2.5 | 170 | 16 | 82 | 2 642 | 80 | 10~16 | 1.8 |
| 800 | 100 | 110 | 15 | 1.25 | 26 | 13 | 28.5 | 31 | 15.5 | 3 | 170 | 16 | 86 | 2 976 | 100 | 10~16 | 1.4 |
| 800 | 125 | 110 | 15 | 1.75 | 26 | 13 | 32.5 | 34 | 18 | 3 | 170 | 18 | 84 | 3 771 | 1 325 | 10~16 | 1.1 |
| 1 000 | 150 | 160 | 20 | 1.5 | 33 | 13 | 37 | 40 | 20 | 3 | 200 | 20 | 88 | 5 373 | 160 | 10~16 | 1.5 |
| 1 000 | 150 | 160 | 20 | 1.5 | 33 | 13 | 37 | 40 | 20 | 3 | 200 | 20 | 88 | 5 943 | 200 | 10~16 | 1.1 |

(以上数据由上海重型机器厂提供)

注：1. 本设备用于启闭闸门，所用钢丝绳均为 $6×19+1$；
2. 起重量 5 t～20 t 可以手摇、电动两用。$D=1 000$ mm 时为双驱动。

表 4-3-9 短轴式卷筒组系列尺寸

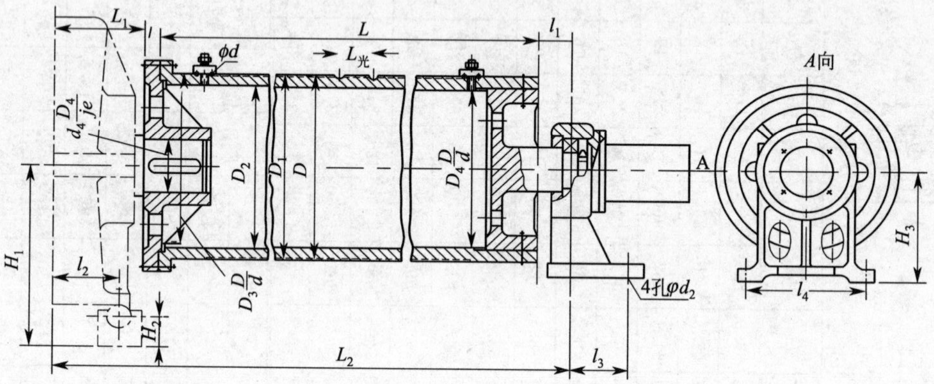

| 起重量 /t | 起升高度 /m | 钢丝绳直径 d /mm | D | $D_1$ | $D_2$ | $D_3=D_4$ | $d_1$ | $d_2$ | $H_1$ | $H_2$ | $H_3$ | L | $L_1$ | $L_2$ | $l$ | $l_1$ | $l_2$ | $l_3$ | $l_4$ | $L_光$ | 配用减速器的中心距 |
|---|---|---|---|---|---|---|---|---|---|---|---|---|---|---|---|---|---|---|---|---|---|
| 5 | 20 | 11 | 350 | 358 | 314 | 322 | 80 | 17 | 390 | 65 | 270 | 1230 | 200 | 1515 | 25 | 60 | 155 | 120 | 250 | 80 | 500 |
| 8 | 16 | 14 | 350 | 358 | 314 | 322 | 80 | 17 | 390 | 65 | 270 | 1700 | 200 | 1985 | 25 | 60 | 155 | 120 | 250 | 80 | 500 |
| 8 | 24 | 14 | | | | | | | | | | | | | | | | | | | |
| 12.5 | 16 | | 500 | 510 | 455 | 464 | 110 | 21 | 425 | 65 | 320 | 1700 | 265 | 2065 | 30 | 70 | 205 | 150 | 330 | 150 | 650 |
| 16 | 18 | 16 | | | | | | | | | | | | | | | | | | | |
| 20 | 14 | | | | | | | | | | | | | | | | | | | | |
| 32 | 16 | 19.5 | 600 | 614 | 545 | 560 | 130 | 25 | 530 | 80 | 380 | 2100 | 325 | 2545 | 40 | 80 | 260 | 380 | 380 | 200 | 850 |
| 50 | 12 | 21.5 | | | | | | | | | | | | | | | | | | | |

表 4-3-10 内藏行星齿轮式卷筒组系列尺寸

| 减速机型号 | 输出转矩 /(N·M) | | 单绳拉力(第一层) $F_{nom}$ /N | 左法兰 | | | | | | | 右法兰 | | | | | | | | 卷筒 | | | | | | | | | | |
|---|---|---|---|---|---|---|---|---|---|---|---|---|---|---|---|---|---|---|---|---|---|---|---|---|---|---|---|---|---|
| | $T_{nom}$ | $T_{max}$ | | $A_1$ | $A_2$ | $A_3$ | $A_4$ | $A_5$ | $A_6$ | | $B_1$ | $B_2$ | $B_3$ | $B_4$ | $B_5$ | $B_6$ | | | $D_1$ | | $D_2$ | | $L_1$ | | $L_2$ | $L_3$最小现有 | $L_4$ | $L_5$ | $L_6$ | $G_1$ | $G_2$ |
| | | | | | | | | | | | | | | | | | | | 最小 | 现有 | 最小 | 现有 | 最小 | 现有 | | | | | | | |
| $J_1$-33 | 3 300 | 5 300 | 21 200 | 150 | 175 | 200 | 8 | 15 | 11 | | 240 | 265 | 290 | 210 | 18 | 12-M10 | | | 310 | | | | | | | | 387 | 85 | 23 | 15 | |
| $J_1$-40 | 4 000 | 6 400 | 25 800 | 150 | 175 | 200 | 8 | 15 | 11 | | 240 | 265 | 290 | 210 | 18 | 12-M10 | | | 310 | 312 | | | | | | 335 | | | 23 | 15 | 20 |
| $J_1$-55 | 55 000 | 8 800 | 30 600 | 150 | 175 | 200 | 8 | 15 | 11 | | 260 | 285 | 310 | 230 | 20 | 12-M12 | | | 360 | | | 440 | | 440 | 190 | | | | 25 | 15 | |
| $J_1$-70 | 7 000 | 11 100 | 38 900 | 175 | 200 | 225 | 10 | 15 | 11 | | 260 | 285 | 310 | 230 | 20 | 12-M12 | | | 360 | 360 | | 480 | | | | 435 | 505 | 65 | 25 | 15 | 25 |
| $J_1$-90 | 9 000 | 14 300 | 50 000 | 175 | 200 | 225 | 10 | 15 | 11 | | 300 | 330 | 360 | 260 | 20 | 18-M16 | | | 360 | 360 | | | 524 | 525 | 277 | 455 | 519 | 60 | 25 | 16 | |
| $J_1$-115 | 11 500 | 18 300 | 63 900 | 175 | 200 | 225 | 10 | 15 | 11 | | 300 | 330 | 360 | 260 | 25 | 18-M16 | | | 360 | | | | | 540 | 291 | | | | 25 | 16 | 32 |
| $J_1$-140 | 14 000 | 22 200 | 73 300 | 200 | 230 | 260 | 12 | 18 | 14 | | 330 | 370 | 400 | 280 | 25 | 18-M16 | | | 380 | 385 | | 520 | | 570 | 307 | 475 | 545 | 65 | 30 | 16 | |
| $J_1$-170 | 17 000 | 27 000 | 78 700 | 200 | 230 | 260 | 12 | 18 | 14 | | 330 | 370 | 400 | 280 | 25 | 18-M16 | | | 430 | | | 620 | | 790 | 345 | 695 | 763 | 65 | 30 | 17 | 32 |
| $J_1$-200 | 20 000 | 31 800 | 88 900 | 200 | 230 | 260 | 12 | 18 | 14 | | 360 | 400 | 430 | 295 | 25 | 18-M20 | | | 450 | | | | | | | | | | 30 | 19 | 34 |
| $J_1$-240 | 24 000 | 38 100 | 106 700 | 230 | 260 | 290 | 15 | 25 | 18 | | 360 | 400 | 430 | 295 | 25 | 8-M20 | | | 450 | | | | | | | | | | 30 | 19 | |
| $J_1$-280 | 28 000 | 44 400 | 116 700 | 230 | 260 | 290 | 15 | 25 | 18 | | 385 | 425 | 465 | 360 | 30 | 18-M20 | | | 480 | | | | | | | | | | 35 | 22 | |
| $J_1$-340 | 34 000 | 54 000 | 141 700 | 230 | 260 | 29 | 15 | 25 | 18 | | 385 | 425 | 465 | 360 | 30 | 18-M20 | | | 480 | | | | | | | | | | 35 | 22 | |

注：尺寸 $C_1 \sim C_4$ 按所配用马达而定。

表 4-3-11　齿轮联接盘与减速器卷筒的配合及尺寸

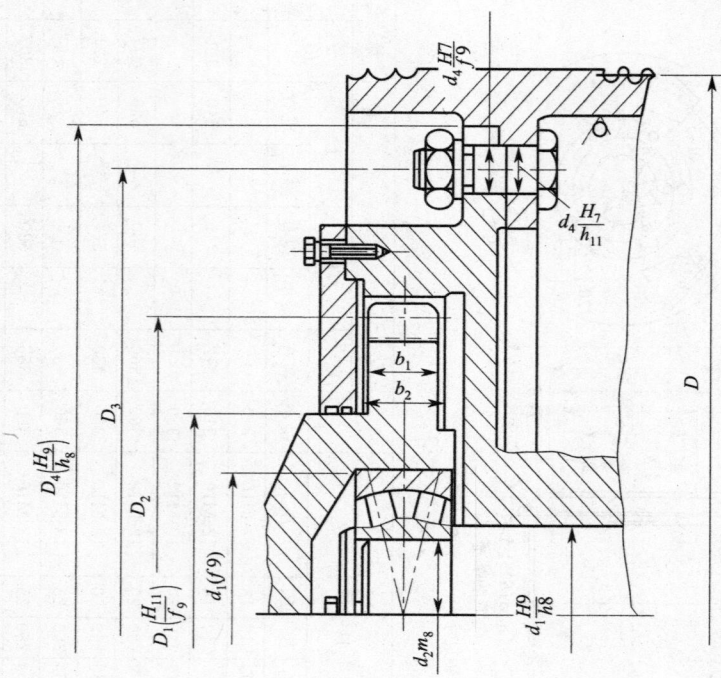

| 卷筒直径 $D$/mm | 模数 $m$ | 齿数 $z$ | $D_1$ | $D_2$ | $D_3$ | $D_4$ | $d_1$ | $d_2$ | $d_3$ | $d_4$ | $b_1$ | $b_1$ | 配用减速器的中心距 |
|---|---|---|---|---|---|---|---|---|---|---|---|---|---|
| 300 | 3 | 56 | 135 | 168 | 240 | 270 | 75 | 40 | 90 | 17 | 25 | 32 | 400 |
| 400 | 4 | 56 | 170 | 224 | 315 | 350 | 75 | 55 | 120 | 17 | 35 | 42 | 500 |
| 500 | 6 | 56 | 260 | 336 | 430 | 465 | 95 | 80 | 170 | 17 | 40 | 47 | 650 |
| 650 | 8 | 54 | 260 | 432 | 555 | 600 | 120 | 110 | 200 | 25 | 50 | 57 | 850 |
| 800 | 10 | 48 | 280 | 480 | 660 | 730 | 130 | 110 | 200 | 32 | 60 | 72 | 1 000 |

（以上数据由大连重工·起重集团有限公司提供）

表 4-3-12 卷 筒

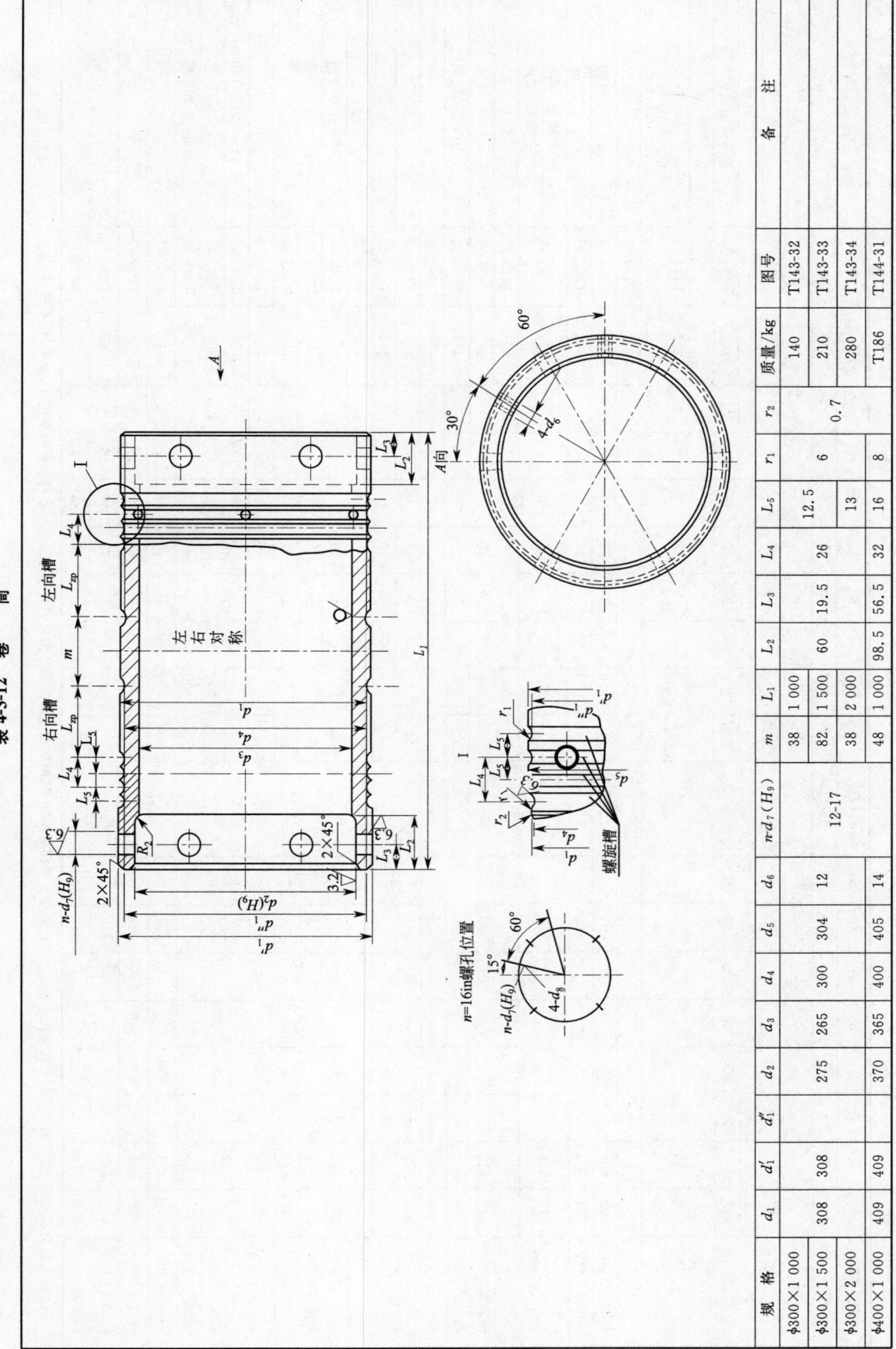

| 规 格 | $d_1$ | $d_1'$ | $d_1''$ | $d_2$ | $d_3$ | $d_4$ | $d_5$ | $d_6$ | $n\text{-}d_7(H_9)$ | $m$ | $L_1$ | $L_2$ | $L_3$ | $L_4$ | $L_5$ | $r_1$ | $r_2$ | 质量/kg | 图号 | 备 注 |
|---|---|---|---|---|---|---|---|---|---|---|---|---|---|---|---|---|---|---|---|---|
| $\phi300\times1\,000$ | 308 | 308 | | 275 | 265 | 300 | 304 | 12 | 12-17 | 38 | 1 000 | 60 | 19.5 | 26 | 12.5 | 6 | 0.7 | 140 | T143-32 | |
| $\phi300\times1\,500$ | 308 | 308 | | 275 | 265 | 300 | 304 | 12 | 12-17 | 82. | 1 500 | 60 | 19.5 | 26 | 13 | 6 | 0.7 | 210 | T143-33 | |
| $\phi300\times2\,000$ | | | | 370 | 365 | 400 | | | | 38 | 2 000 | | 56.5 | | | | | 280 | T143-34 | |
| $\phi400\times1\,000$ | 409 | 409 | | 370 | 365 | 400 | 405 | 14 | | 48 | 1 000 | 98.5 | 56.5 | 32 | 16 | 8 | | T186 | T144-31 | |

续上表

| 规格 | $d_1$ | $d_1'$ | $d_1''$ | $d_2$ | $d_3$ | $d_4$ | $d_5$ | $d_6$ | $n \cdot d_7$(H9) | $m$ | $L_1$ | $L_2$ | $L_3$ | $L_4$ | $L_5$ | $r_1$ | $r_2$ | 质量/kg | 图号 | 备注 |
|---|---|---|---|---|---|---|---|---|---|---|---|---|---|---|---|---|---|---|---|---|
| φ400×1 000 | 409 | 409 | | 370 | 365 | 400 | 405 | 14 | 12-17 | 48 | 1 000 | 70 | 28 | 32 | 16 | 8 | 0.7 | 186 | T144-32 | 3 t 用 |
| φ400×1 500 | 409 | 409 | | | | | | | | 250 | 1 500 | | | 32 | | 8 | 0.7 | 280 | T144-33 | 5 t 用 |
| | 418 | — | 409 | | | | | | | 150 | | | | 38 | 16 | 9 | | 317 | T154-31 | 10 t 用 |
| | | | | | | | | | | 50 | | | | | | | | | | 抓斗开闭及起升用 |
| φ400×2 000 | 409 | 409 | | 370 | 365 | 400 | 405 | 14 | | 250 | 2 000 | 70 | 28 | 32 | 16 | 8 | 2 | 372 | T144-34 | 3 t 用 5 t 用 |
| | | | | | | | | | | 150 | | | | | | | | | | |
| | | | | | | | | | | 50 | | | | | | | | | | 10 t 用 |
| φ400×2 500 | 409 | 409 | | 370 | 365 | 400 | 405 | 14 | 12-17 | 250 | 2 500 | 70 | 28 | 32 | 16 | 8 | 0.7 | 423 | T144-35 | |
| φ500×1 000 | 512 | 512 | | | | | 508 | | | 50 | 1 000 | | | 40 | | 10 | 2 | 465 | T144-35 | 5 t 及 10 t 用 |
| φ500×1 200 | 518 | 518 | | 465 | 456 | 500 | 514 | 20 | 16-17 | 330 | 1 200 | 92 | 45 | 44 | | 9 | | 313 | T155-35 | 开闭 $m=330$ |
| | | | | | | | | | | 200 | | | | | | | | | | 起降 $m=200$ |
| φ500×1 300 | 512 | 512 | | | | | 508 | | | 80 | 2 000 | 77 | 30 | 40 | 20 | 10 | 1.5 | 455 | T171-31 | |
| φ500×1 485 | | | | | | | | | | 105 | 1 300 | | | | | | | 355 | T171-33 | |
| | | | | | | | | | | 120 | 1 480 | | | | | | | 385 | T145-33 | 10 t 及 15t 用 |
| φ500×1 500 | 509 | 512 | | | | | 505 | | | 50 | 1 500 | 77 | 30 | 36 | | 8 | 1.4 | 460 | T145-32 | |
| | 524 | 524 | | | | | 520 | | | 300 | | 92 | 45 | 45 | | | 2 | 470 | T145-35 | |
| | | | | | | | | | | | | | | | | | | 450 | T155-32 | |
| | 512 | 512 | | | | | 508 | | | 120 | 1 200 | 77 | 30 | 10 | | 10 | 1.5 | 565 | T171-32 | |
| φ500×2 000 | 524 | 524 | | 465 | 456 | 500 | 520 | 20 | 16-17 | 300 | 2 000 | 92 | 45 | 45 | 20 | | 2 | 445 | T155-34 | |
| | | | | | | | | | | 120 | 2 500 | 77 | 30 | 40 | | 9 | | 626 | T145-34 | |
| φ500×2 500 | 512 | 512 | | | | | 507 | | | 300 | | 92 | 45 | 45 | | | 1 | 750 | T155-36 | 15 t 及 20 t 用 |
| φ500×2 800 | | | | | | | 508 | | | 400 | 2 800 | | | | | | 1.5 | 780 | T145-36 | |
| φ500×3 800 | | | | | | | | | | 400 | 3 800 | | | | | | | 760 | T145-37 | 15 t 及 20 t 用 |
| | | | | | | | | | | | | | | | | | | 850 | T145-38 | 15 t 及 20 t 用 |
| φ650×2 000 | 664 | 664 | | 600 | 950 | 650 | 658 | | 16-25 | 150 | 2 000 | 100 | 45 | 48 | 24 | 11.5 | 1 | 1 150 | T145-39 | |
| φ700×1 860 | 728 | 728 | | 650 | 640 | 700 | 722 | | | 400 | 1 800 | | 47 | 64 | 32 | 13 | | 939.7 | T208-31 | |
| φ800×1 800 | 832 | 832 | | 750 | 740 | 800 | 826 | 24 | 16-28 | 400 | 1 800 | 120 | 55 | 72 | 36 | 15 | 3 | 1 380 | T209-31 | |
| | | | | | | | | | | | | | | | | | | 1 450 | T211-31 | |
| φ800×2 000 | 816 | 816 | | | | | 810 | | | 350 | 2 000 | | | 56 | 28 | 13 | 1.5 | 1 760 | T210-31 | |

注：最大起升高度时，固定钢丝绳部分按Ⅱ图直槽加工，其余按Ⅰ图螺槽加工；图中双点划线部分为自钢绳固定部分开始向卷筒两端按 $d_1''$ 加工，而不按 $d_1'$ 加工。

表 4-3-13 卷筒毂尺寸 (mm)

| 型式 | 图号 | $d_1(h_8)$ | $d_2$ | $d_3$ | $d_4$ | $d_5(H_8)$ | $d_6$ | $d_7(H_8)$ | $d_8$ | $d_9$ | $d_{10}$ | $L_1$ | $L_2$ | $L_3$ | $L_4$ | $L_5$ | $L_6$ | $L_7$ | $L_8$ | $L_9$ | $B_1$ | $B_2(H_8)$ | $t(+0.16)$ | $R_1$ | $R_2$ | $R_3$ | 质量/kg |
|---|---|---|---|---|---|---|---|---|---|---|---|---|---|---|---|---|---|---|---|---|---|---|---|---|---|---|---|
| 1(上) | T143-31 | 275 | 240 | 120 | 115 | 75 | 240 | 17 | 180 | 40 | — | 100 | — | 60 | 38 | 4 | 15 | 19.5 | — | 15 | 12 | — | — | 10 | 5 | — | 15.6 |
| 1(下) | T153-31 | | | | | | | | | | | | | | | | | | | | | 14 | 78.3 | | | | |
| 2(上) | T144-33 | 370 | 345 | 310 | 130 | 85 | 335 | 17 | 230 | 40 | 95 | 120 | 105 | 70 | 45 | 5 | 15 | 28 | 100 | 25.5 | 10 | — | — | 10 | 5 | 1 | 23 |
| 2(下) | T154-31 | | | | | | | | | | | | | | | | | | | | | 14 | 88.3 | | | | |
| 3(上) | T145-31 | 465 | 430 | 360 | 160 | 105 | 430 | 17 | 290 | 50 | — | 125 | 48 | 77 | 52 | 2.5 | 20 | 30 | 48 | 5 | 18 | — | — | 20 | 2 | — | 45.1 |
| 3(下) | T155-31 | | | | | | | | | | | | | | | | | | | | | 14 | 108.3 | | | | |
| 3(下) | T171-31 | | | | | | | | | | | | | | | | | | 29.5 | | 15 | | | | | | |
| 3(上) | T208-32 | 600 | 550 | 480 | 220 | 120 | 565 | 25 | 385 | 80 | — | 170 | — | 100 | 69 | 1 | 30 | 45 | 5 | 5 | 20 | — | — | 20 | 2 | — | 100 |
| 3(下) | T209-32 | 650 | 600 | 520 | | | 605 | | 425 | | | | | | 80 | 5 | | 47 | | | | 14 | 132.3 | | | | 110 |
| 3(上) | T210-32 | 750 | 690 | 600 | 250 | 130 | 705 | 28 | 470 | 80 | — | 180 | 30 | 120 | 82 | 3 | 35 | 55 | 5 | 5 | 25 | — | — | 20 | 2 | — | 140 |
| 3(下) | T211-32 | | | | | | | | | | | | | | | | | | | | | 14 | 133.3 | | | | |

材料HT200

型式1, 型式2, 型式3

注:同一图上示出两种结构,上部结构为 $d_5$ 孔无键槽,下部结构为 $d_5$ 孔有键槽,每种型式为上下对称结构,表中型式栏的(上)指图形上半部(无键槽),(下)指图形下半部(有键槽)。

(以上数据由大连重工·起重集团有限公司提供)

表 4-3-14 齿轮联接盘尺寸

| 型式 | 图号 | 模数 $m$ | 齿数 $z$ | $D_1$ ($h_8$) | $D_2$ | $D_3$ | $D_4$ | $D_5$ | $D_6$ | $D_7$ ($H_8$) | $D_8$ ($h_8$) | $D_9$ | $D_{10}$ | $D_{11}$ | $D_{12}$ | $d$ ($h_8$) | $d_1$ | $L_1$ | $L_2$ | $L_3$ | $L_4$ | $L_5$ | $L_6$ | $L_7$ | $L_8$ | $L_9$ | $L_{10}$ | $C_1$ | $C_2$ | $n_1$ | $n_2$ | $l$ | $R_1$ | $R_2$ | 质量 /kg |
|---|---|---|---|---|---|---|---|---|---|---|---|---|---|---|---|---|---|---|---|---|---|---|---|---|---|---|---|---|---|---|---|---|---|---|---|
| 1 | T143-71 | 3 | 56 | 275 | 245 | 200 | 185 | 175.2 | 168 | 163.2 | 75 | 105 | — | 180 | 175 | 17 | M6 | 115 | 60 | 40 | 19.5 | — | — | — | 35 | — | 60 | 3 | 1 | 4 | 6 | 10 | 0.5 | | 14 |
| 2 | T144-71 | 4 | | 370 | 345 | 275 | 255 | 233.6 | 224 | 217.6 | | 115 | — | 235 | 250 | | | 150 | 70 | 50 | 28 | — | 20 | 12.5 | 45 | 20 | 85 | 1.5 | | | | 15 | | | 35 |
| | T145-71 | 6 | | 465 | 430 | 380 | 365 | 350.4 | 336 | 326.4 | 95 | 140 | 315 | 355 | 390 | | M8 | 225 | 77 | 52 | 30 | 5 | 25 | 17 | 56 | | 132 | | | | | | | | 64 |
| | T208-71 | 8 | 54 | 600 | 560 | 490 | 470 | 451.2 | 432 | 419.2 | 120 | 250 | — | 453 | 540 | 25 | | 235 | 100 | 70 | 45 | — | 20 | 10 | 65 | 30 | 120 | 3 | 3 | 6 | 8 | 17 | 2.5 | 2 | 122 |
| 1 | T209-71 | | | 650 | 610 | 560 | | | 480 | 464 | | | — | | 520 | | | | 120 | 75 | 47 | — | 30 | | | | | | | | | | | | 146 |
| | T210-71 | 10 | 48 | 750 | 690 | 560 | 535 | 504 | | | 130 | 280 | — | 508 | 600 | 28 | | 290 | 120 | 85 | 55 | — | 35 | 45 | 85 | | 130 | | | | | | 2 | | 265 |

注：1. 原零件名称为齿轮盘接手；
2. 齿形参数及公差为该厂标准（与机标有出入），表中未列出；
3. $D_{10}$、$L_5$ 及 $L_7$ 栏中没数值者为零。

## 第四节　折线绳槽卷筒

### 一、折线绳槽卷筒应用及结构形式

随着卷扬装置的大型化，大型卷筒的应用越来越多，在设计这些卷扬机构时，采用单层缠绕的卷筒已不能满足使用要求，须采用多层缠绕系统。实践证明采用折线绳槽卷筒来解决多层缠绕是最有效的，既能缩小卷扬机构空间布置尺寸，还能大大提高钢丝绳使用寿命。折线绳槽卷筒最早见于德国LEBUS公司专有的利巴斯装置中，其在20世纪60年代推出了利巴式（LEBUS）卷筒-双折线绳槽卷筒，多年实际使用证明，这种特殊绳槽结构的卷筒，能很好地解决多层卷绕难题。

所谓折线绳槽卷筒是针对卷筒绳槽而言的，折线形绳槽是指每一圈绳槽内有两段与卷筒端板平行，折线与卷筒端板成一定角度，两段平行段之间通过两折线段过渡；在卷筒一周范围内分两段折线绳槽和两段斜线绳槽，且直线绳槽和斜线绳槽相间布置。折线绳槽卷筒结构形式见图4-3-8。图4-3-8(a)所示是卷筒表面展开图，由图可见，除两个过渡区，绳槽与卷筒法兰平行，过渡区的绳槽是斜的（在同一圈中，平行槽约占70%，过渡占30%），通过过渡区，绳槽移动半个节距，经过两个过渡区，绳槽正好移动一个节距。这就是说，除过渡区外，钢丝绳在卷筒表面上是平行于卷筒法兰盘的；在过渡区，钢丝绳斜过半个节距。这样，第一层钢丝绳绕完之后，绳圈之间形成了与卷筒原始槽形相同的槽形，第2层，第3层……可以整齐地缠绕。图4-3-8(b)所示是径向剖视图；图4-3-8(c)所示是轴向剖视图。除以上特点外，利巴式卷筒还有一个关键，是卷筒端部法兰底部设计有"端部嵌入件"（图4-3-8(c)）和引伸件（LEBUS专利），它们引导钢丝绳从第1层顺利地过渡到第2层。

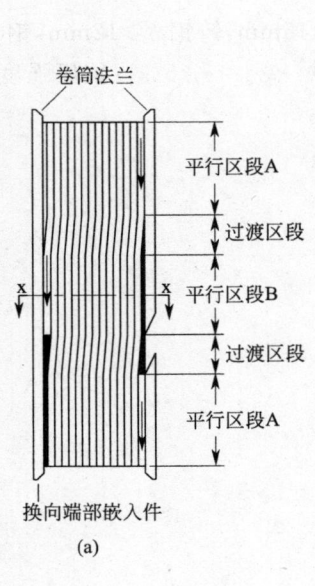
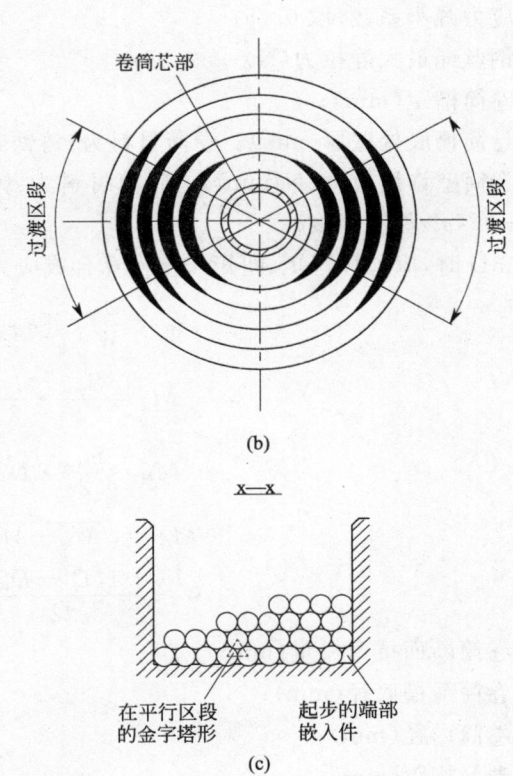

图4-3-8　折线绳槽卷筒

### 二、折线绳槽卷筒设计计算

折线绳槽卷筒主要计算参数如下。

## （一）筒绳直径比 $D/d$，按表 4-3-15 选取

**表 4-3-15　筒绳直径比 $D/d$**

| | 机构工作级别 | | | | | |
|---|---|---|---|---|---|---|
| | M1～M3 | M4 | M5 | M6 | M7 | M8 |
| $D/d$ | 14 | 16 | 18 | 20 | 22.4 | 25 |

## （二）卷筒槽距

$$P = 1.05d \tag{4-3-2}$$

式中　$P$——卷筒槽距(mm)；
　　　$d$——钢丝绳直径(mm)。

## （三）卷筒长度 $L$（卷筒两端板之间距离），由机构布置型式确定

$$L = (n+0.5)P \tag{4-3-3}$$

式中　$P$——卷筒槽距(mm)；
　　　$n$——每层钢丝绳缠绕圈数。

## （四）卷筒强度计算和壁厚的确定

1. 当 $L \leqslant 3D$ 时

$$\sigma_{压} = A_1 A_2 \frac{S_{max}}{\delta \cdot p} \tag{4-3-4}$$

式中　$A_1$——多层卷绕系数，其取值：单层 $A_1=1$，两层 $A_1=1.4$，三层 $A_1=1.8$，四层及以上 $A_1=2$；
　　　$A_2$——应力减小系数，取 0.75；
　　　$S_{max}$——钢丝绳最大静拉力(N)；
　　　$P$——卷筒槽距(mm)；
　　　$\delta$——卷筒槽底处壁厚(mm)。卷筒材料为：铸铁 $\delta \geqslant 15$mm，铸钢 $\delta \geqslant 12$mm，钢板 $\delta \geqslant 6$mm；
　　　$\sigma_{压}$——卷筒壁许用应力(N/mm²)。卷筒材料为：铸铁 $[\sigma_{压}] = \sigma_\gamma/5$（$\sigma_\gamma$：抗压强度）；钢 $[\sigma_{压}] = \sigma_s/2$（$\sigma_s$：屈服强度）。

2. 当 $L > 3D$ 时，应验算弯矩、扭矩产生换算合成应力

$$\sigma_{压} = \frac{M_{换}}{W} \leqslant [\sigma_{拉}] \tag{4-3-5}$$

$$M_{弯} = \frac{S_{max}}{2} \cdot \frac{L}{2} \tag{4-3-6}$$

$$M_{扭} = \frac{S_{max}}{2} \cdot D_0 \tag{4-3-7}$$

$$M_{换} = \sqrt{M_{弯}^2 + M_{扭}^2} \tag{4-3-8}$$

$$W \approx \frac{0.1(D^4 - D_{内}^4)}{D} \tag{4-3-9}$$

式中　$W$——卷筒断面抗弯模量(mm³)；
　　　$D$——卷筒绳槽底径(mm)；
　　　$D_{内}$——卷筒内径(mm)；
　　　$P$——卷筒槽距(mm)；
　　　$\sigma_{拉}$——许用应力，钢：$[\sigma_{拉}] = \sigma_s/2.5$，铸铁：$[\sigma_{拉}] = \sigma_b/6.34$。

## （五）稳定性验算

当卷筒结构型式为长型薄壁卷筒时，要对其稳定性进行验算。稳定性临界压力计算如下式：

1. **钢卷筒**

$$P_{稳} = 52\,500 \frac{\delta^3}{R^3} \quad (\text{N}/\text{mm}^2) \tag{4-3-10}$$

2. 铸铁卷筒

$$P_{稳} = (25\,000 \sim 32\,500) \cdot \frac{\delta^3}{R^3} \quad (\text{N}/\text{mm}^2) \tag{4-3-11}$$

3. 卷筒壁单位压应力

$$P_{压} = \frac{2 \cdot S_{max}}{D \cdot P} \quad (\text{N}/\text{mm}^2) \tag{4-3-12}$$

4. 稳定系数

$$K = P_{稳}/P_{压} \geqslant 1.3 \sim 1.5 \tag{4-3-13}$$

式中  $R$——卷筒绳槽半径(mm)。

其余符号意义同上。

# 第四章 吊钩组

## 第一节 吊钩组种类和特点

吊钩组是起重机上应用最广的一种取物装置,它由吊钩、吊钩螺母、推力轴承、吊钩横梁、滑轮、滑轮轴承、吊钩拉板等零件组成。

短钩型吊钩组(图 4-4-1)吊钩横梁位于滑轮轴下方,吊钩直杆部分较短,滑轮组轴向尺寸较小,钢绳偏角较小,钢绳分支数的偶奇不受限制,应用较多,缺点是整体高度尺寸较大。

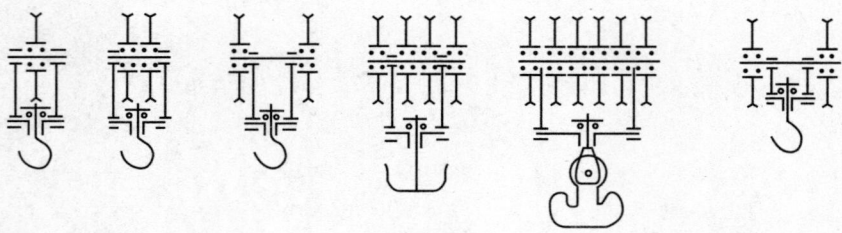

图 4-4-1 短钩型吊钩组

长钩型吊钩组(图 4-4-2)吊钩直杆部分较长,滑轮轴和吊钩横梁成为一体,整体高度尺寸较小,但滑轮组轴向尺寸较大,钢绳分支数为偶数。

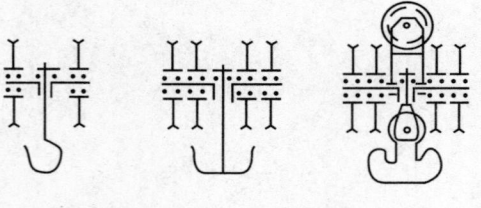

图 4-4-2 长钩型吊钩组

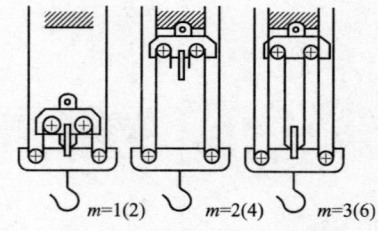

图 4-4-3 倍率可变的吊钩组

图 4-4-3 是一种通过部分滑轮轴心的固定,倍率可变的吊钩组。

在双索或四索驱动、起升绳倍率为 1 的吊钩-抓斗两用起重机上,多采用平衡吊钩组(图 4-4-4)。双索吊钩组通过绕经其平衡滑轮的短钢丝绳与起重机的两根起升绳相连,可以补偿两套起升机构运动的不同步,更换吊具也很方便。四索吊钩组通常与具有两组双联卷筒的起升机构配套,靠内侧的两根钢丝绳为一组,外侧两根为另一组,通过对称布置的两个平衡架协调四根起升绳的运动并平衡其张力。

吊钩有单钩、C 形钩、双钩、片式钩等类型。

单钩制造简单、使用方便,但受力情况不好,多用于 80 t 以下的中小起重量的起重机。双钩受力条件较好,钩体材料能充分利用,用于起重量较大的起重机,C 形钩常用于船舶装卸,上部突出可防止起升时挂住舱口(见图 4-4-5)。片式钩由数片切割成形的钢板铆接而成,个别板材出现裂纹时不会使整个吊钩破坏,安全性较好,但自重较大,大多数用于大起重量或吊运钢水桶的起重机。

吊钩钩身的截面形状有圆形、矩形、梯形、T 字形等,其中 T 字形截面最合理,但工艺复杂。圆形截面用于小型吊钩,一般吊钩均为带圆弧角的梯形截面。

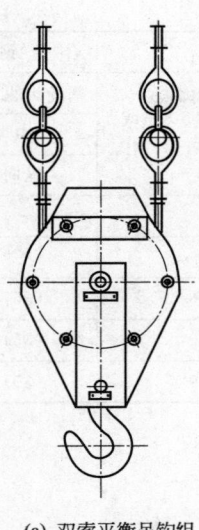
(a) 双索平衡吊钩组

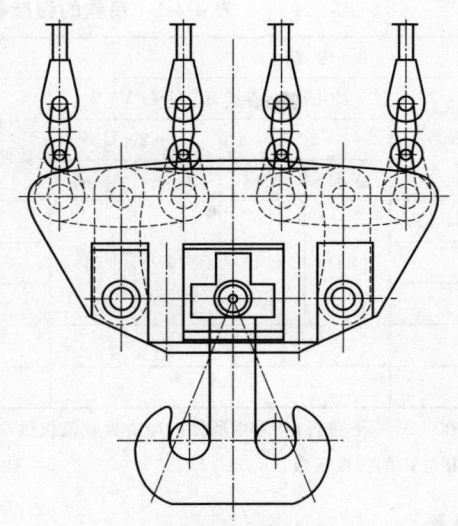
(b) 四索平衡吊钩组

图 4-4-4　平衡吊钩组

吊钩常用模锻制造,钩的头部为开有螺纹的直柄。(悬挂在单支钢绳上的吊钩头部为环眼)。在大起重量或吊运高温物料的冶金起重机上采用由多片钢板铆合,并在钩口上设置护垫的片式吊钩(板钩)(见图 4-4-14 和 4-4-15),它不会整体突然断裂,工作安全,可靠性较好,个别板片可以更换。片式钩只能制成矩形截面,钩体材料不能充分利用,自重较大。片式吊钩的头部常制有环眼。

为防止系物绳自动脱钩,可在吊钩上加装安全闭锁装置(图 4-4-6)。

近年来,为适应一些特殊行业的需要,根据起吊对象的特点,出现了专门设计使用的吊钩或吊具,多配置在履带式起重机等大起重量的起重机上。如图 4-4-7 所示是一种用于大型设备吊装的吊具,使用时将起吊重物连接到专用的吊环 1,连接件 4 用于连接起重机的起升系统,实现重物的起升。由于这种专用吊具的起重量很大,可达 1 000 t 以上,因而重量很大,设计时应考虑各部分的连接和配合,使结构紧凑,保证作业时的安全性。

图 4-4-5　C 形钩

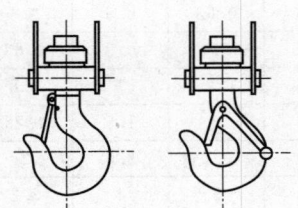
图 4-4-6　装有安全闭锁装置的吊钩

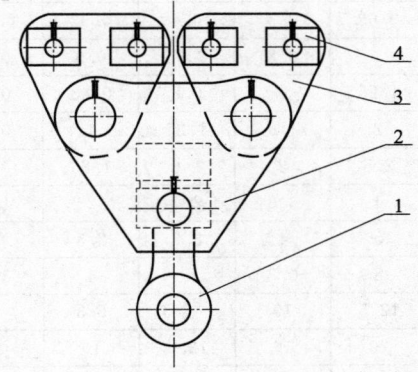
图 4-4-7　大型设备专用吊具
1—吊环;2—大铰支座;3—小铰支座;4—连接件

## 第二节　吊钩的强度等级、起重量及材料

### 一、吊钩的强度等级

吊钩按其力学性能分为 5 个强度等级(表 4-4-1)。

**表 4-4-1　吊钩的强度等级**

| 强度等级 | 结构钢 | | | | 合金钢 | | |
|---|---|---|---|---|---|---|---|
| | 上屈服强度 $R_{eH}$ 或延伸强度 $R_{p0.2}$ /MPa | 冲击吸收能量 $A_{kv}$(ISO-V)/J | | | 上屈服强度 $R_{eH}$ 或延伸强度 $R_{p0.2}$/MPa | 冲击吸收能量 $A_{kv}$(ISO-V)/J | |
| | | +20 ℃ | | −20 ℃ | | +20 ℃ | −20 ℃ |
| | | 纵向 | 横向 | 纵向 | 横向 | | 纵向 | 纵向 |
| M | 235 | (55) | (31) | 39 | 21 | — | — | — |
| P | 315 | | | | | — | — | — |
| (S) | 390 | | | | | 390 | (35) | 27 |
| T | — | | | | | 490 | (35) | 27 |
| (V) | — | | | | | 620 | (30) | 27 |

注：1. 冲击功试验应在−20 ℃下进行，括号中所给的冲击吸收值仅供参考。
　　2. 尽量避免采用括号内的强度等级。

## 二、吊钩的起重量

吊钩的起重量与吊钩的强度等级和起升机构工作级别有关。在不同的强度等级和机构工作级别下，吊钩的起重量见表4-4-2。

按GB/T 3811的规定未列入小于0.1 t和大于500 t的起重量，如需要可按R10优先数系延伸。

**表 4-4-2　吊钩的起重量**（GB 10051.1—2010）

| 强度等级 | 机构工作级别（GB/T 3811） | | | | | | | | | | 强度等级 |
|---|---|---|---|---|---|---|---|---|---|---|---|
| M | — | — | — | — | M3 | M4 | M5 | M6 | M7 | M8 | M |
| P | — | — | — | M3 | M4 | M5 | M6 | M7 | M8 | — | P |
| (S) | — | — | M3 | M4 | M5 | M6 | M7 | M8 | — | — | (S) |
| T | — | M3 | M4 | M5 | M6 | M7 | — | — | — | — | T |
| (V) | M3 | M4 | M5 | M6 | M7 | — | — | — | — | — | (V) |
| 钩号 | 起重量/t | | | | | | | | | | 钩号 |
| 006 | 0.32 | 0.25 | 0.2 | 0.16 | 0.125 | 0.1 | — | — | — | — | 006 |
| 010 | 0.5 | 0.4 | 0.32 | 0.25 | 0.2 | 0.16 | 0.125 | 0.1 | — | — | 010 |
| 012 | 0.63 | 0.5 | 0.4 | 0.32 | 0.25 | 0.2 | 0.16 | 0.125 | 0.1 | — | 012 |
| 020 | 1 | 0.8 | 0.63 | 0.5 | 0.4 | 0.32 | 0.25 | 0.2 | 0.16 | 0.125 | 020 |
| 025 | 1.25 | 1 | 0.8 | 0.63 | 0.5 | 0.4 | 0.32 | 0.25 | 0.2 | 0.16 | 025 |
| 04 | 2 | 1.6 | 1.25 | 1 | 0.8 | 0.63 | 0.5 | 0.4 | 0.32 | 0.25 | 04 |
| 05 | 2.5 | 2 | 1.6 | 1.25 | 1 | 0.8 | 0.63 | 0.5 | 0.4 | 0.32 | 05 |
| 08 | 4 | 3.2 | 2.5 | 2 | 1.6 | 1.25 | 1 | 0.8 | 0.63 | 0.5 | 08 |
| 1 | 5 | 4 | 3.2 | 2.5 | 2 | 1.6 | 1.25 | 1 | 0.8 | 0.63 | 1 |
| 1.6 | 8 | 6.3 | 5 | 4 | 3.2 | 2.5 | 2 | 1.6 | 1.25 | 1 | 1.6 |
| 2.5 | 12.5 | 10 | 8 | 6.3 | 5 | 4 | 3.2 | 2.5 | 2 | 1.6 | 2.5 |
| 4 | 20 | 16 | 12.5 | 10 | 8 | 6.3 | 5 | 4 | 3.2 | 2.5 | 4 |
| 5 | 25 | 20 | 16 | 12.5 | 10 | 8 | 6.3 | 5 | 4 | 3.2 | 5 |
| 6 | 32 | 25 | 20 | 16 | 12.5 | 10 | 8 | 6.3 | 5 | 4 | 6 |
| 8 | 40 | 32 | 25 | 20 | 16 | 12.5 | 10 | 8 | 6.3 | 5 | 8 |
| 10 | 50 | 40 | 32 | 25 | 20 | 16 | 12.5 | 10 | 8 | 6.3 | 10 |
| 12 | 63 | 50 | 40 | 32 | 25 | 20 | 16 | 12.5 | 10 | 8 | 12 |
| 16 | 80 | 63 | 50 | 40 | 32 | 25 | 20 | 16 | 12.5 | 10 | 16 |
| 20 | 100 | 80 | 63 | 50 | 40 | 32 | 25 | 20 | 16 | 12.5 | 20 |
| 25 | 125 | 100 | 80 | 63 | 50 | 40 | 32 | 25 | 20 | 16 | 25 |
| 32 | 160 | 125 | 100 | 80 | 63 | 50 | 40 | 32 | 25 | 20 | 32 |
| 40 | 200 | 160 | 125 | 100 | 80 | 63 | 50 | 40 | 32 | 25 | 40 |

续上表

| 强度等级 钩号 | 机构工作级别(GB/T 3811) | | | | | | | | | | 强度等级 钩号 |
|---|---|---|---|---|---|---|---|---|---|---|---|
| | 起重量/t | | | | | | | | | | |
| 50 | 250 | 200 | 160 | 125 | 100 | 80 | 63 | 50 | 40 | 32 | 50 |
| 63 | 320 | 250 | 200 | 160 | 125 | 100 | 80 | 63 | 50 | 40 | 63 |
| 80 | 400 | 320 | 250 | 200 | 160 | 125 | 100 | 80 | 63 | 50 | 80 |
| 100 | 500 | 400 | 320 | 250 | 200 | 160 | 125 | 100 | 80 | 63 | 100 |
| 125 | — | 500 | 400 | 320 | 250 | 200 | 160 | 125 | 100 | 80 | 125 |
| 160 | — | — | 500 | 400 | 320 | 250 | 200 | 160 | 125 | 100 | 160 |
| 200 | — | — | — | 500 | 400 | 320 | 250 | 200 | 160 | 125 | 200 |
| 250 | — | — | — | — | 500 | 400 | 320 | 250 | 200 | 160 | 250 |

注：1. 机构工作级别低于 M3 的按 M3 考虑。
　　2. T、V 级强度等级的吊钩不推荐用于冶金起重机。

### 三、吊钩的材料

吊钩的材料必须用平炉、电炉或氧气顶吹转炉冶炼。吊钩材料的牌号见表 4-4-3，其机械性能见表 4-4-4 和表 4-4-5。

吊钩采用锻造，锻造后必须进行热处理，以达到表 4-4-1 所要求的力学性能。

吊钩表面不许有裂纹，如有裂纹，应予报废。

吊钩的缺陷不允许焊补。

表 4-4-3　吊钩材料的牌号

| 钩　号 | 柄部直径 $d_1$ /mm | 强度等级 | | | | |
|---|---|---|---|---|---|---|
| | | M | P | (S) | T | (V) |
| 006 | 14 | Q345qD | Q345qD | Q420qD 或 35CrMo | 35CrMo | 35CrMo |
| 010 | 16 | | | | | |
| 012 | | | | | | |
| 020 | 20 | | | | | |
| 025 | | | | | | |
| 04 | 24 | | | | | |
| 05 | | | | | | |
| 08 | 30 | | | | | |
| 1 | | | | | | |
| 1.6 | 36 | | | | | |
| 2.5 | 42 | | | | | |
| 4 | 48 | | | | | |
| 5 | 53 | | | | | |
| 6 | 60 | | | | | 34Cr2Ni2Mo |
| 8 | 67 | | | | | |
| 10 | 75 | | | | | |
| 12 | 85 | | | | | |
| 16 | 95 | | | | | |
| 20 | 106 | | | | | |
| 25 | 118 | | | | | |
| 32 | 132 | | | | | |
| 40 | 150 | | | | | |
| 50 | 170 | | | | | |
| 63 | 190 | | | | | |
| 80 | 212 | | | | | |
| 100 | 236 | | Q420qD | 35CrMo | 34Cr2Ni2Mo | 30Cr2Ni2Mo |
| 125 | 265 | | | | | |
| 160 | 300 | | | | | |
| 200 | 335 | | | | | |
| 250 | 375 | | | | | |

注：当采用 JB/T 6396 中规定的材料时，推荐材料中的 Alt 的含量≥0.020%，或用其他形式证明材料中的氮被固化。

**表 4-4-4　吊钩材料的力学性能**

| 钢材牌号 | 拉伸试验[1)2)] | | 抗拉强度 $R_m$ /MPa | 断后伸长率 A /% | 冲击试验[3)] 冲击吸收能量 $A_{kv}$/J |
|---|---|---|---|---|---|
| | 下屈服强度 $R_{eL}$/MPa 厚度/mm | | | | |
| | ≤50 | >50～100 | | | |
| | 不小于 | | | | |
| Q345qD[4)] | 235 | 225 | 400 | 26 | 34 |
| Q420qD[4)] | 345 | 335 | 490 | 20 | 47 |

注：1）当屈服不明显时，可测量 $R_{p0.2}$ 代替下屈服强度。
　　2）钢板及钢带的拉伸试验取横向试样，型钢的拉伸试验取纵向试样。
　　3）表中冲击功 $A_{kv}$ 的试验温度是 −20 ℃，冲击试验取纵向试样，表中的冲击吸收能量指在 V 形缺口在 2 mm 摆锤刀刃下测定的冲击吸收能量。
　　4）厚度不大于 16 mm 的钢材，断后伸长率提高 1%（绝对值）。

**表 4-4-5　吊钩材料的力学性能**

| 钢材牌号 | 截面尺寸 /mm | 力学性能（调质状态） | | | | | |
|---|---|---|---|---|---|---|---|
| | | 抗拉强度 $R_m$ /MPa | 拉伸强度 $R_{p0.2}$（下屈服强度 $R_{eL}$）/MPa | 伸长率 A /% | 收缩率 Z /% | 冲击吸收能量 $A_{ku}$ ($A_{kv}$)/J | 硬度/HB |
| 35CrMo | ≤100 | 735 | (540) | 15 | 45 | 47 | 217～269 |
| | 101～300 | 685 | (490) | 15 | 45 | 39 | 207～255 |
| | 301～500 | 635 | (440) | 15 | 35 | 31 | 196～255 |
| | 501～800 | 590 | (390) | 12 | 30 | 23 | 176～241 |
| 30Cr2Ni2Mo | ≤100 | 1 100～1 300 | 900 | 10 | 45 | (35) | 325～369 |
| | 101～160 | 1 000～1 200 | 800 | 11 | 50 | (45) | 302～341 |
| | 161～250 | 900～1 100 | 700 | 12 | 50 | (45) | 269～321 |
| | 251～500 | 830～980 | 635 | 12 | — | — | 250～302 |
| | 501～1 000 | 780～930 | 590 | 12 | — | — | 229～286 |
| 34Cr2Ni2Mo | ≤100 | 1 000～1 200 | 800 | 11 | 50 | (45) | 302～341 |
| | 101～160 | 900～1 100 | 700 | 12 | 55 | (45) | 269～321 |
| | 161～250 | 800～950 | 600 | 13 | 55 | (45) | 241～302 |
| | 251～500 | 740～890 | 540 | 14 | — | — | 225～269 |
| | 501～1 000 | 690～840 | 490 | 15 | — | — | 207～255 |

注：1. $A_{ku}$、$A_{kv}$ 分别表示 U 形缺口、V 形缺口在摆锤刀刃下的冲击吸收能量，可任选一种检验（GB/T 229）。
　　2. 当要求锻件做力学性能测定时，其硬度值只能作为参考，不作为验收依据。

# 第三节　吊钩计算

## 一、吊钩的主要尺寸

### 1. 钩孔直径

$$单钩\ D \approx (30 \sim 35)\sqrt{Q} \quad (\text{mm})$$
$$双钩\ D \approx (25 \sim 30)\sqrt{Q} \quad (\text{mm})$$

式中 $Q$——额定起重量(t)。

2. 其他尺寸

$$h/D \approx 1.0 \sim 1.2$$
$$S \approx 0.75D$$
$$l_1 \approx (2 \sim 2.5)h$$
$$l_2 \approx 0.5h$$

### 二、锻造吊钩的强度计算

根据起重量和起升机构工作级别从表 4-4-2 中选择吊钩,必要时进行强度校核。

1. 单钩钩身

钩身主弯曲截面(水平截面)$A$—$A$ 最危险。截面 $A$—$A$ 中,内外侧边界的最大应力应满足以下条件:

$$\sigma_{内} = \frac{Qe_1}{F_A K_A (R_0 - e_1)} \leqslant [\sigma]$$

$$\sigma_{外} = \left| -\frac{Qe_2}{F_A K_A (R_0 + e_2)} \right| \leqslant [\sigma] \tag{4-4-1}$$

式中 $Q$——按表 4-4-2 的起重量换算出的起升力(N);
  $e_1$——截面 $A$—$A$ 重心至截面内缘的距离(mm);
  $e_2$——截面 $A$—$A$ 重心至截面外缘的距离(mm);
  $R_0$——截面重心轴线至钩腔中心线的距离(mm);
  $F_A$——截面 $A$—$A$ 的面积($\text{mm}^2$);
  $K_A$——截面 $A$—$A$ 的形状系数,与截面形状有关,

$$K_A = -\frac{1}{F_A} \int_{-e_1}^{e_2} \frac{X}{R_0 + X} dF$$

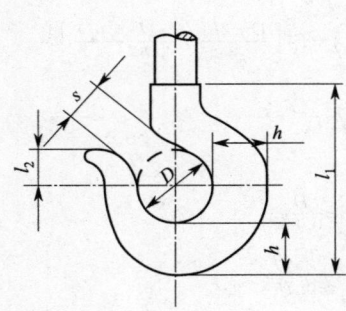

图 4-4-8 吊钩钩身主要尺寸

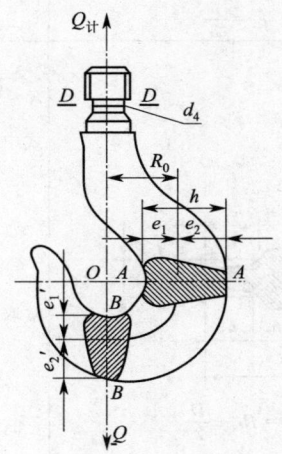

图 4-4-9 锻造吊钩计算简图

几种不同吊钩截面的形状系数见表 4-4-6，锻造吊钩的许用应力 $[\sigma]$ 见表 4-4-7。

**表 4-4-6　吊钩截面的形状系数**

| 截面形状 | 形状系数 $K_A$ |
|---|---|
| (1) $e_1 = \dfrac{h}{2}$ | $K = \dfrac{1}{4}\left(\dfrac{h}{2R_0}\right)^2 + \dfrac{1}{8}\left(\dfrac{h}{2R_0}\right)^4 + \dfrac{5}{64}\left(\dfrac{h}{2R_0}\right)^6$ |
| (2) $e_1 = \dfrac{b_1 + 2b_2}{b_1 + b_2} \cdot \dfrac{h}{3}$<br>常用：$h \approx D$<br>　　　$b_1 \approx 0.67h$<br>　　　$b_2 \approx 0.4b_1$<br>　　　$K \approx 0.10$ | $K = \dfrac{2R_0}{(b_1 + b_2)h}\left\{\left[b_2 + \dfrac{b_1 - b_2}{h}\left(\dfrac{D}{2} + h\right)\right]\ln\left(1 + \dfrac{2h}{D}\right) - (b_1 - b_2)\right\} - 1$<br>式中　$D$——钩孔直径 |
| (3) $e_1 = \dfrac{h}{2}$ | $K = \dfrac{D + h}{2h}\ln\left(1 + \dfrac{2h}{D}\right) - 1$ |
| (4) $e_1 = \dfrac{h}{3}$ | $K = \dfrac{3D + 2h}{h}\left[\left(1 + \dfrac{D}{2h}\right)\ln\left(1 + \dfrac{2h}{D}\right) - 1\right] - 1$ |
| (5) $e_1 = R_0 - \dfrac{D}{2}$ | $K = \dfrac{R_0}{F}\left\{\dfrac{\pi}{4}b_1\ln\left(1 + \dfrac{2h_1}{D}\right) + \left[\left(\dfrac{D}{2} + h\right)\left(\dfrac{b_2 - b_3}{h_2}\right) + b_3\right]\ln\left(\dfrac{D + 2h}{D + 2h_1}\right) - (b_2 - b_3)\right\} - 1$<br>式中<br>$R_0 = \dfrac{1}{F}\left\{F_1\left(\dfrac{D + h_1}{2}\right) + F_2\left[\dfrac{D + 2h_1}{2} + \dfrac{h_2(b_2 + b_3)}{3(b_2 + b_3)}\right]\right\}$<br>$F = F_1 + F_2$<br>$F_1 = \dfrac{\pi b_1 h_1}{4}, F_2 = \dfrac{b_2 + b_3}{2}h_2$<br>常取：<br>　　　$h \approx \dfrac{D}{0.85}$<br>　　　$h_1 \approx 0.3h$<br>　　　$b_1 \approx 0.7h$<br>　　　$b_2 \approx 0.53b_1 \approx 0.37h$<br>　　　$b_3 \approx 0.2b_1 \approx 0.14h$<br>　　　$K = 0.11 \sim 0.12$ |

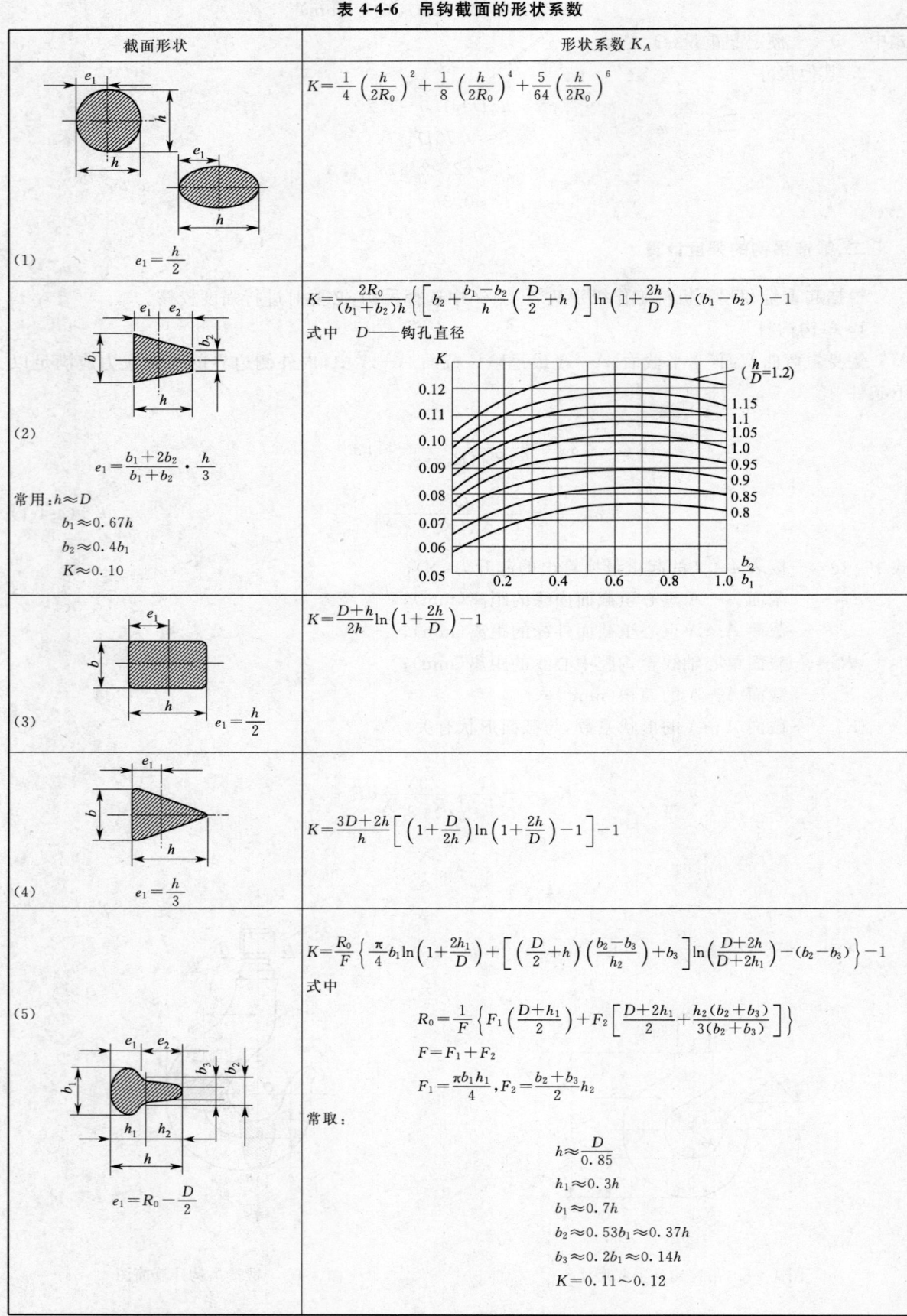

表 4-4-7 锻造吊钩的许用应力 [σ]

| 吊钩部位 | 应力形式 | 许用应力(在以下工作级别时) | | | 吊钩部位 | 应力形式 | 许用应力(在以下工作级别时) | | |
|---|---|---|---|---|---|---|---|---|---|
| | | M1 | M2~M4 | M5~M6 | | | M1 | M2~M4 | M5~M6 |
| 曲杆部分 | 弯曲 | $\dfrac{\sigma_s}{1.05}$ | $\dfrac{\sigma_s}{1.3}$ | $\dfrac{\sigma_s}{1.65}$ | 直柄部分 | 拉伸 | | $\dfrac{\sigma_s}{5}$ | |

注:表中的 $\sigma_s$ 对应表 4-4-5 中的拉伸强度 $R_{p0.2}$ (下屈服强度 $R_{eL}$)。

对于标准吊钩,按上述方法计算的主弯曲截面 $A$—$A$ 内外侧边最大应力如图 4-4-10 所示。

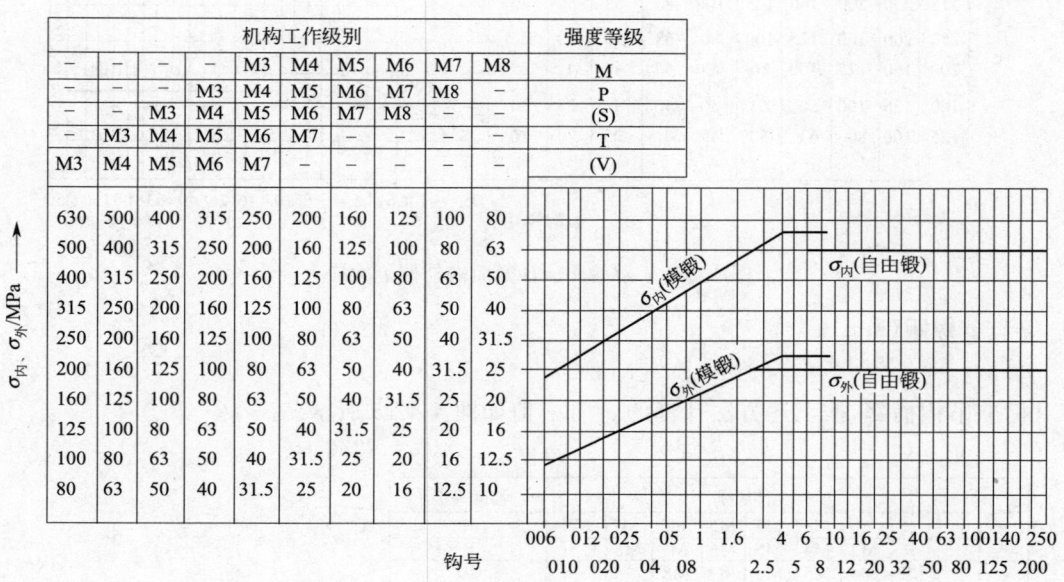

图 4-4-10 单钩 $A$—$A$ 截面内外侧最大应力

### 2. 双钩钩身

钩身垂直截面 $B$—$B$ 和倾斜截面 $C$—$C$ 是危险截面。

截面 $B$—$B$ 中,内侧最大拉应力:

$$\sigma_{内} = \frac{Qe_1}{2F_B K_B (R_0 - e_1)} \leqslant [\sigma] \qquad (4\text{-}4\text{-}2)$$

截面 $C$—$C$ 中,内侧最大拉应力:

$$\sigma_{内} = \frac{Qe_1'}{\sqrt{2} F_C K_C (R_0 - e_1')} \sin(45° + \beta) \leqslant [\sigma] \qquad (4\text{-}4\text{-}3)$$

对于锻造吊钩,许用应力 $[\sigma]$ 按表 4-4-7 选取。

标准双钩按上述方法计算截面 $B$—$B$ 的内外侧最大应力如图 4-4-12 所示。

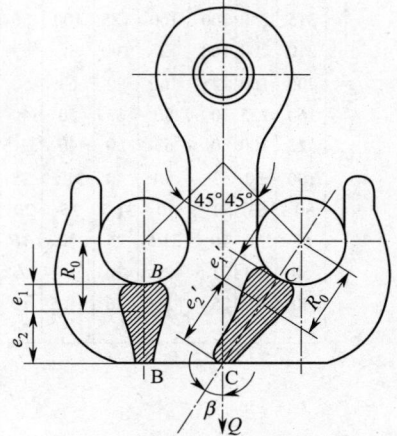

图 4-4-11 锻造双钩计算简图

### 3. 头部直柄

直柄钩颈最小截面(图 4-4-9 中的截面 $D$—$D$)拉应力:

$$\sigma_t = \frac{4Q}{\pi d_4^2} \leqslant [\sigma] \qquad (4\text{-}4\text{-}4)$$

螺纹的剪切应力 $\tau$ 按第一圈螺纹承受有效载荷的一半、剪切面的高度为螺距的一半的假定计算:

$$\tau = \frac{Q}{\pi d_{内} p} \leqslant [\tau] \qquad (4\text{-}4\text{-}5)$$

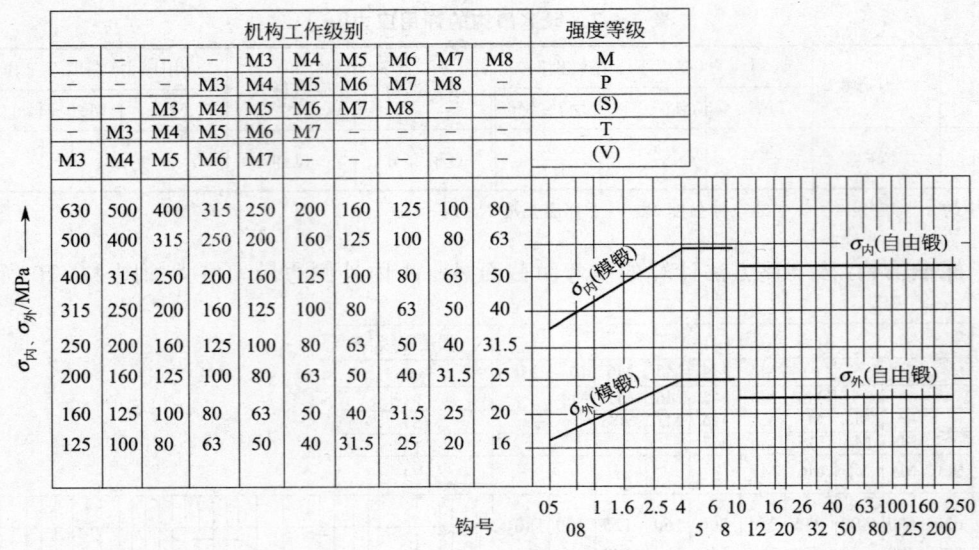

图 4-4-12 双钩 B—B 截面内外侧最大应力

式中 $p$——螺距(mm)。

$$[\tau]=(0.6\sim0.8)[\sigma]$$

对标准吊钩柄部，按上述方法计算的 $\sigma_t$ 和 $\tau$ 值如图 4-4-13 所示。

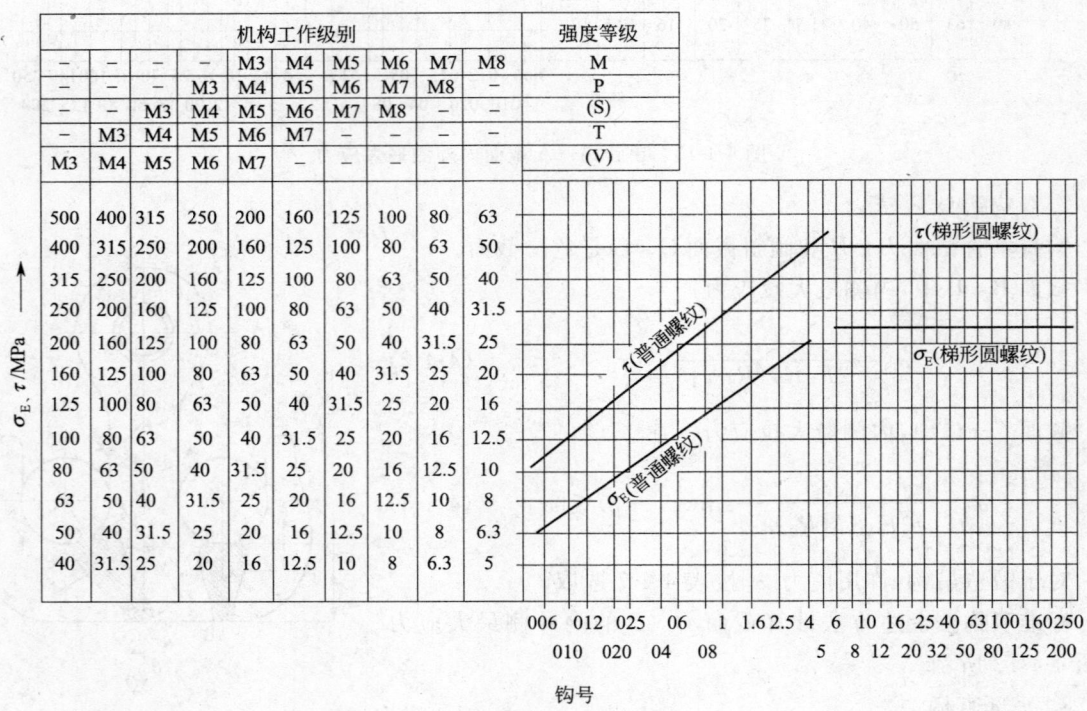

图 4-4-13 单、双钩直柄部应力值($\sigma_E$,$\tau$)

## 三、片式吊钩的强度计算

1. 单钩钩身

钩身主弯曲截面（水平截面）$A—A$ 是最危险截面，其次是与铅垂线成 45°的截面 $B—B$ 和垂直面 $C—C$。

截面 $A$—$A$ 中，内侧最大拉应力由(1)弯曲和(2)吊运钢水桶时高温辐射热引起吊钩不均匀热变形两部分应力叠加而成：

$$\sigma_t = \frac{Qh_A}{F_A K_A D} + \frac{6Q(0.5\delta - e)}{h_A \delta^2} \leqslant \frac{\sigma_s}{2.5} \tag{4-4-6}$$

式中　$Q$——每个钩起吊的载荷(片式单钩常成对使用)；
　　　$e$——载荷作用点偏向钩身截面外侧的距离。

截面 $B$—$B$ 中，内侧合成应力：

$$\sigma_\Sigma = \sqrt{\sigma_t^2 + 3\tau^2} \leqslant \frac{\sigma_s}{2.5} \tag{4-4-7}$$

$$\sigma_t = \frac{0.707 Q h_B}{F_B K_B D} + \frac{0.707 \times 6Q(0.5\delta - e)}{h_B \delta^2}$$

$$\tau = 1.5 \times \frac{0.707Q}{F_B} (1.5 \text{ 为计及矩形截面受剪不均匀系数})$$

截面 $C$—$C$ 中，合成应力为：

$$\tau_\Sigma = \tau_1 + \tau_2 \leqslant \frac{\tau_s}{2.5} \tag{4-4-8}$$

其中：纯剪切应力 $\tau_1 = \dfrac{1.5Q}{F_c}$

　　　扭转应力 $\tau_2 = \dfrac{Q(0.5\delta - e)}{W_\tau}$

式中　$W_\tau = K\delta h_c^2$

| $h_c/\delta$ | 1.0 | 1.2 | 1.5 | 1.75 | 2.0 | 2.5 |
|---|---|---|---|---|---|---|
| $K$ | 0.208 | 0.219 | 0.231 | 0.239 | 0.246 | 0.258 |
| $h_c/\delta$ | 3.0 | 4.0 | 5.0 | 6.0 | 8.0 | 10.0 |
| $K$ | 0.267 | 0.282 | 0.291 | 0.299 | 0.307 | 0.312 |

2. 双钩钩身

计算与锻造双钩相同，因截面为矩形，代入相应的 $K$ 值即可。

3. 吊钩头部耳孔

外径 $d$ 的衬套与吊钩头部耳孔采用过盈配合，直径 $d_1$ 的内孔与轴采用间隙配合，故前者应力可按厚壁筒公式计算，后者应力可按曲梁公式计算。耳孔水平截面 $C'$—$C'$ 和垂直截面 $D$—$D$ (图 4-4-14、图 4-4-15)为危险截面。在截面 $C'$—$C'$ 中，直径 $d_1$ 的耳孔内侧拉应力最大，按曲梁公式计算：

$$\sigma_t = \frac{Q\alpha}{b\delta} \leqslant \frac{\sigma_s}{2.5} \tag{4-4-9}$$

式中　$\alpha$——耳孔曲率系数(图 4-4-16)。

用于铸造起重机的叠片式单钩，考虑辐射热影响后为：

$$\sigma_t = \frac{Q}{b\delta}\alpha + \frac{6Q(0.5\delta - e)}{(2R - d_1)\delta^2} \leqslant \frac{\sigma_s}{2.5} \tag{4-4-10}$$

在耳孔垂直面 $D$—$D$ 中，$E$ 点拉应力(切向)最大，按厚壁筒公式计算：

$$\sigma_t = \frac{Q(h_0^2 + 0.25d^2)}{d\delta(h_0^2 - 0.25d^2)} \leqslant \frac{\sigma_s}{2.5} \tag{4-4-11}$$

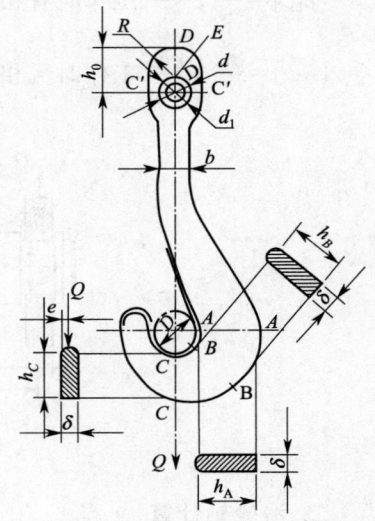

图 4-4-14　片式单钩计算简图

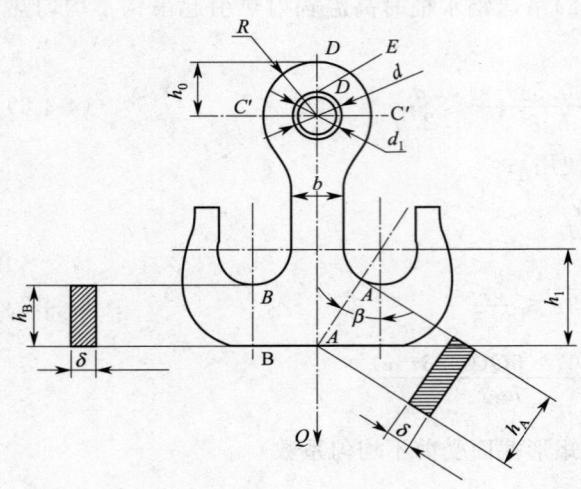
图 4-4-15 片式双钩计算简图

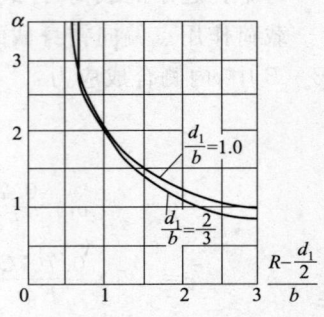
图 4-4-16 耳孔曲率系数 $\alpha$

## 第四节 吊钩组其他零件的计算

### 一、吊钩横梁的计算

中间截面 $A—A$ 的最大弯曲应力：

$$\sigma=\frac{M}{W}=\frac{1.5Ql}{(B-d)h^2}\leqslant\frac{\sigma_s}{2.5} \tag{4-4-12}$$

轴孔 $d_1$ 的平均挤压应力：

$$\sigma_{bs}=\frac{Q}{2d_1\delta}\leqslant[\sigma_{bs}] \tag{4-4-13}$$

$[\sigma_{bs}]=\frac{\sigma_{bs}}{6}\sim\frac{\sigma_{bs}}{5}$（工作时有相对转动，对中小起重量取小值，大起重量取大值）。

$[\sigma_{bs}]=\frac{\sigma_{bs}}{4}\sim\frac{\sigma_{bs}}{3}$（工作时无相对转动，对中小起重量取小值，大起重量取大值）。

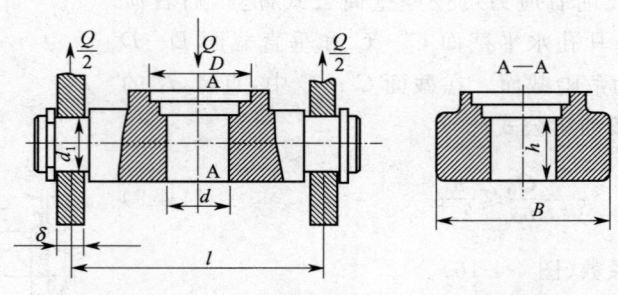
图 4-4-17 吊钩横梁计算简图

### 二、滑轮轴计算

根据拉板在滑轮轴上的不同位置，作出滑轮轴不同的弯矩图（图 4-4-18 中 $S$ 为滑轮钢丝绳拉力的合力），最大弯曲应力：

$$\sigma=\frac{M}{W}\leqslant\frac{\sigma_s}{2.5} \tag{4-4-14}$$

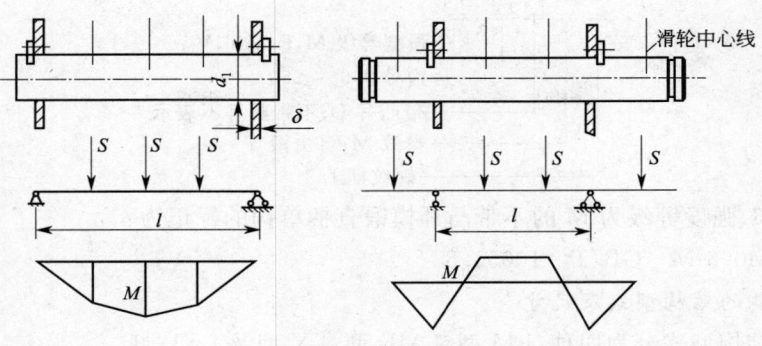

图 4-4-18 滑轮轴计算简图

### 三、拉板的计算

拉板上有轴孔的水平截面 $A—A$ 和垂直截面 $B—B$ 为危险截面。水平截面 $A—A$ 的内侧孔边最大拉应力为：

$$\sigma_t = \frac{Q\alpha_j}{2(b-d)(\delta+\delta')} \leqslant \frac{\sigma_s}{1.7} \tag{4-4-15}$$

式中 $\alpha_j$——应力集中系数，见图 4-4-20。

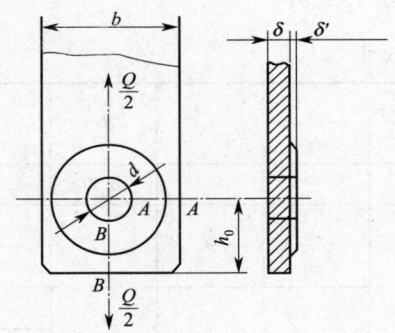

图 4-4-19 拉板的计算截面

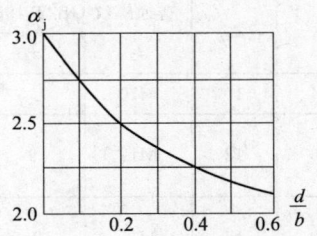

图 4-4-20 系数 $\alpha_j$ 值

垂直截面 $B—B$ 的内侧孔边最大拉应力（切向）：

$$\sigma = \frac{Q(h_0^2 + 0.25d^2)}{2d(\delta+\delta')(h_0^2 - 0.25d^2)} \leqslant \frac{\sigma_s}{3} \tag{4-4-16}$$

轴孔处的平均挤压应力：

$$\sigma_{bs} = \frac{Q}{2d(\delta+\delta')} \leqslant [\sigma_{bs}] \tag{4-4-17}$$

$[\sigma_{bs}]$ 与式（4-4-13）相同。

## 第五节 吊钩和吊钩组尺寸

### 一、直柄单钩

（一）直柄单钩的标记

直柄单钩的标记方式为：

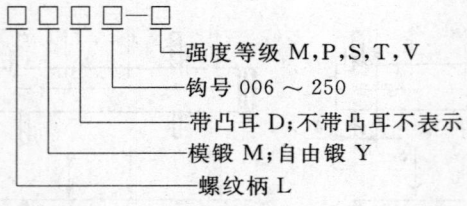

例如钩号006、强度等级为M的不带凸耳模锻直柄单钩的标记为：

直柄单钩 LM006-M　GB/T　10051.5

(二) 直柄单钩的结构型式及尺寸

直柄单钩的结构型式分为四种：LM型、LMD型、LY型及LYD型。

不带凸耳的直柄单钩LM型和LY型的结构型式及尺寸如图4-4-21和表4-4-8所示。带凸耳的直柄单钩LMD型和LYD型的结构型式及尺寸如图4-4-22和表4-4-8所示。表4-4-9补充表示了LMD型吊钩的部分尺寸，表4-4-10补充表示了LY型和LYD型吊钩的部分尺寸。

图4-4-23为梯形圆螺纹的牙形示意图。

$$螺距 P \approx \frac{d_3}{9}$$

$$H = 1.866P \qquad a_c = 0.05P$$

$$H_1 = 0.55P \qquad r_1 = 0.22104P$$

$$H_2 = 0.27234P \qquad r_2 = 0.15359P$$

表 4-4-8　直柄单钩构造尺寸　　　　　　　　　　　　　mm

| 钩号 | $d_1$ | $d_2$ | 普通螺纹 GB/T 196 | | 梯形圆螺纹 | | | $d_6$ | $d_7$ | $e_3$ |
|---|---|---|---|---|---|---|---|---|---|---|
| | | | $d_3$ | $d_4$ | $d_3$ | $d_4$ | $d_5$ | | | |
| 006 | 14 | 10 | M10 | 7.5 | — | — | — | — | 3.2 | 52 |
| 010 | 16 | 12 | M12 | 9 | — | — | — | — | 3.2 | 60 |
| 012 | | | | | | | | | | 63 |
| 020 | 20 | 16 | M16 | 12.5 | — | — | — | — | 4.2 | 60 |
| 025 | | | | | | | | | | 74 |
| 04 | 24 | 20 | M20 | 16 | — | — | — | — | 5.2 | 83 |
| 05 | | | | | | | | | | 89 |
| 08 | 30 | 24 | M24 | 19.5 | — | — | — | — | 6.2 | 100 |
| 1 | | | | | | | | | | 105 |
| 1.6 | 36 | 30 | M30 | 24.5 | — | — | — | — | 6.2 | 118 |
| 2.5 | 42 | 36 | M36 | 30 | — | — | — | — | 10.2 | 132 |
| 4 | 48 | 42 | M42 | 35.5 | — | — | — | — | 10.2 | 148 |
| 5 | 53 | 45 | M45 | 38.5 | — | — | — | — | 10.2 | 165 |
| 6 | 60 | 50 | — | — | TY[1]50×6 | 42 | 43.4 | — | 10.2 | 185 |
| 8 | 67 | 56 | — | — | TY56×6 | 48 | 49.4 | — | 12.2 | 210 |
| 10 | 75 | 64 | — | — | TY64×8 | 54 | 55.2 | — | 12.2 | 221 |
| 12 | 85 | 72 | — | — | TY72×8 | 62 | 63.2 | — | 16.2 | 252 |
| 16 | 95 | 80 | — | — | TY80×10 | 68 | 69 | — | 16.2 | 280 |
| 20 | 100 | 90 | — | — | TY90×10 | 78 | 79 | — | 20.2 | 330 |
| 25 | 118 | 100 | — | — | TY100×12 | 85 | 86.8 | — | 20.2 | 360 |
| 32 | 132 | 110 | — | — | TY110×12 | 95 | 96.8 | — | 20.2 | 400 |

续上表

| 钩号 | $d_1$ | $d_2$ | 普通螺纹 GB/T 196 | | 梯形圆螺纹 | | | $d_6$ | $d_7$ | $e_3$ |
|---|---|---|---|---|---|---|---|---|---|---|
| | | | $d_3$ | $d_4$ | $d_3$ | $d_4$ | $d_5$ | | | |
| 40 | 150 | 125 | — | — | TY125×14 | 108 | 109.6 | 80 | 25.3 | 447 |
| 50 | 170 | 140 | — | — | TY140×16 | 120 | 122.4 | 90 | 25.3 | 485 |
| 63 | 190 | 160 | — | — | TY160×18 | 138 | 140.2 | 100 | 25.3 | 550 |
| 80 | 212 | 180 | — | — | TY180×20 | 156 | 158 | 120 | 25.3 | 598 |
| 100 | 236 | 200 | — | — | TY200×22 | 173 | 175.8 | 140 | 30.3 | 688 |
| 125 | 265 | 225 | — | — | TY225×24 | 196 | 198.6 | 160 | 30.3 | 750 |
| 160 | 300 | 250 | — | — | TY250×28 | 217 | 219.2 | 180 | 30.3 | 825 |
| 200 | 335 | 280 | — | — | TY280×32 | 242 | 244.8 | 200 | 30.3 | 900 |
| 250 | 375 | 320 | — | — | TY320×36 | 278 | 280.4 | 240 | 30.3 | 980 |

| $f_4$ | $l_2$ | $l_3$ | $l_4$ | $m$ | $n$ | $k$ | $r_{10}$ | $r_{11}$ | $r_{12}$ | $y$ | $z$ |
|---|---|---|---|---|---|---|---|---|---|---|---|
| 11.5 | 30.5 | — | 97.5 | 9 | 4.5 | — | 1 | 2.5 | 2 | — | — |
| 13 | 32.5 | — | 106 | 11 | 5 | — | 1.2 | 3 | 2 | — | — |
| 14 | 32.5 | — | 112 | 11 | 5 | — | 1.2 | 3 | 2 | — | — |
| 16 | 41.5 | — | 135.5 | 15 | 6 | — | 1.2 | 3 | 2 | — | — |
| 17 | 41.5 | — | 141.5 | 15 | 6 | — | 1.2 | 3 | 2 | — | — |
| 19 | 46 | — | 152.5 | 18 | 7.5 | — | 1.6 | 4 | 2 | — | — |
| 20 | 46 | — | 164 | 18 | 7.5 | — | 1.6 | 4 | 2 | — | — |
| 22 | 55 | — | 183 | 22 | 9 | — | 2 | 5 | 3 | — | — |
| 23 | 55 | — | 194 | 22 | 9 | — | 2 | 8 | 3 | — | — |
| 26 | 68 | — | 221 | 27 | 10 | — | 2 | 10 | 3 | — | — |
| 30 | 83 | — | 250 | 32 | 10 | — | 2 | 10 | 3 | — | — |
| 33 | 93 | — | 281.5 | 36 | 15 | — | 3 | 10 | 3 | — | — |
| 37 | 103 | — | 314.5 | 40 | 15 | — | 3 | 10 | 3 | — | — |
| 41 | — | 112 | 375 | 45 | 20 | 10 | 4 | 14 | 3 | 130 | 160 |
| 46 | — | 122 | 413 | 50 | 20 | 10 | 4 | 16 | 3 | 145 | 180 |
| 34 | — | 135 | 446 | 56 | 25 | 10 | 4 | 18 | 3 | 160 | 200 |
| 37 | — | 157 | 504.5 | 63 | 25 | 12 | 4 | 20 | 3 | 180 | 220 |
| 42 | — | 170 | 576 | 71 | 30 | 12 | 6 | 22 | 3 | 200 | 250 |
| 48 | — | 187 | 645 | 80 | 30 | 12 | 6 | 25 | 3 | 225 | 280 |
| 54 | — | 207 | 716 | 90 | 40 | 12 | 6 | 28 | 3 | 255 | 315 |
| 60 | — | 232 | 788 | 100 | 40 | 12 | 6 | 32 | 3 | 290 | 350 |
| 68 | — | 257 | 885 | 112 | 45 | 12 | 8 | 36 | 3 | 320 | 395 |
| 75 | — | 280 | 969 | 125 | 50 | 12 | 10 | 40 | 5 | 355 | 445 |
| 83 | — | 322 | 1 100 | 140 | 55 | 12 | 10 | 45 | 5 | 400 | 495 |
| 88 | — | 357 | 1 245 | 160 | 60 | 12 | 12 | 50 | 5 | 450 | 565 |
| 100 | — | 402 | 1 388 | 180 | 70 | 12 | 12 | 56 | 5 | 505 | 635 |
| 108 | — | 465 | 1 565 | 200 | 80 | 15 | 12 | 63 | 5 | 570 | 710 |
| 117 | — | 510 | 1 761 | 225 | 90 | 15 | 15 | 70 | 5 | 640 | 800 |
| 124 | — | 613 | 2 012 | 250 | 100 | 15 | 18 | 80 | 5 | 720 | 900 |
| 134 | — | 690 | 2 272 | 280 | 110 | 15 | 20 | 90 | 5 | 810 | 1 015 |

注：1) TY 为梯形圆螺纹代号。

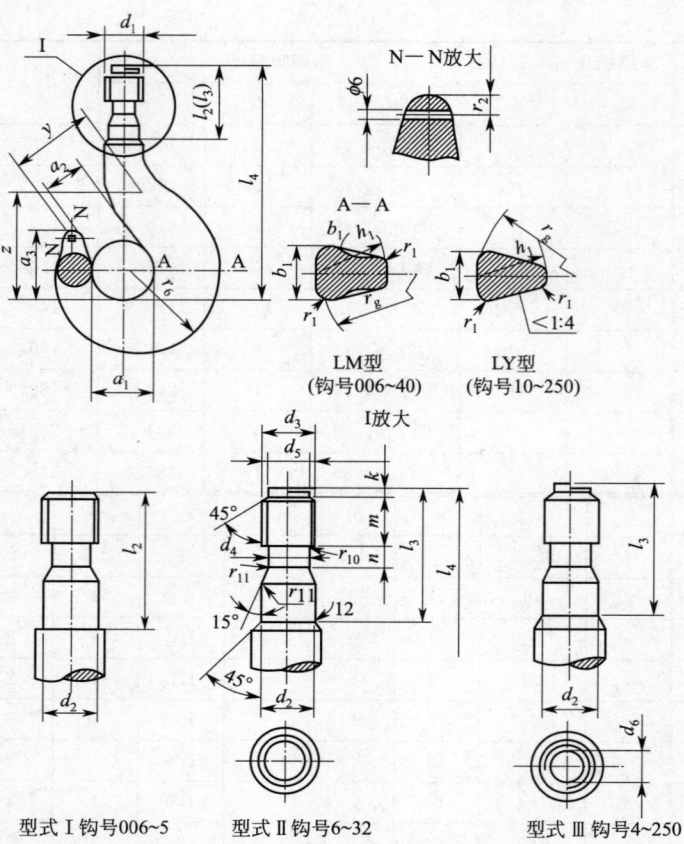

图 4-4-21 LM 型和 LY 型吊钩构造尺寸

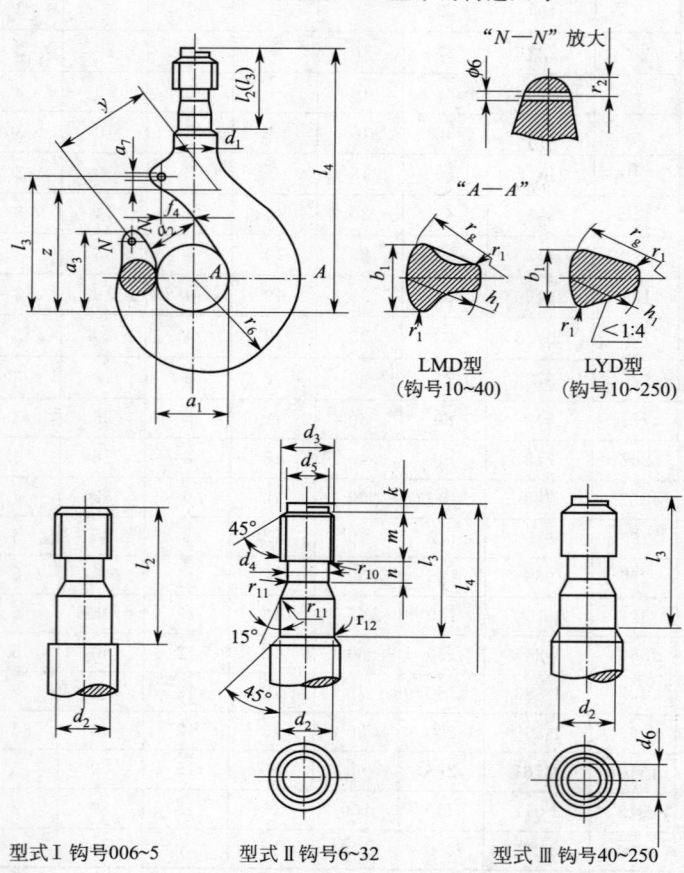

图 4-4-22 LMD 型和 LYD 型吊钩构造尺寸

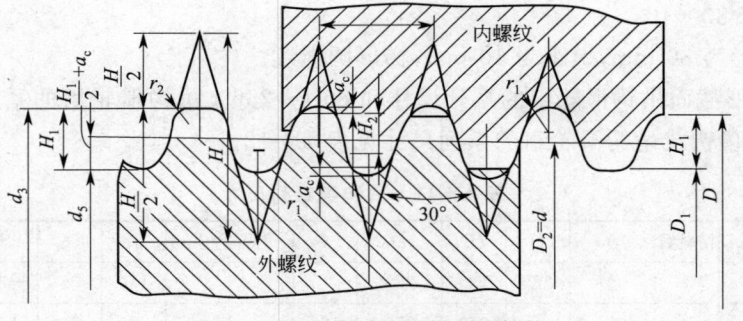

图 4-4-23 直柄吊钩用梯形圆螺纹

表 4-4-9 LMD 型吊钩构造尺寸(GB/T 10051.4—2010)　　　　mm

| 钩号 | $a_1$ | $a_2$ | $a_3$ | $b_1$ | $b_2$ | $d_1$ | $e_1$ | $e_2$ | $e_3$ | $f_1$ | $f_2$ | $f_3$ | $g_1$ | $h_1$ | $h_2$ | $l_1$ | $r_1$ | $r_2$ | $r_3$ | $r_4$ | $r_5$ | $r_6$ | $r_7$ | $r_8$ | $r_9$ | 自重/kg |
|---|---|---|---|---|---|---|---|---|---|---|---|---|---|---|---|---|---|---|---|---|---|---|---|---|---|---|
| 006 | 25 | 20 | 28 | 13 | 11 | 14 | 60 | 60 | 52 | 14.5 | — | — | 6.5 | 17 | 11 | 100 | 2 | 3 | 32 | 53 | 53 | 27 | 26 | — | 34 | 0.2 |
| 010 | 28 | 22 | 32 | 16 | 13 | 16 | 67 | 68 | 60 | 16.5 | — | — | 7 | 20 | 17 | 109 | 2 | 3.5 | 35 | 60 | 60 | 31 | 30 | — | 40 | 0.3 |
| 012 | 30 | 24 | 34 | 19 | 15 | 16 | 71 | 73 | 63 | 18 | — | — | 7.5 | 22 | 19 | 115 | 2.5 | 4 | 37 | 63 | 63 | 34 | 33 | — | 44 | 0.4 |
| 020 | 34 | 27 | 39 | 21 | 18 | 20 | 81 | 82 | 70 | 20 | — | — | 8.5 | 26 | 22 | 138 | 2.5 | 4.5 | 40 | 71 | 71 | 39 | 37 | — | 52 | 0.6 |
| 025 | 36 | 28 | 41 | 22 | 19 | 20 | 85 | 88 | 74 | 22 | — | — | 9 | 28 | 24 | 144 | 3 | 5 | 43 | 75 | 75 | 42 | 40 | — | 56 | 0.8 |
| 04 | 40 | 32 | 45 | 27 | 22 | 24 | 96 | 100 | 83 | 25 | — | — | 10 | 34 | 28 | 155 | 3.5 | 5.5 | 46 | 85 | 85 | 49 | 45 | — | 68 | 1.1 |
| 05 | 43 | 34 | 49 | 29 | 24 | 24 | 102 | 108 | 89 | 26 | — | — | 10.5 | 37 | 31 | 167 | 4 | 6 | 48 | 90 | 90 | 53 | 48 | — | 74 | 1.6 |
| 08 | 48 | 38 | 54 | 35 | 29 | 30 | 115 | 120 | 100 | 29 | — | — | 12 | 44 | 37 | 186 | 4.5 | 7 | 52 | 100 | 100 | 61 | 56 | — | 88 | 2.3 |
| 1 | 50 | 4 | 57 | 38 | 32 | 30 | 120 | 128 | 105 | 31 | — | — | 12.5 | 48 | 40 | 197 | 5 | 8 | 55 | 106 | 106 | 65 | 60 | — | 96 | 3.2 |
| 1.6 | 56 | 45 | 64 | 45 | 38 | 36 | 135 | 146 | 118 | 35 | — | — | 14 | 56 | 48 | 224 | 6 | 9 | 60 | 118 | 118 | 76 | 68 | — | 112 | 4.5 |
| 2.5 | 63 | 50 | 72 | 53 | 45 | 42 | 152 | 167 | 132 | 40 | — | — | 16 | 67 | 58 | 253 | 7 | 10 | 65 | 132 | 132 | 90 | 78 | — | 134 | 6.3 |
| 4 | 71 | 56 | 80 | 63 | 53 | 48 | 172 | 190 | 148 | 45 | — | — | 16 | 80 | 67 | 285 | 8 | 12 | 71 | 150 | 150 | 103 | 90 | — | 160 | 8.8 |
| 5 | 80 | 63 | 90 | 71 | 60 | 53 | 194 | 215 | 165 | 51 | — | — | 18 | 90 | 75 | 318 | 9 | 14 | 80 | 170 | 170 | 114 | 100 | — | 180 | 12.3 |
| 6[1] | 90 | 71 | 101 | 80 | 67 | 60 | 218 | 240 | 185 | 57 | — | — | 18 | 100 | 85 | 380 | 10 | 16 | 90 | 190 | 190 | 131 | 112 | — | 200 | 17.1 |
| 8 | 100 | 80 | 113 | 90 | 75 | 67 | 242 | 268 | 210 | 64 | — | — | 23 | 112 | 95 | 418 | 11 | 18 | 100 | 212 | 212 | 146 | 125 | — | 224 | 24 |
| 10[1] | 112 | 90 | 127 | 100 | 85 | 75 | 256 | 286 | 221 | — | 46 | 26 | 23 | 125 | 106 | 452 | 12 | 20 | 65 | 165 | 236 | 163 | 140 | 12 | 250 | 34 |
| 12[1] | 125 | 100 | 143 | 112 | 95 | 85 | 292 | 316 | 252 | — | 53 | 34 | 28 | 140 | 118 | 510 | 14 | 22 | 70 | 185 | 265 | 182 | 160 | 16 | 280 | 47 |
| 16[1] | 140 | 112 | 160 | 125 | 106 | 95 | 325 | 357 | 280 | — | 58 | 35 | 33 | 160 | 132 | 582 | 16 | 25 | 80 | 210 | 300 | 204 | 180 | 16 | 320 | 66 |
| 20[1] | 160 | 125 | 180 | 140 | 118 | 106 | 370 | 405 | 330 | — | 68 | 45 | 33 | 180 | 150 | 653 | 18 | 28 | 90 | 240 | 335 | 232 | 200 | 20 | 360 | 95 |
| 25 | 180 | 140 | 202 | 160 | 132 | 118 | 415 | 455 | 360 | — | 74 | 45 | 38 | 200 | 170 | 724 | 20 | 32 | 100 | 270 | 375 | 262 | 224 | 20 | 400 | 136 |
| 32[1] | 200 | 160 | 225 | 180 | 150 | 132 | 465 | 510 | 400 | — | 80 | 45 | 38 | 224 | 190 | 796 | 22 | 36 | 115 | 300 | 425 | 292 | 250 | 20 | 448 | 187 |
| 40[1] | 224 | 180 | 252 | 200 | 170 | 150 | 517 | 567 | 447 | — | 93 | 55 | 42 | 250 | 212 | 893 | 25 | 40 | 130 | 335 | 475 | 326 | 280 | 25 | 500 | 264 |

注:1)推荐用于冶金起重机。

表 4-4-10　LY 型和 LYD 型吊钩构造尺寸(GB/T 10051.4—2010)　　mm

| 钩号 | $a_1$ | $a_2$ | $a_3$ | $b_1$ | $b_2$ | $d_1$ | $e_1$ | $e_2$ | $e_3$ | $f_2$ | $f_3$ | $g_1$ | $h_1$ | $h_2$ | $l_1$ | $r_1$ | $r_2$ | $r_3$ | $r_4$ | $r_5$ | $r_6$ | $r_7$ | $r_8$ | $r_9$ | 自重/kg |
|---|---|---|---|---|---|---|---|---|---|---|---|---|---|---|---|---|---|---|---|---|---|---|---|---|---|
| 10 | 112 | 90 | 127 | 100 | 85 | 75 | 256 | 286 | 221 | 46 | 26 | 23 | 125 | 106 | 460 | 12 | 20 | 65 | 165 | 236 | 163 | 140 | 12 | 250 | 40 |
| 12 | 125 | 100 | 143 | 112 | 95 | 85 | 292 | 316 | 252 | 53 | 34 | 28 | 140 | 118 | 525 | 14 | 22 | 70 | 185 | 265 | 182 | 160 | 16 | 280 | 55 |
| 16 | 140 | 112 | 160 | 125 | 106 | 95 | 325 | 357 | 280 | 58 | 35 | 33 | 160 | 132 | 595 | 16 | 25 | 80 | 210 | 300 | 204 | 180 | 16 | 320 | 77 |
| 20 | 160 | 125 | 180 | 140 | 118 | 106 | 370 | 405 | 330 | 68 | 45 | 33 | 180 | 150 | 665 | 18 | 28 | 90 | 240 | 335 | 232 | 200 | 20 | 360 | 112 |
| 25 | 180 | 140 | 202 | 160 | 132 | 118 | 415 | 455 | 360 | 74 | 45 | 38 | 200 | 170 | 735 | 20 | 32 | 100 | 270 | 375 | 262 | 224 | 20 | 400 | 160 |
| 32 | 200 | 160 | 225 | 180 | 150 | 132 | 465 | 510 | 400 | 80 | 45 | 38 | 224 | 190 | 810 | 22 | 36 | 115 | 300 | 425 | 292 | 250 | 20 | 448 | 220 |
| 40 | 224 | 180 | 252 | 200 | 170 | 150 | 517 | 567 | 447 | 93 | 55 | 42 | 250 | 212 | 925 | 25 | 40 | 130 | 335 | 475 | 326 | 280 | 25 | 500 | 310 |
| 50 | 250 | 200 | 285 | 224 | 190 | 170 | 575 | 635 | 475 | 95 | 45 | 42 | 280 | 236 | 990 | 28 | 45 | 150 | 370 | 530 | 363 | 315 | 25 | 560 | 430 |
| 63[1] | 280 | 224 | 320 | 250 | 212 | 190 | 655 | 710 | 550 | 108 | 45 | 45 | 315 | 265 | 1120 | 32 | 50 | 160 | 420 | 600 | 408 | 355 | 25 | 630 | 600 |
| 80[1] | 315 | 250 | 358 | 280 | 236 | 212 | 727 | 802 | 598 | 113 | 60 | 45 | 355 | 300 | 1 270 | 36 | 56 | 180 | 470 | 670 | 460 | 400 | 25 | 710 | 860 |
| 100[1] | 355 | 280 | 402 | 315 | 265 | 236 | 827 | 902 | 688 | 130 | 70 | 50 | 400 | 335 | 1 415 | 40 | 63 | 200 | 530 | 750 | 516 | 450 | 30 | 800 | 1 220 |
| 125[1] | 400 | 315 | 450 | 355 | 300 | 265 | 920 | 1 020 | 750 | 138 | 70 | 50 | 450 | 375 | 1 590 | 45 | 71 | 230 | 600 | 850 | 579 | 500 | 30 | 900 | 1 740 |
| 160[1] | 450 | 355 | 505 | 400 | 335 | 300 | 1 035 | 1 145 | 825 | 147 | 70 | 50 | 500 | 425 | 1 790 | 50 | 80 | 250 | 675 | 950 | 654 | 560 | 30 | 1 000 | 2 480 |
| 200[1] | 500 | 400 | 565 | 450 | 375 | 335 | 1 195 | 1 275 | 900 | 154 | 70 | 55 | 560 | 475 | 2 048 | 56 | 90 | 285 | 750 | 1 060 | 729 | 630 | 30 | 1 120 | 3 420 |
| 250 | 560 | 450 | 635 | 500 | 425 | 375 | 1 280 | 1 430 | 980 | 164 | 70 | 60 | 630 | 530 | 2 305 | 63 | 100 | 320 | 840 | 1 180 | 815 | 710 | 30 | 1260 | 4 800 |

注:1)推荐用于冶金起重机。

标记示例：TY80×10

表示公称直径为 80 mm，螺距为 10 mm，梯形圆螺纹。

3 t～50 t T 形截面吊钩滑轮组的系列尺寸和 80 t～250 t 吊钩滑轮组的系列尺寸见表 4-4-11 和图 4-4-24，锻造单钩式吊钩滑轮组的系列尺寸见表 4-4-12。

表 4-4-11 吊钩组系列尺寸　　　　　　　　　　　　　　　　　　mm

| 起重量/t | 吊钩型式 | 滑轮数 | A | H | $H_1$ | D | l | $l_1$ | $l_2$ | L | $D_1$ | S | t | 自重/kg |
|---|---|---|---|---|---|---|---|---|---|---|---|---|---|---|
| 3 | 短钩型 | 1 | 697 | 265 | 135 | 250 | | | | 150 | 55 | 44 | 43 | |
| 5 | 长钩型 | 2 | 661 | | 340 | 350 | 187 | | | 320 | 70 | 55 | | 82 |
| 8 | | 2 | 707 | | 360 | 350 | 207 | | | 340 | 85 | 70 | | 90 |
| 12.5 | | 3 | 1 036 | 395 | 260 | 350 | | 77 | | 310 | 110 | 88 | | 161 |
| 16 | | 3 | 1 294 | 520 | 290 | 500 | | 96 | | 375 | 120 | 100 | | 296 |
| 20 | 短钩型 | 4 | 1 345 | 520 | 315 | 500 | | 96 | 112 | 475 | 140 | 112 | | 364 |
| 32 | | 4 | 1 649 | 610 | 420 | 600 | | 112 | 132 | 558 | 170 | 140 | | 697 |
| 50 | | 5 | 1 817 | 650 | 480 | 600 | | 112 | 142 | 690 | 220 | 176 | | 1 050 |
| 80 | | 6 | 2 635 | 990 | 745 | 800<br>700 | | 131 | 195 | 1 316 | 250 | 450 | | 3 075 |
| 100 | | 6 | 2 915 | 1 085 | 800 | 1 000<br>800 | | 131 | 195 | 1 411 | 280 | 500 | | 4 262 |
| 125 | 锻造式 | 6 | 3 070 | 1 085 | 800 | 1 000<br>800 | | 131 | 195 | 1 411 | 300 | 620 | | 4 898 |
| 160 | | 6 | 3 460 | 1 270 | 850 | 1 200<br>1 000 | | 157 | 220 | 1 311 | 350 | 690 | | 7 049 |
| 200 | | 8 | 3 610 | 1 330 | 890 | 1 200<br>1 000 | | 157 | 226 | 1 645 | 350 | 710 | | 9 221 |
| 250 | 双钩 | 8 | 4 095 | 1 430 | 1 110 | 1 300<br>1 100 | | 157 | 240 | 1 670 | 400 | | 780 | 10 334 |
| 100 | | 5 | 3 020 | 980 | 1 045 | 800 | | 145 | 244.5 | 1 080 | 250 | 1 300 | 550 | 4 281 |
| 125 | | 6 | 3 385 | 1 090 | 1 145 | 1 000<br>800 | | 200 | 131 | 1 370 | 300 | 1 400 | 630 | |
| 150 | 叠片式 | 8 | 3 703 | 1 170 | 1 248 | 1 000<br>800 | | 157 | 250 | 1 685 | 350 | 1 500 | 700 | |
| 200 | | 10 | 3 970 | 1 200 | 1 435 | 1 000<br>800 | | 157 | 250 | 2 000 | 350 | 1 500 | 700 | 11 376 |
| 250 | | 12 | 4 290 | 1 240 | 1 615 | 1 000<br>800 | | 157 | 250 | 2 315 | 400 | 1 700 | 800 | 13 945 |

注：表中代号参见图 4-4-24。

表 4-4-12 3 t～50 t 锻造吊钩组系列尺寸

| 名　称 | 尺寸/mm | | 轴承 | | 自重/kg |
|---|---|---|---|---|---|
| | $D_{滑轮罩}$ | A | 型号 | 数量 | |
| 3 t 吊钩组 | 390 | 700 | 8 210 | 1 | 65 |
| 5 t 吊钩组 | 530 | 721 | 8 210/213 | 1/4 | 99 |
| 5 t 吊钩组 | 530 | 721 | 8 210/213 | 1/4 | 102.1 |
| 10 t 吊钩组 | 650 | 1220 | 8 217/220 | 1/4 | 246.27 |
| 10 t 吊钩组 | 540 | 1 085 | 8 217/218 | 1/4 | 219 |
| 15 t 吊钩组 | 650 | 1 267 | 8 220/220 | 1/4 | 329.65 |
| 15 t 吊钩组 | 650 | 1 267 | 8 220/220 | 1/4 | 322.8 |
| 20 t 吊钩组 | 650 | 1 434 | 8 224/220 | 1/8 | 467.54 |
| 30 t 吊钩组 | 780 | 1730 | 8 228/226 | 1/8 | 847.92 |
| 50 t 吊钩组 | 940 | 2 110 | 8 236/42 228 | 1/8 | 1420 |

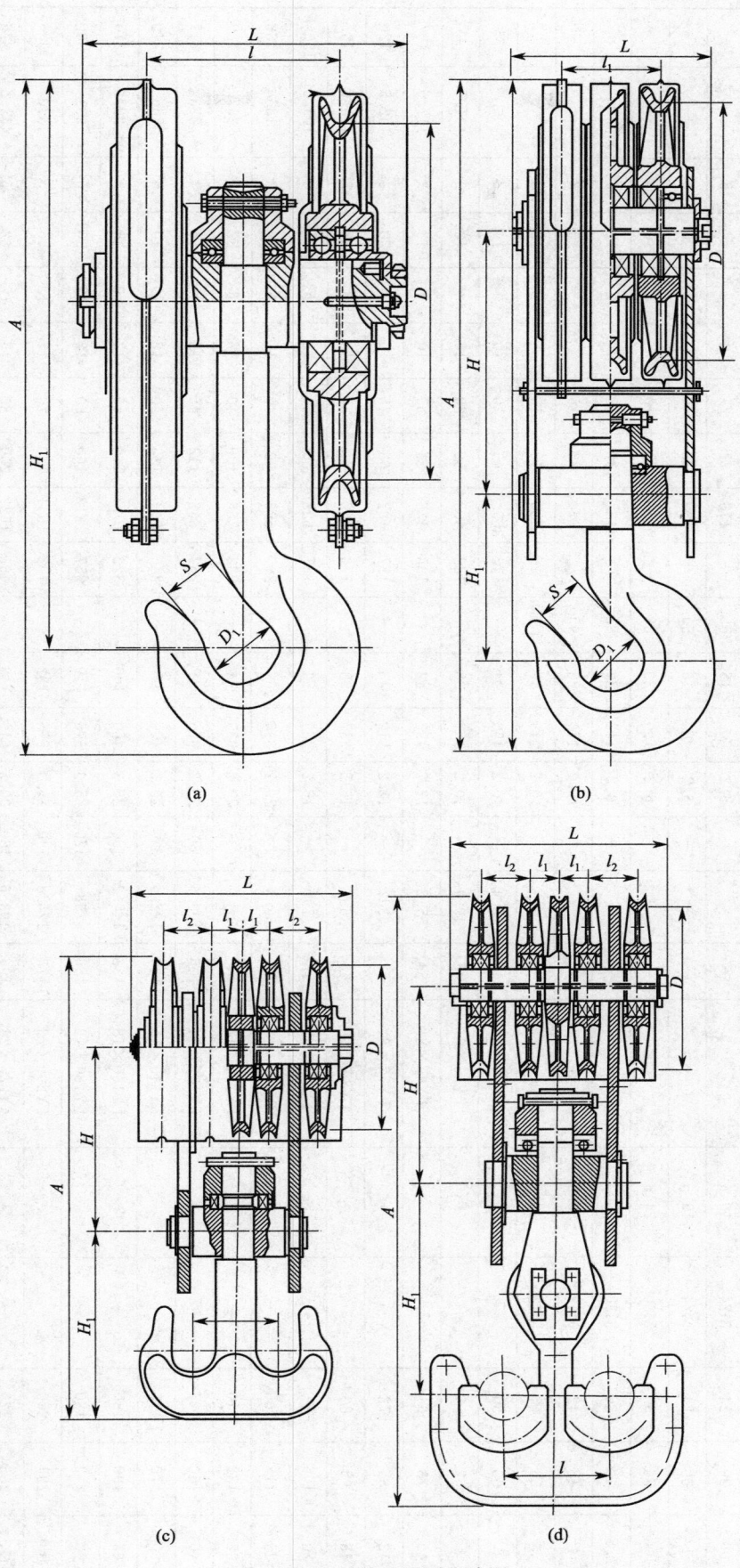

图 4-4-24 吊钩组系列尺寸图

表 4-4-13 直柄双钩构造尺寸（GB/T 10051.7—2010） mm

| 钩号 | $d_1$ | $d_2$ | 普通螺纹 GB/T 196 $d_3$ | $d_4$ | 梯形圆螺纹 $d_3$ | $d_4$ | $d_5$ | $d_6$ | $d_7$ | $e$ | $f_4$ | $l_2$ | $l_3$ | $l_4$ | $m$ | $n$ | $k$ | $r_{10}$ | $r_{11}$ | $r_{12}$ | $y_1=y_2$ | $z$ |
|---|---|---|---|---|---|---|---|---|---|---|---|---|---|---|---|---|---|---|---|---|---|---|
| 05 | 24 | 20 | M20 | 16 | — | — | — | — | 5.2 | 80 | 14 | 46 | — | 159.5 | 18 | 7.5 | | 1.6 | 4 | 2 | — | — |
| 08 | 30 | 24 | M24 | 19.5 | — | — | — | — | 5.2 | 83 | 16 | 55 | — | 178 | 22 | 9 | | 2 | 5 | 3 | — | — |
| 1 | 30 | 24 | M24 | 19.5 | — | — | — | — | 6.2 | 96 | 16 | 55 | — | 189 | 22 | 9 | | 2 | 8 | 3 | — | — |
| 1.6 | 36 | 30 | M30 | 24.5 | — | — | — | — | 6.2 | 100 | 20 | 68 | — | 215.5 | 27 | 10 | | 2 | 10 | 3 | — | — |
| 2.5 | 42 | 36 | M36 | 30 | — | — | — | — | 6.2 | 112 | 22 | 83 | — | 243.5 | 32 | 10 | | 2 | 10 | 3 | — | — |
| 4 | 48 | 42 | M42 | 35.5 | — | — | — | — | 10.2 | 124 | 25 | 93 | — | 274 | 36 | 15 | | 3 | 10 | 3 | — | — |
| 5 | 53 | 45 | M45 | 38.5 | — | — | — | — | 10.2 | 143 | 30 | 103 | — | 306 | 40 | 15 | | 3 | 10 | 3 | — | — |
| 6 | 60 | 50 | — | — | TY50×6 | 42 | 43.4 | — | 10.2 | 160 | 34 | — | 112 | 365.5 | 45 | 20 | 10 | 4 | 14 | 3 | 93 | 85 |
| 8 | 67 | 56 | — | — | TY56×6 | 48 | 49.4 | — | 10.2 | 182 | 38 | — | 122 | 403 | 50 | 20 | 10 | 4 | 16 | 3 | 104.5 | 95 |
| 10 | 75 | 64 | — | — | TY64×8 | 54 | 55.2 | — | 12.2 | 192 | 42 | — | 135 | 435 | 56 | 25 | 10 | 4 | 18 | 3 | 117.5 | 107 |
| 12 | 85 | 72 | — | — | TY72×8 | 62 | 63.2 | — | 12.2 | 210 | 48 | — | 157 | 492 | 63 | 25 | 12 | 4 | 20 | 3 | 132.5 | 120 |
| 16 | 95 | 80 | — | — | TY80×10 | 68 | 69 | 80 | 16.2 | 237 | 53 | — | 170 | 562 | 71 | 30 | 12 | 6 | 22 | 3 | 148.5 | 135 |
| 20 | 106 | 90 | — | — | TY90×10 | 78 | 79 | 90 | 16.2 | 265 | 59 | — | 187 | 628 | 80 | 30 | 12 | 6 | 25 | 3 | 165.5 | 150.5 |
| 25 | 118 | 100 | — | — | TY100×12 | 85 | 86.8 | 100 | 20.2 | 315 | 66 | — | 207 | 696 | 90 | 40 | 12 | 6 | 28 | 3 | 185 | 168 |
| 32 | 132 | 110 | — | — | TY110×12 | 95 | 96.8 | 120 | 20.2 | 335 | 74 | — | 232 | 768 | 100 | 40 | 12 | 6 | 32 | 3 | 207 | 189 |
| 40 | 150 | 125 | — | — | TY125×14 | 108 | 109.6 | 140 | 20.2 | 375 | 84 | — | 257 | 863 | 112 | 45 | 12 | 8 | 36 | 3 | 233 | 212 |
| 50 | 170 | 140 | — | — | TY140×16 | 120 | 122.4 | 160 | 25.3 | 420 | 95 | — | 280 | 944 | 125 | 50 | 12 | 10 | 40 | 3 | 265 | 240 |
| 63 | 190 | 160 | — | — | TY160×18 | 138 | 140.2 | 180 | 25.3 | 460 | 106 | — | 322 | 1072 | 140 | 55 | 12 | 10 | 45 | 5 | 297 | 270 |
| 80 | 212 | 180 | — | — | TY180×12 | 156 | 158 | 200 | 25.3 | 515 | 119 | — | 357 | 1212 | 160 | 60 | 12 | 12 | 50 | 5 | 331 | 300 |
| 100 | 236 | 200 | — | — | TY200×22 | 173 | 175.8 | 220 | 25.3 | 575 | 132 | — | 402 | 1351 | 180 | 70 | 15 | 12 | 56 | 5 | 370 | 336 |
| 125 | 265 | 225 | — | — | TY225×24 | 196 | 198.6 | 240 | 30.3 | 645 | 148 | — | 465 | 1522 | 200 | 80 | 15 | 12 | 63 | 5 | 414.5 | 376 |
| 160 | 300 | 250 | — | — | TY250×28 | 217 | 219.2 | 260 | 30.3 | 725 | 168 | — | 510 | 1714 | 225 | 90 | 15 | 15 | 70 | 5 | 466 | 422 |
| 200 | 335 | 280 | — | — | TY280×32 | 242 | 244.8 | 280 | 30.3 | 800 | 188 | — | 613 | 1962 | 250 | 100 | 15 | 18 | 80 | 5 | 522.5 | 475 |
| 250 | 375 | 320 | — | — | TY320×36 | 278 | 280.4 | 320 | 30.3 | 875 | 210 | — | 690 | 2217 | 280 | 110 | 15 | 20 | 90 | 5 | 587.5 | 535 |

## 二、直柄双钩

### (一)直柄双钩的标记

直柄双钩的标记方式与直柄单钩基本相同。

例如钩号 10、强度等级为 M 的不带凸耳模锻直柄双钩的标记为：

双钩 LM006-M　GB/T　10051.7

### (二)直柄双钩的结构型式及尺寸

直柄双钩的结构型式分为四种：LM 型、LMD 型、LY 型及 LYD 型。

不带凸耳的直柄双钩 LM 型和 LY 型的结构型式及尺寸如图 4-4-25 和表 4-4-13 所示。带凸耳的直柄双钩 LMD 型和 LYD 型的结构型式及尺寸如图 4-4-26 和表 4-4-13 所示。

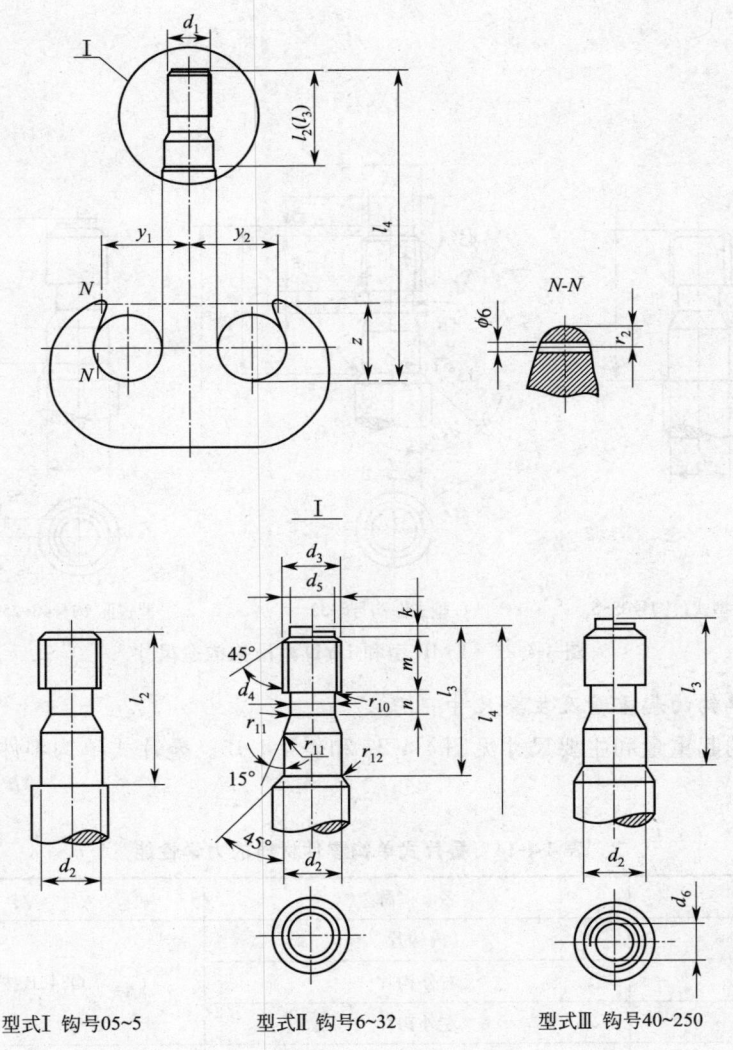

型式Ⅰ 钩号05~5　　型式Ⅱ 钩号6~32　　型式Ⅲ 钩号40~250

图 4-4-25　LM 型和 LY 型吊钩构造尺寸

## 三、叠片式单钩

### (一)叠片式单钩的标记

起重量为 63 t，钩腔直径 $D=320$ mm 的单钩，应标记为：

单钩 63×320　GB/T 10051.15

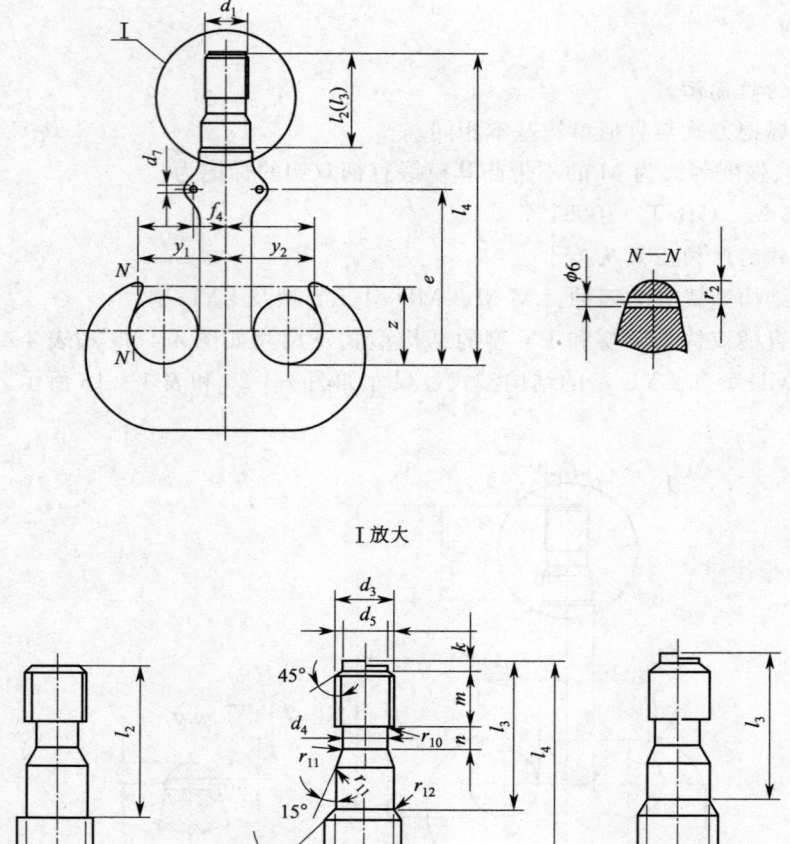

图 4-4-26 LMD 型和 LYD 型吊钩构造尺寸

## (二)叠片式单钩的起重量及主要尺寸

叠片式单钩的起重量和主要尺寸见图 4-4-27 和表 4-4-15。叠片式单钩零件材料的力学性能见表 4-4-14。

表 4-4-14 叠片式单钩零件材料的力学性能

| 序号 | 名称 | 材料 |
|---|---|---|
| 1 | 内钩片 | Q345B 按 GB/T 1591 |
| 2 | 右外钩片 | |
| 3 | 左外钩片 | |
| 4 | 轴套 | 45 钢按 GB/T 699 |
| 5 | 钩口护板 | Q345B 按 GB/T 1591 |
| | 左夹板 | Q235A 按 GB/T 700 |
| | 右夹板 | |
| 6 | 防碰护板 | Q345B 按 GB/T 1591 |
| | 上夹板 | Q235A 按 GB/T 700 |
| | 下夹板 | |

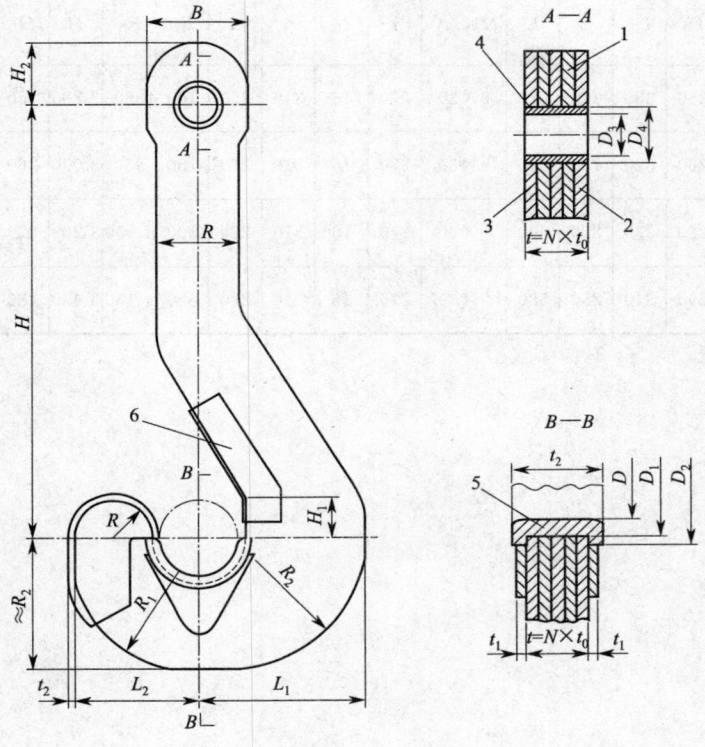

图 4-4-27 叠片式单钩主要尺寸

表 4-4-15 叠片式单钩的起重量和主要尺寸（GB/T 10051.15—2010）   mm

| 起重量/t | D | $D_1$ | $D_2$ | $D_3$ | $D_4$ | B | E | $N \times t_0$ [1)] | t | $t_1$ | $t_2$ | R | $R_1$ | $R_2$ | H | $H_1$ | $H_2$ | $L_1$ | $L_2$ | 质量≈/kg |
|---|---|---|---|---|---|---|---|---|---|---|---|---|---|---|---|---|---|---|---|---|
| 20 | 190 | 240 | 280 | 100 | 130 | 280 | 200 | 5×16 | 80 | 12 | 110 | 100 | 320 | 400 | 1 400 | 120 | 170 | 170 | 320 | 469 |
| 25 | 210 | 260 | 300 | 105 | 135 | 300 | 220 | 5×16 | 80 | 12 | 110 | 110 | 330 | 410 | 1 500 | 125 | 180 | 180 | 350 | 525 |
| 32 | 240 | 290 | 320 | 110 | 140 | 320 | 240 | 6×16 | 96 | 14 | 130 | 120 | 340 | 420 | 1 600 | 130 | 195 | 195 | 385 | 697 |
| 40 | 260 | 310 | 340 | 120 | 150 | 360 | 260 | 6×16 | 96 | 14 | 130 | 140 | 380 | 500 | 1 700 | 150 | 220 | 220 | 435 | 857 |
| 50 | 310 | 360 | 390 | 140 | 170 | 400 | 300 | 7×16 | 112 | 14 | 150 | 160 | 430 | 560 | 1 800 | 160 | 245 | 245 | 500 | 1 227 |
| 63 | 320 | 380 | 420 | 160 | 200 | 460 | 320 | 5×26 | 130 | 14 | 170 | 170 | 480 | 600 | 2 000 | 170 | 280 | 280 | 530 | 1 657 |
| 80 | 350 | 410 | 450 | 180 | 220 | 500 | 340 | 6×26 | 156 | 14 | 190 | 180 | 520 | 650 | 2 100 | 180 | 305 | 805 | 565 | 2 235 |
| 100 | 410 | 470 | 510 | 200 | 240 | 540 | 380 | 7×26 | 182 | 14 | 220 | 190 | 560 | 710 | 2 200 | 190 | 330 | 875 | 615 | 3 033 |
| 125 | 440 | 500 | 540 | 220 | 260 | 620 | 400 | 8×26 | 208 | 16 | 250 | 200 | 600 | 730 | 2 400 | 200 | 375 | 930 | 650 | 3 930 |
| 140 | 460 | 530 | 580 | 230 | 280 | 640 | 460 | 9×26 | 234 | 16 | 280 | 230 | 640 | 760 | 2 600 | 230 | 390 | 965 | 725 | 5 175 |
| 160 | 480 | 550 | 600 | 240 | 290 | 680 | 500 | 8×30 | 240 | 16 | 280 | 240 | 660 | 820 | 2 700 | 240 | 415 | 1 025 | 755 | 5 914 |

续上表

| 起重量/t | $D$ | $D_1$ | $D_2$ | $D_3$ | $D_4$ | $B$ | $E$ | $N\times t_0$ [1] | $t$ | $t_1$ | $t_2$ | $R$ | $R_1$ | $R_2$ | $H$ | $H_1$ | $H_2$ | $L_1$ | $L_2$ | 质量≈/kg |
|---|---|---|---|---|---|---|---|---|---|---|---|---|---|---|---|---|---|---|---|---|
| 180 | 520 | 590 | 640 | 250 | 300 | 720 | 520 | 9×30 | 270 | 16 | 310 | 250 | 700 | 880 | 2 800 | 250 | 435 | 1 095 | 795 | 7 322 |
| 200 | 580 | 650 | 700 | 260 | 310 | 760 | 540 | 9×30 | 270 | 16 | 310 | 260 | 750 | 950 | 3 000 | 260 | 460 | 1 175 | 845 | 8 244 |
| 225 | 640 | 710 | 760 | 280 | 330 | 800 | 560 | 9×30 | 270 | 16 | 310 | 270 | 800 | 1 050 | 3 200 | 270 | 485 | 1 305 | 895 | 9 384 |
| 250 | 700 | 770 | 820 | 290 | 340 | 850 | 580 | 9×30 | 270 | 16 | 310 | 280 | 850 | 1 150 | 3 400 | 280 | 500 | 1 350 | 945 | 10 374 |

注:1)$N$ 表示钩片数量。

# 第五章 抓 斗

## 第一节 抓斗的类型

抓斗是起重机装卸散装物料的一种常用取物器具,其抓取和卸料作业由起重机司机操控,操作便捷,生产效率较高,广泛用于港口、车站、电厂、矿山、料场和船舶等作业场所。

### 一、按物料容重分类

抓斗根据被抓取物料的容重 $\gamma$ 不同,可分为以下四类:

(1)轻型抓斗($\gamma < 1.2 \text{ t/m}^3$),例如:干燥颗粒农作物、小块砖、石灰、煤炭、氧化铝、碳酸钠、干燥熔渣等;

(2)中型抓斗($\gamma = 1.2 \text{ t/m}^3 \sim 2.0 \text{ t/m}^3$),例如:石膏、砾石、卵石、水泥、大块碎砖等;

(3)重型抓斗($\gamma = 2.0 \text{ t/m}^3 \sim 2.6 \text{ t/m}^3$),例如:坚硬岩石、中小块矿石、废钢等;

(4)特重型抓斗($\gamma > 2.6 \text{ t/m}^3$)例如:重矿石、废钢等。

在抓斗容积相同时,轻型抓斗自重较小,重型抓斗自重较大。

### 二、按启闭方式分类

抓斗按驱动抓斗颚瓣启闭的方式的不同,可分为绳索式抓斗、自带动力式抓斗和无自带动力非绳索式抓斗三种。

#### (一)绳索式抓斗

绳索式抓斗是由起重机上的钢丝绳驱动来实现颚瓣的启闭,按其支持绳与闭合绳分支数分为单绳抓斗、双绳抓斗和多绳抓斗。绳索式抓斗结构简单自重轻,经济实用成本低,应用较为广泛。除常用的长撑杆抓斗外,依据闭合绳增力滑轮组的不同布置及附加传动构件可形成许多特殊形式的抓斗,如耙集式抓斗、剪式抓斗、单铰钳式抓斗、扭矩齿式抓斗等。图 4-5-1 为单绳多瓣抓斗;图 4-5-2 为双绳双瓣抓斗;图 4-5-3 为多绳原木抓斗;图 4-5-4 为多绳疏浚抓斗。

图 4-5-1 单绳多瓣抓斗

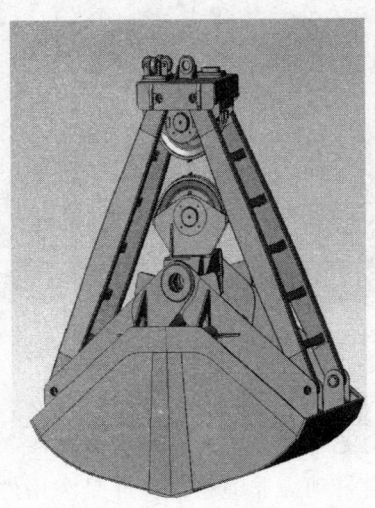

图 4-5-2 双绳双瓣抓斗

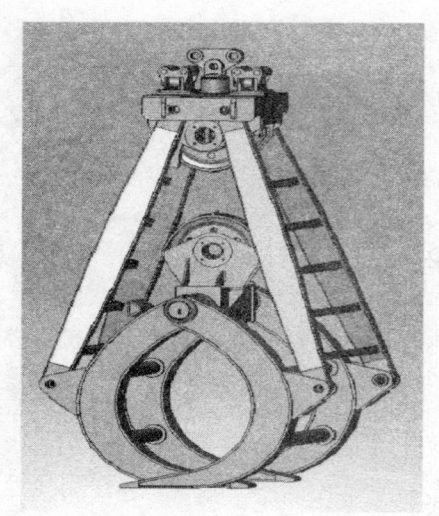

图 4-5-3 多绳原木抓斗

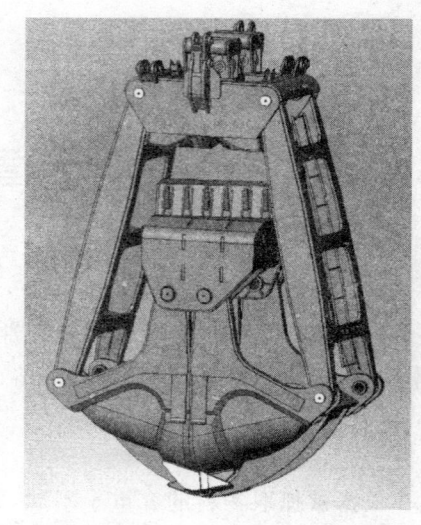

图 4-5-4 多绳疏浚抓斗

(二)自带动力式抓斗

自带动力式抓斗是由自身动力装置驱动来实现颚瓣的启闭,其抓取能力取决于该动力装置的功率。图 4-5-5 为电动液压双瓣抓斗,图 4-5-6 为电动液压多瓣抓斗,此类抓斗结构较为复杂,自重较大,重心较高,并需配置供电电缆卷绕装置和过载安全保护装置,制造成本较高。因电动机绝缘等问题,自带动力式抓斗不适于水下作业。

图 4-5-5 电动液压双瓣抓斗

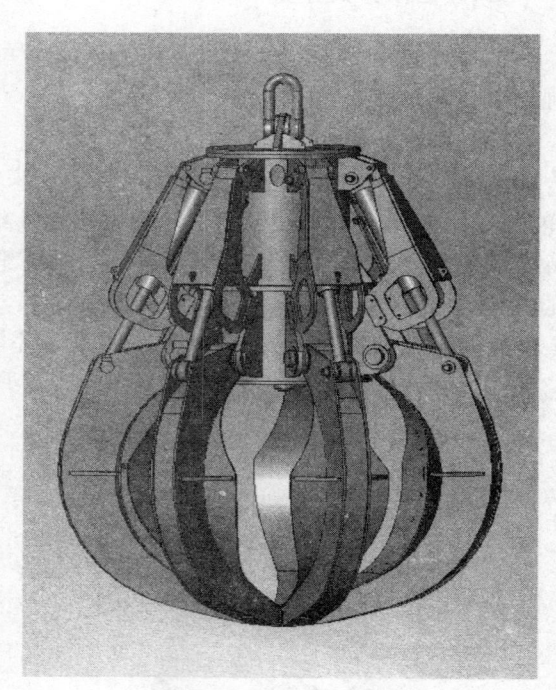

图 4-5-6 电动液压多瓣抓斗

(三)无自带动力的非绳索式抓斗

无自带动力非绳索式抓斗是利用外供的工作介质如压力油液或压力气体驱动来实现颚瓣的启闭,其具有自带动力式抓斗的抓取装载能力较大的优点,且自重较轻,制造成本较低。图 4-5-7 是置于挖掘机臂端的液压多瓣抓斗,图 4-5-8 为气动多瓣抓斗。

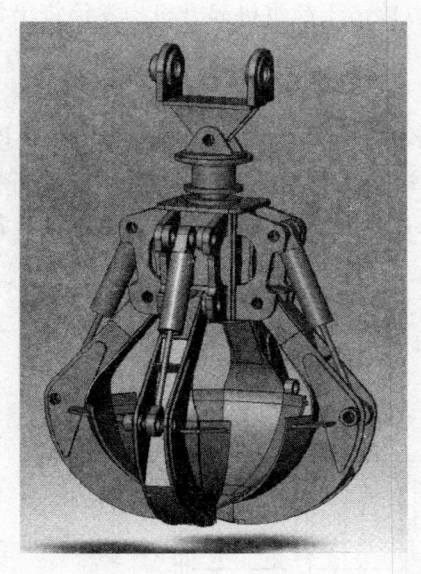

图 4-5-7　液压多瓣抓斗

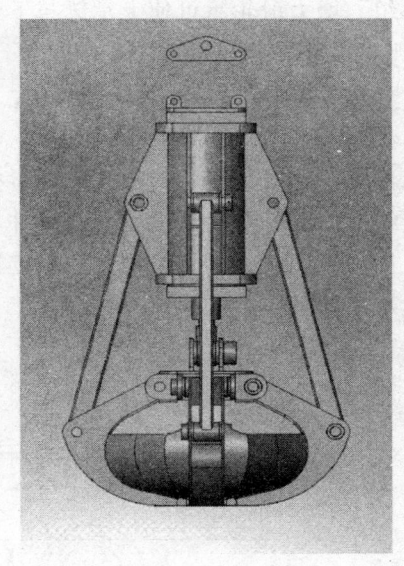

图 4-5-8　气动多瓣抓斗

## 第二节　抓斗的结构特点

### 一、双（多）绳长撑杆双瓣抓斗的典型结构

绳索式抓斗系列中最常用的是双绳（或四绳）长撑杆双瓣抓斗（图 4-5-9），其主要有上承梁、上/下滑轮组、撑杆、下承梁和颚瓣等构件组成。此类抓斗适用于抓取粒度和容重不大且较为疏松的物料（例如：粮食、煤炭、砂石、化肥、水泥、石灰、松土等），一般采用作平面对称运动的左右撑杆和呈蛤壳状的双瓣形式，是目前应用最为广泛的抓斗。

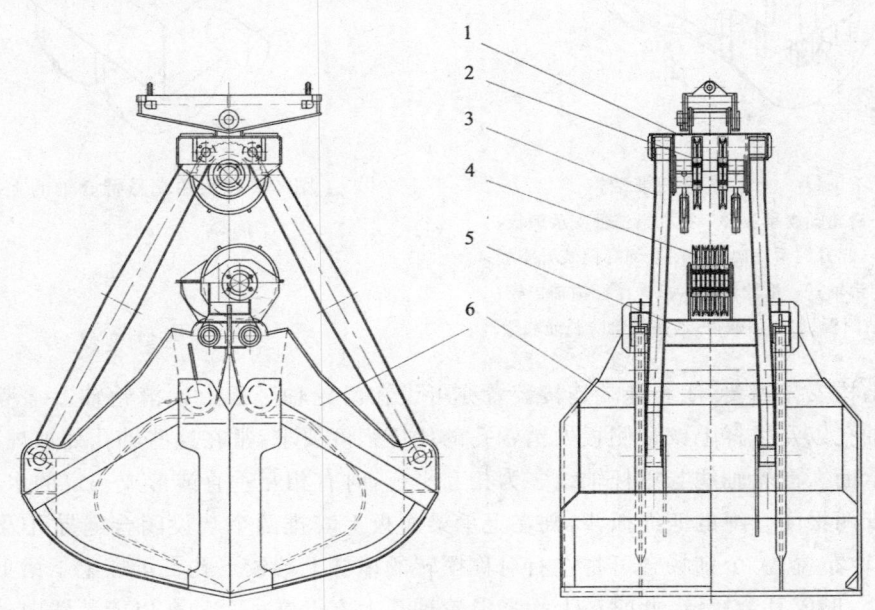

图 4-5-9　四绳长撑杆双瓣抓斗的典型结构
1—上承梁；2—上滑轮；3—撑杆；4—下滑轮；5—下承梁；6—颚瓣

起重机下垂的钢丝绳（起升支持绳）与上承梁的系件相接，另一根钢丝绳（抓斗闭合绳）穿过上承梁的导孔（一般装有滑动式或滚轮式导绳装置）分别绕入位于下承梁和上承梁上的滑轮，形成增

力滑轮组。增力滑轮组可使上承梁与下承梁之间的作用力数倍于起重机起升机构卷筒绕出钢丝绳（用作抓斗闭合绳）的驱动力。

**（一）上承梁**

上承梁通常采用强度较高（$\sigma_s \geqslant 345$ MPa）、焊接性能较好的 Q345 合金结构钢板，使用 J507 焊条焊接而成。整个上承梁的板式结构形状尺寸应适宜于撑杆、滑轮组及防脱绳装置、支持绳联接件和闭合绳导向装置及闭合绳端的联接件等构件的配置，以确保相关的撑杆、滑轮、导绳装置各部件活动自如，并具足够的强度、刚度和稳定性。

上承梁的具体结构形式各异，图 4-5-10 和图 4-5-12 示出了一种常用的结构形式。

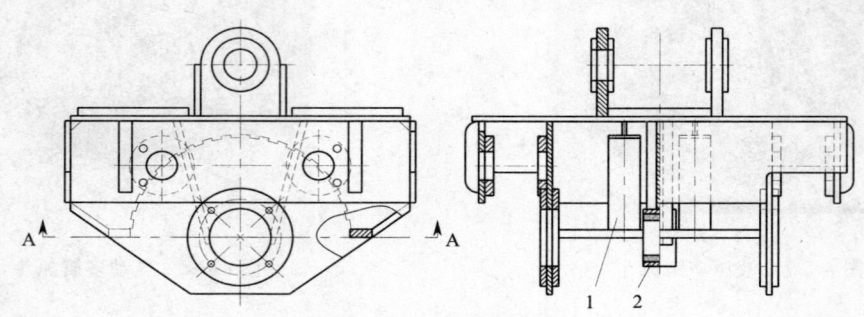

图 4-5-10 上承梁结构

1—滑轮罩及支架；2—滑轮轴中部支承

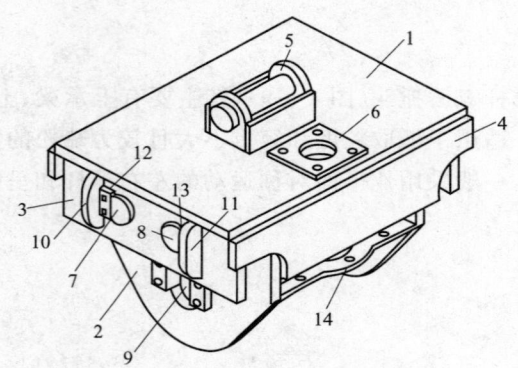

图 4-5-11 上承梁的三维结构

1—面板；2—滑轮轴支承板；3—撑杆上销轴支承侧板；
4—加强板；5—起升绳系件架；6—闭合绳导向装置座板；
7、8—撑杆上销轴；9—滑轮轴；10、11—撑杆销轴护板；
12、13—销轴闩板；14—加强板，连接滑轮防脱绳装置

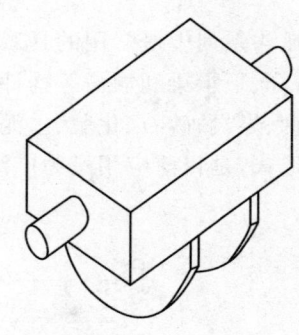

图 4-5-12 两端悬臂心轴的上承梁

有时因结构安排需要，闭合绳端连接装置亦可设在滑轮轴竖板上或滑轮轴上。考虑滑轮轴支承板处滑轮轴孔以及撑杆上铰轴侧板处销轴孔的比压强度要求，常在这些轴孔处加焊环形重板，以增宽轴孔支承面。滑轮轴线与撑杆轴线多为相互平行，时有相互垂直或形成一定的水平夹角。

对于具有两根闭合绳的四绳抓斗，则在上承梁面板上安排两个装设闭合绳导孔及导绳装置的位置（按适对称布置）。个别场合可将左右对称摆转的撑杆上端铰点孔支承在上承梁上同一轴线上的不转铰轴上，形成复合铰链，此时在上承梁滑轮轴孔上方设置一个轴孔以能装置向外悬臂的心轴（图 4-5-12）。

**（二）下承梁**

下承梁一般采用与上承梁相同的材料焊接而成，其形状尺寸应适宜于滑轮组、闭合绳端的联接件、滑轮的防脱绳装置以及颚瓣等部件的配置。装上的滑轮及颚瓣必须活动自如无卡滞。同样亦

须具足够的强度、刚度和稳定性。

下承梁具体结构形式同样各异,最简单的可仅采用一个轴状构件,在其中部装设滑轮,在两端作为颚瓣的铰孔支承。较为实用的是图4-5-13所示的箱体结构形式。

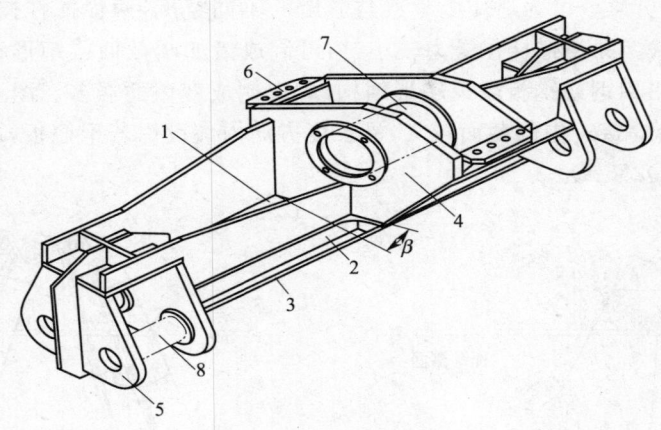

图4-5-13 下承梁三维结构

1—面板;2—侧板;3—底板;4—滑轮轴支承板;5—颚瓣铰轴支承板;
6—滑轮防脱绳装置加强板;7—滑轮轴;8—颚瓣铰轴

因结构安排原因,闭合绳端联接装置亦可设在滑轮轴竖板或滑轮轴上。与上承梁相似,在一些支承板的轴孔处通常加焊环形重板。下承梁滑轮轴竖板往往与颚瓣中心轴线不垂直,形成的偏斜角需依据闭合绳绕入上下滑轮组是否顺畅以及是否与滑轮轮缘碰擦来确定。

因结构安排需要,为降低下承梁的高度,可将滑轮轴竖板下沉插入箱体,并通过合理的布板结构来解决强度与刚度问题(图4-5-14)。

若抓斗容积较小,常选择两个颚瓣支承在下承梁上同一个轴线的中心铰轴上,形成复合铰链(这种方式能较好地避免左右颚瓣闭合时下端口错位),可将下承梁两端制成图4-5-15的形式,在箱体中增焊竖板1及隔套2,中心铰轴3插入隔套并用销钉固定,形成向外悬臂状,以支承两个可相对摆转的颚瓣孔套。

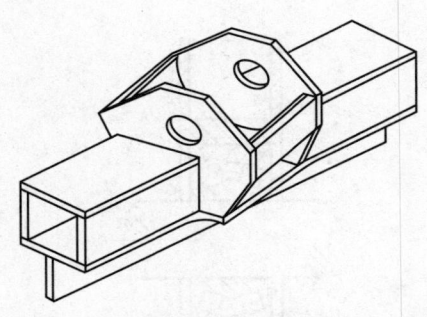

图4-5-14 缩减高度的下承梁结构形式

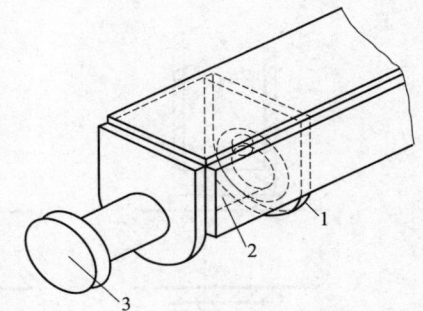

图4-5-15 两端具悬臂铰轴的下承梁结构形式

1—竖板1;2—隔套;3—中心铰轴

### (三) 撑 杆

撑杆的结构比较简单,它仅作为与上承梁和颚瓣间联接的活动构件,上下两端分别与上承梁、颚瓣形成铰链回转运动副。长度由抓斗的运动要求确定,截面尺寸则根据杆件所受压力计算确定。

一个颚瓣与上承梁间可用一根撑杆联接,此时撑杆常被制成框架形式(可用钢板或型钢组合焊成)。在图4-5-16的简图中,$A$、$A'$处撑杆上设两个同轴线铰孔与上承梁相联,在$B$、$B'$处的撑杆上设两个同轴线的铰孔与颚瓣相联。

现在使用较多的是将一个框形撑杆分解成两根同步运动的结构尺寸轴对称的撑杆(图 4-5-16 中 AB、A′B′各一根),两者之间用一些截面较小的水平杆铰接相联,这些水平杆的间距近似于梯级间距,利于使用维护人员攀登。为适应上承梁与颚瓣的不同宽度,两根撑杆按八字梯形安装,每根撑杆的两端须呈弯折状。此类撑杆在受力较小时,可制成诸如圆截面或矩形截面等实体状的等截面杆件。撑杆通常采用型钢或钢板焊成箱形结构,并以制成变截面居多。图 4-5-17 所示的撑杆采用 Q345 合金钢板组合焊接。中间截面较大,沿长度方向内部设焊若干筋板,两端焊有圆柱形钢套(材料可为低碳钢,例 Q235A)。

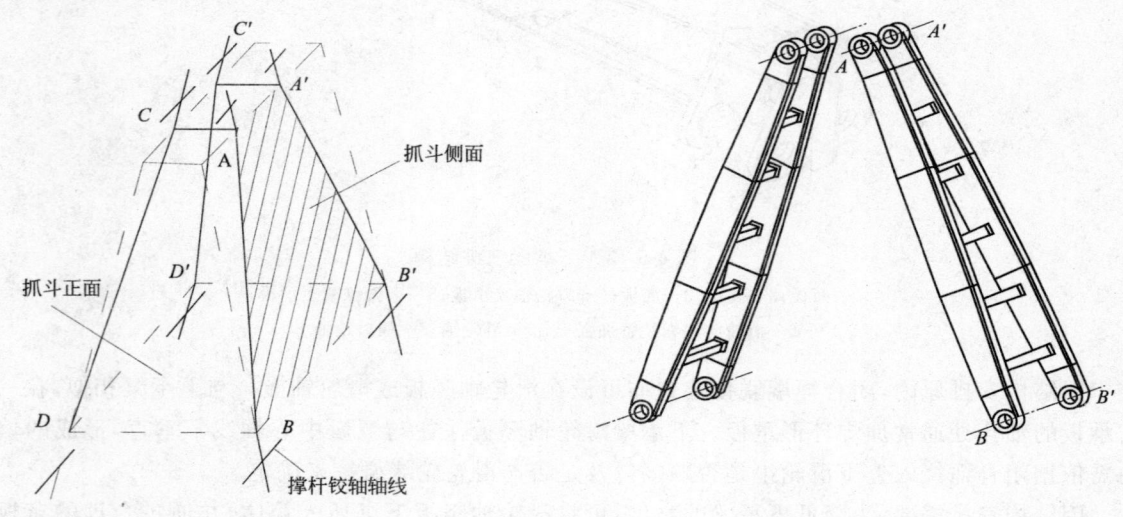

图 4-5-16　撑杆的三维空间　　　　图 4-5-17　撑杆三维结构

撑杆钢套轴孔与上承梁或颚瓣上铰轴孔支承面一般采用滑动轴承(图 4-5-18a),材料多为铜合金、工程尼龙、耐磨铸钢等。当受力较小时,常用 MC901 尼龙;受力较大时,采用 ZGMn13 铸件,并经水刃处理(铸件加热至 1 060 ℃~1 100 ℃后放入水中骤冷)。铰轴通常采用 45 钢或 42CrMo,并作调质热处理(与 ZGMn13 轴衬配用时,调质后须作表面高频淬火)。

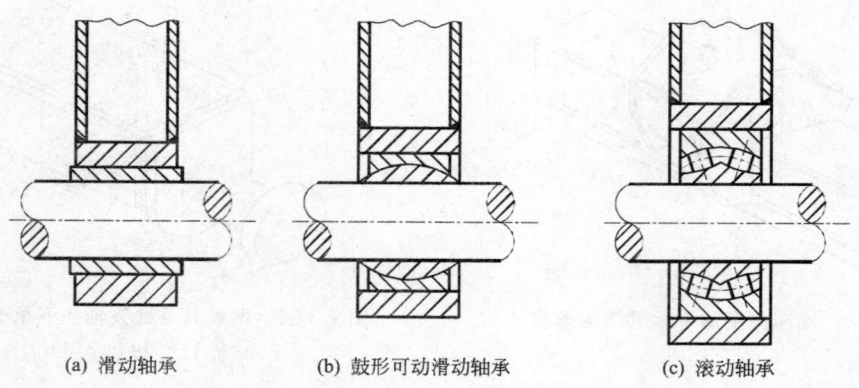

(a) 滑动轴承　　(b) 鼓形可动滑动轴承　　(c) 滚动轴承

图 4-5-18　撑杆铰孔与铰轴连接结构

考虑抓斗体量较大,以及回转铰轴线精度误差,为利于安装与作业,销轴与轴孔配合应留有适当的间隙(1 mm 左右)。为协调同侧撑杆的同步差异,可在撑杆滑动轴承处制成鼓形面配合(图 4-5-18b);对于要求转动灵活时,可采用调位滚动轴承(图 4-5-18c)。

(四) 颚瓣(斗体)

抓斗在抓取一定量的物料颚瓣闭合后须形成具有一定容积的容器,故而颚瓣呈壳状体,要求其形状便于切入物料,承载物料,且合理确定壁厚及相关尺寸,保证一定的容量及足够的强度、刚度和稳定性。图4-5-19所示是常见的颚瓣形状。

颚瓣一般由两个端面和一个侧底面围合而成,端面1多似三角形,上边倾斜度随被抓物料的堆积角增大而增大,下边缘常为组合曲线,当为简单倾斜直线时,有利于减小颚瓣切入大块物料的阻力。为增大颚瓣有效容积,对于抓小块物料时,颚瓣端面的下边缘可采用单纯的圆弧线。一般采用斜直线与圆弧组合的线型,斜直线的斜度较大时,适宜于抓取较湿润的物料。

颚瓣的侧底面2多为柱形面,对于抓取黏结、大块物料的颚瓣,宜将侧底面斗口处下边缘制成弧状(图4-5-20)。

端面的面积根据颚瓣所需容积及侧底面宽度确定。减小侧底面宽度有利于颚瓣插入物料,但过窄易使抓斗在支承面上倾倒。颚瓣一般采用Q235或Q345钢板焊接而成,在端面与底侧面相交处加焊加强板。斗宽较大时,在连接两个端面中间的侧底板上增焊加强筋板10,两个端面间焊置钢管3或板体以保持颚瓣的整体刚度。在颚瓣上部设置与下承梁中心轴相配的铰孔,铰孔所在板件4承受载荷重,应采用刚强的板材结构,与底侧板焊固。件4的另一端设置与撑杆下端相配合的铰孔,销轴联接,在铰孔处加焊环形重板,以减小支承面板材比压。

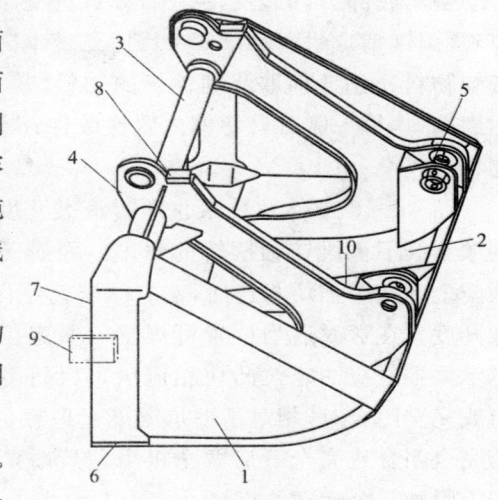

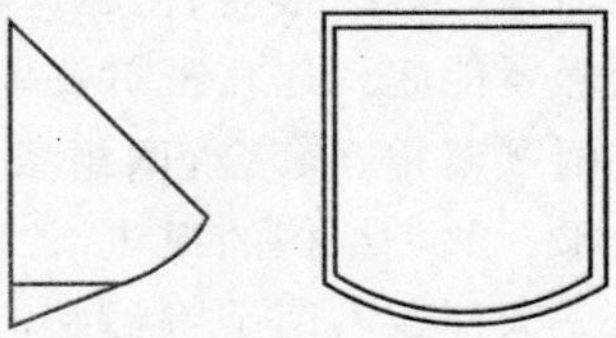

图4-5-19 常用颚瓣的三维结构形式
1—端面板;2—侧底板;3—联结管;4—主承载板;
5—撑杆销轴;6—底刃口板;7—端面刃口板;
8—限位板;9—导向块;10—加强筋板

颚瓣插入物料的刃口应具足够的强度、刚度和耐磨性。根据物料的特性,应采用优质板材与颚瓣底侧面、端面进行镶连焊接,例如具有高韧性和高耐磨性的ZGMn13(加热至1 060 ℃～1 100 ℃之后,在水中骤冷,形成奥氏体金相组织)或ZGMn65(淬火至HRC55～60,此材料适用于抓小块松料)以及进口优质耐磨板材。

图4-5-20 弧状底刃口的颚瓣

颚瓣刃口在抓料时承载较大的冲击与摩擦,作为底部刃口6的板材常制成图4-5-21a所示的截面形状,并在刃口表面上堆焊耐磨材料(如ZD13、D212焊条,硬度达HB550～600),焊层厚度大于3 mm,焊层宽度大于刃口厚度的2倍。视用户特殊需求,除刃口堆焊外,亦在颚瓣联接刃口处的筋板以及侧底板内壁实施堆焊(底侧板内壁常为菱形网格状)。

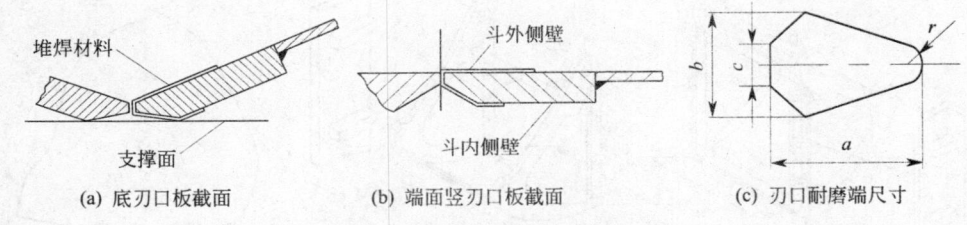

(a) 底刃口板截面　　(b) 端面竖刃口板截面　　(c) 刃口耐磨端尺寸

图4-5-21 刃口板截面形状及耐磨端尺寸

表4-5-1　耐磨端口参考尺寸

| 起重量/t | 组别 | 外形尺寸/mm | | | | 单位长度质量/(kg/m) |
| --- | --- | --- | --- | --- | --- | --- |
| | | $a$ | $b$ | $c$ | $r$ | |
| 3.2～6.3 | 1 | 40 | 22 | 5 | 7 | 5.1 |
| 8～16 | 2 | 50 | 27 | 6 | 10 | 8 |
| 20～40 | 3 | 63 | 30 | 10 | 10 | 11.6 |
| 50～63 | 4 | 68 | 37 | 12 | 14 | 16 |

端面竖刃口 7 的截面如图 4-5-21b 所示。

颚瓣底部刃口形式，见图 4-5-22 所示：a 附焊耐磨端口（含碳锰钢），耐磨端口参考尺寸见表 4-5-1；b 适于抓取细粒物料；c 适于抓取流动性好的物料，其一个刃口焊有耐磨端口，另一侧刃口切槽内置橡胶件；d 适于抓取粉状物料。

图 4-5-19 中件 8 是限止颚瓣最大开度的挡板，即限制颚瓣绕下承梁铰轴摆转的角度。颚瓣开启后，当左右颚瓣上的两组挡块相遇后，左右颚瓣就停止摆转，达到最大开度。在颚瓣适当位置可焊置一些定位挡块，当其与下承梁上对应的定位凸块相遇后，以保证颚瓣在完全开启或完全闭合时，相对于下承梁处于理想位置。（即在颚瓣完全闭合或完全开启两个极限位置时，在抓斗连杆机构上附加一个运动约束）。

为保证抓斗闭合后的密闭性，左右颚瓣闭合后刃口应相互紧贴密合，刃口的错位应控制在刃口板厚度的 20% 以内，由此可在一个颚瓣的端面竖刃口板处焊设导向板（图 4-5-19 中的件 9），在底刃口板下也设置导向搭接板（图 4-5-23），以控制闭合错位。对于抓取颗粒细小、表面较光滑的粮食、化肥等物料，要求颚瓣闭合后具有较好的密封性能时，可在颚瓣两个端面刃口处焊置能起到迷宫密封效果的一系列条块（见图 4-5-24a），利用左右两颚瓣相互套合，两组条块的交叉叠置，达到物料不会洒漏的效果。此类结构的抓斗，常称为"防漏抓斗"。

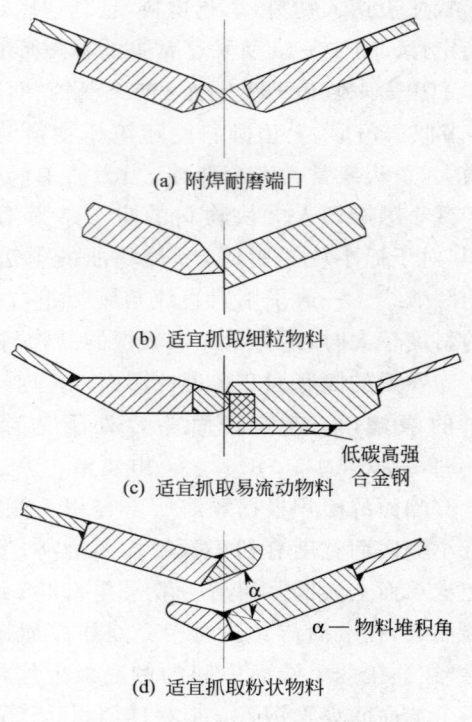

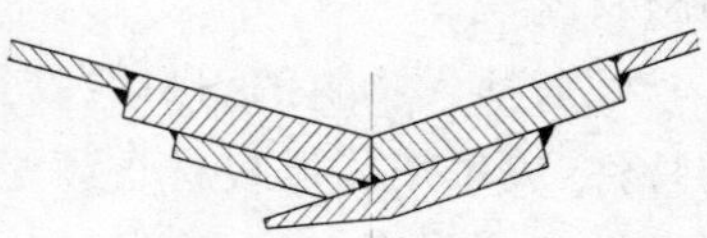

图 4-5-22 底刃口板截面形式

为使左右两个颚瓣相互套合，密封条块交叉互插，须使左颚瓣宽度 $B_左$ 小于右颚瓣宽度 $B_右$，高度 $OM'$ 小于高度 $O'M'$。颚瓣安装在下承梁中心铰轴上时，左右两颚瓣的中心铰孔轴线重合，即 $OO$ 与 $O'O'$ 重合，即为复合单铰联接。

图 4-5-23 设有导向板的底刃口截面

此外，将颚瓣的竖刃口制成齿条状，抓斗闭合时左右刃口呈齿条啮合状亦可达到防漏效果（见图 4-5-24b）。

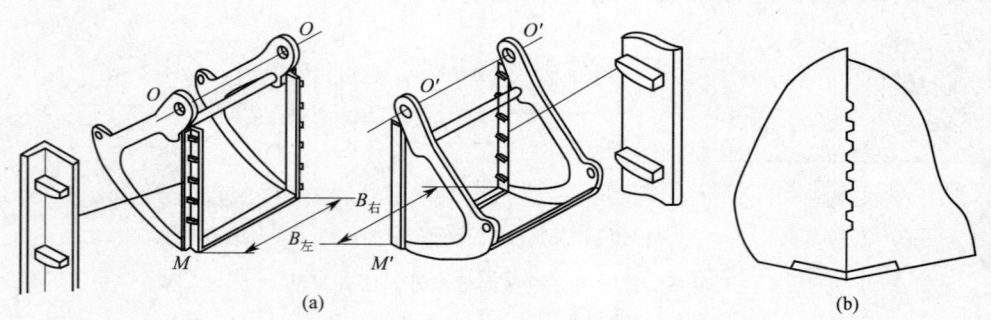

图 4-5-24 防漏抓斗颚瓣刃口形式

（五）增力滑轮组

上承梁上的滑轮与下承梁上的滑轮由闭合绳绕入联系后，形成抓斗闭合绳的增力滑轮组。当闭合绳张紧后，上承梁与下承梁之间将产生较闭合绳拉力大数倍的相互作用力，由此造成撑杆对颚瓣的下压力和转动力矩，这种拉力增大的倍数称为增力滑轮组的"倍率"。当从抓斗上方拉出的闭合绳为一根或两根时,分别称为双绳抓斗或四绳抓斗。

图 4-5-25a 示出了双绳抓斗闭合绳增力滑轮组的绕绳系统,显然这个增力滑轮组的倍率 $m=4$。闭合绳在下承梁上绕过两个滑轮,在上承梁上绕过一个滑轮,绳的末端铰接在上承梁上。若此绳端不铰接在上承梁上,而是再绕过上承梁的另一个滑轮 4 后,铰接至下承梁,则倍率 $m=5$。如果要使倍率 $m=3$,只要将闭合绳绕过下承梁的一个滑轮 2 和上承梁的一个滑轮 1 后就直接铰接至下承梁即可。

由于抓斗闭合时上承梁与下承梁滑轮轴间的距离 $A_{min}$ 较小,当上滑轮轴与下滑轮轴平行布置时,绳索与滑轮中心平面会产生较大的偏斜角 $\beta$,增大钢绳与滑轮槽侧的摩擦,容易引致钢绳脱槽,所以在结构上通常将上滑轮轴与下滑轮轴交叉布置。图 4-5-25b 为上滑轮轴与下滑轮轴交叉布置的俯视图,闭合绳自上而下分别绕入下滑轮 2、上滑轮 1 和下滑轮 3,而钢绳的绕入绕出顺势对准滑轮绳槽,由此可有效避免钢绳与滑轮轮缘的碰撞。上下滑轮轴的偏斜角 $\beta \approx tg^{-1} l/D_{绳}$,式中 $l$ 为相邻滑轮中心面的轴向距离,$D_{绳}$ 为钢绳绕在滑轮上时钢绳中心圆的直径。

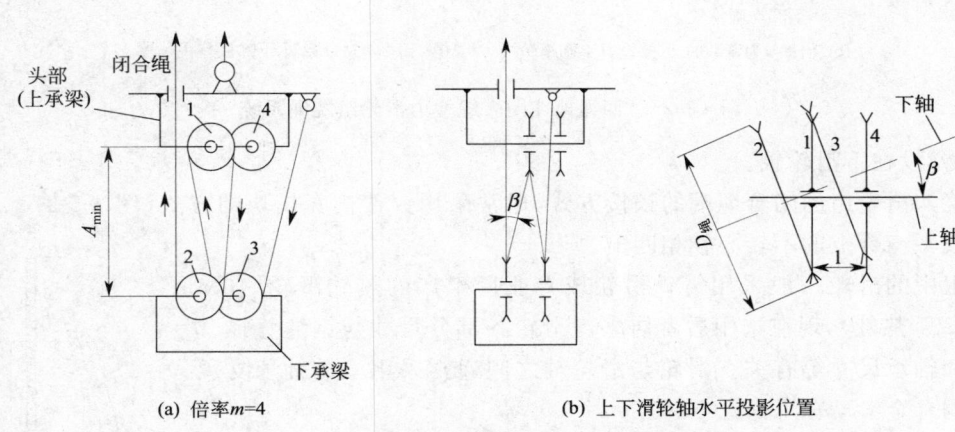

(a) 倍率 $m=4$　　　　(b) 上下滑轮轴水平投影位置

图 4-5-25　双绳抓斗闭合绳增力滑轮组绕绳系统
1、4—上滑轮;2、4—下滑轮

对于四绳抓斗,闭合绳的增力滑轮组绕绳系统如图 4-5-26 所示。图中 $a$ 滑轮组的倍率 $m=$ 下承梁的钢绳分支数/绕出抓斗的钢绳数 $=8/2=4$。图中 $c$ 滑轮组的倍率 $m=10/2=5$。显然从上承梁拉出的闭合绳有两根。当等同载荷时,四绳抓斗的闭合绳受力约为双绳抓斗闭合绳的一半,钢绳直径减小,滑轮直径也可相应减小。

因起重机起升机构速度差异,在实际作业中,两根闭合绳拉出长度有可能会不等,由此产生两绳拉力不均,目前常采用加设均衡装置的方法予以解决。

对于倍率数为偶数时,原先通常在上滑轮轴中央多安排一个滑轮(见图 4-5-26a)称其"均衡滑轮",两根闭合绳通过这个均衡滑轮连成一根。当从上承梁拉出的闭合绳两端长度略有差异时,可通过均衡滑轮的来回摆转来维持左右两出绳端的拉力均匀。对于倍率为奇数时,可将均衡滑轮设置在下滑轮轴上(图 4-5-26c)。

有时为避免缠绕在增力滑轮组上的闭合绳总长度太大,往往用两根较短的闭合绳代替一根较长的闭合绳,可将均衡滑轮改成一个均衡架(图 4-5-26a′)。目前更多的不设均衡滑轮,而在滑轮轴两端分别加置与轴固结的反对称平衡臂,在臂端铰接从滑轮最后绕出的闭合绳端(图 4-5-26b、d)。

当从上承梁拉出的两根闭合绳长度不等时,因钢绳拉力不均,促使左右绳端作用在平衡臂上的回转力矩不等,使固结平衡臂的滑轮轴少量摆转,以补偿左右两绳的长度差异,从而保证左右两绳的拉力均匀。与均衡梁架相似,当滑轮组倍率为偶数时,平衡臂设在上滑轮轴;当滑轮组倍率为奇

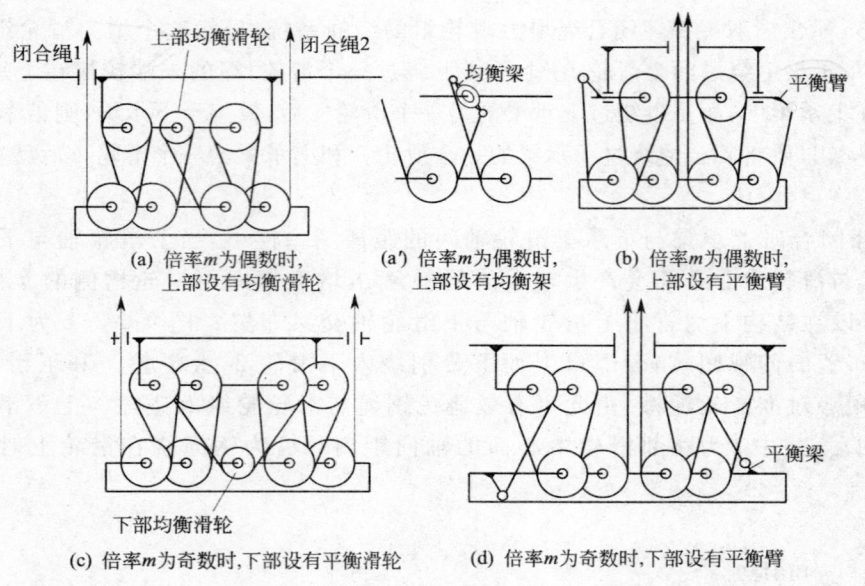

(a) 倍率m为偶数时，上部设有均衡滑轮  (a′) 倍率m为偶数时，上部设有均衡架  (b) 倍率m为偶数时，上部设有平衡臂

(c) 倍率m为奇数时，下部设有平衡滑轮  (d) 倍率m为奇数时，下部设有平衡臂

图 4-5-26　四绳抓斗闭合绳增力滑轮组绕绳系统

数时，平衡臂设在下滑轮轴。

对于绕入滑轮组的闭合绳端的铰接方式，通常采用铰接楔套楔块的方式(图 4-5-27)。铰孔与设于承梁或平衡臂上的不转心轴相匹配。

滑轮组中的滑轮一般采用铸铁滑轮或专业厂生产的热轧滑轮(16Mn 热轧、WJ4201 热轧)，现在选用后者居多。滑轮各部分尺寸与钢绳直径、滑轮轴直径和轴承尺寸等有关。滑轮与滑轮轴之间通常采用滚动轴承支承，亦有采用铜合金滑动轴承的。

滑轮的支承轴通常采用无阶梯状，两端支承在承梁的滑轮支承侧板上。当滑轮较多时，在滑轮轴中部增设一个附加支承，常在上承梁中央增焊一个滑轮支承板架。此时滑轮轴为超静定的三支点支承，因此三个支点孔应保证较好的同轴度。对于无平衡臂的不转式滑轮轴常采用闩板限位，并设法通过套筒微动，限制滚动轴承内圈轴向移动。对于具有平衡臂的滑轮轴能相对承梁板孔微量转动，承梁的滑轮轴支承板孔须设置滑动轴承。当载荷较大时，可采用 ZGMn13 滑动轴承，并经水刃处理与表面淬火处理，提高表面硬度及耐磨性。滑轮轴荐用优质碳钢或合金钢制造，并进行调质热处理，以提高强度和韧性。

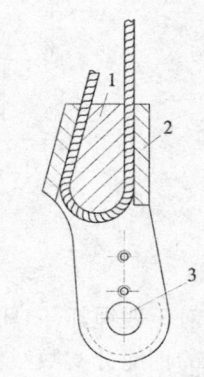

图 4-5-27　绳端系件结构
1—楔块；2—楔套；3—销孔

(六) 滑轮防脱绳装置

当闭合滑轮组中闭合绳呈松弛状时，若无相关限制措施，闭合绳极易从滑轮槽中脱出，从而轧损钢绳引发故障。为此，在承梁上滑轮支承侧板间常焊置圆柱面状的滑轮内罩板 1(图 4-5-28)，覆盖在滑轮的外缘，罩板与滑轮外缘间留有微量间隙(3 mm～5 mm)。此外，在钢绳绕出滑轮的部位，用螺栓联接一种孔隙状的防脱绳护圈 2，它由板材或圆钢焊成。防脱绳装置亦可采用图 4-5-29 所示的螺栓联接方式，采用螺栓旋入支承板螺纹，注意螺栓长度不能伸出滑轮内罩板，以免碰擦滑轮与钢绳。

(七) 导绳装置

由于抓斗在作业中的晃动，以及在料堆上倾斜，闭合绳往往会碰擦上承梁绳孔，为减少摩擦磨损，通常在上承梁绳孔处设置导绳装置，常见有滑动式和滚(柱)轮式两种。

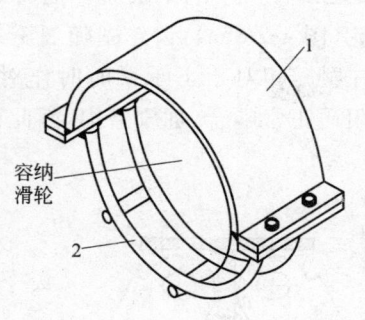
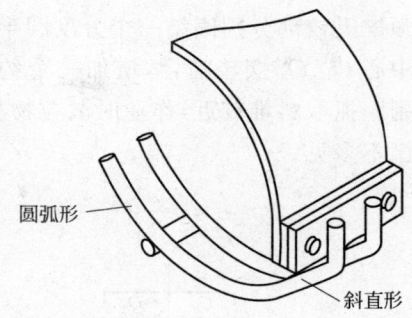

图 4-5-28　防脱绳滑轮罩结构形式(1)　　　　图 4-5-29　防脱绳滑轮罩结构形式(2)
1—滑轮罩板；2—防脱绳护圈

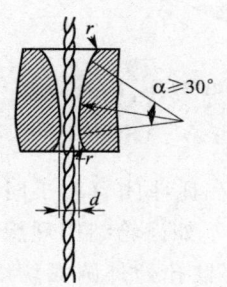   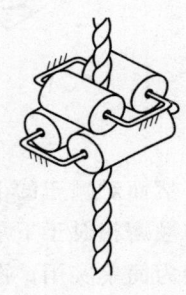

图 4-5-30　滑动式　　图 4-5-31　一字形滚轮　　图 4-5-32　十字形滚轮　　图 4-5-33　井字形滚柱
　　导绳装置　　　　　　式导绳装置　　　　　　　式导绳装置　　　　　　　式导绳装置

滑动式导绳装置见图 4-5-30 所示形式，滚轮（柱）式的导绳装置有一字形滚轮式（图 4-5-31）、十字形滚轮式（图 4-5-32）、井字形滚柱式（图 4-5-33）。滚轮支承在不转心轴上，一般采用转动轻盈并具密封装置的滚动轴承，亦可采用滑动轴承。

（八）行位约束装置

为使抓斗各构件相对运动受控，通常须加设行位约束装置。最常用的是在撑杆与上承梁的铰接处进行约束。现较为常用结构见图 4-5-34a 所示，即在左右撑杆上端各固结一个分度圆半径相等并能相互共轭运动的齿廓件，齿件副随撑杆分别绕 A、B 点摆转啮合，增加一个约束，由此可保证左右两个撑杆能实时相互对称，即每个瞬间两个撑杆相对上承梁的摆角绝对值保持基本相等，从而来满足同步要求。

图 4-5-34b 中所示，轮廓较为简单的滑槽柱销联接方式，在左右撑杆上端分别固结一个柱销和滑槽，同样亦可增加一个约束，由此保证左右两个撑杆运动基本对称，相对运动关系准确受控。但此机构同步效果逊于上述的图 4-5-34a 的齿廓啮合形式。

图 4-5-34c 所示，在左右撑杆上端延伸部分的铰孔处增设一支短连杆，亦可增加约束，但此结构不能保持左右撑杆严格同步。图 4-5-34d 中左右撑杆采用一端与上承梁的铰接，一端与上承梁固结的方式，结构简单，亦有增加一个约束的作用。但固结的一端撑杆负载较重，须增加结构截面尺寸。

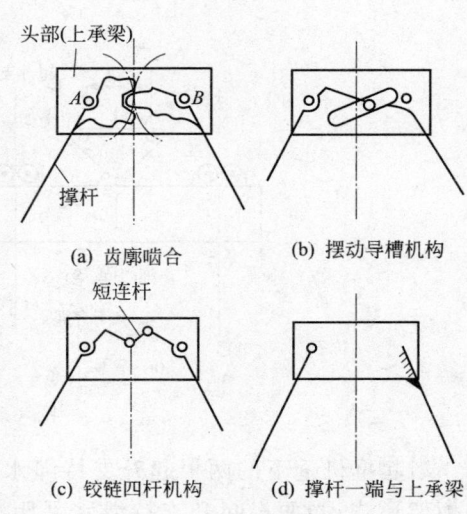

图 4-5-34　上承梁行位约束装置形式

除在上承梁处增设一个约束装置外，一般还需在下承梁处设置一个约束装置。通常采用的是在左右颚瓣上铰部分别固结一个分度圆半径相等的扇形齿轮(图 4-5-35a)，齿轮副随颚瓣的摆转分别绕铰中心 $O_1$、$O_2$ 摆转啮合，增加一个约束，从而保证左右颚瓣相对于下承梁时时作对称运动。但齿轮副距抓取料堆较近，作业时散粒物料容易侵入其中，阻碍正常啮合，加剧磨损，因此该结构形式应用已不多见。

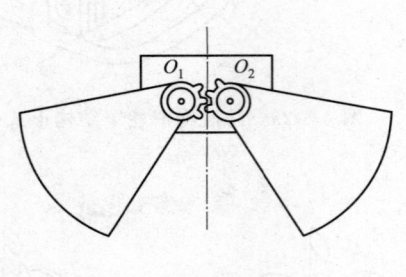

图 4-5-35 下承梁行位约束装置形式

然而对颚瓣的上部结构形状加以处理，通过与下承梁的板件协配，达到仅在抓斗闭合终了时，左右颚瓣相对于下承梁的位置呈对称状态(见图 4-5-35b)。此形式其效果虽然不如齿轮结构理想，但较为简单实用。图中下承梁的中部隔板为铅垂的，在抓斗闭合时，颚瓣上部铰孔处外圆弧切线 $AB$ 或 $CD$ 亦呈铅垂状态，基本贴住中部隔板的左右面，显然左右颚瓣相对于下承梁的中部隔板是轴对称的。此时左右颚瓣的下端点 $M$ 和 $M'$ 应是基本重合的，从而保持左右刃口结合面的紧贴与密封效果。

（九）平衡架

抓斗的起升支持绳通过铰接式楔套楔块或卸扣系住上承梁顶部。对于四绳抓斗具有两根起升支持绳，较为简单的方式是将这两根起升支持绳分别直接铰接于上承梁顶部相对称的两端，此时悬挂着抓斗的两根起升支持绳随起重机起升机构上下运动，如果不同步，则会造成抓斗倾斜或两绳拉力不均。为此，设置一个呈三角形的平衡架(图 4-5-36)，其中部下方铰孔与上承梁支架上的销轴相接，两端设两个与下铰孔轴线平行的销轴，分别联接两根起升支持绳。通过平衡架绕下铰轴线的适度摆转来补偿两根起升支持绳长度变化不均及受力不均。

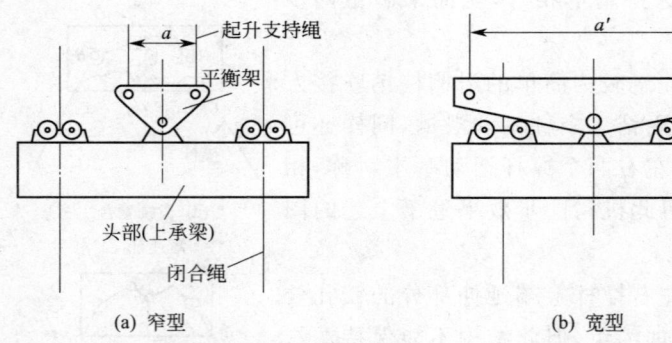

图 4-5-36 起升支持绳平衡架

当起重机垂下的两根起升支持绳水平距离 $a$ 较小时，常采用图 4-5-36a 的尺寸较小的窄型平衡架形式；当两根起升支持绳水平距离 $a'$ 较大时，则须采用尺寸较大的宽型平衡架形式(图 4-5-36b)。考虑到避免平衡架摆转时擦碰下方的闭合绳导绳装置，则宽型平衡架两端须制成较大的水平开口。

对于利用货船自有起货吊杆（大小关）作业的双绳抓斗，因其起升机构独立且吊杆呈扇形分布，大小关分别系住闭合绳（链）和起升支持绳（链），鉴于上述特殊工作场合，抓斗为此往往须对上承梁结构作相应的改动。

图 4-5-37 中件 6 是在左端与上承梁铰接的"梳齿环"，在其上弯折的左上端联接起升支持绳。2 是一个焊接在上承梁面板上的"托环"，在闭合绳上固结一个"锥球"3，当锥球在梳齿环的梳齿以下被卡住时，球以下的闭合绳长度能使下承梁处于颚瓣开启状态的下位。这时起升支持绳和闭合绳同步上下时，颚瓣呈开启状态。（当起升支持绳拉紧时，梳齿板处于向上倾斜状态，链条 4 限制着倾斜程度，锥球被卡在梳齿之下）即使仅一个吊杆动作使起升支持绳松弛时，闭合绳因锥球卡在上承梁的梳齿处，颚瓣无法闭合，从而使抓斗呈开启状态进入船舱。当两个吊杆合作使开启着的抓斗下落到船舱中料堆上后，下降起升支持绳和闭合绳，闭合绳的锥球 3 被托环 2 托承不下落，梳齿环中央的空隙投影面积较大而卡不住锥球，此时再提升闭

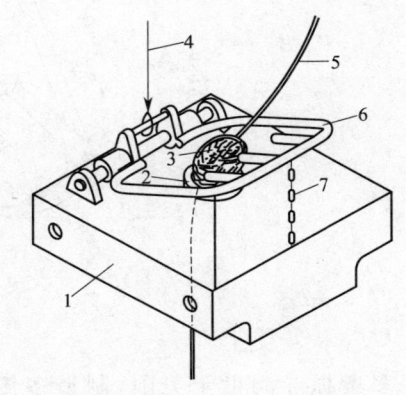

图 4-5-37　船用吊杆协同操作的特殊结构
1—上承梁；2—托环；3—锥球；4—支持绳；
5—闭合绳；6—梳齿环；7—限位链

合绳时，锥球能顺利向上通过梳齿环，促使下承梁上提接近上承梁，颚瓣闭合抓取物料。在颚瓣完全闭合后，同时提升闭合绳和起升支持绳就能使抓斗出舱转移至卸料位置。卸料时，起升支持绳不动，下降闭合绳使下承梁下移，颚瓣开启卸料。此时起升支持绳受力，梳齿环向上倾斜，孔隙投影面小，闭合绳下降至锥球被搁在梳齿的上面为止。

以上较为详尽地叙述了常用的双绳长撑杆双瓣抓斗的典型结构。在此补充简要介绍一下与上述抓斗结构原理极为相似的"短撑杆抓斗"（图 4-5-38）和"内置连杆抓斗"（图 4-5-39）。前者闭合力较大，开度不大，常用于冶金行业抓取大块煤和矿石等；后者结构紧凑，不过开度不大，抓取力也较小，多用于抓取小块煤和粮食等。

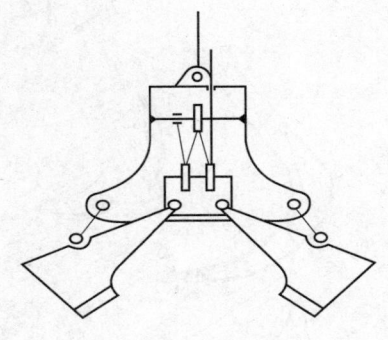

图 4-5-38　短撑杆抓斗

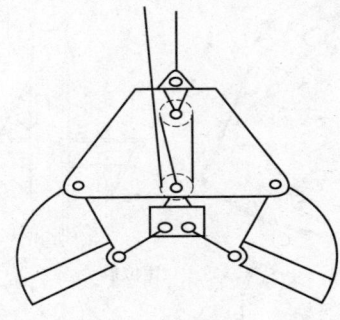

图 4-5-39　内置连杆抓斗

## 二、双（多）绳多瓣抓斗的结构特点

由闭合绳滑轮组驱动的多瓣抓斗基本工作原理与长撑杆双瓣抓斗相似，只是颚瓣数多于双瓣。该抓斗适用于抓取粒度和容重较大，且较为黏结不易插入的物料（例如：块度较大的矿石、板结土块、废钢铁、金属切屑、垃圾等），颚瓣数通常为 3～8 个，以六颚瓣居多（图 4-5-40），由六个摇杆滑块机构沿水平圆周均布组合而成，各对应构件运动基本对称。有时考虑被抓物料的块度大小不一，为使各颚瓣受力均匀，则要求构件运动合理地不对称。

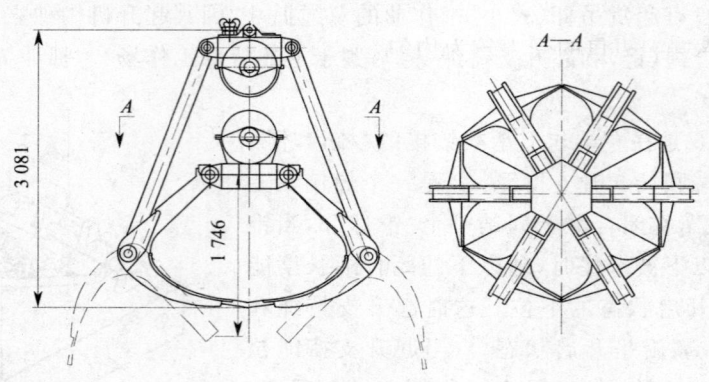

图 4-5-40 双绳多瓣抓斗

多瓣抓斗问世于美国,制造多瓣抓斗较为著名的企业有美国 Hayward, N. y 公司和德国 Demag 公司。绳索式多瓣抓斗构件与长撑杆双瓣抓斗对应构件结构类同,例如上承梁和下承梁在水平面上的形状呈六边形或圆形,与撑杆销孔相配的上承梁各销轴和颚瓣上端中心回转铰孔相配的下承梁的各销轴均布于圆周方向。多个颚瓣围合的基本形状呈半个球面状(图 4-5-41)。

颚瓣曲面板外部中线焊置弧状箱形体,上端设置与下承梁铰轴相配的孔体以及限制最大开度的定位板,中部设置与撑杆下铰孔相配的销轴,下端焊有浇铸成形的耐磨齿尖。

曲面板外缘适当加焊水平加强筋,以提高曲面板的刚度。在中部与撑杆下端销轴相配的铰孔处加焊环形重板。若抓取物料颗粒较大时,为利于抓取可视颗粒大小,将颚瓣曲面侧边割去部分,使抓斗闭合后相邻颚瓣接缝处出现适量豁口。球面状曲面板外形较为圆润,但压制成形需要相应的模具,因此有时将这种球面状的曲面板简化成简单的柱面板(图 4-5-42)。

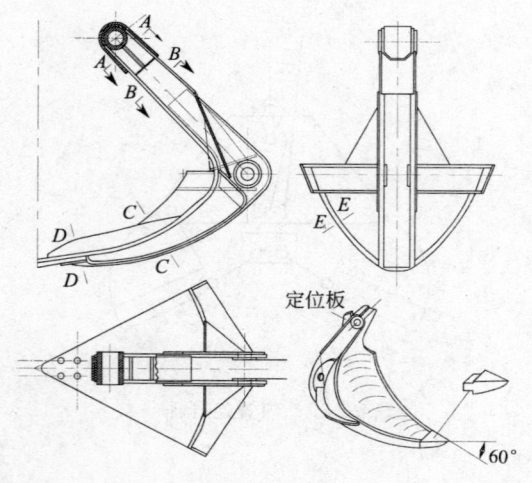

图 4-5-41 球面形颚瓣

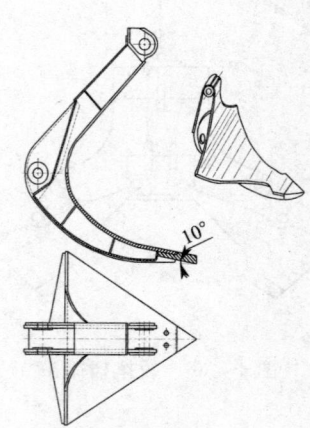

图 4-5-42 柱面形颚瓣

图 4-5-40 所示的多瓣抓斗闭合滑轮组的下滑轮装设于下承梁,空载时各个颚瓣的运动是对称的,即开闭程度是一致的。在抓物时,因物料颗粒较大且形状不一,造成各颚瓣刃口的受力不均。为此,可改变下承梁与各个颚瓣间的刚性联系,将闭合绳下滑轮分别设置各颚瓣的上端。图 4-5-43 所示德国 Bernhard 公司的将各个颚瓣上端销轴间作柔性联系的结构图。考虑闭合绳进入滑轮的

偏角,上承梁的各个滑轮应在水平面适当错位,绕绳系统如图 3-5-44 所示。当各颚瓣下端被不同大小物块卡住导致上端各滑轮转角不同时,闭合绳可在滑轮组内得以相互补偿,从而使闭合绳各段拉力趋于平衡,使各颚瓣刃口的受力较为均匀。

图 4-5-43 所示的链条是各个颚瓣上端滑轮的牵制链,可约束各个滑轮间产生过大的位移差异。

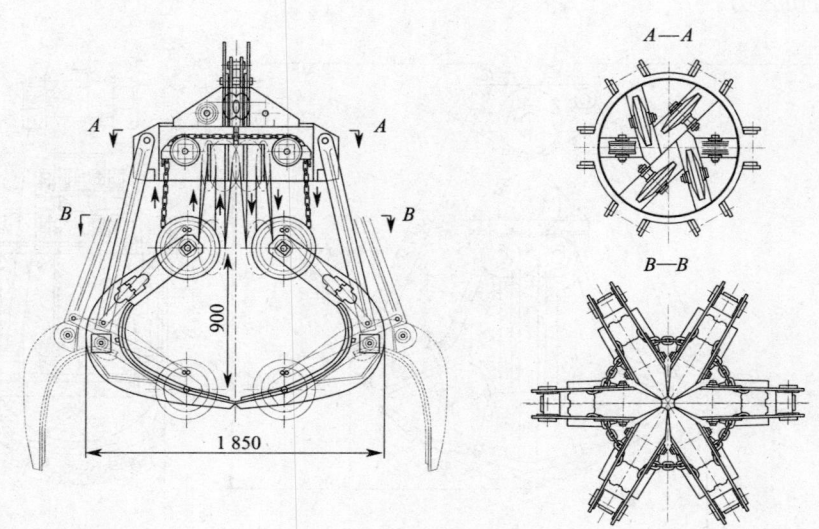

图 4-5-43　颚瓣上端铰轴轴线可变移的多瓣抓斗

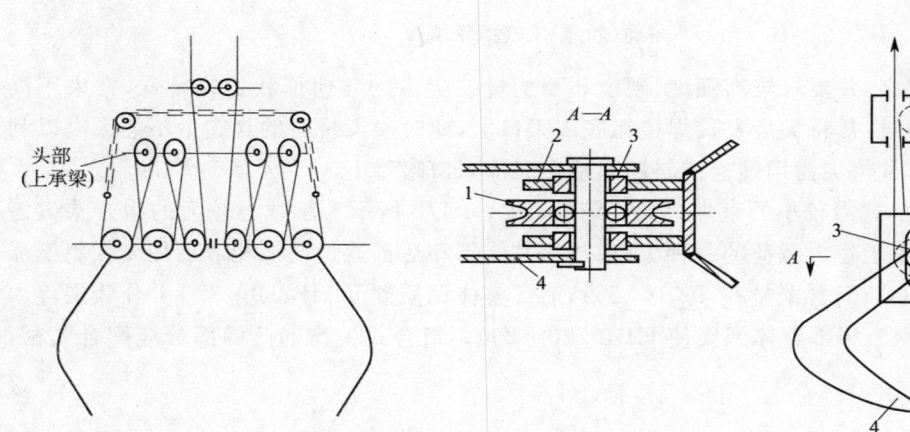

图 4-5-44　颚瓣上端铰轴轴线可变移的多瓣抓斗绕绳系统

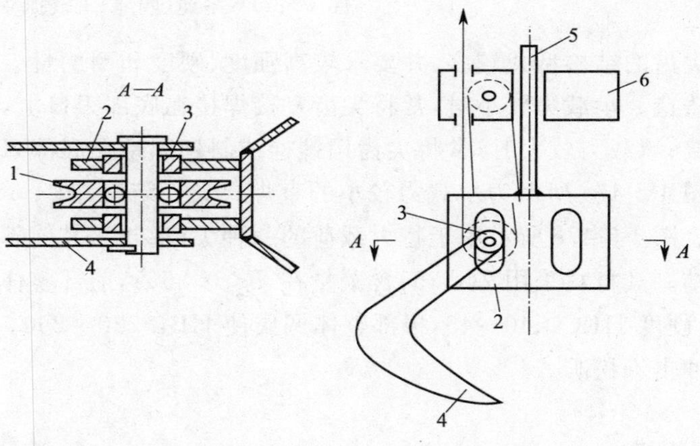

图 4-5-45　异步启闭多瓣抓斗结构原理

上海港木材装卸公司研制的"异步启闭多瓣抓斗"(见图 4-5-45),亦是一种柔性联系的多瓣抓斗,其下承梁设有导柱 4(可沿上承梁导向孔往复移动),下承梁设有六组沿圆周均布的导向槽板 2,装设在颚瓣上端的滑轮轴上安置滚套轮 3,并嵌入导向槽中。滑轮相对颚瓣上端销轴转动,滑轮轴线可通过滚轮沿槽上下移动,由此各滑轮间的差动可适量调节颚瓣开度,即实现各个颚瓣的异步启闭。此结构虽不如采用滑轮牵制链方式可使颚瓣在多个方向的实现异步,但颚瓣上端滑轮侧向偏摆较小,可适当限制颚瓣动作的随意性。

多瓣抓斗用于水下打捞沉船内物件时,其闭合滑轮组通常加设半封闭外壳,以免受杂物侵入并减小水流阻力。此外,为防止抓斗在水下被水流冲转,可上承梁装设舵板(类似船用方向舵板)。

### 三、双(多)绳疏浚抓斗的结构特点

疏浚抓斗是适用于海河航道、港口码头等作业场合从事淤泥、铁板砂和碎石等物料挖取和清淤的有效工具,有时可用来抓取沉船残骸等。该抓斗结构基本类同于前述的双(多)绳长撑杆双瓣抓斗(图 4-5-46)。因水底淤泥杂物比较黏结,抓取阻力较大,通常在颚瓣底刃口处安装若干尖齿,以提高单位面积的切入力。

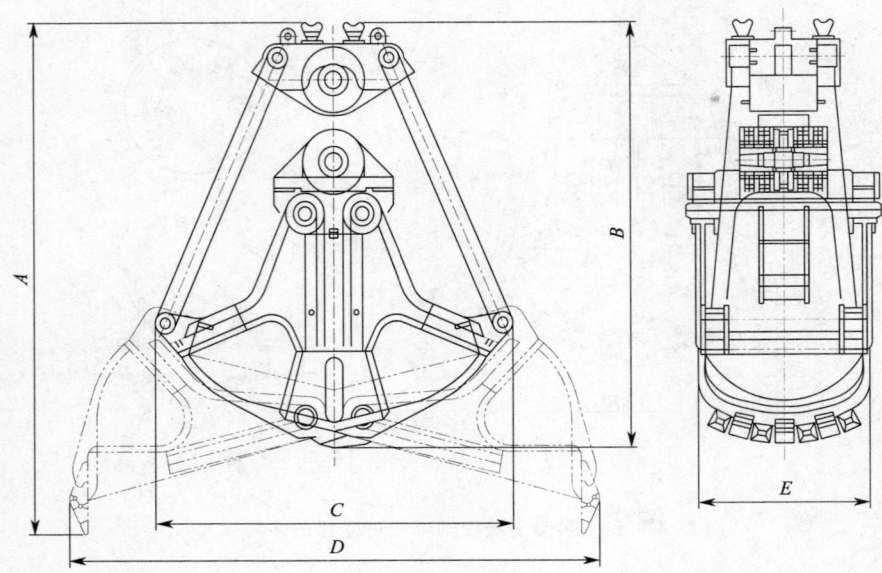

图 4-5-46　多绳(四绳)疏浚抓斗结构

尖齿的结构型式较多,并要求较高强度、硬度和耐磨性。尖齿的几何形状比较特殊,常采用高锰钢铸造。承载力较小时,常将尖齿直接焊接在底部刃口上,此时尖齿材料的含碳量不能太高以利于焊接;承载力较大时,常将尖齿用螺栓或斜楔固结在底部刃口附件上。

图 4-5-47a 所示为承载力较小的直焊式尖齿结构,图 4-5-47b 所示为承载力较大的组合式尖齿结构。图 4-5-47c 所示用于特大载荷的一种尖齿结构,其前部和后部通过凸缘相嵌后用 2 件斜楔涨紧固结。其材料采用 ZG535,含碳量在 $T<0.25\%$,前部整体调质硬度 HB280～320 并作表层淬火处理,硬度 HRC≥40～45,根部整体调质使 HB≥220～260。组合式尖齿的凸缘部分应配合紧密,耐受冲击不松旷。

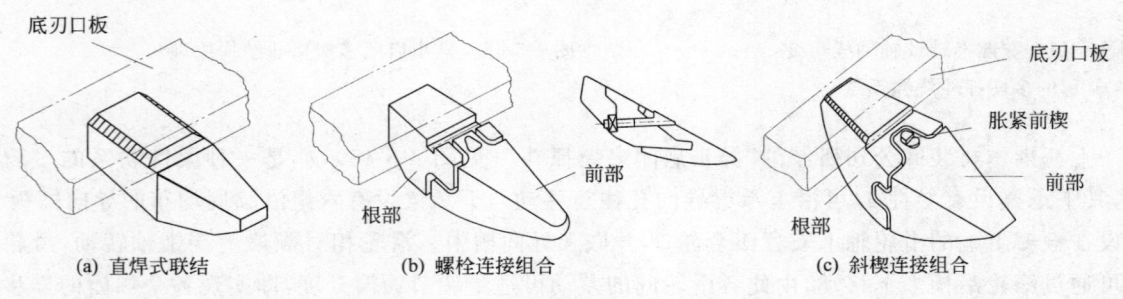

(a) 直焊式联结　　(b) 螺栓连接组合　　(c) 斜楔连接组合

图 4-5-47　颚瓣齿尖连接形式

颚瓣底刃口板上安装尖齿数可视底刃口板长度而定,一般为四个以上,相邻齿间距约为 0.2 m～0.3 m,左右颚瓣刃口板上尖齿交叉安排,如图 4-5-48 所示。因在水下工作,闭合滑轮组中的滚动轴承防水密封尤为重要,一般采用与滑轮固结的轴承通盖,与滑轮轴产生相对运动的缝隙中嵌入橡胶密封圈,轴承盖内侧与滑轮端接合面加设 O 形橡胶密封圈(图 4-5-49)。

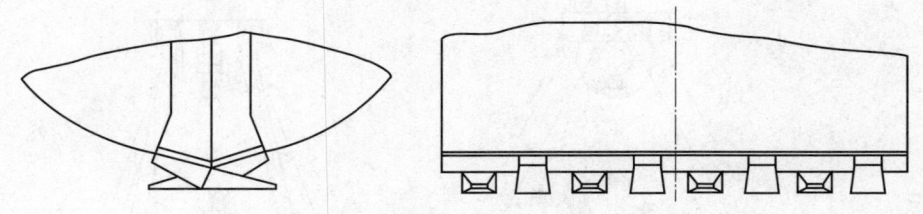

图 4-5-48　颚瓣底刃口齿尖的排列形式

### 四、双（多）绳梳形抓斗的结构特点

双（多）绳梳形抓斗是一种适用于在海河、水库、闸坝和火车货厢等特定作业场合从事水面漂浮物、秸秆、垃圾或杂物的抓取和清理的有效工具。其颚瓣侧面呈平行弯叉组合（图 4-5-50）。

当抓取水中杂物的密度较小时，颚瓣宽度往往较大，以能包容较多的物料。当在火车货厢作业时，其颚瓣宽度和最大开度应与车厢规格尺寸相匹配。为保证颚瓣各弯叉的强度和刚度，通常采用多支钢管贯通弯叉组焊接而成。左右颚瓣侧面上的弯叉组沿宽度方向交叉安排，随着抓斗的闭合，左右弯叉相互交叠咬合，咬合的程度由弯叉间的联接构件位置来确定。弯叉组的下端制成尖齿状，以利于切入物料的缝隙。水下作业时，对于闭合滑轮组的轴承防水密封等要求同疏浚抓斗。

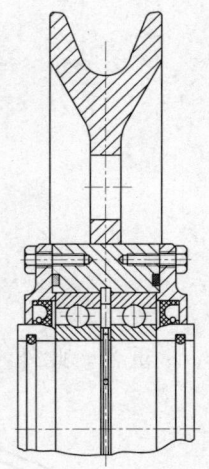

图 4-5-49　具防水性能的滑轮结构

### 五、双（多）绳原木抓斗的结构特点

双（多）绳原木抓斗是一种适用于港口、林场、储木场和建材堆场等作业场合从事原木、竹材、金属棒料、管材等物料装卸的有效工具。一般采用作平面对称运动的左右撑杆和呈弯叉形的双瓣形式（图 4-5-51）。

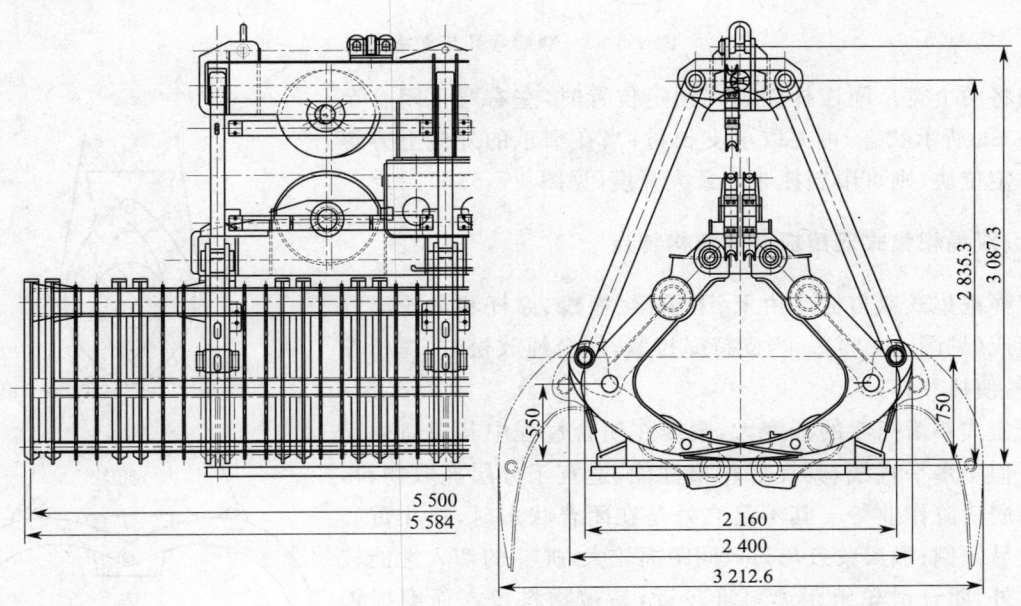

图 4-5-50　双绳梳形抓斗（mm）

其颚瓣的底侧面成框架构件形式，颚瓣由两个相互平行的弯爪用横杆焊接而成。弯爪的内曲面近似圆柱面，其半径应据抓取量而定（图 4-5-52）。弯爪呈变截面的箱形结构，考虑弯爪既可抓取成捆长材，又可抓取单支长材，弯爪的上部铰孔与下承梁联接成复合单铰形式，即轴线 $A_1 A_1$ 与

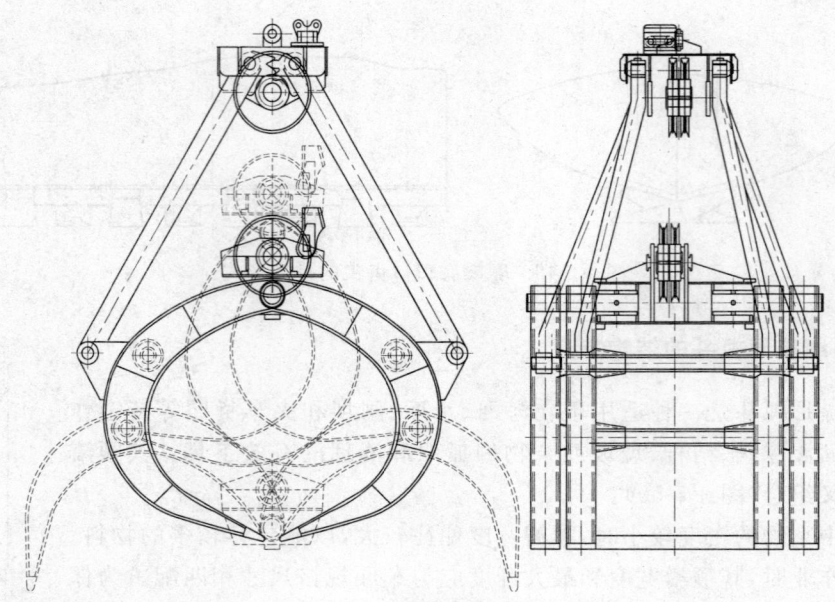

图 4-5-51 双绳原木抓斗结构

$B_1B_1$ 重合。此外,左右弯爪的宽度不一(即 $B_左 > B_右$),可使抓斗闭合时,造成左右弯爪交叉咬合。

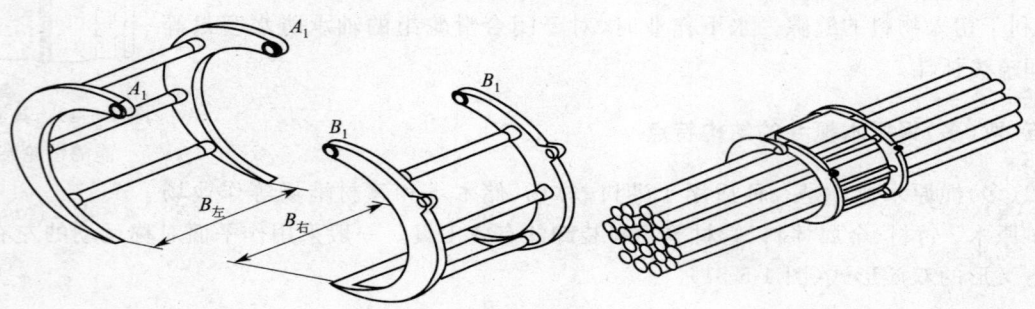

图 4-5-52 颚瓣弯叉与夹持形式

当将两个宽爪间连杆固结在预定位置时,左右弯爪闭合至图 4-5-53a 所示状态,可夹取单支长材;当在窄爪的外侧上方焊置一个定位块,则可限制抓斗的最大开度(见图 4-5-53b)。

### 六、双绳耙集式双瓣抓斗的结构特点

双绳耙集式双瓣抓斗由上、下承梁、颚瓣、撑杆和滑轮组等部件组成(见图 4-5-54)。当支持绳拉紧,闭合绳放松时,撑杆撑开颚瓣,使抓斗打开。

耙集式双瓣抓斗的开度大,颚瓣在闭合过程中其刃口运动轨迹近似于水平直线,具良好耙集性能,适宜于分层抓取物料,以及船底清舱作业等。其不足之处是在闭合状态时,抓斗重心较高极易倾倒;颚瓣铰点与刃口间距离较大,抓斗的切入性能较差。此外,闭合滑轮组距离料堆较近,易被物料侵入而磨损钢绳,有待逐步改进。

双绳耙集式双瓣抓斗实际上是长撑杆双瓣抓斗的变异,即将驱动件改为 $DF$ 及 $EG$(图 4-5-54a),滑块 $H$ 暂作固定不动(实际上以后也要动作),具体驱动点在 $DF$ 及 $EG$ 的延长杆上 $A$ 和 $B$ 处,

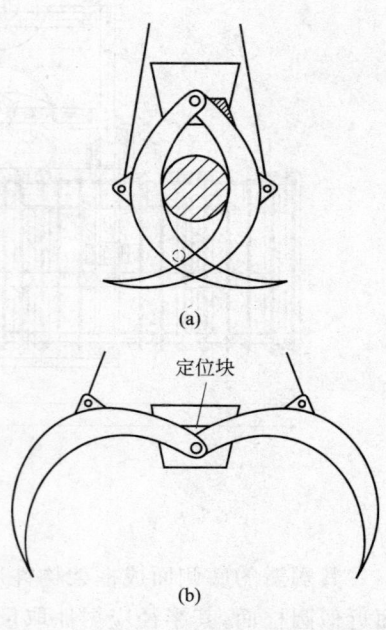

图 4-5-53 颚瓣弯叉闭合与开启

将 $DF$ 和 $EG$ 变异成颚瓣。在左右颚瓣的中部 $A$、$B$ 处设置滑轮，形成水平布置的闭合滑轮组，闭合绳通过设置在上部 $C$ 处的导向滑轮向上绕出（图 4-5-54c）。左右颚瓣通过头部横梁 3、撑杆 4、5 等相互铰接，由平面连杆机构原理使各相联构件作整体的确定运动。起升支持绳 9、10 绕入撑杆下端铰接滑轮，当抓斗呈开启状态，起升支持绳与闭合绳 7、8 同步下降，起升支持绳停止运动后，则闭合绳向上运动时会促使滑轮 $A$ 和 $B$ 沿水平方向相互趋近。因连杆机构 $FHGED$ 的特性，以及颚瓣底刃口在薄层物料及支承面的阻力之下，仅靠抓斗自重下压，底刃口不可能切入很深，于是连杆机构的下铰点 $H$ 及上铰点 $D$、$F$ 上移，颚瓣底刃口将近似于沿着一水平轨迹运动。该颚瓣运动是一种复合运动，其一方面相对于头部横梁的 $D$ 或 $E$ 点作摆转，同时随着头部横梁的上移而上移。若连杆机构 $DFHGE$ 的几何尺寸设计得当，可获得很大颚瓣开度，从而增大抓取量，提高清舱作业效率。

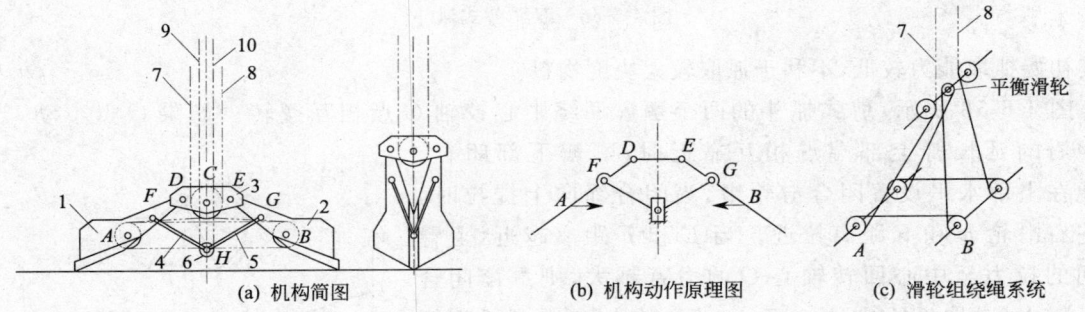

图 4-5-54　双绳耙集式双瓣抓斗结构

1、2—颚瓣；3—头部横梁；4、5—下撑杆；6—撑杆下端滑轮；7、8—闭合绳；9、10—起升支持绳

图 4-5-54 所示的结构，若要保证左右颚瓣运动对称，尚需设法附加约束，诸如附加连杆等等。由于闭合滑轮组采用具有平衡滑轮的绕绳系统，起升支持绳亦是绕过抓斗撑杆下铰的滑轮，闭合绳与起升支持绳的两个向上拉力基本均衡。

若将水平闭合滑轮组的绕绳系统改为图 4-5-55 所示，两根闭合绳分别绕过滑轮后，各自固铰在另一颚瓣的 N 或 M 位置，以使钢绳抬升，增大滑轮组与料堆间隙，以减少物料侵入。

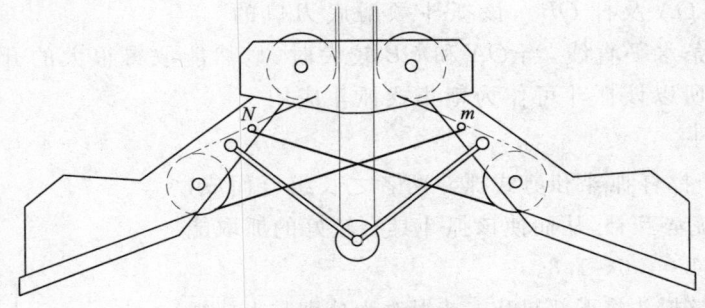

图 4-5-55　滑轮组绕绳系统变异形式

## 七、双绳（半）剪式双瓣抓斗的结构特点

### （一）剪式抓斗

剪式抓斗是按剪刀原理设计的叉铰结构，由均衡梁、剪臂、颚瓣、中心铰轴和滑轮组等部件组成（图 4-5-56）。

剪式抓斗结构简单，铰点少，自重轻，抓取能力大，特别适用于大容重的矿石。由于闭合滑轮组倍率较小，故开闭绳行程短，缩短了抓斗的闭合时间，提高了装卸效率。剪式抓斗的最大特点是闭合时挖掘力矩 M 逐渐增大，闭合终了时达到最大值，如图 4-5-57 所示，保证抓斗有较高的填充率。

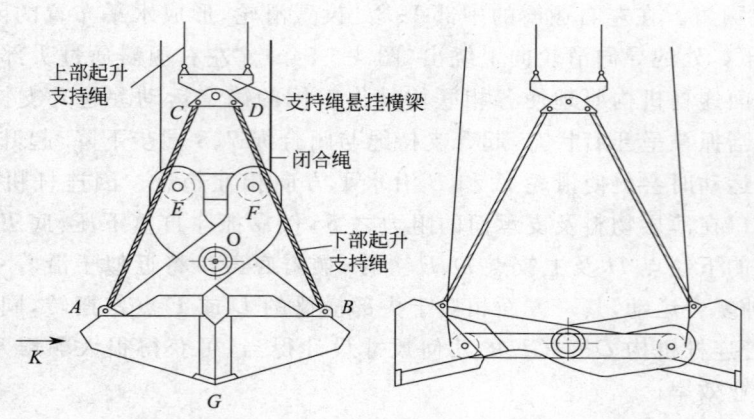

图 4-5-56 双绳剪式抓斗

但其初始抓取能力较低,不利于抓取较大块度物料。

图 4-5-56 所示,剪式抓斗的两个颚瓣回绕中心铰轴 $O$ 点相互摆转。如果 $O$ 点不动,当两个颚瓣的延长臂上部端点相互靠近时,颚瓣下部闭合。由此在上部水平设置闭合滑轮组,当闭合绳向上提拉时,使左右滑轮 $E$ 和 $F$ 距离拉近。当 $E$ 和 $F$ 距离越近,上臂端间的拉力至中心回转轴心 $O$ 的力臂越大,则颚瓣闭合力矩越大(常取 $OE/OG=0.5\sim 0.7$),有效克服了长撑杆抓斗闭合力矩随颚瓣闭合而下降的不足。

对于下部起升支持绳,悬挂点在颚瓣的下部 $A$ 和 $B$ 处。当悬挂起升支持绳的横梁 $CD$ 不动时,下部起升支持绳始终受拉,颚瓣及下部起升支持绳组成类似的连杆机构 $OACDB$。当杆 $OA$ 或杆 $OB$ 相对铰点向外摆转时,导致 $O$ 点下降,$A$、$B$ 两点向外,绳 $CA$ 或绳 $BD$ 则分别绕 $C$ 或 $D$ 点外摆。(实际上亦是长撑杆抓斗的一种变异,只是将驱动件改为杆 $OA$ 及杆 $OB$),该抓斗颚瓣底刃口的

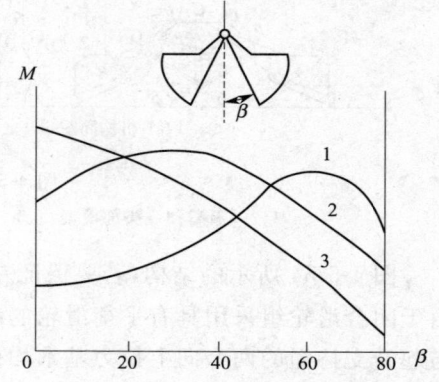

图 4-5-57 抓斗的挖掘力矩曲线
1—撑杆抓斗;2—理想抓斗;3—剪式抓斗

运动轨迹近似为一条水平直线,当 $OA$ 和 $OB$ 较大时,显然能取得很大的开度,并具有耙集性能,抓取深度均匀,所以该抓斗可作为耙集式抓斗应用。

### (二) 半剪式抓斗

半剪式抓斗集长撑杆抓斗和剪式抓斗两者之长组合而成,在抓取特性上实现优势互补,从而使该抓斗具有较好的抓取能力,一般抓取比可达 $1:1.6\sim 1.8$。

图 4-5-58 所示,该抓斗将下部起升支持绳改为分别与支持绳悬挂横梁及颚瓣铰接的刚性构件,以减小悬挂时抓斗晃动。闭合滑轮组一端滑轮设在左颚瓣的延长臂端点,另一端滑轮设在起升支持绳悬挂横梁(类似于长撑杆抓斗的上承梁)。撑杆 $AD$ 与起升支持绳悬挂横梁固结。铰点 $A$、$B$、$C$、$D$ 与有关构件形成一个平面四连杆机构,当驱动杆件 $CD$,即能带动相关构件作相对确定运动,实现颚瓣开启与关闭。实际上由闭合滑轮组驱动颚瓣上臂端 $E$ 造成颚瓣 $DC$ 相对于铰点 $C$ 摆转,进而带动撑杆 $AB$,另一颚瓣 $CB$ 相对摆转。闭合绳提升收紧时,左右颚瓣关闭;闭合绳下降放松时,在颚瓣上臂自重作用对中心铰点 $C$ 产生力矩之下,滑轮组

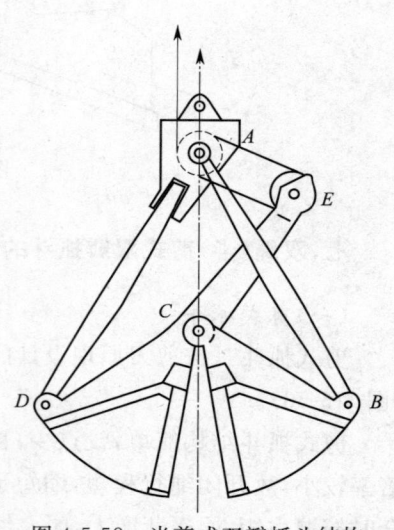

图 4-5-58 半剪式双瓣抓斗结构

被放松拉开距离，C点下降，左右颚瓣开启。

半剪式抓斗的工作原理与剪式抓斗大致相同，因此同样具有剪式抓斗的许多优点。此外，由于闭合滑轮组的 A 端置于起升支持绳悬挂横梁上，闭合滑轮组拉力对中心铰点 C 的力矩，在颚瓣开度大时也较大，有利于抓取物料。还有抓斗打开时，钢绳滑轮始终处于料堆上方，物料不易侵入滑轮，有效克服了剪式抓斗之不足。

至于此抓斗的缺点，因闭合绳的位移量较大，颚瓣闭合速度较剪式抓斗低。由于一个撑杆与上承梁固接，抓斗开闭过程中，起升支持绳悬挂横梁略有偏斜，故左右颚瓣刃口的切入不够均匀。

### 八、双绳单铰钳式双瓣抓斗的结构特点

双绳单铰钳式双瓣抓斗由一字形横梁、内、外斗臂、颚瓣、中心铰轴和增力滑轮组等部件组成。

图 4-5-59 所示，两个颚瓣上端相互铰接，呈人字形，其启闭动作犹如一个巨大的镊子（钳子）动作。由于促使两个颚瓣绕上铰点 C 摆转的力，仅能施于两个颚瓣的中部，于是将闭合绳滑轮组的滑轮 A、B 分别置于图示位置，闭合绳通过上铰点处的导向滑轮向上伸出。整个抓斗的悬挂与剪式抓斗相同，采用下部起升支持绳以及悬挂横梁的方式。其基本工作原理与剪式抓斗类同，因此，具有剪式抓斗的一系列优点，抓取能力大，从抓斗闭合初始至终了时闭合力都较大，因而抓斗的填充率很高（抓取比≥2）。与长撑杆抓斗进行对比试验表明，卸载效率高 44.7%。而且整体高度小，构造简单，自重轻，重心低。但其仍存有耙集式抓斗之不足，抓斗打开时，闭合滑轮组距离料堆较近，容易被物料侵入，加剧钢绳与滑轮的磨损。

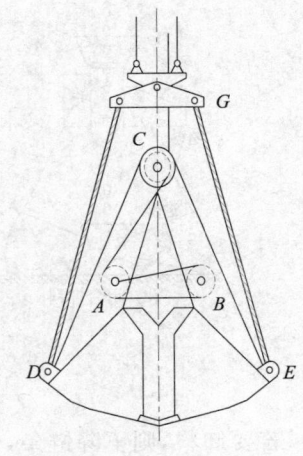

图 4-5-59 双绳单铰钳式抓斗

### 九、单绳抓斗的结构特点与启闭机构

单绳抓斗多为长撑杆式抓斗，由上下承梁、撑杆、颚瓣、启闭机构等部件组成。该抓斗仅有支持绳，供其升降，而颚瓣的闭合须由专门的启闭机构配合完成。启闭机构种类繁多达数十种，按机构动作状态区分不外乎上（触顶状态）、中（悬空状态）和下（着地状态）三种。

#### （一）着地状态

1. 小球倒钩开启式

图 4-5-60 所示是一种最简单的形式，在钢绳的某适当位置固结一个小球体，在上承梁上端设置一个倒钩。当小球体 1 卡在倒钩 2 中时，钢绳直接系连上承梁，下承梁与上部钢绳类似于脱离状态，此时上下闭合滑轮间处最大距离 $h_1$，颚瓣呈开启状态。

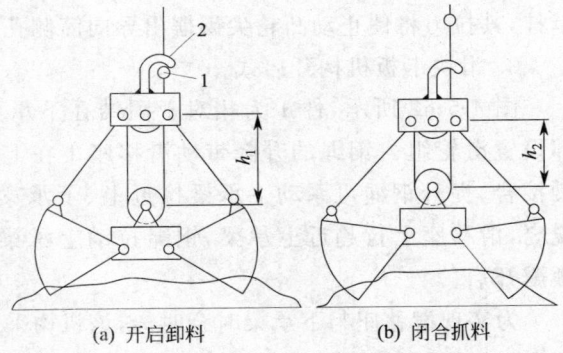

(a) 开启卸料　　(b) 闭合抓料

图 4-5-60 小球倒钩开启式机构
1—小球；2—倒钩

当抓斗下落，颚瓣接触料堆后，人工将小球 1 从倒钩 2 中拉出，钢绳脱离上承梁。当钢绳提升下承梁就上升，上下滑轮间距减小，颚瓣逐步闭合抓取物料。完全闭合后，钢绳的升降使整个抓斗升降。若要卸载，待抓斗下降至需要的位置，颚瓣底部坐落在支承面上，然后下降钢绳使小球靠近倒钩，再用人力将小球按入倒钩，钢绳又联动上承梁。此时，滑轮组中钢绳长度超过上下滑轮总周长，又类似于下承梁与上部钢绳脱离状态，随着钢绳提升小球携上承梁上行，在下承梁自重及物料重量作用下，下承梁下行，引致颚瓣开启而实现卸载。

## 2. 止动凸轮开启式

图 4-5-61 所示，在上承梁的钢绳（或链条）通过处设一个锥口导向斗 1，在导向筒侧面开孔，孔侧设有止动凸轮 2，其下端系一细绳，并绕过颚瓣 B 处下接重块 3。

当颚瓣呈开启状降落在料堆支承面上时，细绳受重块 3 拉力作用，使止动凸轮 2 绕铰点 C 顺时针摆出导向筒。此时上部固结有圆锥体 4、下部系着下承梁的链条可在导向筒内自由上下（图 4-5-61a）。当链条提升时，圆锥体越过止动凸轮 2，下承梁提升上行，颚瓣实现闭合（图 4-5-61b）。

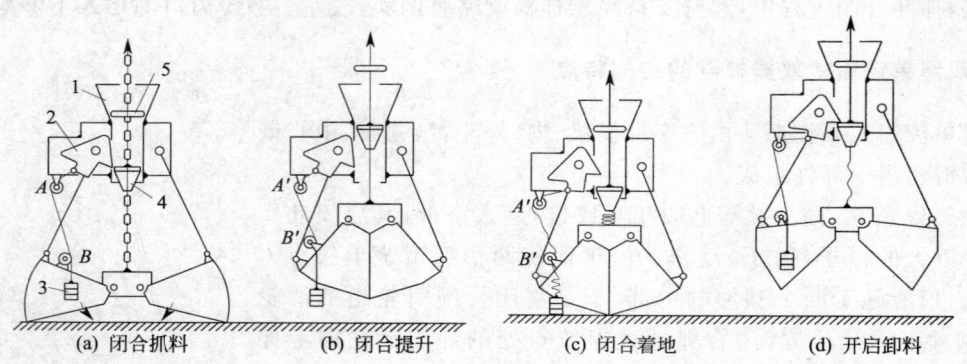

(a) 闭合抓料　　(b) 闭合提升　　(c) 闭合着地　　(d) 开启卸料

图 4-5-61 止动凸轮机构开启式单绳抓斗
1—导向斗；2—止动凸轮；3—配重块；4—圆锥体；5—卡环

若要卸料，则下降链条，使闭合着的抓斗降落至卸料支承面（图 4-5-61c）。此时因 $A'B'<AB$，细绳松弛，止动凸轮 2 在自重偏距作用下反摆，尖齿卡入导向筒。此时链条下降，圆锥体将止动凸轮尖齿推出导向筒侧孔，直至圆锥体越过导向筒侧孔，链条松弛，此时止动凸轮又重新摆入导向筒侧孔，形成链条上升的卡阻。当提升链条时，圆锥体就被止动凸轮尖齿卡住，链条系动上承梁上行。因圆锥体所系下承梁链条较长（长于此时上承梁与下承梁间距离），则在下承梁自重及物料重量作用下，驱使下承梁相对于上承梁下移，颚瓣开启（图 4-5-61d），直至链条被拉紧为止。（此时虽然止动凸轮下的细绳重块已离地，将促使止动凸轮顺时针摆转，但其力矩小于圆锥体与尖齿间压力造成的力矩，所以尖齿仍可有效卡阻）。

当完全开启的抓斗再次下落并触及料堆，圆锥体下行脱离止动凸轮 2，此时由于重块 3 仍悬空牵挂，其拉力将使止动凸轮尖齿摆出导向筒侧孔，提升链条使颚瓣闭合抓取物料。

## 3. 滑块卡板机构开启式

图 4-5-62 所示，件 1 为相对于固结在下承梁的导柱 2 滑动的滑移座（又称"中承梁"），其上部设置滑轮组。钢绳的升降带动滑移座 1 在上、下承梁间上下移动。当设法使滑移座 1 与下承梁接合，提升钢绳可系动下承梁拉近上、下承梁间距，实现颚瓣关闭。反之，滑移座 1 与下承梁脱离，滑移座上行趋近上承梁，钢绳拉动上承梁上行，下承梁在重量作用下相对于上承梁下移，颚瓣开启。

为实现滑移座与下承梁时合时离，该机构采用止动凸轮 3，支承在下承梁铰轴 A 上，件 3 的下端系一细绳，通过颚瓣 C 处下接重块 4。当滑移座上移紧贴上承梁时，颚瓣呈开启状态。若抓斗下降颚瓣触及料堆后，托承重块 4，细绳松弛，在重力偏距作用下，止动凸轮 3 逆时针摆转，尖齿凸于最右位（图 4-5-62a）。

当要闭合抓斗时，可放松钢绳使滑移座下降，下部碰动并越过止动凸轮（凸轮绕 A 点顺时针摆转）直到滑移座底环的斜凹面越过止动凸轮，在重力偏距作用下止动凸轮回摆，尖齿复至最右位，压在滑移座底部斜凹面上（图 4-5-62b）。此时再提升钢绳使滑移座上行时，斜凹面钩住止动凸轮的尖齿，从而使下承梁与滑移座合为一体，随滑移座上行，颚瓣闭合。当颚瓣完全闭合后，重块 4 悬空，细绳所产生拉力将使止动凸轮顺时针摆转，但此时滑移座底部斜凹面紧压止动凸轮尖齿，保证闭合的抓斗可靠升降。

卸载时,将抓斗下降至颚瓣底触及料堆并坐落在支承面上,然后略降钢绳,使滑移座底部斜凹面脱开止动凸轮尖齿,在重块4细绳拉力下,止动凸轮顺时针摆转,DE面呈铅垂位置(图4-5-62c),滑移座脱离下承梁,并上行直至接触上承梁,进而上承梁上移,造成下承梁相对下移,颚瓣开启。

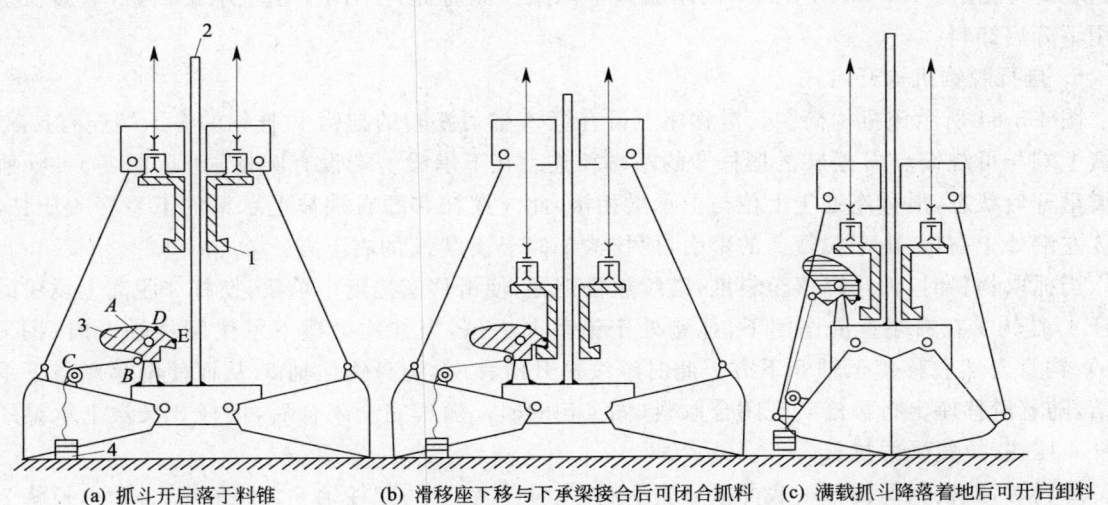

(a) 抓斗开启落于料锥　　(b) 滑移座下移与下承梁接合后可闭合抓料　　(c) 满载抓斗降落着地后可开启卸料

图 4-5-62　滑块卡板机构开启式单绳抓斗
1—滑移座;2—导柱;3—止动凸轮;4—配重块

上述2、3两款止动凸轮启闭机构不足之处,当抓斗着地过于倾斜时,止动凸轮自重作用的偏摆可能有误,由此影响动作的可靠性。

4. 卡钩机构开启式

图4-5-63所示该机构简图。件1为下部呈锥环状并由钢绳牵引的中间座,座内置有滑轮组。下承梁上部铰接两个对称倒钩2,用拉簧3与颚瓣相联。

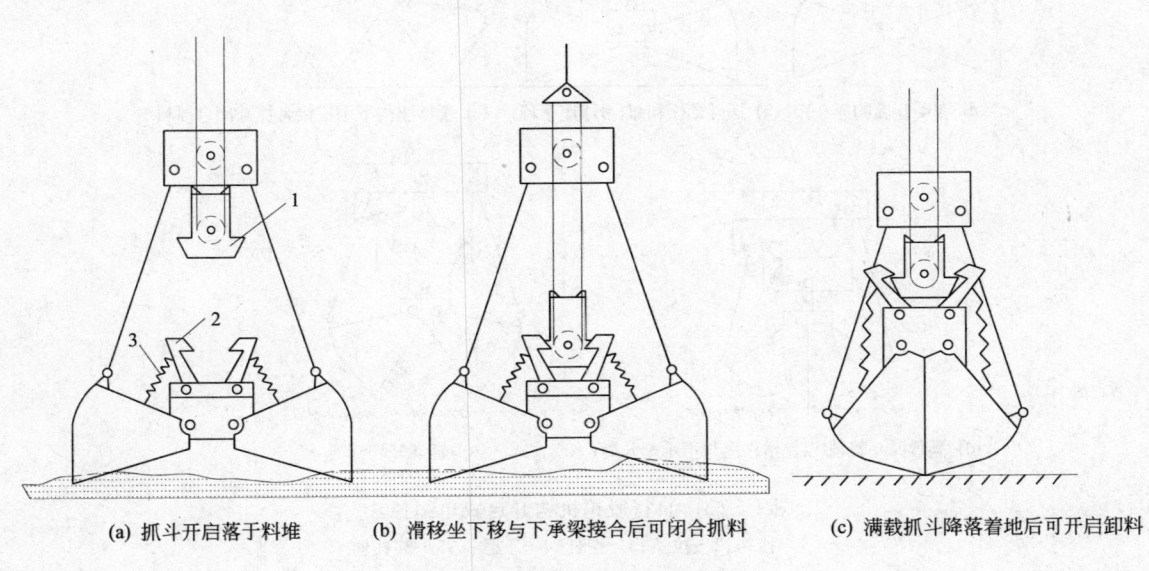

(a) 抓斗开启落于料堆　　(b) 滑移座下移与下承梁接合后可闭合抓料　　(c) 满载抓斗降落着地后可开启卸料

图 4-5-63　卡钩机构开启式单绳抓斗
1—滑移座;2—倒钩;3—拉簧

当中间座1与上承梁紧贴,颚瓣开启坐落在料堆上时(图4-5-63a),两个倒钩的拉簧未受力拉长,倒钩呈倒锥形自然状态处于中间座下方。若下移中间座,并与下承梁上倒钩碰擦后卡住中间座的锥环上部,中间座与下承梁接合,继续提升中间座,即可实现颚瓣闭合抓取物料(图4-5-63b)。当颚瓣全闭拉簧受力拉长,但拉力不足以使倒钩脱开中间座,不影响抓斗的提升和运移。

卸料时,下降抓斗将颚瓣坐落支承面,然后略降中间座,使倒钩处压力减小,在拉簧力作用下使倒钩相对外摆(图4-5-63c),引致中间座脱离下承梁。此时提升中间座至上承梁贴紧,颚瓣在重量作用下开启卸料。

**5. 自行脱钩机构开启式**

图4-5-64所示该机构简图。滑移座上设有绕A铰可摆转的挂钩1,挂钩的右上端连有拉簧2,拉簧上端与可绕铰点B摆转的摆杆3的左端相连。在下承梁上端设有圆柱轴5。图4-5-64a所示颚瓣呈开启状态,滑移座处于上位与上承梁相接,此时摆杆3的右端被上承梁的下悬杆4压住,摆杆3左端处于高位,由于拉簧2的牵引,使挂钩1偏于铰点A的右下方。

当抓取物料时,抓斗降落至料堆,继续放松钢绳,使滑移座接近下承梁,摆杆3脱离上承梁的下悬杆4,挂钩1在右端重量作用下,挂钩处于铅垂向中位,当挂钩触碰下承梁圆柱轴5时(图4-5-64b),钩身自然右移落至轴5下方。此时继续提升滑移座,钩身钩住轴5,从而使滑移座与下承梁联结,随着滑移座上行颚瓣实现闭合取料(图4-5-64c)。颚瓣完全闭合后,摆杆3又被上承梁的下悬杆4压住,拉簧受力拉长。

卸料时,放松钢绳使颚瓣底部接触支承面,此时,挂钩1与圆柱轴5之间的压力减小,拉簧2拉力促使挂钩1摆动,自行脱出圆柱销5(图4-5-64d)。从而使下承梁与滑移座分离,滑移座继续上行紧贴上承梁,颚瓣在重量作用下开启卸料(图4-5-64e)。

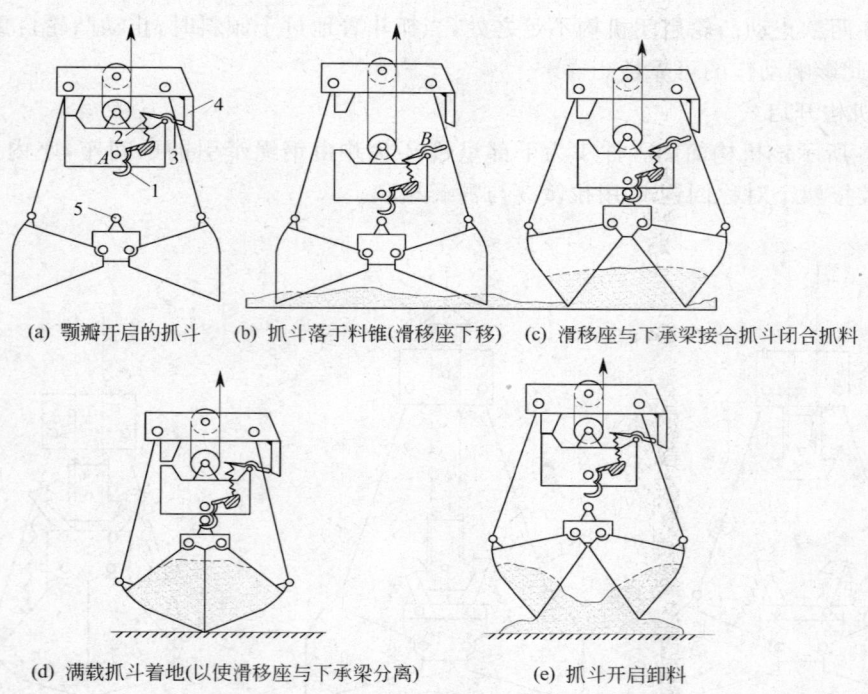

(a) 颚瓣开启的抓斗　(b) 抓斗落于料锥(滑移座下移)　(c) 滑移座与下承梁接合抓斗闭合抓料

(d) 满载抓斗着地(以使滑移座与下承梁分离)　(e) 抓斗开启卸料

图4-5-64　自行脱钩机构开启式单绳抓斗
1—挂钩;2—拉簧;3—摆杆;4—下悬杆;5—圆柱轴

**6. 导杆凹槽摆动卡舌机构开启式**

图4-5-65所示,导杆1与下承梁固结,下部开有凹槽,带有钢绳滑轮的滑移座2可沿导杆1上下移动。滑移座A处铰接摆动锁舌4,一般情况下锁舌4处水平状。

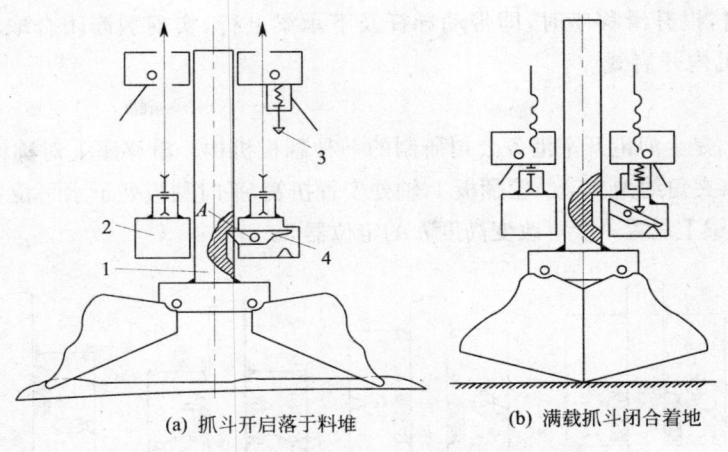

图 4-5-65 导杆凹槽摆动卡舌机构开启式单绳抓斗
1—导杆；2—滑移座；3—弹性杆；4—摆动锁舌

图 4-5-65a 所示，抓斗颚瓣呈开启状态坐落在料堆面上，当取料闭合时，放松钢绳使滑移座下移，锁舌左下斜面沿导杆表面下滑直至卡进凹槽，此时滑移座与下承梁接合，进而提升滑移座时，锁舌通过凹槽带动导杆与下承梁上移，实现颚瓣闭合。

在上承梁下部设置一个弹簧杆 3，当颚瓣完全闭合后，滑移座上的锁舌右端触碰弹簧杆弹簧适量压缩。卸载时，将抓斗下降坐落于支承面，然后略降滑移座，锁舌与凹槽接合面松弛，并在弹簧杆 3 的弹簧压力作用下，下压锁舌右端，锁舌绕铰点 A 顺时针摆转，脱离凹槽，从而使下承梁脱离滑移座，进而提升滑移座带动上承梁向上，下承梁在物重和自重作用下而下移，颚瓣开启卸物。

上述的几种单绳抓斗开闭形式只能在抓斗颚瓣完全闭合后，通过底部触物（着地）后才能实行开启（区域行程开启式），若颚瓣在未完全闭合的状态下，即可通过底部触物（着地）实行开启（全行程开启式），则需采取下述的机构形式。

7. 压移伸缩锁杆机构开启式

当设法将上款所述机构中的锁舌摆出导杆凹槽的构件改置在下承梁时，即可使颚瓣在不完全闭合状态实现开启（或在某个开启程度下进行闭合）。

图 4-5-66 所示，置于滑移座 2 可嵌入导杆 3 凹槽的锁杆 4，其位于滑移座的水平孔道中，套于锁杆中部的压簧促使锁杆回缩。锁杆 4 的左端为圆柱形锁舌，右端呈似牙嵌离合器状凹凸齿与移动滑柱 5 左端啮合，滑柱 5 柱面具有若干轴向凸条与圆柱孔对应的轴向凹槽相配，滑柱 5 仅可相对于圆柱孔作轴向移动，不能周向运动。

当闭合状态的抓斗下降坐落于支承面后（此时锁杆右端齿尖顶着滑柱左端齿尖，锁杆左移嵌入导杆凹槽，滑移座与下承梁接合），下承梁不动，滑移座下行，滑柱 5 右端的滚轮 6 触碰斜板 7，推动滑柱 5 左移，其左端的齿尖促使锁舌右端的齿尖周向摆转，在压簧作用下左侧的锁舌齿尖进入右侧滑柱的齿根（此时锁舌呈松弛状态），推移锁舌回缩，脱

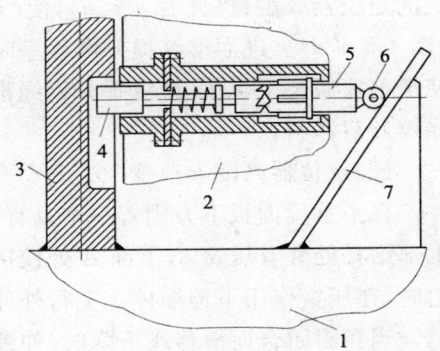

图 4-5-66 压移伸缩锁杆机构
1—下承梁；2—滑移座；3—导杆；4—锁杆；
5—滑移柱；6—滚轮；7—斜板

离导杆凹槽，滑移座与下承梁分离。进而提升钢绳滑移座并托承上承梁上行时，下承梁在重量作用下下移，实现颚瓣开启。

当颚瓣开启坐落在料堆上抓取物料时，放松钢绳下降滑移座，滑柱右端滚轮 6 触碰下承梁的斜板 7，滑柱 5 受压左移，同样道理，滑柱 5 左端齿尖推动锁杆 4 右端的齿尖周向摆转，进而推动锁杆

左移嵌入导杆凹槽,提升滑移座时,即带动导杆及下承梁上行,实现颚瓣闭合取料。

### 8. 凸轮翻板机构开启式

**(1) 工作原理**

图 4-5-67 所示,是上海港开平港务公司研制的一种翻板机构。滑移座上对称设置两个分别可绕轴 $A$、$B$ 摆转的棱角形(夹角约为 90°)凸轮翻板 1,轴处安置扭簧,平时翻板处于水平位置。导杆上固结一个阶梯锥套 2,在下承梁上设置一个可改变高度 $h$ 的定位器 3。

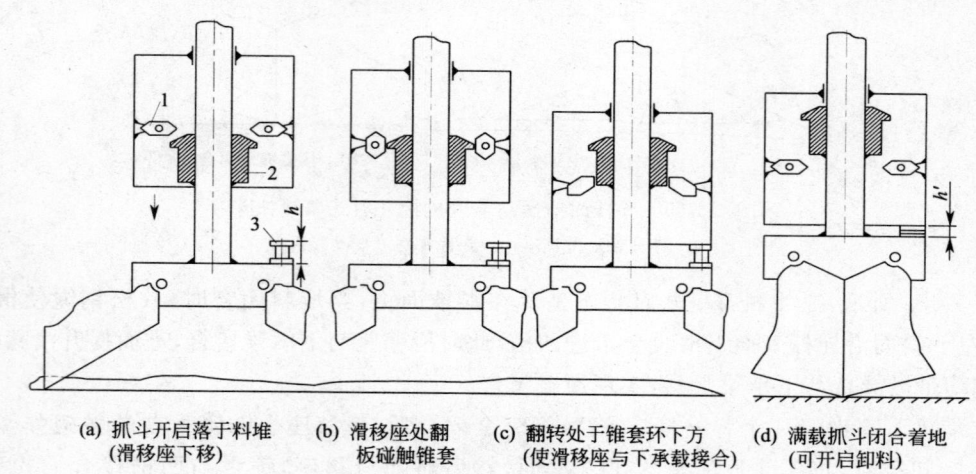

(a) 抓斗开启落于料堆 (滑移座下移)　(b) 滑移座处翻板碰触锥套　(c) 翻转处于锥套环下方 (使滑移座与下承载接合)　(d) 满载抓斗闭合着地 (可开启卸料)

图 4-5-67　凸轮翻板机构开启原理
1—凸轮翻板；2—阶梯锥套；3—定位器

图 4-5-67a 当颚瓣开启坐落在料堆上抓取物料时,放松钢绳下降滑移座,凸轮翻板触碰导杆的阶梯套锥面而翻转(图 4-5-67b),滑移座续降至顶住定位器 3,凸轮翻板在扭簧作用力下翻转至棱角一侧靠贴阶梯锥套下柱面(图 4-5-67c),此时继续提升钢绳及滑移座时,凸轮翻板的棱角两个面将紧贴阶梯锥套 2 的凸缘,使导杆与凸轮翻板接合,从而带动下承梁上行,实现颚瓣闭合取料。

当抓斗满载卸料时,将抓斗颚瓣坐落至卸载支承面,此时放松钢绳下降滑移座,直至与下承梁上的定位器 3 触碰(此时 $h' < h$),使凸轮翻板位于阶梯锥套下柱面,在扭簧作用力下摆转成水平状(图 4-5-67d)。进而继续提升滑移座时,凸轮翻板触碰阶梯锥套会作适度摆转向上滑出凸缘,从而使滑移座脱离下承梁,继续提升钢绳滑移座并托承上承梁上行时,下承梁在重量作用下下移,实现颚瓣开启卸料。

**(2) 定位器高度 $h$ 改变**

在下承梁面板下方固置一个具有侧面开口的箱体 1,其内套有可相对上下滑动的伸缩体 2,其上部细杆处套有压簧 3,下部 $A$ 处铰接 Y 形凸轮。箱体 1 中部设有固定块 5,伸缩体 2 上端未受压力时,在压簧作用下伸缩体 2 上行外伸,Y 形凸轮遇固定块 5 阻挡呈倾斜状(图 4-5-68a)。

当颚瓣闭合而滑移座下降时,伸缩体 2 上端受压力 $P_{滑移座}$ 作用,伸缩体 2 下行,压簧 3 被压缩,直到 Y 形凸轮左端面卡住箱体 1 的左端口为止,此时定位器 3 处于高位,外伸高度为 $h_大$(图 4-5-68b),可保证滑移座上的凸轮翻板不会向下滑出阶梯锥套柱面,以保证滑移座与下承梁接合上行。当滑移座提升使凸轮翻板紧贴阶梯锥套凸缘时,与定位器脱离,于是定位器的伸缩体 2 在弹簧力作用下上行外伸。外伸过程中,箱体的固定块 5 挡住 Y 形凸轮右上角,使凸轮顺时针摆转,直至顶住箱体 1 开口上端呈水平状为止(图 4-5-68c)。当使闭合的颚瓣开启而下降滑移座触碰定位器时,压力 $P_{滑移座}$ 作用于伸缩体 2,克服弹簧张力下行,Y 形凸轮途经箱体左开口下端摆转成铅垂状(图 4-5-68d),此时定位器处于低位,外伸高度为 $h_小$,使滑移座的凸轮翻板能下移滑出阶梯锥套柱面,为滑移座上行脱离下承梁创造条件。

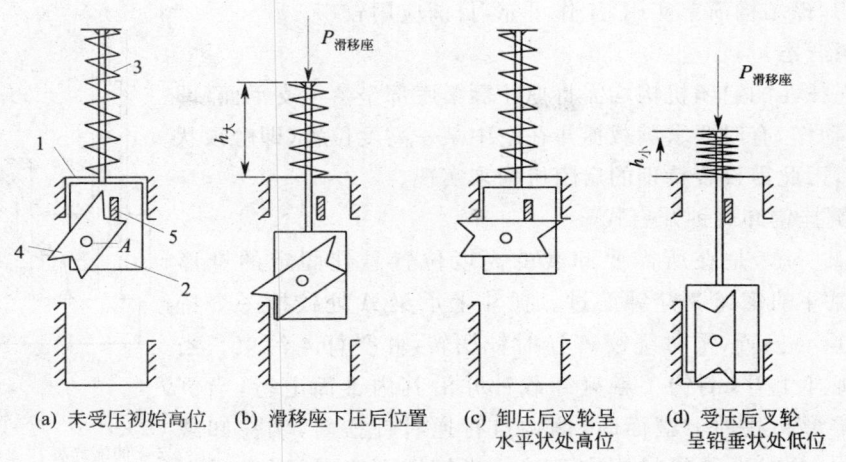

(a) 未受压初始高位　(b) 滑移座下压后位置　(c) 卸压后叉轮呈水平状处高位　(d) 受压后叉轮呈铅垂状处低位

图 4-5-68　定位器动作原理
1—箱体；2—伸缩体；3—压簧；4—叉形凸轮；5—固定块

### 9. 双叉形凸轮机构开启式

图 4-5-69 所示，是上海港南浦港务公司研制的一种较上款凸轮翻板机构更为简单可靠的形式。滑移座 3 上对称设置两个可摆转的双叉形凸轮 2，在下承梁 4 上对称设置两个固定挡块 1。

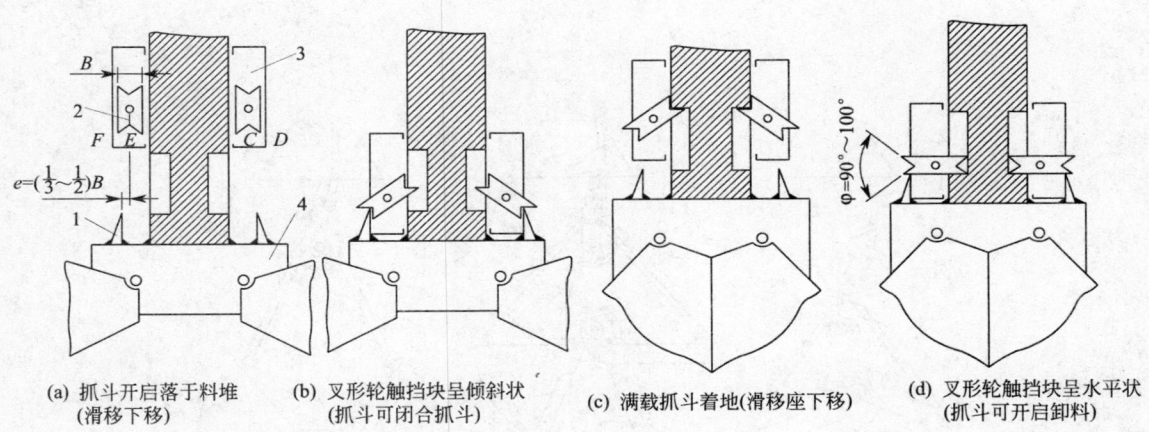

(a) 抓斗开启落于料堆（滑移下移）　(b) 叉形轮触挡块呈倾斜状（抓斗可闭合抓斗）　(c) 满载抓斗着地（滑移座下移）　(d) 叉形轮触挡块呈水平状（抓斗可开启卸料）

图 4-5-69　双叉形凸轮机构开启原理
1—固定挡块；2—双叉形凸轮；3—滑移座；4—下承梁

图 4-5-69a 所示颚瓣开启时，滑移座 3 与上承梁紧贴，双叉形凸轮 2 呈铅垂状位于固结于下承梁的导杆两侧。当抓斗下降颚瓣坐落于料堆取物时，放松钢绳下降滑移座，直至下承梁固定块上端触碰叉形凸轮的凹面（CD 和 EF），引致凸轮摆转嵌入导杆凹槽（图 4-5-69b，凸轮孔与支承轴间有弹性定位滚珠），进而继续提升滑移座，使持倾斜位置的凸轮上叉凹面紧贴导杆凹槽上部端口（图 4-5-69c）带动下承梁上行，实现颚瓣闭合。

当满载的抓斗卸载时，可使颚瓣坐落于支承面，放松钢绳略降滑移座，使下承梁的固定块 1 触碰叉形凸轮的侧平面，凸轮摆转呈水平状（图 4-5-69d，同样由凸轮孔轴间滚珠定位），此时继续提升滑移座时，凸轮途经导杆凹槽上部端口时摆转至铅垂状，处于导杆凹槽两侧，滑移座与下承梁分离，继续提升钢绳滑移座并托承上承梁上行时，下承梁在重量作用下相对上承梁下移，实现颚瓣开启卸料。

为避免抓斗闭合时导杆外伸过长，影响抓斗工作高度及碰撞变形，亦可将位于中间带有凹槽的承载导杆缩短，在承载导杆两侧对称设置两个可伸缩的导杆导向（图 4-5-70）。

实践证明，该结构简单实用，工作可靠，目前应用较广。

（二）触顶状态

上述单绳抓斗的启闭机构均需将抓斗颚瓣底部坐落至支承面（即着地状态）后动作，有时要求满载抓斗在空中某一高度位置（即触顶状态）开启颚瓣，因此需设置特别的启闭机构来实现。

1. 悬空倒挂钩卸载钟开启式

图 4-5-71 所示，是在所需要卸载的高度位置悬挂固定的锥形"卸载钟"2，抓斗的钢绳 3 穿钟而过。抓斗上承梁 A 处铰接一个特型倒钩 1，其重心偏置，平时绕铰 A 逆时针摆转，并受杆 4 约束。当闭合的满载抓斗上升，倒钩 1 触碰卸载钟并沿其内锥面上行，当倒钩上行越过锥形卸载钟上端面时，倒钩自行逆时针摆转，钩住卸载钟上端面左侧，此时上承梁被固定悬挂。当钢绳下降时，下承梁下行实现颚瓣开启卸料。卸载后，若抓斗呈开启状下降抓物，则需略提钢绳，因抓斗的重心作用而使抓斗向右偏移，此时继续下降钢绳时，倒钩已偏离卸载钟左端，下行坐落于料堆后，提升钢绳实现颚瓣闭合抓物。

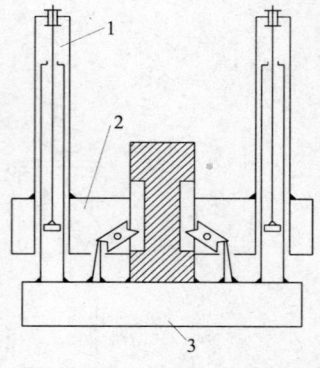

图 4-5-70 短导杆的导向结构
1—伸缩导杆；2—滑移座；3—下承梁

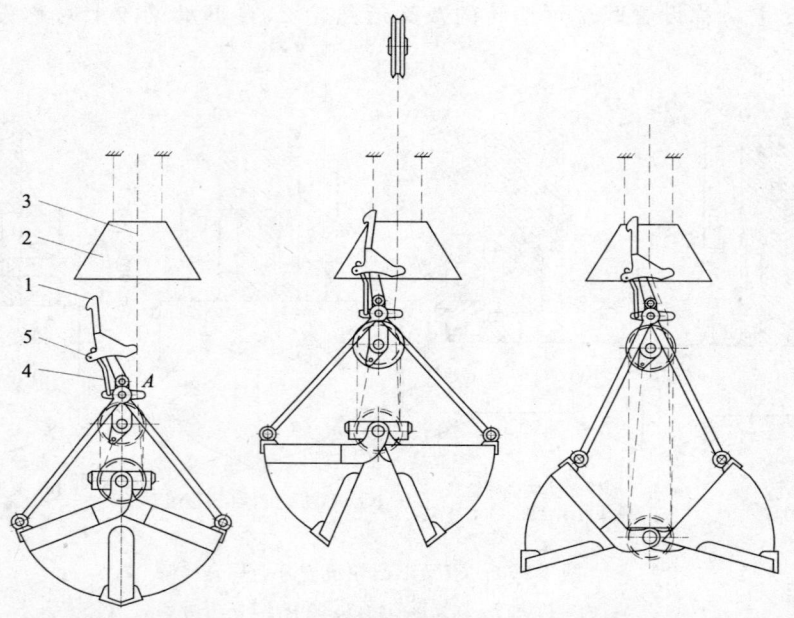

(a) 满载抓斗趋于卸载钟　(b) 倒钩挂在住卸载钟卸料　(c) 倒钩脱离卸载钟下降抓料

图 4-5-71 悬空倒挂钩卸载钟开启机构
1—异型倒钩；2—卸载钟；3—钢绳；4—连杆；5—销轴

2. 倒挂钩机构开启式

当要求抓斗处于某特定高度悬空位置进行卸料时，亦可采用在抓斗钢绳（或链条）的外围悬挂一个具有足够重量的底部带有环形沟槽的顶斗钟的形式。

图 4-5-72a 所示抓斗颚瓣闭合时的上承梁机构状态。钢绳或链条下端连接下承梁，上承梁右侧设置一个长槽孔，倒钩 2 由销轴 A 铰接，并可沿长槽上下移动，因长槽侧凸块 B 支承及倒钩自重作用，使倒钩 2 处于图 4-5-72a 所示位置。倒钩的下端托承内衬套 3（左、右均有长槽孔），上承梁左端 C 点铰接一个异形摆动块 4，在重力作用下，摆动块 4 摆转，其指状端紧抵内衬套 3 左侧面。

若在特定高度位置卸载时，可在适当位置悬挂一个顶斗钟 1，钟的内孔略大于上承梁上部的柱

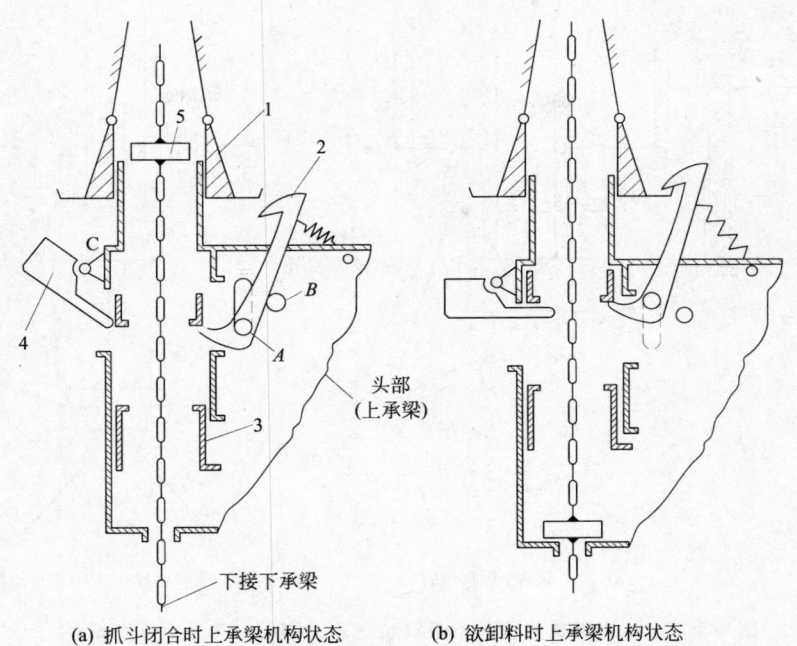

(a) 抓斗闭合时上承梁机构状态　　(b) 欲卸料时上承梁机构状态

图 4-5-72　倒挂钩机构开启原理
1—顶斗钟；2—倒钩；3—内衬套；4—摆动块；5—卡块

套（即衬套3的外套，如图4-5-72a所示）。当提升钢绳或链条，抓斗上升至顶斗钟位置，上承梁上部的柱套进入顶斗钟内孔，倒钩上端触碰顶斗钟边缘而滑入环形沟槽，此时略松钢绳或链条使上承梁微降，导致倒钩挂住顶斗钟。当下降钢绳或链条时，整个抓斗下行，上承梁的长槽孔上端卡阻倒钩销轴A，上承梁被挂住不动（图4-5-72b）。若继续下降钢绳或链条使下承梁相对于上承梁下行，颚瓣开启卸载。此时，内衬套3被倒钩下端钩抬，相对上承梁上升，内衬套3的左侧槽孔腾出空间，使摆动块4逆时针摆转成水平位置，在内衬套3内部形成卡阻。

若需抓取物料时，可提升钢绳或链条使颚瓣略闭，当链条上卡块5被摆动块4指状端卡阻后，整个抓斗上行，倒钩4受弹簧力作用脱离顶斗钟，抓斗即可随钢绳或链条一起呈开启状态下降至料堆上。当颚瓣坐落料堆支承面时，继续下降钢绳或链条，使卡块5摆脱摆动块4指状端，在倒钩4和内衬套3重量作用下，倒钩销轴A下移至上承梁长槽孔的下部，内衬套3随倒钩同步下移，左侧孔上缘使摆动块4绕C点顺时针摆转，指状端被推出内衬套3，若继续提升钢绳或链条，卡块5不受卡阻，即可提升下承梁实现颚瓣闭合抓取物料。

3. 水平搭钩机构及下部双叉凸轮机构联合开启式

图4-5-73所示机构是原上海港开平装卸公司研制的一种形式。

该机构亦具环状顶斗钟，只是下部为一个大锥面，抓斗上承梁处于圆环中央。上承梁左右对称设置铰座A和B，并分别铰接两个鸟头状摆块2，其在偏重作用下始终向内摆，被上承梁上部的支承套搁平。支承套中设有内套筒3和外套筒4，内外套筒可相对上承梁中垂直孔道上下滑动，套筒中装有压簧5。一般情况下内套筒3受鸟头状摆块2按压不能上伸，外套筒4则被压簧5压至最低位。

由钢绳滑轮系挂的滑移座与下承梁导杆之间亦置有双叉凸轮机构，当滑移座接合下承梁，满载抓斗被提升至特定位置的顶斗钟时，顶斗钟下部锥面触碰上承梁左右两个鸟头状摆块2的上斜面，使摆块分别绕A和B向下向外摆转，从而越过顶斗钟下环，并恢复水平状。此时略降抓斗，两鸟头状摆块的外凸部分紧压顶斗钟下环，使上承梁搁置在顶斗钟上形成静止状态，若继续下降钢绳时，下承梁相对于上承梁下移，颚瓣开启，实现在特定高度位置卸料（图

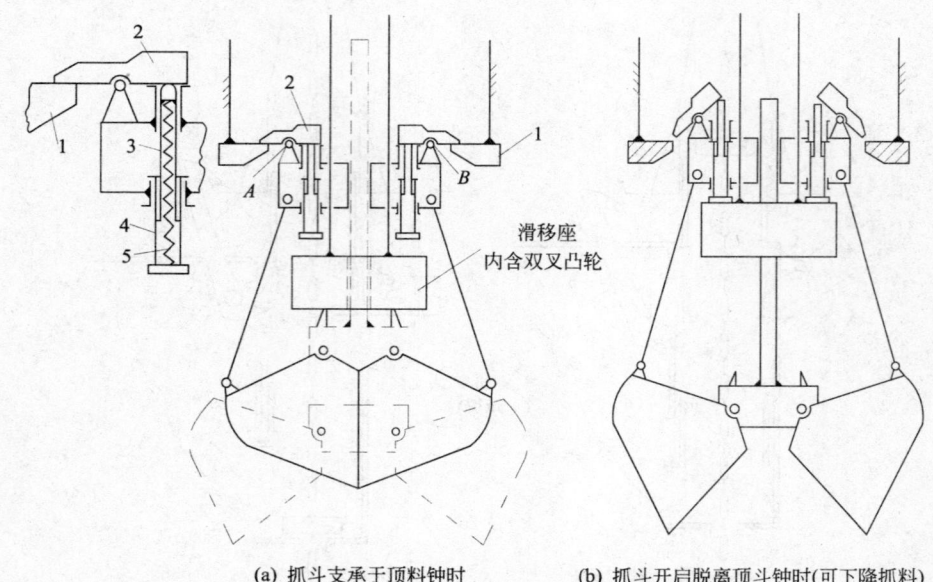

(a) 抓斗支承于顶料钟时　　(b) 抓斗开启脱离顶斗钟时(可下降抓料)

图 4-5-73　水平搭钩机构及下部双叉凸轮机构联合开启式单绳抓斗
1—固定圆环；2—摆块；3—内套筒；4—外套筒；5—压簧

4-5-73a)。

颚瓣开启卸料后的整个抓斗悬挂于顶斗钟下环，下承梁处于接合状态。此时，若略降钢绳，滑移座通过叉形凸轮机构与下承梁分离，沿导杆上行触碰上承梁下面的外套筒 4，抓斗上行脱离顶斗钟下环面。此时，在内套筒 3 顶力作用下，鸟头状摆块 2 向外向下摆转，使左右摆块 2 的外点距离小于顶斗钟下环的内径(图 4-5-73b)，若继续下降钢绳即可使颚瓣开启抓斗下降至料堆支承面，通过双叉凸轮机构动作使滑移座与下承梁接合，实现颚瓣闭合抓取物料。

（三）悬空状态

上述三种触顶状态下实现特定悬空高度位置卸料的机构形式，若遇悬空卸料的高度位置发生变化时，必须调整上部顶斗钟、卸料钟的相对位置，具一定局限性。由此，可使单绳抓斗处于悬空任意位置实现卸料的各种机构装置应运而生。

**1. 拉绳脱钩机构开启式**

图 4-5-74 所示抓斗结构简图，上承梁在 $K$ 处设置滑轮，钢绳穿过上承梁绕成滑轮组 $BK$，滑轮 $B$ 处铰接一个接合钩 1，并设置铰接杆 $BC$ 和 $CD$。杆 $BC$ 中部设铰点 $G$，接合钩上设铰点 $E$ 与连杆 $EF$ 和 $FG$ 铰接相连。两个颚瓣在 $A$ 处相互铰接。图示接合钩 1 钩住下承梁及颚瓣铰轴 $A$，钢绳通过滑轮组悬挂着闭合的抓斗。

当悬挂着的满载抓斗卸载时，可采取人工拽拉绳索的办法。图示绳索 2 将杆 $FGH$ 端部 $H$ 上提后，杆 $FGH$ 绕 $G$ 点逆时针摆转，通过四连杆机构 $GFEB$ 使杆 $BE$ 携接合钩 1 脱离下承梁铰轴 $A$，钢绳滑轮与下承梁分离，在重力作用下颚瓣开启卸料。为避免颚瓣开启过快产生惯性冲击，应设置缓冲装置，最简单的可在发生相对运动的颚瓣与撑杆间装设弹簧缓冲器 3。

颚瓣开启卸料后，开启状的抓斗随钢绳放松而下降，当整个抓斗坐落于料堆上，继续下降钢绳使滑轮组放松，通过连杆 $BC$ 和 $CD$ 使接合钩基本沿铅垂线下行，直至滑入下承梁铰轴 $A$，使钢绳滑轮与下承梁接合，继续提升钢绳即可带动下承梁上行，实现颚瓣闭合抓取物料。

用人工拽拉绳索脱钩所需的拉力一般应控制在 200 N 以下，以适应人的体力极限，减轻劳动强度。

**2. 拉绳摆杆推脱机构开启式**

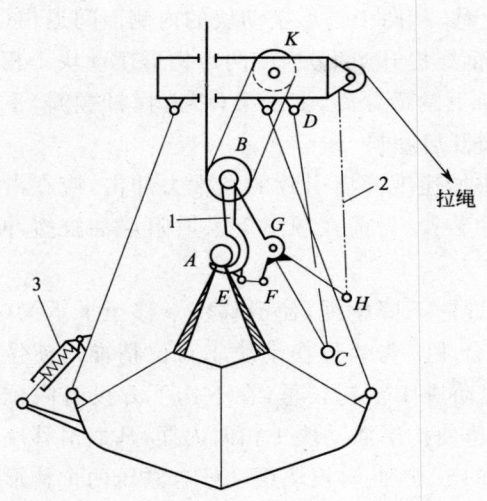

图 4-5-74 拉绳脱钩机构开启式单绳抓斗
1—接合钩;2—绳索;3—弹簧缓冲器

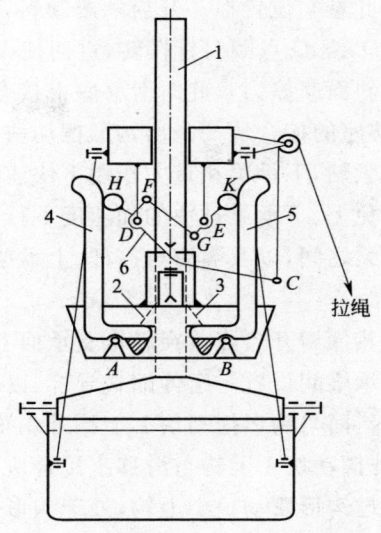

图 4-5-75 拉绳摆杆推脱机构开启式单绳抓斗
1—导杆;2、3—斜面锯齿状块;
4、5—长摆杆;6—摆杆

图 4-5-75 所示,上承梁与下承梁之间设置一个滑移座,其由钢绳悬挂支承,可相对固结于下承梁的导杆 1 上下滑动,导杆 1 根部具有两个斜面锯齿状块 2 和 3。当分别铰接在滑移座铰点 $A$、$B$ 处的长摆杆 4、5 的下端卡在锯齿块 2 和 3 的下面时(长摆杆下端置有重块,在重力作用下两个长摆杆相互内摆),滑移座和下承梁接合在一起,此时提升钢绳即可提升下承梁,实现颚瓣闭合抓取物料。

当满载抓斗开启卸料时,人力将绳索向下拽拉,使摆杆 6 的 $C$ 点上移,摆杆 6 绕固定铰 $D$ 逆时针摆转,$H$ 端推动长摆杆 4 上端外移,从而绕铰点 $A$ 逆时针摆转,下端将从导杆锯齿块下滑出。通过四连杆机构 $DFGE$ 使杆 $EK$ 的 $K$ 端外推,使长摆杆 5 绕 $B$ 点顺时针摆转,下端亦从导杆锯齿块下滑出。此时在重量作用下,下承梁相对于上承梁下降,颚瓣开启完成卸料。

当颚瓣开启的抓斗下降至料堆支承面时,放松钢绳使滑移座下降,两支长摆杆的下端从导杆根部的锯齿块的上斜面滑下,处于凸台之下,使滑移座与下承梁接合,继续提升钢绳即可实现颚瓣闭合抓物取料。

此结构形式在德国 Peiner 公司产品中有所应用。

3. 拉绳拔楔机构开启式

图 4-5-76 所示,是上海起帆科技股份有限公司研制的一种利用楔块使滑移座与下承梁离合的机构形式。

图 4-5-76 所示是拉绳拔楔机构开启式结构原理简图。在下承梁的 $A$、$B$ 铰座上设置左右对称的两个钩形摆动块 1,滑移座上设有对称的两个接合块 2 和楔块摆动杆 3(可垂直于纸面作平面中摆动)。当接合块 2 位于摆动块 1 上钩的下方,楔块摆动杆 3 在自重作用下紧压两摆动块 1 内侧楔面,此时,其自锁作用使滑移座与下承梁接合。当抓斗钢绳提升张紧,颚瓣闭合处于某一高度位置。

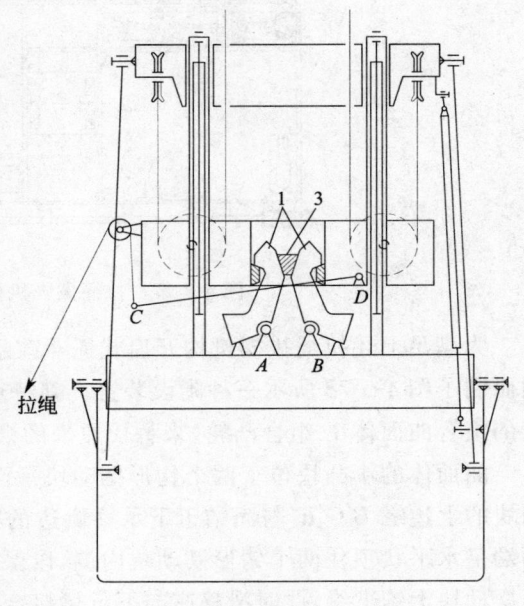

图 4-5-76 拉绳拔楔机构开启式单绳抓斗
1—钩形摆动块;2—接合块;3—楔块摆动杆

若在此悬空位置抓斗开启颚瓣卸料,可人工拽拉绳索(约需 200 N 的拉力),通过导向滑轮系动摆动杆 $CD$,绕 $D$ 点顺时针摆转,进而使楔块摆动杆 3 上移,从两个钩形摆动块的内侧面间退出(向上推力>斜面摩擦力),此时滑移座上接合块的压力(由钢绳提升产生)迫使两个钩形摆动块 1 相向内摆,滑移座的接合块 2 滑出钩形摆动块 1 上钩外侧,与下承梁分离,上承梁(带着撑杆颚瓣)下行与滑移座紧贴,下承梁在重力作用下快速下降,实现颚瓣开启卸料。

为避免上、下承梁过快的加速度下行,以及颚瓣过快加速度开启引致的惯性力冲击,应在滑移座与上承梁之间,以及颚瓣与撑杆、上承梁之间加设缓冲装置,目前在颚瓣上采取阻尼油缸缓冲装置居多。

当抓斗颚瓣开启降落在料堆支承面上抓取物料时,此时下降钢绳,使滑移座下移至下承梁(滑移座与下承梁间设置一组伸缩式导杆,以保证滑移座接合块 2 与钩形摆动块 1 对位精准),使接合块 2 的下斜面与钩形摆动块 1 上钩外斜面触碰(钩形摆动块 1 下钩较重,在下钩下方设有限位挡块,以保证摆动块 1 上钩与滑移座接合块 2 有效接触),迫使钩形摆动块 1 相向内摆,从而滑移座接合块 2 越过钩形摆动块 1 上钩,处于钩形摆动块 1 上钩的下方,此时楔块摆动杆 3 紧压两个钩形摆动块 2 内侧楔面,使滑移座与下承梁接合,继续提升钢绳滑移座携下承梁相对于上承梁上行,实现颚瓣闭合抓取物料。

图 4-5-77 是拉绳拔楔机构开启式单绳抓斗的滑移座结构图。

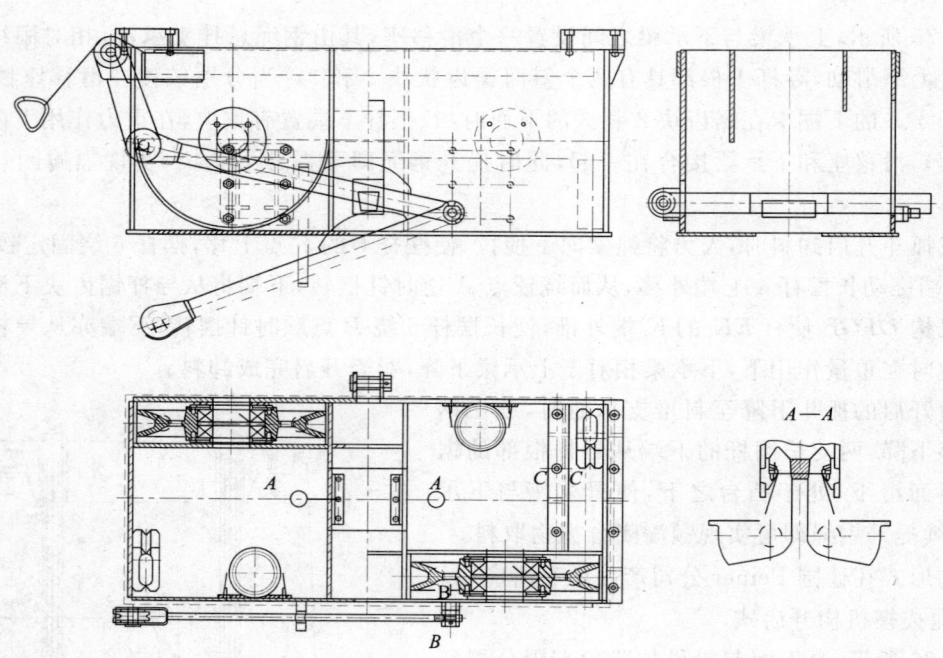

图 4-5-77　拉绳拔楔机构开启式单绳抓斗的滑移座结构

为满足上述拉绳拔楔机构开启式抓斗改悬空开启为着地开启要求,上海起帆科技股份有限公司研制了图 4-5-78 所示一种附设装置。其特点是在滑移座中央设置一个可绕 $A$ 铰摆转的形似椭圆的组合曲面体 1(组合凸轮)来替代原来的楔块摆动杆。

曲面体的小凸块位于两个钩形摆动块平面位置,曲面体的大凸块平行于小凸块外端,当外端大凸块的上边缘 $B'C'E'$ 与固结于下承梁侧边的特形槽块 2 内槽口 $BCE$ 紧贴时,曲面体小凸块左右两端呈水平状顶住两个钩形摆动块内侧,以保证滑移座接合块处于钩形摆动块上钩下方,并紧贴钩形摆动块上钩下缘,此时滑移座与下承梁接合,提升钢绳携下承梁上行即可实现颚瓣闭合抓物取料(图 4-5-78a)。

若使抓斗处于着地状态开启卸物时,则使抓斗降落至卸料支承面,随后放松钢绳下降滑移座,

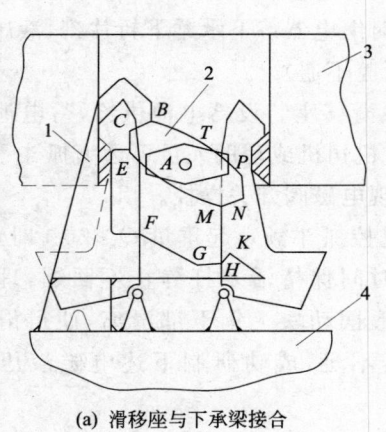
(a) 滑移座与下承梁接合

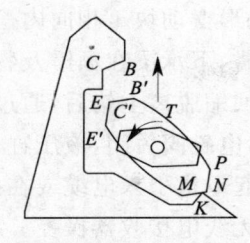
(b) 滑移座下移,大凸块碰触下槽块而逆时针摆转

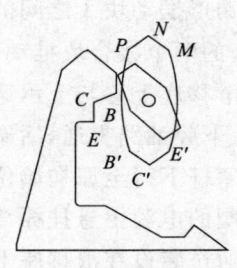
(c) 大凸块上移触碰槽块上端,逆时针摆转至铅垂状

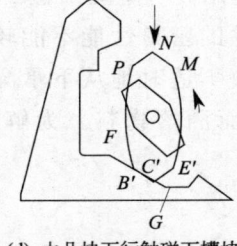
(d) 大凸块下行触碰下槽块而逆时针摆转至倾斜

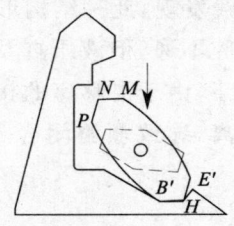
(e) 大凸块继续上行时将顶住下槽块

图 4-5-78　附设装置结构原理
1—异型槽块；2—组合曲面体；3—滑移座；4—下承梁

此时曲面体 2 相对于下承梁的特形槽块 1 下移,曲面体大凸块的 $B'C'E'$ 与异形槽块 1 上部内槽口 $BCE$ 分离,而曲面体大凸块的下部 $MN$ 面将触及异形槽块的下部凸点 $K$ (图 4-5-78b),由此曲面体 2 绕 $A$ 铰逆时针摆转趋于水平状。继续上提滑移座时,特形槽块上部的内槽口 $E$ (及以后的 $B$)将触及曲面体的 $B'T$ 面,导致曲面体呈铅垂状(图 4-5-78c),曲面体上的小凸块两端脱离钩形摆动块内侧面(曲面体回转孔与支承轴间设置弹性滚珠定位),滑移座的接合块滑离钩形摆动块上钩下缘(此时两个钩形摆动块相向内摆),滑移座与下承梁分离,下承梁在重力作用下下降,实现颚瓣开启卸料。

当颚瓣开启降落在料堆支承面上抓取物料时,下降钢绳滑移座,呈铅垂状的曲面体大凸块的 $B'$ 点将触及异形槽块下槽的 $FG$ 面(图 4-5-78d),触碰力使曲面体绕 $A$ 铰逆时针摆转至近似水平的倾斜状(图 4-5-78e),此时继续提升滑移座时,曲面体的 $PNM$ 面将被异形槽块上端口 $BCE$ 卡住,曲面体小凸块顶住两个钩形摆动块内侧,钩形摆动块上钩下缘卡住滑移座接合块,此滑移座与下承梁接合,提升钢绳携下承梁上行即可实现颚瓣闭合抓物取料。

**十、无线电遥控双瓣抓斗结构特点**

上述的拉绳拔楔机构因人力拽绳方式所限,在劳动强度、作业效率等方面尚存不足,为此,采取无线电遥控技术来取代人力拽绳控制,备受用户青睐,已逐渐成为当今发展趋势。

(一)电磁液压缸卸压开启式

图 4-5-79 所示,下承梁设有与图 4-5-76 中相同的钩形摆动块 1 和滑移座上接合块 2,不同的是增设一个液压缸 3,内有活塞杆 4,液压缸 3 上下腔油管相连,油管中部设有电磁阀 5。图示活塞杆 4 外伸一定距离,此时液压缸 3 上下腔因电磁阀处于关闭状态而不连通。

当抓物取料时,颚瓣开启抓斗降落于料堆上,放松钢绳下降滑移座 6,使接合块 2 下滑至下承梁钩形摆动块 1 上钩的下缘,此时活塞杆下端锥面顶紧两个钩形摆动块 1 上钩内斜面,滑移座与下承梁接合。随着钢绳提升滑移座上移,使下承梁上行趋近上承梁,实现颚瓣闭合抓物取料。

当卸料时,通电使电磁阀 5 动作,油管由断开变连通,液压缸上下腔相通,此时滑移座接合块 2

与下承梁钩形摆动块1之间的作用力使钩形摆动块1推动活塞杆下端4上行,活塞杆回缩一段行程,滑移座的两个接合块推动两钩形摆动块1相向内摆,滑移座接合块2与钩形摆动块1上钩下缘分离。当滑移座上移与上承梁触碰,下承梁在颚瓣及物重作用下下移,实现颚瓣开启卸料(在电磁阀打开,上下腔油路贯通,活塞杆回缩脱离上钩后,通过延时继电器待下承梁下行片刻,液压缸内压簧推动活塞杆下行至原初始位置,电磁阀关闭,液压缸上下腔不通)。

电磁阀的电源由悬挂抓斗的起重机引入电缆或在抓斗滑移座装设蓄电池供给,蓄电池电源的通断电可通过装设在滑移座上的无线电接收器操控。起重机司机或辅助人员可远离抓斗手持无线电发射器发射电信号,由置于抓斗上的接收器接收信号实现电磁阀开关操控。

经实践发现,此种结构形式使用具一定局限性。当遥控抓斗额定起重量 $Q \geqslant 20$ t时,尽管液压缸上下腔不通,但液压缸及阀件的密封性能不能较长时间保持活塞杆静止不回缩,理应闭合的满载抓斗,由于滑移座的接合块不适时地从下承梁钩形摆动块上钩下部滑离,使得滑移座与下承梁分离,导致颚瓣闭合不力而洒落物料。为解决其不足,成功研制下述电磁液压缸拔楔形式。

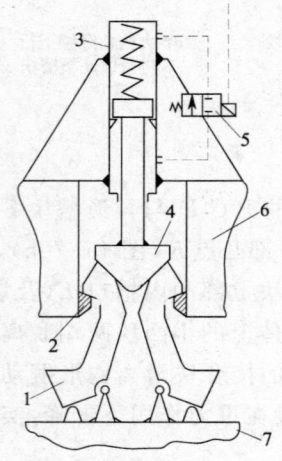 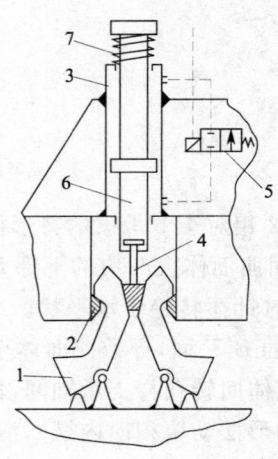

图 4-5-79　电磁液压缸卸压开启原理  
1—钩形摆动块；2—接合块；3—液压缸；  
4—活塞杆；5—电磁阀；6—滑移座；7—下承梁

图 4-5-80　电磁液压缸拔楔式开启原理  
1—钩形摆动块；2—接合块；3—液压缸；  
4—楔块杆；5—电磁阀；6—活塞杆；7—压簧

### (二) 电磁液压缸拔楔式

图 4-5-80 所示,液压缸3中活塞杆6下部外伸端呈圆管状,内置可滑移的楔块杆4,活塞杆上部亦可外伸液压缸,活塞杆外伸端套有压簧7。

当抓物取料时,抓斗颚瓣开启降落在料堆支承面上,放松钢绳滑移座下行,使接合块2滑至下承梁钩形摆动块1上钩的下缘,此时液压缸上部压簧处于压缩状态,活塞杆下部外伸至低位,楔块杆4在自重作用下滑入两个钩形摆动块1内斜面形成自锁,由此滑移座与下承梁接合。此时继续提升钢绳携滑移座上行,使下承梁趋近上承梁,实现颚瓣闭合抓物取料。

当卸物时,同样仅需通电,使电磁阀5打开,油路由断开变为相通,液压缸上下腔贯通,在压簧7弹力大于楔块斜面间的摩擦力时,楔块从钩形摆动块1内斜面间上提拔出,滑移座接合块2推动两个钩形摆动块1相向内摆,滑移座接合块2脱离钩形摆动块上钩下缘与下承梁分离,待上承梁下行与滑移座触碰,此时因自重及物重作用,下承梁下移,实现颚瓣开启卸料。

当上承梁下移与滑移座触碰时,将活塞杆上部下压(克服弹簧力)至初始位置。此时由延时继电器保证油路相通,待活塞杆下压至初始位置时失电断开油路。

此机构滑移座与下承梁的接合是通过活塞杆下的楔块自锁作用来实现,原电磁液压缸卸压开启式存在的不足得以有效解决。实践证明,此结构可适用于额定起重量较大的抓斗。

上述两种结构形式均由上海起帆科技股份有限公司开发研制。

### 十一、电动双(多)瓣抓斗的结构特点

无动力单绳抓斗往往具有较为复杂的闭锁装置,存在生产效率较低等缺点,因此出现了抓斗自带动力装置来驱动颚瓣启闭,省略了复杂的开闭机构,具有较高的生产效率和抓物装载能力。

最早出现的是采用机械传动的电动抓斗。

#### (一)电动葫芦式

图 4-5-81 所示,是采用最简便的方法,在抓斗上承梁的下部装设一个电动葫芦,利用其卷筒钢绳作为抓斗的闭合绳,从而达到普通双绳长撑杆抓斗的工作效果。

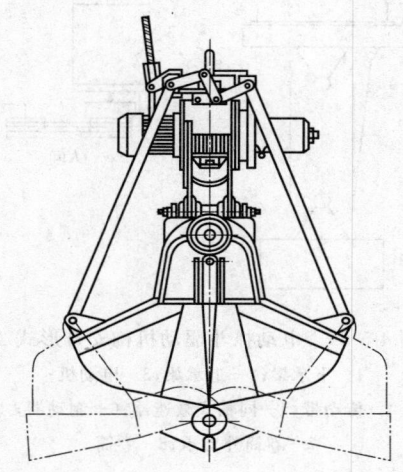

图 4-5-81 电动葫芦式电动双瓣抓斗

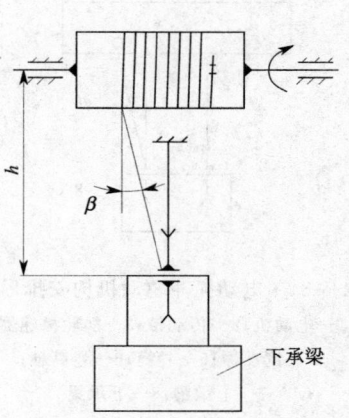

图 4-5-82 卷筒与滑轮钢绳系统

此类抓斗的抓取能力取决于电动葫芦电动机的功率大小,钢绳的卷绕速度以及闭合滑轮组的倍率。当具一定倍率时,卷筒上需缠绕一定长度的钢绳,卷筒的轴向长度较大,因此颚瓣闭合时,下滑轮与卷筒的距离 $h$ 不能太小(图 4-5-82),以免钢绳的偏角 $\beta$ 太大,有时不得已可将电动葫芦安装在上承梁的上面,以增大下滑轮与卷筒的间距。由于钢绳在卷筒上存在偏角,以及下承梁下降后钢绳会松弛,往往需在卷筒上加设压绳装置和行程开关以使钢绳卷绕有序。

为防止颚瓣完全闭合或被物料卡阻时,卷筒持续旋转造成电动机过载损毁、钢绳断裂或传动零件损坏,对机械传动的电动抓斗应设置限制过载的装置,例如加设摩擦传动或极限力矩联轴节或钢绳受力限制器等。对于选用现成电动葫芦时,往往采用钢绳受力限制器的形式,其结构原理如图 4-5-83 所示。绕过下滑轮的闭合绳端联接在一个可移动杆 1 的下端,滑动杆置于装设在上承梁的套筒 2 之中,并套有压簧 3。在闭合绳受力时,压簧被压缩,杆 1 上端下移;当闭合绳过载时,杆 1 上端将与行程开关 4 碰撞,导致电路断开,电动机停转,从而停止颚瓣闭合以免过载。杆 1 上端设置的弹簧 5,可防止下压力过大损坏行程开关。

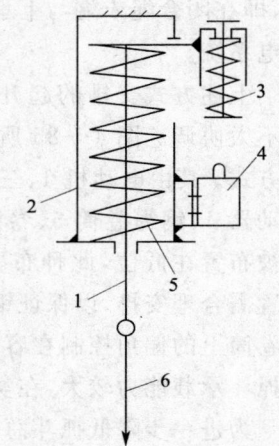

图 4-5-83 钢绳受力限制器
1—可移动杆;2—套筒;3—弹簧;
4—行程开关;5—压簧;
6—闭合绳端

电动葫芦的供电一般在起重机上装设电缆卷筒,电缆可随抓斗的升降而同步升降,以控制电缆

张紧受力和过量下垂。电动葫芦轴向长度较大,往往悬伸于抓斗上承梁外侧,作业中容易碰撞损坏;此外,电动葫芦的功率一般较小,故不适宜吨位较大的电动抓斗。

(二) 减速器等组合式

为解决电动葫芦悬伸于上承梁外之不足,可在上承梁设置专门的起升机构。图 4-5-84 所示,起升机构由电动机 1、三角带传动 2、蜗轮减速器 3、制动器 4、钢绳卷筒 5、卷筒轴承 6 等组成,是一种吨位不大的抓斗起升机构的安排。为使起升机构设置紧凑,可将电动机装在减速器的上方。图示闭合滑轮组倍率为 4,上下滑轮轴相互垂直布置,有利于减小钢绳与滑轮槽的偏角。

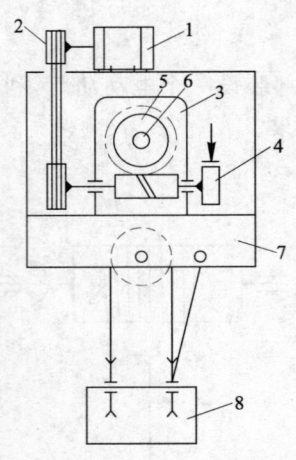

图 4-5-84 电动抓斗驱动机构安排形式一
1—电动机;2—传动带;3—涡轮减速器;
4—制动器;5—卷筒;6—卷筒轴;
7—上承梁;8—下承梁

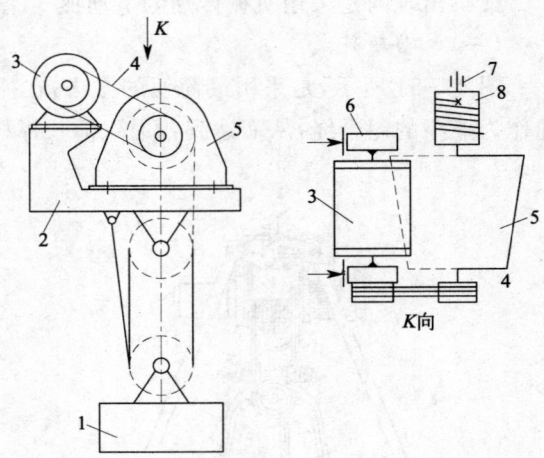

图 4-5-85 电动抓斗驱动机构安排形式二
1—下承梁;2—上承梁;3—电动机;
4—传动带;5—同轴式减速器;6—制动器;
7—卷筒外支承;8—卷筒

为保持钢绳卷绕有序,在卷筒上加设压绳装置和行程开关。皮带传动具有过载打滑的性能,从而有效保护减速器、卷筒和电动机等机构组件。在应用实践中,往往还需设置闭合绳受力限制装置,即在闭合绳末端与上承梁联接处加设弹簧、行程开关断电系统。

上述方式安排的起升机构重心较高,整个抓斗的外形不太协调。图 4-5-85 所示,是一种适当降低机构高度的方式。其由电动机 1、三角带传动 2、同轴式减速器 3、制动器 4、钢绳卷筒 5、卷筒外支承 6 等部件组成。电动机被布置在低位,此种布置方式的闭合滑轮组上下滑轮位置需合理安排,以保证钢绳与滑轮槽的偏角,以及钢绳在卷筒上的偏角控制在容许范围内。此类起升机构的电动抓斗承载能力较大,在实际中已得以可靠使用。

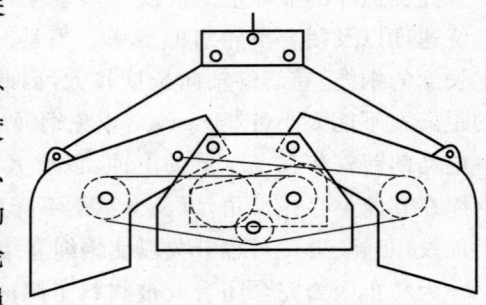

图 4-5-86 驱动机构设置于下承梁的电动抓斗

为进一步降低抓斗总高,亦可将起升机构卷筒置于下承梁上,安排垂直式闭合滑轮组,但须在机构上加设防护罩,以免物料侵入,影响机构正常工作。图 4-5-86 所示,起升机构置于下承梁上,采用水平安排的闭合滑轮组。

在较大吨位抓斗中,闭合绳受力较大,在闭合钢绳受力限制中采取一些措施以减小压簧的结构尺寸。图 4-5-87a 所示摆动杆 1 中部 $B$ 处与上承梁支座铰接,$C$ 端设滚轮 2 和移动套 3 接触,4 为压簧,$A$ 端系有闭合钢绳。当 $CB>BA$ 时,压簧 4 受到的压力将小于闭合钢绳的受力,由此可减小压簧 4 的结构尺寸。图 4-5-87b 所示摆动杆 1 左端 $C$ 与移动套 2 的外端铰接,并与上承梁支撑点的滚轮接触,虽与图 4-5-87a 的结构有所不同,但工作效果类似。

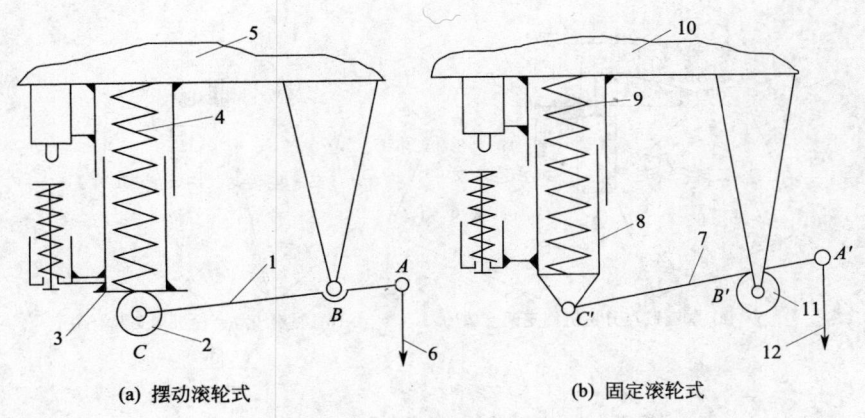

图 4-5-87 钢绳受力限制器原理

1、7—摆动杆；2、11—滚轮；3、8—移动套；4、9—压簧；5、10—上承梁；6、12—闭合绳

### （三）刚性构件传动式

图 4-5-88 所示，是一种摒弃常见的闭合滑轮组和长撑杆形式，全部采用齿轮传动的方式，电动机 1、制动器 2、齿轮 3、4、齿轮对 4′、5、齿轮 5′、6、7 等部件均支承在同一个机架上，两个颚瓣分别与齿轮 6 和 7 固结，可低速绕铰点 A 或 B 对应摆转。由于齿轮接近颚瓣，需要设置防护罩，以防止物料侵入。

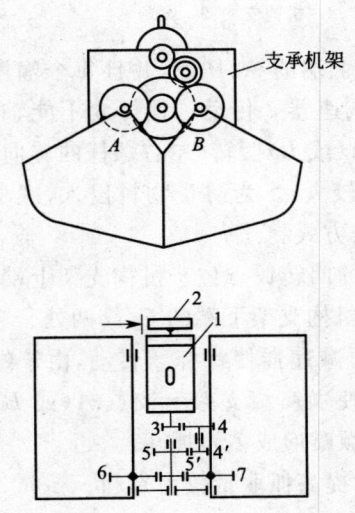

图 4-5-88 齿轮传动式电动抓斗

1—电动机；2—制动器；
3~7、4′~5′—传动齿轮

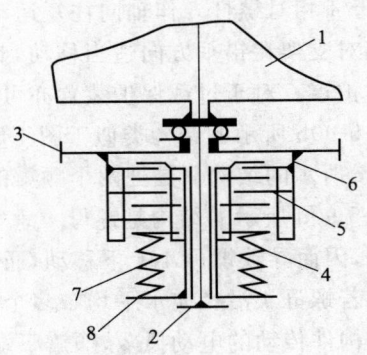

图 4-5-89 极限力矩连轴器结构原理

1—电动机；2—输出轴；3—齿轮；4—内摩擦片；
5—外摩擦片；6—套筒；7—压簧；8—套件

此抓斗的过载保护装置往往采用极限力矩联轴节，其原理如图 4-5-89 所示，电动机 1 的出轴 2 套接一个径向固结轴向可滑移的套件 8，套件 8 上用花键联有内摩擦片 4，与内摩擦片 4 间隔的外摩擦片 5，通过花键与空套齿轮 3 的套筒 6 相联，套件 8 下端设有压簧 7，使内外摩擦片相互压紧，通过摩擦力使套件 8 与齿轮 3 固结，即电机轴 2 和齿轮 3 固结，可将电机轴输出扭矩传递其他齿轮。若颚瓣过载，则外界的阻力矩大于摩擦片间的摩擦力矩，内外摩擦片间发生相互滑动，由此可使齿轮 3 和电机轴脱离，从而有效防止电动机及相关传动件损坏。对于正常需要的摩擦力矩可通过调节压缩弹簧来达到。

若要减少传动齿轮数量及调整颚瓣回转铰点位置时，可通过连杆机构来进行传动，例如图 4-5-90 所示的几种形式。

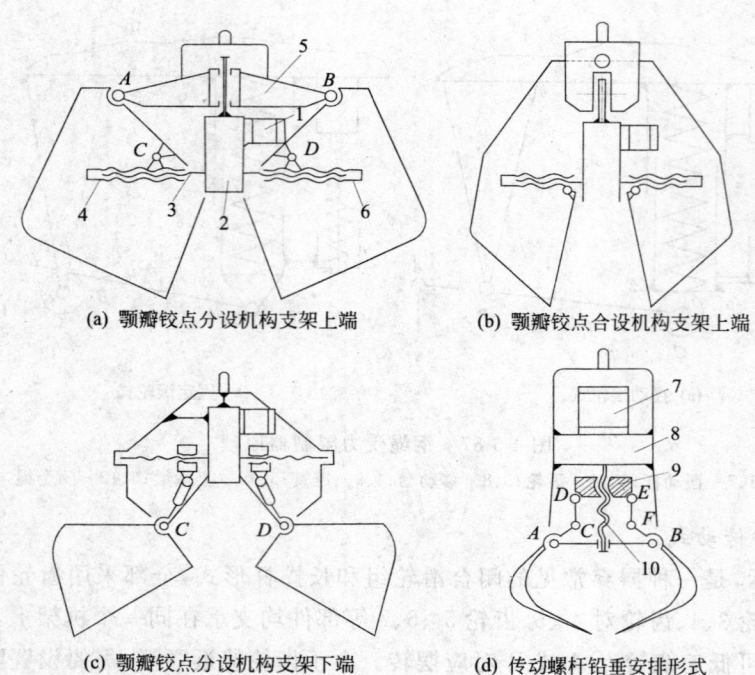

**图 4-5-90 连杆机构传动的电动抓斗**

1、7—电动机；2—减速器；3、10—螺杆；4、6—长螺母；5、8—机构支架；9—螺母

图 4-5-90a 所示左右颚瓣的回转铰点分别位于机构支架上端的 $A$、$B$ 处，并且每个颚瓣分别各自与一个长螺母 4 铰接在 $C$ 和 $D$ 处，螺杆 3 由电动机 1 和减速器 2 传动。螺杆 3 不能轴向运动，因此，螺母 4 相对螺杆 3 作轴向往复运动，带动颚瓣绕铰点 $A$（或 $B$）摆转（左右螺杆的旋向相反，减速器能相对支架在铅垂方向适当移动，此类抓斗的颚瓣开度较大）。为防止物料侵入，螺母螺杆处应设置防护罩。对于过载保护装置亦可采用极限力矩联轴节方式。

图 4-5-90b 所示的结构类似于图 4-5-90a，只是两个颚瓣的回转铰点位于机构支架上端的一处。图 4-5-90c 所示的结构只是把两个颚瓣的回转铰点分别位于机构支架下端的 $C$、$D$ 两处。

图 4-5-90d 所示的结构是螺母 4 垂直移动，电动机 1 通过减速器使螺杆 3 转动，由于螺杆不能轴向移动，因而导致螺母 4 上下移动，通过连杆 $DC$（或 $EF$）使颚瓣绕支架上铰点 $A$（或 $B$）摆转实现启闭。若螺母 4 沿径向水平均布多个铰轴，则可安置多个颚瓣形成多瓣抓斗。

刚性构件传动的电动抓斗，颚瓣下端部的轨迹是圆弧，对提高抓取量较为有利。

无论何种形式的机械传动电动抓斗，自行携带驱动传动装置，结构较为复杂，自重较大，因此，设计时必须缜密安排合理考虑，使驱动功率适宜，尽可能减小机构装置的自重。

### 十二、电动液压抓斗的结构特点

前述的机械传动电动抓斗因其驱动传动装置比较繁杂，若操作人员对过载保护装置疏于调整维护，将易引发故障，造成零件损毁影响正常作业。随着液压技术的提高与普及，电动液压抓斗的应用已逐步取代机械传动的电动抓斗。

**(一) 电动液压双瓣抓斗**

电动液压双瓣抓斗在上承梁和下承梁间采用液压缸铰接来替代闭合滑轮组。如图 4-5-91 所示，电动液压系统一般设置于下承梁上。

液压缸内高压油液推动活塞杆往复运动，由此改变下承梁与上承梁之间的距离，从而实现颚瓣闭合与开启。电动液压系统由电动机、油泵、油缸及一系列液压元件组合而成。液压系统配置、加工精度、安全保护以及安装调试要求较高。

## 1. 开式液压回路

电动液压系统最简单的开式液压回路如图 4-5-91 所示。

齿轮油泵 P 由交流电动机 M 带动回转,当电磁换向阀 DV 未通电处于中位时,自油箱 T 通过滤油器 F 吸出的油,经单向阀 SV 及安全阀 AV 后自行返回油箱。当电磁换向阀右移,P 端和 A 端相通,O 端和 B 端相通,压力油通过液控单向阀 $SV_2$、可调单向节流阀 $SG_2$ 后,进入两个液压缸的有杆腔 ZPS,无杆腔 PS 中的油通过节流阀 $SG_1$、液控单向阀 $SV_1$ 进入油箱。液压缸向上位移,带动下承梁提升,移近上承梁,实现颚瓣闭合。

当电磁换向阀左移,P 端和 B 端相通,O 端和 A 端相通,压力油通过液控单向阀 $SV_1$、可调单向节流阀 $SG_1$ 后,进入两个液压缸的无杆腔 PS,有杆腔 ZPS 中的油通过可调节流阀 $SG_2$、液控单向阀 $SV_2$ 进入油箱,液压缸向下位移,推动下承梁下行,实现颚瓣开启。液控单向阀 $SV_1$ 和 $SV_2$ 即是双向液压锁,当油泵不工作时,活塞杆上下腔中的油液被关闭,以保证活塞杆不动。

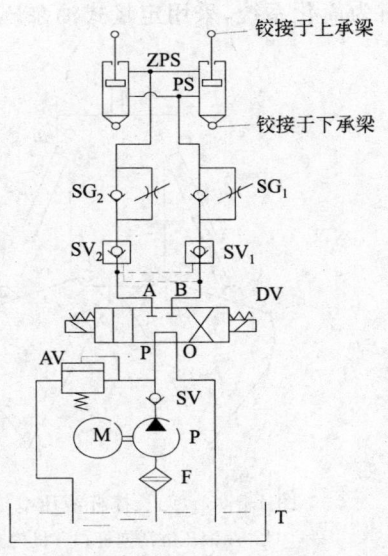

图 4-5-91 开式液压回路

节流阀的作用可控制颚瓣过快开启。压力安全阀 AV 可避免油泵输出的压力油压力过高,在超过设定值时可自行返回油箱卸荷。当颚瓣遇到过大阻力时,液压缸不会产生过高的推力,从而避免各构件过载受损。

在电气上亦可采取设定安全控制开关的安全值,在过载时自动切断电源,使电磁换向阀返至中位,停止向液压缸供油。

## 2. 半闭式液压回路

因结构所限,液压系统的油箱容积不能太大,故易发热造成油温升高。为减少油箱温升,可采用图 4-5-92 所示的半闭式液压回路。

该回路的特点是采用电动机正反转,使油泵从不同方向输油来实现液压缸活塞杆的伸缩。当活塞杆外伸时,使有杆腔的油液不入油箱而补充进入无杆腔,以此提高活塞杆外伸速度,有利于提高颚瓣开启速度。当抓斗完成启闭动作时,使电动机停转,油流停止,从而减少能耗,降低油液温升。具体运行过程是,当电动机 M 朝一个方向旋转带动油泵 P,由油阀 $SV_3$ 协调从左边供油后,经过管 $P_2$ 处、单向阀 $RV_2$、管 B 处进入液压缸无杆腔 KS,压出活塞杆。此时,有杆腔 KSS 的油液不回油箱,而是通过管 A,由可调液控单向阀 $SV_1$ 再流回 B 管(此时阀 $SV_1$ 由控制回路作用被打开),进入无杆腔 KS,由此适量增加进入无杆腔的总流量,提高活塞杆的外伸速度。颚瓣全部开启后,使电动机断电,以免油液温升太高。当颚瓣闭合时,使电动机反向旋转,带动油泵 P 经油阀 $SV_3$ 协调从右边供油后,经过管 $P_1$ 处、单向阀 $RV_1$、管 A 处进入液压缸有杆腔 KSS,压进活塞杆,实现颚瓣闭合。无杆腔 KS 的油液从管 B 处经可调液控单向阀 $SV_2$ 流回至回油管,经滤网 F 进入油箱。

系统中溢流安全阀(先导限压阀)$DV_1$、$DV_2$ 可调定系统需要的最高压力,当抓斗过载时,工作油液通过开启的安全阀流至油箱卸荷。液控单向阀 $SV_1$ 和 $SV_2$ 亦具双向液压锁作用,往复阀 WV 通过管路与油泵输出调节器相连,并具过载保护自动断电功能(有

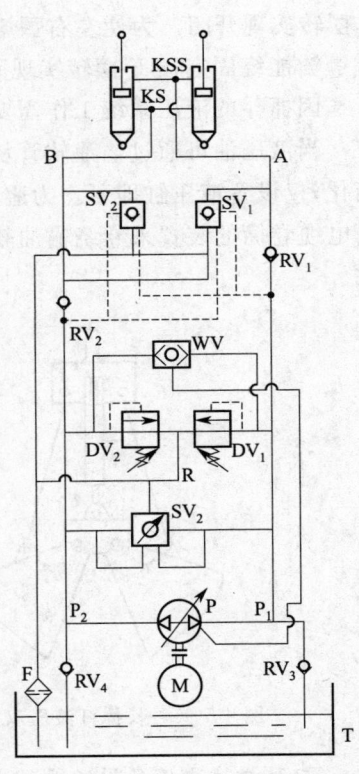

图 4-5-92 半闭式液压回路

时为简化系统,采用定量式油泵P,省略油阀SV₃和往复阀WV)。

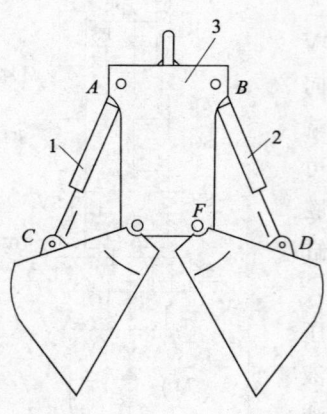

图 4-5-93　无长撑杆液压双瓣抓斗
1、2—液压缸活塞杆；3—机构支架

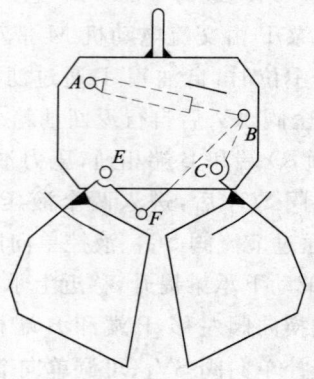

图 4-5-94　液压连杆双瓣抓斗

图 4-5-93 所示,是一种不设长撑杆直接用液压缸活塞杆实现颚瓣闭合的双瓣抓斗形式。机构支架中部设置液压系统,并设有 $A$、$B$、$E$、$F$ 等铰孔,两个颚瓣分别铰接于 $E$、$F$ 处,液压缸活塞杆 1 和 2 分别铰接于 $A$、$C$ 处和 $B$、$D$ 处,$C$、$D$ 分别为颚瓣上的铰点。当机构支架被系住不动,液压缸活塞杆作时,形成摇块导杆机构,使两颚瓣分别绕 $E$、$F$ 摆转,实现闭合与开启(颚瓣底端的轨迹是一个圆柱面)。为使活塞杆的行程不太大,在保证一定闭合力矩的情况下,可使颚瓣上的铰点 $C$、$D$ 分别适当趋近固定铰 $E$ 和 $F$。由于利用液压缸推力,当左右颚瓣刃口被物料卡阻时,可使左右颚瓣不同步摆转,而两个活塞杆推力仍较为均衡。

图 4-5-94 所示,是一种液压缸活塞杆及连杆组合的双瓣抓斗。机构支架上设置液压系统,并在 $A$ 处铰接液压缸,活塞杆端 $B$ 与右颚瓣上部伸出端铰接。当活塞杆伸缩时会使右颚瓣绕固定铰 $C$ 摆转实现开闭。为使左右颚瓣对称摆转,可设置连杆 $BD$,$D$ 端与左颚瓣上部伸出端铰接,由此左颚瓣能绕固定铰 $E$ 摆转实现开闭。

因抓斗的液压系统工作需要外供电源,因此需在起重机上配置电缆卷筒,并将电缆引入抓斗。

当液压油可通过输油软管从置于起重机或其他工程机械上的液压系统引入时,抓斗自身结构简化,仅设置液压缸即可。为避免作业时输油软管的无序缠绕与牵拽,往往须在起重机上设置类似于电缆卷筒的装置来卷绕输油软管。图 4-5-95 为单液压缸长撑杆式；图 4-5-96 为单液压缸短撑杆式。

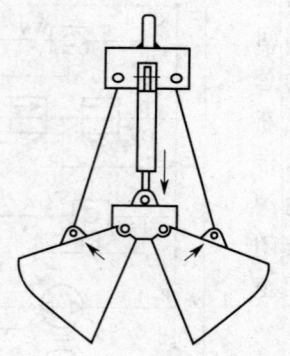

图 4-5-95　长撑杆液压双瓣抓斗

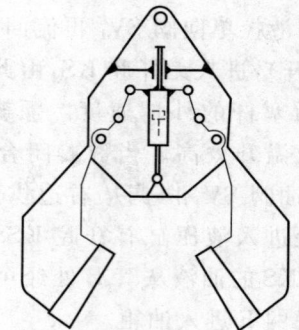

图 4-5-96　短撑杆液压双瓣抓斗

**(二) 电动液压多瓣抓斗**

图 4-5-97 所示,是一种常用的无长撑杆的电动液压多瓣抓斗,其中部机构支架上设置液压系

统,通过与多个颚瓣相对应联系的多个液压缸活塞杆推动,实现抓斗的开闭。

电动液压多瓣抓斗以六个颚瓣居多。颚瓣1上端分别与机构支架下部的 $E$、$F$ 处铰接。六个液压缸活塞杆2分别与各颚瓣中部 $C$、$D$ 等处和机构支架上部的 $A$、$B$ 等处相铰接,显然每组颚瓣、液压缸活塞杆等组成一个平面摇块导杆机构。当活塞杆外伸时,颚瓣分别绕 $E$、$F$ 等铰点向内摆转而闭合;当活塞杆内缩时,颚瓣分别绕 $E$、$F$ 等铰点向外摆转而开启。

该抓斗结构紧凑,重心低,抓取性能好。由于是利用液压缸活塞杆推动,各液压缸的对应空腔用油管并联,因此当颚瓣闭合过程中被块状物料卡阻时,可使各颚瓣随活塞杆不一的外伸度而处于不同的摆转位置,既能抓持块度不一的物料,又能使各液压缸活塞

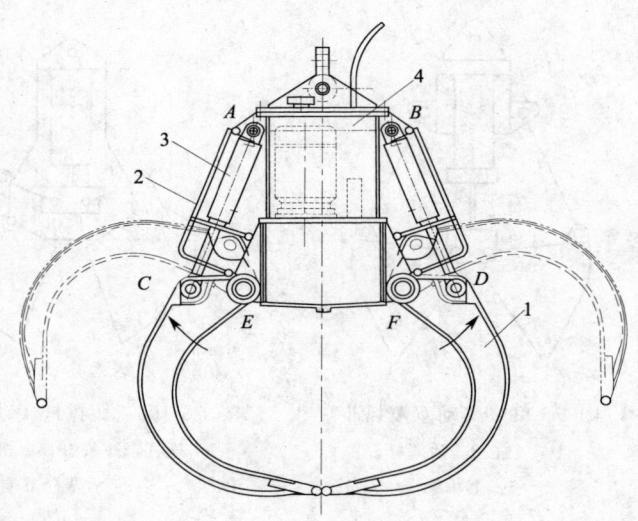

图 4-5-97 电动液压多瓣抓斗结构
1—颚瓣;2—防护罩;3—液压缸活塞杆;4—机构支架

杆的推力基本均衡,即具有多瓣抓斗异步启闭的功效。目前该抓斗较多地应用于抓取废钢铁、石块以及垃圾等作业场合。

为避免作业中外露的液压缸活塞杆与外物碰撞受损,通常在每个液压缸外设置一个防护板罩件。

电动液压多瓣抓斗的颚瓣的布置方式视作业场合而定,通常在径向水平均布,亦有左右对称的,例如左面四个和右面四个(图4-5-98)。

对于配置在自有液压系统的起重机和挖掘机上的抓斗,与前述的电动液压双瓣抓斗相同,仅需通过液压油管引入抓斗的各个液压缸来实现抓斗的启闭,抓斗本身不必设置液压系统装置。对于装设在挖掘机臂端的多瓣抓斗除具有颚瓣开闭动作外,有时需增设液压回转元件,增加抓斗的回转功能以适应作业需要。

**十三、气动抓斗的结构特点**

气动抓斗是一种适用于单索起重机在具有防蚀或卫生要求的作业场合,如造纸厂纸浆、酿酒厂酒糟、化工厂原(废)料等散装物料抓取的有效工具。利用压缩空气替代压力油液推动气缸活塞杆运动实现颚瓣的启闭,其基本原理同液压抓斗。

图4-5-99所示,是具有单个气缸活塞杆的长撑杆双瓣抓斗简图,气缸1安装在上承梁上,活塞杆2下端与下承梁固结。当压缩

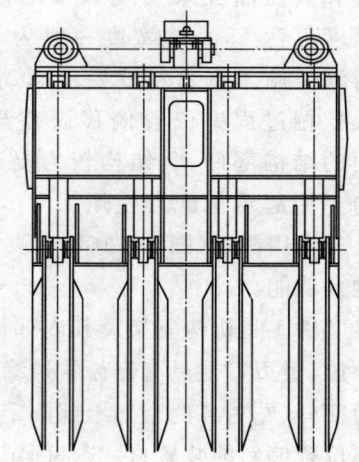

图 4-5-98 左右对称电动液压多瓣抓斗

空气进入气缸的下腔,活塞杆上行缩进气缸,颚瓣闭合;反之压缩空气进入气缸上腔,活塞杆下行伸出气缸,颚瓣开启。对于产生压缩空气的气压系统装置一般设在抓斗外,通过输气软管将压缩空气引入抓斗的气缸。颚瓣可根据作业需要制成多个,对应设置多个撑杆,则成为气动多瓣抓斗。

图4-5-100所示,是具有单个气缸活塞杆的无长撑杆的双瓣抓斗简图。气缸1安装在机构支架的中部,活塞杆2的下端铰接连杆3(如 $AC$ 杆和 $BD$ 杆),连杆的另一端与颚瓣上端铰接($C$ 或 $D$ 点),颚瓣铰接于机构支架下部的 $E$ 及 $F$ 处。活塞杆向下外伸时,通过连杆机构 $ACE$ 等使两个颚瓣分别绕 $E$ 或 $F$ 摆转而开启。反之,活塞杆上行内缩时,颚瓣闭合。

图 4-5-101 所示,是具有多个气缸活塞杆推动对应的多个颚瓣的气动多瓣抓斗简图。

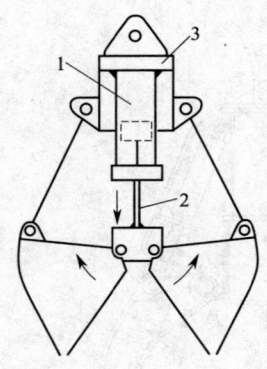
图 4-5-99 气动双瓣抓斗
1—气缸;2—活塞杆;
3—上承梁

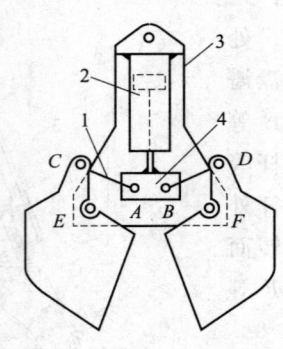
图 4-5-100 短撑杆气动双瓣抓斗
1—连杆;2—气缸;3—机构支架;
4—活塞杆下端

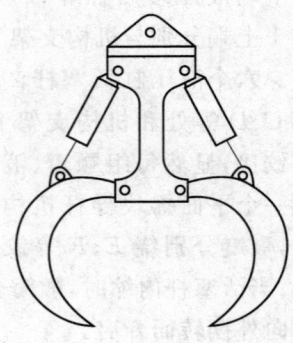
图 4-5-101 气动多瓣抓斗

### 十四、地下连续壁抓斗的结构特点

地下连续壁抓斗是一种适用于在建筑工地、水利基础、地下空间等作业场合从事土方、泥砂、砾石等深度挖取的专用施工工具。世界上德国、意大利、日本等发达国家研制开发较早,近年我国亦有成功开发先例。该抓斗大多用于高层建筑、隧道、地铁、桥梁、水利等领域的建设施工。

该抓斗多为双瓣,大致可分为绳索式和液压式两种,其结构与原理基本同上述的双(多)绳双瓣抓斗和液压双瓣抓斗,绳索式和液压式分别采用闭合滑轮组和液压油缸来实现颚瓣的启闭,现以液压式居多。该抓斗挖掘深度可达 150 m,宽度一般为 0.6 m~1.0 m,深孔垂直度要求高。为满足施工垂直精度要求,该抓斗通常装设长度较大的导向板,以及挖掘过程中位置偏移误差显示与自动纠偏装置,并具有坚固耐用的结构部件,其结构较为复杂,高度高(7 m~10 m),自重大。须与专用起重机配套使用。

现用简图(图 4-5-102)简要介绍一下电动液压式连续壁抓斗的结构及功能。

件 1 是机构支架及其内部设置的液压动力装置;件 2 是两个带齿颚瓣,竖刃口上具有锯齿状边缘(左右颚瓣闭合时啮合);件 3 是液压缸活塞杆(左右各两个),上部固定回转铰设在机构支架上;件 4 是感测抓斗位置偏斜的装置;件 5 是固定不动的前后长导板(有四块);件 6 是固定不动的左右短导板(有两块);件 7 是可调整的前后纠偏导板(上部和下部各四块);件 8 是可调整的左右纠偏导板(上部和下部各两块)。纠偏导板的动作由液压缸活塞杆运动来完成,以使导板紧贴孔壁。整个抓斗设有旋转装置 9,当起升支持绳悬挂抓斗时,整个抓斗可绕铅垂线旋转。

此抓斗通常须与专用履带起重机配套使用。当液压式履带起重机本身自有液压系统装置时,抓斗自身上可省略液压动力装置,仅需将起重机上的压力油通过油管引入抓斗,此时往往在起重机臂架下部设有卷绕输油软管的油管卷筒和电缆卷筒。此外,往往在臂架上部合适的位置,分别设置油管和电缆的导向滑轮。

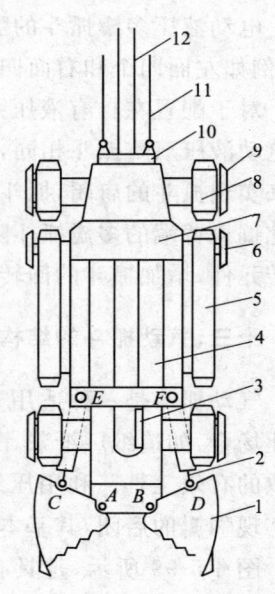
图 4-5-102 电动液压地下
连续壁抓斗结构
1—颚瓣;2—液压缸活塞杆;
3—测感装置;4—机构支架
及液压动力装置;5—前后长
导板;6—左右短导板;7—机
构支架;8—前后纠偏导板;
9—左右纠偏导板;10—旋转装
置;11—起升支持绳;12—电缆

## 第三节 双(多)绳长撑杆双瓣抓斗的力学分析

### 一、运动方面的分析

当抓斗被起升支持绳悬挂在空中时,抓斗的平面机构似于图 4-5-103 状态。此时上承梁可看作是固定不动的机架,下承梁在闭合绳作用下作为原动件。显然下承梁的运动是直线移动(上升时接近匀速,下降时为加速的),撑杆是变速定轴摆动(分别绕上承梁的 $A$、$D$ 点),颚瓣是平面运动(一方面分别绕下承梁的 $C$、$F$ 点摆转,而 $C$、$F$ 点本身要随下承梁在 $y$-$y$ 方向移动)。由此,颚瓣下端点 $G$、$H$ 的轨迹并非圆弧,而是一条当下承梁处于最下位时以 $C$ 或 $F$ 为圆心,以 $CG$ 或 $FH$ 为半径的圆弧上方的曲线。

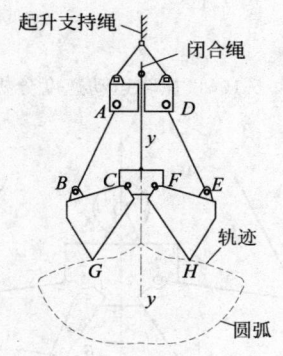

图 4-5-103 抓斗呈悬挂状态

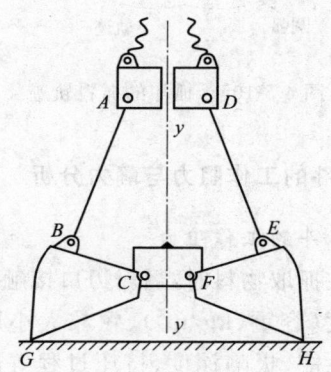

图 4-5-104 抓斗呈开启状态

实际作业时,起升支持绳被松弛,颚瓣底部接触物料而被托承,如果料堆表面是很坚实的平面,则抓斗各构件的运动就不是前面叙述的情况了。当下承梁为原动件作匀速向上直线移动时(实际的速度要比上承梁被悬挂时小),上承梁也将为沿 $y-y$ 方向,向下作变速直线移动,撑杆不再是绕 $A$ 或 $D$ 点作定轴摆转,因为 $A$ 和 $D$ 点将随上承梁发生移动。颚瓣依然作平面运动,不过下端点 $G$ 和 $H$ 的轨迹是一条水平直线(图 4-5-104)。

一般料堆常具一定程度的疏松状态,抓斗各构件的运动将发生较为复杂的变化。在具有闭合滑轮组的情况下,当闭合绳向上运动时,上承梁和下承梁沿着 $y-y$ 方向作相向运动。由于抓斗的自重及物料的疏松度,下承梁上移的速度比上述两种情况更缓。上承梁作向下移动,撑杆作平面运动,颚瓣也是作更复杂的平面运动,即一方面相对于下承梁的 $C$、$F$ 点作摆转,而下承梁在闭合滑轮组的向上作用和抓斗自重在具有疏松度的物料中下陷同时进行下适当上移(上移的程度比上述两种情况更小),因此,颚瓣下端 $G$ 和 $H$ 的轨迹将如图 4-5-105 所示。其中 $\triangle$ 是最大开度时抓斗由自重在料堆处的下陷深度。

以抓斗被起升支持绳悬挂在空中的情况为例,对抓斗进行速度分析(图 4-5-106)。

速度矢量方程 $\vec{V}_E = \vec{V}_F + \vec{V}_{FE}$ 其中 $\vec{V}_F$ 即是图中状态下承梁的上升速度,画出速度矢量图,即可从 $\triangle pfe$ 求出 $E$ 点的绝对速度 $\vec{V}_E$。$V_E = l_{pe} \times \mu_v$,$\mu_v$ 为比例尺,即 $\mu_v = V_F / l_{pf}$,$\vec{V}_E$ 的方向与 $\overline{DE}$ 垂直,指向为左下 $E$ 点相对于 $F$ 点的相对速度为 $\vec{V}_{EF}$,方向为与 $\overline{FE}$ 垂直,指向是基本向下,$V_{EF} = l_{fe} \times \mu_v$,这样杆 $FE$ 的相对回转角速度 $\omega = V_{EF} / l_{FE}$,方向为顺时针(相对于 $F$ 点)。由此可求出颚瓣下端 $G$ 的相对速度 $\vec{V}_{GF}$,方向与 $\overline{FG}$ 垂直,指向是基本向左,$V_{GF} = \omega \times l_{fg}$,最后可求出 $G$ 点的绝对速度 $\vec{V}_G = \vec{V}_F + \vec{V}_{GF}$,即 $V_G = l_{pg} \times \mu_v$。在不同程度的启闭状态下,$G$ 点的速度是不同的,总之在颚瓣启闭过程中,颚瓣的底刃口即以变化的速度运动着。

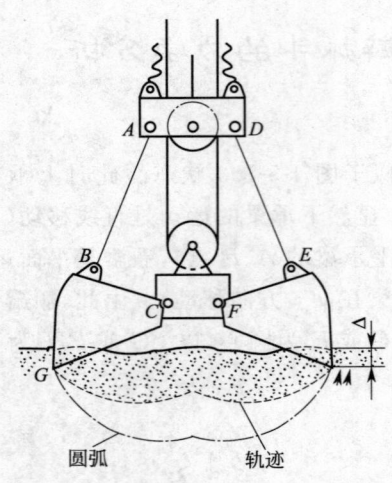
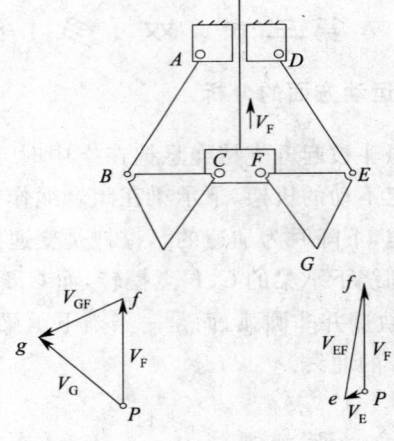

图 4-5-105　抓斗的抓料轨迹　　　　　　　图 4-5-106　抓斗运动速度分析

## 二、抓斗的工作阻力与静力分析

### (一) 抓斗的工作阻力

抓斗在抓取物料时，颚瓣刃口接触物料。由于物料的堆积密度（容重，kg/m³）、颗粒大小形状、压实程度、物料摩擦性能、板陷深度、挤压过程等因素会对一定形状的颚瓣刃口和颚瓣面产生阻力，阻力大小和作用方向的确定是比较困难的，一般近似认为阻力的作用方向在刃口底面的切面之上方（图4-5-107）。

下面提供一个参考计算式：

1. 一个颚瓣的底刃口板阻力

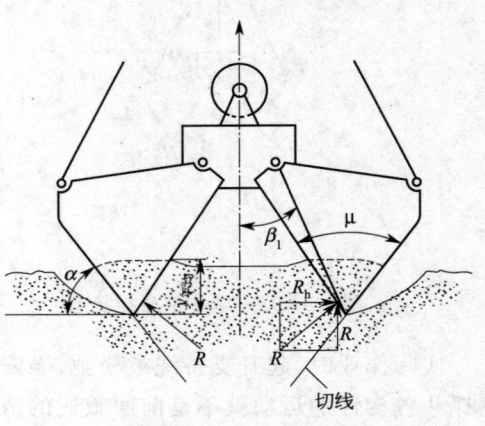

图 4-5-107　抓斗阻力分析

$$R_1 = q \times B \times \delta_0 \text{（阻力的方向在颚瓣底面的底刃口处切面内）} \quad (N) \tag{4-5-1}$$

式中　$\delta_0$——颚瓣底刃口板的厚度(m)；
　　　$B$——颚瓣宽度(m)；
　　　$Q$——颚瓣切口受到的比阻力(Pa)。

$$q \approx (1 + a_k/\delta_0)[31\rho \times f_0^2 \times y_{平均} + \tau(31f_0 - 1/f_0)] \tag{4-5-2}$$

式中　$a_k$——物料的典型粒度；（粒度是物料颗粒的包容立方体最大表面的对角线长度）
　　　$\rho$——物料的堆积密度；（容重，kg/m³，即物料在松散堆积状态下单位体积质量）
　　　$f_0$——物料的内摩擦系数；
　　　$y_{平均}$——颚瓣平均插入深度(m)，$y_{平均} \approx (0.2 \sim 0.5)V/BL$ (4-5-3)
　　　$V$——抓斗的容积(m³)；
　　　$B$——颚瓣的宽度(m)；
　　　$L$——颚瓣最大开度(m)；（即颚瓣开启最大时左右颚瓣底刃口间的水平距离）系数大值用于小颗粒物料；
　　　$\tau$——物料初始推移阻力（不同物料的数值可参考表 4-5-2）。

2. 一个颚瓣上竖刃口板阻力

$$R_2 = 2R_1 y_i \delta_0 / \sin\beta_i \tag{4-5-4}$$

式中　$y_i$——是某个瞬时颚瓣陷入物料堆的深度；

$\beta_i$——某瞬时颚瓣的位置角(图 4-5-107)。

表 4-5-2 常用散粒物料的物理参数

| 物料名称 | 堆积密度(容重)$\rho$/(t/m³) | 静堆积角$\gamma$(自然坡角)/(°) | 起始滑移阻力$\tau$/Pa | 内摩擦系数$f_0$ | 对钢外摩擦系数$f$ |
|---|---|---|---|---|---|
| 特大铁矿石、钨矿石、重金属矿石 | 4~4.5 | 0~15 | | 0.57~0.86 | 0.57~0.84 |
| 中小块铁矿石、锰矿石、烧结矿花岗石 | 2~3.5 | 20~60 | 300 | 0.57~0.86 | 0.57~0.84 |
| 干砂 | 1.25~2 | ~30 | 100 | 0.57~0.84 | 0.32~0.8 |
| 水泥 | 1.25~2 | ~40 | ~150 | 0.50~0.84 | 0.3~0.65 |
| 煤炭、焦炭、碎砖、干熔渣、碳酸钠 | 0.8~1 | 30~60 | 100 | 0.5~1 | 0.3~0.8 |
| 石膏、磷矿石、铁矾石、干小块黏土、干土、型砂、卵石、石灰石、石灰、岩石、砖、盐 | 1.25~2 | 30~45 | | 0.58~0.73 | 0.46~0.71 |
| 褐煤 | 0.7 | ~20 | | ~0.6 | 0.5~0.6 |
| 干燥粮食 | 0.4~0.63 | 25~45 | | | |

3. 物料对颚瓣面摩擦力及滑移阻力

$$R_3 \approx 0.5\rho_g B y_0^2 \times \cot(\gamma-\varphi_0/2) \times \tan(\varphi_0/2+\gamma)(1+k_0) \tag{4-5-5}$$

式中 $\gamma$——物料的静堆积角(°);

$\varphi_0$——物料的内摩擦角 $f_0=\tan\varphi_0$;

$y_0$——颚瓣初始陷入物料堆的深度。

$$y_0 \approx (0.2\sim 0.5)L \times \cot\mu' \text{(小颗粒物料取系数为 0.5)}$$

式中 $\mu'$——颚瓣的几何形状角(见图 3-5-107)。

$$k_0 = (2y_0/3B) \times \{\tan\varphi_0/[\tan^2(\gamma-\varphi_0/2) \times \tan(\varphi_0/2+\gamma)]\} \tag{4-5-6}$$

4. 已入斗的物料对正在入斗的物料的阻挡力

$$R_4 \approx (\rho \times y_{平均}^3/3) \times \cot^2(\gamma-\varphi_0/2) \times \tan\varphi[\tan\alpha+\cot\beta_i] \tag{4-5-7}$$

式中 $\varphi$——物料对颚瓣的外摩擦角,

$$\varphi = \arctan f$$

$f$——外摩擦系数;

$\alpha$——即时的颚瓣底与水平面的夹角(见图 4-5-107)。

一个颚瓣上的总阻力:

$$R = R1 + R2 + R3 + R4 \tag{4-5-8}$$

常将 $R$ 分解成垂直分量 $R_V$ 和水平分量 $R_h$。

$R1$ 的方向近似为与颚瓣底刃口相切,$R2$,$R3$,$R4$ 的作用点在底刃口上方,方向近似于水平稍向上倾斜。

对于颚瓣切口受到的比阻力 $q$ 可参考表 4-5-3 选用。

表 4-5-3 不同物料情况下的颚瓣单位切口长度受到的比阻力

| 物料 | $q$/Pa | 物料 | $q$/Pa |
|---|---|---|---|
| 灰、干土、砂、小煤块 | $(0.9\sim 1.3)\times 10^5$ | 石灰石、碎石、轻矿石 | $(6\sim 9)\times 10^5$ |
| 未经分选的煤、坚实土壤、砂土、黏土 | $(1.5\sim 2.5)\times 10^5$ | 坚硬的碎石、岩石、重矿石 | $(11\sim 15)\times 10^5$ |
| 大煤块、石子、干黏土、带茎的泥煤 | $(3.5\sim 5.25)\times 10^5$ | | |

(二)抓斗的静力分析

根据闭合绳产生一定拉力的情况下,颚瓣刃口能对物料产生多大切入力,从而可判断该抓斗是否适应抓取具有一定阻力的物料。

1. 以上承梁为研究对象(图 4-5-108b)

上承梁受有自重力 $F_1$、撑杆自重力 $F_g$(可以分解作用在上承梁和颚瓣铰点上)、撑杆作用力

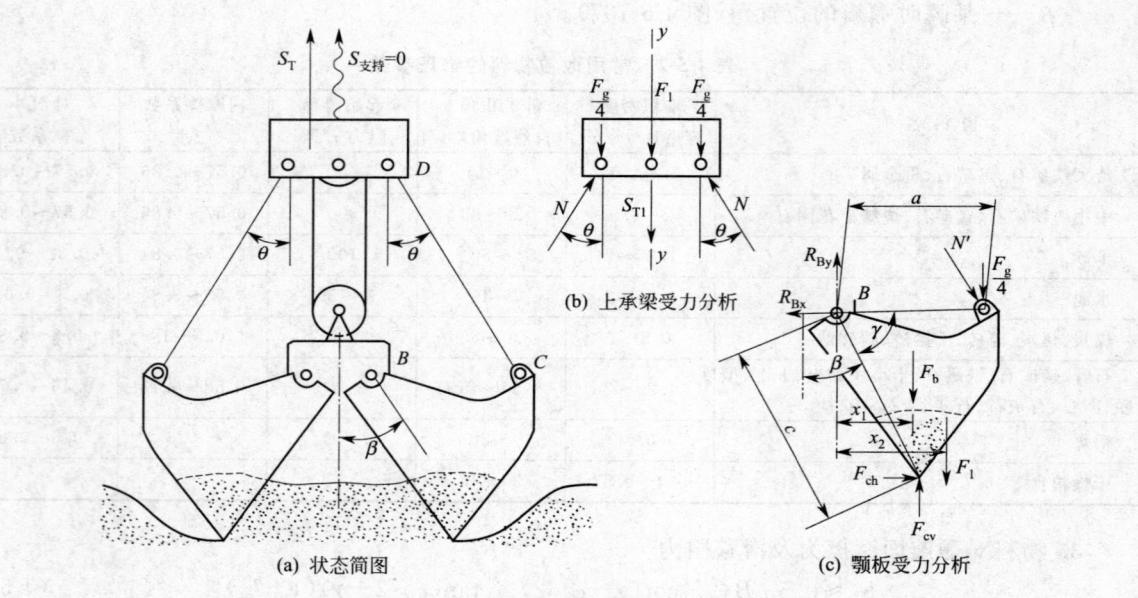

(a) 状态简图　　(b) 上承梁受力分析　　(c) 颚板受力分析

图 4-5-108　抓斗在闭合绳力作用下的受力分析

$N$、闭合滑轮组作用力 $S_{T1}$

$$S_{T1}=S_T(m-1)\cdot\eta_{组}$$
$$=S_T(m-1)\cdot(1-\eta^m)/[m(1-\eta)] \quad (4\text{-}5\text{-}9)$$

式中　$S_T$——闭合绳拉力；
　　　$m$——闭合滑轮组倍率；
　　　$\eta$——单个滑轮机械效率。

图示颚瓣位置时的抓斗上承梁考虑不计运动副的摩擦，则可据 $\sum F_y=0$，

$$2N\cos\theta-F_g/2-F_1-S_{T1}=0$$

撑杆作用力

$$N=(S_{T1}+F_1+F_g/2)/2\cos\theta \quad (4\text{-}5\text{-}10)$$

2. 以一个颚瓣为研究对象（图 4-5-108c）

其上受有撑杆自重力 $F_g/4$、撑杆作用力 $N'$、一个颚瓣自重力 $F_b$、一个颚瓣中的物料的重量力 $F_1$ 以及一个颚瓣上能克服的阻力之垂直分量 $F_{cv}$ 和水平分量 $F_{ch}$（设定作用在下刃口上）。

在不考虑运动副摩擦时，据 $\sum m_B(F)=0$

$$(N'\cos\theta+F_g/4)a\sin(\beta+\gamma)-N'\sin\theta\cdot a\cos(\beta+\gamma)-F_{ch}c\cos\beta-F_{cv}c\sin\beta+F_b x_1+F_1 x_2=0$$

式中　$N'=N$

以整个抓斗的一半作为研究对象，取 $\sum F_y=0$，得

$$F_{cv}=F_1/2+F_2/2+F_b+F_1+F_g/2-S_T/2 \quad (4\text{-}5\text{-}11)$$

式中　$F_2$——下承梁自重力。

当左右颚瓣完全闭合时，左颚瓣底刃口给右颚瓣底刃口上的水平分力（图 4-5-109）为：

$$F_{ch}\approx S_T(m-1)/2h_{铰}[t-(h_{铰}-h)\tan\theta-em/(m-1)] \quad (4\text{-}5\text{-}12)$$

通过上式可求得 $N$ 与 $F_{ch}$ 的关系。显然若要克服较大的 $F_{ch}$ 需要较大的 $S_{T1}$ 以及较大的 $N'$ 值和 $N'$ 力至铰 $B$ 的力臂。当闭合绳拉力 $S_T$ 由起重机起升机构限定的话，则可通过增加闭合滑轮组的倍率 $m$ 来达到所需要的 $S_{T1}$。

若能通过参考计算及实践经验概定一个物料阻力 $R_h$ 的话，那可以对具有倍率 $m$ 的闭合滑轮组中具有可能达到拉力 $S_T$ 的抓斗分析计算求出在工作时能够克服的物料阻力 $F_{ch}$，即颚瓣刃口对

物料产生的插入力。当 $F_{ch} > R_h$ 时就能可靠地工作。要求通过合理设计，使抓斗左右颚瓣接近闭合时能产生足够的可克服物料阻力的驱压力，以确保物料被挤拥在左右颚瓣之间，即使整个抓斗被钢绳向上拉离料堆，物料也不会自颚瓣间下落，从而保证抓斗具有良好的抓取量。

在设计抓斗时，往往依据起重机起升机构钢绳能产生的额定拉力（作为抓斗闭合绳能产生的拉力）、抓取物料的种类等因素初定抓斗自重及抓取物料的额定重量，并依据物料的大致阻力情况，结合经验确定闭合滑轮组的倍率 $m$，由此获得较大的闭合滑轮组总拉力以及一定值的撑杆推力，从而让颚瓣产生一定的克服物料阻力的能力。

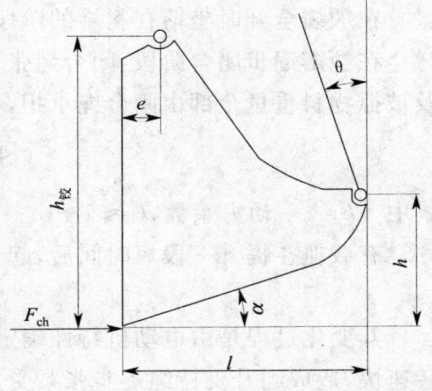

图 4-5-109　抓斗闭合时单个颚瓣位置

需要时，可通过一定的计算获知颚瓣能克服的阻力大小。

对于颚瓣与下承梁相联的铰点 $B$ 上的作用力 $R_{BX}$ 和 $R_{BY}$，可以通过以右半个颚瓣为研究对象来分析获取。

据 $\sum F_x = 0$，得
$$R_{BX} = F_{ch} + N'\sin\theta \tag{4-5-13}$$
据 $\sum F_y = 0$，得
$$R_{BY} = N'\cos\theta + F_b + F_1 + F_{cv} \tag{4-5-14}$$

当颚瓣处于不同闭合位置时，可以求得不同的 $N、F_{ch}、F_{cv}、R_{BX}、R_{BY}$（在颚瓣最大开度，若遇树桩、大石等很大物阻时，常达最大值），颚瓣在闭合过程中遇到物料阻力发生变化时，撑杆承受的压力 $N$ 会变化，闭合绳中的拉力也随之变化，当颚瓣上阻力大到促使闭合绳拉力达到起重机起升机构钢绳的额定值时（当左右颚瓣闭合后，也相当于颚瓣受有很大阻力），期待整个抓斗被提升离开料堆，以免闭合绳的拉力超过额定值而遭损坏。因此设计抓斗时，应使抓斗的自重及被抓物料的重量之和不超过闭合绳的额定拉力。由此，颚瓣上物料阻力不论多大，整个抓斗终会被提升离开料堆，所以闭合绳的最大拉力不会超过抓斗自重与被抓取物料重量之和。

在考虑动力系数后，闭合绳最大拉力为：
$$S_{T\max} = (G_斗 + G_物)k_d \tag{4-5-15}$$

式中　$G_斗$——抓斗自重；

$G_物$——被抓物料重量；

$k_d$——动力系数，
$$k_d \approx 1 + v \tag{4-5-16}$$

其中　$v$——起升速度（m/s）。

双绳抓斗的起升支持绳和闭合绳分别由起重机的两台独立的起升机构卷筒卷绕升降。在抓斗的一个工作循环中，起升支持绳和闭合绳的拉力是变化的，其大致变化情况如图 4-5-110 所示。

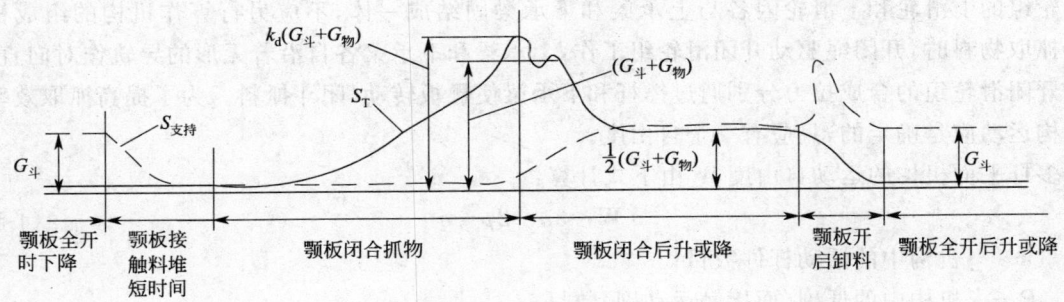

图 4-5-110　一个工作循环中起升支持绳与闭合绳的拉力变化曲线

在颚瓣全开时下降阶段，抓斗自重全部由起升支持绳承担，即 $S_{支持}=G_斗$，$S_T=0$；

在颚瓣全开时坐落在料堆的阶段，起升支持绳与闭合绳全部松弛，即 $S_{支持}=S_T=0$；

在颚瓣逐步闭合阶段，闭合绳张力逐步增加，在抓斗闭合完成刚被提起离开料堆时，抓斗自重及被抓物料重量全部由闭合绳承担，考虑动力载荷后：

$$S_T=k_d(G_斗+G_物),S_{支持}=0 \tag{4-5-17}$$

式中 $k_d$——动力系数，$k_d\approx1+v$。

有载抓斗提升一段短时间后，起升支持绳逐步受力，使：

$$S_{支持}=S_T\approx 1/2(G_斗+G_物) \tag{4-5-18}$$

其变化过程是由电动机特性确定的，刚提升时，起升支持绳不受力，驱动起升支持绳的电动机转速快，造成起升支持绳逐步张紧受力，最后驱动起升支持绳的电动机与驱动闭合绳的电动机转速趋于相同。

当颚瓣开启时，物料逐步卸出，闭合绳受力逐步减小，直至为零，即 $S_T\rightarrow0$。由（式 4-5-18）可知，起升支持绳受力在短时较大增加后，即减小至抓斗的自重力，即 $S_{支持}=G_斗$。

撑杆推力 $N$ 和颚瓣回转铰的水平反力 $R_{Bx}$ 的变化情况，如图 4-5-111 所示。

在计算抓斗各构件的强度时，应求出受到的最大内力，可以大致认为颚瓣闭合至一半位置时，闭合绳的拉力达到起重机起升机构产生额定拉力情况下，各构件将会产生较大内力（此时撑杆与铅垂方向夹角较大具有较大轴向力，且对颚瓣摆铰具有较大力臂），有时近似以颚瓣闭合位置，闭合绳承受 $S_T=k_d(G_斗+G_物)$ 情况下来计算各构件的内力。（当抓斗开始在料堆上闭合，颚瓣偶遇树桩、大石等很大物阻，致使闭合绳拉力达到起升机构产生额定拉力的情况下，往往会使各构件出现最大内力，为安全起见，亦应以此计算构件强度，不过此时可提高材料的许用应力，取 $[\sigma]\approx0.85\sigma_s$。）

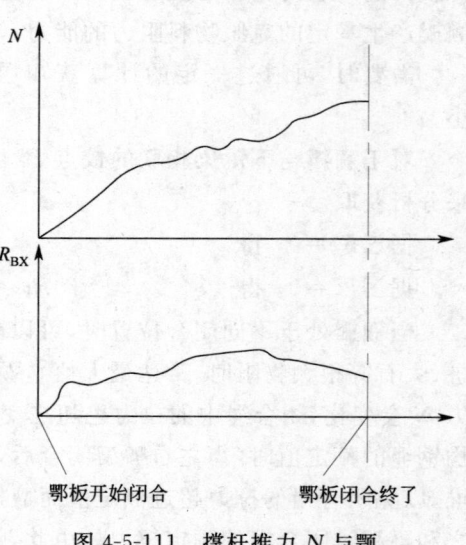

图 4-5-111　撑杆推力 $N$ 与颚瓣铰反力 $R_{Bx}$ 的变化曲线

## 第四节　双绳双颚板抓斗的机构分析

双绳双颚板抓斗在煤、灰、沙等散料的装卸中应用最广。这种抓斗在颚板开闭的平面内可以看作是一个多杆平面机构（图 4-5-112）。它由两块颚板、两根撑杆（实际上有四根撑杆，由于对称布置，在平面机构分析时，只考虑左右各一根）、一个上承梁和一个下承梁组成六杆平面机构。抓斗开闭滑轮组的上滑轮和下滑轮因各与上承梁和下承梁固结成一体，不应另行算作机构的组成杆件。抓斗抓取物料时，开闭绳驱动开闭滑轮组工作，上承梁和下承梁各自沿着无形的导轨作对向直线滑动。开闭滑轮组的合成拉力分别通过撑杆和下承梁使颚板转动，闭斗抓料。为了提高抓取效率，抓斗机构运动应是确定的，只应有一个自由度。

多杆平面机构的运动自由度 $W$ 由下式计算：

$$W=3n-2p-q \tag{4-5-19}$$

式中 $n$——机构中的活动杆件数目；

$P$——机构中的低副（面接触运动副）数目；

$q$——机构中的高副（点线接触运动副）数目。

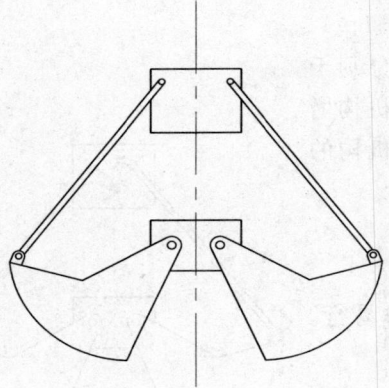

图 4-5-112 抓斗机构

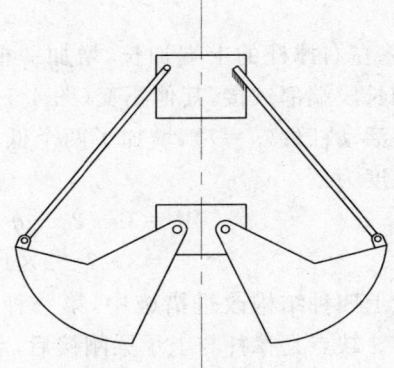

图 4-5-113 改进后的抓斗机构之一

在图 4-5-112 所示的抓斗机构中，活动杆件数 $n=6$（上承梁、下承梁、两根撑杆、两块颚板），低副数 $p=8$（六个销轴联接，上承梁、下承梁各作直线滑动），高副数 $q=0$，将各值代入上式，即可得出抓斗机构的运动自由度 $W$：

$$W=3n-2p-q\\=3\times6-2\times8-0=2$$

具有两个自由度的六杆抓斗机构在闭斗抓料时的运动是不确定的，必须采取措施消除多余的自由度。从式 4-5-19 可以看出，减少机构活动杆件数目，改变机构运动副的数目或性质（低副或高副），就能达到目的。可能采取的措施有以下几种：

(1) 将抓斗一侧的撑杆与上承梁固结（图 4-5-113），与图 4-5-112 相较，减少一根活动杆件和一个低副，此时的抓斗机构运动自由度为：

$$W=3n-2p-q\\=3\times5-2\times7-0=1$$

(2) 两块颚板彼此用扇形齿轮联接，其他不变，由此增加一个高副（$q=1$）（图 4-5-114），抓斗机构运动自由度为：

$$W=3n-2p-q\\=3\times6-2\times8-1=1$$

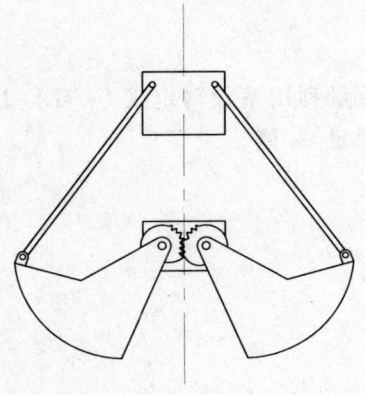

图 4-5-114 改进后的抓斗机构之二

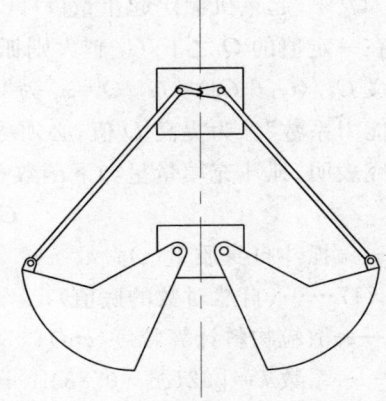

图 4-5-115 改进后的抓斗机构之三

(3) 将左右撑杆的上端加长，加工成凸轮，相互衔接，从而增加一个高副，其他不变（图 4-5-115），抓斗机构自由度为：

$$W = 3n - 2p - q$$
$$= 3 \times 6 - 2 \times 8 - 1 = 1$$

(4) 将左右撑杆的上端加长，增加一根短杆，短杆两端分别于撑杆的加长段端部铰接，其他不变(图 4-5-116)。改进后的机构增加了一根活动杆件($n=7$)，增加了两个低副($p=10$)，此时机构的运动自由度为：

$$W = 3n - 2p - q$$
$$= 3 \times 7 - 2 \times 10 - 0 = 1$$

在以上四种结构改进措施中，第一种(图 4-5-113)简单易行，应用最多。缺点是撑杆与上承梁刚接后，承受附加弯矩。

通过抓斗的机构分析，还可以看出，左右撑杆的上端与上承梁的联接，不管是共用一根销轴(单铰)或是各用一根销轴(双铰)，都不影响抓斗机构运动的自由度。同理，两块颚板与下承梁的联接，不管是单铰还是双铰，对抓斗机构的运动自由度也不产生影响。

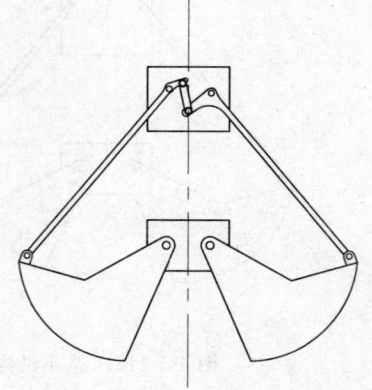

图 4-5-116 改进后的抓斗机构之四

## 第五节 抓斗主要特性参数及其对工作能力的影响

抓斗的主要特性参数有抓斗容积、自重、颚瓣宽度、颚瓣最大开度、颚瓣底背角、颚瓣端面形状、颚瓣闭合速度、闭合滑轮组倍率、钢绳直径、滑轮直径以及与抓斗有关的物料堆积密度(亦称"容重")、物料粒度、堆积角、使用抓斗的起重机起重量、张开抓斗向料堆降投速度等，对抓斗工作时的抓取能力具有错综复杂的影响。

抓取能力，即是额定起重量的起重机采用抓斗后能有效地抓取多少重量的物料。然而被抓物料的重量与抓斗自身的重量之和不能超过起重机的额定起重量。

$$G_1 + G_d \leqslant Q \tag{4-5-20}$$

式中 $G_1$——抓斗充填量即物料质量(t)，

$$G_1 = \rho V \tag{4-5-21}$$

其中 $\rho$——物料堆积密度(容重)，
$V$——抓斗容积；
$G_d$——抓斗自身质量(t)；
$Q$——起重机额定起重量(t)。

显然在一定值的 $Q$ 之下，$G_1$ 越大则抓取能力越好。

现定义 $G_1/(G_1+G_d) = G_1/Q = \eta_g$ 为"抓斗起重机的起重量利用系数"，定义 $G_1/G_d = D$ 为"抓斗的抓取能力系数"。为提高 $D$ 值，必须尽可能提高抓斗充填量 $G_1$ 值。

经研究表明，抓斗充填量呈如下函数关系：

$$G_1 \approx k \cdot e^{-\sqrt{S}} \cdot G_d \tag{4-5-22}$$

式中 $G_d$——抓斗自身质量(t)；
$e = 2.717\cdots$(自然对数的底值)；
$S$——散粒物料计算粒度(cm)；
$k$——系数 $k = [62(\psi^3 - 0.834\psi^2 + 0.213\psi) + C_{k4}]$；
$\psi$——颚瓣宽度比系数；

$$\psi = B/L_{max}$$

其中 $B$——颚瓣宽度；
$L_{max}$——颚瓣最大开度，即颚瓣开启最大时，左右底刃口间的水平距离；

$q$——系数，$q=(C_1\psi^4+C_2\psi^2+C_3)$

$$C_{k4}=2.1\times10^{-3}(°)^{-2}(\alpha_s-11.3°)^2+0.083;$$
$$C_1=0.555^{-1/2}\text{cm};$$
$$C_2=0.32^{-1/2}\text{cm};$$
$$C_3=0.173^{-1/2}\text{cm}。$$

表 4-5-4　$k$ 和 $q$ 的计算值

| 抓斗型式 | $\alpha_s/°$ | $k\times G_d/t$ | $k$ | $\Delta k/k\times100/\%$ | $q/\text{cm}^{1/2}$ | $\Delta q/q\times100/\%$ | $\Delta G_k/G_1\times100/\%$ |
|---|---|---|---|---|---|---|---|
| 窄型 ($\psi=0.35$) | 5 | 1.54 | 0.924 | 3.5 | 0.22 | 1.5 | 4.0 |
|  | 15 | 1.71 | 0.972 | 2.8 | 0.22 | 1.2 | 3.2 |
| 标准型 ($\psi=0.45$) | 5 | 1.82 | 1.045 | 4.6 | 0.27 | 2.6 | 5.7 |
|  | 15 | 2.06 | 1.10 | 4.1 | 0.26 | 2.7 | 7.1 |
| 宽型 ($\psi=0.55$) | 5 | 3.25 | 1.78 | 3.4 | 0.32 | 1.4 | 3.7 |
|  | 15 | 3.63 | 1.84 | 6.5 | 0.32 | 2.7 | 7.1 |
| 窄型 ($\psi=0.35$) | 10 | 1.72 | 1.01 |  | 0.22 |  | ≈4 |
| 标准型 ($\psi=0.45$) | 10 | 2.03 | 1.12 |  | 0.26 |  | ≈8 |

表中 $\alpha_s$——颚瓣闭合时底刃口板与水平面之间的夹角（图 4-5-109）。

散粒物料的计算粒度 $S$ 是通过物料样品的不同颗粒实际粒度换算所得，粒度即是颗粒的包容立方体最大表面对角线长度，一般将粒度分成 4 级（表 4-5-5）。

表 4-5-5　散粒物料的计算粒度 $S$

| 级　别 | 粒度/mm | 观　感 |
|---|---|---|
| 1 | 0～15(13) | 细粒 |
| 2 | 16～50(43) | 碎粒 |
| 3 | 51～110(100) | 大粒 |
| 4 | 111～180(160) | 大块 |

注：括号（ ）内数字为折算值。

### 一、物料性质状态及其影响

物料的性质状态常用计算粒度、堆积密度（容重）、堆积角、摩擦系数等来表征。

将不同的物料计算粒度 $S$ 和不同的 $\psi$ 值代入式 4-5-22 及 $\eta_g=G_1/Q$ 就能求得不同的抓斗起重量利用系数 $\eta_g$。研究发现，当物料的计算粒度较小时，可得到较大的抓斗起重量利用系数 $\eta_g$，当采取一个适宜的 $\psi$ 值，在一定粒度 $S$ 时可获得很高的 $\eta_g$ 值。将这样的 $\psi$ 写为 $\psi_{\max}$，对应得到 $\eta_{g\max}$。在此取用一个直角坐标系统，横坐标为 $S$，纵坐标为比值 $\eta_g/\eta_{g\max}$，再通过一系列计算画出如下曲线（图 4-5-117）。

物料的堆积密度（容重）、内摩擦系数亦是影响抓斗抓取能力的因素。对于容重大、内摩擦系数大以及粒度大的物料，例如大块矿石一类难以抓取的物料，常需采用自重较重的抓斗，选用较大的闭合滑轮组倍率。对于容易抓取的粮食等物料，可采用自重轻、闭合滑轮组倍率较小的抓斗。对于大块或坚实的物料，平直的颚瓣刃口不易切入，一般加装刚硬尖齿以提高抓取能力或采用多瓣抓斗。

关于常用散粒物料的堆积密度（容重）可参见表 4-5-1。

### 二、抓斗自重、各构件重量比例及其影响

为提高抓斗的抓取能力系数，对于需要抓取一定重量 $G_1$ 物料的抓斗，在保证抓取量并使结构

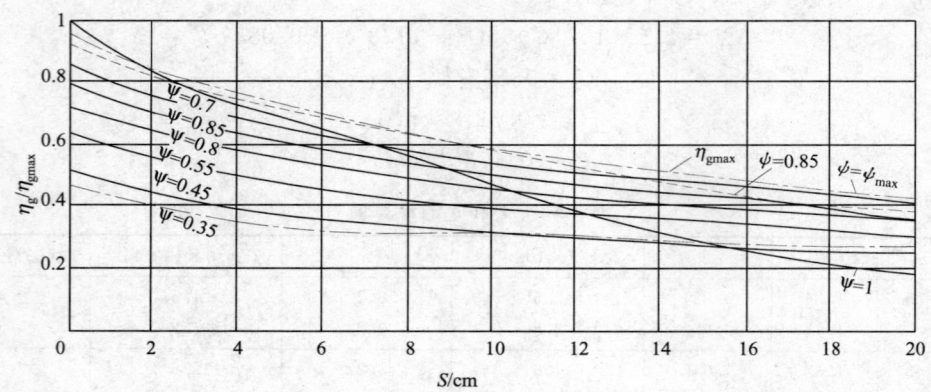

图 4-5-117　$\eta_g/\eta_{gmax}$ 与粒度 $S$ 的关系曲线

具有可靠的强度、刚度、稳定性、耐磨性前提下,应尽可能减轻抓斗的自重,但过小的自重将不能完成预期的抓取量。

据式 4-5-11 可知,抓斗的自重将会形成较大的颚瓣插入力的垂直分量 $F_{cv}$,因此抓斗必须具有足够的自重。

由于堆积密度大、粒度大、内摩擦系数大、较坚实的物料(例如大块矿石等)阻力大,显然要求抓斗具有较大的自重,反之对粮食和煤炭等物料,则可适当减轻抓斗的自重。据实践分析,一般使抓斗自重近似于被抓物料的重量。即 $G_d \approx G_1$ ($G_1 = v \times \rho \times k_充$;$k_充$——抓斗中物料的充满率)。

对于绳索类抓斗,各构件重量比例颇有讲究(尤其是在闭合滑轮组倍率较小时),经分析和实践可知,增加上承梁和撑杆的重量尤为重要,增加颚瓣与撑杆联接铰处的局部重量次之,至于下承梁的轻重则影响不大,但为保证空斗顺利开启,下承梁的重量不能太轻。然而,上承梁的重量过重也会使抓斗重心高、易倾覆。表 4-5-6 列出一般双绳长撑杆抓斗各构件重量大致比例,供设计参考。

表 4-5-6　一般双绳长撑杆抓斗各构件重量比

| 上承梁 | 撑　杆 | 颚　瓣 | 下承梁 |
| --- | --- | --- | --- |
| 0.22 | 0.15 | 0.45 | 0.18 |

### 三、颚瓣端面几何形状尺寸及其影响

目前,最常用的颚瓣端面几何形状如图 4-5-118 所示,底边线由两段倾斜直线及圆弧组合而成。常用倾斜角 $\delta = 30° \sim 34°$,常用底背角 $\alpha_s = 11° \sim 13°$(对于干燥物料)。

图示形状适用于中等粒度(60 mm~100 mm)、比较干燥的物料,其阻力适当,具有较好的颚瓣充满率,并便于卸料;对于潮湿物料,采用背角 $\alpha_s = 12° \sim 14°$,背角太小易使颚瓣底背部擦着物料而

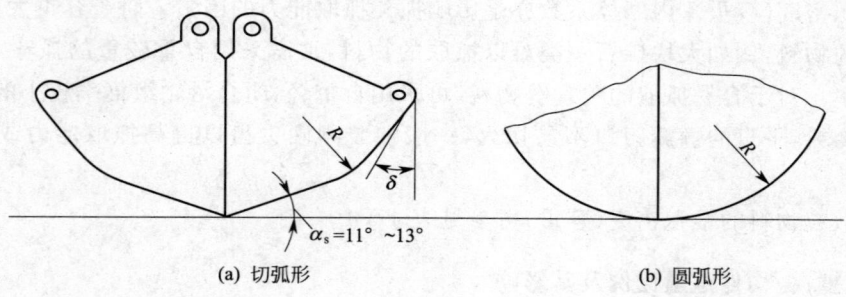

(a) 切弧形　　　　　　　　　(b) 圆弧形

图 4-5-118　颚瓣端面形式

增加阻力,背角太大则使颚瓣容积减小,物料对颚瓣底板内面摩擦增加;当物料呈细粒状,内摩擦系数很小时,可采用容积较大的半圆形端面的颚瓣(背角 $\alpha_s=0$,见图4-5-113);对于抓取大块物料($>$ 100 mm)的重型抓斗,颚瓣下部采用较大背角,并且底侧板基本为一个斜直平面。

### 四、颚瓣宽度及其影响

对于一定容积颚瓣,宽度与端面尺寸相互关联。适当的宽度及宽度系数 $\psi=B/L_{max}$ 可使颚瓣最大开度恰当,端面尺寸合理,由此可减小物料摩擦的抓取阻力,从而获得较好的抓取性能。例如粒度不大且较松散的物料,可采用 $\psi \geqslant 0.7$,对于粒度大及较坚实的物料,为增强刃口单位长度切入力,保证切入深度,宜选用较窄的颚瓣。此时不足是颚瓣端面尺寸大、重心高、颚瓣开度大、物料摩擦阻力增加。据实践分析,常用宽度系数推荐如下:

$\psi=0.35$ 为窄型抓斗,$\psi=0.45$ 为标准型抓斗,$\psi=0.55$ 为宽型抓斗。

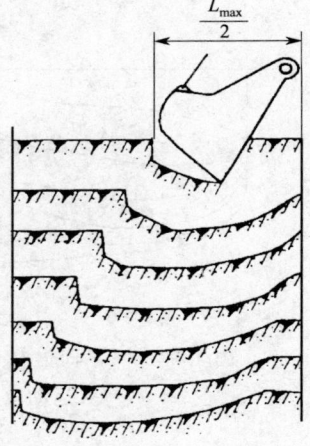

图4-5-119 模型抓斗的抓料轨迹

### 五、颚瓣最大开度及其影响

一般说颚瓣具有较大开度时,抓物行程长而能抓取较多物料量,但经实践及分析,开度过大时,颚瓣推移压送物料的功耗增加,阻力增加,可能造成颚瓣尚未完全闭合时,整个抓斗被提升离开料堆,物料的充满率不升反降,所以应采用适宜的最大开度。具有不同最大开度 $L_{max}$ 的抓斗模型的抓物轨迹与抓取量,如图4-5-119和表4-5-7所示,当 $L_{max}>870$ mm 时,被抓取的物料重量 $G_1$ 反而减少了。

### 六、颚瓣闭合速度及其影响

随着颚瓣闭合速度的提高,由于物料变动惯性阻力增加,刃口在单位时间中的功耗增加,物料孔隙中的空气逸出阻力增加,因而抓取阻力增加,从而降低抓取性能。

经实践可知,对常用的具有背角的直线圆弧组合形端面的颚瓣,闭合速度对抓取性能的影响不大。

表4-5-7 抓斗最大开度与抓取量关系

| $L_{max}$/mm | $G_1$/kg |
|---|---|
| 570 | 18 |
| 670 | 19 |
| 770 | 20.5 |
| 870 | 22 |
| 970 | 21 |
| 1 070 | 20.3 |
| 1 115 | 19 |

### 七、抓斗向料堆投掷速度的影响

加快投掷速度,利用抓斗自重的惯性力,可增大颚瓣刃口切入料堆的深度,对抓取粒度较大或坚实的物料具有实效。对于松散物料,如果颚瓣快速投掷切入料堆过深,则增加抓取阻力,若闭合力矩不足时,并不能达到增大抓取量的效果。所以,作业中应视物料特性,不宜一概采取加大投掷速度的方法,以免影响抓斗构件的强度和刚度。

### 八、闭合滑轮组倍率及其影响

在闭合绳产生一定拉力的情况下,提高闭合滑轮组的倍率将会增强撑杆的推力,推动颚瓣克服抓物阻力,增加抓挖物料深度,以抓取更多的物料量,从而提高抓斗的抓取能力系数,即保证抓斗构件强度、刚度前提下,可适当减轻抓斗的自重。图4-5-120所示单个颚瓣刃口在不同倍率时不同的抓物轨迹。经实践可知,倍率不宜太大,以免延长闭合时间,增加滑轮数、闭合钢绳长度及磨损程度。表4-5-8列出常用双绳抓斗闭合滑轮组的倍率 $m$。

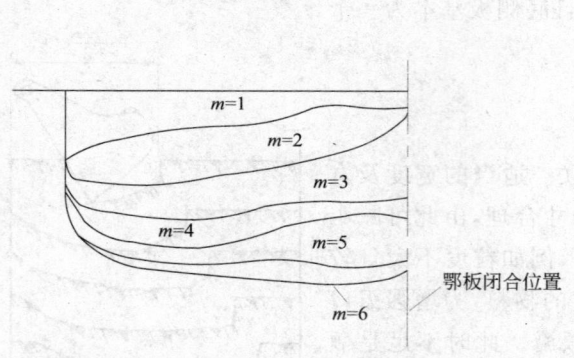

图 4-5-120　不同倍率下颚瓣刃口抓料时运动轨迹

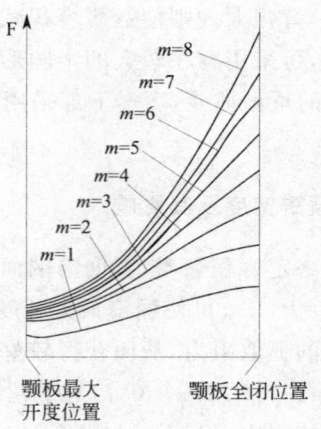

图 4-5-121　不同倍率下颚瓣抓料时所克服的物料阻力

表 4-5-8　双绳抓斗闭合滑轮组的倍率 $m$

| 抓斗类别 | 轻型抓斗 | 中型抓斗 | 重型抓斗 | 特重型抓斗 |
|---|---|---|---|---|
| 闭合滑轮组倍率 $m$ | 2～4 | 4～5 | 5～6 | 6 |

图 4-5-121 所示在不同倍率时,颚瓣抓取物料时能克服的物料阻力($F_{ch}+F_{cv}=F$)的大致情况。

### 九、滑轮直径和钢绳直径及其影响

闭合滑轮组钢绳的直径,应根据闭合绳分支数、钢绳破断拉力、起重机额定起重量等因素计算确定,并考虑钢绳安全系数,留有一定的安全裕度。

滑轮直径根据钢绳直径乘以一定的倍数加以确定。

## 第六节　双（多）绳长撑杆双瓣抓斗的设计计算

抓斗设计时,必须依据起重机的额定起重量、起升速度、起升高度以及被抓物料的堆积密度(容重)、粒度、堆积角(自然坡角)、潮湿度、坚实程度、结块性等相关特性参数,通过分析计算确定抓斗结构形式、几何尺寸和制作材料,以保证抓斗整体与构件具有足够的强度、刚度和稳定性,并具有理想的抓取性能。

以下以最为常见且使用最广的双(多)绳长撑杆双瓣抓斗为例,阐述抓斗的设计计算方法。

### 一、初定抓斗自重（质量）

当起重机额定起重量为 $Q$ 时,应使 $G_d+G_l=Q$,式中 $G_d$ 为抓斗自身质量,$G_l$ 是被抓物料质量。在满足强度、刚度等情况下,若抓斗的自重 $G_d$ 较轻,则起重机通过抓斗可抓取的物料 $G_l$ 较多,但自重过轻,抓斗可能抓不到同等量的物料。因此必须合理确定抓斗自重,一般初始估定可使 $G_d≈G_l≈Q/2$。

根据实际使用及计算分析,抓斗自重可随被抓物料的特性(例如堆积密度)适当加以调整,因此

$$Q_d=k_1×Q$$

式中　$k_1$——抓斗自重系数,见表 4-5-9。

表 4-5-9　抓斗自重系数 $k_1$

| 物料堆积密度(容重)$\rho_{堆}/(t/m^3)$ | 0.63 | 0.8 | 1.0 | 1.25 | 1.6 | 2.0 | 2.5 | 3.2 |
|---|---|---|---|---|---|---|---|---|
| 抓斗自重系数 $k_1$ | 0.434～0.48 | 0.429 | 0.426 | 0.420 | 0.416 | 0.41 | 0.408 | 0.4 |

前苏联和德国的抓斗自重系数 $k_1$ 与上表值略有差别。例如德国的 $k_1$ 值随着 $\rho_{堆}$ 的增加而减小较多,原因是使颚瓣容积可以小些。前苏联的抓斗自重系数见表 4-5-10。

表 4-5-10　前苏联的抓斗自重系数 $k_1$

| $\rho_{堆}$ | 0.4~0.63 | 0.8~1 | 1.25~2 | 2.5~3.2 | 4~4.5 |
|---|---|---|---|---|---|
| $k_1$ | 0.34 | 0.38 | 0.4 | 0.43 | 0.51 |

抓斗各部分的重量比例依据上节所述原则确定,各部分的重量为:

$$G_{d2}=K_2\times G_d$$

式中　$K_2$——分配系数,见表 4-5-11。

表 4-5-11　抓斗自重分配系数 $k_2$

|  | 上承梁 | 撑杆 | 颚瓣 | 下承梁 |
|---|---|---|---|---|
| $k_2$(绳索抓斗) | 0.21~0.22 | 0.15~0.16 | 0.45 | 0.18 |
| $k_2$(电驱动抓斗) | 0.35~0.38 | 0.11 | 0.36~0.38 | 0.14~0.15 |

抓斗自重 $G_d$ 在确定抓斗有关尺寸后,通过式 4-5-22 及 $G_l=Q-G_d$ 进行复核,并视情作必要的调整。

**二、颚瓣宽度的确定**

考虑颚瓣宽度对抓斗抓取不同的堆积密度物料时的抓取量有影响,取颚瓣宽度为

$$B=k_3\sqrt[3]{V_d} \tag{4-5-23}$$

式中　$k_3$——颚瓣宽度系数(随物料的堆积密度而变,见表 4-5-12);
　　　$V_d$——抓斗容积($m^3$)$V_d=G_l/\rho_{堆}$。
(当颚瓣被物料卡住不能紧闭时,$V_d$ 与 $G_l$ 的关系有些误差)

表 4-5-12　颚瓣宽度系数 $k_3$

| $\rho_{堆}/(t/m^3)$ | 0.63 | 0.8 | 1 | 1.25 | 1.6 | 2 | 2.5 | 3.2 |
|---|---|---|---|---|---|---|---|---|
| $k_3$ | 1.5 | 1.42 | 1.42 | 1.34 | 1.34 | 1.34 | 1.26 | 1.186 |

若根据 $\rho_{堆}$ 已确定 $V_d$,当物料改变使 $\rho_{堆}$ 变化时,结构设计时可考虑可通过装拆溢料板方法调整抓斗容积 $V_d$,以免抓斗过载或抓取物量过小。

**三、颚瓣最大开度的确定**

设计时可取最大开度

$$L_{\max}=k_4\sqrt[3]{V_d} \tag{4-5-24}$$

式中　$k_4$——最大开度系数(随物料堆积密度 $\rho_{堆}$ 的增大而增大)。

表 4-5-13　最大开度系数 $k_4$

| $\rho_{堆}/(t/m^3)$ | 0.63 | 0.8 | 1 | 1.25 | 1.6 | 2 | 2.5 | 3.2 |
|---|---|---|---|---|---|---|---|---|
| $k_4$ | 1.774 | 1.924 | 1.924 | 2.086 | 2.194 | 2.25 | 2.379 | 2.516 |

根据颚瓣宽度 $B$ 和最大开度 $L_{\max}$,可求得如下参数。

1. 颚瓣宽度比

$$\psi=B/L_{\max}=k_3/k_4 \tag{4-5-25}$$

表 4-5-14　颚瓣宽度比 $\psi$

| $\rho_{堆}/(t/m^3)$ | 0.63 | 0.8 | 1 | 1.25 | 1.6 | 2 | 2.5 | 3.2 |
|---|---|---|---|---|---|---|---|---|
| $\psi$ | 0.801 | 0.738 | 0.738 | 0.643 | 0.611 | 0.596 | 0.53 | 0.471 |

2. 颚瓣开启的最大覆盖面积

$$A = BL_{max} = k_3 k_4 \sqrt[3]{V_d^2} \tag{4-5-26}$$

3. 颚瓣在抓取过程中的平均下压深度

$$H = V_d/A = V_d/k_3 k_4 \sqrt[3]{V_d^2} \tag{4-5-27}$$

4. 颚瓣的平均下压深度系数

$$K_5 = H/L_{max} = 1/k_3 k_4^2 \tag{4-5-28}$$

表 4-5-15　颚瓣的平均下压深度系数 $k_5$

| $\rho_{堆}/(t/m^3)$ | 0.63 | 0.8 | 1 | 1.25 | 1.6 | 2 | 2.5 | 3.2 |
|---|---|---|---|---|---|---|---|---|
| $k_5$ | 0.212 | 0.19 | 0.19 | 0.172 | 0.155 | 0.142 | 0.14 | 0.133 |

### 四、颚瓣端面形状尺寸的确定

一个颚瓣端面的下边缘线一般是斜线与圆弧的组合曲线，并由底背角 $\alpha_s$ 和侧边倾斜角 $\delta$ 确定两条倾斜直线的位置（图 4-5-122）。

1. 确定底背角 $\alpha_s$、倾角 $\delta$、$\gamma$、$\xi$

通常取底背角 $\alpha_s = 11° \sim 13°$（有时 $10° \sim 15°$）；侧边倾斜角 $\delta = 30° \sim 34°$。

端面的上边缘线倾斜角度 $\gamma$ 通常依据物料的动堆积角确定。动堆积角值约为 $30° \sim 35°$（轻型物料时）、$25° \sim 30°$（中型物料时）、$25°$（重型物料时）。

其他相关尺寸可按下式计算：（常用 $\beta_0$ 和 $\gamma$ 值见表 4-5-16）

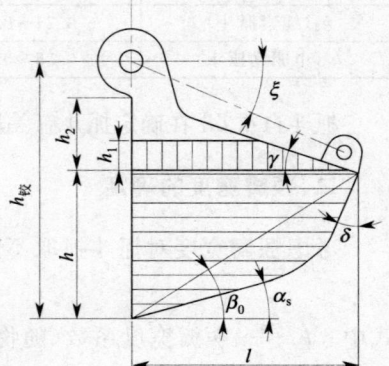

图 4-5-122　颚瓣端面几何尺寸

$$h = l \cdot \tan\beta_0 \tag{4-5-29}$$

$$h_2 = l \cdot \tan\gamma \tag{4-5-30}$$

$$h_1 \approx h_2/3 \tag{4-5-31}$$

表 4-5-16　常用 $\beta_0$ 和 $\gamma$ 值

|  | 轻型抓斗 | 中型抓斗 | 重型、特重型抓斗 |
|---|---|---|---|
| $\beta_0$ | 24°~35° | 22°~26° | 22°~26° |
| $\gamma$ | 30°~35° | 25°~30° | 25° |

图 4-5-122 中的 $\xi$ 角为撑杆铰与上部中心铰间的位置角，$\xi \approx 35°$。

2. 确定端面水平长度 $l$

端面的水平长度 $l$ 可由一个颚瓣端面面积 $F$ 来确定。

$$F = V_d/2B \tag{4-5-32}$$

式中　$V_d$——抓斗容积；

　　　$B$——颚瓣宽度。

通过简化计算可得：

$$l = k_6 \sqrt{V_d/B} = k_6 \sqrt[3]{V_d}/\sqrt{K_3} \tag{4-5-33}$$

式中　$k_6$——颚瓣端面形状系数（见表 4-5-17）。

表 4-5-17　颚瓣端面形状系数 $k_6$

| $\rho_{堆}/(t/m^3)$ | 0.63 | 0.8 | 1 | 1.25 | 1.6 | 2 | 2.5 | 3.2 |
|---|---|---|---|---|---|---|---|---|
| $k_6$ | 0.796 | 0.84 | 0.84 | 0.885 | 0.93 | 0.954 | 0.979 | 1.004 |

有时取 $l≈0.4L_{max}$。$l$ 较大时,可得较大的开度、较大的物料抓取量,提高最大开度时颚瓣切入力,但有可能减小颚瓣闭合终了时的闭合力矩值。

3. 确定端面纵向高度 $h_{铰}$

颚瓣端面中心铰的纵向高度 $h_{铰}$ 由(4-5-34)计算确定(图 4-5-123)。

$$h_{铰}≈L_{max}/2\cos\alpha \quad (4-5-34)$$

式中 $\alpha=10°\sim15°$。

有时可取 $h_{铰}≈1.03×0.5L_{max}$。

在最大开度时,颚瓣底刃口一般应垂直于物料堆表面。

4. 确定撑杆铰坐标位置

从抓取功表达式 $A=S_T mh_{开闭}$ 可知,$S_T$ 和 $m$ 一定的情况下,尽可能地增加闭合滑轮组的行程 $h_{开闭}$ 来提高抓取能力,由此可通过图解等方法来确定连杆机构中撑杆下铰点的位置。

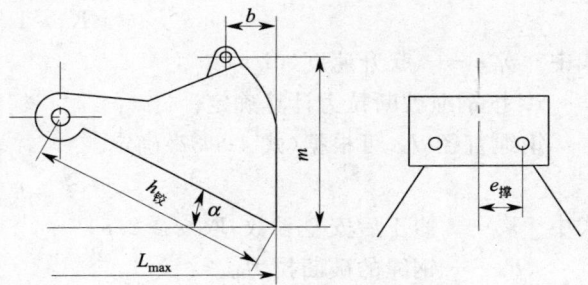

图 4-5-123 颚瓣最大开度状态与撑杆上铰点尺寸

该铰点处于颚瓣侧板上方外较为有利,但为避免铰座板凸伸在外,导致抓斗轮廓尺寸太大,并易与所载物料的车体、舱壁等撞击损坏,通常将铰耳置于颚瓣底部轮廓以内。经实践可知,一般 $b=0.25L_{max}$,$m≈0.4L_{max}$,撑杆长度 $l_{撑}≈0.65L_{max}$,撑杆上铰点离开上滑轮中心的水平距离 $e_{撑}≈0.12L_{max}$

据有关资料介绍,抓斗闭合时的总高度为 $H_{总}≈m+h_0$,$h_0≈\sqrt[5]{V_d}$。

### 五、闭合滑轮组倍率的确定

通过抓取阻力的计算以及静力分析方法,可求得所需要的闭合滑轮组倍率。有时通过初定的抓斗自重 $G_d$,由 $k_m=G_d/k_v k_1 \rho_{堆} V_d$ 及 $m=(2+0.2k_m)/(k_m-1)$ 来确定倍率 $m$。式中 $k_v$ 由抓斗颚瓣容积 $V_d$ 查表 4-5-18 确定,$k_1$ 可据物料类型查表 4-5-19 确定。

表 4-5-18 $k_v$ 值的确定

| $V_d/m^3$ | 0.5 | 1 | 2 | 3 | 5 | 10 |
|---|---|---|---|---|---|---|
| $k_v$ | 1.05 | 1 | 0.925 | 0.91 | 0.88 | 0.85 |

表 4-5-19 $k_1$ 值的确定

| 物料类型 | | $K_1$ |
|---|---|---|
| 粮食(大豆、小麦) | | 0.3~0.4 |
| 煤 | 松散碎煤 | 0.55~0.6 |
| | 坚实碎煤 | 0.6~0.64 |
| | 块 煤 | 0.64~0.68 |
| 石灰石 | 小 块 | 0.7~0.75 |
| | 大 块 | 0.75~0.8 |
| 铁矿石 | 小 块 | 0.75~0.8 |
| | 大 块 | 0.8~0.9 |

初步设计时,可由物料容重情况按表 4-5-20 初定倍率 $m$。

表 4-5-20 闭合滑轮组倍率 $m$ 的确定

| | 轻型抓斗 $V<1.2 \text{ t/m}^3$ | 中型抓斗 $V=1.2 \text{ t/m}^3\sim2.0 \text{ t/m}^3$ | 重型抓斗 $V=2.0 \text{ t/m}^3\sim2.6 \text{ t/m}^3$ | 特重型抓斗 $V>2.6 \text{ t/m}^3$ |
|---|---|---|---|---|
| $m$ | 2~4 | 4~5 | 5~6 | 6 |

## 六、闭合绳直径的确定

从前述分析可知,当闭合绳为 1 根时,闭合绳受最大拉力为:

$$S_{Tmax} = k_d(G_d + G_l) \quad (4\text{-}5\text{-}35)$$

$$K_d = 1 + v_{起升} \quad (4\text{-}5\text{-}36)$$

式中 $v_{起升}$ ——起升速度(m/s)

### 1. 按钢绳破断拉力计算确定

钢绳直径 $d_{绳}$ 可根据(式 4-5-37)确定

$$S_{Tmax} n' < F_0 \quad (4\text{-}5\text{-}37)$$

式中 $n'$ ——修正后安全系数,取 $n' \geqslant 2.5$;

$F_0$ ——钢绳的破断拉力。

### 2. 按钢绳负载拉力计算确定

钢绳直径 $d_{绳}$ 亦可根据(式 4-5-38)确定,使 $S_T n < F_0$

$$S_T = 0.5(G_d + G_l)$$

式中 $n$ ——钢绳安全系数,取 $n \geqslant 6$;

当闭合绳为 2 根时,则 1 根钢绳

$$S_{Tmax} = 0.6 k_d(G_d + G_l)$$

$$S_T = 0.6 \times 0.5(G_d + G_l) = 0.3(G_d + G_l) \quad (4\text{-}5\text{-}38)$$

## 七、滑轮直径及上下滑轮组轴线偏斜角的确定

为改善钢绳缠绕滑轮的弯曲应力,一般根据起重机起升机构工作级别来确定轮绳直径比系数 $e$。

$$滑轮直径 D \geqslant e d_{绳} \quad (4\text{-}5\text{-}39)$$

式中 $D$ ——按钢绳中心计算的滑轮直径(mm);

$e$ ——轮绳直径比系数,常用值 18~24。

为使抓斗颚瓣闭合时,闭合滑轮组的上下滑轮间具有适当的空隙,一般取上下滑轮轴中心距 $a_{轮} > 1.6D$。

为减少闭合绳与滑轮槽缘的碰擦,上下滑轮轴线形成一定的偏斜角 $\beta_0$:

$$\beta_0 = \arctan(t/D)$$

式中 $t$ ——见图 4-5-124。

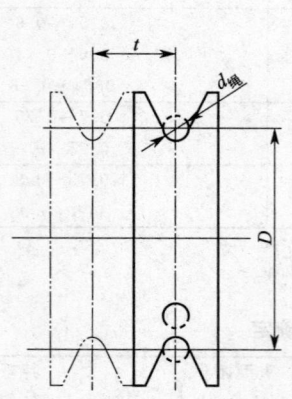

图 4-5-124 滑轮尺寸

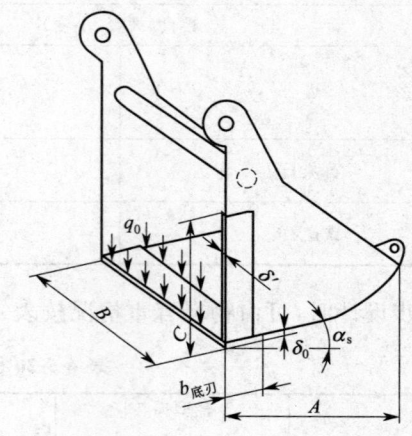

图 4-5-125 颚瓣刃口计算简图

## 八、颚瓣的强度计算

颚瓣的受力和支承情况较为复杂,颚瓣结构属于开口薄壁容器,其底侧板为三边支承的矩形板,底板刃口部位(长度为 $B$,宽度为 $b_{底刃}$,厚度为 $\delta_0$)承受较大的载荷。为简化计算,假定底刃口板受力近似为简支梁形式,其上作用有均布载荷 $q_0$(图 4-5-125)。

$$q_0 \approx 1.2(\rho_{堆} \times V_d)/2AB \tag{4-5-40}$$

宽度为 $b_{底刃}$ 的刃口板中部单位宽度上受有弯矩 $M_B$。

$$M_B \approx k_0 \times q_0 \times B^2 \tag{4-5-41}$$

式中　$k_0$——系数(见表 4-5-21)。

表 4-5-21　系数 $k_0$ 值

| $A/B$ | 0.5 | 0.6 | 0.7 | 0.8 | 0.9 | 1.0 | 1.2 | 1.4 | 2 | ∞ |
|---|---|---|---|---|---|---|---|---|---|---|
| $k_0$ | 0.06 | 0.074 | 0.088 | 0.097 | 0.107 | 0.112 | 0.12 | 0.126 | 0.132 | 0.133 |

弯曲应力　　　　　$\sigma = M_B/W = (K_0 q_0 B^2)/[(\delta_0^2)/6]$　　　　(4-5-42)

式中　$\delta_0$——底刃口板厚度,$\delta_0 \approx (0.012 \sim 0.014)\rho_{堆} \sqrt[3]{V_d}$(对小块物料取小的系数)。一般 $\delta_0 >$ 20 mm 时,底刃口板外缘厚度 $\delta_1 = 0.5\delta_0$,常用 $\delta_1 = 10$ mm～20 mm(抓斗自重轻时选用小值)。底刃口板宽度 $b_{底刃} = 200$ mm～300 mm。

颚瓣端面上的竖刃口板厚度 $\delta' \approx (0.8 \sim 0.85)\delta_0$

除底刃口板和竖刃口板外,颚瓣的底侧板与端面板的厚度可适当减薄,约为 $(0.3 \sim 0.5)\delta_0$,常用 $\delta' = 6$ mm～10 mm。

为保证构件强度安全,应使 $\sigma \leqslant [\sigma]$,一般取许用应力 $[\sigma] \approx 0.5\sigma_s$。对常用板材 Q235,$[\sigma] \approx$ 100 MPa,对 Q345(即 16Mn)$[\sigma] \approx 140$ MPa。

## 九、承重零部件的强度计算

### (一)滑轮轴计算

滑轮轴通常采用等截面形式,一般视为简支梁计算。当轴上滑轮数量较多,轴的长度较大时,往往在轴的中部附加一个钢套支承,形成超静定结构。

假定简支梁形式时,计算简图如图 4-5-126 所示。

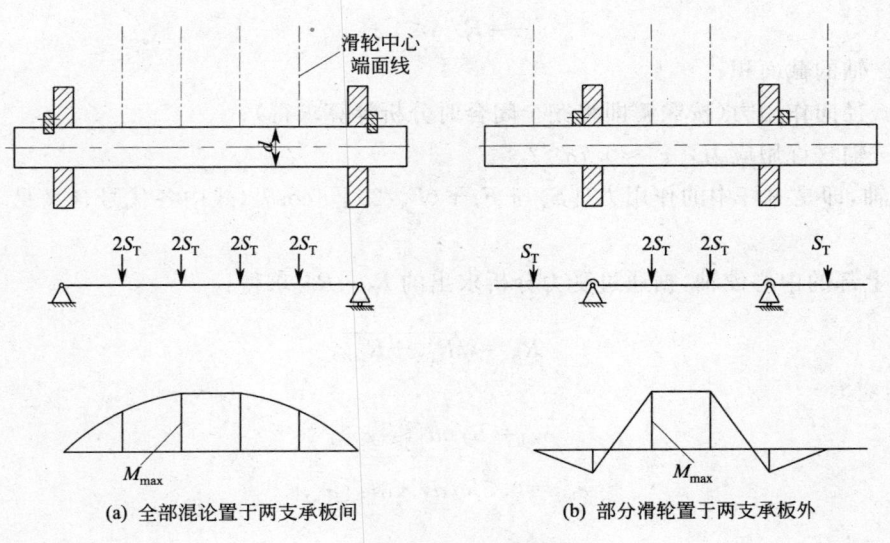

图 4-5-126　滑轮轴计算简图

初定滑轮轴直径 $d$ 后,可通过式 4-5-43 验算滑轮轴的强度(验算弯曲应力为主,必要时验算剪应力)

$$\sigma_w = M_{max}/W \leqslant [\sigma] \tag{4-5-43}$$

式中　　$W$——滑轮轴的截面模数;

$[\sigma] = \sigma_s/2.5$——材料许用应力,系数 2.5 是考虑动力系数后的安全系数(一般可取安全系数为 1.5,动力系数为 1.7)。

当闭合绳为 1 根时,滑轮轴上所受的闭合绳拉力 $S_T = (G_d + G_l)$($G_d$ 抓斗自重,$G_l$ 被抓物料重量)。当闭合绳为 2 根时,1 根闭合绳所受拉力 $S_T = 0.6(G_d + G_l)$。

滑轮轴常采用优质碳素钢(45 钢)或合金钢(42CrMo)等材料,经调质热处理,硬度 HB=200~250。滑轮轴承的规格和类型,根据滑轮轴直径、工作载荷、工作期限等参数,参阅《机械设计手册》选用。

(二)中心铰轴与撑杆销轴计算

各铰轴均以心轴简支方式进行强度计算,通常须进行弯曲应力、剪应力与挤压应力验算(图 4-5-127)。

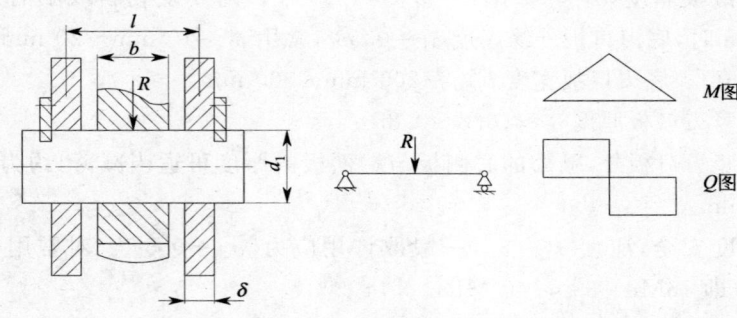

图 4-5-127　铰轴计算简图

1. 弯曲应力

$$\sigma_w = M_{max}/W \leqslant \sigma_s/2.5 \tag{4-5-44}$$

式中　　$W$——轴的截面模数;

$\sigma_s$——材料屈服极限。

2. 剪切应力

$$\tau = R/A \leqslant [\tau] \tag{4-5-45}$$

式中　　$A$——轴的截面积;

$R$——径向作用力(按颚瓣即将完全闭合时分析计算求得);

$[\tau]$——轴材许用应力,$[\tau] \approx 0.7\sigma_s/2.5$。

对撑杆轴,即是撑杆中的作用力$\{[S_{T1} + F_1 + (F_g/2)]/4\cos\theta\}$(式中各代号含义见,视有四根撑杆);

对颚瓣上部的中心铰轴,据通过受力分析求出的 $R_{BX}$、$R_{BY}$ 求得:

$$R_B = \sqrt{R_{BX}^2 + R_{BY}^2}$$

3. 挤压应力

$$\sigma_{bs1} = R/bd_1 \leqslant [\sigma_{bs}] \tag{4-5-46}$$

$$\sigma_{bs2} = 0.5R/d_1 \times \delta \leqslant [\sigma_{bs}] \tag{4-5-47}$$

式中　$[\sigma_{bs}] = \sigma_s/6 \sim \sigma_s/5$

中心铰轴与撑杆销轴常用材料同滑轮轴,为 45 钢或合金钢经调质处理,HB=200~250。

### (三) 铰轴支承板计算

铰轴与支承孔之间为改善支承条件,常设滑动轴承(衬套),其材料常为青铜合金,许用比压 $[\sigma_{bs}] \leqslant (8\sim 20)$ MPa。若采用 ZGMn13 材料,许用比压 $[\sigma_{bs}]$ 可适当提高达 50 MPa。目前,在轻型抓斗中采用尼龙(Mc901)材料,其许用应力 $[\sigma_{bs}] \leqslant (8\sim 12)$ MPa,衬套的壁厚 $\delta \approx (0.12\sim 0.16)d_{轴}$。

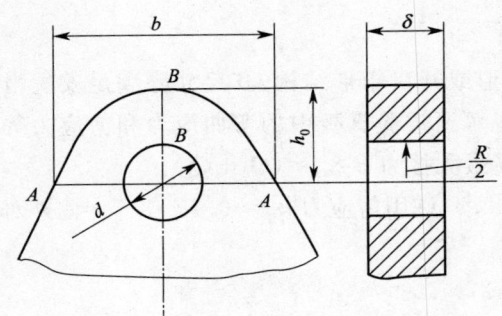

图 4-5-128 铰轴支承板计算简图　　图 4-5-129 应力集中系数曲线

当不采用衬套时,铰轴与支承孔之间的许用比压 $[\sigma_{bs}]$ 推荐如下数值:

当两者均为经调质处理的钢材,$[\sigma_{bs}]=(20\sim 25)$MPa;

当两者均为未经调质的钢材,$[\sigma_{bs}]=(10\sim 15)$MPa。

对铰轴的支承板,除验算挤压应力使 $\sigma_{bs}=R/2d\delta \leqslant [\sigma_{bs}]$ 外,还应验算截面 A—A 的拉应力(图 4-5-128)。

$$\sigma_{拉} = (R\alpha_j)/[2(b-d)\delta] \leqslant \sigma_s/1.7 \tag{4-5-48}$$

式中　$\alpha_j$——应力集中系数(见图 4-5-129)。

使在截面 B—B 的应力:

$$\sigma' = [R(h_0^2+0.25d^2)]/[2d\delta(h_0^2-0.25d^2)] \leqslant \sigma_s/3 \tag{4-5-49}$$

### (四) 撑杆的计算

由于撑杆在抓斗中处于空间斜向位置,杆件截面不仅受压而且受弯(图 4-5-130)。对于具有 4 根撑杆的抓斗,每根撑杆受到轴向力为 R:

$$R = \{[S_{T1}+F_1+(F_g/2)]/4\} \times [1/\cos\theta \times \cos\delta] \tag{4-5-50}$$

$$N = [S_{T1}+F_1+(F_g/2)] \times [1/(4\cos\theta)] \tag{4-5-51}$$

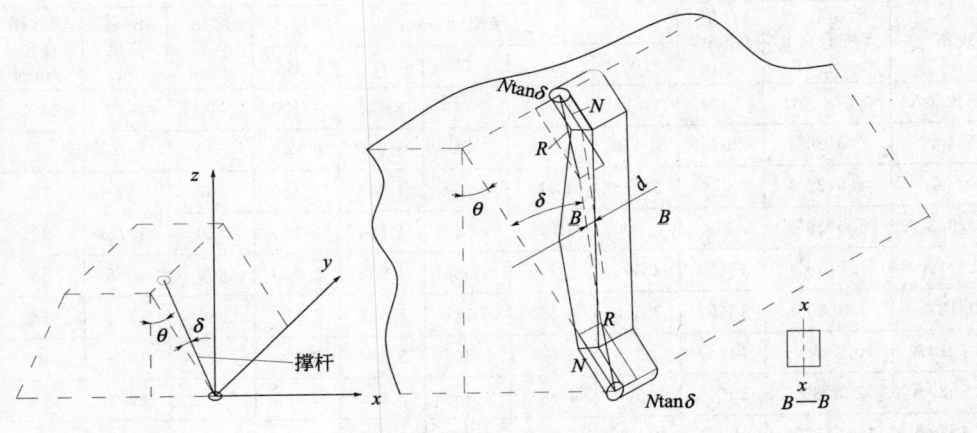

图 4-5-130 撑杆计算简图

应使截面中纵向压杆稳定的组合应力控制在材料许用应力范围之内,即:

$$\sigma = R/F + (R \times \Delta)/W_x \leq [\sigma] \qquad (4\text{-}5\text{-}52)$$

式中　$F$——撑杆截面积，应使 $F \geq R/\varphi[\sigma]$；

　　　$\varphi$——压杆稳定许用应力折减系数，由柔度 $\lambda$ 确定；

　　　$W_x$——撑杆截面模数；

　　　$\Delta$——偏距，$\Delta \approx 50$ mm～150 mm。

因撑杆易受碰撞，安全起见，应适当增大其截面尺寸。

(五) 上下承梁计算

上承梁和下承梁一般是钢板焊接组合成为闭口箱形或开口箱形结构，其尺寸除满足安置滑轮组及适应连杆机构布置要求外，结构的几何尺寸及板厚可通过验算板中的弯曲应力和剪应力等来保证强度。此时假定颚瓣接近全闭位置状态，闭合绳受最大拉力 $S_{T\max} = (Q_d + Q_l)$。

对于 Q235 或 Q345 材料，许用弯曲应力 $[\sigma_弯] = \sigma_s/2.5$，许用剪应力 $[\tau] \approx 0.7\sigma_s/2.5$。此外对于重要的焊缝也应作强度验算。

(六) 双（多）绳长撑杆双瓣抓斗技术参数表（表 4-5-22）。

**表 4-5-22　双绳长撑杆双瓣抓斗技术参数**

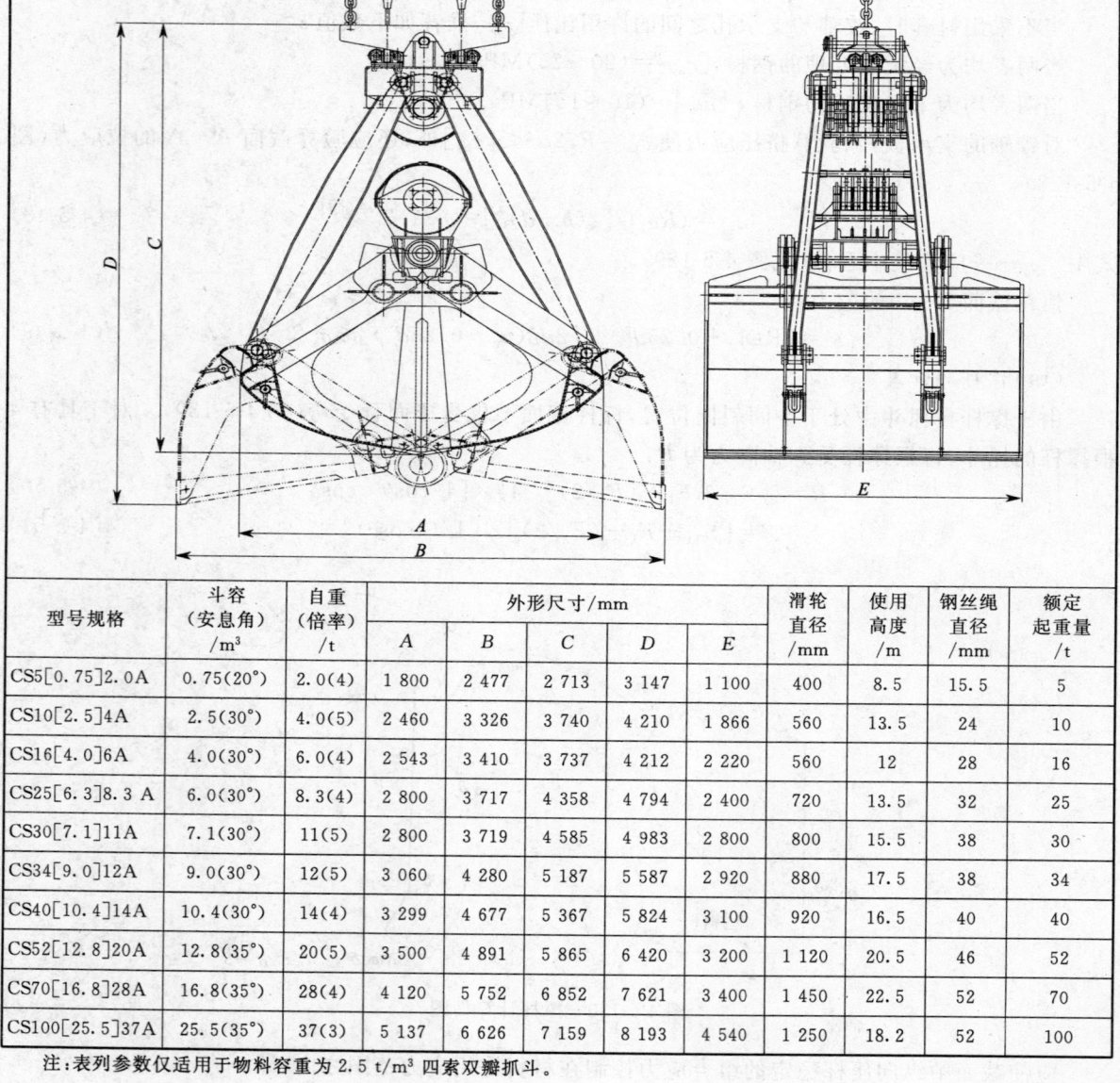

| 型号规格 | 斗容（安息角）/m³ | 自重（倍率）/t | 外形尺寸/mm | | | | | 滑轮直径/mm | 使用高度/m | 钢丝绳直径/mm | 额定起重量/t |
|---|---|---|---|---|---|---|---|---|---|---|---|
| | | | A | B | C | D | E | | | | |
| CS5[0.75]2.0A | 0.75(20°) | 2.0(4) | 1 800 | 2 477 | 2 713 | 3 147 | 1 100 | 400 | 8.5 | 15.5 | 5 |
| CS10[2.5]4A | 2.5(30°) | 4.0(5) | 2 460 | 3 326 | 3 740 | 4 210 | 1 866 | 560 | 13.5 | 24 | 10 |
| CS16[4.0]6A | 4.0(30°) | 6.0(4) | 2 543 | 3 410 | 3 737 | 4 212 | 2 220 | 560 | 12 | 28 | 16 |
| CS25[6.3]8.3A | 6.0(30°) | 8.3(4) | 2 800 | 3 717 | 4 358 | 4 794 | 2 400 | 720 | 13.5 | 32 | 25 |
| CS30[7.1]11A | 7.1(30°) | 11(5) | 2 800 | 3 719 | 4 585 | 4 983 | 2 800 | 800 | 15.5 | 38 | 30 |
| CS34[9.0]12A | 9.0(30°) | 12(5) | 3 060 | 4 280 | 5 187 | 5 587 | 2 920 | 880 | 17.5 | 38 | 34 |
| CS40[10.4]14A | 10.4(30°) | 14(4) | 3 299 | 4 677 | 5 367 | 5 824 | 3 100 | 920 | 16.5 | 40 | 40 |
| CS52[12.8]20A | 12.8(35°) | 20(5) | 3 500 | 4 891 | 5 865 | 6 420 | 3 200 | 1 120 | 20.5 | 46 | 52 |
| CS70[16.8]28A | 16.8(35°) | 28(4) | 4 120 | 5 752 | 6 852 | 7 621 | 3 400 | 1 450 | 22.5 | 52 | 70 |
| CS100[25.5]37A | 25.5(35°) | 37(3) | 5 137 | 6 626 | 7 159 | 8 193 | 4 540 | 1 250 | 18.2 | 52 | 100 |

注：表列参数仅适用于物料容重为 2.5 t/m³ 四索双瓣抓斗。

## 第七节 专用抓斗特有构件的设计计算

抓斗的种类繁多,以上介绍了常用的双(多)绳长撑杆双瓣抓斗的设计计算方法,以下就专用抓斗所特有的相关构件设计计算作一简要阐述。

### 一、双绳(多绳)长撑杆多瓣抓斗的颚瓣设计计算

多瓣抓斗(4~8瓣,多见6瓣)的每个颚瓣端部呈尖齿状,对物料的单位切入力大,多用于堆积密度较大($\rho_堆 > 1.5$ t/m³)、阻力较大的块状物料抓取,往往具有较大的自重。

一般根据起重机额定起重量乘以一个系数来初定自重,即 $G_d = K_Q$,一般取系数 $K = 0.45 \sim 0.55$(物料堆积密度小的取小值),则抓取的物料量 $G_l = Q - G_d$。

由此,可确定颚瓣闭合后包容的容积 $V_d = (G_l \times K_G)/\rho_堆$,式中系数 $K_G = 0.5 \sim 0.7$(物料堆积密度小的取大值,物料堆积密度大的取小值)。

多瓣抓斗的颚瓣结构,一般将颚瓣内表面设计成近似球曲面,所有颚瓣闭合后形成的空间近似为一球体,其直径可根据所需的容积 $V_d$ 计算所得。可用下式初定:

$$D_d = k_M \times \sqrt[3]{V_d} \tag{4-5-53}$$

式中系数 $k_M$,对于中块物料 $k_M = 2.2$;对于大块物料 $k_M = 2.5$;对于轻金属废料和金属切屑 $k_M = 2.3$。

对于每个颚瓣的几何形状可用其中截面大致表示,见图4-5-131,内曲线是颚瓣与物料接触内面的截线,此内线由上部的斜直线(倾斜角 $\theta \approx 40°$)、下部的斜直线(倾斜角 $\alpha_s \approx 13°$)和中部的圆弧组合而成。背角 $\alpha_s = 0° \sim 10°$,颚瓣前端的尖齿可以呈圆弧状或尖角状,内曲面板厚度一般大于 14 mm。在内曲面板中截面外部加焊的弯曲箱形结构,宽度可通过强度计算确定的撑杆轴套、下承梁中心轴长度而定,高度与宽度近似相等。组成箱形结构的钢板厚度接近于内曲面板,箱形结构内腔焊有保持结构刚度的加强筋板。

根据起重机额定起重量产生的闭合绳拉力 $S_T = K_d(G_d + G_l)$,可求出作用在尖齿上的载荷作用力 $P$(常取闭合滑轮组倍率 $m = 4 \sim 5$),进而对截面A—A进行应力验算,应使组合的工作应力

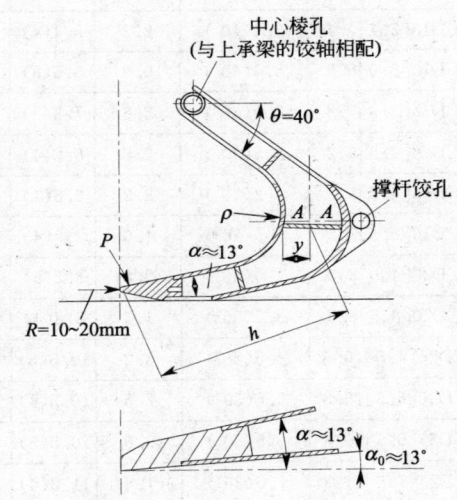

图 4-5-131 多瓣抓斗的颚瓣几何参数

$$\sigma_合 = \sigma_轴 + \sigma_弯 \approx (P/F) + P \times y \times h/s\rho \leqslant [\sigma] \tag{4-5-54}$$

式中 $F$——截面A—A面积;
$S$——截面A—A对中性轴的静矩;
$\rho$——所求应力点到曲率中心的距离。

考虑数个颚瓣上的载荷不均(尤其闭合绳与各颚瓣间为刚性联系时),作用在颚瓣尖齿上的载荷作用力 $P$ 应在受力分析后适当加以增大。

关于中心铰轴及撑杆下铰轴的计算,考虑颚瓣在闭合过程中相邻颚瓣间被物块卡挤,铰轴除受径向力外还受有弯矩,计算时须适当考虑。

双绳（多绳）长撑杆多瓣抓斗技术参数表（表 4-5-23）。

表 4-5-23　双绳长撑杆多瓣抓斗技术参数表

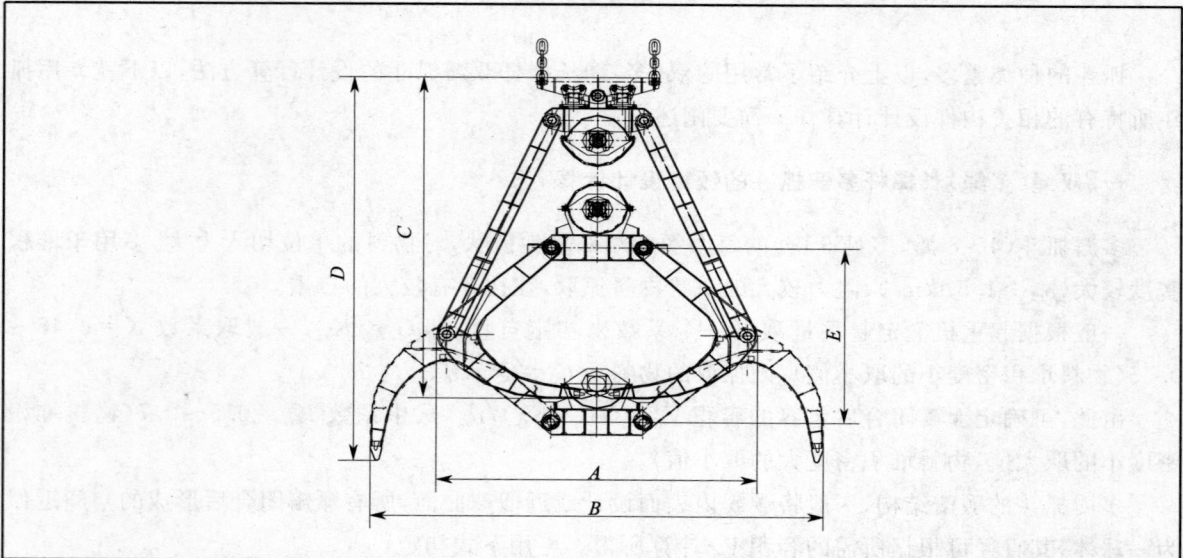

| 型号规格 | 斗容<br>（安息角）<br>/m³ | 物料<br>容重<br>/(t/m³) | 自重<br>（倍率）<br>/t | 外形尺寸/mm | | | | | 滑轮<br>直径<br>/mm | 钢丝绳<br>直径<br>/mm | 额定<br>起重量<br>/t |
|---|---|---|---|---|---|---|---|---|---|---|---|
| | | | | $A$ | $B$ | $C$ | $D$ | $E$ | | | |
| CD5[2.5]2.5 | 2.5(40°) | 1.0 | 2.5(3) | 2 780 | 3 672 | 3 091 | 3 665 | 1 670 | 400 | 16 | 5 |
| CD10[2.1]5.4 | 2.1(40°) | 2.2 | 5.4(4) | 2 460 | 3 519 | 3 259 | 3 918 | 1 467 | 560 | 21.5 | 10 |
| CD10[5.0]5.5 | 5.0(40°) | 0.9 | 5.5(3) | 3 300 | 4 310 | 3 647 | 4 330 | 1 858 | 560 | 21.5 | 10 |
| CD16[2.9]7.8 | 2.9(30°) | 2.8 | 7.8(5) | 3 480 | 4 247 | 3 716 | 4 553 | 2 147 | 560 | 28 | 16 |
| CD16[3.5]6.2 | 3.5(30°) | 2.8 | 6.2(4) | 3 000 | 4 264 | 3 626 | 4 296 | 1 912 | 560 | 28 | 16 |
| CD16[4.2]6.8 | 4.2(30°) | 2.2 | 6.8(4) | 3 140 | 4 430 | 3 739 | 4 464 | 2 040 | 560 | 28 | 16 |
| CD16[5.5]7.2 | 5.5(30°) | 1.6 | 7.2(4) | 3 740 | 4 614 | 4 045 | 4 975 | 2 263 | 560 | 28 | 16 |
| CD20[4.0]8.2 | 4.0(35°) | 2.8 | 8.2(5) | 3 680 | 4 307 | 3 985 | 4 936 | 2 063 | 650 | 28 | 20 |
| CD20[8.5]8.8 | 8.5(35°) | 1.3 | 8.8(4) | 4 300 | 5 123 | 4 354 | 5 488 | 2 598 | 650 | 28 | 20 |
| CD25[4.5]10.5 | 4.5(25°) | 3.2 | 10.5(5) | 3 600 | 5 285 | 4 282 | 4 877 | 1 952 | 720 | 32 | 25 |
| CD25[5.5]10.8 | 5.5(30°) | 2.5 | 10.5(4) | 3 780 | 5 727 | 4 582 | 5 312 | 2 111 | 720 | 32 | 25 |
| CD25[6.5]10.8 | 6.5(30°) | 2.0 | 10.8(3) | 3 800 | 5 727 | 4 768 | 5 456 | 2 255 | 720 | 32 | 25 |
| CD25[7.5]11.3 | 7.5(35°) | 1.8 | 11.3(4) | 4 300 | 5 349 | 5 046 | 6 191 | 2 522 | 720 | 32 | 25 |
| CD25[9.0]12 | 9.0(40°) | 1.5 | 12.0(4) | 4 340 | 5 255 | 5 077 | 6 199 | 2 494 | 720 | 32 | 25 |
| CD25[11.5]11.8 | 11.5(45°) | 1.1 | 11.8(4) | 4 740 | 5 620 | 4 786 | 6 086 | 2 915 | 720 | 32 | 25 |
| CD40[8.0]16.5 | 8.0(30°) | 2.8 | 16.5(4) | 3 960 | 5 312 | 5 273 | 6 087 | 2 078 | 920 | 40 | 40 |

## 二、双（多）绳长撑杆原木抓斗颚瓣（弯叉）设计计算

原木抓斗颚瓣不同于双瓣和多瓣抓斗，其呈左右基本对称的月牙状叉形结构，弯叉（颚瓣）具有一定的宽度 $B$ 以围合支承原木，弯叉（颚瓣）无容积概念。值得注意的是当左右弯叉闭合，弯叉下端相接时所合围的空隙面积，该端面面积将决定原木抓斗能抓取原木的体积与重量（图 4-5-52）。即

$$G_1 = S_{\max} \times L \rho_{木} \times K_s \tag{4-5-55}$$

式中　$S_{\max}$——空隙面积（$m^2$）；

　　　$L$——原木的平均长度（m）；

$\rho_木$——原木的密度,一般取 $\rho_木=(0.8\sim 1.1)\text{t}/\text{m}^3$;

$K_s$——原木聚集时的空隙系数,一般取 $K_s=0.7\sim 0.9$(原木直径大时,取小值)。

起重机额定起重量 $Q=G_l+G_d$,因此抓斗自重 $G_d=Q-G_l$。

先由式 $G_d=K_G\times Q$ 初定抓斗自重(系数 $K_G=0.35\sim 0.43$,原木密度大的取大值),进而确定抓斗能够抓取的原木重量 $G_l=Q-G_d$。

再由式 $S_{max}=G_l/L\rho\times K_s$ 确定弯叉闭合后(即左右叉下端相接时)的空隙端面面积,进而确定弯叉的几何尺寸。

弯叉的端面形状尺寸与多瓣抓斗颚瓣的中截面相似,可参照多瓣抓斗强度计算方法。

弯叉的宽度 $B$ 应合理确定,一般

$$B=K_B\sqrt{S_{max}} \tag{4-5-56}$$

式中 $K_B=1.5\sim 2$(原木长度大的取大值)。

设计确定闭合滑轮组行程时,应使弯叉既能抓夹成捆的原木又能抓夹成支原木,一般最小夹围空隙直径取为 300 mm~500 mm。

原木抓斗闭合滑轮组倍率通常根据原木直径取用,一般 $m=3\sim 4$(当 $d_木\leq 300$ mm 时), $m=4\sim 5$(当 $d_木=300$ mm~500 mm 时),$m=5\sim 6$(当 $d_木>500$ mm 时)。

双绳(多绳)长撑杆原木抓斗技术参数表见表 4-5-24。

**表 4-5-24 双绳(多绳)长撑杆原木抓斗技术参数表**

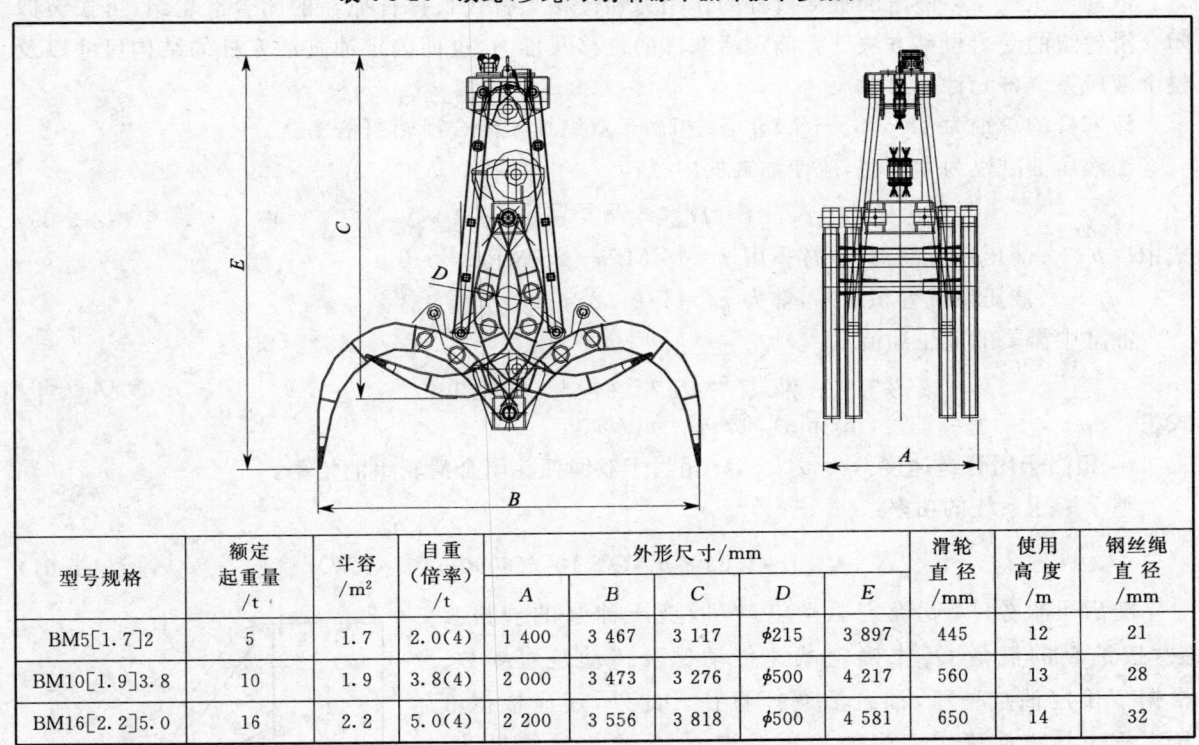

| 型号规格 | 额定起重量/t | 斗容/m² | 自重(倍率)/t | 外形尺寸/mm | | | | | 滑轮直径/mm | 使用高度/m | 钢丝绳直径/mm |
|---|---|---|---|---|---|---|---|---|---|---|---|
| | | | | A | B | C | D | E | | | |
| BM5[1.7]2 | 5 | 1.7 | 2.0(4) | 1 400 | 3 467 | 3 117 | φ215 | 3 897 | 445 | 12 | 21 |
| BM10[1.9]3.8 | 10 | 1.9 | 3.8(4) | 2 000 | 3 473 | 3 276 | φ500 | 4 217 | 560 | 13 | 28 |
| BM16[2.2]5.0 | 16 | 2.2 | 5.0(4) | 2 200 | 3 556 | 3 818 | φ500 | 4 581 | 650 | 14 | 32 |

### 三、电动长撑杆双(多)瓣抓斗传动系统的设计

电动长撑杆双(多)瓣抓斗上承梁装有驱动抓斗闭合的起升机构(图 4-5-81)。当确定了这个闭合绳起升机构的布置方案后,主要是确定机构功率、传动系统传动比、卷筒尺寸、传动装置结构尺寸等。

闭合绳的静拉力 $S_T=G_d+G_l$。

当使闭合绳的速度与起升支持绳速度相同,即 $v_T=v_{支持}$ 时,该机构功率:

$$N_{闭}=(0.9S_T\times v_T)/1000\eta \quad (\text{kW}) \tag{4-5-57}$$

式中 $S_T$——闭合绳的静拉力(N);

$v_T$——闭合绳的速度(m/s);

$\eta$——机构总机械效率。

按功率确定电动机型号规格后,可求得所需传动装置总传动比:

$$\bar{i}_{总}=n_{电}/n_{卷} \tag{4-5-58}$$

式中 $n_{卷}$——卷筒转速,$n_{卷}=60v_T/\pi D_{卷}$ (r/min);

$D_{卷}$——卷筒上钢绳卷绕直径。

卷筒的几何尺寸可按起重机设计方法确定。

传动系统一般由皮带、链轮及齿轮等组成,其参数尺寸及联轴节、卷筒轴、轴承等零部件可参照一般机械设计基础文献加以计算及选用。

皮带传动的过载打滑性能,在抓斗抓取阻力过大时,通过打滑可避免传动零件及电动机过载损毁。若采用极限力矩联轴节或钢绳限力装置等来避免闭合绳系统过载时,应计算确定摩擦片及有关弹簧的参数尺寸。

电动机仍需按起重机设计方法进行过载与发热验算。

### 四、电动液压抓斗液压系统的设计计算

电动液压抓斗以液压油缸活塞杆的作用力和位移来替代长撑杆抓斗的闭合滑轮组,可按类似闭合滑轮组的受力位移方法计算确定活塞杆的位移及推力,进而确定油缸活塞杆的结构尺寸以及整个液压系统各元件的参数尺寸。

活塞杆的总推力 $T\approx(G_d+G_1)m$,$m$ 相当于双绳抓斗闭合滑轮组倍率。

当液压油缸仅为1个时,应使油缸的内径:

$$D_{缸}\geqslant\sqrt{4T/\pi\eta_{液}\ p} \tag{4-5-59}$$

式中 $p$——液压系统的油压,常采用 $p=16$ MPa$\sim 25$ MPa;

$\eta_{液}$——液压系统容积效率,常为 $\eta_{液}=1/(1.25\sim 3)$。

油缸中需要的液压油流量:

$$Q_{缸}=(\pi D_{缸}^2)\times v_{杆}/4 \quad (\text{m}^3/\text{min}) \tag{4-5-60}$$

式中 $v_{杆}$——活塞杆速度(m/min),取 $v_{杆}=v_T/m$。

$v_T$ 相当于闭合绳速度 $v_T\approx v_{支持绳}$,$m$ 相当于双绳抓斗闭合滑轮组的倍率。

整个液压系统的功率:

$$N=(1.1\sim 1.3)\times p\times Q\times 10^3/(60\times \eta_{液}) \quad (\text{kW}) \tag{4-5-61}$$

随后可根据 $N$、$p$ 确定驱动电动机、液压油泵的规格参数,按油泵的流量 $Q_{泵}$ 来确定减速传动比及传动装置参数。根据 $p$ 确定油缸壁厚、油缸活塞杆直径。此外,还应根据液压工程设计方法确定适当的液压系统方案,确定油管尺寸,选用各类阀件、滤油器、油箱容量等等。油缸活塞杆的摆转铰轴等应进行强度计算。

如果油缸活塞杆数量增加时,每个油缸活塞杆的推力则由上述总推力按比例减小。

当抓斗结构设计选用由液压缸活塞杆组成的摆动导杆式来推动颚瓣绕固定铰点回转方式时,首先要取得各个铰点 $A$、$B$、$D$ 的相对位置,规划液压系统装置的布置空间,然后计算液压油缸

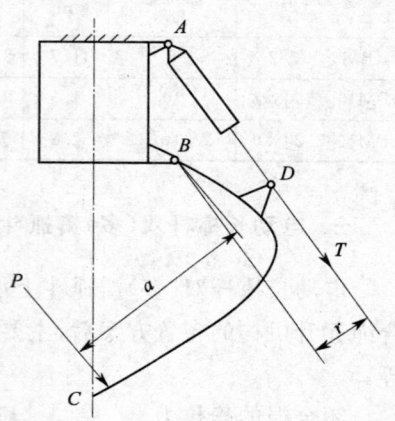

图 4-5-132 颚瓣各铰点空间位置

活塞杆的推力 $T \approx (P \times a)/r$（图 4-5-132）。

活塞杆的推移速度可根据颚瓣闭合需要的时间除以活塞杆需要的行程来确定，由此再行计算液压系统的有关参数。

液压系统的设计，应根据抓斗的作业环境和工况，系统应考虑采取必要的安全保护及油温控制等技术措施。此外，因电动液压抓斗用电缆供电，因此起重机需配置 1 套电缆自动卷绕装置。

电动液压双瓣抓斗、电动液压多瓣抓斗、电动液压梳形抓斗技术参数见表 4-5-25～4-5-27。

**表 4-5-25　电动液压双瓣抓斗技术参数表**

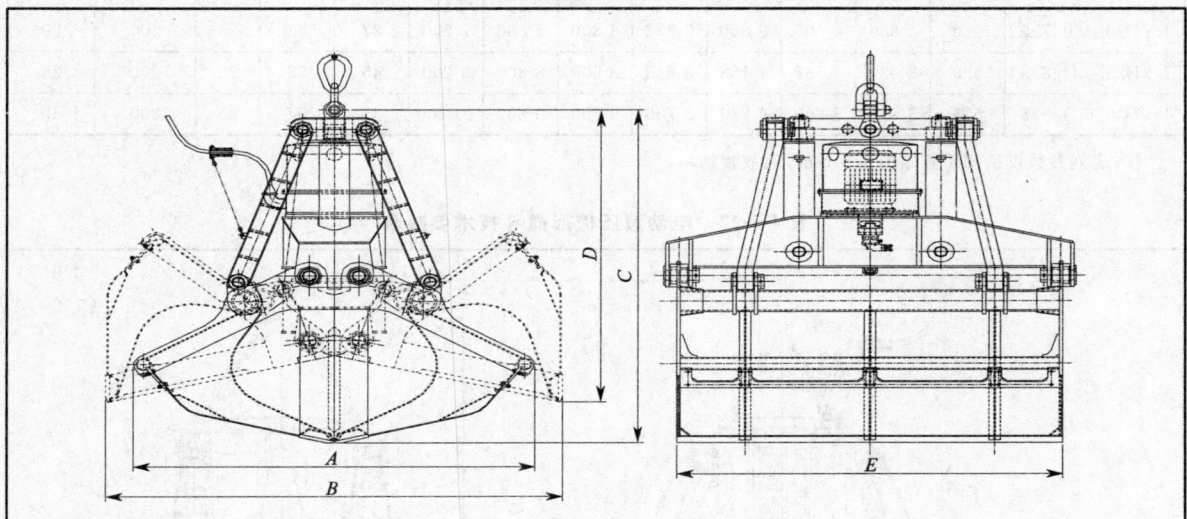

| 型号规格 | 斗容 /m³ | 外形尺寸/mm | | | | | 自重 /kg | 电动机功率(kW) | | 闭合时间 /s | 工作油压 /(kg/cm²) | 额定起重量 /t |
| --- | --- | --- | --- | --- | --- | --- | --- | --- | --- | --- | --- | --- |
| | | A | B | C | D | E | | 380 V 50 Hz | 440 V 60 Hz | | | |
| DYP8[3.0]3.5 | 3.0 | 2 242 | 3 020 | 2 975 | 2 605 | 1 872 | 3 500 | 18.5 | 21 | 14 | 200 | 8 |
| DYP14[5.0]5.5 | 5.0 | 2 520 | 3 153 | 3 719 | 3 378 | 2 516 | 5 500 | 22 | 26 | 18 | 200 | 14 |
| DYP20[10]7 | 10 | 2 850 | 3 700 | 3 620 | 3 200 | 3 050 | 7 000 | 30 | 35 | 18 | 200 | 20 |
| DYP25[12]11 | 12 | 3 540 | 4 327 | 3 990 | 3 413 | 3 600 | 11 000 | 45 | 52 | 20 | 200 | 25 |
| DYP28[15]12 | 15 | 3 540 | 4 027 | 3 785 | 3 325 | 3 400 | 12 000 | 45 | 52 | 20 | 200 | 28 |
| DYP32[18]13.5 | 18 | 3 400 | 4 360 | 4 500 | 3 900 | 3 950 | 13 500 | 45 | 52 | 22 | 200 | 32 |
| DYP40[22]18 | 22 | 3 849 | 4 471 | 4 604 | 4 320 | 4 500 | 18 000 | 55 | 63 | 33 | 200 | 40 |

注：表列参数仅限于容重为 1 t/m³ 的散装物料。

**表 4-5-26　电动液压多瓣抓斗技术参数表**

续上表

| 型号规格 | 斗容/m³ | 外形尺寸/mm | | | | 自重/kg | | | 电动机功率/kW | | 闭合时间/s | 工作油压/(kg/cm²) | 额定起重量/t |
|---|---|---|---|---|---|---|---|---|---|---|---|---|---|
| | | A | B | C | D | 全开 | 半闭 | 全闭 | 380 V 50 Hz | 440 V 60 Hz | | | |
| DYD5[1.0]2.0 | 1.0 | 17 86 | 2 784 | 3 050 | 2 860 | 1 950 | 2 000 | 2 150 | 18.5 | 21 | 17 | 200 | 5 |
| DYD8[1.5]3.2 | 1.5 | 1 925 | 3 448 | 3 141 | 2 749 | 3 000 | 3 200 | 3 400 | 18.5 | 21 | 20 | 200 | 8 |
| DYD10[2.0]4.2 | 2.0 | 2 241 | 3 565 | 3 214 | 2 876 | 4 000 | 4 200 | 4 300 | 22 | 26 | 16 | 200 | 10 |
| DYD16[3.2]5.5 | 3.2 | 2 450 | 4 180 | 3 205 | 2 694 | 5 300 | 5 500 | 5 700 | 37 | 43 | 18 | 200 | 16 |
| DYD20[4.0]7.0 | 4.0 | 2 840 | 4 505 | 3 850 | 3 282 | 6 800 | 7 000 | 7 200 | 37 | 43 | 25 | 200 | 20 |
| DYD25[5.0]8.8 | 5.0 | 3 020 | 4 787 | 4 165 | 3 663 | 8 500 | 8 800 | 9 200 | 45 | 52 | 22 | 200 | 25 |
| DYD30[6.5]9.8 | 6.5 | 3 070 | 5 200 | 4 230 | 3 700 | 9 500 | 9 800 | 10 200 | 45 | 52 | 25 | 200 | 30 |

注：表列参数仅适用于容重为 2.0 t/m³ 的散装物料。

**表 4-5-27 电动液压梳形抓斗技术参数表**

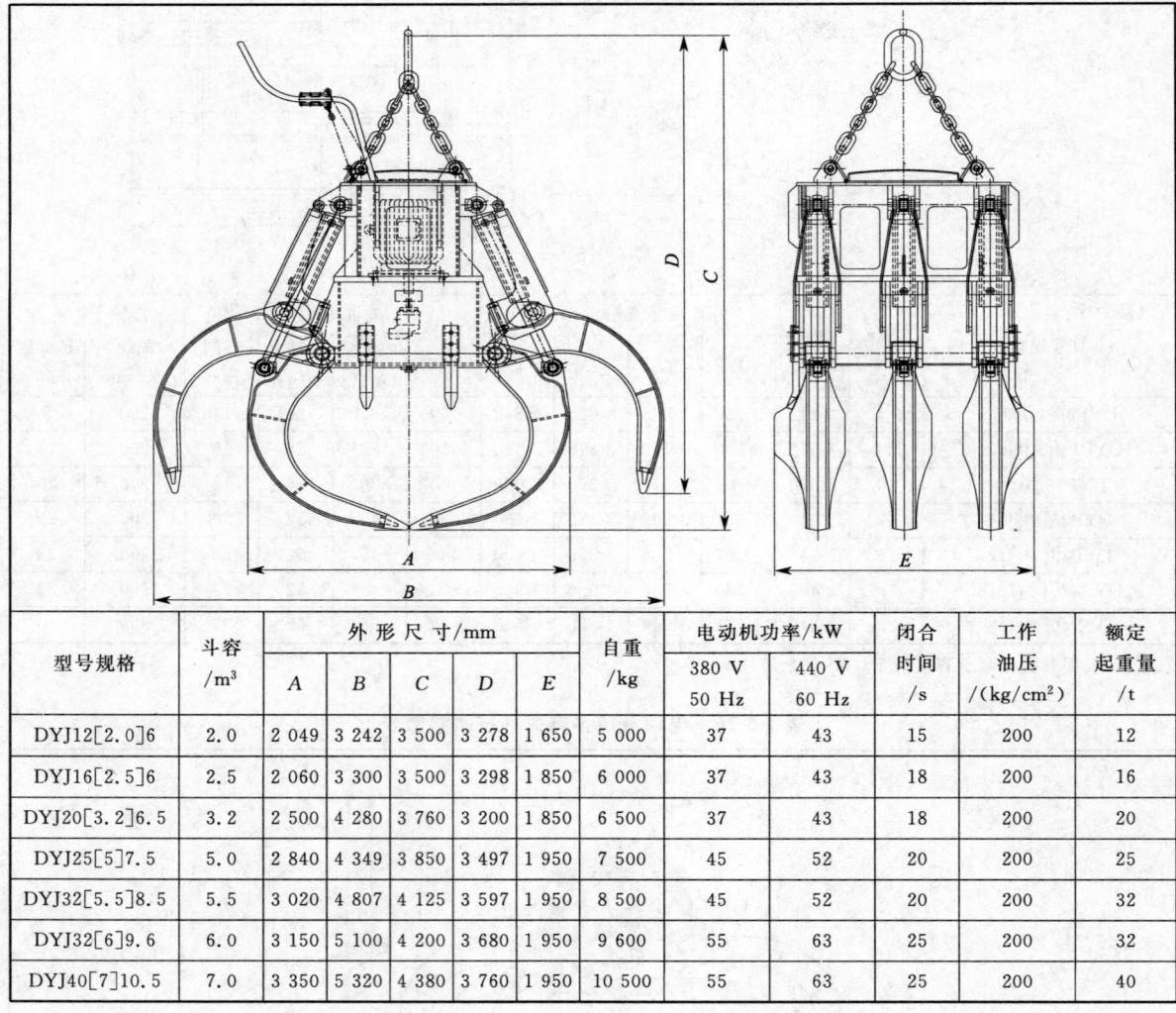

| 型号规格 | 斗容/m³ | 外形尺寸/mm | | | | | 自重/kg | 电动机功率/kW | | 闭合时间/s | 工作油压/(kg/cm²) | 额定起重量/t |
|---|---|---|---|---|---|---|---|---|---|---|---|---|
| | | A | B | C | D | E | | 380 V 50 Hz | 440 V 60 Hz | | | |
| DYJ12[2.0]6 | 2.0 | 2 049 | 3 242 | 3 500 | 3 278 | 1 650 | 5 000 | 37 | 43 | 15 | 200 | 12 |
| DYJ16[2.5]6 | 2.5 | 2 060 | 3 300 | 3 500 | 3 298 | 1 850 | 6 000 | 37 | 43 | 18 | 200 | 16 |
| DYJ20[3.2]6.5 | 3.2 | 2 500 | 4 280 | 3 760 | 3 200 | 1 850 | 6 500 | 37 | 43 | 18 | 200 | 20 |
| DYJ25[5]7.5 | 5.0 | 2 840 | 4 349 | 3 850 | 3 497 | 1 950 | 7 500 | 45 | 52 | 20 | 200 | 25 |
| DYJ32[5.5]8.5 | 5.5 | 3 020 | 4 807 | 4 125 | 3 597 | 1 950 | 8 500 | 45 | 52 | 20 | 200 | 32 |
| DYJ32[6]9.6 | 6.0 | 3 150 | 5 100 | 4 200 | 3 680 | 1 950 | 9 600 | 55 | 63 | 25 | 200 | 32 |
| DYJ40[7]10.5 | 7.0 | 3 350 | 5 320 | 4 380 | 3 760 | 1 950 | 10 500 | 55 | 63 | 25 | 200 | 40 |

### 五、气动抓斗气动系统的设计

气动抓斗利用气动原理，在抓斗上安装压缩空气驱动的气缸替代闭合滑轮组，实现抓斗颚瓣的开闭动作。其构造较电动液压抓斗简单，除工作介质不同，其工作原理与液压抓斗类同，设计计算可参考电动液压抓斗。因工作介质压缩气源通常置于抓斗外，因此一般仅需进行工作气缸的设计计算。压缩空气的气压和流量由所外供的压缩气源确定,常用气压 $p \approx 0.6\ \text{MPa} \sim 0.8\ \text{MPa}$。

气动多瓣抓斗技术参数见表4-5-28。

表4-5-28 气动多瓣抓斗技术参数表

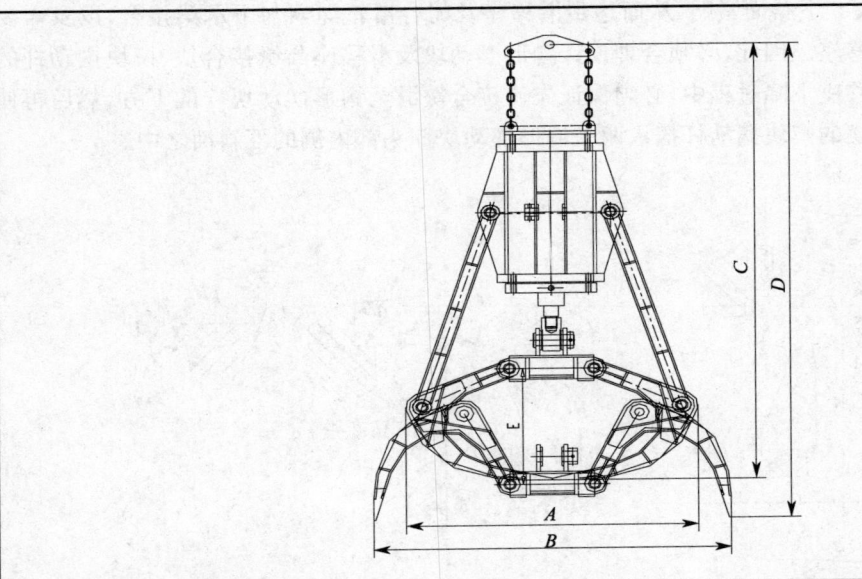

| 型号规格 | 额定起重量/t | 斗容/m³ | 自重/kg | 外形尺寸/mm ||||| 工作气压/MPa |
|---|---|---|---|---|---|---|---|---|---|
| | | | | A | B | C | D | E | |
| QD1[0.05]0.23 | 1 | 0.05 | 230 | 680 | 1 060 | 1 389 | 1 435 | 316 | 0.6 |
| QD1[0.06]0.28 | 1 | 0.06 | 280 | 800 | 1 000 | 1 398 | 1 900 | 391 | 0.6 |
| QD1[0.08]0.35 | 1 | 0.08 | 350 | 900 | 1 100 | 1 644 | 1 790 | 436 | 0.6 |
| QD2[0.2]0.7 | 2 | 0.20 | 700 | 1 200 | 1 700 | 2 330 | 2 505 | 657 | 0.6 |

注:表列参数仅适用于纸浆、酒糟等散装物料。

### 六、单绳抓斗启闭机构的设计

单绳抓斗的启闭机构形式很多,目前使用较多的是抓斗着地状态下动作的双叉形凸轮机构和抓斗处于悬空任意位置状态下的拉绳拔楔机构。

**1. 双叉形凸轮机构**

如图4-5-133所示。该机构的2个双叉形凸轮3的形状尺寸以及在滑移座上回转轴位置($O_1$、$O_2$)、下承梁上的挡杆4、下承梁导杆的凹槽尺寸等需要进行合理的设计,以保证滑移座从导杆上部下滑(此时凸轮呈铅垂状,位于导杆外侧)至接触下承梁后,挡块4上端接触凸轮叉上的$AM$面(和$BN$面),引致凸轮摆转,最终使凸轮叉形成适量嵌入导杆凹槽状。另外,当滑移座从凸轮叉与导轨凹槽上端卡紧接合状态适量下滑时,下承梁挡杆顶部与凸轮平直面($CF$面)右边接触,造成凸轮再摆转成水平状。

为保证机构动作可靠,叉形凸轮应具足够的强度,其平面长度$DF$,直角叉形长度$CD$、$CE$接触面应满足安全的挤压应力,根部满足安全的弯曲应力,凸轮回转轴能承受弯曲、剪切和挤压负载。下承梁挡块2应能承受滑移座自重造成的压应力和接触应力。挡块和凸轮应采用优质碳素钢调质处理,两者接触部分表

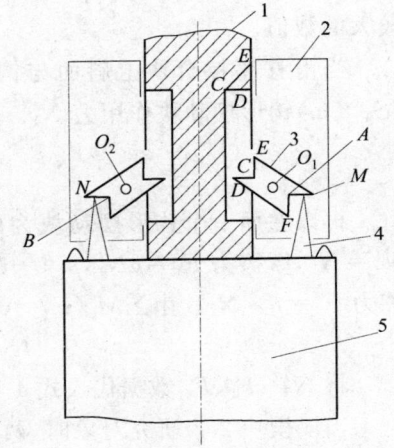

图4-5-133 双叉形凸轮机构
1—导杆;2—滑移座;3—双叉形凸轮;4—挡块;5—下承梁

面淬火处理,具有较高的硬度。

#### 2. 拉绳拔楔机构

如图 4-5-134 所示。此机构依靠斜面推动钩形摆动块 5 以及楔块 2 的自锁作用,达到滑移座 4 凸缘(接合块 3)与钩形摆动块 5 下斜面紧贴,从而达到滑移座及闭合滑轮绳索与下承梁接合,以及需要时施外力使下承梁脱离滑移座。因此,必须合理设计钩形摆动块及滑移座凸缘接合块、楔块摆动杆的几何形状及尺寸。此外滑移座下降过程中,必须保证先使接合块滑至钩形摆动块 5 的下方,然后再使置于滑移座内的由自重下摆的楔块摆动杆摆入两个钩形摆动块 5 头部内侧的下斜面之中。

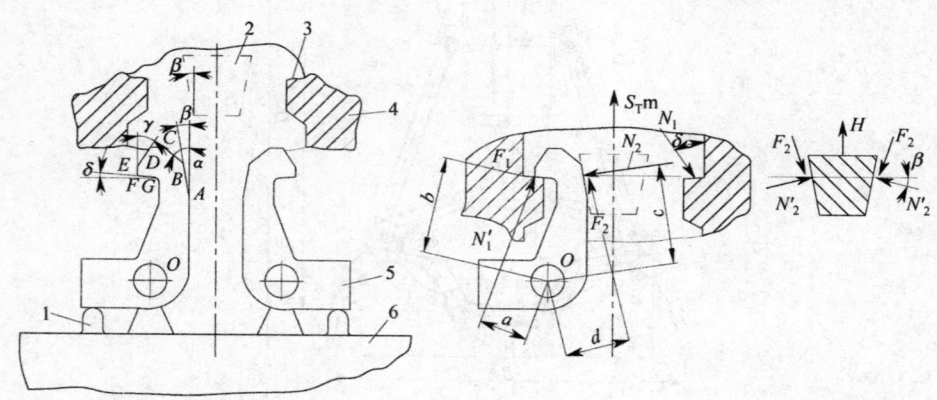

图 4-5-134 拉绳拔楔机构受力分析
1—限制块；2—楔块；3—接合块；4—滑移座；5—钩形摆动块；6—下承梁

由于钩形摆动块的重心偏置,使其钩形摆动块 5 头部始终绕转轴 $O$ 外摆,下承梁上的限制块 1,使钩形摆动块 5 头部不会触碰滑移座的内侧竖面。钩形摆动块 5 头部的多边形斜面 $AB$、$BD$、$DE$、$FG$ 的倾斜角 $\beta$、$\alpha$、$\gamma$、$\delta$ 必须适宜。呈 $\beta$ 角的斜面 $AB$ 与楔块卡紧后,应具自锁作用；呈 $\gamma$ 角的斜面 $DE$,应使滑移座接合块下滑导入钩形摆动块 5 头部的下斜面 $FG$ 处；具有 $\delta$ 角的下斜面 $FG$,应能当楔块拔出后在滑移座闭合绳的拉力下,接合块 3 上部斜面能使钩形摆动块 5 内摆,接合块 3 脱离下斜面 $FG$ 摆脱钩形摆动块 5,滑移座向上提升脱离下承梁。

上述各倾角可通过力学分析计算确定,并可分别求出钩形摆动块与接合块及与中间楔块间的作用力,用这些力即可计算有关接触零件以及支承轴的强度。

对于 $\beta$ 角,一般使 $\beta < \varphi$ 即可($\varphi = \arctan\mu$,即接触材料间的摩擦角),$\gamma$、$\delta$ 必须 $> \varphi$,$\alpha$ 角可取一个较大的数值。

当滑移座接合块上斜面与钩形摆动块下斜面紧贴时,颚瓣闭合,其上受有闭合滑轮组拉力($S_T \times m$)钩形摆动块作用力 $N_1$。以滑移座 4 为研究对象,显然

$$N_1 = (S_T \times m)/2\cos\delta \tag{4-5-62}$$

再以左面一个钩形摆动块为研究对象,钩形摆动块 $FG$ 面受有滑移座接合块作用的正压力 $N_1' = N_1$,摩擦力 $F_1 = \mu N_1'$,$\mu$——摩擦系数。钩形摆动块右侧 $AB$ 面受有中间楔块的正压力 $N_2$、摩擦力 $F_2 = \mu \times N_2$。由 $\sum M_o(F) = 0$,

$$N_1' \times a - F_1 \times b - F_2 \times d - N_2 \times C = 0 \tag{4-5-63}$$

将 $N_1'$、$F_1$、$F_2$ 数据代入式 4-5-63 后即可求出 $N_2$。

当以楔块 2 为研究对象时,两侧面受有钩形摆动块 $AB$ 斜面作用的正压力 $N_2' = N_2$。当楔块 2 受有向上力 $H$ 时,则两侧面受有摩擦力 $F_2 = \mu \times N_2'$。由 $\sum F_y = 0$,

$$2N_2' \sin\beta + H - 2F_2 \times \cos\beta = 0 \tag{4-5-64}$$

将 $N_2$ 数据代入式 4-5-64 后即可求出 $H$,即是克服楔块斜面自锁时应有的一个向上作用力(当 $H = 0$ 时,由于 $\beta < \varphi$,楔块 2 不可能自行向上运动脱开钩形摆动块 5 内表面,滑移座接合块 3 顶着

钩形摆动块 5,在自锁作用下保证滑移座与下承梁可靠接合)。

如果通过绳索外界施力于楔块摆动杆上产生向上拉力 H 时,应考虑联动机构的杠杆传动比,计算人手拉力 $S_{拉}$ 的数值,若 $S_{拉}>200$ N,需调整杠杆传动比,最终使 $S_{拉} \leqslant 200$ N。

当楔块 2 受外力作用从两个钩形摆动块内侧脱离时,钩形摆动块内侧的作用力 $N_2=0$,作用于钩形摆动块外侧的作用力矩 $N_1' \times a$ 可克服转轴中的摩擦力矩,促使钩形摆动块内摆,进而滑移座 4 脱开下承梁 6。

如果利用无线电遥控电磁阀,使一个系有楔块的活塞杆油缸上下腔连通,活塞杆上端座上的压缩弹簧作用推动活塞杆上移(使上腔的油进入下腔),从而拉动楔块自 2 个钩形摆动块夹持中拔出,自动控制滑移座脱离下承梁,颚瓣开启。这种无线电遥控单绳抓斗的重要设计参数即为拉动楔块从钩形摆动块夹持中的拔出力 H 值,根据拉力 H 以及拔出楔块的行程,就能计算确定油缸、活塞杆、压缩弹簧以及电磁阀、无线电遥控器等的相关参数。

手拉式单索双瓣抓斗技术参数见表 4-5-29,无线遥控双瓣抓斗技术参数见表 4-5-30。

表 4-5-29　手拉式单索双瓣抓斗技术参数表

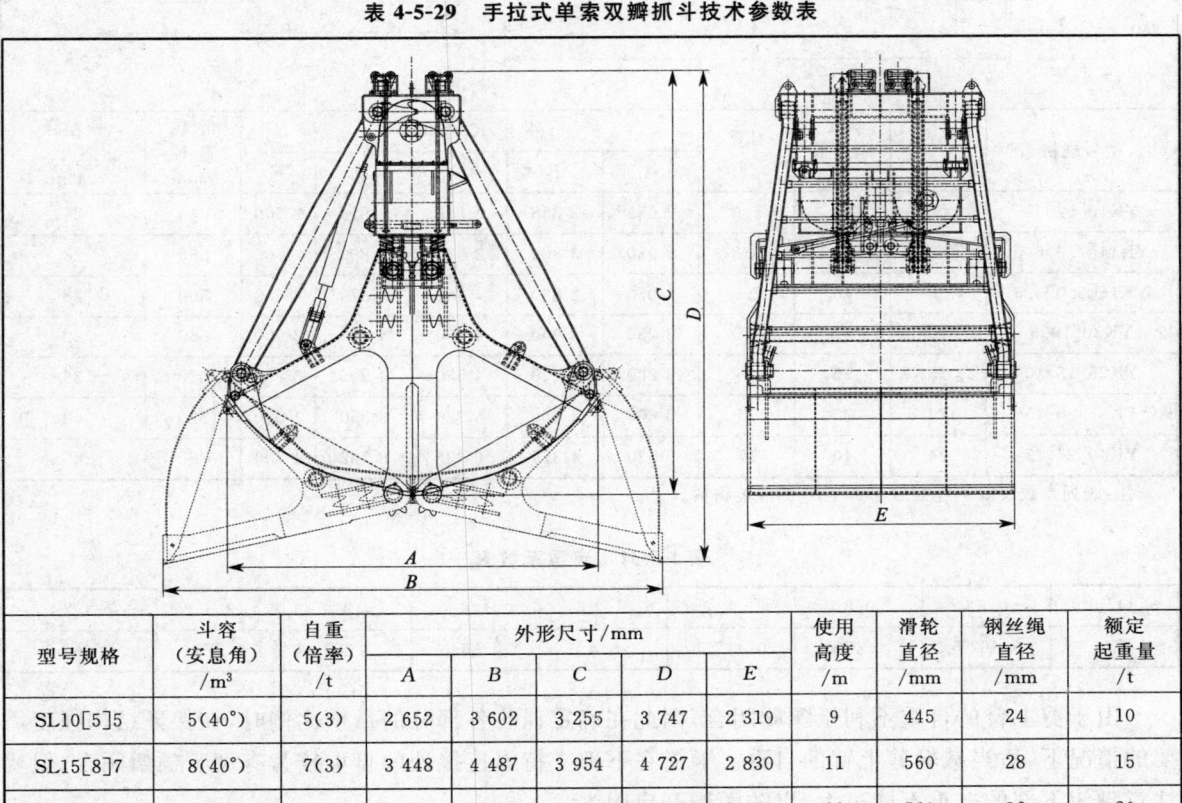

| 型号规格 | 斗容<br>(安息角)<br>/m³ | 自重<br>(倍率)<br>/t | 外形尺寸/mm | | | | | 使用<br>高度<br>/m | 滑轮<br>直径<br>/mm | 钢丝绳<br>直径<br>/mm | 额定<br>起重量<br>/t |
|---|---|---|---|---|---|---|---|---|---|---|---|
| | | | A | B | C | D | E | | | | |
| SL10[5]5 | 5(40°) | 5(3) | 2 652 | 3 602 | 3 255 | 3 747 | 2 310 | 9 | 445 | 24 | 10 |
| SL15[8]7 | 8(40°) | 7(3) | 3 448 | 4 487 | 3 954 | 4 727 | 2 830 | 11 | 560 | 28 | 15 |
| SL20[12]8 | 12(40°) | 8(3) | 3 500 | 4 434 | 4 043 | 4 842 | 2 650 | 11 | 560 | 32 | 20 |
| SL25[14]11 | 14(40°) | 11(3) | 3 815 | 5 143 | 4 618 | 5 346 | 2 750 | 12 | 650 | 36.5 | 25 |

注:表列参数仅限于容重为 1 t/m³ 的散装物料。

### 七、剪式抓斗的设计计算

剪式抓斗具有较好的抓取能力,其最大特点是颚瓣的挖掘力矩随着闭合而逐步增大,闭合终了时达到最大值,保证抓斗有较高的填充率。该抓斗设计计算如下:

(一)初定自重 $G_d$

$$G_d = k_z \times Q \tag{4-5-65}$$

式中　$Q$——起重机额定起重量(t);
　　　$K_z$——自重系数(表 4-5-31)。

表 4-5-30 无线遥控双瓣抓斗技术参数表

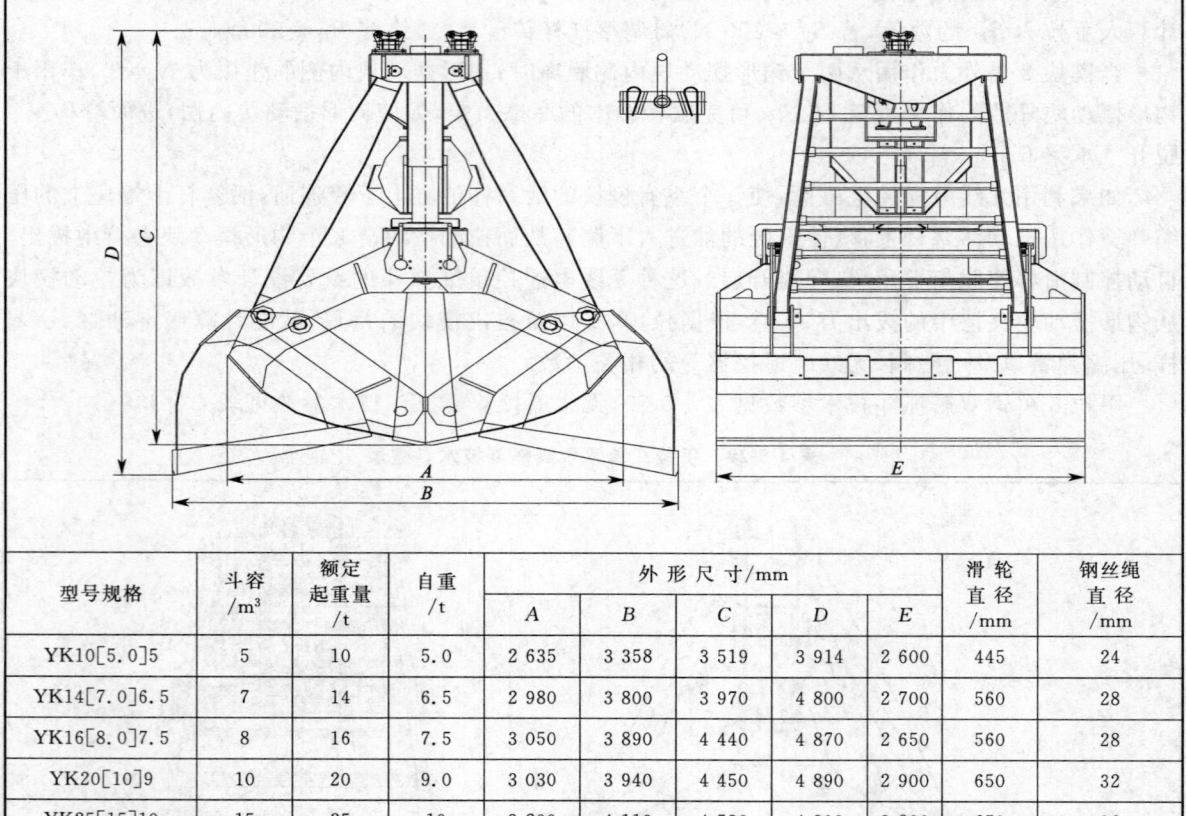

| 型号规格 | 斗容 /m³ | 额定起重量 /t | 自重 /t | 外形尺寸/mm ||||| 滑轮直径 /mm | 钢丝绳直径 /mm |
| --- | --- | --- | --- | --- | --- | --- | --- | --- | --- | --- |
| | | | | A | B | C | D | E | | |
| YK10[5.0]5 | 5 | 10 | 5.0 | 2 635 | 3 358 | 3 519 | 3 914 | 2 600 | 445 | 24 |
| YK14[7.0]6.5 | 7 | 14 | 6.5 | 2 980 | 3 800 | 3 970 | 4 800 | 2 700 | 560 | 28 |
| YK16[8.0]7.5 | 8 | 16 | 7.5 | 3 050 | 3 890 | 4 440 | 4 870 | 2 650 | 560 | 28 |
| YK20[10]9 | 10 | 20 | 9.0 | 3 030 | 3 940 | 4 450 | 4 890 | 2 900 | 650 | 32 |
| YK25[15]10 | 15 | 25 | 10 | 3 200 | 4 110 | 4 530 | 4 900 | 3 800 | 650 | 36 |
| YK35[20]15 | 20 | 35 | 15 | 3 600 | 4 450 | 5 030 | 5 350 | 4 000 | 720 | 40 |
| YK40[24]17 | 24 | 40 | 17 | 3 520 | 4 374 | 6 338 | 6 702 | 4 700 | 880 | 45 |

注：表列参数仅限于容重为 0.9 t/m³ 的散装物料。

表 4-5-31 自重系数 $K_z$

| $\rho_\text{堆}$/(t/m³) | 0.63 | 0.8 | 1 | 1.25 | 1.6 | 2 | 2.5 | 3.2 |
| --- | --- | --- | --- | --- | --- | --- | --- | --- |
| $K_z$ | 0.462 5 | 0.425 | 0.412 5 | 0.4 | 0.394 | 0.381 | 0.375 | 0.362 5 |

由于剪上臂的自重不利于颚瓣闭合，因此在确定抓斗各部分的重量比例时，在保证结构强度需要的情况下，适当减轻剪上臂的自重。颚瓣在下部支持绳连接处的自重较为有利于颚瓣闭合，但要注意颚瓣下部的自重不能过大，以防颚瓣开启困难。

(二)确定颚瓣宽度

颚瓣宽度：
$$B = K_B \sqrt[3]{V_d} \tag{4-5-66}$$

式中　$V_d = G_l/\rho_\text{堆}$　　$G_l = Q - G_d$

表 4-5-32 宽度系数 $K_B$ 值

| $\rho_\text{堆}$/(t/m³) | 0.63 | 0.8 | 1 | 1.25 | 1.6 | 2 | 2.5 | 3.2 |
| --- | --- | --- | --- | --- | --- | --- | --- | --- |
| $K_B$ | 1.46 | 1.4 | 1.37 | 1.344 | 1.342 | 1.314 | 1.26 | 1.258 |

(三)确定最大开度 $L_\text{max}$

最大开度：
$$L_\text{max} = K_m \times \sqrt[3]{V_d} \tag{4-5-67}$$

式中　$K_m$——最大开度系数(表 4-5-33)。

**表 4-5-33　剪式抓斗最大开度系数 $K_m$ 值**

| 散货堆积密度 $\rho_{堆}$（容量）/(t/m³) \ 抓斗起重机起重量/t | 16 | 20 | 25 | 32 | 40 | 50 | 63 |
|---|---|---|---|---|---|---|---|
| 0.63 | 2.177 | 2.249 | 2.341 | 2.417 | 2.528 | 2.610 | 2.675 |
| 0.80 | 2.264 | 2.333 | 2.430 | 2.582 | 2.642 | 2.724 | 2.820 |
| 1.00 | 2.362 | 2.435 | 2.530 | 2.632 | 2.738 | 2.835 | 2.908 |
| 1.25 | 2.481 | 2.578 | 2.668 | 2.779 | 2.857 | 2.968 | 3.040 |
| 1.60 | 2.612 | 2.718 | 2.824 | 2.914 | 3.031 | 3.144 | 3.213 |
| 2.00 | 2.745 | 2.846 | 2.949 | 3.044 | 3.171 | 3.274 | 3.367 |
| 2.50 | 2.891 | 2.988 | 3.097 | 3.207 | 3.318 | 3.429 | 3.507 |
| 2.70 | 2.915 | 3.019 | 3.130 | 3.231 | 3.350 | 3.453 | 3.533 |
| 3.20 | 3.046 | 3.146 | 3.269 | 3.392 | 3.515 | 3.633 | 3.710 |

$K_m$ 值不仅与 $\rho_{堆}$ 有关，还与起重机的额定起重量有关。最大开度时，取剪上臂的位置角 $\delta_{Jo} \approx 7°$。

（四）确定剪上臂与颚瓣几何尺寸比值 $k_r = r_J/\rho_J$

经静力分析（图 4-5-135）求得颚瓣刃口处可克服的阻力为：

$$F_c = S_T \times m \times r_J \times \sin(\beta_J - \delta_J)/\rho_J \quad (4\text{-}5\text{-}68)$$

式中　$m$——闭合滑轮组倍率，常取 $m=3$；

$\delta_J$——剪上臂相对颚瓣内侧位置角，常取 $\delta_J = 13°$；

$\beta_J$——颚瓣体端面内侧位置角。

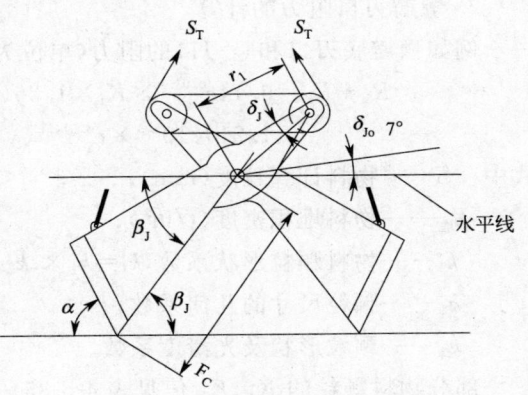

图 4-5-135　剪式抓斗的受力分析

从式 4-5-68 可知在 $k_r = r_J/\rho_J$ 的值较大时，可得较大的 $F_c$，但过大会产生抓斗高度增加、剪上臂自重增加、闭合绳长度增加等不利影响。

因此对于抓取矿石的剪式抓斗，一般取 $k_{rmin} \leq k_r \leq k_{rmax}$。较适宜的 $k_r$ 值见表 4-5-34。

$$k_{rmin} \approx 1.0912 \times (0.5L_m/\sqrt[3]{V_d})^2 - 3.8258 \times (0.5L_m/\sqrt[3]{V_d}) + 3.936 \quad (4\text{-}5\text{-}69)$$

$$k_{rmax} \approx 1.038 \times (\sqrt[3]{V_d}/0.5L_m) \quad (4\text{-}5\text{-}70)$$

**表 4-5-34　较适宜的 $k_r$ 值**

| $\rho_{堆}$/(t/m³) | 0.8 | 1 | 1.25 | 1.6 | 2 | 2.5 | 2.7 | 3.2 |
|---|---|---|---|---|---|---|---|---|
| $k_r$ | 0.55 | 0.56 | 0.57 | 0.58 | 0.6 | 0.61 | 0.61 | 0.615 |

对于抓斗颚瓣宽度系数 $\psi$、张开抓斗的覆盖面积 $A$，颚瓣的平均下压深度 $H$、颚瓣端面形状尺寸等可参考长撑杆抓斗计算方法分析计算。

按前述初定的自重 $G_d$，可初定剪式抓斗的抓取量 $G_l \approx Q - G_d$，当抓斗设计完成后，据其尺寸参数可大致验算一下实际能够抓取物料的重量 $G_{l实}$。此值与颚瓣的最大开度以及颚瓣底刃口的轨迹（即沿开度的各处抓挖深度）有关。

1. 物料抓取量的计算

如图 4-5-136 所示。若已知某抓斗颚瓣抓挖轨迹，测得一系列抓挖深度 $y_i$（开始下压深度为 $y_o$），此开度时进入颚瓣的物料量

$$Q_{lk} \approx 2B\rho_{堆}[l_1(y_0+y_1)/2 + l_2(y_1+y_2)/2 + l_3(y_2+y_3)/2 + \cdots\cdots + l_k(y_{(k-1)}+y_k)/2] \tag{4-5-71}$$

式中各个 $y_i$ 与抓取阻力 $R$ 有关。

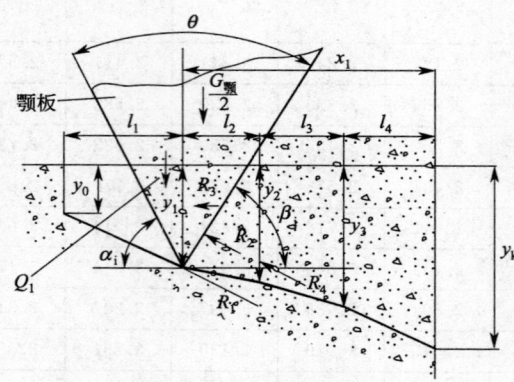

图 4-5-136 剪式抓斗的抓挖轨迹

**2. 颚瓣刃口阻力的计算**

例如颚瓣底刃口和竖刃口的阻力（单位为 $\times 10^4$ N）

$$R_1 + R_2 = 0.14e^{0.019s} \times K_f \times 1.26(\rho_{堆}^{-1}) + 0.21 \times 10^{-3} \times e^{0.0175s} \times (B-900) + 1.21 \times 10^{-3} \times e^{0.0145s}(y_i - 300) \tag{4-5-72}$$

式中　$S$——物料计算粒度（mm）;

$\rho_{堆}$——物料堆积密度（t/m³）;

$k_f$——物料颗粒形状系数，$k_f = k_1 \times k_2$;

$k_1$——颗粒尺寸的几何系数;

$k_2$——颗粒形状及光滑度系数。

部分物料颗粒的 $K_1$、$K_2$ 值见表 4-5-35。

表 4-5-35　部分物料颗粒的 $k_1$、$k_2$ 值

|  | 细砂砾 | 卵石 | 乱石块 | 碎卵石 | 钢球 | 瓷球 |
|---|---|---|---|---|---|---|
| $k_1$ | 1.3 | 1.39 | 1.5 | 1.28 | 1 | 1 |
| $k_2$ | 1.4 | 1.3 | 1.5~1.6 | 1.6 | 1 | 1 |
| 粒度 S | 2.5 | 24.9 | 130 | 46.6 | 30 | 40 |

**3. 颚瓣内物料的推压阻力计算**

进入颚瓣物料的推压阻力：

$$R_3 = (R_0' + 2R_0'') \times X_i/X_0 + R_k(1 - X_i/X_0) \tag{4-5-73}$$

式中　$X_0$——颚瓣最大开度的一半，即 $X_0 = 0.5 L_{max}$

$$R_0' = By_0^2 \times \rho_{堆} \times [\tan(45°+\varphi_0/2)]/2\tan(45°-\varphi_0/2) \tag{4-5-74}$$

$$R_0'' = \rho_{堆} \times y_0^3 \times \tan\varphi_0 / 6\tan^3(45°-\varphi_0/2) \tag{4-5-75}$$

式中　$\varphi_0$——物料内摩擦角，$\varphi_0 = \arctan\mu_0$;

$$R_k = \rho_{堆} \times B\lambda^2 \times \tan\alpha_i \times V_d \times \cot\alpha_i \times \tan(\alpha_i + \varphi')(1+k_k)/B \tag{4-5-76}$$

$$k_k = \frac{2}{3} \times \frac{\tan\varphi'}{\tan^2\left(45° - \frac{\varphi_0}{2}\right) \times \tan(\alpha_i + \varphi')} \times \frac{\lambda}{B} \times \sqrt{\frac{2\tan\alpha_i V_d}{B}} \tag{4-5-77}$$

式中　$\lambda$——与物料计算粒度有关（见表 4-5-36）;

$\varphi'$——物料与颚瓣底板间的摩擦角。

表 4-5-36　$\lambda$ 与 $S$ 关联系数

| $S$ | <2 | 2~20 | 20~50 | 50~100 | 100~200 | >200 |
|---|---|---|---|---|---|---|
| $\lambda$ | 1 | 2 | 3 | 4 | 5 | 6 |

4. 颚瓣外物料的摩擦阻力计算

物料对颚瓣端面外表面的摩擦阻力

$$R_4 = \rho_{堆} \times \cot^2(45°-\varphi_o/2) \times \sin\theta \times \tan\varphi'' \times y_i^3/(3\sin\beta_i \times \sin\alpha_i) \tag{4-5-78}$$

式中　$\varphi''$——物料与颚瓣端面间摩擦角。

根据闭合绳拉力 $S_T$、闭合滑轮组倍率 $m$、1个颚瓣的自重 $G$、已入颚瓣物料重量 $G_{li}$ 等参数，可以求出颚瓣在某开度位置时能够克服的各种阻力 $F$。并由 $F$ 按前述各种阻力函数式求出对应位置颚瓣抓挖深度 $y_i$，根据各个 $y_i$，即可求出颚瓣关闭后能抓取的实际物料量 $G_{l实际}$。

颚瓣在某一开度位置能够克服的各种阻力 ($F_1$、$F_2$、$F_3$、$F_4$ 相当于 $R_1$、$R_2$、$R_3$、$R_4$) 的函数式可由静力分析得知(图 4-5-137)。

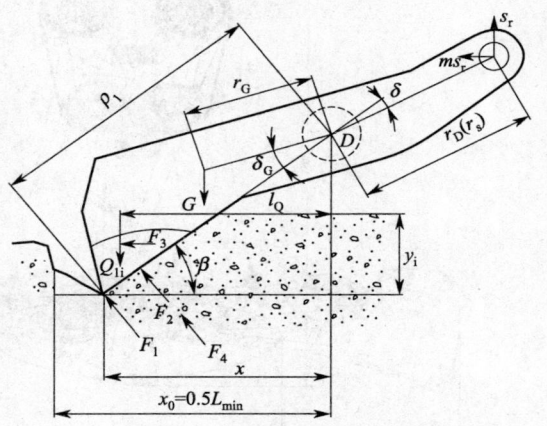

图 4-5-137　剪式抓斗颚瓣的受力分析

例如，由 $\sum m_o(F) = 0$，得

$$(F_1+F_2+F_4) \times \rho_J + F_3 \times k_\rho \times K_\Phi \times \rho_J \times \sin\beta_i = \\ S_T \times m \times r_J \times \sin(\beta_i-\delta) + Q_{li} \times l_Q + \\ G \times r_G \times \cos(\beta_i-\delta_G) + S_T \times rD\cos(\beta_i-\delta) \tag{4-5-79}$$

式中　$k_\rho$——考虑阻力 $R_3$ 偏离底刃口的影响系数，一般取 $k_\rho=0.8$；

　　　$K_\varphi$——颚瓣端面形状影响系数，当颚瓣底面为斜平面时，$K_\varphi=1.2$；

　　　$m$——闭合滑轮组倍率；

　　　$G$——1个颚瓣自重；

　　　$Q_{li}$——已入颚瓣的物重。

亦可由 $\sum F_x=0$、$\sum F_y=0$ 列出方程进而求出 $F_1$、$F_2$、$F_3$、$F_4$ 等力值。上述分析可知，这个求解过程工作量是较大的。

剪式抓斗技术参数见表 4-5-37。

## 八、钳式抓斗的有关设计计算

钳式抓斗的自重利用率与物料填充率较高，总体高度比剪式抓斗小。设计方面与剪式抓斗相似，根据该抓斗特性，在此补充一些有关的设计计算问题。钳式抓斗的闭合滑轮组在颚瓣中部水平布置，滑轮组的倍率、颚瓣自重等对颚瓣的闭合具有重要的影响。

颚瓣闭合时绕回转铰 $O_1$ 的抓取力矩(图 4-5-138)：

$$M_{o1} = S_T \times m \times r\sin\Phi_i + G_{lx} + Q_{li} \times L_x - F_支 \times h \tag{4-5-80}$$

式中　$S_T$——闭合绳拉力；

　　　$Q$——起重机额定起重量；

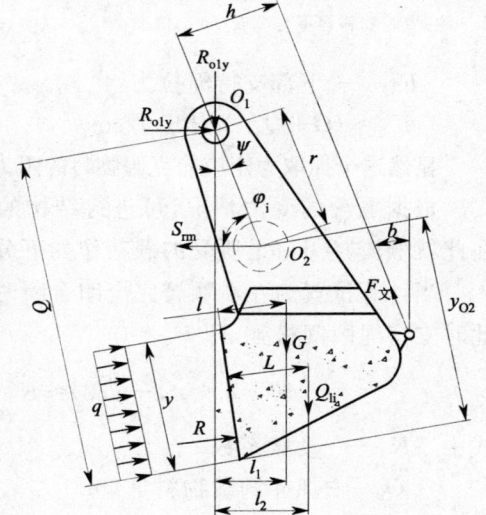

图 4-5-138　钳式抓斗颚瓣受力分析

$G$——1个颚瓣自重;

$m$——闭合滑轮组倍率;

$Q_{li}$——该位置被抓物料重量(在1个斗中);

表 4-5-37 剪式抓斗技术参数表

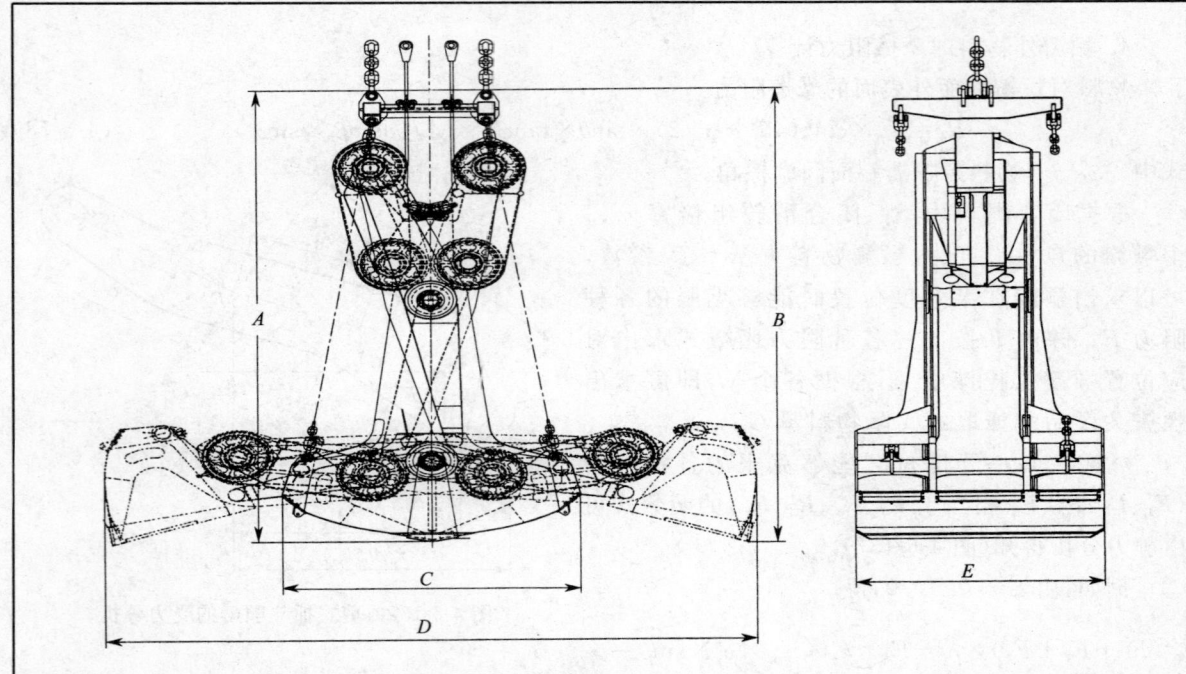

| 型号规格 | 额定起重量/t | 斗容(安息角5°)/m³ | 自重/t | 外形尺寸/mm ||||| 滑轮直径/mm | 使用高度/m | 钢丝绳直径/mm |
|---|---|---|---|---|---|---|---|---|---|---|---|
| | | | | A | B | C | D | E | | | |
| CS16[4]6 | 16 | 4.0 | 6.0 | 4 325 | 4 475 | 2 675 | 4 590 | 2 000 | 560 | 10 | 26 |
| CS20[5]7.5 | 20 | 5.0 | 7.5 | 4 845 | 5 000 | 2 885 | 5 110 | 2 200 | 650 | 11.5 | 28 |
| CS25[6.3]9.4 | 25 | 6.3 | 9.4 | 5 450 | 5 600 | 3 200 | 5 730 | 2 350 | 720 | 12.5 | 32 |
| CS32[8]12 | 32 | 8.0 | 12.0 | 6 140 | 6 290 | 3 400 | 6 400 | 2 600 | 800 | 14.5 | 36 |
| CS40[10.2]14.5 | 40 | 10.2 | 14.5 | 6 920 | 7 070 | 3 660 | 7 200 | 2 750 | 880 | 16 | 40 |
| CS50[13]17.6 | 50 | 13.0 | 17.6 | 7 785 | 7 935 | 3 965 | 8 065 | 3 000 | 920 | 18 | 44 |
| CS63[16.5]21.8 | 63 | 16.5 | 21.8 | 8 600 | 8 815 | 4 300 | 8 930 | 3 300 | 1120 | 20 | 48 |

注:散装物料容重为 2.5 t/m³,倍率=4。

$F_{支}$——下部支持绳拉力:

$$F_{支} \approx (G + Q_{li} - 0.5 S_T)/\cos\beta$$

显然这个抓取力矩应能克服物料的阻力矩,进而通过阻力 $R$ 的计算等,可校核抓斗的实际抓取量。

根据颚瓣的受力情况,可进行结构的强度计算,如上部摆转轴的强度计算、颚瓣的强度计算。在此就颚瓣竖刃口上所受的载荷作如下分析阐述。

当计算位置为左右颚瓣完全闭合瞬时,右颚瓣竖刃口将受到左颚瓣竖刃口的均布作用载荷 $q$。此时支持绳瞬间松弛,即 $F_{支}=0$。

$$q \times y(\rho - y/2) \approx K_d \times S_{Tmax} \times m(\rho - y_o^2) + G_l + 0.5 Q_l \times L \tag{4-5-81}$$

式中　$K_d$——动载系数;

$Q_l$——抓斗满载物料重量;

$L$——$Q_l$ 力至 $O_l$ 点力臂。

求出 $q$ 后,即可计算刃口的比压。

系有抓斗上部支持绳及下部支持绳的上承梁,可据下部支持绳的最大拉力 $F_{支max}$ 和上部支持绳拉力 $Q$,按简支梁结构形式进行强度计算。

$$F_{支max} \approx (G + 0.5Q_1)/\cos\beta_{min} \tag{4-5-82}$$

因钳式抓斗结构原因,在松降闭合绳时,与剪式抓斗依靠上剪臂自重助力颚瓣开启有别,因此必须合理安排下部支持绳的位置,依靠下部支持绳拉力来促使颚瓣开启。

颚瓣闭合时,应使

$$F_{支max} \times h' \times \eta > 0.5Q_{1L} + G_1 + 0.02S_{Tmax} \times m \times r\cos\Psi \tag{4-5-83}$$

式中 $h'$——$F_{支max}$ 至铰点 $O_1$ 的力臂;

$\eta$——铰轴机械效率 $\eta \approx 0.95$;

$L$——物料重心至 $O_1$ 点的力臂;

$l$——颚瓣重心至 $O_1$ 点的力臂。

显然 $h'$ 值必须足够大,即上承梁必须具有足够的长度。

钳式抓斗技术参数见表 4-5-38。

表 4-5-38　钳式抓斗技术参数表

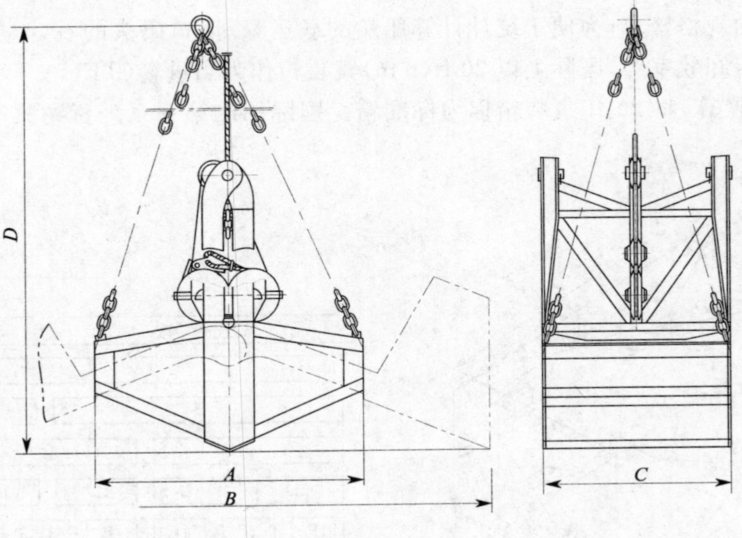

| 额定起重量 | t | 5 | 10 |
|---|---|---|---|
| 抓斗自重 | t | 2 | 4 |
| 抓斗容积 | m³ | 3 | 6 |
| 滑轮组倍率 |  | 2 | 2 |
| 滑轮直径 | mm | 300 | 560 |
| 钢绳直径 | mm | 22 | 28 |
| 最小工作高度 | m | 5.4 | 8 |
| 外形尺寸/mm | A | 1 500 | 2 000 |
| | B | 3 850 | 6 500 |
| | C | 2 000 | 3 000 |
| | D | 4 000 | 6 000 |

# 第六章 集装箱吊具

## 第一节 集装箱吊具的构造和特点

### 一、集装箱和集装箱吊具

#### 1. 集装箱

集装箱是一种具有足够强度和一定容积、适用多种运输方式、便于货物装卸和整体快速换装的运输设备。集装箱的型号已有国际标准化组织作了统一规定(ISO 668—1995),其具体型号、外形尺寸、额定质量和角件位置尺寸见图 4-6-1 和表 4-6-1。我国在国际集装箱标准基础上也制定了集装箱标准(GB/T 1413—2008),其具体型号、外形尺寸、额定质量和角件位置尺寸见表 4-6-2。目前,为了增加载货量,在长度一定的情况下,集装箱有提高高度、宽度和额定质量的趋势。

由于集装箱的规格繁多,为便于统计计算船舶的载运量、港口码头的吞吐量、库场的集疏运能力和机械设备的装卸效率等,国际上以 20 ft(6 m)集装箱作为当量箱(TEU—Twenty Feet Equivalent Unit)来进行换算,将 20 ft 集装箱称为标准箱。国际标准第一系列货物集装箱长度比例关系见图 4-6-2。

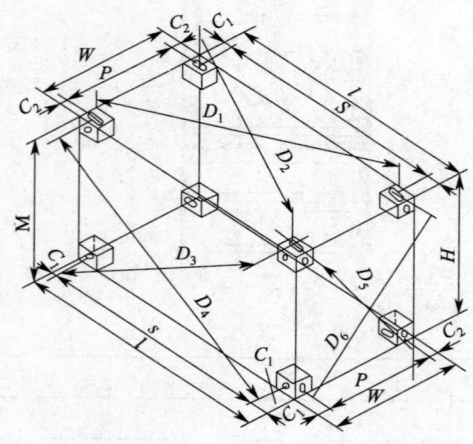

图 4-6-1 集装箱外形尺寸和角件位置尺寸示意图    图 4-6-2 ISO 第一系列集装箱长度比例关系

表 4-6-1 国际标准集装箱的型号、外形尺寸、额定质量和角件位置尺寸(ISO 668—1995)

| 集装箱型号 | 外形尺寸/mm | | | 额定质量 $R$/kg | 角件位置尺寸/mm | | | | | |
|---|---|---|---|---|---|---|---|---|---|---|
| | 长度 $L$ | 宽度 $W$ | 高度 $H$ | | $S$ | $P$ | $C_1$ | $C_2$ | $K_1^{1)}$ | $K_2^{1)}$ |
| 1A | $12\,192_{-10}^{0}$ | $2\,438_{-5}^{0}$ | $2\,438_{-5}^{0}$ | 30 480 | 11 985 | 2 259 | $101.5_{-1.5}^{0}$ | $89_{-1.5}^{0}$ | 19 | 10 |
| 1AA | $12\,192_{-10}^{0}$ | $2\,438_{-5}^{0}$ | $2\,591_{-5}^{0}$ | 30 480 | | | | | | |
| 1B | $9\,125_{-10}^{0}$ | $2\,438_{-5}^{0}$ | $2\,438_{-5}^{0}$ | 25 400 | 8 918 | 2 259 | $101.5_{-1.5}^{0}$ | $89_{-1.5}^{0}$ | 16 | 10 |
| 1BB | $9\,125_{-10}^{0}$ | $2\,438_{-5}^{0}$ | $2\,591_{-5}^{0}$ | 25 400 | | | | | | |
| 1C | $6\,058_{-6}^{0}$ | $2\,438_{-5}^{0}$ | $2\,438_{-5}^{0}$ | 20 320 | 5 853 | 2 259 | $101.5_{-1.5}^{0}$ | $89_{-1.5}^{0}$ | 13 | 10 |
| 1CC | $6\,058_{-6}^{0}$ | $2\,438_{-5}^{0}$ | $2\,591_{-5}^{0}$ | 20 320 | | | | | | |
| 1D | $2\,991_{-5}^{0}$ | $2\,438_{-5}^{0}$ | $2\,438_{-5}^{0}$ | 10 160 | 2 787 | 2 259 | $101.5_{-1.5}^{0}$ | $89_{-1.5}^{0}$ | 10 | 10 |

注:1) 对图 4-6-1 的尺寸 $D_1 \sim D_6$ 不作规定,但应遵循 $K_1 = |D_1 - D_2|$ 或 $K_1 = |D_3 - D_4|$;$K_2 = |D_5 - D_6|$ 的规定。

表 4-6-2(a)　我国标准集装箱的型号、外形尺寸、额定质量和角件位置尺寸(GB/T 1413—2008)

| 集装箱型号 | 外形尺寸/mm | | | 额定质量 $R$/kg | 角件位置尺寸/mm | | | | | |
|---|---|---|---|---|---|---|---|---|---|---|
| | 长度 $L$ | 宽度 $W$ | 高度 $H$ | | $S$ | $P$ | $C_1$ | $C_2$ | $K_1^*$ | $K_2^*$ |
| 1AA | $12\,192^{\,0}_{-10}$ | $2\,438^{\,0}_{-5}$ | $2\,591^{\,0}_{-5}$ | 30 480 | 11 985 | 2 259 | $101.5^{\,0}_{-1.5}$ | $89^{\,0}_{-1.5}$ | 19 | 10 |
| 1CC | $6\,058^{\,0}_{-6}$ | $2\,438^{\,0}_{-5}$ | $2\,591^{\,0}_{-5}$ | 20 320 | 5 853 | 2 259 | $101.5^{\,0}_{-1.5}$ | $89^{\,0}_{-1.5}$ | 13 | 10 |
| 10D | $4\,012^{\,0}_{-5}$ | $2\,438^{\,0}_{-5}$ | $2\,438^{\,0}_{-5}$ | 10 000 | 3 807 | 2 259 | $101.5^{\,0}_{-1.5}$ | $89^{\,0}_{-1.5}$ | 10 | 10 |
| 5D | $1\,968^{\,0}_{-5}$ | $2\,438^{\,0}_{-5}$ | $2\,438^{\,0}_{-5}$ | 5 000 | 1 764 | 2 259 | $101.5^{\,0}_{-1.5}$ | $89^{\,0}_{-1.5}$ | 10 | 10 |

表 4-6-2(b)　我国铁路集装箱的型号、外形尺寸、额定质量和角件位置尺寸

| 集装箱型号 | 外形尺寸/mm | | | 额定质量 $R$/kg | 角件位置尺寸/mm | |
|---|---|---|---|---|---|---|
| | 长度 $L$ | 宽度 $W$ | 高度 $H$ | | $S$ | $P$ |
| $TJ_1$ | $1\,300^{\,0}_{-3}$ | $1\,300^{\,0}_{-3}$ | $900^{\,0}_{-3}$ | 1 000 | | |
| $TJ_{1A}$ | $1\,300^{\,0}_{-3}$ | $1\,300^{\,0}_{-3}$ | $900^{\,0}_{-3}$ | 1 000 | | |
| TJ5A | $1\,968^{\,0}_{-5}$ | $2\,438^{\,0}_{-5}$ | $2\,438^{\,0}_{-5}$ | 5 000 | 1 764 | 2 259 |
| TJ5B | $1\,968^{\,0}_{-5}$ | $2\,438^{\,0}_{-5}$ | $2\,438^{\,0}_{-5}$ | 5 000 | 1 764 | 2 259 |
| TBJ10 | $3\,070^{\,0}_{-5}$ | $2\,500^{\,0}_{-5}$ | $2\,650^{\,0}_{-5}$ | 10 000 | 2 866±4 | 2 259±4 |
| TBU10 | $3\,070^{\,0}_{-5}$ | $2\,500^{\,0}_{-5}$ | $2\,650^{\,0}_{-5}$ | 10 000 | 2 866±4 | 2 259±4 |
| 20ECC | $6\,058^{\,0}_{-6}$ | $2\,438^{\,0}_{-5}$ | $2\,591^{\,0}_{-5}$ | 24 000 | 5 853 | 2 259 |

**2. 集装箱吊具及其型式**

集装箱吊具是一种起吊集装箱的专用机具,它具有与集装箱箱体相适应的结构,通过位于四角的旋锁与箱体的顶角件连接进行起吊作业。集装箱吊具具有自动伸缩、自动开闭锁、自动对中集装箱等机构和多种联锁安全装置,作业辅助时间短,作业效率高。

集装箱吊具的额定起重量取决于相应的集装箱,其外形尺寸不应超过相应集装箱的最大外部尺寸(导向翼除外)。我国集装箱吊具型号和尺寸标准(GB 3220—1982)见图4-6-3和表 4-6-3,伸缩式集装箱吊具主要技术尺寸(JT/T 623—2005)见表4-6-4。

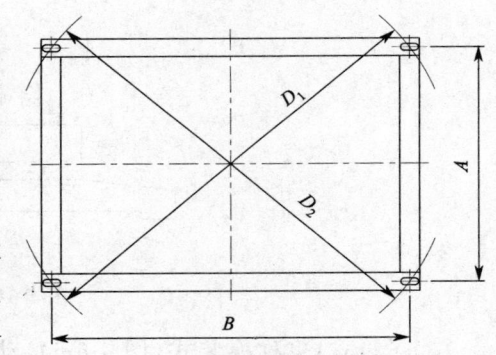

图 4-6-3　集装箱吊具外形尺寸示意图

表 4-6-3　我国标准集装箱吊具的型号、尺寸和规格(GB 3220—1982)

| 型　号 | 旋锁中心距的尺寸和极限偏差/mm | | 对角旋锁中心距差值 $K_1=D_1-D_2$ /mm | 旋锁转角 /(°) | 吊具的额定起重量 /kg | 相应的集装箱型号 |
|---|---|---|---|---|---|---|
| | A | B | | | | |
| JD-30 | 11 985±6 | | 16 | | 30 500 | 1AA |
| JD-20 | 5 853±6 | $2\,259^{+1}_{-2}$ | 13 | 90° | 20 500 | 1CC |
| JD-10 | 3 807±6 | | 6 | | 10 000 | 10D |
| JD-5 | 1 764±4 | | | | 5 000 | 5D |

表 4-6-4　伸缩式集装箱吊具主要技术尺寸(JT/T 623—2005)

| 参　数 | | 额定载荷/t | | |
|---|---|---|---|---|
| | | 30.5 | 35.5 | 40.5 |
| 旋锁机构 | 开锁时间(0°~90°)/s | ≤1.5 | | |
| 伸缩机构 | 伸缩时间/s | ≤30 | | |
| | 适用集装箱尺寸/ft | 20、40 | 20、40 | 20、(30)、(35)、40 |
| 导向爪装置 | 导板作用时间(180°)/s | 5~7 | | |
| 质量/t | | ≤8.2 | ≤9 | ≤10 |

集装箱吊具的种类很多,目前国际国内使用最多的为吊装 20ft 和 40ft 集装箱的可互换式吊具,按其结构特点可分为以下四种型式。

(1)固定式:也称整体式(图 4-6-4),只能吊运一种规格的集装箱。一般为无动力源及传动系统,借助起重机起升机构的提升,通过棘轮机构旋锁转动,实现自动摘挂。这种吊具结构简单,重量轻,但更换吊具需要花费较长的时间,若每个吊具配一套液压系统,成本相对较高。

(2)主从式:也称组合式(图 4-6-5),由两个不同规格的固定式吊具上下组合而成,动力系统装设在上吊具上。当起吊不同规格的集装箱时,只要装上或卸下下吊具即可。通常上吊具为 20 ft 吊具框架,下吊具为 40 ft 吊具框架。主从式吊具比固定式吊具使用方便,但重量较大。

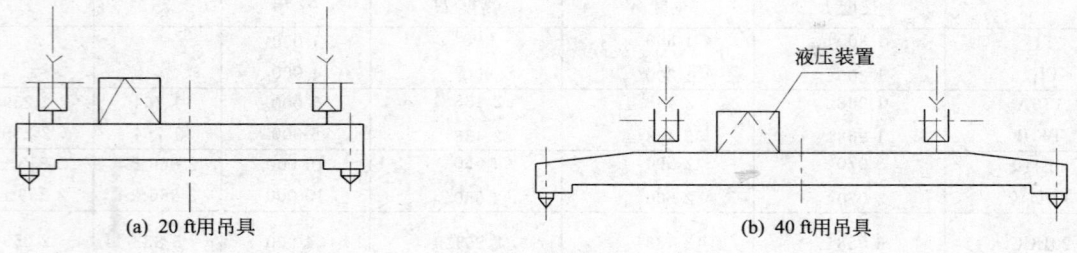

图 4-6-4 固定式集装箱吊具

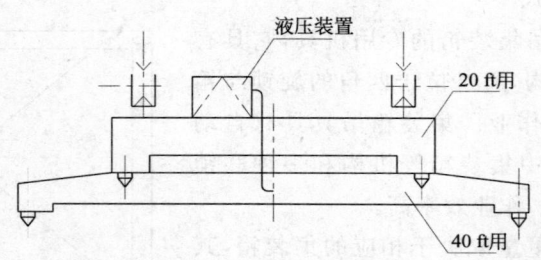

图 4-6-5 主从式集装箱吊具

(3)子母式:也称换装式(图 4-6-6),动力系统装在母体的主横梁上,在横梁下可换装 20 ft、40 ft 等多种规格集装箱固定吊具的子体框架,液压系统通过快速接口实现上下相连。与主从式吊具比较,自重较轻,但更换吊具花费的时间较长。

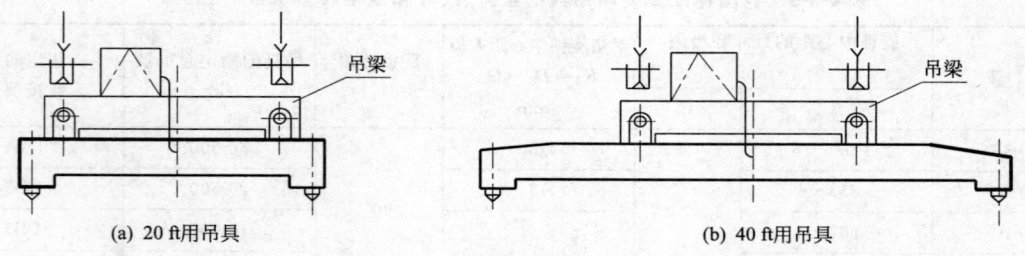

图 4-6-6 子母式集装箱吊具

(4)伸缩式:通过机械或液压传动使吊具自动伸缩改变吊具长度,以适应不同规格的集装箱(图 4-6-7)。吊具长度的调节范围一般为 20 ft 至 40 ft(或至 45 ft),伸缩时间约 20 s 左右。伸缩式吊具虽然重量较大,由于长度调节方便,操作灵活,通用性强,生产效率高,使用广泛。

集装箱吊具根据使用场合又可分为:①起重机吊钩上吊挂使用的单吊点无动力源简易吊具(图 4-6-8)和单吊点有动力源回转吊具(图 4-6-9);②单箱伸缩吊具(图 4-6-10)和间距可调整式双箱伸缩吊具(图 4-6-11)及四箱伸缩吊具;③单吊点可横移调心回转伸缩吊具(图 4-6-12)和四吊点可纵横移动对位伸缩吊具(图 4-6-13)。

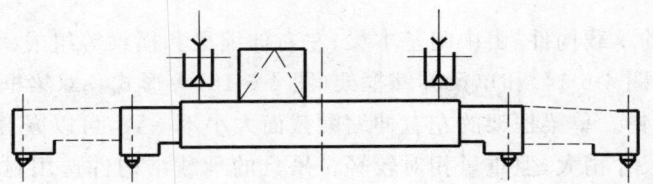

图 4-6-7　伸缩式集装箱吊具

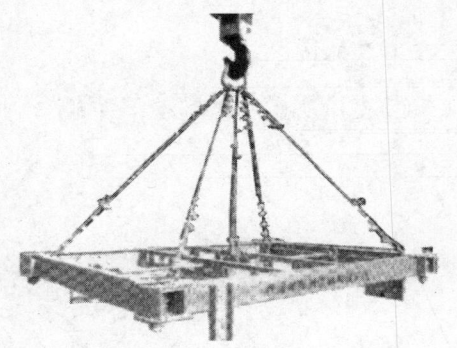

图 4-6-8　单吊点无动力源简易吊具

图 4-6-9　单吊点有动力源回转吊具

图 4-6-10　单箱伸缩吊具

图 4-6-11　间距可调整式双箱伸缩吊具

图 4-6-12　单吊点可横移调心回转伸缩吊具

图 4-6-13　四吊点可纵横移动对位伸缩吊具

## 二、伸缩式集装箱吊具的工作装置

液压伸缩式集装箱吊具是由金属结构、伸缩机构、旋锁机构、导向爪装置和液压系统等部分组成。

## 1. 金属结构

金属结构是吊具的承载构件，由中间基本梁、左右伸缩梁和横梁等组成。中间基本梁和左右伸缩梁有双梁伸缩框架（图 4-6-14）和单梁伸缩框架（图 4-6-15）等形式。双梁框架的左右伸缩梁截面大小一致，但中心线相错。单梁框架的左右伸缩梁截面大小不一致，可以嵌套。单梁框架的吊具比双梁框架的吊具高度尺寸稍大，但重量相对较轻。吊具的承载结构件选用材质的屈服点极限应不低于 GB/T 1591 中的 235 MPa 规定，且焊接后框架的弯曲、拱翘均不超过 1.5‰A（或 1.5‰B）（A、B 为吊具长度、宽度方向旋锁中心距）。

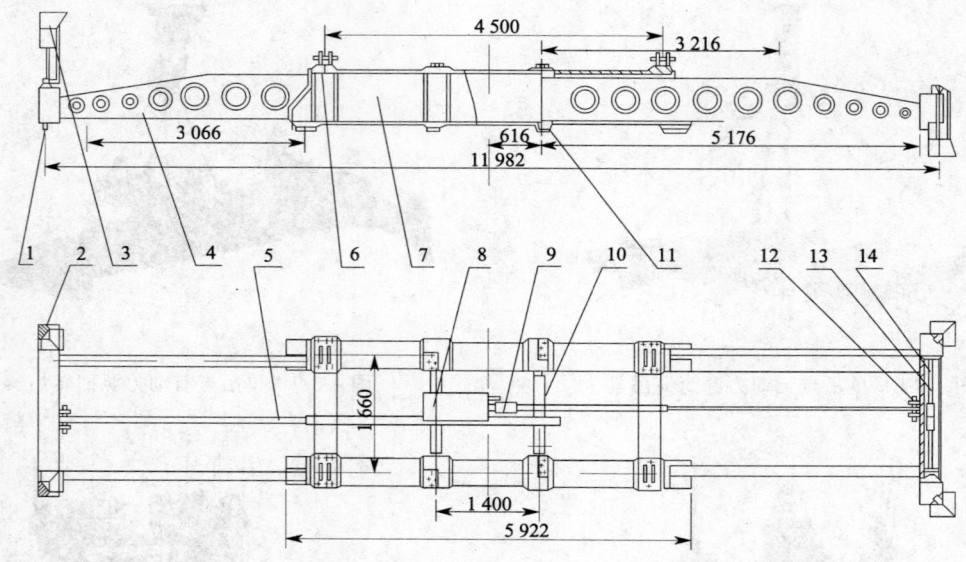

图 4-6-14 双梁伸缩式集装箱吊具构造简图（mm）
1—旋锁；2—回转油缸；3—导向爪；4—伸缩臂；5—伸缩液压缸；6—吊架；7—主框架；8—油箱；
9—液压泵；10—电动机；11—滑块；12—旋锁液压缸；13—推杆微调；14—行程开关

## 2. 伸缩机构

伸缩梁由液压缸推动伸缩（图 4-6-16），也可由链条传动实现（图 4-6-17）。伸缩梁到达极限位置时有行程开关和挡铁限位，以保证旋锁对中 20 ft 或 40 ft 集装箱的角件孔。吊具伸缩应平稳、无阻滞现象，在伸缩梁和固定梁滑动面之间应装减磨衬板或滚轮。在图 4-6-16 中，$P、O$ 为伸缩缸的

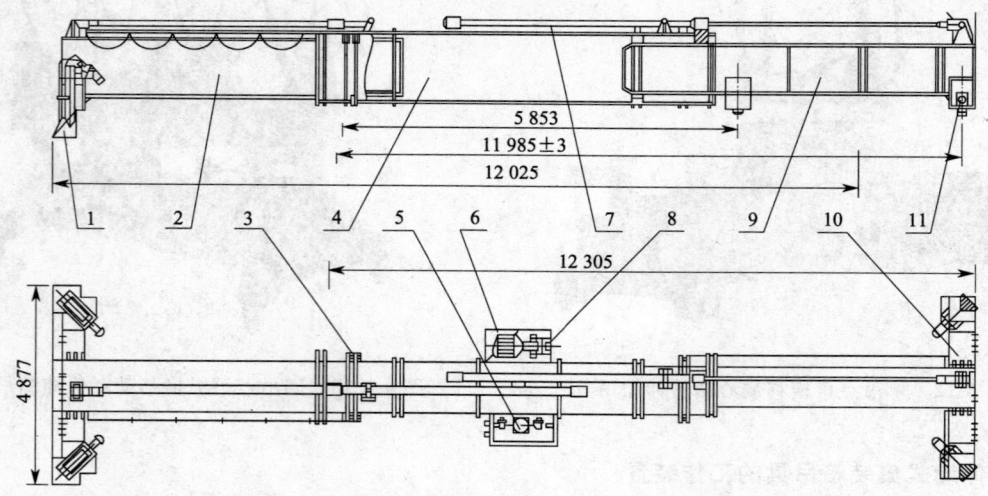

图 4-6-15 单梁伸缩式集装箱吊具构造简图（mm）
1—导向爪装置；2—左伸梁；3—吊点；4—中间基本梁；5—油箱；6—电动机；
7—伸缩液压缸；8—液压泵；9—右伸梁；10—横梁；11—旋锁机构

进出油口,为减轻吊具重量,可将向端梁工作机构供油管路布置在伸缩缸内,吊装 40 ft 集装箱时,A、B 为进出油口;吊装 20 ft 集装箱时,A′、B′ 为进出油口。

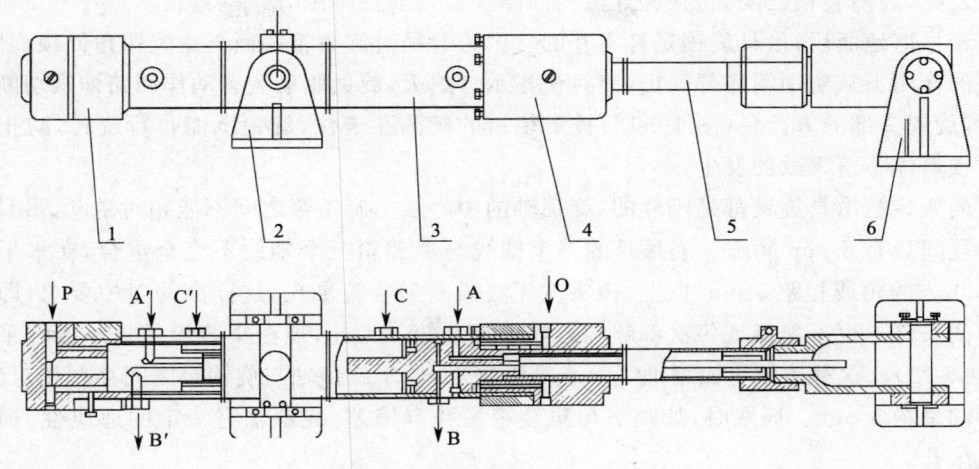

图 4-6-16　吊具伸缩缸
1—缸底;2—油缸中间铰座;3—缸身;4—缸盖;5—活塞杆;6—端梁固定座

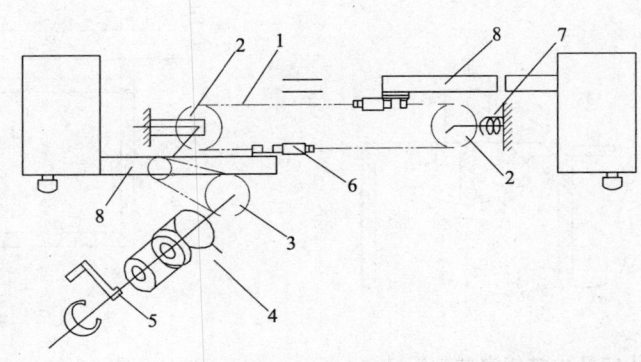

图 4-6-17　链条传动的吊具伸缩装置原理图
1—双列链条;2—伸缩链轮;3—驱动链条;4—电动机;5—手动摇柄;6—可调螺栓;7—缓冲弹簧;8—拉杆

### 3. 旋锁机构

旋锁机构主要由液压缸、推杆、曲柄、旋锁等组成,吊具通过它四个角上的旋锁与集装箱联接。旋锁有两个位置状态:开锁和闭锁,两个位置相差 90°。开锁时,旋锁头的长度方向平行于吊具的纵向轴线;闭锁时,旋锁头的长度方向垂直于吊具的纵向轴线。旋锁液压缸通过连杆推动旋锁曲柄使旋锁转动(图 4-6-18),旋锁机构布置在吊具两端的横梁里和四角的旋锁箱内。

当旋锁处于开锁状态时,旋锁头可以自由地进入集装箱顶部四角的角件孔。吊箱时,将吊具对准集装箱放下,四个旋锁头分别插入箱角的四个椭圆孔内,集装箱顶面顶压突出于旋锁箱体底部的顶杆(图 4-6-18),顶杆上端触动接触开关,司机室内的对位指示灯发亮,显示动作正确无误。

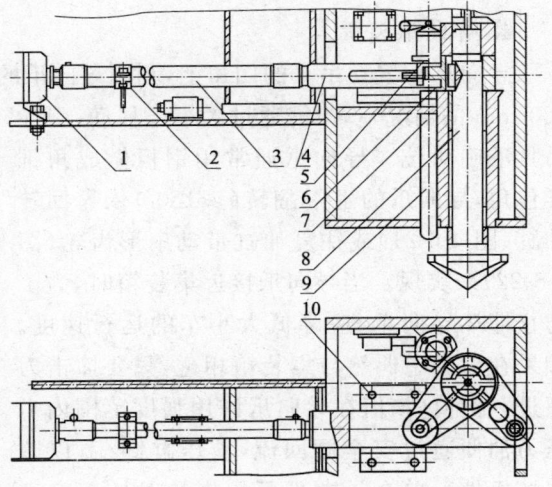

图 4-6-18　旋锁机构
1—旋锁液压缸;2—旋锁行程开关挡块;3—旋锁连杆;4—连杆滚轮叉;5—行程开关顶杆头;6—旋锁曲柄;7—顶杆复位弹簧;8—旋锁轴;9—行程开关顶杆;10—滑槽

电器联锁保证吊具四角全部落平,指示灯才亮,同时切断起升机构下降回路。

当对位指示灯亮后,司机便可揿下闭锁按钮,使四个旋锁同时转动90°,连杆触动限位开关,闭锁指示灯发亮,表明旋锁已闭锁,且起升机构回路接通,此时即可起吊集装箱。

集装箱吊离地面后,吊具旋锁是打不开的。因为起吊时旋锁箱底面与集装箱角件顶面脱离,顶杆在弹簧的作用下从旋锁箱底部弹出,使对位指示灯熄灭,旋锁驱动装置动作回路即被切断。此外在起吊后,旋锁头部的方凸台(图 4-6-19)被集装箱的椭圆孔卡住,旋锁不能自行旋转,防止集装箱在空中开锁箱体坠落事故的发生。

以往的集装箱吊具旋锁都是刚性的,旋锁轴的中心线与旋锁箱之间不能相对游动,吊具锁头与集装箱吊孔间只有 5 mm 间隙。当吊具的三个轴线与集装箱三个轴线不完全重合,在水平面相互存在达 0.047°的角或相距 5 mm 以上,锁头就无法插入集装箱吊孔,这样高的对中要求,即使在导向爪导向的条件下也不能保证每次都顺利地抓取集装箱。为此,现在集装箱吊具一般都采用浮动旋锁(图 4-6-20)。这种旋锁里面增加了一套球面支承,便于旋锁轴与旋锁箱之间存在相对游动,允许锁头移动量约 5 mm。抓取时,如锁头与集装箱吊孔有偏差,旋锁轴有一定的适应性,锁头可以顺利进入吊孔。

图 4-6-19 旋锁头进入箱孔内被锁牢的情况

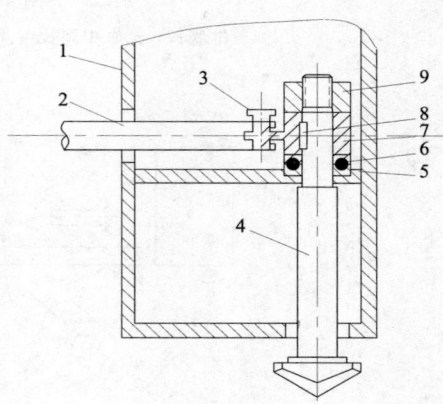

图 4-6-20 浮动旋锁

1—旋锁箱;2—拉杆;3—螺钉;4—锁轴;5—下球轴承;
6—上球轴承;7—曲柄;8—键;9—螺母

**4. 导向爪装置**

导向爪布置在吊具的四角上,利用导向爪的喇叭口,在吊具中心线和集装箱中心线偏离不大于 220 mm 的情况下,不需通过大小车移动,引导吊具准确对位。导向爪通常用钢板做成角锥形包角,导向爪的上下翻转(≥180°)依靠回转油缸(图 4-6-21)或往复油缸带动扇形齿轮(图 4-6-22)来实现。当导向爪接近集装箱时,为了防止撞坏导向爪,应降低大小车的运行速度。如果在行进中偶然与集装箱相碰,只要撞击力超过一定值(该值在导向爪许用强度范围内),压力油便通过安全阀回流,液压缸卸荷,以防损坏机件。单个导向爪下压夹持时转矩应大于 1 200 N·m。

四个导向爪既可单独动作,也可任意组合动作。当导向爪全部翻转向上时,吊具的外轮

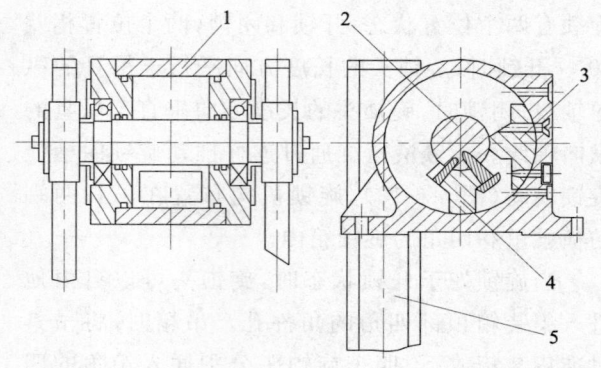

图 4-6-21 回转油缸带动

1—回转液压缸;2—回转轴;
3—固定叶片;4—回转叶片;5—导向爪

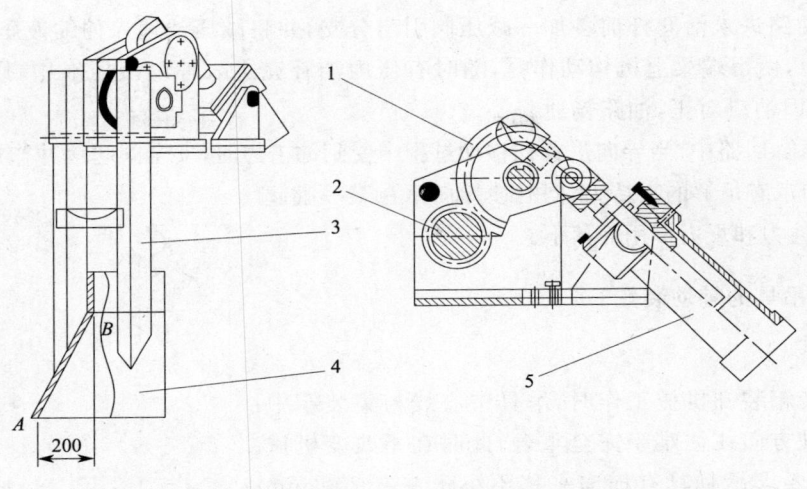

图 4-6-22 往复油缸带动
1—扇形齿轮;2—回转轴;3—导向爪臂;4—喇叭口;5—往复液压缸

廓尺寸和集装箱一致,因而吊具可在集装箱堆放间距较小的格栅之间自由吊取。在集装箱标准堆放场地,集装箱四周的预留间隙足以使四个导向爪全部翻下时的吊具在其顶上顺利插入。

5. 液压系统

图 4-6-23 是吊具液压系统原理图。吊梁伸缩液压缸及其液压控制元件布置在中间基本梁上,导向爪液压缸和旋锁液压缸及其液压控制元件装在左右两侧端梁上。整个液压系统采用双联液压泵供油,吊梁伸缩动作由大小液压泵集中供油;导向爪起落动作时,大泵工作,小泵卸荷;旋锁机构工作时,小泵工作,大泵卸荷;各机构不工作时,大小液压泵同时卸荷,或电机断电。

导向爪装置和旋锁机构的油路是利用伸缩液压缸的活塞杆内腔进行供油。为防止吊运货物时,由于伸缩梁的变形,使得向端梁上机构的供油口发生位置错动而影响正常供油,在向端梁上机

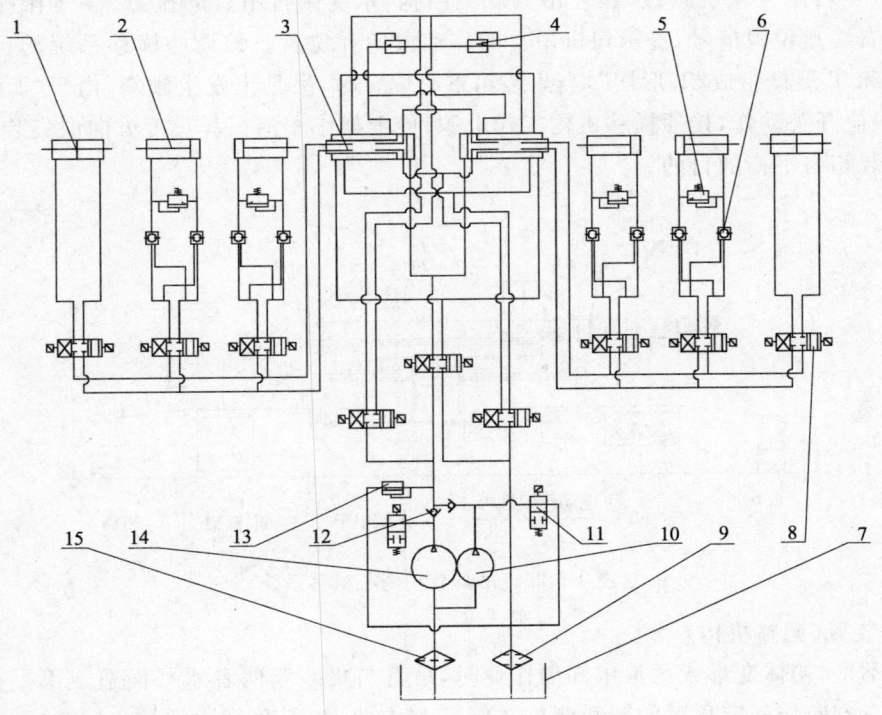

图 4-6-23 吊具液压系统原理图
1—旋锁液压缸;2—导向爪液压缸;3—伸缩液压缸;4—减压阀;5—安全阀;6—液控单向阀;7—油箱;8—电磁阀;
9—精滤油器;10—小齿轮泵;11—卸荷阀;12—单向阀;13—高安全阀;14—大齿轮泵;15—粗滤油器

构供油的两条油路进入活塞杆前各加一减压阀引出分支,并将减压油通入伸缩液压缸中(图 4-6-16 中的 $C$ 或 $C'$ 口),使得端梁上机构动作时,随时有压力油补充进入伸缩液压缸中,以保持液压缸中油压,从而使供回油口对正,油路畅通。

在翻爪液压缸回路中,当导向爪臂在移动过程中受到冲击力时,安全阀起缓冲作用。液控单向阀保证翻下的导向爪有足够的夹持力,同时使导向爪在某一翻起位置时,不因惯性力和重力作用而落下。

### 三、集装箱吊具的辅助装置

#### 1. 横移装置

轮胎式集装箱装卸机械工作时,吊具中心线与集装箱中心线在机械行驶方向往往难于完全重合,此时在不改变机械位置的情况下,要求吊具具有横向平移不小于左右 200 mm 的功能,以便调整对位。采用图 4-6-24 中的横移油缸便可实现吊具的横向平移。同样,对于集装箱门式起重机,其吊具应用横移油缸或电机链条可在纵、横两个方向实现小范围内的移动对位(图 4-6-13)。

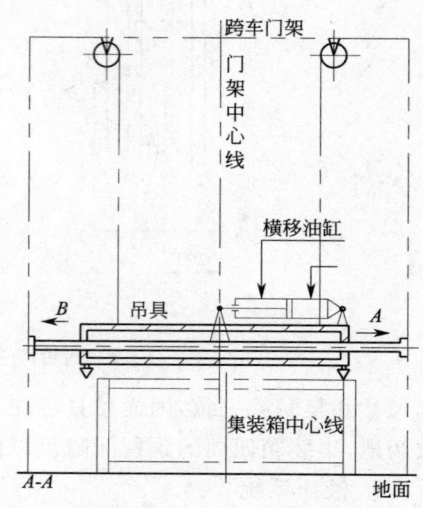

图 4-6-24 吊具横移示意图

对于普通吊钩式门式起重机或门座式起重机,由于吊具是单吊点受力,当吊起不平衡集装箱后,集装箱就会倾斜,造成集装箱箱体出车和落位困难,严重时将导致货物、箱体和车辆损坏。为了保持集装箱大致水平,应对起吊重心进行调整,即设置自动调心横移系统(图 4-6-25)。该调心横移系统能够自动或按司机操纵指令进行行程±800 mm 的调心运动,以保持吊具的水平状态。这个运动由 1 个液压油缸或电机带动丝杆—丝杆螺母驱动上架调心小车在吊具长度方向上的来回移动来实现。调心小车上的 4 个车轮(也可用 4 块抗磨板)拉住吊具底梁结构,承受来自吊具的拉力。4 个限位开关发出左右零位和左右终点位置信号,提示司机吊具的移动方向和位置。该调心横移系统的自平衡控制机构可由重锤和 T 形杆组成"T 形摆",当集装箱重心偏置时,吊具也发生倾斜,由于"T 形摆"始终铅直,则压迫限位开关动作,接通横移机构工作电源,使上架小车沿吊具长度方向向集装箱重心移动,从而达到集装箱自平衡的目的。

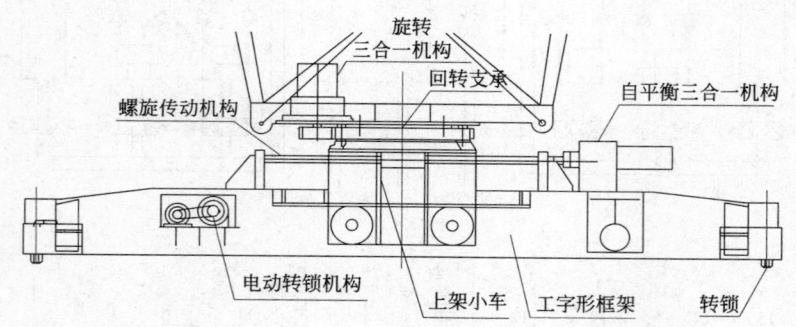

图 4-6-25 吊具自动调心横移系统

#### 2. 倾斜装置(调整机构)

当地面不平,箱体变形或风浪中卸船作业时,吊具与集装箱两者水平面造成不平行,需要吊具在前后和左右方向作一定角度的倾斜调整才能顺利作业,倾斜角度通常按±5°考虑。吊具倾斜装置可由吊具四角的起升钢绳的升降(图 4-6-26)或液压油缸(图 4-6-27)的推拉来实现。

#### 3. 减摇装置

集装箱起重机在作业过程中,由于惯性力和风力等水平载荷的作用,集装箱吊具将在铅垂平面内产

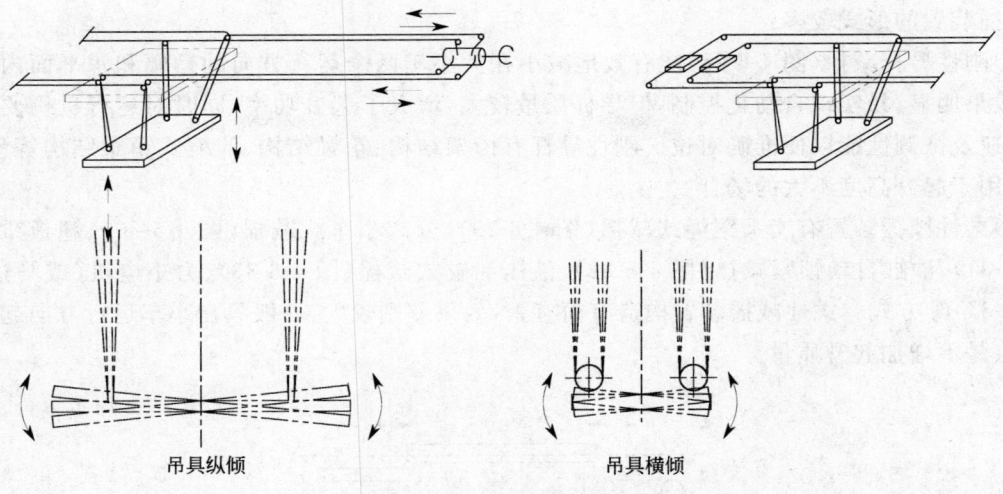

图 4-6-26 起升钢绳升降实行倾斜动作

生来回摇摆及在水平平面内产生扭转振荡,给吊具旋锁与集装箱角配件的精确对中及集装箱的准确堆放带来很大的困难。吊具的减摇装置就是使摆动迅速衰减,让集装箱吊具在尽可能短的时间内恢复到静止状态(平衡位置)或摆幅减小到允许范围内,从而提高作业效率。目前,世界各国对吊具减摇装置的性能要求是,起吊离地 10 m,小车以额定速度运行,制动停车后 10 s 内,吊具的摆幅控制在 ±100 mm 以内。

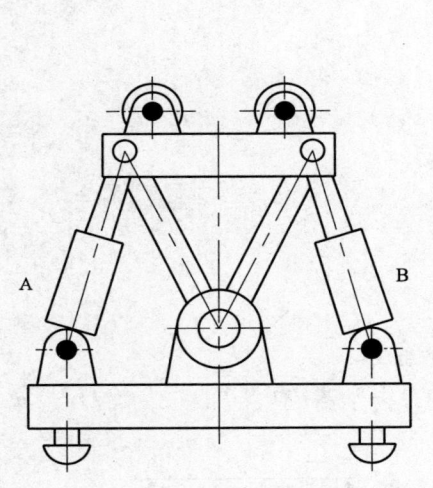

图 4-6-27 液压油缸推拉实行倾斜动作

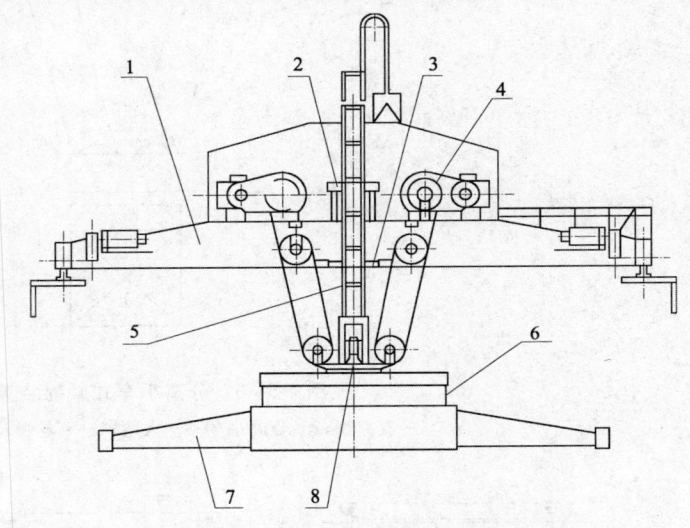

图 4-6-28 刚性导杆减摇装置的组成
1—小车;2—上支撑装置;3—下支撑装置;4—起升机构;
5—刚性导杆;6—链索;7—吊具;8—回转机构

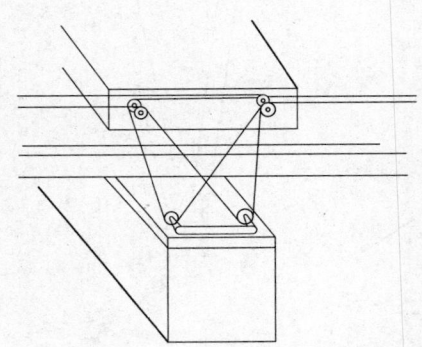

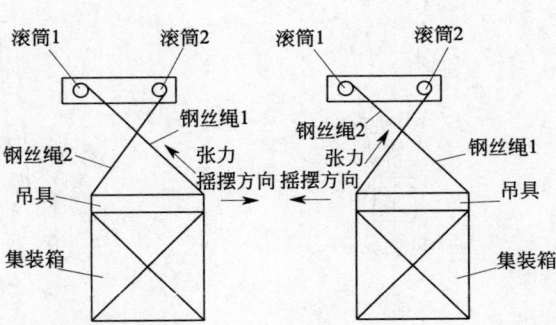

图 4-6-29 交叉钢绳式减摇装置原理

减摇装置的形式较多:

(1)刚性导杆减摇(图 4-6-28)能有效地减小在大小车两个运行方向的摆幅和水平面内的回转摆动,效果明显,易实现自动化控制,但导杆质量较大,增大了起升功率,同时对运行机构要求有良好的调速及微调性能以便准确对位。刚性导杆有桁架结构、箱梁结构、伸缩式箱梁结构等形式,它一般应用于起升高度不大的场合。

(2)柔性减摇装置有交叉钢绳式减摇(图 4-6-29)、分离小车式减摇(图 4-6-30)、翘板梁式减摇(图 4-6-31)、油缸自动锁紧减摇(图 4-6-32)、液压油缸式减摇(图 4-6-33)、力矩电机(或马达)减摇(图 4-6-34)等方式。柔性减摇装置构造有简有繁,效果差别较大,一般只在小车运行方向起减摇作用,优点是不增加起升质量。

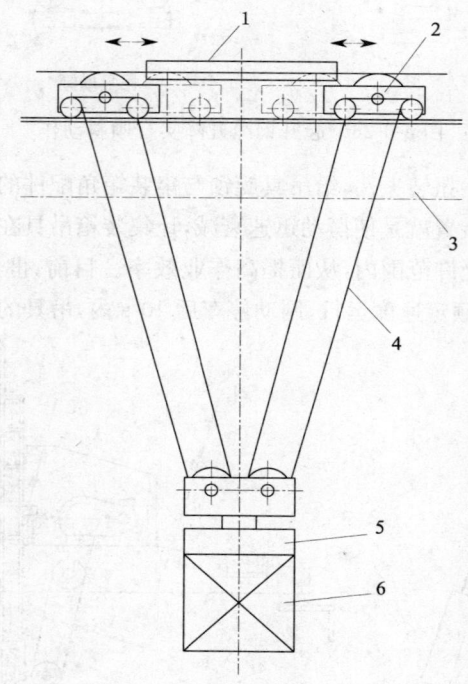

图 4-6-30 分离小车式减摇装置的组成
1—支撑架;2—分离小车;3—大梁;4—钢丝绳;5—吊具;6—集装箱

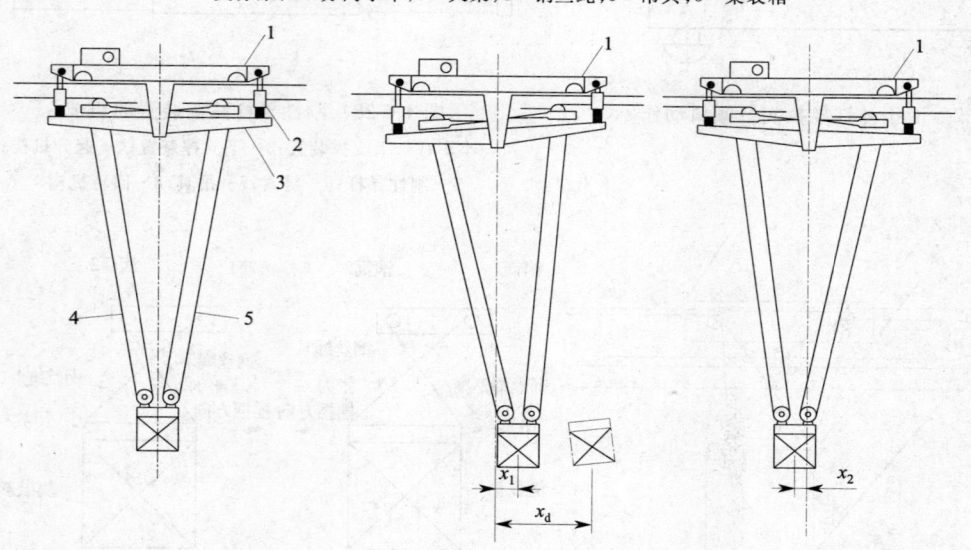

图 4-6-31 翘板梁式减摇装置的组成
1—小车架;2—液力缓冲缸;3—翘板梁;4、5—左右钢丝绳

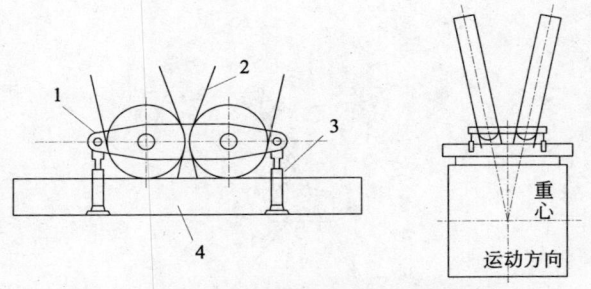

图 4-6-32 油缸自动锁紧减摇装置的组成
1—平衡梁；2—起升钢丝绳；3—油缸；4—吊具

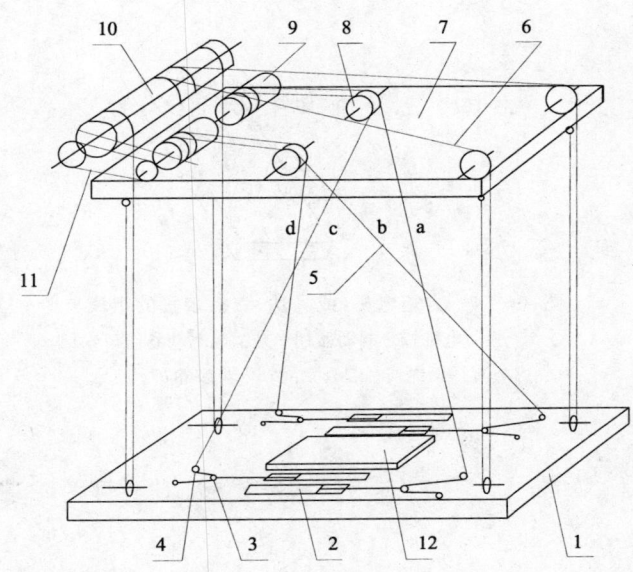

图 4-6-33 液压油缸式减摇装置的组成
1—吊具；2—减摇油缸；3—动滑轮；4—定滑轮；5—减摇钢丝绳；6—起升钢丝绳；
7—小车架；8—定滑轮；9—减摇卷筒；10—起升卷筒；11—链传动装置；12—液压泵站

(3) 倒八字绳减摇是在一个卷筒引出八根起升绳通过定滑轮张开一定角度后从"四面八方"向内收缩并与吊具四边的中点联结，形成倒八字形式（图4-6-35）。这种减摇系统将起升绳和减摇绳合为一体，减摇效果非常明显，虽为柔性减摇但具有刚性减摇效果，在具有小车回转功能的铁路集装箱轨行式门式起重机应用广泛。倒八字绳减摇的缺点是小车应有足够空间使钢丝绳外张，钢丝绳安装调整不易，且折弯较多，磨损大，寿命低。

(4) 电子式防摇应用光、电装置随时监测吊具偏移量，同时反馈控制运行小车的速度和加（减）速度，使小车和吊具基本处于同一铅垂面上，形成"跟钩"式减摇效果。减摇装置形式的合理选择，应综合考虑作业效率，司机操作的熟练程度、起重机及起重小车的结构特点、运行速度、起制动特性和起升高度等因素。

4. 回转机构

门式类型集装箱装卸机械的吊具至少应能作大于±5°的调整性回转运动，以使吊具对准集装箱。装设柔性减摇装置的吊具，通常采用双层小车结构型式实行回转，回转角度一般为左右各210°。若上层为回转小车架，下层为行走小车架，则通常采用轨行式回转方式（图4-6-36）；而上层为行走小车架，下层为回转小车架，则采用回转支承装置方式。对于具有刚性导杆减摇的门式类或轮式吊运机等臂架类集装箱装卸机械的吊具，回转机构可直接装于吊具上方，也采用回转支承装置方式（图4-6-37和图4-6-38），机构简单，回转质量轻，既可实现±360°回转，还能避免柔性减摇钢绳

"拧麻花"现象。

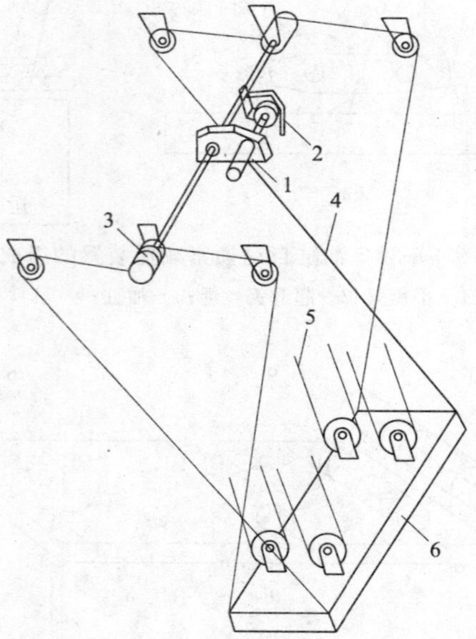

图 4-6-34　力矩电机(或马达)减摇装置的组成
1—驱动电机；2—制动器；3—减摇绳驱动卷筒；
4—减摇钢绳；5—起升钢绳；6—集装箱吊具

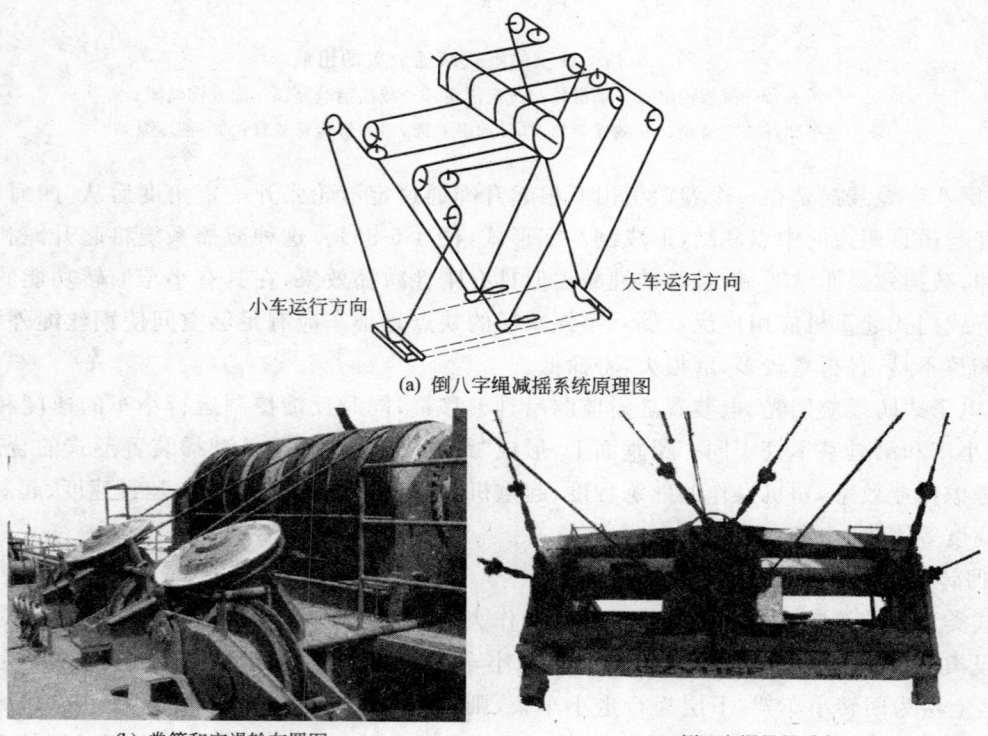

(a) 倒八字绳减摇系统原理图

(b) 卷筒和定滑轮布置图　　　　　(c) 倒八字绳吊具系点

图 4-6-35　倒八字绳减摇系统

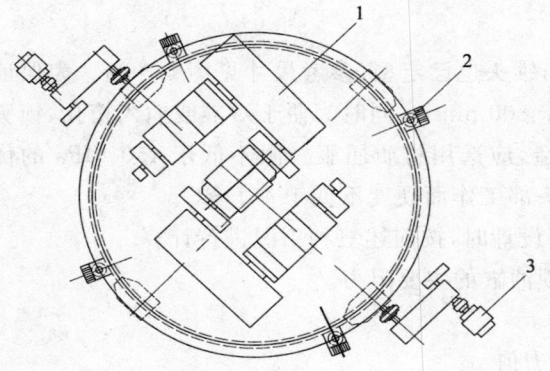
图 4-6-36 上层回转小车的轨行式回转机构
1—起升机构；2—水平轮；3—回转机构

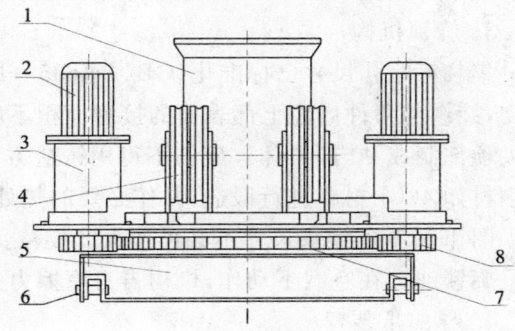
图 4-6-37 带刚性导杆的回转支承装置回转机构
1—刚性导杆底座；2—驱动电机；3—针轮摆线减速器；4—起升滑轮；5—回转架；6—销轴；7—转盘；8—小齿轮

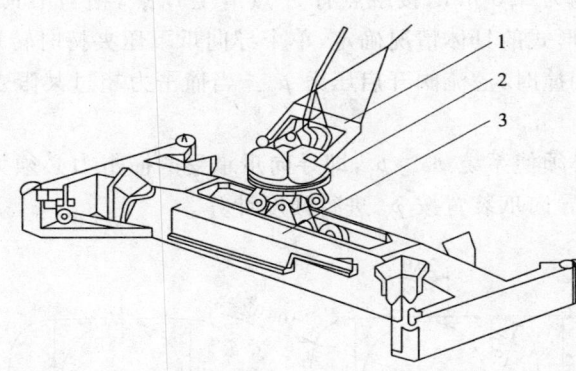
图 4-6-38 臂架类起重机的回转机构
1—吊具稳定架；2—吊具回转机构；3—吊具

## 第二节 伸缩式集装箱吊具的设计和试验

### 一、计算特点

**1. 结构和主要零部件**

吊具的结构和主要零部件按以下三种工况进行强度计算：

(1) 正常工况：箱内货物重心与集装箱中心重合，吊具四角吊点均匀受力。按此工况进行疲劳计算，许用应力为$[\sigma]_I$。

(2) 恶劣工况：箱内货物重心在纵横两个方向偏移，最大偏移量$e$为1/10箱长或箱宽，吊具四角吊点按力臂承载。按此工况进行强度计算，许用应力为$[\sigma]_{II}$。

(3) 危险工况：箱内货物重心的偏移量$e$同(2)，由于集装箱或吊具的变形和翘曲，吊具四角吊点只有对角两个锁头参加工作，另外两个锁头失灵。按此工况进行强度校核，许用应力为$[\sigma]_{III}$。

按以上三种工况计算时，其他载荷(例如风载荷、惯性载荷、冲击载荷等)的计算方法参见第一篇第三章。

承载链条及其连接件按均分载荷进行简化计算时，安全系数不小于5。

**2. 伸缩机构**

吊具伸缩机构为非工作性机构，不带载伸缩，只需克服由伸缩梁和端梁自重产生的摩擦力，接近全部伸出时摩擦力最大。伸缩附加摩擦阻力系数宜取1.2~1.50，在额定荷载作用下，伸缩梁的

挠度值 $Y_L$ 不大于 $L_C/700$（$L_C$ 为悬臂有效工作长度）。

**3. 旋锁机构**

集装箱箱孔尺寸已标准化（GB/T 1835—1995），锁头也已定型，参考尺寸见图 4-6-39。为保证强度，旋锁与角件内腔上部表面的接触面积不应小于 800 mm²。同时为便于对准或插入箱孔，锁头的尖顶部制成 90°圆锥体。旋锁不得用铸造方法制造，应选用材质屈服极限不低于 450 MPa 的优质钢材如 40Cr 材料进行锻造，并作必要的热处理，头部工作面硬度不低于 45HRC。

图 4-6-39 的锁头尺寸不必再作强度校核。重新设计时，按前述三种工况进行计算。

旋锁油缸在空载下动作，机构自身摩擦力是旋锁油缸的主要阻力。

**4. 导向爪装置**

计算导向爪装置时需确定液压系统中的几个压力值 $p$：

(1) 导向爪上下翻转时为克服导向爪自重及机构本身摩擦力所需的工作压力 $p_0$。

(2) 导向爪装置为吊具导向，与箱对中过程中为产生最大夹持力所需的系统压力 $p_1$。此时吊具与箱体错位达最大值 220 mm，导向爪翻下，$A$ 点接触箱角（图 4-6-22），箱体不动，吊具由导向爪的喇叭口导向下滑，横移量为 220 mm，接触点有 $A$ 点滑至 $B$ 点，箱与吊具对中。夹持力的计算要根据吊具与起重小车联结形式的具体情况确定，单个导向爪下压夹持时转矩应大于 1 200 N·m。

(3) 导向爪与集装箱相撞时，溢流阀开启压力 $p_2$。当撞击力超过某限定值时，压力油通过溢流阀溢流，避免机件损坏。

设计导向爪装置时，必须使系统 $p_2 > p_1$，即导向爪承受的撞击力必须大于所产生的夹持力，否则导向爪无法正常工作。导向爪装置按 $p_2$ 进行强度计算。

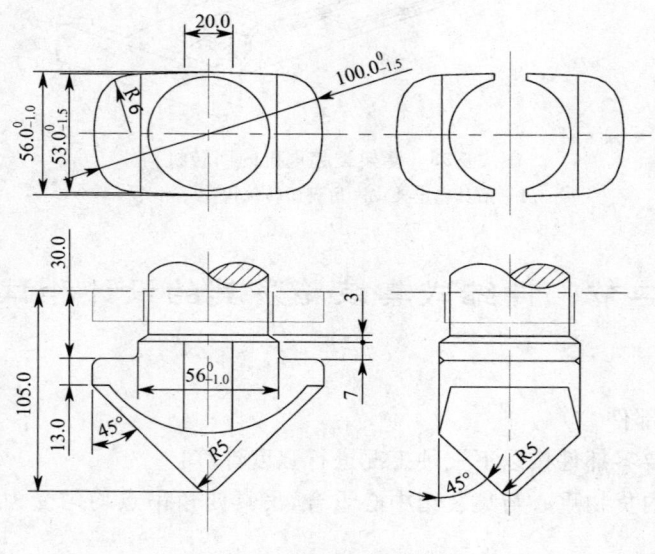

图 4-6-39 吊具锁头尺寸

## 二、试验方法

**1. 空载和吊空箱试验**

空载或吊空箱时，各工作机构分别动作 5 次，符合下列要求者合格：

(1) 伸缩、翻爪、旋锁等机构动作自如，无卡阻现象。

(2) 吊具伸缩后处于极限位置时，旋锁中心距及对角旋锁中心距的尺寸应符合表 4-6-3 的要求。

(3) 导向爪单独和组合动作工作正常，并且具有足够的夹持力。

(4) 旋锁动作一致，不出现误动作。吊箱时旋锁能顺利插入集装箱顶角件，开闭锁自如，脱开顺利。集装箱在提升、吊运、放下过程中,不发生脱开现象。

(5)液压系统工作正常,无泄漏现象。

(6)安全联锁装置和信号提示无差错。

(7)吊具空载起吊后,其整个框架应处于同一水平面内,吊具放在水平钢板上后,旋锁下端与钢板间隙不得超过 1 mm。

2. 动载试验

以起重机额定工作速度、装卸总重为 0.8、1.0、1.1、1.25 倍额定载荷的集装箱,纵、横向重心偏载率各 10%,集装箱置于 1.2% 坡度场地上,依次起吊试验用集装箱各 3 次,符合下述要求者为合格:

(1)所有动作准确、灵活、可靠,显示正确,并符合空载和吊空箱试验中各项的要求。

(2)所有啮合、配合、连接、紧固、润滑状态均无异状。

(3)试验完毕后,用手锤、放大镜检查焊缝,无脱焊和任何裂纹。

3. 静载试验

缓慢、平稳地起吊总重 1.4 倍额定载荷的试验用集装箱,离地面 100 mm,悬吊 10 min,然后缓慢放下。符合下述要求者为合格:

(1)空载和吊空箱试验中的各项要求仍能得到保证。

(2)各部油漆无龟裂、脱落。

(3)任何部位、零件、构件均无永久变形。

# 第七章 制动装置

## 第一节 起重机制动技术概述

### 一、起重机制动技术分类

制动装置是起重机各种工作机构中的重要组成部分,对起重机作业安全和作业性能具有重要影响。不同的机构和不同的驱动特征往往需要采用不同的制动技术;应根据其驱动特征和工作要求具体考虑,才能满足机构的工作和安全需求。随着机构驱动和控制技术的发展以及机构驱动功率的大型化和超大型化,制动技术也随之发展。目前起重机机构的制动方式主要有三种:电气调速制动、纯机械制动和组合制动。

1. 电气调速制动

在相应驱动电机上通过电气调速控制进行机构的减速制动。电气调速制动是自20世纪80年代以来不断发展并迅速推广的一种新型制动(调速)技术;电气制动技术目前在国内外广泛采用的是变频调速,技术已很成熟;由于这种制动技术具有制动平稳、无机械摩擦、制动性能优良、控制方便等特点,目前在国内外起重机上已被广泛使用。电气调速制动只能用于机构正常工作状态时的减速,在失电状态下电气调速失效,所以一般都与机械制动组合使用。

2. 纯机械制动

这是一种传统的制动技术,是通过安装在高速轴或低速轴上的机械式制动装置实施减速和维持制动。在纯机械制动过程中,由于机构的动能几乎全部转换成制动热能,所以容易使摩擦材料和制动耦件的温度升高,导致制动器摩擦材料的摩擦性能下降、寿命缩短,对于驱动功率较大的机构,还可能无法满足机构的制动和安全要求。

3. 组合制动

组合制动是随着电气调速技术的发展应用而产生并普及的一种新兴制动技术;组合制动具有优良的减速制动性能和可靠的维持制动效果。组合制动的制动过程为:先对机构进行电气调速,在减速至较低速度或零速时再实施机械制动最后停止和维持制动;在机构失电、电气调速失效的情况下由机械制动来完成紧急减速制动和维持制动。组合制动是目前重要设备和重要机构(如集装箱起重机、卸船机、冶金起重机等的各种工作机构)最常采用的制动方式。

### 二、制动器在起重机机构中的作用

为满足起重机械各种机构的工作需要并保证作业安全,起重机各工作机构均应装设可靠的机械制动装置。制动装置在起重机各机构中的作用主要有:

(1) 减速制动:使运行中的机构减速并停止。

(2) 控制制动:通过制动使机构在所需的速度下(如控制载荷恒速下降)运行。

(3) 维持制动:机构在失去驱动的情况下,通过制动来防止机构在载荷、重力、风力和其他外部作用力的作用下产生运动。

### 三、起重机常用制动器类型

起重机常用制动器可根据施力作用方式、制动耦件型式、驱动装置以及在机构中的布置位置进行分类。

1. 根据制动器施力作用方式

(1)常开式制动器:当驱动装置驱动时,制动器闭合(上闸)向制动耦件施加压力使机构产生施加制动力矩;当驱动装置失去驱动时,制动器释放并解除对机构的制动力矩;

(2)常闭式制动器:当驱动装置失去驱动时,制动器闭合并向机构施加制动力矩;当驱动装置驱动时,制动器释放(松闸),并解除对机构的制动力矩。

2. 按制动耦件形式可分为:

(1)鼓式制动器:制动耦件为制动轮、摩擦零件为圆弧形瓦块的各种常开式和常闭式制动器;

(2)盘式制动器:制动耦件为制动盘、摩擦零件为钳式瓦块和圆盘式摩擦盘(有单盘和多盘)的各种常开式和常闭式制动器;

(3)带式制动器:制动耦件为圆柱面、摩擦零件为带状结构的各种常开式和常闭式制动器。

3. 根据驱动装置的不同分为:

(1)电力液压制动器:以电力液压推动器为驱动装置的各种常开式和常闭式、鼓式和盘式以及带式制动器;

(2)电磁制动器:以电磁铁为驱动装置的各种常开式和常闭式、鼓式和盘式(钳盘和圆盘式)制动器;

(3)气动制动器:以压缩空气动力装置(气缸、气泵等)为驱动装置的各种常开式和常闭式、鼓式和盘式以及带式制动器;

(4)液压制动器:以液压动力装置(液压缸、液压泵站等)为驱动装置的各种常开式和常闭式、鼓式和盘式以及带式制动器;

(5)人力操作制动器:以人力(一般为脚踏)操纵,通过液压或钢丝绳系统实现制动器的闭合(上闸)或释放(松闸)的鼓式、盘式和带式制动器。

4. 按制动器在机构中布置位置

(1)高速轴制动器:布置在机构高速轴(亦称电机轴)或次高速轴(减速机2级轴)上的制动器;

(2)低速轴制动器:布置在机构低速轴(亦称减速机输出轴或卷筒轴)上的制动器。

起重机常用制动器的类型式已经基本固定,并且大部分已经标准化。目前起重机使用的制动器主要以电力液压鼓式和盘式制动器(高速轴制动)和液压盘式制动器(低速轴制动)为主,传统的各种交流电磁制动器(电机盘式和锥转子制动器除外)目前在起重机械制动领域已经淘汰。起重机械常用制动器的类型见图4-7-1。

### 四、起重机制动装置现状及发展趋势

1. 高速轴制动装置现状及发展趋势

随着起重机机构驱动和控制技术(主要是电气调速技术)的发展,在欧洲等发达国家和地区,自20世纪70年代开始淘汰交流电磁类制动器,目前已基本不采用;直流电磁制动器目前也只是在电磁起重机和直流供电的起重机中采用,交流供电和交流控制的起重机械目前已基本不被采用;自20世纪80年代以来,电力液压类制动器开始快速推广应用,目前已普遍被采用。在我国,20世纪80年代中期以前,电力液压制动器开始走向市场;进入20世纪90年代以来,由于我国推动器技术和质量的不断提高以及起重机械驱动、控制技术的快速发展,电力液压制动器在起重机各种机构上开始快速推广应用,目前应用广泛;与此同时电磁制动器被快速淘汰,尤其是交流电磁制动器目前已基本绝迹,直流电磁制动器在一些特种起重机(主要是电磁起重机)还有少量的应用。电力液压制动器已经成为起重机械各种机构高速轴制动的主流产品。

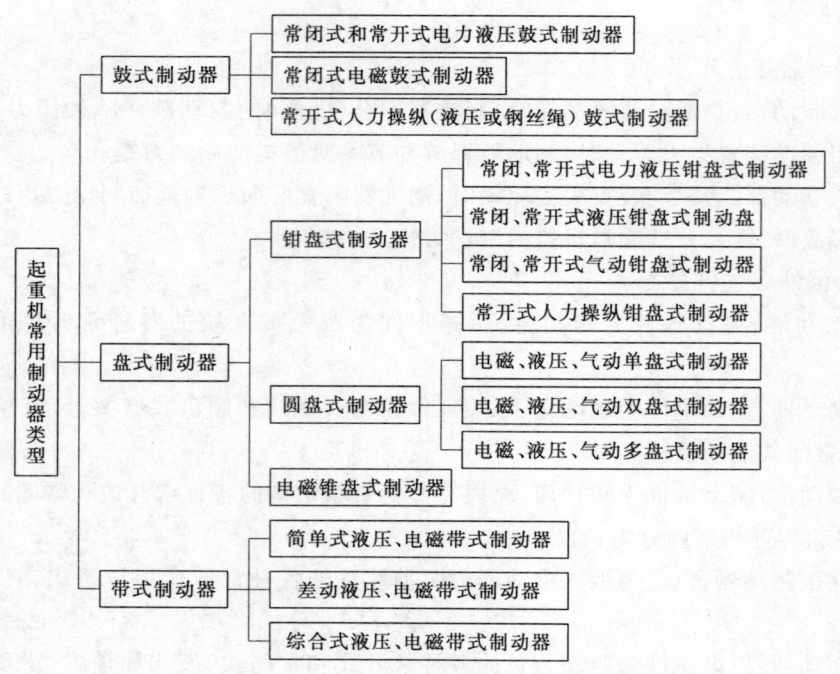

图 4-7-1 起重机常用制动器类型

高速轴制动装置的应用和技术发展趋势如下：

(1)对于中小功率的驱动机构(驱动功率在 160 kW 以下)的制动装置，仍然以鼓式制动器为主；对于中大功率的驱动机构(驱动功率在 160 kW 以上)的制动装置，将朝着盘式制动器发展，尤其是大功率(驱动功率在 200 kW～400 kW)和超大功率(驱动功率在 400 kW 以上)机构的制动装置目前基本上全部采用盘式制动器。

(2)以电力液压推动器驱动的制动器成为高速轴制动装置的主体，并且随着电源逆变技术和稀土永磁直流电机技术的发展及其在推动器上的应用，在起重机上电力液压制动器将逐步取代直流电磁制动器。

(3)随着设备的大型化和超大型化、专业化和自动化方向发展，制动器正朝着多功能、智能化、免维护方面快速发展，如制动器释放联锁功能、手动释放功能、衬垫磨损极限限位(联锁)功能、衬垫磨损自动补偿功能等以及根据负载状态实施变力矩(有级或无级渐变)制动、对制动器的重要部位和工作参数通过传感技术和数据处理进行相关的信息存储、分析和故障预警等一系列智能化处理等智能化功能。

(4)由过去的易损件朝着长寿命和与主机等寿命方向发展。

**2. 低速轴制动技术现状及发展趋势**

低速轴制动亦称紧急制动或安全制动。低速轴制动是设置在传动机构末级轴(卷筒轴)上的机械制动，一般只在重要的具有起升性质(位能型载荷)的机构(如起重机起升机构、臂架俯仰变幅机构)上采用。低速轴制动技术在很早就有应用，但应用的很少，主要在一些有特殊安全要求的设备上采用(如核电站的揭盖、加料起重机、载人缆车和提升机等)；自 20 世纪 80 年代以来，随着起重、装卸机械朝着大型化和超大型化、专用和高效化以及半自动和自动化方向的快速发展，低速轴制动技术及其应用随之得到了快速发展。目前，低速轴制动已经普遍在大型港口专用装卸机械(如集装箱起重机、抓斗卸船机、大型门座式起重机的起升机构和臂架俯仰机构等)上应用，大型专用起重设备(如电站起门机、铸造起重机、缆索起重机、大型专用的设备安装起重机起升机构等)正在推广应用。我国的低速轴制动装置在 20 世纪 90 年代中期以前几乎是空白，20 世纪 90 年代中期以后，我国大型、专用港口装卸机械制造水平的迅速提高和市场需求的快速增长，刺激了我国本土化的低速轴制动技术和制动装置的快速发展;目前,我国低速轴制动技术与制动装置已经接近或达到国际水平,产品品种也在不断增加并开始快速取代同类进口产品。

目前国内外低速轴制动装置主要为液压钳盘式制动器,其次还有少量液压带式制动器。随着低速轴制动技术应用的不断扩大和市场的扩展,低速轴制动技术和制动装置将朝着如下趋势发展:

(1)主要以盘式制动器为主,在工作级别较低的驱动机构,带式制动器将得到一定的应用。

(2)对于中小功率的驱动机构(160 kW以下驱动机构)将以电力液压推动器驱动的盘式制动器或直流电磁盘式制动器为主,对于中大功率(160 kW以上的驱动机构)将以液压驱动的钳盘式或带式制动器为主。

(3)随着设备的大型化和超大型化、专业化和高效自动化方向的发展,低速轴制动将朝着多功能、智能化、免维护方面发展,如制动器释放联锁功能、手动释放功能、衬垫磨损极限限位(联锁)功能、衬垫磨损自动补偿功能等以及根据负载状态实施变力矩组合(有级或无级渐变)制动、对制动器的重要部位和工作参数通过传感技术和数据处理进行相关的信息存储、分析和故障预警等一系列智能化处理等智能化功能;

(4)将朝着免维护、长寿命、高可靠性方向发展。

## 第二节 起重机常用制动器结构、特点和应用

### 一、常用鼓式制动器结构、特点和应用

鼓式制动器一般由驱动装置、制动瓦、制动臂和杠杆机构等组成;常闭式制动器通过驱动装置进行制动器的释放(松闸),常开式制动器通过驱动装置进行闭合(上闸);常用鼓式制动器结构见图4-7-2至4-7-5。鼓式制动器是目前各种起重机机构高速轴上使用最多的制动器。目前在起重机上使用的主要有常闭式电力液压鼓式制动器、直流电磁鼓式制动器、常开式电力液压鼓式制动器和人力操纵的鼓式制动器等;交流长短行程电磁制动器已经淘汰。常用鼓式制动器的特点和应用见表4-7-1。

表4-7-1 常用鼓式制动器特点和应用

| 制动器类型 | 特点 | 应用 |
|---|---|---|
| 常闭式电力液压鼓式制动器,执行标准为JB/T 6406,标准产品结构见图4-7-2 | 特性优良,动作平稳,闭合时的动力冲击较小,对机构的冲击较小;控制简单,驱动装置具有不过载和自保护性,具有高可靠性和长寿命特点。属三相交流电源,一般不能用于直流电网 | 广泛应用于各种起重、装卸机械各种机构高速轴减速和维持制动,是目前起重机使用最多的主流配套制动产品 |
| 常开式电力液压鼓式制动器,执行标准为JB/T 6406,标准产品结构见图4-7-3 | 可通过脚踏开关和变频等电气控制实现可控制动效果,操作轻便省力,相对于钢丝绳或液压传力的人力操纵制动器系统简单(无钢丝绳或液压系统);可实现大功率机构的脚踏制动。属三相交流电源,一般不能用于直流电网 | 卧式常开式被广泛用于门座式起重机(尤其是16吨以上中大型门座式起重机)回转机构制动,取代传统的人力操纵制动器;立式常开式主要应用于要求制动可控的起重机大车运行和小车运行机构的制动 |
| 直流励磁的电磁鼓式制动器,执行标准为JB/T 7685,标准产品结构见图4-7-4 | 动作冲击较大;直流励磁的电磁制动器无论是交流供电还是直流供电,一般都需要电源控制的中间环节,相对于电力液压制动器控制复杂;由于控制环节复杂以及对衔铁的吸合气隙敏感,在维护不当的情况下容易出现运行故障。适应不同的电源控制可用于直流电源和交流电源 | 由于电磁制动器相对于电力液压制动器,具有明显的劣势,目前在起重机械上较少应用,主要用于直流供电的起重机某些机构或需要保磁的特种起重机某些机构的高速轴制动(如使用直流电网的钢厂特种起重机和电磁起重机等) |

续上表

| 制动器类型 | 特 点 | 应 用 |
|---|---|---|
| 交流励磁长、短行程的电磁制动器 | 动作快、冲击大、噪声大,由于励磁电流会随着衔铁气隙的增加而增大,线圈容易烧毁;电磁铁可靠性差 | 已完全被电力液压制动器取代,在新设计的起重机上基本不采用 |
| 人力操纵液压鼓式制动器,产品见图4-7-5 | 可通过人力(一般为脚踏)操纵实现平稳、可控制动。液压回路容易漏油、故障较多,维护较麻烦 | 主要用于16 t以下小型门座式起重机的回转机构制动,由于受司机操纵力限制,不宜用于16 t(含16 t)以上门座式起重机 |

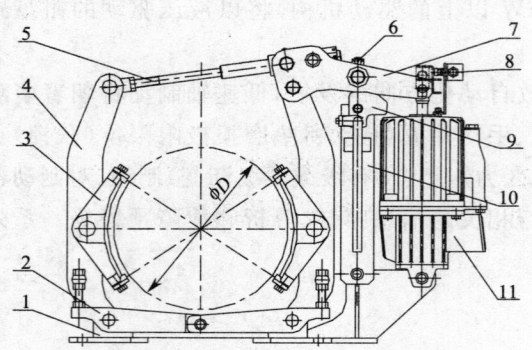

图 4-7-2 常闭式电力液压鼓式制动器
1—底座;2—退距均等装置;3—制动瓦;4—制动臂;
5—制动拉杆;6—弹簧拉杆;7—三角杠杆;8—限位开关;
9—手动释放装置;10—制动弹簧组件;11—推动器

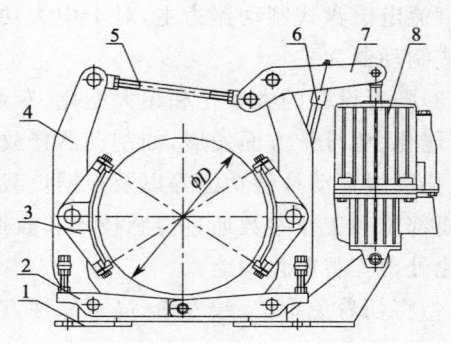

图 4-7-3 常闭式电力液压鼓式制动器
1—底座;2—退距均等装置;3—制动瓦;4—制动臂;
5—制动拉杆;6—复位弹簧;7—三角杠杆;8—推动器

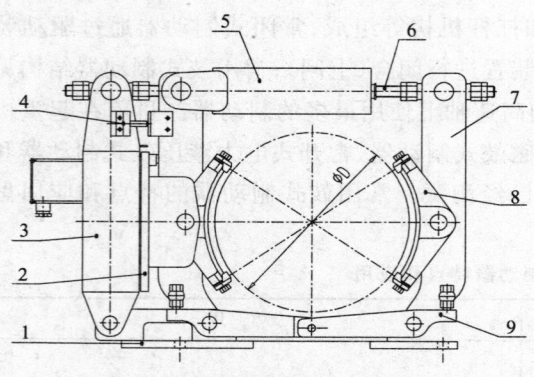

(a) 电磁铁中部布置的电磁鼓式制动器

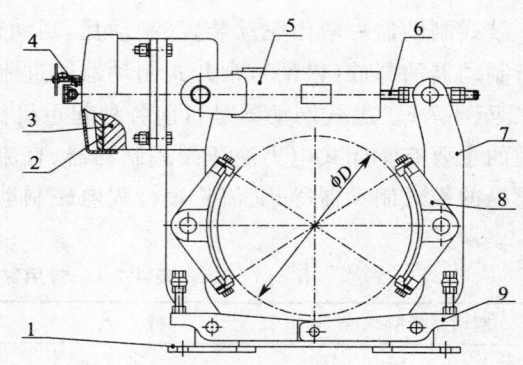

(b) 电磁铁上部布置的电磁鼓式制动器

图 4-7-4 电磁鼓式制动器
1—底座;2—衔铁;3—电磁铁;4—限位开关;5—制动弹簧组件;6—制动拉杆;7—制动臂;8—制动瓦;9—退距均等装置

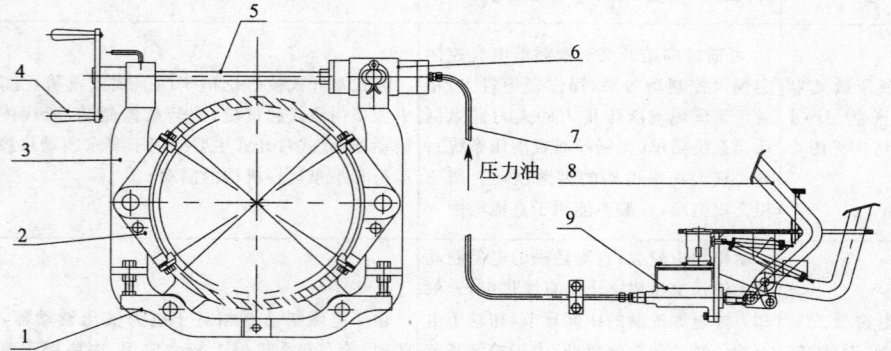

图 4-7-5 人力操纵常开式液压鼓式制动器
1—退距均等装置;2—制动瓦;3—制动臂;4—手动制动装置;5—制动拉杆;6—制动液压缸;
7—液压油管;8—脚踏操纵机构;9—液压泵

## 二、常用盘式制动器结构、特点和应用

盘式制动器分直动式和杠杆式两种基本结构,直动式盘式制动器一般由驱动装置(系统)、制动钳(钳盘式制动器)或摩擦盘(圆盘式制动器)、制动弹簧(常闭式制动器)或复位弹簧(常开式制动器)等组成;杠杆式盘式制动器一般由驱动装置(系统)、制动钳、制动弹簧(常闭式制动器)或复位弹簧(常开式制动器)、杠杆机构等组成;常用盘式制动器结构见图 4-7-6 至 4-7-13。

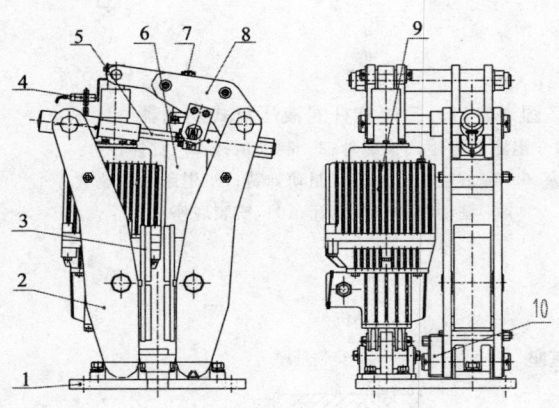

图 4-7-6 常闭式电力液压盘式制动器
1—底座;2—制动臂;3—制动瓦;4—限位开关;
5—制动拉杆;6—制动弹簧组件;7—力矩调整螺母;
8—三角杠杆;9—推动器;10—退距均等装置

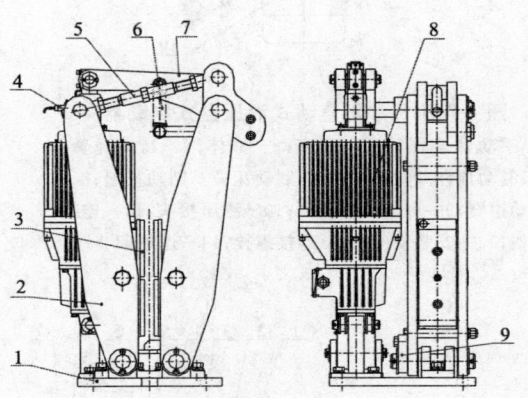

图 4-7-7 常开式电力液压盘式制动器
1—底座;2—制动臂;3—制动瓦;4—限位开关;
5—制动拉杆;6—复位弹簧组件;7—三角杠杆;
8—推动器;9—退距均等装置

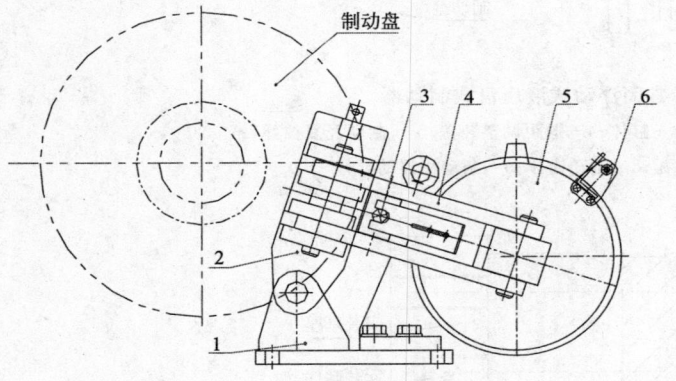

图 4-7-8 电磁盘式制动器
1—底座;2—制动瓦;3—退距均等装置;4—制动臂;
5—电磁铁和制动弹簧组件;6—限位开关

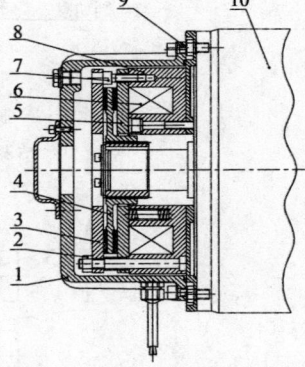

图 4-7-9 电磁圆盘式制动器
1—壳体;2—电磁铁气隙调整螺栓;3—定制动盘;
4—动摩擦制动盘;5—衔铁(定摩擦制动盘);
6—线圈;7—限位螺栓;8—磁轭;
9—连接螺栓;10—连接花键套

盘式制动器相对于鼓式制动器具有如下特点:

(1)制动盘转动惯量、体积和重量均较小(在制动直径相同情况下制动盘转动惯量一般为制动轮的 0.4~0.6 倍)。

(2)在同一制动盘上可装设 2 对及 2 对以上制动钳,从而可在一个制动盘上实现相对较大的制动力矩,节约空间和制造成本。

(3)制动盘沿轴向的端面跳动相对于制动轮沿径向跳动要小得多,所以制动钳退距相对较小并且随直径增大的变化较小,这样可减小驱动装置的驱动行程和减小制动冲击。

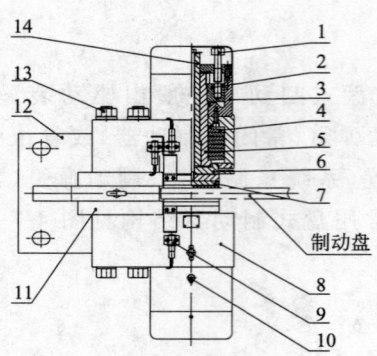 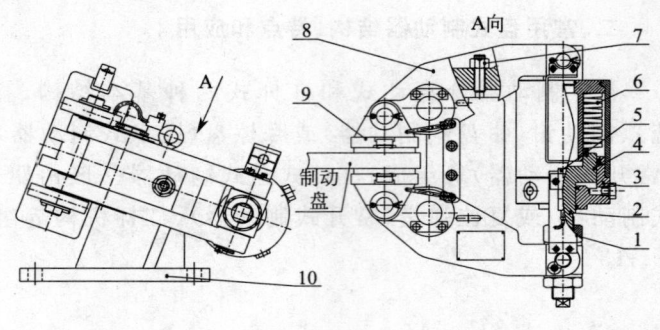

图 4-7-10 常闭直动式液压盘式制动器
1—手动释放螺栓；2—活塞；3—缸体；4—制动弹簧；
5—制动顶杆/弹簧拉杆；6—制动瓦；7—制动衬垫；8—
制动钳臂；9—释放限位开关；10—测压接头；11—连接
支架；12—安装支座；13—连接螺栓；14—退距调节杆

图 4-7-11 常闭杠杆式液压盘式制动器
1—退距和力矩调整螺母；2—制动顶杆；3—缸体；
4—活塞；5—释放限位开关；6—制动弹簧；7—退距均等装置；
8—制动臂；9—制动瓦；10—安装底座

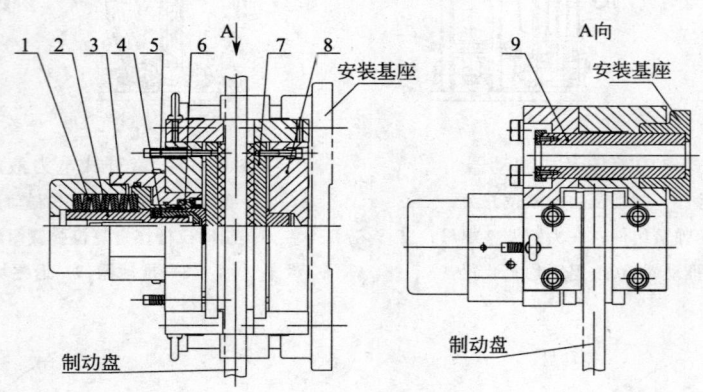

图 4-7-12 常闭浮动式液压盘式制动器
1—制动弹簧；2—制动顶杆；3—缸体；4—退距调整装置；5—制动瓦复位弹簧；
6—活塞；7—制动瓦；8—制动钳体；9—制动钳浮动导杆

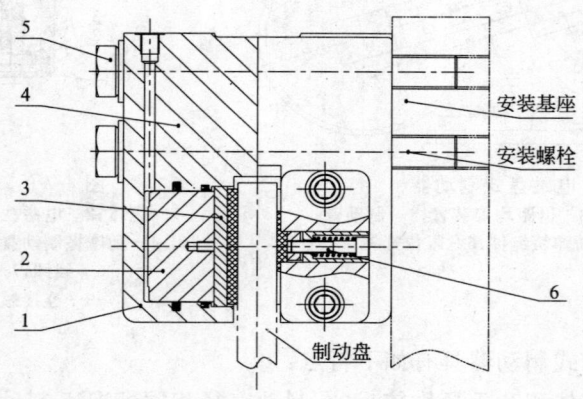

图 4-7-13 常开式液压盘式制动器
1—缸体；2—活塞；3—制动瓦；4—制动钳体；5—连接螺栓；6—瓦块复位弹簧

(4) 具有较好的散热性能。

由于盘式制动器的上述特点,盘式制动器目前在中大型起重机机构中得到快速推广应用；近十几年来,我国的盘式制动器技术发展迅速,产品品种也比较齐全。目前在起重机上使用的主要有常闭式电力液压盘式、直流电磁盘式和圆盘式制动器。常用盘式制动器的特点和应用见表 4-7-2。

表 4-7-2 常用盘式制动器特点和应用

| 制动器类型 | 特 点 | 应 用 |
|---|---|---|
| 常闭式电力液压盘式制动器，执行标准为 JB/T 7021，标准产品结构见图 4-7-6 | 除具有电力液压鼓式制动器相同特点外，还具有制动直径大（制动盘直径可达 1.25 m），可实现大力矩制动和单盘双制动。属三相交流电源，一般不能用于直流电网 | 广泛应用于中大型起重装卸机械机构高速轴减速和维持制动，是目前大型港口起重装卸机械各种机构使用最多的主流配套产品 |
| 常开式电力液压盘式制动器，执行标准为 JB/T 7021，标准产品结构见图 4-7-7 | 除具有常开式电力液压鼓式制动器相同特点外，还可实现中大功率机构的脚踏制动 | 卧式产品被广泛用于大型门座式起重机（16 吨以上）和浮式起重回转机构；立式产品主要应用于要求制动可控的起重机大车运行和小车运行机构 |
| 直流励磁电磁盘式制动器，执行标准为 JB/T 10917，典型产品结构见图 4-7-8 | 具有电磁鼓式制动器特点，但电磁盘式制动器可实现大力矩制动和单盘双制动或多制动。一般用于直流电源，但通过相应的电源控制也可用于交流电源 | 目前在起重机上一般优先采用电力液压盘式制动器，电磁盘式制动器在起重机械上较少应用，主要应用于直流供电的起重机构或需要保磁的特种起重机构的高速轴制动 |
| 直流励磁电磁圆盘式制动器。常用产品结构见图 4-7-9 | 具有电磁鼓式制动器特点，结构紧凑、安装空间较小；有单盘式和双盘式结构；一般用于交流电源，经简单的整流和控制后进行直流励磁，寿命较长；但制动力矩会随着磨损增加、气隙增大而下降，调整麻烦。一般用于交流电源和直流电源 | 主要用于两合一或三合一的起重机大车和小车运行机构；要求制动高可靠的机构不宜采用 |
| 液压盘式制动器，执行标准为 JB/T 10917，常用产品结构见图 4-7-10～图 4-7-13 | 具有制动力矩大、动作平稳无上闸冲击，可实现一盘双制动或多制动；但系统复杂，维护工作量大。直动式的特点是闭合（上闸）动作相对较快，弹簧刚度较大，当衬垫磨损、间隙增大时制动力矩变化较大；杠杆式则闭合（上闸）动作相对较慢，弹簧刚度较小，当衬垫磨损、间隙增大时制动力矩变化较小。固定式体积较大，所需安装空间较大；浮动式体积较小，所需安装空间较小 | 主要用于大型或重要起重机械重要机构的低速保护制动（如大型港口装卸机械和铸造起重机等特种起重机的起升机构和臂架变幅机构等）的低速轴制动（既可作为工作制动又可作为保护制动）。常闭式液压制动器主要用于起升和臂架变幅机构低速轴保护制动；常开式一般与常闭式组合应用于低速轴作为辅助减速制动 |

### 三、常用带式制动器结构、特点和应用

带式制动器一般由驱动装置（系统）、制动带、制动弹簧（常闭式制动器）或复位弹簧（常开式制动器）、杠杆机构和退距均等机构等组成；起重机常用带式制动器一般为液压驱动的常闭式带式制动器，典型结构见图 4-7-14～图 4-7-15，常开式带式制动器目前在起重机上基本不使用。带式制动器是一种历史悠久的传统制动装置，相对于鼓式和盘式制动器具有如下特点：

（1）制动包角大（一般为 270°～320°，最大可达 630°），所以在平均制动比压和制动直径与制动轮/盘相同的情况下，制动力矩是鼓式和盘式（单盘）制动器的 2.5 倍以上，最大可达 8 倍。

（2）由于带式制动器的制动包角大、制动带长，在闭合施加制动力矩的时候不仅要消除正常的制动带退距，还要消除施力过程中制动带的弹性变形，所以从施力到建立规定制动力矩的过程和释放过程相对较长、动作相对缓慢，闭合时对机构的冲击较小。

（3）简单式和差动式带式制动器具有双向异性特征，带的绕出和绕入端制动时的张力不等，导致沿制动轮周边的压力也不等、磨损不均匀。

（4）由于制动包角大、制动带长，退距均等装置结构复杂、体积大，均等效果不好，容易出现制动带浮贴制动轮现象。

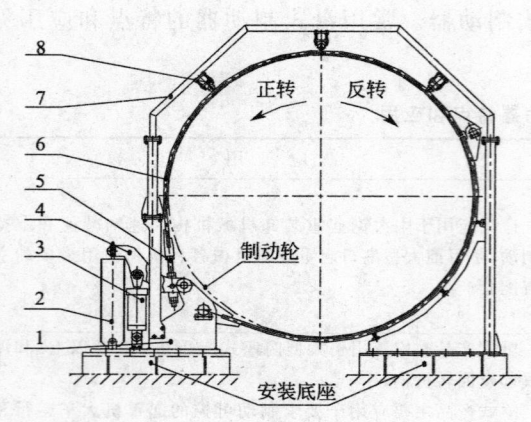

图 4-7-14 简单式液压带式制动器
1—底座;2—制动弹簧;3—驱动液压缸;4—杠杆机构;
5—制动带绕出端连接组件;6—制动带;7—退距均等安装支架;
8—退距均等调整装置

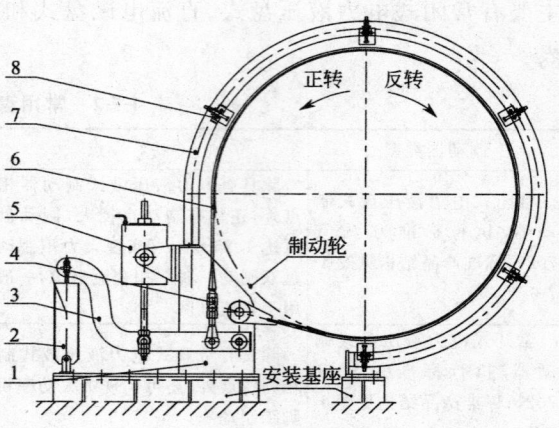

图 4-7-15 简单式电磁带式制动器
1—底座;2—制动弹簧;3—杠杆机构;4—制动带绕
出端连接组件;5—电磁铁;6—制动带;
7—退距均等安装支架;8—退距均等调整装置

由于带式制动器上述特点,目前在起重机上不常使用,基本不用于高速轴制动,但在某些工作频率较低的大型位能型负载机构中(如大型和超大型专用吊装起重机的起升机构和港口装卸机械的臂架变幅机构等)的低速轴上仍然是一种比较理想的安全制动装置。常用带式制动器的特点和应用见表 4-7-3。

表 4-7-3 常用带式制动器特点和应用

| 制动器类型 | 特　点 | 应　用 |
|---|---|---|
| 简单式 | 正反转时制动力矩不同,正转制动时的制动力矩是反转制动时的 $e^{\mu\alpha}$ 倍。<br>中大规格的简单式带式制动器一般采用液压站驱动,系统较复杂、上闸和释放动作缓慢,制动带磨损不均匀,更换制动衬垫比较困难。<br>小规格的简单式带式制动器可采用液压驱动单元、电力液压推动器或电磁铁驱动,驱动简单,上闸和释放时间相对于液压站驱动较快。同样存在制动带磨损不均匀,更换制动衬垫比较困难<br>起重机上常用的典型带式制动器结构见图 4-7-14～图 4-7-15 | 液压站驱动简单式带式制动器主要用于中大型港口起重装卸机械臂架变幅机构低速轴安全制动以及大型电站、设备安装和工件吊装起重机起升机构低速轴安全制动等;液压单元驱动的小规格带式制动器可用于需要紧凑型结构的船用甲板起重机的起升和变幅机构工作制动。<br>电力液压推动器和电磁铁驱动的小规格带式制动器可用于某些需要安全制动的小型安装或工件吊装起重机的起升安全制动以及门座起重机变幅机构安全制动 |
| 差动式 | 正反转时制动力矩不同,反转制动时制动力矩是正转制动时的 $\dfrac{se^{\mu\alpha}-b}{s-be^{\mu\alpha}}$ 倍;当 $s \leq be^{\mu\alpha}$ 时会出现自锁,所以设计时应使 $s > be^{\mu\alpha}$。<br>结构和计算相对复杂。<br>其余特点同简单式 | 差动式带式制动器性能特点介于简单式和综合式之间,根据起重机机构的特征,一般只使用简单式和综合式两种结构型式的带式制动器,差动式带式制动器一般不在起重机上使用 |
| 综合式 | 正反转制动时的制动力矩相同。<br>其余特点同简单式 | 可用于中大型门座式起重机和浮式起重机回转机构的制动 |

#### 四、常用制动器驱动装置结构、特点和应用

制动器的性能在很大程度上取决于驱动装置(亦称松闸和上闸装置),起重机械使用的制动器的驱动装置主要有电力液压推动器、电磁铁和液压驱动单元或液压站等;气动驱动装置在起重机用制动器上由于气源问题,基本不采用。常用制动器驱动装置的结构见图4-7-16至图4-7-18,其特点和应用见表4-7-4。

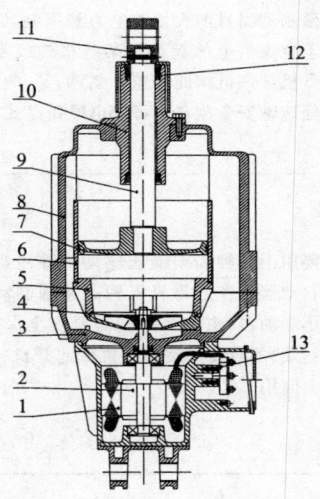

图4-7-16 电力液压推动器

1—电机定子;2—电机转子;3—中间法兰;4—叶轮;
5—导油盘;6—油缸;7—活塞;8—壳体;9—推杆;10—导杆;
11—推杆头;12—密封圈;13—接线盒

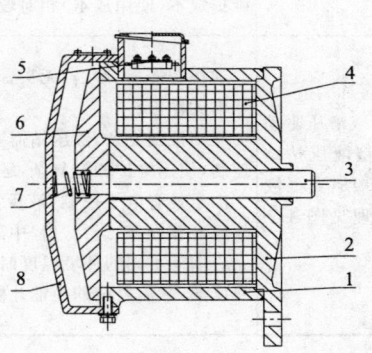

图4-7-17 短行程直流电磁铁

1—外圈磁轭;2—内圈磁轭;3—推杆;4—励磁线圈;
5—接线板;6—衔铁;7—复位弹簧;8—护罩

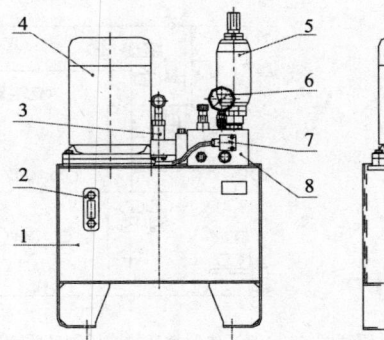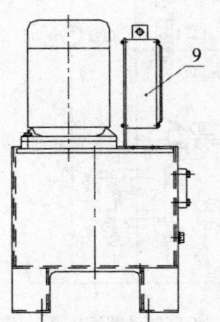

图4-7-18 液压站基本结构

1—油箱;2—液位计;3—手动泵;4—电机;5—蓄能器;6—压力表;7—压力继电器;8—控制阀组;9—电气控制和接线盒

表4-7-4 常用制动器驱动装置特点和应用

| 驱动装置类型 | 特点 | 应用 |
|---|---|---|
| 电力液压推动器,执行标准为JB/T10603,标准产品结构见图4-7-16 | 特性优异,动作平稳,无噪音,闭合(上闸)时的动力冲击系数较小。<br>驱动控制非常简单,由三相交流电机直接驱动,在一般应用中无中间控制环节;电机接线无相序要求,维护工作较少,甚至可基本免维护,运行和维护成本(使用成本)低。<br>具有不过载特点,输出为液力,液力的大小由推动器内部电机参数和内部离心泵等结构参数决定,当出现外载过载时不会传递到其驱动电机,驱动电机不会出现因外载过载而过载的现象,具有自保护性;具有高可靠性和长寿命特点 | 广泛应用于各种高速轴上使用的电力液压鼓式制动器和盘式制动器,是目前起重机高速轴制动器中使用最多的主流驱动装置,大约占高速轴制动器驱动装置80%以上。<br>电力液压推动器有双推杆和单推杆两种结构型式,其中双推杆结构由于是传统老产品,存在结构落后、叶轮滚键、密封效果差、寿命短等缺陷,已经基本淘汰并被结构和性能先进的单推杆结构的电力液压推动器取代,我国现行推动器标准规定的仅为单推杆产品 |

续上表

| 驱动装置类型 | 特点 | 应用 |
|---|---|---|
| 电磁铁,执行标准为JB/T 7685,标准产品结构见图4-7-17 | 冲击较大,平稳性较差,噪音大,闭合(上闸)时对机构的冲击较大。<br>交流电磁铁(交流励磁)吸合电流大且对衔铁气隙敏感,线圈容易烧毁,耗能大,寿命短、可靠性差。<br>直流电磁铁(直流励磁)具有线圈寿命长、可靠性较好等特点;但无论是交流供电还是直流供电,一般都需要对电源进行控制管理,而且控制方式多样化,比较复杂;采用不同电源控制的电磁铁在性能和寿命以及故障率等方面会存在差异,制造成本和价格也存在很大差异;使用维护相对复杂,运行和维护成本(使用成本)相对较高 | 交流电磁铁目前在起重机制动器上已基本淘汰,目前主要应用的是直流短行程电磁铁。<br>电磁铁主要用于各种高速轴使用的中小型电磁鼓式和盘式制动器以及两合一和三合一电机的圆盘式电机制动器。<br>电磁制动器目前大量被电力液压制动器取代,主要应用于直流供电的起重机某些机构或需要保磁的特种起重机某些机构的高速轴制动,某些中小型特种起重机低速轴安全制动也可用电磁钳盘式制动器 |
| 液压站(或液压驱动单元),典型液压站结构见图4-7-18,典型液压驱动原理见图4-7-19 | 动作较慢、无冲击,无噪音,闭合(上闸)时对机构基本无冲击。<br>驱动控制复杂,液压站需要通过阀组进行驱动和控制,使用维护相对复杂,运行和维护成本较高。<br>由于具有电气控制,液压元件和管路系统,所以故障环节较多,运行过程中故障率较高。<br>应用于不同的环境温度时,一般要更换相适应的液压油,并需要定期换油才能保证正常使用 | 主要用于各种需要液压驱动的液压盘式制动器和带式制动器。在起重机机构高速轴制动时一般不采用液压制动器,主要在一些需要安全保护制动(亦称紧急制动)的重要起重装卸机械起升机构或臂架变幅机构上应用 |

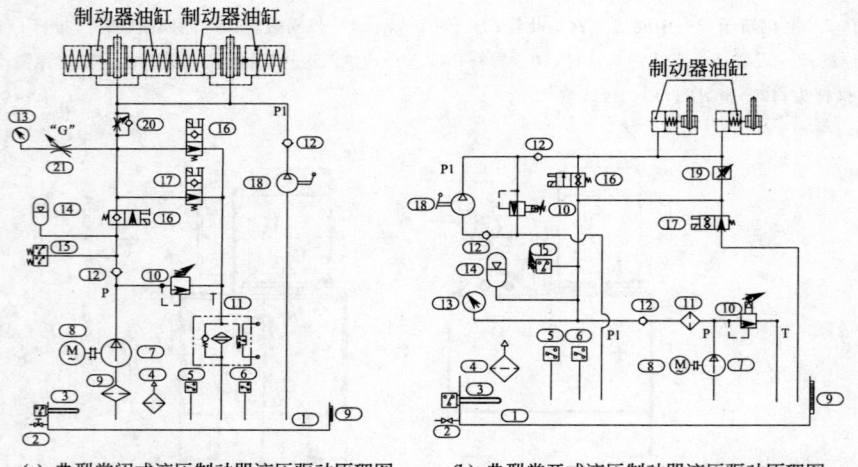

(a) 典型常闭式液压制动器液压驱动原理图　　(b) 典型常开式液压制动器液压驱动原理图

图4-7-19　液压站基本结构

1—油箱;2—放油阀;3—加热器;4—空气滤清器;5—温度开关;6—液位开关;7—液压泵;8—电机;9—液位计;10—溢流阀;
11—滤油器;12—单向阀;13—压力表;14—蓄能器;15—压力继电器;16—常闭型二位二通电磁换向阀;
17—常开型二位二通电磁换向阀;18—手动泵;19—溢流阀;20—单向节流阀;21—压力开关

## 第三节　起重机机构制动方式的选择

### 一、起重机典型机构的工作特征和制动要求

**1. 起升机构**

起升机构是起重机最重要的机构,其工作特征是:工作载荷为位能型载荷,相对于其他惯性载荷的机构具有更高的安全要求;工作级别和操作频率在同台起重机当中,相对于其他机构是最高

的。起升机构对制动的要求如下：

(1)制动装置及其控制系统应安全可靠,具有机构所需要的制动功能和足够的制动力矩与制动安全系数。

(2)制动过程平稳,释放和闭合动作应符合机构的要求。

(3)制动衬垫应有与机构制动工况相适应的耐温性能、耐磨性能好和足够的抗冲击强度,避免在制动过程中出现严重的摩擦系数热衰退和碎裂。

(4)制动器受力构件应具有足够的强度和刚度,制动弹簧的疲劳寿命应大于500万次。

2. 大车运行机构

大车运行机构的工作特征是：工作载荷为惯性型载荷,工作级别在同台起重机中一般是最低的。大车运行机构对制动的要求如下：

(1) 制动装置及其控制系统应安全可靠,具有与机构所需要相适应的制动力矩。

(2) 制动过程应平稳,避免制动时起重机出现抖动冲击。

(3) 在机构减速制动过程中,制动点的制动力矩应不大于制动点车轮的打滑力矩,避免制动滑行。

(4) 对于有防风制动和维持制动要求的起重机在起重机停车后,制动点的制动力矩应使其接近或达到制动点车轮的打滑力矩,以便保持一定的抗风制动阻力。

3. 小车运行机构

小车运行机构的工作特征是：工作载荷为惯性型载荷并会受到起升载荷振摆的影响,工作级别在同台起重机中一般是较高(仅次于起升机构)的。小车运行机构对制动的要求如下：

(1) 制动装置及其控制系统应安全可靠,具有与机构相适应的制动力矩并满足规定制动距离的要求。

(2) 制动过程应平稳,避免制动时对小车的过大冲击和载荷的过大振摆。

(3) 在机构减速制动过程中,制动点的制动力矩应不大于制动点车轮的打滑力矩,避免制动滑行。

(4) 小车在停车后,制动点应有相适应的维持制动能力,避免或降低起升载荷振摆使小车移动的可能性。

4. 回转机构

回转机构的工作特征是：工作载荷为惯性型载荷并会受到起升载荷振摆的影响,工作级别在同台起重机当中一般是较高(仅次于起升机构)的。回转机构对制动的要求如下：

(1)制动装置及其控制系统应安全可靠。

(2)由于起升载荷的惯性影响,要求制动过程应很平稳,避免制动时对起重机产生回转方向的过大冲击。

(3)在机构减速制动过程中,制动点的制动力矩一般要求渐进(可控)增力,以减小对机构传动中高速轴(驱动电机轴和减速机输入轴)的扭矩冲击,避免高速轴和减速机高速级齿轮的损坏。

(4)对于停止工作后需要维持在固定位置的回转机构,应有可靠的维持制动功能和足够的维持制动力矩。

5. 臂架俯仰式变幅机构

臂架俯仰式变幅机构是起重机的重要机构,其工作特征是：工作载荷为位能型载荷,其工作时的安全要求与起升机构相同；对于非回转、非工作型臂架变幅机构的工作级别在同台起重机中一般是最低的,对于回转、工作型变幅机构的工作级别则与回转机构相近。臂架俯仰式变幅机构对制动的要求如下：

(1)制动装置及其控制系统应安全可靠,具有足够的制动力矩和制动安全系数；

(2)制动器受力构件应具有足够的强度和刚度,制动弹簧的疲劳寿命应大于500万次。

## 二、起重机机构制动工况

起重机机构的制动工况是正确合理选择起重机机构制动方式和制动装置的重要依据。起重机机构制动工况与机构的工作级别、载荷特征以及周期内正常制动的累积制动功大小(热平衡温度)和紧急制动时的一次制动功大小有关。起重机机构制动工况一般可分为轻级、中级和重级三类。表 4-7-5 给出了判断起重机机构制动工况的一般依据,可供参考。

表 4-7-5 起重机机构制动工况

| 序号 | 判断项目名称 | 起重机机构制动工况类别 | | |
|---|---|---|---|---|
| | | 轻级 | 中级 | 重级 |
| 1 | 机构工作级别 | <M5,每小时制动次数<30 次 | M5、M6,每小时制动次数≥30~100 次 | >M6,每小时制动次数≥100 次 |
| 2 | 机构接电持续率 | <40% | ≥40%~60% | ≥60% |
| 3 | 一小时累计制动覆面温度(或热平衡温度) | ≤200 ℃ | >200 ℃~350 ℃ | >350 ℃ |
| 4 | 一次紧急制动时的单位制动覆面制动功 | ≤65 J/cm² | >65~120 J/cm² | >120 J/cm² |

注:在计算表中 3、4 项时均不考虑机构的电气调速,而是按纯机械制动进行计算,计算方法见表 4-7-12。

## 三、起重机机构制动方式的选择

起重机机构的制动方式指的是:机构采用何种制动技术、制动装置在传动链中的布置位置和组合形式(对起升机构和臂架俯仰变幅机构)或制动装置的施力(上闸)方式。应根据机构的制动工况、制动性能和安全需求以及经济合理性等,正确和合理选择制动方式。起重机典型机构的制动方式可参照表 4-7-6~表 4-7-8 进行选择。

表 4-7-6 起升和臂架俯仰变幅机构制动方式的选择

| 制动工况 | 优先采用的制动技术类别 | 电气调速范围 | 制动装置设置和布置方式 | | 应用 |
|---|---|---|---|---|---|
| | | | 高速轴 | 低速轴 | |
| 重级 | 先进的电气调速+机械制动组合 | ≤10% | 双制动 | 单制动或多制动 | 对制动安全要求较高的铸造起重机、大型专用港口装卸机械等起升机构和俯仰变幅机构 |
| | | | 双制动或单制动 | — | 对制动安全要求一般的冶金特种起重机、多用途港口装卸机械起升机构和俯仰变幅机构 |
| 中级或轻级 | 较先进的电气调速+机械制动组合 | ≤30% | 双制动或单制动 | 单制动或多制动 | 对制动安全要求较高的铸造起重机、中大型专用和多用途港口装卸机械、造船门机、电站启闭机和特种工件吊装的起重机等起升机构和俯仰变幅机构以及矿井提升机等 |
| | | | 双制动或单制动 | — | 对制动安全要求一般的通用起重机、多用途港口装卸机械等起升机构和俯仰变幅机构等 |
| 轻级 | 一般电气调速+机械制动组合或纯机械制动 | ≤50% | 单制动或双制动 | — | 对制动安全要求一般的通用起重机、多用途港口装卸机械等起升机构和俯仰变幅机构等 |

表 4-7-7 运行机构制动方式的选择

| 制动工况 | 优先采用的制动技术类别 | 电气调速范围 | 制动装置施力方式 | | 应用 |
|---|---|---|---|---|---|
| | | | 施力过程 | 维持制动 | |
| 中级或轻级 | 较先进的电气调速+机械制动组合 | ≤30% | 渐进或分步施力 | 可靠的维持制动 | 有工作防风和维持制动要求的中大型港口装卸机械和铸造起重机、塔式起重机、门式起重机以及特种工件吊装的起重机等大车和小车运行机构 |
| | | | 延时施力 | 常规的维持制动 | 无工作防风和维持制动要求的中大型港口装卸机械、塔式起重机大车运行机构 |

续上表

| 制动工况 | 优先采用的制动技术类别 | 电气调速范围 | 制动装置施力方式 | | 应用 |
|---|---|---|---|---|---|
| | | | 施力过程 | 维持制动 | |
| 轻级 | 一般电气调速＋机械制动组合或纯机械制动 | ≤50% | 延时或同步施力 | 常规的维持制动 | 无工作防风和维持制动要求的中小型港口装卸机械、塔式起重机和通用起重机大车和小车运行机构 |

表 4-7-8 回转机构制动方式的选择

| 制动工况 | 优先采用的制动技术类别 | 电气调速范围 | 制动装置施力方式 | | 应用 |
|---|---|---|---|---|---|
| | | | 施力过程 | 维持制动 | |
| 重级 | 较先进的电气调速＋机械制动组合 | ≤30% | 渐进施力或分步施力 | 可靠的维持制动 | 有维持制动要求的中大型门座式起重机回转机构 |
| | | | | 常规的维持制动 | 无维持制动要求的门座式起重机和塔式起重机回转机构 |
| 中级或轻级 | 一般电气调速＋机械制动组合或纯机械制动 | ≤50% | 渐进施力或分步施力 | 可靠的维持制动 | 有维持制动要求的中小型门座式起重机回转机构 |
| | | | | 常规的维持制动 | 无维持制动要求的通用中小型门座式起重机和塔式起重机回转机构 |

# 第四节 起重机机构制动装置的选型设计

## 一、机构制动器选用的基本原则

**1. 标准原则**

制动器是一种通用性很强的部件产品,产品都已标准化,在选择制动器时,应选择符合我国现行标准的产品;如国内标准产品不能满足要求,可选择符合国际上先进工业国家相关产品标准的产品;如国内外标准产品均不能满足要求,则尽量选择国内外制动器生产厂商的定型产品,如果仍不能满足要求,最后才根据要求自行或委托专业机构进行设计。

**2. 与机构匹配原则**

在选择制动器时,要充分考虑制动器规格(中心高)与机构制动轴中心高(高速轴制动时的电机中心高和低速轴制动时的卷筒中心高)一致或相近;

**3. 安全原则**

在选择制动方式和制动装置时,要充分考虑机构作业的安全性,要与机构安全需求相匹配。

## 二、制动器类型和规格的选择

**1. 制动器类型选择**

制动器有多种类型,但在起重机上使用的制动器目前主要有电力液压制动器、电磁制动器和液压制动器三种;其中电力液压制动器是目前各种起重机各种机构高速轴使用最多的主流制动器,液压制动器是目前各种起重机位能型负载机构低速轴使用最多的主流制动器,电磁制动器一般只在一些特种起重机上使用。制动器类型的选择可参照表 4-7-10 进行。

**2. 制动器规格选择**

在机构所需总制动力矩 $M_b$ 已知(见第三篇有关章节的机构计算)和制动器布置方式(单制动、双制动还是多制动)确定的情况下,制动器规格选择主要是指制动轮径或盘径的选择和单台制动器的制动力矩。

制动轮(盘)直径参数的确定首先要考虑与相应机构的驱动电机或制动轴中心高相匹配,同时应考虑制动器类型和机构制动轴安装空间允许的条件,否则制动器安装在机构传动链中可能会出现安装困难或不匹配现象；此外，如果制动器是用于周期内累积制动发热或紧急制动发热比较严重的机构时，还应该考虑制动轮/盘的热容量和散热面积的问题（制动发热较多者宜选择直径相对较大的制动轮/盘）。制动器在高速轴布置时，制动轮/盘直径的确定可参照表 4-7-10 进行。

在制动轮、制动盘、制动带轮直径确定后，即可按照机构所需的总制动力矩和同一制动轴上需安装的制动器数量（一般安装两台和两台以上制动器时，制动器应选择规格相同的产品），单台制动器制动力矩按式（4-7-1）计算后进行圆整并选择标准制动器的标准制动力矩参数。

$$M_{bi} = \frac{M_b}{m_z} \tag{4-7-1}$$

式中　$M_b$——机构所需总制动力矩（N·m）；

　　　$M_{bi}$——单台制动器所需制动力矩（N·m）；

　　　$m_z$——机构制动轴上同轴布置的制动器数量（如高速轴制动中的单制动、双制动，低速轴制动中的单制动、双制动和多制动等，同轴布置的制动器规格相同）。

表 4-7-9　制动器类型选择

| 制动部位 | 机构控制电源属性 | 机构类别 | 制动方式 | 制动器类型选择 | |
|---|---|---|---|---|---|
| | | | | 制动轮(盘)直径/mm | 制动器类型 |
| 高速轴 | 交流控制 | 起升和臂架变幅机构 | 单制动 | <500 | 电力液压鼓式制动器 |
| | | | | 500～630 | 电力液压鼓式或盘式制动器 |
| | | | | ≥630 | 电力液压盘式制动器 |
| | | | 双制动 | <500 | 电力液压鼓式或盘式制动器 |
| | | | | ≥500 | 电力液压盘式制动器 |
| | | 各种运行机构 | 单制动 | <315 | 电力液压鼓式或电磁圆盘式制动器，人力驱动制动器 |
| | | | | 315～400 | 电力液压鼓式制动器 |
| | | | | ≥400 | 电力液压鼓式或盘式制动器 |
| | | 平面回转机构 | 单驱动/单制动 | <400 | 电力液压鼓式或人力驱动制动器 |
| | | | | ≥400 | 电力液压鼓式或盘式制动器 |
| | | | 多驱动/单制动 | <315 | 电力液压鼓式或人力驱动制动器 |
| | | | | ≥315 | 电力液压鼓式或盘式制动器 |
| | 直流控制 | 有保磁要求的各种机构 | 单制动 | <500 | 电磁鼓式制动器 |
| | | | | 500～630 | 电磁鼓式或盘式制动器 |
| | | | | ≥630 | 电磁钳盘式制动器 |
| | | | 双制动 | <500 | 电磁鼓式或电磁钳盘式制动器 |
| | | | | ≥500 | 电磁钳盘式制动器 |
| | | 无保磁要求的各种机构 | 单制动 | <500 | 电磁或电力液压鼓式制动器 |
| | | | | 500～630 | 电磁或电力液压鼓式制动器<br>电磁或电力液压盘式制动器 |
| | | | | ≥630 | 电磁钳盘式或电力液压盘式制动器 |
| | | | 双制动 | <500 | 电磁或电力液压鼓式制动器<br>电磁钳盘式或电力液压盘式制动器 |
| | | | | ≥500 | 电磁钳盘式或电力液压盘式制动器 |
| 低速轴 | 交流或直流控制 | 起升机构 | 单制动 | | 液压盘式、电磁钳盘式、液压带式制动器 |
| | | | 多制动 | | 液压盘式、电磁钳盘式制动器 |
| | | 臂架俯仰变幅机构 | 单制动 | | 液压带式、液压盘式、电磁钳盘式制动器 |
| | | | 多制动 | | 液压盘式、电磁钳盘式制动器 |

表 4-7-10　制动器在高速轴布置时的制动轮/盘直径　　　　　　　　　　　　mm

| 机构驱动电机机座号 | 制动轮(盘)直径 D | | 说明 |
|---|---|---|---|
| | 鼓式制动器 | 盘式制动器 | |
| 132 | 160 | ≤200 | 制动轮和制动盘已有行业标准 JB/T 7019,在选择制动轮和制动盘时应选择标准产品。 |
| 160 | 160、200 | ≤250 | |
| 180 | 160、200 | ≤250 | |
| 200 | 200、250 | ≤315 | |
| 225 | 250、315 | ≤355 | |
| 250 | 250、315 | ≤450 | |
| 280 | 315、400 | ≤450 | |
| 315 | 315、400 | ≤560 | |
| 355 | 400、500 | ≤630 | |
| 400 | 500、630 | ≤710 | |
| 450 | 630、710 | ≤800 | |
| 500 | 630、710、800 | ≤900 | |

### 三、制动器功能的选择

制动器的功能有基本功能和辅助功能两类。基本功能是保证制动器正常工作的必备功能,主要有:力矩调整功能、瓦块退距调整功能、瓦块退距均等功能以及瓦块随位功能等;特殊功能是根据起重机机构制动的控制和自动化需求需要提供的功能,主要有:退距和力矩磨损自动补偿功能、制动器释放限位/联锁功能、手动释放及其联锁功能以及衬垫磨损极限报警/联锁功能等。制动器功能选择是指辅助功能的选择,辅助功能可根据起重机和机构的控制技术水平、自动化要求以及安全要求等按表 4-7-11 选择。

表 4-7-11　制动器功能选择

| 起重机或机构控制类别 | 自动化程度 | 机构保护要求 | 功能选择 | | | | 典型应用 |
|---|---|---|---|---|---|---|---|
| | | | 自动补偿 | 释放限位/联锁 | 手动联锁 | 衬垫磨损极限报警/联锁 | |
| 可编程控制 | 高 | 高 | √ | | 根据具体要求 | √ | 大型、专用、高效的港口装卸和冶金起重设备起升机构 |
| | 较高 | 较高 | √ | √ | | — | 大型、专用、高效的港口装卸和冶金起重设备运行机构,中小型专用、高效的港口装卸和冶金起重设备起升机构 |
| | 一般 | 一般 | | √ | | — | 各种通用起重机械各种机构,中小型专用、高效的港口装卸和冶金起重设备运行机构 |
| 无线遥控 | 高 | 高 | √ | √ | | √ | 垃圾发电厂、核电厂、自动化堆场等使用的特种、专用起重装卸设备各种机构 |
| | 较高 | 较高 | √ | √ | | | 工厂自动化生产线起重机械各种机构 |
| | 一般 | 一般 | — | — | | | 一般通用起重机械 |
| 传统控制 | | 较高 | — | √ | — | — | 中大型通用起重机械起升机构 |
| | 一般 | 一般 | | | | | 中小型通用起重机械各种机构,中大型通用起重机械运行机构 |

### 四、制动器的制动功和发热验算

**1. 制动功验算**

随着起重机电气调速技术的快速发展和应用,中重级工作制的起重机或机构已经普遍采用电气调速方法进行机构的减速;在正常工作状态下,制动器在周期内的累计制动发热一般都较低,而紧急制动时的发热则成为影响制动性能的重要因素。紧急制动指机构在失电、超速等故障状态下实施的制动;在这种状态下,机构的电气调速一般属于失效状态,机构的减速完全是通过制动器的机械制动完成,机构的动能和势能在极短时间内(一般不大于 3 s)基本全部转换成制动热能。由于制动热能在短时间内不能通过传导向制动轮/盘的内部或其他机件迅速传导转移,也不能通过对流迅速散掉,绝大部分热量聚集在制动覆面表面,从而导致摩擦性能的热衰退。在制动过程中,当热衰退速度和量值达到某一极限值时,就会导致制动失控的危险事故。

制动覆面温度是影响摩擦性能中摩擦系数的主要因素,而制动覆面温度的高低直接取决于制动功或单位制动覆面制动功的大小。一次紧急制动过程中,制动覆面温度是一个与制动耦件结构(质量分布特征)和材料传热系数、制动覆面大小、周边空气对流参数、制动功功率和制动过程中的时间等多元参数相关的复杂函数。目前,国内外对于一次紧急制动过程中制动覆面的实时温度还没有准确或成熟的计算公式,对影响制动覆面温度的各种因素还没有详细或定量的研究成果;但通过使用经验和初步的实验表明,制动覆面单位面积的制动功是影响制动覆面温度的最主要因素,其影响权重应在 70% 以上。所以对于中重级工作级别的起重机机构,紧急制动时一次制动的制动功或单位制动覆面制动功的验算,对制动器摩擦材料的选择和制动性能的保证具有重要参考意义。假设制动器在进行一次制动时,整个制动过程中制动力矩是均匀的(常量),那么一次紧急制动结束时在同一制动轮或制动盘上所产生的总制动功和单位面积制动功验算见表 4-7-12。验算制动功的主要目的是验证制动器选用的摩擦材料的摩擦系数是否能够满足制动工况的要求,如果不满足,应调整制动器摩擦材料或调整机构的制动方式。不同摩擦材料单位面积制动功许用值参见表 4-7-13。

表 4-7-12 制动功计算

| 计算项目 | 计算公式 | 单位 | 说 明 |
|---|---|---|---|
| 制动轴上一个制动轮或制动盘一次紧急制动时的总制动功 | $W = \dfrac{\pi n_1 M_{bz} t_b}{60}$ | J | $M_{bz}$——机构同一制动轴上一个制动轮或制动盘上总制动力矩(N·m);<br>$n_1$——机构制动轴制动初转速(紧急制动时可能出现的最大制动初转速),一般取 $n_1 = 1.15 n_e$(r/min);<br>$t_b$——理论制动时间(s);<br>$d_1$——有效摩擦直径,对于鼓式制动器 $d_1 = D$,对于钳盘式和圆盘式制动器 $d_1 = D - B$(参见本表图)(m);<br>$B$——为制动轮或制动盘制动覆面宽度,(参见本表图)(m);<br>$z_z$——制动覆面数量,鼓式制动器为 1,钳盘式制动器为 2,多盘式制动器为 $z_b$(动摩擦制动盘数)$\times z_z$(一般为 2) |
| 制动轴上一个制动轮或制动盘一次紧急制动时单位制动覆面产生的制动功 | $E_p = \dfrac{W}{\pi d_1 B z_z} \times 10^{-4}$ | J/cm² | |

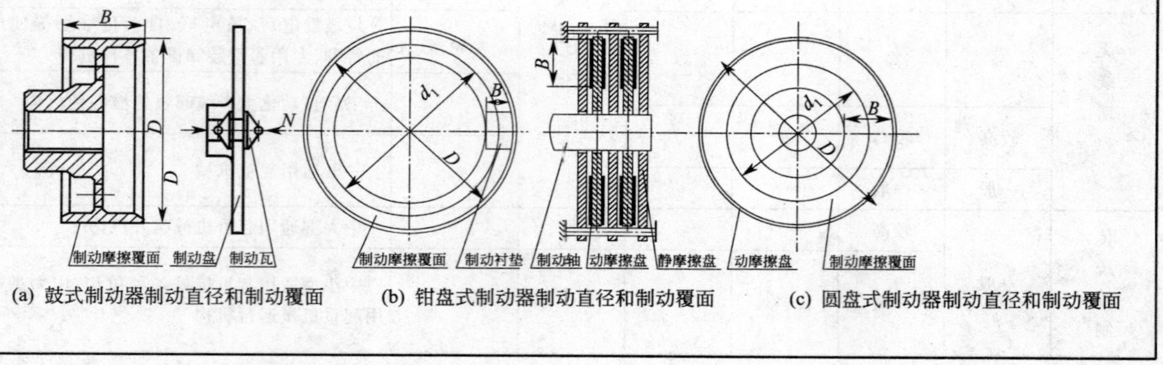

(a) 鼓式制动器制动直径和制动覆面　　(b) 钳盘式制动器制动直径和制动覆面　　(c) 圆盘式制动器制动直径和制动覆面

表 4-7-13  常用摩擦材料许用制动温度和单位制动覆面许用制动功

| 摩擦材料类型 | 允许最高温度 $\theta_1$/℃ | 单位制动覆面许用制动功/(J/cm²) |
|---|---|---|
| 碳—碳复合摩擦材料 | 800～1 200 | 400～600 |
| 粉末冶金 | 650 | 240 |
| 芬醛树脂类金属纤维增强复合摩擦材料 | 350 | 120 |
| 石棉树脂类金属纤维增强复合摩擦材料 | 250 | 80 |
| 石棉橡胶铜丝刹车带 | 250 | 80 |
| 玻璃丝纤维增强树脂刹车带 | 250 | 80 |
| 石棉橡胶辊压刹车带 | 200 | 65 |

**2. 制动器在周期内正常制动时的累积发热验算**

由于电气调速的广泛应用,制动器在正常工作状态下的正常制动在周期内(1 小时)累积的制动发热一般都较低(一般不超过 300 ℃)。所以,制动器一般情况下可不进行累积发热(热平衡)验算,但在某些工作比较频繁的特种起重机机构(如频繁操作的中大型淬火起重机起升机构、由制动器进行限速或调速的机构)和重级制动工况中无电气调速或较小调速范围的机构等,则需要进行制动器的累积发热(热平衡)验算。

发热验算时,一般均假定制动时产生的热量只由制动轮/盘通过辐射和对流两种方式散热,不考虑传导到制动瓦及其散发的热量,也不考虑传导到制动轮/盘以外相连机件及其散发的热量。在进行发热验算时,首先计算出制动器每小时内由制动产生的总热量,然后计算出每小时由制动轮/盘散发的总热量,最后按热平衡通式验算发热温度是否符合摩擦材料的许可温度。常用机构 1 h 周期内的制动发热验算见表 4-7-14。

表 4-7-14  1 h 周期内的制动发热验算

| 计算项目 | 制动机构类型 | 计算公式 | 单位 |
|---|---|---|---|
| 1 h 单个制动轮或制动盘累积制动发热量 | 起升机构 | $Q_q = \left(m_1 g s \eta + \dfrac{Jn^2}{183}\right) Z_0$ | J/h |
| | 运行机构 | $Q_y = \left(\dfrac{m_2 v^2}{2} + \dfrac{Jn^2}{183} - \dfrac{F_r v}{2} t_b\right) Z_0 \eta$ | |
| | 回转机构 | $Q_h = n_z \dfrac{\pi n M_{bz} t_b}{60} Z_0$ | |
| 1 h 单个制动轮或制动盘累积散发的热量 | 各种机构 | $Q_1 = (\beta_1 A_1' + \beta_2 A_2')\left[\left(\dfrac{273+\theta_1}{100}\right)^4 - \left(\dfrac{273+\theta_2}{100}\right)^4\right]$ | |
| | | $Q_2 = \gamma_1 A_3'(\theta_1 - \theta_2)(1 - JC)$ | |
| | | $Q_3 = \sum_1^i \alpha_i A_i \cdot (\theta_1 - \theta_2) JC$ | |
| 热平衡校核 | | $Q_q, Q_y, Q_h \leq Q_z = Q_1 + Q_2 + Q_3$ | |

说  明

$m_1$——平均起升总质量,对于满载率较高的机构可取额定总起重质量(kg);$m_2$——运行机构所承载的总质量(kg);$g$——重力加速度(9.8 m/s²);$S$——机构(或载荷)的平均制动距离(m);$\eta$——载荷至制动轴的机械传动效率;$J$——换算到制动轴上的机构转动惯量(包括所有回转运动和直线运动机件)(kg·m²);$n$——制动轴制动时的初转速,可取 $n=n_e$(制动轴额定转速)(r/min);$Z_0$——制动器在 1 h 工作周期内的平均制动次数;$v$——机构制动开始时的制动初速度,可取 $v=v_e$(机构额定运行转速)(m/s);$F_r$——运行机构平均运行总阻力(N);$M_{bz}$——机构同一制动轴上一个制动轮或制动盘上总制动力矩(N·m);$n_z$——回转机构的制动点数量(一般与驱动点数量相同,如双驱动和多驱动回转机构,每个驱动点都设置相同的制动);$t_b$——机构平均制动时间(s);$Q_1$——1 h 周期内辐射散发热量(J/h);$Q_2$——1 h 周期内自然对流散发热量(J/h);$Q_3$——1 h 周期内强迫对流散发热量(J/h);$A_1'$——制动轮/盘可用于制动面的光亮表面面积减去制动衬垫实际遮盖后的面积(m²);$A_2'$——制动轮/盘可用于制动面的光亮表面以外的外露表面面积(按粗糙面)(m²);$A_3'$——制动轮/盘扣除制动衬垫遮盖后的其余外露面积(m²);$A_i$——将制动轮/盘的所有外露表面面积(适合于制动轮/盘为独立零件或制动轮/盘与联轴器组合形式的制动轮/盘,通常将制动轮/盘或联轴器与轴连接的连接毂表面积忽略不计)按连续表面分成若干部分,$A_i$ 为第 i 部分的面积(m²);$\beta_1$——光亮表面(一般为制动覆面)的辐射系数,可取 0.005 4(J/m²·h·℃);$\beta_2$——粗糙表面(一般为制动覆面以外的表面)的辐射系数,可取 0.018(J/m²·h·℃);$\gamma_1$——自然对流系数可取 0.021(J/m²·h·℃);$\alpha_i$——将制动轮/盘的所有外露表面面积按连续表面分成若干部分后,第 i 部分的表面强迫对流散热系数,$\alpha_i = 0.025\, 7v_i^{0.78}$(J/m²·h·℃);$v_i$——第 i 部分的表面的圆周速度或平均圆周速度,(m/s);$\theta_1$——摩擦材料许用温度(见表 4-7-13)(℃);$\theta_2$——周围环境温度,一般取 30 ℃～35 ℃,高温环境可取 40 ℃～60 ℃;$JC$——机构接电持续率

注:当 $Q_q, Q_y, Q_h > Q_z$ 时,应考虑采用如下措施使其满足要求:
(a)在制动轴中心高和安装空间允许的情况下加大制动轮/盘直径;
(b)增加制动轮/盘和制动器数量(例如:可在同一制动轴上设置双制动轮/盘和双制动或多制动轮/盘和多制动),将机构的总制动能量分散;
(c)可能的话,可增加制动轴数量,同时增加制动器数量,将机构的总制动能量分散;制动轮/盘用更高温度的材料制造,同时采用耐更高温度的制动摩擦材料,提高制动摩擦对偶的耐温性能。

# 第五节 起重机常用制动器设计

## 一、制动器设计步骤和方法

制动器设计的步骤和方法，一般可参照表 4-7-15 进行。

表 4-7-15 制动器设计的步骤和方法

| 步骤 | 设计内容 | 设计方法 |
|---|---|---|
| 1 | 确定制动器所需制动力矩 | 参照本章第三节的表 4-7-6～4-7-8 选择制动方式，参照第三篇起重机机构确定制动力矩 |
| 2 | 根据制动工况特征选择合适的制动摩擦材料 | 按表 4-7-4 判断机构制动工况，并按表 4-7-26 选择摩擦材料和摩擦系数 $\mu$ 值 |
| 3 | 选择制动器类型 | 一般情况可根据表 4-7-9 选择制动器类型，有特殊要求时可根据实际情况选择 |
| 4 | 确定制动器制动轮直径或制动盘直径以及瓦块退距参数 | 根据电机或制动轴中心高匹配的原则和制动器相关标准选择制动轮直径（鼓式制动器和带式制动器）和制动盘直径（各种盘式制动器）并圆整成标准值（参见 JB/T 7019），按表 4-7-18 选择退距 |
| 5 | 根据需要确定制动器的辅助功能 | 参照表 4-7-11 选择，有特殊要求时可根据实际情况选择 |
| 6 | 进行制动器机构原理和结构方案设计，进行制动器机构和力学参数的设计计算 | 根据相关标准、参照典型产品进行机构和结构的初步设计，按本节中的有关方法计算杠杆机构的杠杆比、制动力、驱动装置驱动力、弹簧工作力等 |
| 7 | 选择驱动装置规格 | 按相关标准或驱动装置样本初选驱动装置规格 |
| 8 | 进行弹簧设计 | 根据所需弹簧工作力以及弹簧工作状态，按本节有关方法进行弹簧的设计计算，确定弹簧的力学参数和结构参数 |
| 9 | 对重要构件和零件进行强度验算 | 按本节中有关方法对制动臂（钳臂）、制动拉杆、弹簧拉杆等重要受力构件的抗拉强度以及制动衬垫抗压强度等验算并根据验算情况修正有关构件或零件的结构设计 |
| 10 | 进行发热验算 | 根据制动工况特征对需要进行发热验算的制动器进行制动功和热平衡验算 |

## 二、制动器设计输入参数的确定

在设计制动器时首先应确定设计输入参数，设计输入参数指的是，设计产品功能的要求、性能要求以及安全要求等，是制动器设计的原始和直接依据。

1. 制动力矩参数

制动力矩可通过静力矩法和功率法计算确定，静力矩计算制动力矩方法适用于位能性荷载的机构，或工作级别较低的非工作性机构。功率法计算制动力矩方法只能用于惯性荷载性的机构，倒运行、回转等机构。制动力矩参数是制动器的主要性能参数，可根据机构要求计算（参见本章第四节）确定，也可在制动器类型、制动方式、制动轮径或盘径选择确定后参照相关标准或产品样本选定。

2. 摩擦性能参数

摩擦性能参数主要有摩擦系数和允许的工作比压以及磨损率等，是制动器设计时的重要设计参数。摩擦性能参数主要取决于制动器摩擦材料的物理特性，在设计时正确选择摩擦材料和摩擦性能参数值是制动器工作性能的重要保证，在选择摩擦材料和摩擦系数 $\mu$ 时要根据制动器的制动工况正确选择。摩擦材料的物理性能见表 4-7-16，摩擦系数 $\mu$ 可按表 4-7-17 选择。

3. 制动瓦退距

制动瓦退距是制动器设计当中涉及驱动装置行程的重要设计输入参数，制动瓦退距一般都在各种制动器标准中进行了相应规定，在制动器类型和制动轮/盘直径规格确定后按表 4-7-18 选择。

4. 规格参数

规格参数主要有制动轮、盘直径，是制动器设计的重要和直接依据之一。在机构的制动方式、制动器类型确定后，一般应根据制动器中心高与电机或制动轴中心高匹配的原则按有关标准选择确定择制动轮直径(鼓式制动器和带式制动器)和制动盘直径(各种盘式制动器)并圆整成标准值(参见 JB/T 7019)。

表 4-7-16 常用摩擦材料物理性能

| 摩擦材料类型 | 摩擦系数 μ | 允许温度 $\theta_1$/℃ | 许用工作比压 [p]/MPa |
|---|---|---|---|
| 碳-碳复合摩擦材料 | 0.36～0.42 | 800～1 200 | 8.0 |
| 粉末冶金 | 0.35～0.45 | 650 | 4.0 |
| 芬醛树脂类金属纤维增强复合摩擦材料(半金属) | 0.35～0.42 | 350 | 2.5 |
| 石棉树脂类金属纤维增强复合摩擦材料 | 0.3～0.4 | 250 | 0.8 |
| 石棉橡胶辊压刹车带 | 0.35～0.50 | 200 | 0.6 |
| 石棉橡胶铜丝刹车带 | 0.35～0.45 | 250 | 1.2 |
| 玻璃丝纤维增强树脂刹车带 | 0.35～0.45 | 250 | 3.0 |

**5. 制动器功能要求**

制动器的功能分为基本功能和辅助功能。基本功能是制动器必须满足的功能,主要有:制动力矩调整功能、退距调整和均等功能、力矩调整功能等;辅助功能是根据起重机或机构的控制和安全保护要求而附加的功能,主要有:释放限位(联锁)功能、手动释放功能、衬垫磨损极限限位(联锁)功能以及力矩和退距自动补偿功能等,一般根据用户需求确定,也可参照表 4-7-11 选择。

表 4-7-17 不同工况下摩擦材料和摩擦系数选择

| 工况类别 | 工况表现主要特征 | | | 选择摩擦材料类型 | 摩擦系数 μ |
|---|---|---|---|---|---|
| | $E_p$/(J/cm²) | $\theta_s$/℃ | $\theta_1$/℃ | | |
| 重级工况 | ≥200 | ≥800 | ≥400 | 碳-碳复合摩擦材料 | 0.32～0.40 |
| | ≥120～200 | ≥500～800 | ≥300～400 | 粉末冶金 | 0.35～0.42 |
| 中级工况 | ≥65～120 | ≥250～500 | ≥200～350 | 芬醛树脂类金属纤维增强复合摩擦材料(半金属)石棉树脂类金属纤维增强复合摩擦材料 | 0.35～0.40 |
| 轻级工况 | ≥65 | <250 | <200 | 石棉橡胶辊压刹车带 石棉橡胶铜丝刹车带 玻璃丝纤维增强树脂刹车带 | 0.3～0.4 |

注:表中 $\theta_s$ 为紧急制动过程中制动覆面瞬间可能出现的最高温度,$\theta_1$ 为可能出现的制动轮或制动盘热平衡温度。

表 4-7-18 鼓式、盘式和带式制动器额定退距

| 鼓式制动器 | | 盘式制动器额定退距 | | 带式制动器额定退距 | |
|---|---|---|---|---|---|
| 制动轮径 | ε/mm | 制动盘径/mm | ε/mm | 带轮直径/mm | ε/mm |
| <160 | 0.6 | 160～400 | 0.8 | 400～630 | 1.0 |
| 160～250 | 1.0 | >400～630 | 0.9 | >630～1000 | 1.2 |
| >250～500 | 1.25 | >630～1 250 | 1.0 | >1 000～1 600 | 1.4 |
| >500～800 | 1.6 | >1 250～1 800 | 1.2 | >1 600～2 500 | 1.6 |
| >800～1 250 | 2.0 | >1 800～3 150 | 1.4 | >2 500～4 000 | 1.8 |
| | | >3 150 | 1.6 | >4 000 | 2.0 |

## 三、鼓式和盘式制动器设计计算

**1. 制动力、正压力、比压、驱动装置驱动力和弹簧工作力计算**

根据所要求的制动力矩和制动轮/盘规格(制动直径)计算施加在每个制动轮/盘上的制动力。正压力是指产生规定制动力矩所需的施加到每个制动覆面的总压力,是驱动力和构件强度设计的直接依据。制动器制动衬垫工作比压直接受到所选摩擦材料的物理机械性能限制,是设计制动衬垫摩擦面积的直接依据;在选定摩擦材料后,根据所需正压力计算制动材料的比压并应符合相关摩

擦材料的许用比压要求。驱动装置驱动力指的是：对于常闭式制动器为制动器释放(亦称松闸)所需的驱动装置有效输出力,对于常开式制动器为制动器闭合(亦称上闸)产生规定制动力矩所需的驱动装置有效输出力,驱动装置驱动力是选择驱动装置或驱动装置设计的重要参数。弹簧工作力指的是常闭式制动器产生规定制动力矩所需的弹簧力,弹簧工作力是选择弹簧或进行弹簧设计的主要参数之一。各项计算见表4-7-19。

**表 4-7-19　鼓式和盘式制动器制动力、正压力、比压、驱动装置驱动力和弹簧工作力计算**

| 制动器类别 | 计算项目和公式 | 单位 | 说　　明 |
|---|---|---|---|
| 鼓式制动器和钳盘式制动器 | 制动力：$T=\dfrac{M_b}{d_1}$<br>正压力：$N=\dfrac{T}{\mu}$<br>驱动力：$F=\varphi\dfrac{N}{i}$<br>弹簧工作力：$P=\dfrac{T}{\mu i_p \eta}$ | N | $M_b$——额定制动力矩(N·m)；<br>$\mu$——摩擦系数,按表4-7-17选取；<br>$d_1$——有效摩擦直径(m)(参见表4-7-12)；<br>$\varphi$——考虑制动器释放(常闭式)或闭合(常开式)时的弹簧力增量和传动效率因素所需的裕度系数(按表4-7-20选取)；<br>$i$——驱动装置有效输出力点至制动力中心的总杠杆比(参见表4-7-21)；<br>$i_p$——弹簧工作力点至制动力中心的杠杆比(参见表4-7-21)；<br>$z$——动摩擦制动盘数,一般为1,多盘一般为2~3；<br>$x$——制动弹簧数量(等规格均布),一般为6~12；<br>$p$——制动覆面比压(MPa)；<br>$A$——制动衬垫面积($m^2$)；<br>$[p]$——摩擦材料许用工作比压(见表4-7-16) |
| 圆盘式制动器 | 制动力：$T=\dfrac{M_b}{d_1 z}$<br>正压力：$N=\dfrac{T}{\mu}$<br>驱动力：$F=\phi\dfrac{N}{\mu}$<br>总弹簧工作力：$P=\dfrac{T}{\mu\eta}$<br>单个弹簧工作力：$P_i=\dfrac{F}{x}$ | | |
| 鼓式和盘式制动器 | $p=\dfrac{N}{A\times 10^6}\leq[p]$ | | |

**表 4-7-20　驱动装置驱动力裕度和弹簧力增量系数**

| 驱动装置类型 | 电力液压推动器 | 电磁铁 | | 液压站 | |
|---|---|---|---|---|---|
| 制动弹簧类型 | 圆柱螺旋弹簧 | 圆柱螺旋弹簧 | 蝶形弹簧 | 圆柱螺旋弹簧 | 蝶形弹簧 |
| 驱动力裕度 $\varphi$ | 1.25 | 1.25 | 1.35 | 1.35 | 1.5 |
| 弹簧力增量系数 $\theta$ | 0.2 | 0.2 | 0.32 | 0.32 | 0.45 |

**2. 机构杠杆比确定**

常闭式制动器释放(松闸)或常开式制动器闭合(上闸)一般是由驱动装置产生驱动力或操纵力(人力制动器)通过杠杆机构作用完成的；同样,制动力或复位力一般由制动弹簧或复位弹簧产生的弹簧力通过杠杆机构作用完成。除了部分液压驱动的制动器外,制动器一般都有杠杆机构。制动器根据驱动装置型式和布置方式以及制动弹簧或复位弹簧的布置方式的不同,杠杆比存在很大差异。常用类型鼓式和盘式制动器杠杆比设计计算可按表4-7-21进行。

**表 4-7-21　鼓式和盘式制动器杠杆比计算**

| 制动器类型 | 计 算 公 式 | 说　　明 |
|---|---|---|
| 电力液压鼓式和盘式制动器 | 驱动杠杆比：$i=i_1\times i_2=\dfrac{a}{b}\times\dfrac{h}{l}\leq\dfrac{\beta H}{2\eta\varepsilon}$<br>弹簧杠杆比：$i_p=\dfrac{c}{b}\times\dfrac{h}{l}$ | $H$——推动器最大(额定)行程或电磁铁允许最大行程(气隙)或液压缸允许的最大行程；<br>$\varepsilon$——每侧制动瓦额定退距(mm)(参照表4-7-18确定)；<br>$\eta$——行程效率,取0.8~0.9,根据杠杆机构铰孔配合精度选择,精度较低选小值,较高则选大值；<br>$\beta$——推动器、电磁铁和液压缸行程利用系数,无退距自动补偿时取0.75,有自动补偿时取0.85。<br>其余符号见本表图 |
| 电磁鼓式和盘式制动器、杠杆式液压盘式制动器 | 驱动杠杆比：$i=\dfrac{s}{l}\leq\dfrac{\beta H}{2\eta\varepsilon}$ 弹簧杠杆比：$i_p=\dfrac{h}{e}$ 注：电磁和液压制动器的总杠杆比 $i$ 在设计时一般不宜大于3,杠杆比过大时对于电磁制动器会导致对机构较大的冲击影响,对于液压制动器则会使闭合速度过慢,制动上闸滞后严重,导致制动距离过长甚至发生制动安全事故 | |

续上表

| 制动器类型 | 计算公式 | 说明 |
| --- | --- | --- |

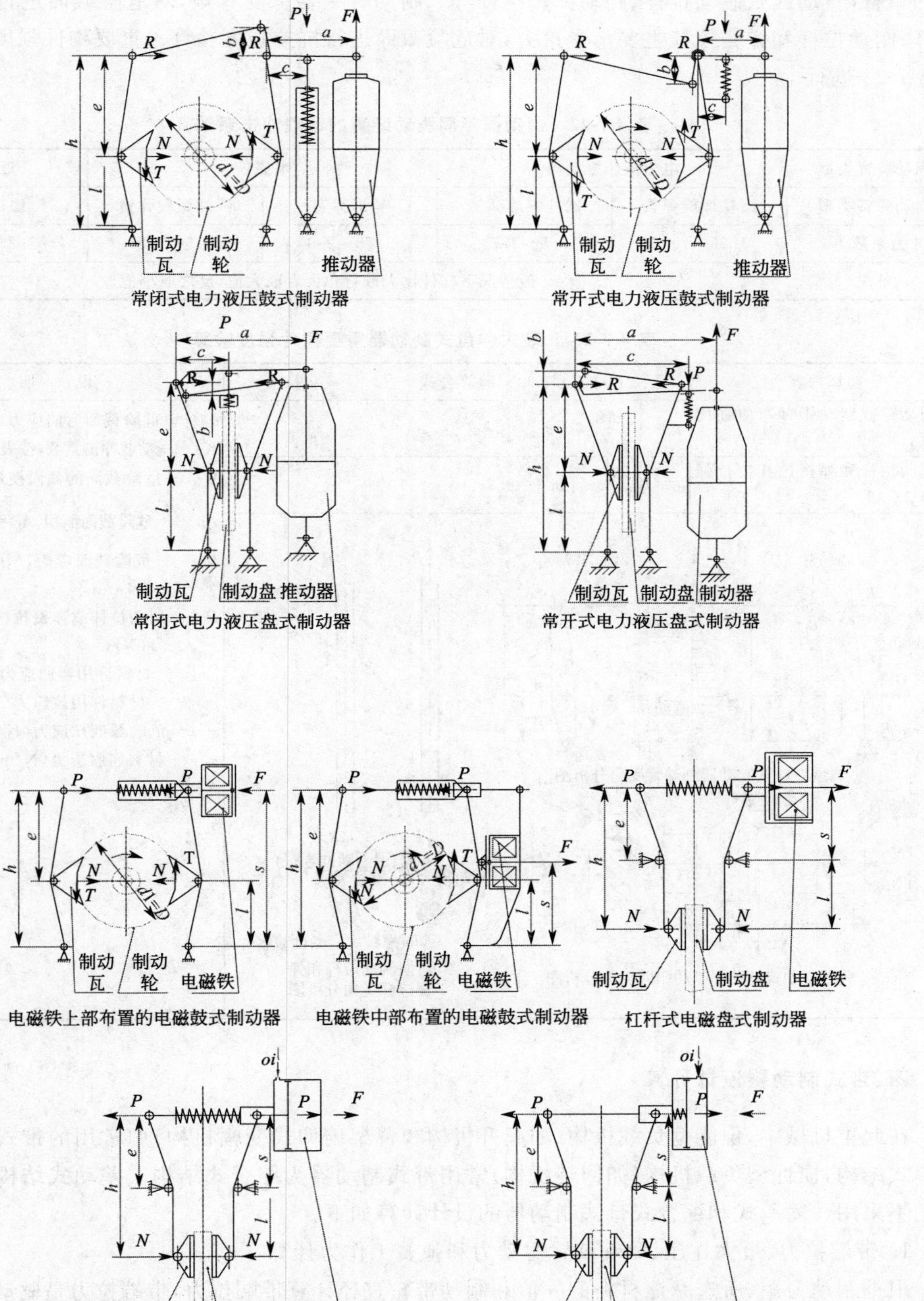
P
F
R
b
R
a
c
e
h
N
N
T
T
$d_1=D$
l
制动瓦
制动轮
推动器
常闭式电力液压鼓式制动器
常开式电力液压鼓式制动器
常闭式电力液压盘式制动器
制动瓦
制动盘
推动器
常开式电力液压盘式制动器
制动瓦
制动盘
制动器
s
电磁铁
电磁铁上部布置的电磁鼓式制动器
电磁铁中部布置的电磁鼓式制动器
杠杆式电磁盘式制动器
oi
液压缸
杠杆常闭式液压盘式制动器
杠杆常开式液压盘式制动器

表 4-7-21 附图

### 3. 重要构件强度验算

制动器是涉及作业安全的重要部件,应确保其中的受力构件在使用过程的安全,因此对某些重要受力构件应进行强度验算。鼓式和盘式制动器当中的重要受力构件主要有:制动臂(杠杆式)或制动钳臂(直动式)、制动拉杆、制动弹簧拉杆等。制动臂主要承受弯矩,对危险截面进行弯曲强度验算;制动拉杆和弹簧拉杆主要承受拉力,对危险截面进行抗拉强度验算。重要构件强度验算可按表 4-7-23 进行。

表 4-7-22 制动器不同驱动装置的动载冲击系数

| 驱动装置类型 | 电力液压推动器 | 电磁铁 | | 液压站 | |
|---|---|---|---|---|---|
| 制动弹簧类型 | 圆柱螺旋弹簧 | 圆柱螺旋弹簧 | 蝶形弹簧 | 圆柱螺旋弹簧 | 蝶形弹簧 |
| 冲击系数 $K_d$ | 1.25～1.35 | 1.5～1.75 | 1.75～2.0 | 1.15～1.25 | 1.25～1.35 |
| 备注 | 一般情况下杠杆比大或行程大者取大值,反之取小值 | | | | |

表 4-7-23 鼓式和盘式制动器重要构件强度验算

| 验算内容 | 验算公式 | 说明 |
|---|---|---|
| 制动臂或制动钳臂弯曲强度验算 | $\sigma_w = K_d \dfrac{M_w}{W} \leqslant [\sigma] = 0.4\sigma_s$ | $\sigma_w$——危险截面弯曲应力(N/mm²);<br>$K_d$——动载冲击系数,按表 4-7-22 选取;<br>$W$——危险截面的截面模量(mm³);<br>$A_1$——危险截面面积,$A_1 = \dfrac{\pi d_0^2}{4}$(mm²);<br>$M_w$——危险截面弯矩,$M_1 = R_1(h-l)$ (N·m)<br>$R$——制动拉杆或弹簧拉杆所受最大拉力(N);<br>$[\sigma]$——材料许用弯曲应力(N/mm²);<br>$[\sigma_1]$——材料许用拉应力(N/mm²);<br>$\sigma_1$——危险截面拉应力(N/mm²);<br>$\sigma_s$——材料屈服应力(N/mm²) |
| 制动拉杆和弹簧拉杆抗拉强度验算 | $\sigma_1 = K_d \dfrac{R}{A_1} \leqslant [\sigma_1] = 0.2\sigma_s$ | |

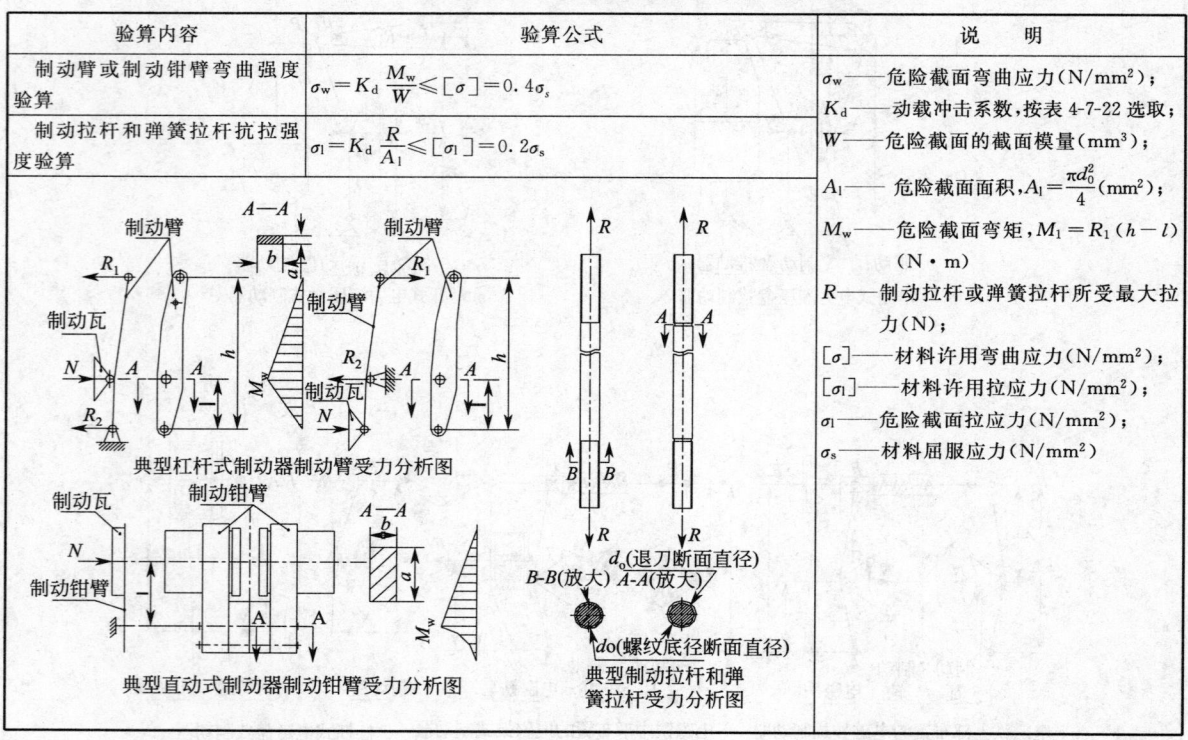

### 四、带式制动器设计计算

在起重机械中,位能型负载机构(如起升机构和臂架俯仰式变幅机构)中常用的带式制动器为简单式结构,惯性型负载机构(如回转机构)常用带式制动器为综合式结构。差动式结构在起重机机上不采用。简单式和综合式带式制动器的设计计算如下。

#### 1. 带端拉力、最大比压、驱动装置驱动力和弹簧工作力计算

根据制动力矩、所选摩擦材料的 $\mu$ 值和制动带轮直径计算带端拉力,带端拉力是驱动力和构件强度设计的直接依据。最大制动带工作比压是设计制动带宽度和厚度以及摩擦材料的直接依据;最大比压发生在带紧端,应符合相关摩擦材料许用比压要求。驱动装置驱动力指:常闭式带式制动器为释放所需的驱动装置有效输出力,常开式带式制动器为闭合产生规定制动力矩所需的驱动装置有效输出力,驱动装置驱动力是选择驱动装置或驱动装置设计的重要参数。弹簧工作力指:常闭式带式制动器为产生规定制动力矩所需的弹簧力,弹簧工作力是选择弹簧或进行弹簧设计的主要

参数之一。各项计算见表 4-7-24。

**表 4-7-24 带式制动器带端拉力、最大比压、驱动装置驱动力和弹簧工作力计算**

| 类型 | 计算项目和公式 | 单位 | 说 明 |
|---|---|---|---|
| 简单式 | 正转：绕出端拉力：$R_2=\dfrac{2M_b}{d_1(e^{\mu\alpha}-1)}$；绕入端拉力：$R_1=R_2 e^{\mu\alpha}$ 反转：绕出端拉力：$R_1=\dfrac{2M_b e^{\mu\alpha}}{d_1(e^{\mu\alpha}-1)}$；绕入端拉力：$R_2=R_1 e^{\mu\alpha}$ 弹簧工作力：$P=\dfrac{R_2}{i_p\eta}$；驱动力：$F=\phi\dfrac{R_2}{i}$ | N | $d_1$——有效摩擦直径(m)(＝带轮直径 $D$)；<br>$\alpha$——制动带包角(rad)；<br>$\eta$——传动效率，取 0.9～0.95；<br>$\phi$——考虑释放时的弹簧力增量和传动效率所需的裕度系数，按表 4-7-20 选取；<br>$i$——驱动装置有效输出力 $F$ 至活动带端有效紧带力 $R_2$(参见本表图)的总杠杆比；<br>$i_p$——制动弹簧有效输出力 $P$ 点至活动带端有效带力 $R_2$ 的总杠杆比(参见本表图)；<br>$R'$——制动带紧端拉力($R_1$ 或 $R_2$)(N)；<br>$B$——紧端输入处制动带宽度(m)；<br>$[p]$——摩擦材料许用比压(见表 4-7-16) |
| 综合式 | 正转：绕出端拉力：$R_2=\dfrac{2M_b(e^{\mu\alpha}+1)}{d_1(e^{\mu\alpha}-1)}$；绕入端拉力：$R_1=R_2 e^{\mu\alpha}$ 反转：绕出端拉力：$R_1=\dfrac{2M_b(e^{\mu\alpha}+1)}{d_1(e^{\mu\alpha}-1)}$；绕入端拉力：$R_2=R_1 e^{\mu\alpha}$ 弹簧工作力：$P=\dfrac{R_1+R_2}{2i_p\eta}$；驱动力：$F=\phi\dfrac{R_1+R_2}{2i}$ | | |
| 所有 | 最大工作比压：$p_{max}=\dfrac{2R'}{d_1 B\times 10^6}\leqslant [p]$ | MPa | |

简单式　　　综合式

**2. 机构杠杆比确定**

起重机上使用的常闭式带式制动器制动器释放(松闸)或常开式带式制动器闭合(上闸)一般是由驱动装置产生驱动力或操纵力(人力制动器)通过杠杆机构作用完成；制动力一般由制动弹簧或复位弹簧产生的弹簧力通过杠杆机构作用产生。常用的简单式和综合式带式制动器杠杆比计算参见表 4-7-25。

**表 4-7-25 常用简单式和综合式带式制动器杠杆比计算**

| 计算内容和公式 | 说 明 |
|---|---|
| 驱动杠杆比：$i=\dfrac{a}{s}\leqslant\beta\dfrac{H}{(\lambda+\Delta l_1)}\eta=\dfrac{L(R_1+R_2)}{2EA_j}$<br>$\Delta l_1=\varepsilon\alpha$(简单式)<br>$\Delta l_1=\dfrac{1}{2}\varepsilon\alpha$(综合式)<br>弹簧杠杆比：$i_p=\dfrac{c}{s}$ | 式中各符号见表 4-7-24 附图<br>$H$——驱动液压缸或电磁铁允许的最大行程(mm)；<br>$\eta$——行程效率，取 0.8～0.9，根据杠杆机构铰孔配合精度选择，精度较低选小值，较高选大值；<br>$\beta$——行程利用系数，无退距自动补偿时取 0.75，有自动补偿时取 0.85；<br>$\lambda$——紧闸时的制动带弹性变形量(mm)；<br>$L$——制动带长度(mm)；<br>$R_1$、$R_2$——制动带紧端拉力和松端拉力(N)；<br>$E$——材料拉压弹性模量(N/m²)；<br>$A_J$——制动钢带截面积(m²)；<br>$\Delta l_1$——活动带端 $R_2$ 处的紧闸行程(mm)；<br>$\varepsilon$——制动带额定退距(mm)，见表 4-7-18；<br>$\alpha$——制动带包角(rad) |

### 3. 重要构件强度验算

带式制动器的重要受力构件主要有：制动带、杠杆、活动端制动拉杆、制动弹簧拉杆等。验算方法与鼓式和盘式制动器相同，可参照表 4-7-26 进行。

表 4-7-26 带式制动器重要构件强度验算

| 验算内容 | 验算公式 | 说 明 |
|---|---|---|
| 杠杆弯曲强度验算 | $\sigma_w = K_d \dfrac{M_w}{W} \leqslant [\sigma] = 0.4\sigma_S$ | $A_j$——紧端制动钢带截面面积（mm²）；<br>$R'$——制动带紧端拉力（$R_1$ 或 $R_2$）(N)；<br>$[\sigma_j]$——许用拉应力（N/mm²）；<br>其余符号意义和取值与表 4-7-23 相同 |
| 活动端制动拉杆抗拉强度验算 | $\sigma_l = K_d \dfrac{R_2}{A_l} \leqslant [\sigma_l] = 0.2\sigma_S$ | |
| 弹簧拉杆抗拉强度验算 | $\sigma_l = K_d \dfrac{R}{A_l} \leqslant [\sigma_l] = 0.2\sigma_S$ | |
| 制动钢带抗拉强度验算 | $\sigma_d = K_d \dfrac{R_1}{A_j} \leqslant [\sigma_l] = 0.5\sigma_S$ | |

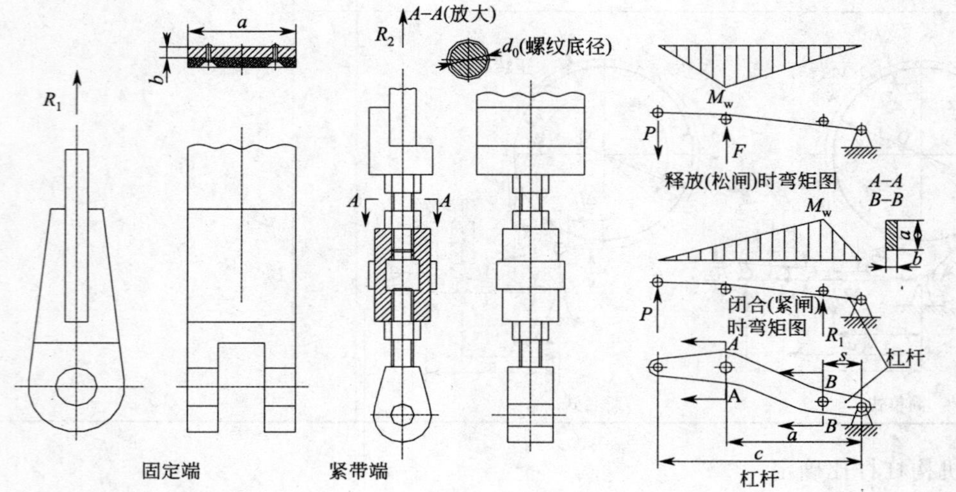

### 五、制动弹簧选择和设计计算

#### 1. 制动弹簧选择和设计步骤

先根据弹簧使用特征、所需的弹簧力 P 和弹簧安装空间，按有关弹簧标准或弹簧产品的样本进行弹簧材质、型式、制造精度以及规格的初选；然后根据有关要求和强度条件进行验算；根据验算情况进行弹簧的相关参数调整，直至满足条件。

#### 2. 弹簧型式和材质的选择

在设计制动弹簧时，首先应根据使用特征和安装位置及空间的要求选定弹簧的型式和材质，弹簧型式和材质一般按如下规定选择：

（1）常闭式鼓式和电力液压盘式以及采用杠杆驱动的中小制动力的钳盘式制动器宜选用圆柱形螺旋弹簧，直驱（杠杆比为 1）的中大制动力的常闭式液压钳盘式制动器一般选用对合组合式（参见 GB/T 1972）碟形弹簧组。

（2）常闭式制动器选择圆柱形螺旋弹簧时一般为两端磨平的压缩式螺旋弹簧（GB/T 2089），常开式制动器的复位弹簧一般选择圆柱形拉伸弹簧（但常开式圆盘和液压钳盘式制动器多采用两端磨平的压缩弹簧）。

(3)常闭式制动器选择碟形弹簧时一般为3类(有支承面)弹簧。

(4)制动弹簧一般选用60Si2MnA(GB/T 5218)或50CrVA(GB/T 5219),复位弹簧一般选用碳素弹簧钢丝(GB/T 4357)或60Si2MnA。

(5)采用冷卷弹簧和碟形弹簧时制造精度等级可按表4-7-28选取。

3. 弹簧规格的初选

常闭式制动器制动弹簧规格的初选可按如下步骤进行:

(1)根据所需弹簧工作力 P,按 $F_n=1.3P\sim1.35P$($F_n$ 为最大许用工作负荷,参见 GB/T 2089 标准)初选弹簧簧丝直径(圆柱形螺旋弹簧)或按 $F_n=1.5P\sim1.75P$($F_n$ 为 $0.75h_0$ 时的许用工作负荷,参见 GB/T 1972 标准)选择碟簧厚度,在非特殊情况下应按 GB/T 2089 或 GB/T 1972 标准选择标准簧丝直径或碟簧厚度。

(2)根据布置空间初选弹簧中径(圆柱形螺旋弹簧)或碟簧外径(碟形弹簧),在非特殊情况下应按 GB/T 2089 或 GB/T 1972 标准选择标准弹簧中径或外径。

(3)根据 $\Delta P_{max}$ 限值(见表4-7-27)选择合适的弹簧刚度和圈数(圆柱形螺旋弹簧)或碟簧组组合后的刚度和片数(碟形弹簧,一般为偶数),非特殊情况下圆柱螺旋弹簧刚度应按 GB/T 2089 选取,碟形弹簧不宜超过16片。

(4)根据弹簧行程增量 $\Delta h$ 选择弹簧节距(圆柱形螺旋弹簧)或碟簧高度(碟形弹簧),在非特殊情况下应按 GB/T 2089 或 GB/T 1972 选择标准节距或高度。

4. 弹簧的设计计算

弹簧的设计主要有规格(几何尺寸)和强度验算两部分,往往需要反复调整相关参数进行设计计算,方可最后得到符合要求的结果。弹簧的设计方法和计算可参照表4-7-27进行。

表4-7-27 弹簧的设计方法和计算

| 项 目 | 设计方法和计算公式 | 说 明 |
|---|---|---|
| 簧丝直径或厚度 | 当制动器结构和弹簧布置位置确定后,可根据 P 值按 GB/T 2089 初选螺旋弹簧簧丝直径或按 GB/T 1972 初选蝶形弹簧的厚度 | |
| 弹簧中经或内径和外径 | 当弹簧安装空间基本确定后,初选螺旋弹簧中径或蝶形弹簧内径和外径,尽量选择符合 GB/T 2089 和 GB/T 1972 标准的标准值 | $P$——弹簧工作力;<br>$\varepsilon$——制动带额定退距,见表4-7-18;<br>$i_p$——弹簧杠杆比(见表4-7-24图和表4-7-25);<br>$\Delta l_1$——活动带端 $R_2$ 处的紧闸行程(mm),见表4-7-25;<br>$\lambda$——紧闸时的制动带弹性变形量(mm),见表4-7-25;<br>$\Delta P_{max}$——制动器在释放(松闸)过程中弹簧力增量容许值(见表4-7-29);<br>$\Delta h_i$——制动器在释放(松闸)过程中单片碟簧的行程增量;<br>$G$——材料切变模量(N/mm²);<br>$d_0$——螺旋弹簧材料直径(mm);<br>$D_0$——螺旋弹簧中径(mm);<br>$z_t$——采用单片对合组合碟形弹簧组时的弹簧片数(一般为偶数);<br>$H_b$——弹簧的压并高度(mm);<br>$n_1$——弹簧总圈数;<br>$H_0$——弹簧自由高度(mm) |
| 弹簧工作行程增量 | 鼓式和盘式制动器:$\Delta h=2\varepsilon\times i_p$<br>带式制动器:$\Delta h=(\Delta l_1+\lambda)\times i_p$ | |
| 初选弹簧刚度 | 圆柱形螺旋弹簧:$P'\leqslant\dfrac{\Delta P_{max}}{\Delta h}$<br>单片对合组合蝶形弹簧:$P'\leqslant\dfrac{z_t\Delta P_{max}}{\Delta h}$ | |
| 初选弹簧圈数或碟簧片数 | 圆柱形螺旋弹簧有效圈数:$n=\dfrac{PGd_0^4}{8D_0^3P'}$<br>蝶形弹簧对合组合片数:$z_t=\dfrac{\Delta h}{\Delta h_i}$ | |
| 弹簧工作行程 | 圆柱形螺旋弹簧:$h=\dfrac{P}{P'}$<br>蝶形弹簧对合组合单片碟簧:$h_i=\dfrac{P}{P'}$<br>成组碟簧:$h=h_i z_t$ | |

| 项 目 | 设计方法和计算公式 | 说 明 |
|---|---|---|
| 弹簧力增量 | 圆柱螺旋弹簧：$\Delta P = \Delta h P' \leq \Delta P_{max}$<br>螺形弹簧：$\Delta P = \Delta h_i P' \leq \Delta P_{max}$ | 弹簧力增量与所选弹簧的刚度以及制动器释放（常闭式）或闭合（常开式）上闸过程中的弹簧行程增量有关，应越小越好 |
| 压缩弹簧压并高度验算 | 螺旋弹簧：$H_b = n_1 d_0 \leq \dfrac{H_0 - (h + \Delta h)}{1.12}$<br>单片蝶形弹簧：$H_{bi} = t \leq \dfrac{H_{0i} - (h_i + \Delta h)}{1.25}$ | 如果不符合要求，可以通过调整弹簧节距（即调整弹簧自由高度 $H_0$）或碟簧自由高度等来满足要求 |
| 弹簧疲劳强度验算 | 制动弹簧工作负荷一般按 2 类负荷设计，需要进行疲劳强度验算，具体验算步骤和方法如下：<br>(1)根据弹簧使用特征按表 4-7-28 选择弹簧的疲劳寿命。<br>(2)根据弹簧最大负荷 ($P+\Delta P$) 和最小负荷 ($P$) 计算出圆柱螺旋弹簧负荷循环特征值或碟形弹簧的上限应力和下限应力（参照 GB/T 23935 和 GB/T 1972 弹簧标准进行计算）。<br>(3)按 GB/T 23935《圆柱形螺旋弹簧设计计算》和 GB/T 1972《碟形弹簧》的相关规定计算或查表验算弹簧的疲劳强度。<br>(4)当验算强度出现偏差时，则应相应调整簧丝直径或弹簧中径（圆柱形螺旋弹簧）或碟簧厚度和外径（碟形弹簧），直至满足强度条件 | |
| 其他验算 | 对于使用过程中承受相对较高应力的弹簧以及高径比较大的圆柱螺旋压缩弹簧和对合组合碟形弹簧组，还应进行永久变形应力验算和稳定性等验算，验算方法参见 GB/T 23935 和 GB/T 1972 弹簧标准 | |

表 4-7-28 弹簧疲劳寿命和精度等级选择

| 使用特征 | 弹簧精度等级 | 疲劳寿命 | | 典型应用 |
|---|---|---|---|---|
| | | 圆柱形螺旋弹簧 | 碟形弹簧 | |
| 重要的涉及作业人身和财产安全的常闭式制动器 | 1 级 | $\geq 10^7$ 次 | $\geq 5 \times 10^5$ 次 | 港口装卸、冶金、特种起重机起升机构和矿井提升机构等 |
| 比较重要的涉及作业财产安全的常闭式制动器 | 1 或 2 级 | $\geq 5 \times 10^6$ 次 | $\geq 3 \times 10^5$ 次 | 冶金起重机、专用起重机等起升机构 |
| 一般机构使用的常闭式制动器和复位弹簧 | 2 级 | $\geq 3 \times 10^6$ 次 | $\geq 10^5$ 次 | 一般用途的通用起重、运输和装卸机械各种机构 |

表 4-7-29 制动器在释放（松闸）过程弹簧力增量容许值

| 驱动装置类型 | 电力液压推动器 | 电磁铁 | | 液压站 | |
|---|---|---|---|---|---|
| 制动弹簧类型 | 圆柱形螺旋弹簧 | 圆柱形螺旋弹簧 | 蝶形弹簧 | 圆柱形螺旋弹簧 | 蝶形弹簧 |
| 弹簧力容许最大增量 $\Delta P_{max}$ | $0.2P$ | $0.2P$ | $0.35P$ | $0.35P$ | $0.5P$ |
| 备注 | $P$ 为产生额定制动力矩时的弹簧工作力 | | | | |

# 第六节 起重机常用制动器技术参数和连接尺寸

## 一、制动器行业标准

### 1. 我国工业制动器现行标准

工业制动器是一种高度通用的配套产品。我国工业制动器已基本形成比较完整的标准体系。目前的现行标准主要有：

(1)JB/T 7021—2006《鼓式制动器连接尺寸》（见表 4-7-30），该标准对各种鼓式制动器的连接尺寸进行了规定,是各种鼓式制动器通用的重要标准。

表 4-7-30 鼓式制动器连接尺寸(摘自 JB/T 7021—2006)　　　　　　　　　　　　　mm

| 710 | 470±2.0 | 255 | 265 | 450 | 190 |    |    | 250 | 500 |      |      |
|-----|---------|-----|-----|-----|-----|----|----|-----|-----|------|------|
| 800 | 530±2.0 | 280 | 310 | 520 | 210 | 22 |    | 280 | 570 | 0.30 | 0.30 |

| 轮径 | 连接尺寸 | | | | | | | | | 形位公差 | |
|---|---|---|---|---|---|---|---|---|---|---|---|
| $D$ | $h_1$ | $b$ | $b_1$ | $k$ | $i$ | $n\geq$ | $d$ | $F$ | $G$ | $y$ | $x$ |
| 160 | 132±0.6 | 65 | 70 | 130 | 55 | 6 | 14 | 90 | 150 | 0.15 | 0.15 |
| 200 | 160±0.6 | 70 | 75 | 145 | 55 | 8 | | | 165 | | |
| 250 | 190±1.2 | 90 | 95 | 180 | 65 | 10 | 18 | 110 | 200 | | |
| 315 | 230±1.2 | 110 | 118 | 220 | 80 | | | 125 | 245 | | |
| 400 | 280±1.5 | 140 | 150 | 270 | 100 | 12 | 22 | 150 | 300 | 0.20 | 0.20 |
| 500 | 340±1.5 | 180 | 190 | 325 | 130 | 16 | | 180 | 365 | | |
| 630 | 420±2.0 | 225 | 236 | 400 | 170 | 20 | 27 | 230 | 450 | 0.25 | 0.25 |
| 710 | 470±2.0 | 255 | 265 | 450 | 190 | | | 250 | 500 | | |
| 800 | 530±2.0 | 280 | 310 | 520 | 210 | 22 | | 280 | 570 | 0.30 | 0.30 |

(2)JB/T 6406—2006《电力液压鼓式制动器》(见表 4-7-31),该标准对电力液压鼓式制动器的规格和技术参数、技术条件进行了规定。

表 4-7-31　鼓式制动器技术参数(摘自 JB/T 7020—2006)

| 制动器技术参数 | | | |
|---|---|---|---|
| 规　格 | | 额定制动力矩/(N·m) | 每侧制动瓦额定退距/mm |
| 制动轮直径/mm | 推动器额定推力/N | | |
| 160 | 220 | 100 | 1.00±0.10 |
| 200 | 220 | 140 | |
| | 300 | 224 | |
| 250 | 220 | 200 | |
| | 300 | 280 | |
| | 500 | 450 | |

续上表

| 制动器技术参数 | | | |
|---|---|---|---|
| 规 格 | | 额定制动力矩/(N·m) | 每侧制动瓦额定退距/mm |
| 制动轮直径/mm | 推动器额定推力/N | | |
| 315 | 300 | 335 | 1.25±0.15 |
| 315 | 500 | 560 | 1.25±0.15 |
| 315 | 800 | 900 | 1.25±0.15 |
| 400 | 500 | 710 | 1.25±0.15 |
| 400 | 800 | 1 120 | 1.25±0.15 |
| 400 | 1 250 | 1 800 | 1.25±0.15 |
| 500 | 800 | 1 600 | 1.25±0.15 |
| 500 | 1 250 | 2 500 | 1.25±0.15 |
| 500 | 2 000 | 4 000 | 1.25±0.15 |
| 630 | 1 250 | 2 800 | 1.60±0.20 |
| 630 | 2 000 | 4 500 | 1.60±0.20 |
| 630 | 3 000 | 6 300 | 1.60±0.20 |
| 710 | 2 000 | 5 300 | 1.60±0.20 |
| 710 | 3 000 | 8 000 | 1.60±0.20 |
| 800 | 3 000 | 9 000 | 1.60±0.20 |

（3）JB/T 7685—2006《电磁鼓式制动器》（见表 4-7-32），该标准对电磁鼓式制动器的规格和技术参数、技术条件进行了规定。

**表 4-7-32　电磁鼓式制动器技术参数**（摘自 JB/T 7685—2006）

| 制动轮直径/mm | 每侧制动瓦退距/mm | 交流励磁制动器额定制动力矩/(N·m) | 直流励磁制动器额定制动力矩/(N·m) | | | |
|---|---|---|---|---|---|---|
| | | | 并励 | | 串励 | |
| | | | 1 h 定额 | 连续定额 | 30 min 定额 | 1 h 定额 |
| 160 | 1.00±0.10 | 40 | | | | |
| 160 | 1.00±0.10 | 63 | | | | |
| 200 | 1.00±0.10 | 80 | 160 | 125 | 160 | 100 |
| 200 | 1.00±0.10 | 125 | 160 | 125 | 160 | 100 |
| 200 | 1.00±0.10 | 200 | 160 | 125 | 160 | 100 |
| 250 | 1.00±0.10 | 160 | 355 | 250 | 355 | 225 |
| 250 | 1.00±0.10 | 250 | 355 | 250 | 355 | 225 |
| 250 | 1.00±0.10 | 400 | 355 | 250 | 355 | 225 |
| 315 | 1.25±0.30 | 315 | 1 060 | 800 | 1 060 | 630 |
| 315 | 1.25±0.30 | 500 | 1 060 | 800 | 1 060 | 630 |
| 315 | 1.25±0.30 | 800 | 1 060 | 800 | 1 060 | 630 |
| 400 | 1.25±0.30 | 630 | 1 600 | 1 250 | 1 600 | 1 000 |
| 400 | 1.25±0.30 | 1 000 | 1 600 | 1 250 | 1 600 | 1 000 |
| 400 | 1.25±0.30 | 1 600 | 1 600 | 1 250 | 1 600 | 1 000 |
| 500 | 1.25±0.30 | 1 250 | 3 550 | 2 500 | 3 550 | 2 000 |
| 500 | 1.25±0.30 | 2 000 | 3 550 | 2 500 | 3 550 | 2 000 |
| 500 | 1.25±0.30 | 3 150 | 3 550 | 2 500 | 3 550 | 2 000 |
| 630 | 1.60±0.40 | 2 500 | 6 700 | 5 000 | 6 700 | 4 000 |
| 630 | 1.60±0.40 | 4 000 | 6 700 | 5 000 | 6 700 | 4 000 |
| 630 | 1.60±0.40 | 6 300 | 6 700 | 5 000 | 6 700 | 4 000 |
| 710 | 1.60±0.40 | 4 500 | 8 500 | 6 300 | 8 500 | 5 400 |
| 710 | 1.60±0.40 | 7 100 | 8 500 | 6 300 | 8 500 | 5 400 |
| 710 | 1.60±0.40 | 9 000 | 8 500 | 6 300 | 8 500 | 5 400 |
| 800 | 1.60±0.40 | 5 000 | 12 500 | 9 500 | 12 500 | 8 000 |
| 800 | 1.60±0.40 | 8 000 | 12 500 | 9 500 | 12 500 | 8 000 |
| 800 | 1.60±0.40 | 10 000 | 12 500 | 9 500 | 12 500 | 8 000 |

(4) JB/T 7020—2006《电力液压盘式制动器》(见表 4-7-33),该标准对电力液压盘式制动器连接尺寸、规格和技术参数、技术条件进行了规定。

表 4-7-33 电力液压盘式制动器技术参数和连接尺寸(摘自 JB/T 7020—2006)

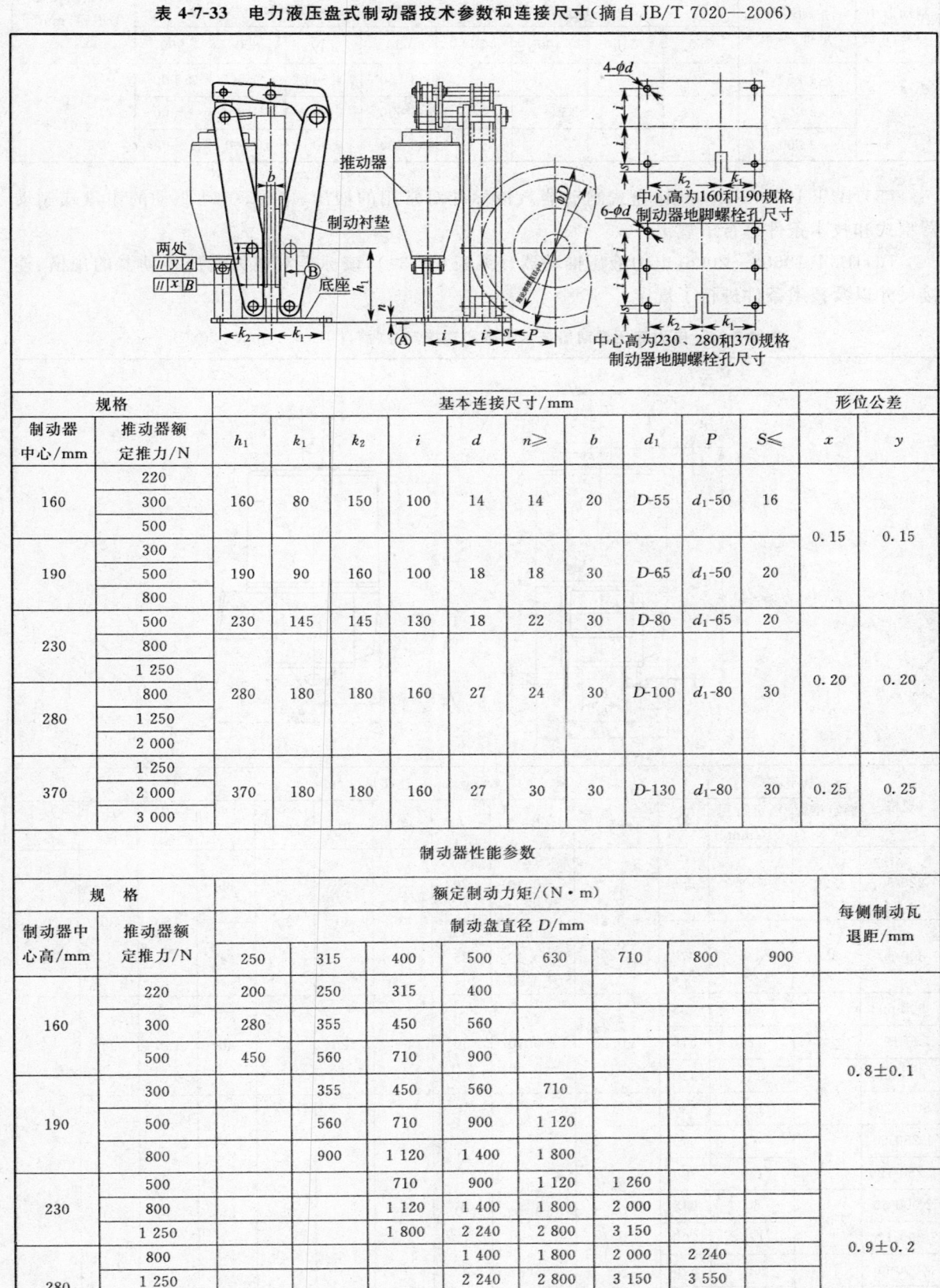

| 规格 | | 基本连接尺寸/mm | | | | | | | | | | 形位公差 | |
|---|---|---|---|---|---|---|---|---|---|---|---|---|---|
| 制动器中心/mm | 推动器额定推力/N | $h_1$ | $k_1$ | $k_2$ | $i$ | $d$ | $n\geq$ | $b$ | $d_1$ | $P$ | $S\leq$ | $x$ | $y$ |
| 160 | 220 | 160 | 80 | 150 | 100 | 14 | 14 | 20 | D-55 | $d_1$-50 | 16 | 0.15 | 0.15 |
| 160 | 300 | 160 | 80 | 150 | 100 | 14 | 14 | 20 | D-55 | $d_1$-50 | 16 | 0.15 | 0.15 |
| 160 | 500 | 160 | 80 | 150 | 100 | 14 | 14 | 20 | D-55 | $d_1$-50 | 16 | 0.15 | 0.15 |
| 190 | 300 | 190 | 90 | 160 | 100 | 18 | 18 | 30 | D-65 | $d_1$-50 | 20 | 0.15 | 0.15 |
| 190 | 500 | 190 | 90 | 160 | 100 | 18 | 18 | 30 | D-65 | $d_1$-50 | 20 | 0.15 | 0.15 |
| 190 | 800 | 190 | 90 | 160 | 100 | 18 | 18 | 30 | D-65 | $d_1$-50 | 20 | 0.15 | 0.15 |
| 230 | 500 | 230 | 145 | 145 | 130 | 18 | 22 | 30 | D-80 | $d_1$-65 | 20 | 0.20 | 0.20 |
| 230 | 800 | 230 | 145 | 145 | 130 | 18 | 22 | 30 | D-80 | $d_1$-65 | 20 | 0.20 | 0.20 |
| 230 | 1 250 | 230 | 145 | 145 | 130 | 18 | 22 | 30 | D-80 | $d_1$-65 | 20 | 0.20 | 0.20 |
| 280 | 800 | 280 | 180 | 180 | 160 | 27 | 24 | 30 | D-100 | $d_1$-80 | 30 | 0.20 | 0.20 |
| 280 | 1 250 | 280 | 180 | 180 | 160 | 27 | 24 | 30 | D-100 | $d_1$-80 | 30 | 0.20 | 0.20 |
| 280 | 2 000 | 280 | 180 | 180 | 160 | 27 | 24 | 30 | D-100 | $d_1$-80 | 30 | 0.20 | 0.20 |
| 370 | 1 250 | 370 | 180 | 180 | 160 | 27 | 30 | 30 | D-130 | $d_1$-80 | 30 | 0.25 | 0.25 |
| 370 | 2 000 | 370 | 180 | 180 | 160 | 27 | 30 | 30 | D-130 | $d_1$-80 | 30 | 0.25 | 0.25 |
| 370 | 3 000 | 370 | 180 | 180 | 160 | 27 | 30 | 30 | D-130 | $d_1$-80 | 30 | 0.25 | 0.25 |

制动器性能参数

| 规格 | | 额定制动力矩/(N·m) 制动盘直径 $D$/mm | | | | | | | | 每侧制动瓦退距/mm |
|---|---|---|---|---|---|---|---|---|---|---|
| 制动器中心高/mm | 推动器额定推力/N | 250 | 315 | 400 | 500 | 630 | 710 | 800 | 900 | |
| 160 | 220 | 200 | 250 | 315 | 400 | | | | | 0.8±0.1 |
| 160 | 300 | 280 | 355 | 450 | 560 | | | | | 0.8±0.1 |
| 160 | 500 | 450 | 560 | 710 | 900 | | | | | 0.8±0.1 |
| 190 | 300 | | 355 | 450 | 560 | 710 | | | | 0.8±0.1 |
| 190 | 500 | | 560 | 710 | 900 | 1 120 | | | | 0.8±0.1 |
| 190 | 800 | | 900 | 1 120 | 1 400 | 1 800 | | | | 0.8±0.1 |
| 230 | 500 | | | 710 | 900 | 1 120 | 1 260 | | | 0.9±0.2 |
| 230 | 800 | | | 1 120 | 1 400 | 1 800 | 2 000 | | | 0.9±0.2 |
| 230 | 1 250 | | | 1 800 | 2 240 | 2 800 | 3 150 | | | 0.9±0.2 |
| 280 | 800 | | | | 1 400 | 1 800 | 2 000 | 2 240 | | 0.9±0.2 |
| 280 | 1 250 | | | | 2 240 | 2 800 | 3 150 | 3 550 | | 0.9±0.2 |
| 280 | 2 000 | | | | 3 550 | 4 500 | 5 000 | 5 600 | | 0.9±0.2 |

续上表

| 规格 | | 额定制动力矩/(N·m) | | | | | | | | 每侧制动瓦退距/mm |
|---|---|---|---|---|---|---|---|---|---|---|
| 制动器中心高/mm | 推动器额定推力/N | 制动盘直径 D/mm | | | | | | | | |
| | | 250 | 315 | 400 | 500 | 630 | 710 | 800 | 900 | |
| 370 | 1 250 | | | | | 3 550 | 4 000 | 4 500 | 5 000 | 1.0 ±0.3 |
| | 2 000 | | | | | 5 600 | 6 300 | 7 100 | 8 000 | |
| | 3 000 | | | | | 8 500 | 9 500 | 10 600 | 12 000 | |

(5) JB/T 10917—2008《钳盘式制动器》,该标准对常用的液压、电磁、气动驱动的钳盘式制动器型式和技术条件进行了规定。

(6) JB/T 10603—2006《电力液压推动器》(见表 4-7-34),该标准对电力液压推动器的规格、连接尺寸以及技术条件进行了规定。

**表 4-7-34 电力液压推动器技术参数和连接尺寸**(摘自 JB/T 10603—2006)

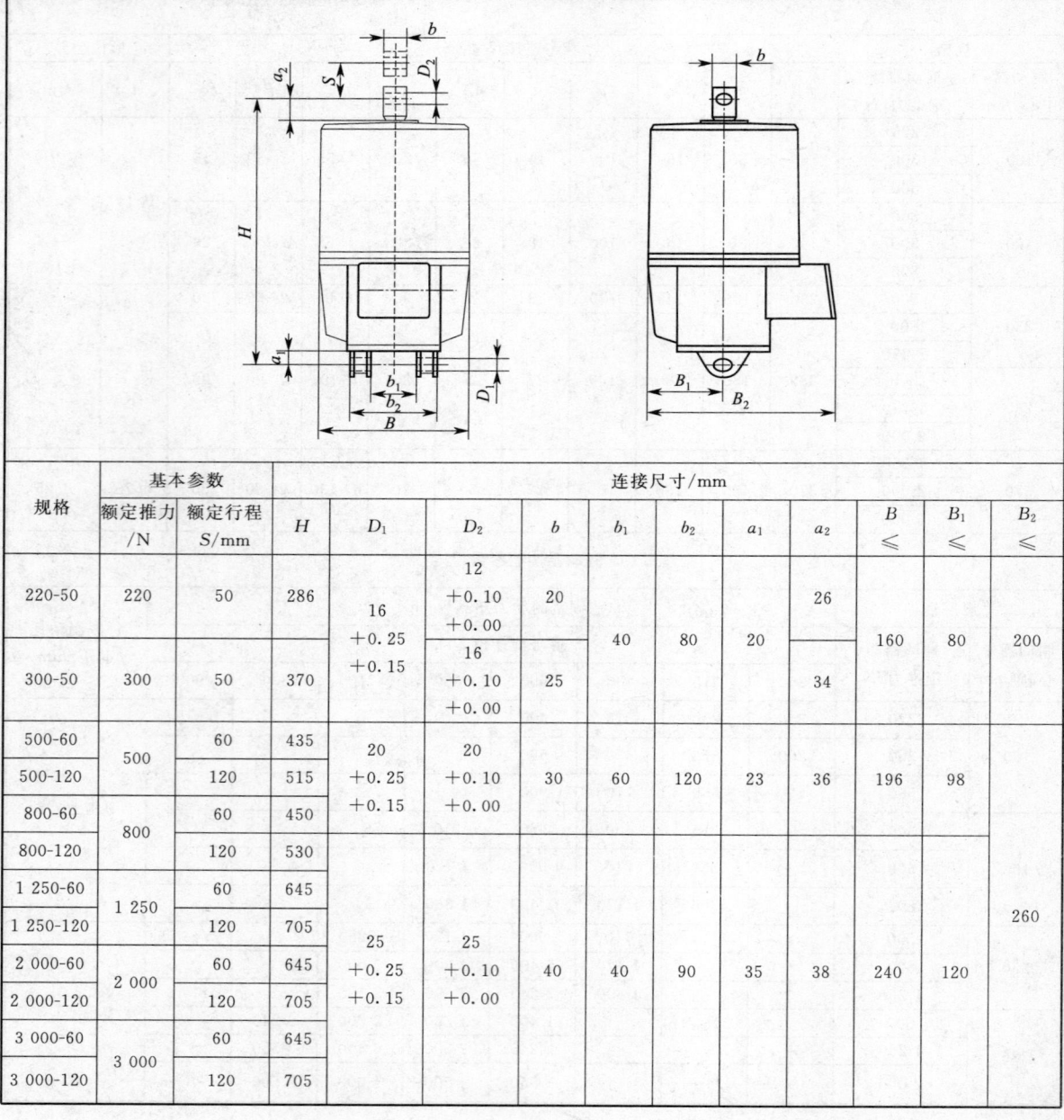

| 规格 | 基本参数 | | 连接尺寸/mm | | | | | | | | | | |
|---|---|---|---|---|---|---|---|---|---|---|---|---|---|
| | 额定推力/N | 额定行程 S/mm | H | $D_1$ | $D_2$ | b | $b_1$ | $b_2$ | $a_1$ | $a_2$ | B ≤ | $B_1$ ≤ | $B_2$ ≤ |
| 220-50 | 220 | 50 | 286 | 16 +0.25 +0.15 | 12 +0.10 +0.00 | 20 | 40 | 80 | 20 | 26 | 160 | 80 | 200 |
| 300-50 | 300 | 50 | 370 | | 16 +0.10 +0.00 | 25 | | | | 34 | | | |
| 500-60 | 500 | 60 | 435 | 20 +0.25 +0.15 | 20 +0.10 +0.00 | 30 | 60 | 120 | 23 | 36 | 196 | 98 | |
| 500-120 | | 120 | 515 | | | | | | | | | | |
| 800-60 | 800 | 60 | 450 | | | | | | | | | | 260 |
| 800-120 | | 120 | 530 | | | | | | | | | | |
| 1 250-60 | 1 250 | 60 | 645 | | | | | | | | | | |
| 1 250-120 | | 120 | 705 | | | | | | | | | | |
| 2 000-60 | 2 000 | 60 | 645 | 25 +0.25 +0.15 | 25 +0.10 +0.00 | 40 | 40 | 90 | 35 | 38 | 240 | 120 | |
| 2 000-120 | | 120 | 705 | | | | | | | | | | |
| 3 000-60 | 3 000 | 60 | 645 | | | | | | | | | | |
| 3 000-120 | | 120 | 705 | | | | | | | | | | |

表 4-7-35 制动轮和制动盘连接尺寸（摘自 JB/T 7019—2012）　　mm

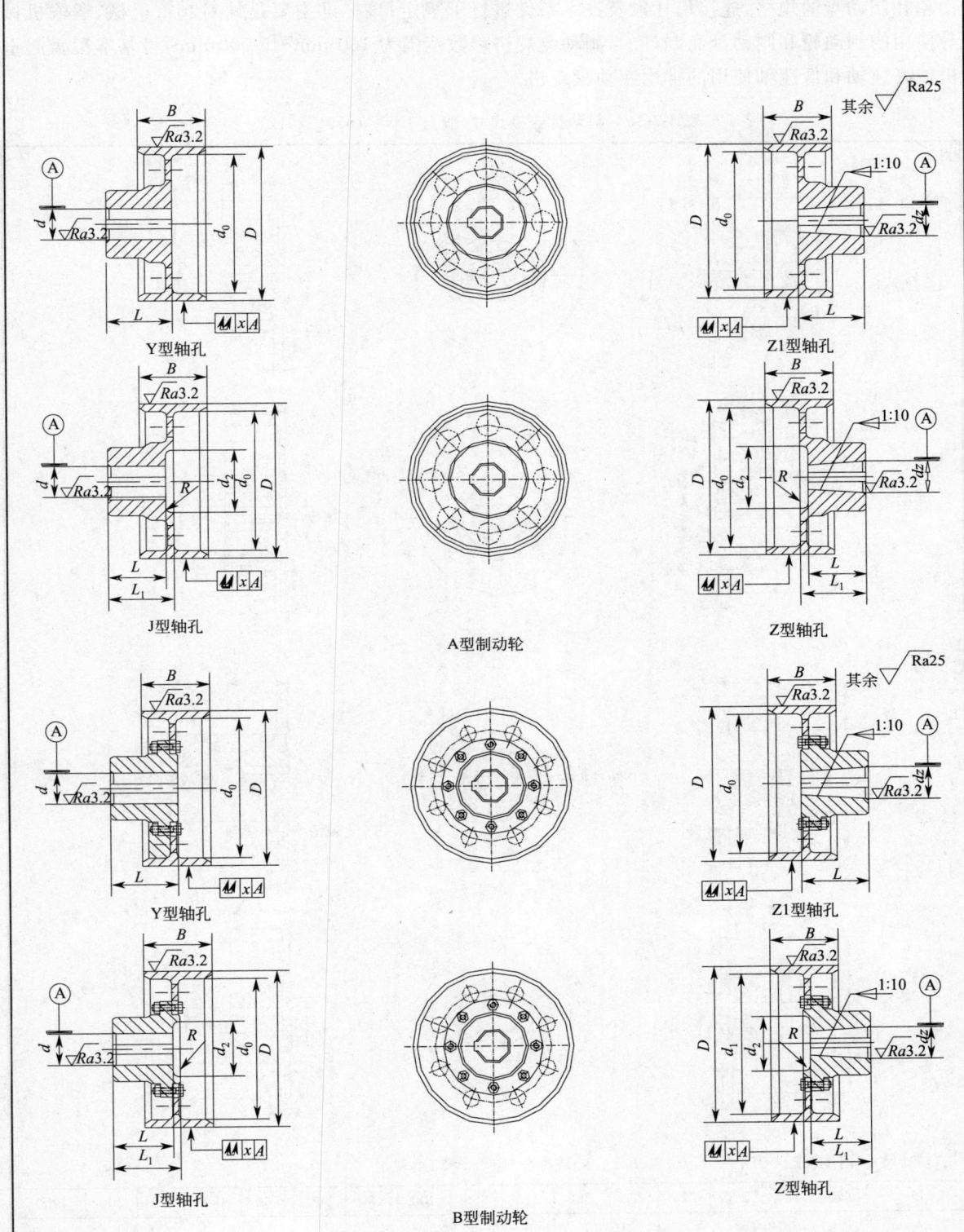

| $D$ | 100 | 160₀ | 200 | 250 | 315 | 400 | 500 | 630 | 710 | 800 |
|---|---|---|---|---|---|---|---|---|---|---|
| $B$ | 70 | 70 | 75 | 95 | 118 | 150 | 190 | 236 | 265 | 310 |
| $d$ | ≤85 | ≤145 | ≤180 | ≤225 | ≤290 | ≤370 | ≤465 | ≤590 | ≤670 | ≤755 |
| $x$ | 0.04 | 0.05 | 0.05 | 0.05 | 0.06 | 0.06 | 0.06 | 0.08 | 0.08 | 0.08 |

(7) JB/T 7019—2012《工业制动器 制动轮和制动盘》(见表4-7-35和表4-7-36),该标准对制动轮和制动盘的规格、连接尺寸以及技术条件进行了规定;该标准主要是针对起重机械、运输机械等使用的制动轮和制动盘而制订的,制动盘规格参数范围为160 mm～5 000 mm,可基本覆盖起重机械高速轴和低速轴使用的常用制动盘规格。

表 4-7-36 制动盘连接尺寸(摘自 JB/T 7019—2012)    mm

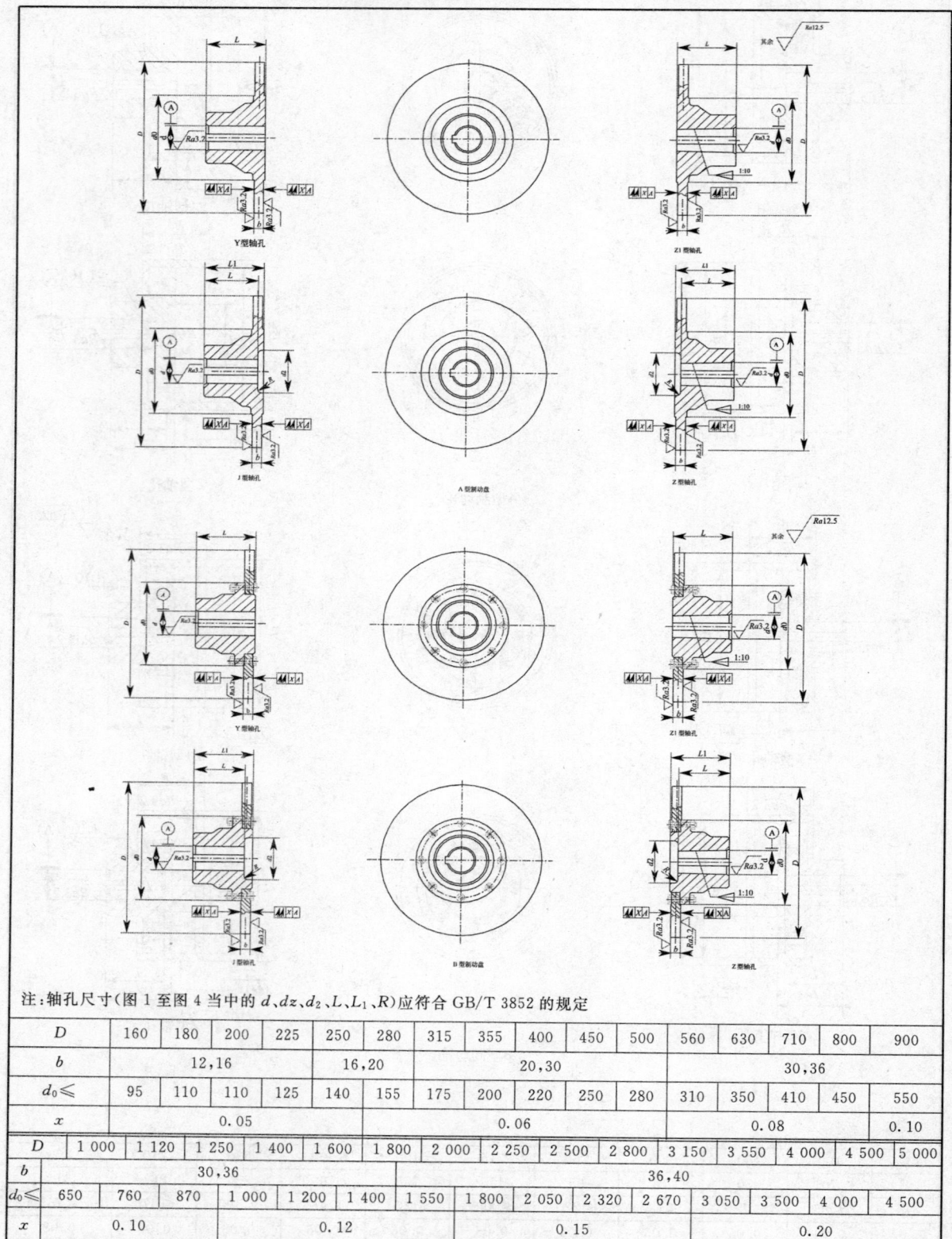

注:轴孔尺寸(图1至图4当中的 $d$、$d_z$、$d_2$、$L$、$L_1$、$R$)应符合 GB/T 3852 的规定

| $D$ | 160 | 180 | 200 | 225 | 250 | 280 | 315 | 355 | 400 | 450 | 500 | 560 | 630 | 710 | 800 | 900 |
|---|---|---|---|---|---|---|---|---|---|---|---|---|---|---|---|---|
| $b$ | | 12,16 | | | 16,20 | | | | 20,30 | | | | 30,36 | | | |
| $d_0 \leqslant$ | 95 | 110 | 110 | 125 | 140 | 155 | 175 | 200 | 220 | 250 | 280 | 310 | 350 | 410 | 450 | 550 |
| $x$ | | 0.05 | | | | | | 0.06 | | | | 0.08 | | | | 0.10 |

| $D$ | 1 000 | 1 120 | 1 250 | 1 400 | 1 600 | 1 800 | 2 000 | 2 250 | 2 500 | 2 800 | 3 150 | 3 550 | 4 000 | 4 500 | 5 000 |
|---|---|---|---|---|---|---|---|---|---|---|---|---|---|---|---|
| $b$ | | 30,36 | | | | | | | | 36,40 | | | | | |
| $d_0 \leqslant$ | 650 | 760 | 870 | 1 000 | 1 200 | 1 400 | 1 550 | 1 800 | 2 050 | 2 320 | 2 670 | 3 050 | 3 500 | 4 000 | 4 500 |
| $x$ | 0.10 | | | 0.12 | | | | | 0.15 | | | | 0.20 | | |

## 2. 国际上制动器现行标准

目前国际上普遍认可和采用的国际标准主要是德国的 DIN 标准,主要有:DIN15435—1992《Drum Brakes /Connecting dimensions》(鼓式制动器 连接尺寸)、DIN15430—1989《Electro-hydraulic Lifting Appliance/Dimensions and technical requirements》(电力液压推动器 尺寸和技术要求)、DIN15432—1989《Brake Discs/Main dimensions》(制动盘 主要尺寸)、DIN15433—1980《Disc Brakes/ Connecting dimensions》(盘式制动器 连接尺寸)、DIN15434—1989《Principles for drum-and disc brakes,calculation》(鼓式和盘式制动器 计算原理)、DIN15436—1989《Drum-and disc brakes,technical requirement for brake linings》(鼓式和盘式制动器 制动衬垫技术要求)、DIN15437—1989《Brake drums and brake discs,technical terms of delivery》(制动轮和制动盘 供货技术条件)等。德国制动器标准已被世界上绝大多数国家和地区广泛采用,是 CE 和 UL 等认证的主要参考标准;所以德国的制动器标准基本代表了国际标准。电磁式制动器在北美地区和英联邦国家以及日本、韩国等国家使用较多;所以电磁制动器方面的标准目前在世界上被广泛采用的是美国 AISE 制订的 Technical Report No. 11《Brake Standard for Mill Motors》;该标准基本代表了电磁制动器方面的国际标准。

## 二、起重机常用制动器技术参数和尺寸

表 4-7-37 YW、YWB 系列常闭式电力液压鼓式制动器(执行标准为 JB/T 6406—2006)

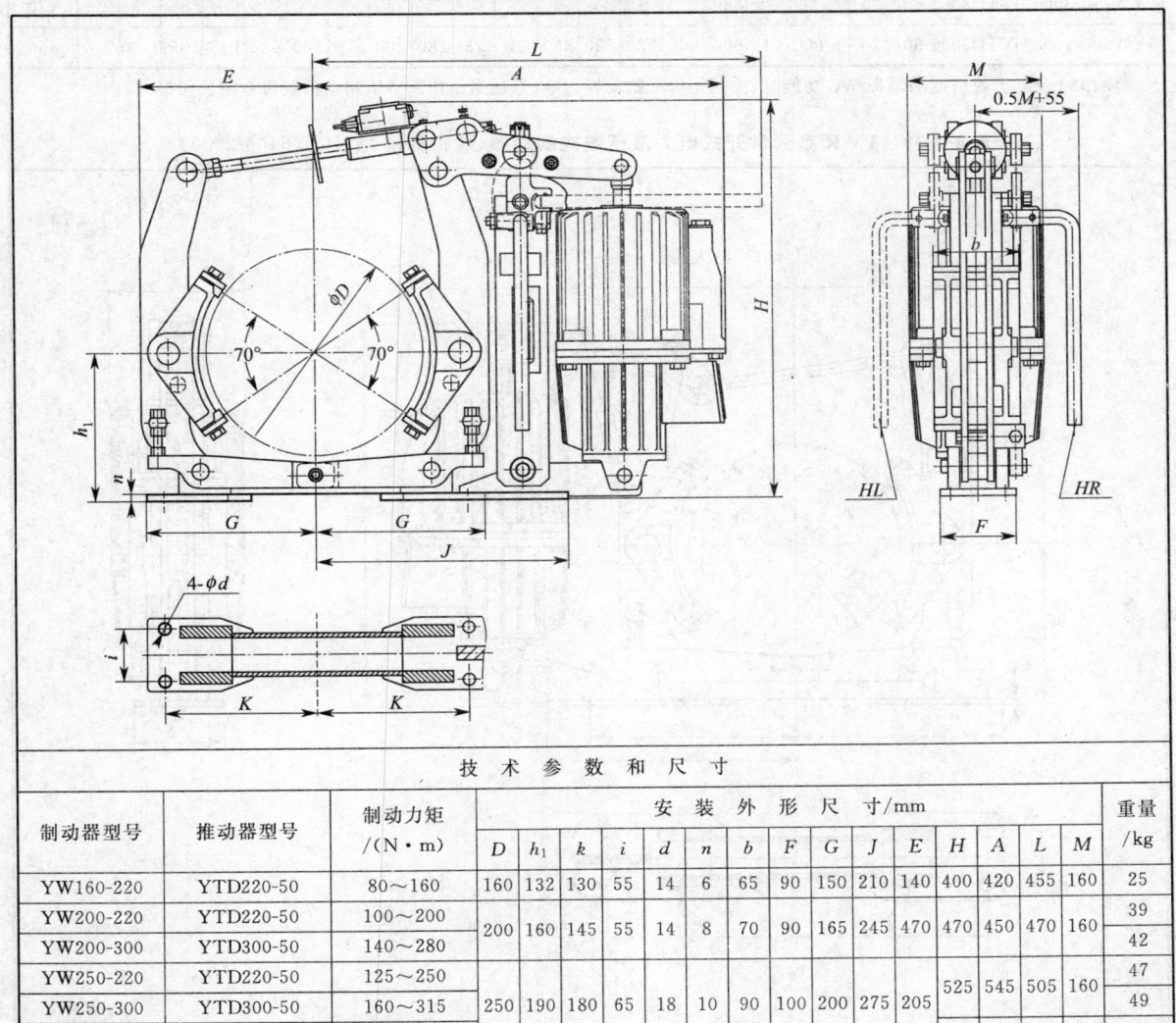

| 制动器型号 | 推动器型号 | 制动力矩 /(N·m) | 安装外形尺寸/mm ||||||||||||||| 重量 /kg |
|---|---|---|---|---|---|---|---|---|---|---|---|---|---|---|---|---|---|
| | | | D | $h_1$ | k | i | d | n | b | F | G | J | E | H | A | L | M | |
| YW160-220 | YTD220-50 | 80~160 | 160 | 132 | 130 | 55 | 14 | 6 | 65 | 90 | 150 | 210 | 140 | 400 | 420 | 455 | 160 | 25 |
| YW200-220 | YTD220-50 | 100~200 | 200 | 160 | 145 | 55 | 14 | 8 | 70 | 90 | 165 | 245 | 470 | 470 | 450 | 470 | 160 | 39 |
| YW200-300 | YTD300-50 | 140~280 | | | | | | | | | | | | | | | | 42 |
| YW250-220 | YTD220-50 | 125~250 | | | | | | | | | | | | 525 | 545 | 505 | 160 | 47 |
| YW250-300 | YTD300-50 | 160~315 | 250 | 190 | 180 | 65 | 18 | 10 | 90 | 100 | 200 | 275 | 205 | | | | | 49 |
| YW250-500 | YTD500-60 | 250~500 | | | | | | | | | | | | 590 | 545 | 600 | 197 | 61 |

续上表

| 技术参数和尺寸 ||||||||||||||||||
|---|---|---|---|---|---|---|---|---|---|---|---|---|---|---|---|---|---|
| 制动器型号 | 推动器型号 | 制动力矩 /(N·m) | 安装外形尺寸/mm |||||||||||||| 重量 /kg |
| | | | $D$ | $h_1$ | $k$ | $i$ | $d$ | $n$ | $b$ | $F$ | $G$ | $J$ | $E$ | $H$ | $A$ | $L$ | $M$ | |
| YW315-300 | YTD300-50 | 200~400 | 315 | 230 | 220 | 80 | 18 | 10 | 110 | 110 | 245 | 358 | 260 | 570 | 560 | 160 | 74 |
| YW315-500 | YTD500-60 | 315~630 | | | | | | | | | | | | 585 | 605 | 650 | 197 | 86 |
| YW315-800 | YTD800-60 | 500~1 000 | | | | | | | | | | | | | | | | 88 |
| YW400-500 | YTD500-60 | 400~800 | 400 | 280 | 270 | 100 | 22 | 12 | 140 | 140 | 300 | 420 | 305 | 710 | 650 | 705 | 197 | 108 |
| YW400-800 | YTD800-60 | 630~1250 | | | | | | | | | | | | | | | | 110 |
| YW400-1250 | YTD1250-60 | 1 000~2 000 | | | | | | | | | | | | 780 | 700 | 885 | 240 | 133 |
| YW500-800 | YTD800-60 | 800~1 600 | 500 | 340 | 325 | 130 | 22 | 16 | 180 | 180 | 365 | 484 | 370 | 780 | 785 | | 197 | 202 |
| YW500-1250 | YTD1250-60 | 1 250~2 500 | | | | | | | | | | | | 860 | 770 | 955 | 240 | 206 |
| YW500-2000 | YTD2000-60 | 2 000~4 000 | | | | | | | | | | | | | | | | 208 |
| YW630-1250 | YTD1250-60(120) | 1600~3150 | 630 | 420 | 400 | 170 | 27 | 20 | 225 | 220 | 450 | 590 | 455 | 990 | 870 | 1 055 | 240 | 309 |
| YW630-2000 | YTD2000-60(120) | 2500~5000 | | | | | | | | | | | | | | | | 310 |
| YW630-3000 | YTD3000-60(120) | 3 550~7 100 | | | | | | | | | | | | | | | | 315 |
| YW710-2000 | YTD2000-60(120) | 2 500~5 000 | 710 | 470 | 450 | 190 | 27 | 22 | 255 | 240 | 500 | 705 | 520 | 1 195 | 985 | 1 145 | 240 | 468 |
| YW710-3000 | YTD3000-60(120) | 4 000~8 000 | | | | | | | | | | | | | | | | 470 |
| YW800-3000 | YTD3000-60(120) | 5 000~10 000 | 800 | 530 | 520 | 210 | 27 | 28 | 280 | 280 | 570 | 860 | 620 | 1 320 | 1 150 | 1 290 | 240 | 650 |

注:630及以上规格制动器带WC功能时,使用短行程推动器。(以上数据由江西华伍制动器股份有限公司提供)。

表 4-7-38　YWK系列常开式电力液压鼓式制动器(执行标准为JB/T 6406-2006)

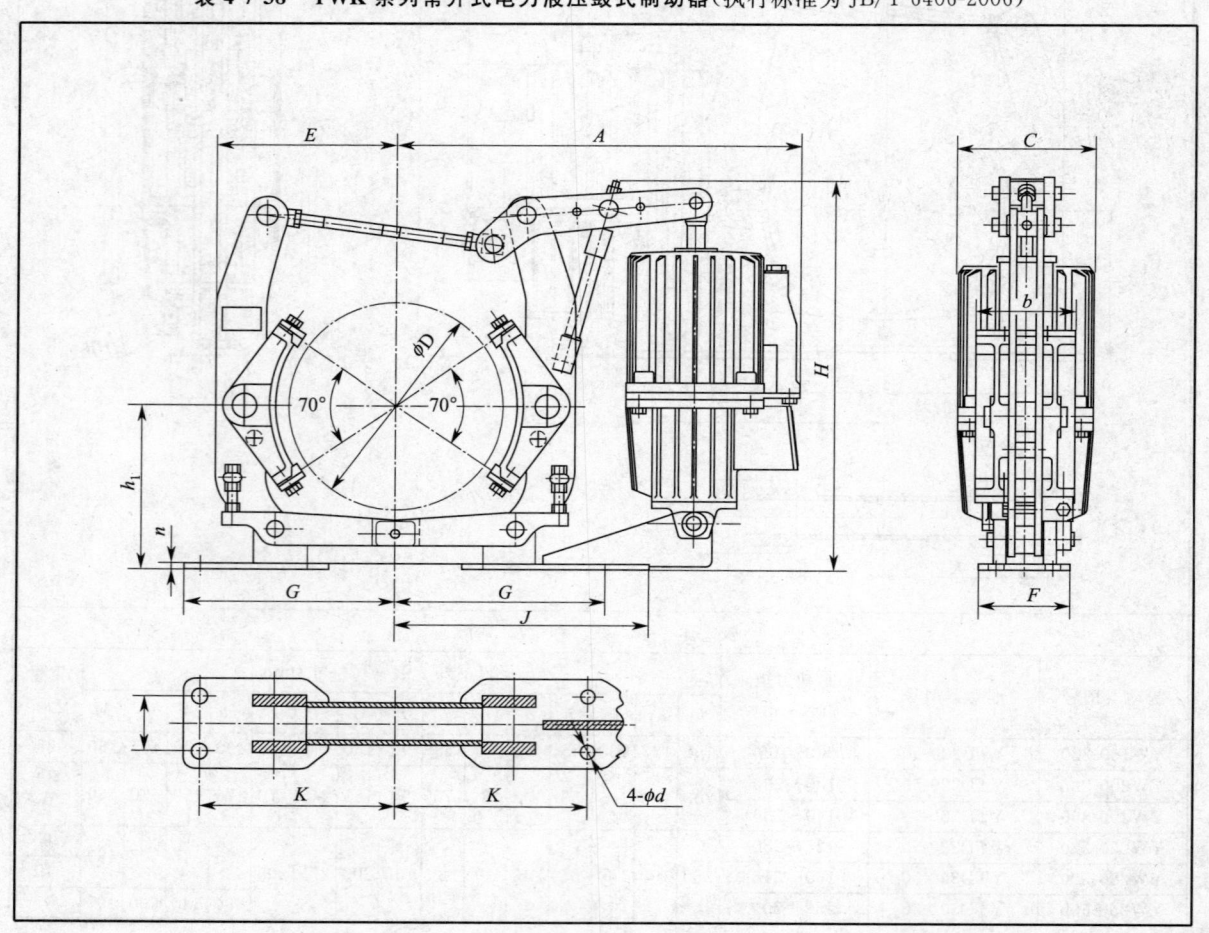

续上表

| 制动器型号 | 推动器型号 | 制动力矩/(N·m) | 安装外形尺寸/mm ||||||||||||||| 重量/kg |
|---|---|---|---|---|---|---|---|---|---|---|---|---|---|---|---|---|---|
| | | | $D$ | $h_1$ | $k$ | $i$ | $d$ | $n$ | $b$ | $F$ | $G$ | $J$ | $E$ | $H$ | $A$ | $C$ | |
| YWK160-220 | YTD220-50 | 100 | 160 | 132 | 130 | 55 | 14 | 6 | 65 | 90 | 150 | 210 | 145 | 390 | 410 | 160 | 24 |
| YWK200-220 | YTD220-50 | 140 | 200 | 160 | 145 | 55 | 14 | 8 | 70 | 90 | 165 | 245 | 170 | 470 | 435 | 160 | 30 |
| YWK200-300 | YTD300-50 | 224 | | | | | | | | | | | | | | | 30 |
| YWK250-220 | YTD220-50 | 200 | 250 | 190 | 180 | 65 | 18 | 10 | 90 | 100 | 200 | 275 | 200 | 470 | 485 | 160 | 38 |
| YWK250-300 | YTD300-50 | 250 | | | | | | | | | | | | | | | 37 |
| YWK250-500 | YTD500-60 | 450 | | | | | | | | | | | 205 | 555 | 525 | 195 | 38 |
| YWK300-300 | YTD300-50 | 315 | 300 | 225 | 220 | 80 | 18 | 10 | 125 | 110 | 245 | 358 | 255 | 555 | 570 | 160 | 58 |
| YWK300-500 | YTD500-50 | 630 | | 240 | 250 | 80 | 22 | 10 | 140 | 130 | 295 | | 255 | 580 | 580 | 195 | 86 |
| YWK315-300 | YTD300-50 | 315 | 315 | 230 | 220 | 80 | 18 | 10 | 110 | 110 | 245 | 358 | 255 | 575 | 515 | 160 | 58 |
| YWK315-500 | YTD500-60 | 560 | | | | | | | | | | | | | 575 | 195 | 86 |
| YWK315-800 | YTD800-60 | 900 | | | | | | | | | | | | | | | 88 |
| YWK400-500 | YTD500-60 | 710 | 400 | 280 | 270 | 100 | 22 | 12 | 140 | 140 | 300 | 420 | 305 | 695 | 615 | 195 | 99 |
| YWK400-800 | YTD800-60 | 1 120 | | | | | | | | | | | | | | | 100 |
| YWK400-1250 | YTD1250-60 | 1 800 | | | | | | | | | | | | 750 | | 240 | 120 |
| YWK500-800 | YTD800-60 | 1 400 | 500 | 340 | 325 | 130 | 22 | 16 | 180 | 180 | 365 | 484 | 370 | 835 | 715 | 195 | 148 |
| YWK500-1250 | YTD1250-60 | 2 240 | | | | | | | | | | | | | 705 | 240 | 162 |
| YWK500-2000 | YTD2000-60 | 3 550 | | | | | | | | | | | | | | | 162 |

（以上数据由江西华伍制动器股份有限公司提供）

表 4-7-39　YWW 系列卧式安装闭式电力液压鼓式制动器（执行标准为 JB/T 6406—2006）

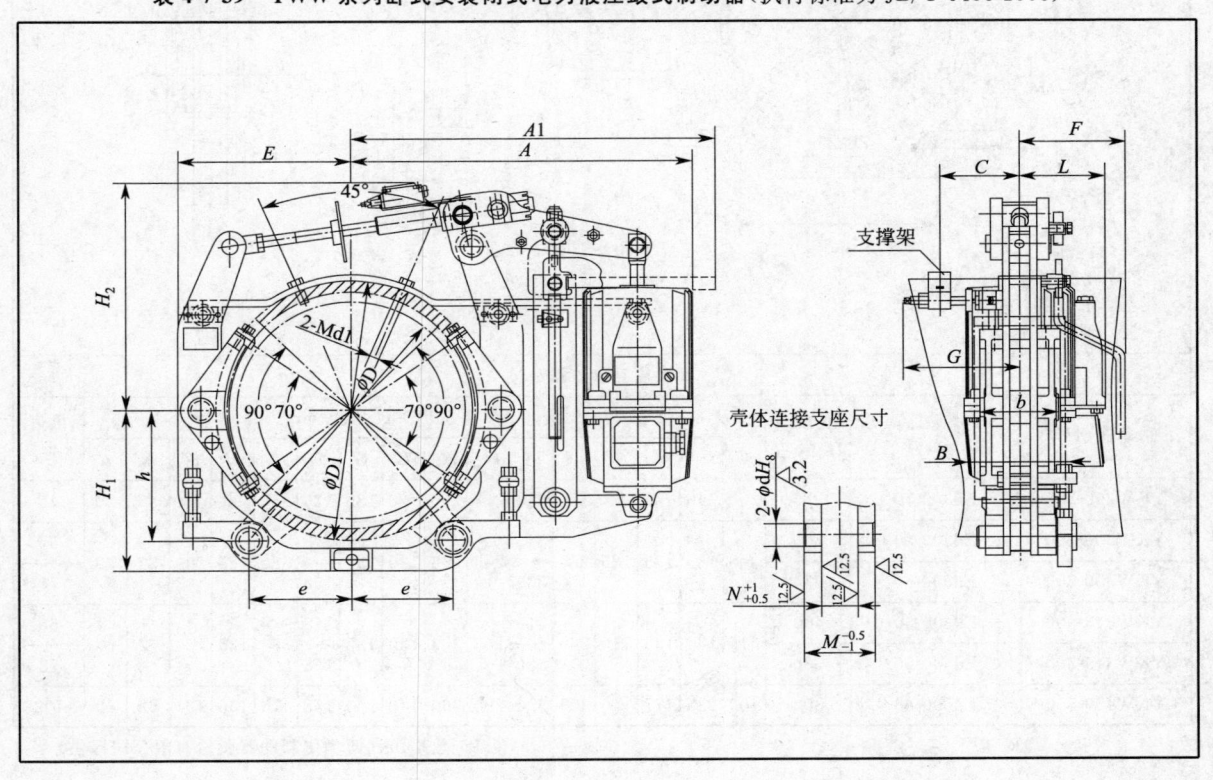

续上表

| 制动器型号 | 推动器型号 | 制动力矩/(N·m) | D | h | e | b | E | A | $A_1$ | $H_1$ | $H_2$ | C | G | L | F | $D_1$ | B | M | N | d | $d_1$ | 重量/kg |
|---|---|---|---|---|---|---|---|---|---|---|---|---|---|---|---|---|---|---|---|---|---|---|
| YWW200-300 | Ed300-50 | 140～280 | 200 | 140 | 108 | 70 | 170 | 410 | 470 | 168 | 290 | 120 | 185 | 120 | 225 | 250 | 90 | 80 | 40 | 20 | 16 | 48 |
| YWW300-300 | Ed300-50 | 200～400 | 300 | 185 | 135 | 125 | 260 | 540 | 570 | 245 | 350 | 130 | 185 | 118 | 210 | 380 | 125 | 100 | 52 | 30 | 16 | 81 |
| YWW300-500 | Ed500-60 | 315～630 | | | | | | 560 | 665 | | | | | 158 | 190 | | | | | | | 93 |
| YWW315-300 | Ed300-50 | 200～400 | 315 | 185 | 135 | 110 | 260 | 540 | 570 | 245 | 350 | 130 | 185 | 118 | 210 | 380 | 125 | 100 | 52 | 30 | 16 | 73 |
| YWW315-500 | Ed500-60 | 315～630 | | | | | | 560 | 665 | | | | | 158 | 250 | | | | | | | 85 |
| YWW400-300 | Ed300-50 | 250～500 | 400 | 235 | 177 | 140 | 305 | 525 | | 290 | 395 | 140 | 200 | 118 | 210 | 470 | 165 | 124 | 62 | 40 | 16 | 102 |
| YWW400-500 | Ed500-60 | 400～800 | | | | | | 595 | 710 | | | | | 158 | 250 | | | | | | | 116 |
| YWW400-800 | Ed800-60 | 630～1 250 | | | | | | | | | | | | | | | | | | | | | |
| YWW500-800 | Ed800-60 | 800～1 600 | 500 | 275 | 262 | 180 | 370 | 720 | 725 | 343 | 525 | 149 | 215 | 158 | 255 | 570 | 210 | 138 | 82 | 35 | 20 | 200 |
| YWW500-1250 | Ed1250-60 | 1 250～2 500 | | | | | | | | | | | | 148 | 235 | | | | | | | 206 |
| YWW500-2000 | Ed2000-60 | 2 000～4 000 | | | | | | | | | | | | | | | | | | | | | |

（以上数据由江西华伍制动器股份有限公司提供）

表 4-7-40　YKW 系列卧式安装常开式电力液压鼓式制动器（执行标准为 JB/T 6406—2006）

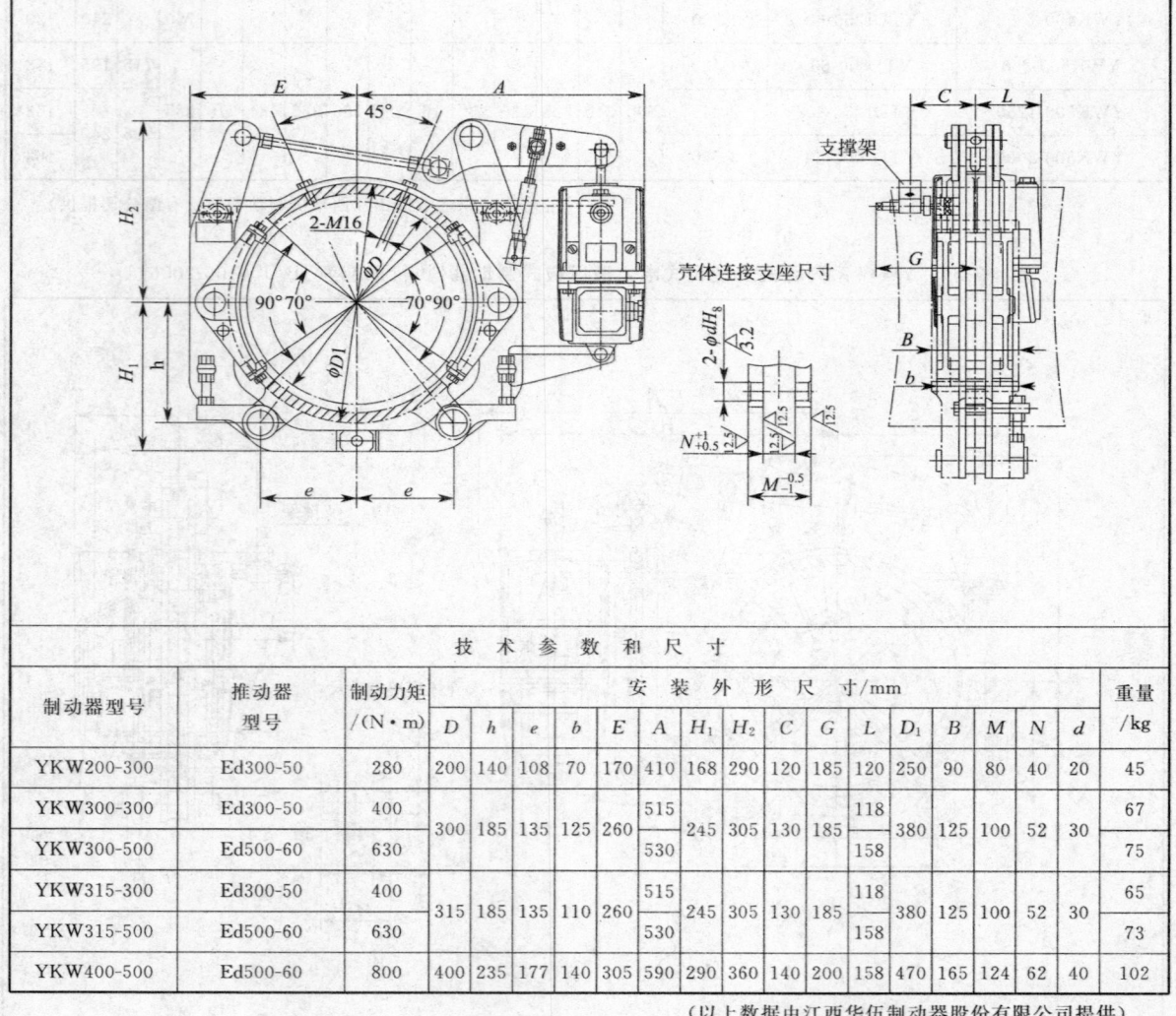

| 制动器型号 | 推动器型号 | 制动力矩/(N·m) | D | h | e | b | E | A | $H_1$ | $H_2$ | C | G | L | $D_1$ | B | M | N | d | 重量/kg |
|---|---|---|---|---|---|---|---|---|---|---|---|---|---|---|---|---|---|---|---|
| YKW200-300 | Ed300-50 | 280 | 200 | 140 | 108 | 70 | 170 | 410 | 168 | 290 | 120 | 185 | 120 | 250 | 90 | 80 | 40 | 20 | 45 |
| YKW300-300 | Ed300-50 | 400 | 300 | 185 | 135 | 125 | 260 | 515 | 245 | 305 | 130 | 185 | 118 | 380 | 125 | 100 | 52 | 30 | 67 |
| YKW300-500 | Ed500-60 | 630 | | | | | | 530 | | | | | 158 | | | | | | 75 |
| YKW315-300 | Ed300-50 | 400 | 315 | 185 | 135 | 110 | 260 | 515 | 245 | 305 | 130 | 185 | 118 | 380 | 125 | 100 | 52 | 30 | 65 |
| YKW315-500 | Ed500-60 | 630 | | | | | | 530 | | | | | 158 | | | | | | 73 |
| YKW400-500 | Ed500-60 | 800 | 400 | 235 | 177 | 140 | 305 | 590 | 290 | 360 | 140 | 200 | 158 | 470 | 165 | 124 | 62 | 40 | 102 |

（以上数据由江西华伍制动器股份有限公司提供）

表 4-7-41 YP11、YP21 系列常闭式电力液压盘式制动器（执行标准为 JB/T 7020—2006）

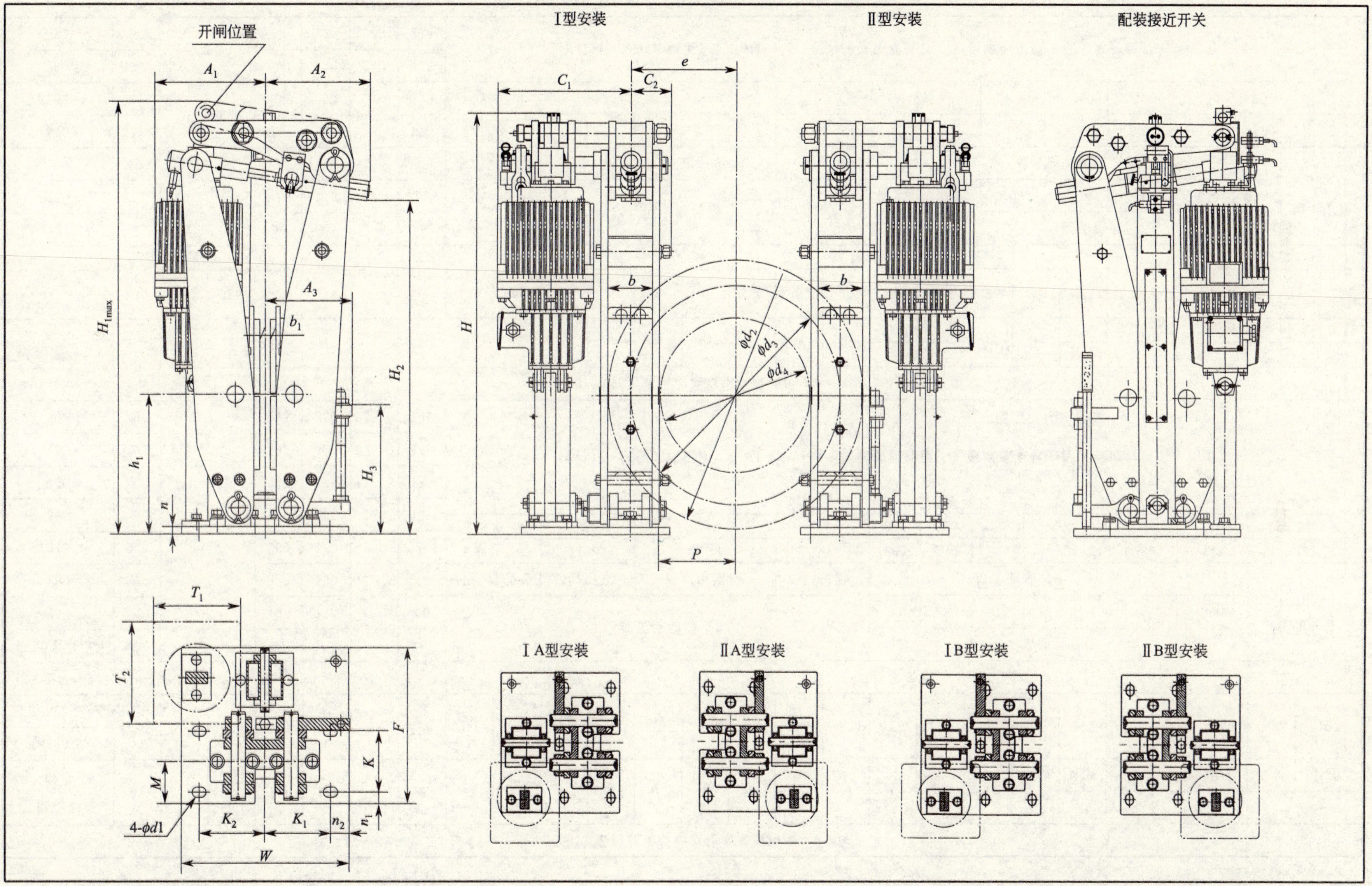

续上表

### YP11 系列盘式制动器技术参数和尺寸

| 推动器型号 | $h_1$ | $H$ | $H_1$ | $H_2$ | $H_3$ | $e$ | $b$ | $k$ | $k_1$ | $k_2$ | $d_1$ | $n$ | $n_1$ | $n_2$ | $F$ | $W$ | $M$ | $A_1$ | $A_2$ | $A_3$ | $C_1$ A型 | $C_1$ B型 | $C_2$ A型 | $C_2$ B型 | $T_1$ A型 | $T_1$ B型 | $T_2$ A型 | $T_2$ B型 |
|---|---|---|---|---|---|---|---|---|---|---|---|---|---|---|---|---|---|---|---|---|---|---|---|---|---|---|---|---|
| Ed220-50 | 160 | 545 | 685 | 360 | 195 | 97.5 | 52 | 200 | 80 | 150 | 14 | 15 | 15 | 20 | 230 | 270 | 52 | 185 | 190 | 135 | 215 | 255 | 65 | | 197 | | 160 | 197 |

#### 与制动盘有关的尺寸

| 制动盘直径 $d_2$ | $b_1$ | $s^{1)}$ | $d_3$ | $d_4^{2)}$ | | | |
|---|---|---|---|---|---|---|---|
| 250 | 20 | | 195 | 110 | | | |
| 280 | 20 | | 225 | 130 | 112.5 | | 75 |
| 315 | 20 | | 260 | 160 | 130 | | 92.5 |
| 355 | 20 | | 300 | 205 | 150 | | 112.5 |
| 400 | 20 | 0.7~0.9 | 345 | 250 | 172.5 | | 135 |
| 450 | 20 | | 395 | 300 | 197.5 | | 160 |
| 500 | 20 | | 445 | 350 | 222.5 | | 185 |

#### 配套推动器

| 推动器型号 | 功率/W | 额定电流/A | 重量/kg |
|---|---|---|---|
| Ed220-50 | 120 | 0.38 | 10 |
| Ed300-50 | 250 | 0.78 | 14 |

#### 技术参数

| 制动盘直径 | 最大制动力矩 ($\mu=0.4^{3)}$) | | | | 整机重量/kg | |
|---|---|---|---|---|---|---|
| | $A_1$ A型 | $A_1$ B型 | $A_2$ | $A_3$ | A型 | B型 |
| 250 | | | | | | |
| 280 | | 400 | | 315 | 450 | 500 |
| 315 | 200 | 230 | 260 | 300 | 345 | 395 | 445 | 53 |
| 355 | 270 | 310 | 355 | 410 | 470 | 540 | 610 | 54 |

注:1)$s$=每侧瓦块退距。 2)$d_4$=允许最大的联轴器外径。 3)该摩擦系数为配套摩擦材料的平均值。

### YP21 系列盘式制动器技术参数和尺寸

| 推动器型号 | $h_1$ | $H$ | $H_1$ | $H_2$ | $H_3$ | $e$ | $b$ | $k$ | $k_1$ | $k_2$ | $d_1$ | $n$ | $n_1$ | $n_2$ | $F$ | $W$ | $M$ | $A_1$ A型 | $A_1$ B型 | $A_2$ | $A_3$ | $C_1$ A型 | $C_1$ B型 | $C_2$ A型 | $C_2$ B型 | $T_1$ A型 | $T_1$ B型 | $T_2$ A型 | $T_2$ B型 |
|---|---|---|---|---|---|---|---|---|---|---|---|---|---|---|---|---|---|---|---|---|---|---|---|---|---|---|---|---|---|
| Ed500-60 | 230 | 750 | 925 | 510 | 248 | 70 | 260 | 145 | 145 | 18 | 20 | 25 | 35 | 330 | 360 | 90 | 285 | | 240 | 225 | 175 | 275 | 335 | 85 | | 254 | | 194 | 254 |

#### 与制动盘有关的尺寸

| 制动盘直径 $d_2$ | $b_1$ | $s^{1)}$ | $d_3$ | $d_4^{2)}$ | $e$ | $p$ |
|---|---|---|---|---|---|---|
| 350 | 30 | | 275 | 145 | 137.5 | 72.5 |
| 400 | 30 | | 320 | 190 | 160 | 95 |
| 450 | 30 | | 370 | 240 | 185 | 120 |
| 500 | 30 | 0.7~0.9 | 420 | 290 | 210 | 145 |
| 560 | 30 | | 480 | 350 | 240 | 175 |
| 630 | 30 | | 550 | 420 | 275 | 210 |

#### 配套推动器

| 推动器型号 | 功率/W | 额定电流/A | 重量/kg |
|---|---|---|---|
| Ed500-60 | 370 | 1.34 | 23 |
| Ed800-60 | 550 | 1.52 | 25 |

#### 技术参数

| 制动盘直径 | 最大制动力矩 ($\mu=0.4^{3)}$) | | | | 整机重量/kg | |
|---|---|---|---|---|---|---|
| | $C_1$ A型 | $C_1$ B型 | $C_2$ | | A型 | B型 |
| | 355 | 400 | 450 | 500 | 560 | 630 |
| | 935 | 1085 | 1255 | 1425 | 1630 | 1870 |
| | 1600 | 1850 | 2100 | 2400 | 2750 |

注:1)$s$=每侧瓦块退距。 2)$d_4$=允许最大的联轴器外径。 3)该摩擦系数为配套摩擦材料的平均值。

(以上数据由江西华伍制动器股份有限公司提供)

表 4-7-41（续） YP31、YP32 系列常闭式电力液压盘式制动器（执行标准为 JB/T 7020—2006）

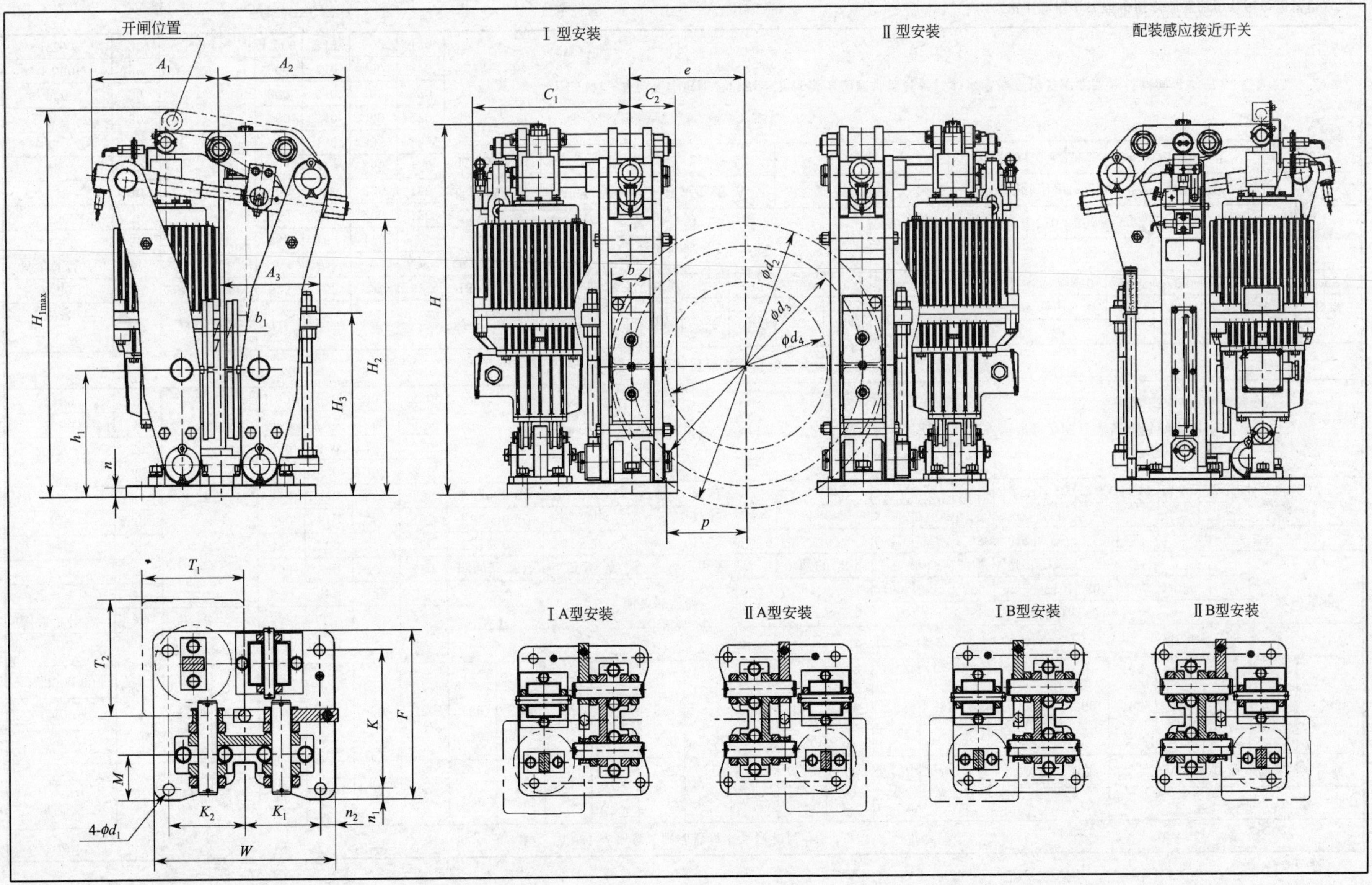

续上表

YP31 系列盘式制动器技术参数和尺寸

| 推动器型号 | $h_1$ | $H$ | $H_1$ | $H_2$ | $H_3$ | $b$ | $e$ | $k$ | $k_1$ | $k_2$ | $d_1$ | $n_1$ | $n_2$ | $F$ | $W$ | $M$ | $A_1$ | $A_2$ | $A_3$ | $C_1$ A型 | $C_1$ B型 | $C_2$ | $T_1$ A型 | $T_1$ B型 | $T_2$ A型 | $T_2$ B型 |
|---|---|---|---|---|---|---|---|---|---|---|---|---|---|---|---|---|---|---|---|---|---|---|---|---|---|---|
| Ed250-60 | 280 | 820 | 860 | 610 | 405 | 90 | 175 | 95 | 180 | 180 | 27 | 25 | 35 | 390 | 430 | 105 | 295 | 295 | 240 | 335 | 360 | 105 | 268 | 240 | 240 | 268 |
| Ed2000-60 | | | | | | | | 120 | | | | | | | | | | | | | | | | | | |
| Ed3000-60 | | | | | | | | | | | | | | | | | | | | | | | | | | |

与制动盘有关的尺寸

| 制动盘直径 $d_2$ | $b_1$ | $s^{1)}$ | $d_3$ | $d_4^{2)}$ | $e$ | $p$ |
|---|---|---|---|---|---|---|
| 450 | 30 | 0.7~1.1 | 350 | 190 | 175 | 95 |
| 500 | 30 | | 400 | 240 | 200 | 120 |
| 560 | 30 | | 460 | 300 | 230 | 150 |
| 630 | 30 | | 530 | 370 | 265 | 185 |
| 710 | 30 | | 610 | 450 | 305 | 225 |
| 800 | 30 | | 700 | 540 | 350 | 270 |
| 900 | 30 | | 800 | 640 | 400 | 320 |
| 1000 | 30 | | 900 | 740 | 450 | 370 |
| 1100 | 30 | | 1 000 | 840 | 500 | 420 |

技术参数

配套推动器

| 推动器型号 | 功率/W | 额定电流/A | 重量/kg |
|---|---|---|---|
| Ed1250-60 | 550 | 1.52 | 40 |
| Ed2000-60 | 750 | 1.98 | 40 |
| Ed3000-60 | 900 | 2.21 | 42 |

制动盘直径 最大制动力矩 $\mu=0.4^{3)}$

| | | | | | | | |
|---|---|---|---|---|---|---|---|
| 450 | 500 | 560 | 630 | 710 | 800 | 900 | 1 000 | 1 100 |
| 2 700 | 3 100 | 3 550 | 4 100 | 4 700 | 5 400 | | | |
| 43 005 | 5 000 | 5 750 | 6 600 | 7 600 | 8 800 | | 16 500 | 18 150 |
| | | | 9 700 | 11 200 | 12 800 | 14 700 | | |

注：1) $s=$每侧瓦块退距。2) $d_4=$允许最大的联轴器外径。3) 该摩擦系数为配套摩擦材料的平均值。

YP21 系列盘式制动器技术参数和尺寸

| 推动器型号 | $h_1$ | $H$ | $H_1$ | $H_2$ | $H_3$ | $b$ | $e$ | $k$ | $k_1$ | $k_2$ | $d_1$ | $n_1$ | $n_2$ | $F$ | $W$ | $M$ | $A_1$ | $A_2$ | $A_3$ | $C_1$ A型 | $C_1$ B型 | $C_2$ | $T_1$ A型 | $T_1$ B型 | $T_2$ A型 | $T_2$ B型 |
|---|---|---|---|---|---|---|---|---|---|---|---|---|---|---|---|---|---|---|---|---|---|---|---|---|---|---|
| Ed3000-80 | 280 | 845 | 890 | 625 | 405 | 90 | 175 | 95 | 180 | 180 | 27 | 24 | 35 | 390 | 430 | 105 | 295 | 295 | 240 | 335 | 360 | 105 | 268 | 240 | 240 | 268 |

与制动盘有关的尺寸

| 制动盘直径 $d_2$ | $b_1$ | $s^{1)}$ | $d_3$ | $d_4^{2)}$ | $e$ | $p$ |
|---|---|---|---|---|---|---|
| 450 | 30 | 0.7~1.1 | 350 | 190 | 175 | 95 |
| 500 | 30 | | 400 | 240 | 200 | 120 |
| 560 | 30 | | 460 | 300 | 230 | 150 |
| 630 | 30 | | 530 | 370 | 265 | 185 |
| 710 | 30 | | 610 | 450 | 305 | 225 |
| 800 | 30 | | 700 | 540 | 350 | 270 |
| 900 | 30 | | 800 | 640 | 400 | 320 |
| 1 000 | 30 | | 900 | 740 | 450 | 370 |
| 1 100 | 30 | | 1 000 | 840 | 500 | 420 |

技术参数

配套推动器

| 推动器型号 | 功率/W | 额定电流/A | 重量/kg |
|---|---|---|---|
| Ed3000-80 | 900 | 2.21 | 42 |

制动盘直径 最大制动力矩 $\mu=0.4^{3)}$

| 450 | 500 | 560 | 630 | 710 | 800 | 900 | 1 000 | 1 100 |
|---|---|---|---|---|---|---|---|---|
| | | 10 800 | 12 500 | 14 400 | 16 500 | 18 900 | 21 200 | |

整机重量/kg A型：230 B型：230

注：1) $s=$每侧瓦块退距。2) $d_4=$允许最大的联轴器外径。3) 该摩擦系数为配套摩擦材料的平均值。

（以上数据由江西华伍制动器股份有限公司提供）

表 4-7-41（续） YP41 系列常闭式电力液压盘式制动器（执行标准为 JB/T 7020—2006）

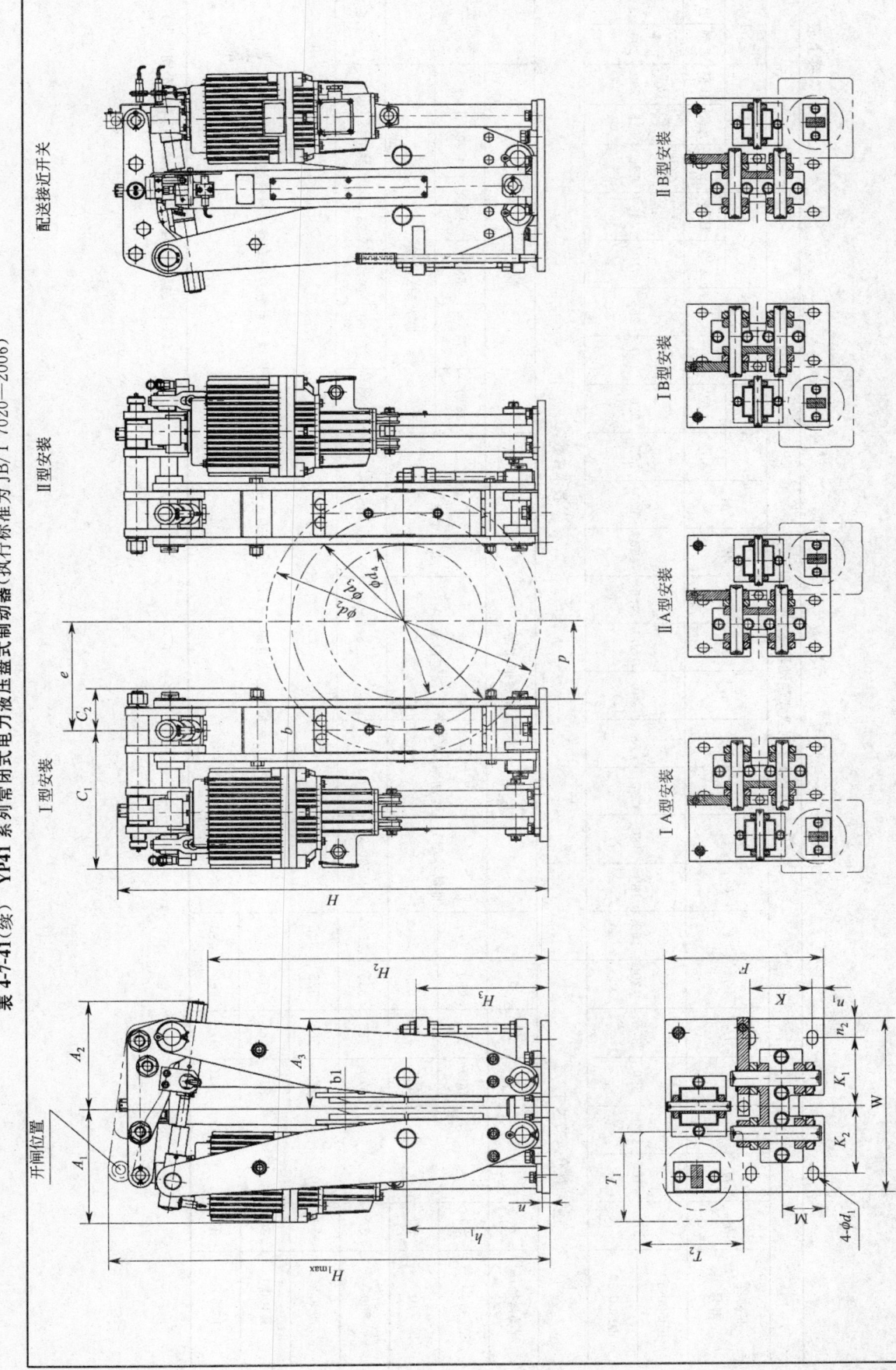

续上表

## YP41系列盘式制动器技术参数和尺寸

| 推动器型号 | $h_1$ | $H$ | $H_1$ | $H_2$ | $H_3$ | $b$ | $k$ | $k_1$ | $k_2$ | $d_1$ | $n$ | $n_1$ | $n_2$ | $F$ | $W$ | $M$ | $A_1$ A型 | $A_1$ B型 | $A_2$ | $A_3$ | $C_1$ A型 | $C_1$ B型 | $C_2$ | $T_1$ A型 | $T_1$ B型 | $T_2$ A型 | $T_2$ B型 |
|---|---|---|---|---|---|---|---|---|---|---|---|---|---|---|---|---|---|---|---|---|---|---|---|---|---|---|---|
| Ed500-60 | 370 | 1105 | 1140 | 850 | 375 | 120 | 160 | 180 | 180 | 27 | 28 | 40 | 50 | 465 | 460 | 120 | 375 | 330 | 310 | 265 | 410 | 445 | 126 | 325 | 290 | 290 | 325 |
| Ed800-60 |  |  |  |  |  |  |  |  |  |  |  |  |  |  |  |  |  |  |  |  |  |  |  |  |  |  |  |

### 与制动盘有关的尺寸

| 制动盘直径 $d_2$ | $b_1$ | $s^{1)}$ | $d_3$ | $d_4^{2)}$ | $e$ | $p$ |
|---|---|---|---|---|---|---|
| 630 | 30 |  | 500 | 295 | 250 | 170 |
| 710 | 30 |  | 580 | 375 | 290 | 210 |
| 800 | 30 | 0.7~1.3 | 670 | 465 | 335 | 255 |
| 900 | 30 |  | 770 | 565 | 385 | 305 |
| 1 100 | 30 |  | 870 | 665 | 435 | 355 |
| 1 250 | 30 |  | 1 120 | 915 | 560 | 480 |

### 技术参数

| 配套推动器 | | | | 制动盘直径 | 最大制动力矩 $\mu=0.4^{3)}$ | 整机重量 /kg |
|---|---|---|---|---|---|---|
| 推动器型号 | 功率/W | 额定电流/A | 重量/kg |  |  |  |
| Ed4500-80 | 1 100 | 2.8 | 45 | 630 | 15 000 |  |
|  |  |  |  | 710 | 17 400 |  |
|  |  |  |  | 800 | 20 000 |  |
|  |  |  |  | 900 | 23 000 |  |
|  |  |  |  | 1 000 | 26 000 | 410 |
|  |  |  |  | 1 250 | 33 600 |  |

注:1) $s$=每侧瓦块退距。2) $d_4$=允许最大的联轴器外径。3) 该摩擦系数为配套摩擦材料的平均值。

(以上数据由江西华伍制动器股份有限公司提供)

表 4-7-42 Ed、YTD 系列电力推动器（执行标准为 JB/T 10603—2006）

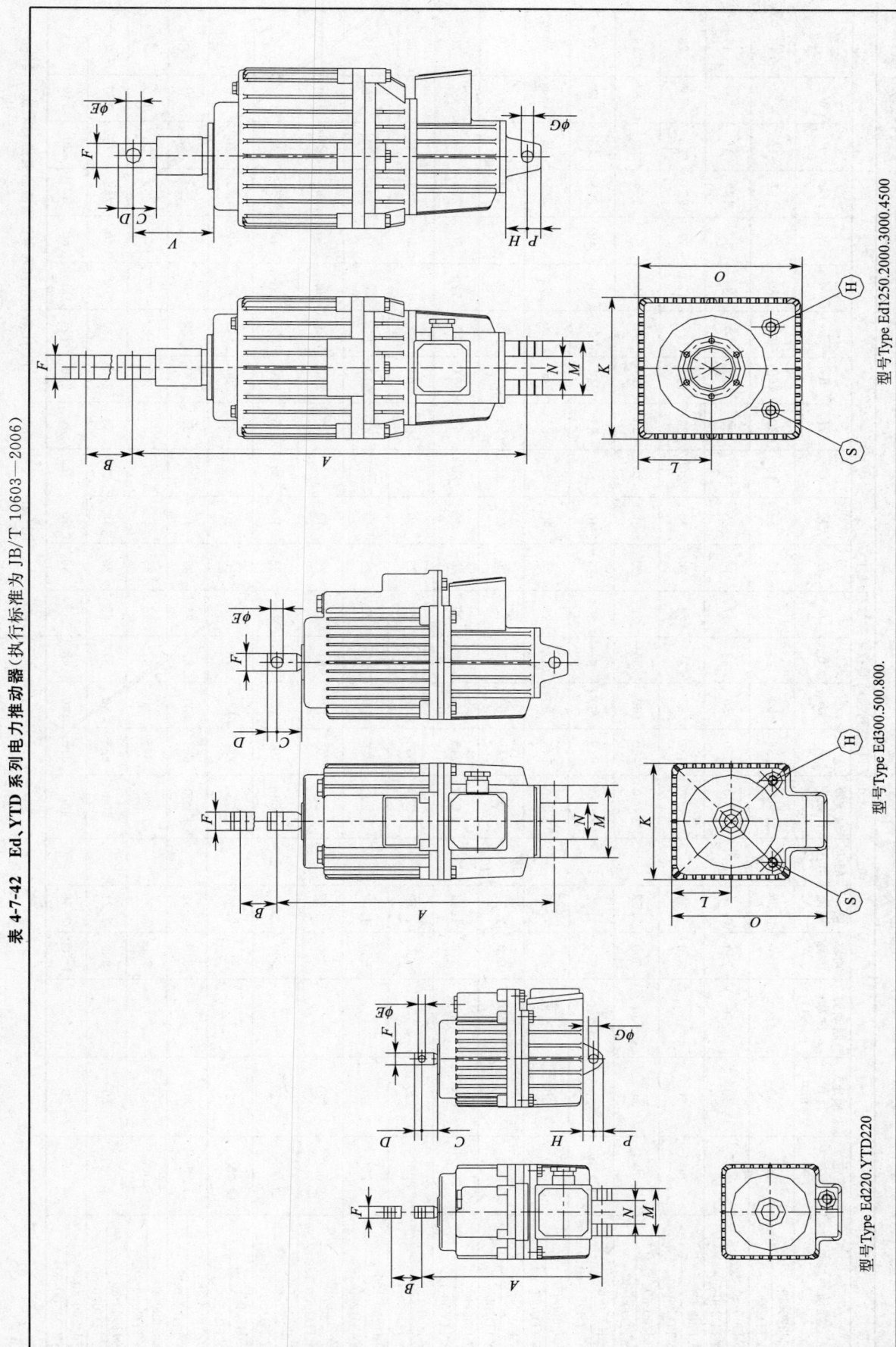

续上表

Ed、YTD 系列推动器技术参数和尺寸

| 推动器型号 | 额定推力/N | 额定行程/mm | 制动弹簧力/N | 功率消耗/W | 额定电流/A | 额定电压/V | 最大操作频率 1/h | A | B | C | D | E | F | G | H | K | L | M | N | O | P | V | 重量/kg |
|---|---|---|---|---|---|---|---|---|---|---|---|---|---|---|---|---|---|---|---|---|---|---|---|
| Ed220-50 | 220 | 50 | 180 | 120 | 0.38 | 380~400 | 2 000 | 286 | 50 | 23 | 14 | 12 | 20 | 16 | 20 | 160 | 80 | 80 | 40 | 197 | 16 | | 10 |
| YTD220-50 | 220 | 50 | 270 | 250 | 0.78 | | 2 000 | 370 | 50 | 33 | 17 | 16 | 25 | 16 | 20 | 160 | 80 | 80 | 40 | 197 | 16 | | 14 |
| Ed300-50 | 300 | | | | | | | | | | | | | | | | | | | | | | | |
| YTD300-50 | | | | | | | | | | | | | | | | | | | | | | | | |
| Ed500-60 | 500 | 60 | 460 | 370 | 1.34 | | 2 000 | 435 | 60 | 35 | 22 | 20 | 30 | 20 | 23 | 194 | 97 | 120 | 60 | 254 | 22 | | 23 |
| YTD500-60 | 500 | 60 | 750 | 550 | 1.52 | | 2 000 | 450 | 60 | 35 | 22 | 20 | 30 | 20 | 23 | 194 | 97 | 120 | 60 | 254 | 22 | | 24 |
| Ed800-60 | 800 | | | | | | | | | | | | | | | | | | | | | | | |
| YTD800-60 | 800 | 60 | 1 200 | 550 | 1.52 | | 2 000 | 645 | 60 | 37 | 25 | 25 | 40 | 25 | 33 | 240 | 120 | 90 | 40 | 268 | 25 | 130 | 39 |
| Ed1250-60 | 1 250 | 60 | 1 900 | 750 | 1.98 | | 2 000 | 645 | 60 | 37 | 25 | 25 | 40 | 25 | 33 | 240 | 120 | 90 | 40 | 268 | 25 | 130 | 39 |
| YTD1250-60 | | | | | | | | | | | | | | | | | | | | | | | | |
| Ed2000-60 | 2 000 | 60 | 2 700 | 900 | 2.21 | | 1 500 | 645 | 60 | 37 | 25 | 25 | 40 | 25 | 33 | 240 | 120 | 90 | 40 | 268 | 25 | 130 | 40 |
| YTD2000-60 | | | | | | | | | | | | | | | | | | | | | | | | |
| Ed3000-60 | 3 000 | 60 | | 370 | 1.34 | | 1 200 | 515 | 120 | 35 | 20 | 20 | 30 | 20 | 61 | 194 | 97 | 120 | 60 | 254 | 22 | 190 | 26 |
| YTD3000-60 | | | | | | | | | | | | | | | | | | | | | | | | |
| Ed500-120 | 500 | 120 | | 550 | 1.52 | | 1 200 | 530 | 120 | 35 | 20 | 20 | 30 | 20 | 61 | 194 | 97 | 120 | 60 | 254 | 22 | 190 | 27 |
| YTD500-120 | | | | | | | | | | | | | | | | | | | | | | | | |
| Ed800-120 | 800 | 120 | | 550 | 1.52 | | 1 200 | 705 | 120 | 37 | 25 | 25 | 40 | 25 | 43 | 240 | 120 | 90 | 40 | 268 | 25 | 190 | 39 |
| YTD800-120 | | | | | | | | | | | | | | | | | | | | | | | | |
| Ed1250-120 | 1 250 | 120 | | 750 | 1.98 | | 1 200 | 705 | 120 | 37 | 25 | 25 | 40 | 25 | 43 | 240 | 120 | 90 | 40 | 268 | 25 | 190 | 39 |
| YTD1250-120 | | | | | | | | | | | | | | | | | | | | | | | | |
| Ed2000-120 | 2 000 | 120 | | 900 | 2.21 | | 900 | 705 | 120 | 37 | 25 | 25 | 40 | 25 | 43 | 240 | 120 | 90 | 40 | 268 | 25 | 190 | 40 |
| YTD2000-120 | | | | | | | | | | | | | | | | | | | | | | | | |
| Ed3000-120 | 3 000 | 120 | | 1 100 | 2.56 | | 900 | 850 | 120 | 48 | 35 | 30 | 50 | 30 | 40 | 290 | 145 | 110 | 60 | 325 | 30 | 190 | 45 |
| YTD3000-120 | | | | | | | | | | | | | | | | | | | | | | | | |
| Ed4500-120 | 4 500 | 120 | | | | | | | | | | | | | | | | | | | | | | |
| YTD4500-120 | | | | | | | | | | | | | | | | | | | | | | | | |
| Ed1250-80 | 1 250 | 80 | | 550 | 1.52 | | 1 200 | 665 | 80 | 37 | 25 | 25 | 40 | 25 | 33 | 240 | 120 | 90 | 40 | 268 | 25 | 150 | 39 |
| YTD1250-80 | | | | | | | | | | | | | | | | | | | | | | | | |
| Ed2000-80 | 2 000 | 80 | | 750 | 1.98 | | 1 200 | 665 | 80 | 37 | 25 | 25 | 40 | 25 | 33 | 240 | 120 | 90 | 40 | 268 | 25 | 150 | 39 |
| YTD2000-80 | | | | | | | | | | | | | | | | | | | | | | | | |
| Ed3000-80 | 3 000 | 80 | | 900 | 2.21 | | 900 | 665 | 80 | 37 | 25 | 25 | 40 | 25 | 33 | 240 | 120 | 90 | 40 | 268 | 25 | 150 | 40 |
| YTD3000-80 | | | | | | | | | | | | | | | | | | | | | | | | |
| Ed4500-80 | 4 500 | 80 | | 1 100 | 2.56 | | 900 | 810 | 80 | 48 | 35 | 30 | 50 | 30 | 40 | 290 | 145 | 110 | 60 | 325 | 30 | 150 | 45 |
| YTD4500-80 | | | | | | | | | | | | | | | | | | | | | | | | |

（以上数据由江西华伍制动器股份有限公司提供）

表 4-7-43 MWZA、MWZB 系列常闭式电磁鼓式制动器（执行标准为 JB/T 7685-2006）

| 制动器型号 | 电磁铁型号 | 制动力矩/(N·m) JC 25% 线圈并联 | 制动力矩/(N·m) JC 40% 线圈并联 | 制动瓦退距 (max)/mm | 主要技术参数和尺寸 D | $h_1$ | k | i | d | n | b | F | G | E | 安装外形尺寸/mm H | A | φ | 重量/kg |
|---|---|---|---|---|---|---|---|---|---|---|---|---|---|---|---|---|---|---|
| MWZA200-40 | MZZ1-100 | 40 | 32 | 1 | 200 | 170 | 190 | 60 | 17 | 8 | 90 | 100 | 210 | 205 | 404 | 310 | 118 | 32 |
| MWZA200-160 | MZZ1-200 | 160 | 128 | 1 | 200 | 170 | 190 | 60 | 17 | 8 | 90 | 100 | 210 | 205 | 429 | 340 | 168 | 65 |
| MWZA300-250 | MZZ1-200 | 250 | 200 | 1.25 | 300 | 240 | 270 | 80 | 21 | 10 | 140 | 130 | 290 | 260 | 564 | 415 | 168 | 68 |
| MWZA300-500 | MZZ1-300 | 500 | 430 | 1.25 | 300 | 240 | 270 | 80 | 21 | 10 | 140 | 130 | 290 | 260 | 590 | 465 | 220 | 105 |
| MWZB-160/100 | MZZ1-100 | 35.5 | 28 | 1 | 160 | 132 | 130 | 55 | 14 | 6 | 65 | 90 | 150 | 140 | 403 | 259 | 115 | 32 |
| MWZB-160/200 | MZZ1-200 | 140 | 112 | 1 | 160 | 132 | 130 | 55 | 14 | 6 | 65 | 90 | 150 | 140 | 421 | 306 | 168 | 38 |
| MWZB-200/100 | MZZ1-100 | 40 | 31.5 | 1 | 200 | 160 | 145 | 55 | 14 | 8 | 80 | 90 | 165 | 170 | 442 | 299 | 115 | 60 |
| MWZB-200/200 | MZZ1-200 | 160 | 125 | 1 | 200 | 160 | 145 | 55 | 14 | 8 | 80 | 90 | 165 | 170 | 461 | 346 | 168 | 65 |
| MWZB-200/300 | MZZ1-300 | 315 | 280 | 1 | 200 | 160 | 145 | 55 | 14 | 8 | 80 | 90 | 165 | 170 | 490 | 390 | 220 | 70 |
| MWZB-250/200 | MZZ1-200 | 200 | 160 | 1.25 | 250 | 190 | 180 | 65 | 18 | 10 | 100 | 100 | 200 | 205 | 526 | 350 | 168 | 72 |
| MWZB-250/300 | MZZ1-300 | 450 | 355 | 1.25 | 250 | 190 | 180 | 65 | 18 | 10 | 100 | 100 | 200 | 205 | 555 | 380 | 220 | 78 |
| MWZB-315/200 | MZZ1-200 | 250 | 200 | 1.25 | 315 | 225 | 220 | 80 | 18 | 10 | 125 | 110 | 245 | 260 | 601 | 376 | 168 | 86 |
| MWZB-315/300 | MZZ1-300 | 500 | 450 | 1.25 | 315 | 225 | 220 | 80 | 18 | 10 | 125 | 110 | 245 | 260 | 630 | 406 | 220 | 105 |

（以上数据由江西华伍制动器股份有限公司提供）

表 4-7-43(续) MWZA、MWZB 系列常闭式电磁鼓式制动器(执行标准为 JB/T 7685—2006)

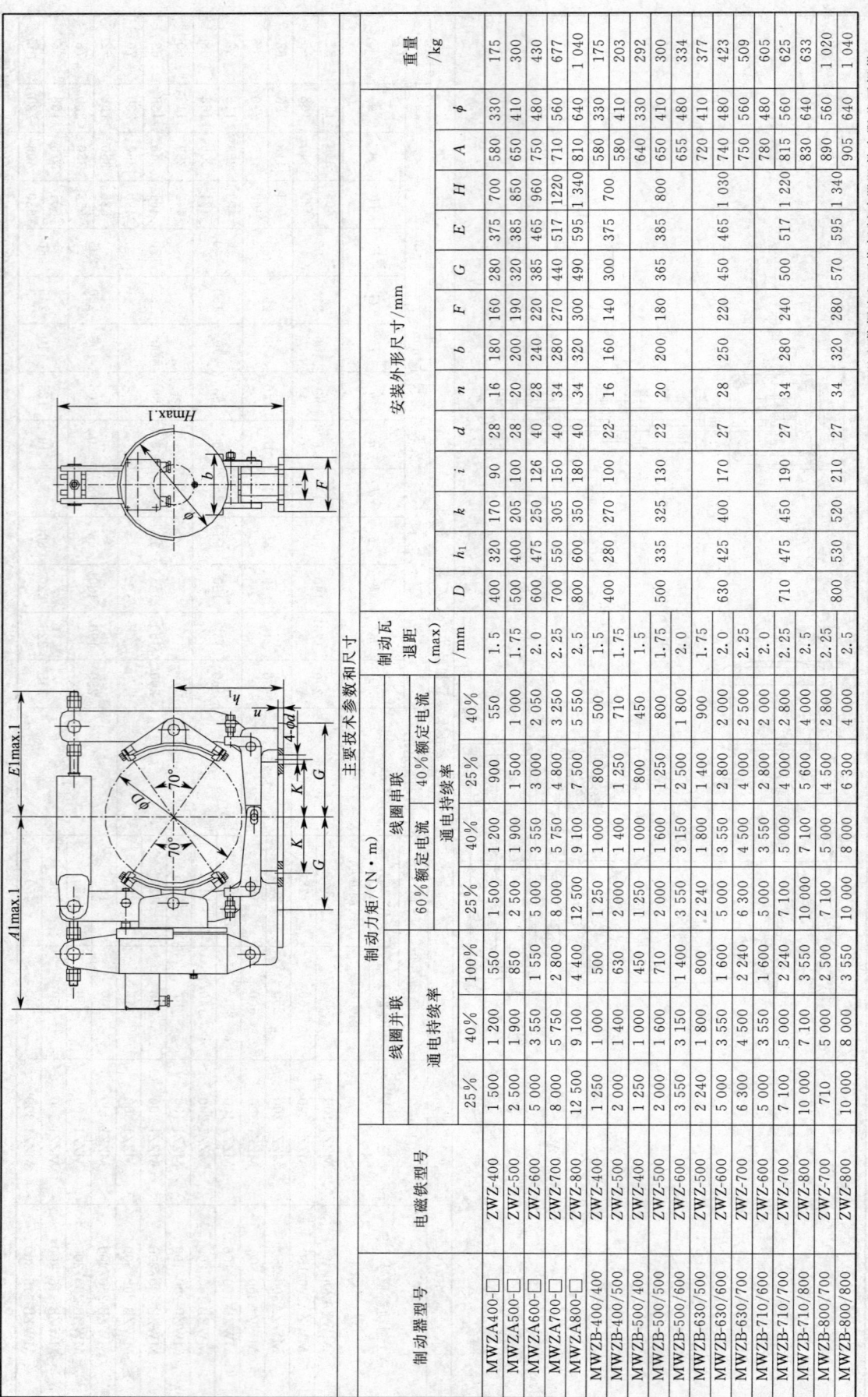

| 制动器型号 | 电磁铁型号 | 制动力矩/(N·m) ||||||| 制动瓦退距(max)/mm | 安装外形尺寸/mm |||||||||||| 重量/kg |
| --- | --- | --- | --- | --- | --- | --- | --- | --- | --- | --- | --- | --- | --- | --- | --- | --- | --- | --- | --- | --- |
| | | 线圈并联 |||| 线圈串联 ||| | $D$ | $h_1$ | $k$ | $i$ | $d$ | $n$ | $b$ | $F$ | $G$ | $E$ | $H$ | $A$ | $\phi$ | |
| | | 通电持续率 |||| 通电持续率 ||| | | | | | | | | | | | | | | |
| | | 25% | 40% | 60%额定电流 | 100% | 25% | 40% | 40%额定电流 | | | | | | | | | | | | | | | |
| MWZA400-□ | ZWZ-400 | 1 500 | 1 200 | 1 500 | 550 | 1 500 | 900 | 550 | 1.5 | 400 | 320 | 170 | 90 | 28 | 16 | 180 | 160 | 280 | 375 | 700 | 580 | 330 | 175 |
| MWZA500-□ | ZWZ-500 | 2 500 | 1 900 | 2 500 | 850 | 2 500 | 1 500 | 1 000 | 1.75 | 500 | 400 | 205 | 100 | 28 | 20 | 200 | 190 | 320 | 385 | 850 | 650 | 410 | 300 |
| MWZA600-□ | ZWZ-600 | 5 000 | 3 550 | 5 000 | 1 550 | 3 550 | 3 000 | 2 050 | 2.0 | 600 | 475 | 250 | 126 | 40 | 28 | 240 | 220 | 385 | 465 | 960 | 750 | 480 | 430 |
| MWZA700-□ | ZWZ-700 | 8 000 | 5 750 | 8 000 | 2 800 | 5 750 | 4 800 | 3 250 | 2.25 | 700 | 550 | 305 | 150 | 40 | 34 | 280 | 270 | 440 | 517 | 1 220 | 710 | 560 | 677 |
| MWZA800-□ | ZWZ-800 | 12 500 | 9 100 | 12 500 | 4 400 | 9 100 | 7 500 | 5 550 | 2.5 | 800 | 600 | 350 | 180 | 40 | 34 | 320 | 300 | 490 | 595 | 1 340 | 810 | 640 | 1 040 |
| MWZB-400/400 | ZWZ-400 | 1 250 | 1 000 | 1 250 | 500 | 1 250 | 800 | 500 | 1.5 | 400 | 280 | 270 | 100 | 22 | 16 | 160 | 140 | 300 | 375 | 700 | 580 | 330 | 175 |
| MWZB-400/500 | ZWZ-500 | 2 000 | 1 400 | 2 000 | 630 | 2 000 | 1 400 | 710 | 1.75 | | | | | | | | | | | | 580 | 410 | 203 |
| MWZB-500/400 | ZWZ-400 | 1 250 | 1 000 | 1 250 | 450 | 1 250 | 1 000 | 450 | 1.5 | 500 | 335 | 325 | 130 | 22 | 20 | 200 | 180 | 365 | 385 | 800 | 640 | 330 | 292 |
| MWZB-500/500 | ZWZ-500 | 2 000 | 1 600 | 2 000 | 710 | 1 600 | 1 250 | 800 | 1.75 | | | | | | | | | | | | 650 | 410 | 300 |
| MWZB-500/600 | ZWZ-600 | 3 550 | 3 150 | 3 550 | 1 400 | 3 150 | 2 500 | 1 800 | 2.0 | | | | | | | | | | | | 655 | 480 | 334 |
| MWZB-630/500 | ZWZ-500 | 2 240 | 1 800 | 2 240 | 800 | 1 800 | 1 400 | 900 | 1.75 | 630 | 425 | 400 | 170 | 27 | 28 | 250 | 220 | 450 | 465 | 1 030 | 720 | 410 | 377 |
| MWZB-630/600 | ZWZ-600 | 5 000 | 3 550 | 5 000 | 1 600 | 3 550 | 2 800 | 2 000 | 2.0 | | | | | | | | | | | | 740 | 480 | 423 |
| MWZB-630/700 | ZWZ-700 | 6 300 | 4 500 | 6 300 | 2 240 | 4 500 | 4 000 | 2 500 | 2.25 | | | | | | | | | | | | 750 | 560 | 509 |
| MWZB-710/600 | ZWZ-600 | 5 000 | 3 550 | 5 000 | 1 600 | 3 550 | 2 800 | 2 000 | 2.0 | 710 | 475 | 450 | 190 | 27 | 34 | 280 | 240 | 500 | 517 | 1 220 | 780 | 480 | 605 |
| MWZB-710/700 | ZWZ-700 | 7 100 | 5 000 | 7 100 | 2 240 | 5 000 | 4 000 | 2 800 | 2.25 | | | | | | | | | | | | 815 | 560 | 625 |
| MWZB-710/800 | ZWZ-800 | 10 000 | 7 100 | 10 000 | 3 550 | 7 100 | 5 600 | 4 000 | 2.5 | | | | | | | | | | | | 830 | 640 | 633 |
| MWZB-800/700 | ZWZ-700 | 7 100 | 5 000 | 7 100 | 2 500 | 5 000 | 4 500 | 2 800 | 2.25 | 800 | 530 | 520 | 210 | 27 | 34 | 320 | 280 | 570 | 595 | 1 340 | 890 | 560 | 1 020 |
| MWZB-800/800 | ZWZ-800 | 10 000 | 8 000 | 10 000 | 3 550 | 8 000 | 6 300 | 4 000 | 2.5 | | | | | | | | | | | | 905 | 640 | 1 040 |

(以上数据由江西华伍制动器股份有限公司提供)

表 4-7-44 DCP200、DCP300、DCP500、DCP1000 系列常闭式电磁盘式制动器（执行标准为 JB/T 10917—2008）

主要技术参数和尺寸

| 制动器型号 | 功率/W | | 额定制动力/N | 响应时间/s | 两侧退距/mm | 重量/kg | 制动盘直径 φB/mm | | | | | | | | |
|---|---|---|---|---|---|---|---|---|---|---|---|---|---|---|---|
| | 起动功率 | 维持功率 | | | | | 315 | 355 | 400 | 450 | 500 | 560 | 630 | 710 | 800 |
| | | | | | | | 额定制动力矩/(N·m) | | | | | | | | |
| DCP200 | 475 | 14 | 1 550 | 0.15 | 0.7 | 34 | 190 | 220 | 260 | 300 | 340 | 390 | 460 | | |
| DCP300 | 1 000 | 44 | 3 340 | 0.15 | 0.7 | 34 | 380 | 450 | 510 | 600 | 680 | 770 | 900 | 1 030 | 1 180 |
| DCP500 | 1 000 | 44 | 5 880 | 0.2 | 0.7 | 77 | | | | 950 | 1 120 | 1 270 | 1 500 | 1 750 | 2 000 |
| DCP1000 | 1 095 | 58 | 10 170 | 0.2 | 0.7 | 120 | | | | 1 600 | 1 820 | 2 100 | 2 500 | 2 900 | 3 350 |

外形尺寸

| 制动器型号 | D | E | F | G | H | I | J | K | L | M | d | 与制动盘有关的尺寸 | | | | | | | | |
|---|---|---|---|---|---|---|---|---|---|---|---|---|---|---|---|---|---|---|---|---|
| | | | | | | | | | | | | | 315 | 355 | 400 | 450 | 500 | 560 | 630 | 710 | 800 |
| DCP200 | 15 | 200 | 245 | 90 | 88 | 280 | 200 | 15 | 42 | 155 | 15 | A | 159 | 165 | 172 | 179 | 187 | 195 | 206 | | |
| | | | | | | | | | | | | C | 99 | 119 | 142 | 167 | 192 | 223 | 258 | | |
| DCP300 | 15 | 200 | 245 | 90 | 88 | 280 | 200 | 15 | 42 | 155 | 15 | A | 159 | 165 | 172 | 179 | 187 | 195 | 206 | 218 | 231 |
| | | | | | | | | | | | | C | 99 | 119 | 142 | 167 | 192 | 223 | 258 | 298 | 344 |
| DCP500 | 20 | 260 | 355 | 122 | 118 | 343 | 270 | 20 | 57 | 85 | 22 | A | | | 225 | 232 | 241 | 251 | 262 | 274 | |
| | | | | | | | | | | | | C | | | 133 | 157 | 185 | 218 | 256 | 299 | |
| DCP1000 | 25 | 360 | 490 | 128 | 118 | 435 | 270 | 20 | 68 | 80 | 22 | A | | | 287 | 295 | 305 | 317 | 331 | 246 | 269 |
| | | | | | | | | | | | | C | | | 103 | 127 | 155 | 188 | 226 | | |

（以上数据由江西华伍制动器股份有限公司提供）

表 4-7-44（续） DCP 系列常闭式电磁盘式制动器（执行标准为 JB/T 10917—2008）

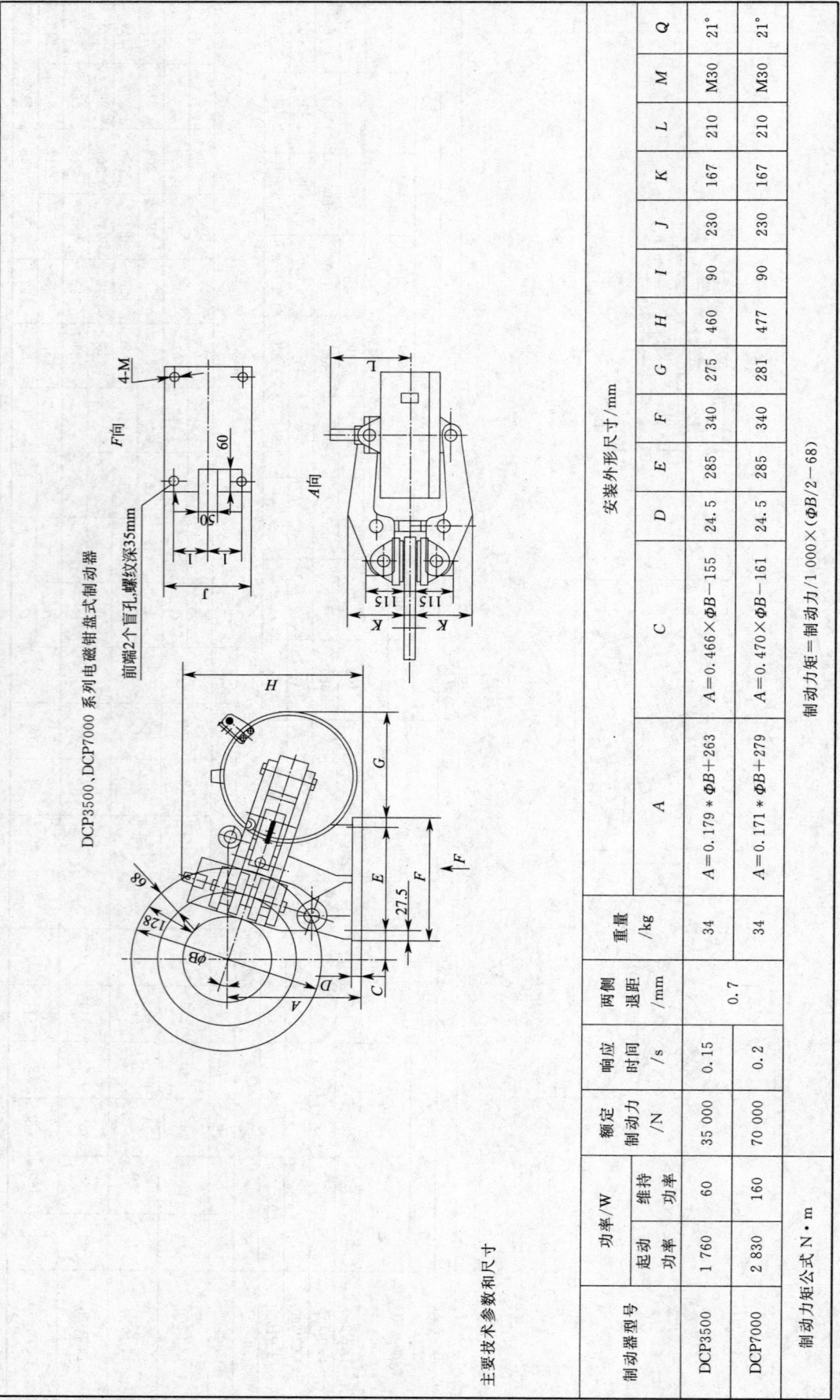

DCP3500、DCP7000 系列电磁钳盘式制动器

主要技术参数和尺寸

| 制动器型号 | 功率/W 起动功率 | 功率/W 维持功率 | 额定制动力/N | 响应时间/s | 两侧退距/mm | 重量/kg |
|---|---|---|---|---|---|---|
| DCP3500 | 1 760 | 60 | 35 000 | 0.15 | 0.7 | 34 |
| DCP7000 | 2 830 | 160 | 70 000 | 0.2 | 0.7 | 34 |

制动力矩公式 N·m

| | A | C | D | E | F | G | H | I | J | K | L | M | Q |
|---|---|---|---|---|---|---|---|---|---|---|---|---|---|
| | $A=0.179*\Phi B+263$ | $A=0.466\times\Phi B-155$ | 24.5 | 285 | 340 | 275 | 460 | 90 | 230 | 167 | 210 | M30 | 21° |
| | $A=0.171*\Phi B+279$ | $A=0.470\times\Phi B-161$ | 24.5 | 285 | 340 | 281 | 477 | 90 | 230 | 167 | 210 | M30 | 21° |

安装外形尺寸/mm

制动力矩＝制动力/1 000×($\Phi B$/2−68)

（以上数据由江西华伍制动器股份有限公司提供）

表 4-7-45　SB 系列常闭式液压盘式制动器（执行标准为 JB/T 10917—2008）

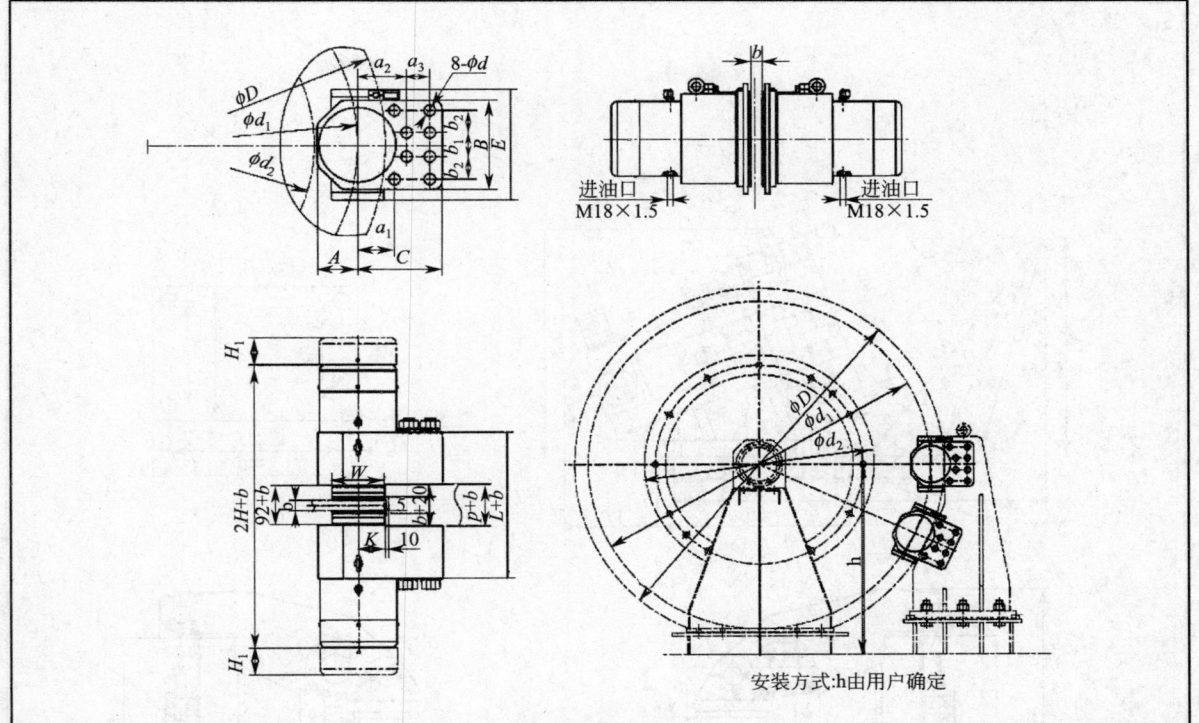

安装方式：h 由用户确定

| 技术参数 | | | | | | | |
|---|---|---|---|---|---|---|---|
| 产品型号 | 夹紧力 $F$ | 释放压力 | 开闸油量 | 退距 | 摩擦系数 $\mu$ | 安装螺栓/性能等级/安装扭矩 | 不含支架重量 |
| SB50 | 50 | 11 | 30 | 1—2 | 0.36 | 8-M20、10.9、680 | 90 |
| SB100 | 100 | 12 | 50 | 1~2 | 0.36 | 8-M24、10.9、1 200 | 150 |
| SB160 | 160 | 12 | 70 | 1~2 | 0.36 | 8-M30、10.9、2 200 | 310 |
| SB250 | 250 | 13 | 95 | 1~2 | 0.36 | 8-M36、10.9、3 540 | 452 |
| SB315 | 315 | 14 | 115 | 1~2 | 0.36 | 8-M36、10.9、3 540 | 672 |
| SB400 | 400 | 12 | 170 | 1~2 | 0.36 | 8-M48、10.9、7 400 | 1 100 |

制动力矩(N·m) = $F \times \mu \times d_1$　　尺寸表/mm

| 产品型号 | $A$ | $a_1$ | $a_2$ | $a_3$ | $b_1$ | $b_2$ | $B$ | $C$ | $d$ | $k$ | $P$ | $L$ | $E$ | $W$ | $H$ | $H_1$ |
|---|---|---|---|---|---|---|---|---|---|---|---|---|---|---|---|---|
| SB50 | 77 | 77 | 90 | 38 | 38 | 38 | 154 | 150 | 21 | 56 | 102 | 300 | 240 | 110 | 310 | 80 |
| SB100 | 95 | 95 | 105 | 45 | 55 | 45 | 190 | 180 | 25 | 71 | 102 | 348 | 286 | 140 | 360 | 85 |
| SB160 | 110 | 120 | 135 | 65 | 70 | 65 | 260 | 235 | 31 | 87 | 106 | 412 | 370 | 170 | 410 | 95 |
| SB250 | 130 | 120 | 160 | 75 | 80 | 75 | 300 | 275 | 37 | 87 | 106 | 456 | 370 | 170 | 470 | 110 |
| SB315 | 140 | 175 | 205 | 85 | 90 | 83 | 335 | 330 | 37 | 137 | 106 | 476 | 410 | 270 | 500 | 110 |
| SB400 | 170 | 180 | 220 | 120 | 110 | 110 | 440 | 420 | 50 | 137 | 142 | 602 | 546 | 270 | 560 | 115 |

与制动盘有关尺寸/mm

| 产品型号 | $b$ | | | $D$ | $d_1$ | $d_{2\max}$ |
|---|---|---|---|---|---|---|
| SB50 | 30 | 36 | 40 | ≥500 | D-120 | D-300 |
| SB100 | 30 | 36 | 40 | ≥500 | D-150 | D-380 |
| SB160 | 30 | 36 | 40 | ≥600 | D-180 | D-440 |
| SB250 | 30 | 36 | 40 | ≥600 | D-180 | D-480 |
| SB315 | 30 | 36 | 40 | ≥1 200 | D-280 | D-600 |
| SB400 | 30 | 36 | 40 | ≥1 800 | D-280 | D-660 |

注：$d_1$ = 理论摩擦直径；$d_2$ = 允许最大的卷筒或联接毂外径。　　（以上数据由江西华伍制动器股份有限公司提供）

表 4-7-46　SBD□-A 系列常闭式液压盘式制动器（执行标准为 JB/T 10917—2008）

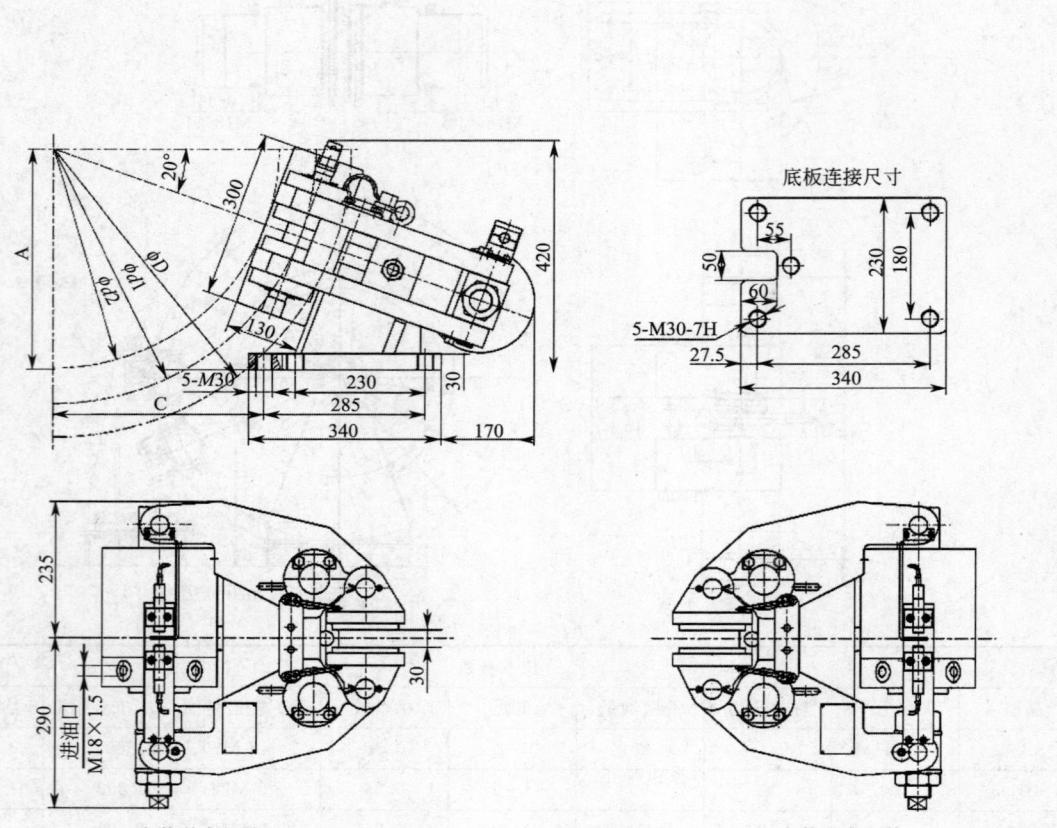

安装形式：Ⅱ型　　　　安装形式：Ⅰ型

| 技术参数和尺寸 | | | | | | | | | | |
|---|---|---|---|---|---|---|---|---|---|---|
| 产品型号 | 总夹紧力/kN | 制动力/kN | 油缸工作压力/MPa | 开闸油量/mL | 开闸间隙/mm | 重量/kg | $A$/mm | $C$/mm | $d_1$/mm | $d_{2max}$/mm | $D$/mm |
| SBD100-A | 100 | 72 | 8 | 90 | 0.75～1.5 | 195 | | | | | |
| SBD125-A | 125 | 90 | 9 | 90 | 0.75～1.5 | 195 | | | | | |
| SBD160-A | 160 | 115 | 11 | 75 | 0.75～1.25 | 195 | $0.171 \times \phi D+220$ | $0.470 \times \phi D-127$ | $\phi D-135$ | $\phi D-270$ | $\phi 800 \leqslant \phi D \leqslant \phi 1\,800$ |
| SBD200-A | 200 | 144 | 10 | 120 | 0.75～1.5 | 235 | | | | | |
| SBD250-A | 250 | 180 | 12 | 100 | 0.75～1.25 | 235 | | | | | |

（以上数据由江西华伍制动器股份有限公司提供）

表 4-7-47　SBD□-B 系列常闭式液压盘式制动器（执行标准为 JB/T 10917—2008）

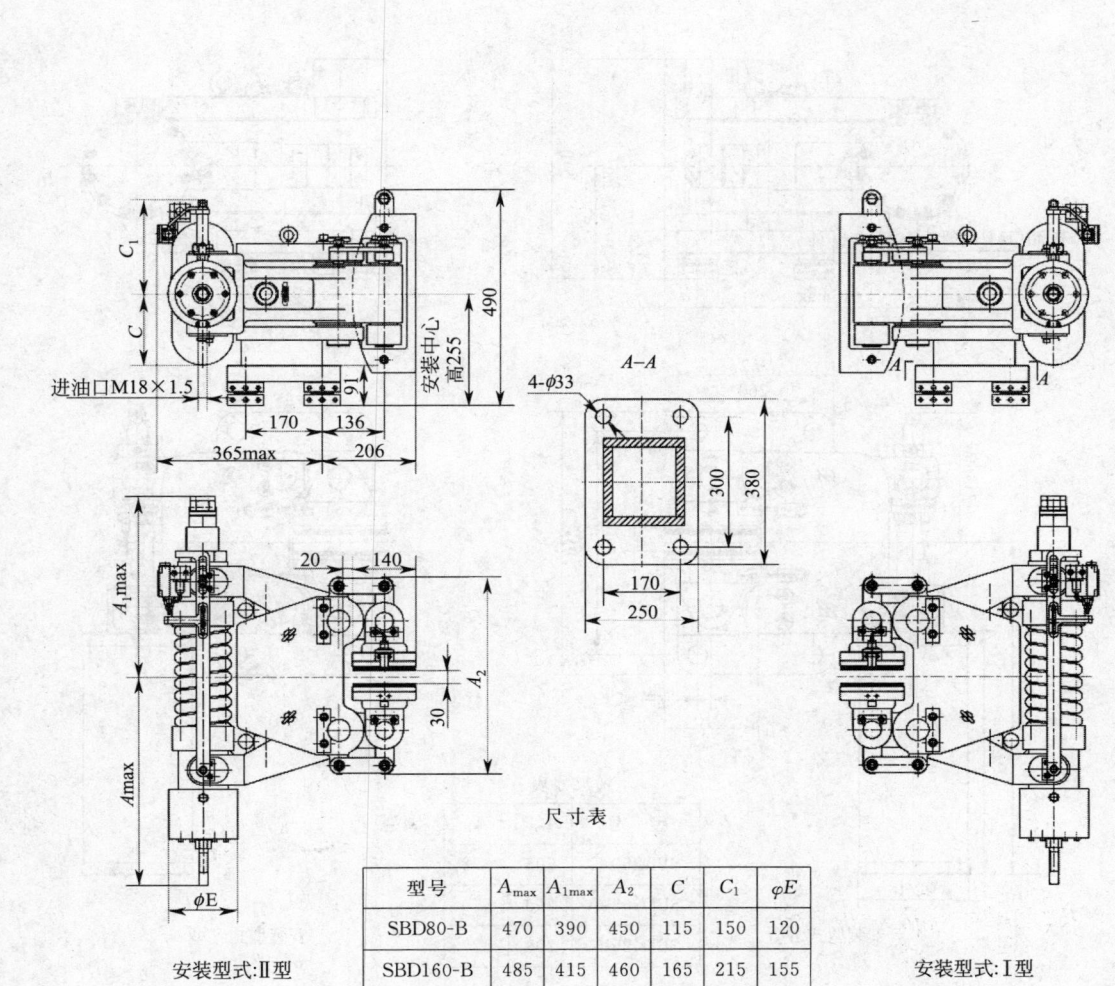

尺寸表

| 型号 | $A_{max}$ | $A_{1max}$ | $A_2$ | $C$ | $C_1$ | $\varphi E$ |
|---|---|---|---|---|---|---|
| SBD80-B | 470 | 390 | 450 | 115 | 150 | 120 |
| SBD160-B | 485 | 415 | 460 | 165 | 215 | 155 |

安装型式：Ⅱ型　　安装型式：Ⅰ型

技术参数

| 产品型号 | 额定夹紧力/kN | 制动力/kN | 单侧瓦块退距/mm | 油缸工作压力/MPa | 油缸开闸油量/mL | 重量/kg |
|---|---|---|---|---|---|---|
| SBD80-B | 80 | 57 | 1—2 | 9.5 | 55 | 270 |
| SBD160-B | 160 | 115 | 1—2 | 9.5 | 115 | 310 |

（以上数据由江西华伍制动器股份有限公司提供）

表 4-7-48　SBD□-C 系列常闭式液压盘式制动器（执行标准为 JB/T 10917—2008）

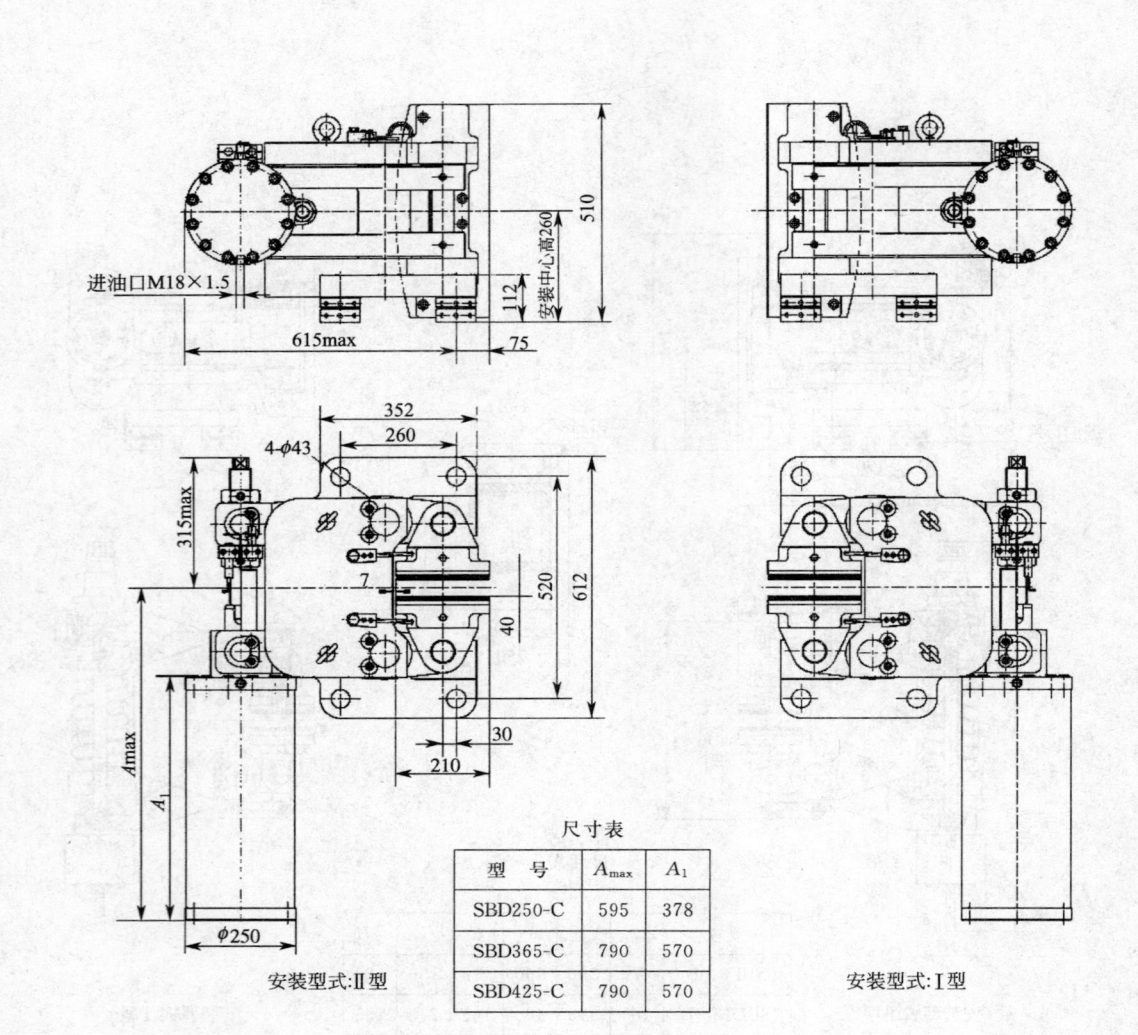

尺寸表

| 型　号 | $A_{max}$ | $A_1$ |
|---|---|---|
| SBD250-C | 595 | 378 |
| SBD365-C | 790 | 570 |
| SBD425-C | 790 | 570 |

安装型式：Ⅱ型　　　　安装型式：Ⅰ型

| | | 技术参数 | | | |
|---|---|---|---|---|---|
| 产品型号 | 额定夹紧力 /kN | 制动力 /kN | 单侧瓦块退距 /mm | 油缸工作压力 /MPa | 油缸开闸油量/mL | 重量 /kg |
| SBD250-C | 250 | 180 | 1~2 | 8 | 275 | 660 |
| SBD365-C | 365 | 262 | 1~2 | 8 | 275 | 720 |
| SBD425-C | 425 | 306 | 1~2 | 9.5 | 275 | 730 |

注：摩擦系数 $\mu=0.36$。　　　　　　　　　　　　　　　　　（以上数据由江西华伍制动器股份有限公司提供）

### 表 4-7-49 SB□-A 系列常开式液压盘式制动器（执行标准为 JB/T 10917—2008）

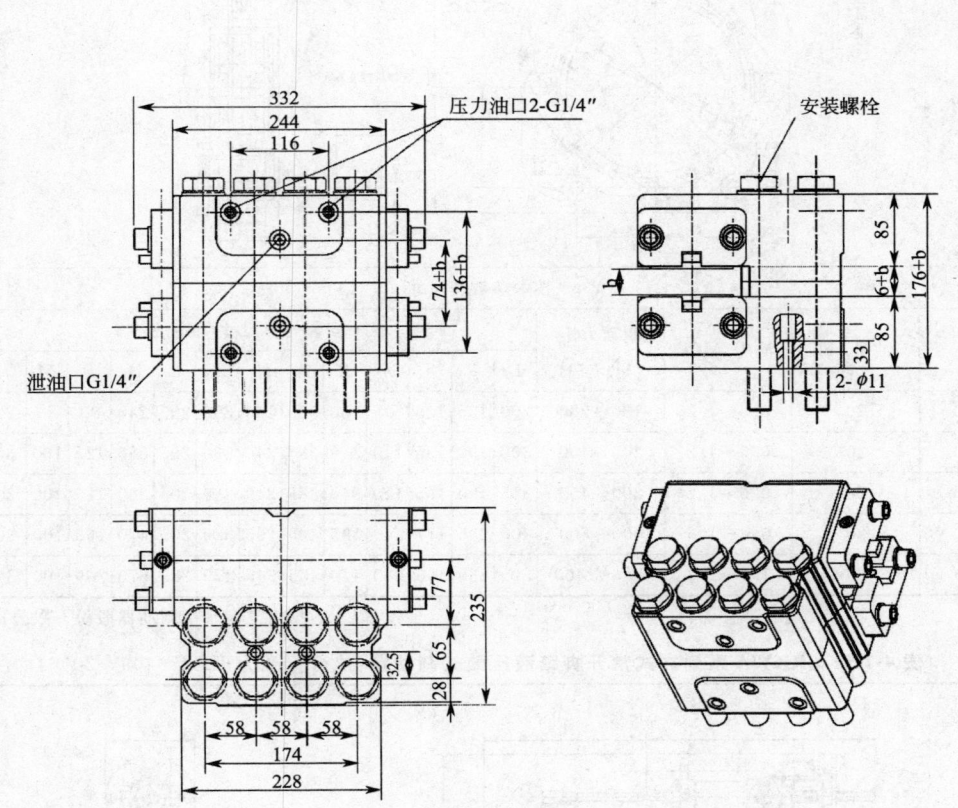

| 技术参数 ||||||||
|---|---|---|---|---|---|---|---|
| 制动器型号 | 活塞直径 $\phi D$ | 活塞面积（每侧）$A_p$ | 工作压力 $P$ | 最大压力 $P_{max}$ | 1 mm 行程油量 $V$ | 摩擦材料 | 名义摩擦系数 $\mu$ |
| SB140-A | 75 mm | 8 835 mm² | 16 MPa | 18 MPa | 18 cm³ | 复合材料/粉末冶金 | 0.4 |
| SB200-A | 90 mm | 12 723 mm² | 16 MPa | 18 MPa | 26 cm³ | 复合材料/粉末冶金 | 0.4 |
| 制动器型号 | 摩擦衬垫面积 | 摩擦片尺寸 | 摩擦片最大磨损量 | 夹紧力（16 MPa） | 制动力（16 MPa）$F_{br}$ | 安装螺栓 | 标准制动盘厚度 $b$ | 重量 |
| SB140-A | 225 cm² | 244×98 | 6 mm | 141 000 N | 113 000 N | M24 | 30 mm | 70 kg |
| SB200-A | 225 cm² | 244×98 | 6mm | 203 000 N | 162 000 N | M27 | 30 mm | 70 kg |

（以上数据由江西华伍制动器股份有限公司提供）

表 4-7-50 RKW 系列卧式常开脚踏液压鼓式制动器（执行标准为 JB/T 6406—2006）

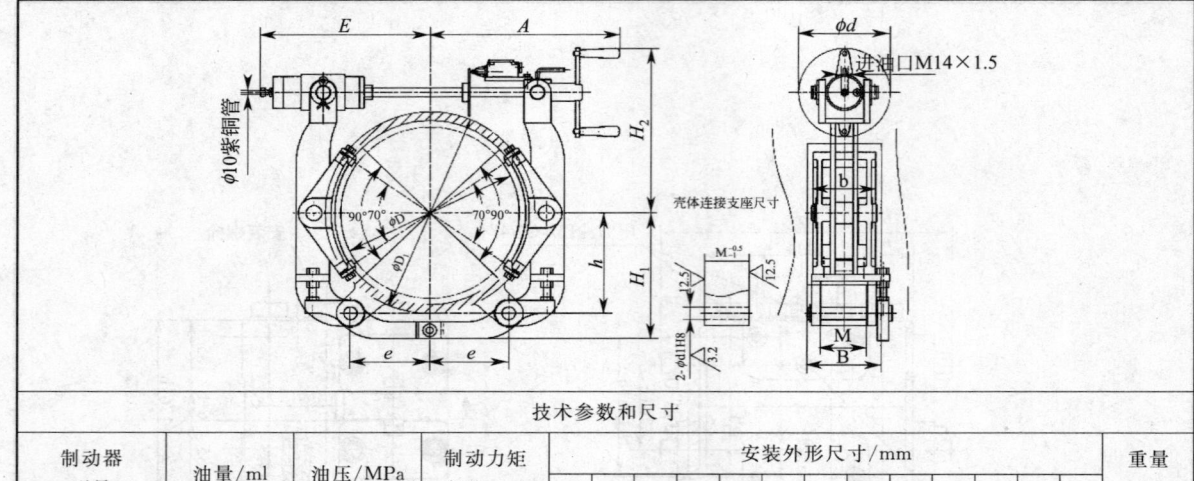

技术参数和尺寸

| 制动器型号 | 油量/ml | 油压/MPa | 制动力矩/(N·m) | 安装外形尺寸/mm ||||||||||| 重量/kg |
|---|---|---|---|---|---|---|---|---|---|---|---|---|---|---|---|---|
| | | | | D | h | e | b | E | A | $H_1$ | $H_2$ | d | $D_1$ | B | M | $d_1$ | |
| RKW200 | 20 | 0.6～1.2 | 130～280 | 200 | 135 | 108 | 70 | 330 | 329 | 163 | 290 | 205 | 240 | 90 | 60 | 20 | 33 |
| RKW300 | 20 | 0.6～1.2 | 200～400 | 300 | 190 | 135 | 110 | 340 | 385 | 240 | 330 | 205 | 380 | 125 | 100 | 30 | 42 |
| RKW315 | 20 | 0.6～1.2 | 200～400 | 315 | 190 | 135 | 110 | 340 | 385 | 240 | 330 | 205 | 380 | 125 | 100 | 30 | 40 |
| RKW400 | 20 | 0.8～1.6 | 400～800 | 400 | 235 | 177 | 140 | 395 | 425 | 295 | 385 | 205 | 470 | 165 | 100 | 30 | 50 |
| RKW500 | 20 | 1.1～2.2 | 700～1400 | 500 | 280 | 195 | 180 | 410 | 455 | 345 | 475 | 205 | 570 | 200 | 100 | 30 | 82 |

（以上数据由江西华伍制动器股份有限公司提供）

表 4-7-51 RKWA 系列立式常开脚踏液压鼓式制动器（执行标准为 JB/T 6406—2006）

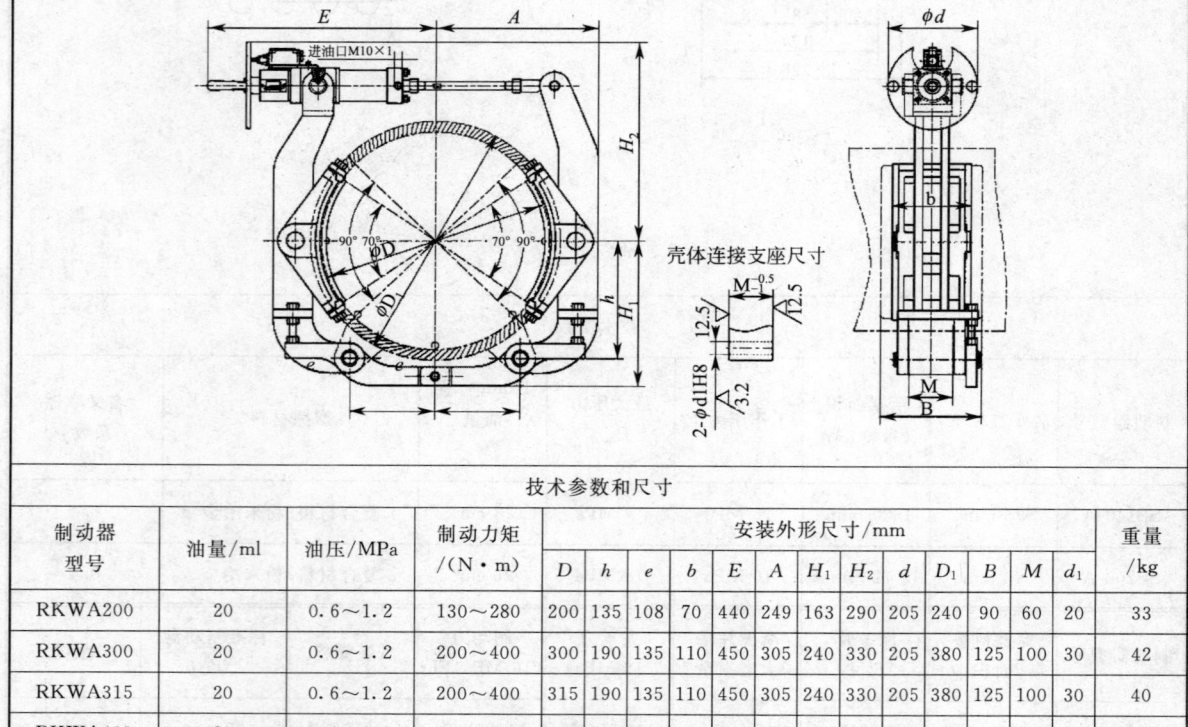

技术参数和尺寸

| 制动器型号 | 油量/ml | 油压/MPa | 制动力矩/(N·m) | 安装外形尺寸/mm ||||||||||| 重量/kg |
|---|---|---|---|---|---|---|---|---|---|---|---|---|---|---|---|---|
| | | | | D | h | e | b | E | A | $H_1$ | $H_2$ | d | $D_1$ | B | M | $d_1$ | |
| RKWA200 | 20 | 0.6～1.2 | 130～280 | 200 | 135 | 108 | 70 | 440 | 249 | 163 | 290 | 205 | 240 | 90 | 60 | 20 | 33 |
| RKWA300 | 20 | 0.6～1.2 | 200～400 | 300 | 190 | 135 | 110 | 450 | 305 | 240 | 330 | 205 | 380 | 125 | 100 | 30 | 42 |
| RKWA315 | 20 | 0.6～1.2 | 200～400 | 315 | 190 | 135 | 110 | 450 | 305 | 240 | 330 | 205 | 380 | 125 | 100 | 30 | 40 |
| RKWA400 | 20 | 0.8～1.6 | 400～800 | 400 | 235 | 177 | 140 | 505 | 345 | 295 | 385 | 205 | 470 | 165 | 100 | 30 | 50 |
| RKWA500 | 20 | 1.1～2.2 | 700～1 400 | 500 | 280 | 195 | 180 | 520 | 375 | 345 | 475 | 205 | 570 | 200 | 100 | 30 | 82 |

（以上数据由江西华伍制动器股份有限公司提供）

# 第八章 车轮、轨道和轮胎

## 第一节 车轮的种类和工作特点

起重机用车轮按用途分为三种类型：①轨上行走式车轮，通常为桥、门式起重机的大、小车车轮，用量最大；②悬挂式车轮，在单梁起重机工字钢下翼缘板上运行；③半圆槽滑轮式车轮，用于缆式起重机的承载索上。

车轮按有无轮缘也可分为三种：①双轮缘车轮，用于桥、门式起重机大车走行轮，轮缘高为 25 mm～30 mm；②单轮缘车轮，常用于桥 门式起重机的小车走行轮，轮缘高为 20 mm～25 mm，小车架跨度小，刚度好，不易脱轨；③无轮缘车轮，没有轮缘阻挡，车轮容易脱轨，因而使用范围受到限制。如圆形轨道起重机的车轮，因有中心转轴的约束，车轮只能沿一定半径的圆形轨道行走，故可用无轮缘车轮。也可在车轮两边加水平滚轮向导，防止脱轨。这三种车轮已标准化，标准号为 JB/T 6392—2008。标准车轮有三种型式：SL 型为双轮缘车轮，其基本尺寸见图 4-8-1 和表 4-8-1；DL 型为单轮缘车轮，其基本尺寸见图 4-8-2 和表 4-8-2；WL 型为无轮缘车轮，其基本尺寸见图 4-8-3 和表 4-8-3。

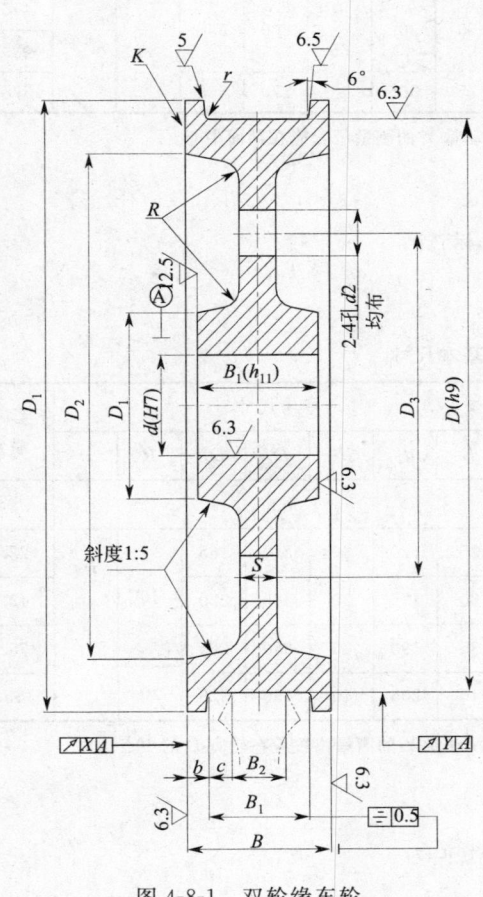

图 4-8-1 双轮缘车轮

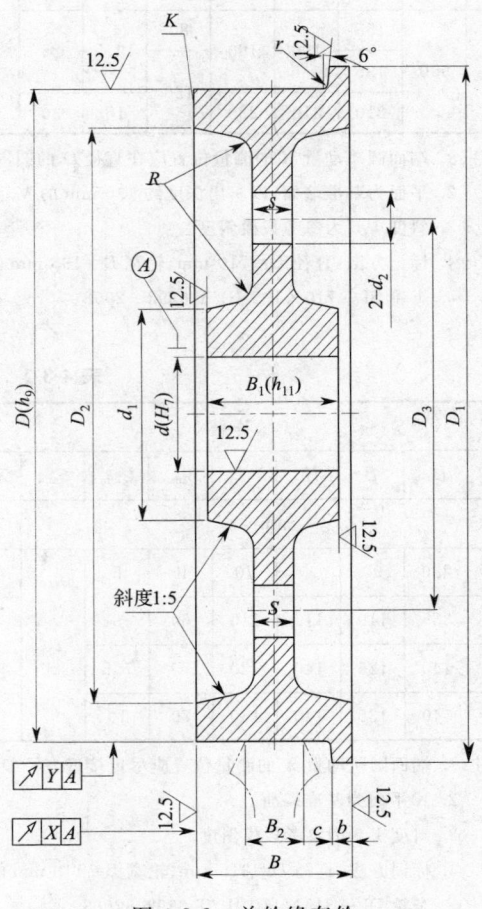

图 4-8-2 单轮缘车轮

### 表 4-8-1　双轮缘基本尺寸

| 基本尺寸 | | | | | | | | 参考尺寸 | | | | | | | | 参考质量 |
|---|---|---|---|---|---|---|---|---|---|---|---|---|---|---|---|---|
| $D$ | $D_1$ | $B$ | $B_1$ | $d$ | $B_{2max}$ | $C_{min}$ | $b_{min}$ | $X_{max}$ | $Y_{max}$ | $S$ | $d_1$ | $d_2$ | $D_2$ | $D_3$ | $R$ | $r$ |
| mm | | | | | | | | μm | | mm | | | | | | | kg |
| 250 | 280 | 90 | 90 | 70 | 40 | 5 | 20 | 50 | | 25 | 120 | 30 | 210 | 165 | 10 | 5 | 24.2 |
| 315 | 355 | 110 | 110 | 110 | 60 | 5 | 20 | | | 30 | 175 | 30 | 265 | 220 | 10 | 5 | 46.8 |
| | | 155 | | 120 | 80 | 12.5 | 25 | | | | 190 | | 255 | | | | 61.8 |
| 400 | 440 | 125 | 140 | 120 | 70 | 7.5 | 20 | 60 | | 35 | 190 | 35 | 340 | 265 | | 5 | 79.4 |
| | 450 | 155 | | 130 | 80 | 12.5 | 25 | | | | 205 | | 330 | | | | 99.4 |
| 500 | 540 | 130 | 140 | 130 | 70 | 10 | 20 | | | 40 | 205 | 40 | 430 | 315 | | | 121.0 |
| | 550 | 175 | | 140 | 100 | 12.5 | 25 | | | | 220 | | | 325 | | | 147.0 |
| 630 | 680 | 145 | 160 | 160 | 70 | 12.5 | 25 | | | 45 | 255 | 50 | 560 | 405 | 20 | | 205.0 |
| | | 175 | | | 100 | 12.5 | 25 | | | | | | | | | | 221.2 |
| | | 210 | 190 | 180 | 120 | 15 | 30 | | | 60 | 285 | | 530 | | | | 309.6 |
| 710 | 760 | 155 | 180 | 170 | 80 | 12.5 | 25 | 80 | | 50 | 270 | 55 | 630 | 450 | | | 277.5 |
| | | 195 | | | 120 | | | | | | | | | | | | 304.3 |
| | | 210 | 210 | 190 | | 15 | 30 | | | 65 | 300 | | 600 | | 25 | | 397.0 |
| 800 | 850 | 155 | 180 | 180 | 80 | 12.5 | 25 | | | 50 | 285 | 60 | 710 | 500 | | 6 | 344.4 |
| | | 195 | | | 120 | | | | | | | | | | | | 378.4 |
| | | 210 | 210 | 200 | | 15 | 30 | | | 70 | 320 | | 680 | | | | 448.6 |
| 900 | 950 | 155 | 190 | 190 | 80 | 12.5 | 25 | 100 | | 55 | 300 | 65 | 800 | 550 | 30 | | 446.5 |
| | | 195 | | | 120 | | | | | | | | | | | | 489.0 |
| | | 210 | 210 | 230 | | 15 | 30 | | | 75 | 365 | | 770 | 565 | | | 578.5 |

注：1. 端面圆跳动量 $X$ 的测量位置应在直径 $D$ 的圆周上，径向圆跳动量 $Y$ 的测量位置应在踏面中心。
　　2. 平面为基准端面，以车出深度约 1.5 mm 的 V 形小沟作标记。
　　3. 斜度 1:5 为参考拔模斜度。
　　4. 标记方法：直径 $D=710$ mm、轮宽 $B=195$ mm 的双轮缘车轮，标记为：
　　　车轮 SL—710×195 JB/T 6392—2008。

### 表 4-8-2　单轮缘车轮基本尺寸

| 基本尺寸 | | | | | | | | 参考尺寸 | | | | | | | | 参考质量 |
|---|---|---|---|---|---|---|---|---|---|---|---|---|---|---|---|---|
| $D$ | $D_1$ | $B$ | $B_1$ | $d$ | $B_{2max}$ | $C_{min}$ | $b_{min}$ | $X_{max}$ | $Y_{max}$ | $S$ | $d_1$ | $d_2$ | $D_2$ | $D_3$ | $R$ | $r$ |
| mm | | | | | | | | μm | | mm | | | | | | | kg |
| 250 | 280 | 90 | 90 | 70 | 40 | 5 | | 50 | | 25 | 120 | 30 | 210 | 165 | 10 | 5 | 22.3 |
| 315 | 355 | 110 | 110 | 110 | 60 | 5 | 20 | | | 30 | 175 | 30 | 265 | 220 | 10 | 5 | 43.3 |
| 400 | 440 | 125 | 140 | 120 | 70 | 7.5 | | 60 | | 35 | 190 | 35 | 340 | 265 | | | 75.2 |
| 500 | 540 | 130 | 140 | 130 | 70 | 10 | | | | 40 | 205 | 40 | 430 | 320 | 20 | | 115.8 |

注：1. 端面圆跳动量 $X$ 的测量位置应尽量接近直径 $D$ 的圆周，径向跳动量 $Y$ 的测量位置应在轮宽 $B$ 的中点。
　　2. K 平面为基准端面。
　　3. 斜度 1:5 为参考拔模斜度。
　　4. 标记方法：直径 $D=315$ mm、轮宽 $B=110$ mm 的单轮缘车轮，标记为：
　　　车轮 DL—315×110 JB/T 6392—2008。

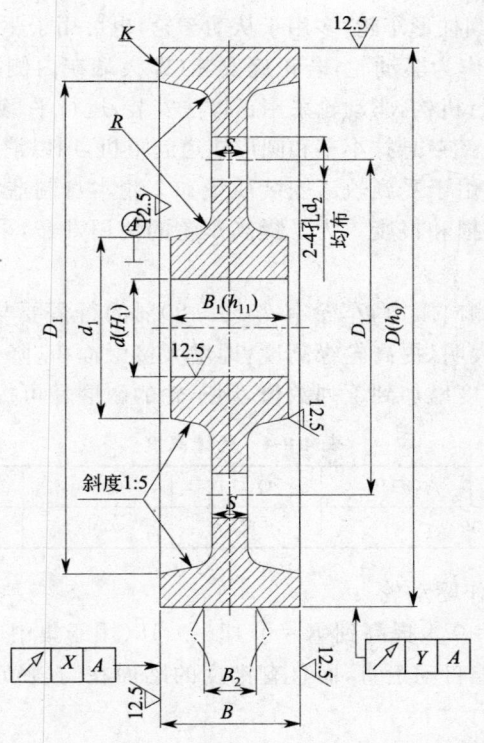

图 4-8-3 无轮缘车轮

表 4-8-3 无轮缘车轮基本尺寸

| 基本尺寸 | | | | | 参考尺寸 | | | | | | | | 参考质量 |
|---|---|---|---|---|---|---|---|---|---|---|---|---|---|
| $D$ | $B$ | $B_1$ | $d$ | $B_{2max}$ | $X_{max}$ | $Y_{max}$ | $S$ | $d_1$ | $d_2$ | $D_2$ | $D_3$ | $R$ | |
| mm | | | | | μm | | mm | | | | | | kg |
| 250 | 90 | 90 | 70 | 40 | 50 | | 25 | 120 | 30 | 210 | 165 | 10 | 20.2 |
| 315 | 110 | 110 | 110 | 60 | | | 30 | 175 | 30 | 265 | 220 | 10 | 40.1 |
| | 155 | | 120 | 80 | | | | 190 | | 255 | | | 53.5 |
| 400 | 125 | 140 | 120 | 70 | 60 | | 35 | 190 | 35 | 340 | 265 | | 71.0 |
| | 155 | | 130 | 80 | | | | 205 | | 330 | | | 86.1 |
| 500 | 130 | 140 | 130 | 70 | | | 40 | 205 | 40 | 430 | 315 | | 110.6 |
| | 175 | | 140 | 100 | | | | 220 | | | 325 | 20 | 130.5 |
| 630 | 145 | 160 | 160 | 70 | | | 45 | 255 | 50 | 560 | 405 | | 184.8 |
| | 175 | | | 100 | | | | | | | | | 200.4 |
| | 210 | 190 | 180 | 120 | | | 60 | 285 | | 530 | | | 285.0 |
| 710 | 155 | 180 | 170 | 80 | 80 | | 50 | 270 | 55 | 630 | 450 | 25 | 254.5 |
| | 195 | | | 120 | | | | | | | | | 281.3 |
| | 210 | 210 | 190 | | | | 65 | 300 | | 600 | | | 369.4 |
| 800 | 155 | 180 | 180 | 80 | | | 50 | 285 | 60 | 710 | 500 | | 318.6 |
| | 195 | | | 120 | | | | | | | | | 352.6 |
| | 210 | 210 | 200 | | | | 70 | 320 | | 680 | | | 417.6 |
| 900 | 155 | 190 | 190 | 80 | 100 | | 55 | 300 | 65 | 800 | 550 | 30 | 417.6 |
| | 195 | | | 120 | | | | | | | | | 460.1 |
| | 210 | 210 | 230 | | | | 75 | 365 | | 770 | 565 | | 543.8 |

注:端面跳动量 $X$ 的测量位置应尽量接近直径 $D$ 的圆周,径向圆跳动量 $Y$ 的测量位置应在轮宽 $B$ 的中点。

车轮按踏面形状分为：①圆柱形车轮，多用于从动车轮，也可用于驱动车轮。②圆锥形车轮，常用锥度为 1∶10。采用圆锥车轮作为驱动轮，若正确安装（即大端在内侧），运行中具有自动走直作用。模型试验表明，集中驱动的运行机构，驱动轮采用正锥法安装，运行平稳，自动走直效果好。③鼓形车轮，踏面为圆弧形，主要用于电葫芦悬挂小车和圆形轨道起重机，用以消除附加阻力和磨损。

车轮是起重机的承重件，由于受到轨道安装质量和车轮本身制造偏差等因素影响，运行中会产生偏斜和滑移，使车轮很快磨损和报废。为了提高车轮的使用寿命，采用以下措施是有效的。

1. 提高车轮轮缘高度

车轮轮缘承受起重机的侧向压力，车轮有 70%～80% 的行程要与轨道侧面相互摩擦，由于轮缘磨耗而使车轮报废。研究表明，提高轮缘高度，即增大接触面积，降低接触应力，可提高车轮使用寿命。试验证明，如果轮缘高度增加到下列数值，则车轮的耐磨性可提高 25%～30%（表 4-8-4）。

表 4-8-4 轮缘高度

| 轨道型号 | P43 | QU50 | QU70 | QU80 | QU100 | QU120 以上 |
|---|---|---|---|---|---|---|
| 轮缘高度/mm | 30 | 35 | 40 | 45 | 50 | |

2. 采用大锥度圆锥车轮作驱动轮

将圆锥车轮的锥度从 $K=0.1$ 提高到 $K=0.15\sim0.18$（用于集中驱动）或 $K=0.25\sim0.28$（用于分别驱动），起重机运行时能自动走直，而且有锥度的踏面在与轨道接触时，车轮要偏斜 4°～5°，可部分或全部消除歪斜侧向力。

3. 车轮踏面采用深层热处理

车轮踏面采用深层热处理可防止运行中硬层脱落，提高使用寿命。采用工频局部加热方式可达到省工节电和提高硬度的要求。车轮热处理应符合表 4-8-5 的规定。

表 4-8-5 车轮踏面硬度

| 车轮直径/mm | 踏面和轮缘轮缘内侧面硬度/HB | 硬度 HB260 层深度/mm |
|---|---|---|
| ≤400 | 300～380 | ≥15 |
| >400 | 300～380 | ≥20 |

车轮踏面硬度不要超过表 4-8-5 中数值，因为踏面过硬，回使轨道严重磨损，而更换轨道比更换车轮困难得多。

起重机车轮多用铸钢制造，一般采用 ZG310—570 以上的铸钢。小尺寸的车轮也可用锻钢制造，一般不低于 45 号优质钢，特大车轮用 60 号以上优质钢进行轮轧制，轮压小于 50 kN，运行速度小于 30 m/min 的车轮，也可采用铸铁制造。

近代起重机的车轮几乎都采用滚动轴承，运行阻力小，装配、维护方便，车轮轴承可在一定程度上补偿安装误差和车架变形。圆锥滚子轴承也常采用。

## 第二节 车轮计算

按照车轮踏面与轨道顶部形状的不同，其接触处可能是一直线（实际是矩形面积），称为线接触，也可能是一点（实际是小椭圆面积），称为点接触，如图 4-8-4 所示。线接触的受力情况较好，但往往由于机架变形和安装偏差等因素，使线接触应力分布不尽如人意，因而在起重机的运行机构中常常采用点接触结构。起重机车轮计算应采用"GB/T 3811—2008 起重机设计规范和 GB/T 26477.1—2011 起重机 车轮和相关小车承轨结构的设计计算 第 1 部分：总则"执行。

### 一、计算载荷

起重机车轮所承受的载荷与运行机构传动系统的载荷无关，可直接根据起重机外载荷的平衡条件求得。车轮的疲劳计算载荷 $P_C$ 可由起重机的最大轮压和最小轮压来确定。GB/T 3811—2008《起重机设计规范》规定，$P_C$ 的计算式如下：

$$P_C = \frac{2P_{max} + P_{min}}{3} \tag{4-8-1}$$

式中　$P_{max}$——起重机正常工作时的最大轮压(N)；
　　　$P_{min}$——起重机正常工作时的最小轮压(N)。

在确定 $P_{max}$ 和 $P_{min}$ 时，起升机构和运行机构的动载系数和冲击系数都取为1。

对于桥式起重机，当小车吊额定载荷运行到一侧的极限位置时，靠近小车侧的大车轮压就是 $P_{max}$；卸下载荷后远离小车侧的大车轮压就是 $P_{min}$。对于臂架式起重机，满载最大幅度吊臂下方的轮压为 $P_{max}$；空载最小幅度吊臂下方的轮压为 $P_{min}$。

## 二、车轮踏面接触强度计算

按赫兹公式计算接触疲劳强度。

**1. 线接触的允许轮压**

$$P_C \leqslant K_1 DLC_1 C_2 \quad (N) \tag{4-8-2}$$

式中　$K_1$——与材料有关的许用线接触应力常数($N/mm^2$)；钢制车轮的 K 按表 4-8-6 选取；
　　　$D$——车轮直径(mm)；
　　　$L$——车轮与轨道有效接触长度(mm)；
　　　$C_1$——转速系数，按表 4-8-7 选取；
　　　$C_2$——工作级别系数，按表 4-8-8 选取。

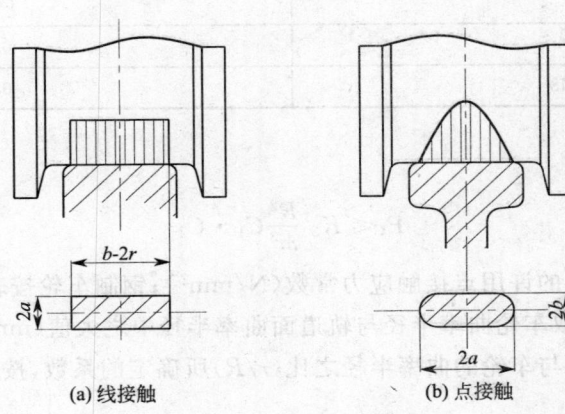

图　4-8-4

表 4-8-6　系数 $K_1$、$K_2$

| $\sigma_b$ | $K_1$ | $K_2$ |
|---|---|---|
| 500 | 3.8 | 0.053 |
| 600 | 5.6 | 0.1 |
| 650 | 6.0 | 0.132 |
| 700 | 6.8 | 0.181 |
| 800 | 7.2 | 0.245 |

注：1. $\sigma_b$ 为材料的抗拉强度($N/mm^2$)；
　　2. 钢制车轮一般应热处理，踏面硬度推荐为 HB=300～380，淬火层深度为 15 mm～20 mm，在确定许用的值时，取材料未经热处理时的 $\sigma_b$；
　　3. 当车轮材料采用球墨铸铁时，$\sigma_b \geqslant 500\ N/mm^2$ 的材料，$K_1$、$K_2$ 值按 $\sigma_b = 500\ N/mm^2$ 选取。

表 4-8-7 系数 $C_1$

| 车轮转速 min$^{-1}$ | $C_1$ | 车轮转速 min$^{-1}$ | $C_1$ | 车轮转速 min$^{-1}$ | $C_1$ |
|---|---|---|---|---|---|
| 200 | 0.66 | 50 | 0.94 | 16 | 1.09 |
| 160 | 0.72 | 45 | 0.96 | 14 | 1.1 |
| 125 | 0.77 | 40 | 0.97 | 12.5 | 1.11 |
| 112 | 0.79 | 35.5 | 0.99 | 11.2 | 1.12 |
| 100 | 0.82 | 31.5 | 1.00 | 10 | 1.13 |
| 90 | 0.84 | 28 | 1.02 | 8 | 1.14 |
| 80 | 0.87 | 25 | 1.03 | 6.3 | 1.15 |
| 71 | 0.89 | 22.4 | 1.04 | 5.6 | 1.16 |
| 63 | 0.91 | 20 | 1.06 | 5 | 1.17 |
| 56 | 0.92 | 18 | 1.07 | | |

表 4-8-8 系数 $C_2$

| 运行机构工作级别 | $C_2$ |
|---|---|
| M1~M3 | 1.25 |
| M4 | 1.12 |
| M5 | 1.00 |
| M6 | 0.9 |
| M7、M8 | 0.8 |

**2. 点接触的允许轮压**

$$P_C \leqslant K_2 \frac{R^2}{m^3} C_1 \cdot C_2 \tag{4-8-3}$$

式中 $K_2$——与材料有关的许用点接触应力常数（N/mm²）；钢制车轮按表 4-8-6 选取；

$R$——曲率半径，取车轮曲率半径与轨道面曲率半径中之大值（mm）；

$m$——由轨道顶面与车轮的曲率半径之比（$r/R$）所确定的系数，按表 4-8-9 选取。

表 4-8-9 系数 $m$

| $r/R$ | 1.0 | 0.9 | 0.8 | 0.7 | 0.6 | 0.5 | 0.4 | 0.3 |
|---|---|---|---|---|---|---|---|---|
| $m$ | 0.388 | 0.400 | 0.420 | 0.440 | 0.468 | 0.490 | 0.536 | 0.600 |

注：1. $r/R$ 为其他值时，$m$ 值用内插法计算；

2. $r$ 为接触面曲率半径的小值。

## 第三节 车轮组尺寸和许用轮压

桥、门式起重机大车和小车的车轮都与角轴承箱装配在一起，称为车轮组，整体定位焊接在走行梁上，如图 4-8-5 所示。走行梁上部不需要机械加工面，非常方便。

国产车轮组已有系列产品供选用。常用的车轮组尺寸见图 4-8-6、表 4-8-10 和图 4-8-7、表 4-8-11。车轮组的许用轮压见表 4-8-12。

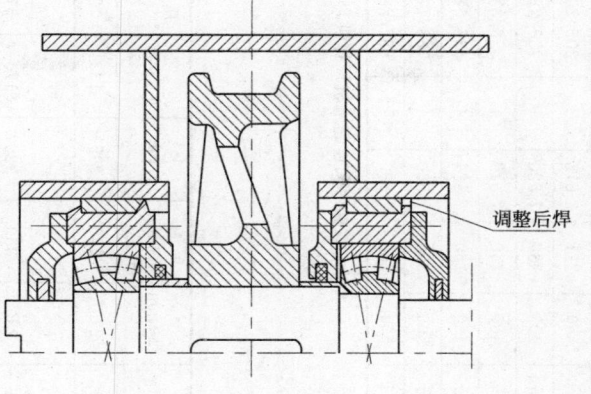

图 4-8-5 角轴承箱定位

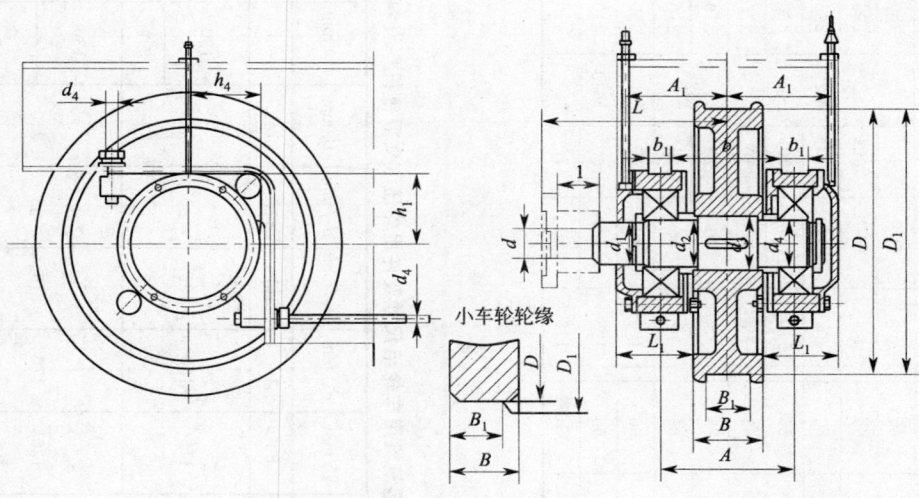

图 4-8-6 车轮组

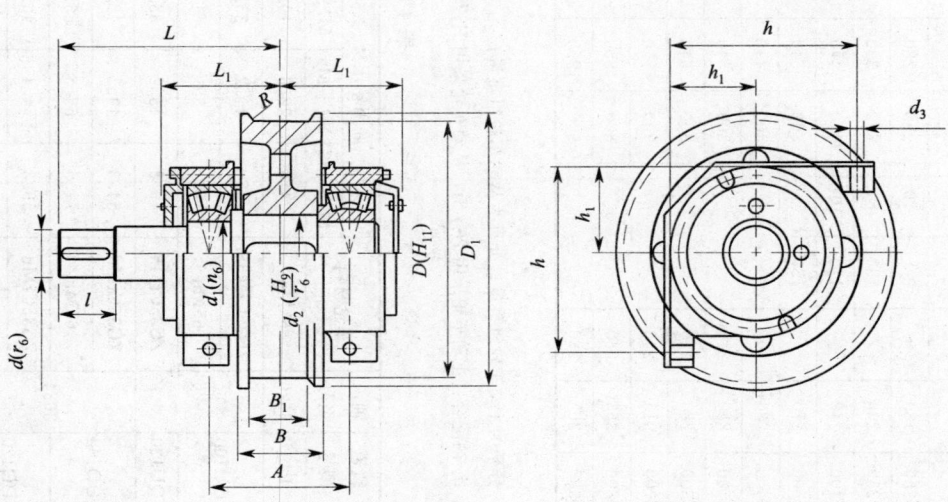

图 4-8-7 大型起重机用车轮组

## 表 4-8-10 车轮组尺寸

尺寸/mm

| 名称规格 | | $A$ | 轴承型号 | $A_1$ | $B$ | $B_1$ | $D$ | $D_1$ | $b$ | $b_1\left(\dfrac{h_9}{f_9}\right)$ | $d(S_6)$ | $d\left(\dfrac{h_{12}}{c_{12}}\right)$ | $d_2(m_6)$ | $d_3$ | $d_4$ | $h$ | $h_1$ | $l$ | $L$ | $L_1$ | 轴承型号 | 数量 | 质量/kg |
|---|---|---|---|---|---|---|---|---|---|---|---|---|---|---|---|---|---|---|---|---|---|---|---|
| 小车轮组 | φ250 | 180 | 3620 | — | 90 | 70 | 250 | 280 | 150 | 30 | 45 | 50 | 60 | 70 | M20 | 180 | 80 | 70 | 225 | 130 | 7 512 | 2 | 45/42 |
| | φ350 | 200 | | — | 100 | 81 | 350 | 380 | 150 | 50 | 65 | 85 | 90 | 100 | | 225 | 105 | 85 | 300 | 150 | 7 518 | 2 | 112/105 |
| | φ400 | 240 | | — | 120 | 100 | 400 | 440 | 190 | 50 | 80 | 85 | 100 | 110 | | 260 | 120 | 115 | 350 | 170 | 7 520 | 2 | 155/148 |
| | φ500 | 270 | 3626 | — | 130 | 110 | 500 | 540 | 220 | 50 | 80 | 110 | 120 | 130 | | 300 | 140 | 115 | 350 | 195 | 7 524 | 2 | 250/248 |
| | φ400 | 280 | | 204 | 见表 3-8-1 | | 400 | 440 | 230 | 50 | 65 | 75 | 90 | 110 | | 275 | 125 | 85 | 350 | 221 | 3 618 | 2 | 205/200 |
| 大车轮组 | φ500 | 280 | | 215 | | | 500 | 540 | 230 | 50 | 75 | 85 | 100 | 120 | M24 | 310 | 140 | 105 | 400 | 230 | 7 620 | 4 | 288/281 |
| | φ600 | 280 | 3634 | 215 | | | 600 | 640 | 230 | 50 | 85 | 90 | 100 | 120 | | 310 | 140 | 115 | 400 | 230 | 7 520 | 4 | 338/328 |
| | φ700 | 315 | | 240 | | | 700 | 750 | 235 | 80 | 90 | 100 | 120 | 140 | | 350 | 160 | 125 | 450 | 260 | 7 524 | 4 | 536/523 |
| | φ800 | 365 | | 280 | | | 800 | 850 | 275 | 90 | 95 | 120 | 150 | 160 | M30 | 410 | 190 | 145 | 500 | 300 | 7 530 | 4 | 788/776 |
| | φ900 | 365 | 3638 | 280 | | | 900 | 950 | 275 | 90 | 110 | 120 | 150 | 170 | | 410 | 190 | 165 | 500 | 300 | 7 530 | 4 | 887/869 |

注: 1. 分子为主动车轮组重量; 分母为从动车轮组重量;
2. $d_3$ 的配合: 主动车轮采用 $H_7/S_6$; 从动车轮采用 $H_8/t_6$。

(以上数据由大连起重机厂提供)

## 表 4-8-11 大型起重机用车轮组尺寸及许用轮压 (太原重机厂资料)

| 车轮直径/mm | 轨道型号 | 车轮材料 | 许用轮压/t | | | | $D_1$/mm | $d$/mm | $d_1$/mm | $d_2$/mm | $d_3$/mm | $B$/mm | $B_1$/mm | $l$/mm | $L$/mm | $L_1$/mm | $A$/mm | $h$/mm | $h_1$/mm | 质量/kg |
|---|---|---|---|---|---|---|---|---|---|---|---|---|---|---|---|---|---|---|---|---|
| | | | M1~M3 | M4~M6 | M7、M8 | | | | | | | | | | | | | | | |
| 400 | P43 | 65Mn | 24.6 | 22.6 | 19.4 | | 450 | 80 | 100 | 110jc₄ | 25 | 140 | 90 | 115 | 380 | 220 | 260 | 295 | 133 | 224 |
| 600 | QU100 | ZG35CrMnSi | 45 | 41.2 | 35.5 | | 650 | 115 | 130 | 175 | 35 | 210 | 130 | 140 | 495 | 280 | 330 | 385 | 175 | 573 |
| | QU120 | 65Mn | 60 | 55 | 47 | | | | | | | | 50 | | | | | | | |
| | UQ100 | ZG35CrMn | 49.3 | 45.2 | 38.7 | | 750 | 130 | 170 | 215 | 35 | 210 | 130 | 160 | 590 | 310 | 380 | 490 | 225 | 966 |
| 700 | | ZG35CrMn | 54.3 | 49.3 | 42.2 | | | | | | | | | | | | | | | |
| | UQ120 | 65Mn | 71.5 | 65.5 | 56.3 | | | | | | | | | | | | | | | |
| | | ZG35CrMn | 59.3 | 54.4 | 46.5 | | | | | | | | 150 | | | | | | | 956 |
| 800 | QU120 | 65Mn | 78 | 72 | 61 | | 850 | 150 | 190 | 230 | 35 | 210 | 150 | 180 | 630 | 344 | 400 | 530 | 245 | 1234 |
| | | 65Mn | 90.7 | 83.1 | 71.3 | | | | | | | | | | | | | | | |

(以上数据由大连起重机厂提供)

表 4-8-12 车轮组最大许用轮压 (t)

| 车轮直径/mm | 轨道型号 | 工作级别 | 运行速度/(m/min) <60 | | | 60~90 | | | >90~180 | | |
|---|---|---|---|---|---|---|---|---|---|---|---|
| | | | Q/G 1.1 | 0.5 | 0.15 | 1.1 | 0.5 | 0.15 | 1.1 | 0.5 | 0.15 |
| 大车轮 500 | P38 | M1~M3 | 20.6 | 19.7 | 18 | 18.7 | 17.9 | 16.4 | 17.2 | 16.4 | 15 |
| | | M4、M5 | 17.2 | 16.4 | 15 | 15.6 | 15 | 13.7 | 14.4 | 13.7 | 12.5 |
| | | M6、M7 | 14.7 | 14.1 | 12.9 | 13.4 | 12.8 | 11.7 | 12.3 | 11.7 | 10.7 |
| | | M8 | 12.9 | 12.3 | 11.3 | 11.7 | 11.2 | 10.3 | 10.7 | 10.3 | 9.4 |
| | QU70 | M1~M3 | 26 | 24.3 | 22.7 | 23.6 | 22.6 | 20.6 | 21.7 | 20.7 | 19 |
| | | M4、M5 | 21.7 | 20.7 | 19 | 19.7 | 18.8 | 17.2 | 18.1 | 17.3 | 15.9 |
| | | M6、M7 | 18.6 | 17.7 | 16.2 | 16.9 | 16.2 | 14.7 | 15.5 | 14.8 | 13.6 |
| | | M8 | 16.3 | 15.5 | 14.2 | 14.8 | 14.1 | 12.9 | 13.6 | 12.9 | 11.6 |
| 600 | P38 P43 | M1~M3 | 24.6 | 23.5 | 21.5 | 22.4 | 21.4 | 19.5 | 20.6 | 19.6 | 18 |
| | | M4、M5 | 20.6 | 19.6 | 18 | 19.7 | 17.8 | 16.3 | 17.2 | 16.4 | 15 |
| | | M6、M7 | 17.6 | 16.8 | 15.4 | 16 | 15.3 | 14 | 14.7 | 14 | 12.9 |
| | | M8 | 15.4 | 14.7 | 13.4 | 14 | 13.4 | 12.2 | 12.9 | 12.3 | 11.3 |
| | QU70 | M1~M3 | 32 | 30.5 | 27.9 | 29.2 | 27.8 | 25.4 | 26.7 | 25.5 | 23.3 |
| | | M4、M5 | 26.7 | 25.5 | 23.3 | 24.4 | 23.2 | 21.2 | 22.3 | 21.3 | 19.4 |
| | | M6、M7 | 22.9 | 21.8 | 19.9 | 20.9 | 19.9 | 18.1 | 19.1 | 18.2 | 16.7 |
| | | M8 | 20 | 19.1 | 17.4 | 18.3 | 17.4 | 15.8 | 16.7 | 15.9 | 14.0 |
| 700 | P43 | M1~M3 | 28 | 26.8 | 24.5 | 25.5 | 24.4 | 22.3 | 23.4 | 22.4 | 20.4 |
| | | M4、M5 | 23.4 | 22.4 | 20.4 | 21.3 | 20.3 | 18.6 | 19.5 | 18.7 | 17 |
| | | M6、M7 | 20 | 19.2 | 17.5 | 18.3 | 17.4 | 15.9 | 16.7 | 16 | 14.6 |
| | | M8 | 17.5 | 16.7 | 15.3 | 15.9 | 15.2 | 13.9 | 14.6 | 14 | 12.7 |
| | QU70 | M1~M3 | 38.6 | 36.8 | 33.6 | 35.2 | 33.5 | 30.6 | 32.2 | 30.7 | 28 |
| | | M4、M5 | 32.2 | 30.726 | 28 | 29.4 | 28 | 25.6 | 26.9 | 25.6 | 23.4 |
| | | M6、M7 | 27.6 | 3 | 24 | 25.2 | 24 | 21.9 | 23 | 22 | 20 |
| | | M8 | 24.2 | 23 | 21 | 22 | 21 | 19.1 | 20.1 | 19.2 | 17.5 |
| 800 | QU70 | M1~M3 | 43.7 | 41.7 | 38.1 | 39.8 | 38 | 34.7 | 36.4 | 34.8 | 31.8 |
| | | M4、M5 | 36.4 | 34.8 | 31.8 | 33.2 | 31.7 | 29 | 30.4 | 29 | 26.6 |
| | | M6、M7 | 31.2 | 29.8 | 27.2 | 28.4 | 27.2 | 24.8 | 26 | 24.9 | 22.7 |
| | | M8 | 27.3 | 26.1 | 23.8 | 24.9 | 23.8 | 21.7 | 22.8 | 21.8 | 19.8 |
| 900 | QU80 | M1~M3 | 50.5 | 48.1 | 44 | 46 | 43.7 | 40 | 42.2 | 40.2 | 36.8 |
| | | M4、M5 | 42.2 | 40.2 | 36.8 | 38.4 | 36.5 | 33.4 | 35.2 | 33.6 | 30.7 |
| | | M6、M7 | 36.1 | 34.4 | 31.5 | 32.9 | 31.2 | 28.6 | 30.2 | 28.8 | 26.3 |
| | | M8 | 31.6 | 30.1 | 27.5 | 28.8 | 27.3 | 25 | 26.4 | 25.1 | 23 |

| 车轮直径/mm | 轨道型号 | 工作级别 | 运行速度/(m/min) <60 | | 60~90 | | >90~180 | | >180 | |
|---|---|---|---|---|---|---|---|---|---|---|
| | | | Q/G ≥1.6 | 0.9 | ≥1.6 | 0.9 | ≥1.6 | 0.9 | ≥1.6 | 0.9 |
| 小车轮 250 | P11 | M1~M3 | 3.3 | 3.09 | 2.91 | 2.81 | 2.67 | 2.58 | 2.46 | 2.34 |
| | | M4、M5 | 2.67 | 2.58 | 2.43 | 2.34 | 2.23 | 2.15 | 2.5 | 1.98 |
| | | M6、M7 | 2.38 | 2.21 | 2.08 | 2.01 | 1.91 | 1.84 | 1.76 | 1.7 |
| | | M8 | 2 | 1.93 | 1.82 | 1.76 | 1.67 | 1.61 | 1.54 | 1.48 |
| 350 | P18 | M1~M3 | 4.18 | 4.03 | 3.8 | 3.66 | 3.49 | 3.36 | 3.22 | 3.1 |
| | | M4、M5 | 3.49 | 3.36 | 3.17 | 3.06 | 2.91 | 2.8 | 2.68 | 2.59 |
| | | M6、M7 | 2.99 | 2.88 | 2.72 | 2.62 | 2.5 | 2.4 | 3.2 | 2.22 |
| | | M8 | 2.61 | 2.52 | 2.38 | 2.29 | 2.18 | 2.1 | 2.01 | 1.94 |
| | P24 | M1~M3 | 14.1 | 13.5 | 12.8 | 12.3 | 11.8 | 11.3 | 10.9 | 10.4 |
| | | M4、M5 | 11.8 | 11.3 | 10.7 | 10.3 | 9.85 | 9.45 | 9.1 | 8.7 |
| | | M6、M7 | 10.1 | 9.65 | 9.15 | 8.8 | 8.45 | 8.1 | 7.8 | 7.45 |
| | | M8 | 8.8 | 8.45 | 8 | 7.7 | 7.4 | 7.06 | 6.8 | 6.5 |
| 400 | P38 | M1~M3 | 16 | 15.4 | 14.6 | 14 | 13.4 | 12.8 | 12.3 | 11.85 |
| | | M4、M5 | 13.4 | 15.8 | 12.2 | 11.7 | 11.2 | 10.7 | 10.3 | 9.9 |
| | | M6、M7 | 11.4 | 11 | 10.4 | 10 | 9.6 | 9.15 | 8.8 | 8.5 |
| | | M8 | 10 | 9.6 | 9.15 | 8.75 | 8.4 | 8 | 7.7 | 7.4 |
| 500 | P43 | M1~M3 | 19.8 | 19.1 | 18 | 17.4 | 16.5 | 15.9 | 15.2 | 14.7 |
| | | M4、M5 | 16.5 | 15.9 | 15 | 14.5 | 13.8 | 13.3 | 12.7 | 12.25 |
| | | M6、M7 | 14.15 | 13.7 | 12.9 | 12.45 | 11.8 | 11.4 | 10.9 | 10.5 |
| | | M8 | 12.4 | 11.9 | 11.25 | 10.9 | 10.3 | 9.95 | 9.5 | 9.2 |

(以上数据由大连起重机厂提供)

注:此表数值是按车轮材料:ZG310—570、HB320算出的;若车轮材料用 ZG50MnMo,车轮轴用 45,HB=228~255 时,最大许用轮压可以提高 20%;

Q——起重机起重量;

G——起重机自重。

## 第四节 轨 道

起重机的走行轨道有三种：起重机钢轨、P型铁路钢轨和方钢。起重机钢轨的顶部作成凸状，底部是具有一定宽度的平板，增大与基础的接触面；铁路轨道的截面为工字形，具有良好的抗弯强度。方钢可看作是平顶钢轨，由于对车轮的磨损大，现在已很少用。

### 一、材料和型号

钢轨通常用含碳、锰较高的钢材（C=0.5%～0.8%、Mn=0.6%～1.5%）轧制而成。起重机钢轨的典型材料为U71Mn钢，其化学成分如表4-8-13所示。方钢主要用Q275的方钢或扁钢制成。

表 4-8-13 钢轨化学成分

| 牌号 | 化学成分/% | | | | |
| --- | --- | --- | --- | --- | --- |
| | C | Si | Mn | P | S |
| U71Mn | 0.65～0.77 | 0.15～0.35 | 1.10～1.50 | ≤0.040 | ≤0.040 |

起重机钢轨采用的标准有 YB/T 5055—1993 起重机钢轨、GB 2585—2007 铁路用热轧钢轨、GB/T 11264—1989 轻轨；具体尺寸和规格参见第一篇第八章第四节。起重机钢轨截面如图4-8-8所示，其基本尺寸和规格见表4-8-14和表4-8-15。起重机走行轨道按车轮轮压选用，见表4-8-16。

表 4-8-14 起重机钢轨基本尺寸 mm

| 型号 | $b$ | $b_1$ | $b_2$ | $s$ | $h$ | $h_1$ | $h_2$ | $R$ | $R_1$ | $R_2$ | $r$ | $r_1$ | $r_2$ |
| --- | --- | --- | --- | --- | --- | --- | --- | --- | --- | --- | --- | --- | --- |
| QU70 | 70 | 76.5 | 120 | 28 | 120 | 32.5 | 24 | 400 | 23 | 38 | 6 | 6 | 1.5 |
| QU80 | 80 | 87 | 130 | 32 | 130 | 35 | 26 | 400 | 26 | 44 | 8 | 8 | 1.5 |
| QU100 | 100 | 108 | 150 | 38 | 150 | 40 | 30 | 450 | 30 | 50 | 8 | 8 | 2 |
| QU120 | 120 | 129 | 170 | 44 | 170 | 45 | 35 | 500 | 34 | 56 | 8 | 8 | 2 |

| 型号 | 截面积 | 理论重量 | 参考数值 | | | | | | |
| --- | --- | --- | --- | --- | --- | --- | --- | --- | --- |
| | | | 重心距离 | | 惯性矩 | | 截面系数 | | |
| | | | $y_1$ | $y_2$ | $I_y$ | $I_y$ | $w_1=\dfrac{I_x}{y_1}$ | $w_2=\dfrac{I_x}{y_2}$ | $w_3=\dfrac{I_y}{b_2/2}$ |
| | cm² | kg/m | cm | | cm⁴ | | cm³ | | |
| QU70 | 67.30 | 52.80 | 5.93 | 6.07 | 1 081.99 | 327.16 | 182.42 | 178.12 | 54.53 |
| QU820 | 81.13 | 63.69 | 6.43 | 6.57 | 1 547.40 | 182.39 | 240.65 | 235.52 | 74.21 |
| QU100 | 113.32 | 88.96 | 7.60 | 7.40 | 2 864.73 | 940.98 | 376.94 | 387.12 | 125.42 |
| QU120 | 150.44 | 118.10 | 8.43 | 8.57 | 4 923.79 | 1 694.83 | 584.08 | 574.54 | 199.39 |

注：计算理论重量时，钢的体积质量采用7.85。

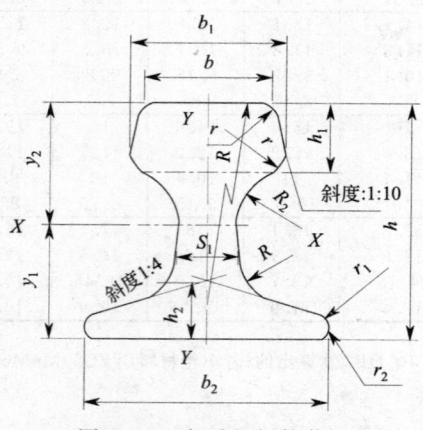

图 4-8-8 起重机钢轨截面

表 4-8-15  铁路钢轨基本尺寸                                                             mm

| 轨道型号 | $h$ | $h_1$ | $b$ | $b_1$ | $l$ | $Y_1$ | $Y_2$ | $R$ | $r$ | 备注 |
|---|---|---|---|---|---|---|---|---|---|---|
| P11 | 80.5 | 17.25 | 32 | 66 | 19.4 | 39.6 | 40.9 | 95 | 7 | YB222-63 |
| P15 | 91 | 19.5 | 37 | 76 | 24.2 | 43.5 | 47.5 | 146.25 | 7 | YB222-63 |
| P18 | 90 | 20.9 | 40 | 80 | 28.2 | 42.9 | 47.1 | 90 | 7 | YB222-63 |
| P24 | 107 | 23.28 | 51 | 92 | 26.13 | 53.05 | 53.95 | 300 | 13 | YB222-63 |
| P38 | 134 | 27.7 | 68 | 114 | 43.9 | 66.7 | 67.3 | 300 | 13 | GB183-63 |
| P43 | 140 | 32.4 | 70 | 114 | 46 | 68.5 | 71.5 | 300 | 13 | GB182-63 |
| P50 | 152 | 33.3 | 70 | 132 | 46 | 71 | 81 | 300 | 13 | GB181-63 |

计 算 数 据

| 轨道型号 | 截面面积 | 惯性矩 | | 截面系数 | | | 质量 |
|---|---|---|---|---|---|---|---|
| | | $I_x$ | $I_y$ | $W_1 = \dfrac{I_x}{Y_1}$ | $W_2 = \dfrac{I_x}{Y_2}$ | $W_3 = \dfrac{I_x}{b_1/2}$ | |
| | cm² | cm⁴ | | cm³ | | | kg/m |
| P11 | 14.31 | 125 | 15.1 | 31.7 | 30.5 | 4.5 | 11.20 |
| P15 | 18.80 | 222 | 30.2 | 51.0 | 46.6 | 7.9 | 14.72 |
| P18 | 23.07 | 240 | 41.1 | 56.1 | 51.0 | 10.3 | 18.06 |
| P24 | 31.24 | 486 | 80.46 | 91.64 | 90.12 | 17.49 | 24.46 |
| P38 | 49.50 | 1 204.4 | 209.3 | 180.6 | 178.9 | 36.7 | 38.733 |
| P43 | 57.00 | 1 489.0 | 260.0 | 217.3 | 208.3 | 45.0 | 44.653 |
| P50 | 65.80 | 2 037.0 | 377.0 | 287.2 | 251.3 | 57.1 | 51.514 |

表 4-8-16  钢轨的选用

| 车轮直径/mm | 200 | 300 | 400 | 500 | 600 | 700 | 800 | 900 |
|---|---|---|---|---|---|---|---|---|
| 起重机轨道 | | | | | | QU70 | QU70 | QU80 |
| 铁 路 轨 道 | P15 | P18 | P24 | P38 | P38 | P43 | P43 | P50 |
| 方   钢 | 40 | 50 | 60 | 80 | 80 | 90 | 90 | 100 |

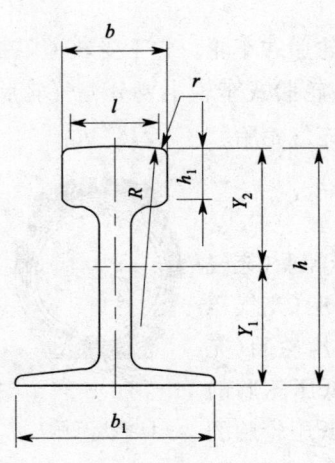

图 4-8-9  P 型铁路钢轨截面

## 二、钢轨的固定

起重机的大车走行轨道必须固定在走行基础上,小车走行轨道固定在主梁上。当起重机工作时,轨道不能有横向和纵向移动,轨道要便于调整。

起重机轨道在主梁上的固定方式主要有以下几种,见图 4-8-10。

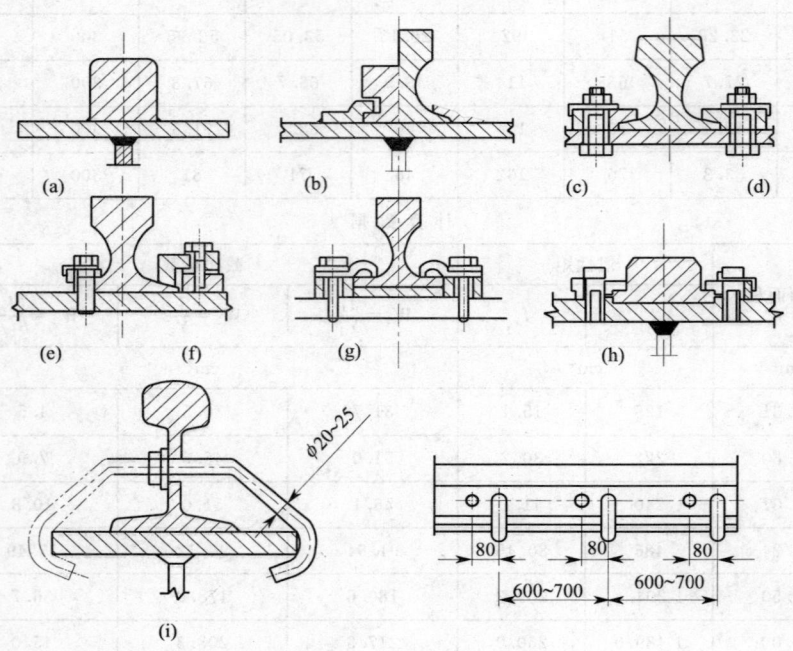

图 4-8-10 钢轨的固定方式

图 4-8-10 中 a 图采用连续焊缝焊接,为不可拆结构,轨道截面可计入钢梁,增加了承载强度,用于工作级别 M5 以下的小车车轮轨道。b 图是国内最常用的固定方法,装配方便,但拆卸麻烦,c 和 d 图适用于工作级别 M6、M7、M8 的机构。e 图和 f 图采用螺钉联接,用于底部不易上螺栓的地方。g 图在轨道底部铺垫厚 3 mm～6 mm 橡胶,可减少冲击。h 图是环形轨道的固定方式。i 图是小车轨道固定于起重机梁上的方式。

## 第五节 轮　胎

汽车起重机、轮胎起重机等采用轮胎式车轮。它不受轨道限制,机动性好,而且轮胎本身有弹性,能吸收路面不平引起的冲击和振动。轮胎式车轮主要分充气轮胎和实心轮胎两种,除极少数小型臂架式起重机采用实心轮胎外,都采用充气轮胎。

### 一、充气轮胎

充气轮胎按气压大小可分为高压轮胎(充气压力为 0.5 MPa～0.7 MPa)、低压轮胎(充气压力为 0.15 MPa～0.45 MPa)和超低压轮胎(充气压力为 0.05 MPa～0.15 MPa)。低压轮胎的截面与高压轮胎相近,高压轮胎和超低压轮胎的界面形状见图4-8-11。起重机桥负荷较大,通常采用高压轮胎。

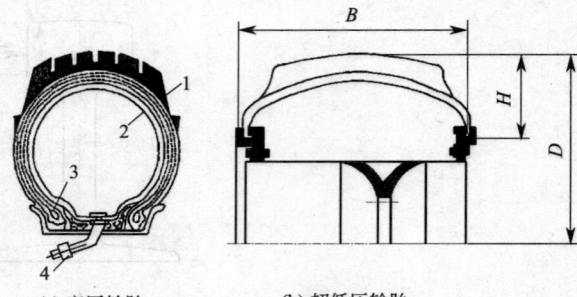

图 4-8-11　充气轮胎
1—外胎;2—内胎;3—衬带;4—气门嘴

轮胎按结构不同还可分为普通轮胎和无内胎轮胎,如图 4-8-12 所示。

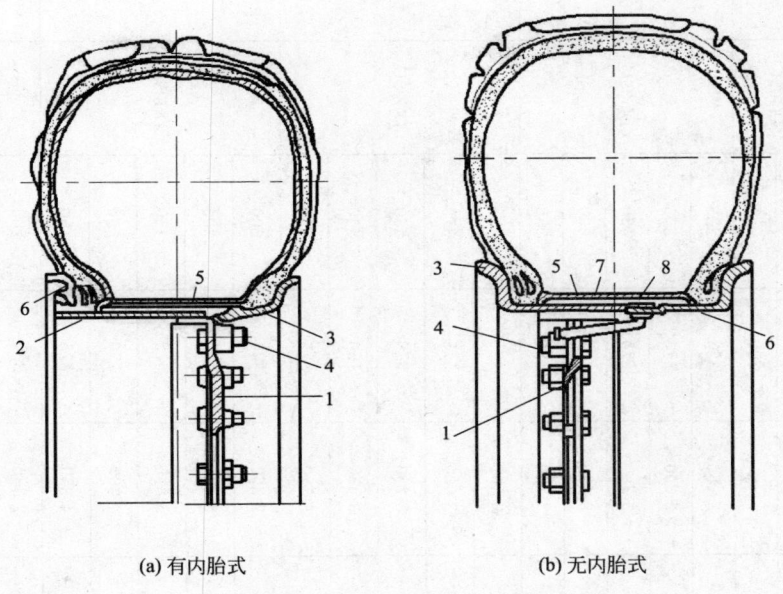

(a) 有内胎式　　(b) 无内胎式

图 4-8-12　普通轮胎和无内胎轮胎
1—轮辐;2—轮辋内体;3—轮辋外件;4—紧固螺栓;5—垫带;6—轮辋挡边;7—密封胶圈;8—气门嘴

普通轮胎由外胎和内胎组成。外胎由胎面、胎侧、帘布层、缓冲层及胎圈组成,内胎内充一定压力的空气支撑着外胎。无内胎轮胎没有内胎和垫带,外形与普通轮胎相似,但其内部有气密层、密封胶和特殊结构胎圈。无内胎轮胎的优点是轮胎穿刺后,空气泄漏很慢,不致在运行中产生翻车或其他安全事故。另外由于消除了内外胎之间的摩擦,无内胎轮胎的行驶温度较普通轮胎低 20%～30%,寿命高 20%。

起重机用轮胎属于工程机械轮胎系列,已标准化(GB/T 2980—2009)。工程机械轮胎按断面形状分为宽基轮胎(轮胎断面高宽比为 0.95 左右)、窄基轮胎(轮辋宽度与轮胎断面高宽比为 0.80 左右)和低断面轮胎(轮胎断面高宽比为 0.65 或 0.70 左右),按结构形式分为斜交结构和子午线结构。其规格、尺寸、气压与负荷见表 4-8-17～表 4-8-22。

充气轮胎规格一般用 B-d 或 B/b 简单表示,B 表示名义断面宽度,d 表示轮辋名义直径,b 表示名义高宽比,完整的规格表示及含义如下例:

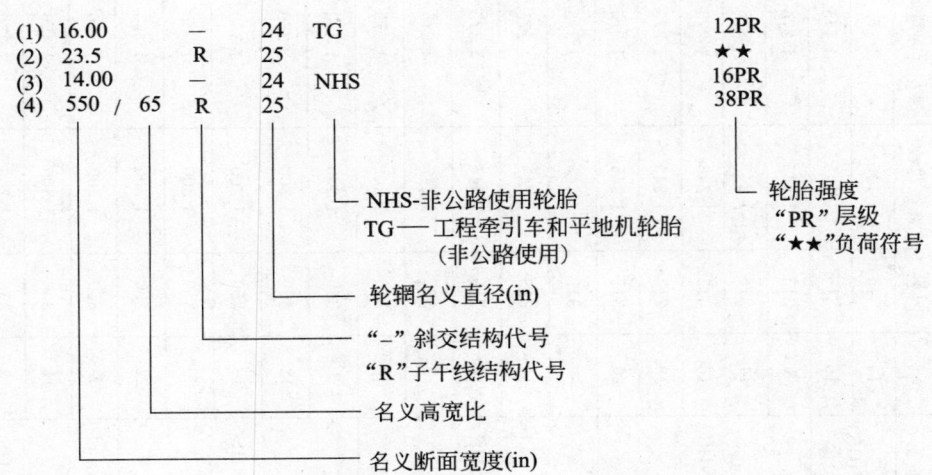

其中,轮胎强度表示轮胎在规定使用条件下所能承受的最大推荐负荷,斜交轮胎的强度用层级(或 PR)表示,子午线轮胎的强度用 1 颗,2 颗或 3 颗星表示。

表 4-8-17 窄基斜交轮胎（GB/T 2980—2009）

| 轮胎规格 | 层级 | 断面宽度 | 新胎设计尺寸/mm | | 轮胎最大使用尺寸[1]/mm | | | 不同速度下的负荷能力[2]/kg | | 不同速度下的充气压力/kPa | | 气门嘴型号 | |
|---|---|---|---|---|---|---|---|---|---|---|---|---|---|
| | | | 外直径 | | 总宽度 | 外直径 | | 10 km/h | 50 km/h | 10 km/h | 50 km/h | 有内胎 | 无内胎 |
| | | | 普通花纹 | 深花纹和超深花纹 | | 普通花纹 | 深花纹和超深花纹 | | | | | | |
| 12.00-20NHS | 14 | 315 | 1 145 | 1 175 | 340 | 1 185 | 1 215 | 5 000 | 2 800 | 600 | 425 | DG09C | — |
| | 16 | 315 | 1 145 | 1 175 | 340 | 1 185 | 1 215 | 5 450 | — | 700 | — | | |
| 12.00-24NHS | 8 | 315 | 1 245 | 1 275 | 340 | 1 285 | 1 315 | 4 000 | 2 180 | 325 | 225 | DG09C | — |
| | 14 | 315 | 1 245 | 1 275 | 340 | 1 285 | 1 315 | 5 600 | 3 000 | 575 | 375 | | |
| | 16 | 315 | 1 245 | 1 275 | 340 | 1 285 | 1 315 | 6 150 | 3 250 | 675 | 450 | | |
| | 18 | 315 | 1 245 | 1 275 | 340 | 1 285 | 1 315 | 6 500 | 3 550 | 750 | 500 | | |
| | 20 | 315 | 1 245 | 1 275 | 340 | 1 285 | 1 315 | 6 900 | 3 750 | 825 | 550 | | |
| 12.00-25NHS | 8 | 315 | 1 245 | 1 275 | 340 | 1 285 | 1 315 | 4 000 | 2 180 | 325 | 225 | DG09C | — |
| | 14 | 315 | 1 245 | 1 275 | 340 | 1 285 | 1 315 | 5 600 | 3 000 | 575 | 375 | | |
| | 16 | 315 | 1 245 | 1 275 | 340 | 1 285 | 1 315 | 6 150 | 3 250 | 675 | 450 | | |
| | 18 | 315 | 1 245 | 1 275 | 340 | 1 285 | 1 315 | 6 500 | 3 550 | 750 | 500 | | |
| | 20 | 315 | 1 245 | 1 275 | 340 | 1 285 | 1 315 | 6 900 | 3 750 | 825 | 550 | | |
| 13.00-24NHS | 8 | 350 | 1 300 | 1 350 | 380 | 1 340 | 1 395 | 4 375 | 2 360 | 300 | 200 | DG09C | — |
| | 12 | 350 | 1 300 | 1 350 | 380 | 1 340 | 1 395 | 5 600 | 3 000 | 450 | 300 | | |
| | 18 | 350 | 1 300 | 1 350 | 380 | 1 340 | 1 395 | 7 100 | 3 875 | 675 | 450 | | |
| | 20 | 350 | 1 300 | 1 350 | 380 | 1 340 | 1 395 | 7 500 | 4 000 | 750 | 500 | | |
| | 22 | 350 | 1 300 | 1 350 | 380 | 1 340 | 1 395 | 8 000 | 4 250 | 825 | 550 | | |
| 13.00-25NHS | 8 | 350 | 1 300 | 1 350 | 380 | 1 340 | 1 395 | 4 375 | 2 360 | 300 | 200 | DG09C | — |
| | 12 | 350 | 1 300 | 1 350 | 380 | 1 340 | 1 395 | 5 600 | 3 000 | 450 | 300 | | |
| | 18 | 350 | 1 300 | 1 350 | 380 | 1 340 | 1 395 | 7 100 | 3 875 | 675 | 450 | | |
| | 20 | 350 | 1 300 | 1 350 | 380 | 1 340 | 1 395 | 7 500 | 4 000 | 750 | 500 | | |
| | 22 | 350 | 1 300 | 1 350 | 380 | 1 340 | 1 395 | 8 000 | 4 250 | 825 | 550 | | |

续上表

| 轮胎规格 | 层级 | 断面宽度 | 新胎设计尺寸/mm 外直径 普通花纹 | 新胎设计尺寸/mm 外直径 深花纹和超深花纹 | 总宽度 | 轮胎最大使用尺寸[1]/mm 外直径 普通花纹 | 轮胎最大使用尺寸[1]/mm 外直径 深花纹和超深花纹 | 不同速度下的负荷能力[2]/kg 10 km/h | 不同速度下的负荷能力[2]/kg 50 km/h | 不同速度下的充气压力/kPa 10 km/h | 不同速度下的充气压力/kPa 50 km/h | 气门嘴型号 有内胎 | 气门嘴型号 无内胎 |
|---|---|---|---|---|---|---|---|---|---|---|---|---|---|
| 14.00-20NHS | 16 | 375 | 1 265 | 1 315 | 405 | 1 310 | 1 365 | 6 500 | 3 750 | 550 | 425 | | |
| | 20 | 375 | 1 265 | 1 315 | 405 | 1 310 | 1 365 | 7 500 | 4 375 | 700 | 525 | DG09C | |
| 14.00-24NHS | 8 | 375 | 1 370 | 1 420 | 405 | 1 415 | 1 470 | 4 875 | 2 575 | 275 | 175 | | |
| | 10 | 375 | 1 370 | 1 420 | 405 | 1 415 | 1 470 | 5 600 | 3 000 | 350 | 225 | | |
| | 12 | 375 | 1 370 | 1 420 | 405 | 1 415 | 1 470 | 6 300 | 3 350 | 425 | 275 | | |
| | 16 | 375 | 1 370 | 1 420 | 405 | 1 415 | 1 470 | 7 300 | 4 000 | 550 | 375 | DG09C | |
| | 20 | 375 | 1 370 | 1 420 | 405 | 1 415 | 1 470 | 8 500 | 4 625 | 700 | 475 | | |
| | 24 | 375 | 1 370 | 1 420 | 405 | 1 415 | 1 470 | 9 500 | 5 150 | 850 | 575 | | |
| | 28 | 375 | 1 370 | 1 420 | 405 | 1 415 | 1 470 | 10 000 | 5 600 | 925 | 650 | | |
| | 8 | 375 | 1 370 | 1 420 | 405 | 1 415 | 1 470 | 4 875 | 2 575 | 275 | 175 | | |
| | 10 | 375 | 1 370 | 1 420 | 405 | 1 415 | 1 470 | 5 600 | 3 000 | 350 | 225 | | |
| | 12 | 375 | 1 370 | 1 420 | 405 | 1 415 | 1 470 | 6 300 | 3 350 | 425 | 275 | | |
| 14.00-25NHS | 16 | 375 | 1 370 | 1 420 | 405 | 1 415 | 1 470 | 7 300 | 4 000 | 550 | 375 | DG09C | |
| | 20 | 375 | 1 370 | 1 420 | 405 | 1 415 | 1 470 | 8 500 | 4 625 | 700 | 475 | | |
| | 24 | 375 | 1 370 | 1 420 | 405 | 1 415 | 1 470 | 9 500 | 5 150 | 850 | 575 | | |
| | 28 | 375 | 1 370 | 1 420 | 405 | 1 415 | 1 470 | 10 000 | 5 600 | 925 | 650 | | |
| 16.00-20NHS | 16 | 430 | 1 390 | 1 445 | 480 | 1 460 | 1 520 | — | 4 375 | — | 325 | DG09C | — |
| | 20 | 430 | 1 390 | 1 445 | 480 | 1 460 | 1 520 | — | 5 150 | — | 425 | | |
| 16.00-21NHS | 16 | 430 | 1 390 | 1 445 | 480 | 1 460 | 1 520 | — | 4 375 | — | 325 | DG09C | — |
| | 20 | 430 | 1 390 | 1 445 | 480 | 1 460 | 1 520 | — | 5 150 | — | 425 | | |

续上表

| 轮胎规格 | 层级 | 断面宽度 | 新胎设计尺寸/mm | | | 轮胎最大使用尺寸[1]/mm | | | 不同速度下的负荷能力[2]/kg | | 不同速度下的充气压力/kPa | | 气门嘴型号 | |
|---|---|---|---|---|---|---|---|---|---|---|---|---|---|---|
| | | | 外直径 | | 总宽度 | 外直径 | | 总宽度 | 10 km/h | 50 km/h | 10 km/h | 50 km/h | 有内胎 | 无内胎 |
| | | | 普通花纹 | 深花纹和超深花纹 | | 普通花纹 | 深花纹和超深花纹 | | | | | | | |
| 16.00-24 | 12 | 430 | 1 495 | 1 550 | 480 | 1 565 | 1 625 | | 7 100 | 3 875 | 325 | 225 | DG09C | HZ01 |
| | 16 | 430 | 1 495 | 1 550 | 480 | 1 565 | 1 625 | | 8 250 | 4 875 | 425 | 325 | | |
| | 20 | 430 | 1 495 | 1 550 | 480 | 1 565 | 1 625 | | 9 750 | 5 450 | 550 | 400 | | |
| | 24 | 430 | 1 495 | 1 550 | 480 | 1 565 | 1 625 | | 10 600 | 6 000 | 650 | 475 | | |
| | 28 | 430 | 1 495 | 1 550 | 480 | 1 565 | 1 625 | | 11 500 | 6 700 | 750 | 575 | | |
| | 32 | 430 | 1 495 | 1 550 | 480 | 1 565 | 1 625 | | 12 500 | 7 300 | 875 | 650 | | |
| 16.00-25 | 12 | 430 | 1 495 | 1 550 | 480 | 1 565 | 1 625 | | 7 100 | 3 875 | 325 | 225 | DG09C | HZ01 |
| | 16 | 430 | 1 495 | 1 550 | 480 | 1 565 | 1 625 | | 8 250 | 4 875 | 425 | 325 | | |
| | 20 | 430 | 1 495 | 1 550 | 480 | 1 565 | 1 625 | | 9 750 | 5 450 | 550 | 400 | | |
| | 24 | 430 | 1 495 | 1 550 | 480 | 1 565 | 1 625 | | 10 600 | 6 000 | 650 | 475 | | |
| | 28 | 430 | 1 495 | 1 550 | 480 | 1 565 | 1 625 | | 11 500 | 6 700 | 750 | 575 | | |
| | 32 | 430 | 1 495 | 1 550 | 480 | 1 565 | 1 625 | | 12 500 | 7 300 | 875 | 650 | | |
| | 36 | 430 | 1 495 | 1 550 | 480 | 1 565 | 1 625 | | 13 600 | 7 750 | 975 | 725 | | |
| | 40 | 430 | 1 495 | 1 550 | 480 | 1 565 | 1 625 | | 14 500 | — | 1 075 | — | | |
| 18.00-24 | 12 | 500 | 1 615 | 1 675 | 555 | 1 695 | 1 760 | | 8 250 | 4 750 | 275 | 200 | DG09C | — |
| | 16 | 500 | 1 615 | 1 675 | 555 | 1 695 | 1 760 | | 10 000 | 5 600 | 375 | 275 | | |
| | 20 | 500 | 1 615 | 1 675 | 555 | 1 695 | 1 760 | | 11 500 | 6 500 | 475 | 350 | | |
| | 24 | 500 | 1 615 | 1 675 | 555 | 1 695 | 1 760 | | 12 500 | 7 300 | 550 | 425 | | |
| | 28 | 500 | 1 615 | 1 675 | 555 | 1 695 | 1 760 | | 13 600 | 8 000 | 650 | 500 | | |
| | 32 | 500 | 1 615 | 1 675 | 555 | 1 695 | 1 760 | | 15 000 | 8 750 | 750 | 575 | | |
| | 36 | 500 | 1 615 | 1 675 | 555 | 1 695 | 1 760 | | 16 000 | 9 250 | 850 | 625 | | |
| | 40 | 500 | 1 615 | 1 675 | 555 | 1 695 | 1 760 | | 17 000 | 9 750 | 950 | 700 | | |

续上表

| 轮胎规格 | 层级 | 断面宽度 | 新胎设计尺寸/mm | | | 轮胎最大使用尺寸[1]/mm | | | | 不同速度下的负荷能力[2]/kg | | 不同速度下的充气压力/kPa | | 气门嘴型号 | |
|---|---|---|---|---|---|---|---|---|---|---|---|---|---|---|---|
| | | | 外直径 | | | 总宽度 | 外直径 | | | 10 km/h | 50 km/h | 10 km/h | 50 km/h | 有内胎 | 无内胎 |
| | | | 普通花纹 | 深花纹和超深花纹 | | | 普通花纹 | 深花纹和超深花纹 | | | | | | | |
| 18.00-25 | 12 | 500 | 1 615 | 1 675 | | 555 | 1 695 | 1 760 | | 8 250 | 4 750 | 275 | 200 | | |
| | 16 | 500 | 1 615 | 1 675 | | 555 | 1 695 | 1 760 | | 10 000 | 5 600 | 375 | 275 | | |
| | 20 | 500 | 1 615 | 1 675 | | 555 | 1 695 | 1 760 | | 11 500 | 6 500 | 475 | 350 | | |
| | 24 | 500 | 1 615 | 1 675 | | 555 | 1 695 | 1 760 | | 12 500 | 7 300 | 550 | 425 | DG09C | HZ01 |
| | 28 | 500 | 1 615 | 1 675 | | 555 | 1 695 | 1 760 | | 13 600 | 8 000 | 650 | 500 | | |
| | 32 | 500 | 1 615 | 1 675 | | 555 | 1 695 | 1 760 | | 15 000 | 8 750 | 750 | 575 | | |
| | 36 | 500 | 1 615 | 1 675 | | 555 | 1 695 | 1 760 | | 16 000 | 9 250 | 850 | 625 | | |
| | 40 | 500 | 1 615 | 1 675 | | 555 | 1 695 | 1 760 | | 17 000 | 9 750 | 950 | 700 | | |
| | 44 | 500 | 1 615 | 1 675 | | 555 | 1 695 | 1 760 | | 18 000 | 10 300 | 1 050 | 775 | | |
| 18.00-33 | 28 | 500 | 1 820 | 1 875 | | 555 | 1 895 | 1 960 | | 16 000 | 9 250 | 650 | 500 | — | HZ01 |
| | 32 | 500 | 1 820 | 1 875 | | 555 | 1 895 | 1 960 | | 17 500 | 10 000 | 750 | 575 | | |
| | 36 | 500 | 1 820 | 1 875 | | 555 | 1 895 | 1 960 | | 18 500 | 10 600 | 850 | 625 | | |
| 18.00-49 | 24 | 500 | 2 225 | 2 285 | | 555 | 2 305 | 2 370 | | 18 500 | — | 550 | — | — | HZ01 |
| | 28 | 500 | 2 225 | 2 285 | | 555 | 2 305 | 2 370 | | 20 000 | — | 650 | — | | |
| | 32 | 500 | 2 225 | 2 285 | | 555 | 2 305 | 2 370 | | 21 800 | — | 750 | — | | |
| 21.00-24 | 16 | 570 | 1 750 | 1 800 | | 635 | 1 840 | 1 895 | | 11 800 | 6 900 | 325 | 250 | DG09C | — |
| | 20 | 570 | 1 750 | 1 800 | | 635 | 1 840 | 1 895 | | 13 200 | 7 750 | 400 | 300 | | |
| | 24 | 570 | 1 750 | 1 800 | | 635 | 1 840 | 1 895 | | 15 000 | 8 750 | 500 | 375 | | |
| | 28 | 570 | 1 750 | 1 800 | | 635 | 1 840 | 1 895 | | 16 500 | 9 500 | 575 | 425 | | |
| 21.00-25 | 16 | 570 | 1 750 | 1 800 | | 635 | 1 840 | 1 895 | | 11 800 | 6 900 | 325 | 250 | — | HZ01 |
| | 20 | 570 | 1 750 | 1 800 | | 635 | 1 840 | 1 895 | | 13 200 | 7 750 | 400 | 300 | | |
| | 24 | 570 | 1 750 | 1 800 | | 635 | 1 840 | 1 895 | | 15 000 | 8 750 | 500 | 375 | | |
| | 28 | 570 | 1 750 | 1 800 | | 635 | 1 840 | 1 895 | | 16 500 | 9 500 | 575 | 425 | | |
| | 32 | 570 | 1 750 | 1 800 | | 635 | 1 840 | 1 895 | | 17 500 | 10 300 | 650 | 500 | | |
| | 36 | 570 | 1 750 | 1 800 | | 635 | 1 840 | 1 895 | | 19 500 | 10 900 | 750 | 550 | | |
| | 40 | 570 | 1 750 | 1 800 | | 635 | 1 840 | 1 895 | | 20 600 | 11 800 | 825 | 625 | | |

续上表

| 轮胎规格 | 层级 | 断面宽度 | 新胎设计尺寸/mm 外直径 普通花纹 | 新胎设计尺寸/mm 外直径 深花纹和超深花纹 | 总宽度 | 轮胎最大使用尺寸[1]/mm 外直径 普通花纹 | 轮胎最大使用尺寸[1]/mm 外直径 深花纹和超深花纹 | 不同速度下的负荷能力[2]/kg 10 km/h | 不同速度下的负荷能力[2]/kg 50 km/h | 不同速度下的充气压力/kPa 10 km/h | 不同速度下的充气压力/kPa 50 km/h | 气门嘴型号 有内胎 | 气门嘴型号 无内胎 |
|---|---|---|---|---|---|---|---|---|---|---|---|---|---|
| 21.00-35 | 28 | 570 | 2 005 | 2 050 | 635 | 2 090 | 2 145 | 19 500 | 11 200 | 575 | 425 | 有内胎 | HZ01 |
| | 32 | 570 | 2 005 | 2 050 | 635 | 2 090 | 2 145 | 21 200 | 12 150 | 650 | 500 | — | HZ01 |
| | 36 | 570 | 2 005 | 2 050 | 635 | 2 090 | 2 145 | 23 000 | 12 850 | 750 | 550 | — | HZ01 |
| | 40 | 570 | 2 005 | 2 050 | 635 | 2 090 | 2 145 | 24 300 | 14 000 | 825 | 625 | — | HZ01 |
| | 44 | 570 | 2 005 | 2 050 | 635 | 2 090 | 2 145 | 25 000 | 14 500 | 900 | 675 | — | HZ01 |
| 21.00-49 | 28 | 570 | 2 360 | 2 405 | 635 | 2 450 | 2 500 | 23 600 | 13 600 | 575 | 425 | 有内胎 | HZ01 |
| | 32 | 570 | 2 360 | 2 405 | 635 | 2 450 | 2 500 | 25 000 | 15 000 | 650 | 500 | — | HZ01 |
| | 36 | 570 | 2 360 | 2 405 | 635 | 2 450 | 2 500 | 27 250 | 15 500 | 750 | 550 | — | HZ01 |
| | 40 | 570 | 2 360 | 2 405 | 635 | 2 450 | 2 500 | 29 000 | 17 000 | 825 | 625 | — | HZ01 |
| | 44 | 570 | 2 360 | 2 405 | 635 | 2 450 | 2 500 | 30 750 | 17 500 | 900 | 675 | — | HZ01 |
| 24.00-25 | 24 | 655 | 1 875 | 1 920 | 725 | 1 975 | 2 025 | 18 000 | 10 300 | 425 | 325 | 有内胎 | HZ01 |
| | 30 | 655 | 1 875 | 1 920 | 725 | 1 975 | 2 025 | 20 000 | 11 800 | 525 | 400 | — | HZ01 |
| 24.00-29 | 24 | 655 | 1 975 | 2 025 | 725 | 2 075 | 2 130 | 19 000 | 11 200 | 425 | 325 | 有内胎 | HZ01 |
| | 30 | 655 | 1 975 | 2 025 | 725 | 2 075 | 2 130 | 21 800 | 12 500 | 525 | 400 | — | HZ01 |
| 24.00-35 | 36 | 655 | 2 125 | 2 175 | 725 | 2 225 | 2 280 | 26 500 | 15 500 | 650 | 475 | 有内胎 | HZ01 |
| | 42 | 655 | 2 125 | 2 175 | 725 | 2 225 | 2 280 | 29 000 | 16 500 | 750 | 550 | — | HZ01 |
| | 48 | 655 | 2 125 | 2 175 | 725 | 2 225 | 2 280 | 31 500 | 18 500 | 850 | 650 | — | HZ01 |
| | 54 | 655 | 2 125 | 2 175 | 725 | 2 225 | 2 280 | 34 500 | 19 500 | 975 | 725 | — | HZ01 |
| 24.00-43 | 36 | 655 | 2 330 | 2 380 | 725 | 2 430 | 2 485 | 30 000 | 17 000 | 650 | 475 | 有内胎 | HZ01 |
| | 42 | 655 | 2 330 | 2 380 | 725 | 2 430 | 2 485 | 32 500 | 19 000 | 750 | 575 | — | HZ01 |
| | 48 | 655 | 2 330 | 2 380 | 725 | 2 430 | 2 485 | 34 500 | 20 600 | 850 | 650 | — | HZ01 |
| 24.00-49 | 36 | 655 | 2 485 | 2 530 | 725 | 2 585 | 2 635 | 32 500 | 18 500 | 650 | 475 | 有内胎 | HZ01 |
| | 42 | 655 | 2 485 | 2 530 | 725 | 2 585 | 2 635 | 34 500 | 20 000 | 750 | 500 | — | HZ01 |
| | 48 | 655 | 2 485 | 2 530 | 725 | 2 585 | 2 635 | 37 500 | 21 800 | 850 | 650 | — | HZ01 |

续上表

| 轮胎规格 | 层级 | 断面宽度 | 新胎设计尺寸/mm 外直径 普通花纹 | 新胎设计尺寸/mm 外直径 深花纹和超深花纹 | 总宽度 | 轮胎最大使用尺寸[1]/mm 外直径 普通花纹 | 轮胎最大使用尺寸[1]/mm 外直径 深花纹和超深花纹 | 不同速度下的负荷能力[2]/kg 10 km/h | 不同速度下的负荷能力[2]/kg 50 km/h | 不同速度下的充气压力/kPa 10 km/h | 不同速度下的充气压力/kPa 50 km/h | 气门嘴型号 有内胎 | 气门嘴型号 无内胎 |
|---|---|---|---|---|---|---|---|---|---|---|---|---|---|
| 27.00-33 | 24 | 760 | 2 240 | 2 295 | 845 | 2 355 | 2 410 | — | 13 200 | — | 275 | — | — |
| 27.00-33 | 30 | 760 | 2 240 | 2 295 | 845 | 2 355 | 2 410 | — | 15 500 | — | 350 | — | HZ01 |
| 27.00-33 | 36 | 760 | 2 240 | 2 295 | 845 | 2 355 | 2 410 | — | 16 500 | — | 400 | — | HZ01 |
| 27.00-49 | 36 | 735 | 2 650 | 2 700 | 815 | 2 760 | 2 815 | 36 500 | 21 200 | 575 | 425 | — | — |
| 27.00-49 | 42 | 735 | 2 650 | 2 700 | 815 | 2 760 | 2 815 | 40 000 | 23 000 | 675 | 500 | — | HZ01 |
| 27.00-49 | 48 | 735 | 2 650 | 2 700 | 815 | 2 760 | 2 815 | 43 750 | 25 000 | 775 | 575 | — | HZ01 |
| 27.00-49 | 54 | 735 | 2 650 | 2 700 | 815 | 2 760 | 2 815 | 46 250 | 26 500 | 875 | 650 | — | HZ01 |
| 30.00-33 | 28 | 825 | 2 390 | 2 445 | 915 | 2 515 | 2 575 | — | 16 000 | — | 275 | — | — |
| 30.00-33 | 34 | 825 | 2 390 | 2 445 | 915 | 2 515 | 2 575 | — | 18 500 | — | 350 | — | HZ01 |
| 30.00-33 | 40 | 825 | 2 390 | 2 445 | 915 | 2 515 | 2 575 | — | 21 200 | — | 425 | — | HZ01 |
| 30.00-51 | 40 | 825 | 2 845 | 2 905 | 915 | 2 970 | 3 035 | 45 000 | 25 750 | 575 | 425 | — | — |
| 30.00-51 | 46 | 825 | 2 845 | 2 905 | 915 | 2 970 | 3 035 | 48 750 | 29 000 | 650 | 500 | — | — |
| 30.00-51 | 52 | 825 | 2 845 | 2 905 | 915 | 2 970 | 3 035 | 53 000 | 30 000 | 750 | 550 | — | — |
| 33.00-51 | 42 | 895 | 2 995 | 3 060 | 990 | 3 130 | 3 200 | 51 500 | 30 000 | 550 | 425 | — | — |
| 33.00-51 | 50 | 895 | 2 995 | 3 060 | 990 | 3 130 | 3 200 | 56 000 | 33 500 | 650 | 500 | — | LS01 |
| 33.00-51 | 58 | 895 | 2 995 | 3 060 | 990 | 3 130 | 3 200 | 61 500 | 35 500 | 750 | 575 | — | — |
| 33.00-51 | 66 | 895 | 2 995 | 3 060 | 990 | 3 130 | 3 200 | 65 000 | 37 500 | 850 | 650 | — | — |
| 36.00-51 | 42 | 990 | 3 165 | 3 235 | 1 100 | 3 315 | 3 390 | 58 000 | 34 500 | 500 | 375 | — | LS01 |
| 36.00-51 | 50 | 990 | 3 165 | 3 235 | 1 100 | 3 315 | 3 390 | 65 000 | 37 500 | 600 | 450 | — | — |
| 36.00-51 | 58 | 990 | 3 165 | 3 235 | 1 100 | 3 315 | 3 390 | 71 000 | 41 250 | 675 | 525 | — | — |
| 37.00-57 | 68 | 1 015 | 3 370 | 3 440 | 1 125 | 3 525 | 3 600 | — | 46 250 | — | 525 | — | — |
| 37.00-57 | 76 | 1 015 | 3 370 | 3 440 | 1 125 | 3 525 | 3 600 | — | 50 000 | — | 600 | — | — |
| 40.00-57 | 68 | 1 095 | 3 525 | 3 595 | 1 215 | 3 690 | 3 765 | 92 500 | 54 500 | 725 | 550 | — | — |
| 40.00-57 | 76 | 1 095 | 3 525 | 3 595 | 1 215 | 3 690 | 3 765 | 97 500 | 58 000 | 800 | 625 | — | — |

注：1) 轮胎最大使用尺寸是指膨胀最大尺寸，用于工程机械制造设计轮胎间隙。
2) 静态时的负荷调节：负荷(10 km/h 的负荷)×1.60；
最高速度 65 km/h 的负荷调节：负荷(50 km/h 的负荷)×0.85；
最高速度 15 km/h 的负荷调节：负荷(50 km/h 的负荷)×1.12。

表 4-8-18 窄基子午线轮胎(GB/T 2980—2009)

| 轮胎规格 | 符号 | 新胎设计尺寸/mm | | | | 轮胎最大使用尺寸[1]/mm | | | 不同速度下的负荷能力[2]/kg | | 不同速度下的充气压力/kPa | 气门嘴型号 | |
|---|---|---|---|---|---|---|---|---|---|---|---|---|---|
| | | 断面宽度 | 外直径 | | 总宽度 | 外直径 | | | 10 km/h | 50 km/h | 50 km/h | 有内胎 | 无内胎 |
| | | | 普通花纹 | 深花纹和超深花纹 | | 普通花纹 | 深花纹和超深花纹 | | | | | | |
| 12.00R24NHS | ★ | 315 | 1 245 | 1 275 | 340 | 1 285 | 1 315 | 5 150 | 5 150 | — | — | — | — |
| | ★★ | 315 | 1 245 | 1 275 | 340 | 1 285 | 1 315 | 6 900 | 550 | 4 000 | 650 | DG09C | — |
| | ★★★ | 315 | 1 245 | 1 275 | 340 | 1 285 | 1 315 | 7 300 | 800 | 4 250 | 700 | | |
| 12.00R25NHS | ★ | 315 | 1 245 | 1 275 | 340 | 1 285 | 1 315 | 5 150 | 950 | — | — | — | — |
| | ★★ | 315 | 1 245 | 1 275 | 340 | 1 285 | 1 315 | 6 900 | 550 | 4 000 | 650 | DG09C | — |
| | ★★★ | 315 | 1 245 | 1 275 | 340 | 1 285 | 1 315 | 7 300 | 800 | 4 250 | 700 | | |
| 13.00R24NHS | ★★ | 350 | 1 300 | 1 350 | 380 | 1 340 | 1 395 | 8 000 | 950 | 4 750 | 650 | DG09C | — |
| | ★★★ | 350 | 1 300 | 1 350 | 380 | 1 340 | 1 395 | 8 000 | 800 | 4 875 | 700 | | |
| 13.00R25NHS | ★★ | 350 | 1 300 | 1 350 | 380 | 1 340 | 1 395 | 8 000 | 950 | 4 750 | 650 | DG09C | — |
| | ★★★ | 350 | 1 300 | 1 350 | 380 | 1 340 | 1 395 | 8 500 | 800 | 4 875 | 700 | | |
| 14.00R20NHS | ★ | 375 | 1 265 | 1 315 | 405 | 1 310 | 1 365 | 8 500 | 950 | 3 750 | 450 | DG09C | — |
| | ★★ | 375 | 1 370 | 1 420 | 405 | 1 415 | 1 470 | 9 500 | — | 5 600 | 650 | DG09C | — |
| 14.00R24NHS | ★★★ | 375 | 1 370 | 1 420 | 405 | 1 415 | 1 470 | 10 000 | 800 | 5 800 | 700 | | |
| 14.00R25NHS | ★★ | 375 | 1 370 | 1 420 | 405 | 1 415 | 1 470 | 9 500 | 950 | 5 600 | 650 | DG09C | — |
| | ★★★ | 375 | 1 370 | 1 420 | 405 | 1 415 | 1 470 | 10 000 | 800 | 5 800 | 700 | | |
| 16.00R20NHS | ★ | 430 | 1 390 | 1 445 | 480 | 1 460 | 1 520 | — | 950 | 5 150 | 450 | DG09C | — |
| | ★★ | 430 | 1 390 | 1 445 | 480 | 1 460 | 1 520 | — | — | 6 900 | 650 | DG09C | — |
| 16.00R21NHS | ★ | 430 | 1 390 | 1 445 | 480 | 1 460 | 1 520 | — | — | 5 150 | 450 | DG09C | — |
| | ★★ | 430 | 1 390 | 1 445 | 480 | 1 460 | 1 520 | — | — | 6 900 | 650 | DG09C | — |
| 16.00R24 | ★ | 430 | 1 495 | 1 550 | 480 | 1 565 | 1 625 | 9 000 | 550 | 5 450 | 450 | DG09C | HZ01 |
| | ★★ | 430 | 1 495 | 1 550 | 480 | 1 565 | 1 625 | 12 150 | 800 | 7 300 | 650 | DG09C | |
| 16.00R25 | ★ | 430 | 1 495 | 1 550 | 480 | 1 565 | 1 625 | 9 000 | 550 | 5 450 | 450 | DG09C | HZ01 |
| | ★★ | 430 | 1 495 | 1 550 | 480 | 1 565 | 1 625 | 12 150 | 800 | 7 300 | 650 | DG09C | |

续上表

| 轮胎规格 | 符号 | 断面宽度 | 新胎设计尺寸/mm 外直径 深花纹和超深花纹 | 新胎设计尺寸/mm 外直径 普通花纹 | 总宽度 | 轮胎最大使用尺寸[1]/mm 外直径 深花纹和超深花纹 | 轮胎最大使用尺寸[1]/mm 外直径 普通花纹 | 不同速度下的负荷能力[2]/kg 10 km/h | 不同速度下的负荷能力[2]/kg 50 km/h | 不同速度下的充气压力/kPa 10 km/h | 不同速度下的充气压力/kPa 50 km/h | 气门嘴型号 有内胎 | 气门嘴型号 无内胎 |
|---|---|---|---|---|---|---|---|---|---|---|---|---|---|
| 18.00R24 | ★ | 500 | 1 615 | 1 615 | 555 | 1 675 | 1 695 | 11 800 | 7 100 | 550 | 450 | DG09C | — |
|  | ★★ | 500 | 1 615 | 1 615 | 555 | 1 675 | 1 695 | 16 000 | 9 250 | 800 | 650 | — | HZ01 |
| 18.00R25 | ★ | 500 | 1 615 | 1 615 | 555 | 1 675 | 1 695 | 11 800 | 7 100 | 550 | 450 | DG09C | — |
|  | ★★ | 500 | 1 615 | 1 615 | 555 | 1 675 | 1 695 | 16 000 | 9 250 | 800 | 650 | — | HZ01 |
| 18.00R33 | ★★ | 500 | 1 820 | 1 820 | 555 | 1 875 | 1 895 | 18 500 | 10 900 | 800 | 650 | — | HZ01 |
| 18.00R49 | ★★ | 500 | 2 225 | 2 225 | 555 | 2 285 | 2 305 | 23 000 | 13 600 | 800 | 650 | — | HZ01 |
| 21.00R24 | ★★ | 570 | 1 750 | 1 750 | 635 | 1 800 | 1 840 | 20 600 | 12 150 | 800 | 650 | DG09C | — |
| 21.00R25 | ★★ | 570 | 1 750 | 1 750 | 635 | 1 800 | 1 840 | 20 600 | 12 150 | 800 | 650 | — | HZ01 |
| 21.00R33 | ★★ | 570 | 1 955 | 1 955 | 635 | 2 000 | 2 045 | 23 600 | 14 000 | 800 | 650 | — | HZ01 |
| 21.00R35 | ★★ | 570 | 2 005 | 2 005 | 635 | 2 050 | 2 095 | 24 300 | 14 500 | 800 | 650 | — | HZ01 |
| 21.00R49 | ★★ | 570 | 2 360 | 2 360 | 635 | 2 450 | 2 500 | 29 000 | 17 500 | 800 | 650 | — | HZ01 |
| 24.00R35 | ★★ | 655 | 2 125 | 2 125 | 725 | 2 175 | 2 225 | 30 750 | 18 500 | 800 | 650 | — | HZ01 |
| 21.00R43 | ★★ | 655 | 2 330 | 2 330 | 725 | 2 380 | 2 430 | 34 500 | 20 600 | 800 | 650 | — | HZ01 |
| 21.00R49 | ★★ | 655 | 2 485 | 2 485 | 725 | 2 530 | 2 585 | 37 500 | 21 800 | 800 | 650 | — | HZ01 |
| 27.00R33 | ★★ | 760 | 2 240 | 2 240 | 845 | 2 295 | 2 355 | 37 500 | 21 800 | 800 | 650 | — | HZ01 |
| 27.00R49 | ★★ | 735 | 2 650 | 2 650 | 815 | 2 700 | 2 760 | 45 000 | 27 250 | 800 | 650 | — | HZ01 |
| 30.00R51 | ★★ | 825 | 2 845 | 2 845 | 915 | 2 905 | 2 970 | 56 000 | 33 500 | 800 | 650 | — | LS01 |
| 33.00R51 | ★★ | 895 | 2 995 | 2 995 | 990 | 3 060 | 3 130 | 65 000 | 38 750 | 800 | 650 | — | LS01 |
| 36.00R51 | ★★ | 990 | 3 165 | 3 165 | 1 100 | 3 235 | 3 315 | 80 000 | 46 250 | 800 | 650 | — | LS01 |
| 37.00R57 | ★ | 1 015 | 3 370 | 3 370 | 1 125 | 3 440 | 3 525 | 61 500 | 38 750 | 550 | 475 | — | LS01 |
|  | ★★ | 1 015 | 3 370 | 3 370 | 1 125 | 3 440 | 3 525 | 82 500 | 53 000 | 800 | 725 | — | LS01 |
| 40.00R57 | ★ | 1 095 | 3 525 | 3 525 | 1 215 | 3 595 | 3 690 | 75 000 | 45 000 | 550 | 475 | — | LS01 |
|  | ★★ | 1 095 | 3 525 | 3 525 | 1 215 | 3 595 | 3 690 | 100 000 | 60 000 | 800 | 725 | — | LS01 |

注:1) 轮胎最大使用尺寸是指胀大的最大尺寸,用于工程机械制造设计轮胎间隙。
2) 静态时的负荷调节:负荷(10 km/h的负荷)×1.60;
最高速度65 km/h的负荷调节:负荷(50 km/h的负荷)×0.88;
最高速度15 km/h的负荷调节:负荷(50 km/h的负荷)×1.12。

表 4-8-19 宽基斜交轮胎（GB/T 2980—2009）

| 轮胎规格 | 层级 | 新胎设计尺寸/mm | | | 轮胎最大使用尺寸/mm | | | 不同速度下的负荷能力[2]/kg | | 不同速度下的充气压力/kPa | | 气门嘴型号 | |
|---|---|---|---|---|---|---|---|---|---|---|---|---|---|
| | | 断面宽度 | 外直径[1] | | 总宽度 | 外直径 | | 10 km/h | 50 km/h | 10 km/h | 50 km/h | 有内胎 | 无内胎 |
| | | | 普通花纹 | 深花纹和超深花纹 | | 普通花纹 | 深花纹和超深花纹 | | | | | | |
| 15.5-25 | 8 | 395 | 1 275 | 1 325 | 435 | 1 325 | 1 380 | 4 250 | 2 575 | 250 | 175 | — | — |
| | 10 | 395 | 1 275 | 1 325 | 435 | 1 325 | 1 380 | 4 875 | 3 000 | 325 | 225 | DG09C | JZ01 |
| | 12 | 395 | 1 275 | 1 325 | 435 | 1 325 | 1 380 | 5 600 | 3 250 | 400 | 250 | | |
| 17.5-25 | 8 | 445 | 1 350 | 1 400 | 495 | 1 405 | 1 460 | 4 750 | 2 800 | 225 | 150 | — | — |
| | 12 | 445 | 1 350 | 1 400 | 495 | 1 405 | 1 460 | 6 150 | 3 650 | 350 | 225 | DG09C | JZ01 |
| | 16 | 445 | 1 350 | 1 400 | 495 | 1 405 | 1 460 | 7 300 | 4 250 | 475 | 300 | | |
| | 20 | 445 | 1 350 | 1 400 | 495 | 1 405 | 1 460 | 8 250 | 5 000 | 575 | 400 | | |
| 20.5-25 | 12 | 520 | 1 490 | 1 550 | 575 | 1 560 | 1 625 | 6 700 | 4 500 | 250 | 200 | — | — |
| | 16 | 520 | 1 490 | 1 550 | 575 | 1 560 | 1 625 | 8 250 | 5 450 | 350 | 275 | DG09C | JZ01 |
| | 20 | 520 | 1 490 | 1 550 | 575 | 1 560 | 1 625 | 9 500 | 6 000 | 450 | 325 | | |
| | 24 | 520 | 1 490 | 1 550 | 575 | 1 560 | 1 625 | 10 300 | 6 700 | 525 | 400 | | |
| | 28 | 520 | 1 490 | 1 550 | 575 | 1 560 | 1 625 | 11 500 | 7 500 | 625 | 475 | | |
| 23.5-25 | 12 | 595 | 1 615 | 1 675 | 660 | 1 695 | 1 760 | 8 000 | 5 300 | 225 | 175 | — | — |
| | 16 | 595 | 1 615 | 1 675 | 660 | 1 695 | 1 760 | 9 500 | 6 150 | 300 | 225 | DG09C | JZ01 |
| | 20 | 595 | 1 615 | 1 675 | 660 | 1 695 | 1 760 | 10 900 | 7 300 | 375 | 300 | | |
| | 24 | 595 | 1 615 | 1 675 | 660 | 1 695 | 1 760 | 12 500 | 8 000 | 475 | 350 | | |
| | 28 | 595 | 1 615 | 1 675 | 660 | 1 695 | 1 760 | 13 600 | 8 750 | 550 | 400 | | |
| 26.5-25 | 16 | 675 | 1 750 | 1 800 | 745 | 1 840 | 1 895 | 11 500 | 7 300 | 275 | 200 | — | — |
| | 20 | 675 | 1 750 | 1 800 | 745 | 1 840 | 1 895 | 13 200 | 8 250 | 350 | 250 | DG09C | JZ01 |
| | 24 | 675 | 1 750 | 1 800 | 745 | 1 840 | 1 895 | 14 000 | 9 250 | 400 | 300 | | |
| | 28 | 675 | 1 750 | 1 800 | 745 | 1 840 | 1 895 | 15 500 | 10 000 | 475 | 350 | — | JZ01 |
| | 32 | 675 | 1 750 | 1 800 | 745 | 1 840 | 1 895 | 17 000 | 11 200 | 550 | 425 | | |

续上表

| 轮胎规格 | 层级 | 断面宽度 | 新胎设计尺寸[1]/mm 外直径 普通花纹 | 新胎设计尺寸[1]/mm 外直径 深花纹和超深花纹 | 总宽度 | 轮胎最大使用尺寸[1]/mm 外直径 普通花纹 | 轮胎最大使用尺寸[1]/mm 外直径 深花纹和超深花纹 | 不同速度下的负荷能力[2]/kg 10 km/h | 不同速度下的负荷能力[2]/kg 50 km/h | 不同速度下的充气压力/kPa 10 km/h | 不同速度下的充气压力/kPa 50 km/h | 气门嘴型号 有内胎 | 气门嘴型号 无内胎 |
|---|---|---|---|---|---|---|---|---|---|---|---|---|---|
| 26.5-29 | 18 | 675 | 1 850 | 1 900 | 745 | 1 940 | 1 995 | 12 850 | 8 250 | 300 | 225 | — | JZ01 |
| | 22 | 675 | 1 850 | 1 900 | 745 | 1 940 | 1 995 | 14 500 | 9 250 | 375 | 275 | — | |
| | 26 | 675 | 1 850 | 1 900 | 745 | 1 940 | 1 995 | 16 000 | 10 300 | 450 | 325 | — | |
| | 30 | 675 | 1 850 | 1 900 | 745 | 1 940 | 1 995 | 17 500 | 11 200 | 525 | 375 | — | |
| 29.5-25 | 16 | 750 | 1 875 | 1 920 | 830 | 1 970 | 2 025 | 12 850 | 8 000 | 250 | 175 | — | JS01C |
| | 22 | 750 | 1 875 | 1 920 | 830 | 1 970 | 2 025 | 15 000 | 10 000 | 325 | 250 | — | |
| | 28 | 750 | 1 875 | 1 920 | 830 | 1 970 | 2 025 | 17 500 | 11 500 | 425 | 325 | — | |
| 29.5-29 | 16 | 750 | 1 975 | 2 025 | 830 | 2 070 | 2 130 | 14 000 | 8 500 | 250 | 175 | — | JS01C |
| | 22 | 750 | 1 975 | 2 025 | 830 | 2 070 | 2 130 | 16 000 | 10 600 | 325 | 250 | — | |
| | 28 | 750 | 1 975 | 2 025 | 830 | 2 070 | 2 130 | 19 000 | 12 150 | 425 | 325 | — | |
| | 34 | 750 | 1 975 | 2 025 | 830 | 2 070 | 2 130 | 21 200 | 14 000 | 525 | 400 | — | |
| | 40 | 750 | 1 975 | 2 025 | 830 | 2 070 | 2 130 | 23 600 | 15 000 | 625 | 475 | — | |
| 29.5-35 | 22 | 750 | 2 125 | 2 175 | 830 | 2 225 | 2 280 | 17 500 | 11 500 | 325 | 250 | — | JS01C |
| | 28 | 750 | 2 125 | 2 175 | 830 | 2 225 | 2 280 | 20 600 | 13 600 | 425 | 325 | — | |
| | 34 | 750 | 2 125 | 2 175 | 830 | 2 225 | 2 280 | 23 000 | 15 000 | 525 | 400 | — | |
| 33.5-29 | 26 | 845 | 2 090 | 2 145 | 935 | 2 195 | 2 260 | 20 600 | 13 600 | 350 | 275 | — | JS01C |
| | 32 | 845 | 2 090 | 2 145 | 935 | 2 195 | 2 260 | 23 600 | 15 000 | 450 | 325 | — | |
| | 38 | 845 | 2 090 | 2 145 | 935 | 2 195 | 2 260 | 25 750 | 17 000 | 525 | 400 | — | |
| 33.25-35 | 26 | 845 | 2 240 | 2 295 | 935 | 2 350 | 2 405 | 22 400 | 14 500 | 350 | 275 | — | JS01C |
| | 32 | 845 | 2 240 | 2 295 | 935 | 2 350 | 2 405 | 25 750 | 16 000 | 450 | 325 | — | |
| | 38 | 845 | 2 240 | 2 295 | 935 | 2 350 | 2 405 | 28 000 | 18 000 | 550 | 400 | — | |
| 33.5-33 | 26 | 850 | 2 240 | 2 295 | 940 | 2 350 | 2 410 | 22 400 | 15 000 | 350 | 275 | — | JS01C |
| | 32 | 850 | 2 240 | 2 295 | 940 | 2 350 | 2 410 | 25 750 | 16 500 | 425 | 325 | — | |
| | 38 | 850 | 2 240 | 2 295 | 940 | 2 350 | 2 410 | 29 000 | 18 500 | 525 | 400 | — | |

续上表

| 轮胎规格 | 层级 | 新胎设计尺寸/mm | | | 轮胎最大使用尺寸[1]/mm | | | 不同速度下的负荷能力[2]/kg | | 不同速度下的充气压力/kPa | | 气门嘴型号 | |
|---|---|---|---|---|---|---|---|---|---|---|---|---|---|
| | | 断面宽度 | 外直径 | | 总宽度 | 外直径 | | 10 km/h | 50 km/h | 10 km/h | 50 km/h | 有内胎 | 无内胎 |
| | | | 普通花纹 | 深花纹和超深花纹 | | 普通花纹 | 深花纹和超深花纹 | | | | | | |
| 33.5-39 | 26 | 850 | 2 395 | 2 450 | 940 | 2 505 | 2 565 | 24 300 | 16 000 | 360 | 275 | — | JS01C |
| | 32 | 850 | 2 395 | 2 450 | 940 | 2 505 | 2 565 | 27 250 | 18 000 | 425 | 325 | — | — |
| | 38 | 850 | 2 395 | 2 450 | 940 | 2 505 | 2 565 | 30 750 | 20 000 | 525 | 400 | — | — |
| 37.25-35 | 30 | 945 | 2 390 | 2 445 | 1 050 | 2 510 | 2 570 | 28 000 | 17 500 | 375 | 275 | ZK01 | — |
| | 36 | 945 | 2 390 | 2 445 | 1 050 | 2 510 | 2 570 | 30 750 | 19 500 | 450 | 325 | — | — |
| | 42 | 945 | 2 390 | 2 445 | 1 050 | 2 510 | 2 570 | 33 500 | 21 800 | 525 | 400 | — | — |
| 37.5-33 | 30 | 950 | 2 390 | 2 445 | 1 055 | 2 515 | 2 575 | 28 000 | 18 000 | 375 | 275 | ZK01 | — |
| | 36 | 950 | 2 390 | 2 445 | 1 055 | 2 515 | 2 575 | 31 500 | 20 000 | 450 | 325 | — | — |
| | 42 | 950 | 2 390 | 2 445 | 1 055 | 2 515 | 2 575 | 34 500 | 22 400 | 525 | 400 | — | — |
| | 28 | 950 | 2 540 | 2 600 | 1 055 | 2 665 | 2 730 | 29 000 | 19 500 | 350 | 250 | ZK01 | — |
| 37.5-39 | 36 | 950 | 2 540 | 2 600 | 1 055 | 2 665 | 2 730 | 33 500 | 21 200 | 450 | 325 | — | — |
| | 44 | 950 | 2 540 | 2 600 | 1 055 | 2 665 | 2 730 | 37 500 | 24 300 | 550 | 400 | — | — |
| | 52 | 950 | 2 540 | 2 600 | 1 055 | 2 665 | 2 730 | — | 26 500 | — | 475 | — | — |
| | 28 | 950 | 2 845 | 2 905 | 1 055 | 2 970 | 3 035 | 33 500 | 20 600 | 350 | 250 | ZK01 | — |
| 37.5-51 | 36 | 950 | 2 845 | 2 905 | 1 055 | 2 970 | 3 035 | 38 750 | 24 300 | 450 | 325 | — | — |
| | 44 | 950 | 2 845 | 2 905 | 1 055 | 2 970 | 3 035 | 42 500 | 27 250 | 525 | 400 | — | — |
| 40.5/75-39 | 30 | 1 030 | 2 580 | 2 625 | 1 145 | 2 705 | 2 755 | 31 500 | 20 600 | 325 | 250 | ZK01 | — |
| | 38 | 1 030 | 2 580 | 2 625 | 1 145 | 2 705 | 2 755 | 37 500 | 24 300 | 425 | 325 | — | — |
| | 46 | 1 030 | 2 580 | 2 625 | 1 145 | 2 705 | 2 755 | 42 500 | 27 250 | 525 | 400 | — | — |

注:1) 轮胎最大使用尺寸是指胀大的最大尺寸,用于工程机械制造设计轮胎间隙。
2) 静态时的负荷调节:负荷(10 km/h 的负荷)×1.60;
最高速度 65 km/h 的负荷调节:负荷(50 km/h 的负荷)×0.83;
最高速度 15 km/h 的负荷调节:负荷(50 km/h 的负荷)×1.12。

表 4-8-20 宽基子午线轮胎(GB/T 2980—2009)

| 轮胎规格 | 符号 | 新胎设计尺寸/mm | | | 轮胎最大使用尺寸[1]/mm | | | 不同速度下的负荷能力[2]/kg | | 不同速度下的充气压力/kPa | | 气门嘴型号 | |
|---|---|---|---|---|---|---|---|---|---|---|---|---|---|
| | | 断面宽度 | 外直径 | | 总宽度 | 外直径 | | 10 km/h | 50 km/h | 10 km/h | 50 km/h | 有内胎 | 无内胎 |
| | | | 普通花纹 | 深花纹和超深花纹 | | 普通花纹 | 深花纹和超深花纹 | | | | | | |
| 15.5R25 | ★ | 395 | 1 275 | 1 325 | 435 | 1 325 | 1 380 | 5 800 | 3 550 | 475 | 350 | DG09C | JZ01 |
| | ★★ | 395 | 1 275 | 1 325 | 435 | 1 325 | 1 380 | 7 100 | 4 500 | 600 | 475 | | |
| 17.5R25 | ★ | 445 | 1 350 | 1 400 | 495 | 1 405 | 1 460 | 7 100 | 4 125 | 475 | 350 | DG09C | JZ01 |
| | ★★ | 445 | 1 350 | 1 400 | 495 | 1 405 | 1 460 | 8 500 | 5 450 | 600 | 475 | | |
| 20.5R25 | ★ | 520 | 1 490 | 1 550 | 575 | 1 560 | 1 625 | 9 500 | 5 600 | 475 | 350 | DG09C | JZ01 |
| | ★★ | 520 | 1 490 | 1 550 | 575 | 1 560 | 1 625 | 11 500 | 7 300 | 500 | 475 | | |
| 23.5R25 | ★ | 595 | 1 615 | 1 675 | 660 | 1 695 | 1 760 | 12 150 | 7 100 | 475 | 350 | DG09C | JZ01 |
| | ★★ | 595 | 1 615 | 1 675 | 660 | 1 695 | 1 760 | 14 500 | 9 250 | 600 | 475 | | |
| 26.5R25 | ★ | 675 | 1 750 | 1 800 | 745 | 1 840 | 1 895 | 15 000 | 9 000 | 475 | 350 | DG09C | JZ01 |
| | ★★ | 675 | 1 750 | 1 800 | 745 | 1 840 | 1 895 | 18 500 | 11 500 | 600 | 475 | | |
| 26.5R29 | ★ | 675 | 1 850 | 1 900 | 745 | 1 940 | 1 995 | 16 000 | 9 500 | 475 | 350 | — | JZ01 |
| | ★★ | 675 | 1 850 | 1 900 | 745 | 1 940 | 1 995 | 19 500 | 12 500 | 600 | 475 | | |
| 29.5R25 | ★ | 750 | 1 875 | 1 920 | 830 | 1 970 | 2 025 | 18 000 | 10 900 | 475 | 350 | — | JS01C |
| | ★★ | 750 | 1 875 | 1 920 | 830 | 1 970 | 2 025 | 22 400 | 14 000 | 600 | 475 | | |
| 29.5R29 | ★ | 750 | 1 975 | 2 025 | 830 | 2 070 | 2 130 | 19 500 | 11 500 | 475 | 350 | — | JS01C |
| | ★★ | 750 | 1 975 | 2 025 | 830 | 2 070 | 2 130 | 23 600 | 15 000 | 6000 | 475 | | |
| 29.5R35 | ★ | 750 | 2 125 | 2 175 | 830 | 2 225 | 2 280 | 21 200 | 12 500 | 475 | 350 | — | JS01C |
| | ★★ | 750 | 2 125 | 2 175 | 830 | 2 225 | 2 280 | 25 750 | 16 000 | 650 | 500 | | |
| 33.25R29 | ★ | 845 | 2 090 | 2 145 | 935 | 2 195 | 2 260 | 23 600 | 14 000 | 475 | 350 | — | JS01C |
| | ★★ | 845 | 2 090 | 2 145 | 935 | 2 195 | 2 260 | 29 000 | 18 500 | 650 | 500 | | |

续上表

| 轮胎规格 | 符号 | 新胎设计尺寸/mm ||| 轮胎最大使用尺寸[1]/mm ||| 不同速度下的负荷能力[2]/kg || 不同速度下的充气压力/kPa || 气门嘴型号 ||
||| 断面宽度 | 外直径 || 总宽度 | 外直径 || 10 km/h | 50 km/h | 10 km/h | 50 km/h | 有内胎 | 无内胎 |
||||普通花纹|深花纹和超深花纹||普通花纹|深花纹和超深花纹||||||||
| 33.25R35 | ★ | 845 | 2 240 | 2 295 | 935 | 2 350 | 2 405 | 25 750 | 15 500 | 475 | 350 | — | 无内胎 |
| | ★★ | 845 | 2 240 | 2 295 | 935 | 2 350 | 2 405 | 31 500 | 20 000 | 650 | 500 | — | JS01C |
| 33.5R33 | ★ | 850 | 2 240 | 2 295 | 940 | 2 350 | 2 410 | 25 750 | 15 500 | 475 | 350 | — | — |
| | ★★ | 850 | 2 240 | 2 295 | 940 | 2 350 | 2 410 | 31 500 | 20 000 | 650 | 500 | — | JS01C |
| 33.5R39 | ★ | 850 | 2 395 | 2 450 | 940 | 2 505 | 2 565 | 28 000 | 16 500 | 475 | 350 | — | — |
| | ★★ | 850 | 2 395 | 2 450 | 940 | 2 505 | 2 565 | 34 500 | 21 800 | 650 | 500 | — | JS01C |
| 37.25R35 | ★ | 945 | 2 390 | 2 445 | 1 050 | 2 510 | 2 570 | 31 500 | 18 500 | 475 | 350 | ZK01 | — |
| | ★★ | 945 | 2 390 | 2 445 | 1 050 | 2 510 | 2 570 | 37 500 | 23 600 | 650 | 500 | ZK01 | — |
| 37.5R33 | ★ | 950 | 2 390 | 2 445 | 1 055 | 2 515 | 2 575 | 31 500 | 18 500 | 475 | 350 | ZK01 | — |
| | ★★ | 950 | 2 390 | 2 445 | 1 055 | 2 515 | 2 575 | 37 500 | 24 300 | 650 | 500 | ZK01 | — |
| 37.5R39 | ★ | 950 | 2 540 | 2 600 | 1 055 | 2 665 | 2 730 | 33 500 | 20 000 | 475 | 350 | ZK01 | — |
| | ★★ | 950 | 2 540 | 2 600 | 1 055 | 2 665 | 2 730 | 41 250 | 25 750 | 650 | 500 | ZK01 | — |
| 37.5R51 | ★ | 950 | 2 845 | 2 905 | 1 055 | 2 970 | 3 035 | 37 500 | 22 400 | 475 | 350 | ZK01 | — |
| | ★★ | 950 | 2 845 | 2 905 | 1 055 | 2 970 | 3 035 | 46 250 | 29 000 | 650 | 500 | ZK01 | — |
| 40.5/75R39 | ★ | 1 030 | 2 580 | 2 625 | 1 145 | 2 705 | 2 755 | 37 500 | 22 400 | 475 | 350 | ZK01 | — |
| | ★★ | 1 030 | 2 580 | 2 625 | 1 145 | 2 705 | 2 755 | 46 250 | 29 000 | 650 | 500 | ZK01 | — |

注：1) 轮胎最大使用尺寸是指膨胀最大的尺寸，用于工程机械制造设计轮胎间隙。

2) 静态时的负荷调节：负荷(10 km/h 的负荷)×0.88；

最高速度 65 km/h 的负荷调节：负荷(50 km/h 的负荷)×1.60；

最高速度 15 km/h 的负荷调节：负荷(50 km/h 的负荷)×1.12。

表 4-8-21 低断面斜交轮胎（GB/T 2980—2009）

| 轮胎规格 | 层级 | 新胎设计尺寸/mm | | | 轮胎最大使用尺寸[1]/mm | | | 不同速度下的负荷能力/kg | | 不同速度下的充气压力/kPa | | 气门嘴型号 | |
|---|---|---|---|---|---|---|---|---|---|---|---|---|---|
| | | 断面宽度 | 外直径 | | 总宽度 | 外直径 | | 10 km/h | 50 km/h | 10 km/h | 50 km/h | 有内胎 | 无内胎 |
| | | | 普通花纹 | 深花纹和超深花纹 | | 普通花纹 | 深花纹和超深花纹 | | | | | | |
| | | | | | | 65 系列 | | | | | | | |
| 25/65-25 | 12 | 635 | 1 485 | 1 525 | 705 | 1 555 | 1 595 | 7 300 | 4 375 | 250 | 175 | — | ZK01 |
| | 16 | 635 | 1 485 | 1 525 | 705 | 1 555 | 1 595 | 8 500 | 5 150 | 325 | 225 | — | — |
| | 20 | 635 | 1 485 | 1 525 | 705 | 1 555 | 1 595 | 9 750 | 5 800 | 400 | 275 | — | — |
| 30/65-25 | 16 | 760 | 1 655 | 1 700 | 845 | 1 735 | 1 785 | 10 900 | 6 700 | 275 | 200 | — | ZK01 |
| | 20 | 760 | 1 655 | 1 700 | 845 | 1 735 | 1 785 | 12 500 | 7 500 | 350 | 250 | — | — |
| 30/65-29 | 16 | 760 | 1 760 | 1 800 | 845 | 1 840 | 1 885 | 11 500 | 7 100 | 275 | 200 | — | ZK01 |
| | 20 | 760 | 1 760 | 1 800 | 845 | 1 840 | 1 885 | 13 000 | 8 250 | 350 | 250 | — | — |
| | 24 | 760 | 1 760 | 1 800 | 845 | 1 840 | 1 885 | 15 000 | 9 000 | 425 | 300 | — | — |
| 35/65-33 | 24 | 890 | 2 030 | 2 075 | 990 | 2 125 | 2 175 | 19 000 | 11 500 | 350 | 250 | — | ZK01 |
| | 30 | 890 | 2 030 | 2 075 | 990 | 2 125 | 2 175 | 21 200 | 12 500 | 425 | 300 | — | — |
| | 36 | 890 | 2 030 | 2 075 | 990 | 2 125 | 2 175 | 23 600 | 14 500 | 525 | 375 | — | — |
| | 42 | 890 | 2 030 | 2 075 | 990 | 2 125 | 2 175 | 26 500 | 16 000 | 625 | 450 | — | — |
| 40/65-39 | 30 | 1 015 | 2 350 | 2 405 | 1 125 | 2 460 | 2 520 | 27 250 | — | 375 | — | — | ZK01 |
| | 36 | 1 015 | 2 350 | 2 405 | 1 125 | 2 460 | 2 520 | 30 000 | — | 450 | — | — | — |
| | 38 | 1 145 | 2 675 | 2 735 | 1 270 | 2 800 | 2 860 | 38 750 | — | 425 | — | — | — |
| 45/65-45 | 46 | 1 140 | 2 675 | 2 735 | 1 270 | 2 800 | 2 860 | 43 750 | — | 525 | — | — | ZK01 |
| | 50 | 1 140 | 2 675 | 2 735 | 1 270 | 2 800 | 2 860 | 46 250 | — | 575 | — | — | — |
| | 58 | 1 140 | 2 675 | 2 735 | 1 270 | 2 800 | 2 860 | 50 000 | — | 675 | — | — | — |
| 50/65-51 | 46 | 1 270 | 2 995 | 3 060 | 1 410 | 3 130 | 3 200 | 53 000 | — | 475 | — | — | ZK01 |
| | 54 | 1 270 | 2 995 | 3 060 | 1 410 | 3 130 | 3 200 | 58 000 | — | 575 | — | — | — |
| | | | | | | 70 系列 | | | | | | | |
| 16/70-20 | 10 | 410 | 1 075 | — | 455 | 1 120 | — | 4 250 | 2 430 | 325 | 250 | DG09C | — |
| | 14 | 410 | 1 075 | — | 455 | 1 120 | — | 5 150 | 2 900 | 450 | 350 | DG09C | — |
| | 18 | 410 | 1 075 | — | 455 | 1 120 | — | 5 800 | 3 350 | 550 | 450 | DG09C | — |
| 16/70-24 | 10 | 410 | 1 175 | — | 455 | 1 220 | — | 4 750 | 2 800 | 325 | 250 | DG09C | — |
| | 14 | 410 | 1 175 | — | 455 | 1 220 | — | 5 600 | 3 350 | 450 | 350 | DG09C | — |
| 22/70-24 | 12 | 545 | 1 390 | 1 445 | 605 | 1 450 | 1 510 | 6 150 | 4 250 | 275 | 250 | DG09C | — |
| | 14 | 545 | 1 390 | 1 445 | 605 | 1 450 | 1 510 | 7 100 | 5 000 | 350 | 325 | DG09C | — |
| 41.25/70-39 | 42 | 1 050 | 2 450 | 2 510 | 1 165 | 2 565 | 2 630 | 37 500 | — | 475 | — | — | ZK01 |

注：1) 轮胎最大使用尺寸是指胀大后的最大尺寸，用于工程机械制造设计轮胎间隙。

表 4-8-22 低断面子午线轮胎（GB/T 2980—2009）

| 轮胎规格 | 符号 | 新胎设计尺寸/mm | | | 轮胎最大使用尺寸[1]/mm | | | 不同速度下的负荷能力[2]/kg | | 不同速度下的充气压力/kPa | | 气门嘴型号 | |
|---|---|---|---|---|---|---|---|---|---|---|---|---|---|
| | | 断面宽度 | 外直径 | | 总宽度 | 外直径 | | 10 km/h | 50 km/h | 10 km/h | 50 km/h | 有内胎 | 无内胎 |
| | | | 普通花纹 | 深花纹和超深花纹 | | 普通花纹 | 深花纹和超深花纹 | | | | | | |
| 20/65R25 | ★ | 510 | 1 315 | 1 350 | 565 | 1 370 | 1 405 | 7 100 | 3 875 | 475 | 325 | — | — |
| | ★★ | 510 | 1 315 | 1 350 | 565 | 1 370 | 1 405 | 8 750 | 5 150 | 625 | 425 | — | — |
| 25/65R25 | ★ | 635 | 1 485 | 1 525 | 705 | 1 555 | 1 595 | 10 600 | 5 800 | 475 | 325 | — | — |
| | ★★ | 635 | 1 485 | 1 525 | 705 | 1 555 | 1 595 | 12 850 | 7 750 | 625 | 425 | — | — |
| 30/65R29 | ★ | 760 | 1 760 | 1 800 | 845 | 1 840 | 1 885 | 16 000 | 8 500 | 475 | 325 | — | — |
| | ★★ | 760 | 1 760 | 1 800 | 845 | 1 840 | 1 885 | 19 000 | 11 500 | 625 | 425 | — | — |
| 35/65R33 | ★ | 890 | 2 030 | 2 075 | 990 | 2 125 | 2 175 | 23 000 | 13 600 | 500 | 350 | — | — |
| | ★★ | 890 | 2 030 | 2 075 | 990 | 2 125 | 2 175 | 27 250 | 17 500 | 650 | 475 | — | — |
| 40/65R39 | ★ | 1 015 | 2 350 | 2 405 | 1 125 | 2 460 | 2 520 | 31 500 | 18 500 | 500 | 350 | — | — |
| | ★★ | 1 015 | 2 350 | 2 405 | 1 125 | 2 460 | 2 520 | 37 500 | 23 600 | 650 | 475 | — | — |
| 45/65R45 | ★ | 1 145 | 2 675 | 2 735 | 1 270 | 2 800 | 2 860 | 42 500 | 25 000 | 500 | 350 | — | ZK01 |
| | ★★ | 1 145 | 2 675 | 2 735 | 1 270 | 2 800 | 2 860 | 50 000 | 31 500 | 650 | 475 | — | — |
| 50/65R51 | ★ | 1 270 | 2 995 | 3 060 | 1 410 | 3 130 | 3 200 | 54 500 | 31 500 | 500 | 350 | — | ZK01 |
| | ★★ | 1 270 | 2 995 | 3 060 | 1 410 | 3 130 | 3 200 | 65 000 | 40 000 | 650 | 475 | — | — |
| 55/65R51 | ★ | 1 395 | 3 165 | 3 235 | 1 550 | 3 315 | 3 390 | 65 000 | 37 500 | 500 | 350 | — | — |
| | ★★ | 1 395 | 3 165 | 3 235 | 1 550 | 3 315 | 3 390 | 77 500 | 48 750 | 650 | 475 | — | — |
| 65/65R51 | ★ | 1 650 | 3 510 | 3 575 | 1 830 | 3 685 | 3 755 | 87 500 | 51 500 | 500 | 350 | — | — |
| | ★★ | 1 650 | 3 510 | 3 575 | 1 830 | 3 685 | 3 755 | 106 000 | 67 000 | 650 | 475 | — | — |

注：1) 轮胎最大使用尺寸是指胀大的最大尺寸，用于工程机械制造设计轮胎间隙。
2) 静态时的负荷调节（10 km/h）负荷：负荷（50 km/h 的负荷）×1.60；
最高速度 65 km/h 的负荷调节：负荷（50 km/h 的负荷）×0.88；
最高速度 15 km/h 的负荷调节：负荷（50 km/h 的负荷）×1.12。

## 二、实心轮胎

实心轮胎是一种适应于低速、高负载苛刻使用条件下运行车辆的工业轮胎,其安全性、耐久性、经济性等明显优于充气胎,广泛用于各种工业车辆、军事车辆、建筑机械、港口机场的拖挂车辆等领域。按照其形态主要分为压配式实心轮胎(GB/T 16622—2009)和充气轮胎轮辋实心轮胎(GB/T 10823—2009)。其主要规格、尺寸与负荷分别见表 4-8-23～表 4-8-27。

表 4-8-23　压配式实心轮胎(GB/T 16622—2009)

| 轮胎规格 | | 最大负荷/kg | | | | |
|---|---|---|---|---|---|---|
| 公制/mm | 英制/in | 平衡重式叉车 | | | | 其他工业车辆 |
| | | 10 km/h | | 16 km/h | | 16 km/h |
| | | 驱动轮 | 转向轮 | 驱动轮 | 转向轮 | |
| 229×127×127 | 9×5×5 | 890 | 790 | 785 | 715 | 685 |
| 254×127×157.2 | 10×5×6.1875 | 955 | 850 | 845 | 770 | 735 |
| 254×76×158.8 | 10×3×6¼ | 500 | 445 | 440 | 400 | 385 |
| 254×102×158.8 | 10×4×6¼ | 725 | 645 | 640 | 585 | 560 |
| 254×127×158.8 | 10×5×6¼ | 955 | 850 | 845 | 765 | 735 |
| 254×152×158.8 | 10×6×6¼ | 1 180 | 1 050 | 1 045 | 950 | 910 |
| 254×178×158.8 | 10×7×6¼ | 1 410 | 1 255 | 1 245 | 1 130 | 1 085 |
| 254×102×165.1 | 10×4×6½ | 720 | 640 | 635 | 580 | 555 |
| 254×121×165.1 | 10×4¾×6½ | 885 | 790 | 785 | 710 | 680 |
| 254×127×165.1 | 10×5×6½ | 940 | 835 | 830 | 755 | 725 |
| 254×152×165.1 | 10×6×6½ | 1 160 | 1 035 | 1 030 | 935 | 895 |
| 267×127×127 | 10½×5×5 | 1 020 | 910 | 905 | 820 | 785 |
| 267×152×127 | 10½×6×5 | 1 295 | 1 155 | 1 145 | 1 040 | 995 |
| 267×102×165.1 | 10½×4×6½ | 755 | 675 | 670 | 610 | 580 |
| 267×127×165.1 | 10½×5×6½ | 1 000 | 890 | 885 | 805 | 770 |
| 267×127×165.1 | 10½×6×6½ | 1 240 | 1 105 | 1 100 | 995 | 955 |
| 267×178×165.1 | 10½×7×6½ | 1 485 | 1 320 | 1 310 | 1 190 | 1 140 |
| 279×102×165.1 | 11×4×6½ | 785 | 700 | 695 | 630 | 605 |
| 305×89×203.2 | 12×3½×8 | 700 | 625 | 620 | 565 | 540 |
| 305×102×203.2 | 12×4×8 | 835 | 745 | 740 | 670 | 645 |
| 305×114×203.2 | 12×4½×8 | 970 | 865 | 860 | 780 | 745 |
| 305×127×203.2 | 12×5×8 | 1 105 | 980 | 975 | 885 | 850 |
| 305×140×203.2 | 12×5½×8 | 1 240 | 1 100 | 1 095 | 995 | 950 |
| 305×165×203.2 | 12×6½×8 | 1 505 | 1 340 | 1 330 | 1 210 | 1 160 |
| 318×127×228.6 | 12½×5×9 | 1 110 | 990 | 985 | 895 | 855 |
| 330×89×203.2 | 13×3½×8 | 730 | 650 | 645 | 585 | 560 |
| 330×114×203.2 | 13×4½×8 | 1 040 | 925 | 920 | 835 | 800 |
| 330×127×203.2 | 13×5×8 | 1 195 | 1 065 | 1 060 | 960 | 920 |
| 330×127×254 | 13×5×10 | 1 105 | 985 | 980 | 890 | 850 |
| 343×89×203.2 | 13½×3½×8 | 735 | 655 | 650 | 590 | 565 |
| 343×114×203.2 | 13½×4½×8 | 1 065 | 950 | 945 | 855 | 820 |
| 343×140×203.2 | 13½×5½×8 | 1 400 | 1 245 | 1 235 | 1 125 | 1 075 |

续上表

| 轮胎规格 | | 最大负荷/kg | | | | |
|---|---|---|---|---|---|---|
| | | 平衡重式叉车 | | | | 其他工业车辆 |
| 公制 /mm | 英制 /in | 10 km/h | | 16 km/h | | 16 km/h |
| | | 驱动轮 | 转向轮 | 驱动轮 | 转向轮 | |
| 343×165×203.2 | 13½×6½×8 | 1 730 | 1 540 | 1 530 | 1 390 | 1 330 |
| 356×114×203.2 | 14×4½×8 | 1 085 | 965 | 960 | 870 | 835 |
| 356×127×254 | 14×5×10 | 1 240 | 1 100 | 1 095 | 995 | 955 |
| 381×89×285.8 | 15×3½×11¼ | 830 | 740 | 735 | 665 | 640 |
| 381×102×285.8 | 15×4×11¼ | 985 | 875 | 870 | 790 | 755 |
| 381×127×285.8 | 15×5×11¼ | 1 290 | 1 150 | 1 145 | 1 040 | 995 |
| 381×152×285.8 | 15×6×11¼ | 1 600 | 1 425 | 1 415 | 1 285 | 1 230 |
| 381×178×285.8 | 15×7×11¼ | 1 910 | 1 700 | 1 690 | 1 535 | 1 470 |
| 381×203×285.8 | 15×8×11¼ | 2 215 | 1 975 | 1 960 | 1 780 | 1 705 |
| 394×127×254 | 15½×5×10 | 1 365 | 1 215 | 1 210 | 1 100 | 1 050 |
| 394×152×254 | 15½×6×10 | 1 735 | 1 545 | 1 535 | 1 395 | 1 335 |
| 406×127×266.7 | 16×5×10½ | 1 400 | 1 245 | 1 240 | 1 125 | 1 075 |
| 406×152×266.7 | 16×6×10½ | 1 775 | 1 580 | 1 570 | 1 430 | 1 365 |
| 406×178×266.7 | 16×7×10½ | 2 155 | 1 915 | 1 905 | 1 730 | 1 655 |
| 406×114×304.8 | 16×4½×12 | 1 205 | 1 070 | 1 065 | 965 | 925 |
| 406×76×308 | 16×3×12⅛ | 705 | 630 | 625 | 570 | 545 |
| 406×89×308 | 16×3½×12⅛ | 870 | 775 | 770 | 700 | 670 |
| 406×102×308 | 16×4×12⅛ | 1 035 | 920 | 915 | 830 | 795 |
| 406×127×308 | 16×5×12⅛ | 1 365 | 1 215 | 1 205 | 1 095 | 1 050 |
| 413×127×285.8 | 16¼×5×11¼ | 1 415 | 1 260 | 1 250 | 1 135 | 1 090 |
| 413×152×285.8 | 16¼×6×11¼ | 1 780 | 1 585 | 1 575 | 1 430 | 1 370 |
| 413×178×285.8 | 16¼×7×11¼ | 2 150 | 1 915 | 1 900 | 1 730 | 1 655 |
| 432×127×308 | 17×5×12⅛ | 1 460 | 1 300 | 1 295 | 1 175 | 1 125 |
| 432×152×308 | 17×6×12⅛ | 1 840 | 1 635 | 1 625 | 1 475 | 1 415 |
| 457×127×308 | 18×5×12⅛ | 1 525 | 1 355 | 1 350 | 1 225 | 1 175 |
| 457×152×308 | 18×6×12⅛ | 1 945 | 1 735 | 1 720 | 1 565 | 1 500 |
| 457×178×308 | 18×7×12⅛ | 2 370 | 2 110 | 2 095 | 1 905 | 1 820 |
| 457×203×308 | 18×8×12⅛ | 2 790 | 2 485 | 2 470 | 2 245 | 2 145 |
| 457×229×308 | 18×9×12⅛ | 3 215 | 2 860 | 2 840 | 2 580 | 2 470 |
| 457×102×355.6 | 18×4×14 | 1 135 | 1 010 | 1 000 | 910 | 870 |
| 508×203×381 | 20×8×15 | 2 940 | 2 615 | 2 600 | 2 365 | 2 260 |
| 508×229×381 | 20×9×15 | 3 370 | 3 000 | 2 980 | 2 710 | 2 590 |
| 508×89×406.4 | 20×3½×16 | 1 030 | 915 | 910 | 830 | 790 |
| 508×127×406.4 | 20×5×16 | 1 620 | 1 440 | 1 430 | 1 300 | 1 245 |
| 508×203×406.4 | 20×8×16 | 2 795 | 2 490 | 2 475 | 2 250 | 2 150 |
| 508×229×406.4 | 20×9×16 | 3 190 | 2 840 | 2 820 | 2 565 | 2 455 |
| 533×127×381 | 21×5×15 | 1 710 | 1 520 | 1 510 | 1 375 | 1 315 |
| 533×152×381 | 21×6×15 | 2 185 | 1 945 | 1 935 | 1 760 | 1 680 |

续上表

| 轮胎规格 | | 最大负荷/kg | | | | |
|---|---|---|---|---|---|---|
| | | 平衡重式叉车 | | | | 其他工业车辆 |
| 公制/mm | 英制/in | 10 km/h | | 16 km/h | | 16 km/h |
| | | 驱动轮 | 转向轮 | 驱动轮 | 转向轮 | |
| 533×78×381 | 21×7×15 | 2 665 | 2 370 | 2 355 | 2 140 | 2 050 |
| 533×203×381 | 21×8×15 | 3 140 | 2 795 | 2 780 | 2 525 | 2 415 |
| 533×229×381 | 21×9×15 | 3 620 | 3 220 | 3 200 | 2 910 | 2 785 |
| 559×305×381 | 22×12×15 | 5 400 | 4 805 | 1 775 | 4 340 | 4 150 |
| 559×152×406.4 | 22×6×16 | 2 265 | 2 015 | 2 005 | 1 820 | 1 740 |
| 559×178×406.4 | 22×7×16 | 2 760 | 2 455 | 2 440 | 2 220 | 2 120 |
| 559×203×406.4 | 22×8×16 | 3 255 | 2 895 | 2 880 | 2 615 | 2 500 |
| 559×229×406.4 | 22×9×16 | 3 745 | 3 335 | 3 315 | 3 010 | 2 880 |
| 559×254×406.4 | 22×10×16 | 4 240 | 3 775 | 3 750 | 3 410 | 3 265 |
| 559×305×406.4 | 22×12×16 | 5 230 | 4 655 | 4 625 | 4 205 | 4 025 |
| 559×356×406.4 | 22×14×16 | 6 220 | 5 535 | 5 500 | 5 000 | 4 785 |
| 559×406×406.4 | 22×16×16 | 7 205 | 6 415 | 6 375 | 5 795 | 5 545 |
| 559×152×450.8 | 22×6×17¾ | 2 185 | 1 945 | 1 935 | 1 755 | 1 680 |
| 559×203×450.8 | 22×8×17¾ | 3 050 | 2 715 | 2 700 | 2 450 | 2 345 |
| 610×152×406.4 | 24×6×16 | 2 370 | 2 110 | 2 100 | 1 905 | 1 825 |
| 660×152×508 | 26×6×20 | 2 565 | 2 285 | 2 270 | 2 065 | 1 975 |
| 660×178×508 | 26×7×20 | 3 125 | 2 785 | 2 765 | 2 515 | 2 405 |
| 660×203×508 | 26×8×20 | 3 685 | 3 280 | 3 260 | 2 965 | 2 835 |
| 711×178×558.8 | 28×7×22 | 3 305 | 2 940 | 2 925 | 2 655 | 2 545 |
| 711×254×558.8 | 28×10×22 | 5 080 | 4 525 | 4 495 | 4 085 | 3 910 |
| 711×305×558.8 | 28×12×22 | 6 265 | 5 575 | 5 545 | 5 035 | 4 820 |
| 711×356×558.8 | 28×14×22 | 7 450 | 6 630 | 6 590 | 5 990 | 5 730 |
| 711×406×558.8 | 28×16×22 | 8 635 | 7 685 | 7 640 | 6 940 | 6 645 |
| 915×203×762 | 36×8×30 | 4 705 | 4 190 | 4 165 | 3 785 | 3 620 |
| 915×229×762 | 36×9×30 | 5 420 | 4 825 | 4 795 | 4 360 | 4 170 |
| 915×254×762 | 36×10×30 | 6 135 | 5 460 | 5 430 | 4 935 | 4 720 |
| 915×305×762 | 36×12×30 | 7 565 | 6 735 | 6 695 | 6 080 | 5 820 |
| 915×406×762 | 36×16×30 | 10 425 | 9 280 | 9 225 | 8 380 | 8 020 |
| 1 016×406×762 | 40×16×30 | 12 595 | 11 210 | 11 140 | 10 125 | 9 690 |
| 1 016×508×762 | 40×20×30 | 16 325 | 14 530 | 14 445 | 13 125 | 12 560 |

注：1. 供步行操纵型平衡配重式叉车用的轮胎，上表中的轮胎负荷可以增加10%。
  2. 对于兼作转向和驱动用的轮胎，其负荷应根据转向轮轮胎的额定负荷。
  3. 当多个轮胎作为一个单元在单轮上使用时，最大/额定负荷应该等于单个轮胎额定负荷的总和。
  4. 用于间歇作业，单个作业行程最大距离为2 000 m，若需要更长距离作业或用于翻转机械轮胎时，应与制造厂协商。
  5. 轮胎断面宽度偏差为 $_{-0.8}^{0}$ mm，轮胎外直径偏差为±1%。

表 4-8-24　公制系列压配式实心轮胎（GB/T 16622—2009）

| 轮胎规格 | 最大负荷/kg | | | | |
|---|---|---|---|---|---|
| | 平衡重式叉车 | | | | 其他工业车辆 |
| 公制/mm | 10 km/h | 16 km/h | | | 16 km/h |
| | 驱动轮 | 转向轮 | 驱动轮 | 转向轮 | |
| 230×75×170 | 435 | 385 | 385 | 350 | 335 |
| 230×85×170 | 500 | 445 | 445 | 405 | 385 |
| 250×130×140 | 990 | 880 | 875 | 795 | 760 |
| 250×80×170 | 540 | 480 | 475 | 435 | 415 |
| 250×105×170 | 730 | 650 | 645 | 585 | 560 |
| 250×85×190 | 535 | 475 | 470 | 430 | 410 |
| 265×85×190 | 585 | 520 | 515 | 470 | 450 |
| 265×100×190 | 710 | 630 | 625 | 570 | 545 |
| 280×75×220 | 500 | 445 | 445 | 405 | 385 |
| 300×120×203 | 1 010 | 900 | 895 | 815 | 780 |
| 300×180×203 | 1 625 | 1 445 | 1 435 | 1 305 | 1 250 |
| 360×85×270 | 750 | 665 | 660 | 600 | 575 |
| 365×160×220 | 1 750 | 1 555 | 1 545 | 1 405 | 1 345 |
| 380×160×220 | 1 810 | 1 610 | 1 600 | 1 455 | 1 390 |
| 405×130×305 | 1 400 | 1 250 | 1 240 | 1 125 | 1 080 |
| 405×220×305 | 2 570 | 2 285 | 2 270 | 2 065 | 1 975 |
| 405×260×305 | 3 060 | 2 720 | 2 705 | 2 460 | 2 355 |
| 410×115×308 | 1 225 | 1 090 | 1 085 | 985 | 940 |
| 425×150×305 | 1 775 | 1 580 | 1 570 | 1 425 | 1 365 |
| 425×200×305 | 1 495 | 2 220 | 2 210 | 2 005 | 1 920 |
| 425×260×305 | 3 365 | 2 995 | 2 975 | 2 705 | 2 590 |
| 425×300×305 | 3 945 | 3 510 | 3 490 | 3 170 | 3 035 |
| 450×300×305 | 4 315 | 3 840 | 3 820 | 3 470 | 3 320 |
| 500×120×400 | 1 490 | 1 325 | 1 320 | 1 200 | 1 145 |
| 525×120×370 | 1 555 | 1 385 | 1 375 | 1 250 | 1 195 |
| 540×200×410 | 3 035 | 2 700 | 2 685 | 2 440 | 2 335 |
| 550×160×410 | 2 370 | 2 110 | 2 095 | 1 905 | 1 825 |
| 630×203×508 | 3 425 | 3 050 | 3 030 | 2 755 | 2 635 |
| 645×250×410 | 4 870 | 4 335 | 4 310 | 3 915 | 3 745 |
| 645×300×410 | 6 140 | 5 465 | 5 430 | 4 935 | 4 725 |
| 660×203×480 | 3 740 | 3 330 | 3 310 | 3 010 | 2 880 |
| 660×250×480 | 4 845 | 4 310 | 4 285 | 3 895 | 3 725 |
| 660×280×480 | 5 550 | 4 940 | 4 910 | 4 460 | 4 270 |

注 1. 供步行操纵型平衡配重式叉车用的轮胎，上表中的轮胎负荷可以增加 10%。
2. 对于兼作转向和驱动用的轮胎，其负荷应根据转向轮轮胎的额定负荷。
3. 当多个轮胎作为一个单元在单轮上使用时，最大/额定负荷应该等于单个轮胎额定负荷的总和。
4. 用于间歇作业，单个作业行程最大距离为 2 000 m，若需要更长距离作业或用于翻转机械轮胎时，应与制造厂协商。
5. 轮胎断面宽度偏差为 $_{-0.8}^{0}$ mm，轮胎外直径偏差为 ±1%。

表 4-8-25 普通断面充气轮胎轮辋实心轮胎（GB/T 10823—2009）

| 轮胎规格 | 允许使用轮辋 | 新胎尺寸/mm | | 负荷能力[1]/kg | | | | | | | | |
|---|---|---|---|---|---|---|---|---|---|---|---|---|
| | | | | 平衡重式叉车 | | | | | | 其他工业车辆 | | |
| | | 外直径 | 断面宽 | 10 km/h | | 16 km/h | | 25 km/h | | 静止 | 6 km/h | 10 km/h | 25 km/h |
| | | | | 驱动轮 | 转向轮 | 驱动轮 | 转向轮 | 驱动轮 | 转向轮 | | | | |
| 4.00-8/2.50 | 2.50C-8 | 423 | 121 | 910 | 700 | 830 | 640 | 765 | 590 | 945 | 765 | 695 | 590 |
| 4.00-8/3.00 | 3.00D-8 | 423 | 121 | 1 090 | 840 | 995 | 765 | 925 | 710 | 1 135 | 925 | 840 | 710 |
| 4.00-8/3.75 | 3.75-8 | 423 | 125 | 1 175 | 905 | 1 080 | 830 | 1 000 | 770 | 1 230 | 1 000 | 910 | 770 |
| 5.00-8/3.00 | 3.00D-8 | 469 | 146 | 1 255 | 965 | 1 145 | 880 | 1 060 | 815 | 1 305 | 1 060 | 960 | 815 |
| 5.00-8/3.25 | 3.25I-8 | 469 | 146 | 1 360 | 1 045 | 1 235 | 950 | 1 150 | 885 | 1 415 | 1 150 | 1 045 | 885 |
| 5.00-8/3.50 | 3.50D-8 | 469 | 146 | 1 465 | 1 125 | 1 335 | 1 025 | 1 235 | 950 | 1 520 | 1 235 | 1 120 | 950 |
| 6.00-9/4.00 | 4.00E-9 | 545 | 160 | 1 975 | 1 520 | 1 805 | 1 390 | 1 675 | 1 290 | 2 065 | 1 675 | 1 520 | 1 290 |
| 7.00-9/5.00 | 5.00S-9 | 578 | 186 | 2 670 | 2 055 | 2 440 | 1 875 | 2 260 | 1 740 | 2 785 | 2 260 | 2 055 | 1 740 |
| 6.50-10/5.00 | 5.00F-10 | 597 | 178 | 2 715 | 2 090 | 2 485 | 1 910 | 2 310 | 1 775 | 2 840 | 2 310 | 2 095 | 1 775 |
| 7.00-12/5.00 | 5.00S-12 | 683 | 192 | 3 105 | 2 390 | 2 835 | 2 180 | 2 635 | 2 025 | 3 240 | 2 635 | 2 390 | 2 025 |
| 8.25-12/5.00 | 5.00S-12 | 735 | 236 | 3 425 | 2 635 | 3 125 | 2 405 | 2 905 | 2 235 | 3 575 | 2 905 | 2 635 | 2 235 |
| 7.00-15/5.00 | 5.5-15 | 759 | 204 | 3 700 | 2 845 | 3 375 | 2 595 | 3 135 | 2 410 | 3 855 | 3 135 | 2 845 | 2 410 |
| 7.50-15/5.50 | 5.5-15 | 774 | 215 | 3 805 | 2 925 | 3 470 | 2 670 | 3 225 | 2 480 | 3 970 | 3 225 | 2 925 | 2 480 |
| 7.50-15/5.50 | 5.5-15 | 774 | 215 | 4 145 | 3 190 | 3 785 | 2 910 | 3 510 | 2 700 | 4 320 | 3 510 | 3 185 | 2 700 |
| 7.50-15/6.00 | 6.0-15 | 774 | 215 | 4 490 | 3 455 | 4 100 | 3 155 | 3 810 | 2 930 | 4 690 | 3 810 | 3 455 | 2 930 |
| 7.50-15/6.50 | 6.5-15 | 847 | 236 | 4 305 | 3 310 | 3 925 | 3 020 | 3 640 | 2 800 | 4 480 | 3 640 | 3 305 | 2 800 |
| 8.25-15/5.50 | 5.5-15 | 847 | 236 | 5 085 | 3 910 | 4 640 | 3 570 | 4 310 | 3 315 | 5 304 | 4 310 | 3 910 | 3 315 |
| 6.00-16/4.50 | 4.50E-16 | 711 | 167 | 2 685 | 2 065 | 2 450 | 1 885 | 2 275 | 1 750 | 2 800 | 2 275 | 2 065 | 1 750 |
| 6.50-16/5.50 | 5.50F-16 | 749 | 187 | 3 545 | 2 725 | 3 235 | 2 490 | 3 005 | 2 310 | 3 695 | 3 005 | 2 725 | 2 310 |
| 7.50-16/5.50 | 5.50F-16 | 820 | 220 | 4 035 | 3 105 | 3 685 | 2 835 | 3 425 | 2 635 | 4 215 | 3 425 | 3 110 | 2 635 |
| 7.50-16/6.00 | 6.00G-16 | 820 | 230 | 4 400 | 3 385 | 4 025 | 3 095 | 3 730 | 2 870 | 4 590 | 3 730 | 3 385 | 2 870 |
| 7.50-16/6.50 | 6.50H-16 | 820 | 230 | 4 770 | 3 670 | 4 355 | 3 350 | 4 045 | 3 110 | 4 975 | 4 045 | 3 670 | 3 110 |

续上表

| 轮胎规格 | 允许使用轮辋 | 新胎尺寸/mm | | 负荷能力[1]/kg | | | | | | | | |
|---|---|---|---|---|---|---|---|---|---|---|---|---|
| | | | | 平衡重式叉车 | | | | | | 其他工业车辆 | | |
| | | 外直径 | 断面宽 | 10 km/h | | 16 km/h | | 25 km/h[2] | | 静止 | 6 km/h | 10 km/h | 25 km/h |
| | | | | 驱动轮 | 转向轮 | 驱动轮 | 转向轮 | 驱动轮 | 转向轮 | | | | |
| 8.00-16/5.50 | 5.50F-16 | 825 | 220 | 4 070 | 3 130 | 3 720 | 2 860 | 3 450 | 2 655 | 4 250 | 3 450 | 3 135 | 2 655 |
| 9.00-16/5.50 | 5.50F-16 | 884 | 259 | 4 480 | 3 445 | 4 090 | 3 145 | 3 795 | 2 920 | 4 670 | 3 795 | 3 445 | 2 920 |
| 9.00-16/6.50 | 6.50H-16 | 884 | 259 | 5 290 | 4 070 | 4 835 | 3 715 | 4 485 | 3 450 | 5 520 | 4 485 | 4 070 | 3 450 |
| 8.25-20/6.50 | 6.5-20 | 992 | 236 | 5 165 | 4 305 | 4 715 | 3 930 | 4 380 | 3 650 | 5 475 | 4 745 | 3 980 | 3 650 |
| 8.25-20/7.0 | 6.5-20 | 992 | 236 | 5 335 | 4 445 | 4 870 | 4 060 | 4 525 | 3 770 | 5 655 | 4 900 | 4 110 | 3 770 |
| 9.00-20/6.5 | 6.5-20 | 1 038 | 259 | 6 160 | 5 135 | 5 630 | 4 690 | 5 225 | 4 355 | 6 535 | 5 660 | 4 745 | 4 355 |
| 9.00-20/7.0 | 7.0-20 | 1 038 | 259 | 6 365 | 5 305 | 5 815 | 4 845 | 5 400 | 4 500 | 6 750 | 5 850 | 4 905 | 4 500 |
| 10.00-20/7.0 | 7.0-20 | 1 073 | 278 | 6 845 | 5 705 | 6 260 | 5 215 | 5 815 | 4 845 | 7 270 | 5 815 | 5 280 | 4 845 |
| 10.00-20/7.5 | 7.5-20 | 1 073 | 278 | 7 075 | 5 895 | 6 460 | 5 385 | 6 000 | 5 000 | 7 500 | 6 500 | 5 450 | 5 000 |
| 10.00-20/8.0 | 8.0-20 | 1 073 | 278 | 7 300 | 6 085 | 6 670 | 5 560 | 6 200 | 5 165 | 7 750 | 6 715 | 5 630 | 5 165 |
| 11.00-20/7.5 | 7.5-20 | 1 095 | 300 | 7 470 | 6 225 | 6 820 | 5 685 | 6 330 | 5 275 | 7 915 | 6 860 | 5 750 | 5 275 |
| 11.00-20/8.0 | 8.0-20 | 1 095 | 300 | 7 715 | 6 430 | 7 045 | 5 870 | 6 540 | 5 450 | 8 175 | 7 085 | 5 940 | 5 450 |
| 11.00-20/8.5 | 8.5-20 | 1 095 | 300 | 7 970 | 6 640 | 7 270 | 6 060 | 6 755 | 5 630 | 8 445 | 7 320 | 6 135 | 5 630 |
| 12.00-20/8.0 | 8.0-20 | 1 180 | 310 | 8 640 | 7 200 | 7 885 | 6 570 | 7 320 | 6 100 | 9 150 | 7 930 | 6 650 | 6 100 |
| 12.00-20/8.5 | 8.5-20 | 1 180 | 310 | 8 920 | 7 435 | 8 140 | 6 785 | 7 560 | 6 300 | 9 450 | 8 190 | 6 865 | 6 300 |
| 12.00-20/10.0 | 10.0-20 | 1 180 | 350 | 9 190 | 7 660 | 8 390 | 6 990 | 7 795 | 6 495 | 9 745 | 8 445 | 7 080 | 6 495 |
| 12.00-24/8.5 | 8.5-24 | 1 247 | 315 | 9 125 | 7 605 | 8 335 | 6 945 | 7 740 | 6 450 | 9 675 | 8 385 | 7 030 | 6 450 |
| 12.00-24/10.0 | 10.0-24 | 1 247 | 350 | 9 445 | 7 870 | 8 630 | 7 190 | 8 010 | 6 675 | 10 015 | 8 675 | 7 275 | 6 675 |
| 14.00-24/10.0 | 10.0-24 | 1 368 | 375 | 12 165 | 10 135 | 11 105 | 9 255 | 10 315 | 8 595 | 12 890 | 11 175 | 9 370 | 8 595 |

注：1. 用于间歇作业，单个作业行程最大距离为 2 000 m。
2. 轮胎外直径下偏差为表中外直径的 5%，上偏差为 0。

[1] 仅对间断使用有效，不包括有充气轮胎换成实心轮胎时增加的质量。
[2] 空载叉车的最高速度。

表 4-8-26 宽断面充气轮胎轮辋实心轮胎(GB/T 10823—2009)

| 轮胎规格 | 允许使用轮辋 | 新胎尺寸/mm | | 负荷能力[1]/kg | | | | | | | 其他工业车辆 | | | |
|---|---|---|---|---|---|---|---|---|---|---|---|---|---|---|
| | | | | 平衡重式叉车 | | | | | | | | | | |
| | | | | 10 km/h | | 16 km/h | | 25 km/h[2] | | | | | | 25 km/h |
| | | 外直径 | 断面宽 | 驱动轮 | 转向轮 | 驱动轮 | 转向轮 | 驱动轮 | 转向轮 | 静止 | 6 km/h | 10 km/h | 25 km/h |
| 15×4½-8/2.50 | 2.50C-8 | 380 | 114 | 840 | 645 | 765 | 590 | 710 | 545 | 870 | 710 | 645 | 545 |
| 15×4½-8/3.00 | 3.00D-8 | 380 | 114 | 1 005 | 775 | 915 | 705 | 850 | 655 | 1 050 | 850 | 775 | 655 |
| 15×4½-8/3.25 | 3.25I-8 | 380 | 114 | 1 090 | 840 | 995 | 765 | 925 | 710 | 1 135 | 925 | 835 | 710 |
| 16×6-8/4.33 | 4.33R-8 | 418 | 162 | 1 545 | 1 190 | 1 410 | 1 085 | 1 305 | 1 005 | 1 610 | 1 305 | 1 185 | 1 005 |
| 18×7-8/4.33 | 4.33R-8 | 457 | 170 | 2 430 | 1 870 | 2 215 | 1 705 | 2 060 | 1 585 | 2 535 | 2 060 | 1 870 | 1 585 |
| 18×9-8/7.00 | 7.00E-8 | 460 | 210 | 2 845 | 2 190 | 2 600 | 2 000 | 2 410 | 1 855 | 2 970 | 2 410 | 2 190 | 1 855 |
| 21×8-9/6.00 | 6.00E-9 | 535 | 207 | 2 890 | 2 225 | 2 645 | 2 035 | 2 455 | 1 890 | 3 025 | 2 455 | 2 230 | 1 890 |
| 23×9-10/6.50 | 6.50F-10 | 595 | 225 | 3 730 | 2 870 | 3 405 | 2 620 | 3 160 | 2 430 | 3 890 | 3 160 | 2 865 | 2 430 |
| 23×10-12/8.00 | 8.00G-12 | 595 | 261 | 4 450 | 3 425 | 4 060 | 3 125 | 3 770 | 2 900 | 4 640 | 3 770 | 3 420 | 2 900 |
| 27×10-12/8.00 | 8.00G-12 | 6 836 | 261 | 4 595 | 3 535 | 4 200 | 3 230 | 3 900 | 3 000 | 4 800 | 3 900 | 3 540 | 3 000 |
| 28×9-15/8.0[c] | 7.0-15 | 706 | 225 | 4 060 | 3 125 | 3 710 | 2 855 | 3 445 | 2 650 | 4 240 | 3 445 | 3 125 | 2 650 |
| 28×12.5-15/9.75 | 9.75-15 | 730 | 317 | 6 200 | 4 770 | 5 660 | 4 355 | 5 260 | 4 045 | 6 470 | 5 260 | 4 775 | 4 045 |
| 250-15/7.0 | 7.0-15 | 735 | 250 | 5 220 | 4 015 | 4 770 | 3 670 | 4 425 | 3 405 | 5 450 | 4 425 | 4 015 | 3 405 |
| 250-15/7.5 | 7.5-15 | 735 | 250 | 5 595 | 4 305 | 5 110 | 3 930 | 4 745 | 3 650 | 5 840 | 4 745 | 4 305 | 3 650 |
| 300-15/8.0 | 8.0-15 | 838 | 300 | 6 895 | 5 305 | 6 300 | 4 845 | 5 850 | 4 500 | 7 200 | 5 850 | 5 310 | 4 500 |
| 350-15/9.75 | 9.75-15 | 842 | 330 | — | — | — | — | 7 085 | 5 450 | 8 720 | 7 085 | 6 430 | 5 450 |
| 30×10-20/7.5 | 7.5-20 | 752 | 244 | — | — | — | — | — | — | 3 990 | 3 458 | 2 900 | 2 660 |
| 31×10-20/7.5 | 7.5-20 | 790 | 252 | — | — | — | — | — | — | 4 200 | 3 640 | 3 050 | 2 800 |
| 33×10.75-20/7.5 | 7.5-20 | 824 | 272 | — | — | — | — | — | — | 4 425 | 3 835 | 3 215 | 2 950 |
| 33×12-20/7.5 | 7.5-20 | 842 | 292 | — | — | — | — | — | — | 4 650 | 4 030 | 3 380 | 3 100 |

注:1. 用于间歇作业,单个作业行程最大距离为 2 000 m。
2. 轮胎外直径下偏差为中外直径的 5%,上偏差为 0。
[1] 仅对同规使用有效,不包括有充气轮胎换成实心轮胎时增加的质量。
[2] 空载叉车的最高速度。
[3] 也可标注为 8.15-15/7.0。

表 4-8-27 公制系列充气轮胎轮辋实心轮胎（GB/T 10823—2009）

| 轮胎规格 | 允许使用轮辋 | 新胎尺寸/mm | | 负荷能力[1]/kg | | | | | | | | | |
|---|---|---|---|---|---|---|---|---|---|---|---|---|---|
| | | | | 平衡重式叉车 | | | | | | 其他工业车辆 | | | |
| | | 外直径 | 断面宽 | 10 km/h | | 16 km/h | | 25 km/h | | 静止 | 6 km/h | 10 km/h | 25 km/h |
| | | | | 驱动轮 | 转向轮 | 驱动轮 | 转向轮 | 驱动轮 | 转向轮 | | | | |
| 140/55-9/4.00 | 4.00E-9 | 375 | 147 | 1 380 | 1 060 | 1 260 | 970 | 1 170 | 900 | 1 440 | 1 170 | 1 060 | 900 |
| 200/50-10/6.50 | 6.50F-10 | 460 | 221 | 2 910 | 2 240 | 2 665 | 2 050 | 2 470 | 1 900 | 3 040 | 2 470 | 2 240 | 1 900 |
| 355/65-15/9.75 | 9.75-15 | 826 | 372 | — | — | — | — | 7 800 | 6 000 | 9 600 | 7 085 | 6 430 | 5 450 |
| 355/50-20/10.0 | 10.0-20 | 847 | 367 | — | — | — | — | 8 970 | 6 900 | 10 350 | 8 970 | 7 520 | 6 900 |

注：1. 用于间歇作业，单个作业行程最大距离为 2 000 m。
2. 轮胎外直径下偏差使用有效，不包括充气轮胎换成实心轮胎时增加的质量。
1) 仅对间断使用外直径的 5%，上偏差为 0。
2) 空载叉车的最高速度。

# 第九章 齿轮及蜗杆传动

## 第一节 齿轮传动在起重机上的应用

### 一、传动类型

齿轮传动在起重机机构中应用最多,蜗杆传动使用较少,链传动只在个别情况下使用。

齿轮传动分开式传动和闭式传动,电动起重机的所有机构都采用闭式齿轮传动(减速器),减速器的类型和选择见本篇第十章。开式齿轮传动只在特殊情况下使用(如回转机构的末级传动必须采用开式齿轮传动;设计机构时当现有减速器不能满足机构传动或布置的要求时,也得使用开式齿轮传动),使用开式齿轮传动时,齿轮圆周速度一般不超过 1.5 m/s。

齿轮传动还有定轴传动(或普通齿轮传动,齿轮的几何轴线固定不动)和行星传动(齿轮的几何轴线可动)之分。

平行轴传动多采用圆柱直齿或斜齿;相交轴传动多采用锥齿轮或蜗杆传动;两轴不平行不相交时,可采用双曲面齿轮、蜗杆传动、交错轴斜齿轮和曲线锥齿轮传动等。

在齿轮传动中,如果从动齿轮传动直径很大(一般大于 3 m),或者从动部分为大模数齿条(模数大于 16 mm),齿轮圆周速度又在 0.6 m/s 以下,为了简化制造,可使用针轮柱销传动。门座起重机的回转机构和变幅机构有时采用针轮柱销传动。针轮柱销传动的几何强度计算见第二篇第五章。

链条传动只用于传动距离较大,不便于采用齿轮传动的场合(如某些门式起重机的大车运行机构)。

### 二、齿轮的传动及热处理

齿轮材料以钢为主,其次是铸铁、铜合金及其他材料。齿轮常用钢材及机械性能见表 4-9-1。

球墨铸铁的性能介于钢和灰铸铁之间。球墨铸铁的基本组织和机械性能见表 4-9-2,作为齿轮用材主要是珠光体和贝氏体。

蜗杆通常由钢制造,蜗轮材料多为铜合金,蜗杆和蜗轮常用材料见表 4-9-3。

表 4-9-1 齿轮常用材料及机械性能表

| 钢 号 | 热处理方法 | 截面尺寸 | | 机械性能 | | 硬度 | |
|---|---|---|---|---|---|---|---|
| | | 直径/mm | 壁厚/mm | $\sigma_b$/(N/mm²) | $\sigma_s$/(N/mm²) | HB | HRC |
| 45 | 正火 | ≤100 | ≤50 | 588 | 294 | 169~217 | |
| | | 101~300 | 51~150 | 569 | 284 | 162~217 | |
| | | 301~500 | 151~250 | 549 | 275 | 162~217 | |
| | | 501~800 | 251~400 | 530 | 265 | 156~217 | |
| | 调质 | ≤100 | ≤50 | 647 | 373 | 229~286 | |
| | | 101~300 | 51~150 | 735 | 441 | 217~269 | |
| | | 301~500 | 151~250 | 608 | 314 | 197~217 | |
| | 表面淬火 | | | | | | 40~50 |
| 35SiMn | 调质 | ≤100 | ≤50 | 785 | 510 | 229~286 | |
| | | 101~300 | 51~150 | 735 | 441 | 217~269 | |
| | | 301~400 | 151~200 | 686 | 392 | 217~255 | |
| | | 401~500 | 201~250 | 637 | 373 | 196~255 | |
| | 表面淬火 | | | | | | 45~55 |

续上表

| 钢 号 | 热处理方法 | 截面尺寸 | | 机械性能 | | 硬度 | |
|---|---|---|---|---|---|---|---|
| | | 直径/mm | 壁厚/mm | $\sigma_b$/(N/mm²) | $\sigma_s$/(N/mm²) | HB | HRC |
| 40MnB | 调质 | ≤200 | ≤100 | 735 | 490 | 241~286 | |
| | | 201~300 | 101~150 | 686 | 441 | 241~286 | |
| | 表面淬火 | | | | | | 45~55 |
| 40Cr | 调质 | ≤100 | ≤50 | 735 | 539 | 241~286 | |
| | | 101~300 | 51~150 | 686 | 490 | 241~286 | |
| | | 301~500 | 151~200 | 637 | 441 | 229~269 | |
| | | 501~800 | 201~250 | 588 | 343 | 217~256 | |
| | 表面淬火 | | | | | | 48~55 |
| 20Cr | 渗碳 淬火 回火 | ≤60 | | 637 | 392 | | 56~62 |
| 20CrMnTi (18CrMnTi) | 渗碳 淬火 回火 | 30 | 15 | ≥1 079 | ≥883 | | 56~62 |
| | | ≤80 | ≤40 | ≥981 | ≥785 | | |
| | | 100 | 50 | ≥883 | ≥686 | | |
| ZG340-640 | 正火 | | | 640 | 340 | 179~207 | |
| ZG35SiMn | 正火、回火 | | | 569 | 343 | 163~217 | |
| | 调质 | | | 637 | 412 | 197~248 | |
| | 表面淬火 | | | | | | 45~53 |

表 4-9-2 球墨铸铁的机械性能表

| 牌 号 | 基 体 | $\sigma_b$/(N/mm²) | $\sigma_{0.2}$/(N/mm²) | 硬度 HB |
|---|---|---|---|---|
| QT400-17 | 铁素体 | ≥400 | ≥250 | ≤179 |
| QT420-10 | 铁素体 | ≥420 | ≥270 | ≤207 |
| QT500-5 | 铁素体+珠光体 | ≥500 | ≥350 | 147~241 |
| QT600-2 | 珠光体 | ≥600 | ≥420 | 229~302 |
| QT700-2 | 珠光体 | ≥700 | ≥490 | 229~302 |
| QT800-2 | 珠光体 | ≥800 | ≥560 | 241~321 |
| QT1200-1 | 下贝氏体 | ≥1 200 | ≥840 | ≥HRC38 |

表 4-9-3(a) 蜗杆常用材料表

| 材料牌号 | 热处理 | 硬度 | 表面粗糙度/μm |
|---|---|---|---|
| 45、35SiMn、42SiMn、37SiMn、35SiMn₂Mov、40Cr、38SiMnMo | 表面淬火 | HRC=45~55 | $R_z$ 为 3.2~56.3 |
| 20MnVB、20SiMnVB、20Cr、20CrMnTi | 渗碳淬火 | HRC=58~63 | $R_z$ 为 3.2~56.3 |
| 45(用于不重要的传动) | 调质 | HB<270 | $R_z$ 为 25 |

表 4-9-3(b) 蜗轮常用材料表

| 蜗轮材料 | 铸造方法 | 适用的滑动速度 /(m/s) | 机械性能 | |
|---|---|---|---|---|
| | | | $\sigma_s$ | $\sigma_b$ |
| | | | N/mm² | |
| ZQSn10-1 | 砂型 | ≤12 | 137 | 216 |
| | 金属型 | ≤25 | 196 | 245 |
| ZQSn6-6-3 | 砂型 | ≤10 | 78 | 176 |
| | 金属型 | ≤12 | 78 | 196 |

齿轮材料和热处理方式的选择取决于机构的工作级别,工作条件和制造工艺的可能性。为了提高齿轮的承载能力,减小齿轮的尺寸和重量,广泛使用优质碳素钢或合金钢制造齿轮。为了降低成本,齿轮与轴最好用不同材料制造,将齿轮装配在轴上。只有当齿数比很大,小齿轮的根圆直径与轴径很接近时,才将小齿轮与轴制成一体。

齿轮材料的选择还应考虑生产批量。单件或小批量生产直径小于 150 mm 的齿轮,可用轧制圆钢制造毛坯。较大直径的齿轮毛坯采用锻造,铸造或焊接。直径大于 600 mm 的齿轮一般采用铸造。如果铸钢不能满足齿轮要求的强度,可以采用装配式结构,齿圈用锻钢或轧制轮箍做毛坯,用过盈配合和螺钉装配在铸钢轮心上。单件或小批生产的大型齿轮,也可用焊接结构。

为了保证齿面和轮齿的强度,齿面应有足够的硬度,而心部要有足够的强度和韧性,因此,齿轮都要经过热处理。

根据齿面硬度,齿轮分为软齿面和硬齿面两类。软齿面的热处理方法为正火和调质,一般HB<350。软齿面适用于没有硬化处理设备,特别是热处理困难大的大型齿轮。软齿面齿轮在热处理后还可进行轮齿的精切,以消除热处理变形。软齿面齿轮常用的钢有 45 MnB、40 MnB、40Cr 等。

在齿轮传动中,小齿轮的齿接触次数比大齿轮多。为了提高小齿轮的磨损寿命,一对软齿面的大小齿轮,要使小齿轮的齿面硬度大于大齿轮。

硬齿面(HB>350)抵抗点蚀、磨损胶合的能力很强。由于表面热处理硬化后,在表面层产生残余压应力,它能在齿轮受载时,部分抵消齿根危险侧产生的拉应力,从而提高齿根弯曲强度。由于硬齿面齿轮尺寸小,重量轻,可靠性高,使用日益广泛。但硬齿面齿轮成本高,热处理后不能进行齿的精切,为了消除热处理变形,必须进行磨齿。

一对齿轮可以是软齿面或硬齿面,也可以只有小齿轮是硬齿面,大齿轮是软齿面。如果大小齿轮存在一定的硬度差,由于硬齿面对软齿面产生工作硬化作用,能使较弱的软齿面的表面强度提高。对于斜齿轮,硬度差提高齿面强度的效果更为显著。各类齿轮副的硬度选配方案见表 4-9-4。

表 4-9-4　各类齿轮副的硬度选配方案

| 齿面硬度 | 齿轮种类 | 热处理 | | 齿轮工作齿面硬度差 | 工作齿面硬度举例 | |
|---|---|---|---|---|---|---|
| | | 小齿轮 | 大齿轮 | | 小齿轮 | 大齿轮 |
| 软齿面 HB<350 | 直齿 | 调质 | 正火 调质 | $(HB_1)_{min}-(HB_2)_{max}$ $\geqslant(20\sim25)$ | 260~290 270~300 | 180~210 200~230 |
| | 斜齿及人字齿 | 调质 | 正火调质 | $(HB_1)_{min}-(HB_2)_{max}$ $\geqslant(40\sim50)$ | 240~270 260~290 270~300 | 160~190 180~210 200~230 |
| 软硬齿面组合 $HB_1>350,HB_2\leqslant350$ | 斜齿及人字齿 | 表淬 | 调质 | 齿面硬度差很大 | HRC45~50 | 270~300 200~230 |
| | | 渗氮渗碳 | 调质 | | HRC56~62 | 270~300 200~230 |
| 硬齿面>350 | 直,斜齿及人字齿 | 表淬 | | 齿面硬度大致相同 | HRC45~50 | |
| | | 渗氮渗碳 | 渗碳 | | HRC56~62 | |

调质齿轮淬火后的最低硬度主要取决于所要求的强度,并应有足够的韧性。齿轮所需强度越高,相应要求其硬度也越高。对于大模数齿轮采用整体毛坯调质,由于受到钢材淬透性的限制,齿轮根部往往达不到要求。因此当模数较大时,应采用先开齿再调质的工艺。

获得硬齿面的热处理方法有表面淬火,渗碳,渗氮和碳氮共渗。

齿轮表面淬火适用于中等以上含碳量的钢。根据加热方式可分火焰淬火和感应加热淬火。火焰淬火设备比较简单,用于大型齿轮,但质量不易保证。常用的是中频或高频感应感应电流加热,淬火温度通常在 800 以上。模数 $m\leqslant3$ 的齿轮,用高频淬火能保证全齿高淬透。对于 $m>3$ mm 的齿轮,淬层深度范围为 $0.25\ m\sim0.4\ m$($m$ 为齿轮模数),齿面硬度为(52~58)HRC。

表面淬火后的齿轮都有不同程度的变形,除在工艺上采取措施减少变形外,在设计中还应注意采用合理的齿轮结构,表 4-9-5 为齿轮合理结构设计举例。

表 4-9-5　表面淬火齿轮合理结构设计

| 结构图例 | 说明 | 结构图例 | 说明 |
|---|---|---|---|
|  | $A \geqslant 2B$ 以增加轮辋部分的刚度 |  | 工艺孔 $\phi \approx \frac{1}{3}H$,而且均匀分布;工艺孔过大会增大齿部变形 |
|  | $H \approx \frac{1}{3}B$,而且轮辐位于齿轮中心对称位置 |  | $h_2/D \geqslant 0.1 \sim 0.2$,轮辋厚度与齿轮大小要适应,以保证有足够的强度和刚度 |

表面淬火的钢常用的有 45,40cr 等。

对于重载齿轮,常用渗碳淬火。渗碳方法分固体渗碳和气体渗碳。气体渗碳容易控制渗碳深度,能保证较高的渗碳质量,成本较低,应用日广。模数 $m \leqslant 20$ mm 的齿轮,渗碳层深度的范围为 $(0.28 \sim 0.007\ m^2) \pm 0.2$ mm,设计人员通常设定为 1 mm~1.5 mm,齿面硬度为(56~53)HRC。与表面淬火比较,渗碳的齿面硬度高,齿轮寿命为表面淬火的 1.3~1.6 倍,强度为表面淬火的 1.1 倍。渗碳淬火的缺点是,齿轮在淬火后变形,要进行磨齿。对于直径大于 600 mm 的齿轮,一般推荐采用轮齿变形最小的表面淬火。

渗碳淬火用于低碳钢和某些低碳合金钢,如 20,20Cr,20CrMnTi,25CrMnTi 等。

渗氮或碳氮共渗等表面处理方法,由于渗层深度浅(一般只有 $0.1\ m$,$m$ 为齿轮模数),最深也不超过 0.5 mm~0.7 mm,而且对冲击和动载荷敏感,对于制造和组装精度的要求比其他表面处理方法更高,在起重机的齿轮传动中较少采用。

## 第二节　行星齿轮传动

行星齿轮传动如图 4-9-1 所示,装在动轴 $o_c$ 上的行星齿轮 c,既能自转又可绕固定几何轴线公转,装有行星轮并绕固定轴线转动的构件 X 称为转臂(转架、行星架)。几何轴线固定的太阳轮 a 和内齿轮 b 称为中心轮 Z。中心轮轴线与转臂轴线相重合称为主轴线。

一、分类与性能

常用的行星齿轮传动的基本类型和特点,见表 4-9-6。

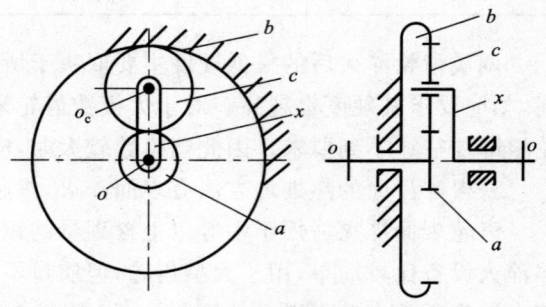

图 4-9-1　行星齿轮传动(NGW 型简图)

由基本型可派生出多种行星齿轮转动,在起重机上用得较多的是 2Z-X 类、NGW 型和 3Z 类

NG-WN 型。

表 4-9-6 行星齿轮传动类型和特点

| 传动类型 | | | 机构简图 | 传动特性 | | | | 应用特点 |
|---|---|---|---|---|---|---|---|---|
| 类 | 组 | 型 | | 传动比范围 | 传动比推荐值 | 传动效率 | 传递功率 | |
| 2Z-X | 负号机构 | NGW | 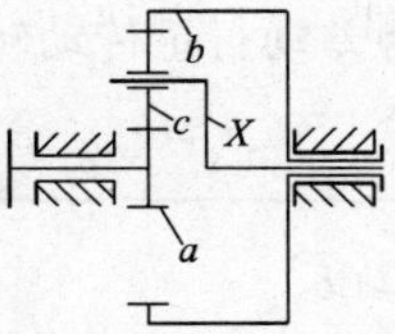 | 1.13~13.7 | $i_{aX}^b = 2.7~9$ | $\eta_{aX}^b = 0.97~0.99$ | 不限 | 广泛用于动力及辅助传动中,工作制度不限,可作为减速、增速和差速装置。轴向尺寸小,便于串联成多级传动,工艺性好 |
| | | NW | 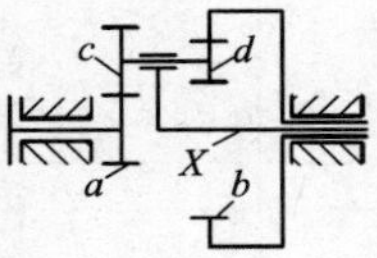 | 1~50 | $i_{aX}^b = 5~25$ | $\eta_{aX}^b = 0.97~0.99$ | 不限 | 当$|i_{aX}^b|>7$时,径向尺寸比 NGW 型小,可推荐采用。工作制度不限。制造、装配较 NGW 型复杂 |
| | | ZUWGW | 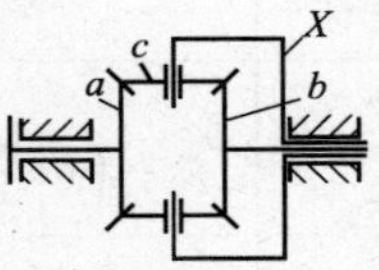 | 1~2 | 1 | 当$n_a=0$或$n_b=0$,并用滚动轴承时,$\eta=0.98$ | ≤60 | 主要用于差动装置 |
| | 正号机构 | WW | 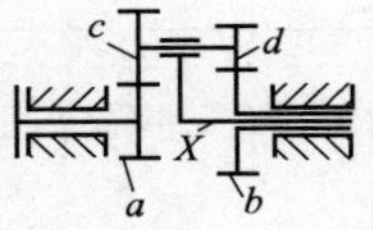 | 从1.2到数千 | | $\eta_{Xa}^b$很低,切随传动比$i_{aX}^b$增加而急剧下降 | 很少用于动力传动短时工作制时≤20 | 当传动比要求大而效率不高时采用,较小传动比可用作差速传动。装配不便,运动精度低。当转臂 X 从动时,$|i|$大于某值后,机构自锁 |
| | | NN | 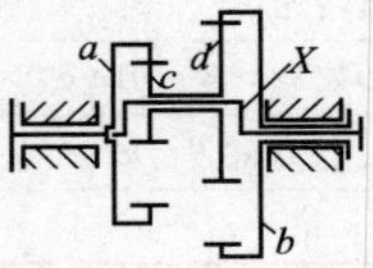 | ≤1 700 | 一个星轮时$i_{aX}^b=30~100$,三个星轮时$i_{aX}^b<30$ | 效率较低且随传动比$|i|$增加而降低,$i≤50$时,$\eta_{Xa}^b≤0.8$ | ≤40 | 可用于短时、间断性工作制时动力传动。转臂 X 为从动件时,当$|i|$达某值后,机构自锁 |
| Z-X-F | 正号机构 | N | 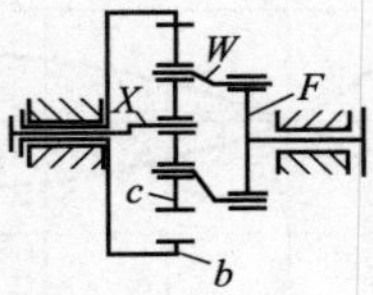 | 10~100 | | 渐开线齿形 $\eta_{XF}^b = 0.80~0.94$ | ≤75 | 结构紧凑,齿形易加工,但行星轮轴承的径向力大。渐开线少齿差传动推荐用于短时工作制,摆线针轮少齿差传动可用于任意工作制,但高速轴转速$n_X≤1 500$ r/min |
| 3Z | 正、负号机构 | NGWN | 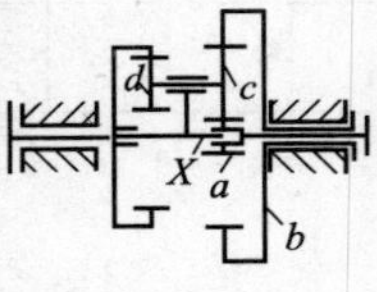 | ≤500 | $i_{aX}^b = 20~100$ | $\eta_{aX}^b$随传动比$|i|$增大而下降,当$i_{aX}^b≤50$时,$\eta_{Xa}^b≈0.8$ | ≤100 | 结构很紧凑,适用于中、小功率短时工作制动传动。工艺性较差。当 a 轮从动时$|i|$达到某值后,机构会自锁,即$\eta_{Xa}^b≤0$ |

## 二、传动比的计算

行星齿轮传动比的计算多采用转化机构法,即给整个机构加上一个($-n_X$)转速,使其相当于行星架不动的定轴齿轮传动。这样可用定轴轮系的传动比计算公式计算转化机构的传动比,进而计算行星传动的传动比。

表 4-9-7 为 NGW 型和 NGWN 型传动比计算公式;表 4-9-8 为差动行星传动转速计算公式。

表 4-9-7　行星机构传动比计算公式

| 行星齿轮传动 | | | 简　图 | 固定件 | 主动件 | 转化机构传动比 | 行星机构传动比 |
|---|---|---|---|---|---|---|---|
| 类 | 组 | 型 | | | | | |
| 2Z-X | 负号机构 | NGW | | $b$ | $a$、$X$ | $i_{ab}^X = -\dfrac{z_b}{z_a}$ | $i_{bX}^b = 1+\dfrac{z_b}{z_a}$ <br> $i_{Xa}^b = \dfrac{1}{1+\dfrac{z_b}{z_a}}$ |
| | | | | $a$ | $b$、$X$ | $i_{ba}^X = -\dfrac{z_a}{z_b}$ | $i_{bX}^a = 1+\dfrac{z_a}{z_b}$ <br> $i_{Xb}^a = \dfrac{1}{1+\dfrac{z_a}{z_b}}$ |
| 3Z | 负号机构 | NGWN | | $b$ | $a$ | $i_{ab}^X = -\dfrac{z_b}{z_a}$ <br> $i_{ab}^X = \dfrac{z_d \cdot z_b}{z_a \cdot z_c}$ | $i_{aX}^b = \left(1+\dfrac{z_b}{z_a}\right) \Big/ \left(1-\dfrac{z_d \cdot z_b}{z_a \cdot z_c}\right)$ |
| | 正号机构 | | | $e$ | $a$ | $i_{ac}^X = -\dfrac{z_a \cdot z_e}{z_a \cdot z_d}$ <br> $i_{ba}^X = \dfrac{z_a \cdot z_e}{z_b \cdot z_d}$ | $i_{ab}^X = \left(1+\dfrac{z_c \cdot z_b}{z_a \cdot z_d}\right) \Big/ \left(1-\dfrac{z_c \cdot z_a}{z_b \cdot z_d}\right)$ |
| | 负号机构 | | | $b$ | $a$ | $i_{ab}^X = -\dfrac{z_b}{z_a}$ <br> $i_{ab}^X = \dfrac{z_b}{z_a}$ | $i_{aX}^b = \left(1+\dfrac{z_h}{z_a}\right) \Big/ \left(\dfrac{z_a}{z_a-z_b}\right)$ |

表 4-9-8　差动行星传动转速计算公式

| 主动件 | 从动件 | 输出转速 |
|---|---|---|
| $a$、$b$ | $X$ | $n_X = n_a i_{Xa}^b + n_b i_{Xb}^a = n^b X + n^a X$ |
| $b$、$X$ | $a$ | $n_z = n_b i_{ab}^X + n_X i_{aX}^b = n_b^X X + n_a^b$ |
| $a$、$X$ | $b$ | $n_b = n_X i_{ba}^a X + n_a i_{ba}^X = n_b^a + n^X$ |

注:表中公式适用于差动行星传动合成运动;对于分解运动的差动行星传动,亦可根据具体传动要求利用表中公式进行具体计算。

## 三、效率计算

行星齿轮传动的总效率为:

$$\eta = \eta_1 \cdot \eta_2 \cdot \eta_3 \cdot \eta_4 \qquad (4\text{-}9\text{-}1)$$

式中 $\eta_1$——齿轮啮合效率;

$\eta_2$——轴承效率;

$\eta_3$——润滑油飞溅和搅动效率;

$\eta_4$——均载或输出机构效率,此值目前尚无准确计算方法,一般通过试验确定。

2Z-X 类传动效率(见图 4-9-1)计算式见表 4-9-9,效率近似值可由图 4-9-2 查得。3Z 类行星齿轮传动效

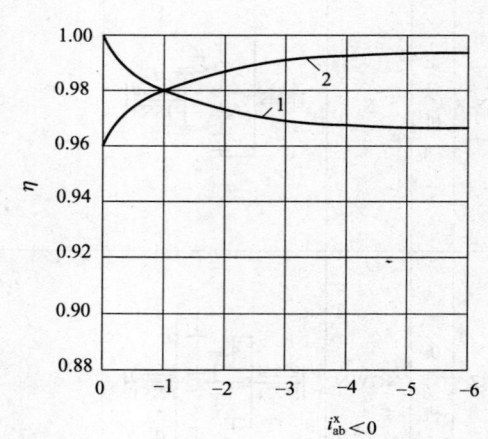

图 4-9-2　2Z-X 型行星齿轮传动效率曲线(按 $\eta^X = 0.96$ 绘制)

率(见表 4-9-7 中的插图)计算较繁,其近似值可由图 4-9-3 查得。

**表 4-9-9　Z-X 类行星齿轮转动效率计算式**

| 传动类型 | | | 传动简图 | 固定件 | 主动件 | 从动件 | 转化机构传动比 $i^X = i_{ab}^X$ 或 $i_{ba}^X$ | 传动效率 $\eta$ |
|---|---|---|---|---|---|---|---|---|
| 类 | 组 | 型 | | | | | | |
| 2Z-X | 负号机构 | NGW | 见图 4-9-1 | $b$ | $a$ | X | $i^X = i_{ab}^X = -\dfrac{Z_a}{Z_b} < 0$ $\eta^X = \eta_{ac}^X \cdot \eta_{cb}^X$ | $\eta_{aX}^b = \dfrac{1 - i_{ab}^X \eta^X}{1 - i_{ab}^X}$ |
| | | | | $a$ | $b$ | X | $i_{ba}^X = -\dfrac{Z_a}{Z_b} < 0$ | $\eta_{bX}^a = \dfrac{\eta^X - i_{ab}^X}{1 - i_{ab}^X}$ |

由图 4-9-3 所示曲线可知,传动比增大,效率下降,$Z_d$ 愈小,下降愈大。当传动比、整体径向尺寸和行星轮个数给定时,随着 $Z_b/Z_a$ 值的增加,$a$ 轮直径减小,$a$、$c$ 间的接触应力将上升。设计时若要得到较高的效率和较大的传动比,应采用两个 $i_{ae}^b$ 较小的 NGWN 组合,或采用 NGWN 型与 2Z-X 类适当结构组合。

### 四、主要参数的确定

（一）齿数选择

在选择齿数时,应满足以下条件。

**1. 传动比条件**

要保证满足给定传动比,按表 4-9-7 进行计算。

**2. 邻接条件**

由多个行星轮均布在太阳轮和内齿轮之间,设计中需保证相邻两行星轮之间齿顶间隙应大于 0.5 模数。如图 4-9-4 所示。

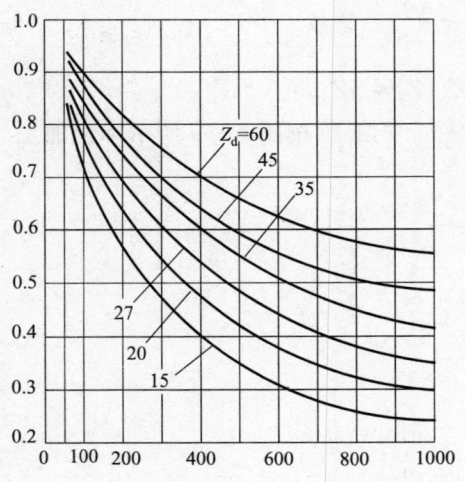

图 4-9-3　NGWN 型传动效率近似值曲线

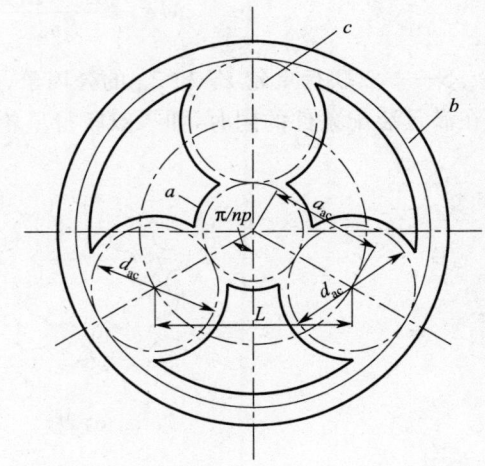

图 4-9-4　行星传动的邻接条件

$a_{ac}$—$a$-$c$ 啮合副的中心距；

$L$—相邻行星轮中心之间的距离；$d_{ac}$—行星轮顶圆直径

$$(\eta = \eta_1 \cdot \eta_2)$$

邻接条件为：$L > d_{ac}$,即

$$2a_{ac} \sin \dfrac{\pi}{n_p} > d_{ac}$$

式中　$n_p$——行星轮个数。

## 3. 同心条件

对于 2Z-X 和 3Z 类行星传动，三个基本构件的旋转中心线必须重合于主轴线。即由中心轮和行星轮组成的所有啮合副实际的中心距必须相等，见表 4-9-10。

**表 4-9-10 同心条件**

| 传动型式 | 同心条件 | | 附 注 |
| --- | --- | --- | --- |
| | 非变位、高变位或等啮合角角度变位 $a'_{ac}=a'_{cb}$ $a'_{ac}=a'_{db}$ 或 $a'_{ac}=a'_{cb}=a'_{de}$ | 角度变位 $a'_{ac}\neq a'_{cb}$ $a'_{ac}\neq a'_{db}$ 或 $a'_{ac}\neq a'_{cb}\neq a'_{de}$ | |
| NGW | $Z_a+Z_c=Z_b-Z_c$ | $a'_{ac}=a'_{cb}$ | |
| NGWN | $Z_a+2Z_c=Z_b$ $Z_b-Z_c=Z_e-Z_d$ $Z_a+2Z_c=Z_b$ $m_{t(a-c)}(Z_b-Z_c)=m_{t(d-e)}(Z_e-Z_d)$ | $a'_{ac}=a'_{cb}=a'_{de}$ | $\beta=0$ $m_{t(a-c)}=m_{t(d-b)}$ $\beta=0$ $m_{t(a-c)}=m_{t(c-b)}\neq m_{t(d-e)}$ |

注：1. $a'_{ac}, a'_{cb}, a'_{db}, a'_{de}$ 为不同啮合的端面啮合角；
2. $m_{t(a-c)}, m_{t(d-b)}, m_{t(d-e)}$ 为不同啮合的端面模数；
3. $a'_{ac}, a'_{cb}, a'_{de}$ 为不同啮合的实际中心距。

## 4. 装配条件

在行星传动中，几个行星轮应能均匀装入并保证与中心轮正确啮合所具备的齿数关系和切齿要求，称为装配条件。

(1) 对 NGW 型：

$$M=\frac{Z_a \cdot i^b_{aX}}{n_p}=\frac{Z_a+Z_b}{n_p}=整数 \tag{4-9-2}$$

(2) 对 NGWN 型 除满足上式外还要使：

$$M=\frac{Z_c Z_d - Z_b Z_c}{S n_p}=\frac{Z_c Z^0_d - Z_b Z^0_c}{n_p}=整数 \tag{4-9-3}$$

式中 $S$——双联行星轮 $Z_c$ 和 $Z_d$ 的公因子，即：$Z_c=SZ^0_c$，$Z_d=SZ^0_d$。

在满足装配条件的同时，如果双联行星轮为一整体零件时，必须按图 4-9-5 所示标记加工。

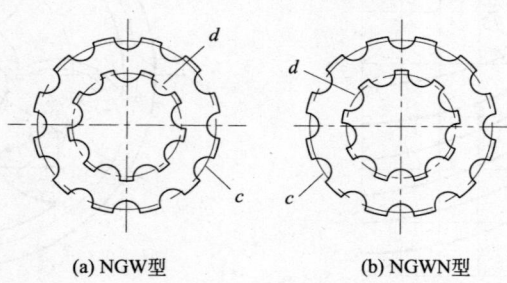

(a) NGW型　　　(b) NGWN型

图 4-9-5 双联行星轮上的标记

## 5. 其他条件

小齿轮最小齿数 $Z_{1min}$ 当齿面硬度 $<$ HB350 时，推荐 $Z_{1min} \geqslant 17$；当齿面硬度 $>$ HB350 时，推荐 $Z_{1min} \geqslant 12$。

### (二) 选择齿数的方法

1. NGW 型，采用比例法：

$$Z_a : Z_c : Z_b : M = Z_a : \left(\frac{i^b_{aX}-2}{2}\right)Z_a : (i^b_{aX}-1)Z_a : \frac{i^b_{aX}}{n_p}Z_a \tag{4-9-4}$$

式中 $i_{aX}^b$ 应以分数形式代入,可得到精确的传动比。

2. NGWN 型

该型一般传动比较大,采用 $n_p=3$,为满足装配条件,取中心轮齿数和 $e(Z_b-Z_e=Z_c-Z_d)$ 值为 $n_p$ 的倍数,此法是根据已知传动比 $i_{ae}^b$ 的值,按表 4-9-11 选取适当的 $Z_b$ 和 $e$ 值,当传动比为负时,取 $e$ 为负值。也可用公式计算:

$$i_{aX}^b = \frac{i_{ae}^b}{i_{ae}^b} \quad (4\text{-}9\text{-}5)$$

$$i_{ae}^b = \frac{i_{ae}^b}{\dfrac{i_{ae}^b \cdot e}{Z_b - e} + 2} \quad (4\text{-}9\text{-}6)$$

表 4-9-11　与 $i_{ae}^b$ 相适应的 $e$ 和 $Z_b$

| $i_{ae}^b$ | 12~35 | 35~50 | 50~70 | 70~100 | >100 |
|---|---|---|---|---|---|
| $e$ | 15~6 | 12~6 | 9~6 | 6~3 | 3 |
| $Z_b$ | 6~100 | 60~120 | 60~120 | 70~120 | 80~120 |

$$Z_a = \frac{Z_b}{i_{aX}^b - 1} \quad (4\text{-}9\text{-}7)$$

$$Z_c = \frac{1}{2}(Z_b - Z_a) \quad (4\text{-}9\text{-}8)$$

$$Z_e = Z_b - e \quad (4\text{-}9\text{-}9)$$

$$Z_d = Z_c - e \quad (4\text{-}9\text{-}10)$$

齿数确定后,验算传动比条件和邻接条件。

(三)齿轮变位方法和选择

渐开线齿轮的变位方法,在行星齿轮传动中得到广泛应用,尤其是 NGW 型传动。采用正角度变位对提高承载能力和使用寿命有显著效果。

1. NGW 型

采用高度变位时,各齿轮变位系数的关系为:

当 $i_{aX}^b < 4$ 时,太阳轮为负变位,行星轮和内齿轮均为正变位,其变位系数为:

$$-X_{na} = X_{nc} = X_{nb} \quad (4\text{-}9\text{-}11)$$

当 $i_{aX}^b > 4$ 时,太阳轮为正变位,行星轮和内齿轮均为负变位,其变位系数为:

$$-X_{na} = -X_{nc} = -X_{nb} \quad (4\text{-}9\text{-}12)$$

式中,$X_{na}$、$X_{nc}$、$X_{nb}$——太阳轮、行星轮和内齿轮的变位系数。可用图线法和封闭图法确定。

若采用角度变位时,$\alpha'_{ac} = \alpha'_{cb}$ 正角度变位,见图 4-9-6。

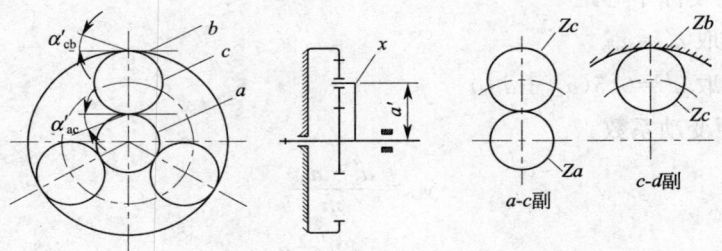

图 4-9-6　NGW 型传动的角变位方法

$\alpha'_{ac}$ 和 $\alpha'_{cb}$ 分别为 $a-c$ 和 $c-b$ 啮合变位后的啮合角。变位后啮合关系不变($Z_a+Z_c=Z_b-Z_c$)内外啮合中心距变动系数相等($y_{ac}=y_{cb}$),因此啮合角相等($\alpha'_{ac}=\alpha'_{cb}$)。各齿轮变位系数间的关

系为：

$$X_{nb} = X_{na} + 2X_{nc} \tag{4-9-13}$$

式中　$X_{na}$——太阳轮变位系数；
　　　$X_{nb}$——内齿轮变位系数；
　　　$X_{nc}$——行星轮变位系数。

变位后的啮合角和中心距分别按下式计算：

$$inv\alpha'_{ac} = inv\alpha'_{cb} = inv\alpha + 2\tan\alpha \frac{X_{na} + X_{nc}}{Z_a + Z_c} \tag{4-9-14}$$

$$a'_{ac} = a'_{cb} = \frac{m}{2}(Z_a + Z_c) + y_m \tag{4-9-15}$$

式中

$$y_m = \frac{Z_a + Z_c}{2}\left(\frac{\cos\alpha}{\cos\alpha'_{ac}} - 1\right) \tag{4-9-16}$$

对于直齿轮转动，当 $Z_a < Z_c$ 时，推荐 $X_{na} = X_{nc} = 0.5$，使节点位于双齿对啮合区，最大限度的提高由接触强度决定的承载能力。同时使大小齿轮接近于弯曲等强度。

当 $a'_{ac} > a'_{cb}$ 的角度变位时，在 NGW 型的传动中，$a'_{ac} = a'_{tcb}$ 的合理数值与机构的传动比，a-c 和 c-b 啮合副的齿轮材料和热处理硬度等因素有关，通常 $\alpha'_{tac} = 24° \sim 26°30'$，$\alpha'_{tcb} = 17°30' \sim 21°$。当传动比 $i_{aX}^b \leq 5$ 时，推荐取 $\alpha'_{tac} = 24° \sim 25°$，$\alpha'_{tcb} = 20°$。

2. NGWN 型

对于采用直齿轮的 NGWN 型传动，其齿轮变位方法有等啮合角和不等啮合角之分，变位时将传动分解为 a-c、c-b 和 d-e 啮合副如图 4-9-7 所示，计算按下式进行。

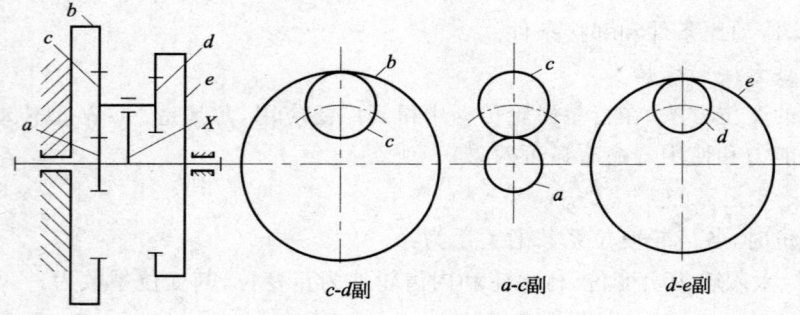

图 4-9-7　NGWN 型传动的角变位方法

(1) 计算非变位中心传动距

$$a_{ac} = 0.5m(Z_a + Z_c) \tag{4-9-17}$$

$$a_{cb} = a_{de} = 0.5m(Z_b - Z_c) \tag{4-9-18}$$

(2) 确定传动的实际中心距

当 $a_{ac} < a_{cb}$ 时，取 $a' = a_{cb}$

当 $a_{ac} > a_{cb}$ 时，取 $a' = 0.5(a_{ac} + a_{cb})$

(3) 计算中心距变动系数

$$y_{ac} = \frac{a' - a_{ac}}{m} \tag{4-9-19}$$

$$y_{cb} = y_{de} = \frac{a' - a_{cb}}{m} \tag{4-9-20}$$

(4) 计算啮合角

$$\alpha'_{ac} = \arccos\left(\frac{a_{ac}}{a'}\cos\alpha\right) \tag{4-9-21}$$

$$\alpha_{cb} = \alpha_{de} = \arccos\left(\frac{\alpha_{cb}'}{\alpha}\cos\alpha\right) \quad (4\text{-}9\text{-}22)$$

（5）计算各齿合副的变位系数和 $X\Sigma$

$$X\Sigma_{ac} = (Z_a + Z_c)\frac{inv\alpha_{ac}' - inv\alpha}{2\tan\alpha} \quad (4\text{-}9\text{-}23)$$

$$X\Sigma_{cb} = X\Sigma_{de} \quad (4\text{-}9\text{-}24)$$

（6）分配变位系数

当 $a$、$c$ 两轮齿数相差很少时，取 $X_a = X_c = 0.5X\Sigma_{ac}$；若 $a$、$c$ 两轮齿数相差较多时，小齿轮应分配较大的变位系数。

（四）齿形角的选择

行星传动中，一般采用 $\alpha = 20°$ 的齿形角，在 NGW 型的传动中，由啮合产生的径向力相互抵消，对低速和重载传动增大啮合角，如采用 $\alpha = 25°$，可提高接触和弯曲强度，同时由于径向分力的增大，可提高浮动元件的均衡效果，有利于行星轮间载荷均匀分配。

### 五、承载能力计算

行星传动齿轮的失效形式，以太阳轮和内齿轮先后出现点蚀为最多。

（一）行星传动的受力分析

行星传动的受力情况及分析见表 4-9-12。

表中 $F_t$ 为端面内分度圆上的切向力，$F_{ta}$、$F_{tb}$、$F_{te}$ 分别为中心轮 $a$、$b$、$e$ 与行星轮 $c$、$d$ 啮合时切向力，$F_r$ 为径向力：

$$F_r = F_t\tan\alpha_t = F_t\frac{\tan\alpha_n}{\cos\beta} \quad (\text{N}) \quad (4\text{-}9\text{-}25)$$

$F_x$ 为轴向力：

$$F_x = F_t\tan\beta \quad (\text{N}) \quad (4\text{-}9\text{-}26)$$

$F_{bn}$ 为法面内基圆上的切向力，即作用在节点处的齿廓上的法向力：

$$F_{bn} = \frac{F_t}{\cos\beta_b\cos\alpha_t} \quad (\text{N}) \quad (4\text{-}9\text{-}27)$$

$F_{bt}$ 为端面内基圆上的切向力：

$$F_{bt} = F_{bn}\cos\beta_b \quad (\text{N}) \quad (4\text{-}9\text{-}28)$$

（二）齿轮主要尺寸的初步确定

**1. 按齿面接触强度初算小齿轮分度圆直径 $d_1$**

$$d_1 = K_{td}\sqrt[3]{\frac{T_1 K_A K_{HP} H_{H\Sigma}}{\phi_d \sigma_{Hlim}^2}\left(\frac{\mu+1}{\mu}\right)} \quad (\text{mm}) \quad (4\text{-}9\text{-}29)$$

式中 $K_{td}$——系数，对钢制齿轮，直齿 $K_{td} = 768$；斜齿 $K_{td} = 720$；人字齿 $K_{td} = 695$；

$K_A$——使用系数，电动机驱动 $K_A = 1 \sim 1.25$；多缸内燃机驱动 $K_A = 1.25 \sim 1.5$；

$K_{HP}$——计算接触强度时，行星轮间载荷不均衡系数，见表 4-9-13；

$K_{H\Sigma}$——综合系数，见表 4-9-14；

$\phi_d$——小齿轮齿宽系数，按表 4-9-15 确定；

$\mu$——齿数比，见表 4-9-16；

$T_1$——啮合副中小齿轮名义转矩（N·m），见表 4-9-16；

$\sigma_{Hlim}$——试验齿轮的接触疲劳极限（N/mm²），取齿轮副中小者。

## 表 4-9-12 行星传动的受力分析

| 传动型式 | 作用于基本构件上的转矩 T 和切向力 $F_1$ | | | 行星轮及其心轴受力简图 | | |
|---|---|---|---|---|---|---|
| | 受力简图 | 转矩 T/(N·m) | 切向力 $F_1$/N | 行星轮受力图 | 支承的铅垂面 | 支承的水平面 |
| NGW | | $T_a = \dfrac{Z_a}{Z_a+Z_b} T_x$<br>$T_b = \dfrac{Z_b}{Z_a+Z_b} T_x$ | $F_{ta} = \dfrac{2000 T_a}{n_p (d)_a}$<br><br>$(F_{ra} = F_{rb})$<br><br>$F_{tb} = F_{ta}$ | $(d_b = (d)_e)$<br><br>$(d_b < (d)_e)$<br><br>$(d_b > (d)_e)$ | $\|F_{ra}-F_{rb}\|$<br><br>$\|F_{ra}-F_{rb}\|F_{za} \cdot d_c'$<br><br>$\|F_{ra}-F_{rb}\|$ | $(F_{1a}+F_{1b})$<br><br>$(F_{1a}+F_{2b})$<br><br>$(F_{1a}+F_{1b})$ |
| NGWN | 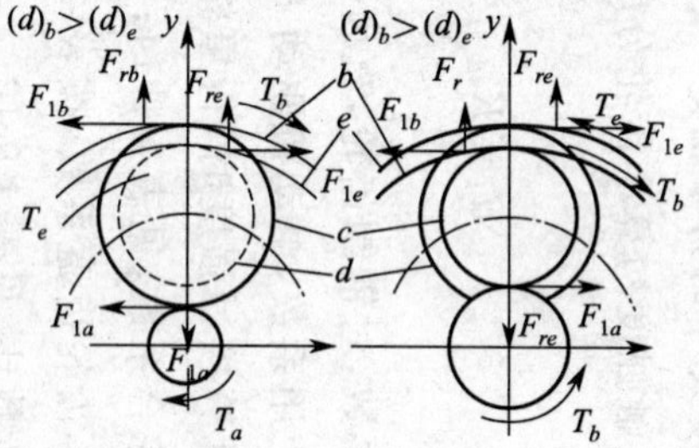 | $T_a = \dfrac{Z_a}{Z_a+Z_b}\left(1-\dfrac{Z_b Z_d}{Z_a Z_c}\right)\dfrac{T_c}{\eta_{ac}^b}\ (p_a > 0)$<br>$T_a = -\dfrac{Z_a}{Z_a+Z_b}\left(1-\dfrac{Z_b Z_d}{Z_c Z_c}\right) T_c \eta_{ax}^b\ (p_a < 0)$<br>$T_b = -\dfrac{Z_b}{Z_a+Z_b}\left(1+\dfrac{Z_a Z_d}{Z_b Z_c}\right) T_c$ | $F_{tb} = \dfrac{2000 T_b}{n_p (d)_b}$<br><br>$F_{tb} = \dfrac{2000 T_b}{n_p (d)_b}$<br><br>$F_{ta} = \dfrac{2000 T_a}{n_p (d)_a}$ | (人字齿) 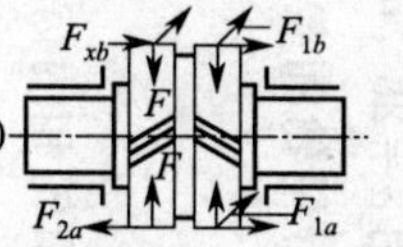<br><br>(斜齿)<br><br>(直齿) | 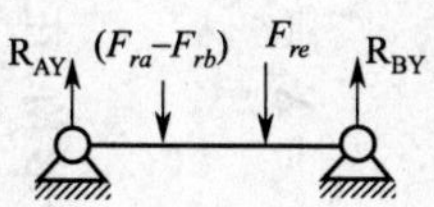 $F_{re}$<br><br>$F_{re}$<br><br>$(F_{ra}-F_{rb})$ | 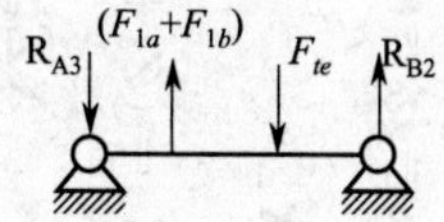 $F_{1e}$<br><br>$F_{1e}$<br><br>$R_{1a}$<br><br>$(F_{1b}-F_{1a})$ |

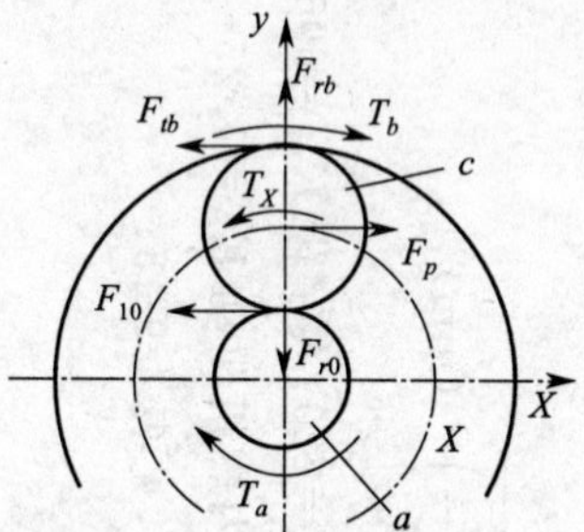

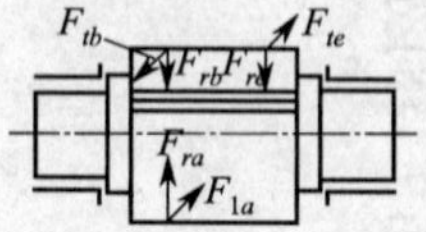

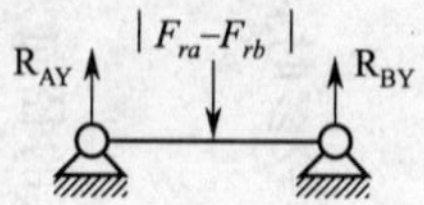

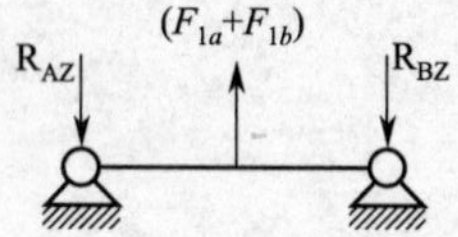

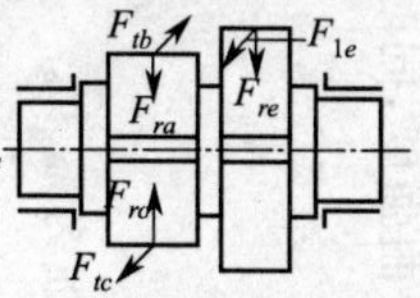

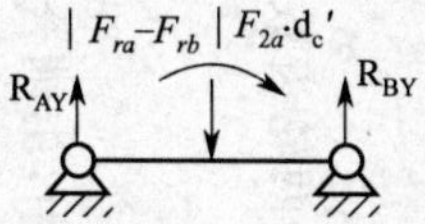

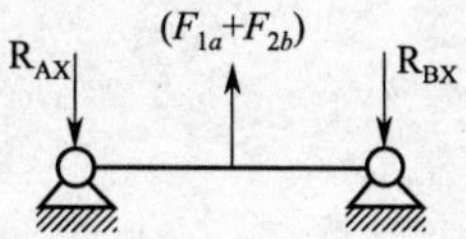

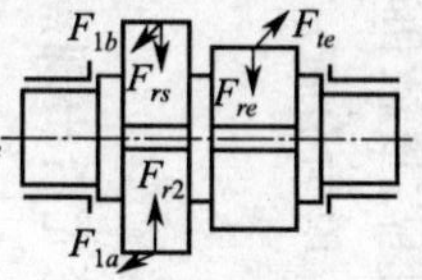

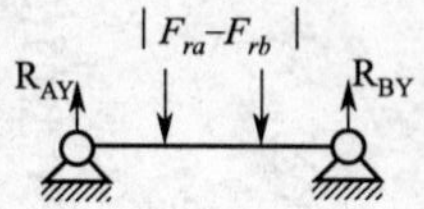

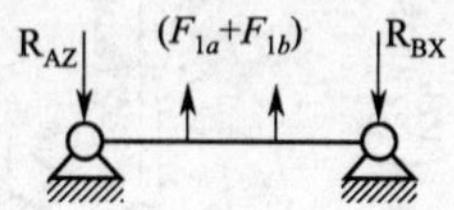

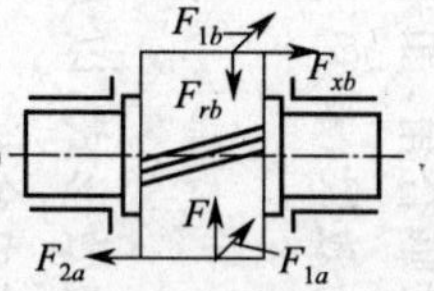

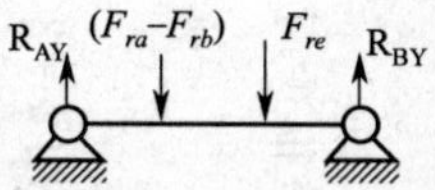

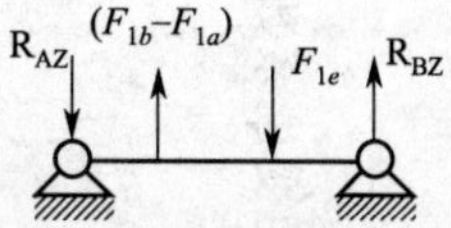

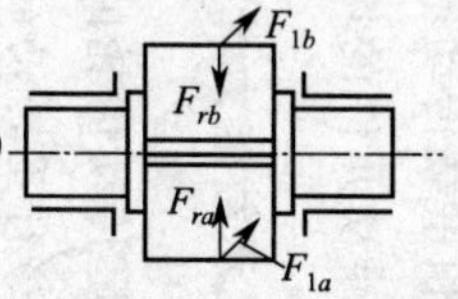

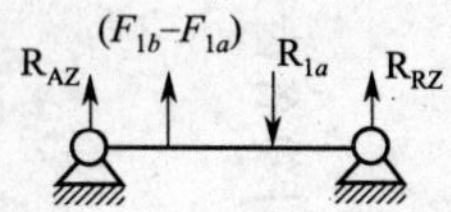

注：1. 对不等啮合角度变位 $\alpha' > \alpha_{cb}'$ 的 NGW 型传动，节圆上的切向力 $F_{ta} \neq F_{tb}$，径向力 $F_{ra} \neq F_{rb}$；

2. 计算行星轮心轴和轴承时，作用在齿轮节圆上的力，应乘以载荷不均衡系数 $K_{HP}$（表 4-9-13），当行星架速度很高时，应考虑离心力对不同传动型式的不同影响。

### 表 4-9-13　NGW 型传动 $K_{HP}$ 值

| 齿轮精度等级 | 浮动构建 | | | |
|---|---|---|---|---|
| | 太阳轮 | 内齿轮 | 行星架 | 太阳轮和行星架 |
| 6 | 1.05 | 1.10 | 1.20 | 1.10 |
| 7 | 1.1 | 1.15 | 1.25 | 1.15 |

注：1. 太阳轮和内齿轮同时浮动时，按太阳轮浮动选取；
　　2. 表中数值适用于 $n_p=3$。

### 表 4-9-14　综合系数 $K_{H\Sigma}$ 和 $K_{F\Sigma}$

| 行星轮数 $n_p$ | $K_{H\Sigma}$ | $K_{F\Sigma}$ |
|---|---|---|
| ≤3 | 1.8~2.4 | 1.6~2.2 |
| >3 | 2~2.7 | 1.8~2.4 |

注：1. 对于高精度及采用有利于提高强度的变位传动，$K_{H\Sigma}$ 和 $K_{F\Sigma}$ 取最小值。
　　2. 对于硬面齿轮，$K_{H\Sigma}$ 取最小值。
　　3. 对于采用空间静定机构或采用载荷沿齿长均布措施的行星传动，以及提高精度低速传动中的低速级，$K_{H\Sigma}$ 和 $K_{F\Sigma}$ 可适当降低。

### 表 4-9-15　行星传动齿宽系数 $\phi_d$

| 传动形式 | 齿轮副 | | | | 备注 |
|---|---|---|---|---|---|
| | a-c | b-c | e-d | b-d | |
| NGW | $(\phi_d)_a \leq 0.75$<br>$(\phi_d)_c = \dfrac{Z_a}{Z_c}(\phi_d)_a$ | $(\phi_d)_b \leq 0.10~0.18$ | | 直齿 | |
| NGWN | $(\phi_d)_a \leq 1.5$<br>$(\phi_d)_c = \dfrac{Z_a}{Z_c}(\phi_d)_c$ | $(\phi_d)_b \leq 0.15~0.25$<br>$(\phi_d)_b = \dfrac{Z_c}{Z_b}(\phi_d)_c$<br>$(\phi_d)_c = \dfrac{Z_d}{Z_C} \cdot \dfrac{b_c}{b_d}(\phi_d)_d$ | $(\phi_d)_e = \dfrac{Z_d}{Z_e}(\phi_d)_d \leq 0.2$<br>$(\phi_d)_d \leq 0.3~0.35$ | | 人字齿<br>$Z_b > Z_e$ |

注：1. 对于按空间静定条件设计的 NGW 型传动，齿宽系数允许增大，对直齿传动可取 $(\varphi_d)_a \geq 0.75~2$；
　　2. 表中 $b_c$、$b_d$ 为 $c$ 轮和 $d$ 轮的工作齿宽；
　　3. 齿向载荷的分布，随着齿宽的增加而愈不均匀，因此在无特殊措施的情况下，过大的齿宽并非是提高传动承载能力的有效途径。

### 表 4-9-16　各种行星齿轮传动承载能力计算公式中的 $d_1$、$u$、$F_t$、$T_1$ 和 $N_L$ 值

| 传动型式 | 被计算的啮合副 | | 小齿轮分度圆直径 $d_1$ | 齿数比 $u=Z_2/Z_1$ | 一对啮合中小齿轮名义转矩 $T_1$ | 名义切向力 $F_t$ | 应力循环次数 | |
|---|---|---|---|---|---|---|---|---|
| | | | | | | | 小齿轮 $N_{L1}$ | 大齿轮 $N_{L2}$ |
| NGW、NGWN | a-c | $Z_a < Z_c$ | $(d)_a$ | $Z_c/Z_a$ | $T_a/n_p$ | $F_{ta}$ | $60(n_a-n_x)n_p t$ | $N_{L1}/un_p t$ |
| NGW、NGWN | a-c | $Z_a > Z_c$ | $(d)_c$ | $Z_a/Z_c$ | $T_a/un_p$ | $F_{ta}$ | $N_{L2}u/n_p$ | $60(n_a-n_x)n_p t$ |
| NGW、NGWN | b-c | | $(d)_c$ | $Z_b/Z_c$ | $T_b/un_p$ | $F_{tb}$ | $N_{L2}u/n_p$ | $60(n_b-n_x)n_p t$ |
| NGWN | e-d | | $(d)_d$ | $Z_e/Z_d$ | $T_e/un_p$ | $F_{te}$ | $N_{L2}u/n_p$ | $60(n_e-n_x)n_p t$ |

注：1. $F_{ta}$、$F_{ta}$、$F_{te}$ 的计算公式见表 4-9-12。
　　2. 在应力循环次数 $N_{L1}$ 和 $NSL1$ 的计算中，$t$ 为总工作时间 h，当齿轮双向载荷工作时，$t$ 为轮齿啮合次数最多一侧的总工作时间。对进行 NGW 型行星齿轮接触强度计算时，当 $i_{aX}^b = 4~3$ 时，取 $t$ 为太阳轮的 1.05~1.13 倍。
　　3. 变载荷下的应力循环次数为各级载荷下循环次数之和，但不包括小于名义转矩 50% 的载荷。
　　4. 齿宽系数 $\phi_d$ 按表 4-9-31 确定（$\phi_d = \dfrac{b}{d}$ 或 $\phi_a = \dfrac{b}{a} = 2\phi_d/(u \pm 1)$）。式中"+"号用于外啮合，"−"号用于内啮合。

## 2. 按齿轮的弯曲强度初算齿轮模数 $m_n$

$$m_n = K_{tm} \sqrt[3]{\frac{T_1 K_A K_{FP} K_{F\Sigma} y_{Fa1}}{\phi_d Z_1^2 \sigma_{Flim}}} \quad (mm) \tag{4-9-30}$$

式中 $K_{tm}$——系数，对于直齿轮 $K_{tm}=12.1$，对于斜齿轮 $K_{tm}=11.5$，对于人字齿轮 $K_{tm}=10$；

$K_{FP}$——计算弯曲强度的行星轮间载荷不均衡系数，见式(4-9-36)；

$K_{F\Sigma}$——综合系数，见表 4-9-14；

$Z_1$——小齿轮系数；

$\sigma_{Flim}$——试验齿轮弯曲疲劳极限($N/mm^2$)，取 $\sigma_{Flim1}$ 和 $\sigma_{Flim2}\dfrac{y_{Fa_1}}{y_{Fa_2}}$ 中的较小值；

$y_{Fa1}$——小齿轮齿形系数。

### (三)齿面接触疲劳强度校核计算

1. 计算公式

计算接触应力：

$$\sigma_H = \sigma_{HO}\sqrt{K_A K_V K_{H\beta} K_{HP}} \tag{4-9-31}$$

式中 $K_{HP}$——接触强度计算的行星轮间载荷不均匀系数，见表 4-9-13。

计算齿面接触应力的基本值：

$$\sigma_{HO} = Z_H Z_E Z_\varepsilon Z_\beta \sqrt{\frac{F_t}{d_1 b} \cdot \frac{\mu \pm 1}{\mu}} \quad (N/mm^2) \tag{4-9-32}$$

许用接触应力：

$$\sigma_{HP} = \frac{\sigma_{Hlim} Z_N}{S_{Hmin}} Z_L Z_V Z_R Z_W Z_X \quad (N/mm^2) \tag{4-9-33}$$

强度条件：
$$\sigma_H \leqslant \sigma_{HP} \tag{4-9-34}$$

以上各式中，符号的意义同本章第三节。

2. 公式中部分参数的取值

(1)端面内分度圆上名义切向力 $F_t$，可按表 4-9-12 确定。

(2)动载系数 $K_v$ 查图 4-9-3 或图 4-9-4，速度 $v$ 以下式算出相对速度 $v^x$ 代替：

$$v^x = \frac{\pi d_1^1 n_1^x}{60 \times 10^3} \tag{4-9-35}$$

式中 $n_1^x$——小齿轮相对行星架的转速(r/min)，见表 4-9-17。

表 4-9-17 相对转速 $n_1^x$

| NGW 型 | | | NGWN 型 | | |
|---|---|---|---|---|---|
| 啮合副 | $u=Z_2/Z_1$ | $n_1^x$ | 啮合副 | $u=Z_2/Z_1$ | $n_1^x$ |
| a—c | $i_{aX}^b \leqslant 4$ | $Z_a/Z_c$ | $(n_a-n_x)u$ | e—d | $Z_a/Z_d$ | $n_a-n_x$ |
| | $i_{aX}^b > 4$ | $Z_c/Z_a$ | $n_a-n_x$ | b—c | $Z_b/Z_c$ | $n_c-n_x$ |
| b—c | | $Z_b/Z_c$ | $(n_a-n_x)\dfrac{Z_a}{Z_c}$ | a—c | $Z_c/Z_a$ | $n_a-n_x$ |

注：当 $n_b=0$ 时，$n_a-n_x=n_a/\left(1+\dfrac{Z_a}{Z_b}\right)$。

对于 NGW 型传动的 b—c 啮合副，计算接触强度时的 $K_v$ 与 a—c 啮合副取同值。

(3)齿向载荷分布系数 $k_{H\beta}$ 经过跑合的行星传动，其 $k_{H\beta}$ 可用下式表示：

$$K_{H\beta} = 1 + (K_{H\beta O} - 1)K_{HW}K_{He} \tag{4-9-36}$$

式中 $k_{H\beta O}$——初期齿向载荷分布不均匀系数对与外啮合，一般根据齿宽系数 $\phi_d$ 和行星轮数 $n_p$，由图 4-9-8 查取；当转矩有齿轮中部输入时，图中 $\phi_d$ 按 0.5 倍齿宽系数计算；对内

啮合,直齿传动一般可取 $K_{H\beta O}=1$;人字齿传动,可根据内齿轮轮缘尺寸,查图4-9-8;

$K_{HW}$——考虑齿轮跑合的影响系数,查图 4-9-10;

$K_{He}$——与均载有关的系数,若采用空间静定或有利于齿向载荷分布的机构时,取 $K_{He}=0.6\sim0.8$。

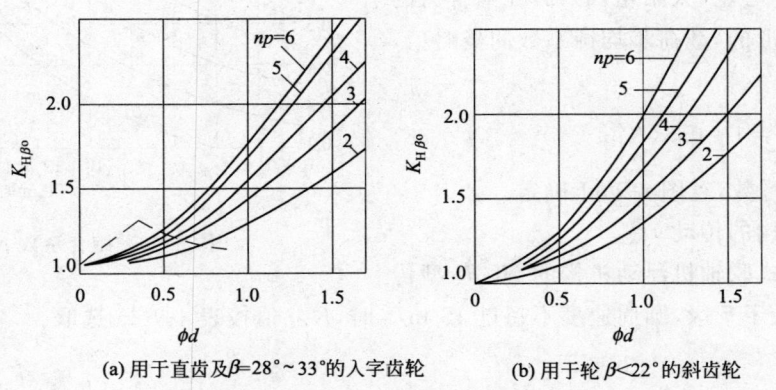

(a) 用于直齿及$\beta=28°\sim33°$的入字齿轮　　(b) 用于轮$\beta<22°$的斜齿轮

图 4-9-8　外啮合初期齿向载荷分布系数 $K_{H\beta O}$

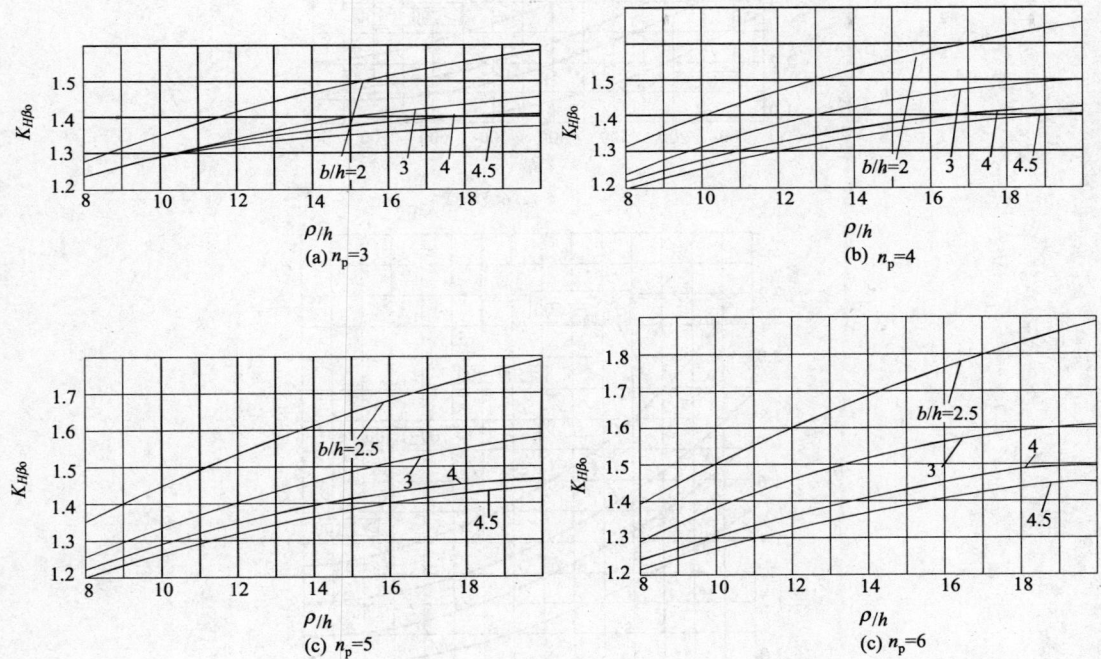

图 4-9-9　浮动内斜齿轮的初期齿向载荷分布系数 $K_{H\beta O}$

$\rho$—轮缘中性层曲率半径;$h$—轮缘厚度;$b$—宽度

(4)行星轮间载荷不均衡系数与制造、安装及零件受力变形等因素有关,很难用计算方法准确求出,最好是对具体装置实测,并用实测的数值来校核承载能力。条件不允许时,可根据经验和数据与图表确定。

载荷步均衡系数在齿面强度计算中以 $K_{HP}$,在轮齿弯曲强度计算中以 $K_{FP}$ 表示,两者的近似关系为:

$$K_{FP}=1+1.5(K_{HP}-1) \qquad (4\text{-}9\text{-}37)$$

① NGW 型传动的 $K_{HP}$ 值

无均载机构的传动 $K_{HP}$ 值较大，可按图 4-9-11 查取，经过跑合后，由于最大受载齿轮变形、磨合等，使行星轮间的载荷趋向均衡。

对于内齿轮不是压装在机体内，而是可变形的，或外啮合的中心轮（太阳轮）的轴，在啮合力的作用下也是可变形的，载荷步均衡系数的概略值，可按下式计算：

$$K_{HP} = 1 + 0.5(K'_{HP} - 1) \quad (4\text{-}9\text{-}38)$$

式中 $K'_{HP}$——系数，查图 4-9-11 确定。

② 有均载机构的传动

对于采用齿式联轴机浮动机构的 NGW 型传动，制造精度不低于 7 级，圆周速度不超过 15 m/s 时，$K_{HP}$ 值按表 4-9-25 选取。

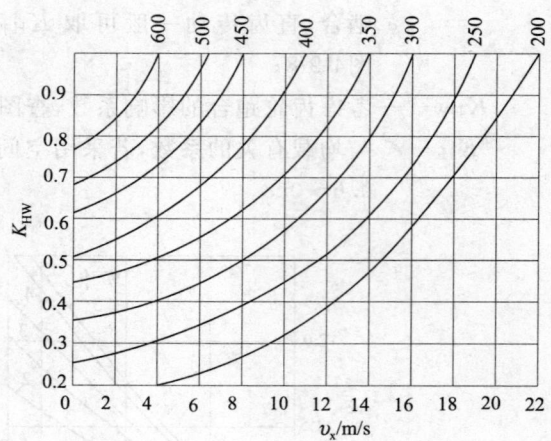

图 4-9-10　跑合系数 $K_{HW}$

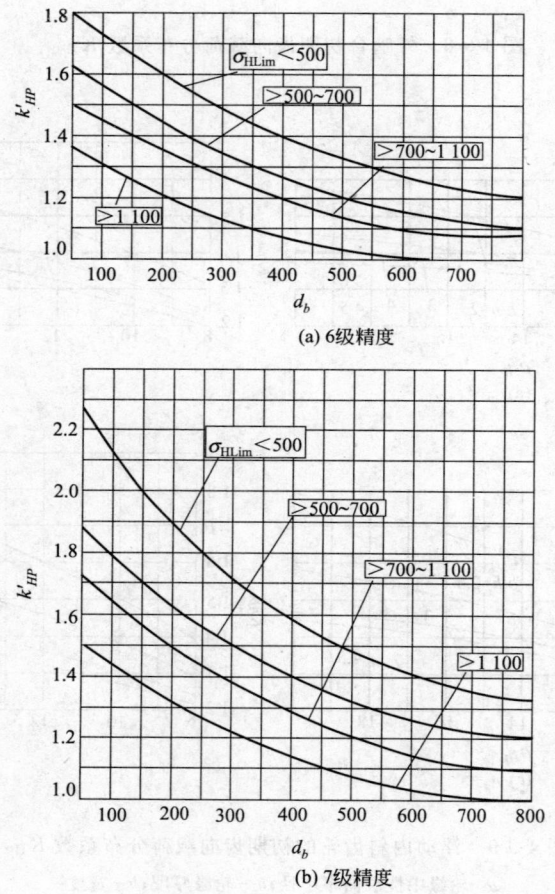

(a) 6 级精度

(b) 7 级精度

图 4-9-11　无均载机构的 NGW 型传动的 $K_{HP}$ 值

③ NGWN 型传动的载荷不均衡系数

NGWN 型传动通常取 $n_p = 3$，$K_{HP}$ 随均载方式的不同而不同，以 $K_{HPa}$、$K_{HPb}$、$K_{HPe}$ 分别表示 a-c、b-c 和 e-d 啮合副的载荷不均衡系数。

两个中心轮浮动时：$K_{HPa} = K_{HPb} = K_{HPe} \approx 1.1 \sim 1.5$

中心轮 e 浮动时：$K_{HPe} = 1 \sim 1.15$　$K_{HPa} = 1.7 \sim 2.0$

若 $d_c > d_d$：

$$K_{HPb} = K_{HPe} + (K_{HPa} - 1)\frac{Z_b}{Z_a |i_{ab}^e|} \quad (4\text{-}9\text{-}39)$$

若 $d_c < d_d$：

$$K_{Hpb} = K_{HPe} + 0.5(K_{HPa} - 1)\frac{Z_b}{Z_a |i_{ab}^e|} \quad (4\text{-}9\text{-}40)$$

中心轮 b 浮动时：$K_{HPb} = 1 \sim 1.5 \quad K_{HPa} = 1.7 \sim 2.0$

若 $d_c > d_d$：

$$K_{HPe} = K_{HPb} + 0.5(K_{HPa} - 1)\frac{Z_e Z_c}{Z_a Z_d |i_{ae}^b|} \quad (4\text{-}9\text{-}41)$$

若 $d_c < d_d$：

$$K_{HPe} = K_{HPb} + (K_{HPa} - 1)\frac{Z_e Z_c}{Z_a Z_d |i_{ae}^b|} \quad (4\text{-}9\text{-}42)$$

(5) 试验齿轮的接触疲劳极限 $\sigma_{Hlim}$。在确定内啮合的接触强度时，建议内齿轮的 $\sigma_{Hlim}$ 要在图示区域下部取值。而且当内啮合的齿数比 $Z_2/Z_1 < 2$ 时，其值还应降低 10% 左右。

(6) 最小安全系数 $S_{Hmin}$ 参考值见表 4-9-18。

**表 4-9-18 最小安全系数 $S_{Hmin}$ 和 $S_{Fmin}$**

| 可靠性要求 | $S_{Hmin}$ | $S_{Fmin}$ |
|---|---|---|
| 要求具有可靠性的行星传动 | 1.25 | 1.6 |
| 一般可靠性的行星传动 | 1.12 | 1.25 |

### (四) 齿根弯曲疲劳强度校核计算

**1. 计算公式**

计算齿根弯曲应力：

$$\sigma_F = \sigma_{F0} K_A K_V K_{F\beta} K_{Fa} K_{FP} \quad (\text{N/mm}^2) \quad (4\text{-}9\text{-}43)$$

式中　$K_{FP}$——弯曲强度计算的行星轮间载荷不均衡系数，见式(4-9-37)。

计算齿根弯曲应力基本值：

$$\sigma_{F0} = \frac{F_t}{bm_n} y_{Fa} y_{sa} y_\varepsilon y_\beta \quad (\text{N/mm}^2) \quad (4\text{-}9\text{-}44)$$

许多齿根弯曲应力（对大、小齿轮分别计算）：

$$\sigma_{FP} = \frac{\sigma_{Flim} y_{sT} y_{NT}}{S_{Fmin}} y_{\delta relT} y_{RrelT} y_x \quad (\text{N/mm}^2) \quad (4\text{-}9\text{-}45)$$

强度条件：
$$\sigma_F \leqslant \sigma_{FP} \quad (4\text{-}9\text{-}46)$$

以上各式中，符号的意义同前。

**2. 计算公式中部分参数的取值**

(1) 齿向载荷分布系数 $K_{F\beta}$：

$$K_{F\beta} = 1 + (K_{F\beta O} - 1) K_{FW} K_{Fe} \quad (4\text{-}9\text{-}47)$$

式中　$K_{F\beta O}$——初期齿向载荷分布系数，根据 $K_{F\beta O}$ 查图 4-9-12；

　　　$K_{FW}$——跑合系数，由图 4-9-13 查取；

　　　$K_{Fe}$——与均载机构有关的系数，对空间静定或有利于齿向载荷分布的机构，$K_{Fe} = 0.6 \sim 0.9$，其余 $K_{Fe} = 1$。

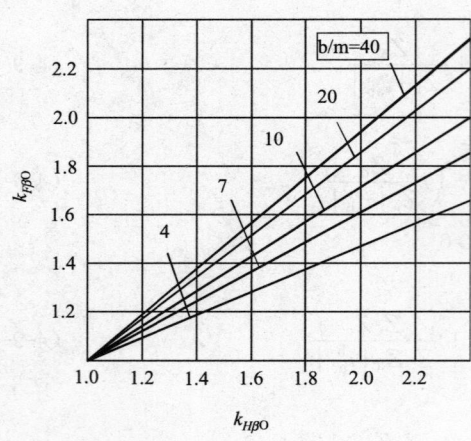
图 4-9-12 $K_{F\beta O}$、$K_{H\beta O}$ 和 $b/m$ 之间的关系

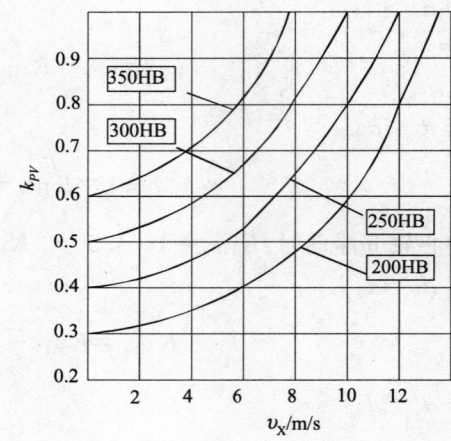
图 4-9-13 跑合系数 $K_{FW}$

(2) 行星轮间载荷不均衡系数 $K_{FP}$ 按式(4-9-37)确定。

(3) 试验齿轮的弯曲疲劳极限 $\sigma_{Flim}$,一般情况下,建议 $\sigma_{Flim}$ 取区域图的下部数值,对于在对称循环应力下工作的齿轮,应将图中查得的 $\sigma_{Flim}$ 值乘以 0.7,对于双向运转工作的齿轮,$\sigma_{Flim}$ 值乘以 0.7~0.9。

### 六、均载机构的设计

行星齿轮传动因采用多个行星轮,使功率得到分流,但由于制造、安装误差,零件变形及温度等影响,必然出现载荷不均衡,为了减少载荷不均衡,便产生了所谓均载机构。

(一) 基本构件浮动的均载机构

基本构件浮动最常用的方法是采用双齿或单齿式联轴器,三个构件有一个浮动即可起到均载作用,常见机构见表 4-9-19。

表 4-9-19 基本构件浮动的均载机构

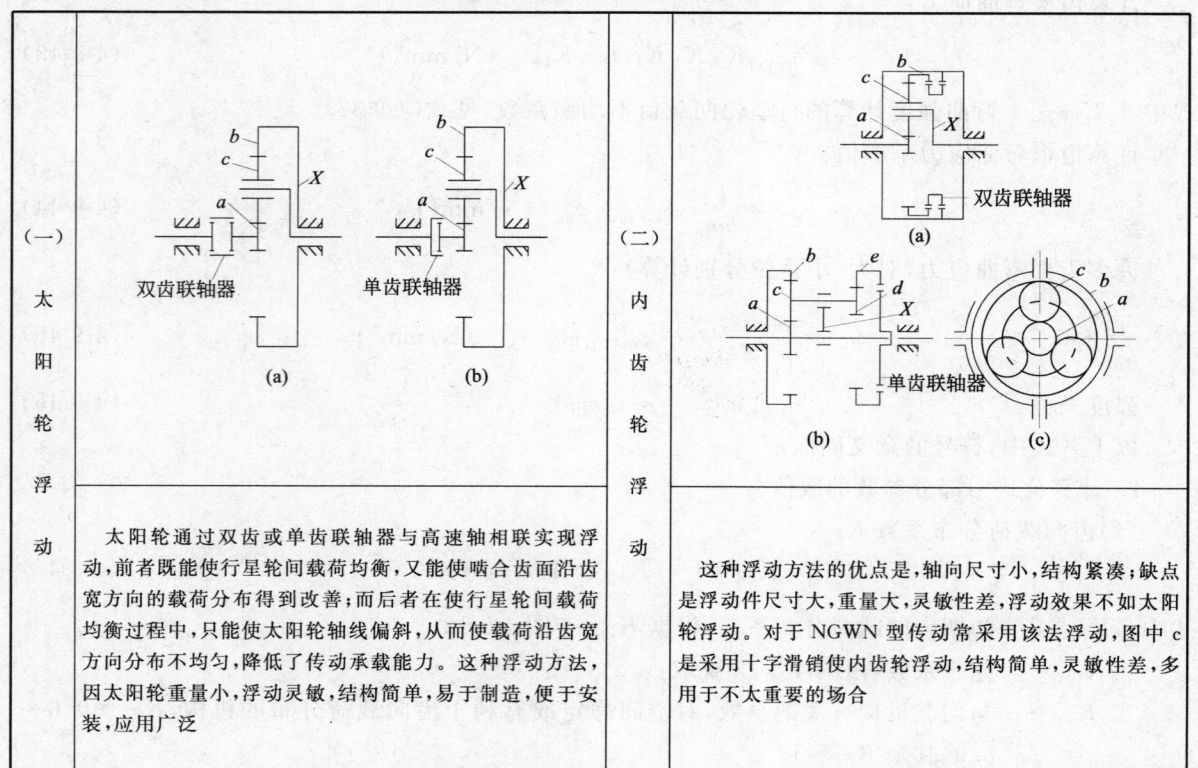

续上表

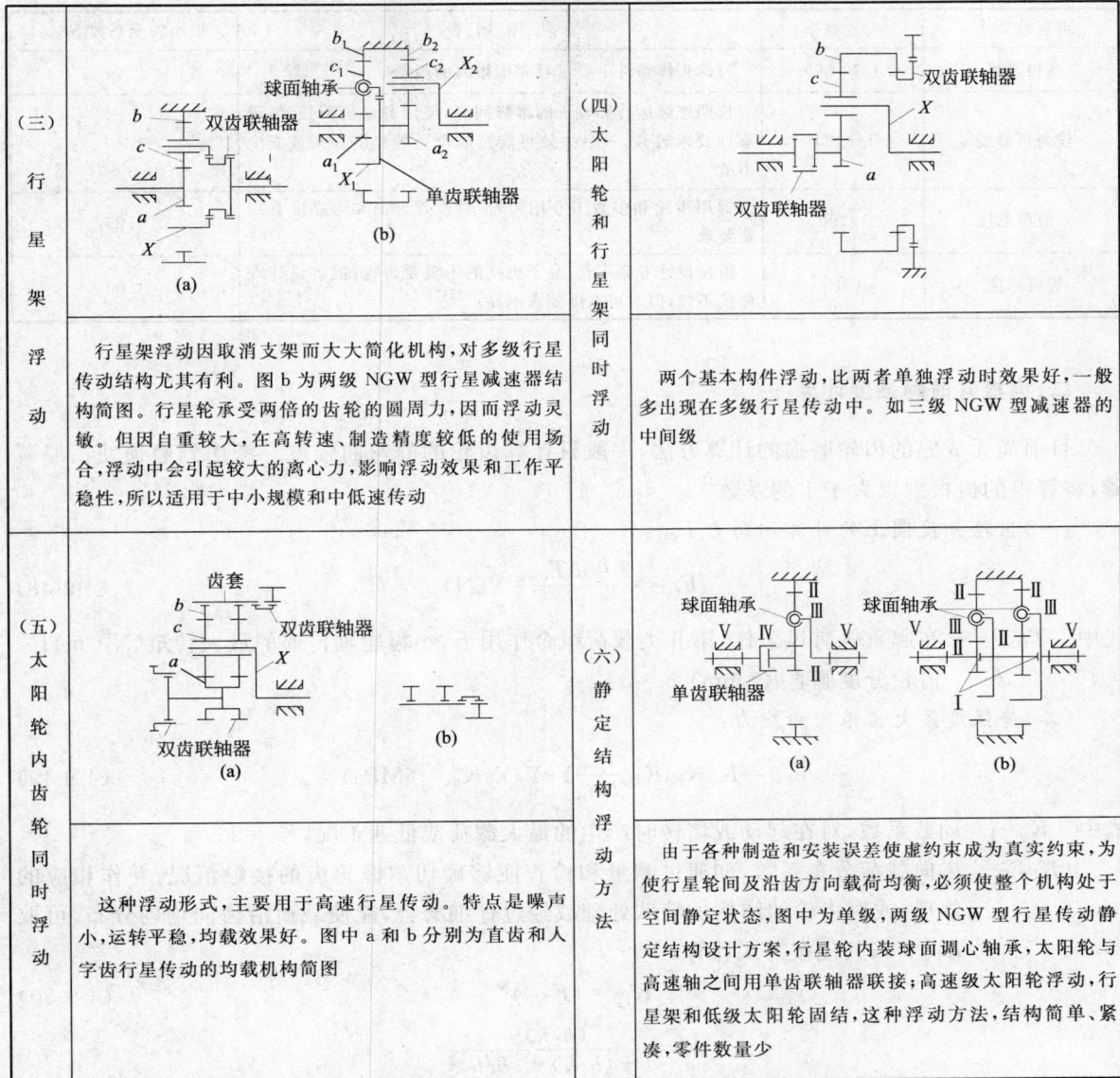

| | | | |
|---|---|---|---|
| (三)行星架浮动 | 行星架浮动因取消支架而大大简化机构,对多级行星传动结构尤其有利。图 b 为两级 NGW 型行星减速器结构简图。行星轮承受两倍的齿轮的圆周力,因而浮动灵敏。但因自重较大,在高转速、制造精度较低的使用场合,浮动中会引起较大的离心力,影响浮动效果和工作平稳性,所以适用于中小规模和中低速传动 | (四)太阳轮和行星架同时浮动 | 两个基本构件浮动,比两者单独浮动时效果好,一般多出现在多级行星传动中。如三级 NGW 型减速器的中间级 |
| (五)太阳轮内齿轮同时浮动 | 这种浮动形式,主要用于高速行星传动。特点是噪声小,运转平稳,均载效果好。图中 a 和 b 分别为直齿和人字齿行星传动的均载机构简图 | (六)静定结构浮动方法 | 由于各种制造和安装误差使虚约束成为真实约束,为使行星轮间及沿齿方向载荷均衡,必须使整个机构处于空间静定状态,图中为单级,两级 NGW 型行星传动静定结构设计方案,行星轮内装球面调心轴承,太阳轮与高速轴之间用单齿联轴器联接;高速级太阳轮浮动,行星架和低级太阳轮固结,这种浮动方法,结构简单、紧凑,零件数量少 |

(二)采用弹性元件的均载机构

基本方法是通过弹性元件的弹性变形,来实现均载,其优点是具有良好的减震性,机构简单;缺点是载荷不均衡系数与弹性元件的刚度及制造误差成正比。

(三)杠杆联动式均载机构

此机构装有偏心的行星轮轴和杠杆系统,当行星轮受力不均衡时,可通过杠杆系统的联锁动作,自行调整达到新的平衡位置。这种机构适用于具有 $n_p=2\sim4$ 的 NGW 型传动。

## 第三节 渐开线开式直齿圆柱齿轮承载能力的计算

### 一、计算原则和安全系数的选择

开式齿轮传动的主要失效形式是磨损,轮齿磨损后折断。在选取安全系数时,应考虑齿轮失效的后果。后果严重的(如起升机构和变幅机构),应提高可靠性,安全系数选取较大值(表 4-9-20)。

表 4-9-20　齿轮传动弯曲静强度安全系数 $S_{Fmin}$ 参考值

| 可靠性要求 | 失效概率 | 使 用 场 合 | 最小安全系数 $S_{Fmin}$ |
|---|---|---|---|
| 高可靠度 | 1/10 000 | 特殊工作条件下要求可靠度很高的齿轮 | 2.00 |
| 较高可靠度 | 1/1 000 | 长期连续运转和较长的维修间隔；设计寿命虽不长，但可靠性要求较高，一旦失效可能造成严重的经济损失或安全事故 | 1.60 |
| 一般可靠度 | 1/100 | 通用齿轮和多数工业用齿轮，对设计寿命和可靠度有一定要求 | 1.25 |
| 低可靠度 | 1/10 | 齿轮设计寿命不长，易于更换的不重要齿轮；或者设计寿命虽不短，但对可靠性要求不高 | 1.00 |

## 二、齿根弯曲静强度计算

目前尚无成熟的齿轮磨损的计算方法，一般只计算齿轮的静弯曲强度。考虑到磨损使齿厚减薄，将算得的齿根乘以大于 1 的系数。

(一) 齿轮分度圆上的计算切向力 $F_{cal}$：

$$F_{cal}=\frac{2\,000T_{max}}{d}\quad(N) \quad (4\text{-}9\text{-}48)$$

式中　$T_{max}$——在起重机有风工作，第Ⅱ类载荷组合作用下，小齿轮轴传递的最大转矩 (N·m)；
　　　$d$——齿轮分度圆直径 (mm)。

(二) 静强度最大齿根弯曲应力：

$$\sigma_{Fst}=K_vK_{F\beta}K_{F\alpha}\frac{F_{cal}}{bm_n}Y_FY_SY_\beta K_m\quad(MPa) \quad (4\text{-}9\text{-}49)$$

式中　$K_v$——动载系数，对在起动或堵转时产生的最大载荷或低速工况，$K_v=1$；
　　　$K_{F\beta}$——齿向载荷分布系数，如通过测量和检查能够确切掌握轮齿的接触情况，并作相应的修形，或对齿轮的结构做特殊处理或经过仔细磨合，能使载荷沿齿向均匀分布，可取 $K_{F\beta}=1$；其他按下式计算：

$$K_{F\beta}=(K_{H\beta})^N \quad (4\text{-}9\text{-}50)$$

$$N=\frac{(b/h)^2}{1+(b/h)+(b/h)^2}$$

式中　$K_{F\alpha}$——齿间载荷分配系数，按表 4-9-22 查取；
　　　$F_{cal}$——齿轮分度圆上的最大切向力，由式 4-9-48 求得；
　　　$b$——有效齿宽 (mm)；
　　　$m_n$——齿轮模数；
　　　$Y_F$——齿轮的齿形系数，当载荷作用于齿定时考虑齿形对弯曲应力的影响，压力角 $\alpha=20°$ 的齿轮齿形系数见表 4-9-21；
　　　$Y_S$——齿轮的应力修正系数。载荷作用于齿顶时，对计算方法所得的应力予以修正，齿轮的应力修正系数见表 4-9-21；
　　　$Y_\beta$——抗弯曲强度计算的螺旋角系数，是考虑螺旋角造成的接触线倾斜对齿根应力产生影响的系数。其值可按下式计算：

$$Y_\beta=1-\varepsilon_\beta\frac{\beta}{120°}\geqslant Y_{\beta min} \quad (4\text{-}9\text{-}51)$$

$$Y_{\beta min}=1-0.25\varepsilon_\beta\geqslant 0.75 \quad (4\text{-}9\text{-}52)$$

　　　$K_m$——磨损系数；根据齿轮允许的磨损程度，参照表 4-9-24 选取。

表 4-9-21 压力角 $\alpha=20°$ 的齿轮齿形系数 $Y_F$ 和应力修正系数 $Y_S$

| 齿轮形式 | | $Y_F$ | $Y_S$ |
|---|---|---|---|
| 外齿轮 | 标准齿 | 2.063 | 1.966 |
| | 短齿 | 1.816 | 1.918 |
| 内齿轮 | 标准齿 | 2.055 | 2.458 |
| | 短齿 | 1.828 | 2.459 |

表 4-9-22 直齿齿间载荷分配系数 $K_{F\alpha}$

| $K_A F_t/b$ | | ≥100 N/mm | | | | | | <100 N/mm |
|---|---|---|---|---|---|---|---|---|
| 公差等级 | | 5 | 6 | 7 | 8 | 9 | 10 | 11~12 | 5级及更低 |
| $K_{F\alpha}$ | 硬齿面 | 1.0 | 1.1 | 1.2 | | | | $1/Y_\epsilon \geqslant 1.2$ | |
| | 非硬齿面 | 1.0 | | | 1.1 | 1.2 | | $1/Y_\epsilon \geqslant 1.2$ | |

注：1. $Y_\epsilon$ 指抗弯强度计算的重合度系数，计算公式：$Y_\epsilon = 0.25 + \dfrac{0.75}{\varepsilon_{\alpha v}}$；

2. $K_A$ 使用系数，见表 4-9-23；$b$ 有效齿宽(mm)；

3. $F_t$ 分度圆上的切向力(N)，计算公式：$F_t = \dfrac{2\,000T}{d}$。

表 4-9-23 使用系数 $K_A$

| 原动机工作特性 | 工作机工作特性 | | | |
|---|---|---|---|---|
| | 均匀平稳 | 轻微振动 | 中等振动 | 强烈振动 |
| 均匀平稳 | 1.00 | 1.25 | 1.50 | 1.75 |
| 轻微振动 | 1.10 | 1.35 | 1.60 | 1.85 |
| 中等振动 | 1.25 | 1.50 | 1.75 | 2.0 |
| 强烈振动 | 1.50 | 1.75 | 2.0 | 2.25 或更大 |

表 4-9-24 磨损系数 $K_m$

| 已磨损齿厚占原齿厚德百分数 | $K_m$ | 说明 |
|---|---|---|
| 10 | 1.25 | 这个百分数是开式齿轮传动磨损报废的主要指标，可按有关机器设备维修规程要求确定 |
| 15 | 1.40 | |
| 20 | 1.60 | |
| 25 | 1.80 | |
| 30 | 2.00 | |

(三)齿根弯曲静强度的安全系数

$$S_F = \frac{\sigma_{FE} Y_{NT} Y_{\delta relt} Y_{Rrelt} Y_x}{\sigma_F} \tag{4-9-53}$$

式中 $S_F$——齿轮弯曲静强度安全系数(见表 4-9-20 参考值)；

$Y_{NT}$——抗弯强度计算的寿命系数；见表 4-9-25

$Y_{\delta relt}$——相对齿根圆角敏感系数；

$Y_{Rrelt}$——相对齿根表面状况系数；

$Y_x$——抗弯强度计算的尺寸系数；

$\sigma_F$——齿根弯曲疲劳强度计算应力；计算公式见式 4-9-49；

$\sigma_{FE}$——轮齿弯曲静强度极限应力，与齿轮材料(钢号)、热处理方法、截面尺寸、硬度等因素有关，见表 4-9-1 齿轮常用钢材及机械性能。

表 4-9-25 抗弯强度的寿命系数 $Y_{NT}$

| 材料和热处理 | $Y_{NT}$ |
| --- | --- |
| 调质钢、渗碳硬化钢 | 2.5 |
| 气体氮化的调质钢、氮化钢 | 1.6 |
| 液体氮化的调质钢 | 1.1 |

# 第四节 蜗杆传动

蜗杆传动用于交错轴间(轴交角 $\Sigma$ 通常为 90°)传递运动及动力。它由蜗杆和蜗轮两个构件组成,螺旋线方向可左右任选,但以右旋为多。

## 一、蜗杆传动的特点及分类

蜗杆传动的主要优点是传动比大,工作平稳,噪声小,结构紧凑,可以自锁。缺点是少头数的蜗杆传动效率低,容易出现发热和温升过高的现象,需要贵重的减摩性有色金属。随着各种新型蜗杆传动的出现和润滑条件的改善,蜗杆传动效率也在不断提高。电梯、汽车起重机、门式及门座起重机中常采用蜗杆传动。

根据蜗杆分度曲面的形状,蜗杆传动分为三大类:圆柱蜗杆传动;环面蜗杆传动;锥蜗杆传动。起重机中主要使用圆柱蜗杆传动。

圆柱蜗杆传动的分类如下:

$$
\text{圆柱蜗杆传动}\begin{cases}\text{普通圆柱蜗杆传动}\begin{cases}\text{阿基米德圆柱蜗杆传动(ZA 型)}\\\text{渐开线圆柱蜗杆传动(ZI 型)}\\\text{法向直廓圆柱蜗杆传动(ZN 型)}\\\text{锥面包络圆柱蜗杆传动(ZK 型)}\end{cases}\\\text{圆弧圆柱蜗杆传动}\begin{cases}\text{圆环面包络圆柱蜗杆传动(ZC1 型)}\\\text{圆环面圆柱蜗杆传动(ZC2 型)}\\\text{轴向圆弧齿圆柱蜗杆传动(ZC3 型)}\end{cases}\end{cases}
$$

## 二、普通圆柱蜗杆传动的基本齿廓和主要参数

(一)基本齿廓(GB 10087—88)

普通圆柱蜗杆的基本齿廓是指基准蜗杆在给定截面上的规定齿廓(见图 4-9-14)。

在蜗杆的轴平面内基本齿廓的尺寸参数为:

1. 齿顶高 $h_a = m$,工作齿高 $h' = 2$ m;采用短齿时 $h_a = 0.8$ m,$h' = 1.6$ m。

2. 轴向齿距 $p_x = \pi m$,中线齿厚与齿槽宽相等。

3. 顶隙 $c = 0.2$ m,必要时 $0.15$ m $\leqslant c \leqslant 0.35$ m。

4. 齿根圆角 $p_f = 0.2$ m,必要时 $0.2$ m $\leqslant p_f \leqslant 0.4$ m,也允许加工成单圆弧。

5. 齿顶可倒圆,圆角半径不大于 0.2 m。

6. 基本蜗杆的齿形角为:

(1)阿基米德蜗杆,轴向齿形角 $\alpha_x = 20°$。

(2)法向直廓蜗杆,法向齿形角 $\alpha_n = 20°$。

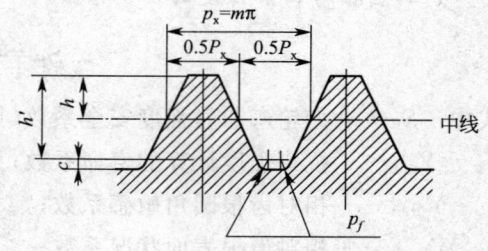

图 4-9-14 普通圆柱蜗杆基本齿廓

(3)渐开线蜗杆,法向齿形角 $\alpha_n=20°$。

(4)锥面包络圆柱蜗杆的刀具产形角 $\alpha_0=20°$。

(5)动力传动中,当导程角 $\gamma>30°$ 时,可增大齿形角,推荐用 25°。在分度机构中,允许减小齿形角,推荐采用 15° 或 12°。

(二)模数 $m$、蜗杆分度圆直径 $d_1$ 和导程角 $\gamma$

1. 模数 $m$

在中间平面上蜗杆的轴向模数 $m_x$ 等于蜗轮的端面模数 $m$,模数标准值列于表 4-9-26。

表 4-9-26　蜗杆模数 $m$ 值(GB 10088—1988)

| 第 1 系列 | 0.1,0.12,0.16,0.2,0.25,0.3,0.4,0.5,0.6,0.8,1,1.25,1.6, 2,2.5,3.15,4,5,6.3,8,10,12.5,16,20,25,31.5,40 |
|---|---|
| 第 2 系列 | 0.7,0.9,1.5,3,3.5,4.5,5.5,6,7,12,14 |

注:1. 蜗杆模数 $m$ 指蜗杆的轴向模数;
　　2. 优先采用第 1 系列。

2. 蜗杆分度圆直径 $d_1$

用滚刀切制蜗轮时,为了减少蜗轮滚刀的规格数量,蜗杆分度圆直径 $d_1$ 也标准化,且与 $m$ 有一定的匹配,见表 4-9-27。

表 4-9-27　普通圆柱蜗杆传动的 $m$ 与 $d_1$ 的搭配值(摘之 GB 10085—88)

| $m$/mm | 1 | 1.25 | 1.6 | 2 | 2.5 | 3.15 |
|---|---|---|---|---|---|---|
| $d_1$/mm | 18 | 20　22.4 | 20　28 | (18)22.4　(28)35.5 | (22.4) 28　(35.5) 45 | (28)35.5　45 |
| $m^2d_1$/mm³ | 18 | 31.25　35 | 51.2　71.68 | 72　89.6　112　142 | 140　175　221.5　228 | 277.8　352.2　446.5 |
| $m$/mm | 3.15 | 4 | 5 | 6.3 | 8 | |
| $d_1$/mm | 56 | (31.5)　40　(50)　71 | (40)　60　(63)　90 | (50)　63　(80)　112 | (63)　80　(100) | |
| $m^2d_1$/mm³ | 556 | 504　640　800　1136 | 1 000　1 250　1 575　2 250 | 1 985　2 500　3 175　4 445 | 4 032　5 376　6 400 | |
| $m$/mm | 8 | 10 | 12.5 | 15 | 20 | |
| $d_1$/mm | 140 | (71)　90　(112)　160 | (90) 112　(140) 200 | (112) 140　(180)　250 | (140) 160　(224) | |
| $m^2d_1$/mm³ | 8960 | 7 100　9 000　11 200　16 000 | 14 062　17 500　21 587　31 250 | 28 672　35 840　45 080　64 000 | 56 000　64 000　896 000 | |
| $m$/mm | 20 | 25 | 31.5 | 40 | | |
| $d_1$/mm | 315 | (180)　200　(280)　400 | — | — | | |
| $m^2d_1$/mm³ | 126000 | 112 500　125 000　175 000　250 000 | — | — | | |

注:1. 括号中的值尽可能不用;
　　2. $m^2d_1$ 值非 GB 10085 内容,供设计计算用。

3. 蜗杆的导程角

导程角 $\gamma$ 与 $m$ 及 $d_1$ 之间具有下列关系:

$$\tan\gamma=\frac{Z_1 m}{d_1} \qquad (4\text{-}9\text{-}54)$$

导程角大时效率高,要求高效率的传动应采用大的 $\gamma$ 值,即选用多头蜗杆和小分度圆直径 $d_1$,通常取 $\gamma=15°\sim30°$。$\gamma>30°$ 蜗杆齿易出现根切或变尖现象。为此常改用大齿形角 $\alpha_n=20°$ 或 30°,或将齿高适当降低($\gamma>30°$ 后,每增加 1°,将齿高减短 2%)。当 $\gamma\leqslant3°30'$ 时,机构自锁,轻小型起升机构中,有时采用自锁的蜗杆传动(只能蜗杆驱动蜗轮,蜗轮不能带动蜗杆)。

### (三)蜗杆头数 $Z_1$ 和蜗轮齿数 $Z_2$

蜗杆头数 $Z_1$ 常取为 1、2、4、6。过多时,制造较高精度的蜗杆和蜗轮滚刀有困难。要求大传动比或要求机构自锁时,取 $Z_1=1$。蜗轮齿数 $Z_2$ 一般在 20～80 范围内选取。蜗轮齿数过少将产生根切现象。$Z_2>80$ 会导致模数过小,降低齿轮的弯曲强度和蜗杆轴的刚度。$Z_1$ 和 $Z_2$ 的推荐值见表 4-9-28。

表 4-9-28 各种传动比的推荐 $Z_1$、$Z_2$ 值

| $i$ | >40 | 28～40 | 25～27 | 14～24 | 9～13 | 7～8 | 5～6 |
|---|---|---|---|---|---|---|---|
| $Z_1$ | 1 | 1～2 | 2～3 | 2～3 | 3～4 | 4 | 6 |
| $Z_2$ | >40 | 28～80 | 50～80 | 28～75 | 27～52 | 28～32 | 29～36 |

### (四)中心距 $a$ 和传动比 $i$

普通圆柱蜗杆传动的减速装置中心距 $a$ 按下列数值选取:

40;50;63;80;100;125;160;(180);200;(225);250;(280);315;(355);400;(450);500

括号中的数值尽可能不用。大于 500mm 的中心距按优先数系 R20 优先数选用。

普通圆柱蜗杆减速装置传动比 $i$ 的公称值按下列数值选取:

5;7.5;10;12.5;15;20;25;30;40;50;60;70;80

其中 10、20、40 和 80 为基本传动比,应优先采用。

### (五)变位系数 $x_2$

蜗杆传动变位的主要目的是配凑中心距使符合标准系列值,此外还可适当提高承载能力和传动效率,避免蜗轮根切现象。变位后的蜗杆传动,由于蜗杆相当于切制蜗轮的滚刀,变位对蜗杆尺寸无影响,但节圆有所变化。变位使蜗轮齿顶圆、齿根圆、齿厚均发生变化,但节圆不变,仍与分度圆重合。变位系数 $x_2$ 一般在(-1)和(+1)的范围内选取,通常为 $x_2=-0.7～+0.7$。变位系数 $x_2$ 过大会使蜗轮齿顶变尖,过小会使蜗轮根切。

## 三、普通圆柱蜗杆传动的几何计算

普通圆柱蜗杆传动的几何计算见图 4-9-15 及表 4-9-29。

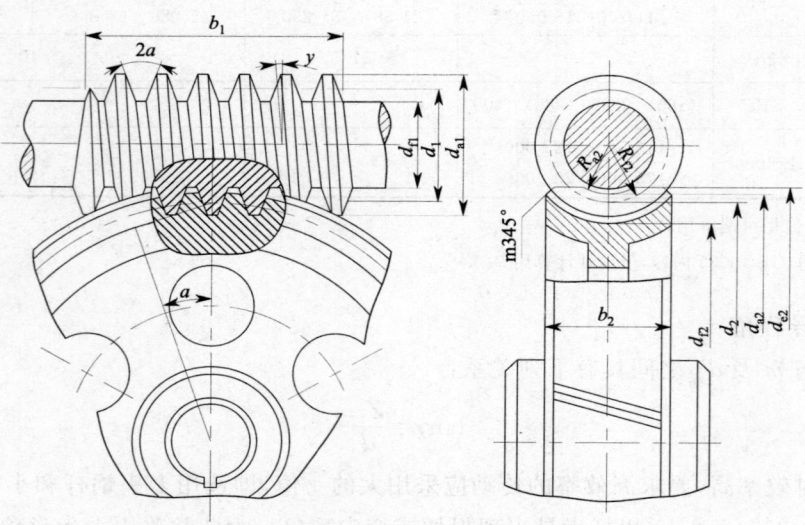

图 4-9-15 普通圆柱蜗杆的几何尺寸

### 表 4-9-29 普通圆柱蜗杆传动几何尺寸计算

| 名 称 | 代号 | 公 式 及 说 明 |
|---|---|---|
| 中心距/mm | $a$ | $a=(d_1+d_2+2x_2m)/2$ |
| 蜗杆头数 | $Z_1$ | 常用 $Z_1=1,2,4,6$    按表 4-9-21 选取 |
| 蜗轮齿数 | $Z_2$ | $Z_2=iZ_1,i=\dfrac{n_1}{n_2}$——传动比    按表 4-9-21 选取 |
| 齿形角/° | $\alpha$ | ZA 型 $\alpha_x=20°$,其余 $\alpha_n=20°$,$\tan\alpha_n=\tan\alpha_x\cos\gamma$ |
| 模数 | $m$ | $m=m_x=m_n/\cos\gamma$ 按表 4-9-26 选取 |
| 蜗轮变位系数 | $x_2$ | $x_2=\dfrac{a}{m}-\dfrac{d_1+d_2}{2m}$ |
| 蜗杆轴向齿距/mm | $p_x$ | $p_x=\pi m$ |
| 蜗杆分度圆直径/mm | $d_1$ | $d_1=Z_1/\tan\gamma$ 按表 4-9-27 选取,与 $m$ 匹配 |
| 蜗杆齿顶圆直径/mm | $d_{a1}$ | $d_{a1}=d_1+2h_{a1}=d_1+2h_a^*m$ |
| 蜗杆齿根圆直径/mm | $d_{f1}$ | $d_{f1}=d_1-2h_{f1}=d_1-2m(h_a^*+c^*)$ |
| 蜗杆齿顶高/mm | $h_{a1}$ | $h_{a1}=h_a^*m$,齿顶高系数一般 $h_a^*=1$,短齿 $h_a^*=0.8$ |
| 顶隙/mm | $c$ | $c=c^*m$,一般顶隙系数 $c^*=0.2$ |
| 蜗杆齿根高/mm | $h_{f1}$ | $h_{f1}=(h_a^*+c^*)m=\dfrac{1}{2}(d_1-d_{f1})$ |
| 蜗杆齿高/mm | $h_1$ | $h_1=h_{a1}+h_{f1}=\dfrac{1}{2}(d_{a1}-d_{f1})$ |
| 渐开线蜗杆基圆直径/mm | $d_{b1}$ | $d_{b1}=d_1\tan\gamma/\tan\gamma_b=Z_1m/\tan\gamma_b$ |
| 渐开线蜗杆基圆导程角/° | $\gamma_b$ | $\cos\gamma_b=\cos\gamma\cdot\cos\alpha_n$ |
| 蜗杆齿宽/mm | $b_1$ | 见表 4-9-30 |
| 蜗轮分度圆直径/mm | $d_2$ | $d_2=mZ_2=2a-d_1-2x_2m$ |
| 蜗轮喉圆直径/mm | $d_{a2}$ | $d_{a2}=d_2+2h_{a2}$ |
| 蜗轮齿根圆直径/mm | $d_{f2}$ | $d_{f2}=d_2+2h_{a2}$ |
| 蜗轮齿顶高/mm | $h_{a2}$ | $h_{a2}=(d_{a2}-d_2)/2=m(h_a^*+x_2)$ |
| 蜗轮齿根高/mm | $h_{f2}$ | $h_{f2}=\dfrac{1}{2}(d_2-d_{f2})=m(h_a^*-x_2+c^*)$ |
| 蜗轮齿高/mm | $h_2$ | $h_2=h_{a2}+h_{f2}=\dfrac{1}{2}(d_{a2}-d_{f2})$ |
| 蜗轮顶圆直径/mm | $d_{e2}$ | 当 $Z_1=1$ 时,$d_{e2}\leqslant d_{a2}+2m$;$Z_1=2\sim3$ 时,$d_{e2}\leqslant d_{a2}+1.5m$;$Z_1=4\sim6$ 时,$d_{e2}\leqslant d_{a2}+m$ 或按结构设计 |
| 蜗轮齿宽/mm | $b_2$ | 当 $Z_1\leqslant 3$ 时,$b_2\leqslant 0.75d_{a1}$,$Z_1=4\sim6$ 时,$b_2\leqslant 0.67d_{a1}$ |
| 蜗轮齿顶圆弧半径/mm | $R_{a2}$ | $R_{a2}=\dfrac{d_1}{2}-m$ |
| 蜗轮齿根圆弧半径/mm | $R_{f2}$ | $R_{f2}=\dfrac{d_{a1}}{2}+c^*m$ |
| 蜗杆轴向齿厚/mm | $S_{x1}$ | $S_{x1}=\dfrac{1}{2}p_x$ |
| 蜗杆法向齿厚/mm | $S_{n1}$ | $S_{n1}=S_{x1}\cos\gamma$ |
| 蜗轮分度圆齿厚/mm | $S_2$ | $S_2=(0.5\pi+2x_2\tan\alpha_x)m$ |
| 蜗杆齿厚测量高度/mm | $\overline{h_{a1}}$ | $\overline{h_{a1}}=m$;短齿 $\overline{h_{a1}}=0.8m$ |
| 蜗杆节圆直径/mm | $d_1'$ | $d_1'=d_1+2x_2m$ |
| 蜗轮节圆直径/mm | $d_2'$ | $d_2'=d_2$ |

表 4-9-30　普通圆柱蜗杆传动的蜗杆齿宽 $b_1$

| $x_2$ | $Z_1$ | | |
|---|---|---|---|
| | 1～2 | 3～4 | 5～6 |
| -1 | $b_1 \geqslant (10.5+Z_1)m$ | $b_1 \geqslant (10.5+Z_1)m$ | 按结构设计 |
| -0.5 | $b_1 \geqslant (8+0.06Z_2)m$ | $b_1 \geqslant (9.5+0.09Z_2)m$ | |
| 0 | $b_1 \geqslant (11+0.06Z_2)m$ | $b_1 \geqslant (12.5+0.09Z_2)m$ | |
| 0.5 | $b_1 \geqslant (11+0.1Z_2)m$ | $b_1 \geqslant (12.5+0.1Z_2)m$ | |
| 1 | $b_1 \geqslant (12+0.1Z_2)m$ | $b_1 \geqslant (13+0.1Z_2)m$ | |

### 四、普通圆柱蜗杆传动的承载能力计算

蜗杆与蜗轮齿面间滑动速度很大，失效形式主要是蜗轮齿面胶合、点蚀和磨损。对闭式传动，通常按蜗轮齿面接触强度设计。当 $Z_2 > 80$ 或采用负变位，才对蜗轮轮齿进行弯曲强度计算。此外，由于蜗杆传动损耗较大，一般应作散热计算。对开式传动按蜗轮轮齿的弯曲强度设计。对蜗杆须按轴的计算方法校核蜗杆轴的强度及刚度。

(一) 受力分析和滑动速度计算

蜗杆传动的手里分析和滑动速度计算见表 4-9-31 和图 4-9-16。

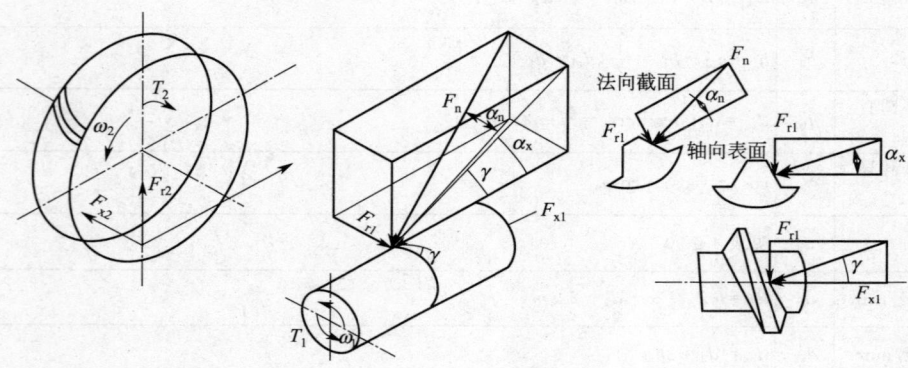

图 4-9-16　蜗杆传动受力分析

表 4-9-31　蜗杆传动受力分析和滑动速度计算表

| 名　称 | 计　算　式 |
|---|---|
| 蜗杆圆周力（蜗轮轴向力） | $F_{t1} = -F_{x2} = \dfrac{2\,000 T_1}{d_1}$　（N） |
| 蜗杆轴向力（蜗轮圆周力） | $F_{x1} = -F_{t2} = -\dfrac{2\,000 T_2}{d_1 + 2x_2 m}$　（N） |
| 蜗杆径向力（蜗轮径向力） | $F_{r1} = -F_{r2} \approx F_{t2} \tan\alpha_x$　（N） |
| 法向力 | $F_n = \dfrac{F_{x1}}{\cos\gamma \cos\alpha_n} \approx \dfrac{-F_{t2}}{\cos\gamma \cos\alpha_x} = -\dfrac{2\,000 T_2}{d_2 \cos\gamma \cos\alpha_x}$　（N） |
| 蜗轮轴转矩 | $T_2 = i T_1 \eta = 9\,550 \dfrac{P_1}{n_1} i \eta$　（N·m） |
| 蜗杆传动效率（概略值） | $Z_1=1, \eta=0.7\sim0.75; Z_1=2, \eta=0.75\sim0.82; Z_1=3, \eta=0.82\sim0.87; Z_1=4, \eta=0.87\sim0.92$; |
| 滑动速度 | $v_s = \dfrac{v_1}{\cos\gamma} = \dfrac{d_1 n_1}{19\,090 \cos\gamma}$　（m/s） |

注：$T_1$、$T_2$——分别为作用于蜗杆轴和蜗轮轴的转矩（N·m）；
　　$d_1$、$d_2$——分别为蜗杆和蜗轮的分度圆直径（mm）；
　　$m$——模数（mm）；
　　$x_2$——变位系数；
　　$\gamma$——导程角；
　　$\alpha_x$——蜗杆轴向齿形角；
　　$\alpha_n$——法向齿形角；
　　$n_1$——蜗杆转速（r/min）；
　　$P_1$——蜗杆传动输入功率（kW）；
　　$Z_1$——蜗杆头数。

## (二)强度和刚度计算

1. 普通圆柱体蜗杆传动的强度和刚度计算(见表4-9-32)

表 4-9-32 普通圆柱蜗杆传动的强度和刚度计算表

| 公 式 类 别 | 接 触 强 度 | 弯 曲 强 度 |
|---|---|---|
| 设计公式 | $m^2 d_1 \geqslant \left(\dfrac{15\,000}{\sigma_{HP} Z_2}\right)^2 K T_2$<br>查表 3-9-36 确定 $m$ 和 $d_1$ 值 | $m^2 d_1 \geqslant \dfrac{600 K T_2 Y_{FS}}{Z_2 \sigma_{FP}}$<br>查表 3-9-36 确定 $m$ 和 $d_1$ 值 |
| 验算公式 | $\sigma_H = Z_E \sqrt{\dfrac{9\,400 T_2}{d_1 d_2^2} K_A K_v K_\beta} \leqslant \sigma_{HP}(\text{N/mm}^2)$ | $\sigma_F = \dfrac{666 T_2 K_A K_v K_\beta}{d_1 d_2 m} Y_{FS} Y_\beta \leqslant \sigma_{FP}(\text{N/mm}^2)$ |
| 蜗杆轴刚度验算公式 | $y_1 = \dfrac{\sqrt{F_{t1}^2 + F_{r1}^2}}{48 E I} L^3 \leqslant y_F,\ y_F = (0.001 \sim 0.002\,5) d_1$ | |

注:$T_2$——作用于蜗轮轴上的转矩(N·m);

$K$——载荷系数,一般取 $K = 1 \sim 1.4$,载荷平稳,蜗轮速度 $v_2 \leqslant 3$ m/s 和 7 级精度以上时,取较小值,否则取较大值;

$\sigma_{HP}$——许用接触应力(N/mm²)与材料有关,见表 4-9-33 和表 4-9-34;

$\sigma_{FP}$——许用弯曲应力(N/mm²),见表 4-9-33;

$Z_2$——蜗轮齿数;

$d_1$、$d_2$——分别为蜗杆和蜗轮的分度圆直径(mm);

$Y_{FS}$——蜗轮的齿形系数,按 $Z_{v2} = \dfrac{Z_2}{\cos^3 \gamma}$ 及变位系数 $x_2$ 查图 3-9-18 确定;

$Z_E$——弹性系数($\sqrt{\text{N/mm}^2}$),与蜗轮材料有关,铸锡青铜为 155,铸铝铁青铜为 156,灰铸铁为 162,球墨铸铁为 181.4;

$K_A$——使用系数,电动机驱动 $K_A = 1 \sim 1.25$,多缸内燃机驱动 $K_A = 1.1 \sim 1.5$;

$K_v$——动载系数,蜗轮速度 $v_2 \leqslant 3$ m/s 时,取 $K_v = 1 \sim 1.1$;$v_2 > 3$ m/s 时,取 $K_v = 1.1 \sim 1.2$;

$K_\beta$——载荷分布系数,载荷平稳时取为 1,载荷变化时,$K_\beta = 1.1 \sim 1.3$;

$Y_\beta$——导程角系数,$Y_\beta = 1 - \gamma/120°$,$\gamma$ 为导程角;

$y_1$——蜗杆中央部分的挠度(mm);

$I$——蜗杆中部截面的惯性矩(mm⁴);

$E$——弹性模量,$E = 20\,700$ N/mm²;

$L$——蜗杆两端支承跨度(mm)。

2. 蜗杆传动常用的材料及许用应力

(1)蜗杆蜗轮常用的材料

蜗杆蜗轮常用的材料见表 4-9-33。

(2)许用接触应力

无锡青铜、黄铜及铸铁的许用接触应力 $\sigma_{HP}$ 见表 4-9-34。蜗轮材料在 $N_L = 10^7$ 时的许用接触应力 $\sigma'_{HP}$ 和 $N_L = 10^6$ 时的许用弯曲应力 $\sigma'_{FP}$ 见表 4-9-33。对锡青铜的轮缘,$\sigma_{HP} = \sigma'_{HP} z_{vs} z_N$,$z_{vs}$ 为滑动速度影响系数,见图 4-9-17;$z_N$ 为接触强度计算的寿命系数,见图 4-9-18。

(3)许用弯曲应力

蜗轮轮齿许用弯曲应力 $\sigma_{FP}$ 按下式确定:

$$\sigma_{FP} = \sigma'_{FP} \cdot y_N \qquad (4\text{-}9\text{-}55)$$

式中 $\sigma'_{FP}$——蜗轮材料在 $N_L = 10^6$ 时的许用弯曲应力,见表 4-9-33;

$y_N$——弯曲强度计算的寿命系数,查图 4-9-18 中的 $y_N$ 曲线。

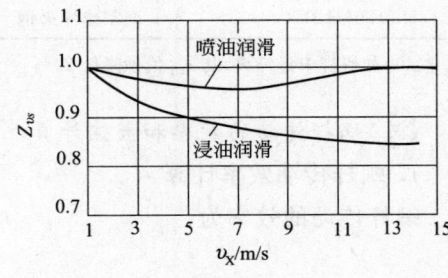

图 4-9-17 滑动速度影响系数 $Z_{vs}$

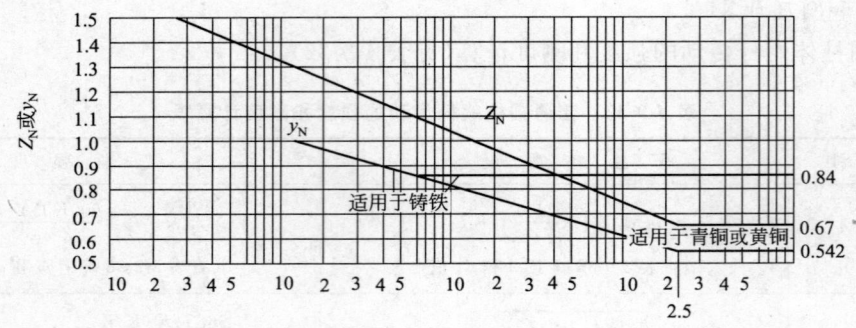

图 4-9-18 寿命系数 $z_N$ 及 $y_N$

表 4-9-33 蜗轮材料在 $N_L=10^7$ 时的许用接触应力 $\sigma'_{HP}$ 和在 $N_L=10^6$ 时的许用弯曲应力 $\sigma'_{FP}$（N/mm²）

| 蜗轮材料 | 铸造方法 | 适用的滑动速度 $v_s/(m/s)$ | 力学性质 | | $\sigma'_{HP}$ | | $\sigma'_{FP}$ | |
|---|---|---|---|---|---|---|---|---|
| | | | $\sigma_{0.2}$ | $\sigma_b$ | 蜗杆齿面硬度 | | 一侧受载 | 两侧受载 |
| | | | | | ≤HB350 | >HRC45 | | |
| ZCuSn10P1 | 砂 模 | ≤12 | 130 | 220 | 180 | 200 | 51 | 32 |
| | 金属模 | ≤25 | 170 | 310 | 200 | 220 | 70 | 40 |
| ZCuSn5Pb5Zn5 | 砂 模 | ≤10 | 90 | 200 | 110 | 125 | 33 | 24 |
| | 金属模 | ≤12 | 100 | 250 | 135 | 150 | 40 | 29 |
| ZCuAl10Fe3 | 砂 模 | ≤10 | 180 | 490 | | | 82 | 64 |
| | 金属模 | | 200 | 540 | | | 90 | 80 |
| ZCuAl10Fe3Mn2 | 砂 模 | ≤10 | — | 490 | 见表 4-9-33 | | — | — |
| | 金属模 | | | 540 | | | 100 | 90 |
| ZCuZn38Mn2Pb2 | 砂 模 | ≤10 | | 245 | | | 62 | 56 |
| | 金属模 | | | 345 | | | — | — |
| HT150 | 砂 模 | ≤2 | — | 150 | | | 40 | 25 |
| HT200 | 砂 模 | ≤2～5 | — | 200 | | | 48 | 30 |
| HT250 | 砂 模 | ≤2～5 | — | 250 | | | 56 | 35 |

表 4-9-34 无锡青铜、黄铜及铸铁的许用接触应力 $\sigma_{HP}$

| 蜗轮材料 | 蜗杆材料 | 滑动速度 $v_s/(m/s)$ | | | | | | | |
|---|---|---|---|---|---|---|---|---|---|
| | | 0.25 | 0.5 | 1 | 2 | 3 | 4 | 6 | 8 |
| ZCuAl10Fe3、ZCuAl10Fe3Mn2 | 钢经淬火[1] | — | 250 | 230 | 210 | 180 | 160 | 120 | 90 |
| ZCuZn38Mn2Pb2 | 钢经淬火[1] | — | 215 | 200 | 180 | 150 | 135 | 95 | 75 |
| HT200、HT150(HB120～150) | 渗碳钢 | 160 | 130 | 115 | 90 | — | — | — | — |
| HT150(HB120～150) | 调制或淬火钢 | 140 | 110 | 90 | 70 | — | — | — | — |

注：1) 如蜗杆未经淬火，其 $\sigma_{HP}$ 值须降低 20%。

（三）蜗杆传动的效率和散热计算

1. 蜗杆传动效率计算

蜗杆传动的效率为：

$$\eta = \eta_1 \cdot \eta_2 \cdot \eta_3 \tag{4-9-56}$$

式中　$\eta_1$——啮合效率。

蜗杆为主动时：

$$\eta_1 = \frac{\tan\gamma}{\tan(\gamma+\rho_v)} \tag{4-9-57}$$

蜗轮为主动时：
$$\eta_1 = \frac{\tan(\gamma - \rho_v)}{\tan\gamma} \tag{4-9-58}$$

式中 $\gamma$——蜗杆导程角；

$\rho_v$——当量摩擦角，其实验值见表 4-9-35。

$\eta_2$——轴承效率，每对滚动轴承 $\eta_2 = 0.98 \sim 0.99$，滑动轴承 $\eta_2 = 0.97 \sim 0.99$；

$\eta_3$——搅油损耗效率，与盛油量和搅动件有关，一般 $\eta_3 = 0.94 \sim 0.99$。

## 2. 散热计算

温升过高会破坏润滑，使传动损坏。散热计算的要求是在允许的温升范围内，传动装置散逸的功率 $P_C$ 应大于损耗的功率 $P_S$，即 $P_C \geq P_S$。

蜗杆传动的工作时损耗的功率为：
$$P_S = P_1(1-\eta) \quad (W) \tag{4-9-59}$$

式中 $P_1$——输入功率（W）。

自然通风下传动装置箱体表面散出的热量折合成功率（散逸功率）$P_C$ 为：
$$P_C = kA(t_1 - t_2) \quad (W) \tag{4-9-60}$$

式中 $k$——热导率，$k = 8.7 \sim 17.5 (W)/(m^2 \cdot ℃)$，自然通风条件较好时取大值：$k = 14 \sim 17.5$；无循环空气流时，$k = 8.7 \sim 10.5$；

$A$——散热计算面积，$A = A_1 + 0.5A_2$：

其中 $A_1$——箱内被油浸溅、箱外又被自然循环冷却的箱壳面积（$m^2$），

$A_2$——$A_1$ 计算表面上的散热筋和凸座的表面，以及装在金属底座或机械框架上的箱壳底面积（$m^2$）；

$t_1$——润滑油的温度（℃），蜗杆传动时允许到 95℃（齿轮传动时为 70℃）；

$t_2$——周围空气的温度，一般可取 $t_2 = 20℃$。

**表 4-9-35 蜗杆传动的当量摩擦角 $\rho_v$**

| 蜗轮材料 | | 锡青铜 | | 无锡青铜 | | 灰铸铁 |
|---|---|---|---|---|---|---|
| | 钢蜗杆齿面硬度 | HRC≥45 | 其他情况 | HRC≥45 | HRC≥45 | 其他情况 |
| 滑动速度 /(m/s) | 0.01 | 6°17′ | 6°51′ | 10°12′ | 10°12′ | 10°45′ |
| | 0.05 | 5°09′ | 5°43′ | 7°58′ | 7°58′ | 9°05′ |
| | 0.10 | 4°34′ | 5°09′ | 7°24′ | 7°24′ | 7°58′ |
| | 0.25 | 3°43′ | 4°17′ | 5°43′ | 5°43′ | 6°51′ |
| | 0.50 | 3°09′ | 3°43′ | 5°09′ | 5°09′ | 5°43′ |
| | 1.0 | 2°35′ | 3°09′ | 4°00′ | 4°00′ | 5°09′ |
| | 1.5 | 2°17′ | 2°52′ | 3°43′ | 3°43′ | 4°34′ |
| | 2.0 | 2°00′ | 2°35′ | 3°09′ | 3°09′ | 4°00′ |
| | 2.5 | 1°43′ | 2°17′ | 2°52′ | | |
| | 3.0 | 1°36′ | 2°00′ | 2°35′ | | |
| | 4 | 1°22′ | 1°47′ | 2°17′ | | |
| | 5 | 1°16′ | 1°40′ | 2°00′ | | |
| | 8 | 1°02′ | 1°29′ | 1°43′ | | |
| | 10 | 0°55′ | 1°22′ | | | |
| | 15 | 0°48′ | 1°09′ | | | |
| | 24 | 0°45′ | | | | |

## 五、圆弧圆柱蜗杆传动

圆弧圆柱蜗杆是一种非直线面圆柱蜗杆，其齿面一般为圆弧形凹面。车削型轴向圆弧圆柱蜗杆传动（$ZC_3$）在我国已广泛应用（见 JB 2318—1979）。磨削型圆环面包络圆柱蜗杆传动（$ZC_1$ 和 $ZC_2$）也正在推广中。

圆弧圆柱蜗杆传动的特点是：

1. 蜗杆和蜗轮两共轭齿面是凹凸啮合，当量曲率小，单位齿面压力减小，接触强度提高。在条件基本相同时，圆弧圆柱蜗杆传动和普通圆柱蜗杆传动相比，承载能力提高 50%～150%，传动效率提高 8%～15%。其中 $ZC_1$ 型比 $ZC_3$ 型的承载能力高 30%，效率高 4%，我国圆弧圆柱蜗杆减速器(GB 9417—88)就采用这种蜗杆。

2. 蜗杆与蜗轮啮合时的瞬时接触线方向与相对滑动方向的夹角（润滑角）较大，易于形成和保持油膜，摩擦系数小，齿面磨损少，传动效率高。

3. 在蜗杆齿的强度不降低的情况下，能够增大蜗轮齿的齿根厚度，提高蜗轮齿的弯曲强度。

4. 制造工艺简单，结构紧凑，重量轻。

轴向圆弧圆柱蜗杆传动($ZC_3$)的齿面接触强度计算可近似地采用普通圆柱蜗杆传动的计算方法。由于这种传动时凹凸面接触，当量曲率半径大，接触线方向又有利于润滑，使用表 4-9-32 的公式计算时，可将求得的接触应力 $\sigma_H$ 降低 10%，或将许用接触应力 $\sigma_{HP}$ 提高 10%。

由于这种传动的蜗轮齿根较厚，不必计算齿根的弯曲强度。

有关这种传动的材料、强度和刚度、散热计算等，与普通圆柱蜗杆传动相同。

# 第十章 减速器

## 第一节 起重机用减速器的特点

### 一、载荷特点

起重机的起升、运行、回转和电动臂架变幅机构中都要使用减速器。各个机构的共同特点是周期性工作,承受间歇性载荷。起升机构和电动非平衡臂架变幅机构使用的减速器,齿轮单面受力。运行机构和回转机构的减速器是双面受力,而且起动制动时的惯性力较大。

### 二、安装方式

起升机构的传统布置方式要求采用中心高度小、重量轻的卧式平行轴减速器。减速器的输入轴和输出轴在箱体的同一侧,为了保证电动机和卷筒之间有一定的间距,减速器的中心距不能太小。由于卷筒的一端直接支承在减速器输出轴轴端上,要求输出轴端能承受较大的径向力。

桥、门式起重机的运行机构通常采用立式安装的减速器,近年来随着轻量化发展和维护方便考虑,较多采用三合一式安装的减速器。

### 三、齿轮精度和制造

齿轮精度多采用 GB/T 10095.1—2001 中的 8—8—7 级或 8—7—7 级,以滚齿(或剃齿)为最终加工工序。渗碳、磨齿应选 6~7 级精度。减速器齿轮为中硬齿面和硬齿面。

### 四、密封与润滑

静面密封采用涂密封胶或用"O"型密封圈。动面密封多采用"J"型密封圈或用耐磨材料做成的迷宫型密封环。

润滑的好坏直接影响齿轮的寿命。由于起重机短暂周期性工作的特点,齿轮经常在起、制动情况下工作。起动时,速度低,载荷大,齿轮啮合处常处于无润滑状态,容易导致齿轮早期损坏。在立式减速器和大中心距卧式减速器中,应采用强迫喷油润滑,在高速轴端接上小油泵,对齿轮啮合处喷油。

## 第二节 减速器的种类和选用

目前,国内起重机使用较多的 ZQ 型(JZQ 型)和 ZSC 型减速器是仿照前苏联 50 年代初的产品。ZQ 型减速器主要用于起升机构、电动变幅机构、大车运行机构和绳索牵行的小车运行机构。ZSC 型立式平行轴减速器主要用于起重机大、小车运行机构。这类减速器结构简单,齿轮相对于两侧的轴承为非对称布置,载荷沿齿宽分布不均匀,两边的轴承受力不等;材质较差,承载能力低,寿命短,基本参数不甚合理,技术水平落后。但因成本低,价格便宜,目前使用仍较广泛。随着对起重机性能要求的不断提高,这类减速器正逐渐被各种新型减速器所取代。

### 一、QJ 型减速器系列

QJ 型减速器系列主要用于起重机的起升机构,运行机构和电动变幅机构。减速器的箱体为焊接结构,外形美观,自重轻,单位重量传递的扭矩较大,立式和卧式减速器统一于一种结构型式,从而减少了产品种类,有利于组织生产。QJ 型减速器的工作条件为:

(1) 齿轮圆周速度不大于 15 m/s;
(2) 高速轴转速不大于 1 500 r/min;
(3) 工作环境温度为 -25 ℃～45 ℃;
(4) 可正反两向旋转;
(5) 输出轴瞬时最大扭矩允许为额定扭矩的 2.7 倍。

### (一) 基本型式

减速器包括 R 型(二级)、S 型(三级)、RS 型(二级安装型式、三级速比)三种,见图 4-10-1。

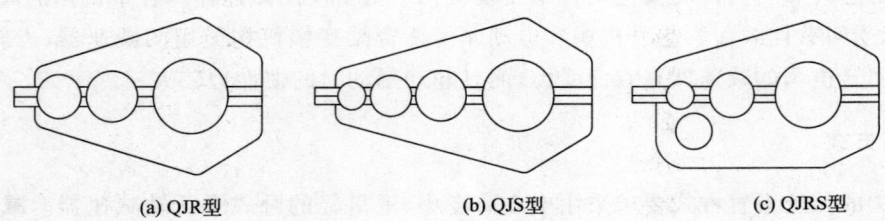

图 4-10-1　QJ 型减速器的基本型式

### (二) 装配型式

减速器的输入轴和输出轴共有 9 种装配型式,见图 4-10-2。

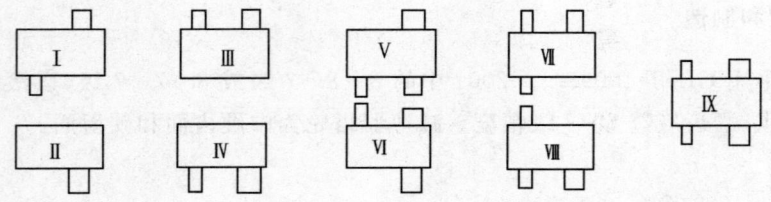

图 4-10-2　QJ 型减速器的装配形式

### (三) 安装型式及润滑方式

减速器分卧式(W)和立式(L),也可偏转一定角度($\pm\alpha$)安装。见图 4-10-3。卧式减速器采用油浴润滑,立式减速器和大型卧式减速器采用喷油润滑。

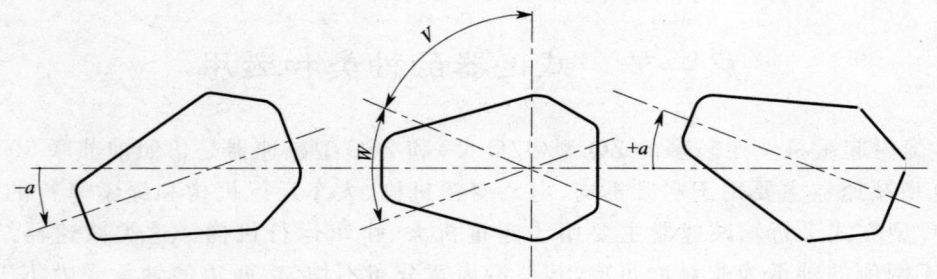

图 4-10-3　QJ 型减速器的安装形式

### (四) 三支点支承型式

如图 4-10-4 所示,$X$、$Y$、$Z$ 分别为支点。

### (五) 名义中心距

减速器低速级中心距为名义中心距,见表 4-10-1。

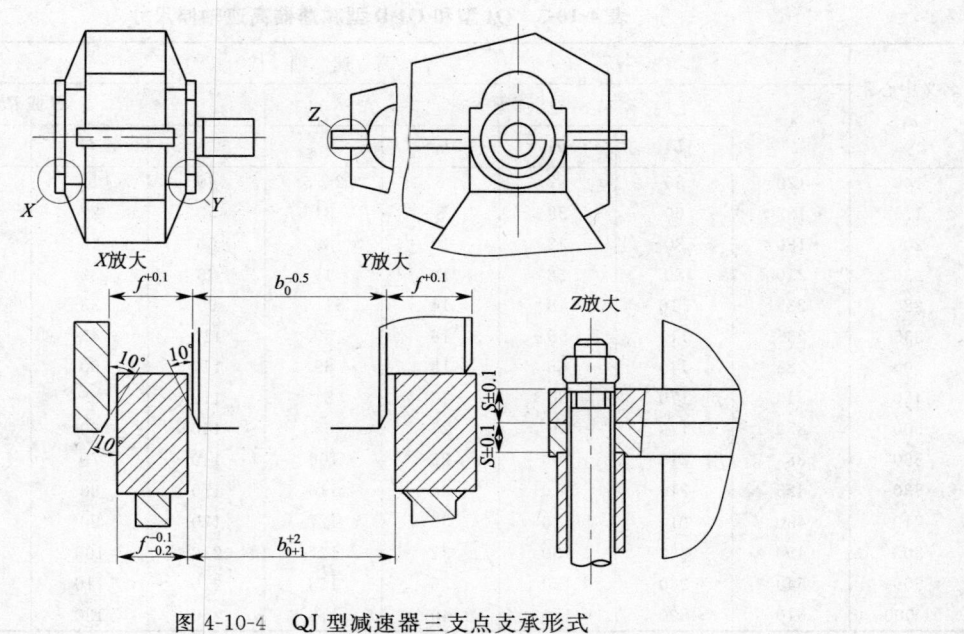

图 4-10-4　QJ型减速器三支点支承形式

表 4-10-1　减速器中心距　　　　　　　　　　　　　　　　　　　　　　　　　　mm

| 低速级中心距 $a_1$ | 140 | 170 | 200 | 236 | 280 | 335 | 400 | 450 | 500 | 560 | 630 | 710 | 800 | 900 | 1 000 |
|---|---|---|---|---|---|---|---|---|---|---|---|---|---|---|---|
| 中心距 $a_2$ | 100 | 118 | 140 | 170 | 200 | 236 | 280 | 315 | 355 | 400 | 450 | 500 | 560 | 630 | 710 |
| 中心距 $a_3$ | 71 | 85 | 100 | 118 | 140 | 170 | 200 | 224 | 250 | 280 | 315 | 355 | 400 | 450 | 500 |
| 两级总中心距 $a_{02}$ | 240 | 288 | 340 | 406 | 480 | 571 | 680 | 765 | 855 | 960 | 1 080 | 1 210 | 1 360 | 1 530 | 1 710 |
| 三级总中心距 $a_{03}$ | 311 | 373 | 440 | 524 | 620 | 741 | 880 | 989 | 1 105 | 1 240 | 1 395 | 1 565 | 1 760 | 1 980 | 2 210 |

注：低速级中心距为名义中心距。

### (六) 公称传动比

QJ 型减速器的公称传动比共 14 种，见表 4-10-2，实际传动比与公称传动比的允差不大于 ±4%。

表 4-10-2　减速器的公称传动比

| 级　数 | 两　级 | | | | | | 三　级 | | | | | | | |
|---|---|---|---|---|---|---|---|---|---|---|---|---|---|---|
| 公称传动比 | 10 | 12.5 | 16 | 20 | 25 | 31.5 | 40 | 50 | 63 | 80 | 100 | 125 | 160 | 200 |

### (七) 轴端型式

高速轴端采用圆柱轴伸，平键联结，见图 4-10-5 和表 4-10-3。低速轴端有三种型式，见图 4-10-6 和表 4-10-4：

(1) P 型——圆柱轴伸，平键联结；

(2) H 型——圆柱轴伸，花键联结；

(3) C 型——齿轮轴端。

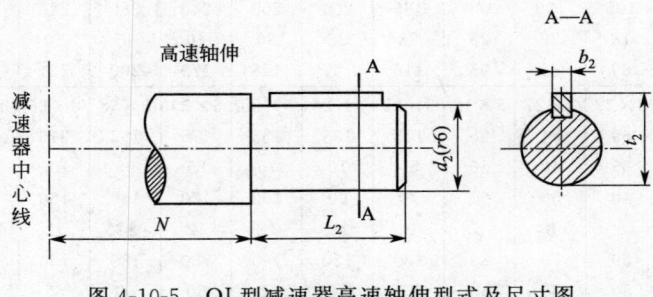

图 4-10-5　QJ型减速器高速轴伸型式及尺寸图

表 4-10-3　QJ 型和 QJ-D 型减速器高速轴伸尺寸　　mm

| 名义中心距 $a_1$ | $N$ | R | | | | S 或 RS | | | |
|---|---|---|---|---|---|---|---|---|---|
| | | $L_2$ | $d_2$ | $b_2$ | $t_2$ | $L_2$ | $d_2$ | $b_2$ | $t_2$ |
| 140 | 120 | 50 | 22 | 6 | 24.5 | 40 | 18 | 5 | 18 |
| 170 | 135 | 60 | 28 | 8 | 31 | 50 | 22 | 6 | 20.5 |
| 200 | 180 | 80 | 32 | 10 | 35 | 60 | 28 | 6 | 24.5 |
| 236 | 210 | 80 | 38 | 10 | 41 | 80 | 32 | 8 | 31 |
| 280 | 235 | 110 | 48 | 14 | 51.5 | 90 | 38 | 10 | 35 |
| 335 | 255 | 110 | 55 | 16 | 59 | 110 | 45 | 10 | 41 |
| 400 | 285 | 140 | 65 | 18 | 69 | 110 | 50 | 14 | 51.5 |
| 450 | 310 | 170 | 80 | 22 | 85 | 110 | 55 | 14 | 53.5 |
| 500 | 350 | 170 | 90 | 23 | 95 | 140 | 60 | 16 | 59 |
| 560 | 385 | 210 | 100 | 26 | 106 | 140 | 70 | 18 | 69 |
| 630 | 425 | 210 | 110 | 28 | 116 | 170 | 80 | 22 | 85 |
| 710 | 450 | 210 | 120 | 32 | 127 | 170 | 90 | 22 | 90 |
| 800 | 490 | 250 | 130 | 32 | 127 | 210 | 100 | 25 | 100 |
| 900 | 540 | 260 | 150 | 36 | 158 | 210 | 110 | 25 | 116 |
| 1 000 | 610 | 300 | 170 | 40 | 179 | 250 | 130 | 32 | 137 |

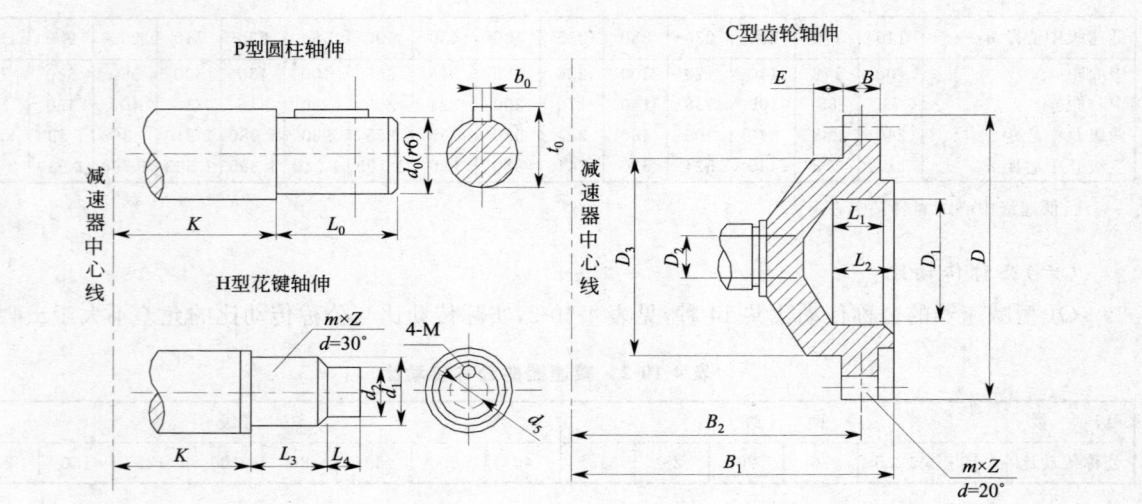

图 4-10-6　QJ 型减速器低速轴伸型式及尺寸图

表 4-10-4　QJ 型和 QJ-D 型减速器低速轴伸尺寸　　mm

| 名义中心距 $a_1$ | | 140 | 170 | 200 | 236 | 280 | 335 | 400 | 450 | 500 | 560 | 630 | 710 | 800 | 900 | 1 000 |
|---|---|---|---|---|---|---|---|---|---|---|---|---|---|---|---|---|
| K | QJ | 130 | 140 | 195 | 225 | 250 | 280 | 340 | 365 | 410 | 445 | 495 | 565 | 615 | 670 | 740 |
| | QJ-D | 130 | 150 | 175 | 200 | 220 | 260 | 310 | 335 | 370 | 410 | 450 | 510 | 570 | 640 | 700 |
| P 型 | $d_0$ | 48 | 55 | 65 | 80 | 90 | 110 | 130 | 150 | 170 | 190 | 220 | 250 | 280 | 320 | 360 |
| | $L_0$ | 82 | 82 | 105 | 130 | 130 | 165 | 200 | 200 | 240 | 280 | 280 | 330 | 380 | 380 | 450 |
| | $b_0$ | 14 | 16 | 18 | 22 | 25 | 28 | 32 | 36 | 40 | 45 | 50 | 56 | 63 | 70 | 80 |
| | $t_0$ | 51.5 | 59 | 69 | 85 | 95 | 116 | 137 | 158 | 179 | 200 | 231 | 262 | 292 | 334 | 375 |
| H 型 | $m \times z$ | 3×15 | 3×18 | 3×22 | 3×27 | 5×18 | 5×22 | 5×26 | 5×30 | 5×34 | 5×38 | 8×26 | 8×30 | 8×34 | 8×38 | 8×44 |
| | $d_1$ | 48 | 57 | 69 | 84 | 95 | 115 | 135 | 155 | 175 | 195 | 216 | 248 | 280 | 312 | 360 |
| | $L_3$ | 30 | 30 | 35 | 40 | 50 | 55 | 70 | 75 | 85 | 95 | 105 | 120 | 135 | 150 | 170 |
| | $d_5$ | 25 | 30 | 40 | 50 | 60 | 70 | 90 | 100 | 120 | 140 | 160 | 180 | 200 | 220 | 250 |
| | M | 6 | 6 | 8 | 8 | 8 | 10 | 10 | 12 | 12 | 12 | 16 | 16 | 20 | 20 | 20 |
| | $d_2$ | 40 | 50 | 60 | 70 | 80 | 100 | 120 | 140 | 160 | 180 | 190 | 220 | 250 | 280 | 320 |
| | $L_4$ | 20 | 25 | 30 | 35 | 40 | 45 | 50 | 55 | 60 | 60 | 65 | 65 | 65 | 75 | 80 |

续上表

| 名义中心距 | | 140 | 170 | 200 | 236 | 280 | 335 | 400 | 450 | 500 | 560 | 630 | 710 | 800 | 900 | 1 000 |
|---|---|---|---|---|---|---|---|---|---|---|---|---|---|---|---|---|
| C型 | $m \times z$ | | | | 3×56 | 4×56 | 4×56 | 6×56 | 6×56 | 8×54 | 10×48 | | | | | |
| | $D$ | | | | 174 | 232 | 232 | 348 | 348 | 448 | 500 | | | | | |
| | $D_1$ | | | | 90 | 120 | 120 | 170 | 170 | 200 | 200 | | | | | |
| | $D_2$ | | | | 40 | 40 | 40 | 45 | 45 | 105 | 105 | | | | | |
| | $D_3$ | | | | 135 | 170 | 170 | 260 | 260 | 260 | 280 | | | | | |
| | $B_1$ | | | | 279.5 | 302.5 | 339.5 | 402 | 429 | 482 | 570 | | | | | |
| | $B_2$ | | | | 253 | 271 | 308 | 370 | 397 | 442 | 505 | | | | | |
| | $B$ | | | | 25 | 35 | 35 | 40 | 40 | 50 | 60 | | | | | |
| | $E$ | | | | 25 | 25 | 25 | 32 | 32 | 32 | 35 | | | | | |
| | $L_1$ | | | | 45 | 50 | 50 | 76 | 76 | 78 | 78 | | | | | |
| | $L_2$ | | | | 60 | 75 | 75 | 100 | 100 | 100 | 110 | | | | | |

### (八) 型号表示法

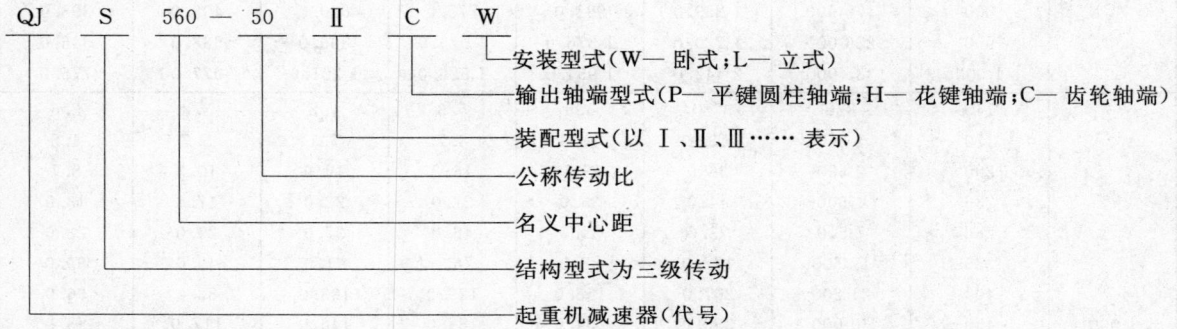

### (九) 减速器的技术参数及承载能力

表 4-10-5 和表 4-10-6 所列数值为 M5 工作级别的承载能力,若用于其他工作级别时,应按公式(4-10-1)进行折算:

$$P_{M5} = P_{Mi} \times 1.25^{(i-5)} \quad (kW) \tag{4-10-1}$$

式中 $P_{M5}$——M5 工作级别的输入轴许用功率(kW),见表 4-10-5 和表 4-10-6;

$P_{Mi}$——相对于 Mi 工作级别的高速轴许用功率(kW);

$i$——工作级别数值 1~8。

表 4-10-5 QJR 型和 QJR-D 型减速器技术参数及承载能力

| 输入轴转速 $n_1$/(r/min) | 名义中心距 $a_1$/mm | 许用输出扭矩 $T_2$/N·m | 公称传动比 | | | | | |
|---|---|---|---|---|---|---|---|---|
| | | | 10 | 12.5 | 16 | 20 | 25 | 31.5 |
| | | | 高速轴许用功率/kW | | | | | |
| 600 | 140 | 820 | 5.3 | 4.3 | 3.4 | 2.7 | 2.1 | 1.6 |
| | 170 | 1 360 | 9.0 | 7.2 | 5.7 | 4.5 | 3.5 | 2.8 |
| | 200 | 2 650 | 15.5 | 12.4 | 9.7 | 7.8 | 6.2 | 4.9 |
| | 236 | 4 500 | 26.0 | 21.0 | 16.5 | 13.2 | 10.5 | 8.4 |
| | 280 | 7 500 | 44.0 | 35.0 | 27.0 | 22.0 | 17.6 | 13.9 |
| | 335 | 12 500 | 73.0 | 59.0 | 46.0 | 37.0 | 29.0 | 23.0 |
| | 400 | 21 200 | 124.0 | 99.0 | 78.0 | 62.0 | 50.0 | 39.0 |
| | 450 | 30 000 | 176.0 | 141.0 | 110.0 | 88.0 | 70.0 | 56.0 |
| | 500 | 42 500 | 249.0 | 199.0 | 155.0 | 124.0 | 100.0 | 79.0 |
| | 560 | 60 000 | 351.0 | 281.0 | 220.0 | 176.0 | 141.0 | 112.0 |
| | 630 | 85 000 | 497.0 | 398.0 | 311.0 | 249.0 | 199.0 | 158.0 |
| | 710 | 118 000 | 691.0 | 552.0 | 432.0 | 345.0 | 276.0 | 219.0 |
| | 800 | 170 000 | 995.0 | 796.0 | 622.0 | 497.0 | 398.0 | 316.0 |
| | 900 | 236 000 | 1 381.0 | 1 105.0 | 863.0 | 691.0 | 552.0 | 438.0 |
| | 1 000 | 335 000 | 1 961.0 | 1 568.0 | 1 225.0 | 980.0 | 784.0 | 622.0 |

续上表

| 输入轴转速 $n_1$/(r/min) | 名义中心距 $a_1$/mm | 许用输出扭矩 $T_2$/N·m | 公称传动比 | | | | | |
|---|---|---|---|---|---|---|---|---|
| | | | 10 | 12.5 | 16 | 20 | 25 | 31.5 |
| | | | 高速轴许用功率/kW | | | | | |
| 750 | 140 | 820 | 6.4 | 5.2 | 4.1 | 3.3 | 2.6 | 2.0 |
| | 170 | 1 360 | 10.7 | 8.8 | 7.0 | 5.7 | 4.5 | 3.4 |
| | 200 | 2 650 | 19.3 | 15.5 | 12.1 | 9.7 | 7.7 | 6.1 |
| | 236 | 4 500 | 33.0 | 26.0 | 21.0 | 16.4 | 13.1 | 10.4 |
| | 280 | 7 500 | 55.0 | 44.0 | 34.0 | 27.4 | 22.0 | 17.4 |
| | 335 | 12 500 | 91.0 | 73.0 | 57.0 | 46.4 | 36.0 | 29.0 |
| | 400 | 21 200 | 155.0 | 124.0 | 97.0 | 77.0 | 62.0 | 49.0 |
| | 450 | 30 000 | 219.0 | 175.0 | 137.0 | 109.0 | 88.0 | 69.0 |
| | 500 | 42 500 | 310.0 | 248.0 | 194.0 | 155.0 | 124.0 | 93.0 |
| | 560 | 60 000 | 437.0 | 350.0 | 274.0 | 219.0 | 175.0 | 139.0 |
| | 630 | 85 000 | 620.0 | 496.0 | 387.0 | 319.0 | 248.0 | 197.0 |
| | 710 | 118 000 | 860.0 | 683.0 | 538.0 | 430.0 | 344.0 | 273.0 |
| | 800 | 170 000 | 1 239.0 | 991.0 | 775.0 | 620.0 | 496.0 | 393.0 |
| | 900 | 236 000 | 1 720.0 | 1 376.0 | 1 075.0 | 860.0 | 688.0 | 546.0 |
| | 1 000 | 335 000 | 2 442.0 | 1 954.0 | 1 526.0 | 1 221.0 | 977.0 | 775.0 |
| 1 000 | 140 | 820 | 7.0 | 6.5 | 5.3 | 4.2 | 3.3 | 2.6 |
| | 170 | 1 360 | 13.2 | 10.9 | 8.7 | 7.1 | 5.7 | 4.5 |
| | 200 | 2 650 | 26.0 | 21.0 | 16.2 | 12.9 | 10.3 | 8.7 |
| | 236 | 4 500 | 44.0 | 35.0 | 27.0 | 22.0 | 17.6 | 13.9 |
| | 280 | 7 500 | 73.0 | 59.0 | 46.0 | 37.0 | 29.0 | 23.0 |
| | 335 | 12 500 | 122.0 | 98.0 | 76.0 | 61.0 | 49.0 | 39.0 |
| | 400 | 21 200 | 207.0 | 165.0 | 129.0 | 103.0 | 83.0 | 66.0 |
| | 450 | 30 000 | 293.0 | 234.0 | 183.0 | 146.0 | 117.0 | 93.0 |
| | 500 | 42 500 | 415.0 | 332.0 | 259.0 | 207.0 | 166.0 | 132.0 |
| | 560 | 60 000 | 585.0 | 408.0 | 366.0 | 293.0 | 234.0 | 186.0 |
| | 630 | 85 000 | 829.0 | 863.0 | 518.0 | 415.0 | 332.0 | 263.0 |
| | 710 | 118 000 | 1 151.0 | 921.0 | 719.0 | 576.0 | 460.0 | 365.0 |
| | 800 | 170 000 | 1 858.0 | 1 327.0 | 1 036.0 | 829.0 | 663.0 | 526.0 |
| | 900 | 236 000 | 2 302.0 | 1 842.0 | 1 439.0 | 1 151.0 | 921.0 | 731.0 |
| | 1 000 | 335 000 | 3 268.0 | 2 614.0 | 2 042.0 | 1 634.0 | 1 307.0 | 1 037.0 |

**表 4-10-6　QJS 型、QJRS 型、QJS-D 型和 QJRS-D 型技术参数及承载能力**

| 输入轴转速 $n_1$/(r/min) | 名义中心距 $a_1$/mm | 许用输出扭矩 $T_2$/(N·m) | 公称传动比 | | | | | | | |
|---|---|---|---|---|---|---|---|---|---|---|
| | | | 40 | 50 | 63 | 80 | 100 | 125 | 160 | 200 |
| | | | 高速轴许用功率/kW | | | | | | | |
| 600 | 140 | 820 | 1.5 | 1.4 | 1.0 | 0.8 | 0.6 | 0.5 | 0.4 | 0.3 |
| | 170 | 1 360 | 2.5 | 2.1 | 1.6 | 1.3 | 1.0 | 0.8 | 0.6 | 0.5 |
| | 200 | 2 650 | 3.9 | 3.1 | 2.5 | 1.9 | 1.6 | 1.2 | 1.0 | 0.8 |
| | 236 | 4 500 | 6.6 | 5.3 | 4.2 | 3.3 | 2.6 | 2.1 | 1.7 | 1.3 |
| | 280 | 7 500 | 11.0 | 8.8 | 7.0 | 5.5 | 4.4 | 3.5 | 2.7 | 2.2 |
| | 335 | 12 500 | 18.3 | 14.6 | 11.6 | 9.1 | 7.3 | 5.9 | 4.6 | 3.7 |
| | 400 | 21 200 | 31.0 | 25.0 | 19.7 | 15.5 | 12.4 | 9.9 | 7.8 | 6.7 |
| | 450 | 30 000 | 44.0 | 35.0 | 28.0 | 22.0 | 17.6 | 14.1 | 11.0 | 8.8 |
| | 500 | 42 500 | 62.0 | 50.0 | 40.0 | 31.0 | 25.0 | 19.9 | 15.6 | 12.4 |
| | 560 | 60 000 | 88.0 | 70.0 | 56.0 | 44.0 | 35.0 | 28.0 | 22.0 | 17.6 |
| | 630 | 85 000 | 124.0 | 100.0 | 79.0 | 62.0 | 50.0 | 40.0 | 31.0 | 25.0 |
| | 710 | 118 000 | 173.0 | 138.0 | 110.0 | 80.0 | 69.0 | 55.0 | 43.0 | 35.0 |
| | 800 | 170 000 | 249.0 | 199.0 | 158.0 | 124.0 | 100.0 | 80.0 | 62.0 | 50.0 |
| | 900 | 236 000 | 345.0 | 276.0 | 219.0 | 173.0 | 138.0 | 110.0 | 86.0 | 69.0 |
| | 1 000 | 335 000 | 490.0 | 392.0 | 311.0 | 245.0 | 196.0 | 157.0 | 123.0 | 98.0 |

续上表

| 输入轴转速 $n_1$/(r/min) | 名义中心距 $a_1$/mm | 许用输出扭矩 $T_2$/(N·m) | 公称传动比 | | | | | | | |
|---|---|---|---|---|---|---|---|---|---|---|
| | | | 40 | 50 | 63 | 80 | 100 | 125 | 160 | 200 |
| | | | 高速轴许用功率/kW | | | | | | | |
| 750 | 140 | 820 | 1.8 | 1.5 | 1.2 | 1.0 | 0.8 | 0.6 | 0.5 | 0.4 |
| | 170 | 1 360 | 3.1 | 2.6 | 2.0 | 1.6 | 1.3 | 1.0 | 0.8 | 0.6 |
| | 200 | 2 650 | 4.8 | 3.9 | 3.1 | 2.4 | 1.9 | 1.6 | 1.2 | 1.0 |
| | 236 | 4 500 | 8.2 | 6.6 | 5.2 | 4.1 | 3.3 | 2.6 | 2.1 | 1.0 |
| | 280 | 7 500 | 13.7 | 10.9 | 8.7 | 6.8 | 5.5 | 4.4 | 3.4 | 2.7 |
| | 335 | 12 500 | 23.0 | 18.2 | 14.5 | 11.4 | 9.1 | 7.3 | 5.7 | 4.6 |
| | 400 | 21 200 | 39.0 | 31.0 | 25.0 | 19.3 | 15.5 | 12.4 | 9.7 | 7.7 |
| | 450 | 30 000 | 55.0 | 44.0 | 35.0 | 27.0 | 22.0 | 17.5 | 13.7 | 10.9 |
| | 500 | 42 500 | 78.0 | 62.0 | 49.0 | 39.0 | 31.0 | 25.0 | 19.4 | 15.5 |
| | 560 | 60 000 | 109.0 | 88.0 | 69.0 | 55.0 | 44.0 | 35.0 | 27.0 | 22.0 |
| | 630 | 85 000 | 155.0 | 124.0 | 98.0 | 78.0 | 62.0 | 50.0 | 38.0 | 31.0 |
| | 710 | 118 000 | 215.9 | 172.0 | 137.0 | 108.0 | 86.0 | 69.0 | 54.0 | 43.0 |
| | 800 | 170 000 | 310.0 | 248.0 | 197.0 | 155.0 | 124.0 | 99.0 | 78.0 | 62.0 |
| | 900 | 236 000 | 430.0 | 344.0 | 273.0 | 215.0 | 172.0 | 138.0 | 108.0 | 86.0 |
| | 1 000 | 335 000 | 611.0 | 488.0 | 388.0 | 305.0 | 244.0 | 195.0 | 153.0 | 122.0 |
| 1 000 | 140 | 820 | 2.3 | 1.0 | 1.5 | 1.2 | 1.0 | 0.8 | 0.6 | 0.5 |
| | 170 | 1 360 | 3.9 | 3.2 | 2.6 | 2.1 | 1.7 | 1.3 | 1.0 | 0.8 |
| | 200 | 2 650 | 6.5 | 5.2 | 4.1 | 3.2 | 2.6 | 2.1 | 1.6 | 1.3 |
| | 236 | 4 500 | 11.0 | 8.8 | 7.0 | 5.5 | 4.4 | 3.5 | 2.7 | 2.2 |
| | 280 | 7 500 | 13.3 | 14.6 | 11.6 | 9.1 | 7.3 | 5.9 | 4.6 | 3.7 |
| | 335 | 12 500 | 31.0 | 24.0 | 19.4 | 16.2 | 12.2 | 9.8 | 7.6 | 6.1 |
| | 400 | 21 200 | 52.0 | 41.0 | 33.0 | 26.0 | 21.0 | 16.5 | 12.9 | 10.3 |
| | 450 | 30 000 | 73.0 | 59.0 | 47.0 | 37.0 | 29.0 | 23.0 | 18.3 | 14.6 |
| | 500 | 42 500 | 104.0 | 83.0 | 66.0 | 52.0 | 42.0 | 33.0 | 26.0 | 21.0 |
| | 560 | 60 000 | 146.0 | 117.0 | 93.0 | 73.0 | 59.0 | 47.0 | 37.0 | 29.0 |
| | 630 | 85 000 | 207.0 | 166.0 | 132.0 | 104.0 | 83.0 | 66.0 | 52.0 | 42.0 |
| | 710 | 118 000 | 288.0 | 230.0 | 183.0 | 144.0 | 115.0 | 92.0 | 72.0 | 58.0 |
| | 800 | 170 000 | 415.0 | 332.0 | 263.0 | 207.0 | 166.0 | 133.0 | 104.0 | 83.0 |
| | 900 | 236 000 | 576.0 | 460.0 | 365.0 | 288.0 | 230.0 | 184.0 | 144.0 | 115.0 |
| | 1 000 | 335 000 | 817.0 | 654.0 | 519.0 | 408.0 | 327.0 | 261.0 | 204.0 | 163.0 |

（十）减速器输出轴伸最大允许径向载荷（当 $n=950$ r/min）

减速器技术参数及承载能力见表 4-10-7。减速器输出轴伸的瞬时允许转矩为额定输出转矩的 2.7 倍。

表 4-10-7 减速器输出轴端最大允许径向载荷　　　　　N

| 名义中心距 $a_1$ | | 140 | 170 | 200 | 236 | 280 | 335 | 400 | 450 |
|---|---|---|---|---|---|---|---|---|---|
| 最大允许径向载荷 | QJR 型 | 5 000 | 7 000 | 9 000 | 15 000 | 21 000 | 28 000 | 35 000 | 55 000 |
| | QJS 型 QJRS 型 | 5 000 | 8 000 | 10 000 | 18 000 | 30 000 | 37 000 | 55 000 | 64 000 |
| 名义中心距 $a_1$ | | 500 | 560 | 630 | 710 | 800 | 900 | 1 000 | |
| 最大允许径向载荷 | QJR 型 | 60 000 | 75 000 | 100 000 | 107 000 | 120 000 | 150 000 | 200 000 | |
| | QJS 型 QJRS 型 | 93 000 | 120 000 | 150 000 | 170 000 | 200 000 | 240 000 | 270 000 | |

（十一）外形及安装尺寸

QJR 型减速器外形和安装尺寸见图 4-10-7 和表 4-10-8；QJS 型减速器外形和安装尺寸见图 4-10-8 和表 4-10-9；QJRS 型减速器外形和安装尺寸见图 4-10-9 和表 4-10-10。

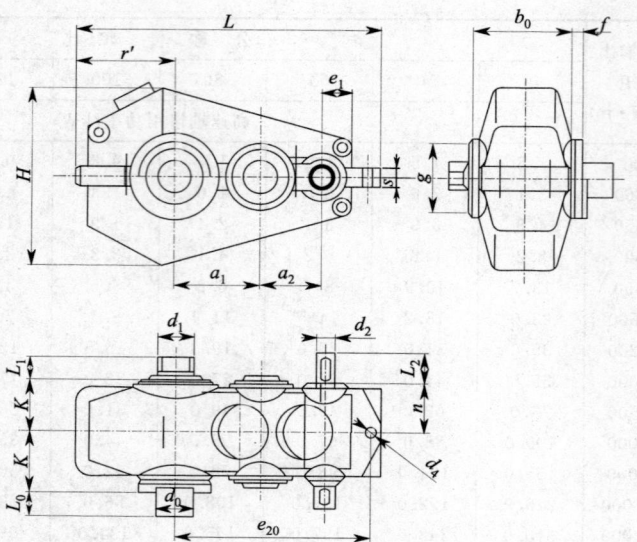

图 4-10-7　QJR 型减速器外形和安装尺寸图

**表 4-10-8　QJR 型减速器外形和安装尺寸**　　　　mm

| 名义中心距 | | | | | | | | | | | | | | | | |
|---|---|---|---|---|---|---|---|---|---|---|---|---|---|---|---|---|
| $a_1$ | | | 140 | 170 | 200 | 236 | 280 | 335 | 400 | 450 | 500 | 560 | 630 | 710 | 800 | 900 | 1 000 |
| $a_2$ | | | 100 | 118 | 140 | 170 | 200 | 236 | 280 | 315 | 355 | 400 | 450 | 500 | 560 | 630 | 710 |
| $a_{03}$ | | | 240 | 288 | 340 | 406 | 480 | 591 | 680 | 765 | 855 | 960 | 1 080 | 1 210 | 1 360 | 1 530 | 1 710 |
| 输入轴端 | $d_2$ | | 22 | 28 | 32 | 38 | 48 | 55 | 65 | 80 | 90 | 110 | 110 | 120 | 130 | 150 | 170 |
| | $L_2$ | | 50 | 60 | 60 | 60 | 110 | 110 | 140 | 170 | 170 | 210 | 210 | 210 | 250 | 250 | 300 |
| 输出轴端 | 平键 | $d_0$ | 48 | 55 | 65 | 80 | 95 | 110 | 130 | 150 | 170 | 190 | 220 | 250 | 260 | 280 | 360 |
| | | $L_0$ | 82 | 82 | 105 | 130 | 130 | 165 | 200 | 200 | 240 | 280 | 280 | 330 | 330 | 380 | 450 |
| | 渐开线花键 | $d_1$ | 48 | 57 | 69 | 84 | 95 | 115 | 135 | 155 | 175 | 195 | 230 | 250 | 270 | 290 | 370 |
| | | $m\times z$ | 3×15 | 3×18 | 3×22 | 3×27 | 5×18 | 5×22 | 5×26 | 5×30 | 5×34 | 5×38 | 8×26 | 8×30 | 8×34 | 8×38 | 8×44 |
| | | $L_1$ | 30 | 30 | 35 | 40 | 50 | 55 | 70 | 75 | 85 | 95 | 105 | 120 | 135 | 150 | 170 |
| $n$ | | | 120 | 150 | 180 | 210 | 235 | 255 | 285 | 310 | 315 | 345 | 365 | 420 | 460 | 520 | 600 |
| $K$ | | | 130 | 140 | 195 | 225 | 250 | 280 | 340 | 365 | 410 | 445 | 495 | 565 | 615 | 670 | 740 |
| $b_0(^{\ 0}_{-0.5})$ | | | 190 | 215 | 250 | 300 | 335 | 400 | 475 | 530 | 600 | 670 | 750 | 850 | 950 | 1 000 | 1 180 |
| $f(^{+0.1}_{\ 0})$ | | | 16 | 18 | 20 | 20 | 25 | 25 | 30 | 30 | 40 | 40 | 40 | 50 | 50 | 50 | 60 |
| $g(h_9)$ | | | 130 | 150 | 170 | 200 | 240 | 270 | 320 | 360 | 400 | 430 | 480 | 530 | 580 | 650 | 720 |
| $d_4$ | | | 12 | 15 | 18 | 18 | 22 | 26 | 33 | 33 | 39 | 39 | 45 | 45 | 52 | 62 | 70 |
| $e_{20}$ | | | 320 | 380 | 450 | 530 | 630 | 750 | 900 | 1 000 | 1 120 | 1 250 | 1 400 | 1 600 | 1 800 | 2 000 | 2 240 |
| $s(\pm 0.1)$ | | | 12 | 14 | 17 | 17 | 22 | 27 | 27 | 32 | 32 | 37 | 37 | 42 | 42 | 47 | 55 |
| $e_1$ | | | 50 | 60 | 70 | 85 | 100 | 120 | 140 | 100 | 180 | 200 | 225 | 250 | 280 | 320 | 360 |
| $H$ | | | 298 | 386 | 455 | 515 | 584 | 735 | 867 | 990 | 1 130 | 1 270 | 1 380 | 1 540 | 1 712 | 1 910 | 2 150 |
| $L$ | | | 505 | 600 | 707 | 828 | 974 | 1 156 | 1 387 | 1 547 | 1 720 | 1 922 | 2 156 | 2 433 | 2 739 | 3 043 | 3 384 |
| $r$ | | | 170 | 202 | 232 | 272 | 314 | 375 | 447 | 554 | 606 | 626 | 704 | 781 | 880 | 978 | 1 074 |
| 质量/kg | | | 59 | 85 | 133 | 240 | 330 | 500 | 850 | 1 300 | 1 760 | 2 600 | 3 550 | 4 900 | 6 600 | 9 200 | 12 000 |

**表 4-10-9　QJS 型减速器外形和安装尺寸**　　　　mm

| 名义中心距 | | | | | | | | | | | | | | | | |
|---|---|---|---|---|---|---|---|---|---|---|---|---|---|---|---|---|
| $a_1$ | | | 140 | 170 | 200 | 236 | 280 | 335 | 400 | 450 | 500 | 560 | 630 | 710 | 800 | 900 | 1 000 |
| $a_2$ | | | 100 | 118 | 140 | 170 | 200 | 236 | 280 | 315 | 355 | 400 | 450 | 500 | 560 | 630 | 710 |
| $a_3$ | | | 71 | 85 | 100 | 118 | 140 | 170 | 200 | 224 | 250 | 280 | 315 | 355 | 400 | 450 | 500 |
| $a_{03}$ | | | 311 | 373 | 440 | 524 | 620 | 741 | 880 | 989 | 1 105 | 1 240 | 1 395 | 1 565 | 1 760 | 1 980 | 2 210 |
| 输入轴端 | $d_2$ | | 16 | 18 | 22 | 28 | 32 | 38 | 48 | 50 | 55 | 65 | 80 | 85 | 95 | 110 | 130 |
| | $L_2$ | | 40 | 40 | 50 | 60 | 80 | 80 | 110 | 110 | 110 | 140 | 170 | 170 | 170 | 210 | 250 |

续上表

| 输出轴端 | 平键 | $d_0$ | 48 | 55 | 65 | 80 | 95 | 110 | 130 | 150 | 170 | 190 | 220 | 250 | 260 | 280 | 360 |
|---|---|---|---|---|---|---|---|---|---|---|---|---|---|---|---|---|---|
| | | $L_0$ | 82 | 82 | 105 | 130 | 130 | 165 | 200 | 200 | 240 | 280 | 280 | 330 | 330 | 380 | 450 |
| | 渐开线花键 | $d_1$ | 48 | 57 | 69 | 84 | 95 | 115 | 135 | 155 | 175 | 195 | 230 | 250 | 270 | 290 | 370 |
| | | $m\times z$ | 3×15 | 3×18 | 3×22 | 3×27 | 5×18 | 5×22 | 5×26 | 5×30 | 5×34 | 5×38 | 8×26 | 8×30 | 8×34 | 8×38 | 8×44 |
| | | $L_1$ | 30 | 30 | 35 | 40 | 50 | 55 | 70 | 75 | 85 | 95 | 105 | 120 | 135 | 150 | 170 |
| $n$ | | | 120 | 150 | 180 | 210 | 235 | 255 | 285 | 310 | 315 | 345 | 365 | 420 | 460 | 520 | 600 |
| $K$ | | | 130 | 160 | 195 | 225 | 250 | 280 | 340 | 365 | 410 | 445 | 495 | 565 | 615 | 710 | 740 |
| $b_0(^{\ 0}_{-0.5})$ | | | 190 | 215 | 250 | 300 | 335 | 400 | 475 | 530 | 600 | 670 | 750 | 850 | 950 | 1 060 | 1 180 |
| $f(^{+0.1}_{\ 0})$ | | | 16 | 18 | 20 | 20 | 25 | 25 | 30 | 30 | 40 | 40 | 40 | 50 | 50 | 50 | 60 |
| $g$ | | | 130 | 150 | 170 | 170 | 240 | 270 | 320 | 360 | 400 | 430 | 480 | 530 | 580 | 650 | 720 |
| $d_4$ | | | 12 | 15 | 18 | 18 | 22 | 26 | 33 | 33 | 39 | 39 | 45 | 45 | 52 | 62 | 70 |
| $e_{20}$ | | | 380 | 450 | 530 | 630 | 750 | 900 | 1 060 | 1 180 | 1 320 | 1 500 | 1 700 | 1 900 | 2 120 | 2 360 | 2 650 |
| $s(\pm 0.1)$ | | | 12 | 14 | 17 | 17 | 22 | 27 | 27 | 32 | 32 | 37 | 37 | 42 | 42 | 47 | 55 |
| $e_2$ | | | 40 | 48 | 56 | 67 | 80 | 95 | 112 | 125 | 140 | 160 | 180 | 200 | 225 | 250 | 280 |
| $H$ | | | 320 | 386 | 455 | 513 | 584 | 735 | 867 | 990 | 1 130 | 1 270 | 1 380 | 1 540 | 1 712 | 1 910 | 2 150 |
| $L$ | | | 567 | 673 | 793 | 928 | 1 024 | 1 301 | 1 559 | 1 736 | 1 930 | 2 162 | 2 426 | 2 738 | 3 084 | 3 423 | 3 804 |
| $r$ | | | 170 | 202 | 232 | 272 | 314 | 375 | 447 | 506 | 554 | 626 | 704 | 781 | 880 | 978 | 1 074 |
| 质量/kg | | | 64 | 95 | 170 | 256 | 350 | 654 | 940 | 1 400 | 1 350 | 2 800 | 3 600 | 4 700 | 6 400 | 9 000 | 11 700 |

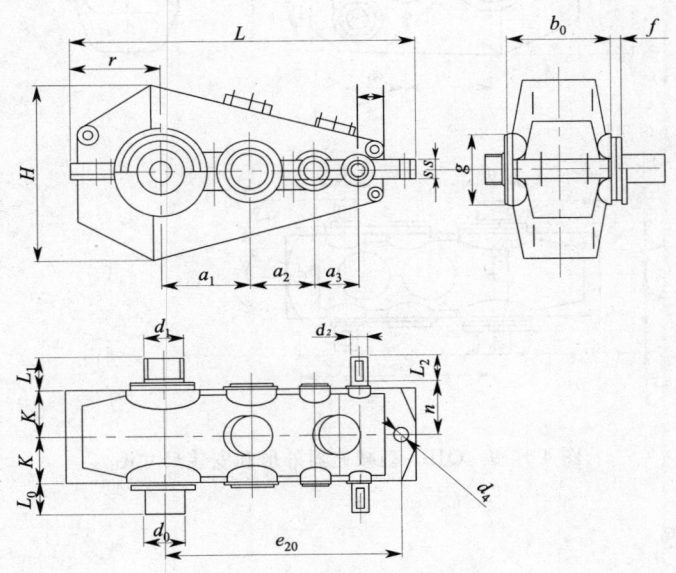

图 4-10-8　QJS 型减速器外形和安装尺寸图

表 4-10-10　QJRS 型减速器外形和安装尺寸　　　　　　　　　　　　　　　　　mm

| 名义中心距 | | | | | | | | | | | | | | | |
|---|---|---|---|---|---|---|---|---|---|---|---|---|---|---|---|
| $a_1$ | | 140 | 170 | 200 | 236 | 280 | 335 | 400 | 450 | 500 | 560 | 630 | 710 | 800 | 900 | 1 000 |
| $a_2$ | | 100 | 118 | 140 | 170 | 200 | 236 | 280 | 315 | 355 | 400 | 450 | 500 | 560 | 630 | 710 |
| $a_3$ | | 70 | 85 | 100 | 118 | 140 | 170 | 200 | 224 | 250 | 280 | 315 | 355 | 400 | 450 | 500 |
| $a_{03}$ | | 311 | 373 | 440 | 524 | 620 | 741 | 880 | 989 | 1 105 | 1 240 | 1 395 | 1 565 | 1 760 | 1 980 | 2 210 |
| 输入轴端 | $d_2$ | 16 | 18 | 22 | 28 | 32 | 38 | 48 | 50 | 55 | 65 | 80 | 85 | 95 | 110 | 130 |
| | $L_2$ | 40 | 40 | 50 | 60 | 80 | 80 | 110 | 110 | 110 | 140 | 170 | 170 | 170 | 210 | 250 |
| 输出轴端 | 平键 $d_0$ | 48 | 55 | 65 | 80 | 95 | 110 | 130 | 150 | 170 | 190 | 220 | 250 | 260 | 280 | 360 |
| | $L_0$ | 82 | 82 | 105 | 130 | 130 | 165 | 200 | 200 | 240 | 280 | 280 | 330 | 330 | 380 | 450 |
| | 渐开线花键 $d_1$ | 48 | 57 | 69 | 84 | 95 | 115 | 135 | 155 | 175 | 195 | 210 | 268 | 280 | 312 | 360 |
| | $m\times z$ | 3×15 | 3×18 | 3×22 | 3×27 | 5×18 | 5×22 | 5×26 | 5×30 | 5×34 | 5×38 | 8×26 | 8×30 | 8×34 | 8×38 | 8×44 |
| | $L_1$ | 30 | 30 | 35 | 40 | 50 | 55 | 70 | 75 | 85 | 95 | 105 | 120 | 135 | 150 | 170 |

续上表

| | | | | | | | | | | | | | | | |
|---|---|---|---|---|---|---|---|---|---|---|---|---|---|---|---|
| $n$ | 120 | 150 | 180 | 210 | 235 | 255 | 285 | 310 | 315 | 345 | 365 | 420 | 460 | 520 | 600 |
| $K$ | 130 | 160 | 195 | 225 | 250 | 280 | 340 | 365 | 410 | 445 | 495 | 565 | 615 | 670 | 740 |
| $b_0(^{\ 0}_{-0.5})$ | 180 | 215 | 250 | 300 | 335 | 400 | 475 | 530 | 600 | 670 | 750 | 850 | 950 | 1 000 | 1 180 |
| $f(^{+0.1}_{\ 0})$ | 10 | 18 | 20 | 20 | 25 | 25 | 30 | 30 | 40 | 40 | 40 | 50 | 50 | 50 | 60 |
| $g$ | 130 | 150 | 170 | 200 | 240 | 270 | 320 | 360 | 400 | 430 | 480 | 530 | 580 | 650 | 720 |
| $d_4$ | 13 | 16 | 18 | 18 | 22 | 26 | 33 | 33 | 39 | 39 | 45 | 45 | 52 | 62 | 70 |
| $e_{20}$ | 320 | 380 | 450 | 530 | 630 | 750 | 800 | 1 000 | 1 120 | 1 250 | 1 400 | 1 600 | 1 800 | 2 000 | 2 240 |
| $s(\pm 0.1)$ | 12 | 14 | 17 | 17 | 22 | 27 | 27 | 32 | 32 | 37 | 37 | 42 | 42 | 47 | 55 |
| $e_1$ | 50 | 60 | 70 | 85 | 100 | 120 | 140 | 160 | 180 | 200 | 225 | 250 | 280 | 320 | 360 |
| $H$ | 298 | 376 | 440 | 500 | 562 | 710 | 836 | 960 | 1 060 | 1 240 | 1 370 | 1 530 | 1 690 | 1 900 | 2 070 |
| $L$ | 505 | 600 | 707 | 828 | 974 | 1 150 | 1 387 | 1 547 | 1 720 | 1 982 | 2 156 | 2 433 | 2 739 | 3 043 | 3 384 |
| $r$ | 170 | 202 | 232 | 272 | 314 | 375 | 447 | 506 | 554 | 626 | 704 | 781 | 880 | 978 | 1 074 |
| 质量/kg | 64 | 94 | 185 | 284 | 380 | 650 | 930 | 1 410 | 1 820 | 2 800 | 3 550 | 4 966 | 6 600 | 9 200 | 12 000 |

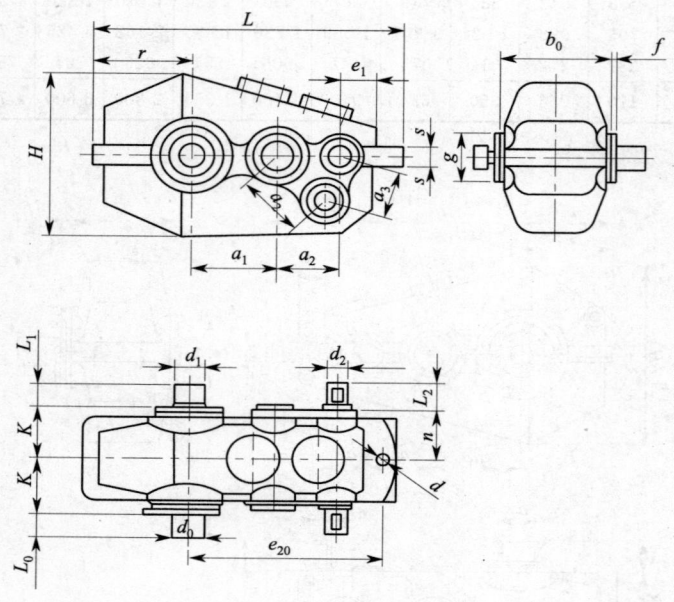

图 4-10-9　QJRS 型减速器外形和安装尺寸图

## 二、QJ-D 型减速器

此种减速器是在 QJ 型减速器的基础上派生出来的。齿轮参数与 QJ 型完全相同，只有箱体是带底座的铸铁箱体，它的刚性好，更符合我国传统的起重机减速器安装方式，便于推广使用。在新的起重机系列中正在逐渐取代 ZQ 型减速器。QJ-D 型减速器高速轴伸型式及尺寸见图 4-10-5 和表 4-10-3；低速轴伸型式及尺寸见图 4-10-6 和表 4-10-4。QJ-D 型减速器的技术参数及承载能力、减速器输出轴最大允许径向载荷与 QJ 型减速器相同。见相应的图表。

QJR-D 型减速器的外形和安装尺寸见图 4-10-10 和表 4-10-11；QJS-D 型减速器的外形和安装尺寸见图 4-10-11 和表 4-10-12；QJRS-D 型减速器的外形和安装尺寸见图 4-10-12 和表 4-10-13。

## 三、QS 型起重用三合一减速器

QS 系列"三合一"减速器是由减速器、制动器和电动机组成一体的驱动装置。减速器采用硬齿面传动，其结构型式按电动机轴中心线与减速器输出轴中心线的相对位置可分为平行轴式（QS、

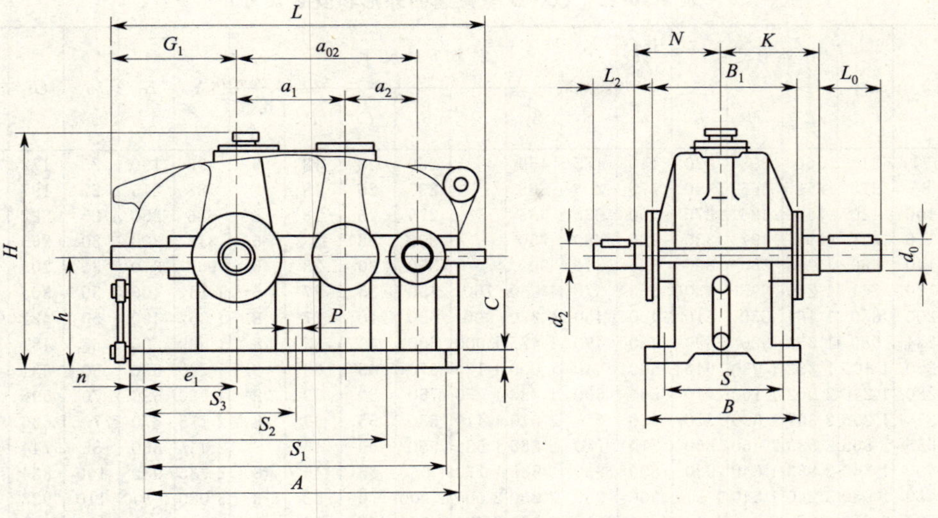

图 4-10-10　QJR-D 型减速器外形和安装尺寸图

表 4-10-11　QJR-D 型减速器外形和安装尺寸　　　　　　　　　　　　　　　　mm

| 名义中心距 $a_1$ | $a_2$ | $a_{02}$ | 外形尺寸 | | | 中心高 | 地脚安装尺寸 | | | | | | | $A$ | $B_1$ | $n$ | $G_1$ | $e_1$ | 质量/kg |
|---|---|---|---|---|---|---|---|---|---|---|---|---|---|---|---|---|---|---|---|
| | | | $L$ | $H$ | $B$ | $h$ | $S$ | $S_1$ | $S_2$ | $S_3$ | $C$ | $P$ | 孔数/个 | | | | | | |
| 140 | 100 | 240 | 494 | 305 | 220 | 140 | 175 | 380 | | 190 | 22 | 18 | 6 | 430 | 190 | 25 | 172 | 115 | |
| 170 | 118 | 288 | 577 | 365 | 250 | 170 | 205 | 460 | | 230 | 25 | 18 | 6 | 513 | 215 | 26.5 | 197 | 138 | |
| 200 | 140 | 340 | 664 | 425 | 270 | 200 | 230 | 550 | | 275 | 25 | 18 | 6 | 600 | 250 | 25 | 222 | 165 | |
| 236 | 170 | 406 | 796 | 497 | 330 | 236 | 280 | 660 | | 330 | 28 | 23 | 6 | 716 | 300 | 30 | 265 | 195 | 275 |
| 280 | 200 | 480 | 925 | 585 | 360 | 280 | 310 | 780 | | 390 | 30 | 23 | 6 | 845 | 340 | 35 | 305 | 230 | 420 |
| 335 | 236 | 571 | 1 100 | 695 | 430 | 335 | 370 | 940 | | 450 | 35 | 27 | 6 | 1 006 | 400 | 35 | 362 | 280 | 790 |
| 400 | 280 | 680 | 1 380 | 830 | 510 | 400 | 450 | 1 100 | | 550 | 40 | 27 | 6 | 1 195 | 490 | 50 | 422 | 325 | 1 200 |
| 450 | 315 | 765 | 1 462 | 930 | 590 | 450 | 490 | 1 240 | 1 000 | 600 | 40 | 33 | 6 | 1 350 | 550 | 55 | 431 | 370 | 1 450 |
| 500 | 355 | 855 | 1 622 | 1 030 | 640 | 500 | 540 | 1 385 | 1 120 | 670 | 45 | 33 | 8 | 1 510 | 620 | 60 | 531 | 415 | 2 200 |
| 560 | 400 | 860 | 1 822 | 1 160 | 710 | 560 | 600 | 1 550 | 1 250 | 750 | 50 | 39 | 8 | 1 690 | 690 | 70 | 596 | 460 | 3 200 |
| 630 | 450 | 1 080 | 2 037 | 1 300 | 770 | 630 | 650 | 1 750 | 1 410 | 850 | 55 | 39 | 8 | 1 905 | 770 | 77.5 | 666 | 520 | |
| 710 | 500 | 1 210 | 2 278 | 1 460 | 860 | 710 | 740 | 1 960 | 1 580 | 950 | 60 | 45 | 8 | 2 130 | 860 | 85 | 744 | 535 | |
| 800 | 560 | 1 360 | 2 538 | 1 640 | 980 | 800 | 830 | 2 195 | 1 770 | 1 060 | 65 | 45 | 8 | 2 390 | 880 | 97.5 | 824 | 650 | |
| 900 | 630 | 1 530 | 2 856 | 1 840 | 1 100 | 900 | 950 | 2 480 | 2 000 | 1 200 | 70 | 52 | 8 | 2 700 | 1 100 | 110 | 928 | 740 | |
| 1 000 | 710 | 1 710 | 3 176 | 2 040 | 1 200 | 1 000 | 1 050 | 2 750 | 2 220 | 1 320 | 75 | 52 | 8 | 3 020 | 1 200 | 135 | 1 028 | 815 | |

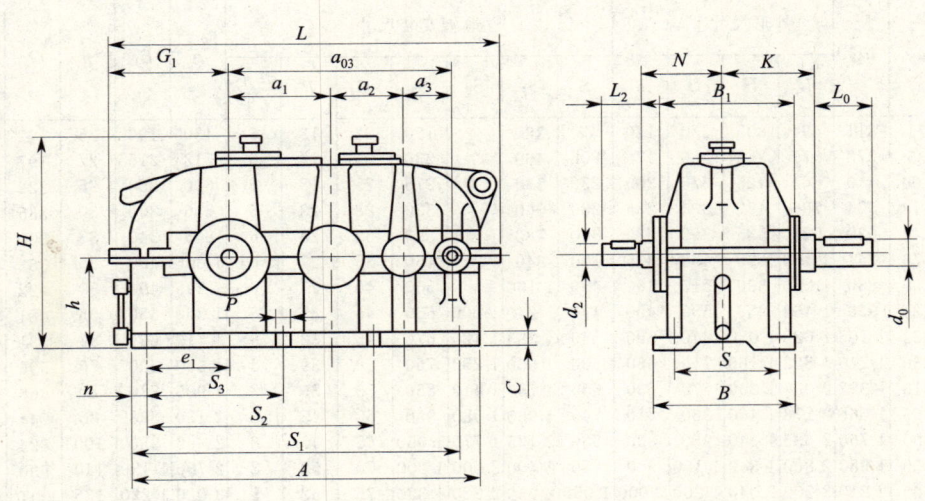

图 4-10-11　QJS-D 型减速器外形和安装尺寸图

表 4-10-12　QJS-D 型减速器外形和安装尺寸　　　　mm

| 名义中心距 $a_1$ | $a_2$ | $a_3$ | $a_{03}$ | 外形尺寸 | | | 中心高 | 地脚安装尺寸 | | | | | | 孔数/个 | $A$ | $B_1$ | $n$ | $G_1$ | $e_1$ | 质量/kg |
|---|---|---|---|---|---|---|---|---|---|---|---|---|---|---|---|---|---|---|---|---|
| | | | | $L$ | $H$ | $B$ | $h$ | $S$ | $S_1$ | $S_2$ | $S_3$ | $C$ | $P$ | | | | | | | |
| 140 | 100 | 71 | 311 | 560 | 305 | 220 | 140 | 175 | 450 | | 200 | 22 | 18 | 6 | 496 | 190 | 25 | 172 | 117 | |
| 170 | 118 | 85 | 373 | 652 | 365 | 250 | 170 | 205 | 535 | | 235 | 25 | 18 | 6 | 588 | 215 | 27 | 197 | 138 | |
| 200 | 140 | 100 | 440 | 750 | 425 | 275 | 200 | 230 | 635 | | 275 | 25 | 18 | 6 | 686 | 250 | 25 | 222 | 165 | |
| 236 | 170 | 118 | 524 | 896 | 497 | 330 | 236 | 280 | 750 | | 330 | 28 | 23 | 6 | 816 | 300 | 30 | 265 | 195 | 280 |
| 280 | 200 | 140 | 620 | 1 045 | 585 | 360 | 280 | 310 | 900 | | 390 | 30 | 23 | 6 | 965 | 340 | 35 | 305 | 230 | 475 |
| 335 | 236 | 170 | 741 | 1 245 | 695 | 430 | 335 | 370 | 1 050 | 750 | 450 | 35 | 27 | 6 | 1 151 | 400 | 35 | 365 | 280 | 805 |
| 400 | 280 | 200 | 880 | 1 461 | 830 | 510 | 400 | 450 | 1 270 | 900 | 650 | 40 | 27 | 8 | 1 367 | 490 | 50 | 422 | 325 | 1 390 |
| 450 | 315 | 224 | 989 | 1 651 | 930 | 590 | 450 | 490 | 1 425 | 1 000 | 600 | 40 | 33 | 8 | 1 539 | 550 | 55 | 481 | 370 | 1 480 |
| 500 | 355 | 250 | 1 105 | 1 832 | 1 030 | 640 | 500 | 540 | 1 600 | 1 120 | 670 | 45 | 33 | 8 | 1 720 | 620 | 60 | 531 | 415 | 2 410 |
| 560 | 400 | 280 | 1 240 | 2 062 | 1 160 | 710 | 560 | 600 | 1 780 | 1 250 | 750 | 50 | 39 | 8 | 1 930 | 690 | 70 | 596 | 460 | 3 536 |
| 630 | 450 | 315 | 1 395 | 2 307 | 1 300 | 770 | 630 | 650 | 2 010 | 1 410 | 850 | 55 | 39 | 8 | 2 175 | 770 | 77.5 | 666 | 520 | |
| 710 | 500 | 355 | 1 565 | 2 583 | 1 460 | 860 | 710 | 740 | 2 265 | 1 580 | 950 | 60 | 45 | 8 | 2 435 | 860 | 85 | 744 | 585 | |
| 800 | 560 | 400 | 1 760 | 2 883 | 1 640 | 930 | 800 | 830 | 2 535 | 1 770 | 1 060 | 65 | 45 | 8 | 2 735 | 980 | 100 | 824 | 650 | |
| 900 | 630 | 450 | 1 980 | 3 240 | 1 840 | 1 100 | 900 | 950 | 2 860 | 2 000 | 1 200 | 70 | 52 | 8 | 3 080 | 1 100 | 110 | 928 | 740 | |
| 1 000 | 710 | 500 | 2 210 | 3 620 | 2 040 | 1 200 | 1 000 | 1 050 | 3 170 | 2 220 | 1 320 | 75 | 52 | 8 | 3 440 | 1 200 | 135 | 1 028 | 815 | |

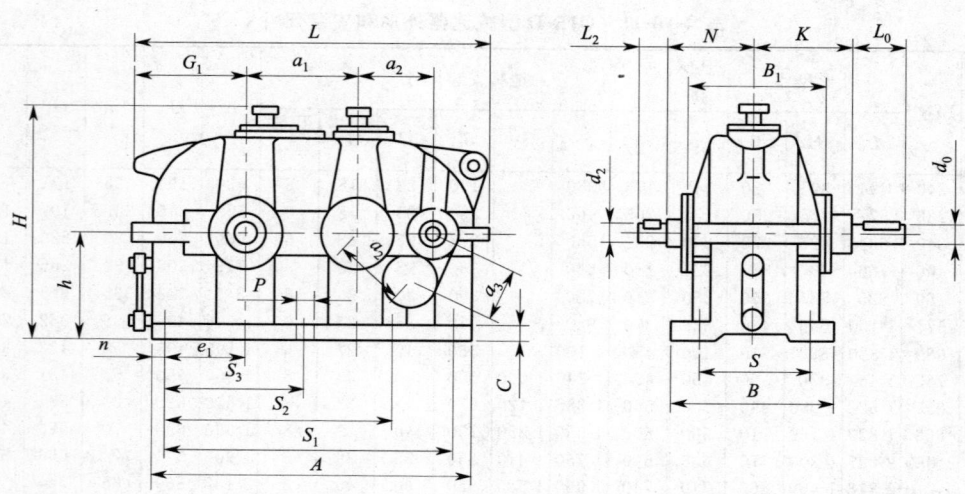

图 4-10-12　QJRS-D 型减速器外形和安装尺寸图

表 4-10-13　QJRS-D 型减速器外形和安装尺寸　　　　mm

| 名义中心距 $a_1$ | $a_2$ | $a_3$ | $a_{03}$ | 外形尺寸 | | | 中心高 | 地脚安装尺寸 | | | | | | 孔数/个 | $A$ | $B_1$ | $n$ | $G_1$ | $e_1$ | 质量/kg |
|---|---|---|---|---|---|---|---|---|---|---|---|---|---|---|---|---|---|---|---|---|
| | | | | $L$ | $H$ | $B$ | $h$ | $S$ | $S_1$ | $S_2$ | $S_3$ | $C$ | $P$ | | | | | | | |
| 140 | 100 | 71 | 311 | 494 | 305 | 220 | 140 | 75 | 380 | | 190 | 22 | 13 | 6 | 430 | 190 | 25 | 172 | 115 | |
| 170 | 113 | 85 | 373 | 577 | 365 | 250 | 170 | 205 | 460 | | 230 | 25 | 13 | 6 | 513 | 215 | 27 | 197 | 138 | |
| 200 | 140 | 100 | 440 | 664 | 425 | 275 | 200 | 230 | 550 | | 275 | 25 | 18 | 6 | 600 | 250 | 25 | 222 | 165 | |
| 236 | 170 | 118 | 524 | 796 | 497 | 330 | 236 | 280 | 660 | | 330 | 28 | 23 | 6 | 716 | 300 | 30 | 265 | 195 | 300 |
| 280 | 200 | 140 | 620 | 925 | 585 | 360 | 280 | 310 | 780 | | 390 | 30 | 23 | 6 | 845 | 340 | 33 | 300 | 230 | 530 |
| 335 | 236 | 170 | 741 | 1 100 | 695 | 430 | 335 | 370 | 940 | | 450 | 35 | 27 | 6 | 1 006 | 400 | 35 | 362 | 280 | 820 |
| 400 | 280 | 200 | 830 | 1 280 | 830 | 510 | 400 | 450 | 1 100 | | 550 | 40 | 27 | 6 | 1 195 | 490 | 50 | 422 | 325 | 1 470 |
| 450 | 315 | 224 | 939 | 1 462 | 930 | 580 | 450 | 490 | 1 240 | 1 000 | 600 | 40 | 33 | 8 | 1 350 | 550 | 55 | 481 | 370 | 1 600 |
| 500 | 355 | 250 | 1 105 | 1 622 | 1 030 | 640 | 500 | 540 | 1 385 | 1 120 | 670 | 45 | 33 | 8 | 1 510 | 620 | 60 | 531 | 415 | 2 500 |
| 560 | 400 | 280 | 1 240 | 1 822 | 1 160 | 710 | 560 | 600 | 1 550 | 1 250 | 750 | 50 | 39 | 8 | 1 690 | 690 | 70 | 596 | 400 | 3 620 |
| 630 | 450 | 315 | 1 392 | 2 037 | 1 300 | 770 | 630 | 650 | 1 750 | 1 410 | 850 | 55 | 39 | 8 | 1 905 | 770 | 80 | 666 | 520 | |
| 710 | 500 | 355 | 1 565 | 2 278 | 1 460 | 860 | 710 | 740 | 1 960 | 1 580 | 950 | 60 | 45 | 8 | 2 130 | 868 | 85 | 744 | 585 | |
| 800 | 560 | 400 | 1 760 | 2 538 | 1 640 | 980 | 800 | 830 | 2 195 | 1 770 | 1 060 | 65 | 45 | 8 | 2 300 | 980 | 100 | 824 | 650 | |
| 900 | 630 | 450 | 1 980 | 2 860 | 1 840 | 1 100 | 900 | 950 | 2 400 | 2 000 | 1 200 | 70 | 52 | 8 | 2 700 | 1 130 | 110 | 930 | 740 | |
| 1 000 | 710 | 500 | 2 210 | 3 200 | 2 040 | 1 200 | 1 000 | 1 050 | 2 750 | 2 220 | 1 320 | 75 | 52 | 8 | 3 020 | 1 220 | 135 | 1 040 | 815 | |

注：$a_{03}=a_1+a_2+a_3$。

QSE型)和垂直轴式(QSC型)两种。减速器的输出轴孔套装在车轮轴上,箱体上的力矩支撑孔吊挂在起重机的端梁上。这种安装方式比传统减速器的安装方式减少了由于走台和主梁振动给齿轮啮合带来的不良影响。整个机构体积小、重量轻、组装方便,在起重机的运行机构中得到广泛应用。

QS系列减速器的工作条件:
(1)齿轮圆周速度≤20 m/s;
(2)输入轴转速≤1 500 r/min;
(3)工作环境温度:-40 ℃~45 ℃;
(4)可正反两个方向运转。

(一)型号说明

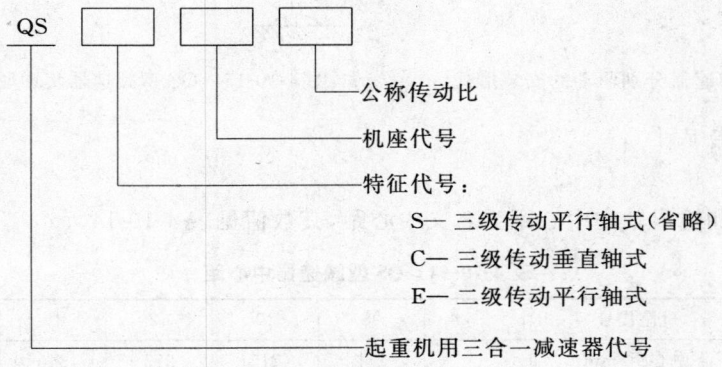

标记示例:

机座号为10(中心距为200 mm),公称传动比为25的三级传动平行轴式三合一减速器标记为:

减速器　JB/T 9003—2004　QSS10—25。

(二)结构形式

QS减速器采用渐开线圆柱齿轮圆弧齿轮和圆锥齿轮传动,配用带制动器的绕线电动机或带制动器的笼型电动机驱动,其结构型式按电动机轴心线与减速器输出轴中心线的相对位置可分为平行轴式和垂直轴式(QSC型)两种。其结构简图见图 4-10-13,其中平行轴式减速器按传动级数又可分为二级传动(QSE型)和三级传动(QSS型)平行轴式减速器。

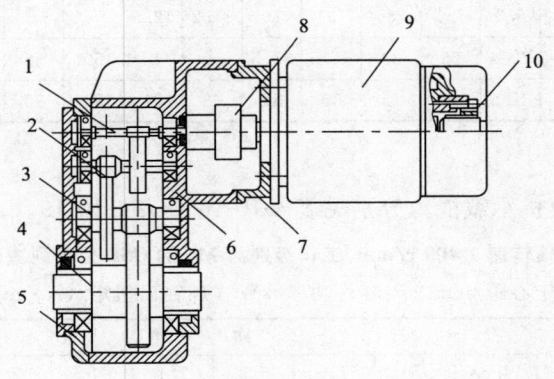

图 4-10-13　QS型减速器结构图
1—高速轴总成;2—中间轴Ⅰ总成;3—中间轴Ⅱ总成;4—低速轴总成;
5—箱盖;6—箱体;7—接圈;8—联轴器;9—电机;10—制动片调节螺母

## (三)安装型式

减速器与运行车轮轴的联接方式主要为渐开线花键和锁紧盘式,并通过减速器上力矩支撑孔保持平衡,可按分别驱动和集中驱动配置。安装形式见图 4-10-14 和图 4-10-15。

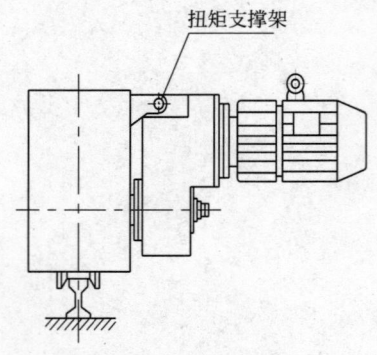

图 4-10-14　QS 型减速器分别驱动的安装形式

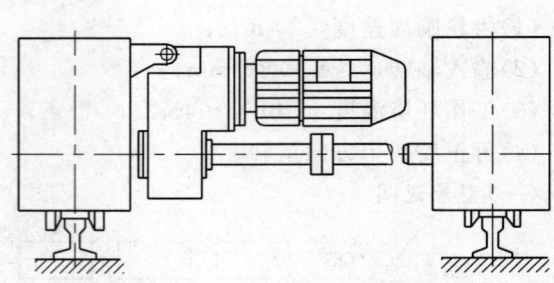

图 4-10-15　QS 型减速器集中驱动的安装形式

## (四)基本参数与尺寸

### 1. 中心距

减速器输入轴和输出轴的中心距为名义中心距,其数值见表 4-10-14。

表 4-10-14　QS 型减速器中心距

| | | 机座代号 | — | 08 | 10 | 12 | 16 | 20 | 25 |
|---|---|---|---|---|---|---|---|---|---|
| 平行轴式 | QSE | 中心距/mm | — | 171 | 215 | 272 | 340 | 430 | 540 |
| | QSS | 机座代号 | 06 | 08 | 10 | 12 | 16 | 20 | 25 |
| | | 中心距/mm | 125 | 160 | 200 | 250 | 315 | 400 | 500 |
| 垂直轴式 | QSC | 机座代号 | — | 08 | 10 | 12 | 16 | 20 | 25 |
| | | 中心距/mm | — | 200 | 225 | 280 | 355 | 470 | 580 |

### 2. 公称传动比

减速器的公称传动比应符合表 4-10-15 的规定,减速器的实际传动比与公称传动比的极限偏差应不大于 ±3%。

表 4-10-15　QS 型减速器公称传动比

| 型号 | 公 称 传 动 比 | | | | | | | | | | | | | | | |
|---|---|---|---|---|---|---|---|---|---|---|---|---|---|---|---|---|
| QSE | 4 | 4.5 | 5 | 5.6 | 6.3 | 7.1 | 8 | 9 | 10 | 11.2 | 12.5 | — | — | — | — | — |
| QSS | 14 | 16 | 18 | 20 | 22.4 | 25 | 28 | 31.5 | 35.5 | 40 | 45 | 50 | 56 | 63 | 71 | 80 | 90 | 100 |
| QSC | 22.4 | 25 | 28 | 31.5 | 35.5 | 40 | 45 | 50 | 56 | 63 | 71 | 80 | 90 | 100 | 114 | 128 | 144 | 160 |

## (五)减速器承载能力

1. QS、QSE 系列减速机承载能力分别见表 4-10-16 至表 4-10-19。

表 4-10-16　输入轴转速 1 400 r/min,工作级别为 M6 的 QSE 型系列减速机承载能力表

$a$:中心距/mm　$P$:容许功率/kW　$T$:输出扭矩/(N·m)

| 机座代号 | $a$ | P/T | 公　称　传　动　比 | | | | | | | | | | |
|---|---|---|---|---|---|---|---|---|---|---|---|---|
| | | | 4 | 4.5 | 5 | 5.6 | 6.3 | 7.1 | 8 | 9 | 10 | 11.2 | 12.5 |
| QSE08 | 171 | P | 14.65 | 13.94 | 13.6 | 13.35 | 13.92 | 11.88 | 10.87 | 9.88 | 8.88 | 7.5 | 6.77 |
| | | T | 380 | 407 | 440 | 484 | 568 | 546 | 563 | 576 | 575 | 544 | 548 |
| QSE10 | 215 | P | 23.77 | 22.27 | 19.81 | 17.86 | 17.4 | 16.4 | 16.02 | 15.58 | 14.94 | 14.25 | 13.61 |
| | | T | 616 | 649 | 641 | 648 | 710 | 754 | 830 | 908 | 967 | 1 034 | 1 102 |

续上表

| 机座代号 | a | P/T | 公称传动比 ||||||||||| 
|---|---|---|---|---|---|---|---|---|---|---|---|---|---|
| | | | 4 | 4.5 | 5 | 5.6 | 6.3 | 7.1 | 8 | 9 | 10 | 11.2 | 12.5 |
| QSE12 | 272 | P | 59.08 | 54.65 | 50.44 | 46.10 | 41.12 | 39.83 | 39.05 | 38.55 | 37.60 | 36.71 | 36.44 |
| | | T | 1 531 | 1 593 | 1 634 | 1 672 | 1 678 | 1 832 | 2 024 | 2 248 | 2 436 | 2 664 | 2 951 |
| QSE16 | 340 | P | 90.55 | 82.32 | 73.92 | 70.12 | 64.53 | 62.52 | 60.06 | 57.60 | 55.44 | 54.21 | 52.97 |
| | | T | 2 347 | 2 400 | 2 395 | 2 544 | 2 634 | 2 876 | 31 135 | 3 359 | 3 592 | 3 934 | 4 253 |
| QSE20 | 430 | P | 135.83 | 123.48 | 110.88 | 105.2 | 96.78 | 93.78 | 90.09 | 86.39 | 83.16 | 81.31 | 79.46 |
| | | T | 3 520 | 3 600 | 3 592 | 3 817 | 3 950 | 4 314 | 4 670 | 5 038 | 5 388 | 5 901 | 6 436 |
| QSE25 | 540 | P | 190.13 | 172.87 | 155.23 | 147.26 | 135.49 | 131.29 | 126.12 | 120.94 | 116.42 | 113.83 | 111.24 |
| | | T | 4 928 | 5 040 | 5 029 | 5 343 | 5 531 | 6 040 | 6 538 | 7 053 | 7 544 | 8 261 | 9 010 |

表 4-10-17 输入轴转速 1 400 r/min,工作级别为 M6 的 QS 型系列减速机承载能力表

$a$:中心距/mm  $P$:容许功率/kW  $T$:输出扭矩/(N·m)

| 机座代号 | a | P/T | 公称传动比 ||||||||||||
|---|---|---|---|---|---|---|---|---|---|---|---|---|---|
| | | | 14 | 16 | 18 | 20 | 22.4 | 25 | 28 | 31.5 | 35.5 | 40 | 45 | 50 | 56 | 63 |
| QS06 | 125 | P | 4.473 | 3.967 | 3.586 | 3.330 | 3.061 | 2.708 | 2.422 | 2.134 | 1.831 | 1.694 | 1.516 | 1.304 | 1.264 | 1.080 |
| | | T | 418 | 438 | 444 | 442 | 454 | 455 | 462 | 458 | 447 | 452 | 459 | 437 | 470 | 457 |
| QS08 | 160 | P | 6.220 | 5.793 | 5.575 | 5.132 | 4.906 | 4.448 | 4.215 | 3.981 | 3.744 | 3.211 | 3.046 | 2.568 | 2.274 | 2.017 |
| | | T | 609 | 655 | 699 | 708 | 753 | 756 | 801 | 844 | 892 | 860 | 918 | 879 | 887 | 891 |
| QS10 | 200 | P | 12.141 | 11.322 | 10.480 | 9.176 | 9.176 | 8.731 | 7.825 | 7.825 | 6.902 | 6.211 | 5.353 | 5.065 | 4.316 | 3.923 |
| | | T | 1 145 | 1 225 | 1 307 | 1 391 | 1 391 | 1 468 | 1 461 | 1 624 | 1 687 | 1 702 | 1 650 | 1 776 | 1 695 | 1 650 |
| QS12 | 250 | P | 31.937 | 29.857 | 28.313 | 22.821 | 22.821 | 21.582 | 19.250 | 17.905 | 15.292 | 13.477 | 12.050 | 10.847 | 9.435 | 8.421 |
| | | T | 2 980 | 3 295 | 3 482 | 3 573 | 3 573 | 3 602 | 3 598 | 3 803 | 3 707 | 3 775 | 3 645 | 3 703 | 3 647 | 3 667 |
| QS16 | 315 | P | 54.710 | 48.439 | 45.267 | 38.914 | 38.914 | 34.975 | 30.314 | 24.475 | 25.824 | 22.953 | 19.854 | 19.558 | 16.301 | 15.133 |
| | | T | 5 288 | 5 254 | 5 503 | 5 937 | 5 973 | 6 062 | 5 955 | 6 112 | 6 165 | 6 269 | 6 117 | 6 174 | 6 275 | 6 340 |
| QS20 | 400 | P | 101.5 | 100 | 96 | 91 | 81 | 71 | 67 | 59 | 51 | 41 | 37 | 35 | 27 | 25 |
| | | T | 9 684 | 9 164 | 11 549 | 12 378 | 12 401 | 12 362 | 12 386 | 12 361 | 12 235 | 12 065 | 10 888 | 11 163 | 10 498 | 10 455 |
| QS25 | 500 | P | 154 | 143 | 132 | 121 | 113 | 90 | 87 | 82 | 73 | 69 | 61 | 57 | 46 | 41 |
| | | T | 14 700 | 15 319 | 15 925 | 16 513 | 17 304 | 16 831 | 17 270 | 17 257 | 17 593 | 18 733 | 19 066 | 19 097 | 18 146 | 18 241 |

| 机座代号 | a | P/T | 公称传动比 ||||||||||||
|---|---|---|---|---|---|---|---|---|---|---|---|---|---|
| | | | 71 | 80 | 90 | 100 | 114 | 128 | 144 | 160 | 180 | 200 | 224 | 250 | 280 |
| QS06 | 125 | P | 0.970 | 0.766 | 0.690 | 0.647 | 0.589 | 0.530 | 0.483 | 0.432 | 0.385 | 0.334 | 0.305 | 0.276 | 0.246 |
| | | T | 470 | 426 | 429 | 436 | 441 | 443 | 452 | 462 | 465 | 456 | 466 | 476 | 485 |
| QS08 | 160 | P | 1.897 | 1.551 | 1.450 | 1.248 | 1.33 | 1.10 | 0.906 | 0.835 | 0.765 | 0.656 | 0.635 | 0.523 | 0.472 |
| | | T | 899 | 848 | 908 | 842 | 864 | 870 | 865 | 874 | 886 | 894 | 903 | 912 | 921 |
| QS10 | 200 | P | 3.641 | 3.036 | 2.827 | 2.500 | 2.281 | 1.980 | 1.753 | 1.523 | 1.423 | 1.276 | 1.123 | 0.997 | 0.887 |
| | | T | 1 722 | 1 644 | 1 749 | 1 653 | 1 653 | 1 688 | 1 671 | 1 663 | 1 740 | 1 745 | 1 720 | 1 710 | 1 690 |
| QS12 | 250 | P | 7.948 | 6.721 | 5.621 | 5.19 | 4.96 | 4.20 | 3.935 | 3.356 | 2.997 | 2.654 | 2.412 | 2.108 | 1.865 |
| | | T | 3 696 | 3 548 | 3 386 | 3 507 | 3 530 | 3 540 | 3 475 | 3 490 | 3 598 | 3 768 | 3 786 | 3 783 | 3 697 |
| QS16 | 315 | P | 12.965 | 10.989 | 9.215 | 8.603 | 8.125 | 7.163 | 6.478 | 5.665 | 4.983 | 4.475 | 3.986 | 3.410 | 3.146 |
| | | T | 6 168 | 5 967 | 5 742 | 5 795 | 6 207 | 6 107 | 6 187 | 5 650 | 6 185 | 6 105 | 6 091 | 5 916 | 6 010 |
| QS20 | 400 | P | 22 | 17 | 16 | 13 | 13.789 | 10.986 | 9.856 | 7.658 | 6.785 | 6.086 | 5.356 | 4.723 | |
| | | T | 10 662 | 8 920 | 9 797 | 8 654 | 10 635 | 9 376 | 9 420 | 9 470 | 9 450 | 9 356 | 9 542 | 9 250 | 9 130 |
| QS25 | 500 | P | 41 | 37 | 32 | 29 | 25.786 | 22.986 | 20.356 | 17.786 | 15.878 | 14.325 | 12.876 | 11.453 | 10.520 |
| | | T | 19 526 | 20 643 | 20 014 | 20 478 | 19 670 | 19 600 | 19 450 | 19 423 | 19 530 | 19 550 | 19 740 | 19 650 | 20 032 |

**表 4-10-18　输入轴转速 1 400 r/min，连续工作制型的 QSE 型系列减速机承载能力表**

$a$:中心距/mm　$P$:容许功率/kW　$T$:输出扭矩/(N·m)

| 机座代号 | $a$ | P/T | 公称传动比 | | | | | | | | | | |
|---|---|---|---|---|---|---|---|---|---|---|---|---|---|
| | | | 4 | 4.5 | 5 | 5.6 | 6.3 | 7.1 | 8 | 9 | 10 | 11.2 | 12.5 |
| QSE08 | 171 | P | 10.472 | 9.966 | 9.724 | 9.548 | 9.284 | 8.492 | 7.766 | 7.062 | 6.292 | 5.368 | 4.84 |
| | | T | 396 | 305.8 | 334.4 | 369.6 | 404.8 | 378.4 | 431.2 | 435.6 | 446.6 | 444.4 | 422.4 |
| QSE10 | 215 | P | 16.984 | 15.906 | 14.15 | 12.76 | 12.43 | 11.726 | 11.44 | 11.13 | 10.67 | 10.18 | 9.72 |
| | | T | 479 | 490 | 486 | 488 | 541 | 583 | 634 | 697 | 740 | 787 | 827 |
| QSE12 | 272 | P | 42.2 | 39.04 | 36.03 | 32.93 | 29.37 | 28.45 | 27.89 | 27.54 | 26.86 | 26.22 | 26.03 |
| | | T | 1 179 | 1 206 | 1 258 | 1 285 | 1 289 | 1 421 | 1 608 | 1 734 | 1 863 | 2 019 | 2 235 |
| QSE16 | 340 | P | 64.68 | 58.8 | 52.8 | 50.09 | 46.09 | 44.66 | 42.9 | 41.14 | 39.6 | 38.72 | 37.84 |
| | | T | 1 815 | 1 832.6 | 1 817 | 1 923 | 2 002 | 2 187 | 2 383 | 2 556 | 2 726 | 2 983 | 3 252 |
| QSE20 | 430 | P | 110.91 | 104.87 | 99.36 | 93.38 | 87.37 | 81.61 | 76.24 | 71.33 | 67.58 | 67.1 | 61.3 |
| | | T | 3 001 | 3 223 | 3 321 | 3 256 | 3 345 | 3 715 | 3 725 | 3 823 | 3 835 | 3 836 | 3 942 |
| QSE25 | 540 | P | 169.1 | 158.15 | 151.42 | 143.82 | 136 | 128.38 | 121.21 | 114.62 | 109.75 | 104.24 | 98.31 |
| | | T | 4 611 | 4 850 | 5 180 | 5 500 | 5 844 | 6 110 | 6 430 | 6 900 | 7 400 | 7 900 | 8 350 |

**表 4-10-19　输入轴转速 1 400 r/min，连续工作制型的 QS 型系列减速机承载能力表**

$a$:中心距/mm　$P$:容许功率/kW　$T$:输出扭矩/(N·m)

| 机座代号 | $a$ | P/T | 公称传动比 | | | | | | | | | | | | |
|---|---|---|---|---|---|---|---|---|---|---|---|---|---|---|---|
| | | | 14 | 16 | 18 | 20 | 22.4 | 25 | 28 | 31.5 | 35.5 | 40 | 45 | 50 | 56 | 63 |
| QS06 | 125 | P | 3.17 | 2.78 | 2.49 | 2.29 | 2.08 | 1.82 | 1.62 | 1.41 | 1.19 | 1.694 | 1.516 | 1.304 | 1.264 | 1.080 |
| | | T | 296 | 307 | 308 | 305 | 309 | 306 | 309 | 302 | 291 | 452 | 459 | 437 | 470 | 457 |
| QS08 | 160 | P | 4.39 | 4.06 | 3.85 | 3.5 | 3.32 | 2.99 | 2.81 | 2.6 | 2.45 | 3.211 | 3.046 | 2.568 | 2.274 | 2.017 |
| | | T | 430 | 459 | 482 | 483 | 510 | 509 | 533 | 552 | 583 | 860 | 918 | 879 | 887 | 891 |
| QS10 | 200 | P | 8.63 | 7.91 | 7.29 | 6.96 | 6.28 | 5.89 | 5.26 | 5.19 | 4.55 | 6.211 | 5.353 | 5.065 | 4.316 | 3.923 |
| | | T | 814 | 856 | 910 | 967 | 951 | 991 | 982 | 1 077 | 1 112 | 1 702 | 1 650 | 1 776 | 1 695 | 1 650 |
| QS12 | 250 | P | 23.28 | 21.50 | 20.07 | 17.82 | 15.18 | 15.18 | 13.05 | 11.53 | 10.18 | 13.477 | 12.050 | 10.847 | 9.435 | 8.421 |
| | | T | 2 172 | 2 372 | 2 469 | 2 467 | 2 480 | 2 471 | 2 439 | 2 548 | 2 469 | 3 775 | 3 645 | 3 703 | 3 647 | 3 667 |
| QS16 | 315 | P | 33.9 | 32.05 | 31.46 | 28.91 | 23.68 | 23.43 | 20.31 | 18.16 | 16.99 | 22.953 | 19.854 | 19.558 | 16.301 | 15.133 |
| | | T | 3 760 | 3 694 | 3 825 | 3 951 | 4 050 | 4 086 | 3 990 | 4 040 | 4 057 | 6 269 | 6 117 | 6 174 | 6 275 | 6 340 |
| QS20 | 400 | P | 60.83 | 60 | 57.6 | 54.6 | 48.6 | 42.6 | 40.2 | 35.4 | 30.6 | 41 | 37 | 35 | 27 | 25 |
| | | T | 5 810 | 5 498 | 6 929 | 7 426 | 7 440 | 7 417 | 7 431 | 7 416 | 7 341 | 12 065 | 10 888 | 11 163 | 10 498 | 10 455 |
| QS25 | 500 | P | 94.2 | 85 | 79 | 72 | 67 | 57 | 52 | 49 | 43 | 69 | 61 | 57 | 46 | 41 |
| | | T | 8 820 | 9 191 | 9 555 | 9 907 | 10 382 | 10 098 | 10 332 | 10 354 | 10 555 | 18 733 | 19 066 | 19 097 | 18 146 | 18 241 |

| 机座代号 | $a$ | P/T | 公称传动比 | | | | | | | | | | | |
|---|---|---|---|---|---|---|---|---|---|---|---|---|---|---|
| | | | 71 | 80 | 90 | 100 | 114 | 128 | 144 | 160 | 180 | 200 | 224 | 250 | 280 |
| QS06 | 125 | P | 0.970 | 0.766 | 0.690 | 0.647 | 0.589 | 0.530 | 0.483 | 0.432 | 0.385 | 0.334 | 0.305 | 0.276 | 0.246 |
| | | T | 470 | 426 | 429 | 436 | 441 | 443 | 452 | 462 | 465 | 456 | 466 | 476 | 485 |
| QS08 | 160 | P | 1.897 | 1.551 | 1.450 | 1.248 | 1.33 | 1.10 | 0.906 | 0.835 | 0.765 | 0.656 | 0.635 | 0.523 | 0.472 |
| | | T | 899 | 848 | 908 | 842 | 864 | 870 | 865 | 874 | 886 | 894 | 903 | 912 | 921 |
| QS10 | 200 | P | 3.641 | 3.036 | 2.827 | 2.500 | 2.281 | 1.980 | 1.753 | 1.523 | 1.423 | 1.276 | 1.123 | 0.997 | 0.887 |
| | | T | 1 722 | 1 644 | 1 749 | 1 653 | 1 653 | 1 688 | 1 671 | 1 663 | 1 740 | 1 745 | 1 720 | 1 710 | 1 690 |

续上表

| 机座代号 | $a$ | $P/T$ | 公称传动比 | | | | | | | | | | | | |
|---|---|---|---|---|---|---|---|---|---|---|---|---|---|---|---|
| | | | 71 | 80 | 90 | 100 | 114 | 128 | 144 | 160 | 180 | 200 | 224 | 250 | 280 |
| QS12 | 250 | P | 7.948 | 6.721 | 5.621 | 5.19 | 4.96 | 4.20 | 3.935 | 3.356 | 2.997 | 2.654 | 2.412 | 2.108 | 1.865 |
| | | T | 3 696 | 3 548 | 3 386 | 3 507 | 3 530 | 3 540 | 3 475 | 3 490 | 3 598 | 3 768 | 3 786 | 3 783 | 3 697 |
| QS16 | 315 | P | 12.965 | 10.989 | 9.215 | 8.603 | 8.125 | 7.163 | 6.478 | 5.665 | 4.983 | 4.475 | 3.986 | 3.410 | 3.146 |
| | | T | 6 168 | 5 967 | 5 742 | 5 795 | 6 207 | 6 107 | 6 187 | 5 650 | 6 185 | 6 105 | 6 091 | 5 916 | 6 010 |
| QS20 | 400 | P | 22 | 17 | 16 | 13 | 13.789 | 10.986 | 9.856 | 8.586 | 7.658 | 6.785 | 6.086 | 5.356 | 4.723 |
| | | T | 10 662 | 8 920 | 9 797 | 8 654 | 10 635 | 9 376 | 9 420 | 9 470 | 99 450 | 9 356 | 9 542 | 9 250 | 9 130 |
| QS25 | 500 | P | 41 | 37 | 32 | 29 | 25.786 | 22.986 | 20.356 | 17.786 | 15.878 | 14.325 | 12.876 | 11.453 | 10.520 |
| | | T | 19 526 | 20 643 | 20 014 | 20 478 | 19 670 | 19 600 | 19 450 | 19 423 | 19 530 | 19 550 | 19 740 | 19 650 | 20 032 |

注:1. 减速器配套电机功率 $P_e$ 选用应符合:$P_e \leq P/\psi_5$,式中 $\psi_5$ 为减速器的使用系数,具体取值原则见"减速器选型原则"。

2. 若减速器的输入轴转速不是 1 400 r/min 时,则承载能力表中功率数据应按等转矩公式进行折算,即:

$$P_{ni}/n_i = P/1\,400$$

式中:

$P_{ni}$——减速器输入轴不同转速下对应的功率值;

$n_i$——减速器输入轴的转速值;

$P$——减速器输入轴在转速为 1 400 r/min 时对应的功率值。

2. QSC 系列减速机承载能力分别见表 4-10-20、表 4-10-21。

### 表 4-10-20 输入轴转速 1 400 r/min,工作级别为 M6 时的 QSC 系列减速机承载能力表

$a$:中心距/mm  $P$:容许功率/kW  $T$:输出扭矩/(N·m)

| 机座代号 | $a$ | $P/T$ | 公称传动比 | | | | | | | | | | | | |
|---|---|---|---|---|---|---|---|---|---|---|---|---|---|---|---|
| | | | 22.4 | 25 | 28 | 31.5 | 35.5 | 40 | 45 | 50 | 56 | 63 | 71 | 80 | 90 | 100 |
| QSC08 | 200 | P | 4.35 | 4.05 | 3.91 | 3.59 | 3.43 | 3.12 | 2.95 | 2.79 | 2.62 | 2.25 | 2.13 | 1.79 | 1.59 | 1.41 |
| | | T | 598 | 621 | 660 | 690 | 730 | 760 | 560 | 850 | 890 | 860 | 920 | 867 | 870 | 865 |
| QSC10 | 225 | P | 9.176 | 8.371 | 7.825 | 7.825 | 6.902 | 6.211 | 5.353 | 5.065 | 4.316 | 3.923 | 3.641 | 3.036 | 2.827 | 2.500 |
| | | T | 1 391 | 1 468 | 1 461 | 1 624 | 1 687 | 1 651 | 1 776 | 1 695 | 1 650 | 1 722 | 1 644 | 1 749 | 1 653 | 1 571 |
| QSC12 | 280 | P | 22.821 | 21.58 | 19.25 | 17.90 | 15.29 | 13.47 | 12.05 | 10.84 | 9.43 | 8.42 | 7.04 | 6.72 | 5.62 | 5.19 |
| | | T | 3 573 | 3 602 | 3 595 | 3 803 | 3 703 | 3 775 | 3 645 | 3 703 | 3 647 | 3 667 | 3 697 | 3 550 | 3 387 | 3 507 |
| QSC16 | 355 | P | 38.91 | 34.97 | 30.31 | 27.47 | 25.82 | 22.95 | 19.85 | 19.55 | 16.3 | 15.13 | 12.96 | 10.98 | 9.21 | 8.60 |
| | | T | 5 793 | 6 062 | 5 955 | 6 111 | 6 165 | 6 269 | 6 117 | 6 174 | 6 275 | 6 340 | 6 168 | 5 967 | 5 742 | 5 795 |
| QSC20 | 470 | P | 81 | 71 | 67 | 59 | 51 | 41 | 37 | 35 | 27 | 25 | 22 | 17 | 16 | 13 |
| | | T | 12 401 | 12 362 | 12 386 | 12 361 | 12 235 | 12 065 | 10 888 | 11 763 | 10 498 | 10 455 | 10 662 | 8 920 | 9 797 | 8 654 |
| QSC25 | 580 | P | 96 | 89 | 82 | 75 | 70 | 60 | 54 | 51 | 45 | 43 | 38 | 35 | 28 | 25 |
| | | T | 14 100 | 15 319 | 15 925 | 16 513 | 17 304 | 15 390 | 17 220 | 17 257 | 17 593 | 18 733 | 19 088 | 19 037 | 19 148 | 18 741 |

| 机座代号 | $a$ | $P/T$ | 公称传动比 | | | | | | | | | | | | |
|---|---|---|---|---|---|---|---|---|---|---|---|---|---|---|---|
| | | | 114 | 128 | 144 | 160 | 180 | 200 | 224 | 250 | 280 | 315 | 335 | 350 | 400 |
| QSC08 | 200 | P | 1.33 | 1.16 | 1.10 | 0.90 | 0.786 | 0.698 | 0.615 | 0.564 | 0.497 | 0.445 | 0.418 | 0.397 | 0.358 |
| | | T | 920 | 911 | 960 | 880 | 864 | 870 | 865 | 874 | 886 | 894 | 903 | 912 | 921 |
| QSC10 | 225 | P | 2.28 | 1.89 | 1.76 | 1.50 | 1.235 | 1.142 | 0.987 | 0.943 | 0.845 | 0.743 | 0.703 | 0.678 | 0.598 |
| | | T | 1 685 | 1 576 | 1 587 | 1 556 | 1 653 | 1 688 | 1 671 | 1 663 | 1 740 | 1 745 | 1 720 | 1 710 | 1 690 |
| QSC12 | 280 | P | 4.96 | 4.20 | 3.51 | 3.24 | 2.867 | 2.635 | 2.278 | 2.068 | 1.896 | 1.689 | 1.513 | 1.423 | 1.203 |
| | | T | 3 666 | 3 485 | 3 277 | 3 361 | 3 530 | 3 540 | 3 475 | 3 490 | 3 598 | 3 768 | 3 786 | 3 783 | 3 697 |

续上表

| 机座代号 | a | P/T | 公称传动比 | | | | | | | | | | | |
|---|---|---|---|---|---|---|---|---|---|---|---|---|---|---|
| | | | 114 | 128 | 144 | 160 | 180 | 200 | 224 | 250 | 280 | 315 | 335 | 350 | 400 |
| QSC16 | 355 | P | 8.10 | 6.86 | 5.76 | 5.38 | 4.78 | 4.246 | 3.857 | 3.498 | 3.089 | 2.689 | 2.568 | 2.486 | 2.086 |
| | | T | 2 987 | 5 693 | 5 377 | 5 931 | 6 207 | 6 107 | 6 187 | 5 650 | 6 185 | 6 105 | 6 091 | 5 916 | 6 010 |
| QSC20 | 470 | P | 12 | 10.6 | 9.5 | 8.12 | 7.365 | 6.589 | 5.896 | 5.346 | 4.796 | 4.186 | 3.896 | 3.765 | 3.438 |
| | | T | 8 963 | 8 889 | 8 963 | 8 512 | 10 635 | 9 376 | 9 420 | 9 470 | 99 450 | 9 356 | 9 542 | 9 250 | 9 130 |
| QSC25 | 580 | P | 25 | 23 | 20 | 18 | 15.364 | 13.786 | 13.296 | 11.065 | 9.786 | 8.689 | 8.165 | 7.763 | 6.768 |
| | | T | 19 523 | 20 843 | 20 014 | 20 478 | 19 670 | 19 600 | 19 450 | 19 423 | 19 530 | 19 550 | 19 740 | 19 650 | 20 032 |

表 4-10-21 输入轴转速 1 400 r/min,连续工作制时的 QSC 型系列减速机承载能力表

$a$:中心距/mm  $P$:容许功率/kW  $T$:输出扭矩/(N·m)

| 机座代号 | a | P/T | 公称传动比 | | | | | | | | | | | |
|---|---|---|---|---|---|---|---|---|---|---|---|---|---|---|
| | | | 22.4 | 25 | 28 | 31.5 | 35.5 | 40 | 45 | 50 | 56 | 63 | 71 | 80 | 90 | 100 |
| QSC08 | 200 | P | 3.07 | 2.84 | 2.45 | 3.32 | 2.09 | 1.97 | 1.82 | 1.72 | 1.45 | 1.45 | 1.36 | 1.14 | 1.01 | 0.89 |
| | | T | 301 | 321 | 337 | 338 | 357 | 356 | 373 | 386 | 408 | 388 | 410 | 389 | 390 | 389 |
| QSC10 | 225 | P | 6.28 | 5.89 | 5.26 | 5.19 | 4.55 | 4.04 | 3.44 | 3.21 | 2.71 | 2.43 | 2.24 | 1.85 | 1.7 | 1.49 |
| | | T | 951 | 997 | 982 | 1 077 | 1 112 | 1 106 | 1 059 | 1 124 | 1 064 | 1 023 | 1 059 | 1 004 | 1 053 | 985 |
| QSC12 | 280 | P | 15.84 | 15.18 | 13.05 | 11.53 | 10.18 | 8.88 | 7.83 | 7.00 | 6.01 | 5.32 | 4.95 | 4.13 | 3.89 | 3.13 |
| | | T | 2 480 | 2 471 | 2 439 | 2 548 | 2 469 | 2 488 | 2 369 | 2 388 | 2 323 | 2 318 | 2 303 | 2 178 | 2 065 | 2 118 |
| QSC16 | 355 | P | 23.68 | 23.57 | 20.31 | 18.16 | 16.99 | 15.10 | 12.91 | 12.06 | 10.43 | 9.56 | 8.06 | 6.85 | 5.74 | 5.24 |
| | | T | 4 045 | 4 086 | 3 990 | 4 040 | 4 057 | 4 125 | 3 976 | 4 013 | 4 016 | 4 007 | 3 843 | 3 717 | 3 577 | 3 529 |
| QSC20 | 470 | P | 48.6 | 42.6 | 40.2 | 35.4 | 30.6 | 24.6 | 22.2 | 21 | 16.2 | 15 | 13.2 | 10.2 | 9.6 | 7.8 |
| | | T | 7 440 | 7 417 | 7 431 | 7 416 | 7 341 | 7 239 | 6 532 | 6 698 | 6 298 | 6 273 | 6 397 | 5 352 | 5 878 | 5 912 |
| QSC25 | 580 | P | 57.6 | 53.4 | 49.1 | 45 | 42 | 36 | 32.4 | 30.6 | 27 | 25.3 | 21.8 | 21 | 16.3 | 15 |
| | | T | 8 820 | 9 198 | 9 555 | 9 907 | 10 882 | 10 068 | 10 332 | 10 354 | 10 354 | 11 239 | 11 238 | 11 438 | 10 887 | 10 944 |

| 机座代号 | a | P/T | 公称传动比 | | | | | | | | | | | |
|---|---|---|---|---|---|---|---|---|---|---|---|---|---|---|
| | | | 114 | 128 | 144 | 160 | 180 | 200 | 224 | 250 | 280 | 315 | 335 | 350 | 400 |
| QSC08 | 200 | P | 0.83 | 0.67 | 0.62 | 0.53 | 0.45 | 0.423 | 0.38 | 0.35 | 0.31 | 0.27 | 0.25 | 0.23 | 0.21 |
| | | T | 389 | 365 | 385 | 354 | 520 | 560 | 545 | 532 | 521 | 543 | 532 | 535 | 541 |
| QSC10 | 225 | P | 1.40 | 1.16 | 1.06 | 0.93 | 0.83 | 0.75 | 0.68 | 0.58 | 0.51 | 0.45 | 0.40 | 0.38 | 0.33 |
| | | T | 1 034 | 962 | 989 | 984 | 923 | 912 | 926 | 915 | 947 | 923 | 915 | 926 | 910 |
| QSC12 | 280 | P | 3.09 | 2.58 | 2.43 | 1.96 | 1.70 | 1.54 | 1.4 | 1.26 | 1.13 | 0.96 | 0.95 | 0.90 | 0.76 |
| | | T | 2 283 | 2 141 | 2 268 | 2 033 | 2 013 | 2 098 | 2 069 | 2 113 | 2 086 | 2 136 | 2 075 | 2 130 | 2 065 |
| QSC16 | 355 | P | 5.05 | 4.28 | 3.59 | 3.28 | 2.90 | 2.6 | 2.3 | 2.10 | 1.85 | 1.65 | 1.52 | 1.45 | 1.31 |
| | | T | 3 737 | 3 552 | 3 351 | 3 402 | 3 508 | 3 513 | 3 510 | 3 570 | 3 530 | 3 456 | 3 475 | 3 460 | 3 570 |
| QSC20 | 470 | P | 7.2 | 6.36 | 5.7 | 4.87 | 4.32 | 3.9 | 3.51 | 3.12 | 2.80 | 2.50 | 2.20 | 2.10 | 1.90 |
| | | T | 5 377 | 5 333 | 5 377 | 5 107 | 5 324 | 5 235 | 5 310 | 5 320 | 5 348 | 5 016 | 5 020 | 5 180 | 5 180 |
| QSC25 | 580 | P | 15 | 13.8 | 12 | 10.8 | 9.6 | 8.5 | 7.8 | 7.1 | 6.3 | 5.5 | 4.94 | 4.72 | 4.10 |
| | | T | 11 715 | 12 853 | 12 008 | 12 288 | 11 780 | 11 768 | 11 768 | 11 568 | 11 756 | 11 820 | 11 290 | 11 270 | 11 280 |

注:1. 减速器配套电机功率 $P_e$ 选用应符合:$P_e \leqslant P/\psi_5$,式中 $\psi_5$ 为减速器的使用系数,具体取值原则见"减速器选型原则"。

2. 若减速器的输入轴转速不是 1 400 r/min 时,则承载能力表中功率数据应按等转矩公式进行折算,即:

$$P_{ni}/n_i = P/1\,400$$

式中:

$P_{ni}$——减速器输入轴不同转速下对应的功率值;

$n_i$——减速器输入轴的转速值;

$P$——减速器输入轴在转速为 1 400 r/min 时对应的功率值。

(六)减速机外型及联接尺寸(湖北省咸宁三合机电制业有限责任公司提供资料)

1. QS、QSE 系列外形及联接尺寸见图 4-10-16、表 4-10-22。

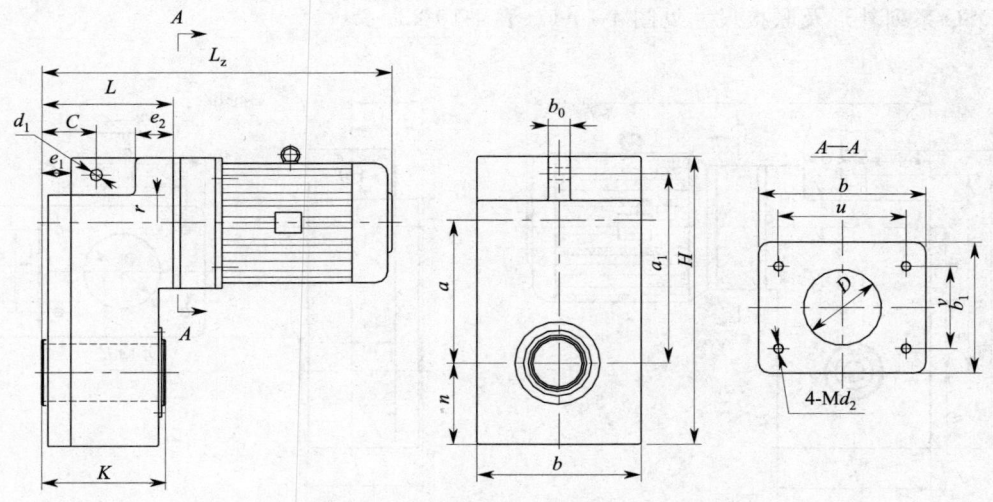

图 4-10-16　QS、QSE 系列减速机外形及联接尺寸图

表 4-10-22　QS、QSE 系列减速机外形及联接尺寸　　　　　　　mm

| 机座号 | 尺寸 | | | | | | | | | | |
|---|---|---|---|---|---|---|---|---|---|---|---|
| | $a$ | $H$ | $a_1$ | $b$ | $b_0$ | $b_1$ | $c$ | $D(H_7)$ | $d_1$ | $d_2$ | $L$ |
| QS06 | 125 | 285 | 180 | 168 | 20 | 160 | 82 | $\varphi$148 | $\varphi$14 | 10 | 185 |
| QS08 | 160 | 358 | 230 | 210 | 20 | 200 | 87.75 | $\varphi$190 | $\varphi$20 | 10 | 235.75 |
| QSE08 | 171 | 368 | 241 | | | | | | | | |
| QS10 | 200 | 452 | 297 | 274 | 25 | 250 | 98 | $\varphi$226 | $\varphi$22 | 12 | 261 |
| QSE10 | 215 | 462 | 312 | | | | | | | | |
| QS12 | 250 | 566 | 360 | 346 | 30 | 304 | 111.25 | $\varphi$266 | $\varphi$26 | 16 | 307.5 |
| QSE12 | 272 | 582 | 382 | | | | | | | | |
| QS16 | 315 | 705 | 440 | 400 | 40 | 340 | 120.75 | $\varphi$280 | $\varphi$34 | 16 | 331.25 |
| QSE16 | 340 | 725 | 465 | | | | | | | | |
| QS20 | 400 | 820 | 525 | 500 | 50 | 340 | 127.75 | $\varphi$280 | $\varphi$40 | 16 | 385.25 |
| QSE20 | 430 | 880 | 585 | | | | | | | | |
| QS25 | 500 | 1 050 | 667 | 620 | 70 | 560 | 135.75 | $\varphi$320 | $\varphi$40 | 20 | 429.75 |
| QSE25 | 540 | 1 160 | 777 | | | | | | | | |

| 机座号 | 尺寸 | | | | | | | | 质量/kg |
|---|---|---|---|---|---|---|---|---|---|
| | $k$ | $e_1$ | $e_2$ | $n$ | $r$ | $u$ | $v$ | $L_z$ | |
| QS06 | 161 | 42 | 50 | 80 | 29 | 128 | 120 | 由所配电机型号定 | 35.2 |
| QS08 | 188 | 47.75 | 73.5 | 96 | 40 | 154 | 154 | | 55.4 |
| QSE08 | | | | 90 | | | | | 105 |
| QS10 | 208 | 53 | 84 | 127 | 51 | 210 | 186 | | 94.6 |
| QSE10 | | | | 122 | | | | | 153.6 |
| QS12 | 255 | 61.25 | 88 | 160 | 55 | 274 | 240 | | 169 |
| QSE12 | | | | 154 | | | | | 256.8 |
| QS16 | 264 | 65.75 | 100 | 220 | 75 | 320 | 260 | | 252 |
| QSE16 | | | | | | | | | 373 |
| QS20 | 318 | 67.75 | 104 | 250 | 80 | 320 | 260 | | 547 |
| QSE20 | | | | | | | | | 593 |
| QS25 | 356.5 | 75.75 | 112 | 310 | 95 | 380 | 360 | | 936 |
| QSE25 | | | | | | | | | 985 |

注：1. 表中质量为不含电机的减速器的质量；
　　2. 电机可通过接盘、联轴器与减速器联结，也可直接与减速器相连接，用户可根据自行需要选配接盘；
　　3. 表中未标明尺寸参数由配套电机确定，详细尺寸可向制造厂家咨询。

2. QSC 系列外形及联接尺寸见图 4-10-17、表 4-10-23。

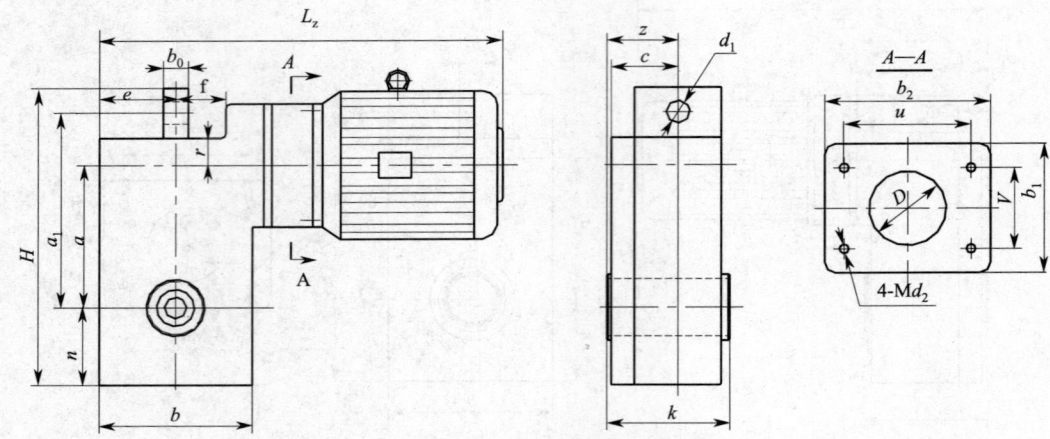

图 4-10-17　QSC 系列减速机外形及联接尺寸图

表 4-10-23　QSC 系列减速机外形及联接尺寸　　　　　　　　　　　mm

| 机座号 | $a$ | $a_1$ | $b$ | $b_0$ | $b_1$ | $b_2$ | $C$ | $d_1$ | $d_2$ | $D$ ($H_7$) |
|---|---|---|---|---|---|---|---|---|---|---|
| QSC08 | 200 | 288 | 210 | 26 | 172 | 158 | 79.25 | φ22 | 12 | φ152 |
| QSC10 | 225 | 325 | 274 | 26 | 172 | 172 | 86 | φ22 | 12 | φ152 |
| QSC12 | 280 | 406 | 346 | 36 | 208 | 214 | 107.25 | φ26 | 16 | φ180 |
| QSC16 | 355 | 485 | 400 | 46 | 208 | 228 | 114.25 | φ34 | 16 | φ180 |
| QSC20 | 470 | 625 | 500 | 50 | 280 | 282 | 141.25 | φ40 | 16 | φ240 |
| QSC25 | 580 | 777 | 620 | 70 | 320 | 321 | 160.25 | φ40 | 20 | φ280 |

| 机座号 | $e$ | $f$ | $H$ | $k$ | $n$ | $v$ | $u$ | $L_Z$ | $r$ | 质量/kg |
|---|---|---|---|---|---|---|---|---|---|---|
| QSC08 | 105 | 95 | 423 | 188 | 105 | 112 | 98 | 由所配电机型号定 | 28 | 60 |
| QSC10 | 137 | 125 | 490 | 208 | 127 | 112 | 112 | | 56 | 86.7 |
| QSC12 | 173 | 150 | 612 | 255 | 160 | 148 | 154 | | 70 | 169.58 |
| QSC16 | 200 | 180 | 760 | 264 | 220 | 148 | 168 | | 85 | 252 |
| QSC20 | 250 | 220 | 930 | 318 | 250 | 220 | 222 | | 100 | 420 |
| QSC25 | 310 | 275 | 1 160 | 356.5 | 310 | 260 | 261 | | 125 | 984 |

注：1. 表中质量为不含电机的减速器的质量；
　　2. 电机可通过接盘、联轴器与减速器联结，也可直接与减速器相连接，用户可根据自行需要选配接盘；
　　3. 表中未标明尺寸参数由配套电机确定，详细尺寸可向制造厂家咨询。

（七）QS、QSE、QSC 系列减速机输出轴的联接型式与尺寸

QS、QSE 及 QSC 型减速机输出轴的联接形式有渐开线花键空心轴（标准输出型式）、平键空心轴、锁紧盘空心轴和实心平键轴等。

1. 渐开线花键空心轴的联接与尺寸（见图 4-10-18 和表 4-10-24）

表 4-10-24　渐开线花键空心轴联接尺寸　　　　　　　　　　　mm

| 机座代号 | 花键副 | 内花键大径 $D$ | 外花键大径 $d_1$ | 花键中径 $d$ | $C$ | $L$ | $A$ | $B$ |
|---|---|---|---|---|---|---|---|---|
| QS06 | INT/EXT21Z×2m×30p×6H/6h | φ45 | φ44 | φ42 | φ42.5 | 161 | 167 | 1.7 |
| QS(C.E)08 | INT/EXT24Z×2m×30p×6H/6h | φ51 | φ50 | φ48 | φ47 | 188 | 195 | 2.2 |
| QS(C.E)10 | INT/EXT31Z×2m×30p×6H/6h | φ65 | φ64 | φ62 | φ62 | 208 | 215 | 2.7 |
| QS(C.E)12 | INT/EXT27Z×3m×30p×6H/6h | φ85.5 | φ84 | φ81 | φ81.5 | 255 | 262 | 2.7 |
| QS(C.E)16 | INT/EXT35Z×3m×30p×6H/6h | φ109.5 | φ108 | φ105 | φ106 | 264 | 272 | 3.2 |
| QS(C.E)20 | INT/EXT28Z×4m×30p×6H/6h | φ118 | φ116 | φ112 | φ111 | 318 | 326 | 3.2 |
| QS(C.E)25 | INT/EXT30Z×4m×30p×6H/6h | φ126 | φ124 | φ120 | φ121 | 356.5 | 365 | 3.2 |

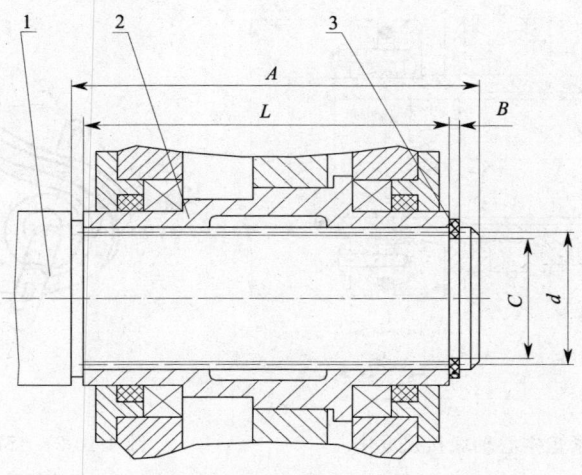

图 4-10-18 渐开线花键空心轴联接尺寸图
1—车轮轴;2—减速器花键套;3—轴用弹性挡圈

2. 平键空心轴的联接与尺寸(见图 4-10-19 和表 4-10-25)

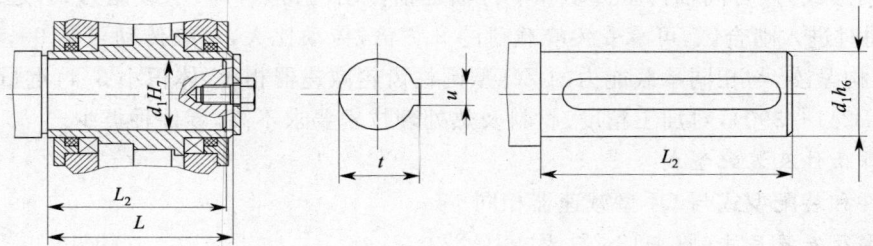

图 4-10-19 平键空心轴联接尺寸图

### 表 4-10-25 平键空心轴联接尺寸    mm

| 机座号 Base type | $L$ | $L_2$ | $M$ | $d_1$ | $u$ | $t$ |
|---|---|---|---|---|---|---|
| QS06 | 161 | 140 | M10 | 40 | 12 | 43.3 |
| QS(C、E)08 | 188 | 160 | M12 | 50 | 14 | 53.8 |
| QS(C、E)10 | 208 | 180 | M16 | 65 | 18 | 69.4 |
| QS(C、E)12 | 255 | 228 | M16 | 85 | 22 | 90.4 |
| QS(C、E)16 | 264 | 234 | M20 | 90 | 25 | 95.4 |
| QS(C、E)20 | 318 | 288 | M24 | 100 | 28 | 106.4 |
| QS(C、E)25 | 356.5 | 326 | M24 | 110 | 28 | 116.4 |

3. 锁紧盘空心轴的联接与尺寸(见图 4-10-20 和表 4-10-26)

### 表 4-10-26 锁紧盘空心轴联接尺寸    mm

| 机座号 | $L$ | $L_1$ | $L_2$ | $d_0$ | $A$ | $A_1$ | $d$ | $D$ | 推荐锁紧盘型号<br>(JB/ZQ4194-98) |
|---|---|---|---|---|---|---|---|---|---|
| QS(C、E)10 | 240 | 65 | 60 | 65 | 65 | 31 | 75 | 138 | SP2-75×138 |
| QS(C、E)12 | 315 | 90 | 110 | 70 | 90 | 49 | 90 | 155 | SP2-90×155 |
| QS(C、E)16 | 334 | 100 | 120 | 80 | 100 | 53 | 110 | 185 | SP2-110×185 |
| QS(C、E)20 | 398 | 110 | 130 | 100 | 110 | 58 | 140 | 230 | SP2-140×230 |
| QS(C、E)25 | 445 | 120 | 140 | 110 | 125 | 62 | 155 | 263 | SP2-155×263 |

## 四、SHQ 三环减速器

三环减速器属我国的专利技术,获国家发明二等奖,列入国家级重点科技成果推广项目。

### (一)传动原理

如图 4-10-21 所示,减速器由置于箱体中的两根高速轴、一根低速轴和三块传动环板等构成

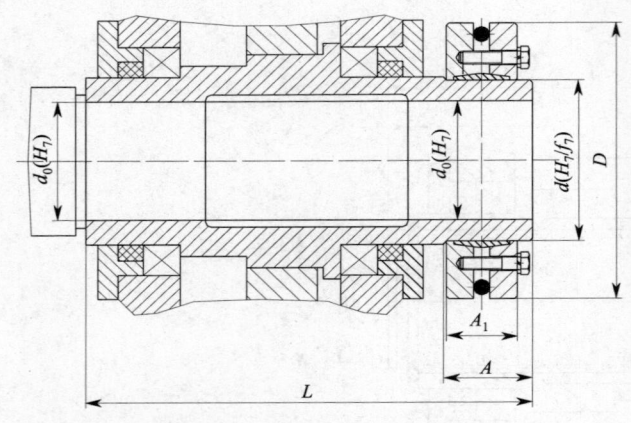

图 4-10-20　锁紧盘空心轴联接尺寸图

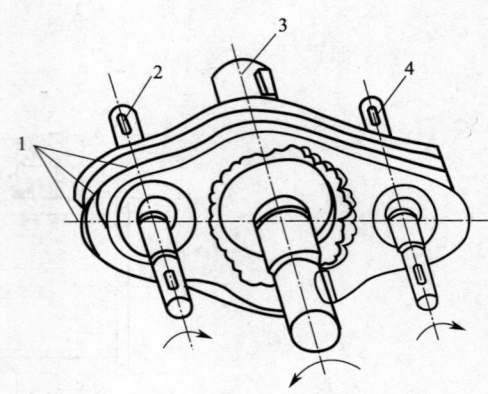

图 4-10-21　SHQ 三环减速器传动原理
1—传动环板；2,4—高速轴；3—低速轴

（故名三环）。各轴平行布置，输入轴带动三块环板呈 120°相位差作平面运动，环板中间孔的内齿圈与低速轴上的外齿啮合，构成少齿差传动，得到较大的传动比。这种减速器采用独特的平行轴—动轴三环传动形式，兼有同轴行星传动和平行轴定轴传动的特点，即：承载能力大，过载性能好，有 9～18 对齿同时进入啮合区，可承受尖峰载荷的 2.7 倍；传动比大，单级传动可达 99；传动效率高；运转平稳；结构紧凑，与相同承载能力的 ZQ 型圆柱齿轮减速器相比，体积小 3/4，重量轻 2/3；齿轮为软齿面（HB241～290），对加工精度、材料及热处理技术要求不高，零件种类少。

（二）工作条件及装配型式

工作条件和装配型式与 QJ 型减速器相同。

（三）外形及安装尺寸（图 4-10-22，表 4-10-27）

减速器可以卧式安装（W）和立式安装（L）。

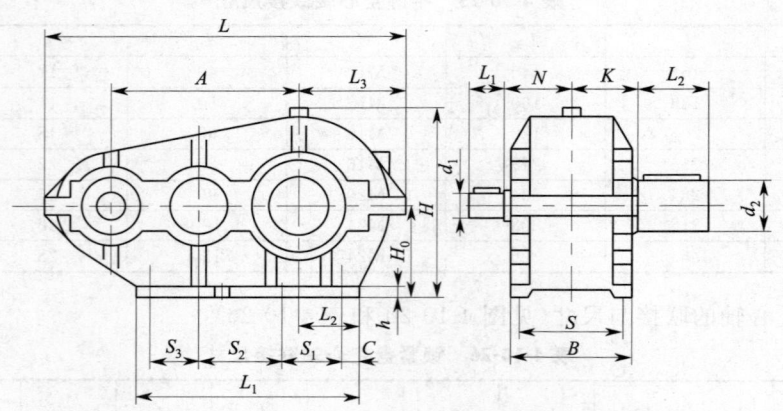

图 4-10-22　SHQ 三环减速器外形及安装尺寸

**表 4-10-27　SHQ 三环减速器外形及安装尺寸**　　　　　　　　　　　　　　　　　　　　　　　　　mm

| 型号 | 中心距 | 外形尺寸 | | | 地脚安装尺寸 | | | | | $L_1$ | $L_2$ | $L_3$ | $H_0$ | $N$ | $K$ | 质量/kg |
|---|---|---|---|---|---|---|---|---|---|---|---|---|---|---|---|---|
| | $A$ | $L$ | $H$ | $B$ | $S$ | $S_1$ | $S_2$ | $S_3$ | $C$ | | | | | | | |
| SHQ32 | 320 | 630 | 338 | 205 | 165 | 265 | | | 75 | 385 | 125 | 183 | 160 | 120 | 125 | 133 |
| SHQ40 | 400 | 770 | 411 | 240 | 210 | 330 | | | 80 | 460 | 140 | 215 | 200 | 140 | 145 | 222 |
| SHQ50 | 500 | 950 | 521 | 320 | 260 | 235 | 235 | | 80 | 610 | 195 | 275 | 260 | 180 | 185 | 392 |
| SHQ63 | 630 | 1 200 | 641 | 370 | 310 | 180 | 250 | 190 | 95 | 780 | 240 | 350 | 315 | 210 | 210 | |
| SHQ80 | 800 | 1 500 | 775 | 430 | 370 | 210 | 350 | 260 | 100 | 1 000 | 310 | 434 | 400 | 250 | 270 | |

## (四) 轴伸型式及尺寸

1. 高速轴轴伸有圆柱形(P)和圆锥形(Z)两种见图 4-10-23 及表 4-10-28。

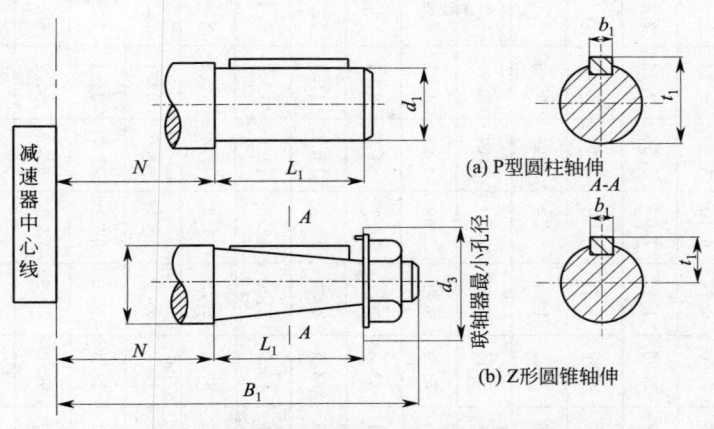

图 4-10-23　SHQ 三环减速器高速轴轴伸型式及尺寸(mm)

表 4-10-28　SHQ 三环减速器轴轴伸尺寸　　　　　　　　　　mm

| 型号 | N | P 型 圆 柱 轴 伸 ||||
|---|---|---|---|---|---|
| | | $d_1$ | $L_1$ | $b_1$ | $t_1$ |
| SHQ32 | 120 | 32 | 80 | 10 | 35 |
| SHQ40 | 140 | 38 | 80 | 10 | 41 |
| SHQ50 | 180 | 50 | 110 | 14 | 53.5 |
| SHQ63 | 210 | 65 | 140 | 18 | 69 |
| SHQ80 | 250 | 80 | 170 | 22 | 85 |

| 型号 | N | Z 型 圆 锥 轴 伸 |||||
|---|---|---|---|---|---|---|
| | | $d_1$ | $d_3$ | $L_1$ | $B_1$ | $b_1$ | $t_1$ |
| SHQ32 | 120 | 35 | 75 | 83 | 220 | 10 | 19 |
| SHQ40 | 140 | 40 | 90 | 83 | 256 | 12 | 21.3 |
| SHQ50 | 180 | 50 | 90 | 85 | 296 | 16 | 28 |
| SHQ63 | 210 | 70 | 125 | 108 | 350 | 18 | 36.4 |
| SHQ80 | 250 | 85 | 138 | 130 | 420 | 20 | 43.7 |

2. 低速轴轴伸有圆柱形(P)、花键形(H)和齿轮形(C)三种，见图 4-10-24 和表 4-10-29。

表 4-10-29　SHQ 三环减速器低速轴轴伸尺寸　　　　　　　　　mm

| 型号 | K | P 型圆柱轴伸 |||| H 型 花 键 轴 伸 |||||||
|---|---|---|---|---|---|---|---|---|---|---|---|---|
| | | $d_2$ | $L_2$ | $b_2$ | $t_2$ | $m\times Z$ | $d_a$ | $d_3$ | $M$ | $d_b$ | $L_a$ | $L_b$ |
| SHQ32 | 125 | 55 | 85 | 18 | 59 | 3×22 | 69 | 40 | 8 | 60 | 35 | 30 |
| SHQ40 | 145 | 80 | 125 | 28 | 86 | 3×27 | 84 | 50 | 8 | 70 | 40 | 35 |
| SHQ50 | 185 | 80 | 125 | 28 | 93 | 5×20 | 105 | 60 | 10 | 90 | 55 | 45 |
| SHQ63 | 210 | 10 | 165 | 32 | 127 | 5×24 | 125 | 80 | 10 | 110 | 70 | 50 |
| SHQ80 | 270 | 150 | 200 | 36 | 158 | 5×30 | 155 | 100 | 12 | 140 | 75 | 55 |

| 型号 | C 型齿轮轴伸 |||||||||||
|---|---|---|---|---|---|---|---|---|---|---|---|
| | $m\times Z$ | $D$ | $D_1$ | $D_2$ | $D_3$ | $B_1$ | $B_2$ | $B$ | $E$ | $L_1$ | $L_2$ |
| SHQ50 | 4×56 | 232 | 120 | 40 | 170 | 281 | 250 | 35 | 25 | 50 | 75 |
| SHQ63 | 6×56 | 348 | 170 | 45 | 260 | 322 | 290 | 40 | 32 | 68 | 95 |
| SHQ80 | 8×54 | 448 | 200 | 105 | 260 | 400 | 360 | 50 | 32 | 78 | 100 |

## (五) 承载能力

SHQ 三环减速器各种型号的输出扭矩、输入转速、公称传动比和输入轴许用功率见表 4-10-30。表中输入功率是按照机构工作级别为 M5 时确定的，其他工作级别的许用输入功率按式(4-10-1)换算。低速轴允许最大径向力见表 4-10-31。

表 4-10-30 SHQ三环减速器的承载能力

| 型号 | 输出扭矩/(N·m) | 输入转速/(r/min) | 公称传动比 输入轴许用功率/kW ||||||||||||||||||
|---|---|---|---|---|---|---|---|---|---|---|---|---|---|---|---|---|---|---|---|
| | | | 12.5 | 14 | 10 | 18 | 20 | 22.4 | 25 | 28 | 31.5 | 35.5 | 40 | 45 | 50 | 56 | 63 | 71 | 80 | 90 | 100 |
| SHQ32 | 2 258 | 1 500 | 29.5 | 26.9 | 23.6 | 20.9 | 18.8 | 17.1 | 15.0 | 13.4 | 11.9 | 10.4 | 9.28 | 8.35 | 7.60 | 6.74 | 6.10 | 5.34 | 4.74 | 4.27 | 3.88 |
| | | 1 000 | 19.7 | 17.9 | 15.7 | 13.9 | 12.5 | 11.4 | 10.0 | 8.95 | 7.96 | 6.96 | 6.19 | 5.57 | 5.06 | 4.49 | 4.06 | 3.56 | 3.16 | 2.85 | 2.59 |
| | | 750 | 14.7 | 13.4 | 11.8 | 10.4 | 9.40 | 8.54 | 7.52 | 6.71 | 5.97 | 5.22 | 4.64 | 4.18 | 3.80 | 3.37 | 3.05 | 2.67 | 2.37 | 2.13 | 1.94 |
| SHQ40 | 4 196 | 1 500 | 55.0 | 50.1 | 43.9 | 39.0 | 35.1 | 31.9 | 28.1 | 25.1 | 22.3 | 19.5 | 17.3 | 15.6 | 14.2 | 12.6 | 11.4 | 9.96 | 8.85 | 7.97 | 7.21 |
| | | 1 000 | 36.7 | 33.4 | 29.2 | 26.0 | 23.4 | 21.3 | 18.7 | 16.7 | 14.9 | 13.0 | 11.6 | 10.4 | 9.45 | 8.39 | 7.59 | 6.64 | 5.90 | 5.31 | 4.83 |
| | | 750 | 27.5 | 25.1 | 21.9 | 19.5 | 17.5 | 15.9 | 14.0 | 12.5 | 11.1 | 9.75 | 8.66 | 7.80 | 7.09 | 6.29 | 5.69 | 4.98 | 4.43 | 3.98 | 3.62 |
| SHQ50 | 9 985 | 1 500 | 131 | 119 | 104 | 92.8 | 83.5 | 76.0 | 66.8 | 59.7 | 53.0 | 46.4 | 41.3 | 37.1 | 33.8 | 30.0 | 27.1 | 23.7 | 21.1 | 19.0 | 17.2 |
| | | 1 000 | 87.4 | 79.6 | 69.6 | 61.9 | 55.7 | 50.6 | 44.6 | 39.8 | 35.4 | 30.9 | 27.5 | 24.8 | 22.5 | 20.0 | 18.1 | 15.8 | 14.1 | 12.6 | 11.5 |
| | | 750 | 65.5 | 59.7 | 52.2 | 46.4 | 41.8 | 38.0 | 33.4 | 29.8 | 26.5 | 23.2 | 20.6 | 18.6 | 16.9 | 15.0 | 13.5 | 11.8 | 10.5 | 9.48 | 8.62 |
| SHQ63 | 20 120 | 1 500 | 262 | 239 | 209 | 186 | 167 | 152 | 134 | 119 | 106 | 92.8 | 82.5 | 74.3 | 67.5 | 59.5 | 54.2 | 47.4 | 42.2 | 37.9 | 34.5 |
| | | 1 000 | 175 | 159 | 139 | 124 | 111 | 101 | 89.1 | 70.6 | 70.7 | 61.9 | 55 | 49.5 | 45.0 | 39.9 | 36.1 | 31.6 | 28.1 | 25.3 | 23.0 |
| | | 750 | 131 | 119 | 104 | 92.8 | 83.5 | 76.0 | 66.8 | 59.7 | 53.0 | 46.4 | 41.3 | 37.1 | 33.8 | 30.0 | 27.1 | 23.7 | 21.1 | 19.0 | 17.2 |
| SHQ80 | 40 310 | 1 500 | 349 | 318 | 278 | 248 | 223 | 203 | 178 | 159 | 141 | 124 | 110 | 99.0 | 90.0 | 79.9 | 72.3 | 63.2 | 56.2 | 50.6 | 46.0 |
| | | 1 000 | 262 | 239 | 209 | 186 | 167 | 152 | 134 | 119 | 106 | 92.8 | 82.5 | 74.3 | 67.5 | 59.9 | 54.2 | 47.4 | 42.2 | 37.9 | 34.5 |
| | | 750 | 210 | 191 | 167 | 149 | 134 | 122 | 107 | 95.5 | 84.9 | 74.3 | 66.0 | 59.4 | 54.0 | 47.9 | 43.4 | 37.9 | 33.7 | 30.4 | 27.6 |

注：1. 当减速器为连续工作时，取表中输出扭矩值及输入许用功率值之半；
2. 当减速器承受对称循环载荷时，应将输出扭矩值及输入许用功率值乘以 0.7。

（以上数据由重庆专用机械公司提供）

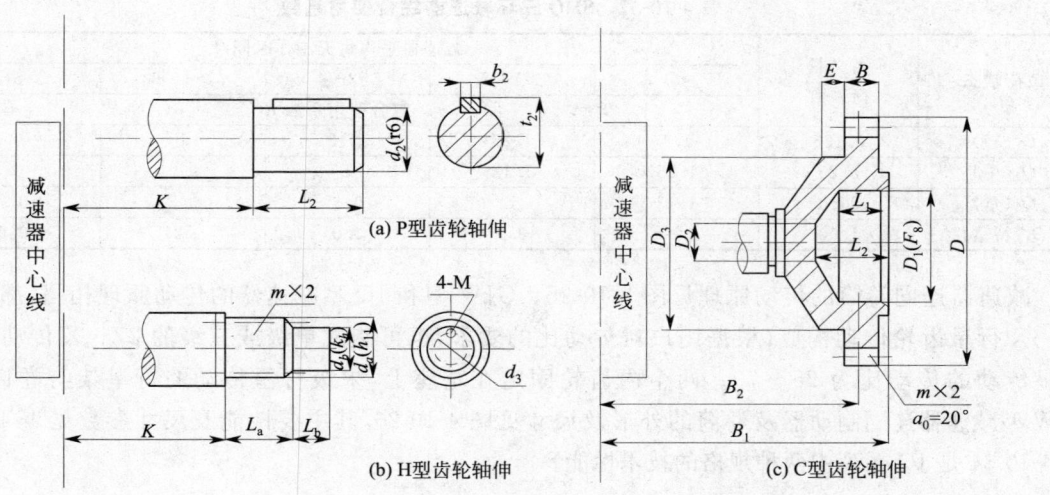

图 4-10-24 SHQ 三环减速器低速轴轴伸型式及尺寸

表 4-10-31 SHQ 三环减速器低速轴允许最大径向力

| 型 号 | SHQ32 | SHQ40 | SHQ50 | SHQ63 | SHQ80 |
|---|---|---|---|---|---|
| 允许最大径向力/N | 12 550 | 20 460 | 30 520 | 45 620 | 78 850 |

（六）型号表示法

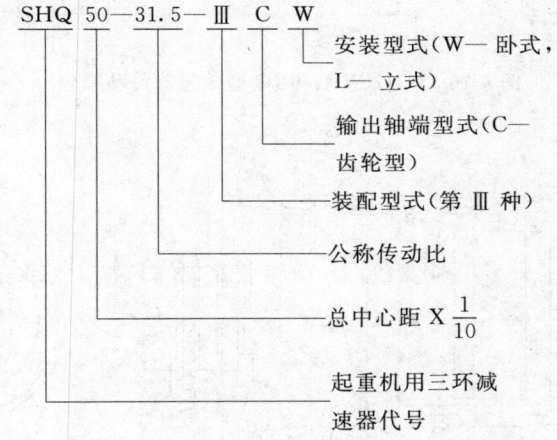

（七）减速器选用方法

根据机构载荷状态和平均每天工作时间，由表 4-10-32 中查出综合使用系数 K。将机构计算中所得出的减速器输入功率 $P_0$ 或输出扭矩 $T_0$ 按式(4-10-2)换算：

$$P \leqslant P_0/K \quad (\text{kW}) \qquad (4-10-2)$$

或

$$T \leqslant T_0/K \quad (\text{N·m})$$

由 P 值或 T 值查表 4-10-30，选用相应的减速器。

**五、行星齿轮减速器**

GJW 型和 JQ 型行星齿轮减速器用于高速液压马达驱动的起升机构。减速器作为独立部件装在卷筒的内腔，减速器的输入轴经多片盘式制动器与高速液压马达相连。减速器的输出轴与卷筒固接。减速器用于各种液压驱动的臂架起重机的起升机构和钢丝绳滑轮组变幅的变幅机构，在其他各种提升、牵引的卷扬设备中，也获得广泛应用。

表 4-10-32  SHQ 三环减速器综合使用系数

| 载荷状态 | 名义载荷系数 | 减速器平均每天工作时间/h | | | | |
|---|---|---|---|---|---|---|
| | | <1 | >1～2 | >2～4 | >4～8 | >8～16 |
| | | 综合使用系数 $K$ | | | | |
| $Q_1$（轻） | 0.125 | 1.4 | 1.25 | 1.12 | 1 | 0.9 |
| $Q_2$（中） | 0.25 | 1.25 | 1.12 | 1 | 0.9 | 0.8 |
| $Q_3$（重） | 0.50 | 1.12 | 1 | 0.9 | 0.8 | 0.71 |
| $Q_4$（特重） | 1.00 | 1 | 0.9 | 0.8 | 0.71 | 0.63 |

减速器连同卷筒的传动原理见图 4-10-25。GJW 型和 JQ 型减速器的传动原理相同，都由两级 2Z—X 行星齿轮传动构成（根据用户对传动比的要求，也可制成单级或三级的 2Z—X 传动），二级行星传动的传动比为 25～79。两个内齿轮固定在基座上，末级行星传动的行星架与卷筒连接。GJW 型减速器连同制动器及卷筒的外形及尺寸见图 4-10-26，其主要性能及尺寸参数见表 4-10-33。表 4-10-34 是 JQ 系列中两种规格的技术性能。

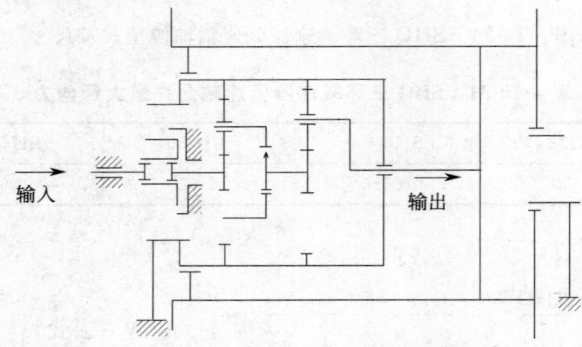

图 4-10-25  GJW 型和 JQ 型减速器传动原理

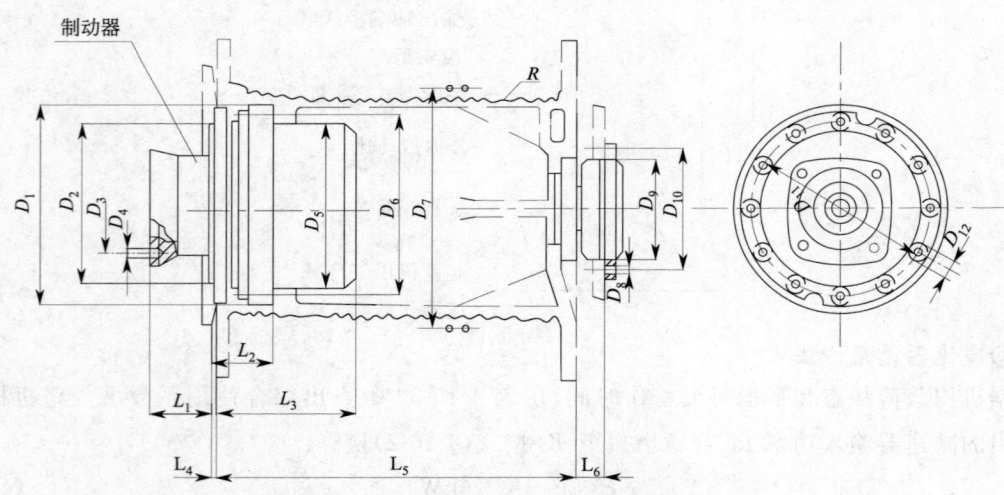

图 4-10-26  GJW 型减速器外形及尺寸

表 4-10-33  GJW 型行星齿轮减速器主要性能及尺寸

| 减速器型号 | 最大输出扭矩 /(N·m) | 传动比 | 液压马达型号 | 制动器型号 | 制动转矩 | 尺寸/mm | | | |
|---|---|---|---|---|---|---|---|---|---|
| | | | | | | $L_1$ | $L_2$ | $L_3$ | $L_4$ |
| GJW70E | 7 500 | 36 | A6V55 | GFY30A | 300 | 114 | 122 | 273 | 8 |
| GJW80E | 14 000 | 40.5 | A6V107 | GFY55A1 | 600 | 144.5 | 179 | 254 | 50 |
| GJW110E | 40 000 | 50 | A2F200 | GFY100A1 | 1 000 | 173 | 131 | 312 | 50 |

| 减速器型号 | 尺寸/mm | | | | | | | | | | | | |
|---|---|---|---|---|---|---|---|---|---|---|---|---|---|
| | $L_5$ | $L_6$ | $R$ | $D_1$ | $D_2$ | $D_3$ | $D_4$ | $D_5$ | $D_6$ | $D_7$ | $D_8$ | $D_9$ | $D_{10}$ | $D_{11}$ | $D_{12}$ |
| GJW70E | 434 | 40 | 6.75 | 310 | 235 | 160 | 4M12 | 270 | 290 | 358 | 6φ12 | 175 | 198 | 260 | 12M12 |
| GJW80E | 582 | 50 | 9.8 | 350 | 270 | 200 | 4M16 | 290 | 320 | 400 | 6φ14 | 175 | 198 | 310 | 12M16 |
| GJW110E | 900 | 50 | 16 | 480 | 365 | 280 | 4M20 | 410 | 445 | 550 | 6φ18 | 225 | 260 | 410 | 12M24 |

表 4-10-34　JQ 型行星齿轮减速器主要性能技术

| 项目名称 | 单位 | JQ140.34 减速器 | JQ170.51 减速器 |
|---|---|---|---|
| 输出扭矩（额定/最大） | N·m | 8 300/10 300 | 12 800/17 000 |
| 传动比 |  | 34 | 51.4 |
| 单绳拉力 | kN | 35 | 48.5 |
| 单绳速度 | m/s | （第三层）1.05 | （第四层）1.36 |
| 钢丝绳直径 | mm | 17 | 18 |
| 卷筒规格 $D\times L\times t$ | mm | 382×446×17.85 | 400×695×18.9 |
| 输出转速（额定/最大） | r/min | 44.41/88.5 | 53/78 |
| 输入转速（额定/最大） | r/min | 1 510/3 000 | 2 700/4 000 |
| 制动转矩 | N·m | 450 | 457 |
| 制动器开启油压 | MPa | 1.8～2 | 2～3.5 |
| 液压马达型号 | — | A6V107 | A6V107 |

## 六、CHC 系列齿轮连环少齿差减速器（由湖北咸宁三合机电制业有限责任公司提供）

### （一）结构型式和传动原理

CHC 型齿轮连环少齿差速器是新一代减速传动装置，减速器由两部分组成：齿轮传动的高速轻载部分和连环少齿差传动的低速重载部分。其传动原理为：该减速器的功率从高速部分输入、分流、减速到低速多齿同时啮合的少齿差传动部分，功率合成输出，从而达到大速比、大扭矩输出的目的。其基本结构型式如图 4-10-27 所示。

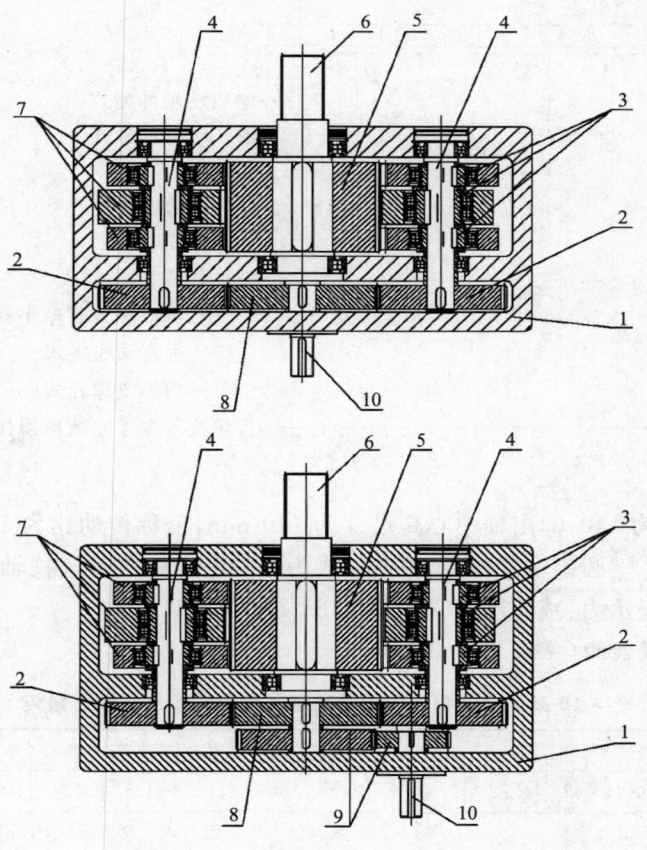

图 4-10-27　减速器基本结构图

1—箱体、箱盖；2—偏心支承轴输入齿轮；3—偏心套；4—偏心支撑轴；
5—输出齿轮；6—输出轴；7—连环内齿板；8—过渡齿轮；9—高速输入齿轮轴；10—输入轴

## (二) 性能特点

CHC 型齿轮连环少齿差减速器与传统的减速器相比,具有如下特点:

在少齿差内啮合齿轮传动中,与连环内齿圈相啮合的是多齿同时进入齿合区的低速输出外齿轮。输出外齿轮带动输出轴最终将扭矩传递到工作机械,从而实现高速轻载到大速比低速重载的目的。在少齿差内啮合齿轮传动中存在多齿同时啮合现象,使得齿轮传递的总载荷由同时进入啮合区的多齿对共同分担。内齿轮齿数差越少,则同时进入啮合区的齿轮对数就越多,因此减速器的承载能力就越大。

(1) 传动比大:标准产品速比范围可达 50~2 250,非标可达 2 500~20 000;
(2) 承载能力大:标准机型输出扭矩最大可达 1 160 kN·m;
(3) 抗过载能力强:少齿差啮合部分 9~18 对齿同时进入啮合区,可承受过载 2~2.5 倍;
(4) 荷重比大,可达 65,性价比高;
(5) 结构紧凑、重量轻、体积小;
(6) 传动效率高,可达 90%~93%;
(7) 使用寿命长:结构设计合理,具有很高的可靠性,正常情况下无需特别维护。

## (三) 结构特征、轴伸型式和装配型式

减速器的结构特征按安装型式可分为底座式安装和力矩支撑孔(三支点)等型式。按输入轴与输出轴的空间位置关系可分为平行轴(CHC)型和垂直轴(C HC C)型。高速输入轴的轴伸式有:平键圆柱轴输入(GY)和平键圆锥轴输入(GZ)。输出轴的轴伸型式有:渐开线花键圆柱轴伸(H型)、单平键圆柱轴伸(YD 型)、双平键圆柱轴伸(YS 型)、空心轴圆柱轴孔单平键套装联接(KD型)、空心轴圆柱轴孔双平键套装联接(KS 型)、渐开线花键轴套装联接(KH 型)等。

## (四) 型号表示方法与示例

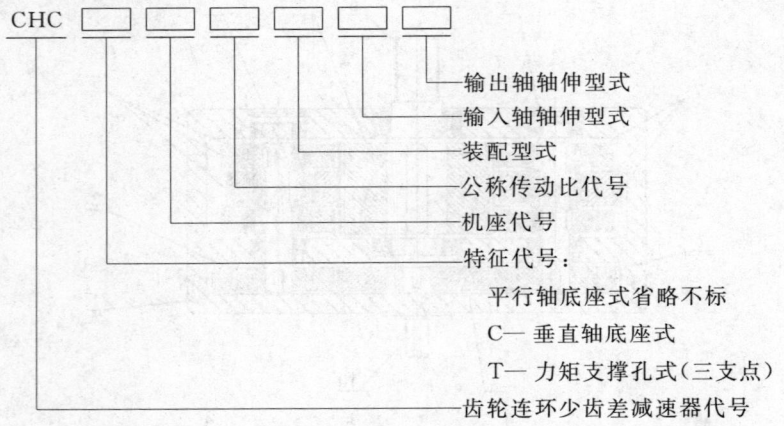

标记示例:

示例 1:机座代号为 140,输出轴中心高尺寸为 140 mm,公称传动比为 160,装配型式为 11A,输入轴伸形式为单端平键圆锥轴伸,输出轴伸形式为单端渐开线花键圆柱轴伸的平行轴底座式齿轮连环少齿差减速器表示为:减速器 CHC140-160-11A-GZ-H。

## (五) 减速器的承载能力(见表 4-10-35)

表 4-10-35 减速器输入轴公称输入功率和输出轴输出扭矩

| 机座号 | 输入转速 /(r/min) | 输出扭矩 /(kN·m) | 公称传动比 |||||||||||||
|---|---|---|---|---|---|---|---|---|---|---|---|---|---|---|---|
| | | | 50 | 63 | 71 | 80 | 90 | 100 | 112 | 125 | 132 | 140 | 160 | 180 | 200 |
| | | | 输入轴公称输入功率 $P_n$/kW ||||||||||||||
| 125 | 1 500 | 7.6 | 25.67 | 20.37 | 18.08 | 16.04 | 14.26 | 12.84 | 11.46 | 10.27 | 9.72 | 9.17 | 8.02 | 7.13 | 6.42 |
| | 1 000 | | 17.11 | 13.58 | 12.05 | 10.7 | 9.508 | 8.557 | 7.64 | 6.846 | 6.48 | 6.11 | 5.35 | 4.75 | 4.28 |
| | 750 | | 12.84 | 10.19 | 9.039 | 8.022 | 7.131 | 6.418 | 5.73 | 5.134 | 4.86 | 4.58 | 4.01 | 3.57 | 3.21 |

续上表

| 机座号 | 输入转速/(r/min) | 输出扭矩/(kN·m) | 公称传动比 ||||||||||||
|---|---|---|---|---|---|---|---|---|---|---|---|---|---|---|
| | | | 50 | 63 | 71 | 80 | 90 | 100 | 112 | 125 | 132 | 140 | 160 | 180 | 200 |
| | | | 输入轴公称输入功率 $P_n$/kW ||||||||||||
| 140 | 1 500 | 13.8 | 46.61 | 37 | 32.83 | 29.13 | 25.9 | 23.31 | 20.81 | 18.65 | 17.7 | 16.6 | 14.6 | 12.9 | 11.7 |
| | 1 000 | | 31.08 | 24.66 | 21.88 | 19.42 | 17.26 | 15.54 | 13.87 | 12.43 | 11.8 | 11.1 | 9.71 | 8.63 | 7.77 |
| | 750 | | 23.31 | 18.5 | 16.41 | 14.57 | 12.95 | 11.65 | 10.4 | 9.323 | 8.83 | 8.32 | 7.28 | 6.47 | 5.83 |
| 170 | 1 500 | 18.5 | 62.49 | 49.59 | 44.01 | 39.06 | 34.72 | 31.24 | 27.9 | 25 | 23.7 | 22.3 | 19.5 | 17.4 | 15.6 |
| | 1 000 | | 41.66 | 33.06 | 29.34 | 26.04 | 23.14 | 20.83 | 18.6 | 16.66 | 15.8 | 14.9 | 13 | 11.6 | 10.4 |
| | 750 | | 31.24 | 24.8 | 22 | 19.53 | 17.36 | 15.62 | 13.95 | 12.5 | 11.8 | 11.2 | 9.76 | 8.68 | 7.81 |
| 200 | 1 500 | 25.8 | 87.15 | 69.16 | 61.37 | 54.47 | 48.42 | 43.57 | 38.91 | 34.86 | 33 | 31.1 | 27.2 | 24.2 | 21.8 |
| | 1 000 | | 58.1 | 46.11 | 40.91 | 36.31 | 32.28 | 29.05 | 25.94 | 23.24 | 22 | 20.7 | 18.2 | 16.1 | 14.5 |
| | 750 | | 43.57 | 34.58 | 30.69 | 27.23 | 24.21 | 21.79 | 19.45 | 17.43 | 16.5 | 15.6 | 13.6 | 12.1 | 10.9 |
| 236 | 1 500 | 31.6 | 106.7 | 84.71 | 75.17 | 66.71 | 59.3 | 53.37 | 47.65 | 42.7 | 40.4 | 38.1 | 33.4 | 29.6 | 26.7 |
| | 1 000 | | 71.16 | 56.48 | 50.11 | 44.47 | 39.53 | 35.58 | 31.77 | 28.46 | 27 | 25.4 | 22.2 | 19.8 | 17.8 |
| | 750 | | 53.37 | 42.36 | 37.58 | 33.36 | 29.65 | 26.68 | 23.83 | 21.35 | 20.2 | 19.1 | 16.7 | 14.8 | 13.3 |
| 280 | 1 500 | 38.3 | 129.4 | 102.7 | 91.11 | 80.86 | 71.87 | 64.69 | 57.75 | 51.75 | 49 | 46.2 | 40.4 | 35.9 | 32.3 |
| | 1 000 | | 86.25 | 68.45 | 60.74 | 53.9 | 47.91 | 43.12 | 38.5 | 34.5 | 32.7 | 30.8 | 27 | 24 | 21.6 |
| | 750 | | 64.69 | 51.34 | 45.55 | 40.43 | 35.94 | 32.34 | 28.88 | 25.87 | 24.5 | 23.1 | 20.2 | 18 | 16.2 |
| 300 | 1 500 | 50.5 | 170.6 | 135.4 | 120.1 | 106.6 | 94.77 | 85.29 | 76.15 | 68.23 | 64.6 | 60.9 | 53.3 | 47.4 | 42.6 |
| | 1 000 | | 113.7 | 90.25 | 80.08 | 71.07 | 63.18 | 56.86 | 50.77 | 45.49 | 43.1 | 40.6 | 35.5 | 31.6 | 28.4 |
| | 750 | | 85.29 | 67.69 | 60.06 | 53.31 | 47.38 | 42.64 | 38.08 | 34.12 | 32.3 | 30.5 | 26.7 | 23.7 | 21.3 |
| 335 | 1 500 | 61.6 | 208.1 | 165.1 | 146.5 | 130 | 115.6 | 104 | 92.89 | 83.23 | 78.8 | 74.3 | 65 | 57.8 | 52 |
| | 1 000 | | 138.7 | 110.1 | 97.69 | 86.7 | 77.06 | 69.36 | 61.93 | 55.49 | 52.5 | 49.5 | 43.3 | 38.5 | 34.7 |
| | 750 | | 104 | 82.57 | 73.27 | 65.02 | 57.8 | 52.02 | 46.44 | 41.61 | 39.4 | 37.2 | 32.5 | 28.9 | 26 |
| 400 | 1 500 | 79.8 | 269.5 | 213.9 | 189.8 | 168.5 | 149.7 | 134.8 | 120.3 | 107.8 | 102 | 96.3 | 84.2 | 74.9 | 67.4 |
| | 1 000 | | 179.7 | 142.6 | 126.5 | 112.3 | 99.83 | 89.85 | 80.22 | 71.88 | 68.1 | 64.2 | 56.2 | 49.9 | 44.9 |
| | 750 | | 134.8 | 107 | 94.91 | 84.23 | 74.87 | 67.39 | 60.17 | 53.91 | 51.1 | 48.1 | 42.1 | 37.4 | 33.7 |
| 450 | 1 500 | 93.6 | 316.2 | 250.9 | 222.6 | 197.6 | 175.6 | 158.1 | 141.1 | 126.5 | 120 | 113 | 98.8 | 87.8 | 79 |
| | 1 000 | | 210.8 | 167.3 | 148.4 | 131.7 | 117.1 | 105.4 | 94.1 | 84.31 | 79.8 | 75.3 | 65.9 | 58.5 | 52.7 |
| | 750 | | 158.1 | 125.5 | 111.3 | 98.8 | 87.82 | 79.04 | 70.57 | 63.23 | 59.9 | 56.5 | 49.4 | 43.9 | 39.5 |
| 500 | 1 500 | 138.5 | 467.8 | 371.3 | 329.5 | 292.4 | 259.9 | 233.9 | 208.9 | 187.1 | 177 | 167 | 146 | 130 | 117 |
| | 1 000 | | 311.9 | 247.5 | 219.6 | 194.9 | 173.3 | 155.9 | 139.2 | 124.8 | 118 | 111 | 97.5 | 86.6 | 78 |
| | 750 | | 233.9 | 185.6 | 164.7 | 146.2 | 130 | 117 | 104.4 | 93.57 | 88.6 | 83.5 | 73.1 | 65 | 58.5 |
| 560 | 1 500 | 173.6 | 586.4 | 465.4 | 412.9 | 366.5 | 325.8 | 293.2 | 261.8 | 234.6 | 222 | 209 | 183 | 163 | 147 |
| | 1 000 | | 390.9 | 310.3 | 275.3 | 244.3 | 217.2 | 195.5 | 174.5 | 156.4 | 148 | 140 | 122 | 109 | 97.7 |
| | 750 | | 293.2 | 232.7 | 206.5 | 183.2 | 162.9 | 146.6 | 130.9 | 117.3 | 111 | 105 | 91.6 | 81.4 | 73.3 |
| 630 | 1 500 | 275.3 | 929.9 | 738 | 654.9 | 581.2 | 516.6 | 465 | 415.1 | 372 | 352 | 332 | 291 | 258 | 232 |
| | 1 000 | | 619.9 | 492 | 436.6 | 387.5 | 344.4 | 310 | 276.8 | 248 | 235 | 221 | 194 | 172 | 155 |
| | 750 | | 465 | 369 | 327.4 | 290.6 | 258.3 | 232.5 | 207.6 | 186 | 176 | 166 | 145 | 129 | 116 |
| 710 | 1 500 | 397.6 | 1 343 | 1 066 | 945.8 | 839.4 | 746.1 | 671.5 | 599.6 | 537.2 | 509 | 480 | 420 | 373 | 336 |
| | 1 000 | | 895.3 | 710.6 | 630.5 | 559.6 | 497.4 | 447.7 | 399.7 | 358.1 | 339 | 320 | 280 | 249 | 224 |
| | 750 | | 671.5 | 532.9 | 472.9 | 419.7 | 373.1 | 335.8 | 299.8 | 268.6 | 254 | 240 | 210 | 187 | 168 |

续上表

| 机座号 | 输入转速 /(r/min) | 输出扭矩 /(kN·m) | 公称传动比 | | | | | | | | | | | | |
|---|---|---|---|---|---|---|---|---|---|---|---|---|---|---|---|
| | | | 50 | 63 | 71 | 80 | 90 | 100 | 112 | 125 | 132 | 140 | 160 | 180 | 200 |
| | | | 输入轴公称输入功率 $P_n$/kW | | | | | | | | | | | | |
| 800 | 1 500 | 596.7 | 2 016 | 1 600 | 1 419 | 1 260 | 1 120 | 1 008 | 899.8 | 806.2 | 763 | 720 | 630 | 560 | 504 |
| | 1 000 | | 1 344 | 1 066 | 946.3 | 839.8 | 746.5 | 671.8 | 599.9 | 537.5 | 509 | 480 | 420 | 373 | 336 |
| | 750 | | 1 008 | 799.8 | 709.7 | 629.9 | 559.9 | 503.9 | 449.9 | 403.1 | 382 | 360 | 315 | 280 | 252 |
| 900 | 1 500 | 735.8 | 2 485 | 1 973 | 1 750 | 1 553 | 1 381 | 1 243 | 1 110 | 994.2 | 941 | 888 | 777 | 690 | 621 |
| | 1 000 | | 1 657 | 1 315 | 1 167 | 1 036 | 920.5 | 828.5 | 739.7 | 662.8 | 628 | 592 | 518 | 460 | 414 |
| | 750 | | 1 243 | 986.3 | 875.1 | 776.7 | 690.4 | 621.3 | 554.8 | 497.1 | 471 | 444 | 388 | 345 | 311 |
| 950 | 1 500 | 985.6 | 3 329 | 2 642 | 2 344 | 2 081 | 1 850 | 1 665 | 1 486 | 1 332 | 1 261 | 1 189 | 1 040 | 925 | 832 |
| | 1 000 | | 2 219 | 1 761 | 1 563 | 1 387 | 1 233 | 1 110 | 990.8 | 887.8 | 841 | 793 | 694 | 617 | 555 |
| | 750 | | 1 665 | 1 321 | 1 172 | 1 040 | 924.8 | 832.3 | 743.1 | 665.8 | 631 | 594 | 520 | 462 | 416 |
| 1 000 | 1 500 | 1 160 | 3 918 | 3 110 | 2 759 | 2 449 | 2 177 | 1 959 | 1 749 | 1 567 | 1 484 | 1 399 | 1 224 | 1 088 | 980 |
| | 1 000 | | 2 612 | 2 073 | 1 840 | 1 633 | 1 451 | 1 306 | 1 166 | 1 045 | 989 | 933 | 816 | 726 | 653 |
| | 750 | | 1 959 | 1 555 | 1 380 | 1 224 | 1 088 | 979.6 | 874.6 | 783.7 | 742 | 700 | 612 | 544 | 490 |

| 机座号 | 输入转速 /(r/min) | 输出扭矩 /(kN·m) | 公称传动比 | | | | | | | | | | | | |
|---|---|---|---|---|---|---|---|---|---|---|---|---|---|---|---|
| | | | 224 | 250 | 280 | 300 | 315 | 355 | 400 | 450 | 500 | 560 | 600 | 630 | 710 |
| | | | 输入轴公称输入功率 $P_n$/kW | | | | | | | | | | | | |
| 125 | 1 500 | 7.6 | 5.73 | 5.13 | 4.58 | 4.28 | 4.07 | 3.62 | 3.21 | 2.85 | 2.57 | 2.29 | 2.14 | 2.04 | 1.81 |
| | 1 000 | | 3.82 | 3.42 | 3.06 | 2.85 | 2.72 | 2.41 | 2.14 | 1.9 | 1.71 | 1.53 | 1.43 | 1.36 | 1.21 |
| | 750 | | 2.865 | 2.57 | 2.29 | 2.14 | 2.04 | 1.81 | 1.6 | 1.43 | 1.28 | 1.15 | 1.07 | 1.02 | 0.9 |
| 140 | 1 500 | 13.8 | 10.4 | 9.32 | 8.32 | 7.77 | 7.4 | 6.57 | 5.83 | 5.18 | 4.66 | 4.16 | 3.88 | 3.7 | 3.28 |
| | 1 000 | | 6.937 | 6.22 | 5.55 | 5.18 | 4.93 | 4.38 | 3.88 | 3.45 | 3.11 | 2.77 | 2.59 | 2.47 | 2.19 |
| | 750 | | 5.202 | 4.66 | 4.16 | 3.88 | 3.7 | 3.28 | 2.91 | 2.59 | 2.33 | 2.08 | 1.94 | 1.85 | 1.64 |
| 170 | 1 500 | 18.5 | 13.95 | 12.5 | 11.2 | 10.4 | 9.92 | 8.8 | 7.81 | 6.94 | 6.25 | 5.58 | 5.21 | 4.96 | 4.4 |
| | 1 000 | | 9.299 | 8.33 | 7.44 | 6.94 | 6.61 | 5.87 | 5.21 | 4.63 | 4.17 | 3.72 | 3.47 | 3.31 | 2.93 |
| | 750 | | 6.974 | 6.25 | 5.58 | 5.21 | 4.96 | 4.4 | 3.91 | 3.47 | 3.12 | 2.79 | 2.6 | 2.48 | 2.2 |
| 200 | 1 500 | 25.8 | 19.45 | 17.4 | 15.6 | 14.5 | 13.8 | 12.3 | 10.9 | 9.68 | 8.71 | 7.78 | 7.26 | 6.92 | 6.14 |
| | 1 000 | | 12.97 | 11.6 | 10.4 | 9.68 | 9.22 | 8.18 | 7.26 | 6.46 | 5.81 | 5.19 | 4.84 | 4.61 | 4.09 |
| | 750 | | 9.726 | 8.71 | 7.78 | 7.26 | 6.92 | 6.14 | 5.45 | 4.84 | 4.36 | 3.89 | 3.63 | 3.46 | 3.07 |
| 236 | 1 500 | 31.6 | 23.83 | 21.3 | 19.1 | 17.8 | 16.9 | 15 | 13.3 | 11.9 | 10.7 | 9.53 | 8.89 | 8.47 | 7.52 |
| | 1 000 | | 15.88 | 14.2 | 12.7 | 11.9 | 11.3 | 10 | 8.89 | 7.91 | 7.12 | 6.35 | 5.93 | 5.65 | 5.01 |
| | 750 | | 11.91 | 10.7 | 9.53 | 8.89 | 8.47 | 7.52 | 6.67 | 5.93 | 5.34 | 4.77 | 4.45 | 4.24 | 3.76 |
| 280 | 1 500 | 38.3 | 28.88 | 25.9 | 23.1 | 21.6 | 20.5 | 18.2 | 16.2 | 14.4 | 12.9 | 11.6 | 10.8 | 10.3 | 9.11 |
| | 1 000 | | 19.25 | 17.2 | 15.4 | 14.4 | 13.7 | 12.1 | 10.8 | 9.58 | 8.62 | 7.7 | 7.19 | 6.84 | 6.07 |
| | 750 | | 14.44 | 12.9 | 11.6 | 10.8 | 10.3 | 9.11 | 8.09 | 7.19 | 6.47 | 5.78 | 5.39 | 5.13 | 4.56 |
| 300 | 1 500 | 50.5 | 38.08 | 34.1 | 30.5 | 28.4 | 27.1 | 24 | 21.3 | 19 | 17.1 | 15.2 | 14.2 | 13.5 | 12 |
| | 1 000 | | 25.38 | 22.7 | 20.3 | 19 | 18.1 | 16 | 14.2 | 12.6 | 11.4 | 10.2 | 9.48 | 9.03 | 8.01 |
| | 750 | | 19.04 | 17.1 | 15.2 | 14.2 | 13.5 | 12 | 10.7 | 9.48 | 8.53 | 7.62 | 7.11 | 6.77 | 6.01 |

续上表

| 机座号 | 输入转速/(r/min) | 输出扭矩/(kN·m) | 公称传动比 | | | | | | | | | | | | |
|---|---|---|---|---|---|---|---|---|---|---|---|---|---|---|---|
| | | | 224 | 250 | 280 | 300 | 315 | 355 | 400 | 450 | 500 | 560 | 600 | 630 | 710 |
| | | | 输入轴公称输入功率 $P_n$/kW | | | | | | | | | | | | |
| 335 | 1 500 | 61.6 | 46.44 | 41.6 | 37.2 | 34.7 | 33 | 29.3 | 26 | 23.1 | 20.8 | 18.6 | 17.3 | 16.5 | 14.7 |
| | 1 000 | | 30.96 | 27.7 | 24.8 | 23.1 | 22 | 19.5 | 17.3 | 15.4 | 13.9 | 12.4 | 11.6 | 11 | 9.77 |
| | 750 | | 23.22 | 20.8 | 18.6 | 17.3 | 16.5 | 14.7 | 13 | 11.6 | 10.4 | 9.29 | 8.67 | 8.26 | 7.33 |
| 400 | 1 500 | 79.8 | 60.17 | 53.9 | 48.1 | 44.9 | 42.8 | 38 | 33.7 | 29.9 | 27 | 24.1 | 22.5 | 21.4 | 19 |
| | 1 000 | | 40.11 | 35.9 | 32.1 | 29.9 | 28.5 | 25.3 | 22.5 | 20 | 18 | 16 | 15 | 14.3 | 12.7 |
| | 750 | | 30.08 | 27 | 24.1 | 22.5 | 21.4 | 19 | 16.8 | 15 | 13.5 | 12 | 11.2 | 10.7 | 9.49 |
| 450 | 1 500 | 93.6 | 70.57 | 63.2 | 56.5 | 52.7 | 50.2 | 44.5 | 39.5 | 35.1 | 31.6 | 28.2 | 26.3 | 25.1 | 22.3 |
| | 1 000 | | 47.05 | 42.2 | 37.6 | 35.1 | 33.5 | 29.7 | 26.3 | 23.4 | 21.1 | 18.8 | 17.6 | 16.7 | 14.8 |
| | 750 | | 35.29 | 31.6 | 28.2 | 26.3 | 25.1 | 22.3 | 19.8 | 17.6 | 15.8 | 14.1 | 13.2 | 12.5 | 11.1 |
| 500 | 1 500 | 138.5 | 104.4 | 93.6 | 83.5 | 78 | 74.3 | 65.9 | 58.5 | 52 | 46.8 | 41.8 | 39 | 37.1 | 32.9 |
| | 1 000 | | 69.62 | 62.4 | 55.7 | 52 | 49.5 | 43.9 | 39 | 34.7 | 31.2 | 27.8 | 26 | 24.8 | 22 |
| | 750 | | 52.21 | 46.8 | 41.8 | 39 | 37.1 | 32.9 | 29.2 | 26 | 23.4 | 20.9 | 19.5 | 18.6 | 16.5 |
| 560 | 1 500 | 173.6 | 130.9 | 117 | 105 | 97.7 | 93.1 | 82.6 | 73.3 | 65.2 | 58.6 | 52.4 | 48.9 | 46.5 | 41.3 |
| | 1 000 | | 87.26 | 78.2 | 69.8 | 65.2 | 62.1 | 55.1 | 48.9 | 43.4 | 39.1 | 34.9 | 32.6 | 31 | 27.5 |
| | 750 | | 65.45 | 58.6 | 52.4 | 48.9 | 46.5 | 41.3 | 36.6 | 32.6 | 29.3 | 26.2 | 24.4 | 23.3 | 20.6 |
| 630 | 1 500 | 275.3 | 207.6 | 186 | 166 | 155 | 148 | 131 | 116 | 103 | 93 | 83 | 77.5 | 73.8 | 65.5 |
| | 1 000 | | 138.4 | 124 | 111 | 103 | 98.4 | 87.3 | 77.5 | 68.9 | 62 | 55.4 | 51.7 | 49.2 | 43.7 |
| | 750 | | 103.8 | 93 | 83 | 77.5 | 73.8 | 65.5 | 58.1 | 51.7 | 46.5 | 41.5 | 38.7 | 36.9 | 32.7 |
| 710 | 1 500 | 397.6 | 299.8 | 269 | 240 | 224 | 213 | 189 | 168 | 149 | 134 | 120 | 112 | 107 | 94.6 |
| | 1 000 | | 199.9 | 179 | 160 | 149 | 142 | 126 | 112 | 99.5 | 89.5 | 79.9 | 74.6 | 71.1 | 63.1 |
| | 750 | | 149.9 | 134 | 120 | 112 | 107 | 94.6 | 83.9 | 74.6 | 67.2 | 60 | 56 | 53.3 | 47.3 |
| 800 | 1 500 | 596.7 | 449.9 | 403 | 360 | 336 | 320 | 284 | 252 | 224 | 202 | 180 | 168 | 160 | 142 |
| | 1 000 | | 299.9 | 269 | 240 | 224 | 213 | 189 | 168 | 149 | 134 | 120 | 112 | 107 | 94.6 |
| | 750 | | 224.9 | 202 | 180 | 168 | 160 | 142 | 126 | 112 | 101 | 90 | 84 | 80 | 71 |
| 900 | 1 500 | 735.8 | 554.8 | 497 | 444 | 414 | 395 | 350 | 311 | 276 | 249 | 222 | 207 | 197 | 175 |
| | 1 000 | | 369.8 | 331 | 296 | 276 | 263 | 233 | 207 | 184 | 166 | 148 | 138 | 132 | 117 |
| | 750 | | 277.4 | 249 | 222 | 207 | 197 | 175 | 155 | 138 | 124 | 111 | 104 | 98.6 | 87.5 |
| 950 | 1 500 | 985.6 | 743.1 | 666 | 594 | 555 | 528 | 469 | 416 | 370 | 333 | 297 | 277 | 264 | 234 |
| | 1 000 | | 495.4 | 444 | 396 | 370 | 352 | 313 | 277 | 247 | 222 | 198 | 185 | 176 | 156 |
| | 750 | | 371.6 | 333 | 297 | 277 | 264 | 234 | 208 | 185 | 166 | 149 | 139 | 132 | 117 |
| 1 000 | 1 500 | 1 160 | 874.6 | 784 | 700 | 653 | 622 | 552 | 490 | 435 | 392 | 350 | 327 | 311 | 276 |
| | 1 000 | | 583.1 | 522 | 466 | 435 | 415 | 368 | 327 | 290 | 261 | 233 | 218 | 207 | 184 |
| | 750 | | 437.3 | 392 | 350 | 327 | 311 | 276 | 245 | 218 | 196 | 175 | 163 | 155 | 138 |

续上表

| 机座号 | 输入转速 /(r/min) | 输出扭矩 /(kN·m) | 公称传动比 | | | | | | | | | | | |
|---|---|---|---|---|---|---|---|---|---|---|---|---|---|---|
| | | | 800 | 900 | 1 000 | 1 125 | 1 200 | 1 315 | 1 450 | 1 500 | 1 600 | 1 800 | 2 000 | 2 250 |
| | | | 输入轴公称输入功率 $P_n$/kW | | | | | | | | | | | |
| 125 | 1 500 | 7.6 | 1.6 | 1.43 | 1.28 | 1.14 | 1.07 | 0.98 | 0.89 | 0.856 | 0.8 | 0.71 | 0.64 | 0.57 |
| | 1 000 | | 1.07 | 0.95 | 0.86 | 0.76 | 0.71 | 0.65 | 0.59 | 0.57 | 0.53 | 0.48 | 0.43 | 0.38 |
| | 750 | | 0.8 | 0.71 | 0.64 | 0.57 | 0.53 | 0.49 | 0.44 | 0.428 | 0.4 | 0.36 | 0.32 | 0.29 |
| 140 | 1 500 | 13.8 | 2.91 | 2.59 | 2.33 | 2.07 | 1.94 | 1.77 | 1.61 | 1.554 | 1.46 | 1.29 | 1.17 | 1.04 |
| | 1 000 | | 1.94 | 1.73 | 1.55 | 1.38 | 1.29 | 1.18 | 1.07 | 1.036 | 0.97 | 0.86 | 0.78 | 0.69 |
| | 750 | | 1.46 | 1.29 | 1.17 | 1.04 | 0.97 | 0.89 | 0.8 | 0.777 | 0.73 | 0.65 | 0.58 | 0.52 |
| 170 | 1 500 | 18.5 | 3.91 | 3.47 | 3.12 | 2.78 | 2.6 | 2.38 | 2.15 | 2.083 | 1.95 | 1.74 | 1.56 | 1.39 |
| | 1 000 | | 2.6 | 2.31 | 2.08 | 1.85 | 1.74 | 1.58 | 1.44 | 1.389 | 1.3 | 1.16 | 1.04 | 0.93 |
| | 750 | | 1.95 | 1.74 | 1.56 | 1.39 | 1.3 | 1.19 | 1.08 | 1.041 | 0.98 | 0.87 | 0.78 | 0.69 |
| 200 | 1 500 | 25.8 | 5.45 | 4.84 | 4.36 | 3.87 | 3.63 | 3.31 | 3.01 | 2.905 | 2.72 | 2.42 | 2.18 | 1.94 |
| | 1 000 | | 3.63 | 3.23 | 2.9 | 2.58 | 2.42 | 2.21 | 2 | 1.937 | 1.82 | 1.61 | 1.45 | 1.29 |
| | 750 | | 2.72 | 2.42 | 2.18 | 1.94 | 1.82 | 1.66 | 1.5 | 1.452 | 1.36 | 1.21 | 1.09 | 0.97 |
| 236 | 1 500 | 31.6 | 6.67 | 5.93 | 5.34 | 4.74 | 4.45 | 4.06 | 3.68 | 3.558 | 3.34 | 2.96 | 2.67 | 2.37 |
| | 1 000 | | 4.45 | 3.95 | 3.56 | 3.16 | 2.96 | 2.71 | 2.45 | 2.372 | 2.22 | 1.98 | 1.78 | 1.58 |
| | 750 | | 3.34 | 2.96 | 2.67 | 2.37 | 2.22 | 2.03 | 1.84 | 1.779 | 1.67 | 1.48 | 1.33 | 1.19 |
| 280 | 1 500 | 38.3 | 8.09 | 7.19 | 6.47 | 5.75 | 5.39 | 4.92 | 4.46 | 4.312 | 4.04 | 3.59 | 3.23 | 2.87 |
| | 1 000 | | 5.39 | 4.79 | 4.31 | 3.83 | 3.59 | 3.28 | 2.97 | 2.875 | 2.7 | 2.4 | 2.16 | 1.92 |
| | 750 | | 4.04 | 3.59 | 3.23 | 2.87 | 2.7 | 2.46 | 2.23 | 2.156 | 2.02 | 1.8 | 1.62 | 1.44 |
| 300 | 1 500 | 50.5 | 10.7 | 9.48 | 8.53 | 7.58 | 7.11 | 6.49 | 5.88 | 5.686 | 5.33 | 4.74 | 4.26 | 3.79 |
| | 1 000 | | 7.11 | 6.32 | 5.69 | 5.05 | 4.74 | 4.32 | 3.92 | 3.791 | 3.55 | 3.16 | 2.84 | 2.53 |
| | 750 | | 5.33 | 4.74 | 4.26 | 3.79 | 3.55 | 3.24 | 2.94 | 2.843 | 2.67 | 2.37 | 2.13 | 1.9 |
| 335 | 1 500 | 61.6 | 13 | 11.6 | 10.4 | 9.25 | 8.67 | 7.91 | 7.17 | 6.936 | 6.5 | 5.78 | 5.2 | 4.62 |
| | 1 000 | | 8.67 | 7.71 | 6.94 | 6.17 | 5.78 | 5.27 | 4.78 | 4.624 | 4.33 | 3.85 | 3.47 | 3.08 |
| | 750 | | 6.5 | 5.78 | 5.2 | 4.62 | 4.33 | 3.96 | 3.59 | 3.468 | 3.25 | 2.89 | 2.6 | 2.31 |
| 400 | 1 500 | 79.8 | 16.8 | 15 | 13.5 | 12 | 11.2 | 10.2 | 9.29 | 8.985 | 8.42 | 7.49 | 6.74 | 5.99 |
| | 1 000 | | 11.2 | 9.98 | 8.98 | 7.99 | 7.49 | 6.83 | 6.2 | 5.99 | 5.62 | 4.99 | 4.49 | 3.99 |
| | 750 | | 8.42 | 7.49 | 6.74 | 5.99 | 5.62 | 5.12 | 4.65 | 4.492 | 4.21 | 3.74 | 3.37 | 2.99 |
| 450 | 1 500 | 93.6 | 19.8 | 17.6 | 15.8 | 14.1 | 13.2 | 12 | 10.9 | 10.54 | 9.88 | 8.78 | 7.9 | 7.03 |
| | 1 000 | | 13.2 | 11.7 | 10.5 | 9.37 | 8.78 | 8.01 | 7.27 | 7.026 | 6.59 | 5.85 | 5.27 | 4.68 |
| | 750 | | 9.88 | 8.78 | 7.9 | 7.03 | 6.59 | 6.01 | 5.45 | 5.269 | 4.94 | 4.39 | 3.95 | 3.51 |
| 500 | 1 500 | 138.5 | 29.2 | 26 | 23.4 | 20.8 | 19.5 | 17.8 | 16.1 | 15.59 | 14.6 | 13 | 11.7 | 10.4 |
| | 1 000 | | 19.5 | 17.3 | 15.6 | 13.9 | 13 | 11.9 | 10.8 | 10.4 | 9.75 | 8.66 | 7.8 | 6.93 |
| | 750 | | 14.6 | 13 | 11.7 | 10.4 | 9.75 | 8.89 | 8.07 | 7.797 | 7.31 | 6.5 | 5.85 | 5.2 |
| 560 | 1 500 | 173.6 | 36.6 | 32.6 | 29.3 | 26.1 | 24.4 | 22.3 | 20.2 | 19.55 | 18.3 | 16.3 | 14.7 | 13 |
| | 1 000 | | 24.4 | 21.7 | 19.5 | 17.4 | 16.3 | 14.9 | 13.5 | 13.03 | 12.2 | 10.9 | 9.77 | 8.69 |
| | 750 | | 18.3 | 16.3 | 14.7 | 13 | 12.2 | 11.1 | 10.1 | 9.773 | 9.16 | 8.14 | 7.33 | 6.52 |
| 630 | 1 500 | 275.3 | 58.1 | 51.7 | 46.5 | 41.3 | 38.7 | 35.4 | 32.1 | 31 | 29.1 | 25.8 | 23.2 | 20.7 |
| | 1 000 | | 38.7 | 34.4 | 31 | 27.6 | 25.8 | 23.6 | 21.4 | 20.66 | 19.4 | 17.2 | 15.5 | 13.8 |
| | 750 | | 29.1 | 25.8 | 23.2 | 20.7 | 19.4 | 17.7 | 16 | 15.5 | 14.5 | 12.9 | 11.6 | 10.3 |
| 710 | 1 500 | 397.6 | 83.9 | 74.6 | 67.2 | 59.7 | 56 | 51.1 | 46.3 | 44.77 | 42 | 37.3 | 33.6 | 29.8 |
| | 1 000 | | 56 | 49.7 | 44.8 | 39.8 | 37.3 | 34 | 30.9 | 29.84 | 28 | 24.9 | 22.4 | 19.9 |
| | 750 | | 42 | 37.3 | 33.6 | 29.8 | 28 | 25.5 | 23.2 | 22.38 | 21 | 18.7 | 16.8 | 14.9 |
| 800 | 1 500 | 596.7 | 126 | 112 | 101 | 89.6 | 84 | 76.6 | 69.5 | 67.18 | 63 | 56 | 50.4 | 44.8 |
| | 1 000 | | 84 | 74.6 | 67.2 | 59.7 | 56 | 51.1 | 46.3 | 44.79 | 42 | 37.3 | 33.6 | 29.9 |
| | 750 | | 63 | 56 | 50.4 | 44.8 | 42 | 38.3 | 34.8 | 33.59 | 31.5 | 28 | 25.2 | 22.4 |

续上表

| 机座号 | 输入转速/(r/min) | 输出扭矩/(kN·m) | 公称传动比 | | | | | | | | | | | |
|---|---|---|---|---|---|---|---|---|---|---|---|---|---|---|
| | | | 800 | 900 | 1 000 | 1 125 | 1 200 | 1 315 | 1 450 | 1 500 | 1 600 | 1 800 | 2 000 | 2 250 |
| | | | 输入轴公称输入功率 $P_n$/kW | | | | | | | | | | | |
| 900 | 1 500 | 735.8 | 155 | 138 | 124 | 110 | 104 | 94.5 | 85.7 | 82.85 | 77.7 | 69 | 62.1 | 55.2 |
| | 1 000 | | 104 | 92.1 | 82.8 | 73.6 | 69 | 63 | 57.1 | 55.23 | 51.8 | 46 | 41.4 | 36.8 |
| | 750 | | 77.7 | 69 | 62.1 | 55.2 | 51.8 | 47.3 | 42.9 | 41.42 | 38.8 | 34.5 | 31.1 | 27.6 |
| 950 | 1 500 | 985.6 | 208 | 185 | 166 | 148 | 139 | 127 | 115 | 111 | 104 | 92.5 | 83.2 | 74 |
| | 1 000 | | 139 | 123 | 111 | 98.6 | 92.5 | 84.4 | 76.5 | 73.98 | 69.4 | 61.7 | 55.5 | 49.3 |
| | 750 | | 104 | 92.5 | 83.2 | 74 | 69.4 | 63.3 | 57.4 | 55.49 | 52 | 46.2 | 41.6 | 37 |
| 1 000 | 1 500 | 1 160 | 245 | 218 | 196 | 174 | 163 | 149 | 135 | 130.6 | 122 | 109 | 98 | 87.1 |
| | 1 000 | | 163 | 145 | 131 | 116 | 109 | 99.3 | 90.1 | 87.07 | 81.6 | 72.6 | 65.3 | 58 |
| | 750 | | 122 | 109 | 98 | 87.1 | 81.6 | 74.5 | 67.6 | 65.3 | 61.2 | 54.4 | 49 | 43.5 |

注：1. 表中所列减速器的承载能力是按相当于起重机起升机构 M5 工作级别设计计算；
2. 减速器的整机设计安全系数为 1.75；
3. 减速器的瞬时最大尖峰载荷按额定载荷的 2.5 倍计算。

### (六) 减速器输出轴的径向载荷

减速器输出轴端允许承受的径向载荷 R，作用在输出轴轴伸长度的中点位置，其值见表 4-10-36。

**表 4-10-36　减速器输出轴端允许承受的径向载荷 R**

| 规格型号 | 125 | 140 | 170 | 200 | 236 | 280 | 300 | 335 | 400 | 450 | 500 | 560 | 630 | 710 | 800 | 900 | 950 | 1 000 |
|---|---|---|---|---|---|---|---|---|---|---|---|---|---|---|---|---|---|---|
| 允许径向载荷 R/kN | 25 | 40 | 58 | 78 | 95 | 110 | 132 | 153 | 192 | 230 | 280 | 320 | 380 | 490 | 530 | 596 | 643 | 690 |

### (七) 减速器的外形及安装尺寸

**1. 底座安装式减速器的外形尺寸见图 4-10-28 至图 4-10-30，和表 4-10-37。**

**表 4-10-37　底座式安装减速器的外形尺寸表**

| 规格型号 | 外形尺寸/mm | | | | | | | | | | | | | | | | | | | 质量/kg |
|---|---|---|---|---|---|---|---|---|---|---|---|---|---|---|---|---|---|---|---|---|
| | 中心尺寸 | | 外形轮廓尺寸 | | | | 地脚螺栓联接尺寸 | | | | | | | | | | | | | |
| | H | h | A | $A_0$ | $H_0$ | L | T | d | n | P | $L_0$ | $L_1$ | $L_2$ | $L_3$ | $L_4$ | $L_5$ | $L_6$ | $L_7$ | B | $B_0$ | $B_1$ | |
| 125 | 125 | 125 | 146 | 115 | 280 | 650 | 170 | 14 | 10 | 20 | 75 | 626 | 40 | 119 | 150 | 120 | 145 | 468 | 300 | 266 | 200 | 170 |
| 140 | 140 | 140 | 166 | 121 | 300 | 757 | 180 | 14 | 10 | 22 | 99 | 697 | 30 | 128 | 198 | 140 | 140 | 514 | 350 | 310 | 220 | 250 |
| 170 | 170 | 170 | 196 | 135 | 365 | 876 | 205 | 18 | 10 | 24 | 98 | 806 | 30 | 168 | 196 | 196 | 186 | 592 | 350 | 310 | 250 | 365 |
| 200 | 200 | 200 | 234 | 150 | 420 | 929 | 220 | 18 | 10 | 26 | 118 | 855 | 30 | 185 | 240 | 185 | 165 | 694 | 410 | 370 | 305 | 505 |
| 236 | 236 | 236 | 245 | 165 | 460 | 1 042 | 230 | 18 | 10 | 30 | 100 | 954 | 60 | 207 | 200 | 250 | 185 | 732 | 400 | 350 | 270 | 630 |
| 280 | 280 | 280 | 290 | 180 | 564 | 1 190 | 250 | 24 | 10 | 35 | 175 | 1 094 | 40 | 204 | 350 | 220 | 220 | 838 | 460 | 410 | 300 | 760 |
| 300 | 300 | 300 | 320 | 195 | 590 | 1 243 | 270 | 24 | 10 | 35 | 185 | 1 147 | 40 | 242 | 370 | 242 | 213 | 934 | 490 | 435 | 320 | 986 |
| 335 | 335 | 280 | 345 | 225 | 635 | 1 348 | 280 | 26 | 10 | 40 | 197.5 | 1 232 | 52 | 262.5 | 395 | 262.5 | 208 | 1 024 | 520 | 460 | 360 | 1 230 |
| 400 | 400 | 280 | 403 | 240 | 760 | 1 530 | 280 | 26 | 10 | 40 | 200 | 1 418 | 60 | 327 | 400 | 327 | 244 | 1 174 | 540 | 490 | 380 | 1 530 |
| 450 | 450 | 300 | 450 | 250 | 850 | 1 590 | 310 | 26 | 10 | 45 | 200 | 1 480 | 95 | 385 | 400 | 315 | 260 | 1 290 | 590 | 530 | 430 | 1 870 |
| 500 | 500 | 350 | 500 | 260 | 960 | 1 720 | 330 | 26 | 10 | 50 | 240 | 1 600 | 60 | 400 | 480 | 350 | 250 | 1 400 | 620 | 560 | 450 | 2 460 |
| 560 | 560 | 350 | 570 | 280 | 1 050 | 1 975 | 390 | 26 | 10 | 55 | 311 | 1 857 | 80 | 400 | 622 | 405 | 300 | 1 580 | 640 | 580 | 476 | 3 100 |
| 630 | 630 | 400 | 645 | 340 | 1 200 | 2 270 | 430 | 30 | 10 | 60 | 360 | 1 900 | 60 | 305 | 720 | 275 | 390 | 1 766 | 700 | 625 | 500 | 4 900 |
| 710 | 710 | 580 | 740 | 325 | 1 380 | 2 405 | 450 | 33 | 10 | 70 | 410 | 1 980 | 120 | 465 | 820 | 350 | 245 | 1 980 | 720 | 640 | 520 | 7 100 |
| 800 | 800 | 600 | 835 | 375 | 1 550 | 2 670 | 420 | 40 | 10 | 80 | 450 | 2 298 | 98 | 580 | 900 | 420 | 240 | 2 200 | 780 | 700 | 560 | 10 300 |
| 900 | 900 | 710 | 920 | 390 | 1 730 | 2 905 | 490 | 40 | 10 | 90 | 450 | 2 380 | 120 | 900 | 900 | 480 | 320 | 2 300 | 800 | 720 | 580 | 12 680 |
| 950 | 950 | 750 | 1 020 | 455 | 1 870 | 3 206 | 520 | 40 | 10 | 90 | 450 | 2 630 | 120 | 617 | 900 | 583 | 330 | 2 700 | 900 | 800 | 680 | 15 890 |
| 1 000 | 1 000 | 850 | 1 100 | 500 | 1 990 | 3 540 | 620 | 46 | 10 | 100 | 460 | 2 730 | 95 | 640 | 920 | 685 | 335 | 2 700 | 1 000 | 880 | 760 | 19 350 |

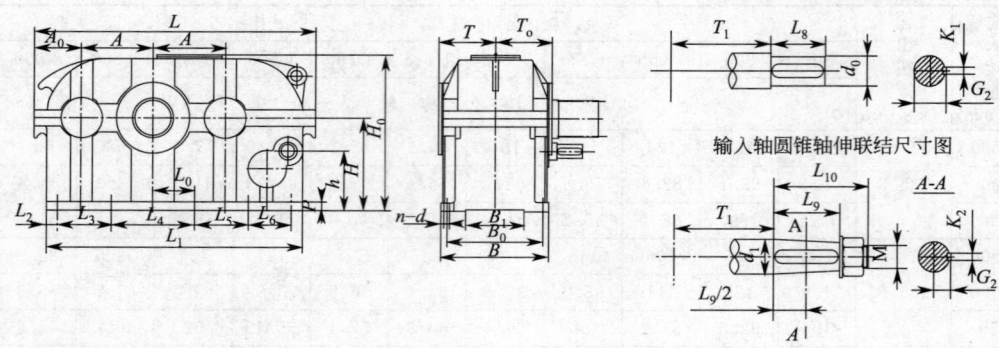

图 4-10-28　CHC 型侧面输入底座安装式减速器外形尺寸图

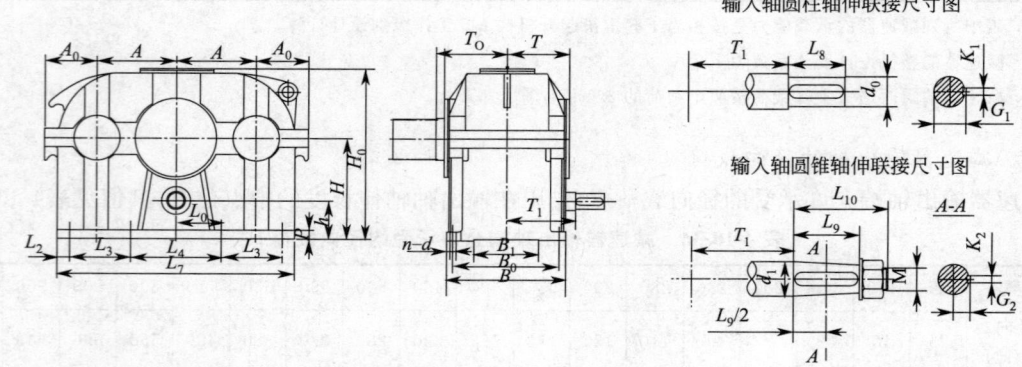

图 4-10-29　CHC 型中间输入底座安装式减速器外形尺寸图

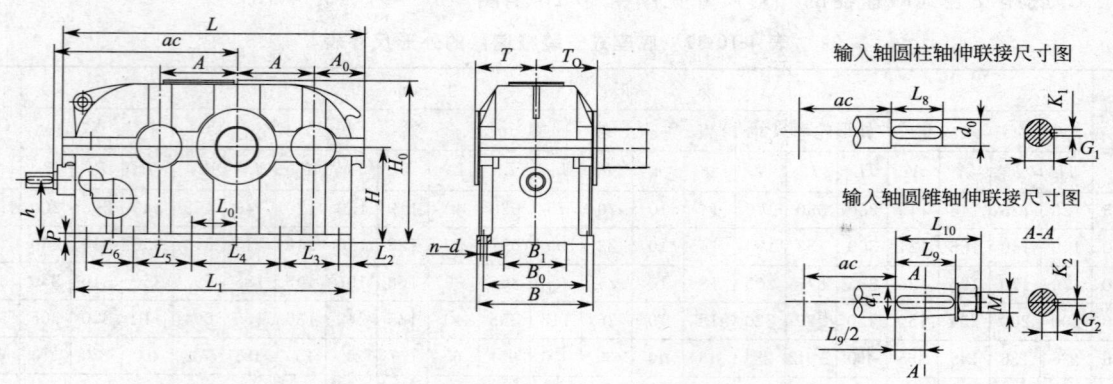

图 4-10-30　CHCC 型座式安装减速器外形尺寸图

2. 减速器高速输入轴联接尺寸见表 4-10-38。

表 4-10-38　输入轴联接尺寸表

| 规格型号 | 联接尺寸/mm ||||||||||||
|---|---|---|---|---|---|---|---|---|---|---|---|---|
| | 定位尺寸 ||| 圆柱轴伸尺寸 |||| 圆锥轴伸尺寸 |||||||
| | $T_1$ | $a$ | $ac$ | $d_0$ | $L_8$ | $G_1$ | $K_1$ | $d_1$ | $L_9$ | $L_{10}$ | $M$ | $G_2$ | $K_2$ |
| 125 | 170 | 350 | 480 | 20 | 50 | 27 | 8 | 25 | 42 | 60 | M16×1.5 | 13.4 | 5 |
| 140 | 180 | 400 | 530 | 25 | 80 | 28 | 8 | 30 | 58 | 80 | M20×1.5 | 15.5 | 5 |
| 170 | 190 | 450 | 610 | 30 | 80 | 33 | 8 | 35 | 58 | 80 | M20×1.5 | 18.5 | 6 |
| 200 | 210 | 450 | 620 | 35 | 80 | 38 | 10 | 40 | 82 | 110 | M24×2 | 22.9 | 10 |

续上表

| 规格型号 | 联接尺寸/mm | | | | | | | | | | | | |
|---|---|---|---|---|---|---|---|---|---|---|---|---|---|
| | 定位尺寸 | | | 圆柱轴伸尺寸 | | | | 圆锥轴伸尺寸 | | | | | |
| | $T_1$ | a | ac | $d_0$ | $L_8$ | $G_1$ | $K_1$ | $d_1$ | $L_9$ | $L_{10}$ | M | $G_2$ | $K_2$ |
| 236 | 240 | 530 | 690 | 38 | 80 | 41 | 10 | 40 | 82 | 110 | M24×2 | 22.9 | 10 |
| 280 | 270 | 600 | 800 | 45 | 110 | 48.5 | 14 | 50 | 82 | 110 | M330×2 | 29.9 | 14 |
| 300 | 275 | 600 | 800 | 55 | 110 | 59 | 16 | 60 | 105 | 140 | M42×3 | 31.4 | 16 |
| 335 | 295 | 650 | 850 | 65 | 140 | 69 | 18 | 65 | 105 | 140 | M42×3 | 33.9 | 16 |
| 400 | 310 | 680 | 920 | 65 | 140 | 69 | 18 | 65 | 105 | 140 | M42×3 | 33.9 | 16 |
| 450 | 325 | 750 | 950 | 70 | 140 | 65.5 | 20 | 70 | 105 | 140 | M48×3 | 36.4 | 18 |
| 500 | 340 | 810 | 1 050 | 70 | 140 | 65.5 | 20 | 70 | 105 | 140 | M48×3 | 36.4 | 18 |
| 560 | 355 | 930 | 1 165 | 75 | 140 | 79.5 | 20 | 75 | 105 | 140 | M48×3 | 38.9 | 18 |
| 630 | 385 | 1 050 | 1 300 | 75 | 140 | 79.5 | 20 | 75 | 105 | 140 | M48×3 | 38.9 | 18 |
| 710 | 400 | 1 100 | 1 400 | 75 | 140 | 79.5 | 20 | 75 | 105 | 140 | M48×3 | 38.9 | 18 |
| 800 | 400 | 1 200 | 1 520 | 75 | 140 | 79.5 | 20 | 75 | 105 | 140 | M48×3 | 38.9 | 18 |
| 900 | 430 | 1 400 | 1 650 | 80 | 170 | 85 | 22 | 80 | 130 | 170 | M56×4 | 41.2 | 20 |
| 950 | 500 | 1 500 | 1 800 | 85 | 170 | 90 | 22 | 85 | 130 | 170 | M56×4 | 43.7 | 20 |
| 1 000 | 530 | 1 600 | 2 000 | 85 | 170 | 90 | 22 | 85 | 130 | 170 | M56×4 | 43.7 | 20 |

3. 输出轴联接尺寸见图 4-10-31 和表 4-10-39。

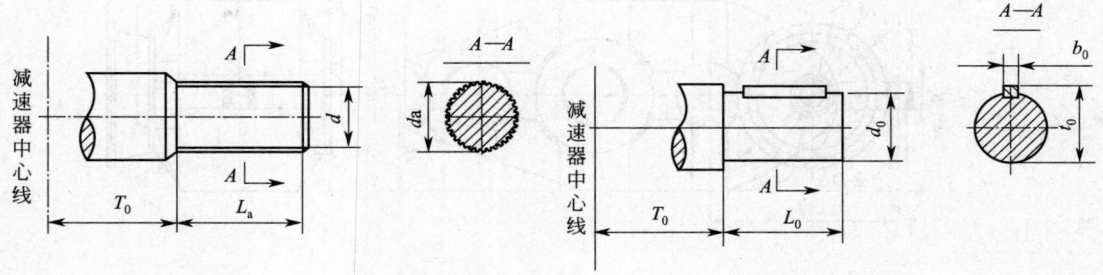

(a) 花键输出轴联接尺寸图(H型)　　　　(b) 平键输出轴联接尺寸图(P型)

图 4-10-31　输出轴联接尺寸图

表 4-10-39　输出轴联接尺寸表

| 规格型号 | 联接尺寸/mm | | | | | | | |
|---|---|---|---|---|---|---|---|---|
| | $T_0$ | H 型 | | | P 型 | | | |
| | | 花键副参数(GB/T 3478—2008) | da | La | $d_0$ | $L_0$ | $b_0$ | $t_0$ |
| 125 | 200 | EXT27Z×3m×30P×6h | 84 | 130 | 85 | 170 | 22 | 90 |
| 140 | 220 | EXT35Z×3m×30P×6h | 108 | 160 | 100 | 210 | 28 | 106 |
| 170 | 230 | EXT35Z×3m×30P×6h | 108 | 200 | 105 | 210 | 32 | 111 |
| 200 | 250 | EXT31Z×4m×30P×6h | 128 | 200 | 120 | 210 | 32 | 127 |
| 236 | 250 | EXT35Z×4m×30P×6h | 144 | 220 | 130 | 250 | 32 | 137 |

续上表

| 规格型号 | $T_0$ | H 型 | | | P 型 | | | |
|---|---|---|---|---|---|---|---|---|
| | | 花键副参数(GB/T 3478—2008) | $d_a$ | $L_a$ | $d_0$ | $L_0$ | $b_0$ | $t_0$ |
| 280 | 275 | EXT35Z×4m×30P×6h | 144 | 250 | 140 | 250 | 36 | 148 |
| 300 | 280 | EXT35Z×5m×30P×6h | 180 | 250 | 180 | 300 | 45 | 190 |
| 335 | 300 | EXT31Z×6m×30P×6h | 192 | 300 | 190 | 350 | 45 | 200 |
| 400 | 320 | EXT33Z×6m×30P×6h | 204 | 300 | 200 | 350 | 50 | 211 |
| 450 | 330 | EXT35Z×6m×30P×6h | 216 | 300 | 210 | 350 | 50 | 221 |
| 500 | 350 | EXT30Z×8m×30P×6h | 248 | 350 | 240 | 410 | 56 | 252 |
| 560 | 350 | EXT31Z×8m×30P×6h | 256 | 350 | 250 | 410 | 56 | 262 |
| 630 | 395 | EXT29Z×10m×30P×6h | 300 | 400 | 280 | 470 | 63 | 292 |
| 710 | 500 | EXT33Z×10m×30P×6h | 340 | 450 | 340 | 550 | 80 | 355 |
| 800 | 530 | EXT39Z×10m×30P×6h | 400 | 500 | 400 | 650 | 90 | 417 |
| 900 | 560 | EXT34Z×12m×30P×6h | 420 | 550 | 420 | 650 | 90 | 437 |
| 950 | 620 | EXT36Z×12m×30P×6h | 444 | 600 | 440 | 650 | 90 | 457 |
| 1 000 | 660 | EXT39Z×12m×30P×6h | 480 | 600 | 480 | 650 | 100 | 499 |

4. CHCT 型力矩支撑孔安装式减速器的输出轴采用空心轴套装式,其外形尺寸和输出轴的安装尺寸见图 4-10-32 和表 4-10-38,输入轴的连接尺寸见表 4-10-38。

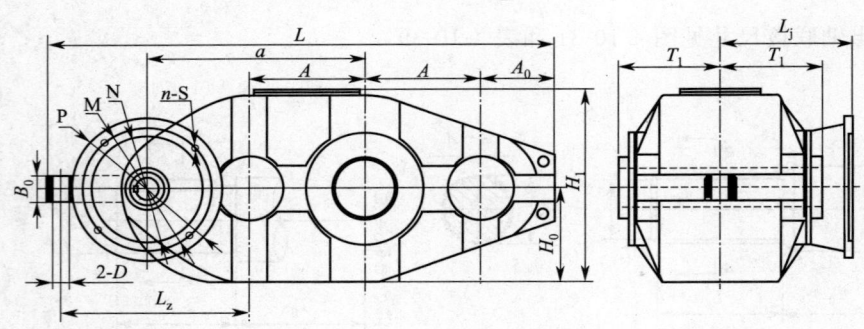

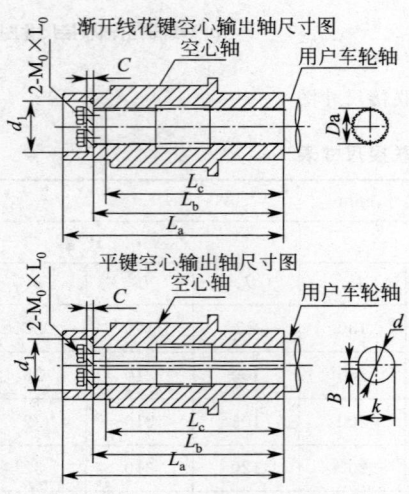

图 4-10-32 CHCT 型力矩支撑孔安装式减速器外形尺寸图

表 4-10-40 CHCT 型力矩支撑孔安装式减速器外形尺寸表

mm

| 规格型号 | A | $A_0$ | $H_0$ | $H_1$ | a | L | $T_1$ | $D_1$ | $L_z$ | $B_0$ | d | $d_1$ | B | K | $L_b$ | $L_c$ | $L_a$ | $M_0$ | $L_o$ | C | $D_a$ | 花键参数(GB/T 3478.1—1983) | 重量/kg |
|---|---|---|---|---|---|---|---|---|---|---|---|---|---|---|---|---|---|---|---|---|---|---|---|
| 125 | 146 | 115 | 104 | 224 | 280 | 630 | 180 | 22 | 345 | 30 | 95 | 105 | 22 | 100 | 300 | 260 | 360 | 10 | 90 | 10 | 97.5 | INT/EXT31Z×3m×30P×6H/6h | 140 |
| 140 | 166 | 121 | 120 | 260 | 350 | 730 | 210 | 22 | 425 | 30 | 105 | 115 | 28 | 106 | 360 | 320 | 420 | 10 | 80 | 10 | 109.5 | INT/EXT35Z×3m×30P×6H/6h | 260 |
| 170 | 196 | 135 | 165 | 350 | 400 | 840 | 230 | 26 | 480 | 40 | 120 | 130 | 32 | 127 | 400 | 360 | 460 | 12 | 80 | 10 | 109.5 | INT/EXT35Z×3m×30P×6H/6h | 350 |
| 200 | 234 | 150 | 180 | 380 | 450 | 960 | 240 | 26 | 540 | 40 | 130 | 140 | 32 | 137 | 420 | 360 | 480 | 12 | 80 | 12 | 130 | INT/EXT31Z×4m×30P×6H/6h | 480 |
| 236 | 245 | 165 | 200 | 440 | 530 | 1 100 | 250 | 30 | 650 | 48 | 140 | 150 | 32 | 158 | 460 | 400 | 500 | 12 | 60 | 12 | 146 | INT/EXT35Z×4m×30P×6H/6h | 580 |
| 280 | 290 | 180 | 260 | 540 | 600 | 1 210 | 260 | 30 | 720 | 50 | 150 | 160 | 32 | 137 | 480 | 420 | 520 | 12 | 90 | 14 | 146 | INT/EXT35Z×4m×30P×6H/6h | 780 |
| 300 | 320 | 195 | 270 | 560 | 600 | 1 270 | 270 | 40 | 730 | 60 | 180 | 190 | 45 | 190 | 520 | 450 | 540 | 16 | 80 | 16 | 182.5 | INT/EXT35Z×5m×30P×6H/6h | 1 000 |
| 335 | 345 | 225 | 300 | 620 | 650 | 1 400 | 290 | 40 | 790 | 70 | 190 | 200 | 45 | 200 | 560 | 500 | 580 | 16 | 80 | 16 | 195 | INT/EXT31Z×6m×30P×6H/6h | 1 200 |
| 400 | 403 | 240 | 340 | 700 | 680 | 1 570 | 300 | 46 | 890 | 80 | 200 | 210 | 50 | 211 | 600 | 500 | 620 | 16 | 100 | 18 | 207 | INT/EXT33Z×6m×30P×6H/6h | 1 300 |
| 450 | 450 | 250 | 380 | 780 | 750 | 1 630 | 320 | 46 | 900 | 90 | 220 | 230 | 50 | 231 | 620 | 520 | 640 | 16 | 100 | 20 | 219 | INT/EXT35Z×6m×30P×6H/6h | 1 600 |
| 500 | 500 | 260 | 440 | 900 | 810 | 1 770 | 340 | 50 | 960 | 100 | 250 | 260 | 56 | 262 | 680 | 600 | 680 | 20 | 80 | 20 | 252 | INT/EXT30Z×8m×30P×6H/6h | 2 200 |
| 560 | 570 | 280 | 520 | 1 060 | 930 | 1 980 | 350 | 50 | 1 090 | 110 | 260 | 270 | 63 | 272 | 640 | 600 | 700 | 20 | 110 | 24 | 260 | INT/EXT31Z×8m×30P×6H/6h | 2 800 |
| 630 | 645 | 300 | 570 | 1 160 | 1 050 | 2 240 | 380 | 50 | 1 235 | 120 | 300 | 310 | 70 | 314 | 700 | 650 | 760 | 24 | 120 | 26 | 305 | INT/EXT29Z×10m×30P×6H/6h | 4600 |

注：1. 表中所列减速器的外形尺寸均为标准系列产品的外形尺寸；
2. 其余外形尺寸可根据用户要求进行非标设计和制作；
3. 随着技术的不断进步，本样本中的有关参数可能有所变化，签订合同后按合同约定的参数为准；
4. 平行轴式（侧面输入轴式）减速器中的输入轴与输出轴中心距尺寸 a 和长度尺寸 L 可根据用户要求可适当加长。

# 第十一章 轴、心轴与轴承

## 第一节 轴与心轴的计算

在起重机上使用的轴和心轴都要进行强度计算（静强度和疲劳强度），必要时进行刚度计算和可靠性计算（无故障工作概率）。轴的常用材料及其主要机械性能见表 4-11-1。

表 4-11-1 轴的常用材料及其主要机械性能

| 材料牌号 | 热处理 | 毛坯直径 /mm | 硬度/HB | 抗拉强度 $\sigma_b$ | 屈服强度 $\sigma_s$ | 弯曲疲劳极限 $\sigma_{-1}$ | 扭转疲劳极限 $\tau_{-1}$ | 备 注 |
|---|---|---|---|---|---|---|---|---|
| | | | | MPa不小于 | | | | |
| Q235, Q235F | | | | 440 | 240 | 180 | 105 | 用于不重要或载荷不大的轴 |
| 20 | 正火 | 25 | ≤156 | 420 | 250 | 180 | 100 | 用于载荷不大，要求韧性较高的轴 |
| | 正火 | ≤100 | | 400 | 220 | 165 | 95 | |
| | 正火 | >100~300 | 103~156 | 380 | 200 | 155 | 90 | |
| | | >300~500 | | 370 | 190 | 150 | 85 | |
| | 回火 | >500~700 | | 360 | 180 | 145 | 80 | |
| 35 | 正火 | 25 | ≤187 | 540 | 320 | 230 | 130 | 应用较广泛 |
| | | ≤100 | | 520 | 270 | 210 | 120 | |
| | 正火 | >100~300 | 149~187 | 500 | 260 | 205 | 115 | |
| | | >300~500 | 143~187 | 480 | 240 | 190 | 110 | |
| | 回火 | >500~750 | 137~187 | 460 | 230 | 185 | 105 | |
| | | >750~1000 | | 440 | 220 | 175 | 100 | |
| | 调质 | ≤100 | 156~207 | 560 | 500 | 230 | 130 | |
| | | >100~300 | | 540 | 280 | 220 | 125 | |
| 45 | 正火 | 25 | ≤241 | 610 | 360 | 260 | 150 | 应用最广泛 |
| | 正火 | ≤100 | 170~217 | 600 | 300 | 240 | 140 | |
| | 正火 回火 | >100~300 | 162~217 | 580 | 290 | 235 | 135 | |
| | | >300~500 | | 560 | 280 | 225 | 130 | |
| | | >500~750 | 156~217 | 540 | 270 | 215 | 125 | |
| | 调质 | ≤200 | 217~255 | 650 | 360 | 270 | 155 | |
| 40Cr | | 25 | | 1 000 | 800 | 485 | 280 | 用于载荷较大，而无很大冲击的重要轴 |
| | 调质 | ≤100 | 241~286 | 750 | 550 | 350 | 200 | |
| | | >100~300 | | 700 | 500 | 320 | 185 | |
| | | >300~500 | 229~269 | 650 | 450 | 295 | 170 | |
| | | >500~800 | 217~255 | 600 | 350 | 255 | 145 | |
| 35SiMn (42SiMn) | | 25 | | 900 | 800 | 485 | 280 | 性能接近于40Cr，用于中小型轴 |
| | 调质 | ≤100 | 229~286 | 800 | 520 | 355 | 205 | |
| | | >100~300 | 217~269 | 750 | 450 | 320 | 185 | |
| | | >300~400 | 217~255 | 700 | 400 | 295 | 170 | |
| | | >400~500 | 196~255 | 650 | 380 | 275 | 160 | |
| 40MnB | 调质 | 25 | | 1 000 | 800 | 485 | 280 | 性能接近于40Cr，用于重要的轴 |
| | | ≤200 | 241~286 | 750 | 500 | 335 | 195 | |
| 40CrNi | 调质 | 25 | | 1 000 | 800 | 485 | 280 | 用于很重要的轴 |

续上表

| 材料牌号 | 热处理 | 毛坯直径/mm | 硬度/HB | 抗拉强度 $\sigma_b$ | 屈服强度 $\sigma_s$ | 弯曲疲劳极限 $\sigma_{-1}$ | 扭转疲劳极限 $\tau_{-1}$ | 备注 |
|---|---|---|---|---|---|---|---|---|
| | | | | MPa 不小于 | | | | |
| 35CrMo | 调质 | 25 | | 1 000 | 850 | 500 | 285 | 性能接近于40CrNi，用于重载荷的轴 |
| | | ≤100 | 207~269 | 750 | 550 | 350 | 200 | |
| | | >100~300 | | 700 | 500 | 320 | 185 | |
| | | >300~500 | | 650 | 450 | 295 | 170 | |
| | | >500~800 | | 600 | 400 | 270 | 155 | |
| 38SiMnMo | 调质 | ≤100 | 229~286 | 750 | 600 | 360 | 210 | 性能接近于35CrMo |
| | | >100~300 | 217~269 | 700 | 550 | 335 | 195 | |
| | | >300~500 | 196~241 | 650 | 500 | 310 | 175 | |
| | | >500~800 | 187~241 | 600 | 400 | 270 | 155 | |
| 37SiMn2MoV | 调质 | 25 | | 1 000 | 850 | 495 | 285 | 用于高强度、大尺寸重载荷的轴 |
| | | ≤100 | 207~269 | 750 | 550 | 350 | 200 | |
| | | >100~300 | | 700 | 500 | 320 | 185 | |
| | | >300~500 | | 650 | 450 | 295 | 170 | |
| | | >500~800 | | 600 | 400 | 270 | 155 | |
| 38CrMoAlA | 调质 | 30 | 229 | 1 000 | 850 | 495 | 285 | 用于要求高耐磨性、高强度且热处理变形很小的(氮化)轴 |
| 20Cr | 渗碳淬火回火 | 15 | 表面HRC 56~62 | 850 | 550 | 375 | 215 | 用于要求强度和韧性均较高的轴(如某些齿轮轴、蜗杆等) |
| | | 30 | | 650 | 400 | 280 | 100 | |
| | | ≤60 | | 650 | 400 | 280 | 100 | |
| 20CrMnTi | 渗碳淬火回火 | 15 | 表面HRC 56~62 | 1 100 | 850 | 525 | 300 | |
| 1Cr13 | 调质 | ≤60 | 187~217 | 600 | 420 | 275 | 155 | 用于在腐蚀条件下工作的轴 |
| 2Cr13 | 调质 | ≤100 | 197~248 | 660 | 450 | 295 | 170 | |
| 1Cr18Ni9Ti | 淬火 | ≤60 | ≤192 | 550 | 220 | 205 | 120 | 用于在高、低温及强腐蚀条件下工作的轴 |
| | | >60~180 | | 540 | 200 | 195 | 115 | |
| | | >100~200 | | 500 | 200 | 185 | 105 | |
| QT400-15 | | | 156~197 | 400 | 300 | 145 | 125 | 用于结构形状复杂的轴 |
| QT400-10 | | | 170~207 | 450 | 330 | 160 | 140 | |
| QT400-7 | | | 187~255 | 500 | 380 | 180 | 155 | |
| QT400-3 | | | 197~269 | 600 | 420 | 215 | 185 | |

注：1. 表中所列疲劳极限数值，均按下式计算：$\sigma_{-1}\approx 0.27(\sigma_b+\sigma_s)$，$\tau_{-1}\approx 0.156(\sigma_b+\sigma_s)$。

2. 其他性能，一般可取 $\tau_s\approx(0.55\sim 0.62)\sigma_s$，$\sigma_0\approx 1.4\sigma_{-1}$，$\tau_0\approx 1.5\tau_{-1}$。

3. 球墨铸铁 $\sigma_{-1}\approx 0.36\sigma_b$，$\tau_{-1}\approx 0.31\sigma_b$。

## 一、强度计算

### （一）心 轴

心轴仅受弯矩作用，强度计算式为：

$$\sigma=\frac{M}{W}\leqslant[\sigma] \tag{4-11-1}$$

式中 $\sigma$——心轴计算截面的工作弯曲应力(MPa)；

$M$——心轴计算截面的弯矩(N·mm)；静强度计算时用第Ⅱ类、第Ⅲ类载荷 $M_{\mathrm{II}}$、$M_{\mathrm{III}}$；疲劳强度计算时用第Ⅰ类载荷 $M_{\mathrm{I}}$；

$W$——计算截面的截面模量(mm³)，对圆截面，$W=0.1d^3$；对有键槽的圆截面，$W=0.1d^3-$

$bh(2d-h)^2/16d$；在此，$d$ 为计算圆截面的直径(mm)；$b$ 为键槽的宽度(mm)，$h$ 为键槽的高度(mm)；

$[\sigma]$——许用弯曲应力(MPa)；静强度计算用 $[\sigma]_{\mathrm{II}}$，疲劳强度计算用 $[\sigma]_{\mathrm{I}}$。$[\sigma]_{\mathrm{I}}$ 和 $[\sigma]_{\mathrm{II}}$ 值见表 4-11-2。

表 4-11-2 中应力的变化性质与心轴的旋转情况有关。当心轴旋转超过 100°或在静止的心轴上作用力方向的变化超过 100°时，心轴截面应力可视为对称循环。其他情况下，心轴截面应力可按脉动循环考虑。

表 4-11-2 轴的许用应力

| 应力及变化形式 | 载荷情况 | | 公式序号 |
| --- | --- | --- | --- |
| | I | II 和 III | |
| 弯曲应力按对称循环变化 | $[\sigma]_{\mathrm{I}} = \dfrac{\sigma_{-1}}{k} \cdot \dfrac{1}{n}$ | $[\sigma]_{\mathrm{II}} = \sigma_{\mathrm{sw}} \dfrac{1}{n}$ | A |
| 弯曲应力按脉动循环变化 | $[\sigma]_{\mathrm{I}} = \dfrac{2\sigma_{-1}}{k+\psi\delta} \cdot \dfrac{1}{n}$ | $[\sigma]_{\mathrm{II}} = \sigma_{\mathrm{sw}} \dfrac{1}{n}$ | B |
| 扭转应力按对称循环变化 | $[\tau]_{\mathrm{I}} = \dfrac{\tau_{-1}}{k} \cdot \dfrac{1}{n}$ | $[\tau]_{\mathrm{II}} = \tau_{\mathrm{sn}} \dfrac{1}{n}$ | C |
| 扭转应力按脉动循环变化 | $[\tau]_{\mathrm{I}} = \dfrac{2\tau_{-1}}{k+\psi\delta} \cdot \dfrac{1}{n}$ | $[\tau]_{\mathrm{II}} = \tau_{\mathrm{sn}} \dfrac{1}{n}$ | D |

注：1. 耐久限降低系数 $k=(k_\sigma/k_{\mathrm{d}\sigma}+1/k_{\mathrm{F}\sigma}-1)/k_{\mathrm{v}}$——弯曲

$k=(k_\tau/k_{\mathrm{d}\tau}+1/k_{\mathrm{F}\tau}-1)/k_{\mathrm{v}}$——扭转

式中 $k_\sigma$、$k_\tau$——有效应力集中系数(见表 4-11-6、表 4-11-7、表 4-11-8)；

$k_{\mathrm{d}\sigma}$、$k_{\mathrm{d}\tau}$——绝对尺寸影响系数：

$$k_{\mathrm{d}\sigma}=k_{\mathrm{d}\tau}\approx 1-0.15\lg\left(\dfrac{d}{7.5}\right)(\text{轴直径 } d\leqslant 150\text{ mm 时})$$

$$k_{\mathrm{d}\sigma}=0.8(\text{轴直径 } d>150\text{ mm 时})$$

$k_{\mathrm{F}\sigma}$、$k_{\mathrm{F}\tau}$——表面加工质量系数：

$$k_{\mathrm{F}\sigma}=1-0.22\lg R_Z(\lg\sigma_b/20-1)$$

$$k_{\mathrm{F}\tau}=0.575 k_{\mathrm{F}\sigma}-0.425$$

其中 $R_Z$——粗糙度($\mu$)，

$\sigma_b$——材料强度极限(MPa)，

$k_{\mathrm{v}}$——表面硬度影响系数，硬度低时，$k_{\mathrm{v}}=1$。

轴上有配合零件时，系数 $k$ 值见表 4-11-4。

2. 弯曲应力按不对称循环变化时，材料敏感系数 $\psi_\sigma = 0.48-0.00055\sigma_b$。

初算时，取 $\psi_\sigma=0.2$(碳钢)，$\psi_\sigma=0.3$(合金钢)。

3. 安全系数 $n$ 见表 4-11-5。

4. $\sigma_{-1}\approx 0.43\sigma_b$；$\tau_{-1}\approx 0.22\sigma_b$；$\sigma_{\mathrm{sw}}=1.2\sigma_{\mathrm{s拉}}$(碳钢)；$\sigma_{\mathrm{sw}}=\sigma_{\mathrm{sl}}$(合金钢)。$\sigma_b$ 和 $\sigma_{\mathrm{sl}}$ 应考虑零件尺寸和热处理情况。

5. 按有限寿命计算时，上述计算式中的持久寿命极限($\sigma_{-1}$、$\tau_{-1}$)应以有限寿命耐久代替。

### (二) 传 动 轴

传动轴截面上仅受扭矩作用，强度计算式为：

$$\tau=\dfrac{T}{W_{\mathrm{p}}}\leqslant [\tau] \tag{4-11-2}$$

式中 $\tau$——传动轴计算截面的工作扭转剪切力(MPa)；

$T$——传动轴计算截面的扭矩(N·mm);静强度计算用第Ⅱ类、第Ⅲ类载荷 $T_{Ⅱ}$、$T_{Ⅲ}$;疲劳强度计算用第Ⅰ类载荷 $T_{Ⅰ}$;

$W_p$——传动轴计算截面的极截面模量(mm³),对圆截面,$W_p = 0.2d^3$,对有键槽的圆截面 $W_p = 0.2d^3 - bh(2d-h)^2/16d$;

$[\tau]$——许用剪应力(MPa);静强度计算用 $[\tau]_{Ⅱ}$,疲劳强度计算用 $[\tau]_{Ⅰ}$。$[\tau]_{Ⅰ}$ 和 $[\tau]_{Ⅱ}$ 值见表 3-11-3。轴与心轴的许用应力计算式选用举例见表 4-11-3。

**表 4-11-3 轴与心轴许用应力计算式选用实例**

| 轴与心轴的类型 | | 选用表 4-11-2 中计算式的序号 |
|---|---|---|
| 工作特点 | 举 例 | |
| 起升机构和普通臂架变幅机构 | | |
| 受对称弯曲和脉动扭转的轴 | 齿轮减速箱中的轴 | A |
| 只受脉动扭转的轴 | 联接电动机与减速箱的浮动轴 | D |
| 受对称弯曲的心轴 | 钢丝绳卷筒的旋转心轴 | A |
| 受脉动弯曲的心轴 | 钢丝绳卷筒的固定心轴,钢丝绳滑轮的心轴 | B |
| 平衡臂架变幅机构 | | |
| 受对称弯曲和对称扭转的轴 | 齿轮减速箱中的轴 | A |
| 只受对称扭转的轴 | 联接电动机与开式齿轮传动的浮动轴 | C |
| 受对称弯曲的心轴 | 联接摇杆与曲柄的心轴 | A |
| 受脉动弯曲的心轴 | 齿条滚子的心轴 | B |
| 回转机构与运行机构 | | |
| 受对称弯曲和对称扭转的轴 | 齿轮减速箱中的轴 | A |
| 只受对称扭转的轴 | 联接电动机与减速箱的浮动轴 | C |
| 受对称弯曲的心轴 | 拉销 | A |
| 受脉动弯曲的心轴 | 回转机构制动器驱动装置的心轴 | B |
| 走行部分和支承回转装置 | | |
| 受对称弯曲的走行部分和支承回转装置的支承心轴 | | A |
| 受对称弯曲的走行部分和支承回转装置的支承心轴 | | B |
| 金属结构 | | |
| 联接金属结构部分主要部分、承受对称弯曲的铰轴 | | A |
| 联接金属结构部分主要部分、承受脉动弯曲的铰轴 | | B |

**表 4-11-4 耐久限降低系数 k**

| 轴的直径 /mm | 配合特性 | 系数 k | | | |
|---|---|---|---|---|---|
| | | 弯曲变形当量强度限 $\sigma_b$/MPa | | 扭转变形当量强度限 $\sigma_b$/MPa | |
| | | ≤600 | ≤1 000 | ≤600 | ≤1 000 |
| 30 | 过盈 | 2.8 | 3.8 | 2.1 | 2.7 |
| | 过渡 | 2.1 | 2.8 | 1.7 | 2.1 |
| | 间隙 | 1.8 | 2.4 | 1.5 | 1.9 |
| 50 | 过盈 | 3.4 | 4.6 | 2.5 | 3.3 |
| | 过渡 | 2.5 | 3.5 | 2 | 2.6 |
| | 间隙 | 2.2 | 3 | 1.7 | 2.2 |
| ≥100 | 过盈 | 3.6 | 4.9 | 2.5 | 3.4 |
| | 过渡 | 2.7 | 4 | 2 | 2.8 |
| | 间隙 | 2.3 | 3.2 | 1.8 | 2 |

表 4-11-5　安全系数 $n$

| 毛坯形式 | 载荷Ⅰ、Ⅱ | | 载荷Ⅲ |
|---|---|---|---|
| | 起升机构、变幅机构、联接金属结构的主要铰轴。走行部分的支承轴、支承回转装置的轴 | 回转机构运行机构 | 变幅机构、联接金属结构的主要铰轴。走行部分的支承轴、支承回转装置的轴 |
| 锻件 | 1.6 | 1.4 | 1.4 |
| 铸件 | 1.8 | 1.6 | 1.6 |

注：对减速器轴，可取 $n=2.5\sim3$，这时可不作刚度验算。

### （三）转　轴

转轴同时承受弯矩和扭矩作用，按当量弯矩计算的当量应力为：

$$\sigma_e = \frac{10\sqrt{M_{\mathrm{I}}^2+(\alpha T_{\mathrm{I}})^2}}{d^3} \leqslant [\sigma_{-1}] \quad \text{（实心圆轴）} \tag{4-11-3}$$

$$\sigma_e = \frac{10\sqrt{M_{\mathrm{I}}^2+(\alpha T_{\mathrm{I}})^2}}{d^3} \cdot \frac{1}{(1-\gamma^4)} \leqslant [\sigma_{-1}] \quad \text{（空心圆轴）} \tag{4-11-4}$$

式中　$\sigma_e$——转轴计算截面上的当量工作应力（MPa）；

　　　$M_{\mathrm{I}}$——转轴计算截面上的合成弯矩（按第Ⅰ类载荷计算）（N·mm）；

　　　$d$——轴的直径（mm）；

　　　$\alpha$——根据扭转剪切应力变化性质而定的校正系数，扭转剪切应力对称循环变化时，$\alpha=1$；

　　　扭转剪切应力脉动循环变化时，$\alpha = \dfrac{[\sigma_{-1}]}{[\sigma_0]} \approx 0.7$；扭转剪切应力不变时，$\alpha \approx 0.65$；

　　　$\gamma$——空心轴内径 $d_0$ 与外径 $d$ 之比，$\gamma = \dfrac{d_0}{d}$；

　　　$[\sigma_{-1}]$——许用疲劳应力（MPa）；可按表 4-11-1 查取。

当轴上有一个键槽时，轴径应增大 3%～7%，有两个键槽时，轴径应增大 7%～15%。

### （四）安全系数校核计算

按当量弯矩计算一般的轴，已足够精确。但它没有计入轴的表面状态和应力变化特征对疲劳强度的影响。当需要精确评定轴的安全裕度时，必须按强度的安全系数进行校核计算。疲劳强度的安全系数可用下式表出：

$$n = \frac{n_\sigma n_\tau}{\sqrt{n_\sigma^2+n_\tau^2}} \geqslant [n] \tag{4-11-5}$$

式中　$n_\sigma$——只考虑弯矩作用的安全系数；

　　　$n_\tau$——只考虑扭矩作用的安全系数，

$$n_\sigma = \frac{\sigma_{-1}}{\dfrac{K_\sigma}{\beta \cdot \varepsilon_\sigma} \cdot \sigma_a + \psi_\sigma \cdot \sigma_m} \tag{4-11-6}$$

$$n_\tau = \frac{\tau_{-1}}{\dfrac{K_\tau}{\beta \cdot \varepsilon_\tau} \cdot \tau_a + \psi_\tau \cdot \tau_m} \tag{4-11-7}$$

其中　$\sigma_{-1}$、$\tau_{-1}$——对称循环应力下的材料弯曲和扭转疲劳极限（MPa），见表 4-11-1，

　　　$K_\sigma$、$K_\tau$——弯曲和扭转时的有效应力集中系数，见表 4-11-6、表 4-11-7、表 4-11-8，

　　　$\beta$——表面质量系数，见表 4-11-9、表 4-11-10、表 4-11-11，

　　　$\varepsilon_\sigma$、$\varepsilon_\tau$——弯曲和扭转时的尺寸影响系数，见表 4-11-12，

　　　$\psi_\sigma$、$\psi_\tau$——材料拉伸和扭转的平均应力折算系数见表 4-11-13，

　　　$\tau_a$、$\tau_m$——按第Ⅰ类载荷计算的转轴截面上扭转应力幅和平均应力（MPa）；

　　　$[n]$——许用最小安全系数，见表 4-11-5。

**表 4-11-6 螺纹、键、花键、横孔处及配合的边缘处的有效应力集中系数**

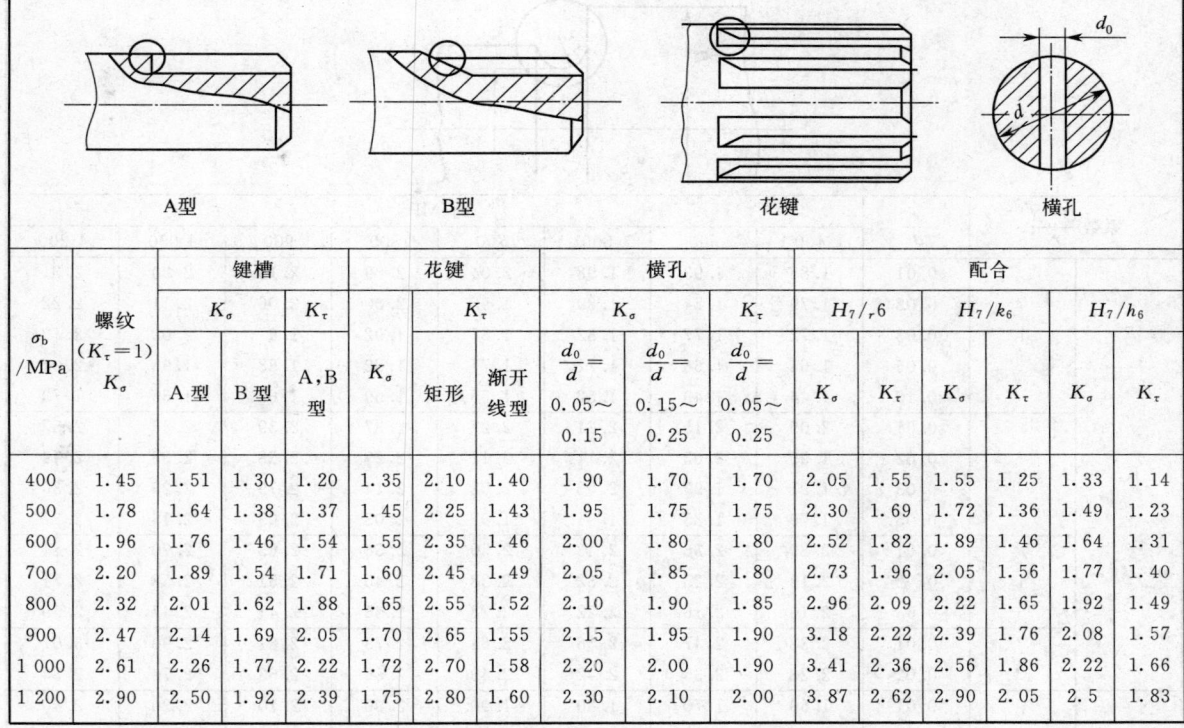

| $\sigma_b$ /MPa | 螺纹 ($K_\tau=1$) $K_\sigma$ | 键槽 $K_\sigma$ A型 | 键槽 $K_\sigma$ B型 | 键槽 $K_\tau$ A,B型 | 花键 $K_\sigma$ | 花键 $K_\tau$ 矩形 | 花键 $K_\tau$ 渐开线型 | 横孔 $K_\sigma$ $d_0/d=$0.05~0.15 | 横孔 $K_\sigma$ $d_0/d=$0.15~0.25 | 横孔 $K_\tau$ $d_0/d=$0.05~0.25 | 配合 $H_7/r_6$ $K_\sigma$ | 配合 $H_7/r_6$ $K_\tau$ | 配合 $H_7/k_6$ $K_\sigma$ | 配合 $H_7/k_6$ $K_\tau$ | 配合 $H_7/h_6$ $K_\sigma$ | 配合 $H_7/h_6$ $K_\tau$ |
|---|---|---|---|---|---|---|---|---|---|---|---|---|---|---|---|---|
| 400 | 1.45 | 1.51 | 1.30 | 1.20 | 1.35 | 2.10 | 1.40 | 1.90 | 1.70 | 1.70 | 2.05 | 1.55 | 1.55 | 1.25 | 1.33 | 1.14 |
| 500 | 1.78 | 1.64 | 1.38 | 1.37 | 1.45 | 2.25 | 1.43 | 1.95 | 1.75 | 1.75 | 2.30 | 1.69 | 1.72 | 1.36 | 1.49 | 1.23 |
| 600 | 1.96 | 1.76 | 1.46 | 1.54 | 1.55 | 2.35 | 1.46 | 2.00 | 1.80 | 1.80 | 2.52 | 1.82 | 1.89 | 1.46 | 1.64 | 1.31 |
| 700 | 2.20 | 1.89 | 1.54 | 1.71 | 1.60 | 2.45 | 1.49 | 2.05 | 1.85 | 1.80 | 2.73 | 1.96 | 2.05 | 1.56 | 1.77 | 1.40 |
| 800 | 2.32 | 2.01 | 1.62 | 1.88 | 1.65 | 2.55 | 1.52 | 2.10 | 1.90 | 1.85 | 2.96 | 2.09 | 2.22 | 1.65 | 1.92 | 1.49 |
| 900 | 2.47 | 2.14 | 1.69 | 2.05 | 1.70 | 2.65 | 1.55 | 2.15 | 1.95 | 1.90 | 3.18 | 2.22 | 2.39 | 1.76 | 2.08 | 1.57 |
| 1 000 | 2.61 | 2.26 | 1.77 | 2.22 | 1.72 | 2.70 | 1.58 | 2.20 | 2.00 | 1.90 | 3.41 | 2.36 | 2.56 | 1.86 | 2.22 | 1.66 |
| 1 200 | 2.90 | 2.50 | 1.92 | 2.39 | 1.75 | 2.80 | 1.60 | 2.30 | 2.10 | 2.00 | 3.87 | 2.62 | 2.90 | 2.05 | 2.5 | 1.83 |

注:1. 滚动轴承与轴的配合按 $H_7/r_6$ 配合选择系数。
2. 蜗杆螺旋根部有效应力集中系数可取 $K_\sigma=2.3\sim2.5$;$K_\tau=1.7\sim1.9$。

**表 4-11-7 圆角处的有效应力集中系数**

| $\dfrac{D-d}{r}$ | $\dfrac{r}{d}$ | $K_\sigma$ $\sigma_b$/MPa | | | | | | | | $K_\tau$ $\sigma_b$/MPa | | | | | | | |
|---|---|---|---|---|---|---|---|---|---|---|---|---|---|---|---|---|---|
| | | 400 | 500 | 600 | 700 | 800 | 900 | 1 000 | 1 200 | 400 | 500 | 600 | 700 | 800 | 900 | 1 000 | 1 200 |
| 2 | 0.01 | 1.34 | 1.36 | 1.38 | 1.40 | 1.41 | 1.43 | 1.45 | 1.49 | 1.26 | 1.28 | 1.29 | 1.29 | 1.30 | 1.30 | 1.31 | 1.32 |
| 2 | 0.02 | 1.41 | 1.44 | 1.47 | 1.49 | 1.52 | 1.54 | 1.57 | 1.62 | 1.33 | 1.35 | 1.36 | 1.37 | 1.37 | 1.38 | 1.39 | 1.42 |
| 2 | 0.03 | 1.59 | 1.63 | 1.67 | 1.71 | 1.76 | 1.80 | 1.84 | 1.92 | 1.39 | 1.40 | 1.42 | 1.44 | 1.45 | 1.47 | 1.48 | 1.52 |
| 2 | 0.05 | 1.54 | 1.59 | 1.64 | 1.69 | 1.73 | 1.78 | 1.83 | 1.93 | 1.42 | 1.43 | 1.44 | 1.46 | 1.47 | 1.50 | 1.51 | 1.54 |
| 2 | 0.10 | 1.38 | 1.44 | 1.50 | 1.55 | 1.61 | 1.66 | 1.72 | 1.83 | 1.37 | 1.38 | 1.39 | 1.42 | 1.43 | 1.45 | 1.46 | 1.50 |
| 4 | 0.01 | 1.51 | 1.54 | 1.57 | 1.59 | 1.62 | 1.64 | 1.67 | 1.72 | 1.37 | 1.39 | 1.40 | 1.42 | 1.43 | 1.44 | 1.46 | 1.47 |
| 4 | 0.02 | 1.76 | 1.81 | 1.86 | 1.91 | 1.96 | 2.01 | 2.06 | 2.16 | 1.53 | 1.55 | 1.58 | 1.59 | 1.61 | 1.62 | 1.65 | 1.68 |
| 4 | 0.03 | 1.76 | 1.82 | 1.88 | 1.94 | 1.99 | 2.05 | 2.11 | 2.23 | 1.52 | 1.54 | 1.57 | 1.59 | 1.61 | 1.64 | 1.66 | 1.71 |
| 4 | 0.05 | 1.70 | 1.76 | 1.82 | 1.88 | 1.95 | 2.01 | 2.07 | 2.19 | 1.50 | 1.53 | 1.57 | 1.59 | 1.62 | 1.65 | 1.68 | 1.74 |
| 6 | 0.01 | 1.86 | 1.90 | 1.94 | 1.99 | 2.03 | 2.08 | 2.12 | 2.21 | 1.54 | 1.57 | 1.59 | 1.61 | 1.64 | 1.66 | 1.68 | 1.73 |
| 6 | 0.02 | 1.90 | 1.96 | 2.02 | 2.08 | 2.13 | 2.19 | 2.25 | 2.37 | 1.59 | 1.62 | 1.66 | 1.69 | 1.72 | 1.75 | 1.79 | 1.86 |
| 6 | 0.03 | 1.89 | 1.96 | 2.03 | 2.10 | 2.16 | 2.23 | 2.30 | 2.44 | 1.61 | 1.65 | 1.68 | 1.72 | 1.74 | 1.77 | 1.81 | 1.88 |
| 10 | 0.01 | 2.07 | 2.12 | 2.17 | 2.23 | 2.28 | 2.34 | 2.39 | 2.50 | 2.12 | 2.18 | 2.24 | 2.30 | 2.37 | 2.42 | 2.48 | 2.60 |
| 10 | 0.02 | 2.09 | 2.09 | 2.23 | 2.30 | 2.38 | 2.45 | 2.52 | 2.66 | 2.03 | 2.08 | 2.12 | 2.17 | 2.22 | 2.26 | 2.31 | 2.40 |

**表 4-11-8　环槽处的有效应力集中系数**

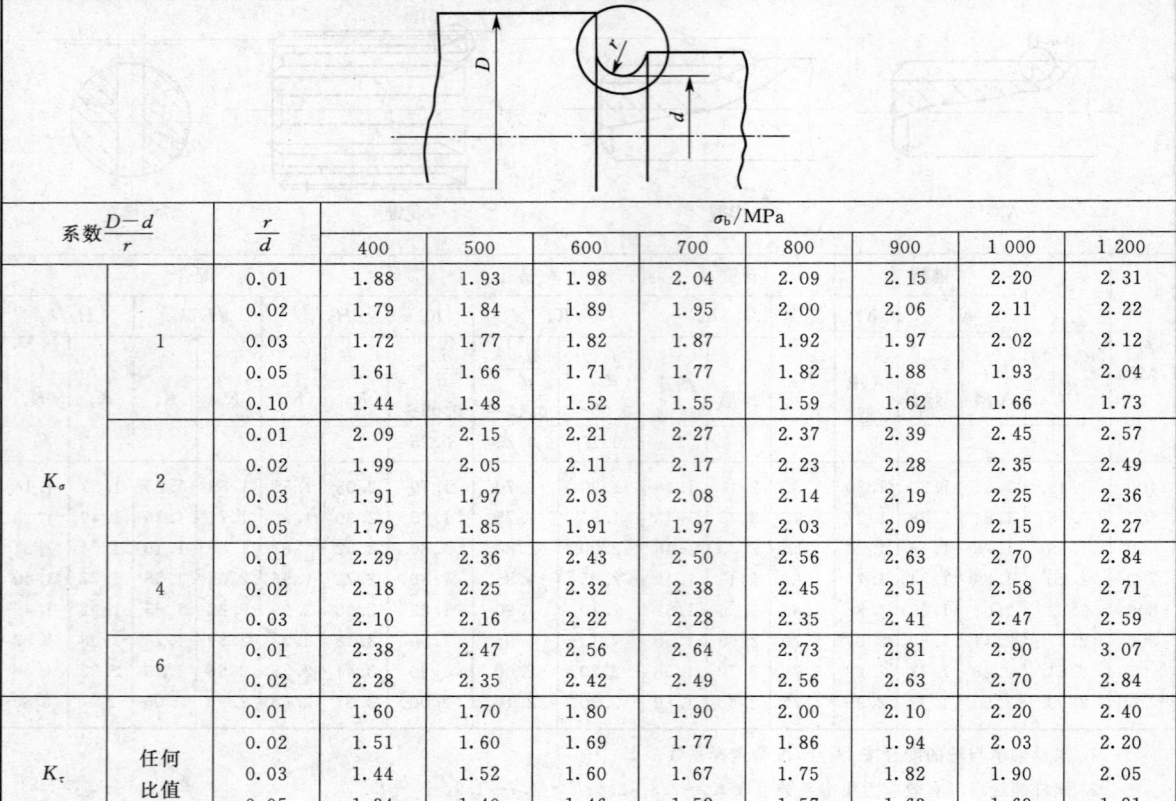

| 系数 | $\dfrac{D-d}{r}$ | $\dfrac{r}{d}$ | $\sigma_b$/MPa ||||||||
|---|---|---|---|---|---|---|---|---|---|---|
| | | | 400 | 500 | 600 | 700 | 800 | 900 | 1 000 | 1 200 |
| $K_\sigma$ | 1 | 0.01 | 1.88 | 1.93 | 1.98 | 2.04 | 2.09 | 2.15 | 2.20 | 2.31 |
| | | 0.02 | 1.79 | 1.84 | 1.89 | 1.95 | 2.00 | 2.06 | 2.11 | 2.22 |
| | | 0.03 | 1.72 | 1.77 | 1.82 | 1.87 | 1.92 | 1.97 | 2.02 | 2.12 |
| | | 0.05 | 1.61 | 1.66 | 1.71 | 1.77 | 1.82 | 1.88 | 1.93 | 2.04 |
| | | 0.10 | 1.44 | 1.48 | 1.52 | 1.55 | 1.59 | 1.62 | 1.66 | 1.73 |
| | 2 | 0.01 | 2.09 | 2.15 | 2.21 | 2.27 | 2.37 | 2.39 | 2.45 | 2.57 |
| | | 0.02 | 1.99 | 2.05 | 2.11 | 2.17 | 2.23 | 2.28 | 2.35 | 2.49 |
| | | 0.03 | 1.91 | 1.97 | 2.03 | 2.08 | 2.14 | 2.19 | 2.25 | 2.36 |
| | | 0.05 | 1.79 | 1.85 | 1.91 | 1.97 | 2.03 | 2.09 | 2.15 | 2.27 |
| | 4 | 0.01 | 2.29 | 2.36 | 2.43 | 2.50 | 2.56 | 2.63 | 2.70 | 2.84 |
| | | 0.02 | 2.18 | 2.25 | 2.32 | 2.38 | 2.45 | 2.51 | 2.58 | 2.71 |
| | | 0.03 | 2.10 | 2.16 | 2.22 | 2.28 | 2.35 | 2.41 | 2.47 | 2.59 |
| | 6 | 0.01 | 2.38 | 2.47 | 2.56 | 2.64 | 2.73 | 2.81 | 2.90 | 3.07 |
| | | 0.02 | 2.28 | 2.35 | 2.42 | 2.49 | 2.56 | 2.63 | 2.70 | 2.84 |
| $K_\tau$ | 任何比值 | 0.01 | 1.60 | 1.70 | 1.80 | 1.90 | 2.00 | 2.10 | 2.20 | 2.40 |
| | | 0.02 | 1.51 | 1.60 | 1.69 | 1.77 | 1.86 | 1.94 | 2.03 | 2.20 |
| | | 0.03 | 1.44 | 1.52 | 1.60 | 1.67 | 1.75 | 1.82 | 1.90 | 2.05 |
| | | 0.05 | 1.34 | 1.40 | 1.46 | 1.52 | 1.57 | 1.63 | 1.69 | 1.81 |
| | | 0.10 | 1.17 | 1.20 | 1.23 | 1.26 | 1.28 | 1.31 | 1.34 | 1.40 |

**表 4-11-9　不同表面粗糙度的表面质量系数 $\beta$**

| 加工方法 | 轴表面粗糙度/$\mu m$ | $\sigma_b$/MPa | | |
|---|---|---|---|---|
| | | 400 | 800 | 1 200 |
| 磨削 | $R_a 0.4 \sim 0.2$ | 1 | 1 | 1 |
| 车削 | $R_a 3.2 \sim 0.8$ | 0.95 | 0.90 | 0.80 |
| 粗车 | $R_a 25 \sim 6.3$ | 0.85 | 0.80 | 0.65 |
| 未加工的表面 | | 0.75 | 0.65 | 0.45 |

**表 4-11-10　各种强化方法的表面质量系数 $\beta$**

| 强化方法 | 心部强度 $\sigma_b$/MPa | $\beta$ | | |
|---|---|---|---|---|
| | | 光轴 | 低应力集中的轴 $K_\sigma \leqslant 1.5$ | 高应力集中的轴 $k_\sigma \geqslant 1.8 \sim 2$ |
| 高频淬火 | 600~800 | 1.5~1.7 | 1.6~1.7 | 2.4~2.8 |
| | 800~1 000 | 1.3~1.5 | | |
| 氮化 | 900~1 200 | 1.1~1.25 | 1.5~1.7 | 1.7~2.1 |
| 渗碳 | 400~600 | 1.8~2.0 | 3 | |
| | 700~800 | 1.4~1.5 | | |
| | 1 000~1 200 | 1.2~1.3 | 2 | |
| 喷丸硬化 | 600~1 500 | 1.1~1.25 | 1.5~1.6 | 1.7~2.1 |
| 滚子滚压 | 600~1 500 | 1.1~1.3 | 1.3~1.5 | 1.6~2.0 |

注：1. 高频淬火系根据直径为 10 mm~20 mm，淬硬层厚度为 $(0.05 \sim 0.20)d$ 的试件实验求得的数据；对大尺寸的试件强化系数的值会有某些降低。
2. 氮化层厚度为 $0.01d$ 时用小值；在 $(0.03 \sim 0.04)d$ 时用大值。
3. 喷丸硬化系根据 8 mm~40 mm 的试件求得的数据。喷丸速度低时用小值；速度高时用大值。
4. 滚子滚压系根据 17 mm~130 mm 的试件求得的数据。
5. 无强化时，$\beta = 1$。

表 4-11-11　各种腐蚀情况的表面质量系数 $\beta$

| 工作条件 | 抗拉强度 $\sigma_b$/MPa | | | | | | | | | | |
|---|---|---|---|---|---|---|---|---|---|---|---|
| | 400 | 500 | 600 | 700 | 800 | 900 | 1 000 | 1 100 | 1 200 | 1 300 | 1 400 |
| 淡水中，有应力集中 | 0.7 | 0.63 | 0.56 | 0.52 | 0.46 | 0.43 | 0.40 | 0.38 | 0.36 | 0.35 | 0.33 |
| 淡水中，无应力集中<br>海水中，有应力集中 | 0.58 | 0.50 | 0.44 | 0.37 | 0.33 | 0.28 | 0.25 | 0.23 | 0.21 | 0.20 | 0.19 |
| 海水中，无应力集中 | 0.37 | 0.30 | 0.26 | 0.23 | 0.21 | 0.18 | 0.16 | 0.14 | 0.13 | 0.12 | 0.12 |

表 4-11-12　绝对尺寸影响系数 $\varepsilon_\sigma$、$\varepsilon_\tau$

| 直径 $d$/mm | | >20~30 | >30~40 | >40~50 | >50~60 | >60~70 | >70~80 | >80~100 | >100~120 | >120~150 | >150~500 |
|---|---|---|---|---|---|---|---|---|---|---|---|
| $\varepsilon_\sigma$ | 碳钢 | 0.91 | 0.83 | 0.84 | 0.81 | 0.78 | 0.75 | 0.73 | 0.70 | 0.68 | 0.60 |
| | 合金钢 | 0.83 | 0.77 | 0.73 | 0.70 | 0.68 | 0.66 | 0.64 | 0.62 | 0.60 | 0.54 |
| $\varepsilon_\tau$ | 各种钢 | 0.89 | 0.81 | 0.78 | 0.76 | 0.74 | 0.73 | 0.72 | 0.70 | 0.68 | 0.60 |

## 二、刚度计算

如果刚度不足的轴和心轴有可能影响机构的正常工作，就应计算它们的挠度和转角。初步计算时对于装有齿轮的轴，轴的最大挠度不应大于支座距离的 0.000 3，在支座处的截面最大转角不大于 0.001 弧度（支座为滑动轴承时）、0.005 弧度（支座为深沟球轴承时）、0.05 弧度（支座为调心球轴承时）、0.002 5 弧度（支座为圆柱滚子轴承处）、0.001 6 弧度（圆锥滚子轴承处）、0.001～0.002 弧度（安装齿轮处）。

对于转动轴，最大扭转角不超过每米 $20'$，轴的挠度和转角可按有关机械设计手册所述方法计算。

当长的传动轴的转速超过 400 $\min^{-1}$ 时，须验算其临界转速 $n_{cr}$：

$$n_{\max} \leqslant \frac{n_{cr}}{1.2} \tag{4-11-8}$$

式中 $n_{cr} = 1\ 210 \dfrac{\sqrt{d_2^2 + d_1^2}}{l^2}$ （$\min^{-1}$）

其中　$d_2$、$d_1$——轴的内径和外径（cm），

　　　$l$——支座间的轴长（cm）。

表 4-11-13　钢的 $\psi_\sigma$ 及 $\psi_\tau$ 值

| 应力种类 | 系数 | 表面状态 | | | | |
|---|---|---|---|---|---|---|
| | | 抛光 | 磨光 | 车削 | 热轧 | 锻造 |
| 弯曲 | $\psi_\sigma$ | 0.50 | 0.43 | 0.34 | 0.215 | 0.14 |
| 拉压 | $\psi_\sigma$ | 0.41 | 0.36 | 0.30 | 0.18 | 0.10 |
| 扭转 | $\psi_\tau$ | 0.33 | 0.29 | 0.21 | 0.11 | |

## 第二节　轴和轮毂的联接

轴和轮毂间通常采用键或花键联接。键与花键联接都已标准化。设计时，根据联接的结构特点和使用要求，选择键或花键类型，并按轴的直径选出截面尺寸，参照毂长选定键的长度，然后进行

## 一、平键联接

平键联接见图 4-11-1，是最常用的一种。键的失效形式是工作面压溃或键剪断。对于按标准选用的平键来说，压溃是主要失效形式，因而应校核键侧连接工作面的挤压应力。

$$\sigma_{\mathrm{j}} = \frac{2T}{dkl} \leqslant [\sigma_{\mathrm{j}}] \tag{4-11-9}$$

式中 $T$——键联接传递的扭矩（N·mm）；
$d$——轴的直径（mm）；
$k$——平键与轮毂的接触高度，可取为平键高度的 40%（mm）；
$l$——平键的工作长度（mm）；
$[\sigma_{\mathrm{j}}]$——许用挤压应力（MPa），见表 4-11-14。

如果计算结果强度不足，可采用双键，相隔 180°布置。考虑载荷不均匀分布，双键联接的强度按一个半键计算。

采用非标准尺寸的平键时，除挤压计算外，还需按下式校核键的剪切强度。

$$\tau = \frac{2T}{dbl} \leqslant [\tau] \tag{4-11-10}$$

式中 $b$——平键宽度（mm）；
$[\tau]$——许用剪切应力（MPa），见表 4-11-14。

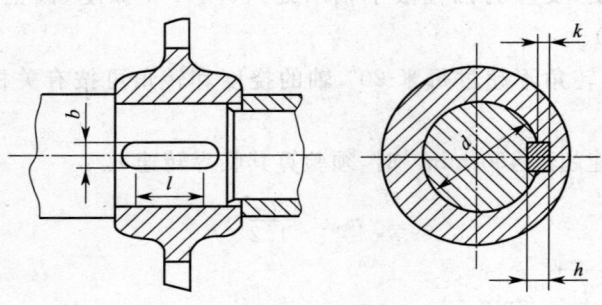

图 4-11-1 键联接

键槽部分是轴的最薄弱部分。为了减小应力集中，在轴侧和轮毂侧的键槽角都应有圆角 $R$，并避免在圆角部分留下刀痕。平键只能在轴的径向留有间隙。

表 4-11-14 平键联接的 $[\sigma_{\mathrm{j}}]$ 和 $[\tau]$

| 联接性质 | 载荷特点 | 许用应力/MPa | |
|---|---|---|---|
| | | $[\sigma_{\mathrm{j}}]$ | $[\tau]$ |
| 静联接 | 有冲击 | $(0.16\sim0.22)\sigma_{\mathrm{s}}$ | $(0.16\sim0.22)\sigma_{\mathrm{s}}$ |
| | 交变 | $(0.33\sim0.43)\sigma_{\mathrm{s}}$ | $(0.28\sim0.35)\sigma_{\mathrm{s}}$ |
| | 脉动或恒定 | $(0.5\sim0.65)\sigma_{\mathrm{s}}$ | $(0.4\sim0.5)\sigma_{\mathrm{s}}$ |
| 动联接 | 有冲击 | $(0.1\sim0.13)\sigma_{\mathrm{s}}$ | $(0.05\sim0.08)\sigma_{\mathrm{s}}$ |
| | 交变 | $(0.14\sim0.17)\sigma_{\mathrm{s}}$ | $(0.09\sim0.12)\sigma_{\mathrm{s}}$ |
| | 脉动或恒定 | $(0.16\sim0.22)\sigma_{\mathrm{s}}$ | $(0.13\sim0.16)\sigma_{\mathrm{s}}$ |

注：1. 许用挤压应力按联接中强度最低的材料选取（轮毂、轴、键）。
2. 许用应力中的低值适用于较高的工作级别（M5、M6 及其以上）。

## 二、花键联接

花键联接(见图 4-11-2)的齿面压溃或磨损是主要失效形式,通常只校核齿面的挤压强度。

花键主要有矩形花键和渐开线花键两种,其中矩形花键应用最广。载荷较大、定心精度要求较高以及尺寸较大的联接使用渐开线花键。花键齿侧的挤压应力为:

$$\sigma_j = \frac{2T}{\psi Z h l d_m} \leqslant [\sigma_j] \quad (4\text{-}11\text{-}11)$$

式中 $T$——花键联接传递的扭矩($N \cdot mm$);

$Z$——花键的齿数;

$h$——齿的工作高度(mm);

$l$——齿的接触长度(mm);

$d_m$——花键的平均直径(mm);

$\psi$——齿间载荷不均匀系数,$\psi = 0.7 \sim 0.8$,齿数多时取偏小值;

$[\sigma_j]$——许用挤压应力,见表 4-11-15。

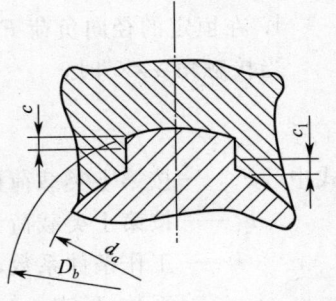

图 4-11-2 花键联接

对于矩形花键,$h = \frac{D_b - d_a}{2} - 2c$,$d_m = \frac{D_b + d_a}{2}$,$D_b$ 为轴齿外径(mm),$d_a$ 为毂齿内径(mm),$c$ 为倒角尺寸(mm)。

对于渐开线花键,齿侧定心时 $h = m$,外径定心时 $h = 0.9m$,$d_m = mZ$,$m$ 为花键齿模数(mm)。

表 4-11-15 花键联接的 $[\sigma_j]$

| 联接性质 | 载荷特点 | 许用应力/MPa | |
|---|---|---|---|
| | | 齿面未经热处理 | 齿面经热处理 |
| 静联接 | 有冲击 | 30~50 | 40~70 |
| | 交变 | 60~100 | 100~140 |
| | 脉动或恒定 | 80~120 | 120~200 |
| 空载下的动联接 | 有冲击 | 15~20 | 20~35 |
| | 交变 | 20~30 | 30~60 |
| | 脉动或恒定 | 25~40 | 40~70 |
| 负载下的动联接 | 有冲击 | — | 3~10 |
| | 交变 | — | 5~15 |
| | 脉动或恒定 | — | 10~20 |

注:1. 许用应力中的低值适用于较高的工作级别(M5、M6 及其以上)。
2. 内、外花键材料的抗拉强度不低于 590 MPa。

## 第三节 轴承的计算

### 一、滚动轴承的计算

起重机中应用的滚动轴承按所承受的第Ⅰ类当量载荷校验其寿命,按第Ⅱ、Ⅲ类载荷校验其静承载能力(对转速低于 10 min$^{-1}$ 的滚动轴承不必校验寿命)。

(一)滚动轴承的寿命校验

$$L_h = \frac{10^6}{60n} \left( \frac{C}{P} \right)^\varepsilon \quad (h) \quad (4\text{-}11\text{-}12)$$

式中 $n$——轴承转速(1/min);

$\varepsilon$——寿命指数,对球轴承 $\varepsilon = 3$,滚子轴承 $\varepsilon = \frac{10}{3}$;

$C$——所有轴承的基本额定动负荷(N)可由一般机械设计手册轴承资料查得);

$P$——所有轴承工作时的当量动负荷(N);

$L_h$——轴承寿命(h)。

滚动轴承的设计寿命可取为比它所在机构的利用等级低一级或两级的设计寿命,或根据工作级别参考表 4-11-16 选用。

表 4-11-16 滚动轴承推荐寿命

| 工作级别 | M1～M3 | M4 | M5 | M6 |
|---|---|---|---|---|
| 寿命/h | 1 000 | 7 000 | 16 000 | 32 000 |

1. 在恒定的径向负荷 $F_r$ 和轴向负荷 $F_a$ 作用下向心球轴承和滚子轴承的径向当量动负荷为:

当接触角 $\alpha \neq 0°$ 时,

$$P_r = (xF_r + yF_a)k \quad (\text{N}) \tag{4-11-13}$$

式中 $F_r$——按第Ⅰ类载荷计算的轴承径向负荷(N);

$F_a$——按第Ⅰ类载荷计算的轴承轴向负荷(N);

$k$——工作条件系数,根据不同机构及部件由表 4-11-17 查得;

$x, y$——系数,见表 4-11-18。

表 4-11-17 工作条件系数($k$)

| 机构及部件 | $k$ |
|---|---|
| 手动起重机的所有机构、人力驱动、操纵系统 | 1 |
| 起重机的起升机构 | 1.2 |
| 小车运行机构(走行车轮除外)、回转机构(支承回转装置除外)、变幅机构 | 1.3 |
| 小车运行机构车轮、支承回转装置的滚轮和辊子、起重机运行机构(车轮除外) | 1.4 |
| 起重机运行机构车轮 | 1.5 |

当接触角 $\alpha = 0°$ 时,$P_r = kF_r$。

2. 推力球轴承和滚子轴承的轴向当量动负荷为:

当接触角 $\alpha \neq 90°$ 时:

$$P_a = (xF_r + yF_a)k \tag{4-11-14}$$

式中 $x, y$——系数,见表 4-11-19。

当接触角 $\alpha = 90°$ 时,$P_a = kF_a$。

表 4-11-18 向心轴承的 $x$、$y$ 系数

| 轴承类型 | 相对轴向负荷 | | 单列轴承 | | | | 双列轴承 | | | | $e$ |
|---|---|---|---|---|---|---|---|---|---|---|---|
| | | | $F_a/F_r \leq e$ | | $F_a/F_r > e$ | | $F_a/F_r \leq e$ | | $F_a/F_r > e$ | | |
| | $F_a/C_{or}$ | $ZD_w^2$ | $x$ | $y$ | $x$ | $y$ | $x$ | $y$ | $x$ | $y$ | |
| 深沟球轴承 | 0.014 | 0.172 | 1 | 0 | 0.56 | 2.30 | 1 | 0 | 0.56 | 2.30 | 0.19 |
| | 0.028 | 0.345 | | | | 1.99 | | | | 1.99 | 0.22 |
| | 0.056 | 0.689 | | | | 1.71 | | | | 1.71 | 0.26 |
| | 0.084 | 1.03 | | | | 1.55 | | | | 1.55 | 0.28 |
| | 0.11 | 1.38 | | | | 1.45 | | | | 1.45 | 0.30 |
| | 0.17 | 2.07 | | | | 1.31 | | | | 1.31 | 0.34 |
| | 0.28 | 3.45 | | | | 1.15 | | | | 1.15 | 0.38 |
| | 0.42 | 5.17 | | | | 1.04 | | | | 1.04 | 0.42 |
| | 0.56 | 6.89 | | | | 1.00 | | | | 1.00 | 0.44 |

续上表

| 轴承类型 | | 相对轴向负荷 | | 单列轴承 | | | | 双列轴承 | | | | $e$ |
|---|---|---|---|---|---|---|---|---|---|---|---|---|
| | | | | $F_a/F_r \leqslant e$ | | $F_a/F_r > e$ | | $F_a/F_r \leqslant e$ | | $F_a/F_r > e$ | | |
| | | $F_a/C_{or}$ | $ZD_w^2$ | $x$ | $y$ | $x$ | $y$ | $x$ | $y$ | $x$ | $y$ | |
| 角接触球轴承 | $\alpha=5°$ | 0.014 | 0.172 | | | 此类轴承用单列深沟球轴承的 $x、y$ 和 $e$ 值 | | 1 | 2.78 | 0.78 | 3.74 | 0.23 |
| | | 0.028 | 0.345 | | | | | | 2.40 | | 3.23 | 0.26 |
| | | 0.056 | 0.689 | | | | | | 2.07 | | 2.78 | 0.30 |
| | | 0.085 | 1.03 | 1 | 0 | | | | 1.87 | | 2.52 | 0.34 |
| | | 0.11 | 1.38 | | | | | | 1.75 | | 2.36 | 0.36 |
| | | 0.17 | 2.07 | | | | | | 1.58 | | 2.13 | 0.40 |
| | | 0.28 | 3.45 | | | | | | 1.39 | | 1.87 | 0.45 |
| | | 0.42 | 5.17 | | | | | | 1.26 | | 1.69 | 0.50 |
| | | 0.56 | 6.89 | | | | | | 1.21 | | 1.63 | 0.52 |
| | $\alpha=10°$ | 0.014 | 0.172 | 1 | 0 | 0.46 | 1.88 | 1 | 2.18 | 0.75 | 3.06 | 0.29 |
| | | 0.029 | 0.345 | | | | 1.71 | | 1.98 | | 2.78 | 0.32 |
| | | 0.057 | 0.689 | | | | 1.52 | | 1.76 | | 2.47 | 0.36 |
| | | 0.086 | 1.03 | | | | 1.41 | | 1.63 | | 2.29 | 0.38 |
| | | 0.11 | 1.38 | | | | 1.34 | | 1.55 | | 2.18 | 0.40 |
| | | 0.17 | 2.07 | | | | 1.23 | | 1.42 | | 2.00 | 0.44 |
| | | 0.29 | 3.45 | | | | 1.10 | | 1.27 | | 1.79 | 0.49 |
| | | 0.43 | 5.17 | | | | 1.01 | | 1.17 | | 1.64 | 0.54 |
| | | 0.57 | 6.89 | | | | 1.00 | | 1.16 | | 1.63 | 0.54 |
| | $\alpha=15°$ | 0.015 | 0.172 | 1 | 0 | 0.44 | 1.47 | 1 | 1.65 | 0.72 | 2.39 | 0.38 |
| | | 0.029 | 0.345 | | | | 1.40 | | 1.57 | | 2.28 | 0.40 |
| | | 0.058 | 0.689 | | | | 1.30 | | 1.46 | | 2.11 | 0.43 |
| | | 0.087 | 1.03 | | | | 1.23 | | 1.38 | | 2.00 | 0.46 |
| | | 0.12 | 1.38 | | | | 1.19 | | 1.34 | | 1.93 | 0.47 |
| | | 0.17 | 2.07 | | | | 1.12 | | 1.26 | | 1.82 | 0.50 |
| | | 0.29 | 3.43 | | | | 1.02 | | 1.14 | | 1.66 | 0.55 |
| | | 0.44 | 5.17 | | | | 1.00 | | 1.12 | | 1.63 | 0.56 |
| | | 0.58 | 6.89 | | | | 1.00 | | 1.12 | | 1.63 | 0.56 |
| | $\alpha=20°$ | — | — | 1 | 0 | 0.43 | 1.00 | 1 | 1.09 | 0.70 | 1.63 | 0.57 |
| | $\alpha=25°$ | — | — | | | 0.41 | 0.87 | | 0.92 | 0.67 | 1.41 | 0.68 |
| | $\alpha=30°$ | — | — | | | 0.39 | 0.76 | | 0.78 | 0.63 | 1.24 | 0.80 |
| | $\alpha=35°$ | — | — | | | 0.37 | 0.66 | | 0.66 | 0.60 | 1.07 | 0.95 |
| | $\alpha=40°$ | — | — | | | 0.35 | 0.57 | | 0.55 | 0.57 | 0.93 | 1.14 |
| | $\alpha=45°$ | — | — | | | 0.33 | 0.50 | | 0.47 | 0.54 | 0.81 | 1.34 |
| 调心球轴承 | | | | 1 | 0 | 0.40 | $0.40\cot\alpha$ | 1 | $0.42\cot\alpha$ | 0.65 | $0.65\cot\alpha$ | $1.5\tan\alpha$ |
| 磁电机球轴承 | | | | 1 | 0 | 0.50 | 0.25 | — | — | — | — | 0.2 |
| 角接触滚子轴承 $\alpha \neq 0°$ | | | | 1 | 0 | 0.40 | $0.40\cot\alpha$ | 1 | $0.45\cot\alpha$ | 0.67 | $0.67\cot\alpha$ | $1.5\tan\alpha$ |

注：表中 $i$ 为滚动体列数；$C_{or}$ 为径向基本额定静负荷；$Z$ 为滚动体个数；$D_w$ 为球直径（mm）；$e$ 为轴向载荷影响系数。

（二）静承载能力的校验

$$P_0 < C_0 \tag{4-11-15}$$

式中 $C_0$——所用轴承的基本额定静负荷（N），可由一般机械设计手册轴承资料查得；

$P_0$——所用轴承工作时的当量静负荷（N）。

对向心轴承，径向当量静负荷取下列两式算出较大值：

$$\begin{cases} P_{0r} = x_0 F_r + y_0 F_a \\ P_{0r} = F_r \end{cases} \tag{4-11-16}$$

系数 $x_0$ 和 $y_0$ 的值见表 4-11-20。

表 4-11-19　推力轴承的 $x$、$y$ 系数

| 轴承类型 | $\alpha$ | 单向轴承[1] | | 双向轴承 | | | | $e$ |
|---|---|---|---|---|---|---|---|---|
| | | $F_a/F_r > e$ | | $F_a/F_r \leqslant e$ | | $F_a/F_r > e$ | | |
| | | $x$ | $y$ | $x$ | $y$ | $x$ | $y$ | |
| 推力球轴承 | 45° | 0.66 | 1 | 1.18 | 0.59 | 0.66 | 1 | 1.25 |
| | 50° | 0.73 | | 1.37 | 0.57 | 0.73 | | 1.49 |
| | 55° | 0.81 | | 1.60 | 0.56 | 0.81 | | 1.79 |
| | 60° | 0.92 | | 1.90 | 0.55 | 0.92 | | 2.17 |
| | 65° | 1.06 | | 2.30 | 0.54 | 1.06 | | 2.68 |
| | 70° | 1.28 | | 2.90 | 0.53 | 1.28 | | 3.43 |
| | 75° | 1.66 | | 3.89 | 0.52 | 1.66 | | 4.67 |
| | 80° | 2.43 | | 5.86 | 0.52 | 2.43 | | 7.09 |
| | 85° | 4.80 | | 11.75 | 0.51 | 4.80 | | 14.29 |
| | $\alpha \neq 90°$ | $1.25\tan\alpha \times \left(1-\frac{2}{3}\sin\alpha\right)$ | 1 | $\frac{20}{13}\tan\alpha \times \left(1-\frac{1}{3}\sin\alpha\right)$ | $\frac{10}{13} \times \left(1-\frac{1}{3}\sin\alpha\right)$ | $1.25\tan\alpha \times \left(1-\frac{2}{3}\sin\alpha\right)$ | 1 | $1.25\tan\alpha$ |
| 推力滚子轴承 | $\alpha \neq 90°$ | $\tan\alpha$ | 1 | $1.5\tan\alpha$ | 0.67 | $\tan\alpha$ | 1 | $1.5\tan\alpha$ |

注:1) 对单向推力轴承，$F_a/F_r \leqslant e$ 不适用。

表 4-11-20　向心轴承的 $x_0$、$y_0$ 值

| 轴承类型 | 单列轴承 | | 双列轴承 | |
|---|---|---|---|---|
| | $x_0$ | $y_0$ | $x_0$ | $y_0$ |
| 深沟球轴承 | 0.6 | 0.5 | 0.6 | 0.5 |
| 角接触球轴承 $\alpha=15°$ | 0.5 | 0.46 | 1 | 0.92 |
| 20° | | 0.42 | | 0.84 |
| 25° | | 0.38 | | 0.76 |
| 30° | | 0.33 | | 0.66 |
| 35° | | 0.29 | | 0.58 |
| 40° | | 0.26 | | 0.52 |
| 45° | | 0.22 | | 0.44 |
| 调心球轴承 $\alpha \neq 0°$ | 0.5 | $0.22\cot\alpha$ | 1 | $0.44\cot\alpha$ |
| 向心滚子轴承 $\alpha \neq 0°$ | 0.5 | $0.22\cot\alpha$ | 1 | $0.44\cot\alpha$ |

推力轴承的轴向当量静负荷为：

$$\begin{cases} P_{0a} = 2.3F_r\tan\alpha + F_a & (\alpha \neq 90°) \\ P_{0a} = F_a & (\alpha = 90°) \end{cases} \tag{4-11-17}$$

## 二、滑动轴承的计算

起重机中应用的非液体摩擦滑动轴承需要验算其单位压力、特性系数（单位压力与摩擦面相对运动速度的乘积）和圆周速度。

对向心轴承：

$$p = \frac{P}{dl} \leqslant [p] \tag{4-11-18}$$

$$pv = \frac{\pi Pn}{60\,000 l} \leqslant [pv] \tag{4-11-19}$$

$$v = \frac{\pi dn}{60\,000} \leqslant [v] \tag{4-11-20}$$

式中　$P$——按第 I 类载荷计算的径向载荷(N)；
　　　$d$——轴颈直径(mm)；

$l$——轴颈长度(mm)；
$p$——单位压力(MPa)；
$v$——圆周速度(m/s)；
$n$——转速($\min^{-1}$)；
$pv$——特性系数(MPa·m/s)。

$[p]$、$[pv]$、$[v]$值见表 4-11-21。

对推力轴承：

$$p=\frac{P_a}{Z \cdot \frac{\pi}{4}(d_b^2-d_a^2)k} \leqslant [p] \tag{4-11-21}$$

$$pv_m \leqslant [pv] \tag{4-11-22}$$

式中 $P_a$——按第Ⅰ类载荷计算的轴向载荷(N)；
$Z$——支承环数；
$d_b$——推力轴颈的外径(mm)；
$d_a$——推力轴颈的内径(mm)；
$k$——考虑油槽使支撑面积减小的系数，一般 $k=0.9 \sim 0.95$；
$v_m$——推力轴颈平均直径处的圆周速度，$v_m=\dfrac{d_m \cdot n}{1\,910}$ (m/s)；
$d_m$——环形支撑面的平均直径，$d_m=\dfrac{d_a+d_b}{2}$ (mm)；
$n$——推力轴颈的转速($\min^{-1}$)。

滑动轴承和滚动轴承的摩擦系数可参考表 4-11-22。

**表 4-11-21 许用值 $[p]$、$[v]$ 和 $[pv]$**

| 材料牌号 | | $[p]$/MPa | $[v]$/(m/s) | $[pv]$/(MPa·m/s) |
|---|---|---|---|---|
| 锡青铜 | ZQSn10-1 | 15 | 10 | 15 |
| | ZQSn6-6-3 | 8 | 6 | 6 |
| 铝青铜 | ZQAl19-4 | 30 | 8 | 12 |
| | ZQAl10-3-1.5 | 20 | 5 | 15 |
| 铸铅青铜 ZQPb30 | | 15 | 8 | 60 |
| 铸锰黄铜 ZHMn52-4-1 | | 4 | 2 | 6 |
| 铸硅黄铜 ZHSi80-3-3 | | 12 | 2 | 10 |

注：装在不易接近，难于润滑处的滑动轴承，其$[p]$和$[pv]$值应较表中数值减半。

**表 4-11-22 轴承摩擦系数**

| 轴承类型 | 润滑情况 | | |
|---|---|---|---|
| | 差 | 润滑脂润滑 | 油池润滑 |
| 滑动轴承 | | | |
| 钢对钢 | 0.14～0.16 | 0.09～0.11 | |
| 钢对铸铁 | 0.11～0.13 | 0.07～0.09 | |
| 钢对青铜 | 0.1 | 0.06～0.08 | 0.04～0.06 |
| 滚动轴承 | | | |
| 球 | | 0.01～0.015 | |
| 滚子 | | 0.015～0.02 | |
| 滚针 | | 0.05～0.07 | |

# 第十二章 联轴器

## 第一节 联轴器的种类及特性

联轴器主要用来联接两根同轴线布置或基本平行的转轴,传递扭矩同时补偿少许角度和径向偏移,有时还能改善传动装置的动态特性。半联轴器有时可以兼作制动轮。起重机常用的联轴器有齿轮联轴器、梅花联轴器、弹性柱销联轴器、尼龙柱销联轴器、万向联轴器、耦合器(液体联轴器)等。表 4-12-1 列出了常用联轴器的使用特性。

表 4-12-1 常用联轴器的使用特性

| 联轴器名称 | 使用范围 | | | 允许使用的偏差 | | | 特点及应用 |
|---|---|---|---|---|---|---|---|
| | 许用转矩 /(N·m) | 轴径 /mm | 最高转速 /(r/min) | 轴向 /mm | 径向 /mm | 偏角 | |
| CL 型齿轮联轴器 | 710～1 000 000 | 18～560 | 300～3 780 | | 1) 0.4～6.3 | ≤30′ | 承载能力高,工作可靠,补偿两轴相对偏移量较大,重量大,成本较高,对机器的安装精度要求不高,需良好润滑。可用于正反转多变、起动频繁的场合,起升、运行、回转和变幅机构均可使用 |
| CLZ 型齿轮联轴器 | 710～1 000 000 | 18～560 | 300～3 780 | | 1) 0.008 73 AA 为中间两轴套中心线间距 | ≤30′ | 类似 CL 型,有中间轴,可用于两轴间距较远及两轴平行误差较大的条件下传动,中间轴能增加联轴器的扭转弹性 |
| 弹性套柱销联轴器 | 6.3～16 000 | 9～170 | 180～8 800 | | 0.2～0.6 | ≤1°30′ | 结构紧凑,装配方便,不需润滑,弹性较好,能缓冲减震,补偿两轴偏离量不大,传递扭矩较小,弹性件易损坏,使用寿命低。可用于运行机构高速轴 |
| 梅花弹性联轴器 | 16～25 000 | 12～140 | 1 400～15 300 | 1.2～5.0 | 0.5～1.8 | 1°～2° | 结构简单,维修方便,耐冲击,有缓冲性能,补偿两轴相对偏移量较大,加工精度要求不高,可用于工作级别 M5 以下的起升,运行,回转,变幅机构 |
| SWP 型十字轴式万向联轴器 | 8 000～400 000 | 50～415 | 3 300 | | | ≤12° | 径向尺寸小,紧凑,工作可靠,允许被联接的两轴有较大的折角,润滑维护简便,安装精度要求低。可用于起重机大车和小车运行机构的低速轴上 |
| YOX 型液力耦合器 | | 25～1 700 | 600～1 500 | | 0.3～0.8 | | 工作可靠,寿命长,可减少冲击和振动,防止动力过载,有利于保护电机,提高起动能力。安装精度要求高,可用于运行、起升高速轴 |

注:1) 采用鼓型齿时,最大偏角允许 1°30′,最大径向偏差为 0.026A。

## 第二节 联轴器的选择

联轴器根据传递的扭矩和工作条件选择。

$$T = k_1 k_2 k_3 T_t \leqslant [T_t] \tag{4-12-1}$$

式中 $T$——所传递扭矩的计算值;

$T_t$——实际作用的扭矩;

$[T_t]$——联轴器规格表中允许传递的扭矩;

$k_1$——考虑联轴器重要程度的系数(表 4-12-2);

$k_2$——考虑机构工作级别的系数,按第Ⅰ类载荷计算时($T_t = T_{tⅠ}$),$k_2$ 应按表 4-12-3 选取,按第Ⅱ类载荷计算时($T_t = T_{tⅡ}$),$k_2 = 1$;

$k_3$——考虑角度偏差的系数,选用齿轮联轴器时,$k_3$ 按表 4-12-4 选取;对于其他类型的联轴器,$k_3 = 1$。

齿轮联轴器具有很高的承载能力,传递扭矩大,转速范围广。轴套、齿圈和法兰式半联轴器由不低于 40 号锻钢(GB/T 699—1999)或不低于铸钢 ZG310—570(GB/T 11352—2009)制造,齿面硬度 HRC42—51。轮齿节圆速度低于 1 m/s 时,联轴器的齿面硬度允许降至 HB248~302。采用鼓型齿的齿轮联轴器允许齿套相对于齿圈的最大偏差为 1°30′,被联接的两轴最大平行偏差为 0.026A,A 为齿圈中心线间的距离。

齿轮半联轴器用作制动轮的方案适用于工作级别 M6 以下的机构(即过去称作的轻、中级工作类型),在 M7 及以上的机构中,由于制动轮发热厉害,联轴器内的油液稀释,有可能外漏,既脏污制动轮,又加剧齿轮磨损,在工作级别高的机构中,不宜将半联轴器用作制动轮,而应将制动器装在减速器的另一侧(这种考虑也适用于梅花联轴器)。

弹性柱销联轴器使用时多将半联轴器用作制动轮。

液力耦合器(液体联轴器)是通过液流实现运动和动力传递的柔性联轴器。在机构起动时,耦合器泵轮随电动机起动,并很快达到稳定工作点,但耦合器涡轮及与其联接的减速器等机构质量则缓慢地平稳起动;制动时过程则相反。因此,机构起动制动平稳无冲击,电动机基本上是无载起动,可以采用转速高价格低的普通 Y 形系列笼型电机,电控系统也可以简化。液力耦合器按输入转速和传递功率选择(表 4-12-20 和表 4-12-21)。

摩擦式联轴器靠接触面间的摩擦力传递扭矩。在起重机上使用的摩擦式联轴器主要有片式(单片、多片),带式(内带、外带)和锥式三种类型,主要用作电动回转机构中的限矩型联轴器(图 4-12-1)和操纵式离合器(图 4-12-2)。

表 4-12-2 系数 $k_1$

| 载荷类别 | 机构 | |
|---|---|---|
| | 起升、变幅 | 运行、回转 |
| Ⅱ | 1.8 | 1.3 |
| Ⅲ | 1.3 | — |

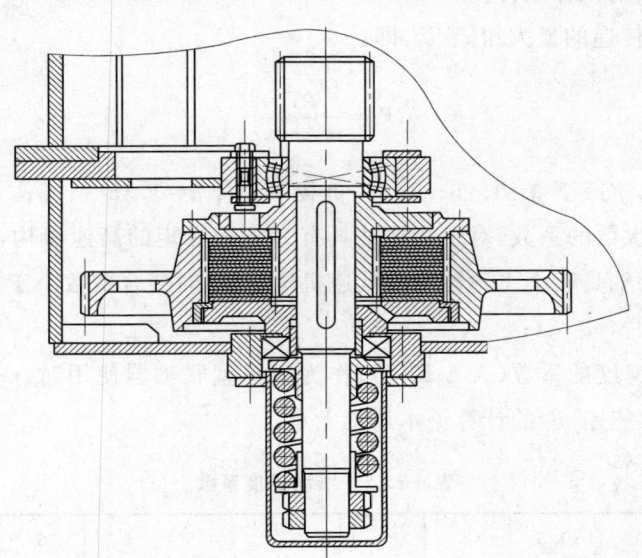

图 4-12-1 门座起重机回转机构中的片式摩擦联轴器

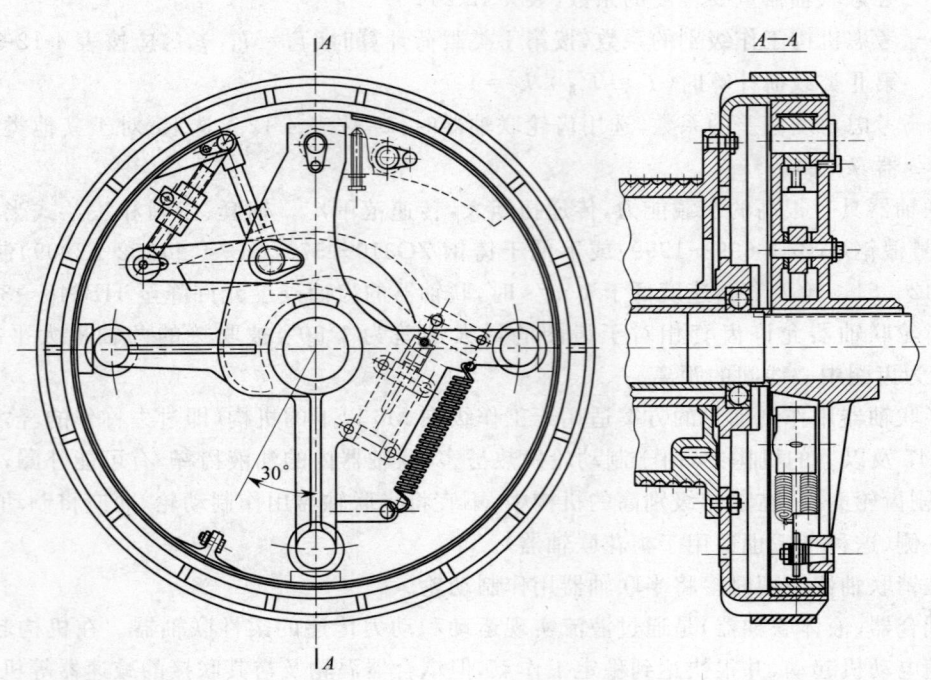

图 4-12-2 起升机构内带式摩擦离合器

表 4-12-3 系数 $k_2$

| 机构工作级别 | M1~M3 | M4 | M5 | M6 |
|---|---|---|---|---|
| $k_2$ | 1.0 | 1.1 | 1.2 | 1.3 |

表 4-12-4 系数 $k_3$

| 轴的角度偏差/(°) | 0.25 | 0.5 | 1 | 1.5 |
|---|---|---|---|---|
| $k_3$ | 1.0 | 1.25 | 1.5 | 1.75 |

摩擦式离合器必要的工作条件是：

摩擦扭矩 $T_f$ 大于传递的最大扭矩 $T_t$，即：

$$T_f = \frac{\beta T_t}{m_1 \cdot m_2} \tag{4-12-2}$$

式中 $\beta$——安全系数，空载下 $\beta=1.25\sim1.35$；负载下结合 $\beta=1.35\sim1.5$；

$m_1$——考虑接合次数的系数，对于从动轴具有大飞轮转矩的高速机构，每小时接合次数少于 50；或从动轴具有小飞轮转矩的低速机构，每小时接合次数小于 100，均取 $m_1=1$；接合次数更高时，$m_1<1$；

$m_2$——考虑滑动速度的系数（表 4-12-5）；作为限矩型联轴器使用时，$m_1=m_2=1$，$\beta=1.25\sim1.35$，摩擦扭矩 $T_f$ 的计算见本篇第七章。

表 4-12-5 滑动速度系数

| 平均圆周速度/(m/s) | 1 | 1.5 | 2 | 2.5 | 3 | 4 | 5 | 6 | 8 | 10 | 15 |
|---|---|---|---|---|---|---|---|---|---|---|---|
| $m_2$ | 1.35 | 1.19 | 1.08 | 1 | 0.94 | 0.86 | 0.8 | 0.75 | 0.68 | 0.63 | 0.55 |

## 第三节 联轴器性能及主要尺寸参数

一、起重机常用联轴器的性能及主要尺寸参数,见表 4-12-6～表 4-12-21。

表 4-12-6 CL 型齿轮联轴器基本参数和主要尺寸(JB/ZQ 4218—86)

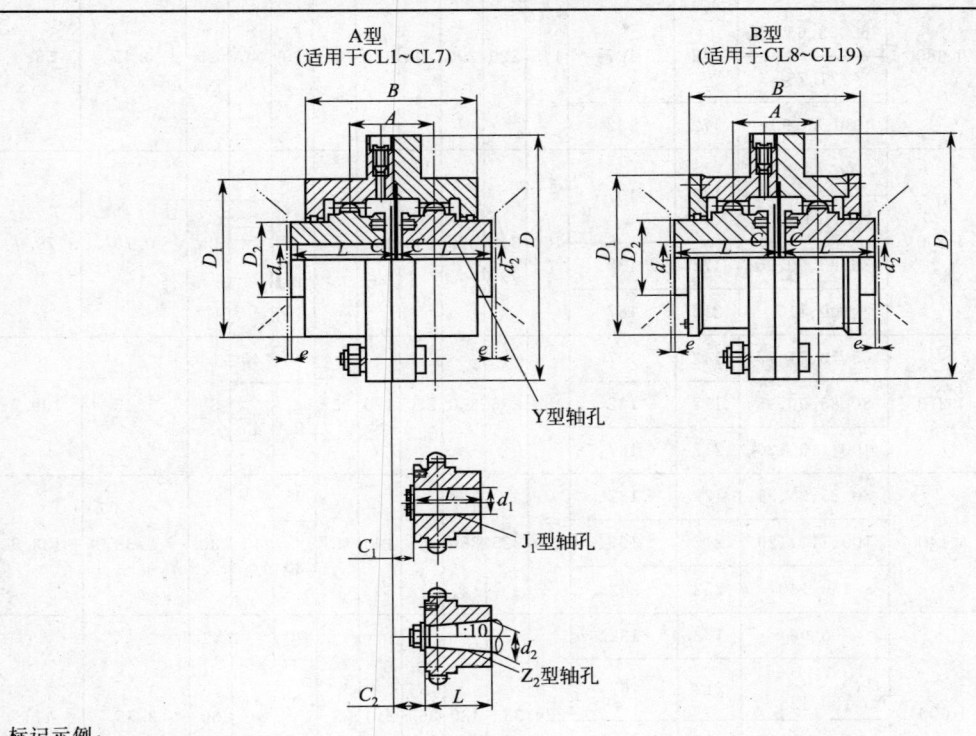

标记示例:
主动轴 Y 型轴孔,A 型键槽,$d_1=65$ mm,$L=142$ mm;
从动轴 J 型轴孔,B 型键槽,$d_2=80$ mm,$L=132$ mm;
CL6 联轴器,$\frac{65\times142}{J_1B80\times132}$JB/ZQ4218—86

| 型号 | 许用转矩 $T_t$ | 许用转速 $n$ | 轴孔直径 $d_1,d_2,d_z$ | 轴孔长度 $L$ Y 型 | 轴孔长度 $L$ $J_1$、$Z_1$型 | $A$ | $B$ | $D$ | $D_1$ | $D_2$ | $C$ | $C_1$ | $C_2$ | $e$ | 转动惯量 | 质量 |
|---|---|---|---|---|---|---|---|---|---|---|---|---|---|---|---|---|
|  | N·m | r/min | mm |  |  |  |  |  |  |  |  |  |  |  | kg·m² | kg |
| CL1 | 710 | 3 780 | 18、19 | 42 | 30 | 49 | 106 | 170 | 110 | 55 | 16 | — | — | 12 | 0.03 | 7.8 |
|  |  |  | 20、22、24 | 52 | 38 |  |  |  |  |  | 6 | 18.5 | 18.5 |  |  |  |
|  |  |  | 25、28 | 62 | 44 |  |  |  |  |  |  | 14 | 18.5 |  |  |  |
|  |  |  | 30、32、35、38 | 82 | 60 |  |  |  |  |  | 2.5 |  |  |  |  |  |
|  |  |  | 40 | 112 | 84 |  |  |  |  |  |  | 11 | — |  |  |  |
| CL2 | 1 400 | 3 000 | 30、32、35、38 | 112 | 84 | 75 | 134 | 185 | 125 | 70 | 2.5 | 13 | 22 | 12 | 0.05 | 12.5 |
|  |  |  | 40、42、45 |  |  |  |  |  |  |  |  |  | 28 |  |  |  |
|  |  |  | 48、50 |  |  |  |  |  |  |  |  |  |  |  |  |  |
| CL3 | 3 150 | 2 400 | 40、42、45 | 112 | 84 | 92 | 170 | 220 | 150 | 90 | 2.5 | 15 | 28 | 18 | 0.13 | 26.9 |
|  |  |  | 48、50、55、56 |  |  |  |  |  |  |  |  |  |  |  |  |  |
|  |  |  | 60 | 142 | 107 |  |  |  |  |  |  |  | 36 |  |  |  |
| CL4 | 5 600 | 2 000 | 45、48、50 | 112 | 84 | 125 | 200 | 250 | 175 | 110 | 2.5 | 21 | 28 | 18 | 0.21 | 34.9 |
|  |  |  | 55、56 |  |  |  |  |  |  |  |  |  |  |  |  |  |
|  |  |  | 60、63、65、70 | 142 | 107 |  |  |  |  |  |  | 17 | 36 |  |  |  |
|  |  |  | 71、75 |  |  |  |  |  |  |  |  |  |  |  |  |  |

续上表

| 型号 | 许用转矩 $T_t$ N·m | 许用转速 $n$ r/min | 轴孔直径 $d_1,d_2,d_z$ | 轴孔长度 L Y型 | 轴孔长度 L $J_1$、$Z_1$型 | A | B | D | $D_1$ | $D_2$ | C | $C_1$ | $C_2$ | e | 转动惯量 kg·m² | 质量 kg |
|---|---|---|---|---|---|---|---|---|---|---|---|---|---|---|---|---|
| CL5 | 8 000 | 1 680 | 50、55、56 | 112 | 84 | 145 | 220 | 290 | 200 | 130 | 5 | 30 | 40 | 25 | 0.45 | 55.8 |
| | | | 60、63、65、70 | 142 | 107 | | | | | | | | | | | |
| | | | 71、75 | | | | | | | | | | | | | |
| | | | 80、85、90 | 172 | 132 | | | | | | | | | | | |
| CL6 | 11 200 | 1 500 | 60、63、65 | 142 | 107 | 160 | 246 | 320 | 230 | 140 | 5 | 25 | — | 25 | 0.70 | 79.9 |
| | | | 70、71、75 | | | | | | | | | | | | | |
| | | | 80、85、90、95 | 172 | 132 | | | | | | | | | | | |
| | | | 100、110 | 212 | 167 | | | | | | | | | | | |
| CL7 | 18 000 | 1 270 | 65、70、71、75 | 142 | 107 | 185 | 286 | 350 | 260 | 170 | 5 | 40 / 25 | 40 / 45 | 30 | 1.15 | 109.5 |
| | | | 80、85、90、95 | 172 | 132 | | | | | | | | | | | |
| | | | 100、110、120 | 212 | 167 | | | | | | | | | | | |
| CL8 | 22 400 | 1 140 | 80、85、90、95 | 172 | 132 | 210 | 325 | 380 | 315 | 190 | 5 | 35 / 30 | 45 | 30 | 2.33 | 133.8 |
| | | | 100、110、120 | 212 | 167 | | | | | | | | | | | |
| | | | 130、140 | 252 | 202 | | | | | | | | | | | |
| CL9 | 28 000 | 1 000 | 90、95 | 172 | 132 | 220 | 335 | 430 | 365 | 210 | 5 | 40 / 30 | — | 30 | 3.55 | 171 |
| | | | 100、110、120、125 | 212 | 167 | | | | | | | | | | | |
| | | | 130、140、150 | 252 | 202 | | | | | | | | | | | |
| | | | 160 | 302 | 242 | | | | | | | | | | | |
| CL10 | 50 000 | 850 | 110、120、125 | 212 | 167 | 245 | 365 | 490 | 420 | 260 | 5 | 30 | — | 30 | 7.00 | 275.8 |
| | | | 130、140、150 | 252 | 202 | | | | | | | | | | | |
| | | | 160、170、180 | 302 | 242 | | | | | | | | | | | |
| CL11 | 71 000 | 750 | 120、125 | 212 | 167 | 280 | 405 | 545 | 470 | 330 | 5 | 40 / 35 | — | 35 | 13.75 | 385 |
| | | | 130、140、150 | 252 | 202 | | | | | | | | | | | |
| | | | 160、170、180 | 302 | 242 | | | | | | | | | | | |
| | | | 190、200、220 | 352 | 282 | | | | | | | | | | | |
| CL12 | 100 000 | 660 | 140、150 | 252 | 202 | 350 | 485 | 590 | 520 | 340 | 5 | 45 / 38 | — | 35 | 21.25 | 540 |
| | | | 160、170、180 | 302 | 242 | | | | | | | | | | | |
| | | | 190、200、220 | 352 | 282 | | | | | | | | | | | |
| | | | 240、250 | 410 | 330 | | | | | | | | | | | |
| CL13 | 140 000 | 600 | 160、170、180 | 302 | 242 | 375 | 524 | 680 | 590 | 380 | 7.5 | 45 | — | 40 | 40.00 | 798.3 |
| | | | 190、200、220 | 352 | 282 | | | | | | | | | | | |
| | | | 240、250、260 | 410 | 330 | | | | | | | | | | | |
| | | | 280 | 470 | 380 | | | | | | | | | | | |

注：1. $J_1$ 型轴孔根据需要，可不用轴端挡板；

    2. 质量和转动惯量按轴孔最小直径和最大长度计算的近似值。

表 4-12-7　CLZ型齿轮联轴器基本参数和主要尺寸（JB/ZQ 4219—86）

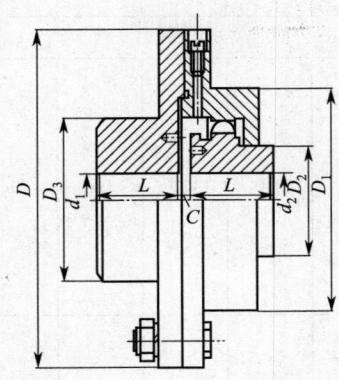
A型
（适用于CLZ1~CLZ7）

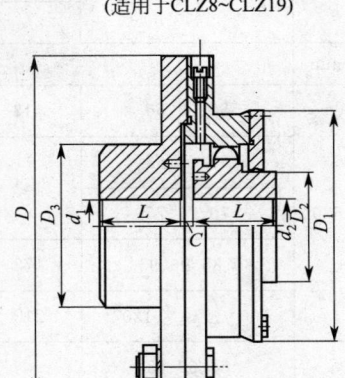
B型
（适用于CLZ8~CLZ19）

标记示例：

主动轴 Y 型轴孔，B 型键槽，$d_1=80$ mm，$L=172$ mm；

从动轴 J 型轴孔，$B_1$ 型键槽，$d_2=100$ mm，$L=212$ mm；

CLZ 联轴器 $\dfrac{65\times142}{J_1B80\times132}$JB/ZQ4218—86

| 型号 | 许用转矩 $T_t$ | 许用转速 $n$ | 轴孔直径 $d_1,d_2$ | 轴孔长度 Y / L | D | $D_1$ | $D_2$ | $D_3$ | C | 转动惯量 | 质量 |
|---|---|---|---|---|---|---|---|---|---|---|---|
| | N·m | r/min | mm | | | | | | | kg·m² | kg |
| CLZ1 | 710 | 3 780 | 18、19 | 42 | 170 | 110 | 55 | 95 | 16 | 0.03 | 7.96 |
| | | | 20、22、24 | 52 | | | | | 6 | | |
| | | | 25、28 | 62 | | | | | | | |
| | | | 30、32、35、38 | 82 | | | | | 2.5 | | |
| | | | 40、42*、45*、48* | 112 | | | | | | | |
| | | | 50*、55*、56* | | | | | | | | |
| | | | 60* | 142 | | | | | | | |
| CLZ2 | 1 400 | 3 000 | 30、32、35、38 | 82 | 185 | 125 | 70 | 110 | 2.5 | 0.06 | 12.3 |
| | | | 40、42、45、48 | 112 | | | | | | | |
| | | | 50、55*、56* | | | | | | | | |
| | | | 60*、63*、65*、70* | 142 | | | | | | | |
| CLZ3 | 3 150 | 2 400 | 40、42、45、48 | 112 | 220 | 150 | 90 | 145 | 2.5 | 0.12 | 25.4 |
| | | | 50、55、56 | | | | | | | | |
| | | | 60、63*、65* | 142 | | | | | | | |
| | | | 70*、71*、75* | | | | | | | | |
| | | | 80*、85*、90* | 172 | | | | | | | |
| CLZ4 | 5 600 | 2 000 | 45、48、50、55、56 | 112 | 250 | 175 | 110 | 170 | 2.5 | 0.22 | 37.5 |
| | | | 60、63、65 | 142 | | | | | | | |
| | | | 70、71、75 | | | | | | | | |
| | | | 80*、85*、90*、95* | 172 | | | | | | | |
| | | | 100* | 212 | | | | | | | |

续上表

| 型号 | 许用转矩 $T_t$ | 许用转速 $n$ | 轴孔直径 $d_1, d_2$ | 轴孔长度 Y / L | D | $D_1$ | $D_2$ | $D_3$ | C | 转动惯量 | 质量 |
|---|---|---|---|---|---|---|---|---|---|---|---|
| | N·m | r/min | | | mm | | | | | kg·m² | kg |
| CLZ5 | 8 000 | 1 680 | 50、55、56 | 112 | 290 | 200 | 130 | 190 | 5 | 0.44 | 54.8 |
| | | | 60、63、65 | 142 | | | | | | | |
| | | | 70、71、75 | | | | | | | | |
| | | | 80、85、90、95* | 172 | | | | | | | |
| | | | 100*、110*、120* | 212 | | | | | | | |
| CLZ6 | 11 200 | 1 500 | 60、63、65 | 142 | 350 | 260 | 170 | 240 | 7 | 0.75 | 76.4 |
| | | | 70、71、75 | | | | | | | | |
| | | | 80、85、90、95 | 172 | | | | | | | |
| | | | 100、110、120*、125* | 212 | | | | | | | |
| | | | 130* | 252 | | | | | | | |
| CLZ7 | 18 000 | 1 270 | 65、70、71、75 | 142 | 350 | 260 | 170 | 240 | 5 | 1.25 | 106 |
| | | | 80、85、90、95 | 172 | | | | | | | |
| | | | 100、110、120、125* | 212 | | | | | | | |
| | | | 130*、140*、150* | 252 | | | | | | | |
| CLZ8 | 23 600 | 1 140 | 80、85、90、95 | 172 | 380 | 290 | 190 | 270 | 5 | 2.06 | 138 |
| | | | 100、110、120、125 | 212 | | | | | | | |
| | | | 130、140、150* | 252 | | | | | | | |
| | | | 160*、170* | 302 | | | | | | | |
| CLZ9 | 28 000 | 1 000 | 90、95 | 172 | 430 | 330 | 210 | 280 | 5 | 2.56 | 162 |
| | | | 100、110、120、125 | 212 | | | | | | | |
| | | | 130、140、150 | 252 | | | | | | | |
| | | | 160、170*、180* | 302 | | | | | | | |
| | | | 190* | 352 | | | | | | | |
| CLZ10 | 50 000 | 850 | 110、120、125 | 212 | 490 | 390 | 260 | 320 | 5 | 5.00 | 254 |
| | | | 130、140、150 | 252 | | | | | | | |
| | | | 160、170、180 | 302 | | | | | | | |
| | | | 190*、200*、220* | 352 | | | | | | | |
| CLZ11 | 71 000 | 750 | 120、125 | 212 | 545 | 445 | 300 | 380 | 5 | 9.25 | 374 |
| | | | 130、140、150 | 252 | | | | | | | |
| | | | 160、170、180 | 302 | | | | | | | |
| | | | 190、200、220 | 352 | | | | | | | |
| | | | 240*、250* | 410 | | | | | | | |

续上表

| 型号 | 许用转矩 $T_t$ | 许用转速 $n$ | 轴孔直径 $d_1, d_2$ | 轴孔长度 Y / L | D | $D_1$ | $D_2$ | $D_3$ | C | 转动惯量 | 质量 |
|---|---|---|---|---|---|---|---|---|---|---|---|
| | N·m | r/min | mm | | | | | | | kg·m² | kg |
| CLZ12 | 100 000 | 660 | 140、150 | 252 | 590 | 490 | 340 | 420 | 5 | 12.50 | 526.7 |
| | | | 160、170、180 | 302 | | | | | | | |
| | | | 190、200、220 | 352 | | | | | | | |
| | | | 240、250、260* | 410 | | | | | | | |
| | | | 280* | 470 | | | | | | | |
| CLZ13 | 140 000 | 600 | 160、170、180 | 302 | 680 | 555 | 380 | 480 | 7.5 | 29.9 | 794 |
| | | | 190、200、220 | 352 | | | | | | | |
| | | | 240、250、260 | 410 | | | | | | | |
| | | | 280、300* | 470 | | | | | | | |
| CLZ14 | 200 000 | 540 | 180 | 302 | 730 | 610 | 420 | 520 | 7.5 | 42.50 | 965 |
| | | | 190、200、220 | 352 | | | | | | | |
| | | | 240、250、260 | 410 | | | | | | | |
| | | | 280、300、320 | 470 | | | | | | | |
| | | | 340* | 550 | | | | | | | |
| CLZ15 | 250 000 | 480 | 200、220 | 352 | 780 | 660 | 480 | 560 | 7.5 | 56.9 | 1 196 |
| | | | 240、250、260 | 410 | | | | | | | |
| | | | 280、300、320 | 470 | | | | | | | |
| | | | 340、360、380* | 550 | | | | | | | |
| CLZ16 | 355 000 | 425 | 240、250、260 | 410 | 900 | 755 | 530 | 650 | 10 | 120 | 1 855 |
| | | | 280、300、320 | 470 | | | | | | | |
| | | | 340、360、380 | 550 | | | | | | | |
| | | | 400、420* | 650 | | | | | | | |
| CLZ17 | 560 000 | 380 | 260 | 410 | 1 000 | 850 | 630 | 750 | 10 | 255 | 2 690 |
| | | | 280、300、320 | 470 | | | | | | | |
| | | | 340、360、380 | 550 | | | | | | | |
| | | | 400、420、440 | 650 | | | | | | | |
| | | | 450、460*、480* | | | | | | | | |
| CLZ18 | 710 000 | 330 | 300、320 | 470 | 1 100 | 950 | 710 | 820 | 10 | 325 | 3 561 |
| | | | 340、360、380 | 550 | | | | | | | |
| | | | 400、420、440 | 650 | | | | | | | |
| | | | 450、460、480、500 | | | | | | | | |
| | | | 530* | 800 | | | | | | | |
| CLZ19 | 1 000 000 | 300 | 360、380 | 550 | 1 250 | 1 050 | 800 | 920 | 15 | 568 | 4 808 |
| | | | 400、420、440 | 650 | | | | | | | |
| | | | 450、460、480、500 | | | | | | | | |
| | | | 530、560 | 800 | | | | | | | |

注:1. 表中标记"*"号的轴孔尺寸仅适用于 $d_1$;
   2. 联轴器的质量和转动惯量是按轴孔最小直径和最大长度计算的近似值。

## 表 4-12-8 带制动轮齿轮联轴器基本参数和主要尺寸

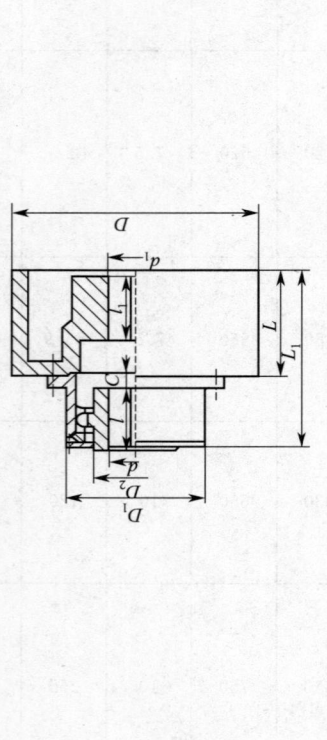

| 序号 | Y与J式轴孔 | | | Z式轴孔 | | 允许最大扭矩 $T_t$ /(N·m) | 允许最大转速 /(r/min) | 模数 $m$ | 齿数 $Z$ | 尺寸 | | | | | | | | | 最大质量 /kg | 飞轮矩 /(kg·m²) |
|---|---|---|---|---|---|---|---|---|---|---|---|---|---|---|---|---|---|---|---|
| | $d_{min}$ | $d_{max}$ | $d_{1min}$ | $d_{1min}$ | $d_{1max}$ | | | | | $D$ | $D_1$ | $D_2$ | $L_1$ | $L$ | $C$ | $l$ | $l_1$ | $l_z$ | | |
| 1 | 18 | 40 | 18 | 30 | 38 | 710 | 3 780 | 2.5 | 30 | 200 | 110 | 55 | 150.5 | 95 | 2.5 | 55 | 50~110 | 55~85 | 20.2 | 0.38 |
| 2 | 30 | 50 | 30 | 40 | 65 | 1 400 | 3 000 | 2.5 | 38 | 200 | 125 | 70 | 167.5 | 95 | 2.5 | 70 | 70~110 | 80~105 | 19.4 | 0.42 |
| 3 | 30 | 50 | 40 | 40 | 70 | 1 400 | 3 000 | 2.5 | 38 | 300 | 125 | 70 | 217.5 | 145 | 2.5 | 70 | 70~110 | 80~105 | 27.6 | 1.28 |
| 4 | 40 | 60 | 40 | 50 | 70 | 3 150 | 2 400 | 3 | 40 | 300 | 150 | 90 | 230.5 | 145 | 2.5 | 85 | 70~110 | 85~105 | 39 | 1.8 |
| 5 | 40 | 60 | 45 | 60 | 90 | 3 150 | 2 400 | 3 | 40 | 400 | 150 | 90 | 270.5 | 185 | 2.5 | 85 | 85~130 | 105~130 | 67 | 5.2 |
| 6 | 45 | 75 | 45 | 60 | 90 | 5 600 | 2 000 | 3 | 48 | 300 | 175 | 110 | 254.5 | 145 | 2.5 | 105 | 105~130 | 105~130 | 54 | 5.4 |
| 7 | 45 | 75 | 50 | 70 | 110 | 5 600 | 2 000 | 3 | 48 | 400 | 175 | 110 | 294.5 | 185 | 2.5 | 105 | 105~165 | 105~165 | 72 | 6.7 |
| 8 | 50 | 90 | 50 | 80 | 110 | 8 000 | 1 680 | 3 | 56 | 400 | 200 | 130 | 305.5 | 185 | 5 | 115 | 115~165 | 130~165 | 109 | 8.53 |
| 9 | 50 | 90 | 50 | 60 | 130 | 8 000 | 1 680 | 3 | 56 | 500 | 200 | 130 | 325.5 | 205 | 5 | 115 | 115~200 | 105~200 | 138 | 16.3 |
| 10 | 50 | 90 | 60 | 90 | 160 | 8 000 | 1 680 | 3 | 56 | 600 | 200 | 130 | 330.5 | 210 | 5 | 115 | 115~200 | 135~200 | 178 | 35 |
| 11 | 65 | 120 | 65 | 90 | 160 | 19 000 | 1 270 | 4 | 56 | 600 | 260 | 170 | 381.5 | 250 | 5 | 165 | 165~240 | 165~240 | 218 | 35 |

(以上数据由大连起重机厂提供)

注：1. 表中所列质量和飞轮矩均按外齿轴套最小轴孔计算的；
2. $d_1$ 轴孔为 Z 式时，锥度 1:10，尺寸 $l_1$ 改为 $l_z$。

### 表 4-12-9  LT型弹性套柱销联轴器基本参数和主要尺寸（GB/T 4323—2002）

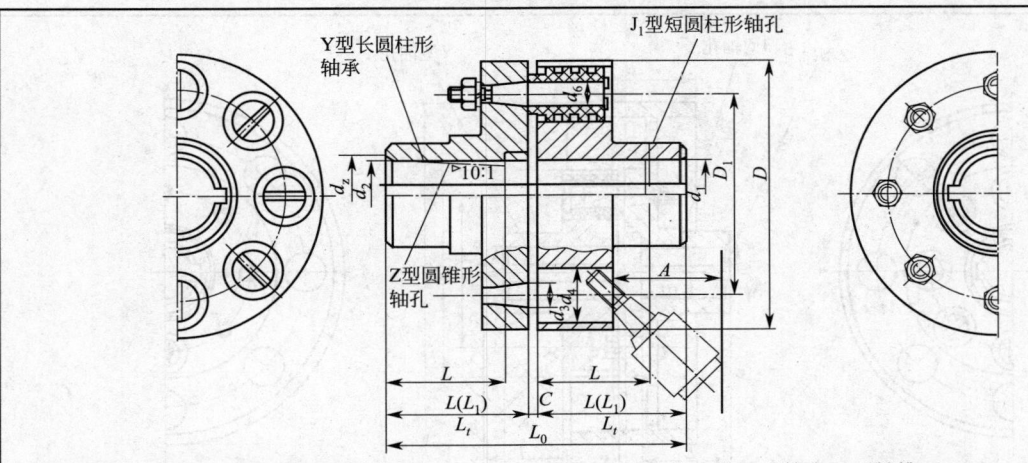

标记示例：主动端 $J_1$ 型轴孔，A型键槽，$d=30$ mm，$L=50$ mm    从动端 $J_1$ 型轴孔，B型键槽，$d=35$ mm，$L=50$ mm

LT5 联轴器 $\dfrac{J_1 30 \times 50}{J_1 35 \times 50}$ GB/T 4323—2002

| 型号 | 公称转矩 $T_n$ /(N·m) | 许用转速 $n$ /(r/min) | 轴孔直径 $d_1,d_2,d_z$ | 轴孔长度 Y型 $L$ | J、$J_1$、Z型 $L_1$ | Z型 $L$ | $L_{推荐}$ | $D$ | $A$ | 质量 $m$ /kg | 转动惯量 $I$ /(kg·m²) |
|---|---|---|---|---|---|---|---|---|---|---|---|
| TL1 | 6.3 | 8 800 | 9 | 20 | 14 | — | 25 | 71 | 18 | 0.82 | 0.000 5 |
|  |  |  | 10,11 | 25 | 17 |  |  |  |  |  |  |
|  |  |  | 12,14 | 32 | 20 |  |  |  |  |  |  |
| TL2 | 16 | 7 600 | 12,14 |  |  |  | 35 | 80 |  | 1.2 | 0.000 8 |
|  |  |  | 16,18,19 | 42 | 30 | 42 |  |  |  |  |  |
| TL3 | 31.5 | 6 300 | 16,18,19 |  |  |  | 38 | 95 |  | 2.2 | 0.002 3 |
|  |  |  | 20,22 | 52 | 38 | 52 |  |  | 35 |  |  |
| TL4 | 63 | 5 700 | 20,22,24 |  |  |  | 40 | 106 |  | 2.84 | 0.003 7 |
|  |  |  | 25,28 | 62 | 44 | 62 |  |  |  |  |  |
| TL5 | 125 | 4 600 | 25,28 |  |  |  | 50 | 130 |  | 6.05 | 0.012 0 |
|  |  |  | 30,32,35 | 82 | 60 | 82 |  |  |  |  |  |
| TL6 | 250 | 3 800 | 32,35,38 |  |  |  | 55 | 160 | 45 | 9.57 | 0.028 0 |
|  |  |  | 40,42 |  |  |  |  |  |  |  |  |
| TL7 | 500 | 3 600 | 40,42,45,48 | 112 | 84 | 112 | 65 | 190 |  | 14.01 | 0.055 0 |
| TL8 | 710 | 3 000 | 45,48,50,55,56 |  |  |  | 70 | 224 | 65 | 23.12 | 0.134 0 |
|  |  |  | 60,63 | 142 | 107 | 142 |  |  |  |  |  |
| TL9 | 1 000 | 2 850 | 50,55,56 | 112 | 84 | 112 | 80 | 250 | 65 | 30.69 | 0.213 0 |
|  |  |  | 60,63,65,70,71 | 142 | 107 | 142 |  |  |  |  |  |
| TL10 | 2 000 | 2 300 | 63,65,70,71,75 |  |  |  | 100 | 315 | 80 | 61.40 | 0.660 0 |
|  |  |  | 80,85,90,95 | 172 | 132 | 172 |  |  |  |  |  |
| TL11 | 4 000 | 1 800 | 80,85,90,95 |  |  |  | 115 | 400 | 100 | 120.70 | 2.122 0 |
|  |  |  | 100,110 | 212 | 167 | 212 |  |  |  |  |  |
| TL12 | 8 000 | 1 450 | 100,110,120,125 |  |  |  | 135 | 475 | 130 | 210.34 | 5.390 0 |
|  |  |  | 130 | 252 | 202 | 252 |  |  |  |  |  |
| TL13 | 16 000 | 1 150 | 120,125 | 212 | 167 | 212 | 160 | 600 | 180 | 419.36 | 17.580 0 |
|  |  |  | 130,140,150 | 252 | 202 | 252 |  |  |  |  |  |
|  |  |  | 160,170 | 302 | 242 | 302 |  |  |  |  |  |

注：质量、转动惯量按材料为铸钢、无孔、$L_{推荐}$ 计算近似值。

表 4-12-10 LTZ 型带制动轮弹性套柱销联轴器基本参数和主要尺寸（GB/T 4323—2002）（mm）

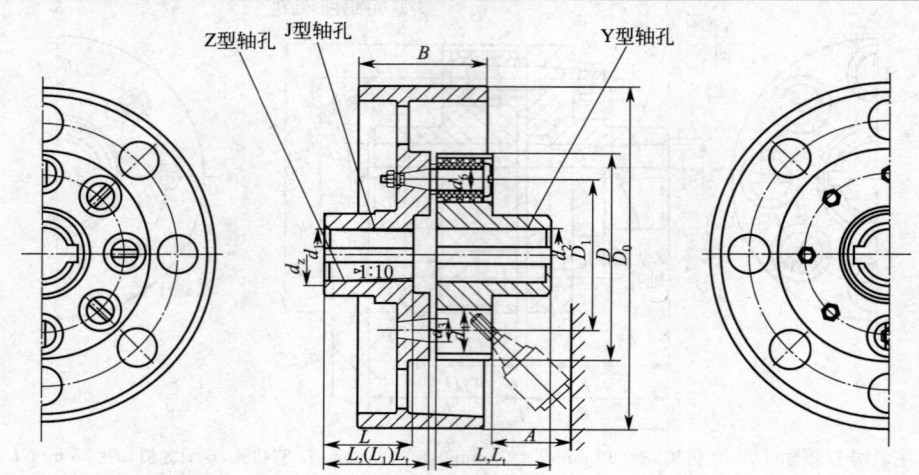

标记示例：

主动轴 $J_1$ 型轴孔，A 型键槽，$d=85$ mm，$L=100$ mm；

从动轴 $J_1$ 型轴孔，A 型键槽，$d=85$ mm，$L=100$ mm；

LTZ10 联轴器，$J_1 85\times 100$ GB/T 4323—2002

| 型号 | 公称转矩 $T_n$ /(N·m) | 许用转速 $n$ /(r/min) | 轴孔直径 $d_1, d_2, d_z$ | 轴孔长度 Y型 $L$ | 轴孔长度 $J, J_1$、Z型 $L_1$ | 轴孔长度 $J, J_1$、Z型 $L$ | $L_{推荐}$ | $D_0$ | $D$ | $B$ | $A$ | 质量 $m$ /kg | 转动惯量 $I$/(kg·m²) |
|---|---|---|---|---|---|---|---|---|---|---|---|---|---|
| LTZ5 | 125 | 3 800 | 25,28 | 62 | 44 | 62 | 50 | 200 | 130 | 85 | 45 | 13.38 | 0.041 6 |
| | | | 30,32,35 | 82 | 60 | 82 | | | | | | | |
| LTZ6 | 250 | 3 000 | 32,35,38 | | | | 55 | 250 | 160 | 105 | | 21.25 | 0.105 3 |
| | | | 40,42 | | | | | | | | | | |
| LTZ7 | 500 | 2 400 | 40,42,45,48 | 112 | 84 | 112 | 65 | | 190 | | | 35.00 | 0.252 2 |
| LTZ8 | 710 | | 45,48,50,55,56 | | | | 70 | 315 | 224 | 132 | | 45.14 | 0.347 0 |
| | | | 60,63 | 142 | 107 | 142 | | | | | 65 | | |
| LTZ9 | 1 000 | 2 400 | 50,55,56 | 112 | 84 | 112 | 80 | | 250 | | | 58.67 | 0.407 0 |
| | | | 60,63,65,70 | 142 | 107 | 142 | | | | 168 | | | |
| LTZ10 | 2 000 | 1 900 | 63,65,70,71,75 | | | | 100 | 400 | 315 | | 80 | 100.30 | 1.305 0 |
| | | | 80,85,90,95 | 172 | 132 | 172 | | | | | | | |
| LTZ11 | 4 000 | 1 500 | 80,85,90,95 | | | | 115 | 500 | 400 | 210 | 100 | 198.73 | 4.330 0 |
| | | | 100,110 | 212 | 167 | 212 | | | | | | | |
| LTZ12 | 8 000 | 1 200 | 100,110,120,125 | | | | 135 | 630 | 475 | 265 | 130 | 370.60 | 12.490 0 |
| | | | 130 | 252 | 202 | 252 | | | | | | | |
| LTZ13 | 16 000 | 1 000 | 120,125 | 212 | 167 | 212 | 160 | 710 | 600 | 298 | 180 | 641.13 | 30.480 0 |
| | | | 130,140,150 | 252 | 202 | 252 | | | | | | | |
| | | | 160,170 | 302 | 242 | 302 | | | | | | | |

注：质量、转动惯量按材料为铸钢、无孔、$L_{推荐}$ 计算近似值。

表 4-12-11　LM 型联轴器基本参数和主要尺寸（GB/T 5272—2002）

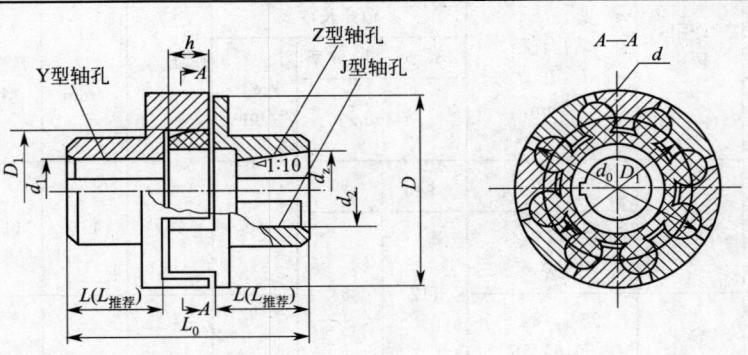

标记示例：

主动轴 Z 型轴孔，A 型键槽，轴孔直径 $d_z=30$ mm，轴孔长度 $L_{推荐}=40$ mm；

从动轴 Y 型轴孔，B 型键槽，轴孔直径 $d_1=25$ mm，轴孔长度 $L_{推荐}=40$ mm；

LM3 型联轴器，$\dfrac{ZA30\times 40}{YB25\times 40}$ MT3－a GB/T 5272—2002

| 型号 | 公称转矩 $T_n$ | | 许用转速 $n$ /(r/min) | 轴孔直径 $d_1,d_2,d_z$ /mm | 轴孔长度 | | $L_{推荐}$ /mm | $L_0$ /mm | $D$ /mm | 弹性件型号 | 质量 $m$ /kg | 转动惯量 $I$ /(kg·m$^2$) |
|---|---|---|---|---|---|---|---|---|---|---|---|---|
| | 弹性件硬度 | | | | Y 型 | $J_1$、Z 型 | | | | | | |
| | a/HA | b/HD | | | $L$/mm | | | | | | | |
| | 85±5 | 60±5 | | | | | | | | | | |
| LM1 | 25 | 45 | 15 300 | 12、14 | 32 | 27 | 35 | 86 | 50 | MT1$^a_b$ | 0.66 | 0.000 2 |
| | | | | 16、18、19 | 42 | 30 | | | | | | |
| | | | | 20、22、24 | 52 | 38 | | | | | | |
| | | | | 25 | 62 | 44 | | | | | | |
| LM2 | 50 | 100 | 12 000 | 16、18、19 | 42 | 30 | 38 | 95 | 60 | MT2$^a_b$ | 0.93 | 0.000 4 |
| | | | | 20、22、24 | 52 | 38 | | | | | | |
| | | | | 25、28 | 62 | 44 | | | | | | |
| | | | | 30 | 82 | 60 | | | | | | |
| LM3 | 100 | 200 | 10 900 | 20、22、24 | 52 | 38 | 40 | 103 | 70 | MT3$^a_b$ | 1.41 | 0.000 9 |
| | | | | 25、28 | 62 | 44 | | | | | | |
| | | | | 30、32 | 82 | 60 | | | | | | |
| LM4 | 140 | 280 | 9 000 | 22、24 | 52 | 38 | 45 | 114 | 85 | MT4$^a_b$ | 2.18 | 0.002 0 |
| | | | | 25、28 | 62 | 44 | | | | | | |
| | | | | 30、32、35、38 | 82 | 60 | | | | | | |
| | | | | 40 | 112 | 84 | | | | | | |
| LM5 | 350 | 400 | 7 300 | 25、28 | 62 | 44 | 50 | 127 | 105 | MT5$^a_b$ | 3.60 | 0.005 0 |
| | | | | 30、32、35、38 | 82 | 60 | | | | | | |
| | | | | 40、42、45 | 112 | 84 | | | | | | |
| LM6 | 400 | 710 | 6 100 | 30、32、35、38 | 82 | 60 | 55 | 143 | 125 | MT6$^a_b$ | 6.07 | 0.011 4 |
| | | | | 40、42、45、48 | 112 | 84 | | | | | | |

续上表

| 型号 | 公称转矩 $T_n$ 弹性件硬度 $a$/HA 85±5 | $b$/HD 60±5 | 许用转速 $n$ /(r/min) | 轴孔直径 $d_1$、$d_2$、$d_z$ /mm | 轴孔长度 Y型 L/mm | $J_1$、Z型 L/mm | $L_{推荐}$ /mm | $L_0$ /mm | $D$ /mm | 弹性件型号 | 质量 $m$ /kg | 转动惯量 $I$ /(kg·m²) |
|---|---|---|---|---|---|---|---|---|---|---|---|---|
| LM7 | 630 | 1 120 | 5 300 | 35*、38* | 82 | 60 | 60 | 159 | 145 | MT7$_b^a$ | 9.09 | 0.023 2 |
| | | | | 40*、42*、45、48、50、55 | 112 | 84 | | | | | | |
| LM8 | 1 120 | 2 240 | 4 500 | 45*、48*、50、55、56 | 112 | 84 | 70 | 181 | 170 | MT8$_b^a$ | 13.56 | 0.046 8 |
| | | | | 60、63、65* | 142 | 107 | | | | | | |
| LM9 | 1 800 | 3 550 | 3 800 | 50*、55*、56* | 112 | 84 | 80 | 208 | 200 | MT9$_b^a$ | 21.40 | 0.104 1 |
| | | | | 60、63、65、70、71、75 | 142 | 107 | | | | | | |
| | | | | 80 | 172 | 132 | | | | | | |
| LM10 | 2 800 | 5 600 | 3 300 | 60*、63*、65、70、71、75 | 142 | 107 | 90 | 230 | 230 | MT10$_b^a$ | 32.03 | 0.210 5 |
| | | | | 80、85、90、95 | 172 | 132 | | | | | | |
| | | | | 100 | 212 | 167 | | | | | | |
| LM11 | 4 500 | 9 000 | 2 900 | 70*、71*、75* | 142 | 107 | 100 | 260 | 105 | MT11$_b^a$ | 49.52 | 0.433 8 |
| | | | | 80*、85*、90、95 | 172 | 132 | | | | | | |
| | | | | 100、110、120 | 212 | 167 | | | | | | |
| LM12 | 6 300 | 1 2500 | 2 500 | 80*、85*、90*、95* | 172 | 132 | 115 | 297 | 300 | MT12$_b^a$ | 73.45 | 0.820 5 |
| | | | | 100、110、120、125 | 212 | 167 | | | | | | |
| | | | | 130 | 252 | 202 | | | | | | |
| LM13 | 11 200 | 20 000 | 2 100 | 90*、95* | 172 | 132 | 125 | 323 | 360 | MT13$_b^a$ | 103.86 | 1.671 8 |
| | | | | 100*、110*、120*、125* | 212 | 167 | | | | | | |
| | | | | 130、140、150 | 252 | 202 | | | | | | |
| LM14 | 12 500 | 25 000 | 1 900 | 100*、110*、120*、125* | 212 | 167 | 135 | 333 | 400 | MT14$_b^a$ | 127.59 | 2.499 0 |
| | | | | 130*、140*、150* | 252 | 202 | | | | | | |
| | | | | 160 | 302 | 242 | | | | | | |

注：1. 质量、转动惯量按 L 推荐最小轴孔计算近似值；
2. 带 * 号轴孔直径可用于 Z 型轴孔；
3. $a,b$ 为两种材料的硬度代号。

表 4-12-12 LMD型单法兰联轴器基本参数和主要尺寸(GB/T 5272—2002)

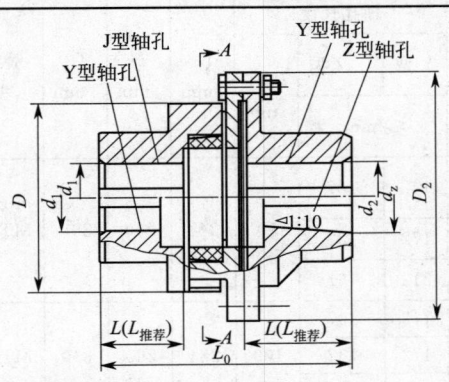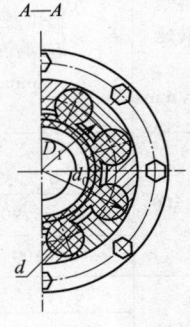

标记示例：主动端J型轴孔，B型键槽：$d_1=40$ mm，$L_{推荐}=50$ mm；
从动端Z型轴孔，A型键槽：$d_z=40$ mm，$L_{推荐}=50$ mm；
LMD5 联轴器，$\dfrac{JB40\times50}{ZA40\times50}$ GB/T 5272—2002

| 型号 | 公称转矩 $T_n$ 弹性件硬度 | | 许用转速 $n$ /(r/min) | 轴孔直径 $d_1、d_2、d_z$ /mm | 轴孔长度 | | $L_{推荐}$ /mm | $L_0$ /mm | $D$ /mm | $D_1$ /mm | 弹性件型号 | 质量 $m$ /kg | 转动惯量 $I$ /(kg·m²) |
|---|---|---|---|---|---|---|---|---|---|---|---|---|---|
| | $a$/HA 85±5 | $b$/HD 60±5 | | | Y型 L/mm | $J_1$、Z型 L/mm | | | | | | | |
| LMD1 | 25 | 45 | 8 500 | 12、14 | 32 | 27 | 35 | 92 | 50 | 90 | MT1$_b^a$ | 1.21 | 0.000 8 |
| | | | | 16、18、19 | 42 | 30 | | | | | | | |
| | | | | 20、22、24 | 52 | 38 | | | | | | | |
| | | | | 25 | 62 | 44 | | | | | | | |
| LMD2 | 50 | 100 | 7 600 | 16、18、19 | 42 | 30 | 38 | 101.5 | 60 | 100 | MT2$_b^a$ | 1.65 | 0.001 4 |
| | | | | 20、22、24 | 52 | 38 | | | | | | | |
| | | | | 25、28 | 62 | 44 | | | | | | | |
| | | | | 30 | 82 | 60 | | | | | | | |
| LMD3 | 100 | 200 | 6 900 | 20、22、24 | 52 | 38 | 40 | 110 | 70 | 110 | MT3$_b^a$ | 2.36 | 0.002 4 |
| | | | | 25、28 | 62 | 44 | | | | | | | |
| | | | | 30、32 | 82 | 60 | | | | | | | |
| LMD4 | 140 | 280 | 6 200 | 22、24 | 52 | 38 | 45 | 122 | 85 | 125 | MT4$_b^a$ | 3.56 | 0.005 0 |
| | | | | 25、28 | 62 | 44 | | | | | | | |
| | | | | 30、32、35、38 | 82 | 60 | | | | | | | |
| | | | | 40 | 112 | 84 | | | | | | | |
| LMD5 | 350 | 400 | 5 000 | 25、28 | 62 | 44 | 50 | 138.5 | 105 | 150 | MT5$_b^a$ | 6.36 | 0.013 5 |
| | | | | 30、32、35、38 | 82 | 60 | | | | | | | |
| | | | | 40、42、45 | 112 | 84 | | | | | | | |
| LMD6 | 400 | 710 | 4 100 | 30、32、35、38 | 82 | 60 | 55 | 155 | 125 | 185 | MT6$_b^a$ | 10.77 | 0.032 9 |
| | | | | 40、42、45、48 | 112 | 84 | | | | | | | |
| LMD7 | 630 | 1 120 | 3 700 | 35*、38* | 82 | 60 | 60 | 172 | 145 | 205 | MT7$_b^a$ | 15.30 | 0.058 1 |
| | | | | 40*、42*、45、48、50、55 | 112 | 84 | | | | | | | |
| LMD8 | 1 120 | 2 240 | 3 100 | 45*、48*、50、55、56 | 112 | 84 | 70 | 195 | 170 | 240 | MT8$_b^a$ | 22.72 | 0.117 5 |
| | | | | 60、63、65* | 142 | 107 | | | | | | | |
| LMD9 | 1 800 | 3 550 | 2 800 | 50*、55*、56* | 112 | 84 | 80 | 224 | 200 | 270 | MT9$_b^a$ | 34.44 | 0.233 3 |
| | | | | 60、63、65、70、71、75 | 142 | 107 | | | | | | | |
| | | | | 80 | 172 | 132 | | | | | | | |

续上表

| 型号 | 公称转矩 $T_n$ | | 许用转速 $n$ /(r/min) | 轴孔直径 $d_1,d_2,d_z$ /mm | 轴孔长度 | | $L_{推荐}$ /mm | $L_0$ /mm | $D$ /mm | $D_1$ /mm | 弹性件型号 | 质量 $m$ /kg | 转动惯量 $I$ /(kg·m²) |
|---|---|---|---|---|---|---|---|---|---|---|---|---|---|
| | 弹性件硬度 | | | | Y 型 | $J_1$、Z 型 | | | | | | | |
| | $a$/HA | $b$/HD | | | $L$/mm | | | | | | | | |
| | 85±5 | 60±5 | | | | | | | | | | | |
| LMD10 | 2 800 | 5 600 | 2 500 | 60*、63*、65*、70、71、75 | 142 | 107 | 90 | 248 | 230 | 305 | MT 10$^a_b$ | 51.36 | 0.459 4 |
| | | | | 80、85、90、95 | 172 | 132 | | | | | | | |
| | | | | 100 | 212 | 167 | | | | | | | |
| LMD11 | 4 500 | 9 000 | 2 200 | 70*、71*、75* | 142 | 107 | 100 | 284 | 260 | 350 | MT 11$^a_b$ | 81.30 | 0.977 7 |
| | | | | 80*、85*、90、95 | 172 | 132 | | | | | | | |
| | | | | 100、110、120 | 212 | 167 | | | | | | | |
| LMD12 | 6 300 | 12 500 | 1 900 | 80*、85*、90*、95* | 172 | 132 | 115 | 321 | 300 | 400 | MT 12$^a_b$ | 115.53 | 1.751 0 |
| | | | | 100、110、120、125 | 212 | 167 | | | | | | | |
| | | | | 130 | 252 | 202 | | | | | | | |
| LMD13 | 11 200 | 20 000 | 1 600 | 90*、95* | 172 | 132 | 125 | 348 | 360 | 460 | MT 13$^a_b$ | 161.79 | 3.366 7 |
| | | | | 100*、110*、120*、125* | 212 | 167 | | | | | | | |
| | | | | 130、140、150 | 252 | 202 | | | | | | | |
| LMD14 | 12 500 | 50 000 | 1 500 | 100*、110*、120*、125* | 212 | 167 | 135 | 358 | 400 | 500 | MT 14$^a_b$ | 196.32 | 4.866 9 |
| | | | | 130*、140*、150* | 252 | 202 | | | | | | | |
| | | | | 160 | 302 | 242 | | | | | | | |

注：1. 质量、转动惯量按 L 推荐最小轴孔计算近似值；
2. 带 * 号轴孔直径可用于 Z 型轴孔；
3. $a$、$b$ 为二种材料的硬度代号。

表 4-12-13　LMS 型联轴器基本参数和主要尺寸（GB/T 5272—2002）

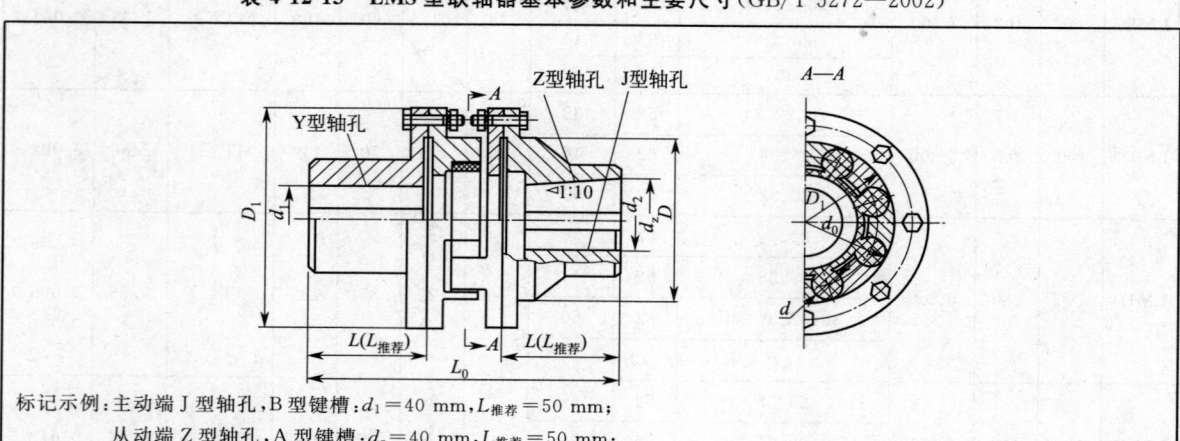

标记示例：主动端 J 型轴孔，B 型键槽：$d_1=40$ mm，$L_{推荐}=50$ mm；
　　　　　从动端 Z 型轴孔，A 型键槽：$d_z=40$ mm，$L_{推荐}=50$ mm；
　　　　　LMS5 联轴器，$\dfrac{JB40\times50}{ZA40\times50}$ GB/T 5272—2002

| 型号 | 公称转矩 $T_n$ | | 许用转速 $n$ /(r/min) | 轴孔直径 $d_1,d_2,d_z$ /mm | 轴孔长度 | | $L_{推荐}$ /mm | $L_0$ /mm | $D$ /mm | $D_1$ /mm | 弹性件型号 | 质量 $m$ /kg | 转动惯量 $I$ /(kg·m²) |
|---|---|---|---|---|---|---|---|---|---|---|---|---|---|
| | 弹性件硬度 | | | | Y 型 | $J_1$、Z 型 | | | | | | | |
| | $a$/HA | $b$/HD | | | $L$/mm | | | | | | | | |
| | 85±5 | 60±5 | | | | | | | | | | | |
| LMS1 | 25 | 45 | 8 500 | 12、14 | 32 | 27 | 35 | 98 | 50 | 90 | MT1$^a_b$ | 1.33 | 0.001 3 |
| | | | | 16、18、19 | 42 | 30 | | | | | | | |
| | | | | 20、22、24 | 52 | 38 | | | | | | | |
| | | | | 25 | 62 | 44 | | | | | | | |

续上表

| 型号 | 公称转矩 $T_n$ 弹性件硬度 $a$/HA 85±5 | 公称转矩 $T_n$ 弹性件硬度 $b$/HD 60±5 | 许用转速 $n$ /(r/min) | 轴孔直径 $d_1$、$d_2$、$d_z$ /mm | 轴孔长度 Y型 $L$/mm | 轴孔长度 $J_1$、Z型 $L$/mm | $L_{推荐}$ /mm | $L_0$ /mm | $D$ /mm | $D_1$ /mm | 弹性件型号 | 质量 $m$ /kg | 转动惯量 $I$ /(kg·m²) |
|---|---|---|---|---|---|---|---|---|---|---|---|---|---|
| LMS2 | 50 | 100 | 7 600 | 16、18、19 | 42 | 30 | 38 | 108 | 60 | 100 | MT2$_b^a$ | 1.74 | 0.002 1 |
|  |  |  |  | 20、22、24 | 52 | 38 |  |  |  |  |  |  |  |
|  |  |  |  | 25、28 | 62 | 44 |  |  |  |  |  |  |  |
|  |  |  |  | 30 | 82 | 60 |  |  |  |  |  |  |  |
| LMS3 | 100 | 200 | 6 900 | 20、22、24 | 52 | 38 | 40 | 117 | 70 | 110 | MT3$_b^a$ | 2.33 | 0.003 4 |
|  |  |  |  | 25、28 | 62 | 44 |  |  |  |  |  |  |  |
|  |  |  |  | 30、32 | 82 | 60 |  |  |  |  |  |  |  |
| LMS4 | 140 | 280 | 6 200 | 22、24 | 52 | 38 | 45 | 130 | 85 | 125 | MT4$_b^a$ | 3.38 | 0.006 4 |
|  |  |  |  | 25、28 | 62 | 44 |  |  |  |  |  |  |  |
|  |  |  |  | 30、32、35、38 | 82 | 60 |  |  |  |  |  |  |  |
|  |  |  |  | 40 | 112 | 84 |  |  |  |  |  |  |  |
| LMS5 | 350 | 400 | 5 000 | 25、28 | 62 | 44 | 50 | 150 | 105 | 150 | MT5$_b^a$ | 6.07 | 0.017 5 |
|  |  |  |  | 30、32、35、38 | 82 | 60 |  |  |  |  |  |  |  |
|  |  |  |  | 40、42、45 | 112 | 84 |  |  |  |  |  |  |  |
| LMS6 | 400 | 710 | 4 100 | 30、32、35、38 | 82 | 60 | 55 | 167 | 125 | 185 | MT6$_b^a$ | 10.47 | 0.044 4 |
|  |  |  |  | 40、42、45、48 | 112 | 84 |  |  |  |  |  |  |  |
| LMS7 | 630 | 1 120 | 3 700 | 35*、38* | 82 | 60 | 60 | 185 | 145 | 205 | MT7$_b^a$ | 14.22 | 0.073 9 |
|  |  |  |  | 40*、42*、45、48、50、55 | 112 | 84 |  |  |  |  |  |  |  |
| LMS8 | 1 120 | 2 240 | 3 100 | 45*、48*、50、55、56 | 112 | 84 | 70 | 209 | 170 | 240 | MT8$_b^a$ | 21.16 | 0.149 3 |
|  |  |  |  | 60、63、65* | 142 | 107 |  |  |  |  |  |  |  |
| LMS9 | 1 800 | 3 550 | 2 800 | 50*、55*、56* | 112 | 84 | 80 | 240 | 200 | 270 | MT9$_b^a$ | 30.70 | 0.276 7 |
|  |  |  |  | 60、63、65、70、71、75 | 142 | 107 |  |  |  |  |  |  |  |
|  |  |  |  | 80 | 172 | 132 |  |  |  |  |  |  |  |
| LMS10 | 2 800 | 5 600 | 2 500 | 60*、63*、65*、70、71、75 | 142 | 107 | 90 | 268 | 230 | 305 | MT10$_b^a$ | 44.55 | 0.526 2 |
|  |  |  |  | 80、85、90、95 | 172 | 132 |  |  |  |  |  |  |  |
|  |  |  |  | 100 | 212 | 167 |  |  |  |  |  |  |  |
| LMS11 | 4 500 | 9 000 | 2 200 | 70*、71*、75* | 142 | 107 | 100 | 308 | 260 | 350 | MT11$_b^a$ | 70.72 | 1.136 2 |
|  |  |  |  | 80*、85*、90、95 | 172 | 132 |  |  |  |  |  |  |  |
|  |  |  |  | 100、110、120 | 212 | 167 |  |  |  |  |  |  |  |
| LMS12 | 6 300 | 12 500 | 1 900 | 80*、85*、90*、95* | 172 | 132 | 115 | 345 | 300 | 400 | MT12$_b^a$ | 99.54 | 1.999 8 |
|  |  |  |  | 100、110、120、125 | 212 | 167 |  |  |  |  |  |  |  |
|  |  |  |  | 130 | 252 | 202 |  |  |  |  |  |  |  |
| LMS13 | 11 200 | 20 000 | 1 600 | 90*、95* | 172 | 132 | 125 | 373 | 360 | 460 | MT13$_b^a$ | 137.53 | 3.671 9 |
|  |  |  |  | 100*、110*、120*、125* | 212 | 167 |  |  |  |  |  |  |  |
|  |  |  |  | 130、140、150 | 252 | 202 |  |  |  |  |  |  |  |
| LMS14 | 12 500 | 50 000 | 1 500 | 100*、110*、120*、125* | 212 | 167 | 135 | 383 | 400 | 500 | MT14$_b^a$ | 165.25 | 5.158 1 |
|  |  |  |  | 130*、140*、150* | 252 | 202 |  |  |  |  |  |  |  |
|  |  |  |  | 160 | 302 | 242 |  |  |  |  |  |  |  |

注：1. 质量、转动惯量按 L 推荐最小轴孔计算近似值；

2. 带 * 号轴孔直径可用于 Z 型轴孔；

3. $a$、$b$ 为二种材料的硬度代号。

表 4-12-14　LMZ-I 型分体式制动轮联轴器基本参数和主要尺寸（GB/T 5272—2002）

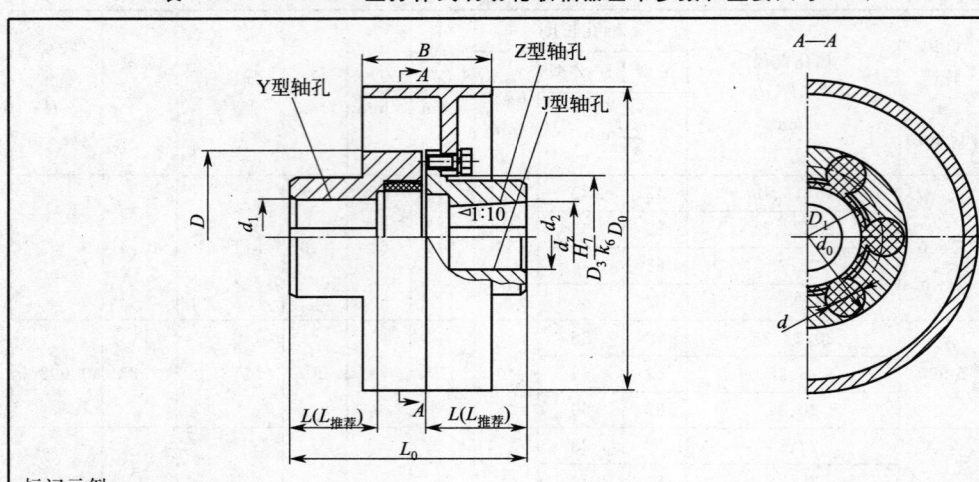

标记示例：

主动轴 Z 型轴孔，A 型键槽，轴孔直径 $d_z=110$ mm，轴孔长度 $L_{推荐}=115$ mm；

从动轴 Y 型轴孔，B 型键槽，轴孔直径 $d_1=125$ mm，轴孔长度 $L_{推荐}=115$ mm；

LMZ12-I-630 型联轴器，$\dfrac{ZA110\times115}{YB125\times115}$ MT12-b GB/T 5272—2002

| 型号 | 公称转矩 $T_n$ 弹性件硬度 a/HA 85±5 | b/HD 60±5 | 许用转速 n/ (r/min) | 轴孔直径 $d_1, d_2, d_z$ /mm | 轴孔长度 Y 型 L/mm | 轴孔长度 $J_1$、Z 型 L/mm | $L_{推荐}$ /mm | $L_0$ /mm | $D_0$ /mm | B /mm | $D_1$ /mm | 弹性件型号 | 质量 m /kg | 转动惯量 I /(kg·m²) |
|---|---|---|---|---|---|---|---|---|---|---|---|---|---|---|
| LMZ5-I-160 | 250 | 400 | 4 750 | 25、28 | 62 | 44 | 50 | 127 | 160 | 70 | 105 | MT5$\substack{a\\b}$ | 6.602 | 0.019 8 |
|  |  |  |  | 30、32、35、38 | 82 | 60 |  |  |  |  |  |  |  |  |
|  |  |  |  | 40、42、45 | 112 | 84 |  |  |  |  |  |  |  |  |
| LMZ5-I-200 |  |  |  | 25、28 | 62 | 44 |  |  |  |  |  |  | 9.204 | 0.044 0 |
|  |  |  |  | 30、32、35、38 | 82 | 60 |  |  |  |  |  |  |  |  |
|  |  |  |  | 40、42、45 | 112 | 84 |  |  |  |  |  |  |  |  |
| LMZ6-I-200 | 400 | 710 | 3 800 | 30、32、35、38 | 82 | 60 | 55 | 143 | 200 | 85 | 125 | MT6$\substack{a\\b}$ | 11.45 | 0.052 0 |
|  |  |  |  | 40、42、45、48 | 112 | 84 |  |  |  |  |  |  |  |  |
| LMZ7-I-200 | 630 | 1 120 |  | 35*、38* | 82 | 60 | 60 | 159 | 250 | 105 | 145 | MT7$\substack{a\\b}$ | 13.96 | 0.064 0 |
|  |  |  |  | 40*、42*、45、48、50、55、56 | 112 | 84 |  |  |  |  |  |  |  |  |
| LMZ7-I-250 |  |  | 4 100 | 35*、38* | 82 | 60 |  |  |  |  |  |  | 20.09 | 0.144 0 |
|  |  |  |  | 40*、42*、45、48、50、55、56 | 112 | 84 |  |  |  |  |  |  |  |  |
| LMZ8-I-250 | 1 120 | 2 240 |  | 45*、48*、50、55、56 | 112 | 84 | 70 | 181 | 315 | 135 | 170 | MT8$\substack{a\\b}$ | 24.65 | 0.175 0 |
|  |  |  |  | 60、63、65* | 142 | 107 |  |  |  |  |  |  |  |  |
| LMZ8-I-315 |  |  | 2 400 | 45*、48*、50、55、56 | 112 | 84 |  |  |  |  |  |  | 34.13 | 0.052 0 |
|  |  |  |  | 60、63、65* | 142 | 107 |  |  |  |  |  |  |  |  |
| LMZ9-I-315 | 1 800 | 3 550 |  | 50*、55*、56* | 172 | 84 | 80 | 208 | 315 | 135 | 200 | MT9$\substack{a\\b}$ | 41.67 | 0.450 0 |
|  |  |  |  | 60、63、65、70、71、75 | 112 | 107 |  |  |  |  |  |  |  |  |
|  |  |  |  | 80 | 172 | 132 |  |  |  |  |  |  |  |  |
| LMZ9-I-400 |  |  | 1 900 | 50*、55*、56* | 142 | 84 |  |  |  |  |  |  | 65.61 | 1.259 0 |
|  |  |  |  | 60、63、65、70、71、75 | 172 | 107 |  |  |  |  |  |  |  |  |
|  |  |  |  | 80 | 112 | 132 |  |  |  |  |  |  |  |  |
| LMZ10-I-400 | 2 800 | 5 600 |  | 60*、63*、65*、70、71、75 | 142 | 107 | 90 | 230 | 400 | 170 | 200 | MT10$\substack{a\\b}$ | 74.53 | 1.400 0 |
|  |  |  |  | 80、85、90、95 | 172 | 132 |  |  |  |  |  |  |  |  |
|  |  |  |  | 100 | 122 | 167 |  |  |  |  |  |  |  |  |
| LMZ10-I-500 |  |  | 1 500 | 60*、63*、65*、70、71、75 | 142 | 107 |  |  |  |  |  |  | 110.60 | 3.472 0 |
|  |  |  |  | 80、85、90、95 | 172 | 132 |  |  |  |  |  |  |  |  |
|  |  |  |  | 100 | 122 | 167 |  |  |  |  |  |  |  |  |
| LMZ11-I-500 | 4 500 | 9 000 |  | 70*、71*、75* | 142 | 107 | 100 | 260 | 500 | 210 | 260 | MT11$\substack{a\\b}$ | 121.70 | 3.715 0 |
|  |  |  |  | 80*、85*、90、95 | 172 | 132 |  |  |  |  |  |  |  |  |
|  |  |  |  | 100、110、120 | 212 | 167 |  |  |  |  |  |  |  |  |

续上表

| 型号 | 公称转矩 $T_n$ 弹性件硬度 | | 许用转速 $n$/(r/min) | 轴孔直径 $d_1$、$d_2$、$d_z$ /mm | 轴孔长度 | | $L_{推荐}$ /mm | $L_0$ /mm | $D_0$ /mm | $B$ /mm | $D_1$ /mm | 弹性件型号 | 质量 $m$ /kg | 转动惯量 $I$ /(kg·m²) |
|---|---|---|---|---|---|---|---|---|---|---|---|---|---|---|
| | $a$/HA $85\pm5$ | $b$/HD $60\pm5$ | | | Y型 $L$/mm | $J_1$、Z型 /mm | | | | | | | | |
| LMZ12-Ⅰ-630 | 6 300 | 12 500 | 1 200 | 80、85、90、95 | 172 | 132 | 115 | 297 | 630 | 265 | 300 | MT 12$_{-b}^{-a}$ | 213.70 | 10.240 0 |
| | | | | 100、110、120、125 | 212 | 167 | | | | | | | | |
| | | | | 130 | 252 | 202 | | | | | | | | |
| LMZ13-Ⅰ-730 | 11 200 | 20 000 | 1 050 | 90、95 | 172 | 132 | 125 | 323 | 710 | 300 | 360 | MT 13$_{-b}^{-a}$ | 341.60 | 19.990 0 |
| | | | | 100、110、120、125 | 212 | 167 | | | | | | | | |
| | | | | 130、140、150 | 252 | 202 | | | | | | | | |
| LMZ14-Ⅰ-800 | 12 500 | 25 000 | 950 | 100、110、120、125 | 212 | 167 | 135 | 333 | 800 | 340 | 400 | MT 14$_{-b}^{-a}$ | 510.10 | 39.360 0 |
| | | | | 130、140、150 | 252 | 202 | | | | | | | | |
| | | | | 160 | 302 | 242 | | | | | | | | |

注：1. 质量、转动惯量按 L 推荐最小轴孔计算近似值；
 2. 带 * 号轴孔直径可用于 Z 型轴孔；
 3. $a$、$b$ 为二种材料的硬度代号。

表 4-12-15　LMZ-Ⅱ型整体式制动轮联轴器基本参数和主要尺寸（GB/T 5272—2002）

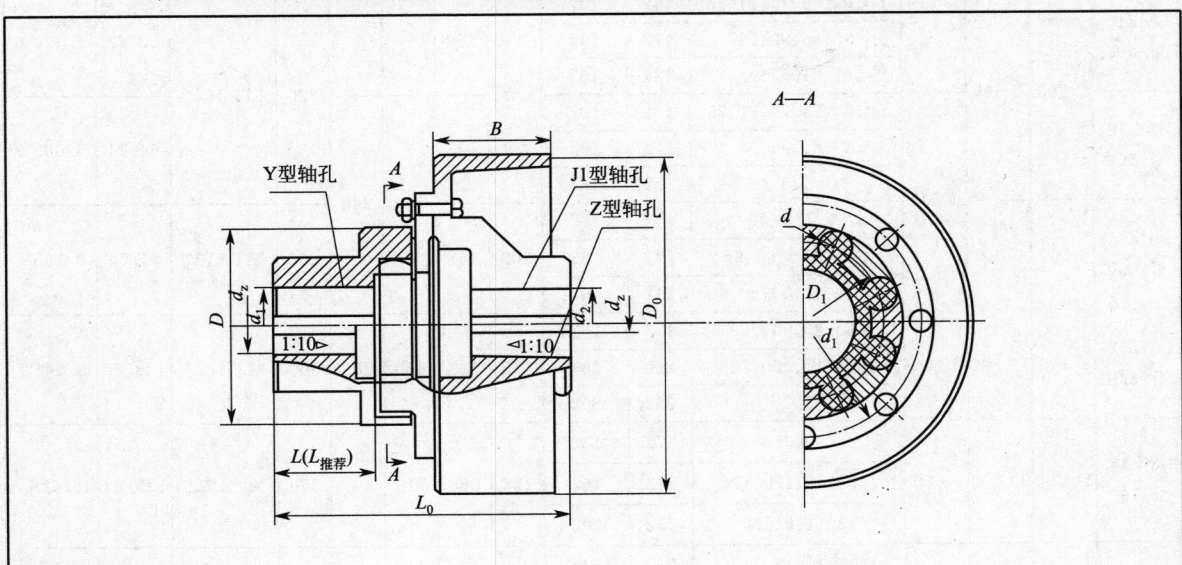

标记示例：
　　主动轴 Z 型轴孔，A 型键槽，轴孔直径 $d_z=110$ mm，轴孔长度 $L_{推荐}=115$ mm；
　　从动轴 Y 型轴孔，B 型键槽，轴孔直径 $d_1=125$ mm，轴孔长度 $L_{推荐}=115$ mm；
　　LMZ12-Ⅱ-630 型联轴器，$\dfrac{ZA110\times115}{YB125\times115}$MT12-b　GB/T 5272—2002

续上表

| 型号 | 公称转矩 $T_n$ | | 许用转速 $n$/(r/min) | 轴孔直径 $d_1$、$d_2$、$d_z$ /mm | 轴孔长度 | | $L_{推荐}$ /mm | $L_0$ /mm | $D_0$ /mm | $B$ /mm | $D_1$ /mm | 弹性件型号 | 质量 $m$ /kg | 转动惯量 $I$ /(kg·m²) |
|---|---|---|---|---|---|---|---|---|---|---|---|---|---|---|
| | 弹性件硬度 | | | | Y型 $L$/mm | $J_1$、Z型 /mm | | | | | | | | |
| | $a$/HA 85±5 | $b$/HD 60±5 | | | | | | | | | | | | |
| LMZ5-Ⅱ-160 | 250 | 400 | 4 750 | 25、28 | 62 | 44 | 50 | 188.5 | 160 | 70 | 105 | MT5$_b^a$ | 5.18 | 0.015 9 |
| | | | | 30、32、35、38 | 82 | 60 | | | | | | | | |
| | | | | 40、42、45 | 112 | 84 | | | | | | | | |
| LMZ5-Ⅱ-200 | | | | 25、28 | 62 | 44 | | 203.5 | | | | | 6.54 | 0.039 1 |
| | | | | 30、32、35、38 | 82 | 60 | | | | | | | | |
| | | | | 40、42、45 | 112 | 84 | | | | | | | | |
| LMZ6-Ⅱ-200 | 400 | 710 | 3 800 | 30、32、35、38 | 82 | 60 | 55 | 215 | 200 | 85 | 125 | MT6$_b^a$ | 9.12 | 0.044 8 |
| | | | | 40、42、45、48 | 112 | 84 | | | | | | | | |
| LMZ7-Ⅱ-200 | 630 | 1 120 | | 35*、38* | 82 | 60 | 60 | 227 | | | 145 | MT7$_b^a$ | 12.31 | 0.052 7 |
| | | | | 40*、42*、45、48、50、55、56 | 112 | 84 | | | | | | | | |
| LMZ7-Ⅱ-250 | | | 3 050 | 35*、38* | 82 | 60 | | 257 | 250 | 105 | | | 14.28 | 0.118 9 |
| | | | | 40*、42*、45、48、50、55、56 | 112 | 84 | | | | | | | | |
| LMZ8-Ⅱ-250 | 1 120 | 2 240 | | 45*、48*、50、55、56 | 112 | 84 | 70 | 270 | | | 170 | MT8$_b^a$ | 19.38 | 0.140 2 |
| | | | | 60、63、65* | 142 | 107 | | | | | | | | |
| LMZ8-Ⅱ-315 | | | 2 400 | 45*、48*、50、55、56 | 112 | 84 | | 300 | 315 | 135 | | | 24.02 | 0.036 6 |
| | | | | 60、63、65* | 142 | 107 | | | | | | | | |
| LMZ9-Ⅱ-315 | 1 800 | 3 550 | | 50*、55*、56* | 172 | 84 | 80 | 319 | | | 200 | MT9$_b^a$ | 32.16 | 0.403 9 |
| | | | | 60、63、65、70、71、75 | 112 | 107 | | | | | | | | |
| | | | | 80 | 172 | 132 | | | | | | | | |
| LMZ9-Ⅱ-400 | | | 1 900 | 50*、55*、56* | 142 | 84 | | 354 | 400 | 170 | | | 40.18 | 1.086 3 |
| | | | | 60、63、65、70、71、75 | 172 | 107 | | | | | | | | |
| | | | | 80 | 112 | 132 | | | | | | | | |
| LMZ10-Ⅱ-400 | 2 800 | 5 600 | | 60、63、65、70、71、75 | 142 | 107 | 90 | 369 | | | 230 | MT10$_b^a$ | 50.72 | 1.170 0 |
| | | | | 80、85、90、95 | 172 | 132 | | | | | | | | |
| | | | | 100 | 122 | 167 | | | | | | | | |
| LMZ10-Ⅱ-500 | | | 1 500 | 60、63、65、70、71、75 | 142 | 107 | | 423 | 500 | 210 | | | 64.14 | 3.003 9 |
| | | | | 80、85、90、95 | 172 | 132 | | | | | | | | |
| | | | | 100 | 122 | 167 | | | | | | | | |
| LMZ11-Ⅱ-500 | 4 500 | 9 000 | | 70*、71*、75* | 142 | 107 | 100 | 448 | | | 260 | MT11$_b^a$ | 81.75 | 3.195 7 |
| | | | | 80*、85*、90、95 | 172 | 132 | | | | | | | | |
| | | | | 100、110、120 | 212 | 167 | | | | | | | | |
| LMZ12-Ⅱ-630 | 6 300 | 12 500 | 1 200 | 80、85、90、95 | 172 | 132 | 115 | 523 | 630 | 265 | 300 | MT12$_b^a$ | 133.80 | 9.044 1 |
| | | | | 100、110、120、125 | 212 | 167 | | | | | | | | |
| | | | | 130 | 252 | 202 | | | | | | | | |
| LMZ13-Ⅱ-730 | 11 200 | 20 000 | 1 050 | 90、95 | 172 | 132 | 125 | 583 | 710 | 300 | 360 | MT13$_b^a$ | 195.93 | 16.489 8 |
| | | | | 100、110、120、125 | 212 | 167 | | | | | | | | |
| | | | | 130、140、150 | 252 | 202 | | | | | | | | |
| LMZ14-Ⅱ-800 | 12 500 | 25 000 | 950 | 100、110、120、125 | 212 | 167 | 135 | 633 | 800 | 340 | 400 | MT14$_b^a$ | 294.51 | 37.985 0 |
| | | | | 130、140、150 | 252 | 202 | | | | | | | | |
| | | | | 160 | 302 | 242 | | | | | | | | |

注:1. 质量、转动惯量按 L 推荐最小轴孔计算近似值;

2. 带 * 号轴孔直径可用于 Z 型轴孔;

3. $a$、$b$ 为二种材料的硬度代号。

表 4-12-16 SWPA 型(有伸缩长型)十字轴式万向联轴器基本参数和主要尺寸(JB/T 3241—2005)

标记示例：回转直径 $D=390$，总长度 $L=1\,800$，有伸缩长型万向联轴器 SWP390A×1 800 联轴器 JB/T 3241—2005

| 型号 | 回转直径 $D$/mm | 公称转矩 $T_n$/(kN·m) | 脉动疲劳转矩 $T_p$/(kN·m) | 交变疲劳转矩 $T_f$/(kN·m) | 轴线折角 $\beta$/(°) | 伸缩量 $s$/mm | 尺寸/mm ||||||||||| 转动惯量/(kg·m²) || 质量/kg ||
|---|---|---|---|---|---|---|---|---|---|---|---|---|---|---|---|---|---|---|---|---|
| | | | | | | | $L_{min}$ | $D_1$ | $D_2$ (H7) | $D_3$ | $E$ | $E_1$ | $b\times h$ | $h_1$ | $L_1$ | $n\times d$ | $L_{min}$/mm | 增长 100 mm | $L_{min}$/mm | 增长 100 mm |
| SWP160A | 160 | 20 | 14 | 10 | ≤15 | 50 | 655 | 140 | 95 | 121 | 15 | 4 | 20×12 | 6 | 90 | 6×⌀13 | 0.167 | 0.008 | 52 | 2.5 |
| SWP180A | 180 | 28 | 20 | 14 | ≤15 | 60 | 760 | 155 | 105 | 127 | 15 | 4 | 24×14 | 7 | 105 | 6×⌀15 | 0.304 | 0.012 | 75 | 3.4 |
| SWP200A | 200 | 40 | 28 | 20 | ≤15 | 70 | 825 | 175 | 125 | 140 | 17 | 5 | 28×16 | 8 | 120 | 8×⌀15 | 0.490 | 0.016 | 98 | 3.8 |
| SWP225A | 225 | 56 | 40 | 28 | ≤15 | 80 | 950 | 196 | 135 | 168 | 20 | 5 | 32×18 | 9 | 145 | 8×⌀17 | 0.916 | 0.039 | 143 | 6.2 |
| SWP250A | 250 | 80 | 56 | 40 | ≤15 | 90 | 1055 | 218 | 150 | 219 | 25 | 5 | 40×25 | 12.5 | 165 | 8×⌀19 | 1.763 | 0.079 | 226 | 7.2 |
| SWP285A | 285 | 112 | 78 | 56 | ≤15 | 100 | 1 200 | 245 | 170 | 219 | 27 | 7 | 40×30 | 15 | 180 | 8×⌀21 | 3.193 | 0.099 | 313 | 9.4 |
| SWP315A | 315 | 160 | 112 | 80 | ≤15 | 110 | 1 330 | 280 | 185 | 273 | 32 | 7 | 40×30 | 15 | 205 | 10×⌀23 | 5.270 | 0.219 | 425 | 12.8 |
| SWP350A | 350 | 224 | 157 | 112 | ≤15 | 120 | 1 480 | 310 | 210 | 273 | 35 | 8 | 50×32 | 16 | 225 | 10×⌀23 | 8.645 | 0.226 | 565 | 13.9 |
| SWP390A | 390 | 315 | 220 | 158 | ≤10 | 120 | 1 480 | 345 | 235 | 273 | 40 | 8 | 70×36 | 18 | 215 | 10×⌀25 | 12.920 | 0.303 | 680 | 21.1 |
| SWP435A | 435 | 450 | 315 | 225 | ≤10 | 150 | 1 670 | 385 | 255 | 325 | 42 | 10 | 80×40 | 20 | 245 | 16×⌀28 | 24.240 | 0.545 | 1 010 | 25.7 |
| SWP480A | 480 | 630 | 440 | 315 | ≤10 | 170 | 1 860 | 425 | 275 | 351 | 47 | 12 | 90×45 | 22.5 | 275 | 16×⌀31 | 38.736 | 0.755 | 1 345 | 30.7 |
| SWP550A | 550 | 900 | 630 | 450 | ≤10 | 190 | 2 100 | 492 | 320 | 426 | 50 | 12 | 100×45 | 22.5 | 305 | 16×⌀31 | 76.570 | 1.435 | 2 015 | 38.1 |
| SWP600A | 600 | 1 250 | 875 | 625 | ≤10 | 210 | 2 520 | 544 | 380 | 480 | 55 | 15 | 90×55 | 27.5 | 370 | 22×⌀34 | 134.100 | 2.493 | 2 980 | 53.2 |
| SWP650A | 650 | 1 600 | 1 120 | 800 | ≤10 | 230 | 2 630 | 585 | 390 | 500 | 60 | 15 | 100×60 | 30 | 405 | 18×⌀38 | 192.720 | 3.210 | 3 650 | 65.1 |

注：$L(\geqslant L_{min})$ 为缩短后的最小长度，不包括伸缩量 $s_o$。安装长度 $L$ 加分配 $s$ 的缩量值按需要确定。

表 4-12-17 SWPB型(有伸缩短型)十字轴式万向联轴器基本参数和主要尺寸(JB/T 3241—2005)

标记示例:回转直径 $D=390$,总长度 $L=1\,850$,有伸缩长型万向联轴器 SWP390B×1 850 联轴器 JB/T 3241—2005

| 型号 | 回转直径 $D$ /mm | 公称转矩 $T_n$ /(kN·m) | 脉动疲劳转矩 $T_p$ /(kN·m) | 交变疲劳转矩 $T_f$ /(kN·m) | 伸缩量 $s$ /mm | 轴线折角 $\beta$ /(°) | 尺寸/mm | | | | | | | | | 转动惯量/(kg·m²) | | 质量/kg | |
|---|---|---|---|---|---|---|---|---|---|---|---|---|---|---|---|---|---|---|---|
| | | | | | | | $L_{min}$ | $D_1$ | $D_2$ (H7) | $E$ | $E_1$ | $b\times h$ | $h_1$ | $L_1$ | $n\times d$ | $L_{min}$ | 增长 100 mm | $L_{min}$ /mm | 增长 100 mm |
| SWP160B | 160 | 20 | 14 | 10 | 50 | ≤15 | 575 | 140 | 95 | 15 | 4 | 20×12 | 6 | 90 | 6×⌀13 | 0.148 | 0.004 | 46 | 3.92 |
| SWP180B | 180 | 28 | 20 | 14 | 60 | ≤15 | 650 | 155 | 105 | 15 | 4 | 24×14 | 7 | 105 | 6×⌀15 | 0.268 | 0.006 | 66 | 4.75 |
| SWP200B | 200 | 40 | 28 | 20 | 70 | ≤15 | 735 | 175 | 125 | 17 | 5 | 28×16 | 8 | 120 | 8×⌀15 | 0.430 | 0.009 | 86 | 6.46 |
| SWP225B | 225 | 56 | 40 | 28 | 80 | ≤15 | 850 | 196 | 135 | 20 | 5 | 32×18 | 9 | 145 | 8×⌀17 | 0.826 | 0.013 | 129 | 8.05 |
| SWP250B | 250 | 80 | 56 | 40 | 90 | ≤15 | 920 | 218 | 150 | 25 | 5 | 40×25 | 12.5 | 165 | 8×⌀19 | 1.553 | 0.026 | 199 | 12.54 |
| SWP285B | 285 | 112 | 78 | 56 | 100 | ≤15 | 1 070 | 245 | 170 | 27 | 7 | 40×30 | 15 | 180 | 8×⌀21 | 2.856 | 0.043 | 180 | 15.18 |
| SWP315B | 315 | 160 | 112 | 80 | 110 | ≤15 | 1 200 | 280 | 185 | 32 | 7 | 40×30 | 15 | 205 | 10×⌀23 | 4.774 | 0.078 | 385 | 19.25 |
| SWP350B | 350 | 224 | 157 | 112 | 120 | ≤15 | 1 330 | 310 | 210 | 35 | 8 | 50×32 | 16 | 225 | 10×⌀23 | 7.788 | 0.097 | 509 | 22.75 |
| SWP390B | 390 | 315 | 220 | 158 | 120 | ≤10 | 1 290 | 345 | 235 | 40 | 8 | 70×36 | 18 | 215 | 10×⌀25 | 11.628 | 0.122 | 612 | 25.62 |
| SWP435B | 435 | 450 | 315 | 225 | 150 | ≤10 | 1 520 | 385 | 255 | 42 | 10 | 80×40 | 20 | 245 | 16×⌀28 | 22.032 | 0.176 | 918 | 29.12 |
| SWP480B | 480 | 630 | 440 | 315 | 170 | ≤10 | 1 690 | 425 | 275 | 47 | 12 | 90×45 | 22.5 | 275 | 16×⌀31 | 35.482 | 0.238 | 1232 | 35.86 |
| SWP550B | 550 | 900 | 630 | 450 | 190 | ≤10 | 1 850 | 492 | 320 | 50 | 12 | 100×45 | 22.5 | 305 | 16×⌀31 | 67.868 | 0.341 | 1 786 | 40.33 |
| SWP600B | 600 | 1 250 | 875 | 625 | 210 | ≤10 | 2 480 | 544 | 380 | 55 | 15 | 90×55 | 27.5 | 370 | 22×⌀34 | 137.115 | 0.467 | 3 047 | 47.65 |
| SWP650B | 650 | 1 600 | 1 120 | 800 | 230 | ≤10 | 2 580 | 585 | 390 | 60 | 15 | 100×60 | 30 | 405 | 18×⌀38 | 194.991 | 0.623 | 3 693 | 54.48 |

注:$L(\geq L_{min})$为缩短后的最小长度,不包括伸缩量 $s$。安装长度($L$ 加分配 $s$)的缩量值按需要确定。

## 表 4-12-18 SWPC型（无伸缩短型）十字轴式万向联轴器基本参数和主要尺寸（JB/T 3241—2005）

标记示例：回转直径 $D=390$，总长度 $L=900$，无伸缩短型万向联轴器 SWP390C×900 联轴器 JB/T 3241—2005

| 型号 | 回转直径 $D$ /mm | 公称转矩 $T_n$ /(kN·m) | 脉动疲劳转矩 $T_p$ /(kN·m) | 交变疲劳转矩 $T_f$ /(kN·m) | 轴线折角 $\beta$ /(°) | 尺寸/mm | | | | | | | | | 转动惯量 /(kg·m²) | 质量 /kg |
|---|---|---|---|---|---|---|---|---|---|---|---|---|---|---|---|---|
| | | | | | | $L$ | $D_1$ | $D_2$ (H7) | $E$ | $E_1$ | $b\times h$ | $h_1$ | $L_1$ | $n\times d$ | | |
| SWP160C | 160 | 20 | 14 | 10 | ≤15 | 360 | 140 | 95 | 15 | 4 | 20×12 | 6 | 90 | 6×⌀13 | 0.103 | 32 |
| SWP180C | 180 | 28 | 20 | 14 | ≤15 | 420 | 155 | 105 | 15 | 4 | 24×14 | 7 | 105 | 6×⌀15 | 0.195 | 48 |
| SWP200C | 200 | 40 | 28 | 20 | ≤15 | 480 | 175 | 125 | 17 | 5 | 28×16 | 8 | 120 | 8×⌀15 | 0.325 | 65 |
| SWP225C | 225 | 56 | 40 | 28 | ≤15 | 580 | 196 | 135 | 20 | 5 | 32×18 | 9 | 145 | 8×⌀17 | 0.628 | 98 |
| SWP250C | 250 | 80 | 56 | 40 | ≤15 | 660 | 218 | 150 | 25 | 5 | 40×25 | 12.5 | 165 | 8×⌀19 | 1.163 | 149 |
| SWP285C | 285 | 112 | 78 | 56 | ≤15 | 720 | 245 | 170 | 27 | 7 | 40×30 | 15 | 180 | 8×⌀21 | 2.163 | 212 |
| SWP315C | 315 | 160 | 112 | 80 | ≤15 | 820 | 280 | 185 | 32 | 7 | 40×30 | 15 | 205 | 10×⌀23 | 3.671 | 296 |
| SWP350C | 350 | 224 | 157 | 112 | ≤15 | 900 | 310 | 210 | 35 | 8 | 50×32 | 16 | 225 | 10×⌀23 | 6.197 | 405 |
| SWP390C | 390 | 315 | 220 | 158 | ≤10 | 860 | 345 | 235 | 40 | 8 | 70×36 | 18 | 215 | 10×⌀25 | 9.728 | 512 |
| SWP435C | 435 | 450 | 315 | 225 | ≤10 | 980 | 385 | 255 | 42 | 10 | 80×40 | 20 | 245 | 16×⌀28 | 17.112 | 713 |
| SWP480C | 480 | 630 | 440 | 315 | ≤10 | 1100 | 425 | 275 | 47 | 12 | 90×45 | 22.5 | 275 | 16×⌀31 | 27.072 | 940 |
| SWP550C | 550 | 900 | 630 | 450 | ≤10 | 1220 | 492 | 320 | 50 | 12 | 100×45 | 22.5 | 305 | 16×⌀31 | 56.050 | 1475 |
| SWP600C | 600 | 1250 | 875 | 625 | ≤10 | 1480 | 544 | 380 | 55 | 15 | 90×55 | 27.5 | 370 | 22×⌀34 | 95.760 | 2128 |
| SWP650C | 650 | 1600 | 1120 | 800 | ≤10 | 1620 | 585 | 390 | 60 | 15 | 100×60 | 30 | 405 | 18×⌀38 | 144.408 | 2735 |

## 表 4-12-19 SWPD 型（无伸缩缩长型）十字轴式万向联轴器基本参数和主要尺寸（JB/T 3241—2005）

标记示例：回转直径 $D=390$，总长度 $L=1100$，无伸缩长型万向联轴器 SWP390D×1100 联轴器 JB/T 3241—2005

| 型号 | 回转直径 $D$ /mm | 公称转矩 $T_n$ /(kN·m) | 脉动疲劳转矩 $T_p$ /(kN·m) | 交变疲劳转矩 $T_f$ /(kN·m) | 轴线折角 $\beta$ /(°) | $L_{min}$ | $D_1$ | $D_2$ (H7) | $D_3$ | $E$ | $E_1$ | $b \times h$ | $h_1$ | $L_1$ | $n \times d$ | 转动惯量 $L_{min}$ /mm | 转动惯量 增长100mm /(kg·m²) | 质量 $L_{min}$ /mm | 质量 增长100mm /kg |
|---|---|---|---|---|---|---|---|---|---|---|---|---|---|---|---|---|---|---|---|
| SWP160D | 160 | 20 | 14 | 10 | ≤15 | 450 | 140 | 95 | 121 | 15 | 4 | 20×12 | 6 | 90 | 6×⌀13 | 0.116 | 0.008 | 36 | 2.5 |
| SWP180D | 180 | 28 | 20 | 14 | ≤15 | 515 | 155 | 105 | 127 | 15 | 4 | 24×14 | 7 | 105 | 6×⌀15 | 0.211 | 0.012 | 52 | 3.4 |
| SWP200D | 200 | 40 | 28 | 20 | ≤15 | 585 | 175 | 125 | 140 | 17 | 4 | 28×16 | 8 | 120 | 8×⌀15 | 0.345 | 0.016 | 69 | 3.8 |
| SWP225D | 225 | 56 | 40 | 28 | ≤15 | 700 | 196 | 135 | 168 | 20 | 5 | 32×18 | 9 | 145 | 8×⌀17 | 0.692 | 0.039 | 108 | 6.2 |
| SWP250D | 250 | 80 | 56 | 40 | ≤15 | 810 | 218 | 150 | 219 | 25 | 5 | 40×25 | 12.5 | 165 | 8×⌀19 | 1.373 | 0.079 | 176 | 7.2 |
| SWP285D | 285 | 112 | 78 | 56 | ≤15 | 880 | 245 | 170 | 219 | 27 | 7 | 40×30 | 15 | 180 | 8×⌀21 | 2.367 | 0.099 | 232 | 9.4 |
| SWP315D | 315 | 160 | 112 | 80 | ≤15 | 1000 | 280 | 185 | 273 | 32 | 7 | 40×30 | 15 | 205 | 10×⌀23 | 3.993 | 0.219 | 322 | 12.8 |
| SWP350D | 350 | 224 | 157 | 112 | ≤15 | 1100 | 310 | 210 | 273 | 35 | 8 | 50×32 | 16 | 225 | 10×⌀23 | 6.426 | 0.226 | 420 | 13.9 |
| SWP390D | 390 | 315 | 220 | 158 | ≤15 | 1100 | 345 | 235 | 273 | 40 | 8 | 70×36 | 18 | 215 | 10×⌀25 | 9.690 | 0.303 | 510 | 21.1 |
| SWP435D | 435 | 450 | 315 | 225 | ≤10 | 1220 | 385 | 255 | 325 | 42 | 10 | 80×40 | 20 | 245 | 16×⌀28 | 17.712 | 0.545 | 738 | 25.7 |
| SWP480D | 480 | 630 | 440 | 315 | ≤10 | 1400 | 425 | 275 | 351 | 47 | 12 | 90×45 | 22.5 | 275 | 16×⌀31 | 29.088 | 0.755 | 1010 | 30.7 |
| SWP550D | 550 | 900 | 630 | 450 | ≤10 | 1520 | 492 | 320 | 426 | 50 | 12 | 100×45 | 22.5 | 305 | 16×⌀31 | 55.252 | 1.435 | 1454 | 38.1 |
| SWP600D | 600 | 1250 | 875 | 625 | ≤10 | 1880 | 544 | 380 | 480 | 55 | 15 | 90×55 | 27.5 | 370 | 22×⌀34 | 100.575 | 2.493 | 2235 | 53.2 |
| SWP650D | 650 | 1600 | 1120 | 800 | ≤10 | 2040 | 585 | 390 | 500 | 60 | 15 | 100×60 | 30 | 405 | 18×⌀38 | 152.064 | 3.210 | 2880 | 65.1 |

注：$L(\geqslant L_{min})$ 按需要确定。

表 4-12-20 YOX(包括 YOXn、YOXs)液力耦合器基本参数和主要尺寸

| 型号 | 输入转速 $n/(\text{r/min})$ | 传递功率范围 $P/\text{kW}$ | 过载系数 $T_g$ | 效率 $\eta$ | 外形尺寸/mm | | | | | 最大输入孔径及长度 $\dfrac{d_{1\max}}{l_{1\max}}$ | 最大输入孔径及长度 $\dfrac{d_{2\max}}{l_{2\max}}$ | 充油量/L | | 质量/kg |
|---|---|---|---|---|---|---|---|---|---|---|---|---|---|---|
| | | | | | D | A | $A_1$ | $A_2$ | $A_3$ | | | min | max | |
| YOX150 | 1000 | 0.05~0.2 | 2~2.7 | 0.97 | φ195 | 175 | 115 | 140 | 222 | $\dfrac{\phi 25}{40}$ | $\dfrac{\phi 20}{40}$ | 0.2 | 0.42 | 6 |
| | 1500 | 0.2~0.55 | | | | | | | | | | | | |
| YOX180 | 1000 | 0.1~0.3 | 2~2.7 | 0.97 | φ232 | 207 | 125 | 154 | 234 | $\dfrac{\phi 30}{50}$ | $\dfrac{\phi 25}{50}$ | 0.24 | 0.48 | 7 |
| | 1500 | 0.5~1.1 | | | | | | | | | | | | |
| YOX200 | 1000 | 0.2~0.55 | 2~2.7 | 0.97 | φ254 | 194 | 128 | 164 | 240 | $\dfrac{\phi 35}{60}$ | $\dfrac{\phi 30}{60}$ | 0.6 | 1.2 | 8.8 |
| | 1500 | 0.8~2.2 | | | | | | | | | | | | |
| YOX220 | 1000 | 0.4~1.1 | 2~2.7 | 0.97 | φ278 | 225 | 136 | 177 | 257 | $\dfrac{\phi 40}{80}$ | $\dfrac{\phi 35}{80}$ | 0.76 | 1.52 | 13 |
| | 1500 | 1.5~3 | | | | | | | | | | | | |
| YOX250 | 1000 | 0.8~1.5 | 2~2.7 | 0.97 | φ305 | 240 | 156 | 210 | 290 | $\dfrac{\phi 45}{80}$ | $\dfrac{\phi 40}{80}$ | 1.1 | 2.1 | 16 |
| | 1500 | 2.5~5.5 | | | | | | | | | | | | |
| YOX280 | 1000 | 1.5~3 | 2~2.7 | 0.97 | φ345 | 252 | 164 | 225 | 335 | $\dfrac{\phi 50}{80}$ | $\dfrac{\phi 45}{110}$ | 1.4 | 2.8 | 21 |
| | 1500 | 4.5~8 | | | | | | | | | | | | |
| YOX320 | 1000 | 2.5~5.5 | 2~2.7 | 0.97 | φ380 | 276 | 179 | 250 | 390 | $\dfrac{\phi 55}{110}$ | $\dfrac{\phi 50}{110}$ | 2.2 | 4.4 | 28 |
| | 1500 | 9~18.5 | | | | | | | | | | | | |

续上表

| 型号 | 输入转速 $n/(\text{r/min})$ | 传递功率范围 $P/\text{kW}$ | 过载系数 $T_g$ | 效率 $\eta$ | 外形尺寸/mm $D$ | $A$ | $A_1$ | $A_2$ | $A_3$ | 最大输入孔径及长度 $\dfrac{d_{1max}}{l_{1max}}$ | 最大输出孔径及长度 $\dfrac{d_{2max}}{l_{2max}}$ | 充油量/L min | max | 质量 /kg |
|---|---|---|---|---|---|---|---|---|---|---|---|---|---|---|
| YOX340 | 1 000 | 3~9 | 2~2.7 | 0.97 | φ390 | 298 | 187 | 265 | 405 | $\dfrac{\phi55}{110}$ | $\dfrac{\phi50}{110}$ | 2.7 | 5.3 | 36.5 |
| | 1 500 | 12~22 | | | | | | | | | | | | |
| YOX360 | 1 000 | 5~10 | 2~2.5 | 0.96 | φ428 | 310 | 229 | 311 | 416 | $\dfrac{\phi60}{110}$ | $\dfrac{\phi55}{110}$ | 3.4 | 6.7 | 42 |
| | 1 500 | 16~30 | | | | | | | | | | | | |
| YOX400 | 1 000 | 8~18.5 | 2~2.5 | 0.96 | φ472 | 338 | 256 | 347 | 433 | $\dfrac{\phi70}{140}$ | $\dfrac{\phi65}{140}$ | 5.2 | 10.4 | 65 |
| | 1 500 | 28~48 | | | | | | | | | | | | |
| YOX450 | 1 000 | 15~30 | 2~2.5 | 0.96 | φ530 | 384 | 292 | 380 | 500 | $\dfrac{\phi75}{140}$ | $\dfrac{\phi70}{140}$ | 7.5 | 15 | 79.5 |
| | 1 500 | 50~90 | | | | | | | | | | | | |
| YOX500 | 1 000 | 25~50 | 2~2.5 | 0.96 | φ582 | 435 | 314 | 419 | 530 | $\dfrac{\phi90}{170}$ | $\dfrac{\phi90}{170}$ | 10.3 | 20.5 | 105.5 |
| | 1 500 | 68~144 | | | | | | | | | | | | |
| YOX560 | 1 000 | 40~80 | 2~2.5 | 0.96 | φ634 | 447 | 346 | 469 | 610 | $\dfrac{\phi100}{210}$ | $\dfrac{\phi100}{210}$ | 13.2 | 26.4 | 152 |
| | 1 500 | 120~270 | | | | | | | | | | | | |
| YOX600 | 1 000 | 60~115 | 2~2.5 | 0.96 | φ695 | 490 | 380 | 511 | 642 | $\dfrac{\phi100}{210}$ | $\dfrac{\phi115}{210}$ | 16.8 | 33.6 | 185 |
| | 1 500 | 200~360 | | | | | | | | | | | | |
| YOX650 | 1 000 | 90~176 | 2~2.5 | 0.96 | φ760 | 556 | 425 | 562 | 692 | $\dfrac{\phi125}{210}$ | $\dfrac{\phi130}{210}$ | 24 | 48 | 230 |
| | 1 500 | 260~480 | | | | | | | | | | | | |
| YOX750 | 1 000 | 170~330 | 2~2.5 | 0.96 | φ860 | 570 | 450 | 640 | 795 | $\dfrac{\phi140}{250}$ | $\dfrac{\phi150}{250}$ | 34 | 68 | 350 |
| | 1 500 | 480~760 | | | | | | | | | | | | |
| YOX875 | 750 | 330~620 | 2~2.5 | 0.96 | φ992 | 705 | 514 | 730 | 890 | $\dfrac{\phi150}{250}$ | $\dfrac{\phi150}{250}$ | 56 | 112 | 495 |
| | 1 000 | 120~270 | | | | | | | | | | | | |
| YOX1000 | 600 | 160~300 | 2~2.5 | 0.96 | φ1 138 | 733 | 577 | 849 | 1 006 | $\dfrac{\phi150}{250}$ | $\dfrac{\phi150}{250}$ | 74 | 148 | 650 |
| | 750 | 260~590 | | | | | | | | | | | | |
| YOX1150 | 600 | 265~615 | 2~2.5 | 0.96 | φ1 312 | 850 | 659 | 971 | 1 166 | $\dfrac{\phi170}{300}$ | $\dfrac{\phi170}{300}$ | 85 | 170 | 810 |
| | 750 | 525~1195 | | | | | | | | | | | | |

(以上数据由广东中兴机器厂提供)

**表 4-12-21　YOXnz 型液力耦合器基本参数和主要尺寸**

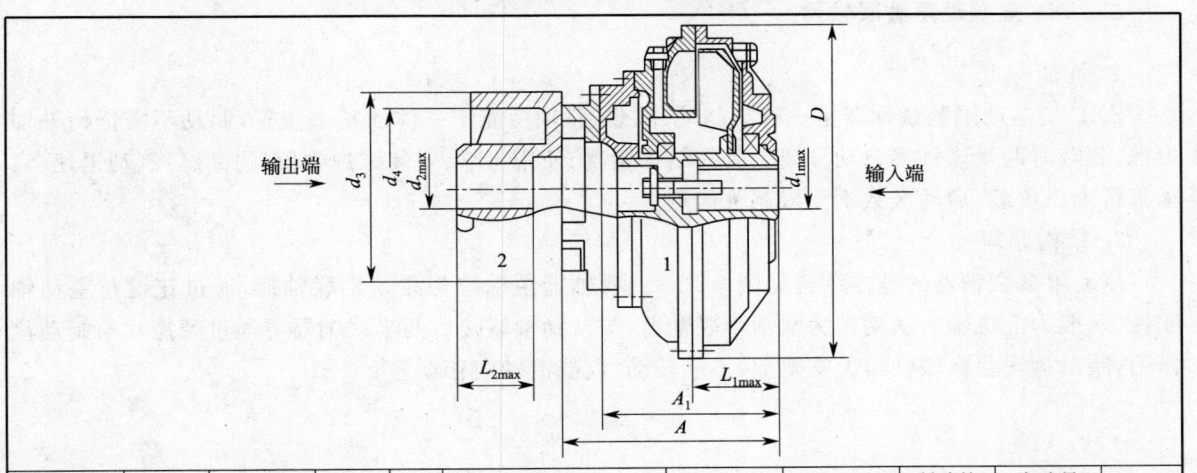

| 规格型号 | 输入转速 $n$/(r/min) | 传递功率范围 $P$/kW | 过载系数 $T_g$ | 效率 $\eta$ | 外型尺寸/mm | | | | 最大输入孔径及长度 $\dfrac{d_{1max}}{L_{1max}}$ | 最大输出孔径及长度 $\dfrac{d_{2max}}{L_{2max}}$ | 制动轮外形尺寸 | | | 充油量/L | | 质量/kg |
|---|---|---|---|---|---|---|---|---|---|---|---|---|---|---|---|---|
| | | | | | $D$ | $A$ | $A_1$ | $A_2$ | | | $d_3$ | $d_4$ | $B$ | min | max | |
| YOX$_{nZ}$200 | 1 000 | 0.2~0.55 | 2~2.7 | 0.97 | φ254 | 158 | 128 | 10 | $\dfrac{\varphi 35}{60}$ | $\dfrac{\varphi 30}{60}$ | | | | 0.6 | 1.2 | 7 |
| | 1 500 | 0.8~2 | | | | | | | | | | | | | | |
| YOX$_{nZ}$220 | 1 000 | 0.4~1.1 | 2~2.7 | 0.97 | φ278 | 166 | 136 | 10 | $\dfrac{\varphi 40}{80}$ | $\dfrac{\varphi 35}{80}$ | | | | 0.8 | 1.6 | 11 |
| | 1 500 | 1.5~3 | | | | | | | | | | | | | | |
| YOX$_{nZ}$250 | 1 000 | 0.8~1.5 | 2~2.7 | 0.97 | φ305 | 196 | 156 | 10 | $\dfrac{\varphi 45}{80}$ | $\dfrac{\varphi 40}{80}$ | | | | 1.1 | 2.2 | 13 |
| | 1 500 | 2.5~5 | | | | | | | | | | | | | | |
| YOX$_{nZ}$280 | 1 000 | 1.5~3 | 2~2.7 | 0.97 | φ345 | 213 | 164 | 10 | $\dfrac{\varphi 50}{80}$ | $\dfrac{\varphi 45}{110}$ | | | | 1.4 | 2.8 | 16 |
| | 1 500 | 4.5~8 | | | | | | | | | | | | | | |
| YOX$_{nZ}$320 | 1 000 | 2.5~5.5 | 2~2.7 | 0.97 | φ380 | 228 | 179 | 10 | $\dfrac{\varphi 55}{110}$ | $\dfrac{\varphi 50}{110}$ | | | | 2.2 | 4.4 | 22 |
| | 1 500 | 9~18.5 | | | | | | | | | | | | | | |
| YOX$_{nZ}$340 | 1 000 | 3~9 | 2~2.7 | 0.97 | φ390 | 247 | 187 | 10 | $\dfrac{\varphi 55}{110}$ | $\dfrac{\varphi 50}{110}$ | | | | 2.7 | 5.4 | 30 |
| | 1 500 | 12~22 | | | | | | | | | | | | | | |
| YOX$_{nZ}$360 | 1 000 | 5~10 | 2~2.5 | 0.96 | φ428 | 282 | 229 | 10 | $\dfrac{\varphi 60}{110}$ | $\dfrac{\varphi 50}{110}$ | 按用户提供尺寸加工 | | | 3.4 | 6.8 | 35 |
| | 1 500 | 16~30 | | | | | | | | | | | | | | |
| YOX$_{nZ}$400 | 1 000 | 8~18.5 | 2~2.5 | 0.96 | φ472 | 316 | 256 | 10 | $\dfrac{\varphi 70}{140}$ | $\dfrac{\varphi 65}{140}$ | | | | 5.2 | 10.4 | 56 |
| | 1 500 | 28~48 | | | | | | | | | | | | | | |
| YOX$_{nZ}$450 | 1 000 | 15~30 | 2~2.5 | 0.96 | φ530 | 358 | 292 | 10 | $\dfrac{\varphi 75}{140}$ | $\dfrac{\varphi 70}{140}$ | | | | 7.5 | 15 | 69 |
| | 1 500 | 50~90 | | | | | | | | | | | | | | |
| YOX$_{nZ}$500 | 1 000 | 25~50 | 2~2.5 | 0.96 | φ582 | 385 | 314 | 15 | $\dfrac{\varphi 90}{170}$ | $\dfrac{\varphi 90}{170}$ | | | | 10.3 | 20.6 | 88 |
| | 1 500 | 68~144 | | | | | | | | | | | | | | |
| YOX$_{nZ}$560 | 1 000 | 48~80 | 2~2.7 | 0.97 | φ634 | 417 | 346 | 15 | $\dfrac{\varphi 100}{210}$ | $\dfrac{\varphi 100}{210}$ | | | | 13.2 | 26.4 | 130 |
| | 1 500 | 120~270 | | | | | | | | | | | | | | |
| YOX$_{nZ}$600 | 1 000 | 60~115 | 2~2.7 | 0.97 | φ695 | 463 | 380 | 15 | $\dfrac{\varphi 100}{210}$ | $\dfrac{\varphi 100}{210}$ | | | | 16.8 | 33.6 | 165 |
| | 1 500 | 200~360 | | | | | | | | | | | | | | |
| YOX$_{nZ}$650 | 1 000 | 90~176 | 2~2.7 | 0.97 | φ760 | 510 | 425 | 15 | $\dfrac{\varphi 125}{210}$ | $\dfrac{\varphi 130}{210}$ | | | | 24 | 48 | 207 |
| | 1 500 | 260~480 | | | | | | | | | | | | | | |
| YOX$_{nZ}$750 | 1 000 | 170~330 | 2~2.5 | 0.96 | φ860 | 546 | 450 | 20 | $\dfrac{\varphi 140}{250}$ | $\dfrac{\varphi 150}{250}$ | | | | 34 | 68 | 314 |
| | 1 500 | 480~760 | | | | | | | | | | | | | | |
| YOX$_{nZ}$875 | 1 000 | 140~280 | 2~2.5 | 0.96 | φ992 | 620 | 514 | 20 | $\dfrac{\varphi 150}{250}$ | $\dfrac{\varphi 150}{250}$ | | | | 56 | 112 | 460 |
| | 1 500 | 330~620 | | | | | | | | | | | | | | |
| YOX$_{nZ}$1 000 | 1 000 | 160~300 | 2~2.5 | 0.96 | φ1 138 | 700 | 577 | 20 | $\dfrac{\varphi 150}{250}$ | $\dfrac{\varphi 150}{250}$ | | | | 74 | 148 | 610 |
| | 1 500 | 260~590 | | | | | | | | | | | | | | |
| YOX$_{nZ}$1 150 | 1 000 | 265~615 | 2~2.5 | 0.96 | φ1 312 | 780 | 689 | 20 | $\dfrac{\varphi 90}{170}$ | $\dfrac{\varphi 170}{300}$ | | | | 85 | 170 | 760 |
| | 1 500 | 525~1 195 | | | | | | | | | | | | | | |

（以上数据由广东中兴机器厂提供）

## 二、ZXL 型制动限载联轴器

### 1. 性能特点

ZXL 型制动限载联轴器是一种集制动、限载、联轴功能于一体的新型装置,制动不需任何外加力源,超载时两半联轴器自动分离。具有结构紧凑、使用可靠、安装维护方便、耐高温、制动迅速、启动不带摩擦负载、启动次数不受限制等优点。

### 2. 结构原理

制动限载联轴器的基本结构见图 4-12-3。联轴器主动端为主动半联轴器,通过花键与主动轴联接(一般为电机轴),从动端为从动半联轴器,与从动轴联接。两半联轴器可通过摩擦片与制动盘作用,制动盘安装在联轴器大支架上,不能转动,仅能沿轴向移动。

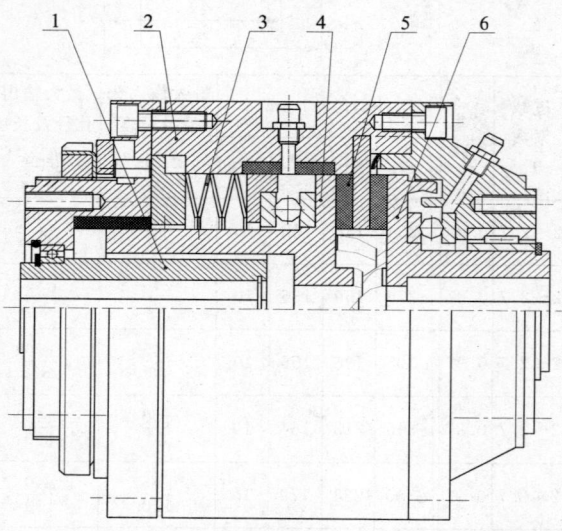

图 4-12-3　制动限载联轴器基本结构型式图
1—电机用花键套;2—大支架;3—弹簧;
4—主动半联轴器;5—摩擦片;6—从动半联轴器

主动半联轴器在弹簧压力作用下通过螺旋齿面与从动半联轴器啮合,实现扭矩传递。过载时,啮合产生的轴向力超过弹簧平衡值,主动半联轴器压缩弹簧后移,直至啮合分离,实现过载保护,主动半联轴器失去动力时,轴向力消失,压缩弹簧立即推动主动半联轴器前移,使两半联轴器通过摩擦片压在不能转动的制动盘上产生摩擦力矩,实现自动制动。

### 3. 型号的表示方法

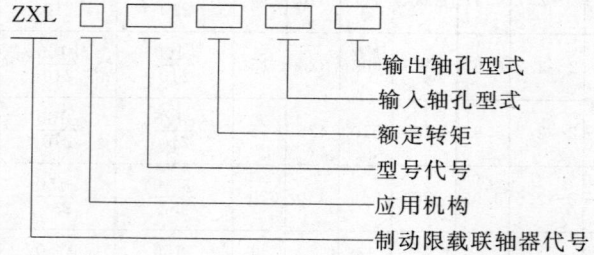

标注示例:

ZXL 表示制动限载联轴器　　x 表示应用在行走机构设备上　　型号为 08B 型
额定转矩为 700 N·m　　输入轴孔为 P 型孔(直孔)　　输出轴孔为 H 型孔(花键孔)
其标记为:
制动限载联轴器　　ZXLx08B-700-PH

## 4. ZXL 型制动限载联轴器的基本性能参数与尺寸

参数与尺寸见表 4-12-22 至表 4-12-24。

**表 4-12-22　ZXLx 型制动限载联轴器用于行走机构的产品参数表（极限转速 1 500 r/min）**

| 型号 | 额定转矩 /(N·m) | 制动力矩 /(N·m) | 限载转矩 /(N·m) | 型号 | 额定转矩 /(N·m) | 制动力矩 /(N·m) | 限载转矩 /(N·m) |
|---|---|---|---|---|---|---|---|
| ZXLx-01A | 4 | 1.6~2.4 | 5 | ZXLx-06B | 450 | 180-270 | 560 |
| ZXLx-01B | 8 | 3.2~4.8 | 10 | ZXLx-07A | 520 | 208-312 | 650 |
| ZXLx-01C | 12 | 4.8~7.2 | 15 | ZXLx-07B | 570 | 228-342 | 713 |
| ZXLx-02A | 16 | 6.4~9.6 | 20 | ZXLx-08A | 630 | 252-378 | 780 |
| ZXLx-02B | 24 | 9.6~14.4 | 30 | ZXLx-08B | 700 | 280-420 | 875 |
| ZXLx-03A | 30 | 12~18 | 37.5 | ZXLx-09A | 750 | 300-450 | 940 |
| ZXLx-03B | 40 | 16~24 | 50 | ZXLx-09B | 800 | 320-480 | 1 000 |
| ZXLx-04A | 100 | 40~60 | 125 | ZXLx-10A | 900 | 360-540 | 1 125 |
| ZXLx-04B | 150 | 60~90 | 187 | ZXLx-10B | 1 000 | 400-600 | 1 250 |
| ZXLx-05A | 185 | 74~111 | 230 | ZXLx-11A | 1 600 | 640-960 | 1 760 |
| ZXLx-05B | 220 | 88~132 | 275 | ZXLx-11B | 2 000 | 800-1 200 | 2 500 |
| ZXLx-06A | 370 | 148-222 | 460 | | | | |

注：湖北省咸宁三合机电有限公司提供资料。

**表 4-12-23　ZXLq 型制动限载联轴器用于起升机构的产品参数表（极限转速 1 500 r/min）**

| 型号 | 额定转矩 /(N·m) | 制动力矩 /(N·m) | 限载转矩 /(N·m) | 型号 | 额定转矩 /(N·m) | 制动力矩 /(N·m) | 限载转矩 /(N·m) |
|---|---|---|---|---|---|---|---|
| ZXLq-01A | 4 | 2.4~3.2 | 4.4 | ZXLq-06A | 370 | 222~296 | 407 |
| ZXLq-01B | 8 | 4.8~6.4 | 8.8 | ZXLq-06B | 450 | 270~360 | 495 |
| ZXLq-01C | 12 | 7.2~9.6 | 13.2 | ZXLq-07A | 520 | 312~416 | 572 |
| ZXLq-02A | 16 | 9.6~12.8 | 17.6 | ZXLq-07B | 570 | 342~456 | 627 |
| ZXLq-02B | 24 | 14.4~19.2 | 24.6 | ZXLq-08A | 630 | 378~504 | 693 |
| ZXLq-03A | 30 | 18~24 | 33 | ZXLq-08B | 700 | 420~560 | 770 |
| ZXLq-03B | 40 | 24~32 | 44 | ZXLq-09A | 750 | 450~600 | 825 |
| ZXLq-04A | 80 | 48~64 | 88 | ZXLq-09B | 800 | 480~640 | 880 |
| ZXLq-04B | 150 | 90~120 | 165 | ZXLq-10A | 900 | 540~720 | 990 |
| ZXLq-05A | 185 | 111~148 | 203 | ZXLq-10B | 1 000 | 600~800 | 1 100 |
| ZXLq-05B | 220 | 132~176 | 242 | ZXLq-11A | 1 600 | 960~1 280 | 1 760 |
| ZXLq-05C | 300 | 180~240 | 330 | ZXLq-11B | 2 000 | 1 200~1 600 | 2 200 |

表 4-12-24　ZXL 型制动限载联轴器外形及安装尺寸和外形尺寸

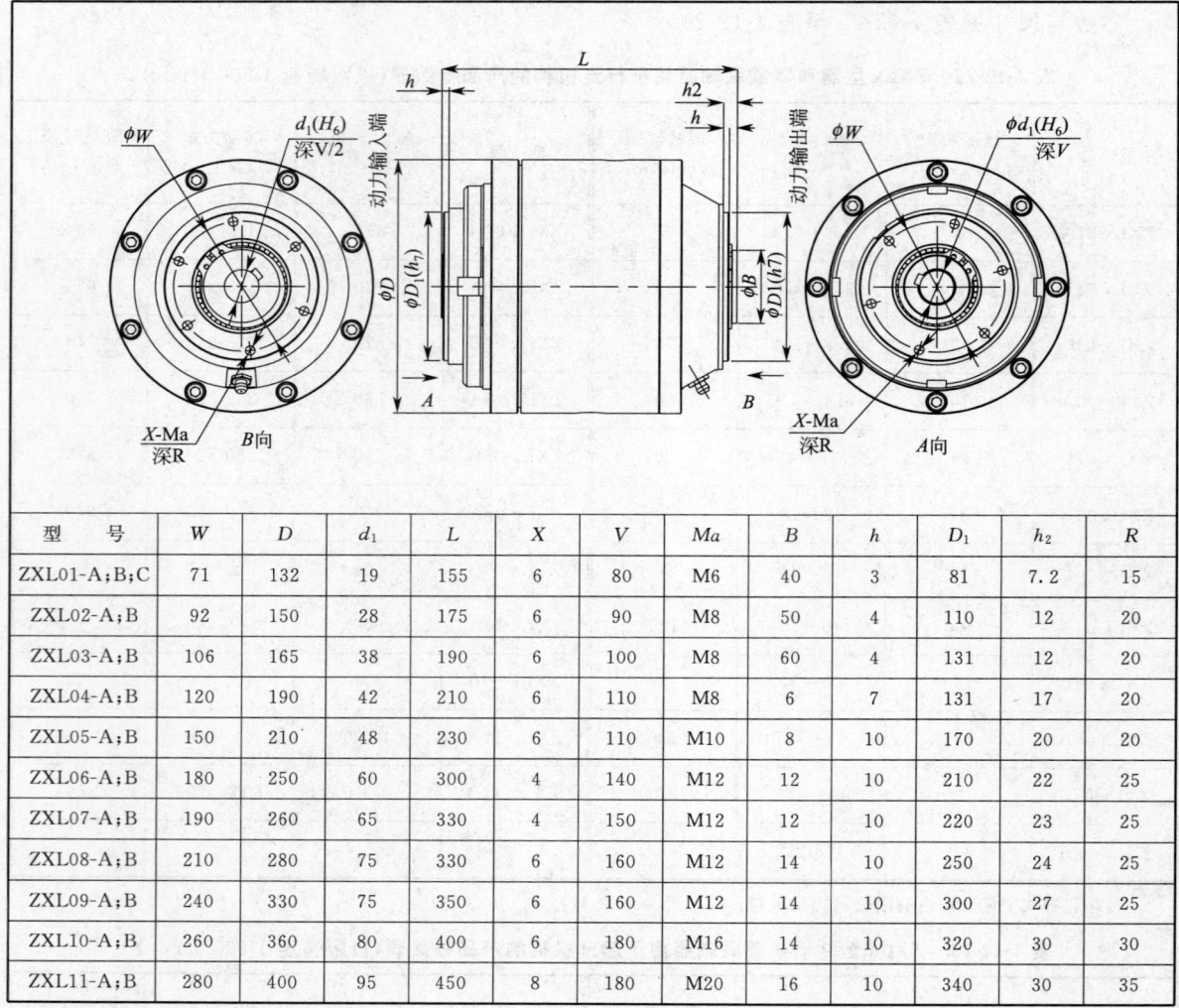

| 型号 | W | D | $d_1$ | L | X | V | Ma | B | h | $D_1$ | h2 | R |
|---|---|---|---|---|---|---|---|---|---|---|---|---|
| ZXL01-A;B;C | 71 | 132 | 19 | 155 | 6 | 80 | M6 | 40 | 3 | 81 | 7.2 | 15 |
| ZXL02-A;B | 92 | 150 | 28 | 175 | 6 | 90 | M8 | 50 | 4 | 110 | 12 | 20 |
| ZXL03-A;B | 106 | 165 | 38 | 190 | 6 | 100 | M8 | 60 | 4 | 131 | 12 | 20 |
| ZXL04-A;B | 120 | 190 | 42 | 210 | 6 | 110 | M8 | 6 | 7 | 131 | 17 | 20 |
| ZXL05-A;B | 150 | 210 | 48 | 230 | 6 | 110 | M10 | 8 | 10 | 170 | 20 | 20 |
| ZXL06-A;B | 180 | 250 | 60 | 300 | 4 | 140 | M12 | 12 | 10 | 210 | 22 | 25 |
| ZXL07-A;B | 190 | 260 | 65 | 330 | 4 | 150 | M12 | 12 | 10 | 220 | 23 | 25 |
| ZXL08-A;B | 210 | 280 | 75 | 330 | 6 | 160 | M12 | 14 | 10 | 250 | 24 | 25 |
| ZXL09-A;B | 240 | 330 | 75 | 350 | 6 | 160 | M12 | 14 | 10 | 300 | 27 | 25 |
| ZXL10-A;B | 260 | 360 | 80 | 400 | 6 | 180 | M16 | 14 | 10 | 320 | 30 | 30 |
| ZXL11-A;B | 280 | 400 | 95 | 450 | 8 | 180 | M20 | 16 | 10 | 340 | 30 | 35 |

（以上数据由湖北省咸宁三合机电有限公司提供）

注：1. 表中所列制动限载联轴器外形尺寸均为标准系列产品外形尺寸；
　　2. 其余外形尺寸可根据用户要求进行非标设计和制作。

# 第十三章 缓 冲 器

缓冲器的作用是减缓起重机及其运动部分(如小车、臂架、活动对重等)运动到终端止挡装置时或两台起重机相互碰撞时的冲击。《起重机设计规范》(GB/T 3811—2008)规定:"在轨道上运行的起重机的运行机构、起重小车的运行机构及起重机的变幅机构等均应装设缓冲器或缓冲装置。缓冲器或缓冲装置可以安装在起重机上或轨道端部止挡装置上。"在变幅和回转机构中,其驱动机构与摆动臂架或转台的连接构件上也常装设缓冲器,以减缓冲击和消除振动。

## 第一节 缓冲器的种类及特性

根据缓冲器的缓冲形式不同,缓冲器可分为储能型缓冲器和耗能型缓冲器两大类。储能型缓冲器是在物体碰撞过程中将物体所产生的动能转换为内能,再予以释放。耗能型缓冲器是在物体碰撞过程中将物体的机械能转换为热能,碰撞结束后无反弹力。根据产生缓冲力的变形体的不同,缓冲器又分为以下几种。

### 一、木材缓冲器

木材缓冲器构造简单,取材方便,但缓冲能力很小,实际上只起阻挡作用,一般用于低速轻载的起重机,主要是手动起重设备。

### 二、橡胶缓冲器

橡胶缓冲器可用整体橡胶做成(见表4-13-1),也可以用多片(可达20片)橡胶板叠成。其构造简单,制造方便,成本低,在缓冲过程中30%~50%的动能耗于内摩擦,反弹小;但缓冲能力小,吸能能力仅为 $0.9 \text{ J/cm}^3$,一般用于运行速度 50 m/min 以下的小车运行机构和 25 m/min 以下的大车运行机构,经常冲击时磨损较快,不宜用于温度过高或过低的场合,适用温度范围为 $-30 \text{ ℃} \sim +50 \text{ ℃}$。表4-13-1列出了橡胶缓冲器主要技术性能和尺寸。

### 三、聚氨酯泡沫塑料缓冲器

聚氨酯泡沫塑料缓冲器冲击变形量较大,具有较好的吸能性和较高的硬度和冲击弹性,有良好的抗压恢复性,耐油、耐稀酸和耐碱腐蚀,耐高、低温老化等,且结构简单,体积小,质量小,寿命长,维护方便,故应用广泛。

20世纪70年代联邦德国首先在起重机上使用这种缓冲器,我国现在已有定型配套产品。其变形体是用聚氨酯材料经过适当配方处理制成的,重量轻,价格便宜;在缓冲过程中可消耗约40%的能量,反弹小;可压缩性和回弹性好,可压缩到50%以上,卸载5 min后恢复率不小于95%,该材料的微孔构造使其工作过程类同于一个带空气阻尼的弹簧,因而其缓冲容量可随碰撞速度的提高而增大。与橡胶缓冲器一样,这种缓冲器构造简单,工作中是软碰撞,无噪声,无火花,特别适于防爆场所。温度适用范围为 $-20 \text{ ℃} \sim +60 \text{ ℃}$。其最常用规格的主要技术性能和尺寸见表4-13-2~表4-13-4。

### 四、弹簧缓冲器

弹簧缓冲器是早期应用最广的缓冲器,工作平稳,吸收能量较大,约 100 J/kg~250 J/kg(弹簧),其构造与维修比较简单,对工作温度没有特殊要求,寿命长,外形尺寸较小,故弹簧缓冲器适宜于运行速度为 50～120 m/min 的起重机。其缺点是反弹现象严重,不宜用于运行速度大于 120 m/min 的场合。

表 4-13-1 橡胶缓冲器(JB/T 8110.2—1999)

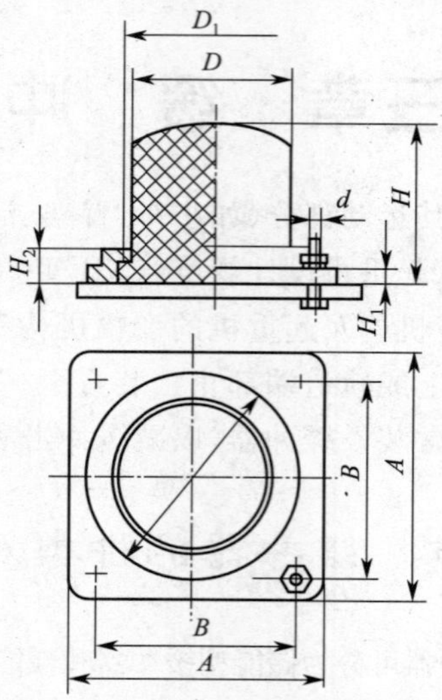

| 型 号 | 缓冲容量 W /(kN·m) | 缓冲行程 S /mm | 缓冲力 P /kN | D | $D_1$ | $D_2$ | H | $H_1$ | $H_2$ | A | B | 螺栓规格 d×L | 质量 /kg |
|---|---|---|---|---|---|---|---|---|---|---|---|---|---|
| HX-10 | 0.10 | 22 | 16 | 50 | 56 | 71 | 50 | 5 | 8 | 80 | 63 | M6×20 | 0.36 |
| HX-16 | 0.16 | 25 | 19 | 56 | 62 | 80 | 56 | 5 | 10 | 90 | 71 | M6×20 | 0.48 |
| HX-25 | 0.25 | 28 | 28 | 67 | 73 | 90 | 67 | 6 | 12 | 100 | 80 | M6×20 | 0.70 |
| HX-40 | 0.40 | 32 | 40 | 80 | 87 | 112 | 80 | 6 | 14 | 125 | 100 | M10×30 | 1.34 |
| HX-63 | 0.63 | 40 | 50 | 90 | 99 | 125 | 90 | 6 | 16 | 140 | 112 | M10×30 | 2.13 |
| HX-80 | 0.80 | 45 | 63 | 100 | 109 | 140 | 100 | 8 | 18 | 160 | 125 | M12×35 | 2.70 |
| HX-100 | 1.00 | 50 | 75 | 112 | 122 | 160 | 112 | 8 | 20 | 180 | 140 | M12×35 | 3.68 |
| HX-160 | 1.60 | 56 | 95 | 125 | 136 | 180 | 125 | 8 | 22 | 200 | 160 | M16×40 | 5.00 |
| HX-250 | 2.50 | 63 | 118 | 140 | 153 | 200 | 140 | 8 | 25 | 224 | 180 | M16×40 | 6.50 |
| HX-315 | 3.15 | 71 | 160 | 160 | 174 | 224 | 160 | 10 | 28 | 250 | 200 | M16×45 | 9.18 |
| HX-400 | 4.00 | 80 | 200 | 180 | 194 | 250 | 180 | 10 | 32 | 280 | 224 | M16×45 | 12.00 |
| HX-630 | 6.30 | 90 | 250 | 200 | 215 | 280 | 200 | 10 | 36 | 315 | 250 | M20×50 | 16.18 |
| HX-1000 | 10.00 | 100 | 300 | 224 | 242 | 315 | 224 | 12 | 40 | 355 | 280 | M20×50 | 25.00 |
| HX-1600 | 16.00 | 112 | 425 | 250 | 269 | 355 | 250 | 12 | 45 | 400 | 315 | M20×50 | 34.00 |
| HX-2000 | 20.00 | 125 | 500 | 280 | 300 | 400 | 280 | 12 | 50 | 450 | 355 | M20×50 | 48.20 |
| HX-2500 | 25.00 | 140 | 630 | 315 | 335 | 450 | 315 | 12 | 56 | 500 | 400 | M20×50 | 64.80 |

表 4-13-2 PU 型聚氨酯泡沫塑料缓冲器(A 型)

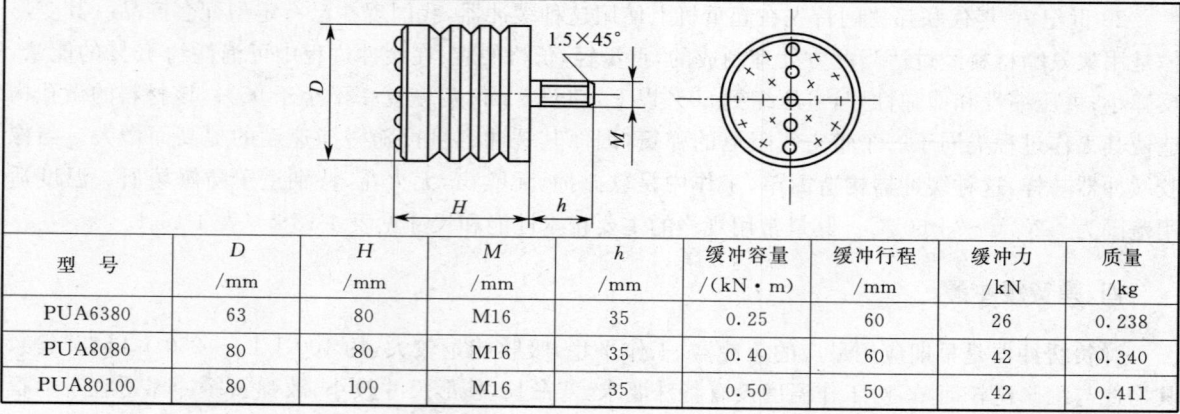

| 型 号 | D /mm | H /mm | M /mm | h /mm | 缓冲容量 /(kN·m) | 缓冲行程 /mm | 缓冲力 /kN | 质量 /kg |
|---|---|---|---|---|---|---|---|---|
| PUA6380 | 63 | 80 | M16 | 35 | 0.25 | 60 | 26 | 0.238 |
| PUA8080 | 80 | 80 | M16 | 35 | 0.40 | 60 | 42 | 0.340 |
| PUA80100 | 80 | 100 | M16 | 35 | 0.50 | 50 | 42 | 0.411 |

续上表

| 型号 | D/mm | H/mm | M/mm | h/mm | 缓冲容量/(kN·m) | 缓冲行程/mm | 缓冲力/kN | 质量/kg |
|---|---|---|---|---|---|---|---|---|
| PUA10080 | 100 | 80 | M16 | 35 | 0.63 | 60 | 66 | 0.520 |
| PUA100125 | 100 | 125 | M16 | 35 | 1.00 | 94 | 66 | 0.697 |
| PUA160125 | 160 | 125 | M20 | 35 | 2.5 | 94 | 169 | 1.872 |
| PUA160160 | 160 | 160 | M20 | 35 | 3.15 | 120 | 169 | 2.242 |
| PUA160200 | 160 | 200 | M20 | 35 | 4.00 | 150 | 169 | 2.664 |
| PUA200160 | 200 | 160 | M20 | 45 | 5.00 | 120 | 265 | 3.529 |
| PUA200200 | 200 | 200 | M20 | 45 | 6.30 | 150 | 265 | 4.189 |
| PUA200250 | 200 | 250 | M20 | 45 | 8.00 | 188 | 265 | 5.014 |
| PUA250200 | 250 | 200 | M24 | 45 | 10.00 | 150 | 414 | 6.609 |
| PUA250250 | 250 | 250 | M24 | 45 | 12.50 | 188 | 414 | 7.898 |
| PUA250315 | 250 | 315 | M24 | 45 | 16.00 | 236 | 414 | 9.573 |
| PUA315250 | 315 | 250 | M24 | 45 | 20.00 | 188 | 658 | 12.516 |
| PUA315315 | 315 | 315 | M24 | 45 | 25.00 | 236 | 658 | 15.175 |

(以上数据由辽宁清原第一缓冲器制造有限公司提供)

表 4-13-3 PU 型聚氨酯泡沫塑料缓冲器(B 型)

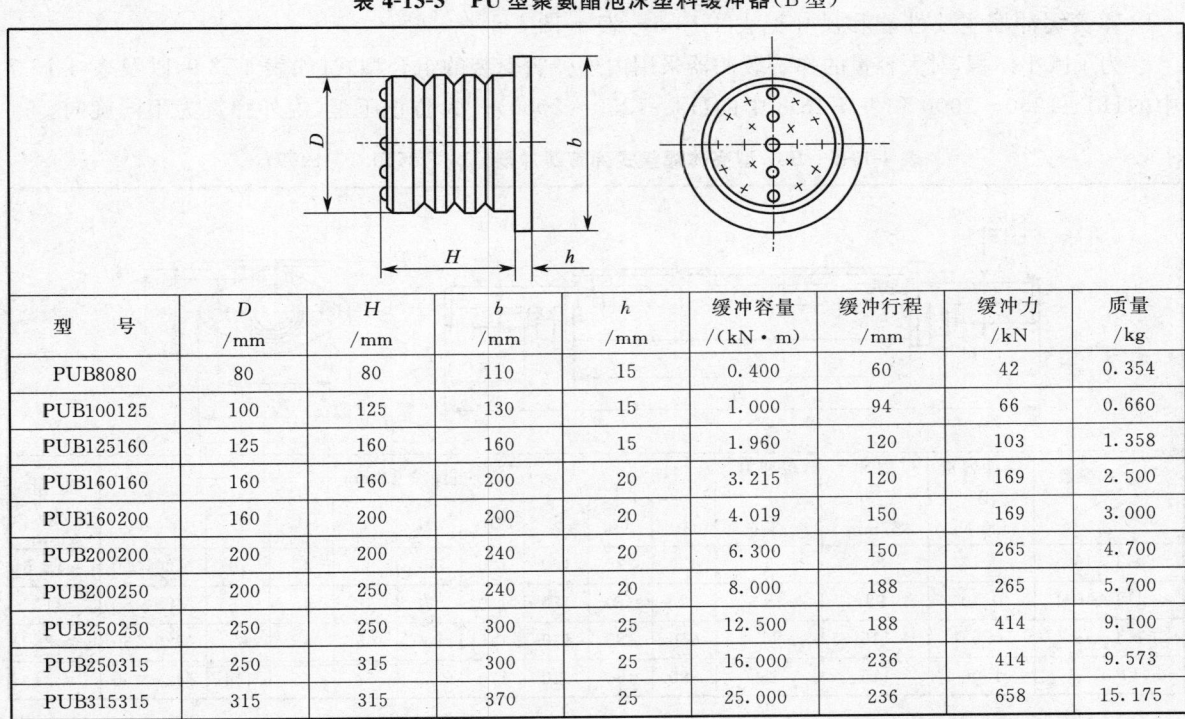

| 型号 | D/mm | H/mm | b/mm | h/mm | 缓冲容量/(kN·m) | 缓冲行程/mm | 缓冲力/kN | 质量/kg |
|---|---|---|---|---|---|---|---|---|
| PUB8080 | 80 | 80 | 110 | 15 | 0.400 | 60 | 42 | 0.354 |
| PUB100125 | 100 | 125 | 130 | 15 | 1.000 | 94 | 66 | 0.660 |
| PUB125160 | 125 | 160 | 160 | 15 | 1.960 | 120 | 103 | 1.358 |
| PUB160160 | 160 | 160 | 200 | 20 | 3.215 | 120 | 169 | 2.500 |
| PUB160200 | 160 | 200 | 200 | 20 | 4.019 | 150 | 169 | 3.000 |
| PUB200200 | 200 | 200 | 240 | 20 | 6.300 | 150 | 265 | 4.700 |
| PUB200250 | 200 | 250 | 240 | 20 | 8.000 | 188 | 265 | 5.700 |
| PUB250250 | 250 | 250 | 300 | 25 | 12.500 | 188 | 414 | 9.100 |
| PUB250315 | 250 | 315 | 300 | 25 | 16.000 | 236 | 414 | 9.573 |
| PUB315315 | 315 | 315 | 370 | 25 | 25.000 | 236 | 658 | 15.175 |

(以上数据由辽宁清原第一缓冲器制造有限公司提供)

表 4-13-4 PU 型聚氨酯泡沫塑料缓冲器(C 型)

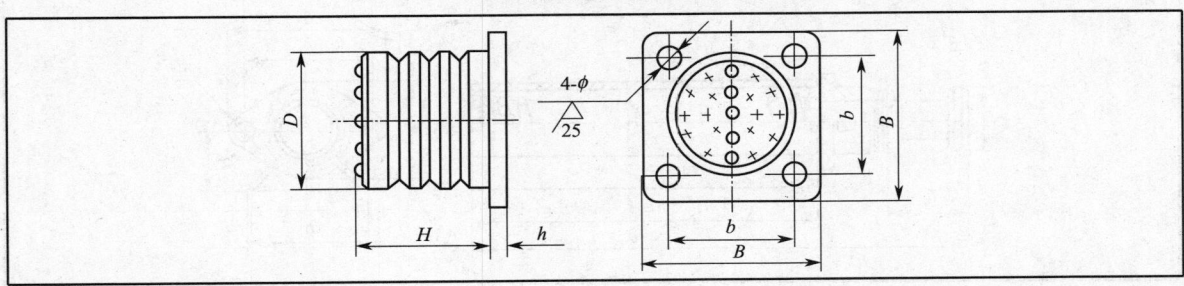

续上表

| 型号 | $D$ /mm | $H$ /mm | $h$ /mm | $B$ /mm | $b$ /mm | $\phi$ /mm | 缓冲容量 /(kN·m) | 缓冲行程 /mm | 缓冲力/kN | 质量/kg |
|---|---|---|---|---|---|---|---|---|---|---|
| PUC6380 | 63 | 80 | 10 | 100 | 70 | 12 | 0.25 | 60 | 26 | 1.637 |
| PUC8080 | 80 | 80 | 10 | 115 | 85 | 12 | 0.40 | 60 | 42 | 2.221 |
| PUC10080 | 100 | 80 | 10 | 130 | 100 | 14 | 0.63 | 60 | 66 | 2.846 |
| PUC100125 | 100 | 125 | 10 | 130 | 100 | 14 | 1.00 | 90 | 66 | 3.040 |
| PUC160125 | 160 | 125 | 12 | 200 | 160 | 18 | 2.50 | 94 | 169 | 7.382 |
| PUC160160 | 160 | 160 | 12 | 200 | 160 | 18 | 3.15 | 120 | 169 | 7.269 |
| PUC160200 | 160 | 200 | 12 | 200 | 160 | 18 | 4.00 | 150 | 169 | 8.212 |
| PUC200160 | 200 | 160 | 14 | 250 | 200 | 18 | 5.00 | 120 | 265 | 13.765 |
| PUC200200 | 200 | 200 | 14 | 250 | 200 | 18 | 6.30 | 150 | 265 | 14.456 |
| PUC200250 | 200 | 250 | 14 | 250 | 200 | 18 | 8.00 | 188 | 265 | 15.820 |
| PUC250200 | 250 | 200 | 14 | 320 | 250 | 22 | 10.00 | 150 | 414 | 23.400 |
| PUC250250 | 250 | 250 | 14 | 320 | 250 | 22 | 12.50 | 188 | 414 | 24.750 |
| PUC250315 | 250 | 315 | 14 | 320 | 250 | 22 | 16.00 | 240 | 414 | 26.500 |
| PUC315250 | 315 | 250 | 16 | 400 | 315 | 22 | 20.00 | 188 | 658 | 40.716 |
| PUC315315 | 315 | 315 | 16 | 400 | 315 | 22 | 25.00 | 240 | 658 | 43.502 |

(由辽宁清原第一缓冲器制造有限公司提供)

弹簧缓冲器主要性能和尺寸见表 4-13-5～表 4-13-8。

为了减小体积,对大容量的弹簧缓冲器采用内外弹簧套装的组合型式(如表 4-13-9,以及表 4-13-7 中的 $HT_3$-1250～2000 和表 4-13-8 中的 $HT_4$-1250～2000)。为防止压歪,内外弹簧为不同旋向。

表 4-13-5　$HT_1$ 型壳体焊接式弹簧缓冲器(JB/T 8110.1—1999)

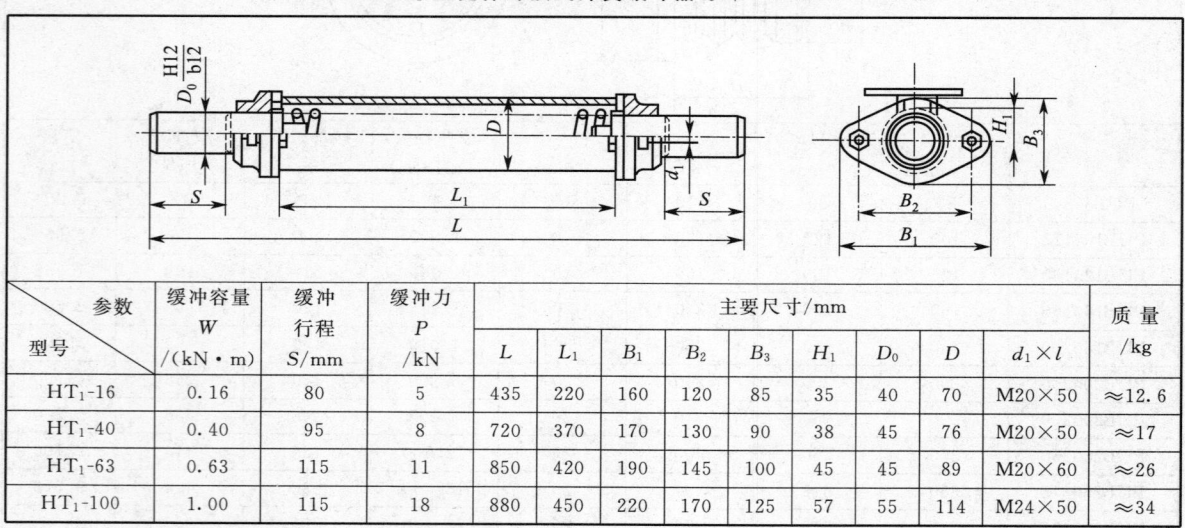

| 参数\型号 | 缓冲容量 $W$ /(kN·m) | 缓冲行程 $S$/mm | 缓冲力 $P$ /kN | 主要尺寸/mm | | | | | | | | | 质量/kg |
|---|---|---|---|---|---|---|---|---|---|---|---|---|---|
| | | | | $L$ | $L_1$ | $B_1$ | $B_2$ | $B_3$ | $H_1$ | $D_0$ | $D$ | $d_1 \times l$ | |
| $HT_1$-16 | 0.16 | 80 | 5 | 435 | 220 | 160 | 120 | 85 | 35 | 40 | 70 | M20×50 | ≈12.6 |
| $HT_1$-40 | 0.40 | 95 | 8 | 720 | 370 | 170 | 130 | 90 | 38 | 45 | 76 | M20×50 | ≈17 |
| $HT_1$-63 | 0.63 | 115 | 11 | 850 | 420 | 190 | 145 | 100 | 45 | 45 | 89 | M20×60 | ≈26 |
| $HT_1$-100 | 1.00 | 115 | 18 | 880 | 450 | 220 | 170 | 125 | 57 | 55 | 114 | M24×50 | ≈34 |

表 4-13-6　$HT_2$ 型底座焊接式弹簧缓冲器(JB/T 8110.1—1999)

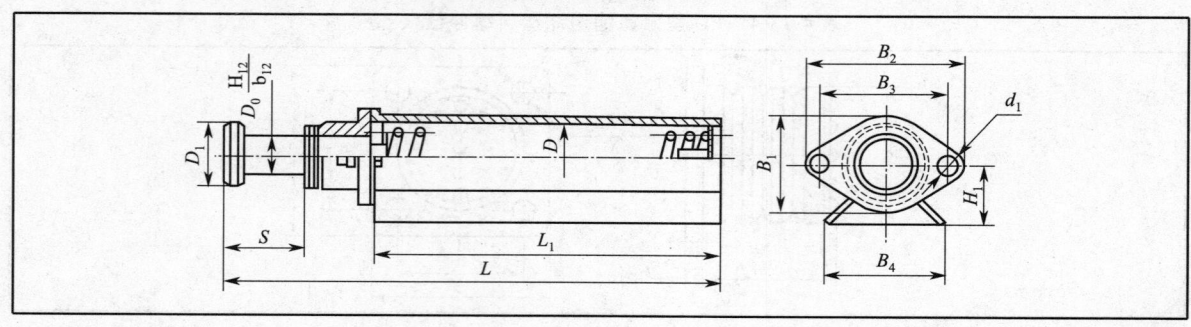

续上表

| 参数 型号 | 缓冲容量 $W$/(kN·m) | 缓冲行程 $S$/mm | 缓冲力 $P$/kN | 主要尺寸/mm | | | | | | | | | | 质量/kg |
|---|---|---|---|---|---|---|---|---|---|---|---|---|---|---|
| | | | | $L$ | $L_1$ | $B_1$ | $B_2$ | $B_3$ | $B_4$ | $D_0$ | $D$ | $D_1$ | $H_1$ | $d_1 \times l$ | |
| $HT_2$-100 | 1.00 | 135 | 15 | 630 | 400 | 165 | 265 | 215 | 200 | 70 | 146 | 100 | 90 | M20×60 | 31.5 |
| $HT_2$-160 | 1.60 | 145 | 20 | 750 | 520 | 160 | 265 | 215 | 200 | 70 | 140 | 100 | 90 | M20×60 | 41.3 |
| $HT_2$-250 | 2.50 | 125 | 37 | 800 | 575 | 165 | 265 | 215 | 200 | 80 | 146 | 110 | 90 | M20×60 | 53.1 |
| $HT_2$-315 | 3.15 | 150 | 45 | 820 | 575 | 215 | 320 | 265 | 230 | 80 | 194 | 110 | 115 | M20×60 | 78.6 |
| $HT_2$-400 | 4.00 | 135 | 57 | 710 | 475 | 265 | 375 | 320 | 280 | 100 | 245 | 130 | 140 | M24×70 | 92.2 |
| $HT_2$-500 | 5.00 | 145 | 66 | 860 | 610 | 245 | 345 | 290 | 255 | 100 | 219 | 130 | 135 | M24×70 | 97.7 |
| $HT_2$-630 | 6.30 | 150 | 88 | 870 | 610 | 270 | 375 | 320 | 280 | 100 | 245 | 150 | 140 | M24×70 | 122.7 |

表 4-13-7 $HT_3$ 型端部安装式弹簧缓冲器（JB/T 8110.1—1999）

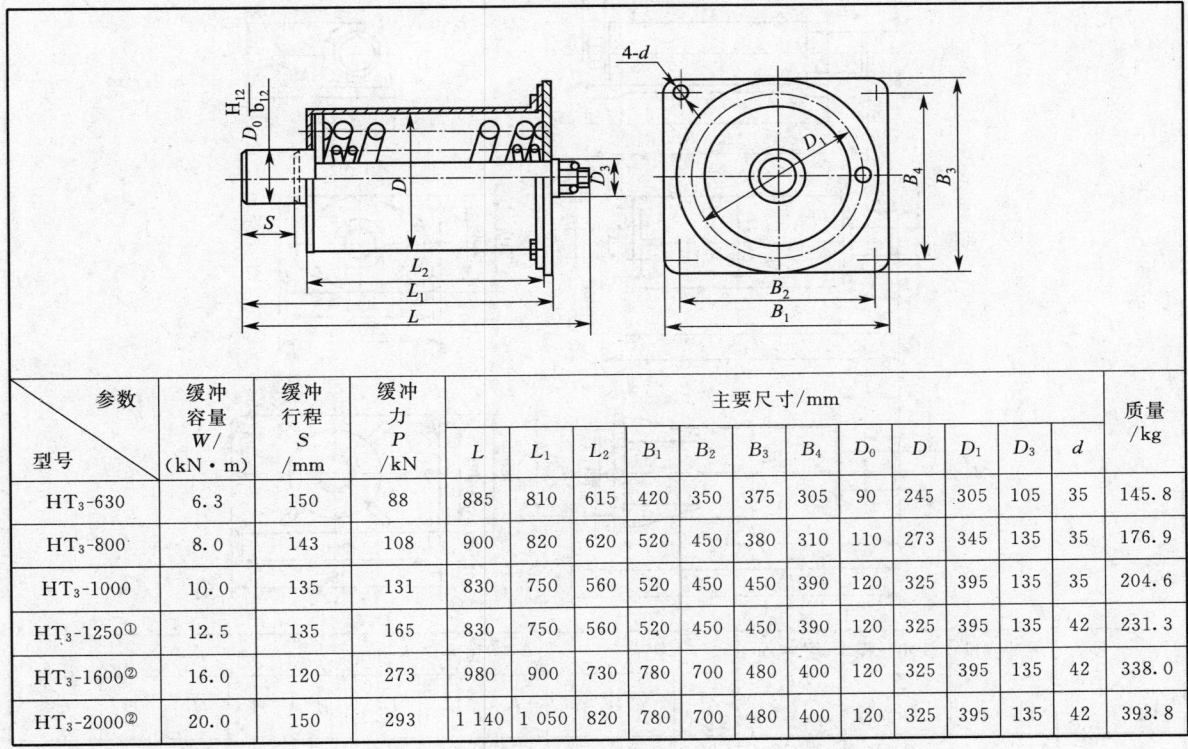

| 参数 型号 | 缓冲容量 $W$/(kN·m) | 缓冲行程 $S$/mm | 缓冲力 $P$/kN | 主要尺寸/mm | | | | | | | | | | | 质量/kg |
|---|---|---|---|---|---|---|---|---|---|---|---|---|---|---|---|
| | | | | $L$ | $L_1$ | $L_2$ | $B_1$ | $B_2$ | $B_3$ | $B_4$ | $D_0$ | $D$ | $D_1$ | $D_3$ | $d$ | |
| $HT_3$-630 | 6.3 | 150 | 88 | 885 | 810 | 615 | 420 | 350 | 375 | 305 | 90 | 245 | 305 | 105 | 35 | 145.8 |
| $HT_3$-800 | 8.0 | 143 | 108 | 900 | 820 | 620 | 520 | 450 | 380 | 310 | 110 | 273 | 345 | 135 | 35 | 176.9 |
| $HT_3$-1000 | 10.0 | 135 | 131 | 830 | 750 | 560 | 520 | 450 | 450 | 390 | 120 | 325 | 395 | 135 | 35 | 204.6 |
| $HT_3$-1250① | 12.5 | 135 | 165 | 830 | 750 | 560 | 520 | 450 | 450 | 390 | 120 | 325 | 395 | 135 | 42 | 231.3 |
| $HT_3$-1600② | 16.0 | 120 | 273 | 980 | 900 | 730 | 780 | 700 | 480 | 400 | 120 | 325 | 395 | 135 | 42 | 338.0 |
| $HT_3$-2000② | 20.0 | 150 | 293 | 1 140 | 1 050 | 820 | 780 | 700 | 480 | 400 | 120 | 325 | 395 | 135 | 42 | 393.8 |

注：1. 由内外弹簧组成；
2. 内外弹簧由二段串联而成。

表 4-13-8 $HT_4$ 型中部安装式弹簧缓冲器（JB/T 8110.1—1999）

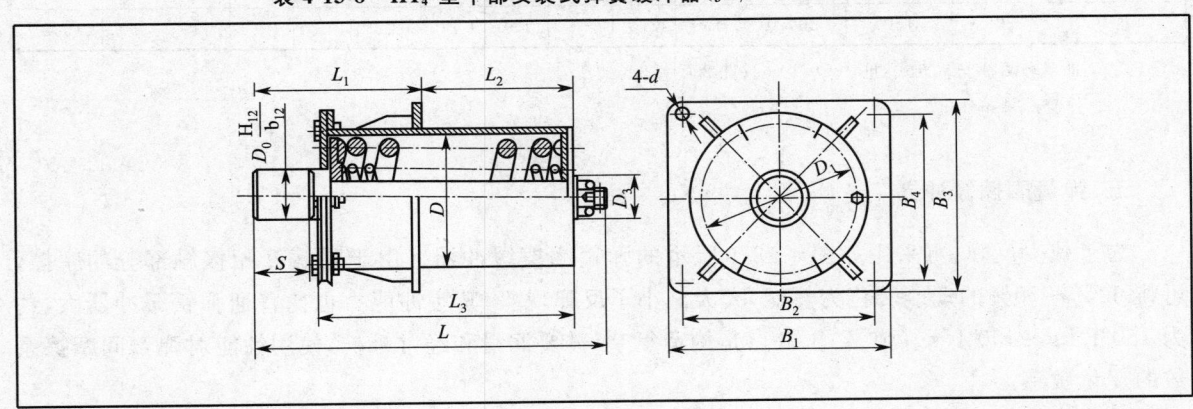

续上表

| 参数<br>型号 | 缓冲容量<br>$W$/<br>(kN·m) | 缓冲行程<br>$S$/mm | 缓冲力<br>$P$/kN | 主要尺寸/mm ||||||||||||| 质量/kg |
|---|---|---|---|---|---|---|---|---|---|---|---|---|---|---|---|---|
| | | | | $L$ | $L_1$ | $L_2$ | $L_3$ | $B_1$ | $B_2$ | $B_3$ | $B_4$ | $D_0$ | $D$ | $D_1$ | $D_3$ | $d$ | |
| HT$_4$-800 | 8.0 | 143 | 108 | 910 | 400 | 430 | 640 | 520 | 450 | 380 | 310 | 110 | 273 | 313 | 135 | 35 | 180.9 |
| HT$_4$-1000 | 10.0 | 135 | 131 | 840 | 400 | 360 | 580 | 520 | 450 | 450 | 390 | 120 | 325 | 365 | 135 | 35 | 208.6 |
| HT$_4$-1250① | 12.5 | 135 | 165 | 840 | 400 | 360 | 580 | 520 | 450 | 450 | 390 | 120 | 325 | 365 | 135 | 42 | 235.3 |
| HT$_4$-1600② | 16.0 | 120 | 273 | 1 010 | 400 | 530 | 750 | 780 | 700 | 480 | 400 | 120 | 325 | 365 | 135 | 42 | 342.0 |
| HT$_4$-2000② | 20.0 | 150 | 293 | 1 140 | 450 | 600 | 840 | 780 | 700 | 480 | 400 | 120 | 325 | 365 | 135 | 42 | 397.8 |

注：1. 由内外弹簧组成；

2. 内外弹簧由二段串联而成。

表 4-13-9　组合式弹簧缓冲器

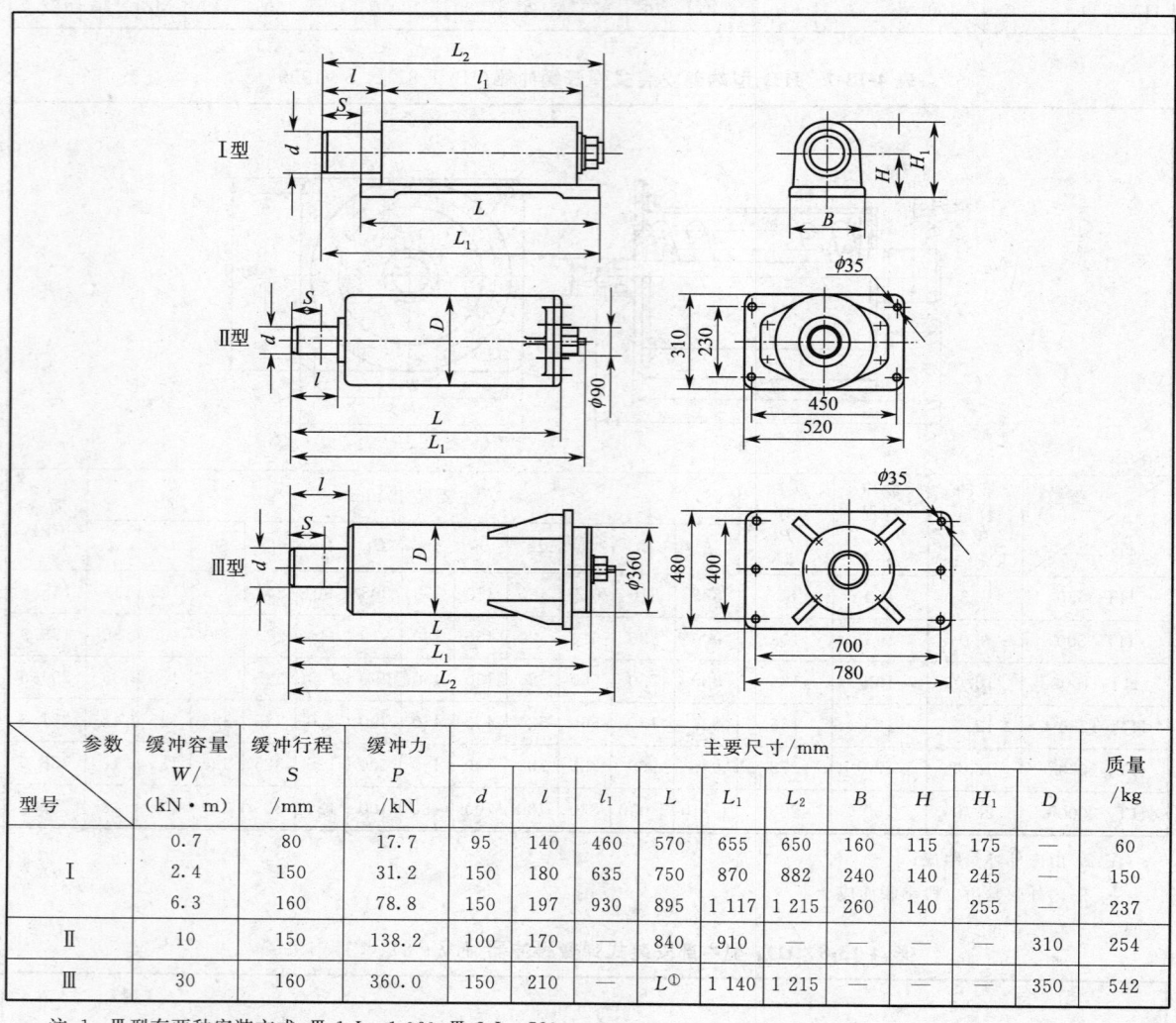

| 参数<br>型号 | 缓冲容量<br>$W$/<br>(kN·m) | 缓冲行程<br>$S$/mm | 缓冲力<br>$P$/kN | 主要尺寸/mm |||||||||| 质量/kg |
|---|---|---|---|---|---|---|---|---|---|---|---|---|---|
| | | | | $d$ | $l$ | $l_1$ | $L$ | $L_1$ | $L_2$ | $B$ | $H$ | $H_1$ | $D$ | |
| Ⅰ | 0.7 | 80 | 17.7 | 95 | 140 | 460 | 570 | 655 | 650 | 160 | 115 | 175 | — | 60 |
| | 2.4 | 150 | 31.2 | 150 | 180 | 635 | 750 | 870 | 882 | 240 | 140 | 245 | — | 150 |
| | 6.3 | 160 | 78.8 | 150 | 197 | 930 | 895 | 1 117 | 1 215 | 260 | 140 | 255 | — | 237 |
| Ⅱ | 10 | 150 | 138.2 | 100 | 170 | — | 840 | 910 | — | — | — | — | 310 | 254 |
| Ⅲ | 30 | 160 | 360.0 | 150 | 210 | — | $L$① | 1 140 | 1 215 | — | — | — | 350 | 542 |

注：1. Ⅲ型有两种安装方式：Ⅲ-1 $L=1\ 060$；Ⅲ-2 $L=720$。

2. 弹簧材料：65Mn。

## 五、弹簧摩擦缓冲器

为了减少反弹，可采用如图 4-13-1 所示的弹簧摩擦缓冲器。由于弹簧互相接触部分的摩擦，可将 60%～70% 的动能转化为热能，大大减小了反弹现象，其缓冲能力也比普通弹簧缓冲器大，约为 150 J/kg～400 J/kg(弹簧)。缺点是构造复杂，需要润滑和经常维护，使用性能对弹簧间摩擦系数的变化敏感。

### 六、液压缓冲器

液压缓冲器缓冲容量大,吸能效率高,缓冲过程中缓冲阻力不变,因而撞击物减速均匀,不会产生反弹震颤现象,是较理想的缓冲器,但结构较复杂,目前已广泛应用于起重机械、冶金机械、铁道车辆等重型机械。特别对于高速行进或大质量的运行机构,其效果尤为显著。

图 4-13-2 示出了液压缓冲器的一种构造型式。碰撞时,活塞 6 迫使油缸 3 中的油液经过心棒 5 与

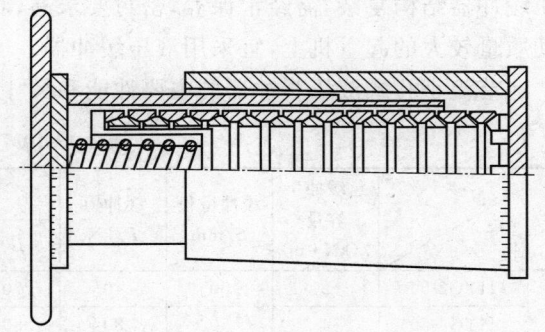

图 4-13-1 弹簧摩擦缓冲器

活塞间的环形间隙流入储油腔。由于环形间隙的阻尼作用,将运动体的动能化为热能,消除了反弹现象。合理地设计心棒形状,可使油缸压力在缓冲过程中保持不变,从而实现匀减速缓冲。复位弹簧 4 的作用是使活塞在完成缓冲任务后返回原位。加速弹簧 2 用来使活塞以有限的加速度加速到碰撞速度,实际上相当于一个小型缓冲器,有的液压缓冲器不装加速弹簧。

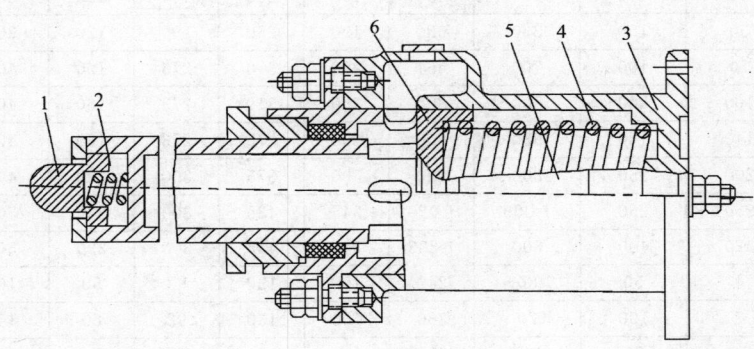

图 4-13-2 液压缓冲器(节流环式)
1—撞头;2—弹簧;3—油缸;4—弹簧;5—心棒;6—活塞

图 4-13-3 是另一种结构型式的液压缓冲器。它的节流作用是通过设置在缸套 6 上的一系列特殊设计排列的节流小孔实现的。参加节流的小孔数目随缓冲位移加大而减少,从而达到匀减速缓冲。由于油缸压力很高,可达 10 MPa 以上,因而液压缓冲器非常紧凑。油液在常温环境中可用锭子油或变压器油,在低温条件下应采用甘油溶液等防冻液体。当用两个以上液压缓冲器同时参加缓冲时,应将它们的压力油腔连通,使压力均衡。

液压缓冲器吸能能力大且无反弹,在保证要求的最大减速度和缓冲行程条件下尺寸最小,但液

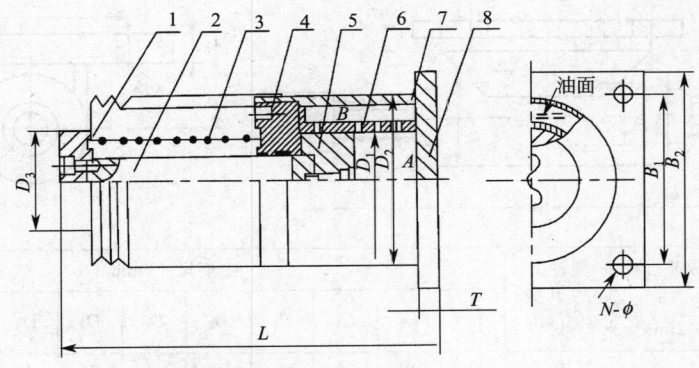

图 4-13-3 HY 型液压缓冲器(节流小孔式)
1—撞头;2—活塞杆;3—弹簧;4—缸盖;5—活塞;6—缸套;7—缸体;8—底板

压缓冲器结构复杂,需经常保养,密封要求高,对环境温度变化比较敏感。在速度高于 2 m/s 或运动质量较大的起重机上,宜采用液压缓冲器。

节流小孔式液压缓冲器的主要性能和尺寸列于表 4-13-10、表 4-13-11 和图 4-13-3。

表 4-13-10　HY 型液压缓冲器

| 参数<br>型号 | | 缓冲容量<br>/(kN·m) | 缓冲行程<br>S/mm | 缓冲力<br>P/kN | 主要尺寸/mm | | | | | | | 缓冲器质量/kg |
|---|---|---|---|---|---|---|---|---|---|---|---|---|
| | | | | | $L$ | $B_1$ | $B_2$ | $D_2$ | $D_3$ | $T$ | $N-\phi$ | |
| 高频度系数 | HYG2-50 | 2 | 50 | 40 | 270 | 80 | 110 | 85 | 53 | 14 | 4—13 | 5 |
| | HYG4-50 | 4 | 50 | 80 | 280 | 100 | 130 | 95 | 66 | 16 | 4—13 | 7 |
| | HYG7-100 | 7 | 100 | 70 | 405 | 100 | 130 | 102 | 66 | 20 | 4—21 | 10 |
| | HYG10-70 | 10 | 70 | 140 | 367 | 130 | 170 | 133 | 80 | 20 | 4—21 | 15 |
| | HYG14-120 | 14 | 120 | 120 | 540 | 130 | 170 | 133 | 80 | 20 | 4—25 | 17 |
| | HYG17-100 | 17 | 100 | 170 | 525 | 170 | 220 | 169 | 102 | 25 | 4—25 | 25 |
| | HYG26-100 | 26 | 100 | 260 | 520 | 170 | 220 | 179 | 120 | 30 | 4—28 | 30 |
| | HYG30-150 | 30 | 150 | 200 | 680 | 170 | 220 | 179 | 120 | 30 | 4—28 | 40 |
| | HYG40-100 | 40 | 100 | 400 | 530 | 190 | 250 | 194 | 120 | 30 | 4—34 | 40 |
| | HYG50-150 | 50 | 150 | 330 | 680 | 190 | 250 | 194 | 120 | 30 | 4—34 | 55 |
| | HYG70-100 | 70 | 100 | 700 | 561 | 250 | 310 | 273 | 160 | 40 | 4—38 | 80 |
| | HYG100-200 | 100 | 200 | 500 | 800 | 250 | 310 | 273 | 160 | 40 | 4—38 | 120 |
| | HYG140-150 | 140 | 150 | 930 | 650 | 300 | 375 | 273 | 160 | 40 | 4—38 | 160 |
| | HYG200-250 | 200 | 250 | 800 | 920 | 300 | 375 | 300 | 230 | 40 | 4—38 | 200 |
| | HYG250-250 | 250 | 250 | 1 000 | 1 020 | 345 | 435 | 300 | 230 | 50 | 4—44 | 220 |
| | HYG320-400 | 320 | 400 | 800 | 1 235 | 345 | 435 | 300 | 230 | 50 | 4—44 | 300 |
| 低频度系数 | HYD4-50 | 4 | 50 | 80 | 240 | 100 | 130 | 92 | 50 | 16 | 4—17 | 8 |
| | HYD7-100 | 7 | 100 | 70 | 360 | 100 | 130 | 92 | 60 | 16 | 4—17 | 11 |
| | HYD10-70 | 10 | 70 | 140 | 295 | 130 | 170 | 130 | 80 | 20 | 4—25 | 15 |
| | HYD15-150 | 15 | 150 | 100 | 490 | 130 | 170 | 130 | 100 | 20 | 4—25 | 18 |
| | HYD26-80 | 26 | 80 | 320 | 380 | 170 | 220 | 170 | 100 | 22 | 4—25 | 37 |
| | HYD30-150 | 30 | 150 | 200 | 550 | 170 | 220 | 170 | 100 | 22 | 4—25 | 45 |
| | HYD40-100 | 40 | 100 | 400 | 440 | 190 | 250 | 191 | 100 | 25 | 4—31 | 47 |
| | HYD50-150 | 50 | 150 | 330 | 610 | 190 | 250 | 191 | 120 | 25 | 4—31 | 60 |
| | HYD60-100 | 60 | 100 | 600 | 505 | 250 | 310 | 250 | 140 | 36 | 4—38 | 130 |

表 4-13-11　HYS 型液压缓冲器

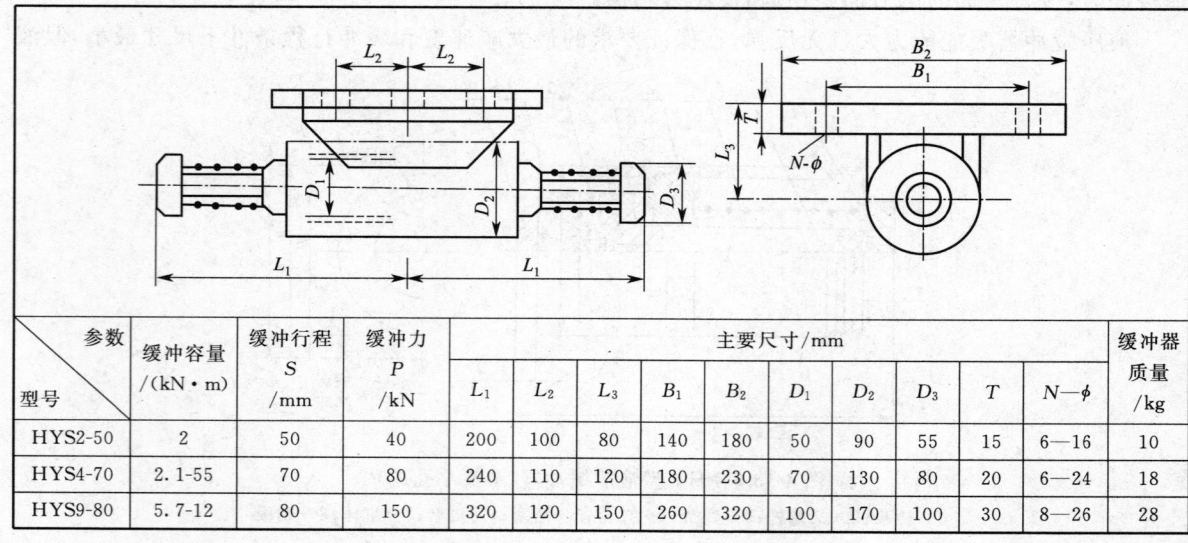

| 参数<br>型号 | 缓冲容量<br>/(kN·m) | 缓冲行程<br>S<br>/mm | 缓冲力<br>P<br>/kN | 主要尺寸/mm | | | | | | | | | | 缓冲器质量/kg |
|---|---|---|---|---|---|---|---|---|---|---|---|---|---|---|
| | | | | $L_1$ | $L_2$ | $L_3$ | $B_1$ | $B_2$ | $D_1$ | $D_2$ | $D_3$ | $T$ | $N-\phi$ | |
| HYS2-50 | 2 | 50 | 40 | 200 | 100 | 80 | 140 | 180 | 50 | 90 | 55 | 15 | 6—16 | 10 |
| HYS4-70 | 2.1-55 | 70 | 80 | 240 | 110 | 120 | 180 | 230 | 70 | 130 | 80 | 20 | 6—24 | 18 |
| HYS9-80 | 5.7-12 | 80 | 150 | 320 | 120 | 150 | 260 | 320 | 100 | 170 | 100 | 30 | 8—26 | 28 |

## 第二节 缓冲器的计算和选择

《起重机设计规范(GB 3811—2008)》规定:"缓冲器应按碰撞动能及最大碰撞力,并考虑缓冲行程来选用,允许的最大减速度为 4 m/s²。"因此缓冲器的选用要以碰撞动能和最大碰撞力为主要依据。

### 一、缓冲过程能量方程式

在起重机发生碰撞后的缓冲过程中,其动能的一部分消耗于运行阻力和制动器制动力的摩擦功,另一部分为缓冲器所吸收,能量方程式:

$$\frac{mv_c^2}{2} = (W - W_z)S + \int_0^S p\mathrm{d}S \tag{4-13-1}$$

式中　$m$——碰撞质量(kg);
　　　$v_c$——碰撞速度(m/s);
　　　$W$——运行阻力(N);
　　　$W_z$——换算到车轮踏面的制动力(N);
　　　$S$——缓冲行程(m);
　　　$p$——缓冲力(N)。

### 二、弹性缓冲器和恒力缓冲器

在能量方程式(4-13-1)中,最后一项表示缓冲过程中缓冲器吸收的能量,称为缓冲器的缓冲容量,以 $A$ 表示:

$$A = \int_0^S p\mathrm{d}S$$

其大小取决于缓冲力 $p$ 随缓冲位移 $S$ 变化的规律 $p = p(S)$。现用的缓冲器可粗略地归纳为两大类:

1. 弹性缓冲器

弹性缓冲器的特点是缓冲力 $p$ 随缓冲位移 $S$ 线性变化。弹簧缓冲器、弹簧摩擦缓冲器等属于此类,橡胶缓冲器、塑料缓冲器等也可近似归入此类,缓冲容量可按平均缓冲力 $P = \dfrac{P_{max}}{2}$ 简化计算:

$$A = \int_0^S p\mathrm{d}S = \frac{P_{max} \cdot S}{2} \tag{4-13-2}$$

2. 恒力缓冲器

恒力缓冲器的特点是缓冲力不随缓冲位移改变。液压缓冲器属于此类。恒力缓冲器的缓冲容量为:

$$A = \int_0^S p\mathrm{d}S = P_{max} \cdot S \tag{4-13-3}$$

式中　$A$——缓冲容量(J);
　　　$P_{max}$——最大缓冲力(N)。

### 三、缓冲器计算的原始数据

1. 碰撞质量 $m$(kg)

对运行机构缓冲器,碰撞质量包括起重机或小车的质量,起升载荷的质量则视起重机的构造而定,对刚性悬挂的吊具或装有导向架以限制起升载荷摆动的起重机,要将起升载荷质量考虑在内;对于柔性悬挂的吊具或起升载荷能自由摆动的起重机,不考虑起升载荷质量。

2. 碰撞速度 $v_c$(m/s)

对于无自动减速装置或限位开关的运行机构,大车取 85% 额定运行速度,小车取额定速度。

对于有自动减速装置或限位开关的运行机构,按减速后的实际碰撞速度计算,但不小于 50% 的额定运行速度。因实际碰撞速度与每台起重机在使用中运行制动器的制动力矩调整有关,难于确定,故在实际设计计算时,可都按 50% 额定运行速度取值。

在设计缓冲器的壳体、固定连接和止挡装置时,碰撞速度应按额定速度计算。

3. 最大减速度 $J_{max}$(m/s²)

最大减速度 $J_{max}$ 对缓冲力和缓冲行程的大小起决定作用。$J_{max}$ 取值过大将导致缓冲力过大,取值过小会使缓冲行程过长,应根据碰撞速度大小选取适当的数值。按照《起重机设计规范》(GB 3811—2008)的规定,允许的最大减速度 $[J_{max}] = 4$ m/s²。

**四、缓冲器主要性能参数的确定**

缓冲器主要性能参数是缓冲行程、最大缓冲力和缓冲能量,它们是选用和设计缓冲器的主要依据。

1. 缓冲行程 $S$(m)

对于弹性缓冲器:

$$\frac{mv_c^2}{2} = \left(\frac{P_{max}}{2} + W + W_z\right) S \approx \frac{mJ_{max}}{2} \cdot S$$

$$S \approx \frac{v_c^2}{J_{max}} \geqslant \frac{v_c^2}{[J_{max}]} \tag{4-13-4}$$

对于恒力缓冲器:

$$\frac{mv_c^2}{2} = (P_{max} + W + W_z) S \approx mJ_{max} \cdot S$$

$$S \approx \frac{v_c^2}{2J_{max}} \geqslant \frac{v_c^2}{2[J_{max}]} \tag{4-13-5}$$

式中 $J_{max}$、$[J_{max}]$——最大减速度和允许最大减速度(m/s²);

其余符号同前。

2. 需要的缓冲容量 $A$(J)

$$A = \frac{mv_c^2}{2} - (W + W_z)S \tag{4-13-6}$$

3. 最大缓冲力 $P_{max}$(N)

对于弹性缓冲器:

$$P_{max} = \frac{2A}{S} \tag{4-13-7}$$

对于恒力缓冲器:

$$P_{max} = \frac{A}{S} \tag{4-13-8}$$

**五、缓冲器的选用**

常用的橡胶缓冲器、聚氨酯泡沫塑料缓冲器、弹簧缓冲器和液压缓冲器均有配套产品供应,可按所需缓冲器的性能参数选用。选用的缓冲器应保证其缓冲容量 $A$、缓冲行程 $S$ 和最大缓冲力 $P_{max}$ 均大于而又最接近于按前述方法所算得的要求值。选用的缓冲器过小不能保证安全缓冲,过大多会因其刚度过大而降低缓冲效果。选用时，一般可先根据所要求的缓冲行程 $S$ 选择合适的缓冲器规格，然后根据所要求的缓冲能量 $A$ 计算所需的缓冲器数目 $n$：

$$n=\frac{A}{A'} \tag{4-13-9}$$

式中　$A'$——由标准缓冲器性能表中查得的缓冲器容量(J)。

### 六、缓冲器的设计

当无合适的标准缓冲器可用时，可根据前述方法算得的缓冲器的主要性能参数设计缓冲器。

1. 橡胶缓冲器

缓冲橡胶长度：

$$l=\frac{100ES}{[\sigma]} \tag{4-13-10}$$

缓冲橡胶截面积：

$$F=\frac{P_{\max}}{100n[\sigma]} \tag{4-13-11}$$

式中　$l$——缓冲橡胶长度(cm)；
　　　$E$——橡胶的弹性模数(MPa)，可取 $E=5$ MPa；
　　　$[\sigma]$——橡胶的许用应力(MPa)，可取 $[\sigma]=\frac{\delta_b}{1.5}=2$ MPa；
　　　$F$——缓冲橡胶截面积($cm^2$)；
　　　$n$——同时工作的缓冲器数目。

2. 弹簧缓冲器

按照要求的最大缓冲力 $P_{\max}$ 设计合适的圆柱形弹簧，使其满足下述条件

$$\frac{P_{\max}}{n} \leqslant \frac{12.5\pi d^3[\tau]}{kD} \tag{4-13-12}$$

式中　$d$——弹簧钢丝直径(cm)；
　　　$D$——弹簧中径(cm)；
　　　$[\tau]$——弹簧材料的许用扭转应力(MPa)，对 65Mn，$[\tau]=500$ MPa；对 60SiMn，$[\tau]=750$ MPa；
　　　$k$——弹簧曲度系数，

$$k=\frac{4c-1}{4c-4}+\frac{0.615}{c}$$

其中　$c$——弹簧指数，$c=\frac{D}{d}=2.5\sim4$。

弹簧的安装预紧力 $P_0$ 通常取为 $P_0=0.1\frac{P_{\max}}{n}$，这虽使弹簧压缩行程减为 $0.9S$，但缓冲容量仅减小 $1\%$。

3. 组合式弹簧缓冲器

组合式弹簧缓冲器的内外圈弹簧应满足等弹度、等变形和等高度条件，为此，应将内外圈弹簧按图 4-13-4 布置。此时

$$\left.\begin{array}{l}\tan\theta=\sqrt{\frac{H[\tau]\pi}{k\lambda G}}\\c=\frac{D_1}{d_1}=\frac{D_2}{d_2}\end{array}\right\} \tag{4-13-13}$$

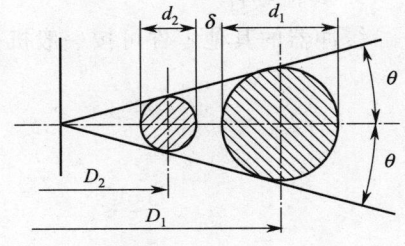

图 4-13-4　组合式弹簧缓冲器内外弹簧尺寸关系

若取间隙 $\delta=\frac{d_1-d_2}{2}$，可得：

$$\left.\begin{array}{r}\dfrac{T_1}{T_2}=\left(\dfrac{c}{c-2}\right)^2 \\ \dfrac{P_{\max}}{n}=T_1+T_2\end{array}\right\} \quad (4\text{-}13\text{-}14)$$

式中　$H$——弹簧靠紧时的高度(cm)；

　　　$\lambda$——弹簧变形(cm)；

　　　$G$——弹簧钢的剪切弹性模数(MPa)，可取 $G=800$ MPa；

$T_1$ 和 $T_2$——外圈和内圈弹簧的最大压力(N)。

其余符号同前。下标 1 和 2 分别代表外圈弹簧和内圈弹簧的参数。

根据算得的弹簧压力 $T_1$ 和 $T_2$，按前述单圈弹簧缓冲器的设计方法设计外圈和内圈弹簧。

4. 液压缓冲器

(1) 活塞面积

$$F=\frac{P_{\max}}{100np} \quad (4\text{-}13\text{-}15)$$

(2) 缓冲过程中的活塞速度

$$v_x=v_c\sqrt{1-\frac{x}{S}} \quad (4\text{-}13\text{-}16)$$

(3) 缓冲过程中的节流孔面积

根据节流流量公式，可得开始碰撞时的节流孔面积为：

$$F_{K0}=\frac{Fv_c}{k}\sqrt{\frac{\gamma}{2gp}} \quad (4\text{-}13\text{-}17)$$

活塞行程为 $x$ 时的节流孔面积为：

$$F_K=F_{K0}\sqrt{1-\frac{x}{S}} \quad (4\text{-}13\text{-}18)$$

式中　$F$——活塞面积($cm^2$)；

　　　$P$——油缸工作压力(MPa)，一般取 $p=6$ MPa～12 MPa；

　　　$v_x$——活塞行程为 $x$ 时的活塞速度(m/s)；

　　　$x$——活塞行程(m)；

　　　$F_K$——活塞行程为 $x$ 时的节流孔面积($cm^2$)；

　　　$F_{K0}$——开始碰撞时($x=0$)的节流孔面积($cm^2$)；

　　　$k$——流量系数，对液压油(矿物油)，$k=0.6\sim0.73$；

　　　$\gamma$——油液重度($N/m^3$)，对液压油，$\gamma=9\,000$ $N/m^3$。

其余符号同前。

按照节流孔面积随活塞行程变化规律(式 4-13-18)，设计环形节流孔的心棒形状(图 4-13-2)，或节流小孔的数目、孔径与分布(图 4-13-3)。

5. 其他零件

缓冲器的其他零件可按一般机械零件设计方法设计。

# 第十四章 防风抗滑装置

《起重机械安全规程(GB 6067.1—2010)》规定：室外工作的轨道式起重机应装设可靠的抗风防滑装置，并应满足规定的工作状态和非工作状态抗风防滑要求。锚定装置、夹轨器和压轨器等通称为防风抗滑装置。国内外由于未装防风抗滑装置或装置失灵，使起重机被大风吹走，以致在轨道尽头受阻翻倒的严重事故时有发生。因此，对于这种安全保护装置应给予足够的重视。

按照作用方式的不同，防风抗滑装置可分为三类：手动的；半自动的；自动的。手动的防风抗滑装置需人工扳动手柄或手轮使其工作，费力费时。半自动的防风抗滑装置需起重机司机开动驱动装置，才能使其工作，操作麻烦。它们都不能应付突发的暴风，并且手动夹轨器一类的防风抗滑装置抗风力较小，只宜用于中小型起重机。自动的防风抗滑装置在起重机停止运行或断电及突发暴风情况下能自动工作，阻止起重机滑行。但它们一般都有构造复杂、自重大、体积大、成本高等缺点。这类防风抗滑装置通常用于大型起重机。对于装有风速风级报警器的起重机，应将自动的防风抗滑装置与之联锁，当风速达到规定值时，自动将运行机构断电，同时开动防风抗滑装置，使起重机止动。

按照工作原理的不同，防风抗滑装置也可分为三种：将起重机与基础连接起来以防止滑行的锚定装置；利用起重机的一部分重量在轨道上产生滑动摩擦力使起重机止动的止轮器、压轨器和顶轨器等；夹住轨道头部两侧以防止起重机滑行的夹轨器。

## 第一节 锚 定 装 置

在露天工作的起重机，当风速超过 60 m/s(相当于 10～11 级风)时，必须采用锚定装置。锚定

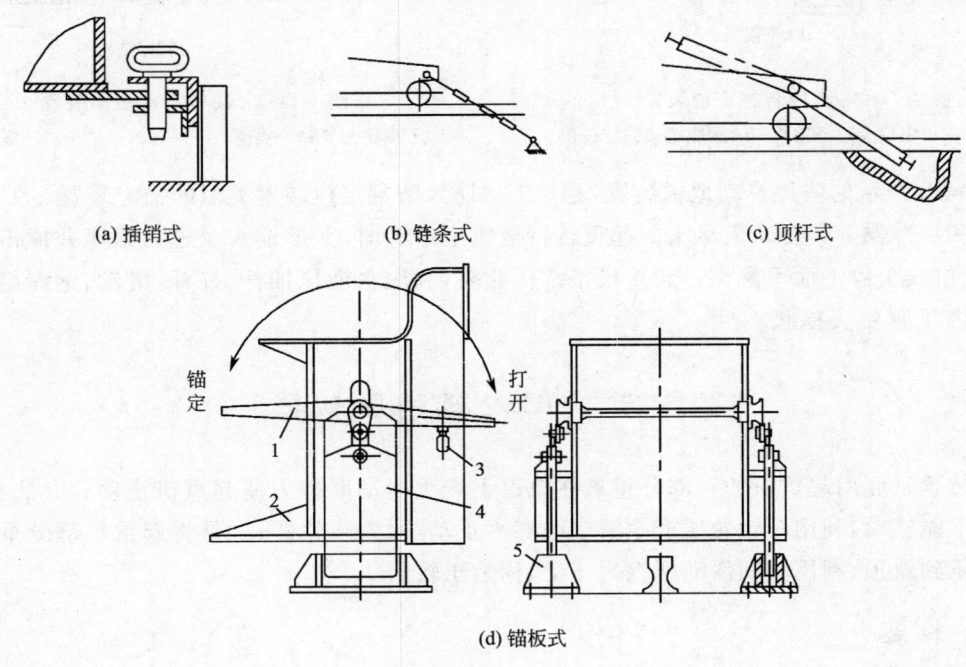

图 4-14-1 锚定装置

1—转动架；2—拖动架；3—行程开关；4—锚板；5—锚座

装置构造简单、安全可靠。但由于只能沿起重机轨道若干处定点设置锚定点,大风来到时将起重机运行至附近的锚定座(坑)并予以锁定,故使用不便,特别是在突发暴风时难于做到及时停机。锚定装置通常多与自动夹轨器等配合使用,作为自动防风装置的补充设备,预防有预报的特大暴风,但其强度仍须满足最大非工作风压的安全要求。

图 4-14-1 示出了插销式、链条式、顶杆式和锚板式锚定装置。链条式的链条中带有左右螺纹的张紧装置,顶杆式的顶杆端部带有螺旋千斤顶,可将起重机牢牢固定与基础。插销式只需将插销塞入销孔,锚板式只需将转动架 1 转到锚定位置,使锚板落入锚座,即可使起重机止动。

图 4-14-2 所示的防风防翻定位装置是一种新型锚定装置。设于轨道端部的锚定点上装有定位销 5 和 4,即使起重机被风吹动,滑行至轨道尽头时,装于起重机滑行方向后部的定位套 2 自动套住定位销 5,缓冲器吸收部分动能,可使起重机安全停住而不翻倒。

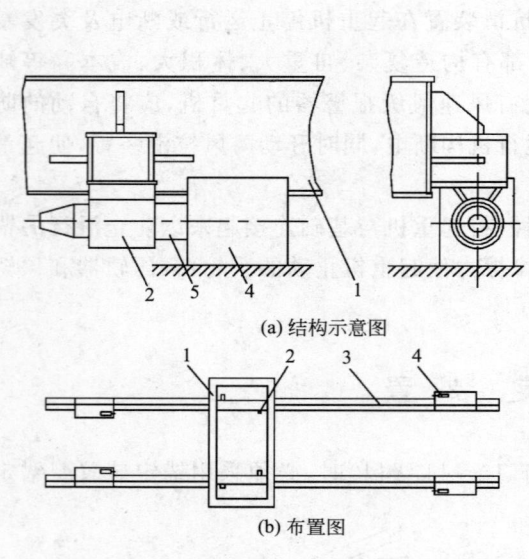

图 4-14-2 防风防翻定位装置
1—门吊;2—定位套;3—钢轨;4—缓冲器;5—定位销

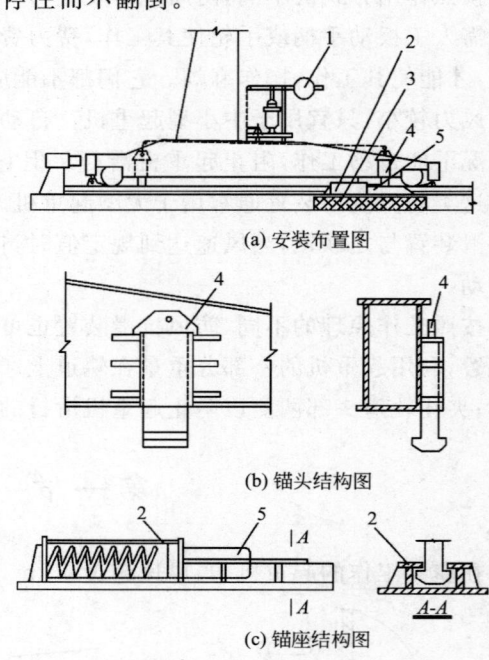

图 4-14-3 防风自动地锚装置
1—提锚装置;2—锚座;3—基础;4—锚头;5—缓冲器

图 4-14-3 所示的防风自动地锚装置,是与上述防风防翻定位装置类似的锚定装置。带 T 形槽的锚座 2 和缓冲器 5 装在轨道尽头。起重机行至轨道尽头时,T 形锚头 4 进入锚座并撞击缓冲器头,使起重机安全停下而不翻倒。起重机正常作业时,利用由液压推杆、杠杆、滑轮、钢绳组成的提锚装置 1 将 T 形锚头提起。

## 第二节 止轮器和压轨器

这类装置是利用起重机的一部分重量在轨道上产生滑动摩擦力使起重机止动。办法有二:一是使车轮不能转动,利用车轮轮压产生滑动摩擦力止动,称为止轮器;二是将起重机部分重量通过附加装置压到轨顶,利用其间滑动摩擦力止动,称为压轨器。

### 一、止 轮 器

图 4-14-4 为棘轮式止轮器。放下棘爪,使之与车轮上的棘齿啮合,车轮无法转动,利用车轮和轨道间的黏着力阻止起重机滑行。

另一种常用的止轮器叫做铁鞋,它是在车轮与轨道之间放下铁楔,当起重机被风吹动时,车轮压上铁楔,这样车轮不能转动,以铁楔与轨道间的滑动摩擦力抗滑。铁鞋可分为手动控制和电动控制两种。图4-14-5为一种电动铁鞋,靠弹簧力通过推杆2、杠杆系统3将铁鞋推到车轮1下面,达到止动目的。起重机运行时,电磁铁使推杆左移,带动杠杆系统,将铁鞋提起。平行四边形的杠杆系统使铁鞋始终保持水平。在黏着力足够的条件下,为了确保铁鞋正常工作,应使铁鞋前端满足楔块自锁条件,使车轮能爬上铁鞋,不然车轮会推着铁鞋前进,失去止轮作用。对于钢质车轮和铁鞋,自锁条件是:

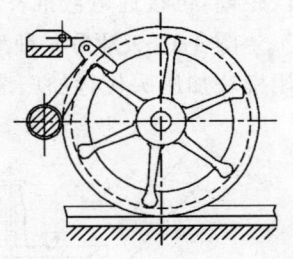

图 4-14-4 棘轮式止轮器

$$h < 0.056\ 8D \tag{4-14-1}$$

式中 $h$——铁鞋楔尖厚度;
　　　$D$——车轮直径。

在风力很大(如9级以上大风)时,铁鞋提供的摩擦力往往不足以抵抗风力,因此还需增设其他防风锚定装置。

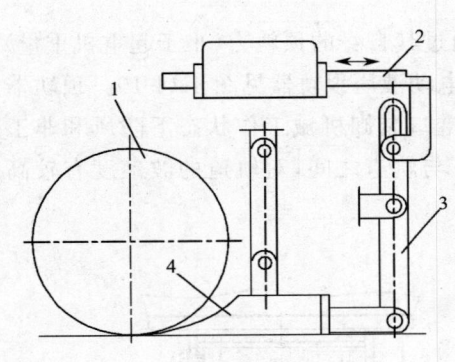

图 4-14-5 电动铁鞋
1—车轮;2—电磁推杆;3—杠杆系统;4—铁鞋

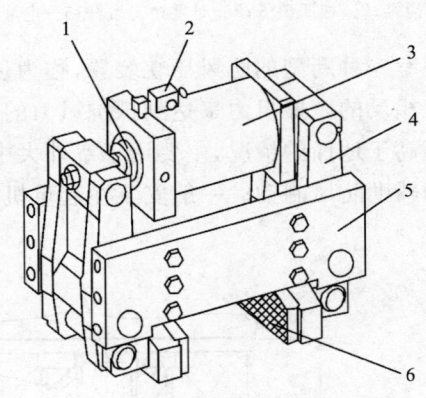

图 4-14-6 电动液压夹轮器
1—活塞杆;2—角接头;3—油缸;4—摇臂;5—夹板;6—摩擦块

图4-14-6所示的电动液压夹轮器是一种新的止轮装置,其工作原理相当于在大车从动轮上装一套轮边制动器,大车停在某一位置时,由碟形弹簧产生的夹紧力作用于车轮两侧,紧紧地将车轮抱住,使车轮不能转动。夹轮器可装设在大车行走机构的每个从动轮上,大大提高夹紧效果,且磨损均匀,轮与轨道摩擦力稳定。大车运行时也可通过制动将大车停下来,具有动、静态制动作用。

夹轮器的设计风载一般为平行于大车轨道32 m/s~35 m/s工作风速产生的风力。在此风速下,最有效的防风吹滑移的措施是将全部车轮刹住,如岸边集装箱起重机大车行走机构中采用主动轮装制动器和从动轮设夹轮器,实现全部车轮制动,使起重机达到最大防爬力。

## 二、压轨器

图4-14-7为手动压轨器,它是一个装在起重机端梁上的螺旋千斤顶。这种压轨器的防风抗滑力很小,通常只用在露天工作、迎风面积较小的桥式起重机上。

图4-14-8是加压滚子式自动压轨器。防滑靴1的上表面是弧形斜面,下表面覆以摩擦衬料。当关断运行机构电源或电源中断时,防滑靴缓缓落于轨顶。若起重机发生滑行,放在轨道上的防滑靴楔入加压滚子2下面,使起重机止动。在开动起重机运行机构时,先将起重机后退一小

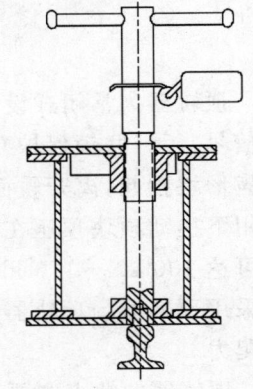

图 4-14-7 手动压轨器

段距离,再接通电液推杆 5 提起防滑靴,然后开动运行机构进行工作。

图 4-14-9 是另一种型式的自动压轨器,工作原理与上述加压滚子式压轨器一样,区别仅在于用楔块加压头代替加压滚子。

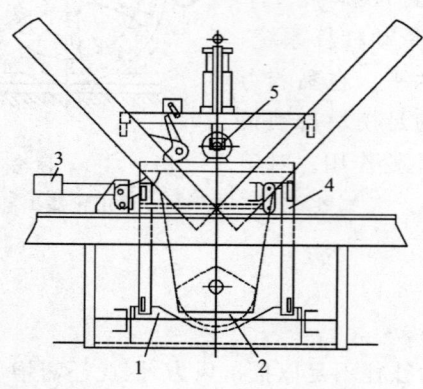 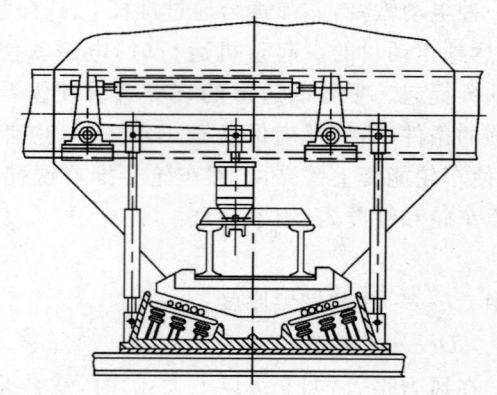

图 4-14-8 自动压轨器(加压滚子式)　　　　图 4-14-9 自动压轨器(楔块加压式)
1—防滑鞋;2—加压滚子;3—对重;4—吊杆;5—电液推杆

还有一种新型的防风压轨装置,称为顶轨器,它是通过其自身的顶轨力(小于起重机重量)产生与风力相反的摩擦阻力来达到抵抗风力的作用,常用的电动液压顶轨器见图 4-14-10。顶轨器适用于轨道高于地面的情况,主要用于室外大中型起重机及港口装卸机械工作状态下防风和非工作状态下的辅助防风制动。一般安装在起重机的大平衡梁下与轨道之间,对轨道的波浪度有较高的要求。

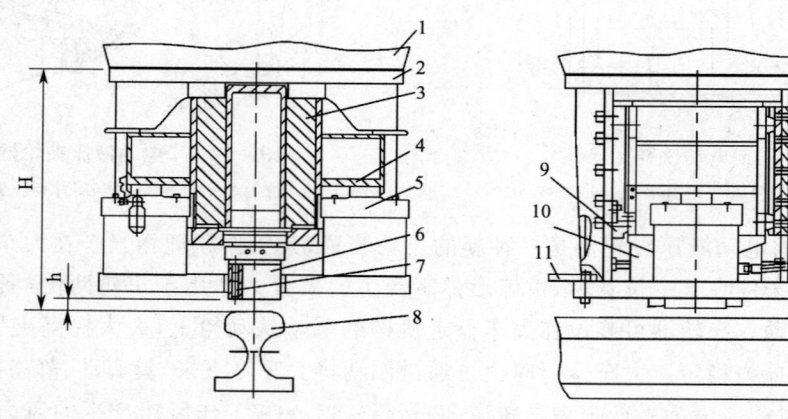

图 4-14-10 电动液压顶轨器
1—支架;2—机架;3—碟簧组;4—碟簧架;5—油缸;6—顶块;7—连接螺钉;8—轨道;
9—限位开关;10—限位块;11—制动块;12—单向节流阀;13—液压软管

顶轨器为常闭式设计,采用特制碟形弹簧施力制动,液压站集中驱动释放;设有限位开关进行信号指示(联锁保护);制动面为可拆卸式高硬度齿纹结构,摩擦系数较高。行车时,液压装置将齿形块抬起,离开轨面一个安全距离 $h$,使大车正常通行。突发阵风时,顶轨器在碟形弹簧力作用下推动顶块顶压在轨面上。单个顶轨器可承受垂直压力达 3 350 kN,相应沿轨道方向的阻力可达 100 kN～170 kN,防风效果好。在轨道顶面与地面相平或在货场的轨沟塞满散料时,优先采用顶轨器。顶轨器的安装还应尽可能靠近起重机的重心,这样可增大垂直压力,从而提高防爬力。

顶轨器的缺点主要是只能进行静态制动,即起重机处于动态时,顶轨器使用效果较差。且接触压力对摩擦力的影响较大。

# 第三节 夹轨器

夹轨器主要分为手动夹轨器、半自动夹轨器、自动夹轨器、自锁式夹轨器。

## 一、手动夹轨器

图 4-14-11 示出几种手动夹轨器的简图,它们都是利用丝杠产生夹紧力。图 4-14-11c 利用肘杆原理可以加大夹紧力,而且钳口闭合速度是变化的,以快速使钳口空载闭合,低速进行夹紧,从而产生较大的夹紧压力。图 4-14-11d 是利用滑槽机构加大夹紧力。滑槽曲线由两段组成:一段斜角较大,用于快速闭合;一段斜角较小($4°\sim8°$),用于夹紧。

手动夹轨器构造简单,维修方便,但由于夹紧力较小,安全性差,仅适用于中小型起重机。

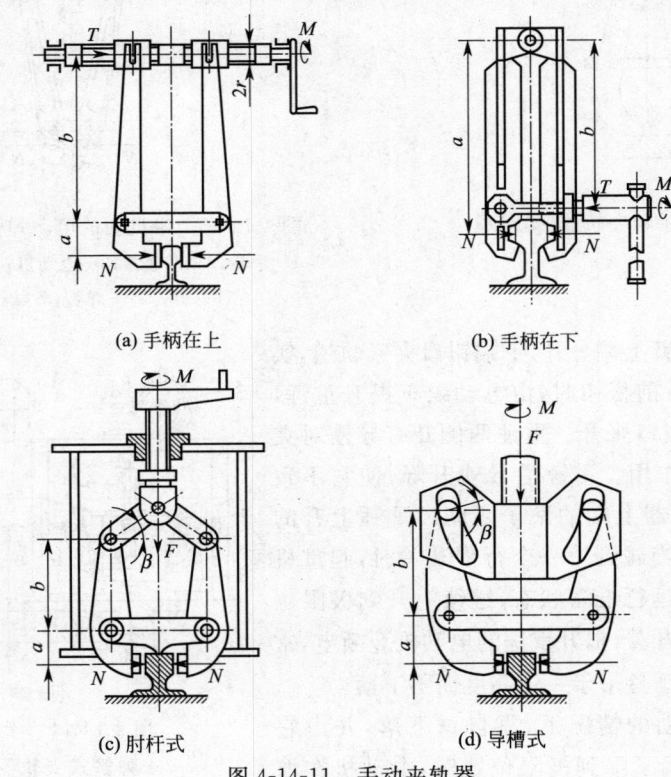

图 4-14-11 手动夹轨器

图 4-14-12 所示的手动夹轨器叫做钩钳,它通过螺杆螺母传动,使夹轨器钳口钩紧轨道头部突缘,夹钳的钩紧力由风力产生,且随风力增大而增大。这种夹轨器构造简单,使用可靠。

## 二、半自动夹轨器

图 4-14-13 和 4-14-14 为半自动的电动手动两用夹轨器,平时主要是电动工作,其夹紧力由电动机通过螺杆螺母传动压缩弹簧产生,夹紧力较大,同时设有终点开关,在夹钳夹紧轨道后能使电动机自动停止。通过电气联锁,它还可以在运行机构停止时自动通电上钳。但须指出,由于其夹紧力来自电动机,遇到电气故障或断电时,并不能自动夹紧,还要用手轮夹紧。因此,这种夹轨器必须是电动手动两用的。与电动重锤式夹轨器相比,这种夹轨器重量较轻,缺点是安装时钳口不易对中。

## 三、自动夹轨器

### 1. 电动重锤式夹轨器

很多大型起重机采用如图 4-14-15 所示的电动重锤式夹轨器。工作时,依靠楔形重锤 7 的重

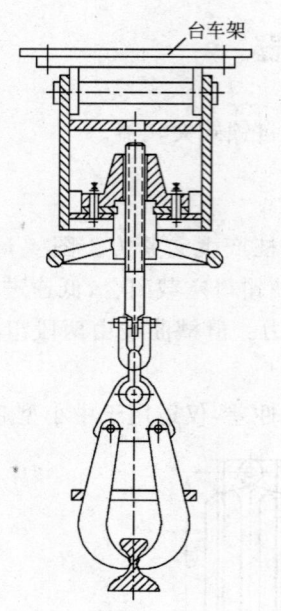

图 4-14-12 手动夹轨器（钩钳）

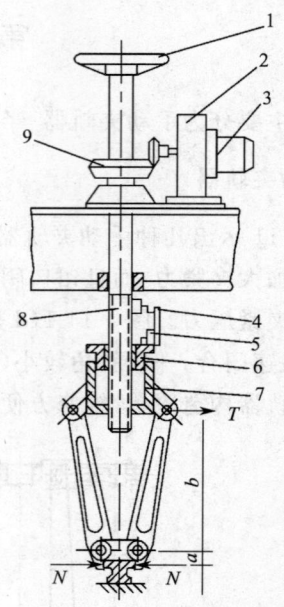

图 4-14-13 半自动的电动弹簧式夹轨器（肘杆式）
1—手轮；2—减速器；3—电动机；4—终点开关；5—挡块；
6—螺母；7—弹簧；8—螺杆；9—锥齿轮

量克服弹簧力，迫使钳臂上端分开，下端钳口夹紧轨道，实现上钳。在起重机运行前松钳时，由电动绞车提升重锤，靠弹簧9的复原力使钳口张开。重锤两侧开有导槽对夹钳臂上的滚子起导向作用。重锤沿导轨升降，使它不致晃动，并便于进入夹轨器上端的滚子之间。重锤上升的行程由行程开关限定，当碰到第一个行程开关时，起重机电源接通，起重机进入运行准备状态，继续上升到极限位置时，碰到第二个行程开关，提升重锤的电动机2断电，常开式制动器接电，使重锤悬吊于一定高度而不下落。

重锤在无动力驱动的情况下，靠自重下落，并由它带动电动机2空转。当下降到极限位置时，电动机在惯性作用下继续旋转，使钢绳从卷筒上放出，愈来愈松。由于钢丝绳过分松弛，一方面会引起钢绳脱槽，另一方面，当再次提升时，会造成机构的冲击；另外，当下降重锤发生卡住现象时，钢绳出现松弛，一旦卡住现象消失，重锤会突然下落而发生事故。为了避免上述缺点，应装安全制动器3，当钢绳发生松弛时，在杠杆11作用下，安全制动器自动上闸，使钢绳不再从卷筒上放出。

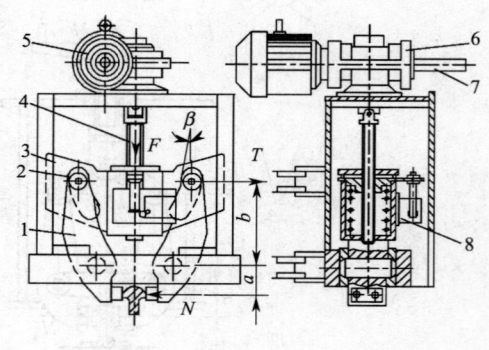

图 4-14-14 半自动的电动弹簧式夹轨器（导槽式）

电动重锤式夹轨器自动作用，抗滑力大，安全可靠，当起重机遇到大风或暂不工作时切断电源，将起重机固定。其缺点是，自重较大，楔形重锤重量可达起重机总重的2%～3%，重锤与滚子接触易发生磨损。

2. 电动弹簧式夹轨器

如图4-14-16所示，它利用弹簧压迫肘杆闭合。松钳时利用绞车通过滑轮组进一步压迫弹簧，使夹钳松开。与电动重锤式夹轨器相比，电动弹簧式夹轨器重量轻。

3. 电动液压式夹轨器

图4-14-17为电动液压式夹轨器，采用弹簧上钳、液压缸松钳。夹轨器动作与运行机构联锁。如图4-14-18所示，当起重机开始运行时，电动机1起动，同时电磁阀2励磁，高压油进入液压缸3，

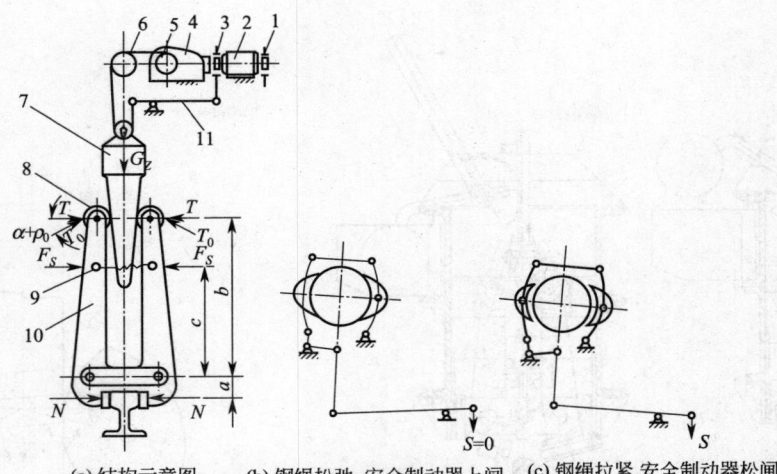

(a) 结构示意图　　(b) 钢绳松弛,安全制动器上闸　(c) 钢绳拉紧,安全制动器松闸

图 4-14-15　电动重锤式夹轨器

1—常开式制动器；2—电动机；3—安全制动器；4—减速器；5—卷筒；
6—钢绳；7—重锤；8—滚轮；9—弹簧；10—钳臂；11—杠杆

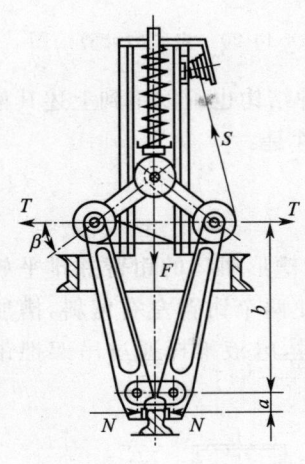
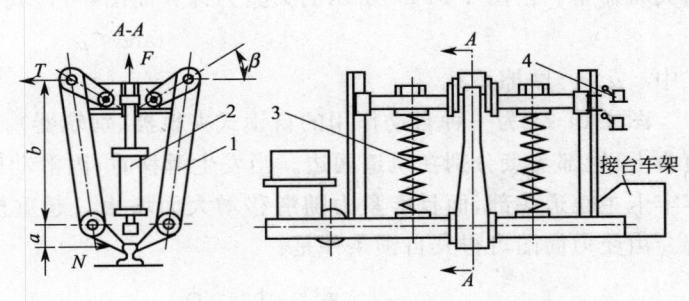

图 4-14-16　电动弹簧式夹
轨器（肘杆式）

图 4-14-17　电动液压式夹轨器

1—夹钳；2—液压缸；3—压缩弹簧；4—限位开关

由于液压缸 3 和压缩弹簧 4 平行地装在横梁上,所以在液压缸压进的同时,弹簧进一步被压紧,从而夹轨器松钳。运行开始后,电动机仍继续工作,直到夹轨器钳口张开到最大位置并使限位器动作为止。在此过程中,电磁阀保持不动。当出现液压回路漏油情况时,夹轨器上钳并带动控制钳口张开位置的限位器动作,从而使电动机再次起动,液压缸供油,以保证运行过程中始终不会发生上钳现象。当需要上钳时,司机打开开关,使电磁阀的电气回路断路,励磁力消失,从而电磁阀返回最初状态,接通油箱回路,在弹簧力的作用下,液压缸中的油返回油箱,夹轨器夹紧轨道。

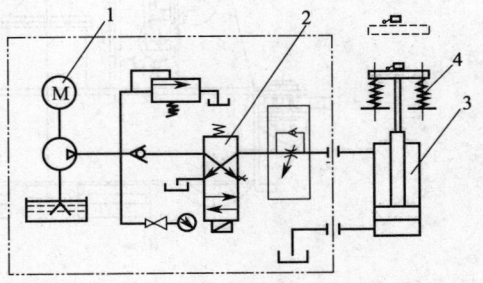

图 4-14-18　电动液压式夹轨器液压回路图

1—电动机；2—电磁阀；3—液压缸；4—压缩弹簧

电动液压式夹轨钳夹紧力大,安全可靠,但其体积较大,液压系统元件加工要求较高,多用于大型港口起重机。

### 四、自锁式夹轨器

图 4-14-19 示出一种利用自锁原理的手动夹轨器,夹紧力由风力产生并随风力增大而增大。

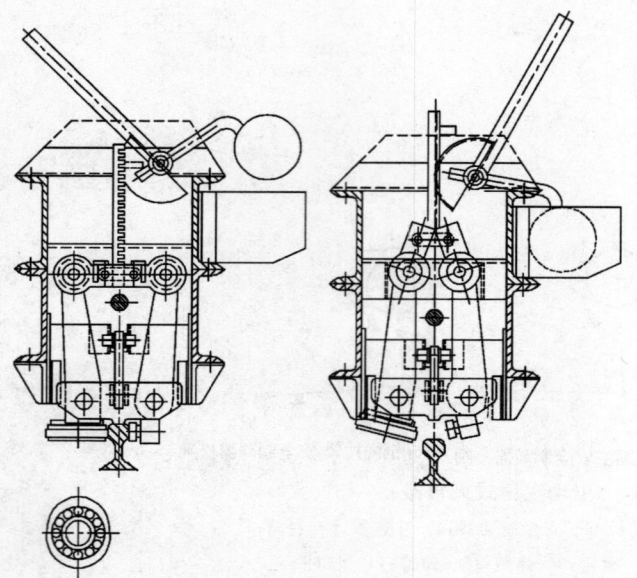

图 4-14-19 自锁式夹轨器　　　　图 4-14-20 夹紧力计算简图

它的钳口一边有一个椭圆轮,当发生滑移时,钳口会愈夹愈紧。这种结构也可以用到上述其他型式的夹轨器中。由图 4-14-20 所示的夹紧力计算简图,可得其自锁条件是:

$$\tan\theta < \mu \tag{4-14-2}$$

式中　$\mu$ ——摩擦系数。

图 4-14-21 为一种自动作用的自锁式夹轨器(别轨器)。两个带槽形钳口的钳臂并排平放在轨道头上,尾部支点分别在轨道两边。当发生滑移时,因滑动摩擦而使两个钳臂左右偏斜,槽形钳口牢牢卡主轨道头部,而且卡紧力随滑移增大而增大。起重机运行时,电液推杆通过吊架把钳臂提起。由受力简图可得其自锁条件是:

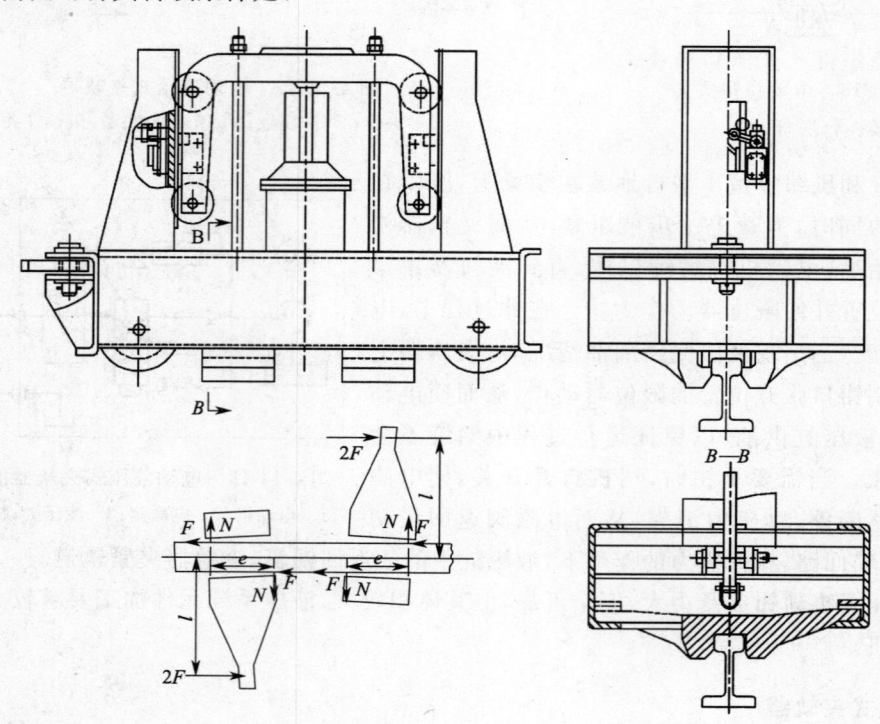

图 4-14-21 自锁式夹轨器(别轨器)

$$\frac{e}{2l} < \mu \tag{4-14-3}$$

式中 $\mu$——钳口与轨道间的摩擦系数。

图 4-14-22 是一种自动作用的自锁式夹轨器。电动机通过减速齿轮传动,蜗轮蜗杆传动 5 带动左右旋螺杆 6、螺母 7 使夹钳 10 绕绞轴 11 转动,从而使夹钳夹紧或开启。这种夹轨器的驱动机构仅用来使钳口与轨道面接触,夹紧力由作用在起重机上的风载荷产生,并能随风载荷的增大而增大。为了避免松钳后钳口碰撞轨道面,这种夹轨器设有绳索式自升机构,保证松钳时钳口能自动上升,直到钳口超过轨道面。如图 4-14-22 所示,绕过滑轮 9、固定在门架上的钢丝绳 4 具有一定长度,当夹轨器开启时,钳臂使两个滑轮 9 的间距增大,竖直方向绳长缩短,于是拖动夹轨器沿导杆上升。当夹轨器夹紧时,滑轮 9 的间距缩小,因而钢丝绳水平方向的长度减小,竖直方向长度增大,夹轨器靠自重下降。由于这种夹轨器只要尺寸取得适当,就

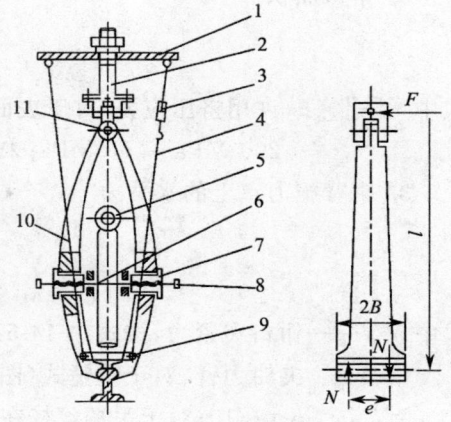

图 4-14-22 自锁式夹轨器
1—起重机车架;2—导向架;3—钢丝绳补偿器;4—钢丝绳;5—驱动装置;6—左右旋螺杆;7—螺母;8—限位器;9—滑轮组;10—钳臂;11—铰轴

可实现风力自动夹紧,而无需传动系统产生夹紧力,故结构较轻,工作可靠,使用维修也较方便。由受力图可以看出,其自锁条件也是式(4-14-3)。

## 第四节 防风抗滑装置的设计计算

### 一、防风抗滑装置的设计要求

(1)防风抗滑装置应保证其抗滑力足以使起重机能够在非工作状态的顺坡、最大风力作用下保持不动。在计算抗滑力时,忽略运行机构制动器和车轮轮缘对轨道侧面附加摩擦阻力的影响。防风抗滑力计算分为正常工作状态值 $P_{z1}$ 和非工作状态值 $P_{z2}$,具体计算公式参见第一篇第七章《起重机抗倾覆稳定性和抗风防滑安全性》。

(2)一般情况下,特别是大型起重机,应选用自动作用的防风抗滑装置,以确保在断电和暴风突发时起重机不会滑动。锚定装置一般只作为补充装置用来预防有预报的特大暴风,且锚定装置应能独立承受起重机非工作状态下的风载荷。

(3)防风抗滑装置的上闸动作应稍后于运行机构制动器的上闸动作,防风抗滑装置的松闸动作应稍前于运行机构制动器的松闸动作。

### 二、夹轨器钳臂设计计算(图 4-14-11、图 4-14-13、图 4-14-14、图 4-14-15、图 4-14-16、图 4-14-17、图 4-14-24 等)

1. 钳口夹紧力

$$N = \frac{P_z}{2n\mu} \quad (N) \tag{4-14-4}$$

式中 $P_z$——所需要的抗滑力(N),计算方法参见第一篇第七章;

$n$——夹轨器的数目;

$\mu$——钳口与钢轨的摩擦系数,对于无齿纹且未经热处理的 45、50 钢的钳口,取 $\mu=0.12\sim0.15$;对于有齿纹并淬硬(HRC≥55)的 65Mn、60Si$_2$Mn 钢的钳口,取 $\mu=0.3\sim0.35$(对于齿锋不尖或变钝后的情况,取 $\mu=0.2$)。

钳口齿纹的尺寸可按图 4-14-23 确定。

## 2. 钳口面积

$$A = \frac{N}{[\sigma]_j} \quad (\text{mm}^2) \tag{4-14-5}$$

式中 $[\sigma]_j$——许用挤压应力，对于表面硬度 HB=350～450 的 65Mn 或 60Si$_2$Mn 号钢，取 $[\sigma]_j$=200 MPa～250 MPa；未经淬火的 45 及 50 钢，取 $[\sigma]_j$=80 MPa。

## 3. 钳臂施力点上的水平力

$$T = \frac{Na}{b\eta} \quad (\text{N}) \tag{4-14-6}$$

式中 $N$——钳口夹紧力，按式(4-14-5)计算；

$a$、$b$——夹钳力臂；对于重锤式(图 4-14-15)和用滑轮组松钳的弹簧式(图 4-14-16)，建议取 $a/b=1/10$；对于手柄丝杠在铰点下的手动夹轨器(图 4-14-11b)，建议取 $a/b$ 为结构允许的最小值；对于其他类型的夹轨器，可取 $a/b=1/3\sim1/4$；

$\eta$——夹钳铰轴效率，采用滑动轴承时，取 $\eta=0.96$。

对于重锤式夹轨钳，计算 $T$ 力时应计入松钳弹簧力，按式(4-14-13)计算。

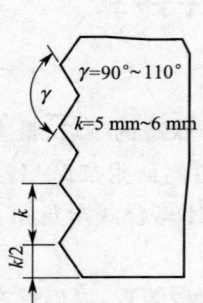

图 4-14-23 夹轨器钳口齿纹尺寸

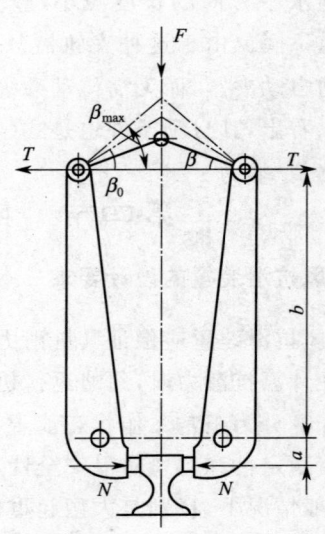

图 4-14-24 夹轨器肘杆夹紧机构示意图

## 三、肘杆夹紧机构计算(图 4-14-11(c)、4-14-16、4-14-17、4-14-24)

### 1. 推力 $F$

$$F = 2T\tan\beta \quad (\text{N}) \tag{4-14-7}$$

式中 $T$——钳臂端施力点上的水平力，按式(4-14-7)计算；

$\beta$——肘杆倾斜角，取 $\beta=10°\sim15°$。

### 2. 夹紧力开始角 $\beta_0$

$\beta_0$ 可根据钳臂的弯曲变形与肘杆的压缩变形计算，得到：

$$\cos\beta_0 = \cos\beta - \frac{T}{E}\left(\frac{1}{A} + \frac{b^3}{3Jl}\right) \tag{4-14-8}$$

式中 $l$——肘杆原始长度；

$A$——肘杆横截面积；

$EJ$——钳臂铰轴截面的抗弯刚度。

3. 验算钳口退距 $\delta$

$$\delta = l(\cos\beta_0 - \cos\beta_{max})\frac{a}{b} \quad (4\text{-}14\text{-}9)$$

式中　$\beta_{max}$——钳口最大开度时的 $\beta$ 角。

### 四、手动夹轨器的计算

对简单丝杠式(图 4-14-11a、b)：

$$M = T \cdot r \cdot \tan(\alpha + \rho) \quad (\text{N} \cdot \text{m}) \quad (4\text{-}14\text{-}10)$$

对肘杆式和导槽式(图 4-14-11c、d)：

$$M = F \cdot r \cdot \tan(\alpha + \rho) \quad (\text{N} \cdot \text{m}) \quad (4\text{-}14\text{-}11)$$

式中　$r$——螺杆螺纹平均半径(m)；

$T$，$F$——螺杆轴向力，按式(4-14-7)和(4-14-8)计算；

$\alpha$——螺纹升角，根据自锁条件，取 $\alpha = 4° \sim 5°$；

$\rho$——螺旋副摩擦角，对于钢螺杆与青铜螺母，$\rho = 4° \sim 6°$；对于钢螺杆螺母，$\rho = 8° \sim 9°$。

2. 操作力

手柄最大操作力不得大于 300 N。

### 五、电动重锤式夹轨器的计算(图 4-14-15)

1. 松钳弹簧力

$$F_s = G_B \cdot \frac{e}{c} \cdot k_1 \quad (4\text{-}14\text{-}12)$$

式中　$G_B$——钳臂自重(N)；

$e$——重锤在最低位置时，夹钳臂重心线到夹钳铰轴的水平距离；

$k_1$——安全系数，$k_1 = 1.5 \sim 2$。

2. 滚轮上所需的水平力

$$T = \frac{aN + F_s c}{b\eta} \quad (\text{N}) \quad (4\text{-}14\text{-}13)$$

式中　$N$——钳口夹紧力，按式(4-14-5)计算；

$c$——松钳弹簧力相对夹钳铰轴的作用力臂；

$\eta$——夹钳铰轴效率，采用滑动轴承时，取 $\eta = 0.9$；采用滚动轴承时，取 $\eta = 0.96$。

3. 滚轮心轴上的作用力

$$T_o = \frac{T}{\cos(\alpha + \rho_o)} \quad (\text{N}) \quad (4\text{-}14\text{-}14)$$

式中　$T$——滚轮上所需的水平力，按式(4-14-14)确定；

$\alpha$——重锤楔面相对铅垂线的夹角，一般 $\alpha = 4° \sim 8°$。

$\rho_o$——摩擦角，$\tan\rho_o = 1.25\left(\frac{\mu d}{D} + \frac{2k}{D}\right)$

其中　$k$——滚轮沿楔面的滚动摩擦系数，取 $k = 0.6$ mm，

$D$、$d$——滚轮和心轴的直径(mm)，

$\mu$——滚轮心轴上的滑动摩擦系数，取 $\mu = 0.11 \sim 0.14$。

4. 重锤质量

$$G_z = 2T\tan(\alpha + \rho_o) \quad (\text{N}) \quad (4\text{-}14\text{-}15)$$

式中符号同前。

### 5. 重锤长度（图 4-14-25）

重锤长度 $L$ 由闭合行程 $l_1$、夹紧预备行程 $l_2$、夹紧行程 $l_3$ 和磨损储备段 $l_4$ 组成。

$$L = l_1 + l_2 + l_3 + l_4 \tag{4-14-16}$$

$l_1$ 根据结构确定，应能保证夹钳尽量大的开度。

$$l_3 = \frac{1}{\tan\alpha} \cdot \frac{Tb^3}{3EJ} \tag{4-14-17}$$

$$l_2 \approx 0.1 l_3 \tag{4-14-18}$$

$$l_4 \approx 0.4 l_3 \tag{4-14-19}$$

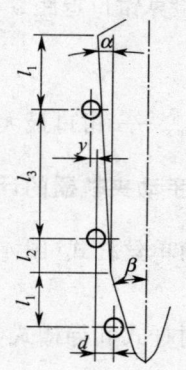

图 4-14-25　楔块计算简图

### 6. 传动机构设计

重锤起升机构属于 M1 或 M2 工作级别，起升速度可取 $v = 0.17\ \text{m/s}$。常开式制动器的安全系数取为 2。起重机工作时，由于常开式制动器始终通电，故需选用 $JC = 100\%$ 的电磁铁。

# 第十五章　起重机安全与辅助装置

## 第一节　概　　述

起重机设置、安装安全防护装置是防止起重机械事故的必要措施。安全防护装置包括限制运动行程和工作位置的装置、防止起重机超载的装置、防止起重机倾翻和滑移的装置、联锁保护装置等。《起重机械安全规程(GB 6067.1—2010)》规定：设计各种起重机应按表 4-15-1 的要求，设置安全与辅助装置，并在使用中及时检查、维护，使其保持正常工作性能。如发现性能异常，应立即进行修理或更换。

表 4-15-1　安全防护装置在各种起重机上的设置要求(GB 6067.1—2010)

| 序号 | 安全防护装置名称 | 桥式和门式起重机 | | | | | |
|---|---|---|---|---|---|---|---|
| | | 通用桥式起重机 | | 通用门式起重机 | | 装卸桥 | |
| | | 要求程度 | 要求范围 | 要求程度 | 要求范围 | 要求程度 | 要求范围 |
| 1 | 起重量限制器 | 应装 | 动力驱动 | 应装 | 动力驱动 | 应装 | 动力驱动 |
| 2 | 起重力矩限制器 | | | | | | |
| 3 | 起升高度限位器 | 应装 | 动力驱动 | 应装 | 动力驱动 | 应装 | 动力驱动 |
| 4 | 下降深度限位器 | 应装 | 根据需要 | 应装 | 根据需要 | 应装 | 根据需要 |
| 5 | 运行行程限位器 | 应装 | 动力驱动的并且在大车和小车运行的极限位置 | 应装 | 动力驱动的并且在大车和小车运行的极限位置(悬挂葫芦小车除外) | 应装 | 动力驱动的在大车运行的极限位置 |
| 6 | 幅度限位器 | | | | | | |
| 7 | 偏斜指示器或限制器 | | | 应装 | 跨度等于或大于 40 m 时 | | |
| 8 | 幅度指示器 | | | | | | |
| 9 | 联锁保护安全装置 | 应装 | 进入桥式起重机的门和由司机室登上桥架的舱口门与运行机构之间、运行式司机室通道口的门与运行机构之间 | 应装 | 进入门式起重机的门和由司机室登上桥架的舱口门与运行机构之间、运行式司机室通道口的门与运行机构之间 | 应装 | 运行式司机室通道口的门与运行机构之间 |
| 10 | 水平仪 | | | | | | |
| 11 | 防止臂架后倾装置 | | | | | | |
| 12 | 极限力矩限制装置 | | | | | | |
| 13 | 缓冲器 | 应装 | 在大车、小车运行机构或轨道端部 | 应装 | 在大车、小车运行机构或轨道端部 | 应装 | 在大车运行机构或轨道端部 |
| 14 | 防风抗滑装置 | 应装 | 室外工作的 | 应装 | 室外工作的 | 应装 | 室外工作的 |
| 15 | 风速风级报警器 | | | 应装 | 起升高度大于 12 m 时 | | |
| 16 | 垂直支腿回缩锁紧装置 | | | | | | |
| 17 | 回转锁定装置 | | | | | | |
| 18 | 防倾翻安全钩 | 应装 | 单主梁起重机在主梁一侧落钩的小车架上 | 应装 | 单主梁龙门起重机在主梁一侧落钩的小车架上 | | |
| 19 | 轨道清扫器 | 应装 | 动力驱动的大车运行机构上 | 应装 | 在大车运行机构 | 应装 | 在大车运行机构 |

续上表

| 序号 | 安全防护装置名称 | 桥式和门式起重机 ||||||
|---|---|---|---|---|---|---|---|
| | | 通用桥式起重机 || 通用门式起重机 || 装卸桥 ||
| | | 要求程度 | 要求范围 | 要求程度 | 要求范围 | 要求程度 | 要求范围 |
| 20 | 轨道端部止挡 | 应装 | 在运行机构 | 应装 | 在运行机构 | 应装 | 在运行机构 |
| 21 | 导线滑线防护板 | 应装 | | 应装 | | 应装 | |
| 22 | 作业报警装置 | 宜装 | | 宜装 | | | |
| 23 | 暴露的活动零部件的防护罩 | 应装 | 有伤人可能的 | 应装 | 有伤人可能的 | 应装 | 有伤人可能的 |
| 24 | 电气设备的防雨罩 | 应装 | 露天工作的 | 应装 | 露天工作的 | 应装 | 露天工作的 |
| 25 | 检修吊笼或平台 | 应装 | | 应装 | | | |
| 26 | 防小车坠落保护 | | | | | | |
| 27 | 防碰撞装置 | 宜装 | 在同一轨道运行工作的两台以上的起重机或小车 | 宜装 | 在同一轨道运行工作的两台以上的起重机或小车 | 宜装 | 在同一轨道运行工作的两台以上的起重机或小车 |

| 序号 | 安全防护装置名称 | 流动式起重机 ||||||| 
|---|---|---|---|---|---|---|---|---|
| | | 汽车起重机 || 轮胎起重机 || 履带起重机 || 铁路起重机 ||
| | | 要求程度 | 要求范围 | 要求程度 | 要求范围 | 要求程度 | 要求范围 | 要求程度 | 要求范围 |
| 1 | 起重量限制器 | | | | | | | 应装 | |
| 2 | 起重力矩限制器 | 应装 | | 应装 | | 应装 | | 应装 | |
| 3 | 起升高度限位器 | 应装 | | 应装 | | 应装 | | 应装 | |
| 4 | 下降深度限位器 | 应装 | 根据需要 | 应装 | 根据需要 | 应装 | 根据需要 | 应装 | 根据需要 |
| 5 | 运行行程限位器 | | | | | | | | |
| 6 | 幅度限位器 | | | | | | | | |
| 7 | 偏斜指示器或限制器 | | | | | | | | |
| 8 | 幅度指示器 | 应装 | | 应装 | | 应装 | | 应装 | |
| 9 | 联锁保护安全装置 | | | | | | | | |
| 10 | 水平仪 | 应装 | | 应装 | | 应装 | | | |
| 11 | 防止臂架后倾装置 | 应装 | 油缸变幅除外 | 应装 | | 应装 | 油缸变幅除外 | 应装 | 油缸变幅除外 |
| 12 | 极限力矩限制装置 | | | | | | | | |
| 13 | 缓冲器 | | | | | | | | |
| 14 | 防风抗滑装置 | | | | | | | | |
| 15 | 风速风级报警器 | | | | | | | | |
| 16 | 垂直支腿回缩锁紧装置 | 应装 | | 应装 | | | | 应装 | |
| 17 | 回转锁定装置 | 应装 | | 应装 | | 应装 | | 应装 | |
| 18 | 防倾翻安全钩 | | | | | | | | |
| 19 | 轨道清扫器 | | | | | | | | |
| 20 | 轨道端部止挡 | | | | | | | | |
| 21 | 导线滑线防护板 | | | | | | | | |
| 22 | 作业报警装置 | 应装 | | 应装 | | 应装 | | | |
| 23 | 暴露的活动零部件的防护罩 | 应装 | 有伤人可能的 | 应装 | 有伤人可能的 | 应装 | 有伤人可能的 | 应装 | 有伤人可能的 |
| 24 | 电气设备的防雨罩 | 应装 | | 应装 | | 应装 | | 应装 | |
| 25 | 检修吊笼或平台 | | | | | | | | |
| 26 | 防小车坠落保护 | | | | | | | | |
| 27 | 防碰撞装置 | | | | | | | | |

续上表

| 序号 | 安全防护装置名称 | 臂架起重机 | | | | | |
|---|---|---|---|---|---|---|---|
| | | 门座起重机 | | 固定式起重机 | | 悬臂式起重机 | |
| | | 要求程度 | 要求范围 | 要求程度 | 要求范围 | 要求程度 | 要求范围 |
| 1 | 起重量限制器 | 应装 | 额定起重量不随幅度变化的 | 应装 | 额定起重量不随幅度变化的 | 应装 | |
| 2 | 起重力矩限制器 | 应装 | 额定起重量随幅度变化的 | 应装 | 额定起重量随幅度变化的 | | |
| 3 | 起升高度限位器 | 应装 | | 应装 | | 应装 | |
| 4 | 下降深度限位器 | 应装 | 根据需要 | 应装 | 根据需要 | 应装 | 根据需要 |
| 5 | 运行行程限位器 | 应装 | | | | 应装 | |
| 6 | 幅度限位器 | 应装 | 在吊臂幅度的极限位置 | 应装 | 在吊臂幅度的极限位置 | | |
| 7 | 偏斜指示器或限制器 | | | | | | |
| 8 | 幅度指示器 | 应装 | | 宜装 | | | |
| 9 | 联锁保护安全装置 | 应装 | | 应装 | | 应装 | 小车在可俯仰的悬臂上运行的起重机,悬臂俯仰机构与小车运行机构之间 |
| 10 | 水平仪 | | | | | | |
| 11 | 防止臂架后倾装置 | 应装 | 单臂架钢丝绳变幅 | 应装 | | | |
| 12 | 极限力矩限制装置 | 应装 | 有可能自锁的旋转机构 | 应装 | 有可能自锁的旋转机构 | | |
| 13 | 缓冲器 | 应装 | 在运行机构或轨道端部 | 应装 | | 应装 | 在大车、小车运行机构或轨道端部 |
| 14 | 防风抗滑装置 | 应装 | | | | | |
| 15 | 风速风级报警器 | 应装 | | | | | |
| 16 | 垂直支腿回缩锁紧装置 | | | | | | |
| 17 | 回转锁定装置 | | | | | | |
| 18 | 防倾翻安全钩 | | | | | | |
| 19 | 轨道清扫器 | 应装 | | | | | |
| 20 | 轨道端部止挡 | 应装 | 在运行机构与变幅机构 | 应装 | 在变幅机构 | 应装 | 在运行机构 |
| 21 | 导线滑线防护板 | 应装 | 采用滑线导电结构的 | | | 应装 | 采用滑线导电结构的 |
| 22 | 作业报警装置 | 应装 | 大车运行 | | | | |
| 23 | 暴露的活动零部件的防护罩 | 应装 | 有伤人可能的 | 应装 | 有伤人可能的 | | |
| 24 | 电气设备的防雨罩 | 应装 | | 应装 | | 应装 | |
| 25 | 检修吊笼或平台 | | | | | | |
| 26 | 防小车坠落保护 | | | | | | |
| 27 | 防碰撞装置 | 宜装 | 在同一轨道运行工作的两台以上 | | | | |

| 序号 | 安全防护装置名称 | 塔式起重机 | | 缆索起重机 | | 电动葫芦 | |
|---|---|---|---|---|---|---|---|
| | | 要求程度 | 要求范围 | 要求程度 | 要求范围 | 要求程度 | 要求范围 |
| 1 | 起重量限制器 | 应装 | 动力驱动 | 应装 | | 应装 | |
| 2 | 起重力矩限制器 | 应装 | | | | | |
| 3 | 起升高度限位器 | 应装 | | 应装 | | 应装 | |

续上表

| 序号 | 安全防护装置名称 | 塔式起重机 要求程度 | 塔式起重机 要求范围 | 缆索起重机 要求程度 | 缆索起重机 要求范围 | 电动葫芦 要求程度 | 电动葫芦 要求范围 |
|---|---|---|---|---|---|---|---|
| 4 | 下降深度限位器 | 应装 | 根据需要 | 应装 | 根据需要 | 应装 | 根据需要 |
| 5 | 运行行程限位器 | 应装 | | | | 应装 | |
| 6 | 幅度限位器 | 应装 | 在吊臂幅度的极限位置 | 应装 | 在吊臂幅度的极限位置 | | |
| 7 | 偏斜指示器或限制器 | | | | | | |
| 8 | 幅度指示器 | 应装 | | 宜装 | | | |
| 9 | 联锁保护安全装置 | 应装 | | 应装 | | 应装 | 小车在可俯仰的悬臂上运行的起重机,悬臂俯仰机构与小车运行机构之间 |
| 10 | 水平仪 | | | | | | |
| 11 | 防止臂架后倾装置 | 应装 | 单臂架钢丝绳变幅 | 应装 | | | |
| 12 | 极限力矩限制装置 | 应装 | 有可能自锁的旋转机构 | 应装 | 有可能自锁的旋转机构 | | |
| 13 | 缓冲器 | 应装 | 在运行机构或轨道端部 | 应装 | | 应装 | 在大车、小车运行机构或轨道端部 |
| 14 | 防风抗滑装置 | 应装 | | | | | |
| 15 | 风速风级报警器 | 应装 | | | | | |
| 16 | 垂直支腿回缩锁紧装置 | | | | | | |
| 17 | 回转锁定装置 | | | | | | |
| 18 | 防倾翻安全钩 | | | | | | |
| 19 | 轨道清扫器 | 应装 | | | | | |
| 20 | 轨道端部止挡 | 应装 | 在运行机构与变幅机构 | 应装 | 在变幅机构 | 应装 | 在运行机构 |
| 21 | 导线滑线防护板 | 应装 | 采用滑线导电结构的 | | | 应装 | 采用滑线导电结构的 |
| 22 | 作业报警装置 | 应装 | 大车运行 | | | | |
| 23 | 暴露的活动零部件的防护罩 | 应装 | 有伤人可能的 | 应装 | 有伤人可能的 | | |
| 24 | 电气设备的防雨罩 | 应装 | | 应装 | | 应装 | |
| 25 | 检修吊笼或平台 | | | | | | |
| 26 | 防小车坠落保护 | | | | | | |
| 27 | 防碰撞装置 | 宜装 | 在同一轨道运行工作的两台以上起重机或小车 | | | | |

除本篇第十三章和第十四章所述的缓冲器和防风抗滑装置外,如表 4-15-1 所示,安全装置还包括运动行程和工作位置限制器、超载限制器(含重量和力矩)、防倾覆装置、联锁保护装置和其他安全防护装置等。其中,上升、下降和运行极限位置限制器应保证吊具起升、下降或起重机和起重小车运行到极限位置时,自动切断动力源,并停止运动,但可进行相反方向运动;联锁保护装置应分别保证:动臂的支持停止器与动臂变幅机构之间、进入桥式起重机和门式起重机的门和由司机室登上桥架的舱口门与运行机构之间、运行式司机室通道口的门与运行机构之间具有可靠的联锁保护;水平仪应具有检查打支腿的起重机倾斜度的良好性能;防止吊臂后倾装置应保证当变幅机构(液压油缸变幅除外)的行程开关失灵时,能阻止吊臂后倾;极限力矩限制装置应保证当旋转阻力矩大于设计规定的力矩时,能发生滑动而起保护作用;风级风速报警器应保证在露天工作的起重机,当风力大于 6 级时应发出报警信号,并宜有瞬时风速风级的显示能力,在沿海工作的起重机,可定为当

风力大于 7 级时能发生报警信号,报警后宜能自动切断运行机构动力源,进行制动;对跨度大于 40 m 的门式起重机和装卸桥宜装偏斜调整和显示装置,能显示偏斜情况,并能使运行偏斜得到调整和纠正;支腿回缩锁定装置应保证工作时打支腿的流动式起重机,当支腿回缩后能可靠地锁定;回转定位装置应保证流动式起重机在整机行驶时,使上车保持在固定位置;登机信号按钮应装于起重机上易于安全触及的位置;防倾翻安全钩应保证在主梁一侧落钩的单主梁起重机,当小车检修时不能倾翻;检修吊笼用于高空中导电滑线的检修,其可靠性应不低于司机室;在轨道上行驶的起重机和起重小车,在台车架(或端梁)下面和小车架下面应装设轨道清扫器,其扫轨板底面距轨道顶面不应大于 10 mm;轨道端部止档装置应牢固可靠,防止起重机脱轨;导电滑线防护板应使用滑线的起重机的易发生触电的部位受到可靠的防护;在起重机作业时或流动式起重机倒退时应设置蜂鸣器、闪光灯等报警装置;起重机上外露的、有伤人可能的活动零部件均应装设防护罩;露天工作的起重机,其电气设备应装设防雨罩;当两台或两台以上的起重机或起重小车运行在同一轨道上时,应装设防碰撞装置。

## 第二节 超载限制器

起重量限制器和起重力矩限制器统称为超载限制器,是起重机重要的安全保护装置。

超载作业是造成起重机事故的主要原因之一,轻者损坏起重机零部件和构件,重者造成断梁、倒塔、折臂、整机倾覆等重大事故。使用灵敏可靠的超载保护装置,是提高起重机作业安全性、防止超载事故的有效措施。

### 一、起重量限制器

起重量限制器是用于桥、门式起重机、装卸桥、塔式起重机、门座起重机、铁路起重机、固定式起重机和电动葫芦的超载保护装置。我国《起重机械安全规程(GB 6067—2010)》规定:通用桥式起重机、通用门式起重机、装卸桥、塔式起重机是动力驱动的,门座起重机、固定式起重机额定起重量不随幅度而变化的,以及缆索起重机和电动葫芦,都应装起重量限制器。

《起重机械超载保护装置安全技术规范》(GB 12602—90)对起重量限制器的动作量精度等作了具体的规定。在任何情况下,在载荷达到 110% 额定起重量时应立即中断其上升动作。电气型起重量限制器的综合误差不应超过 ±5%,动作误差不超过 ±3%,起重量限制器相对于动作点的显示误差在试验室条件下不应超过 ±3%,装机条件下不应超过 ±5%。起重机在正常条件下工作,用户按制造厂规定的方法和周期对装置进行维护和调整的条件下,起重量限制器累积工作 3 000 h,不得出现故障。

起重量限制器由载荷传感器和控制装置两部分组成。

(一)传感器

适用于起重机使用的载荷传感器主要有压磁式和电阻应变式两种。

1. 压磁式传感器是一种新型传感器,具有输出功率大、信号强、结构简单、牢固可靠、抗干扰性能好和过载能力强等优点,缺点是线性度和测量精度一般,频率响应低。

压磁式传感器利用磁性材料的磁弹性应变力。当压磁式传感器受到重物产生的压力后,磁性材料的导磁率发生变化,从而引起交链于输出绕组的磁通量变化,在传感器的输出端便产生一个与压力成正比的交流电压信号,该信号送入控制器即可进行相应的处理。

2. 电阻应变式传感器采用电阻应变片作为敏感元件,以惠斯顿电桥原理为基本测量线路,将多片电阻应变片牢固地粘贴在弹性体的表面,并接成电桥形式。当传感器受到外力作用后,弹性体发生变形,导致电阻应变片变形,从而使其电阻值发生变化。其中一部分被拉长,阻值增大;另一部分压缩,阻值减小。将阻值增大和减小的应变片合适地联接到电桥桥臂中,并在电桥的两个对角线上加上电压,电桥另一对角线的两端即产生一个与外力成正比例的电压,将该电压输入控制器即可进行相应的处理。

电阻应变式传感器的结构形式和种类较多,有悬臂梁式、双梁式、柱式、轮辐式、板环式等,其测量范围可以从零点几牛至数百千牛,精度等级为 0.02～1.0 级,灵敏度为 1 mV～3 mV/V,工作温度一般为 $-20\ ℃～+80\ ℃$,允许过载能力一般为额定载荷的 120%～150%,也可以根据不同的工作条件,进行特殊设计。

电阻应变式传感器由于测量精度高,线性度好,频率响应特性较好,可在高低温、振动、恶劣条件下工作,规格齐全,测量电路简单等诸多优点而得到广泛应用。

(二)起重量限制器的控制装置

起重量限制器的控制装置按其内部处理器不同分为两种:

1. 集成电压比较器;
2. 单片机。

图 4-15-1 为常用的由运算放大器、比较器、模拟数字转换器、显示器等组成的起重量限制器电路框图。电阻应变式传感器产生与载荷成正比的电压信号送入控制装置,由运算放大器进行放大。放大后的信号一路经 A/D 转换,译码后用数字显示载荷的重量。另一路信号分别送入三个比较器,三个比较器的比较基准分别设在额定载荷的 90%、100%～105%,110%。当载荷达到额定载荷的 90% 时,控制器发出声光报警信号。由于起重机在起升加速过程中对传感器会产生一定的附加力(该附加力约为额定载荷的 4%～10%),为了避开起动时附加载荷引起的瞬间虚假超载,在比较基准为额定载荷 100%～105% 的这一档设置一个延时 1 s～2 s 的延时电路。在延时过程中这路比较器的输出将被封锁,待延时结束,才输出比较信号控制起重机的起升工作状态。如果起重量为额定载荷的 110%,则第三个比较器立即输出信号,发出声光报警,并使控制继电器动作,切断起升机构的起升工作回路。

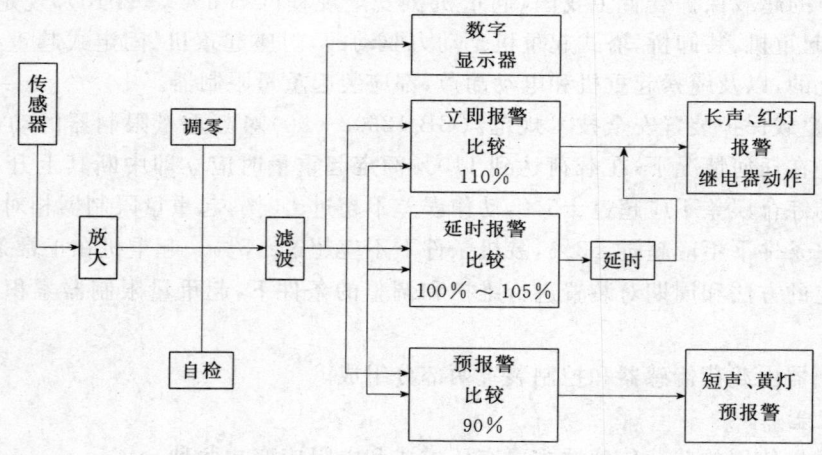

图 4-15-1 起重量限制器电路框图

控制继电器的常闭触点通常串在上升接触器的线圈回路或上升限位回路中,该控制继电器动作时切断上升控制回路,中断起重机的上升,但不影响起重机的下降及其他机构的运动。

该产品采用小规模集成电路,因而线路简单,调试方便,性能可靠。

这类起重量限制器的仪表精度为 1%F·S,系统精度 5%F·S,在 $-20\ ℃～+60\ ℃$ 环境温度下应能正常工作。

图 4-15-2 为采用单片机技术的起重量限制器电路框图。某公司设计制造的 DQX 系列、TZC 系列均属此类产品。DQX 系列起重量限制器还具有作业重量累计,起重载荷锁存等功能,并能通过打印机输出。

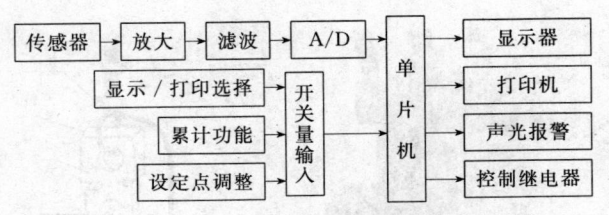

图 4-15-2 单片机起重量限制器电路框图

采用单片机技术的控制装置具有下列优点：

(1)能较好的处理起升过程中的动载荷和运行过程中的冲击载荷短时作用对系统的不利影响。

(2)具有自动零点调整。正常使用情况下，仪器启动后即可自动调整空载零点，并能自动零点跟踪。

(3)对传感器的非线性误差能利用软件技术进行补偿和修正。

(4)能对仪器进行故障自动诊断，并发出相应故障类型提示符，以便维修人员检修。

(三)传感器的选用及其安装

1. 传感器的选用

由于起重量限制器的系统精度要求不高，桥式类型起重机大多采用一般精度的剪切梁式或柱式电阻应变传感器。传感器多与卷筒的轴承座做成一体，一般在卷筒的非减速器一侧(图 4-15-3)，传感器的负荷与起重量的大小及钢丝绳的倍率有关，在静止状态下，安装在轴承座中传感器所受的力为：

$$P = \frac{Q}{2m} \tag{4-15-1}$$

式中　$Q$——起重机的额定载荷；

$m$——起重机起升机构双联滑轮组倍率。

载荷传感器在起重机起升机构工作级别为 M5 的情况下，其寿命不得低于 $5 \times 10^5$ 次应力循环，并能承受起重机过载、加速、振动及冲击。传感器的额定载荷按 $P$ 的 2 倍选择为宜。

2. 传感器的安装和接线

(1)传感器安装时要注意轴承座的中心线必须与卷筒中心线一致。其安装形式如图 4-15-3 所示。

(2)传感器的引线应采用屏蔽线，线芯不小于 0.5 mm²。在布线时除移动部分外，尽量穿管或放入线槽以防损坏。对于有源式传感器(即传感器内部装有前置放大器)，也可不用屏蔽线。

(3)传感器的外壳必须与屏蔽线相连接。

(4)传感器插头的焊接严禁使用带腐蚀性和导电性的助焊剂，而应使用松香等中性助焊剂。

(5)若传感器安装在露天使用的起重机上，则应加防雨罩。

(四)电动葫芦起重量限制器

传统电动葫芦起重量限制器的原理与上述相同，传感器选用板环式或旁压式传感器，直接安装在钢丝绳上。控制和显示仪表可装在按钮盒上，或者装在电动葫芦上，传感器和控制仪表通过屏蔽电缆连接。传感器安装见图 4-15-4。

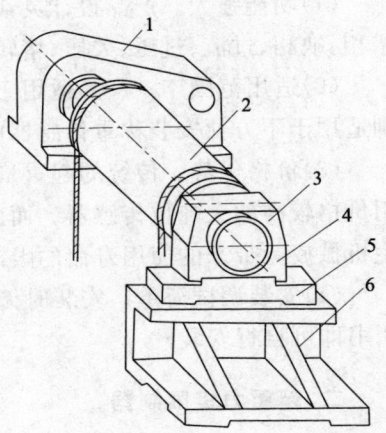

图 4-15-3　轴承座式安装型式
1—减速机；2—卷筒；3—轴承盖；
4—轴承座；5—传感器；6—底座

目前针对电动葫芦，特别是不便安装称重传感器的环链电动葫芦出现一种新型的电流法起重量限制器。该限制器不采用力传感器，而是采用电流互感器，利用微处理器高速而准确地测量电源电压和电动机电流及其相互的关系，根据对确定的起重机系统的相关特征参数进行分析、计算和处理，间接计算出实际吊载载荷。当载荷值达到设定值时，发出声光报警信号，并中断起重机向不安

 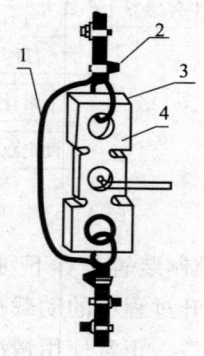

旁压式称重传感器安装　　　板环式传感器安装

图 4-15-4　电动葫芦起重量限制器传感器安装型式

1—钢丝绳；2—绳夹；3—套环；4—传感器

全方向运动。图 4-15-5 为工作原理示意图。

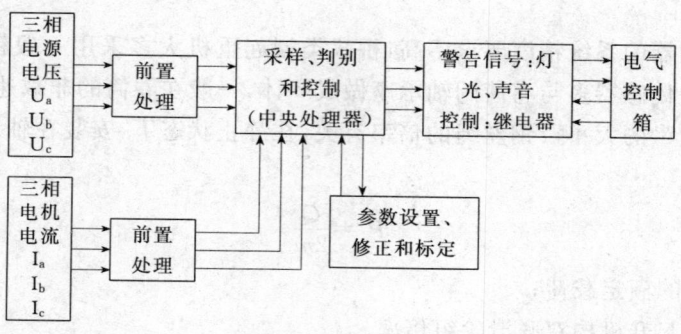

图 4-15-5　电流法起重量限制器工作原理图

电流法起重量限制器产品特点：

(1)功能强大。产品设计灵活、功能完备，超载保护的同时，还可以对起重机的起升电机电源的错相、缺相、过流、过压、欠压、堵转、短路、三相不平衡等故障进行监控和保护；

(2)适用范围广。产品适用于各种电机驱动的起重机，但目前大部分用于电动葫芦起重机，特别适用于不方便安装称重传感器的起重设备；

(3)价格优势。传统的起重量限制器如果用在大型的起重机上，虽然仪表不需变化，但需要配用价格较高的大吨位传感器。而此产品不需要称重传感器，明显节约了成本，也避免了传感器因产生机械疲劳带来的使用寿命的限制；

(4)安装调试简单。安装时无需改变起重机的机械结构，只要掌握基本电工知识，对照产品说明书即可自行安装。

## 二、起重力矩限制器

起重力矩限制器(简称力矩限制器)是用于臂架类型起重机的超载保护装置。《起重机械安全规程》(GB 6067—2010)规定：汽车起重机、轮胎起重机、履带起重机、铁路起重机、塔式起重机应装力矩限制器；额定起重量随幅度而变化的门座起重机和固定式起重机应装力矩限制器。

《臂架型起重机起重力矩限制器通用技术条件》(GB 7950—1999)和《起重机械超载保护装置安全技术规范》(GB 12602—90)中对起重力矩限制器的技术性能提出了明确要求，力矩限制器综合误差的有效范围应在使用说明书和产品铭牌上明确说明，原则上应满足起重机的全部使用工况，力矩限制器的报警限值与起重量限制器相同。

起重力矩限制器主要由传感器和二次仪表组成，常用的两种类型的力矩限制器为模拟式力矩

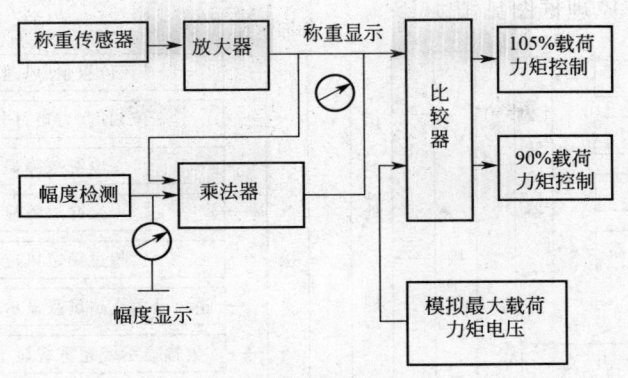

图 4-15-6 模拟式力矩限制器电路框图

限制器和单片机力矩限制器。

（一）模拟式力矩限制器

1. 工作原理

模拟式力矩限制器的工作原理（图 4-15-6）是将幅度传感器提供的幅度信号和载荷传感器提供的重量信号送模拟乘法器相乘，其乘积电压即为模拟载荷力矩电压值，再与设定的值相比较而取得报警值。这种力矩限制器大多将需要控制的吨米值分几段进行比较和控制，因而较为简单、精度较低。

2. 幅度传感器的安装

幅度传感器大多采用特殊结构的电位器，有单圈的、也有多圈的。小车水平移动变幅的塔式起重机一般将电位器通过减速箱与变幅卷筒相连接，见图 4-15-7。其中减速箱的速比由所用电位器及变幅卷筒的参数来决定。

3. 载荷传感器的安装

载荷传感器一般选用拉式或压式传感器，其安装方式见图 4-15-8。也可以参考起重量超载限制器及起重机电子秤中载荷传感器的安装方式。

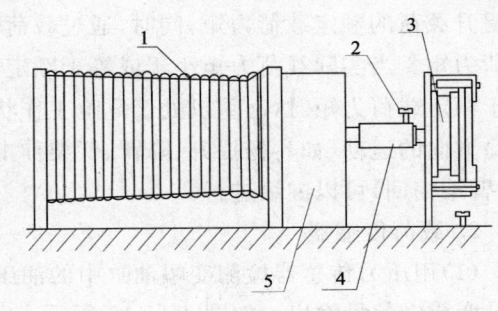

图 4-15-7 小车水平移动变幅的幅度检测电位器安装
1—变幅卷筒；2—紧固螺丝；3—幅度电位器；4—接套；5—减速器

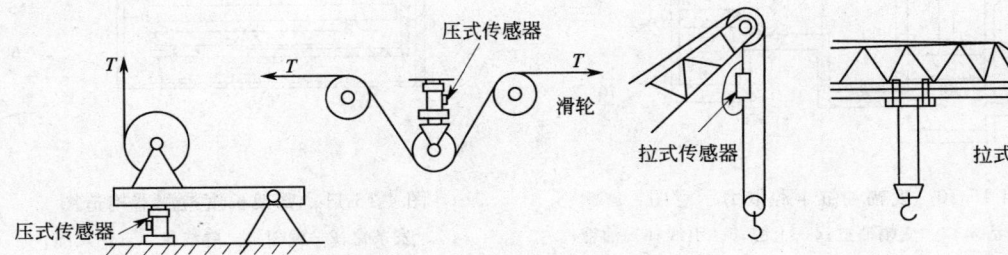

图 4-15-8 载荷传感器的安装方式

（二）单片机力矩限制器

单片机力矩限制器主要用于伸缩臂式液压汽车起重机、轮胎起重机、履带起重机和铁路起重机上。

1. 工作原理

单片机力矩限制器包括主机、载荷检测器、角度检测器、长度检测器和起重机工况检测系统五个部分。载荷、臂架长度、臂架角度及起重机工况等检测信号送入主机，通过放大、A/D 转换、运算处理后，与预先存储的起重特性曲线进行比较，由控制单元对起重机实施相应控制，主机可按需要显示相应的参数。工作原理框图见图 4-15-9。

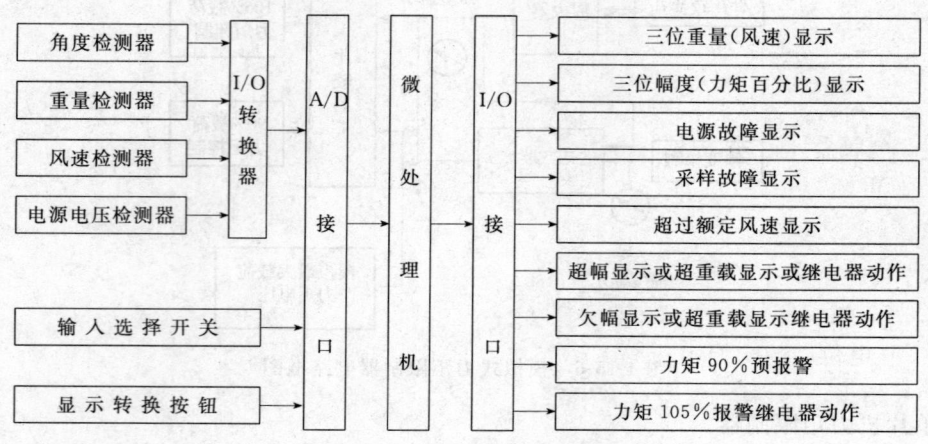

图 4-15-9　单片机力矩限制器工作原理框图

单片机力矩限制器主要采用 Intel 公司生产的 8051 系列和 Atmel 公司生产 AT89C52 单片机，能自动连续地监控起重机作业的诸多变量，检测起重机的有关信号（如臂长、角度、压力或力等），输入单片机，计算出当时的工作幅度，然后根据相应的"幅度——起重量特性表"，算出允许最大提升载荷的额定载荷力矩；同时，通过载荷传感器测出当时的提升载荷，计算出提升载荷的实际载荷力矩。当实际载荷力矩小于或等于额定载荷力矩时，起重机工作是安全的。当实际载荷力矩大于额定载荷力矩时，起重机处于危险工作状态。此时，力矩限制器发出声光报警，并切断起重机危险方向的运动（如卷扬提升、降臂、臂架伸出），使起重机回复到安全状态的运动（如卷扬下降、抬臂、臂架缩回）可以继续进行。

2. 载荷传感器

（1）用压力传感器检测变幅油缸中的油压信号。把压力传感器安装在变幅油缸下腔上，使油压信号变成电信号输出。如图 4-15-10 所示。

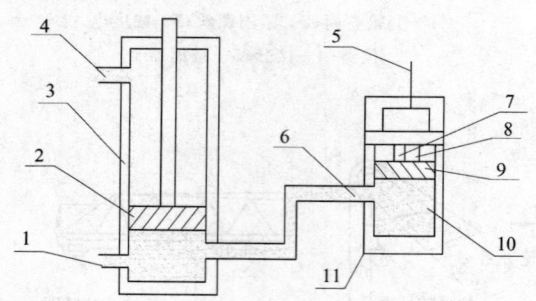

图 4-15-10　变幅油缸下腔取力示意图

1—下腔；2—活塞；3—变幅油缸；4—上腔；5—引线；6—油管；7—应变片；8—应变体；9—活塞；10—压力腔；11—压力传感器

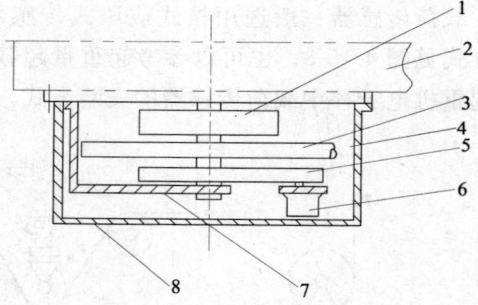

图 4-15-11　臂架长度检测器构造图

1—发条盒；2—臂架；3—卷线盘；4—钢丝绳；5—齿轮副；6—多圈电位器；7—支架；8—外壳

（2）用应变式传感器测量变幅油缸活塞杆的应力。把传感器和活塞杆做成一体，使活塞杆所受力转变成电信号。

3. 臂架长度检测器

臂架长度检测器用来测量起重机使用过程中的臂架长度或节数。检测器由卷线盘、弹簧齿轮副、多圈电位器、电缆等组成（图 4-15-11）。

检测器总成安装在基本臂侧面，电缆的一端固定在顶节臂头部。卷线盘轴上装有扭力弹簧，臂架伸缩时，卷线盘作相应的正反向转到，通过齿轮副带动一个多圈电位器，将臂架长度转换成电信号输出。

**4. 臂架角度检测器**

角度检测器用于测量臂架与水平面之间的角度,一般安装在长度检测器附近,是一个密封的圆柱形金属盒,内部结构见图 4-15-12。

主体为一重锤,封装在壳体内。壳体内存有适量硅油,将锤头部分浸没,对重锤产生阻尼作用,使输出的电信号稳定。重锤轴上固定有电位器。当臂架角度变化时,重锤相对于壳体转动,电位器的输出电压随之变化,即可检测臂架角度。

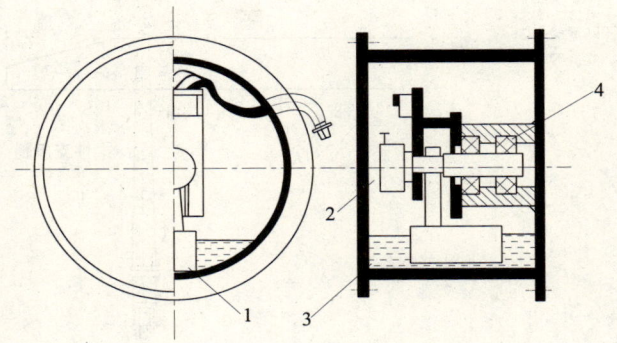

图 4-15-12 臂架角度检测器构造图
1—重锤;2—电位器;3—硅油;4—轴承

## 第三节 偏斜限制器和指示器

由于众多因素的影响(如运行阻力和轮径的差异),门式起重机两侧支腿的速度是有区别的,在大跨度(跨度大于 40 m)门式起重机和装卸桥上,这种区别反映为运行偏斜(一侧支腿超前于另一侧支腿),当偏斜量超过 5/1 000 时,应由专门装置进行调整,此前应能被检测和报警。

### 一、偏斜限制器

如图 4-15-13 所示,当桥架偏斜超过许用值时,开关 3 被拨动,起重机断电停车。它多用于扰性支腿水平柱绞或半刚性支腿的结构。

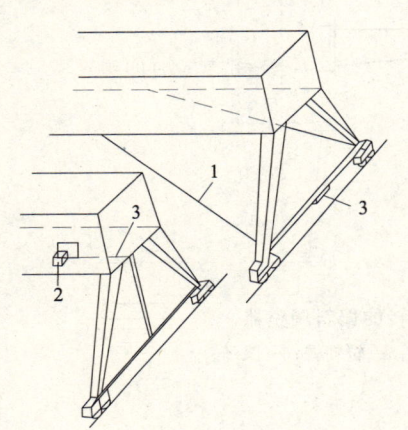

图 4-15-13 偏斜限制器示意图
1—钢丝绳;2—固定杠杆;3—开关

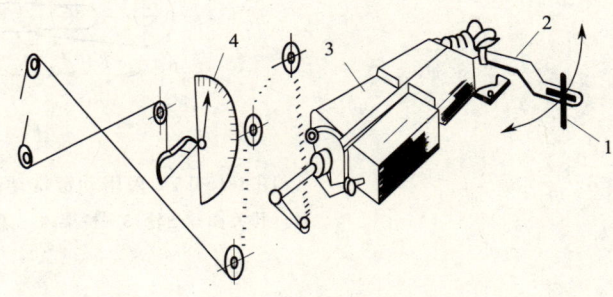

图 4-15-14 杠杆式偏斜指示器示意图
1—杠杆;2—带齿轮的杠杆;3—开关;4—指示盘

### 二、偏斜指示器

图 4-15-14 所示为杠杆偏斜指示器,从指示盘上可反映偏斜的度数。图 4-15-15 是钢丝绳式偏斜指示器,桥架偏斜时,桥架与柔性支腿之间相对转动,钢丝绳 1 带动齿条 2 移动。齿条 2 的上面有一个凸块,下面有三个凸块,它们与相应的开关相碰时,通过几种色彩的灯光,可以指示出偏斜量的范围。开关 5 或开关 8 动作时,红灯亮,同时运行机构电机断电,实际起到限制器的作用。

### 三、偏斜调整器

在柔性支腿上固定一转动臂,支腿与桥架出现相对转动时,转臂上的小杆即拨动调整器上的叉

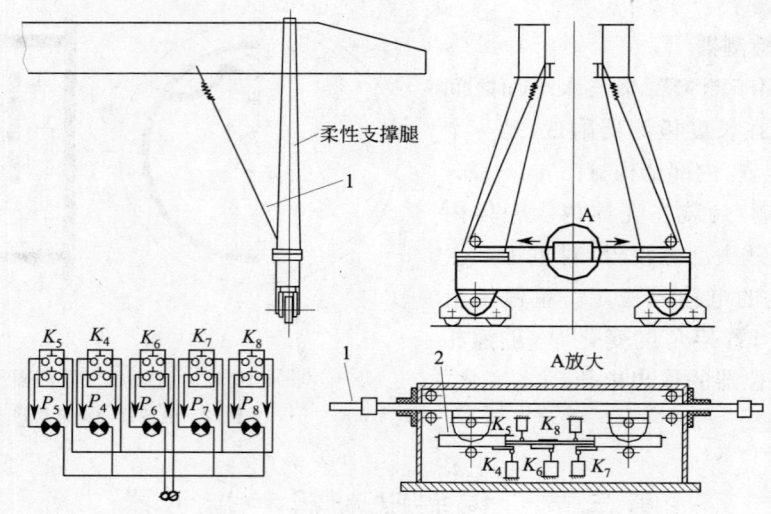

图 4-15-15　钢丝绳式偏斜指示器

1—钢丝绳；2—齿条

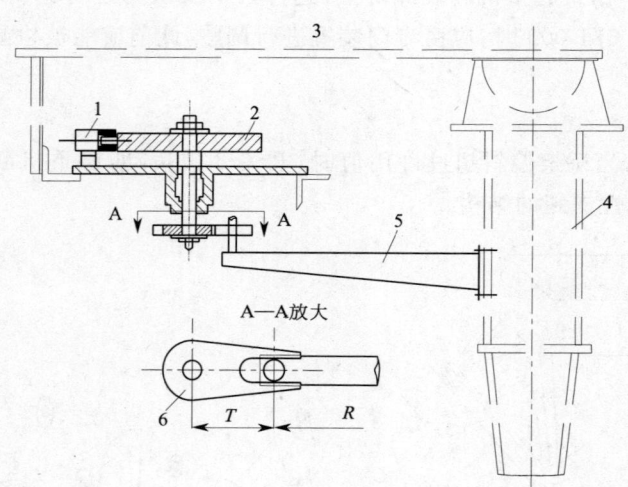

图 4-15-16　采用动臂带动凸轮旋转的偏斜调整器

1—开关；2—凸轮；3—桥架；4—柔性支腿；5—转动臂；6—叉子

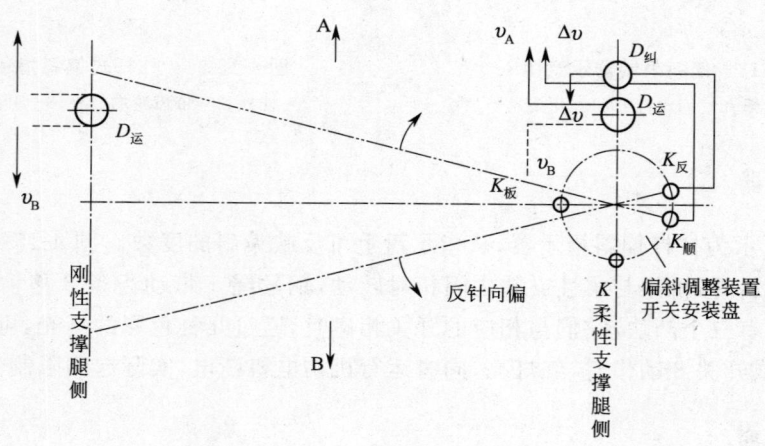

图 4-15-17　偏斜调整原理图

子,叉子带动凸轮旋转。在凸轮的相应位置上布置着 4 个开关,桥架与支腿出现相对转动时,相应的开关动作,发出报警信号,接通纠偏电动机动力回路。图 4-15-16 为采用转动臂带动凸轮旋转的偏斜调整器,图 4-15-17 为调整器作用原理图,图 4-15-18 为调整器控制开关的布置图。

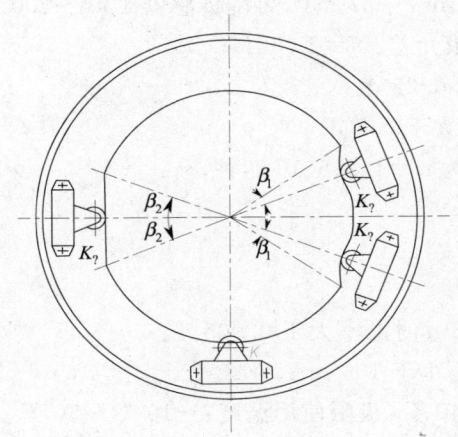

图 4-15-18 控制开关布置图

## 第四节 起重机称量装置

起重机使用的现代称量装置主要是电子秤,它由荷重传感器和称量显示仪表等组成。作为称量器具,对其传感器和称量显示仪表的要求比超载限制器要高得多,同时由于这类秤的使用环境比较恶劣,故对其性能的稳定性和抗干扰性提出了较高的要求。

国际法制计量组织(OIML)将非自动电子秤划分为 Ⅰ Ⅱ Ⅲ Ⅳ 四个等级,起重机电子秤应根据不同的精度要求,选用不同的精度等级。

起重机电子秤按其结构型式不同可分为固定安装式和移动式二类。移动式起重机电子秤直接悬挂在吊钩上,不用时可取下,所以也称为吊钩秤。

起重机电子秤按信号传输方式不同又可分为有线式和无线式两种。

### 一、有线式起重机电子秤

(一)传感器的选用

由于电阻应变式传感器具有规格齐全、线性度好、精度高、受湿度影响小等优点,因而几乎所有的电子秤都采用电阻应变式传感器。可根据其安装方式的不同而选用不同形式的传感器。

表 4-15-2 列出某公司 TCZ 系列电子秤使用的 HLF-3 梁式传感器的主要技术参数。

表 4-15-2　HLF-3 梁式传感器主要技术参数

| 技术参数 | 单位 | 数值 | 技术参数 | 单位 | 数值 |
|---|---|---|---|---|---|
| 精度等级 | %(F·S) | 0.05~0.1 | 输出电阻 | Ω | 350 |
| 灵敏度 | mV/V | 2.5~2.5 | 输入电阻 | | |
| 非线性误差 | %(F·S) | 0.05~0.1 | 激励电压 | V | 12 |
| 滞后误差 | | | 允许过载能力 | %(R·L) | 150 |
| 重复误差 | | 0.025~0.05 | 温度补偿范围 | ℃ | －10~+60 |
| 灵敏度温度影响 | %/10K | 0.05~0.1 | 使用温度范围 | | －10~+55 |
| 零点温度影响 | | | 绝缘电阻 | MΩ | 2 000 |

由于电子秤的精度要求较高,故通常选用传感器的精度也较高,大多在 0.05%(F·S)以上。

(二)称重显示仪表

被称物体的重量通过称重传感器将重量信号转换成电信号送入称重显示仪表,经放大、A/D

转换,将与之对应的数字量送入微处理器,微处理器对收到的数字量进行数字滤波、零点跟踪等一系列处理,将处理结果送往显示电路,在显示仪表上显示出来。图 3-15-19 为某公司 TCZ 系列电子秤的电路框图,其主要技术性能指标如下:

(1)最大输入信号范围:12 mV～87 mV,可配传感器 1 kg～200 t。
(2)精度等级符合国家 3 级允差:$N=2\,000\,d$;
　　$0 \leqslant N \leqslant 500$ 允差不大于 0.25 d;
　　$500 < N < 2\,000$ 允差不大于 0.7 d。
(3)分辨率:1 μV,分辨值为 $d=1、2、5、10$ 四种。
(4)显示刷新时间:0.64 s;
　　采样速度:6.25 次/s。
(5)稳定性:4 h 零点无时漂。
(6)4 组高精度激励电源,8 h 时漂不大于 0.005%。
　　电压 9 V～12 V;电流不小于 100 mA。
(7)使用环境温度:0 ℃～40 ℃,极限使用温度:-10 ℃～50 ℃。
(8)环境温度:不大于 90%RH(额定使用温度)。
(9)输出:四位 BCD 码。
(10)电源:220 V、50 Hz。

其中大屏幕显示性能:
(1)输出:四位 BCD 码,0000～9999。
(2)显示字高:200 mm。
(3)环境温度:-20 ℃～+60 ℃。
(4)电源:220 V、50 Hz。

电子秤通常还具有去皮、累加、自检、打印、大屏幕显示等多种功能,有的还可以与计算机管理系统联网。

称重显示仪送至大屏幕显示设备的信号,有 BCD 码直接传送形式和串行接口 RS232 传送形式两种,后者具有较强的抗干扰能力,并能输送较远的距离。重量信号送入大屏幕显示器,经处理、译码、驱动放大,由达林顿晶体管推动大屏幕放光二极管显示负载的重量。

由于电子秤的精度较高,不少厂家还附供抗干扰的电子交流稳压器,以提高其抗干扰能力。

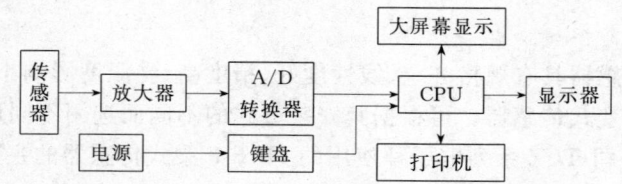

图 4-15-19　TCZ 系列起重机电子秤原理框图

(三)传感器的安装

由于起重机电子秤的精度较高,除对传感器及显示仪提出一定的要求外,对传感器的安装也提出了相应的要求。

(1)传感器的安装必须符合本章第二节超载限制器中的有关传感器安装的各条规定。
(2)传感器的安装形式如图 4-15-20 所示,可根据不同的机械结构选择不同的传感器。但必须注意,不论何种安装形式,都必须尽可能地使物品的重量全部被传感器接受,并使受力线与传感器的中心线相一致。

## 二、无线式数字起重机电子秤

无线式数字起重机电子秤由传感器、发送器和接收仪表三部分组成。有不少厂家将传感器、发

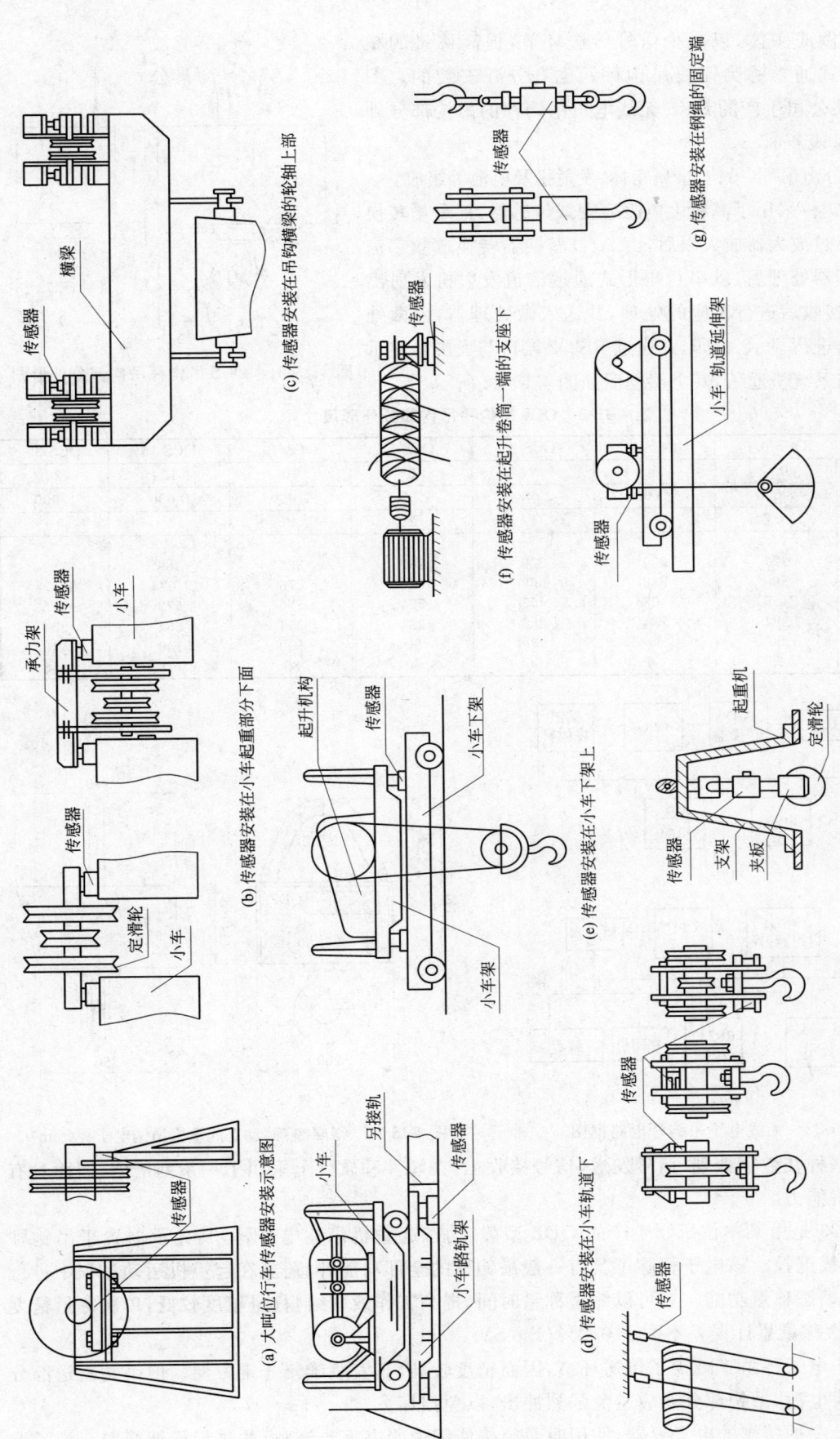

图 4-15-20 传感器的安装形式

送器与吊钩做成一体，以减少信号传送环节，提高称量的精度。这种形式通常称为无线吊钩秤。也有分开安装的。图 4-15-21 为某公司生产的 OCS 无线电子吊钩秤的吊钩部分外形图，尺寸见表 4-15-3。

吊钩部分由吊环、吊钩、金属箱体、发射机及电池等组成。

这种吊钩秤采用了高精度电阻应变式传感器，把重量转换成电信号，经过放大器放大以后，由 A/D 转换器转换成数字信号，经微处理器处理后，以串行码形式通过信道发射机发射出去。接收机接收后进行相应的处理，并送入微处理器，由微处理器处理后，进行显示、打印，并通过 RS232 接口与大屏幕显示器相连，或与系统机通信，其电路框图如图 4-15-22 所示。

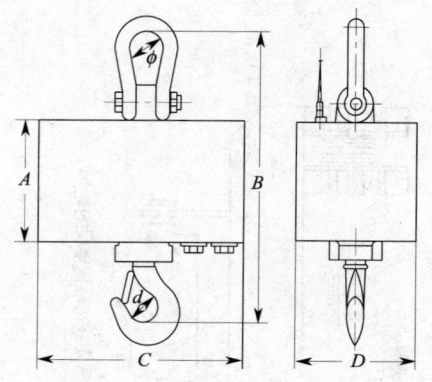

图 4-15-21　OCS 吊钩秤吊钩部分外形图

表 4-15-3　OCS 吊钩秤吊钩部分外形尺寸

| 型号 | OCS-0.5 | OCS-1 | OCS-2 | OCS-5 | OCS-10 | OCS-15 | OCS-20 |
|---|---|---|---|---|---|---|---|
| 额定称量/t | 0.5 | 1 | 2 | 5 | 10 | 15 | 20 |
| 分度数 | 2 500 | 2 000 | 2 000 | 2 500 | 2 000 | 3 000 | 2 000 |
| 分度值/kg | 0.2 | 0.5 | 1 | 2 | 5 | 5 | 10 |
| 尺寸/mm | | | | | | | |
| A | 229 | 229 | 229 | 269 | 324 | 389 | 389 |
| B | 568 | 568 | 568 | 678 | 876 | 1 074 | 1 074 |
| C | 455 | 455 | 455 | 574 | 576 | 672 | 672 |
| D | 284 | 284 | 284 | 284 | 354 | 354 | 354 |
| $\phi$ | 60 | 60 | 60 | 90 | 100 | 140 | 140 |
| d | 60 | 60 | 60 | 60 | 85 | 118 | 118 |

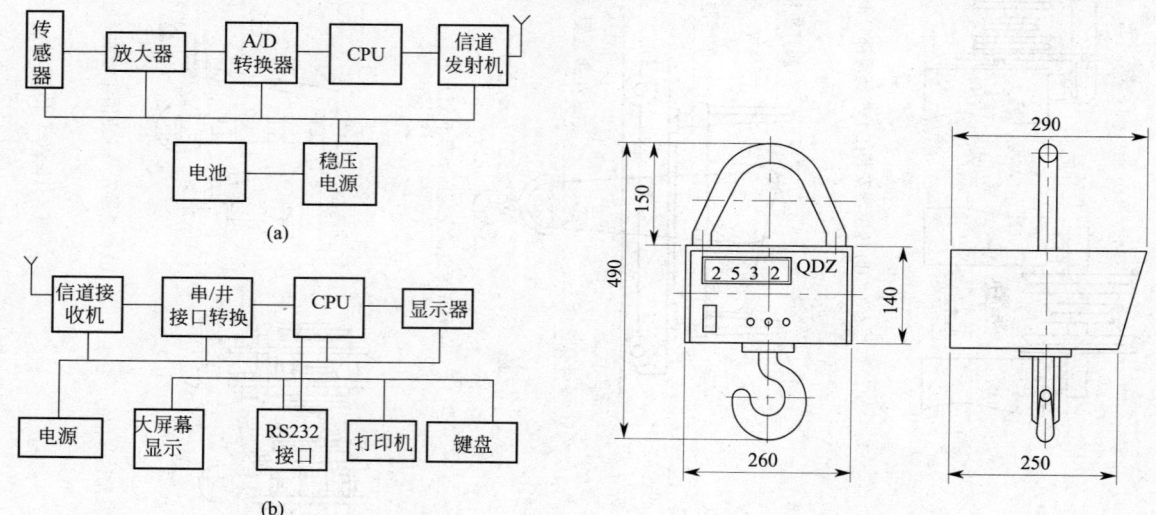

图 4-15-22　无线电子吊钩秤电路框图　　图 4-15-23　QDZ 型静/动态起重机吊钩电子秤(mm)

由于这些秤在数字处理、信号发送、信号接收上，在硬件和软件上采用了一系列措施，因而具有较强的抗干扰能力。

图 4-15-23 是由某单位研制生产的 QDZ 型静/动态起重机吊钩电子秤，其显示器置于吊钩秤上，采用红外线遥控。该电子秤除了具有一般吊钩秤的全部功能外，还能在起重机运动过程中进行称量，即具有动态称量功能。它可以缩短称量时间，提高工作效率，但称量精度较低，单次称量精度约为 1%，多次称量累计误差不大于 0.2%(F·S)。

这类吊钩电子秤由于减少了传送环节，因而精度较高，其安装维修非常方便。但吊钩发送部分需要每日更换电池，吊钩部分还应避免强烈冲击，以免损坏。

电子秤是一种精密的电子仪器，使用时必须按使用说明书逐步调整，并进行仔细标定。为了保证秤的精度，在使用过程中还必须定期进行标定。

# 起重机设计手册

(第二版)

## 下 卷

| 王金诺 | 张质文 | 程文明 | 主 编 |
| 邹 胜 | 刘 权 | 王少华 | |

陆大明　岳文翀　李　静　聂崇嘉　许志沛
周奇才　夏　翔　高顺德　刘建伟　吴　刚　副主编

中国铁道出版社

2013年·北京

# 《起重机设计手册》(第二版)编委会

**名誉主任委员**

周仲荣　张文桂

**主任委员**

王金诺

**副主任委员**（排名不分先后）

张质文　程文明　王少华　苏子孟　李锁云　付　玲　易小刚　唐宪锋　李　静
张智莹　仉健康　孙　田　史东明　许惠铭　李全强　李士国　夏　翔　李义良
林　永　李　纲　吴　健　秦英奕　赵全起　徐新民　何自强　薛季爱　余志高
吴元良　王保田　孙成林　王泽民　黄　燕　李慧成　吴　军　张　毅　黄建华
周　云

秘书长：王少华　　秘书：曾　刚　刘慧彬

**委　员**（排名不分先后）

| | | | |
|---|---|---|---|
| 大连重工·起重集团有限公司 | 邹　胜、唐宪锋 | 中国工程机械工业协会 | 苏子孟 |
| 徐州工程机械集团有限公司 | 李锁云、史先信 赵　斌、程　磊 | 中联重科股份有限公司 | 付　玲、喻乐康 任会礼、张建军 |
| 三一集团有限公司 | 易小刚 | 河南起重机器有限公司 | 赵同立 |
| 中铁科工集团/中铁工程机械研究设计院 | 张智莹 | 大连华锐重工起重机有限公司 | 董　炜 李会勤、李天龙、吴　刚 |
| 青岛海西重机有限责任公司 | 李士国 | 中国铁道出版社 | 黄　燕、吴　军 褚书铭 |
| 郑州新大方重工科技有限公司 | 李　纲 | 北京京城重工机械有限责任公司 | 李全强 |
| 中原圣起有限公司 | 李义良 | 抚顺永茂建筑机械有限公司 | 孙　田 |
| 郑州宇通重工有限公司 | 史东明 | 山东丰汇设备技术有限公司 | 仉健康 |
| 浙江省建设机械集团有限公司 | 许惠铭 | 广西建工集团建筑机械制造有限责任公司 | 林　永 |
| 马鞍山统力回转支承有限公司 | 侯　宁 | 大连众益电气工程有限公司 | 程　涛 |
| 武汉钢铁重工集团冶金重工有限公司 | 吴林川 | 邯郸中铁桥梁机械有限公司 | 王增良 |
| 中铁山桥集团有限公司 | 李慧成、杨　鹏 | 象王重工股份有限公司 | 葛　明 |
| 武桥重工集团股份有限公司 | 吴元良、孙笑萍 杜斌武 | 卫华集团有限公司 | 秦英奕 |
| 大连大起产业开发有限公司 | 李学勤 | 吉林水工机械有限公司 | 雷　波 |

| | | | |
|---|---|---|---|
| 西门子工厂自动化工程有限公司 | 陈建邦 | 山东鸿达建工集团有限公司 | 于归赫 |
| 辽宁连云建筑机械制造有限公司 | 王晓庆 | 杭州华新机电工程有限公司 | 林金栋 |
| 北京万桥兴业机械有限公司 | 刘亚滨 | 洛阳卡瑞起重设备有限公司 | 廖晓培 |
| 北京南车时代机车车辆机械有限公司 | 刘 冲 | 江苏华澄重工有限公司 | 谢 翀 |
| 熔盛机械有限公司 | 赵 毅 | 齐齐哈尔轨道交通装备有限责任公司 | 于跃斌 |
| 深圳市汇川技术股份有限公司 | 夏 翔 | 江苏正兴建设机械有限公司 | 孙宝龙 |
| 浙江荣峰起重机械制造有限公司 | 潘云峰 | 焦作制动器股份有限公司 | 韩利民 |
| 秦皇岛天业通联重工股份有限公司 | 魏福祥 | 成都荣腾科技发展有限公司 | 余志高 |
| 山起重型机械股份有限公司 | 徐新民 | 四川建设机械(集团)股份有限公司 | 王保田 |
| 法兰泰克起重机械(苏州)有限公司 | 陶峰华 | 四川沱江起重机有限公司 | 肖 彬 |
| 云南滇力起重机械设备有限公司 | 胡 军 | 中国铁道科学研究院 | 王宏谋 |
| 湖北咸宁三合机电制造有限公司 | 万名炎 | 上海地铁盾构设备工程有限公司 | 何自强、张 恒 |
| 成都成起起重设备公司 | 邓奇志、蒋小华 | 杭州京能电力设备有限公司 | 李 阳 |
| 西昌卫星发射中心 | 王泽民 | 成都畅越机械工程有限公司 | 张仕斌 |
| 泸州恒力工程机械有限公司 | 赵江红 | 成都市安全生产检测中心 | 王庆明 |
| 成都金山擦窗机有限公司 | 方永红 | 上海市特种设备监督检验技术研究院 | 薛季爱 |
| 扬州华泰特种设备有限公司 | 孙成林 | 成都西部泰力起重机有限公司 | 赵全起 |
| 郑州铁路装卸机械厂 | 梁景成、张军伟 | 奥力通起重机(北京)有限公司 | 黄小伟、李亚民 |
| 南通润邦重机有限公司 | 吴 健、白剑波 | 北京建筑机械化研究院 | 田广范、李 静、刘慧彬 |
| 北京起重运输机械设计研究院 | 陆大明、周 云、岳文翀 | 同济大学 | 周奇才 |
| 武汉理工大学 | 陶德馨 | 大连理工大学 | 高顺德 |
| 太原科技大学 | 徐格宁 | 西南交通大学 | 徐保林、余敏年 |

# 目录

## 上 卷

### 第一篇 起重机设计总论（分主编：张质文、王少华、徐格宁）

**第一章 起重机分类及主要性能参数**（张质文、王少华） ······ 1
　第一节　起重机分类 ······ 1
　第二节　起重机主要技术参数及其选择 ······ 2

**第二章 起重机工作级别**（徐格宁、张质文） ······ 9
　第一节　起重机整机的工作级别 ······ 9
　第二节　起重机机构的工作级别 ······ 11
　第三节　起重机结构件或机械零件的工作级别 ······ 12
　第四节　起重机分级举例 ······ 14

**第三章 计算载荷和载荷组合**（徐格宁） ······ 20
　第一节　载荷的分类 ······ 20
　第二节　载荷的计算 ······ 20
　第三节　金属结构的设计方法、载荷情况和载荷组合 ······ 44
　第四节　起重机械设计的载荷、载荷情况与载荷组合 ······ 48

**第四章 静强度和疲劳强度设计计算**（张质文、王少华） ······ 59
　第一节　设计计算方法 ······ 59
　第二节　起重机机械设计的载荷、载荷情况和载荷组合 ······ 59
　第三节　起重机通用机械零件的静强度设计计算 ······ 61
　第四节　起重机通用机械零件的疲劳强度设计计算 ······ 64

**第五章 起重机的可靠性设计方法**（王少华、张质文） ······ 70
　第一节　起重机的现代设计方法 ······ 70
　第二节　起重机的可靠性设计 ······ 70
　第三节　起重机可靠性分析、维修性设计和可靠性试验 ······ 74
　第四节　起重机结构和零件的概率设计方法 ······ 75

**第六章 起重机支承反力计算**（曾佑文、王少华、景刚） ······ 83
　第一节　支承反力计算方法 ······ 83
　第二节　轮式臂架回转起重机支承反力的计算 ······ 83

| 第三节 | 轮胎起重机带载行驶时的轴负荷 | 86 |
| 第四节 | 履带式起重机履带对土壤的压力 | 87 |
| 第五节 | 桥架型起重机支承反力计算 | 89 |

## 第七章　起重机抗倾覆稳定性和抗风防滑安全性（吴晓、张宗明、刘慧彬） 92

| 第一节 | 抗倾覆稳定性计算 | 92 |
| 第二节 | 浮式起重机稳定性计算 | 106 |
| 第三节 | 起重机抗风防滑安全性计算 | 110 |

## 第八章　起重机常用材料（王少华、王金诺、刘慧彬） 113

| 第一节 | 起重机常用材料种类和要求 | 113 |
| 第二节 | 起重机常用金属材料 | 114 |
| 第三节 | 起重机常用非金属材料 | 131 |
| 第四节 | 起重机常用轧制型材 | 135 |

# 第二篇　起重机金属结构（分主编：于兰峰、王金诺、吴晓）

## 第一章　起重机金属结构设计计算总论（王金诺、于兰峰、张质文） 169

| 第一节 | 设计计算方法 | 169 |
| 第二节 | 结构件（连接）的疲劳强度计算 | 178 |
| 第三节 | 起重机金属结构的载荷及许用应力 | 190 |
| 第四节 | 轴向受力构件的计算 | 193 |
| 第五节 | 受弯构件的计算 | 216 |
| 第六节 | 受扭构件的计算 | 239 |

## 第二章　起重机金属结构的连接（于兰峰、曲季浦） 253

| 第一节 | 焊接连接 | 253 |
| 第二节 | 螺栓连接 | 263 |
| 第三节 | 销轴连接 | 275 |

## 第三章　桥式起重机金属结构设计计算（邓斌、于兰峰） 280

| 第一节 | 单梁葫芦桥式起重机金属结构 | 281 |
| 第二节 | 单梁小车式桥式起重机金属结构 | 289 |
| 第三节 | 双梁小车式桥式起重机金属结构 | 303 |

## 第四章　桁架式门式起重机金属结构设计计算（王金诺、于兰峰、许志沛） 337

| 第一节 | 主要型式与总体布局 | 337 |
| 第二节 | 载荷计算、内力分析及杆件设计 | 342 |
| 第三节 | 桁架结构刚度计算和上拱设计 | 351 |
| 第四节 | Π形双梁桁架式门式起重机金属结构的计算 | 355 |
| 第五节 | 四桁架式双梁门式起重机金属结构的计算 | 359 |
| 第六节 | 三角形断面桁架式门式起重机金属结构计算 | 366 |

## 第五章 箱形门式起重机金属结构设计计算(王金诺、柳葆生、于兰峰) ... 371
 第一节 结构型式、主要参数和载荷计算 ... 371
 第二节 箱形门式起重机金属结构系统的优化设计 ... 377
 第三节 主梁和支腿的受力分析及校核计算 ... 385
 第四节 主梁和支腿的刚度计算 ... 407
 第五节 造船用门式起重机金属结构 ... 418

## 第六章 塔式起重机金属结构设计计算(吴晓、郑荣) ... 425
 第一节 塔式起重机金属结构的组成 ... 425
 第二节 计算载荷及其组合 ... 434
 第三节 小车变幅式臂架的设计和计算 ... 437
 第四节 塔式起重机塔身的计算 ... 453

## 第七章 门座起重机金属结构设计(胡吉全、张士锷) ... 461
 第一节 门座起重机金属结构的组成 ... 461
 第二节 门座起重机金属结构载荷及载荷组合 ... 470
 第三节 臂架系统结构设计 ... 470
 第四节 人字架系统结构设计 ... 478
 第五节 转  台 ... 480
 第六节 门  架 ... 481

## 第八章 轮式起重机金属结构设计计算(于兰峰、王金诺、刘峰) ... 487
 第一节 吊臂结构的形式与分类 ... 487
 第二节 桁架式吊臂的设计计算 ... 490
 第三节 箱形伸缩式吊臂的设计计算 ... 496
 第四节 箱形伸缩式吊臂的优化设计 ... 506
 第五节 伸缩吊臂变幅机构三铰点位置的优化设计 ... 507
 第六节 轮式起重机转台 ... 510
 第七节 轮式起重机的底架 ... 513

# 第三篇 起重机机构(分主编:程文明、张质文、须雷、虞和谦)

## 第一章 起升机构(须雷、张仲鹏) ... 520
 第一节 起升机构的组成和典型形式 ... 520
 第二节 电动及液压起升机构计算 ... 535

## 第二章 轨行式运行机构(须雷、程文明) ... 547
 第一节 轨行式运行机构的组成和典型形式 ... 547
 第二节 电动及液压轨行式运行机构计算 ... 557
 第三节 起重机通过曲线验算 ... 570

## 第三章 无轨式运行机构(邓斌、程文明) ... 573
 第一节 轮胎式运行机构的组成和典型形式 ... 573

|  |  |  |
|---|---|---|
| 第二节 | 履带式运行机构的组成和典型形式 | 581 |
| 第三节 | 轮胎式运行机构计算 | 583 |
| 第四节 | 履带式运行机构计算 | 597 |

### 第四章 回转机构（侯宁、曾佑文） ... 601

|  |  |  |
|---|---|---|
| 第一节 | 回转机构的组成和典型形式 | 601 |
| 第二节 | 回转支承装置计算 | 605 |
| 第三节 | 回转机构驱动装置计算 | 621 |
| 第四节 | 固定式回转起重机的基础计算 | 632 |

### 第五章 变幅机构（陆国贤、曾佑文） ... 633

|  |  |  |
|---|---|---|
| 第一节 | 变幅机构的类型 | 633 |
| 第二节 | 普通臂架变幅机构的计算 | 639 |
| 第三节 | 平衡臂架式变幅机构的设计 | 642 |
| 第四节 | 平衡臂架式变幅机构的计算 | 653 |

### 第六章 伸缩机构（程文明、张智莹） ... 659

|  |  |  |
|---|---|---|
| 第一节 | 臂架伸缩机构设计计算 | 659 |
| 第二节 | 支腿收放机构设计计算 | 668 |

## 第四篇 起重机零部件（分主编：曾佑文、包起帆、陶德馨）

### 第一章 钢丝绳及绳具（徐保林、张仲鹏） ... 673

|  |  |  |
|---|---|---|
| 第一节 | 钢丝绳的特性及种类 | 673 |
| 第二节 | 钢丝绳的选择 | 676 |
| 第三节 | 常用钢丝绳的主要性能 | 679 |
| 第四节 | 钢丝绳端的固定和联接 | 690 |

### 第二章 滑轮与滑轮组（方忠、张仲鹏、曾刚） ... 697

|  |  |  |
|---|---|---|
| 第一节 | 滑轮的构造、尺寸和型式 | 697 |
| 第二节 | 滑轮组的构造、种类、倍率和效率 | 705 |
| 第三节 | 驱动滑轮 | 707 |

### 第三章 卷筒组（曾佑文、庞作相、曾刚） ... 710

|  |  |  |
|---|---|---|
| 第一节 | 卷筒组类型及构造 | 710 |
| 第二节 | 卷筒设计计算 | 712 |
| 第三节 | 卷筒组系列和主要零件尺寸 | 716 |
| 第四节 | 折线绳槽卷筒 | 729 |

### 第四章 吊钩组（胡金汛、周奇才） ... 732

|  |  |  |
|---|---|---|
| 第一节 | 吊钩组种类和特点 | 732 |
| 第二节 | 吊钩的强度等级、起重量及材料 | 733 |
| 第三节 | 吊钩计算 | 736 |
| 第四节 | 吊钩组其他零件的计算 | 742 |

第五节　吊钩和吊钩组尺寸 ……………………………………………………… 743

## 第五章　抓斗（包起帆、张质文、方忠） 755

　　第一节　抓斗的类型 ……………………………………………………………… 755
　　第二节　抓斗的结构特点 ………………………………………………………… 757
　　第三节　双（多）绳长撑杆双瓣抓斗的力学分析 ……………………………… 797
　　第四节　双绳双颚板抓斗的机构分析 …………………………………………… 802
　　第五节　抓斗主要特性参数及其对工作能力的影响 …………………………… 804
　　第六节　双（多）绳长撑杆双瓣抓斗的设计计算 ……………………………… 808
　　第七节　专用抓斗特有构件的设计计算 ………………………………………… 817

## 第六章　集装箱吊具（程文明） 832

　　第一节　集装箱吊具的构造和特点 ……………………………………………… 832
　　第二节　伸缩式集装箱吊具的设计和试验 ……………………………………… 845

## 第七章　制动装置（聂春华、唐风、张质文） 848

　　第一节　起重机制动技术概述 …………………………………………………… 848
　　第二节　起重机常用制动器结构、特点和应用 ………………………………… 851
　　第三节　起重机机构制动方式的选择 …………………………………………… 858
　　第四节　起重机机构制动装置的选型设计 ……………………………………… 861
　　第五节　起重机常用制动器设计 ………………………………………………… 866
　　第六节　起重机常用制动器技术参数和连接尺寸 ……………………………… 874

## 第八章　车轮、轨道和轮胎（方忠、曾鸣） 903

　　第一节　车轮的种类和工作特点 ………………………………………………… 903
　　第二节　车轮计算 ………………………………………………………………… 906
　　第三节　车轮组尺寸和许用轮压 ………………………………………………… 908
　　第四节　轨　　道 ………………………………………………………………… 912
　　第五节　轮　　胎 ………………………………………………………………… 914

## 第九章　齿轮及蜗杆传动（张质文、曾刚） 939

　　第一节　齿轮传动在起重机上的应用 …………………………………………… 939
　　第二节　行星齿轮传动 …………………………………………………………… 942
　　第三节　渐开线开式直齿圆柱齿轮承载能力的计算 …………………………… 957
　　第四节　蜗杆传动 ………………………………………………………………… 960

## 第十章　减速器（张仲鹏、曾刚） 969

　　第一节　起重机用减速器的特点 ………………………………………………… 969
　　第二节　减速器的种类和选用 …………………………………………………… 969

## 第十一章　轴、心轴与轴承（周奇才、胡金汛） 1006

　　第一节　轴与心轴的计算 ………………………………………………………… 1006
　　第二节　轴和轮毂的联接 ………………………………………………………… 1013

| | | |
|---|---|---|
| 第三节 | 轴承的计算 | 1015 |
| **第十二章** | **联轴器**(曾佑文、金永懿) | 1020 |
| 第一节 | 联轴器的种类及特性 | 1020 |
| 第二节 | 联轴器的选择 | 1020 |
| 第三节 | 联轴器性能及主要尺寸参数 | 1023 |
| **第十三章** | **缓冲器**(张宗明、曾刚) | 1049 |
| 第一节 | 缓冲器的种类及特性 | 1049 |
| 第二节 | 缓冲器的计算和选择 | 1057 |
| **第十四章** | **防风抗滑装置**(吴宏智、张宗明、周奇才) | 1061 |
| 第一节 | 锚定装置 | 1061 |
| 第二节 | 止轮器和压轨器 | 1062 |
| 第三节 | 夹轨器 | 1065 |
| 第四节 | 防风抗滑装置的设计计算 | 1069 |
| **第十五章** | **起重机安全与辅助装置**(李学众、张德裕、曾鸣) | 1073 |
| 第一节 | 概　述 | 1073 |
| 第二节 | 超载限制器 | 1077 |
| 第三节 | 偏斜限制器和指示器 | 1083 |
| 第四节 | 起重机称量装置 | 1085 |

# 下　卷

## 第五篇　起重机电气设备(分主编:郎运鸣、李启申、陆大明)

| | | |
|---|---|---|
| **第一章** | **起重机用电机及容量校验**(李启申、傅德源、苗峰、王希春、曹志诚、董高定) | 1089 |
| 第一节 | 起重及冶金用电动机 | 1089 |
| 第二节 | 轻小型起重设备用电动机 | 1138 |
| 第三节 | 起重机用电机容量选择 | 1173 |
| **第二章** | **起重机常用电器**(余敏年、张则强、周庚) | 1201 |
| 第一节 | 刀开关、组合开关及低压断路器 | 1203 |
| 第二节 | 凸轮控制器、主令控制器、万能转换开关及联动控制台 | 1210 |
| 第三节 | 接触器 | 1224 |
| 第四节 | 中间继电器、时间继电器 | 1228 |
| 第五节 | 熔断器 | 1230 |
| 第六节 | 过电流继电器、热继电器 | 1233 |
| 第七节 | 控制按钮、行程开关 | 1236 |
| 第八节 | 电阻器、频敏变阻器 | 1241 |
| **第三章** | **起重机电气传动**(郎运鸣、岳文翀、裘为章) | 1249 |
| 第一节 | 起重机电气传动 | 1249 |

| 第二节 | 交流起重机低调速电控设备 | 1266 |
| 第三节 | 变极调速及双电动机调速 | 1273 |
| 第四节 | 动力制动调速 | 1274 |
| 第五节 | 涡流制动器调速 | 1283 |
| 第六节 | 定子调压调速 | 1290 |
| 第七节 | 变频调速 | 1295 |
| 第八节 | 直流传动调速 | 1312 |

## 第四章 起重机自动控制（刘静、许晓辉、张迪明、刘雍、梁志军、陈志毅） 1320

| 第一节 | 可编程序控制器 | 1320 |
| 第二节 | 自动定位装置 | 1325 |
| 第三节 | 地面操纵、有线与无线遥控 | 1338 |
| 第四节 | 起重电磁铁及其控制 | 1345 |

## 第五章 移动供电装置和导线截面选择（余敏年、张则强、周庚） 1355

| 第一节 | 移动供电装置 | 1355 |
| 第二节 | 导线和滑线的截面选择 | 1369 |
| 第三节 | 电线和电缆 | 1371 |

## 第六章 新图形符号和项目代号（赵春晖、余敏年、林夫奎） 1380

| 第一节 | 新图形符号 | 1380 |
| 第二节 | 项目代号 | 1388 |

## 第七章 起重电控系统设计（夏翔） 1393

| 第一节 | 概论 | 1393 |
| 第二节 | 配电保护单元 | 1394 |
| 第三节 | 操作单元 | 1401 |
| 第四节 | 运行机构驱动单元 | 1404 |
| 第五节 | 控制单元 | 1408 |
| 第六节 | 安全保护器件 | 1410 |
| 第七节 | 起重机的节能和抗谐波处理 | 1422 |
| 第八节 | 抗干扰设计 | 1424 |

# 第六篇　起重机液压传动（分主编：许志沛、聂崇嘉）

## 第一章 起重机液压系统的设计（许志沛、陈柏松、袁孝钰） 1430

| 第一节 | 液压系统的构成 | 1430 |
| 第二节 | 液压系统设计的基本要求和步骤 | 1440 |
| 第三节 | 主要工作机构液压回路的常见型式和工作原理 | 1441 |
| 第四节 | 液压系统方案和主要参数的确定 | 1449 |
| 第五节 | 液压系统的设计计算 | 1450 |
| 第六节 | 主要液压元件的选择 | 1454 |
| 第七节 | 液压系统的验算 | 1456 |
| 第八节 | 典型液压系统 | 1458 |

## 第二章　液压工作的介质（许志沛） ............ 1460

### 第一节　液压工作介质分类、命名和代号 ............ 1460
### 第二节　液压系统对工作介质的要求 ............ 1461
### 第三节　常用液压工作介质的特性和应用 ............ 1462
### 第四节　常用液压油的质量指标 ............ 1464
### 第五节　液压工作介质的选择 ............ 1468

## 第三章　液压泵和液压马达（聂崇嘉、许志沛） ............ 1470

### 第一节　主要参数、性能指标和计算公式 ............ 1470
### 第二节　变量泵的常见变量方式 ............ 1472
### 第三节　常用液压马达的主要参数和性能指标 ............ 1473
### 第四节　外啮合齿轮泵与齿轮马达 ............ 1473
### 第五节　叶片泵和叶片马达 ............ 1479
### 第六节　斜盘式轴向柱塞泵和马达 ............ 1484
### 第七节　斜轴式轴向柱塞泵和马达 ............ 1487
### 第八节　径向柱塞泵 ............ 1489
### 第九节　连杆式低速大力矩马达（Staffa 马达） ............ 1490
### 第十节　双斜盘轴向柱塞式低速大力矩马达 ............ 1492
### 第十一节　内曲线径向式低速大力矩马达 ............ 1493

## 第四章　液压缸（许志沛、邵星海） ............ 1495

### 第一节　概　述 ............ 1495
### 第二节　液压缸的结构 ............ 1497
### 第三节　液压缸的计算 ............ 1502
### 第四节　液压缸主要零部件材料及技术要求 ............ 1506
### 第五节　液压缸的设计和选用 ............ 1508

## 第五章　液压控制阀（聂崇嘉、许志沛） ............ 1513

### 第一节　概　述 ............ 1513
### 第二节　多路换向阀 ............ 1515
### 第三节　平　衡　阀 ............ 1518
### 第四节　液压动力转向装置 ............ 1520
### 第五节　单路稳流阀 ............ 1523
### 第六节　先导式减压阀 ............ 1524

## 第六章　液压辅助件（许志沛） ............ 1526

### 第一节　管　件 ............ 1526
### 第二节　过　滤　器 ............ 1531
### 第三节　液压油箱及其附件 ............ 1535
### 第四节　蓄　能　器 ............ 1537

## 第七章　常用液压标准与常用液压参数的单位（许志沛、聂崇嘉） ............ 1542

### 第一节　液压图形符号 ............ 1542

| | | |
|---|---|---|
| 第二节 | 有关液压系统及元件压力的标准 | 1561 |
| 第三节 | 有关液压泵、马达公称排量的标准 | 1561 |
| 第四节 | 有关液压缸几何参数的标准 | 1561 |
| 第五节 | 液压常用参数的单位及换算 | 1562 |

## 第七篇 通用与专用起重机设计（分主编：王金诺、程文明、邹胜、刘权）

### 第一章 智能数控起重机（黄文培、丁国富、黎荣） 1564

| | | |
|---|---|---|
| 第一节 | 数控技术与起重机的结合——智能数控起重机 | 1564 |
| 第二节 | 数控起重机设计 | 1565 |
| 第三节 | 数控起重机控制系统设计 | 1566 |
| 第四节 | 数控起重机设计实例——核废料搬运起重机 | 1572 |

### 第二章 桥式与门式起重机（程文明、李亚民、贾刚、邓春实） 1585

| | | |
|---|---|---|
| 第一节 | 桥式起重机的类型和技术参数 | 1585 |
| 第二节 | 门式起重机的类型和技术参数 | 1589 |
| 第三节 | 桥式与门式起重机的轻量化设计 | 1593 |
| 第四节 | 卷扬式启闭机 | 1602 |
| 第五节 | 造船门式起重机 | 1614 |

### 第三章 岸边集装箱起重机（周奇才、熊肖磊） 1627

| | | |
|---|---|---|
| 第一节 | 总体设计 | 1627 |
| 第二节 | 机构设计 | 1648 |
| 第三节 | 电气驱动及电气设备 | 1703 |
| 第四节 | 国内外岸边集装箱起重机性能参数 | 1710 |

### 第四章 铸造起重机（吴刚、李会勤） 1712

| | | |
|---|---|---|
| 第一节 | 概　述 | 1712 |
| 第二节 | 铸造起重机的类型 | 1714 |
| 第三节 | 铸造起重机起升机构设计计算 | 1719 |
| 第四节 | 运行机构设计计算 | 1728 |

### 第五章 汽车、轮胎与全地面起重机（王金诺、刘放、吴晓、李全强、潘宏、郝兴华、朱亚夫） 1734

| | | |
|---|---|---|
| 第一节 | 构造与选型 | 1734 |
| 第二节 | 性能参数确定 | 1738 |
| 第三节 | 功率计算与动力装置选择 | 1746 |
| 第四节 | 轮式底盘和下车作业系统 | 1747 |
| 第五节 | 总体设计和机构计算 | 1754 |

### 第六章 铁路起重机（张仲鹏、张质文、孙笑萍） 1774

| | | |
|---|---|---|
| 第一节 | 铁路起重机性能和构造特点 | 1774 |
| 第二节 | 铁路起重机抗倾覆稳定性计算 | 1783 |
| 第三节 | 动力装置 | 1787 |
| 第四节 | 结构设计 | 1788 |

第五节 机构计算 ... 1793
第六节 电气系统 ... 1805
第七节 铁路起重机试验 ... 1810
第八节 司机室、机械室、宿营室 ... 1811

**第七章 履带起重机**(王欣、刘金江、高顺德) ... 1813

第一节 概 述 ... 1813
第二节 结构设计与选型 ... 1817
第三节 总体设计及参数确定 ... 1824
第四节 动力装置的选择与计算 ... 1828
第五节 机构设计与计算 ... 1828
第六节 金属结构设计计算 ... 1831
第七节 超大型履带起重机 ... 1843

**第八章 塔式起重机**(王晓平) ... 1850

第一节 分类与产品型号 ... 1850
第二节 总体设计和计算 ... 1857
第三节 起升机构设计 ... 1860
第四节 变幅机构设计 ... 1876
第五节 回转机构 ... 1881
第六节 运行机构 ... 1884
第七节 安全装置 ... 1890

**第九章 擦窗机——高层建筑清洁维护专用起重机**(曾刚、曾佑文) ... 1895

第一节 概 述 ... 1895
第二节 擦窗机类型及主要参数 ... 1896
第三节 擦窗机工作机构 ... 1906
第四节 擦窗机计算载荷及结构计算 ... 1908
第五节 擦窗机抗倾覆稳定性计算 ... 1909

**第十章 缆索起重机**(严自勉、徐一军、刘建伟、戴科) ... 1912

第一节 概 述 ... 1912
第二节 缆机的类型 ... 1912
第三节 缆机的主要部件 ... 1915
第四节 重型缆机的工作参数 ... 1923
第五节 承载索的设计计算 ... 1927

## 附录 国内部分起重机企业产品概览

附录一 大连重工·起重集团有限公司 ... 1936
附录二 徐州工程机械集团有限公司 ... 1938
附录三 中联重科股份有限公司 ... 1940
附录四 武桥重工集团股份有限公司 ... 1942

附录五　抚顺永茂建筑机械有限公司 …………………………………………………………… 1944

附录六　卫华集团有限公司 ……………………………………………………………………… 1946

附录七　上海起重运输机械厂有限公司 ………………………………………………………… 1947

附录八　广西建工集团建筑机械制造有限责任公司 …………………………………………… 1948

附录九　河南起重机器有限公司 ………………………………………………………………… 1949

附录十　郑州新大方重工科技有限公司 ………………………………………………………… 1950

附录十一　江苏正兴建设机械有限公司 ………………………………………………………… 1951

附录十二　上海电力环保设备总厂有限公司 …………………………………………………… 1952

附录十三　马鞍山统力回转支承有限公司 ……………………………………………………… 1953

附录十四　深圳市蓝海华腾技术股份有限公司 ………………………………………………… 1954

附录十五　深圳市英威腾电气股份有限公司 …………………………………………………… 1955

参考文献 …………………………………………………………………………………………… 1956

后　　记 …………………………………………………………………………………………… 1960

# 第五篇  起重机电气设备

# 第一章  起重机用电机及容量校验

## 第一节  起重及冶金用电动机

**一、YZ、YZR 基本系列电动机**

1. 适用范围

该电动机用于各种类型的起重机械及其他类似设备的电力传动,具有较高的过载能力和机械强度,适用于短时或断续周期性工作制。

2. 基本参数与尺寸

(1)电动机分为:一般环境用电动机,其外壳防护等级为 IP44,环境温度 40 ℃;冶金环境用电动机,防护等级为 IP54,环境温度 60 ℃。

(2)电动机的工作制分为 S2 至 S9 共 8 种类型[①],基准工作制为 S3—40%(即工作制为 S3,基准负载持续率为 40%,每个工作周期为 10 min)。

(3)电动机的额定频率为 50 Hz,额定电压为 380 V。定子绕组为 Y 接,但 YZR400 为 A 接;转子绕组均为 Y 接。

(4)电动机的结构及安装形式见表 5-1-1。

(5)YZR 电动机在额定电压下,基准工作制时,最大转矩对额定转矩之比的保证值不低于表 5-1-2 所列数值。

表 5-1-1  YZ、YZR 电动机结构及安装形式

| 结构及安装形式 | 代 号 | 制造范围(机座号) |
|---|---|---|
| 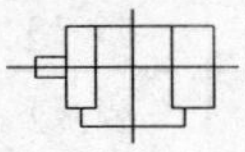  | IM1001 | 112~160 |
|  | IM1003 | 180~400 |
| 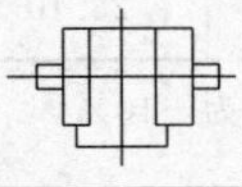  | IM1002 | 112~160 |
|  | IM1004 | 180~400 |
| 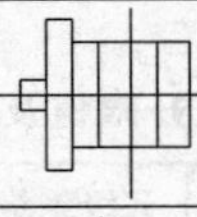  | IM3001 | 112~160 |
|  | IM3003 | 180 |
| 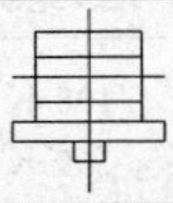  | IM3011 | 112~160 |
|  | IM3013 | 180~315 |

---

① 工作制是对电机各种负载,包括空载、停机和断能,及其持续时间和先后情况的说明。分为 S1~S9 共 9 类工作制,详见 GB755《电机基本技术要求》有关说明。

(6) YZR 电动机在基准工作制时的额定功率、转子转动惯量($J_m$)、转子开路电压与机座号的对应关系见表 5-1-3。

(7) 电动机各发热部位的温升限值或允许温度不超过表 5-1-4 的规定。

(8) 电动机在下列条件下使用时应能额定运行：

1) 海拔不超过 1 000 m；

表 5-1-2　最大转矩倍数保证值

| 额定功率/kW | 最大转矩/额定转矩 |
|---|---|
| ≤5.5 | 2.3 |
| >5.5~11 | 2.5 |
| >11 | 2.8 |

注：最大转矩倍数的容差为保证值的 -10%。

表 5-1-3　基准工作制时额定功率、转动惯量、转子开路电压与机座号对应关系

| 机座号 | 1 000 r/min | | | 750 r/min | | | 600 r/min | | |
|---|---|---|---|---|---|---|---|---|---|
| | 功率/kW | $J_m$/(kg·m²) | 转子绕组开路电压/V | 功率/kW | $J_m$/(kg·m²) | 转子绕组开路电压/V | 功率/kW | $J_m$/(kg·m²) | 转子绕组开路电压/V |
| 112M | 1.5 | 0.03 | 100 | — | — | — | — | — | — |
| 132M₁ | 2.2 | 0.06 | 132 | — | — | — | — | — | — |
| 132M₂ | 3.7 | 0.07 | 185 | — | — | — | — | — | — |
| 160M₁ | 5.5 | 0.12 | 138 | — | — | — | — | — | — |
| 160M₂ | 7.5 | 0.15 | 185 | — | — | — | — | — | — |
| 160L | 11 | 0.20 | 250 | 7.5 | 0.20 | 205 | — | — | — |
| 180L | 15 | 0.39 | 218 | 11 | 0.39 | 172 | — | — | — |
| 200L | 22 | 0.67 | 200 | 15 | 0.67 | 178 | — | — | — |
| 225M | 30 | 0.84 | 250 | 22 | 0.82 | 232 | — | — | — |
| 250M₁ | 37 | 1.52 | 250 | 30 | 1.52 | 272 | — | — | — |
| 250M₂ | 45 | 1.78 | 290 | 37 | 1.79 | 335 | — | — | — |
| 280S | 55 | 2.35 | 280 | 45 | 2.35 | 305 | 37 | 3.58 | 150 |
| 280M | 75 | 2.86 | 370 | 55 | 2.86 | 360 | 45 | 3.98 | 172 |
| 315S | — | — | — | 75 | 7.22 | 302 | 55 | 7.22 | 242 |
| 315M | — | — | — | 90 | 8.68 | 372 | 75 | 8.68 | 325 |
| 355M | — | — | — | — | — | — | 90 | 14.32 | 330 |
| 355L₁ | — | — | — | — | — | — | 110 | 17.08 | 388 |
| 355L₂ | — | — | — | — | — | — | 132 | 19.18 | 475 |
| 400L₁ | — | — | — | — | — | — | 160 | 24.52 | 395 |
| 400L₂ | — | — | — | — | — | — | 200 | 28.10 | 460 |

注：转子开路电压容差：112~250 机座号为 +7.5%，280~400 机座号为 ±10%，转动惯量的容差为 +10%。

2) 环境空气温度随季节变化，一般环境不超过 40℃，冶金环境不超过 60 ℃；

3) 环境空气最低温度为 -15 ℃；

4) 最湿月份的月平均最高相对湿度为 90%，同时该月份平均最低温度不高于 25 ℃；

5) 户内使用；

6) 频繁地起动制动（电气的或机械的）及逆转；

7) 经常的机械振动及冲击。

(9) 电动机制成额定频率为 60 Hz 的产品，其额定电压为 440 V 及 380 V 两种，此时转子绕组开路电压

表 5-1-4　发热部位温升限值及允许温度

| 电动机发热部位 | F 级绝缘 | H 级绝缘 |
|---|---|---|
| 绕组温升（电阻法） | | |
| IC0041 | 105 K | 105 K |
| IC0141 | 100 K | 100 K |
| 集电环温外（电阻计法） | 95 K | 80 K |
| 轴承允许温度（电阻计法） | 95 ℃ | 115 ℃ |

注：非基准工作制时的额定功率是按基准工作制时的额定功率的实际温升值确定的。

见表 5-1-5。

**表 5-1-5　60 Hz 电压为 380 V 及 440 V 时，转子开路电压**

| 机座号 | 1 200 r/min | | | 900 r/min | | | 720 r/min | | |
| --- | --- | --- | --- | --- | --- | --- | --- | --- | --- |
| | 额定功率/kW | 转子绕组开路电压/V | | 额定功率/kW | 转子绕组外路电压/V | | 额定功率/kW | 转子绕组开路电压/V | |
| | | 额定电压 380 | 额定电压 440 | | 额定电压 380 | 额定电压 440 | | 额定电压 380 | 额定电压 440 |
| 112M | 1.5 | 105 | 120 | — | — | — | — | — | — |
| 132M$_1$ | 2.2 | 140 | 158 | — | — | — | — | — | — |
| 132M$_2$ | 3.7 | 205 | 228 | — | — | — | — | — | — |
| 160M$_1$ | 5.5 | 150 | 168 | — | — | — | — | — | — |
| 160M$_2$ | 7.5 | 190 | 222 | — | — | — | — | — | — |
| 160L | 11 | 275 | 300 | 15 | 240 | 252 | — | — | — |
| 180L | 15 | 235 | 264 | 11 | 190 | 206 | — | — | — |
| 200L | 22 | 220 | 240 | 15 | 200 | 213 | — | — | — |
| 225M | 30 | 280 | 300 | 22 | 265 | 282 | — | — | — |
| 250M$_1$ | 37 | 290 | 300 | 30 | 330 | 330 | — | — | — |
| 250M$_2$ | 45 | 350 | 348 | 37 | 410 | 396 | — | — | — |
| 280S | 55 | 300 | 336 | 45 | 340 | 365 | 37 | 165 | 180 |
| 280M | 75 | 415 | 444 | 55 | 410 | 432 | 45 | 195 | 210 |
| 315S | — | — | — | 75 | 360 | 364 | 55 | 280 | 294 |
| 315M | — | — | — | 90 | 445 | 450 | 76 | 388 | 396 |
| 355M | — | — | — | — | — | — | 90 | 365 | 396 |
| 355L$_1$ | — | — | — | — | — | — | 110 | 435 | 468 |
| 355L$_2$ | — | — | — | — | — | — | 132 | 545 | 570 |
| 400L$_1$ | — | — | — | — | — | — | 160 | 460 | 474 |
| 400L$_2$ | — | — | — | — | — | — | 200 | 550 | 552 |

注：60 Hz，440 V 电动机，除转子绕组开路电压略有变化外，电磁参数均与 50 Hz，380 V 电机相同。60 Hz，380 V 电动机，转子绕组开路电压略有改变，在性能满足技术条件要求时，电磁设计与 50 Hz，380 V 电动机相同。此时，空载电流，空载损耗，定子额定电流，最大转矩略有降低。功率因数略有提高。一般情况下，60 Hz，380 V 电机，生产厂提供 50 Hz、380 V 电动机只铭牌数据改变。YZ 电动机同上述情况相同。

(10) 电动机的安装尺寸及其公差：YZ 电动机应符合表 5-1-6 至表 5-1-8 的规定，外形尺寸不大于表 5-1-6 至表 5-1-8 的规定；YZR 电动机应符合表 5-1-9 至表 5-1-11 的规定，外形尺寸不大于表 5-1-9 至表 5-1-11 的规定。

(11) YZ、YZR 主要技术数据分别见表 5-1-12 及表 5-1-13。

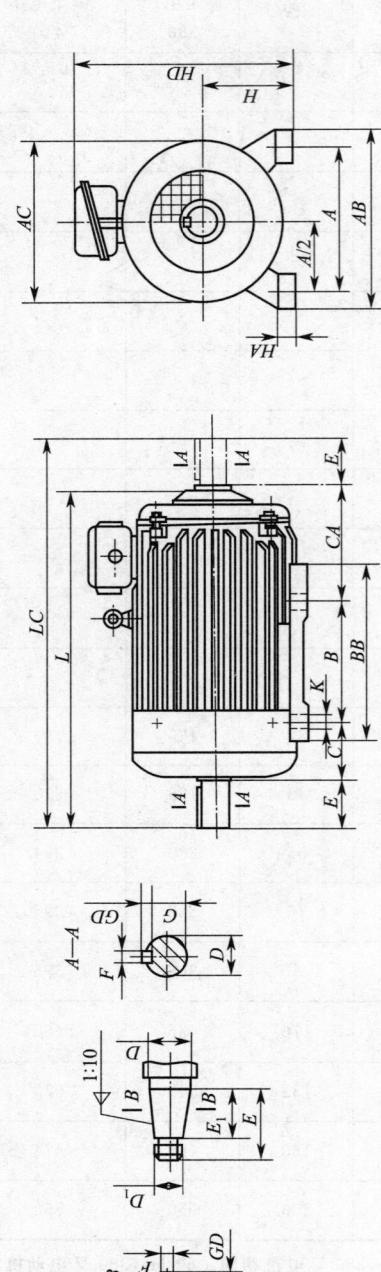

表 5-1-6　IM1 001、IM1 003 及 IM1 002、IM1 004 机座带底脚、端盖上无凸缘的 YZ 电动机　mm

| 机座号 | A 基本尺寸 | A/2[1) 基本尺寸 | A/2[1) 极限偏差 | B 基本尺寸 | C[2) 基本尺寸 | C[2) 极限偏差 | CA | D[3) 基本尺寸 | D[3) 极限偏差 | $D_1$ | E 基本尺寸 | E 极限偏差 | $E_1$ | F 基本尺寸 | F 极限偏差 | G 基本尺寸 | G 极限偏差 | H 基本尺寸 | H 极限偏差 | K 基本尺寸 | K 极限偏差 | K 位置度公差 | 螺栓直径 | AB | AC | BB | HA | HD | L | LC |
|---|---|---|---|---|---|---|---|---|---|---|---|---|---|---|---|---|---|---|---|---|---|---|---|---|---|---|---|---|---|---|
| 112M | 190 | 95 | ±0.50 | 140 | 70 | ±2.0 | 135 | 32 | +0.018 +0.002 | — | 80 | ±0.37 | — | 10 | 0 −0.036 | 27 | 0 −0.2 | 112 | 0 −0.5 | 12 | +0.43 0 | φ1.0 Ⓜ | M10 | 250 | 245 | 235 | 18 | 335 | 420 | 505 |
| 132M | 216 | 108 | ±0.50 | 178 | 89 | ±2.0 | 150 | 38 | +0.018 +0.002 | — | 80 | ±0.37 | — | 10 | 0 −0.036 | 33 | 0 −0.2 | 132 | 0 −0.5 | 12 | +0.43 0 | φ1.0 Ⓜ | M10 | 275 | 285 | 260 | 20 | 365 | 495 | 577 |
| 160M | 254 | 127 | ±0.75 | 210 | 108 | ±3.0 | 180 | 48 | | M36×3 | 110 | ±0.43 | 82 | 14 | 0 −0.043 | 42.5 | | 160 | 0 −0.5 | 15 | +0.43 0 | φ1.5 Ⓜ | M12 | 320 | 325 | 290 | 25 | 425 | 608 | 718 |
| 160L | 254 | 127 | ±0.75 | 254 | | ±3.0 | 180 | 48 | | M36×3 | 110 | ±0.43 | 82 | 14 | 0 −0.043 | 42.5 | | 160 | 0 −0.5 | 15 | +0.43 0 | φ1.5 Ⓜ | M12 | 320 | 325 | 335 | 25 | 425 | 650 | 762 |
| 180L | 279 | 139.5 | ±0.75 | 279 | 121 | ±3.0 | 210 | 55 | | M42×3 | 110 | ±0.43 | 82 | 14 | 0 −0.043 | 42.5 | | 180 | 0 −0.5 | 15 | +0.43 0 | φ1.5 Ⓜ | M12 | 360 | 360 | 380 | 25 | 465 | 685 | 800 |
| 200L | 318 | 159 | ±0.75 | 305 | 133 | ±3.0 | 210 | 60 | | M42×3 | 110 | ±0.43 | 82 | 16 | 0 −0.043 | 19.9 | | 200 | 0 −0.5 | 19 | +0.52 0 | φ2.0 Ⓜ | M16 | 405 | 405 | 400 | 28 | 510 | 780 | 928 |
| 225M | 356 | 178 | ±0.75 | 311 | 149 | ±3.0 | 258 | 65 | | M48×3 | 140 | ±0.50 | 105 | 16 | 0 −0.043 | 21.4 | | 225 | 0 −0.5 | 19 | +0.52 0 | φ2.0 Ⓜ | M16 | 455 | 430 | 410 | 28 | 545 | 850 | 998 |
| 250M | 406 | 203 | ±1.0 | 349 | 168 | ±4.0 | 295 | 70 | | M48×3 | 140 | ±0.50 | 105 | 18 | 0 −0.043 | 25.4 | | 250 | 0 −0.5 | 24 | +0.52 0 | φ2.0 Ⓜ | M20 | 515 | 480 | 510 | 30 | 605 | 935 | 1 092 |

注：1) 如 K 孔的位置度合格，则 A/2 可不作考核。
2) 尺寸的极限偏差包括轴的轴动。
3) 圆锥形轴伸按 GB/T 757 规定检查。

# 第一章 起重机用电机及容量校验

## 表 5-1-7 IM3 001 及 IM3 003 卧式安装、机座不带底脚、端盖有凸缘的 YZ 电动机

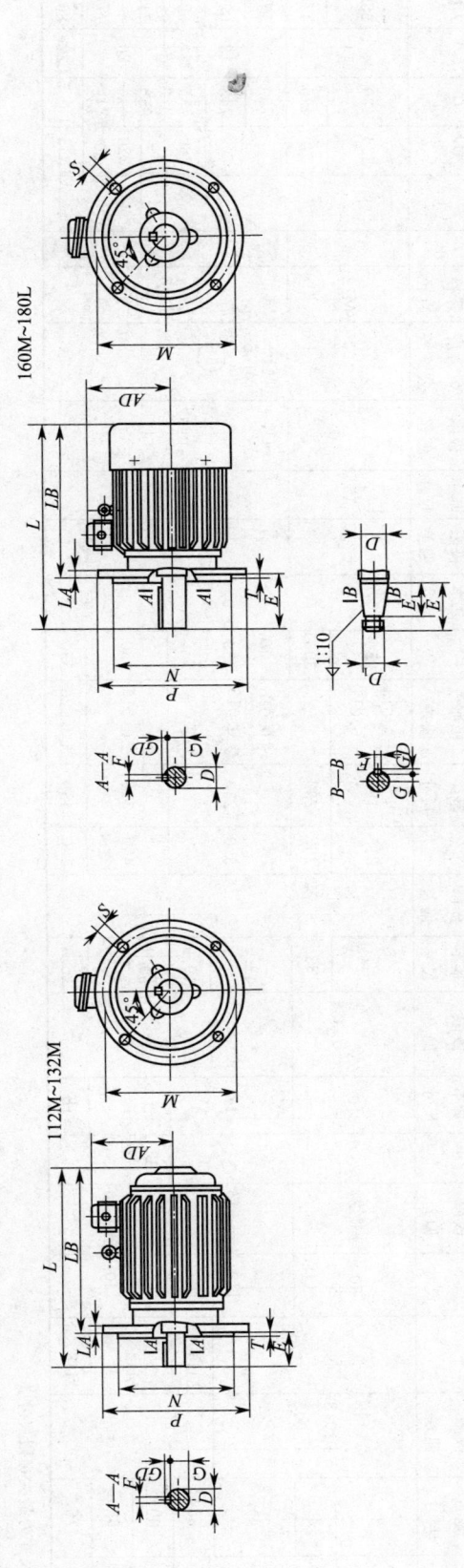

mm

| 机座号 | 凸缘号 | 安装尺寸及公差 |||||||||||||||||| 外形尺寸 ||||
|---|---|---|---|---|---|---|---|---|---|---|---|---|---|---|---|---|---|---|---|---|---|---|
| | | D |  | D1 | E |  | E1 | F |  | G |  | M | N |  | P[1] | R[2] |  | S |  |  | T 孔数(个) | AD | L | LA | LB |
| | | 基本尺寸 | 极限偏差 | | 基本尺寸 | 极限偏差 | | 基本尺寸 | 极限偏差 | 基本尺寸 | 极限偏差 | | 基本尺寸 | 极限偏差 | | 基本尺寸 | 极限偏差 | 基本尺寸 | 极限偏差 | 位置公差 | 螺栓直径 | | | | |
| 112M | FF215 | 32 | +0.018 +0.002 | — | 80 | ±0.37 | — | 10 | 0 −0.036 | 27 | 0 −0.2 | 215 | 180 | +0.014 −0.011 | 250 | 0 | ±2.0 | 15 | +0.43 0 | φ1.5 Ⓜ | M12 4 | 220 | 430 | 14 | 350 |
| 132M | FF265 | 38 | +0.018 +0.002 | — | | | | | | 33 | | 265 | 230 | | 300 | | | | | | | 230 | 495 | | 415 |
| 160M | FF300 | 48 | | — | 110 | ±0.43 | 82 | 14 | 0 −0.043 | 42.5 | | 300 | 250 | +0.016 −0.013 | 350 | | ±3.0 | 19 | +0.52 0 | | M16 5 | 260 | 700 | 18 | 590 |
| 160L | | | | | | | | | | | | | | | | | | | | | | 260 | 743 | | 633 |
| 180L | | 55 | | M36×3 | | | | | | 19.9 | | | | | | | | | | | | 280 | 735 | | 625 |

注：1) $P$ 尺寸为最大极限尺寸。
2) $R$ 为凸缘配合面至轴伸肩的距离，其极限偏差包括轴的窜动。

表 5-1-8 IM3 011 及 IM3 013 立式安装、机座不带底脚、端盖有凸缘、轴伸向下的 YZ 电动机

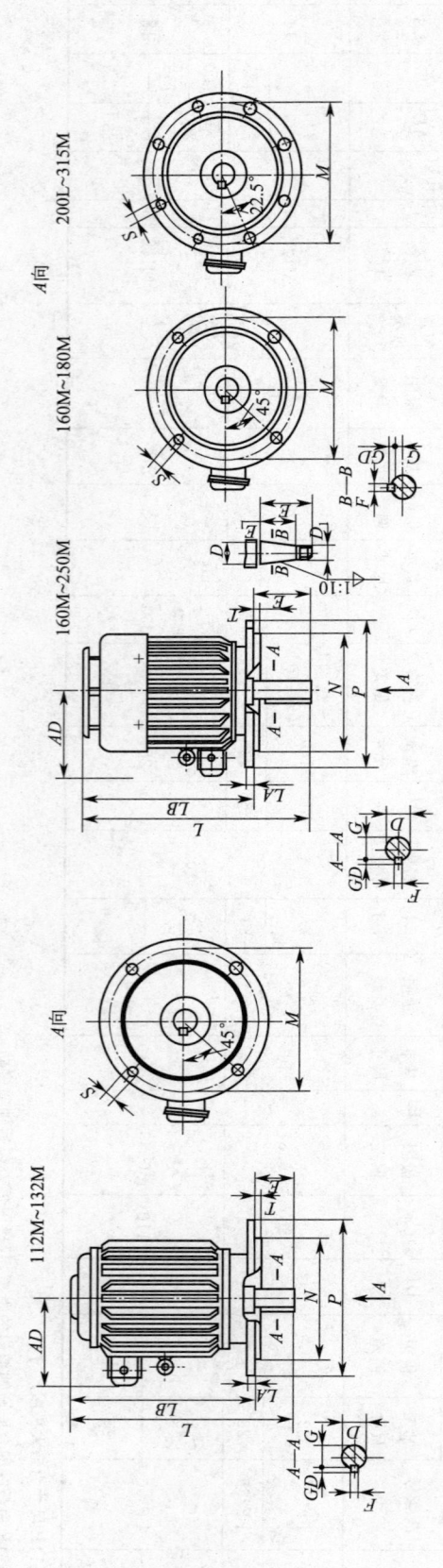

mm

| 机座号 | 凸缘号 | D 基本尺寸 | D 极限偏差 | $D_1$ | E 基本尺寸 | E 极限偏差 | $E_1$ | F 基本尺寸 | F 极限偏差 | G 基本尺寸 | G 极限偏差 | M | N 基本尺寸 | N 极限偏差 | $P^{1)}$ | $R^{2)}$ 基本尺寸 | $R^{2)}$ 极限偏差 | S 基本尺寸 | S 极限偏差 | S 位置度公差 | T 螺栓直径 | 孔数(个) | AD | 外形尺寸 L | 外形尺寸 LA | 外形尺寸 LB |
|---|---|---|---|---|---|---|---|---|---|---|---|---|---|---|---|---|---|---|---|---|---|---|---|---|---|---|
| 112M | FF215 | 32 | +0.018 +0.002 | — | 80 | ±0.37 | — | 10 | 0 −0.036 | 27 | 0 −0.2 | 215 | 180 | ±0.014 −0.011 | 250 | 15 | ±2.0 | | +0.43 0 | $\phi 1.5$ Ⓜ | M12 | 4 | 220 | 430 | 14 | 350 |
| 132M | FF265 | 38 | | — | | | — | | | 33 | | 265 | 230 | | 300 | | | | | | | | 230 | 495 | | 415 |
| 160M | FF300 | 48 | | | 110 | ±0.43 | | 14 | | 42.5 | | 300 | 250 | +0.016 −0.013 | 350 | | ±3.0 | | | | | 4 | 260 | 700 | | 590 |
| 160L | | 55 | | M36×3 | | | | | | 19.9 | | | | | | 19 | | | | | | | | 743 | 18 | 633 |
| 180L | | 60 | | | | | 82 | | | 21.4 | | | | | | | | | | | | | | 735 | | 625 |
| 200M | FF400 | 60 | | M42×3 | 140 | ±0.50 | | 16 | −0.043 | 23.9 | | 400 | 350 | ±0.018 | 450 | | ±4.0 | | +0.52 0 | | M16 | 8 | 280 | 855 | 20 | 715 |
| 225M | | 65 | | | | | | | | | | 500 | 450 | | | | | | | | | | 320 | 915 | | 775 |
| 250M | FF500 | 70 | | M48×3 | | | 105 | 18 | | 25.4 | | | 550 | ±0.026 | 550 | | | | | | | | 355 | 1 005 | 22 | 865 |

注:1)$P$ 尺寸为最大极限尺寸。
2)$R$ 为凸缘配合面至轴伸肩的距离,其极限偏差包括轴的窜动。

# 第一章 起重机用电机及容量校验

表 5-1-9 IM1 001，IM1 003 及 IM1 002，IM1 004 机座带底脚，端盖上无凸缘的 YZR 电动机

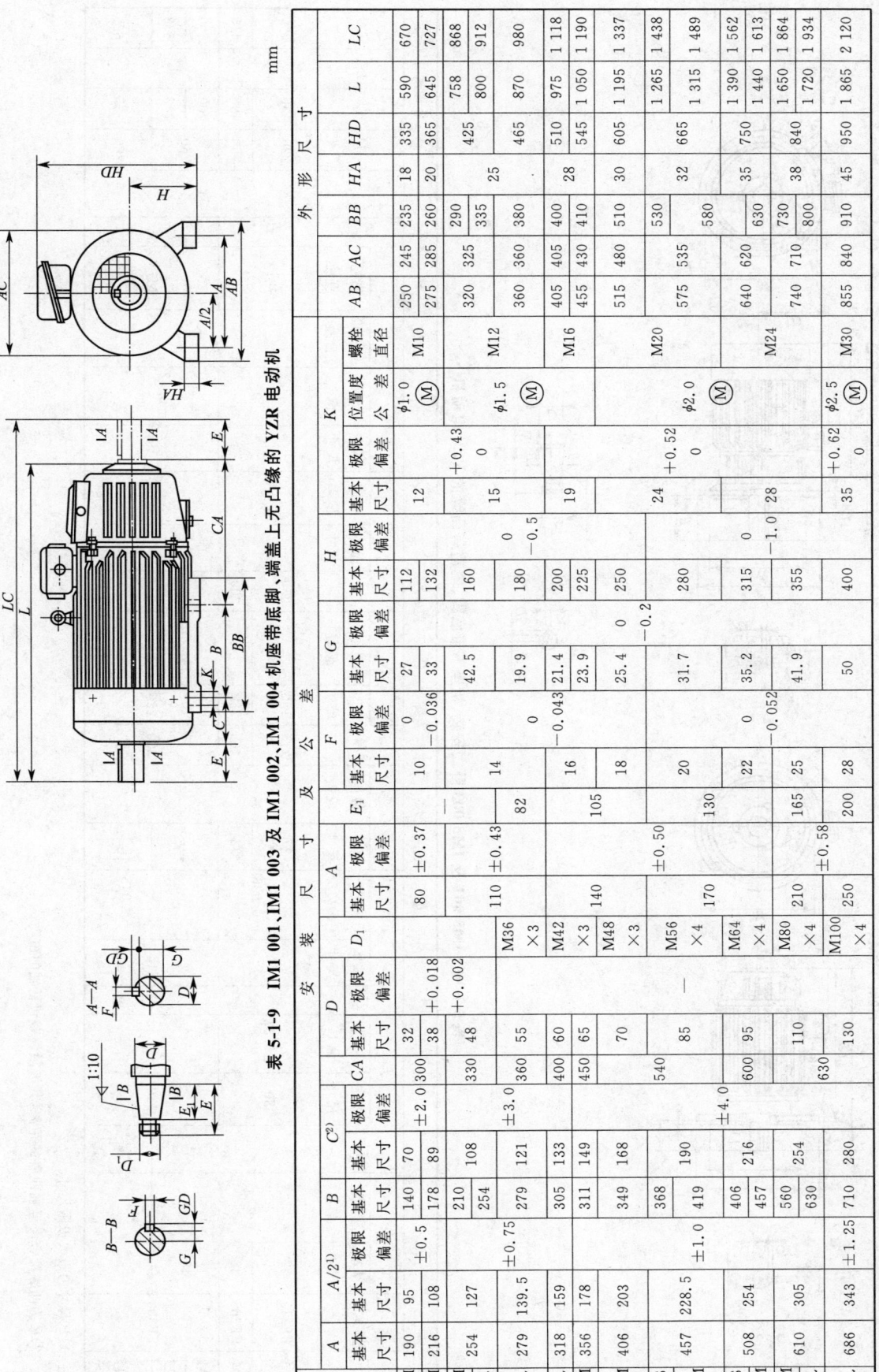

mm

| 机座号 | 安装尺寸及公差 A | | A/2[1] | | B | | C[2] | | CA | D | | D₁ | E₁ | F | | | G | | H | | K | | | | 外形尺寸 BB | | | | | |
|---|---|---|---|---|---|---|---|---|---|---|---|---|---|---|---|---|---|---|---|---|---|---|---|---|---|---|---|---|---|---|---|
| | 基本尺寸 | 极限偏差 | 基本尺寸 | 极限偏差 | 基本尺寸 | 极限偏差 | 基本尺寸 | 极限偏差 | 基本尺寸 | 基本尺寸 | 极限偏差 | | | 基本尺寸 | 极限偏差 | 基本尺寸 | 极限偏差 | 基本尺寸 | 极限偏差 | 基本尺寸 | 极限偏差 | 位置度公差 | 螺栓直径 | AB | AC | BB | HA | HD | L | LC |
| 112M | 190 | ±0.37 | 95 | ±0.5 | 140 | ±2.0 | 70 | 300 | 32 | +0.018 +0.002 | M36×3 | — | 10 | −0.036 0 | 27 | 0 −0.5 | 112 | 0 −0.5 | 12 | +0.43 0 | ϕ1.0 Ⓜ | M10 | 250 | 245 | 235 | 18 | 335 | 590 | 670 |
| 132M | 216 | | 108 | | 178 | | 89 | | 38 | | | | | | 33 | | 132 | | | | | | 275 | 285 | 260 | 20 | 365 | 645 | 727 |
| 160M | 254 | | 127 | | 210 | | 108 | 330 | 48 | | M42×3 | 82 | 14 | −0.043 0 | 42.5 | | 160 | | 15 | | | | 320 | 325 | 290 | 25 | 425 | 758 | 868 |
| 160L | | | | | 254 | | | | | | | | | | | | | | | | | | | | 335 | | | 800 | 912 |
| 180L | 279 | ±0.43 | 139.5 | ±0.75 | 279 | ±3.0 | 121 | 360 | 55 | | M48×3 | 105 | 16 | | 19.9 | | 180 | | | | ϕ1.5 Ⓜ | M12 | 360 | 360 | 380 | | 465 | 870 | 980 |
| 200L | 318 | | 159 | | 305 | | 133 | 400 | 60 | | | | | | 21.4 | | 200 | | 19 | | | | 405 | 405 | 400 | 28 | 510 | 975 | 1 118 |
| 225M | 356 | | 178 | | 311 | | 149 | 450 | 65 | | M56×4 | 130 | 18 | | 23.9 | 0 −0.2 | 225 | | | | | | 455 | 430 | 410 | | 545 | 1 050 | 1 190 |
| 250M | 406 | | 203 | | 349 | | 168 | 540 | 70 | | | | 20 | −0.052 0 | 25.4 | | 250 | | | | | M16 | 515 | 480 | 510 | 30 | 605 | 1 195 | 1 337 |
| 280S | 457 | ±0.50 | 228.5 | ±1.0 | 368 | ±4.0 | 190 | | 85 | | M64×4 | | 22 | | 31.7 | | 280 | | 24 | +0.52 0 | ϕ2.0 Ⓜ | | 575 | 535 | 530 | 32 | 665 | 1 265 | 1 438 |
| 280M | | | | | 419 | | 216 | 600 | | | | | | | | | | | | | | | | | 580 | | | 1 315 | 1 489 |
| 315S | 508 | | 254 | | 406 | | 216 | | 95 | | M80×4 | 165 | 25 | | 35.2 | | 315 | 0 −1.0 | 28 | | | M20 | 640 | 620 | 630 | 35 | 750 | 1 390 | 1 562 |
| 315M | | | | | 457 | | | | | | | | | | | | | | | | | M24 | | | | | | 1 440 | 1 613 |
| 355M | 610 | | 305 | | 560 | | 254 | 630 | 110 | | | 210 | | | 41.9 | | 355 | | | | | | 740 | 710 | 730 | 38 | 840 | 1 650 | 1 864 |
| 355L | | ±0.58 | | | 630 | | | | | | M100×4 | | | | | | | | | | | | | | 800 | | | 1 720 | 1 934 |
| 400L | 686 | | 343 | ±1.25 | 710 | | 280 | | 130 | | | 250 | 28 | | 50 | | 400 | | 35 | +0.62 0 | ϕ2.5 Ⓜ | M30 | 855 | 840 | 910 | 45 | 950 | 1 865 | 2 120 |

注：1) 如 K 孔的位置度合格，则 A/2 可不考虑。
2) 尺寸的极限偏差包括轴的窜动。

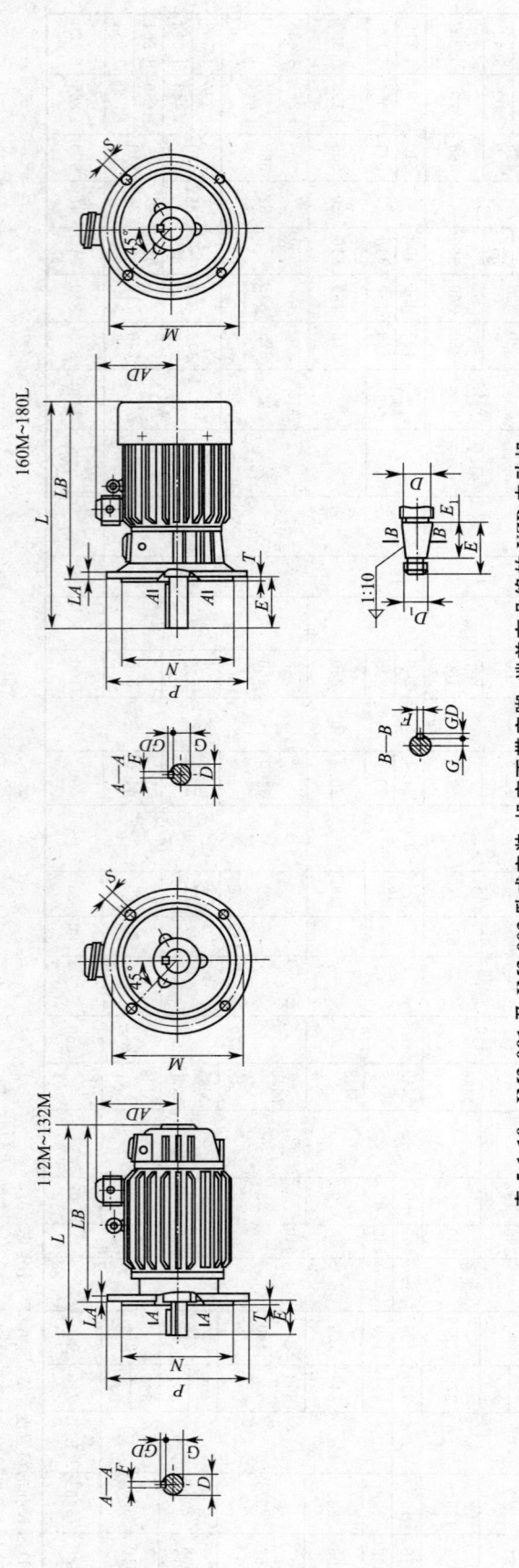

表 5-1-10 IM3 001 及 IM3 003 卧式安装、机座不带底脚、端盖有凸缘的 YZR 电动机

mm

| 机座号 | 凸缘号 | D 基本尺寸 | D 极限偏差 | $D_1$ | $E_1$ | E 基本尺寸 | E 极限偏差 | F 基本尺寸 | F 极限偏差 | G 基本尺寸 | G 极限偏差 | M | N 基本尺寸 | N 极限偏差 | $P^{1)}$ | $R^{2)}$ 基本尺寸 | $R^{2)}$ 极限偏差 | S 基本尺寸 | S 极限偏差 | S 位置度公差 | 螺栓直径 | T | 孔数（个） | AD | L | LA | LB |
|---|---|---|---|---|---|---|---|---|---|---|---|---|---|---|---|---|---|---|---|---|---|---|---|---|---|---|---|
| 112M | FF215 | 32 | +0.018 +0.002 | — | — | 80 | ±0.37 | 10 | 0 −0.036 | 27 | 0 −0.2 | 215 | 180 | +0.014 −0.011 | 250 | 0 | ±2.0 | 15 | +0.43 0 | φ1.5 Ⓜ | M12 | 4 | 4 | 220 | 430 | 14 | 350 |
| 132M | FF265 | 38 | | | | | | | | 33 | | 265 | 230 | | 300 | | | | | | | | | 230 | 495 | | 415 |
| 160M | FF300 | 48 | | | 82 | 110 | ±0.43 | 14 | 0 −0.043 | 42.5 | | 300 | 250 | +0.016 −0.013 | 350 | | ±3.0 | 19 | +0.52 0 | | M16 | 5 | | 260 | 700 | 18 | 590 |
| 160L | | | | | | | | | | | | | | | | | | | | | | | | | | 743 | | 633 |
| 180L | | 55 | — | M36×3 | | | | | | 19.9 | | | | | | | | | | | | | | | 280 | 735 | | 625 |

注：1) P 尺寸为最大极限尺寸。
2) R 为凸缘配合面至轴伸有的距离，其极限偏差包括轴的窜动。

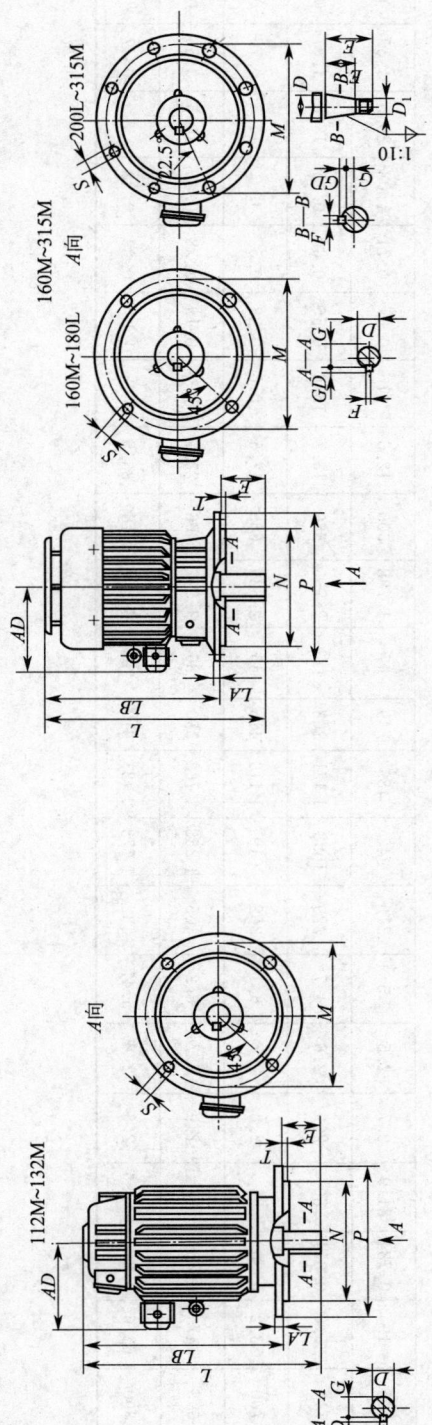

表 5-1-11  IM3 011 及 IM3 013 立式安装、机座不带底脚、端盖有凸缘、轴伸向下的 YZR 电动机

mm

| 机座号 | 凸缘号 | D 基本尺寸 | D 极限偏差 | $D_1$ | E 基本尺寸 | E 极限偏差 | $E_1$ | F 基本尺寸 | F 极限偏差 | G 基本尺寸 | G 极限偏差 | M | N 基本尺寸 | N 极限偏差 | $P^{1)}$ | $R^{2)}$ 基本尺寸 | $R^{2)}$ 极限偏差 | S 基本尺寸 | S 极限偏差 | S 位置度公差 | T 螺栓直径 | T 孔数(个) | AD | L | LA | LB |
|---|---|---|---|---|---|---|---|---|---|---|---|---|---|---|---|---|---|---|---|---|---|---|---|---|---|---|
| 112M | FF215 | 32 | +0.018 +0.002 | — | 80 | ±0.37 | — | 10 | 0 −0.036 | 27 | 0 −0.2 | 215 | 180 | +0.014 −0.011 | 250 | 15 | ±2.0 | | | | M12 | 4 | 220 | 595 | 14 | 515 |
| 132M | FF265 | 38 | +0.018 +0.002 | — | | | | | | 33 | | 265 | 230 | +0.014 −0.011 | 300 | | | | | | M12 | 4 | 230 | 645 | 14 | 565 |
| 160M | FF300 | 48 | | M36×3 | 110 | ±0.43 | 82 | 14 | 0 −0.043 | 42.5 | | 300 | 250 | +0.016 −0.013 | 350 | | | +0.43 0 | $\phi$1.5 | Ⓜ | M12 | 4 | 260 | 828 | 18 | 718 |
| 160L | FF300 | 55 | | M36×3 | | | | | | 19.9 | | 300 | 250 | +0.016 −0.013 | 350 | | | | | | M12 | 4 | 260 | 872 | 18 | 762 |
| 180L | FF300 | | | M42×3 | | | | | | 21.4 | | 300 | 250 | | 350 | | | | | | M12 | 4 | 280 | 915 | 18 | 805 |
| 200L | FF400 | 60 | | M42×3 | | | | 16 | | 23.9 | | 400 | 350 | ±0.018 | 450 | 19 | ±3.0 | | | | M16 | 8 | 320 | 1 | 20 | 910 |
| 225M | FF400 | 65 | | M48×3 | 140 | ±0.50 | 105 | 18 | | 25.4 | | 400 | 350 | ±0.018 | 450 | | | | | | M16 | 8 | | | 20 | 970 |
| 250M | FF500 | 70 | | M48×3 | | | | | | | | 500 | 450 | ±0.020 | 550 | | | +0.52 0 | | | M16 | 8 | 355 | 1 266 | 22 | 1 126 |
| 280S | FF500 | 85 | | M56×4 | | | | 20 | 0 −0.052 | 31.7 | | 500 | 450 | ±0.020 | 550 | | | | | | M16 | 8 | 385 | 1 | 22 | 1 200 |
| 280M | FF500 | | | M56×4 | 170 | | 130 | | | | | 500 | 450 | | 550 | | | | | | M16 | 8 | 385 | 1 | 22 | 1 250 |
| 315S | FF600 | 95 | | M64×4 | | | | 22 | | 35.2 | | 600 | 550 | ±0.022 | 660 | 24 | ±4.0 | | $\phi$2.0 | | M20 | 6 | 435 | 1 | 25 | 1 305 |
| 315M | FF600 | | | M64×4 | | | | | | | | 600 | 550 | ±0.022 | 660 | | | | | | M20 | 6 | | 1 | 25 | 1 355 |

注: 1) P 尺寸为最大极限尺寸。
2) R 为凸缘配合面至轴伸肩的距离,其极限偏差包括轴的窜动。

表 5-1-12 YZ 电动机技术数据（S3—40%）

| 项目 机座号 | 功率 /kW | 转速 /(r/min) | 定子电流 /A | 功率因数 /cosφ | 效率 /% | 最大转矩 /倍 | 起动转矩 /倍 | 起动电流 /倍 | 转子电流 /A | 定子铜耗 /W | 转子铜耗 /W | 铁耗 /W | 机械耗 /W | 总损耗 /kW | 空载损耗 /W | 空载电流 /A | 变比平方 /$k_e^2$ | 定子电阻 115℃ /Ω | 定子电抗 /Ω | 转子电阻 115℃ /Ω | 激磁电抗 /Ω | 折到定子转子电抗 /Ω | 转动惯量 /(kg·m²) | 质量 /kg | 定子温升 /K |
|---|---|---|---|---|---|---|---|---|---|---|---|---|---|---|---|---|---|---|---|---|---|---|---|---|---|
| | | 1 000 r/min | | | | | | | | | | | | | | | | | | | | | | | |
| YZ 112M-6 | 1.5 | 902 | 4.1 | 0.775 | 71.7 | 2.7 | 2.44 | 4.47 | 155 | 291 | 168 | 88 | 38 | 0.6 | 248 | 2.8 | 107.5 | 5.8 | 3.3 | 6.64 | 96.7 | 4.34 | 0.022 | 58 | 47.6 |
| 132M1-6 | 2.2 | 935 | 6 | 0.724 | 76.87 | 2.8 | 2.1 | 4.5 | 161 | 377 | 165 | 82 | 17 | 0.663 | 236 | 4 | 70.7 | 3.5 | 2.3 | 3 | 65.5 | 3.95 | 0.056 | 80 | 56.7 |
| 132M2-6 | 3.7 | 930 | 9.8 | 0.733 | 78.4 | 2.6 | 3.0 | 4.6 | 185 | 455 | 280 | 150 | 90 | 1.012 | 383 | 5.7 | 35.2 | 1.58 | 1.58 | 2.03 | 48.9 | 2.7 | 0.062 | 91.5 | 61 |
| 160M1-6 | 5.5 | 955 | 12.4 | 0.835 | 73 | 2.6 | 2.5 | 4.9 | 220 | 578 | 267 | 149 | 281 | 1.33 | 630 | 7.1 | 34.7 | 1.26 | 1.1 | 1.36 | 38.7 | 1.86 | 0.114 | 118.5 | 58.9 |
| 160M2-6 | 7.5 | 930 | 16.5 | 0.853 | 80.6 | 2.9 | 2.4 | 5.2 | 222 | 710 | 586 | 252 | 183 | 1.806 | 600 | 9 | 19.5 | 0.87 | 0.74 | 0.96 | 26.8 | 1.32 | 0.143 | 131.5 | 61 |
| 160L-6 | 11 | 930 | 24.4 | 0.836 | 82 | 2.9 | 2.7 | 5.4 | 253 | 1 011 | 774 | 440 | 51 | 2.276 | 650 | 13 | 10.5 | 0.564 | 0.53 | 0.70 | 20.8 | 0.99 | 0.192 | 152 | 71.6 |
| | | 750 r/min | | | | | | | | | | | | | | | | | | | | | | | |
| YZ 160L-8 | 7.5 | 705 | 19 | 0.734 | 81.9 | 2.7 | 2.5 | 5 | 210 | 942 | 485 | 249 | 47 | 1.798 | 600 | 12.5 | 17 | 0.87 | 0.71 | 1.08 | 20.5 | 1.53 | 0.192 | 152 | 63 |
| 180L-8 | 11 | 710 | 25.6 | 0.814 | 80 | 2.9 | 2.6 | 4.7 | 329 | 1093 | 1 121 | 308 | 123 | 2.755 | 680 | 13.7 | 15.6 | 0.56 | 0.66 | 0.75 | 18.8 | 1.07 | 0.352 | 205 | 77 |
| 200L-8 | 15 | 700 | 33.2 | 0.805 | 85 | 2.8 | 2.7 | 6.1 | 362 | 919 | 1 110 | 415 | 45 | 2.639 | 665 | 17.5 | 10.8 | 0.28 | 0.52 | 0.5 | 14.3 | 0.76 | 0.622 | 276 | 62 |
| 225M-8 | 22 | 695 | 47 | 0.836 | 87 | 2.9 | 2.7 | 6.2 | 405 | 1 265 | 1 762 | 590 | 86 | 3.392 | 908 | 23.7 | 8.3 | 0.19 | 0.38 | 0.36 | 10.5 | 0.56 | 0.820 | 347 | 71 |
| 250M1-8 | 30 | 690 | 63.6 | 0.842 | 84.96 | 2.6 | 2.2 | 5.47 | 432 | 1 773 | 2 423 | 610 | 206 | 5.312 | 1 180 | 33.5 | 3.9 | 0.146 | 0.26 | 0.28 | 8 | 0.47 | 1.432 | 462 | 75 |

表 5-1-13　YZR 电动机技术数据（S3—40%）

| 项目<br>机座号 | 额定功率<br>/kW | 额定转速<br>/(r/min) | 定子电流<br>/A | 转子电流<br>/A | 功率因数<br>(cosφ) | 效率<br>/% | 最大转矩<br>倍数/倍 | 定子铜耗<br>/W |
|---|---|---|---|---|---|---|---|---|
| 1 000 r/min ||||||||| 
| YZR 112M-6 | 1.5 | 866 | 4.8 | 11.2 | 0.76 | 62.1 | 2.2 | 450 |
| 132M1-6 | 2.2 | 908 | 6 | 11.5 | 0.76 | 73.7 | 2.9 | 360 |
| 132M2-6 | 3.7 | 908 | 9.12 | 12.8 | 0.78 | 79 | 2.5 | 439 |
| 160M1-6 | 5.5 | 930 | 14.9 | 27.5 | 0.77 | 78 | 2.6 | 968 |
| 160N2-6 | 7.5 | 940 | 18 | 26.5 | 0.79 | 79.6 | 2.8 | 862 |
| 160L-6 | 11 | 945 | 25.5 | 28.6 | 0.82 | 80 | 2.5 | 1 150 |
| 180L-6 | 15 | 962 | 32.8 | 44.4 | 0.834 | 83.4 | 3.2 | 1 259 |
| 200L-6 | 22 | 964 | 48 | 68.0 | 0.787 | 86.0 | 2.63 | 1 320 |
| 225M-6 | 30 | 962 | 63 | 74.4 | 0.83 | 87.3 | 2.97 | 1 108 |
| 250M1-6 | 37 | 960 | 70.4 | 93 | 0.89 | 89.4 | 3.1 | 1 631 |
| 250M2-6 | 45 | 965 | 77.5 | 95.4 | 0.839 | 0.866 | 3.5 | 1 846 |
| 280S-6 | 55 | 969 | 101 | 119.8 | 0.91 | 90.2 | 3 | 2 000 |
| 280M-6 | 75 | 970 | 138.6 | 122.8 | 0.905 | 90.9 | 3.2 | 2 369 |
| 750 r/min |||||||||
| YZR 160L-8 | 7.5 | 705 | 20.2 | 24.4 | 0.72 | 76 | 2.5 | 1 060 |
| 180L-8 | 11 | 700 | 26 | 42 | 0.794 | 81 | 2.7 | 1 137 |
| 200L-8 | 15 | 712 | 33.5 | 52.4 | 0.793 | 85.9 | 2.9 | 986 |
| 225L-8 | 22 | 715 | 48.7 | 59.2 | 0.8 | 86 | 2.9 | 1 383 |
| 250M1-8 | 30 | 720 | 67.4 | 67 | 0.78 | 87 | 2.6 | 2 030 |
| 250M2-8 | 37 | 720 | 77.5 | 70 | 0.837 | 86.6 | 2.7 | 2 104 |
| 280S-8 | 45 | 723 | 93.6 | 94 | 0.819 | 88.9 | 3.3 | 2 024 |
| 280M-8 | 55 | 725 | 111.8 | 95.7 | 0.835 | 89.5 | 2.8 | 2 385 |
| 315S-8 | 75 | 727 | 150.6 | 155.2 | 0.84 | 88.4 | 2.7 | 2 850 |
| 315M-8 | 90 | 720 | 175.8 | 147.7 | 0.865 | 90 | 3.1 | 3 168 |
| 600 r/min |||||||||
| YZR 280S-10 | 37 | 572 | 83.7 | 144.3 | 0.77 | 87 | 2.8 | 2 223 |
| 280M-10 | 45 | 560 | 99.3 | 158.8 | 0.778 | 89.1 | 3.2 | 2 400 |
| 315S-10 | 55 | 580 | 118.2 | 139.2 | 0.793 | 89.1 | 3.1 | 2 919 |
| 315M-10 | 75 | 579 | 164 | 148.2 | 0.776 | 89.5 | 3.4 | 3 824 |
| 355M-10 | 90 | 589 | 184.2 | 167 | 0.822 | 90.3 | 3.3 | 3 640 |
| 355L1-10 | 110 | 582 | 223.2 | 173.4 | 0.82 | 91.2 | 3.1 | 4 000 |
| 355L2-10 | 132 | 588 | 264 | 165.5 | 0.831 | 91.3 | 3.5 | 4 579 |
| 400L1-10 | 160 | 587 | 333.5 | 250 | 0.798 | 91.4 | 3 | 5 090 |
| 400L2-10 | 200 | 586 | 426.8 | 263.3 | 0.781 | 91.1 | 3.7 | 6 152 |

续上表

| 项目\机座号 | 转子铜耗/W | 固定损耗 铁耗/W | 固定损耗 机械耗/W | 总损耗/kW | 空载损耗/W | 空载电流/A | 转子开路电压/V | 变比平方 $k_e^2$ | 定子电阻(115 ℃)/Ω |
|---|---|---|---|---|---|---|---|---|---|
| 1 000 r/min ||||||||||
| YZR 112M-6 | 298 | 91 | 62 | 0.916 | 306 | 3.2 | 100 | 13.6 | 6.5 |
| 132M1-6 | 195 | 92 | 115 | 0.784 | 338 | 4.11 | 130 | 7.8 | 3.35 |
| 132M2-6 | 308 | 120 | 75 | 0.98 | 336 | 5.99 | 190 | 3.87 | 1.75 |
| 160M1-6 | 572 | 262 | 170 | 2.04 | 610 | 7.4 | 132 | 7.13 | 1.45 |
| 160M2-6 | 543 | 270 | 161 | 1.911 | 690 | 10.8 | 182 | 4.0 | 0.89 |
| 160L-6 | 903 | 497 | 127 | 2.77 | 662 | 13.4 | 252 | 2.15 | 0.598 |
| 180L-6 | 741 | 613 | 225 | 2.988 | 1 160 | 18.8 | 215 | 2.94 | 0.39 |
| 200L-6 | 665 | 800 | 325 | 3.3 | 2 445 | 27.8 | 200 | 3.44 | 0.19 |
| 225M-6 | 1 202 | 920 | 320 | 3.85 | 1 557 | 31.7 | 250 | 2.17 | 0.135 |
| 250M1-6 | 1 402 | 1 045 | 552 | 5.0 | 1 772 | 25.5 | 250 | 2.26 | 0.145 |
| 250M2-6 | 1 725 | 958 | 560 | 5.539 | 1 700 | 29.6 | 290 | 1.65 | 0.09 |
| 280S-6 | 1 915 | 730 | 750 | 5.945 | 1 672 | 33 | 280 | 1.79 | 0.065 |
| 280M-6 | 2 363 | 1 125 | 920 | 7.527 | 2 291 | 51.6 | 370 | 1.0 | 0.041 |
| 750 r/min ||||||||||
| YZR 160L-8 | 573 | 278 | 118 | 2.104 | 766 | 13.6 | 188 | 3.05 | 0.867 |
| 180L-8 | 865 | 317 | 145 | 2.574 | 670 | 14.5 | 170 | 4.44 | 0.562 |
| 200L-8 | 733 | 393 | 182 | 2.444 | 780 | 18 | 180 | 4.2 | 0.294 |
| 225M-8 | 1 158 | 665 | 165 | 3.591 | 1 102 | 24.2 | 230 | 2.45 | 0.194 |
| 250M1-8 | 1 174 | 640 | 350 | 4.494 | 1 539 | 41.2 | 280 | 1.79 | 0.15 |
| 250M2-8 | 1 683 | 812 | 360 | 4.97 | 1 960 | 40.4 | 332 | 1.24 | 0.117 |
| 280S-8 | 1 817 | 728 | 552 | 5.57 | 1 680 | 48.5 | 295 | 1.45 | 0.077 |
| 280M-8 | 2 218 | 736 | 594 | 6.483 | 1 720 | 53.3 | 355 | 1.05 | 0.064 |
| 315S-8 | 2 782 | 1 773 | 540 | 8.7 | 3 192 | 69.8 | 300 | 1.58 | 0.042 |
| 315M-8 | 2 509 | 3 000 | 550 | 9.227 | 4 033 | 80.5 | 375 | 1.16 | 0.034 1 |
| 600 r/min ||||||||||
| 280S-10 | 1 659 | 1 028 | 260 | 5.54 | 1 824 | 47.5 | 160 | 5.8 | 0.105 8 |
| 280M-10 | 1 897 | 760 | 510 | 6.017 | 1 830 | 53.6 | 176 | 4.36 | 0.081 |
| 315S-10 | 1 857 | 976 | 430 | 6.732 | 2 128 | 67.5 | 342 | 2.28 | 0.07 |
| 315M-10 | 2 314 | 1 256 | 674 | 8.82 | 2 899 | 94.7 | 310 | 1.38 | 0.047 |
| 355M-10 | 2 492 | 1 550 | 610 | 9.55 | 2 170 | 87.8 | 330 | 1.26 | 0.036 |
| 355L1-10 | 2 914 | 1 324 | 750 | 10.557 | 2 708 | 99.5 | 385 | 0.9 | 0.03 |
| 355L2-10 | 3 267 | 2 665 | 670 | 12.5 | 4 106 | 131 | 485 | 0.6 | 0.022 |
| 400L1-10 | 3 577 | 3 750 | 1 610 | 15.627 | 6 472 | 182.4 | 390 | 2.59 | 0.046 |
| 400L2-10 | 4 791 | 5 100 | 1 540 | 19.583 | 7 971 | 221 | 464 | 1.9 | 0.034 |

注：总损耗＝定转子损耗＋铁耗＋机械耗＋杂耗，杂耗取额定功率1%。

续上表

| 项目<br>机座号 | 激磁电抗/Ω | 定子电抗/Ω | 转子电阻(115℃)/Ω | 转子折算定子侧电抗/Ω | 零速时冷却系数 h | 转子转动惯量/(kg·m²) | 定子温升/k | 转子温升/k | 质量/kg |
|---|---|---|---|---|---|---|---|---|---|
| 1 000 r/min ||||||||||
| YZR 112M-6 | 88.35 | 3.165 | 0.288 | 4.34 | 0.450 | 0.03 | 70 | 72 | 73.5 |
| 132M1-6 | 60.3 | 2.25 | 0.400 | 3.04 | 0.380 | 0.06 | 66 | 54 | 96.5 |
| 132M2-6 | 44.4 | 1.57 | 0.500 | 2.17 | 0.510 | 0.07 | 52 | 58 | 107.5 |
| 160M1-6 | 34.7 | 1.04 | 0.167 | 1.99 | 0.210 | 0.12 | 70 | 84 | 153.5 |
| 160M2-6 | 24.8 | 0.705 | 0.192 | 1.4 | 0.220 | 0.15 | 58 | 62 | 159.5 |
| 160L-6 | 18.7 | 0.5 | 0.279 | 1.09 | 0.250 | 0.20 | 66 | 70 | 174 |
| 180L-6 | 13.5 | 0.35 | 0.105 | 0.7 | 0.270 | 0.39 | 66 | 70 | 230 |
| 200L-6 | 9.5 | 0.265 | 0.047 | 0.5 | 0.290 | 0.67 | 66 | 70 | 390 |
| 225M-6 | 7.9 | 0.2 | 0.053 | 0.4 | 0.260 | 0.84 | 60 | 67 | 398 |
| 250M1-6 | 9 | 0.167 | 0.068 | 0.28 | 0.285 | 1.52 | 52 | 67 | 512 |
| 250M2-6 | 7.9 | 0.14 | 0.056 | 0.24 | 0.260 | 1.78 | 67 | 85 | 559 |
| 280S-6 | 6.6 | 0.146 | 0.037 | 0.194 | 0.293 | 2.35 | 56 | 75 | 746.5 |
| 280M-6 | 4.4 | 0.097 | 0.042 | 0.13 | 0.305 | 2.86 | 56 | 74 | 840 |
| 750 r/min ||||||||||
| YZR 160L-8 | 18.1 | 0.75 | 0.259 | 1.49 | 0.245 | 0.2 | 55 | 57 | 172 |
| 180L-8 | 16.2 | 0.6 | 0.115 | 0.92 | 0.285 | 0.39 | 70 | 75 | 230 |
| 200L-8 | 12.5 | 0.5 | 0.075 | 0.7 | 0.280 | 0.67 | 42 | 50 | 317 |
| 225L-8 | 9.1 | 0.35 | 0.086 | 0.5 | 0.270 | 0.82 | 70 | 89 | 390 |
| 250M1-8 | 7.1 | 0.24 | 0.076 | 0.37 | 0.270 | 1.52 | 50 | 55 | 515 |
| 250M2-8 | 6.3 | 0.21 | 0.088 | 0.32 | 0.260 | 1.79 | 75 | 87 | 563 |
| 280S-8 | 4.2 | 0.15 | 0.055 | 0.21 | 0.295 | 2.85 | 56 | 75 | 745 |
| 280M-8 | 4.2 | 0.137 | 0.065 | 0.195 | 0.300 | 2.86 | 74 | 86 | 847.5 |
| 315S-8 | 3.6 | 0.093 | 0.027 | 0.145 | 0.295 | 7.22 | 69 | 84 | 1 050 |
| 315M-8 | 3.7 | 0.087 | 0.029 | 0.133 | 0.305 | 8.68 | 58 | 70 | 1 170 |
| 600 r/min ||||||||||
| YZR 280S-10 | 5 | 0.22 | 0.018 | 0.29 | 0.285 | 3.58 | 50 | 52 | 766 |
| 280M-10 | 4.2 | 0.185 | 0.020 | 0.24 | 0.270 | 3.98 | 76 | 90 | 840 |
| 315S-10 | 3.2 | 0.11 | 0.023 | 0.184 | 0.260 | 7.22 | 58 | 64 | 1 026 |
| 315M-10 | 2.4 | 0.082 | 0.026 | 0.137 | 0.270 | 8.68 | 63 | 67 | 1 156 |
| 355M-10 | 2.4 | 0.073 | 0.023 | 0.12 | 0.290 | 14.32 | 56 | 63 | 1 520 |
| 355L1-10 | 2.3 | 0.063 | 0.025 | 0.105 | 0.300 | 17.08 | 49 | 54 | 1 764 |
| 355L2-10 | 1.6 | 0.046 | 0.027 | 0.077 | 0.310 | 19.18 | 63 | 71 | 1 810 |
| 400L1-10 | 3.6 | 0.137 | 0.028 | 0.24 | 0.305 | 24.52 | 56 | 82 | 2 400 |
| 400L2-10 | 3.2 | 0.116 | 0.033 | 0.21 | 0.315 | 28.1 | 67 | 77 | 2 950 |

注：转子折算到定子侧电阻＝转子电阻×变比平方。

续上表

| 机座号 | 工作制 项目 | S3—15% | | | | S3—25% | | | |
|---|---|---|---|---|---|---|---|---|---|
| | | 功率/kW | 定子电流/A | 转子电流/A | 转速/(r/min) | 功率/kW | 定子电流/A | 转子电流/A | 转速/(r/min) |
| 1 000 r/min | | | | | | | | | |
| YZR 112M-6 | | 2.2 | 6.6 | 18.4 | 725 | 1.8 | 5.3 | 13.4 | 815 |
| 132M1-6 | | 3.0 | 8 | 16.1 | 855 | 2.5 | 6.5 | 12.9 | 892 |
| 132M2-6 | | 5 | 12.3 | 18.2 | 875 | 4 | 9.7 | 14.2 | 900 |
| 160M1-6 | | 7.5 | 18.5 | 35.4 | 910 | 6.3 | 16.4 | 29.4 | 921 |
| 160M2-6 | | 11 | 24.6 | 39.6 | 908 | 8.5 | 19.6 | 29.8 | 930 |
| 160L-6 | | 15 | 34.7 | 39 | 920 | 13 | 28.6 | 31.6 | 942 |
| 180L-6 | | 20 | 42.6 | 58.7 | 946 | 17 | 36.7 | 49.8 | 955 |
| 200L-6 | | 33 | 62 | 68 | 942 | 26 | 56.1 | 82.4 | 956 |
| 225M-6 | | 40 | 80 | 101 | 947 | 34 | 70 | 85 | 957 |
| 250M1-6 | | 50 | 99 | 123 | 950 | 42 | 80 | 103 | 960 |
| 250M2-6 | | 63 | 121 | 134 | 947 | 52 | 97 | 110 | 958 |
| 280S-6 | | 75 | 144 | 169.5 | 960 | 63 | 118 | 142 | 966 |
| 280M-6 | | 100 | 185 | 166 | 960 | 85 | 157 | 140 | 966 |
| 750 r/min | | | | | | | | | |
| YZR 160L-8 | | 11 | 27.5 | 36.3 | 676 | 9 | 22.4 | 28.1 | 694 |
| 180L-8 | | 15 | 34 | 56 | 690 | 13 | 29.1 | 47.8 | 700 |
| 200L-8 | | 22 | 48 | 81 | 690 | 18.5 | 40 | 67.2 | 701 |
| 225M-8 | | 33 | 70 | 92 | 696 | 26 | 55 | 71.2 | 708 |
| 250M1-8 | | 42 | 75 | 97.2 | 710 | 35 | 64 | 80 | 715 |
| 250M2-8 | | 52 | 103 | 98 | 706 | 42 | 86 | 79 | 716 |
| 280S-8 | | 60 | 120 | 126 | 713 | 51 | 106 | 108 | 718 |
| 280M-8 | | 75 | 150 | 132 | 715 | 63 | 126 | 110 | 722 |
| 315S-8 | | 100 | 172 | 213 | 719 | 85 | 148 | 180 | 724 |
| 315M-8 | | 125 | 250 | 232 | 717 | 100 | 190 | 183.5 | 715 |
| 600 r/min | | | | | | | | | |
| YZR 280S-10 | | 55 | 112 | 235.2 | 564 | 42 | 92 | 177.1 | 571 |
| 280M-10 | | 63 | 146 | 241 | 548 | 55 | 127 | 207 | 556 |
| 315S-10 | | 75 | 154 | 194 | 574 | 63 | 132.5 | 161.9 | 580 |
| 315M-10 | | 100 | 210 | 203 | 570 | 85 | 179 | 171 | 576 |
| 355M-10 | | 132 | 266 | 252 | 576 | 110 | 218 | 207 | 581 |
| 355L1-10 | | 160 | 314 | 261 | 571 | 132 | 257 | 213 | 578 |
| 355L2-10 | | 185 | 353 | 241 | 585 | 150 | 293 | 194 | 588 |
| 400L1-10 | | 236 | 472 | 370 | 582 | 190 | 390 | 300 | 585 |
| 400L2-10 | | 270 | 540 | 340 | 582 | 240 | 490 | 308 | 586 |

续上表

| 机座号 | 工作制 项目 | S3—60% | | | | S3—100% | | | |
|---|---|---|---|---|---|---|---|---|---|
| | | 功率/kW | 定子电流/A | 转子电流/A | 转速/(r/min) | 功率/kW | 定子电流/A | 转子电流/A | 转速/(r/min) |
| 1 000 r/min | | | | | | | | | |
| YZR 112M-6 | | 1.1 | 3.8 | 7.3 | 912 | 0.8 | 3.5 | 5.16 | 940 |
| 132M1-6 | | 1.8 | 5.4 | 9 | 924 | 1.5 | 5 | 7.3 | 940 |
| 132M2-6 | | 3.0 | 7.9 | 10.2 | 937 | 2.5 | 7.2 | 8.4 | 950 |
| 160M1-6 | | 5.0 | 14 | 22.9 | 935 | 4 | 12.5 | 18.2 | 944 |
| 160M2-6 | | 6.3 | 16 | 21.7 | 949 | 5.5 | 15 | 18.8 | 956 |
| 160L-6 | | 9 | 21 | 22.3 | 952 | 7.5 | 18.8 | 18.5 | 970 |
| 180L-6 | | 13 | 29.7 | 37.3 | 968 | 11 | 25.5 | 31.4 | 975 |
| 200L-6 | | 19 | 44.5 | 60.5 | 969 | 17 | 40.5 | 52.6 | 973 |
| 225M-6 | | 26 | 55 | 64.5 | 968 | 22 | 50 | 54.2 | 975 |
| 250M1-6 | | 32 | 61 | 79 | 970 | 28 | 55 | 69 | 975 |
| 250M2-6 | | 39 | 73 | 83 | 969 | 33 | 64 | 71 | 974 |
| 280S-6 | | 48 | 88 | 107.1 | 972 | 40 | 76 | 88.9 | 976 |
| 280M-6 | | 63 | 118 | 104 | 975 | 50 | 96.3 | 82 | 980 |
| 750 r/min | | | | | | | | | |
| YZR 160L-8 | | 6 | 16.4 | 18.2 | 717 | 5 | 14 | 15 | 724 |
| 180L-8 | | 9 | 21.9 | 32.1 | 720 | 7.5 | 19.6 | 26.6 | 726 |
| 200L-8 | | 13 | 30 | 46.1 | 718 | 11 | 27 | 38.7 | 723 |
| 225M-8 | | 18.5 | 41 | 49.5 | 721 | 17 | 38 | 45 | 723 |
| 250M1-8 | | 26 | 52 | 59.1 | 725 | 22 | 46 | 49.7 | 729 |
| 250M2-8 | | 32 | 68 | 60 | 725 | 27 | 60 | 51 | 729 |
| 280S-8 | | 38 | 82 | 80 | 728 | 34 | 75 | 70.5 | 729 |
| 280M-8 | | 48 | 103 | 82.8 | 730 | 40 | 93 | 68.7 | 732 |
| 315S-8 | | 63 | 116 | 132 | 731 | 55 | 104 | 115 | 734 |
| 315M-8 | | 75 | 140 | 136 | 725 | 63 | 124 | 113.8 | 728 |
| 600 r/min | | | | | | | | | |
| YZR 280S-10 | | 32 | 77 | 133.4 | 578 | 27 | 69 | 111.8 | 582 |
| 280M-10 | | 37 | 90 | 136 | 569 | 33 | 89.6 | 118 | 587 |
| 315S-10 | | 48 | 106.6 | 122 | 585 | 40 | 95.2 | 101 | 588 |
| 315M-10 | | 63 | 140 | 124.8 | 584 | 50 | 125 | 98.5 | 587 |
| 355M-10 | | 75 | 154 | 140 | 588 | 63 | 136 | 117 | 589 |
| 355L1-10 | | 90 | 181 | 143 | 585 | 75 | 157 | 119 | 588 |
| 355L2-10 | | 110 | 226 | 141.8 | 591 | 90 | 191 | 115.6 | 572 |
| 400L1-10 | | 135 | 300 | 210 | 590 | 110 | 263 | 174 | 592 |
| 400L2-10 | | 177 | 372 | 224 | 591 | 145 | 332 | 183 | 592 |

续上表

| 机座号 | 项目 | 负载 | | | | | | |
|---|---|---|---|---|---|---|---|---|
| | | S3—40% 功率 | | | 0.25 额定功率 | | | |
| | | 额定功率/kW | 0.25额定功率/kW | 0.5额定功率/kW | 0.75额定功率/kW | $I_1$/A | $I_2$/A | $\eta$ | $\cos\varphi$ |
| 1 000 r/min | | | | | | | | | |
| YZR 112M-6 | | 1.5 | 0.375 | 0.75 | 1.125 | 3.2 | 3.4 | 0.57 | 0.308 |
| 132M1-6 | | 2.2 | 0.55 | 1.1 | 1.65 | 4.5 | 3.8 | 0.61 | 0.31 |
| 132M2-6 | | 3.7 | 0.925 | 1.85 | 2.775 | 5.9 | 3.9 | 0.71 | 0.34 |
| 160M1-6 | | 5.5 | 1.375 | 2.75 | 4.125 | 7.1 | 10.2 | 0.55 | 0.54 |
| 160M2-6 | | 7.5 | 1.875 | 3.75 | 5.625 | 10.0 | 9.9 | 0.57 | 0.49 |
| 160L-6 | | 11 | 2.75 | 5.5 | 8.25 | 13.3 | 10.1 | 0.61 | 0.52 |
| 180L-6 | | 15 | 3.75 | 7.5 | 11.25 | 19.4 | 12.2 | 0.80 | 0.37 |
| 200L-6 | | 22 | 5.5 | 11 | 16.5 | 27.1 | 18.6 | 0.83 | 0.37 |
| 225M-6 | | 30 | 7.5 | 15 | 22.5 | 33.4 | 19.7 | 0.85 | 0.40 |
| 250M1-6 | | 37 | 9.25 | 18.5 | 27.75 | 29.8 | 23.9 | 0.88 | 0.54 |
| 250M2-6 | | 45 | 11.25 | 22.5 | 33.75 | 34.8 | 24.8 | 0.88 | 0.54 |
| 280S-6 | | 55 | 13.75 | 27.5 | 41.25 | 41.7 | 33.4 | 0.84 | 0.59 |
| 280M-6 | | 75 | 18.75 | 37.5 | 56.25 | 59 | 34 | 0.84 | 0.57 |
| 750 r/min | | | | | | | | | |
| YZR 160L-8 | | 7.5 | 1.875 | 3.75 | 5.625 | 13.3 | 10.8 | 0.46 | 0.47 |
| 180L-8 | | 11 | 2.75 | 5.5 | 8.25 | 16.3 | 11.3 | 0.77 | 0.33 |
| 200L-8 | | 15 | 3.75 | 7.5 | 11.25 | 21.2 | 14.4 | 0.80 | 0.34 |
| 225M-8 | | 22 | 5.5 | 11 | 16.5 | 26.4 | 16.2 | 0.83 | 0.38 |
| 250M1-8 | | 30 | 7.5 | 15 | 22.5 | 35.8 | 18 | 0.84 | 0.38 |
| 250M2-8 | | 37 | 9.25 | 18.5 | 27.75 | 41.1 | 18.2 | 0.85 | 0.4 |
| 280S-8 | | 45 | 11.25 | 22.5 | 33.75 | 54.2 | 27.8 | 0.74 | 0.42 |
| 280M-8 | | 55 | 13.75 | 27.5 | 41.25 | 58 | 27.6 | 0.78 | 0.46 |
| 315S-8 | | 75 | 18.75 | 37.5 | 56.25 | 35.2 | 37.7 | 0.87 | 0.38 |
| 315M-8 | | 90 | 22.5 | 45 | 67.5 | 87.3 | 37.7 | 0.88 | 0.44 |
| 600 r/min | | | | | | | | | |
| YZR 280S-10 | | 37 | 9.25 | 18.5 | 27.75 | 47 | 48.3 | 0.69 | 0.43 |
| 280M-10 | | 45 | 11.25 | 22.5 | 33.75 | 55.8 | 49.4 | 0.71 | 0.43 |
| 315S-10 | | 55 | 13.75 | 27.5 | 41.25 | 75.2 | 36.7 | 0.84 | 0.33 |
| 315M-10 | | 75 | 18.75 | 37.5 | 56.25 | 100.5 | 38.4 | 0.85 | 0.33 |
| 355M-10 | | 90 | 22.5 | 45 | 67.5 | 98.5 | 42.9 | 0.85 | 0.39 |
| 355L1-10 | | 110 | 27.5 | 55 | 82.5 | 109.6 | 43.8 | 0.89 | 0.43 |
| 355L2-10 | | 132 | 33 | 66 | 99 | 147.4 | 43.4 | 0.88 | 0.39 |
| 400L1-10 | | 160 | 40 | 80 | 120 | 113.5 | 65.3 | 0.87 | 0.36 |
| 400L2-10 | | 200 | 50 | 100 | 150 | 132.6 | 69.1 | 0.88 | 0.38 |

续上表

| 项目　　　　　　　机座号 | 负载 | | | | | | | |
|---|---|---|---|---|---|---|---|---|
| | 0.5 额定功率 | | | | 0.75 额定功率 | | | |
| | $I_1$/A | $I_2$/A | $\eta$ | $\cos\varphi$ | $I_1$/A | $I_2$/A | $\eta$ | $\cos\varphi$ |
| 1 000 r/min | | | | | | | | |
| YZR 112M-6 | 3.5 | 5.8 | 0.68 | 0.48 | 3.9 | 8.5 | 0.7 | 0.63 |
| 132M1-6 | 4.8 | 6.5 | 0.71 | 0.49 | 5.4 | 9.4 | 0.73 | 0.63 |
| 132M2-6 | 6.6 | 7 | 0.78 | 0.55 | 7.8 | 10.5 | 0.78 | 0.69 |
| 160M1-6 | 9 | 18.6 | 0.6 | 0.77 | 14.5 | 34.9 | 0.48 | 0.9 |
| 160M2-6 | 12 | 17.6 | 0.65 | 0.73 | 16.6 | 28.8 | 0.59 | 0.86 |
| 160L-6 | 16.6 | 18.5 | 0.66 | 0.75 | 24 | 31.1 | 0.6 | 0.87 |
| 180L-6 | 22.5 | 22.9 | 0.85 | 0.59 | 27.2 | 34.1 | 0.86 | 0.73 |
| 200L-6 | 31.7 | 35.1 | 6.88 | 0.6 | 38.4 | 52.4 | 0.39 | 0.73 |
| 225M-6 | 40.2 | 37.7 | 0.89 | 0.63 | 50 | 56.5 | 0.9 | 0.76 |
| 250M1-6 | 40.6 | 46.5 | 0.91 | 0.76 | 54.2 | 69.9 | 0.91 | 0.85 |
| 250M2-6 | 48.2 | 48.3 | 0.91 | 0.78 | 65.2 | 72.6 | 0.91 | 0.86 |
| 280S-6 | 60.3 | 65.8 | 0.85 | 0.81 | 85.2 | 102 | 0.83 | 0.89 |
| 280M-6 | 82.8 | 66.5 | 0.86 | 0.8 | 114.8 | 102.1 | 0.84 | 0.89 |
| 750 r/min | | | | | | | | |
| YZR 160L-8 | 15.2 | 17.9 | 0.56 | 0.67 | 20.7 | 30.1 | 0.51 | 0.82 |
| 180L-8 | 18.5 | 21 | 0.83 | 0.54 | 22 | 31.4 | 0.83 | 0.68 |
| 200L-8 | 24.3 | 26.9 | 0.86 | 0.55 | 29 | 39.2 | 0.87 | 0.69 |
| 225M-8 | 31.5 | 30.9 | 0.88 | 0.6 | 39 | 46.5 | 0.88 | 0.73 |
| 250M1-8 | 42.8 | 34.3 | 0.88 | 0.6 | 52.8 | 51.4 | 0.89 | 0.73 |
| 250M2-8 | 50.2 | 35 | 0.89 | 0.63 | 63.1 | 52.5 | 0.89 | 0.75 |
| 280S-8 | 64.8 | 51.8 | 0.8 | 0.66 | 82.1 | 78.6 | 0.79 | 0.78 |
| 280M-8 | 73 | 52.6 | 0.82 | 0.7 | 96 | 80.8 | 0.80 | 0.81 |
| 315S-8 | 107.2 | 72.2 | 0.91 | 0.61 | 125.2 | 107.7 | 0.91 | 0.75 |
| 315M-8 | 109.7 | 72.2 | 0.92 | 0.68 | 140 | 108.8 | 0.92 | 0.79 |
| 600 r/min | | | | | | | | |
| YZR 280S-10 | 56.4 | 88.6 | 0.76 | 0.65 | 72 | 135.5 | 0.75 | 0.78 |
| 280M-10 | 67.2 | 91.3 | 0.77 | 0.65 | 85.7 | 139.5 | 0.77 | 0.79 |
| 315S-10 | 86.2 | 69.4 | 0.89 | 0.55 | 102.5 | 103.4 | 0.89 | 0.68 |
| 315M-10 | 115.4 | 73 | 0.89 | 0.55 | 137.6 | 108.8 | 0.9 | 0.69 |
| 355M-10 | 119.4 | 82.7 | 0.91 | 0.63 | 148.7 | 123.8 | 0.92 | 0.75 |
| 355L1-10 | 137.1 | 85 | 0.92 | 0.66 | 174.6 | 127.6 | 0.92 | 0.79 |
| 355L2-10 | 176.9 | 83.5 | 0.92 | 0.62 | 218.7 | 124.8 | 0.92 | 0.74 |
| 400L1-10 | 133.6 | 125.1 | 0.91 | 0.58 | 162.3 | 186.4 | 0.92 | 0.71 |
| 400L2-10 | 159.1 | 133.1 | 0.92 | 0.6 | 196.2 | 198.7 | 0.93 | 0.72 |

(12) YZ 电动机在额定电压下,基准工作制时,最大转矩及堵转转矩对额定转矩之比的保证值不小于表 5-1-14 的规定。

表 5-1-14　最大转矩倍数及堵转转矩倍数保证值表

| 额定功率/kW | 最大转矩/额定转矩 | 堵转转矩/额定转矩 |
| --- | --- | --- |
| ≤5.5 | 2.0 | 2.0 |
| >5.5~11 | 2.3 | 2.3 |
| >11 | 2.5 | 2.5 |

(13) YZ 电动机在额定电压下,基准工作制时,堵转电流的保证值不大于表 5-1-15 规定。

表 5-1-15　堵转电流保证值

| 机座号 | 功率/kW | 堵转电流/A | 机座号 | 功率/kW | 堵转电流/A |
| --- | --- | --- | --- | --- | --- |
| 112M-6 | 1.5 | 70 | 160L-8 | 7.5 | 98 |
| 132M1-6 | 2.2 | 27 | 180L-8 | 11 | 130 |
| 132M2-6 | 3.7 | 42 | 200L-8 | 15 | 182 |
| 160M1-6 | 5.5 | 60 | 225M-8 | 22 | 275 |
| 160M2-6 | 7.5 | 92 | 250M-8 | 30 | 350 |
| 160L-6 | 11 | 140 | — | — | — |

(14) YZ 电动机电气性能保证值容差见表 5-1-16。

表 5-1-16　电气性能保证值容差

| 名　　称 | 容　　差 |
| --- | --- |
| 堵转转矩 | 保证值的 −15% |
| 最大转矩 | 保证值的 −10% |
| 堵转电流 | 保证值的 +20% |

## 二、YZR-Z 系列起重专用绕线转子三相异步电动机

该系列电动机与 YZR 电动机的区别是基准工作制为 S3—25%,功率等级与 YZR S3—25% 功率等级相同,不生产 YZR400 机座号,突出特点为最大转矩倍数高,符合表 5-1-2 的规定。YZR 电动机投产以后,好多规格当 S3—25% 功率时,最大转矩倍数能满足表 5-1-2 的规定,所以 YZR 与 YZR-Z 是同一产品。部分规格最大转矩低,采取略减定子绕组匝数办法提高最大转矩。此时,空载电流、定子额定电流有所增加,转子绕组开路电压有所改变,但在容差之内。

## 三、YZRG、YZRF 系列强迫通风型绕线转子三相异步电动机

YZRG、YZRF 系列电动机是在 YZR 系列电动机从结构上派生的产品。YZRG 为管道通风型电动机;YZRF 为自带风机型电动机。

该电动机工作制为 S1。输出功率与 YZR 电动机基准工作制(即 S3—40%)时的功率相同。电磁设计与 YZR 电动机相同,所以技术数据相同。

该系列电动机安装尺寸及其公差与 YZR 电动机相同。外形尺寸除 YZRF 电动机总高比 YZR 电动机高外,其他外形尺寸均与 YZR 相同。

YZRG 管道通风电动机,输入管道内的冷却空气不得含有直径大于 1 mm 的固体异物及杂质,不得含有腐蚀性气体。进风口处连接尺寸见表 5-1-17。

**表 5-1-17 YZRG 进风口处安装尺寸**

| 机座号 | $a_1$ | $a_2$ | $a_3$ | $b_1$ | $b_2$ | $b_3$ | $d_1$ |
|---|---|---|---|---|---|---|---|
| 250M<br>280S<br>280M<br>315S<br>315M | 310 | 165 | 360 | 160 | 130 | 610 | 10 |
| 355M<br>355L<br>400L | 350 | 185 | 400 | 120 | 150 | 180 | 10 |

YZRG 电动机通入风量及全风压不小于表 5-1-18 数值。

**表 5-1-18 YZRG 通入风量及风压**

| 机座号 | 通入风量/(m³/h) | 通入全风压/(mmH₂O) | 机座号 | 通入风量/(m³/h) | 通入全风压/(mmH₂O) |
|---|---|---|---|---|---|
| 250M1 | 1 500 | 50 | 355M | 1 920 | 70 |
| 250M2<br>280S | 1 620 | 60 | 355L<br>355L2 | 2 200 | 90 |
| 280M<br>315S | 1 800 | 70 | 400L1 | 2 700 | 90 |
| 315M | 1 920 |  | 400L2 | 3 000 |  |

YZRF 电动机自带扇风机所配电动机规格: 250~280 机座号为 1.5 kW 4 极;315~400 机座号为 2.2 kW 4 极电机。

### 四、YZD 起重用多速三相异步电动机

YZD 电动机是在 YZ 系列电动机电磁上派生的产品。安装尺寸及其公差和外形尺寸与 YZ 电动机相同。接线盒内设 6 个接线端子。

YZD 电动机为单绕组双速电机。接线方式为 2Y/1Y,即在同一规格中,少极时为 2Y,多极时为 1Y。接线图见图 5-1-1。

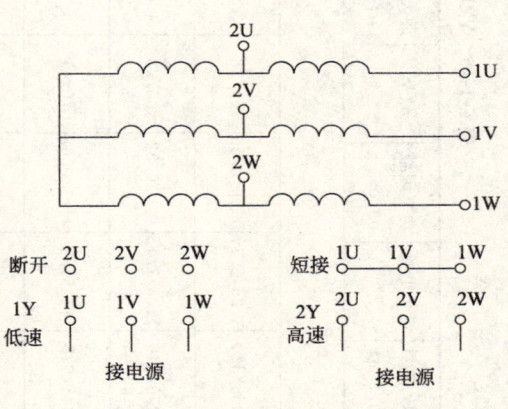

图 5-1-1 YZD 电动机定子接线图

电动机基准工作制:高速(少极)S3—25%;低速(多极)S3—15%。

电动机主要技术数据见表 5-1-19。

### 五、YBZS 系列起重用隔爆型双速三相异步电动机

YBZS 电动机是结构上在 YZD 电动机上派生的产品。电磁设计相同,所以接线方式也相同,只是重新设计了隔爆外壳。安装尺寸及其公差与 YZ、YZD 电动机相同,除电动机总高比 YZ、YZD 电动机高 50 mm~80 mm 外,外形尺寸与 YZ、YZD 电动机相近。

表 5-1-19 YZD、YBZS 电动机技术数据（S3—25%/15%）

| 项 目<br>机座号 | 功率<br>/kW | 转速<br>/(r/min) | 定子电流<br>/A | 功率因数<br>/cosφ | 效率<br>/% | 最大转矩<br>/倍 | 起动转矩<br>/倍 | 起动电流<br>/倍 | 空载电流<br>/A | 115℃定子电阻/Ω | 定子铜耗<br>/W | 转子铜耗<br>/W | 固定损耗<br>/W | 总损耗<br>/kW | 空载损耗<br>/W | 定子温升<br>/K |
|---|---|---|---|---|---|---|---|---|---|---|---|---|---|---|---|---|
| | | | | | | | 1 000/375 r/min | | | | | | | | | |
| YZD 112M-6/16 | 0.75/0.2 | 966/314 | 3.29/2.17 | 0.56/0.55 | 61/28 | 3.9/2.3 | 3.8/2.8 | 4.6/1.8 | 3/2.1 | 8.14/32.7 | 264/462 | 27/41 | 187/87 | 0.4841/0.594 | 379/416 | 22 |
| 132M1-6/16 | 2.2/0.55 | 970/346 | 11.5/7.15 | 0.5/0.52 | 60/23 | 4.6/2.9 | 3.3/2.7 | 4.4/1.7 | 11.6/7.5 | 2.43/9.7 | 967/1 486 | 69/48 | 468/386 | 1.52/1.926 | 1 421/2 007 | 64 |
| 160M1-6/16 | 3.7/1.0 | 948/328 | 11/5.82 | 0.73/0.62 | 70/41 | 3.1/2.7 | 2/1.6 | 4.8/2.1 | 8.5/5.6 | 2.57/10.75 | 936/1 041 | 210/151 | 446/181 | 1.46/1.38 | 900/1 008 | 39 |
| 160M2-6/16 | 5.5/1.5 | 955/344 | 16.6/9.3 | 0.71/0.63 | 71/35 | 2.63/1.78 | 1.8/1.5 | 4.9/1.9 | 14.4/9.1 | 1.55/6.18 | 1 285/1 602 | 262/141 | 634/956 | 2.24/2.72 | 1 450/1 620 | 58.4 |
| 160L-6/16 | 7.5/2.0 | 959/329 | 21.3/12 | 0.71/0.56 | 75/44 | 3.3/1.9 | 2.2/2.1 | 5.6/2.4 | 17.5/10.8 | 1/4 | 1 376/1 742 | 321/279 | 765/470 | 2.5/2.45 | 1 501/1 864 | 57 |
| 180L-6/16 | 11/3.0 | 966/345 | 28/15.4 | 0.76/0.56 | 77/53 | 3.3/2.5 | 1.8/1.7 | 5.1/2.5 | 22.1/15.3 | 0.69/2.7 | 1 643/1 392 | 393/259 | 1 049/428 | 3.19/2.71 | 1 880/1 957 | 69 |
| | | | | | | | 750/300 r/min | | | | | | | | | |
| YZD 200L-8/20 | 11/3.7 | 723/259 | 39.5/20.2 | 0.58/0.52 | 72/54 | 4.4/2.1 | 4/1.5 | 5/2.1 | 36.4/17.6 | 0.44/1.78 | 2 080/2 180 | 422/594 | 1 720/392 | 4.33/3.2 | 3 091/1 758 | 66 |
| 225M-8/20 | 15/4.5 | 705/259 | 32.7/19.5 | 0.81/0.58 | 81/58 | 4.1/2.5 | 5.3/1.7 | 6.6/2.3 | 18.8/16.5 | 0.46/1.93 | 1 490/2 076 | 954/721 | 770/398 | 3.36/3.24 | 1 165/1 642 | 39 |
| 250M-8/20 | 22/6.3 | 716/264 | 65.5/35.3 | 0.64/0.5 | 79/53 | 2.7/2 | 2.8/1.5 | 5.1/2 | 49.3/31.1 | 0.25/1.0 | 3 285/3 757 | 1 051/876 | 1 238/701 | 5.79/5.38 | 2 660/2 832 | 59 |

YBZS 电动机符合 GB 3836.2—83《爆炸性环境用防爆电气设备 隔爆型电气设备"d"》的规定,制成隔爆型。防爆标志为 dⅡBT4。适用工厂中传爆能力为ⅡA 及ⅡB 级,引燃温度组别为 T1~T4 组的可燃性气体或蒸气与空气形成的爆炸性混合物的场所,作为起重设备的电力传动。

根据用户需要,还可生产防爆标志为 dⅡCT4 的产品,适用于具有氢气或乙炔爆炸混合物场所。

电动机基准工作制与 YZD 电动机相同。主要技术数据也与 YZD 电动机相同。见表 5-1-19。

## 六、YZRW 系列起重冶金用涡流制动绕线转子三相异步电动机

YZRW 电动机是由 YZR 电动机和感应式涡流制动器同轴联结为一体的产品。调速范围可以从电动机额定转速调至同步转速的 1/5~1/10。

额定制动力矩:涡流制动器在 100 r/min 励磁绕组热稳定时的制动力矩。

限定制动力矩:涡流制动器在 950 r/min~1 000 r/min 励磁绕组热稳定时的制动力矩。

额定励磁电流:能满足额定制动力矩及限定制动力矩的电流。

电动机技术数据与 YZR 相同,制动器技术数据见表 5-1-20。

涡流制动电动机安装尺寸及其公差,外形尺寸见表 5-1-21。

涡流制动电动机制动器的机械特性见图 5-1-2 至图 5-1-15。它们分别给出佳木斯电机厂和大连第二电机厂的产品 M-n 曲线。

表 5-1-20 制动器技术数据

| 机座号 | 工作制 项目 | S3—15% | | | | | |
|---|---|---|---|---|---|---|---|
| | | 额定制动转矩 /(N·m) | 限定制动转矩 /(N·m) | 额定励磁电流/A | | 额定电压(直流)/V | | $J_m$ /(kg·m²) |
| | | | | 佳电机 | 大连二电机 | 佳电机 | 大连二电机 | |
| YZRW112 | | 7 | 26 | 1.5 | | 66 | | 0.125 |
| YZRW132 | | 18 | 64 | 2 | 1.5 | 65 | 65 | 0.3 |
| YZRW160 | | 64 | 196 | 3 | 3 | 80 | 80 | 0.575 |
| YZRW180 | | 118 | 245 | 3.5 | 3.5 | 95 | 95 | 1.25 |
| YZRW200 | | 170 | 390 | 3.5 | 5 | 80 | 95 | 1.88 |
| YZRW225 | | 235 | 540 | 4 | 5 | 95 | 65 | 2.88 |
| YZRW250 | | 390 | 785 | 4 | 4 | 95 | 65 | 5.25 |
| YZRW280 | | 590 | 1 180 | 5.5 | | 95 | | 8.75 |

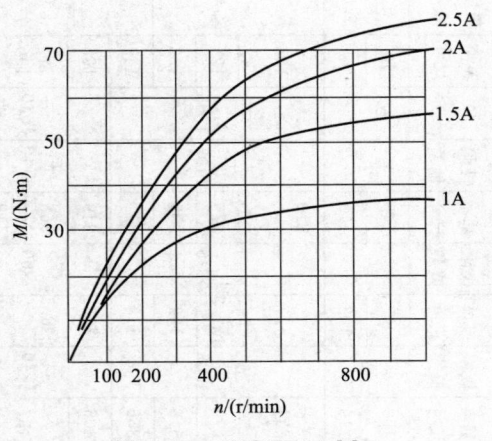

图 5-1-2 YZRW132 M-n 曲线(佳电机)$I_e = 2$ A

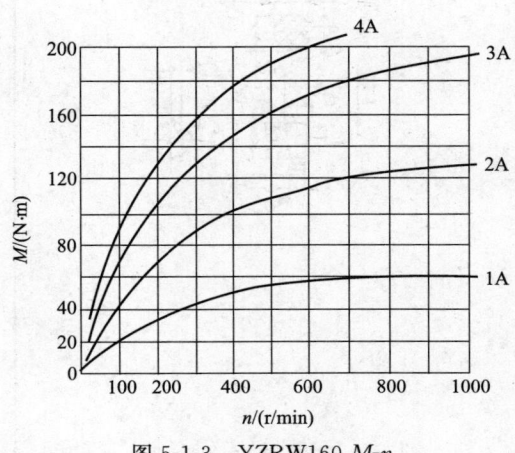

图 5-1-3 YZRW160 M-n 曲线(佳电机)$I_e = 3$ A

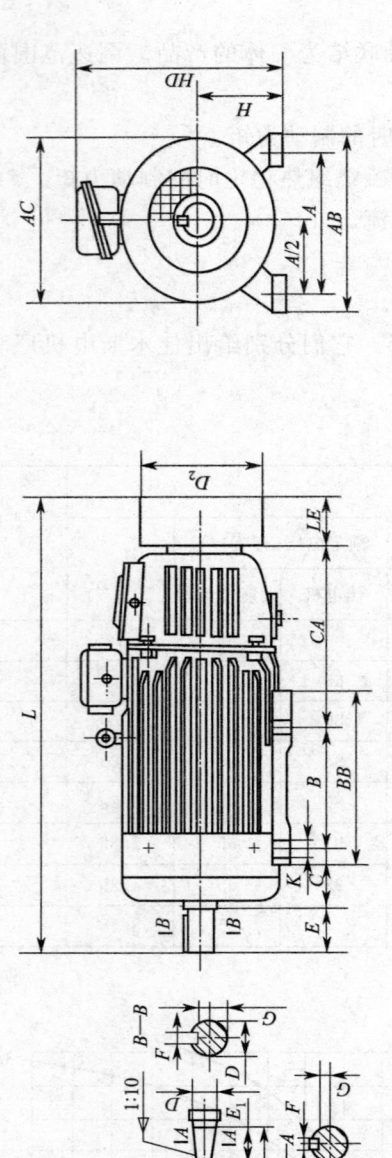

表 5-1-21 IM 1001 机座带底脚端盖无凸缘的 YZRW 涡流制动电动机

mm

| 机座号 | 安装尺寸 | | | | | | | | | | | | | | | | | | | | | 外形尺寸 | | | | | |
|---|---|---|---|---|---|---|---|---|---|---|---|---|---|---|---|---|---|---|---|---|---|---|---|---|---|---|---|
| | A | | A/2 | | B | | C 左右之差 | | C | | D | | D1 左右尺寸 | E | | E1 | F(N9) | | G | | H | | CA | K | | BB | AB | AC | HD | L | D2 | LA |
| | 基本尺寸 | 极限偏差 | 基本尺寸 | 极限偏差 | 基本尺寸 | 极限偏差 | | 基本尺寸 | 极限偏差 | 基本尺寸 | 极限偏差 | | 基本尺寸 | 极限偏差 | | 基本尺寸 | 极限偏差 | 基本尺寸 | 极限偏差 | 基本尺寸 | 极限偏差 | | 基本尺寸 | 极限偏差 | | | | | | | | |
| 112M | 190 | ±0.7 | 95 | ±0.5 | 140 | ±0.7 | 0.3 | 70 | ±2.0 | 32 | ±0.018 | | 80 | ±0.37 | | 10 | 0 −0.036 | 27 | | 112 | 0 | 283 | 12 | +0.43 0 | 235 | 250 | 245 | 330 | 698 | φ220 | 125 |
| 132M | 216 | | 108 | | 178 | | | 89 | | 38 | | | | | | | | 33 | | 132 | | | | | 260 | 275 | 285 | 360 | 775 | φ260 | 145 |
| 160M | 254 | | 127 | | 210 | | 0.45 | 108 | ±3.0 | 48 | ±0.002 | M36×3 | 110 | ±0.43 | 82 | 14 | 0 −0.043 | 42.5 | | 160 | −0.50 | 317 | 15 | | 290 | 320 | 325 | 420 | 916 | φ315 | 171 |
| 160L | | | | | 254 | | | | | | | | | | | | | | | | | | | | 335 | | | | 960 | | |
| 180L | 279 | ±1.05 | 139.5 | ±0.75 | 279 | ±1.05 | | 121 | | 55 | | | | | | | | 19.9 | | 180 | | 319 | | | 380 | 360 | 360 | 460 | 1 070 | φ355 | 241 |
| 200L | 318 | | 159 | | 305 | | | 133 | | 60 | | M42×3 | 140 | | 105 | 16 | | 21.4 | −0.20 | 200 | | 375 | 19 | | 400 | 405 | 405 | 510 | 1 175 | φ395 | 222 |
| 225M | 356 | | 178 | | 311 | | 0.60 | 149 | ±4.0 | 65 | | M48×3 | | ±0.50 | | 18 | | 23.9 | | 225 | | 425 | | +0.52 0 | 410 | 455 | 430 | 545 | 1 270 | φ445 | 245 |
| 250M | 406 | ±1.40 | 203 | ±1.00 | 349 | ±1.40 | | 168 | | 70 | | | 170 | | 130 | 20 | 0 −0.052 | 25.4 | | 250 | 0 −1.0 | 488 | 24 | | 510 | 515 | 480 | 605 | 1 455 | φ495 | 310 |
| 280S | 457 | | 228.5 | | 368 | | | 190 | | 85 | | M56×4 | | | | | | 31.7 | | 280 | | 500 | | | 530 | 575 | 535 | 665 | 1 569 | φ555 | 341 |
| 280M | | | | | 419 | | | | | | | | | | | | | | | | | | | | 580 | | | | 1 620 | | |

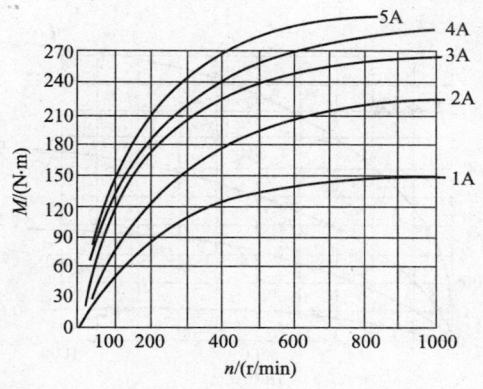

图 5-1-4　YZRW180 $M$-$n$ 曲线（佳电机）$I_e$＝3.5 A

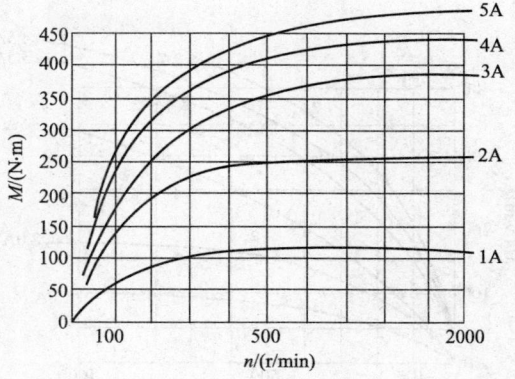

图 5-1-5　YZRW200 $M$-$n$ 曲线（佳电机）$I_e$＝3.5 A

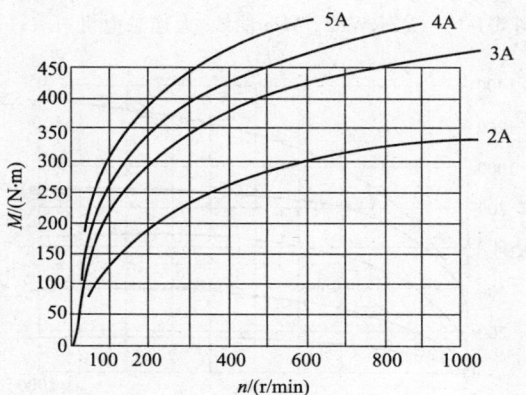

图 5-1-6　YZRW225 $M$-$n$ 曲线（佳电机）$I_e$＝4 A

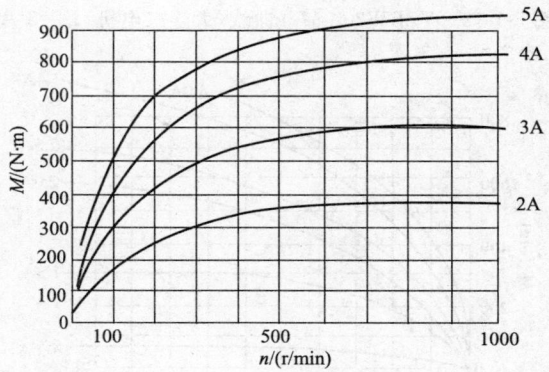

图 5-1-7　YZRW250 $M$-$n$ 曲线（佳电机）$I_e$＝4 A

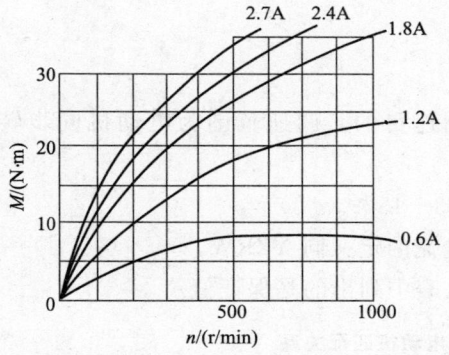

图 5-1-8　YZRW112 $M$-$n$ 曲线（大连二电机）$I_e$＝1.5 A

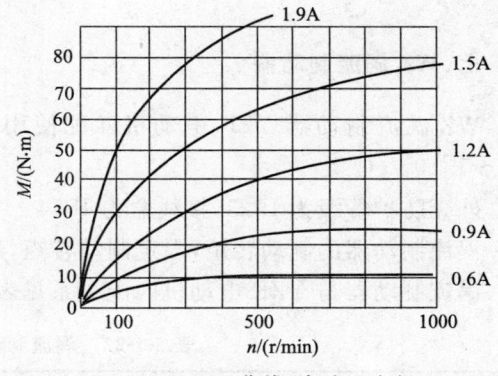

图 5-1-9　YZRW132 $M$-$n$ 曲线（大连二电机）$I_e$＝1.5 A

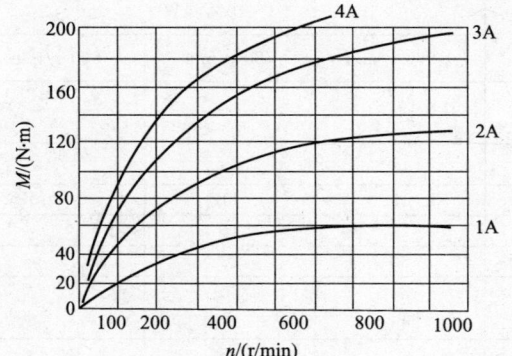

图 5-1-10　YZRW160 $M$-$n$ 曲线（大连二电机）$I_e$＝3 A

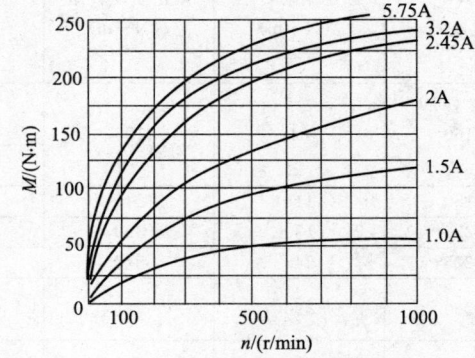

图 5-1-11　YZRW180 $M$-$n$ 曲线（大连二电机）$I_e$＝3.5 A

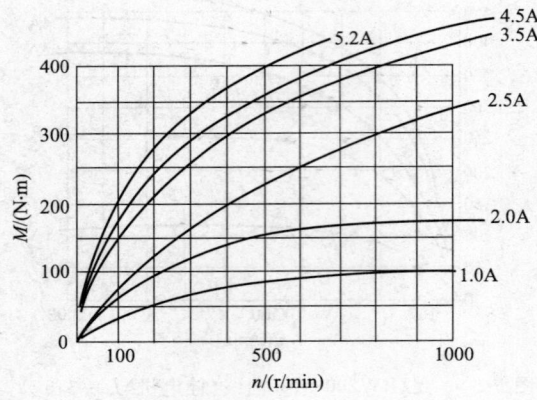

图 5-1-12　YZRW200 $M$-$n$ 曲线（大连二电机）$I_e=3$ A

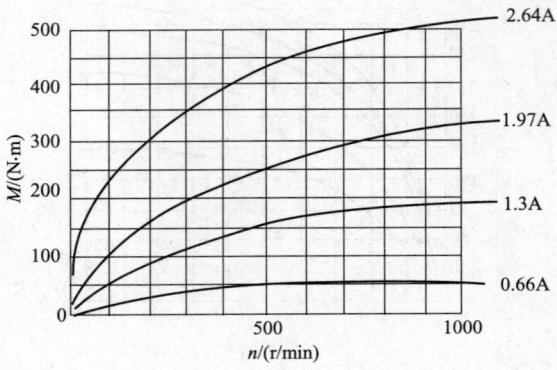

图 5-1-13　YZRW225 $M$-$n$ 曲线（大连二电机）$I_e=4$ A

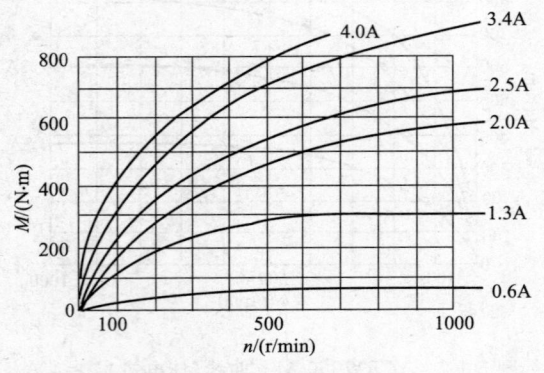

图 5-1-14　YZRW250 $M$-$n$ 曲线（大连二电机）$I_e=4$ A

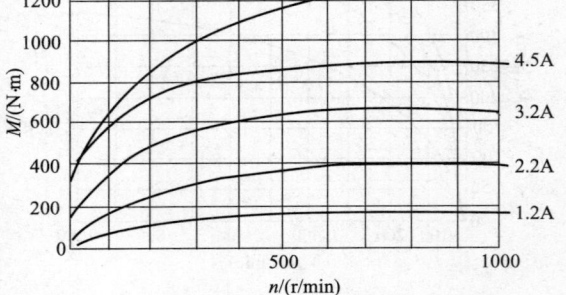

图 5-1-15　YZRW280 $M$-$n$ 曲线（大连二电机）$I_e=5.5$ A

### 七、WZ 涡流制动器

WZ 涡流制动器 YZR 电动机匹配使用，以达到调速目的。调速范围为电动机同步转速的 $1/5\sim1/10$。

外壳防护等级为 IP23，接线盒为 IP54。工作制为 S3—15%。

涡流制动器的制动转矩，限定制动转矩，额定励磁电流的定义同 YZRW。

涡流制动器与 YZR 电动机匹配关系见表 5-1-22，该表中列出的是保证值。

表 5-1-22　涡流制动器与 YZR 电动机匹配关系

| WZ 机座号 | 额定制动转矩 /(N·m) | 限定制动转矩 /(N·m) | 匹配 YZR 电动机 | | | |
|---|---|---|---|---|---|---|
| | | | 机座号 | S3—40%/kW | | |
| | | | | 1 000 r/min | 750 r/min | 600 r/min |
| 160 | 64 | 196 | 160M | 5.5 | | |
| | | | | 7.5 | | |
| | | | 160L | 11 | 7.5 | |
| 180 | 118 | 245 | 180L | 15 | 11 | |
| 200 | 170 | 390 | 200L | 22 | 15 | |
| 225 | 245 | 540 | 225M | 30 | 22 | |
| 250 | 390 | 785 | 250M | 37 | 30 | |
| | | | | 45 | 37 | |
| 280 | 620 | 1 180 | S280M | 55 | 45 | 37 |
| | | | | 75 | 55 | 45 |

续上表

| WZ 机座号 | 额定制动转矩 /(N·m) | 限定制动转矩 /(N·m) | 匹配 YZR 电动机 | | | |
|---|---|---|---|---|---|---|
| | | | 机座号 | S3—40%/kW | | |
| | | | | 1 000 r/min | 750 r/min | 600 r/min |
| 315 | 980 | 1 860 | 315 S | | 75 | 55 |
| | | | M | | 90 | 75 |
| 355 | 1 180 | 2 060 | 355M | | | 90 |
| | 1 700 | 3 040 | 355L | | | 110 |
| | | | | | | 132 |
| 400 | 1 860 | 3 720 | 400L1 | | | 160 |
| | 2 250 | 4 410 | 400L2 | | | 200 |

涡流制动器主要技术数据见表5-1-23，机械特性曲线见图5-1-16至图5-1-28，从图中看出有个别规格限定制动转矩达不到标准要求。设计部门认为不能满足要求时，可以采取提高励磁电流的办法使限定制动转矩达到要求，此时额定制动转矩也相应提高。

表 5-1-23  涡流制动器主要技术数据

| 机座号 | 额定制动转矩 /(N·m) | 额定励磁电压 /V | 额定励磁电流 /A | 转子转动惯量 /(kg·m²) | 绕组热态电阻 /Ω | 生产厂 |
|---|---|---|---|---|---|---|
| WZ180 | 118 | 110 | 4.9 | 0.175 | 21.6 | 佳电机 |
| WZ200 | 170 | | | | | |
| WZ225 | 250 | 140 | 5.3 | 0.3 | 26.5 | 佳电机 |
| | | 133 | 4.9 | 0.375 | 27.1 | 大连二电机 |
| WZ250 | 390 | 140 | 8 | 0.4 | 17.5 | 佳电机 |
| | | 135 | 5.9 | | 22.9 | 大连二电机 |
| WZ280 | 620 | 170 | 13 | 1.0 | 13.4 | 佳电机 |
| | | 110 | 7 | 1.18 | 15.7 | 大连二电机 |
| WZ315 | 980 | 190 | 14.5 | 1.68 | 13.1 | 佳电机 |
| | | 160 | 12.4 | | 12.9 | 大连二电机 |
| WZ355 | 1 180 | 150 | 12 | 7.9 | 12.5 | 佳电机 |
| | 1 700 | 150 | 9 | 3.13 | 16.7 | 佳电机 |
| | 1 700 | 160 | 9 | 1.59 | 18.1 | 大连二电机 |
| WZ400 | 1 860 | 150 | 8 | 6.46 | 18.8 | 大连二电机 |

涡流制动器的安装尺寸及其公差和外形尺寸见表5-1-24。

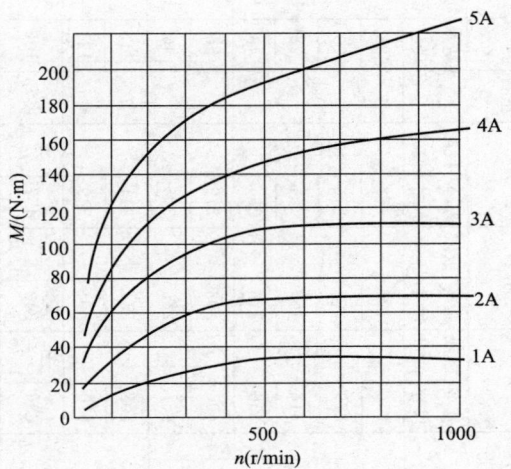

图 5-1-16  WZ 180 $M$-$n$ 曲线（佳电机）$I_e$＝4.9 A

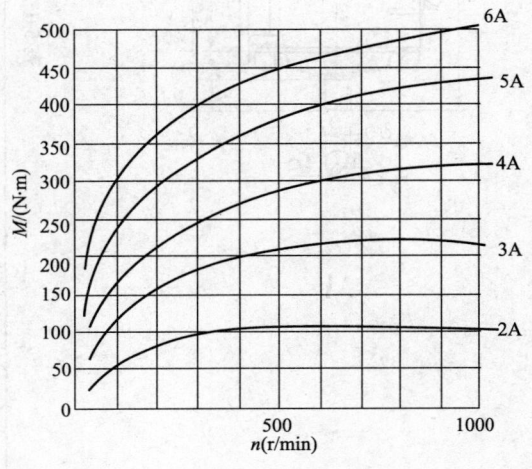

图 5-1-17  WZ 225 $M$-$n$ 曲线（佳电机）$I_e$＝5.3 A

表 5-1-24　IM1001 机座带底脚端盖上无凸缘的 WZ 系列冶金及起重用涡流制动器

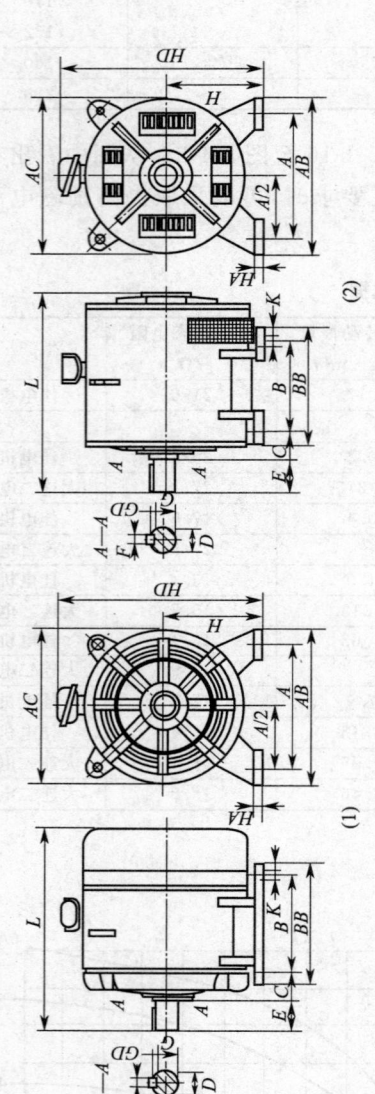

单位：mm

| 机座号 | 图形 | 安装尺寸及公差 ||||||||||||||| 键及键槽 |||||| 螺栓直径 | 外形尺寸 |||||
|---|---|---|---|---|---|---|---|---|---|---|---|---|---|---|---|---|---|---|---|---|---|---|---|---|---|---|
| | | A 基本尺寸 | A 极限偏差 | A/2 基本尺寸 | A/2 极限偏差 | B 基本尺寸 | B 极限偏差 | 左右 B 之差 | C 基本尺寸 | C 极限偏差 | 左右 C 之差 | D 基本尺寸 | D 极限偏差 | E 基本尺寸 | E 极限偏差 | F 基本尺寸 | F 极限偏差 | G 基本尺寸 | G 极限偏差 | GD 基本尺寸 | GD 极限偏差 | H 基本尺寸 | H 极限偏差 | K 基本尺寸 | K 极限偏差 | | AB | AC | BB | HA | HD | L |
| 160 | 1 | 254 | ±1.05 | 127 | ±0.75 | 178 | ±10.5 | 10.5 | 28 | ±1.0 | 0.45 | 42 | +0.06 +0.002 | 82 | ±0.43 | 12 | 0 −0.043 | 37 | 0 −0.2 | 8 | −0.09 | 160 | 0 −0.5 | 15 | +0.43 0 | M12 | 300 | 317 | 234 | 13 | 420 | 419 |
| 180 | 1 | 279 | ±1.05 | 139.5 | ±0.75 | 210 | ±10.5 | 10.5 | 30 | ±1.0 | 0.45 | 48 | +0.06 +0.002 | 82 | ±0.43 | 14 | 0 −0.043 | 42.5 | 0 −0.2 | 9 | −0.09 | 180 | 0 −0.5 | 15 | +0.43 0 | M12 | 355 | 355 | 250 | 13 | 460 | 417 |
| 200 | 1 | 318 | ±1.05 | 159 | ±0.75 | 254 | ±10.5 | 10.5 | 28 | ±1.0 | 0.45 | 55 | +0.030 +0.011 | 82 | ±0.43 | 16 | 0 −0.043 | 49 | 0 −0.2 | 10 | −0.09 | 200 | 0 −0.5 | 19 | +0.52 0 | M16 | 400 | 395 | 300 | 16 | 510 | 452 |
| 225 | 1 | 356 | ±1.05 | 178 | ±0.75 | 254 | ±10.5 | 10.5 | 43 | ±1.0 | 0.45 | 55 | +0.030 +0.011 | 105 | ±0.43 | 16 | 0 −0.043 | 49 | 0 −0.2 | 10 | −0.09 | 225 | 0 −0.5 | 19 | +0.52 0 | M16 | 450 | 445 | 300 | 16 | 540 | 492 |
| 250 | 1 | 406 | ±1.4 | 203 | ±1.0 | 279 | ±14 | 14 | 56 | ±1.5 | 0.5 | 60 | +0.030 +0.011 | 105 | ±0.43 | 18 | 0 −0.043 | 53 | 0 −0.2 | 11 | −0.11 | 250 | 0 −1.0 | 24 | +0.52 0 | M20 | 500 | 495 | 335 | 25 | 590 | 585 |
| 280 | 1 | 457 | ±1.4 | 228.5 | ±1.0 | 305 | ±14 | 14 | 56 | ±1.5 | 0.5 | 70 | +0.030 +0.011 | 105 | ±0.43 | 20 | 0 −0.052 | 62.5 | 0 −0.2 | 12 | −0.11 | 280 | 0 −1.0 | 24 | +0.52 0 | M20 | 560 | 555 | 365 | 25 | 660 | 693 |
| 315 | 1 | 508 | ±1.4 | 254 | ±1.0 | 311 | ±14 | 14 | 115 | ±1.5 | 0.5 | 85 | +0.035 +0.013 | 130 | ±0.50 | 22 | 0 −0.052 | 76 | 0 −0.2 | 14 | −0.11 | 315 | 0 −1.0 | 28 | +0.52 0 | M24 | 610 | 625 | 385 | 25 | 725 | 735 |
| 355 | 2 | 610 | ±1.75 | 305 | ±1.25 | 349 | ±1.75 | 1.75 | 121 | ±2.0 | 0.75 | 100 | +0.035 +0.013 | 165 | ±0.50 | 28 | 0 −0.052 | 90 | 0 −0.2 | 16 | −0.11 | 355 | 0 −1.0 | 28 | +0.52 0 | M24 | 700 | 705 | 420 | 35 | 805 | 920 |
| 400 | 2 | 686 | ±1.75 | 343 | ±1.25 | 457 | ±1.75 | 1.75 | 102 | ±2.0 | 0.75 | 110 | +0.035 +0.013 | 165 | ±0.50 | 28 | 0 −0.052 | 100 | 0 −0.2 | 16 | −0.11 | 400 | 0 −1.0 | 35 | +0.62 0 | M30 | 800 | 790 | 550 | 35 | 895 | 1 075 |

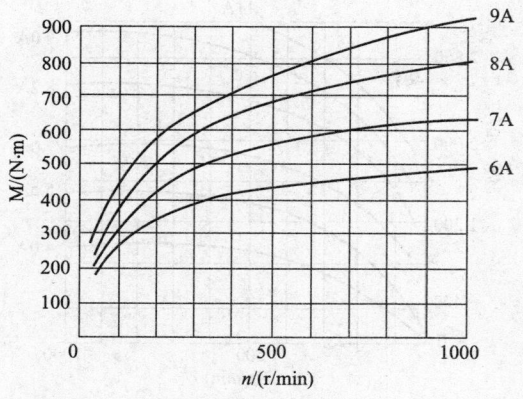
图 5-1-18　WZ 250 $M$-$n$ 曲线（佳电机）$I_e=8$ A

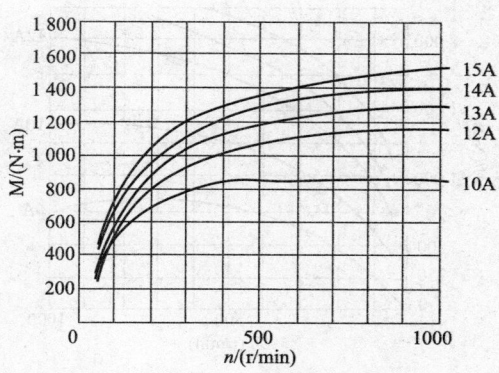
图 5-1-19　WZ 280 $M$-$n$ 曲线（佳电机）$I_e=13$ A

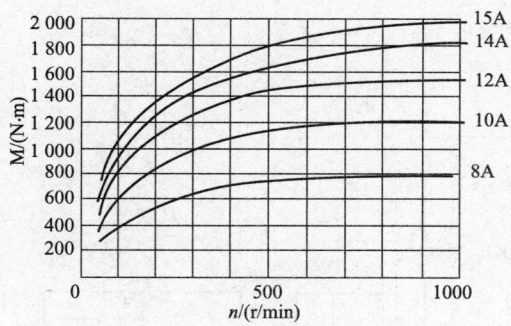
图 5-1-20　WZ 315 $M$-$n$ 曲线（佳电机）$I_e=14.5$ A

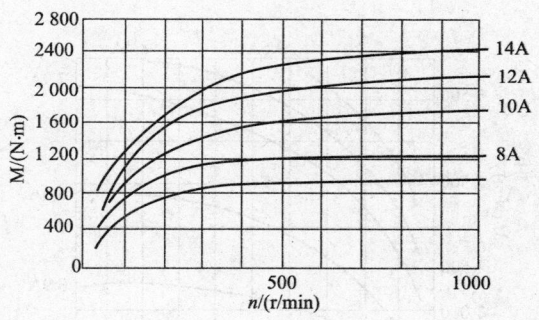
图 5-1-21　WZ 315-1180 $M$-$n$ 曲线（佳电机）$I_e=12$ A

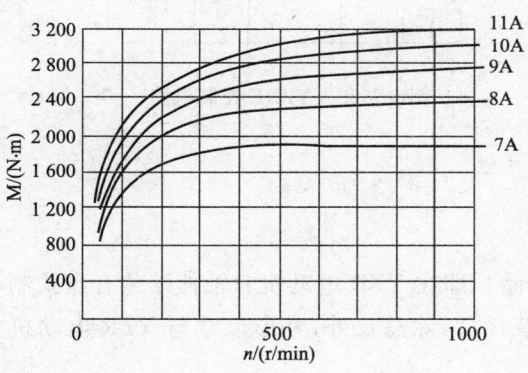
图 5-1-22　WZ 355-1700 $M$-$n$ 曲线（佳电机）$I_e=9$ A

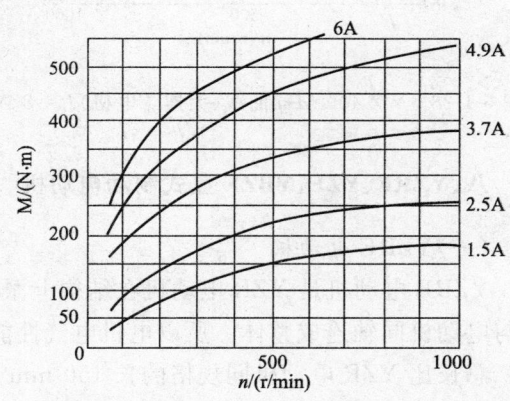
图 5-1-23　WZ225 $M$-$n$ 曲线（大连二电机）$I_e=4.9$ A

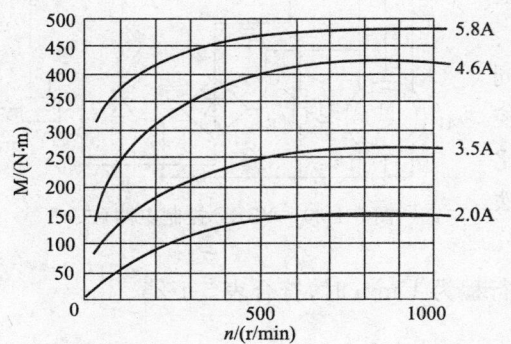
图 5-1-24　WZ250 $M$-$n$ 曲线（大连二电机）$I_e=5.9$ A

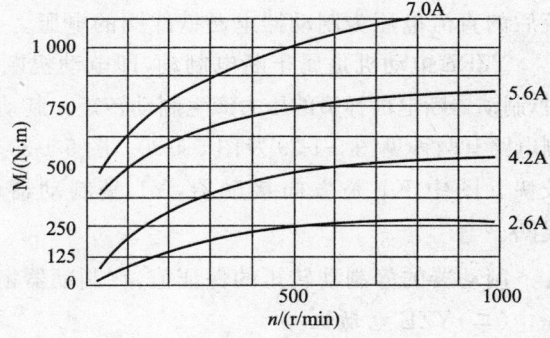
图 5-1-25　WZ 280 $M$-$n$ 曲线（大连二电机）$I_e=7$A

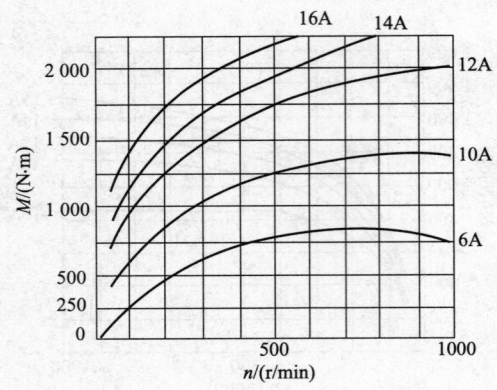

图 5-1-26　WZ 315 $M$-$n$ 曲线（大连二电机）$I_e$＝12.4 A

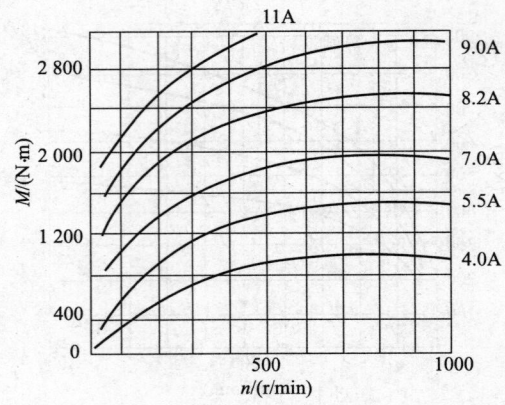

图 5-1-27　WZ 355 $M$-$n$ 曲线（大连二电机）$I_e$＝9 A

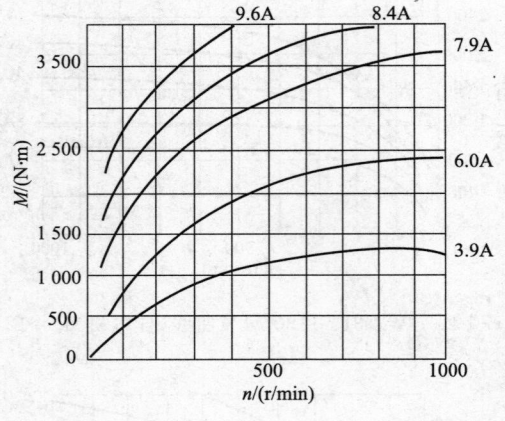

图 5-1-28　WZ 400 $M$-$n$ 曲线（大连二电机）$I_e$＝8 A

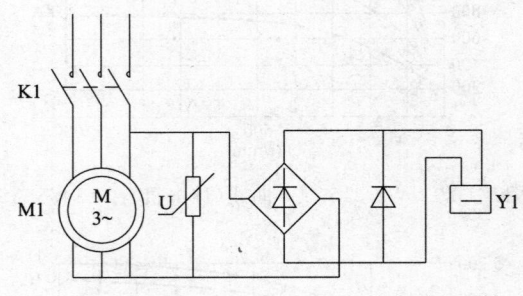

图 5-1-29　YZRE 控制电路（一）

## 八、YZRE、YZE、YBZE 盘式制动电动机

### （一）YZRE 电动机

YZRE 电动机是 YZR 电动机在结构上派生的产品。即在 YZR 电动机非轴伸端装有盘式制动器与电动机同轴连成整体。所以电机电气性能及安装尺寸，除总长外，外形尺寸与 YZR 电动机相同。总长比 YZR 电动机同规格的长 150 mm 左右。

YZRE 电动机接线盒内装有整流装置，取相与中性线间 220 V 交流电压作为整流装置输入电压，经整流后的直流电压为制动器电磁铁线圈的电压。

YZRE 电动机是属于断电制动，即电动机断电的同时，制动器断电由弹簧的压力产生制动转矩。制动器的控制电路有两种见图 5-1-29 及图 5-1-30。图 5-1-30 制动比较快。图中 K1 是方向接触器，Y1 是制动器电磁铁线圈。

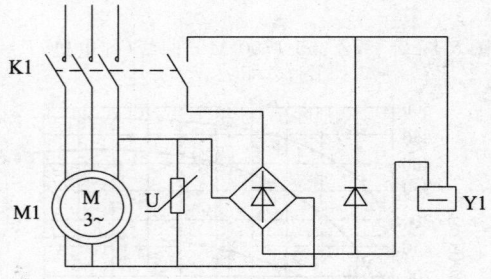

图 5-1-30　YZRE 控制电路（二）

制动器的静制动转矩的保证值，在制动器衔铁的行程为 1 mm 时，符合表 5-1-25。

### （二）YZE 电动机

YZE 电动机是在 YZ 电动机上派生的产品。制动器与 YZRE 电动机制动器相同，所以性能也相同。安装尺寸与 YZ 相同，外形尺寸，除总长比 YZ 长 150 mm 外，其他尺寸均与 YZ 相同。

表 5-1-25  YZRE 电动机静制动转矩及空载制动时间

| 机座号 | 静制动转矩/(N·m) | 空载制动时间/s | 机座号 | 静制动转矩/(N·m) | 空载制动时间/s |
|---|---|---|---|---|---|
| 112 | 40 | 0.35 | 180 | 220 | 0.60 |
| 132 | 75 | 0.40 | 200 | 300 | 0.70 |
| 160 | 150 | 0.50 | 225 | 450 | 0.80 |

注：当订货机座号为高 200 及 225 时，制动力矩需与制造厂协商。

（三）YBZE 隔爆型盘式制动电动机

YBZE 电动机是在 YZE 电动机上从结构上派生的产品，为隔爆结构。防爆标志分别为 dⅡBT4 及 dⅡCT4。制动器控制办法及结构与 YZRE 相同。YBZE 制动转矩是电动机额定转矩的 1.8 倍左右。电动机性能与安装尺寸与 YZ 相同，相同机座号的电动机与 YBZS 型电动机，总高相同，总长比 YZ 长 200 mm 以内。制造范围：当机座号为 112 至 225 时，功率等级与 YZ 相同。

## 九、YZR3 系列起重及冶金用三相异步电动机

YZR3 系列起重及冶金用三相异步电动机是在 YZR 和 YZR2 系列电机基础上更新设计的，系列更新设计的目标是达到西门子公司 1LT8、1LT9 的水平。YZR3 系列电动机的设计，总结了国内自 1983 年 YZR 系列电动机和 1993 年 YZR2 系列电动机定型投产以来多年生产、改进和提高的经验，贯彻了国家"以冷轧硅钢板代替热轧硅钢板"的产业政策，应用我国在电磁设计、结构设计、工艺、材料和测试等方面的新技术，吸收国外同类产品更新的先进技术，组织行业技术骨干力量，进行联合设计的新产品。

YZR3 系列电动机的整体结构型式和机座、端盖及风罩的造型均有所改进，使电动机的外型美观，式样新颖。YZR3 系列电动机于 1996 年 7 月通过部级鉴定，使我国起重冶金电机达到国际同类产品先进水平，可进一步满足国内外市场对起重冶金电机在质量、性能方面的需求。

YZR3 系列电动机适合于各种型式的起重机械及其他类似设备和冶金辅助设备，是 YZR、YZR2 系列电机的更新换代产品。YZR3 系列电动机具有较大的过载能力和较高的机械强度，特别适用于短时或断续周期工作制的场所，适用于频繁起动、制动、有时过载荷及有显著振动与冲击的设备。

（一）基本性能

1. 结构形式

（1）YZR3 系列电动机分为：一般环境用（最高环境空气温度 40 ℃）电动机，冶金环境用（最高环境空气温度 60 ℃）电动机。电动机外壳防护等级为 IP54，接线盒防护等级为 IP55。

（2）电动机的冷却方法为 IC411。

（3）电动机的结构及安装型式为 IM1 001～IM1 004（卧式安装）、IM3 001～IM3 003（带法兰卧式安装），IM3 011～IM3 013（带法兰立式安装）。各机座号的安装型式及特征见表 5-1-26。

表 5-1-26  YZR3 电动机结构安装形式

| 机构及安装形式 | 机座号 | 代　号 | 轴伸种类 | 轴伸数量 |
|---|---|---|---|---|
| | 100～160 | IM1001 | 圆柱形轴伸 | 单伸轴 |
| | 180～400 | IM1003 | 圆锥形轴伸 | |
| | 100～160 | IM1002 | 圆柱形轴伸 | 双伸轴 |
| | 180～400 | IM1004 | 圆锥形轴伸 | |
| | 100～160 | 1M3001 | 圆柱形轴伸 | 单伸轴 |
| | 180～225 | IM3003 | 圆锥形轴伸 | |

续上表

| 机构及安装形式 | 机座号 | 代号 | 轴伸种类 | 轴伸数量 |
|---|---|---|---|---|
| | 100~160 | IM3011 | 圆柱形轴伸 | 单伸轴 |
| | 180~315 | IM3013 | 圆锥形轴伸 | |

**2. 基本参数**

(1)电动机的工作制分为 S2、S3、S4、S5、S6 等类型，S7~S9 工作制须与制造厂协商。电动机的定额是以断续周期工作制 S3 40% 为基准的周期定额，即基准工作制为 S3，基准负载持续率为 40%，每一工作周期为 10 min。

(2)电动机的额定电压为 380 V，额定频率为 50 Hz。100~355 机座号定子绕组为 Y 形接法，400 机座号一般为 △ 形接法，也可根据订货合同供应 Y 形接法的电动机。

(3)YZR3 系列电动机的功率等级采用 IEC60 072-1 号文件和 GB/T 4772.1 标准的规定，即以 YZR 系列电动机的功率等级为基础，参照德国西门子公司 1LT8、1LT9 电动机增加高速化规格(4极电动机)，功率范围为 1.5 kW~250 kW，与 YZR 系列电动机相比增加了 3.0、6.3、63 和 250 kW 共 4 挡。YZR3 系列电动机的机座号为 100~400，向下延伸一个机座号。

YZR3 系列电动机除基准工作制外，其他负载持续率 25%、60%、100% 的功率列入技术条件作为统一标准制造。YZR3 系列电动机基准工作制 S3 40% 及其他负载持续率的额定功率与机座号的对应关系见号的对应关系见表 5-1-27。

**表 5-1-27　YZR3 系列电动机 S3 工作制各负载持续率的功率**　　　　　kW

| 机座号 | 1 500 r/min | | | | 1 000 r/min | | | | 750 r/min | | | | 600 r/min | | | |
|---|---|---|---|---|---|---|---|---|---|---|---|---|---|---|---|---|
| | 25% | 40% | 60% | 100% | 25% | 40% | 60% | 100% | 25% | 40% | 60% | 100% | 25% | 40% | 60% | 100% |
| 100L | 2.5 | 2.2 | 1.9 | 1.6 | | | | | | | | | | | | |
| 112M1 | 3.3 | 3.0 | 2.6 | 2.0 | 1.7 | 1.5 | 1.3 | 1.1 | | | | | | | | |
| 112M2 | 4.0 | 3.7 | 3.2 | 2.5 | 2.5 | 2.2 | 1.9 | 1.6 | | | | | | | | |
| 132M | 6.3 | 5.5 | 4.8 | 4.0 | 3.3 | 3.0 | 2.6 | 2.2 | | | | | | | | |
| 132M2 | 7.0 | 6.3 | 5.3 | 4.8 | 4.0 | 3.7 | 3.2 | 2.5 | | | | | | | | |
| 160M | 8.5 | 7.5 | 6.3 | 5.0 | 6.3 | 5.5 | 4.8 | 4.0 | | | | | | | | |
| 160M2 | 13 | 11 | 9.5 | 8.8 | 8.5 | 7.5 | 6.3 | 5.5 | | | | | | | | |
| 160L | 17 | 15 | 13 | 11 | 13 | 11 | 9.5 | 8.0 | 8.5 | 7.5 | 6.3 | 5.5 | | | | |
| 180L | 25 | 22 | 19 | 16 | 17 | 15 | 13 | 11 | 13 | 11 | 9.5 | 8.0 | | | | |
| 200L | 35 | 30 | 26 | 22 | 25 | 22 | 19 | 16 | 17 | 15 | 13 | 11 | | | | |
| 225M | 42 | 37 | 32 | 27 | 35 | 30 | 25 | 22 | 26 | 22 | 19 | 16 | | | | |
| 250M1 | 52 | 45 | 39 | 33 | 42 | 37 | 32 | 27 | 36 | 30 | 26 | 22 | | | | |
| 250M2 | 63 | 55 | 47 | 40 | 52 | 45 | 39 | 33 | 42 | 37 | 32 | 27 | | | | |
| 280S1 | 70 | 63 | 53 | 46 | 63 | 55 | 47 | 40 | 52 | 45 | 39 | 33 | 42 | 37 | 32 | 27 |
| 280S2 | 85 | 75 | 63 | 55 | 70 | 63 | 53 | 46 | | | | | | | | |
| 280M | 100 | 90 | 75 | 60 | 85 | 75 | 63 | 55 | 55 | 47 | 40 | | 52 | 45 | 39 | 33 |
| 315S1 | 125 | 110 | 92 | 80 | 100 | 90 | 75 | 65 | 70 | 63 | 53 | 46 | 63 | 55 | 47 | 40 |
| 315S2 | | | | | 85 | 75 | 63 | 55 | 70 | 63 | 53 | 46 | | | | |
| 315M | 150 | 132 | 110 | 95 | 92 | 110 | 92 | 80 | 100 | 90 | 75 | 65 | 85 | 75 | 63 | 55 |
| 355M1 | | | | | 125 | 110 | 92 | 80 | 100 | 90 | 75 | 65 | | | | |
| 355M2 | | | | | 150 | 132 | 110 | 95 | 125 | 110 | 92 | 80 | | | | |
| 355L | | | | | 185 | 160 | 132 | 115 | 150 | 132 | 110 | 95 | | | | |
| 400L1 | | | | | 230 | 200 | 170 | 145 | 185 | 160 | 132 | 115 | | | | |
| 400L2 | | | | | 300 | 250 | 210 | 180 | 230 | 200 | 170 | 145 | | | | |

3. 电气性能

(1)电动机在额定电压下,基准工作制时,最大转矩与额定转矩之比(即最大转矩倍数)见表5-1-28。

表 5-1-28　YZR3 电动机最大转矩倍数

| 额定功率/kW | 最大转矩/额定转矩 |
| --- | --- |
| ≤7.5 | 2.5 |
| >7.5 | 2.8 |

(2)YZR3 系列电动机与 YZR 系列电动机相比,电动机的效率有所提高,而功率因数有所降低,力能指标比 YZR 系列电动机略有提高。

由于 YZR3 系列电动机为断续运行电机,效率和功率因数未列入主要性能指标考核,YZR3 系列电动机设计时把力能指标作为设计的重点,有效材料用量节约 10% 左右,凭优化设计和经验设计达到节约原材料已是很大进步,电动机的效率和功率因数仍保持节能型电动机——YZR 系列电动机的水平。

(3)YZR3 系列电动机转子开路电压,主要考虑与 YZR 系列电动机的继承性,即与 YZR 系列电动机相同的规格,散嵌绕组转子电压与 YZR 电动机基本相同,插入式转子绕组转子电压有所降低,90kW 以下电动机,转子绕组电压不超过 330V。新增加的高速化规格,散嵌绕组转子电压符合 1LT6 电动机和 DIN42 681 标准,插入式转子绕组转子开路电压基本符合 1LT6 电动机转子开路电压的容差范围。

YZR3 系列电动机转子绕组开路电压的容差为 ±5%。

(4)YZR3 系列电动机转子转动惯量比 YZR 电动机小,YZR3 系列电动机设计时,大部分规格缩短铁心长度,100~225 机座号风扇材料采用工程塑料,适当缩小风扇外径、集电环外径,缩小部分规格转子外径,改进和去除转子部分辅助零件等措施,使 YZR3 系列电动机的转动惯量降低,与 YZR 电动机相同规格比较,平均降低 7.5%。

(5)YZR3 系列电动机采用 F、H 级绝缘,分别适用于环境空气温度为 40 ℃、60 ℃ 环境,与 YZR 电动机相同,电动机绕组温升为 105K。

YZR3 系列电动机的温升均有一定的裕度,而且定转子温升的梯度较小,根据温升试验结果,绝大部分定转子温升是相近的,与 YZR 系列电动机转子温升高于定子温升 15 K~25 K 相比,YZR3 系列电动机的温升分布是合理的,说明在系列设计中对磁通密度、电流密度和热负荷的控制是合理的和有效的。

(6)YZR3 系列电动机在空载时测得的振动速度有效值符合表 5-1-29 的规定。

(7)YZR3 系列电动机在空载时 A 计权声功率的噪声值 dB(A),符合表 5-1-30 的规定。

表 5-1-29　YZR3 电动机振动值

| 机 座 号 | 100~132 | 160~225 | 250~400 |
| --- | --- | --- | --- |
| 振动速度/(mm/s) | 1.8 | 2.8 | 3.5 |

表 5-1-30　YZR3 电动机噪声值

| 功率/kW | 同步转速/(r/min) | | |
| --- | --- | --- | --- |
| | 1 500 | 1 000 | 750 |
| | 声功率级/dB(A) | | |
| 1.5 | 82 | 78 | |
| 2.2 | 82 | 78 | |
| 3.0 | 86 | 82 | |
| 4.0 | 86 | 82 | |
| 5.5 | 86 | 82 | |
| 6.3 | 90 | 85 | |

续上表

| 功率/kW | 同步转速/(r/min) | | |
|---|---|---|---|
| | 1 500 | 1 000 | 750 |
| | 声功率级/dB(A) | | |
| 7.5 | 90 | 85 | 82 |
| 11 | 90 | 85 | 82 |
| 15 | 94 | 88 | 86 |
| 22 | 94 | 88 | 86 |
| 30 | 98 | 91 | 90 |
| 37 | 98 | 91 | 90 |
| 45 | 100 | 94 | 93 |
| 55 | 100 | 94 | 93 |
| 63 | 103 | 98 | 96 |
| 75 | 103 | 98 | 96 |
| 90 | 103 | 98 | 96 |
| 110 | 103 | 98 | 96 |
| 132 | 106 | 102 | 99 |
| 160 | | | 99 |
| 200 | | | 99 |
| 250 | | | 102 |

（二）结构特点

YZR3 系列电动机的总体结构设计改变了历经几代的起重冶金电机一直沿用的结构型式，风扇由轴伸端移至非轴伸端，机座散热片改为垂直与水平分布的平行片结构，观察窗设在高端盖两侧，280～400 机座号增加了注排油装置。

1. 机座、端盖

机座、端盖的材质为 HT200。机座散热片由径向辐射散热片改为垂直与水平分布的平行片结构，平行散热片按上下左右四组对称分布，端盖平面铸有散热片，散热片的形状和分布与机座相同。

100～160 机座号不设轴承外盖，端盖为连外盖结构，280～400 机座号端盖设有注油装置，注油孔及油杯设在端盖上，高端盖的油杯设在风罩外面，由注油管与高端盖连接。

为达到 IP54 防护等级要求，100～160 机座号采用全封闭轴承，端盖与轴配合处采用油槽密封，180～400 机座号在轴承外盖与轴配合处增加 V 形橡胶密封圈，如图 5-1-31 所示。

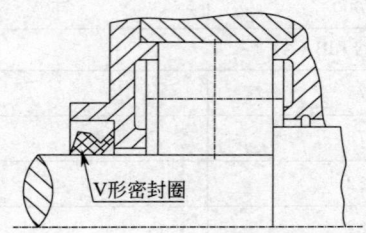
图 5-1-31　180～400 机座号轴承室密封结构

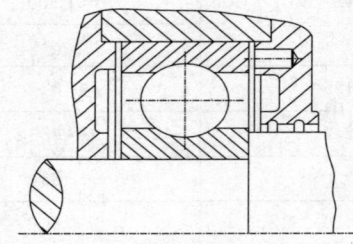
图 5-1-32　280～315 机座号轴承室压力弹簧结构

为减小电动机轴向振动和噪声,100～250 机座号在轴承外套和轴承外盖间增加波形弹簧,280～315 机座号在轴承外套和轴承内盖间增加压力(轴向)弹簧,如图 5-1-32 所示。

高端盖两侧设有两个观察窗口,电刷可根据接线位置安装在任一侧,使用维护方便。观察窗盖与端盖的配合面有橡胶密封垫达到 IP54 防护等级,用六角头不脱出螺栓固定,并设有绳索在拆卸后可将观察窗盖与端盖系住。

2. 轴承

轴承是电动机选用的关键的标准件,轴伸端和非轴伸端采用不同规格的轴承,当采用不同型号的轴承时,轴承尺寸必须相同以利互换。100～315 机座号全部采用球轴承,对径向负荷较大的场所,200～315 机座号的轴伸端可供圆柱滚子轴承,圆柱滚子轴承的尺寸与球轴承相同。355～400 机座号的轴伸端为圆柱滚子轴承,非轴伸端为球轴承。YZR3 系列电动机的轴承型号比 YZR 电动机缩小 1～2 挡,以降低电动机制造成本、振动及噪声。YZR3 系列电动机的轴承型号见表 5-1-31。

表 5-1-31　YZR3 电动机轴承型号

| 机座号 | IM1 | | IM3 | |
|---|---|---|---|---|
| | 负载端 | 非负载端 | 负载端 | 非负载端 |
| 100 | 6307-3RZ | 6307-3RZ | 6307-3RZ | 6307-3RZ |
| 112 | 6308-2RZ | 6308-2RZ | 6308-2RZ | 6308-2RZ |
| 132 | 6309-2RZ | 6309-2RZ | 6309-2RZ | 6309-2RZ |
| 160 | 6311-2RZ | 6311-2RZ | 6311-2RZ | 6311-2RZ |
| 180 | 6312 | 6312 | 6312 | 6312 |
| 200 | 6313 | 6313 | UN313 | 7313ACJ |
| 225 | 6314 | 6314 | UN314 | 7314ACJ |
| 250 | 6316 | 6316 | UN316 | 7316ACJ |
| 280 | 6318 | 6318 | UN318 | 7318ACJ |
| 315 | 6320 | 6320 | UN320 | 7320ACJ |
| 355 | NU324 | NU324 | | |
| 400 | NU328 | NU328 | | |

3. 转子平衡结构

YZR3 系列电动机转子平衡结构为:100～132 机座号和 160～280 机座号非轴伸端采用平衡胶泥校动平衡;160～400 机座号轴伸端和 315～400 机座号非轴伸端采用平衡块校动平衡,平衡环为 2 mm 钢板拉伸件,平衡槽为内宽外窄呈梯形,平衡块采用 1/2 分瓣组合结构,材质分为钢和铸黄铜两种。

4. 集电环、刷握和电刷

YZR3 系列电动机集电环为塑料模压结构。集电环的材质为硅黄铜。

刷握装置是影响电机可靠性的重要部件,刷握装置结构和电刷材质选择是否合适,直接影响电机质量。YZR3 系列电动机的刷握装置采用 RA 型刷盒结构和压指式拉簧,刷盒材质为铸黄铜。电刷选用 KF409-1(0 452B)电刷。

YZR3 系列电动机集电环的规格、集电环外径和电刷尺寸见表 5-1-32。

5. 接线盒

接线盒设计根据电动机的功率,定、转子电流,进线电缆直径尺寸综合分析而定。电动机定、转子接线盒独立设置,定子接线盒设 6 个接线端子,转子接线盒设 3 个接线端子,在接线螺栓处配有冷压接头可供用户连接电缆,接线螺栓直径和冷压接头的截面见表 5-1-33；100 机座号为 1 个出线孔,112～400 机座号为 2 个出线孔；100～250 机座号接线盒盖与接线盒座为钢板拉伸结构,280～400 机座号为铸铁结构。

接线盒内根据用户需要可安装测温元件、加热器、热保护元件等接线用的接线座。电源线和控制线须经出线孔进行连接,出线孔为螺孔,适合与电缆或管护口连接,定、转子出线孔及适配的电缆或管护口按表 5-1-33 规定的规格由用户自备。控制线出线孔可根据用户需要配备,若用户没有提出要求,电机出厂时没有此出线孔。

表 5-1-32　YZR3 电动机集电环外径和电刷尺寸　　　　　　　　　　　　　　　　　mm

| 机座号 | 100～132 | 160～180 | 200～225 | 250 | 280～315 | 355～400 |
|---|---|---|---|---|---|---|
| 集电环外径 | 90 | 112 | 132 | 160 | 200 | 225 |
| 电刷尺寸($t \times a$) | 16×8 | 20×10 | 25×12.5 | 32×16 | 40×20 | 2-40×20 |

表 5-1-33　YZR3 电动机定、转子接线盒规格

| | 机座号 | 100 | 112～132 | 160 | 180 | 200～225 | 250 | 280 | 315 | 355 | 400 |
|---|---|---|---|---|---|---|---|---|---|---|---|
| 定子 | 出线孔适配的电缆或管护口 | 1-M27×2 | 2-M30×2 | 2-M36×2 | 2-M36×2 | 2-M48×2 | 2-M48×2 | 2-M64×3 | 2-M64×3 | 2-M64×3 | 2-M64×3 |
| | 接线螺栓 | M5 | M5 | M6 | M6 | M8 | M8 | M10 | M10 | M12 | M12 |
| | 冷压接头截面/mm² | 2.5 | 5 | 6 | 10 | 16 | 16 | 35 | 50 | 70 | 50×2 |
| 转子 | 机座号 | 100 | 112～132 | 160 | 180 | 200～225 | 250 | 280 | 315 | 355 | 400 |
| | 出线孔适配的电缆或管护口 | 1-M25×2 | 1-M30×2 | 1-M30×2 | 1-M30×2 | 1-M30×2 | 1-M30×2 | 1-M36×2 | 1-M36×2 | 1-M48×2 | 1-M48×2 |
| | 接线螺栓 | M5 | M5 | M5 | M5 | M5 | M5 | M6 | M6 | M8 | M8 |
| | 冷压接头截面/mm² | 2.5 | 5 | 6 | 10 | 16 | 16 | 35 | 50 | 70 | 50×2 |

(三) 主要技术数据、安装及外形尺寸

1. 功率等级与安装尺寸的关系

YZR3 系列电动机在 S3 工作制时各负载持续率的额定功率、转子转动惯量($J_m$)、转子绕组开路电压($U_2$)与机座号的对应关系见表 5-1-34。

2. 主要技术数据

YZR3 系列电动机在 S2 工作制 30 min、60 min 和 S3 工作制 25%、40%、60%、100% 时的主要技术数据见表 5-1-35。

3. 安装及外形尺寸

YZR3 系列电动机(IM1 001,IM1 002,IM1 003,IM004)卧式安装尺寸、外形尺寸见表 5-1-36。

YZR3 系列电动机(IM3 001 及 IM3 001)卧式安装尺寸、外形尺寸见表 5-1-37。

YZR3 系列电动机(IM3 011 及 IM3 013)立式安装尺寸、外形尺寸见表 5-1-38。

4. 与 YZR 系列电动机的互换性

YZR3 系列电动机可以与 YZR 电动机互换。两个系列的功率等级和安装尺寸完全相同,凡是应用 YZR 电动机的机械设备、配套装置及备件,均可用 YZR3 系列电动机直接更换。

表 5-1-34 YZR3 系列电动机在 S3 工作制时各负载持续率的额定功率、转子转动惯量（$J_m$）、转子绕组开路电压（$U_2$）与机座号的对应关系

| 机座号 | 同步转速 | | | | | | | | | | | | | | | | | | | | | | | | |
|---|---|---|---|---|---|---|---|---|---|---|---|---|---|---|---|---|---|---|---|---|---|---|---|---|---|
| | 1500 r/min | | | | | | 1000 r/min | | | | | | 750 r/min | | | | | | 600 r/min | | | | | |
| | 功率/kW | | | | $U_2$/V | $J_m$/(kg·m²) | 功率/kW | | | | $U_2$/V | $J_m$/(kg·m²) | 功率/kW | | | | $U_2$/V | $J_m$/(kg·m²) | 功率/kW | | | | $U_2$/V | $J_m$/(kg·m²) |
| | 25% | 40% | 60% | 100% | | | 25% | 40% | 60% | 100% | | | 25% | 40% | 60% | 100% | | | 25% | 40% | 60% | 100% | | |
| 100L | 2.5 | 2.2 | 1.9 | 1.6 | 85 | 0.014 | | | | | | | | | | | | | | | | | | |
| 112M1 | 3.3 | 3.0 | 2.6 | 2.0 | 110 | 0.025 | 1.7 | 1.5 | 1.3 | 1.1 | 100 | 0.025 | | | | | | | | | | | | |
| 112M2 | 4.0 | 3.7 | 3.2 | 2.5 | 145 | 0.029 | 2.5 | 2.2 | 1.9 | 1.6 | 132 | 0.029 | | | | | | | | | | | | |
| 132M1 | 6.3 | 5.5 | 4.8 | 4.0 | 140 | 0.042 | 3.3 | 3.0 | 2.6 | 2.2 | 110 | 0.047 | | | | | | | | | | | | |
| 132M2 | 7.0 | 6.3 | 5.3 | 4.8 | 170 | 0.044 | 4.0 | 3.7 | 3.2 | 2.5 | 185 | 0.053 | | | | | | | | | | | | |
| 160M1 | 8.5 | 7.5 | 6.3 | 5.0 | 180 | 0.085 | 6.3 | 5.5 | 4.8 | 4.0 | 138 | 0.12 | | | | | | | | | | | | |
| 160M2 | 13 | 11 | 9.5 | 8.8 | 180 | 0.11 | 8.5 | 7.5 | 6.3 | 5.5 | 185 | 0.15 | | | | | | | | | | | | |
| 160L | 17 | 15 | 13 | 11 | 260 | 0.13 | 13 | 11 | 9.5 | 8.0 | 250 | 0.20 | 8.5 | 7.5 | 6.3 | 5.5 | 205 | 0.20 | | | | | | |
| 180L | 25 | 22 | 19 | 16 | 270 | 0.25 | 17 | 15 | 13 | 11 | 218 | 0.34 | 13 | 11 | 9.5 | 8.0 | 172 | 0.34 | | | | | | |
| 200L | 35 | 30 | 26 | 22 | 270 | 0.41 | 25 | 22 | 19 | 16 | 200 | 0.63 | 17 | 15 | 13 | 11 | 178 | 0.63 | | | | | | |
| 225M | 42 | 37 | 32 | 27 | 325 | 0.49 | 35 | 30 | 25 | 22 | 250 | 0.77 | 26 | 22 | 19 | 16 | 232 | 0.77 | | | | | | |
| 250M1 | 52 | 45 | 39 | 33 | 185 | 0.81 | 42 | 37 | 32 | 27 | 250 | 1.20 | 36 | 30 | 26 | 22 | 272 | 1.18 | | | | | | |
| 250M2 | 63 | 55 | 47 | 40 | 230 | 1.03 | 52 | 45 | 39 | 33 | 290 | 1.46 | 42 | 37 | 32 | 27 | 335 | 1.44 | | | | | | |
| 280S1 | 70 | 63 | 53 | 46 | 230 | 1.62 | 63 | 55 | 47 | 40 | 280 | 1.78 | 52 | 45 | 39 | 33 | 320 | 2.13 | 42 | 37 | 32 | 27 | 150 | 2.94 |
| 280S2 | 85 | 75 | 63 | 55 | 240 | 1.76 | 70 | 63 | 53 | 46 | 300 | 2.16 | 63 | 55 | 47 | 39 | 285 | 2.52 | 52 | 45 | 39 | 33 | 170 | 3.50 |
| 280M | 100 | 90 | 75 | 65 | 310 | 1.91 | 85 | 75 | 63 | 55 | 310 | 2.55 | 75 | 63 | 55 | 47 | 330 | 3.40 | 63 | 55 | 47 | 40 | 225 | 6.70 |
| 315S1 | 125 | 110 | 92 | 80 | 290 | 4.00 | 100 | 90 | 75 | 65 | 255 | 5.40 | 90 | 75 | 63 | 53 | 250 | 5.40 | 70 | 63 | 53 | 46 | 242 | 7.50 |
| 315S2 | 150 | 132 | 110 | 95 | 375 | 4.90 | 125 | 110 | 92 | 80 | 305 | 6.40 | 110 | 92 | 75 | 63 | 285 | 5.80 | 85 | 75 | 63 | 55 | 280 | 8.30 |
| 315M | | | | | | | | | | | | | 132 | 110 | 92 | 75 | 330 | 6.40 | 100 | 90 | 75 | 65 | 330 | 14.3 |
| 355M | | | | | | | 125 | | | | | | 150 | 132 | 110 | 95 | 285 | 13.0 | 125 | 110 | 92 | 80 | 388 | 16.0 |
| 355L1 | | | | | | | 150 | | | | | | 185 | 160 | 132 | 115 | 325 | 14.4 | 150 | 132 | 110 | 95 | 450 | 15.6 |
| 355L2 | | | | | | | 185 | | | | | | 230 | 200 | 170 | 145 | 380 | 16.0 | 185 | 160 | 132 | 115 | 395 | 24.1 |
| 400L1 | | | | | | | 230 | | | | | | 300 | 250 | 210 | 180 | 390 | 24.5 | 230 | 200 | 170 | 145 | 460 | 28.3 |
| 400L2 | | | | | | | 300 | | | | | | | | | | 480 | 28.0 | | | | | | |

表 5-1-35 YZR3 电动机 S2、S3 工作制技术数据表

| 工作制 | S2 | | | | | | | | | S3 | | | | | | |
|---|---|---|---|---|---|---|---|---|---|---|---|---|---|---|---|---|
| 负载持续率 | 30min | | | | 60min | | | | | 25% | | | | 转子电压 $U_2$ /V | 转子转动惯量 $J_m$ /(kg·m) | 允许最大转速 /(r/min) |
| 型号 | 额定功率 /kW | 定子电流 /A | 转子电流 /A | 转速 /(r/min) | 额定功率 /kW | 定子电流 /A | 转子电流 /A | 转速 /(r/min) | | 额定功率 /kW | 定子电流 /A | 转子电流 /A | 转速 /(r/min) | | | |
| YZR3-100L-4 | 2.5 | 6.2 | 21.9 | 1330 | 2.2 | 5.5 | 18.6 | 1355 | | 2.5 | 6.2 | 21.9 | 1330 | 85 | 0.014 | 3000 |
| YZR3-112M1-4 | 3.3 | 8.3 | 24.5 | 1370 | 3.0 | 7.6 | 20.3 | 1385 | | 3.3 | 8.3 | 24.5 | 1370 | 110 | 0.025 | 3000 |
| YZR3-112M2-4 | 4.0 | 9.6 | 21.0 | 1390 | 3.7 | 9.0 | 18.6 | 1399 | | 4.0 | 9.6 | 21.0 | 1390 | 145 | 0.029 | 3000 |
| YZR3-132M1-4 | 6.3 | 13.9 | 31.0 | 1391 | 5.5 | 12.1 | 25.9 | 1409 | | 6.3 | 13.9 | 31.0 | 1391 | 140 | 0.042 | 3000 |
| YZR3-132M2-4 | 7.0 | 15.4 | 30.0 | 1398 | 6.3 | 14.0 | 26.1 | 1410 | | 7.0 | 15.4 | 30.0 | 1398 | 170 | 0.044 | 3000 |
| YZR3-160M1-4 | 8.5 | 18.5 | 34.0 | 1403 | 7.5 | 16.3 | 28.8 | 1417 | | 8.5 | 18.5 | 34.0 | 1403 | 180 | 0.085 | 3000 |
| YZR3-160M2-4 | 13.0 | 27.3 | 49.2 | 1413 | 11.0 | 23.6 | 40.5 | 1429 | | 13.0 | 27.3 | 49.2 | 1413 | 180 | 0.11 | 3000 |
| YZR3-160L-4 | 17.0 | 35.5 | 45.0 | 1428 | 15.0 | 31.5 | 38.8 | 1438 | | 17.0 | 35.5 | 45.0 | 1428 | 260 | 0.13 | 3000 |
| YZR3-180L-4 | 25.0 | 51.3 | 62.6 | 1429 | 22.0 | 45.1 | 53.1 | 1439 | | 25.0 | 51.3 | 62.6 | 1429 | 270 | 0.25 | 3000 |
| YZR3-200L-4 | 35.0 | 66.7 | 83.2 | 1447 | 30.0 | 58.5 | 71.6 | 1455 | | 35.0 | 66.7 | 83.2 | 1447 | 270 | 0.41 | 3000 |
| YZR3-225M-4 | 42.0 | 82.4 | 87.0 | 1458 | 37.0 | 71.8 | 75.6 | 1464 | | 42.0 | 82.4 | 87.0 | 1458 | 325 | 0.49 | 3000 |
| YZR3-250M1-4 | 52.0 | 98.6 | 188.2 | 1452 | 45.0 | 84.3 | 160.1 | 1459 | | 52.0 | 98.6 | 188.2 | 1452 | 185 | 0.81 | 3000 |
| YZR3-250M2-4 | 63.0 | 118.1 | 181.0 | 1459 | 55.0 | 104.3 | 154.1 | 1465 | | 63.0 | 118.1 | 181.0 | 1459 | 230 | 1.03 | 3000 |
| YZR3-280S1-4 | 70.0 | 139.1 | 202.0 | 1461 | 63.0 | 116.8 | 165.5 | 1468 | | 70.0 | 139.1 | 202.0 | 1461 | 230 | 1.62 | 3000 |
| YZR3-280S2-4 | 85.0 | 165.3 | 248.2 | 1460 | 75.0 | 139.1 | 203.6 | 1468 | | 85.0 | 165.3 | 248.2 | 1460 | 240 | 1.76 | 3000 |
| YZR3-280M-4 | 100.0 | 183.5 | 200.0 | 1465 | 90.0 | 165.1 | 183.8 | 1468 | | 100.0 | 183.5 | 200.0 | 1465 | 310 | 1.91 | 3000 |
| YZR3-315S-4 | 125.0 | 226.0 | 289.0 | 1456 | 110.0 | 196.2 | 246.5 | 1462 | | 125.0 | 226.0 | 289.0 | 1456 | 290 | 4.00 | 3000 |
| YZR3-315M-4 | 155.0 | 278.0 | 261.6 | 1467 | 132.0 | 232.5 | 217.5 | 1472 | | 155.0 | 278.0 | 261.6 | 1467 | 375 | 4.90 | 3000 |

续上表

| 工作制 | | | | | | | | | | S3 | | | | | | | |
|---|---|---|---|---|---|---|---|---|---|---|---|---|---|---|---|---|---|
| 负载持续率 | | | | 40% | | | | | | | 60% | | | | 100% | | |
| 型号 | 额定功率/kW | 定子电流/A | 转子电流/A | 空载电流/A | 最大转矩/倍 | 效率(%) | 功率因数 | 转速/(r/min) | 额定功率/kW | 定子电流/A | 转子电流/A | 转速/(r/min) | 额定功率/kW | 定子电流/A | 转子电流/A | 转速/(r/min) |
| YZR3-100L-4 | 2.2 | 5.5 | 18.6 | 3.6 | 2.4 | 75.8 | 0.79 | 1355 | 1.9 | 5.0 | 15.6 | 1380 | 1.6 | 4.5 | 12.8 | 1400 |
| YZR3-112M1-4 | 3.0 | 7.6 | 20.3 | 4.0 | 2.5 | 76 | 0.79 | 1385 | 2.6 | 6.7 | 17.8 | 1403 | 2.0 | 5.9 | 13.3 | 1426 |
| YZR3-112M2-4 | 3.7 | 9.0 | 18.6 | 4.5 | 2.5 | 79 | 0.79 | 1399 | 3.2 | 7.9 | 18.0 | 1415 | 2.5 | 6.7 | 12.3 | 1435 |
| YZR3-132M1-4 | 5.5 | 12.1 | 25.9 | 4.9 | 2.5 | 83 | 0.83 | 1409 | 4.8 | 10.7 | 22.5 | 1422 | 4.0 | 9.2 | 18.5 | 1437 |
| YZR3-132M2-4 | 6.3 | 14.0 | 26.1 | 6.0 | 2.5 | 83 | 0.82 | 1410 | 5.3 | 11.9 | 21.6 | 1426 | 4.8 | 11.3 | 19.9 | 1434 |
| YZR3-160M1-4 | 7.5 | 16.3 | 28.8 | 6.8 | 2.8 | 82 | 0.85 | 1417 | 6.3 | 14.2 | 25.2 | 1432 | 5.0 | 11.8 | 19.1 | 1447 |
| YZR3-160M2-4 | 11.0 | 23.6 | 40.5 | 9.2 | 2.8 | 83 | 0.85 | 1429 | 9.5 | 20.7 | 35.0 | 1440 | 8.8 | 19.4 | 32.5 | 1445 |
| YZR3-160L-4 | 15.0 | 31.5 | 38.8 | 12.4 | 2.8 | 85 | 0.85 | 1438 | 13.0 | 27.6 | 35.5 | 1447 | 11.0 | 24.6 | 28.5 | 1456 |
| YZR3-180L-4 | 22.0 | 45.1 | 53.1 | 16.4 | 2.8 | 86 | 0.86 | 1439 | 19.0 | 40.2 | 46.9 | 1449 | 16.0 | 34.9 | 39.5 | 1457 |
| YZR3-200L-4 | 30.0 | 58.5 | 71.6 | 18.4 | 2.8 | 88 | 0.88 | 1455 | 26.0 | 51.59 | 63.7 | 1461 | 22.0 | 44.7 | 51.9 | 1467 |
| YZR3-225M-4 | 37.0 | 71.8 | 75.6 | 26.1 | 3.0 | 89 | 0.87 | 1464 | 32.0 | 64.2 | 66.8 | 1469 | 27.0 | 55.6 | 55.9 | 1474 |
| YZR3-250M1-4 | 45.0 | 84.3 | 160.1 | 23.1 | 3.0 | 88 | 0.91 | 1459 | 39.0 | 74.8 | 139.0 | 1465 | 33.0 | 63.3 | 117.3 | 1471 |
| YZR3-250M2-4 | 55.0 | 104.3 | 154.1 | 29.0 | 3.0 | 89 | 0.90 | 1465 | 47.0 | 89.1 | 133.7 | 1470 | 40.0 | 77.6 | 114.8 | 1475 |
| YZR3-280S1-4 | 63.0 | 116.8 | 165.5 | 32.1 | 3.0 | 91 | 0.90 | 1468 | 55.0 | 102.0 | 146.8 | 1472 | 48.0 | 91.1 | 127.1 | 1476 |
| YZR3-280S2-4 | 75.0 | 139.1 | 203.6 | 36.0 | 3.0 | 91 | 0.90 | 1468 | 63.0 | 116.9 | 173.9 | 1475 | 55.0 | 103.2 | 149.9 | 1479 |
| YZR3-280 M-4 | 90.0 | 165.1 | 183.8 | 42.3 | 3.0 | 92 | 0.90 | 1468 | 75.0 | 139.1 | 155.4 | 1474 | 65.0 | 122.0 | 13.05 | 1478 |
| YZR3-315S-4 | 110.0 | 196.2 | 246.5 | 34.5 | 2.5 | 91 | 0.93 | 1462 | 92.0 | 166.9 | 209.7 | 1469 | 80.0 | 143.6 | 180.0 | 1473 |
| YZR3-315M-4 | 132.0 | 232.5 | 217.5 | 48.5 | 3.0 | 92 | 0.93 | 1472 | 110.0 | 197.4 | 183.0 | 1477 | 95.0 | 170.0 | 159.1 | 1480 |

| 工作制 | S2 | | | | | | | S3 | | | | 转子电压 $U_2$/V | 转子转动惯量 $J_m$/(kg·m) | 允许最大转速/(r/min) |
|---|---|---|---|---|---|---|---|---|---|---|---|---|---|---|
| 负载持续率 | 30min | | | 60min | | | | 25% | | | | | | |
| 型号 | 额定功率/kW | 定子电流/A | 转子电流/A | 转速/(r/min) | 额定功率/kW | 定子电流/A | 转子电流/A | 转速/(r/min) | 额定功率/kW | 定子电流/A | 转子电流/A | 转速/(r/min) | | | |
| YZR3-112M1-6 | 1.5 | 4.5 | 13.9 | 881 | 1.7 | 4.9 | 13.9 | 899 | 1.7 | 4.9 | 13.9 | 881 | 100 | 0.025 | 2500 |
| YZR3-112M2-6 | 2.2 | 6.3 | 14.9 | 888 | 2.5 | 7.0 | 14.9 | 905 | 2.5 | 7.0 | 14.9 | 888 | 132 | 0.029 | 2500 |
| YZR3-132M1-6 | 3.0 | 8.2 | 22.4 | 917 | 3.3 | 8.9 | 22.4 | 926 | 3.3 | 8.9 | 22.4 | 917 | 110 | 0.047 | 2500 |
| YZR3-132M2-6 | 3.7 | 9.6 | 15.4 | 913 | 4.0 | 10.2 | 15.4 | 920 | 4.0 | 10.2 | 15.4 | 913 | 185 | 0.053 | 2500 |

续上表

| 工作制 | S2 | | | | | | | | S3 | | | | | | | 转子电压 $U_2$ /V | 转子转动惯量 $J_m$ /(kg·m²) | 允许最大转速 /(r/min) |
|---|---|---|---|---|---|---|---|---|---|---|---|---|---|---|---|---|---|---|
| 负载持续率 | 30min | | | | 60min | | | | 25% | | | | | | | | | |
| 型号 | 额定功率 /kW | 定子电流 /A | 转子电流 /A | 转速 /(r/min) | 额定功率 /kW | 定子电流 /A | 转子电流 /A | 转速 /(r/min) | 额定功率 /kW | 定子电流 /A | 转子电流 /A | 转速 /(r/min) | | | | | | |
| YZR3-160M1-6 | 6.3 | 15.1 | 33.6 | 928 | 5.5 | 13.7 | 29.2 | 939 | 6.3 | 15.1 | 33.6 | 928 | | | | 138 | 0.12 | 2 500 |
| YZR3-160M2-6 | 8.5 | 19.7 | 32.8 | 935 | 7.5 | 17.3 | 27.7 | 945 | 8.5 | 19.7 | 32.8 | 935 | | | | 185 | 0.15 | 2 500 |
| YZR3-160L-6 | 13.0 | 29.7 | 36.6 | 944 | 11.0 | 25.8 | 30.2 | 954 | 13.0 | 29.7 | 36.6 | 944 | | | | 250 | 0.20 | 2 500 |
| YZR3-180L-6 | 17.0 | 37.9 | 55.9 | 948 | 15.0 | 33.1 | 47.9 | 956 | 17.0 | 37.9 | 55.9 | 948 | | | | 218 | 0.34 | 2 500 |
| YZR3-200L-6 | 25.0 | 50.7 | 87.4 | 957 | 22.0 | 44.6 | 75.6 | 963 | 25.0 | 50.7 | 87.4 | 957 | | | | 200 | 0.63 | 2 500 |
| YZR3-225M-6 | 35.0 | 71.0 | 92.1 | 965 | 30.0 | 61.6 | 79.2 | 971 | 35.0 | 71.0 | 92.1 | 965 | | | | 250 | 0.77 | 2 500 |
| YZR3-250M1-6 | 42.0 | 82.4 | 113.3 | 962 | 37.0 | 72.1 | 98.2 | 967 | 42.0 | 82.4 | 113.3 | 962 | | | | 250 | 1.20 | 2 500 |
| YZR3-250M2-6 | 52.0 | 102.0 | 121.7 | 970 | 45.0 | 88.3 | 102.2 | 975 | 52.0 | 102.0 | 121.7 | 970 | | | | 290 | 1.46 | 2 500 |
| YZR3-280S1-6 | 63.0 | 123.6 | 146.5 | 968 | 55.0 | 110.4 | 124.2 | 972 | 63.0 | 123.6 | 146.5 | 968 | | | | 280 | 1.78 | 2 500 |
| YZR3-280S2-6 | 70.0 | 139.0 | 147.0 | 974 | 63.0 | 126.6 | 129.5 | 979 | 70.0 | 139.0 | 147.0 | 974 | | | | 300 | 2.16 | 2 500 |
| YZR3-280 M-6 | 85.0 | 163.0 | 173.1 | 972 | 75.0 | 145.5 | 149.1 | 975 | 85.0 | 163.0 | 173.1 | 972 | | | | 310 | 2.55 | 2 500 |
| YZR3-315S-6 | 103.0 | 195.0 | 246.7 | 976 | 90.0 | 169.2 | 214.5 | 979 | 103.0 | 195.0 | 246.7 | 976 | | | | 255 | 5.40 | 2 500 |
| YZR3-315M-6 | 125.0 | 234.4 | 255.6 | 976 | 110.0 | 203.5 | 224.5 | 979 | 125.0 | 234.4 | 255.6 | 976 | | | | 305 | 6.40 | 2 500 |

| 工作制 | S3 | | | | | | | | | | | | | |
|---|---|---|---|---|---|---|---|---|---|---|---|---|---|---|
| 负载持续率 | 40% | | | | | | 60% | | | | 100% | | | |
| 型号 | 额定功率 /kW | 定子电流 /A | 空载电流 /A | 最大转矩 /倍 | 效率 /% | 功率因数 | 转速 /(r/min) | 额定功率 /kW | 定子电流 /A | 转子电流 /A | 转速 /(r/min) | 额定功率 /kW | 定子电流 /A | 转速 /(r/min) |
| YZR3-112M1-6 | 1.5 | 4.5 | 3.0 | 2.8 | 71 | 0.71 | 899 | 1.3 | 4.1 | 9.8 | 915 | 1.1 | 3.8 | 928 |
| YZR3-112M2-6 | 2.2 | 6.3 | 5.0 | 2.8 | 73 | 0.72 | 905 | 1.8 | 5.6 | 10.4 | 924 | 1.5 | 5.2 | 937 |
| YZR3-132M1-6 | 3.0 | 8.2 | 5.0 | 2.8 | 77 | 0.72 | 926 | 2.6 | 7.4 | 17.2 | 937 | 2.0 | 6.8 | 947 |
| YZR3-132M2-6 | 3.7 | 9.6 | 5.0 | 2.5 | 77 | 0.76 | 920 | 3.2 | 8.6 | 11.6 | 937 | 2.5 | 7.3 | 949 |
| YZR3-160M1-6 | 5.5 | 13.7 | 6.7 | 2.5 | 78 | 0.78 | 939 | 4.8 | 13.9 | 24.4 | 948 | 4.0 | 11.0 | 958 |

续上表

| 工作制 | | | | | | S3 | | | | | | | | |
|---|---|---|---|---|---|---|---|---|---|---|---|---|---|---|
| 负载持续率 | | | 40% | | | | | | 60% | | | 100% | | |
| 型号 | 额定功率/kW | 定子电流/A | 转子电流/A | 空载电流/A | 最大转矩/倍 | 效率/% | 功率因数 | 转速/(r/min) | 额定功率/kW | 定子电流/A | 转子电流/A | 转速/(r/min) | 额定功率/kW | 定子电流/A | 转子电流/A | 转速/(r/min) |
| YZR3-160M2-6 | 7.5 | 17.3 | 27.7 | 7.5 | 2.5 | 81 | 0.81 | 945 | 6.3 | 15.1 | 23.1 | 955 | 5.5 | 13.9 | 20.4 | 961 |
| YZR3-160L-6 | 11.0 | 25.8 | 30.2 | 12.5 | 2.8 | 83 | 0.78 | 954 | 9.0 | 22.5 | 24.1 | 963 | 7.5 | 19.9 | 20.4 | 970 |
| YZR3-180L-6 | 15.0 | 33.08 | 47.9 | 13.0 | 2.5 | 83 | 0.83 | 956 | 13.0 | 29.3 | 41.2 | 962 | 11.0 | 24.8 | 34.2 | 969 |
| YZR3-200L-6 | 22.0 | 44.6 | 75.6 | 15.1 | 2.8 | 86 | 0.87 | 963 | 19.0 | 39.0 | 64.8 | 969 | 16.0 | 34.1 | 54.2 | 974 |
| YZR3-225M-6 | 30.0 | 61.6 | 79.2 | 24.2 | 3.0 | 87 | 0.85 | 971 | 25.0 | 52.6 | 65.1 | 976 | 22.0 | 48.1 | 58.3 | 979 |
| YZR3-250M1-6 | 37.0 | 72.1 | 98.2 | 21.5 | 2.8 | 87 | 0.89 | 967 | 32.0 | 62.7 | 84.2 | 972 | 27.0 | 54.2 | 70.8 | 977 |
| YZR3-250M2-6 | 45.0 | 88.3 | 102.2 | 32.2 | 3.0 | 88 | 0.87 | 975 | 39.0 | 77.3 | 88.9 | 978 | 33.0 | 68.7 | 75.2 | 981 |
| YZR3-280S1-6 | 55.0 | 110.4 | 124.2 | 41.2 | 3.0 | 89 | 0.85 | 972 | 48.0 | 76.9 | 108.9 | 976 | 40.0 | 84.4 | 90.7 | 980 |
| YZR3-280S2-6 | 63.0 | 126.6 | 129.5 | 52.5 | 3.0 | 90 | 0.84 | 979 | 53.0 | 112.5 | 119.2 | 980 | 46.0 | 99.8 | 92.8 | 984 |
| YZR3-280 M-6 | 75.0 | 145.5 | 149.1 | 47.9 | 3.0 | 90 | 0.87 | 975 | 63.0 | 123.7 | 123.6 | 980 | 55.0 | 113.2 | 107.0 | 982 |
| YZR3-315S-6 | 90.0 | 169.2 | 214.5 | 56.3 | 3.0 | 91 | 0.88 | 979 | 75.0 | 145.6 | 179.4 | 983 | 65.0 | 129.1 | 151.0 | 986 |
| YZR3-315M-6 | 110.0 | 203.5 | 224.5 | 57.8 | 3.0 | 91 | 0.89 | 979 | 92.0 | 174.7 | 187.1 | 983 | 80.0 | 157.0 | 161.0 | 986 |

| 工作制 | | | | | S2 | | | S3 | | | | 转子电压 $U_2$/V | 转子转动惯量 $J_m$/(kg·m) | 允许最大转速/(r/min) |
|---|---|---|---|---|---|---|---|---|---|---|---|---|---|---|
| 负载持续率 | | 30min | | | 60min | | | | 25% | | | | | |
| 型号 | 额定功率/kW | 定子电流/A | 转子电流/A | 额定功率/kW | 定子电流/A | 转子电流/A | 转速/(r/min) | 额定功率/kW | 定子电流/A | 转子电流/A | 转速/(r/min) | | | |
| YZR3-160M-8 | 8.5 | 23.3 | 29.5 | 7.5 | 21.8 | 25.2 | 711 | 8.5 | 23.3 | 29.5 | 705 | 205 | 0.20 | 1 875 |
| YZR3-180L-8 | 13.0 | 32.5 | 53.8 | 11.0 | 27.8 | 43.6 | 712 | 13.0 | 32.5 | 53.8 | 709 | 172 | 0.34 | 1 875 |
| YZR3-200L-8 | 17.0 | 41.8 | 68 | 15.0 | 34.3 | 58.2 | 719 | 17.0 | 41.8 | 68 | 725 | 178 | 0.63 | 1 875 |
| YZR3-225M-8 | 26.0 | 58.7 | 78.1 | 22.0 | 49.7 | 62.5 | 721 | 26.0 | 58.7 | 78.1 | 714 | 232 | 0.77 | 1 875 |
| YZR3-250M1-8 | 36.0 | 78.4 | 86.2 | 30.0 | 66.5 | 71.5 | 725 | 36.0 | 78.4 | 86.2 | 720 | 272 | 1.18 | 1 875 |
| YZR3-250M2-8 | 42.0 | 89.4 | 86.5 | 37.0 | 79.7 | 73.8 | 726 | 42.0 | 89.4 | 86.5 | 723 | 335 | 1.44 | 1 875 |
| YZR3-280S-8 | 52.0 | 110.8 | 104.2 | 45.0 | 96.2 | 86.7 | 729 | 52.0 | 110.8 | 104.2 | 725 | 320 | 2.13 | 1 875 |
| YZR3-280M-8 | 63.0 | 132.7 | 118.2 | 55.0 | 120.3 | 101.7 | 731 | 63.0 | 132.7 | 118.2 | 728 | 340 | 2.52 | 1 875 |

续上表

| 工作制 | | S2 | | | | | | | | | | | | S3 | | | | 转子电压 $U_2$ /V | 转子转动惯量 $J_m$ /(kg·m²) | 允许最大转速 /(r/min) |
|---|---|---|---|---|---|---|---|---|---|---|---|---|---|---|---|---|---|---|---|---|
| 负载持续率 | | 30min | | | | 60min | | | | 25% | | | | | | | | | | |
| 型号 | 额定功率 /kW | 定子电流 /A | 转子电流 /A | 转速 /(r/min) | 额定功率 /kW | 定子电流 /A | 转子电流 /A | 转速 /(r/min) | 额定功率 /kW | 定子电流 /A | 转子电流 /A | 转速 /(r/min) | | | | | | | | |
| YZR3-315S1-8 | 70.0 | 139.0 | 178.0 | 728 | 63.0 | 128.1 | 160.3 | 731 | 70.0 | 139.0 | 178 | 728 | | | | | 250 | 5.40 | 1 875 |
| YZR3-315S2-8 | 85.0 | 170.8 | 190.5 | 729 | 75.0 | 152.4 | 164.2 | 731 | 85.0 | 170.8 | 190.5 | 729 | | | | | 285 | 5.80 | 1 875 |
| YZR3-315M-8 | 100.0 | 200.9 | 192.5 | 730 | 90.0 | 182.2 | 171.5 | 731 | 100.0 | 200.9 | 192.5 | 730 | | | | | 330 | 6.40 | 1 875 |
| YZR3-355M-8 | 125.0 | 254.0 | 285.7 | 732 | 110.0 | 226.4 | 246.7 | 735 | 125.0 | 254.0 | 285.7 | 732 | | | | | 285 | 13.0 | 1 875 |
| YZR3-355L1-8 | 150.0 | 304.6 | 296.5 | 732 | 132.0 | 265.2 | 259.4 | 735 | 150.0 | 304.6 | 296.5 | 732 | | | | | 325 | 14.4 | 1 875 |
| YZR3-355L2-8 | 185.0 | 363.2 | 310.5 | 733 | 160.0 | 321.5 | 321.5 | 736 | 185.0 | 363.2 | 310.5 | 733 | | | | | 380 | 16.0 | 1 875 |
| YZR3-400L1-8 | 230.0 | 441.0 | 372.0 | 738 | 200.0 | 388.5 | 319.4 | 740 | 230.0 | 441.0 | 372 | 738 | | | | | 390 | 24.5 | 1 875 |
| YZR3-400L2-8 | 300.0 | 569.5 | 405.6 | 738 | 250.0 | 480 | 333.8 | 740 | 300.0 | 569.5 | 405.6 | 738 | | | | | 480 | 28.0 | 1 875 |

| 工作制 | | S3 | | | | | | | | | | | | | | | | | | |
|---|---|---|---|---|---|---|---|---|---|---|---|---|---|---|---|---|---|---|---|---|
| 负载持续率 | | 40% | | | | | | | 60% | | | | 100% | | | | | | | |
| 型号 | 额定功率 /kW | 定子电流 /A | 转子电流 /A | 空载电流 /A | 转速 /(r/min) | 最大转矩 /倍 | 效率 /% | 功率因数 | 额定功率 /kW | 定子电流 /A | 转子电流 /A | 转速 /(r/min) | 额定功率 /kW | 定子电流 /A | 转子电流 /A | 转速 /(r/min) | | | | |
| YZR3-160L-8 | 7.5 | 21.8 | 25.2 | 13.4 | 728 | 2.8 | 79 | 0.66 | 6.3 | 19.2 | 21.5 | 711 | 5.5 | 17.5 | 16.9 | 724 | | | | |
| YZR3-180L-8 | 11.0 | 27.8 | 43.6 | 14.9 | 729 | 2.5 | 81 | 0.74 | 9.5 | 25.4 | 36.4 | 712 | 8.0 | 23.0 | 31.2 | 723 | | | | |
| YZR3-200L-8 | 15.0 | 34.3 | 58.2 | 16.3 | 730 | 2.8 | 84 | 0.79 | 13.0 | 30.5 | 49.6 | 719 | 11.0 | 27.3 | 42.7 | 727 | | | | |
| YZR3-225M-8 | 22.0 | 49.7 | 62.5 | 23.5 | 732 | 3.0 | 85 | 0.79 | 19.0 | 45.3 | 52.4 | 721 | 16.0 | 39.8 | 44.6 | 729 | | | | |
| YZR3-250M1-8 | 30.0 | 66.5 | 71.5 | 32.5 | 732 | 3.0 | 86 | 0.81 | 26.0 | 59.7 | 62.5 | 725 | 22.0 | 53.3 | 51.9 | 732 | | | | |
| YZR3-250M2-8 | 37.0 | 79.7 | 73.8 | 34.5 | 733 | 3.0 | 87 | 0.79 | 32.0 | 69.0 | 62.5 | 726 | 27.0 | 62.1 | 53.5 | 733 | | | | |
| YZR3-280S-8 | 45.0 | 96.2 | 86.7 | 45.1 | 738 | 3.0 | 89 | 0.78 | 39.0 | 87.6 | 74.7 | 729 | 33.0 | 78.2 | 63.9 | 733 | | | | |
| YZR3-280M-8 | 55.0 | 120.3 | 101.7 | 56.8 | 738 | 3.0 | 89 | 0.83 | 47.0 | 105.4 | 85.6 | 731 | 40.0 | 95.1 | 75.7 | 736 | | | | |
| YZR3-315S1-8 | 63.0 | 128.1 | 160.3 | 52.5 | 731 | 3.0 | 90 | 0.82 | 53.0 | 111.8 | 131.7 | 731 | 46.0 | 98.4 | 115.5 | 736 | | | | |
| YZR3-315S2-8 | 75.0 | 152.4 | 164.2 | 63.5 | 731 | 3.0 | 90 | 0.82 | 63.0 | 133.1 | 139.0 | 731 | 55.0 | 120.8 | 123.4 | 737 | | | | |
| YZR3-315M-8 | 90.0 | 182.2 | 171.5 | 75.7 | 735 | 3.0 | 90 | 0.82 | 75.0 | 156.0 | 140.6 | 735 | 65.0 | 140.3 | 121.0 | 738 | | | | |
| YZR3-355M-8 | 110.0 | 226.4 | 246.7 | 95.5 | 735 | 3.0 | 90 | 0.84 | 92.0 | 194.2 | 205.6 | 735 | 80.0 | 177.0 | 182.7 | 739 | | | | |
| YZR3-355L1-8 | 132.0 | 265.2 | 259.4 | 107.2 | 736 | 3.0 | 90 | 0.84 | 110.0 | 232.4 | 211.3 | 736 | 95.0 | 208.2 | 186.0 | 739 | | | | |
| YZR3-355L2-8 | 160.0 | 321.5 | 321.5 | 126.2 | 740 | 3.0 | 92 | 0.85 | 132.0 | 278.2 | 219.5 | 738 | 115.0 | 246.0 | 196.4 | 740 | | | | |
| YZR3-400L1-8 | 200.0 | 388.5 | 319.4 | 138.1 | 740 | 3.0 | 92 | 0.85 | 170.0 | 334.6 | 270.5 | 740 | 145.0 | 296.0 | 230.5 | 742 | | | | |
| YZR3-400L2-8 | 250.0 | 480 | 333.8 | 163.5 | 740 | 3.0 | 92 | 0.86 | 210.0 | 408.4 | 281.6 | 741 | 180.0 | 363.0 | 241.8 | 743 | | | | |

续上表

| 工作制 | S2 | | | | | | | | S3 | | | | 转子电压 $U_2$/V | 转子转动惯量 $J_m$/(kg·m²) | 允许最大转速/(r/min) |
|---|---|---|---|---|---|---|---|---|---|---|---|---|---|---|---|
| 负载持续率 | 30min | | | | 60min | | | | 25% | | | | | | |
| 型号 | 额定功率/kW | 定子电流/A | 转子电流/A | 转速/(r/min) | 额定功率/kW | 定子电流/A | 转子电流/A | 转速/(r/min) | 额定功率/kW | 定子电流/A | 转子电流/A | 转速/(r/min) | | | |
| YZR3-280S-10 | 42.0 | 93.9 | 180.1 | 576 | 37.0 | 84.8 | 155.0 | 579 | 42.0 | 93.9 | 180.1 | 576 | 150 | 2.94 | 1 500 |
| YZR3-280M-10 | 52.0 | 119.3 | 205.9 | 579 | 45.0 | 106.2 | 172.8 | 583 | 52.0 | 119.3 | 205.9 | 579 | 170 | 3.50 | 1 500 |
| YZR3-315S1-10 | 63.0 | 134.2 | 179.5 | 578 | 55.0 | 120.2 | 155.4 | 583 | 63.0 | 134.2 | 179.5 | 578 | 225 | 6.70 | 1 500 |
| YZR3-315S2-10 | 70.0 | 148.3 | 179.7 | 581 | 63.0 | 136.1 | 162.2 | 584 | 70.0 | 148.3 | 179.7 | 581 | 242 | 7.50 | 1 500 |
| YZR3-315M-10 | 85.0 | 178.9 | 194.5 | 580 | 75.0 | 158.0 | 169.7 | 584 | 85.0 | 178.9 | 194.5 | 580 | 280 | 8.30 | 1 500 |
| YZR3-355M-10 | 100.0 | 203.3 | 194.5 | 585 | 90.0 | 187.5 | 175.7 | 588 | 100.0 | 203.3 | 194.5 | 585 | 330 | 14.3 | 1 500 |
| YZR3-355L1-10 | 125.0 | 251.2 | 208.8 | 586 | 110.0 | 226.4 | 183.6 | 588 | 125.0 | 251.2 | 208.8 | 586 | 388 | 16.0 | 1 500 |
| YZR3-355L2-10 | 150.0 | 301.4 | 210.2 | 587 | 132.0 | 268.7 | 202.0 | 589 | 150.0 | 301.4 | 210.2 | 587 | 450 | 16.6 | 1 500 |
| YZR3-400L1-10 | 185.0 | 385.3 | 285.2 | 591 | 160.0 | 342.4 | 246.5 | 593 | 185.0 | 385.3 | 285.2 | 591 | 395 | 24.1 | 1 500 |
| YZR3-400L2-10 | 230.0 | 462.7 | 314.5 | 591 | 200.0 | 417.4 | 269.4 | 592 | 230.0 | 462.7 | 314.5 | 591 | 460 | 28.3 | 1 500 |

| 工作制 | S3 | | | | | | | | | | | | | | |
|---|---|---|---|---|---|---|---|---|---|---|---|---|---|---|---|
| 负载持续率 | 40% | | | | | | | | 60% | | | | 100% | | |
| 型号 | 额定功率/kW | 定子电流/A | 转子电流/A | 转速/(r/min) | 效率/% | 功率因数 | 最大转矩/倍 | 空载电流/A | 额定功率/kW | 定子电流/A | 转子电流/A | 转速/(r/min) | 额定功率/kW | 定子电流/A | 转子电流/A | 转速/(r/min) |
| YZR3-280S-10 | 37.0 | 84.8 | 155.0 | 579 | 86 | 0.77 | 2.8 | 42.5 | 32.0 | 76.5 | 135.1 | 582 | 27.0 | 69.3 | 113.8 | 585 |
| YZR3-280M-10 | 45.0 | 106.2 | 172.8 | 583 | 87 | 0.74 | 3.0 | 58.5 | 39.0 | 96.1 | 151.3 | 585 | 33.0 | 87.6 | 128.6 | 587 |
| YZR3-315S1-10 | 55.0 | 120.2 | 155.4 | 583 | 88 | 0.79 | 3.0 | 55.4 | 47.0 | 105.3 | 133.5 | 586 | 40.0 | 93.5 | 112.1 | 588 |
| YZR3-315S2-10 | 63.0 | 136.1 | 162.2 | 584 | 89 | 0.79 | 3.0 | 62.5 | 53.0 | 120.3 | 134.2 | 586 | 46.0 | 109 | 116.8 | 588 |
| YZR3-315M-10 | 75.0 | 158.0 | 169.7 | 584 | 89 | 0.81 | 2.8 | 67.2 | 63.0 | 136.1 | 142.0 | 586 | 55.0 | 123..6 | 122.5 | 588 |
| YZR3-355M-10 | 90.0 | 187.5 | 175.7 | 588 | 90 | 0.81 | 3.0 | 84.4 | 75.0 | 164.4 | 145.3 | 590 | 65.0 | 150.3 | 124.3 | 591 |
| YZR3-355L1-10 | 110.0 | 226.4 | 183.6 | 588 | 90 | 0.82 | 3.0 | 97.8 | 92.0 | 199.1 | 150.9 | 590 | 80.0 | 181.0 | 132.4 | 592 |
| YZR3-355L2-10 | 132.0 | 268.7 | 202.0 | 589 | 91 | 0.82 | 3.0 | 118.3 | 110.0 | 235.4 | 151.0 | 591 | 95.0 | 213.8 | 130.9 | 592 |
| YZR3-400L1-10 | 160.0 | 342.4 | 246.5 | 593 | 91 | 0.78 | 3.0 | 158.3 | 132.0 | 297.2 | 203.6 | 594 | 115.0 | 269.5 | 177.5 | 595 |
| YZR3-400L2-10 | 200.0 | 417.4 | 269.4 | 592 | 91 | 0.8 | 2.8 | 167.5 | 170.0 | 358.3 | 227.5 | 594 | 145.0 | 319.2 | 194.2 | 594 |

表 5-1-36 YZR3 电动机（IM1 001，IM1 002，IM1 003，IM1 004）卧式安装尺寸及外形尺寸表

mm

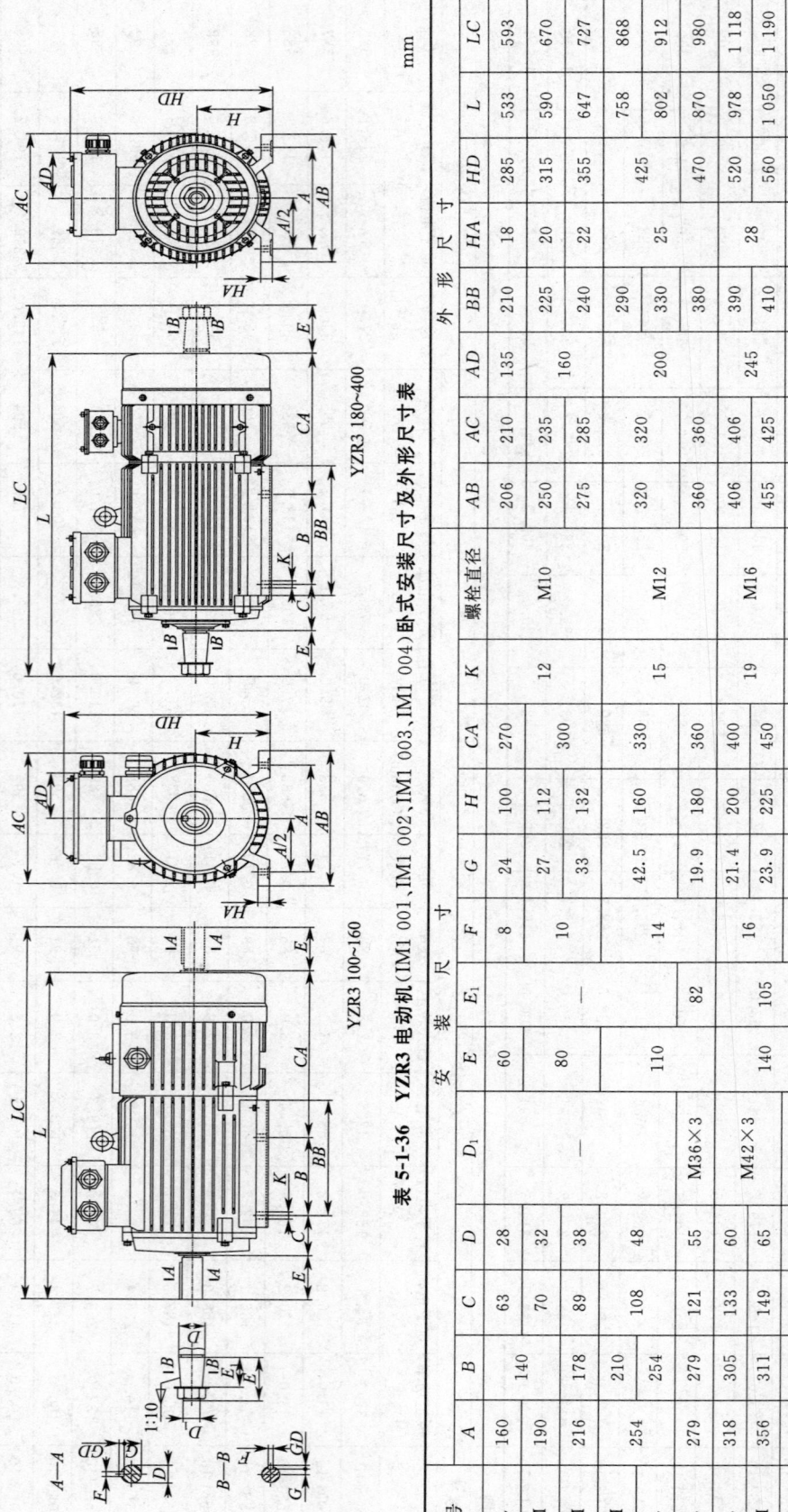

| 机座号 | 安装尺寸 | | | | | | | | | | | | | 外形尺寸 | | | | | | | |
|---|---|---|---|---|---|---|---|---|---|---|---|---|---|---|---|---|---|---|---|---|---|
| | A | B | C | D | $D_1$ | E | $E_1$ | F | G | H | CA | K | 螺栓直径 | AB | AC | AD | BB | HA | HD | L | LC |
| 100L | 160 | 140 | 63 | 28 | — | 60 | — | 8 | 24 | 100 | 270 | 12 | M10 | 206 | 210 | 135 | 210 | 18 | 285 | 533 | 593 |
| 112M | 190 | 140 | 70 | 32 | — | 80 | — | 10 | 27 | 112 | 300 | 12 | M10 | 250 | 235 | 160 | 225 | 20 | 315 | 590 | 670 |
| 132M | 216 | 178 | 89 | 38 | — | 80 | — | 10 | 33 | 132 | 330 | 15 | M12 | 275 | 285 | 160 | 240 | 22 | 355 | 647 | 727 |
| 160M | 254 | 210 | 108 | 48 | M36×3 | 110 | 82 | 14 | 42.5 | 160 | 330 | 15 | M12 | 320 | 320 | 200 | 290 | 25 | 425 | 758 | 868 |
| 160L | 254 | 254 | 108 | 48 | M36×3 | 110 | 82 | 14 | 42.5 | 160 | 360 | 15 | M12 | 360 | 320 | 200 | 330 | 25 | 425 | 802 | 912 |
| 180L | 279 | 279 | 121 | 55 | M42×3 | 110 | 82 | 14 | 19.9 | 180 | 360 | 15 | M12 | 360 | 360 | 200 | 380 | 28 | 470 | 870 | 980 |
| 200L | 318 | 305 | 133 | 60 | M42×3 | 140 | 105 | 16 | 21.4 | 200 | 400 | 19 | M16 | 406 | 406 | 245 | 390 | 28 | 520 | 978 | 1 118 |
| 225M | 356 | 311 | 149 | 65 | M48×3 | 140 | 105 | 16 | 23.9 | 225 | 450 | 19 | M16 | 455 | 425 | 245 | 410 | 28 | 560 | 1 050 | 1 190 |
| 250M | 406 | 349 | 168 | 70 | M48×3 | 140 | 105 | 18 | 25.4 | 250 | 540 | 24 | M20 | 515 | 470 | 315 | 500 | 30 | 625 | 1 195 | 1 337 |
| 280S | 457 | 368 | 190 | 85 | M56×4 | 170 | 130 | 20 | 31.7 | 280 | 540 | 24 | M20 | 575 | 530 | 315 | 520 | 32 | 735 | 1 265 | 1 438 |
| 280M | 457 | 419 | 190 | 85 | M56×4 | 170 | 130 | 20 | 31.7 | 280 | 600 | 24 | M20 | 640 | 530 | 315 | 570 | 32 | 735 | 1 315 | 1 489 |
| 315S | 508 | 406 | 216 | 95 | M64×4 | 170 | 130 | 22 | 35.2 | 315 | 600 | 28 | M24 | 640 | 620 | 370 | 550 | 35 | 835 | 1 385 | 1 562 |
| 315M | 508 | 457 | 216 | 95 | M64×4 | 170 | 130 | 22 | 35.2 | 315 | 630 | 28 | M24 | 740 | 620 | 370 | 600 | 35 | 835 | 1 443 | 1 613 |
| 355M | 610 | 560 | 254 | 110 | M80×4 | 210 | 165 | 25 | 41.9 | 355 | 630 | 28 | M24 | 740 | 695 | 440 | 710 | 38 | 990 | 1 654 | 1 864 |
| 355L | 610 | 630 | 254 | 110 | M80×4 | 210 | 165 | 25 | 41.9 | 355 | 630 | 28 | M24 | 855 | 695 | 440 | 780 | 38 | 990 | 1 724 | 1 934 |
| 400L | 686 | 710 | 280 | 130 | M100×4 | 250 | 200 | 28 | 50 | 400 | 630 | 35 | M30 | 855 | 800 | 440 | 880 | 45 | 1090 | 1 870 | 2 120 |

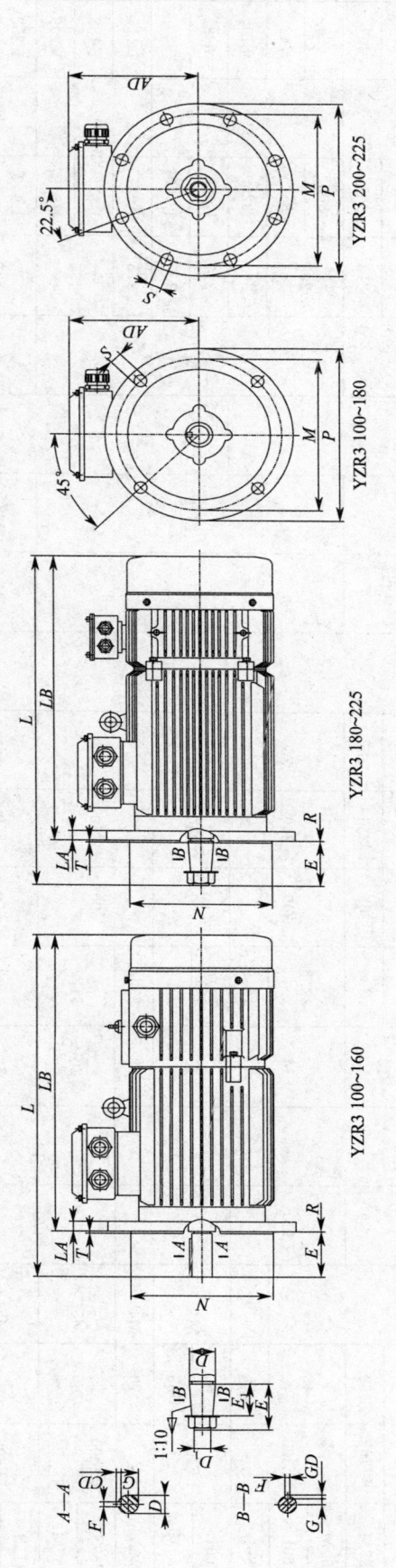

表 5-1-37 YZR3 电动机（IM3 001 及 IM3 003）卧式安装尺寸及外形尺寸表　mm

| 机座号 | 凸缘号 | 安装尺寸 |||||||||||| 外形尺寸 ||||
| --- | --- | --- | --- | --- | --- | --- | --- | --- | --- | --- | --- | --- | --- | --- | --- | --- |
| | | D | D1 | E | E1 | F | G | M | N | P | R | S | 螺栓直径 | 孔数 | T | AD | L | LA | LB |
| 100L | FF215 | 28 | — | 60 | — | 8 | 24 | 215 | 180 | 250 | | 15 | M12 | 4 | 4 | 180 | 553 | 14 | 473 |
| 112M | | 32 | | 80 | | | 27 | | | | | | | | | 203 | 590 | | 510 |
| 132M | FF265 | 38 | | | | 10 | 33 | 265 | 230 | 300 | 0 | | | | | 218 | 647 | | 567 |
| 160M | FF300 | 48 | | 110 | 82 | 14 | 42.5 | 300 | 250 | 350 | | 19 | M16 | 8 | 5 | 265 | 758 | 18 | 648 |
| 160L | | 55 | M36×3 | | | | 19.9 | | | | | | | | | | 802 | | 692 |
| 180L | | 60 | | | 105 | | 21.4 | | | | | | | | | 285 | 870 | | 760 |
| 200L | FF400 | | M42×3 | 140 | | 16 | 23.9 | 400 | 350 | 450 | | | | | | 317 | 978 | 20 | 838 |
| 225M | | 65 | | | | | | | | | | | | | | 335 | 1 050 | | 910 |

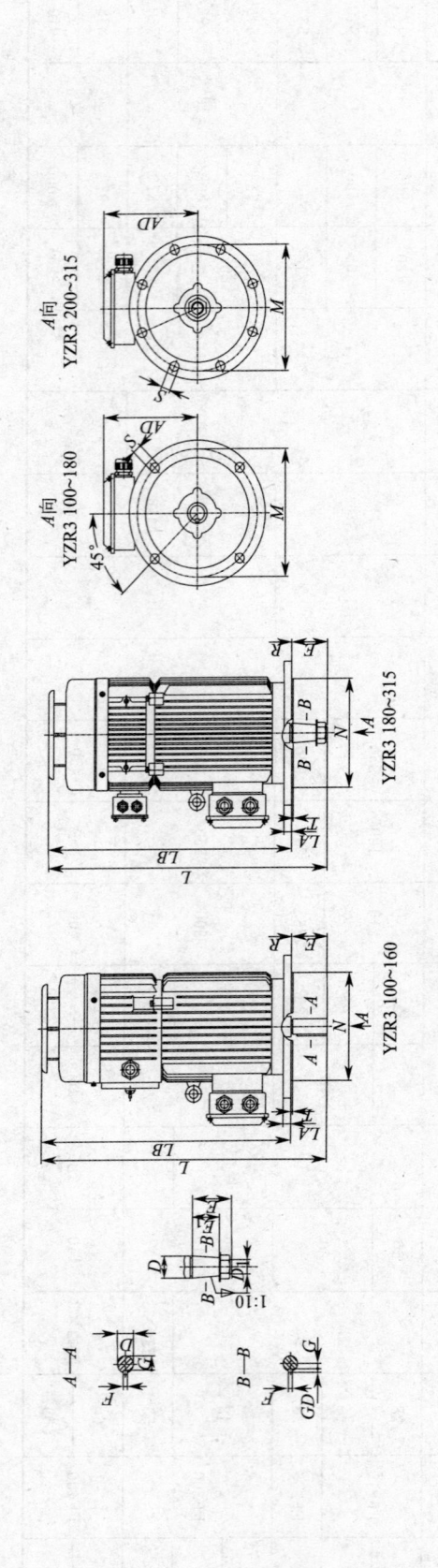

**表 5-1-38 YZR3 电动机(IM3 001 及 IM3 003)卧式安装尺寸及外形尺寸表**

mm

| 机座号 | 凸缘号 | D | $D_1$ | E | $E_1$ | F | G | M | N | P | R | S | 螺栓直径 | 孔数 | T | AD | L | LA | LB |
|---|---|---|---|---|---|---|---|---|---|---|---|---|---|---|---|---|---|---|---|
| 100L | FF215 | 28 | | 60 | | 8 | 24 | 215 | 180 | 250 | | 15 | M12 | 4 | 4 | 180 | 573 | 14 | 513 |
| 112M | | 32 | | | | | 27 | | | | | | | | | 203 | 630 | | 550 |
| 132M | FF265 | 38 | — | 80 | — | 10 | 33 | 265 | 230 | 300 | | | | | | 218 | 687 | | 607 |
| 160M | FF300 | 48 | | 110 | | 14 | 42.5 | 300 | 250 | 350 | | | | | | 265 | 808 | 18 | 698 |
| 160L | | | | | | | | | | | | | | | | | 852 | | 742 |
| 180L | | 55 | M36×3 | | 82 | | 19.9 | | | | 0 | | | | | 285 | 920 | | 810 |
| 200L | FF400 | 60 | M42×3 | 140 | 105 | 16 | 21.4 | 400 | 350 | 450 | | 19 | M16 | 8 | 5 | 317 | 1 028 | 20 | 888 |
| 225M | | 65 | | | | | 23.9 | | | | | | | | | 335 | 1 100 | | 960 |
| 250M | | 70 | M48×3 | 170 | 130 | 18 | 25.4 | | | | | | | | | 375 | 1 257 | | 1 117 |
| 280S | FF500 | 85 | M56×4 | | | 20 | 31.7 | 500 | 450 | 550 | | | | | | 455 | 1 328 | 22 | 1 158 |
| 280M | | | | | | | | | | | | | | | | | 1 379 | | 1 209 |
| 315S | FF600 | 95 | M64×4 | | | 22 | 35.2 | 600 | 550 | 660 | | 24 | M20 | | 6 | 520 | 1 452 | 25 | 1 282 |
| 315M | | | | | | | | | | | | | | | | | 1 503 | | 1 333 |

## 十、YZP 系列起重及冶金用变频调速三相异步电动机

### 1. 概述

YZP 系列起重及冶金用变频调速三相异步电动机系用于驱动各种型式的起重机械及其他类似设备的专用产品,是在 YZR3 系列电动机基础上派生的产品;具有宽广的调速范围、较大的过载能力和较高的机械强度,因此,它特别适用于那些短时或断续运行,频繁地起动、制动、有时过负荷及显著振动与冲击的设备。

电动机的功率等级和安装尺寸符合 IEC60 072 推荐标准,功率等级与机座号的相互对应关系与 YZR3 系列电动机一致。

电动机的绝缘等级分为 F 级和 H 级两种。F 级适用于环境空气温度不超过 40℃ 的一般场所,H 级适用于环境空气温度不超过 60℃ 的冶金场所,两种电动机具有相同的参数。

电动机具有良好的密封性,电动机防护等级为 IP54,接线盒防护等级为 IP55。

### 2. 电动机的工作制及技术数据

电动机的额定电压为 380 V,额定频率为 50 Hz。

电动机的基准工作制为 S3—40%,各工作制下电动机的技术数据见表 5-1-39。电动机铭牌数据一般按基准工作制供给,如用户有特殊要求则按用户要求供给数据。当电动机需要按 S3~S5 工作制之外的方式运行时,需与制造厂协商。

### 3. 电动机的结构

电动机的冷却方式为 IC416,采用轴流式强迫通风。风机放在非轴伸端。风机电压为三相 AC380 V,功率不超过 600 W。

### 4. 安装图及外形尺寸

IM1 001、IM1 002、IM1 003、IM1 004 卧式电动机的安装图及外形尺寸见表 5-1-40;

IM3 001、IM3 003 卧式电动机的安装图及外形尺寸见表 5-1-41;

IM3 011、IM3 013 立式电动机的安装图及外形尺寸见表 5-1-42。

表 5-1-39　YZP 系列电动机技术数据

| 工作方式 | S3 | | | | | | | | | | 转动惯量 $J_m$ /(kg·m²) |
|---|---|---|---|---|---|---|---|---|---|---|---|
| | 6 次/小时 | | | | | | | | | | |
| FC | 25% | | 40% | | | | | 60% | | 100% | |
| 项目\机座号 | 功率/kW | 定子电流/A | 功率/kW | 定子电流/A | 最大转矩倍数 | 效率/% | 功率因数 cosφ | 功率/kW | 定子电流/A | 功率/kW | 定子电流/A | |
| 1 500 r/min | | | | | | | | | | | |
| 100L-4 | 2.5 | 6.2 | 2.2 | 5.57 | 2.4 | 75.8 | 0.79 | 1.9 | 4.98 | 1.6 | 4.48 | 0.012 |
| 112M1-4 | 3.3 | 8.2 | 3.0 | 7.75 | 2.4 | 76.2 | 0.77 | 2.6 | 7.02 | 2.0 | 6.21 | 0.025 |
| 112M2-4 | 4.5 | 10.8 | 4.0 | 9.8 | 2.4 | 77.3 | 0.80 | 3.5 | 8.8 | 3.0 | 8.1 | 0.026 |
| 132M1-4 | 6.3 | 14 | 5.5 | 12.5 | 2.4 | 81.5 | 0.82 | 4.8 | 11 | 4.0 | 9.6 | 0.042 |
| 132M2-4 | 7.0 | 15.4 | 6.3 | 14.1 | 2.4 | 82 | 0.83 | 5.3 | 12 | 4.8 | 11 | 0.044 |
| 160M1-4 | 8.5 | 18 | 7.5 | 16 | 2.6 | 83 | 0.84 | 6.3 | 13.9 | 5.0 | 11.8 | 0.11 |
| 160M2-4 | 13 | 26.7 | 11 | 23.1 | 2.8 | 84 | 0.86 | 9.5 | 20 | 8.8 | 18.7 | 0.13 |
| 160L-4 | 17 | 34.6 | 15 | 31.1 | 2.8 | 86 | 0.85 | 13 | 27 | 11 | 24 | 0.15 |
| 180L-4 | 25 | 49.5 | 22 | 44.6 | 2.8 | 87 | 0.86 | 19 | 38.8 | 16 | 34 | 0.25 |
| 200L-4 | 35 | 67.1 | 30 | 58.7 | 2.8 | 89 | 0.87 | 26 | 50.9 | 22 | 44 | 0.41 |
| 225M-4 | 42 | 79.5 | 37 | 71.6 | 2.8 | 90 | 0.87 | 32 | 62.4 | 27 | 54.4 | 0.51 |
| 250M1-4 | 52 | 95.2 | 45 | 83.3 | 2.8 | 90 | 0.91 | 39 | 71.9 | 33 | 61.8 | 0.89 |
| 250M2-4 | 63 | 113.9 | 55 | 100.6 | 2.8 | 90 | 0.92 | 47 | 84.6 | 40 | 72.5 | 1.03 |

续上表

| 工作方式 | S3 | | | | | | | | | | 转动惯量 $J_m$ /(kg·m²) |
|---|---|---|---|---|---|---|---|---|---|---|---|
| | 6 次/小时 | | | | | | | | | | |
| FC | 25% | | 40% | | | | | 60% | | 100% | |
| 项目\机座号 | 功率/kW | 定子电流/A | 功率/kW | 定子电流/A | 最大转矩倍数 | 效率% | 功率因数 cosφ | 功率/kW | 定子电流/A | 功率/kW | 定子电流/A | |
| 280S1-4 | 70 | 125.7 | 63 | 114 | 2.8 | 92 | 0.91 | 53 | 96 | 46 | 84.5 | 1.85 |
| 280S2-4 | 85 | 151.9 | 75 | 136 | 2.8 | 92 | 0.91 | 63 | 113.3 | 55 | 100 | 2.00 |
| 280M-4 | 100 | 177.4 | 90 | 161 | 2.8 | 92 | 0.92 | 75 | 133.6 | 65 | 117 | 2.20 |
| 315S1-4 | 125 | 220.2 | 110 | 192.7 | 2.8 | 92 | 0.93 | 92 | 161 | 80 | 140 | 4.20 |
| 315M-4 | 150 | 260.7 | 132 | 229 | 2.8 | 93 | 0.93 | 10 | 192.6 | 95 | 168.3 | 4.90 |
| 1 000 r/min | | | | | | | | | | | | |
| 112M1-6 | 1.7 | 4.7 | 1.5 | 4.52 | 2.4 | 66.86 | 0.752 | 1.3 | 3.91 | 1.1 | 3.62 | 0.023 |
| 112M2-6 | 2.5 | 6.07 | 2.2 | 6.32 | 2.4 | 69.4 | 0.76 | 1.9 | 5.62 | 1.6 | 5.06 | 0.026 |
| 132M1-6 | 3.3 | 8.7 | 3.0 | 8.88 | 2.4 | 70.12 | 0.73 | 2.6 | 7.52 | 2.2 | 6.99 | 0.045 |
| 132M2-6 | 4.5 | 11.3 | 4.0 | 10.77 | 2.4 | 73 | 0.77 | 3.5 | 9.49 | 3.0 | 8.76 | 0.051 |
| 160M1-6 | 6.3 | 15 | 5.5 | 13.68 | 2.6 | 80.17 | 0.76 | 4.8 | 12.46 | 4.0 | 11.2 | 0.120 |
| 160M2-6 | 8.5 | 20.1 | 7.5 | 19.2 | 2.6 | 80 | 0.74 | 6.3 | 17.27 | 5.5 | 16.24 | 0.149 |
| 160L-6 | 13 | 28.9 | 11 | 26.8 | 2.8 | 80.8 | 0.77 | 9.5 | 22.6 | 8.0 | 20.39 | 0.190 |
| 180L-6 | 17 | 36.5 | 15 | 36 | 2.8 | 83 | 0.76 | 13 | 29.6 | 11 | 26.2 | 0.370 |
| 200L-6 | 25 | 49.5 | 22 | 46 | 2.8 | 84.3 | 0.86 | 19 | 40.65 | 16 | 36.00 | 0.630 |
| 225M-6 | 35 | 69.5 | 30 | 62 | 2.8 | 87.3 | 0.84 | 25 | 53.66 | 22 | 49.05 | 0.780 |
| 250M1-6 | 42 | 80.8 | 37 | 72.6 | 2.8 | 89.87 | 0.86 | 32 | 63.53 | 27 | 55.9 | 1.41 |
| 250M2-6 | 52 | 98.16 | 45 | 88 | 2.8 | 88 | 0.88 | 39 | 75.35 | 33 | 65.9 | 1.63 |
| 280S1-6 | 63 | 122 | 55 | 104 | 2.8 | 89 | 0.9 | 47 | 90 | 40 | 76 | 2.20 |
| 280S2-6 | 70 | 134 | 63 | 122 | 2.8 | 91 | 0.859 | 53 | 105 | 46 | 95.32 | 2.40 |
| 280M-6 | 85 | 157.8 | 75 | 143.65 | 2.8 | 90.67 | 0.88 | 63 | 123.10 | 55 | 110.23 | 2.80 |
| 315S1-6 | 100 | 185.69 | 90 | 168.65 | 2.8 | 91.9 | 0.88 | 75 | 144.5 | 65 | 129.3 | 5.4 |
| 315M-6 | 125 | 227.3 | 110 | 200.9 | 2.8 | 92.1 | 0.89 | 92 | 170.96 | 80 | 151.85 | 6.4 |
| 750 r/min | | | | | | | | | | | | |
| 160L-8 | 8.5 | 22.62 | 7.5 | 21 | 2.6 | 78.23 | 0.686 | 6.3 | 19.18 | 5.5 | 18.17 | 0.190 |
| 180L-8 | 13 | 30.46 | 11 | 26.8 | 2.8 | 82.9 | 0.748 | 9.5 | 24.46 | 8.0 | 22.53 | 0.370 |
| 200L-8 | 17 | 36.8 | 15 | 33.24 | 2.8 | 86.2 | 0.79 | 13 | 29.95 | 11 | 26.9 | 0.630 |
| 225M-8 | 26 | 55.9 | 22 | 51.38 | 2.8 | 85.24 | 0.76 | 19 | 46.51 | 16 | 42.21 | 0.770 |
| 250M1-8 | 36 | 72.7 | 30 | 61.6 | 2.8 | 88 | 0.83 | 25 | 53 | 22 | 48.3 | 1.39 |
| 250M2-8 | 42 | 86.25 | 37 | 77.67 | 2.8 | 89 | 0.81 | 32 | 69.4 | 27 | 61.9 | 1.61 |
| 280S1-8 | 52 | 106 | 45 | 94.50 | 2.8 | 89.40 | 0.81 | 39 | 80.04 | 33 | 74.54 | 2.30 |
| 280M-8 | 63 | 128 | 55 | 117.46 | 2.8 | 89.96 | 0.80 | 47 | 104.5 | 40 | 94 | 2.80 |
| 315S1-8 | 70 | 139.5 | 63 | 127 | 2.8 | 90 | 0.82 | 53 | 110.6 | 46 | 100 | 5.40 |
| 315S2-8 | 85 | 170 | 75 | 152 | 2.8 | 91 | 0.81 | 63 | 133 | 55 | 121.5 | 5.80 |
| 315M-8 | 100 | 199.8 | 90 | 182 | 2.8 | 91 | 0.81 | 75 | 159 | 65 | 144.4 | 6.40 |
| 355M-8 | 125 | 242 | 110 | 216.7 | 2.8 | 91.6 | 0.839 | 92 | 188.3 | 80 | 170.7 | 14.1 |
| 355L1-8 | 150 | 286 | 132 | 255 | 2.8 | 91.8 | 0.853 | 110 | 219.5 | 95 | 196.9 | 15.8 |
| 355L2-8 | 185 | 351 | 160 | 310 | 2.8 | 92 | 0.852 | 132 | 263.27 | 115 | 237.9 | 17.3 |
| 400L1-8 | 230 | 433 | 200 | 406 | 2.8 | 93.3 | 0.80 | 170 | 333 | 145 | 295 | 22.8 |
| 400L2-8 | 300 | 569.8 | 250 | 508 | 2.8 | 93.5 | 0.82 | 210 | 427.8 | 180 | 384 | 25.8 |
| 600 r/min | | | | | | | | | | | | |
| 280S1-10 | 42 | 93.6 | 37 | 89.4 | 2.8 | 84.7 | 0.74 | 32 | 81.65 | 27 | 74.86 | 3.20 |
| 280M-10 | 52 | 113.6 | 45 | 107.9 | 2.8 | 86.6 | 0.73 | 39 | 92.3 | 33 | 83.8 | 3.70 |
| 315S1-10 | 63 | 133.3 | 55 | 120.1 | 2.8 | 89 | 0.78 | 47 | 106.2 | 40 | 95.9 | 6.80 |
| 315S2-10 | 70 | 148 | 63 | 137.5 | 2.8 | 89 | 0.78 | 53 | 119 | 46 | 109.5 | 7.30 |
| 315M-10 | 85 | 175.84 | 75 | 175 | 2.8 | 85.4 | 0.76 | 63 | 137.8 | 55 | 125.67 | 8.10 |
| 355M-10 | 100 | 201 | 90 | 191.3 | 2.8 | 88 | 0.81 | 75 | 160.5 | 65 | 146 | 14.2 |
| 355L1-10 | 125 | 245 | 110 | 261.4 | 2.8 | 88.3 | 0.84 | 92 | 189 | 80 | 170 | 16.4 |
| 355L2-10 | 150 | 296 | 132 | 261.4 | 2.8 | 91.1 | 0.84 | 110 | 231 | 95 | 209 | 18.0 |
| 400L1-10 | 185 | 363 | 160 | 322.9 | 2.8 | 92.7 | 0.81 | 132 | 278 | 115 | 251 | 23.6 |
| 400L2-10 | 230 | 462.2 | 200 | 411.8 | 2.8 | 92 | 0.80 | 170 | 362.11 | 145 | 324.68 | 25.2 |

# 表 5-1-40 YZP 电动机(IM1 001,IM1 002,IM1 003,IM1 004)卧式安装尺寸及外形尺寸表

mm

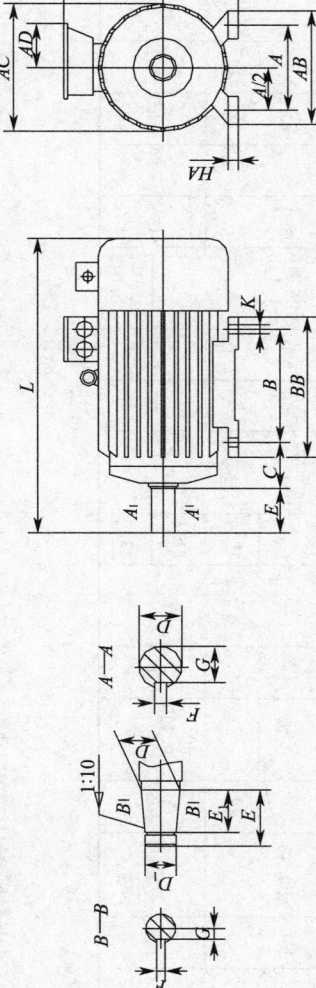

| 机座号 | A | A/2[1] | B | C[2] 基本尺寸 | C[2] 极限偏差 | D[3] 基本尺寸 | D[3] 极限偏差 | $D_1$ | E 基本尺寸 | E 极限偏差 | $E_1$ 基本尺寸 | $E_1$ 极限偏差 | F 基本尺寸 | F 极限偏差 | G 基本尺寸 | G 极限偏差 | H 基本尺寸 | H 极限偏差 | K 基本尺寸 | K 极限偏差 | K 位置度 | 螺栓直径 | AB | AC | AD | BB | BC | HA | HD | L |
|---|---|---|---|---|---|---|---|---|---|---|---|---|---|---|---|---|---|---|---|---|---|---|---|---|---|---|---|---|---|---|---|
| 100L | 160 | 80 | 140 | 63 | ±2 | 28 | +0.009/−0.004 | — | 60 | ±0.370 | — | — | 8 | 0/−0.036 | 24 | 0/−0.20 | 100 | 0/−0.5 | 12 | +0.43/0 | φ1.0 | M10 | 206 | 210 | 135 | 210 | 18 | 18 | 285 | 500 |
| 112M | 190 | 95 | 140 | 70 | ±2 | 32 | +0.009/−0.004 | — | 80 | ±0.370 | — | — | 10 | 0/−0.036 | 27 | 0/−0.20 | 112 | 0/−0.5 | 12 | +0.43/0 | φ1.0 | M10 | 250 | 235 | 160 | 225 | 20 | 20 | 315 | 540 |
| 132M | 216 | 108 | 178 | 89 | ±2 | 38 | +0.018/+0.002 | — | 80 | ±0.370 | — | — | 10 | 0/−0.036 | 33 | 0/−0.20 | 132 | 0/−0.5 | 12 | +0.43/0 | φ1.0 | M10 | 275 | 285 | 160 | 240 | 28 | 22 | 355 | 580 |
| 160M | 254 | 127 | 210 | 108 | ±3 | 48 | +0.018/+0.002 | — | 110 | ±0.430 | — | — | 14 | 0/−0.043 | 42.5 | 0/−0.20 | 160 | 0/−0.5 | 15 | +0.43/0 | φ1.5 | M12 | 320 | 320 | 200 | 290 | 47 | 25 | 425 | 660 |
| 160L | 254 | 127 | 254 | 108 | ±3 | 48 | +0.018/+0.002 | — | 110 | ±0.430 | — | — | 14 | 0/−0.043 | 42.5 | 0/−0.20 | 160 | 0/−0.5 | 15 | +0.43/0 | φ1.5 | M12 | 360 | 360 | 200 | 330 | 28 | 25 | 470 | 700 |
| 180L | 279 | 139.5 | 279 | 121 | ±3 | 55 | +0.018/+0.002 | M36×3 | 110 | ±0.430 | 82 | 0/−0.54 | 14 | 0/−0.043 | 19.9 | 0/−0.20 | 180 | 0/−0.5 | 15 | +0.43/0 | φ1.5 | M12 | 380 | 406 | 245 | 380 | 28 | 25 | 470 | 820 |
| 200L | 318 | 159 | 305 | 133 | ±3 | 60 | +0.018/+0.002 | M42×3 | 140 | ±0.430 | 105 | 0/−0.54 | 16 | 0/−0.043 | 21.4 | 0/−0.20 | 200 | 0/−0.5 | 19 | +0.43/0 | φ1.5 | M12 | 406 | 406 | 245 | 390 | 29 | 28 | 520 | 880 |
| 225M | 356 | 178 | 311 | 149 | ±3 | 65 | +0.018/+0.002 | M48×3 | 140 | ±0.430 | 105 | 0/−0.54 | 18 | 0/−0.043 | 23.9 | 0/−0.20 | 225 | 0/−0.5 | 19 | +0.43/0 | φ1.5 | M16 | 455 | 425 | 245 | 410 | 30 | 28 | 560 | 960 |
| 250M | 406 | 203 | 349 | 168 | ±3 | 70 | +0.018/+0.002 | M56×4 | 140 | ±0.500 | 130 | 0/−0.63 | 18 | 0/−0.043 | 25.4 | 0/−0.20 | 250 | 0/−0.5 | 24 | +0.52/0 | φ2.0 | M16 | 515 | 470 | 315 | 500 | 43 | 30 | 625 | 1 040 |
| 280S | 457 | 228.5 | 368 | 190 | ±4 | 85 | +0.046/0 | M56×4 | 170 | ±0.500 | 130 | 0/−0.63 | 20 | 0/−0.052 | 31.7 | 0/−0.20 | 280 | 0/−1.0 | 24 | +0.52/0 | φ2.0 | M20 | 575 | 530 | 315 | 520 | 58 | 32 | 735 | 1 160 |
| 280M | 457 | 228.5 | 419 | 190 | ±4 | 85 | +0.046/0 | M56×4 | 170 | ±0.500 | 130 | 0/−0.63 | 20 | 0/−0.052 | 31.7 | 0/−0.20 | 280 | 0/−1.0 | 24 | +0.52/0 | φ2.0 | M20 | 575 | 530 | 315 | 570 | 58 | 32 | 735 | 1 210 |
| 315S | 508 | 254 | 406 | 216 | ±4 | 95 | +0.054/0 | M64×4 | 170 | ±0.500 | 130 | 0/−0.63 | 22 | 0/−0.052 | 35.2 | 0/−0.20 | 315 | 0/−1.0 | 28 | +0.52/0 | φ2.0 | M20 | 640 | 620 | 370 | 550 | 43 | 35 | 835 | 1 385 |
| 315M | 508 | 254 | 457 | 216 | ±4 | 95 | +0.054/0 | M64×4 | 170 | ±0.500 | 130 | 0/−0.63 | 22 | 0/−0.052 | 35.2 | 0/−0.20 | 315 | 0/−1.0 | 28 | +0.52/0 | φ2.0 | M20 | 640 | 620 | 370 | 600 | 43 | 35 | 835 | 1 443 |
| 355M | 610 | 305 | 560 | 254 | ±4 | 110 | +0.054/0 | M80×4 | 210 | ±0.580 | 165 | 0/−0.72 | 25 | 0/−0.052 | 41.9 | 0/−0.20 | 355 | 0/−1.0 | 28 | +0.62/0 | φ2.5 | M30 | 740 | 695 | 440 | 710 | 42 | 38 | 990 | 1 654 |
| 355L | 610 | 305 | 630 | 254 | ±4 | 110 | +0.054/0 | M80×4 | 210 | ±0.580 | 165 | 0/−0.72 | 25 | 0/−0.052 | 41.9 | 0/−0.20 | 355 | 0/−1.0 | 28 | +0.62/0 | φ2.5 | M30 | 740 | 695 | 440 | 780 | 42 | 38 | 990 | 1 724 |
| 400L | 686 | 343 | 710 | 280 | ±4 | 130 | +0.063/0 | M100×4 | 250 | ±0.580 | 200 | 0/−0.72 | 28 | 0/−0.052 | 50 | 0/−0.20 | 400 | 0/−1.0 | 35 | +0.62/0 | φ2.5 | M30 | 855 | 800 | 440 | 905 | 95 | 45 | 1090 | 1 870 |

注:1) 如 K 孔的位置度合格,则 A/2 可不考核。
2) C 尺寸的极限偏差包括轴的窜动。
3) 圆锥形轴伸按 GB/T757 规定检查。

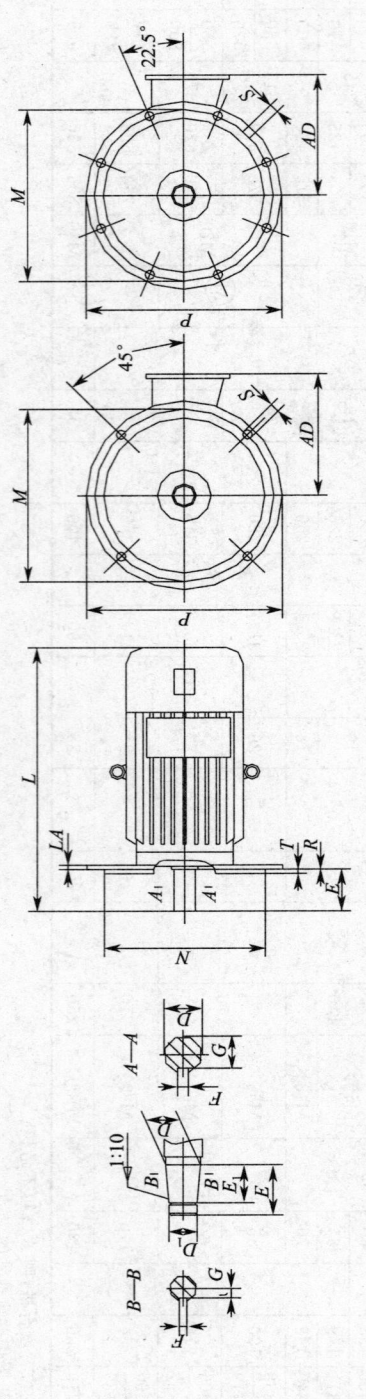

**表 5-1-41 YZP 电动机（IM3 001、IM3 003）卧式安装尺寸及外形尺寸表**

mm

| 机座号 | 凸缘号 | $D^{1)}$ 基本尺寸 | $D^{1)}$ 极限偏差 | $D_1$ | $E$ 基本尺寸 | $E$ 极限偏差 | $E_1$ 基本尺寸 | $E_1$ 极限偏差 | $F$ 基本尺寸 | $F$ 极限偏差 | $G$ 基本尺寸 | $G$ 极限偏差 | $M$ 基本尺寸 | $N$ 基本尺寸 | $N$ 极限偏差 | $P^{2)}$ | $R^{3)}$ 基本尺寸 | $R^{3)}$ 极限偏差 | $S$ 基本尺寸 | $S$ 极限偏差 | 位置度 | 螺栓直径 $T$ 最大 | 孔数/个 | $AD$ | $L$ | $LA$ |
|---|---|---|---|---|---|---|---|---|---|---|---|---|---|---|---|---|---|---|---|---|---|---|---|---|---|---|
| 100L | FF215 | 28 | +0.009 −0.004 | | 60 | ±0.37 | — | | 8 | 0 −0.036 | 24 | 0 −0.20 | 215 | 180 | +0.014 −0.011 | 250 | 0 | ±2.0 | 15 | +0.43 0 | $\phi$1.5 Ⓜ | M12 | 4 | 4 | 180 | 533 | 14 |
| 112M | FF215 | 32 | +0.009 −0.004 | | 80 | ±0.37 | — | | 10 | 0 −0.036 | 27 | 0 −0.20 | 215 | 180 | +0.014 −0.011 | 250 | 0 | ±2.0 | 15 | +0.43 0 | $\phi$1.5 Ⓜ | M12 | 4 | 4 | 203 | 590 | 14 |
| 132M | FF265 | 38 | +0.018 +0.002 | | 80 | ±0.37 | — | | 10 | 0 −0.036 | 33 | 0 −0.20 | 265 | 230 | +0.014 −0.011 | 300 | 0 | ±2.0 | 15 | +0.43 0 | $\phi$1.5 Ⓜ | M12 | 4 | 4 | 218 | 647 | 14 |
| 160M | FF300 | 48 | +0.018 +0.002 | | 110 | ±0.43 | 82 | 0 −0.460 | 14 | 0 −0.043 | 42.5 | 0 −0.20 | 300 | 250 | +0.016 −0.013 | 350 | 0 | ±3.0 | 19 | +0.52 0 | $\phi$1.5 Ⓜ | M16 | 5 | 4 | 265 | 758 | 18 |
| 160L | FF300 | 48 | +0.018 +0.002 | | 110 | ±0.43 | 82 | 0 −0.460 | 14 | 0 −0.043 | 19.9 | 0 −0.20 | 300 | 250 | +0.016 −0.013 | 350 | 0 | ±3.0 | 19 | +0.52 0 | $\phi$1.5 Ⓜ | M16 | 5 | 4 | 285 | 802 | 18 |
| 180L | FF300 | 55 | +0.018 +0.002 | M30×2 | 110 | ±0.43 | 82 | 0 −0.460 | 14 | 0 −0.043 | 21.4 | 0 −0.20 | 300 | 250 | +0.016 −0.013 | 350 | 0 | ±3.0 | 19 | +0.52 0 | $\phi$1.5 Ⓜ | M16 | 5 | 4 | 285 | 870 | 18 |
| 200L | FF400 | 60 | +0.046 0 | M42×3 | 140 | ±0.50 | 105 | 0 −0.460 | 16 | 0 −0.043 | 23.9 | 0 −0.20 | 400 | 350 | +0.018 −0.018 | 450 | 0 | ±4.0 | 19 | +0.52 0 | $\phi$1.5 Ⓜ | M16 | 5 | 8 | 317 | 978 | 20 |
| 225M | FF400 | 65 | +0.046 0 | M42×3 | 140 | ±0.50 | 105 | 0 −0.460 | 16 | 0 −0.043 | 23.9 | 0 −0.20 | 400 | 350 | +0.018 −0.018 | 450 | 0 | ±4.0 | 19 | +0.52 0 | $\phi$1.5 Ⓜ | M16 | 5 | 8 | 335 | 1 050 | 20 |

注：1) 圆锥形轴伸按 GB/T757 规定检查。

2) $P$ 尺寸为最大极限尺寸。

3) $R$ 为凸缘配合面至轴伸肩的距离，其极限偏差包括轴的窜动。

## 表 5-1-42　YZP 电动机(IM3 011,IM3 013)立式安装尺寸及外形尺寸表

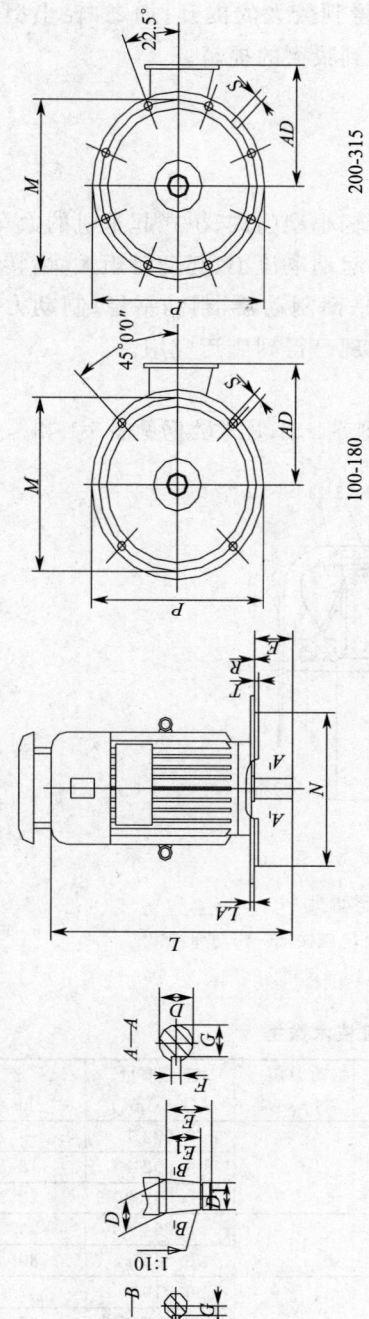

mm

| 机座号 | 凸缘号 | $D^{1)}$ 基本尺寸 | $D^{1)}$ 极限偏差 | $D_1$ | E 基本尺寸 | E 极限偏差 | $E_1$ 基本尺寸 | $E_1$ 极限偏差 | F 基本尺寸 | F 极限偏差 | G 基本尺寸 | G 极限偏差 | M | N 基本尺寸 | N 极限偏差 | $P^{2)}$ | $R^{3)}$ 基本尺寸 | $R^{3)}$ 极限偏差 | S 基本尺寸 | S 极限偏差 | S 位置度 | 螺栓直径 | T 最大 | 孔数/个 | AD | L | LA |
|---|---|---|---|---|---|---|---|---|---|---|---|---|---|---|---|---|---|---|---|---|---|---|---|---|---|---|---|
| 100L | FF215 | 28 | +0.009 −0.004 | — | 60 | ±0.370 | — | — | 8 | 0 −0.036 | 24 | 0 −0.043 | 215 | 180 | +0.014 −0.011 | 250 | 15 | ±2.0 | | +0.43 0 | $\phi1.5$ Ⓜ | M12 | 4 | 4 | 180 | 533 | 14 |
| 112M | | 32 | | | | | | | | | 27 | | | | | | | | | | | | | | 203 | 630 | |
| 132M | FF265 | 38 | +0.018 +0.002 | — | 80 | | — | — | 10 | | 33 | | 265 | 230 | | 300 | | | | | | | | | 218 | 687 | |
| 160M | | 48 | | | | | | | | | 42.5 | | | | | | | | | | | | | | 265 | 808 | 18 |
| 160L | FF300 | | | M30×2 | 110 | ±0.430 | 82 | | 14 | 0 −0.043 | 19.9 | 0 | 300 | 250 | +0.016 −0.013 | 350 | | | | | | | | | 285 | 852 | |
| 180L | | 55 | | | | | | | | | 21.4 | −0.20 | | | | | | | | | | | | | | 920 | |
| 200L | FF400 | 60 | +0.046 0 | M42×3 | | | 105 | 0 −0.460 | 16 | | 23.9 | | 400 | 350 | +0.018 −0.018 | 450 | 19 | ±3.0 | | | | M16 | 5 | | 317 | 1 028 | 20 |
| 225M | | 65 | | | | | | | | | | | | | | | | | | | | | | | 335 | 1 100 | |
| 250M | FF500 | 70 | | M48×3 | 140 | ±0.500 | | | 18 | | 25.4 | | 500 | 450 | +0.020 −0.020 | 550 | | | | | | | | 8 | 375 | 1 257 | 22 |
| 280S | | 85 | +0.054 0 | M56×4 | 170 | | 130 | 0 −0.540 | 20 | 0 −0.052 | 31.7 | | 600 | 550 | | | 24 | ±4.0 | | +0.52 0 | $\phi2.0$ Ⓜ | M20 | 6 | | 455 | 1 328 | |
| 280M | | | | | | | | | | | | | | | | | | | | | | | | | | 1 379 | |
| 315S | FF600 | 95 | | M64×4 | | | | | 22 | | 35.2 | | | | +0.022 −0.028 | 660 | | | | | | | | | 520 | 1 452 | 25 |
| 315M | | | | | | | | | | | | | | | | | | | | | | | | | | 1 503 | |

注：1) 圆锥形轴伸按 GB/T 757 规定检查。
2) P 尺寸为最大极限尺寸。
3) R 为凸缘配合面至轴伸肩的距离，其极限偏差包括轴的窜动。

## 第二节 轻小型起重设备用电动机

目前国内生产的与轻小型起重机配套的电机主要有:实心转子制动电动机、锥形转子电机、盘式制动电机等。

近10年来,随着先进的驱动设备的应用,电动葫芦的起重量得到较大的提升;加之,轻小型起重设备具有自重轻、节省厂房高度等突出优点,它们的应用范围得到很大的提高。

### 一、YSE、YDSE 实心转子制动电动机

1. 概述

锦州特种电机有限公司设计生产的软起动制动电动机主要为轻小型门式、桥式起重机的大车、小车运行机构配套使用,电机有单速和双速。可直接软起动,具有起动电流小、起动转矩大、堵转能力强、控制简单等特点。可配变频器变速运行。电机附加电磁铁平面制动器,制动平稳,制动力矩可调。其软起动、缓制动功能对起重设备的运行质量有明显提高,现已得到广泛应用。

2. 技术数据、安装及外形尺寸

YSE 为单速电动机,YDSE 为双速电动机,该系列电动机结构如图 5-1-33,技术数据见表 5-1-43。

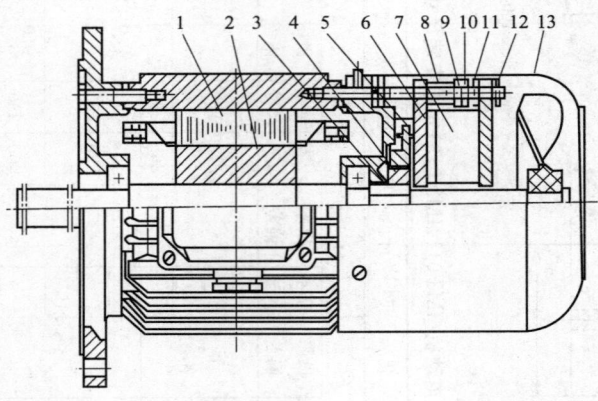

图 5-1-33 YSE、YDSE 系列实心转子制动电动机

1—定子;2—转子;3—制动盖;4—花键套;5—摩擦盘;6—衔铁;7—电磁铁;8—制动弹簧;
9—调整螺母;10—锁紧螺母;11、12—间隙调整螺母;13—风罩

表 5-1-43 YSE、YDSE 系列实心转子制动电动机技术数据

| 型 号 | 对应功率/kW | 起动转矩/N·m | 起动电流/A | 同步转速/(r/min) | 制动力矩/(N·m) | 转动惯量/(kg·m²) | 重量/kg |
|---|---|---|---|---|---|---|---|
| YSE 80-4 | 0.2 | 2 | 1.5 | | 1-6 | 0.002 1 | 15 |
| | 0.4 | 4 | 2.8 | | 1-6 | 0.002 1 | 18 |
| | 0.8 | 8 | 3.6 | | | 0.002 9 | 20 |
| | 1.1 | 12 | 6.2 | | 2-10 | 0.004 4 | 25 |
| | 1.5 | 16 | 7.5 | | 2-10 | 0.005 1 | 30 |
| | 2.2 | 24 | 10.0 | | 3-20 | 0.010 3 | 42 |
| 100L₂-4 | 3.0 | 30 | 12.0 | 1 500 | 3-20 | 0.012 56 | 45 |
| 112M-4 | 4.0 | 40 | 17.0 | | 3-30 | 0.019 5 | 60 |
| 132S-4 | 5.5 | 52 | 38.0 | | 10-40 | 0.057 | 85 |
| 132M-4 | 7.5 | 74 | 58.0 | | 10-40 | 0.066 | 100 |
| 160L-4 | 11 | 116 | 90.0 | | 20-50 | 0.18 | 170 |
| 180M-4 | 15 | 150 | 118.0 | | 20-60 | 0.252 | 200 |
| 180L-4 | 18.5 | 185 | 145.0 | | 20-60 | 0.298 8 | 210 |
| 200L-4 | 22 | 220 | 173.0 | | 30-70 | 0.657 5 | 290 |

续上表

| 型　号 | 对应功率/kW | 起动转矩/(N·m) | 起动电流/A | 同步转速/(r/min) | 制动力矩/(N·m) | 转动惯量/(kg·m²) | 重量/kg |
|---|---|---|---|---|---|---|---|
| YSE 90S-6 | 0.5 | 8 | 3.6 | 1 000 | 2-10 | 0.004 4 | 25 |
| 90L-6 | 0.8 | 12 | 5.6 | | | 0.005 8 | 28 |
| 100L-6 | 1.5 | 23 | 7.0 | | 3-20 | 0.013 6 | 42 |
| 112M-6 | 2.2 | 33 | 10.6 | | 3-30 | 0.023 4 | 58 |
| 132S-6 | 3.0 | 46 | 15.0 | | 10-40 | 0.079 1 | 81 |
| 132M₁-6 | 4.0 | 60 | 18.5 | | | 0.084 1 | 90 |
| 132M₂-6 | 5.5 | 82 | 34.0 | | 10-40 | 0.087 1 | 100 |
| 160M-6 | 7.5 | 112 | 61.0 | | 20-50 | 0.191 | 160 |
| 160L-6 | 11 | 160 | 63.0 | | | 0.222 5 | 170 |
| 180L-6 | 15 | 235 | 94.0 | | 20-60 | 0.407 6 | 220 |
| 200L-6 | 18.5 | 270 | 108.0 | | 30-70 | 0.674 1 | 270 |
| 225M-6 | 22 | 320 | 128.0 | | 30-80 | 1.212 1 | 320 |
| YSE 80-8 | 0.2 | 4 | 1.8 | 750 | 1-6 | 0.002 9 | 20 |
| 90S-8 | 0.4 | 6 | 2.0 | | 2-10 | 0.005 8 | 27 |
| 90L-8 | 0.8 | 10 | 3.3 | | | 0.007 4 | 35 |
| 100L-8 | 1.5 | 32 | 10.2 | | 3-20 | 0.018 8 | 50 |
| 112M-8 | 2.2 | 48 | 13.8 | | 3-30 | 0.027 7 | 60 |
| 132M-8 | 3.0 | 60 | 17.0 | | 10-40 | 0.079 1 | 100 |
| 160M₁-8 | 4.0 | 80 | 20.0 | | | 0.155 8 | 150 |
| 160M₂-8 | 5.5 | 110 | 25.0 | | 20-50 | 0.191 | 160 |
| 160L-8 | 7.5 | 150 | 36.0 | | | 0.222 5 | 170 |
| 180L-8 | 11 | 220 | 53.0 | | 20-60 | 0.407 6 | 220 |
| 200L-8 | 15 | 300 | 77.0 | | 30-70 | 0.674 1 | 270 |
| 225M-8 | 18.5 | 370 | 93.0 | | 30-80 | 1.212 1 | 320 |
| YSE 90L-10 | 0.4 | 10 | 4.4 | 600 | 2-10 | 0.007 4 | 35 |
| 100L-10 | 0.8 | 17 | 5.2 | | 3-20 | 0.018 8 | 50 |
| 112M-10 | 1.5 | 40 | 10.8 | | 3-30 | 0.027 7 | 62 |
| 132S-10 | 2.2 | 60 | 15.0 | | 10-40 | 0.070 7 | 85 |
| 132M-10 | 3.0 | 80 | 17.5 | | | 0.087 1 | 100 |
| 160M₁-10 | 4.0 | 110 | 24.0 | | | 0.155 8 | 150 |
| 160M₂-10 | 5.5 | 150 | 32.0 | | 20-50 | 0.191 | 160 |
| 160L-10 | 7.5 | 190 | 44.0 | | | 0.222 5 | 170 |
| 180L-10 | 11 | 280 | 64.0 | | 20-60 | 0.407 6 | 220 |
| 200L-10 | 15 | 380 | 87.0 | | 30-70 | 0.674 1 | 270 |
| 225M-10 | 18.5 | 470 | 107.0 | | 30-80 | 1.212 1 | 320 |
| YSE 90L-12 | 0.2 | 6 | 3.5 | 500 | 2-10 | 0.007 4 | 35 |
| 100L-12 | 0.4 | 13 | 4.5 | | 3-20 | 0.018 8 | 50 |
| 112M-12 | 0.8 | 24 | 6.2 | | 3-30 | 0.027 7 | 62 |
| 132S-12 | 1.5 | 46 | 10.0 | | 10-40 | 0.070 7 | 85 |
| 132M-12 | 2.2 | 70 | 14.4 | | | 0.087 1 | 100 |
| 160M₁-12 | 3.0 | 93 | 21.8 | | | 0.155 6 | 150 |
| 160M₂-12 | 4.0 | 123 | 28.8 | | 20-50 | 0.191 | 160 |
| 160L-12 | 5.5 | 160 | 33.0 | | | 0.222 5 | 170 |
| 200L-12 | 7.5 | 230 | 46.0 | | 30-70 | 0.674 1 | 270 |
| 225M-12 | 11 | 340 | 60.0 | | 30-80 | 1.212 | 320 |

续上表

| 型　号 | 对应功率/kW | 起动转矩/(N·m) | 起动电流/A | 同步转速/(r/min) | 制动力矩/(N·m) | 转动惯量/(kg·m²) | 重量/kg |
|---|---|---|---|---|---|---|---|
| YSE 90L-16 | 0.1 | 3 | 2.7 | 375 | 2-10 | 0.007 4 | 35 |
| 100L-16 | 0.2 | 7 | 3.8 | | 3-20 | 0.018 84 | 50 |
| 112M-16 | 0.4 | 15 | 6.2 | | 3-30 | 0.027 7 | 62 |
| 132M-16 | 0.8 | 37 | 11.0 | | 10-40 | 0.087 1 | 100 |
| 160M-16 | 1.5 | 62 | 16.0 | | 20-50 | 0.191 | 160 |
| 160L-16 | 2.2 | 92 | 23.0 | | | 0.222 5 | 170 |
| 180L-16 | 3.0 | 125 | 30.0 | | 30-60 | 0.407 6 | 220 |
| 200L-16 | 4.0 | 170 | 40.0 | | 30-70 | 0.674 12 | 270 |
| 225M-16 | 5.5 | 230 | 55.0 | | 30-80 | 1.212 1 | 320 |
| YDSE 80-8/2 | 0.06/0.25 | 1.3 | 0.9/2.6 | 750/3 000 | 1-6 | 0.002 9 | 20 |
| 90L-8/2 | 0.1/0.4 | 2 | 1.6/3.1 | | 2-10 | 0.007 4 | 35 |
| 100L-8/2 | 0.2/0.8 | 4 | 2.0/5.0 | | 3-20 | 0.018 84 | 50 |
| 112M-8/2 | 0.4/1.5 | 8 | 2.7/8.8 | | 3-30 | 0.027 7 | 60 |
| 132S-8/2 | 0.8/3.0 | 16 | 5.3/15.5 | | 10-40 | 0.074 7 | 85 |
| 160M-8/2 | 1.5/6.0 | 30 | 8.8/33.0 | | 20-50 | 0.191 | 160 |
| 180L-8/2 | 3.0/12.0 | 60 | 16.5/70.0 | | 30-60 | 0.407 6 | 220 |
| YDSE 100L-16/2 | 0.1/0.8 | 4 | 2.3/4.8 | 375/3 000 | 3-20 | 0.018 84 | 50 |
| 112M-16/2 | 0.2/1.5 | 8 | 3.3/9.5 | | 3-30 | 0.027 7 | 60 |
| 132S-16/2 | 0.4/3.0 | 16 | 4.5/18.5 | | 10-40 | 0.074 7 | 85 |
| 132M-16/2 | 0.55/4.5 | 22 | 6.9/24.0 | | 10-40 | 0.087 1 | 100 |
| 160M-16/2 | 0.8/6.0 | 30 | 8.0/33.0 | | 20-50 | 0.191 | 160 |
| 180L-16/2 | 1.5/12.0 | 60 | 14.5/70.0 | | 30-60 | 0.407 6 | 220 |
| YDSE 90S-6/4 | 0.6/0.8 | 8 | 3.1/5.1 | 1 000/1 500 | 2-10 | 0.005 8 | 27 |
| 90L-6/4 | 0.8/1.1 | 12 | 5.0/8.2 | | | 0.007 4 | 35 |
| 100L-6/4 | 1.5/2.2 | 20 | 6.0/11.5 | | 3-20 | 0.017 3 | 45 |
| 112M-6/4 | 2.2/3.0 | 30 | 8.6/14.0 | | 3-30 | 0.027 7 | 58 |
| 132S-6/4 | 3.0/4.0 | 40 | 14.0/22.5 | | 10-40 | 0.060 7 | 81 |
| 132M-6/4 | 4.0/5.5 | 55 | 18.5/29.0 | | 10-40 | 0.079 1 | 100 |
| 160M-6/4 | 5.5/7.5 | 75 | 25.0/40.0 | | 20-50 | 0.191 | 160 |
| 160L-6/4 | 7.5/11 | 110 | 40.0/65.0 | | | 0.222 5 | 170 |
| 180L-6/4 | 11/15 | 150 | 53.0/84.0 | | 30-60 | 0.407 6 | 210 |
| 200L-6/4 | 13/18.5 | 185 | 62.0/97.0 | | 30-70 | 0.674 1 | 270 |
| 225M-6/4 | 15/22 | 220 | 73.0/115.0 | | 30-80 | 1.212 1 | 320 |
| YDSE 90S-8/4 | 0.2/0.4 | 4 | 3.0/4.0 | 750/1 500 | 2-10 | 0.005 3 | 25 |
| 90L-8/4 | 0.4/0.8 | 8 | 4.0/5.7 | | | 0.006 7 | 30 |
| 100L$_1$-8/4 | 0.8/1.5 | 15 | 5.4/8.2 | | 3-20 | 0.015 12 | 42 |
| 100L$_2$-8/4 | 1.1/2.2 | 22 | 6.8/12.0 | | | 0.018 8 | 45 |
| 112M-8/4 | 1.5/3.0 | 30 | 11.0/19.0 | | 3-30 | 0.027 7 | 60 |
| 132S-8/4 | 2.0/4.0 | 40 | 12.0/21.0 | | 10-40 | 0.060 7 | 85 |
| 132M-8/4 | 2.8/5.5 | 52 | 16.0/31.0 | | | 0.079 1 | 100 |
| 160M-8/4 | 3.8/7.5 | 75 | 21.8/42.0 | | 20-50 | 0.191 | 160 |
| 160L-8/4 | 5.5/11 | 110 | 34.2/75.0 | | | 0.222 5 | 170 |
| 180L-8/4 | 7.5/15 | 150 | 46.8/84.0 | | 30-60 | 0.407 6 | 220 |
| 200L-8/4 | 9.0/18.5 | 185 | 57.8/104.0 | | 30-70 | 0.674 1 | 270 |
| 225M-8/4 | 11/22 | 220 | 68.8/123.6 | | 30-80 | 1.212 1 | 320 |

续上表

| 型　号 | 对应功率/kW | 起动转矩/(N·m) | 起动电流/A | 同步转速/(r/min) | 制动力矩/(N·m) | 转动惯量/(kg·m²) | 重量/kg |
|---|---|---|---|---|---|---|---|
| YDSE 90L-12/4 | 0.13/0.4 | 4 | 2.3/2.3 | 500/1 500 | 2-10 | 0.007 4 | 35 |
| 100L-12/4 | 0.3/0.8 | 8 | 2.5/3.6 | | 3-20 | 0.018 8 | 50 |
| 112M-12/4 | 0.5/1.5 | 15 | 4.2/8.0 | | 3-30 | 0.027 7 | 60 |
| 132S-12/4 | 1.0/3.0 | 30 | 7.4/14.6 | | 10-40 | 0.074 7 | 85 |
| 132M-12/4 | 1.3/4.0 | 40 | 9.2/17.5 | | | 0.087 1 | 100 |
| 160M-12/4 | 1.8/5.5 | 52 | 13.0/26.5 | | 20-50 | 0.191 | 150 |
| 160L-12/4 | 2.5/7.5 | 75 | 15.5/43.5 | | | 0.222 5 | 170 |
| 180L-12/4 | 3.6/11 | 110 | 22.9/64.0 | | 30-60 | 0.407 6 | 220 |
| 200L-12/4 | 5.0/15 | 150 | 31.5/87.2 | | 30-70 | 0.674 1 | 270 |
| 225M-12/4 | 6.0/18.5 | 185 | 38.5/107.6 | | 30-80 | 1.212 1 | 320 |
| YDSE 100L-16/4 | 0.1/0.4 | 4 | 2.3/2.2 | 375/1 500 | 3-20 | 0.017 35 | 45 |
| 112M-16/4 | 0.2/0.8 | 8 | 3.3/3.4 | | 3-30 | 0.027 7 | 60 |
| 132S-16/4 | 0.4/1.5 | 16 | 5.3/8.5 | | 10-40 | 0.079 1 | 85 |
| 132M-16/4 | 0.55/2.2 | 22 | 7.0/10.5 | | | 0.087 1 | 100 |
| 160M$_1$-16/4 | 0.8/3.0 | 30 | 7.0/16.0 | | 20-50 | 0.155 6 | 145 |
| 160M$_2$-16/4 | 1.0/4.0 | 40 | 9.8/21.5 | | | 0.191 | 155 |
| 160L-16/4 | 1.5/5.5 | 55 | 12.0/28.0 | | | 0.222 5 | 170 |
| 180L-16/4 | 2.0/7.5 | 75 | 17.8/38.5 | | 30-60 | 0.407 6 | 220 |
| 200L-16/4 | 3.0/11 | 110 | 25.7/56.5 | | 30-70 | 0.674 1 | 270 |
| 225M-16/4 | 4.0/15 | 150 | 35.0/77.0 | | 30-80 | 1.212 1 | 320 |
| YDSE 100L$_1$-12/6 | 0.2/0.4 | 6 | 2.5/2.8 | 500/1 000 | 3-20 | 0.013 6 | 42 |
| 100L$_2$-12/6 | 0.4/0.8 | 12 | 3.7/4.7 | | | 0.017 3 | 45 |
| 112M-12/6 | 0.8/1.5 | 22 | 5.8/7.8 | | 3-30 | 0.027 7 | 60 |
| 132S-12/6 | 1.1/2.2 | 32 | 7.4/10.0 | | 10-40 | 0.054 7 | 81 |
| 132M$_1$-12/6 | 1.5/3.0 | 44 | 10.6/15.0 | | | 0.071 1 | 90 |
| 132M$_2$-12/6 | 2.0/4.0 | 60 | 13.4/19.0 | | | 0.087 1 | 100 |
| 160M$_1$-12/6 | 2.8/5.5 | 80 | 19.0/31.0 | | 20-50 | 0.155 8 | 150 |
| 160M$_2$-12/6 | 3.8/7.5 | 110 | 26.0/42.0 | | | 0.191 | 160 |
| 160L-12/6 | 5.5/11 | 160 | 38.0/61.5 | | | 0.222 5 | 170 |
| 180L-12/6 | 7.5/15 | 220 | 52.3/84.6 | | 30-60 | 0.407 6 | 220 |
| 200L-12/6 | 9.0/18.5 | 270 | 64.3/103.8 | | 30-70 | 0.674 1 | 270 |
| 225M-12/6 | 11/22 | 320 | 76.2/123.0 | | 30-80 | 1.212 1 | 320 |

注：在YDSE（双速电机）中，6/4、8/4、12/6极为单绕组双速，也可做成双绕组双速，但机座号有可能加大；8/2、16/2、12/4和16/4是双绕组双速。

安装及外形尺寸见表5-1-44，表5-1-45，表5-1-46和表5-1-47。

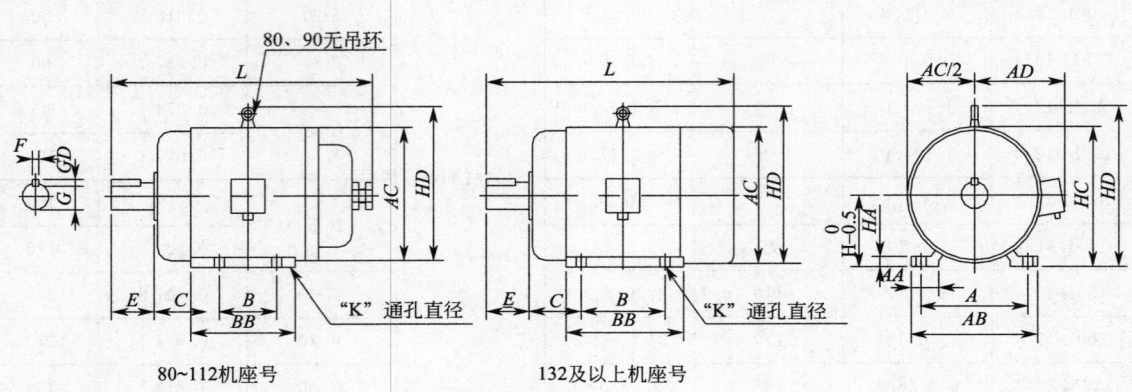

80~112机座号　　　132及以上机座号

**表 5-1-44　YSE、YDSE 系列实心转子制动电动机(B3)安装及外形尺寸**　　　mm

| 机座号 | 安装尺寸 ||||||||||||| 外形尺寸 ||||||
|---|---|---|---|---|---|---|---|---|---|---|---|---|---|---|---|---|---|
|  | H | A | B | C | D | E | F | G | GD | K | AA | AB | BB | AC/2 | AD | HA | HC | HD | L |
| 80 | 80 | 125 | 100 | 50 | 19+0.009 −0.004 | 40 | 6 | 15.5 | 6 | 10 | 37 | 165 | 135 | 85 | 150 | 13 | 170 | — | 375 |
| 90S | 90 | 140 | 100 | 56 | 24+0.009 −0.004 | 50 | 8 | 20 | 7 | 10 | 37 | 180 | 150 | 90 | 155 | 13 | 190 | — | 410 |
| 90L | 90 | 140 | 125 | 56 | 24+0.009 −0.004 | 50 | 8 | 20 | 7 | 10 | 37 | 180 | 170 | 90 | 155 | 13 | 190 | — | 425 |
| 100L | 100 | 160 | 140 | 63 | 28+0.009 −0.004 | 60 | 8 | 24 | 7 | 12 | 42 | 205 | 185 | 105 | 180 | 15 | — | 245 | 465 |
| 112M | 112 | 190 | 140 | 70 | 28+0.009 −0.004 | 60 | 8 | 24 | 7 | 12 | 42 | 245 | 195 | 120 | 200 | 17 | — | 265 | 495 |
| 132S | 132 | 216 | 178 | 89 | 38+0.018 +0.002 | 80 | 10 | 33 | 8 | 12 | 57 | 280 | 210 | 140 | 220 | 20 | — | 315 | 575 |
| 132M | 132 | 216 | 178 | 89 | 38+0.018 +0.002 | 80 | 10 | 33 | 8 | 12 | 57 | 280 | 248 | 140 | 220 | 20 | — | 315 | 615 |
| 160M | 160 | 254 | 210 | 108 | 42+0.018 +0.002 | 80 | 12 | 37 | 8 | 15 | 63 | 325 | 275 | 165 | 255 | 22 | — | 385 | 715 |
| 160L | 160 | 254 | 254 | 108 | 42+0.018 +0.002 | 80 | 12 | 37 | 8 | 15 | 63 | 325 | 320 | 165 | 255 | 22 | — | 385 | 760 |
| 180M | 180 | 279 | 241 | 121 | 48+0.018 +0.002 | 110 | 14 | 42.5 | 9 | 15 | 73 | 325 | 332 | 180 | 285 | 24 | — | 430 | 815 |
| 180L | 180 | 279 | 279 | 121 | 48+0.018 +0.002 | 110 | 14 | 42.5 | 9 | 15 | 73 | 325 | 370 | 180 | 285 | 24 | — | 430 | 865 |
| 200L | 200 | 318 | 305 | 133 | 55+0.03 +0.011 | 110 | 16 | 49 | 10 | 19 | 73 | 395 | 378 | 200 | 310 | 27 | — | 475 | 900 |
| 225S | 225 | 356 | 286 | 149 | 60+0.03 +0.011 | 140 | 18 | 53 | 11 | 19 | 83 | 435 | 382 | 225 | 345 | 27 | — | 530 | 950 |
| 225M | 225 | 356 | 311 | 149 | 60+0.03 +0.011 | 140 | 18 | 53 | 11 | 19 | 83 | 435 | 407 | 225 | 345 | 27 | — | 530 | 1 050 |

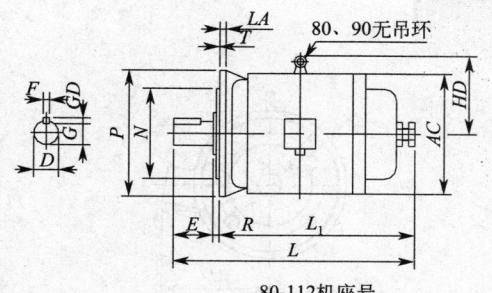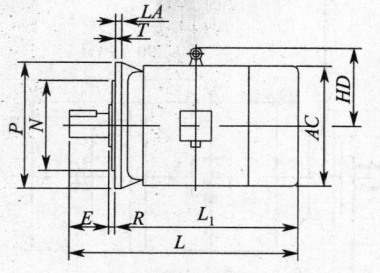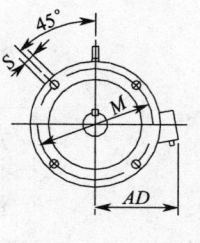

80-112机座号　　　　　132及以上机座号

**表 5-1-45　YSE、YDSE 系列实心转子制动电动机（B5）安装及外形尺寸**　　　mm

| 机座号 | 安装尺寸 ||||||| 外形尺寸 |||||||
|---|---|---|---|---|---|---|---|---|---|---|---|---|---|---|
| | M | N | P | R | S | T | D | E | F | G | GD | AC | AD | L | LA | LB | HB |
| 80 | 165 | $130^{+0.014}_{-0.011}$ | 200 | 0 | 4×φ12 | 3.5 | $19^{+0.009}_{-0.004}$ | 40 | 6 | 15.5 | 6 | 165 | 150 | 375 | 13 | 335 | — |
| 90S | | | | | | | $24^{+0.009}_{-0.004}$ | 50 | 8 | 20 | 7 | 180 | 155 | 410 | | 360 | |
| 90L | | | | | | | | | | | | | | 425 | | 375 | |
| 100L | 215 | $180^{+0.014}_{-0.011}$ | 250 | | 4×φ15 | 4 | $28^{+0.009}_{-0.004}$ | 60 | | 24 | | 205 | 180 | 465 | 15 | 405 | 145 |
| 112M | | | | | | | | | | | | 230 | 190 | 495 | | 435 | 160 |
| 132S | 265 | $230^{+0.016}_{-0.013}$ | 300 | | 4×φ15 | | $38^{+0.018}_{+0.002}$ | 80 | 10 | 33 | 8 | 270 | 210 | 575 | | 495 | 180 |
| 132M | | | | | | | | | | | | | | 615 | | 535 | |
| 160M | 300 | $250^{+0.016}_{-0.013}$ | 350 | | 4×φ19 | | $42^{+0.018}_{+0.002}$ | | 12 | 37 | | 325 | 255 | 715 | 16 | 605 | 220 |
| 160L | | | | | | | | | | | | | | 760 | | 650 | |
| 180M | | | | | | 5 | $48^{+0.018}_{+0.002}$ | 110 | 14 | 42.5 | 9 | 360 | 285 | 815 | | 705 | 250 |
| 180L | | | | | | | | | | | | | | 865 | | 755 | |
| 200L | 350 | 300±0.016 | 400 | | | | $55^{+0.03}_{+0.011}$ | | 16 | 49 | 10 | 400 | 310 | 900 | 22 | 790 | 280 |
| 225S | 400 | 350±0.018 | 450 | | 8×φ19 | | $60^{+0.03}_{+0.011}$ | 140 | 18 | 53 | 11 | 450 | 345 | 950 | | 810 | 298 |
| 225M | | | | | | | | | | | | | | 1050 | | 880 | |

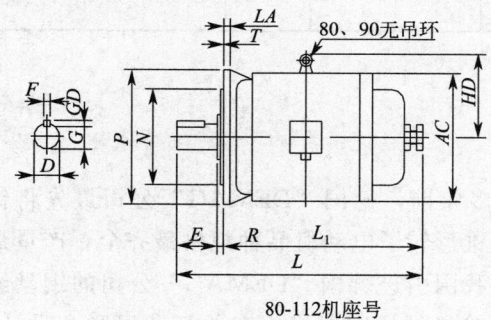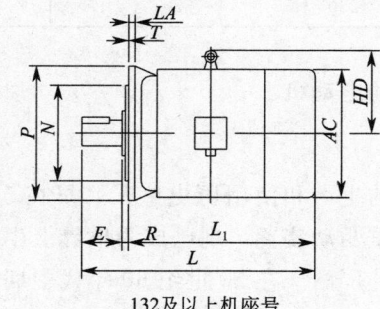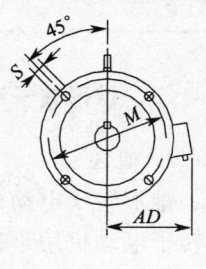

80-112机座号　　　　　132及以上机座号

**表 5-1-46　YSE、YDSE 系列实心转子制动电动机（轴伸 25 花键）安装及外形尺寸**　　　mm

| 机座号 | 尺寸 |||||||||||
|---|---|---|---|---|---|---|---|---|---|---|---|
| | D | $D_1$ | $D_2$ | $D_3$ | L | $L_1$ | $L_2$ | $L_3$ | AD | S | P |
| 80 | φ180h7 | φ200 | φ165 | φ220 | 340 | 290 | 13 | 30 | 150 | 4-φ11 | 6D-25f9×22b12×6d11 |
| 801 | | | | | | | | | | | |
| 802 | | | | | 380 | 330 | | | | | |
| 90S | | | φ180 | | 395 | 345 | | | 155 | | |
| 90L | | | | | 425 | 375 | | | | | |
| 100L | | | φ205 | | 465 | 415 | | | 180 | | |
| 112M | | | φ230 | φ230 | 490 | 440 | | | 190 | | |
| 132S | | | φ270 | φ220 | 580 | 530 | | | 220 | | |
| 132M | | | | | 620 | 570 | | | | | |

注：该安装尺寸需在型号后加 D。如 YSE80₂-4D。

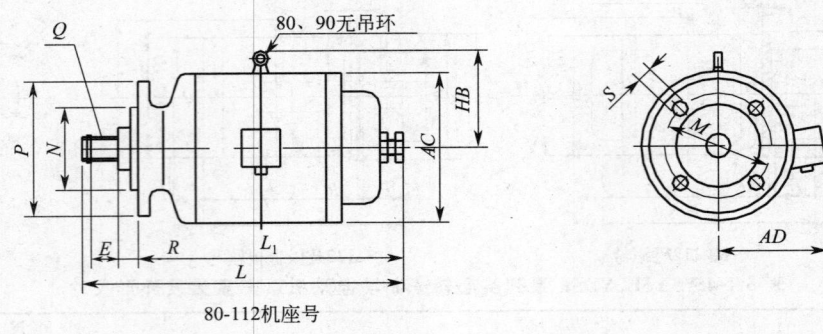

**表 5-1-47　YSE、YDSE 系列实心转子制动电动机（轴伸 20 及 15 花键）安装及外形尺寸**　　mm

| 机座号 | 尺寸 | | | | | | | | | | |
|---|---|---|---|---|---|---|---|---|---|---|---|
| | D | $D_1$ | $D_2$ | $D_3$ | L | $L_1$ | $L_2$ | $L_3$ | AD | S | P |
| 80 | φ75h7 | φ90 | φ165 | φ110 | 370 | 325 | 15 | 22 | 150 | 4-φ7 | 4D-15f9×12b12×4d11 |
| 801 | | | | | | | | | | | |
| 802 | | | | | 410 | 365 | | | | | |
| 90S | | | φ180 | | 425 | 380 | | | 155 | | |
| 90L | | | | | 445 | 400 | | | | | |
| 100L | | | φ205 | | 485 | 440 | | | 180 | | |
| 80 | φ100h7 | φ120 | φ165 | φ140 | 375 | 325 | 20 | 24 | 150 | 4-φ9 | 6D-20f9×16b12×4d11 |
| 801 | | | | | | | | | | | |
| 802 | | | | | 415 | 365 | | | | | |
| 90S | | | φ180 | | 430 | 380 | | | 155 | | |
| 90L | | | | | 450 | 400 | | | | | |
| 100L | | | φ205 | | 490 | 440 | | | 180 | | |
| 112M | | | φ230 | | 520 | 470 | | | 190 | | |

## 二、锥形转子制动电动机

### 1. 概述

锥形转子电动机的生产和使用历史悠久，早在 50 多年前，德国"DEMAG"公司最先将锥形转子电动机用于起重驱动装置，现已成为世界上生产锥形转子电动机品种规格最齐全，产量最大，技术水平最领先的厂商。在 20 世纪 60 年代中期，我国引进德国"DEMAG"公司的钢丝绳电动葫芦样机，在此基础上，由机械工业部北京起重运输机械研究所组织有关行业厂联合设计，自行开发研制出 CD 型、MD 型钢丝绳电动葫芦系列。我国第一代为电动葫芦配套用的 ZD、ZDY、ZDS 型锥形转子电动机系列随之投产。

电动葫芦是量大面广的产品，随着 CD 型、MD 型钢丝绳电动葫芦系列在全国范围内普及、推广和发展，不仅主机厂自建生产电机车间，专门生产锥形转子电动机的厂家也纷纷出现，1973 年经过技术整顿，制定了专用技术标准，经过多年的生产实践，设计、加工工艺、测试技术和设备不断进步，成熟、完善。积累了丰富的生产和设计经验。现拥有 30 多个生产厂家，形成了年产量达 30 多万台的生产能力。

20 世纪 80 年代中期，天津起重设备厂引进了德国"STAHL"公司的 AS 型钢丝绳电动葫芦的生产技术。南京起重机械总厂、北京起重设备厂和山海关起重机械厂联合引进了德国"DEMAG"公司的 PK 型环链电动葫芦的生产技术。1986 年以来，以南京起重机械总厂为首的行业厂组成联合设计组自行开发，设计研制出H型钢丝绳电动葫芦系列（为CD型、MD型的换代产品）。它们都配用锥形转子电动机，但各具有独自的结构特点，使我国的锥形转子电动机的生产技术和能力更加完善，并有了新的发展，系列品种规格齐全，更专用化，电动机单机最大容量从18.5 kW，扩大到24 kW，并有了双绕组双速电动机代替原先采用的双电动机组变速方案，使其结构简化，材料节省，制造方便，成本降低，速比范围由单一的1：10一种，扩大为1：2、1：3、1：4、1：6多种，最大的功率可达12/2 kW。起升机构和运行机构均有双绕组双速电动机。从而可满足主机在各种使用场合下的要求。

为提高产品质量，使锥形转子电动机规范化，修订了钢丝绳电动葫芦用锥形转子电动机专业标准 ZBJ 80013.3-1989 及 JB/T 9008.3-1999，现已合并在 JB/T 9008.1-2004 标准中。同时制定了环链电动葫芦用锥形转子电动机标准 JB/T 5317.3-1991。

锥形转子电动机的特点是制动器和电动机合为一体。当电动机定子通电时，除产生旋转力矩外，同时产生轴向磁拉力，使转子轴向移动压缩制动弹簧，松开制动轮，转子随即开始运转，当电动机断电时，轴向磁拉力消失，转子复位，制动轮在制动弹簧力的作用下产生制动力矩，电动机迅速停止运转。

锥形转子电动机本身结构紧凑，牢固可靠，能经受频繁的起动、制动、逆转、机械振动和冲击，具有足够大的起动力矩，较小的起动电流，过载能力强，制动性能良好，且具有调节定、转子气隙大小和轴向移动间距的功能，从而获得所需要的制动力矩。起升电动机要求制动稳准快，而运行电动机要求平稳，较缓慢。因此起升电动机和运行电动机是有区别的，区别在于制动装置的结构型式。起升用电动机制动装置的制动环为圆锥形，制动轮用高强度的铝合金或薄钢板制成。运行电动机的制动装置的制动环为平面制动环，制动轮采用铸钢制成。圆锥形制动环适用于提升机构；平面式制动环适用于运行机构。

锥形转子电机均为封闭、自扇冷式。电机必须与允许轴向窜动的联轴器或齿轮传动相连接使用。

目前国内生产的锥形转子电动机系列有 CD1、MD1 型钢丝绳电动葫芦用锥形转子电动机系列，AS、H 型钢丝绳电动葫芦用锥形转子电动机系列，PK 型环链电动葫芦用锥形转子电动机系列。

2. CD1、MD1 型钢丝绳电动葫芦用锥形转子电机

CD1、MD1 型电动葫芦配用的锥形转子电机按其用途分为 4 种，分别为 ZD1、ZDY1、ZDM1 和 ZDS1 型。

（1）ZD1 型为主起升电动机，制动环为锥形。其结构如图 5-1-34 所示。

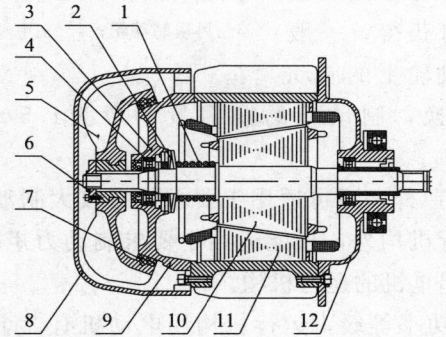

图 5-1-34  ZD1 型锥形转子电动机
1—制动弹簧；2—缓冲碟形弹簧；3—支撑圈；4—推力轴；
5—风扇制动轮；6—调整螺丝；7—风罩；8—锥形制动环；
9—后端盖；10—转子；11—定子；12 前端盖

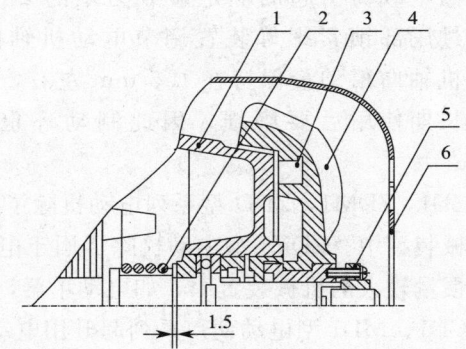

图 5-1-35  平面制动环型的制动器示意图
1—后端盖；2—制动弹簧；3—平面制动环；
4—风扇制动轮；5—调整螺母；6—风罩

(2) ZDM1 型为慢速用起升电动机，其结构同 ZD1 型，仅前端盖凸缘小些。

(3) ZDY1 型为运行用电动机，其结构形式和 ZD1 型略有区别，即制动部分不一样，其制动轮与制动座平面接触，制动环为平面型，其结构型式如图 5-1-35。

(4) ZDS1 型双电动机组和 ZDD 型双绕组双速电动机：

1) ZDS1 型电动机，由两台功率不同的电动机（即功率按等速比递减的两台电动机）ZD1 型和 ZDM1 型，通过齿轮传动装置连接而成。图 5-1-36 是双电动机组示意图，构成双速方案。

当电源接通慢速电动机而不接通常速主电动机时，主电动机的带齿制动轮与风扇制动轮压紧相接触为一体成为输出级传动齿轮，副电动机所产生的转矩通过轴伸齿轮传递经主电动机的输出级传动齿轮，由主电动机转轴输出得到慢速。当电源接通常速主电动机时，主电动机产生的轴向磁拉力克服制动弹簧力，使风扇制动轮和主电动机的带齿制动轮脱开，主电动机的转子随即开始运转，得到常速。ZDS1 型双电动机组的速比一般为 1：10。

2) ZDD 型双绕组双速电动机，是在原 ZD1 系列电动机的基础上，不加大机座号，不改变其结构，不变动任何外形和连接尺寸，仅将原电动机的绝缘等级由原来的 E 级提高到 F 级，将原来的单绕组改制设计成 4/12 极双绕组双速。这使原来仅有一种提升速度的 CD1 型电动葫芦变成具有 1：3 两种速度的双速葫芦。

全系列电动机均为封闭、自扇冷式，外壳防护等级为 IP44，其结构及安装型式，ZD1、ZDD 型为 IMB5，ZDM1、ZDY2 型为 IMB14。电动机的轴伸配合采用矩形花键或三角花键，可与允许轴串动的联轴器或齿轮传动相连接使用。

CD1、MD1 型钢丝绳电动葫芦用锥形转子电动机的工作制为 S4，负载持续率单速为 25%，双绕组双速电机高速为 25%，低速为 15%，每小时等效起动次数单速 120 次，双绕组双速高、低速均为 120 次。

电动机的额定电压为 380 V，额定频率为 50 Hz。在起动、运行期间，电源电压的允许偏差为 +5% 和 −10%，频率的允许偏差值为 ±1%。而且在发生上述偏差时，仍然能带额定负载起动及正常运行。

电动机的使用环境温度为 −25 ℃～40 ℃，绝缘等级 ZD1、ZDM1、ZDY1、ZDS1 型为 E 级，而 ZDD 型为 F 级。

起升电动机具有较大的制动力矩，静制动力矩是电动机轴上由额定载荷引起的额定静载力矩的 2 倍左右，制动力矩大小可通过尾部锁紧螺母装置调节电动机轴向窜动量而获得，一般电动机轴向窜动量保持在 1.5 mm 左右，电动机制动轮上的制动环经长期使用后要磨损，因此制动环也要经常更换，制动环的磨损量一般为 1.5 mm～2 mm。

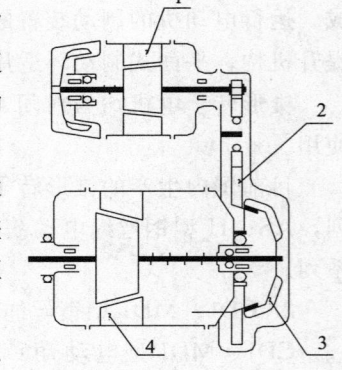

图 5-1-36　ZDS1 型双电动机组示意图

1—副电动机；2—带齿制动轮 3—风扇制动轮；4—主电动机

ZD1，ZDM1，ZDD 型系列电动机除了用于电动葫芦外，还可适用于要求具有较大制动力矩的机械装置中。ZDY1 型电动机除了用于电动葫芦运行机构外，还能适用于要求制动力矩较小，转动惯量较大的机械装置中，如电动单梁，悬挂桥式起重机的运行机构。

CD1、MD1 型电动葫芦系列起升用电动机有 9 个功率等级，运行机构用电动机有 3 个功率等级，有 5 个双电动机组和 4 个双绕组双速电动机。

ZD1、ZDM1、ZDY1、ZDS1、ZDD 型系列电动机技术性能见表 5-1-48。

ZD1、ZDM1、ZDY1、ZDS1、ZDD 型系列电动机安装及外形尺寸见表 5-1-49，表 5-1-50，表 5-1-51。

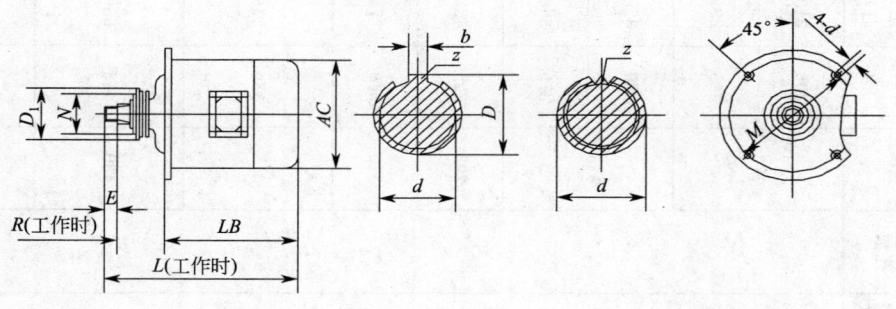

**表 5-1-48 ZD1，ZDM1，ZDY1，ZDS1，ZDD 型系列电动机及其技术性能**

| 功率 (kW) | 主起升电动机 | 慢速起升电动机 | 运行电动机 | 双电动机组 | 双绕组双速电动机 | 额定转速 /(r/min) | 最大转矩/额定转矩 | 堵转转矩/额定转矩 | 堵转电流/A | 效率 (%) | 功率因数 | 静制动转矩/(N·m) | 转动惯量 $J_m$/(kg·m²) |
|---|---|---|---|---|---|---|---|---|---|---|---|---|---|
| 0.2 | ZD1-11-4 | ZDM1-11-4 | ZDY1-11-4 | — | — | 1380 | 2.0 | 2.0 | 4 | 65 | 0.65 | 1.86 | 0.003 |
| 0.4 | ZD1-12-4 | ZDM1-12-4 | ZDY1-12-4 | — | — | 1380 | 2.0 | 2.0 | 7 | 67 | 0.72 | 4.41 | 0.004 |
| 0.8 | ZD1-21-4 | ZDM1-21-4 | ZDY1-21-4 | — | — | 1380 | 2.5 | 2.5 | 13 | 70 | 0.72 | 8.34 | 0.009 |
| 1.5 | ZD1-22-4 | — | — | — | — | 1380 | 2.5 | 2.5 | 24 | 73 | 0.74 | 16.67 | 0.011 |
| 3.0 | ZD1-31-4 | — | — | — | — | 1380 | 2.7 | 2.7 | 45 | 79 | 0.77 | 34.32 | 0.033 |
| 4.5 | ZD1-32-4 | — | — | — | — | 1380 | 2.7 | 2.7 | 65 | 79 | 0.80 | 49.03 | 0.04 |
| 7.5 | ZD1-41-4 | — | — | — | — | 1400 | 3.0 | 3.0 | 110 | 80 | 0.80 | 83.30 | 0.098 |
| 13.0 | ZD1-51-4 | — | — | — | — | 1400 | 3.0 | 3.0 | 180 | 81 | 0.82 | 147.10 | 0.275 |
| 18.5 | ZD1-52-4 | — | — | — | — | 1400 | 3.0 | 3.0 | 229 | 82 | 0.82 | 225.4 | 0.28 |
| 0.2/0.8 | — | — | — | ZDS1 0.2/0.8 | — | 1380/1380 | 2.0/2.5 | 2.0/2.5 | 4/13 | 65/70 | 0.65/0.72 | 1.86/8.34 | 0.003/0.009 |
| 0.2/1.5 | — | — | — | ZDS1 0.2/1.5 | — | 1380/1380 | 2.0/2.5 | 2.0/2.5 | 4/24 | 65/73 | 0.65/0.74 | 1.86/16.67 | 0.003/0.011 |
| 0.4/3.0 | — | — | — | ZDS1 0.4/3.0 | — | 1380/1380 | 2.0/2.7 | 2.0/2.7 | 7/45 | 67/79 | 0.72/0.77 | 4.41/34.32 | 0.004/0.033 |
| 0.4/4.5 | — | — | — | ZDS1 0.4/4.5 | — | 1380/1380 | 2.0/2.7 | 2.0/2.7 | 7/65 | 67/79 | 0.72/0.80 | 4.41/49.03 | 0.004/0.04 |
| 0.8/7.5 | — | — | — | ZDS1 0.8/7.5 | — | 1380/1400 | 2.5/3.0 | 2.5/3.0 | 13/110 | 70/80 | 0.72/0.80 | 8.34/83.30 | 0.009/0.098 |
| 0.25/0.8 | — | — | — | — | ZDD21-12/4 | 400/1380 | 2.2/3.0 | 2.2/3.0 | 3.7/10.6 | 32/67 | 0.5/0.66 | 8.34 | 0.009 |
| 0.47/1.5 | — | — | — | — | ZDD22-12/4 | 400/1380 | 2.1/2.9 | 2.1/2.94 | 6.3/19.2 | 33/71 | 0.51/0.72 | 16.67 | 0.011 |
| 1.0/3.0 | — | — | — | — | ZDD31-12/4 | 400/1380 | 2.25/2.9 | 2.25/2.9 | 13.6/37.22 | 54/78 | 0.36/0.82 | 34.32 | 0.033 |
| 1.5/4.5 | — | — | — | — | ZDD41-12/4 | 400/1380 | 2.2/2.8 | 2.2/2.8 | 17.4/54.2 | 51/77 | 0.46/0.79 | 49.03 | 0.04 |

注：对 ZDY1 型静制动转矩，转动惯量可作考核，表中数据只适用于起升电动机。

表 5-1-49　ZD1、ZDD 系列电动机安装及外形尺寸表

mm

| 型号 | 轴伸 矩形花键 Z-D×d×b / 三角花键 D,Z | | 安装尺寸及公差 | | | | | | | | | | 外形尺寸 | | |
|---|---|---|---|---|---|---|---|---|---|---|---|---|---|---|---|
| | | E 尺寸 | E 极限偏差 | R(工作时) 尺寸 | R(工作时) 极限偏差 | P 尺寸 | P 极限偏差 | M | $D_1$ | N | 4-d 尺寸 | 4-d 极限偏差 | d 孔对其公称位置偏差 | 凸缘孔数 | AC | LB | L(工作时) |
| ZD1-11-4 | $4D-15\left(^{-0.020}_{-0.070}\right)$ $\times 12\times 4\left(^{-0.060}_{-0.120}\right)$ 或 $D=15$　$Z=36$ | 15 | ±0.215 | 15 (回进) | ±1.5 | 155 | 0 / -0.080 | 140 | — | — | 7 | +0.360 / 0 | | 4 | 172 | 205 | 210 |
| ZD1-12-4 | | | | | | 165 | | 150 | | | | | | | | 225 | 230 |
| ZD1-21-4 / ZDD-21-12/4 | $6D-20\left(^{-0.025}_{-0.085}\right)$ $\times 16\times 4\left(^{-0.040}_{-0.120}\right)$ | 24 | ±0.260 | 70 | | 220 | 0 / -0.090 | 196 | 177 | 110 | 9 | | | | 232 | 230 | 325 |
| ZD1-22-4 / ZDD-22-12/4 | | | | 71 | | 235 | | 205 | | | | | | | | 270 | 366 |
| ZD1-31-4 / ZDD31-12/4 | $6D-28\left(^{-0.025}_{-0.085}\right)$ $\times 23\times 6\left(^{-0.040}_{-0.120}\right)$ | 30 | | 109 | | 290 | 0 / -0.100 | 260 | 179 | 120 | 13 | | | | 295 | 295 | 435 |
| ZD1-41-4 / ZDD-41-12/4 | | | | 98 | ±2.0 | 320 | | 290 | 223 | 130 | | | 0.250 | | 310 | 346 | 376 |
| ZDD-42-4 | $10D-35\left(^{-0.032}_{-0.100}\right)$ $\times 28\times 4\left(^{-0.040}_{-0.120}\right)$ | 35 | ±0.310 | 120 | | 380 | 0 / -0.120 | 340 | 260 | 160 | 17 | +0.430 / 0 | | | 348 | 380 | 536 |
| ZDD-51-4 | $10D-40\left(^{-0.032}_{-0.100}\right)$ $\times 32\times 5\left(^{-0.040}_{-0.120}\right)$ | 40 | | 172 | | 455 | | 415 | 300 | 200 | | | | | 430 | 445 | 660 |
| ZDD-52-4 | $10D-45\left(^{-0.032}_{-0.100}\right)$ $\times 36\times 5\left(^{-0.040}_{-0.120}\right)$ | 55 | | 187 | | 530 | | 490 | | | | | | | 480 | 469 | 711 |

**表 5-1-50　ZDY1, ZDM1 系列电动机安装及外形尺寸**

mm

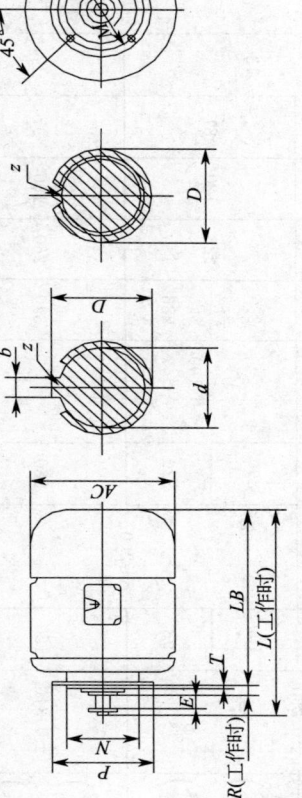

| 型号 | 轴伸 矩形花键 Z-D×d×b / 三角花键 D,Z | 安装尺寸及公差 E 尺寸 | E 极限偏差 | R(工作时) 尺寸 | R(工作时) 极限偏差 | N 尺寸 | N 极限偏差 | T | P | 4-d 尺寸 | 4-d 极限偏差 | d孔对其公称位置偏差 | 凸缘孔数 | 外形尺寸 AC | 外形尺寸 LB | 外形尺寸 L(工作时) |
|---|---|---|---|---|---|---|---|---|---|---|---|---|---|---|---|---|
| ZDY1-11-4 | $4D-15\left(\begin{smallmatrix}-0.020\\-0.070\end{smallmatrix}\right)$ ×12×4$\left(\begin{smallmatrix}-0.040\\-0.120\end{smallmatrix}\right)$ 或 $D=15$ $Z=36$ | 22 | ±0.260 | 15 | ±1.5 | 75 | $\begin{smallmatrix}0\\-0.030\end{smallmatrix}$ | 3 | 110 | 7 | $\begin{smallmatrix}+0.360\\0\end{smallmatrix}$ | 0.250 | 4 | 172 | 220 | 260 |
| ZDM1-11-4 | | | | | | | | | | | | | | | | |
| ZDY1-12-4 | | | | | | | | | | | | | | | 240 | 280 |
| ZDM1-12-4 | | | | | | | | | | | | | | | | |
| ZDY1-21-4 | $6D-20\left(\begin{smallmatrix}-0.025\\-0.085\end{smallmatrix}\right)$ ×16×4$\left(\begin{smallmatrix}-0.040\\-0.120\end{smallmatrix}\right)$ 或 $D=18$ $Z=36$ | 24 | | 20 | | 100 | $\begin{smallmatrix}0\\-0.035\end{smallmatrix}$ | | 140 | 9 | | | | 232 | 290 | 340 |
| ZDM1-21-4 | | | | | | | | | | | | | | | | |

第一章　起重机用电机及容量校验

1149

表 5-1-51 ZDS₁ 系列电动机安装及外形尺寸

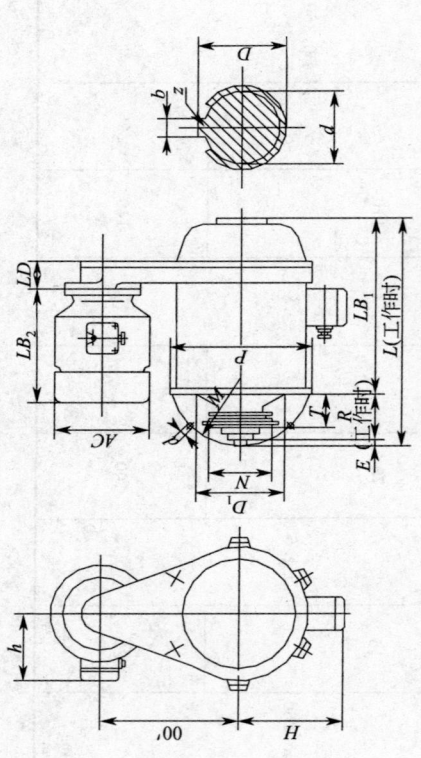

mm

| 型 号 | 轴伸花键 Z—D×d×b | 安装尺寸及公差 E 尺寸 | E 极限偏差 | R(工作时) 尺寸 | R 极限偏差 | P 尺寸 | P 极限偏差 | M | $D_1$ | N | T | d 尺寸 | d 极限偏差 | d孔对其公称位置偏差 | L(工作时) | $LB_1$ | $LB_2$ | AC | LD | $OO'$ | H | h |
|---|---|---|---|---|---|---|---|---|---|---|---|---|---|---|---|---|---|---|---|---|---|---|
| ZDS1-0.2/0.8 | 6D—20×16×4 | 24 $\begin{pmatrix}-0.025\\-0.085\\-0.040\\-0.120\end{pmatrix}$ | ±0.260 | 70 | ±1.5 | 220 | 0 -0.090 | 196 | 177 | 110 | 60 | 9 | +0.360 0 | 0.250 | 325 | 230 | 220 | 172 | 52 | 200 | 240 | 122 |
| ZDS1-0.2/1.5 |  |  |  | 71 |  | 235 |  | 205 | 179 |  |  |  |  |  | 366 | 270 |  |  |  |  |  |  |
| ZDS1-0.4/3.0 | 6D—28×23×6 | 30 $\begin{pmatrix}-0.025\\-0.085\\-0.040\\-0.120\end{pmatrix}$ |  | 109 | ±2.0 | 290 | 0 -0.100 | 260 | 223 | 120 | 81 | 13 | +0.430 0 |  | 435 | 295 | 240 |  | 56 | 249 | 256 |  |
| ZDS1-0.4/4.5 |  |  |  | 98 |  | 320 |  | 286 |  |  |  |  |  |  | 450 | 320 |  |  |  |  | 272 |  |
| ZDS1-0.8/7.5 | 10D—35×28×4 | 35 $\begin{pmatrix}-0.032\\-0.100\\-0.040\\-0.120\end{pmatrix}$ | ±0.310 | 120 |  | 380 | 0 -0.120 | 340 | 260 | 160 | 97 | 17 |  |  | 536 | 380 | 290 | 232 | 66 | 311 | 288 | 158 |

型号说明：

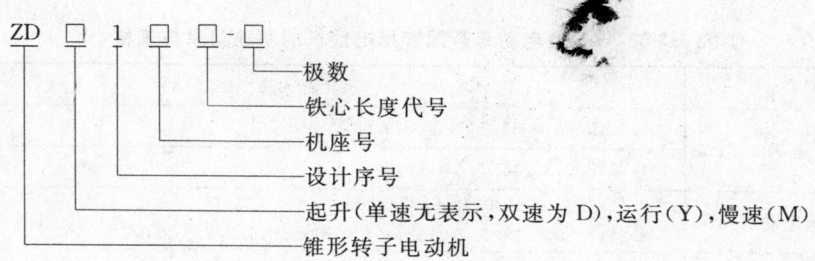

双电动机组

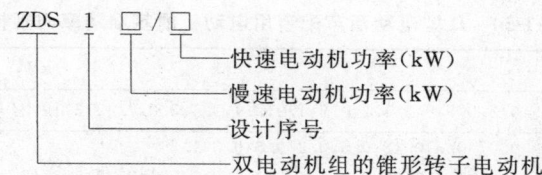

### 3. AS、H 型钢丝绳电动葫芦用锥形转子电动机

AS 型钢丝绳电动葫芦配用的锥形转子电动机系列，起升用 YHZ1 型电动机，运行用 YHZY1 型电动机。

H 型钢丝绳电动葫芦配用的锥形转子电动机系列，起升用 YHZ3 型电动机，运行用 YHZY3 型电动机。

这两大系列电动机各有其独自的特点，更加体现了电动葫芦用锥形转子电动机的专用性，以及发展的主要趋势，但它们之间也有共同之处。

AS 和 H 型电动葫芦的机构工作级别为 M3~M6。对应电动葫芦的不同机构工作级别，配用的电动机具有不同的负载持续率和不同的每小时等效起动次数。见表 5-1-52 所示。钢丝绳电动葫芦的设计基准工作级别为 M4，因此锥形转子电动机对应的工作制为 S4，基准负载持续率：单速为 40%，双速为 40%/20%。每小时等效起动次数：单速为 240 次，双速为 240/240 次。其基准功率为电动葫芦基准工作级别下的实际需要功率，与 IEC 和国家电动机功率等级标准是不相符合的。表 5-1-53 和表 5-1-54 分别列出 AS 和 H 型钢丝绳电动葫芦配用电动机的基准功率与规格。当电动葫芦为其他工作级别时（即工作级别变动时），其电动机的相应功率值应按基准工作制时的额定功率下所允许温升的原则来确定，由制造厂在相应的文件中给出。

**表 5-1-52　同机构工作级别起升机构电动机 $JC$ 值及每小时等效起动次数**

| 机构工作级别 | 起升电动机负载持续率 $JC$/% | | 每小时等效起动次数次/h | |
|---|---|---|---|---|
| | 单速 | 双速 | 单速 | 双速 |
| M8 | 80 | 20/80 | 480 | 480/480 |
| M7 | 70 | 20/70 | 420 | 420/420 |
| M6 | 60 | 20/60 | 360 | 360/360 |
| M5 | 50 | 20/50 | 300 | 300/300 |
| M4 | 40 | 20/40 | 240 | 240/240 |
| M3 | 30 | 15/30 | 180 | 180/180 |
| M2 | 25 | 10/25 | 150 | 150/150 |
| M1 | 20 | 10/20 | 120 | 120/120 |

AS 型、H 型钢丝绳电动葫芦用锥形转子电动机的工作制为 S4。电动机的基准功率与规格见表 5-1-53 和表 5-1-54。当电动葫芦的工作级别变动时，电动机的相应功率值按电动机的

允许温升来确定,由制造厂相应的文件中给出。

表 5-1-53　AS 型电动葫芦配套用电动机的基准功率与规格

| 类　　型 | 额　定　功　率　/kW |
|---|---|
| 单　　速 | 0.18,0.28,0.36,0.44,0.5,0.68 |
|  | 1.25,2.0,3.1,5.0,7.8,12,24 |
| 双绕组变极变速电动机 | 0.15/0.6, 0.21/0.88, 0.32/1.45 |
|  | 0.21/1.25, 0.33/2.0, 0.52/3.1, 0.83/5.0, 1.3/7.3, 2.0/12 |
| 双电动机组 | 2.0/24 |

表 5-1-54　H 型电动葫芦配套用电动机的基准功率与规格

| 类　　型 | 额　定　功　率　/kW |
|---|---|
| 单　　速 | 0.3,0.5,0.8,1.2,1.6,1.9,2.4,3.1,5.0,7.8,12,19,24 |
| 双绕组变极变速电动机 | 0.07/0.3, 0.12/0.5, 0.2/0.8, 0.3/1.2 |
|  | 0.25/1.6, 0.38/2.4, 0.5/3.1, 0.8/5.0, 1.25/7.8, 2/12 |
| 双电动机组 | 1.2/12,1.9/19,2.4/24 |

AS 型、H 型钢丝绳双速电动葫芦采用双绕组变极双速电动机,对于起升用电动机,电机的变速比为 1∶6;对于运行用电机,电机的变速比为 1∶4。当高速电机功率大于 12 kW 时,采用双电动机组。对于运行用电动机采用速比为 1∶4 的双绕组双速电动机。

AS 型、H 型钢丝绳电动葫芦配套用的电动机结构各具有特色,电动机的制动器装置比 CD1、MD1 型电动葫芦电动机有所不同,有所改进,制动环贴于制动座,对于起升用电动机,制动环加大,制动面加大,制动可靠性增强,而 YHZ1 型电动机的制动轮采用薄合金钢板冲压成,YHZ3 型电动机采用合金铝铸成,飞轮惯量减小。图 5-1-37 为 AS 型钢丝绳电动葫芦起升用电动机的制动器结构型式,图 5-1-38 为 H 型钢丝绳电动葫芦用电动机的制动器结构型式。对于运行用电动机,采用飞轮惯量大的铸钢制动轮。图 5-1-39 为 AS 型钢丝绳电动葫芦用运行电动机的制动器结构型式,图 5-1-40 为 H 型钢丝绳电动葫芦用运行电动机的制动器结构型式。

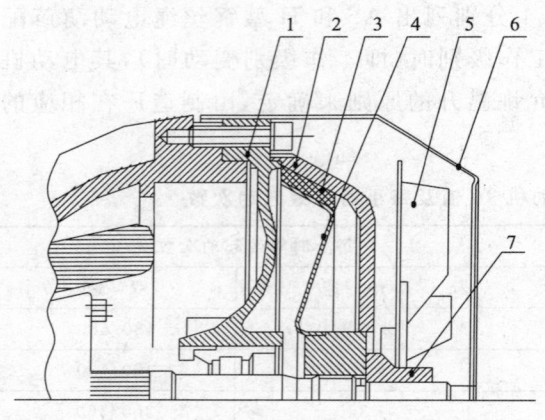

图 5-1-37　AS 型起升电动机制动器结构型式
1—后端盖;2—制动座;3—圆锥形制动环;4—风扇制动轮;
5—风扇;6—风扇罩;7—调整螺母

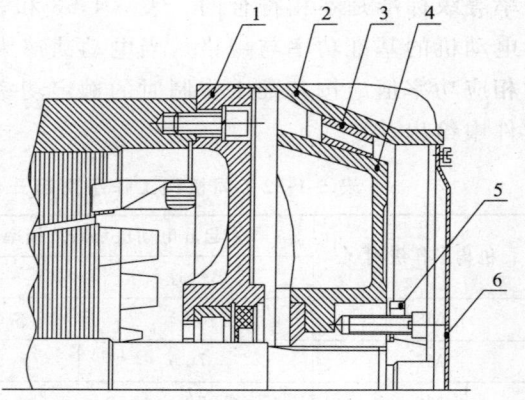

图 5-1-38　H 型起升电动机制动器结构型式
1—后端盖;2—制动座;3—圆锥形制动环;
4—风扇制动轮;5—调整螺母;6—风扇罩

为保证电动机带负载制动可靠,起升用电动机的静制动力矩加大,为该电动机轴上额定载荷引起的静制动力矩的 2.5 倍。对于 YHZ1 型电动机轴伸端是减速器装置的第一级传动斜齿轮,当电动葫芦带载制动时能帮助制动。因为制动力矩随载荷大小而变化,载荷增大制动力矩也随之增大。而 YHZ3 型电动机轴伸仍为矩形花键通过联轴器和减速器连接。

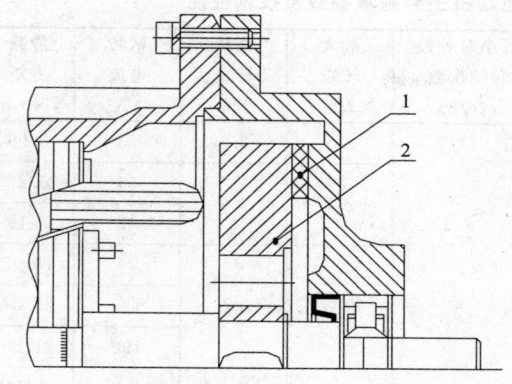

图 5-1-39　AS 型运行电动机制动器结构型式

1—平面制动环；2—制动轮

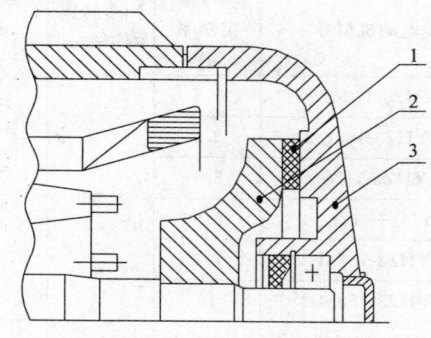

图 5-1-40　H 型运行电动机制动器结构型式

1—平面制动环；2—制动轮；3—后端盖（制动座）

电动机的安装，起升电动机为 IMB5，运行电动机 YHZY3 型为 IMB14，YHZY1 型无前端盖和减速机连体。

电动机的额定频率为 50 Hz，额定电压为 380 V，当电动机的端电压和额定值偏差为 +5%～-15% 时，电动葫芦的各机构均能正常工作，而且能够起吊额定载荷。

电动机的防护等级，外壳为 IP54，外风扇罩、外制动器座为 IP21。绝缘等级为 F 级，使用环境为 -25 ℃～+40 ℃，起升电机绕组端部埋有热过载保护元件。

表 5-1-55，表 5-1-56 分别为 YHZ1、YHZY1、YHZS1 型电动机和 YHZ3、YHZY3、YHZS3 型电动机的主要基本参数及技术性能，均符合 JB/T 9008-3—1999 标准。

**表 5-1-55　YHZ1、YHZY1、YHZS1 型系列电动机主要基本参数及技术性能**

| 类型 | 电动机型号 | 基准额定功率/kW | 同步转速/(r/min) | 基准负载持续率/% | 每小时等效起动次数/(c/h) | 最大转矩/倍 | 堵转转矩/倍 | 堵转电流/A | 静载力矩/(N·m) |
|---|---|---|---|---|---|---|---|---|---|
| 单速起升电动机 | YHZ1-100S-2 | 1.25 | 3 000 | 40 | 240 | 2.5 | 2.5 | 20 | 2.92 |
| | YHZ1-112S-2 | 2.0 | | | | 2.7 | 2.7 | 30 | 4.66 |
| | YHZ1-125S-2 | 3.1 | | | | | | 45 | 7.45 |
| | YHZ1-140S-2 | 5.0 | | | | | | 75 | 9.81 |
| | YHZ1-160S-2 | 7.8 | | | | 3.0 | 3.0 | 110 | 18.63 |
| | YHZ1-200S-2 | 12.0 | | | | | | 190 | 27.46 |
| | YHZ1-200L-4 | 24.0 | 1 500 | | | | | 320 | 92.48 |
| 双速起升电动机 | YHZ1-100M-12/2 | 0.21/1.25 | 500/3 000 | 20/40 | 240/240 | 2.0/2.5 | 2.0/2.5 | 4/20 | 2.92 |
| | YHZ1-112M-12/2 | 0.33/2.0 | | | | | | 8/30 | 4.66 |
| | YHZ1-125M-12/2 | 0.52/3.1 | | | | 2.0/2.7 | 2.0/2.7 | 10/45 | 7.45 |
| | YHZ1-140M-12/2 | 0.83/5.0 | | | | | | 15/75 | 9.81 |
| | YHZ1-160M-12/2 | 1.3/7.8 | | | | | | 25/110 | 18.63 |
| | YHZ1-200M-12/2 | 2.0/12.0 | | | | 2.0/3.0 | 2.0/3.0 | 30/190 | 27.46 |
| 单速运行电动机 | YHZY1-90S-2 | 0.36 | 3 000 | 60 | 240 | 2.0 | 2.0 | 5 | — |
| | YHZY1-90S-4 | 0.18 | 1 500 | | | | | 3 | |
| | YHZY1-100S1-2 | 0.5 | 3 000 | | | 2.2 | 2.2 | 7.5 | |
| | YHZY1-100S1-4 | 0.28 | 1 500 | | | 2.0 | 2.0 | 3.5 | |
| | YHZY1-100S2-2 | 0.68 | 3 000 | | | 2.2 | 2.2 | 10 | |
| | YHZY1-100S2-4 | 0.44 | 1 500 | | | | | 6 | |
| 双速运行电动机 | YHZY1-90M-8/2 | 0.15/0.6 | 750/3 000 | 20/40 | 120/240 | 1.8/2.2 | 1.8/2.2 | 3/8 | — |
| | YHZY1-100M-8/2 | 0.21/0.88 | | | | | | 3/12 | |
| | YHZY1-100L-8/2 | 0.32/1.45 | | | | 2.0/2.5 | 2.0/2.5 | 6/20 | |
| 双电动机组 | YHZS1-24/2-4/2 | 24.0/2.0 | 1 500/3 000 | | 240/240 | 3.0/2.7 | 3.0/2.7 | 320/30 | 92.48/4.66 |

注：静载力矩是该电动机所配电动葫芦基型由额定载荷引起，并换算到电动机轴上的额定静载力。

表 5-1-56　YHZ3、YHZY3、YHZS3 型系列电动机主要基本参数及技术性能

| 类型 | 电动机型号 | 基准额定功率/kW | 同步转速/(r/min) | 基准负载持续率/% | 每小时等效起动次数/(c/h) | 最大转矩/倍 | 堵转转矩/倍 | 堵转电流/A | 静载力矩/(N·m) |
|---|---|---|---|---|---|---|---|---|---|
| 单速起升电动机 | YHZ3-100M2-2 | 1.6 | 3 000 | 40 | 240 | 2.5 | 2.5 | 23 | 3.99 |
| | YHZ3-100L-2 | 2.4 | | | | 2.7 | 2.7 | 34 | 6.27 |
| | YHZ3-112S-2 | 3.1 | | | | | | 45 | 8.19 |
| | YHZ3-112L1-2 | 5.0 | | | | | | 75 | 13.05 |
| | YHZ3-132M-2 | 7.8 | | | | 3.0 | 3.0 | 120 | 20.07 |
| | YHZ3-160M-2 | 12 | | | | | | 190 | 31.58 |
| | YHZ3-100M2-4 | 1.2 | 1 500 | 20 | | 2.5 | 2.5 | 18 | 6.80 |
| | YHZ3-100L-4 | 1.9 | | | | 2.7 | 2.7 | 31 | 10.0 |
| | YHZ3-112M-4 | 2.4 | | | | | | 40 | 13.5 |
| | YHZ3-180M2-4 | 12 | 1 500 | 40 | | 3.0 | 3.0 | 170 | 64.35 |
| | YHZ3-180L-4 | 19 | | | | | | 260 | 100.26 |
| | YHZ3-200-4 | 24 | | | | | | 320 | 160.42 |
| 双速起升电动机 | YHZ3-112M-12/2 | 0.25/1.6 | 500/3 000 | 20/40 | 240/240 | 2.0/2.5 | 2.0/2.5 | 5.5/23 | 3.99 |
| | YHZ3-112L-12/2 | 0.38/2.4 | | | | 2.0/2.7 | 2.0/2.7 | 8/34 | 6.70 |
| | YHZ3-132S-12/2 | 0.5/3.1 | | | | | | 10/45 | 8.19 |
| | YHZ3-132L-12/2 | 0.8/5.0 | | | | | | 15/75 | 13.05 |
| | YHZ3-160L-12/2 | 1.25/7.8 | | | | 2.0/3.0 | 2.0/3.0 | 22/120 | 20.07 |
| | YHZ3-180M2-12/2 | 2.0/12 | | | | | | 30/190 | 32.2 |
| 单速运行电动机 | YHZY3-90S1-2 | 0.3 | 3 000 | 40 | 180 | 2.0 | 2.0 | 4.5 | 0.86 |
| | YHZY3-90S2-2 | 0.5 | | | | 2.2 | 2.2 | 7.5 | 1.43 |
| | YHZY3-100S-2 | 0.8 | | | | | | 12 | 2.29 |
| | YHZY3-100M1-2 | 1.2 | | | | 2.5 | 2.5 | 18 | 3.44 |
| 双速运行电动机 | YHZY3-90M1-8/2 | 0.07/0.3 | 750/3 000 | | 120/180 | 1.8/2.0 | 1.8/2.0 | 2.0/4.5 | 0.86 |
| | YHZY3-90M2-8/2 | 0.12/0.5 | | | | 1.8/2.2 | 1.8/2.2 | 2.5/7.5 | 1.43 |
| | YHZY3-100M2-8/2 | 0.2/0.8 | | | | | | 3.0/12 | 2.29 |
| | YHZY3-100L-8/2 | 0.2/1.2 | | | | 2.0/2.5 | 2.0/2.5 | 4.0/17 | 3.44 |
| 双电动机组 | YHZS3-1.2/12-4/4 | 1.2/12 | 1 500/1 500 | 20/40 | 240/240 | 2.5/3.0 | 2.5/3.0 | 18/170 | 6.8/64.35 |
| | YHZS3-1.9/19-4/4 | 1.9/19 | | | | | | 31/260 | 10.0/100.26 |
| | YHZS3-2.4/24-4/4 | 2.4/24 | | | | 2.7/3.0 | 2.7/3.0 | 40/320 | 13.5/160.42 |

注：静载力矩是该电动机所配电动葫芦基型由额定载荷引起，并换算到电动机轴上的额定静载力矩。

型号说明：

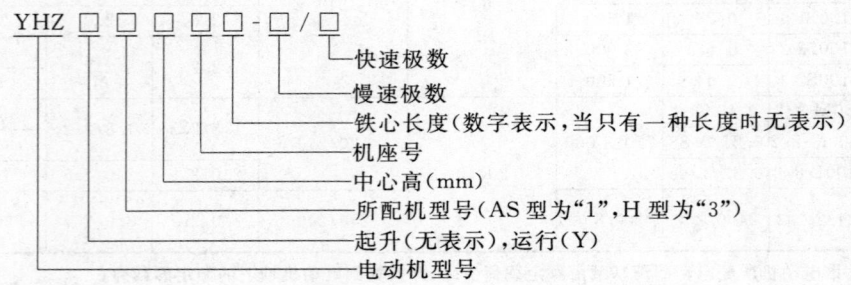

双电动机组：

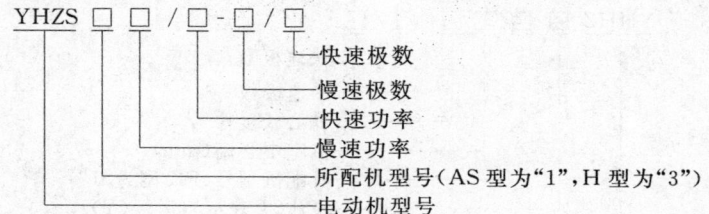

4. PK 型环链电动葫芦用锥形转子电动机

环链电动葫芦在国外的生产和使用量相当大，年产量为钢丝绳电动葫芦的 2 倍～3 倍。而在我国环链电动葫芦刚起步，正在发展阶段，我国引进德国 DEMAG 公司的 PK 型环链电动葫芦生产技术，经试制、消化，已形成指生产投放市场。

PK 型环链电动葫芦配用锥形转子电动机系列，起升用为 YHHZ1 型，运行用为 YHHZY1 型，有单速，双速，其速比为 1∶3,1∶4,1∶6，其结构型式如图 5-1-2-11 所示。和上面介绍的几个系列不同之处是电动机不能独立存在，而和减速器连为一体，即电动机没有前端盖，轴伸为减速器装置的第一级传动齿轮，结构更为紧凑，定、转子气隙大小，轴向窜动量靠后端盖和机座间调整片增减调节，从而达到调节制动力矩的目的。1991 年已颁布专用技术标准（JB/T 5317.3—1991）。

电动机为封闭，自扇冷式，绝缘等级为 F 级。

安装方式为 IMB5 和 IMB9，防护等级为 IP54。

电动机的工作制为 S4，负载持续率：单速电机为 40%，双速电动机为 40%/20%。

每小时等效起动次数：多速为 240 次，双速为 240/240 次。

电动机的额定频率为 50 Hz，额定电压为 380 V，当电动机的端电压和额定值偏差为 +5%～−10% 时，也能保证各机构正常工作，能起吊额定负载。

起升电动机的静制动力矩为该电动机轴上额定载荷引起的静载力矩的 2.3 倍～2.5 倍。

YHHZ1，YHHZY1 型电动机的主要参数及技术性能见表 5-1-57。

表 5-1-57 YHHZ1、YHHY1 型系列电动机主要基本参数及技术性能

| 类型 | 电动机型号 | 基准额定功率/kW | 同步转速（r/min） | 基准负载持续率（%） | 每小时等效起动次数/(C/h) | 最大转矩/倍 | 堵转转矩/倍 | 堵转电流/A |
|---|---|---|---|---|---|---|---|---|
| 单速起升电动机 | YHHZ1-90-1-2 | 0.2 | 3 000 | 40 | 240 | 2.2 | 2.2 | 3.1 |
| | YHHZ1-90-2-2 | 0.3 | | | | | | 4.9 |
| | YHHZ1-100-1-2 | 0.5 | | | | | | 7.7 |
| | YHHZ1-100-2-2 | 0.7 | | | | | | 8.1 |
| | YHHZ1-100-3-2 | 1.0 | | | | 2.5 | 2.5 | 13.5 |
| | YHHZ1-100-4-2 | 1.4 | | | | | | 19.0 |
| | YHHZ1-100-5-2 | 2.3 | | | | | | 25 |
| 双速起升电动机 | YHHZ1-90-1-8/2 | 0.05/0.2 | 750/3 000 | 20/40 | 240/240 | 2.0/2.2 | 2.0/2.2 | 1.5/3.7 |
| | YHHZ1-90-2-12/2 | 0.05/0.32 | | | | | | 1.5/6.2 |
| | YHHZ1-100-1-8/2 | 0.13/0.5 | | | | | | 2.7/9.2 |
| | YHHZ1-100-3-8/2 | 0.25/1.0 | | | | 2.0/2.5 | 2.0/2.5 | 4.3/13.8 |
| | YHHZ1-100-4-8/2 | 0.35/1.5 | | | | | | 6.4/22 |
| 单速运行电动机 | YHHZY1-90-1-2 | 0.2 | 3000 | 40 | 240 | 1.6 | 1.6 | 3.1 |
| | YHHZY1-90-1-4 | 0.14 | 1500 | | | | | 1.5 |
| | YHHZY1-90-1-8 | 0.05 | 750 | | | 2.0 | 2.0 | 1.2 |
| | YHHZY1-90-2-2 | 0.3 | 3000 | | | 1.9 | 1.9 | 5.3 |
| | YHHZY1-90-2-4 | 0.2 | 1500 | | | | | 1.8 |
| | YHHZY1-90-2-8 | 0.1 | 750 | | | 2.0 | 2.0 | 2.0 |
| 双速运行电动机 | YHHZY1-90-2-8/2 | 0.07/0.27 | 750/3 000 | 20/40 | 120/240 | 1.6/2.0 | 1.6/2.0 | 1.4/4.7 |
| | YHHZY1-90-1-12/4 | 0.05/0.17 | 500/1 500 | | | | | 1.6/3.4 |

注：静载力矩是该电动机所配电动葫芦基型由额定载荷引起，并换算到电动机轴上的额定静载力矩。

型号说明:

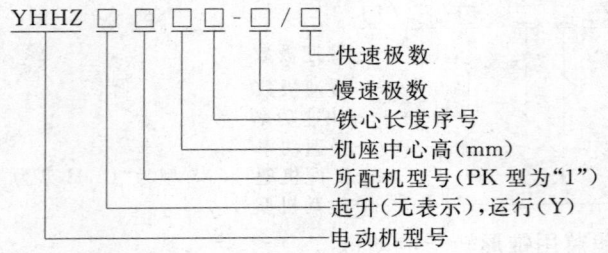

### 5. YREZ 系列锥形绕线转子电动机

锥形绕线转子电动机广泛用于各种起重运输机械、冶金辅助设备、纺织和机床等设备的电力传动,不仅具有锥形笼型转子电动机的特点——电动机与机械式制动器合为一体,其定子绕组具有双重功能,既能产生转矩,又能使制动器适时打开,制动器不需另备电源;其转子绕组又可以通过集电环串入适当的电阻,使其机械特性随意变软,以获得所需要的特性。

YREZ 系列锥形绕线转子电动机分为单速和双速两种速度形式,单速电动机为 2、4、6 极 3 种极数;双速电动机为 4/2、8/2 两种极比。

电动机主体外壳防护等级为 IP54,制动装置的防护等级立式为 IP20,卧式为 IP22,电动机的冷却方法为 IC410,绕组绝缘等级为 F 级,环境空气温度为 −15 ℃～40 ℃。电动机的额定电压为 380 V,额定频率为 50 Hz。单速电机定子绕组为 Y 联结,双速电机定子绕组为 Y/Y 联结,结构及安装型式为 IMB3、IMB5～IMB8、IM14、IMV1、IMV3、IMV5～IMV6、IMV18～IMV19。

YREZ 系列电动机的定额分为连续(S1)工作制及断续(S3)工作制,断续工作制以 S3—40% 为基准工作制,每个工作周期为 10min,YREZ 系列电动机的技术数据:见表 5-1-58(单速)、表 5-1-59(双速),电动机在额定电压、基准工作制时的转动惯量(JM)、转子绕组开路电压及额定制动力矩见表 5-1-60(单速)和表 5-1-61(双速)。

型号说明:

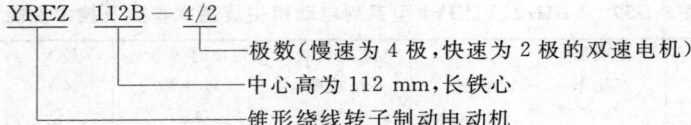

YREZ 电动机制动盘分为轻型、重型两种,轻型制动盘的材质为铸铝、重型为铸铁。对于普通拖动装置,在起动频率高时应尽量采用轻型制动盘;而对于运行式拖动装置,其起动和制动转动惯量较大时,应采用重型制动盘。当端电压为额定值的 85% 时,电动机轴向磁拉力仍能克服弹簧压力而使制动装置释放。电动机转子轴的轴向移动距离见表 5-1-62,当轴向移动不小于 $l_{V\min}$ 时,可保证运转时制动环不与制动器相摩擦。

锥形转子电动机的特点是断电制动,所以,当制动器出现故障或电源电压过低时,制动盘与制动环无法脱开,此时电动机处于堵转状态,绕组温度瞬间升高,严重时即可发生绕组烧毁现象。因此,制动电动机的过热保护尤为重要。为了保证电动机不因热过载而损坏,在电动机绕组端部埋置热控元件,此元件的动作温度为 150 ℃±10 ℃。

电动机在使用前必须检查转子是否处于制动状态,因此时电动机转子轴是不能转动的,否则要调节制动盘位置,检查移动距离。电动机安装后、运行前,须空转 30 min～40 min,制动数次以使制动环与制动盘很好地磨合,待情况良好后再加入负载。在运行中,制动环磨损很大,则转子位移就增大,如果超过 1 Vmin 到 1 Vmax 的规定时,则电动机不能安全制动,此时,必须进行制动调整以达到要求。制动弹簧不能任意替换,不同安装方式所用的制动弹簧是不同的。经过多次制动调整后,当锁紧螺母接触到挡圈时,必须更换制动环。

表 5-1-58 YREZ 系列单速电动机各工作制下的技术数据

| 机座号 | S1 ||||||| S3 60% |||||||
|---|---|---|---|---|---|---|---|---|---|---|---|---|---|
| | 功率/kW | 转速/(r/min) | 额定转矩/(N·m) | 定子电流/A | 转子电流/A | 最大转矩/倍 | | 功率/kW | 转速/(r/min) | 额定转矩/(N·m) | 定子电流/A | 转子电流/A | 最大转矩/倍 |
| | | | | | | 3 000 r/min | | | | | | | |
| 100B | 1.9 | 2 765 | 6.6 | 4.5 | 7.4 | 3.05 | | 2.1 | 2 740 | 7.3 | 4.8 | 8.3 | 2.80 |
| 112B | 2.8 | 2 845 | 9.4 | 8.0 | 9.1 | 4.00 | | 3.2 | 2 815 | 10.8 | 8.8 | 10.4 | 3.45 |
| 125B | 4.2 | 2 850 | 14.1 | 10.5 | 13.5 | 4.40 | | 4.8 | 2 830 | 16.2 | 11.6 | 15.4 | 3.80 |
| 140B | 7.2 | 2 880 | 24.0 | 17.0 | 25.0 | 3.65 | | 8.3 | 2 860 | 27.5 | 19.0 | 28.4 | 3.10 |
| | | | | | | 1 500 r/min | | | | | | | |
| 100B | 1.6 | 1 395 | 11.0 | 6.7 | 6.8 | 5.10 | | 1.85 | 1 375 | 12.9 | 7.1 | 7.8 | 4.30 |
| 112B | 2.3 | 1 425 | 15.4 | 8.7 | 9.1 | 5.00 | | 2.6 | 1 415 | 17.5 | 9.0 | 10.5 | 4.40 |
| 125B | 3.5 | 1 420 | 23.5 | 10.6 | 15.5 | 4.25 | | 4.0 | 1 405 | 21.0 | 11.5 | 17.5 | 3.70 |
| 140B | 6.0 | 1 425 | 40.0 | 17.3 | 26.0 | 4.50 | | 6.7 | 1 415 | 45.0 | 18.2 | 29.5 | 4.00 |
| 160B | 11.0 | 1 440 | 73.0 | 23.0 | 30.0 | 4.10 | | 12.0 | 1 430 | 80.0 | 25.0 | 33.0 | 3.70 |
| 180B | 15.0 | 1 450 | 99.0 | 33.0 | 37.0 | 4.80 | | 17.0 | 1 440 | 113 | 37.0 | 41.0 | 4.20 |
| 200B | 22.0 | 1 460 | 144.0 | 46.0 | 55.0 | 4.20 | | 24.5 | 1 445 | 164 | 51.0 | 62.0 | 3.70 |
| 225B | 30.0 | 1 465 | 195.0 | 61.0 | 54.0 | 4.60 | | 34.0 | 1 460 | 220 | 67.0 | 61.0 | 4.05 |
| | | | | | | 1 000 r/min | | | | | | | |
| 100B | 0.95 | 895 | 10.1 | 4.7 | 6.7/9.4 | 3.80 | | 1.05 | 885 | 11.3 | 4.8 | 7.5/10.6 | 3.40 |
| 112B | 1.5 | 890 | 16.0 | 6.7 | 10.0/14.2 | 3.20 | | 1.7 | 875 | 18.5 | 7.0 | 11.5/16.3 | 2.75 |
| 125B | 2.2 | 930 | 22.5 | 9.5 | 14.6/20.5 | 3.25 | | 2.5 | 920 | 26.0 | 10.0 | 17.0/29.0 | 2.80 |
| 140B | 3.8 | 920 | 39.5 | 13.5 | 27.0/38.0 | 2.85 | | 4.2 | 910 | 44.0 | 14.2 | 30.5/43.0 | 2.55 |
| 160B | 7.5 | 950 | 75.0 | 22.0 | 20.0 | 4.20 | | 8.5 | 940 | 86.0 | 24.0 | 22.5 | 3.70 |
| 180B | 11.0 | 960 | 190 | 26.0 | 34.0 | 3.30 | | 12.5 | 955 | 125 | 28.5 | 39.0 | 2.90 |
| 200B | 15.0 | 965 | 149 | 42.0 | 40.0 | | | 16.5 | 960 | 169 | 45.0 | 46.0 | |
| 225B | 22.0 | | 215 | 52.0 | 53.0 | 4.30 | | 25.0 | | 250 | 55.0 | 60.0 | 3.70 |

续上表

| 机座号 | 功率/kW | 转速/(r/min) | 额定转矩/(N·m) | 定子电流/A | 转子电流/A | 最大转矩/倍 | 功率/kW | 转速/(r/min) | 额定转矩/(N·m) | 定子电流/A | 转子电流/A | 最大转矩/倍 |
|---|---|---|---|---|---|---|---|---|---|---|---|---|
| | 40% | | | | | | S3 25% | | | | | |
| | 3 000 r/min | | | | | | | | | | | |
| 100B | 2.5 | 2 760 | 8.7 | 5.9 | 8.6 | 2.75 | 2.8 | 2 730 | 9.8 | 6.5 | 9.8 | 2.45 |
| 112B | 3.6 | 2 825 | 12.2 | 11.4 | 10.4 | 3.90 | 4.2 | 2 785 | 14.4 | 11.5 | 12.2 | 3.30 |
| 125B | 5.5 | 2 840 | 18.5 | 13.3 | 15.2 | 4.10 | 6.3 | 2 815 | 21.5 | 14.7 | 17.4 | 3.55 |
| 140B | 9.5 | 2 870 | 31.5 | 22.5 | 29.5 | 3.30 | 11.0 | 2 850 | 37.0 | 25.5 | 34.0 | 2.85 |
| | 1 500 r/min | | | | | | | | | | | |
| 100B | 2.1 | 1 380 | 14.5 | 9.8 | 7.8 | 4.70 | 2.4 | 1 365 | 16.8 | 10.0 | 9.0 | 4.10 |
| 112B | 3.0 | 1 415 | 20.5 | 12.0 | 11.0 | 3.90 | 3.4 | 1 400 | 23.0 | 12.5 | 12.6 | 3.30 |
| 125B | 4.6 | 1 410 | 31.0 | 15.0 | 18.0 | 4.05 | 5.3 | 1 395 | 36.5 | 16.0 | 21.0 | 3.60 |
| 140B | 8.0 | 1 420 | 54.0 | 25.0 | 31.0 | 3.70 | 9.0 | 1 405 | 61.0 | 26.5 | 35.0 | 3.40 |
| 160B | 15.0 | 1 430 | 100 | 33.0 | 37.0 | 4.25 | 16.5 | 1 425 | 110 | 35.0 | 42.0 | 3.80 |
| 180B | 20.0 | 1 445 | 132 | 44.0 | 45.0 | 3.65 | 22.0 | 1 440 | 146 | 48.0 | 50.0 | 3.30 |
| 200B | 30.0 | 1 455 | 197 | 64.0 | 66.0 | 3.90 | 33.0 | 1 450 | 215 | 69.0 | 74.0 | 3.40 |
| 225B | 40.0 | 1 465 | 260 | 80.0 | 68.0 | | 45.0 | 1 455 | 295 | 90.0 | 77.0 | |
| | 1 000 r/min | | | | | | | | | | | |
| 100B | 1.25 | 885 | 13.5 | 6.7 | 8.1/11.4 | 3.50 | 1.4 | 865 | 15.5 | 6.9 | 9.2/13.0 | 3.10 |
| 112B | 2.0 | 925 | 21.5 | 9.3 | 12.0/17.0 | 2.90 | 2.2 | 910 | 25.5 | 9.8 | 14.0/19.9 | 2.50 |
| 125B | 2.8 | 915 | 29.0 | 12.7 | 17.5/24.5 | 3.10 | 3.3 | 900 | 34.5 | 13.5 | 21.5/30.5 | 2.60 |
| 140B | 5.0 | 940 | 52.0 | 19.0 | 33.5/47.5 | 2.70 | 5.7 | 935 | 61.0 | 20.0 | 39.5/56.0 | 2.30 |
| 160B | 10.0 | 950 | 102 | 28.0 | 25.0 | 3.80 | 11.5 | 945 | 117 | 31.0 | 29.0 | 3.30 |
| 180B | 14.5 | 960 | 146 | 37.0 | 42.0 | 3.00 | 16.0 | 955 | 162 | 40.0 | 47.0 | 2.70 |
| 200B | 20.0 | 960 | 200 | 56.0 | 47.0 | 4.70 | 22.5 | 955 | 220 | 60.0 | 53.0 | 2.60 |
| 225B | 30.0 | 965 | 295 | 71.0 | 68.0 | 3.65 | 33.0 | 960 | 330 | 75.0 | 74.0 | 3.30 |

续上表

| 机座号 | 功率/kW | 转速/(r/min) | 额定转矩/(N·m) | 定子电流/A | 转子电流/A | 最大转矩/倍 |
|---|---|---|---|---|---|---|
| | | | S3 15% | | | |
| | | 3 000 r/min | | | | |
| 100B | 3.1 | 2 700 | 11.0 | 7.2 | 11.0 | 2.20 |
| 112B | 4.5 | 2 765 | 15.5 | 12.1 | 13.2 | 3.05 |
| 125B | 7.1 | 2 790 | 24.5 | 16.3 | 19.6 | 3.10 |
| 140B | 12.0 | 2 835 | 40.5 | 27.0 | 37.5 | 2.60 |
| | | 1 500 r/min | | | | |
| 100B | 2.7 | 1 350 | 19.1 | 10.2 | 10.5 | 3.60 |
| 112B | 3.7 | 1 390 | 25.5 | 13.0 | 14.0 | 3.80 |
| 125B | 5.8 | 1 380 | 40.0 | 17.0 | 23.5 | 3.00 |
| 140B | 9.8 | 1 395 | 67.0 | 27.5 | 39.0 | 3.20 |
| 160B | 18.0 | 1 415 | 122 | 38.0 | 45.0 | 3.10 |
| 180B | 25.0 | 1 430 | 167 | 53.0 | 56.0 | 3.35 |
| 200B | 36.0 | 1 445 | 240 | 74.0 | 84.0 | 3.00 |
| 225B | 50.0 | 1 450 | 330 | 99.0 | 87.0 | 3.10 |
| | | 1 000 r/min | | | | |
| 100B | 1.6 | 850 | 18.0 | 7.2 | 10.8/15.2 | 2.65 |
| 112B | 2.5 | 845 | 28.0 | 10.3 | 16.0/22.7 | 2.20 |
| 125B | 3.8 | 890 | 41.0 | 14.5 | 25.5/36.0 | 2.10 |
| 140B | 6.2 | 930 | 67.0 | 21.5 | 44.5/63.0 | 3.00 |
| 160B | 12.5 | 930 | 128 | 33.0 | 32.0 | 3.00 |
| 180B | 18.0 | 940 | 183 | 44.0 | 53.0 | 2.40 |
| 200B | 25.0 | 950 | 250 | 65.0 | 60.0 | 2.30 |
| 225B | 36.0 | | 360 | 81.0 | 82.0 | 3.00 |

表 5-1-59　YREZ 系列双速电动机各工作制下的技术数据

| 机座号 | S1 | | | | | S3 | | | | | | | | | | | | | | | |
|---|---|---|---|---|---|---|---|---|---|---|---|---|---|---|---|---|---|---|---|---|---|
| | | | | 60% | | | | | 40% | | | | | 25% | | | | | 15% | | |
| | 功率/kW | 转速/(r/min) | 额定转矩/(N·m) | 定子电流/A | 转子电流/A | 最大转矩/倍 | 功率/kW | 转速/(r/min) | 额定转矩/(N·m) | 定子电流/A | 转子电流/A | 最大转矩/倍 | 功率/kW | 转速/(r/min) | 额定转矩/(N·m) | 定子电流/A | 转子电流/A | 最大转矩/倍 | 功率/kW | 转速/(r/min) | 额定转矩/(N·m) | 定子电流/A | 转子电流/A | 最大转矩/倍 |

1 500/3 000 r/min

| 112B | 0.70/1.4 | 1460/2705 | 4.6/4.95 | 3.0/4.4 | /15.8 | 2.95/2.95 | 0.8/1.6 | 1455/2660 | 5.3/5.7 | 3.1/4.9 | /18.6 | 2.55/2.55 | | | | | | | 1.2/2.4 | 1440/2560 | 8.0/8.9 | 4.2/7.2 | /25.0 | 2.10/2.00 |
| 125B | 1.15/2.3 | 1465/2605 | 7.5/8.40 | 3.8/7.0 | /10.9 | 3.60/2.75 | 1.3/2.6 | 1460/2540 | 8.5/9.8 | 4.0/7.7 | /12.5 | 3.15/2.35 | | | | | | | 1.9/3.8 | 1450/2510 | 12.5/14.5 | 5.4/11.9 | /15.4 | 2.65/2.00 |
| 140B | 1.90/3.8 | 1470/2870 | 12.3/12.6 | 7.0/11.0 | /13.0 | 3.25/2.00 | 2.2/4.4 | 1465/2850 | 14.3/14.7 | 7.3/12.1 | /15.5 | 2.80/2.55 | 2.5/5.0 | 1470/2865 | 16.2/16.7 | 9.5/16.2 | /16.0 | 3.20/2.95 | 3.2/6.4 | 1460/2830 | 21.0/21.6 | 10.3/18.5 | /20.0 | 2.50/2.25 |

750/3 000 r/min

| 112B | 0.35/1.4 | 670/2740 | 5.0/4.9 | 2.5/4.0 | /6.9 | 2.85/3.85 | 0.4/1.6 | 655/2650 | 5.8/5.8 | 2.5/4.3 | /7.9 | 2.45/3.25 | 0.44/1.8 | 665/2780 | 6.3/6.2 | 3.3/4.09 | /7.6 | 2.75/3.85 | 0.57/2.4 | 630/2705 | 8.60/8.50 | 3.5/6.2 | /10.4 | 2.00/2.80 |
| 125B | 0.58/2.3 | 675/2865 | 8.2/7.7 | 3.5/6.0 | /12.4 | 2.10/3.90 | 0.65/2.6 | 660/2845 | 9.4/8.7 | 3.6/6.5 | /14.1 | 1.85/3.40 | 0.75/3.0 | 650/2840 | 10.7/10.0 | 4.5/8.0 | /14.2 | 2.00/3.75 | 0.95/3.8 | 625/2820 | 14.5/12.9 | 5.0/9.4 | /18.5 | 1.50/2.90 |
| 140B | 0.90/3.8 | 670/2880 | 12.8/12.6 | 5.8/9.9 | /14.9 | 2.35/3.55 | 1.0/4.4 | 655/2860 | 14.6/14.7 | 5.9/11.0 | /17.4 | 2.05/3.05 | 1.2/5.0 | 685/2855 | 17.5/19.1 | 7.45/12.7 | /17.3 | 2.20/3.25 | 1.50/6.4 | 610/2835 | 23.5/21.5 | 8.2/15.3 | /22.6 | 1.65/2.50 |
| 160B | 1.50/6.0 | 700/2935 | 20.5/19.5 | 8.8/13.4 | /20.5 | 3.65/3.60 | 1.7/6.9 | 690/2935 | 23.5/22.5 | 9.0/15.0 | /23.5 | 3.20/3.10 | 2.3/9.4 | 685/2915 | 32.0/31.0 | 11.6/17.2 | /24.0 | 3.30/3.35 | 2.6/10.5 | 670/2905 | 37.0/34.5 | 12.4/22.0 | /32.0 | 2.45/2.50 |
| 112B | 0.9/1.8 | 1455/2680 | 5.9/6.4 | 3.9/5.7 | /17.7 | 2.80/2.80 | 1.05/2.1 | 1450/2625 | 6.9/7.6 | 4.0/6.4 | /21.0 | 2.40/2.35 | | | | | | | | | | | | |
| 125B | 1.5/3.0 | 1465/2615 | 9.8/11.0 | 4.8/9.4 | /12.0 | 3.35/2.60 | 1.7/3.4 | 1455/2560 | 11.0/12.7 | 5.1/10.5 | /14.1 | 2.95/2.25 | | | | | | | | | | | | |

**表 5-1-60　YREZ 系列单速电动机的转动惯量、转子绕组开路电压和额定制动力矩**

| 基准工作制 | 机座号 | 3 000 r/min | | | | | 1 500 r/min | | | | | 1 000 r/min | | | | |
|---|---|---|---|---|---|---|---|---|---|---|---|---|---|---|---|---|
| | | 功率/kW | 转动惯量 | | 转子绕组[2)]开路电压/V | 额定制动力矩/(N·m) | 功率/kW | 转动惯量 | | 转子绕组开路电压/V | 额定制动力矩/(N·m) | 功率/kW | 转动惯量 | | 转子绕组开路电压/V | 额定制动力矩/(N·m) |
| | | | $J_{m1}$/(kg·m²) | $J_{m2}$/(kg·m²) | | | | $J_{m1}$/(kg·m²) | $J_{m2}$/(kg·m²) | | | | $J_{m1}$/(kg·m²) | $J_{m2}$/(kg·m²) | | |
| S1 | 100B | 1.9 | 13.5 | 33 | 185 | 13 | 1.6 | 13.5 | 33 | 167 | 29 | 0.95 | 13.5 | 33 | 126/89 | 26 |
| | 112B | 2.8 | 24 | 57 | 215 | 24 | 2.3 | 22 | 55 | 175 | 40 | 1.5 | 22 | 55 | 143/101 | 39 |
| | 125B | 4.2 | 43 | 89 | 213 | 33 | 3.5 | 44 | 89 | 155 | 55 | 2.2 | 44 | 89 | 128/91 | 55 |
| | 140B | 7.2 | 68 | 137 | 205 | 48 | 6.0 | 63 | 135 | 152 | 98 | 3.8 | 63 | 135 | 119/84 | 98 |
| | 160B | 10.0 | 170 | 280 | 236 | 68 | 11.0 | 169 | 294 | 235 | 168 | 7.5 | 169 | 294 | 294 | 178 |
| | 180B | — | — | — | — | — | 15.0 | 310 | 555 | 258 | 210 | 11.0 | 310 | 555 | 215 | 210 |
| | 200B | — | — | — | — | — | 22.0 | 450 | 795 | 246 | 310 | 15.0 | 450 | 795 | 235 | 310 |
| | 225B | — | — | — | — | — | 30.0 | 790 | 1 485 | 305 | 420 | 22.0 | 790 | 1 475 | 260 | 500 |
| S3 40% | 100B | 2.5 | 13.5 | 33 | 206 | 16 | 2.1 | 13.5 | 33 | 183 | 38 | 1.25 | 13.5 | 33 | 140/99 | 36 |
| | 112B | 3.6 | 24 | 57 | 240 | 32 | 3.0 | 22 | 55 | 192 | 51 | 2.0 | 22 | 55 | 158/112 | 51 |
| | 125B | 5.5 | 43 | 89 | 235 | 43 | 4.6 | 44 | 89 | 175 | 130 | 2.8 | 44 | 89 | 140/110 | 69 |
| | 140B | 9.5 | 68 | 137 | 218 | 63 | 8.0 | 63 | 135 | 168 | 200 | 5.0 | 63 | 135 | 132/93 | 130 |
| | 160B | 13.0 | 170 | 280 | 270 | 88 | 15.0 | 169 | 294 | 260 | 280 | 10.0 | 169 | 294 | 273 | 213 |
| | 180B | — | — | — | — | — | 20.0 | 310 | 555 | 282 | 280 | 14.5 | 310 | 555 | 235 | 280 |
| | 200B | — | — | — | — | — | 30.0 | 450 | 795 | 270 | 397 | 20.0 | 450 | 795 | 260 | 400 |
| | 225B | — | — | — | — | — | 40.0 | 790 | 1 485 | 330 | 540 | 30.0 | 790 | 1475 | 280 | 690 |

1) $J_{m1}$ 为轻型制动盘，$J_{m2}$ 为重型制动盘。

2) 机座号 100 至 140 的 6 极电动机转子绕组开路电压为线电压/相电压 $=\sqrt{2}$，数值大者为线电压，数值少者为相电压。

**表 5-1-61　YREZ 系列双速电动机的转动惯量、转子绕组开路电压和额定制动力**

| 基准工作制 | 机座号 | 1 500/3 000 r/min | | | | | 750/3 000 r/min | | | | |
|---|---|---|---|---|---|---|---|---|---|---|---|
| | | 功率/kW | 转动惯量[1)] | | 转子绕组[2)]开路电压/V | 额定制动力矩/N·m | 功率/kW | 转动惯量[1)] | | 转子绕组[2)]开路电压/V | 额定制动力矩/N·m |
| | | | $J_{m1}$/kg·m² | $J_{m2}$/kg·m² | | | | $J_{m1}$/kg·m² | $J_{m2}$/kg·m² | | |
| S1 | 112B | 0.7/1.4 | 22 | 55 | —/80 | 12 | 0.35/1.4 | 22 | 55 | —/160 | 12 |
| | 125B | 1.15/2.3 | 44 | 89 | —/176 | 23 | 0.58/2.3 | 44 | 89 | —/124 | 21 |
| | 140B | 1.9/3.8 | 63 | 135 | —/212 | 32 | 0.9/3.8 | 63 | 135 | —/185 | 32 |
| | 160B | — | | | | | 1.5/6.0 | 161 | 286 | —/200 | 44 |
| S3 40% | 112B | 0.9/1.8 | 22 | 55 | —/89 | 18 | 0.44/1.8 | 22 | 55 | —/176 | 16 |
| | 125B | 1.5/3.0 | 44 | 89 | —/196 | 29 | 0.75/3.0 | 44 | 89 | —/138 | 24 |
| | 140B | 2.5/5.0 | 63 | 135 | —/240 | 41 | 1.2/5.0 | 63 | 135 | —/200 | 38 |
| | 160B | — | | | | | 2.0/8.0 | 161 | 286 | —/220 | 57 |

1) $J_{m1}$ 为轻型制动盘，$J_{m2}$ 为重型制动盘。

2) 双速电动机低速时转子短接，高速时才有转子绕组开路电压数值。

**表 5-1-62　YREZ 系列电动机转子轴向移动距离**

| 机座号 | 位移 $I_v$ | |
|---|---|---|
| | $I_{vmin}$/mm | $I_{vmax}$/mm |
| 100、112 | 1.8 | 3.5 |
| 125、140 | 2.0 | 4.0 |
| 160～225 | 2.3 | 4.5 |

YREZ 系列电动机的安装及外形尺寸见表 5-1-63、表 5-1-64、表 5-1-65。

**6. 隔爆型锥形转子电机**

隔爆型锥形转子电动机主要用于防爆电动葫芦及各种起重设备的电气传动，适用于爆炸性气体环境，电动机的防爆性能符合 GB 3836.2《爆炸性环境　第 2 部分：由隔爆外壳"d"保护的设备》的规定。防

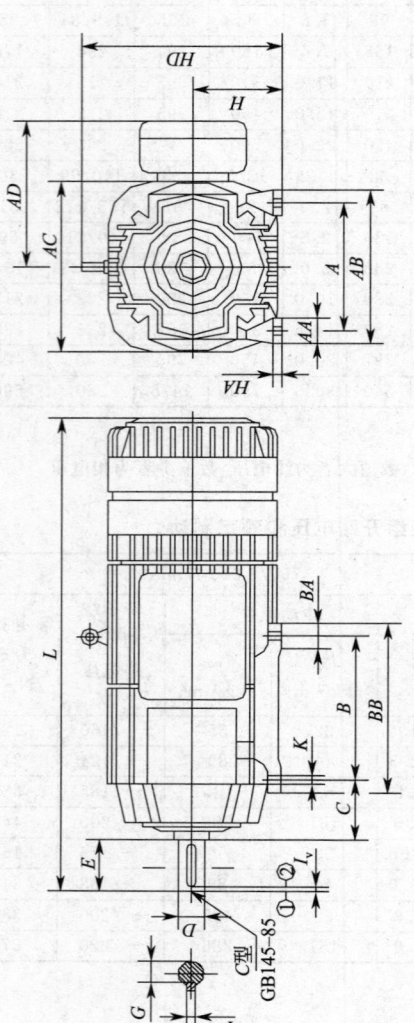

① 运行位置　② 制动位置

**表 5-1-63　YREZ 系列锥形线绕转子电动机（IMB3、IMB6、IMB7、IMB8、IMV5、IMV6）安装尺寸及外形尺寸表**

mm

| 机座号 | A 基本尺寸 | B 基本尺寸 | C 基本尺寸 | C 极限偏差 | D 基本尺寸 | D 极限偏差 | E 基本尺寸 | E 极限偏差 | F 基本尺寸 | F 极限偏差 | G 基本尺寸 | G 极限偏差 | H 基本尺寸 | H 极限偏差 | $K$[1] 基本尺寸 | $K$[1] 极限偏差 | 位置度公差 | AB | AC | AD | HD | HA | AA | BB | BA | L | C型 | $l_{vmax}$ |
|---|---|---|---|---|---|---|---|---|---|---|---|---|---|---|---|---|---|---|---|---|---|---|---|---|---|---|---|---|
| 100B | 160 | 180 | 63 | ±2.0 | 28 | +0.009 / −0.004 | 60 | ±0.37 | 8 | 0 / −0.036 | 24 | 0 / −0.2 | 100 | −0.5 | 7 | +0.36 / 0 | $\phi 1.0$ Ⓜ | 195 | 198 | 176 | 176[2] | 14 | 35 | 210 | 35 | 550 | M10 | 3.5 |
| 112B | 190 | 180 | 70 | ±2.0 | | | | | | | | | 112 | | | | | | 224 | 188 | 188[2] | | | | | 573 | | |
| 125B | 200 | 200 | 80 | | 32 | | 80 | | 10 | | 27 | | 125 | | 10 | | | 225 | 250 | 200 | 200[2] | 15 | 42 | 235 | 40 | 653 | M12 | 4.0 |
| 140B | 224 | 220 | 95 | ±3.0 | 38 | +0.0018 / +0.002 | | | 12 | | 33 | | 140 | | | | | 242 | 274 | 229 | 229[2] | 17 | 48 | 260 | 45 | 740 | | |
| 160B | 254 | 320 | 108 | | 42 | | 110 | ±0.43 | 14 | 0 / −0.043 | 37 | | 160 | | 12 | +0.43 / 0 | | 272 | 310 | 247 | 247 | 20 | 65 | 365 | 48 | 912 | M16 | 4.5 |
| 180B | 279 | 350 | 121 | | 48 | +0.030 / +0.011 | | | 16 | | 42.5 | | 180 | | | | | 309 | 354 | 282 | 282 | 22 | | 400 | 50 | 1003 | | |
| 200B | 318 | 385 | 133 | ±4.0 | 55 | | | | | | 49 | | 200 | | | | | 344 | 394 | 302 | 302 | 28 | 72 | 440 | 56 | 1072 | | |
| 225B | 356 | 400 | 149 | | 60 | | 140 | | 18 | | 53 | | 225 | | 15 | | $\phi 1.5$ Ⓜ | 438 | 440 | 324 | 324 | 30 | 82 | 460 | 60 | 1157 | M20 | |

注：1) $K$ 为长形圆孔的宽带。
2) 电动机没长形圆孔没有悬挂吊环。

表 5-1-64 YREZ 系列锥形绕线转子电动机（IMB5、IMV1、IMV3）安装尺寸及外形尺寸表  mm

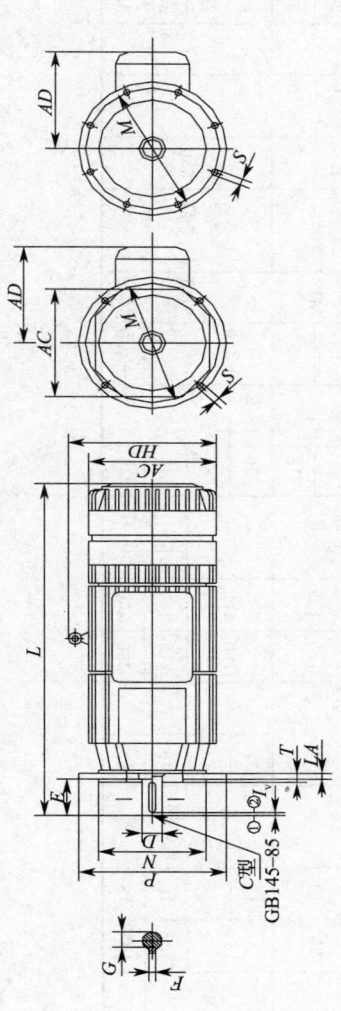

① 运行位置　② 制动位置

| 机座号 | 凸缘号 | D 基本尺寸 | D 极限偏差 | E 基本尺寸 | E 极限偏差 | F 基本尺寸 | F 极限偏差 | G 基本尺寸 | G 极限偏差 | M 基本尺寸 | N 基本尺寸 | N 极限偏差 | P[1] 基本尺寸 | R[2] 极限偏差 | S 基本尺寸 | S 极限偏差 | S 位置度公差 | T 基本尺寸 | T 极限偏差 | 凸缘孔数 | AC | AD | HD | LA | L | C型 | $l_{vmax}$ |
|---|---|---|---|---|---|---|---|---|---|---|---|---|---|---|---|---|---|---|---|---|---|---|---|---|---|---|---|
| 100B | FF165 | 28 | +0.009 −0.004 | 60 | ±0.37 | 8 | 0 −0.036 | 24 | 0 −0.2 | 165 | 130 | +0.013 −0.009 | 250 | ±1.0 | 14 | +0.43 0 | $\phi1.0$ Ⓜ | 3.5 | 0 −0.12 | 4 | 204 | 176 | 232[3] | 10 | 550 | M10 | 3.5 |
| 100B | FF215 | 28 | +0.009 −0.004 | 60 | ±0.37 | 8 | 0 −0.036 | 24 | 0 −0.2 | 215 | 180 | +0.013 −0.009 | 250 | ±1.0 | 14 | +0.43 0 | $\phi1.0$ Ⓜ | 4.0 | 0 −0.12 | 4 | 204 | 176 | 232[3] | 11 | 550 | M10 | 3.5 |
| 112B | FF165 | 32 | +0.009 −0.004 | 80 | ±0.37 | 10 | 0 −0.036 | 24 | 0 −0.2 | 165 | 130 | +0.014 −0.011 | 200 | ±1.5 | 14 | +0.43 0 | $\phi1.0$ Ⓜ | 3.5 | 0 −0.12 | 4 | 230 | 188 | 268[3] | 10 | 573 | M10 | 3.5 |
| 112B | FF215 | 32 | +0.009 −0.004 | 80 | ±0.37 | 10 | 0 −0.036 | 24 | 0 −0.2 | 215 | 180 | +0.014 −0.011 | 250 | ±1.5 | 14 | +0.43 0 | $\phi1.0$ Ⓜ | 4.0 | 0 −0.12 | 4 | 230 | 188 | 268[3] | 11 | 573 | M10 | 3.5 |
| 125B | FF165 | 32 | +0.009 −0.004 | 80 | ±0.37 | 10 | 0 −0.036 | 24 | 0 −0.2 | 165 | 130 | +0.014 −0.011 | 250 | ±1.5 | 14 | +0.43 0 | $\phi1.0$ Ⓜ | 3.5 | 0 −0.12 | 4 | 256 | 200 | 293 | 11 | 653 | M12 | 4.0 |
| 125B | FF215 | 32 | +0.009 −0.004 | 80 | ±0.37 | 10 | 0 −0.036 | 24 | 0 −0.2 | 215 | 180 | +0.014 −0.011 | 250 | ±1.5 | 14 | +0.43 0 | $\phi1.0$ Ⓜ | 4.0 | 0 −0.12 | 4 | 256 | 200 | 293 | 11 | 653 | M12 | 4.0 |
| 140B | FF265 | 38 | +0.018 +0.002 | 80 | ±0.37 | 12 | 0 −0.036 | 33 | 0 −0.2 | 265 | 230 | 0 | 300 | ±2.0 | 18 | +0.52 0 | $\phi1.5$ Ⓜ | 4.0 | 0 −0.12 | 4 | 280 | 229 | 329 | 12 | 740 | M12 | 4.0 |
| 160B | FF300 | 42 | +0.018 +0.002 | 110 | ±0.43 | 12 | 0 −0.043 | 37 | 0 −0.2 | 300 | 250 | +0.016 −0.013 | 350 | ±2.0 | 18 | +0.52 0 | $\phi1.5$ Ⓜ | 4.0 | 0 −0.12 | 4 | 320 | 247 | 369 | 13 | 912 | M16 | 4.0 |
| 180B | FF300 | 48 | +0.018 +0.002 | 110 | ±0.43 | 14 | 0 −0.043 | 42.5 | 0 −0.2 | 300 | 250 | +0.016 −0.013 | 350 | ±2.0 | 18 | +0.52 0 | $\phi1.5$ Ⓜ | 5.0 | 0 −0.12 | 4 | 360 | 280 | 418 | 13 | 1003 | M16 | 4.0 |
| 200B | FF355 | 55 | +0.030 +0.011 | 110 | ±0.43 | 16 | 0 −0.043 | 49 | 0 −0.2 | 350 | 300 | ±0.016 | 400 | ±3.0 | 18 | +0.52 0 | $\phi1.5$ Ⓜ | 5.0 | 0 −0.12 | 8 | 394 | 302 | 472 | 15 | 1072 | M20 | 4.5 |
| 225B | FF400 | 60 | +0.030 +0.011 | 140 | ±0.43 | 18 | 0 −0.043 | 53 | 0 −0.2 | 400 | 350 | ±0.018 | 450 | ±3.0 | 18 | +0.52 0 | $\phi1.5$ Ⓜ | 5.0 | 0 −0.12 | 8 | 446 | 324 | 533 | 16 | 1157 | M20 | 4.5 |

注：1) $P$ 尺寸为最大极限值。
2) $R$ 为凸缘配合面至轴伸肩的距离。
3) 电动机没有悬挂吊环。

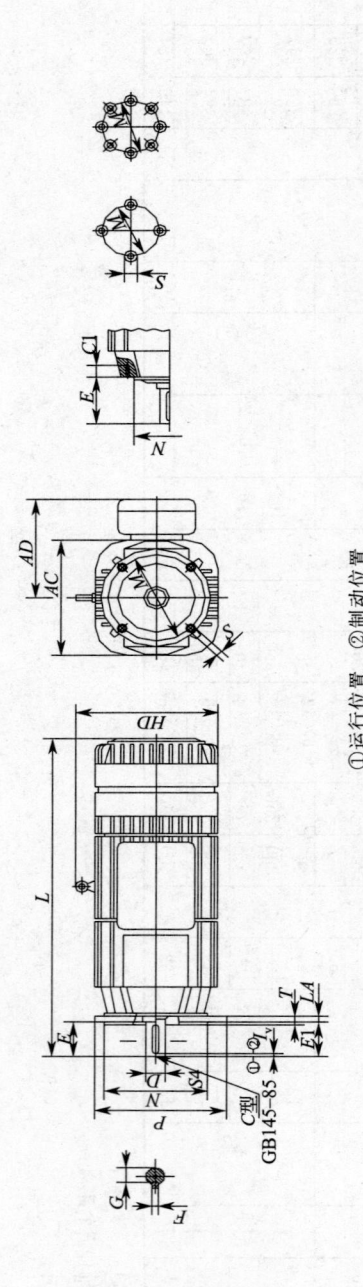

① 运行位置　② 制动位置

表 5-1-65　YREZ 系列锥形绕线转子电动机（IMB14、IMV18、IMV19）安装尺寸及外形尺寸表

mm

| 机座号 | 凸缘号 | D 基本尺寸 | D 极限偏差 | E 基本尺寸 | E 极限偏差 | E1 基本尺寸 | F 基本尺寸 | F 极限偏差 | G 基本尺寸 | G 极限偏差 | M 基本尺寸 | N 基本尺寸 | N 极限偏差 | P[1] 基本尺寸 | R[2] 基本尺寸 | R[2] 极限偏差 | S 基本尺寸 | S 位置度公差 | T 基本尺寸 | T 极限偏差 | 凸轮孔数 | AC | AD | HD | LA | L | C型 | $I_{vmax}$ | CL |
|---|---|---|---|---|---|---|---|---|---|---|---|---|---|---|---|---|---|---|---|---|---|---|---|---|---|---|---|---|---|
| 100B | FT130 | 28 | +0.009 −0.004 | 60 | ±0.37 | 76 | 8 | 0 −0.036 | 24 | −0.2 | 130 | 110 | +0.014 −0.011 | 160 | 11.5 | ±2.0 | M10 | φ1.0 Ⓜ | 3.5 | 0 −0.12 | 4 | 176 | 204 | 232 | 18 | 550 | M10 | 3.5 | 18 |
|  | FT165 |  |  |  |  | 60 |  |  |  |  | 215 | 130 |  | 200 |  |  | M8 |  |  |  |  |  |  |  | 10 |  |  |  | 10 |
| 112B | FT165 | 32 |  |  |  | 76 |  |  |  |  | 130 | 110 |  | 174 |  |  | M10 |  | 4.0 |  |  | 188 | 230 | 268 | 12 | 573 |  |  | 12 |
|  | FT130 |  |  | 80 |  | 60 | 10 |  |  |  | 165 | 130 |  | 160 |  |  | M8 |  | 3.5 |  |  |  |  |  | 18 |  |  |  | 18 |
|  | FT165 |  |  |  |  | 98 |  |  |  |  | 150 | 125 |  | 200 |  |  | M10 |  |  |  |  |  |  |  | 10 |  |  |  | 10 |
| 125B |  | 38 | +0.018 +0.002 |  |  | 135 | 12 |  | 33 |  | 190 | 155 |  | 218 | 13.5 | ±3.0 | M12 |  | 4.0 |  |  | 200 | 256 | 293 | 12 | 653 | M12 | 4.0 | 12 |
| 140B |  |  |  |  |  |  |  |  |  |  |  |  |  |  |  |  |  |  |  |  |  | 229 | 280 | 329 | 22 | 740 |  |  | 22 |
| 160B |  | 42 |  |  |  |  |  |  | 37 |  |  |  |  | 250 |  |  |  |  |  |  |  | 247 | 320 | 369 | 26 | 912 | M16 | 4.5 | 26 |
| 180B |  | 48 |  | 110 | ±0.43 | 138 | 14 | 0 −0.043 | 42.5 |  | 215 | 180 | +0.016 −0.013 | 284 |  |  |  |  |  |  | 8 | 280 | 360 | 418 |  | 1003 |  |  |  |
| 200B |  | 55 | +0.030 +0.011 |  |  | 168 | 16 |  | 49 |  | 236 | 200 |  | 315 | 0 | ±4.0 | M16 | φ1.5 Ⓜ | 5.0 |  |  | 302 | 394 | 469 | 34 | 1072 | M20 |  | 34 |
| 225B |  | 60 |  |  | ±0.50 |  | 18 |  | 53 |  |  |  |  | 340 |  |  |  |  |  |  |  | 324 | 446 | 533 |  | 1157 |  |  |  |

注：1）P 尺寸为最大极限值。
2）R 为凸缘配合面至轴伸肩的距离。

爆标志为dⅡBT4、dⅡCT4。为提高产品质量,使隔爆型锥形转子电动机规范化,制订了行业标准,现行标准为JB/T 10252—2001《YBEZ、YBEZX系列起重用隔爆型锥形转子制动三相异步电动机技术条件》。

电动机主体外壳防护等级有IP44和IP54两种,接线盒防护等级为IP54。电动机冷却方法为IC410,额定电压为380 V,额定频率为50 Hz,定子绕组为Y联结,绕组绝缘等级为F级,适用于环境空气温度不超过+40 ℃、不低于-20 ℃的场合。

电动机分为YBEZ起升用YBEZX运行用两种形式,起升用电动机的结构及安装型式为IM3001,运行用电动机为IM3601。

型号说明:

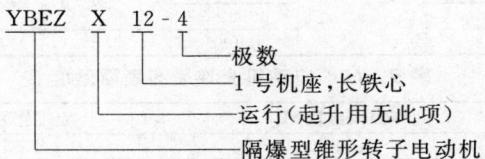

电动机的基准工作制为S4,基准负载持续率为25%,每小时起动次数为120次。电动机在基准工作制时的额定功率、转动惯量、同步转速和静制动力矩与机座号的对应关系,电动机在额定电压下,基准工作制时最大转矩倍数、堵转转矩倍数及堵转电流等数据表5-1-66。

YBEZ、YBEZX系列隔爆型锥形转子电动机按其制动器的结构型式可分为两种,一种为平面式,其制动力矩相对而言要小些,用于运行机构和小功率等级的电动机;用于起升机构和大功率等级电动机的制动盘为锥体式,制动环直径大,且制动面也大,用来加大制动力矩,缩短制动时间,尤其对于起升机构可增加制动时的可靠性,避免滑钩现象。图5-1-41、图5-1-42和图5-1-43分别为电动机的制动器结构图。为保证制动器运行平稳可靠,制动面接触良好,制动环磨损后应及时进行调节或更换。制动轮在拆装时应保证电动机起动及制动时的轴向窜动在1.5 mm～3.3 mm之间,并保证运转时制动环不与制动面相擦。

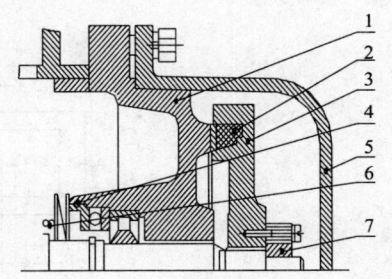

图5-1-41 YBEZ11-4、YBEZX11-4、YBEZ12-4、YBEZX12-4电动机制动器结构图
1—后端盖;2—平面制动环;3—制动轮;4—挡圈;5—后盖;6—制动弹簧;7—调节螺母

由于电动机工作于爆炸性气体环境,因此,在额定状态下,电动机表面温度应不超过125 ℃,电缆引入口温度不超过70 ℃。对于轴伸采用油封(牌号为HG4-692-67)密封的电动机,在更换油封时,应将油封中的弹簧丝去掉,并注意油封与轴的配合不要过紧,防止摩擦产生高温,电动机运行时应注意此处的温度不得超过表5-1-67中的温度值。

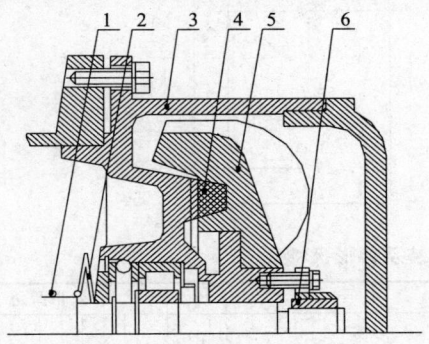

图5-1-42 YBEZ21-4、YBEZX21-4电动机制动器结构图
1—制动弹簧;2—挡圈;3—后端盖;4—平面制动环;5—风扇制动轮;6—调节螺母

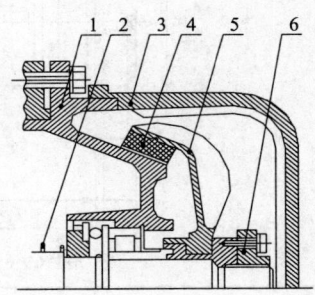

图5-1-43 YBEZ22-4、YBEZ21-4 YBEZ32-4、YBEZ41-4、YBEZ51-4电动机制动器结构图
1—后端盖;2—制动弹簧;3—后盖;4—制动环;5—风扇制动轮;6—调节螺母

电动机的外形和安装尺寸及公差见表 5-1-68、表 5-1-69、表 5-1-70。

**表 5-1-66　YBEZ、YBEZX 系列电动机主要参数及技术性能数据表**

| 类型 | 型号 | 功率/kW | 同步转速/(r/min) | 转动惯量/kg·m² | 最大转矩/倍 | 堵转转矩/倍 | 堵转电流/A | 静制动力矩/(N·m) |
|---|---|---|---|---|---|---|---|---|
| 起升电动机 | YBEZ 11-4 | 0.2 | 1 500 | 0.029 5 | 2.0 | 2.0 | 4 | 1.86 |
| | YBEZ 12-4 | 0.4 | | 0.039 3 | | | 7 | 4.41 |
| | YBEZ 21-4 | 0.8 | | 0.088 | 2.2 | 2.2 | 13 | 8.34 |
| | YBEZ 22-4 | 1.5 | | 0.11 | | | 24 | 16.67 |
| | YBEZ 31-4 | 3.0 | | 0.319 | 2.5 | 2.5 | 45 | 34.32 |
| | YBEZ 32-4 | 4.5 | | 0.392 | 2.7 | 2.7 | 67 | 49.03 |
| | YBEZ 41-4 | 7.5 | | 0.956 | 3.0 | 3.0 | 110 | 83.3 |
| | YBEZ 51-4 | 13 | | 2.897 | | | 180 | 147.1 |
| 运行电动机 | YBEZX 11-4 | 0.2 | | 0.029 5 | 2.0 | 2.0 | 4 | 1.86 |
| | YBEZX 12-4 | 0.4 | | 0.039 3 | | | 7 | 4.41 |
| | YBEZX 21-4 | 0.8 | | 0.088 | 2.2 | 2.2 | 13 | 8.34 |

**表 5-1-67　电动机允许最高表面温度**

| 温度组别 | 允许表面温度/℃ | 温度组别 | 允许表面温度/℃ |
|---|---|---|---|
| T1 | 450 | T3 | 200 |
| Y2 | 300 | T4 | 135 |

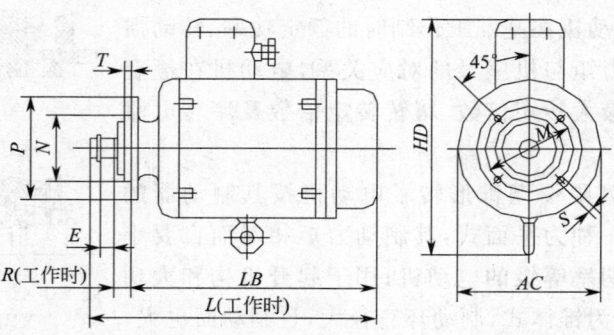

**表 5-1-68　YBEZ11-4、YBEZ12-4、YBEZX12-4 电动机安装及外形尺寸表**　　mm

| 型号 | 轴伸 | 三角花键 D、Z | E 基本尺寸 | E 极限偏差 | R(工作时) 基本尺寸 | R 极限偏差 | P 基本尺寸 | P 极限偏差 | M | N | S 基本尺寸 | S 极限偏差 | S孔对其公称位置偏差 | 凸缘孔数 | AC | HD | LB | L(工作时) | T |
|---|---|---|---|---|---|---|---|---|---|---|---|---|---|---|---|---|---|---|---|
| YBEZ11-4 | D=15 | | 22 | ±0.260 | 15 | ±1.5 | 110 | 0 / -0.080 | 90 | 75 | 6.5 | +0.360 / 0 | 0.250 | 4 | 155 | 235 | 252 | 292 | 3 |
| YBEZ12-4 | Z=36 | | | | | | | | | | | | | | | | | | |
| YBEZX12-4 | | | | | 13 | | | | | | | | | | | 270 | 272 | 312 | |

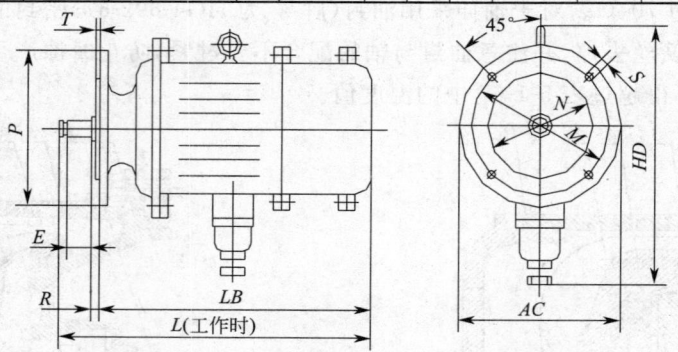

**表 5-1-69　YBEZX21-4 电动机安装及外形尺寸表**　　mm

| 型号 | 轴伸 | 矩形花键 Z-D×D×b | E 基本尺寸 | E 极限偏差 | R(工作时) 基本尺寸 | R 极限偏差 | P 基本尺寸 | M | N | S 基本尺寸 | S 极限偏差 | S孔对其公称位置偏差 | 凸缘孔数 | AC | HD | LB | L(工作时) | T |
|---|---|---|---|---|---|---|---|---|---|---|---|---|---|---|---|---|---|---|
| YBEZX 21-4 | 6D-20 f9-0.020 -0.072 ×16×4 d11-0.030 -0.105 | | 24 | ±0.260 | 20 | ±1.5 | 140 | 120 | 100 | 9 | +0.360 / 0 | 0.250 | 4 | 260 | 405 | 343 | 386 | 3 |

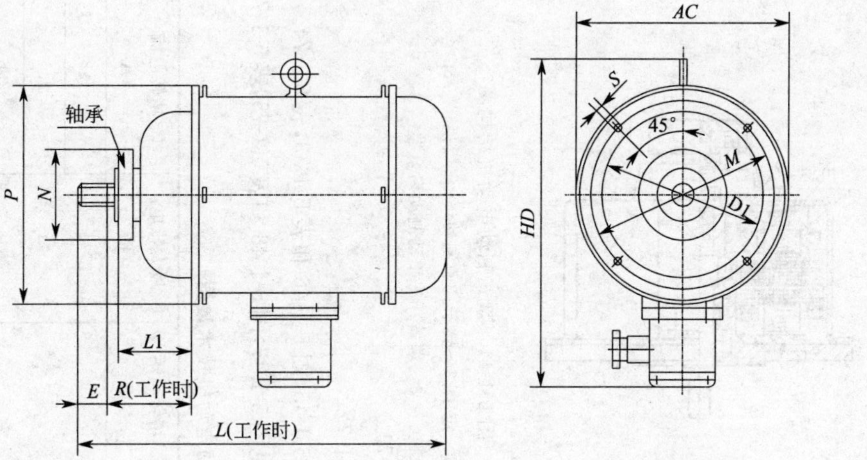

表 5-1-70  YBEZ21-4,22-4,31-4,32-4,41-4,51-4 电动机安装及外形尺寸表

单位：mm

| 型号 | 轴伸 矩形花键 $D-Z \times d \times b$ | E 基本尺寸 | E 极限偏差 | R(工作时) 基本尺寸 | R(工作时) 极限偏差 | P 基本尺寸 | P 极限偏差 | M | D1 | N | S 基本尺寸 | S 极限偏差 | S孔对其公称位置偏差 | 凸缘孔数 | L1 基本尺寸 | L1 极限偏差 | AC | HD | L(工作时) |
|---|---|---|---|---|---|---|---|---|---|---|---|---|---|---|---|---|---|---|---|
| YBEZ21-4 | $6D\text{-}20\left(^{+0.020}_{-0.070}\right) \times$ $16 \times 4d11\left(^{-0.030}_{-0.105}\right)$ | 24 | ±0.37 | 70 | ±1.5 | 220 | $^{0}_{-0.090}$ | 196 | 177 | 110 | 9 | $^{+0.430}_{0}$ | 0.250 | 4 | 60 | ±0.5 | 232 | 405 | 420 |
| YBEZ22-4 | | | | 71 | | 235 | | 205 | 168 | | | | | | 61 | | 305 | 405 | 456 |
| YBEZ31-4 | $6D\text{-}28\left(^{+0.020}_{-0.070}\right) \times$ $23 \times 6d11\left(^{-0.040}_{-0.130}\right)$ | 30 | | 106 | | 290 | $^{0}_{-0.100}$ | 260 | 220 | 120 | 13 | | | | 81 | ±0.7 | 320 | 415 | 479 |
| YBEZ32-4 | | | | 98 | | 320 | | 286 | 214 | | | | | | | | | | |
| YBEZ41-4 | $10D\text{-}35\left(^{+0.025}_{-0.087}\right) \times$ $28 \times 4d11\left(^{-0.030}_{-0.105}\right)$ | 35 | ±0.43 | 120 | ±2.0 | 380 | $^{0}_{-0.120}$ | 340 | 260 | 160 | 17 | | | | 97 | ±0.8 | 380 | 497 | 582 |
| YBEZ51-4 | $10D\text{-}40\left(^{+0.025}_{-0.087}\right) \times$ $32 \times 5d11\left(^{-0.030}_{-0.105}\right)$ | 40 | | 172 | | 455 | | 415 | 300 | 200 | | | | | 142 | ±0.8 | 460 | 555 | 714 |

### 三、盘式制动电动机

1. 概述

盘式制动电动机是定子和转子分别由条形硅钢片卷绕成圆盘形,转子相对定子平行放置。在转子的一端附装有圆盘制动环,如图 5-1-44 所示。当电动机接通三相电源时产生轴向磁拉力,转子向定子侧移动(此时制动弹簧被压缩),电机转子开始旋转;切断电源时轴向磁拉力和旋转磁场消失,在制弹簧的推动下,转子的制动环与制动座接触产生制动力矩,电动机迅速停转。

该种电动机配有手动制动离合器,作为释放制动装置用,一般用于建筑吊篮。而轻小型起重设备用电动机不带手动制动离合器。

2. YZPE、YZPEY 系列起重用盘式制动电动机技术数据、安装及外形尺寸

型号说明

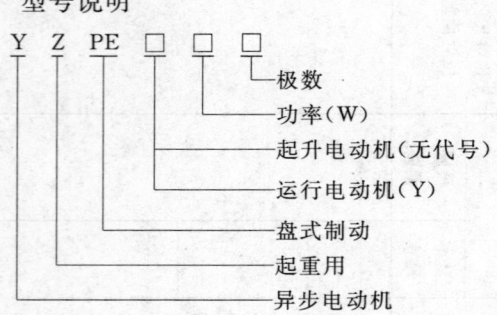

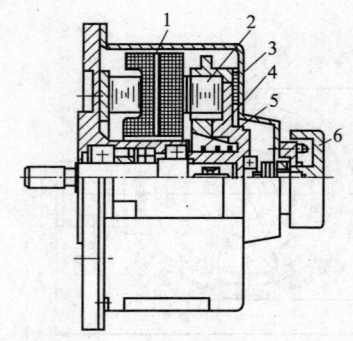

图 5-1-44 盘式制动电动机结构图
1—定子;2—转子;3—制动环;4—制动弹簧;
5—端盖;6—手动制动离合器

YZPE 系列起重用盘式制动电动机技术数据见表 5-1-71。

YZPEY 系列起重用盘式制动电动机技术数据见表 5-1-72。

YZPE 系列起重用盘式制动电动机安装及外形尺寸见图 5-1-45,图 5-1-46 和表 5-1-73,表 5-1-74。

YZPEY 系列起重用盘式制动电动机的安装及外形尺寸见图 5-1-47,图 5-1-48 和表 5-1-75,表 5-1-76。

表 5-1-71 YZPE 系列起重用盘式制动电动机技术数据

| 电动机型号 | 功率/kW | 静制动力矩/(N·m) | 转动惯量/(kg·m²) | 堵转转矩/倍 | 最大转矩/倍 | 堵转电流/A |
|---|---|---|---|---|---|---|
| YZPE100-2 | 0.1 | 0.693 | 0.012 | 2.0 | 2.0 | 1.8 |
| YZPE100-4 |  | 1.405 |  |  |  | 2.1 |
| YZPE150-2 | 0.15 | 1.108 |  |  |  | 2.6 |
| YZPE150-4 |  | 2.248 |  |  |  | 3 |
| YZPE200-2 | 0.2 | 1.385 |  |  |  | 3.1 |
| YZPE200-4 |  | 2.81 |  |  |  | 3.5 |
| YZPE300-2 | 0.3 | 2.215 | 0.035 | 2.2 | 2.2 | 4.5 |
| YZPE300-4 |  | 4.493 |  |  |  | 5.1 |
| YZPE400-2 | 0.4 | 2.768 |  |  |  | 5.8 |
| YZPE400-4 |  | 5.625 |  |  |  | 6.2 |
| YZPE500-2 | 0.5 | 3.46 | 0.040 |  |  | 7.5 |
| YZPE500-4 |  | 7.025 |  |  |  | 8 |
| YZPE800-2 | 0.8 | 5.45 |  |  |  | 11 |
| YZPE800-4 |  | 11.058 |  |  |  | 12.2 |

续上表

| 电动机型号 | 功率/kW | 静制动力矩/(N·m) | 转动惯量/(kg·m²) | 堵转转矩/倍 | 最大转矩/倍 | 堵转电流/A |
|---|---|---|---|---|---|---|
| YZPE1000-2 | 1 | 6.825 | 0.137 | 2.3 | 2.3 | 13.5 |
| YZPE1000-4 | | 13.85 | | | | 14.3 |
| YZPE1600-2 | 1.5 | 10.658 | | 2.3 | 2.3 | 22 |
| YZPE1600-4 | | 21.63 | | | | 23 |
| YZPE2000-2 | 2.0 | 13.325 | 0.280 | | | 28.5 |
| YZPE2000-4 | | 27.05 | | 2.5 | 2.5 | 30 |
| YZPE2500-2 | 2.5 | 17.05 | | | | 33 |
| YZPE2500-4 | | 34.5 | | | | 35.2 |

表 5-1-72　YZPEY 系列起重用盘式制动电动机技术数据

| 电动机型号 | 功率/kW | 静制动力矩/(N·m) | 转动惯量/(kg·m²) | 堵转转矩/倍 | 最大转矩/倍 | 堵转电流/A |
|---|---|---|---|---|---|---|
| YZPEY100-4 | 0.1 | 0.965 | 0.012 | 1.8 | 1.8 | 2.1 |
| YZPEY200-4 | 0.2 | 1.930 | | 2.0 | 2.0 | 3.5 |
| YZPEY400-4 | 0.4 | 3.85 | 0.035 | | | 6.2 |
| YZPEY800-4 | 0.8 | 7.72 | 0.040 | | | 12.2 |
| YZPEY1500-4 | 1.5 | 14.5 | 0.280 | 2.2 | 2.2 | 23 |
| YZPEY2200-4 | 2.2 | 21.3 | | | | 30.8 |

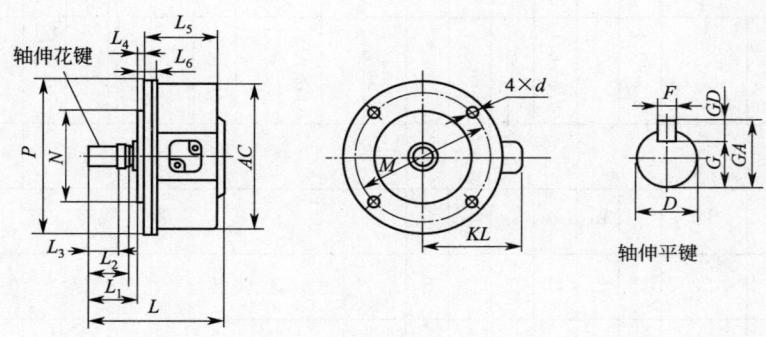

图 5-1-45　YZPE 系列起重用盘式制动电动机(不带手动制动离合器)安装及外形图

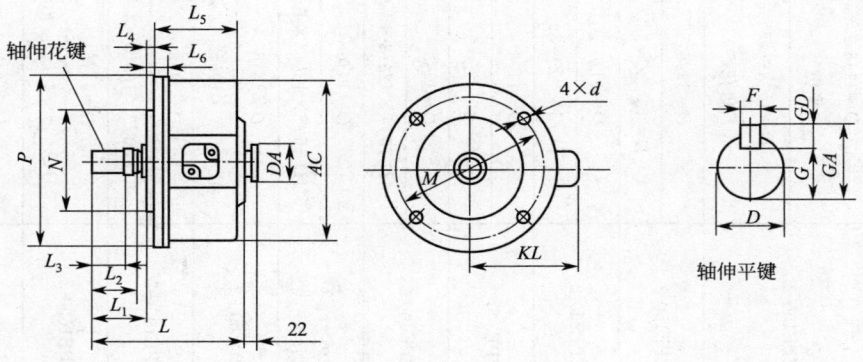

图 5-1-46　YZPE 系列起重用盘式制动电动机(带手动制动离合器)安装及外形图

表 5-1-73 YZPE 系列起重用盘式制动电动机（2 极）安装及外形尺寸表

mm

| 型号 | 轴伸 | 安装尺寸 | | | | | | | | | | | | | 外形尺寸 | | | |
|---|---|---|---|---|---|---|---|---|---|---|---|---|---|---|---|---|---|---|
| | | $L_1$ | $L_2$ | $L_3$ | $L_4$ | G | GD | F | P | M | N | 4-d | $L_5$ | $L_6$ | L | AC | KL |
| YZPE100-2 | $D=11j6$（平键） | 26 | 23 | — | | 8.50-0.1 | 4 | 4 | 200 | 180 | 130j6 | 7 | 99 | 10.7 | 128 | 164 | 131 |
| | $D=15\ Z=36$（三角花键） | 35 | 19 | 2 | | | | | | | | | | | 137 | | |
| YZPE150-2 | $D=11j6$ | 26 | 23 | — | | 8.50-0.1 | 4 | 4 | | | | | | | 128 | | |
| | $D=15\ Z=36$ | 35 | 19 | 2 | 3 | | | | | | | | | | 137 | | |
| YZPE200-2 | $D=11j6$ | 26 | 23 | — | | 8.50-0.1 | 4 | 4 | | | | | | | 128 | | |
| | $D=15\ Z=36$ | 35 | 19 | 2 | | | | | | | | | | | 137 | | |
| YZPE300-2 | $D=11j6$ | 26 | 23 | — | | 8.50-0.1 | 4 | 4 | | | | | | | 128 | | |
| | $D=15\ Z=36$ | 35 | 19 | 2 | | | | | | | | | | | | | |
| YZPE400-2 | $D=14j6$ | 33 | 30 | — | | 110-0.1 | 5 | 5 | 235 | 215 | 180j7 | 11 | 104 | 12.7 | 140 | 195 | 148 |
| YZPE500-2 | $4D-15f7×12b13×4d9$ | | | | 3 | 110-0.1 | 5 | 5 | | | | | | | | | |
| YZPE800-2 | $4D-15f7×12b13×4d9$ | | | | | 110-0.1 | 5 | 5 | | | | | | | | | |
| YZPE1000-2 | $D=14j6$ | 52 | 50 | — | 4 | 160-0.1 | 5 | 5 | 290 | 265 | 230j7 | | 126 | | 182 | 235 | 168 |
| | $4D-15f7×12b13×4d9$ | 28 | 19 | | | | | | | | | | | | 158 | | |
| YZPE1600-2 | $D=14j6$ | 52 | | | 3 | 160-0.1 | 5 | 5 | | | | | | | 182 | | |
| | $6D-20f7×16b13×4d9$ | 53 | | | | | | | | | | | | | | | |
| YZPE2000-2 | $D=24j6$ | 51 | 50 | — | 5 | 200-0.1 | 7 | 8 | 325 | 300 | 250j7 | 14 | 138 | 17.7 | 194 | 268 | 183 |
| | $6D-25f7×22b13×6d9$ | 53 | | | 3 | | | | | | | | | | | | |
| YZPE2500-2 | $D=24j6$ | 51 | | | 5 | 200-0.1 | 7 | 8 | | | | | | | | | |
| | $6D-25f7×22b13×6d9$ | 53 | | | 3 | | | | | | | | | | | | |

表 5-1-74 YZPE 系列起重用盘式制动电动机（4 极）安装及外形尺寸表

mm

| 型号 | 轴伸 | 安装尺寸 ||||||||||| 外形尺寸 ||||||
|---|---|---|---|---|---|---|---|---|---|---|---|---|---|---|---|---|---|
| | | $L_1$ | $L_2$ | $L_3$ | $L_4$ | $G$ | $GD$ | $F$ | $P$ | $M$ | $N$ | $4-d$ | $L_5$ | $L_6$ | $L$ | $AC$ | $KL$ | $DA$ |
| YZPE100-4 | $D=11j6$（平键） | 26 | 23 | — | | 8.50-0.1 | 4 | 4 | | | | | | | 128 | | | |
| | $D=15$  $Z=36$（三角花键） | 35 | 19 | 2 | | | | | 200 | 180 | 130j6 | 7 | 99 | 10.7 | 137 | 164 | 131 | 59 |
| YZPE150-4 | $D=11j6$ | 26 | 23 | — | | 8.5 0-0.1 | 4 | 4 | | | | | | | 128 | | | |
| | $D=15$  $Z=36$ | 35 | 19 | 2 | | | | | | | | | | | 137 | | | |
| YZPE200-4 | $D=11j6$ | 26 | 23 | — | | 8.50-0.1 | 4 | 4 | | | | | | | 128 | | | |
| | $D=15$  $Z=36$ | 35 | 19 | 2 | | | | | | | | | | | 137 | | | |
| YZPE300-4 | $D=11j6$ | 26 | 23 | — | | 8.50-0.1 | 4 | 4 | 200 | 180 | 130j6 | 7 | 99 | 10.7 | 128 | 164 | 131 | |
| | $D=15$  $Z=36$ | 35 | 19 | 2 | | | | | | | | | | | 137 | | | |
| YZPE400-4 | $D=14j6$ | 33 | 30 | | | 110-0.1 | 5 | 5 | 235 | 215 | 180j7 | | 104 | 12.7 | 140 | 195 | 148 | |
| | $4D-15f7×12b13×4d9$ | 33 | 30 | | 3 | | | | | | 180j6 | 11 | | | | | | 59 |
| YZPE500-4 | $D=14j6$ | 33 | 30 | | | 110-0.1 | 5 | 5 | | | | | | | | | 153 | |
| | $4D-15f7×12b13×4d9$ | 33 | 30 | | | | | | | | 180j7 | | 122 | 11.7 | 178 | 206 | | |
| YZPE800-4 | $D=19j6$ | 53 | 50 | — | | 160-0.1 | 5 | 5 | 250 | 230 | 230j7 | | 104 | 12.7 | 140 | 235 | | |
| | $4D-15f7×12b13×4d9$ | 52 | 50 | | 4 | | | | | | 230j6 | | 126 | | 182 | | | |
| YZPE1000-4 | $D=19j6$ | 28 | 19 | | 5 | 160-0.1 | 5 | 8 | 290 | 265 | 250j7 | | | | 158 | | | |
| YZPE1600-4 | $D=24j6$ | 51 | 50 | | 5 | 200-0.1 | 7 | 8 | | | 250j6 | 14 | 138 | 17.7 | 194 | 268 | 183 | 70 |
| | $6D-20f7×16b13×4d9$ | 53 | 50 | | 3 | | | | | | 250j7 | | | | | | | |
| YZPE2000-4 | $D=24j6$ | 51 | 50 | | 5 | 200-0.1 | 7 | 8 | 325 | 300 | 250j6 | | | | | | | |
| | $6D-25f7×22b13×6d9$ | 53 | 50 | | 5 | | | | | | 250j7 | | | | | | | |
| YZPE2500-4 | $D=24$ | 51 | 50 | | 5 | 200-0.1 | 7 | 8 | | | 250j6 | | | | | | | |
| | $6D-25f7×22b13×6d9$ | 53 | 50 | | 3 | | | | | | | | | | | | | |

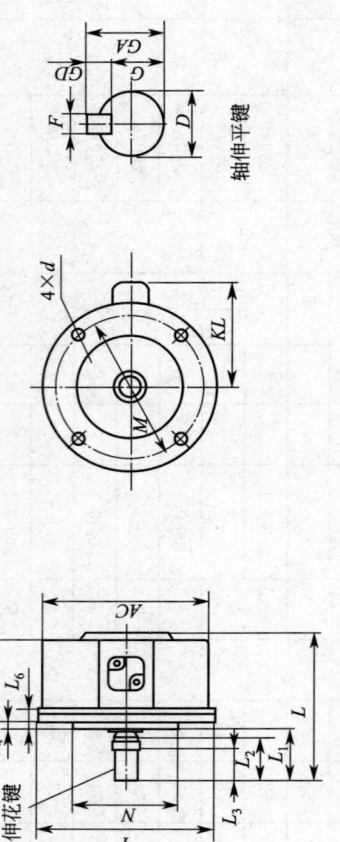

图 5-1-47 YZPEY 系列起重用盘式制动电动机（运行机构用）安装及外形图

**表 5-1-75 YZPEY 系列起重用盘式制动电动机（运行机构用）安装及外形尺寸表**

mm

| 型号 | 轴伸 | 安装尺寸 | | | | | | | | | | | | 外形尺寸 | | | |
|---|---|---|---|---|---|---|---|---|---|---|---|---|---|---|---|---|---|
| | | $L_1$ | $L_2$ | $L_3$ | $L_4$ | $G$ | $GD$ | $F$ | $P$ | $M$ | $N$ | $4$-$d$ | $L_5$ | $L_6$ | $L$ | $AC$ | $KL$ |
| YZPEY100-4 | $D=11j6$（平键） | 26 | 23 | — | 3 | $8.50_{-0.1}$ | 4 | 4 | 200 | 180 | $130j6$ | 7 | 99 | 10.7 | 128 | 164 | 131 |
| | $D=15$ $Z=36$（三角花键） | 35 | 19 | 2 | | — | — | — | | | | | | | 137 | | |
| YZPEY200-4 | $D=11j6$ | 26 | 23 | — | 3 | $8.50_{-0.1}$ | 4 | 4 | | | | | | | 128 | | |
| | $D=15$ $Z=36$ | 35 | 19 | 2 | | — | — | — | | | | | | | 137 | | |
| YZPEY400-4 | $D=14j6$ | 33 | 30 | — | | $110_{-0.1}$ | 5 | 5 | 235 | 215 | $180j7$ | 11 | 104 | 12.7 | 140 | 195 | 148 |
| | $4D$-$15f7\times12h13\times4d9$ | | | | | — | — | — | | | $180j7$ | | | | | | |
| YZPEY800-4 | $D=19j6$ | 52 | | | 4 | $160_{-0.1}$ | 5 | 5 | 290 | 265 | $230j7$ | | 126 | | 182 | 235 | 168 |
| | $4D$-$15f7\times12h13\times4d9$ | 53 | | | 3 | — | — | — | | | $230j6$ | | | | | | |
| YZPEY1500-4 | $D=19j6$ | | | | | | | | | | $180j7$ | 12 | | | | | |
| | $6D$-$25f7\times22h13\times6d9$ | 51 | 50 | | 5 | $200_{-0.1}$ | 7 | 8 | 325 | 300 | $250j7$ | | 138 | 17.7 | 194 | 268 | 183 |
| YZPEY2000-4 | $6D$-$25f7\times22h13\times6d9$ | 53 | | | 3 | — | — | — | | | $250j6$ | | | | | | |

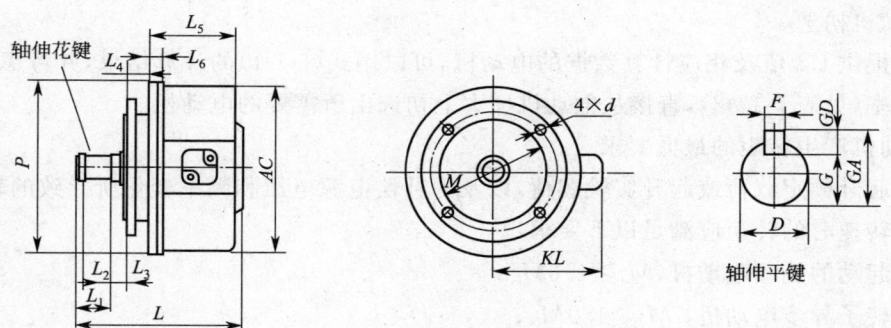

图 5-1-48　YZPEY 系列起重用盘式制动电动机（CD 型、MD 型、CDI 型、
MDI 型钢丝绳电动葫芦运行机构用）安装及外形图

表 5-1-76　YZPEY 系列起重用盘式制动电动机（CD 型、MD 型、$CD_1$ 型、$MD_1$ 型
钢丝绳电动葫芦运行机构用）**安装及外形尺寸表**　　　　　　　　　mm

| 型号 | 轴伸 | 安装尺寸 | | | | | | | | | | | 外形尺寸 | | | | |
|---|---|---|---|---|---|---|---|---|---|---|---|---|---|---|---|---|---|
| | | $L_1$ | $L_2$ | $L_3$ | $L_4$ | G | GD | F | P | M | N | 4-d | $L_5$ | $L_6$ | L | AC | KL |
| YZPEY 200-4 | $D=11j6$（平键） | 30 | — | 4 | 30 | $11_{-0.1}^{0}$ | 4 | 4 | 110 | 90 | 75 | 7 | 86 | 10.7 | 165 | 164 | 131 |
| | $D=15\ Z=36$（三角花键） | | | | | | | | | | | | | | 170 | | |
| YZPEY 400-4 | $D=15\ Z=36$ | 25 | 22 | 15 | | — | — | — | | | | | 88 | 11.7 | 178 | 195 | 148 |
| | $4D\text{-}15f7\times 12b13\times 4d9$ | | | | | | | | | | | | | | | | |
| YZPEY 800-4 | $D=18\ Z=36$ | 28 | 24 | 20 | 35 | | | | 140 | 120 | 100 | 9 | 108 | | 205 | 206 | 153 |
| | $6D\text{-}20f7\times 16b13\times 4d9$ | | | | | | | | | | | | | | | | |

# 第三节　起重机用电机容量选择

选择起重机电动机应先初选电动机容量，然后，须对电动机的容量做过载校验和发热校验。

## 一、起重机各机构电动机容量初选

电机初选的公式引自起重机设计规范 GB/T 3811—2008 的附录 P。

起重机的主要机构一般选用起重冶金用系列异步电动机、直流电动机，在电动葫芦等起升机构中，也可采用锥形转子制动异步电动机或圆柱形转子制动电动机。

在具有爆炸性气体的危险场合使用的起重机，应选防爆系列起重用电动机。

电动机的功率可以按以下几种方法计算。

（一）稳态计算功率法

1. 起升机构

（1）稳态起升功率

当起升机构用一台电机驱动时，其稳态计算功率 $P_N$ 按式（5-1-1）计算：

$$P_N=\frac{P_Q \cdot v_q}{1\ 000\eta} \tag{5-1-1}$$

式中　$P_N$——电动机的稳态起升功率，单位为千瓦（kW）；

$P_Q$——额定起升载荷，单位为牛（N），对吊钩桥式起重机应包括钢丝绳及吊钩的重力；

$v_q$——起升速度，单位为米每秒（m/s）；

$\eta$——起升机构总效率。

(2)电动机初选

对未能提供 CZ 值及相应计算数据的电动机,可以用式(5-1-1)的计算结果,并考虑该机构实际的接电持续率(见表 5-1-82),直接从电动机样本上初选出所需要的电动机。

(3)电动机产生转矩的最低要求

为加速起升额定载荷或起升实验载荷,以及为补偿电源电压和频率变化所导致的转矩损失,电动机轴上零转速时的转矩应满足以下要求:

1)直接起动的笼型电动机,$M_d \geqslant 1.6 M_N$;

2)绕线转子异步电动机,$M_d \geqslant 1.9 M_N$;

3)采用变频控制的所有类型电动机,$M_d \geqslant 1.4 M_N$。

式中　$M_d$——起动时($n=0$ 时)电动机轴输出转矩;

　　　$M_N$——稳态起升额定载荷需要的转矩(折算到电机轴上)。

2. 运行机构

(1)稳态运行功率

稳态运行功率 $P_N$ 按式(5-1-2)计算:

$$P_N = \frac{P_j \cdot v_y}{1\,000 \eta \cdot m} \tag{5-1-2}$$

式中　$P_N$——电动机的稳态运行功率,单位为千瓦(kW);

　　　$P_j$——稳态运行阻力,单位为牛(N);$P_j = P_m + P_a + P_{WI}$

　　　$P_m$——运行摩擦阻力,单位为牛(N);

　　　$P_a$——坡道阻力,单位为牛(N);

　　　$P_{WI}$——按计算风压算得的风阻力,单位为牛(N);

　　　$v_y$——运行速度,单位为米每秒(m/s);

　　　$\eta$——运行机构的传动效率;

　　　$m$——运行机构电动机台数。

(2)电动机初选

用式(5-1-2)计算所得的结果乘以一个大于 1 的系数,从电动机样本上初选所需的电动机。对室外作业的起重机,此系数为 1.1~1.3;对室内作业起重机及室外作业的装卸桥小车,此系数为 1.2~2.6。运行速度高者取大值。

3. 牵引小车式运行机构

(1)稳态运行功率

牵引小车式变幅机构与牵引小车式运行机构作用原理相似,如果其驱动轮(或卷筒)上的转矩为 $M$,则牵引小车式变幅机构即小车运行机构电动机稳定变幅运行功率 $P_N$,可以按式(5-1-3)计算:

$$P_N = \frac{M \cdot n}{9\,550} \tag{5-1-3}$$

式中　$P_N$——电动机的稳定变幅功率,单位为千瓦(kW);

　　　$M$——驱动轮(或卷筒)的转矩,单位为牛米(N·m);

　　　$n$——驱动轮(或卷筒)的转速,单位为转每分(r/min)。

(2)电动机初选

用式(5-1-3)计算所得的结果从电动机样本上初选所需的电动机。

(二)等效功率法

1. 回转机构

(1)等效功率 $P_e$

等效功率 $P_e$ 按式(5-1-4)计算:

$$P_e = \frac{M_{eq} \cdot n}{9\,550\eta} \tag{5-1-4}$$

式中 $P_e$——回转机构电动机的等效回转功率,单位为千瓦(kW);

$M_{eq}$——回转机构的等效稳态阻力矩,见下式,单位为牛米(N·m);

$$M_{eq} = M_m + M_w + M_a \tag{5-1-5}$$

$M_m$——回转摩擦阻力矩,主要是回转支承装置的摩擦阻力矩,单位为牛米(N·m);

$M_w$——正常工作状态下的等效风阻力矩,按 $0.7P_{wI}$ 计算,单位为牛米(N·m);

$M_a$——等效坡道阻力矩,按坡道阻力矩 0.7 倍计算,单位为牛米(N·m);

$n$——起重机回转速度,单位为转每分(r/min);

$\eta$——回转机构传动效率。

(2)电动机初选

用式(5-1-4)计算所得的结果从电动机样本上初选所需的电动机。当惯性力较大时,应将惯性力与等效阻力相加,以考虑惯性力的影响。

2. 变幅机构

(1)非平衡动臂式变幅机构

1)变幅机构电动机的等效功率

变幅机构电动机的等效变幅功率由式(5-1-6)计算:

$$P_e = \frac{P_{eq} v_b}{1\,000 a \eta} \tag{5-1-6}$$

式中 $P_e$——变幅机构电动机的等效变幅功率,单位为千瓦(kW);

$P_{eq}$——变幅牵引构件上的等效变力,简化计算 $P_{eq} = P_{Zmax}$ 单位为牛(N),$P_{Zmax}$ 按 GB/T 3811—2008 中的式(95)计算;

$v_b$——变幅钢丝绳卷绕线速度,单位为米每秒(m/s);

$a$——变幅滑轮组的倍率;

$\eta$——变幅机构传动总效率。

2)电动机初选

用式(5-1-6)计算的结果和该机构的接电持续率(见表 5-1-81),便可从电动机样本上初选所需的电动机。

(2)平衡臂架式变幅机构

1)变幅机构电动机的等效功率

变幅机构电动机的等效变幅功率由式(5-1-7)计算:

$$P_e = \frac{F_{Id} \cdot v_b}{1\,000 \eta} \tag{5-1-7}$$

式中 $P_e$——变幅机构电动机的等效变幅功率,单位为千瓦(kW);

$F_{Id}$——变幅计算等效力,见 GB/T 3811—2008 中的式(96),单位为牛(N);

$v_b$——变幅牵引件(钢丝绳、齿条、螺杆、液压缸、活塞等)的线速度,单位为米每秒(m/s);

$\eta$——变幅驱动机构的传动效率。

2)电动机初选

用式(5-1-7)计算所得的结果从电动机样本上初选所需的电动机。

(三)稳态负载系数法

稳态负载系数法适用于各机构中能给出有关资料的绕线转子异步电动机。

1. 所选电动机的功率

所选电动机的功率按式(5-1-8)或式(5-1-9)计算:

$$P_n \geqslant GP_N \tag{5-1-8}$$
$$P_n \geqslant GP_e \tag{5-1-9}$$

式中 $P_n$——所选电动机在相应的 $CZ$ 值和实际接电持续率 $JC$ 值下的功率,单位为千瓦(kW);
$P_N$——电动机的稳态功率,见式(5-1-1)～式(5-1-3);
$P_e$——电动机的等效功率,见式(5-1-4)～式(5-1-7);
$G$——稳态负载平均系数,见表 5-1-77。

各种起重机各机构的接电持续率 $JC$,稳态负载平均系数 $G$,均应根据实际的载荷情况计算。如在设计时,无法获得其详细资料,则可参照表 5-1-81 中的 $JC$、$CZ$、$G$ 值选取。

表 5-1-77 稳态负载平均系数 $G$

| 系数 | 起升机构 | 运行机构 | | | 回转机构 | | 变幅机构 |
|---|---|---|---|---|---|---|---|
| | | 室内起重机小车 | 室内起重机大车 | 室外起重机 | 室内 | 室外 | |
| $G_1$ | 0.7 | 0.7 | 0.85 | 0.75 | 0.8 | 0.5 | 0.7 |
| $G_2$ | 0.8 | 0.8 | 0.90 | 0.8 | 0.85 | 0.6 | 0.75 |
| $G_3$ | 0.9 | 0.9 | 0.95 | 0.85 | 0.9 | 0.7 | 0.8 |
| $G_4$ | 1.0 | 1.0 | 1.0 | 0.9 | 1.0 | 0.8 | 0.85 |

2. 电动机的初选

用式(5-1-8)、式(5-1-9)计算的结果从电动机样本上初选所需的电动机。

(四)等效接电持续率经验法(用于起升机构)

1. 等效接电持续率 $JC'$

与机构工作级别对应的初选电动机用的等效接电持续率 $JC'$,见表 5-1-78。

表 5-1-78 机构工作级别与等效接电持续率 $JC'$

| 起升机构工作级别 | 电动机等效接电持续率 $JC'$ /% |
|---|---|
| $M_1 \sim M_3$ | 15～25 |
| $M_4 \sim M_5$ | 25 |
| $M_6$ | 40 |
| $M_7 \sim M_8$ | 60 |

2. 初选电动机

根据式(5-1-1)计算的结果,按照起升机构工作级别,由表 5-1-78 查出等效接电持续率 $JC'$ 后,从电动机样本上可初选出所需的电动机。

(五)等效平均功率法

1. 等效平均功率的计算

在得到电动机的负荷图后,(例如:对作起升运动的起升机构,和作水平运动的运行、回转、平衡变幅等机构,见图 5-1-49),便可计算出等效平均阻力矩 $M_{\text{med}}$ 和等效平均功率,并初选出所需的电动机。

等效平均阻力矩按式(5-1-10)计算:

$$M_{\text{med}} = \sqrt{\frac{M_1^2 t_1 + M_2^2 t_2 + M_3^2 t_3 + \cdots + M_n^2 t_n}{t_1 + t_2 + t_3 + \cdots + t_n}} \tag{5-1-10}$$

式中 $M_{\text{med}}$——等效平均阻力矩,单位为牛米(N·m);
$M_1$、$M_2$、$M_3$、$\cdots$、$M_n$——为包括电动机转动及移动质量全部惯性力在内的各个阶段的转矩值。在变载荷情况下,至少取 10 个连续工作循环中载荷最大的一个循环计算。

$t_1$、$t_2$、$t_3$、$\cdots$、$t_n$——发生不同转矩的时间段,静止时间不计入;

$P_{meq}$——等效平均功率按式(5-1-11)计算:

$$P_{med} = \frac{M_{med} n}{9\ 550} \tag{5-1-11}$$

其中 $n$——电动机转速,单位为转每分(r/min)。

### 2. 初选电动机

如果电动机的一次负载运行时间不超过 10 min,按式(5-1-11)计算结果从电动机样本上选出的 S3 工作制的电动机即为所要求的电动机。

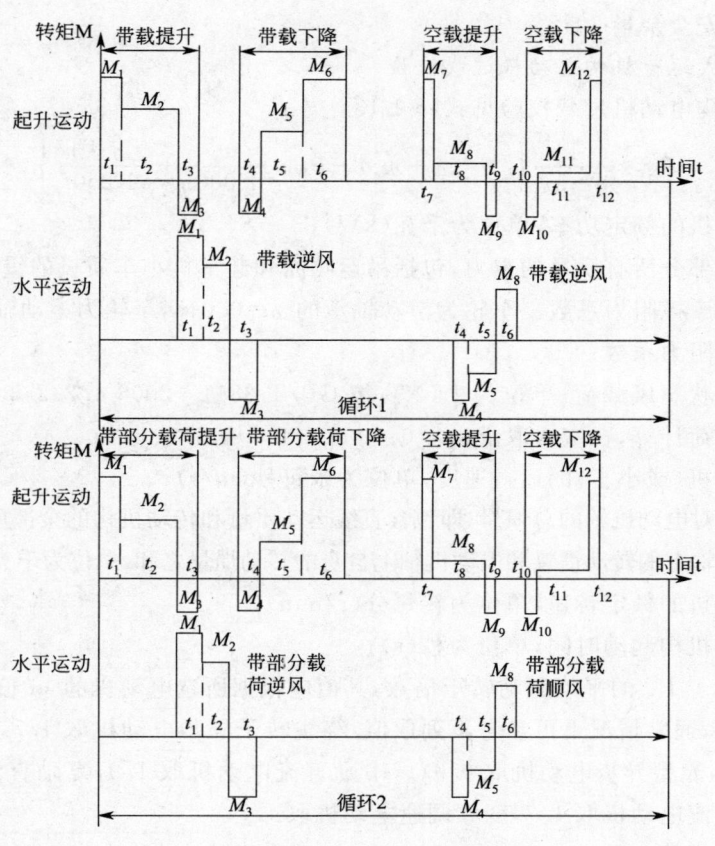

图 5-1-49 电动机负荷图举例

### 二、电动机的过载校验

过载校验的公式引自起重机设计规范 GB/T 3811—2008 的附录 R。

**(一)起升机构电动机过载校验**

起升机构电动机按式(5-1-12)进行过载校验计算。

$$P_N \geq \frac{H}{m\lambda_m} \cdot \frac{P_Q v_q}{1000 \eta} \tag{5-1-12}$$

式中 $P_N$——电动机的额定功率,单位为千瓦(kW);

$P_Q$——额定起升载荷,单位为牛(N);

$v_q$——额定起升速度,单位为米每秒(m/s);

$\eta$——起升机构总效率;

$\lambda_m$——相对于 $P_N$ 时的电动机最大转矩倍数(电动机制造商提供),对于直接全压起动的笼型电动机,堵转转矩倍数 $\lambda_m \geq 2.2$;

$H$——系数,按有电压损失(交流电动机-15%,直流电动机和变频电动机不考虑)、最大转矩或堵转转矩有允差(绕线转子异步电动机-10%,笼型异步电动机-15%,直流电动机和变频电动机不考虑)、起升额定载荷等条件确定。绕线转子异步电动机和笼型异步电动机取 $H=2.5$;变频异步电动机取 $H=2.2$;直流电动机取 $H=1.4$;

$m$——电动机的台数。

对于双绳抓斗的开闭机构和起升机构,在电动机过载校验时,应考虑不同的控制方案造成的负载不均匀程度。$\lambda_m$ 取值:系列设计时必须选用电动机技术条件的规定值;单台设计时可以选用电动机生产厂实际达到值。$H$ 值计算时,不仅考虑电压损失、转矩有允差、超载静态试验,而且要考虑最大运行转矩的安全余量 30%。

### (二)轨道运行式运行机构电动机过载校验

轨道式运行机构电动机过载校验见式(5-1-13)

$$P_N \geq \frac{1}{m \cdot \lambda_{As}} \left\{ [P_\Sigma(\omega + m_a) + P_{W\mathrm{II}}] \frac{v_y}{1\,000\eta} + \frac{\sum J \cdot n^2}{91\,250 t_a} \right\} \tag{5-1-13}$$

式中 $P_N$——电动机的额定功率,单位为千瓦(kW);

$P_\Sigma$——运动部分所有质量的重力,包括吊运物品和起重机小车质量的重力,单位牛(N);

$\omega$——运行摩擦阻力系数。车轮为滑动轴承的 $\omega=0.015$,车轮为滚动轴承的 $\omega=0.006$;

$m_a$——坡道阻力系数;

$P_{W\mathrm{II}}$——工作状态风载荷,单位为牛(N),按 GB/T 3811—2008 4.2.2.3.1 确定的工作状态风载荷计算,在室内取 $P_{W\mathrm{II}}=0$;

$v_y$——起重机(或小车)的运行速度,单位为米每秒(m/s);

$\sum J$——机构对电动机轴的总惯量,即包含直线运动质量和传动机构的全部质量的惯量折算到电动机轴上的转动惯量和电动机轴上自身的转动惯量之和,单位为千克平方米(kg·m²);

$n$——电动机的额定转速,单位为转每分(r/min);

$t_a$——运行机构起动时间,单位为秒(s);

$\lambda_{As}$——相对于 $P_N$ 的平均起动转矩倍数,其值应根据所选电动机的 $\lambda_m$ 值及其控制系统方案确定,通常情况下可参考下列取值:绕线转子异步电动机取 1.7,采用频敏变阻器时取 1,笼型异步电动机取 $0.9\lambda_m$,串励直流电动机取 1.9,复励直流电动机取 1.8,他励直流电动机取 1.7,变频调速电动机取 1.7;

$m$——电动机的台数;

$\eta$——该机构总效率;

$\lambda_m$——相对于 $P_N$ 的电动机最大转矩倍数(电动机制造商提供)。

### (三)回转机构电动机过载校验

回转机构电动机过载校验见式(5-1-14)。

$$P_N \geq \frac{H}{m \cdot \lambda_m} \cdot \frac{(M_m + M_{amax} + M_{W\mathrm{II}} + M_{\alpha\mathrm{I}})n}{9\,550 \cdot i \cdot \eta} \tag{5-1-14}$$

式中 $P_N$——电动机的额定功率,单位为千瓦(kW);

$H$——系数,绕线转子异步电动机取 $H=1.55$,笼型异步电动机取 $H=1.6$,直流电动机取 $H=1$;

$M_{amax}$——回转摩擦阻力矩,单位为牛米(N·m);

$M_{amax}$——回转最大坡道阻力矩,单位为牛米(N·m);

$M_{W\mathrm{II}}$——由计算风压 $P_\mathrm{II}$ 引起的最大风阻力矩,单位为牛米(N·m);

$M_{\alpha\mathrm{I}}$——由起重绳正常偏摆角 $\alpha_\mathrm{I}$ 按 GB/T 3811—2008 4.2.1.2.2.2 计算的回转水平阻力矩,单位为牛米(N·m);

$m$ —— 电动机的台数；
$\lambda_m$ —— 相对于 $P_N$ 的电动机最大转矩倍数（电动机制造商提供）；
$i$ —— 机构的总传动比。
$\eta$ —— 该机构总效率；
$n$ —— 电动机的额定转速，单位为转每分（r/min）。

### （四）变幅机构电动机过载校验

变幅机构电动机过载校验按式(5-1-15)进行：

$$P_N \geq \frac{H}{m \cdot \lambda_m} \cdot \frac{\sum F_{\max} \cdot v_b}{1\,000\eta} \tag{5-1-15}$$

式中 $P_N$ —— 电动机的额定功率，单位为千瓦（kW）；
$H$ —— 系数，绕线转子异步电动机取 $H=1.55$，笼型异步电动机取 $H=1.6$，直流电动机取 $H=1$；
$\sum F_{\max}$ —— 包括臂架及平衡系统的自重载荷、额定起升载荷、由计算风压 $p_{\mathrm{II}}$ 产生风载荷、由起重绳正常偏摆角 $\alpha_1$ 计算的水平力及臂架系统各转动铰点的摩擦力在变幅齿条（或变幅螺杆、油缸、钢丝绳等）上的分力之和，在各变幅位置所有值的最大变幅力，单位为牛（N）；
$v_b$ —— 变幅齿条（或螺杆、油缸、钢丝绳等）的运动速度，单位为米每秒（m/s）；
$\lambda_m$ —— 相对于 $P_N$ 的电动机最大转矩倍数（电动机制造商提供）；
$m$ —— 电动机的台数；
$\eta$ —— 该机构总效率。

## 三、YZR 系列电机在不同接电持续率 JC 和不同 CZ 值时的允许输出功率

### （一）原始数据

表 5-1-79 所列 YZR 型电动机的原始数据是由佳木斯防爆电机研究所提供。

表中符号代表的意义：

P15、P25、P40、P60、P100 —— 电机在 S3 工作方式中，接电持续率 JC 分别为 15％、25％、40％、60％、100％时额定输出功率（kW）；

S15、S25、S40、S60、S100 —— 电机在 S3，JC 分别为 15％、25％、40％、60％、100％时的额定转差率；

$P_{Fe}$ —— 铁耗（W）；

$P_m$ —— 机械损耗（W）；

$P_{cu1}$ —— 定子铜耗（W）；

$P_{cu2}$ —— 转子铜耗（W）；

$P_s$ —— 杂耗（W）；

$I_e$ —— 定子额定电流（A）；

$I_o$ —— 定子空载电流（A）；

$h_o$ —— 电机在转速为零时冷却系数标么值（以电机额定转速时冷却系数为1）；

$J_m$ —— 电动机转子转动惯量（kg·m²）。

### （二）计算结果

YZR 型交流起重冶金用三相绕线型异步电机，在起重机各机构上工作时，常处于频繁起、制动状态。由于电动机在起动和制动过程中，起、制动电流大于额定运行时的电流，故其功率损耗也较电机额定运行时的大，因而促使电机发热增加。另外，由于电机在起、制动过程中其平均转速较额定转速要低，因此此时的冷却效果也较额定运行时为差。为了保证这类电动机的发热不超过其允许温升限度，就必须降低其额定运行时的允许输出功率。而且当电动机具体使用场合的起制动次数越频繁，电动机的允许输出功率也必须下降越多。

表 5-1-79  YZR 系列电机原始数据

| | P15 | P25 | P40 | P60 | P100 | S15 | S25 | S40 | S60 | S100 | $P_{Fe}$ | $P_m$ | $P_{cu1}$ | $P_{cu2}$ | $P_s$ | $I_e$ | $I_o$ | $h_o$ | $J_m$ |
|---|---|---|---|---|---|---|---|---|---|---|---|---|---|---|---|---|---|---|---|
| 6 极电机 | | | | | | | | | | | | | | | | | | | |
| YZR112M-6 | 2.2 | 1.8 | 1.5 | 1.1 | .8 | 27.50 | 18.50 | 16.00 | 8.80 | 6.00 | 95 | 62 | 450 | 298 | 15 | 4.8 | 3.2 | 0.450 | 0.03 |
| YZR132M1-6 | 3.0 | 2.5 | 2.2 | 1.8 | 1.5 | 14.50 | 10.80 | 7.70 | 7.60 | 6.00 | 92 | 115 | 360 | 195 | 22 | 6.1 | 4.3 | 0.380 | 0.06 |
| YZR132M2-6 | 5.0 | 4.0 | 3.7 | 3.0 | 2.5 | 12.50 | 10.00 | 7.50 | 6.30 | 5.00 | 130 | 80 | 440 | 320 | 31 | 9.5 | 6.5 | 0.510 | 0.07 |
| YZR160M1-6 | 7.5 | 6.3 | 5.5 | 5.0 | 4.0 | 9.00 | 11.00 | 9.90 | 8.80 | 5.60 | 690 | 310 | 780 | 640 | 55 | 13.4 | 7.1 | 0.210 | 0.10 |
| YZR160M2-6 | 11.0 | 8.5 | 7.5 | 6.3 | 5.5 | 9.20 | 7.00 | 6.50 | 5.10 | 4.40 | 270 | 160 | 860 | 550 | 75 | 18.0 | 10.0 | 0.220 | 0.15 |
| YZR160L-6 | 15.0 | 13.0 | 11.0 | 9.0 | 7.5 | 10.00 | 8.50 | 6.50 | 4.80 | 3.30 | 490 | 130 | 1 150 | 810 | 110 | 25.5 | 14.0 | 0.250 | 0.20 |
| YZR180L-6 | 20.0 | 17.0 | 15.0 | 13.0 | 11.0 | 5.40 | 5.50 | 4.60 | 4.00 | 2.50 | 610 | 230 | 1 280 | 750 | 150 | 33.4 | 20.0 | 0.270 | 0.38 |
| YZR200L-6 | 33.0 | 26.0 | 22.0 | 19.0 | 17.0 | 5.80 | 4.40 | 3.10 | 3.20 | 2.70 | 900 | 300 | 1 320 | 730 | 220 | 48.0 | 27.0 | 0.290 | 0.65 |
| YZR225M-6 | 40.0 | 34.0 | 30.0 | 26.0 | 22.0 | 5.30 | 4.30 | 3.80 | 3.20 | 2.50 | 960 | 320 | 1 600 | 1 100 | 300 | 62.7 | 31.5 | 0.268 | 0.82 |
| YZR250M1-6 | 50.0 | 42.0 | 37.0 | 32.0 | 28.0 | 5.00 | 4.40 | 4.00 | 3.00 | 2.60 | 1 100 | 340 | 1 780 | 1 325 | 370 | 71.5 | 26.0 | 0.285 | 1.50 |
| YZR250M2-6 | 63.0 | 52.0 | 45.0 | 39.0 | 33.0 | 5.30 | 4.20 | 3.60 | 3.10 | 2.60 | 1 060 | 500 | 1 860 | 1 720 | 450 | 84.0 | 29.0 | 0.260 | 2.50 |
| YZR280S-6 | 75.0 | 63.0 | 55.0 | 48.0 | 40.0 | 4.00 | 3.40 | 3.30 | 2.80 | 2.40 | 750 | 750 | 2 000 | 1 920 | 550 | 101.0 | 33.0 | 0.293 | 2.30 |
| YZR280M-6 | 100.0 | 85.0 | 75.0 | 63.0 | 50.0 | 4.10 | 3.36 | 3.05 | 2.85 | 2.45 | 1 820 | 600 | 2 547 | 2 040 | 750 | 142.0 | 62.0 | 0.305 | 2.80 |
| 8 极电机 | | | | | | | | | | | | | | | | | | | |
| YZR160L-8 | 11.0 | 9.0 | 7.5 | 6.0 | 5.0 | 9.90 | 7.50 | 6.80 | 5.00 | 3.50 | 310 | 230 | 1 140 | 575 | 75 | 20.0 | 13.5 | 0.245 | 0.20 |
| YZR180L-8 | 15.0 | 13.0 | 11.0 | 9.0 | 7.5 | 8.00 | 6.70 | 7.00 | 4.00 | 3.20 | 310 | 160 | 1 130 | 850 | 110 | 26.0 | 15.0 | 0.285 | 0.38 |
| YZR200L-8 | 22.0 | 18.5 | 15.0 | 13.0 | 11.0 | 8.00 | 6.50 | 5.00 | 4.30 | 3.80 | 480 | 180 | 1 068 | 780 | 150 | 34.7 | 19.5 | 0.280 | 0.65 |
| YZR225M-8 | 33.0 | 26.0 | 22.0 | 18.5 | 17.0 | 7.20 | 5.00 | 4.50 | 4.20 | 3.60 | 580 | 270 | 1 330 | 1 050 | 220 | 48.0 | 25.0 | 0.270 | 0.80 |
| YZR250M1-8 | 42.0 | 35.0 | 30.0 | 26.0 | 22.0 | 5.30 | 4.70 | 3.70 | 3.30 | 2.80 | 800 | 350 | 2 024 | 1 170 | 300 | 68.0 | 41.0 | 0.270 | 1.50 |
| YZR250M2-8 | 52.0 | 42.0 | 37.0 | 32.0 | 27.0 | 5.90 | 4.85 | 4.10 | 3.40 | 2.90 | 850 | 700 | 2 100 | 1 680 | 370 | 77.5 | 40.0 | 0.260 | 1.75 |
| YZR280S-8 | 60.0 | 51.0 | 45.0 | 38.0 | 34.0 | 5.00 | 4.10 | 3.60 | 2.70 | 2.40 | 730 | 550 | 2 010 | 1 810 | 450 | 94.0 | 49.0 | 0.295 | 2.30 |
| YZR280M-8 | 75.0 | 63.0 | 55.0 | 48.0 | 40.0 | 4.80 | 3.70 | 3.80 | 2.60 | 2.30 | 900 | 590 | 2 400 | 2 220 | 550 | 114.5 | 54.0 | 0.300 | 2.80 |
| YZR315S-8 | 100.0 | 85.0 | 75.0 | 63.0 | 55.0 | 4.80 | 3.80 | 3.30 | 2.70 | 2.40 | 1 760 | 960 | 2 850 | 2 600 | 750 | 150.0 | 69.0 | 0.295 | 7.05 |
| YZR315M-8 | 125.0 | 100.0 | 90.0 | 75.0 | 63.0 | 4.70 | 3.70 | 2.60 | 2.70 | 2.40 | 2 800 | 550 | 3 200 | 2 378 | 900 | 176.0 | 81.0 | 0.305 | 8.50 |
| 10 极电机 | | | | | | | | | | | | | | | | | | | |
| YZR280S-10 | 55.0 | 42.0 | 37.0 | 32.0 | 27.0 | 6.00 | 5.30 | 4.40 | 3.80 | 3.30 | 1 273 | 380 | 2 350 | 1 513 | 370 | 84.0 | 49.0 | 0.285 | 3.50 |
| YZR280M-10 | 63.0 | 55.0 | 45.0 | 37.0 | 33.0 | 8.70 | 7.30 | 4.10 | 5.20 | 4.10 | 780 | 540 | 2 400 | 1 897 | 450 | 98.5 | 53.6 | 0.270 | 3.9 |
| YZR315S-10 | 75.0 | 63.0 | 55.0 | 48.0 | 40.0 | 4.40 | 3.65 | 2.80 | 2.50 | 2.10 | 1 046 | 430 | 2 918 | 1 519 | 550 | 118.0 | 67.5 | 0.260 | 7.05 |
| YZR315M-10 | 100.0 | 85.0 | 75.0 | 63.0 | 50.0 | 5.00 | 4.00 | 2.80 | 2.70 | 2.30 | 1 400 | 600 | 3 622 | 2 300 | 750 | 160.0 | 89.0 | 0.270 | 8.5 |
| YZR355M-10 | 132.0 | 110.0 | 90.0 | 75.0 | 63.0 | 4.70 | 3.40 | 2.50 | 2.40 | 2.10 | 1 600 | 950 | 3 950 | 2 355 | 900 | 185.0 | 89.0 | 0.290 | 14 |
| YZR355L1-10 | 160.0 | 132.0 | 110.0 | 90.0 | 75.0 | 4.80 | 3.50 | 2.80 | 2.50 | 2.20 | 2 190 | 860 | 4 369 | 2 422 | 1 100 | 221.0 | 106.0 | 0.300 | 16.75 |
| YZR355L2-10 | 185.0 | 150.0 | 132.0 | 110.0 | 90.0 | 3.90 | 2.60 | 2.30 | 2.00 | 1.80 | 2 910 | 800 | 4 600 | 3 400 | 1 320 | 264.0 | 133.0 | 0.310 | 18.75 |
| YZR400L1-10 | 236.0 | 190.0 | 160.0 | 135.0 | 110.0 | 2.50 | 2.40 | 2.18 | 1.95 | 1.83 | 3 650 | 1 600 | 5 100 | 3 400 | 1 600 | 339.0 | 182.0 | 0.305 | 25.00 |
| YZR400L2-10 | 270.0 | 240.0 | 200.0 | 177.0 | 145.0 | 2.70 | 2.37 | 2.10 | 1.90 | 1.80 | 3 840 | 1 500 | 6 100 | 3 590 | 2 000 | 423.0 | 213.0 | 0.315 | 27.50 |

YZR 型电机在 S4、S5 工作方式中额定输出功率比 S3 工作方式中的允许输出功率要小。其具体数值不仅与电动机的接电持续率 JC% 值有关,还与电机飞轮矩、该电机所驱动的整个工作机构的惯量增加率以及工作机构每小时全起动次数有关。它们之间的关系满足下面的公式:

$$X^3 + \left(\frac{CZ \cdot J_d^2 \cdot n^2}{91\,250 \cdot 3\,600 \cdot P_\xi \cdot \xi} - K\right)X^2 - X - \left(\frac{K^2 + a_\xi - h_M a_\xi}{h_M} \cdot \frac{CZ \cdot J_d^2 \cdot n^2}{91\,250 \cdot 3\,600 \cdot P_\xi \cdot \xi} + K\right) = 0 \tag{5-1-16}$$

式中 $X$——电机在 S4、S5 工作方式中的功率降低系数。

$C$——惯量增加率,其值为:

$$C = \frac{J_m + J_e}{J_m} \tag{5-1-17}$$

其中 $J_m$——电动机的转动惯量,单位为千克平方米($kg \cdot m^2$);

$J_e$——电动机以外的运动质量折算到电动机轴上的转动惯量,单位为千克平方米($kg \cdot m^2$)。

$Z$——折合的每小时全起动次数,其值为:

$$Z = d_c + g d_i + r f \tag{5-1-18}$$

其中 $d_c$——每小时全起动次数;

$d_i$——每小时点动或不完全起动次数;

$f$——每小时电气制动次数;

$g$——折合系数,绕线型异步电动机一般取 0.25;

$r$——折合系数,绕线型异步电动机一般取 0.8;

$n$——电动机转速(rpm)。

$P_\xi$——电动机在 S3 工作方式中接电持续率 $JC\% = \xi$ 时的额定输出容量(kW)。

$\xi$——电动机在工作周期中的接电持续率。

$K$——电动机平均起动电流倍数,现取 $K = 1.7$。

$a_\xi$——S3 工作方式下接电持续率为 $\xi$ 时,固定损耗与可变损耗比值;其值为:

$$a_\xi = \frac{P_f}{P_b \left(\frac{P_\xi}{P_e}\right)^2} \tag{5-1-19}$$

$P_b$ 为 S3、$JC40\%$ 时的可变损耗,其值为:

$$P_b = P_{cu1}\left[1 - \left(\frac{I_o}{I_e}\right)^2\right] + P_{cu2} \tag{5-1-20}$$

符号意义同表 5-1-79。

$P_f$ 为 S3、$JC40\%$ 时的固定损耗,其值为:

$$P_f = P_{Fe} + P_m + P_{cu1} + P_{cu2} + P_s - P_b \tag{5-1-21}$$

符号意义同表 5-1-79。

$P_e$——S3、基准接电持续率 $JC40\%$ 时的额定输出功率(kW);

$h_M$——电动机在起动过程中的平均冷却系数标么值,以电机在额定转速时冷却系数为 1,其值为

$$h_M = \frac{1 + h_0}{2} \tag{5-1-22}$$

上述公式是一个比较复杂的三次方程,代入制造单位提供的原始数据,求解该公式即可求得在 S4、S5 中功率降低系数 $X$,而相应的额定输出功率 $P$ 为:

$$P = X \cdot P_\xi = f(JC, CZ)$$

采用两种数值解法求解该方程:牛顿迭代法和反推插值法,经电算,两种计算结果极为一致。计算结果见表 5-1-80。

表 5-1-80 YZR 型电机 $P=f(JC,CZ)$ 功率数值

| JC | 6 | 50 | 100 | 150 | 300 | 460 | 600 | 800 | 1 000 | 1 250 | 1 500 | 2 000 | 3 000 | 4 000 |
|---|---|---|---|---|---|---|---|---|---|---|---|---|---|---|
| YZR112M-6 |||||||||||||||
| 15 | 2.200 | 2.172 | 2.139 | 2.107 | 2.013 | 1.919 | 1.826 | 1.703 | 1.579 | 1.424 | 1.266 | 0.936 | 0.125 | |
| 25 | 1.800 | 1.778 | 1.753 | 1.728 | 1.655 | 1.583 | 1.511 | 1.416 | 1.321 | 1.202 | 1.082 | 0.832 | 0.246 | |
| 40 | 1.500 | 1.485 | 1.468 | 1.451 | 1.401 | 1.352 | 1.303 | 1.238 | 1.174 | 1.094 | 1.013 | 0.849 | 0.497 | 0.045 |
| 60 | 1.100 | 1.087 | 1.073 | 1.059 | 1.017 | 0.976 | 0.936 | 0.882 | 0.829 | 0.763 | 0.696 | 0.558 | 0.252 | |
| 100 | 0.800 | 0.791 | 0.781 | 0.771 | 0.741 | 0.712 | 0.683 | 0.646 | 0.608 | 0.562 | 0.515 | 0.420 | 0.212 | |
| YZR132M1-6 |||||||||||||||
| 15 | 3.000 | 2.908 | 2.806 | 2.706 | 2.410 | 2.117 | 1.822 | 1.416 | 0.978 | 0.332 | | | | |
| 25 | 2.500 | 2.438 | 2.369 | 2.301 | 2.100 | 1.904 | 1.707 | 1.443 | 1.169 | 0.802 | 0.380 | | | |
| 40 | 2.200 | 2.157 | 2.109 | 2.062 | 1.923 | 1.787 | 1.652 | 1.473 | 1.291 | 1.058 | 0.813 | 0.233 | | |
| 60 | 1.800 | 1.770 | 1.735 | 1.702 | 1.603 | 1.506 | 1.411 | 1.284 | 1.158 | 0.998 | 0.833 | 0.474 | | |
| 100 | 1.500 | 1.480 | 1.457 | 1.434 | 1.367 | 1.302 | 1.238 | 1.154 | 1.070 | 0.966 | 0.860 | 0.642 | 0.114 | |
| YZR132M2-6 |||||||||||||||
| 15 | 5.000 | 4.906 | 4.800 | 4.696 | 4.385 | 4.077 | 3.770 | 3.358 | 2.939 | 2.397 | 1.822 | 0.453 | | |
| 25 | 4.000 | 3.939 | 3.870 | 3.801 | 3.598 | 3.397 | 3.198 | 2.932 | 2.665 | 2.326 | 1.976 | 1.220 | | |
| 40 | 3.700 | 3.659 | 3.613 | 3.567 | 3.430 | 3.295 | 3.161 | 2.984 | 2.807 | 2.585 | 2.361 | 1.902 | 0.875 | |
| 60 | 3.000 | 2.971 | 2.938 | 2.905 | 2.807 | 2.711 | 2.616 | 2.489 | 2.361 | 2.207 | 2.050 | 1.731 | 1.048 | 0.197 |
| 100 | 2.500 | 2.481 | 2.460 | 2.438 | 2.374 | 2.312 | 2.249 | 2.167 | 2.086 | 1.985 | 1.884 | 1.682 | 1.268 | 0.810 |
| YZR160M1-6 |||||||||||||||
| 15 | 7.500 | 7.278 | 7.032 | 6.791 | 6.087 | 5.399 | 4.712 | 3.778 | 2.791 | 1.396 | | | | |
| 25 | 6.300 | 6.168 | 6.020 | 5.874 | 5.450 | 5.036 | 4.629 | 4.088 | 3.542 | 2.838 | 2.089 | 0.240 | | |
| 40 | 5.500 | 5.412 | 5.313 | 5.216 | 4.930 | 4.652 | 4.380 | 4.021 | 3.664 | 3.215 | 2.757 | 1.782 | | |
| 60 | 5.000 | 4.938 | 4.868 | 4.799 | 4.595 | 4.397 | 4.203 | 3.948 | 3.696 | 3.383 | 3.069 | 2.428 | 0.987 | |
| 100 | 4.000 | 3.956 | 3.906 | 3.857 | 3.713 | 3.573 | 3.435 | 3.255 | 3.078 | 2.859 | 2.640 | 2.201 | 1.264 | |

续上表

| JC | CZ |  |  |  |  |  |  |  |  |  |  |  |  |
|---|---|---|---|---|---|---|---|---|---|---|---|---|---|
|  | 6 | 50 | 100 | 150 | 300 | 460 | 600 | 800 | 1 000 | 1 250 | 1 500 | 2 000 | 3 000 | 4 000 |
|  | YZR160M2-6 |
| 15 | 11.000 | 10.703 | 10.372 | 10.048 | 9.089 | 8.168 | 7.242 | 5.990 | 4.686 | 2.906 | 0.738 |  |  |  |
| 25 | 8.500 | 8.307 | 8.091 | 7.878 | 7.257 | 6.651 | 6.052 | 5.251 | 4.436 | 3.370 | 2.206 | 2.116 |  |  |
| 40 | 7.500 | 7.375 | 7.234 | 7.096 | 6.689 | 6.292 | 5.902 | 5.388 | 4.873 | 4.224 | 3.557 | 2.535 | 0.100 |  |
| 60 | 6.300 | 6.210 | 6.109 | 6.010 | 5.717 | 5.432 | 5.152 | 4.783 | 4.418 | 3.961 | 3.498 | 3.136 | 1.910 | 0.390 |
| 100 | 5.500 | 5.443 | 5.378 | 5.315 | 5.127 | 4.943 | 4.763 | 4.526 | 4.293 | 4.004 | 3.716 |  |  |  |
|  | YZR160L-6 |
| 15 | 15.000 | 14.617 | 14.190 | 13.770 | 12.540 | 11.336 | 10.13 | 8.523 | 6.853 | 4.608 | 1.994 |  |  |  |
| 25 | 13.000 | 12.758 | 12.486 | 12.218 | 11.432 | 10.664 | 9.906 | 8.901 | 7.890 | 6.599 | 5.251 | 2.184 |  |  |
| 40 | 11.000 | 10.837 | 10.654 | 10.473 | 9.941 | 9.422 | 8.910 | 8.236 | 7.564 | 6.721 | 5.864 | 4.060 | 1.107 |  |
| 60 | 9.000 | 8.882 | 8.749 | 8.618 | 8.231 | 7.854 | 7.483 | 6.995 | 6.512 | 5.908 | 5.301 | 4.048 | 2.608 | 0.533 |
| 100 | 7.500 | 7.422 | 7.335 | 7.248 | 6.992 | 6.742 | 6.497 | 6.175 | 5.857 | 5.463 | 5.070 | 4.280 |  |  |
|  | YZR180L-6 |
| 15 | 20.000 | 19.189 | 18.292 | 17.411 | 14.842 | 12.284 | 9.653 | 5.838 | 1.093 |  |  |  |  |  |
| 25 | 17.000 | 16.498 | 15.940 | 15.393 | 13.793 | 12.226 | 10.65 | 8.521 | 6.260 | 3.050 |  |  |  |  |
| 40 | 15.000 | 14.670 | 14.302 | 13.939 | 12.879 | 11.845 | 10.82 | 9.461 | 8.078 | 6.279 | 4.337 |  |  |  |
| 60 | 13.000 | 12.767 | 12.507 | 12.250 | 11.499 | 10.767 | 10.04 | 9.096 | 8.144 | 6.937 | 5.688 | 2.926 |  |  |
| 100 | 11.000 | 10.846 | 10.674 | 10.504 | 10.005 | 9.518 | 9.041 | 8.415 | 7.794 | 7.019 | 6.237 | 4.618 | 0.675 |  |
|  | YZR200L-6 |
| 15 | 33.000 | 31.639 | 30.133 | 28.659 | 24.332 | 20.018 | 15.562 | 9.055 | 0.741 |  |  |  |  |  |
| 25 | 26.000 | 25.120 | 24.144 | 23.187 | 20.391 | 17.638 | 14.861 | 11.002 | 6.753 | 6.016 | 1.813 |  |  |  |
| 40 | 22.000 | 21.408 | 20.750 | 20.104 | 18.218 | 16.376 | 14.545 | 12.074 | 9.506 | 6.937 | 5.688 | 2.926 |  |  |
| 60 | 19.000 | 18.585 | 18.123 | 17.669 | 16.342 | 15.050 | 13.777 | 12.084 | 10.369 | 8.148 | 5.763 | 4.618 |  |  |
| 100 | 17.000 | 16.736 | 16.440 | 16.149 | 15.294 | 14.463 | 13.647 | 12.574 | 11.508 | 10.171 | 8.811 | 5.940 |  |  |

续上表

| JC | 6 | 50 | 100 | 150 | 300 | 460 | 600 | 800 | 1 000 | 1 250 | 1 500 | 2 000 | 3 000 | 4 000 |
|---|---|---|---|---|---|---|---|---|---|---|---|---|---|---|
| | | | | | | | CZ | | | | | | | |
| YZR225M-6 | | | | | | | | | | | | | | |
| 15 | 40.000 | 38.219 | 36.252 | 34.329 | 28.688 | 23.038 | 17.141 | 8.268 | | | | | | |
| 25 | 34.000 | 32.874 | 31.625 | 30.400 | 26.823 | 23.305 | 19.762 | 14.858 | 9.503 | 1.134 | | | | |
| 40 | 30.000 | 29.267 | 28.449 | 27.646 | 25.299 | 23.007 | 20.736 | 17.691 | 14.565 | 10.422 | 5.755 | | | |
| 60 | 26.000 | 25.484 | 24.908 | 24.340 | 22.680 | 21.064 | 19.471 | 17.360 | 15.234 | 12.511 | 9.648 | 2.932 | | |
| 100 | 22.000 | 21.666 | 21.291 | 20.922 | 19.840 | 18.786 | 17.751 | 16.391 | 15.040 | 13.347 | 11.629 | 8.016 | | |
| YZR250M1-6 | | | | | | | | | | | | | | |
| 15 | 50.000 | 46.861 | 43.416 | 40.046 | 30.012 | 19.426 | 6.881 | | | | | | | |
| 25 | 42.000 | 40.038 | 37.873 | 35.756 | 29.537 | 23.277 | 16.680 | 6.475 | | | | | | |
| 40 | 37.000 | 35.729 | 34.320 | 32.940 | 28.903 | 24.924 | 20.903 | 15.301 | 9.095 | | | | | |
| 60 | 32.000 | 31.104 | 30.107 | 29.130 | 26.273 | 23.479 | 20.695 | 16.922 | 12.972 | 7.515 | 0.593 | | | |
| 100 | 28.000 | 27.433 | 26.800 | 26.177 | 24.355 | 22.579 | 20.829 | 18.506 | 16.165 | 13.158 | 9.982 | 2.404 | | |
| YZR250M2-6 | | | | | | | | | | | | | | |
| 15 | 63.000 | 59.289 | 55.215 | 51.234 | 39.436 | 27.174 | 13.237 | | | | | | | |
| 25 | 52.000 | 49.656 | 47.071 | 44.544 | 37.133 | 29.708 | 21.947 | 10.213 | | | | | | |
| 40 | 45.000 | 43.474 | 41.782 | 40.125 | 35.285 | 30.523 | 25.720 | 19.051 | 11.710 | | | | | |
| 60 | 39.000 | 37.936 | 36.753 | 35.593 | 32.205 | 28.895 | 25.604 | 21.158 | 16.529 | 10.205 | 2.484 | | | |
| 100 | 33.000 | 32.321 | 31.564 | 30.819 | 28.641 | 26.522 | 24.435 | 21.667 | 18.875 | 15.288 | 11.491 | 2.339 | | |
| YZR280S-6 | | | | | | | | | | | | | | |
| 15 | 75.000 | 70.172 | 64.869 | 59.678 | 44.174 | 27.689 | 7.695 | | | | | | | |
| 25 | 63.000 | 59.993 | 56.674 | 53.426 | 43.866 | 34.207 | 23.969 | 7.843 | | | | | | |
| 40 | 55.000 | 53.069 | 50.927 | 48.827 | 42.678 | 36.605 | 30.448 | 21.826 | 12.159 | | | | | |
| 60 | 48.000 | 46.661 | 45.170 | 43.706 | 39.424 | 35.230 | 31.046 | 25.369 | 19.422 | 11.195 | 0.734 | | | |
| 100 | 40.000 | 39.148 | 38.197 | 37.261 | 34.521 | 31.851 | 29.214 | 25.705 | 22.152 | 17.555 | 12.636 | 0.154 | | |

续上表

| JC | CZ | | | | | | | | | | | | | |
|---|---|---|---|---|---|---|---|---|---|---|---|---|---|---|
| | 6 | 50 | 100 | 150 | 300 | 460 | 600 | 800 | 1 000 | 1 250 | 1 500 | 2 000 | 3 000 | 4 000 |
| YZR280M-6 | | | | | | | | | | | | | | |
| 15 | 100.000 | 94.053 | 87.517 | 81.123 | 62.135 | 42.321 | 19.625 | | | | | | | |
| 25 | 85.000 | 81.260 | 77.130 | 73.088 | 61.227 | 49.350 | 36.972 | 18.437 | | | | | | |
| 40 | 75.000 | 72.574 | 69.880 | 67.240 | 59.519 | 51.927 | 44.290 | 33.751 | 22.320 | 4.900 | | | | |
| 60 | 63.000 | 61.291 | 59.391 | 57.526 | 52.082 | 46.764 | 41.476 | 34.336 | 26.908 | 16.781 | 4.485 | | | |
| 100 | 50.000 | 48.866 | 47.603 | 46.363 | 42.749 | 39.238 | 35.779 | 31.176 | 26.507 | 20.434 | 13.854 | | | |
| YZR160L-8 | | | | | | | | | | | | | | |
| 15 | 11.000 | 10.780 | 10.533 | 10.290 | 9.578 | 8.882 | 8.195 | 7.281 | 6.358 | 5.170 | 3.914 | 0.910 | | |
| 25 | 9.000 | 8.856 | 8.694 | 8.535 | 8.066 | 7.608 | 7.157 | 6.562 | 5.968 | 5.220 | 4.454 | 2.813 | | |
| 40 | 7.500 | 7.404 | 7.297 | 7.191 | 6.878 | 6.573 | 6.273 | 5.878 | 5.487 | 5.000 | 4.510 | 3.503 | 1.187 | |
| 60 | 6.000 | 5.929 | 5.849 | 5.770 | 5.537 | 5.309 | 5.086 | 4.794 | 4.505 | 4.146 | 3.786 | 3.056 | 1.446 | |
| 100 | 5.000 | 4.952 | 4.898 | 4.845 | 4.687 | 4.533 | 4.382 | 4.185 | 3.990 | 3.750 | 3.511 | 3.034 | 2.047 | 0.914 |
| YZR180L-8 | | | | | | | | | | | | | | |
| 15 | 15.000 | 14.586 | 14.123 | 13.669 | 12.336 | 11.026 | 9.716 | 7.936 | 6.067 | 3.479 | 0.183 | | | |
| 25 | 13.000 | 12.740 | 12.448 | 12.160 | 11.315 | 10.487 | 9.669 | 8.578 | 7.475 | 6.053 | 4.544 | 0.906 | | |
| 40 | 11.000 | 10.834 | 10.648 | 10.463 | 9.920 | 9.389 | 8.865 | 8.173 | 7.483 | 6.613 | 5.727 | 3.849 | | |
| 60 | 9.000 | 8.877 | 8.739 | 8.602 | 8.199 | 7.806 | 7.418 | 6.907 | 6.400 | 5.765 | 5.122 | 3.788 | 0.515 | |
| 100 | 7.500 | 7.421 | 7.332 | 7.243 | 6.983 | 6.727 | 6.476 | 6.146 | 5.820 | 5.415 | 5.011 | 4.196 | 2.453 | |
| YZR200L-8 | | | | | | | | | | | | | | |
| 15 | 22.000 | 21.276 | 20.471 | 19.680 | 17.364 | 15.079 | 12.771 | 9.570 | 6.064 | 0.550 | | | | |
| 25 | 18.500 | 18.040 | 17.527 | 17.022 | 5.542 | 14.092 | 12.651 | 10.711 | 8.710 | 6.036 | 2.974 | | | |
| 40 | 15.000 | 14.691 | 14.346 | 14.007 | 13.010 | 12.037 | 11.076 | 9.797 | 8.503 | 6.833 | 5.058 | 0.705 | | |
| 60 | 13.000 | 12.784 | 12.541 | 12.301 | 11.599 | 10.913 | 10.238 | 9.346 | 8.456 | 7.330 | 6.175 | 3.675 | | |
| 100 | 11.000 | 10.861 | 10.706 | 10.551 | 10.098 | 9.655 | 9.221 | 8.649 | 8.083 | 7.379 | 6.671 | 5.221 | 1.911 | |

续上表

| JC | 6 | 50 | 100 | 150 | 300 | 450 | 600 | 800 | 1000 | 1250 | 1500 | 2000 | 3000 | 4000 |
|---|---|---|---|---|---|---|---|---|---|---|---|---|---|---|
| | | | | | | | CZ | | | | | | | |
| | | | | | | | YZR225M-8 | | | | | | | |
| 15 | 33.000 | 32.087 | 31.069 | 30.069 | 27.136 | 24.257 | 21.380 | 17.472 | 13.373 | 7.699 | 0.488 | | | |
| 25 | 26.000 | 25.408 | 24.747 | 24.096 | 22.188 | 20.321 | 18.471 | 15.996 | 13.468 | 10.154 | 6.517 | | | |
| 40 | 22.000 | 21.614 | 21.182 | 20.756 | 19.503 | 18.280 | 17.075 | 15.479 | 13.880 | 11.849 | 9.749 | 5.112 | | |
| 60 | 18.500 | 18.230 | 17.927 | 17.628 | 16.747 | 15.888 | 15.043 | 13.930 | 12.823 | 11.435 | 10.026 | 7.074 | | |
| 100 | 17.000 | 16.832 | 16.642 | 16.453 | 15.898 | 15.354 | 14.818 | 14.115 | 13.420 | 12.559 | 11.700 | 9.975 | 6.344 | 1.992 |
| | | | | | | | YZR250M1-8 | | | | | | | |
| 15 | 42.000 | 40.190 | 38.190 | 36.233 | 30.493 | 24.755 | 18.797 | 9.959 | | | | | | |
| 25 | 35.000 | 33.863 | 32.602 | 31.365 | 27.750 | 24.196 | 20.621 | 15.687 | 10.330 | 2.141 | | | | |
| 40 | 30.000 | 29.248 | 28.410 | 27.586 | 25.181 | 22.832 | 20.502 | 17.373 | 14.153 | 9.857 | 4.951 | | | |
| 60 | 26.000 | 25.472 | 24.883 | 24.303 | 22.608 | 20.956 | 19.329 | 17.170 | 14.994 | 12.199 | 9.248 | 2.198 | | |
| 100 | 22.000 | 21.659 | 21.278 | 20.901 | 19.798 | 18.724 | 17.671 | 16.285 | 14.909 | 13.181 | 11.426 | 7.720 | | |
| | | | | | | | YZR250M2-8 | | | | | | | |
| 15 | 52.000 | 49.910 | 47.568 | 45.335 | 18.703 | 32.107 | 25.325 | 15.516 | 3.423 | | | | | |
| 25 | 42.000 | 40.674 | 39.201 | 37.757 | 33.537 | 29.393 | 25.232 | 19.512 | 13.355 | 4.199 | | | | |
| 40 | 37.000 | 36.134 | 35.168 | 34.218 | 31.440 | 28.728 | 26.043 | 22.452 | 18.783 | 13.961 | 8.633 | | | |
| 60 | 32.000 | 31.391 | 30.710 | 30.040 | 28.077 | 26.164 | 24.281 | 21.786 | 19.281 | 16.085 | 12.747 | 5.127 | | |
| 100 | 27.000 | 26.609 | 26.170 | 25.737 | 24.467 | 23.229 | 22.014 | 20.416 | 18.831 | 16.849 | 14.843 | 10.659 | | |
| | | | | | | | YZR280S-8 | | | | | | | |
| 15 | 60.000 | 57.305 | 54.326 | 51.409 | 42.825 | 34.195 | 25.151 | 11.420 | | | | | | |
| 25 | 51.000 | 49.310 | 47.432 | 45.590 | 40.193 | 34.870 | 29.497 | 22.039 | 13.862 | 0.923 | | | | |
| 40 | 45.000 | 43.906 | 42.685 | 41.483 | 37.963 | 34.518 | 31.098 | 26.503 | 21.778 | 15.501 | 8.412 | | | |
| 60 | 38.000 | 37.227 | 36.362 | 35.510 | 33.014 | 30.578 | 28.172 | 24.974 | 21.743 | 17.582 | 13.171 | 2.501 | | |
| 100 | 34.000 | 33.517 | 32.974 | 32.437 | 30.860 | 29.320 | 27.806 | 25.811 | 23.829 | 21.346 | 18.832 | 13.586 | 0.217 | |

续上表

| JC | 6 | 50 | 100 | 150 | 300 | 450 | CZ 600 | 800 | 1 000 | 1 250 | 1 500 | 2 000 | 3 000 | 4 000 |
|---|---|---|---|---|---|---|---|---|---|---|---|---|---|---|
| YZR280M-8 |||||||||||||||
| 15 | 75.000 | 71.739 | 68.130 | 64.592 | 54.185 | 43.739 | 32.843 | 16.539 | | | | | | |
| 25 | 63.000 | 60.954 | 58.679 | 56.445 | 49.897 | 43.438 | 36.922 | 27.900 | 18.063 | 2.843 | | | | |
| 40 | 55.000 | 53.692 | 52.232 | 50.794 | 46.580 | 42.453 | 38.355 | 32.855 | 27.210 | 19.741 | 11.387 | | | |
| 60 | 48.000 | 47.080 | 46.050 | 45.034 | 42.054 | 39.141 | 36.266 | 32.447 | 28.600 | 23.674 | 18.506 | 6.546 | | |
| 100 | 40.000 | 39.417 | 38.763 | 38.116 | 36.215 | 34.359 | 32.532 | 30.125 | 27.732 | 24.729 | 21.682 | 15.295 | | |
| YZR315S-8 |||||||||||||||
| 15 | 100.000 | 91.705 | 82.649 | 73.767 | 46.617 | 14.525 | | | | | | | | |
| 25 | 85.000 | 79.754 | 74.003 | 68.385 | 51.706 | 34.218 | 13.818 | | | | | | | |
| 40 | 75.000 | 71.583 | 67.817 | 64.137 | 53.351 | 42.540 | 31.228 | 14.045 | | | | | | |
| 60 | 63.000 | 60.582 | 57.912 | 55.303 | 47.691 | 40.175 | 32.519 | 21.644 | 8.925 | | | | | |
| 100 | 55.000 | 53.457 | 51.744 | 50.066 | 45.179 | 40.413 | 35.677 | 29.276 | 22.598 | 13.414 | 1.926 | | | |
| YZR315M-8 |||||||||||||||
| 15 | 125.000 | 115.005 | 104.084 | 93.378 | 60.796 | 23.174 | | | | | | | | |
| 25 | 100.000 | 93.597 | 86.587 | 79.743 | 59.392 | 37.897 | 12.179 | | | | | | | |
| 40 | 90.000 | 85.777 | 81.127 | 76.587 | 63.279 | 49.915 | 35.860 | 14.165 | | | | | | |
| 60 | 75.000 | 72.019 | 68.731 | 65.523 | 56.168 | 46.924 | 37.483 | 23.964 | 7.752 | | | | | |
| 100 | 63.000 | 61.057 | 58.908 | 56.807 | 50.702 | 44.752 | 38.822 | 30.746 | 22.180 | 9.888 | | | | |
| YZR280S-10 |||||||||||||||
| 15 | 55.000 | 52.397 | 49.524 | 46.712 | 38.438 | 30.086 | 21.251 | 7.423 | | | | | | |
| 25 | 42.000 | 40.342 | 38.508 | 36.713 | 31.462 | 26.251 | 20.912 | 13.240 | 3.984 | | | | | |
| 40 | 37.000 | 35.909 | 34.697 | 33.509 | 30.037 | 26.636 | 23.238 | 18.608 | 13.713 | 6.782 | | | | |
| 60 | 32.000 | 31.231 | 30.374 | 29.532 | 27.075 | 24.679 | 22.308 | 19.137 | 15.892 | 11.612 | 6.845 | | | |
| 100 | 27.000 | 26.502 | 25.946 | 25.398 | 23.796 | 22.239 | 20.710 | 18.689 | 16.668 | 14.101 | 11.440 | 5.501 | | |

续上表

| JC | 6 | 50 | 100 | 150 | 300 | 450 | 600 | 800 | 1 000 | 1 250 | 1 500 | 2 000 | 3 000 |
|---|---|---|---|---|---|---|---|---|---|---|---|---|---|
| | | | | | | CZ | | | | | | | |
| | | | | | | YZR280M-10 | | | | | | | |
| 15 | 63.000 | 60.242 | 57.195 | 54.211 | 45.451 | 36.674 | 27.530 | 13.851 | | | | | |
| 25 | 55.000 | 58.259 | 51.324 | 49.425 | 43.867 | 38.399 | 32.900 | 25.328 | 17.150 | 14.902 | | | |
| 40 | 45.000 | 43.794 | 42.450 | 41.131 | 37.273 | 33.497 | 29.740 | 24.662 | 19.379 | 12.185 | 3.495 | | |
| 60 | 37.000 | 36.175 | 35.255 | 34.350 | 31.704 | 29.125 | 26.578 | 23.181 | 19.731 | 15.238 | 10.371 | | |
| 100 | 33.000 | 32.474 | 31.884 | 31.303 | 29.597 | 27.935 | 26.302 | 24.149 | 22.006 | 19.309 | 16.556 | 10.691 | |
| | | | | | | YZR315S-10 | | | | | | | |
| 15 | 75.000 | 69.442 | 63.377 | 57.448 | 39.614 | 19.879 | | | | | | | |
| 25 | 63.000 | 59.496 | 55.653 | 51.904 | 40.860 | 29.537 | 17.049 | | | | | | |
| 40 | 55.000 | 52.694 | 50.152 | 47.670 | 40.421 | 33.222 | 25.808 | 14.992 | 1.139 | 1.620 | | | |
| 60 | 48.000 | 46.390 | 44.608 | 42.865 | 37.791 | 32.818 | 27.821 | 20.920 | 13.391 | | | | |
| 100 | 40.000 | 38.957 | 37.798 | 36.664 | 33.362 | 30.154 | 26.980 | 22.725 | 18.344 | 12.480 | 5.696 | | |
| | | | | | | YZR315M-10 | | | | | | | |
| 15 | 100.000 | 93.441 | 86.260 | 79.243 | 58.320 | 36.072 | 8.815 | | | | | | |
| 25 | 85.000 | 80.865 | 76.296 | 71.840 | 58.761 | 45.563 | 31.555 | 9.286 | | | | | |
| 40 | 75.000 | 72.265 | 69.238 | 66.277 | 57.629 | 49.099 | 40.447 | 28.277 | 14.448 | | | | |
| 60 | 63.000 | 61.082 | 58.954 | 56.871 | 50.799 | 44.863 | 38.933 | 30.842 | 22.251 | 9.920 | | | |
| 100 | 50.000 | 48.732 | 47.323 | 45.943 | 41.928 | 38.029 | 34.177 | 29.025 | 23.742 | 16.725 | 8.760 | | |
| | | | | | | YZR355M-10 | | | | | | | |
| 15 | 132.000 | 121.499 | 110.021 | 98.768 | 64.532 | 25.099 | | | | | | | |
| 25 | 110.000 | 103.330 | 96.012 | 88.860 | 67.636 | 45.450 | 19.826 | | | | | | |
| 40 | 90.000 | 85.571 | 80.699 | 75.942 | 61.977 | 47.878 | 32.888 | 8.895 | | | | | |
| 60 | 75.000 | 71.885 | 68.451 | 65.100 | 55.317 | 45.617 | 35.646 | 21.160 | 2.895 | 7.020 | | | |
| 100 | 63.000 | 60.989 | 58.763 | 56.588 | 50.262 | 44.084 | 37.908 | 29.452 | 20.391 | | | | |

续上表

| JC | 6 | 50 | 100 | 150 | 300 | 450 | 600 | 800 | 1 000 | 1 250 | 1 500 | 2 000 | 3 000 |
|---|---|---|---|---|---|---|---|---|---|---|---|---|---|
| | | | | | | CZ | | | | | | | |
| | | | | | | YZR355L1-10 | | | | | | | |
| 15 | 160.000 | 147.482 | 133.794 | 120.376 | 79.629 | 33.116 | | | | | | | |
| 25 | 132.000 | 124.013 | 115.250 | 106.688 | 81.287 | 54.753 | 24.150 | | | | | | |
| 40 | 110.000 | 104.712 | 98.892 | 93.211 | 76.543 | 59.763 | 42.021 | 14.168 | | | | | |
| 60 | 90.000 | 86.224 | 82.066 | 78.010 | 66.179 | 54.450 | 42.387 | 24.823 | 2.454 | | | | |
| 100 | 75.000 | 72.534 | 69.809 | 67.148 | 59.420 | 51.876 | 44.329 | 33.968 | 22.790 | 5.917 | | | |
| | | | | | | YZR355L2-10 | | | | | | | |
| 15 | 185.000 | 170.829 | 155.319 | 140.111 | 94.012 | 41.900 | | | | | | | |
| 25 | 150.000 | 140.930 | 130.977 | 121.249 | 92.384 | 62.224 | 27.441 | | | | | | |
| 40 | 132.000 | 126.107 | 119.606 | 113.252 | 94.625 | 75.979 | 56.528 | 27.268 | | | | | |
| 60 | 110.000 | 105.827 | 101.218 | 96.713 | 83.567 | 70.593 | 57.393 | 38.691 | 16.985 | | | | |
| 100 | 90.000 | 87.273 | 84.353 | 81.299 | 72.708 | 64.332 | 56.986 | 44.632 | 32.625 | 15.543 | | | |
| | | | | | | YZR400L1-10 | | | | | | | |
| 15 | 236.000 | 216.266 | 194.726 | 173.595 | 108.928 | 32.036 | | | | | | | |
| 25 | 190.000 | 177.584 | 164.001 | 150.738 | 111.263 | 69.366 | 18.372 | | | | | | |
| 40 | 160.000 | 151.807 | 142.814 | 134.047 | 108.323 | 82.290 | 54.388 | 8.165 | | | | | |
| 60 | 135.000 | 129.158 | 122.734 | 116.476 | 98.238 | 80.146 | 61.481 | 34.047 | | | | | |
| 100 | 110.000 | 106.114 | 101.834 | 97.664 | 85.578 | 78.781 | 61.940 | 45.538 | 27.455 | | | | |
| | | | | | | YZR400L2-10 | | | | | | | |
| 15 | 270.000 | 248.423 | 224.848 | 201.735 | 131.406 | 50.225 | | | | | | | |
| 25 | 240.000 | 226.587 | 211.846 | 197.438 | 154.855 | 111.002 | 62.343 | | | | | | |
| 40 | 200.000 | 191.158 | 181.411 | 171.889 | 144.009 | 116.158 | 87.187 | 43.891 | | | | | |
| 60 | 177.000 | 170.829 | 164.002 | 157.323 | 137.845 | 118.699 | 99.379 | 72.480 | 42.638 | 37.133 | | | |
| 100 | 145.000 | 140.963 | 136.485 | 132.102 | 119.349 | 106.938 | 94.625 | 78.021 | 60.750 | | 8.093 | | |

### 四、起重机机构电动机容量选择计算中 JC 值、CZ 值和 G 值

以下数据引自起重机设计规范 GB/T 3811—2008 的附录 Q。

各种起重机的每个机构的接电持续率 $JC$ 值，惯量增加率 $C$ 与折合的每小时全起动次数 $Z$ 的乘积 $CZ$ 值，及稳态负载平均系数 $G$ 值，应根据实际载荷及控制情况计算。如设计时无法获得其详细资料，可参考表 5-1-81 验算。电动机初选时，可参考表 5-1-82 及表 5-1-83 确定。

但是对采用调速系统的机构，其起制动和点动次数与不调速系统相比，已发生了较大的变化，因此确定其 $CZ$ 值时，应充分考虑此因素。

**表 5-1-81　$JC$、$CZ$、$G$ 值**

| 起重机型式 | | 用途 | 起升机构 | | | 副起升机构 | | | 小车运行机构 | | | 大车运行机构 | | | 回转机构 | | | 变幅机构 | | |
|---|---|---|---|---|---|---|---|---|---|---|---|---|---|---|---|---|---|---|---|---|
| | | | $JC$/% | $CZ$ | $G$ | $JC$/% | $CZ$ | $G$ | $JC$/% | $CZ$ | $G$ | $JC$/% | $CZ$ | $G$ | $JC$/% | $CZ$ | $G$ | $JC$/% | $CZ$ | $G$ |
| 桥式起重机 | 吊钩式 | 电站安装及检修用 | 15～25 | 150 | $G_2$ | 15～25 | 150 | $G_1$ | 15 | 300 | $G_1$ | 15 | 600 | $G_1$ | | | | | | |
| | | 车间及仓库用 | 25 | 150 | $G_2$ | 25 | 150 | $G_2$ | 25 | 300 | $G_2$ | 25 | 600 | $G_2$ | | | | | | |
| | | 繁重的工作车间、仓库用 | 40 | 300 | $G_2$ | 25 | 150 | $G_2$ | 25 | 600 | $G_2$ | 40 | 1 000 | $G_2$ | | | | | | |
| | 抓斗式 | 间断装卸用 | 40 | 450 | $G_2$ | | | | 40 | 800 | $G_2$ | 40 | 1 500 | $G_2$ | | | | | | |
| 门式起重机 | 吊钩式 | 一般用途 | 25 | 150 | $G_2$ | 25 | 150 | $G_2$ | 25 | 300 | $G_2$ | 40 | 450 | $G_2$ | | | | | | |
| 门座起重机 | 吊钩式 | 安装用 | 25 | 150 | $G_2$ | 25 | 150 | $G_2$ | | | | 25 | 150 | $G_2$ | 25 | 300 | $G_2$ | 25 | 150 | $G_2$ |
| | 吊钩式 | 装卸用 | 40 | 300 | $G_2$ | | | | | | | 15 | 150 | $G_2$ | 25 | 1 000 | $G_2$ | 25 | 600 | $G_2$ |
| | 抓斗式 | | 60 | 450 | $G_3$ | | | | | | | 15 | 150 | $G_2$ | 40 | 1 000 | $G_2$ | 40 | 600 | $G_2$ |

注：表中稳态负载平均系数 $G_1$、$G_2$、$G_3$ 的值，可由表 5-1-77 选取。

**表 5-1-82　垂直运动机构的接电持续率和每小时工作循环数参考值**

| 序号 | 起重机类型 | | 特点 | 每小时工作循环数 | 接电持续率 $JC$/% | | |
|---|---|---|---|---|---|---|---|
| | 名称 | | | | 起升 | 铰接臂俯仰 | 臂架俯仰 |
| 1 | 安装用臂架起重机 | | | 2～25 | 25～40 | | 25 |
| 2 | 电站、机加工车间安装起重机 | | | 2～25 | 15～40 | | |
| 3 | 货场装卸桥 | | 吊钩 | 20～60 | 40 | S2 15 min～30min | |
| 4 | 货场装卸桥 | | 抓斗或电磁盘 | 25～80 | 60～100 | S2 15 min～30min | |
| 5 | 车间起重机 | | | 10～15 | 25～40 | | |
| 6 | 抓斗或电磁起重机、繁忙的仓库及货场用门式起重机 | | | 40～120 | 40～100 | | |
| 7 | 铸造起重机 | | | 3～10 | 40～60 | | |
| 8 | 均热炉起重机 | | | 30～60 | 40～60 | | |
| 9 | 锻造起重机 | | | 6 | 40 | | |
| 10 | 岸边装卸用起重机 岸边集装箱起重机 | | 吊钩或其他吊具 | 20～60 | 40～60 | S2 15 min～30min | |
| 11 | 卸货用抓斗或电磁起重机 | | | 20～80 | 40～100 | S2 15 min～30min | |
| 12 | 船厂臂架起重机 | | 吊钩 | 20～50 | 40 | | 40 |
| 13 | 门座起重机 | | 吊钩 | 40 | 60 | | 40～60 |

续上表

| 序号 | 起重机类型 名称 | 特点 | 每小时工作循环数 | 接电持续率JC/% 起升 | 铰接臂俯仰 | 臂架俯仰 |
|---|---|---|---|---|---|---|
| 14 | 门座起重机 集装箱起重机 | 抓斗、电磁盘或集装箱吊具 | 25～60 | 60～100 | | 40～60 |
| 15 | 建筑用塔式起重机 | | 20 | 40～60 | | 25～40 |
| 16 | 桅杆起重机 | | 10 | S1 或 S2 30 min | | S1 或 S2 30 min |
| 17 | 铁路起重机 | | 10 | 40 | | |

**表 5-1-83　水平运行机构的接电持续率和每小时工作循环数参考值**

| 序号 | 起重机类型 名称 | 特点 | 每小时工作循环数 | 接电持续率JC/% 大车运行 | 小车运行 | 回转 |
|---|---|---|---|---|---|---|
| 1 | 安装用臂架起重机 | | 2～25 | 25～40 | 25～40 | 25 |
| 2 | 电站、机加工车间安装起重机 | | 2～25 | 25 | 25 | |
| 3 | 货场装卸桥 | 吊钩 | 20～60 | 25～40 | 40～60 | 15～40 |
| 4 | 货场装卸桥 | 抓斗或电磁盘 | 25～80 | 15～40 | 60 | 40 |
| 5 | 车间起重机 | | 10～15 | 25～40 | 25～40 | |
| 6 | 抓斗或电磁起重机、繁忙的仓库及货场用门式起重机 | | 40～120 | 60～100 | 40～60 | |
| 7 | 铸造起重机 | | 3～10 | 40～60 | 40～60 | |
| 8 | 均热炉起重机 | | 30～60 | 40～60 | 40～60 | |
| 9 | 锻造起重机 | | 6 | 25 | 25 | 100 |
| 10 | 岸边装卸用起重机 岸边集装箱起重机 | 吊钩或其他吊具 | 20～60 | 15～40 | 40～60 | 15～40 |
| 11 | 卸货用抓斗或电磁起重机 | | 20～80 | 15～60 | 40～100 | 40 |
| 12 | 船厂臂架起重机 | 吊钩 | 20～50 | 25～40 | 40 | 25 |
| 13 | 门座起重机 | 吊钩 | 40 | 15～25 | 40 | 25～40 |
| 14 | 门座起重机 集装箱起重机 | 抓斗、电磁盘或集装箱吊具 | 25～60 | 25～60 | | 40～60 |
| 15 | 建筑用塔式起重机 | | 20 | 15～40 | 25 | 40～60 |
| 16 | 桅杆起重机 | | 10 | | | 25 |
| 17 | 铁路起重机 | | 10 | | | 25 |

### 五、电动机的发热校验

以下公式引自起重机设计规范 GB/T 3811—2008 的附录 S。

**（一）直接起动方式下笼型异步电动机发热校验**

直接起动方式下笼型异步电动机发热校验应满足式(5-1-23)的要求。

$$C_k(1-\eta_N)P_{S1} \cdot T > (1-\eta_m)P_m \cdot t_N + \left(P_{S1}\frac{I_D}{I_N}t_E - \frac{J \cdot n_m^2 \cdot 10^{-3}}{180}\right) \tag{5-1-23}$$

式中　$C_k$——与电动机类型有关的修正系数，由制造商提供。如未提及，则对于 4 极或 4 极以上的电动机取 $C_k=1$；

　　　$\eta_N$——电动机在 $P_{S1}$ 时的效率；

$P_{S1}$——连续工作制(S1)时电动机的额定输出功率对应的输入电功率,单位为千瓦(kW);
$T$——一个工作循环的总时间,单位为秒(s);

$$T = t_N + t_E + t_S \tag{5-1-24}$$

其中 $t_N$——一个循环期内恒速工作的时间,单位为秒(s);
$t_E$——一个循环期内起动制动的等效时间,单位为秒(s);

$$t_E = \frac{\pi n_m J}{30 M_a}(d_c + 0.5 d_i + 3f) \tag{5-1-25}$$

其中 $n_m$——电动机的工作转速,单位为转每分(r/min);
$J$——所有运动质量换算到电动机轴上的总转动惯量,单位为千克平方米(kg·m²);
$d_c$——每小时全起动次数;
$d_i$——每小时点动或不完全起动次数;
$f$——每小时电气制动次数;
$M_a$——电动机平均加速转矩,单位为牛米(N·m);

$$M_a = M_{dq} - M_m \tag{5-1-26}$$

其中 $M_{dq}$——电动机平均起动转矩,单位为牛米(N·m);
$M_m$——不考虑起制动阶段的电动机平均阻转矩,单位为牛米(N·m);
$t_S$——一个循环期内停止的时间,单位为秒(s);
$\eta_m$——电动机在功率 $P_m$ 时的效率;

$$P_m = \frac{M_m \cdot n_m}{9\,550 \cdot \eta_m} \tag{5-1-27}$$

其中 $P_m$——电动机在工作条件 $M_m, n_m$ 下的输入电功率;
$I_D$——电动机的起动电流,单位为安培(A);
$I_N$——电动机的额定工作电流,单位为安培(A)。

(二)绕线转子异步电动机及变频控制笼型电动机的发热校验
1. 按 $G$ 值、$JC$ 值、$CZ$ 值选出的电动机的发热校核
(1)起升机构电动机的发热校核
1)稳态平均功率
稳态平均功率按式计算。

$$P_s = G \cdot \frac{P_Q v_q}{1\,000 \eta} \tag{5-1-28}$$

式中 $P_s$——稳态平均功率,单位为千瓦(kW);
$G$——稳态负载平均系数,见表 5-1-77 和表 5-1-81;
$P_Q$——额定起升载荷,单位为牛(N);
$v_q$——额定起升速度,单位为米每秒(m/s);
$\eta$——起升机构总效率。

2)$JC$ 值
$JC$ 值见表 5-1-81,表 5-1-82 和表 5-1-83。
3)$CZ$ 值
4)折合的全起动次数 $Z$

$$Z = d_c + g d_i + r f \tag{5-1-29}$$

式中 $d_c$——同式(5-1-18);
$d_c$——同式(5-1-18);
$d_i$——同式(5-1-18);

$f$ ——同式(5-1-18);

$g,r$ ——折合系数,同式(5-1-18)。

5)惯量增加率 $C$

$$C=\frac{J_m+J_e}{J_m} \tag{5-1-30}$$

式中 $J_m$ ——电动机的转动惯量,同式(5-1-17);

$J_e$ ——电动机以外的运动质量折算到电动机轴上的转动惯量,同式(5-1-17)。

6)$CZ$ 值选取

惯量增加率 $C$ 与折合的每小时全起动次数 $Z$ 的乘积 $CZ$ 值是起制动影响电动机发热的重要参数。$CZ$ 值的常用数值是 150、300、450、600 和 1 000。

7)发热校验

根据上述方法计算出 $P_s$、$JC$ 及 $CZ$ 值,如果所选用的电动机在相应 $CZ$ 值、$JC$ 值(绕线转子异步电动机查表 5-1-80)条件下,其输出功率 $P$ 满足式(5-1-31)的要求,则电动机发热校验合格。

$$P \geqslant P_s \tag{5-1-31}$$

(2)运行机构电动机的发热校验

1)稳态平均功率

稳态平均功率 $P_s$,按式(5-1-32)计算。

$$P_s=G[P_\Sigma(\omega+m_a)+P_{WI}] \cdot \frac{v_y}{1\,000 m \cdot \eta} \tag{5-1-32}$$

式中 $P_s$ ——稳态平均功率,单位为千瓦(kW);

$G$ ——稳态负载平均系数,见表 5-1-77 和表 5-1-81;

$P_\Sigma$ ——运动部分所有质量的重力,包括吊运物品和起重机小车质量的重力,单位牛(N);

$\omega$ ——运行摩擦阻力系数。车轮为滑动轴承的 $\omega=0.015$,车轮为滚动轴承的 $\omega=0.006$;

$m_a$ ——坡道阻力系数;

$P_{WI}$ ——按起重机正常工作状态的计算风压 $p_I$ 计算,室内 $p_I=0$,单位为牛(N);

$v_y$ ——起重机(或小车)的运行速度,单位为米每秒(m/s);

$m$ ——电动机的台数;

$\eta$ ——该机构总效率。

2)发热校验

发热校验其余步骤按(1)进行。

(3)回转机构电动机的发热校核

1)稳态平均功率

稳态平均功率 $P_s$,按式(5-1-33)计算。

$$P_s=G \cdot \frac{(M_m+M_a+M_{WI}) \cdot n}{9\,550 m \cdot i \cdot \eta} \tag{5-1-33}$$

式中 $P_s$ ——稳态平均功率,单位为千瓦(kW);

$G$ ——稳态负载平均系数,见表 5-1-77 和表 5-1-81;

$M_m$ ——回转摩擦阻力矩,单位为牛米(N·m);

$M_a$ ——等效坡道阻力矩,按坡道阻力矩 0.7 倍计算,单位为牛米(N·m);

$M_{WI}$ ——按计算风压 $p_I$ 计算的等效风压矩,单位为牛米(N·m);

$n$ ——电动机的额定转速,单位为转每分(r/min);

$m$ ——电动机的台数;

$i$ ——机构的总传动比;

$\eta$ ——该机构总效率。

2) 发热校验

发热校验其余步骤按同本节 1) 进行。

(4) 变幅机构电动机发热校核

1) 普通臂架变幅机构

普通臂架变幅机构因为它属于非平衡的、非工作性的变幅机构,所以按其变幅力和变幅钢丝绳卷绕线速度计算确定的电动机功率而选用的电动机,一般不需要进行电动机的发热校验。

2) 稳态平均功率

稳态平均功率 $P_S$,按式(5-1-34)计算。

$$P_S = G \cdot v_b \frac{\sqrt{\frac{\sum P_{1i}^2 \cdot t_i}{\sum t_i}}}{1\,000m \cdot \eta} \tag{5-1-34}$$

式中 $P_S$——稳态平均功率,单位为千瓦(kW);
$G$——稳态负载平均系数,见表 5-1-76 和表 5-1-80;
$v_b$——额定变幅速度,单位为米每秒(m/s);
$\sum P_{1i}$——在第 i 个变幅位置,由包括臂架及平衡系统的自重、物品重量、由计算风压 $p_1$ 产生的风载荷、由起重绳正常偏摆角 $\alpha_1$ 计算的水平力及臂架系统各转动铰点的摩擦力等产生的在变幅齿条(或变幅螺杆、油缸、钢丝绳等)上的分力之和,单位为牛(N);$\alpha_1$ 见 GB/T 3811—2008 的表 15,$p_1$ 见表 16;
$t_i$——每一变幅位置间隔所需时间,单位为秒(s);可根据变幅齿条(或螺杆、油缸、钢丝绳等)的行程 $l$ 及移动速度 $v_b$ 按式(5-1-35)算出;

$$t_i = \frac{l_{i+1} - l_i}{v_b} \tag{5-1-35}$$

$m$——电动机的台数;
$\eta$——该机构总效率。

3) 发热校验

发热校验其余步骤按(1)进行。

2. 按机构工作级别和等效接电持续率进行电动机的发热校核

(1) 起升机构电动机的发热校核

① 起升机构静功率

起升机构静功率按式(5-1-36)计算。

$$P_j = \frac{P_Q V_q}{1\,000\eta} \tag{5-1-36}$$

式中 $P_j$——起升机构静功率,单位为千瓦(kW);
$P_Q$——额定起升载荷,单位为牛(N);
$v_q$——额定起升速度,单位为米每秒(m/s);
$\eta$——起升机构总效率。

② 确定 JC 值

由表 5-1-78,根据机构的工作级别确定电机的等效接电持续率 $JC'$ 值。

③ 电动机的发热校核

根据电机样本,按相应 $JC'$ 值选择电机,电机在该值下的输出功率为 $P_{JC'}$,并且,

$$P_{JC'} \geqslant P_j \tag{5-1-37}$$

发热校验通过。

(2) 运行机构电机的发热校核

① 运行机构电动机发热计算功率

$$P_j = \frac{1}{m}\left\{[P_\Sigma(\omega + m_a) + P_{wI}]\frac{v_y}{1\,000\eta} + \frac{\sum J \cdot n^2 \, 10^{-3}}{182\,500 t_a}\right\} \qquad (5\text{-}1\text{-}38)$$

式中  $P_j$——运行机构电机发热计算功率，单位为千瓦(kW)；

  $m$——电动机的台数；

  $P_\Sigma$——运动部分所有质量的重力，包括吊运物品和起重机小车质量的重力，单位牛(N)；

  $\omega$——运行摩擦阻力系数。车轮为滑动轴承的 $\omega = 0.015$，车轮为滚动轴承的 $\omega = 0.006$；

  $m_a$——坡道阻力系数；

  $P_{wI}$——按起重机正常工作状态的计算风压 $p_I$ 计算，室内 $p_I = 0$，单位为牛(N)；

  $v_y$——起重机(或小车)的运行速度，单位为米每秒(m/s)；

  $\eta$——该机构总效率；

  $\sum J$——机构对电动机轴的总惯量，即包含直线运动质量和传动机构的全部质量的惯量折算到电动机轴上的转动惯量和电动机轴上自身的转动惯量之和，单位为千克平方米(kg·m²)；

  $n$——电动机的额定转速，单位为转每分(r/min)；

  $t_a$——运行机构起动时间，单位为秒(s)。

② 确定 $JC$ 值

由表 5-1-78，根据机构的工作级别确定电机的等效接电持续率 $JC'$ 值。

③ 电动机的发热校核

根据电机样本，按相应 $JC'$ 值选择电机，电机在 $JC'$ 值下的输出功率为 $P_{JC'}$，并且，

$$P_{JC'} \geqslant P_j \qquad (5\text{-}1\text{-}39)$$

发热校验通过。

(三) 按平均损耗法验算电动机的发热

按 $G$ 值、$JC$ 值、$CZ$ 值验算电动机发热的方法，仅对桥式、门式、门座等类型的起重机采用的 YZR 系列交流异步绕线转子电动机最为合适，而对其他型式的电动机，其他工况与控制方式的起重机，特别是对采用涡流制动器、晶闸管定子调压等调速系统的电动机，推荐采用的平均损耗法进行发热校验。

按平均损耗法验算电动机发热的基本步骤是：

(1) 确定该电动机在起重机工作机构中的典型负载图。

(2) 考虑各运行时段的电动机数据。在一个工作循环周期内，有起动、高速、制动、低速、停止和断能多种工况，起动、制动和低速时，电机散热条件恶化，为此平均损耗法按式(5-1-40)计算出电动机运行后的温升与连续定额时温升的比率 $R_n$：

$$R_n = \frac{P_1 t_1 + P_2 t_2 + P_3 t_3 + \cdots + P_n t_n}{h_1 t_1 + h_2 t_2 + h_3 t_3 + \cdots + h_n t_n} \qquad (5\text{-}1\text{-}40)$$

式中  $P_1、P_2、P_3、\cdots、P_n$——各运行及停止时损耗与断续定额时损耗的比率；

  $h_1、h_2、h_3、\cdots、h_n$——各运行及停止时冷却系数与电机连续定额运行时冷却系数的比率；

  $t_1、t_2、t_3、\cdots、t_n$——各运行及停止时间(s)。

(3) 当电动机为断续定额基准时，计算断续定额与连续定额的损耗比 $P_\xi$：

$$P_\xi = 1 - h_0 + \frac{h_0}{\xi} \qquad (5\text{-}1\text{-}41)$$

式中  $h_0$——停止时电机冷却系数与连续运行时冷却系数比，见电机原始数据表 5-1-46；

  $\xi$——电机在工作周期中的接电持续率，即 $JC$ 值。

(4) 计算运行后的温升与断续定额时温升的比率 $R_{n\xi}$：

$$R_{n\xi}=P_{\xi}\cdot R_{n} \tag{5-1-42}$$

(5) 计算电动机固定损耗、可变损耗和运行损耗比：

电动机损耗由固定损耗和可变损耗两部分组成，其中固定损耗 $P_f$ 不受输出转矩变化的影响，可变损耗 $P_b$ 可设定随输出转矩的平方而变化，故接电持续率为 $\xi$ 时，运行损耗比 $P$ 为：

$$P=\frac{P_{b}\left(\frac{P_{\xi}}{P_{e}}\right)^{2}\left(\frac{M}{M_{\xi e}}\right)^{2}+P_{f}}{P_{b}\left(\frac{P_{\xi}}{P_{e}}\right)^{2}+P_{f}}=\frac{\left(\frac{M}{M_{\xi e}}\right)^{2}+a_{\xi}}{1+a_{\xi}} \tag{5-1-43}$$

式中 $M$——输出转矩（N·m）；

$M_{\xi e}$——接电持续率 $\xi$ 时，电机额定转矩（N·m）。

其余符号同式(5-1-17)。

(6) 电机冷却系数 $h$：

变速稳定运行时的冷却系数，一般设定与转速成线性关系，故运行转速为 $n$ 时，冷却系数比率 $h$ 为：

$$h=h_{0}+(1-h_{0})\frac{n}{n_{e}} \tag{5-1-44}$$

式中 $h_0$——电机停止时冷却系数比率（以电机额定转速时冷却系数为1）；

$n_e$——电机额定转速（r/min）。

由零速起动至额定转速或额定转速制动至零速，平均冷却系数比率 $h$ 取为：

$$h=(1+h_{0})/2 \tag{5-1-45}$$

(7) 电动机的发热校核：

当 $R_{n\xi}\leqslant 1$，则认为电动机发热校验合格。

## 六、计算实例

**实例 1**

一般车间及仓库用吊钩式桥式起重机，额定起重量 16 t，跨度 19.5 m。

起升机构工作级别 M5，主钩额定起升速度 $v_q=9.5$ m/min，起升高度 $H=12$ m。

小车运行机构工作级别 M5，运行速度 $v_y=44.2$ m/min，小车自重估算 $G_{xc}=7.327$ t。

起重机运行机构工作级别 M5，运行速度 $v_k=74$ m/min，起重机自重估算 $G_{dc}=25.326$ t（不包括小车自重）。

选择起升、小车和大车运行机构电动机。

1. 起升机构

普通桥式起重机，考虑到吊具自重，因此最大起升载荷 $G_t$ 为：

$$G_{t}=1.025\times 9.81\times 16000 \text{ N}=160\ 884 \text{ N}$$

$$v_{n}=9.5 \text{ m/min}=0.158 \text{ m/s}$$

由于该机构工作级别低、JC 值小、CZ 值小，电机容量由过载能力决定；反之，取决于发热校验。

(1) 起升电动机初选

初选电机可从求稳态平均功率入手。根据表 5-1-81 一般车间及仓库用吊钩式桥式起重机，起升机构 JC% 取 25%，机构 CZ 值宜取 150；稳态负荷平均系数 G 取 0.8。当起升机构采用封闭式齿轮减速箱传动，机构传动总效率 $\eta$ 取 0.85。根据式(5-1-8)得

$$P_{s}=G\frac{P_{Q}v_{q}}{1\ 000m\eta}=0.8\times\frac{160\ 884\times 0.158}{1\ 000\times 1\times 0.85}=23.92 \text{ kW}$$

当前在起重机机构设计中，驱动电机趋向于选用高速电机，这是因为其输出功率相同，而售价低；但电机的选择要影响其他零部件的选择（如减速器等）；故需综合比较后，选定电机极数。现假

定已优选 8 极电机,经查阅表 5-1-79,初选 YZR250M1-8,该电机在 $JC25\%$,$CZ=150$ 时,输出功率 $P=31.365$ kW,满足要求。该电机基准工作制 S3-40% 时,额定输出功率: $P_e=30$ kW。

(2)起升电动机过载校验

根据 ZBK26008《YZR 系列起重及冶金用绕线转子三相异步电动机技术条件》,电机 S3—40% 时,最大转矩对额定转矩之比 $\lambda_m$ 的保证值不低于表 5-1-2 的规定。

根据式(5-1-12)及表 5-1-2,起动过载功率 $P_d$ 为:

$$P_d = \frac{H}{m \cdot \lambda_m} \frac{P_Q V_q}{1\,000\eta} = \frac{2.5}{1 \times 2.6} \times \frac{160\,884 \times 0.158}{1\,000 \times 0.85} = 28.76 \text{ kW}$$

小于 $P_e=30$ kW,过载校验通过。

至此起升机构电机选择完毕。

2. 小车运行机构

小车运行速度:

$$v_Y = 44.2 \text{ m/min} = 0.737 \text{ m/s}$$

由于机构工作级别低、JC 值小、CZ 值小、$\sum J$ 大,n 值大,ta 值小,电机容量由过载能力决定;反之,取决于发热校验。一般车间及仓库用吊钩式桥式起重机,运行机构电机容量大多数由过载能力决定。

(1)初选电机

小车带负载的重量:

$$P_{G\Sigma} = P_Q + G_{XC} = 160\,884 + 9.81 \times 7\,327 = 232\,762 \text{ N}$$

$\omega + m_c$ 经计算为 0.019,对于室内起重机 $P_{WI}=0$,集中驱动 m=1,机构总效率 $\eta=0.9$。根据表 5-1-80 小车运行机构 JC 取 25%,CZ=300,G=0.8。

$$P_s = G[P_{G\Sigma}(\omega + m_c) + P_{WI}] \frac{v_Y}{1\,000 m\eta} = 0.8 \times [232\,762 \times (0.019 + 0)] \times \frac{0.737}{1\,000 \times 1 \times 0.9} = 2.9 \text{ kW}$$

小车运行机构多选 6 极电动机,经查阅表 5-1-80,初选 YZR132M2-6。该电机在 $JC25\%$、$CZ=300$ 时,输出功率 $P=3.598$ kW,符合要求。

该电机基准工作制 S3—40% 时,额定输出功率 $P_e=3.7$ kW,$n=900$ r/min,$J=0.065$ kg·m²。

(2)过载校验

根据公式(5-1-13)$\lambda_{as}$ 取 1.7,$\sum J$ 在本例中经计算为 1.45 kg·m²,小车运行机构满载起动时间,一般控制在 4 s～6 s,现 $t_a$ 取 5 s。据公式(5-1-13)得:

$$P_d = \frac{1}{m\lambda_{as}} \{[P_{G\Sigma}(\omega + m_c) + P_{WII}] \frac{v_Y}{1\,000\eta} + \frac{\sum J n^2}{91\,250 t_a}\}$$

$$= \frac{1}{1 \times 1.7} \{[232\,762 \times (0.019 + 0)] \times \frac{0.737}{1\,000 \times 0.9} + \frac{1.45 \times 900^2}{91\,250 \times 5}\} = 3.64 \text{ kW}$$

小于 $P_e=3.7$ kW,通过过载校验。

3. 起重机运行机构

起重机运行速度:

$$v_k = 74 \text{ m/min} = 1.23 \text{ m/s}$$

(1)大车电动机初选

大车,小车和负载的总重:

$$P_{G\Sigma} = P_Q + G_{XC} + G_{de} = 16\,0884 + 71\,878 + 9.81 \times 25\,326 = 481\,210 \text{ N}$$

$\omega + m_c$ 经计算取 0.0124,室内起重机 $P_{WII}=0$,分别驱动方案,电机个数 m=2,取 $\eta=0.95$。根据表 5-1-80 起重机运行机构,JC% 宜取 25%,CZ=600,稳态负荷平均系数 G=0.8。

$$P_s = 0.8 \times [481\,210 \times (0.012\,4 + 0)] \times \frac{1.23}{1\,000 \times 2 \times 0.95} = 3.09 \text{ kW}$$

运行机构多选 6 极电动机,经查阅表 5-1-80,可以初选 YZR132M2-6,该电机在 $JC25\%$、$CZ=600$

时为 3.198 kW；选 YZR160M1-6，该电机在 $JC25\%$、$CZ=600$ 时，输出功率为 4.629 kW，符合要求。

该电机基准工作制 S3—40% 时，额定输出功率 $P_e=5.5$ kW，$n=890$ r/min，$J=0.102\,5$ kg·m²。

(2) 大车电动机过载校验

$\lambda_{as}$ 取 1.7，$\sum J$ 经计算为 8.235 kg·m²，大车运行机构满载起动时间，一般控制在 8 s～10 s，现 $t_a$ 取 8 s。据公式 (5-1-13) 得：

$$P_d = \frac{1}{m\lambda_{as}}\left\{[P_{G\Sigma}(\omega+m_c)+P_{W\mathrm{II}}]\frac{v_K}{1\,000\eta}+\frac{\sum Jn^2}{91\,250t_a}\right\}$$

$$=\frac{1}{2\times 1.7}\left\{[481\,210\times(0.012\,4+0)]\times\frac{1.23}{1\,000\times 0.95}+\frac{8.235\times 890^2}{91\,250\times 8}\right\}=4.9\text{ kW}$$

电机过载利用率 $P_d/P_e=4.9/5.5=89\%$，电机通过过载校验，选用 YZR160M1-6 合适。

由于本例几台电机在初选时按实际使用条件的 CZ 和 JC 值选择电机功率，因此不再做发热校验。

**实例 2**

已知：起重机额定起重量 100 t，吊具重 5 t 额定起升速度 6 m/min，$\eta=0.87$，工作级别 M7，变频调速。选择起升机构电机。

起升速度 $v_q=6$ m/min $=0.1$ m/s。

(1) 电机初选

按式 (5-1-1)：

$$P_N=\frac{P_Q\cdot v_q}{1\,000\eta}=\frac{9.81\times(100+5)\times 1\,000\times 0.1}{1\,000\times 0.87}=118.4\text{ kW}$$

(2) 发热校验

由于该机构工作级别为 M7，查表 5-1-78，电机工作的 JC 值取 60%。

选择变频电机 YZP315M1-4，该电机的额定功率 $P_e=160$ kW，$\lambda_d=1.9$，$\lambda_m=2.9$。其基准工作制是 S3、$JC=40\%$，折算到 S3、$JC=60$ 的系数是 0.8（厂家样本提供），因此该电机在工作条件下的输出功率为 $P_{JC}$：

$$P_{JC}=0.8\times 160=128\text{ kW}$$

满足功率需求。由于：

$$P_{JC}>P_N$$

因此电机发热校验通过。

(3) 过载校验

根据式 (5-1-12)：

$$P_d=\frac{H}{m\lambda_m}\frac{P_Q v_q}{1\,000\eta}=\frac{2.2}{1\times 2.9}\times\frac{9.81\times(100+5)\times 1\,000\times 0.1}{1\,000\times 0.87}=137.1\text{ kW}$$

$P_e>P_d$ 过载校验通过。

考虑到 110% 动载试验和 125% 静载试验对起动转矩的要求，电机的最小起动转矩应大于 $1.4M_N$（$M_N$ 为稳态起升额定载荷的转矩）：

$$\frac{M_{d\min}}{1.4M_N}=\frac{\lambda_d M_n}{1.4M_N}=\frac{1.9\times 160}{1.4\times 118.4}=1.8$$

$$M_{d\min}>1.7M_N，$$

满足最小起动转矩的要求；

$$\frac{M_{d\max}}{1.7M_N}=\frac{\lambda_m\cdot M_n}{1.7M_N}=\frac{2.9\times 160}{1.7\times 118.4}=2.3>1.3$$

满足安全裕度。

**实例 3**

用平均损耗法校验发热。

车间用吊钩式桥式起重机,额定起重量 50 t,工作级别 A5,跨度 31.5 m。大车平移机构,初选电动机为 YZR180L-6,JC 40%时 15 kW,2 台。电机 $n_e=960$ r/min,$M_e=15.2$ kg·m,$J_m=0.375$ kg·m²。额定运行速度 $v_e=1.28$ m/s,大车平移机构总转动惯量(满载时)$\sum J=19.7$ kg·m²。

使用表 5-1-78,可查出 YZR180L-6 的参数:
$$h_0=0.27$$

按式(5-1-20)和(5-1-21),可变损耗 $P_b$ 和固定损耗 $P_f$ 为:
$$P_b=P_{cu1}\left[1-\left(\frac{I_0}{I_e}\right)^2\right]+P_{cu2}=1\,280\left[1-\left(\frac{20}{33.4}\right)^2\right]+750=1\,571\text{ W}$$
$$P_f=P_{Fe}+P_m+P_{cu1}+P_{cu2}+P_s-P_b=610+230+1\,280+750+150-1\,571=1\,449\text{ W}$$

JC 25%时固定损耗与可变损耗比值按式(5-1-19):
$$a_\xi=\frac{P_f}{P_b\left(\frac{P_\xi}{P_e}\right)^2}=\frac{1\,449}{1\,571\times\left(\frac{17}{15}\right)^2}=0.718$$

运行损耗比按式(5-1-43)
$$P=\frac{\left(\frac{M}{M_{\xi e}}\right)^2+a_\xi}{1+a_\xi}=\frac{\left(\frac{M}{M_{\xi e}}\right)^2+0.718}{1.718}$$

冷却系数比率 $h$ 按式(5-1-44)(5-1-45)计算:

变速时: $h=h_0+(1-h_0)\dfrac{n}{n_e}$

起动和制动时: $h=\dfrac{1+h_0}{2}$。

计算结果列于大车电动机发热校验计算表 5-1-84,其中 $n$、$M$、$P$、$h$ 都是标么值。

起制动过程电机转矩平均标么值 M、持续时间 s,不单取决于电动机机械特性,还与起制动所采用的原则有关:本例题起动采用时间原则,高速制动至低速采用频率原则,低速制动至停止采用时间原则。为了停准,常需要"点动",在发热校验中,等效看作为一段低速运行时间。
$$P_\xi=1-h_0+h_0/\xi=1-0.27+0.27/0.25=1.81$$
$$R_{n\xi}=P_\xi\cdot\sum(P\cdot s)/\sum(h\cdot s)=1.81\times47.914\,6\div94.292=0.919\,8$$

此值小于 1,故发热校验通过。

**实例 4**

车间用吊钩式桥式起重机,主钩额定起重量 50 t,工作级别 A6,采用涡流制动器调速。主钩电动机初选 YZR315M-10,JC40%时 75 kW,电机 $J_m=8.5$ kgm²,$n_e=589$ r/min。所选涡流制动器为 WZ355,额定制动转矩为 1 180 N·m。限定制动转矩为 2 060 N·m。

由表 5-1-79 可查出和求出 YZR315M-10 参数:$h_0=0.27$

JC40%时:
$$P_b=P_{cu1}\left[1-\left(\frac{I_0}{I_e}\right)^2\right]+P_{cu2}=3\,622\left[1-\left(\frac{89}{160}\right)^2\right]+2\,300=4\,801\text{ W}$$
$$P_f=P_{Fe}+P_m+P_{cu1}+P_{cu2}+P_s-P_b=1\,400+600+3\,622+2\,300+750-4\,801=3\,871\text{ W}$$
$$a_\xi=P_f/P_b=3\,871/4\,801=0.806$$
$$P=\frac{\left(\frac{M}{M_{\xi e}}\right)^2+a_\xi}{1+a_\xi}=\frac{\left(\frac{M}{M_{\xi e}}\right)^2+0.806}{1.806}$$

计算结果列于主钩电动机发热校验计算表 5-1-85。
$$P_\xi=1-h_0+h_0/\xi=1-0.27+0.27/0.4=1.405$$
$$R_{n\xi}=P_\xi\cdot\sum(P\cdot s)/\sum(h\cdot s)=1.405\times41.273\,4\div66.976=0.865\,8<1$$

发热校验通过。

采用涡流制动器调速系统，系统的机械特性由电动机机械特性和涡流制动器机械特性合成，电动机的发热只与电动机机械特性有关，系统的加速、减速所需时间只与系统的机械特性有关。系统起动采用时间原则，高速制动至低速采用频率原则，低速制动至停止采用时间原则。

表 5-1-84　大车电动机发热校验计算表

| 序号 | 工况 | $n$ | $M$ | $S$/s | $P$ | $h$ | $P \cdot s$/s | $h \cdot s$/s |
|---|---|---|---|---|---|---|---|---|
| 1 | 满载向左加速 | 0→1 | 1.5 | 6 | 1.727 6 | 0.635 | 10.366 | 3.81 |
| 2 | 满载向左稳速 | 1 | 0.62 | 14 | 0.641 7 | 1 | 8.983 | 14 |
| 3 | 满载向左减速 | 1→0.1 | 0.6 | 5 | 0.627 5 | 0.671 5 | 3.137 4 | 3.357 5 |
| 4 | 满载向左低速 | 0.1 左右 | 0.62 | 4 | 0.641 7 | 0.343 | 2.566 8 | 1.372 |
| 5 | 满载向左减速 | 0.1→0 | 0.76 | 1 | 0.754 1 | 0.306 5 | 0.754 1 | 0.306 5 |
| 6 | 停止 | 0 | 0 | 90 | 0 | 0.27 | 0 | 24.3 |
| 7 | 空载向右加速 | 0→1 | 1.5 | 6 | 1.727 6 | 0.635 | 10.366 | 3.81 |
| 8 | 空载向左稳速 | 1 | 0.176 5 | 14 | 0.436 1 | 1 | 6.105 4 | 14 |
| 9 | 空载向左减速 | 1→0.1 | 0.6 | 5 | 0.627 5 | 0.671 5 | 3.137 4 | 3.357 5 |
| 10 | 空载向左低速 | 0.1 左右 | 0.176 5 | 4 | 0.436 1 | 0.343 | 1.744 4 | 1.372 |
| 11 | 空载向右减速 | 0.1→0 | 0.76 | 1 | 0.754 1 | 0.306 5 | 0.754 1 | 0.306 5 |
| 12 | 停止 | 0 | 0 | 90 | 0 | 0.27 | 0 | 24.3 |
| | 合计 | | | 240 | | | 47.914 6 | 94.292 |

表 5-1-85　主钩电动机发热校验计算表

| 序号 | 工况 | $n$ | $M$ | $S$/s | $P$ | $h$ | $P \cdot s$/s | $h \cdot s$/s |
|---|---|---|---|---|---|---|---|---|
| 1 | 满载上升加速 | 0→1 | 1.7 | 1.6 | 2.046 4 | 0.635 | 3.274 2 | 1.016 |
| 2 | 满载上升稳速 | 1 | 1 | 8.5 | 1 | 1 | 8.5 | 8.5 |
| 3 | 满载上升减速 | 1→0.1 | 0.5 | 1.4 | 0.584 8 | 0.671 5 | 0.818 7 | 0.940 1 |
| 4 | 满载上升低速 | 0.1 | 1.215 | 2 | 1.263 7 | 0.343 | 2.527 4 | 0.686 |
| 5 | 满载上升减速 | 0.1→0 | 1.282 5 | 0.4 | 1.357 0 | 0.306 5 | 0.542 8 | 0.122 6 |
| 6 | 停止 | 0 | 0 | 21 | 0 | 0.27 | 0 | 5.67 |
| 7 | 满载下降加速 | 0→1 | 0.2 | 1.4 | 0.468 5 | 0.635 | 0.655 9 | 0.889 |
| 8 | 满载下降稳速 | 1 | 0.7 | 7.2 | 0.717 6 | 1 | 5.167 0 | 7.2 |
| 9 | 满载下降减速 | 1→0.1 | 0.25 | 1.5 | 0.481 0 | 0.671 5 | 0.721 5 | 1.007 3 |
| 10 | 满载下降低速 | 0.1 | 0.27 | 3 | 0.486 7 | 0.343 | 1.460 1 | 1.029 |
| 11 | 满载下降减速 | 0.1→0 | 0.285 | 0.4 | 0.491 3 | 0.306 5 | 0.196 5 | 0.122 6 |
| 12 | 停止 | 0 | 0 | 23 | 0 | 0.27 | 0 | 6.21 |
| 13 | 空载上升加速 | 0→1 | 0.8 | 1.5 | 0.800 7 | 0.635 | 1.201 1 | 0.952 5 |
| 14 | 空载上升稳速 | 1 | 0.1 | 8.6 | 0.451 9 | 1 | 3.886 3 | 8.6 |
| 15 | 空载上升减速 | 1→0.1 | 0.5 | 1.3 | 0.800 7 | 0.671 5 | 1.040 9 | 0.873 0 |
| 16 | 空载上升低速 | 0.1 | 1.215 | 3 | 1.263 7 | 0.343 | 3.791 1 | 1.029 |
| 17 | 空载上升减速 | 0.1→0 | 1.282 5 | 0.4 | 1.357 0 | 0.306 5 | 0.542 8 | 0.122 6 |
| 18 | 停止 | 0 | 0 | 20 | 0 | 0.27 | 0 | 5.4 |
| 19 | 空载下降加速 | 0→1 | 0.8 | 1.4 | 0.800 7 | 0.635 | 1.201 0 | 0.889 |
| 20 | 空载下降稳速 | 1 | 0.05 | 8.5 | 0.447 7 | 1 | 3.805 5 | 8.5 |
| 21 | 空载下降减速 | 1→0.1 | 0.25 | 1.4 | 0.481 0 | 0.671 5 | 0.673 4 | 0.940 1 |
| 22 | 空载下降低速 | 0.1 | 0.27 | 2.2 | 0.486 7 | 0.343 | 1.070 7 | 0.754 6 |
| 23 | 空载下降减速 | 0.1→0 | 0.285 | 0.4 | 0.491 3 | 0.306 5 | 0.196 5 | 0.122 6 |
| 24 | 停止 | 0 | 0 | 20 | 0 | 0.27 | 0 | 5.4 |
| | 合计 | | | 140.1 | | | 41.273 4 | 66.976 |

# 第二章 起重机常用电器

起重机常用电器属于低压电器,适用于额定电压交流 50 Hz、1 140 V(1 200 V)及以下;直流 1 500 V(1 650 V)及以下的低压开关设备和控制设备。其中括号内电压是安装在供电设备端电器的额定电压。国产低压电器产品型号一般采用汉语拼音字母及数字编制,其全型号表示方法及代号含义为:

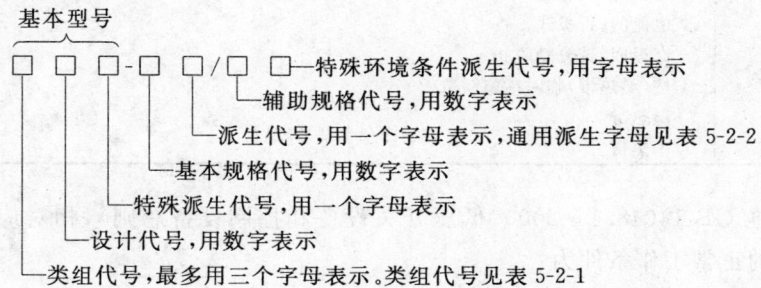

表 5-2-1 低压电器产品型号类组代号

| 名称 | 代号 | A | B | C | D | G | H | J | K | L | M | P | Q | R | S | T | U | W | X | Y | Z |
|---|---|---|---|---|---|---|---|---|---|---|---|---|---|---|---|---|---|---|---|---|---|
| 刀开关和转换开关 | H | | | | 刀开关 | | 封闭式负载开关 | | 开启式负载开关 | | | | | 熔断器式刀开关 | 刀形转换开关 | | | | | 其他 | 组合开关 |
| 熔断器 | R | | | 插入式 | | 汇流排式 | | | | 螺旋式 | 封闭管式 | | | 快速 | 有填料管式 | | | | 限流 | 其他 | |
| 断路器 | D | | | | | | | | | 照明 | 灭磁 | | | 快速 | | 万能式 | | 限流 | 其他 | | 装置式 |
| 控制器 | K | | | | | 鼓形 | | | | | | 平面 | | | | 凸轮 | | | | 其他 | |
| 接触器 | C | | | | 高压 | | | 交流 | | | 中频 | | | | 时间 | 通用 | | | | 其他 | 直流 |
| 起动器 | Q | 按钮式 | 磁力式 | | | | | 减压 | | | | | | | 手动 | | 油浸 | | 星三角 | 其他 | 综合 |
| 控制继电器 | J | | | | | | | | | 电流 | | | | 热 | 时间 | 通用 | 温度 | | | 其他 | 中间 |
| 主令电器 | L | 按钮 | | | | | | 接近开关 | 主令控制器 | | | | | | 主令开关 | 足踏开关 | | 万能转换开关 | 行程开关 | 其他 | |
| 电阻器 | Z | | | 版形元件 | 冲片元件 | | 管形元件 | | | | | | | | 烧结元件 | 铸铁元件 | | | 电阻器 | 其他 | |
| 变阻器 | B | | | | 旋臂式 | | | | | 励磁 | | 频敏 | 起动 | | 石墨 | 起动调速 | 油浸起动 | | 液体起动 | 滑线式 | 其他 |
| 调整器 | T | | | | | 电压 | | | | | | | | | | | | | | | |
| 电磁铁 | M | | | | | | | | | | | 牵引 | | | | | | 起重 | | 液压 | 制动 |
| 其他 | A | 保护器 | | 插销 | 灯 | | | 接线盒 | | 电铃 | | | | | | | | | | | |

表 5-2-2 加注通用派生字母对照表

| 派生字母 | 代 表 意 义 |
|---|---|
| A、B、C、D、… | 结构设计稍有改进或变化 |
| J | 交流、防溅式 |
| Z | 直流、自动复位、防震、正向、重任务 |
| W | 无灭弧装置、无极性、失压 |
| N | 可逆、逆向 |
| S | 有锁住机构、手动复位、防水式、三相、三个电源、双线圈 |
| P | 电磁复位、防滴式、单相、两相电源、电压的 |
| K | 开启式 |
| H | 保护式、带缓冲装置 |
| M | 密封式、灭磁、母线式 |
| Q | 防尘式、手车式 |
| L | 电流的、折板式 |
| F | 高返回、带分励脱扣 |
| T | 按(湿热带)临时措施制造 |
| TH | 湿热带 |
| TA | 干热带 |

此项派生字母加注在全型号之后

根据国家标准 GB 14048.1—2000《低压开关设备和控制设备总则》,相对应的国际标准 IEC 947.1,低压电器的正常工作条件为:

(1)海拔高度不超过 2 000 m。

(2)周围空气温度:上限为+40 ℃、下限为-5 ℃。当下限为-10 ℃或-25 ℃时,用户应向制造厂申明;当上限超过+40 °或下限低于-25 ℃时,用户应与制造厂协商。

(3)大气条件:

1)空气相对湿度在最高温度为+40 ℃时,相对湿度不超过 50%,当温度降低时,允许的相对湿度可相对增高;

2)电器周围环境的污染等级共分 4 级,起重机用电器通常推荐为第 3 级。

(4)冲击与振动:一般电器目前可不考虑冲击和振动,除非产品标准中另有规定。

(5)安装条件:正常安装条件应在制造厂的说明书中规定。

(6)安装类别:电器的安装类别共分 4 类(Ⅰ、Ⅱ、Ⅲ、Ⅳ):

1)Ⅰ类(信号水平级)安装在系统线路末端的特殊设备或部件,如遥控、小功率信号电路的电器;

2)Ⅱ类(负载水平级)安装在类别Ⅰ之前和类别Ⅲ之后的电器或部件,如控制和通断电动机的电器、通过变压器的主令和控制电路电器;

3)Ⅲ类(配电水平级)安装在类别Ⅱ之前和类别Ⅳ之后的电器,如直接联接至配电干线装入配电箱中的电器;

4)Ⅳ类(电源水平级)安装在类别Ⅲ前面的电器,如电源进线处的电器。某些低压电器通常具有的安装类别见表 5-2-3。

表 5-2-3 低压电器的安装类别

| 低压电器名称 | 安 装 类 别 | | | |
|---|---|---|---|---|
| 隔离器、隔离开关、熔断器组合电器 | Ⅳ | Ⅲ | Ⅱ | — |
| 低压断路器 | Ⅳ | Ⅲ | Ⅱ | — |
| 低压接触器 | — | Ⅲ | Ⅱ | — |
| 低压电动机起动器 | — | Ⅲ | Ⅱ | — |
| 控制电路电器和开关元件 | — | Ⅲ | Ⅱ | Ⅰ |

起重机常用电器按产品种类分为：
(1) 低压开关设备（低压断路器、熔断器组合开关等）；
(2) 低压控制电器（接触器、起动器、热继电器、过电流继电器等）；
(3) 控制电路电器（按钮开关、限位开关、凸轮控制器、主令控制器等）；
(4) 多功能电器和组合电器（自动转换开关、联动台等）；
(5) 辅助电器和其他低压器件（电阻器、频敏变阻器、起重电磁铁等）。

电器的主要参数：
(1) 接通和分断能力：是指电器在规定的条件下能无故障接通和分断的电流值。
(2) 机械寿命：是指电器在不需修理或更换任何机械零、部件的条件下，所能承受的无负载操作循环次数（一般一次闭合、一次断开为一循环）。
(3) 电寿命：是指电器的主触头在额定负载条件下，所容许的极限操作次数（一次接通跟着一次分断为一循环）。
(4) 容许操作频率：一般是指通电持续率不超过40%的操作条件下，电器每小时容许的操作次数。

由于起重机上振动较大，故按标准 JB/T 4315—1997《起重机电控设备》规定：起重机电控设备应安装牢固，在主机工作过程中不会发生相对于主机的水平移动和垂直跳动。安装部位最高振动条件为：5 Hz～13 Hz 时，位移为 1.5 mm；13 Hz～150 Hz 时，振动加速度为 1.0 g。故应用于起重机上的电器要按上述振动条件进行耐振试验。

## 第一节 刀开关、组合开关及低压断路器

### 一、刀开关

刀开关又称闸刀开关，为配电开关电器用于隔离电源或不频繁地接通与分断额定电流以下的负载。刀开关按级数划分有单极、双极和三极三种；按合闸方向分有单投、双投两种。

#### （一）HK1、HK2 闸刀开关（开启式负荷开关）

HK1、HK2 闸刀开关用于交流 50 Hz、电压 380 V 以下的电路中，其技术数据列于表 5-2-4 中。

表 5-2-4　HK1、HK2 闸刀开关技术数据

| 型号 | 额定电流/A | 极数 | 额定电压/V | 电动机容量/kW | 熔丝线径/mm | 熔丝成分/% 铅 | 熔丝成分/% 锡 | 熔丝成分/% 锑 |
|---|---|---|---|---|---|---|---|---|
| HK1 | 15 | 2 | 220 | 1.5 | 1.45～1.59 | 98 | 1 | 1 |
|  | 30 | 2 | 220 | 3.0 | 2.3～2.52 |  |  |  |
|  | 60 | 2 | 220 | 4.5 | 3.36～4 |  |  |  |
|  | 15 | 3 | 380 | 2.2 | 1.45～1.59 |  |  |  |
|  | 30 | 3 | 380 | 4 | 2.3～2.52 |  |  |  |
|  | 60 | 3 | 380 | 5.5 | 3.36～4 |  |  |  |
| HK2 | 10 | 2 | 250 | 1.1 | 0.25 | 铜丝（含铜量不小于99.9%） | | |
|  | 15 | 2 | 250 | 1.5 | 0.41 |  |  |  |
|  | 30 | 2 | 250 | 3.0 | 0.56 |  |  |  |
|  | 15 | 3 | 380 | 2.2 | 0.45 |  |  |  |
|  | 30 | 3 | 380 | 4.0 | 0.71 |  |  |  |
|  | 60 | 3 | 380 | 5.5 | 1.12 |  |  |  |

#### （二）HK3、HK4 系列铁壳开关（封闭式负荷开关）

该类开关常用于不频繁地接通与分断起重机总电源，且具有短路保护；也可作为交流异步电动机不频繁地直接起动与分断用。其构造及技术数据见图 5-2-1 及表 5-2-5。

**表 5-2-5　HH3、HH4 系列铁壳开关技术数据**

| 型号 | 额定电压/V | 额定电流/A | 极数 | 熔体 额定电流/A | 熔体 材料 | 熔体 直径/mm | 控制的电动机/kW |
|---|---|---|---|---|---|---|---|
| HH3-15/2 | 220 | 15 | 2 | 6<br>10<br>15 | 紫铜丝 | 0.26<br>0.35<br>0.46 | 2 |
| HH3-15/3 | 380 | 15 | 3 | 6<br>10<br>15 | 紫铜丝 | 0.26<br>0.35<br>0.46 | 3 |
| HH3-30/2 | 220 | 30 | 2 | 20<br>25<br>30 | 紫铜丝 | 0.65<br>0.71<br>0.81 | 4.5 |
| HH3-30/3 | 380 | 30 | 3 | 20<br>25<br>30 | 紫铜丝 | 0.65<br>0.71<br>0.81 | 7 |
| HH3-60/2 | 220 | 60 | 2 | 40<br>50<br>60 | 紫铜丝 | 1.02<br>1.22<br>1.32 | 9.5 |
| HH3-60/3 | 380 | 60 | 3 | 40<br>50<br>60 | 紫铜丝 | 1.02<br>1.22<br>1.32 | 15 |
| HH3-100/2 | 250 | 100 | 2 | 80<br>100 | 紫铜丝 | 1.62<br>1.81 | |
| HH3-100/3 | 440 | 100 | 3 | 80<br>100 | 紫铜丝 | 1.62<br>1.81 | |
| HH3-200/2 | 250 | 200 | 2 | 200 | 紫铜片 | | |
| HH3-200/3 | 440 | 200 | 3 | 200 | 紫铜片 | | |
| HH4-15/2 | 380 | 15 | 2 | 6<br>10<br>15 | 软铅丝 | 1.08<br>1.25<br>1.98 | |
| HH4-15/3 | 380 | 15 | 3 | 6<br>10<br>15 | 软铅丝 | 1.08<br>1.25<br>1.98 | |
| HH4-30/2 | 380 | 30 | 2 | 20<br>25<br>30 | 紫铜丝 | 0.61<br>0.71<br>0.80 | |
| HH4-30/3 | 380 | 30 | 3 | 20<br>25<br>30 | 紫铜丝 | 0.61<br>0.71<br>0.80 | |
| HH4-60/2 | 380 | 60 | 2 | 40<br>50<br>60 | 紫铜丝 | 0.92<br>1.07<br>1.20 | |
| HH4-60/3 | 380 | 60 | 3 | 40<br>50<br>60 | 紫铜丝 | 0.92<br>1.07<br>1.20 | |

注：HH4 若在型号后加"Z"表示有中性接线柱。

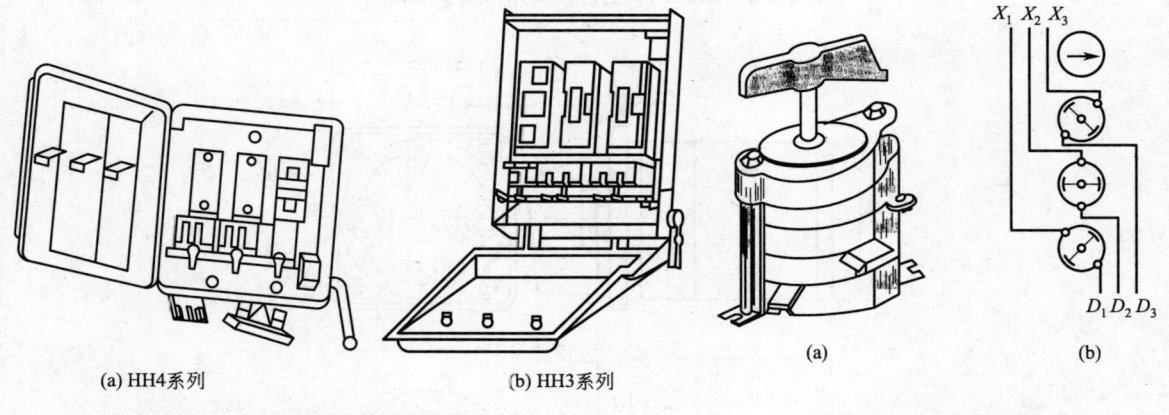

图 5-2-1　HH3、HH4 系列铁壳开关构造　　　　图 5-2-2　组合开关

## 二、组合开关

组合开关又称转换开关如图 5-2-2 所示，动作原理和刀开关相似，区别在于其操作手柄是在平行于安装面的平面内左右转动。当转动手柄时，一个或多个动触头插入（或脱离）相应的静触片中。使电路接通（或断开）。为了使开关在切断电流时能迅速灭弧，在开关的转轴上装有快速动作的操作机构。适用于通、断各种电路、控制笼型电动机的正、反转及星—三角起动等。

常用的 HZ10 系列组合开关技术数据列于表 5-2-6。

表 5-2-6　HZ10 系列组合开关技术数据

| 型　号 | 额定电流/A | 额定电压/V | | 极 数 | 380 V 时允许启动及控制电动机的最大容量和额定电流 | |
|---|---|---|---|---|---|---|
| | | 直流 | 交流 | | kW | A |
| HZ10-10/□ | 10 | 220 | 380 | 2、3 | 3 | 7 |
| HZ10-25/□ | 25 | | | | 5.5 | 12 |
| HZ10-60/□ | 60 | | | | | |
| HZ10-100/□ | 100 | | | | | |

注：1. 控制电机正反转时，必须在电动机完全停止后，才允许反向启动；
　　2. □——极数。

HZ5B-10 型组合开关在 HZ5 的基础上加以改进，组合式结构可组装 1～10 层，其特征代号及安装尺寸列于表 5-2-7 及表 5-2-8 中。

表 5-2-7　HZ5B-10 组合开关定位特征代号

| 定位特征代号 | 手　柄　定　位　角　度 | | | | | | | |
|---|---|---|---|---|---|---|---|---|
| Q | | | | 0° | 45° | | | |
| R | | | 45° | 0° | 45° | | | |
| S | | | 45° | 0° | 45° | 90° | | |
| T | | 90° | 45° | 0° | 45° | 90° | | |
| U | | 90° | 45° | 0° | 45° | 90° | 135° | |
| V | 135° | 90° | 45° | 0° | 45° | 90° | 135° | |
| W | 225° | 270° | 315° | 0° | 45° | 90° | 135° | 180° |

表 5-2-8　HZ5B-10 组合开关外形及安装尺寸

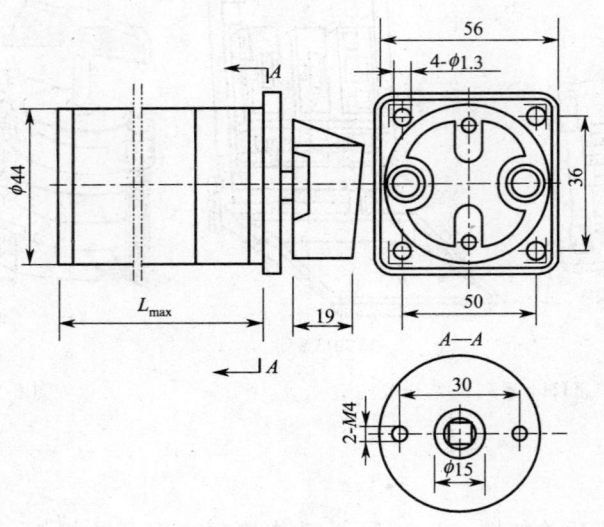

mm

| 层数 | 1 | 2 | 3 | 4 | 5 | 6 | 7 | 8 | 10 |
|---|---|---|---|---|---|---|---|---|---|
| $L_{max}$ | 39 | 54 | 69 | 84 | 99 | 115 | 130 | 145 | 175 |

### 三、低压断路器

低压断路器简称断路器，它不但可以用来不频繁地接通、分断电路，而且当电路中发生短路、过载或欠压等现象时，能自动分断电路；也可作为电动机的不频繁起动之用。

1. 在加装电气操作和控制装置后或断路器本身具有这些装置，则能实现远距离通信操作。通过现场总线实现集中分散控制，大大减少了设备之间的连线。断路器按其结构型式可分为装置式（塑料外壳式）和万能式（框架式）二种。

2. 塑壳式断路器的主要特点是有塑料外壳，里面安装或封有为断路器的基本部件。具有结构紧凑、体积小、重量轻和实用安全等优点。万能式（框架式）断路器有一个钢制框架，所有部件安装在该框架上（导电部分要加绝缘）。它内部可有较多的分断结构和辅助触头，组成有几种不同保护特性的结构，具有较大的容量。其型号含义一般为：

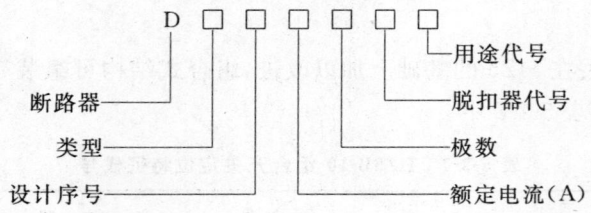

类型：Z—装置式、W—万能式。
脱扣器代号：0—无脱扣；1—热脱扣；3—电磁脱扣；4—复式脱扣；90—液压式电磁脱扣器。
用途代号：DZ10、DW10 系列：无字。
　　　　　DZ15 系列：1—配电用；2—保护电机用。

起重机上常用的断路器有 DZ10、DW10、DZ15、DZ20 等系列，其技术数据、外形及安装尺寸分别列于表 5-2-9 至表 5-2-14 及图 5-2-3 中。

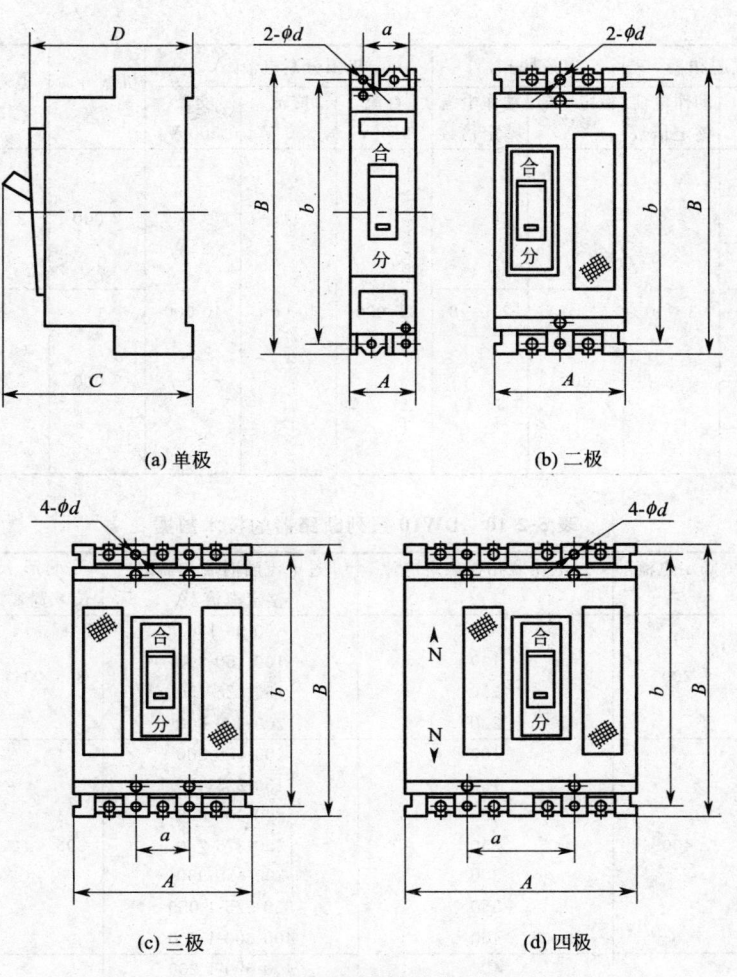

图 5-2-3 DZ15 系列断路器的外形及安装尺寸

表 5-2-9 DZ10 系列断路器的技术数据

| 型号 | 复式脱扣器 | | 电磁脱扣器 | | 极限分断电流/A | | | 机械寿命/次 | 电寿命/次 | 外形尺寸 长×宽×深/mm |
|---|---|---|---|---|---|---|---|---|---|---|
| | 额定电流/A | 动作电流整定倍数 | 额定电流/A | 动作电流整定倍数 | 直流220 V | 交流380 V | 交流500 V | | | |
| DZ10-100 | 15 | 10 | 15 | 10 | 7 000 | 7 000 | 6 000 | 10 000 | 50 000 | 153×105×105.5 |
| | 20 | | 20 | | | | | | | |
| | 25 | | 25 | | 9 000 | 9 000 | 7 000 | | | |
| | 30 | | 30 | | | | | | | |
| | 40 | | 40 | | | | | | | |
| | 50 | | 50 | | | | | | | |
| | 60 | | 100 | 6~10 | 12 000 | 12 000 | 10 000 | | | |
| | 80 | | | | | | | | | |
| | 100 | | | | | | | | | |
| DZ10-250 | 100 | 5~10 | 250 | 2~6 | 20 000 | 30 000 | 25 000 | 8 000 | 4 000 | 276×155×143.5 |
| | 120 | 4~10 | | | | | | | | |
| | 140 | 3~10 | | 2.5~8 | | | | | | |
| | 170 | | | | | | | | | |
| | 200 | | | 3~10 | | | | | | |
| | 250 | | | | | | | | | |

续上表

| 型号 | 复式脱扣器 额定电流/A | 复式脱扣器 动作电流整定倍数 | 电磁脱扣器 额定电流/A | 电磁脱扣器 动作电流整定倍数 | 极限分断电流/A 直流220 V | 极限分断电流/A 交流380 V | 极限分断电流/A 交流500 V | 机械寿命/次 | 电寿命/次 | 外形尺寸 长×宽×深/mm |
|---|---|---|---|---|---|---|---|---|---|---|
| DZ10-600 | 200 | 3~10 | 400 | 2~7 | 25 000 | 40 000 | 40 000 | 7 000 | 2 500 | 395×210×154.5 |
|  | 250 |  |  |  |  |  |  |  |  |  |
|  | 300 |  |  |  |  |  |  |  |  |  |
|  | 350 |  |  | 2.5~8 |  |  |  |  |  |  |
|  | 400 |  |  |  |  |  |  |  |  |  |
|  | 500 |  | 600 | 3~10 |  |  |  | 7 000 | 2 000 |  |
|  | 600 |  |  |  |  |  |  |  |  |  |

表 5-2-10 DW10 系列断路器的技术数据

| 型 号 | 额定电流/A | 过电流脱扣器额定电流/A | 过电流瞬时脱扣器的整定电流/A | 外形尺寸 长×宽×深/mm | 质 量/kg |
|---|---|---|---|---|---|
| DW 10-200/2 DW 10-200/3 | 200 | 60<br>100<br>150<br>200 | 60-90-180<br>100-150-300<br>150-225-450<br>200-300-600 | 355×344×205 | 15 |
| DW 10-400/2 DW 10-400/3 | 400 | 100<br>150<br>200<br>250<br>300<br>350<br>400 | 100-150-300<br>150-225-450<br>200-300-600<br>250-375-750<br>300-450-900<br>350-525-1 050<br>400-600-1 200 | 396×346×230 | 20 |
| DW 10-600/2 DW 10-600/3 | 600 | 400<br>500<br>600 | 400-600-1 200<br>500-750-1 500<br>500-900-1 800 | 396×346×230 | 21 |
| DW 10-1000/2 DW 10-1000/3 | 1 000 | 400<br>500<br>600<br>800<br>1 000 | 400-600-1 200<br>500-750-1 500<br>600-900-1 800<br>800-1 200-2 400<br>1 000-1 500-3 000 | 584.5×676×351 | 63.6 |

注：外形尺寸、重量为 3 极时，各厂数据有些差异。

表 5-2-11 DZ15 系列断路器的技术数据

| 型 号 | $U_t$/V | $I_{nm}$/A | $U_e$/V | 极数 | $I_n$/A |
|---|---|---|---|---|---|
| DZ15-40/190□ | 380 | 40 | 交流220 | 1 | 6、10、16、20、25、32、40 |
| DZ15-40/290□ |  |  | 交流380 | 2 |  |
| DZ15-40/390□ |  |  |  | 3 |  |
| DZ15-40/490□ |  |  |  | 4 |  |
| DZ15-63/190□ | 380 | 63 | 交流220 | 1 | 10、16、20、25、32、40、50、63 |
| DZ15-63/290□ |  |  | 交流380 | 2 |  |
| DZ15-63/390□ |  |  |  | 3 |  |
| DZ15-63/490□ |  |  |  | 4 |  |

注：$I_{nm}$——断路器壳架等级额定电流；$I_n$——断路器额定电流。

**表 5-2-12　DZ15 系列断路器的外形尺寸**

| $I_{nm}$/A | 代号 | 外形尺寸/mm | | | |
|---|---|---|---|---|---|
| | | 单极 | 二极 | 三极 | 四极 |
| 40 | A | 27±1.05 | 53±1.5 | 78±1.5 | 103±1.75 |
| | B | 134±2.0 | 134±2.0 | 134±2.0 | 134±2.0 |
| | C | 88±1.75 | 88±1.75 | 88±1.75 | 88±1.75 |
| | D | 73.5±1.5 | 73.5±1.5 | 73.5±1.5 | 73.5±1.5 |
| 63 | A | 30±1.05 | 66±1.5 | 96±1.75 | 126±2.0 |
| | B | 147±2.0 | 147±2.0 | 147±2.0 | 147±2.0 |
| | C | 95±1.75 | 95±1.75 | 95±1.75 | 95±1.75 |
| | D | 80±1.5 | 80±1.5 | 80±1.5 | 80±1.5 |

**表 5-2-13　DZ15 系列断路器的安装尺寸**

| $I_{nm}$/A | 代号 | 安装尺寸/mm | | | |
|---|---|---|---|---|---|
| | | 单极 | 二极 | 三级 | 四级 |
| 40 | a | 18±0.215 | | 25±0.26 | 50±0.31 |
| | b | 120±0.435 | 120±0.435 | 120±0.435 | 120±0.435 |
| | φd | $\phi 5^{+0.30}_{0}$ | $\phi 5^{+0.30}_{0}$ | $\phi 5^{+0.30}_{0}$ | $\phi 5^{+0.30}_{0}$ |
| 63 | a | 20±0.26 | | 30±0.26 | 60±0.37 |
| | b | 130±0.50 | 130±0.50 | 130±0.50 | 130±0.50 |
| | φd | $\phi 5^{+0.30}_{0}$ | $\phi 7^{+0.36}_{0}$ | $\phi 7^{+0.36}_{0}$ | $\phi 7^{+0.36}_{0}$ |

**表 5-2-14　DZ20 系列断路器的技术数据**

| 型号 | | | DZ20Y-100 | | DZ20Y-200 | | DZ20Y-400 | | DZ20Y-630 | | DZ20Y-1250 | |
|---|---|---|---|---|---|---|---|---|---|---|---|---|
| 壳架等级电流/A | | | 100 | | 200 | | 400 | | 630 | | 1 250 | |
| 极数 | | | 二极 | 三极 | 二极 | 三极 | 二极 | 三极 | 二极 | 三极 | 二极 | 三极 |
| 脱扣器额定电流/A | | | 16、20、32、40、50、63、80、100 | | 100、125、160、180、200、225 | | 200、250、315、350、400 | | 250、315、350、400、500、630 | | 630、700、800、1 000、1 250 | |
| 额定工作电压/V | | AC | 380 | | 380 | | 380、660 | | 380 | | 380 | |
| | | DC | 220 | | 220 | | 220 | | 220 | | 220 | |
| 额定极限短路分断能力/kA $I_{cn}$ IEC157—1(1A.1B) JB/DQ 4284—87 | AC | 660 V | | | | | 15 | | | | | |
| | | 460 V | | | | | 25 | | | | | |
| | | 380 V | 18 | | 25 | | 30 | | 30 | | 50 | |
| | | 220 V | 50 | | | | | | | | | |
| | DC | 220 V | 10 | | 20 | | 25 | | 25 | | 30 | |
| 额定运行短路分断能力/kA $I_{cn}$ | AC | 660 V | | | | | 11 | | | | | |
| | | 380 V | 14 | | 19 | | 23 | | 23 | | 38 | |
| | DC | 220 V | 10 | | 20 | | 25 | | 25 | | 30 | |
| 外形尺寸 | | W | 105 | | 108.5 | | 155 | | 210 | | 212 | |
| | | L | 165 | | 256.5 | | 276 | | 268 | | 393 | |
| | | H | 86.5 | | 105 | | 116 | | 108 | | 142 | |
| | | $H_1$ | 103 | | 142 | | 149.5 | | 147 | | 216 | |

续上表

| 型号 | | DZ20Y-100 | | DZ20Y-200 | | DZ20Y-400 | | DZ20Y-630 | DZ20Y-1250 |
|---|---|---|---|---|---|---|---|---|---|
| 附件 | 欠电压脱扣器 | √ | | √ | | √ | | √ | √ |
| | 分励脱扣器 | √ | | √ | | √ | | √ | √ |
| | 辅助触头 | √ | | √ | | √ | | √ | √ |
| | 报警触头 | √ | | √ | | √ | | √ | √ |
| | 电动操作机构 | √ | | √ | | √ | | √ | √ |
| | 转动手柄操作机构 | √ | | √ | | √ | | √ | √ |
| | 接线端子 | √ | | √ | | √ | | √ | √ |
| 连接铜导线(铜母线)最大截面积 | | 35 mm² | | 95 mm² | | 240 mm² | | 40×5 二根 | 80×5 二根 |
| 质量/kg | | 1.1 | 1.8 | 3.2 | 3.8 | 5.5 | 6.0 | 7.5　8.2 | 16　18.9 |

DZ20 系列断路器的型号含义：

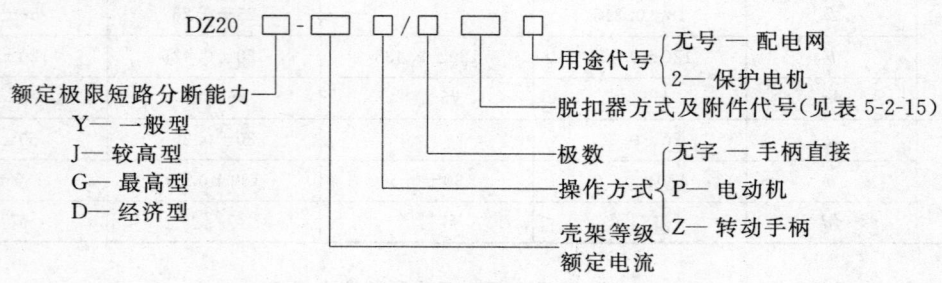

### 表 5-2-15　DZ20 系列断路器脱扣器方式及附件代号

| 附件代号　附件名称　过电流脱扣器方式 | 无 | 报警触头 | 分励脱扣器 | 辅助触头 | 欠电压脱扣器 | 分励脱扣器辅助触头 | 分励脱扣器欠电压脱扣器 | 二组辅助触头 | 辅助触头欠电压脱扣器 |
|---|---|---|---|---|---|---|---|---|---|
| 瞬时脱扣器 | 200 | 208 | 210 | 220 | 230 | 240 | 250 | 260 | 270 |
| 复式脱扣器 | 300 | 308 | 310 | 320 | 330 | 340 | 350 | 360 | 370 |

| 附件代号　附件名称　过电流脱扣器方式 | 分励脱扣器报警触头 | 辅助触头报警触头 | 欠电压脱扣器报警触头 | 分励脱扣器辅助触头报警触头 | 分励脱扣器欠电压脱扣器报警触头 | 二组辅助触头报警触头 | 欠电压脱扣器辅助触头报警触头 |
|---|---|---|---|---|---|---|---|
| 瞬时脱扣器 | 218 | 228 | 238 | 248 | 258 | 268 | 278 |
| 复式脱扣器 | 318 | 328 | 338 | 348 | 358 | 368 | 378 |

除以上常用的国产断路器，目前还有一些合资及进口品牌断路器，可以应用于起重机电气系统。

## 第二节　凸轮控制器、主令控制器、万能转换开关及联动控制台

### 一、凸轮控制器

凸轮控制器适用于交流 380 V，50 Hz 的电路中，转动控制手柄后可按预定顺序变更定子电路

或转子电路的电阻值达到直接控制电动机的起动、调速、换向等目的。此控制器具有可逆对称的电路，适用于起重机的运行机构和小容量电动机的起升机构。电动机功率≤22 kW。

控制绕线型异步电动机时，转子上串接不对称电阻，前后各有五挡位置时，其机械特性的标么值如图5-2-4所示。

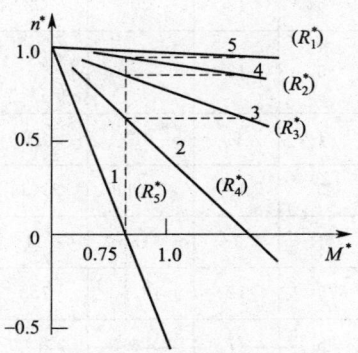

图 5-2-4　凸轮控制器控制绕线型电动机五档、不对称切除电阻时，机械特性的标么值

目前起重机常用的凸轮控制器有 KT10、KT14、KTJ15 等系列，其型号含义为：

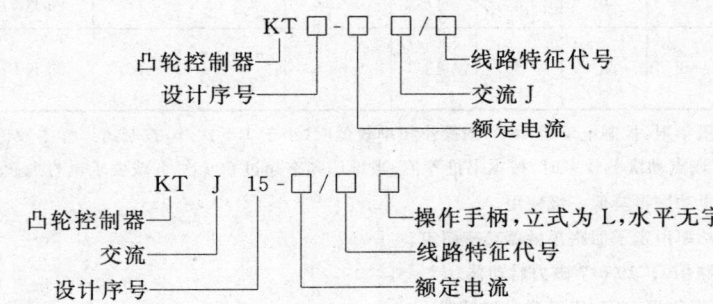

KT10、KT14 系列凸轮控制器的主要技术数据列于表 5-2-16 中，在额定操作频率（600 次/h）时，其机械寿命 60A 以下为 150 万次，100 A 级以上为 100 万次。在额定电压、功率因数 0.35、接通与分断电流：KT14-25 为 32 A，KT14-16J 为 80 A 时，电寿命为 30 万次。手柄操作力 60 A 级以下小于 5 kg；100 A 级以上小于 7 kg。与各型号凸轮控制器相应的电气原理图如图 5-2-5 至图 5-2-9 所示。其外形及安装尺寸见图 5-2-10 至图 5-2-12。

表 5-2-16　凸轮控制器技术数据表

| 型号 | 电气原理图 | 额定电流/A | 工作位置数 向前（上升） | 工作位置数 向后（下降） | 触头数 | 电动机功率/kW 制造厂样本数值（JC25%） | 电动机功率/kW 推荐数值（JC40%） | 质量/kg | 使用场合 |
|---|---|---|---|---|---|---|---|---|---|
| KT10-25J/1 | 图 5-2-5 | 25 | 5 | 5 | 12 | 11 | 7.5 | 12 | 控制一台绕线型电动机 |
| KT10-25J/2 | 图 5-2-6 | 25 | 5 | 5 | 13 | * | **  2×7.5 | 13 | 同时控制二台绕线型电动机，定子回路由接触器控制 |
| KT10-25J/3 | 图 5-2-8 | 25 | 1 | 1 | 9 | 5 | 3.5 | 11 | 控制一台笼型电动机 |
| KT10-25J/5 | 图 5-2-7 | 25 | 5 | 5 | 17 | 2×5 | 2×3.5 | 15 | 同时控制二台绕线型电动机 |
| KT10-25J/7 | 图 5-2-9 | 25 | 1 | 1 | 7 | 5 | 3.5 | 9 | 控制一台转子串频敏变阻器的绕线型电动机 |

续上表

| 型号 | 电气原理图 | 额定电流/A | 工作位置数 向前（上升） | 工作位置数 向后（下降） | 触头数 | 电动机功率/kW 制造厂样本数值（JC25%） | 电动机功率/kW 推荐数值（JC40%） | 质量/kg | 使用场合 |
|---|---|---|---|---|---|---|---|---|---|
| KT10-60J/1 | 图5-2-5 | 60 | 5 | 5 | 12 | 30 | 22 | 20 | 同KT10-25J/1 |
| KT10-60J/2 | 图5-2-6 | 60 | 5 | 5 | 13 | * | ***  2×16 | 21 | 同KT10-25J/2 |
| KT10-60J/3 | 图5-2-8 | 60 | 1 | 1 | 9 | 16 | 11 | 19 | 同KT10-25J/3 |
| KT10-60J/5 | 图5-2-7 | 60 | 5 | 5 | 17 | 2×11 | 2×11 | 24 | 同KT10-25J/5 |
| KT10-60J/7 | 图5-2-9 | 60 | 1 | 1 | 7 | 16 | 11 | 16 | 同KT10-25J/7 |
| KT14-25J/1 | 图5-2-5 | 25 | 5 | 5 | 12 | 12.5 | 7.5 | 14 | 同KT10-25J/1 |
| KT14-25J/2 | 图5-2-7 | 25 | 5 | 5 | 17 | 2×6.5 | 2×3.5 | 19 | 同KT10-25J/5 |
| KT14-25J/3 | 图5-2-9 | 25 | 1 | 1 | 7 | 8 | 3.5 | 14 | 同KT10-25J/7 |
| KT14-60J/1 | 图5-2-5 | 60 | 5 | 5 | 12 | 32 | 22 | 14 | 同KT10-25J/1 |
| KT14-60J/2 | 图5-2-7 | 60 | 5 | 5 | 17 | 2×16 | 2×11 | 19 | 同KT10-25J/5 |
| KT14-60J/4 | 图5-2-6 | 60 | 5 | 5 | 13 | * | ***  2×16 | 15 | 同KT10-25J/2 |

注：1. 为保证一定的使用年限，控制电动机功率，当操作频率较低时（小于150次/h）按制造厂样本数值；当操作频率较高（300次/h～600次/h）或点动次数较多时，按本书推荐值；当操作频率超过600次/h或要求电寿命超过50万次较多时，按本书推荐的控制电机功率再降低一级使用。

2. 表中 * 处的电机功率由定子回路接触器功率而定。

3. ** 号处定子回路用QC10-6/7磁力启动器。

4. *** 号处定子回路用QC10-7/7磁力启动器。

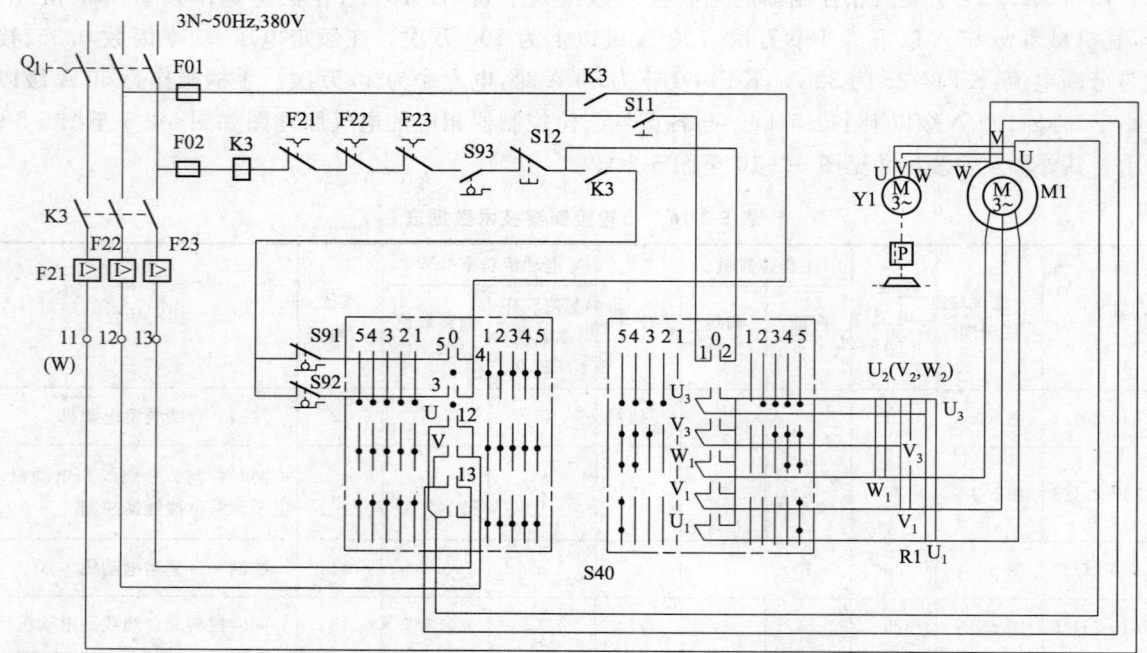

图5-2-5　KT10-25J/1、KT10-60J/1、KT14-25J/1、KT14-60J/1型凸轮控制器原理图

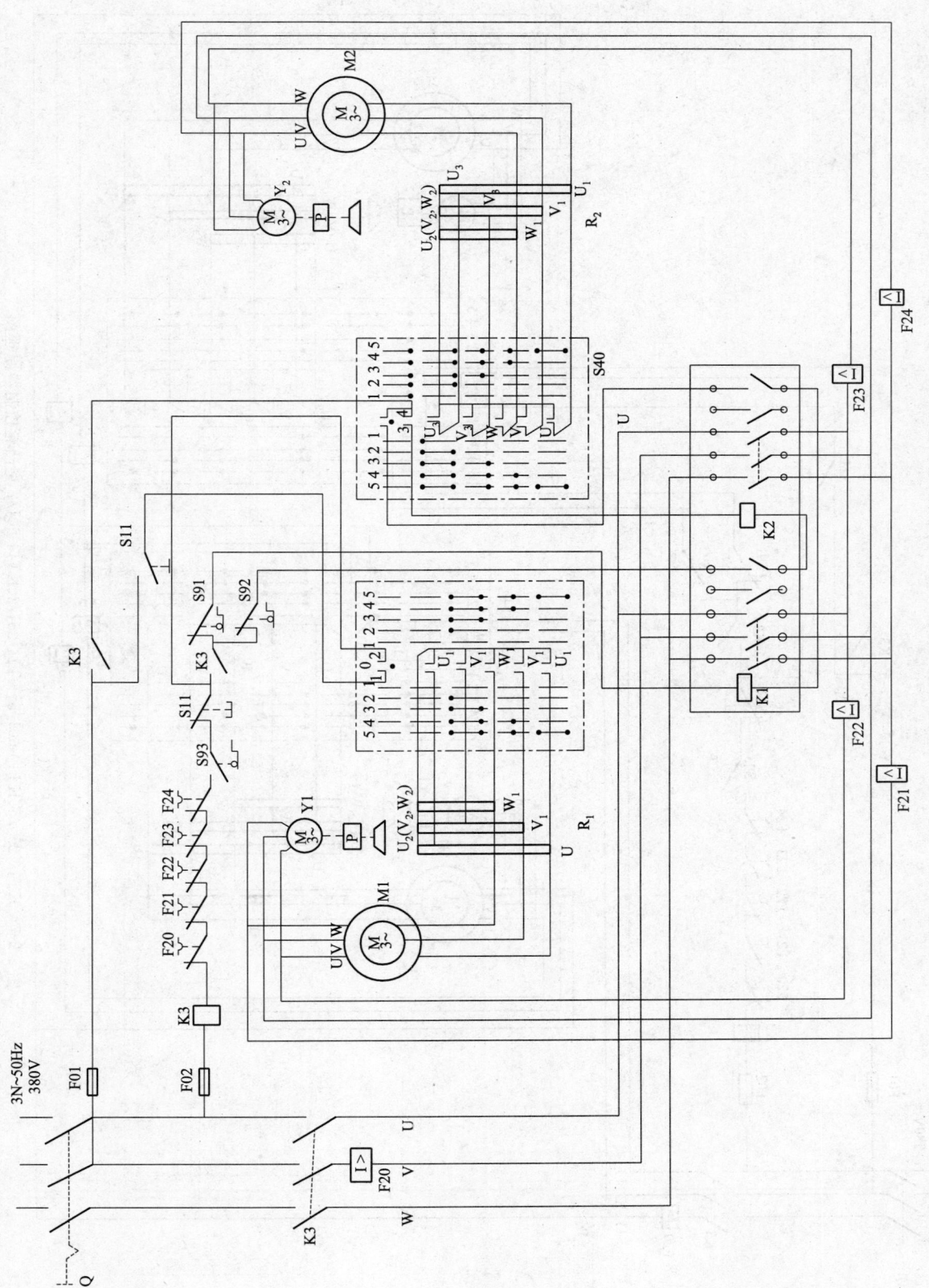

图 5-2-6 KT10-25J/2、KT10-60J/2、KT14-60J/4 型凸轮控制器原理图

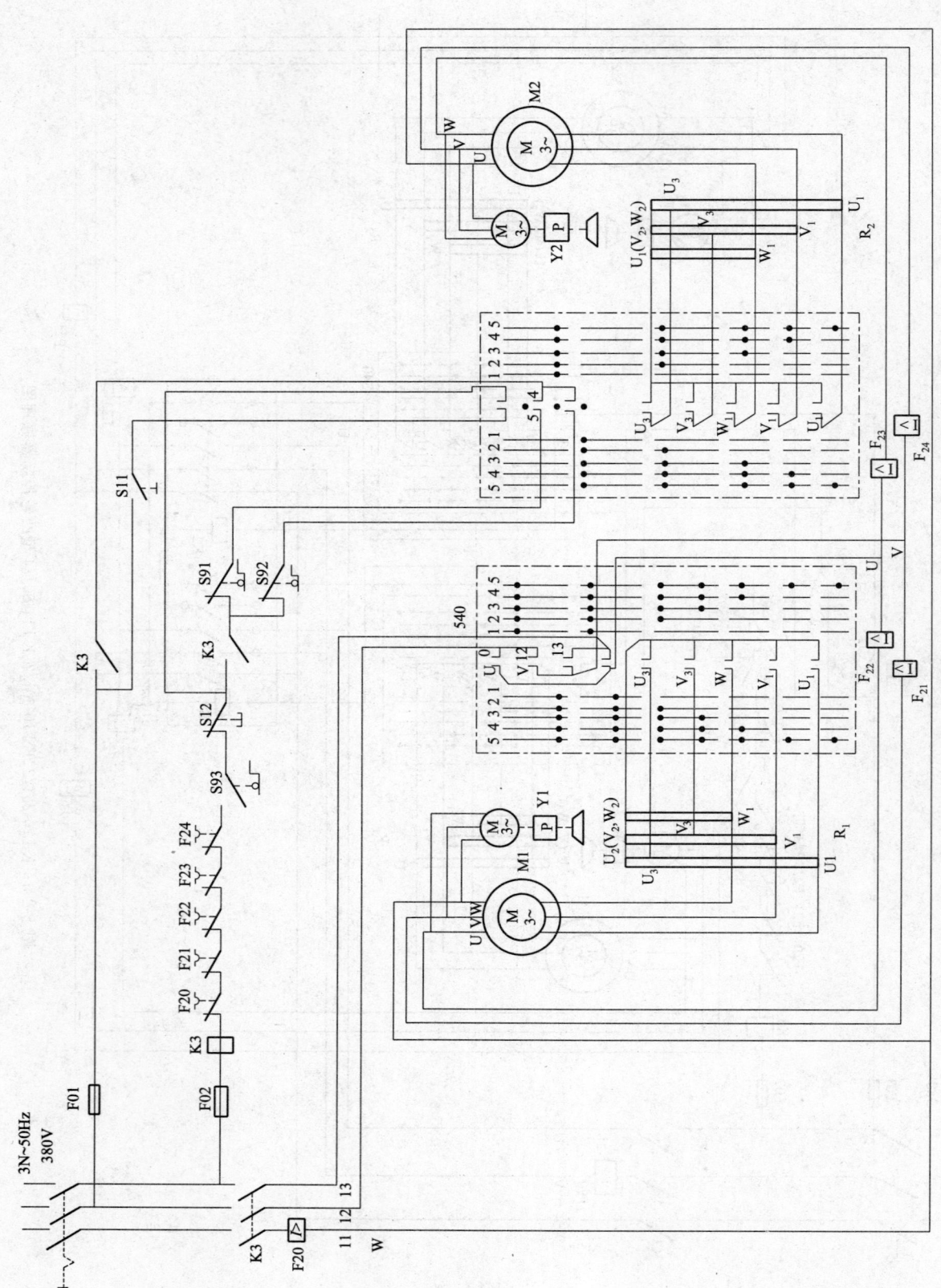

图 5-2-7　KT10-25J/5、KT10-60J/5、KT14-25J/2、KT14-60J/2 型凸轮控制器原理图

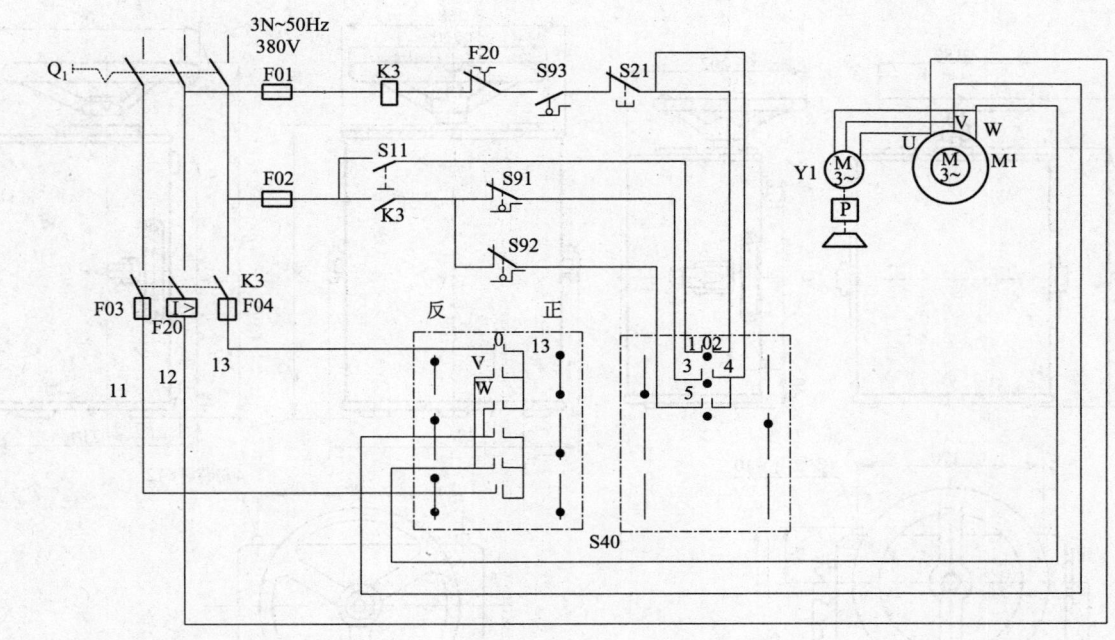

图 5-2-8　KT10-25J/3、KT10-60J/3 型凸轮控制器原理图

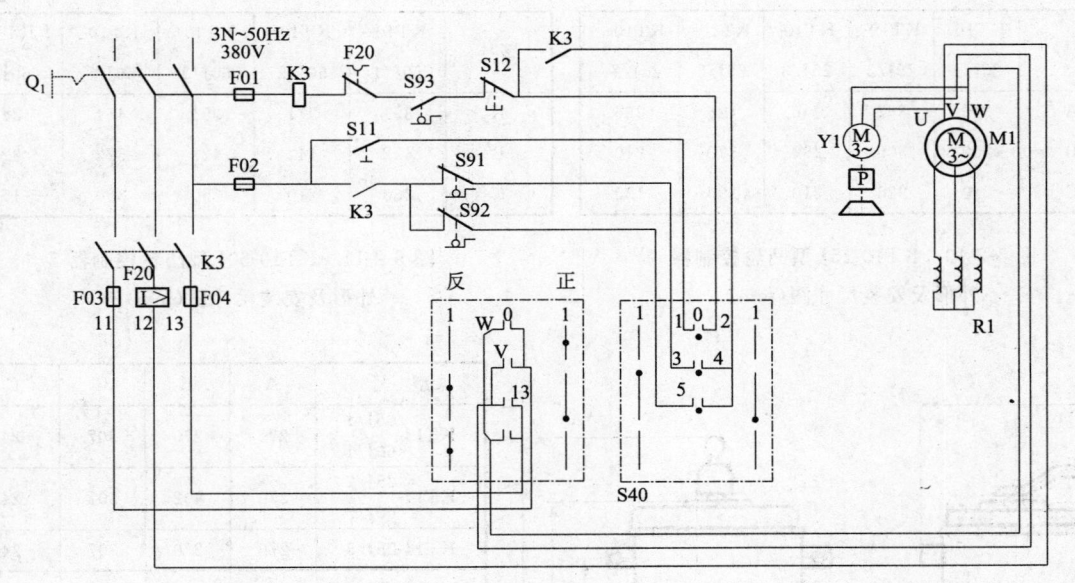

图 5-2-9　KT10-25J/7、KT10-60J/7、KT14-25J/3 型凸轮控制器原理图

KTJ15 系列凸轮控制器的触头采用立式排列，32 A 控制器可直接控制 15 kW 及以下的绕线式电动机；63 A 控制器可直接控制 30 kW 及以下的绕线式电动机；手柄操作力不大于 4kg，机械寿命不低于 300 万次；当额定电压、功率因数 0.65、接通 2.5 倍额定电流，分断额定电流时，电寿命为 30 万次。其中，KTJ15-32/1、KTJ15-63/1 型与 KT10-25J/1 型凸轮控制器原理相同，见图 5-2-5。KTJ15-32/3、KTJ15-63/3 型与 KT10-25J/3 型凸轮控制器原理相同见图 5-2-8。KTJ15-32/2、KTJ15-63/2、KTJ15-32/5、KTJ15-63/5 型凸轮控制器的原理见图 5-2-13、图 5-2-14；其外形及安装尺寸见图 5-2-15。

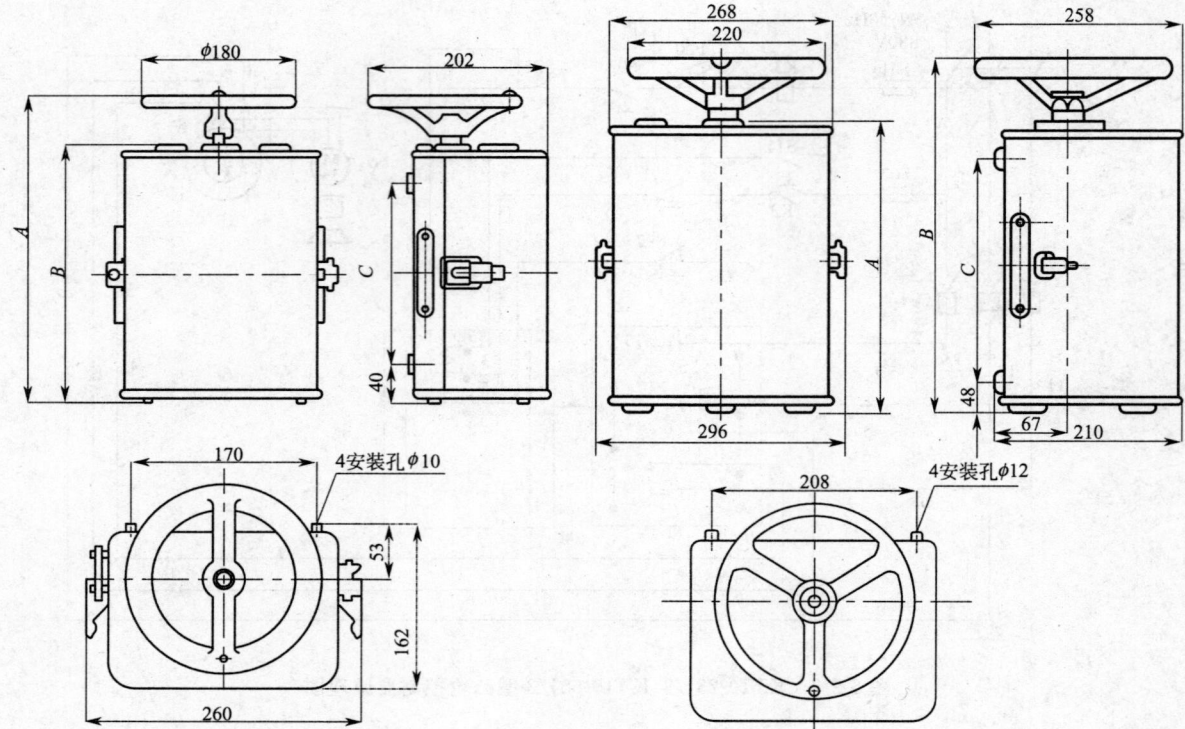

| 型号 | KT10-25J/1 | KT10-25J/2 | KT10-25J/3 | KT10-25J/5 | KT10-25J/7 |
|---|---|---|---|---|---|
| A | 346 | 362 | 346 | 426 | 266 |
| B | 290 | 306 | 290 | 370 | 210 |
| C | 210 | 226 | 210 | 290 | 130 |

图 5-2-10 KT10-25J 型凸轮控制器外形及安装尺寸图(mm)

| 型号 | KT10-60J/1 | KT10-60J/2 | KT10-60J/3 | KT10-60J/5 | KT10-60J/7 |
|---|---|---|---|---|---|
| A | 351 | 371 | 351 | 451 | 251 |
| B | 422 | 442 | 422 | 522 | 322 |
| C | 250 | 210 | 250 | 350 | 150 |

图 5-2-11 KT10-60J 型凸轮控制器外形及安装尺寸图(mm)

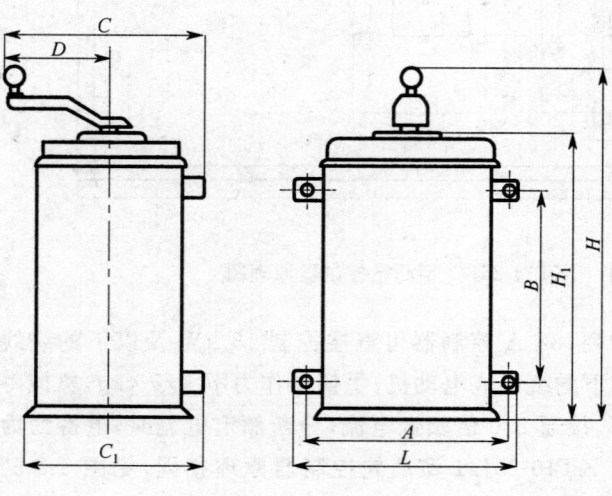

| 型号 | A | B | C | C1 |
|---|---|---|---|---|
| KT14-25J/1<br>60J/1 | 270 | 270 | 307 | 248 |
| KT14-25J/2<br>60J/2 | 270 | 402 | 307 | 248 |
| KT14-25J/3 | 270 | 270 | 307 | 248 |
| KT14-60J/4 | 270 | 314 | 307 | 248 |
| 型号 | D | H | $H_1$ | L |
| KT14-25J/1<br>60J/1 | 175 | 510 | 405 | 300 |
| KT14-25J/2<br>60J/2 | 175 | 642 | 537 | 300 |
| KT14-25J/3 | 175 | 510 | 405 | 300 |
| KT14-60J/4 | 175 | 554 | 449 | 300 |

图 5-2-12 KT14 型凸轮控制器外形及安装尺寸图(mm)

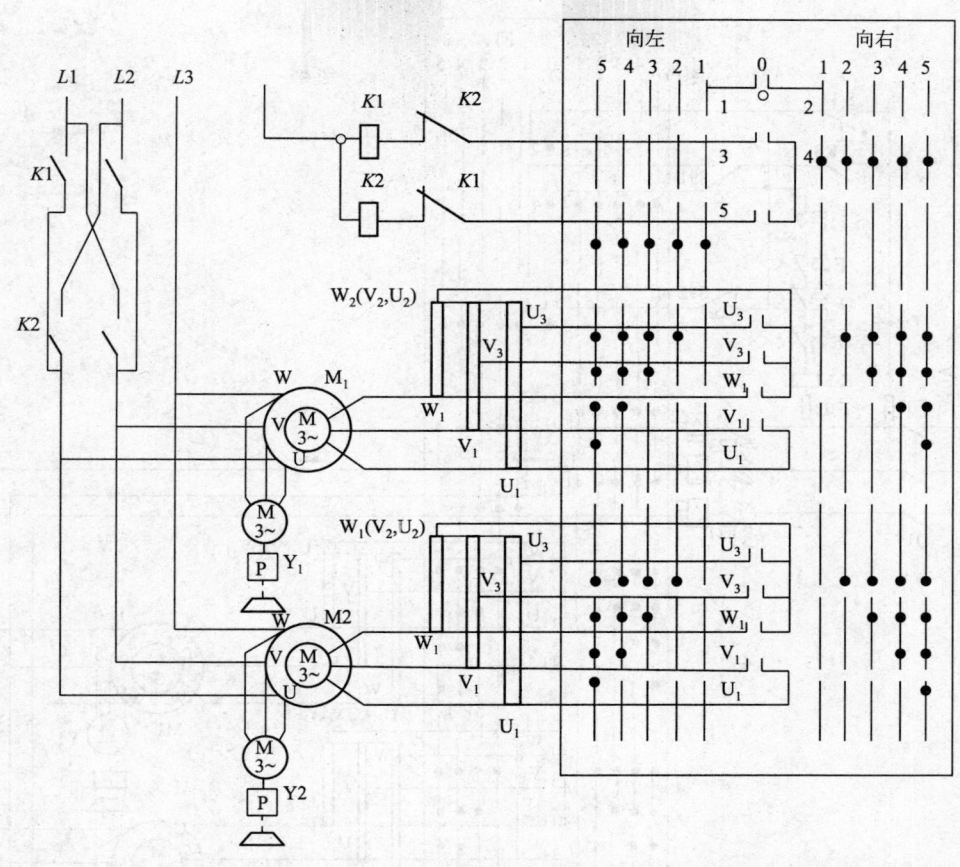

图 5-2-13 KTJ15-32/2、KTJ15-63/2 型凸轮控制器电气原理图

## 二、主令控制器

主令控制器是用来频繁地换接多回路的控制电器。它按一定顺序分合触头,达到发布命令或与其他控制线路联锁、转换的目的,从而实现远距离控制。因此,主令控制器也是一种主令电器。

主令控制器与接触器配合才能组成电气控制系统,控制电动机的起动、调速、反转及制动。由于该线路较复杂,元件多、体积大、成本高,因此仅在下列情况之一时采用:

(1) 电动机容量较大,凸轮控制器容量不够时;
(2) 起重机工作繁忙,机构的通断次数每小时超过 600 次;
(3) 机构性能要求高,线路复杂,凸轮控制器不能满足要求时;
(4) 由于起重机的机构较多,要求降低司机劳动强度时。

起重机中常用的主令控制器有 LK16、LK18 等系列。其技术数据为:交流 50 Hz、额定工作电压 380 V 及直流 220 V 以下;额定发热电流 10A;额定操作频率 1 200 次/h;LK18 系列用在 380 V 电压;接通电流 26A、$\cos\varphi=0.7$;分断电流 2.6A、$\cos\varphi=0.4$ 时,电寿命为 100 万次。

各系列主令控制器的型号含义为:

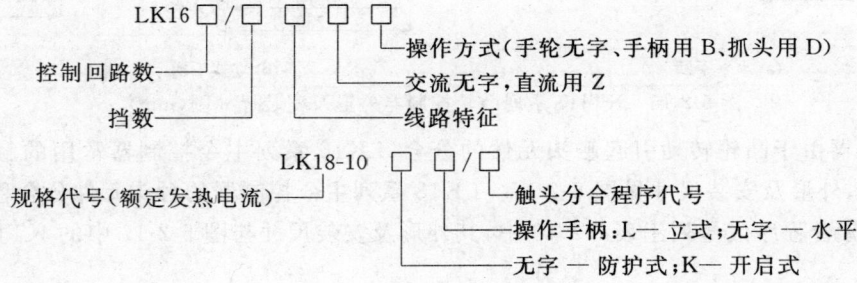

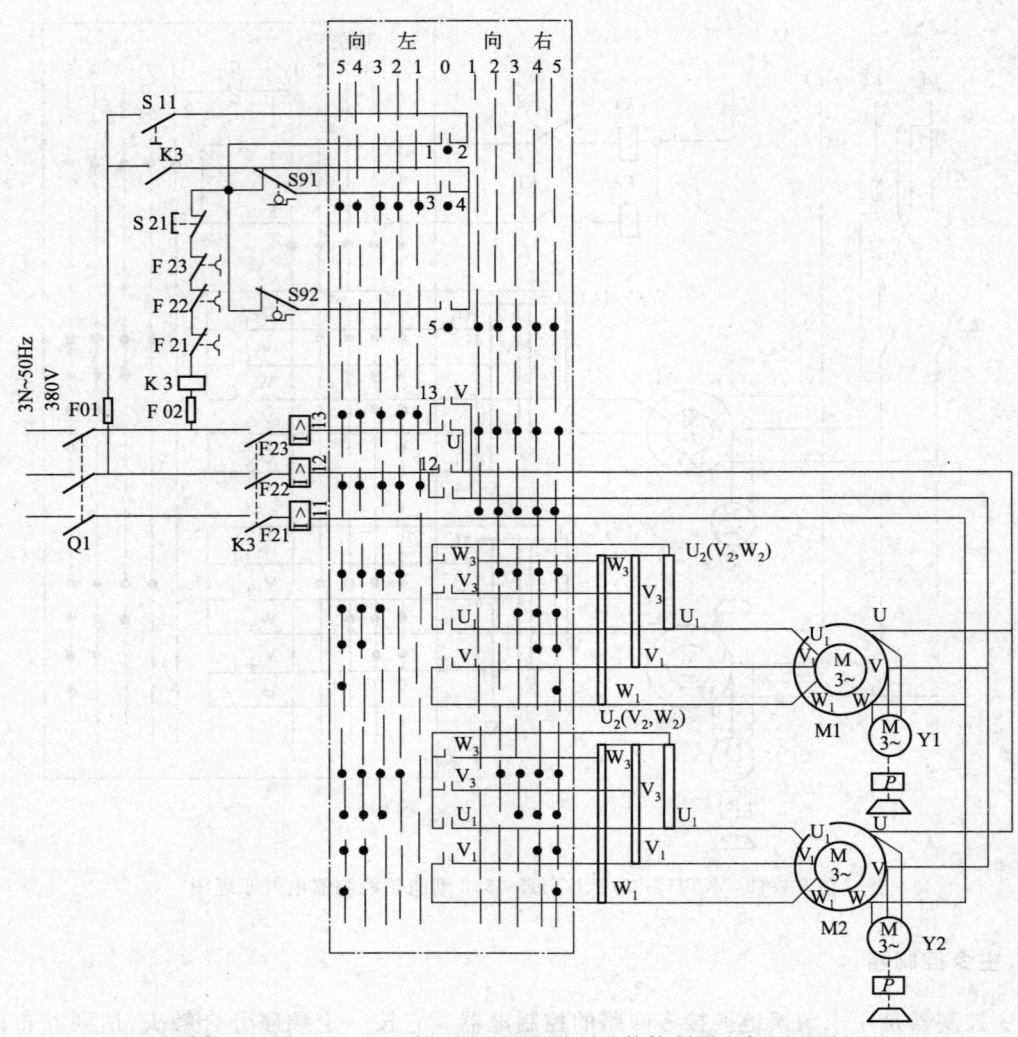

图 5-2-14　KTJ15-32/5、KTJ15-63/5 型凸轮控制器电气原理图

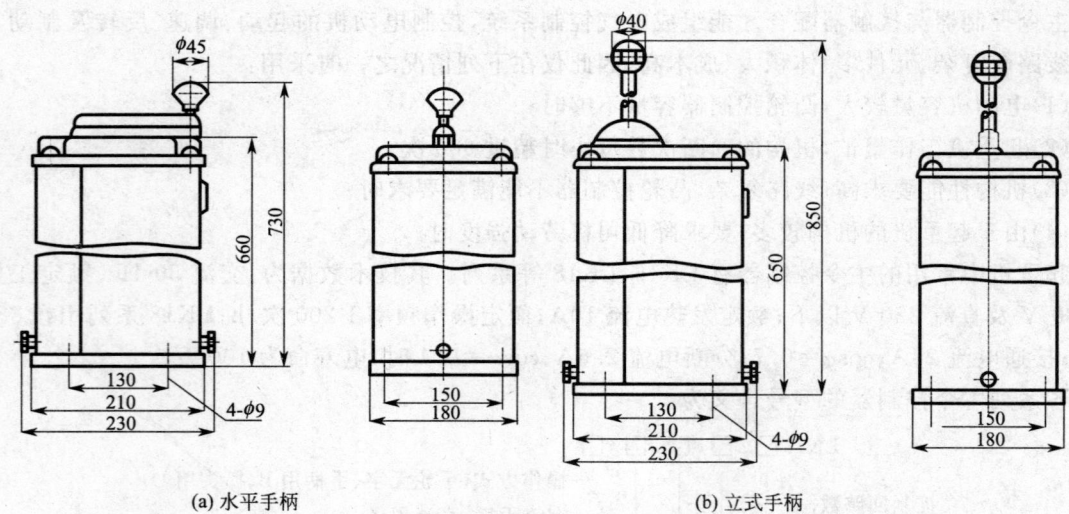

(a) 水平手柄　　　　(b) 立式手柄

图 5-2-15　KTJ15 系列凸轮控制器外形及安装尺寸图(mm)

主令控制器由于凸轮转动引起触头元件的分合，LK16 系列主令控制器常用的触头闭合表如图 5-2-16 所示，外形及安装尺寸见图 5-2-17。LK18 系列主令控制器的触头元件分合程序汇总列于表 5-2-17 中，分合程序代号列于表 5-2-18 中，其外形及安装尺寸与图 5-2-15 中的 KTJ15 系列凸轮控制器相同。

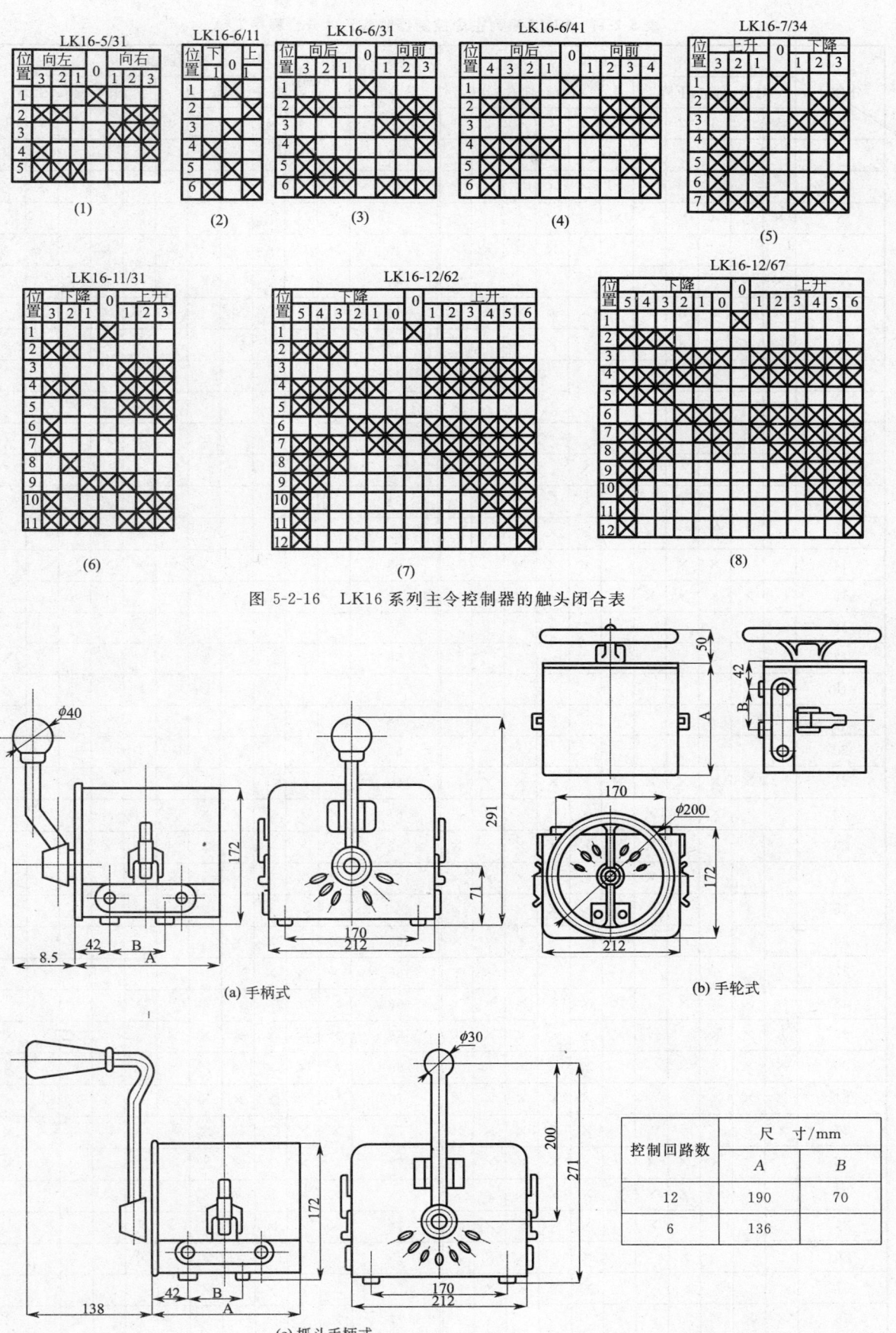

图 5-2-16　LK16 系列主令控制器的触头闭合表

图 5-2-17　LK16 系列主令控制器的外形及安装尺寸（mm）

**表 5-2-17　LK18 系列主令控制器触头元件分合程序汇总**

| 分合号 | 向后、向左、下降 5 | 4 | 3 | 2 | 1 | 0 | 向前、向右、上升 5 | 4 | 3 | 2 | 1 | 分合号 | 向后、向左、下降 5 | 4 | 3 | 2 | 1 | 0 | 向前、向右、上升 5 | 4 | 3 | 2 | 1 |
|---|---|---|---|---|---|---|---|---|---|---|---|---|---|---|---|---|---|---|---|---|---|---|---|
| 1  |   |   |   |   |   | × |   |   |   |   |   | 40 | × | × |   |   |   |   |   |   | × | × | × |
| 2  |   |   |   |   |   | × | × | × | × | × | × | 41 | × |   |   |   |   |   |   |   |   | × | × |
| 3  | × | × | × | × | × | × |   |   |   |   |   | 42 | × | × | × |   |   |   | × | × | × | × |   |
| 4  |   |   |   |   |   |   | × | × | × | × | × | 43 | × | × |   |   |   |   | × | × | × | × |   |
| 5  | × | × | × | × |   |   |   |   |   |   |   | 44 | × |   |   |   |   |   |   |   |   |   |   |
| 6  | × | × | × | × |   |   |   |   | × | × | × | 45 |   |   |   |   |   |   |   |   |   |   |   |
| 7  | × | × | × |   |   |   |   |   | × | × | × | 46 |   |   |   |   |   |   |   |   |   |   |   |
| 8  | × | × |   |   |   |   |   |   | × | × | × | 47 |   |   |   |   |   |   |   |   |   |   |   |
| 9  | × | × |   |   |   |   |   |   |   | × | × | 48 |   |   |   |   |   |   |   | × | × | × |   |
| 10 | × |   |   |   |   |   |   |   |   |   | × | 49 |   |   |   |   |   |   |   |   | × | × |   |
| 11 |   |   |   | × | × | × |   |   |   |   |   | 50 |   |   |   |   |   |   |   |   | × |   |   |
| 12 |   |   |   |   | × | × |   |   |   |   |   | 51 |   |   |   |   | × |   |   |   |   |   |   |
| 13 |   |   |   | × | × |   | × | × |   |   |   | 52 |   |   |   | × |   |   |   |   |   |   |   |
| 14 |   |   | × | × |   |   |   |   |   |   |   | 53 |   |   | × | × | × |   |   |   |   |   |   |
| 15 |   | × | × | × | × |   | × | × | × | × |   | 54 |   | × |   |   |   |   |   |   |   |   |   |
| 16 |   |   |   |   |   |   |   |   |   |   |   | 55 |   |   | × | × |   |   |   |   |   |   |   |
| 17 |   |   |   |   |   |   |   |   |   |   |   | 56 |   |   | × |   |   |   |   |   |   |   | × |
| 18 |   |   |   |   |   |   |   |   |   |   |   | 57 |   |   |   | × | × |   |   |   |   | × | × |
| 19 |   |   |   |   |   |   |   |   |   |   |   | 58 |   |   |   |   |   |   |   |   |   |   |   |
| 20 |   |   |   |   |   |   |   |   |   |   |   | 59 |   |   |   |   |   |   |   |   |   |   |   |
| 21 |   | × | × | × | × | × | × | × | × | × |   | 60 |   |   |   |   |   |   |   |   |   |   |   |
| 22 |   |   | × | × | × | × | × | × | × | × |   | 61 | × | × | × | × | × | × | × | × | × | × |   |
| 23 |   |   |   | × | × | × | × | × | × | × |   | 62 |   |   |   |   |   |   |   |   |   |   |   |
| 24 |   |   |   | × | × | × | × | × | × |   |   | 63 |   |   |   |   |   |   |   |   |   |   |   |
| 25 |   |   |   |   |   |   |   |   |   |   |   | 64 |   |   |   |   |   |   |   |   |   |   |   |
| 26 |   |   |   |   |   |   | × | × | × |   |   | 65 | × | × | × | × |   |   |   |   |   |   |   |
| 27 |   |   |   |   |   |   |   |   | × | × |   | 66 |   |   |   |   |   |   |   |   |   |   |   |
| 28 | × | × | × | × |   |   | × | × | × | × | × | 67 | × | × |   |   |   |   |   |   |   |   |   |
| 29 | × | × | × |   |   |   | × | × | × | × | × | 68 |   |   |   |   |   |   |   |   |   |   |   |
| 30 | × | × | × | × |   |   | × | × | × | × | × | 69 |   |   |   |   |   |   |   |   |   |   |   |
| 31 | × | × | × |   |   |   | × | × | × | × | × | 70 |   |   |   |   |   |   |   |   |   |   |   |
| 32 | × | × |   |   |   |   | × | × | × | × | × | 71 |   |   |   |   |   |   |   |   |   |   |   |
| 33 |   |   | × | × |   |   |   |   |   |   |   | 72 |   |   |   |   |   |   |   |   |   | × | × |
| 34 |   |   |   | × | × |   |   |   |   |   |   | 73 | × | × | × | × |   |   | × | × | × | × | × |
| 35 |   |   |   | × |   |   |   |   |   |   |   | 74 |   |   |   |   |   |   |   |   |   |   |   |
| 36 |   |   |   | × |   |   |   |   |   |   |   | 75 | × | × | × | × |   |   | × | × | × | × | × |
| 37 |   |   | × |   |   |   |   |   |   |   |   | 76 | × | × | × |   |   |   | × |   |   |   |   |
| 38 | × | × | × |   |   |   |   |   |   |   | × | 77 | × | × |   |   |   |   |   |   |   | × | × |
| 39 | × | × |   |   |   |   | × | × | × | × |   | 78 | × | × | × | × |   |   |   |   | × | × | × |

续上表

| 分合号 | 控制器挡位 | | | | | | | | | | | 分合号 | 控制器挡位 | | | | | | | | | | |
|---|---|---|---|---|---|---|---|---|---|---|---|---|---|---|---|---|---|---|---|---|---|---|---|
| | 向后、向左、下降 | | | | | | 向前、向右、上升 | | | | | | 向后、向左、下降 | | | | | | 向前、向右、上升 | | | | |
| | 5 | 4 | 3 | 2 | 1 | 0 | 5 | 4 | 3 | 2 | 1 | | 5 | 4 | 3 | 2 | 1 | 0 | 5 | 4 | 3 | 2 | 1 |
| 79 | × | × | × | × | | | | | | × | × | 90 | | | × | | | | | | | | |
| 80 | × | × | × | | | | | | | × | × | 91 | | | | × | | | | | | | |
| 81 | × | × | | | | | | | | | × | 92 | | | | | × | | | | | | |
| 82 | | | × | × | × | | | × | × | × | | 93 | | | | × | × | × | × | | | | |
| 83 | | | × | × | × | | | | × | × | | 94 | | | × | × | × | | | × | × | | |
| 84 | | | | × | × | | | | × | | | 95 | | | | | × | × | × | × | | | |
| 85 | | | | | | | | | | | | 96 | | × | | | | | | × | | | |
| 86 | | | | × | × | | | | | | | 97 | × | × | | | | | × | × | | | |
| 87 | | | | × | | | | | | | | 98 | | | | | | | | | | | |
| 88 | | | × | × | × | | | | | | | 99 | | | | | | | | | | | |
| 89 | | | | × | | | | | | | | 100 | | | | | | | | | | | |

**表 5-2-18　LK18 系列主令控制器触头分合程序代号**

| 程序代号 | 挡位 | | 触头元件数量 | 触头分合程序 | 程序代号 | 挡位 | | 触头元件数量 | 触头分合程序 |
|---|---|---|---|---|---|---|---|---|---|
| | 下降 向左 向后 | 上升 向右 向前 | | | | 下降 向左 向后 | 上升 向右 向前 | | |
| 401 | 5 | 5 | 4 | 1.6.5.4 | 1002 | 5 | 5 | 10 | 1.4.5.4.5.65.65.8.9.10 |
| 501 | 3 | 3 | 5 | 1.4.5.7.8 | 1003 | 1 | 1 | 10 | 1.12.92.52.92.52.3.3.1.3 |
| 502 | | 4 | 5 | 52.51.50.27.4 | 1101 | 4 | 4 | 11 | 1.6.5.4.5.4.7.8.9.1.12 |
| 601 | 3 | 3 | 6 | 1.6.4.5.7.8 | 1102 | 3 | 3 | 11 | 1.65.4.4.17.66.91.30.38.8.6 |
| 602 | 1 | 1 | 6 | 1.1.92.52.92.52 | 1201 | 4 | 4 | 12 | 1.71.71.71.39.9.5.71.47.3.85.23 |
| 603 | 2 | 2 | 6 | 1.1.4.51.5.91 | 1202 | 4 | 4 | 12 | 1.63.64.78.27.6.77.4.45.26.80.9 |
| 604 | 3 | 3 | 6 | 1.95.54.66.30 | 1203 | 5 | 5 | 12 | 1.6.4.5.7.8.9.10.12.1.5.4 |
| 605 | 3 | 3 | 6 | 14.4.13.5.13.12 | 1204 | 3 | 3 | 12 | 1.14.4.5.70.78.26.47.66.4.49.77 |
| 606 | 2 | 2 | 6 | 1.13.91.5.4.1 | 1205 | 5 | 5 | 12 | 1.6.5.4.65.25.8.7.9.10 |
| 607 | 4 | 4 | 6 | 1.65.4.5.8.9 | 1206 | 5 | 5 | 12 | 1.6.5.4.2.4.28.61.42.43.44.96 |
| 701 | 3 | 3 | 7 | 1.6.4.5.7.8.1 | 1207 | 4 | 4 | 12 | 1.23.24.38.81.6.37.5.85.66.40.9 |
| 702 | 4 | 4 | 7 | 1.6.4.5.7.8.9 | 1208 | 4 | 4 | 12 | 1.6.66.4.4.93.90.67.24.38.40.9 |
| 801 | 1 | 1 | 8 | 1.1.92.52.92.52.92.52 | 1209 | 4 | 3 | 12 | 1.6.5.26.5.4.26.78.40.8.23.23 |
| 802 | 5 | 5 | 8 | 1.6.4.5.7.8.9.10 | 1210 | 4 | 4 | 12 | 1.6.24.38.8.80.86.34.66.85.5.4 |
| 1001 | 4 | 4 | 10 | 1.2.3.4.5.4.5.7.8.9 | 1211 | 4 | 3 | 12 | 1.6.5.4.30.38.66.87.40.5.65.31 |

注：触头分合程序栏中的数字为表 5-2-17 中的分合号。

### 三、万能转换开关

万能转换开关的工作原理与凸轮控制器相似，是靠转动变换半径的凸轮来操作触头，使其按预定的顺序接通、分断电路；同时有定位和限位机构来保证动作的准确可靠。常用于各种配电线路的换接、遥控、小容量电动机（380 V、2.2 kW 以下）的起动、换向。由于它换接的线路多、用途广故此转换开关得名"万能"二字。

常用的 LW6 系列万能转换开关适用于交流 380 V、50 Hz；直流 220 V，工作电流至 5A 的控制

线路中,其机械寿命为 100 万次,电寿命 10 万次,额定操作频率 120 次/h。其型号含义如下:

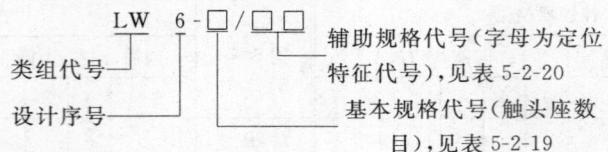

外形及安装尺寸如表 5-2-21 所示。

表 5-2-19 LW6 系列万能转换开关基本规格代号

| 型 号 | LW6-1 | LW6-2 | LW6-3 | LW6-4 | LW6-5 | LW6-6 | LW6-8 | LW6-10 |
|---|---|---|---|---|---|---|---|---|
| 触头座数目 | 1 | 2 | 3 | 4 | 5 | 6 | 8 | 10 |
| 触头对数 | 3 | 6 | 9 | 12 | 15 | 18 | 24 | 30 |

表 5-2-20 LW6 万能转换开关定位特征

| 定位特征代号 | 手柄定位特征(分度) | | | | | | | | | |
|---|---|---|---|---|---|---|---|---|---|---|
| A | | | | | 0 | 30 | | | | |
| B | | | | 30 | 0 | 30 | | | | |
| C | | | | 30 | 0 | 30 | 60 | | | |
| D | | | 60 | 30 | 0 | 30 | 60 | | | |
| E | | | | 60 | 30 | 0 | 30 | 60 | 90 | |
| F | | | 90 | 60 | 30 | 0 | 30 | 60 | 90 | |
| G | | | 90 | 60 | 30 | 0 | 30 | 60 | 90 | 120 |
| H | | 120 | 90 | 60 | 30 | 0 | 30 | 60 | 90 | 120 |
| I | | 120 | 90 | 60 | 30 | 0 | 30 | 60 | 90 | 120 | 150 |
| J | 150 | 120 | 90 | 60 | 30 | 0 | 30 | 60 | 90 | 120 | 150 |
| K | 150 | 120 | 90 | 60 | 30 | 0 | 30 | 60 | 90 | 120 | 150 |
| L | | | | | 0 | 60 | | | | 180 |
| M | | | | 60 | 0 | 60 | | | | |
| N | | | | 60 | 0 | 60 | 120 | | | |
| O | | | 120 | 60 | 0 | 60 | 120 | | | |
| P | | | 120 | 60 | 0 | 60 | 120 | 180 | | |

注:K 型和 P 型无限位机构,能够连续顺或逆转 360°。

表 5-2-21 LW6 系列万能转换开关的外形及安装尺寸　　mm

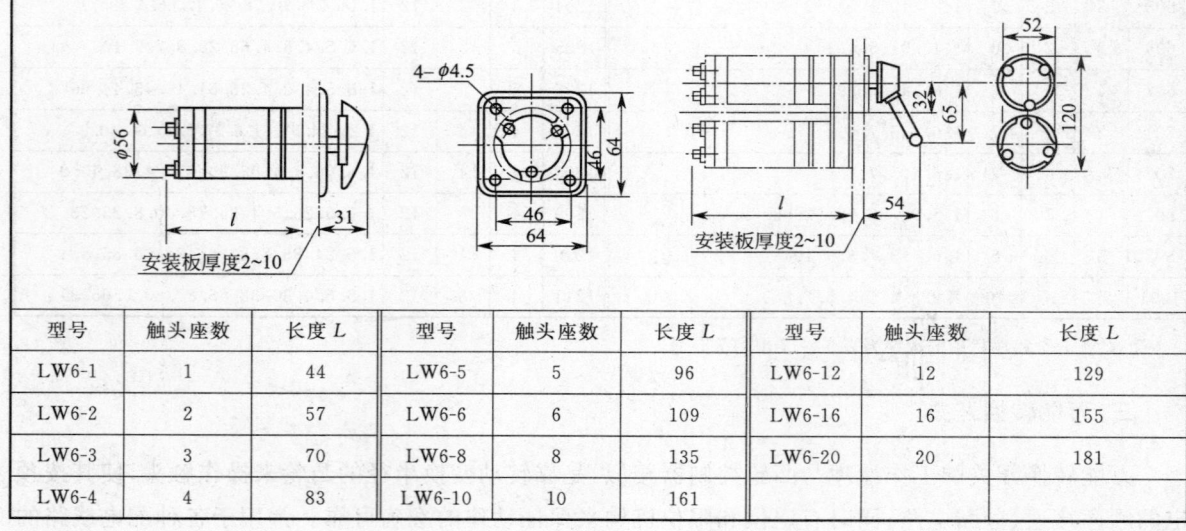

| 型号 | 触头座数 | 长度L | 型号 | 触头座数 | 长度L | 型号 | 触头座数 | 长度L |
|---|---|---|---|---|---|---|---|---|
| LW6-1 | 1 | 44 | LW6-5 | 5 | 96 | LW6-12 | 12 | 129 |
| LW6-2 | 2 | 57 | LW6-6 | 6 | 109 | LW6-16 | 16 | 155 |
| LW6-3 | 3 | 70 | LW6-8 | 8 | 135 | LW6-20 | 20 | 181 |
| LW6-4 | 4 | 83 | LW6-10 | 10 | 161 | | | |

### 四、联动控制台

在机构较多,工作繁忙的起重机上,为了改善司机的劳动条件,可选用联动控制台进行控制。

联动台由一把座椅和左右两个箱体组成,每个箱体内装有凸轮控制器或主令控制器的触头组 1 至 3 个,每个箱体上部的一个手柄通过联动机构可以同时或分别控制一至二个机构,箱侧面的手柄只能控制一个机构,常用电器如按钮、开关、信号灯等则可分别布置在两个箱体的台面上。这样,司机不但具有良好的视野,还可坐着进行操作。联动台制作时应达到:挡位准确、零位明显、操作力小、维修方便;手柄动作方向尽量与机构运动方向一致。

联动控制台的一般技术性能为:

(1)适用于交流电压 380 V、50 Hz 和直流 220 V 的电力线路或控制线路中。

(2)10 A 触头组的电气性能符合主令控制器的技术标准,25 A 和 60 A 触头组的电气性能符合凸轮控制器的技术标准和相应的控制容量。

起重机上常用的联动台有:大连低压开关厂的 THQ1、QT口系列;天水长城控制器厂的 TQA1、QT口系列;浙江义乌电器厂的 TQ1 等系列。其中 QT口系列是参照 IEC439 国际标准进行设计的,主要特点是控制箱安装于座椅底板之上,可随座椅左、右转动。为防止误动作在控制台上还装有自动复位和零位自锁装置。其主要技术数据列于表 5-2-22 中、外形及安装尺寸见图 5-2-18,型号含义如下:

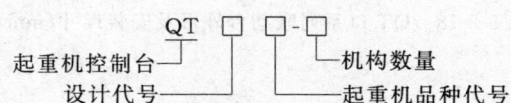

其中起重机品种代号为 D:葫芦单梁;S:葫芦双梁;J:塔式;M:门座;P:桥式类;Z:特种

订货时应注明各机构的操纵位置和触头分合程序(按表 5-2-17 选择后分别列出)。

表 5-2-22  QT口系列联动台主要技术数据

| 控制方式<br>性能 | 主令 | 凸轮 | |
|---|---|---|---|
| 触头容量(A) | 10 | 25 | 60 |
| 手柄操作力(N) | <30 | <35 | <50 |
| 操作频率(次/h) | 1 200 | 600 | |
| 机械寿命(万次) | ≥300 | | |

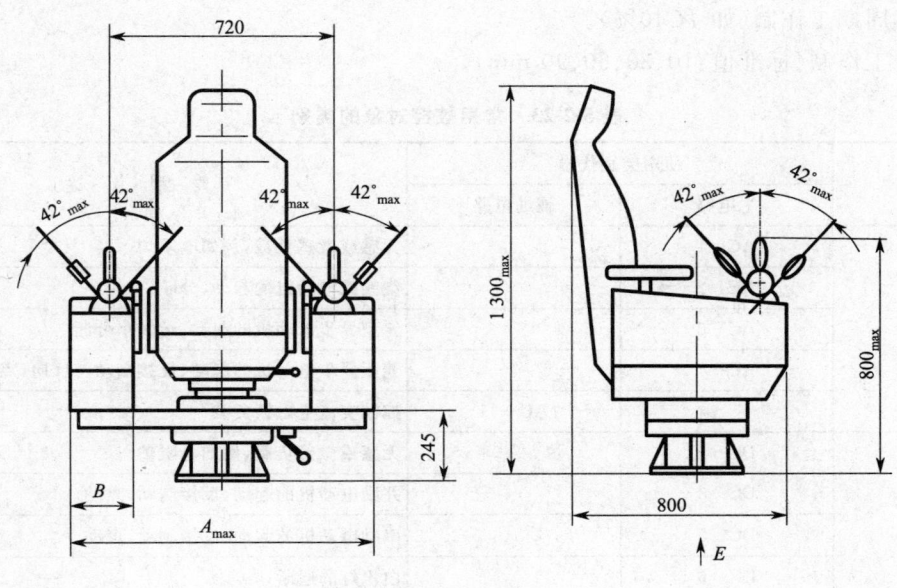

图 5-2-18

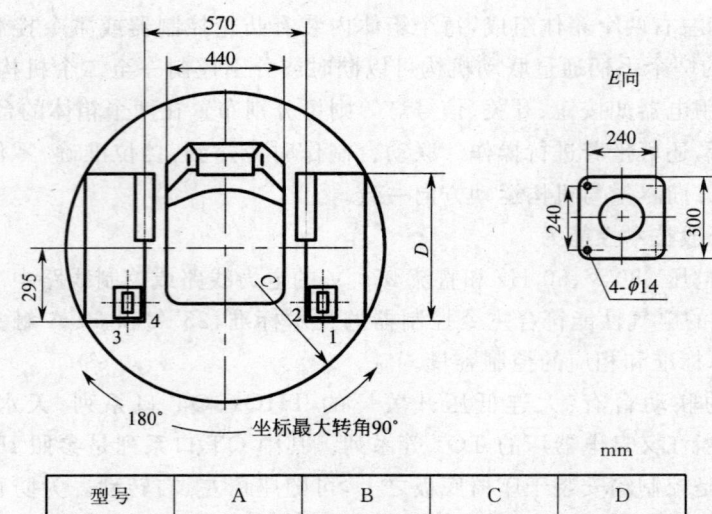

| 型号 | A | B | C | D |
|---|---|---|---|---|
| 1 | 975 | 200 | 570 | 500 |
| 2 | 1120 | 270 | 670 | 630 |

图 5-2-18　QT口系列联动台外形及安装尺寸(mm)

## 第三节　接　触　器

接触器作为执行元件,可以远距离频繁地将主电路接通与断开,并且具有低压释放的保护作用。

**一、接触器的类型**

1. 型式

按电流种类可分交、直流两种;按极数(是指主触头的极数)有一、二、三、四、五极;灭弧方式是指有无多纵缝、栅片、磁吸灭弧室或其组合。

2. 按额定工作制分

(1) 8 小时工作制。

(2) 不间断工作制。

(3) 断续周期工作制(如 $JC40\%$)。

(4) 短时工作制(标准值:10、30、60、90 min)。

表 5-2-23　常用被控对象的类别

| 电流种类 | 使用类别代号 | | 典型用途 |
|---|---|---|---|
| | 主电路 | 辅助电路 | |
| AC | AC—1 | | 无感或微感负载,例如电阻炉 |
| | AC—2 | | 绕线式电动机的起动,分断 |
| | AC—3 | | 笼型异步电动机的起动、运转中分断 |
| | AC—4 | | 笼型异步电动机的起动、反接制动与反向,点动 |
| | | AC—11 | 控制交流电磁铁负载 |
| DC | DC—1 | | 无感或微感负载,例如电阻炉 |
| | DC—3 | | 并励电动机的起动、反接制动、点动 |
| | DC—5 | | 串励电动机的起动、反接制动、点动 |
| | DC—6 | | 白炽灯的通断 |
| | | DC—11 | 控制直流电磁铁负载 |

## 二、接触器的特性及主要参数

国标 GB 14048.4—2003《低压开关设备和控制设备—低压机电式接触器和电动机起动器》中规定了接触器的特性参数,主要有:

(1)接触器的型式,包括极数、电流种类及交流时的相数和频率,灭弧介质和操动方式。

(2)接触器的额定工作电压、额定工作电流、额定控制功率等额定工作值。同一个接触器可以有几个额定工作电压,也就有相应的额定工作电流,在交流 380 V 时,有时视估算额定工作电流等于额定控制功率的 2 倍,例如某接触器 380 V 可控制电机的功率为 30 kW,其额定工作电流约为 40 A。

(3)接触器的分断能力是指开关断开时能可靠灭弧的能力,接通能力是指开关闭合时不会造成触点熔焊的能力。它们与所带负载的类型有关,由于接触器可以应用在各种场合,一般交流接触器均按 AC-4 的严重条件设计考核,但在选择过程中还有未列出的更加严重的负载,如变压器、电容器、高钠灯等,它们接通的电流的倍数比 AC-4 更大,在选用时应留有裕量。

## 三、接触器的选择

国际电工委员会标准(IEC158—1)规定了根据不同控制对象及操作条件将交、直流接触器的使用范围划分为多种类别(见表 5-2-23)。不同的使用类别,接触器的工作条件有很大差异。一般情况下,当接触器控制电阻性负载,或在容许操作频率内控制笼型电动机的接通、运转中的分断时,可选择接触器主触头的额定电流≥负载式电动机的额定电流;当接触器的工作比较繁重,如实际操作频率超过允许值,频繁启动、反接制动等情况时,为了防止主触头的烧蚀和过早损坏,应仔细核算接触器的容量值及相关的技术参数。

接触器辅助触头的额定电流、种类和数量,只是为辅助触头的正常使用提供了条件,并不是选择接触器的主要依据。当辅助触头的有关参数不能满足时,可用增加中间继电器方法来解决。

选择接触器时应首先根据线路和负载的要求选择合适的结构型式,然后根据负载由额定值和极限值选择主要技术参数。

一般没有特殊要求时,应采用空气磁式结构。极数在三相电路一般为三极,在单相和直流系统,则采用双极的,但也常采用由双极和三极并联的接触器。表 5-2-24 为三极式通断、双极电路并联和三极电路并联时接触器接通和分断能力相当于额定工作电流 $I_e$ 的倍数值。两条电路并联允许通过 1.8 倍的持续额定电流;三条电路并联时,允许通过 2.5 倍持续电流。对于电容性负载,由于不可能做到并联触头绝对同时闭合,因此此时并联电路并不能提高通断能力。

如果开关是串联的,则可以用在较高电压下工作,如图 5-2-19 为用三极式接触器通断单相交流或直流时的线路。

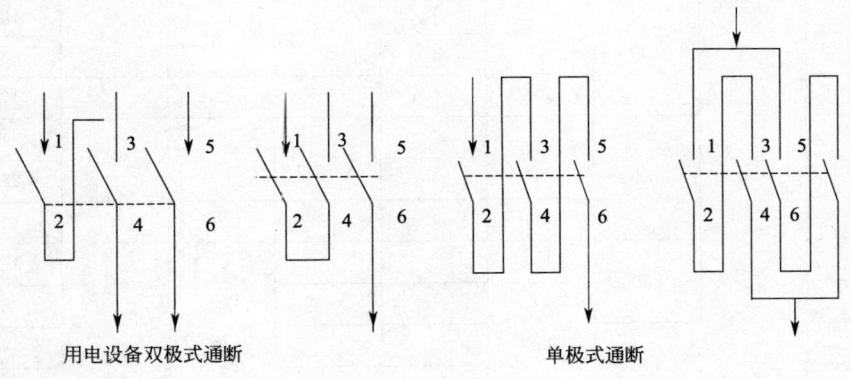

图 5-2-19 三极式接触器通断单相交流或直流时的线路

电流种类一般按系统电流种类来选定,但在有些情况下,交流接触器也可(经整流)用在直流系统中。

表 5-2-24  不同接线方式时接触器的接通和分断能力

| 线路 | 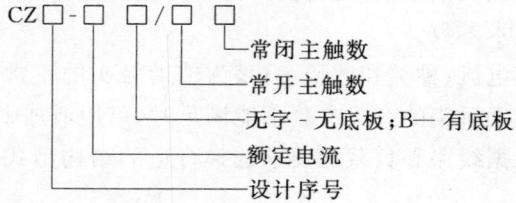 | | |
|---|---|---|---|
| 接线方式 | 三级式通断 | 双极电路并联 | 三级电路并联 |
| 接通能力 | $12I_e$(使用类别 AC-4) | $\dfrac{12I'_e}{1.8}=6.67I'_e$ | $\dfrac{12I''_e}{2.5}=4.8I''_e$ |
| 分段能力 | $10I_e$(使用类别 AC-4) | $\dfrac{10I'_e}{1.8}=5.55I'_e$ | $\dfrac{10I''_e}{2.5}=4I''_e$ |

起重机中常用的交流接触器一般为电磁式接触式接触器,在一些特殊场合及大功率应用场合,有时也选用拍合式接触器,具体型号的选择可以根据使用场合,使用条件等要求参见不同接触器厂家详细技术选型样本。

起重机上常用的直流接触器是 CZ0、CZ18 等系列,其型号含义为:

```
CZ□-□□/□□
         │ │ │└─常闭主触数
         │ │ └──常开主触数
         │ └────无字-无底板;B—有底板
         └──────额定电流
设计序号
```

其技术数据列于表 5-2-25、5-2-26 中。外形及安装尺寸见图 5-2-20。

表 5-2-25  CZ0 系列直流接触器基本技术数据

| 型号 | 额定电压/V | 额定电流 A | 额定操作频率/(次/h) | 主触头型式及数量 | | 联锁触头有效数量 | | 外形尺寸/mm 长×宽×高 |
|---|---|---|---|---|---|---|---|---|
| | | | | 常开 | 常闭 | 常开 | 常闭 | |
| CZ0-40/20 | | 40 | 1 200 | 2 | | 2 | 2 | 192×114×162 |
| CZ0-40/02 | | | 600 | | 2 | | | 192×114×162 |
| CZ0-100/20 | | 100 | 1 200 | 2 | | 2 | 2 | 180×150×165 |
| C70-100/10 | | | | 1 | | | | 232×150×170 |
| CZ0-100/01 | | | 600 | | 1 | 2 | 1 | 170×150×165 |
| CZ0-150/20 | 440 | 150 | 1 200 | 2 | | 2 | 2 | 205×164×178 |
| CZ0-150/10 | | | | 1 | | | | 288×164×194 |
| CZ0-150/01 | | | 600 | | 1 | 2 | 1 | 190×164×178 |
| CZ0-250/20 | | 250 | | 2 | | | | 356×205×275 |
| CZ0-250/10 | | | | 1 | | | | 327×90×237 |
| CZ0-400/20 | | 400 | 600 | 2 | | 3 | 2 | 388×225×306 |
| CZ0-400/10 | | | | 1 | | | | 370×100×277 |
| CZ0-600/10 | | 600 | | 1 | | | | 445×130×306 |

表 5-2-26  CZ18 系列直流接触器的基本技术数据

| 型号 | 额定工作电压/V | 额定电流/A | 额定操作频率/(次/h) | 使用类别 | 常开主触头数 | 辅助触头 常开 | 辅助触头 常闭 | 额定发热电流/A |
|---|---|---|---|---|---|---|---|---|
| CZ18-40/10 | 440 | 40[2] (20,10,5) | 1 200 | DC$_2$[3] | 1 | 2 | 2 | 6 |
| CZ18-40/20 | | | | | 2 | | | |
| CZ18-80/10 | | 80 | 1 200 | | 1 | | | |
| CZ18-80/20 | | | | | 2 | | | |
| CZ18-160/10[1] | | 160 | 600 | | 1 | | | 10 |
| CZ18-315/10[1] | | 315 | | | 1 | | | |
| CZ18-630/10[1] | | 630 | | | 1 | | | |
| CZ18-1000/10 | | 1 000 | | | 1 | | | |

注：1) CZ18-160B/10、315B/10、630B/10 为派生产品，已装于绝缘底板上。
2) (20,10,5)A 为吹弧线圈的额定工作电流。
3) DC$_2$ 时，在 440 V 下，额定工作电流等于额定发热电流。

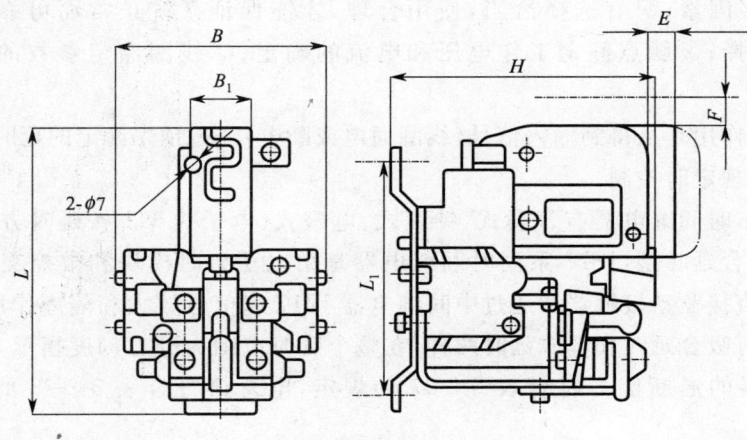

(a) CZ18-40/10、80/10

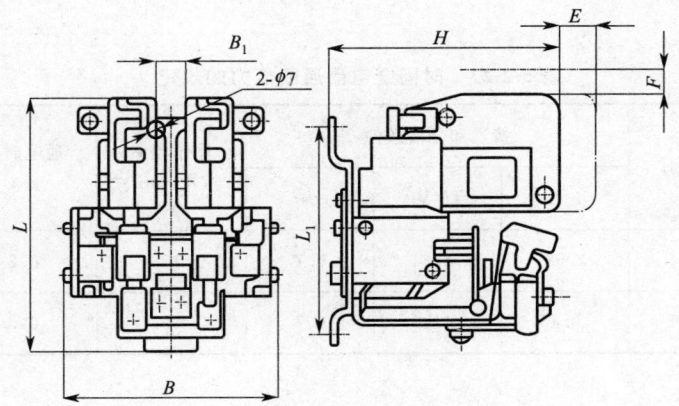

(b) CZ18-40/20、80/20

mm

| 型 号 | $L$ | $L_1$ | $B$ | $B_1$ | $H$ | $E$ | $F$ | 安装孔 |
|---|---|---|---|---|---|---|---|---|
| CZ18-40/10 | 166±2 | 137±0.5 | 120±2.7 | 28±0.5 | 142±3.15 | 90 | 90 | 2-$\phi$7 |
| CZ18-40/20 | 166±2 | 137±0.5 | 138±3.15 | 28±0.5 | 142±3.15 | 90 | 90 | 2-$\phi$7 |
| CZ18-80/10 | 185±3.6 | 157±0.5 | 138±3.15 | 28±0.5 | 160±3.15 | 110 | 110 | 2-$\phi$7 |
| CZ18-80/20 | 185±3.6 | 157±0.5 | 138±3.15 | 28±0.5 | 160±3.15 | 110 | 110 | 2-$\phi$7 |

图 5-2-20  CZ18 系列直流接触器的外形及安装尺寸

CZ18 系列直流接触器的额定控制电压为直流 24、48、110、220 V；8 小时工作制或反复短时工作制（JC40%）；工作于 DC-2 类别时，在额定操作频率下，其电寿命：160 A 及以下为 50 万次，315 A 及以上为 30 万次；工作于 DC-3，DC-5 类别时，操作频率 300 次/h 时电寿命不少于 3 万次；机械寿命：160 A 及以下为 500 万次、315 A 及以上为 300 万次。

## 第四节　中间继电器、时间继电器

中间继电器和时间继电器都属于控制继电器，基本结构与接触器类同，大多是电磁式，由于用在控制回路，接通与分断电流小，故无需特殊的灭弧装置。

中间继电器是应用最广的一种电磁继电器，在控制电路中常起中间"搭桥"或"过渡"的作用，其输入量常来自于初始继电器的输出，而由于其触点一般较多，故输出可控制更多的回路或增大输出的容量。

电磁继电器的主要性能参数包括控制线圈的额定参数、触点的额定参数以及继电器整体的一些参数。在选用时应当考虑其适用性、功能特点、使用环境、工作制、额定工作电压和额定工作电流等诸多因素，只有选择恰当，使用合理，才能保证系统正常而可靠工作，选用时应考虑：①类型的选择；②触点额定工作电压和电流的确定；③线圈额定参数的确定；④工作制的考虑。

时间继电器的作用是从得到输入信号（线圈通电或断电）经过预先给定的延时，才输出信号（触点闭合或断开），实现定时控制。

按动作原理分，时间继电器有气囊式、钟表式、电磁式、电子式等。按延时方式分有通电延时型，断电延时型，复合延时型，JS27 系列时间继电器是由电子延时模块和被控交流接触器配合使用，从构造上分为直接驱动接触器和通过中间继电器 JZ17 起信号放大和隔离作用，再驱动接触器两种；从功能上分有吸合延时和释放延时两种，在整个延时范围内分五刻度指示，延时时间连续可调。该时间继电器的通断能力符合表 5-2-27 的规定，电寿命符合表 5-2-28 的规定，机械寿命 600 万次以上。

该系列时间继电器的型谱如表 5-2-29 所示，其接线图见图 5-2-21，外形及安装尺寸见图 5-2-22、图 5-2-23。

表 5-2-27　时间继电器通断能力的规定

| 类　别 | 使用类别 | 接通和分段条件 | | | 操作频率/(次/min) | 通电时间/s | 动作次数 |
|---|---|---|---|---|---|---|---|
| | | I/A | U/V | cosφ | | | |
| 不带中间继电器 | AC—11 | 2.58 | 418 | 0.7 | 10 | 0.8 | 50 |
| 带中间继电器 | AC—11 | 10.45 | 418 | 0.7 | 10 | 0.8 | 50 |

表 5-2-28　时间继电器电寿命的规定

| 类　别 | 使用类别 | 接通 | | | 分段 | | | 动作次数 |
|---|---|---|---|---|---|---|---|---|
| | | I/A | U/V | cosφ | I/A | U/V | cosφ | |
| 不带中间继电器 | AC—11 | 2.35 | 380 | 0.7 | 0.235 | 380 | 0.7 | 50 万 |
| 带中间继电器 | AC—11 | 9.5 | 380 | 0.7 | 0.95 | 380 | 0.7 | 50 万 |

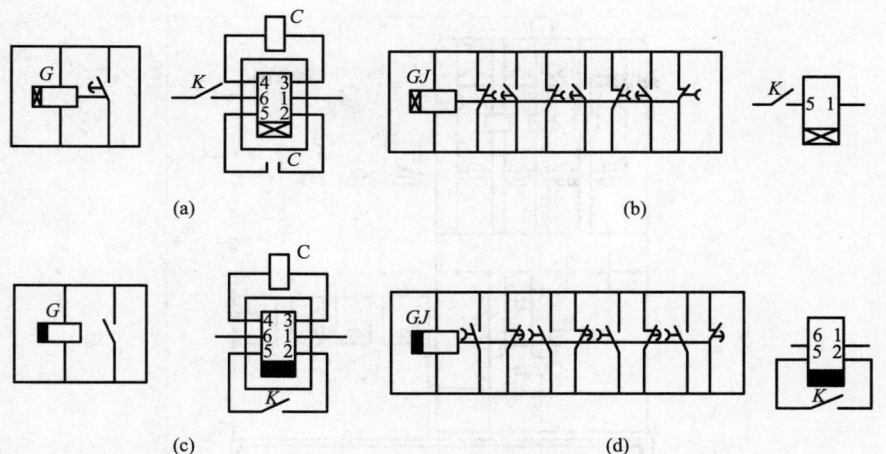

图 5-2-21　JS27 系列时间继电器的接线图
(a)JS27—□型；(b)JS27—□/1 型；(c)JS27—□D 型；(d)JS27—□D/1 型

其型号含义为：

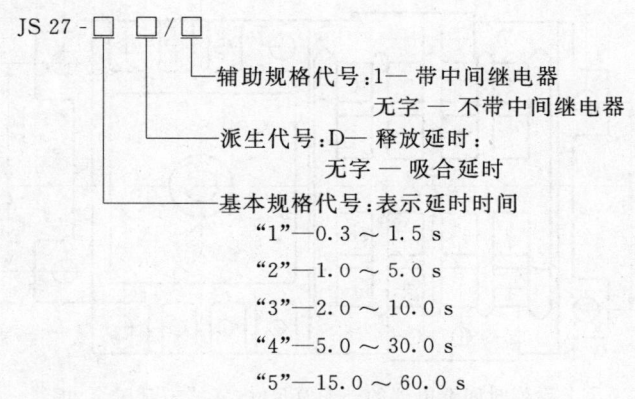

JS 27 - □ □ / □

　　辅助规格代号：1— 带中间继电器
　　　　　　　　　无字 — 不带中间继电器
　　派生代号：D— 释放延时；
　　　　　　　无字 — 吸合延时
　　基本规格代号：表示延时时间
　　　　　　"1"—0.3～1.5 s
　　　　　　"2"—1.0～5.0 s
　　　　　　"3"—2.0～10.0 s
　　　　　　"4"—5.0～30.0 s
　　　　　　"5"—15.0～60.0 s

表 5-2-29　JS27 系列时间继电器的型谱

| 型　号 | 工作方式 | 是否带中间继电器 | 输出触头 | 接线图 | 外形及尺寸 | 工作电压/V | 延时时间/s |
|---|---|---|---|---|---|---|---|
| JS27-□ | 吸合延时 | 无 | 1 常开 | 图 5-2-21a | 图 5-2-22 | 380<br>220<br>127<br>110<br>36 | 0.3～1.5<br>1.0～5.0<br>2.0～10.0<br>5.0～30.0<br>15～60 |
| JS27-□/1 | 吸合延时 | 有 | 3 常开<br>4 常闭 | 图 5-2-21b | 图 5-2-23 | | |
| JS27-□D | 释放延时 | 无 | 1 常开 | 图 5-2-21c | 图 5-2-22 | | |
| JS27-□D/1 | 释放延时 | 有 | 4 常开<br>4 常闭 | 图 5-2-21d | 图 5-2-23 | | |

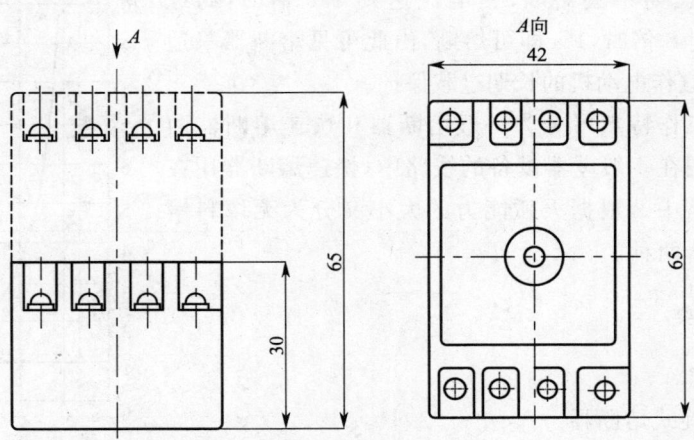

图 5-2-22　JS27-□系列时间继电器的外形及尺寸(实线—延时合、虚线—延时放)(mm)

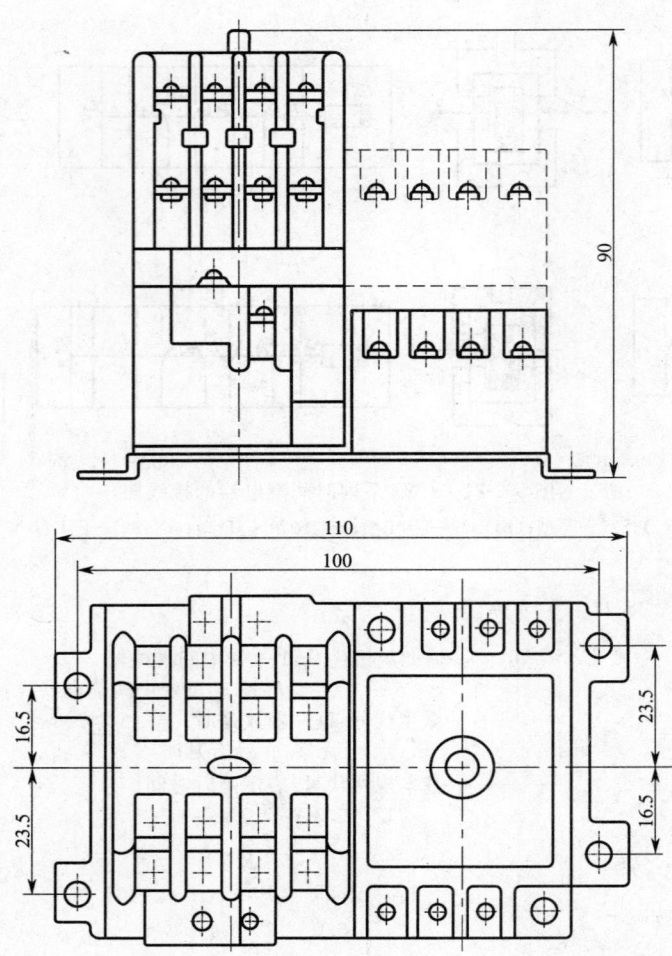

图 5-2-23 JS27-□/1 系列时间继电器的外形及尺寸(实线—延时合、虚线—延时放)(mm)

## 第五节 熔 断 器

熔断器是最简单的保护电器,由熔体和安装熔体的壳体组成。熔体串联在被保护电路中,当发生短路时,流过熔体的电流愈大,熔体熔断的愈快,这一特性叫做可熔化特性,其曲线图如图 5-2-24 所示(不同熔体有不同特性)。该曲线纵坐标为熔断时间($s$),横坐标为电流的标么值($I^*$),从图中可看出通过熔体的电流小于额定电流的 1.25 倍时,熔体长期不会熔断;当电流达到 1.6 倍时,约经 1 h 熔断;当电流达到 8 倍时,1 s 即可熔断,由此可见熔断器只适用于短路保护,不适宜作电动机的长期过载保护。

熔断器根据其工作特点可分为一般熔断器和快速熔断器两大类。一般熔断器用在一般电器设备的线路中,快速熔断器用在二极管及晶闸管线路中。根据灭弧能力的大小又分为无填料熔断器和有填料熔断器两种。

### 一、熔断器的分类

(一)一般熔断器

1. RL1 系列螺旋式熔断器

图 5-2-25 为螺旋式熔断器的构造。它由底座、瓷帽和熔断

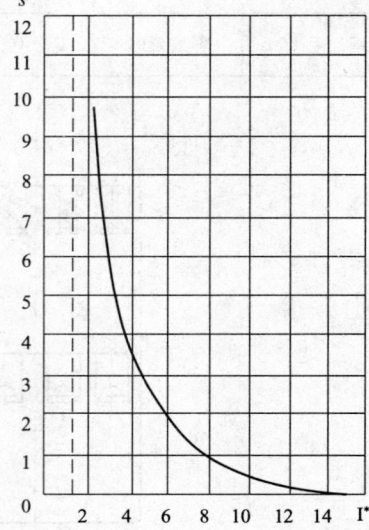

图 5-2-24 熔体的可熔化特性曲线

管三部分组成。熔断管内装有熔丝或熔片并填满石英砂填料。当瓷帽旋进后,熔断管的下端与下接线端连接,上端通过瓷帽内的金属螺丝与上接线端相通。当熔丝烧断时,通过观察孔可看到小红指示点落下。

当发生短路时,电弧在石英砂颗粒间得到冷却则易于灭弧。所以该种熔断器有高的分断能力,常用作电动机的保护。

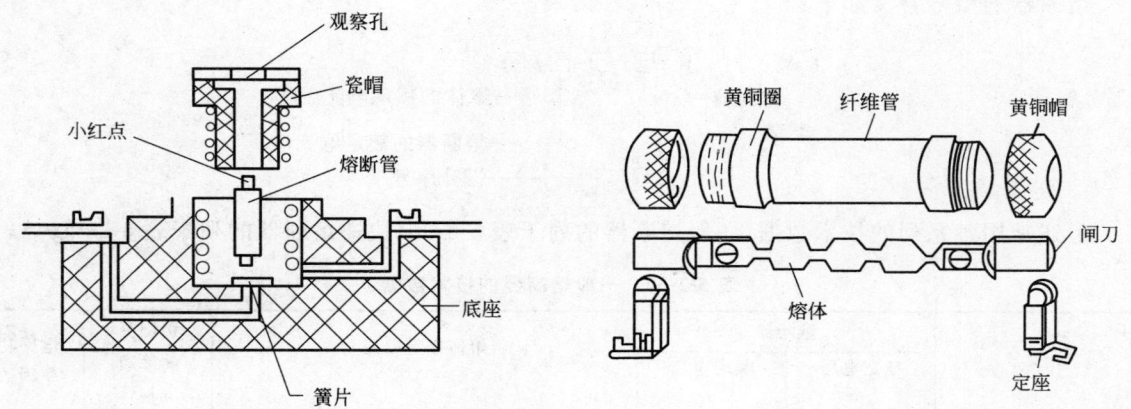

图 5-2-25 螺旋式熔断器的构造　　　　图 5-2-26 无填料封闭管式熔断器

**2. RM 系列无填料封闭管式熔断器**

无填料封闭管式熔断器如图 5-2-26 所示,它由纤维管(钢纸管)、熔体、黄铜圈、黄铜帽、闸刀、夹座等部分组成。

熔体装在闸刀上,采用宽窄交替的变截面熔片(锌片),当短路时,熔片的狭窄部分首先熔断,形成几个串联的电弧间隙有利于灭弧,或者几个狭窄部分同时熔断,中间熔体剥落,形成较大的电弧间隙,也有利于灭弧。并且该熔体装在铜纸管内,在电弧高温作用下铜纸产生大量气体,可加速灭弧。因此,它是一种极限分断能力较高的熔断器。

**3. RTO 系列有填料封闭管式熔断器**

有填料封闭管式熔断器的构造如图 5-2-27 所示,是由瓷管、熔体、填料(石英砂)和指示器等组成的一个固定整体(熔体不能更换)。

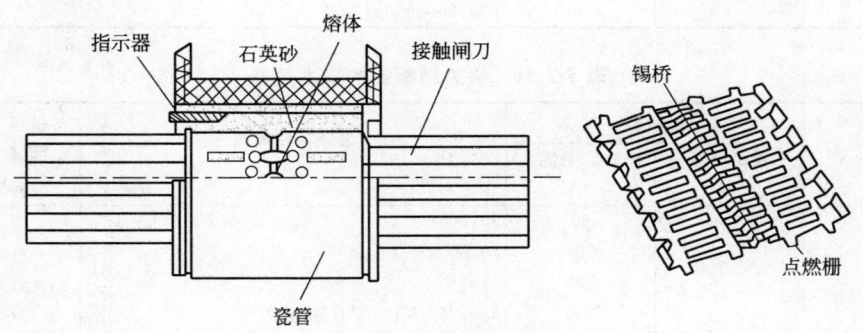

图 5-2-27 有填料封闭管式熔断器

瓷管由高频滑石陶瓷制成。当熔体熔断之后,指示器便在弹簧作用下弹出。显示红色信号。熔体是采用薄紫铜片冲制的栅状多根并联熔片,结构上是两半片,中间以锡桥连接围成笼状。笼状熔体可增加与石英砂的接触面,使电弧加速冷却,迅速灭弧,所以这种熔断器的极限分断能力高,适用于大容量的电路系统。

**(二)快速熔断器**

由于半导体和晶闸管的热容量低,承受过载能力差,所以发生过载或短路时,希望快速断电,快速熔断器在 1.1 倍额定电流时，工作 4 h～5 h 都不熔断，但在 4 倍～6 倍额定电流时，仅 0.02 s～0.03 s 即迅速熔断。

常用的快速熔断器有 RLS、RS0、RS3、NGT 等系列，RLS 是螺旋式快速熔断器，它用于小容量硅整流组件的短路保护；RS0 和 RS3 型熔断器的构造相似，用于大容量晶闸管元件的短路保护。

熔断器的型号含义如下：

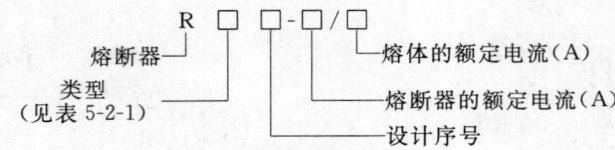

上述常用各系列的技术数据，一般熔断器的列于表 5-2-30；快速熔断器的列于表 5-2-31 中。

表 5-2-30　一般熔断器的技术数据

| 型号 | 熔断器 | | 熔体额定电流 /A | 极限分断能力 /kA | 电路功率因数 |
|---|---|---|---|---|---|
| | 额定电压 /V | 额定电流 /A | | | |
| RL1-□/□ | 交流 380、500 | 15 | 2、4、6、10、15 | 25 | ≥0.3 |
| | | 60 | 20、25、30、35、40、50、60 | | |
| | | 100 | 60、80、100 | 50 | |
| | | 200 | 100、125、150、200 | | |
| RM10-□/□ | 交流 220、380、500 直流 220、440 | 15 | 6、10、15 | 1.2 | |
| | | 60 | 15、20、25、35、45、60 | 3.5 | |
| | | 100 | 60、80、100 | | |
| | | 200 | 100、125、160、200 | 10 | |
| | | 350 | 200、225、260、300、350 | | |
| | | 600 | 350、430、500、600 | | |
| | | 1000 | 600、700、850、1 000 | 12 | |
| RT0-□/□ | 交流 380、500 直流 440 | 50 | 5、10、15、20、30、40、50 | 50 | >0.3 |
| | | 100 | 30、40、50、60、80、100 | | |
| | | 200 | 80、100、120、150、200 | | |
| | | 400 | 150、200、250、300、350、400 | | |
| | | 600 | 350、400、450、500、550、600 | | |
| | | 1 000 | 700、800、900、1 000 | | |

表 5-2-31　快速熔断器的技术数据

| 型号 | 熔断器 | | 熔体额定电流 /A | 极限分断能力 /kA | 电路功率因数 |
|---|---|---|---|---|---|
| | 额定电压 /V | 额定电流 /A | | | |
| RS0-□/□ | 交流 250、500 | 50 | 30、50 | 50 (250 V) 40 (500 V) | >0.2 |
| | | 100 | 50、80 | | |
| | | 200 | 150 | | |
| | | 350 | 350(250 V)　320(500 V) | | |
| | | 500 | 400、480 | | |
| | 交流 750 | 350 | 320 | | |
| RS3-□/□ | 交流 500 | 50 | 10、15、20、25、30、40、50 | 25 | 0.3 |
| | | 100 | 80、100 | | |
| | | 200 | 150、200 | 50 | 0.5 |
| | | 300 | 250、300 | | |
| | 交流 750 | 200 | 150 | | |
| | | 300 | 250 | | |
| RLS-□/□ | 交流 500 及以下 | 10 | 3、5、10 | 40 | <0.3 |
| | | 50 | 15、20、25、30、40、50 | | |

## 二、熔断器的选择

熔断器有两种额定电流：一种是熔断器的额定电流，另一种是熔体的额定电流。在某一额定电流等级的熔断器内可装入不同额定电流等级的熔体。所以熔断器的选择是先选择熔体，然后根据熔体确定熔断器的规格。

(1) 对于没有冲击电流，负载比较平稳的电路，如照明电路、控制电路等，熔体的额定电流必须大于或等于电路的实际工作电流，即：

$$I_r \geqslant I_g \tag{5-2-1}$$

式中　$I_r$——熔体的额定电流；

　　　$I_g$——电路实际工作电流（基准接电持续率时）。

(2) 对有冲击电流的电路，若线路上只有一台笼型电动机时，熔体额定电流按下式选取：

$$I_r \geqslant \frac{I_q}{K} \tag{5-2-2}$$

式中　$I_q$——电动机的起动电流；

　　　$K$——系数，当起动时间短或不频繁时，取 $K=2.5$；当起动时间长或者频繁时，取 $K=1.6\sim2.0$。

若线路上有数台笼型电动机时，接在干线上的熔体额定电流按下式进取：

$$I_r \geqslant \frac{I_q}{K} + I_\Sigma \tag{5-2-3}$$

式中　$I_q$——容量最大一台电动机的起动电流；

　　　$I_\Sigma$——其余各台电动机额定电流之和。

对绕线式异步电动机，由于转子上接有起动电阻，起动电流比直接起动的笼型电动机要小。熔体的额定电流按下面两式计算。

当线路上只有一台绕线式电动机时：

$$I_r \geqslant (1.25\sim2)I_e \tag{5-2-4}$$

式中　$I_e$——电动机的额定功电流（基准接电持续率时）。

在起、制动不频繁的龙门、桥式等起重机上，一般系数值取为 1.25。

当线路上有数台绕线式电动机时：

$$I_r \geqslant (1.25\sim2)I_e + I_\Sigma \tag{5-2-5}$$

式中　$I_e$——容量最大一台电动机的额定电流（基准接电持续率时）。

一般熔断器和快速熔断器的技术数据列于表 5-2-30 和表 5-2-31。

## 第六节　过电流继电器、热继电器

### 一、过电流继电器

过电流继电器是一种当电流超过其极限值时，通过接触器分断电路的保护电器。其作用与熔断器相同，但它动作之后能自动复位或手动复位，不必更换熔体。采用绕线型电机的起重机各机构多选用该继电器作为过电流保护电器。

在起重机上常用的国产过电流继电器有瞬时动作的 JL5、JL15 系列和反时限动作（延时动作）的 JL12 系列两种，进或合过电流继电器多为电子式过电流继电用，可以根据需要选择自动复位或手动复位，具体选型参见相应选型手册。

瞬时动作的过电流继电器，是一种纯电磁式电器。它的线圈串联于主回路，当电流超过规定值时，静铁芯吸动衔铁，衔铁推动推杆（或直接）将其上方的常闭触头打开，切断电动机的控制回路使电动机与电网脱离。此时，流过过电流继电器线圈的电流变为零，衔铁自动复位。

其电流的整定靠调节旋钮来完成。一般过电流继电器的整定电流值应调整为绕线型电动机额定电流的2.25倍~2.5倍。

过电流继电器的型号含义为：

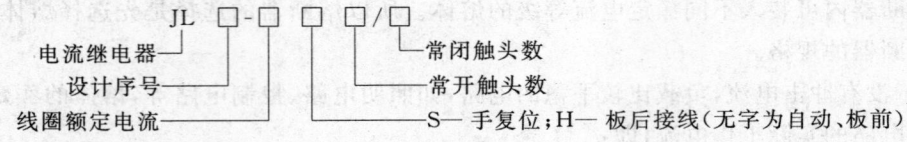

电流继电器 ——JL□-□□□/□
设计序号
线圈额定电流
常闭触头数
常开触头数
S— 手复位；H— 板后接线（无字为自动、板前）

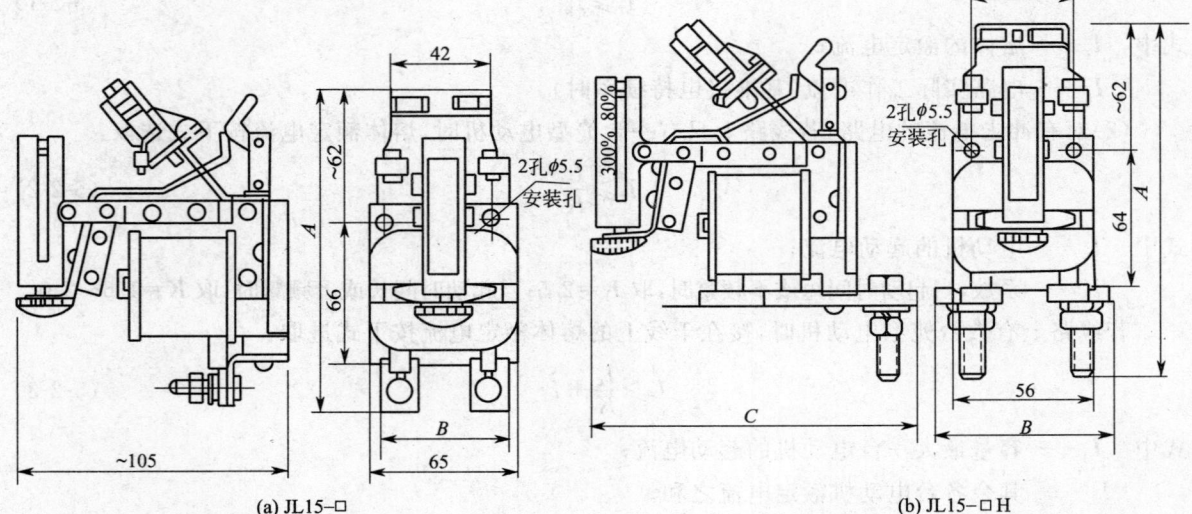

(a) JL15-□　　　(b) JL15-□H

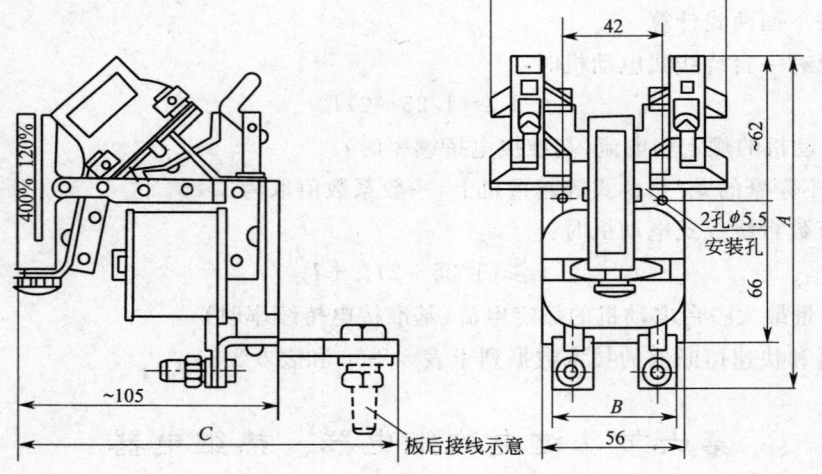

(c) JL15-□/2

| 型号 | 额定电流/A | 接线方式 | 尺寸/mm | | | 接线螺钉 | 重量约/kg |
|---|---|---|---|---|---|---|---|
| | | | A | B | C | | |
| JL15-□<br>JL15-□/2 | 1.5~60 | 板前 | 145 | 小于56 | | M6 | 0.7 |
| | 80~150 | | 185 | 69 | | M8 | 0.9 |
| | 250 | | 188 | 77 | | M10 | 0.9 |
| | 300~600 | | 188 | 77 | | M12 | 0.9 |
| | 800~1 200 | | 215 | 113 | | M16 | 1.5 |
| JL15-□H<br>JL15-□H/2 | 80~150 | 板后 | 160 | 69 | 164 | M8 | 0.9 |
| | 250 | | 170 | 77 | 167 | M10 | 0.9 |
| | 300~600 | | 175 | 77 | 167 | M12 | 0.9 |
| | 800~1 200 | | 185 | 113 | 170 | M16 | 1.5 |

图 5-2-28　JL15系列过电流继电器外形及安装尺寸图(mm)

JL15 系列过电流继电器的技术数据为：

（1）线圈额定电流分 1.5、2.5、5、10、15、20、30、40、60、80、100、150、250、300、400、600、800、1 200(A)18 种。

（2）继电器动作电流：JL15-□/01 型和 JL15-□/11 型在额定电流的 80% ～300% 间调整；JL15-□/02 型和 JL15-□/22 型在额定电流的 120%～400% 间调整。继电器动作值误差不超过整定值的±10%，继电器触头的额定电流 5 A。其外形及安装尺寸见图 5-2-28。

JL12 系列反时限过电流继电器的线圈串于主回路中，当电流超过规定值时，导管中的动铁芯受电磁作用，克服阻尼剂(硅油)的阻力，向上运动，推动顶杆，打开微动开关，从而切断电动机的控制回路，起到保护作用，当故障消除后，动铁芯受重力作用下降，返回原位。其整定的电流值必须保证电动机正常起动时不动作。过流时，有良好的保护特性。

由于阻尼系统阻尼剂的作用，使该系列过电流继电器具有反时限特性，JL12 系列过电流继电器的技术数据列于表 5-2-32 中，外形及安装尺寸见图 5-2-29。

表 5-2-32 JL12 系列过电流继电器技术数据

| 型号 | 线圈额定电流/A | 电压/V | | 触点额定电流/A | 反时限保护特性(电流为额定电流的倍数) | | | |
|---|---|---|---|---|---|---|---|---|
| | | 交流 | 直流 | | 1 倍 | 1.5 倍 | 2.5 倍 | 6 倍 |
| JL12-5 | 5 | 380 | 440 | 5 | 不动作 | <3 min（热态） | 10±6 s（热态） | <1～3 s |
| JL12-10 | 10 | 380 | 440 | 5 | | | | |
| JL12-15 | 15 | 380 | 440 | 5 | | | | |
| JL12-20 | 20 | 380 | 440 | 5 | | | | |
| JL12-30 | 30 | 380 | 440 | 5 | | | | |
| JL12-40 | 40 | 380 | 440 | 5 | | | | |
| JL12-60 | 60 | 380 | 440 | 5 | | | | |
| JL12-75 | 75 | 380 | 440 | 5 | | | | |
| JL12-100 | 100 | 380 | 440 | 5 | | | | |
| JL12-150 | 150 | 380 | 440 | 5 | | | | |
| JL12-200 | 200 | 380 | 440 | 5 | | | | |
| JL12-300 | 300 | 380 | 440 | 5 | | | | |

过电流继电器的选择和整定值：

整台起重机中总过电流继电器的额定电流按下式计算：

$$I_e = \frac{2.5 I_{e1} + I_{e2} + I_{e3}}{2.5} \tag{5-2-6}$$

式中 $I_{e1}$——功率最大机构中所有电动机的额定电流之和(基准接电持续率时)(A)；

$I_{e2}$、$I_{e3}$——其他两个可能同时工作的机构之电动机的额定电流(基准接电持续率时)(A)。

瞬时动作时，总过电流继电器的整定值 $I_{zd}$ 为：

$$I_{zd} = 2.5 I_{e1} + I_{e2} + I_{e3} \tag{5-2-7}$$

分过电流继电器的整定值为电动机额定电流的 2.5 倍。

## 二、热继电器

电动机运行过程中，常会遇到短时间的过载，只要过载电流导致的温升不超过允许温升是允许的；但若超过允许温升，则会加剧绕组绝缘老化，缩短电动机的寿命，由于过载程度不同，达到允许温升的时间也不同。为了充分发挥电动机的潜力，即允许短时间过载，又不致长时间过热，需要一种能随过载程度而改变动作时间的电气设备——热继电器。

热继电器是依靠电流流过发热组件所产生的热量来控制动作机构完成切换的继电器，广泛用在电动机的过载保护，断相及电流不平衡运行保护以及其他电气设备过热保护上。

由于发热组件有热惯性，因此热继电器不能用于瞬时过载保护，更不能作短路保护用。

热继电器有多种结构型式，其中常见的有：①双金属片式；②热敏电阻式；③易熔合金式；起重机中常见的热电器为双金属片，即利用两种膨胀系数不同的合金（通常是锰镍和铜）轧制而成的双金属片，受热后弯曲去推动杠杆使触头动作，达到切断电流的目的。

热继电器有自动和手动两种复位方式，其相应的机构和所接控制电路有所不同。通常，凡能自动复位的热电器，在动作后应能在不超过 5 min 的时间就能可靠的自动复位；手动复位情况下，在动作后不超过 2 min，就能用手按动复位按钮，可靠地复位。在此时间内，双金属片已足够冷却了。

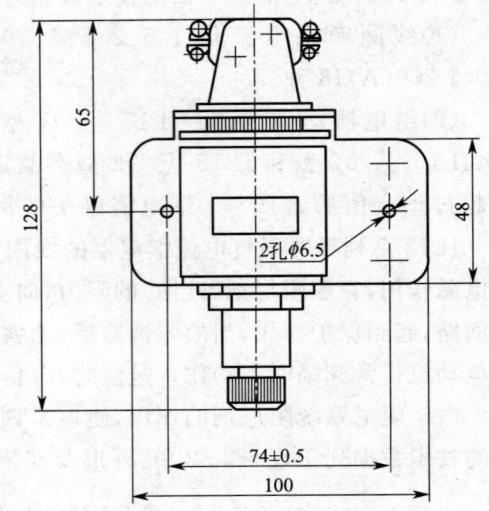
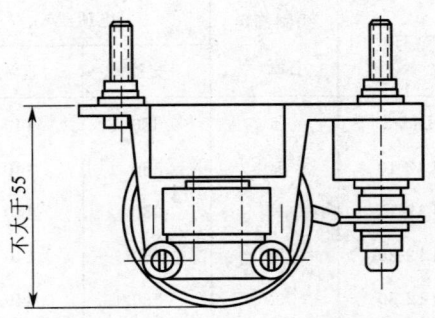

图 5-2-29　JL12 系列过电流继电器外形及安装尺寸图（mm）

热继电器的主要技术参数有：

(1)热继电器的额定电压和额定电流，即热继电器本身规定的额定工作电压和额定电流，额定电压通常为交流 380 V、660 V、1000 V，额定电流通常规定近似为其内部所接热组件整定电流的最大值。

(2)热继电器的整定电流范围约为最大整定电流的 66%～100%。

(3)耐受过载电流能力，是指对热继电器的过载能力要求。在最大整定电流时，额定电流 100 A 的，应能通以 8 倍最大整定电流。

热继电器主要是用作电动机的过载保护，热继电器额定电流，原则上应该按照被保护对象即电动机的额定电流来选取。一般使热继电器的整定（刻度）电流为 $(0.95\sim1.05)I_u$，（$I_u$ 为电动机额定电流），或者选为整定电流范围的中间值为电动机的额定工作电流。实际使用时将热继电器的电流调节按钮调到此额定值上即可。

## 第七节　控制按钮、行程开关

### 一、控制按钮

控制按钮是主令电器中作为发布"命令"用的最简单、应用最广的一种，主要用于远距离操作接触器、起动器、继电器及照明，信号灯等。

根据不同控制或操作的需要，按钮做成各种型式。开启式：没有保护外壳的；保护式：有保护外壳。一般钮；钥匙钮：按钮上带有钥匙以防误操作；紧急钮：带突出于保护壳之外的蘑菇头,作紧急切断电源用。钮:用手柄旋转操作,不能自动复位;点动钮(点动旋钮):在指定位置时可以按动,其他位置按不动;选择钮:在选定位置才可按动。带灯钮:钮内带有信号灯。

具体控制钮选型参见各控制按钮厂家产品选型样本。

**二、行程开关**

行程开关是控制行程的主令电器,在起重机上,按用途不同可分为终点开关(限位开关)和安全开关(保护开关)两种。终点开关用来限制工作机构的运行范围,安装在行程的终点。安全开关用来保护人身安全,例如在司机室门上装的门开关可确保司机关门后才能作业。

LX 系列行程开关的型号含义为:

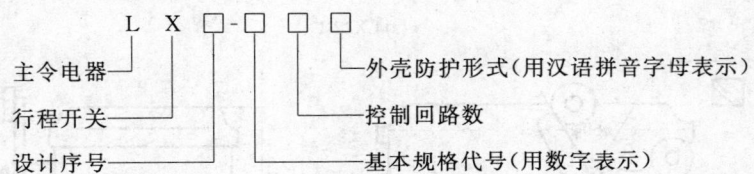

起重机上常用的终点开关为 LX22,LX33 系列;安全开关为 LX8、LX19 等系列。

(一)LX22 系列行程开关

LX22 系列行程开关适用于起升、运行等机构的终点保护。其内部结构均采用微动开关,为双断点,瞬动型,故动作速度与操动臂的动作速度无关,触头分断速度快,有利于灭弧。

该开关额定电压 380 V,额定电流 20 A,最大操作次数为 200 次/h,可以控制 2 条以下电路,其外形及安装尺寸如图 5-2-30 所示。

该系列共分五个规格,现将每个规格的特点和用途分述如下:

LX22-1 型(见图 5-2-30a)带有滚子垂直操动臂,当臂转动 30°时,触头动作,臂的摆角可达 75°,以免被挡块撞坏,当外力消失后自动复位。适用于惯性行程不太大的运行机构。

LX22-2、LX22-4 和 LX22-6 型行程开关都是用定位轮与定位弹簧定位,三种开关仅操动臂不同。LX22-2 型(见图 5-2-30b)装有带滚子的叉形操动臂。适用于惯性行程较大的运行机构;LX22-4 型则用三叉型操动臂,适用于要求三个操作位置的运行机构;LX22-6 型用带有滚子的双臂操作,在机械安全操动尺的作用下动作及复位。适用于速度较大的运行机构。

LX22-3 型(见图 5-2-30c)适用于起升机构,用十字连接板与起升机构的转动部分相连接,借助蜗杆、蜗轮传动,使凸轮带动微动开关动作。开关控制的行程最大为 70 转,最小为 3 转。使用时应根据行程高度,按凸轮上印的"5、10、…、70"等数字进行调试安装。

(二)LX33 系列行程开关

LX33 系列行程开关适用于运行机构和起升机构的限位及终点保护。其基本规格为:1—杆式(杆形操动臂自动复位);2—叉式(叉形操动臂非自动复位);3—重锤式;4—旋转式。前三种规格行程开关的分断是靠外力带动凸轮轴的转动来实现,并可根据需要调整凸轮的角度。旋转式行程开关具有丝杆螺母机构,可转动螺母来改变其运动距离以达到控制升程的目的。旋转式有 4 回路,其他为单回路或双回路。

该系列行程开关的基本技术数据为:电压交流 380 V,直流 220 V、额定操作频率 300 次/h;约定发热电流 10 A;触头通断能力见表 5-2-33;电寿命符合表 5-2-34 所示;推动开关操动臂的极限速度符合表 5-2-35 的规定。行程开关触头元件的闭合表列于图 5-2-31 中,其外形及安装尺寸见图 5-2-32。

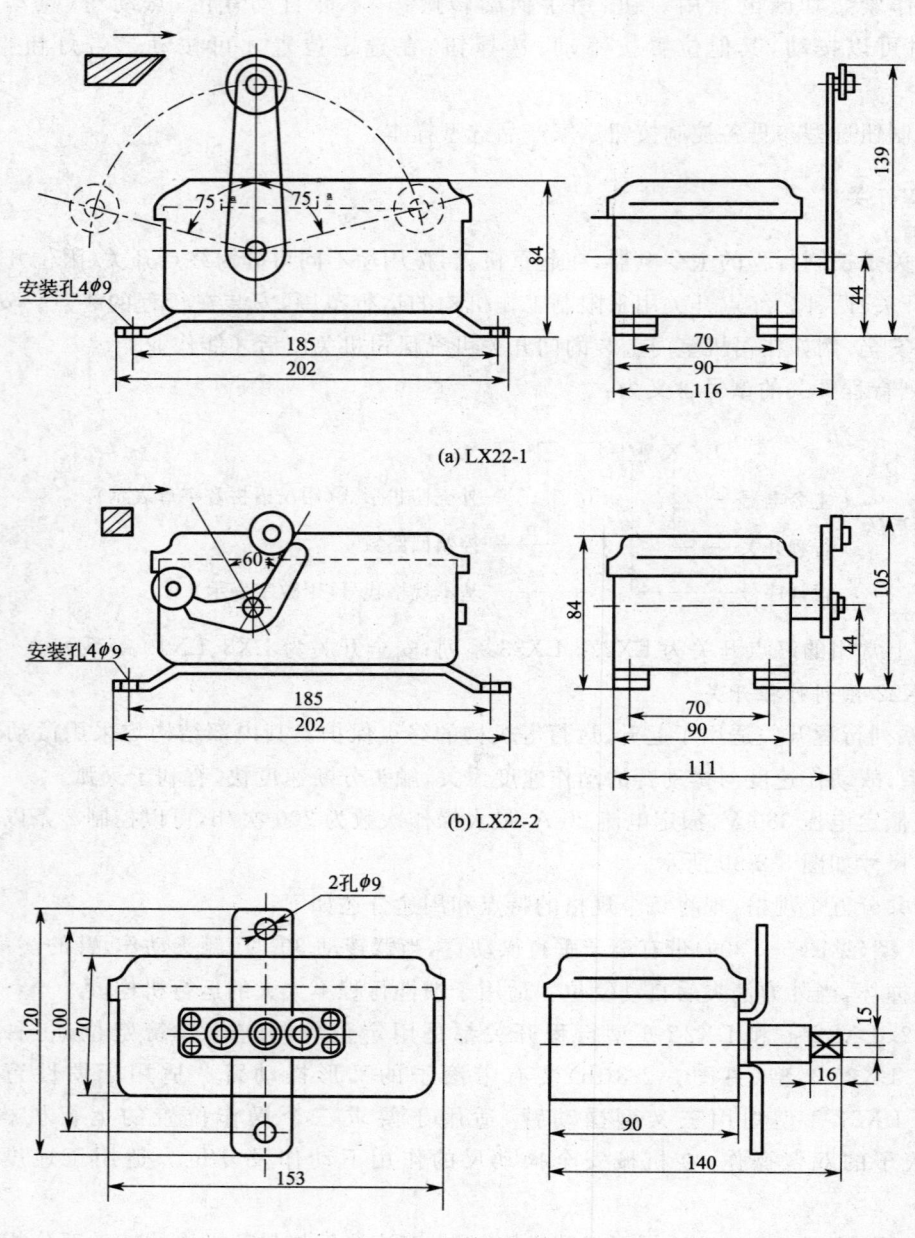

图 5-2-30　LX22 系列行程开关外形及安装尺寸图（mm）

表 5-2-33　LX33 系列行程开关的触头通断能力

| 使用类别 | 额定工作电流/A | 接通和分段条件 | | | 通断次数/次 | 间隔时间/s | 通断时间/s |
|---|---|---|---|---|---|---|---|
| AC-11 | 2.6 | $I/A$ | $U/V$ | $\cos\varphi$ | 50 | 5～10 | ≥0.5 |
|  |  | 28.6 | 418 | 0.7 |  |  |  |
| DC-11 | 0.4 | $I/A$ | $U/V$ | $T$ 0.95 | 50 | 5～10 | ≥0.5 |
|  |  | 0.44 | 242 | 300 ms |  |  |  |

表 5-2-34　LX33 系列行程开关的电寿命

| 使用类别 | 额定工作电流/A | 接通条件 | | | 分断条件 | | | 通断次数/万次 |
|---|---|---|---|---|---|---|---|---|
| AC-11 | 2.6 | $I/A$ | $U/V$ | $\cos\varphi$ | $I/A$ | $U_r/V$ | $\cos\varphi$ | 20 |
| | | 26 | 380 | 0.7 | 2.6 | 380 | 0.4 | |
| DC-11 | 0.4 | $I/A$ | $U/V$ | $T\,0.95$ | $I/A$ | $U/V$ | $T\,0.95$ | 20 |
| | | 0.4 | 220 | 300 ms | 0.4 | 220 | 300 ms | |

表 5-2-35　推动开关操动臂的极限速度

| 极限速度 \ 行程开关型式 | 杆型操动臂自动复位式 | 叉形操动臂非自动复位式 | 重锤式 | 旋转式 |
|---|---|---|---|---|
| 最高速度 | 200 m/min | 100 m/min | 80 m/min | 不限 |
| 最低速度 | 5 m/min | 3 m/min | 1 m/min | 交流 4 r/min<br>直流 8 r/min |

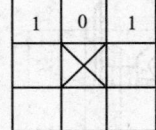 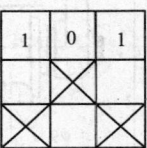 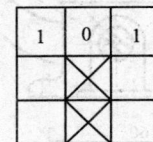 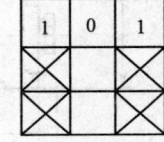

(a) 平移式、重锤式

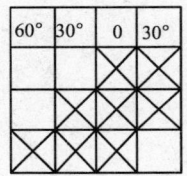 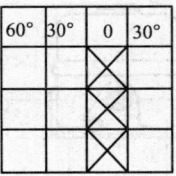 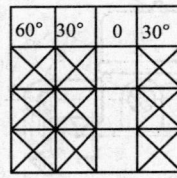 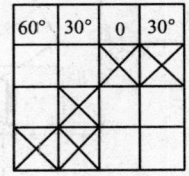

(b) 旋转式

图 5-2-31　LX33 系列行程开关触头元件闭合表

### (三) LX19A 系列行程开关

LX19A 系列行程开关用于交流 50 Hz 或 60 Hz、电压 380 V 或直流 220 V、电流 5A 以下的起重机控制电路中，将机械信号变为电信号即可作安全开关，也可作终点开关用。其技术数据列于表 5-2-36 中，外形及安装尺寸见图 5-2-33。

表 5-2-36　LX19A 系列行程开关技术数据

| 型号 | 规格 | 结构型式 | 触头对数 动分 | 触头对数 动合 | 工作行程 | 超行程 | 触头转换时间/s |
|---|---|---|---|---|---|---|---|
| LX19Ak | | 组件 | 1 | 1 | 3 mm | 1 mm | ≤0.04 |
| LX19A-111 | | 单轮，滚轮装在传动杆内侧，能自动复位 | 1 | 1 | ~30° | ~20° | ≤0.04 |
| LX19A-121 | | 单轮，滚轮装在传动杆外侧，能自动复位 | 1 | 1 | ~30° | ~20° | ≤0.04 |
| LX19A-131 | 380 V、 | 单轮，滚轮装在传动杆凹槽内，能自动复位 | 1 | 1 | ~30° | ~20° | ≤0.04 |
| LX19A-212 | 5 A | 双轮，滚轮装在 U 形传动杆内侧，不能自动复位 | 1 | 1 | ~30° | ~15° | ≤0.04 |
| LX19A-222 | | 双轮，滚轮装在 U 形传动杆外侧，不能自动复位 | 1 | 1 | ~30° | ~15° | ≤0.04 |
| LX19A-232 | | 双轮，滚轮装在 U 形传动杆内外侧各 1，不能自动复位 | 1 | 1 | ~30° | ~15° | ≤0.04 |
| LX19A-001 | | 无滚轮，仅径向传动杆，能自动复位 | 1 | 1 | 4 mm | 3 mm | ≤0.04 |

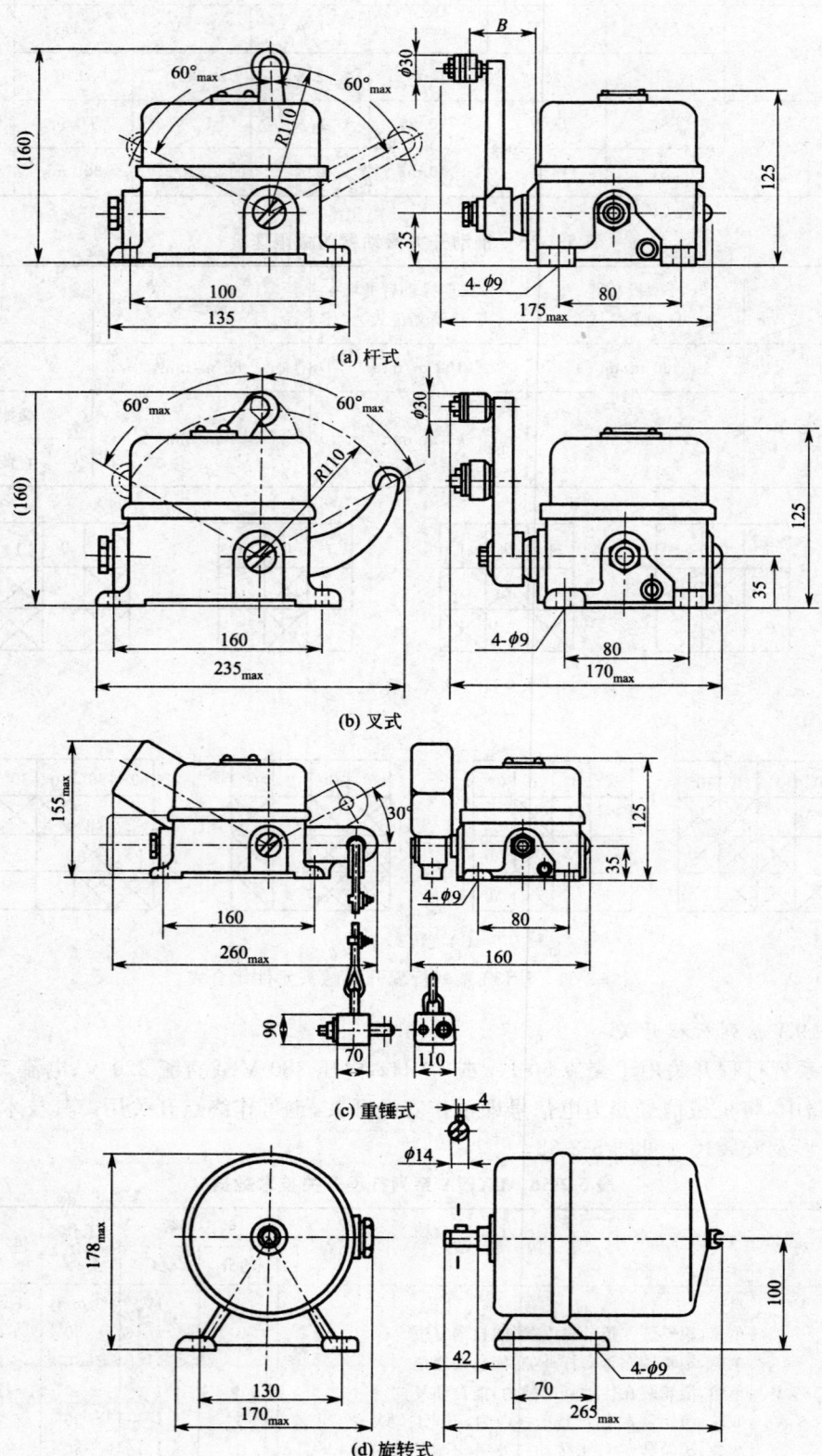

图 5-2-32 LX33系列行程开关外形及安装尺寸图(mm)

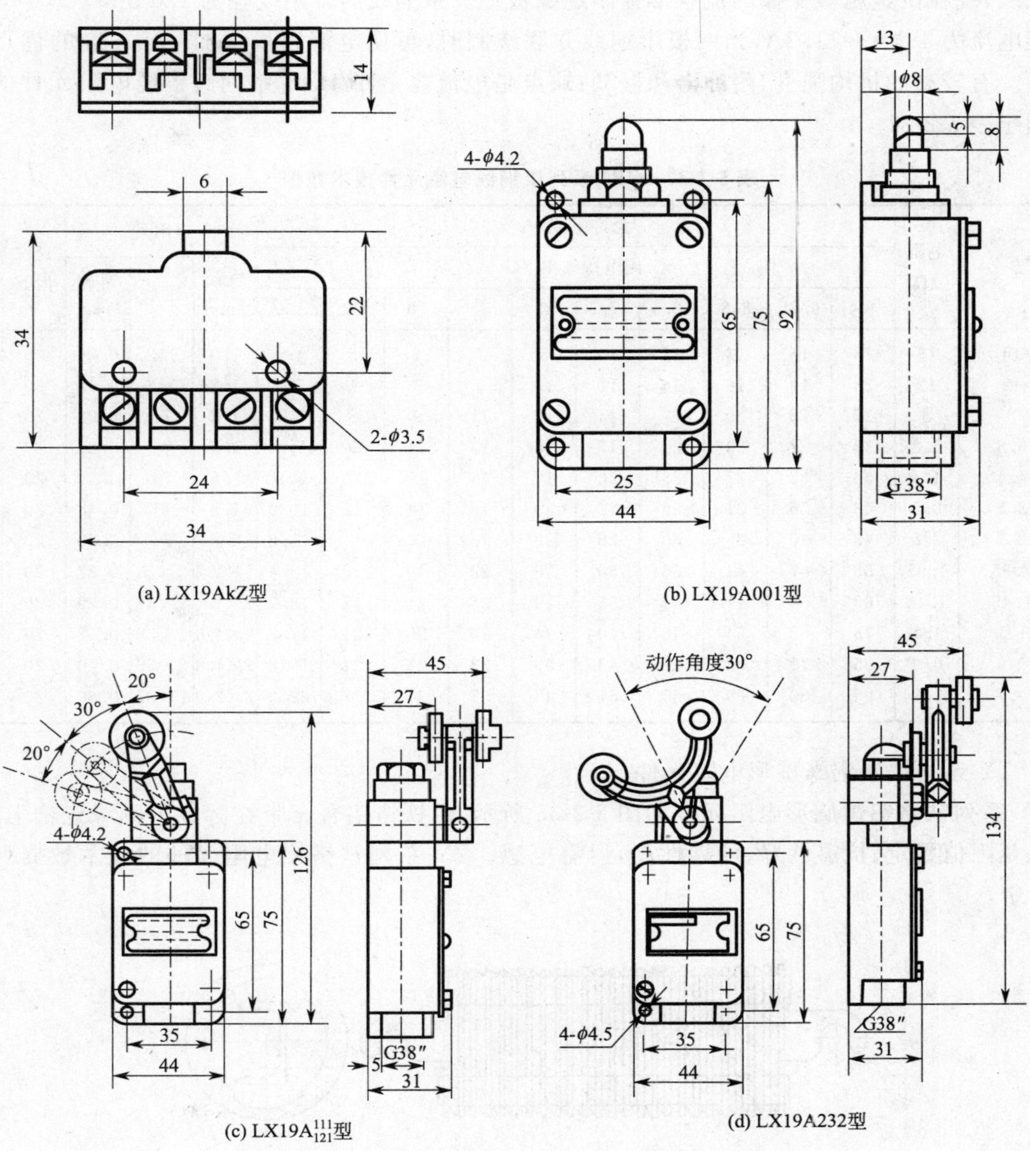

(a) LX19AkZ型

(b) LX19A001型

(c) LX19A$_{121}^{111}$型

(d) LX19A232型

图 5-2-33　LX19A 系列行程开关的外形及安装尺寸(mm)

## 第八节　电阻器、频敏变阻器

### 一、电阻器

电阻器是用来限制电流的电器。它由若干个同型号电阻元件按一定用途组装成一定规格容量的敞开式(户内型)、防滴式(户外型)、箱柜式(电控箱型)电阻器件。起重机常用的电阻器是专门设计的起重机用电阻器,作为电动机的起动制动和调速之用(适用于反复、短时工作制的工况)。

电阻元件根据不同材料分为多种。起重机常用的有以下几种:

1. ZB 系列平板型电阻元件

ZB 系列平板型电阻元件如图 5-2-34 所示,是由康

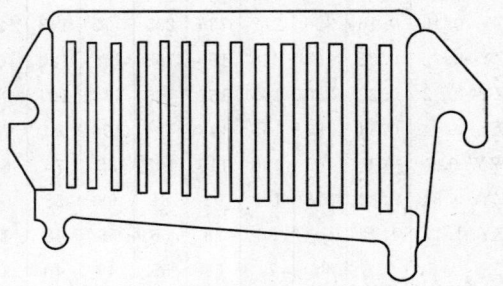

图 5-2-34　ZB 型康铜带式电阻元件

铜带或线,绕在由金属做支撑的梳状形瓷制绝缘板上。康铜线的常用线径为1.0 mm~2.0 mm,允许连续电流为4.4A~11.2A,当两根康铜线并联绕制时,可使电流容量增加一倍。它的优点是比较坚固。有较高的机构强度,耐冲击和振动;缺点是电流容量小。$ZB_2$系列康铜线电阻元件的技术数据列于表5-2-37。

表5-2-37 ZB2系列康铜线电阻元件技术数据

| 型号 | 电阻/Ω | 允许电流/A 接电持续率JC | | | | | | | | | | 电阻丝 | | | 瓷件齿数 | 发热时间常数/s |
|---|---|---|---|---|---|---|---|---|---|---|---|---|---|---|---|---|
| | | 4.4 | 6.25 | 8.8 | 12.5 | 17.5 | 25 | 35 | 50 | 70 | 100 | 直径/mm | 匝数 | 质量/kg | | |
| ZB2-18 | 18 | 18 | 15 | 13 | 11 | 10 | 8 | 7 | 6 | 5 | 4.4 | 1.0 | 112 | 0.24 | 30 | 132 |
| ZB2-12 | 12 | 23 | 19 | 16 | 14 | 12 | 10 | 9 | 7 | 6 | 5.4 | 1.2 | 112 | 0.32 | 30 | 175 |
| ZB2-8 | 8 | 27 | 22 | 20 | 17 | 14 | 12 | 11 | 9 | 8 | 6.6 | 1.2 | 74 | 0.22 | 20 | 132 |
| ZB2-5.8 | 5.8 | 32 | 27 | 23 | 21 | 17 | 15 | 13 | 11 | 9 | 7.7 | 1.4 | 74 | 0.29 | 20 | 168 |
| ZB2-4.4 | 4.4 | 38 | 32 | 27 | 23 | 20 | 17 | 15 | 12 | 10 | 8.9 | 1.6 | 74 | 0.38 | 20 | 202 |
| ZB2-3.5 | 3.5 | 43 | 36 | 31 | 26 | 22 | 20 | 16 | 14 | 12 | 10.0 | 1.8 | 74 | 0.48 | 20 | 235 |
| ZB2-2.8 | 2.8 | 48 | 40 | 35 | 30 | 26 | 22 | 18 | 16 | 14 | 11.2 | 2.0 | 74 | 0.60 | 20 | 282 |
| ZB2-1.95 | 1.95 | 56 | 47 | 41 | 36 | 30 | 26 | 22 | 19 | 16 | 13.4 | 2×1.2 | 2×36 | 0.22 | 20 | 132 |
| ZB2-1.45 | 1.45 | 65 | 54 | 47 | 41 | 35 | 29 | 25 | 21 | 18 | 15.5 | 2×1.4 | 2×36 | 0.29 | 20 | 169 |
| ZB2-1.1 | 1.1 | 75 | 63 | 54 | 46 | 40 | 34 | 29 | 25 | 21 | 17.7 | 2×1.6 | 2×36 | 0.38 | 20 | 203 |
| ZB2-0.9 | 0.9 | 85 | 71 | 62 | 52 | 43 | 39 | 33 | 28 | 24 | 19.8 | 2×1.8 | 2×36 | 0.40 | 20 | 237 |
| ZB2-0.7 | 0.7 | 96 | 80 | 69 | 60 | 51 | 43 | 37 | 31 | 27 | 22.0 | 2×2.0 | 2×36 | 0.60 | 20 | 286 |

**2. ZY系列铁铬铝螺旋形电阻元件**

ZY系列铁铬铝螺旋形电阻元件如图5-2-35所示,由铁铬铝合金带在圆柱形绝缘瓷槽上绕成,其特点是阻值稳定、抗震性好、可靠性高,但有电感。ZY系列铁铬铝电阻元件的技术数据列于表5-2-38中。

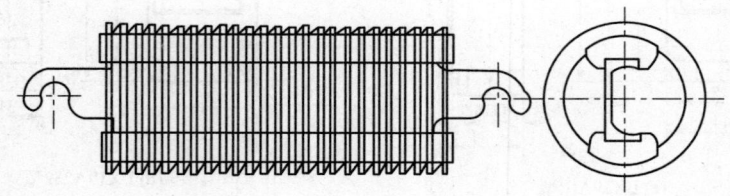

图5-2-35 ZY型铁铬铝螺旋式电阻元件

表5-2-38 ZY系列铁铬铝电阻元件的技术数据

| 型号 | 电阻/Ω | 允许电流/A 接电持续率JC | | | | | | | | | | 电阻带 | | | 瓷件齿数 | 发热时间常数/s |
|---|---|---|---|---|---|---|---|---|---|---|---|---|---|---|---|---|
| | | 4.4 | 6.25 | 8.8 | 12.5 | 17.5 | 25 | 35 | 50 | 70 | 100 | 截面/mm² | 匝数 | 质量/kg | | |
| ZY-0.08 | 0.08 | 452 | 378 | 328 | 286 | 243 | 205 | 175 | 148 | 125 | 107 | 2×(1.6×15) | 2×12 | 1.0 | 8 | 186 |
| ZY-0.112 | 0.112 | 392 | 328 | 282 | 246 | 210 | 177 | 147 | 127 | 109 | 91 | 2×(1.6×15) | 2×16 | 1.35 | 11 | 354 |
| ZY-0.16 | 0.16 | 326 | 272 | 236 | 205 | 175 | 148 | 126 | 106 | 90 | 76 | 2×(1.5×10) | 2×14 | 0.75 | 11 | 252 |
| ZY-0.22 | 0.22 | 264 | 220 | 190 | 168 | 141 | 120 | 102 | 87 | 74 | 64 | 2×(1.1×10) | 2×22 | 1.15 | 8 | 144 |
| ZY-0.32 | 0.32 | 230 | 193 | 167 | 146 | 124 | 104 | 90 | 76 | 64 | 54 | 1.6×15 | 22 | 0.95 | 10 | 225 |
| ZY-0.44 | 0.44 | 197 | 165 | 143 | 124 | 106 | 90 | 76 | 64 | 54 | 46 | 2×(1.1×10) | 2×32 | 1.20 | 11 | 255 |
| ZY-0.6 | 0.6 | 165 | 138 | 119 | 105 | 88 | 75 | 64 | 54 | 46 | 39 | 2×(0.8×8) | 29 | 0.80 | 11 | 192 |
| ZY-0.84 | 0.84 | 128 | 105 | 92 | 81 | 68 | 58 | 50 | 42 | 37 | 33 | 0.8×10 | 19 | 0.60 | 11 | 78 |
| ZY-1.12 | 1.12 | 104 | 86 | 78 | 66 | 56 | 48 | 41 | 36 | 32 | 29 | 0.8×8 | 21 | 0.26 | 8 | 50 |
| ZY-1.6 | 1.6 | 86 | 71 | 64 | 55 | 46 | 40 | 34 | 30 | 27 | 34 | 0.8×6 | 31 | 0.35 | 10 | 45 |
| ZY-2.2 | 2.2 | 78 | 65 | 57 | 50 | 42 | 36 | 31 | 26 | 23 | 20 | 0.8×6 | 32 | 0.30 | 11 | 90 |

### 3. ZJ系列铁铬铝齿型电阻元件

ZJ1系列铁铬铝齿形电阻元件如图5-2-36所示,由铁铬铝合金带轧制成齿形又称大波浪形。根据不同截面共有10个规格。该型元件的优点是阻值稳定、工艺简单、抗震性好,缺点是接点数较多。其技术数据列于表5-2-39中。

在进行起重机设计时,应该根据电动机的控制方式,实际工况要求配备不同材质、不同要求的电阻器。具体电阻器型号可参考电阻器厂家的详细产品样本。

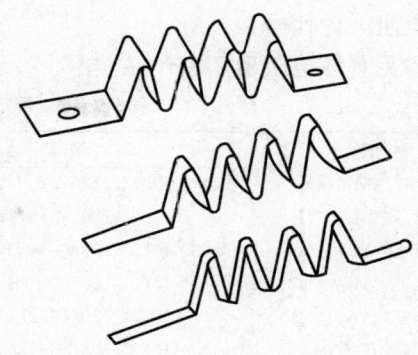

图 5-2-36 ZJ型铁铬铝齿型电阻元件

表 5-2-39 ZJ1系列铁铬铝齿形电阻元件技术数据

| 型号 | 电阻/Ω | 额定工作电流/A | 断续周期工作制(JC) 额定电流/A | | | | | | | | | 截面尺寸/mm² | 每相可装电阻组件数 | 质量/kg | 发热时间常数/s |
|---|---|---|---|---|---|---|---|---|---|---|---|---|---|---|---|
| | | | 4.4 | 6.25 | 8.6 | 12.5 | 17.5 | 25 | 35 | 50 | 70 | | | | |
| ZJ1-1 | 0.033 | 107 | 475 | 399 | 337 | 284 | 241 | 203 | 173 | 146 | 125 | 2.45×24 | 12 | 0.666 | 200 |
| ZJ1-2 | 0.046 | 91 | 395 | 332 | 280 | 239 | 201 | 169 | 145 | 123 | 106 | 1.75×24 | 12 | 0.457 | 150 |
| ZJ1-3 | 0.067 | 76 | 323 | 272 | 230 | 194 | 165 | 139 | 119 | 107 | 88 | 1.2×24 | 12 | 0.326 | 120 |
| ZJ1-4 | 0.069 | 64 | 276 | 232 | 196 | 166 | 141 | 119 | 107 | 86 | 75 | 1.85×15 | 12 | 0.314 | 140 |
| ZJ1-5 | 0.099 | 54 | 231 | 194 | 164 | 138 | 118 | 99 | 85 | 72 | 62 | 1.3×15 | 12 | 0.221 | 128 |
| ZJ1-6 | 0.135 | 46 | 192 | 161 | 137 | 115 | 98 | 83 | 71 | 61 | 53 | 0.95×15 | 12 | 0.161 | 104 |
| ZJ1-7 | 0.124 | 39 | 168 | 141 | 119 | 101 | 85 | 72 | 61 | 52 | 45 | 2.0×8 | 12 | 0.182 | 136 |
| ZJ1-8 | 0.172 | 33 | 138 | 116 | 98 | 83 | 71 | 60 | 51 | 44 | 38 | 1.45×8 | 12 | 0.132 | 104 |
| ZJ1-9 | 0.226 | 28 | 120 | 101 | 85 | 72 | 61 | 52 | 45 | 38 | 33 | 1.1×8 | 12 | 0.10 | 96 |
| ZJ1-10 | 0.332 | 24 | 97 | 81 | 69 | 58 | 50 | 42 | 36 | 31 | 27 | 0.8×8 | 12 | 0.073 | 80 |

配YZR系列电动机常用电阻器型号含义为:

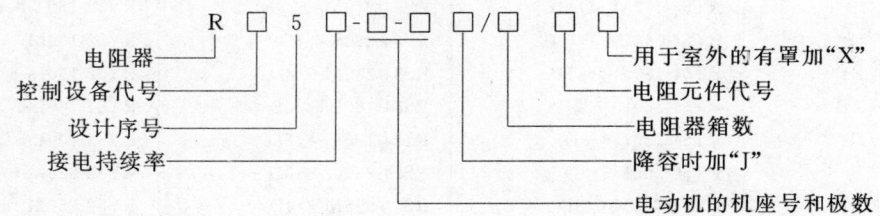

其中控制设备代号:

T——凸轮控制器;
S——PQS起升控制屏;
K——凸轮控制器一相开路;
Y——PQY运行控制屏;
Z——PQZ抓斗控制屏;
P——带频率继电器的运行控制屏;
Q——PQR6402、PQR10控制屏;
F——1992年联合设计的二级反接起升控制屏。

按电持续率代号:

1—15%;2—25%;4—40%;6—60%。

电阻元件代号：
参见具体电阻器厂家产品样本。

**表 5-2-40　配 YZR 系列电动机的通用电阻器型号**

| 型　号 | 型　号 | 型　号 | 型　号 |
| --- | --- | --- | --- |
| RK51-112M-6/1B | RT51-132M$_1$-6/1B | RS52-225M-6/4D | RS54-355M-10/10D |
| RK51-132M$_1$-6/1B | RT51-160 M$_1$-6/1B | RS52-250M$_1$-6/4D | RS54-355L-10/11D |
| RK51-132M$_2$-6/1B | RT51-160M$_2$-6/1B | RS52-250M$_2$-6/5D | RS56-160 M$_1$-6/2B |
| RK51-132M$_1$-6/1B | RT51-160L -6/1B | RS52-280S-6/6D | RS56-160 M$_2$-6/2B |
| RK51-132M$_2$-6/1B | RT51-180L-6/2D | RS52-280M-6/7D | RS56-160L -6/2B |
| RK51-160L-6/1B | RT51-200L-6/2D | RS52-160L-8/1B | RS56-180L-6/3D |
| RK51-180L-6/2D | RT51-225M-6/3D | RS52-180L-8/2D | RS56-200L-6/4D |
| RK51-200L-6/2D | RT51-160L-8/1B | RS52-200L-8/2D | RS56-225M-6/4D |
| RK51-225M-6/2D | RT51-180L-8/2D | RS52-225M-8/3D | RS56-250M$_1$-6/5D |
| RK51-160L-8/1B | RT51-200L-8/2D | RS52-250M$_1$-8/4D | RS56-250M$_2$-6/6D |
| RK51-180L-8/1D | RT51-225M-8/2D | RS52-250M$_2$-8/4D | RS56-280S-6/7D |
| RK51-180L-8/2D | RT51-250M$_1$-8/3D | RS52-280S-8/5D | RS56-280M-6/9D |
| RK51-200L-8/2D | RT52-112M-6/1B | RS52-280M-8/6D | RS56-160L-8/2B |
| RK51-250M$_1$-8/3D | RT52-132M$_1$-6/1B | RS52-315S-8/8D | RS56-180L-8/2D |
| RK52-112M-6/1B | RT52-132M$_2$-6/1B | RS52-315M-8/9D | RS56-180L-8/3D |
| RK52-132M$_1$-6/1B | RT52-160 M$_1$-6/1B | RS52-280S-10/4D | RS56-225M-8/4D |
| RK52-132M$_2$-6/1B | RT52-160M$_2$-6/1B | RS52-280M-10/5D | RS56-250M$_1$-8/5D |
| RK52-160 M$_1$-6/1B | RT52-160L -6/2B | RS52-315S-10/6D | RS56-250M$_2$-8/6D |
| RK52- 160M$_2$-6/1B | RT52-180L-6/2D | RS52-315M-10/7D | RS56-280S-8/7D |
| RK52-160L -6/1B | RT52-200L-6/3D | RS52-355M-10/10D | RS56-280M-8/8D |
| RK52-180L-6/2D | RT52-225M-6/3D | RS52-355L$_1$-10/11D | RS56-315S-8/9D |
| RK52-200L-6/2D | RT52-160L-8/1B | RS54-160 M$_1$-6/1B | RS56-315M-8/13D |
| RK52-225M-6/3D | RT52-180L-8/2D | RS54-160M$_2$-6/2B | RS56-280S-10/6D |
| RK52-160L-8/1B | RT52-200L-8/2D | RS54-160L -6/2B | RS56-280M-10/6D |
| RK52-180L-8/2D | RT52-225M-8/2D | RS54-180L-6/3D | RS56-315S-10/7D |
| RK52-200L-8/2D | RT52-250M$_1$-8/3D | RS54-200L-6/4D | RS56-315M-10/9D |
| RK52-225M-8/2D | RT54-112M -6/1B | RS54-225M-6/4D | RS56-355M-10/12D |
| RK52-250M$_1$-8/3D | RT54-132M$_1$-6/1B | RS54-250M$_1$-6/4D | RS56-355L$_1$-10/13D |
| RK54-112M -6/1B | RT54-132M$_2$-6/1B | RS54-250M$_2$-6/5D | RY52-160 M$_1$-6/1B |
| RK54-132M$_1$-6/1B | RT54-160 M$_1$-6/1B | RS54-280S-6/6D | RY52-160M$_2$-6/2B |
| RK54-132M$_2$-6/1B | RT54-160M$_2$-6/1B | RS54-280M-6/8D | RY52-160L -6/2B |
| RK54-160 M$_1$-6/1B | RT54-160L -6/2B | RS54-160L -8/2B | RY52-180L-6/3D |
| RK54-160M$_2$-6/1B | RT54-180L-6/3D | RS54-180L -8/2D | RY52-200L-6/3D |
| RK54-160L -6/2B | RT54-200L-6/3D | RS54-200L -8/3D | RY52-225M-6/4D |
| RK54-160L-6/2D | RT54-225M-6/3D | RS54-225M-8/4D | RY52-250M$_1$-6/5D |
| RK54-200L-6/3D | RS54-160L -8/1B | RS54-250M$_1$-8/4D | RY52-250M$_2$-6/6D |
| RK54-225M-6/3D | RS54-180L -8/2D | RS54-250M$_2$-8/5D | RY52-280S-6/7D |
| RK54-160L -8/1B | RS54-200L -8/2D | RS54-280S-8/5D | RY52-280M-6/9D |
| RK54-180L-8/2D | RS54-225M-8/3D | RS54-280M-8/6D | RY52-160L -8/2B |
| RK54-200L-8/2D | RS54-250M$_1$-8/4D | RS54-315S -8/9D | RY52-180L -8/2D |
| RK54-225M-8/3D | RS52-160 M$_1$-6/1B | RS54-315M -8/12D | RY52-200L -8/3D |
| RK54-250M$_1$-8/3D | RS52-160M$_2$-6/1B | RS54-280S-10/4D | RY52-225M-8/4D |
| RT51-112M -6/1B | RS52-160L -6/2B | RS54-280M-10/5D | RY52-250M$_1$-8/5D |
| RT51-132M$_1$-6/1B | RS52-180L-6/3D | RS54-315S -10/6D | RY52-250M$_2$-8/6D |
| RY52-280M-8/6D | RS52-200L-6/3D | RS54-315M -10/8D | RY52-280S-8/6D |
| RY52-315S-8/8D | RY56-225M-8/5D | RZ56-200L-8/2D | RQ54-250M$_1$-8/6D |
| RY52-315M-8/10D | RY56-250M$_1$-8/6D | RZ56-225M -8/3D | RQ54-250M$_2$-8/8D |
| RY52-280S-10/4D | RY56-250M$_2$-8/6D | RZ56-250M$_1$-8/3D | RQ54-280S-8/7D |
| RY52-280M-10/5D | RY56-280S-8/6D | RZ56-250M$_2$-8/4D | RQ54-280M-8/7D |

续上表

| 型　号 | 型　号 | 型　号 | 型　号 |
|---|---|---|---|
| RY52-315S -10/6D | RY56-280M-8/9D | RZ56-280S-8/5D | RQ54-315S-8/12D |
| RY52-315M -10/9D | RY56-315S -8/10D | RZ56-280M-8/6D | RQ54-315M-8/13D |
| RY54-160 $M_1$-6/2B | RY56-315M -8/12D | RZ56-315S -8/7D | RQ54-280S-10/8D |
| RY54-160$M_2$-6/2B | RY56-280S-10/6D | RZ56-280S-10/4D | RQ54-280M-10/9D |
| RY54-160L -6/3B | RY56-280M-10/6D | RZ56-280M-10/5D | RQ54-315S -10/10D |
| RY54-180L-6/4D | RY56-315S-10/9D | RZ56-315S-10/6D | RQ54-315M -10/12D |
| RY54-200L-6/4D | RY56-315M-10/10D | RZ56-315M-10/7D | RQ54-355M -10/16D |
| RY54-225M-6/5D | RZ54-160$M_2$-6/1B | RQ52-180L-6/5D | RQ54-355$L_1$-10/18D |
| RY54-250$M_1$-6/5D | RZ54-160L -6/2B | RQ52-200L-6/6D | RQ54-355$L_2$-10/24D |
| RY54-250$M_2$-6/6D | RZ54-180L-6/2D | RQ52-225M-6/6D | RQ54-400$L_1$-10/27D |
| RY54-280S-6/8D | RZ54-200L-6/3D | RQ52-250$M_1$-6/6D | RQ54-400$L_2$-10/29D |
| RY54-280M-6/9D | RZ54-225M-6/3D | RQ52-250$M_2$-6/7D | RQ56-160$M_2$-6/3B |
| RY54-160L -8/2B | RZ54-250$M_1$-6/3D | RQ52-280S-6/8D | RQ56-160L -6/3B |
| RY54-180L -3/3D | RZ54-250$M_2$-6/4D | RQ52-160L -8/2B | RQ56-180L-6/4D |
| RY54-200L -8/3D | RZ54-280S-6/5D | RQ52-180L -8/3D | RQ56-200L-6/5D |
| RY54-225M-8/4D | RZ54-280M-6/6D | RQ52-225M-8/4D | RQ56-225M-6/6D |
| RY54-250$M_1$-8/5D | RZ54-160L -3/1B | RQ52-250$M_1$-8/6D | RQ56-250$M_1$-6/8D |
| RY54-250$M_2$-8/6D | RZ54-180L -8/2D | RQ52-250$M_2$-8/6D | RQ56-250$M_2$-6/9D |
| RY54-280S-8/6D | RZ54-200L -8/2D | RQ52-280S-8/6D | RQ56-280S-6/11D |
| RY54-280M-8/8D | RZ54-225M-8/3D | RQ52-280M-8/9D | RQ56-160L -8/2B |
| RY54-315S -8/11D | RZ54-250$M_1$-8/3D | RQ52-315S-8/10D | RQ56-180L -8/3B |
| RY54-315M -8/13D | RZ54-250$M_2$-8/3D | RQ52-315M-8/12D | RQ56-200L -8/4D |
| RY54-280S-10/6D | RZ54-280S-8/3D | RQ52-280S-10/8D | RQ56-225M-8/4D |
| RY54-280M-10/6D | RZ54-280M-8/4D | RQ52-280M-10/8D | RQ56-250$M_1$-8/7D |
| RY54-315S-10/8D | RZ54-315S-8/6D | RQ52-315S -10/9D | RQ56-250$M_2$-8/9D |
| RY54-315M-10/9D | RZ54-280S-10/4D | RQ52-315M -10/10D | RQ56-280S-8/9D |
| RY56-160 $M_1$-6/2B | RZ54-280M-10/4D | RQ52-355M -10/15D | RQ56-280M-8/11D |
| RY56-160$M_2$-6/2B | RZ54-315S-10/5D | RQ52-355$L_1$-10/16D | RQ56-315S-8/13D |
| RY56-160L -6/2B | RZ54-315M-10/6D | RQ52-355$L_2$-10/19D | RQ56-315M-8/15D |
| RY56-180L-6/3B | RZ56-160$M_2$-6/1B | RQ52-400$L_1$-10/23D | RQ56-280S-10/7D |
| RY56-200L-6/5D | RZ56-160L -6/2B | RQ52-400$L_2$-10/26D | RQ56-280M-10/12D |
| RY56-225M-6/6D | RZ56-180L-6/2D | RQ54-180L-6/5D | RQ56-315S -10/11D |
| RY56-250$M_1$-6/6D | RZ56-200L-6/3D | RQ54-200L-6/5D | RQ56-315M -10/15D |
| RY56-250$M_2$-6/7D | RZ56-225M-6/3D | RQ54-225M-6/6D | RQ56-355M -10/18D |
| RY56-280S-6/8D | RZ56-250$M_1$-6/4D | RQ54-250$M_1$-6/6D | RQ56-355$L_1$-10/23D |
| RY56-280M-6/9D | RZ56-250$M_2$-6/5D | RQ54-250$M_2$-6/9D | RQ56-355$L_2$-10/25D |
| RY56-160L -8/2B | RZ56-280S-6/5D | RQ54-280S-6/9D | RQ56-400$L_1$-10/30D |
| RY56-180L -8/3B | RZ56-280M-6/6D | RQ54-160L -8/3B | RQ56-400$L_2$-10/31D |
| RY56-200L -8/4D | RZ56-160L -8/1B | RQ54-180L -8/4D | |
| | RZ56-180L -8/2B | RQ54-225M-8/6D | |

注：摘自大连华锐重工起重公司《电气常用资料-标准电阻器》。

当电动机型号、容量及控制方式选定后，即可以根据这些已知条件从表 5-2-40 给出不同控制方式电阻器造型参考，选出所需匹配电阻器的型号。

### 二、频敏电阻器

频敏变阻器是无触点磁性组件。在绕线式异步电动机转子回路中串入频敏变阻器后，可以取代起动电阻器，它是电阻器（本身内阻）和电抗器的串联体。这个串联体的特点是电抗器的阻值敏感于频率。在电动机起动过程中，由于等值阻抗随转子电流频率的减小而自动下降（自动变阻），从而不需切换电阻就可以使电动机平稳地起动。

频敏变阻器的结构形式很多。最常用的是叠片式，如图 5-2-37 所示，由铁心和绕组两个主要部分组成。铁心用若干"山"字形和"一"字形钢板叠成，各片钢板之间由垫片隔开。三相线圈的六个接头中,通常上面三个接在电动机转子滑环上,下面三个接在一起构成 Y 形连接(如图 5-2-38a 所示),起动时,由于转子电势的作用,在铁心中产生很大的涡流损耗与磁滞损耗(铁耗),构成等效电阻。铁耗与电流频率的平方成正比,所以这种等效电阻的大小是转子电流频率的函数(高频时阻值很大,低频时阻值很小)。而在电动机起动过程中,转子电流的频率是随转子的转速变化的。当定子接通电源而转子尚未转动时,转子电流的频率最高(等于电源频率);当转子转动起来以后,转子电流的频率随之降低。当起动完毕电动机正常运转时,转子电流频率约为电源频率的 2%~5%。因此在起动过程中,频敏变阻器自动从高阻抗变为低阻抗,限制了起动电流在 $2.5I$ 以内。使电动机能平稳地起动(如图 5-2-38b 所示)。

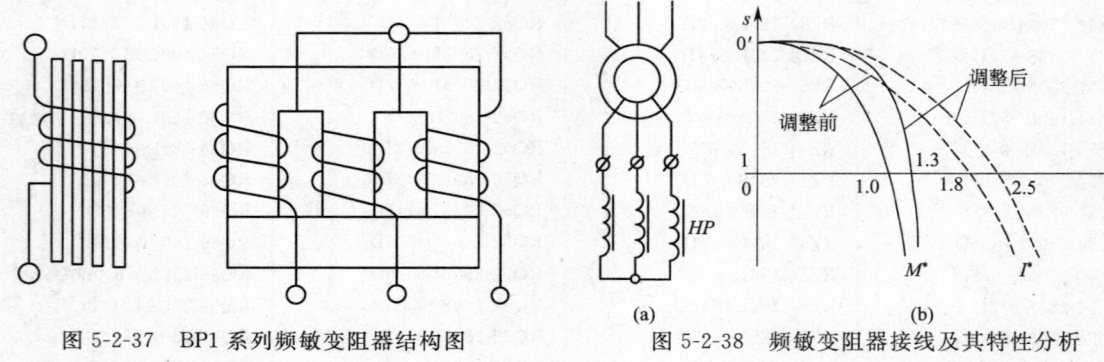

图 5-2-37  BP1 系列频敏变阻器结构图          图 5-2-38  频敏变阻器接线及其特性分析

频敏变阻器型号的含义为:

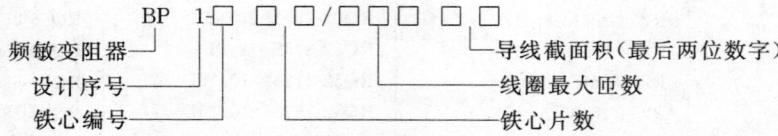

起重运输机上常用的是 BP1 系列重复短时工作制频敏变阻器,其型号列于表 5-2-41 中,所控制电动机的容量为 2.0 kW~125 kW。

表 5-2-41  BP1 系列重复短时工作制频敏变阻器

| 电动机 | | 频敏变阻器 | | | | | | | |
|---|---|---|---|---|---|---|---|---|---|
| 容量 $P_e$/kW | 转子额定电流 $I_{2e}$/A | $t_q \cdot Z$=400 s/h(不频繁) | | $t_q \cdot Z$=630 s/h(较频繁) | | $t_q \cdot Z$=1 000 s/h(很频繁) | | $t_q \cdot Z$=1 600 s/h(最频繁) | |
| | | 型号 | 组数及接法 | 型号 | 组数及接法 | 型号 | 组数及接法 | 型号 | 组数及接法 |
| 2.0~2.5 | 12~16 | | | BPl-004/10003 | 1 组 | BPl-006/8004 | 1 组 | BPl-010/6305 | 1 组 |
| 3.2~4.0 | 12~16 | | | BPl-006/10006 | 1 组 | BPl-010/8004 | 1 组 | BPl-508/8006 | 1 组 |
| 4.1~5.0 | 18~22 | | | BPl-008/10008 | 1 组 | BPl-012/6305 | 1 组 | BPl-510/6308 | 1 组 |
| 6.3~8.0 | 19~25 | BPl-504/12504 | 1 组 | BPl-506/10005 | 1 组 | BPl-510/8006 | 1 组 | BPl-406/8010 | 1 组 |
| 6.3~8.0 | 26~32 | BPl-504/10005 | 1 组 | BPl-506/8006 | 1 组 | BPl-510/6308 | 1 组 | BPl-406/6312 | 1 组 |
| 10~12.5 | 32~40 | BPl-504/8006 | 1 组 | BPl-510/6308 | 1 组 | BPl-406/6312 | 1 组 | BPl-410/5016 | 1 组 |
| 10~12.5 | 41~50 | BPl-506/6308 | 1 组 | BPl-510/5010 | 1 组 | BPl-406/5016 | 1 组 | BPl-410/4020 | 1 组 |
| 12.6~16 | 40~50 | BPl-508/6308 | 1 组 | BPl-512/5010 | 1 组 | BPl-408/5016 | 1 组 | BPl-412/4020 | 1 组 |
| 20~25 | 63~80 | BPl-512/4012 | 1 组 | BPl-408/4020 | 1 组 | BPl-412/3225 | 1 组 | BPl-410/2532 | 2 组串联 |
| 26~32 | 63~80 | BPl-406/5016 | 1 组 | BPl-410/4020 | 1 组 | BPl-416/3225 | 1 组 | BPl-412/2532 | 2 组串联 |
| 26~32 | 125~160 | BPl-406/2532 | 1 组 | BPl-410/2040 | 1 组 | BPl-416/1650 | 1 组 | BPl-412/2532 | 2 组串联 |
| 40~50 | 125~160 | BPl-410/2532 | 1 组 | BPl-412/2040 | 1 组 | BPl-416/3225 | 2 组并联 | BPl-410/2532 | 2 串 2 并 |
| 51~63 | 125~160 | BPl-412/2532 | 1 组 | BPl-410/4020 | 2 组并联 | BPl-416/3225 | 2 组并联 | BPl-412/2532 | 2 串 2 并 |
| 64~83 | 160~200 | BPl-416/2040 | 1 组 | BPl-412/3225 | 2 组并联 | BPl-410/2532 | 2 串 2 并 | BPl-416/2040 | 2 串 2 并 |
| 81~100 | 160~200 | BPl-410/4020 | 2 组并联 | BPl-416/3225 | 2 组并联 | BPl-412/2532 | 2 串 2 并 | | |
| 100~125 | 160~200 | BPl-412/4020 | 2 组并联 | BPl-410/3225 | 2 串 2 并 | BPl-416/2532 | 2 串 2 并 | | |

频敏变阻器的选择,与电动机操作繁忙程度有关,其繁忙程度通常用 $t_q \cdot Z$ 值来表示。$t_q$ 表示每次起动时间,$Z$ 表示每小时起动次数(起动一次 $Z=1$,动力制动一次 $Z=1$,反接制动一次 $Z=3$)。实际上由于电动机操作无规则,$t_q \cdot Z$ 值只能是一个估计值,凭统计和经验得出。重复短时工作制的起重运输机械操作繁忙程度大致分为四类,列于表 5-2-42 中供参考。

表 5-2-42  电动机操作繁忙程度分类表

| 分类 | 第一类 | 第二类 | 第三类 | 第四类 |
|---|---|---|---|---|
| 频繁程度 | 不频繁 | 较频繁 | 很频繁 | 最频繁 |
| 每小时折算 $t_q \cdot Z$ | 400 s | 630 s | 1 000 s | 1 600 s |
| 每小时起动次数 | 250 次以下 | 250 次～400 次 | 400 次～630 次 | 630 次以上 |
| 特点 | 电动机有时起动完毕稳速工作一段时间;有时刚起动就断电每小时起动次数不多 | 电动机有时起动完毕稳速工作一段时间;有时刚起动就断电每小时起动次数较多 | 电动机频繁起动。电动机全部工作过程,差不多就是起动过程 | 电动机处于"点车"状态,刚起动就断电;断电后马上就起动,每次起动时间极短 |

当电动机型号及其繁忙程度确定以后,即可从表 5-2-41 中选出所需要的频敏变阻器型号。如果需要自行制造时,铁心尺寸和绕组数据可以分别从表 5-2-43(频敏变阻器铁心尺寸)及表 5-2-44(绕组数据)中查到。

变阻器的机械特性如图 5-2-38b 所示,每个绕组上设有 4 个抽头,使用过程中遇到下列情况可调整匝数和气隙。

当起动电流过大,起动太快,可设法增加匝数;起动力矩不够,可减少匝数。

如果起动时,起动力矩太大、机械有冲击;但稳定运行时,额定转速又太低,可在上下铁心间增设气隙,其效果是起动电流略微增加,起动力矩稍有减小,但起动完毕力矩增大,额定转速得到提高。

频敏变阻器的优点是结构简单、制造容易、运行可靠、坚固耐用。其缺点是起动力矩一般为 $(1.0 \sim 1.1) M_e$(采用电阻器起动时,平均起动力矩可达 $1.7 M_e$),经过调整后,才能达到 $(1.2 \sim 1.3) M_e$;在试车时,起动电流也需作一番必要的调整。因此,频敏变阻器适用于没有调速要求的起重机运行机构上。

表 5-2-43  频敏变阻器铁心尺寸

| 铁心号 | | |
|---|---|---|
| 0 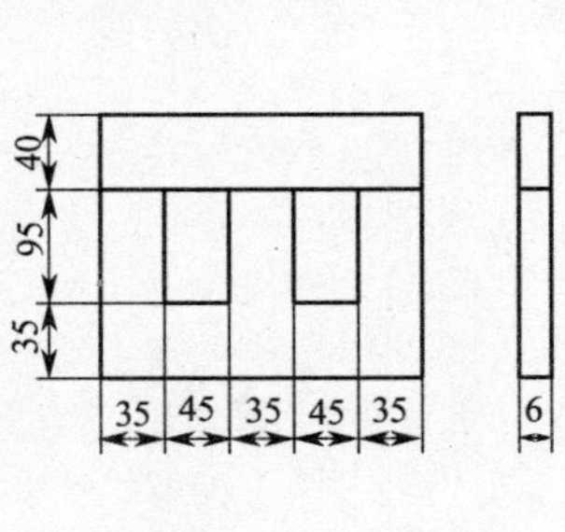 | 4 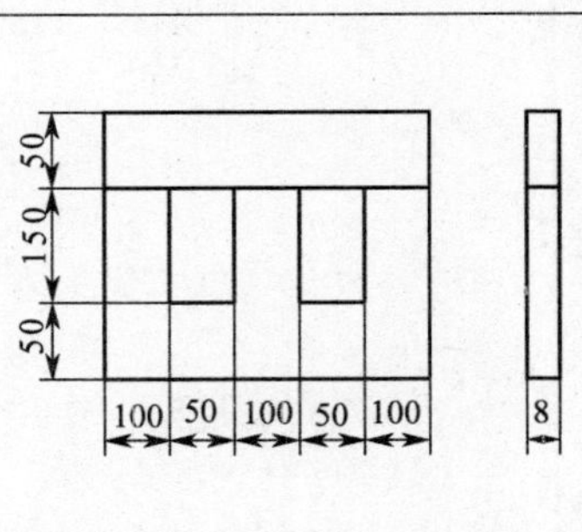 | 5 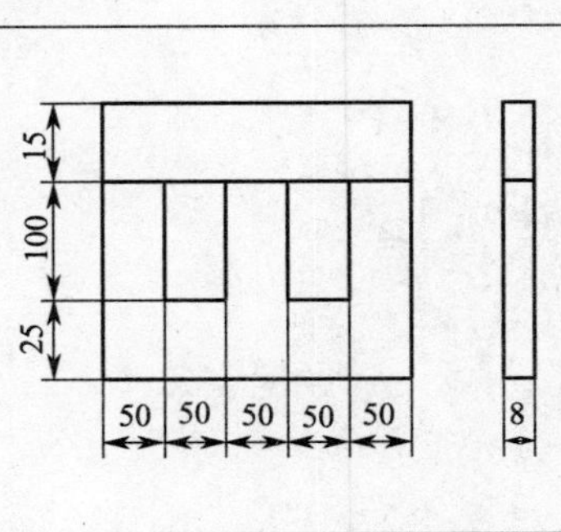 |
| 片间距离 | | |
| 7 | 10 | 10 |

表 5-2-44 系列频敏变阻器绕组数据表

| 绕组编号 | 绕组匝数 | | | 导线规格/mm×mm | 导线面积/mm² |
| --- | --- | --- | --- | --- | --- |
| | 抽头 1 | 抽头 2 | 抽头 3 | | |
| 1632 | 16 | 13 | 11 | 2(2.83×5.9) | 32.4 |
| 1650 | 16 | 13 | 11 | 2(2.83×9.3) | 51.6 |
| 2025 | 20 | 17 | 14 | 2(2.83×4.4) | 24.0 |
| 2040 | 20 | 17 | 14 | 2(2.83×7.4) | 40.8 |
| 2520 | 25 | 21 | 18 | 2.83×7.4 | 20.4 |
| 2532 | 25 | 21 | 18 | 2(2.83×5.9) | 32.4 |
| 3216 | 32 | 27 | 22 | 2.83×5.9 | 16.2 |
| 3225 | 32 | 27 | 22 | 2(2.83×4.4) | 24.0 |
| 4012 | 40 | 34 | 28 | 2.83×4.4 | 12.0 |
| 4020 | 40 | 34 | 28 | 2.83×7.4 | 20.4 |
| 5010 | 50 | 43 | 36 | 1.68×6.4 | 10.6 |
| 5016 | 50 | 43 | 36 | 2.83×5.9 | 16.2 |
| 6305 | 63 | 53 | 45 | $\phi$2.63 | 5.43 |
| 6308 | 63 | 53 | 45 | 1.68×4.7 | 7.78 |
| 6312 | 63 | 53 | 45 | 1.68×4.4 | 12.0 |
| 8004 | 80 | 67 | 56 | $\phi$2.26 | 4.01 |
| 8006 | 80 | 67 | 56 | 1.68×4.1 | 6.68 |
| 8010 | 80 | 67 | 56 | 1.68×6.4 | 10.6 |
| 10003 | 100 | 85 | 71 | $\phi$2.02 | 3.2 |
| 10005 | 100 | 85 | 71 | $\phi$2.63 | 5.43 |
| 10008 | 100 | 85 | 71 | 1.68×4.7 | 7.7 |
| 12504 | 125 | 106 | 90 | $\phi$2.26 | 4.01 |
| 12506 | 125 | 106 | 90 | 1.68×4.1 | 6.68 |
| 16003 | 160 | 132 | 112 | $\phi$2.02 | 3.2 |
| 16005 | 160 | 132 | 112 | $\phi$2.63 | 5.43 |

# 第三章　起重机电气传动

传递动力和运动的传动分机械传动和非机械传动,非机械传动包括液压传动、电气传动、气动传动及光、热传动等,应用非机械方式实现的传动联系,可以简化机构、缩短传动链,而且便于实现自动控制。通过控制电机来传动的方式中文名称:电气传动;英文名称:electric drive;其他名称:电力拖动;生产过程中,以电动机作为原动机来带动生产机械,并按所给定的规律运动的电气设备。

负载或称负荷[load]——原动机所克服的外界阻力(或阻转矩)。

静负载或称静负荷[dead load]——运动状态(方式、方向、速度等)不发生变化的负荷。

动载荷或称动负载[dynamic load]——运动状态(受到震动、环境等因素影响下,使方式、方向、速度等)不断变化所受的载荷。

载荷系数——计算载荷与额定载荷的比值。载荷系数主要是指动载荷下与速度和速度改变有关的系数,习惯上称为动载系数。选用时一般考虑①拖动系统(原动机)的性能;②负载性质及工艺要求;③传动部件(梁、轴、绳索等)的结构型式;④工作环境和气象条件等;⑤工作时间和工作制(连续工作、短时间歇工作或反复起制动或正反转)及载荷的分布等等。

上述几点是从传动的角度阐述的。关于动载荷在上世纪八十年代串电阻起动控制系统和直接起动的控制系统中作过试验,作为标准的附件对"传动机构动载荷的估算"进行了论述,可参考 GB 3811-83 之附录 P。

## 第一节　起重机电气传动

任何一个电气传动系统,都是根据其特点、使用条件和要求进行设计的。

### 一、负载的特点

按负载转矩 $M$ 随速度的变化规律分,有恒转矩负载和变转矩负载。恒转矩负载的负载转矩不随转速变化,其负载特性在 $n$-$M$ 坐标图上为一垂线(图 5-3-1 中的特性①)。变转矩负载的负载转矩随转速变化,其特性在 $n$-$M$ 坐标图上为斜线或曲线(图 5-3-1 中的特性②、③、④)。变转矩负载的一个特例是所谓恒功率负载,这时负载转矩与转速成反比变化,但近似保持功率不变(图 5-3-1 中的特性④)。

在选择电气传动系统时,应注意起重机各个机构的负载特点:负载特性的工作象限(电动机正、反转时,是阻力负载还是动力负载)、最大静负载转矩的标么值(相对电动机额定转矩)、静负载转矩变化范围及其变化特点(随什么变、怎样变)。起重机是间歇、重复短时工作的机械。频繁起制动和正反转,需要电动机经常用超载能力克服复杂的动载荷。使用条件恶劣和吊运物品的不同对传动系统提出各种要求,掌握负载特点是选择合理的电气传动方案的关键之一。

起重机常用的机构有四种:起升机构、运行机构、变幅机构、回转机构。他们的载荷特性均属于恒转矩性质,即转矩的变化与转速无关。尽管俯仰角度变化时,电动机轴上的负载转矩会发生改变,

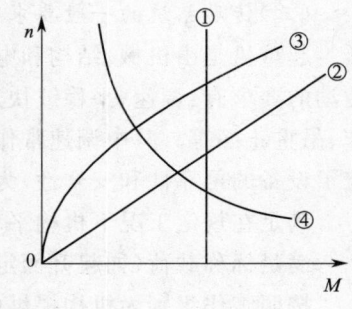

图 5-3-1　$n=f(M)$ 坐标图

但该角度上转矩的大小与当时的速度也是没有关系的。

## 二、工作制、使用条件和调速的要求

### (一) 工 作 制

电机行业按 IEC 标准规定了 10 种工作制：连续工作制、短时工作制、断续周期工作制、包括起动的断续周期工作制、包括电制动的断续周期工作制、连续周期工作制、包括电制动的连续周期工作制、包括负载-转速相应变化的连续周期工作制及负载和转速作非周期变化的工作制，离散恒定负载和转速工作制，其对应代号分别为 S1～S10。按起重机的工作情况，涉及前 5 种工作制。其中 S4 和 S5 和 S3 相比较，S4 和 S5 分别考虑了起动和电制动的情况。这 3 种工作制都规定每一工作周期内电动机都不会达到热稳定，故在具体设计系统参数时有时仍把这 3 种工作制作为一种工作制（断续周期工作制）来考虑。

电器行业则综合各对应 IEC 标准的规定采用了 5 种工作制的分法，即：八小时工作制、不间断工作制、短时工作制、断续周期（重复短时）工作制和周期工作制。在八小时工作制和不间断工作制下，电器都已达到热稳定。两种工作制的区别在于不间断工作制下触头上的氧化层和尘污积聚严重，会导致触头发热恶化，使电器的寿命降低。

起重机各传动系统中的电动机工作制涉及 S1～S5 五种。属于 S1 和 S2 工作制的多数是辅助机构传动系统（对于运行距离较大，速度较慢的机构也按照 S2 工作制设计）。起升、平移等工作机构传动系统则一般属于 S3～S5 三种工作制。

起重机控制系统的特点是由机构工作方式决定的，断续周期工作制是起重机传动控制系统设计时应主要考虑的工作制。

### (二) 使用条件

IEC 标准和我国电控设备行业标准都把起重机电控设备产品列为在特殊条件下使用的产品。这种特殊主要指使用环境存在严重振动。我国标准规定，设计控制系统时，起重机上电控设备各安装部位的最高振动条件按下列参数考虑：5 Hz～13 Hz 时，位移不超过 1.5 mm；13 Hz～150 Hz 时，加速度不超过 10 m/s$^2$。

另一个特殊条件是户外使用。有相当一部分起重机是在户外使用的，其上安装的电控设备所处环境条件比较恶劣：周围空气温度变化超出目前一般标准规定-5 ℃至+40 ℃的正常范围；相对湿度较大，存在雨水侵袭、阳光直射等不利条件。

除此之外，还存在腐蚀性气体影响或爆炸危险环境的影响，例如在港口和化工企业等场所工作的起重机，其电控设备常受到盐雾和其他有害物质的腐蚀，有时还会有爆炸性气体或粉尘存在。

冶金企业使用的起重机，还受到高温环境的影响。

上述超标电气设备应另行协商解决，针对不同环境条件适当增设防护设备或采用降低设备的"额定"值等，例如增加防雨、遮阳棚罩；进行除湿、保温、密封以及减震等措施。对于有腐蚀性或爆炸性环境的必须按照相关标准进行设计制造。

### (三) 传动系统的一般要求

起重机是由机械、结构和电气等部件组成，电气只是这个传动链上的拖动（控制）环节。对电气传动的要求有：调速、平稳或快速起制动、大车运行纠偏和电气同步、抓斗起升与开闭机构的协调运作、吊重止摆等。其中调速常作为重要要求。安全是起重机的第一指标，而电气设备的性能往往决定了设备的可靠性和安全性，为此拖动系统应满足：

满足在规定工况下机构平均载荷所需功率的要求；

满足标称载荷（如起升额定载荷）过载试验所需最大转矩的要求；

按照工作级别为机构提供（平均）起制动转矩的能力；

对有动力载荷性质的机构提供最小起动转矩能力的要求。

为了加速起升额定载荷或起升试验(1.25倍)载荷,以及为补偿电动机制造允差和电源电压、频率变化所导致的转矩损失,电动机轴上转速 $n=0$ 时产生的转矩应满足式5-3-1～式5-3-3的最低要求:

(1)对直接起动的笼型异步电动机:

$$M_d \geq 1.6 M_N \tag{5-3-1}$$

式中 $M_d$——起动时(转速 $n=0$ 时)电动机轴上具有的转矩;

$M_N$——稳态起升额定起升载荷的转矩,单位为牛米(N·m)。

(2)对绕线转子异步电动机:

$$M_d \geq 1.9 M_N \tag{5-3-2}$$

式中符号同式(5-3-1)。

(3)对采用变频控制的所有类型的电动机:

$$M_d \geq 1.4 M_N \tag{5-3-3}$$

式中符号同式(5-3-1)。

对于控制装置必须提供足够的能量的能力,使电动机转速＝0瞬间的转矩高于上述数据。起动过程中(转速＝0～额定转速 $n$ 的全过程的时段)装置还应提供足够大的(具体要求见电机容量计算和校验的有关章节)电流,使对电机起动转矩达到标准的要求。

不同电源类型及调速方式的系统,电机在起制动及运行时,需要控制装置提供(回馈或释放)不同形式的能源。要充分了解电机在不同工作状态和速度时的功率因数,以便选择容量足够的装置,对于以电子功率开关造成的变流装置尤为重要,(低压电器的过载能力与供电器件的过载能力是有很大差别的)。

近年专用起重机的越来越多。这些起重机的自动化程度较高。对速度、距离、稳定性等有较高要求。通常要求有一挡或一挡以上较稳定的低速。由于负载变化较大,对系统的静差率有较高的要求。

起重机对拖动系统的总体要求是:安全可靠、平稳高效。

### 三、起重机各机构的负载特点

(一)起升机构

起升机构属于位能负载,由于机构效率的影响,同样负载时起升机构的升、降负载转矩并不相等,负载特性在一、四象限也不是同一条直线。上升时,机构摩擦转矩和负载转矩作用方向相同,都起阻碍运动作用,使总负载转矩增加;下降时,负载转矩起帮助运动作用而机构摩擦转矩仍起阻碍运动作用,二者作用方向相反,使总的负载转矩减少。机构摩擦转矩的影响可用机构效率 $\eta$ 来表示。上升时的总负载转矩为负载转矩除以机构效率,即 $M_r = M_L/\eta$;下降时的总负载转矩则为负载转矩乘以机构效率,即 $M_d = M_L \cdot \eta$。因而同样负载下,上升和下降时的总负载转矩相差 $\eta^2$ 倍。机构效率一般在 0.85～0.9 之间,故同样负载条件下的下降总负载转矩约为上升总负载转矩的 0.72～0.81 倍。图 5-3-2 所示为起升机构的典型负载特性,阴影区域为负载变化范围。一般情况,电动机最大静负载转矩为电动机额定转矩(基准接电持续率时)的 0.7 倍～1.3 倍。

(二)运行机构

用于室内的起重机都是阻力负载。为克服起动时的惯性矩,按照运行速度计算值乘以一个 1.3～2.6 的 K 值来选用电机功率,最大静负载转矩经常小于电动机额定转矩 0.7 倍。计算提供的最大静负载转矩是可能的最大值,实测值可能比其小得多。运行过程中负载变化幅度较大,因此,要求电气调速运行时,仍需较硬特性。图5-3-3为室内运行电动机的负载图。起动过程中,电动机发出的转矩,大部分用作加速,小部分克服静阻负载。

起重机用于室外时,负载除摩擦阻力外,还有风阻力。港口起重机的风阻力占有相当大的比例，当顺风运行，有可能由阻力负载变成动力负载（能输出机械力的负载），电动机工作在（回馈）制动状态，电机负载图与图 5-3-4 近似。

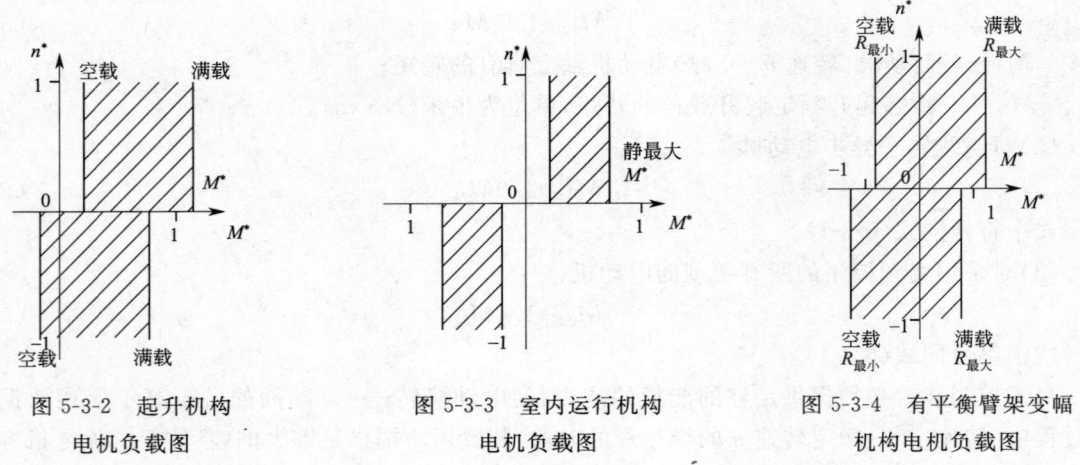

图 5-3-2　起升机构电机负载图　　　图 5-3-3　室内运行机构电机负载图　　　图 5-3-4　有平衡臂架变幅机构电机负载图

运行机构在运动中的坡阻力、空气阻力并非恒转矩性质。由于起重机轨道的坡度、运行速度都很小，将其视为恒转矩载荷便于计算，当机构的运行速度达到一定和环境特殊时（如狭窄井道中的电梯轿箱，水下作业等），空气阻力和活塞效应成为不可忽视的因素，使载荷特性变得复杂起来，计算时应充分考虑。

（三）回转机构

回转机构的负载由摩擦阻力、滚道坡道阻力、回转惯性阻力、（室外工作时要考虑）风阻力组成。对于室外的臂架，其中风阻力占大部分，可达 60%～80%，除摩擦阻力与惯性阻力为阻力负载外，其余各项为阻力负载还是动力负载，与机构所处的位置和运动方向有关。机构负载特性（阻力还是动力数值大小），由具体情况而定。臂架机构的惯性矩较大，起制动时应对加速转矩加以严格的控制，调速时应有较硬的机械特性。

（四）变幅机构

变幅机构的负载是幅度的函数，随变幅机构的类型不同而异。普通臂架的变幅机构基本上与起升机构相似。如图 5-3-2 所示，一般不能完全达到这一理想状态。负载不单随幅度变化，而且也随载重量和变幅幅度变化。由于变幅时负载随幅度变化，调速时必须有较硬的机械特性（采用串电阻控制屏时控制器一般与抓斗控制器一致。电机在电动状态与回馈制动状态间转换）。

平衡臂架的变幅机构与平衡系统有关，由于平衡系统的作用负载将跨越四个区域。图 5-3-4 给出典型的负载特性，通常希望在最大幅度时，不平衡力矩向后（阻力负载，负载转矩在第一象限），在最小幅度时，不平衡力矩向前（动力负载，随着 $R$ 变小负载转矩沿水平轴从右向左进入第二象限），即机构变幅从幅值 $R$ 最大～$R$ 最小，要经过载荷状态的变化，电动机也需进行状态变化（采用串电阻控制屏时控制器一般与抓斗控制器一致。电机在电动状态与回馈制动状态间转换）

四、调速的作用和分类

（一）调　　速

按照自动控制的概念，"稳态指标"和"动态指标"能够满足要求的系统均可叫做调速系统。

稳态指标的第一个指标是静差率 $s$：在某设定速度下 $n_0$，负载由空载到满载（以系统最低转速为准）时电机的转速降落 $\Delta n_N$ 与设定转速 $n_0$ 之比（$\Delta n_N = n_0 - n_N$）。人们常用"软、硬"来描述静差

率 $\Delta n_N$ 的数值大小,对 $\Delta n$ 较小的机械特性叫做"硬"特性。第二个指标是调速范围:在满足静差率要求后最高转速 $n_{max}$ 与最低转速 $n_{min}$ 之比。调速范围是在满足一定静差率下的最高转速与最低转速之比。一般起重机对控制系统的稳态指标要求较低,异步电机转子串电阻的系统也能胜任(所以叫做串电阻调速)。动态指标的各项指标含义可参见图 5-3-5 控制系统动态响应示意图。其中最大偏离量、峰值时间、上升时间、调节时间等系统的重要动态性能,会直接影响系统的稳态指标,尤其是低速时的特性硬度。

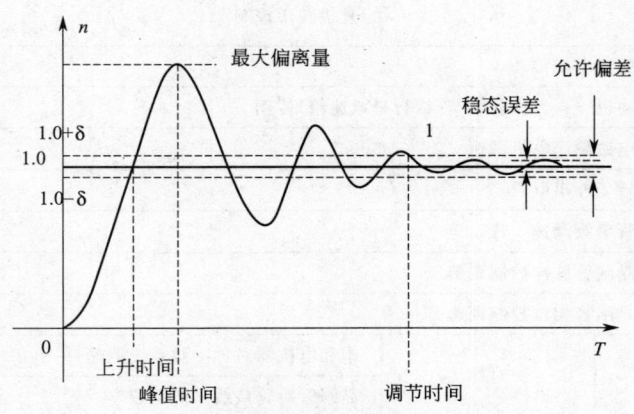

图 5-3-5 动态响应特性示意图

(二)调速的作用

调速性能较差没有稳定低速的起重机,当需要准确停车时,司机只能采取"点车"的操纵方法,这样不单增加了司机的劳动强度,而且由于电器接电次数和电动机起动次数增加,而使电器、电动机工作年限大为缩短,给机械结构也带来严重的冲击。

有的起重机对准确停车要求较高,实行稳定低速为控制争取了时间以达到停准要求。有的起重机要采用程序控制、数控、遥控等,这些技术的应用,往往必须在实现了调速要求后,才有可能。

由于起重机调速绝大多数需在运行过程中进行,而且变换次数较多,故机械变速一般不十分合适,大多数需采用电气调速。电气调速分为二大类:直流调速和交流调速。

绝大多数的起重机采用挠性绳索缠绕方式起吊货物,带来的是"货物"的跟随性能很差(摆动)。很难做到高精度定位,造成搬运过程的自动化水平不高。所以止摆、防摆也是起重机调速的一个指标。采用慢速和较小的加速度克服摆动是止摆的初级阶段,它牺牲了生产效率。利用调速系统对运行机构的加速度进行控制,破坏摆动的周期到达止摆,是高效起重机的一般情况。更优秀的调速系统,用角度检测设备形成角度闭环环节,利用动态指标优秀的调速性能,在调速过程中跟随钢丝绳角度变化,保持钢丝绳始终不摆动,这种叫做防摆系统,可大大提高自动化水平,使系统高效。

均匀稳定的速度与精准时间的乘积等于准确的位移(停车),从这句话可知调速不是精确位移的唯一条件,他需要完善的控制系统和很多软硬件的支持。

国内外起重机上曾采用过的调速方案,见表 5-3-1,它是按调速原理分类的。

(三)交流调速

交流电动机的转速为: $$n=60f(1-s)/p \quad (5\text{-}3\text{-}4)$$

式中 $n$——电动机转数(r/min);

$f$——供电电源频率(Hz);

$p$——电动机极对数;

$s$——电动机转差率。

表 5-3-1 起重机的调速方案

| | | | | |
|---|---|---|---|---|
| 交流 | 变频 | 交流同步调速 | （永磁）同步调速 | |
| | | | 电激磁同步调速 | |
| | | 交直交 PWM 调制变频调速 | V/f 控制 | 开环 |
| | | | | 闭环 |
| | | | 矢量控制 | 开环 |
| | | | | 闭环 |
| | | | 直接转矩控制 | 开环 |
| | | | | 闭环 |
| | 变极 | 变极笼型电机传动 | | |
| | | 双电动机——行星联轴节（或行星减速箱）传动 | | |
| | 变转差率 | 滑差电磁调速电机调速 | | |
| | | 改变转子外串电阻 | | |
| | | 晶闸管串级调速 | | |
| | | 转子晶闸管脉冲控制调整 | | |
| | | 转子晶闸管相位控制调速 | | |
| | | 定子调压 | 对称 | 饱和电抗器对称接线系统调速 |
| | | | | 晶闸管对称接线系统调速 |
| | | | 不对称 | 单相制动低速下降 |
| | | | | 感—容开环系统 |
| | | | | 饱和电抗器不对称接线系统调速 |
| | | | | 晶闸管不对称接线系统调速 |
| | | 合成特性 | 双电机（如一个电动、一个直流动力制动）调速 | |
| | | | 液压推动器调速 | |
| | | | 涡流制动器调速 | 速度开环 |
| | | | | 速度闭环 |
| | 其他 | 直流动力制动低速下降（低频频率为零） | | 开环他激 |
| | | | | 开环自激 |
| | | | | 闭环他激 |
| 直流 | 固定电压供电 | 直流串激电动机，改变外串电阻和接法 | | |
| | 可控电压供电 | 直流发电机——电动机系统 | | 速度开环 |
| | | | | 速度闭环 |
| | 电子开关供电 | 晶闸管供电——直流电动机系统 | | |
| | | 开关磁阻调速 | | |
| | | 无刷（永磁）直流调速 | | |

由式可见，交流电动机调速分为三大类：变转、变极、变频差率。

1. 变转差率调速

这种调速方式可分成几小类。

(1) 串电阻调速

改变绕线型异步电动机转子外串电阻，是最简单的调速方案，但也是调速性能最差的方案。

(2) 串级调速

串级方案是这类调速方案中效率最高的一种，它可将转差能量回馈电网，适用于低速运行时间较长、低速值又需调速的场合。由于起重机电动机属于中、小容量，所采用的串级调速线路应适当简化，如主回路采用无零线零式串级线路。他的缺点是逆变器及其他附加设备较复杂，需要维护者有一定电子知识用于起升机构使,空载下降与中、重载下降所用电路不同,给操作者带来不便。

(3) 转子晶闸管控制调速

转子晶闸管脉冲调速的原理是:按照速度控制值控制晶闸管开关开通或关断,等效改变了转子外串电阻值,控制了电机转矩,从而达到控制速度的目的。

转子晶闸管相位控制调速的原理是:控制晶闸管的导通角,从而控制转子电流基波成分的有效值,等效改变了转子外串电阻。最终也是控制电机转矩来控制电机速度。

上述两种方案都设有速度反馈检测,靠转子频率或转感应电压实行速度闭环调节,故特性硬、调速区域较宽。它们与改变转子电阻方案一样,有转差损耗,满载时损耗大,空载时损耗小。它们处理空钩动力下降调速都较麻烦。转子晶闸管相位控制调速与晶闸管定子调压(也是相位控制)调速相比综合指标较差,现采用不多。

(4) 定子调压调速

定子调压调速,又可分为对称与不对称二小类。它们虽然都有转差损耗,满载时也相近,但轻载时效率相差很大。对称地改变定子电压的方案,在轻载时,电动机端电压降低损耗减少,效率较高;不对称地改变定子电压的方案轻载时电动机端电压有了逆序电压分量,逆序电压产生的转矩与要求转矩方向相反,逆序电流增加了损耗,因此效率较低。目前不对称定子调压线路,除制动下降线路外,已很少采用。饱和电抗器由于需铜铁材料多、本身动静特性差,除了用于控制高压电动机(≥3 000 V)外,很少采用。定子调压中晶闸管对称接线系统采用较多。受半导体功率元件性能及控制原理的影响,尽管定子调压调速系统的性能没有变频调速高,但控制系统在低速时的有很大起动转矩,可靠性较好。

(5) 合成特性调速

利用外加制动转矩调速的方式主要有涡流制动器调速和液压推杆调速。他们分别利用涡流制动器产生的制动转矩或液压推杆制动器产生的制动转矩与电动机电磁转矩合成产生调速特性(见图 5-3-6)。

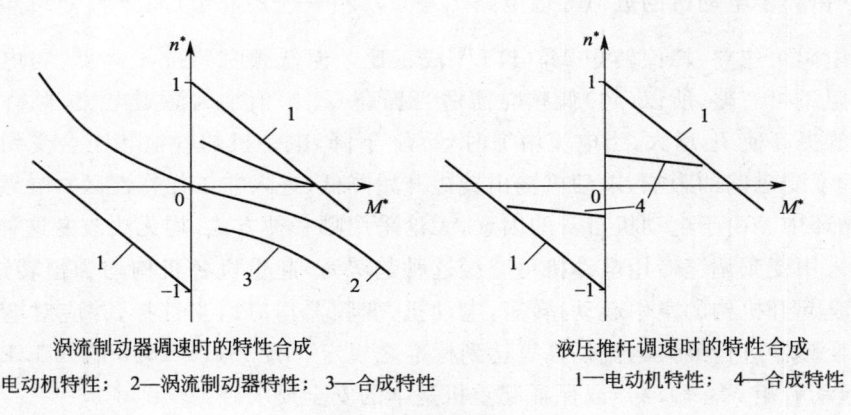

涡流制动器调速时的特性合成
1—电动机特性; 2—涡流制动器特性; 3—合成特性

液压推杆调速时的特性合成
1—电动机特性; 4—合成特性

图 5-3-6 合成调速

涡流制动调速时,通过调节涡流制动器激磁电流改变其制动特性,再和相应的电动机特性合成,便可产生不同的低速特性。也可通过调节转子电阻改变电动机特性,再和某一固定的涡流制动器特性合成产生不同的调速特性。由于涡流制动器的激磁电流可以根据电动机转速变化情况实行闭环控制,故这种调速方式可以获得比较硬的机械特性。涡流制动器调速可用于平移系统,也可用于起升系统,还有就是可以给出上升低速,这是单相制动、动力制动所没有的。

液压推杆调速时,液压推杆泵的电动机供电有主电动机的转子电路提供。机械制动器产生的制动力矩大小最终受控于主电机的转子电压,而转子电压又由电机转速控制,这样便形成了一个闭环控制。形成特性较好曲线。缺点是制动器发热严重,需要采用专用的制动器,而且需要再配一台"支持"制动器。

合成特性方案的特性曲线由两部分合成,一部分是电动机,它处于电动状态;另一部分由涡流制动器、液压推动器制动器,或另一电动机(采用其他电机作制动的合成调速),它处于制动状态;调速时,对不同负载,处于电动状态的电动机输出转矩近似不变。满载时,处于制动状态部分的制动转矩较小,轻载时,制动转矩较大。因此轻载时处于电动状态的电动机损耗与满载时相近,再加上制动状态部分的制动损耗,故效率最低。合成特性的具体方案不同,调速性能差距很大。合成特性中,以涡流制动器采用较多,其他如液压推动器调速等基本被淘汰。

2. 变极调速

通常只有笼型电动机才采用改变极对数实现调速。由于是笼型电动机一般只用于中小容量、起动不频繁的场合,低速特性只有一根,调速比等于定子绕组的"极数比"。

双电机——行星联轴节(或行星减速箱)或变减速比减速箱是变极双速笼型电动机传动的"变型",它的调速比大、低速特性硬,如高速电动机或低速电动机改用绕线型电动机,则对容量、起动次数等的限制大为放宽,但又带来机构复杂的缺点。

双电机调速方式在不同负载下调速时,电机效率高,双速电动葫芦都采用这种方案。

3. 变频调速

(1) 异步机变频调速

变频调速使结构简单的笼型电机的调速成为目前广泛使用的拖动装置。改变电源频率调速无需改动设备(电动机)配电方式。现代电子技术使大量硬件搭建的逻辑线路变为软件集成在芯片中。多种控制理念和控制手段"搭乘上数字化技术"的快车,在广阔的虚拟空间驰骋,使复杂的电气传动变得简单、方便、可靠。

异步电动机的转速 $n=60f\times(1-s)/p$,当频率 $f$ 平滑改变时,即可平滑调节异步电动机的转速。电动机的输出转矩 $M=C_{MJ}\phi_M I'_2\cos\phi'_2$,要保证电动机输出转矩,除保证 $\Phi_M$ 外,还须保证 $I'_2$,异步电机感应电动势的公式 $E_1=4.44f_1 w_1 k_1\varphi$,如使 $E_1/f_1$ 为常数,就能保证电机的磁通 $\varphi$ 不会有大幅度波动。由异步电动机的近似等值电路 $I'_2=U_x\Big/\sqrt{\left(\dfrac{r'_2}{s}+r_1\right)^2+(x_1+x_2)^2}$ 可知。工频时阻抗比很大,线路电阻可忽略,峰值转矩 $M_m$ 与 $U^2$ 成正比。但低频时感抗 $x$ 降低,与电阻 $r$ 的比值减小,使线路电阻不可忽略,所以(超)低频时需适当提高 $U_x$ 幅值加大激磁电流、保持气隙磁通以维持转矩。$U_x$ 的提高使 $I'_2$ 增大,当电流增加时 $\cos\phi'_2$ 下降,电动机的峰值转矩会受到影响。当电流增加到一定程度受磁路的影响,电动机输出转矩开始降低(进入非工作特性区),导致转速降低感抗下降的恶性循环中。由于电动机自身的因素,无论采用哪一种方式,均无法改变这种低频峰值转矩减小的趋势(采用变频调速专用电动机可减缓这种趋势)。起重机各机构均为恒转矩性负载,为保证起动(尤其是起升机构的空中起动)转矩,电动机、变频器均应适当选择,并应对电动机进行起动转矩校验、对变频器进行最大电流核算。达到标准之规定(GB 3811—2008 的 6.1.1.1.3.2 中规定的变频调速起动转矩 $M_d\geqslant 1.4$),以保证起重机基本的安全要求。

变频器是为负载(电动机等)提供频率可连续变化电能的变流装置,由功率器件(IGBT 绝缘栅双极型功率管、GTO 门极关断晶闸管、整流二极管等)及现代电子控制线路、控制软件、控制检测元器件等组成的。装置有较完善的控制和保护功能。是一种比较理想的电动机供电装置。由变频器组成的拖动系统特性曲线见图 5-3-7。

变频调速是四象限工作的系统,在一、三象限是电动状态。起动采用低频、低压缓起动方式,然后进入稳速或缓变速运行。在二、四象限采用回馈制动方式,需要停车时也可采用动力制动(直流制动或称能耗制动)方式。由电动机回馈的能量比较合理的是用"整流回馈单元"送回电网,重要场合设备的各机构应一对一地使用整流回馈单元或采用热备冗余设计。再有是将回馈能量用直流斩波器(制动单元)释放到电阻上,这种方式更适用于中小功率,工作级别不高的机构中。

用于起重机变频调速的装置一般采用电流矢量控制、直接转矩控制及 $V/f$ 控制。上述控制还分开环（无 PG 反馈）、闭环（带 PG）方式。当采用开环控制时，变频器采用对控制对象的一些参数进行初步辨识及设定（调整控制参数）后，在控制程序中形成一个固定模式，对电动机进行控制，这种方式的适应性较差，一旦有超出"模式"的状况，控制程序将无所适从，电动机会失速造成事故。在采用开环控制方式时，更要慎重选用电动机和变频器，且须设置失速保护。采用闭环控制时，由于电动机有速度检测器件，装置的适应性好，出现特殊情况可发出信号使系统采取保护措施。

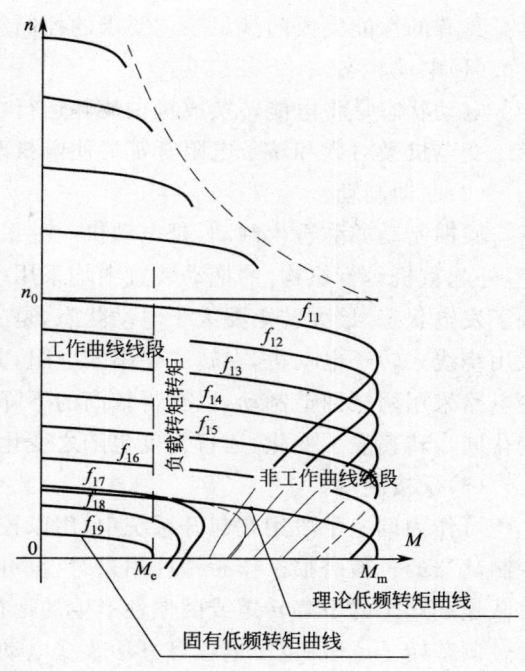

图 5-3-7 变频调速系统特性示意图

变频装置一般采用 IGBT 功率器件作逆变器的电子开关，IGBT 对环境条件要求高，自身的过载能力小（或者说由于价格昂贵，选型时余度小），过压能力差。在选用变频器时应充分了解机构的工况，保证变频器的输出能力满足电动机的用电要求，防止由于设备能力不足出现过渡频繁的保护，或设备不堪重负导致损坏。

变频器已有系列产品出售，其调频范围最大达到 0.5 Hz～400 Hz。使用于起重机传动系统的变频装置应该采用矢量控制或直接转矩控制的变频装置。输出频率 50 Hz 及以下，调频同时又调压，调速时保持电动机的最大转矩不变。高于 50 Hz 时，输出电压保持恒定，电动机工作转速可高于同步转速，电动机的峰值转矩随着输出频率的上升而降低。系统加减速曲线可在宽广范围内设定，经过"自学习"变频器可对电机的滑差进行补偿，特性很硬（静差率 1/1 000 或更高）。变频器内配有多项较完善的保护功能，是一种优秀的方案。在动力负载情况下，变频调速电机只在"电动和回馈制动"两种状态下运行。为了在制动状态下能回馈电能给电网，必须选用有回馈能力（整流回馈单元）的变频器或者加装有足够能力的制动单元和电阻器，制动单元的作用是释放变频器中直流母排上的过高的电压（由于电动机能回馈到变频器的能量造成母排电压升高），笼型异步电动机超低频时的机械特性变差（与电机、变频器的性能有直接关系），应采取适当的错失。

（2）同步电机变频调速

交流异步电动机转子是通过定转子之间的滑差来获得能源，假如从外界为转子直接供电或用永磁体作转子，异步电动机将会同步运转，上述正是异步电机与同步电机的区别。所有的发电机组都属于同步机。世界上第一台电机就是永磁电机。早期频率可调的电源不容易获得，同步电机的调速（起动）成为难题，自从变频装置的工业化生产，同步电动机调速成为可能，只是电激磁的同步电动机线路较复杂。同步电动机的调速与直流类似（励磁和转矩分别可控），可有效解决异步电机起动转矩小的问题，去除了复杂计算（矢量控制终究是一种控制理念）的控制技术将会更优秀。

永磁（同步）电机是利用永磁体取代电激磁，使电机更节能且小型化，自从稀土永磁材料的开发，永磁体的性能大为提高，使同步机产生了巨大的变化，是一种性能优越的部件。

4. 电动机的各种状态

各种调速都是利用电机的基本状态来调速的，起重机上很多调速并不需要很复杂的线路，只要掌握了电机的"关键"问题便可很好是完成设计。简练、实用、安全、可靠是设计的原则。利用电机自身具有的性能完成的满足工艺要求的控制线路是首选方案。

(1) 电动状态

电动状态是将电能转换成机械能并运行在一、三象限时叫做电动状态。改变电源电压、频率或者改变电机极对数和转子电阻等都可使电机改变运行状态,完成调速。

(2) 回馈制动

回馈制动亦称再生制动,是电动机一种最基本的运行状态。回馈制动在起重机各种动力负载(室外起重机运行机构)的拖动装置中均采用(包括变频调速)。电动机转子超同步运行时,电动机处于发电状态,最大转矩要大于电动状态,是一种简单、可靠且经济的运行方式。如果在起升机构采用绕线式转子电动机,在转子中串入电阻,其特性曲线与电动状态基本一致,此时滑差小于-1,有些电路采用两档回馈制动,以获得较高的下降速度。变频调速的起升机构下降时随着给定频率的变化同步转速发生变化,运行速度也随之变化发生变化。

(3) 反接制动

可作为调速手段用在起升系统中,用以控制下降低速,也可作为停车或换向前的减速手段,减少制动器的机械磨损。作后一种用途时,也可用在平移系统中。反接制动时,电动机的电磁转矩和负载拖动产生的下降转矩或因惯性产生的运行转矩方向相反,从而使转速下降。作调速手段用时,通过调节转子电阻、定子电压等方法改变电动机特性,使与负载特性在理想速度段内相交产生稳定速度。作停车减速手段用时则无需产生稳定速度,但为了减少冲击,也应根据具体停车要求而调整电动机机械特性,并应设置检测控制环节(例如频率继电器检测转子频率),以便适时转入机械抱闸制动。起升系统的反接制动特性在第四象限,平移系统的反接制动特性则在二、四象限。图5-3-8所示为转子电路电阻约为2倍额定电阻值时的特性。当下降负载转矩大于0.5倍额定转矩时,这条特性可给出下降低速。调节转子电阻,可使特性的斜率改变,如图中虚线所示。从图中可以看出,反接制动特性很软,因而其给出的下降速度随负载变化很大,故这种方式只适用于对调速要求不高的设备上。如将串接电阻相对固定用改变定子电压来控制电机转速时,叫做调压调速。

(4) 动力制动

直流动力制动(亦称为能耗制动),是变频调速中频率为零的特例,它的电源是直流,使用时从电网吸收的能量较少,一般用于起升机构在动力负载时低速下降。它有三个品种:开环他激,特性软;开环自激,特性较硬;闭环他激特性硬。开环自激动力制动系统,由于投资较低,容易维护,下降调速性能也能满足一般要求,在通用桥式起重机及龙门起重机的起升机构上得到较多采用。

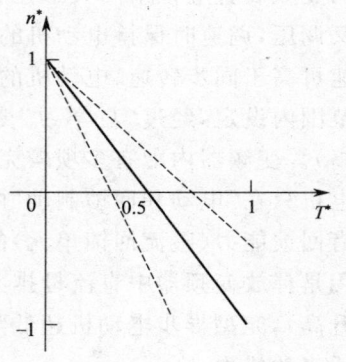

图 5-3-8　作调速使用的反接制动特性

在定子绕组中通入直流电产生固定磁场,对于被负载拖动旋转的转子形成制动转矩。一般这种方式用在大惯性载荷或动力载荷(提升)系统中,作为一种准确停车和调速手段。动力制动特性出现于第四象限,如图5-3-9所示。不同的转子电阻值,对应着不同的特性,均在原点附近和横轴相交。理论上讲,减少转子电阻,直到把转子外电路短接,额定负载条件下能获得和电动机额定转差率数值相同的标幺值下降低速。即2%～3%额定速度的低速。但实际上一般只能调到10%额定速度。造成这种限制的原因之一是特性切换方面的问题。如图5-3-10所示,不同转子电阻下的特性都有不稳定段,而且越是减小转子电阻,其特性就越"尖",即从最大转矩"崩溃"得越快。当从下降高速向低速过渡时,如果切换过快,便有可能切换到下一级特性的不稳定段上,从而造成调速失败。而最低速度要求越低,切换级数的增加便越快。原因之二则是机构效率的限制,虽然从理论上讲,转子短接时额定负载条件下能产生2%～3%的低速,但经验证明,由于机构摩擦力等因素的存在,额定负载条件下低速值降到10%额定速度时,空钩或轻载条件下便已经出现下降困难的问题。这也是这种调速方式的一个缺点。

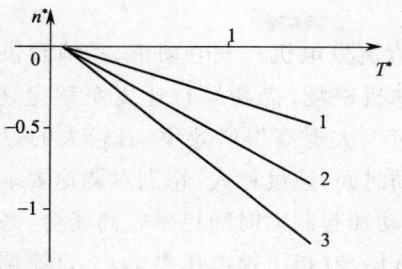

图 5-3-9 动力制动特性

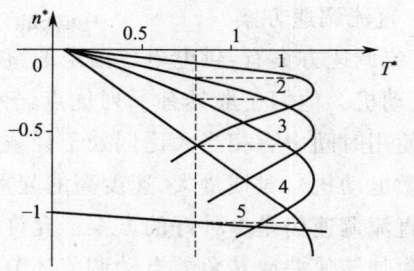

图 5-3-10 动力制动特性的切换

和反接制动、单相制动比较,动力制动调速有着明显的优点。首先是这种方式产生的特性较硬,且通过调节转子电阻可产生多条特性(图 5-3-9)。其次是控制方便,改进余地大。除调节转子电阻产生不同特性外,还可对激磁电流实行闭环控制,提高特性硬度。激磁电流除从独立的整流电源获得(他激动力制动)外,利用电动机转子能量也可以供给激磁电流(自激动力制动)。目前这种制动调速方式有开环他激、闭环他激和自激等几种方案。电动机自激动力制动调速的定子激磁电流来自转子,形成了闭环,是一种机械特性较好的起升机构调速方案。

(5) 单相制动

电动机仅有两相供电,电动机处于单相运行状态。单相运行本是交流电动机的一种非正常状态。但这种状态下由于零序分量电压为零,由负序分量和正序分量电压作用而产生的两条特性合成而出现一条通过原点的二、四象限特性(见图 5-3-11),这条特性对轻载下降正好可给出较低速度,故可用来作为起升系统中给出轻载下降低速的一种调速方式。

单相制动特性是由正、负序电压分量的对应特性合成产生的。而分量电压产生的特性的最大转矩只有三相供电时最大转矩的 1/3。为避免在工作范围内出现不稳定特性,单相制动特性只能以和额定负载线相交于额定速度点为限。这时对应的转子电阻约为 0.67 倍额定电阻。转子电路电阻再减少,工作范围内便会出现不稳定特性(见图 5-3-11b);转子电路电阻再增加,特性会变得更软,没有意义。故一般单相制动只有一条特性可取。

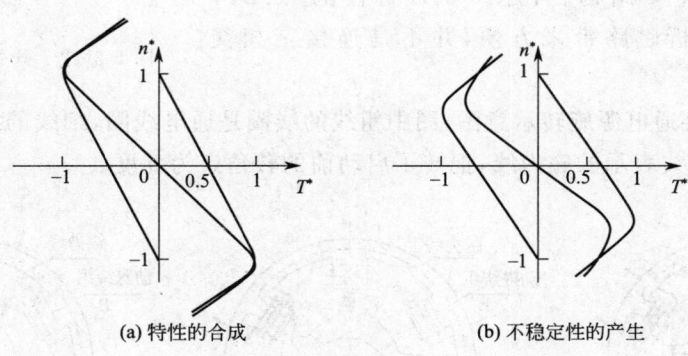

(a) 特性的合成　　　　　　　(b) 不稳定性的产生

图 5-3-11 单相制动时的电动机特性

单相制动下降的实际机械特性比理论机械特性软。根据实验,当 $n^*=1$ 时,$T^*=0.8\sim 0.9$。应用单相制动下降时,一般在半载时获半速,负载较大时,不再应用单相制动下降,而改用反接制动下降,一般在额定负载时获半速。

单相制动的特性受电源电压等因素影响较大,发热量也很大。20 世纪 90 年代后的起重机线路用反接制动淘汰了单相制动。

(四) 直流调速

1. 直流调速方案

直流调速方案有：供电电压固定的直流串激电动机、直流发电机——电动机、晶闸管供电——直流电动机。他们一般具有下列优点：轻载时可削弱电动机磁场，提高运行速度至额定速度的2倍，对使用时间中有相当大比例处于轻载状态的起重机，可大大提高生产效率；有较大的过载能力(指串激电动机)，对惯量大、速度高的起重机可以缩短起动时间；速度比大，特别对调速要求较高的场合，直流调速仍是一种好的方案。允许使用于频繁起制动和起制动时间比率较高场合；系统事故率低；附加转速差或转角差自动调节环节，就可以实现电气同步(指可控电压供电)。直流调速方案缺点有：直流电动机调速结构复杂，体积大、重量大、惯性大，系统相对结构复杂，需要有直流电源及其他附加设备，价格较贵。但为了满足调速、起制动、生产率等要求(一部分或全部)，有的场合采用直流调速还是合理的。

串激电动机用改变外串电阻和接法的调速与其他直流调速相比，缺点是调速性能差、耗能多；优点是线路相对简单、投资少、维修简单。晶闸管——直流电动机系统与直流发电机——系统相比，后者的系统惯性大、控制性能差、效率低、需设旋转的发电机组，因此后者受到限制。但前者产生电网污染，在电网情况不允许时，还应采用后者。

2. 开关磁阻电动机(SR)

开关磁阻电动机(SR)是近些年发展的新型调速电机，开关磁阻电机利用磁力线有："保持传输距离最短"的性质。下面通过一个开关磁阻电动机原理模型来介绍工作原理。

电机的定子铁芯有六个齿极，电机的转子铁芯有四个齿极，均由导磁良好的硅钢片冲制。与普通电机一样，转子在定子内自由转动。由于定子与转子都有凸起的齿极，这种形式也称为双凸极结构。在定子齿极上绕有线圈(定子绕组)，用来向电机提供工作磁场。转子上没有线圈，这是磁阻电机的主要特点。磁阻电动机则是利用磁阻最小原理，也就是磁通总是沿磁阻最小的路径闭合，利用磁引力拉动转子旋转。参考图5-3-12，图中定子六个齿极上绕有线圈，径向相对的两个线圈是连接在一起的，组成一"相"，该电机有3相，结合定子与转子的极数就称该电机为三相6/4结构。在图5-3-13标注的A、B、C相线圈仅为后面分析磁路带来方便，并不是连接三相交流电。

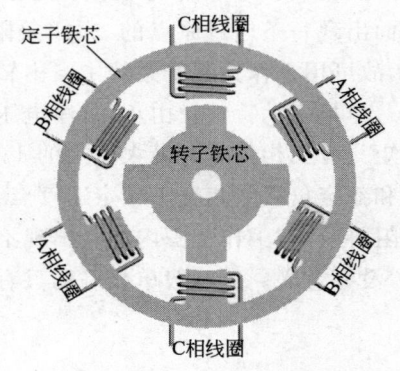

图 5-3-12 开关磁阻电机正式图

图5-3-13 A相接通电源旋转示意图，图中粗线的线圈是通电线圈，细线的线圈没有电流通过；通过定子与转子的虚线表示的磁力线；把转子启动前的转角定为0度。

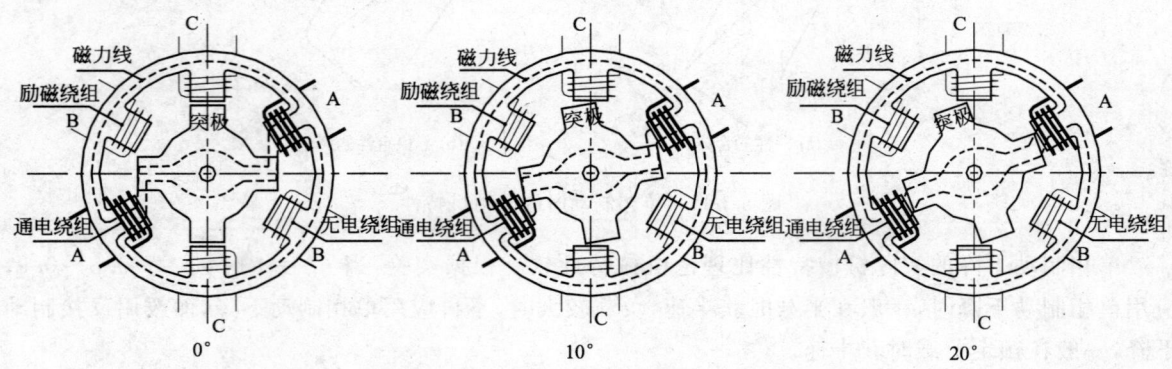

图 5-3-13 A相接通电源旋转示意图

从左面图起，A相线圈接通电源产生磁通，磁力线从最近的转子齿极通过转子铁芯，磁力线可看成极有弹力的线，在磁力的牵引下转子开始异时针转动；中间图是转子转了10°的图，右面图是转到20°的图，磁力一直牵引转子转到30°为止，到了30°转子不再转动，此时磁路最短。

为了使转子继续转动，在转子转到30°前已切断A相电源在30°接通B相电源，磁通从最近的转子齿极通过转子铁芯，见图5-3-14左上图，于是转子继续转动。中上间图是转子转到40°的图，右上面图是转到50°的图，磁力一直牵引转子转到60°为止。

在转子转到60°前切断B相电源在60°时接通C相电源，磁通从最近的转子齿极通过转子铁芯，见图5-3-14左下图。转子继续转动，中下间图是转子转到70°的图，右下面图是转到80°的图，磁力一直牵引转子转到90°为止。

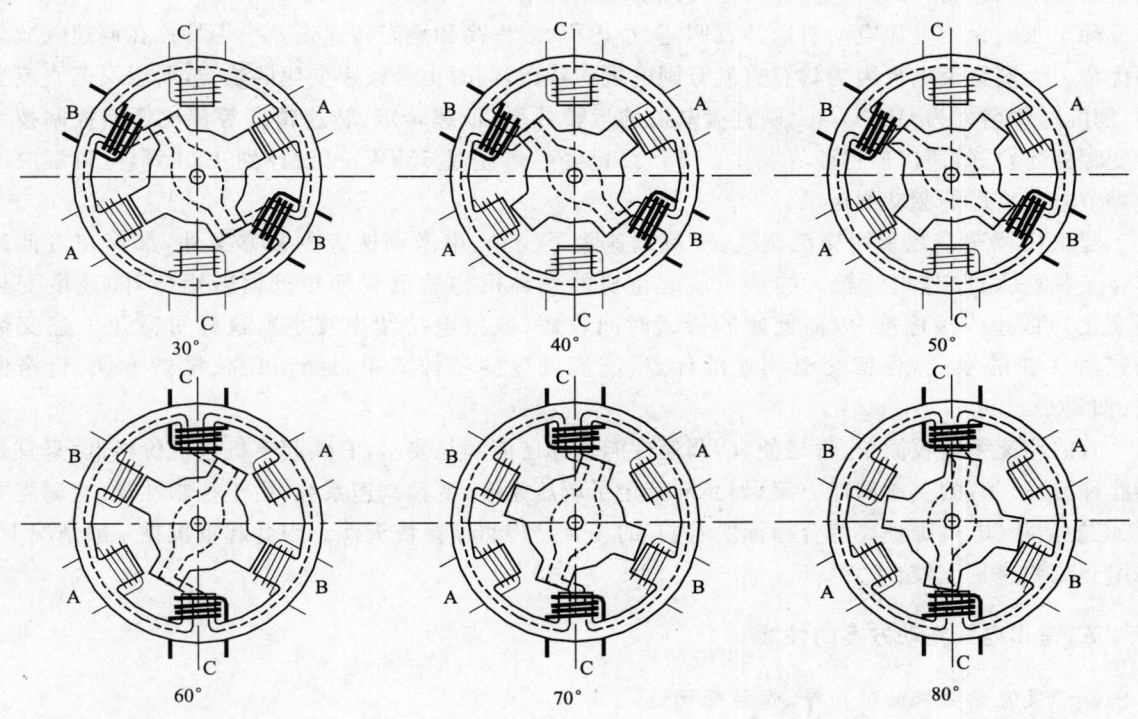

图5-3-14　B、C相接通电源旋转示意图

(1)优点：

1)电机结构简单、坚固，制造工艺简单，成本低，可工作于极高转速；定子线圈嵌放容易，端部短而牢固，工作可靠，能适用于各种恶劣、高温甚至强振动环境。

2)损耗主要产生在定子，电机易于冷却；转子无永磁体，可允许有较高的温升。

3)转矩方向与电流方向无关，从而可最大限度简化功率变换器，降低系统成本。

4)功率变换器不会出现直通故障，可靠性高。

5)起动转矩大，低速性能好，无感应电动机在起动时所出现的冲击电流现象。

6)调速范围宽，控制灵活，易于实现各种特殊要求的转矩—速度特性。

7)在宽广的转速和功率范围内都具有高效率。

8)能四象限运行，具有较强的再生制动能力。

9)容错能力强。开关磁阻电机的容错体现在电机某一相损坏，电机照样可以运行。

(2)缺点：

1)只能使用专用电机，不像交流变频调速中当变频器发生故障时可将电机(采用交流感应电机时)切换至工频继续运行。

2)电机是转角控制没有滑差(不能失步),电机和控制器只能实现"一拖一"运行,不像交流变频调速中实现一台变频器可带动2台或多台电机。

3. 无刷直流电机

无论是采用炭刷、电枢还是用电子开关等,保持载流导体中电流方向及导体所处磁场的位置的一致性,是直流电机的特点。当载流导通受力离开磁场后电源自动被切断并被转移到另一个加入磁场的导体上(或者将磁场跳转的下一个位置),周而复始的变换,使电枢旋转起来。无刷直流电机便是采用电子开关完成上述导体电源(磁场位置转移)的任务的。

直流机由于设备笨重、转动惯量大、检修工作量大等多种缺点被交流机取代,随着电子技术的发展和新材料、新理念、新技术的出现,新型的直流机(或者说具有直流传动性能的电机)将重新成为重复短期工作制方式(起重机)的电力拖动的主力军。

稀土永磁无刷直流电动机以其宽调速、小体积、效率高和稳态转速误差小等特点在调速领域显现优势。无刷直流电机因为具有直流有刷电机的特性,同时也是频率变化的装置,所以又名直流变频,国际通用名词为BLDC。无刷直流电机的运转效率,低速转矩,转速精度等都比任何控制技术的变频器还要好,所以值得业界关注。本产品已经生产超过55kW,可设计到400kW,可以解决产业界节电与高性能驱动的需求。

起重机调速多数采用交流调速,交流调速除了变频、串激调速等少数方案外,都存在着低速时转差损耗大、工作电流较大的缺点。起重机的几种机构的负载都接近恒转矩(不随速度变化而变化),低速为了停准,因而低速的持续时间较短(或接电持续率较小),这样可减免上述交流调速所存在的缺点,保留交流调速的优点:交流调速的结构简单、运行可靠、维护方便、价格便宜、惯量小。

有的调速系统较简单,价格便宜,调速性能指标已能满足要求,有些起重机整机价格低,只宜采用此种方案。有的交流调速方案,如晶闸管定子调压系统、变频调速系统,由于控制性能、金属需要量、电能消耗、电机维护等综合指标优越,有的场合已将直流系统淘汰。因此起重机在一般情况下,采用交流调速是比较合适的。

**五、常用电气拖动方案的性能**

(一)直流电动机的恒功率、恒转矩调速

1. 恒转矩调速

当直流电动机调速运行时,不管速度多少,如果保持其电枢电流和每极磁通额定值,即对应的电磁转矩为额定值,则称为恒转矩调速。

2. 恒功率调速

直流电动机调速时,也可以保持电枢电流为额定值,这种情况下电磁转矩相应地减小,但电动机的转速升高,在弱磁调速中,保持电磁功率不变,称为恒功率调速。

恒转矩调速,不论在任何转速下运行,其铜损耗和铁损耗都与额定转速时一样大。对带有风扇自冷确的电机,当低速运行时,散热困难,必须加以解决才行。例如增加一台小电机拖动小风机给直流电动机散热。恒功率调速时则没有上述问题,主要是恒功率随速度上升,功率恒定损耗保持,风扇转速增加。

以上介绍恒转矩、恒功率调速,仅说明直流电动机具有的能力。实际运行中,还应根据负载特性进行调速控制。

(二)交流电动机的恒功率、恒转矩调速:

1. 恒转矩调速

对于交流电动机与直流机是一样的,如果变频装置保证 $U_x$ 随 $f_1$ 成比例变化,磁通 $\Phi$ 可保持不变,则可保证在频率变化时电动机具有同样的过载能力,在此区段进行调速时叫做恒转矩调速。

2. 恒功率调速

恒功率调速即保持电动机的最大功率不变,即 $P_{max}=M_m\Omega_0'=$定值($\Omega$ 为 转角速度),则 $M_m'f_1'=M_mf_1$ 即 $\dfrac{M_m'}{M_m}=\dfrac{f_1}{f_1'}$。当保持 $\dfrac{U_x}{\sqrt{f_1}}=$定值则恒功率调速也能保持电动机最大转矩不变,但此时磁通发生变化了,如此时按照恒转矩调速满足 $\dfrac{U_x}{f_1}=$定值,则磁通则保持不变,但电动机的过载能力在调速过程中改变,在升速时(国内是 50 Hz)电网电压是固定的,所以变频调速在此时最大转矩是要降低的。在忽略定子电阻 $r_1$(频率大于一定值)时异步电动机的最大转矩 $M_m\approx C\left(\dfrac{U_x}{f_1}\right)^2$,当电压恒定时,改变频率为 $f_1'$。$f_1$ 变为 $f_1'$ 相应 $M_m$ 变为 $M_m'$、$U_x$ 变为 $U_x'$ 则有 $M_m'\approx C\left(\dfrac{U_x'}{f_1'}\right)^2$。由于此时电网电压不能升高,即令 $U_x'=U_x$。应有 $\dfrac{M_x'}{M_m}\approx\left(\dfrac{f_1'}{f_x}\right)^2$,$M_x'\approx\left(\dfrac{f_1'}{f_x}\right)^2 M_m$(式中 $f_1$ 为额定频率(50 Hz),$f_1'$ 为实际频率,$M_x'$ 为升频后的最大转矩,也就是恒功率调速最大转矩值)。使最大转矩随着频率的增加而减小,保持电磁功率不变也就是恒功率调速。

交流电动机变频调速时,为了保持励磁不变需保持磁通 $\varphi$ 不变。电动机在设计时,电压、频率磁通是相对固定的($V/f=\Phi$)。降低频率时必须降低电压,否则磁通增加,将会引起磁路饱和激磁电流剧增,功率因数下降。最大转矩的增加值有限而电机会过热严重。所以在恒转矩调速时要使 $V/f=$常数。而升频调速由于网压无法升高(电动机也不允许过高的电压),此时磁通会降低,最大转矩要减小,保持电磁功率不变。注意两点,①速度不要超过设备的最大工作速度;②如果此时的负载是恒转矩性质的,要特别注意最大转矩要保证大于设备对过载倍数的要求。

电动机的机械特性与负载特性的交点是系统稳定工作点。调速的必要条件是:负载特性工作象限内,电动机在额定转速之下,在此象限区间有其机械特性。各机构电机负载见图 5-3-2~5-3-4。运行机构的调速方案常设计成能在第一、第三象限调速;起升机构能在第一、第三、第四象限调速。有的运行机构的调速方案设计成 4 个象限都能调速,这样室外用起重机运行机构需要调速时,也能采用。动力制动调速只在第四象限有调速特性,故只有起升机构才能采用,在第一、第三象限运行时还必须采用其他调速方案,如转子串多级电阻方案。变频调速是交流拖动中控制电机的最优方案之一,可在四个象限低速稳定运行,在应用于有动力载荷的系统时,应采用有 PG 反馈的完善系统,这样将更可靠。

国内外起重机常用电气拖动方案的性能,见表 5-3-2。

(三)电动机的机械特性

电动机轴上所产生的转矩 $M$ 和相应的运行转速 $n$ 之间关系的特性。以函数 $n=f(M)$ 表示。它是表征电动机工作的重要特性。电动机带动负载的目的是向工作机械提供一定的转矩,并使其能以一定的转速运转。转矩和转速是生产机械对电动机提出的两项基本要求,研究电动机机械特性对满足生产机械工艺要求,充分使用电动机功率和合理地设计电力拖动的控制和调速系统有着重要的意义。根据所用电流的制式不同分为直流电动机机械特性和交流电动机机械特性。

(四)电动机及系统的机械特性硬度

特性硬度是传动设备调速性能的术语,与上述的静差率一词的含义是相同的(都是在描述机械特性与转矩轴的夹角的大小,静差率经常用作系统调速特性的描述,特性硬度则更多的出现在开环系统或电机人为机械特性的描述中)。闭环控制的系统都能做到很高的特性硬度,一般静差率都可

表 5-3-2 起重机国内外常用调速方案性能

| 电气传动系统 | | | 机构 | 调速工作象限 | 特性硬度 | 调速级数 | 额定转速以下调速 | | | 额定转速以上调速 | 调速时能量损耗 | |
|---|---|---|---|---|---|---|---|---|---|---|---|---|
| | | | | | | | 调速比 | 调速区间 | | | 上升 | 下降 |
| | | | | | | | | 负载标么值 | 转速标么值 | | | |
| 绕线型异步电动机 | 转子串多级电阻 | | 起升 | 1、3、4 | 最软 | 二根特性合为一个级 | 下降1.6 | 0.1~1 | 0~0.6 | 不能 | 较大 | 大 |
| | | | 运行 | 1、3 | | | 1.6 | 0~1 | 0~0.6 | | | |
| | 能耗制动 | 开环他激 | 起升 | 4 | 较软 | 2~4 | 下降4~6 | 0~1 | 0~0.6 | 不能 | 较大 | 小 |
| | | 开环自激 | 起升 | 4 | 一般 | 2~4 | 下降4~8 | 0~1 | 0~0.6 | 不能 | 较大 | 小 |
| | | 闭环他激 | 起升 | 4 | 最硬 | 无级 | 下降5~10 | 0.1~1 | 0.1~0.6 | 不能 | 较大 | 小 |
| | 液压推动器 | | 起升运行 | 1、2、3、4 | 一般 | 1 | 2~3 | 0~1 | 0.2~0.5 | 不能 | 大 | 较小 |
| | 涡流制动器 | 开环 | 起升运行 | 1、2、3、4 | 较硬 | 1~3 | 3~5 | 0~1 | 0~0.4 | 不能 | 大 | 较小 |
| | | 闭环 | 起升运行 | 1、2、3、4 | 最硬 | 无级 | 5~10 | 0~1 | 0~0.4 | 不能 | 大 | 较大 |
| | 晶闸管定子调压 | | 起升运行 | 1、2、3、4 | 最硬 | 无级 | 5~20 | 0~1 | 0.05~0.6 | 不能 | 一般 | 较大 |
| 笼型异步电动机 | 变极对数 | | 起升运行 | 1、2、3、4 | 较硬 | 1 | 2~6 | 0~1 | 0.1~0.5 | 不能 | 小 | 小 |
| | 电子变压变频 | 开环 | 起升 | 1、2、3、4 | 较硬 | 无级 | 5~10 | 0~1 | 0~1 | 2 | 小 | 小 |
| | | | 运行 | 1、2、3、4 | | | | | | | | |
| | | 闭环 | 起升 | 1、2、3、4 | 最硬 | 无级 | 10~30 | 0~1 | 0.03~1 | 2 | 小 | 小 |
| | | | 运行 | 1、2、3、4 | | | | | | | | |
| 直流电动机 | 串激机串多级电阻 | | 起升 | 1、3、4 | 较软 | 3~5 | 下降4 2 | 0~1 | 0~0.6 | 下降1.8 轻载1.5 | 较大 | 较大 |
| | | | 运行 | 1、2、3、4 | | | | | | | | |
| | 直流发电机组供电 | 开环 | 起升运行 | 1、2、3、4 | 较硬 | 无级 | 5~10 | 0~1 | 0~1 | 2 | 较小 | 较小 |
| | | 闭环 | 起升运行 | 1、2、3、4 | 最硬 | 无级 | 10~30 | 0~1 | 0.03~1 | 2 | 较小 | 较小 |
| | 晶闸管供电 | | 起升运行 | 1、2、3、4 | 最硬 | 无级 | 10~30 | 0~1 | 0.03~1 | 2 | 小 | 小 |

以达到10%以上，如变频调速、定子调压调速等；内闭环的系统有较好的硬度，一般静差率都可以达到20%以上，所谓"内闭环"是控制系统内部有相互制约的因素的系统，如自激动力制动、绕线电机转子电压控制的"涡流制动器调速"系统等；开环他激能耗制动、直流串激电动机串多级电阻方案较软，一般静差率都可以达到30%以上；绕线型异步电动机转子串多级电阻方案最软。

一般低速段的静差率的倒数便是调速比，上述的静差率是各种控制系统较低的数据。特性最软的绕线型电机转子串多级电阻的方案，虽然用了二根特性合为一个调速级，调速比仍最小。以采用QRQS屏控制的系统为例，起升机构在上升时很难说有多少调速比，而下降时调速比也只有1.6。以采用QRQY屏控制的系统为例，运行机构的调速比，也只有1.6。特性较软的直流串激电机串多级电阻方案，调速比较小，但已能用一根特性来完成调速。

(五) 速度级数

靠调节控制回路中的参数实现调速，一般速度连续可调，通称为无级调速。靠调节主回路参数实现调速，一般只能有级可调，通称为有级调速。笼型异步电动机变极对数、液压推动器调速方案，由于可供调整速度用的参数基本上没有,故调速只有一级(额定速这一级不计),其他方案都有几级调级。

(六)额定转速以下调速区间

对负载标么值(以额定起升负载为 1)来说,一般从空载(标么值为 0)到额定负载都能满足。但绕线型电机转子串多级电阻、动力制动调速方案,用于起升机构时,在第四象限才有调速功能,当负载标么值为 0~0.1,负载特性可能在第三象限,这时调速适宜的负载标么值为 0.1~1。绕线型电机转子串多级电阻调速方案,采用 PQY 屏控制运行机构时,当电动机输出转矩超过 0.2 倍电动机额定转矩时,才能有 1.6 的调速比。当起重机空载时,电动机输出转矩往往超过 0.2 倍额定转矩,还可以说,适宜的负载标么值为 0~1。对转速标么值区间(交流机以同步转速为 1,直流机以额定转速为 1)来说,其下限值为:最硬特性的系统为调速比的倒数,其他的系统一般为零,但液压推动器、笼型电机变极对数调速方案由于本身特性所限,不能到零。其上限值为:一般没有转差损耗的系统为 1,有转差损耗的系统为 0.6;涡流制动器调速方案,由于涡流制动器本身损耗与转速成正比,故一般为 0.4;液压推动器、变极对数调速由于本身特性所限为 0.5。

(七)额定转速以上调速比

直流电动机可以削弱磁场,在额定转速以上调速,交流电动机一般只有变频,才能在同步转速以上调速。起重机采用额定转速以上调速,一般是为了轻载时能提高生产率。

(八)调速时电动机和电阻器的能量损耗

假定没有转差损耗的系统为"小",那么直流发电机供电的系统,由于有机组损耗,损耗为"较小"。有转差损耗的系统,分上升和下降二种状态(运行机构相当于起升机构的上升状态)来说明,绕线型电机转子串多级电阻和动力制动方案,在上升时,电路接法相近,损耗都"较大"。下降时,由于转差变大,转子串多级电阻方案损耗为"大";由于电源只供激磁,动力制动方案损耗为"小"。液压推动器和涡流制动器调速方案都是合成特性式系统,调速时,对不同负载,处于电动状态的电动机输出转矩近似不变,电动机输出转矩值大于满载上升静负载转矩值,其值大,故上升时损耗为"大"。下降时,电动机电动状态的输出转矩变的较小,故下降时损耗为"较小"。

(九)其他性能比较

液压推动器和涡流制动器调速方案要增加系统的转动惯量。电网电压变化时,机械特性的变化程度,对一般闭环系统很小,对最简单的串多级电阻方案则较大。闭环系统、涡流制动器、直流发电机供电开环调速,均在控制回路中进行,其他系统则在主回路中进行,因而需要容量较大的接触器进行控制。

## 六、起动、制动

(一)起 动

笼型异步电动机(包括变极笼型电机)起动中转差损耗消耗在电机内,受电机发热限制,允许起动次数较少(采用电子变频调速方案例外)。绕线型异步电动机(采用串级调速方案例外)、采用固定电压供电的直流电动机,起动中转差损耗大多消耗于电阻器,小部分消耗在电机内;起动次数由电机和电阻器发热限制,允许起动次数较多。采用电子变频的笼型电机、由可控电压供电的直流电机,起动时,附加损耗最小,故最适宜频繁起、制动。

笼型异步电动机在起重机上应用时,经常采用直接起动方式,以保证满载时也能顺利起动,因而起动加速度较大,如电机容量选择过大,起动更猛。绕线型异步电动机和直流电动机,当采用有级调速时,经常有几根特性,分别满足轻载、重载起动的需要,故都能做到平稳起动。由于是有级调速,整个起动过程加速度是波动的,往往是过渡到一根新特性时,加速度较大,以后逐渐减小,再过渡到另一根新特性,加速度又变的较大。一根特性切换到另一根特性,是依照下列原则之一来进行:时间原则、电流原则、转速(绕线型电机转子频率)原则,其中采用时间原则较多。采用了上述原则的系统,允许司机操纵控制器很快推至最高速档,电机的冲击电流也不会超过允许值。反之,就要求司机逐档操作,各档的停留时间不应小于加速所需时间。特性切换时的参数镇定值通常是根据满载起动时所需值来确定。当负载为轻载时,不同原则的系统,起动过程中平均加速度的变化是不同的:时间原则,平均加速度不变;电流原则、速度原则,平均加速度增加。当电网电压降低,不同原则的系统,其平均加速度的变化是:时间原则、电流原则,平均加速度不变;速度原则,平均加速度减少。

采用无级调速时,系统往往是闭环调节系统,为了系统能平稳或迅速起动,常在主令信号部件中设有给定积分器。当给定积分器输入加上阶跃信号时,其输出信号总是按整定的斜率上升,因而起动过程中,能保持恒加速度,而且其值不随负载和电网电压的变化而变化。有的无级调速系统不适宜在整个速度区间实现无级调速,如涡流制动器闭环调速系统,常在转速标么值大于 0.4 的区间,设有供起制动过程用的机械特性,这些特性的切换也按有级调速时一样处理。

（二）制　动

绕线型异步电动机转子串多级电阻起动方案,其调速性能很差;用于运行机构时,停车经常靠机械式制动器来实现。如大车制动器调的较紧,制动时重物晃动严重。如大车制动器调的较松,紧急制动时,制动距离长,易造成起重机相撞等事故。现在不少起重机,紧急制动靠机械式制动器来实现,正常制动则靠反接制动。手控式反接制动,要求司机将控制器操纵手柄打到反向第一挡。自动式反接制动,只要求手柄退至零挡。自动转为反接制动,用频率继电器检测,当转速接近为零时,自动停止反接制动,机械制动器上闸。也有正常制动靠运行阻力的方案,在控制器第一挡,电动机断电,机械制动器保持松闸状态,称为滑行挡,运行时,将手柄退至第一挡,靠运行阻力消耗惯性矩达到制动目的,当需紧急制动时,将手柄快速退到零挡。用于起升机构时,上升时都靠机械制动器和负载自身重力实现制动,下降时辅以反接、单相制动或能耗制动等。

有级调速的系统,多数在 4 个象限都能工作,一般在正常制动时,利用系统电气制动的特性,先将系统的工作速度降低,再切断电动机电路,使机械制动器上闸。需要紧急制动时,立即开断电动机主电路,并使机械制动器上闸。无级调速的系统制动与上述有级调速的系统制动,基本上一样,所不同的是无级调速系统正常制动过程中,能保持恒减速度,不受负载和电网电压变化的影响。关于变频调速回馈制动运行见后面章节的描述。

## 第二节　交流起重机低调速电控设备

交流起重机电控设备指控制对象为交流电机的电控设备。低调速电控设备是以改变电机定转子电阻为主要手段的控制设备,调速比小于 3 的机构控制柜(屏),连同与其配套使用的保护柜(屏)。

### 一、老系列简介

20 世纪 70 年代我国统一设计的通用桥式、门式起重机电控设备,有运行机构 PQY 系列、起升机构用 PQS 系列、抓斗机构用 PQZ 系列及保护箱 XQB1 系列。目前看来存在下列缺点:

（一）基本品种

品种少很难满足不同的需要。起升、运行和抓斗控制及保护箱只有一个品种,没有选择余地。

起升:下降三挡,其中一挡反接、一挡单相、一挡再生,在不出现轻负荷场合,设置单相挡没有必要。

运行:均是电动机与制动器同时通断,没有滑行挡,也不允许直接打反向挡。

（二）保护性能差

在 70 年代以前,整台起重机一般都没有短路保护。所设计的保护箱、电控柜内主回路都没有短路保护。机电部重型机械专业标准 JB/ZB 8001—89 要求必须有短路保护,起重机属于优等品、一等品时,规定短路保护必须有空气断路器。

液压推杆电动机一般没有保护,直接与电动机并联,电动机保护装置对推杆电机不能进行保护。

(三) 线路设计欠完善

例如直流延时继电器供电回路采用半波整流,很不可靠,应先经变压器,再桥式整流。又如现场有时要求起升柜所配主令控制器件能从下降挡直接打上升挡,使吊钩很快从下降转为上升,而老系列办不到。

(四) 线路原理不一致

由于老系列起升柜(PQS)线路优缺点,各厂家都做了改进,但不一致,有的改得不尽合理,应在综合各厂实践经验的基础上,设计合理的统一线路。

(五) 有的元件性能差

例如现用直流延时继电器只有断电延时动作型,没有通电延时动作型。工作现场调整延时值困难,可控性差,需要加变压器和变流装置。

(六) 控制柜尺寸太高

一般为 1 800 mm～1 900 mm,在起重机上容易产生附加振动,而且高度不统一,外形不美观。

(七) 其他问题

没有箱、柜的外壳防护等级要求,防止固体异物进入及防水能力差,不能满足露天使用要求。

受箱、柜内接触器的限制,不能完全实现板前接线和板前维护。

## 二、新系列的系列型谱

1990 年由北京起重运输机械研究所、沈阳电气传动研究所、上海起重电器厂、天水长城控制电气厂、苏州电气控制设备厂、大连低压开关厂组成交流起重机低调速电控设备新系列联合设计组,经设计样机工业运行、型式试验,在 1992 年 11 月通过了部级鉴定。新系列设计有 4 大类,16 个系列,168 个规格产品,详见表 5-3-3 表 5-3-4。

表 5-3-3　控制柜的系列型谱

| 机构 | 型号 | 控制电源电压 /V | 主接触器额定电流 /A | 控制电机数 /个 | 特　点 |
|---|---|---|---|---|---|
| 运行机构 | QY1R | ～220<br>～380<br>－220 | 100、150<br>250<br>400 | 1、2<br>1、2、4<br>2、4 | 电动机和制动器同时通断 |
| | QY2R | ～220<br>～380<br>－220 | 100、150<br>250<br>400 | 1、2<br>1、2、4<br>2、4 | 有滑行挡 |
| | QY3R | ～220<br>～380<br>－220 | 100、150<br>250<br>400 | 1、2<br>1、2、4<br>2、4 | 有滑行挡,允许直接打反向挡 |
| | QY4R | ～220 | 63<br>100、160<br>250、400 | 1<br>1、2<br>2、4 | 退回零挡自动反接制动接近零速自动断开,采用 CJ20 接触器 |
| | QY5R | ～220 | 100、160<br>250、400 | 2、4<br>4、8 | 同 QR4Y,并有电缆卷筒和夹轨钳电动机控制 |
| | QR6Y | ～380 | 100、150<br>250、400 | 2 | 电流原则起动 |
| 起升 | QR1S | ～220<br>～380<br>－220 | 100、150<br>250、400 | 1、2 | 下降一挡反接、一挡单相、一挡再生 |
| | QR2S | ～220<br>～380 | 100、150<br>250、400 | 1、2 | 下降二挡反接、一挡再生 |
| 抓斗 | QR1Z | ～220<br>～380<br>－220 | 100、150<br>250、400 | 1、2 | 主令控制器挡位 1—0—1 |

表 5-3-4　保护柜的系列型谱

| 型　号 | 主接触器额定电流 /A | 控制电机数 /个 | 特　点 | 其　他　特　点 |
|---|---|---|---|---|
| QB1 | 160<br>250<br>400 | 1、3 | (1)总的和各分支的短路保护都用电源断路器；<br>(2)主回路和控制回路都用接线端子；<br>(3)主钩、副钩都采用控制柜控制；<br>(4)主接触器采用 CJ20 型；<br>(5)控制电源 220 V；<br>(6)有柜、屏两种结构 | |
| QB2 | 160<br>250<br>400 | 3 | | 大车采用凸轮控制器加接触器控制 |
| QB3 | 160<br>250<br>400 | 1、3 | | 小车采用双速笼型电动机,用时间继电器控制 |
| QB4 | 150 | 3、4、5 | (1)总短路保护都用电源断路器,分支的短路保护采用电源断路器或熔断器；<br>(2)控制回路有接线端子；<br>(3)主接触器采用 CJ12；<br>(4)控制电压 380V；<br>(5)只有柜结构 | |
| | 250 | 2、3、4、5 | | |
| | 400 | 1、2、3、4、5 | | |
| | 600 | 1、2 | | |
| QB5 | 150<br>250<br>400 | 3、4、5 | | 大车采用凸轮控制器和接触器控制 |
| QB6 | 150<br>250 | 4、5 | | 副钩采用笼型电动机 |
| QB7 | 150<br>250 | 4 | | (1)副钩采用笼型电动机；<br>(2)大车采用凸轮控制器和接触器控制 |

### 三、新系列特点

（一）运行机构

QR1Y 型与我国老系列线路相同,即电动机与制动器同时通断,不允许主令控制器直接打反向挡。平移机构在接近额定速度时进行机械制动,为了避免制动时产生扭动,制动器只能调得较松。在紧急情况下,平移机构的制动减速度不易满足要求,易产生事故。这种线路适用于单个电动机驱动的机构、速度慢的机构以及允许制动减速度大的机构。

QR2Y 型主令控制器第一挡为滑行挡,制动时可打到滑行挡,让电动机开断,制动器仍接通,依靠运行阻力制动,既平稳又节能,还能减少制动轮磨损。制动器可以调得较紧,遇紧急制动时可直接打零挡,电动机与制动器同时开断,制动行程短。

QR3Y 型也设有滑行挡,允许直接打反向挡,并可实行三种制动：滑行制动、机械制动和反接制动。

在 QR4Y 型线路中,当将主令控制器退回零挡时,系统能自动转入反接制动状态,依靠频率继电器检测,接近零速时自动开断电动机与制动器,进行机械制动。遇到保护装置动作或按下急停按钮,可立即开断电动机进行机械制动。

QR5Y 型与 QR4Y 型不同之处是它包括电缆卷筒和夹轨钳电动机的控制部分。

QR6Y 型靠电压电流继电器实行电流原则起动,在负荷轻时能自动缩短起动时间。该线路不用常串电阻,用增加转子接触器数量办法,尽量提高电动机稳态工作转速。制动采用退回零挡自动反接制动,靠频率继电器实现零速自动开断。

（二）起升机构

QR1S 型与我国老系列线路基本相同,只对存在的缺点做了改进,如采用变压器和桥式整流给直流延时继电器供电。其下降一挡反接、一挡单相、一挡再生。

QR2S 型线路中,下降二挡反接、一挡再生；允许主令控制器从下降挡直接打上升挡,靠交流延时继电器用时间原则起动与短接反接电阻;加转子接触器熔焊检查环节。

(三)抓斗机构

QR1Z 型与我国老系列线路相同。主令控制器挡位 1-0-1,起升与开闭靠司机椅一侧有双操纵杆的双控制器控制,可联动或单动,用时间原则起动。

(四)保护柜

按保护控制电动机类型来分析,QB1 和 QB4 型与老系列相同,全部为绕线型电动机。QB6 型有一个笼型电动机,其余为绕线型电动机,也与老系列相同。QB3 型有一个双速笼型电动机(用于小车),其余为绕线型电动机,保护柜内装入控制双速笼型电动机的继电接触器。60A 凸轮控制器能控制两台 16 kW 或 22 kW 绕线型电动机转子回路(用于大车),其定子回路需用接触器控制。以往用增设一个磁力启动器来解决,增加了电控装置,而且不整齐。新系列设计的 QB2、QB5 型可保护控制全部绕线型电动机,保护柜内装入两个定子接触器。QB7 型为一个笼型电动机(用于副钩),其余为绕线型电动机,保护柜内装入两个定子接触器(用于大车)。

按保护环节所选元件来分析,老系列只有一种类型,不设总短路保护,照明与辅助设备各分支的短路保护采用熔断器,绕线型电动机用过流继电器保护,笼型电动机用熔断器保护。从改善起重机保护性能出发,新系列的起重机总电源回路短路保护采用空气断路器,将它放入保护柜内。

根据对产品销售价格和对保护完善程度的要求不同,保护柜分为两种类型设计:①QB1~QB3 型总的短路保护和照明及辅助设备各分支的短路保护都用空气断路器,绕线型电动机用过流继电器保护,笼型电动机用空气断路器保护。②QB4~QB7 型总短路保护采用空气断路器,照明和辅助设备各分支的短路保护采用空气断路器或熔断器,绕线型电动机用过流继电器保护,笼型电动机用空气断路器保护。

(五)柜(屏)体

防护等级:老系列对防护等级未作明确规定。新系列设计为提高安全可靠性,对柜的防护等级提出了要求。新系列的防护等级是:户内使用的控制柜和保护柜,为 IP30;户外使用的控制柜和保护柜,为 IP33;控制屏和保护屏为 IP00。

接线与维护:老系列的主接触器采用 CJ12 型转动接触器,因而不能全部实行板前接线和板前维护。采用 CJ20 型直动式接触器,电控柜能全部实行板前接线和板前维护,CJ20 型接触器维修困难,尤其在起制动频繁场合新系列设计主接触器采用直动接触器,也设计了采用转动式接触器两种类型。

柜(屏)高度尺寸:老系列的保护箱高度为 1 100 mm、1 400 mm,电控屏高度为 1 700 mm、1 800 mm,电控柜高度为 1 800 mm、1 900 mm。高度太高,会引起的附加振动,新系列设计适当降低了柜(屏)高度。保护柜、电控柜一般安装在起重机主梁走台上,保护屏、电控屏一般安装在电气室内,为了整齐划一,新系列对屏柜尺寸统一为:保护柜和控制柜高 1 500 mm,保护屏高 1 500 mm,控制屏高 1 700 mm。

(六)其 他

大容量(160 A~630 A)的直动式接触器、通电延时和断电延时的交流延时继电器、性能与西门子公司 SIMOMAT B 相近的频率继电器及耐振的小型空气断路器,国内都能生产,已用于新系列设计。新系列设计不仅吸取德国产品设计的优点,也吸取了日本设计的优点,如设滑行挡、电流起动原则、加转子接触器熔焊检查环节。

新系列的有些品种是从老系列转化过来,略作改进和统一工作,有基本相同的电路图和元件选型,但由于高度尺寸变化,安装尺寸也有相应变化(要求与老系列安装尺寸一样可作非标订货),故新系列可以全部取代老系列。机电部已以机电科〔1992〕2124 号文,要求 1995 年前淘汰老系列。

### 四、型号组成及含义

起重机用电气控制柜和保护柜都按下列方式组成型号。产品型号的编制符合有关标准规定。

#### (一)保护柜(屏)型号组成及含义

| 1 | 2 | 3 | 4 | - | 5 | 6 | / | 7 | 8 | 9 |

(1)类别代号:Q——起重机;
(2)特征代号:B——保护;
(3)设计序号:以阿拉伯数字表示;
(4)品种代号:以字母表示保护电动机个数,(包括绕线型、笼型电机都在内,不包括控制柜(屏)控制的电机) A—1、B—2、C—3、D—4、E—5;
(5)规格代号:以数字表示主接触器额定电流安培数;
(6)辅助规格代号:以字母表示主接触器类型 A—CJ12、B—CJ20、C—CJ24;
(7)控制电压代号:以数字表示控制电压类别 2—AC220 V、3—AC380 V、4—DC220 V;
(8)结构代号:以字母表示 P—屏、G—柜、F—防雨柜;
(9)功能代号:以数字组表示过流继电器组合 1~30——采用瞬时动作过电流继电器组合,具体数值见保护柜说明书。31~99——采用反时限动作过电流继电器组合,具体数值见保护柜说明书。

#### (二)控制柜(屏)型号组成及含义

| 1 | 2 | 3 | 4 | - | 5 | 6 | / | 7 | 8 | 9 |

(1)类别代号:Q——起重机;
(2)特征代号:R——电阻调速;
(3)设计序号:以数字表示;
(4)品种代号:以字母表示所控制的机构 S—起升、Y—平移、Z—抓斗;
(5)规格代号:以数字表示主接触器额定电流安培数;
(6)辅助规格代号:以字母表示主接触器类型 A—CJ12、B—CJ20、C—CJ24;
(7)控制电压代号:以数字表示控制电压类别 2—AC 220 V、3—AC 380 V、4—DC 220 V;
(8)结构代号:以字母表示 P—屏、G—柜、F—防雨柜;
(9)控制电动机代号:以阿拉伯数字表示控制电动机个数。

用户订货时,过电流继电器额定电流可根据用户需要确定,规格代号如为 100 的柜(屏),需配 100 A 的过电流断电器,不需另加说明;如要求采用反时限过电流继电器,也要加以说明。

各种型号过电流继电器的额定电流如表 5-3-5。

表 5-3-5 过电流继电器的额定电流表

| 型号 | 额定电流/A | | | | | | | | | | | | |
|---|---|---|---|---|---|---|---|---|---|---|---|---|---|
| JL12 | 5 | 10 | 5 | 20 | 30 | 40 | 60 | 75 | 100 | 150 | 200 | 300 | — | — |
| JL5 | 6 | 10 | 15 | 20 | — | 40 | 60 | 80 | 100 | 150 | — | 300 | — | 600 |
| JL15 | 5 | 10 | 15 | 20 | 30 | 40 | 60 | 80 | 100 | 150 | 250 | 300 | 400 | 600 |
| JL18 | 6.3 | 10 | 16 | 25 | — | 40 | 63 | — | 100 | 160 | 250 | — | 400 | 600 |

### 五、新系列电路图

低调速电控设备是目前采用较多的设备。低调速电控新系列品种规格多、价格低、维修水平要求低,宜用于调速与起制动要求不高的场合。以下介绍两种有代表性电路图和简要说明。

## （一）QB4E 型保护柜

主回路电路图见图 5-3-15。控制回路图见图 5-3-16。种类代号带有前缀符号"—"，表示此项目不在保护柜内。

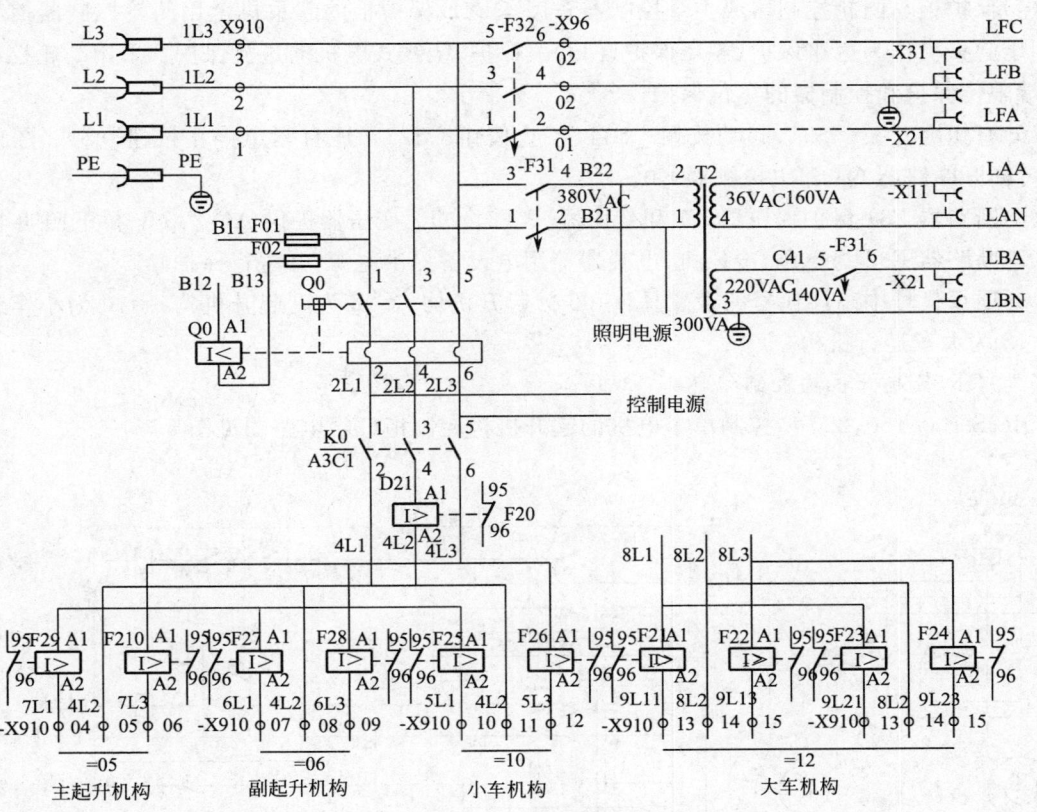

图 5-3-15　QB4E 型保护柜主回路电路图

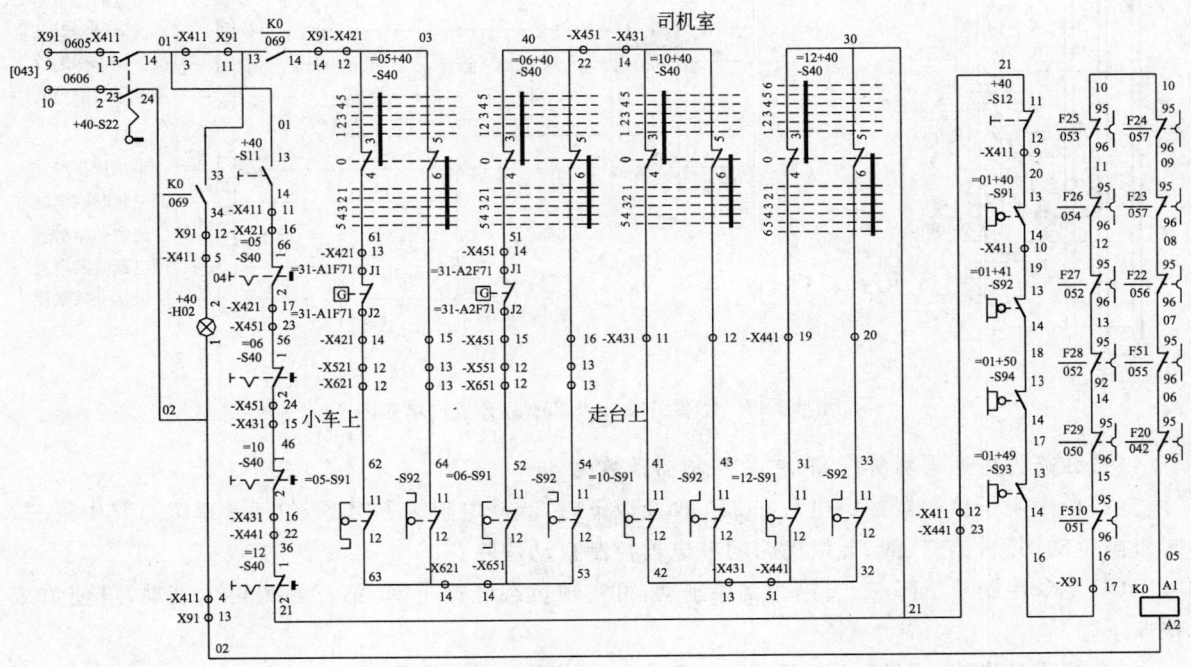

图 5-3-16　QB4E 型保护柜控制回路电路图

(1) 系统总短路保护采用断路器，控制回路、照明回路等各分支的短路保护采用断路器或熔断器。

(2) 主接触器 K0 采用转动式接触器。

(3) 各机构绕线式电机由过电流继电器保护。

(4) 保护柜与凸轮控制器或主令控制器采用 QB4E 保护柜的起重机全用凸轮控制器控制相配合，用于起重机作为短路保护、零压保护、门开关保护、绕线式电机的过流保护。采用凸轮控制器时的终端限位保护和控制器的零位保护。

(5) 有钥匙开关—S21、起动按钮—S11、停止按钮—S22。还有紧急停止按钮—S12（图中没画出），可断开断路器 Q1 和主接触器 K0。

(6) 断路器 F31 保护变压器 T1 和变压器—T3，—T3 变压器提供 AC 220 V 桥下照明电源。

(7) 断路器 F32 为空调、冷风机、电暖器等用电设备提供电源，并进行保护。

(8) 项目代号中高层代号的含意是：=05 为起升机构，=06 为副起升机构，=10 为小车运行机构，=12 为大车运行机构。

（二）QR2S 起升机构控制柜屏

QR2S-100、150、250 型控制单个电机的起升机构控制柜（屏）电路图见图 5-3-17。

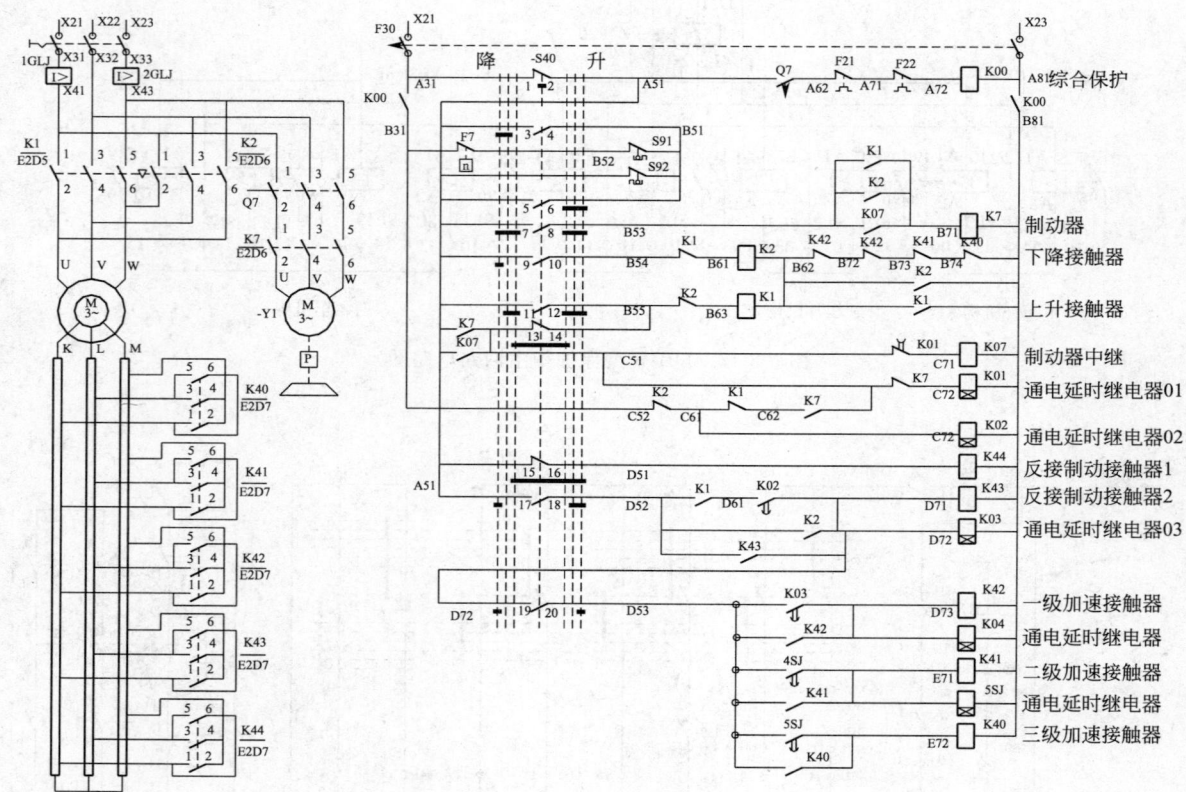

图 5-3-17　QR2S100、150、250 起升机构电路图

(1) 线路为可逆不对称线路，主令控制器挡数为 3—0—3。

(2) 柜中定子接触器额定电流在 250 A 及以下时，起动电阻为五级（不包括常串级），其中第一、二级由手动切除，第三、四、五级由时间继电器控制自动切除。

(3) 主令控制器下降一、二挡为反接制动，可实现负载慢速下降，第三挡为再生制动，可使负载快速下降。

(4) 线路允许从下降第三挡直接打上升任何挡。当主令控制器手柄离开下降第三挡后，K2 常闭触头恢复接通，K02 常开触头延时接通，保证 K43 延时接通。

（5）当主令控制器手柄从某一位置退回零挡时，K7 立即开断，由于 K01 的常闭触头延时开断，使 K07 和 K1 也延时开断，从而使制动器先于主电动机断电，防止停车时溜钩。

（6）在时间继电器 K01 线圈回路有 K1、K2 常闭触头和 K7 常开触头串联控制，其作用为：当 K1 与 K2 都没有接通，而 K7 产生非正常接通时，K01 也将接通，使 K07 线圈失电、K7 断开以防止重物自由下降。

（7）在 K1 与 K2 线圈回路中串有转子接触器 K43、K42、K41、K40 的常闭触头组成熔焊检查环节，只有上述接触器正常开断时，才允许正、反转接触器 K1 或 K2 接通。

（8）被控电动机的机械特性见图 5-3-18。

（9）电控设备所匹配的电阻器型号为 RF5，如用户发现满载时上升第一挡发生下降，而用户不希望产生下降，可改变电阻器抽头接线，从而改变上升 1 挡和下降 1 挡特性。

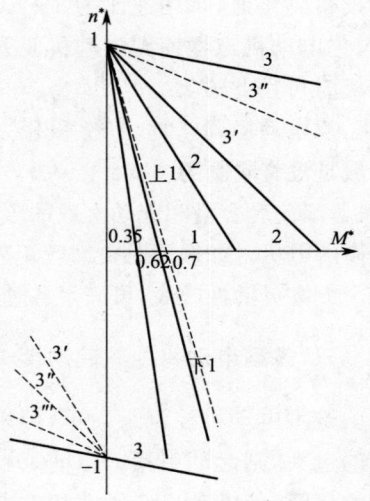

图 5-3-18　QR2S100、150、250 型起升控制柜控制的电机机械特性

## 第三节　变极调速及双电动机调速

### 一、变极调速

改变电动机极对数调速，简称为变极调速。变极电动机有单绕组、双绕组二种。YZD 型起重用双速电动机，采用单绕组，调速比 1∶2～3，YHZ1、YHZY1、YHZ3、YHZY3 型电动葫芦用锥形转子双速电动机，采用双绕组，调速比 1∶4～6，电动机技术数据见本篇第一章。

各种单绕组和双绕组的接线方式不同，应根据制造厂提供的资料进行控制线路的设计。

从高速接法转换到低速接法时，由于电机还在高速运行，一接成低速接法，如调速比大，则电机转差率较大（如调速比为 6，转差率近似为 5），电机的冲击电流也较大。为了避免上述情况，有的采取让电机先停止，再接通低速接法的办法；有的在采取接通低速接法时，先在定子回路中串入电抗或电阻，然后短接；也有接入"软起动"环节；当调速比不大（如 1∶2），或者电流冲击对电机及电网都许可的情况下，也可以在电机高速运行时，直接换接到低速接法。

变极调速是最简单和最经济的调速方法。但由于一般是笼型电机，故只限于中小容量（22 kW 以下）和起动次数不多的场合。一般只能有二挡速度，能达到的调速比也较小（1∶2～6）。起重用、葫芦用双速笼型电机是从同一用途的单速笼型电机系列中派生出来，双速电机比单速电机，在同一尺寸条件下，容量一般要小 1 级，或者在同一容量条件下，尺寸要大一挡。在低速运行时，电动机的效率、功率因素都比较低，散热情况也较差，因此低速的接电持续率较低（一般为 15%）。此外，低速接法时，电动机的起动转矩与额定转矩的比值、最大转矩与额定转矩的比值较小，一般只能达到 1.5～2。

采用这种方案的有：防爆起重机的起升与运行机构、慢速起重机的起升机构。

### 二、双电动机调速

锥形转子电动机定子通电时，除产生旋转力矩外，同时产生轴向磁拉力，使转子轴向移动压缩弹簧，制动轮和制动座之间松开，利用上述特点构成双锥形转子电动机双速方案，其示意图见本篇第一章第二节。当接通慢速副电动机而不接通常速主电动机时，主电动机的带齿制动座与风扇制动轮接成一体，副电动机产生的转矩通过齿轮传递给主电动机的风扇制动轮，并从主电动机的转轴输出得到慢速,常用速比为1:10。当只接通主电动机时,主电动机风扇制动轮与带齿制动座脱离,主电动机与慢速副电动机脱开,慢速副电动机不会产生超速。轻小型起重设备采用锥形转子电动机时可用此方案。

双电动机调速时,一般采用双电动机——行星联轴节或行星减速器传动。这种方案的调速范围一般是没有限制的(如1:100)。高速主电机与慢速副电机都可选用笼型电动机,也可选用绕线型电动机,因此对容量和起动次数的限制大为放宽。如慢速为长期工作制,慢速副电机可选用接电持续率较高的电机。如慢速时负载转矩较大,或者所需起动转矩较大,可将慢速副电动机容量加大。总之,这个方案灵活性较大,可满足各种各样的要求。比起单吊具双速显得机构复杂。

### 三、笼型电动机的软起动

笼型电动机控制最简单,但用于起重机各机构,其起动加速度无法控制,往往偏大,如电机容量选的过大,则起动更猛。以前,为了改善起动性能,常在笼型电动机定子回路的一相中串入电阻,电阻的压降,使电动机定子三相端电压不对称,顺序电压分量减少,同时,又产生了逆序电压分量,使起动过程中转矩减小。由于笼型电机起动时电动机的机械特性处于"非工作状态",动力负载时造成起动不可靠,一般不采用。

一般的"软起动"装置,采用调压原理,由于频率不控制,起动时定子磁通过饱和,加上一般的调压器为电子开关,造成定子高次谐波,逆序电流使起动转矩减小,但起动电流很大。开环系统不能在起升机构使用,即使采用速度闭环对恒转矩负载的性能也不理想。

### 四、实心转子电机实现运行机构的软起动

实心转子电机转子采用纯铁制作,电动机的固有特性与绕线转子串电阻(0.4Re)接近,由于运行机构的所需净转矩不高,所以正常运行时电机运行速度在$0.85n_0$,一般只用于阻性负载机构,如大小车运行机构。由于机械特性很软,运行、起动(起动电流为两倍额定电流左右)都很柔和,减少了载荷的晃动即啃轨现象,起到了软起动的效果,控制方法与普通笼型电机一样简单。

## 第四节 动力制动调速

### 一、调速系统分类

动力制动(或称能耗制动)调速系统是起重机起升机构使用的调速控制方案之一,在冶金起重机、大吨位交流起重机中也有应用。其线路简单、可靠、使用较少元件即可在下降重物时获得调速特性,因而有较大的实用性。在起升重物时,采用逐级切除电阻方式获得加速特性。

通常按取得激磁电流方法分成他激式与自激式两种。自激式动力制动调速系统中,有时会遇到电动机转子电压大于330 V时,电动机处于非自激状态,产生第三种所谓复激式动力制动调速系统。

### 二、他激式动力制动系统

(一)开环控制的他激式动力制动调速系统

他激式动力制动调速系统是由单独的直流电源(由一台三相或单相降压变压器经整流环节输出低压直流的电源),通过动力制动的励磁电流的接触器(一般采用降容使用的交流接触器),向电动机定子绕组供以直流电流。当电动机转子在外力作用或靠本身所贮存的动能作用下旋转时,则电动机进入动力制动状态。很显然,制动转矩仅在转子旋转时才存在,因为只有旋转的转子绕组切割静止不动的定子磁通(该磁通是由外加的直流电流所建立)时才会在转子绕组中产生感应电势,当感应电势通过外部转子所串电阻形成闭合回路时,将在转子绕组中流过电流。转子电流与定子磁通相互作用的结果,将对转子产生制动转矩。改变转子的外接电阻时,将使

电机转速发生变化。

他激式动力制动是一种耗能型制动方式。动力制动时,其激磁电流通常按下式选取:

$$I_B = (3.5 \sim 4.0) I_0 \tag{5-3-5}$$

式中　$I_B$——激磁电流;

　　　$I_0$——绕线型异步电动机空载电流。YZR 型电机数据,见本篇第一章。$I_0 \approx 0.4 I_{1e}$,$I_{1e}$ 为定子额定电流。

激磁功率 $P_B$:

$$P_B = I_B (U_B + U_C + U_T) \tag{5-3-6}$$

式中　$U_B$——直流电流 $I_B$ 流过两相定子绕组(串联)时的电压降;

　　　$U_C$——激磁电源至电动机定子绕组间电压降;

　　　$U_T$——所有接线端上电压降之和。

他激动力制动时,装置所消耗的激磁功率是不变的,它与电动机负载及转速无关。很显然,在轻载时,重物下降速度很慢,在半载以上时,这种调速方法才有比较理想的调节特性,这时,调速比通常达 1∶5 以上。典型机械特性见图 5-3-19。

(二)闭环控制的他激式动力制动调速系统

近年来,某些厂家推出一种闭环控制的他激动力制动调速系统。它仍适用于起升机构的调速控制。与开环他激式动力制动调速系统相比,闭环时,除了降压变压器之外,还要增设可控整流装置、直流测速发电机、激磁电流调节器等,组成以速度为反馈量的闭环自动调节系统。与开环不同的是,此时的调节特性是一组平行于 M 轴的硬度很高的特性。调速比可达 1∶10 以上,特性硬度小于 5%。其激磁功率与负载有关,轻载时消耗功率较小。闭环他激动力制动起升机构调速系统机械特性如图 5-3-20 所示。

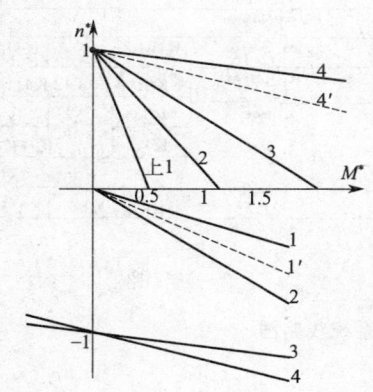
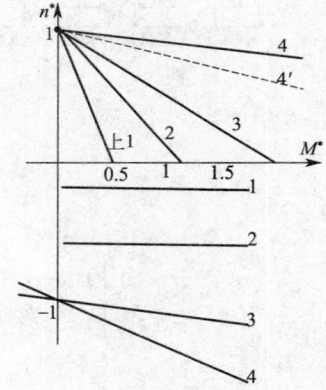

图 5-3-19　开环他激动力制动调速系统机械特性　　　图 5-3-20　闭环他激动力制动调速系统机械特性

闭环他激动力制动系统目前应用较少。其原因是该系统需使用一些激磁电流调节装置如晶闸管、运算放大器触发器等,还要采用速度检测元件——测速发电机,不仅增加了设备成本,更主要的使装置复杂以及故障率有所增加。但是,由于它的调速指标较好,调速范围大,能量损耗有所降低,在某些要求较高的场合也得到应用。

(三)开环他激动力制动的应用实例

图 5-3-21 是开环他激动力制动调速系统的线路图。下降一挡、二挡是动力制动挡,下降三挡、四挡是再生制动挡。第四挡与第三挡相比较,转子多串入一级电阻,重载时将有较快下降速度。当主令控制器由下降三、四挡退至下降 1 挡,K03 的常开延时闭合触点,使 K42 延时得电,保证了系统有适当的制动力矩,不致过猛。K04 常开延时触点对 K41 的控制也是基于这种考虑。当主令控制器由下降三、四挡突然推至上升四挡时,K02 延时闭合及以后电阻逐级切除,保证了换切力矩不

致过大。在动力制动状态，K01常闭触头延时断开，若延时时间内，F25仍不能吸合（欠激磁），K602、K601将失电，用此起欠激磁保护。K05延时动作为了使K201与K301切断过程短暂停电，不致使K7跳动。当主令控制器退至零位，K7断电后，由于K490常闭延时开断，通过K830触头，使电动机延时后断电。

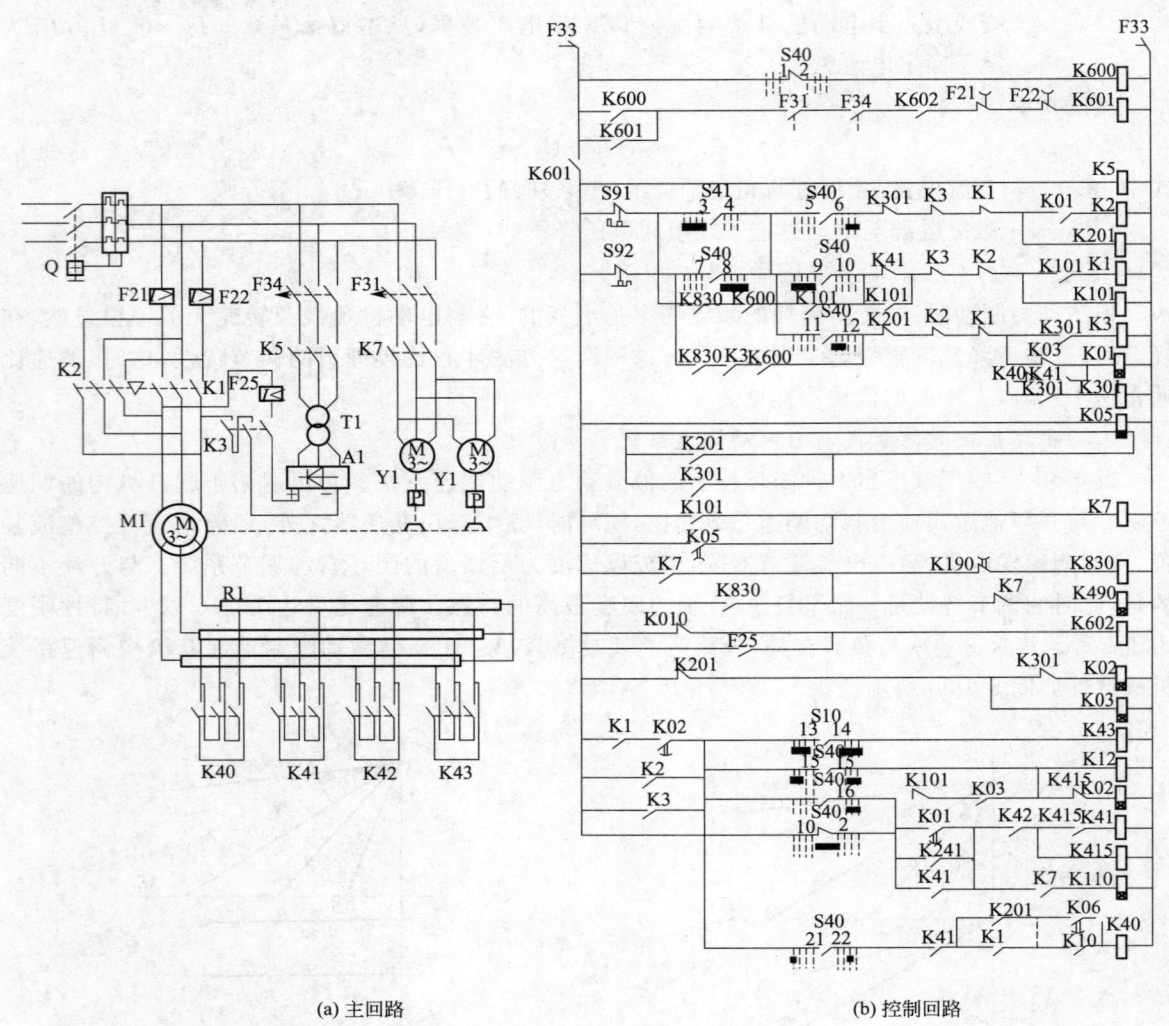

(a) 主回路　　　　　　　　　　　　　　　(b) 控制回路

图 5-3-21　开环他激动力制动调速系统线路图

### 三、自激式动力制动系统

#### (一) 概　　述

若在交流电动机定子绕组内通入一个很小的激磁电流（又称辅助激磁电流，通常为电动机定子额定电流的 3%～5%），这个磁场在定子侧形成了一个空间固定的磁通。如果电动机转子在外力作用下旋转，旋转的转子绕组将切割定子的磁通，在转子绕组中产生一个感应电势，将这一感应电势送入一个三相整流桥去整流成直流，并把这一直流以某种极性送入定子绕组，这必然加强了定子磁通。转子绕组持续在加强的定子磁通中旋转切割时，吸收了大量的机械能，也使感应电势进一步增加，如此循环下去，电机很快进入自激发电状态，最终电机的制动转矩与电机轴上的负载转矩达到平衡。这个过程是一个正反馈过程，在极短时间内就完成了，由于电机磁路的饱和作用而迅速进入稳态。图 5-3-22 是按自激式动力制动方式构成的原理框图。交流电源，经电阻 R2 降压，经 V2 单相半波整流形成辅助激磁电流。转子电势，经 V1 三相桥式整流形成自激激磁电流。

图 5-3-23 表示了自激式动力制动系统的机械特性，下降一～三挡为自激动力制动，用改变转

子外串电阻值来改变电机转速,四挡为再生制动。

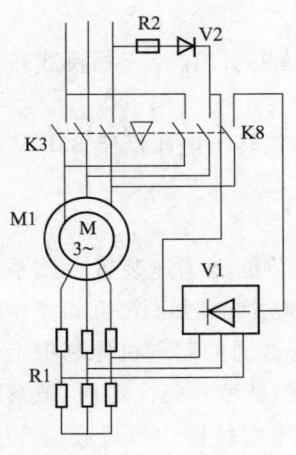
图 5-3-22　自激动力制动原理框图

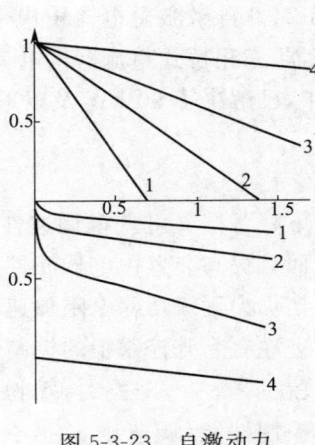
图 5-3-23　自激动力制动机械特性

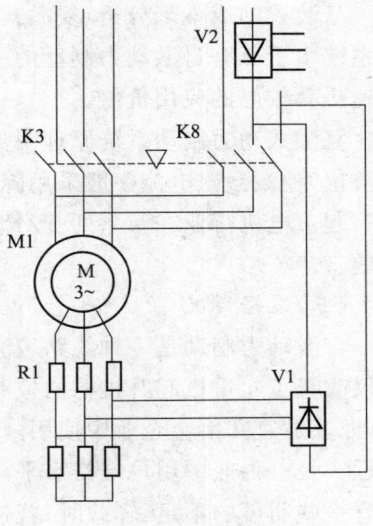
图 5-3-24　复激动力制动原理图

系统的特点是:

(1)自激动力制动的电流与负载有关,随负载的变化而自动地变化。

(2)系统的最大力矩通常比他激式制动系统要大许多,因它具有较大切换力矩可避免换切时超速。

(3)自激式动力制动调速系统在下降时几乎不从电网上吸收能量,它把重物在提升时所储存的位能全部转化为下降载荷所需的制动能量,故它是一个节能型调速装置。

(4)与开环他激式动力制动调速系统有相类似的特点:轻载时,重物下降速度比较慢。各挡速度变化差异也较小。比较适宜的负载是,重物为额定负载的 20%～100%。各挡速度变化较明显,特性硬度也比开环他激式动力制动好。

(5)自激式动力制动调速系统的调速比不很大。基本上靠凸轮控制器控制的直接式自激动力制动调速系统,其调速比一般可达 1:4。靠主令控制器控制的间接式动力制动调速系统,其调速比可达 1:5～7。调速比的变化与线路接法、外串电阻等因素有关。调速比通常指在额定负载下下降一档的速度与下降四挡速度之比。

(二)复激式动力制动调速系统

目前 YZR 系列电机中有部分机座号:

YZR250M2-8、YZR280M-6、YZR280M-8、YZR315M-8、YZR355M-10、YZR355L1-10、YZR355L2-10、YZR400L1-10、YZR400L2-10 等,其转子电压已超过 330 V,有的已达 475 V 此时电机已属于非自激式电机,靠微小辅助激磁电流已不能使电机进入自激状态。为实现调速控制,可采用所谓复激式动力制动调速系统,复激即是把辅助激磁电流增加到(30%～40%)$I_{1e}$(定子额定电流),并把这一电流作为初始激磁,同时,再把转子三相电压整流成直流电压送入定子绕组。两电流联合作用的结果(矢量相加)使电机获得下降调速性能。

复激动力制动调速使系统兼有自激动力制动的特点:最大转矩比他激式动力制动系统大,激磁电流可随负载自动调节,机械特性比较硬。同时也解决了转子电压较高时,电机不能自激的缺点。此时,所需外加的激磁电流为 40%$I_{1e}$,而他激式激磁电流大约为(1.5～2)$I_{1e}$。

复激式动力制动系统的辅助激磁电流已不可能简单地用一个二极管完成半波整流供电,应该采用三相降压变压器对一个三相桥式整流器供电,其电流输出作为辅助激磁电流。这是因为半波电流通过接触器(K8)时,会产生很大的振动噪声,同时,对电网也会造成很大的不平衡电流。

从装置的成本来分析,复激式动力制动系统比他激式动力制动要贵一些。然而,复激式动力制动系统由于兼有自激动力制动的一些优点,且耗能低于他激式动力制动系统,对解决中等容量电机调速仍有较好的应用价值。

复激式动力制动系统原理图见图 5-3-24。自激激磁电流由电动机转子引出,经三相桥式整流器流出,他激激磁电流一般采用降压变压器、三相桥式整流器供电。

起重电机行业在新系列 $YZR_2$ 设计中,已解决了 90 kW 及以下电动机转子电压低于 330 V 的问题。

(三) 应用情况

自激动力制动是一种线路较简单、在下降各挡又可获得调速性能的节能型调速装置。该系统不仅改善了起重机起升机构的控制性能,而且提高装置中电器元件使用寿命,减少了司机的操作强度,尤其适宜在冶金企业中使用。上升各挡仍为逐级切除电阻加速,故与普通的起重机控制柜十分接近。是一种兼顾用户维修水平,又能改进原有起升控制柜的控制性能的新型系统。然而,该系统仍有一些明显的不足:轻载时,若控制器放在下降一~三挡时,重物下降速度较慢。当负载为 50% 以上额定负载时,才具有较为理想的调速控制性能(调速比 1:4~7),当负载很轻时,重物不能下降,若使其下降,只能把手柄推至回馈制动挡下降。在上升各挡,系统不具备调速性能。由于装置中含有少量的功率半导体器件,硅整流二极管的偶然性损坏也是不可避免的,尤其是装置从下降三挡转入下降四挡时,由于交直流瞬时短路,二极管存在被烧坏的可能性。

现行标准产品有一下类型产品:

1. 直接式控制装置 QJ8S 系列

采用凸轮控制器对定子、转子电路进行切换的控制方式。用两只带有机械联锁的交流接触器 K3、K8。进行接通电源、动力制动调速控制,并附一个小的控制柜,完成诸如零位、击穿等保护联锁控制。装置适用于 22 kW 及以下的 YZR 系列电机的控制、起升机构工作级别为 M1~M6 的场合。

2. 混合式控制装置 QJ7S 系列

定于回路利用 CJ12-100 A 两只接触器进行切换,而转子回路全部由凸轮控制器进行切换。考虑目前我国凸轮控制器额定电流为 63 A(KJJ63-63),转子电阻采用两对凸轮触点并联方式切除电阻。由于凸轮控制器的操作频率有限,故宜使用于 M1~M5 的工作级别、容量为 30 kW~45 kW 的 YZR 系列电机的起升机构。

经过多年的使用现在混合式控制屏基本被(下面)间接式控制装置取代。

3. 间接式控制装置 QJ6S 系列

采用主令控制器对定子、转子接触器进行切换,控制装置可适用于 30 kW 及以上电机、定子电流 200 A 以下,可自激的(转子电压小于 330 V)YZR 系列电机,起升机构的工作级别为 M1~M8。

自激式动力制动调速装置在使用中应配以专门设计的配套电阻器。该项工作已由北京起重运输机械研究所完成了全部设计计算。QJ6S、QJ7S、QJ8S 系列调速系列分别配 RJ1、RJ2、RJ3 系列电阻器。

**四、调速装置系列参数选择和器件选择**

(一) 主要参数选取

自激式动力制动装置中,辅助激磁电流是重要的参数,在 QJ8S 系列,辅助激磁电流 $I_{B}$ 为:

$$I_B = (3\% \sim 5\%) I_{1e} \tag{5-3-7}$$

式中 $I_{1e}$——电动机的定子额定电流。

通常把达到辅助激磁电流所需外串电阻置于控制柜外。

QJ7S（混合式）和 QJ6S（直接式）控制装置中：

$$I_B = (5\% \sim 6\%) I_e \tag{5-3-8}$$

（二）器件选择

1. 功率半导体器件选择

电压等级选择：对于三相整流桥二极管的反向耐压通常按 1 400 V～1 600 V 选取，其耐压的裕度较高。由于定子—转子间有空气隙，定子侧过电压对转子侧影响较小，可不加阻容保护环节。

电流等级选择：对于调速装置具有不同的电流等级时，硅二极管的电流值按表 5-3-6 选择：

表 5-3-6  电流等级选择

| 控制柜电流等级/A | 63 | 100 | 150 | 250 |
|---|---|---|---|---|
| 硅二极管电流等级/A | 100 | 200 | 300 | 500 |

以上二极管均带有相应的散热器。考虑到起重机负载性质及工作特点，通常不加强迫通风装置。故按表 5-3-6 选择时，均考虑了不加强迫风冷时元件降容系数（0.3～0.45），小的数值对应于元件额定电流较大者。上述元件定额的选择也考虑了元件通电持续率，通常按 JC 为 40% 选择。

2. 交流接触器选择

主接触器一般选用 CJ12 系列，尽管该系列接触器有一系列缺点：机械、电气寿命低，其他性能也不理想。但是由于它更换维修方便、价格适中，故常选用。其中以天水长城控制厂产品性能较好。CJ20 系列、3TB 系列、LCD 系列接触器也逐渐进入起重机电控装置的领域，虽然价格较贵，其机、电寿命高，性能稳定，噪声小，起动功率小，品种规格也较齐全，在国内一些钢厂用起重机电控中颇受欢迎，以上三种品种可作为派生系列进行选用。

机械联锁：控制柜中 K3 及 K8、K1 及 K2 接触器均应加机械联锁。对于 CJ12 系列，各制造厂均已配有相应的连杆式联锁装置。对于 CJ20 系列，国内一些重点低压电器厂均可配套供给机械联锁装置。3TB 小容量系列均有相应的配套机械联锁。目前已生产的联锁装置在调整时较为费时，且须仔细调定。LCD2 系列交流接触器已自带机械联锁装置。

3. 时间继电器的选择

JS27 系列混合式时间继电器是调速系列装置中优选元件，由上海共久电子设备厂生产。目前已派生出数字式时间继电器 JS27A，具有延时精度高、调整方便，触点工作可靠，使用寿命长等一系列特点。经过几年的大量使用，证明它完全可取代 JT3 型老式直流时间继电器，其规格也很齐全，价格与 JT3 型相当。

### 五、典型线路说明

以 QJ6S 系列自激式动力制动调速系统为例，叙述其工作原理及其特点。

图 5-3-25a、b、c 是 QJ6S-100A、150A、250A 系列自激式动力制动调速系统的主回路和控制回路。采用主令控制器进行控制，挡位 4-0-4，在起升与下降两个方向，闭合表是不对称的。转子电阻中设置了五段电阻（包括一段常串软化电阻）。主电路用 Q1 进行短路和过流保护，定子回路中有过电流继电器 F21、F22，制动器的液压推动器电动机由小型空气继路器 Q7 实现保护（电磁脱扣和热脱扣）。定子回路的换相由 K1 及 K2 来实现，它们之间设电气及机械联锁。动力制动接触器 K8 用于把自激发电所产生的交流电经整流器整流后送入电动机的定子绕组，电动状态及再生制动状态则通过 K3 把定子回路接至主电源，K8 及 K3 之间有机械联锁。整流器 V1～V6 用于把自激电势变成直流电压而送入定子绕组作为制动电源。整流二极管 V7、V8，欠电流继电器 F9 和电阻器组成了辅助激磁控制电路。装置设置了欠压、零位、过流、超速、超限、二极管击穿、欠激保护。

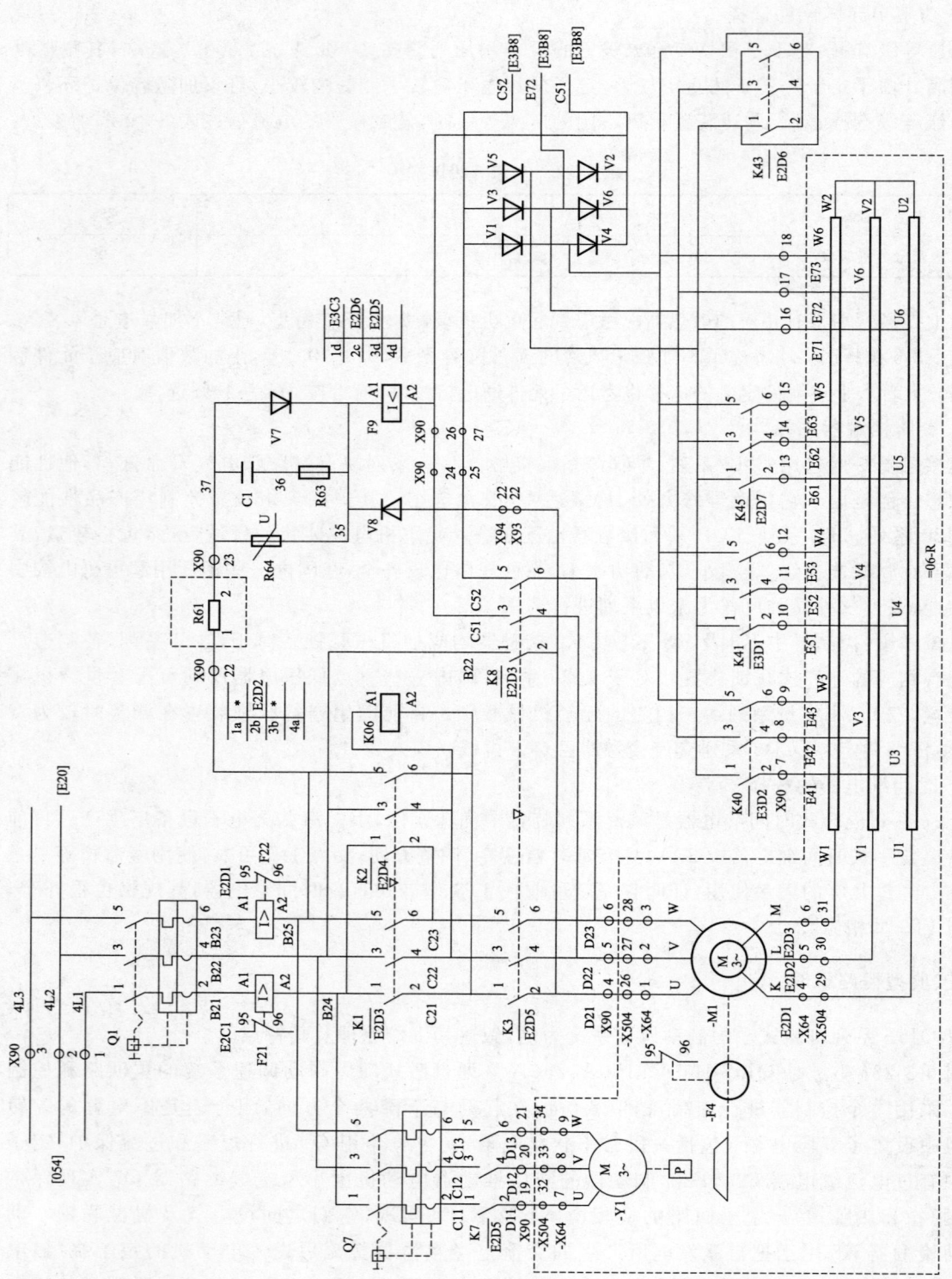

(a)

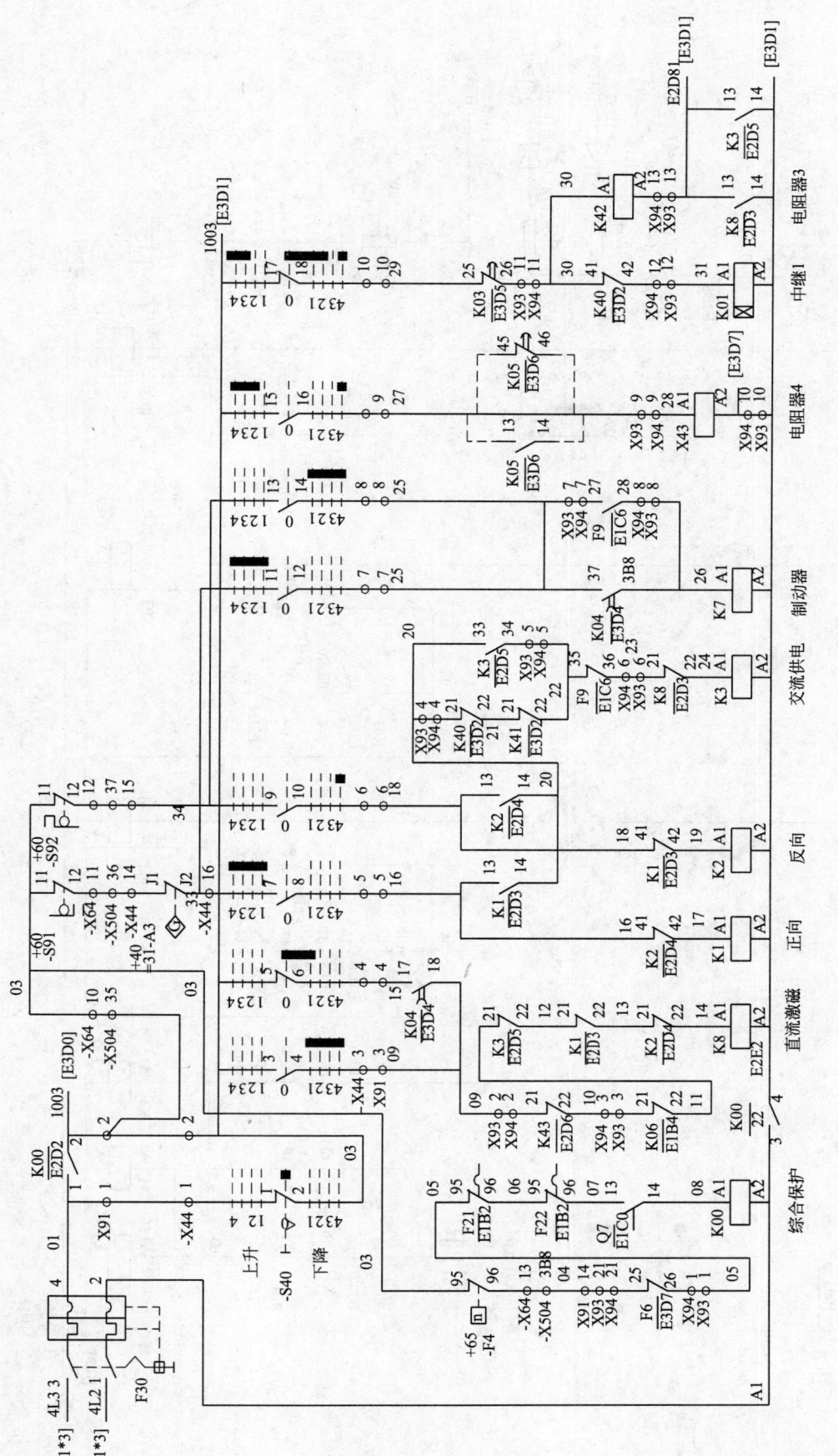

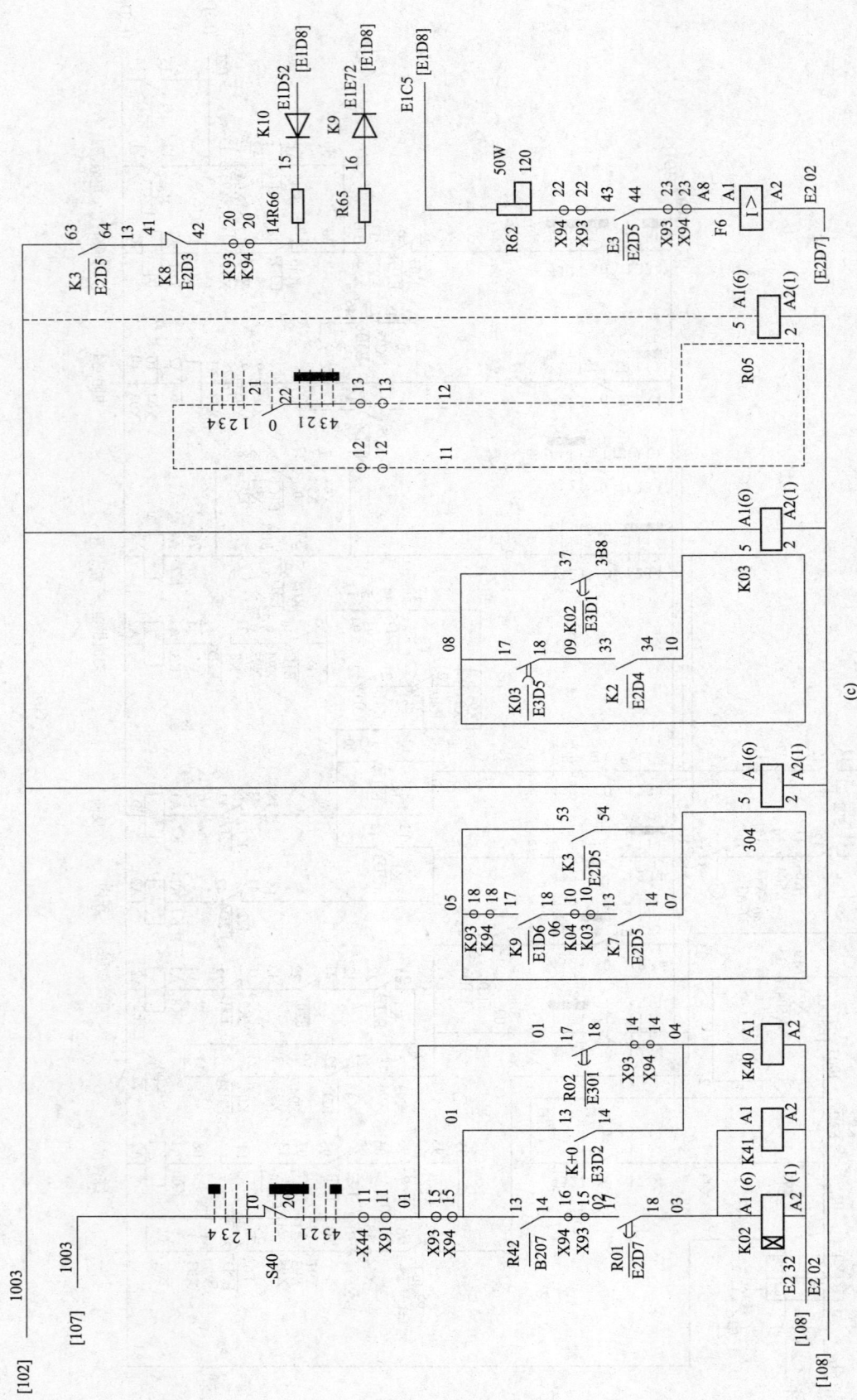

图 5-3-25 自激式动力制动系统原理图 (c)

### (一)起升过程

当控制器从零位推至上升一挡时,转子回路串入全部转子电阻,定子接触器 K1 及 K3 被接通,电机接成电动状态。控制器推到上升各挡,转子电阻被逐步短接。如主令控制器从零位快速推至上升四挡,K43 瞬时接通,K42 几乎也是瞬时接通,接触器 K41 受 K01 的延时控制,K40 受 K02 的延时控制,也即是说,在过快的操作速度时,电阻器短接仍然受到二级延时的控制。

当手柄由上升四挡返回零位时,电阻逐级串入到转子电路中,系统逐步减速。由于时间继电器 K04 延时断电,故 K8 在控制器回零的一瞬间接通约 0.5 s,使自激动力制动投入,系统在回零时有短暂的电气制动功能,可防止重物下滑。

### (二)下降过程

控制器从零位推至下降一挡时,K8 接通,辅助激磁电流由电源第三相,经 R61→V7→F9→K8 第二个触头→电动机定子两相绕组→K8 第一个触头回到电源第一相。由自激电势所产生的直流制动电流则由整流桥正端输出,经 K8 第二个触头进入电机定子两相绕组后,经 K8 第三个触头回到整流桥的负端。在下降一挡时,K42、K41、K40 均处于接通状态,电动机转子回路仅仅保留了常串软化电阻及反接级电阻,电机将有最低的下降速度,约等于 $(15\% \sim 18\%)n_e$($n_e$ 为电机额定速度)。当手柄推至下降二挡时,接触器 K40、K41 失电,转子串入两段电阻,电机得到了第二挡速度,约为 $(25\% \sim 30\%)n_e$,当控制器推至下降第三挡时,转子内串入全部转子外接电阻,电机仍然处于自激动力制动状态,此时转速约等于 $60\% n_e$。

当控制器推至下降四挡时,K43 得电使 K8 断电,K2 接通。电机由动力制动转入再生制动下降状态。转子电阻接触器 K42、K41、K40 被延时逐级接通,转子电阻又被逐级短接,这样防止电机由动力制动转入再生时,切换力矩过大。

当控制器由下降四挡快速返回到下降一挡或二挡时,由于 K03 的常闭触点延时闭合,K42、K41 延时得电,防止切换力矩过大(防止再生制动档直接转入第一挡动力制动)。

当控制器回零时,K8 延时失电,投入电气制动。下降一、二、三挡时,由于 F9 吸合,使 K7 吸合得电。控制器由下降三挡转入下降四挡时,借助于 K04 延时释放的功能避免了制动器跳动。

系统的机械特性见图 5-3-23。

## 第五节 涡流制动器调速

### 一、涡流制动器

涡流制动器主要由两部分组成。其一是跟随电动机同轴转动的电枢,其二是与电动机外壳或底座装在一起的感应器。它由磁极和激磁绕组等组成。感应器的磁极型式变化较多,但基本型式有凸极式、鸟啄式或称爪极式、感应式三种。

给涡流制动器通以激磁电流,磁极产生磁通,当电机带动涡流制动器的电枢旋转时,磁极磁通切割了电枢表面,在电枢表面产生涡流,此涡流与磁极的磁通相互作用产生了转矩,此转矩的方向总与电动机旋转方向相反,起着制动作用,涡流制动器的机械特性如图 5-3-26 所示。

涡流制动器的制动转矩随着激磁电流及转速的增加而增加,但是当激磁过高以致磁路铁心饱和以后,转矩便不再显著增长了。此外,当转速增加到一定值以后,由于电枢反应的去磁作用,转矩的增长逐渐减慢,这在小激磁电流时尤为明显。

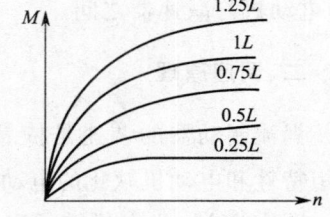

图 5-3-26 涡流制动器机械特性

涡流制动器主要参数有:

(1)额定制动转矩:涡流制动器在 100 r/min 时励磁绕组热稳定时的制动力矩。

(2)限定制动转矩:涡流制动器在 950 r/min~1 000 r/min,励磁绕组热稳定时的制动转矩。

(3) 额定励磁电流：能满足额定制动转矩及限定制动力矩的励磁电流。

(4) 额定励磁电压、转动惯量（飞轮矩）、基准工作制、安装方式、外形尺寸、防护等级等。

我国涡流制动器的基准工作制为 S3，基准负载持续率为 15%，每一工作周期为 10 min。由于起重机调速通常用于重物起吊和就位的一段时间内，故上述的工作制和持续率已能满足大多数使用场合的要求。

我国涡流制动器的主要生产厂有佳木斯电机厂、大连第二电机厂、上海起重电机厂和宁波起重器械厂。按其外部结构分有内转子式和外转子式二种。佳木斯电机厂、大连第二电机厂、上海起重电机厂的 WZ 系列为内转子式，YZRW 系列和宁波起重器械厂的 VZ 系列涡流制动器为外转子式。内转子式具有较小的转动惯量，外转子式的转动惯量较大，因而当外转子式涡流制动器用于起升机构时，应该进行起制动时间和发热验算。YZRW 及 WZ 系列涡流制动器的主要技术数据见本篇第一章第一节，VZ 系列涡流制动器的主要技术数据见表 5-3-7。

表 5-3-7　VZ 系列涡流制动器参数表

| 规格 | 额定制动转矩<br>/(N·m) | 限定制动转矩<br>/(N·m) | 额定电流<br>/A | $GD^2$<br>/(kg·m²) | 额定电压<br>/V | 生产厂 |
|---|---|---|---|---|---|---|
| VZ-6 | 30 | 54 | 2.5 | 1.138 | 80～90 | 宁波起重器械厂 |
| VZ-13 | 55 | 90 | 3 | 1.702 | | |
| VZ-25 | 105 | 180 | 4 | 2.2 | | |
| VZ-35 | 150 | 288 | 4 | 4.76 | | |
| VZ-50 | 300 | 540 | 5 | 10.408 | | |
| VZ-70 | 385 | 695 | 5 | 11.96 | | |
| VZ-135 | 800 | 1 440 | 5 | 33.7 | | |
| VZ-180 | 1 000 | 1 800 | 5 | 38.87 | | |
| VZ-240 | 1 300 | 2 340 | 6.5 | 60.8 | | |
| VZ-300 | 1 500 | 3 060 | 6.5 | 76.674 | | |
| VZ-360 | 1 800 | 3 500 | 6.5 | | | |

涡流制动器的防护等级：YZRW 及 VZ 系列为 IP00，WZ 系列为 IP23。

涡流制动器与电动机的配置形式可分为独立式和一体式二种，YZRW 系列为一体式，WZ 和 VZ 系列为独立式。一体式涡流制动器的安装较为方便，但由于涡流制动器与电机在制造时已成为一体，因而使调速系统的最大调速比受到制约。而独立式涡流制动器可与电机在一定范围内自由匹配，从而可获得较大的调速比。

涡流制动器的安装位置如图 5-3-27 所示，可根据需要安装在：(a) 电动机前面；(b) 减速器外侧；(c) 电动机与减速器之间。

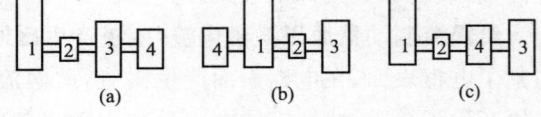

图 5-3-27　涡流制动器安装位置
1—减速箱；2—联轴器；3—电机；4—涡流制动器

二、调速原理

涡流制动器的调速是依靠涡流制动器的制动转矩特性和电动机软化的电动转矩特性的合成达到的。如图 5-3-28 所示。

图中 $NM_1$ 为电机转子串入较大电阻时的软化特性，曲线 $OBC$ 为涡流制动器通以一定激磁电源后的制动特性。通过 $B$ 点划一水平线与 $NM_1$ 交于 $A$，与 $ON$ 轴交于 $N_2$，则 $AN_2$ 为电动转矩，$N_2B$ 为制动力矩，$ON_2$ 为工作转速值。其合成转矩 $AN_2 - N_2B = Q_2N_2$，即 $Q_2$ 为合成点，若 $B$ 点上下移动，用同样的方法即可得到合成机械特性 $CQ_2M_1$，当载荷为 $M_2$ 时，从合成特性上获

得的转速为 $N_2$，而从电机软化特性上获得的转速为 $N_1$，由此可见，使用涡流制动器后其速度可有较大幅度的下降，即增加了系统的调速比，这就是涡流制动器调速的基本原理。

涡流制动器调速分开环控制和闭环控制两种，其开环控制和闭环控制的工作原理如图 5-3-29 所示。

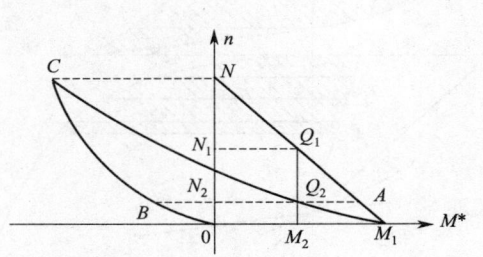

图 5-3-28 涡流制动器制动特性与电调速开环控制机械特性

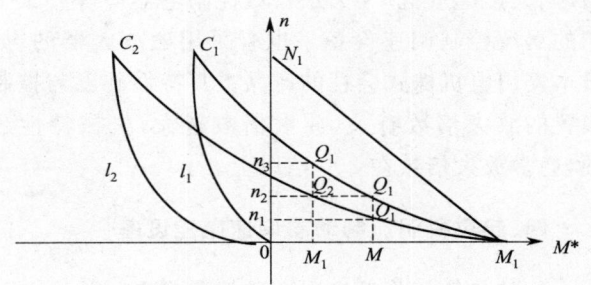

图 5-3-29 涡流制动器开环控制和闭环控制工作原理

在开环情况下，涡流制动器的励磁电流分别为 $I_1$ 和 $I_2$，其合成机械特性即为 $C_1M_1$ 和 $C_2M_1$。当负载由 $M_2$ 变化至 $M_3$ 时，若励磁电流内 $I_2$，工作点由 $Q_1$ 变为 $Q_2$，转速由 $n_1$ 变为 $n_2$，若励磁电流 $I_1$，则工作点由 $Q_3$，变为 $Q_4$，转速由 $n_2$ 变为 $n_3$。$C_2Q_2M_1$ 和 $C_1Q_4M_1$，就是涡流调速开环控制时的特性，它的特性较软。

在闭环情况下，假定给定速度为 $n_2$，当负载为 $M_2$ 时，其工作点在合成机械特性 $C_1M_1$ 上的 $Q_3$ 点，当给定速度不变而负载变为 $M_3$ 时，通过反馈的作用，使涡流控制器自动改变励磁电流，工作点由 $C_1M_1$ 上的 $Q_3$ 点自动移至 $C_2M_1$ 上的 $Q_2$ 点，转速基本保持不变。因而涡流调速闭环控制较开环控制具有硬得多的机械特性。

### 三、涡流制动器调速系统

起升机构涡流制动器调速系统开环控制时其机械特性如图 5-3-30 所示。

从图 5-3-30 中可以看到其机械特性较软。为了在上升一挡额定负载时能达到调速的要求，取 $M=1.25M_e$～$1.5M_e$（$M_e$ 为电动机额定转矩）。同时为了改善下降时的机械特性，提高轻载状态下的下降速度，通常将下降第二挡的合成机械特性的堵转点取为 $-M_a$，下降第三挡的合成机械特性的堵转点取为 $-M_b$，一般取 $M_b \approx 2.5M_e$。下降第一挡为涡流制动器在额定励磁下的机械特性曲线，此时电机不通电，制动器打开，以提高其下降时的最大调速比，但往往产生下降一挡轻载不能下降的情况，为了避免这种情况，有的系统不设这根机械特性。

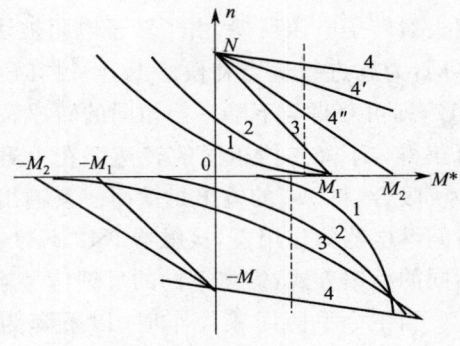

图 5-3-30 起升机构涡流制动器调速开环控制机械特性

这类涡流制动器的励磁方式有：①变压器抽头供电；②晶闸管开环调压供电；③变压器供电带转子电流负反馈无中间放大环节（又称简易闭环）等多种。它具有控制简单可靠的特点，但特性较差。

起升机构涡流制动器调速闭环控制机械特性如图 5-3-31，图中阴影部分为涡流制动器调速的调节区，通常调速挡设上升二挡，下降二至三挡，为了在额定负载状态下上升一挡能达到调速要求，上升合成机械特性的堵转点取 $M_a=1.25M_e$～$1.5M_e$，下降合成机械特性的堵转点取 $M=0.3M_e$～$0.33M_e$，这是因为在空载下降时，其负载转矩常在第三象限，其值约在 $0.1M_e$ 左右。在下降情况下，电动机始终处于电动状态，而第三、四象限内的调速区域则覆盖了起重机下降的全部调速区间。闭环控制方式中涡流制动器的励磁皆由具有放大器的带反馈的晶闸管输出的涡流控制装置提供。其放大器大多采用运算放大器,如德国 MANDYN 公司、SIEMENS 公司、上海起重运输机械厂、大连起重机厂、天水长城控制电器厂等厂家生产的涡流控制调速设备。也有采用磁放大器的,如日本安川电机株式会社的产品。其特性硬度与控制装置的放大倍数有关,放大倍数越大,机械特性越硬,通常放大倍数在 200 倍以上。

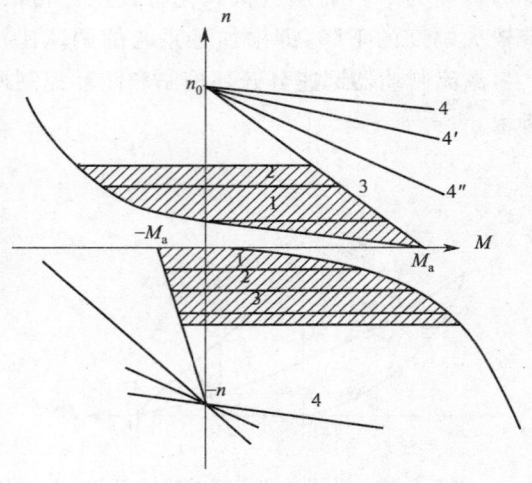

图 5-3-31 起升机构涡流制动器调速闭环控制机械特性

### 四、起重机涡流制动器调速电控设备

（一）起升机构涡流制动器调速系统

图 5-3-32 是上海起重运输机械厂设计,苏州电气控制设备厂生产的 WD 系列涡流调速起重机中使用的 QW7S 系列起升机构涡流制动器调速电控设备的电路图。图中 A0 为涡流制动器的控制装置,它具有三种反馈方式:转子电压反馈;测速电机反馈,转子频率反馈。可任选一种。

该电控系统上升一、二挡,下降一、二、三挡为涡流制动器的调速挡。下降一挡时 K062、K022、K072、K2 等吸合,转子电阻全部接入,K072 的瞬动触头使控制装置 A0 的 11 号线接通,其内部继电器 K01 吸合,对确定的反馈方式,调节 A0 内的 R37(转子电压反馈),或 R35(测速电机反馈),或 R36(转子频率反馈),即可获得所需的调速比。其他各挡速度的整定与反馈方式无关。

下降第二挡时,K066 吸合,A0 的 12 号接通,继电器 K02 吸合,调节 R6,可获得所需的第二挡速度值。下降三挡时,K065 吸合,A0 的 13 号接通,继电器 K03 吸合,调节 R9,即可获得所需的第三挡速度值。

在上升调速状态,K061、K021、K072、K1 等吸合,K43 吸合,转子回路切除一段电阻值。对于转子频率反馈和测速电机反馈,则不需再做调整,上升一、二挡即可获得与下降一、二挡相同的速度。对转子电压反馈,由于转子电阻被切除一段,其反馈的电压值与速度的对应关系与下降时有所不同,为此进行适当补偿。上升一挡时 K061 吸合,A0 的 16 号线被接通,继电器 K06 吸合,调节 R12,即可获得与下降一挡相同的转速。上升二挡时,17 号线接通,继电器 K07 吸合,调节 R15,即可获得与下降二挡相同的转速。在上升三、四挡及下降四挡时,K063 吸合,A0 的 14 号线接通,K04 吸合,将 A0 的输出封锁而使其输出为零。上升第三挡作为过渡挡。上升和下降的第四挡在时间继电器的作用下,接触器 K42、K41、K40 逐级切除各段电阻,使电动机在额定的转速下工作,不同的反馈方式,需将不同的反馈信号输入 A0 的相应输入端。

当主令手柄回零停车时,以下降为例,K062、K063 失电,由于 K071、K072 的延迟释放,使 K022 仍保持吸合,控制装置的 15 号线处于接通状态,K05 吸合,A0 输出最大励磁电流使起升机构下降减速。K072 延迟时间到,K7 失电,制动器断电抱闸,同时 K071 延迟释放。K071 延迟时间到,K022 释放,K2 断电,电机断电,同时涡流制动器失电。上升情况与下降相同。因而系统制动平稳,大幅度地提高了制动器的使用寿命。

当主令控制器直接打反向时,由于 K071、K072 的延迟过程中涡流制动器的投入,系统保证有一个平稳的过渡过程。

F26 为欠电流保护继电器,在涡流调速状态下发生断流或欠流时延迟切断控制电源以保证安全。

涡流控制装置 A0 中的 K01～K07 为内部继电器,继电器吸合以后,其相应的发光二极管亮。

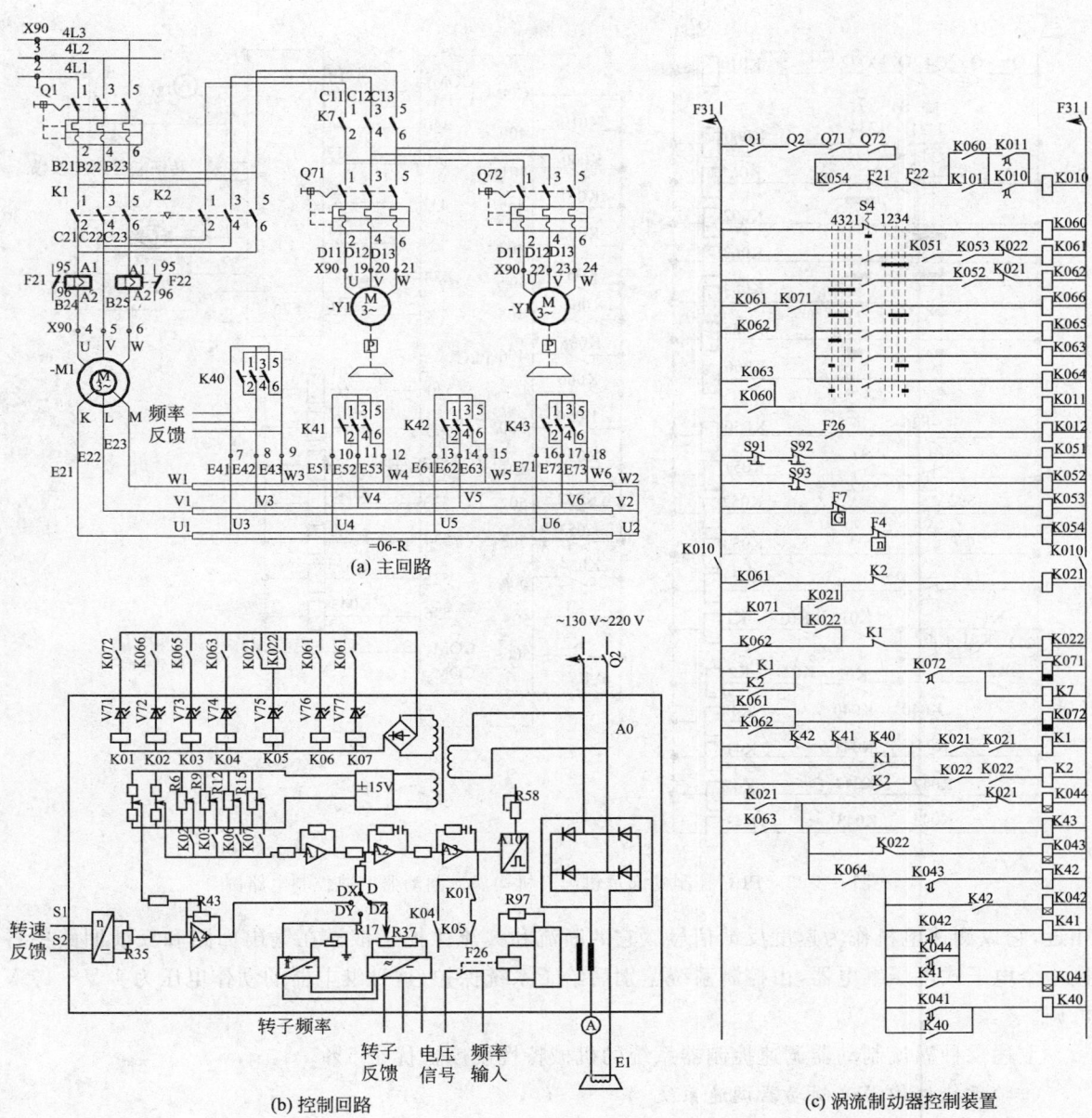

图 5-3-32 起重机起升机构涡流制动器调速电路图

不同的反馈信号输入A0，由 A0 内的 D 点与相应的 DX、DY、DZ 中的对应点相连接。其中 DX 为转速反馈接点，DY 为转子频率反馈接点，DZ 为转子电压反馈接点。

给定信号经运算放大器 A1 送入运算放大器 A2，反馈信号经 D 同时送入 A2，获得的合成信号经运算放大器 A2、A3 放大供移相触发电路 A10 控制晶闸管的输出，给涡流制动器以合适的励磁电流。其中 L 为电流感应器，A6 为欠电流控制模块，欠电流信号由继电器 F26 输出，欠电流值可通过 R97 进行设定。R58 用来整定 A0 的最高输出电压，以避免整定不当等情况导致涡流制动器因过流而损坏。

系统的机械特性如图 5-3-31 所示。

图 5-3-33 为 PLC 控制的起重机起升机构涡流制动器调速电路图，其主回路及涡流控制装置电路与图 5-3-32 中的相同，它们具有较继电器线路简单、可靠性高、调试方便灵活的优点。

天水长城控制电器厂的 QW6S 起重机涡流调速电控设备与德国 MANDYN 公司的原理基本

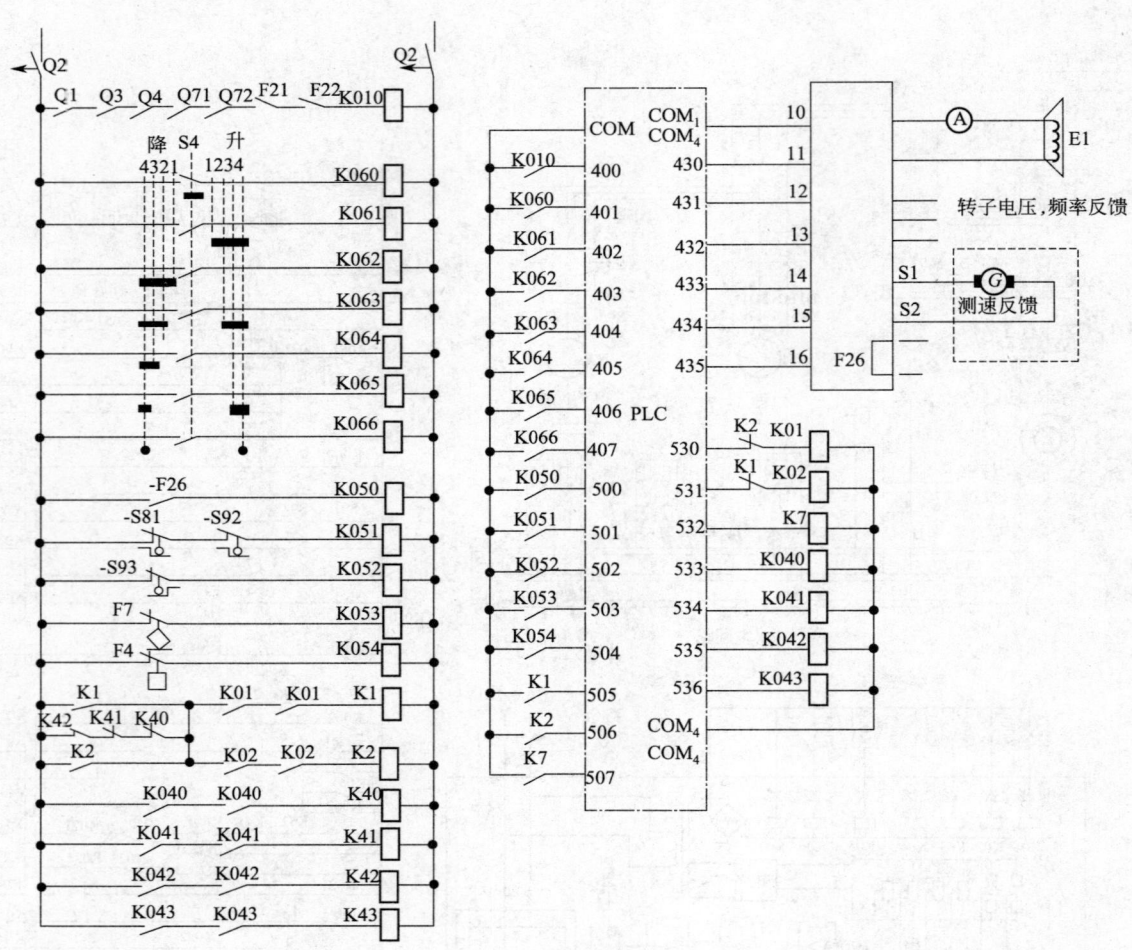

图 5-3-33　PLC 控制的起重机起升机构涡流制动器调速控制电路图

相近,它以测速电机作为速度反馈信号。它的断流和欠流保护是依靠在输出回路和反馈回路中各接一个电子式电压继电器,由控制系统鉴别后给予系统保护,这种继电器的动作电压为 1 V～10 V 可调。

上述二种涡流制动器调速控制器系统的机械特性硬度皆优于 5%。

（二）运行机构涡流制动器调速系统

运行机构由于其负载中自重所占的比例较大,而吊重负荷对运行机构的负荷影响较小,特别是大车运行机构。因而对系统的机械特性硬度要求较低,国内外大多采用开环控制方式。在特殊需要的场合,也可以采用闭环控制方式。

运行机构开环控制方式中涡流制动器的励磁电流可以采用变压器抽头供电或采用电机转子电流简易闭环供电方式,但这种方式存在调试不便的问题,国外已不使用。目前国内外广泛采用晶闸管供电方式。上海起重运输机械厂设计、苏州电气控制设备厂生产的 QW7Y 系列和天水长城控制电器厂生产的 QW6Y 系列皆属此类。

运行机构的涡流制动器调速通常为可逆对称线路,第一、二挡为涡流调速挡,调节涡流制动器控制装置内部相应的电位器即可获得相应的低速。第三挡为过渡挡,第四挡在时间继电器的作用下转子接触器相继动作切除各段电阻,使电机在额定转速下工作,在主令手柄回零位停车时,控制环节保证电机先断电,涡流制动器先投入工作,运行机构平稳减速,最后制动器断电抱闸,使大小车正确定位。

当主令手柄从一个方向打向另一个方向时,上述控制系统保证运行机构先平稳减速,然后再反向平稳启动。

图 5-3-34 为运行机构涡流调速开环控制机械特性曲线，上述的 QW7Y 系列的机械特性如（a）或（b）所示，QW6Y 系列的机械特性如图（b）所示。特性（a）通常能达到较大的调速比。

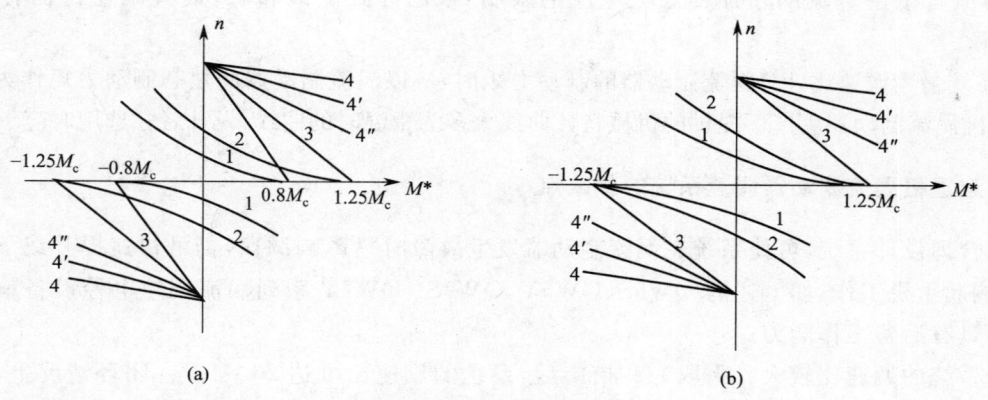

图 5-3-34　运行机构涡流调速开环控制机械特性

### 五、涡流制动器调速系统的功率分析

图 5-3-35 显示了系统中涡流制动器的制动力矩与电动机电动力矩及负载力矩的关系。当系统工作在第一象限上升时，若负载转矩为 $M_{f1}$，则这时电动机的电动转矩为 $M_{D1}$，涡流制动器制动转矩为 $M_{w1} = M_{D1} - M_{f1}$。电机转子从定子侧获得的电磁功率 $P_{Z1} = N_0 \cdot M_{D1}/9\,550$ kW，其中负载功耗 $P_{f1} = N_1 \cdot M_{f1}/9\,550$ kW；涡流制动器的功耗 $P_{w1} = N_1 \cdot M_{w1}/9\,550$ kW $= N_1(M_{D1} - M_{f1})/9\,550$ kW；电机功耗 $P_D = N_1 \cdot M_{D1}/9\,550$ kW $= N_1(M_{f1} + M_{w1})/9\,550$ kW；转子电阻器损耗的功率 $P_{R1} = (N_{e1} - N_1)M_{D1}/9\,550$ kW（$N_{e1}$ 为电机自然特性上负载 $M_{D1}$ 时的转速）；转子本身的损耗 $P_{Z1} = (N_0 - N_{e1})M_{D1}/9\,550$ kW。以上各种功耗随着速度及负载的变化而变化。

当系统工作在下降工作状态时，这时涡流制动器的制动转矩等于电机力矩和负载力矩之和，即 $M_{w2} = M_{D_2} + M_{f2}$，各部分功耗的计算方法与上升时相类同。

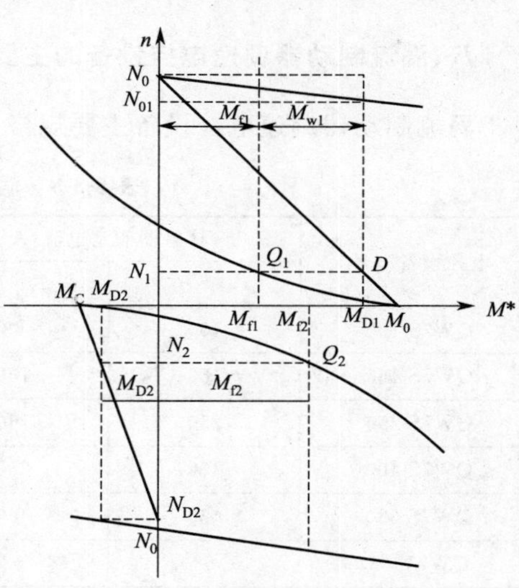

图 5-3-35　涡流制动器调速系统中涡流制动器力矩与电动机力矩及负载力矩的关系

### 六、影响系统最大调速比的因素及注意事项

从以上分析中可得知，系统最大调速比主要与下列因素有关：

（1）涡流制动器的额定制动力矩越大，系统可达到的最大调速比越大。

（2）对同一机座号或相同功率的电机所配置的某一规格的涡流制动器，其电机极对数越少，则系统所能达到的最大调速比越大。

（3）起升机构用涡流制动器调速系统上升调速第一挡机械特性的堵转点 $M_a$ 越小，则系统的最大速比越大，但设置过小，在电机端电压过低时，可能产生在额定负载状态下上升时不能正常工作的情况，$M_a$ 的确定与电机的功率、转子电阻器的选配及实际使用的工况有关。

（4）涡流控制装置必须有足够的放大倍数。

除上述因素外，涡流制动器的发热对调速比的影响不容忽视，这在开环情况下，更为显著。

这是因为开环是定电压供电,当涡流制动器发热后,其励磁绕组的阻值增加使励磁电流减小,另一方面发热使磁特性变差,这些都导致涡流制动器制动转矩较大幅度的减小,从而使调速比下降。在闭环系统中由于反馈的补偿作用,励磁电流会自动地获得补偿,以弥补制动力矩的不足,但若励磁电流的增加受最大电流的限制,或已导致磁饱和时,最大调速比仍有一定程度的下降。

按系统最大调速比计算涡流制动器的制动力矩时,应以涡流制动器的热态制动力矩作为设计依据,但我国涡流制动器生产厂提供的机械特性曲线大多为常温时的曲线,设计者在选用时应予注意

### 七、起重机涡流制动器调速系统的优缺点

(1)合理设计系统,可使系统在涡流制动器发生故障时只影响调速,仍可快速提升或下放重物而不影响起重机工作,如上述的 QW6S、OW6Y、QW7S、OW7Y 系列涡流调速电控设备就有这种功能,即具有后备工作能力。

(2)系统的调速比较大。采取一些措施后,系统的调速比可达 20∶1。在闭环情况下,具有较硬的机械特性,系统的速度变化率小于 5%。

(3)当负载快速下降时,控制器手柄退回到低挡位或回零时,可得到相当大的电制动力矩,这对重载下降特别有利。对平移机构则可以调节涡流制动器的制动力矩,达到平稳起动和平稳停止。

(4)涡流制动器调速属于耗能型调速方式,因而低速时效率较低。

(5)系统的转动惯量比其他调速方案大,涡流制动器还要占据一定的空间。

### 八、涡流制动器调速电控设备的主要规格

涡流制动器调速电控设备主要规格见表 5-3-8。

表 5-3-8 涡流制动器调速电控设备主要规格

| 电控设备型号 | 接触器额定电流/A | | 电动机功率范围/kW | 涡流制动器型号 |
| --- | --- | --- | --- | --- |
| | 定子 | 转子 | | |
| QW7S-100 | 100 | 63 | ≤22 | VZ、WZ |
| QW7S-160 | 160 | 100 | 30～45 | VZ、WZ |
| OW7S-250 | 250 | 160 | 55～75 | VZ、WZ |
| QW7S-400 | 400 | 250 | 90～132 | VZ、WZ |
| QW7S-630 | 630 | 400 | 160～200 | VZ、WZ |
| QW7Y-63 | 63 | 63 | ≤2×7.5 或 4×3.7 | VZ、WZ、YZRW |
| QW7Y-100 | 100 | 63 | ～2×11 或 4×5.5 | VZ、WZ、YZRW |
| QW 7Y-160 | 160 | 63 | ～2×30 或 4×11 | VZ、WZ、YZRW |
| QW7Y-250 | 250 | 100 | ～2×37 或 4×15 | VZ、WZ、YZRW |
| QW7Y-400 | 400 | 160 | ～2×75 或 4×37 | VZ、WZ、YZRW |

注:电动机功率指 YZR 系列电动机在基准工作制下的额定功率,其他有关参数详见产品样本。

## 第六节 定子调压调速

### 一、系统工作原理及框图

(一)工作原理简介

采用定子调压实行系统调速,一般用绕线型异步电动机,其转子回路内串入适当的电阻,在定子回路接入三组反并联接的晶闸管,系统框图见图 5-3-37。用改变晶闸管的触发相位角来改变电

动机定子电压,从而使三相交流电机获得调速性能。由异步电动机的电磁转矩计算公式知:电磁转矩与电动机定子电压基波分量的平方值近似成正比,在图 5-3-38 中画出相控角为 0°时,电动机定子电压为全电压时,被控电动机的机械特性为图 5-3-36 中 AB 线,相控角逐渐增大,定子电压逐渐减少,电机的机械特性逐步变为 AC 线、AD 线、AE 线。应用晶闸管定子调压调速系统时,由于开环机械特性太软,当负载变化时,无法获得稳定的低速,故通常采用单闭环或双闭环自动调节系统。图 5-3-36 也表示了起升机构定子调压调速的闭环调节特性的特性曲线簇。显而易见,每一条闭环特性由若干条开环特性上点(在近似相同的转速,即转差率近似相等的)连成的一条直线,如在第一象限上处于电动状态的 FH、KJ 线,在第四象限处于制动状态的 XY 线。可以理解为:当负载转矩增加时,必须自动增加电动机定子电压(使开放角增加,即相控角减少),才能保持转速不变(即转差率保持恒定)。调节系统是按 PID 原理构成的,故其静态误差近似为零。闭环特性是一条平行于转矩轴的直线。

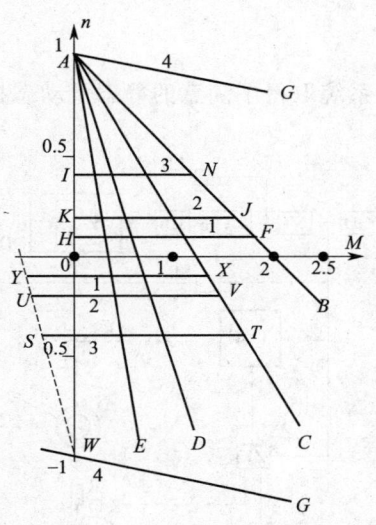

图 5-3-36 定子调压调速的机械
特性三相全按不带零线定子

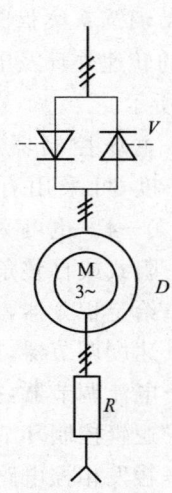

图 5-3-37 调压调速系统主回路
三相全控不带零线系统负

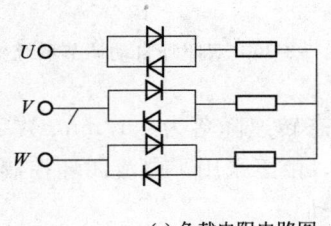

(a) 负载电阻电路图

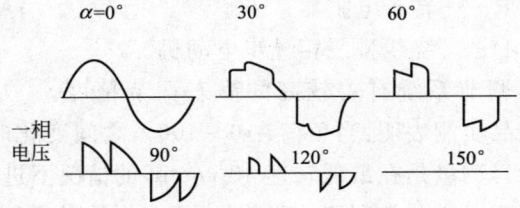

(b) 负载电阻电压波形图

图 5-3-38 负载电阻电路图及电压波形图

绕线型异步电动机的转子回路中串入(对称)电阻,不单使电动机特性得到了改进,而且使低速时,转差损耗可以转移到电阻器上,允许电机低速运行而不致发热。在相控调压调速时,电动机得到的是非正弦的、含有高次谐波的交流电压,其中仅仅基波分量才产生电机的驱动转矩。这种利用晶闸管相控的方式进行调压调速在起重机调速系统中得到了广泛的应用。这是因为这种控制方式主接线简单,元件较少而性能可靠,而能量损耗较大的缺点,在起重机调速装置中并不十分突出。

普通的笼型异步电动机不适宜采用定子调压调速,这是因为在低速时转差损耗全部消耗在电动机的内部而使电机发热严重,另外的重要原因是:起动转矩 $M_Q$ 随电压的平方变化(降低),调速区间狭窄,不能应用于起重机。高转差电机(如力矩电机)和实芯转子电动机允许采用定子调压调速,但是由于电机损耗无法转移,通常采用强迫风冷方法帮助电机散热。

定子调压调速主接线方式有多种:三相全控不带零线系统、三相全控带零线系统、三相半控系统、两相全控系统等。以三相全控不带零线系统应用最为普遍,其系统单线图如图 5-3-39 所示。

上述接线方式的优点是无三次谐波及三的倍数谐波电流,无直流分量及偶次谐波。相对其他接线方式来说,损耗较低,适用电机容量范围较宽,从 2.2 kW～250 kW。

图 5-3-38a 表示了负载为电阻器,这种主接线方式下,负载电阻上的电压波形。其相控角分别为 0、30°、60°、90°、120°、150°。由图可知,用相控方式调压时,其负载电压、电流的波形含有高次谐波分量,波形畸变较大。即负载电压、电流均为非正弦形。这样一方面使电机有效力矩降低、感抗增加、功率因数降低、损耗增加。另一方面高次谐波电流会产生噪音。故采用定子调压调速时,应在电动机输出轴与减速机输入轴之间采用弹性联轴器如 ML 型梅花联轴器、弹性柱销联轴器、轮胎式联轴器等,以吸收其高次谐波力矩所产生的传动噪声。

(二)闭环自动调节系统框图

国内外采用的转速外环及电流内环的双闭环自动调节系统取得了满意的静态及动态指标。其框图如图 5-3-39 所示。

图中:ZL——主令控制器,用于设定各挡速度,可采用有级式,档位为 4—0—4。也可采用无触点式如磁阻式或自整角式主令控制器;

GD——给定积分器,用于设定加速度;

ST——速度调节器,按 PID 原理构成;

LT——电流调节器,按 PID 原理构成;

LOG——逻辑控制环节,运转方向控制;

CF——触发相控电路;

ZK——转子电阻控制电路;

TG——测速发电机,检测速度用;

QD——晶闸管调压器;

R——转子电阻器;

D——绕线型三相异步电动机。

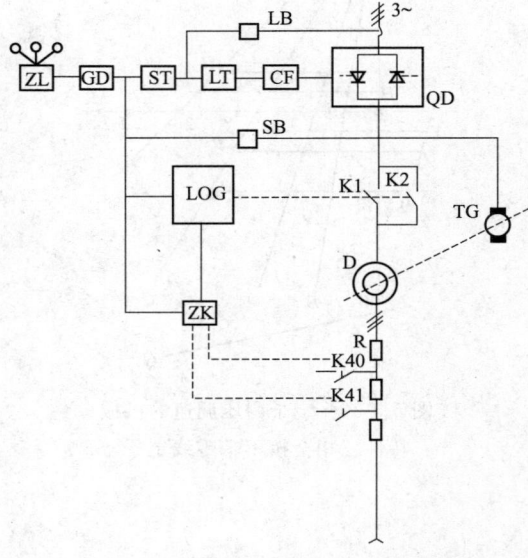

图 5-3-39 双闭环自动调节系统框图

双闭环调节系统有着较高的静态调节精度。国内一台产品实测表明:当负荷在 0～100% 之间变化时,静态转速降落为 1 r/min(数字式高精度转速表测量),测量是在最低转速 40 r/rain 的情况下进行的。由于采用了电流闭环控制原理,电机起动转矩得到了充分的利用,系统是在最大允许的力矩下起动。

(三)系统的特性及其应用

按图 5-3-39 构成的双闭环调节系统,其典型的机械特性如图 5-3-36 所示。主令控制器采用 4-0-4 挡;上升及下降;第一挡转速为 $10\% n_0$($n_0$ 为电机同步转速),第二挡转速为 $20\% n_0$,第三挡转速为 $40\% n_0$,第四挡切去闭环调节系统,工作于电动机串电阻"人为"机械特性上。上升为电动状态,下降一、二、三挡多数情况都处于反接制动状态,如不能实现低速反接制动下放,则逻辑控制环节自动使反向接触器 K2 接通,使系统工作在反向电动状态工作。

定子调压调速系统的调速范围:实践表明,采用双闭环自动调节系统的定子调压调速装置的调速范围通常可达 1:(10～20)。采用永磁式测速发电机时,由于直流测速发电机纹波电压的影响,调速比不大于 10。要求调速比为 20 的调速系统,测速发电机应使用精密测速发电机。同时,对于测速电机与主电机的联接方式也有一定的要求:同轴联接较好,也可用微型弹性联轴器与主电机联接。不希望用皮带轮式或齿轮式联接。测速信号线应使用带金属屏蔽层的双芯电缆为好。

定子调压调速系统的容量限制：由于相控方式带来的高次谐波电压，电流将随所控电机容量增大而增大。电力部门对电压波形畸变率有严格的要求，对用户向电网注入的谐波电流有一定要求。谐波电压中 5、7、11、13 次影响较为显著，这种影响并不固定，而是随相控角而变化。高次谐波电流在电源与负载间流动，由于电流内阻而使电网波形畸变。同时，高次谐波电流对邻近的弱电系统、通信装置、计算机装置以及接在同一电网下的变流装置的控制系统产生严重干扰。另外谐波电流使各种旋转电机（同步发电机、异步电机）产生附加损耗，使它们发热并产生振动，噪声加大。同时，对供电系统的补偿电容产生过载（高次谐波电容容抗锐减）或由于谐振而产生过电压。对大容量交流电动机进行调速控制，不得不采用高次谐波滤波器，从而使系统变得复杂而投资增加。视电网容量而异，当用于 2×110 kW 以下的电机的定子调压系统时，国内已有正常运行而对邻近用电设备（包括数控机床）无甚影响的先例，未加 5 次、7 次滤波装置的情况下，运行效果尚好。

对有些负载特性适应性强：系统的起动转矩、起动电流与串电阻调速系统相近。系统相对其他系统简单、可靠、价廉，从 20 世纪 60 年代起在起重机控制中得到应用以来，至今仍被认为是一种较好的控制方案。例如在起升机构中需获得升降均可达到 1:(10~20)调速系统，低速稳定运行时间长达 30 min~50 min（如在水电站中安装发电机转子时），电机仍不过热，用于运行机构加减速过程平稳，减少冲击，避免货物晃动。

**二、晶闸管元件及其保护元件的选择**

（一）晶闸管元件的选择

1. 晶闸管额定电压

晶闸管额定电压（反向重复峰值电压 $U_{RRM}$）的选取，与供电电压、电网可能出现各种过电压冲击有关。同时也根据装置使用场合考虑其电压裕度，安全系数可取 1.5 倍~2 倍。按目前国内元件生产水平，在设计定子调压装置时，通常不建议使用多个元件串联以获得所需的耐压等级，电网交流电压为 380(1±10%) V 时，可选用 $U_{RRM}$=1 800 V~2 000 V。

2. 晶闸管额定电流

元件的额定电流与下述因素有关：

（1）电流波形因素（相位角不同时，其系数是变化的）。

（2）散热器的外形尺寸、材料热阻及冷却介质。

（3）通风冷却条件。起重机电控装置，通常不使用强迫风冷，故应降容使用，降容系数在 0.3~0.45 之间，当元件定额大时，取较小值。国内产品设计中，当运行于高速时，常用一只接触器使晶闸管短接，这对减少晶闸管发热是有利的。

（4）负载的最大工作电流。考虑起动电流，常取为电机额定电流的 2 倍~2.2 倍。

例如，当元件额定值 $I_{AV}$=100 A（平均值），安全系数取 2，降容系数取 0.45，工作电流为 50 A，适用 22 kW 及其以下的电机。200 A 元件可用于 45 kW 及以下电机的控制。500 A 元件可用于 90 kW 及以下的电机控制。1 000 A 元件可用于 200 kW 电机的控制。

当定子调压、调速装置用于大容量电机时，建议采用 2 只 500 A，1 800 V 晶闸管并联使用。因为目前国产 500 A，1 800 V 晶闸管元件性能稳定，制造工艺较成熟。单晶硅的材料性能也趋于稳定，制造工艺容易控制。当电流较大时（如 1 000 A 的元件）要求较大芯片尺寸，其性能不易控制。

（二）晶闸管保护元件的选择

晶闸管调压调速系统中，由于晶闸管对过电压、过电流冲击耐受能力很低，开关的开闭、熔断器的熔断、变压器的分合均易产生过电压、过载、短路，控制装置的故障、触发脉冲丢失、正负半波相位不对称，均会产生瞬间电流冲击而使元件损坏。所以为保证设备正常运行，对晶闸管的保护应考虑十分周全，装置元件的选择要求合理，以求得具有可靠的保护功能。

1. 阻容吸收装置

过压保护环节常用 $R-C$ 阻容式吸收电路。

在进线端侧设置 $R-C$ 吸收装置吸收电网方面来的过电压冲击。

在电源侧的 $R-C$ 接成星形,每一相由 $R-C$ 串联而成。其中性点接地。

推荐 $R=20\ \Omega$、$200\ W$,$C=10\ \mu$,$630\ V\ AC$。

每一相晶闸管反并联组两端再并联 $R-C$ 阻容吸收电路。其阻容的选择按表 5-3-9 中数据较为合适。

表 5-3-9 推荐参数值晶闸管组并联阻容吸收电路

| 晶闸管反并联组的晶闸管的额定电流/A | $C$ | $R$ |
| --- | --- | --- |
| 100 | $0.22\ \mu$,630 V | $30\ \Omega$,5 W |
| 200 | $0.47\ \mu$,630 V | $30\ \Omega$,10 W |
| 500 | $1\ \mu$,630 V | $30\ \Omega$,20 W |

2. 压敏电阻吸收装置

压敏电阻吸收装置是目前过压保护的优良元件之一。在各种晶闸管变流装置中广泛使用。压敏电阻通常称为金属氧化物(氧化锌、氧化铋)绕结而成的非线性压敏元件。压敏电阻具有双向的陡峭限压特性(类似于稳压管),在正常工作时,流过极微弱电流(1 mA 以下),过压冲击到来时,元件能在极短时间内通过数千安培电流,从而使过压得以释放,晶闸管免受过电压的冲击。它具有损耗低、体积小、对过压反应灵敏等特点。但要注意,一般在压敏电阻回路串入熔断器,当元件选择不当时,元件发热,有时会发生爆炸而碎块飞溅。若元件耐压值选择正确,元件质量好,这类事故很难发生。其选择方法如下:

压敏电阻的额定电压 $U_{1mA}=2.0U_X$,在此,$U_X$ 为电网线电压,通常 $U_X$ 为 380(1±10%)VAC,故选择 $U_{1mA}=820\ V\sim860\ V\ AC$ 是合适的。

压敏电阻的通流容量 $I_{pm}$,是指前沿小于 $10\ \mu s$ 时,持续时间为 $20\ \mu s$ 时的浪涌电流。通常选用 $5\ kA\sim10\ kA$,尽量选较大值为佳。在保护回路中,压敏电阻接成三角形。

3. 整流式阻容保护装置

所谓整流式阻容保护装置是把交流电源通过一个小功率三相桥式整流,整流桥的负载由阻容回路组成,如图 5-3-40 所示。其优点是:可以减少阻尼电阻的发热,可采用电解式电容,使保护装置体积减小。这种保护常与其他保护装置联合使用,发挥各种保护装置的特点而达到保护的目的。

4. 快速熔断器

快速熔断器是调压装置中最有效的短路保护措施之一。其特点是保护动作时间快。其工作电压应与线路相配合,通常当交流电源为 380(1±10%)VAC 时,选 500 V AC 的快熔。而快熔的电流值与晶闸管元件的容量、接线方式有关。快熔的动作电流与负载电流有效值有关。在选择交流调压系统的晶闸管元件时,已考虑了最大可能的电流值(有效值)、冷却恶化降容系数、安全系数等。为简化起见,可按下述方式选择快速熔断器的有关参数:

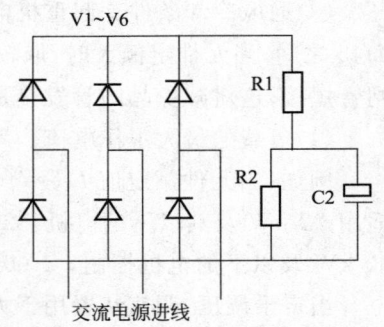

图 5-3-40 整流式阻容保护装置

晶闸管为 100 A 时,快熔的额定电流为 200 A;

晶闸管为 200 A 时,快熔的额定电流为 350 A;

晶闸管为 500 A 时,快熔的额定电流为 800 A;

晶闸管为 1 000 A 时,快熔的额定电流为 2×800 A。

**(三)晶闸管交流定子调压调速系统应用实例**

本段将介绍一个用于某水轮机制造厂 550 t 安装起重机主、副起升用定子调压调速系统的简况。

1. 控制装置基本数据

用途:调速装置用于 550 t/250 t 安装起重机主、副起升机构的电力拖动控制。

主钩起重量 550 t。

主钩速度变化范围:高速 1.1 m/min,低速 0.11 m/min。

主钩电动机容量:$2\times 110$ kW,$JC40\%$,双电机并联运行,刚性联接。

副钩起重量 250 t。

副钩速度变化范围:高速 2.2 m/min,低速 0.22 m/min。

副钩电动机容量:$2\times 110$ kW,$JC40\%$,双电机并联运行,刚性联接。

晶闸管额定参数:1 000 A(平均值)1 800 V。

定子主接触器型号:CJ20-630。

转子主接触器型号:CJ20-250。

主回路按三相对称不带零线系统构成。

2. 控制线路简介

定子主回路由交流调压器、可逆定子接触器及短接晶闸管的接触器等组成。

转子有四级外串电阻(其中一级为常串软化电阻),各电机分别配有 3 个转子接触器。

装置具有零位、短路、过流、超速、超载、超限等保护。

主令控制器为 4-0-4,闭合表在两个方向对称。一至三挡接入交流定子调压器,四挡交流调压器被短接。

制动器控制接触器,只要手柄离开零位,立即接通,回零时立即断电抱闸。

控制器手柄推到四挡时,使短接交流定子调压器(晶闸管)的接触器延时接通。手柄由下降四挡返回下降三挡或二挡或一挡时,使短接定子调压器的接触器延时断电,防止溜钩。

上升一至四挡,一级转子电阻被短接,转子回路电阻约为 $0.5R_{2e}$($R_{2e}$ 为转子额定电阻)。当上升三挡,且转速已超过 $35\% n_e$($n_e$ 为电机额定转速)时,再切除一级电阻,便于加速。当上升四挡,转速已超过 $55\% n_e$,再切除一级转子电阻,使电机加速到额定速度。在下降一至三挡,正向接触器接通,转子外串电阻全部电阻串入,约 $0.8R_{2n}$,电机运行在外接制动下放重物状态。推至下降四挡时,反向接触器吸合,定子电压反向,电动机在串入全部电阻情况下,由反接进入反向电动或再生发电状态,为防止过大切断力矩,反在已达 $70\% n_e$ 情况下,才使转子外接电阻(除常串级外)被短接。对于 550 t/250 t 起重机,钩头的重量约为 30 t/15 t,故即使空钩情况下,也必须按反接状态放钩,但是对于一些小吨位起重机,会出现下降一至三挡时吊钩不能靠反接制动状态下放,只能靠反向电动状态下放或仅靠下降四挡强迫下降。

## 第七节 变频调速

改变频率调速与改变滑差、改变极对数调速在控制方式上发生了很大的变化,由此改变了电机起、制动及运行的性能,这必然有设计选型方法的改变。但各机构的基本性质不可能改变,所以应按照起重机的工作特点,重新认识和总结一些适合的标准、方法、公式和参数化表等,使工程设计便捷、准确。

**一、变频调速工作原理**

(一)变频调速的方式

异步电动机中,感应电动势 $E_1$ 为:

$$E_1 = 4.44 f_1 w_1 k_1 \varphi \tag{5-3-9}$$

如果忽略电动机定子阻抗压降,则端电压 $U_1$ 为:

$$U_1 \approx E_1 = 4.44 f_1 w_1 k_1 \varphi \tag{5-3-10}$$

若电源电压 $U_1$ 不变,当降低电源频率 $f_1$ 调速时,则磁通将增加,使铁心中磁通饱和,从而导致励磁电流和铁损耗的大量增加,电动机温升过高等,这是不允许的。因此在变频调速的同时,为保持磁通 $\varphi$ 不变,就必须降低电源电压,使 $U/f$ 或 $E/f$ 为常数。

1. 为常数的近似恒转矩控制

电源电压和频率均在低于额定值的范围内变化时,如果电动机定子阻抗压降的影响可以忽略,则认为调频过程磁通 $\varphi$ 是恒定的。但是随着频率降低和电源电压下降,定子阻抗压降作用逐渐明显,破坏了 $E_1/f_1$ 为常数的关系,磁通 $\varphi$ 明显减少,电动机的最大转矩明显下降,见图 5-3-41a,使低频率调速近似为恒转矩调速方式,这种方式不应用于起升机构。

2. $E_1/f_1$ 为常数的恒转矩控制

降低电源频率时,必须同时降低电源电压。按照定子阻抗与感抗的关系等调整电压下降的比例,始终保持 $E/f$ 为常数。降低电源频率 $f_1$ 时,保持 $E/f_1$ 为常数,则 $\varphi$ 为常数,是恒磁通控制方式,即保持电机最大转矩 $M_m$ 保持恒定的方式,也称恒转矩调速方式。降低电源频率 $f_1$ 调速的人为机械特性,如图 5-3-41b。

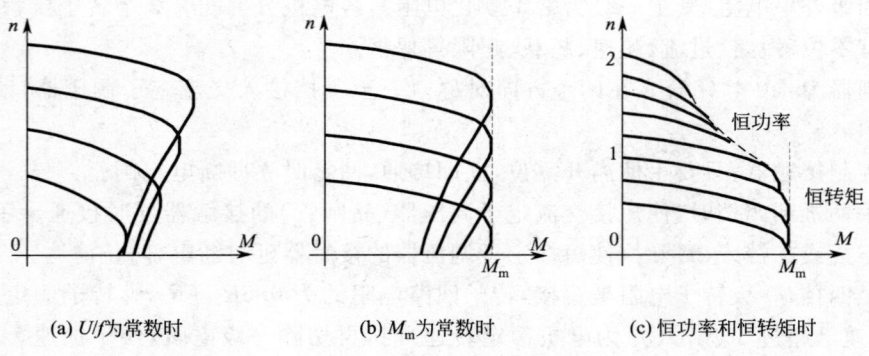

(a) $U/f$ 为常数时　　(b) $M_m$ 为常数时　　(c) 恒功率和恒转矩时

图 5-3-41　变频调速机械特性

这种工作方式用在额定转速以下的范围内调速。由于改善了电动机的出力情况,使低频时的驱动能力增强,适合于驱动恒转矩负载的起升机构,有较大调速范围。

3. 恒功率和恒转矩调速

当电源频率 $f_1$ 大于电动机的额定工作频率时,电动机转速超过额定转速,若仍维持 $U_1/f_1$ 为常数的关系,电源电压 $U_1$ 将超过电动机额定电压,这是不允许的。因此,在实现额定转速以上的调速时,应保持电源电压不变并为额定值,仅使频率增加。在这种情况下,电动机磁通 $\varphi$ 减少,因而输出转矩也随之下降,但是输出功率近似恒定(见本章第一节)。

当工艺要求需要时可采用"恒功率"输出工作方式,用在额定转速以上范围调速,以保证生产需要。在额定转速以下调速仍保持 $E_1/f_1$ 为常数,驱动恒转矩负载。图 5-3-44c 表示了上述各种工作方式下的机械特性。

(二) 变频装置的种类

1. 交直交型变频器

由整流器将电网的交流电变成直流电,再通过逆变器将直流变换成频率、电压均可变的交流电。变频器的输出电压在电动机额定电压以下的范围内变化,但是输出频率可以超过电网的频率。

2. 交交变频器

由周波变换器将电网的交流电变换成一个频率可变的交流电供给电动机。由于它的最高输出频率只能为电网频率的 1/2 及以下,这种方式的变频器多用于驱动低速大容量电动机。

3. 电压源与电流源型变频器

根据对负载无功分量的处理方式不同,上述两种变频器又可分成电压源型和电流源型。

(1)电压源变频器输出阻抗小,用电容器吸收无功分量,输出电压波形呈矩形,输出电流波形接近正弦波。

(2)电流源变频器输出阻抗高,用电感吸收无功分量,输出电压波形为正弦波,输出电流波形呈矩形。

(三)变频调速时电动机的过渡状态

在起动过程中,随着变频器输出频率给定斜率逐渐增加,电动机沿着各频率下机械特性的包络线(即可能的峰值转矩 $M_{FM}$)加速,直至稳定工作在设定频率点上。在这个过程中,输出电压、频率相随变化逐步提高,这时电动机的起动电流幅值较之全压起动时小。

当变频器的输出频率迅速降低时,电动机的工作点将跳入第二象限,处于发电状态并制动(起重机大惯性负载机构负加速度很大时)。电动机的动能回馈给变频器,由它的制动电阻器消耗,如果变频器电网侧的整流器具有可逆性能,这部分能还可以回馈电网,图 5-3-42 给出了加减速过渡状态的示意,变频器的频率分辨率远高于图中 a、b 图,更近似图中 c 曲线。

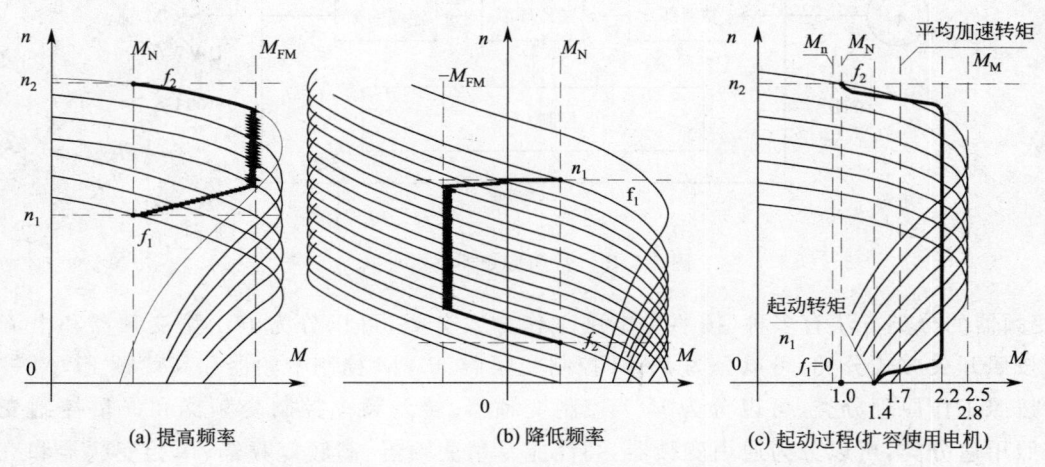

图 5-3-42 变频电源下电动机过渡状态示意

## 二、产品现状

20 世纪 80 年代中期,国内开始在电梯行业和起重机的运行机构使用。主要使用最多的是变压变频(VVVF)交直交电压型变频器。这种变频器适于驱动工作在一、三象限的阻力负载,且可在二、四象限提供电气制动。在变频器中,大功率半导体开关器件按脉冲宽度调制(PWM)控制方式工作,向电动机提供各种频率和电压的三相交流电源,控制功率可达几千千瓦。变频器的控制已经由模拟式发展到数字式,由专用数字信号处理器完成各种控制、检测和通信工作。良好的人机界面使用户可以方便地调整各种参数来满足各自需要,在显示器上用户可以看到各种工作参数,并及时了解设备状态。发生故障时通过显示器上的编码可以迅速确定故障点,为用户尽快排除故障恢复工作提供方便。90 年代中期,国内港口开始使用全变频加可编程序控制器控制的现代化起重机,使起重机的自动化程度出现了一个飞跃(自动化的三大系统——①控制逻辑智能化、②监测系统光电化、③拖动系统数字化。加上信息传输网络化)进入成熟期。使起重机的自动程度有较大提高。

变频调速技术是现代电力传动技术的重要发展方向,而作为变频调速系统的核心——变频器的性能也越来越成为调速性能优劣的决定因素,除了变频器本身制造工艺的"先天"条件外,对变频器采用什么样的控制方式也是非常重要的。

目前产品已成熟,性能不断提高,且各厂的产品都各有特色。但变频器还是一种通用性的设备,针对具体情况和机电配合时需要认真理解样本中的功能描述,准确开发变频器的功能,使变频器与多机之间建立拖动系统所需的关系,从而组成完善的系统。下面就变频器的一些功能及设置进行介绍。

(一)变频器的基本结构

变频器是将工频电源(50 Hz 或 60 Hz)变换成各种频率的交流电源,以实现电机的变速运行的设备,其中控制电路完成对主电路器件的控制。整流电路将交流电变换成直流电,直流中间电路对整流电路的输出进行平滑滤波,逆变电路将直流电再逆变成交流电。对于如矢量控制、直接转矩控制变频器这种需要大量运算的变频器来说,还需要一个进行转矩计算的CPU以及一些相应的电路组成强大的控制系统,见图 5-3-43。

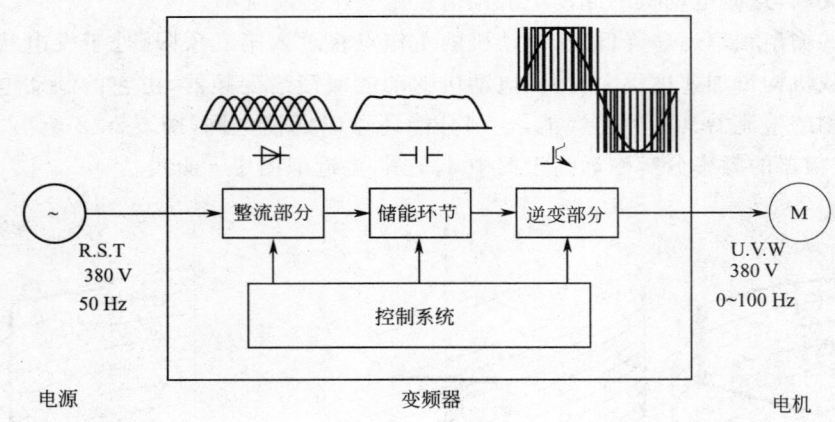

图 5-3-43　常用变频器基本形式

变频器的分类方法有多种,按照主电路工作方式分类,可以分为电压型变频器和电流型变频器;按照开关方式分类,可以分为 PAM 控制变频器、PWM 控制变频器和高载频 PWM 控制变频器;按照工作原理分类,可以分为 $V/f$ 控制变频器、转差频率控制变频器和矢量控制变频器等;按照用途分类,可以分为通用变频器、高性能专用变频器、高频变频器、单相变频器和三相变频器等。

(二)变频器中常用的控制方式

1. 控制方式

在交流变频器中使用的非智能控制方式有 $V/f$ 协调控制、转差频率控制、矢量控制、直接转矩控制等。

(1) $V/f$ 控制

$V/f$ 控制是为了得到理想的转矩-速度特性,基于在改变电源频率进行调速的同时,又要保证电动机的磁通不变的思想而提出的,通用型变频器基本上都采用这种控制方式。$V/f$ 控制变频器结构非常简单,但是这种变频器采用开环控制方式,不能达到较高的控制性能,而且,在低频时,必须进行转矩补偿,以改变低频转矩特性。

(2)转差频率控制

转差频率控制是一种直接控制转矩的控制方式,它是在 $V/f$ 控制的基础上,按照已知异步电动机的实际转速对应的电源频率,并根据希望得到的转矩来调节变频器的输出频率,即可使电动机具有对应的输出转矩。这种控制方式,在控制系统中需要安装速度传感器,有时还加有电流反馈,对频率和电流进行控制,因此,这是一种闭环控制方式,可以使变频器具有良好的稳定性,并对急速的加减速和负载变动有良好的响应特性。

(3)矢量控制

矢量控制是通过矢量坐标电路控制电动机定子电流的大小和相位,以达到对电动机在 $d$、$q$、0 坐标轴系中的励磁电流和转矩电流分别进行控制,进而达到控制电动机转矩的目的。通过控制各矢量的作用顺序和时间以及零矢量的作用时间,又可以形成各种 PWM 波,达到各种不同的控制目的。例如形成开关次数最少的 PWM 波以减少开关损耗。目前在变频器中实际应用的矢量控制方式主要有基于转差频率控制的矢量控制方式和无速度传感器的矢量控制方式两种。

基于转差频率的矢量控制方式与转差频率控制方式两者的定常特性一致,但是基于转差频率的矢量控制还要经过坐标变换对电动机定子电流的相位进行控制,使之满足一定的条件,以消除转矩电流过渡过程中的波动。因此,基于转差频率的矢量控制方式比转差频率控制方式在输出特性方面能得到很大的改善。但是,这种控制方式属于闭环控制方式,需要在电动机上安装速度传感器,因此,应用范围受到限制。

无速度传感器矢量控制是通过坐标变换处理分别对励磁电流和转矩电流进行控制,然后通过控制电动机定子绕组上的电压、电流辨识转速以达到控制励磁电流和转矩电流的目的。这种控制方式调速范围宽,启动转矩大,工作可靠,操作方便,但计算比较复杂,一般需要专门的处理器来进行计算,因此,实时性不是太理想,控制精度受到计算精度的影响。

(4)直接转矩控制

直接转矩控制是利用空间矢量坐标的概念,在定子坐标系下分析交流电动机的数学模型,控制电动机的磁链和转矩,通过检测定子电阻来达到观测定子磁链的目的,因此省去了矢量控制等复杂的变换计算,系统直观、简洁,计算速度和精度都比矢量控制方式有所提高。即使在开环的状态下,也能输出 100% 的额定转矩,对于多拖动具有负荷平衡功能。

(5)最优控制

最优控制在实际中的应用根据要求的不同而有所不同,可以根据最优控制的理论对某一个控制要求进行个别参数的最优化。例如在高压变频器的控制应用中,就成功地采用了时间分段控制和相位平移控制两种策略,以实现一定条件下的电压最优波形。

(6)其他非智能控制方式

在实际应用中,还有一些非智能控制方式在变频器的控制中得以实现,例如自适应控制、滑模变结构控制、差频控制、环流控制、频率控制等。

2. 变频器控制的展望

随着电力电子技术、微电子技术、计算机网络等高新技术的发展,变频器的控制方式今后将向以下几个方面发展。

(1)远程控制的实现

现在的控制技术已有远程诊断模式,这只是远程控制的初始阶段。随着技术的成长远程控制是完全可能的。使设备的生产率、完好率等更高。

(2)网络控制

计算机网络的发展,使"天涯若咫尺",依靠计算机网络对变频器进行控制是一个先进的方式。通过接口及一些网络协议对变频器进行远程控制,使超大规模的信息可在瞬间完成。使将来的"智能控制"走入起重机控制系统成为可能,这样在有些不适合于人员进行现场操作的场合,也可以很容易的实现控制目标。

(3)智能控制方式

智能控制方式主要有神经网络控制、模糊控制、专家系统、学习控制等。在变频器的控制中采用智能控制方式在具体应用中有一些成功的范例。

(4)多种控制方式的结合

单一的控制方式有着各自的优缺点,并没有"万能"的控制方式,在有些控制场合,需要将一些控制方式结合起来,例如将学习控制与神经网络控制相结合,自适应控制与模糊控制相结合,直接转矩控制与神经网络控制相结合,或者称之为"混合控制",这样取长补短,控制效果将会更好。

(5) 绿色变频器

随着可持续发展战略的提出,对于环境的保护越来越受到人们的重视。变频器产生的高次谐波对电网会带来污染,降低变频器工作时的噪声以及增强其工作的可靠性、安全性等等这些问题,都试图通过采取合适的控制方式来解决,设计出绿色变频器。

(6) 新型电机组成的高性能拖动系统。

异步笼型电机从数学模型上看并不理想,随着技术进步,电机不再按交流机直流机进行分类。目前在市场上已经有"直流变频"系统,人们已经在用变频技术控制直流永磁电机,直流同步电机等,这些定子、转子在物理层面可单独控制的电机,将来待转角检测技术和功率器件有进一步突破后会占领拖动领域的主导地位。

(三) 主要功能及设置

主要的控制方式:①有测速(PG)反馈控制方式;②无测速(PG)反馈控制方式;③$V/f$控制方式等。矢量控制时不允许多机拖动。当位能载荷时应采用有速度反馈的矢量控制,并设置变频器逐级的超速保护功能检测,信号送到控制系统。运行机构多采用$V/f$控制方式。

自学习的(半)智能化设定程序,调试时将电机的适用功率参数(调试前应核算机构所需功率,并核查电机的相应参数)输入到变频器内,变频器可根据情况选择控制程序,完成对控制对象的甄别。

制动器控制方式设定:动力负载和阻力负载的制动器控制应该加以区别。对于动力载荷的起升机构,制动器是保持重物停止运行的部件,应在变频器作好起动准备后打开制动器,制动器开闸前的瞬间,变频器已经将转矩电流送到电动机中,保证开闸后重物无下滑现象。停车前,变频降低输出频率进行回馈制动使电机降低运行速度,待到达设定的稳定低速时制动器开始断电,为保证平稳停车,一般设短暂直流制动(即零速停车),随着制动器完成制动之后,变频器进行封锁。

运行机构的制动器一般要在电动机起动前瞬间开闸,停车时回馈制动减速到适当的低速,断电延时抱闸,抱闸时电机已停止或几乎停止转动。

起动转矩的设定:对于动力负载机构,变频器应有起动转矩设定。早期的控制系统也叫做预给定功能。起动转矩达到一定值(一般≥80%额定转矩)发出开闸信号。如果制动器抬起动作缓慢,可以使用参数来将速度调节器的速度给定输出进行延时,防止变频器盲目提高机械制动器打开瞬间的真实输出频率而加大了滑差损耗,使功率因数降低反而使起动转矩降低。

转矩记忆选择:转矩记忆功能,在起动时根据上次工作的输出转矩,将适当的转矩电流,送到电动机,以便顺利起动。

转矩提升功能:转矩提升程度可以人为设定(在一定范围内),也可以自动提升转矩,这时变频器将自动补偿在低频工作时电动机定子阻抗压降的影响,最大限度保持电动机低频的输出转矩。

加减速曲线选择:设有线性和S型加、减速曲线,加、减速时间可以在很宽的范围内设定。S型加、减速曲线可减少传动系统的冲击载荷,改善冲击转矩负荷,降低滑差损耗使电机顺利起动。

制动和制动运行:

制动:在停止运行速度接近零速时变频器向电机提供零赫兹电源实现的功能叫做直流制动的功能。此转动只提供与"摩擦"阻力类似——恒与转子旋转方向相反的制动功能,确保电机(不产生逆向起动的)减速运行。这种方式的机械特性是通过零点横穿二、四象限的特性。通过控制定子电流的大小可方便的控制制动力,经常作为准确停车的选择方案。

回馈制动调速:回馈制动与电动状态可在一、二或三、四象限自然过渡,过渡时不产生转矩突变现象。异步电机转子不能外串电阻,所以不能采用反接制动,是变频调速的一个弱点。

有位能载荷、风载荷和快速停车要求的机构,都需要采用回馈制动方式将这些能量转换或消耗这部分能量。转换过程中一部分的能量要转换为电能,其余能量成为损耗。重物下降的速度以及物体的加速度大小决定着制动功率,也就决定了整流回馈单元或制动单元的能力,所以超频下降时需要按照实际工况增加制动单元(回馈制动单元)的容量。

控制和保护功能:设有多个输出频率点,各点参数可以独立整定,由外部控制器切换,变频器可以接受 0~10 V 直流电压或 4 mA~20 mA 直流电流控制信号,它的输出频率可以随信号连续变化实现无级调速。调速范围一般可达 1:20。

变频器有完善的自身保护功能,可对电动机实行过流和过热保护。一般变频器可在 100% 负载下连续运行,在 150% 负载时可持续 60 s 的过载荷能力(具体见产品样本)。

### 三、容量选择

(一)变频器容量选择

变频器——频率可调的(专用)电源。为保持电动机的输出输入转矩达到机构需要,变频器必须满足其全部电能的输入(输出)需要。变频器的容量,一般按照功率值标称。功率为电压电流的乘积,在电压等级相对固定时,电流值便可表达变频器的能力。变频器中功率开关器件(IGBT)能力也是以电流值来衡量的。而电机的电流与转矩成正比,转矩与转速的乘积表示功率。所以用变频器的输出电流作为选择条件是比较方便的。

选择电动机的功率 $P_N$ 是机构稳态功率的计算值(其对应的额定电流只能维持机构匀速运行时的电流),动载荷要用电动机的过载能力来克服。在第五篇第一章第三节"起重机用电动机选择"有详细的描述,这些计算数据是变频器的容量选择依据。再有应该认真地阅读关于电动机发热校验和过载校验的部分,这部分是变频器最大能力的选择依据。

1. 起重机各机构变频器的选型原则:

(1)变频器额定电流

变频器的额定(输出)电流,必须大于机构最大负载转矩时的稳态功率电流。

起重机电机过载能力很强,因机构的工作制不同,电机的允许输出转矩与铭牌上的数据是不同的。为了保证电机的温升不超标,将在该工作制下允许输出功率大于等于机构稳态功率的电机用于机构中,变频器的额定电流应大于机构稳态运行时的电流。对 S2 工作制一次满载运行时间较长(30 min~60 min)的机构,应确认变频器的长时间允许输出电流值是否满载要求。

(2)变频器最大电流

变频器的过载电流能力要大于机构要求的最大转矩电流。

变频器的最大电流(一般为额定电流的 1.36 倍~1.7 倍)必须大于电动机克服动载荷时的最大电流。电动机起动时承担加速度的转矩(平均加速转矩)、机构的特殊转矩和标准要求的起动转矩等。

(3)特殊要求

变频器需要满足起重机各机构的一些特殊要求

特殊的要求包括起升机构(1.25 倍~1.4 倍额定转矩)过载试验,运行机构室外工作的防风等级等。

(4)容量余度

动力电源开关元件(IGBT、GTO 等)的过载能力与低压电器、电动机等不同。因此应该有较大的安全余度。

按照标准或合同的要求起重机应该进行"考核试验",变频器长期供电能力应满足试验时的要求。这种试验有:72 h、168 h 满负荷试验、110% 载荷的动载荷试验等。

2. 选型计算时的数据及参数设置

(1)各种设备参数的统一

各种样本给出的参数(包括设备铭牌上的参数)都是在某种条件时的数据,例如一台

YZP315M-6 电动机铭牌参数为 110 kW(是 S3 JC40%时的参数)。同样是这台电机在S3 JC25%条件下允许使用功率为 125 kW,在 JC60%仅仅为 92 kW。变频器同样有类似工作制的参数数据,如样本中给出的长时、短时、重任务、无过载等电流(容量)的数据。选用设备时应特别注意参数的统一,使设备能够在使用中达到要求。

不同国度,工业化水平、设计选型习惯造成的差别。如国内 YZP、YZ、YZR 等起重冶金专用电机系列电机铭牌上的额定电流、功率等,是S3,JC40%时的数据。国外很多品牌的电机按照 S1 长时工作制标称。造成铭牌参数与不同工况下的数据有很大差别。

语言不同、专业名词理解造成的误解等。例如变频调速在调试过程,按照样本的要求需要将铭牌参数输入到变频器中,于是将一台 YZR280M-8 的铭牌参数输入变频器,然后进行自学习,起吊额定载荷时出现起动转矩不足,空中起升有瞬时反转下降再正转现象,多次调整未果。后将该电机 S3 JC15%的参数输入到变频器,重新自学习后简单设置,设备正常工作。如了解图 5-3-44a、b 的差别,将不会出现上述问题。

电气设备的能力与工作时的发热、散热条件、承受能力、电源质量等有关。电子设备过载能力比低压电器和电动机要低一些,且附加的条件较苛刻,应注意起重机的特点、环境等是否达到要求,所以电气设备要有较大的余量,满足电机过载时的需求。

(2)变频器容量补偿系数

各机构的载荷有静动载荷两大类,电动机用平均稳态功率和电动机的过载能力来承担这些载荷,起重机的静载荷属于(或近似归纳为)恒转矩的性质,所以拖动系统要为电动机提供这部分维持正常运行的能量。

从图 5-3-42c 可了解"平均加速转矩"($1.7M_N$)与完成平均加速度时电机需要(变频器)提供的最小过载电流($\lambda_m \geqslant 2.0$,转矩电流要更大)的关系(约为 $0.85M_{FM} \sim 0.95M_{FM}$)。加速转矩与时间成反比是可以缓解的,但按照相关的标准,提升机构电机应提供的最小起动转矩 $M_d$ 是必须保证的(要高于标准,防止颠覆),这涉及机构的安全性。凡此种种变频器必须提供远大于静功率的转矩电流。需要用一个适当的补偿系数增加变频器的容量。

电机允许使用的转矩变化如图 5-3-44。可以看出电机扩容使用后输出转矩增高,这样平均功率因数会下降,所以需要适当的补偿。

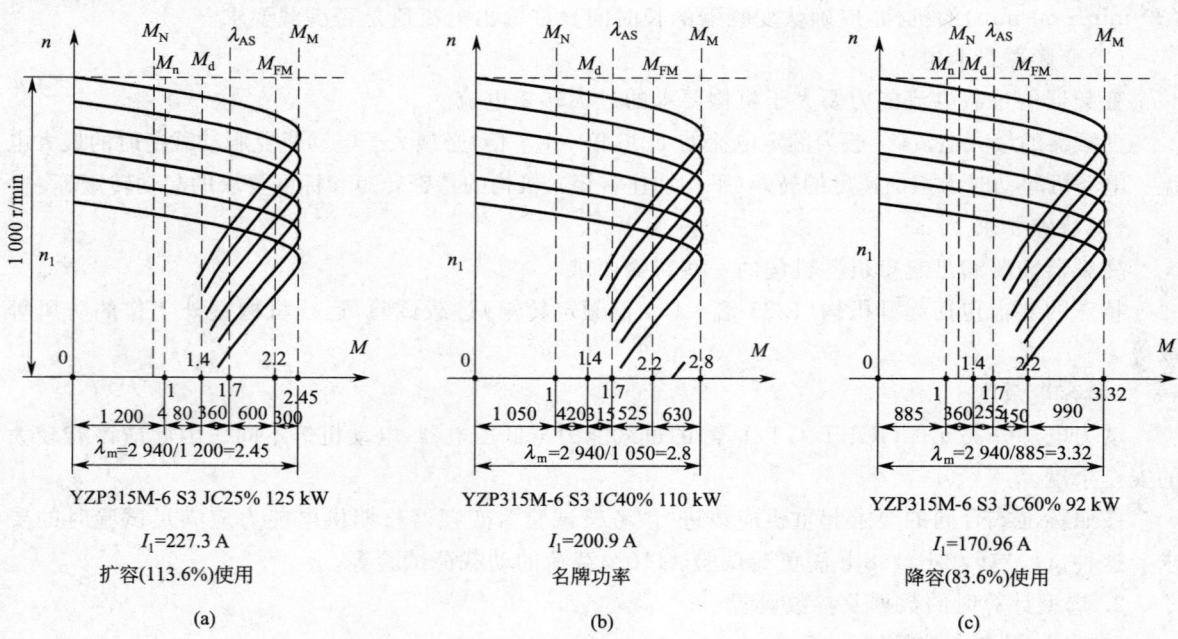

图 5-3-44　电动机扩容与降容使用时的转矩(电流)示意图

(3) 波形补偿

变频器输出的电压波形为矩形,电流为近似正弦波,与真正的正弦波有差距且造成副作用。不同品牌的变频器数据也是不同的。而电动机所需要的是正弦波。

(4) 功率因素和功率因数(滑差)降低的原因

用稳态功率法选择变频器时必须考虑有电机的效率、功率因数等的影响。所谓功率因素就是有功功率与视在功率的比值,通俗地讲就是用电设备的实际出力与用电设备的容量的比值,又简称为力率。电机从电网吸收的大部分电功率转换成了机械功率从转轴上输出给了机械设备,这部分功率就是有功功率;

电动机要从变频器吸收另外一部分电功率,用来建立交变磁场,这部分功率不是被消耗,而是在供电设备(或电网)与电动机之间不断地进行交换(吸收与释放),由于电压与电流相位角不一致,形成无功功率。功率因数=有功功率/(有功功率与无功功率的矢量和)。电动机主要为感性,变频器储能滤波为容性,所以从网侧衡量,系统的功率因数很高。传动侧(变频器到电机)的功率因数不会产生变化,这部分无功功率需要变频器输出器件来承担,从而增加了设备的负担。

还有一部分从 $P=\sqrt{3}U \cdot I \cdot \eta \cdot \cos\varphi$ 中可知是机电的损耗,包括电流在导线中传输消耗在电阻上的能量即电机运行时的铜损和铁损,以及摩擦、风阻等被消耗的能量(主要变为热量),这些损耗归纳到效率 $\eta$(即电机样本的 Eff 值)。如果电机样本只给出 $\cos\varphi$,可用 $\eta=P/(\sqrt{3}UI\cos\varphi)$ 导出。效率 $\eta$ 在调速时基本保持恒定。

变频调速系统的功率因数由于有储能滤波环节,功率因数 $\cos\varphi$ 是非常高的。但损耗并不是变频器可以降低的,所以变频调速系统中电动机、导线传输的质量也是提供能效比的重要环节。

还有频率(PWM 载波频率)造成的传输效率问题,和对绝缘带来的危害。上述等等均需要治理和补偿。

电机起动时与制动器的配合也是造成起动时功率因数下降的因素,开闸前变频器的输出频率不宜过高,随后的给定曲线呈"S",以降低滑差损耗。

(5) 频繁起动和长时低频低速的处理

每 5 min 有累计超过一分钟(起升、小车机构为满载;大车、回转运行机构与载荷无关)机构处于起动状态时,应该考虑变频器的容量补偿。起动时电机电流较大,一般会利用变频器的过载能力。每 5 min 累计超过 1 min 时,会造成变频器的故障或损坏。此时应计算并适当加大变频器的容量。有长时间的重载低频低速运行要求的机构,此时系统的平均电流可能不超标,但功率器件载波占空比较小造成瞬时峰值电流过高,应考虑适当补偿。

(二) 起升机构变频器容量计算

起升机构稳态功率: $P_N = \dfrac{P_Q v_q}{1000\eta}$;其中:$P_Q$ 为包括吊具在内的额定起重量(吊钩式起重机除外),吊钩式起重机 $P_Q = Q_0 + q$,$Q_0$ 为额定起重量,$q$ 为吊钩重量(约为 $0.025Q_0 \sim 0.06Q_0$),起升高度超过 30 m 时应适当增加钢丝绳的重量。

根据机构工作制的要求选择一个系数 $K_q$ 乘以稳态运行功率 $P_N$,使 $P_n \geqslant K_q P_N$,折算为 S3、$JC=40\%$ 基准工作制下所需的电动机功率,然后到样本中选择相应的电机。$K_q$——机构作业频繁系数(见第五篇第一章第三节"作业频繁系数"表 5-1-80)。

不同工作制下功率值的折算:将 $S_1$ 工作制下的电动机功率值折算到 S3 $JC=40\%$ 或 S3 $JC=60\%$ 下的电动机功率值可参考下式估算:

$$P_{40} \approx 1.2 P S_1, P_{60} \approx 1.1 P S_1$$

对于不同的电功机,其折算系数略有不同,若要知道准确折算值,需向制造商索取。

电气设计应对电动机进行过载和发热校验,校验的目的是为选择电气设备建立依据。电动机过载校验的准则是:所选电动机的峰值转矩 $M_M$ 应不小于机构加速所需的最小加速转矩 $M_{FM}$。当机构有部分(单个或单组)电动机运行或其他特殊工况要求时,一定要计算在这些特殊工况要求下所需的电动机的最小加速转矩值。

当采用变频闭环矢量(或 DTC)控制时,基速内可实现恒转矩控制。系统可做到以最大恒定转矩加速。为了保证电动机的安全运行,电功机的最大运行(起动)转矩与颠覆转矩之间应保留 30% 的安全距离,即：$\frac{M_{\min}}{\lambda_m \cdot M_n} \leq \frac{1}{1.3}$ 或 $M_{\min} \leq 0.77\lambda_m M_n$。对于变频闭环矢量控制(或 DTC)控制的电动机,可以不考虑电压波动对电动机最大起动转矩的影响。

对于工作级别较低(M5 及以下)的机构,K 取值为"0.9",或者非专用电机必须进行过载校验。

标准要求的 $M_d \geq 1.4M_N$ 应充分注意,在实际应用中考虑到 110% 动载动载试验和 125% 静载试验对起动转矩的要求,通常情况下,选择 $M_d = 1.7M_N$,对起升机构过载校验公式 $P_n \geq \frac{H}{m\lambda_m} \times \frac{P_Q v_q}{1\,000\eta}$

变频电动机取 $H = 2.2$,其取值依据如下：

当所选电动机额定功率 $P_n = P_N$ 时,H 的物理意义是：只要所选电动机的最大转矩倍数 $\lambda_m \geq H$ 则过载校验通过,或者说,在 $P_n = P_N$ 时,H 的取值是对所选电动机转矩倍数的最小要求值。因为,所选电动机的 $\lambda_m = 2.2$ 时,考虑最大运行转矩与颠覆转矩间留 30% 的安全距离,该电动机能够输出最大起动转矩为：

$$M_{\max} = \frac{\lambda_m \times M_N}{1.3} = \frac{2.2}{1.3} \times M_N \approx 1.7M_N$$

这就是起升机构过载校验系数 $H = 2.2$ 的来源。

从过载校验公式可以看出,仅从过载能力要求来讲,所选电动机额定功率值与其最大转矩过载倍数是可以相互转化的,这一点从图 5-3-44 可以看出,只要 $M_M \geq M_{FM}$ 并且发热校验能够通过电动机就可以使用。实际应用中考虑到 110% 动载试验和 125% 静载试验对起动转矩的要求,$K_q$ 最小值取 0.9 为宜。

通常情况下,选择最小起动转矩 $M_d = 1.7M_N$;再有起升机构平均起动转矩倍数在变频调速时为：$\lambda_{AS}$ 取 1.7(见 GB/T 3811—2008)。笼型机全压全频起动 $\lambda_{AS} = 0.9\lambda_m$,矢量(DTC)控制的变频调速,起动性能应优于直接起动,这样过载转矩倍数 $\lambda_{FM} \times 0.9 = \lambda_{AS} = 1.9 \times 0.9 \approx 1.71$,只要变频器提供大于 $1.9M_N$ 的电流,便可提供起动转矩 $M_d = 1.7M_N$ 的电流,同时也满足平均起动转矩的要求。因此用于起升机构的电动机过载能力 $\lambda_m$ 应大于 $2.2M_N$ 或更高,以保证电动机的能力(注：稳态起升额定载荷时电动机轴上的负载转矩 $M_N$;$M_n$ 为电动机的额定转矩,对于起重机专用电机应该是 S3 JC40% 铭牌功率时的额定转矩,不能混淆,见 GB/T 3811—2008 的 77 式)。电动机的能力必须由变频器提供,为安全起见起升机构变频器需要提供的过载电流系数 $H_q$ 最小取值为 2.0。

表 5-3-10 由佳木斯电机厂提供;从表 5-3-10 中可看到高转速电机的节能优势,当然带来的问题是机械精度的提高。

表 5-3-10 电动机参数表

| | S3 6/h(每小时起动六次) ||||||||||| |
|---|---|---|---|---|---|---|---|---|---|---|---|
| | 功率 | 定子电流 | 功率 | 定子电流 | 最大转矩 | 效率 | 功率因数 | 功率 | 定子电流 | 功率 | 定子电流 | 转动惯量 |
| | $P$ | $I_1$ | | $I_1$ | $M$ | $\eta$ | $\cos\varphi$ | $P$ | $I_1$ | $P$ | $I_1$ | $J_m$ |
| | kW | A | kW | A | 倍数 | % | | kW | A | kW | A | kg·m² |
| | JC 25% || JC 40% |||||| JC 60% || JC 100% || |
| 对应工作级别 | M5 及以下 || M6 |||||| M7 || M8 || |
| YZP□□-4 | 1 500 r/min |||||||||||| |
| 250M2 | 63 | 113.9 | 55 | 100.6 | 2.8 | 90 | 0.92 | 47 | 84.6 | 40 | 72.5 | 1.03 |
| 280S1 | 70 | 125.7 | 63 | 114 | 2.8 | 92 | 0.91 | 53 | 96 | 46 | 84.5 | 1.85 |
| 280S2 | 85 | 151.9 | 75 | 136 | 2.8 | 92 | 0.91 | 63 | 113.3 | 55 | 100 | 2.00 |
| 280M | 100 | 177.4 | 90 | 161 | 2.8 | 92 | 0.92 | 75 | 133.6 | 65 | 117 | 2.20 |
| 315S1 | 125 | 220.2 | 110 | 192.7 | 2.8 | 92 | 0.93 | 92 | 161 | 80 | 140 | 4.20 |
| 315M | 150 | 260.7 | 132 | 229 | 2.8 | 93 | 0.93 | 10 | 192.6 | 95 | 168.3 | 4.90 |

续上表

| | S3 6/h(每小时起动六次) | | | | | | | | | | | |
|---|---|---|---|---|---|---|---|---|---|---|---|---|
| | 功率 | 定子电流 | 功率 | 定子电流 | 最大转矩 | 效率 | 功率因数 | 功率 | 定子电流 | 功率 | 定子电流 | 转动惯量 |
| | $P$ | $I_1$ | $P$ | $I_1$ | $M$ | $\eta$ | $\cos\varphi$ | $P$ | $I_1$ | $P$ | $I_1$ | $J_m$ |
| | kW | A | kW | A | 倍数 | % | | kW | A | kW | A | kg·m² |
| | JC 25% | | JC 40% | | | | | JC 60% | | JC 100% | | |
| 对应工作级别 | M5 及以下 | | M6 | | | | | M7 | | M8 | | |
| YZP□□-6 | | | | | 1 000 r/min | | | | | | | |
| 180L | 17 | 36.5 | 15 | 36 | 2.8 | 83 | 0.76 | 13 | 29.6 | 11 | 26.2 | 0.370 |
| √ 200L | 25 | 49.5 | 22 | 46 | 2.8 | 84.3 | 0.86 | 19 | 40.65 | 16 | 36.00 | 0.630 |
| 225M | 35 | 69.5 | 30 | 62 | 2.8 | 87.3 | 0.84 | 25 | 53.66 | 22 | 49.05 | 0.780 |
| 280M | 85 | 157.8 | 75 | 143.65 | 2.8 | 90.67 | 0.88 | 63 | 123.1 | 55 | 110.23 | 2.8 |
| 315S1 | 100 | 185.69 | 90 | 168.65 | 2.8 | 91.9 | 0.88 | 75 | 144.5 | 65 | 129.3 | 5.4 |
| 315M | 125 | 227.3 | 110 | 200.9 | 2.8 | 92.1 | 0.89 | 92 | 170.96 | 80 | 151.85 | 6.4 |
| YZP□□-8 | | | | | 750 r/min | | | | | | | |
| 315S1 | 70 | 139.5 | 63 | 127 | 2.8 | 90 | 0.82 | 53 | 110.6 | 46 | 100 | 5.40 |
| 315S2 | 85 | 170 | 75 | 152 | 2.8 | 91 | 0.81 | 63 | 133 | 55 | 121.5 | 5.80 |
| √ 315M | 100 | 199.8 | 90 | 182 | 2.8 | 91 | 0.81 | 75 | 159 | 65 | 144.4 | 6.40 |
| 355M | 125 | 242 | 110 | 216.7 | 2.8 | 91.6 | 0.839 | 92 | 188.3 | 80 | 170.7 | 14.1 |
| 355L1 | 150 | 286 | 132 | 255 | 2.8 | 91.8 | 0.853 | 110 | 219.5 | 95 | 196.9 | 15.8 |
| 355L2 | 185 | 351 | 160 | 310 | 2.8 | 92 | 0.852 | 132 | 263.27 | 115 | 237.9 | 17.3 |
| 400L1 | 230 | 433 | 200 | 406 | 2.8 | 93.3 | 0.80 | 170 | 333 | 145 | 295 | 22.8 |
| YZP□□-10 | | | | | 600 r/min | | | | | | | |
| 315M | 85 | 175.84 | 75 | 175 | 2.8 | 85.4 | 0.76 | 63 | 137.8 | 55 | 125.67 | 8.10 |
| 355M | 100 | 201 | 90 | 191.3 | 2.8 | 88 | 0.81 | 75 | 160.5 | 65 | 146 | 14.2 |
| 355L1 | 125 | 245 | 110 | 261.4 | 2.8 | 88.3 | 0.84 | 92 | 189 | 80 | 170 | 16.4 |
| 355L2 | 150 | 296 | 132 | 261.4 | 2.8 | 91.1 | 0.84 | 110 | 231 | 95 | 209 | 18.0 |
| 400L1 | 185 | 363 | 160 | 322.9 | 2.8 | 92.7 | 0.81 | 132 | 278 | 115 | 251 | 23.6 |
| 400L2 | 230 | 462.2 | 200 | 411.8 | 2.8 | 92 | 0.80 | 170 | 362.11 | 145 | 324.68 | 25.2 |

1. 变频器功率计算 1

按稳定起升功率 $P_N$ 选用变频器,按照式 5-3-11 选用:

$$P_{CN} \geqslant \frac{H_q}{\lambda_{CM}} \frac{K \cdot P_N}{\eta \cdot \cos\varphi} \tag{5-3-11}$$

2. 变频器功率计算 2

按稳定起升功率所需电流 $I_S$ 选用变频器,按照式 5-3-12 选用:

$$P_{CN} \geqslant \frac{H_q}{\lambda_{CM}} \frac{\sqrt{3} K \cdot U_N \cdot I_N}{1\ 000} \tag{5-3-12}$$

3. 变频器电流验算

$$I_{max} \geqslant I_Q \tag{5-3-13}$$

$$I_Q = H_q \cdot K \cdot K_2 \cdot I_N$$

式中 $P_{CN}$——变频器额定功率,单位为千伏安(kV·A);

$H_q$——起升机构过载电流倍数系数,$H_q=1.8\sim2.2$;变频器过载能力为 1.5 时 $\dfrac{H_q}{\lambda_{CM}}=\dfrac{2.0}{1.5}\approx1.333$;

$\lambda_{CM}$——变频器的过载能力,按照样本给出的数取值;

$K$——波形修正系数:$1.05\sim1.1$;

$P_N$——机构稳态运行功率计算值,单位为千瓦(kW);

$\eta$——电动机的效率(技术条件规定值或实际达到值,通常约为 0.85);

$\cos\varphi$——电动机额定功率因数(技术条件规定值或实际达到值,通常约为 0.75);

$U_N$——电动机额定电压,单位为伏特(V);

$I_N$——工频电源时稳态功率计算电流值,单位为安培(A),$I_N=\sqrt{I_0^2+(M_N/M_n\times I_w)^2}$;

$I_0$——电动机空载电流值(按照样本或 $40\%I_n$ 选取),单位为安培(A)

$I_w$——$I_w=\sqrt{I_n^2-I_0^2}$

$M_N$——稳态起升额定起升载荷时电动机轴上的转矩,单位为牛米(N·m);

$M_n$——电动机轴上的转矩(名牌功率时的转矩),单位为牛米(N·m);

$I_{CN}$——变频器额定电流,单位为安培(A);

$I_n$——工频电源时折算到 S3 JC40% 电动机额定电流,单位为安培(A);

$I_{max}$——变频器短时最大电流,单位为安培(A);

$I_Q$——起动电流,单位为安培(A);

$K_2$——起动补偿系数,视机构制造精度和电动机的性能取 $K_2=1.05\sim1.1$。

(三)运行机构变频器选用

机构稳态运行功率:$P_N=\dfrac{P_j v_y}{1000\eta\cdot m}$;其中:$P_j=P_m+P_a+P_{WI}$

式中 $P_j$——稳态运行阻力,单位为牛顿(N);

$P_m$——运行摩擦阻力,单位为牛顿(N);

$P_a$——坡道阻力,单位为牛顿(N);

$P_{WI}$——按计算风压 $P_1$ 算得的风阻力,单位为牛顿(N)。

在曲线轨道上运行的起重机,还要考虑弯道运行附加阻力;在绳索牵引式运行机构中,还需计算小车运行时起升钢丝绳及运行牵引钢丝绳绕过导向滑轮的阻力。起重机在室内使用 $P_{WI}$ 为零。各种阻力的选取见 GB/T 3811—2008 的 6.1.2 "有轨运行机构"。

平移机构一般为大惯性载荷机构(负载转矩折算到电机轴后的比例较大的系统),为使机构顺利起动,根据室内外和速度选择大于 1 的综合因素系数 $K_y$ 乘以稳态功率 $P_N$,折算为 S3、JC=40% 基准工作制下所需的电动机功率 $P_n\geqslant K_y P_N$。$K_y$——综合运行速度所体现的作业频繁程度和惯性功率对发热影响的综合因素系数(见第五篇第一章第三节表 5-1-84)。

综合因素系数 $K_y$ 与起升机构的作业频繁系数 $K_q$ 是有区别的,很大的成分是为加速设定的,所以当 $\lambda_{AS}$ 取 $1.7M_N$,$\lambda_m=1.8\sim2.0$。工作级别高、速度快的起重机,电机的过载能力 $\lambda_m\geqslant2.2$,这时 $\lambda_{AS}$ 可提高(由于某种因素电动机选取容量 $P_n$ 远大于 $P_N$ 时,可根据实际情况适当降低 $\lambda_{AS}$ 的值)。运行机构变频器需要提供的过载电流倍数系数 $H_y$ 取为 $1.5\sim1.8$,对于工作级别高、速度快的起重机 $H_y$ 可取大值。

1. 变频器功率计算 1

按稳定运行功率 $P_n$ 选用变频器,按照式 5-3-14 选用:

$$P_{CN}\geqslant\dfrac{H_y}{\lambda_{CM}}\dfrac{K\cdot m\cdot P_N}{\eta\cdot\cos\varphi} \tag{5-3-14}$$

## 2. 变频器功率计算 2

按稳定运行功率电流 $I_N$ 选用变频器,按照式 5-3-15 选用:

$$P_{CN} \geq \frac{H_y}{\lambda_{CM}} \frac{\sqrt{3} K \cdot m \cdot U_N \cdot I_N}{1\,000} \tag{5-3-15}$$

## 3. 变频器电流验算

按稳定运行功率电流 $I_N$ 验算变频器,按照式 5-3-16 验算:

$$I_{CN} \geq H_y \cdot K \cdot m \cdot I_N \tag{5-3-16}$$

当 $\lambda_{CM}$ 为 1.5;$H_y$ 为 1.8 时(运行速度超过 60 m/min 或工作级别 M6 以上)可得(1.8/1.5 = 1.2)

$$P_{CN} = \frac{1.2 K \cdot m \cdot P_N}{\eta \cdot \cos\varphi}$$

注:公式中使用的是稳态功率参数,由于在电动机选型时都在稳态功率上乘以一个大于 1 的系数 $K_y$,当公式中电机功率、电流等取折算后的数值时应进行调整。

当电动机在 5 min 内的加速时间超过 1 min 时(运行速度超过 90 m/min 或工作级别 M7 以上),应适当加大变频器的容量(注意电动机选取时,电动机过热校验是否通过,应重新进行热校验后再适当加大变频器),$\lambda_{CM}$ 为 1.5;$H_y$ 取为 2.2 时可得(2.2/1.5 ≈ 1.467)。

$$P_{CN} = \frac{1.467 K \cdot m \cdot P_N}{\eta \cdot \cos\varphi}$$

$$I_{CN} \geq 1.467\, m K I_N$$

式中  $P_{CN}$——同式(5-3-11);

$H_y$——运行机构过载电流倍数系数(1.5~1.8~2.0~2.2);

$\lambda_{CM}$——变频器的过载能力;按照样本给出的数取值;

$K$——同式(5-3-11);

$m$——一个机构同时工作的电动机数量;

$P_n$——单台电动机对应工作制为 S3 JC40% 的轴输出功率,单位为千瓦(kW);

$\eta$——同式(5-3-11);

$\cos\varphi$——同式(5-3-11);

$U_N$——电动机标称电压,单位为伏特(V);

$I_N$——同式(5-3-12);

$I_{CN}$——同式(5-3-11);

$\lambda_{AS}$——运行机构平均起动转矩倍数(1.7)。

### (四)整流回馈、制动单元和制动电阻器的选用

变频调速系统采用制动单元时,起升机构电阻器的接电持续率应按 100% 选用,电阻器的功率值不应小于下降时的额定回馈功率;运行机构电阻器的接电持续率和功率值取决于机构的制动频度与制动转矩。

## 1. 制动功率计算

制动功率应等于或大于按式(5-3-17)计算的电动机轴上所需的计算制动功率 $P_Z$:

$$P_Z = K_Z \frac{P_Q \cdot v \cdot \eta \cdot \eta_d}{1\,000} \tag{5-3-17}$$

如果将式(5-3-17)右边上下乘以机械总效率 $\eta$ 有:

$$P_Z = K_Z \frac{P_Q \cdot v}{1\,000\,\eta} \cdot \eta^2 \cdot \eta_d = K_Z \cdot P_N \cdot \eta^2 \cdot \eta_d$$

已知起升、运行的电动功率求出机构需要的制动功率按式(5-3-18)计算:

$$P_Z = K_Z \cdot P_N \cdot \eta^2 \cdot \eta_d \tag{5-3-18}$$

式中 $P_Z$——机构电机轴上吸收机械转矩最终返回电网或消耗的功率,单位为千瓦(kW);

$K_Z$——制动安全系数,与机构重要程度、工作级别等有关,对于起升机构取 1.1,运行机构取 1.0;

$P_Q$——标称起升载荷($P_Q=P_{Q0}+P_q$ 额定载荷+吊具载荷,对于吊钩起重机 $P_Q=CP_{Q0}$),单位为牛(N);对于运行机构将 $P_Q$ 更换为 $P_j$;

$v$——重物运行速度或大小车运行速度;

$\eta$——物品下降时起升机构传动装置和滑轮组的总效率 0.9,运行机构为 0.9;

$\eta_d$——电气传动效率,包括电机的机械效率 Eff、$\cos\varphi$ 和变频器内部效率,取为 0.8;

$P_N$——机构稳定运行功率计算值。

没有特殊要求时,室内起重机的运行机构制动单元、制动电阻器按照 10%ED 的 $P_Z$ 功率选用。

2. 回馈制动直流电流折算

回馈、制动电流的折算:

在电动机轴上的制动功率 $P_Z=1.1 \cdot U_B \cdot I_B$

式中 $P_Z$——同式(5-3-18);

$U_B$——回馈单元或制动单元的工作电压(开始制动时),单位为伏特(V);(厂家提供)

$I_B$——回馈单元或制动单元的工作允许(起升机构为 ED100%)电流,单位为安培(A)。

制动电阻的阻值应按照厂家的样本中选取,阻值应大于等于规定值,一般同型号的制动单元可以并联使用,但电阻器应一一对应,不允许并联。

(五)实 例

**实例 1:起升机构**

某起升机构额定起重量 100 t、吊具重 5 t、额定起升速度 5 m/min、电动机额定转速 730 r/min、变频调速方式、供电电压 380 V AC、机构工作组别 M5、机构总效率 $\eta=0.86$、环境温度 40℃、海拔低于 1 000 m。

(1)稳态计算功率

$$P_N = \frac{P_Q v_q}{1\,000\eta} = \frac{(100+5) \times 5}{6.12 \times 0.86} \approx 99.7 \text{ kW}(60/9.81 \approx 6.12)$$

(2)电动机基准工作制下的功率值

$$P_n = K_h \cdot K_t \cdot K_q \cdot P_N = 1 \times 1 \times 0.9 \times 99.7 \approx 90 \text{ kW}(S3\ JC=40\%)$$

$K_h$——海拔系数(1 000 m 取 1);

$K_t$——环温系数(40℃取 1);

$K_q$——作业频繁系数(M5 取 0.9)。

(3)电动机初选

YZP315M1-8 S3 $JC=40\%$ 基本参数:见表 5-3-11。

$P_n$ 折算到 $S_1$ 工作制下的功率为:

$$P_{S1} \approx P_{40} \div 1.2 = 90 \div 1.2 = 75(\text{kW})$$

(4)按过载校验公式计算

$$P_n \geq \frac{H}{m\lambda_m} \times \frac{P_Q v_q}{1\,000\eta} = \frac{2.2}{2.8} \times \frac{105 \times 5}{6.12 \times 0.86} = 78.4(\text{kW})$$

所选电动机 $P_n=90 \geq 78.4$ kW 过载校验通过。

(5)发热校验

所选电动机在相应接电持续率下的功率值不小于计算功率即 $P_n \geq P_N$ 则发热校验通过。由于起升机构要求进行 110%动负荷和 125%静负荷试验,在此,给出工作级别与接电持续率的对应取值关系(见表 5-3-11)以供参考。

表 5-3-11 工作级别与接电持续率的对应取值关系

| 机构工作级别 | ≤M4、M5 | M6 | M7 | M8 |
|---|---|---|---|---|
| 电动机工作制 | S3 25% | S3 40% | S3 60% | S1 |

机构工作级别为 M5,它所对应的电动机工作制为 S3 JC 25%。所选电动机在 S3 JC=25% 下的功率为 100kW(见电机参数表)≥99.7 kW,发热校验通过。

(6)变频器容量选择

按稳定起升功率 $P_N$ 选用变频器:

$$P_{CN} \geq \frac{H_q}{\lambda_{CM}} \frac{K \cdot P_N}{\eta \cdot \cos\varphi} = \frac{2.0}{1.5} \cdot \frac{1.1 \cdot 99.7}{0.91 \times 0.81} = 198.4 \text{ kV} \cdot \text{A}$$

选择变频器 ABB 公司 ACS800-01-0205-3 或 ACS800-04-0210-3 参数见表 5-3-12。

表 5-3-12 变频器参数表

| 型号 | 额定容量 | | 无过载应用 | 轻载应用 | | 重载应用 | | 最大视在 |
|---|---|---|---|---|---|---|---|---|
| | $I_{cont.\ max}$ | $I_{max}$ | $P_{cont.\ max}$ | $I_N$ | $P_N$ | $I_{2hd}$ | $P_{hd}$ | $P_{CN}$ |
| | A | A | kW | A | kW | A | kW | kV·A |
| ACS800-01-0205-3 | 290 | 351 | 160 | 285 | 160 | 234 | 132 | 205 |
| √ACS800-04-0210-3 | 289 | 423 | 160 | 284 | 160 | 240 | 132 | 210 |

$P_{CN}=205(210) \geq 198.4$,初选型通过(最终选型见校验结果)。

(7)校验起动电流

1)所需电流 $I_N$ 和起动电流的估算

电动机的空载电流为无功(激磁)电流加铜耗、铁耗和电机效率消耗的电流,这个数值(在额定转速时)可视为近似不变的。不同载荷下的有功(转矩)电流是随着输出转矩变化的。额定转速时总电流为这两部分的矢量和,在起动初始阶段,由于 cosφ 下降和静摩与动摩擦系数等的变化,起动电流还要受到影响,这也是为什么最小起动转矩留有 30% 余量的因素之一,所以整机电流与转矩是非线性的。空载电流应由厂家提供,或按照下面叙述的方法进行计算。

2)电动机的最大工作电流计算

对于变频闭环矢量控制(或 DTC)控制的电动机,在不同输出转矩下电动机的电流值可按下列公式计算:

a. 无功电流 $I_0 = I_n \times \sqrt{1-\cos\varphi}$;

b. 有功电流 $I_w = \sqrt{I_n^2 - I_0^2}$;

c. 负载电流 $I_N = \sqrt{I_0^2 + (M/M_n \times I_w)^2}$;

d. 最大起动电流 $I_{max} = \sqrt{I_0^2 + (M_{max}/M_n \times I_w)^2}$($M_{max}$ 应不大于 $0.77\lambda_m \times M_n$)。

式中 $I_0$——电动机空载电流,单位安培(A);

$I_j$——电动机激磁电流,单位安培(A);

$I_w$——电动机有功电流,单位安培(A);

$I_n$——电动机额定(S3 JC40%的铭牌)电流,单位安培(A);

$I_N$——电动机负载电流,单位安培(A);

$M_n$——电动机额定转矩,单位牛米(N·m);

cosφ——电动机额定功率因素;

$M$——电动机基本负载转矩,单位牛米(N·m);

$M_{max}$——电动机最大起动转矩,单位牛米(N·m)。

$$I_0 = I_n \times \sqrt{1-\cos\varphi} = 182 \times \sqrt{1-0.81} = 79.33 \text{ A}$$

$$I_w = \sqrt{I_n^2 - I_0^2} = \sqrt{182^2 - 79.33^2} = 163.8 \text{ A}$$

$$I_N = \sqrt{I_0^2 + (M/M_n \times I_w)^2} = \sqrt{79.33^2 + (99.7/90 \times 163.8)^2} = 198.0 \text{ A}$$

$$I_Q \geqslant H_q \cdot K \cdot K_2 \cdot I_N = 2 \times 1.05 \times 1.05 \times 198.0 = 436 \text{ A}$$

变频器 ACS800-01-0205-3：$I_{max} = 351 < 436 \times 0.95 = 4148$，变频器选型校验未能通过。

变频器 ACS800-04-0210-3：$I_{max} = 423 > 436 \times 0.95 = 414.8$，变频器选型校验通过。

校验结果：最终选型变频器为：ACS800-04-0210-3：(见表中有"√"的变频器)。

(8) 制动单元、制动电阻器计算

已知起升、运行的电动功率求出机构需要的制动功率按式(5-3-18)计算：

$$P_Z = K_Z \cdot P_N \cdot \eta^2 \cdot \eta_d = 1.1 \times 99.7 \times 0.9^2 \times 0.8 = 0.713 \times 99.7 = 71 \text{ kW}$$

查变频器样本 ACS800-02/04/07-0210-3(400 V 级)连续功率 $P_{brcont}$ 为 80 kW 选型通过。

**实例 2．运行机构**

桥式起重机小车运行机构自重 200 t、额定起重量 550 t，额定运行速度 30 m/min、总效率 $\eta = 0.9$、电动机额定转速 975 r/min、机构工作级别 M6、m = 4 台、加速度 $a = 0.126$ m/s²、加速时间 $t_a = 4$ s，$K_h = 1$，$K_t = 1$，取 $\lambda_{AS} = 1.7$。

(1) 计算稳态运行功率(静阻功率)：

$$P_j = \omega(G_Q + G_q) = 0.015(200+550) \times 1000 \times 9.81$$

$$P_N = \frac{P_j v_y}{1000\eta \cdot m} = \frac{(10 \times 1.5)(200+550) \times 30}{6120 \times 0.9} \times \frac{1}{4} = 15.3 \text{ kW}$$

(2) 电动机基准工作制下的功率值：

$$P_n = K_h \cdot K_t \cdot K_y \cdot P_N = 1 \times 1 \times 1.2 \times 15.2 \approx 18.24 \text{ kW}$$

综合因数系数 $K_y =$ 见表：表 5-1-84 S3 JC = 40%。

(3) 电动机初选：

4 台，电动机型号：YZP200L-6 22 kW S3，JC = 40%。其他参数见表 5-3-13。

(4) 运行机构电动机过载校验计算：

$$P_N \geqslant \frac{1}{m\lambda_{AS}} \left\{ [P_\Sigma(\omega + m_a) + P_{W\text{II}}] \frac{v_y}{1000\eta} + \frac{\sum Jn^2}{91200 t_q} \right\}$$

将上式换算成工程单位计算，且 $P_{W\text{II}} = 0$，$m_a$ 与 $\omega$ 综合取值：

$$P_N \geqslant \frac{1}{m\lambda_{AS}} \frac{(G_n + G)(g\omega + 1.2a)v}{60\eta}$$

$$= \frac{1}{4 \times 1.7} \frac{(550+200)(9.81 \times 0.0085 + 1.2 \times 0.126) \times 30}{60 \times 0.9} = 14.4 \text{ kW}$$

$P_n = 22$ kW $\geqslant P_N = 14.4$ kW，过载校验通过。

(5) 运行机构电动机平均稳态功率(发热验算)：

$$P_N = \frac{1}{m}(P_\text{阻} + \frac{1}{2} P_\text{惯}) = \frac{1}{m} \left\{ [P\Sigma(\omega + m_a) + P_{WI}] \frac{v_y}{1000\eta} + \frac{\sum Jn^2}{91200 t_q} \right\}$$

$$= \frac{1}{4} \frac{(G_n + G)(g\omega + \frac{1}{2} \times 1.2a)v}{60\eta}$$

$$= \frac{(550+200)(9.81 \times 0.0085 + 0.6 \times 0.126) \times 30}{4 \times 60 \times 0.9}$$

$$= 16.56 \text{ kW}$$

工作级别 M6,对应电动机工件制为 S3 $JC=40\%$,所选电动机 YZP200L-6 在 S3 $JC=40\%$ 下的功率 $P_n=22\text{ kW}\geqslant P_N=16.56\text{ kW}$,发热校验通过。

(6)变频器容量选择:

按照式 5-3-7-18 选用,工作级别 M6,$H_y$ 应取 1.8,但速度 30/min 较慢 $H_y$ 应取 1.5,考虑电动机总数超过 2 台时应适当加大变频器等,综合取 $H_y$ 为 1.7。

$$P_{CN}\geqslant\frac{H_y}{\lambda_{CM}}\frac{K\cdot m\cdot P_n}{\eta\cdot\cos\varphi}=\frac{1.7}{1.5}\cdot\frac{1.1\times4\times15.3}{0.843\times0.86}=105.2(\text{kV}\cdot\text{A})$$

选用 ABB 公司 ACS800-01-0120-3,名牌功率为重载 75 kW、400 V 级;三相供电电压:380 V,400 V,415 V(见表 5-3-13)。

表 5-3-13 ABB 变频器工作参数

| ACS800-01 型号 | 额定容量 | | 无过载应用 | 一般应用 | | 重载应用 | | 外形规格 | 空气流量 /(m³/h) | 热损耗 /W |
| --- | --- | --- | --- | --- | --- | --- | --- | --- | --- | --- |
| | $I_{\text{cont. max}}$ /A | $I_{\max}$ /A | $I_{P\text{cont. max}}$ /kW | $I_{2N}$ /A | $P_N$ /kW | $I_{2hd}$ /A | $P_{hd}$ /kW | | | |
| 三相供电电压:380 V,400 V 或 415 V | | | | | | | | | | |
| -0003-3 | 5.1 | 6.5 | 1.5 | 4.7 | 1.5 | 3.4 | 1.1 | R2 | 35 | 100 |
| -0004-3 | 6.5 | 8.2 | 2.2 | 5.9 | 2.2 | 4.3 | 1.5 | R2 | 35 | 120 |
| -0005-3 | 8.5 | 10.8 | 3 | 7.7 | 3 | 5.7 | 2.2 | R2 | 35 | 140 |
| -0006-3 | 10.9 | 13.8 | 4 | 10.2 | 4 | 7.5 | 3 | R2 | 35 | 160 |
| -0009-3 | 13.9 | 17.6 | 5.5 | 12.7 | 5.5 | 9.3 | 4 | R2 | 35 | 200 |
| -0011-3 | 19 | 24 | 7.5 | 18 | 7.5 | 14 | 5.5 | R3 | 69 | 250 |
| -0016-3 | 25 | 32 | 11 | 24 | 11 | 19 | 7.5 | R3 | 69 | 340 |
| -0020-3 | 34 | 46 | 15 | 31 | 15 | 23 | 11 | R3 | 69 | 440 |
| -0025-3 | 44 | 62 | 22 | 41 | 18.5 | 32 | 15 | R4 | 103 | 530 |
| -0030-3 | 55 | 72 | 30 | 50 | 22 | 37 | 18.5 | R4 | 103 | 610 |
| -0040-3 | 72 | 86 | 37 | 69 | 30 | 49 | 22 | R5 | 250 | 810 |
| -0050-3 | 86 | 112 | 45 | 80 | 37 | 60 | 30 | R5 | 250 | 990 |
| -0060-3 | 103 | 138 | 55 | 94 | 45 | 69 | 37 | R5 | 250 | 1 190 |
| -0075-3 | 145 | 170 | 75 | 141 | 75 | 100 | 45 | R5 | 405 | 1 440 |
| -0100-3 | 166 | 202 | 90 | 155 | 75 | 115 | 55 | R6 | 405 | 1 940 |
| √-0120-3 | 202 | 282 | 110 | 184 | 90 | 141 | 75 | R6 | 405 | 2 310 |
| -0135-3 | 225 | 326 | 110 | 220 | 110 | 163 | 90 | R6 | 405 | 2 810 |
| -0165-3 | 260 | 326 | 132 | 254 | 132 | 215 | 110 | R6 | 405 | 3 260 |
| -0205-3 | 290 | 351 | 160 | 285 | 160 | 234 | 132 | R6 | 405 | 4 200 |

(7)变频器电流校验:

按照式 5-3-16 验算:

$$I_N=(0.7P_N/P_n+0.3)I_n=(0.7\times15.3/22+0.3)\times46=36.2\text{ A}$$

$$I_{CN}\geqslant H_y\cdot K\cdot m\cdot I_N=1.7\times1.1\times4\times36.2=271\text{ A}$$

变频器 $I_{\min}=282\geqslant271$ 变频器选型通过。

## 第八节　直流传动调速

某些冶金起重机和港口起重机,现在还常采用直流传动系统,原因如下:

(1)直流串励电动机调速系统有一些明显优点是现今所有系统无法比拟的,例如:近似恒功率调速,轻载时自动速度高,工作效率高;机械特性没有非工作特性,起动转矩大,受线路电压降的影响小;电动机损耗小,电动机发热程度比交流电动机低。对工作制度特别繁重的起重机而言,选用直流电动机的机座号,一般比选用交流电动机小一个等级。所以大型铸造、脱锭、夹钳等类起重机选择传动方案时,恒压供电的直流传动调速系统,仍受到用户欢迎。

(2)自动化程度要求高、速度高、而且要求准确定位的起重机,采用晶闸管全数字控制的直流传动系统,调速性能特别好,例如:集装箱起重机、造船门式起重机、淬火起重机、缆索起重机等。

(3)高可靠性,固定电压直流串级调速特性特性柔软,且起动转矩高。特别适合起重机各机构的调速。起升机构制动器线圈采用串级形式,起动时电枢电流达到 $80\%I_e$ 后,制动器开始打开。停车时电枢电流降低到 $20\%I_e$,电枢输出转矩即将消失时,制动器闭合。抱闸不需要单独的逻辑控制逻辑线路,防止制动器的误动作。制动器磨损低,且不会出现起动溜钩问题。运行机制动器采用并激方式,制动器打开闭合速度快。直流控制的特点是起动无冲击电流、效率高,使设备寿命延长,特别适合繁重场合工作。

直流调速的缺点:

(1)直流电动机与交流电机比较有转动惯量大、动态响应迟缓。

(2)电动机自身的维护量大(电枢需要季检,至少要年检),维护难度高(需要有专用技术人员)。

(3)重量大耗材多,比交流笼型机重 20%～30%。

由于制造、维护成本较高,随着交流调速的日益完善传统的直流调速以渐渐被交流调速或新型直流调速所取代。

直流恒压供电的传动系统:由车间滑线供给的直流电源,有 220 V 和 440 V 两种,控制回路则全部采用 220 V。

### 一、线路方案比较及选择

#### 1. 起升机构

一般采用串励直流电动机,调速比可达 4∶1。国内大型冶金企业用的有两种系统,老式的是 PQD2602 系列控制屏,上升第一档的轻载特性不好,已逐步淘汰。新式的是天水长城控制电器厂生产的 PQK1—2Z□系列,选用表见表 5-3-14。

表 5-3-14　直流传动控制屏额定数据表

| 适用对象 | | 控制屏型号 | 可控制 220 V 电动机功率/kW | 额定电流/A | 额定电流时每小时允许接通次数 |
|---|---|---|---|---|---|
| 平移机构 | 单电机 | PQK1-1Z082T | 4.5～12 | 80 | 1 200 |
| | | PQK1-1Z152T | 17～27 | 150 | |
| | | PQK1-1Z252T | 32～42 | 250 | 600 |
| | | PQK1-1Z402T | 50～70 | 400 | |
| | 双电机 | PQK1-3Z152T | 2×17～2×27 | 2×150 | 1 200 |
| | 4电机 | PQK1-5Z252T | 4×32～4×38 | 4×250 | |
| 起升机构 | 单电机 | PQK1-2Z252T | 32～42 | 250 | 600 |
| | | PQK1-2Z402T | 50～70 | 400 | |
| | | PQK1-2Z602T | 85～110 | 600 | |
| | | PQK1-2Z802T | 145 | 800 | |
| | 双电机 | PQK1-4Z602T | 2×85～2×110 | 2×600 | |
| | | PQK1-4Z802T | 2×145 | 2×800 | |

说明:1. 型号后面的字尾"T",表示控制屏上带有控制直流并联电磁制动器的环节。

2. 控制屏上接触器电流等级最小为 150 A。额定电流 80 A 是指过电流继电器的规格。

## 2. 小车运行机构

一般采用串励直流电动机，调速比可达 4∶1。

## 3. 大车运行机构

一般采用 2 或 4 台电动机分别驱动方式，集中驱动方式已很少采用。如何保证多台大车电动机同步运行、避免主梁歪斜和车轮啃轨，是需要考虑的重要问题。由于冶金起重机大车运行速度快、惯量大，在计算其电动机容量时，考虑起动加速力矩所需功率所占比例很大，静阻力矩远小于电动机额定力矩，对大车运行距离较长的起重机，这一特点可以提高工作效率；但对经常作短距移动的起重机，速度过高不利于准确停车。

为了避免大车运行机构轻载速度过高，过去也有采用复励电动机的。因复励电动机内部接线较复杂，实践表明优点不明显。所以一般仍采用串励电动机。2 台串励电动机的接线方式有两种：一种是 2 台电机的电枢并联，它们的电枢端电压相等。但因分别位于主梁两端的电动机负载电流随小车位置不同而互有差异，速度也不同。它们只能靠车轮啃轨来被动调节两台电动机的速度。另一种是双台电机串联是我国冶金企业 20 世纪 80 年代开始探索应用的系统。其主回路及机械特性，见图 5-3-45。两台电动机串联系统的特点是：每台电动机的额定电压，与外部电源电压等级相同。电动机实际承受的电压，是其额定电压的 1/2 降压使用。电机串联后起动力矩没有降低，只是明显降低了额定转速。但从大车

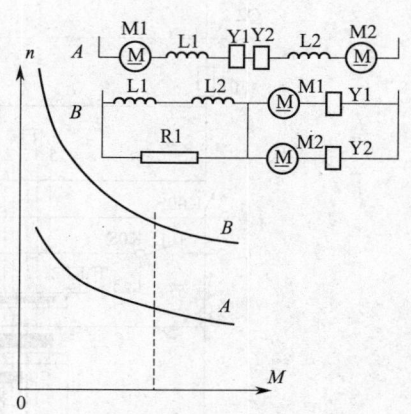

图 5-3-45 双电动机分别驱动时，串联系统与并联系统的机械特性对比

运行时的静态力矩来看，对两台电动机串联系统和并联系统进行比较，前者所用减速机的减速比，比后者减小了约一半，因而电动机的轴头静力矩，比后者增大约一倍。前者的控制屏元件和起动调速电阻器数量，只是后者的 1/2。

## 二、工作原理简介

### 1. 起升控制屏

$PQK1-Z_{25}^{40}2$ 型控制屏的原理图见图 5-3-47，机械特性见图 5-3-48，线路特点如下：

(1) 可逆不对称线路，主令控制器挡数为 5-0-4。

(2) 上升时：第一挡接成电枢分路，可使该挡机械特性由第一象限延伸到第二象限。轻载时可获得稳定低速和强烈的制动转矩。上升其余各挡，靠逐级切除串接电阻的方式，进行加速或调速。

(3) 下降时：电动机接成并励方式，以获得较硬的机械特性。起动和调速采用改变电枢回路串接电阻方式。在第三、四挡时，励磁回路又串入电阻，用削弱磁场方式来提高电机转速。

(4) 零位动力制动：控制器手柄拉回零位时，除制动器制动外，可获得电气动力制动。

(5) 线路中采用串联制动线圈，可靠性较高。

配合 85 kW 以上电动机用的大功率用控制屏，电路稍有变化，将主回路内串接的起动调速电阻改为并联，可以节省电阻箱数。有些用户从方便维护观点出发，要求起升机构采用统一系统，也可按图 5-3-46 原理图派生控制屏。

### 2. 运行控制屏

$PQK1-1Z\square2(T)$ 控制屏的原理图见图 5-3-48，机械特性见图 5-3-49。线路特点如下：

(1) 可逆对称线路，主令控制器为 4-0-4。

(2) 第一挡有两种功能：

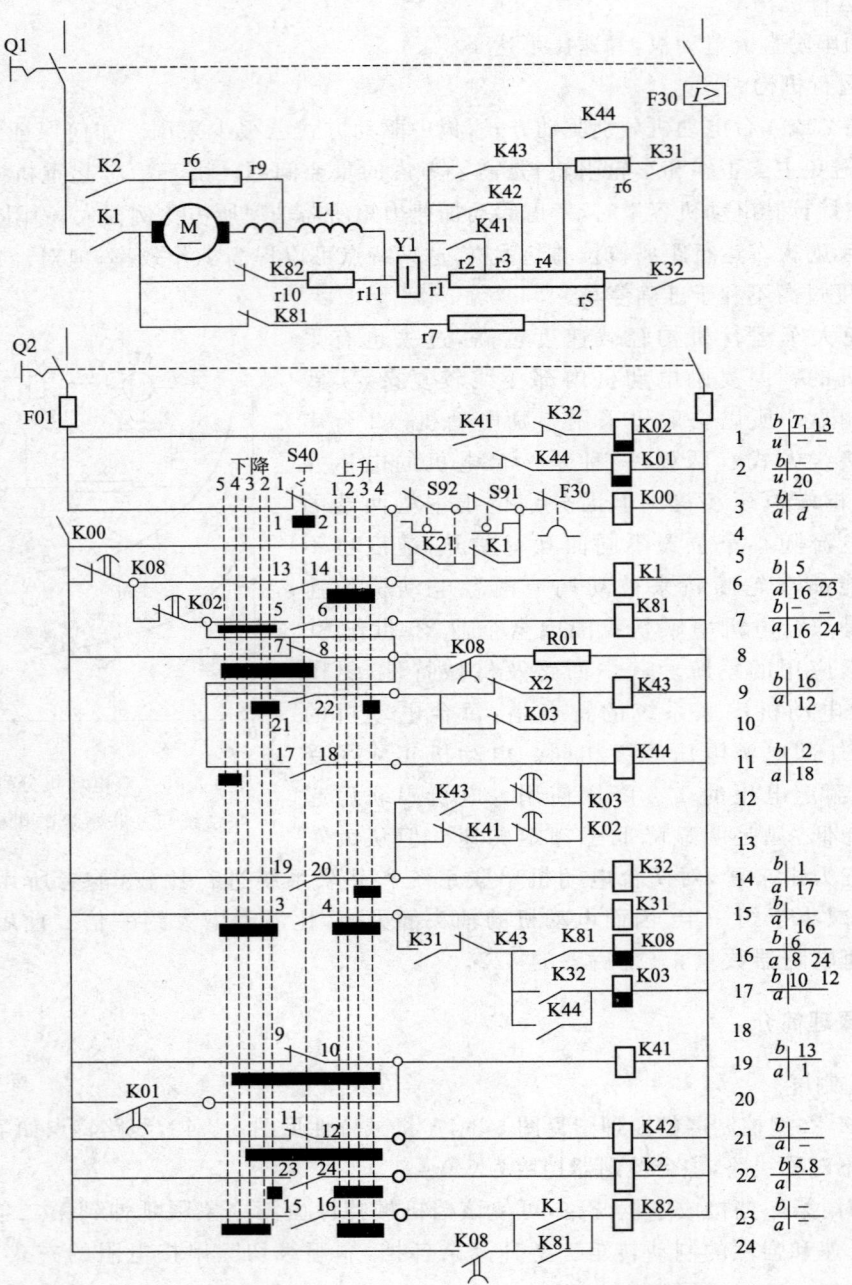

图 5-3-46　PQK1-2$Z^{40}_{25}$2 型直流起升控制屏的电动机机械特性

1）获得低速。当主令控制器先工作在二～四挡再返回第一挡时，电动机接成了电枢分路，特性如图 5-3-49 所示 1 线，获得一条由第一象限延伸到第二象限的特性曲线。在第二象限的特性是利用机械惯性，产生发电制动作用。

2）反接制动　允许经常利用这一挡打反接，迅速停车或反向起动。

(3) 反接限流环节：反接时，由反接继电器 K091、K092 配合，保证电动机在反向起动时，必须先串入反接电阻，以限制反接力矩不超过 1.5 倍额定力矩，并限制反接电流过大。K091、K092 的额定电压为 48 V，吸合电压为 16 V～17 V，以保证正向转速降至 20％额定速度以下时，反向接触器方能吸合（继电器串接的电阻 R51 和 R52，阻值分别为 1 kΩ、2 kΩ）。

(4) 直流制动电磁铁线圈的型式：可以用串联式，也可以用并联式。并联式可根据使用要求接成工作制动或事故制动方式。采用事故制动方式时，需将 K71 与 K3 的辅助触点并联。

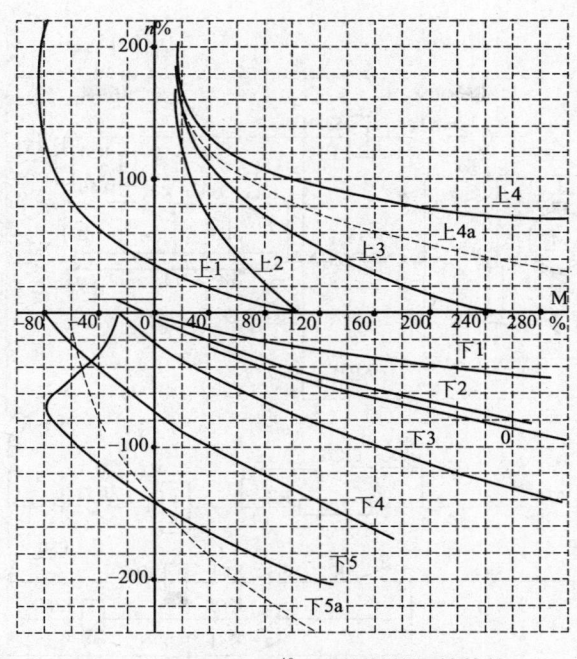

图 5-3-47　PQK1-Z$_{25}^{40}$2 型控制屏机械特性

(5)轨道两端限速环节:为了限制运行机构在靠近轨道两端时全速运行,当正向或反向限位开关被撞尺撞开后,本系统允许以点动方式作短距离同方向移动。如不需要本环节,可在 K1、K2 线圈回路内,串入虚线框内的限位开关联锁触点。

3. 设计注意事项

(1)直流电动机选型

ZZJ-800 系列冶金起重用直流电动机,符合 IEC 国际标准,F 级绝缘,有 220 V、440 V 两种额定电压。ZZJ-802A 至 824 机座号有 15 种规格。串励式电动机在全封闭 S3-30% 工作制及 +40℃ 环温条件下的功率为 4.1 kW 至 370 kW。为了适应 S4-60% 工作制的要求,还生产过 ZZJ-818P、ZZJ-820P 等全封闭双风冷式具有双层机壳的大型电动机。

主电动机上附加鼓风机的小电动机,可供应直流和交流 380 V 两种规格。小交流电动机体积小、控制电路简单、容易订货,应优先采用。

(2)争取用户提供交流辅助电源

为了使恒压供电的直流起重机容易解决空调机、鼓风机、照明等辅助电气设备的选型和采购等问题,最好争取用户同时提供地面交流电源滑线。

(3)直流制动器执行元件的选择

1)并联直流制动器　制动轮直径 φ160 mm～φ315 mm 时,采用 220 V 并联直流电磁铁作执行元件。制动轮直径 φ400 mm～φ800 mm,采用 110 V 并联直流电磁铁作执行元件。其线圈额定电压为 110 V。根据外部电源电压是 220 V 或 440 V,工作制度 JC 值,需外串不同的降压电阻。因并联线圈电感很大,会延长制动电磁铁衔铁的吸上时间,所以需增加"加速吸合环节"。大于 φ400 mm 的制动电磁铁线圈,必须并联放电电阻,电路串二极管时,其阻值可取线圈阻值的 4 倍～5 倍。

2)串联直流制动器需根据工作机构、工作制度和电动机负载电流三个因素来选择其串联线圈规格。每种不同直径的串联制动器,各有多种串联线圈规格,其额定电流和匝数互有差别,以适应不同负载电流的需要。

在直流制动器样本中,有串联线圈数据表。其中列出的电流值,是指在不同 JC% 值下最大允

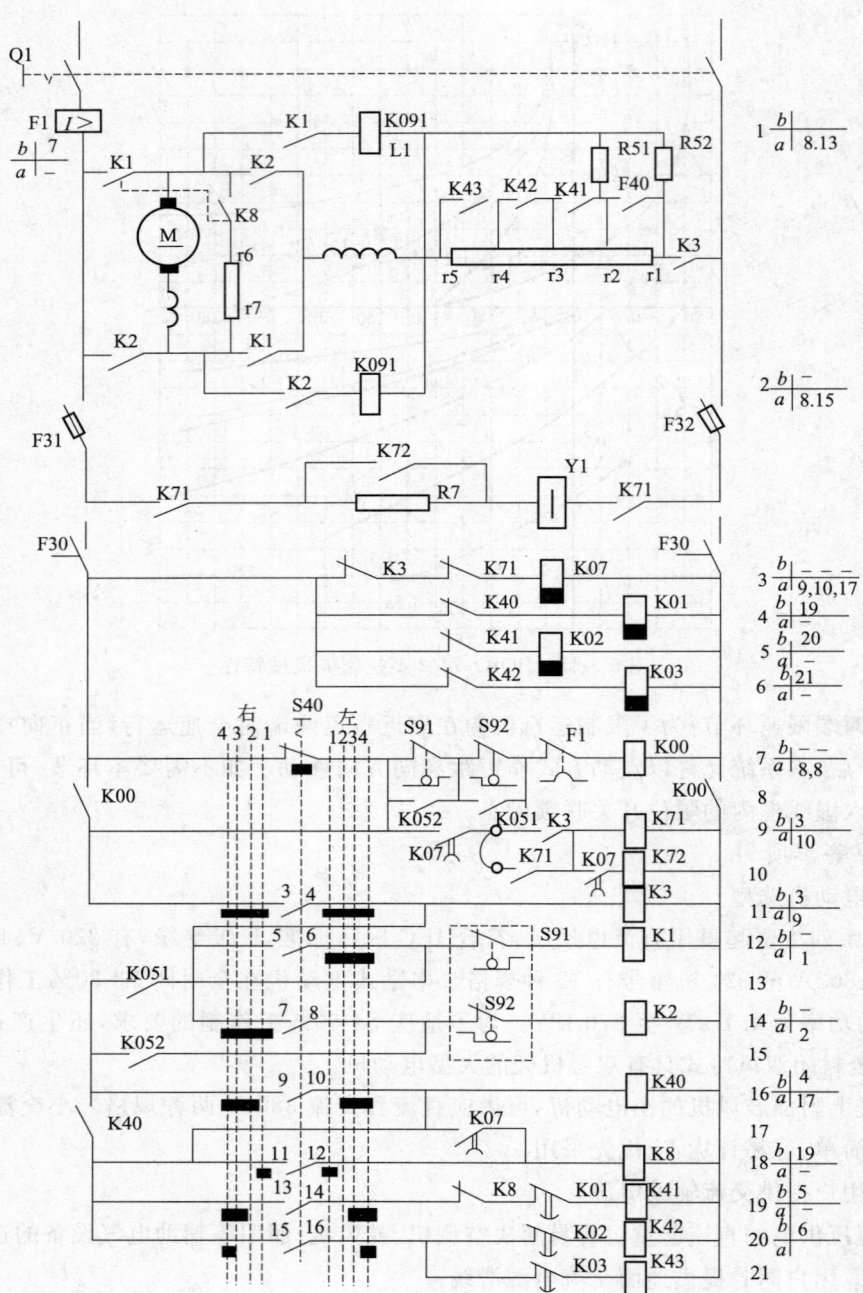

图 5-3-48　PQK1-1Z□2(T)直流运行控制屏原理图

许发热电流。在对应的工作制度下,电动机负载电流的均方根值,不应超过线圈的上述额定电流。

　　串联直流制动器的制动转矩,选用时既要根据使用的 $JC$ 值调整其允许制动转矩,又需根据机构种类,校验控制系统在起动过程第一、二挡位置、电机回路内串有较大电阻的条件下,制动器串联线圈内通过的最小起动电流,是否足以产生克服制动弹簧的反力,松开制动闸瓦,上述最小起动电流,起升机构约等于满载电流的 40%,运行机构则等于满载电流的 60%。否则,允许使用的制动转矩,尚需按比例缩小,举例如下:

　　一台起重机的运行机构,工作制度 $JC40\%$,选用 ZWZ-600 型串联直流制动器。电动机负载的均方根电流为 290 A,最小起动电流为 174 A。参照样本数据,选用了 $JC40\%$ 时电流 312 A 的串联线圈,该线圈通过 60% 最小起动电流 187.2 A 时,允许的额定制动转矩为 2 050 N·m。因此,实际使用时,必须按比例降低7%。即将制动器的制动转矩调整到:$\frac{174}{187.2} \times 2\,059.8 \approx 0.93 \times 2\,050 = 1\,906$ N·m。

### 三、晶闸管直流调压系统

**1. 概述**

20世纪80年代以来,在晶闸管、微型电子计算机、可编程序控制器等高技术产品高速发展的带动下,采用晶闸管直流调压调速的起重机,电控装置正在更新换代,由模拟化向数字化控制方向发展。控制装置功能越来越多,体积大大缩小,以满足集装箱起重机、大型装卸桥等类起重机的需要。

采用这类调速系统的起重机,以集装箱起重机为例,有以下特点:

(1)高速化。小车运行和起升速度向高速化发展。

(2)高效率化。为了提高装卸效率,优先采用计算机控制的自动操纵系统,能使吊具自动地移到预先输入指令的给定位置。该系统还具有小车定位、优化操作(采用方位指示器,在对正方位、选定最短路线、越过障碍物、减少吊具摆动等项操作中,能象熟练司机那样操作自如)等功能。

(3)高可靠性。要求起重机故障发生率低,修复时间短,而且采用能显示故障类型及产生部位的故障监控系统。

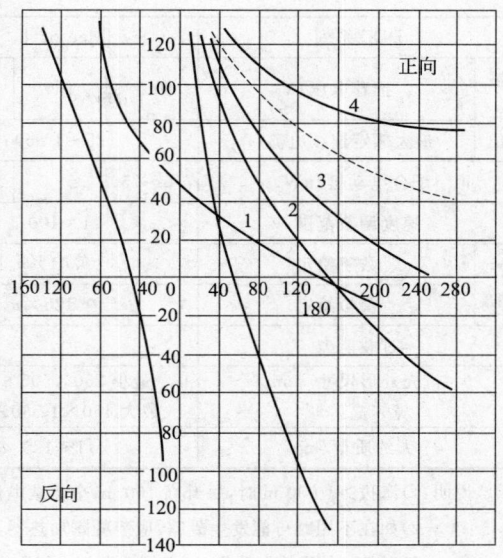

图 5-3-49 PQK1-1Z 运行控制屏的机械特性

**2. 电气设备型号**

全数字直流控制装置,简称DDC(Direct Digital Control),现可取代老式的模拟式晶闸管直流调压调速装置。这里介绍三个公司的DDC产品:

(1)Mini DC 系列直流传动静态换流器

由北京蔼依根电气有限公司生产。该公司是冶金部自动化研究所和德国AEG股份有限公司的合资企业。

(2)Mentor Ⅱ型全数字直流调速器

由英国CT公司(Control Techniques)生产,北京东昱电气有限公司总代理。

(3)TLRD90系列DDC LEONARD设备

由日本东洋电机制造有限公司生产。

三个系列的主要技术数据列于表5-3-15。

表 5-3-15 三个系列 DDC 的主要技术数据

| DDC 系列 | | Mentor Ⅱ | | | Mini DC | | | TLRD90 | | |
|---|---|---|---|---|---|---|---|---|---|---|
| 环境条件 | 拔海高度 | <1 000 m[1] | | | <1 000 m[1] | | | <1 000 m[1] | | |
| | 工作环温 | +40℃ | | | +45℃ 无风机<br>+35℃ 带风机 | | | 0℃~+40℃ | | |
| | 存储温度 | −40℃~+55℃ | | | −20℃~+65℃ | | | | | |
| | 湿度/% | 无凝露[2] | | | 符合 DIN40 040 标准 | | | 小于90%,无凝露 | | |
| | 耐震性 | | | | | | | 0.5G,1~55Hz | | |
| 输入φ | 频率 | 45 Hz~62 Hz | | | 48 Hz~62 Hz | | | 50/60 Hz | | |
| | 允许电压波动 | ±10%Vn | | | +10%/−15%Vn | | | ±10%Vn | | |
| | 应用电压/V | 380 | 415 | 480 | 380 | 415 | 500 | 200/220 | 400/440 | 600 |

续上表

| DDC 系列 | | Mentor Ⅱ | | | Mini DC | | TLRD90 | | |
|---|---|---|---|---|---|---|---|---|---|
| 输出 | 推荐电压/V | 440 | 460 | 530 | 460（400） | 600（520） | 220 | 440 | 600 |
| | 最大额定连续电流/A | 25～1 850 | | | 40～1 100 | | 52.6～1 276 | | 859～1 432 |
| | 配合电动机/kW | 7.5～750 | | 9～938 | 16～440 | 17～484 | 21～572 | 2.2～250 | 7.5～500[3)] | 305～580 |
| | 速度调节范围 | 1∶100 | | | 1∶100 | | 1∶100 | | |
| 控速精度 | 数字给定 | ±0.01%$n_n$ | | | | | ±0.01%$n_n$ | | |
| | 模拟给定 | ±0.125%$n_n$ | | | | | ±0.5%$n_n$ | | |
| | 过载能力 | | | | | | 150%$l_{min}$ | | |
| | 机壳外形尺寸/mm 宽×高×厚 | 最小 250×505×197 最大 450×1 530×470 | | | 270×340×220 446×931×540 | | 最小 256×428×224 最大 1 660×2 350×800 | | |
| | 大约质量/kg | 11～120 | | | 8～125 | | 11～700 | | |

说明：1）海拔≥1 000 m 时，每升高 100 m，全负载电流减小 1%。
2）如在不用时可能发生凝露，应装凝露加热器，推荐使用自动切换开关。
3）对 550 kW 的电动机，可选用 2 套 300 kW 装置并联。对 800 kW 电动机，可选用 2 套 400 kW 装置并联。

### 3. 工作原理简介

起重机所用晶闸管直流调压调速系统，是给他励式直流电动机配套。晶闸管三相整流桥采用反并联接（或双向晶闸管）。线路示例图见图 5-3-50，能在四个象限内运行。

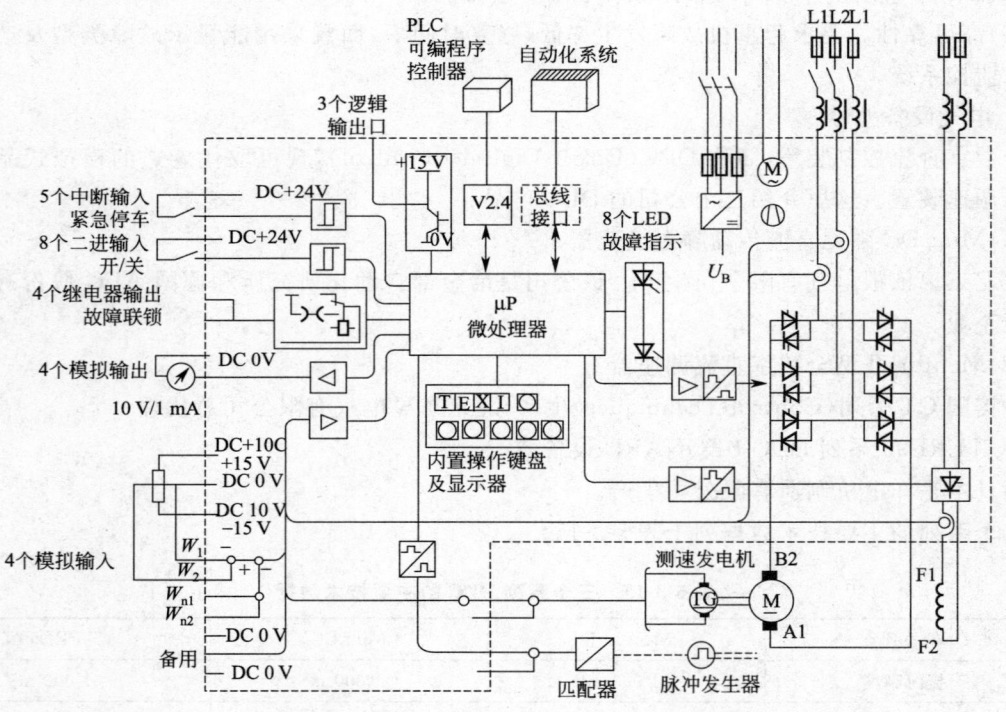

图 5-3-50 Mini DC 直流调速器线路示例图

电动机的速度和转矩，主要靠高精度的速度给定、速度反馈、比例积分微分（PID）速度环的运算等一系列自动化措施来实现。以微处理器为中心的运算和监测环节，可以实现各种功能。例如：速度调节、电流自适应、对电网频率的自适应、弱磁控制、位置控制、操作时的连续监察功能以及各种保护功能。还可通过串联通信接口，与 PLC 或计算机连接，组成数字通信的计算机实时控制系统。

### 4. 设计注意事项

（1）速度控制的精度，取决于速度给定、速度反馈等环节的选型和元件精度，Mentor Ⅱ 系列全数字直流调速器的速度精度与元件选型的关系,见表 5-3-16。

表 5-3-16　速度精度

| 给定 | 精度 | 反馈 | 精度 | 综合精度 |
|---|---|---|---|---|
| 模拟 | 0.025% | 电枢电压 | 0.83 V | 0.83 V |
| 模拟 | 0.025% | 测速机 | 0.1% | 0.125% |
| 数字 |  | 测速机 | 0.1% | 0.1% |
| 模拟 | 0.025% | 编码器 | 0.01% | 0.035% |
| 数字 |  | 编码器 | 0.01% | 0.01% |
| 编码器 |  | 编码器 |  | 绝对无差 |

(2) 要求实现位置控制的起重机,可采用编码器输入信号。

(3) 应选用远距离操作监控单元,将各机构的数码控制器及监控器,布置在司机堂控制台上。这个操作监控单元与控制柜之间的联接导线长度,有一定限度,而且需用屏蔽导线,防止外部干扰。

(4) 安装 DDC 控制柜的电气室,尽量靠近司机室。室内通风冷却条件,需满足 DDC 的冷却通风要求。只有小功率装置,才采用自然冷却方式。

(5) 速度反馈信号的导线,应采用屏蔽导线。

# 第四章　起重机自动控制

## 第一节　可编程序控制器

可编程序控制器(PLC)是一种专门为在工业环境下应用而设计的数字运算操作的电子装置。它以微处理器为基础,综合了计算机,半导体,自动控制,数字和通讯网络等技术,采用可以编制程序的存储器,用来在其内部存储执行逻辑运算、顺序运算、计时、计数和算术运算等操作的指令,并能通过数字式或模拟式的输入和输出,控制各种类型的机械或生产过程。

### 一、可编程序控制器的基本构成

从结构上分,PLC分为固定式和组合式(模块式)两种。固定式PLC包括CPU板、电源、内存块、I/O板、显示面板等,这些元素组合成一个不可拆卸的整体。模块式PLC包括CPU模块、内存、电源模块、I/O模块、底板或机架,这些模块可以按照一定规则组合配置。基本组成见图4-4-1。PLC内部各组成单元之间通过电源总线、控制总线、地址总线和数据总线连接,外部则根据实际控制对象配置相应设备与控制装置构成PLC控制系统。

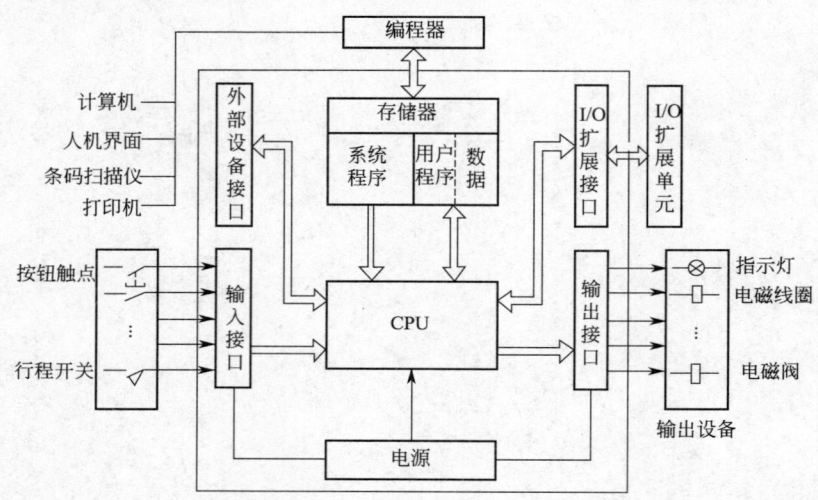

图 5-4-1　PLC的基本组成

1. 电源

PLC的电源将外部供给的交流电转换成供CPU、存储器等所需的直流电,是整个PLC的能源供给中心,因而在整个系统中起着十分重要的作用。如果没有一个良好的、可靠的电源系统是无法正常工作的,PLC大都采用高质量的工作稳定性好、抗干扰能力强的开关稳压电源,许多PLC电源还可向外部提供直流24V稳压电源,用于向输入接口上的接入电气元件供电,从而简化外围配置,因此PLC的制造商对电源的设计和制造也十分重视。一般交流电压波动在+10%(+15%)范围内,可以不采取其他措施而将PLC直接连接到交流电网上去。

2. 中央处理器

中央处理单元(CPU)是PLC的控制中枢,是PLC的核心起神经中枢的作用,每套PLC至少有一个CPU,由它实现各种逻辑和数字运算,协调和控制系统内部工作,它按照PLC系统程序赋予的功能完成各种作业，主要作用有：

(1) 接收并存储从编程器键入的用户程序和数据，并检验和校验用户程序；

(2) 采集用扫描方式接收现场各输入装置的状态和信息输入缓冲区或数据存储器中；

(3) 自诊断功能，诊断用户程序中的语法错误，诊断电源，通讯，网络故障。

为了进一步提高 PLC 的可靠性，近年来对大型 PLC 还采用双 CPU 构成冗余系统，或采用三 CPU 的表决式系统。这样，即使某个 CPU 出现故障，整个系统仍能正常运行。

CPU 速度和内存容量是 PLC 的重要参数，它们决定着 PLC 的工作速度，IO 数量及软件容量等，因此限制着控制规模

3. 存储器

存储器有三种：系统存储器，用户存储器，工作存储器。

存放系统软件的存储器称为系统程序存储器。它用于存储 PLC 系统程序，即操作系统，它是只读存储器内容不能改写。

存放应用软件的存储器称为用户程序存储器。它用于存储用户程序，数据块及需要经常读，写的。一般需用后备电池进行掉电保护。

用来存储工作数据的存储器为工作存储器，工作数据是可以改写的，所以它是可读，写的。

4. 输入输出接口电路(I/O 模块)

输入输出接口是 PLC 与工业现场控制或检测元件和执行元件连接的接口电路。PLC 与电气回路的接口，是通过输入输出部分(I/O)完成的。I/O 模块集成了 PLC 的 I/O 电路，其输入暂存器反映输入信号状态，输出点反映输出锁存器状态。输入模块将电信号变换成数字信号进入 PLC 系统，输出模块相反。I/O 分为开关量输入(DI)，开关量输出(DO)，模拟量输入(AI)，模拟量输出(AO)等模块。

开关量是指只有开和关(或 1 和 0)两种状态的信号，模拟量是指连续变化的量。常用的 I/O 分类如下：

开关量：按电压水平分，有 220 V AC、110 V AC、24 V DC，按隔离方式分，有继电器隔离和晶体管隔离。

模拟量：按信号类型分，有电流型(4 mA～20 mA,0 mA～20 mA)、电压型(0～10 V,0～5 V, －10 V～10 V)等，按精度分，有 12 bit，14 bit，16 bit 等。

除了上述通用 IO 外，还有特殊 IO 模块，如热电阻、热电偶、脉冲等模块。按 I/O 点数确定模块规格及数量，I/O 模块可多可少，但其最大数受 CPU 所能管理的基本配置的能力，即受最大的底板或机架槽数限制。

5. 底板或机架

大多数模块式 PLC 使用底板或机架，其作用是：电气上，实现各模块间的联系，使 CPU 能访问底板上的所有模块，机械上，实现各模块间的连接，使各模块构成一个整体。

6. 编程器

编程器是 PLC 中一种主要的外部设备，它是开发、监测、维护 PLC 控制系统的必备设备。编程器作用是将用户编写的程序下载至 PLC 的用户程序存储器，并利用编程器检查、修改和调试用户程序，监视用户程序的执行过程，显示 PLC 状态、内部器件及系统的参数等，但它不直接参与现场控制运行。它通过通信端口与 CPU 联系，完成人机对话连接。编程器上有供编程用的各种功能键和显示类，以及编程、监控转换开关。编程器的键盘采用梯形图语言键符或命令语言助记键符，也可以采用软件指定的功能键符，通过屏幕对话方式进行编程。

## 二、PLC 的工作方式

PLC 是采用"顺序扫描，不断循环"的工作方式。

1. 扫描技术

当 PLC 投入运行后，其工作过程一般分为三个阶段，即输入采样、用户程序执行和输出刷新三个阶段。完成上述三个阶段称作一个扫描周期。在整个运行期间，PLC 的 CPU 以一定的扫描速度重复执行上述三个阶段。

(1) 输入采样阶段

在输入采样阶段，PLC 以扫描方式依次地读入所有输入状态和数据，如按钮、限位开关、速度继电器的通断状态并将它们存入 I/O 映象区中的相应得单元内。输入采样结束后，转入用户程序执行和输出刷新阶段。在这两个阶段中，即使输入状态和数据发生变化，I/O 映象区中的相应单元的状态和数据也不会改变。因此，如果输入是脉冲信号，则该脉冲信号的宽度必须大于一个扫描周期，才能保证在任何情况下，该输入均能被读入。

(2) 程序执行阶段

PLC 在程序执行阶段，若不出现中断或跳转指令，就根据梯形图程序从首地址开始按自上而下、从左往右的顺序进行逐条扫描执行，扫描过程中分别从输入映像寄存器、输出映像寄存器以及辅助继电器中将有关编程元件的状态数据"0"或"1"读出，并根据梯形图规定的逻辑关系执行相应的运算，运算结果写入对应的元件映像寄存器中保存。而需向外输出的信号则存入输出映像寄存器，并由输出锁存器保存。

(3) 输出刷新阶段

当扫描用户程序结束后，PLC 就进入输出刷新阶段。在此期间，CPU 按照 I/O 映象区内对应的状态和数据刷新所有的输出锁存电路，再经输出电路驱动相应的外设。这时，才是 PLC 的真正输出。

2. PLC 的 I/O 响应时间

为了增强 PLC 的抗干扰能力，提高其可靠性，PLC 的每个开关量输入端都采用光电隔离等技术。为了能实现继电器控制线路的硬逻辑并行控制，PLC 采用了不同于一般微型计算机的运行方式(扫描技术)。以上两个主要原因，使得 PLC 得 I/O 响应比一般微型计算机构成的工业控制系统满的多，其响应时间至少等于一个扫描周期，一般均大于一个扫描周期甚至更长。所谓 I/O 响应时间指从 PLC 的某一输入信号变化开始到系统有关输出端信号的改变所需的时间。

### 三、PLC 的编程语言

可编程控制器 PLC 中有多种程序设计语言，它们是：梯形图语言、布尔助记符语言、功能表图语言、功能模块图语言及结构化语句描述语言等。

梯形图语言和布尔助记符语言是基本程序设计语言，它通常由一系列指令组成，用这些指令可以完成大多数简单的控制功能，例如，代替继电器、计数器、计时器完成顺序控制和逻辑控制等，通过扩展或增强指令集，它们也能执行其他的基本操作。

功能表图语言和语句描述语言是高级的程序设计语言，它可根据需要去执行更有效的操作，例如，模拟量的控制，数据的操纵，报表的报印和其他基本程序设计语言无法完成的功能。

功能模块图语言采用功能模块图的形式，通过软连接的方式完成所要求的控制功能，它不仅在可编程序控制器中得到了广泛的应用，在集散控制系统的编程和组态时也常常被采用，由于它具有连接方便、操作简单、易于掌握等特点，为广大工程设计和应用人员所喜爱。

### 四、PLC 的选型

在 PLC 系统设计时，首先应确定控制方案，下一步工作就是 PLC 工程设计选型。工艺流程的特点和应用要求是设计选型的主要依据。因此，工程设计选型和估算时，应详细分析工艺过程的特点、控制要求，明确控制任务和范围确定所需的操作和动作，然后根据控制要求，估算输入输出点数、所需存储器容量、确定PLC的功能、外部设备特性等，最后选择有较高性能价格比的PLC和设计相应的控制系统。

1. 输入输出(I/O)点数的估算

I/O点数估算时应考虑适当的余量，通常根据统计的输入输出点数，再增加10%～20%的可扩展余量后，作为输入输出点数估算数据。实际订货时，还需根据制造厂商PLC的产品特点，对输入输出点数进行调整。

2. 存储器容量的估算

存储器容量是可编程序控制器本身能提供的硬件存储单元大小，程序容量是存储器中用户应用项目使用的存储单元的大小，因此程序容量小于存储器容量。存储器内存容量的估算没有固定的公式，许多文献资料中给出了不同公式，大体上都是按数字量I/O点数的10倍～15倍，加上模拟I/O点数的100倍，以此数为内存的总字数(16位为一个字)，另外再按此数的25%考虑余量。

3. 控制功能的选择

该选择包括运算功能、控制功能、通信功能、编程功能、诊断功能和处理速度等特性的选择。

(1) 运算功能

简单PLC的运算功能包括逻辑运算、计时和计数功能；普通PLC的运算功能还包括数据移位、比较等运算功能；较复杂运算功能有代数运算、数据传送等；大型PLC中还有模拟量的PID运算和其他高级运算功能。随着开放系统的出现，在PLC中都已具有通信功能，有些产品具有与下位机的通信，有些产品具有与同位机或上位机的通信，有些产品还具有与工厂或企业网进行数据通信的功能。设计选型时应从实际应用的要求出发，合理选用所需的运算功能。

(2) 控制功能

控制功能包括PID控制运算、前馈补偿控制运算、比值控制运算等，应根据控制要求确定。PLC主要用于顺序逻辑控制，因此，大多数场合常采用单回路或多回路控制器解决模拟量的控制，有时也采用专用的智能输入输出单元完成所需的控制功能，提高PLC的处理速度和节省存储器容量。例如采用PID控制单元、高速计数器、带速度补偿的模拟单元、ASC码转换单元等。

(3) 通信功能

大中型PLC系统应支持多种现场总线和标准通信协议(如TCP/IP)，需要时应能与工厂管理网(TCP/IP)相连接。PLC系统的通信网络主要形式有下列几种形式：

1) PC为主站，多台同型号PLC为从站，组成简易PLC网络；

2) 1台PLC为主站，其他同型号PLC为从站，构成主从式PLC网络；

3) PLC网络通过特定网络接口连接到大型DCS中作为DCS的子网；

4) 专用PLC网络(各厂商的专用PLC通信网络)。

为减轻CPU通信任务，根据网络组成的实际需要，应选择具有不同通信功能的(如点对点、现场总线、工业以太网)通信处理器。

(4) 编程功能

离线编程方式：PLC和编程器共用一个CPU，编程器在编程模式时，CPU只为编程器提供服务，不对现场设备进行控制。在线编程方式：CPU和编程器有各自的CPU，主机CPU负责现场控制，并在一个扫描周期内与编程器进行数据交换，编程器把在线编制的程序或数据发送到主机，下一扫描周期，主机就根据新收到的程序运行。

(5) 诊断功能

PLC的诊断功能包括硬件和软件的诊断。硬件诊断通过硬件的逻辑判断确定硬件的故障位置，软件诊断分内诊断和外诊断。通过软件对PLC内部的性能和功能进行诊断是内诊断，通过软件对PLC的CPU与外部输入输出等部件信息交换功能进行诊断是外诊断。

PLC的诊断功能的强弱，直接影响对操作和维护人员技术能力的要求，并影响平均维修

(6）处理速度

PLC采用扫描方式工作。从实时性要求来看,处理速度应越快越好,如果信号持续时间小于扫描时间,则PLC将扫描不到该信号,造成信号数据的丢失。

处理速度与用户程序的长度、CPU处理速度、软件质量等有关。扫描周期(处理器扫描周期)应满足:小型PLC的扫描时间不大于0.5 ms/K;大中型PLC的扫描时间不大于0.2 ms/K。

### 五、PLC在起重机上的应用

通用起重机是由主起升,副起升,大车行走,小车行走等机构组成,所需的点数一般在100点左右,它们大多数是DI/DO和很少量的AI/AO控制点,选择PLC时应充分考虑PLC的性价比,一般选用微型整体式的PLC再配置一定数量的I/O扩展模块或小型的组合(模块式)的PLC。

常用的微型PLC有SIEMENS S7-200其主机的规格和技术数据见表5-4-1,主要扩展模块见表5-4-2。

表 5-4-1　S7-200 的规格和技术数据

| CPU | CPU 212 | CPU 214 | CPU 215 | CPU 216 |
|---|---|---|---|---|
| 外形尺寸 | (160×80×62)mm | (197×80×62)mm | (218×80×62)mm | (218×80×62)mm |
| 存储器 | | | | |
| Program (EEPROM) | 512 word | 2K word | 4K word | 4K word |
| L'ser dada | 512 word | 2K word | 2.5K word | 2.5K word |
| Internal memory | 128 | 256 | 256 | 256 |
| DI/DO 数量 | | | | |
| 本机 DI/DO | 8DI/6DO | 14DI/10DO | 14DI/10DO | 24DI/16DO |
| 扩展模块数量(最大) | 2 | 7 | 7 | 7 |
| 过程映像区 DI/DO | 64DI/64DO | 64DI/64DO | 64DI/64DO | 64DI/64DO |
| 模拟量数量(最大) | 16AI/16AO | 16AI/16AO | 16AI/16AO | 16AI/16AO |
| 指令执行 | | | | |
| 每条二进制指令执行时间 | $1.2\mu s$ | $0.8\mu s$ | $0.8\mu s$ | $0.8\mu s$ |
| 计数器/计时器数量(内部) | 64/64 | 128/128 | 256/256 | 256/256 |
| 通信能力 | | | | |
| 串行口 RS485 | 1 | 1 | 2 | 2 |
| 支持通信规约 Port:0 | PPI,Fresspor,rt | PPI,Fressport,I | PPI,Fressport,MPI | PPI,Fressport,rt,MPI |
| Pert:1 | No | No | DP,MPI | DP,MPI |
| 点对点通信 | 只作从机 | YES | YES | YES |

表 5-4-2　S7-200 的扩展模块规格和技术数据

| 定 货 号 | 类 型 | 输 出 形 式 |
|---|---|---|
| 6ES 221-1BF00-OXAO | DI8 输入 DC 24 V | |
| 6ES7 222-1BF00-OXAO | DO8 输出 | 晶体管 |
| 6ES7 222-1HF00-OXAO | DO8 输出 | 继电器 |
| 6ES7 223-1BF00-OXAO | D14 输入 DC24V;DO4 输出 | 晶体管 MOS-FET |
| 6ES7 223-1BF00-OXA0 | DI8 输入 DC24V;DO8 输出 | 晶体管 MOS-FET |
| 6ES7 223-1BL00-OXAO | DI16 输入 DC24V;DO16 输出 | 晶体管 MOS-FET |
| 6ES7 223-1HF00-OXAO | D14 输入 DC24V;DO4 输出 | 继电器 |

续上表

| 定 货 号 | 类 型 | 输 出 形 式 |
|---|---|---|
| 6ES7 223-1PH00-OXAO | DI8 输入 DC24 V；DO8 输出 | 继电器 |
| 6ES7 223-1PL00-OXAO | DI16 输入 DC24 V；DO16 输出 | 继电器 |
| 6ES7 231-0HC00-OXAO | AI3 输入 | 12 bit |
| 6ES7 232-0HB00-OXAO | AO2 输出 | 12 bit |
| 6ES7 231-0KD00-OXAO | AI3 输入；AO1 输出 | 12 bit |

PLC 的组态有两种方式，一种是集中控制方式，另一种是分布式控制方式，集中控制方式就是将现场所有检测信号连接到 PLC 的输入接口 DI 上，PLC 通过 DO 向各机构发出命令，控制起重机的运行，分布式控制方式，就是 PLC 配置一个至多个子站或远程 I/O 模块，它们之间用现场总线（或远程通讯模块）连接，如图 5-4-2 所示，分布式控制方式具有节省控制电缆的优点。

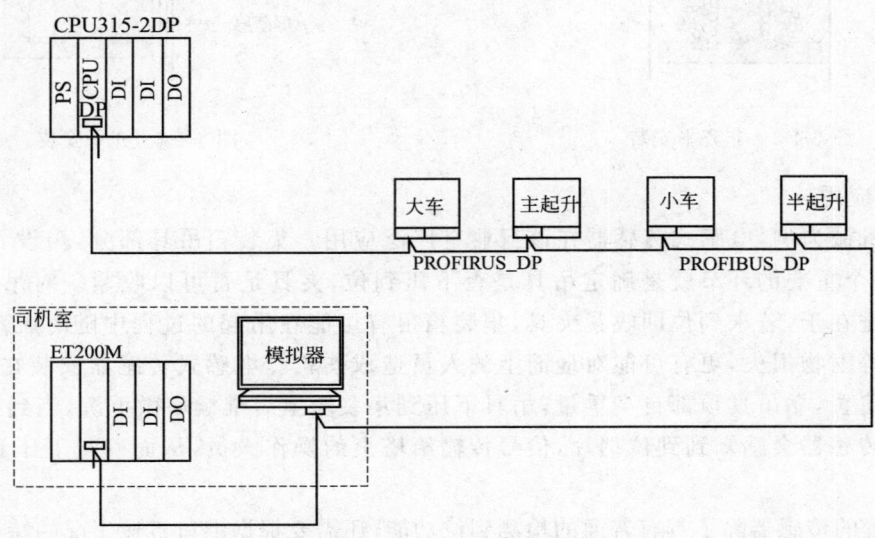

图 5-4-2　分布式 PLC 控制系统示意图

传统起重机电气系统中，电气室和司机室之间往往需要许多控制电缆，给安装敷设，使用维护带来很多不便，分布式控制方式只需一根电缆就能替代控制电缆，大大提高了起重机的可靠性，可维护性，分布式控制子站可以设置在起重机小车，港口起重机，门架式起重机的大车的门腿上。

## 第二节　自动定位装置

起重机械的自动定位一般根据被控对象的使用环境、精度要求来确定装置的构成形式。自动定位装置通常使用各种检测元件与继电接触器或可编程序控制器（PLC），相互配合达到自动定位的目的。常用的检测元件有以下几类：

(1)接近开关：分电感式、电容式、超声波；
(2)光电开关：分对射式、漫反射式、反馈反射式和槽型；
(3)旋转编码器：分增量型和绝对型。

上述元件在使用中可构成不同的定位方式：数字计数的相对定位方式和绝对值定位方式。

### 一、接近开关

1. 电感式传感器
(1)工作原理

电感式传感器主要由2部分组成：线圈部分和电路部分，利用缠绕在铁氧体磁芯上的线圈而构成的LC振荡电路产生的一个高频交变的磁场，在金属性导电物体接近磁场并到达感应区时，通过金属物体内部产生的涡流，其会反作用于线圈，由比较电路感知，从而输出信号，达到非接触式检测。输出信号主要有3线PNP、NPN，2线DC，2线AC/DC，模拟量电流或电压，Numar信号等。

其特点是体积小，对金属物体进行检测重复精度高，非接触式检测无机械磨损，IP67或IP68高防护等级，检测效果安全可靠。这些优点非常适合在机械设备中使用，作为到位检测和监控，具有精度高、防护高、寿命长的优势。按安装方式又分齐平式（见图5-4-4）和非齐平式（见图5-4-3）。

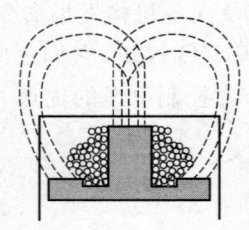

图 5-4-3　非齐平安装

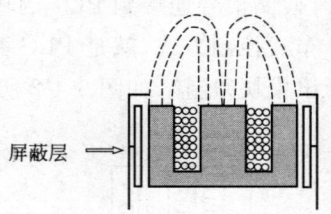

图 5-4-4　齐平安装

（2）产品应用

以港口机械为例，电感式传感器在该行业有广泛应用。集装箱吊具部分，当设备工作，抓取集装箱时，一个重要的环节就是确定吊具是否下压到位，夹具是否可以收紧。对吊具下压到位的检测之关键在于，若未到位即收紧夹具，集装箱很有可能在吊起的过程中随时脱落，不仅仅会造成集装箱等财物损失，更有可能对地面上的人员造成伤亡。电感式传感器安装在吊具上部内测的4个角位置，靠吊具顶部自身重量，吊具下压到集装箱上后继续略微下沉，当到位时，位于4个角的电感传感器会感知到到位挡片，信号传输给塔上的操作人员，从而确定下压到位，可进行拉起操作。

在该位置的传感器除了具有普通的检测到位功能，还需要根据港口机械工况的特殊性，选择更为适合的系列。考虑到港机的通常在海边操作，工作是震动较大，海风的盐分具有一定的腐蚀型，户外操作更有不同机械的温度变化，尤其是南方和北方的温差问题，都是在选择传感器是需要考虑的因素。

通常，该工况选择传感器型号FI10-M30-OP6L-Q12（以ELCO公司产品为例），其检测距离10 mm，齐平安装，M30外径尺寸，NO\PNP输出，10 V～30 V DC供电，使用环境温度−25 ℃～70 ℃。铜镀镍的外壳有一定的抗腐蚀能力，对于粗犷的港口机械，M30的外形尺寸较为合适，−25 ℃～70 ℃的温度范围对大多数地域也可正常使用。若港机应用在温度更为苛刻或季节性温差较大的区域，则相应的，更适合应用宽温度范围类的电感式传感器，如：FI10H-M30-OP6L-Q12（具体信息可参见ELCO公司产品资料），其温度范围相应的扩展为−30 ℃～100 ℃，可更好的适应当地环境，避免因温度造成传感器失效而导致的损失。再者，若10 mm检测距离过近，偶尔会造成传感器感应面撞毁，推荐使用检测距离增强型产品：FI15-M30-OP6L-Q12，感应距离提升至15 mm，与通常使用产品提升了50%，大大降低了传感器损毁机率，实现了降低维护成本，检测也更为可靠。

港机的缆索收放监控，同样使用了电感式传感器。通常使用2只做换向检测，将这两只产品错开相对安装，缆索收、放时会接近触发相应的传感器，PLC接收到信号，实现控制。

2. 电容式传感器

电容式传感器的感应面由两个同轴金属电极构成，很像"打开的"电容器的电极，电极A和电极B连接在高频振子的反馈回路中。该高频振子无测试目标时不感应。当测试目标接近传感器表面时，它就进入了由这两个电极构成的电场，引起A、B之间的耦合电容增加，电路开始振荡。每一振荡的振幅均由一数据分析电路测得,并形成开关信号(见图5-4-5)。

通常而言,电容式传感器检测的距离跟被检测体的材质有关,材质的介电常数越大,获得的开关距离越大(见图5-4-6)。

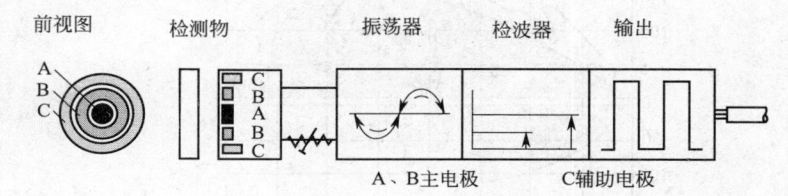

图5-4-5　电容式传感器工作原理

### 3. 超声波传感器

(1)工作原理

超声波顾名思义是指某种特定性质且人无法听见的一种声波。这种特定性质可以简单概括为:振动次数(频率)高,波长很短。在检测时,超声波传感器的换能器周期性的发射超声波脉冲,当遇到被测物体时,部分超声波被反射回超声波传感器的换能器,传感器内部根据回波信号测量出从发射超声波脉冲到接收回波所需要的总的传输时间,近似可以通过 $S=C\times T/2$($S=$被检测物体与超声波传感器之间的距离;$C=$空气中的声速;$T=$声波从发射到接收所需的时间)计算出被检测物与传感器之间的距离,

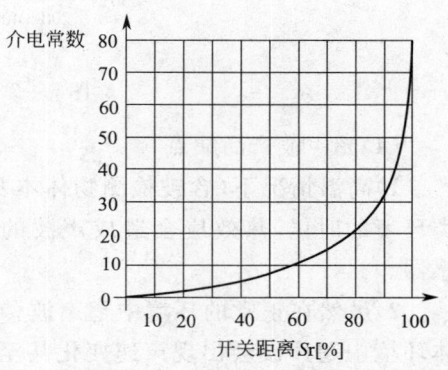

图5-4-6　介电常数与开关距离关系

从而达到检测物体的目的。同时从上述过程也可以看出,超声波传感器的换能器既是发射器也是接收器,因此不能同时发射和接收超声波脉冲。

通常超声波传感器按照结构区分大体上可以分为:对射式;反射板式;漫反式。按输出功能又分为:单开关量输出、双开关量输出、单模拟量(电压或电流)输出功能及双模拟量(电压及电流)输出。

(2)超声波声感应范围

1)声波形状:

超声波平面形状近似于叶片,立体形状接近锥体,所以只有在声锥范围内的物体才能被传感器检测到。各厂家在产品说明书中会提供对应型号超声波传感器的动态响应曲线图,图5-4-7的绘制是由两种检测物(平板/圆棒)的检测曲线叠加而来。$X$轴:超声波传感器检测距离;$Y$轴:被检测物体参考尺寸。

2)盲区:

任何超声波传感器都存在检测盲区。由于在盲区范围内超声波本身不能完成一次由发送到接收的检测过程,因此无法输出,一般产品显示通常为"报错"。所以必须保持盲区内不能有任何遮挡。

(3)超声波产品优点

1)超声波可以在空气,液体,固体等介质中有效传播;

2)可以检测固体,液体,颗粒,粉末等物质;

3)对透明或彩色等物体表面有很好的抗性;

4)无论产品是何形状,表面光滑或粗糙与否,都不会对测量效果产生很明显的影响。但是比较大的粗糙表面会造成检测距离的衰减;

5)正常的大气变化对声波传输几乎没有什么影响,换句话说,正常的雨雪天气及在能见度较差的工况下,对测量效果的影响也非常微小,但是传感器本身不能弄湿。

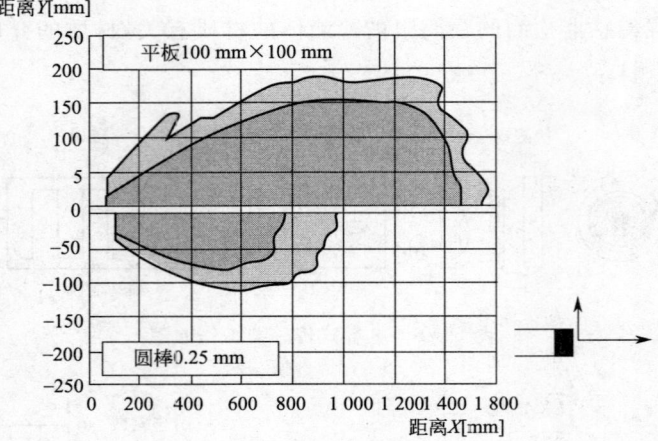

图 5-4-7　超声波传感器的动态响应曲线图

(4) 超声波产品缺点

1) 高温情况下(含被检测物体本身高度发热),由于会引起空气局部扰动,当超声波经过此类环境的时候,热效应会造成声波的发散或改变传播方向,这种条件下不建议使用超声波传感器。

2) 虽然在正常的环境中超声波传感器可以正常工作,但是由于物理特性,在真空或其他气体环境中超声波会出现声速变化甚至衰减的情况,导致声波无法传播或出现严重误差,在选型时切忌。

3) 同时强风也会将超声波吹散,导致产品无法使用。在露天使用时要注意此点,通过安装适当的遮挡罩可以有效避免产品工作异常。

4) 在使用超声波传感器检测某些能够吸收声波的被测物时,检测范围将极大地减小。

(5) 超声波传感器的特殊功能

1) 温度补偿功能:

超声波传感器部分产品会带有温度补偿功能(内部含有温度补偿电路),使得环境温度对产品检测距离精度的影响有一定程度的降低,提高了超声波传感器的重复精度。

2) 同步功能:

通常在平行近距离多个使用超声波传感器时,传感器各自发射的声波会产生互相干扰,导致产品无法使用。同步功能可以很好的解决这一困扰,使得每个传感器都能可靠稳定独立的工作。

3) 在线设定(Teach-In):

超声波传感器的检测距离一般从 300 mm 到 6 000 mm 不等。通过 Teach-In 功能,可以设定现场所需要的实际距离。其设定方法简单易用,按照不同的模式和输出类型,通过将设定线按照一定的次序分别短接电源的正负极即可完成整个设定过程。

4) RS232 设定功能:

超声波传感器虽然已经含有 Teach-In 功能,但是某些特殊的现场需要对模拟量进行更加细致的设定,已求被控制量与模拟量信号之间达到近乎 1:1 的对比关系。某些超声波传感器的 RS232 设定功能很好地解决了这个问题,当现场有多个模拟量时,无需在 PLC 程序中再进行额外的计算,减少了 PLC 程序的语句数量,从而大大提高了响应速度。

(6) 超声波传感器的安装

一般来说,超声波传感器可以安装于任何位置,但是为了达到最佳的检测效果,一定要参考被检测物的材质,物体表面状况及物体形状等因素。

(7) 超声波传感器外壳材质

为了满足越来越恶劣的使用环境,超声波传感器的外壳目前很多均采用不锈钢材质,在避免腐蚀生锈的同时也达到了一定的耐机械冲击的效果。

(8) 实际应用

1) 防撞检测:

随着目前国内建设步伐的加快,起重设备的使用大大增加,在钢厂,港口码头,建筑等行业需要大量的使用。在提高了生产效率的同时,也隐藏了一些潜在的问题,由于数量众多,工作强度增加,各地碰撞事故不断发生。

传统的安全系统一般使用接触式防撞,产品大都为机械式开关。安全防护的距离很短,而且产品本身的使用寿命不长,需要现场人员频繁的更换开关,也导致生产短时间的停滞,造成资源的浪费。超声波传感器本身结构简单,标准的工业传感器安装尺寸,特殊的产品性能,可以广泛应用于起重机械行业。在解决防撞方案中,选用 ELCO 的超声波产品:UK6 000-G30-VP6L-Q12.1(见图 5-4-8)。

图 5-4-8 超声波产品

在选择超声波传感器时,一般无需考虑环境或被检测物的外形,颜色,尺寸,只需要选择合适的检测距离以及电气输出性能即可。虽然在检测距离上光电传感器优势非常明显,但是在充实着大量粉尘,烟雾或是变化无常的露天环境及光线比较暗的环境中时,光电传感器的劣势也非常明显。同时超声波传感器的检测范围比较宽,因此其防护的范围也远大于光电传感器,被检测物位置的小位移不会对超声波传感器造成任何影响。

2) 极限位置检测:

在起重机械使用当中,由于现场控制人员不能全视野的观察周围情况,某些时候会出现起重臂移动超出范围,造成事故发生。超声波传感器的双开关量可以很好的起到极限位置检测功能,同时减少了对传感器的采购数量(见图 5-4-9)。

3) 检测物定位检测:

在港口机械中,不论正面吊车还是堆高机在抓取集装箱或是其他大型被取物时,首先都需要对被取物进行精确的定位,确保被取物与吊具的完全接触,如果单纯依

图 5-4-9 超声波产品在起重机上的应用

靠驾驶员简单的目测,其潜在的危险可想而知,超声波传感器中的短距离检测系列产品具有盲区小,精度高,自身机械尺寸小的特点,非常适合在此类工况下发挥作用。

图 5-4-10 水平位置检测

4) 水平位置检测:

轮式起重机在工作时轮胎是悬空的。为保证设备能够安全可靠的工作,起重机的固定需要完全水平,从而使设备达到一个相对平稳的状态。由于施工现场环境有限,一般的地面不可能十分平整,这给检测带来了不小的难度。超声波传感器在垂直检测时,对于被测物体的形状要求不是非常苛刻,因此可以提供相对可靠的采集信号(见图 5-4-10)。

综上所述,超声波传感器的发展方向越来越追求更高的防护等级,更远的检测距离,相信随着未来起重设备

的日益发展,超声波传感器将扮演更加重要的角色。

## 二、光电开关

### 1. 工作原理

光电类传感器结构主要为3部分,光发射器,光接收器和电路部分。采用的原理主要是由光发射器持续发出红外光、红光或激光,靠光接收器是否接收到发射器发出的光来判断检测区域内有无物体,或对物体进行测距。主要分为3种检测模式:对射式、镜反式和漫反射式(见图 5-4-11 至图 5-4-13)。

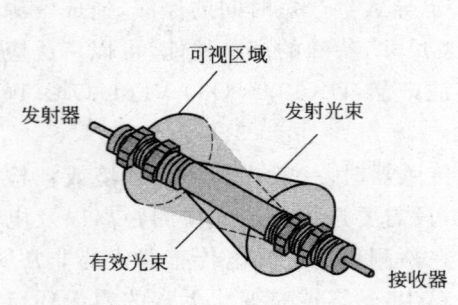

图 5-4-11 对射式检测模式

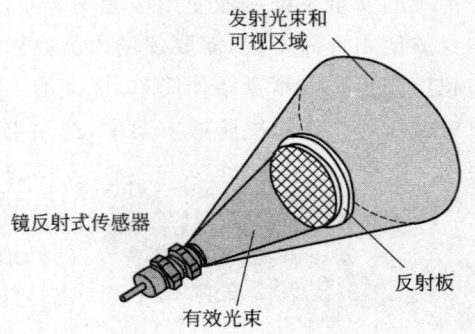

图 5-4-12 镜反射式检测模式

### 2. 实际应用

以 ELCO 激光防撞传感器应用于桥式起重机,具体介绍如下:

激光防撞传感器基于直反式或反射板式原理,作为行车运行防撞限位提示或报警装置,是行车安全不可缺少的检测设备。该系列传感器采用激光光源,安全、稳定,并且不受其他自然光源影响。输出方式以开关量与模拟量并行检测为主,作为限位报警、行车减速,以及距离监控之用。广泛应用于起重行业。

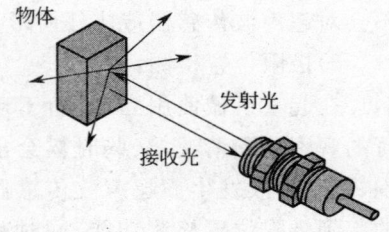

图 5-4-13 漫反射式检测模式

(1) 方案1:镜反式激光光电传感器应用于防撞

型号 ESPD-R30O2PLi6Q12,检测距离为 30 m 可做远距离监控(见图 5-4-14)。

| | |
|---|---|
| 检测方式 | 在线连续式 |
| 响应时间 | 10 ms |
| 开关输出 | 2 路 PNP |
| 模拟输出 | 4 mA~20 mA |
| 供电电压 | 10 V~30 V DC |
| 外壳材料 | 塑料 |
| 外形尺寸 | 85 mm×45 mm×92 mm |
| 重 量 | 0.5 kg |
| 防护等级 | IP65 |
| 工作环境 | −10 ℃~+50 ℃ |
| 接 头 | M12 5 pin |

其特点为 2 路开关量+1 路模拟量输出,2 路开关量独立设置,可作为减速+极限报警使用,并且,可用模拟量输出进行全程监控,实时监控行车位置、速度状态。并且界面友好,具有状态指示灯与示教按钮,可进行在线设定:

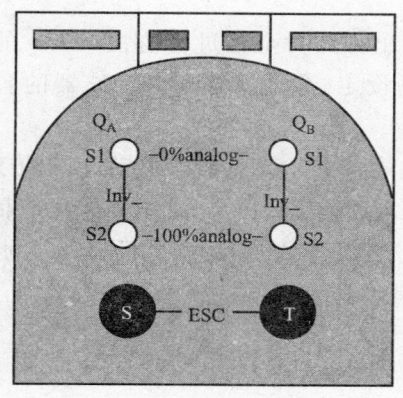

图 5-4-14 面板示意图

开关量设定：

1)首先，进入设置菜单。

2)按 T 按钮，选择 LED 亮起，选择按 T 按钮，选择 LED QAS 1 亮起，选择目标，确定目标起点后，按 S 按钮确定。

3)按 T 按钮，选择 LED 亮起，选择按 T 按钮，选择 LED Q AS 2 亮起，选择目标，确定目标起点后，按 S 按钮确定。

4)如没有目标在量程内或目标表面未达到反射要求，S1 和 S2 会闪缩。

5)转换设置，按 T 按钮，选择 LED QAS1 和 QAS 2 都亮起，按 S 按钮确定，交换设置

模拟量设定：

①首先，进入设置菜单；

②按 T 按钮，选择 LED QAS 1 和 QBS 1 同 QAS 2 和 QBS 2 同时亮起，选择目标，确定目标起点(0% 4 mA)后，按 S 按钮确定；

③按 T 按钮，选择 LED 时亮起，选择目标，确定目标结束点(100% 20 mA)后，按 S 按钮确定。

恢复出厂设置：长 T 按钮 15 秒，LED 全亮，恢复出厂值。

方案特点，同系列的光电传感器相比，镜反式比漫反式检测距离明显较长，选择这种方式可达到经济的实现长距离检测和监控。专业的防撞光电传感器的特点是开关量与模拟量并存，以保证在整个过程中起到全程监控和位置报警作用。

(2)方案 2：漫反式激光光电传感器应用于防撞

型号：OSM90-KL10 000VBLI6Q12.1，检测距离 10 m，中长距离监控，开关量＋模拟量输出。

技术参数：

供电电压　　8 V～30 V DC

黄色 LED　　物体检测，示教

纹波电压　　≤15％ UB

空载电流　　≤150 mA

高/低电平信号　　≥(UB－2 V)/≤2 V

外壳　　　　金属

镜头　　　　玻璃

重量　　　　380 g

工作环境温度　　－20 ℃～＋50 ℃

VDE 安全等级　　Ⅱ，全部绝缘

防护等级　　IP67

符合标准　IEC60947-5-2

传感器特点：同样具备开关量＋模拟量的输出方式对全程进行监控，10 m 的检测距离作为中长距离监控用还是得心应手，同样可进行现场设定，全金属外壳对传感器的防护也起到一定作用。

方案特点：天车在运行中，因设计和施工的差异，有时会产生较大震动，由于传感器监控的距离相对很远，震动会导致传感器光束偏差。此时，若采用镜反式产品，可能会导致光束偏离反光板，造成信号丢失或错乱，为安全埋下隐患。由于采用了漫反模式，不用反光板而直接对准被测物即可，就算是光束有较大偏离，而只要光束还在物体上就会让传感器持续工作。因此对于震动较大的天车，推荐此方式。

（3）方案 3：ELPD-D30 系列激光光电传感器应用于防撞

型号：ELPD-D30OP6　开关量输出。

ELPD-D30Li6　模拟量输出。

检测距离漫反 30 m，远距离检测。

技术参数：

测量精度　1 mm

分辨率　0.1 mm～1 mm

测量频率　10 Hz，50 Hz，100 Hz

测量距离　0.1 m～30 m（漫反式）

激光等级　2 Class，＜1 mW，安全红色可见激光

光斑直径　2 mm（at 5 m）

供电电压　10 V～30V DC

外壳材料　金属

外形尺寸　188 mm×60 mm×95 mm

重　量　1.85 kg

防护等级　IP65

工作环境　－10 ℃～＋50 ℃

### 三、旋转编码器

1. 工作原理

光电旋转编码器产品作为工控领域的重要传感器，被广泛应用于各类工控现场。旋转编码器凭借高精度的信号反馈和快速的信号传输，成为工控现场关键的信号反馈传感器。同时针对不同应用领域的现场需求，旋转编码器提供不同类型的信号传输，进而形成不同类型的编码器系列。

无论光电旋转编码器被如何划分定义，其工作原理及结构形式均是相同的。光电旋转编码器是通过光电感应原理，将转速、角度和位置等物理量转化为电信号输出，并被上位机接收，进而实现系统的闭环控制或精确定位。

光电旋转编码器光、机、电一体的传感器产品，主要有以下部件构成（见图 5-4-15）：

(1)LED 发光管；

(2)径向光栅（码盘）；

(3)光电接收器；

(4)处理电路；

(5)连接法兰、输出轴以及外壳。

2. 编码器种类

光电旋转编码器针对不同工况按照要求及系统设计要求提供不同类型的编码器产品系列。

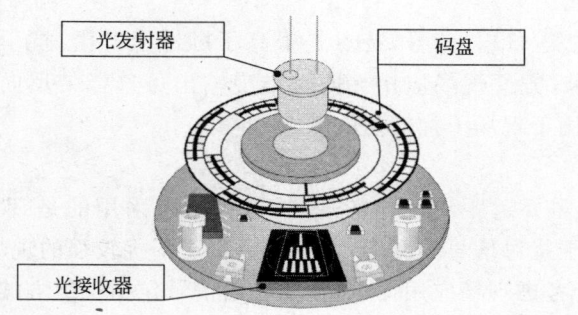
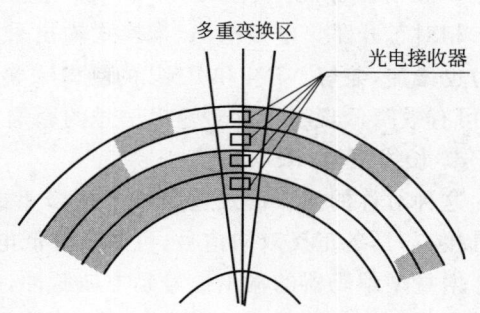

图 5-4-15　光电旋转编码器构成

(1) 按照输出信号方式区分

按照输出信号方式的不同光电旋转编码器分为增量型编码器和绝对值型编码器。

1) 增量型旋转编码器

增量型编码器的光栅式再是在一定直径的码盘圆周上等分地开通若干个长方形孔。编码器的结构形式确保径向光栅能够通过编码器输出轴与电机驱动轴形成有效连接，电机旋转时，光栅盘与驱动轴同步旋转。伴随光栅的旋转，经由发光二极管和光电接收器等电子元件组成的信号处理装置，将光栅旋转形成的光亮变化通过检测装置检测输出若干脉冲信号，通过测量某个周期或者单位时间内的脉冲数就可以计算出电机的转速。如果在一个参考点后脉冲数被累加，得到的值就对应电机转动角度或行程。

增量编码器按照输出信号的接口类型不同，分为集电极开路输出、电压输出、推挽输出以及长线驱动输出等。具体特性如下。

a. 集电极开路（见图 5-4-16），包括 NPN、PNP，主要针对一些上位机的接口要求。此类信号输出需要经过上拉电阻或下拉电阻进行接口信号采集，需要配合特定的上位机或者搭建相应的信号采集电路，同时信号抗干扰能力较低，无法实现长距离传输。

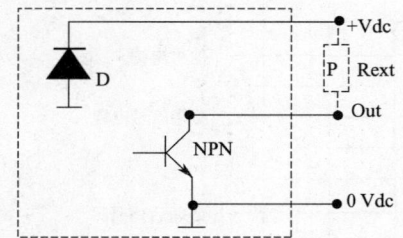
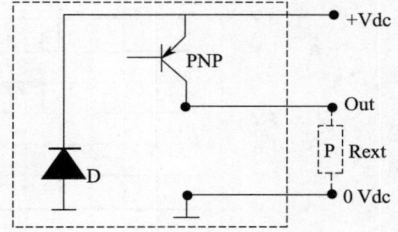

图 5-4-16　集电极开路

b. 电压输出（见图 5-4-17），包括 NPN、PNP。此类信号较集电极开路输出，无需外接电阻，相对应用简单，但也具有信号抗干扰能力较低的特点，因此无法实现长距离传输的。

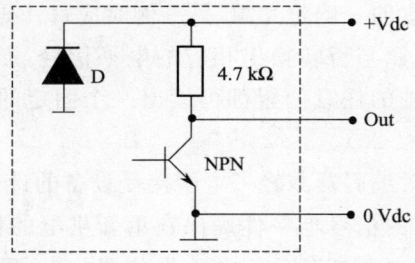
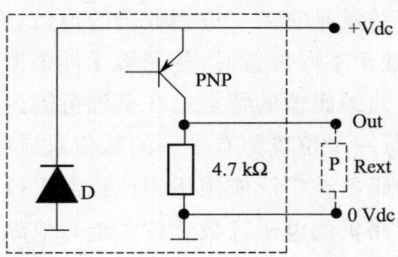

图 5-4-17　电压输出

c. 推挽式输出,兼容 NPN 和 PNP 输出形式。

相对于开路集电极输出,推挽式输出采用的是 HTL 信号,特点是提高了脉冲上升沿,抗干扰能力也增加,兼容 NPN 和 PNP 的接口采集要求,方便现场应用。同时推挽输出可选择带反向信号,可有效降低现场干扰对输出信号的影响,适用于现场干扰较强的场合。

d. 长线驱动(RS422)。

这种对称的接口形式适用于干扰严重或者需要远距离传输的现场,这种接口采用的是 TTL 信号接口,具备正反双向信号,可有效降低电磁干扰对信号的影响,可广泛应用于干扰较强的现场。

增量型编码器的输出信号是方波脉冲,综合考虑现场应用需求,产品输出信号包括三组方波脉冲 A、B 和 Z 相,其中 A、B 两组脉冲相位差 90°,从而可以方便判断出旋转方向,Z 相又称为零位信号,每圈输出一个脉冲,用于基准点定位。如图 5-4-18 所示。

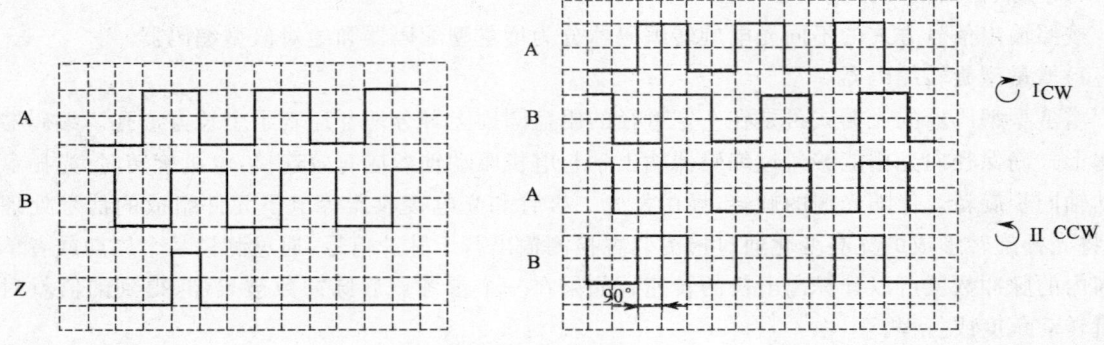

图 5-4-18 增量型编码器

编码器输出可增加反向通道,即 $\overline{A}$、$\overline{B}$、$\overline{Z}$,对于 A 相信号,读取时以 A 与 $\overline{A}$ 的差分值读取(见图 5-4-19),对于共模干扰有抑制作用,传递距离较远,这种传送标准符合 RS422 接口。

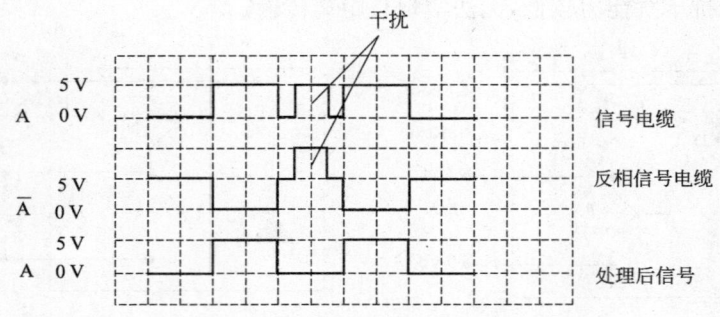

图 5-4-19 增量型编码器增加反向通道

2) 绝对值型旋转编码器

绝对编码器是将角度或位移信号采用数字量标定并输出的传感器,在它的圆形码盘上沿径向有若干同心码道,每条道上由透光和不透光的扇形区相间组成,相邻码道的扇区数目是双倍关系,码盘上的码道数就是它的二进制数码的位数,在码盘的一侧是光源,另一侧对应每一码道有一光敏元件;当码盘处于不同位置时,各光敏元件根据受光照与否转换出相应的电平信号,形成相应的高低电平。绝对值编码器的特点是在量程范围内,转轴的任意位置都可读出一个固定的与位置相对应的数值,即每一个位置都有唯一的数值对应(图 5-4-20)。

绝对值编码器被广泛应用于定位控制工位,绝对编码器减轻了电子接受设备的计算任务,从而省去了复杂而昂贵的电子计数装置。绝对值编码器的信号唯一性确保在重新供电的情况下,当前位置值被准确反馈,因此称之具备断电记忆功能,即电源断开后不会丢失位置信息,重新供电就可读取当前的位置值,以供系统进行重新标定或连续生产。

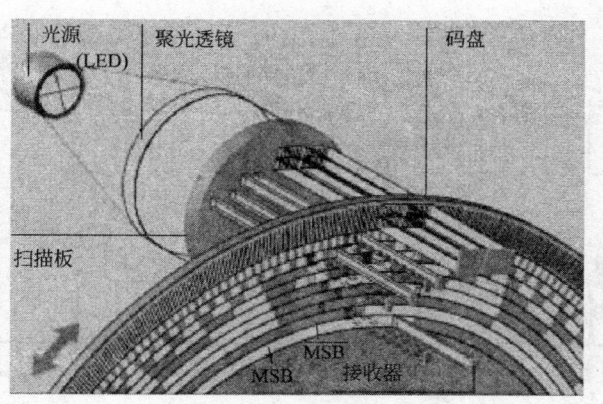

图 5-4-20　绝对值型旋转编码器

绝对值编码器输出信号在系统中采用最常见的为二进制代码运算，但由于二进制码在数据变化时存在多位信号的同时变化的特点，如，两个顺序的二进制码 7 和 8，从 0111(7)变到 1000(8)，二进制的每一位都要改变他们的状态，在高速传输时数据的读取难免会产生误码现象，进而影响数据反馈。针对这一情况，目前绝对值编码器的码盘普遍采用循环二进制码刻画，也叫格雷码，它的特征是两个连续数据之间只有一位数据改变状态，传输的准确性大大加强。

绝对值编码器的输出接口有并口输出、串行输出、现场总线输出、模拟量输出等形式，各接口类型特点如下：

a. 并行输出

绝对值编码器的信号位数对应信号输出线缆数量，每根电缆传输一位数据，以每条信号线上的电平高低代表 1 或 0，物理器件与增量值编码器相似，有集电极开路 NPN、PNP、差分驱动、推挽 HTL 等等，分高电平有效或低电平有效来针对 PNP 或 NPN 的物理器件格式。推挽式输出信号具备兼容 NPN 和 PNP 接口的特点，同时具备 5 V～30 V 的宽供电范围，易于现场安装调试。这是目前普遍被采用的并口输出的信号类型。

对于位数不高的绝对值编码器，一般就直接以此形式输出数码，可直接进入后续设备如 PLC 或上位机的 I/O 接口，有多少位就要连接多少个点，直接读取电平的高低，输出即时，连接简单。并行输出有如下特点：

a) 数据直接读取，具备快速传输的特点，但相对而言信号传输距离受限。

b) 每一位信号输出均占用一个接点，因此需要占用较多的系统接点。

c) 信号位数较多，因此抗干扰能力相对难度较大，个别接点信号被干扰会造成整个数据的错误。

d) 对于位数较多，要许多芯电缆，并要确保连接优良，由此带来工程难度及可靠性隐患。

b. 同步串行(SSI)输出

串行输出就是数据集中在一组电缆上传输，通过约定，在时间上有先后时序的数据输出。串行输出连接线少，传输距离远，对于编码器的保护和可靠性就大大提高了，一般高位数的绝对单圈编码器和绝对值多圈编码器都是用串行输出的。这种同步串行输出就是 SSI 接口形式，SSI 接口的编码器数据测定和传送有多种形式，但通常只有两种信号：时钟信号和数据信号，不受编码器精度影响(图 5-4-21)。

c. 现场总线输出

指令与数据分时间问和答，接口是双工的。信号传输采用专用线缆，传输距离远，抗干扰能力强。同时数据内容即可以是角度信息值，也可以是根据指令进行复位及数据写入。现场总线编码器可被简单接入现场系统，方便系统维护及升级。

常用的现场总线接口有 Profibus-DP、CANopen、DeviceNET 等，其连接的后续设备接口应选

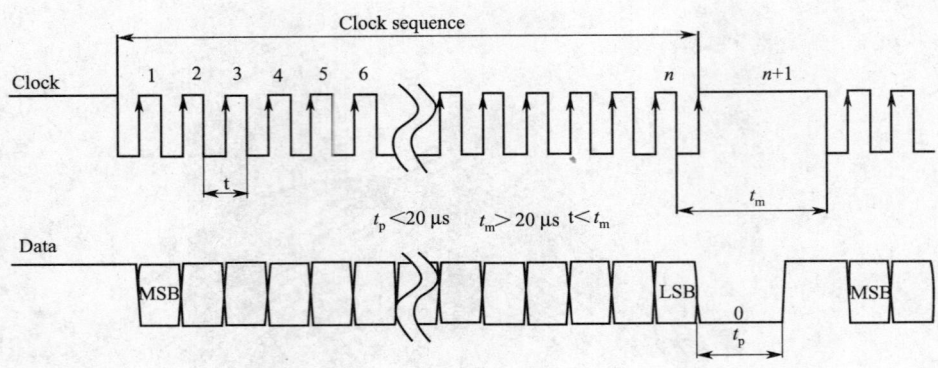

图 5-4-21 同步串行

对应的物理接口，在上位机上装载编码器的标示文件如Profibus-DP编码器的GSD文件，通过文件对编码器进行软件配置，进而完成数据传输的建立。现场总线编码器的特点是可多点连接控制，虽然现场总线接口的编码器的价格比其他类型的编码器产品高，但接线简单，信号抗干扰能力强及便于安装维护的特点，将有效降低设备维护难度和成本。

d. 模拟量 4 mA～20 mA 输出

系统设计过程中具备多种接口信号接收单元，针对较早完成的系统不具备连接并行，串行及现场总线接口的绝对值编码器的接口单元。针对此类系统的升级需求ELCO推出模拟量输出的绝对值编码器产品，包括单圈和多圈产品，产品采用模拟量 4 mA～20 mA 的信号输出。此类产品可满足具备模拟量接口的系统升级需求。

绝对值编码器根据测量圈数的不同包括单圈和多圈产品系列。单圈绝对值编码器具备将圆周进行位置细分的特点。如 ELCO 的绝对值单圈编码器可以将 360°圆周等分为 16 384 个位置，即圆周运行过程中可提供 0～16 383 的数据输出，可实现高达 0.02°的角度信号检测。

多圈绝对值编码器是在单圈编码器的基础上进一步提升的产品系列。多圈绝对值编码器不仅能在一圈内测量角位移，而且可以通过内部的齿轮组形成 12 位的圈数信息采集，即可实现4096 圈数内的角度信号检测反馈。绝对值多圈编码器凭借高精度的角度识别和宽范围的信号采集量程，越来越多地被应用于行程定位，如起重行业中的起升高度和行走距离的信号反馈。

(2) 按安装方式

按照机械安装方式的不同，光电旋转编码器分为轴型和轴套型编码器，亦称实心轴和空心轴编码器。

1) 轴型编码器

该类编码器配有实心轴，使用时要用柔性联轴器与驱动轴连接，能在一定程度减轻编码器轴所承受的负载，根据联轴器不同类型，抗负载的能力也不用，选型时需要注意。还有其他连接编码器到驱动轴的附件，如齿轮、皮带、测量轮等。外形如图 5-4-22 所示。

图 5-4-22 轴型编码器外形

图 5-4-23 轴套型编码器外形

2)轴套型编码器

这种编码器的轴为盲孔轴套型或者通孔空心轴型,使用时编码器直接与驱动轴连接,从而转矩的正确传递得到了保证,另外通过弹簧连接片等附件固定编码器。外形如图5-4-23所示。

3)轴型与轴套型编码器特点比对见表5-4-3。

表5-4-3 轴型与轴套型编码器特点对比

| | 实心轴编码器 | 轴套型编码器 |
|---|---|---|
| 优点 | ✓ 具备多种安装法兰,方便安装<br>✓ 通过联轴器柔性连接,有效降低驱动轴传递的机械振动和冲击 | ✓ 驱动轴直接安装,方便施工<br>✓ 外形紧凑,节省安装空间<br>✓ 驱动轴连接,反馈精确 |
| 缺点 | 1. 安装附件多,安装复杂;<br>2. 需要较大的安装空间;<br>3. 对驱动轴和产品输出轴的同心度要求较高 | 1. 过盈配合设计,对驱动轴的加工精度要求高,否则无法安装;<br>2. 硬性连接,对驱动轴的径向跳动和轴向窜动要求较高,否则影响信号反馈和使用寿命 |

3. 安装

编码器作为精密检测仪器,在安装或使用时不适当的高强度机械冲击或振动都有可能降低编码器的精度和稳定性,严重时还会损害编码器。所以在选型前请仔细查阅编码器所能承受的轴径向负载和抗冲击等参数,安装时遵守使用说明。

(1)机械安装

实心轴编码器与驱动轴连接必须使用柔性联轴器,它可以减小编码器轴承受的轴向径向负载,延长编码器使用寿命。但安装时需注意编码器同轴安装偏差不得超过联轴器允许范围,并应充分考虑轴窜动范围及预留间隙(图5-4-24)。

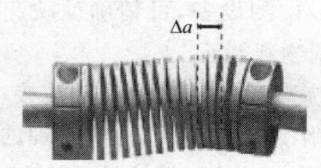 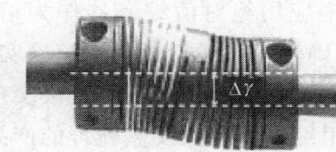 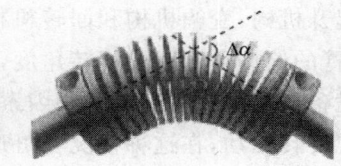

图5-4-24 机械安装示意图

轴套型编码器与驱动轴采用硬连接,需要轴间隙配合,要求轴精度不得大于g6,防止出现轴无法夹紧的现象。

安装时严禁敲打编码器,以免损坏轴承和码盘,长期使用时,定期检查编码器的固定是否牢固。

另外在选型时要考虑实际现场的环境,正确选择编码器的防护等级,特别是在室外使用,当编码器本身无法满足环境的要求时,可以添加额外保护措施,如编码器防护罩。

(2)电气安装

在工业环境中存在着强烈的电磁干扰,所以为保证编码器信号的准确性和稳定性,安装编码器时要注意以下几个方面:

1)尽量使用双屏双绞线,电缆长度根据电气输出方式进行选择,当传输距离较远时,选用输出阻抗低,抗干扰能力强的型号。

2)编码器的输出线不要搭接,以免损坏输出电路。

3)与编码器连接的电机等设备,保证接地良好,不能有静电,如果有请使用绝缘联轴器。

4)避免信号线直接靠近干扰源,包括设备的动力线缆等,安装时要保证100 mm的间距,或将电缆置于金属软管等走线槽内。

4. 编码器在起重行业内的典型应用

起重机械作为工程施工及货物运输的重要设备,被广泛应用于各类现场。通常情况下起重机械由起升机构、运行机构、变幅机构、回转机构等活动单元和金属机构、动力装置、控制驱动及必要辅助装置组成。起重机械按照不同的标准可划分为不同的机型,其中按照结构形式主要分为桥架式起重机和臂架式起重机两类。无论何种机型的起重机,起升、运行、变幅和回转等活动单元的控制都是关键控制点,因此需要高精度的信号反馈传感器。针对此情况旋转编码器被广泛应用于起重机械中作为电机转速,运行角度等重要物理量的信号反馈。

增量型编码器凭借高精度的信号识别和高速的信号传输等优点,逐渐成为起重行业中电机运行转速的理想信号反馈装置,例如在大车行走的速度反馈、起升重物的升降速度等。此类控制过程中编码器输出信号被变频器接收作为实际速度反馈参与电机转速的闭环控制。考虑现场运行过程中电磁干扰严重,如电机运转,电磁抱闸等设备的运行产生的电磁干扰,增量编码器较多采用推挽带反向信号或长线驱动的信号输出形式,可有效降低电磁干扰的影响,确保长距离信号传输过程中的信号可靠性。在大车行走以及主副起升电机上安装的增量编码器除考虑抗干扰性能外,要根据现场安装条件选择轴型或轴套型产品安装。设备运行过程中震动较大,并伴随频繁的正反向运转,启停,因此要选择机械负载能力较强的编码器产品,以抵抗机械振动带来的输出影响,确保使用寿命。如 ELCO 的重载型轴套式增量编码器 EV100P、HV115R 系列和重载型轴型增量编码器 HV115A 系列产品,具备优异的抗机械振动能力,可满足起重行业的应用需求。

起重机设备的运行除上面的速度控制外,最重要的是角度及位移的信号反馈。此类信号准确反映设备运行状态和可实现的后续操作条件,是设备连续安全运行的信号保障。此类环节均采用绝对值多圈编码器作为信号反馈单元,其单圈的高精度角度定位和宽范围的圈数量程可确保设备精确控制和可靠运行。

小车行走环节采用绝对值编码器反馈行走位移,准确控制起升机构的空间定位,实现可视化运行。起升机构、变幅机构和回转机构中应用绝对值编码器作为信号检测设备,可精确反映起升高度,力臂的俯仰角度以及回转角度,可确保设备运行过程中精确实现物料搬运。

设备设计过程中存在多种因素的考虑,在有些情况下无法实现旋转编码器的驱动轴连接,即无法实现旋转驱动,在这种情况下可选用编码器和拉线盒配合的产品作为反馈单元,通过合理的安装可以将小车行走,起升高度以及力臂扩展等物理信息通过拉绳的拖动带动编码器旋转,进而获得精确的信号反馈。

绝对值编码器的应用要充分考虑系统设计要求,根据系统差别可选择 SSI、Profibus-DP、DeviceNET 等信号输出的产品,方便系统安装调试。同时在设备运行过程中安装绝对值编码器的地点存在较大震动,因此要充分考虑产品的抗震性能,理想的产品可确保信号的稳定传输,确保系统安全运行,ELCO 的重载型绝对值编码器现场表现优异。

## 第三节　地面操纵、有线与无线遥控

### 一、地面操纵

地面操纵就是采用多通道的信息传输形式,即信息一般不经过转换,一个信息占用一个通道,实现控制的目的。在起重机上通常采用的由导电电缆悬挂至地面上的按钮盒(或小型主令控制器),控制接触器的吸合和分断,间接控制电动机,实现各机构的运行就是常见的实例。起重机地面操纵可分为固定点和可移动操纵两种形式。固定点操纵形式,由于操纵者远离起重机,吊运物体时,视线不好是其缺点,但可以改善操纵者的工作环境。这种操纵形式主要适合于小型简单或者有特殊要求的起重机,如多点操纵、工作环境恶劣等。可移动的操纵形式,由于操纵者的位置较灵活方便,并靠近吊运点,工作视线好、控制准确;但另一方面由于是有线控制,使操纵者的灵活性受到一定限制,并易疲劳,而且要求工作环境要好。

起重机的地面操纵常用的关键部件是地面按钮盒,在按钮盒上必须有起动(绿色)、停止(红色,宜采用紧急式停止钮)及各机构操纵按钮,按钮上符号铭板应有指示运行方向的箭头,如上升↑、下降↓、向前↗、向后↙、向左←,向右→,而且指示的方向必须使运行机构与操纵者的视线相协调,除此之外还应有信号指示灯,如供电、报警、照明指示等。为减小按钮盒的体积,一些辅助功能可以通过按钮的复合来实现,或使用多功能元件,如带灯按钮,双速按钮等。对于互逆操纵的按钮必要时还应有机械联锁。

地面按钮操纵一般不采用电气自保电路,以利于操纵的快速性,但对于需较长时间运行情况的起重机,或用户有特殊要求,或操纵力较大的防爆按钮可考虑电气自保。控制回路一般采用单独变压器供电,按钮盒应有可靠的电气接地,不是安全电压等级的操纵回路宜设置漏电保护开关,以确保操纵者的安全。采用安全电压控制时,对线路的电压损失应给予充分的考虑,一般可增大连接导线的截面,对限位等联锁保护回路增加中间继电器过渡等措施减小电压损失,确保元件工作可靠。

按钮盒一般固定在起重机主梁的中心位置,也可固定在使用者提出的特定点。由于操纵者需跟随起重机行走,故限制起重机空载运行速度应不大于 50 m/min。对于跨度大于 16.5 m 的起重机,按钮盒宜具有沿主梁手动运行的功能。

如果操纵只是固定在地面某一点,此时宜采用控制器操纵控制,起重机速度可不受限制。地面操纵的起重机也有多点控制或多机构同时联动的工作方式,如司机室与地面两地、地面多点、双小车等。对于这类起重机需特别注意的是要有完善可靠的信号指示与电气联锁,如各操纵点都能可靠分断总电源,操纵点互相联锁、联动互锁,以及按钮盒的安全放置等,以减少不必要的事故。各机构由笼型电动机驱动时,控制可采用直接起动或降压起动。对双速电动机用于起升机构时,应注意避免快速下降回到慢速下降时出现失控现象。使用交流绕线电动机时,应采用时间、或电流或频率原则进行自动切换电动机转子串接电阻,完成起制动过程。如果采用调速控制系统,一般设计成一个快速挡和一个慢速挡,在快慢速过渡时应由控制系统自动调节,不应出现任何冲击。过多的操纵挡位容易引起不必要的误动作,而且在实际使用中意义也不大。

### 二、有线遥控

有线遥控是通过专用的电缆或动力线作为载波体,对信号用调制解调传输的方式,达到只用少通道即可实现控制的目的,因而一根载体可以传送多路信号。目前较复杂的有线遥控系统,工作原理已与无线遥控系统相近,只是通道形式不同。当附近有强大电磁场发射源(如雷达站),阻塞了无线信号的接收,才有必要采用有线遥控。采用有线遥控时,遥控发送装置必须引出通道线,这使遥控操纵者的工作位置受到限制。

### 三、无线遥控

工业无线遥控系统是通过发射器将人的操作指令经过数字化编码、加密后通过无线电波等形式传递给远方的接收系统,接收系统经解码转换后将控制指令还原,实现对各种机械设备远程控制的过程;要求其在强磁场、强电场及无线电信号复杂的环境中具有完全的抗干扰能力。JB/T 8437《起重机无线遥控装置》

无线遥控系统一般由一个发射器和一个接收器配套而成。每套系统都应具有其唯一的地址码,且地址码无法轻易改变。安全等级较高的发射器上除了常用的指令控制元件外,还应设置钥匙开关、急停开关和 LED 状态指示灯。钥匙开关是发射器启动不可或缺的元件,必须由专业起重机操作人员或管理者来保管。急停开关控制的回路需要外接于起重机总接触器线圈控制回路中,用于突发情况下关断遥控系统的自身信号输出和起重机动力电源。欧洲作为无线遥控系统的发源地,其EN954-1标准明确要求无线遥控系统的急停开关不但具有主动急停功能,还需具备被动急停功能。主动急停功能即操作人员通过拍下发射器上的急停开关,切断起重机上总电源,停止各机构运行。被动急停功能即接收器在一定时间内检测不到正常信号或接收器(控制系统)出现故障时,能自动执行急停指令,切断起重机上动力电源,停止各机构运行。LED状态指示灯可在遇到频率干扰,电池电量低等非正常工作状态下以声光警示操作人员。安全等级较高的接收器会采用两个不同品牌的解码单元来处理数据解调过程,以获得较好的纠错能力,只有当包含地址码和输出信号的帧检测下来都是无误的,接收器才会进行后续控制信号的处理。

(一)无线遥控系统分类

目前市面上无线遥控品牌种类繁多,大致可分成以下几种形式:

1. 红外线遥控装置

(1)通过数据电脉冲和红外光脉冲之间的相互转换实现无线的数据收发。

(2)为了提高可靠性,必须对红外光进行调制,在日光 8 000 Lx、灯光 2 000 Lx 或距离电焊弧光大于 6 m 的情况下,红外线装置应能正常工作。

(3)当超过上述环境条件时,应能拒绝动作,并报警或被动急停,但无误动作。

(4)其特点是小角度(30°锥角以内)、短距离(≥30 m)、点对点直线数据传输,保密性强。其缺点是受视距影响其传输距离短,要求通信设备的位置固定。

(5)防护等级,室外使用时不低于 IP54,室内使用时不低于 IP44。

2. 无线遥控装置

通讯方式采用频率调制解调形式(频率范围一般在 400 MHz～1 200 MHz 内),其特点是操纵无方向性,遥控距离远,性能稳定,抗干扰能力强。

按照通讯方式可分成实时通讯控制和即时通讯控制两种:

(1)实时通讯控制方式的遥控系统,必须具备双 CPU 控制。无论发射器有无指令给出,其始终与接收器保持沟通状态。发射器电池一般能连续工作 8 h 以上。

(2)即时通讯控制方式的遥控系统,采用专用芯片来代替 CPU 进行控制。只有在发射器给出控制指令后才开始与接收器进行沟通并传输信号,其余时间内两者间并不通讯。发射器电池一般能连续工作 24 h 以上。

3. 按照发射器类型可分成按键式和摇杆式两种

(1)按键式发射器可视为无线地操按钮盒,一般带有 10 至 12 个单挡或者双挡按键、一个急停开关、一个钥匙开关及一个状态指示灯,用于控制单、双速的天车起重机各机构的运行及常用辅助功能,其特点是重量轻、携带方便、操作灵活;主要适用于双速以下的简单控制,国内主要用于 20 t 以下的行车和单梁电动葫芦;

(2)摇杆式发射器可视为移动型驾驶室联动台,一般配置两个万向摇杆、若干个拨动开关及按键、一个急停开关、一个钥匙开关及一个状态指示灯,适用于控制多机构多挡位的天车起重机。通过肩带或者腰带佩戴在操作人员身上。其特点是重量适中、操作舒适、通过万向摇杆可实现多机构联动运行主要适用于变频、调压等需要多档位控制,国内主要用于 32t 以上的行车控制。

4. 按遥控系统接收器信号输出方式分

(1)继电器输出,无源触点输出方式,触点容量一般为:220 V 8 A;

(2)模拟量输出(0～20 mA/4 mA～20 mA/0～5 V/0～10 V);

(3)Profibus-DP(Siemens PLC)总线方式输出;

(4)Device Net(AB ROCKWELL PLC)总线方式输出。

5. 按照频率工作性质分类

(1)固定式频点,主要用于使用地点固定的设备,例如起重机等。

(2)自动频点选择(AFS功能),通过重启发射器或长按启动键五秒来切换频率,使用于水泥泵车,汽车吊,随车吊等移动设备。

(3)自动频点管理(AFM或DECT技术),遥控系统根据现场工作环境来自动优化选择频点,可应用于移动设备,港口机械等领域。

频率调制解调形式的无线电遥控系统已是目前市场上的主流配置。在无线遥控系统密集度比较高的区域,为了避免频率干扰所造成的遥控系统无法正常工作的情况,建议选择带自动频率选择功能的无线遥控系统,其特殊的RF模块可在开机时自动分析目前有效工作区域内频点使用情况,并自动优化选择最有效频率进行工作。

(二)无线遥控系统特点

1. 节省人力资源

以桥式起重机为例,操作、系缆、挂钩可由一人单独承担,无需指挥;对于工作效率低的起重机设备,一人可同时管理多台起重机设备;可在起重机操纵同时,完成与其关联的输送带、加料器、搬运车等其他设备控制和管理。

2. 提高工作效率

由于操作人员在地面上操作行车,独立判断行车的运行状态,因此操作的准确性、连贯性比以往显著提高;省去了司机上、下起重机的所带来的诸多不便。

3. 改善操作环境

操作人员可选择最佳角度,避开能见度差、污染严重、危险的操作位置。

4. 提高安全性与可靠性

避免了以往操作人员与地面指挥之间的误解,适用于设备组装等精密安装作业。

5. 控制成本

全遥控桥式起重机作为一种新的标准生产工艺,由于取消了驾驶室控制环节,从初期设备采购,中期人力投入以及后期设备维护保养都能企业节省一定的开支。

(三)无线遥控该系统基本参数

1. 无线遥控发射装置

(1)无线遥控发射器的帧信息应采用固定长度周期连续循环发送方式,其发送周期≤0.15 s。

(2)帧信息中必须包含校验码和地址码,校验字最小为一个字节。

(3)选用的遥控系统汉明码间距≥4。

(4)无线发射功率应≤20 mW。

(5)带万向摇杆的遥控系统,其摇杆高度应不超过发射器护卫高度,摇杆上控制起升机构的上升指令应设置在靠近操作人员侧。

(6)摇杆式遥控系统的急停开关应采用自锁式旋转复位蘑菇形按钮,其机械寿命应不小于$5\times10^5$次。

(7)遥控发射器的防护等级,室内使用时不低于IP44,室外使用时不低于IP54。

2. 无线遥控接收装置

(1)无线遥控接收器的灵敏度应小于$2\ \mu V$(12 dBSINAD时)。

(2)当通道的突发噪声干扰超过1 s或1 s检测不到正确的地址码时,应实施被动急停。

(3)当接收器检测不到高频载波或者收不到数据信号是,应实现被动急停功能,必须在1.5 s内切断通道总电源。

(4)对于有CPU电路的遥控接收器,应有监控和故障自诊断功能。

(5)功能码的传输误码率应小于0.1‰(12 dBSINAD时)。

(6)操作人员通过发射器给出主动急停指令,直至接收器中间继电器控制端输出主动急停命令,其所需时间应<0.5 s,该命令切断总电源是最高优先级。

(7) 接收器的防护等级，室内使用时不低于 IP44，室外使用时不低于 IP54。

目前在国内销售的进口遥控器品牌较多，主要有德国、美国、瑞典等，国产品牌遥控器主要为台湾地区产品。以下为几种常用的无线遥控装置主要参数见表 5-4-4。

表 5-4-4　无线遥控装置主要参数表

| 生产厂家 | 德国 HBC | 美国 Magnetek | 西班牙 Itowa | 瑞典 teleradio | 台湾禹鼎 |
|---|---|---|---|---|---|
| 成立时间 | 1947 | 1984 | 1986 | 1955 | 1985 |
| 工作温度/℃ | $-25\sim+70$ | $-25\sim+75$ | $-20\sim+70$ | $-20\sim+55$ | $-35\sim+70$ |
| 遥控距离/m | $100\sim150$ | $\geqslant100$ | $\geqslant100$ | $\geqslant100$ | $\geqslant100$ |
| 发射功率/mW | 10 | 1 | 10 | 10 | $\geqslant1$ |
| 发射器机壳材质 | 强化 ABS 工程塑料 PA66+30%玻璃纤维 | 工程塑料 | 工程塑料 | 工程塑料 | |
| 发射器防护等级 | IP65(可选 IP67) | IP66 | IP65 | IP66 | IP65 |
| 发射器电池 | 可充电镍氢电池 | 五号碱性电池 | 可充电镍氢电池 | 可充电锂电池 | 五号碱性电池 |
| 接收器电源 | 42 V~240 V AC；10 V~30 V DC | 24/42/48/110/220/380/410 V AC，12/24 V DC | 48/110 V AC | 48 V~230 V AC；12 V~24V DC | 110 V~380 V AC |
| 接收器灵敏度 | $-115$ dBm/$10^{-2}$ BER | $-116$ dBm | | $-110$ dBm | $<0.25\ \mu$V |
| 接收器输出容量 | 全气密式继电器 8 A/AC 250 V | 8 A/AC 250 V | 5 A/AC 250 V | | 10 A/AC 250 V |
| 接收器机壳材质 | 工程塑料 PA66+30%玻璃纤维或铸铝合金 | 工程塑料 | 工程塑料 | 工程塑料 | 工程塑料 |
| 接收器防护等级 | IP65(可选 IP67) | IP66 | IP65 | IP66 | IP65 |

(四) 无线遥控起重机应用举例

1. 无线遥控的三机构单速起重机

对于三机构单速起重机的无线遥控线路设计比较简单，以德国 HBC 的 FST 510 Quadrix 遥控装置为例进行介绍。

发射器 Quadrix 有四排单挡按键、一个置顶的急停开关和在第四排按键下方的状态 LED，接收器共 8 个继电器输出。其中用于吊钩上升的 K2 继电器和下降的 K1 继电器，小车前行的 K4 继电器和后行的 K3 继电器以及大车左行 K6 继电器和右行的 K5 继电器分别在自身的控制程序中设置了互锁。当同时按下同一机构的正反转按键时，由于内部程序安全互锁的作用，正反转的继电器都无输出。剩余 K7 继电器用于启动功能，K8 继电器用于电铃功能，K9 和 K10 继电器用于控制急停回路的输出。起重机的主回路和控制回路仍保持原有的各种标准及安全保护措施来设计。当遥控系统发射器和接收器建立正常连接后，内部急停继电器 K9 和 K10 吸合，按下发射器的启动按键，使外部总接触器 K0 线圈吸合，并通过其辅助触点进行回路自保。设备运行过程中如遇紧急情况，操作人员可拍下发射器的急停开关，或者在异常情况下遥控系统自行给出被动急停信号，使 K9 和 K10 线圈断开，且 K1 至 K8 继电器全部无输出。总接触器 K0 失电让设备停止运行，以保证人员、设备的安全。其部分电路图见 5-4-25。

2. 无线遥控的多速起重机

对于各类多速起重机采用无线遥控装置控制时，控制功能的实现都必须依靠中间继电器转换成扩展才能完成。现以发射器分别为按键式和摇杆式无线遥控的多速起重机为例说明如下。

(1) 采用按键式无线遥控装置控制各机构为双速的起重机

德国 HBC 的 FST 516 Micron5.1 无线遥控装置的发射器 Micron5.1 具有五排双挡按键、一个旋转开关、一个置顶的急停开关和在第五排按键左下方的状态 LED，接收器共 16 个继电器输出。至多可实现主钩、副钩、小车、大车四机构双速控制。第五排右侧的备用按键控制继电器 K17

可实现捺跳功能,用作"照明"等需自保持的信号。对于不同的多速起重机,根据具体的要求设计相应的转换接口电路,按不同的控制系统采用无线遥控时,接口电路的设计分别简介如下,供设计时参考。

对于QR1Y(老型号PQY)平移机构控制系统,只需将原控制系统中的中间挡用时间继电器进行合并,保留一挡低速和二挡高速即可。

对于有滑行挡的QR2Y平移机构控制系统,可采用浅按至一挡低速,深按至二挡自动加速到全速,再由深按回到浅按时进行滑行的遥控方式。另一种设计的办法是增加一个滑行按钮。对于采用涡流制动器调速控制系统的机构,控制方案亦是合并中间挡位,只保留低速和高速两个速度较为合适。其部分电路如图5-4-26所示。

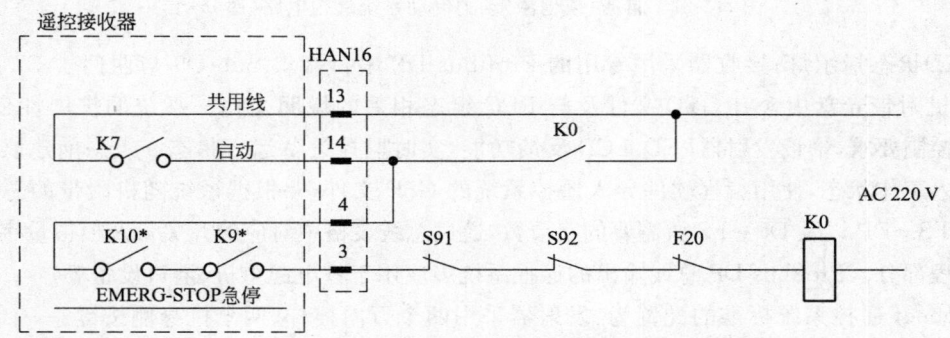

图 5-4-25　典型保护线路图

对于下降具有两挡反接的起升控制系统,可以上升保留一挡低速和一挡快速,中间挡采用时间继电器合并。下降浅按采用原反接下降二挡,深按应过渡到下降快速,返回浅按进入原反接下降一挡,为防止下降回零溜钩,增加反接制动延时断电环节。

对于下降带有单相、反接制动的起升控制系统,可以上升同前述,下降时浅按为单相制动,深按为快速,当从深按返回浅按时为反接制动。

对于自激(或他激)动力制动调速系统,上升同前述,下降浅按为下降动力制动运行,深按为快速下降运行。在每次转换过程中,其转子电阻必须是延时切除或增加,其部分电路图如图5-4-26所示。

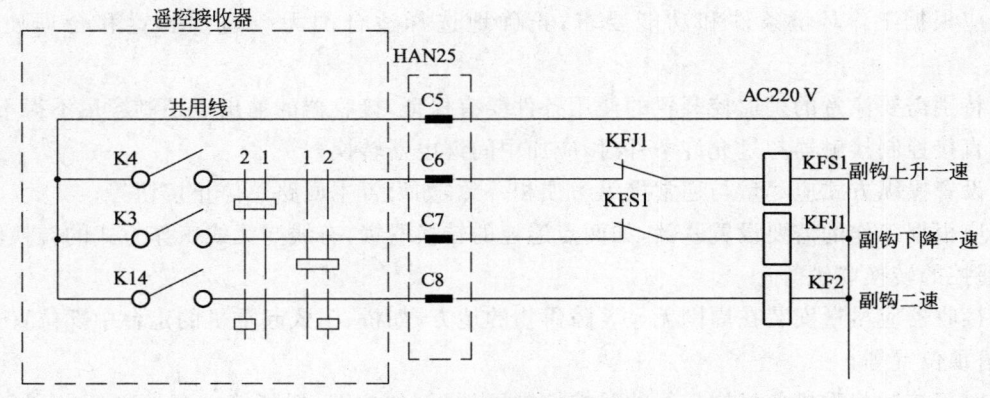

图 5-4-26　涡流制动器调速系统遥控电路(部分)

(2)采用摇杆式无线遥控装置控制的多速起重机

FST 726/736 spectrum系统是德国HBC品牌专业为国内采用Profibus-DP/Devicenet总线控制的起重机开发的产品。

Profibus-DP遥控系统标准的配置为:发射器采用两个万向摇杆、两个机身侧按键、一个急停

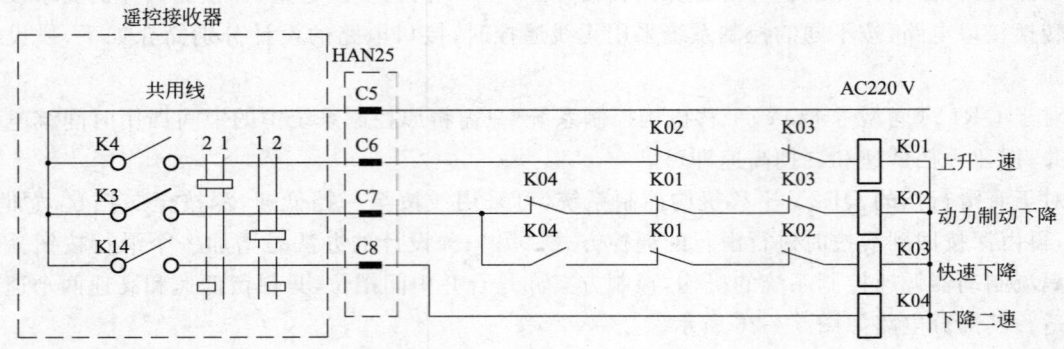

图 5-4-27　自激(或他激)动力制动系统遥控电路(部分)

开关和 LED 状态指示灯；接收器采用专用的 Profibus-DP 串行接口 Sub D9 与西门子 S7 系列 PLC 连接。随机附带光盘中含有 GSD 文件及与 PLC 组态相关的说明文档。系统的扩展性良好,可根据不同的控制要求,增设发射器 LED、LCD 反馈功能,实时监控设备运行状态。组态前建议将遥控系统启动进入工作状态,使用编程软件导入遥控系统的 GSD 文件,并根据系统随机附带的总线表格选择对应的 FS→DP 以及 DP→FS 所需要的字节数,通过总线表格中对应的开关量及模拟量字节来完成对口的编程部分。Profibus-DP 总线输出的遥控系统多应用于核电起重机、港口设备等。

Devicenet 遥控系统标准的配置为：发射器采用两个万向摇杆、两个机身侧按键、一个急停开关和 LED 状态指示灯；接收器采用专用的 Devicenet 接口 5-polig 与 ROCKWELL 系列 PLC 连接。随机附带光盘中含有 EDS 文件及与 PLC 组态相关的说明文档。同样可根据不同的控制要求,增设发射器 LED、LCD 反馈功能,实时监控设备运行状态。组态前建议将遥控系统启动进入工作状态,使用编程软件导入遥控系统的 EDS 文件。Devicenet 总线输出的遥控系统多应用于铝行业多功能起重机等设备。

总线输出的遥控系统设计时需要注意将遥控系统的急停回路连接到外部控制回路中,确保紧急情况下设备的安全停机。

(五) 无线遥控起重机设计注意事项

(1) 起重机本身应设有运行限位开关和其他必需的安全性措施,如过流保护等。采用遥控器后应保持上述安全保护装置和正常工作；

(2) 应根据工作环境条件和功能要求,正确地选择适合的无线遥控装置和合理使用各项功能；

(3) 特别需要注意的是遥控装置的使用条件要有保证,接收器的输出点控制容量不得不超过允许值,如直接控制接触器超过允许条件时,应加中间继电器转换；

(4) 设置操纵方式应尽量与通常操纵习惯相一致,如设置主回路总停止按钮等；

(5) 应根据工作的需要设置联锁,如两点遥控的转换联锁,有线与无线工作方式的转换联锁,驾驶室与遥控的转换联锁等；

(6) 接收器应尽量安装在周围无显著障碍物的地方,如桥、门式起重机的走台中部位置,塔式起重机的塔顶位置等；

(7) 对于控制起重机各机构运行的遥控控制元件(例如按键,摇杆等),要求必须做到释放后会自动返回零位；

(8) 对于控制电磁吊的遥控系统,发射器侧必须设置"释放"及"释放确认"指令,接收器侧对应两个继电器串联来确保该功能安全输出；

(9) 为确保安全,建议起重机配套的无线遥控系统采用实时通讯控制方式并符合欧盟 EN954-1 标准对于急停开关等级要求；

（10）多台起重机抬吊一大型构件时，其配套的对应遥控系统必须使用发射器带有接管释放及主副控功能，确保任何时候只有一个发射器能取得遥控操作权来联动控制起重机；

（11）如配套无线遥控的起重机需要出口至其他国家，需要将最终使用地告知无线遥控系统的供应商，以便配置正确的频率；

（12）配套防爆起重机的无线遥控系统，一般采用对应防爆等级的发射器和普通的接收器，后者需要安装在防爆电控柜内，外引信号延长天线；

（13）无线电遥控应具有抗同频干扰的能力，不允许出现误操作；

（14）遥控接收器的输出继电器不直接控制电动机工作的接触器，特别是接触器容量较大时，应使用中间继电器进行转换，并允许将小型接触器代替中间继电器来控制电机工作接触器；

（15）遥控起重机必须同时满足国家有关安全规程规定的要求；

（16）遥控系统应具有国家无线电委员会的核准证和相关安全证书。

## 第四节 起重电磁铁及其控制

### 一、起重电磁铁简介

起重电磁铁是搬运各种钢铁和其他磁性材料最理想的起重工具，它具有工作效率高、安全性能好的优点。起重电磁铁与各种起重机配合，广泛应用于钢铁、造船、交通运输、港口和铁路等。起重电磁铁用于吊运各种钢铁材料，根据被吊运物料的形状特点，已派生出了20多个系列，200多种规格。

（一）起重电磁铁的种类

按起吊钢材的种类分类，如图5-4-28所示。

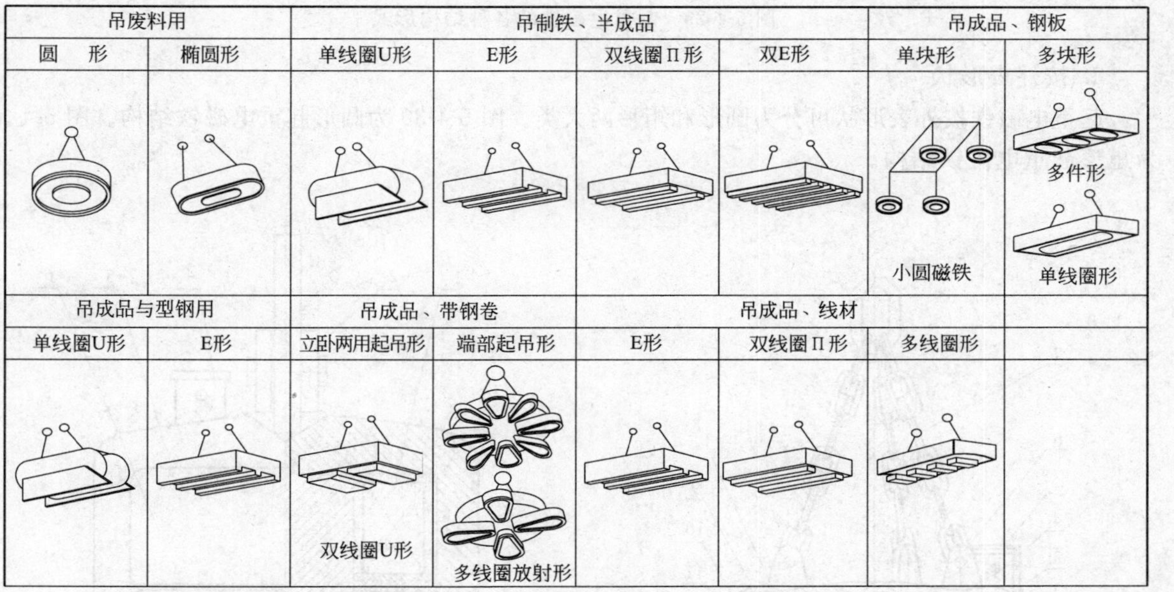

图 5-4-28 起重电磁铁的种类和形状

**1. 起吊炼铁原料（废料）用起重电磁铁**

废料的种类很多。有废钢铁、料头和切屑料及炼铁厂的钢渣，一般都是片状或碎状料。为了尽可能多地吊起这些片状或碎状物料，常采用圆形电磁铁，它的中心部密集聚集的磁力线通过内极向外极发射，使起重电磁铁的下部产生半球状的磁场，对废料能产生较大的吸力。为满足吊运车箱中废钢的要求，电磁铁也有采用椭圆形结构的。

**2. 起吊炼钢半成品用起重电磁铁**

在炼铁厂、轧钢厂，它用于起吊钢锭、方坯、圆坯、厚板坯等半成品钢材，此时的起重电磁铁大多是矩形的，种类很多，长条型钢材常用两个或多个电磁铁联吊。

3. 起吊炼钢厂成品的起重电磁铁

炼钢厂、轧钢厂生产的成品包括钢板、各种型钢、带钢卷、线材等很多种类。吊成品用起重电磁铁几乎都为专用型。通常只吊运一种类型的钢材，不宜改吊或兼吊别种钢材。

(二) 起重电磁铁的结构类别

1. 按结构形式

起重电磁铁按结构形式有如图 5-4-29 所示的几种类别，并可将各类结构进行组合。

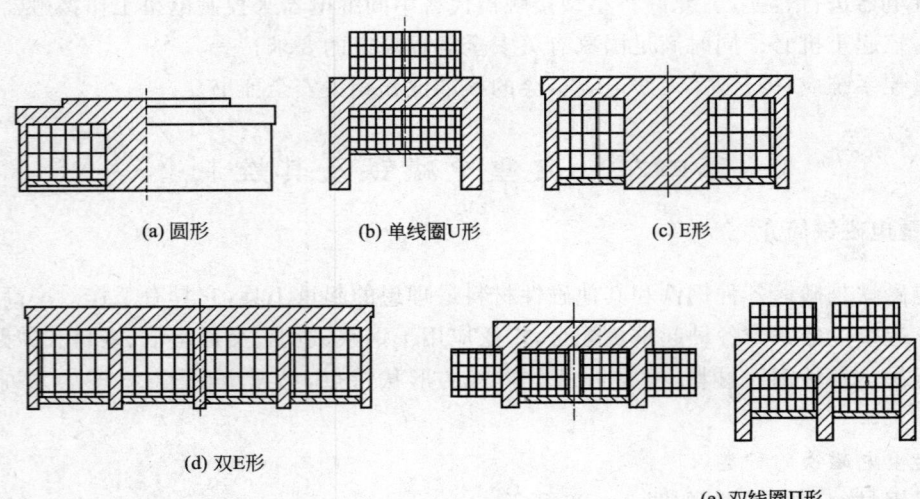

图 5-4-29　起重电磁铁的各种结构形式

2. 按外表形状

起重电磁铁按外表形状可分为圆形和矩形两大类。图 5-4-30 为圆形起重电磁铁结构。图 5-4-31 为矩形起重电磁铁结构。

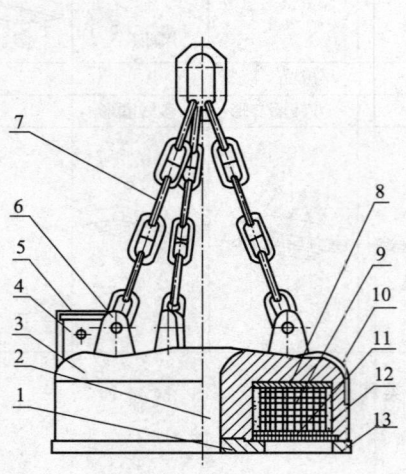

图 5-4-30　圆形起重电磁铁结构

1—内极掌；2—散热孔；3—壳体；4—接线盒；
5—防碰墙；6—吊耳；7—吊键；8—绝缘隔层；
9—线圈；10—散热筋；11—非磁性钢板；
12—绝缘填料；13—外极掌

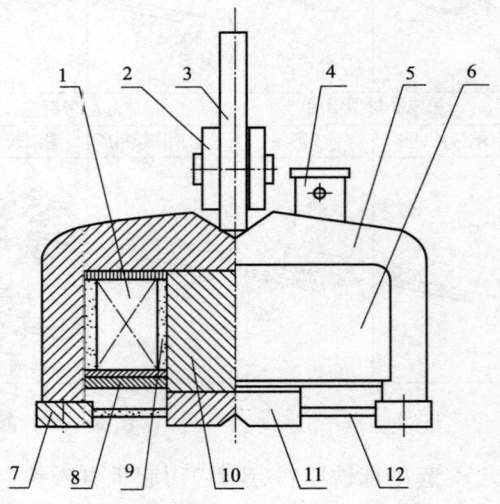

图 5-4-31　矩形起重电磁铁结构

1—线圈；2—吊耳；3—吊梁；4—接线盒；
5—壳体；6—侧护板；7—外极掌；8—内护板；
9—绝缘填料；10—极心；11—内极掌；12—外护板

电磁铁的外壳是由高导磁率的低碳钢铸造或低碳钢板组合焊接而成。线圈是由单饼或几饼（饼间串联）氧化膜铝带并浸以耐热漆制成。线圈与壳体上、下端面垫以玻璃丝板和耐热云母板。线圈与壳体的内、外圈用楔子塞紧，并注入热固性绝缘填料，以改善线圈与内外极间的热传导并提高线圈机械强度。线圈所用绝缘材料耐热等级不低于 F 级或 H 级。线圈底部的非磁性保护板使线圈免受被吸物的冲击，耐冲击的非磁性护板与壳体之间采用焊接固定。

圆形电磁铁的极靴在工作过程中磨损严重，在内、外极靴的易磨损部位，用耐唐高锰钢焊条堆焊网格状花纹或堆焊成耐磨平面，是解决磨损的有效措施。

电磁铁线圈在 20 世纪 70 年代一般采用双玻璃丝包扁铜线，现一般采用扁铝线或氧化膜铝带，用铜线时，圆形电磁铁的线圈重量占电磁铁总重量的 24%～38%；矩形的则约为 12%～16%；用铝材时圆形电磁铁线圈占总重的 16%～20%；矩形的则约为 8%～10%。制作与铜线相同参数的铝材线圈，其耗铝重量不到耗铜重量的 50%，由于铝价比铜价低得多，除极少数小电磁铁外，现在的起重电磁铁几乎不采用铜线。

起重电磁铁的接线盒是关键部件。为了防止碰撞和潮湿造成的损伤，电磁铁接线盒为两室结构。线圈的直接引出线与接线螺钉固定，位于第一室内，并充以绝缘填料单独密封。接线螺钉的另一端位于第二室内，与供电电缆线联接，外罩由牢固的防碰护罩保护，如果为了更换电缆而必须打开接线盒时，在接好线后的装配中必须注意防水密封。

圆形起重电磁铁吊链的机械强度是按照样本中给出的最大的一次负载荷自重以及必要的安全系数计算的。为提高吊链的使用寿命，大多采用合金钢吊链。吊链的使用寿命不低于 3 年～5 年。链环上标有出厂日期，检验部门的标志。链环的磨损大于直径的 1/10 时应及时予以更换。

矩形电磁铁的吊具不论是吊攀式或链条式，均要求吊高尺寸相同，以防止多台联用时负载不均。

起重电磁铁的使用寿命一般在 10 年。为了保证使用寿命，运行时应遵守操作规程，运行中提前激磁及通电持续率大于规定值，都会使极靴磨损加快，加速绝缘老化，缩短使用寿命。

电磁铁的正确使用，要求落入料堆后立即通电，通电后需等 3 s～5 s（吸吊冷厚板坯时约需 6 s～8 s）方可起吊。

当供电电缆以外断路时，电磁线圈两端将产生过压，其峰值打 3 000 V～5 000 V，所以必须采取保护措施，确保供电电缆工作的安全可靠。

冷态时电磁铁线圈对壳体间的绝缘电阻应不小于 10 MΩ，热态时不得小于 0.6 MΩ。

3. 按材质及加工方式

起重电磁铁按材质及加工方式可分为铸造及焊接两种。

4. 按通电持续率 TD

起重电磁铁按通电持续率可分为 50%、60%、75% 及 100% 等几种。

5. 按励磁线圈的励磁方式分类

起重电磁铁按励磁线圈的励磁方式可分为定电压励磁、强励磁及过励磁等 3 种。

6. 按工作环境

电磁铁一般用于海拔不超过 2 500 m，无爆炸危险的环境中，防护等级为 IP54（特殊情况应与制造厂协商），主要类别有：

(1) 常温型起重电磁铁是指被吸物的表面温度小于 150 ℃ 的界限以内。

(2) 高温型起重电磁铁是指被吸物的表面温度在 150 ℃～680 ℃ 的界限范围内；温度更高的情况下，钢材的导磁性能降得很快，选用时应注意温度对线圈的影响和吸料时的安全裕度。

(3)潜水型起重电磁铁是指吊运或打捞水中磁性物体的电磁铁。

## 二、直流起重电磁铁

直流起重电磁铁的额定电压一般为 220 V，电磁铁的工作状况是重复短时工作制，其接电持续率 $JC=50\%\sim75\%$，每个工作周期 $T=10$ min。对于铜和铝质的激磁线圈，温度每上升 1℃时电阻的增加率或电阻温度系数均为 $\alpha=0.004$，所以电磁铁的消耗功率有两个不同值：冷态功率和热态功率。前者是指电磁绕组温度为 20℃时的功率；后者是指绕组处于热稳定状态下的功率。

起重电磁铁的起重量与被吊物品的形状、尺寸、堆放状态有关，电磁铁的吸力可用麦克斯威尔电磁吸力公式来计算：

$$F=3.92\times 10^5 \cdot B_g^2 \cdot S \tag{5-4-1}$$

式中　$F$——起重电磁力(N)；
　　　$S$——极靴总面积($m^2$)；
　　　$B_g$——气隙磁密(T)。

如果被吸物品不是整块厚钢板而是废钢或切削屑，则磁阻会明显增大，起重量的百分比值将由 100% 下降到 1%～2%，详见表 5-4-5。

表 5-4-5　圆形超重电磁铁超重量的百分比

| 整块厚钢板 | 方钢、钢轨 | 落球 | 薄钢板 | 生铁锭 | 中块废钢 | 小块废钢 |
|---|---|---|---|---|---|---|
| 100% | 50% | 40% | 15% | 5% | 3% | 1%～2% |

表征电磁铁的技术性能指标主要是吸重比和耗能比：

吸重比　　　　$K_1=\dfrac{起重量}{自重}$

耗能比　　　　$K_2=\dfrac{起重量}{功率}$(kg/kW)

由于全国的起重电磁铁及其控制装置的型号尚不统一，本节以大连星光电磁铁厂生产或采用的产品为例进行说明。表 5-4-6 是圆形氧化膜铝带线圈起重电磁铁吊运铸铁锭的 $K_1$ 及 $K_2$ 值。表中的功率与吊运重量分别列出冷态、热态值。

表 5-4-6　圆形起重电磁铁吊运生铁锭的 $K_1$ 及 $K_2$ 值　　　　$JC\ 50\%$

| 型号 | 直径/mm | 消耗功率(冷态/热态)/kW | 质量/kg | 铸铁锭(冷态/热态)/kg | $K_1$ | $K_2$/(kg/kW) |
|---|---|---|---|---|---|---|
| LMC-80A | φ800 | 3.9/2.36 | 600 | 500/260 | 0.63 | 121 |
| LMC-120A | φ1 200 | 9.9/5.99 | 1 500 | 1 280/980 | 0.68 | 121 |
| LMC-150A | φ1 500 | 15.3/9.27 | 2 500 | 1 990/1 570 | 0.71 | 145 |
| LMC-165A | φ1 650 | 17.6/10.95 | 3 200 | 2 420/1 850 | 0.67 | 151 |
| LMC-180A | φ1 800 | 22.2/13.4 | 3 800 | 2 890/2 200 | 0.67 | 143 |
| LMC-210A | φ2 100 | 26.4/16.0 | 5 800 | 3 670/2 940 | 0.57 | 156 |

矩形起重电磁铁的吸重比 $K_1$ 及耗能比 $K_2$ 均优于圆形电磁铁，因为矩形电磁铁吊运对象如方坯、圆坯、板坯、型钢、盘元、钢管等，它们的磁阻远远小于废钢和铸铁锭的磁阻，因而相应的激磁功率和激磁安匝都小。

矩形电磁铁吊运方坯时，表面温度小于 100 ℃。

$$K_1 = 6 \sim 10$$
$$K_2 = 2\,500 \sim 3\,000 (\text{kg/kW})$$

吊运热方坯时,表面温度为 600 ℃。

$$K_1 = 2 \sim 3.5$$
$$K_2 = 1\,100 \sim 2\,000 (\text{kg/kW})$$

**1. 吊运铸铁锭废钢圆形电磁铁的选型**

由于吊运铸铁锭废钢等散物料,当电磁铁即将离开料堆时,料堆对电磁铁有一个附加吸力,故应满足下式要求:

$$W \geqslant (W_0 + W_1) K \tag{5-4-2}$$

式中 $W$——起重机额定起重量(kg);
$W_0$——起重电磁铁自重(kg);
$W_1$——电磁铁冷态时吊运生铁锭的起重量(kg);
$K$——附加系数 $K=1.15$。

例:起重机起重量 $W=10$ t,选电磁铁吊运铸铁锭废钢。

查样本 LMC-200A:

$$W_0 = 5\,000 \text{ kg}$$
$$W_1 = 3\,560 \text{ kg}$$

起重机负载:$(W_0 + W_1) \times K = 8\,560 \times 1.15 = 9\,844$ kg,满足要求。

**2. 吊运冷板坯或冷钢锭圆形电磁铁的选型**

在吊运冷板坯或冷钢锭时产生的附加吸力可以忽略不计,即可认为 $K=1$,故有 $W=W_0+W_1$。通常吊运冷板坯或钢锭时,电磁铁的吸重比为:

$$K_1 = \frac{W_1}{W_0} = \frac{\text{板坯重}}{\text{自重}} = 9$$

故 $\qquad W \geqslant W_0$

例:$W=10$ t 起重机吊运冷板坯、钢锭。

选 LMC-90B $\quad W_0 = 760$ kg

或 LMC-90A $\quad W_0 = 800$ kg

**3. 20 t 起重机吊运热方坯的矩形超重电磁铁的选型**

吊运对象:120 mm×120 mm 方坯,长 12 m,一次吊 7 根,热坯表面温度 600 ℃。

方坯长 12 m 需采用 2 台联吊工艺。

电磁铁的边长 $L_1$ 由吊运方坯的根数决定:

$$L_1 = 120 \times 7 \times \alpha = 120 \times 7 \times 1.1 = 924 \text{ mm}$$

(取为 1 000 mm。)

式中 $\alpha=1.08 \sim 1.1$,方坯排列松散系数。

吊运热方坯或板坯时,由于热钢的导磁率显著下降,电磁铁的吸重比约为:

$$K_1 = \frac{W_1}{W_0} = \frac{\text{热方坯重量}}{\text{自重}} = 2.0 \sim 3.5$$

单台吊重(每台负担 6 m):

$$W_1 = 0.122 \times 6 \times 7.85 \times \beta \times 7$$

式中 $\beta$ 为吊点不平衡系数取为 1.2。

$$W_1 = 0.122 \times 6 \times 7.85 \times 1.2 \times 7 = 5.697 \text{ t}$$

电磁铁重：
$$W_0 = \frac{W_1}{K_1} = \frac{5.7}{2.5} = 2.28 \text{ t}$$

查样本，找高温电磁铁中边长 1 m、自重 2.28 t 的电磁铁，查得：

LMR-10095DH，边长 $A = 100$ cm，另一边长（宽度）$B = 95$ cm，$P = 6.0$ kW，$W_0 = 2\,030$ kg。因此，吊运能力可满足要求。

两台联用 $2(W_0 + W) = 2(2.03 + 5.7) = 15.46$ t
$$15.46 \text{ t} < W = 20 \text{ t}$$

连铸方坯较为平直，选用 DH 型，可以满足要求。

对于热轧方坯，由于局部弯曲度大，吊运气隙大，此时要选 EH 型（适宜吊运上下方向有高低差的长钢坯用），样本中给出不同气隙时的吊重负载。

例：LMR-12595EH，长度 $A = 125$ cm，宽度 $B = 95$ cm，$W_0 = 2\,650$ kg，$P = 8.3$ kW。

可满足气隙为 25 mm 时吊起 120 方坯，长 6.5 m，8 根（$U = 220$ V）。

同样因 $W_0 = 2.65$ t：
$$W_1 = 0.122 \times 6.5 \times 7.85 \times 8 \times 1.2 = 7.05 \text{ t}$$

两台联吊：
$$2(W_0 + W_1) = 2(2.65 + 7.05) = 19.4 \text{ t} < 20 \text{ t}$$

### 三、起重电磁铁的选型

1. 起重机额定起重量的选择应满足下列要求：
$$W \geqslant (W_0 + W_1)K \tag{5-4-3}$$

式中　$W$——起重机额定起重量（kg）；
　　　$W_0$——起重电磁铁自重（kg）；
　　　$W_1$——电磁铁冷态时吊运生铁锭的起重量（kg）或吊运规定型材的总重量；
　　　$K$——附加系数 $K = 1.15$。

2. MW5、LMC、MW61 吊废钢型起重电磁铁参数介绍

MW5、LMC 型起重电磁铁是用来吊运废钢、生铁锭、切头、钢球等散料的吊运废钢型的起重电磁铁。因为这类物料随便堆放，形状尺寸没有规律，有效比重小，所以相应增大了起重电磁铁与被吸物料间的气隙，它的磁路设计必须有别于寻常。为了提高对松散物料的起吊能力，常采用强励磁或过励磁方法，这样可比定电压的产品提高 6%～15% 的起吊能力。

定电压、强励磁及过励磁等 3 种方法的工作方式（图 5-4-32 至图 5-4-34）。

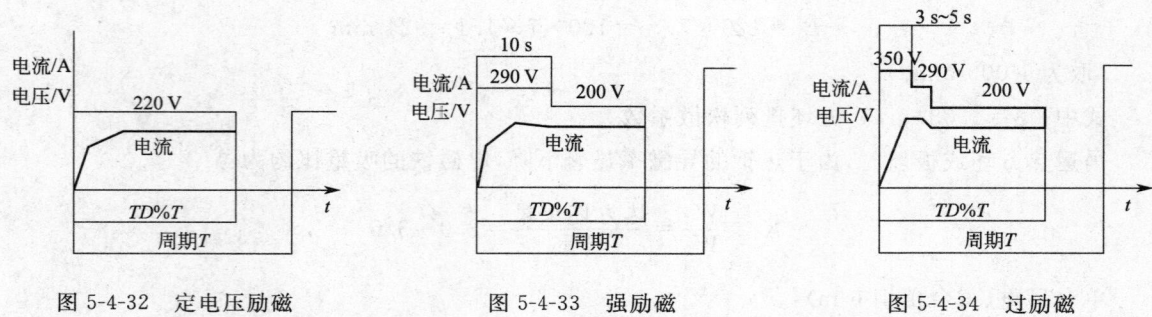

图 5-4-32　定电压励磁　　　图 5-4-33　强励磁　　　图 5-4-34　过励磁

MW5 型有常温型、高通电持续率型及高温型的起重电磁铁，LMC 型起重电磁铁也有同类型的品种，其性能参数见表 5-4-7 及表 5-4-8，它们的外形如图 5-4-35 及图 5-4-36 所示。

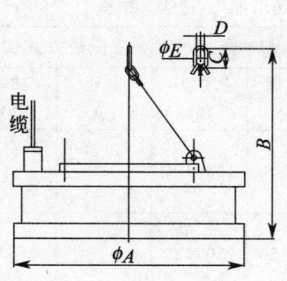

图 5-4-35 MW5 型起重电磁铁的外形

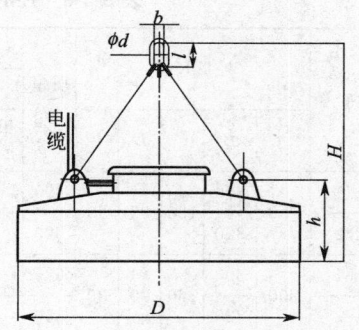

图 5-4-36 LMC 型起重电磁铁外形

**表 5-4-7　MW5 型吊运废钢的常温、高温、高通电持续率型起重电磁铁**

| 技术参数<br>型号 | 外形尺寸 | | | | | 质量/kg | 电压及起吊能力（冷态/热态） | | | | | | |
|---|---|---|---|---|---|---|---|---|---|---|---|---|---|
| | | | | | | | 定电压励磁方式（220 V） | | | | 强励磁方式（290 V/200 V） | | |
| | A | B | C | D | E | | 电流/A（冷态） | 功率/kW（冷态） | 钢球/kg（冷态） | 铸铁锭/kg | 切削片/kg | 电流/A | 功率/kW | 铸铁锭/kg |
| MW5-70L/1 | 700 | 800 | 160 | 90 | 30 | 490 | 15 | 3.3 | 2 500 | 380/200 | 120/100 | | | |
| MW5-70L/2 | | 820 | | | | 520 | 12.8 | 2.8 | | | | | | |
| MW5-80L/1 | 800 | 800 | 160 | 90 | 30 | 625 | 18 | 3.96 | 3 000 | 480/250 | 150/130 | | | |
| MW5-80L/2 | | 820 | | | | 650 | 16.9 | 3.54 | | | | | | |
| MW5-90L/1 | 900 | 1 090 | 200 | 125 | 40 | 810 | 26.6 | 5.85 | 4 500 | 600/400 | 250/200 | | | |
| MW5-90L/2 | | 1 115 | | | | 850 | 23.7 | 4.5 | | | | | | |
| MW5-110L/1 | 1 100 | 1 140 | 220 | 150 | 45 | 1 350 | 35 | 7.7 | 6 500 | 1 000/800 | 450/400 | 46.3/32 | 13.4/6.4 | 1 050/900 |
| MW5-110L/2 | | 1 200 | | | | 1 540 | 27.6 | 6 | | | | | | |
| MW5-110L/1-75 | | 1 190 | | | | 1 500 | 24.2 | 6.7 | | | | 36.4/16.2 | 10.6/3.24 | |
| MW5-120L/1 | 1 200 | 1 100 | 220 | 150 | 45 | 1 700 | 45.4 | 10 | 7 500 | 1 300/1 000 | 600/500 | 58.7/40 | 16.2/8.1 | 1 350/1 100 |
| MW5-120L/2 | | 1 280 | | | | 1 800 | 33.6 | 7.4 | | | | | | |
| MW5-120L/1-75 | | 1 220 | | | | 1 850 | 33.6 | 7.4 | | | | 44.3/20.1 | 13.4/4.1 | |
| MW5-130L/1 | 1 300 | 1 240 | 250 | 175 | 50 | 2 060 | 54 | 11.9 | 8 500 | 1 400/1 100 | 700/600 | 71.3/49 | 20.7/9.8 | 1 500/1 250 |
| MW5-130L/2 | | 1 280 | | | | 2 200 | 40.6 | 8.9 | | | | | | |
| MW5-130L/1-75 | | 1 290 | | | | 2 280 | 45 | 8.95 | | | | 53.7/23.9 | 15.6/4.8 | |
| MW5-150L/1 | 1 500 | 1 250 | 350 | 210 | 60 | 2 790 | 71.2 | 15.6 | 11 000 | 1 900/1 500 | 1 100/900 | 93.8/64.7 | 27.2/12.9 | 2 000/1 700 |
| MW5-150L/2 | | 1 330 | | | | 2 990 | 51.4 | 11.3 | | | | | | |
| MW5-150L/1-75 | | 1 360 | | | | 3 180 | 51.4 | 11.3 | | | | 69.8/30.1 | 19.7/6.02 | |
| MW5-165L/1 | 1 650 | 1 590 | 370 | 230 | 75 | 3 200 | 75 | 16.5 | 12 500 | 2 300/1 800 | 1 300/1 100 | 98.9/68.2 | 28.7/13.6 | 2 400/2 000 |
| MW5-165L/2 | | 1 630 | | | | 3 500 | 60.6 | 13.3 | | | | | | |
| MW5-165L/1-75 | | 1 670 | | | | 3 840 | 55.6 | 12.2 | | | | 73.3/32.9 | 21.3/6.58 | |
| MW5-180L/1 | 1 800 | 1 490 | 370 | 230 | 75 | 4 195 | 102 | 22.5 | 14 500 | 2 750/2 100 | 1 600/1 350 | 135/93 | 39.1/18.6 | 2 900/2 400 |
| MW5-180L/2 | | 1 510 | | | | 4 500 | 73.8 | 16.2 | | | | | | |
| MW5-180L/1-75 | | 1 600 | | | | 4 690 | 73.9 | 16.3 | | | | 97.4/43.3 | 28.2/8.7 | |
| MW5-210L/1 | 2 100 | 1 860 | 400 | 250 | 80 | 7 000 | 129 | 28.4 | 21 000 | 3 500/2 800 | 2 000/1 850 | 162/112 | 47/22.4 | 3 700/3 100 |
| MW5-210L/2 | | 1 912 | | | | 7 410 | 104 | 22.9 | | | | | | |
| MW5-210L/1-75 | | 900 | | | | 7 500 | 98.5 | 21.7 | | | | 129.8/58.1 | 37.6/11.6 | |
| MW5-240L/1 | 2 400 | 2 020 | 450 | 280 | 90 | 9 000 | 154 | 33.9 | 26 000 | 4 600/3 800 | 2 850/2 250 | 175/121 | 50.8/24 | 5 000/4 200 |
| MW5-240L/2 | | 2 080 | | | | 9 430 | 111 | 26 | | | | | | |
| MW5-240L/1-75 | | 2 100 | | | | 9 480 | 118 | 25.9 | | | | 155/69.5 | 45/13.9 | |

注：1. MW5-L/1 为常温普通型，MW5-L/2 为高温普通型，MW5-L/1-75 为常温高频型。
2. 以上电磁铁可衍生为高温高频型、耐磨型、潜水型等。

表 5-4-8　LMC 型高通电持续率型直流起重电磁铁

| 技术参数 型号 | 外形尺寸 | | | | | 质量 /kg | 电压及起吊能力(冷态/热态) | | | | | | |
|---|---|---|---|---|---|---|---|---|---|---|---|---|---|
| | | | | | | | 定电压励磁方式(220 V) | | | | 强励磁方式(290 V/200 V) | | |
| | A | B | C | D | E | | 电流/A (冷态) | 功率/kW (冷态) | 钢球/kg (冷态) | 铸铁锭 /kg | 切削片 /kg | 电流 /A | 功率 /kW | 铸铁锭 /kg |
| MW5-70L/1 | 700 | 800 | 160 | 90 | 30 | 490 | 15 | 3.3 | 2 500 | 380/200 | 120/100 | | | |
| MW5-70L/2 | | 820 | | | | 520 | 12.8 | 2.8 | | | | | | |
| MW5-80L/1 | 800 | 800 | 160 | 90 | 30 | 625 | 18 | 3.96 | 3 000 | 480/250 | 150/130 | | | |
| MW5-80L/2 | | 820 | | | | 650 | 16.9 | 3.54 | | | | | | |
| MW5-90L/1 | 900 | 1 090 | 200 | 125 | 40 | 810 | 26.6 | 5.85 | 4 500 | 600/400 | 250/200 | | | |
| MW5-90L/2 | | 1 115 | | | | 850 | 23.7 | 4.5 | | | | | | |
| MW5-110L/1 | 1 100 | 1 140 | 220 | 150 | 45 | 1 350 | 35 | 7.7 | 6 500 | 1 000/800 | 450/400 | 46.3/32 | 13.4/6.4 | 1 050/900 |
| MW5-110L/2 | | 1 200 | | | | 1 540 | 27.6 | 6 | | | | | | |
| MW5-110L/1-75 | | 1 190 | | | | 1 500 | 24.2 | 6.7 | | | | 36.4/16.2 | 10.6/3.24 | |
| MW5-120L/1 | 1 200 | 1 100 | 220 | 150 | 45 | 1 700 | 45.4 | 10 | 7 500 | 1 300/1 000 | 600/500 | 58.7/40 | 16.2/8.1 | 1 350/1 100 |
| MW5-120L/2 | | 1 280 | | | | 1 800 | 33.6 | 7.4 | | | | | | |
| MW5-120L/1-75 | | 1 220 | | | | 1 850 | 33.6 | 7.4 | | | | 44.3/20.1 | 13.4/4.1 | |
| MW5-130L/1 | 1 300 | 1 240 | 250 | 175 | 50 | 2 060 | 54 | 11.9 | 8 500 | 1 400/1 100 | 700/600 | 71.3/49 | 20.7/9.8 | 1 500/1 250 |
| MW5-130L/2 | | 1 280 | | | | 2 200 | 40.6 | 8.9 | | | | | | |
| MW5-130L/1-75 | | 1 290 | | | | 2 280 | 45 | 8.95 | | | | 53.7/23.9 | 15.6/4.8 | |
| MW5-150L/1 | 1 500 | 1 250 | 350 | 210 | 60 | 2 790 | 71.2 | 15.6 | 11 000 | 1 900/1 500 | 1 100/900 | 93.8/64.7 | 27.2/12.9 | 2 000/1 700 |
| MW5-150L/2 | | 1 330 | | | | 2 990 | 51.4 | 11.3 | | | | | | |
| MW5-150L/1-75 | | 1 360 | | | | 3 180 | 51.4 | 11.3 | | | | 69.8/30.1 | 19.7/6.02 | |
| MW5-165L/1 | 1 650 | 1 590 | 370 | 230 | 75 | 3 200 | 75 | 16.5 | 12 500 | 2 300/1 800 | 1 300/1 100 | 98.9/68.2 | 28.7/13.6 | 2 400/2 000 |
| MW5-165L/2 | | 1 630 | | | | 3 500 | 60.6 | 13.3 | | | | | | |
| MW5-165L/1-75 | | 1 670 | | | | 3 840 | 55.6 | 12.2 | | | | 73.3/32.9 | 21.3/6.58 | |
| MW5-180L/1 | 1 800 | 1 490 | 370 | 230 | 75 | 4 195 | 102 | 22.5 | 14 500 | 2 750/2 100 | 1 600/1 350 | 135/93 | 39.1/18.6 | 2 900/2 400 |
| MW5-180L/2 | | 1 510 | | | | 4 500 | 73.8 | 16.2 | | | | | | |
| MW5-180L/1-75 | | 1 600 | | | | 4 690 | 73.9 | 16.3 | | | | 97.4/43.3 | 28.2/8.7 | |
| MW5-210L/1 | 2100 | 1 860 | 400 | 250 | 80 | 7 000 | 129 | 28.4 | 21 000 | 3 500/2 800 | 2 000/1 850 | 162/112 | 47/22.4 | 3 700/3 100 |
| MW5-210L/2 | | 1 912 | | | | 7 410 | 104 | 22.9 | | | | | | |
| MW5-210L/1-75 | | 900 | | | | 7 500 | 98.5 | 21.7 | | | | 129.8/58.1 | 37.6/11.6 | |
| MW5-240L/1 | 2 400 | 2 020 | 450 | 280 | 90 | 9 000 | 154 | 33.9 | 26 000 | 4 600/3 800 | 2 850/2 250 | 175/121 | 50.8/24 | 5 000/4 200 |
| MW5-240L/2 | | 2 080 | | | | 9 430 | 111 | 26 | | | | | | |
| MW5-240L/1-75 | | 2 100 | | | | 9 480 | 118 | 25.9 | | | | 155/69.5 | 45/13.9 | |

注:LMC-A 为常温普通型,LMC-E 为常温高频型。

为了对起重电磁铁的吸力特性有一个比较全面的认识,我们对用得最多的 MW5 系列吸运废钢型电磁铁的吸重能力进行了测量及实际调查,起重量与磁性散料(如生铁锭、碎钢、铁屑等)密度间的关系如图 5-4-37 所示。根据曲线可知,同一起重电磁铁吸吊不同散料密度的物料,将得到不同的起重能力。当然因曲线中的数据为多次测量值的平均值,在实际操作时,其起重量在很大程度上还取决于物料的种类、形状、组成成分、堆放状态及司机操作水平等。

除吸运松散物料及特殊的起重要求外,起重能力的考核准则一般为:以吸钢板的拉脱力来评定吸重能力,钢板材质为低碳钢。对圆形电磁铁,被吸钢板厚度选为大于或等于电磁铁内极直径的

1/4；钢板宽度应大于或等于电磁铁外极外径；对矩形电磁铁，钢板厚度为内极极靴宽度的1/2，钢板宽度应比电磁铁宽度大，每边最小要宽出50 mm。圆形电磁铁气隙一般取电磁铁外径的1/300至1/200；矩形电磁铁气隙取其宽度的1/300至1/100。

MW61系列吊运废钢用的起重电磁铁，外形是一种为适应车箱形状而专门设计的椭圆形状，透磁深度与圆形比较略浅，适合高效装卸车箱内的废钢。

此外还有一些专门调运指定材料的电磁铁如：吊运钢板的起重电磁铁，吊运型钢、初轧钢等条状物料的起重电磁铁，吊运整块厚板坯的起重电磁铁，吊运钢带卷的起重电磁铁等。

随着技术的发展，第三代电磁铁——电控永磁吸盘、永磁吸吊器经过多年的探索，有多个厂家已成功地研制出各系列的电控永磁吸盘，电控永磁吸盘则具有真正意义上的高科技含量，它既是材料的变更，又有结构的不同，充分利用了永久磁铁的特性以及电磁铁的特点，是电磁和永磁科学的组合。

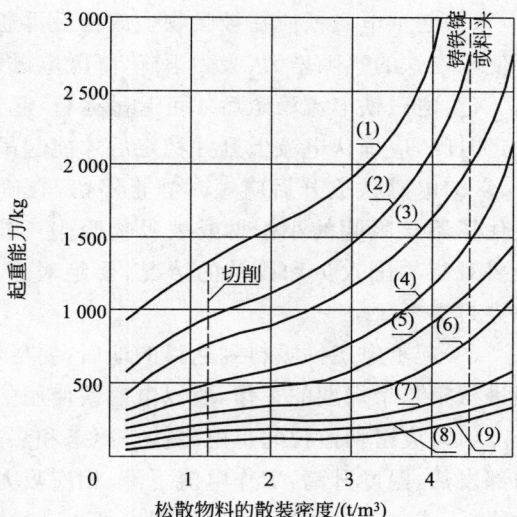

图 5-4-37　MW5 系列起重电磁铁对不同散料
密度的吸力特性曲线
(1)—MW5-240L/1；(2)—MW5-210L/1
(3)—MW5-180L/1；(4)—MW5-150L/1
(5)—MW5-130L/1；(6)—MW5-110L/1
(7)—MW5-90L/1；(8)—MW5-80L/1
(9)—MW5-70L/1

### 四、使用要点和维护

**1. 操作注意事项**

在使用电磁铁时应遵守以下事项。

(1)通电持续率。起重电磁铁只在吊运货物的过程中通电，到目的地便断电卸料返程，通常一个工作周期为 10 min。在一个周期内，通电时间越长，通电持续率就越高。在实际工作中，应尽量缩短通电时间在一个工作周期内所占的比例。超长时间工作或不工作时忘记关断电磁铁电源，将会使电磁铁温升异常，甚至烧坏电磁铁。

(2)常温电磁铁不能较长时间来吊运超过150 ℃的高温钢材。用常温电磁铁吊运高温钢材，在短时间内也许看不出区别，但时间一长，因线圈的温度升高，吸力会明显下降，结果在吊运过程中，可能会出现掉钢现象，影响使用安全，同时会加速电磁铁绝缘老化甚至烧坏电磁铁。

(3)使用潜水电磁铁时应注重检查引出电缆及出线盒处的防水情况，设备每次使用前应作浸水绝缘检查，达到相应绝缘电阻方可使用，不得将普通电磁铁代替潜水电磁铁使用。

(4)气隙对电磁铁吸力的影响，气隙是影响电磁铁吸力的致命因素，为了降低气隙的影响，吸吊废钢等散料物质时，电磁铁应尽量平放在物料的平坦处，这样可使气隙尽量减小，使电磁铁透磁深而达到好的吸吊效果。起吊钢材时，要清除电磁铁吸附面和钢材上的异物，此外，只有在确保吊起安全的情况下才能运行。

(5)吊运成品型材时，应注意被吸物的重心位置，用电磁铁起吊型材或钢板时，若出现大的偏心，钢材将发生倾倒、脱落等事故，所以偏心过大时，有必要重新改变起吊点。即便使用 2 台或多台电磁铁起吊时，同样要注意偏心的问题。如无特殊要求，单台电磁铁吊运时，应注意在钢材中心位置上吊起，且单台电磁铁吊运钢材的长度最好不超过 6 m，单台电磁铁的起吊偏心距应控制在物料长度的 7% 以内，两台电磁铁吊运时，工作相应稳定得多，即使稍有偏心，也不会产生大的偏转，但吊运长件重物时，由于偏心会使其中的某台电磁铁负荷增加，此负荷我们称之为偏负荷。

(6)起重电磁铁应在被吸物上放稳后再通电,当起重电磁铁吸废钢散料时,如还未放好就通电,将使电磁铁的气隙增大、吸力下降,降低电磁铁的使用效率。

(7)电磁铁电流稳定后才可起吊运行,起重电磁铁是大感性负载,所以接通电源吸料后,要等待一定时间,应确认电流上升并稳定后才能起吊运行。

(8)电磁铁提升后应短时静止停留,在确保运行安全后再行走,电磁铁与被吸物间有异物或吸住了不该吸起的小钢材或被吸物吸附不牢时,均有可能出现异常。在确认起吊安全的同时,还要观察周围人员和设备的情况,要绝对避免被吸物下方出现人员,也不允许电磁铁从设备上方穿过。

(9)起重电磁铁吸料到达目的地后,要尽快释放物料,只有在全部释放掉所有的物料后,才能返回进行第二个周期的工作,所以电磁铁使用的电控屏一般都有反向消磁回路。

(10)应密切监视起重电磁铁在冷态和热态之间的工作电流,起重电磁铁长时间使用后会出现内部发热,温度升高,工作电流下降,相应吸力降低。当电磁铁超常规使用时,将会使电磁铁电流异常降低,或电磁铁久用之后,线圈内部出现短路现象,电流增大。正常使用电磁铁应预先熟悉冷、热态电流值,及早处理出现的异常现象。

(11)起重电磁铁种类较多,应注意说明书的操作要点和铭牌参数。

2. 维护保养

(1)链条、销子。链条、销子是起重电磁铁的主要起重零件,应该经常检查其有否损伤,如发现磨损超出正常尺寸的10%时就必须予以更换。

(2)外观、焊缝。起重电磁铁的外观出现异常状态,如焊缝有裂纹等。裂纹大时会造成产品报废;裂纹小时可使水分侵入内部,线圈受潮,引起绝缘电阻下降,最后导致线圈匝间短路。为此,一旦发现上述情况时,应立即进行检修。

(3)起重电磁铁的出线盒。最大故障是密封性存在问题,如密封不妥,接线柱因潮气而锈蚀,引入导线的端头亦极易受损,最后在接线端上拉弧而烧断引入线。为此,必须经常检查其密封性能是否完善,螺栓是否拧紧,并及时维修。

(4)线圈的引出电缆。起重电磁铁经常在上升、下降和转动等条件下运行,所以,它的引出电缆容易损坏,必须经常检查其外套绝缘是否已砸坏、损伤,电缆的线芯有否断裂,如有这些情况,应立即更换。

(5)起重电磁铁的磁极。起重电磁铁的磁极表面容易因磨损而高低不平,若磨损到焊缝处,轻者使潮气渗入,损坏绝缘、缩短寿命,重者使保护线圈用的护板脱落,最后损坏线圈而使起重电磁铁报废。当发现过度磨损后,可堆焊修复,将堆焊处进行打磨。

(6)多台起重电磁铁联用。多台起重电磁铁联用时,起重电磁铁彼此间吸附面的一致性是相当重要的。所以在多台起重电磁铁联用时,常会出现高度上的参差不齐。为此在实地联用前,必须经过仔细调整,使多台起重电磁铁均衡受力。

(7)切不可碰撞和扭转起重电磁铁。起重电磁铁在运行过程中,很可能发生冲击或碰撞,操作人员应谨慎操作。起重电磁铁如经常处在扭转状态下工作,其线圈的引出电缆极易受损,如在通电时扭断电缆,则将出现瞬时高电压冲击线圈,引起事故。

(8)线圈电阻及绝缘电阻。线圈电阻及绝缘电阻是反映起重电磁铁电气性能的主要指标之一,一旦超出标准值,应及时检修。

(9)从未使用过和一段时期不使用的产品,应存放在相对湿度≤85%及常温干燥和通风处,严禁将产品置于高温、潮湿及露天等场地。

# 第五章 移动供电装置和导线截面选择

## 第一节 移动供电装置

起重机多为移动式生产设备，起重机上许多机构也属于移动式机构（如做平移运动的运行机构及做旋转运动的回转机构）。由固定电源对整台起重机或其上的移动机构供电时，需要一些辅助装置，这些装置称为移动供电装置。

运行机构的供电装置可归纳为两大类，即硬滑线供电和软电缆供电。

回转机构最常用的供电方式是滑环集电器供电装置。

### 一、硬滑线供电

沿着整台机械或机构运行轨道敷设的裸导线，称为硬滑线（又称滑接线简称滑线）。在机械或机构上装有集电器（又称受电器、导电器或滑接器），集电器沿滑线滑动或滚动，将电流引入。

滑线可架空也可敷设于沿轨道的地沟内（地沟必须加盖）。为了确保安全，目前生产出各种型式的安全滑接输电装置，其特点是将硬滑线（此时又称导轨）用绝缘护套防护，既保证了操作人员的安全又保证滑线不致有积尘和防雨、雪侵袭的功能，使集电器运行平稳、可靠。滑线的材料已由单一的型钢（角钢、圆钢）、电车线（铜葫芦线）等发展到用铝合金、不锈钢等多种型式。

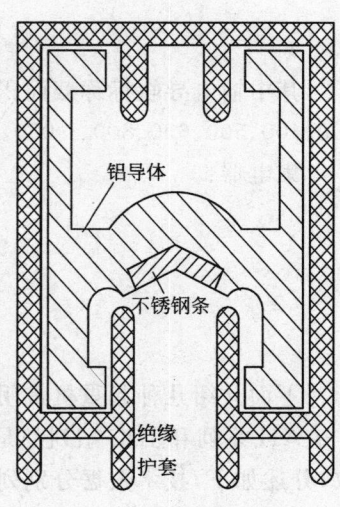

图 5-5-1 单极安全滑触线断面图

起重机滑接输电装置又分单极和多极两大类。单极滑线断面如图 5-5-1 所示，采用耐腐蚀及导电性能优良的铝合金作导体，其断面设计成"H"型，将"H"的中梁上拱并嵌装耐磨性强的不锈钢作摩擦面。在滑线外部用阻燃型塑料套进行绝缘及安全保护。电刷集电器有单头和双头两种，可供用户选择。需要三线或四线供电时，将滑线组合即可直立布置，也可水平布置如图 5-5-2 所示。多极滑线是在同一根塑料导管内嵌有多根扁钢线为输电滑线，集电小车上配置多极电刷与滑线紧密配合，将电源可靠的送给整台起重机或某一机构。

根据机械电子工业部行业标准 JB/T 6391.1—2010 规定滑接输电装置型号表示方法如下：

滑接输电导管或导线：

```
□-□-□/□-□-□
          │─ 工作场所：室内不标，
          │   室外 —"W"
        ─── 外壳材料：塑料 —"S"
               金属 —"J"
      ───── 每极额定电流（A）
    ─────── 输电导轨极数：单极不标
  ───────── 输电导轨标称截面积（mm²）
─────────── 滑接输电导管或导线型式代号
```

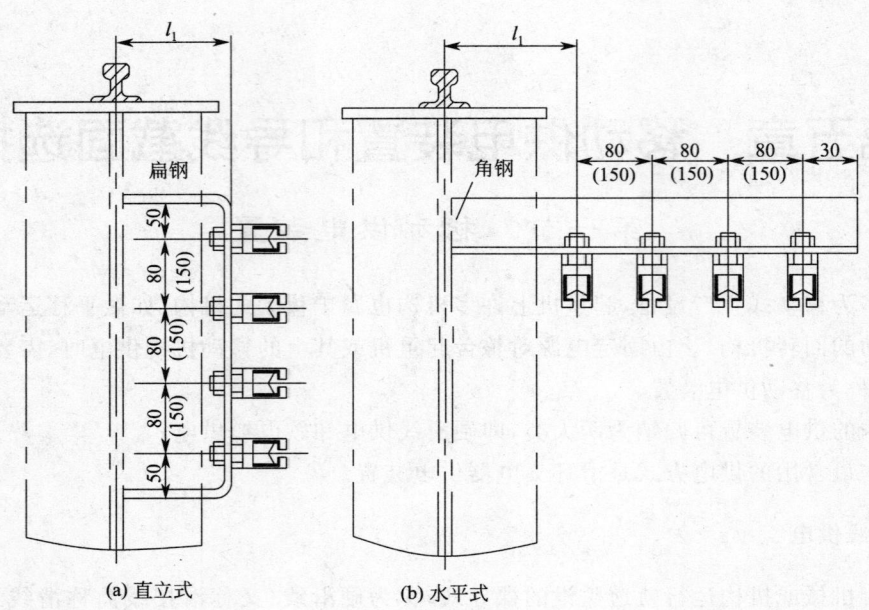

(a) 直立式　　　　(b) 水平式

图 5-5-2　组合式安全滑触线布置图(mm)

注：$l_1$ 由用户根据吊车梁的结构和起重机的规格型号自行决定。

其中输电导轨标称截面积应优先符合下列数值：6、10、16、25、35、50、70、95、120、150、185、240、300、400、500、630、800、1 000。

集电器：

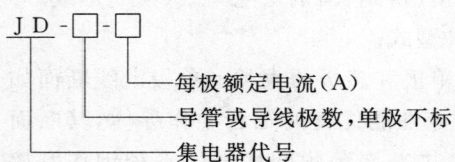

下面介绍几种起重机常用的工作电压交流 660 V、直流 600 V 及其以下的滑接输电装置。

AH 系列和 JDC 系列都是单极滑线，因皆为制定上述标准前的产品，所以型号含义有些不一致，分述如下，技术数据分别列于表 5-5-1 至表 5-5-4 中。

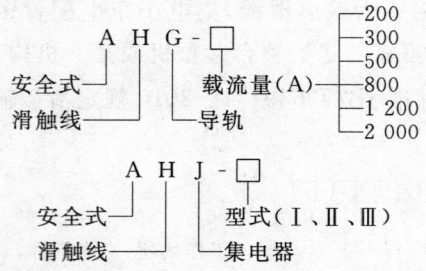

表 5-5-1　AHG 系列安全滑触线导轨技术数据

| 型　号 | AHG-200 | AHG-300 | AHG-500 | AHG-800 | AHG-1200 | AHG-2000 |
|---|---|---|---|---|---|---|
| 额定电流/A | 200 | 300 | 500 | 800 | 1 200 | 2 000 |
| 35 ℃时的直流电阻 Ω/m | 0.000 376 | 0.000 293 | 0.000 113 | 0.000 078 | 0.000 037 2 | 0.000 018 6 |
| 轨距 80 mm 时的阻抗/(Ω/m) | 0.000 413 | 0.000 326 | 0.000 159 | 0.000 159 | 0.000 131 | 0.000 127 |
| 耐压试验/(kV/min) | 2.5 | 2.5 | 2.5 | 2.5 | 2.5 | 2.5 |

续上表

| 型　号 | AHG-200 | AHG-300 | AHG-500 | AHG-800 | AHG-1200 | AHG-2000 |
|---|---|---|---|---|---|---|
| 集电器型号 | AJH-Ⅰ | AJH-Ⅰ | AJH-Ⅱ | AJH-Ⅱ | AJH-Ⅲ | AJH-Ⅲ |
| 最大运行速度/(m/min) | 600 | 600 | 600 | 600 | 600 | 600 |
| 导轨标准长度/m | 3 | 3 | 5 | 5 | 5 | 5 |
| 支架间距/m | 1.5 | 1.5 | 3 | 3 | 3 | 3 |
| 外形尺寸/mm | 18×26 | 18×26 | 32×42 | 32×42 | 56×78 | 56×78 |
| 单位质量/(kg/m) | 0.425 | 0.45 | 1.4 | 1.7 | 3.6 | 6.1 |

表 5-5-2　AHJ 系列安全滑触线集电器技术数据

| 型　号 | AHJ-Ⅰ | AHJ-Ⅱ | AHJ-Ⅲ |
|---|---|---|---|
| 额定电流/A | 100 | 250 | 500 |
| 耐压试验/(kV/min) | 2.5 | 2.5 | 2.5 |
| 最大运行速度/(m/min) | 600 | 600 | 600 |
| 接触压力/N | 20 | 28 | 40 |
| 横向移动距离/mm | ±100 | ±100 | ±100 |
| 连接电缆截面/mm² | 16 | 70 | 70 |
| 牵引杆至滑触面的距离/mm | ~100 | ~125 | ~220 |

注：每种型号的集电器有单头及双头二种规格。双头的电流为上表中的 2 倍。

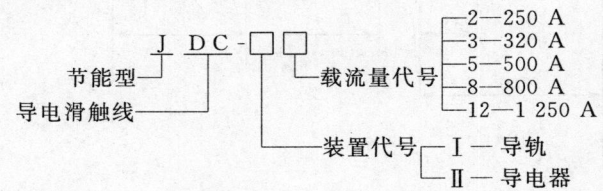

表 5-5-3　JDC-Ⅰ系列安全滑触线导轨技术数据

| 型　号 | JDC-Ⅰ2 | JDC-Ⅰ3 | JDC-Ⅰ5 | JDC-Ⅰ8 | JDC-Ⅰ12 |
|---|---|---|---|---|---|
| 额定电流/A | 250 | 320 | 500 | 800 | 1 250 |
| 标准导轨长度/M | | | 6 | | |
| 吊架夹(悬挂座)基本位置间距/m | | | 8 | | |
| 外形尺寸/mm | | | 32×42 | | |

表 5-5-4　JDC-Ⅱ系列安全滑触线导轨技术数据

| 型　号 | JDC-Ⅱ2 | JDC-Ⅱ5 | JDC-Ⅱ8 |
|---|---|---|---|
| 额定电流/A | 250 | 500 | 800 |
| 最大运行速度/(m/min) | 600 | 600 | 600 |
| 接触压力/N | 27.4 | 27.4 | 27.4 |
| 侧向转移距离/mm | ±100 | ±100 | ±100 |
| 接触方向移动/mm | ±40 | ±40 | ±40 |
| 连接电缆(长度约1.5m)/mm² | 50 | 70 | 120 |
| 牵引臂轴线至导轨滑动面距离/mm | 125 | 125 | 125 |
| 适用导轨 | JDC-Ⅰ2<br>JDC-Ⅰ3<br>JCD-Ⅰ8 | JDC-Ⅰ5<br>JDC-Ⅰ8 | JDC-Ⅰ8<br>JDC-Ⅰ12 |
| 质量/kg | 3.25 | 6.5 | 7.4 |

DHG 系列分单极和多极两大类,单极滑线的导线断面如图 5-5-3 所示,当需要多极供电时可用悬吊夹将数根滑线合成后再进行组装如图 5-5-4 所示。多极滑线因同在一根塑料导管内,安装起来要简单得多,其断面如图 5-5-5 所示。该系列的型号含义如下;技术数据列于表 5-5-5 及表5-5-6中。

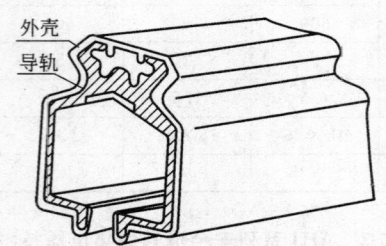

图 5-5-3　DHG 系列单极滑线的断面图

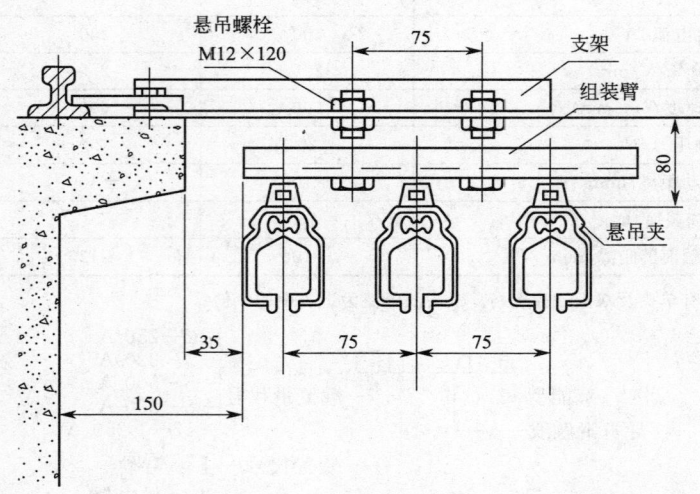

图 5-5-4　DHG 系列单极滑线合成后的组装图(mm)

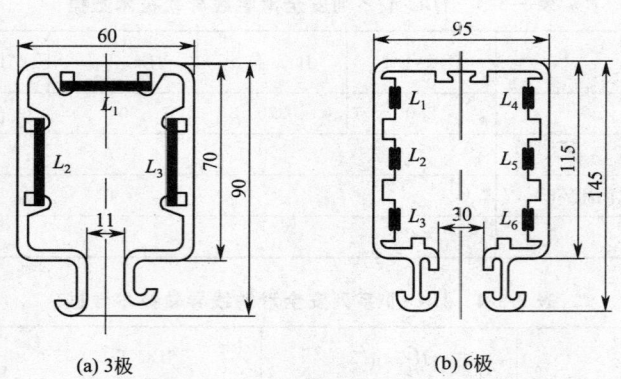

(a) 3极　　(b) 6极

图 5-5-5　DHG 系列多级滑线的断面图例(mm)

滑接输电导管或导线:

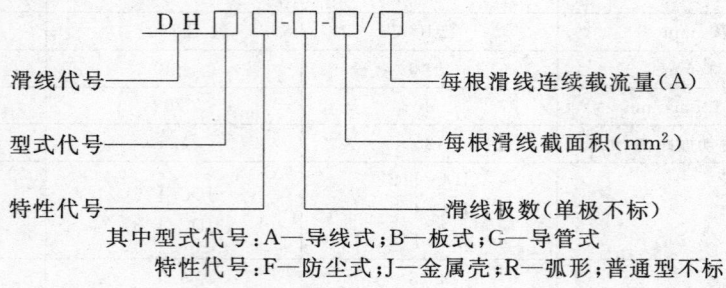

其中型式代号:A—导线式;B—板式;G—导管式
　　　特性代号:F—防尘式;J—金属壳;R—弧形;普通型不标

单极系列集电器：

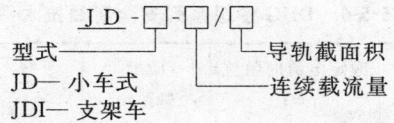

多极系列集电器：

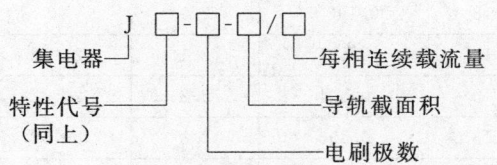

表 5-5-5　DHG 单极系列安全滑线技术数据

| 型　号 | 配用集电器型号 | 标准长度 |
|---|---|---|
| DHG-250/250 | JD-300/250 或 JD1-500 | 3 m |
| DHG-250/300 | | |
| DHG-250/400 | | |
| DHG-400/500 | JD-500/400 或 JD1-500 | 4 m |
| DHG-400/600 | | |
| DHG-400/700 | | |
| DHG-800/800 | JD-800/800 或 JD1-1000 | 6 m |
| DHG-800/1000 | | |
| DHG-800/1250 | | |

注：其中 JD1-500 导轨截面积分 250、400、500 三种；JD1-1000 导轨截面积为 800。

　　AQXH 系列是多根载流体嵌在同一塑料槽内，各相中心线距离 13 mm 分三线式和四线式两种，如图 5-5-6 所示。集电器有支承式和悬挂式两种，支承式集电器通过弹簧支架使电刷与滑线良好接触。适用于容量较大且在轨道上平稳行走的移动设备。悬挂式集电器悬挂在滑线架上，其滚轮嵌在滑线架两侧的凹槽内，经链条由用电设备牵引，适用于容量较小及行走时摆动较大的移动设备。其型号含义如下，技术数据列于表 5-5-7 中。

```
AQHX-□-□□
```
安全滑触线　　　　　额定电流（A）
载流体根数：　　　　部件代号：
3— 三线式；　　　　H— 滑线架；
4— 四线式　　　　　Z— 支承式集电器；
　　　　　　　　　　G— 悬挂式集电器

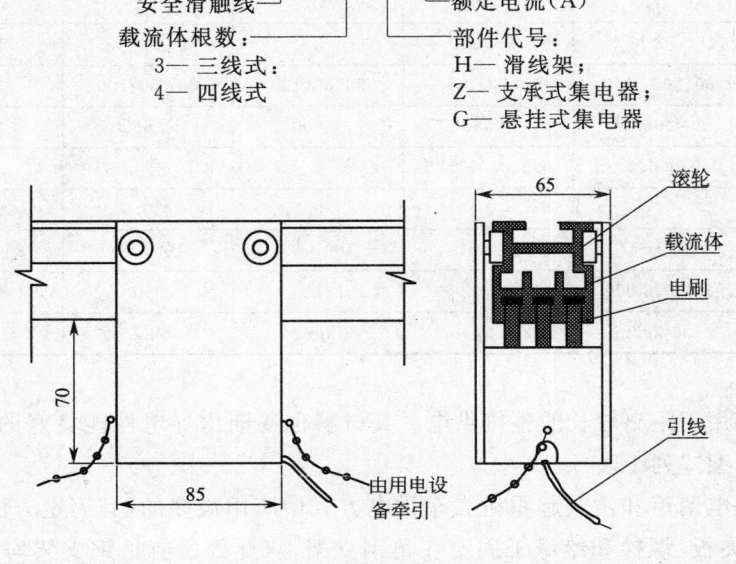

图 5-5-6　AQXH 型多极滑线配悬挂式集电器（mm）

表 5-5-6 DHG 多级系列安全滑线技术数据

| 序号 | 型号 | 直流电阻/Ω | 额定电流时阻抗/Ω | 质量/(kg/m) | 承载三相交流参考功率/kW JC40% | 承载三相交流参考功率/kW JC100% | 配用集电器型号 |
|---|---|---|---|---|---|---|---|
| 1 | DHG-3-10/50 | 0.18 | 0.193 | 2.0 | 52 | 32.9 | J-3-10/25 |
| 2 | DHG-4-10/50 | 0.18 | 0.192 5 | 2.0 | 52 | 32.9 | J-4-10/25 |
| 3 | DHG-6-10/50 | 0.18 | 0.191 | 2.1 | 2×52 | 2×32.9 | J-6-10/25 |
| 4 | DHG-7-10/50 | 0.18 | 0.191 | 2.2 | 2×52 | 2×32.9 | J-7-10/25 |
| 5 | DHG-16-10/50 | 0.18 | 0.190 | 2.8 | 5×52 | 5×32.9 | J-16-10/25 |
| 6 | DHG-4-15/80 | 0.12 | 0.138 | 2.1 | 83.4 | 52.8 | J-4-15/40 |
| 7 | DHG-3-20/100 | 0.09 | 0.095 | 2.1 | 104 | 66 | J-6-10/25 |
| 8 | DHG-7-25/120 | 0.072 | 0.081 | 3.8 | 2×125 | 2×79 | J-7-25/60 |
| 9 | DHG-3-35/140 | 0.051 4 | 0.056 | 3.0 | 146 | 92 | J-3-35/70 |
| 10 | DHG-4-35/140 | 0.051 4 | 0.055 | 3.20 | 146 | 92 | J-4-35/70 |
| 11 | DHG-3-50/170 | 0.036 | 0.039 | 3.0 | 177 | 112 | J-6-25/60 |
| 12 | DHG-4-50/170 | 0.036 | 0.039 | 3.2 | 177 | 112 | J-4-50/90 |
| 13 | DHG-6-50/170 | 0.036 | 0.038 5 | 3.8 | 2×177 | 2×112 | J-6-50/90 |
| 14 | DHG-7-50/170 | 0.036 | 0.038 5 | 4.0 | 2×177 | 2×112 | J-7-50/90 |
| 15 | DHG-3-70/210 | 0.025 7 | 0.028 5 | 4.0 | 218 | 138 | J-3-70/120 |
| 16 | DHG-4-70/210 | 0.025 7 | 0.028 5 | 4.5 | 218 | 138 | J-4-70/120 |
| 17 | DHG-6-70/210 | 0.025 7 | 0.028 | 4.7 | 2×218 | 2×138 | J-6-70/120 |
| 18 | DHG-7-70/210 | 0.025 7 | 0.028 | 4.9 | 2×218 | 2×138 | J-7-70/120 |
| 19 | DHG-3-95/300 | 0.018 | 0.019 5 | 3.8 | 354 | 224 | J-6-50/90 |
| 20 | DHG-3-140/400 | 0.012 8 | 0.014 | 4.7 | 417 | 264 | J-6-70/120 |
| 21 | DHGR-4-15/60 | 0.12 | 0.138 | 2.1 | 61 | 39 | JR-4-15/25 |

表 5-5-7 AQHX 系列安全滑触线技术数据

| 名称 | 滑线架 | | 集电器 | | | |
|---|---|---|---|---|---|---|
| | | | 支承式 | | 悬挂式 | |
| 型号 AQHX/-□□ | 3H | 4H | 3Z | 4Z | 3G | 4G |
| 线数 | 3 | 4 | 3 | 4 | 3 | 4 |
| 额定电流/A | 60、100、150 | 60、100、150 | 30、50、100 | 30、50、100 | 20 | 20 |
| 工作电压/V | <660 | <660 | <660 | <660 | <660 | <660 |
| 阻抗/(Ω/km) | 0.9、0.6、0.35 | 0.9、0.6、0.35 | / | / | / | / |
| 电刷压降/V | / | / | <0.5 | <0.5 | <0.5 | <0.5 |
| 轮廓尺寸/(m/m) | 51×51 | 51×67 | 100×60 | 100×10 | 120×65 | 120×81 |
| 长度/(m/m) | 3 000,6 000 | 3 000,6 000 | 410 | 410 | 85 | 85 |
| 重量 | 1.8 kg/m | 2.4 kg/m | 3 kg/套 | 3.5 kg/套 | 2 kg/套 | 2.5 kg/套 |

裸滑线供电多用于距离较长的整机供电。其材料也逐渐由导电性能良好的铜质代替了钢质，常用的裸滑线供电型式列于表 5-5-8 中。

角钢滑触线是电葫芦和桥式起重机大车供电方式中应用最多的，其固定方法如图 5-5-7 所示。滑线通过内夹板、夹板、螺栓和绝缘子固定在角钢支架上(此处所有角钢支架均为 50×50×5)，角钢支架再固定在钢筋混凝土梁或钢梁上。

表 5-5-8 常用硬滑线型式

| 硬滑线种类 | 钢 质 | | | | 裸 铜 线 | |
|---|---|---|---|---|---|---|
| 滑线材料规格<br>(架设方式) | 角 钢 | | | | 电车线 TCG85 | |
| | ∠40×40×4 | ∠50×50×5 | ∠70×70×8 | 通用式架设 | 高架大跨度悬索式架设 |
| 适用跨度/m | ≤31.5 | | | <200 | >200 |
| 滑线间距 垂直/mm | ≥130 | ≥150 | ≥600 | — |
| 水平/mm | ≥270 | ≥310 | ≥120 | 300 |
| 电柱间距/m | 1.5~2.5 | 2~3 | ≤20 | 50~200 |
| 适用场合 | 桥式起重机大车供电 | | | 门式起重机<br>大车供电 | 门式起重机，装、卸车机大车供电 |

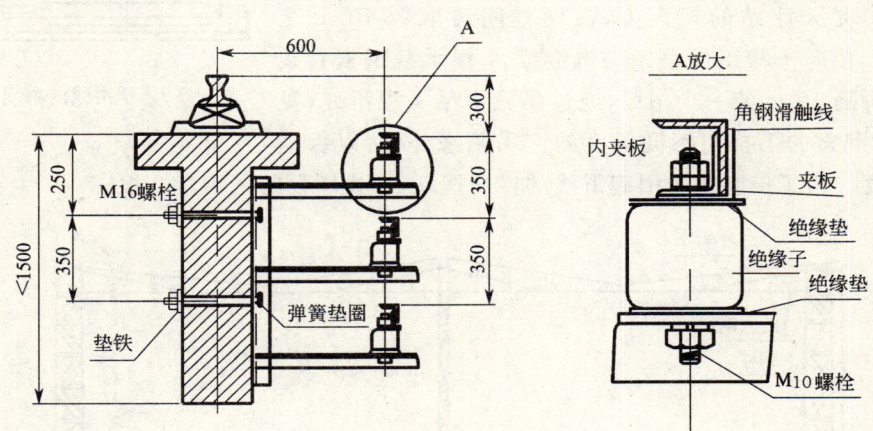

图 5-5-7 角钢滑触线的固定方法(mm)

图 5-5-8 为钢滑线用的电源导电器。铸铁滑块能绕轴上下移动，并利用自身的重量使其与滑线保持良好的接触。电流由滑块经软引线引入整台起重机。

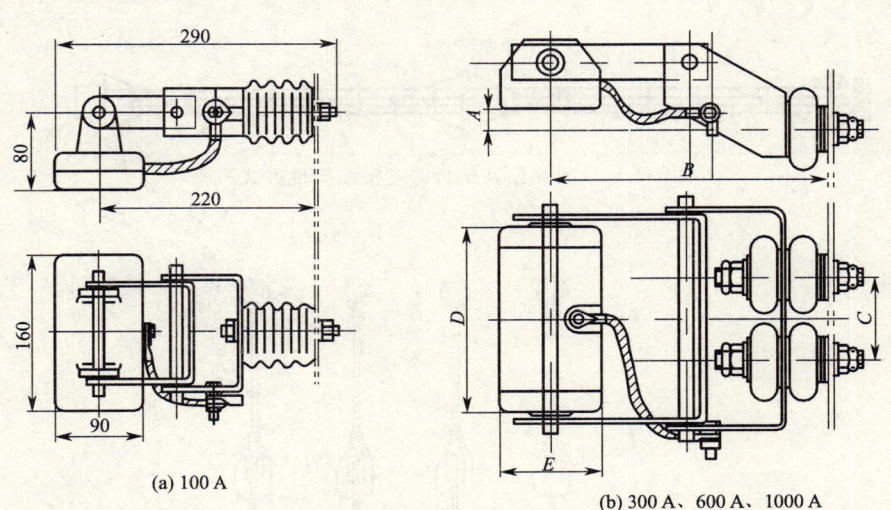

| 导电器容量<br>/A | 尺 寸/mm | | | | | 质 量<br>/kg |
|---|---|---|---|---|---|---|
| | A | B | C | D×E | 安装孔 | |
| 300 | 25 | 303 | 100 | 220×120 | 2×φ21 | 16 |
| 300 | 30 | 305 | 100 | 280×110 | 2×φ18 | 17 |
| 600 | 25 | 303 | 100 | 350×120 | 2×φ21 | 25 |
| 1 000 | 15 | 305 | 100 | 380×110 | 2×φ18 | 25 |

图 5-5-8 电源导电器的结构(mm)

当采用铜葫芦形电车线时,其架设方式又分通用式和高架大跨度悬索式两大类。通用式是将滑线两端固定,中间部分通过中间支架来固定(见图 5-5-9),中间支架的电柱间距不超过 20 m,以保证滑线全长尽可能在同一水平线上。

在铁路货场天津站和上海西站分别研制成功了高架大跨度悬索式滑线供电方式,其共同特点是塔架(钢柱)的距离可增大到 100 m 左右,高架钢索下部悬吊架空滑线,并带有自动张紧装置,适用于运行距离长、货位小、作业量大的门式类(包括装、卸车机)起重机的整机供电。两方案的具体架设形式各有特点,分述如下供选用时参考。

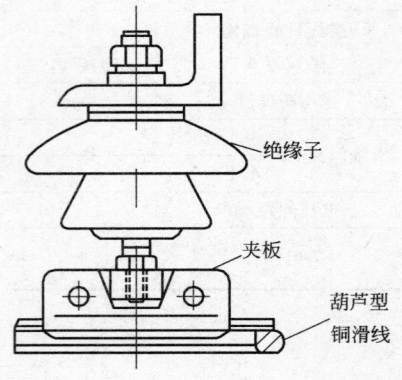

图 5-5-9　铜滑线的中间支架固定器

图 5-5-10 是天津站的架设方式,两柱间可取数 10 m 至 100 m 为一跨,由若干跨组成整条供电滑线,4 根承载钢索直线平行布置。每隔 10 m 装一个吊弦,通过吊弦下吊 4 根滑线(见图5-5-11),承载索的下挠由不同长度的上吊弦来补偿,以保证滑线的水平度。为了控制风力引起滑线的横向摆动,一边增设防风钢索 2 根。

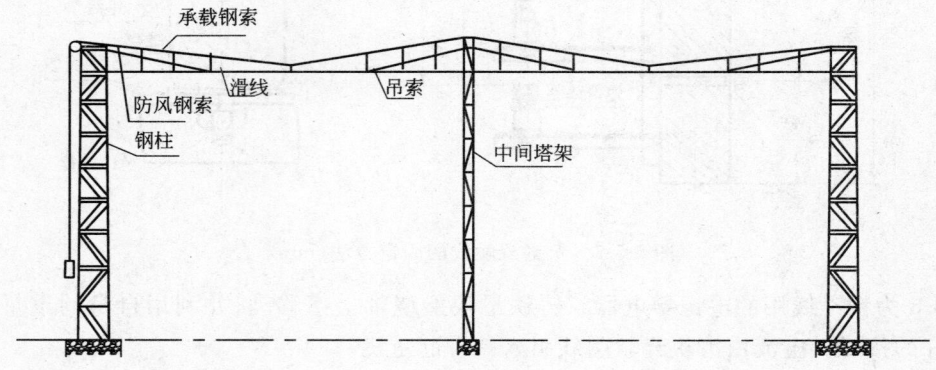

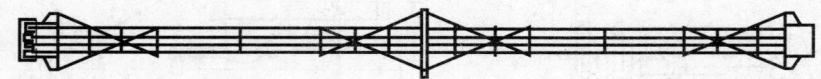

图 5-5-10　天津站高架大跨度滑线架设方式简图

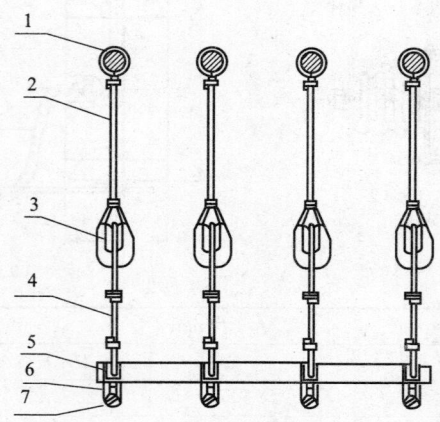

图 5-5-11　天津站吊弦的构造简图

1—承载钢索;2—上悬吊;3—高压绝缘子;4—下悬吊;5—隔离板;6—接触夹板;7—滑线

图 5-5-12 是上海西站的架设形式,它是由 4 根两端固定于塔架上的钢索,S 形交织而成,跨中收腰。提高了悬索的侧向稳定性,两柱间的跨距一般取 50 m～200 m,铜滑线标高为 9 m～15 m,

悬吊间距取 10 m~25 m(悬吊示意如图 5-5-13 所示),安装时通过斜拉杆的端螺纹来调节悬吊的水平度及高低。在滑线电源上装有断线保护,一旦带电的滑线因某种原因断落,该装置会在小于 0.5 s的时间内切断电源,保证安全作业。

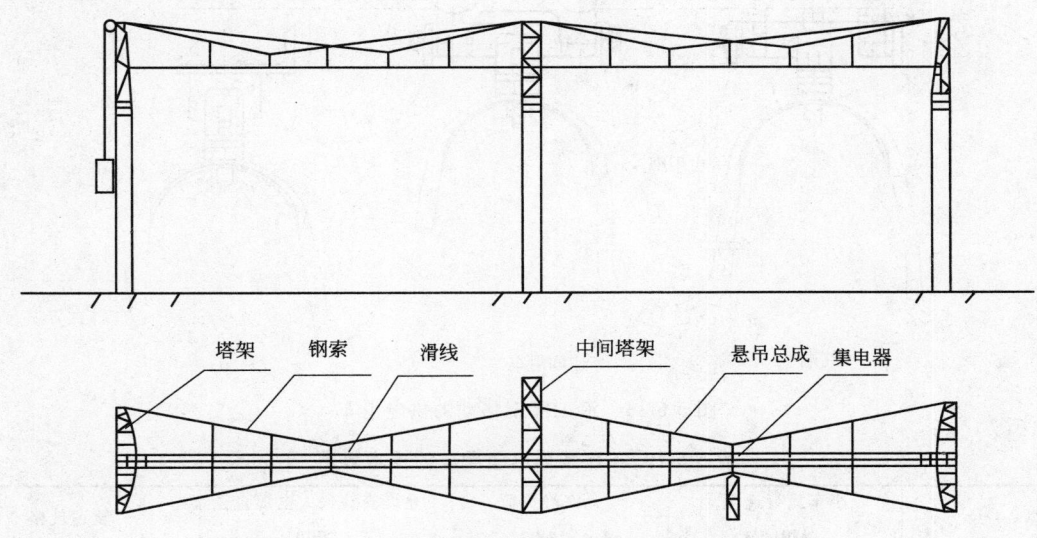

图 5-5-12  上海西站大跨度悬索架空滑线架设方式简图

以上两站的供电形式虽然具体结构不同,但思路都是从电气化铁道接触网引申而来,都经过了七、八年各种恶劣环境的考验,说明这种供电方式具有布局合理、结构紧凑、占地面积小、维修方便等优点。

**二、软电缆供电**

软电缆是带有绝缘护套的多芯软电线,每根芯线由多股软铜线绞制而成,外加绝缘橡胶,若数根芯线并在一起,外包圆形橡皮护套称圆电缆,若数根芯线并排后外包扁平形护套称扁电缆。

软电缆供电有悬挂式、导轮式和电缆卷筒式等型式,如表 5-5-9 所示。

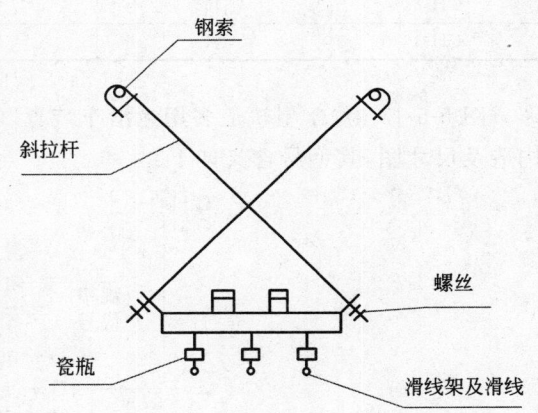

图 5-5-13  上海西站悬吊示意图

表 5-5-9  常用软电缆供电型式

| 供电型式 | 悬挂式 | | | 导轮式 | 电缆卷筒式 |
|---|---|---|---|---|---|
| 滑轨材料 | 角钢 ∠40×40×4 | 工字钢 I 120 | 异型钢 | 槽钢 [80 | — |
| 移动距离/m | ≤30 | ≤80 | 不限 | ≤80 | ≤300 |
| 每根电缆的长度 | 跨度加 5 m | | | 0.5 跨度加 5 m | 视行程及供电点而定 |
| 电缆根数 | 1~5 | ≥5 | ≥5 | ≥5 | 1~2 |
| 单根电缆最大外径/mm | ≤26 | | | | 不限 |
| 滑车间距/m | 2.5~3 | ≤5 | ≤5 | — | — |
| 适用速度/(m/min) | ≤50 | ≤120 | ≤300 | ≤50 | ≤50 |
| 适用场合 | 桥式、门式起重机大、小车供电 | | | 桥式、门式起重机小车供电 | 桥式、门式起重机大车供电 |

悬挂式电缆供电是将电缆固定在专制的滑车上,滑车沿着型钢或异型钢移动。图 5-5-14 为 CH 系列电缆滑车沿工字钢移动的供电情况。其中首端固定在小车架上,终端固定在轨道一端,多

个中间滑车沿轨道移动。其技术数据列于表 5-5-10 中。

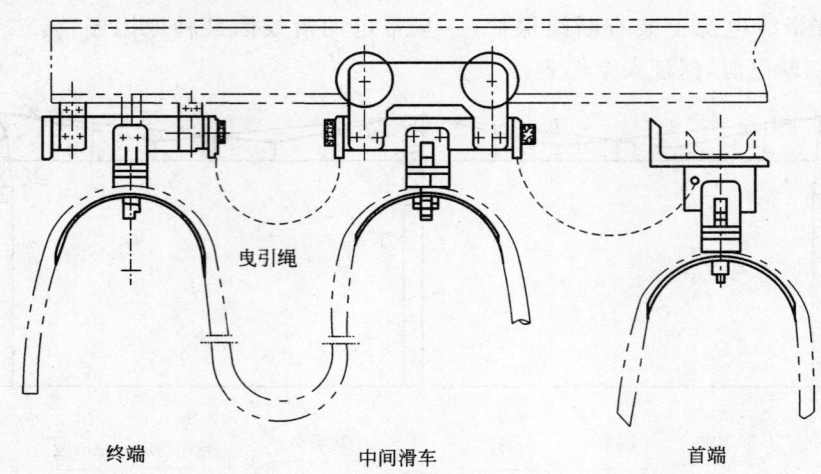

图 5-5-14　沿工字钢移动的供电滑车

表 5-5-10　CH 系列电缆滑车的技术数据

| 型　号 | 小车运行速度 /(m/s) | 允许静负荷 /kg | 允许安装最大电缆直径 /mm | 轨道规格 |
|---|---|---|---|---|
| CH-1 | ≤50 | 65 | Φ16 | 普通工字钢 I100 |
| CH-2 | ≤63 | 125 | Φ22 | (GB 706—65) |
| CH-3 | ≤45 | 25 | Φ16 | 异形钢 |

图 5-5-15 为"Ω 型轨道多用途滑车装置"的轨道截面及尺寸图,图 5-5-16 为该装置电缆滑车的构造及尺寸图,其型号含义如下：

```
Ω-□-□
    │ │
    │ └─ 滑车表示相配轨道尺寸
    │    轨道表示外形尺寸
    │    安装件表示形状与尺寸
    └── 规格代号

装置代号
 D— 电缆滑车(包括终端、牵引滑车)
 G— 工具滑车
 W— 轨道
 J— 安装件(吊挂件、连接件、端盖)
```

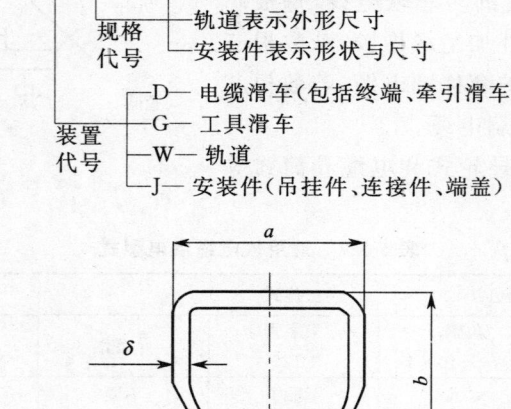

| 型　号 | $a$ | $b$ | $c$ | $\delta$ | 截面模量 $W_x$ /cm³ | 质量 /(kg/m) | 定尺长度 /m |
|---|---|---|---|---|---|---|---|
| Ω-W40 | 40 | 35 | 10 | 3 | 2.76 | 2.7 | 6 |
| Ω-W65 | 65 | 60 | 18 | 4 | 10.68 | 6.1 | 6 |
| Ω-W80 | 80 | 75 | 22 | 5 | 21.00 | 9.5 | 6 |

图 5-5-15　Ω-W 系列轨道截面及尺寸图

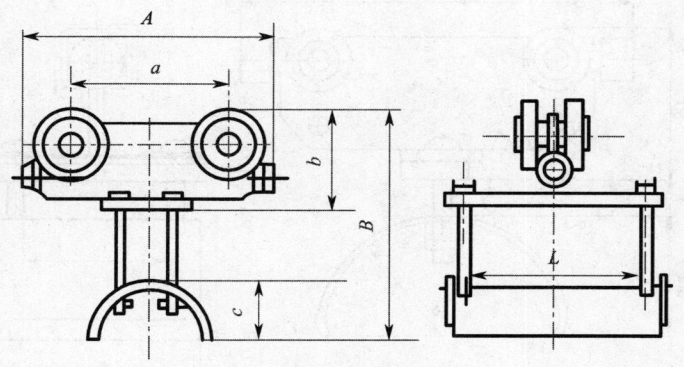

| 型 号 | $A$ | $a$ | $B$ | $b$ | $C$ | $L$ | 重量/kg |
|---|---|---|---|---|---|---|---|
| Ω-D40 | 200 | 98 | 183 | 92 | 41 | 101 | 1.2 |
| Ω-D65 | 260 | 165 | 265 | 123 | 62 | 150 | 3 |
| Ω-D80 | 315 | 235 | 270 | 128 | 62 | 180 | 3.5 |

图 5-5-16　Ω-D 系列电缆车的构造及尺寸

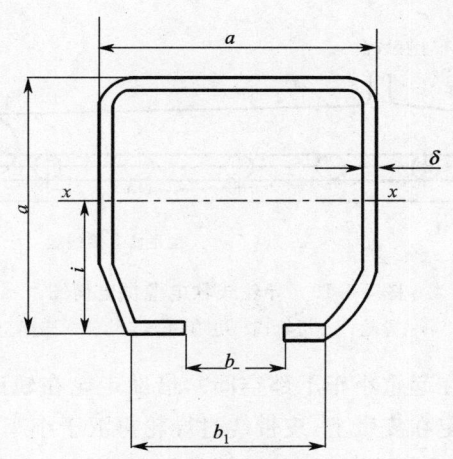

| 型号 | 长度规格/mm | $a$/mm | $\delta$/mm | $b$/mm | $b_1$/mm | $i$/mm | $l_x$/cm³ | $W_x$/cm³ | 质量/(kg/m) |
|---|---|---|---|---|---|---|---|---|---|
| C40 | 4 000<br>3 000<br>2 000 | 40 | 2.5 | 14 | 32 | 21.6 | 6.7 | 3.1 | 2.5 |
| C63 | 4 000<br>3 000<br>2 000 | 63 | 4 | 16 | 50 | 33.1 | 47.85 | 14.4 | 6.78 |

图 5-5-17　C 系列轨道截面及尺寸图

　　图 5-5-17 为"柔性电缆供电系统"的 C 型轨道截面及尺寸图,图 5-5-18 为该系统电缆滑车的构造尺寸。

　　导轮式电缆供电是采用导轮式电缆拖车对桥式类型起重机的小车进行供电。其结构如图 5-5-19 所示。电缆拖车为一钢架结构,安设在无马鞍双梁起重机的走台上或大吨位单梁门式起重

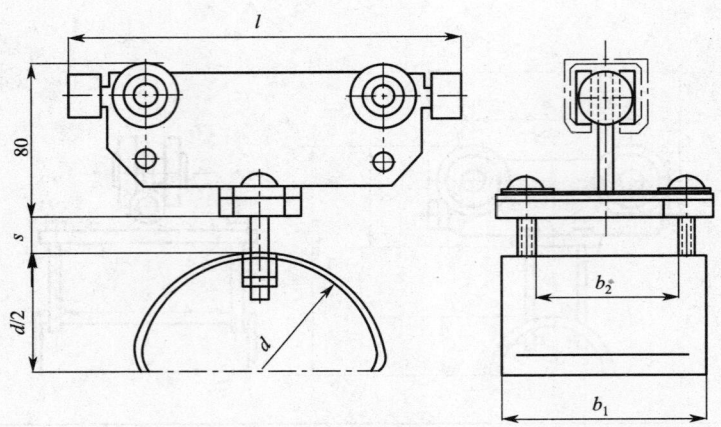

| 型号 | $l$ /mm | $d$ /mm | $s$ /mm | $b_1$ /mm | $b_{2max}$ /mm | 质量 /kg |
|---|---|---|---|---|---|---|
| DHC40-1 | 200 | 125 | 40 | 140 | 97 | 1.80 |
| DHC40-2 | 250 | 160 | 50 | 200 | 147 | 2.40 |
| DHC63-1 | 250 | 160 | 50 | 200 | 147 | 3.20 |

图 5-5-18　DHC 系列电缆滑车构造及尺寸图

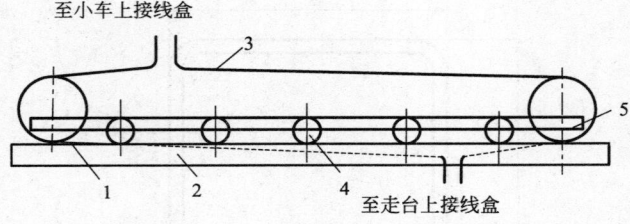

图 5-5-19　导轮式软电缆供电简图
1—导轮；2—滑轨；3—电缆；4—走轮；5—拖车

机的主梁上(百吨以上的安装在起重小车下部空间)，借助走轮在轨道上运行。电缆从主梁跨中的接线盒里引出，分二路并排固定在皮带上，皮带绕过导轮再汇于小车接线盒上。皮带上同时固定二根牵引钢丝绳与起重机小车相连。当起重小车运行时，通过钢丝绳带动拖车移动。因走轮的直径为导轮直径的一半，故拖车的速度是起重小车速度的一半，因此电缆长度只需梁长的一半再加 5 m 左右的余量即可。这种供电方式的优点是电缆寿命比悬挂式供电长，但其构造复杂，必须占有一定的面积，因而使用范围受到限制。

电缆卷筒式供电装置用于起重机整机供电，沿起重机的运行轨道，每隔 60 m～100 m 装一个电缆插头箱，电源通过地下电缆或别的方式引到插头箱，起重机供电电缆的一端固定在电缆卷筒上，另一端接入插头箱。电缆卷筒安装在起重机的一个支腿上，其内部结构如图 5-5-20 所示，卷筒内装有滑环，电缆的芯线接在电刷上。电刷和滑环紧密接触，电刷随卷筒转动，滑环不动。电流从电刷经滑环传到起重机上。

电缆卷筒的拖动，对保证起重机的正常运转有重要意义。如果电缆放出后不能及时卷起，则电缆有被车轮压断的危险。解决这个问题的方法很多，目前常用的有重锤式(图 5-5-21)，力矩电机式(图 5-5-22)，弹簧式(图 5-5-23)和磁力耦合式等。

重锤传动时，是在电缆卷筒轴上装一个同心轴的钢绳轮，钢绳一端固定在钢绳轮上，另一端绕过滑轮组与重锤相连。当起重机离开插头箱时，借助机械本身的走行动力使卷筒旋转，电缆自动放

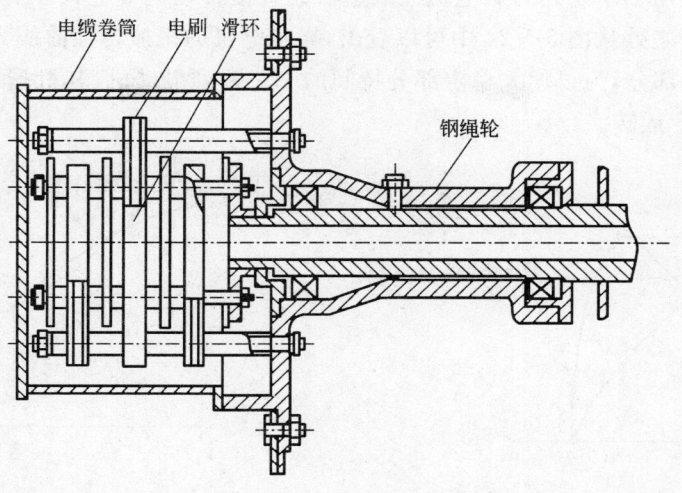

图 5-5-20 重锤式电缆卷筒结构图

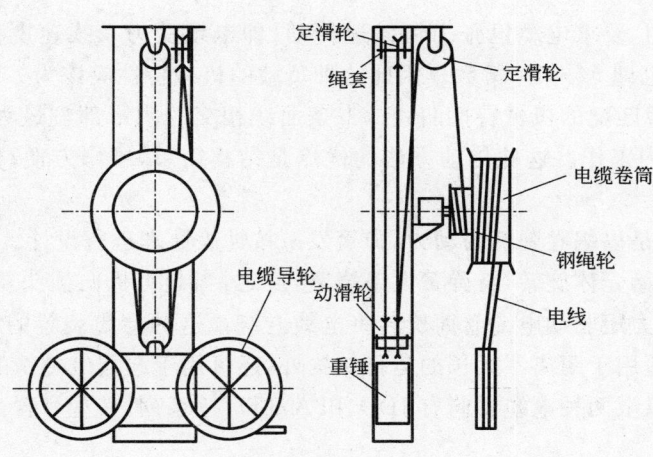

图 5-5-21 重锤式电缆卷筒的传动方式

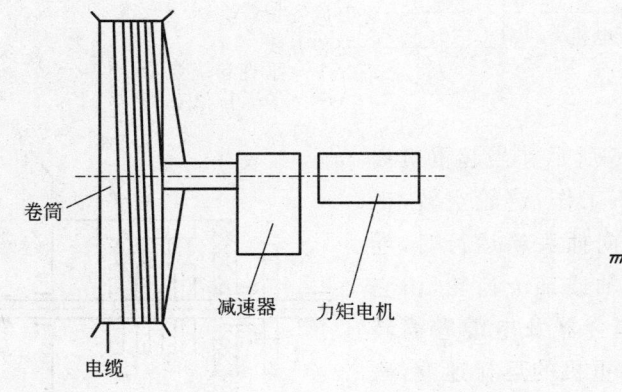

图 5-5-22 力矩电机式电缆卷筒的传动方式

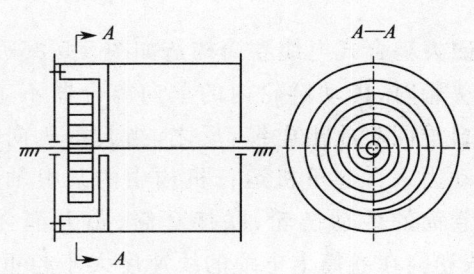

图 5-5-23 弹簧式电缆卷筒结构简图

线。由于电缆卷筒和钢绳轮同轴，但卷绕方向相反，则电缆放线时，钢绳收线使重锤举起，相反当起重机向插头箱运行时，由于重锤靠重力下降，使钢绳放线，带动电缆卷筒旋转，电缆又重新绕在卷筒上。由于这种方法比较简单，只要把重锤计算得当就能可靠工作，所以多用于距离较长，速度一般的门式起重机的大车供电。

力矩电机传动是用 JL$_1$ 系列力矩电机经减速器或直接带动电缆卷筒正转和反转,它的机械特性和一般电机的不同之处从图 5-5-24 中可以看出,异步电机的机械特性曲线为 $a$-$b$-$c$,$a$-$b$ 段是稳定部分,$b$-$c$ 段是不稳定部分,为了增大稳定部分特制的 JL$_1$ 系列电动机,其机械特性曲线为 $ad$,即沿 $ad$ 整条曲线都能稳定运转。

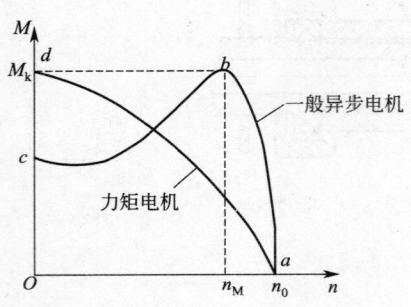

图 5-5-24 力矩电机的机械特性

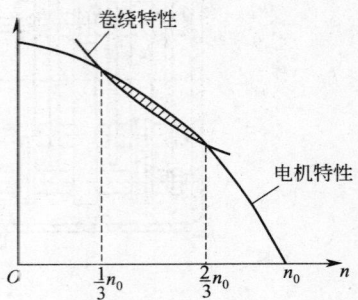

图 5-5-25 力矩电机与恒张力负载匹配的机械特性曲线

在电缆卷绕过程中,要求电缆恒张力恒线速传动(即电缆受力及线速度都不随卷绕直径而变化),则 $F \cdot V =$ 常数,也即 $M \cdot n =$ 常数。因此这种负载的机械特性应该为一双曲线。图 5-5-25 是力矩电机与恒张力负载匹配的机械特性曲线。二条曲线相交的阴影部位最为理想,也就是应该在 $(1/3 \sim 2/3) n_0$ 的范围内工作。这种传动方法的优点是结构简单,维修方便;但需增加一个特制的电机。

弹簧式电缆卷筒,是以蜗卷弹簧为动力,弹簧发条按钟表原理进行设计。当起重机离开插头箱时,电缆的拉力带动卷筒壳体旋转,将弹簧发条绕紧,反之,当起重机向插头箱方向运行时,弹簧发条逐渐放松,产生卷绕力矩驱动电缆卷筒旋转将电缆卷绕。这种卷缆装置的最大特点是自身不消耗电能;结构紧凑,除适用于距离不太长的运行机构外,还可用于起重电磁铁的电缆供电。

起重机上常用的以上两种电缆卷筒有 JDD、JTA、JTD 等系列,其型号含义为:

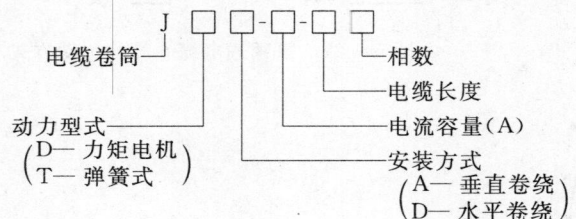

磁力耦合式电缆卷筒构造如图 5-5-26 所示。当起重机离开插头箱时,传动链轮内的单向离合器不工作,链轮空转,电缆靠自重同步放出电缆,反之,当起重机向插头箱运行时,卷筒的动力来自起重机运行机构中的某根轴或某个齿轮,由它带动卷筒的传动链轮、联接套筒、磁力耦合器及电缆卷筒转动,若卷绕在卷筒上电缆的线速度大于起重机的运行速度,磁力耦合器与卷筒就相对打滑,卷筒转速降低直至两速度同步为止。整个绕线过程,就是卷筒与磁力耦合器不断调整差速的过程。

这种型式只适用于电源插头箱在整个运行机构的一端,电缆卷筒的收与放方向不变,若整台起重机的运行距离很长需要在线路中部或更多地方设置电源插头箱时,则需另配动力电机。

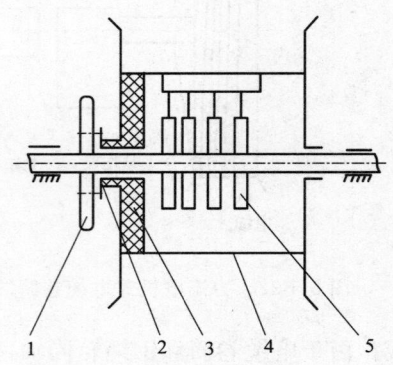

图 5-5-26 磁力耦合式电缆卷筒
1—传动链轮;2—联接套筒;3—磁力耦合器;4—卷筒;5—集电环

### 三、滑环集电器（又称集电环）

为了实现固定机构与旋转机构之间的电气联接，可以采用滑环集电器或悬挂式电缆供电两种形式。

滑环集电器构造如图 5-5-27 所示，它与绕线式异步电动机上的滑环部分相似，由一组铜滑环组成，滑环之间互相绝缘。滑环随机构回转，每个滑环上有一组固定不动的电刷与其紧密接触，电刷装在刷握中，固定部分的电流即通过电刷传至滑环，最后由滑环上的接线端传至回转机构。

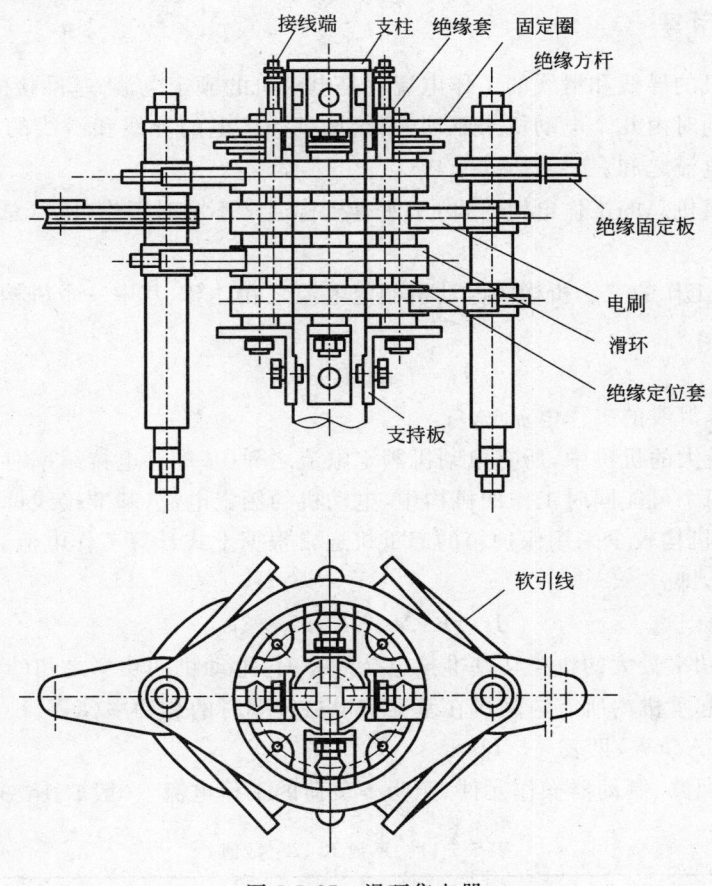

图 5-5-27　滑环集电器

也有的滑环集电器装成滑环不动，电刷旋转的型式，这要根据回转机构的具体构造而定。集电环上滑环的数量，由电路的实际需要而定，少则二三个，多则几十个。

滑环集电器结构比较复杂，对制造和安装的要求都比较高，但它可以保证回转机构任意回转；悬挂式电缆供电结构简单，加工安装都方便，但电缆仅允许机构正反向旋转一周半，并且一定要装限位开关，防止扭断电缆。

## 第二节　导线和滑线的截面选择

正确选择导线和滑线截面，可以保证供电网与负载正常工作、节省有色金属、减少能量损耗。

导线和滑线截面的选择应满足以下几个方面：

（1）在导线和滑线上长期通过的负载电流所产生的热量，不能过热而损坏绝缘造成短路失火等事故。

（2）导线应有足够的机械强度，以免导线由于风力、冰雪重量等其他因素而拉断，引起供电中断和其他不安全事故。

(3)线路的电压损失不能过大(按起重机设计规范规定：交流电源供电,在尖峰电流时自供电变压器的低压母线至起重机任何一台电动机端子的电压损失不应超过额定电压的 15%,其中一般用途桥式起重机起重量小于或等于 32 t 时的电压损失,起重机内部不能超过 5%,外部不能超过 10%;大于 32 t 时,电压损失内部不能超过 4%,外部不能超过 11%)。

导线和滑线的发热按工作电流计算。电压损失按最大电流计算,故必须掌握工作电流和最大电流的计算方法。

### 一、工作电流的计算

供给单个电动机的导线和滑线的工作电流就是电动机的额定电流(基准接电持续率时)。

如果某一机构同时由几个电动机来驱动,则给该机构供电的导线和滑线的工作电流应取该机构所有电动机额定电流之和。

当计算整台起重机总的工作电流时,由于所有机构通常不同时工作,所以总的工作电流可按以下两种方法计算。

(1)按可能同时工作的三个机构的电动机额定电流之和计算,其中一个机构的电动机功率是所有机构中最大的,即：

$$I_g = I_{e1} + I_{e2} + I_{e3} \tag{5-5-1}$$

式中 $I_g$——导线或滑线的工作电流(A);

$I_{e1}$——功率最大的机构中,所有电动机额定电流之和(基准接电持续率时)(A);

$I_{e2}$、$I_{e3}$——其他两个可能同时工作的机构中,电动机的额定电流(基准接线持续率时)(A)。

对于容量较小,机构较少采用保护箱的起重机通常根据上式计算工作电流。

(2)按功率计算,即

$$I_g = K_1 N_3 + K_2 N_n + I_K \tag{5-5-2}$$

式中 $N_3$——三个功率最大的机构在基准接电持续率时,电动机的功率之和(kW);

$N_n$——整台起重机内所有电动机在基准接电持续率时的总功率(kW);

$K_1$、$K_2$——系数(A/kW)见表 5-5-11;

$I_K$——控制回路、制动器操作元件、照明等负荷的工作电流,一般取 15 A。

表 5-5-11 系数 $K_1$、$K_2$ 数值

| 系 数 | | $M_1$、$M_2$、$M_3$、$M_4$(轻级) | $M_5$、$M_6$(中级) | $M_7$(重级) | $M_8$(特重级) |
|---|---|---|---|---|---|
| 交流 380 V | $K_1$ | 0.6 | 0.6 | 0.9 | 0.9 |
| | $K_2$ | 0.2 | 0.3 | 0.4 | 0.6 |
| 直流 220 V | $K_3$ | 1.2 | 1.2 | 1.8 | 1.8 |
| | $K_4$ | 0.4 | 0.6 | 1.8 | 1.2 |

对于容量较大,机构较多采用总受电箱的起重机通常按此式计算工作电流。这时算出的工作电流是等效的长期工作电流,应按导线的长期负荷允许载流量选取电线、电缆的线芯截面。

### 二、最大电流的计算

最大电流又称尖峰电流。供电给单台电动机的导线和滑线的最大电流按电动机的起动电流计算。

起重机某一机构的最大电流：

$$I_{zd} = K I_e \tag{5-5-3}$$

式中 $I_{zd}$——最大电流(A);

$K$——电动机起动电流倍数,绕线型电动机一般取 2 或按实际倍数(1.8～2.3)取;笼型电

动机按产品样本查取;起重用直流电动机取 2~2.5;

$I_e$——该机构所有电动机在实际接电持续率时的额定电流之和(A)。

计算整台起重机或多个机构的最大电流时,由于考虑各种不同因素,常采用以下几种计算方法。

(1)当考虑三个机构同时工作,其中功率最大机构的电动机正在起动,可能同时工作的另外两个机构的电动机处于正常工作状态,即

$$I_{zd}=KI_{e1}+I_{e2}+I_{e3} \tag{5-5-4}$$

式中 $I_{e1}$——整台起重机中功率最大机构所有电动机的额定电流之和(实际接电持续率时)(A);

$I_{e2}$、$I_{e3}$——可能同时工作的其他二个机构里电动机的额定电流(实际接电持续率时)(A)。

(2)当考虑室内、外不同因素时,用下式计算,即

$$I_{zd}=K_1 I_{e1}+K_2 I_{\Sigma e} \tag{5-5-5}$$

式中 $K_1$——电动机起动电流倍数,同(5-5-3)式中的 $K$;

$K_2$——系数,室内起重机取 0.8;室外起重机取 0.6~0.7;

$I_{\Sigma e}$——可能同时使用的其他机构所有电动机的额定电流之和(实际接电持续率时)(A)。

起重机内部线路一般不太长,当按发热情况选择导线截面时,其电压损失一般不会超过允许值。所以选择导线截面时,首先根据导线容许电流大于线路工作电流来选择截面;再根据导线机械强度的要求进行检验,起重机的外部线路较长,按发热选择导线截面后应以电压损失加以校核。

从机械强度出发,起重机上的布线必须采用截面不小于 1.5 mm² 的多股单芯导线及 1 mm² 的多股多芯导线。

电线,电缆及铜滑线的电压损失按下式计算;三相交流负载

$$\Delta u=\frac{173 I_{zd} L\cos\phi}{\sigma q u_e}(\%) \tag{5-5-6}$$

直流负载

$$\Delta u=\frac{200 I_{zd}}{\sigma q U_e}L(\%) \tag{5-5-7}$$

式中 $L$——电线、电缆或滑线的计算长度(m);

$\cos\phi$——负载的功率因素,对绕线型电动机取 0.65;对笼型电动机取 0.5;

$U_e$——电网额定电压(V);

$q$——电线、电缆的线芯截面或铜滑线的截面(mm²);

$\sigma$——导电材料的电导率(m/Ω·mm²):铜取 50(参考线芯温度为+60 ℃时)、铝取 35、钢取 6.05。

## 第三节 电线和电缆

### 一、电线、电缆的型号及防止机械损伤的措施

对电线和电缆型号的选择应根据使用环境、敷设方式和电压高低而定。起重机常用电线的绝缘材料有橡胶(如:BX 型、BXR 型线)和聚氯乙烯塑料(如:BV 型、BVR 型线)两种。虽然塑料绝缘电线有价廉、耐油、外径小、重量轻、易于施工等优点。但由于起重机内短路故障较多,过载保护可靠性差等因素,故起重机上电气设备的配线(固定敷设和穿管敷设)大多数采用橡皮绝缘电线。塑料绝缘电线一般限用于司机室内配线和控制屏内部配线。对常用的电线、电缆性能及使用场合列于表 5-5-12 中,电线及电缆的型号、规格、外径和重量分别列于表 5-5-13 至表 5-5-18 中。

**表 5-5-12 起重机常用电线、电缆性能及使用场合**

| 型号 | 名 称 | 用途及使用场合 | 常用芯数×截面/mm² | 线芯最高工作温度 | 环境温度 |
|---|---|---|---|---|---|
| BX<br>BXR | 铜芯橡皮绝缘电线<br>铜芯橡皮绝缘软电线 | 固定敷设及穿管敷设,起重机各部分电气设备配线用。安装中需柔软时用 BXR | 单芯 2.5～120 | +65 ℃ | |
| BV<br>BVR | 铜芯聚氯乙烯绝缘电线<br>铜芯聚氯乙烯绝缘软电线 | 固定敷设,司机室内及控制屏内配线。安装中需柔软时用 BVR | 单芯 2.5～16 | +65 ℃ | −25～+45 ℃ |
| YC<br>YCW | 重型橡套软电缆 | 能承受较大机械外力作用。起重机和小车移动供电用,YCW 具有耐气候和一定的耐油能力 | 单芯 16～120<br>双芯、三芯 2.5～16<br>四芯 10～70 | +65 ℃ | |
| YHD | 橡皮绝缘耐寒橡套电缆 | 耐寒。起重机和小车移动供电 | 双芯、三芯 2.5～25<br>多芯 2.5～6 | +65 ℃ | −50 ℃～+50 ℃ |
| CF<br>CF31 | 船用橡皮绝缘氯丁护套电缆<br>船用橡皮绝缘氯丁护套钢丝编织电缆 | 固定敷设。起重机各部分电气设备配线用。CDF、CEF、CDF31、CEF31 耐高温 | 单芯 16～240<br>双芯、三芯 2.5～120<br>多芯 2.5 | +70 ℃ | |
| CDF<br>CDF31 | 船用丁基橡皮绝缘耐热氯丁护套电缆<br>船用丁基橡皮绝缘附热氯丁护套钢丝编织电缆 | | | +80 ℃ | |
| CEF<br>CEF31 | 船用乙丙橡皮绝缘耐热氯丁护套电缆<br>船用乙丙橡皮绝缘耐热氯丁护套钢丝编织电缆 | | | +85 ℃ | |
| CFR | 船用橡皮绝缘氯丁护套软电缆 | 起重机和小车移动供电。CDFR、CEFR 耐高温 | 同 YC、YCW | +70 ℃ | |
| CDFR | 船用丁基橡皮绝缘耐热氯丁护套软电缆 | | | +80 ℃ | |
| CEFR | 船用乙丙橡皮绝缘耐热氯丁护套软电缆 | | | +85 ℃ | |
| YVFB | 丁腈聚氯乙烯绝缘和护套扁平型软电缆 | | 三芯、四芯 2.5～50<br>多芯 1.5～10 | +70 ℃ | |
| UG-6 000<br>UGF-6 000 | 6 kV 矿用橡套软电缆 | 高压起重机移动供电 | 3×16+1×6～3×35+1×16 | +65 ℃ | |

**表 5-5-13 单芯电线的规格、外径及质量**

| 线芯截面/mm² | 外径/mm | | | | 质量/(kg/km) | | | |
|---|---|---|---|---|---|---|---|---|
| | BX | BXR | BV | BVR | BX | BXR | BV | BVR |
| 1.5 | 4.6 | 4.8 | 3.1 | 3.3 | 32 | 34 | 24 | 25 |
| 2.5 | 5.0 | 5.3 | 3.7 | 4.0 | 43 | 46 | 37 | 40 |
| 4 | 5.5 | 5.9 | 4.2 | 4.6 | 58 | 64 | 54 | 57 |
| 6 | 6.2 | 6.5 | 5.0 | 5.5 | 80 | 88 | 73 | 80 |
| 10 | 7.8 | 7.9 | 6.6 | 6.7 | 135 | 137 | 124 | 127 |
| 16 | 8.8 | 9.5 | 7.8 | 8.5 | 197 | 213 | 185 | 199 |
| 25 | 10.6 | 11.9 | 9.6 | 11.1 | 302 | 335 | 285 | 318 |
| 35 | 11.8 | 13 | 10.9 | 12.2 | 402 | 430 | 384 | 411 |
| 50 | 13.8 | 15 | 13.1 | 14.3 | 562 | 582 | 540 | 561 |
| 70 | 17.3 | 18 | 14.9 | — | 759 | 802 | 734 | — |
| 95 | 20.8 | 20 | 17.3 | — | 1 017 | 1 074 | 987 | — |
| 120 | 21.7 | 21.8 | — | — | 1 260 | 1 335 | — | — |
| 150 | 22 | 24.4 | — | — | 1 561 | 1 715 | — | — |
| 185 | 24.2 | 26.7 | — | — | 1 921 | 2 134 | — | — |
| 240 | 27.2 | 30.1 | — | — | 2 473 | 2 771 | — | — |

### 表 5-5-14 固定敷设用单芯、双芯、三芯电缆的规格、质量及外径

| 线芯截面 /mm² | 外径/mm | | | | 质量/(kg/km) | | | | | |
|---|---|---|---|---|---|---|---|---|---|---|
| | CF<br>CEF | CF31<br>CEF31 | CDF | CDF31 | CF | CF31 | CDF | CDF31 | CEF | CEF31 |
| 单芯电缆 | | | | | | | | | | |
| 1.5 | 6.6 | 7.8 | 7.2 | 8.4 | 65 | 103 | 71 | 112 | 64 | 102 |
| 2.5 | 7.0 | 8.2 | 7.6 | 8.8 | 81 | 121 | 87 | 131 | 79 | 121 |
| 4 | 7.6 | 8.8 | 8.2 | 9.4 | 101 | 144 | 107 | 154 | 99 | 142 |
| 6 | 8.1 | 9.3 | 8.7 | 9.9 | 125 | 171 | 132 | 181 | 123 | 169 |
| 10 | 9.4 | 10.6 | 10.0 | 11.2 | 182 | 235 | 189 | 245 | 179 | 232 |
| 16 | 10.5 | 11.7 | 11.1 | 12.3 | 255 | 314 | 262 | 324 | 252 | 311 |
| 25 | 12.2 | 13.4 | 12.8 | 14.0 | 367 | 435 | 374 | 445 | 382 | 450 |
| 35 | 14.3 | 15.5 | 14.9 | 16.1 | 509 | 588 | 517 | 600 | 503 | 583 |
| 50 | 16.4 | 17.6 | 17.0 | 18.2 | 693 | 783 | 701 | 794 | 686 | 776 |
| 70 | 17.8 | 19.0 | 18.4 | 19.6 | 878 | 976 | 886 | 987 | 869 | 967 |
| 95 | 20.7 | 21.9 | 20.7 | 21.9 | 1 193 | 1 306 | 1 182 | 1 295 | 1 182 | 1 295 |
| 120 | 22.2 | 23.4 | 22.2 | 23.4 | 1 428 | 1 549 | 1 416 | 1 537 | 1 416 | 1 537 |
| 150 | 25.3 | 26.5 | 25.3 | 26.5 | 1 820 | 1 957 | 1 805 | 1 942 | 1 805 | 1 942 |
| 185 | 27.5 | 28.7 | 27.5 | 28.7 | 2 219 | 2 368 | 2 200 | 2 350 | 2 200 | 2 350 |
| 240 | 31.6 | 32.8 | 31.6 | 32.8 | 2 924 | 3 095 | 2 902 | 3 073 | 2 920 | 3 073 |
| 双芯电缆 | | | | | | | | | | |
| 1.5 | 10.1 | 11.3 | 11.3 | 12.5 | 151 | 208 | 175 | 239 | 149 | 206 |
| 2.5 | 11.1 | 12.3 | 12.3 | 13.5 | 192 | 254 | 218 | 287 | 190 | 252 |
| 4 | 12.1 | 13.3 | 14.3 | 15.5 | 243 | 311 | 306 | 385 | 240 | 308 |
| 6 | 14.2 | 15.4 | 15.4 | 16.6 | 340 | 418 | 373 | 458 | 336 | 415 |
| 10 | 16.8 | 18.0 | 18.0 | 19.2 | 499 | 592 | 536 | 635 | 494 | 586 |
| 16 | 19.0 | 20.2 | 20.2 | 21.4 | 691 | 796 | 732 | 843 | 685 | 789 |
| 25 | 22.3 | 23.5 | 23.5 | 24.7 | 996 | 1 118 | 1 041 | 1 169 | 986 | 1 108 |
| 35 | 25.6 | 26.8 | 26.8 | 28.0 | 1 338 | 1 477 | 1 389 | 1 535 | 1 326 | 1 466 |
| 50 | 29.7 | 30.9 | 31.9 | 33.1 | 1 837 | 1 998 | 1 973 | 2 146 | 1 822 | 1 983 |
| 70 | 33.6 | 34.9 | 34.8 | 36.0 | 2 396 | 2 578 | 2 461 | 2 649 | 2 379 | 2 561 |
| 95 | 40.4 | 41.6 | 40.4 | 41.6 | 3 386 | 3 604 | 3 363 | 3 581 | 3 363 | 3 644 |
| 120 | 43.4 | 44.6 | 43.4 | 44.6 | 4 017 | 4 251 | 3 992 | 4 226 | 3 992 | 4 226 |
| 三芯电缆 | | | | | | | | | | |
| 1.5 | 10.7 | 11.9 | 12.0 | 13.2 | 176 | 236 | 201 | 268 | 173 | 233 |
| 2.5 | 11.7 | 12.9 | 13.0 | 14.2 | 229 | 294 | 255 | 328 | 225 | 291 |
| 4 | 12.8 | 14.0 | 15.1 | 16.3 | 295 | 366 | 360 | 443 | 290 | 362 |
| 6 | 15.0 | 16.2 | 16.3 | 17.5 | 412 | 495 | 445 | 535 | 407 | 490 |
| 10 | 17.8 | 19.0 | 19.1 | 20.3 | 614 | 712 | 651 | 756 | 606 | 704 |
| 16 | 20.2 | 21.4 | 21.5 | 22.7 | 867 | 878 | 907 | 1 024 | 857 | 968 |
| 25 | 23.7 | 24.9 | 26.0 | 27.2 | 1 262 | 1 392 | 1 369 | 1 511 | 1 248 | 1 077 |
| 35 | 27.2 | 28.4 | 28.5 | 29.7 | 1 700 | 1 848 | 1 749 | 1904 | 1 683 | 1 831 |
| 50 | 32.6 | 33.8 | 33.9 | 35.1 | 2 428 | 2 604 | 2 485 | 2 668 | 2 406 | 2 582 |
| 70 | 35.7 | 36.9 | 37.0 | 38.2 | 3 071 | 3 264 | 3 131 | 3 331 | 3 045 | 3 233 |
| 95 | 43.0 | 44.2 | 43.0 | 44.2 | 4 332 | 4 554 | 4 288 | 4 520 | 4 288 | 4 520 |
| 120 | 46.2 | 47.4 | 46.2 | 47.4 | 5 157 | 5 405 | 5 120 | 5 369 | 5 120 | 5 369 |
| 150 | 51.7 | 52.9 | 51.7 | 52.9 | 6 465 | 6 743 | 6 420 | 6 698 | 6 420 | 6 698 |

**表 5-5-15　移动供电用单芯、双芯、三芯电缆的规格、外径及质量**

| 线芯截面 /mm² | 外径/mm | | | | 质量/(kg/km) | | | | |
|---|---|---|---|---|---|---|---|---|---|
| | YC YCW | YHD | CFR CEFR | CDFR | YC YCW | YHD | CFR | CDFR | CEFR |
| 单芯电缆 | | | | | | | | | |
| 1.5 | — | — | 6.6 | 7.2 | — | — | 66 | 72 | 65 |
| 2.5 | 8.1 | — | 7.3 | 7.6 | 97 | — | 86 | 92 | 84 |
| 4 | 8.7 | — | 7.9 | 8.5 | 117 | — | 106 | 112 | 104 |
| 6 | 9.3 | — | 8.5 | 9.1 | 151 | — | 132 | 139 | 130 |
| 10 | 12.5 | — | 10.1 | 10.7 | 221 | — | 201 | 210 | 198 |
| 16 | 13.8 | — | 11.2 | 11.8 | 287 | — | 267 | 274 | 263 |
| 25 | 17.3 | — | 14.5 | 15.1 | 457 | — | 445 | 453 | 439 |
| 35 | 18.6 | — | 15.5 | 16.1 | 596 | — | 545 | 553 | 538 |
| 50 | 21.8 | — | 17.4 | 18.0 | 767 | — | 715 | 722 | 706 |
| 70 | 24.1 | — | 19.8 | 20.4 | 1 054 | — | 956 | 962 | 944 |
| 95 | 26.3 | — | 22.5 | 22.5 | — | — | 1 244 | 1 231 | 1 231 |
| 120 | 30.4 | — | 25.2 | 25.2 | — | — | 1 558 | 1 544 | 1 544 |
| 150 | — | — | 27.7 | 27.7 | — | — | 1 900 | 1 866 | 1 866 |
| 185 | — | — | 30.0 | 30.0 | — | — | 2 314 | 2 292 | 2 292 |
| 240 | — | — | 34.4 | 34.4 | — | — | 3 050 | 3 022 | 3 022 |
| 双芯电缆 | | | | | | | | | |
| 1.5 | — | 10.7 | 10.2 | 11.4 | — | 122 | 153 | 177 | 151 |
| 2.5 | 13.9 | 12.2 | 11.7 | 12.9 | 217 | 167 | 209 | 236 | 206 |
| 4 | 15.0 | 15.3 | 12.8 | 15.0 | 269 | 263 | 261 | 327 | 258 |
| 6 | 17.4 | 16.6 | 15.0 | 16.2 | 371 | 328 | 368 | 420 | 364 |
| 10 | 22.7 | 20.2 | 18.2 | 19.4 | 683 | 569 | 564 | 605 | 558 |
| 16 | 25.1 | 24.0 | 20.3 | 21.5 | 869 | 800 | 746 | 788 | 738 |
| 25 | 32.1 | 29.3 | 26.0 | 27.2 | 1 398 | 1 205 | 1 219 | 1 269 | 1 205 |
| 35 | 34.8 | — | 28.0 | 29.2 | 1 671 | — | 1 483 | 1 537 | 1 468 |
| 50 | 38.4 | — | 32.8 | 34.0 | 2 145 | — | 2 036 | 2 097 | 2 017 |
| 70 | 45.8 | — | 38.5 | 39.7 | — | — | 2 814 | 2 884 | 2 790 |
| 95 | 50.1 | — | 44.0 | 44.0 | — | — | 3 673 | 3 646 | 3 646 |
| 120 | 53.5 | — | 48.3 | 48.3 | — | — | 4 493 | 4 463 | 4 463 |
| 三芯电缆 | | | | | | | | | |
| 1.5 | — | 11.3 | 10.8 | 12.1 | — | 153 | 178 | 204 | 175 |
| 2.5 | 14.6 | 12.9 | 12.4 | 14.6 | 257 | 204 | 248 | 310 | 243 |
| 4 | 17.0 | 16.0 | 14.5 | 15.8 | 353 | 323 | 349 | 382 | 344 |
| 6 | 18.3 | 18.4 | 15.9 | 17.2 | 447 | 448 | 443 | 477 | 437 |
| 10 | 23.9 | 22.3 | 19.3 | 20.6 | 816 | 741 | 690 | 731 | 681 |
| 16 | 26.5 | 25.3 | 21.6 | 22.9 | 1 054 | 999 | 925 | 966 | 913 |
| 25 | 33.9 | 30.9 | 27.6 | 28.9 | 1 694 | 1 491 | 1 513 | 1 561 | 1 493 |
| 35 | 36.8 | — | 29.8 | 32.1 | 2 053 | — | 1 860 | 1 989 | 1 838 |
| 50 | 43.4 | — | 34.9 | 37.2 | 2 742 | — | 2 553 | 2 701 | 2 524 |
| 70 | 48.4 | — | 40.9 | 42.2 | 3 602 | — | 3 553 | 3 595 | 3 497 |
| 95 | 53.1 | — | 46.8 | 46.8 | — | — | 4 620 | 4 580 | 4 517 |
| 120 | 56.7 | — | 51.4 | 51.4 | — | — | 5 661 | 5 616 | 5 616 |
| 156 | — | — | 60.1 | 61.4 | — | — | 7 175 | 7 258 | 7 116 |

**表 5-5-16　YVFB 系列移动式扁电缆规格表**

| 规格 芯数×截面 /mm² | 外形尺寸 大边×小边 /mm | 规格 芯数×截面 /mm² | 外形尺寸 大边×小边 /mm | 规格 芯数×截面 /mm² | 外形尺寸 大边×小边 /mm | 规格 芯数×截面 /mm² | 外形尺寸 大边×小边 /mm |
|---|---|---|---|---|---|---|---|
| 3×2.5 | 16.35×6.65 | 4×2.5 | 22.10×6.65 | 5×2.5 | 26.35×6.65 | 7×6 | 46.83×8.94 |
| 3×4 | 19.00×7.80 | 4×4 | 25.50×7.80 | 5×4 | 30.50×7.80 | 7×10 | 57.80×10.40 |
| 3×6 | 21.07×8.49 | 4×6 | 28.65×8.49 | 5×6 | 33.95×8.49 | 8×2.5 | 39.10×6.65 |
| 3×10 | 26.00×10.40 | 4×10 | 34.70×10.40 | 5×10 | 41.90×10.40 | 8×4 | 45.50×7.80 |
| 3×16 | 29.15×11.45 | 4×16 | 38.90×11.45 | 7×1.5 | 34.36×6.28 | 8×6 | 51.20×8.49 |
| 3×25 | 36.30×14.50 | 4×25 | 48.30×14.50 | 7×2.5 | 36.35×6.65 | 12×2.5 | 57.60×6.65 |
| 3×35 | 41.15×16.25 | 4×35 | 54.50×16.25 | 7×4 | 42.00×7.80 | 12×4 | 67.00×7.80 |
| 3×50 | 45.95×17.85 | 4×50 | 59.60×18.00 | | | | |

表 5-5-17 YC、YCW 型三芯加接地芯电缆的规格、外径及质量

| 线芯截面/mm² | 外径/mm | 质量/(kg/km) | 线芯截面/mm² | 外径/mm | 质量/(kg/km) |
| --- | --- | --- | --- | --- | --- |
| 3×2.5+1×1.5 | 16.6 | 318 | 3×35+1×10 | 38.6 | 2 154 |
| 3×4+1×2.5 | 18.0 | 408 | 3×50+1×16 | 45.8 | 2 892 |
| 3×6+1×4 | 19.5 | 557 | 3×70+1×25 | 51.5 | 3 890 |
| 3×10+1×6 | 24.9 | 904 | 3×95+1×35 | 56.8 | |
| 3×16+1×6 | 28.2 | 1 129 | 3×120+1×35 | 60.0 | |
| 3×25+1×10 | 36.0 | 1 821 | | | |

表 5-5-18 多芯电缆的规格、外径和重量

| 电缆型号 | 线芯截面/mm² | 电缆芯数 | | | | | | | | | |
| --- | --- | --- | --- | --- | --- | --- | --- | --- | --- | --- | --- |
| | | 4 | 5 | 7 | 8 | 10 | 14 | 19 | 24 | 30 | 37 |
| 电缆外径/mm | | | | | | | | | | | |
| YHD | 1.0 | 11.5 | 12.5 | 15.4 | 16.4 | — | — | — | — | — | — |
| | 1.5 | 12.2 | 15.3 | 16.3 | 18.4 | — | — | — | — | — | — |
| | 2.5 | 16.0 | 18.3 | 19.5 | 20.8 | — | — | — | — | — | — |
| | 4 | 18.3 | 19.7 | 22.1 | 23.6 | — | — | — | — | — | — |
| | 6 | 19.8 | 22.4 | 24.0 | 25.7 | — | — | — | — | — | — |
| CFR CEFR | 1.0 | 11.6 | 12.5 | 14.5 | — | 17.8 | 19.2 | 21.1 | 25.4 | 26.8 | 28.7 |
| | 1.5 | 12.3 | 14.3 | 15.4 | — | 19.0 | 20.5 | 22.2 | 27.2 | 28.7 | 31.8 |
| | 2.5 | 15.1 | 16.3 | 17.6 | — | 22 | 23.8 | 27.3 | 32.6 | 34.4 | 38.0 |
| CDFR | 1.0 | 14.0 | 15.1 | 16.3 | — | 20.2 | 21.8 | 25.1 | 29.0 | 31.6 | 33.9 |
| | 1.5 | 14.7 | 15.9 | 17.2 | — | 21.4 | 23.1 | 26.6 | 31.8 | 33.5 | 36.0 |
| | 2.5 | 16.5 | 17.9 | 19.4 | — | 25.4 | 27.4 | 31.3 | 37.2 | 39.3 | 42.2 |
| 电缆质量/(kg/km) | | | | | | | | | | | |
| YHD | 1.0 | 156 | 213 | 282 | 325 | — | — | — | — | — | — |
| | 1.5 | 186 | 268 | 337 | 422 | — | — | — | — | — | — |
| | 2.5 | 321 | 410 | 504 | 580 | — | — | — | — | — | — |
| | 4 | 441 | 512 | 680 | 784 | — | — | — | — | — | — |
| | 6 | 563 | 681 | 861 | 996 | — | — | — | — | — | — |
| CFR | 1.0 | 166 | 202 | 280 | — | 393 | 480 | 608 | 825 | 958 | 1 132 |
| | 1.5 | 198 | 276 | 335 | — | 473 | 585 | 747 | 1 006 | 1 239 | 1 478 |
| | 2.5 | 309 | 377 | 463 | — | 664 | 831 | 1 141 | 1 537 | 1 779 | 2 213 |
| CDFR | 1.0 | 162 | 197 | 274 | — | 384 | 467 | 591 | 803 | 931 | 1 099 |
| | 1.5 | 193 | 291 | 327 | — | 462 | 570 | 727 | 981 | 1 146 | 1 440 |
| | 2.5 | 303 | 370 | 453 | — | 650 | 811 | 1 114 | 1 483 | 1 737 | 2 161 |
| CEFR | 1.0 | 219 | 260 | 312 | — | 437 | 533 | 736 | 915 | 1 141 | 1 338 |
| | 1.5 | 253 | 303 | 367 | — | 517 | 639 | 881 | 1 178 | 1 368 | 1 614 |
| | 2.5 | 332 | 404 | 497 | — | 773 | 956 | 1 298 | 1 716 | 1 999 | 2 366 |

电缆有固定敷设用和移动供电用两种。移动供电装置上使用软电缆时，其截面的选用应考虑到电缆弯曲半径的要求，电缆弯曲半径应不小于电缆直径的 8 倍。为了使电缆供电装置尺寸不过大，一般小车移动供电用电缆的最大外径用到 27 mm（相应的线芯截面为（3×16）mm² 及以下各规格）。移动供电用软电缆的线芯拉断力可按 137 N/mm² ~ 157 N/mm² 来考虑。当电线、电缆固定敷设在起重机上时，有可能遇到机械损伤，因此，在敷线时应采取一定的防护措施。敷设电线时，整个线路均应穿钢管防护。敷设电缆时，仅在可能遇到机械损伤的部分穿钢管防护。在通用桥式起重机的走台或司机室内，也可用线槽敷线的方法。线槽敷线便于检修，重量较轻，但露天作业时需有防雨措施。电线应按各个电动机整理成束，而不要混杂在一起，以免某回路发生事故时，使事故扩大。

防护用钢管有焊接管（水管、煤气输送管）和电线管（薄壁）两种。因为电线管的壁较薄，不宜于弯曲和焊接固定，所以在起重机上用的较少。常用敷线钢管（焊接管）的规格列于表 5-5-19 中。

表 5-5-19  常用钢管的规格

| 公称口径 | mm | 15 | 20 | 25 | 32 | 40 | 50 | 70 |
|---|---|---|---|---|---|---|---|---|
|  | in | 0.5 | 0.75 | 1 | 1.25 | 1.5 | 2 | 2.5 |
| 壁厚 | mm | 2.75 | 2.75 | 3.25 | 3.25 | 3.50 | 3.50 | 3.75 |
| 理论质量 | kg/m | 1.25 | 1.63 | 2.47 | 3.13 | 3.84 | 4.88 | 6.64 |
| 考虑管接头应增加质量 |  | 0.01 | 0.02 | 0.03 | 0.04 | 0.06 | 0.08 | 0.13 |

起重机上一根钢管中经常穿有几根以至几十根电线。同一根管子中穿有相同截面的电线根数可由表 5-5-20 中查取。

表 5-5-20  同一根管子中穿相同截面电线的数量

| 线芯截面 /mm² | 管径/mm |  |  |  |  |  |  | 线芯截面 /mm² | 管径/mm |  |  |  |  |  |  |
|---|---|---|---|---|---|---|---|---|---|---|---|---|---|---|---|
|  | 15 | 20 | 25 | 32 | 40 | 50 | 70 |  | 15 | 20 | 25 | 32 | 40 | 50 | 70 |
| 2.5 | 2 | 7 | 12 | 21 | 30 | 53 | 83 | 35 |  | 1 | 2 | 3 | 4 | 7 | 12 |
| 4 | 1 | 5 | 9 | 14 | 21 | 38 | 60 | 50 |  |  | 1 | 2 | 3 | 4 | 8 |
| 6 | 1 | 4 | 7 | 13 | 19 | 34 | 53 | 70 |  |  | 1 | 1 | 2 | 3 | 6 |
| 10 | 1 | 2 | 4 | 8 | 10 | 19 | 20 | 95 |  |  |  | 1 | 1 | 2 | 4 |
| 16 | 1 | 1 | 3 | 5 | 7 | 12 | 19 | 120 |  |  |  | 1 | 1 | 1 | 3 |
| 25 |  | 1 | 2 | 4 | 5 | 9 | 14 |  |  |  |  |  |  |  |  |

同一根管子中穿有不同线芯截面的电线时,可以先按下式计算出 $C$ 值,然后从表 5-5-21 中选取适当的管径。

$$C = n_1 d_1^2 + n_2 d_2^2 + n_3 d_3^2 + \cdots \tag{5-5-8}$$

式中  $d_1$、$d_2$、$d_3$——装在该管中的各种不同线芯截面电线的直径(mm);
     $n_1$、$n_2$、$n_3$——相当于 $d_1$、$d_2$、$d_3$ 的电线数。

表 5-5-21  同一根管子中不同截面电线的 $C$ 值

| 电线总数 | 管径/mm |  |  |  |  |  |  |
|---|---|---|---|---|---|---|---|
|  | 15 | 20 | 25 | 32 | 40 | 50 | 70 |
| 2 | 70 | 125 | 210 | 380 | 495 | 835 | 1 390 |
| 3 | 95 | 175 | 290 | 525 | 685 | 1 160 | 1 930 |
| ≥4 | 90 | 165 | 270 | 490 | 640 | 1 075 | 1 800 |

电线、电缆穿钢管时应注意:

1. 管子的弯曲角度不得小于 90°,弯曲半径不得小于管子外径的 6 倍。
2. 如不符合下列要求之一者,应选大一级的管子:(1)有一个 90°弯角,长度不超过 50 m;(2)有两个 90°弯角,长度不超过 40 m;(3)有三个 90°弯角,长度不超过 20 m。
3. 电缆穿管时,管子内径应小于电缆外径的 1.5 倍。
4. 三相交流电路的三相导线。电动机定子或转子的三相导线等,均应穿在同一管内。交流电路和直流电路的导线不能穿在同一管内。36 V 以下的安全电照明线不能与其他导线穿在同一管内。

起重机上常用的 TC 系列通用行线槽,采用非自然塑料材料制成,型号含义为:

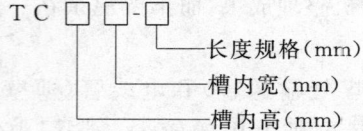

截面分 3 015、3 025、3 035、3 045、3 055、3 080 六种规格。其中 TC3015 型行线槽的截面尺寸

如图 5-5-28 所示,其他型号的尺寸则可类推。线槽长度又分 600 mm、800 mm、1 000 mm、1 200 mm、1 600 mm、2 000 mm 六种规格。

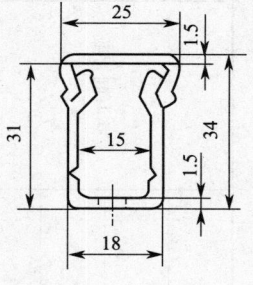

图 5-5-28 TC3015 型行线槽的截面尺寸(mm)

## 二、电线、电缆和滑线的载流量

### (一)电线和电缆的载流量

电线、电缆的载流量是根据试验并结合理论分析与计算得到的。电线、电缆的载流量取决于它们的型号及规格、敷设方式(空气中敷设、穿管敷设)、负载类型(长期负荷、重复短时负荷、短时负荷)、工作环境温度等因素。

电线、电缆的允许载流量按下式计算:

$$I_x = K_f \cdot K_t \cdot K_j \cdot I_q \qquad (5\text{-}5\text{-}9)$$

式中 $I_x$——某种情况下,电线、电缆的允许载流量(A);
$I_q$——明敷(空气中敷设)或穿管敷设时电线、电缆的长期负荷允许载流量(A);
$K_t$——工作环境温度不同于 +25 ℃(或 +45 ℃)时的温度修正系数,见表 5-5-22;
$K_j$——反复短时负荷的接电持续率修正系数,见表 5-5-23。对于线芯截面小于 10 mm² 的或发热时间常数小于 150 s 的电线、电缆,$K_j$ 取为 1;
$K_f$——穿钢管电线,或电缆在空气中多根并列敷设时的修正系数。对穿钢管电线取 0.9,对电缆取 0.8。

表 5-5-22 电线、电缆载流量的温度修正系数 $K_t$

| 额定工作环境温度/℃ | 线芯最高工作温度/℃ | 工作环境温度/℃ | | | | | | | | | |
|---|---|---|---|---|---|---|---|---|---|---|---|
| | | +25 | +30 | +35 | +40 | +45 | +50 | +55 | +60 | +65 | +70 | +75 |
| +25 | +60 | 1.0 | 0.926 | 0.845 | 0.756 | 0.655 | 0.535 | — | — | — | — | — |
| +25 | +65 | 1.0 | 0.935 | 0.865 | 0.791 | 0.707 | 0.61 | 0.50 | — | — | — | — |
| +25 | +70 | 1.0 | 0.94 | 0.885 | 0.815 | 0.745 | 0.67 | 0.577 | 0.471 | — | — | — |
| +45 | +65 | — | 1.32 | 1.23 | 1.12 | 1.00 | 0.87 | 0.71 | — | — | — | — |
| +45 | +70 | — | 1.27 | 1.19 | 1.10 | 1.00 | 0.90 | 0.78 | 0.63 | — | — | — |
| +45 | +80 | — | 1.20 | 1.14 | 1.07 | 1.00 | 0.93 | 0.85 | 0.76 | 0.66 | 0.53 | — |
| +45 | +85 | — | 1.17 | 1.12 | 1.06 | 1.00 | 0.94 | 0.87 | 0.79 | 0.71 | 0.61 | 0.50 |

表 5-5-23 电线、电缆载流量的接电持续率修正系数 $K_j$

| 发热时间常数/s | 修正系数 $K_j$ 接电持续率 JC | | | | | 适用线芯截面/mm² | | | |
|---|---|---|---|---|---|---|---|---|---|
| | 10% | 15% | 25% | 40% | 60% | BX、BXR 电线 | | YC、YCW 电缆 | |
| | | | | | | 明敷 | 穿管 | 单芯 | 三芯 |
| 150~199 | 1.7 | 1.45 | 1.25 | 1.1 | 1.04 | — | — | — | — |
| 200~299 | 1.88 | 1.6 | 1.33 | 1.16 | 1.06 | 10、6 | — | 10 | — |
| 300~449 | 2.15 | 1.8 | 1.45 | 1.24 | 1.10 | 25、35 | — | 16、25 | — |
| 450~599 | 2.40 | 2.0 | 1.6 | 1.32 | 1.15 | 50 | 10、16 | 35 | — |
| 600~899 | 2.55 | 2.1 | 1.68 | 1.38 | 1.18 | 70~120 | 25 | 50、70 | 10、16 |
| 900~1 199 | 2.72 | 2.25 | 1.78 | 1.44 | 1.22 | 150 | 35 | 90、120 | 25、35 |
| 1 200 以上 | 2.82 | 2.35 | 1.83 | 1.47 | 1.24 | — | 50~120 | — | 50~120 |

注:反复短时间负载的周期为 10 min。

表 5-5-24、表 5-5-25 列出了常用电线、电缆在几种情况下的允许载流量。

表 5-5-24 铜芯电线载流量　　A

| 线芯截面 /mm² | BX,BXR 铜芯橡皮线 | | | | | | | | | | | | | BV,BVR 铜芯塑料线 | | | | | | | | | | | | | 发热时间常数 /s | |
|---|---|---|---|---|---|---|---|---|---|---|---|---|---|---|---|---|---|---|---|---|---|---|---|---|---|---|---|---|
| | 明敷 | | | | 穿管 | | | | | | | | 明敷 | | | | 穿管 | | | | | | | | | | | |
| | 环境温度/℃ | | | | 环境温度/℃ | | | | | | | | 环境温度/℃ | | | | 环境温度/℃ | | | | | | | | | | | |
| | 25 | | | 40 | | 50 | | | 55 | | | 25 | | | 40 | | 50 | | | 55 | | | 明敷 | 穿管 | | | |
| | 100% | 25% | 40% | 100% | 25% | 40% | 100% | 25% | 40% | 100% | 25% | 40% | 100% | 100% | 25% | 100% | 25% | 40% | 100% | 25% | 40% | 100% | 40% | 100% | | | | |
| 1.5 | 27 | 16 | 13 | 13 | 10 | 10 | 10 | 8 | 8 | 8 | 24 | 15 | 12 | 12 | 9 | 9 | 9 | 8 | 8 | 86 | 184 | | | | | | | |
| 2.5 | 35 | 22 | 18 | 18 | 14 | 14 | 14 | 11 | 11 | 11 | 32 | 21 | 17 | 17 | 13 | 13 | 13 | 11 | 11 | 116 | 248 | | | | | | | |
| 4 | 45 | 30 | 24 | 24 | 18 | 18 | 18 | 15 | 15 | 15 | 42 | 28 | 22 | 22 | 17 | 17 | 17 | 14 | 14 | 138 | 295 | | | | | | | |
| 6 | 58 | 39 | 31 | 31 | 24 | 24 | 24 | 20 | 20 | 20 | 55 | 37 | 29 | 29 | 23 | 23 | 23 | 19 | 19 | 172 | 368 | | | | | | | |
| 10 | 85 | 54 | 68 | 43 | 53 | 43 | 33 | 36 | 27 | 27 | 75 | 51 | 65 | 40 | 50 | 41 | 31 | 34 | 26 | 212 | 453 | | | | | | | |
| 16 | 110 | 69 | 87 | 55 | 67 | 56 | 42 | 46 | 35 | 35 | 105 | 66 | 83 | 52 | 64 | 54 | 40 | 43 | 33 | 267 | 571 | | | | | | | |
| 25 | 145 | 90 | 120 | 71 | 92 | 76 | 62 | 62 | 45 | 45 | 138 | 86 | 114 | 68 | 88 | 72 | 52 | 59 | 43 | 379 | 791 | | | | | | | |
| 35 | 180 | 110 | 155 | 87 | 119 | 97 | 67 | 79 | 55 | 55 | 170 | 104 | 146 | 82 | 112 | 91 | 63 | 75 | 52 | 442 | 945 | | | | | | | |
| 50 | 230 | 139 | 201 | 110 | 155 | 125 | 85 | 102 | 70 | 70 | 215 | 131 | 189 | 104 | 146 | 117 | 80 | 96 | 65 | 573 | 1 237 | | | | | | | |
| 70 | 285 | 174 | 252 | 138 | 194 | 156 | 106 | 128 | 87 | 87 | 265 | 165 | 238 | 130 | 184 | 148 | 100 | 121 | 83 | 641 | 1 370 | | | | | | | |
| 95 | 345 | 212 | 306 | 168 | 236 | 190 | 129 | 156 | 106 | 106 | 325 | 202 | 291 | 159 | 226 | 182 | 124 | 149 | 101 | 797 | 1 700 | | | | | | | |
| 120 | 400 | 243 | 351 | 192 | 171 | 218 | 148 | 179 | 122 | 122 | 375 | 234 | 338 | 185 | 260 | 210 | 143 | 172 | 117 | 820 | 1 750 | | | | | | | |
| 150 | 470 | 277 | 404 | 221 | 312 | 250 | 170 | 205 | 140 | 140 | 430 | 270 | 390 | 213 | 301 | 242 | 165 | 200 | 135 | 980 | 2 090 | | | | | | | |

表 5-5-25　重型橡套电缆载流量

| 线芯截面/mm² | YC、YCW 单芯电缆 | | | | | | 发热常数/s | YC、YCW 三芯电缆 | | | | | | 发热时间常数/s |
|---|---|---|---|---|---|---|---|---|---|---|---|---|---|---|
| | 环境温度/℃ | | | | | | | 环境温度/℃ | | | | | | |
| | 25 | 40 | 50 | | 55 | | | 25 | 40 | 50 | | 55 | | |
| | 接电持续率(JC) | | | | | | | 接电持续率(JC) | | | | | | |
| | 100% | 25% | 25% | 40% | 25% | 40% | | 100% | 25% | 25% | 40% | 25% | 40% | |
| 2.5 | 30 | 23 | 18 | 18 | 15 | 15 | 179 | 21 | 16 | 13 | 13 | 10 | 10 | 347 |
| 4 | 38 | 30 | 23 | 23 | 19 | 19 | 190 | 27 | 22 | 17 | 17 | 14 | 14 | 419 |
| 6 | 42 | 33 | 26 | 26 | 21 | 21 | 235 | 34 | 27 | 21 | 21 | 17 | 17 | 497 |
| 10 | 60 | 63 | 49 | 42 | 40 | 35 | 282 | 50 | 67 | 50 | 42 | 42 | 35 | 613 |
| 16 | 90 | 103 | 79 | 68 | 65 | 55 | 336 | 67 | 89 | 68 | 56 | 56 | 46 | 774 |
| 25 | 118 | 136 | 104 | 90 | 86 | 74 | 438 | 92 | 130 | 100 | 81 | 82 | 66 | 950 |
| 35 | 146 | 185 | 143 | 118 | 117 | 96 | 506 | 114 | 160 | 123 | 100 | 101 | 82 | 1 020 |
| 50 | 181 | 241 | 186 | 153 | 152 | 125 | 626 | 141 | 204 | 157 | 126 | 129 | 103 | 1 270 |
| 70 | 231 | 308 | 236 | 195 | 195 | 160 | 746 | 179 | 259 | 200 | 160 | 164 | 132 | 1 540 |
| 95 | 282 | 398 | 306 | 248 | 251 | 203 | 917 | 219 | 316 | 243 | 196 | 200 | 161 | 1 870 |
| 120 | 332 | 467 | 360 | 292 | 295 | 239 | 1 040 | 253 | 366 | 282 | 227 | 231 | 185 | 2 180 |

为简化起见，起重机上所有使用电线不论其敷设方式、敷设部位、穿管电线根数等，均按 3 根单芯电线穿钢管多根并列敷设选用截面，电缆均按空气中多根并列敷设选用截面。

(二) 滑线的载流量

起重机常用的滑线有角钢、电车线等。常用滑线的长期负荷允许载流量，按环境温度为 +25 ℃、滑线的温度为 +70 ℃ 的条件由试验确定，列于表 5-5-26 及表 5-5-27 中。

表 5-5-26　角钢滑线载流量（滑线工作温度 +70 ℃）

| 规格/mm | 截面积/mm² | 质量/kg | 载流量/A | | | | | | 三相交流负荷 kW 数 | |
|---|---|---|---|---|---|---|---|---|---|---|
| | | | 25℃ JC 100% | | 40℃ JC 40% | | 50℃ JC 40% | | 40℃ | 50℃ |
| | | | 交流 | 直流 | 交流 | 直流 | 交流 | 直流 | JC 25% | |
| 30×30×4 | 227 | 1.78 | 184 | 306 | 225 | 375 | 185 | 305 | 80 | 80 |
| 40×40×4 | 308 | 2.42 | 247 | 410 | 300 | 500 | 245 | 410 | 125 | 100 |
| 45×45×5 | 429 | 3.37 | 296 | 510 | 360 | 625 | 295 | 510 | 160 | 125 |
| 50×50×5 | 480 | 3.77 | 328 | 566 | 400 | 690 | 330 | 565 | 160 | 125 |
| 63×63×6 | 601 | 5.42 | 396 | 740 | 485 | 905 | 395 | 740 | 200 | 160 |
| 75×75×8 | 1150 | 9.03 | 518 | 1 085 | 635 | 1 330 | 520 | 1 085 | 250 | 200 |

表 5-5-27　电车线载流量（滑线工作温度 +70 ℃）

| 截面积/mm² | 质量/(kg/m) | 拉断强度不小于/(N/mm²) | 载流量/A | | |
|---|---|---|---|---|---|
| | | | 25 ℃ JC100% | 40 ℃ JC25% | 50 ℃ JC25% |
| 30 | 0.27 | 392.4 | 190 | 230 | 190 |
| 40 | 0.36 | 382.6 | 230 | 280 | 230 |
| 50 | 0.45 | 382.6 | 270 | 330 | 270 |
| 65 | 0.58 | 372.8 | 325 | 395 | 325 |
| 85 | 0.76 | 353.2 | 385 | 470 | 385 |
| 100 | 0.89 | 343.4 | 400 | 490 | 400 |

环境温度不为 25 ℃ 时，载流量可按表 5-5-22 修正。

当接电持续率为 25% 和 40% 时，钢滑线的交流负荷可比长期负荷载流量提高 50%。

# 第六章　新图形符号和项目代号

## 第一节　新图形符号

新国家标准 GB/T 4728《电气简图用图形符号》分为 13 个部分,为等同采用 IEC 60 617database《电气简图用图形符号》数据库标准,共含有 1 800 多个图形符号。

为了便于查阅,将起重机中常用的新图形符号列于表 5-6-1 中。该符号是在原《起重机设计手册》的基础上,按照新国家标准 GB/T 4 728 的规定进行的修改。

表 5-6-1　起重机电气图常用图形符号

| 序号 | 名　　称 | 图　形　符　号 | 说　　明 |
|---|---|---|---|
| 1 | 直流系统 | — — — | |
| 2 | 交流系统 | ∼ | |
| 3 | 标有电源系统类型的直流电源 | 2 M-220/110 V | 类型在左边,电压在右边 |
| 4 | 标有电源系统类型的交流电源 | 3N∼50 Hz 380/220 V | 类型左边,频率、电压右边 |
| 5 | 中性线 | N | |
| 6 | 中间线 | M | |
| 7 | 滑动(滚动)连接器 | 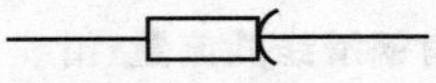 | |
| 8 | 柔软电缆<br>(仅在有必要指明为柔软电缆时用) | 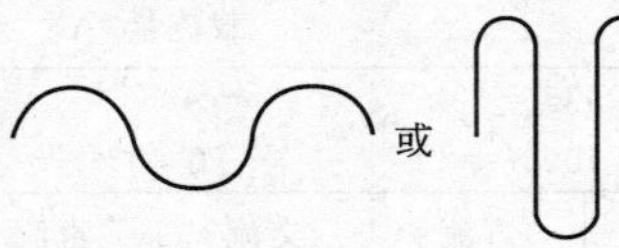 | |
| 9 | 线路或电路一般符号 | — — — 或 | 需要处可使用粗线 |
| 10 | 单线表示一组导线 | | 数字为导线数 |
| 11 | 交流电路 | 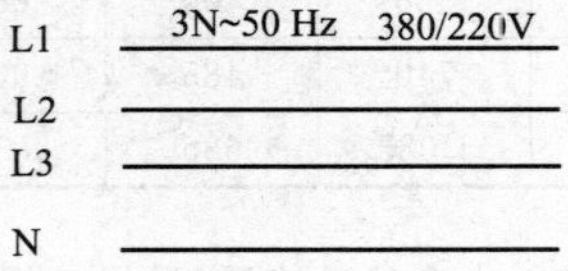 L1　3N∼50 Hz　380/220V<br>L2<br>L3<br>N<br>3×95+1×25 | |
| 12 | 屏蔽导线 | 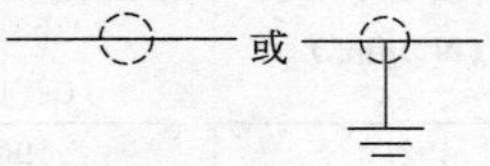 或 | |
| 13 | 导线的连接 | 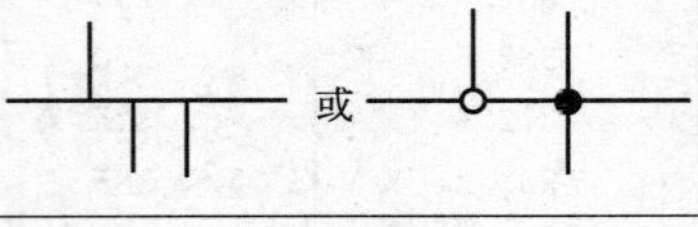 或 | 同一图号图样中画法必须相同 |
| 14 | 导线的跨越 | 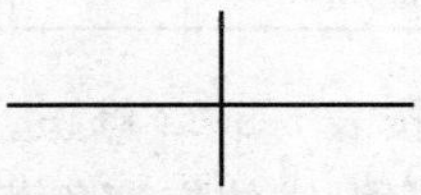 | |

续上表

| 序号 | 名 称 | 图 形 符 号 | 说 明 |
|---|---|---|---|
| 15 | 导线的分支与合并 | 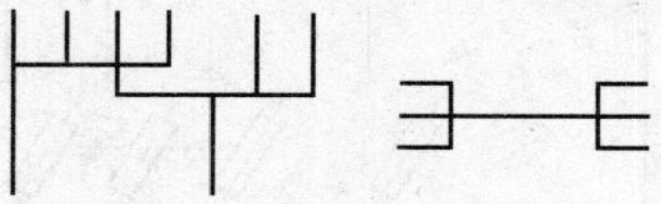 | |
| 16 | 触点和开关(机械式)的一般符号 | 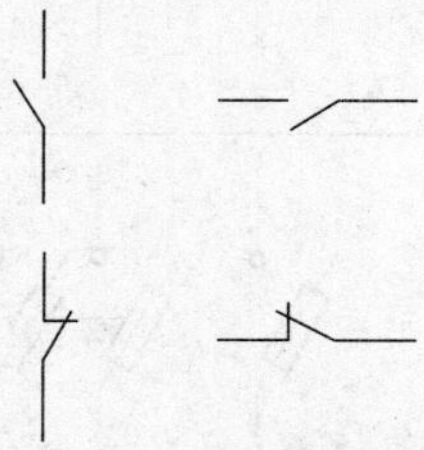 | 动合(常开)触点<br><br>动断(常闭)触点 |
| 17 | 多极触点<br>多极开关 | 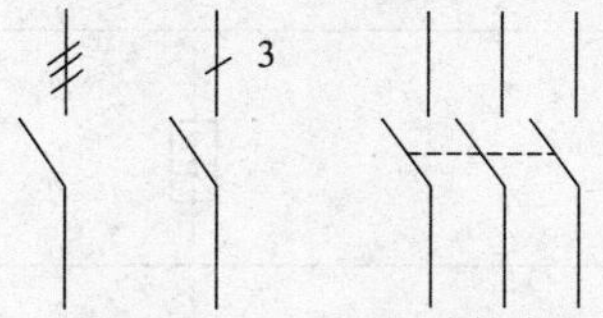 单线表示　　多线表示 | |
| 18 | 隔离开关手动操作带定位装置 | 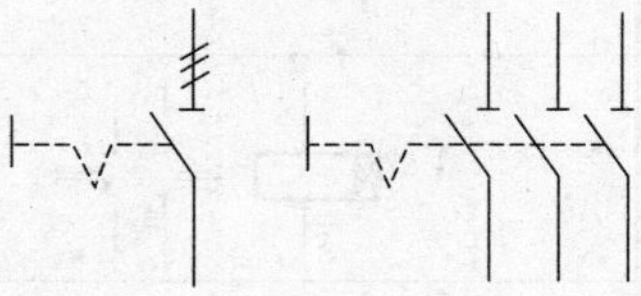 | 当不需表明具体功能时可用一般符号 |
| 19 | 断路器<br>手动操作<br>非自动复位<br>带热脱扣器<br>过电流脱扣器 | 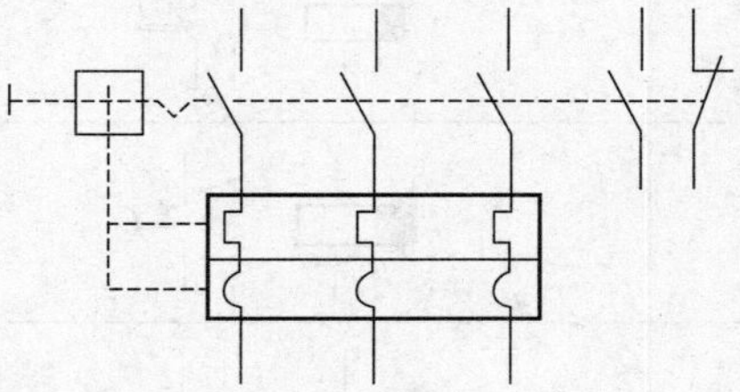 | |
| 20 | 仅有热脱扣器的断路器触点 |  | |
| 21 | 仅有电磁脱扣器的断路器触点 |  | |
| 22 | 具有复式脱扣器的断路器触点 | 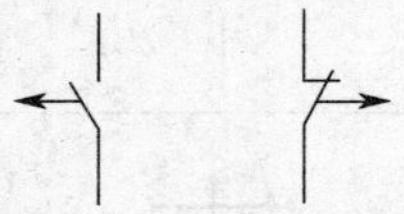 | |
| 23 | 中间位置断开的双向触点 | 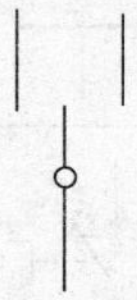 | |
| 24 | 熔断器的一般符号 | 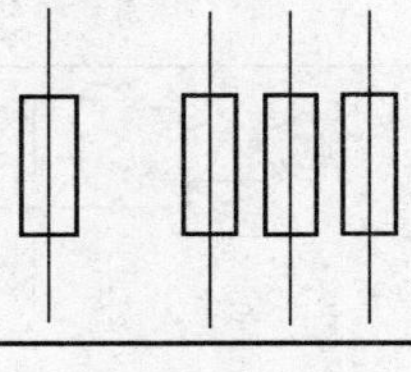 | |

续上表

| 序号 | 名　称 | 图形符号 | 说　明 |
|---|---|---|---|
| 25 | 熔断器式隔离开关 | 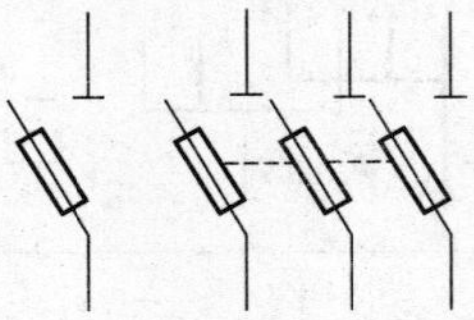 （图形符号）新 | |
| 26 | 熔断器式负荷开关 | 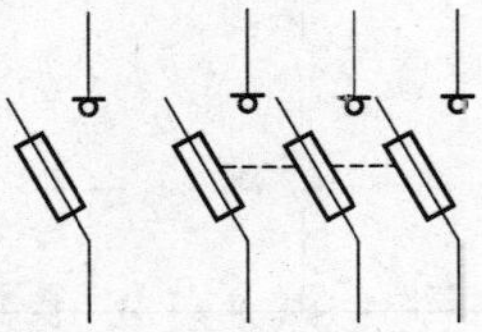 （图形符号） | |
| 27 | 避雷器 |  （图形符号） | |
| 28 | 继电器或接触器的操作器件（线圈）一般符号 | 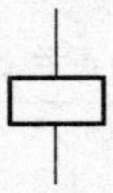 （图形符号） | 单绕组线圈 |
| 29 | 时间继电器（延时继电器）（单方向作用） | 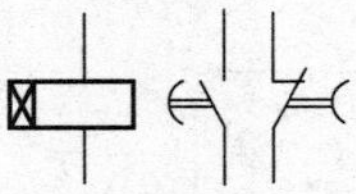 （图形符号） | 缓吸线圈和触点（通电延时） |
| | | 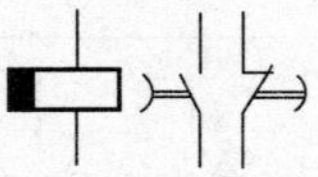 （图形符号） | 缓放线圈和触点（断电延时） |
| 30 | 时间继电器（双方向作用） | 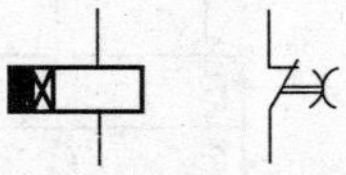 （图形符号） | 缓吸缓放线圈和触点 |
| 31 | 电流继电器 | 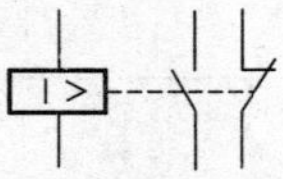 （图形符号 I>） | 过电流继电器线圈和触点，若为过电压继电器，文字符号相应改为 $U>$ |
| | | 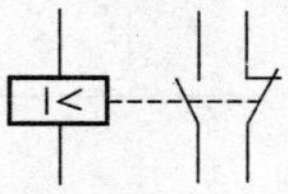 （图形符号 I<） | 欠电流继电器线圈和触点，若为欠电压断电器，符号应改为 $U<$ |
| 32 | 电流继电器的触点 | 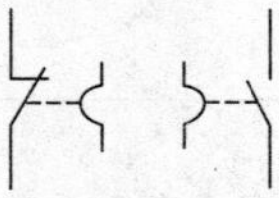 （图形符号） | |
| 33 | 热继电器 | 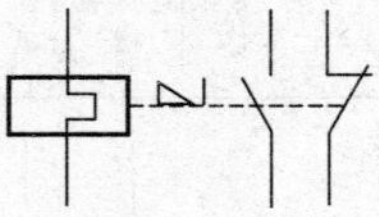 （图形符号） | 示出带锁扣器件 |
| 34 | 热继电器的触点 | 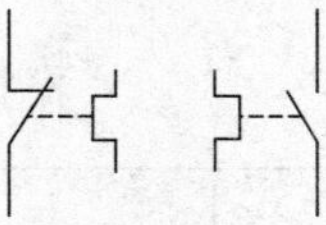 （图形符号） | |
| 35 | 转速控制开关 转速继电器触点 | 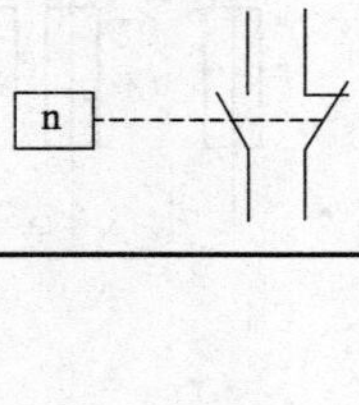 （图形符号 n） | |

续上表

| 序号 | 名　称 | 图形符号 | 说　明 |
|---|---|---|---|
| 36 | 速度控制开关<br>速度继电器触点 | 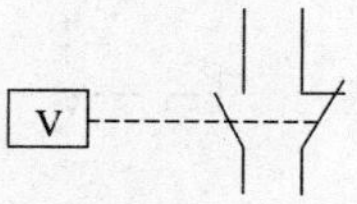 | |
| 37 | 压力控制开关<br>压力继电器触点 | 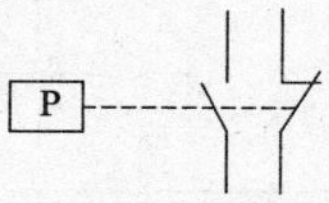 | |
| 38 | 频率继电器触点 | 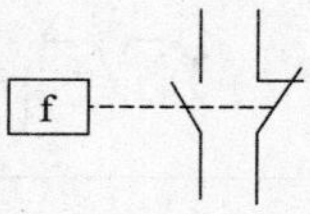 | 对其他带电量变换的继电器可按此绘制 |
| 39 | 触点机械联锁 | 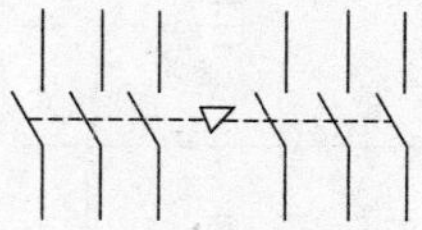 | |
| 40 | 接触器主触点 | 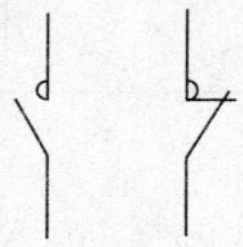 | |
| 41 | 双绕组接触器线圈和主触点 | 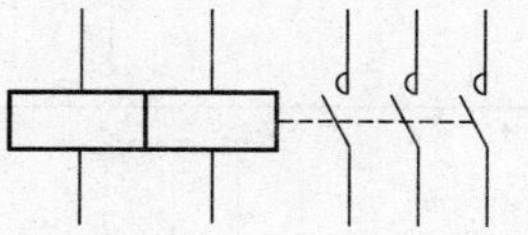 | |
| 42 | 动力控制器<br>手动、非自动复位 | 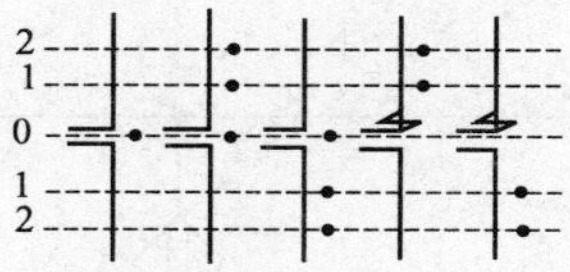 | 图为三个无灭弧装置的触点、二个有灭弧装置的触点<br>触点数量和操作档位数按实际情况绘制 |
| 43 | 主令控制器或操作开关<br>手动、非自动复位 | 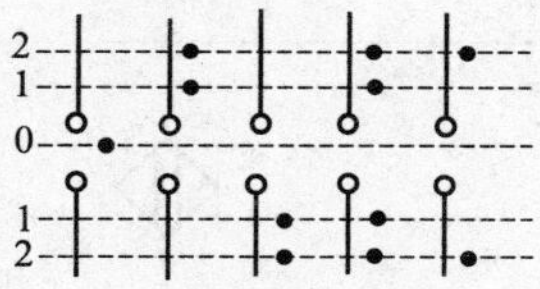 | |
| 44 | 机械式限位开关<br>机械平移操作<br>自动复位 | 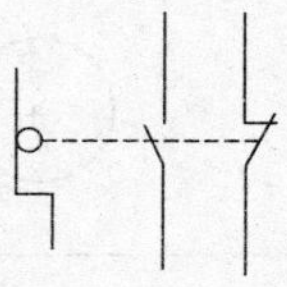 | 以符号表示触点的工作状态与工作位置的关系<br>挡块(撞尺)操作 |
| 45 | 机械式限位开关<br>机械旋转操作<br>非自动复位 | 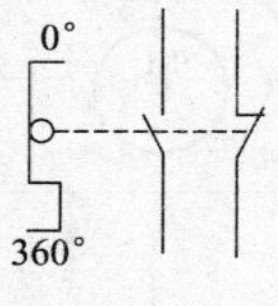 | 以符号表示触点的工作状态与工作位置的关系<br>凸轮操作 |
| 46 | 手动开关一般符号<br>自动复位 | 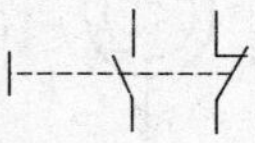 | 触头数量按实际情况画出 |

续上表

| 序号 | 名　称 | 图形符号 | 说　明 |
|---|---|---|---|
| 47 | 手动开关一般符号<br>非自动复位 | 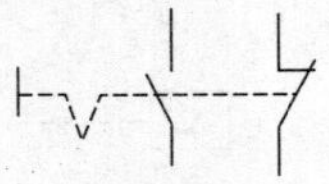 | |
| 48 | 急停按钮带有锁扣装置 | 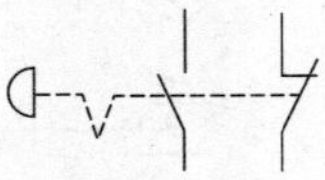 | |
| 49 | 钥匙开关 | 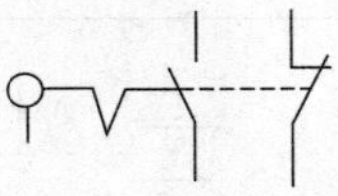 | |
| 50 | 按钮开关<br>推动开关 | 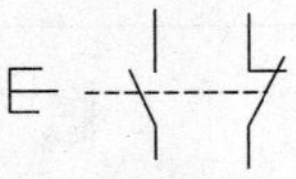 | 按钮开关可用手动开关（自动复位）一般符号 |
| 51 | 旋转开关<br>非自动复位 | 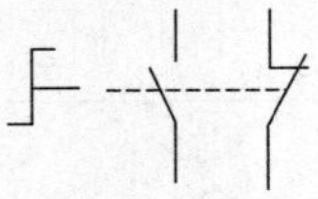 | |
| 52 | 脚踏开关 | 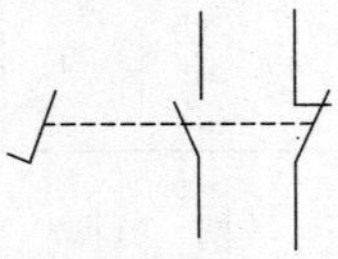 | |
| 53 | 单极多位开关 | 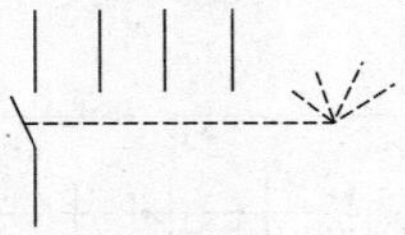 | |
| 54 | 接近传感器 |  | |
| 55 | 接触传感器 |  | |
| 56 | 电机的一般符号 | 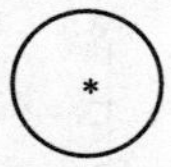 | 符号内·必须用文字或符号代替，以表明电机的性能 M 电动机 G 发电机，TM 力矩电动机 TG 测速发电机 |
| 57 | 三相笼式异步电动机 | 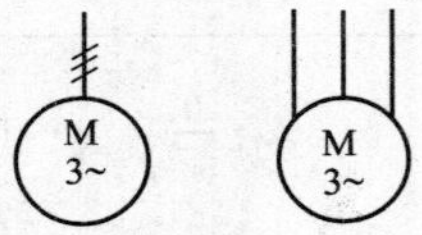 | |
| 58 | 三相绕线式异步电动机 | 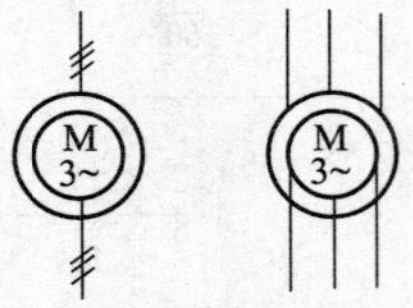 | |

续上表

| 序号 | 名称 | 图形符号 | 说明 |
|---|---|---|---|
| 59 | 串励直流电动机 | 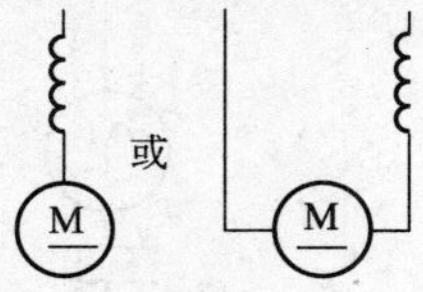 | |
| 60 | 并励直流电动机 | 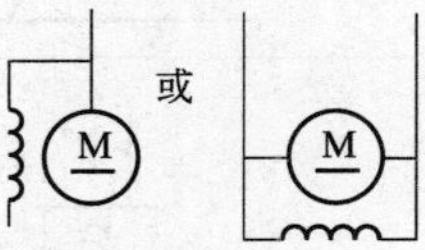 | |
| 61 | 他励直流电动机 | 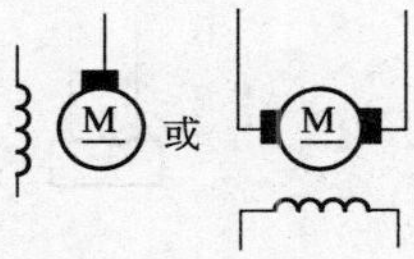 | |
| 62 | 双绕组变压器的一般符号 |  | |
| 63 | 三绕组变压器的一般符号 |  | |
| 64 | 自耦变压器的一般符号 | 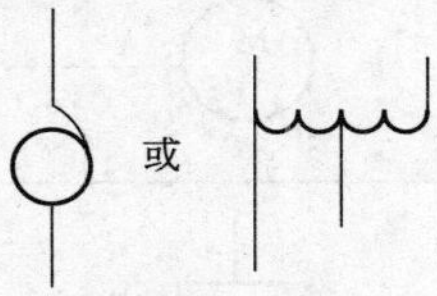 | |
| 65 | 电抗器、扼流圈 | 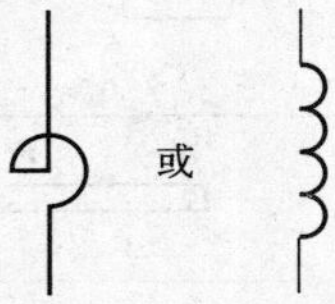 | |
| 66 | 变换器一般符号 | 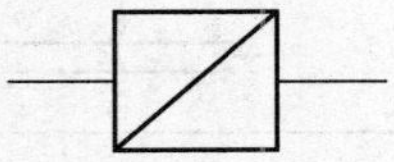 | 引线方向可按需要绘制 |
| 67 | 整流器 | 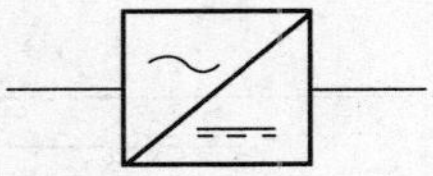 | |
| 68 | 桥式全波整流器 | 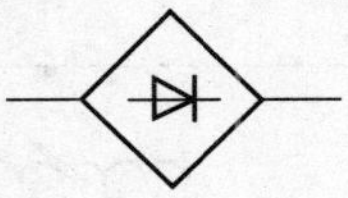 | |
| 69 | 电池或电池组 | 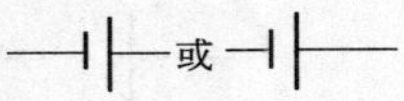 | 当表示电池组时,应注明电压和类型(长线代表阳极,短线代表阴极。) |
| 70 | 制动器一般符号 |  | |

续上表

| 序号 | 名 称 | 图 形 符 号 | 说 明 |
|---|---|---|---|
| 71 | 电动液压推动器制动器<br>制动器已制动 | 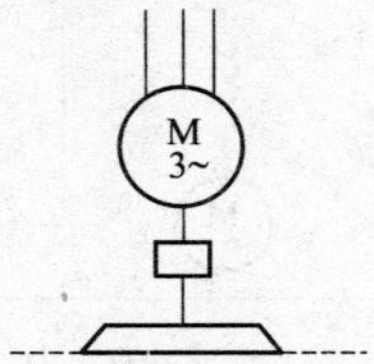 | 对液压中间环节,方框内加 p 其他类型中间环节,方框内加适当字母 |
| 72 | 三相交流制动电磁铁 | 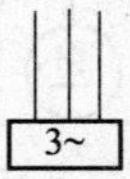 | |
| 73 | 三相交流电磁铁制动器 | 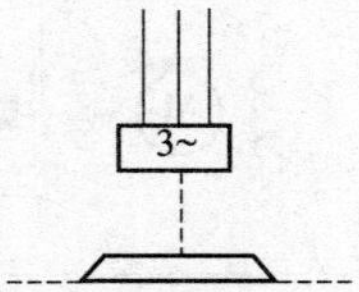 | |
| 74 | 直流制动电磁铁<br>直流牵引电磁铁 | 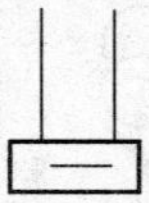 | |
| 75 | 起重电磁铁 | 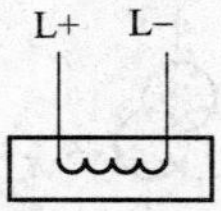 | |
| 76 | 电动阀 | 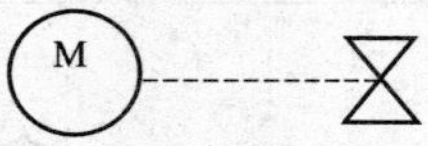 | |
| 77 | 电磁阀 | 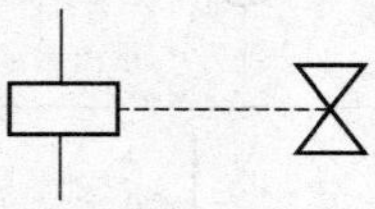 | |
| 78 | 电阻器一般符号 | | |
| 79 | 滑动变阻器 | 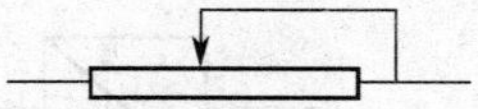 | |
| 80 | 电感器一般符号,绕组、扼流圈 |  | |
| 81 | 带磁芯的电感器 | 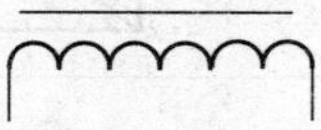 | |
| 82 | 微调电感器 |  | 连续可调 |
| 83 | 电容器一般符号 | 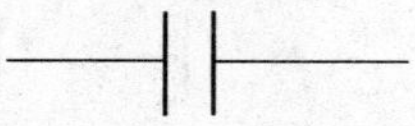 | |
| 84 | 预调电容器(116 页,S00575) | 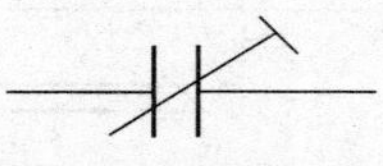 | |

续上表

| 序号 | 名　称 | 图　形　符　号 | 说　明 |
|---|---|---|---|
| 85 | 频敏变阻器 | 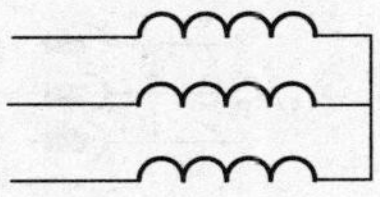 | |
| 86 | 电阻应变传感器 | 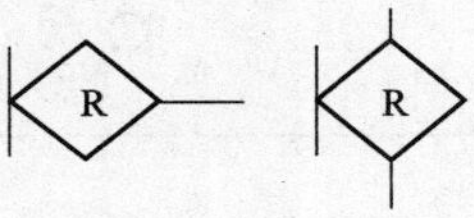 | |
| 87 | 压电石英晶体传感器 | 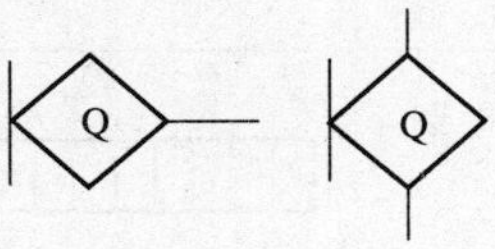 | |
| 88 | 载荷保护控制器 | 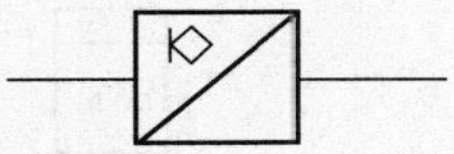 | |
| 89 | 载荷保护显示器 | 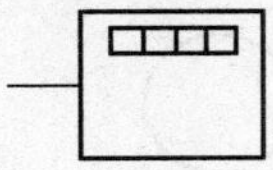 数字式 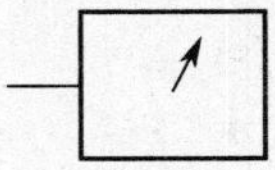　　指示式 | |
| 90 | 照明灯一般符号 |  | |
| 91 | 信号灯一般符号 |  | 需指明颜色时,加注字母如:RD 红　YE 黄　GN 绿　BV 蓝 |
| 92 | 电铃 |  | |
| 93 | 闪光信号灯 | 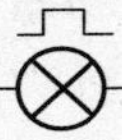 | |
| 94 | 蜂鸣器 |  | |
| 95 | 电警笛、报警器 |  | |
| 96 | 电喇叭 |  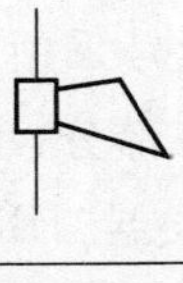 | |
| 97 | 插头、插座 |  | |

续上表

| 序号 | 名称 | 图形符号 | 说明 |
|---|---|---|---|
| 98 | 双极带接地极或三极插头插座 | 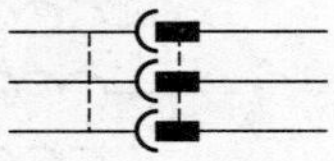 | |
| 99 | 接线端子 | ○ | |
| 100 | 可卸接线端子 | ∅ | |
| 101 | 接线端子板（箱） |  | |
| 102 | 积算式仪表，电度表 | 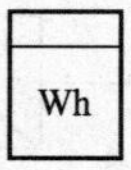 Wh | |
| 103 | 指示仪表 |  ○ | 指示仪表文字符号，例如转速表 n 电压表 V 等 |
| 104 | 接地的一般符号 |  ⏚ E | 对接地的状况和作用可补充说明 |
| 105 | 永久磁铁 | | |

为统一对符号的理解，规定如下：对正常初始位置不受外力作用的触点，一律绘成左开右闭或下开上闭。在初始位受外力的触点必须绘成外力作用下的状态。

## 第二节 项目代号

所谓项目是指电气图中可用图形符号表示的基本件，部件、设备、系统，如电阻器、供电设备、起升机构等。项目代号是以一个系统、成套设备或单一设备的依次分解为基础而制定的。完整的项目代号由四个代号段加前缀符号构成；即：＝高层代号；＋位置代号；一种类代号；端子代号。

对高层代号和位置代号的具体组成及其含义国家标准未作统一规定。表 5-6-2 和表 5-6-3 列出了 JB/ZQ2007 推荐的代号及含义；种类代号采用 GB/T 5094.2—2003《工业系统、装置与设备以及工业产品——结构原则与参照代号 第 2 部分：项目的分类与分类码》中表 1 规定的字母代码，见表 5-6-4。对于起重机中某些电气设备，根据"JB/ZQ 2007—1990"按其功能特征或结构特征给以种类代号中的数字代码及其含义作出规定，如表 5-6-5 所示。端子代号必须用大写拉丁字母和阿拉伯数字组成的字母数字符号表示。典型符号见表 5-6-6。

表 5-6-2 高层代号及其含义（参考件）

| 高层代号 | 机构类型 | 说明 | 高层代号 | 机构类型 | 说明 |
|---|---|---|---|---|---|
| =00 | | | =20 | 变幅机构 | |
| =01 | 起重机供电设备和安全装置 | 包括与主线路接触器有关的安全开关等 | =21 | 连续取物机构 | |
| =02 | 照明讯号设备 | | =22 | 连续传送机构 | |
| =03 | 采暖降温设备 | | =23 | 电磁吸盘供电及控制 | |
| =04 | | | =24 | | 可作为其他机构或专用吊具代号 |
| =05 | 起升机构、主起升机构 | | =25 | | 可作为其他机构或专用吊具代号 |
| =06 | 副起升机构 | | =26 | | 可作为其他机构或专用吊具代号 |
| =07 | 抓斗机构 | | =27 | | 可作为其他机构或专用吊具代号 |
| =08 | | 可作为其他起升类型机构的代号 | =28 | | 可作为其他机构或专用吊具代号 |
| =09 | | 可作为其他起升类型机构的代号 | =29 | | 可作为其他机构或专用吊具代号 |
| =10 | 小车运行机构、主小车运行机构 | | =30 | 安全保护及声光报警装置 | |
| =11 | 副小车运行机构 | | =31 | 超负荷限制器 | 升降类型机构用 |
| =12 | 大车运行机构 | | =32 | 超转矩限制器 | 俯仰类型机构用 |
| =13 | | 可作为其他平移类型机构的代号 | =33 | 通讯联络装置 | |
| =14 | | 可作为其他平移类型机构的代号 | =34 | 超速保护装置 | |
| =15 | | 可作为其他平移类型机构的代号 | =35 | 防撞保护装置 | |
| =16 | 垂直伸缩机构 | | =36 | 偏斜保护装置 | |
| =17 | 水平伸缩机构 | | =37 | | |
| =18 | 回转机构 | | =38 | 温度保护装置 | |
| =19 | 倾翻机构 | | =39 | 润滑系统 | |

表 5-6-3 位置代号及其含义（参考件）

| 位置代号 | 部位名称 | 说明 | 位置代号 | 部位名称 | 说明 |
|---|---|---|---|---|---|
| +40 | 司机室 | 固定司机室，移动司机室 | +55 | | 下部结构（支腿、台车等）其他指定部位 |
| +41 | 传动侧或司机右侧主梁走台 | 四角驱动时以司机位置判别 | +56 | | 下部结构（支腿、台车等）其他指定部位 |
| +42 | 导电侧或司机左侧主梁走台 | 四角驱动时以司机位置判别 | +57 | | 下部结构（支腿、台车等）其他指定部位 |
| +43 | 传动侧主梁走台 | | +58 | | 下部结构（支腿、台车等）其他指定部位 |
| +44 | 导电侧主梁走台 | | | | |
| +45 | | 上部结构（主梁走台）其他指定部位 | +59 | 地面控制站 | 由主梁走台部位引下 |
| +46 | | 上部结构（主梁走台）其他指定部位 | +60 | 上小车、主小车、小车 | |
| +47 | | 上部结构（主梁走台）其他指定部位 | +61 | 刚性支架 | |
| | | | +62 | 下小车 | |
| | | | +63 | 吊具 | |
| +48 | 维修平台 | | +64 | 地面控制站 | 由小车部位引下 |
| +49 | 前端梁 | | +65 | 副小车 | |
| +50 | 后端梁 | 必要时也可包括前端梁 | +66 | | 小车上其他指定部位 |
| +51 | 前下平衡梁及主被动台车 | | +67 | | 小车上其他指定部位 |
| | | | +68 | | 小车上其他指定部位 |
| +52 | 后下平衡梁及主被动台车 | | +69 | | 小车上其他指定部位 |
| | | | +70 | 固定电气室 | |
| +53 | 前支腿梯子平台 | | +71 | 传动侧主梁内电气室 | |
| +54 | 后支腿梯子平台 | | +72 | 导电侧主梁内电气室 | |

| 位置代号 | 部位名称 | 说明 | 位置代号 | 部位名称 | 说明 |
|---|---|---|---|---|---|
| +73 | | 其他各种机器房电气室 | +87 | | |
| +74 | | 其他各种机器房电气室 | +88 | | |
| +75 | | 其他各种机器房电气室 | +89 | | |
| +76 | | 其他各种机器房电气室 | +90 | | |
| +77 | 移动电气室 | | +91 | | |
| +78 | | | +92 | | |
| +79 | | | +93 | | |
| +80 | | | +94 | | |
| +81 | | | +95 | | |
| +82 | | | +96 | | |
| +83 | | | +97 | | |
| +84 | | | +98 | | |
| +85 | | | +99 | | |
| +86 | | | | | |

**表 5-6-4　按用途或任务划分的项目类别及字母代码（参考件）**

| 代码 | 项目的用途或任务 | 项 目 举 例 |
|---|---|---|
| A | 两种或两种以上的用途或任务<br>注：此类别仅供不能鉴别主要用途或任务的项目使用。 | 触屏 |
| B | 把某一输入变量（物理性质、条件或事件）转换为供进一步处理的信号 | 气体继电器、检波器、火灾探测器、气体探测器、测量元件、测量继电器、测量分路器、测量变换器、话筒、运动探测器、光电池、监控开关、位置开关、接近开关、接近传感器、保护继电器、传感器、烟雾传感器、测速发电机、温度传感器、热过载继电器、视频摄像机 |
| C | 材料、能量或信息的存储 | 缓冲器（存储）、缓冲器电池、电容器、事件记录器（主要存储）、硬盘、存储器、RAM、蓄电池、磁带机（主要存储）、录像机（主要存储）、电压记录器（主要存储） |
| D | 为将来标准化备用 | |
| E | 提供辐射能或热能 | 锅炉、荧光灯、电热器、灯、灯泡、激光器、发光设备、微波激射器、辐射器 |
| F | 直接防止（自动）能量流、信号流、人身或设备发生危险的或意外的情况<br>包括用于防护的系统和设备 | 阴极保护阳极、法拉第罩、熔断器、小型断路器、浪涌保护器、热过载释放器 |
| G | 启动能量流或材料流<br>产生用作信息载体或参考源的信号<br>生产一种新能量、材料或产品 | 干电池组、电机、燃料电池、发生器、发电机、旋转发电机、信号发生器、太阳能电池、波发生器 |
| H | 为将来标准化备用 | |
| I | 不用 | — |
| J | 为将来标准化备用 | |
| K | 处理（接收、加工和提供）信号或信息（用于防护的物体除外，见 F 类） | 有或元继电器、模拟集成电路、自动并联装置、数字集成电路、接触器继电器、CPU、延迟元件、延迟线、电子阀、电子管、反馈控制器、滤波器、感应搅拌器、微处理器、过程计算机、可编程控制器、同步装置、时间继电器、晶体管 |
| L | 为将来标准化备用 | |
| M | 提供驱动用机械能（旋转或线性机械运动） | 执行器、励磁线圈、电动机、直线电动机 |
| N | 为将来标准化备用 | |
| O | 不用 | — |
| P | 提供信息 | 音响信号装置、安培表、铃、钟、连续行记录器、显示器、机电指示器、事件计数器、盖氏计数器、LED（发光二极管）、扬声器、光信号装置、打印机、记录式伏特表、信号灯、信号振动器、同步示波器、伏特表、瓦特表、瓦时表 |

续上表

| 代码 | 项目的用途或任务 | 项目举例 |
|---|---|---|
| Q | 受控切换或改变能量流、信号流或材料流（对于控制电路中的信号，请参见 K 类和 S 类） | 断路器、接触器（电力）、隔离开关、熔断器开关、熔断体隔离器式开关、电动机启动器、功率晶体管、滑环短路器、开关（电力）、晶闸管（若主要用途为防护，请参见 F 类） |
| R | 限制或稳定能量、信息或材料的运动或流动 | 二极管、电感器、限定器、电阻器 |
| S | 把手动操作转变为进一步处理的信号 | 控制开关、差值开关、键盘、光笔、鼠标器、按钮开关、选择开关、设定点调节器 |
| T | 保持能量性质不变的能量变换<br>已建立的信号保持信息内容不变的变换<br>材料形态或形状的变换 | AC/DC 变换器、放大器、天线、解调器、变频器、测量变换器、测量发射机、调制器、电力变压器、整流器、整流器站、信号变换器、信号传变器、电话机、变换器 |
| U | 保持物体在一定的位置 | 绝缘子 |
| V | 材料或产品的处理（包括预处理和后处理） | 过滤器 |
| W | 从一地到另一地导引或输送能量、信号、材料或产品 | 汇流排、电缆、导体、信息总线、光纤、穿墙套管、波导 |
| X | 连接物 | 连接器、插头、端子、端子板、端子排 |
| Y | 为将来标准化备用 | |
| Z | 为将来标准化备用 | |

表 5-6-5 种类代号中的数字代码及其含义（参考件）

| 字母代码和数字代码 | 功能特征或结构特征 | 应用举例 |
|---|---|---|
| —K0 | 接通和分断；继电器类 | —K00 |
| —K1 | 定子或电枢电路正向接通 | —K1；—K11、—K12 |
| —K2 | 定子或电枢电路反向接通 | —K2；—K21、—K22 |
| —K3 | 定子电路起动调速控制 | |
| —K4 | 转子电路起动调速控制 | —K40；—K401、—K402<br>—K41；—K411、—K412<br>—K42；—K421、—K422<br>—K43；—K431、—K432<br>—K44；—K441、—K442 |
| —K5 | 联锁保护 | |
| —K6 | 机械或电磁耦合电路 | |
| —K7 | 制动设备电路 | |
| —K8 | | |
| —K9 | 行程、限位控制 | |
| —X0 | 分线盒 | —X01 |
| —X1 | 12 V 或 24 V 或 36 V 安全电压插头插座 | —X12 |
| —X2 | 220 V 单相带接地芯插头插座 | —X23 |
| —X3 | 380 V 二相带接地芯插头插座 | —X34 |
| —X4 | 司机室内接线盒（端子板） | —X41、—X42… |
| —X5 | 端梁上接线箱 | —X51、—X52… |
| —X6 | 小车上接线箱 | —X61、—X62… |
| —X7 | 固定电气室内接线盒（端子板） | —X71、—X72… |
| —X8 | 移动电气室内接线盒（端子板） | —X81、—X82 |
| —X9 | 成套设备中的端子板（箱） | —A0X90 |
| —F0 | 熔断器 | |
| —F1 | 热保护器件 | |
| —F2 | 电流保护器件 | |
| —F3 | 小型断路器（用于控制电路过流保护） | |
| —F4 | 速度保护器件 | |
| —F5 | 电压保护器件 | |
| —F6 | 限压保护器件、限幅保护器件 | |
| —F7 | 压力保护器件，超负荷限制器 | |
| —F8 | 温度保护器件 | |
| —F9 | | |

| 字母代码和数字代码 | 功能特征或结构特征 | 应用举例 |
|---|---|---|
| —S0 | | |
| —S1 | 两位置手动操作自动复位,触点端子标记,11、12;23、24;… | 例如按钮、脚踏开关 |
| —S2 | 两位置手动操作被动复位,触点端子标记,11、12;23、24;… | 例如灯开关、刀开关、控制开关 |
| —S3 | 多位置手动操作自动复位,触点端子标记:1、2;3、4;5、6;… | 例如自动复位主令、转换开关 |
| —S4 | 多位置手动操作被动复位,触点端子标记:1、2;3、4;5、6;… | 例如手动复位主令、转换开关、凸轮 |
| —S5 | 非接触式操作,自动复位,触点端子标记:11、12;23、24;… | 例如感应接近开关、电子接近开关 |
| —S6 | 非接触式操作,被动复位 | 例如磁性接近开关 |
| —S7 | | |
| —S8 | | |
| —S9 | 两位置或多位置机动操作自动复位或被动复位,如限位开关,行程开关<br>自动复位开关端子标记:11、12;23、24;…<br>凸轮调整开关端子标记:1、2;3、4;… | |

**表 5-6-6　端子代号用典型符号及含义**

| 电气器件端子和特定导线线端名称 | 标记用字母数字符号 | 电气器件端子和特定导线线端名称 | 标记用字母数字符号 |
|---|---|---|---|
| 三相电器的 1、2、3 相和中性线端子 | U、V、W、N | 直流电动机换向绕组线端 | B;B1、B2 |
| 接地端子,接地线 | E | 直流电动机补偿绕组线端 | C;C1、C2 |
| 保护接地端子,保护接地线 | PE | 直流电动机串励绕组线端 | D;D1、D2 |
| 保护接地线和中性线共用端子 | PEN | 直流电动机并励绕组线端 | E;E1、E2 |
| 保护接地和中性线共用一线 | PEN | 直流电动机他励绕组线端 | F;F1、F2 |
| 不接地的保护导线 | PU | 三相变压器一次绕组线端和中性绕组线端 | A、B、C、N |
| 无噪声接地端子,无噪声接地线 | TE | 三相变压器二次绕组线端和中性绕组线端 | a、b、c、n |
| 接机壳或接机架端子,接机壳或机架导线 | MM | 三相交流系统电源线路 | |
| 等电位端子 | CC | 1 相 | L1 |
| 三相电动机定子绕组 1、2、3 相和中性线端 | U、V、W、N;U1、V1、W1、N | 2 相 | L2 |
| | | 3 相 | L3 |
| 三相电动机转子绕组 1、2、3 相和中性线端 | K、L、M、Q;K1、L1、M1、Q | 中性线 | N |
| | | 直流系统电源线路 | |
| 单相电动机主绕组和辅助绕组线端 | U、Z | 正极 | L+ |
| | | 负极 | L— |
| 直流电动机电枢绕组线端 | A;A1、A2 | 中间线 | M |

# 第七章 起重电控系统设计

## 第一节 概论

本章讨论采用变频驱动的起重机电控系统的设计。采用其他驱动方式的电控系统的设计可借鉴本章内容,并参考本篇其他章节进行。

起重电控系统设计者所需要关注的,不仅仅是实现起重机作业所需的各项功能,不仅仅是系统在起重机正常作业条件下的可靠性和耐用性。设计者还需要保证:在意外事件发生时,起重机不发生故障,或者在起重机发生故障时,故障是可控的或不被扩大。这里所指的意外事件,可能是起重机操作人员的误操作,也可能是某个元器件的损坏,还可能是多个意想不到的事故的同时发生。

为了保障系统的安全性,我们需要做到:

(1)系统中的每一个器件(含电缆)都在上一级保护(短路和过载)的覆盖下,未被保护覆盖的器件都经过了特殊处理

(2)人体接触到系统的任何位置,无论是正常的带电位置(直接接触)还是发生故障时可能带电的位置(间接接触),都不会发生生命危险。无法被直接或间接接触安全保护系统覆盖的全部位置均经过了特殊处理

(3)重要的控制点是冗余的。有控制逻辑的冗余,也有器件的冗余。如机械电气互锁的冗余、PLC控制逻辑与继电器控制逻辑的冗余、继电器(接触器)触点串联线圈并联的冗余,等等。

(4)所有的安全措施都由设备来保障而不是由人的意识来保障。

(5)尽可能考虑到全部"不可能"发生的故障点。

(6)尽可能全面采集系统的动作反馈,并判断系统的运行是否正常和受控。

系统的安全性需要些微的成本提升为代价,但可能给予的回报是生命和巨额金钱。

系统设计的内容不仅仅是原理图、程序、接线表和元器件清单。设计还包括详尽的文档,这些

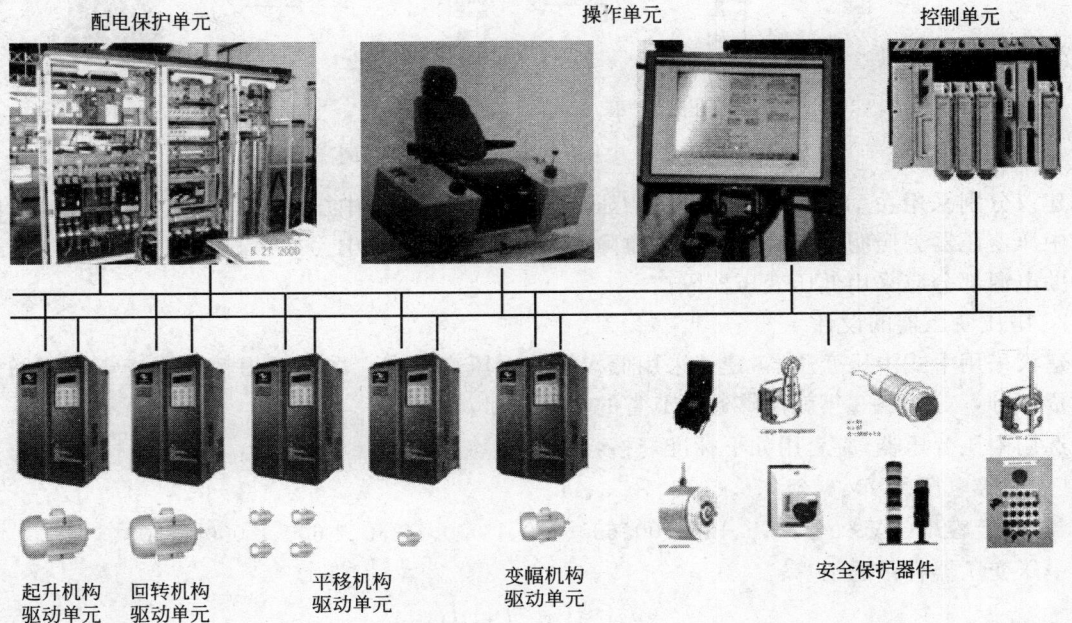

图 5-7-1 起重机电控系统的组成

文档包括但不限于包括：设计手册（或功能手册），选型计算书，起重机操作手册，起重机维护手册，起重机调试手册等（以上手册均指电气部分），还应该有带详细注释（至少保证设计者自己能够在10年后看懂）的原理图和程序清单。

系统设计者除了需要关注所设计的系统在正常时如何运转，更要关注所设计的系统在不正常时（器件动作失常、给定信号失常、参数设置失常及外部冲击等）会如何反应？能否控制？能否承受？所有无法在设计中避免的风险都应在"操作手册"中给出。

优秀的系统设计者应了解系统中各个元器件的工作原理和全部参数，根据系统实际的功能需要和安全需要来选型而不仅仅是根据推荐值或参考图纸选型。

每个设计都应认真分析设计任务书（起重机的"技术协议"等）。即使是主要参数完全相同的起重机，都可能由于细节要求的差异而造成电气设计或选型的差异。

起重机电控系统通常由配电保护单元、操作单元、运行机构驱动单元、控制单元、安全保护器件等几部分组成，参见图5-7-1。

## 第二节　配电保护单元

### 一、中压配电保护单元

1. 中压配电保护单元的组成

采用中压供电的起重机需要配备中压配电保护单元。中压配电保护单元的组成参见图5-7-2。

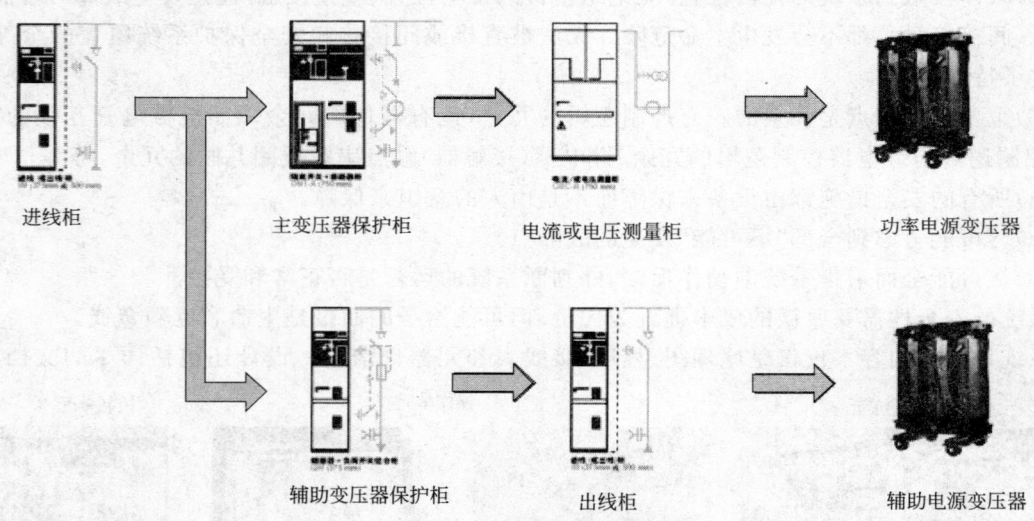

图5-7-2　中压配电保护单元组成举例

建议分别采用功率电源和辅助电源中压变压器。功率电源中压变压器为电控系统供电，辅助电源中压变压器为照明、防潮防冻器件、故障应急处理器件等供电。如果只采用一个中压变压器，则辅助电源部分应采用低压变压器隔离。

2. 中压变压器的设计

建议采用干式中压变压器，建议采用低损耗的中压变压器。采用低损耗中压变压器所增加的初投资部分，一般2~3年就能够通过节省的电费收回。

选用中压变压器，应套用如下标准规格：

(1) 初级电压(kV)：6、6.3、6.6、10、10.5、11。

(2) 额定容量(kV·A)：315、400、500、630、800、1 000、1 250、1 600、2 000、2 500、3 150。

中压变压器容量的估算：

$$I_{20} \approx I_M + I_2 + I_3 \tag{5-7-1}$$

$$S_{\text{transformer}} = \sqrt{3} \times I_{20} \times U_{20} / 1\,000 \tag{5-7-2}$$

式中 $S_{transformer}$——中压变压器的视在功率,单位为 kV·A;
$I_{20}$——中压变压器两次侧热电流,单位为 A;
$U_{20}$——中压变压器两次侧标称电压,单位为 V;
$I_M$——起重机稳态功率最大的运行机构的稳态电流,单位为 A;
$I_2$ 和 $I_3$——可能与稳态功率最大的运行机构同时运行的两个运行机构的稳态电流,有多个这样的机构时,取这些机构中稳态功率最大的 2 个机构,单位为 A。

中压变压器容量的计算:

如果已知起重机的工艺流程,可以对中压变压器的容量进行更准确的计算。

假设某卸船机的工艺流程如图 5-7-3 所示,并根据此流程和相关计算可列出表 5-7-1 所示的电气状态分析表。

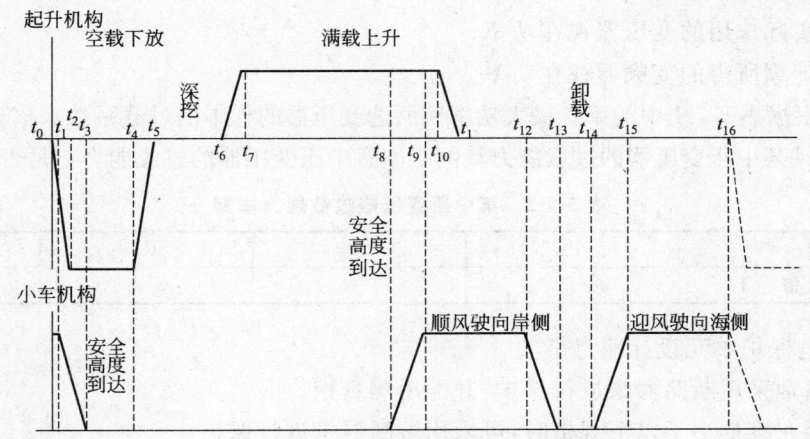

图 5-7-3 某卸船机工艺流程举例

表 5-7-1 某卸船机电气状态分析表

| 时间 | 起升状态 | 小车状态 | 起升电流 | 小车电流 | 辅助电流 | 线路电流 | 耗时 | 热电流 |
|---|---|---|---|---|---|---|---|---|
| $t0\sim t1$ | 空载下放加速 | 迎风空载恒速 | $I_{lifting1}$ | $I_{trolley1}$ | $I_{other}$ | $I_{total1}$ | $t_1$ | $I_{total1}^2 t_1$ |
| $t1\sim t2$ | 空载下放加速 | 迎风空载减速 | $I_{lifting2}$ | $I_{trolley2}$ | $I_{other}$ | $I_{total2}$ | $t_2$ | $I_{total2}^2 t_2$ |
| $t2\sim t3$ | 空载下放恒速 | 迎风空载减速 | $I_{lifting3}$ | $I_{trolley3}$ | $I_{other}$ | $I_{total3}$ | $t_3$ | $I_{total3}^2 t_3$ |
| $t3\sim t4$ | 空载下放恒速 | 停 | $I_{lifting4}$ | $I_{trolley4}$ | $I_{other}$ | $I_{total4}$ | $t_4$ | $I_{total4}^2 t_4$ |
| $t4\sim t5$ | 空载下放减速 | 停 | $I_{lifting5}$ | $I_{trolley5}$ | $I_{other}$ | $I_{total5}$ | $t_5$ | $I_{total5}^2 t_5$ |
| $t5\sim t6$ | 深挖 | 停 | $I_{lifting6}$ | $I_{trolley6}$ | $I_{other}$ | $I_{total6}$ | $t_6$ | $I_{total6}^2 t_6$ |
| $t6\sim t7$ | 满载上升加速 | 停 | $I_{lifting7}$ | $I_{trolley7}$ | $I_{other}$ | $I_{total7}$ | $t_7$ | $I_{total7}^2 t_7$ |
| $t7\sim t8$ | 满载上升恒速 | 停 | $I_{lifting8}$ | $I_{trolley8}$ | $I_{other}$ | $I_{total8}$ | $t_8$ | $I_{total8}^2 t_8$ |
| $t8\sim t9$ | 满载上升恒速 | 顺风满载加速 | $I_{lifting9}$ | $I_{trolley9}$ | $I_{other}$ | $I_{total9}$ | $t_9$ | $I_{total9}^2 t_9$ |
| $t9\sim t10$ | 满载上升恒速 | 顺风满载恒速 | $I_{lifting10}$ | $I_{trolley10}$ | $I_{other}$ | $I_{total10}$ | $t_{10}$ | $I_{total10}^2 t_{10}$ |
| $t10\sim t11$ | 满载上升减速 | 顺风满载恒速 | $I_{lifting11}$ | $I_{trolley11}$ | $I_{other}$ | $I_{total11}$ | $t_{11}$ | $I_{total11}^2 t_{11}$ |
| $t11\sim t12$ | 停 | 顺风满载恒速 | $I_{lifting12}$ | $I_{trolley12}$ | $I_{other}$ | $I_{total12}$ | $t_{12}$ | $I_{total12}^2 t_{12}$ |
| $t12\sim t13$ | 停 | 顺风满载减速 | $I_{lifting13}$ | $I_{trolley13}$ | $I_{other}$ | $I_{total13}$ | $t_{13}$ | $I_{total13}^2 t_{13}$ |
| $t13\sim t14$ | 卸料 | 卸料 | | | | | | |
| $t14\sim t15$ | 停 | 迎风空载加速 | $I_{lifting14}$ | $I_{trolley14}$ | $I_{other}$ | $I_{total14}$ | $t_{14}$ | $I_{total14}^2 t_{14}$ |
| $t15\sim t16$ | 停 | 迎风空载恒速 | $I_{lifting15}$ | $I_{trolley15}$ | $I_{other}$ | $I_{total15}$ | $t_{15}$ | $I_{total15}^2 t_{15}$ |
| $t16\sim t0$ | 空载下放加速 | 迎风空载恒速 | $I_{lifting16}$ | $I_{trolley16}$ | $I_{other}$ | $I_{total16}$ | $t_{16}$ | $I_{total16}^2 t_{16}$ |

$$I_{20} > I_{th} = \sqrt{\frac{\sum I_{totoli}^2 \times t_i}{T}} \tag{5-7-3}$$

式中 $I_{20}$——中压变压器两次侧所需电流,单位为 A;
$I_{th}$——系统所需的热电流,单位为 A;

$I_{totoli}$——系统在不同工况时所需的线路电流,单位为 A;
$t_i$——系统在不同工况时所需的时间,单位为 s;
$T$——系统总循环时间,单位为 s。

$$S_{transformer}=\sqrt{3}\times I_{20}\times V_{20}/1\,000 \tag{5-7-4}$$

式中 $S_{transformer}$——中压变压器视在功率,单位为 kV·A;
$V_{20}$——压变压器两次侧标称电压,单位为 V。

套用中压变压器视在功率后,应核对变压器的负载率。

$$\beta=\frac{S_{transformer}}{P_{transformer}}<70\%\sim 80\% \tag{5-7-5}$$

式中 $\beta$——中压变压器的负载率;
$P_{transformer}$——实际选用的变压器视在功率;
$S_{transformer}$——计算所得的变频器视在功率。

最后,还要根据表 5-7-1 中的系统最大功率和所选变压器的样本的过载系数来核算变压器的过载能力。表 5-7-2 是某中压变压器的过载能力举例。注意中压变压器的过载能力与是否强制风冷有关。

**表 5-7-2 某中压变压器过载能力举例**

| 持续时间/s | 10 | 30 | 60 | 3 600 |
|---|---|---|---|---|
| 过载倍数/倍 | 8~10 | 3~6 | 2~4 | 1.5 |

**3. 中压配电保护单元设计注意事项**

主变压器通常采用断路器来进行保护,并配用测量柜。

辅助变压器在容量小于以下规格时,可采用熔断器来进行保护。

5.5 kV<400 kV·A;

10 kV<630 kV·A;

15 kV<1 000 kV·A;

20 kV<1 250 kV·A。

中压电源一般都通过电缆卷筒接入起重机,建议采用变频器恒张力驱动的电缆卷筒。目前国内已推出电缆卷筒专用变频器,能够实现张力恒定、收卷放卷张力分别设置、自动判断卷绕直径变化方向(变大还是变小)、卷径计算等功能,经大量现场的多年使用检验,效果明显优于磁滞式或力矩式电机驱动的产品。

## 二、低压配电保护单元

**1. 低压配电保护单元的组成**

低压配电保护单元由主断路器、主接触器、机构断路器、检测保护器件等组成,参见图 5-7-4。

**2. 主断路器的设计**

(1)主断路器的作用

动力电源的主开关,建立可见断点。其作用应能实现主断路器到机构断路器之间电缆的短路保护和主断路器到机构断路器之间电缆的过载保护。

如果中压变压器在起重机上,还需要承担中压变压器次级线圈和总断路器上游电缆的过载保护。

(2)主断路器额定电流的计算

当中压变压器在起重机上时,主断路器的额定电流可由式(5-7-6)计算。

$$I_{Q0}\geqslant I_{20}=\frac{1\,000\times S_{transformer}}{V_{20}\times\sqrt{3}} \tag{5-7-6}$$

式中 $I_{Q0}$——总断路器的额定电流,单位为 A;

$I_{20}$——中压变压器次级的标称电流,单位为 A;
$V_{20}$——中压变压器次级的标称电压,单位为 V;
$S_{transformer}$——中压变压器的视在功率,单位为 kV·A。

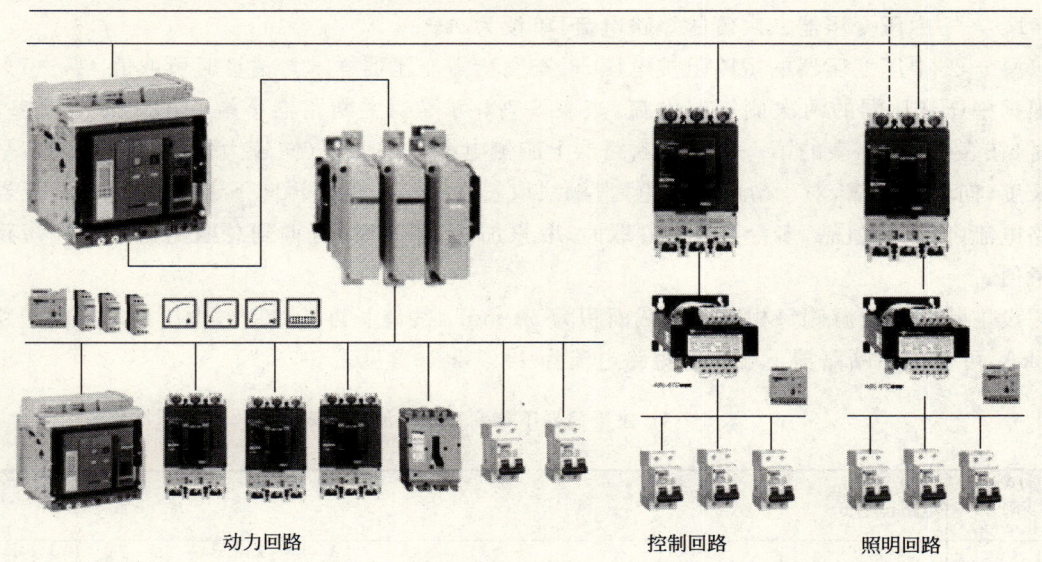

图 5-7-4 低压配电保护单元的组成

当中压变压器不在起重机上时,主接触器的额定电流可参考中压变压器的热电流计算方式,通过式(5-7-7)和式(5-7-8)来估算或计算。

$$I_{Q0} \geqslant I_M + I_2 + I_3 \tag{5-7-7}$$

$$I_{Q0} \geqslant 1.15 \times \sqrt{\frac{\sum I_{totoli}^2 \times t_i}{T}} \tag{5-7-8}$$

式中,常数 1.15 是安全系数。

在通过计算选定主断路器额定电流时,还应参考电气状态分析表和脱扣器的热磁保护曲线,核对过载能力。

(3)脱扣器的选择

1)分断能力的选择

脱扣器的分断能力应大于系统可能发生的最大短路电流,一般根据断路器下端头发生短路时可能发生的短路电流计算。当出现短路故障后能够立即停机检修时,可根据极限脱扣电流来选择脱扣器的分断能力;当出现短路故障,在故障排除后必须能够继续运行,不允许立即停机检修时,应根据使用分断能力来选择脱扣器的分断能力。

主断路器下端头的短路电流可根据中压变压器两次侧短路电流来进行选择。

首先根据中压变压器样本查得中压变压器两次侧短路电流。如果无法得到,对于一次侧短路容量小于 500 MV·A,二次侧标称电压 400 V 的中压变压器,可根据视在功率通过表 5-7-3 来查得两次侧短路电流的参考值,也可根据式(5-7-9)进行计算。

表 5-7-3 两次侧短路电流参考值

| 变压器视在功率/kV·A | 16 | 25 | 40 | 50 | 63 | 80 | 100 |
|---|---|---|---|---|---|---|---|
| 两次侧短路电流/A | 563 | 879 | 1 405 | 1 756 | 2 210 | 2 805 | 3 503 |
| 变压器视在功率/kV·A | 16 | 250 | 315 | 400 | 500 | 630 | 800 |
| 两次侧短路电流/A | 5,588 | 8,692 | 10,917 | 13,806 | 17,173 | 21,501 | 24,175 |
| 变压器视在功率/kV·A | 1,000 | 1,250 | 1,600 | 2,000 | 2,500 | 3,150 | |
| 两次侧短路电流/A | 27,080 | 30,612 | 35,650 | 40,817 | 46,949 | 58,136 | |

$$I_{SC} = \frac{I_{20} \times 100}{U_{SC}} \tag{5-7-9}$$

式中  $I_{20}$——中压变压器二次侧的标称电流,单位为 A;

$I_{SC}$——中压变压器二次侧的短路电流,单位为 A;

$U_{SC}$——中压变压器的短路阻抗电压,可查阅所需变压器样本。估算时可取值 4%～7%。

根据中压变压器的两次侧短路电流,查表 5-7-4 可得到主断路器下端头的短路电流参考值。查表时,在表 5-7-4 上表的第一栏找到断路器上游侧电缆的截面积(向较大值靠),然后向右平推找到其长度(向较小值靠,对于滑触线供电,滑触线取长度的最小值),再向下走,到下表与变压器二次侧短路电流(向较大值靠,多台变压器并联时,取累加值)平齐时,可得到总断路器下端口短路电流的参考值。

假设主断路器上游侧每相导线的截面积为 50 mm²,线路长度为 20 m,中压变压器的短路电流为 30 kA,可查得主断路器下端头的短路电流为 14.7 kA(参见表 5-7-4)。

表 5-7-4  主断路器下端头短路电流参考表

| 铜导线230 V/400 V 每相导线的横截面积/mm² | 电路长度/m | | | | | | | | | | | | | | | |
|---|---|---|---|---|---|---|---|---|---|---|---|---|---|---|---|---|
| 1.5 | | | | | | | | | 1.3 | 1.8 | 2.6 | 3.6 | 5.2 | 7.3 | 10.3 | 14.6 | 21 |
| 2.5 | | | | | | | | 1.1 | 1.5 | 2.1 | 3.0 | 4.3 | 6.1 | 8.6 | 12.1 | 17.2 | 24 | 34 |
| 4 | | | | | | | | 1.2 | 1.7 | 2.4 | 3.4 | 4.9 | 6.9 | 9.7 | 1.37 | 19.4 | 27 | 39 | 55 |
| 6 | | | | | | | | 1.8 | 2.6 | 3.6 | 5.2 | 7.3 | 10.3 | 14.6 | 21 | 29 | 41 | 58 | 82 |
| 10 | | | | | | | 2.2 | 3.0 | 4.3 | 6.1 | 8.6 | 12.2 | 17.2 | 24 | 34 | 49 | 69 | 97 | 137 |
| 16 | | | | | | 1.7 | 2.4 | 3.4 | 4.9 | 6.9 | 9.7 | 13.8 | 19.4 | 27 | 39 | 55 | 78 | 110 | 155 | 220 |
| 25 | | | | | 1.3 | 1.9 | 2.7 | 3.8 | 5.4 | 7.6 | 10.8 | 15.2 | 21 | 30 | 43 | 61 | 86 | 121 | 172 | 243 | 343 |
| 35 | | | | | 1.9 | 2.7 | 3.8 | 5.3 | 7.5 | 10.6 | 15.1 | 21 | 30 | 43 | 60 | 85 | 120 | 170 | 240 | 340 | 480 |
| 50 | | | | 1.8 | 2.6 | 3.6 | 5.1 | 7.2 | 10.2 | 14.4 | 20 | 29 | 41 | 58 | 82 | 115 | 163 | 231 | 326 | 461 |
| 70 | | | | 2.7 | 3.8 | 5.3 | 7.5 | 10.7 | 15.1 | 21 | 30 | 43 | 60 | 85 | 120 | 170 | 240 | 340 |
| 95 | | | 2.6 | 3.6 | 5.1 | 7.2 | 10.2 | 14.5 | 20 | 29 | 41 | 58 | 82 | 115 | 163 | 231 | 326 | 461 |
| 120 | | 1.6 | 2.3 | 3.2 | 4.6 | 6.5 | 9.1 | 12.9 | 18.3 | 26 | 37 | 52 | 73 | 103 | 146 | 206 | 291 | 412 |
| 150 | 1.2 | 1.8 | 2.5 | 3.5 | 5.0 | 7.0 | 9.9 | 14.0 | 19.8 | 28 | 40 | 56 | 79 | 112 | 159 | 224 | 317 | 448 |
| 185 | 1.5 | 2.1 | 2.9 | 4.2 | 5.9 | 8.3 | 11.7 | 16.6 | 23 | 33 | 47 | 66 | 94 | 133 | 187 | 265 | 374 | 529 |
| 240 | 1.8 | 2.6 | 3.7 | 5.2 | 7.3 | 10.3 | 14.5 | 20 | 29 | 41 | 58 | 83 | 117 | 165 | 233 | 330 | 466 | 659 |
| 300 | 2.2 | 3.1 | 4.4 | 6.2 | 8.8 | 12.4 | 17.6 | 25 | 35 | 50 | 70 | 99 | 140 | 198 | 280 | 396 | 561 |
| 2×120 | 2.3 | 3.2 | 4.6 | 6.5 | 9.1 | 12.9 | 18.3 | 26 | 37 | 52 | 73 | 103 | 146 | 206 | 292 | 412 | 583 |
| 2×150 | 2.5 | 3.5 | 5.0 | 7.0 | 9.9 | 14.0 | 20 | 28 | 40 | 56 | 79 | 112 | 159 | 224 | 317 | 448 | 634 |
| 2×185 | 2.9 | 4.2 | 5.9 | 8.3 | 11.7 | 16.6 | 23 | 33 | 47 | 66 | 94 | 133 | 187 | 265 | 375 | 530 | 749 |
| 3×120 | 3.4 | 4.9 | 6.9 | 9.7 | 13.7 | 19.4 | 27 | 39 | 55 | 77 | 110 | 155 | 219 | 309 | 438 | 619 |
| 3×150 | 3.7 | 5.3 | 7.5 | 10.5 | 14.9 | 21 | 30 | 42 | 60 | 84 | 119 | 168 | 238 | 336 | 476 | 672 |
| 3×185 | 4.4 | 6.2 | 8.8 | 12.5 | 17.6 | 25 | 35 | 50 | 70 | 100 | 141 | 199 | 281 | 398 | 562 |

| 上游$I_{SC}$值/kA | 下游$I_{SC}$值/kA | | | | | | | | | | | | | | | | | |
|---|---|---|---|---|---|---|---|---|---|---|---|---|---|---|---|---|---|---|
| 100 | 93 | 90 | 87 | 82 | 77 | 70 | 62 | 54 | 45 | 37 | 29 | 22 | 17.0 | 12.6 | 9.3 | 6.7 | 4.9 | 3.5 | 2.5 | 1.8 | 1.3 | 0.9 |
| 90 | 84 | 82 | 79 | 75 | 71 | 65 | 58 | 51 | 43 | 35 | 28 | 22 | 16.7 | 12.5 | 9.2 | 6.7 | 4.8 | 3.5 | 2.5 | 1.8 | 1.3 | 0.9 |
| 80 | 75 | 74 | 71 | 68 | 64 | 59 | 54 | 47 | 40 | 34 | 27 | 21 | 16.3 | 12.2 | 9.1 | 6.6 | 4.8 | 3.5 | 2.5 | 1.8 | 1.3 | 0.9 |
| 70 | 66 | 65 | 63 | 61 | 58 | 54 | 49 | 44 | 38 | 32 | 26 | 20 | 15.8 | 12.0 | 8.9 | 6.6 | 4.8 | 3.4 | 2.5 | 1.8 | 1.3 | 0.9 |
| 60 | 57 | 56 | 55 | 53 | 51 | 48 | 44 | 39 | 35 | 29 | 24 | 20 | 15.2 | 11.6 | 8.7 | 6.5 | 4.7 | 3.4 | 2.5 | 1.8 | 1.3 | 0.9 |
| 50 | 48 | 47 | 46 | 45 | 43 | 41 | 38 | 35 | 31 | 26 | 22 | 18.3 | 14.5 | 11.2 | 8.5 | 6.3 | 4.6 | 3.4 | 2.4 | 1.7 | 1.2 | 0.9 |
| 40 | 39 | 38 | 38 | 37 | 36 | 34 | 32 | 30 | 27 | 24 | 20 | 16.8 | 13.5 | 10.6 | 8.1 | 6.1 | 4.5 | 3.3 | 2.4 | 1.7 | 1.2 | 0.9 |
| 35 | 34 | 34 | 33 | 33 | 32 | 30 | 29 | 27 | 24 | 22 | 18.8 | 15.8 | 12.9 | 10.2 | 7.9 | 6.0 | 4.5 | 3.3 | 2.4 | 1.7 | 1.2 | 0.9 |
| 30 | 29 | 29 | 29 | 28 | 27 | 27 | 25 | 24 | 22 | 20 | 17.3 | 14.7 | 12.2 | 9.8 | 7.6 | 5.8 | 4.4 | 3.2 | 2.4 | 1.7 | 1.2 | 0.9 |
| 25 | 25 | 24 | 24 | 24 | 23 | 22 | 21 | 19.1 | 17.4 | 15.5 | 13.4 | 11.2 | 9.2 | 7.3 | 5.6 | 4.2 | 3.1 | 2.3 | 1.6 | 1.1 | 0.9 |
| 20 | 20 | 20 | 19.4 | 19.2 | 18.8 | 18.4 | 17.8 | 17.0 | 16.1 | 14.9 | 13.4 | 11.8 | 10.1 | 8.4 | 6.8 | 5.3 | 4.1 | 3.1 | 2.3 | 1.7 | 1.2 | 0.9 |
| 15 | 14.8 | 14.8 | 14.7 | 14.5 | 14.3 | 14.1 | 13.7 | 13.3 | 12.7 | 11.9 | 11.0 | 9.9 | 8.7 | 7.4 | 6.1 | 4.9 | 3.8 | 2.9 | 2.2 | 1.6 | 1.1 | 0.9 |
| 10 | 9.9 | 9.9 | 9.8 | 9.8 | 9.7 | 9.6 | 9.5 | 9.2 | 8.9 | 8.5 | 8.0 | 7.4 | 6.7 | 5.9 | 5.1 | 4.2 | 3.4 | 2.7 | 2.0 | 1.5 | 1.1 | 0.8 |
| 7 | 7.0 | 6.9 | 6.9 | 6.9 | 6.9 | 6.8 | 6.7 | 6.6 | 6.4 | 6.0 | 5.6 | 5.2 | 4.7 | 4.2 | 3.6 | 3.0 | 2.4 | 1.9 | 1.4 | 1.1 | 0.8 |
| 5 | 5.0 | 5.0 | 5.0 | 4.9 | 4.9 | 4.9 | 4.9 | 4.8 | 4.7 | 4.6 | 4.5 | 4.3 | 4.0 | 3.7 | 3.4 | 3.0 | 2.5 | 2.1 | 1.7 | 1.3 | 1.0 | 0.8 |
| 4 | 4.0 | 4.0 | 4.0 | 4.0 | 4.0 | 3.9 | 3.9 | 3.9 | 3.8 | 3.7 | 3.6 | 3.5 | 3.3 | 3.1 | 2.9 | 2.6 | 2.2 | 1.9 | 1.6 | 1.2 | 1.0 | 0.7 |
| 3 | 3.0 | 3.0 | 3.0 | 3.0 | 3.0 | 3.0 | 2.9 | 2.9 | 2.9 | 2.8 | 2.7 | 2.6 | 2.5 | 2.3 | 2.2 | 2.0 | 1.9 | 1.6 | 1.4 | 1.1 | 0.9 | 0.7 |
| 2 | 2.0 | 2.0 | 2.0 | 2.0 | 2.0 | 2.0 | 2.0 | 2.0 | 1.9 | 1.9 | 1.9 | 1.8 | 1.8 | 1.7 | 1.6 | 1.4 | 1.3 | 1.1 | 1.0 | 0.8 | 0.6 |
| 1 | 1.0 | 1.0 | 1.0 | 1.0 | 1.0 | 1.0 | 1.0 | 1.0 | 1.0 | 1.0 | 1.0 | 0.9 | 0.9 | 0.9 | 0.8 | 0.8 | 0.7 | 0.6 | 0.6 | 0.5 |

2)短路保护(磁脱扣)能力的选择

要求在机构(下级)断路器上端头发生短路故障时,脱扣器能够可靠脱扣。起重机低压配电保护柜主断路器与机构断路器一般距离很近,机构断路器上端头的短路电流可近似地直接采用主断路器下端头的短路电流。当电缆截面较小或距离较长时,应根据电缆的阻抗值来进行计算。

3)过载保护(热磁脱扣)能力的选择

要求在主断路器下游任一段电缆发生过载故障时,脱扣器能够可靠动作。即脱扣器的热保护曲线应小于下游侧(至下一级过载保护器件的上端头)各电缆的载流能力曲线。一般可简单的选择脱扣器热保护设置电流小于各电缆的最小长期载流能力。

3. 主接触器的设计

主接触器的用途是接通和关断动力电源,并在故障时切断动力电源。

采用机构接触器时仍建议使用主接触器。如果未采用机构接触器,则必须使用主接触器。不使用主接触器时,需要在主断路器上安装欠压脱扣或分励脱扣选件,通过主断路器来替代主接触器的功能。

主接触器可以根据起重机的热电流(参考中压变压器和主断路器的选择方法),按照AC1工作状态选型。不允许带载吸合主接触器,只有在发生相关故障时,才允许带载切断主接触器。

当起重机全部运行条件满足时,才允许主接触器吸合。应通过控制继电器来操作主接触器。建议采用两个控制继电器,触点串联线圈并联来操作主接触器。这样当一个控制继电器出现故障时,主接触器仍能够在条件不符合时不吸合,而在发生相关故障时被可靠分断。

4. 相关电缆的设计

选用各段电缆时,除了要考虑实际需要的载流能力,还要考虑上级断路器的保护能力。应尽可能选用合适的电缆截面以确保电缆过载和电缆末端的短路故障能够被识别和保护。实在无法做到时,应将相关电缆标注为"重点保护线路"并进行特殊处理。

如果有部分电缆不能得到上级断路器的有效保护,又没有设计自身的保护,应标注为"重点保护线路"。参见图5-7-5。

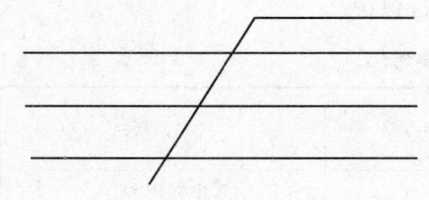

图5-7-5 "重点保护电路"的标注方法

对于未被上级断路器有效保护覆盖的"重点保护线路",我们在布线时必须如下作特殊处理:

(1)相关线路必须安装在显眼的和易于维护的位置,不允许敷设在机柜(或金属框架)背面及走线槽(包括管道)内;

(2)相关线路必须尽可能短;

(3)相关线路应使用绝缘夹具平铺固定,不允许将电缆捆绑在一起;

(4)相关线路应与其他电缆和易燃物体隔离;

(5)相关线路的导体截面在下游设备允许的条件下尽可能接近上游电缆的截面;

(6)相关线路应尽可能采用带绝缘的导体。如带护套的电缆或套上绝缘热塑套管的铜母排;

(7)相关线路与其他导体之间的距离,在对应于电压≤440 V,≤620 V,≤1 000V 和≤1 500 V 时分别为20 mm、25 mm、32 mm 和40 mm。

图5-7-6是一个"重点保护线路"的例子。在图5-7-6中,2个5 A的分支电路很难设计成被1 000 A的上游断路器保护,故必须被标注为"重点保护线路"并采取相应的保护措施。

5. 机构断路器的设计

额定电流应根据机构的热电流计算(可参考主断路器的计算方式)。较保守的方式是根据机构变频器的进线电流选择。许多品牌变频器的选型样本中给出

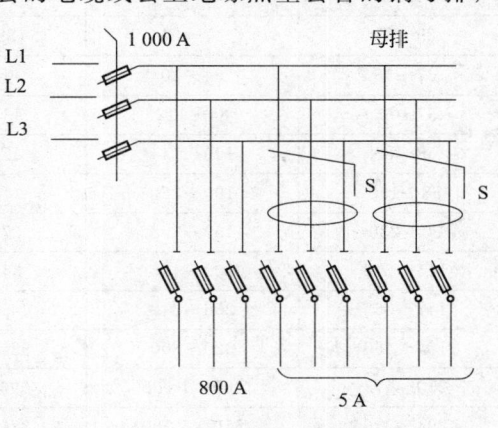

图5-7-6 "重点保护线路"举例

了机构断路器的参考值或推荐型号可供选用。

分断能力应根据机构断路器下端头的短路电流选用。由于机构断路器和主断路器一般距离很近，可近似选用与主断路器相同的脱扣能力。如果所选断路器具有级联能力，充分利用其级联能力可降低对机构断路器的分断能力要求，降低成本。如果所选断路器具有选择性，在设计时充分考虑其选择性可提高控制系统的品质（发生故障时，只分断机构断路器而主断路器不分断）。

短路保护能力应确保在下一级有短路保护能力的器件的上端头发生短路时能可靠动作。对于变频驱动的运行机构，一般为快速熔断器或变频器的上端头。

过载保护能力应确保对电缆的过载保护。

6. 隔离变压器上游断路器的设计

低压供电起重机和只有一个中压变压器的中压供电起重机，照明和一些辅助电路要求通过隔离变压器进行供电。这个隔离变压器的上游断路器一般与主断路器并行，直接接在进线上。参见图 5-7-4。

系统的控制回路一般要求通过隔离变压器供电。当系统配置了主接触器时，这个隔离变压器的断路器建议接在主断路器和主接触器之间。如果系统没有配置主接触器，那么有两种接法：直接接在电源进线上（与主断路器并接），可以在动力电源不通电时保持控制电源带电，有利于故障的维修和诊断；接在主断路器下游（与机构断路器并接），可保证主断路器分断后整个系统断电，安全性能较好。

当系统有 PLC 时，建议给 PLC 的电源通过隔离变压器供给。

变压器在接通时会出现 20 倍～40 倍的涌流，最大涌流出现时间超过 10 ms，选用上游断路器时应充分考虑到这一点。表 5-7-5 是变压器上游的断路器和脱扣器选型参考，供设计初期使用，实际选用还是应根据所选产品的样本推荐值来确定。变压器上游的断路器只为变压器的初级线圈提供保护，变压器的次级线圈需要通过变压器下游的断路器来进行保护。

表 5-7-5 变压器上游断路器选型参考

| 变压器功率/(kV·A) | | | 断路器规格 | 脱扣器规格 |
| --- | --- | --- | --- | --- |
| 230 V 单相 | 400 V 单相 | 400 V 三相 | | |
| 3 | 5～6 | 9～12 | 100 A | 配电保护 16 A |
| 5 | 8～9 | 14～16 | 100 A | 配电保护 25 A |
| 7～9 | 13～16 | 22～28 | 100 A | 配电保护 40 A |
| 12～15 | 20～25 | 35～44 | 100 A | 配电保护 63 A |
| 16～19 | 26～32 | 45～56 | 100 A | 配电保护 80 A |
| 18～23 | 32～40 | 55～69 | 150 A | 配电保护 100 A |
| 23～29 | 40～50 | 69～87 | 150 A | 配电保护 125 A |
| 29～37 | 51～64 | 89～111 | 250 A | 配电保护 160 A |
| 37～46 | 64～80 | 111～139 | 250 A | 配电保护 200 A |
| 37～65 | 64～112 | 111～195 | 400 A | 电子脱扣 |
| 58～83 | 100～144 | 175～250 | 630 A | 电子脱扣 |
| 58～150 | 100～250 | 175～436 | 800 A | 电子脱扣 |
| 90～230 | 159～398 | 277～693 | 1 000 A | 电子脱扣 |
| 115～288 | 200～498 | 346～866 | 1 250 A | 电子脱扣 |
| 147～368 | 256～640 | 443～1 108 | 1 600 A | 电子脱扣 |
| 184～460 | 320～800 | 554～1 385 | 2 000 A | 电子脱扣 |
| 230～575 | 400～1 000 | 690～1 730 | 2 500 A | 电子脱扣 |
| 294～736 | 510～1 280 | 886～2 217 | 3 200 A | 电子脱扣 |

7. 采用3重屏蔽的隔离变压器

单层屏蔽、双重屏蔽和三重屏蔽变压器的接线和效果参见图5-7-7。

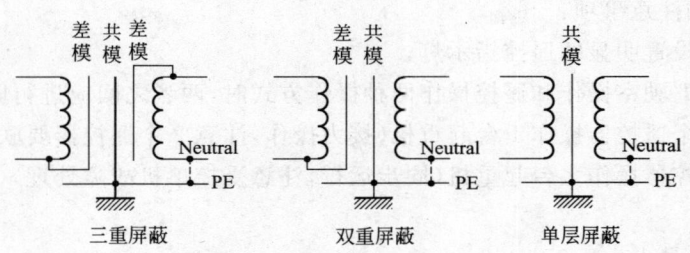

图 5-7-7 隔离变压器的屏蔽层

隔离变压器的次级线圈一般要求接地。非安全电压的次级线圈不接地时应安装绝缘保护检测器件。

8. 配电保护单元的其他器件

在配电保护单元,一般还需要安装电压表,电流表,欠压和过压保护继电器,相序、缺相和相不平衡保护继电器,火灾保护器件和电涌保护等监控和安全保护器件。

(1)过电压保护:过电压对电控系统的元器件造成威胁,有可能造成各元器件的直接损坏,也可能降低各元器件的使用寿命或性能指标。所以在电网电压偏高时应及时切断主接触器进行保护。

(2)欠电压保护:欠电压对电控系统的正常工作造成威胁,有可能造成某些元器件的动作不正常,并由于这些元器件的动作不正常引发更大的故障。同时,电压偏低也会造成驱动能力的下降,形成溜钩等各种事故。因此,在电网电压偏低时也要及时切断主接触器进行保护。

(3)缺相和相不平衡保护:缺相和相不平衡都会造成电控系统工作的不稳定。在缺相或各相严重不平衡时,应及时切断主接触器进行保护。

(4)相序保护:相序不正确会造成风扇反转等故障,如果有直接驱动的运行机构还会出现运行机构反方向运行的严重故障。因此,需要配置相序保护。

(5)火灾保护:火灾保护需要通过过载保护、绝缘保护(漏地电流检测,300 ma 灵敏度的剩余电流保护动作继电器)以及短路保护等多种手段来共同完成。

(6)电涌抑制:电涌抑制可抵御两次雷击和工频暂态过电压造成的伤害。一般采用氧化锌或钳位两极管来实现。

## 第三节 操 作 单 元

起重机的操作单元,一般有悬挂式按钮盒、遥控操作器、驾驶室、遥控操作站四种形式。

### 一、悬挂式按钮盒

悬挂式按钮盒一般用于大车运行速度小于 40 m/min 的起重机的操作。对于变频驱动的机构,可采用双击按钮进行无级调速操作,请参见本章第七节。推荐采用带急停按钮的悬挂式按钮盒。

### 二、手持式遥控器

手持式遥控器分按钮式操作和摇杆式操作两种;有逻辑量输出、模拟量输出和总线输出三种输出模式。

手持式遥控器比悬挂式按钮盒功能强,比驾驶室节省人力(一个人可同时承担操作挂钩,还能兼顾皮带机、加料器和搬运车等相关设备),并增加了起重机操作人员选择工作位置的余地,有利于改善作业环境。

使用遥控器时的注意事项:
(1)起重机上应设置明显的遥控指示灯;
(2)起重机具备驾驶室操作和遥控操作两种操作方式时,两者之间应进行联锁;
(3)允许使用2个遥控器操作1台起重机(接力操作,注意2个遥控器要联锁);
(4)允许1个遥控器操作多台起重机(同步运行,注意受控单机故障处理)。

### 三、驾 驶 室

在驾驶室里配置有联动台。主令控制器、按钮(旋钮)、指示灯是联动台的主要组成器件。很多联动台还配置有PLC远程框架和触摸显示屏。除了保证起重机操作员的视野和安全,驾驶室还应当尽可能舒适,配备高质量主令控制器、人体功能座椅、空调、较大的空间甚至卫生间等。良好的工作环境不但能够改善操作员的工作条件,对提高工作效率,降低故障率、延长设备的使用寿命等也有着极大的好处。

1. 主令控制器

主令控制器可操作1~2个工作机构。主令手柄位置和工作机构运行的常用对应图参见图5-7-8所示。

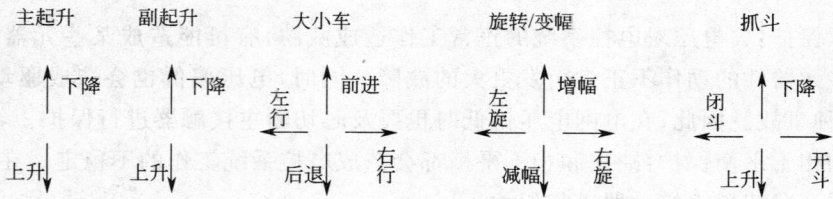

图 5-7-8 主令手柄位置和工作机构运行的对应图

主令控制器手柄的运行范围称为"运行轨迹图",常见的有I字形(操作1个工作机构),十字形(操作2个不允许同时运行的工作机构)和全方位形(操作2个可以同时运行的工作机构)3种。在一些特殊应用中,还可见到特殊的"运行轨迹图"。参见图5-7-9。

主令控制器带有若干副触点(一般为4副~8副),主令手柄到达"运行轨迹图"中的不同位置时,触点组呈现不同的状态,以此来操作工作机构的运行。触点组在手柄不同位置时的状态描述,被称为"电气闭合顺序表"。

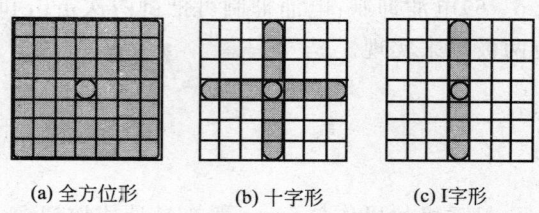

(a) 全方位形　(b) 十字形　(c) I字形

图 5-7-9 主令控制器的"运行轨迹图"

许多品牌的主令控制器的"运行轨迹图"和"电气闭合顺序表"是固定的,可以根据设计需要选用;有些品牌的主令控制器的"运行轨迹图"和"电气闭合顺序表"是可以任意组合的,可以根据需要自行设计。图5-7-10是典型的全方位、5段速主令控制器的"运行轨迹图"和"电气闭合顺序表"。

建议选用带机械电气零位互锁的主令控制器。机械零位互锁用于防止工作机构的误动作(如,必须先提起主令手柄的操作球才能移动手柄,防止不小心撞上主令手柄时的机构误动作),电气互锁用于防止主接触器或机构接触器吸合时主令手柄不在另位产生的误动作。

主令手柄有自动复位和保持位置两种形式。自动复位手柄较安全,而保持位置手柄可减轻操作工劳动强度。较常用的和推荐的是自动复位形式。

主令手柄可以选择有挡位手感和无挡位手感。前者常用于有级调速机构,后者常用于无级调速控制。现在许多无级调速机构也选用有挡位手感的主令手柄。

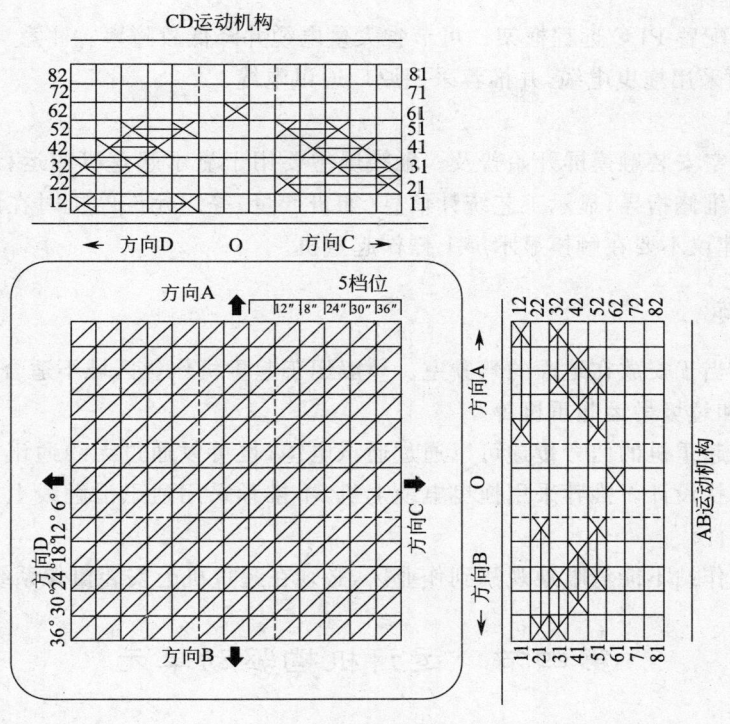

图 5-7-10 主令控制器的"运行轨迹图"和"电气闭合顺序表"

无级调速机构的主令控制器带有电位器或编码器。电位器或编码器分有死区和无死区两种。建议采用编码器的和有死区的。

2. 按钮、旋钮和指示灯

一般只使用自动复位按钮,需要锁定按钮位置时,建议选择旋钮。用于紧急停止的按钮必须使用急停按钮。

带灯按钮的用法为:

1) 操作指示:灯全亮时,提请操作者进行某项操作,按钮按下后(操作已被执行)灯熄灭。

2) 报警指示:灯闪亮时,提请操作中注意某故障出现,按钮按下后,灯光全亮,表示故障已知,故障消除后灯光熄灭。

3) 动作指示:操作者按下按钮后,灯光全亮,表示某个操作正在进行,操作运行结束后灯光熄灭。

按钮和指示灯的颜色选用请参见表 5-7-6。

表 5-7-6 按钮和指示灯的颜色选用

| 功　能 | 颜　色 | 说　明 |
|---|---|---|
| 故障指示灯 | 红 | 引发整机或机构停止的故障 |
| 警告灯 | 黄 | 需要提请操作人员注意的不正常状态 |
| 状态不正常指示灯 | 红 | 状态不正常,将禁止相关的操作 |
| 状态正常指示灯 | 绿 | 状态正常,相关操作允许 |
| 进入特定位置指示灯 | 红 | 如进入检修位置 |
| 重要信号旁路按钮 | | 钥匙旋钮 |
| 整机或机构运行按钮 | 绿 | 如接通电源等 |
| 某个功能的操作按钮 | 黑 | 如复位、试灯等 |
| 切断电源按钮、急停按钮 | 红 | |

3. PLC 远程框架

建议在驾驶室配置 PLC 远程框架。可节省大量电缆并降低故障率。注意当驾驶室可移动时，PLC 通讯电缆必须采用拖曳电缆，并推荐采用原厂通讯电缆。

4. 触摸显示屏

起重机在驾驶室安装触摸屏开始普及。触摸屏主要用于显示起重机的运行状态，在故障时显示故障信息并提示维修指导，显示工艺统计信息（如班产量）等。允许停机时在触摸显示屏上设置修改各种参数，但建议不要在触摸显示屏上操作起重机。

### 四、遥控操作站

遥控操作站相当于安放在地面的驾驶室。一般用于起重机作业区域不适合操作员工作的起重机，如涉核起重机和垃圾吊运起重机等。

遥控操作站与起重机的信号传递可以通过通讯电缆，也可以通过无线通讯。通过通讯电缆时要注意系统的抗干扰设计。推荐采用拖曳电缆上机，不推荐采用通讯滑触线上机。采用无线通讯时应选用工业级器件。

如果在遥控操作站不能清晰地观察到作业区，必须在起重机上安装摄像系统。

## 第四节 运行机构驱动单元

运行机构在这里指起升机构、平移机构、变幅机构和旋转机构。

驱动单元在这里指变频驱动单元。

运行机构驱动单元主要由机构接触器、快速熔断器、进线电抗器、变频器、电机电抗器等几部分组成。

### 一、机构接触器

配置了主接触器和机构断路器后，机构接触器可不选用，但仍推荐选用机构接触器。未采用主接触器或机构断路器时，必须使用机构接触器。

机构接触器主要用于接通和关断机构动力电源，以及在故障时切断机构的动力电源。不使用机构接触器时，可通过分励或欠压脱扣功能使机构断路器跳闸，也可以直接使主接触器动作切断起重机全部动力电源。

只有当机构全部运行条件满足时，才允许机构接触器吸合。应通过控制继电器来操作机构接触器。

额定电流可按照 AC1 工作制根据电动机的额定电流选择。较保守的方式是根据机构变频器的进线电流选择。许多品牌变频器的选型样本中给出了机构接触器的参考值或推荐型号可供参考。

不允许带载吸合机构接触器，只有在发生相关故障时，才允许带载切断机构接触器。

### 二、快速熔断器

推荐在变频器上游侧加接快速熔断器。快熔的规格请咨询变频器供应商。3 相 380 V 变频器快熔初选时可参考表 5-7-7。

### 三、进线电抗器

对于相同的谐波抑制效果，直流电抗器比交流电抗器成本低体积小。现在几乎所有品牌的变频器都标配或选配了直流电抗器。

**表 5-7-7　变频器进线侧快熔选型参考**

| 变频器规格 | 快熔规格 | 变频器规格 | 快熔规格 | 变频器规格 | 快熔规格 |
|---|---|---|---|---|---|
| 0.75 kW | 5 A | 22 kW | 63 A | 200 kW | 500 A |
| 1.5 kW | 10 A | 30 kW | 100 A | 220 kW | 630 A |
| 2.2 kW | 10 A | 37 kW | 125 A | 250 kW | 630 A |
| 3.0 kW | 16 A | 45 kW | 140 A | 280 kW | 700 A |
| 4.0 kW | 20 A | 55 kW | 180 A | 310 kW | 800 A |
| 5.5 kW | 25 A | 75 kW | 250 A | 355 kW | 1 000 A |
| 7.5 kW | 35 A | 90 kW | 250 A | 400 kW | 1 000 A |
| 11 kW | 50 A | 110 kW | 315 A | 500 kW | 1 250 A |
| 15 kW | 63 A | 132 kW | 400 A | | |
| 18.5 kW | 63 A | 160 kW | 400 A | | |

但是对于起重应用，由于使用环境的特殊性（电网各相之间的不平衡度超过 1.8%，电网容量超过单台变频器功率的 10 倍，同一供电线路上安装有多台变频器等），推荐采用交流进线电抗器。

安装交流进线电抗器后，建议选用不带直流电抗器的变频器。同时安装交直流电抗器虽然能进一步降低谐波，但也产生了较高的压降。

交流进线电抗器一般应选用 2%~4% 压降的产品。

### 四、变 频 器

1. 变频驱动设计的基本原则

对于有位能负载的运行机构（起升机构、非平衡式变幅机构），建议一台变频器驱动单个电动机，推荐闭环控制；对于没有位能负载的运行机构（平移机构、旋转机构、平衡式变幅机构），建议一台变频器驱动全部电动机（有纠偏等特殊需要的例外），推荐开环控制。

采用闭环控制的主要优点为：有零速力矩可实现抱闸无磨损，高速轴有反馈提高了安全性，调试方便，机构的动态响应更好，转速精度较高。欧美国家的起升机构普遍采用闭环控制。随着技术进步，国内起升机构采用闭环控制的也越来越多，但开环控制仍然是主流。

采用闭环控制对系统的抗干扰能力提出了较高要求。如果系统抗干扰能力差，编码器的信号不稳定，闭环控制的效果反而不如开环。

国内已有带光电隔离的长距离编码器传输线供应，光纤输送的长距离编码器传输线也在开发中，对于在目前国内 EMC 现状下实施起升闭环控制有一定的帮助。

2. 变频器功率的选择

最简单的变频器功率估算方法如式(5-7-10)所示。

$$I_b = 1.35 I_D \tag{5-7-10}$$

式中　$I_b$——变频器的电流，单位为 A；
　　　$I_D$——电动机的额定电流，单位为 A。

这个公式的概念为：变频器能够支持电动机在 2 倍额定电流下运行 1 min。

这种估算方法成立的前提是电动机的选择与净功率相当。如果电动机已经留有裕量，估算获得的变频器功率可能偏大，而如果电动机在某种工况下用到了电动机的过载能力，则估算获得的变频器功率可能不足。

式(5-7-11)可用于起升机构的变频功率估算。

$$P_b = 0.3 W_t v_h \tag{5-7-11}$$

式中　$P_b$——变频器的功率，单位为 kW；

$W_h$——起升机构的提升重量(含吊具),单位为 t;

$v_h$——起升机构的速度,单位为 m/min。

这只是个经验公式,供大家选型时参考。

两种变频器功率选择方法都不能保证选型的正确,甚至无法保证一定能用。

推荐的选型方法是计算出机构运行时在各种工况下实际需要的电动机净功率,而后考虑合理的裕量,在此基础上决定变频器的功率。电动机计算的方法请参考本篇第一章内容。

3. 制动单元的功率选择

在选择制动单元,或者判断内置制动单元能否满足要求时,一定要注意判断相关的应用对制动能力的需求是长期的还是短时间的。对于起升机构,当提升高度较高而提升速度较低时,对制动能力的要求是长期的;而反之提升高度较低而提升速度较快时对制动能力的要求就可能是短期的。对于平移机构,室内起重机通常是短期的,而室外起重机如果考虑风力的影响,就有可能是长期的。

对于室内起重机的平移机构,其需要制动能力的时间仅为减速时间,一般在 5 s~12 s,非常短,而且两次制动之间的间隙时间一般足够长。故只需要考虑制动单元的最大负载能力,可根据公式(5-7-12)来选择制动单元;

$$P_{zmax} = 0.8 P_{Bmax} \tag{5-7-12}$$

式中 $P_{zmax}$——制动单元的短时间最大功率,单位为 kW;

$P_{Bmax}$——变频器的短时间最大功率,单位为 kW。

这个公式的含义为:制动单元的最大制动功率是变频器最大电动功率的 0.8 倍,而常数 0.8 是在假设了机构机械效率为 0.9,而制动能力等于电动能力乘效率的平方后得出的。

对于起升机构,如果下放时需要的持续时间超过 60 s(根据制动单元品牌不同,这个时间可能会更长些),需要根据制动单元的连续制动能力来进行选型。可根据式(5-7-13)进行估算

$$P_z = 0.8 P_D \tag{5-7-13}$$

式中 $P_z$——制动单元的连续制动功率,单位为 kW;

$P_D$——电动机的功率,单位为 kW。

式中常数 0.8 的含义与式(5-7-12)相同,但最大功率变成了连续功率。

对于运行时间较短的提升单元,需要根据制动单元样本给出的周期运行能力来选择制动单元。图 5-7-11 是周期制动能力曲线的例子,表示该制动单元能够承受 250 kW 的下放制动功率 110 s,然后承受短时间可达 420 kW 的下放减速制动功率,最大的制动持续率不超过 50%。

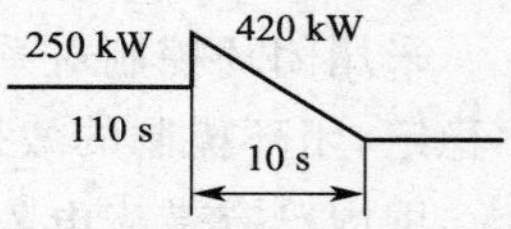

对于需要考虑风力影响的室外起重机平移机构,是否需要连续制动功率,需要多大的连续制动功率,都需要经过计算才能得到。

图 5-7-11 周期制动能力的描述

4. 制动电阻的选择

选择制动电阻时同样需要考虑制动时间的长短。一般制动时间超过制动电阻的时间常数时,需要按制动电阻的连续制动能力选型,而制动时间小于制动电阻时间常数时,可按制动电阻的周期制动能力选型。制动时间非常短时(如室内平移机构),可根据制动电阻的最大制动能力选型。

制动电阻所需的制动功率估算,可参考式(5-7-12)和式(5-7-13)。

5. 选用制动单元和制动电阻时的注意事项:

在制动单元和制动电阻选型时,一定要注意区分所选器件的连续工作能力和短时间工作能力。许多供应商在选型样本中有意无意地混淆了这两者的区别,甚至只标注一个有时间和持续率限制的数据而不明示。根据这样的数据选型,也许在正常使用时问题不明显,但一旦出现特殊的工况,如高温环境下的满载全程下放,系统就将不能正常工作甚至出现重大事故。

6. 常用变频器逻辑输入输出的分配

(1)逻辑输入输出的设计

通常接通为有效,关断为无效,不采用脉冲式的命令。

如果逻辑输入有数字滤波参数设定,建议对逻辑输入设置 20 ms~40 ms 的数字滤波时间。

逻辑输入的信号传递,建议尽可能采用交流 110 V 或 220 V,在变频器就近处通过继电器转为变频器输入的直流电压信号(通常为 24 V)。如果信号采用低压(包括 24 V 和 48 V 直流)传送,要求采用屏蔽双绞线,并将屏蔽层妥善接地。

目前大部分变频器标配了 4 个~8 个逻辑输入端,可根据实际需要的功能设置。如果需要更多的逻辑输入,就需要配置 I/O 选件卡或工艺选件卡。

(2)常用的逻辑输入配置

逻辑输入的配置:

1)正向运行和反向运行:一般起升机构的上升为正向运行,下降为反向运行。

2)停止输入端:由外部给出的执行 0 级和 1 级停止流程的命令(0 级和 1 级停止流程参见本章第五节的描述),通常由硬件直接引入。信号有效时变频器停止驱动端的输出(有些变频器可设置为延时一个"抱闸抱紧时间"后再关断输出,可避免或减小在执行 0 级和 1 级停止流程时可能发生的溜钩,对施工升降机极为有效),并给出抱闸命令。最典型的停止输入信号是急停按钮动作。

3)复位:接控制柜的复位按钮。允许起重机操作工进行复位时,同时并接操作台的复位按钮。在变频器发生可复位故障时通过复位按钮复位。

4)预置速度给定:当系统为多级速度给定时,目前最常见的是通过逻辑输入的 8-4-2-1 码来实现变频器预置速度的切换;也有客户是每挡速度使用 1 个逻辑输入来切换;当主令控制器的电气闭环顺序表可自由配置,且变频器的预置速度宏支持时,可按特殊编码来实现变频器预置速度的切换,并实现速度给定在不同挡位切换时,只有 1 个输入端改变状态这样一个要求。推荐使用最后一种模式(方案三)。表 5-7-8 为 5 段速度切换时,三种速度给定模式的编码举例。

表 5-7-8　多段速控制的三种输入方式

| 输入状态(L1,L2,L3,L4,L5) | 方案一 | 方案二 | 方案三 |
| --- | --- | --- | --- |
| ==000 | 第1挡 | = | = |
| ==001 | 第2挡 | 第1挡 | 第1挡 |
| ==010 | 第3挡 | 第2挡 | = |
| ==011 | 第4挡 | = | 第2挡 |
| ==100 | 第5挡 | 第3挡 | 第5挡 |
| ==101 | = | = | = |
| ==110 | == | = | 第4挡 |
| ==111 | == | = | 第3挡 |
| 01000 | == | 第4挡 | = |
| 10000 | == | 第5挡 | = |
| 备注 | 不推荐 | 需要5个输入 | 参见图 5-7-10 |

(3)常用的逻辑输出配置

目前大部分变频器标配 1 个~2 个继电器逻辑输出,只有少数真正意义上的"起重专用变频"才标配 3 个以上的继电器逻辑输出。起重机各机构至少应当配置 3 个继电器逻辑输出。建议通过晶体管逻辑输出外加继电器,或加 I/O 扩展卡来实现。

1)制动器控制输出:用于驱动制动器动作接触器。除非有特殊需要,建议制动器的抱闸和打开由变频器来控制。

2)故障信号:变频器发生必须马上执行 0 级和 1 级停止流程的故障时,此输出逻辑动作,直接切断机构接触器,并报告给 PLC 程序。

3)报警故障:变频器发生不需要立即停止,但需要提请操作员注意的故障时,此输出逻辑动作。

(4)模拟量输入:由于国内适合起重应用的高品质电位器价格昂贵,故较少使用模拟量输入。需要连续调速时一般通过编码器或通讯来实现。有些变频器的模拟量输入可以充当可编程逻辑输入使用,注意其安装接线与其他逻辑输入可能是不同的。如果必须使用模拟量输入,建议采用 4 mA~20 mA 电流输入。

### 五、电机电抗器

当变频器到电动机的电缆比较长时,或者改造项目未换电动机时,应加接电机电抗器。各变频器样本都会给出可不加接电机电抗器的电缆长度。注意当一个变频器驱动多个电动机时,这个电缆的长度是指变频器到所有电动机的电缆长度之和。另外,使用屏蔽电缆和非屏蔽电缆时,这个电缆的允许长度是不同的。

## 第五节 控 制 单 元

### 一、PLC 的功能

1. 简化继电器逻辑

在设计时请注意,不是全部继电器逻辑都应该被取代,一些重要的逻辑(如主接触器和机构接触器的控制继电器吸合条件等)要求继电器和 PLC 双重互锁。

2. 完成特殊功能

起重机的特殊功能一般需要通过 PLC 编程来实现。现在有许多品牌的变频器推出了起重应用宏和起重特殊功能工艺卡,由这些应用宏和工艺卡完成起重特殊功能能够简化设计过程,而且性能强、可靠性好、调试方便、成本低,建议优先选用。参见本章第七节。必须自己在 PLC 上编程时,注意尽可能将相关程序模块化,减少模块与主程序的关联,以方便今后在类似的应用中移植。

3. 发现和控制故障,协助故障查找,避免故障的扩大

为实现这个目的,要求将尽可能多的系统信息采集到 PLC。推荐的做法是将所有器件的位置信号(通过辅助触点)全部采集进 PLC。这些信号包括但不限于包括:断路器、接触器、继电器、制动器、限位开关、安全器件等。把所有信号都采集到,就能够确切知道每一道指令下达后有没有被正确执行,一旦发现指令未被正确执行,就可以马上报警并停止运行或执行故障处理程序,避免故障的进一步扩大;同时也可以知道故障可能的位置,提供给维修人员参考。

### 二、PLC 的布置

推荐在每个机柜(配电保护柜,各运行机构驱动柜,驾驶室等)中各放置一个(或多个)PLC 机架,处理相关的信号。这样的好处是可以就近接线,最大限度地减少接线端子(起重机振动较大,接线端子是很主要的故障来源),还能有效地减小干扰影响。

### 三、PLC 编程技巧

(1)一个 PLC 程序可分为事件任务(中断任务,处理紧急事件)、快速任务(处理重要的有严格时间周期限制的任务)、主任务(基本程序)和系统任务(时间要求宽松的任务,如打印,报表处理等)。有些 PLC 程序的编程方式本身可区分这四种任务,但也有许多 PLC 程序的编程方式只能区分其中的两种或者三种任务,需要通过编程技巧来实现四种任务的区分。四种任务的时序参见图 5-7-12。使用的语言越高级,处理好这四种任务的分配越重要。

(2)让一个程序按设计要求的模式运行并不困难。困难的是当设备或程序出现预想不到的事件时,如操作工的误操作,器件的损坏,突发的干扰,等等,能做到及时发现问题,避免故障或控制故

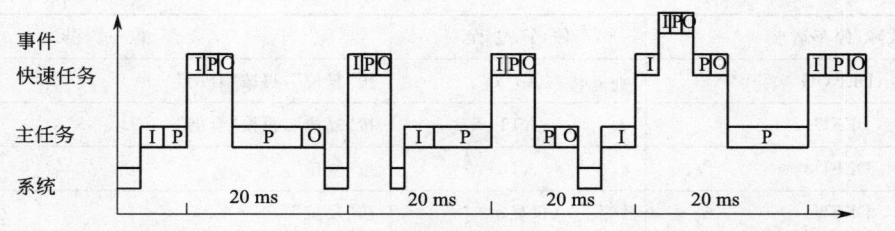

图 5-7-12　四类任务的时序示意图

障不扩大。一个优秀的程序，通常有70％左右的内容用于各种意外事件和故障的判断及处理。一个可靠的程序，要求在任何情况下做到不发散（不失控）。

（3）起重机在运行过程中发生各种意外情况后，最重要的任务就是让出现问题的运行机构或整台起重机停下来。在使用变频调速的电控系统中，我们通常有3种停止模式：斜坡停车（用于机构的正常停车和不会扩散的故障的停车）、快速停车（在不形成直流母线过压故障的前提下以最快的速度电气停车，避免起重机形成较大的机械冲击，用于已知的可控故障）以及紧急停车（终止电气驱动并通过机械抱闸快速停车，有较大的机械冲击，用于未知的不可控故障）。

（4）起重机或机构的停车一定是由停止请求（由操作工或非故障触发的器件动作）或故障引发。不同的停止请求和故障级别引发不同类型的停车。

**四、停止方式、停止请求和故障类型**

1. 停止方式

（1）0级停止模式（ATG）：起重机所有运行机构的紧急停车。主接触器和运行机构接触器断开，全部变频器输出封锁，全部制动器失电抱闸。

（2）1级停止模式（AT1）：起重机单个运行机构的紧急停车。相关运行机构的接触器断开，变频器输出封锁，制动器失电抱闸。

（3）2级停止模式（AT2）：起重机单个运行机构的快速停车。

（4）3级停止模式（AT3）：起重机运行机构的正常（斜坡）停车。

2. 停止请求

（1）0级停止请求（ARG）：要求起重机执行0级停止程序。通常为急停按钮或停止总动力电源的按钮动作。

（2）1级停止请求（AR1）：要求某运行机构执行1级停止程序。

（3）2级停止请求（AR2）：要求某运行机构执行2级停止程序。如起升机构的上升停止限位动作。对于不同方向的限位动作，2级停止请求又可分为AR2S2和AR2S3

（4）3级停止请求（AR3）：要求某运行机构执行3级停止程序。最常见的就是机构运行命令的终止（=停止运行命令发出）

3. 故障类型

（1）0级故障DEFUG：需要起重机执行0级停止程序的故障。通常为配电保护单元的重大故障，如相序错误故障。

（2）1级故障DEFU1：要求某机构执行1级停止程序的故障。如起升机构的超速故障。

（3）3级故障DEFU3：要求某机构执行3级停止程序的故障。如变频器过热故障。

（4）4级故障DEFU4：需要报警，不需要执行停止程序的故障。如电动机过热。

4. 停止、停止请求和故障之间的关系

（1）停止请求和故障都会引发停止。两者的区别是停止请求引起的停止不需要复位就能重新起动，而故障引起的停止必须经过复位才能重新起动。参见表5-7-9。

表 5-7-9　各类故障和停止请求的复位过程

| 故障/停车请求 | 停车过程 | 复位过程 |
|---|---|---|
| DEFUG | ATG | 按"复位",再按"合闸" |
| DEFU1 | AT1 | 按"复位",再按"合闸" |
| DEFU3 | AT3 | 按"复位" |
| DEFU4 | （仅显示） | 按"复位" |
| ARG | ATG | 按"合闸" |
| AR1 | AT1 | 按"合闸" |
| AR2 | AT2 | 不需要 |
| AR3 | AT3 | 不需要 |

（2）停止模式与停止请求和故障的关系参见图 5-7-13。

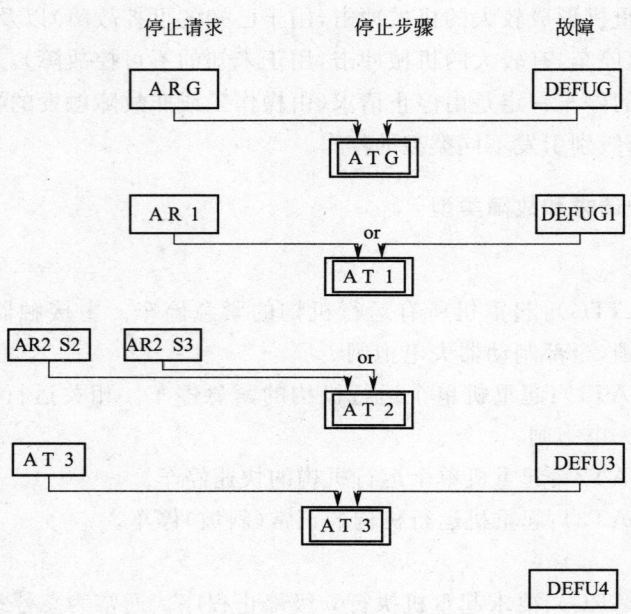

图 5-7-13　停止模式和故障、停止请求的关系

## 第六节　安全保护器件

### 一、运行位置保护

1. 减速限位

机构在运行过程中触发减速限位后进入减速区,应立即斜坡减速至低速运行。在减速区内反向运行不受低速限制。

2. 停止限位

机构在运行过程中触发停止限位后应立即停止。停止限位通常会触发 2 级或 3 级停止请求,同方向的运行命令被禁止,反方向的运行命令不受限制。

3. 极限限位

机构在运行过程中触发极限限位后应立即停止。极限限位通常会触发 1 级故障。极限限位动作后,不得在驾驶室复位,要求维修人员到现场处理后才能恢复运行。

4. 设计原则

（1）并非所有的安全机构都需要配置全部 6 个限位，但平移机构和变幅机构两个方向的停止限位是必须的，起升机构的上升限位是必须的。

（2）可以采用凸轮开关和编码器位置信号做运行位置保护，但极限限位必须采用机械限位。如果该方向没有设极限限位，则停止限位必须使用机械限位。

## 二、超速保护

超速保护用于起升机构和非平衡式变幅机构。所有采用变频调速的起升和非平衡式变幅机构，都必须采用超速保护。

闭环控制是超速保护最简单的方法。闭环控制本身并不一定能够实现超载保护功能。还需要在发生变频器跟随失败（给定与实际转速不一致）故障时能够立即引发一级停止模式。由于变频器故障时闭环控制超速保护有可能失效，而变频器故障又是超速故障的原因之一，故此保护的作用是有限的。

超速保护开关是超速保护的常见方式。超速保护开关有两种检测方式：检测速度或检测加速度。推荐采用检测加速度模式的超速保护开关，对控制溜钩距离和降低制动冲击都比较有利。

在设计超速保护开关时，应核对其最长延迟时间。即，从下放速度达到超速开关动作速度开始到超速开关可靠动作为止，可能需要的最长时间。这个延迟时间加上继电器（如果有）、接触器和制动器的动作时间后，构成故障处理时间。

$$t_a = (t_c + t_k + t_q + t_b)/1\,000 \tag{5-7-14}$$

式中　$t_a$——故障处理所需的总时间，单位为 s；

　　　$t_c$——超速保护开关的最大延迟时间，单位为 ms；

　　　$t_k$——故障继电器的动作（断开）时间，单位为 ms；

　　　$t_q$——制动器接触器的动作（断开）时间，单位为 ms；

　　　$t_b$——制动器的动作时间，单位为 ms。

下坠物体在达到超速检测速度后还要经过故障处理时间 $t_a$ 的加速，才能被有效控制。

$$v_a = v_0 + a \times t_\varepsilon \tag{5-7-15}$$

式中　$v_a$——制动器抱紧瞬间的下坠物体速度，单位为 m/s；

　　　$v_0$——超载保护开关动作的门槛值。注意如果该门槛值存在允差，需要用考虑允差后的最高速度，单位为 m/s；

　　　$a$——系统的加速度，单位为 m/s²。

应根据机构实际的机械阻尼并考虑充分的安全系数后来决定这个数据。估算时可采用自由落体加速度。由于超速（溜钩）故障可能发生在驱动系统出现故障时，故电气制动带来的阻尼效果不应在此给予考虑。

下坠物体在制动器抱紧的瞬间，速度将达到 $v_a$。

所以，我们在选用制动器时，应确保该制动器在下坠物体速度达到 $v_a$ 时能够可靠抱闸；或者，我们在选择超载限制器时应确保 $v_a$ 在制动器允许值范围内。

同时，我们还需要核算下坠物体的最大可能下坠距离是否满足系统要求。

$$S = v_a^2/(2 \times a) \tag{5-7-16}$$

式中　$S$——下坠物体最大可能的下坠距离，单位为 m。这个距离未包括超速开关动作前的下坠距离。

## 三、超载保护

超载保护用于起升机构。理论上所有起升机构都应该具备超载保护功能。要求为 90%～95%

额定负载时报警；100%~105%额定负载时禁止提升运行,但允许下放运行。超载保护器件的综合精度应优于±5%。

### 四、力矩保护

力矩保护用于臂架式起重机的起升机构。理论上所有臂架式起重机的起升机构都应该具备力矩保护功能。要求为90%~95%额定力矩时报警,并限制变幅机构向不安全方向(幅度增加)的运行速度；100%~105%额定力矩时禁止变幅机构向不安全方向的运行及提升机构的向上运行。力矩保护器件的综合精度应优于±5%。

### 五、防撞保护

#### 1. 使用场合

多个平移机构有可能在运行过程中发生碰撞事故时,需要设计防撞保护功能。这种情况,可能是在厂房同一跨中同层或不同层运行的多台桥式起重机、同一轨道上运行的多台桥式起重机、同一台起重机的双小车和上下小车等各种情况。

#### 2. 机械防撞

(1) 弹力减震器防撞保护,纯机械式,适用于同轨道的小型慢速起重机。允许两台起重机相撞,并通过弹力减震来避免伤害。

(2) 防撞限位开关+安全撞尺,检测距离一般<2 m,适用于同轨道的慢速起重机,限位动作为1级故障,触发1级停车过程,大车接触器断电,大车机构制动器紧急制动,机构停止运行。操作员可以复位故障后进行反方向运行。

#### 3. 电气防撞

(1) 光电开关,检测距离对射式最长可达40 m,反射式最长可达20 m,适用于同轨道的小型起重机。选型时应注意标称检测距离和有效距离的区别。

(2) 红外防撞：检测距离较长,抗干扰能力和环境适应能力优于光电开关,有响应快、发散小、定位精度高等优点。有直线安装型与斜线安装型2种类型。应用中多采用交叉对置式斜线安装式,通过信号有无来定位,可靠性高,但一套设备只能给出1个位置信号(警告或停车),调整监测距离较困难。参见图5-7-14。直线安装型通过信号强弱来定位,两台设备接近后可连续显示实际距离,监测距离连续可调,可提供2个~3个位置信号分别作为警告、限速和停止控制,但价格较高,且受环境影响而定位精度较差。

(3) 超声波防撞：检测距离较长,响应速度很快,适应于起重机速度很高的应用场合,监测距离连续可调,能给出多个位置信号。但方向角大,方向性差,易受环境影响。

(4) 激光防撞：检测距离长,定位精度高,目标识别性好,抗干扰能力强,监测距离连续可调,能给出多个位置信号；但价格较高,环境适应性(与微波防撞相比)较差。

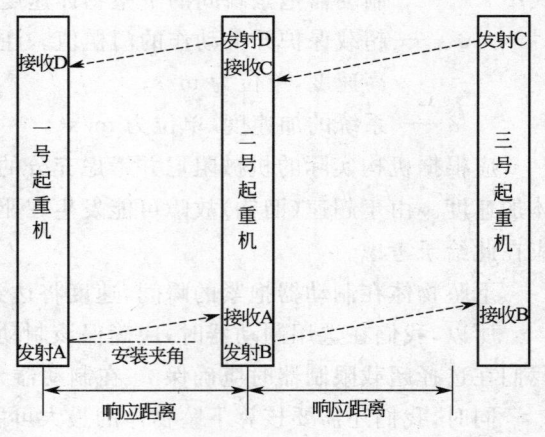

图5-7-14 红外防撞的安装

(5) 微波防撞：检测距离长,定位精度高,监测距离连续可调,环境适应力强,可野外全天候使用,能给出多个位置信号,可实现上下层起重机的防撞和起重机上下小车的防撞；但价格较高,抗(强磁场)干扰能力较弱。

#### 六、变频器起重应用宏、工艺卡软件和应用选件

随着起重行业变频使用的普及,变频供应商看好起重行业的市场前景,为变频器在起重行业的应用开发了大量的应用宏和工艺卡软件,这些应用宏和工艺卡软件为起重电控的设计和调试提供了极大的便利。

无论是起重宏,还是工艺卡软件,相关的功能都可以通过对 PLC 的编程来实现。但相比 PLC 编程,通过起重宏或工艺卡软件来实现这些功能有功能完善、性能可靠、成本低、效果好、调试方便等优点。这些优点主要体现在:

(1)处理速度快。PLC 程序周期一般超过 20 ms(如果牵扯到通讯时间更长),而变频器处理周期(含工艺卡)一般小于 4 ms。

(2)产品化处理。PLC 程序是工程公司行为,变频器程序是专业工厂行为,工程化程序和产品化程序的编制理念是完全不同的。

(3)工程公司(包括制造厂的电气设计部门)的工程量和变频器的销售量相比总是微不足道的,而且发生问题(包括 BUG 和不同现场的特殊需求)后处理的渠道和理念也不同。变频器起重宏和起重工艺卡的程序往往更成熟更完善。

(4)PLC 程序每个工程几乎都有变化,而变频器起重宏和工艺卡一个版本会持续使用很长时间。而程序问题牵一发而动全身,一动不如一静。

(5)PLC 一个 CPU 要处理很多任务,而工艺卡 CPU 一般只处理 1 个~2 个任务,工艺卡程序更简单,CPU 冗余量大,处理问题可以更快更全面。

建议优先采用变频器的起重宏和工艺卡软件。

(一)起重应用宏

1. 制动逻辑控制

这是最重要,也是最有用的一个起重应用宏。

起重机电气调试,关键点或基本的难点就是调变频器与电动机、制动器的配合。制动逻辑控制宏使这个调试变得十分容易。

(1)松抱闸过程

为了防止溜钩(起升机构,非平衡式变幅机构)或机构非正常的移动(平移机构、回转机构和平衡式变幅机构,受风力、轨道坡度及桥架上拱度等的影响),要求电动机在打开抱闸的过程中准备好初始力矩。这个初始力矩由松闸频率和松闸电流两个参数共同决定。

松闸频率的数据由控制方式和电动机特性决定。对于闭环电流矢量控制,由于零速力矩的存在,松闸频率可以是 0.1 Hz~0.3 Hz(理论上可以设置为 0 Hz,但由于这时无法判断编码器断线故障,故不推荐这么做。必须 0 速松抱闸时,应采用有 UVW 信号输出的编码器,并要求变频器能够检测出 0 速时的编码器断线故障),而开环电流矢量控制,松闸频率理论上是 0.5 Hz+电动机的滑差频率要求的过载倍数(假设不进行滑差补偿),但实际上则需要根据所使用的电动机特性来进行调试。

松闸电流与负载大小有关,起升机构一般要求能够在 1.1 倍过载时不溜钩,需要在调试中确定。当电动机功率选择合适时(电动机功率=提升所需的净功率),这个电流一般在电动机额定电流的 1 倍~1.2 倍之间。而室外平移机构要求能够抵御松闸时的最大工作风力,一般可选电动机额定电流的 0.7 倍~1 倍(这个值可通过选型软件计算,详见参考文献《起重电控参考手册》),室内平移机构只要求抵御可能的坡度,一般选择在电动机额定电流的 0.5 倍左右即已足够。

变频器在松抱闸频率和松抱闸电流达到后给出松闸命令,并保持松闸频率和松闸电流直到预置的抱闸打开时间到达或抱闸打开触点动作。然后才进入正式运行状态。参见图 5-7-15。

注意对于起升机构，无论运行方向是提升还是下放，初始力矩（开闸力矩）的方向总是正的。

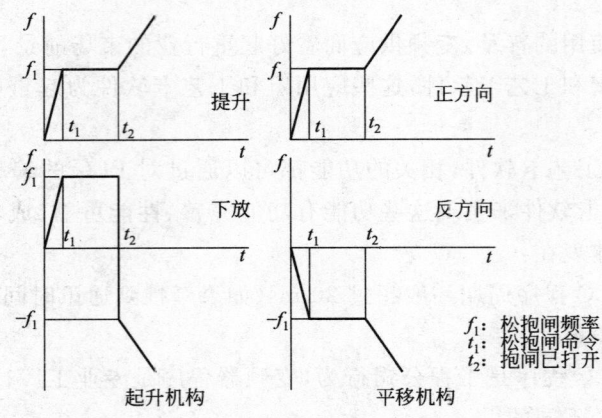

图 5-7-15　松抱闸过程的变频器频率输出

（2）抱闸过程

同样为了防止溜钩或机构非正常的移动，要求电动机在抱闸的过程中保持力矩。变频器在到达抱闸频率，给出抱闸命令后不能马上关闭，而是要维持输出一段时间。这段时间可以是预置的抱闸抱紧时间，也可以是抱闸已经抱紧的触点信号到达。参见图 5-7-16。抱闸频率与电动机的特性相关，理论数据同样是开环 0.5 Hz＋电动机的滑差频率需要的过载倍数，闭环可以是 0 Hz，但推荐使用 0.1 Hz～0.3 Hz。

（3）在运行过程中改变运行方向：

如果不允许操作工在机构的运行过程中直接改变运行方向，可以将变频器设置成过零时必须执行制动逻辑控制；如果允许操作工在机构运行的过程中直接改变运行方向，则可将变频器设置成直接过零（用于闭环控制或平移机构）或在零速附近产生一个跳跃频率（通常用于开环控制的起升机构）。参见图 5-7-17。跳跃频率的调整以看不到过零点溜钩现象为准，应尽可能小。

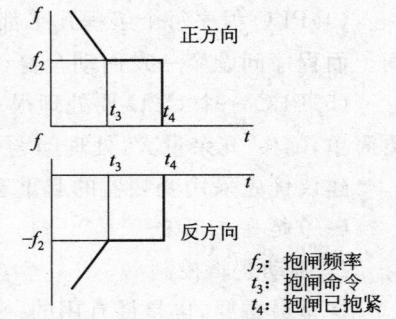

图 5-7-16　抱闸过程的变频器频率输出

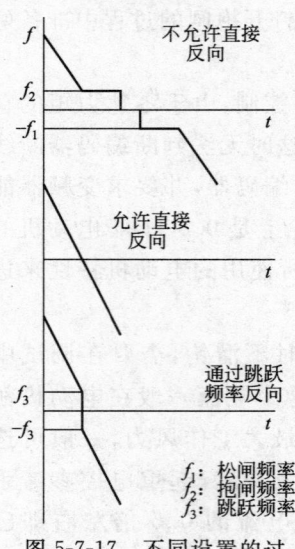

图 5-7-17　不同设置的过零点变频器频率输出

**2. 低负载弱磁升速**

为了提高效率，很多情况下会要求运行机构在负载较轻时能够在额定速度以上运行。我们把这种需求称为低负载（或空载）弱磁升速，简称为弱磁升速。

需要弱磁升速时，可以增加一个高速挡位。操作工在空载或轻载时打到高速挡，机构运行于弱磁状态。

现在，针对起升弱磁升速，变频器普遍推出相关的起重宏。操作工不再需要判断负载的大小而可以直接给出高速命令，变频器将自动判断实际负载，而给出合适的机构运行速度。重载时，机构不理会高速命令而依旧运行在额定速度；轻载时，机构根据高速命令运行于弱磁速度；如果负载介于重载与轻载之间，机构将根据实际负载运行于一个介于额定速度与弱磁速度之间的次高速，以提高作业效率。需要注意的是有些品牌的变频器还给出了一个下限负载，当实际负载小于下限负载时，机构同样不允许运行于高速。目的是防止在挂钢丝绳或钢丝绳松弛的状态下进入高速运行而出现卷绕错误或出现危险。参见图 5-7-18。

当弱磁速度为额定速度的一倍时,允许的弱磁负载一般小于额定负载的33%。如果要求弱磁负载达到额定负载的50%,变频器的选型可以不变,但在订购电动机时需要给予说明。

起重机标准规定弱磁速度不得超过额定速度的一倍,但在实际应用中(常见于塔机和船载起重机等)根据工况的需要,仍有三倍频甚至更多倍频的弱磁调速出现。

当需要更高的弱磁倍数时,一种方式是提高电动机的高速运行频率(如3倍频时运行在50 Hz~150 Hz),另一种方式是降低电动机的基频频率(如3倍频时运行在33 Hz~99 Hz)。两种方式都需要定制电动机,并向变频器生产厂技术部门咨询所选变频器是否能够满足要求。

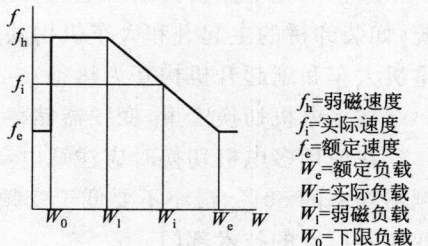

图 5-7-18 变频器的弱磁升速宏

3. 力矩均衡

当多个电动机通过硬连接驱动同一个负载时,需要使用力矩均衡功能。最简单的力矩均衡通过停用变频器的滑差补偿功能就可以实现,如大车机构就可以采用这种方法来平衡力矩,一般采用开环控制模式;功能最强的力矩平衡功能则需要采用主从控制,主驱动采用转速控制,从驱动采用转矩控制,主驱动的力矩输出作为从驱动的力矩给定,有模拟量模式(不推荐)、高速脉冲模式和网络通讯模式(推荐)三种,一般要求闭环模式;大部分品牌的变频器还推出了力矩均衡宏,性能介于以上两者之间,开闭环都能使用,通常已能够满足起重机的需求。

图 5-7-19 是某品牌变频器力矩均衡控制功能的描述。图 a 表明了当变频器输出的转矩发生变化时,力矩均衡功能是通过微调输出频率来实现转矩均衡的。图 b 是转矩均分功能的信号流程图。图 c 和 d 说明了转矩均分系数的构成($K = K1 \times K2$),当变频器实际的输出频率和输出转矩比较小时,通过参数设置可自动屏蔽力矩均衡功能。

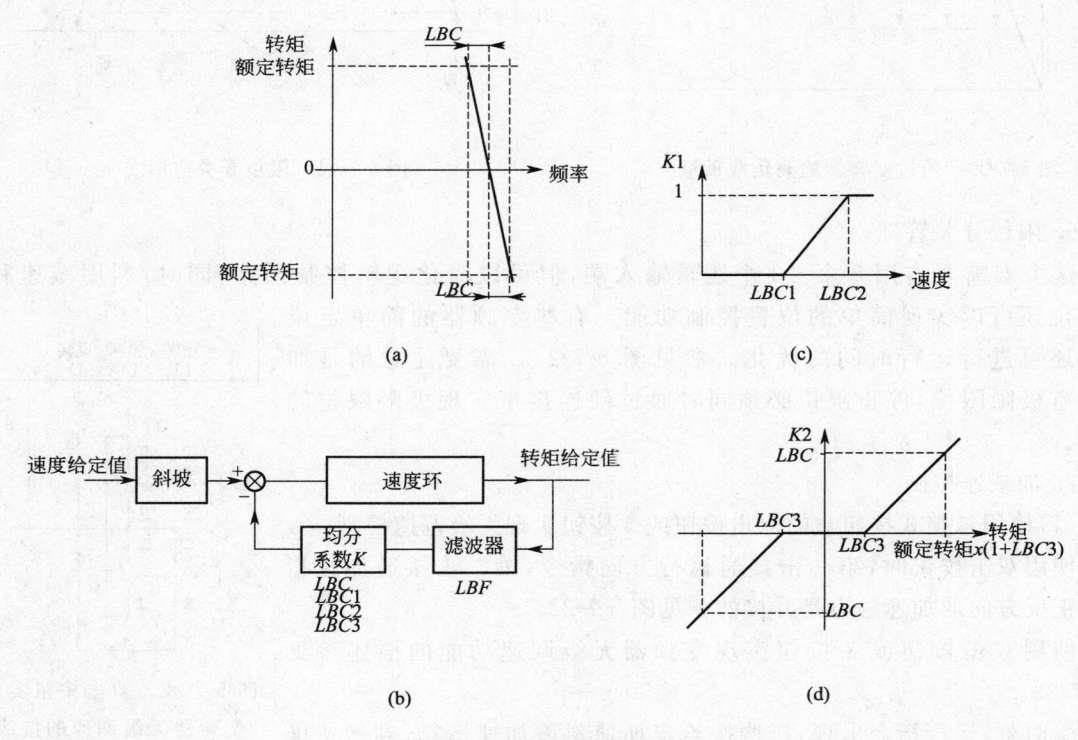

图 5-7-19 力矩均衡控制

#### 4. 多电机切换

两种情况下需要使用多电机切换应用宏:几个不同时工作的运行机构使用同一套变频驱动系统(如装卸桥的主起升和大车机构共用一套变频驱动),几个机构之间变频驱动互为热备(如铸造起重机大车和副起升机构互为热备)。

在多电机切换宏里,变频器储存了多套电机和控制的参数,可通过逻辑输入端子或通讯切换。

在使用多电机切换时应注意电动机的功率差别不能太大。一般最小电动机的功率不宜低于变频器功率的50%,最小不要低于变频器功率的30%。各品牌变频器的情况不甚相同,可咨询所选变频器厂家的技术部门。

#### 5. 负载限制

起重机超载运行带来机械损伤、事故威胁等诸多隐患。但负载限制器对于电动葫芦等小型起重设备来讲价格较高,国内较少使用。

负载限制起重宏通过变频器来检测负载大小,限制超载运行,无需增加成本,提高了变频器产品的性价比。

在升速过程中达到某个频率时(可设置,一般为 40 Hz)保持恒速 0.5 s 采样负载重量。针对采样设定频率大于给定运行频率和升速过程中钢丝绳松弛等情况,在达到稳定恒速后依然保持对负载重量的采样。参见图 5-7-20。如果检测到负载超过额定负载,可根据超载程度选择记录超载次数并禁止上行或仅记录超载次数。

负载限制宏可用作超载限制器的补充,但不能取代超载限制器。这是由于变频器检测负载重量的方式是间接的,受外部环境影响较大。

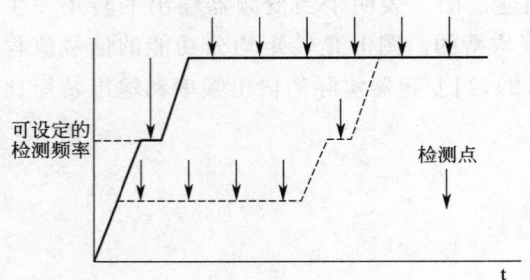

图 5-7-20 通过变频器检测负载重量

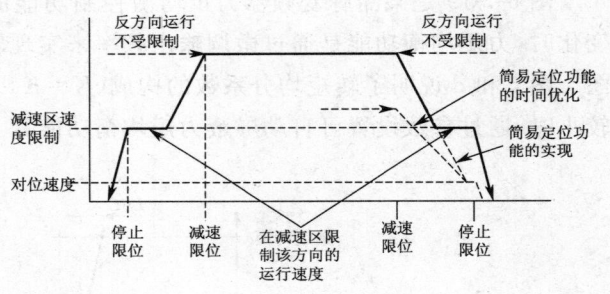

图 5-7-21 限位开关应用宏

#### 6. 限位开关管理

这个宏需要占用 2 个~4 个逻辑输入端,但可以简化逻辑控制回路,同时,利用减速和停止限位还可以实现简单的位置控制功能。有些变频器的简单定位功能还可进行运行时间的优化。参见图 5-7-21。需要注意的是如果没有极限限位,停止限位必须同时通过硬连接来实现极限限位的功能。

#### 7. 加减速控制

(1)使用悬挂式按钮盒的双击按钮或 3 按钮实现无级调速控制。

使用双击按钮时,第一击接通运行方向指令,第二击接通加速指令。正反方向的加速触点是并接的。见图 5-7-22。

使用双击按钮或 3 按钮实现变频器无级调速功能的描述参见图 5-7-23。

$t_1$ 时刻,运行指令出现,机构按给定加速斜坡加速运行,到达速度 $v_1$(给定频率或上次停机时的频率,可选)后维持。

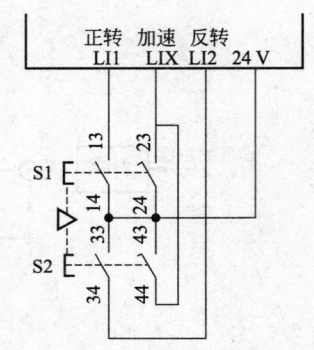

图 5-7-22 双击按钮实现变频器无级调速的接线

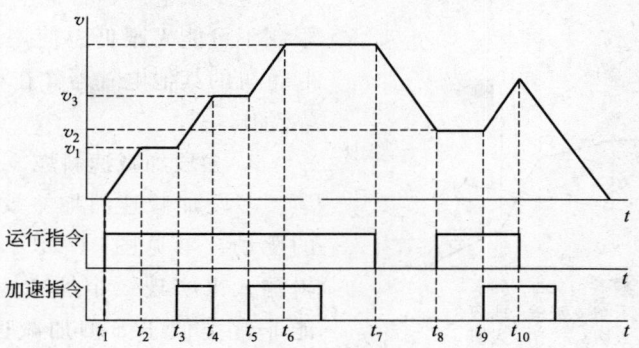

图 5-7-23　双击按钮(或 3 按钮)的无级调速功能

$t_3$ 时刻，加速指令出现，机构继续按指定加速斜坡加速运行；$t_4$ 时刻，加速指令消除，但运行指令维持，机构按 $t_4$ 时刻的速度 $v_3$ 保持运行。

$t_5$ 时刻，加速指令再次出现，机构按指定加速斜坡加速并在 $t_6$ 时刻达到额定值。这时即使加速指令继续存在，机构也不再加速，维持在额定速度运行。

$t_7$ 时刻，运行指令消失，机构按给定的减速斜坡减速运行。

$t_8$ 时刻，运行指令再次出现，机构按 $t_8$ 时刻的速度 $v_2$ 保持运行。

$t_9$ 时刻，加速指令出现，机构再次加速。

$t_{10}$ 时刻，运行指令消失，机构减速，直至停止。没有运行指令时加速指令无效。

(2) 使用加减速按钮实现速度微调

在非 PLC 通讯控制时，可通过两个逻辑输入端来实现无级调速，或微调输出频率，可省去 PLC 的模拟量输出模块并提高系统可靠性。用于频率微调时，变频器需要速度给定信号，并需要设置最大的微调范围，可设置与正常加减速斜坡不同的频率微调加减速时间。参见图 5-7-24。

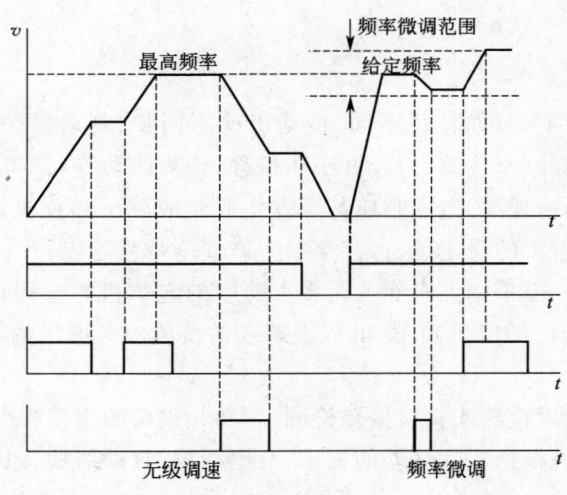

图 5-7-24　加减速按钮实现无级调速和频率微调

8. 低电压运行

起重机一般要求电网电压跌落不超过 10%，但实际工作现场电压有可能更低。电压偏低后起重机运行机构或者进入低电压保护，或者因输出电流过大而发生过电流保护。目前已有国内变频器推出了低电压运行起重宏，启用这个宏后，电网电压偏低时变频器会自动下调输出频率，电动机的运行速度降低但输出力矩不变(电动机满载电流也不变)，从而保证了起重机的正常运行。

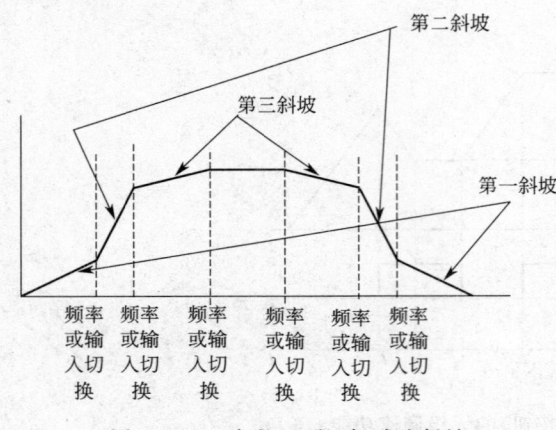

图 5-7-25 多段(三段)加减速斜坡

这个低电压运行范围受到变频器控制电压的限制不可能无限低。使用这个功能时,还要确保起重机的其他电气器件在相应的低电压下能够可靠动作。

9. 多段加减速斜坡

多段加减速斜坡主要应用于长臂回转机构的驱动。参见图 5-7-25。可通过指定频率或逻辑输入来实现 3 个加减速斜坡的切换。这个功能非常类似于 S 型加减速曲线,但参数调节更直接。

10. 分段加减速斜坡

分段加减速斜坡主要应用于长臂回转机构和简单的防摇摆功能。见图 5-7-26。可将加减速斜坡分成多个小阶梯。

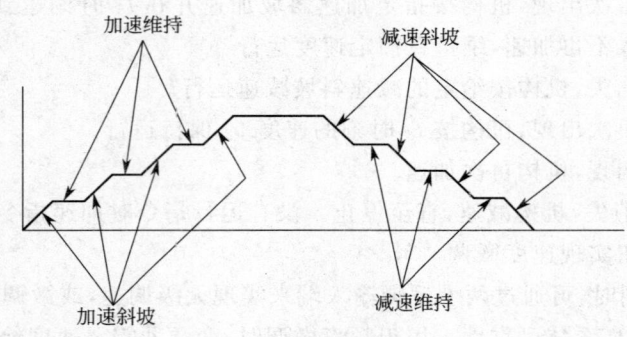

图 5-7-26 分段加减速斜坡

(二) 变频器工艺卡

1. 大车纠偏工艺卡

(1) 概论

起重机由于车轮速度不一(如轮径不同、传动机构不同步、制动器松紧差异、车轮摩擦力变化等)、两条大车轨道水平差异、车体重心移动(小车位移;钩头摆动等)、车轮组的安装误差等原因,起重机大车行走时发生走偏的现象,造成啃轨甚至发生脱轨故障。起重机走偏后降低了车轮等相关器件的使用寿命,影响起重机的稳定运行,甚至给生产安全带来隐患。

为避免这种情况发生,需采用大车纠偏。多大跨度的起重机需要纠偏与起重机的机械结构相关,一般认为 28 m 以上跨度的门机和 40 m 以上跨度的桥机应考虑纠偏问题。

(2) 原理

通过起重机两侧的位置检测或直接偏差检测,判断起重机的走偏程度,再通过两侧车轮的运行速度调整,改善走偏程度。根据实际偏差的大小,有不纠偏、自动纠偏、纠偏报警和停机手动纠偏等几种工况。见图 5-7-27。

(3) 自由轮纠偏

目前最常见的是在大车两侧分别安装自由轮(又名检测轮、摩擦轮)并在自由轮上安装编码器,通过编码器的信号来检测大车两侧位置,再根据大车两侧的位置不同而判断大车的行走偏差。

由于大车的主动轮被动轮都有可能发生打滑、啃轨、蛇行等现象,故不宜将编码器直接装在它们上面。

自由轮上的编码器可以是绝对值的,也可以是增量型的。前者可直接给出具体位置值,抗干扰能力较强,但价格昂贵。后者通过脉冲计数间接获得位置值,容易受干扰,但成本较低。

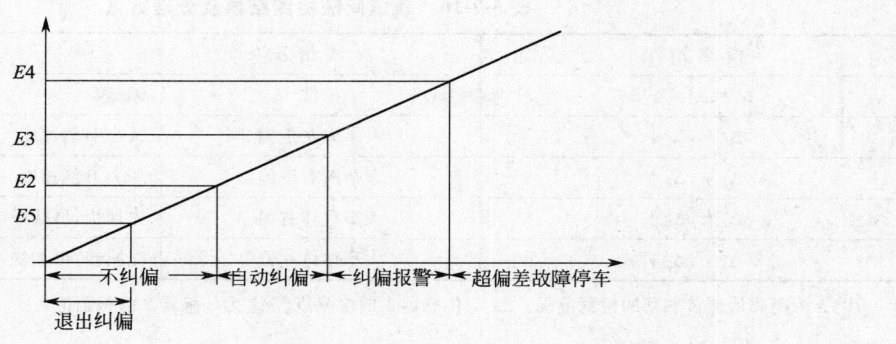

图 5-7-27 大车纠偏的控制过程

两种编码器都需要通过对位点来修正累计误差。绝对值编码器可只采用一个对位点,增量型编码器一般要求根据轨道的长度和抗干扰措施的给力程度采用 2 个甚至更多的对位点。具体有过每 25 m 设 1 个对位点的案例。见图 5-7-28。

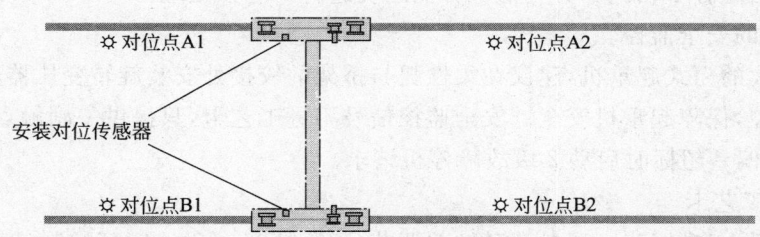

图 5-7-28 大车纠偏的对位

(4) 轨道位置纠偏

欧洲的小型桥式起重机较多采用这种模式来进行纠偏,在国内也见到有少量的使用案例。

方法是在大车端梁的前后侧分别安装一个间隙检测传感器(见图 5-7-29),正常时两个传感器检测出的偏差应该是相同的。如果检测出的偏差一个变大一个变小,则可计算出大车的偏差角。这种方法的好处是可同时检测出大车向单边(两个传感器检测出的偏差同时变大或同时变小)并进行报警和校正,参见表 5-7-10。同时可避免自由轮机械设计安装带来的误差,可实现固定小车起重机的高精度定位。但对轨道的加工安装精度有较高要求。

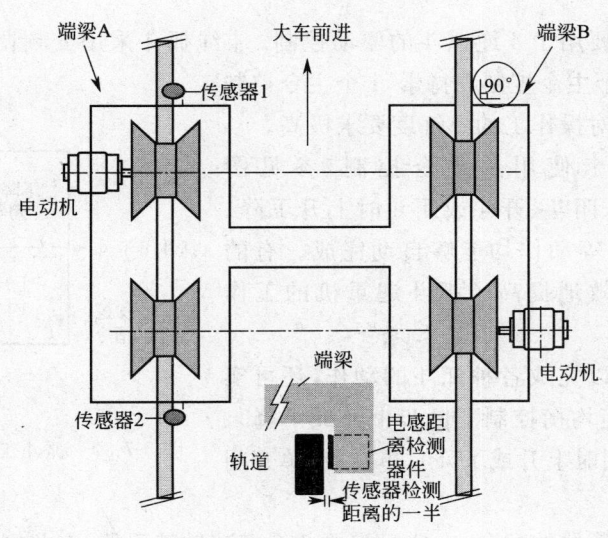

图 5-7-29 轨道间隙纠偏

表 5-7-10　轨道间隙检测结果及处理方法

| 检测结果 | 反映情况 | 处理方式 |
| --- | --- | --- |
| $\Delta_1 = \Delta_2 = \Delta/2$ | 正常 | 无 |
| $\Delta_1 \uparrow, \Delta_2 \downarrow$ | 大车向左走偏 | 减小 B 侧速度 |
| $\Delta_1 \downarrow, \Delta_2 \uparrow$ | 大车向右走偏 | 加大 B 侧速度 |
| $\Delta_1 \uparrow, \Delta_2 \uparrow$ | 大车整体右偏 | 先加快,再减慢,最后恢复 B 侧速度 |
| $\Delta_1 \downarrow, \Delta_2 \downarrow$ | 大车整体左偏 | 先减慢,再加快,最后恢复 B 侧速度 |

注:$\Delta$ 为距离检测传感器的检测范围。$\Delta_1$ 为传感器 1 的检测值。$\Delta_2$ 为传感器 2 的检测值。

大车运行方向为向前,A 侧为左端梁,B 侧为右端梁(参见图 5-7-29)。

(5)其他纠偏位置信号采集模式

有激光测距纠偏、编码带位置检测纠偏、磁尺和光尺位置检测纠偏、旋转变压器偏差角检测纠偏等,可根据实际需要选择。无论采用哪种检测手段,后续大车工艺卡纠偏处理模式是相同的,只是接到工艺卡的信号各不相同。有些信号可能还要进行一些预处理。

(6)大车走偏的安全监控

对于跨度较大的门式起重机,建议在柔性腿与桥架的铰接处安装旋转变压器监测偏移角度,作为纠偏的安全监控,保障起重机安全。安全监控信号不进工艺卡,只提供一副触点信号送入变频器或 PLC,在检测出偏差超标时启动 2 级故障停机请求。

2. 起升同步工艺卡

在要求不高时,起升同步可通过开环转差调节(理论精度 1%)或闭环控制(理论精度 0.2‰)来实现。在要求较高时推荐采用位置控制同步。起升同步的位置检测可直接使用安装在电机轴上的高速轴旋转编码器,但推荐使用安装在卷筒轴上的低速轴旋转编码器。

起升同步卡可完成多个起升机构的独立(非同步)运行,绝对同步运行(多个起升机构的运行高度一致),相对同步运行(多个起升机构的运行距离一致,或者高度差保持一致)和自动校平(多个起升机构自动运行到定位高度)等功能需求。

3. 小车同步工艺卡

分异轨双小车同步运行和同轨双小车同步运行。后者在非同步运行时需要考虑防撞保护功能。

4. 抓斗控制工艺卡

抓斗控制工艺卡主要用于 4 绳抓斗的驱动控制。4 绳抓斗采用变频调速后,由于加减速时间的存在,使用双主令(1 个主令控制支持索,1 个主令控制开闭索)控制非常困难,对操作工的熟练度要求极高。

变频器抓斗工艺卡使用单主令控制(参见图 5-7-30),对抓斗的开斗、闭斗、开斗或闭斗时上升下降、上升或下降时的开闭斗等动作均能够自动完成。有的还可实现深挖功能,有效地提高了抓斗起重机的工作效率。

抓斗工艺卡不仅可以完成各种抓斗的动作,还可实现吊钩(两根吊索在力矩均衡控制下同步上升或下降)、开闭+支持(两根吊索同时上升或下降)、单支持、单开闭等各种运行模式。

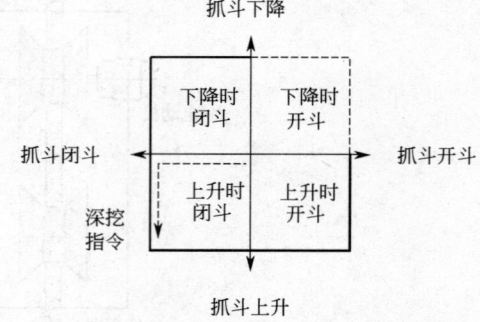

图 5-7-30　抓斗工艺卡的单主令操作模式

抓斗工艺卡需要传感器的配合,有些只需要 2 个高速轴编码器,有些则不仅需要 2 个高速轴和 2 个低速轴 4 个编码器,还需要若干凸轮开关信号。

## 5. 防摇工艺卡（图 5-7-31）

吊索在运行过程中发生的摇摆现象降低了起重机的作业效率。采用防摇工艺卡后可明显减少作业循环的时间。

变频器防摇工艺卡大多采用无传感器（无摆动角度传感器）防摇的技术，一般不适用于室外（对风造成的摇摆无效）和有定量需求（高精度）的防摇场合。

防摇工艺卡一般安装在小车变频器上。要求在大小车同时运行时也能防摇的，需要将大车变频器通过通讯线连接到小车变频器。

防摇功能需要知道货物重心的高度，有多种方式可选：

（1）将闭环控制的起升机构变频器通过通讯线和小车变频器连接起来；

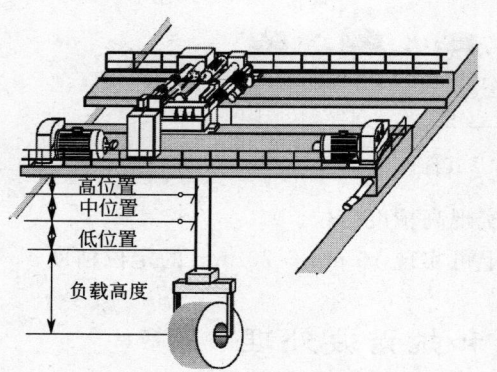

图 5-7-31　采用 3 位置凸轮开关标定起升高度

（2）将起升机构高速轴编码器接到小车变频器的编码器卡；

（3）将起升机构低速轴编码器接到防摇工艺卡；

（4）用连接在起升机构低速轴上的凸轮开关将整个起升区域分成几个区，或者定义几个运行高度，通过凸轮开关的触点来标定起升高度或起升高度区域。以节省一个编码器及编码器卡。如图 5-7-31 所示。

如果定义几个起升高度，防摇效果不变但不允许在大小车运行时改变起升高度；如果定义机构起升高度区，则允许在大小车运行时改变起升高度，但防摇效果较差。采用旋转编码器检测吊钩高度可在起升运行时保障防摇效果。

无论采用哪种起升高度检测手段，都需要对负载重心的高度进行修正。故只适合吊运固定尺寸的负载的起重机。可以根据选择开关选择空载和若干个不同的负载类型。

## 6. 黑匣子工艺卡

黑匣子卡有 3 个作用：减速箱大修提示，故障记录和远程维护。将起重机各变频器通过通讯连接后，只需要在 1 个变频器上安装黑匣子工艺卡选件就可实现各机构的黑匣子功能。

（1）减速箱大修提升

记录根据实际负载修正过的运行时间，统计减速箱的运行时间，并在理论大修周期到达前给出提示。

（2）故障记录

起升机构超载记录：包括超载次数、超载程度和超载运行时间

平移机构过载记录：包括过载次数、过载程度和过载运行时间

变频器故障记录：包括故障机构，故障类型，故障发生前后若干时间的电压、输出电流、输出力矩、指令状况等信息

运行记录：各机构总的运行时间记录

（3）远程维护

通过短消息模块向指定手机发送故障信息，在指定手机上通过短消息查阅变频器参数和运行状态，在指定手机上修改变频器参数。

黑匣子工艺卡及其选件的连接参见图 5-7-32。

## 7. 三维定位和精确定位工艺卡

配合各种位置采集手段（参见大车纠偏工艺卡和起升同步工艺卡），三维定位工艺卡可实现起重机多坐标的自动运行和对位功能。三维定位卡除了可定义各个目标点的三维坐标，还可以定义安全高度，指定运行轨迹。

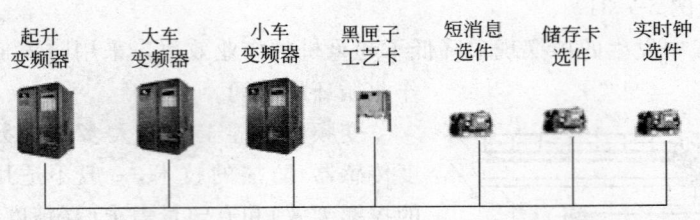

图 5-7-32 黑匣子工艺卡及其选件

配备高精度的位置采集手段后,三维定位工艺卡可实现高精度定位。

配备自由轮编码器位置采集系统后,三维定位经验上可实现 10 mm～20 mm 的定位精度。

## 第七节 起重机的节能和抗谐波处理

### 一、回馈制动

#### 1. AFE 有源前端

使用 AFE 有源前端的主要目的是消除谐波。普通变频器(配备足额电抗器后)的谐波分量(THDI)一般在 40%～50% 左右,而使用 AFE 后理论上可控制在 5% 以内。AFE 一般都具备能量回馈功能,可实现能量回馈制动。使用 AFE 后,在直流母线上我们可以挂逆变器,也可以挂变频器(大部分品牌变频器可以通过直流母线供电。虽然浪费了整流部分并加大了体积和重量,但成本一般会较低,同时故障时维修和替换比较方便)。参见图 5-7-33。

#### 2. 旁路回馈制动

旁路回馈制动的主要目的是节能。分有谐波旁路回馈和无谐波旁路回馈两种。有谐波回馈必须采用 IGBT 的,否则有逆变颠覆危险。特别是使用滑触线供电的系统更要注意。由于变频器的谐波发生在电动状态,旁路回馈装置的谐波发生在回馈状态,所以系统总的谐波为变频器和旁路回馈装置两个器件中的较大值。无谐波旁路回馈只需要考虑变频器的谐波。参见图 5-7-34。

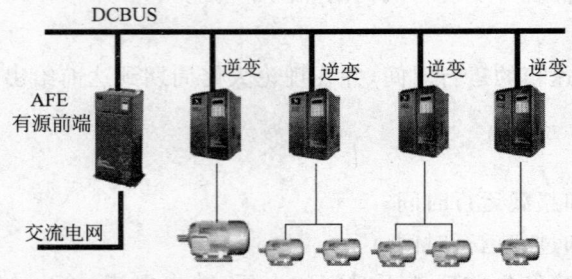

图 5-7-33 AFE 有源前端系统示意

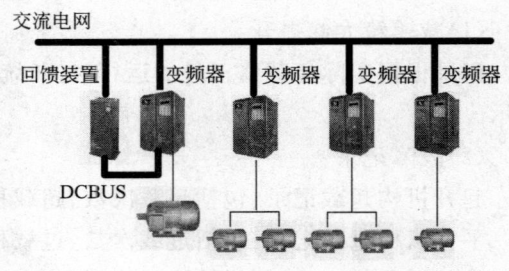

图 5-7-34 旁路回馈制动示意图

### 二、AFE 有源前端和旁路回馈的选用

#### 1. 谐波治理

虽然 AFE 有源前端是谐波治理最有效的手段,但仅仅为了谐波处理选用 AFE 有源前端是很奢侈的。

谐波控制要求一般针对供电主干线,当系统有大量其他用电设备时,变频起重机反映在主干线的谐波要比反映在进线侧的谐波低很多。因此,让供电主干线的谐波满足要求一般会比让起重机进线侧的谐波满足要求要容易得多,成本也低得多。

假设如图 5-7-35 所示的配电系统,要求将谐波分量控制在 5%。已知起重机总容量为

100 kW，处理前（已加交流输入电抗器）谐波分量为 40%。

（1）如果要求在检测点 A 实现谐波控制，AFE 有源前端也许是最佳选择；

（2）如果是在检测点 B 实现谐波控制，那么在检测点 A 只需要将谐波控制在 15% 以内即可，12 脉波整流（通常可将谐波控制在 12% 以内）是很好的选择；

（3）如果可以在检测点 C 实现谐波控制，那么在检测点 A 只需要将谐波控制在 25% 以内，无源滤波器就可以实现这个目标（通常可将谐波控制在 20% 左右）；

（4）如果只要求在监测点 D 实现谐波控制，那么起重机几乎不需要采取任何措施就能满足要求。

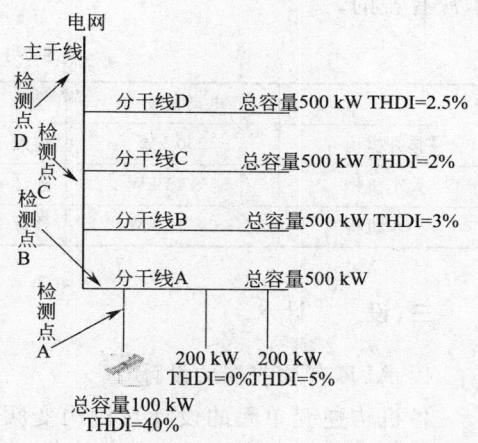

图 5-7-35　谐波治理示意图

因此，如果起重机本身没有回馈制动价值，只有在对起重机进线侧的谐波有极高要求时，我们才会考虑采用 AFE 有源前端设计。否则，在变频器前端加无源滤波器或采用 12 脉波整流一般会更经济实用。

2. 回馈节能

起升机构下放负载时，非平衡式变幅机构幅度加大时，电动机都处于发电状态，室外起重机的平移机构在顺风时也可能较长时间处于发电状态，采用回馈制动后都有较好的节能效果。

平移机构、平衡式变幅机构和回转机构减速时可能出现的能量回馈由于时间太短一般没有回收价值。

理论上，回馈的能量可达电动能量的 80%，但由于电动机、变频器、回馈装置和电抗器等器件的损耗存在，真正能够返回电网的能量一般只在 50% 以内。在低负载下将会更差。所以，从投入产出比考虑，仅长时间工作，频繁吊运额定负载的起重机有选用回馈制动单元的价值。

对于频繁满载下放作业的起升机构，回馈效益可按式 5-7-17 估算：

$$E = 0.09 \times v \times W \times t \times n \times m / 3\,600 \qquad (5\text{-}7\text{-}17)$$

式中　$E$——每年通过回馈获得的节能总量，单位为 kW·h；

　　　$v$——起升机构的运行速度，单位为 m/min；

　　　$W$——满载下放的负载重量，单位为 t，包含吊具重量；

　　　$t$——每次下放作业的下放时间，单位为 s；

　　　$n$——每天满载下放作业的次数；

　　　$m$——每年作业的天数。

3. 成本考虑

AFE 有源前端需要按系统的全功率设计，而回馈制动只需要按系统能够返回电网的功率来设计，再考虑谐波处理的费用，回馈制动的成本要远低于 AFE 有源前端，而有谐波回馈制动的成本更低。

因此，仅仅从节能的性价比考虑，我们推荐有谐波旁路回馈；如果节能的同时还要求较高的谐波控制水平，我们推荐 AFE 整流前端；如果在节能改造时不希望增加谐波影响，可考虑无谐波旁路回馈。

参见表 5-7-11 所示案例。该系统的最大连续功率（三个机构同时稳态运行）为 257.5 kW，最大短时间功率（起升机构稳速上升时，同时起动大小车机构）为 415 kW。如果选用起升旁路回馈制动，只需要 160 kW 的回馈单元，而如果选用 AFE 有源前端，就需要配置 350 kW 以上的整流回馈单元（考虑 AFE 的过载能力为 1.5 倍，安全系数取 1.2 倍，415×1.2/1.5＝332 kW），而 AFE 方案在此案例中节能效果与旁路回馈接近。当然，从谐波治理角度出发，AFE 方案还是非常有益的。

表 5-7-11 三个机构同时稳态运行

| | 电动机功率 | 电动功率 | 制动功率 |
|---|---|---|---|
| 起升机构 | 200 kW | 连续 190 kW/最大 260 kW | 连续 160 kW/最大 180 kW |
| 大车机构 | 4×45 kW | 连续 60 kW/最大 200 kW | 短时间 80 kW |
| 小车机构 | 2×11 kW | 连续 7.5 kW/最大 25 kW | 短时间 10 kW |

### 三、设　计

**1. AFE 有源前端的设计**

各机构逆变单元的设计与机构变频器设计原理相同。AFE 有源前端应满足需要同时运行的各机构在电动状态时可能出现的最大电流需求。需要分别计算恒定电流和短时间过电流。应注意 AFE 有源前端的过载能力。部分品牌有源前端的过载能力为 1.2 倍,小于变频器的过载能力。另外,变频器是按力矩选型,与速度无关,而 AFE 是按功率选型,与速度有关。

AFE 有源前端的回馈能力一般均能满足要求,不需要核算。

**2. 旁路回馈制动单元的设计**

旁路回馈制动的功率需要根据实际需要计算,起升机构的估算公式参见式 5-7-13,室外平移机构的计算和起升机构的精确计算可参见参考文献《起重电控参考手册》。

## 第八节　抗干扰设计

### 一、接　地

**1. 供电系统的接地模式**

起重机的供电系统应当采用 TN-S 接地模式。必须采用 IT 接地模式时,应咨询变频器供应商,可能需要对变频器进行必要的改动接线处理。供电电网是 TN-C 接地模式的,必须在上起重机前改接成 TN-C-S 接地模式。不推荐使用 TT 接地模式,不允许使用 TN-C 接地模式。TN-S 接地模式比 IT 接地模式的 EMC 特性好许多,这意味着 IT 系统需要更多的抗干扰设计。参见图 5-7-36。

**2. 接地设计的原则**

(1) 控制系统的接地

曾经被广泛使用的独立接地模式和单一接地极模式已经被淘汰,推荐采用网状多重接地模式。参考图 5-7-37。

(2) 控制柜内元器件的接地

柜内器件的金属外壳应就近接入安装底板。采用固定螺丝将器件金属外壳直接固定在安装底板时,金属外壳与安装底板的接触面要全部除去油漆;通过器件外壳的接地端子接安装底板时,与安装底板的连接要使用 O 型接线端子,且底板的接触部分要除去油漆。应当用导电油脂来防止生锈或腐蚀。

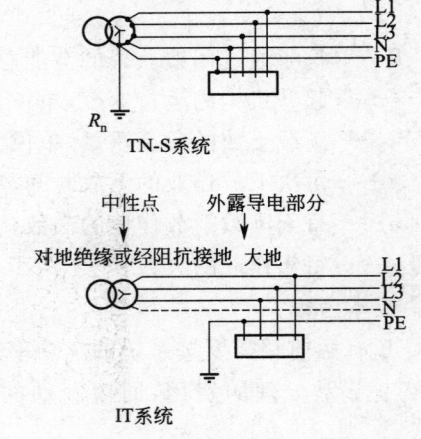

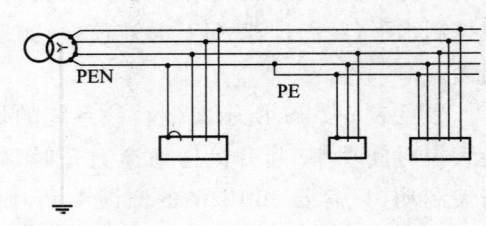

图 5-7-36　几种常用的接地模式

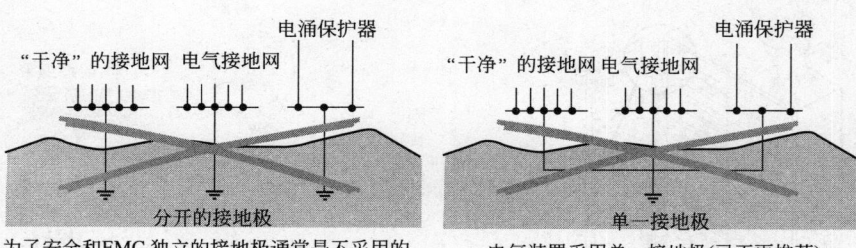

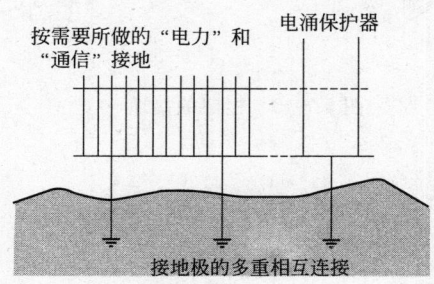

图 5-7-37 接地模式

柜内器件需要接地时,应直接接至接地铜排或接地端子排。需要接地的器件较多时,可分模拟电路、数字电路和电源电路在各自的区域内作单点连接后,再分别引至接地铜排。参见图 5-7-38。

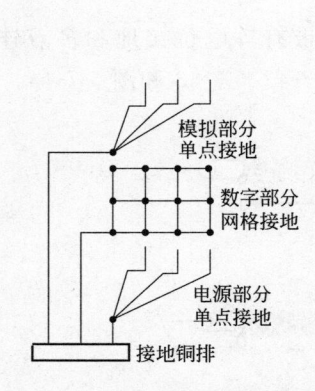

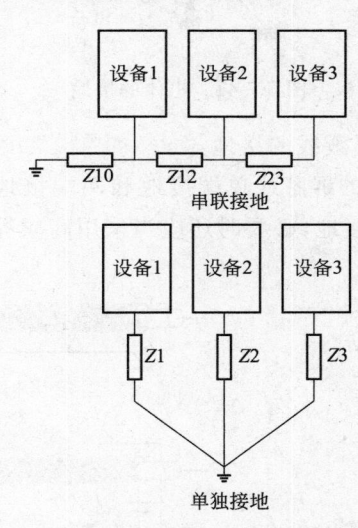

图 5-7-38 柜内元器件的接地　　图 5-7-39 设备的单独接地和串联接地

各设备要单独接地而不能串联接地。参见图 5-7-39。

(3) 控制柜的接地

控制柜应采用整体式而非拼装式。在采用拼装式控制柜或在整体式控制柜上固定安装底板或其他结构件时,应确保柜体各部件之间有良好的整体接触,而不是导线跨接式的点接触。

柜门的接地,应采用编织带或接地条,而不是接地电缆。编织带或接地条的长宽比应尽可能小于 3。参见图 5-7-40。

柜体外壳固定在起重机机架上时,要除去接触面的油漆后固定,确保良好接触。一般不建议通过导线跨接的方式接地。参见图 5-7-41。

柜体在固定在起重机机架时在确保良好接地的同时,还应当通过导线进行等电位连接,等电位连接线应接至电网的地线(PE 线)。

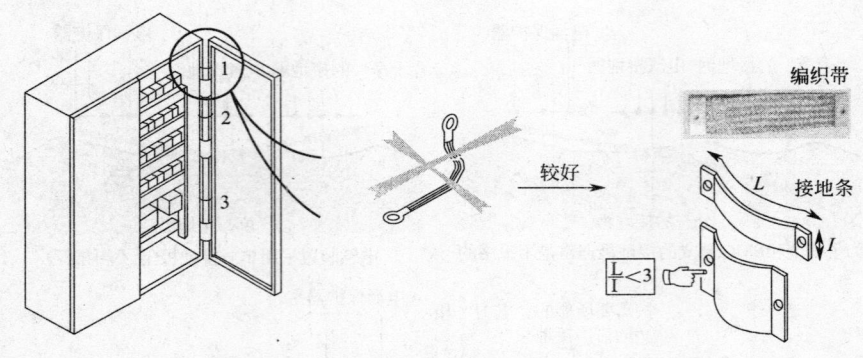

图 5-7-40　柜门的接地

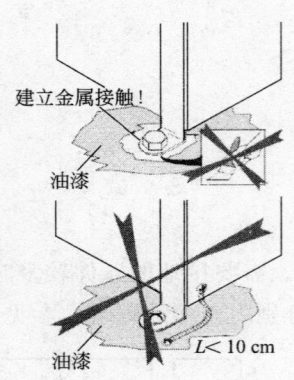

图 5-7-41　柜体的接地

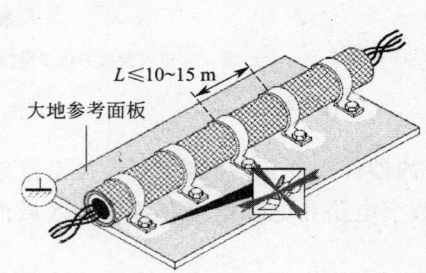

图 5-7-42　长屏蔽电缆的多点连续接地

（4）屏蔽线的接地

传统的屏蔽线单端接地和两端接地都不推荐，要求采用带有等电位接地和多点连续接地的 360°两端接地，必要时还应当采用高频等电位接地。参见图 5-7-42、5-7-43 和图 5-7-44。

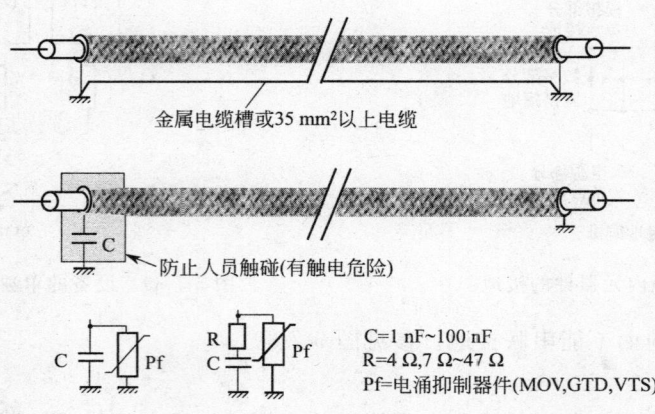

图 5-7-43　等电位接地和高频等电位接地

## 二、敷线的基本原则

### 1. 金属线槽的连续性

推荐采用金属线槽。即使采用了屏蔽线，仍建议使用金属线槽敷线。金属线槽可有效降低电磁场辐射干扰达 1 个数量级。

金属线槽要求是连续的，用同种材料制造，并采用满焊连接。参见图 5-7-45。

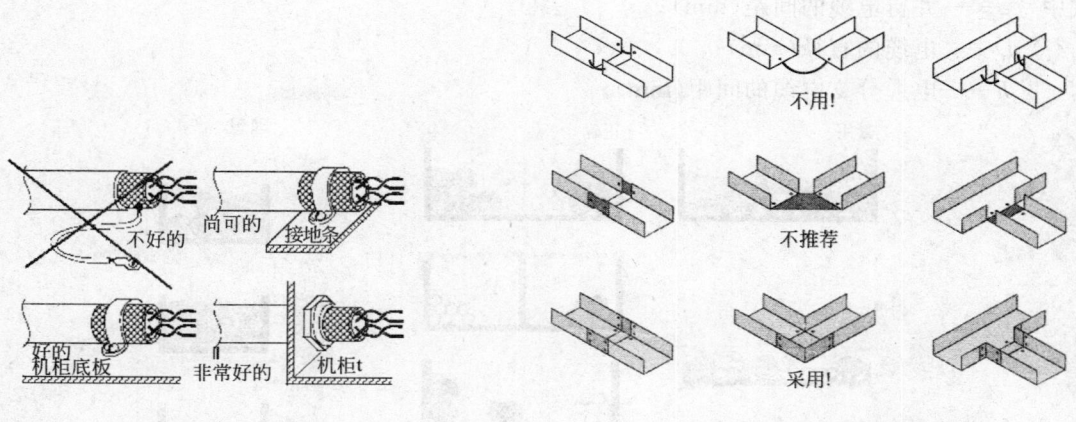

图 5-7-44　屏蔽线两端的 360°接地　　　　图 5-7-45　保持金属线槽的连续性

**2. 金属线槽的形状**

电缆槽架的抗干扰性能取决于形状而不是截面。封闭型优于开启型。如果电缆槽架需要有固定电缆的缝隙，缝隙应平行于电缆且越窄越好。参见图 5-7-46。

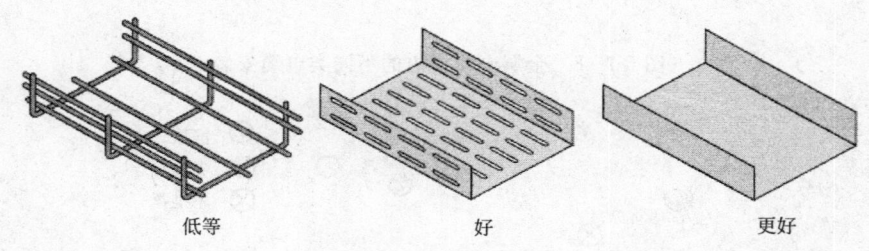

图 5-7-46　金属线槽的形状

**3. 电缆的分类**

根据 EMC 性能，信号分为 1 类敏感型，如低压模拟电路，要求采用屏蔽双绞电缆并尽可能采用双层屏蔽（如穿管）；2 类轻度敏感型，如低压数字电路，可选用屏蔽多芯电缆，多芯电缆中不用的线要两端接地；3 类轻度干扰型，如带有防护措施的感性负载控制电路，可选用屏蔽电缆和普通多芯电缆；4 类干扰型，如焊机、开关电源等，要求选用屏蔽电缆并穿管或走金属线槽。

**4. 电缆在金属线槽中的走线**

宜采用深槽的（无盖）电缆通道，电缆槽内的电缆不能超过 50% 容积。参见图 5-7-47。

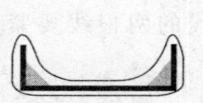

不同信号的电缆应分别敷设，至少应保持分隔距离，敏感的电缆（1 类和 2 类信号）应安排在线槽的拐角处。电力电缆的线槽不能加盖，敏感电缆尽可能加盖。参见图 5-7-48；

图 5-7-47　无盖电缆槽的外部电磁场防护范围

利用三角钢和工字钢结构走线时，电缆应尽量安排在拐角处和金属面中心，参见图 5-7-49。

**5. 布线的原则**

不同信号类别的电缆应保持间距并尽量减少平行走线。必须平行走线时要保持间距（尽可能达到 1 m 以上）或采用屏蔽电缆或采用等电位金属板分隔。

不同信号类别的电缆要求垂直相交。

同类信号电缆的并行走线，要求同时满足式 5-7-18 和式 5-7-19。参见图 5-7-50。

$$d/h > 25 \tag{5-7-18}$$

$$d/D > 25 \tag{5-7-19}$$

式中 $d$——并行电缆的间距(mm);
$D$——电缆的直径(mm);
$h$——电缆分支电缆的间距(mm)。

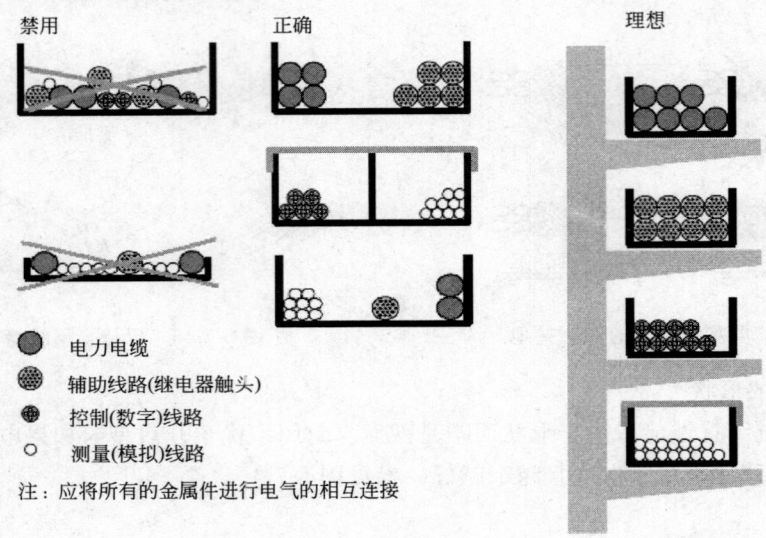

图 5-7-48 金属电缆槽内的不同类电缆安装

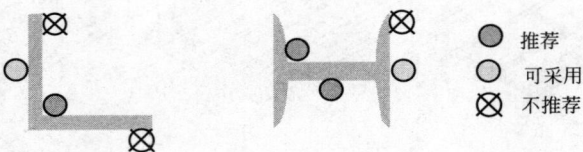

图 5-7-49 在三角钢和工字钢结构中走线

电缆应尽可能三角形敷设,参见图 5-7-51。

采用圆形四芯电缆传递两组电路信号时,信号应交叉安排。参见图 5-7-52。

带状电缆和接插件的信号排列,应尽可能将模拟电路与数字电路分开。参见图 5-7-53。

电缆应紧贴基准地平面(如机柜的金属侧板、底板等)敷设。参见图 5-7-54。

一对信号线的两根线要紧贴着敷设。参见图 5-7-55。

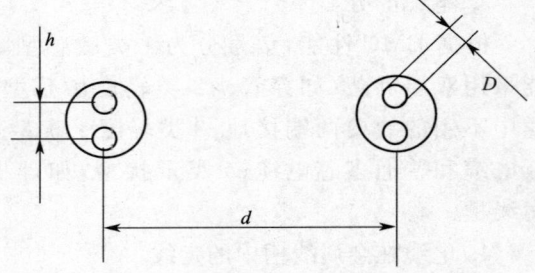

图 5-7-50 同类并行信号电缆的间距

图 5-7-51 电缆的三角形敷设

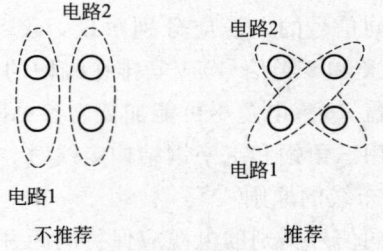

图 5-7-52 四芯电缆的信号排列

**6. 线路的连接**

在不同金属的接触表面会产生接触电势。在设计时应尽量避免接触电势,模拟信号电路不允许出现接触电势,低压数字信号一般要求接触电势不大于 100 mV,接地点的接触电势要求小于 300 mV,最大不得超过 400 mV。不同金属的接触电势参见表 5-7-12。

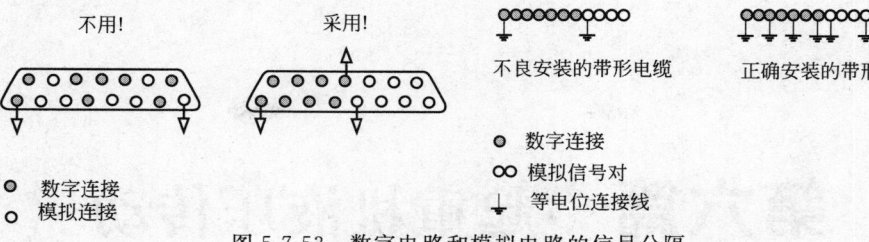

图 5-7-53 数字电路和模拟电路的信号分隔

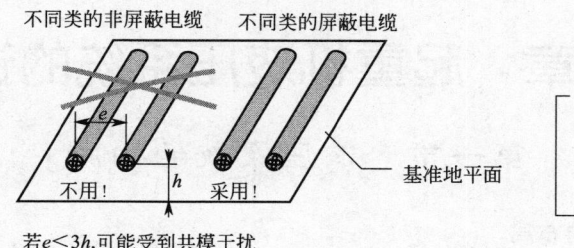

若 $e<3h$,可能受到共模干扰

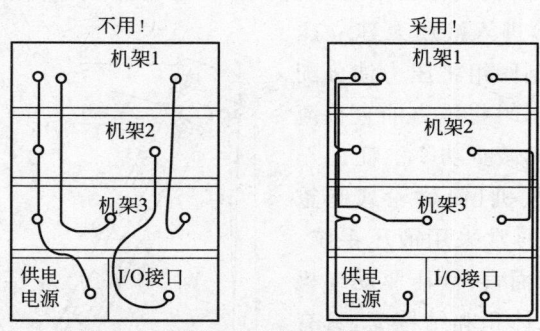

所有金属体(机架、结构、外壳等)都是等电位的

图 5-7-54 电缆紧贴基准地平面敷设

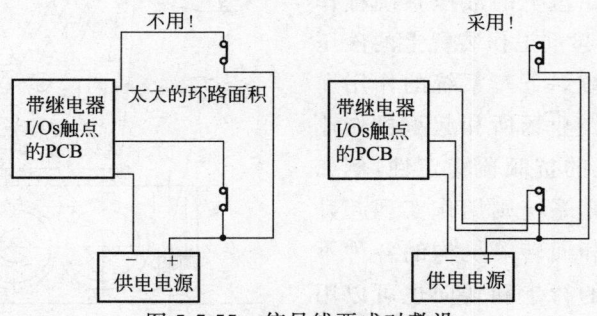

图 5-7-55 信号线要成对敷设

表 5-7-12 不同金属搭接时的接触电势

|       | 不锈钢 | 银   | 紫铜 | 黄铜 | 锡  | 铅  | 低碳钢 | 纯铝 | 高碳钢 | 锌   |
|-------|------|------|------|------|-----|-----|------|------|------|------|
| 不锈钢 | 0    | 100  | 320  | 400  | 550 | 590 | 750  | 840  | 845  | 1 150 |
| 银    | 100  | 0    | 220  | 300  | 450 | 490 | 650  | 740  | 745  | 1 050 |
| 紫铜   | 320  | 220  | 0    | 80   | 230 | 270 | 430  | 520  | 525  | 830  |
| 黄铜   | 400  | 300  | 80   | 0    | 150 | 190 | 350  | 440  | 445  | 750  |
| 锡    | 550  | 450  | 230  | 150  | 0   | 40  | 200  | 290  | 295  | 600  |
| 铅    | 590  | 490  | 270  | 190  | 40  | 0   | 160  | 250  | 255  | 560  |
| 低碳钢 | 750  | 650  | 430  | 350  | 200 | 160 | 0    | 90   | 95   | 400  |
| 纯铝   | 840  | 740  | 520  | 440  | 290 | 250 | 90   | 0    | 5    | 310  |
| 高碳钢 | 845  | 745  | 525  | 445  | 295 | 255 | 95   | 5    | 0    | 305  |
| 锌    | 1150 | 1050 | 830  | 750  | 600 | 560 | 400  | 310  | 305  | 0    |

# 第六篇　起重机液压传动

## 第一章　起重机液压系统的设计

### 第一节　液压系统的构成

**一、起重机液压系统的布局**

起重机的液压系统一般由发动机或电动机经取力装置或直接驱动液压泵，液压油从液压油箱（或其他液压元件排油管道）进入液压泵建立压力和流量，按作业需要由控制阀组将压力油分配给相应的机构，或在待命状态时将压力油直接流回液压油箱（术语称"卸荷"），减少功率消耗。

汽车（轮胎）和铁路起重机（简称轮式起重机）的各个驱动（传动）装置通常采用液压系统，因为对独立行走式作业主机而言，液压驱动与机械或电力驱动相比，在重量、体积和结构上，具有极大的优势。

通常将装在起重机底盘上的液压系统称作下车（液压）系统，将装在起重工作装置上的液压系统称作上车（液压）系统。下车系统的作用在于转移起重工作装置的作业场所和起重机作业时支承上车，以保持整机的抗倾覆稳定性，例如支腿机构和稳定器。上车系统则用作实现起升（卷扬）、变幅、吊臂伸缩和回转等机构的各种不同的作业要求。起重机的行走和转向也可以用液压方式驱动，这也是近代工程机械发展的重要趋向，它们属于下车液压系统。

中小型轮式起重机为了简化传动系统和减轻自重，上、下车的液压系统都由装在下车的发动机作为动力源。因此，液压源（主要是液压泵和液压油箱）布置在下车，压力油经中心回转接头进入上车。中小型轮式起重机上车和下车的主要构成见图 6-1-1。

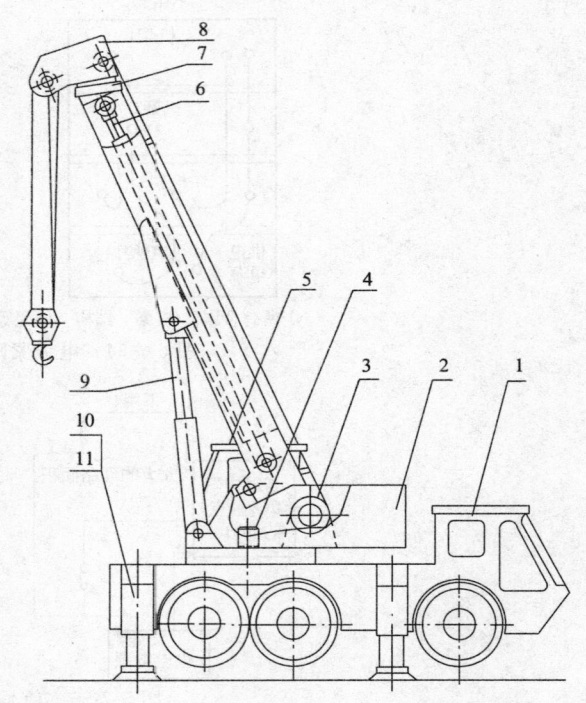

图 6-1-1　中小型轮式起重机上车和下车的主要构成
1—底盘及下车司机室；2—转台及配重；3—起升（卷扬）机构；4—回转机构；5—上车司机室；6—吊臂伸缩液压缸；7—基本臂；8—伸缩臂（第二节臂）；9—变幅液压缸；10—支腿水平伸缩液压缸；11—支腿垂直提放液压缸

大中型轮式起重机采用液压行走方式时，由于下车的液压走行装置需要大流量、高压力的液压源，其功率较上车的起重作业所需功率大得多，因此，下车的主发动机的功率只能满足行走液压系统的需要，这时就需要在上车专设单独的较小功率发动机作为上车各作业机构液压系统的动力源，这个动力源还需同时对于下车的支腿、稳定器以及车辆转向机构等液压装置供油，液压油将从上车经中心回转接头送至下车。

## 二、主要组成

### (一)按构成液压系统元件的类型分类

按构成液压系统元件的类型可分为动力元件、控制元件、执行元件和辅助元件等四大类。

#### 1. 动力元件

动力元件是指液压泵类的元件,其作用是将发动机的机械功(率)转换成液体的压力能。当前起重机最常用的是齿轮泵和柱塞泵,其他液压泵种还有叶片泵、阀式配流泵,螺杆泵也是值得起重机设计者注意或考虑选用的。

泵的容量特征是"排量",即泵轴旋转一圈(一转)供给系统的液体体积(液压计算中的常用单位为:mL/r[毫升/转])。没有变(排)量机构的泵,其排量是固定的,称为定量泵;有变量机构的泵,排量可以改变,称为变量泵。齿轮泵都是定量泵,柱塞泵、叶片泵则有定量泵和变量泵两大类。泵在每单位时间供给系统的液体容积称为"流量"(液压计算常用单位为:L/min[升/分]),因此,泵的流量是泵的排量与泵轴每单位时间旋转圈数(即转速,常用单位为:r/min[转/分])的乘积。定量泵的排量是不可改变的,但是,定量泵的流量可以随泵轴转速变化而变化。变量泵的排量是可以改变的,因此,在泵轴转速固定不变时,变量泵的流量随排量的变化而变化。因为变量泵不仅向系统供给液体流量,它还可以控制系统液流的流量和压力参数(工况)的变化,所以,它也是一种控制元件。凡用变量泵控制系统工况的方式,称为"泵控"。

两台或两台以上的定量泵并联,并通过配流阀的控制,可以适应系统各油路的变化,起有级的分级调速作用,如果再加上流量阀的调节就形成无级的分级调速。并联的定量泵常被设计成共轴,且装在同一个泵体里形成"多联泵"。多联泵的各联还经常被用来分别独立地向系统中不同的支路供油,以避免各支路之间发生流量和压力相互的干扰(即速度和驱动力的相互干扰)。

两台或两台以上的同排量定量泵串联,其间用阀协调其流量的动态同步,可以提升低压差泵的工作压力,称为"多级泵"。由于单泵的工作压力极限可以达到很高的水平,因此,现在不再应用多级泵。

泵的压力特征决定泵允许在什么高压极限范围内工作,对高压泵来说,有两项压力指标:一是长时间持续工作的最高压力,通常称为"额定压力";另一是允许短时间工作的峰值压力,一般情况下,规定峰值压力的工作时间为启动到停止的一个周期内不得超过某一百分比,例如8%。如果要延长泵的工作寿命,在设计系统时最好选择长时间持续压力低于额定压力。

关于泵种的类型和特点,请参阅表6-3-3和表6-3-4。

#### 2. 控制元件

控制元件用于控制系统中液流的流动方向、压力和流量。控制元件有阀、变量泵和变量马达三大类,它们之间还可以组成复合控制方案(例如多联定量泵或变量泵与阀、多排定量马达与阀等方案)。阀是应用最大量的控制元件,而且阀只有唯一的功能,即是控制,而变量泵还必须兼有动力元件功能,变量马达必须兼有执行元件的功能。变量泵对系统工况的控制(泵控)可作以下分类:

(1)控制流动方向和流量——双向变量泵。双向变量泵既可以控制流量,也可以控制流向,但结构复杂,价格昂贵。如果换向是控制的唯一需要,用它是不值得的。此种泵只用于闭路系统。

(2)控制压力——恒压变量泵。

(3)控制流量——有手动变量泵、电动变量泵、比例变量泵、伺服变量泵等类型。

(4)恒功率控制——恒功率变量泵。

关于泵控问题,将在第三章中详述。

用阀控制系统工况的方式,称为"阀控"。就阀元件作下面的简述:

(1)以控制功能分类,有方向控制阀(简称方向阀)、压力控制阀(简称压力阀)和流量控制阀(简称流量阀)三大类。

方向阀有：换向阀、单向阀、梭阀和截止阀等。

压力阀有：溢流阀（安全阀）、减压阀、平衡阀、限速阀、卸荷阀和顺序阀等。

流量阀有：节流阀、调速阀（二通压力补偿流量阀）和溢流节流阀（三通压力补偿流量阀）等。

(2) 以结构分类，有单体阀、复合阀和组合阀三大类。

单体阀只具备单一控制功能，这类阀有直动式、先导式之分。直动式直接控制系统的主油路；先导式阀是由小流量阀（称先导阀）以控制油路来控制大流量阀（称主阀），由主阀控制系统主油路，例如电液换向阀、先导式溢流阀、先导式减压阀等。个别阀中还可以用多个并联的先导阀控制一个主阀。当主油路流量特别大时，可以设置多级先导控制，即第一级先导阀控制后序级先导阀，最后一级先导阀控制主阀，各级先导阀流量依次递增，一般所见为二级先导控制。

复合阀也只具备单一控制功能，但它由两个在内部相互反馈作用的阀组成。例如调速阀、溢流节流阀等。

组合阀由几个单一功能的阀或者控制不同被控对象的单体阀组装在一起，连接油路也以孔道形式安置在阀体或者阀块（集成块）内部。工程机械常用的多路阀属于组合阀。液压系列产品中的插装阀和叠加阀是典型的组合阀。

(3) 以操控方式分类，有手动、电磁（铁）、液动、踏板和其他电磁原理等。

(4) 以控制的特征分类，有连续（模拟）和开关（逻辑）两大类。广义的含义，上述压力阀和流量阀都属于模拟型阀，而方向阀则属于逻辑型阀；但就液压技术发展的历史过程而论，这些含义是狭义的。比例阀和伺服阀类属于模拟阀类，以脉冲调制控制的阀类属于逻辑阀类（或称数字阀类）。这几种阀目前在起重机中较少见，但就其应用前景而论，是值得起重机设计者关注的。

(5) 以与管道连接方式（安装型式）分类，有螺纹连接、板式连接和法兰连接三大类。

关于阀的问题，在第五章还有较详细的介绍。

3. 执行元件

执行元件为直接驱动作业机构动作的液压元件，它以降低压力能来获取机械功率（力乘速度或力矩乘角速度），使与它相连接的作业机构克服负载阻力作功。液压执行元件有两大类，即液压马达和液压缸（油缸）。液压马达和旋转（摆动）油缸输出是旋转运动和扭矩；所谓"液压缸"一般是指直线往复运动的液压缸。液压马达和旋转油缸结构完全不同，输出轴角位移的区别是：液压马达的旋转角度不受限制，旋转油缸的旋转角度限制在360°以内（即摆动范围360°以内）。

液压马达的容积特征也是"排量"。大多数液压马达是定排量的，即定量马达。变量马达应用较少是因为它的结构较复杂，比起变量泵来，其可应用的变量范围较小。变量马达较典型的应用是在起重机的卷扬机构上。将两个或多个相同或不同的定量马达并联，通过配流措施，也可以起分级调速和扩大驱动扭矩范围的作用。将两个或多个液压马达并联且共轴地装置在共同的马达壳体里，称为"多排液压马达"。

液压马达根据系统输出转速和扭矩的要求分高速马达、中速马达和低速马达。高速马达的排量较小，可以达到很高的最大转速，但受输出功率的限制，输出扭矩很小，同时由于转速脉动幅值的限制，其最低稳定转速很高；低速马达则与高速马达相反，最高转速低，输出扭矩大，最低稳定转速低；中速马达的特征介于高速马达和低速马达之间。一般应用液压马达的系统，驱动的负载（作业对象）都是要求转速较低、扭矩较大，因此，在应用高速马达时，输出轴和负载之间，需要串接齿轮减速箱，这样，利用减速箱降低转速同时加大扭矩的作用，以适应负载的需要，液压术语称这种连接方法为"高速方案"。低速大扭矩液压马达则可以直接驱动负载，不需要串接减速齿轮，称为"低速方案"。中速液压马达也可以直接驱动负载，但负载的速度和扭矩变化要求被限制在其性能参数适合的范围内。高速液压马达有齿轮式、柱塞式和叶片式；中速液压马达则多为摆线齿轮式；低速大扭矩液压马达有柱塞式和球塞式。

液压马达的有关较详细内容，请参阅第三章第三节。

液压缸主要有活塞杆式和柱塞式两大类。活塞杆式液压缸又有单作用和双作用之分,双作用液压缸的活塞两侧容腔交替进出液流,动作易于控制,可推拉驱动,应用较普遍,而且有单级和多级伸缩活塞杆等型式。单作用液压缸只在活塞一侧进出液流,另一侧以压缩弹簧弹力或重力与液流侧压力对抗,形成液压缸对负载的驱动,例如制动器的液压缸。

液压缸的直径、行程和安装结构,对不同的起重机液压系统来说,是非常个性化的,比较难于从市场上选择到合适的商业化产品,往往需要液压系统设计者自行设计,因此,各种液压设计手册都比较详实地引述液压缸的设计方法,本手册也是本着这一需要在第四章撰写了相关内容。

4. 辅助元件

辅助元件主要有:液压油箱,滤油器,压力表及其开关、蓄能器及其开关,油温与油量指示器,压力继电器,液压油箱空气过滤器,加热器,散热器,油管(硬管或软管),管接头和中心回转接头等。

(二)按构成起重机主要作业机构的液压回路分类

按构成起重机主要作业机构的液压回路可分成:起升(卷扬)机构、变幅机构、回转机构、吊臂伸缩机构、支腿收放机构、顶升机构和走行机构等液压回路。此外,还有稳定器、平衡重(活配重)、液压助力器、转向器、散热器等液压回路。

### 三、液压系统的基本功能和主要性能指标

(一)液压系统的效率

液压系统用于传递机械功,存在着能量有效利用率,即效率的要求。液压系统的效率由三种效率构成:

第一种是液压效率:发动机对液压系统作功,使系统获得的总液压能量是泵源出口的高压通道与系统排油通道压力能差值,它被分成两部分:一部分是有效液压能,用于液压执行元件对作业对象作功,是液压执行元件进、出腔压力能的差值;另一部分是无效液压能,是液压元件及管路中液体流动形成的压力能损失(长度阻力和局部阻力损失,通常称之为压力损失),是无法避免的损耗。有效液压能与总液压能的比值,就是系统的液压效率。

第二种是容积效率:液压泵源送入系统的总流量,被分成两部分:一部分油液流量通过液压执行元件,用于对作业对象作功;另一部分油液流量绕过液压执行元件流出系统,出现于泵、执行元件、控制阀和各种接头的内泄和外泄部位以及旁路溢流阀或流量阀支路,这部分流量没有用于对作业对象作功。通过液压执行元件的流量与总流量的比值,就是系统的容积效率。

第三种是机械效率。发动机对液压泵轴所作的功,一部分用于泵中液体能量的提高,是泵的有效功,另一部分消耗于对泵中机械摩擦副所作的机械功,是泵的无效功,泵的有效功与发动机总功之比,称为泵的机械效率;液压执行元件中液体能量的减低(能量差),一部分用于对作业对象作功,是执行元件的有效功,另一部分消耗于对执行元件机械摩擦副所作的机械功,是执行元件的无效功,执行元件的有效功与执行元件中的液体能量差之比,称为执行元件的机械效率;泵和执行元件机械效率的乘积即为液压系统的机械效率。

液压系统的总效率,即为液压效率、容积效率和机械效率的乘积。无论哪一种效率,都体现着节能的效果。

(二)液压系统的控制

起重机各作业机构为完成作业任务,要求液压执行元件能实现不同的控制,大体可归纳成四类,即液压执行元件要使作业机构达到指定的位置——位置控制;或者使作业机构以指定的速度规律运动——速度控制;或者使作业机构能用指定大小的力规律作用于作业对象——力控制;或者使作业机构保持恒功率输出。液压系统就将各种元件适当组合起来通过运用实现上述控制要求。大多数起重机作业机构对液压系统的要求属于位置控制和速度控制,少数属于力控制。常见的情况是:作业机构的终结目标是位置控制,中间过程则要求速度控制。着眼于起重机作业的工作效率和

操作安全,设计者和操作者更为注重速度控制。速度控制常见的用语是"调速"。

液压系统实现位置控制是在作业机构达到目标位置时,使液压执行元件停止运动。实现位置控制可以用两类原理,即:开环控制原理和闭环控制原理。开环控制原理是截断执行元件进口和出口的液体流动,使它处于零流量状态,可以用三种方法实现开环位置控制:第一种是针对执行元件上不受的动力性负载(重力、风力、波浪力和其他能拖动作业机构外力)反驱动作用的系统,常见是用一般的换向阀,系统中任何部位的泄漏,都不会影响执行元件的零流量状态;第二种是针对执行元件上受的动力性负载反驱动作用的系统,在执行元件的出口流道上,装置有截止功能的液压锁(液控单向阀)或平衡阀。第三种方法是针对有内、外泄的液压执行元件和与之连接的阀,这种配置,不能保障在动力性负载作用下使执行元件停顿在目标位置上,形成越来越大的位置误差,这时需采用液压制动器以机械摩擦方式对作业机构进行锁紧。闭环控制原理则是应用反馈原理实现位置控制,即:在目标位置上用位置传感器检测出位置误差,用液压伺服阀或比例伺服阀自动消除误差,使液压执行元件在目标位置附近微小误差邻域内波动,这种波动对作业的影响微小到被允许的程度,这种原理能够自动补偿液压执行元件内、外泄和其他因素造成的位置误差,起重机中只在动力转向系统应用这种方法。

液压系统实现调速是控制进入和流出执行元件的流量来控制执行元件的速度。液压系统有四种基本方法实现调速,即阀控(制)、泵控(制)、液压马达控(制)和发动机变速控制。阀控是通过对流量控制阀的操作来控制进入和流出执行元件的流量以实现调速,这种方法的特点是用阀的开口量的变化,改变进入和流出执行元件流量以实现调速,液体流过阀口时,由于流动阻力形成压力降,即所谓"节流"原理,这被称为"节流调速"。节流调速就是以降低液压效率为代价实现调速,因此,它是非节能的,而且节流使压力降变为无效热能,使油温提高,影响系统各种元件的寿命,且由于油液黏度下降,增加内、外泄漏,降低容积效率;节流调速系统有旁路流量损失,因此容积效率较低。但它的调速范围宽,结构简单,成本便宜,尤其调速过程跟踪操作的反应快速,动态性能非常好;一般说,节流调速适合用于中小功率系统。泵控则由多个定量泵组合成多级的有级调速和变量泵的无级调速两类。它们的共同点是改变泵的排量来改变送入执行元件的流量来实现调速。排量是泵的容积特征,所以泵控被称为"容积调速"。容积调速不用节流原理,不降低液压效率,而且它不需要旁路排油,系统的容积效率远高于节流调速系统,因此,它的节能效果突出,但它的调速范围不及阀控宽(主要是低速范围内其流量不稳定),结构庞大复杂,投资昂贵,动态性能差,它适用于大中功率系统。马达控是通过多个定量马达组合成多级的有级调速和变量马达的无级调速两类。马达控也属于容积调速,其优、缺点亦与泵控相同,但其可调范围小于泵控,但在下列情况下需要用马达控进行调速:一种情况是泵控调速系统中,需要进一步拓宽调速范围时,作为泵控的补充手段;另一种情况是为多个作业机构液压子系统并联,共用同一个泵源。发动机调速的液压效率和容积效率相仿于容积调速,但受到发动机调速高效区的限制,调速范围较小,动态响应差。以上四种基本调速以外,还可以用复合调速,例如:将定量泵组合的有级容积调速,与阀控节流调速复合应用,可以形成无级调速。虽然因为存在节流原理,会降低压力效率,但获得从有级到无级调速的变化,是利大于弊的。

力控制在不同应用场合的目的和要求各异,在工程机械上只用在离合器和制动器的液压回路中,以实现锁紧力的适当大小。

恒功率控制是液压系统可以适应作业负载的变化,自动调整液压执行元件的速度,使发动机的功率保持基本不变,始终在高效工况工作,同时也避免超载运行而熄火。恒功率液压系统属于容积调速系统,其变量泵或变量马达的变量机构,可根据负载引起的系统压力变化,以反馈原理自动实现排量的变化,进而实现执行元件的速度变化。

(三)液压系统的工作质量

液压系统有两种工作状况(工况),即"稳态工况"和"动态(瞬态)工况"。稳态是指发动机驱动力和外负载恒定、执行元件的状态(速度,或是位置,或是力)恒定的工况,即工况参数不随时间变化而变化;动态则相反,是上述条件非恒定的工况,工况参数随时间变化而变化。

1. 稳态精度

在稳态工况下,液压执行元件的实际达到的控制目标(例如位置或速度)和操作者期望达到的控制目标存在一定误差,称为"有差系统",反之则称为"无差系统"。有差系统的误差大小,以稳态精度来描述,误差小,即为精度高。一般起重机作业机构,除转向机构外,对稳态精度的要求均不是很高,用开环控制即能达到要求。

2. 动态稳定性

由于操作(称为"激励")或负载变化(称为"负载干扰"),液压执行元件不再处于稳态工况而会跟随着变化(称为"响应"),其中间过程就称为"动态过程"。在激励或干扰终止后,如果液压执行随之进入新的稳态,则称为响应是收敛的,这种系统就称为稳定系统。相反,在激励或干扰终止后,响应不收敛,出现变化越来越强烈(称为发散)或等幅振荡,则称为不稳定系统。但对振荡器而言,等幅振荡亦算稳定。稳定系统和不稳定系统的区别,称为"绝对稳定性"。从设计到使用,起重机都不允许出现不稳定现象。

对稳定系统而言,由于所有元件中都存在惯性、摩擦、弹性等因素,所以,执行元件的响应相对于激励或干扰都在时间上有所落后,称为"滞后",同时也会出现冲击或"衰减性振荡"现象。不同系统的滞后、冲击、振荡在形式和程度上有所不同,这种现象称为稳定系统的"相对稳定性"。起重机对系统相对稳定性的要求不是很高,但设计时也应该考虑对系统的滞后、冲击、振荡予以限制。

(四)液压系统的安全性

请参阅本章第二节的有关阐述。

(五)液压系统的针对性和性能—价格比(性价比)

液压系统应该以起重机机型及其对具体作业的要求以及制造、运行和管理的成本,制定设计原则,不能单纯地追求高效率、高性能。综合地考虑性能和成本问题,即是性价比的问题。例如大型起重机的行走机构的功率驱动,从效率、传动和操纵性能、重量等方面考虑,可以采用闭路容积调速回路,其他作业另用一个动力泵源,调速选用节流调速或复合调速。虽然这样方案中液压器件和造价、管理成本很昂贵,但其整机的作业运行效率和运行成本却是便宜的,而这种设计用于小型起重机则完全不合适。又例如,行走和起升(卷扬)机构同样用液压马达输出旋转功,选用高速方案还是低速方案,常需根据市场、应用配套条件和各企业的具体情况进行选择。液压元件的选用和采购也需要考虑其性价比。

以上所述起重机对液压系统的重要概念,就成为衡量液压系统性能特点优劣的依据,也是设计、选用和改进的依据。

**四、液压系统的一些基本概念和术语**

(一)共泵源的并联和串联油路

这里"泵源"是包括一台泵单独供油或若干台泵组合供油的概念。为简化叙述,以下图中泵源的泵只用一台泵的图形符号表示。

两个或两个以上个作业机构的液压执行元件共用同一个泵源有三种油路,即:并联油路、串联油路和二次调节油路。二次调节油路虽有优点,但结构复杂,价格昂贵,应用场合不多,从起重机的作业特点看,不会采用,这里就不阐述了。

图6-1-2为并联回路。泵1为定量泵,与旁路上的溢流阀2组成"定压油源",或称"恒压油源"。油源同时向 a 和 b 两个支路供油。此回路允许两个执行元件同时工作(换向阀 3a 和 3b 都不处于中位),也可以某一个单独工作(换向阀 3a、3b 中的一个不在中位),这时泵的出口液流压力保持在溢流阀的调定值 $p_s$,溢流阀以系统始终有高压旁路液流能量损失(降低系统容积效率)为代价来维持泵的定压工作状况。实现这种工况有两个必要条件:第一,串联于执行元件进或出口流道的流量

控制阀应该被调节到使执行元件的最大流量小于定量泵的流量,二者的差值一般可定为定量泵流量的 5%～10%,即在系统正常工作时,至少保证有相当于泵流量 5%～10% 的流量通过溢流阀;第二,在运行前必须注意使 $p_s$ 调节到略大于两个执行元件 5a 和 5b 需要的最大工作压力、管道流阻引起的压力损失和控制阀节流压力损失之和。当两执行元件都不工作时,阀 3a 和 3b 都处于中位,泵的液流被直接引入油箱,其出口压力基本与油箱压力相等,溢流阀在调压弹簧作用下自行关闭,暂时停止工作,旁路液流从而断流。此时,虽然泵以全流量工作,因为出口压力基本等于零压(表压为零),泵不造成发动机的负载,使发动机处于空载工况,此种工况被称之"卸荷"工况。单向节流阀 4aa 用于控制流量,调节它们的开口度,就可以调定液压马达 5a 的转速;在换向阀 3a 处于下位时,单向节流阀 4ab 的单向阀关闭,5a 的排油全部通过 4ab 中的节流阀,起控制液压马达 5a 正向旋转的调速的作用。此时,单向节流阀 4aa 中单向阀打开,送向 5a 的进油流量几乎全部通过单向阀,与之并联的节流阀只有极少量流量通过,基本不起节流作用。在换向阀 3a 处于上位时,单向节流阀 4aa 控制液压马达 5a 反向旋转的调速,阀 4aa 和 4ab 的这种装法,形成对液压马达 5a 的"出口节流"。如果将阀 4aa 和 4ab 在原来位置上反接,就形成对液压马达 5a 的"进口节流"。一般的说,出口节流属于"背压节流"。在液压马达起动时起阻尼作用,削减冲击峰值,相对稳定性较好。

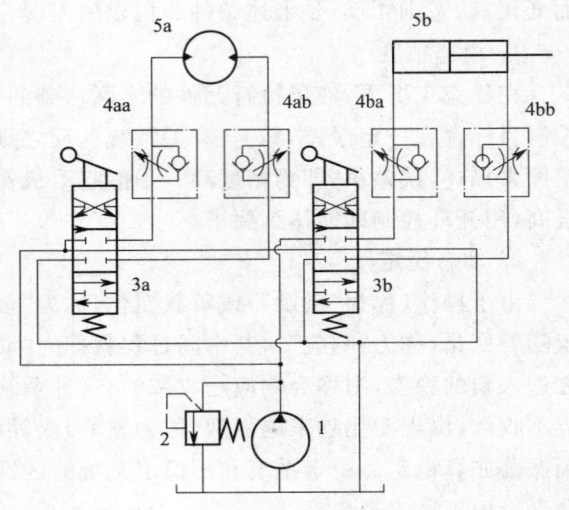

图 6-1-2 并联回路
1—定量泵;2—溢流阀;3a—a 支路换向阀;
3b—b 支路换向阀;4aa 和 4ab—a 支路单向节流阀;
4ba 和 4bb—b 支路单向节流阀;5a—a 支路执行
元件(液压马达);5b—b 支路执行元件(液压缸)

图 6-1-2 中,b 支路上的液压执行元件是液压缸,其特点与液压马达支路 a 基本相同。但在液压缸是双作用单出杆型的情况下,控制调定参数时要注意活塞两侧有效面积差的因素。

图 6-1-3 是串联回路,串联回路也允许各支路同时工作。串联回路的特点是不同作业机构的液压支路被按先后次序排列,第一个支路执行元件的进油直接由泵源供给,第二个支路执行元件用第一个回路的排油作为进油,后序支路也依此排油和进油,最后支路的排油进入油箱。

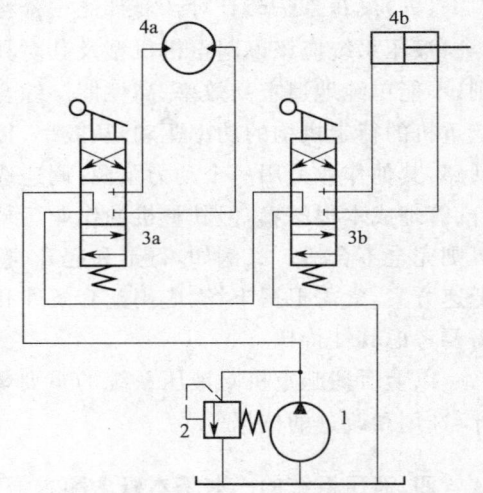

图 6-1-3 串联回路
1—定量泵(或变量泵);2—安全阀(限压阀);
3a 和 3b—支路换向阀;4a—第一支路(a 支路)
执行元件(液压马达);4b—第二支路
(b 支路)执行元件(液压缸)

泵出口的压力,从每一个支路逐级下降,通过最后支路排油压力即为油箱压力(零压),即各支路压力降总和为泵的压力。支路级数越多,各级压力降越大,所需泵应具备更大的压力工作。泵的压力是受零部件强度和磨损等因素限制的,所以在各支路的压力降也是应该受到限制的。各支路的压力降是支路执行元件克服负载阻力作功形成的压力降和支路中流动阻力(如果用流量阀,则其节流压力降也在其内)形成的压力降之和。因此,在串联回路中,各支路很少用流量阀串联于执行元件的进、出口流道的方案来调速,要调速就只得用变量泵或用换向阀开启局部开口量泄流(相当于旁路节流)。串联油路泵的出口压力必定要随各支路负载变化,所以它不能是"定压"的。图 6-1-3 上的旁路压力控制阀 2 是限压阀,只在系统发生意外的超安全工况打开,使压力限制在不破坏元件的范围内,在正常工况下此阀不起作用,所以它被称为"安全阀"。

图 6-1-2 并联回路的旁路溢流阀和图 6-1-3 串联回路旁路的安全阀是完全相同的压力控制阀,只是在不同场合起不同作用。对于恒压油源,正常工况下,溢流阀必须打开,起维持泵源出口压力的作用,同时也保证系统不致破坏。对于恒流油源,正常工况下,安全阀必须是不打开的,因此,安全阀的调定压力必须高于液压执行元件进口可能达到的最高工作压力。

串联系统虽然结构简单,但由于油源与各支路之间在工作时相互影响较大,只在压力较低、调速要求较低的情况下采用。

(二)液压马达的开式回路和闭式回路

起重机的卷扬、回转和行走都是旋转作业机构,液压系统中都用液压马达作执行机构。相应可以有两种回路方案,即开式回路和闭式回路,前者适用于中小功率的卷扬和回转机构,后者适用于大功率的行走机构。

本章的第三节所述的卷扬机构(图 6-1-7 至图 6-1-12)和回转机构(图 6-1-19 和图 6-1-20)应用的都是液压马达的开式回路,请参照上述图理解开式回路的特点。开式回路的特点是:①依靠换向阀改变马达旋转方向,不需要双向泵来控制马达换向;②泵从大油箱吸入液体,系统中所有的排油,都回到油箱,形成系统油液连续的循环流动。油箱容积必须很大,因为从安全角度考虑,当马达或系统油路发生意外故障,导致回油不能回到油箱时,油箱必须存放有足够容积的油液,保证至少在 3 min~5 min 内不被泵抽空,否则,泵在无油情况下旋转,将在很短时间内损坏,导致系统重大事故。如果 3 min~5 min 还不足以让操作者发现和及时停泵,则油箱还应设计得更大。开式回路主要优点是:①应用定量泵或单向变量泵、换向阀切换高低压油路进行,因此结构简单,操作方便,价格便宜;②全部油液在循环过程中都通过开放性的大油箱,在大气中散热,因此系统的油温容易保持在合理的范围内,黏度适中,有利于改善摩擦副的摩擦、磨损以及保持容积效率;油温合理也有利于延长油液和密封件的寿命;③可以与其他机构的液压回路并联而应用同一个油源。开式系统的缺点是:①油箱体积大,存油重,于不利车载;②泵的吸入压力低,形成一定程度的真空,容易发生"气蚀",影响泵的寿命,转速越高,泵的吸入真空度越大,使系统不能采用高速泵,而中、低速泵的体积和重量都较大,于不利车载。当前包括起重机在内的大型工程机械的行走机构液压系统都趋向的高速高压,开式系统是与之矛盾的。

图 6-1-4 为闭式回路。主油路由 a、b 两条支路接通主泵 1 和液压马达 2。主泵为双向变量泵,当其变量机构控制泵在正排量范围内变化时,a 路将泵的高压油送入液压马达 2,马达通过 b 路排出低压油,主泵从 b 路将低压油吸入,形成油液的封闭循环,此时马达正向旋转。泵的排量变化使马达转速变化,即为调速。当主泵排量在负值范围变化时,液流反向流动,主泵 b 路形成出油的高压油路,a 路变成低压吸油路,马达反向旋转。这种循环通油方式就不需要大油箱,这是闭式回路的主要特点之一。但如果主泵吸油管路不高于大气压,主泵吸入腔还会产生真空度,因此,安置了由辅助泵 5 和其旁路上溢流阀 6 构成的辅助油路,在低压油路上形成边界压力。根据帕斯卡原理,此边界压力就是主油路上低压油路的压力(由于在主油路旁路上的单向阀 4a 和 4b,保证了辅助油路必定与主油路的高压油路截断,而与主油路的低压油路相通)。一般将溢流阀 6 压力调节至 0.7 MPa~1 MPa,此压力使泵能在很高的转速下,处于足够大的吸入压力下工作,避免了气蚀,延长了泵的寿命并起补偿系统外泄的作用。辅助油路是闭式油路的又一个特点,一些适用于闭式油路的主泵产品,将辅助油路的泵 5 和溢流阀 6 以及其管路与主泵做成一体,通常称为"闭式泵"。虽然,闭式回路还是在辅助油路上有一个小油箱 7,但它的体积很小,存油很少,是车载条件许可的。为防止系统超载引起系统故障,闭式油路分别在 a 路和 b 路的旁路上设置了安全阀 4a 和 4b,它们一旦排油,仍然被主泵吸入。设置两个安全阀这是一个很重要的措施。老式的闭式油路安全阀设置方案如图 6-1-4 上右侧图所示结构,以单向阀 10a 和 10b 安置在 a 和 b 路的旁路上,然后接在一

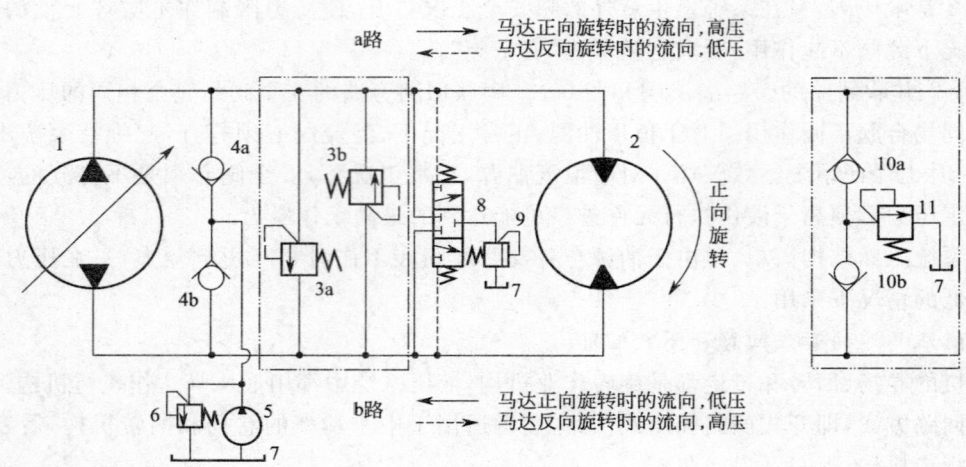

图 6-1-4 液压马达的闭式回路

1—主泵(双向变量);2—液压马达;3a—a 路安全阀;3b—b 路安全阀;4a—a 路补油单向阀;
4b—b 路补油单向阀;5—辅助泵;6—辅助泵源溢流阀;7—油箱;8—冷却支路换向阀;
9—背压阀;10a—另方案 a 路单向阀;10b—另方案 b 路单向阀;11—另方案安全阀

个共用的安全阀 11 上。老式结构的弊病在于:当液压马达发生被卡死的故障时,马达排油终止,泵的大量供油全部排向小油箱 7,不但油箱容积很快不够存放,更严重的是主泵无油可吸入,泵和系统短暂时间即损坏。而两个安全阀 4a 和 4b 的方案中,在马达卡死时,安全阀的排油全部送入主泵吸油腔,主泵仍可正常运行,不致损坏。也有一些系统用四个单向阀与一个安全阀在 a、b 两路间组成正反向半桥桥路结构的方案,如图 6-1-20b,虽然减少一个安全阀,但需要安全阀放油时,必须多一个开启两臂单向阀的间接过程,其动态品质就不如图 6-1-4 上用两个安全阀 3a 和 3b 直接放油的过程好,这里就不详述了。闭式回路属于容积调速回路,在发动机转速不变的情况下,马达的转速与变量泵的排量成正比,回路中只有少量的管路阻力形成的压力损失,压力效率很高,但是长时间的连续工作,少量的压力损失也会积累热量,尤其在周围环境温度较高的情况下,油温升高的现象也不容忽视,因此有的回路上装有阀 8 和阀 9 组成的冷却支路,液控换向阀 8 在高压油路和低压油路的压差作用下打开,将少量的低压油路的油液通过背压阀 9(实际上是一个串联安装的低压溢流阀)排入辅助油箱 7,在大气中进行自然冷却。送入冷却支路的油液流量根据实际需要确定,此流量的调节取决于溢流阀 6 和背压阀 9 的调定压力之差(前者高于后者)以及阀 8 的开口度,实际上阀 8 是有节流作用的,其开口度可以调定。

(三)节流阀控制的三种调速回路

用节流阀控制执行元件的调速回路有三种,即:进口节流(图 6-1-5a)、出口节流(图 6-1-5b)和旁路节流(图 6-1-5c)。三种不同回路的效果不同。

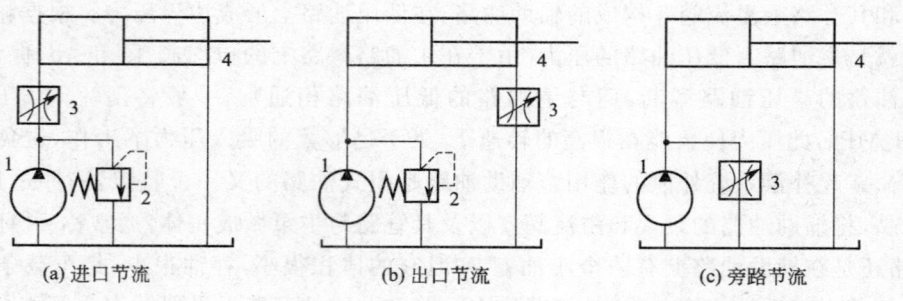

图 6-1-5 节流阀调速的三种回路

1—定量泵;2—溢流阀;3—节流阀;4—液压执行元件

### 1. 负载刚度

当作业负载阻力变化时，液压执行元件的进口或出口压力相应变化，因此，在节流阀进口或出口的液流压力随之变化，即使节流阀的开口度未变化，其通过的流量也会变化，因而引起执行元件速度变化。从调速的要求来说，执行元件速度不应该变化，这是节流阀调速的缺陷。因此，制定了一个指标——负载刚度，它是负载增量与速度增量的比值。负载刚度越大，说明速度受负载阻力变化越小，调速效果越好。

### 2. 系统效率

出口节流和进口节流是定量泵流量的一部分从旁路溢流阀流出，未进入执行元件，降低容积效率，同时在执行元件的进口油路或出口油路上，节流阀造成压力损失，降低了液压系统效率。旁路节流是定量泵流量的一部分从旁路节流流出，也未流入执行元件，降低了系统容积效率，但在执行元件的进口油路或出口油路上，没有节流的压力损失，液压效率接近 100%（因为还有管道压力损失）。在某些工况，旁路节流的容积效率高于进口节流和出口节流，另一些工况又低于进口节流和出口节流。

在整个负载阻力变化（工况变化）的范围内，无论哪一种节流回路，负载刚度和效率都是变化的。进口节流和出口节流的负载刚度和效率变化相同，旁路节流的上述两种指标的变化则不同。如从工况变化的全范围看，进口节流和出口节流的平均负载刚度高于旁路节流；而旁路节流的平均效率高于进口节流和出口节流。

负载刚度过小，对负载阻力动态变化比较剧烈的工况，会增加操作上的难度。

起重机作业的液压系统，常用多路换向阀的部分开口度来进行调速。这基本上属于旁路节流，由于负载阻力的动态变化不大，所以，调速操作并不会引起难度。

### （四）换向阀的机能

换向阀主要用于以全开、全关方式切换系统或其局部支路的通流状态，只在少数情况下，弹簧复位型的手动换向阀用局部开口度方式来起连续的旁路节流作用。

几种常用的换向阀机能符号如图 6-1-6 所示。

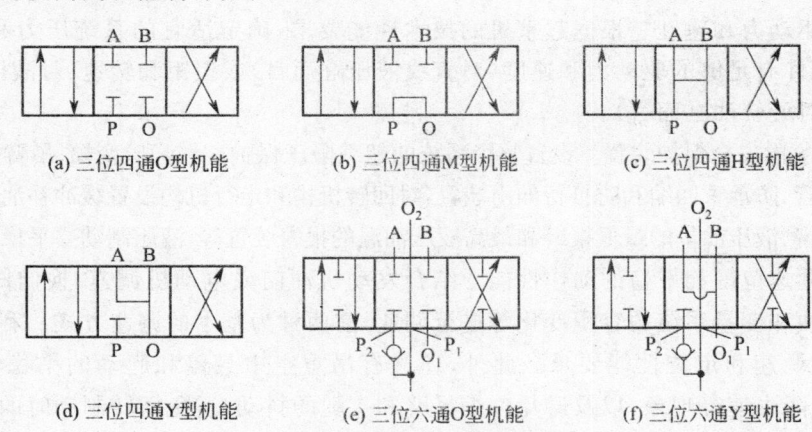

图 6-1-6 换向阀几种常用机能

图 6-1-6 所示的油口标注和通向为系统中最常用的接法，P 为高压口，O 为排油口，A 和 B 为工作口。在特殊场合，可以根据需要任意安排油口的接法，但有的换向阀的 O 口允许承受的压力较低，在这种情况下，不能使 O 口压力超过允许值。

三位四通 O 型机能（图 6-1-6a）在起重机系统中用的不多，但在其他机械中是常见的，原因是它在中位可以封锁 A 和 B 两个工作口，但不能使泵卸荷，三位大通 O 型机能中位封锁 A、B 口，又能使泵卸荷。起重机较多情况下需要有中位卸荷功能，以便节能，图 6-1-9 中即有其例子。三位四通 M 型机能（图 6-1-6b）在阀处于中位时能封锁 A、B 口，也能使泵卸荷。上述阀机能是针对需要中位封锁 A、B 口的场合。

在为数不少的场合，尤其在起重机和多种作业机械中，采用换向阀控制执行元件时，需要阀中位使A、B口卸压,直通O口(通油箱)。典型的是使用平衡阀、液压锁(液控单向阀)时,如果采用O型、M型或封锁A、B口的其他型机能阀,将使平衡阀和液压锁在需要关闭(使执行元件停止)情况下,阀的控制油腔的液体无法快速排出,主阀口不能及时关闭,将在一段时间内发生执行元件继续运动,直至阀的控制油腔的液体通过换向阀的间隙泄漏排出后才停止。此种情况下,应采用Y型(图6-1-6d)或H型机能(图6-1-6c)换向阀,因为它们在中位时,A、B口都与O口相通,使阀的控制油腔的液体迅速排出,主阀口迅速关闭。

  H型和Y型的区别在于:前者是中位P、A、B、O四个口都相通,此时不但执行元件停止,泵也可以卸荷;后者是中位P口与A、B、O不通,对三位四通Y型阀,泵是不能卸荷的。如果执行元件是双作用单出杆液压缸,一定要采用Y型机能,不能采用H型。因为液压缸两个工作腔有效面积不同,如果使用H型阀机能,此时泵出油流向油箱,即阀中有液流流动,并通向油箱。换向阀O口到油箱的管道液流流动阻力使换向阀的P、A、B、O都有一定压力,这使得液压缸两腔压力的合力不同,泵的部分流量可以进入液压缸的无杆腔,液压缸就会运动。同时,有杆腔排油,也进入无杆腔,类似于这里没有阐述到的P型机能阀的差动功能,使液压缸运动速度加大。如果用Y型阀,由于泵不通O口,A、B、O至油箱之间液体无流动,不会形成液压缸两腔压力的合力差。对于双作用双出杆,且两面出杆直径相同的液压缸和液压马达,由于其工作腔有效面积或排量相等,不会出现压力合力差,则可采用H型阀机能的换向阀。

  如果双作用单出杆液压缸需要中位卸荷,可以应用三位六通Y型机能(图6-1-6f)。但当同一泵源驱动并联执行元件时,可采用两个并联换向阀,如图6-1-9系统。这时只能一个三位六通阀用Y型,另一个三位六通阀用O型(图6-1-6e),其原因可见对如图6-1-9系统的解释。

## 第二节　液压系统设计的基本要求和步骤

### 一、液压系统设计的基本要求

  (1)足够的驱动力和速度。根据起重机的技术性能要求,确定适宜的系统压力和流量,保证液压系统的执行元件有足够的驱动力和速度(对直线液压缸而言)或扭矩和转速(对液压马达而言)或扭矩和角速度(对旋转油缸而言)。

  (2)全面、可靠的安全保护装置。设置整个系统的超载限压保护,对起升、变幅、吊臂伸缩、顶升和支腿机构设有防爆管、防承重回缩和防自行伸出装置,对回转机构和走行机构设置缓冲补油装置,以及液压滤油器的脏堵报警、液压油量的最低报警和最高液压油温的报警装置等,液压制动要平稳可靠。

  (3)较大的调速范围和平稳的动作性能。结合发动机油门或电动机调速、换向阀节流、多台液压泵合、分流供油和变量系统的容积变化等进行调速,前两种为基本的调速方式。利用上述调速措施也可满足微动调速和定位性能要求。此外,还应有吊重空中悬停和起动的平稳性能,避免"点头"、"溜钩"和下降失速等现象,以及避免伸缩吊臂和支腿的抖动,避免回转制动时的过大摆振和走行机构不连贯运行等性能。

  (4)不仅能单一机构作业,也应具有多机构联合动作的能力。

  (5)合理利用功率,降低发动机能耗。待命作业时采用卸荷油路,减少发热,提高效率。

  (6)抗污染能力强。液压系统的过滤精度应与所用液压元件的要求相适应,液压油性能要与工作环境相符,液压油箱设有空气过滤器,必要时设置冷却器和加热器等。

  (7)系统构成应简单、紧凑、重量轻。系统的标准化、系列化、通用化程度高,操纵简便,易于调试、安装和维护。

### 二、液压系统设计的步骤

  (1)明确整机对液压系统的要求和有关参数。

(2)确定液压系统方案和主要参数。
(3)拟定液压系统工作原理图。
(4)液压系统的设计计算。
(5)选择标准的液压元件及设计非标准的液压元件。
(6)液压系统验算。
(7)绘制液压系统装配图。
(8)整理和编写技术文件。

## 第三节 主要工作机构液压回路的常见型式和工作原理

### 一、起升卷扬机构的液压回路

(一)定量系统开式回路

1. 定量泵与定量单马达开式回路

如图6-1-7所示,换向阀3置于右位时,压力油经由梭阀4、单向节流阀5进入制动器液压缸6,推开制动器弹簧,松开卷筒。压力油同时经平衡阀7中的单向阀进入起升卷扬机构液压马达8(右侧),驱动其旋转,使吊重起升。靠单向节流阀5的节流作用,制动器的松开较起升(卷扬)机构液压马达8的旋转滞后,避免吊重在起升驱动力矩未充分建立前下溜("溜钩")。

换向阀3置于左位时,压力油直接进入起升机构液压马达8(左侧),同时经梭阀4、单向节流阀5,进入制动器液压缸6,松开制动器,液压马达反转,吊重下放。此时,平衡阀7的远控口受到该压力油的作用,推动平衡阀7的阀芯,调节其开度来控制液压马达8回油压力,使吊重匀速平稳下落。

换向阀3处在中位时,整个回路卸荷,制动器液压缸6在自身弹簧和单向节流阀5的作用下迅速制动住液压马达。这样,即使液压马达有内泄漏也能保证吊重被迅速制动住,实现吊钩或吊重空中可靠悬停或就位。

这种液压回路只能靠调节发动机或电动机转速,以及控制换向阀开度的节流作用来调速,调速范围小,能耗大,但它简单,易配置,常用于中小型轮式起重机。

2. 定量泵和定量双马达开式回路

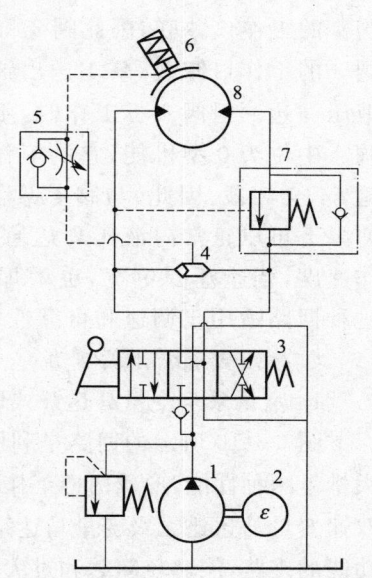

图6-1-7 定量泵与定量
单马达开式回路
1—液压泵;2—发动机或电动机;
3—换向阀;4—梭阀;5—单向节流阀;
6—制动器液压缸;7—平衡阀;
8—起升(卷扬)机构液压马达

如图6-1-8所示,电液换向阀5置于右位时,压力油经平衡阀7中的单向阀通向液压马达3和4。若此时电磁换向阀1断电,液动阀2将处于右位,使液压马达3和4得以并联地驱动卷筒,实现低速大扭矩起升吊重。若电磁换向阀1通电,液动阀2将处于左位,压力油先进入起升液压马达4后,再经液动阀2的左位进入起升液压马达3,起升液压马达3和4串联工作,实现高速小扭矩驱动。如果此时吊重负荷偏大,就会使起升液压马达4进口的供油压力过大,其分支油路推动液动阀11处于左位,液动阀2将被切换至右位,起升液压马达的油路自动切换回并联,形成起升机构的低速大扭矩驱动,对起升负荷实施自适应的超负载保护。

电液换向阀5在左位时,起升液压马达反向转动,驱动卷筒下放吊重,这是电磁换向阀1和液动阀2、液动阀11的工作过程与前述相同。吊重在此状态下起拖动作用,因此,起升液压马达入口油压较小,液动阀11基本上不动作,靠平衡阀7的远控口油压控制其阀芯开度来自动调节液压马达的回油背压，使吊重匀速平稳下放。

电液换向阀 5 处在中位时，整个回路卸荷。

这种回路除了可用前述回路的调速措施外，还能通过双定量液压马达的串联或并联工作构成两档驱动转速，调速范围增大。

3. 定量双泵与定量双马达开式回路

如图 6-1-9 所示，这种回路的液压马达也能由电磁换向阀 5 实现串联(阀 5 右位，实现高速小扭矩)驱动或并联(阀 5 左位，实现低速大扭矩)驱动。此外，通过电磁换向阀 3 和 4 的同时同向位置操纵可形成泵 1 和泵 2 的双泵合流供油，实现最大流量。但实现单泵供油时，只能操作电磁换向阀 3，由泵 2 单独供油。此系统不允许电磁换向阀 4 控制泵 1 单独供油，因为如不需泵和阀 3 工作时，阀 3 处于中位时，阀芯具有 Y 型机能，其通往液压马达的工作口都与油箱相通，处于卸载状态，而阀 3 的工作口又与阀 4 的工作口并联，因此阀 3 将使阀 4 工作口的油流通过阀 3 的工作口卸载，泵 1 送出油直接流会油箱，不能推动液压马达。但阀 4 不工作时，不会影响阀 3 的工作，因为阀 4 中位为 O 型机能，它的工作口处于闭锁状态，不通油箱，不会卸载，因此，与阀 4 并联的阀 3 工作口不会卸载，使泵 2 可以正常向液压马达通油。这样可以构成四档工作速度，调速范围更宽，也增加了该回路的工作可靠性。这种回路适用于调速和可靠性要求较高的起重机。

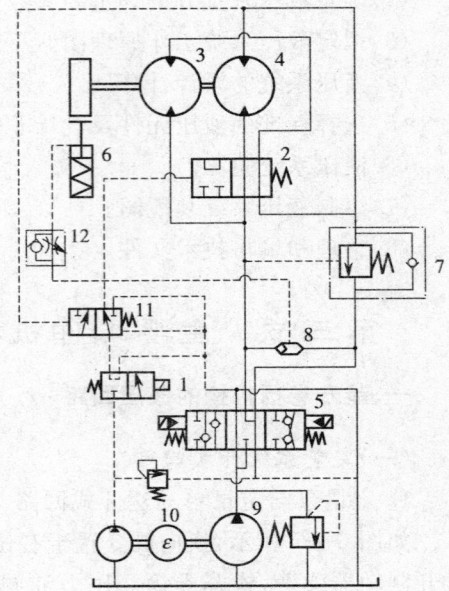

图 6-1-8 定量泵和定量双马达开式回路
1—电磁换向阀；2—液动阀(四通)；
3—起升(卷扬)机构液压马达 A；
4—起升(卷扬)机构液压马达 B；
5—电液换向阀；6—起升制动器液压缸；
7—平衡阀；8—梭阀；9—液压泵；
10—发动机或电动机；11—液动阀(二通)；
12—单向节流阀

(二)变量系统开式回路

1. 定量泵与变量马达开式回路

图 6-1-10 所示的回路是利用电磁换向阀 10 的通电和断电使起升液压马达分别具有小排量和大排量两种性能，形成两档工作速度(常取 1:2.5～1:3)，即把变量马达作双速马达使用，有级的双速变量马达比无级变量马达结构简单，价格便宜，可靠性亦佳。安全阀 5、6 组成的有限压和缓冲功能的支路，能避免超载和过大液压冲击。一对单向阀 9 组成补油支路可以从油箱吸油，改善低压管路的负压吸空现象。电磁换向阀 11 用于控制制动器液压缸 8。

图 6-1-11 所示的定量泵与恒功率变量马达开式回路可使起升液压马达的排量随系统压力的上升而增大，即在泵维持同一供油流量下起升液压马达的转速随负载的增加而下降，使起升机构在起升液压马达的排量变化范围内自动实现轻疾重缓。这样能较好地使起升机构的驱动转矩与转速的乘积近于恒定值，即恒功率调速。其调速范围约达 3～4，效率高，但在微动定位的吊装作业下，还需有换向阀节流调速。在大流量的系统中，需由比例控制先导阀 9 操纵液动换向阀 1，以实现换向阀操纵中所需的较大控制压力，并可通过这种二次控制减轻操作强度，方便使用。这在大型轮式起重机上应用较广。

2. 变量泵与定量马达开式回路

如图 6-1-12 所示，改变变量液压泵 1 的排量，便能改变起升液压马达 5 的转速。单向阀 3 在系统中起止逆保护作用，其他元件的作用同前述。这种回路具有这样一些特征：

(1)采用手动、电动或手动伺服变量泵，起升液压马达的转速与变量液压泵的排量成正比，通常这种回路的调速范围可达约 40($n_{max}/n_{min}$)。起升液压马达在负载一定时，其输出功率与变量液压泵的排量呈线性正比关系。

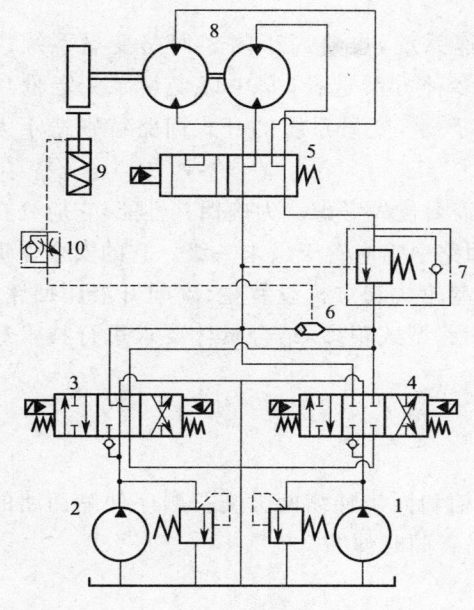

图 6-1-9 定量双泵与定量双马达开式回路
1—液压泵 A;2—液压泵 B;3—电磁换向阀 B;4—电磁换向阀 A;
5—电磁换向阀;6—梭阀;7—平衡阀;8—起升(卷扬)机构液压马达;9—制动器液压缸;10—单向节流阀

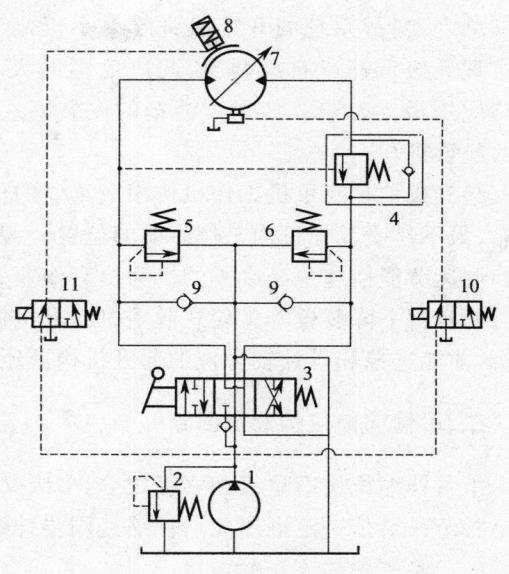

图 6-1-10 定量泵与变量马达开式回路
1—液压泵;2—溢流阀;3—手动换向阀;4—平衡阀;5、6—溢流阀;7—起升(卷扬)机构液压马达;8—起升制动器液压缸;9—单向阀;10,11—电磁换向阀

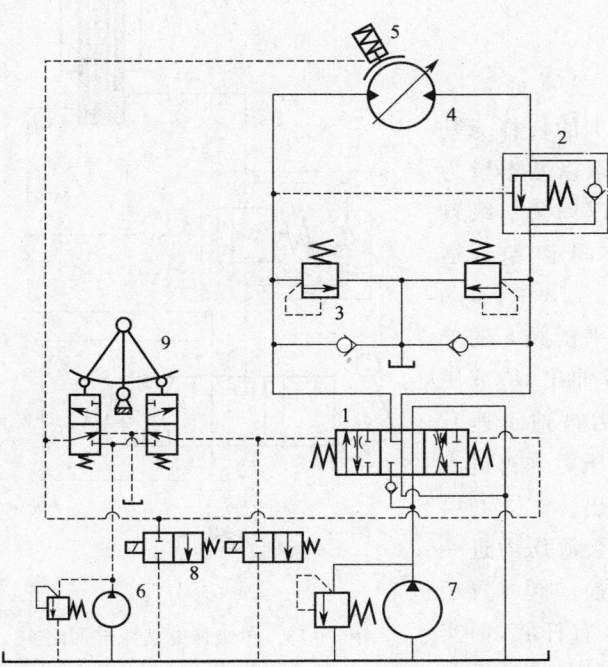

图 6-1-11 定量泵与恒功率变量马达开式回路
1—液动换向阀组;2—平衡阀;3—单向阀与溢流阀组;4—起升(卷扬)机构液压马达(恒功率变量);5—起升制动器液压缸;6—控制液压泵;7—主液压泵;8—电磁换向阀;9—手动比例控制先导阀

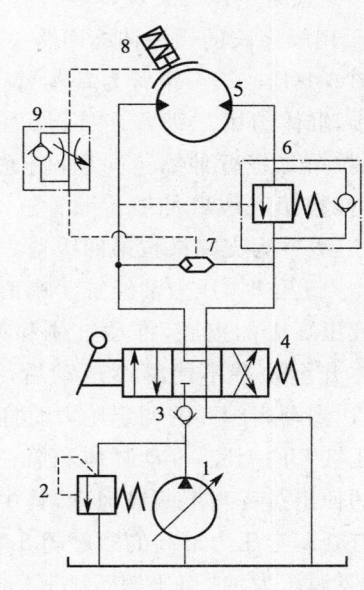

图 6-1-12 变量泵与定量马达开式回路
1—变量液压泵;2—安全阀;3—单向阀;4—换向阀;5—起升(卷扬)机构的液压马达;6—平衡阀;7—梭阀;8—起升制动器液压缸;9—单向节流阀

(2) 采用恒压变量泵，可以实现恒扭矩自动变速。

(3) 采用恒功率变量泵，可以实现恒功率自动变速。

总之，变量系统的开式回路效率不仅高于节流调速系统，也略高于闭式回路变量系统。可以实现无级调速或有级调速，调速范围的大小可以有多种方案选择，其中以变量泵—定量马达回路应用最为普遍。如果大油箱的安置对主机影响不严重，变量系统的开式回路特别适于大功率的起重机。

起升机构是起重机工作机构中最重要的作业机构，需要优先考虑。为确保其性能，它应处在最可靠、最不易受其他机构工作影响的位置。譬如，串联回路中它应置于最末一级。它的安全保护装置和调速节能措施也是必需的。为提高作业效率，大中型轮式起重机设有主、副起升液压回路，必要时的自由下降装置等。轮式起重机起升机构的液压回路型式很多，结合具体要求进行技术经济分析，才能选择和设计较合理的起升机构液压回路。

**二、吊臂伸缩机构液压回路**

吊臂伸缩机构有单级和多级之分，多级又有顺序伸缩和同步伸缩两大类。顺序伸缩回路的特点是各节吊臂依一定顺序先后伸缩。同步伸缩是各节吊臂同时伸缩。

(一) 单级伸缩液压缸回路

吊臂伸缩液压缸常有采用缸杆固定而缸体运动的型式，称为液压缸"倒置"，往往通过加粗的缸杆中心供油，以增加压杆稳定刚度，提高承载能力。平衡阀的作用与它在起升机构中相仿，它保证运动的缸体平稳回缩及其在任一位置锁定。单级伸缩液压缸回路（图 6-1-13）较简单，常用于单节臂伸缩或两节加钢丝绳与链条驱动的同步伸缩吊臂的起重机上。

(二) 多级顺序伸缩液压回路

1. 采用顺序阀的顺序伸缩回路

如图 6-1-14a，第一级臂为基本臂，倒置缸 1 的杠杆与基本臂铰接，缸体与第二级臂连接，从而缸 1 可以以基本臂为支撑，推拉第二级臂伸缩。同理，倒置缸 2 可以以第二级臂为支撑，推拉第三级臂伸缩。顺置缸 3 是缸体固定、缸杆运动，以第三级臂为支撑推拉第四级臂。在图 6-1-14b 中，手动换向阀 4 为上位时，压力油经缸 1 中心孔道及平衡阀 5 的单向阀到液压缸 1 的上腔，推动缸体和第二级臂伸出，待液压缸 1 缸体升至顶端不能继续运动后，泵源压力被迫迅速升高，直至达到顺序阀 8 的调定压力而打开阀 6，压力油再进入下个液压缸 2 的上腔，推动缸体和第三级臂伸出。缸 3 和第四级臂的伸出过程与上两级同理，其中关键是泵源压力进一步升高打开调定压力最高的顺序阀 8。若手动换向阀 4 置于下位，则泵源压力油"似乎"依次进入各液压缸有杆腔，但实际上三个有杆腔是并联的，后序液压缸的进油只是借道于前序缸，当三个液压缸不动时，液体不流动，它们的进口压力是

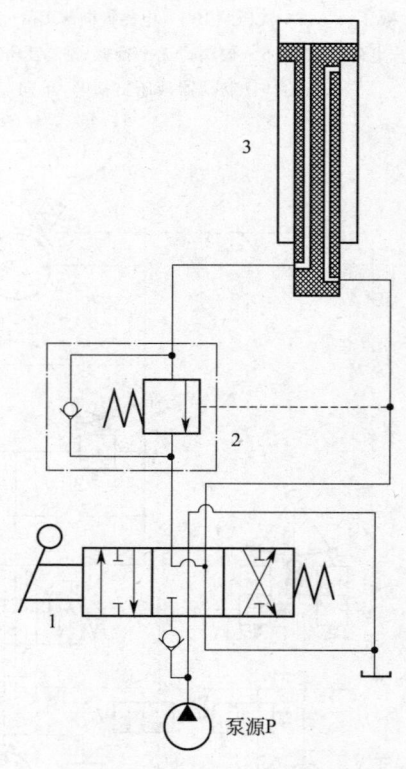

图 6-1-13  单级伸缩液压缸回路
1—手动换向阀；2—平衡阀；
3—单级伸缩液压缸

相等的，液压缸先后运动，液体虽有流动，由于流动过流面积大，流速很低，沿途压力损失很小，亦即三个缸进油腔内的压力基本是相等的，因此回缩阻力较小的液压缸先回缩，这常使吊臂回缩时，各节臂的动作次序是非顺序的。

顺序阀控制的顺序伸缩回路较简单，省去了液压软管卷筒，工作可靠。但是，这种伸缩臂液压

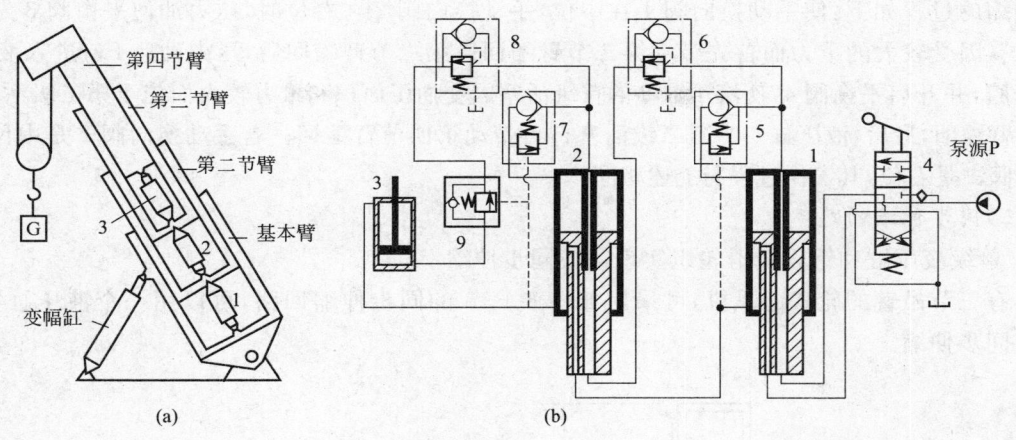

图 6-1-14　顺序阀多级伸缩液压回路
1、2、3—液压缸；4—手动换向阀；5、7、9—平衡阀；6、8—单向顺序阀

系统要求泵源工作压力是最高的，随之而来的是液压效率低（因为最后一级顺序阀的压力降非常大），系统元件承受的压力高，而且，各节吊臂的缩回顺序不确定。

2．换向阀操作与压力—面积效应形成的顺序伸缩回路

图 6-1-15 中有两个液压缸——5 和 6。缸 5 倒置，缸体与第二节吊臂连接一体，带动第二节臂伸缩；缸 6 由两个顺置液压套缸组合二级液压缸，外缸（一级缸）为缸体 6 与活塞 6b 组成，内缸（二级缸）以活塞 6b 中孔为缸体，内置活塞 6b；缸 6 的外缸与第三节吊臂连接一体，缸 6 的内缸与第四节吊臂连接一体。

在图 6-1-15 中，第二节吊臂伸出，依靠操作手动换向阀 1 和 2 的位置：使阀 1 处于左位，而阀 2 处于中位，压力油会经平衡阀 3 中的单向阀和液压缸 5 的缸杆中心孔道，进入液压缸 5 的无杆腔，使液压缸 5 缸体带动第二节吊臂伸出。当手动换向阀 1 处于中位，而手动换向阀 2 置于左位时，压力油则经液压软管卷筒 7 和平衡阀 4 的单向阀进入液压缸 6 的无杆腔，使缸 6 的活塞杆 6a 带动第三节吊臂伸出，回油由 f 口进入液压缸 5 的有杆腔及活塞杆芯，再到达手动换向阀 2 的回油口排出，需要注意的是，这时压力油也可以通过活塞 6a 上的 b 孔进入缸 6 的内缸无杆腔 a，同时内缸有杆腔也可以将油排到油箱，但是由于外缸无杆腔有效面积大，泵源用较低压力就可以推动活塞杆 6a 克服外阻力伸出，而内缸无杆腔有效面积小，较小的压力无法推动内缸活塞。当活塞 6a 行进到终点，即被缸体 6 顶住，泵源压力被迫升高，直到可以推动活塞 6b，液体就经 b 孔进入内缸的 a 腔（无杆腔），使活塞杆 6b 带动第四节臂伸出。回油则由 c 口经 d 孔、e 口、f 口，进入液压缸 5 的有杆腔，再到手动换向阀 2 的回油口。因此，第二节臂过渡到第三节臂的顺序伸出，是依次操作换向阀 1 和 2 的结果，而第三节臂过渡到第四节臂的顺序伸出，是有效面积和压力变化的结果，无须操作。

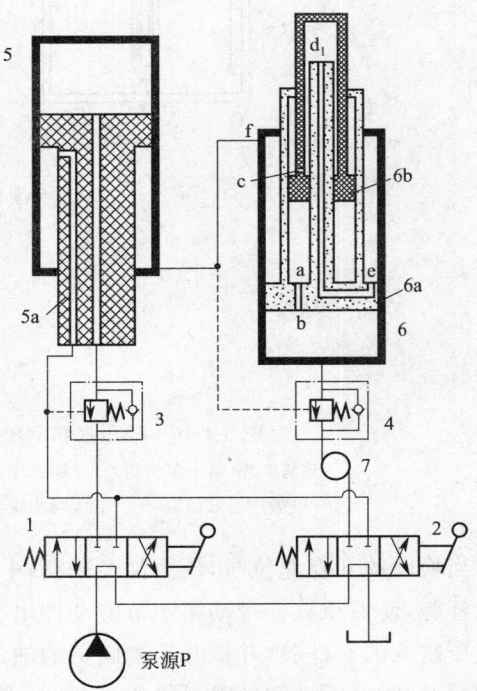

图 6-1-15　换向阀操作与压力—面积
效应形成的顺序伸缩回路
1、2—手动换向阀；3、4—平衡阀；5—单级伸缩液压缸
（5a 为活塞）；6—双级伸缩液压缸（6a 为外缸，
6b 为内缸）；7—液压软管卷筒

回缩的过程如下：使手动换向阀1在中位,手动换向阀2在右位时,压力油使平衡阀3先开启,液压缸5因受较大的重力而首先带动第二节臂缩回。第二节臂缩回后,压力油经f口进入液压缸6的有杆腔,并开启平衡阀4,使液压缸6的首级活塞因受油压面积和重力较大而先于第二级活塞带动第三节臂缩回,最后,液压缸6的第二级活塞杆再带动第四节臂缩回。若手动换向阀2是中位,而手动换向阀1是右位,其工作过程与上述相同。

(三) 同步伸缩回路

1. 单级液压缸和钢丝绳滑轮组实现吊臂同步伸缩

具有三节吊臂的轮式起重机,可采用如图6-1-16的同步伸缩回路,可以用一个液压缸实现两节吊臂同步伸缩。

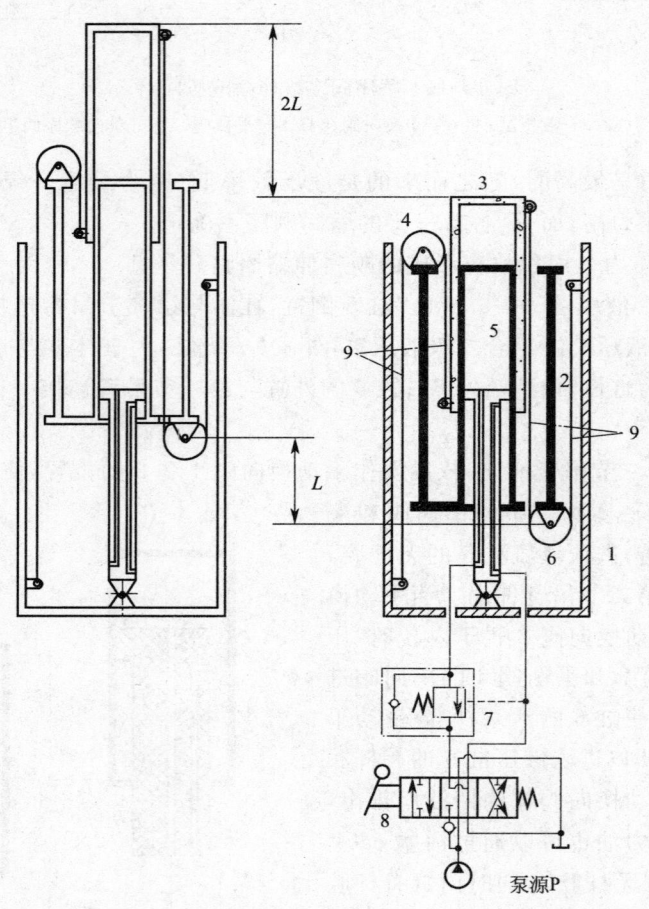

图 6-1-16　液压缸和钢丝绳滑轮组系统保证吊臂同步伸缩回路
1—基本臂（第一节吊臂）；2—第二节吊臂；3—第三节吊臂；4—上部同步钢丝绳滑轮组；
5—单级伸缩液压缸；6—下部同步钢丝绳滑轮组；7—平衡阀；8—手动换向阀；9—钢丝绳

当换向阀8在左位时,压力油经平衡阀7的单向阀,流过液压缸5的活塞杆芯,进入液压缸5的无杆腔,使液压缸5带动第二节臂2伸出。若换向阀在右位,则压力油流过液压缸5的活塞杆芯到液压缸5的有杆腔,并推开平衡阀7的油道,使液压缸5无杆腔的油泄出,液压缸5带动第二节臂缩回,同时经下部钢丝绳滑轮组6拖动,使第三节臂同步缩回。这种型式的吊臂同步伸缩精度高、简单、可靠,应用普遍。

2. 等容液压缸的同步伸缩回路

图6-1-17中,液压缸5的大活塞杆A中套入一小活塞杆B,A活塞中安置导油管C,B活塞中安置导油管D。换向阀处在左位时,压力油经平衡阀的单向阀进入C腔,推动活塞杆A拉着第二

节臂 2 伸出；同时，a 腔的排油被挤过 d 孔，进入 b 腔，推动活塞杆 B 带动第三节臂 3 伸出。因 A 活塞排油腔（a 腔）和 B 活塞进油腔（b 腔）通过的有效面积被设计成相等，致使活塞杆 A、B 的速度和位移相等，即动作同步，从而使第二、三节臂同步伸出。当换向阀置于右位时，压力油开启平衡阀，经导油管 C 进入活塞杆 B 内，再由 e 孔进入活塞杆 A 内的 f 腔，推动活塞杆 B 回缩，同时，将 b 腔的油挤回 a 腔，活塞杆 A 和 B 分别带动第二和第三节臂同步缩回。尽管等容液压缸专门将 a、b 腔的净受油压面积设计成相等的，但是，由于实际上的内漏、制造误差和累积动作误差等原因会造成同步效果不佳，因此，通常在 A 和 B 活塞体上设置双向单向阀，补偿同步误差（图上未展示）。

上述回路布置容易，重量轻，外形小，同步性较好，但其构造复杂，制造要求高。等容液压缸与前述的液压缸和钢丝绳滑轮组同步伸缩回路相结合使用，还可实现更多节臂的同步伸缩。

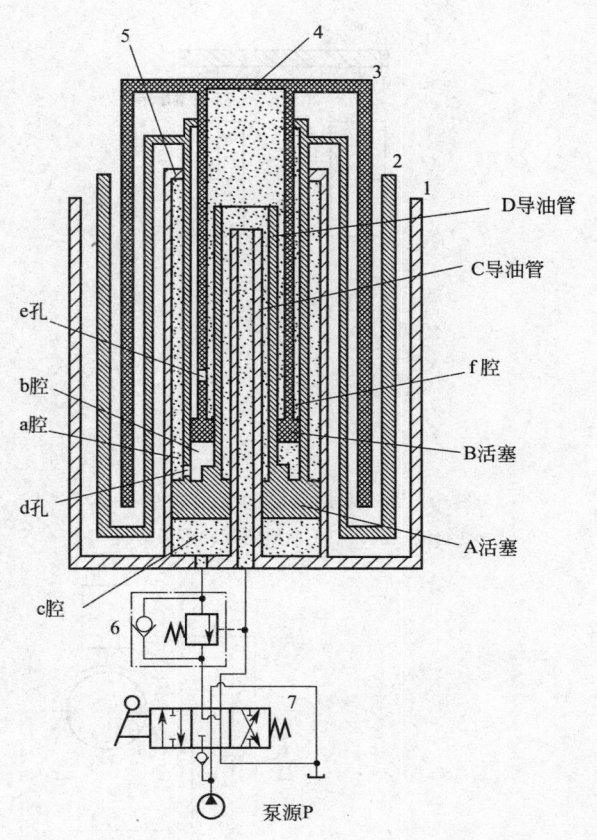

图 6-1-17　等容液压缸的同步伸缩回路
1—基本臂（第一节吊臂）；2—第二节吊臂；3—第三节吊臂；4—第二级等容液压缸；5—第一级等容液压缸；6—平衡阀；7—手动换向阀

### 三、变幅机构液压回路

伸缩臂式起重机采用单液压缸或双液压缸变幅。定长臂式起重机采用钢丝绳滑轮组变幅，变幅机构由液压马达驱动，其液压回路与起升机构相同。

图 6-1-18 为双作用液压缸的双缸变幅回路，双液压缸共用一平衡阀，平衡阀的渗漏和变幅缸的制造误差不会影响液压缸间的同步，但需用较大流量规格的平衡阀。

### 四、回转机构液压回路

回转机构的液压回路较简单，小型轮式起重机受到的负载惯性小，有时就有 M 形技能换向阀，不设制动器（图 6-1-19）。而中型以上的轮式起重机因所受负载惯性较大，在液压回路中不仅有液压控制，还有缓冲补油（图 6-1-20），如设置液压或脚踏式制动器、双向溢流阀组或单向阀溢流阀组等。

### 五、支腿液压回路

轮式起重机在起重作业时要由支腿支撑整机，汽车（轮式）起重机大多采用 H 形支腿，铁路起重机受车辆限界的限制，多采用水平转动式支腿。这两种型式中每个支腿都有一个水平液压缸和一个垂直液压缸。支腿撑地应坚固可靠，不得回缩；支腿油路必须具有良好的闭锁能力，操纵方便，能调整起重机底架，保持水平。

中小型轮式起重机多采用转阀或手动换向阀的支腿液压回路，配以双向液压锁（一对液控单向阀）构成具有调平起重机底架和锁住支腿功能的支腿液压回路（图 6-1-21）。用电磁换向阀取代转阀或手动换向阀，由电控系统也能实现单个或多个支腿同时动作，这在大中型轮式起重机上常有应

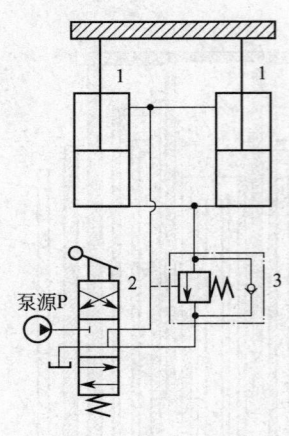

图 6-1-18 双液压缸的变幅回路
1—变幅液压缸；2—手动换向阀；3—平衡阀

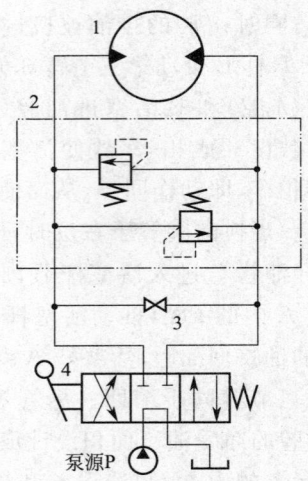

图 6-1-19 小型轮式起重机回转机构液压回路
1—回转机构液压马达；2—溢流阀组；3—闸阀；4—手动换向阀

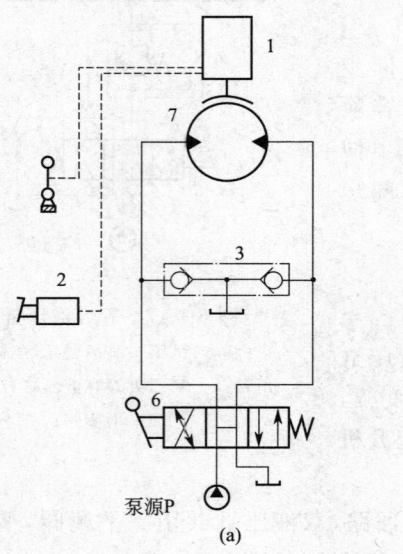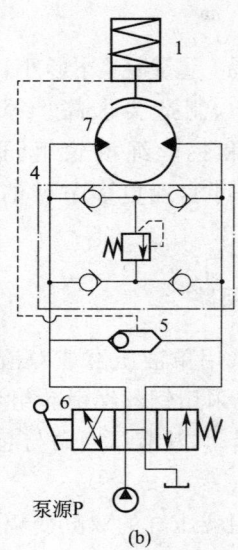

(a)　　　　　　　　　　(b)

图 6-1-20 带制动器的回转机构液压回路
1—制动器；2—脚踏制动阀；3—单向阀组；4—单向阀安全阀组（缓冲补油阀）；
5—梭阀；6—手动换向阀；7—回转机构液压马达

用，其操纵较方便、灵活，但增加了维护、修理的难度和成本。

蛙式支腿的每个支腿只有一个液压缸。这种支腿型式的液压回路与图 6-1-21 相近，所不同的是仅有四个液压缸及其操纵元件，因此，较为简单。

目前，支腿液压回路大都采用手动，其构成简单，一般可以满足起重机作业的要求，但它调平起重机底架的效率低，精度不高，这与操作者的技术熟练程度有关。支腿自动调平系统能保证起重机底架有较高调平精度，应用较多的有广电自动调平支腿系统等。

**六、走行机构液压回路**

轮胎起重机和铁路起重机常采用全液压驱动的走行机构，其液压回路可采用定量泵与变量马达开式回路组成（与图 6-1-10 相似），实现恒功率调速。还可结合采用定量双泵与定量双马达或四马达开式回路（与图 6-1-8 相似），构成多档工作速度，调速范围更宽，并增加了该回路的工作可靠性，满足走行机构的工作性能要求。近年来，越来越多的工程机械将液压闭式系统用于走行机构

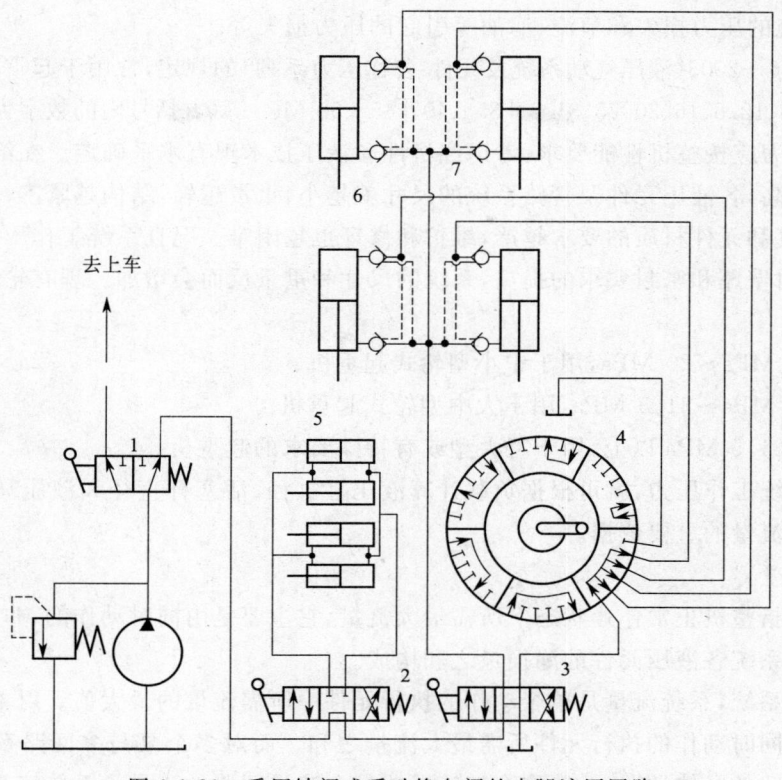

图 6-1-21 采用转阀或手动换向阀的支腿液压回路
1—换向阀;2,3—三位四通换向阀;4—转阀;
5—水平支腿液压缸;6—垂直支腿液压缸;7—液控单向阀

(与图 6-1-4 相似),是起重机设计值得重视的趋向。

该液压回路中不仅有液压控制,还有缓冲补油(与图 6-1-20 相似),如设置液压或脚踏式制动器、溢流阀组或单向阀溢流阀组等。

## 第四节 液压系统方案和主要参数的确定

### 一、液压系统方案的确定

液压系统方案必须与起重机的总体方案相适应,综合考虑整机对液压系统的要求。

首先应根据设计要求,对各种可能的传动方式做技术经济分析,在反复比较、研究国内外有关资料和充分了解制造厂、配套厂产品的基础上,选定经济、可靠、较先进的液压系统型式。这将涉及开式或闭式系统、定量或变量系统、单泵单路或多泵多路系统、串联与并联或串并联,以及各机构液压回路的相互关系等。

其次要确定起升、变幅、吊臂伸缩、回转、走行和支腿等部分的液压回路,使它们能满足整机作业的性能要求,并安全可靠。

最后还需设置辅助液压回路,如:卸荷油路、补油油路、过载保护油路、缓冲油路、滤油油路、控制油路和其他满足特殊要求的液压回路等。

### 二、液压系统主要参数的确定

液压系统的主要参数:系统工作压力和流量。通常是先根据起重机工作的最大负载和我国有关的国家标准初定系统工作压力,再按各执行元件单个或可能的联合动作速度初定系统流量。

(一)系统工作压力

它是指系统正常工作状态下的最高压力,构成系统工作压力的元素主要有:执行元件的最高工作压力,管路系统的压力损失和节流、滤油等引起的压力损失等。

按照 GB 2346—2003《液压气动系统及元件 公称压力系列》的规定,常用于起重机液压系统的公称工作压力为:10、12.5、16、20、25、31.5、[35]、40、[45]、50 MPa 等(方括号内的数字为非优选用)。

系统工作压力应按整机性能要求,考虑经济性和液压技术现有水平确定。在给定外负载下,系统的工作压力越高,各液压元件及管路系统的尺寸就越小,重量越轻,结构越紧凑,但由此导致对密封、制造加工精度和元件材质的要求越严,维护和修理也越困难。况且系统工作压力高到一定程度后,随着高压力对壁厚和密封要求的提高,系统的尺寸和重量反而会增加。现有轮式起重机采用的工作压力为:

(1)中压:10 MPa~20 MPa,用于中小型轮式起重机。

(2)高压:25 MPa~31.5 MPa,用于大中型轮式起重机。

(3)超高压:31.5 MPa 以上,用于特大型或有特殊要求的起重机。

一旦初定系统工作压力,就可根据负载计算液压缸缸径、活塞杆直径和液压马达的排量等,这些都是确定系统流量的重要依据。

(二)系统流量

系统流量是指整机正常作业状态下所需最大流量,它主要是由同时动作的、非串联执行元件的流量峰值之和与系统各液压元件的漏损量之和构成。

对单泵串联系统,系统流量是单个动作的执行元件中所需流量的最大值。对单泵并联系统,系统流量则是可能同时动作的执行元件所需最大流量之和。而对多个泵与多回路系统,要全面分析多泵合流和多回路的具体情况,一般取合流流量或较大流量回路的流量为系统流量。

## 第五节 液压系统的设计计算

### 一、执行元件的负载和速度分析

(一)负载分析

液压缸的工作负载力 $F$:

$$F=\sum F_l + F_f + F_i \quad (N) \tag{6-1-1}$$

式中 $\sum F_l$——外负载形成的阻力之和,包括作业对象和作业机构的重力分力和其他动力性作用力(N);

$F_f$——作业机构和液压缸中的摩擦力(N);

$F_i$——包括作业对象、作业机构和液压缸运动部件的惯性力(N)。

液压马达的工作负载转矩 $T$:

$$T=\sum T_l + T_f + T_i \quad (N \cdot m) \tag{6-1-2}$$

式中 $\sum T_l$——外负载形成的阻力矩之和,包括作业对象和作业机构的重力矩和其他动力性作用力矩(N·m);

$T_f$——作业机构中的摩擦力矩(N·m);

$T_i$——包括作业对象和作业机构的惯性力矩(N·m)。

外负载中的各部分大多是非恒定的,有时为阻力负载(正负载),也有时为超越负载(负负载,起驱动作用),如起升机构在下放吊重时所受的负载和外界的风力负载。摩擦负载则总是阻力负载,如传动摩擦、密封件对运动件的阻滞和流体的流阻阻力等,通常用机械效率和回油背压表示。惯性负载是执行元件的运动部分质量及其相联的机构运动件与负载质量在运动状态改变时产生的惯性力或力矩,一般由工作静负载乘以动力系数来计入。为全面、可靠地分析负载,应按最不利工况下的载荷组合计算执行元件所受的负载。

## （二）速度分析

执行元件的运动速度状态常由三个阶段构成：启动及加速、匀速、减速及制动。启动和制动阶段的速度值是时间的函数，通过启动或制动的力（力矩）与执行元件及其相联的机构和负载运动部分质量的关系得出启（制）动时的加（减）速度。为了准确、直观地分析负载和速度，可拟制执行元件的工作负载和速度循环图谱，它以时间为横坐标，以力或力矩和执行元件动作速度为纵坐标。从起重机设计的程序来说，工作负载和速度循环图谱应该由总体设计部门拟定，作为液压系统的设计依据，不属于液压系统设计的工作内容。

## 二、执行元件的主要参数计算

### （一）液压缸的主要参数

液压缸的主要参数为：缸筒内径（简称缸径）$D$、活塞杆外径$d$、工作行程$S$。

液压缸的内、外部结构取决于其应用要求和安装条件，因此在不同应用场合，其结构大都不能通用，加上$D$、$d$、$S$等参数的差别，许多情况下很难从市场上买到完全符合需要的产品，往往需要起重机设计人员自行设计，对此，本手册安排在本篇第四章就液压缸设计方法作详细介绍，以供读者参考，这里不再赘述。

### （二）液压马达的主要参数

(1) 液压马达的最高工作压力$p_{Mmax}$（MPa）：按产品样本取值。

(2) 定量液压马达的排量$q_M$：

$$q_M = \frac{2\pi T_{max}}{\Delta p_{max} \cdot \eta_{mM}} \quad \text{(mL/r)} \tag{6-1-3}$$

$$\Delta p = p_{inmax} - p_{out} \quad \text{(MPa)} \tag{6-1-4}$$

式中  $T_{max}$——液压马达最大负载工作转矩（N·m），按工作负载和速度循环图谱取定；

$\eta_{mM}$——机械效率，齿轮马达$\eta_{mM}=0.75\sim0.85$，轴向柱塞马达$\eta_{mM}=0.80\sim0.92$。比较准确的方法是根据选定的产品样本取值；

$\Delta p_{max}$——液压马达进、出油口的压力差最大值（MPa）；

$p_{inmax}$——液压马达进口最大工作压力（MPa），其中：

$$p_{inmax} = p_{pmax} - \sum \Delta p_\xi \tag{6-1-5}$$

$p_{pmax}$为泵出口的实际最高工作压力，考虑到改善泵的工作条件，其值应略低于泵产品的额定压力$p_{pr}$（由产品样本查得），根据经验，可取：

$$p_{pmax} = (0.8\sim0.95)p_{pr} \tag{6-1-6}$$

$\sum \Delta p_\xi$为泵出口至液压马达进口的所有压力损失（当泵流量最大时）。

$p_{out}$——液压马达出口背压（MPa）。

$\sum \Delta p_\xi$和$p_{out}$可根据管路结构、尺寸和流体力学或水力学公式估算。

(3) 液压马达的最低稳定转速$n_{Mmin}$：按产品样本取值。

(4) 定量液压马达的最小输入流量$Q_{Mmin}$，否则马达转速波动过大，此值可理解为泵源向马达供油的最小许用值：

$$Q_{Mmin} = \frac{q_M n_{Mmin}}{\eta_{vM}} \times 10^{-3} = [Q_p]_{min} \quad \text{(L/min)} \tag{6-1-7}$$

式中  $q_M$——见式(6-1-3)；

$n_{Mmin}$——液压马达的最低稳定转速（r/min），根据产品样本的数据确定；

$\eta_{vM}$——液压马达容积效率，约为$0.85\sim0.98$，齿轮马达取低值，柱塞马达取高值。比较准确的方法是根据选定的产品样本取值。

$[Q_p]_{min}$——泵源（包括各种调速回路）对马达实际供油流量的最小许用值。

(5)定量液压马达的最大输入流量 $Q_{Mmax}$，否则马达转速超过允许值。

$$Q_{Mmax}=\frac{q_M n_{Mmax}}{\eta_{vM}}\times 10^{-3}=[Q_P]_{max} \quad (\text{L/min}) \tag{6-1-8}$$

式中 $q_M$——见式(6-1-3)；

$n_{Mmaxn}$——液压马达的最高转速(r/min)，根据产品样本的数据确定；

泵源(包括各种调速回路)对马达实际供油流量不得高于$[Q_P]_{max}$。

(6)变量马达的最小工作排量 $q_{Mmin}$：

$$q_{Mmin}=\frac{2\pi T_{max}}{\Delta p\cdot\eta_{mM}} \tag{6-1-9}$$

按式(6-1-9)计算出的马达排量如果过小，受结构的限制，马达的最大排量也会偏小，这样就迫使马达的最小稳定转速提高，缩小了马达调速范围。为此，应该适当提高马达的最小排量。

### 三、液压泵的主要参数计算

1. 液压泵的实际最高工作压力

按式(6-1-6)计算。

2. 液压泵流量 $Q_P$ 和排量 $q_P$

定量泵恒压油源驱动并联的多执行元件(忽略执行元件容积效率)：

$$\sum_{i=1}^{n_P}Q_{Pi}=\sum_{i=1}^{n_M}Q_{Mi}+\sum_{i=1}^{n_C}Q_{Ci}+Q_{rl}=(1.05\sim 1.10)\cdot(\sum_{i=1}^{n_M}Q_{Mi}+\sum_{i=1}^{n_C}Q_{Ci}) \tag{6-1-10}$$

式中 $\sum_{i=1}^{n_P}Q_{Pi}$——$n_P$个定量泵的最大实际总供油流量(L/min)；

$\sum_{i=1}^{n_M}Q_{Mi}$——$n_M$个液压马达所需的最大实际通过流量(L/min)，根据负载速度图谱的各马达最大转速和马达排量计算出；

$\sum_{i=1}^{n_C}Q_{Ci}$——$n_C$个液压缸所需的实际通过流量(L/min)，根据负载速度图谱的各液压缸最大速都和液压缸的有效面积计算出；

$Q_{rl}$——溢流阀的实际通过流量(L/min)。

任何一个泵的流量根据不同设计指导原则确定，但总流量满足式(6-1-10)。

各泵的排量 $q_{Pi}$ 按下式计算出：

$$q_{Pi}=\frac{Q_{Pi}}{n_{Pi}}\times 10^3 \quad (\text{mL/r}) \tag{6-1-11}$$

式中 $Q_{Pi}$——各泵的实际流量(L/min)；

$n_{Pi}$——液压泵的转速(r/min)。

3. 液压泵的驱动功率 $\sum_{i=1}^{n_P}N_{Pi}$

$$\sum_{i=1}^{n_P}N_{Pi}=\frac{1}{60}\sum_{i=1}^{n_P}p_{Pi}Q_{Pi} \quad (\text{kW}) \tag{6-1-12}$$

式中 $p_{Pi}$——各泵的出口压力，即溢流阀调定压力。

### 四、油管尺寸的计算

1. 油管内径(简称通径)：

$$[d_g]=4.606\cdot\sqrt{\frac{Q_g}{v}} \quad (\text{mm}) \tag{6-1-13}$$

式中 $Q_g$——经过油管的最大可能流量(L/min)；

$v$——油管内液体的推荐流速(m/s),见表 6-1-1。

表 6-1-1　液压系统管路的推荐流速

| 管路类型 | 推荐流速/(m/s) | 说　明 |
|---|---|---|
| 回油管路 | 1.5～3.0 | 管较长或油黏度大时取小值 |
| 吸油管路 | 0.5～1.5 | 装有滤油器 |
|  | 1.5～3.0 | 无滤油器 |
| 压油管路 | 2.5～7.0 | 管较长或油的黏度大时取小值 |
| 管路或局部狭窄处 | ≤10.0 | 管较长或油的黏度大时取小值 |

油管内液体流速越高,尽管管路的尺寸越小,但沿程损失和液流冲击会随液流流速呈平方关系增加,系统传动效率下降,油温升高,回油背压加大,振动与噪声加剧,液压元件的寿命下降,因此,不可盲目地提高管路的液体流速。

计算出的通径 $d_g$ 应圆整为相应管材的标准值,常用于液压系统的,我国国标规定的无缝钢管通径系列为:3、4、5、6、8、10、12、15、20、25、32、40、50、65、80、100 mm。

2. 油管壁厚

油管壁厚按薄壁管的强度条件计算。

$$\delta \geqslant \frac{p \cdot d_g}{2[\sigma]} \quad (\text{mm}) \tag{6-1-14}$$

式中　$p$——管内可能的最大油压(MPa);

　　　$d_g$——管内径(mm),见式(6-1-13);

　　　$[\sigma]$——管的材质许用应力,其计算式为:$[\sigma]=\sigma_b/n$。

其中　$\sigma_b$——管的材质抗拉强度(MPa);

　　　$n$——安全系数,见表 6-1-2。

表 6-1-2　液压系统油管的常用壁厚及其安全系数

| 工作压力 | <7 MPa | 7 MPa～17.5 MPa | >17.5 MPa | 对铜管 |
|---|---|---|---|---|
| 安全系数 | 8 | 6 | 4 | $[\sigma]$≤25 MPa |
| 常用壁厚的标准值/mm | 1.0、1.4、1.6、2.0、2.5、3.0、3.5、4.0、4.5、5.0、5.5、6.0、6.5、7.0、7.5、8.0、8.5、10.0、12.0 ||||

计算出的油管壁厚 $\delta$ 应圆整为稍大的标准值。

### 五、油箱容量和散热面积

油箱的容量通常是指油箱液面高度为油箱总高的 80% 时油箱的贮油体积,为了保证轮式起重机的机动性,减轻自重,便于行驶。油箱的容量 $V$ 可由以下公式估算。

$$V=\sum Q_P \cdot t \times 10^3 \quad (\text{m}^3) \tag{6-1-15}$$

式中　$\sum Q_P$——系统的所有液压泵每分钟流量之和(L/min);

　　　$t$——油箱中 100% 的油被全部泵工作时被抽空所需时间,一般取 $t=1.5$ min～$2.5$ min。

注意,这时油箱的容量为初定值,尚需通过系统温升验算视其散热条件而定。若不行,则需加大油箱或加装散热器;若较富裕,还可适当减小油箱,并在可能的正常作业状态下,油箱的最低液面不致使液压泵吸空,这在液压缸较多的系统中尤其如此。

油箱的容量一旦确定后,就可以计算出油箱的体积,并按整机总体布置要求确定油箱的形状和外形尺寸,以及散热面积和散热条件,这对以后的系统温升验算较为重要。油箱的散热面积 $A_s$ 可由下式近似计算。

$$A_s = A_1 + 0.5 A_0 \quad (\text{m}^2) \tag{6-1-16}$$

式中　$A_1$——油的液面以下油箱表面积($m^2$)；
　　　$A_0$——油的液面以上油箱表面积($m^2$)。

## 第六节　主要液压元件的选择

### 一、液压泵的选择

根据液压系统的型式、调速方式和工作条件，液压泵的额定工作压力和排量、流量，以及液压泵的驱动布置和吸油条件等选择液压泵的型式、规格和数量，单个或多联高压齿轮泵和轴向柱塞泵较为常用，若需要节能，可考虑选用变量液压泵。

齿轮泵的成本低，自吸性好，易维护，体积小，重量轻，转速高，但流量脉动大，平稳性较差，噪声也较大。为节省功率和合理使用，可采用多联齿轮泵实现多种液压源，使液压泵流量与所需的流量匹配。

轴向柱塞泵的压力高(可达 40 MPa)，排量较大(可达 500 mL/r)，转速高(可达 4 000 r/min)，噪声小，效率高，具有既能作泵也可作马达的可逆性，易实现单向或双向变量，体积和重量较小，但对油的污染度很敏感，通常液压油过滤精度小于等于 25 $\mu m$，自吸性较差，成本略高，维修要求较高。为保证轴向柱塞泵的使用寿命，液压系统的正常工作压力应为所选泵额定压力的 60%～80%，选择泵的参数时，应使主机的常用工作参数处在泵效率曲线的高效区。轴向柱塞泵比齿轮泵贵，但性能和寿命则大大优于齿轮泵。

### 二、液压马达的选择

起重机常用的液压马达分为高速液压马达和低速液压马达。高速液压马达的主要性能特点是负载速度低、扭矩小、体积紧凑、重量轻，但在机构传动中需与相应的减速器配套使用，以满足机构工作的低速重载要求，其他的特点与同类的液压泵相同，较多应用的有摆线齿轮马达、轴向柱塞马达。低速液压马达的特点是负载扭矩大、转速较低、平稳性较好、可直接或只需一级减速机构就可满足驱动要求，但体积和重量较大。较常用的型式有内曲线径向柱塞马达、球塞马达和轴向球塞式马达等。

液压马达在使用中并不是泵的逆运转，它应能长期承受频繁冲击，有时还承受较大径向负载。因此，应根据液压马达的负载扭矩、速度、布置型式和工作条件等选择液压马达的机构型式、规格和连接型式等。

### 三、液压缸的选择或设计

在根据系统工作压力和负载情况确定液压缸缸径 $D$ 和活塞杆直径 $d$ 后，可按照工程机械或通用机械的液压缸产品系列选取符合使用工况安装条件的液压缸。由于液压缸的行程 $S$ 往往是由总体和机构的动作要求确定，较难与标准系列液压缸完全一致，因此，大多数液压缸需向有关制造厂提出专门的行程要求或自行设计，再向有关厂家订制。

### 四、阀类元件的选择或设计

阀类元件须按其承受的最大工作压力、流量、机能和控制方式进行选择或设计，此外，还应考虑它们的使用工况和安装型式是否符合主机要求。

溢流阀的选取应与相应的液压泵配套，安全阀调定压力的上限应是系统工作压力的 1.1 倍以上(在液压泵出口使用)或 2 倍(在系统支路上使用)。

流量控制阀的选择应注意其最小稳定流量适用否，以及它的机能和操作方式等。

选择换向阀时，要根据它的性能参数、机能、操纵方式和外形及安装条件综合考虑。

选择缓冲补油阀或制动阀时，除满足性能和安装条件外，还应使它们的最大启动工作压力为机构启动最大工作压力的 1.1 倍。背压阀或补油阀的开启压力应达 0.5 MPa 左右。

对平衡阀的选择,应满足其性能要求和安装条件,尤其是流量,因为在液压缸驱动的起重机工作机构中,当使用同一系统流量时,液压缸有杆腔进油量(系统流量)比液压缸无杆腔回油量(液压缸速比 $\varphi \times$ 系统流量)小得多,平衡阀的最大流量往往是这一工况。此外,多泵合流也是较大流量的工况。一般应用远控平衡阀,其控制压力(最大导控压力)在出厂时已调定,一般为 2 MPa～3.5 MPa,某些平衡阀允许对弹簧作微量调节以消除或减小速度脉动。对起升机构液压系统应注意制动阀或制动缸的开启压力应小于平衡阀的控制压力。

阀类元件的型式、规格和数量必须与实际工况相符,阀类元件的实际流量应小于或等于其额定流量,否则,它的局部压力损失、温升和噪声加剧,寿命下降。

### 五、滤油器的选择

通常根据系统中要求较高滤油精度的液压元件情况选取相应的滤油器及其安装位置。在液压泵的进油口常用网式滤油器,以减少进油阻力,并起一定的滤油保护作用。在系统的回油管路中多装有较高滤油精度、大流量规格、带脏堵报警和保护的可换滤芯式滤油器。对滤油精度有特别要求的液压元件,可按该液压元件所处管路最大工作压力和流量及相应的滤油要求,选取高压管式纸质滤油器、烧结式滤油器或金属滤芯滤油器。

在液压滤油器的选择中,还应该注意液压油必须与滤油器材料相容,流量规格的匹配,不选用明显小于相应管路流量的滤油器。虽然,选择高过滤精度的滤油器可显著提高液压系统工作可靠性和液压元件的寿命,但是,过滤精度越高,滤油器的滤芯往往因脏堵的就越快,清洗或更换滤芯就越频繁,加上高精度滤油器较贵,成本也就越高,因此,根据具体情况选择滤油器适当的过滤精度,达到所需的油液清洁度才是合理的。此外,还要考虑滤油器的压降特性、纳垢容量和工作温度、安装条件等。

### 六、其他辅助元件的选择和设计

油箱大多是根据总体布置要求和液压系统的工作特点、容油量和温升验算情况自行设计。油箱的容量可参照式(6-1-12)确定,还应使油箱具有通气防尘、加油过滤、容油沉淀、易于清洗和泄放残油,可显示箱内油量和油温,防止气泡浸入油液,防渗漏与防腐蚀,适于吸油、回油、散热,以及便于吊运、安装等功能。

油管及管接头通常采用无缝钢管及标准件,一般按管路的通径和所需壁厚选取相应管材作为油管,油管的材质多为 10 或 20 号优质碳素结构钢,但对管路两端有相对移动的管路应选用液压胶管。一些中低压、小流量的管路还采用易于成形的铜管作为油管。所选油管品种与规格应尽量少。在起重机上应用较多的是焊接管接头和快速接头等,卡套式和扩口式管接头也有应用。此外,还有液压胶管接头等。应按工作压力、管路流量和联式选取管接头,并尽量减少液压管接头的品种与规格。对于中心回转接头,需根据其工作压力、连通油路数及其流量、连接安装方式等自行设计或选择订制。

选择压力表时,压力表的最大量程应为系统工作压力或可能最大压力的1.3倍左右,压力表开关可选用成品。压力表及其开关应具有耐震性。

蓄能器在液压系统中能储存能量,吸收脉动压力和冲击,补充泄漏液体,保持恒压和用作辅助或紧急动力源,因此,在选取蓄能器时,应按系统允许的最低、最高工作压力和蓄能器的有效工作容积与用途,确定它的结构型式、规格和安装条件等。

冷却器的选择主要依据液压系统的工作液体进入冷却器的温度、冷却器应带走的热量、通过冷却器的液压流量与压力、工作环境与安装条件,以及经济、可靠等条件,选择冷却器的结构型式、冷却回路、规格与性能参数等,自行设计或选择成品。

加热器主要用于严寒地区工作的起重机液压系统。选择加热器时,主要根据加热液压油品质和容积,以及温升速率,确定加热器功率。再选取加热器的安装方式和结构型式,也可采用较小温升速率的泵油加热方式。

# 第七节　液压系统的验算

为使起重机的液压系统工作可靠、使用合理,必须对液压系统的压力损失、系统温升和液压冲击进行验算,并在必要时对液压系统做出修正和改进。

## 一、压力损失的计算

根据液压管路通径和布置情况可计算系统某管路在不同工况下的压力损失 $\Delta p$。

$$\Delta p = \sum \Delta p_l + \sum \Delta p_\xi \quad \text{(MPa)} \tag{6-1-17}$$

式中　$\sum \Delta p_l$——系统某管路的沿程阻力损失之和(MPa),直管沿程压力损失:

$$\sum \Delta p_l = \left[\sum \left(\lambda \cdot \rho \cdot \frac{l}{d_g} \cdot \frac{v^2}{2}\right)\right] \times 10^{-6} \quad \text{(MPa)}$$

其中　$\lambda$——沿程阻力系数,它是雷诺数 $R_e$ 和相对粗糙度 $\Delta/d$ 的函数($\Delta$ 是油管内壁的绝对粗糙度,$d$ 即是为油管通径 $d_g$),可参考有关资料;

　　　$\rho$——油液的密度(kg/m³);

　　　$v$——油管内油液流速(m/s);

　　　$l$、$d_g$——油管的长度和通径(mm)。

　　$\sum \Delta p_\xi$——系统某管路的局部压力损失之和(MPa),某管路的局部压力:

$$\sum \Delta p_\xi = \left[\sum \left(\xi \cdot \rho \cdot \frac{v^2}{2}\right)\right] \times 10^{-6} \quad \text{(MPa)}$$

其中　$\xi$——局部阻力系数,它与管件的形状和雷诺数 $Re$ 有关,一般是由实验测的,可查阅有关资料;

　　　$\rho$——油液的密度(kg/m³);

　　　$v$——局部管件的管内平均流速(m/s)。

## 二、系统的热平衡与温升计算

液压系统正常工作时,各种压力损失、内摩擦和液压冲击等都使液压油的机械能损耗为热能后散失,导致油温升高,密封性能下降,泄漏增加,系统传动效率变小等。因此,有关技术标准规定起重机液压系统油温最高值为 80℃,允许最大温升为 45℃。

液压系统在工作中会发热,也会散热;当液压油的温升到某一值时,系统会呈热平衡状态,即发热量与散热量相等,这时的油温就是液压系统的热平衡温度。大多数的轮式起重机在连续作业 1 h 左右,其液压系统的油温就能接近平衡温度。

液压系统的温升值 $\Delta T$ 可由能量守恒定律导出:

$$\Delta T = T - T_0 = \frac{H_t}{\sum KA}(1 - e^\alpha) \tag{6-1-18}$$

其中指数 $\alpha = -\dfrac{\sum KA}{\sum CG}$

式中　$T$、$T_0$——工作终止时间 $t$ 的油温和起始时 $t_0$ 的油温(环境温度)(℃);

　　　$K$——散热系数(W/(m²·℃))对油箱:通风差时约为(8~10)(W/(m²·℃)),通风风速约 1.25 m/s 时为(14~20)(W/(m²·℃)),用风扇通风时为(20~25)(W/(m²·℃));

　　　$A$——散热面积(m²);

　　　$C$——物质的比热(kcal/(kg·℃))

　　　钢的比热 $c_{st} = 0.12$ kcal/(kg·℃)

　　　油的比热 $c_{oil} = 0.45$ kcal/(kg·℃)

$G$——导热物体质量(kg);

$t$——工作时间(h);

$H_t$——液压系统在工作时间 $t$ 内的总发热量(W)。

计算液压系统的总发热量时,应对各发热源分别计算再叠加,主要的发热源有:泵的发热,管路和液压元件的压力损失发热,缓冲与制动发热等,还应计入这些发热源的时间持续率(时间谱)和热负荷持续率(载荷谱)。

泵的发热量:
$$H_{Pi}=16.67 \cdot (1-\eta_{Pi}) p_{Pi} \cdot Q_{Pi} \quad (W) \quad (6-1-19)$$

管路或元件的发热量:
$$H_i=16.67 \cdot \Delta p_i \cdot Q_i \quad (W) \quad (6-1-20)$$

计入时间谱和载荷谱的系统总发热量:
$$H_t=\frac{1}{t}[\sum(H_{Pi} \cdot t_{Pi})+\sum(H_i \cdot t_i)] \quad (W) \quad (6-1-21)$$

式中　$\eta_{Pi}$——各液压泵的总效率;

$p_{Pi}$、$Q_{Pi}$——各液压泵出口油压(MPa)和流量(L/min);

$\Delta p_i$、$Q_i$——各管路或元件的压力损失(MPa)和相应流量(L/min);

$t$——工作时间(h);

$t_{Pi}$——各液压泵在每一出口油压下的工作时间(h);

$t_i$——每种负载或工况下的工作时间(h)。

也可用下列公式对系统的发热量 $H_t'$ 作估算:
$$H_t'=\frac{1}{t}[\sum(N_{Pi} \cdot t_{Pi})+\sum(N_{Ai} \cdot t_{Ai})] \quad (W) \quad (6-1-22)$$

式中　$N_{Pi}$、$N_{Ai}$——液压泵和执行元件在工作时间 $t$ 内的各种输出功率(W);

$t_{Pi}$、$t_{Ai}$——液压泵和执行元件在工作时间 $t$ 内对应于各种输出功率的持续时间(h);

$t$——工作时间(h)。

### 三、液压冲击计算

液压系统的液压冲击主要是由于系统中液流状态的突然改变,导致油压冲击波以音速在系统内传播造成的。

液压冲击值 $\Delta p$ 的计算式
$$\Delta p=\frac{1.19(v_t-v_{t_0})T}{t\sqrt{1+\dfrac{K_0 \cdot d_g}{K \cdot \delta}}} \quad (MPa) \quad (6-1-23)$$

式中　$v_t$ 和 $v_{t_0}$——即时和初始液流速度(m/s)。

$T$——油压冲击波往返的时间(s),其中
$$T=\frac{2L}{a}$$

其中　$L$——冲击波传播的距离(m);

$a$——冲击波传播的速度(m/s),其计算式为:
$$a=\frac{1320}{\sqrt{1+\dfrac{K_0 \cdot d_g}{K \cdot \delta}}}$$

$d_g$、$\delta$——油管的通径和壁厚(mm)。

$t$——液流速度变化过程的耗时(s)。

$K$、$K_0$——油管与油液的弹性模量(MPa),对无缝钢管:$K=2.06\times10^5$ MPa,对矿物油:$K_0=1.6\times10^3$ MPa。

## 第八节 典型液压系统

图 6-1-22 为国产 QY20B 汽车起重机的液压系统工作原理图。该液压系统由三联齿轮泵供油，支腿为 H 型，回转由轴向柱塞马达驱动，采用单液压缸变幅，由单级液压缸配合以钢丝绳滑轮组实现两节伸缩吊臂的同步伸缩，起升机构由轴向柱塞马达分别驱动主、副卷扬卷筒。通过液压控制的常闭式制作器和常开式离合器，配合操纵可进行主、副吊钩分别单独作业或联合作业，并能实现吊钩自由下放。

图 6-1-23 为国外某型汽车起重机的液压系统工作原理图。

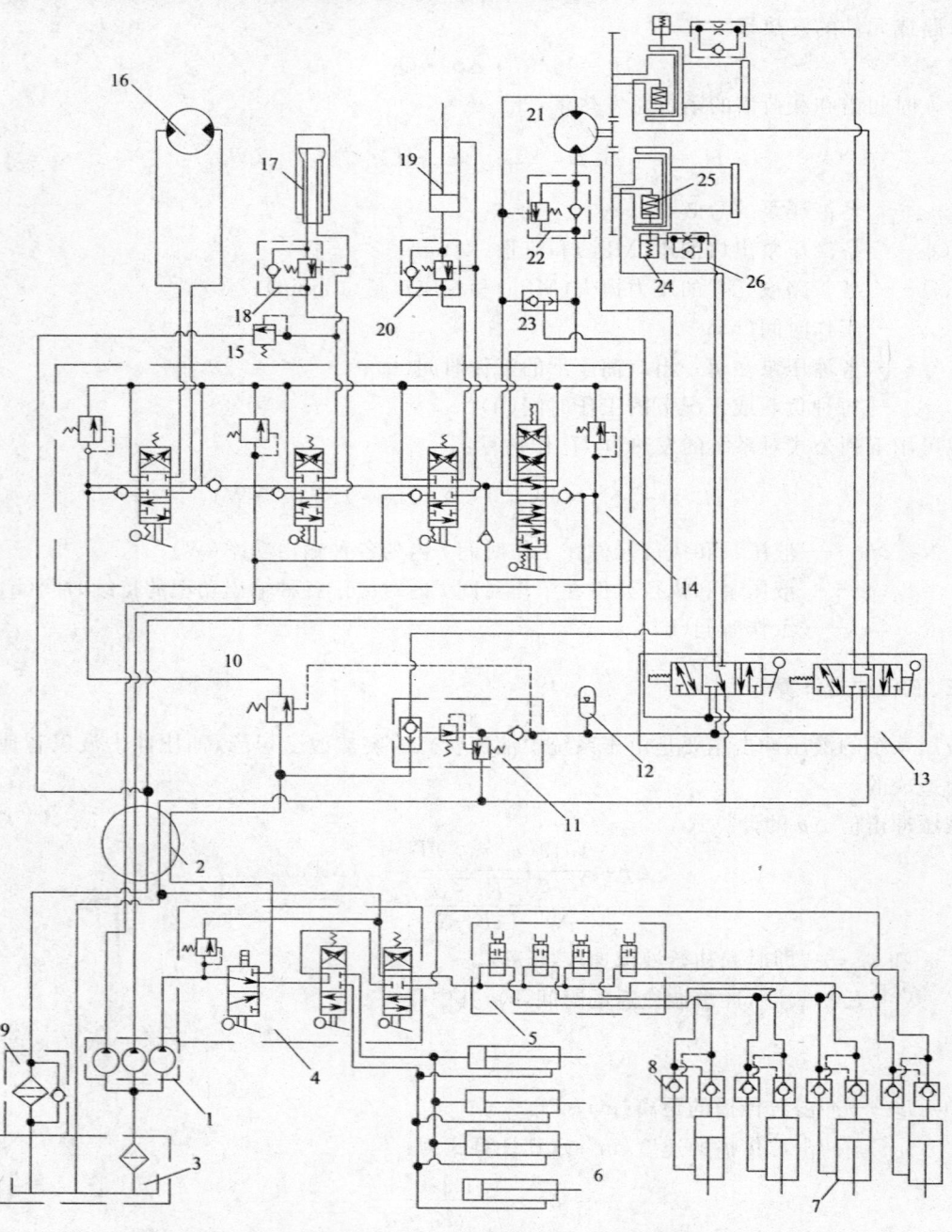

图 6-1-22　国产 QY20B 汽车起重机的液压系统工作原理图
1—三联齿轮泵；2—中心回转接头；3—油箱；4—支腿操纵阀；5—转阀；6、7—支腿水平、垂直液压缸；
8—双液控单向阀(液压锁)；9—回油滤油器；10—顺序阀；11—组合阀；12—蓄能器；13—操纵阀；
14—多路换向阀；15—溢流阀；16—回转机构液压马达；17—伸缩臂液压缸；18、20、22—平衡阀；
19—变幅液压缸；21—起升马达；23—梭阀；24—制动器液压缸；25—离合器液压缸；26—单向阻尼阀

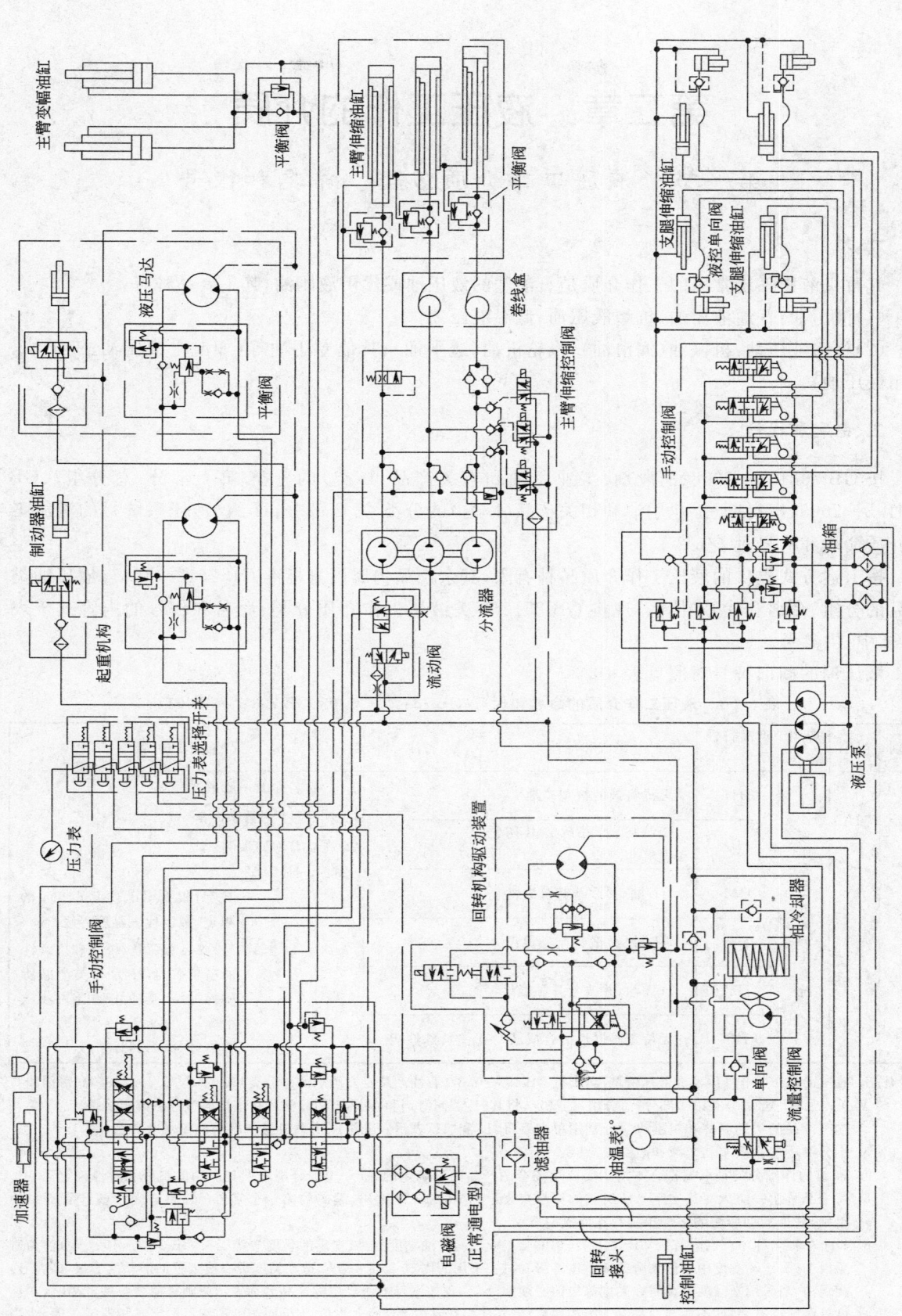

图 6-1-23 国外某型汽车起重机的液压系统工作原理图

# 第二章 液压工作的介质

## 第一节 液压工作介质分类、命名和代号

### 一、分类

起重机液压系统常用的工作介质是石油基的液压油或代用液压油,其主要品种有:
(1)液压油:普通液压油、抗磨液压油、低温液压油。
(2)代用液压油:机械油(润滑油)、汽轮机油(透平油)、其他专用油等(如航空液压油、锭子油、舰用液压油)。

### 二、命名和代号

按 GB 7631.1—2008《润滑剂、工业用油和有关产品(L 类)的分类 第 1 部分:总分组》、GB 7631.2—2003《润滑剂、工业用油和相关产品(L 类)的分类 第 2 部分:H 组(液压系统)》的液压工作介质命名和代号见表 6-2-1。

按上述方式提供的液压工作介质品种有限,其余产品仍属国家标准 GB 2512—1981《液压油类产品的分组、命名和代号》体系,现将 GB 2512 有关液压工作介质分类、命名和代号的内容列于表 6-2-2 中,供参考。

液压油的新旧牌号对照见表 6-2-3。

**表 6-2-1 液压工作介质的命名和代号**(GB 7631.1—2008、GB 7631.2—2003)

| 类别 | 组别 | 应用场合 | 产品符号 L— | 组成和特性 | 备注 | 产品的命名 |
|---|---|---|---|---|---|---|
| L | H | 液压系统(流体静压系统) | HH | 无抗氧剂的精制矿油 | | 1. 产品名称的一般形式 类-品种 数字 2. 产品名称的举例 例:L-HM 32 数字(根据 GB 3141—1994 的规定,数字代表黏度等级) 品种(具有防锈、抗氧和抗磨性的精制矿油,H 为 L 类产品所属的组别,其应用场合为液压系统) 类别(润滑剂和有关产品) |
| | | | HL | 精制矿油,并改善其防锈和抗氧性 | | |
| | | | HM | HL 油,并改善其抗磨性 | | |
| | | | HR | HL 油,并改善其黏温性 | | |
| | | | HV | HM 油,并改善其黏温性 | | |
| | | | HS | 无特定难燃性的合成液 | 特殊性能 | |

注:1. 液压工作介质有液压油和液压液两类,根据 GB 498—1987《石油产品及润滑剂的总分类》和 GB 7631.1—2008《润滑剂和有关产品(L 类)的分类第 1 部分:总分组》的规定,将其归入"润滑剂和有关产品(L 类)"和该类的"H 组(液压系统)"。
2. 本类产品的类别名称和组别符号分别用英文字母"L"和"H"表示。分组原则系根据产品的应用场合。
3. 本分类不包括汽车刹车液和航空液压液。
4. H 组的详细分类是根据符合本组主要应用场合的产品品种确定的,进一步细分则根据其产品的组成和特性确定。
5. 每个品种由一组大写英文字母所组成的符号来表示,它构成一个编码,编码的第一个字母(H)总是表示该产品所属的组别,任何后面所跟的字母单独存在时没有意义。
6. 每个品种名称中可以附有按 GB/T 3141—1994《工业用润滑油黏度分类》规定的黏度等级。按 GB 3141—1994 规定,为避免以 40 ℃运动黏度中心值划分的新黏度等级和过去采用的以 50 ℃或 100 ℃运动黏度中心值划分的旧黏度等级(即牌号)相混淆,当采用新黏度等级时在黏度等级前必须加"N"。现按本标准所规定的产品名称表示原则来命名各种产品时,在黏度等级前已有字母,不会与旧黏度等级相混淆;另外如果在黏度等级前加"N",则反而与品种符号中字母相混淆。因此,当采用本标准的产品命名原则时,在黏度等级前不得加"N"。例如产品 L-HM32 不得命名为 L-HMN32,L-HFDR46 不得命名为 L-HFDRN46。

**表 6-2-2　液压工作介质的分类、命名和代号**(GB 2512—1981)

| 分组 | | | 命名[5] | 代号 | 命名和代号的排列顺序 |
|---|---|---|---|---|---|
| 类号[2] | 组号 | 组别 | | | |
| 液压油(可燃)[1] | | [3] | 属本产品可直接采用机械油代用 | | 1. 命名的排列顺序：牌号　尾注号　组别名称或级别名称　类别名称<br><br>例：<br>N46 K 号 抗磨 液压油　(代号：YB-N46K)<br>　　　　　　　　　类别(液压油类)<br>　　　　　　　级别(液压传动系统中抗磨组)<br>　　　　　尾注号(对镀银部件具有良好的抗腐蚀性能)[6]<br>　　牌号(40℃时运动黏度厘池数)[7]<br><br>2. 代号的排列顺序：类号　组号 - 牌号　尾注号<br><br>例：<br>Y A-N68 G　(命名：N68G 号普通液压油)<br>　　　　　尾注号(见注6))<br>　　　　牌号(见注7))<br>　　　组号(普通组)<br>　　类号(液压油类) |
| | | [4] | 属本组产品可直接采用汽轮机油(仅加抗氧剂代用) | | |
| | Y A | 普通 | N32 号普通液压油<br>N46 号普通液压油<br>N68 号普通液压油<br>N32G 号普通液压油<br>N68G 号普通液压油 | YA-N32<br>YA-N46<br>YA-N68<br>YA-N32G<br>YA-N68G | |
| | Y B | 抗磨 | N32 号抗磨液压油<br>N46 号抗磨液压油<br>N68 号抗磨液压油<br>N100 号抗磨液压油<br>N150 号抗磨液压油<br>N46K 号抗磨液压油 | YB-N32<br>YB-N46<br>YB-N68<br>YB-N100<br>YB-N150<br>YB-N46K | |
| | Y C | 低温 | N15 号低温液压油<br>N32 号低温液压油<br>N46 号低温液压油<br>N68 号低温液压油<br>N46D 号低温液压油 | YC-N15<br>YC-N32<br>YC-N46<br>YC-N68<br>YC-N46D | |
| | 专用 | 舵机<br>航空<br>减震<br>炮用<br>舰用<br>汽车制动 | 舵机液压油<br>N10 号航空液压油<br>减震液压油<br>合成锭子油<br>炮用液压油<br>舰用液压油<br>103 号汽车制动(液压)液 | | |

注：1) 由矿物油或由石油烃类经叠合或缩合等工艺制得的产品均称为液压油或液力油，而水包油和油包水乳化液及其他化工产品均称液压液。
2) 液压油和液压液产品归属液压油类，液压油类的固定类号按 GB 498—1987 中规定用"液"的汉语拼音字母"Y"表示。
3) 本组为精制矿油，国内未专门生产。
4) 本组为有良好抗氧和防锈性能的精致矿油，国内未专门生产。
5) 栏内仅列常用例或典型例。
6) 尾注号表示的意义：
　　H—表示由石油烃类经叠合或缩合等工艺制得的产品；
　　G—表示具有良好的黏-滑特性，减少导轨的爬行现象；
　　D—表示具有良好的低温启动性能；
　　K—表示对镀银部件具有良好的抗腐蚀性能。
7) 同组、同级的产品按以下原则分列牌号：液压油可按 40℃时运动黏度平均值表示。数字前加前缀"N"，以区别于按 50℃时运动黏度值分列的牌号；液压液一般以特定的阿拉伯数字表示。液压油以新、旧黏度等级命名的新旧牌号对照见表 6-2-3。

**表 6-2-3　液压油新旧牌号对照表**(以新、旧黏度等级命名对比)

| 新牌号 | N5 | N7 | N10 | N15 | N22 | N32 | N46 | N68 | N100 | N150 |
|---|---|---|---|---|---|---|---|---|---|---|
| 相近旧牌号 | 3 | 5 | 7 | 10 | 15 | 20 | 30 | 40 | 60 | 80 |

## 第二节　液压系统对工作介质的要求

液压系统对工作介质的要求见表 6-2-4。

表 6-2-4　液压系统对工作介质的要求

| 要求 | 说明 |
|---|---|
| 1. 黏度合适，随温度的变化小 | 工作介质的黏度大将导致液压系统的压力损失大，效率降低，而且液压泵吸油状况恶化，容易产生空穴和气蚀作用，产生噪声，损坏元件。黏度小会使液压系统泄漏增多，容积损失增加，效率降低，元件的摩擦副磨损加剧，并使系统刚性变差。此外，季节的改变，以及机器在启动前后和正常运转的过程中，工作介质的温度都会发生变化，因此，为了使液压系统能够正常和稳定地工作，要求工作介质的黏度随温度的变化尽量小为宜 |
| 2. 润滑性良好 | 工作介质对液压系统中的各部件起润滑作用，以降低摩擦与减少磨损，保证系统能长时间正常工作。随着液压系统和元件朝着高性能方向发展，许多摩擦部处于边界润滑状态，所以，要求液压工作介质具有良好的润滑性 |
| 3. 抗氧化 | 工作介质与空气接触会产生氧化变质，高温、高压和某些物质，如铜、锌、铝等都会加速工作介质的氧化过程。氧化后工作介质的酸值增加，腐蚀性增强，而且氧化生成的黏稠物会堵塞元件的孔、隙等，影响液压系统的正常工作，因此，要求工作介质具有良好的抗氧化性 |
| 4. 剪切安定性好 | 工作介质在经过泵、阀和元、器件的孔、隙等时，要受剧烈的剪切。这种机械作用会使介质产生两种形式的黏度变化：即在高剪切速度下的暂时性黏度损失和聚合型增黏剂分子破坏后造成永久性黏度下降。在高速、高压时这种情况尤为严重。工作介质的黏度降低到一定程度后就不能够继续使用，因此，要求工作介质的剪切安定性好 |
| 5. 防锈和不腐蚀金属 | 液压系统中许多金属零件长期与工作介质接触，其表面在溶解于介质中的水分和空气的作用下会发生锈蚀，使精度和表面质量受到破坏。锈蚀颗粒在系统中循环，还会引起元件加速磨损和液压系统故障。同时，也不允许介质自身对金属零件有腐蚀作用，或会缓慢分解产生酸等腐蚀性物质。所以，要求液压工作介质具有良好的保护金属防止生锈和不腐蚀金属的性能 |
| 6. 同密封材料相容 | 工作介质必须同元件上的密封材料相容，不会引起溶胀、软化或硬化，否则，密封会失效，产生泄漏，使系统压力下降，工作不正常 |
| 7. 消泡抗泡性好 | 混入和溶于工作介质的空气，常以气泡（直径大于 1.0 mm）和雾沫空气（直径小于 0.5 mm）两种形式析出，即起泡。起泡的介质使系统的压力降低，润滑条件恶化，动作刚性下降，并引起系统产生异常噪声、振动和气蚀。此外，空气泡和雾沫空气的表面积大，同介质的接触会使其氧化加速，所以，要求工作介质具有良好的消泡和抗泡沫性 |
| 8. 抗乳化 | 水可从不同途径混入工作介质。含水的液压油工作时会受剧烈搅动而极易乳化，乳化使油液劣化变质和产生沉淀物，妨碍冷却器的导热，阻滞管道和阀门，降低润滑性及腐蚀金属，因此，要求工作介质具有良好的抗乳化性 |
| 9. 其他 | 良好的化学稳定性、低温起动和流动性、抗燃性，以及足够的清洁度、无毒、无异味 |

## 第三节　常用液压工作介质的特性和应用

液压工作介质的特性和应用（GB 7631.2—2003）见表 6-2-5。按 GB 2512 的液压油组成、特性和应用列于表 6-2-6，供参考。

表 6-2-5　液压工作介质的特性和应用（GB 7631.2—2003）

| 产品符号 | 黏度等级 | 组成、特性和主要应用介绍 | 已能提供的产品 | 相当、相近的可代用现产品 |
|---|---|---|---|---|
| L-NH | 15、22、32、46、68、100、150 | 本产品为不加添加剂或加有少量抗氧剂的精制矿油。产品质量比机械油（L-AN 油）高，抗氧和防锈性比汽轮机油差，用于低压或简单机具的液压系统。无本品时，可选用 L-HL 油 | （待试制） | L-AN（黏度等级：5、7、10、15、22、32、446、68、100、150）HU-20～HU-55 |
| L-HL | 15、22、32、46、68、100 | 原油经减压蒸馏所得馏分油再经溶剂脱蜡、精制、白土或加氢精制所得中性油，加入抗氧、防锈、抗泡等添加剂调和而成。具有良好的防锈及抗氧化安定性，使用寿命较机械油长 1 倍以上，并有较好的空气释放性、抗泡性、分水性及橡胶密封相容性。主要用于机床和其他设备的低压齿轮泵系统。使用环境温度为 0 ℃。无本产品时，可用 L-NM 油 | L-HL（黏度等级：15、22、32、46、68、100） | YA-N32 YA-N46 YA-N68 |

续上表

| 产品符号 | 黏度等级 | 组成、特性和主要应用介绍 | 已能提供的产品 | 相当、相近的可代用现产品 |
|---|---|---|---|---|
| L-HM | 15、22、32、46、68、100、150 | 由深度精制矿油加入抗氧、防锈、抗磨、抗泡等添加剂调和而成。产品具有良好的抗磨性,在中高压条件下使摩擦面具有一定的油膜强度,降低摩擦和磨损;有良好的润滑性、防锈性及抗氧安定性,与丁腈橡胶有良好的相容性。适用于各种液压泵的中、高压液压系统。适用环境温度为 -10℃ ~ 40℃。对油有低温性能要求或无本产品时,可选用 L-HV 和 L-HS 油 | L-HM(黏度等级:22、32、46、68) | YB-N32~YB-N150 高级抗磨液压油(牌号:N32,N46,N68) |
| L-HV | 15、22、32、46、68、100、150 | 本产品为在 L-HM 油基础上改善其黏度温性的润滑油。适用于环境温度变化较大和工作条件恶劣(指野外工程和远洋船舶等)的低、中、高压液压系统。对油有更好的低温性能要求或无本产品时,可选用 L-HS 油。本产品黏度指数大于 170 时还可用于数控液压系统 | (待试制) | YC-N32~YC-N68 上稠:20号、30号、40号 兰稠:20号、30号、40号 |
| L-HR | 15、22、32、46、68、100、150 | 本产品为在 L-HL 油基础上改善其黏温性的润滑油。适用于环境温度变化较大和工作条件恶劣(野外工程、远洋船舶)的低压液压系统以及有青铜或银部件的液压系统 | (待试制) | |
| L-HS | 10、15、22、32、46 | 本产品为无特定难燃性的合成液,目前暂为合成烃油。加入抗氧、防锈、抗磨剂和黏温性能改进剂,应用同 L-HV 油,但低温黏度更小,更适用于严寒区,也可四季通用 | (待试制) | YC-N46D; 兰稠:30D号 |

**表 6-2-6 液压油的组成特性和应用**(GB 2512—1981)

| 类别 | 名称 | 代号 | 基础油 | 添加剂 | 性能特点 | 适用环境温度(℃) | 应用 | 用期(月) |
|---|---|---|---|---|---|---|---|---|
| 代用液压油 | 汽轮机油[1] | HU-20 HU-30 HU-40 HU-45 HU-55 | 深度精制的润滑油馏分或分成烃油 | 普通汽轮加油加有 0.6%~1.0% 的 T501 抗氧防胶剂。防锈汽轮机油除 T501 外还加有 0.02%~0.03% 的 T7.3 防锈剂,有的还加有少量抗泡剂(二甲基硅油) | 抗氧化性、抗泡性、抗乳化、防锈性等都比机械油好,使用寿命较长。但不含油性剂和抗磨剂,性能不如普通液压油 | 比机械油和普通液压油稍宽 | 适用压力小于 7 MPa 的液压系统。HU-20 用于推土机、起重机、平地机和自动装卸汽车的液压系统;HU-40、45 可代替 N68 普通液压油 | 12 |
| 液压油 | 普通液压油[2] | YA-N32 YA-N46 YA-N68 YA-N100 YA-N150 YA-N32G YA-N68G | 深度精制的润滑油馏分油 | 加有抗氧抗腐蚀剂、防锈剂、抗泡剂,少量抗磨剂,有的还加有降凝剂。YA-N※G 还加有油性剂 | 抗氧化性、防锈性、抗磨性、抗泡性更好,黏度指数较高,黏温特性较好 YA-N※G 还具有良好的"防爬"特性 | 0~40 | 适用于压力 7 MPa~14 MPa 的精密机床或其他设备的液压系统。 YA-N※G 专用于液压与导轨润滑合用的系统 | 12~18 |
| 液压油 | 抗磨液压油 | YB-N32 YB-N46 YB-N68 YB-N80 YB-N100 YB-N150 YB-N46K | 深度精制的润滑油馏分 | 与普通液压油基本相同,但加有较多更有效的抗磨剂,如 T202(含锌)和 T301、T303、T306(皆不含锌)等。含锌型对含银和青铜部件有腐蚀作用,尾注号为 K 的油品不用含锌型添加剂 | 除具有与普通液压油相似的特性外,抗磨性更好,摩擦系数小,凝点低。所用添加剂 T202 对钢钢摩擦副有特别好的抗磨性,对叶片泵的工作特别有利 | -10~40 | 适于各种工作压力,尤其适于压力 >14 MPa 的高速、高压系统,如油压机、起重机、掘进机、采煤机、挖掘机和其他机械等。YB-46K 用于有银部件的系统,例如滑靴镀银的柱塞泵—马达系统 | 18 |
| 液压油 | 低温液压油[3] | YC-N32 YC-N46 YC-N68 YC-N46D | 深度脱蜡精制的轻质矿物润滑油或合成烃油 | 除加有与抗磨液压油相同的添加剂外,还加有降凝剂、增黏剂等 | 低温液压油都具有良好的抗磨性,低温流动性,其黏度指数在 130 以上,抗剪切和低温性能好,低温下长期贮存不会发生不可逆的变化(例如沉淀、混浊、分层等) | YC-N※ 适于 -20~40℃;YC-N※D 最低可达 -30℃ | 用于寒区工作的各类高速、高压液压系统,如矿山、油田、港口码头、建筑工地使用液压机械、挖掘机、装载机、起重机等 | 18 |

续上表

| 类别 | 名称 | 代号 | 基础油 | 添加剂 | 性能特点 | 适用环境温度(℃) | 应用 | 用期(月) |
|---|---|---|---|---|---|---|---|---|
| 专用液压油 | 航空液压油 | YH-10 YH-12 | 深度精制的轻质石油馏分油 YH-12的馏分稍重 | YH-10加有8~9%的T601的增黏剂、0.5%的T501抗氧防胶剂 0.007%的苏丹Ⅳ染料 YH-12加有14~15%的T602增黏剂、1%的T501抗氧防胶剂、0.001%的苏丹Ⅳ染料,以及防锈剂 | 具有良好的黏温特性,凝点低,低温性能和氧化安定性好,不易生成酸性物质和胶膜,油液高度清洁 | 工业用:−40~54.5 航空用:−60~130 | 应用于我国大多数飞机的液压系统和起落架、减震器、减摆器等,寒区作业的工程机械,有的规定冬季使用航空液压油,如日本的加藤挖掘机等 | >12 |
| | 合成锭子油 | | 含烯烃轻质石油馏分 | | 油液经高度精制,具有良好的润滑性低温性能 | −20~40 | 适用于低温工作,普通液压油不能胜任的系统 | >12 |
| | 13号机械油[4] | HJ-13 | −25℃变压器油馏分 | 抗氧防胶剂T501为0.3%,消泡剂二甲基硅油5 ppm | 低温性能好,凝点低,有较好的安定性和润滑性能 | −20~40 | 用于寒区室外工作的液压系统,如工程机械和自卸汽车的液压系统 | >12 |

1) 汽轮机油原名透平油。
2) 普通液压油原名精密机床液压油,其中带尾注号"G"的,原名精密机床液压—导轨油。
3) 低温液压油原名低凝液压油,又名工程、桐化液压油。
4) 13号机械油又名专用锭子油,主要用于寒区液压系统或制冷、低温设备摩擦副的润滑。它是深度精制油品,而且用途特殊,通常不将其包括在机械油的范围内。

## 第四节 常用液压油的质量指标

### 一、抗氧化、防锈蚀液压油和代用油的质量指标

表 6-2-7 和表 6-2-8 分别为 L-HL 液压油和汽轮机油(代用油)的质量指标。

**表 6-2-7 L-HL 液压油质量指标(GB 11118.1—1994)**

| 项 目 | | 黏度等级(GB 3141) | | | | | |
|---|---|---|---|---|---|---|---|
| | | 15 | 22 | 32 | 46 | 68 | 100 |
| 运动黏度/cSt | | | | | | | |
| ℃ | ≤ | 140 | 300 | 420 | 780 | 1 400 | 2 560 |
| 40 ℃ | | 13.5~16.5 | 19.8~24.2 | 28.5~35.2 | 41.4~50.6 | 61.2~74.8 | 90.1~110 |
| 100 ℃ | ≥ | 3.2 | 4.1 | 5 | 6.1 | 7.8 | 9.9 |
| 闪点(开口)/℃ | ≥ | 155 | 165 | 175 | 185 | 195 | 205 |
| 倾点/℃ | ≤ | −9 | | | −6 | | |
| 腐蚀试验(铜片,100 ℃,3 h)/级 | ≤ | 1 | | | | | |
| 橡胶密封适用性指数 | ≤ | 14 | 12 | 10 | 9 | 7 | 6 |
| 空气释放值(50 ℃)/min | ≤ | 5 | 7 | 7 | 10 | 12 | 15 |
| 泡沫性/(mL/mL) | | | | | | | |
| 24 ℃ | | 150/0 | | | | | |
| 93 ℃ | | 75/0 | | | | | |
| 后 24 ℃ | | 150/0 | | | | | |
| 抗乳化性(40-37-3mL)/min | | | | | | | |
| 54 ℃ | ≤ | 30 | | | | | — |
| 82 ℃ | ≤ | — | | | | | 30 |

续上表

| 项目 | | 黏度等级(GB 3141) | | | | | |
|---|---|---|---|---|---|---|---|
| | | 15 | 22 | 32 | 46 | 68 | 100 |
| 氧化安定性<br>a. 酸值达 2.0 mgKOH/g 的时间/h<br>b. 旋转氧弹(压力将 175 kPa)/min | ≥ | 1 000 | | | | | |
| | | 实测 | | | | | |
| 机械杂质/% | ≤ | 0.005 | | | | | |

注：1. 其他质量指标：防锈性能试验(蒸馏水)——无锈；水分，%(m)≤——痕迹；中和值，mgKOH/g——实例；灰分，%(m)——实测；色度，号——实测。
2. 本产品主要适用于机床和其他设备的低压齿轮泵，如果本产品还用于镀银钢—钢摩擦副和青铜—钢摩擦副的柱塞泵或有精密伺服阀和精细滤器的其他类型油泵时，必须有油泵制造厂或供油单位的推荐。
3. 本产品适用的环境温度为 0 ℃以上，最高使用温度为 80 ℃。
4. 产品标记示例：液压油 L-HL32 GB 11118。
5. 生产厂：大连石化公司、燕山石化公司炼油厂、锦西炼油化工总厂、大庆石化总厂炼油厂、高桥石化公司炼油厂、兰州炼油化工总厂、抚顺石化公司石油三厂、茂名石化公司、济南炼油厂、荆门炼油厂等。

表 6-2-8　汽轮机油(代用油)质量指标(GB 2537—1989)

| 项目 | | 代号 | | | | |
|---|---|---|---|---|---|---|
| | | HU-20 | HU-30 | HU-40 | HU-45 | HU-55 |
| 运动黏度,(50 ℃)/CSt | | 18～22 | 28～32 | 37～43 | 43～47 | 53～57 |
| 闪点(开口)/℃ | ≥ | 180 | 180 | 180 | 195 | 195 |
| 凝点/℃ | ≤ | −15 | −10 | −10 | −10 | −5 |
| 水溶性酸或碱 | | 无 | 无 | 无 | 无 | 无 |
| 灰分/% | ≤ | 0.005 | 0.005 | 0.01 | 0.02 | 0.03 |
| 酸值/(mgKOH/g) | ≤ | 0.03 | 0.03 | 0.03 | 0.03 | 0.05 |
| 机械杂质/% | ≤ | 无 | 无 | 无 | 无 | 无 |
| 透明度 | | 透明 | 透明 | 透明 | 透明 | 透明 |
| 氢氧化钠试验/级 | ≤ | 2 | 2 | 2 | 2 | 2 |
| 破乳化时间/min | ≤ | 8 | 8 | 8 | 8 | 8 |
| 氧化安定性(酸值至 2.0 mgKOH/g)/h | ≥ | 1 000 | | | 实测 | |

注：1. 本产品有深度精制矿油加有抗氧剂调制而成，具有较优良的润滑性和抗氧性，品质比机械油(L-AN)高，但低于 L-HL 液压油。
2. 生产厂：兰州炼油化石总厂、大连和茂名石化公司、锦西炼油化工总厂、大庆石化总厂炼油厂、高桥石化公司炼油厂、济南炼油厂、荆门石化总厂等。

## 二、抗磨、防锈、抗氧化液压油的质量指标

表 6-2-9、表 6-2-10 和表 6-2-11 分别是 L-HM 液压油、普通液压油和高级抗磨液压油的质量指标。

表 6-2-9　L-HM 液压油质量指标(GB 11119—1989)

| 项目 | | 黏度等级(GB 3141—1994) | | | |
|---|---|---|---|---|---|
| | | 22 | 32 | 46 | 68 |
| 运动黏度/cSt<br>　0 ℃<br>　40 ℃<br>　100 ℃ | ≤<br><br>≥ | 300<br>19.8～24.2<br>4.1 | 420<br>28.8～35.2<br>5 | 780<br>41.4～50.6<br>6.1 | 1400<br>61.2～74.8<br>7.8 |
| 倾点/℃ | ≤ | −15 | −15 | −9 | −9 |
| 闪点(开口)/℃ | ≥ | 165 | 175 | 185 | 195 |
| 腐蚀试验(铜片,100 ℃,3 h)/级 | ≤ | 1 | | | |
| 橡胶密封适应性指数 | ≤ | 13 | 12 | 10 | 8 |
| 空气释放值(50 ℃)/min | ≤ | 5 | 6 | 10 | 10 |

续上表

| 项　目 | 黏度等级（GB 3141—1994） | | | |
|---|---|---|---|---|
| | 22 | 32 | 46 | 68 |
| 泡沫性/(mL/mL)<br>　24 ℃　　　　　　　　　≤<br>　93 ℃　　　　　　　　　≤<br>　后 24 ℃　　　　　　　≤ | 150/0<br>75/0<br>150/0 | | | |
| 抗乳化性(40-37-3 mL,54 ℃)/min　≤ | 30 | | | |
| 抗磨性<br>　a. FZG(或 CL-100)齿轮机试验(A/8.3/90),失效级　≥<br>　b. 叶片泵试验(250 h,总失重)/mg　≤<br>　c. 长期磨损(392 N,60 min,25 ℃)/mm | 10<br>150<br>实测 | | | |
| 氧化安定性<br>　a. 酸值达 2.0 mgKOH/g 的时间/h　≥<br>　b. 旋转氧弹(压力降 175 kPa)/min | 1 000<br>实测 | | | |

注：1. 其他质量指标：防锈性能试验（蒸馏水）——无锈；水分,%≤——痕迹；机械杂质,%≤——中和值,mgKOH/g——实测；色度,号——实测。
2. 本产品具有良好的抗磨性、润滑性和防锈抗氧性，并与丁腈橡胶有良好的相容性。适用环境温度为 −10 ℃～40 ℃。
3. 本产品主要用于钢—钢摩擦副的各种液压泵中、高压液压系统。用于其他材质摩擦副的液压泵时，必须要有油泵制造厂或供油单位推荐本产品所适用的油泵符合限量。
4. 产品标记示例：液压油 L-HM32 GB 11119。
5. 生产厂：长城高级润滑油公司、大连石化公司、高桥石化公司炼油厂、茂名石化公司、兰州炼油化工总厂、燕山石化公司、大庆石化总厂、济南炼油厂等。

### 表 6-2-10　普通液压油质量指标

| 项　目 | | 代　号（旧牌号） | | | | | | |
|---|---|---|---|---|---|---|---|---|
| | | YA-N32<br>（20号） | YA-N46<br>（30号） | YA-N68<br>（40号） | YA-N100<br>（60号） | YA-N150<br>（80号） | YA-N32G<br>（20号） | YA-N68G<br>（40号） |
| 运动黏度/cSt | 40 ℃ | 28.8～35.2 | 41.4～50.6 | 61.2～74.8 | 90～110 | 135～165 | 28.8～35.2 | 61.2～74.8 |
| | 50 ℃ | 17～23 | 27～33 | 37～43 | 57～63 | 77～83 | 17～23 | 37～43 |
| 黏度指数 | | 90 | | | 90 | | 90 | |
| 闪点(开口)/℃ | | 170 | | | 170 | | 170 | |
| 凝点/℃ | | −10 | | | −10 | | −10 | |
| 氧化安定性(酸值至 2°)/h | | 1 000 | | | 1 000 | | 1 000 | |
| 抗泡沫性(93 ℃)泡沫倾向/mL | | 50 | | | 50 | | 50 | |
| 最大无卡咬负荷/N | | 600 | | | 600 | | 600 | |
| 黏滑特性 | | — | | | — | | | 0.08 |

注：1. 其他质量项目的指标为：水分（%）、机械杂质（%）、水溶性酸或碱——无；防锈性（蒸馏水）——无锈；铜片腐蚀(T3铜片,100 ℃,3 h)——合格。
2. YA-N※液压油具有一定的抗磨性,性能比 L-HL 油和 L-TSA 油高,但比 L-HM 油低。YA-N※G 油为液压——导轨润滑合用油。
3. 指标编制：YA-N100、YA-N150 按 Q/SY 8049—1979,其余按 SY 1227—1982(88)。
4. 生产厂：兰州炼油化工总厂等。

### 表 6-2-11　高级抗磨液压油质量指标（Q/SH 038501）

| 项　目 | 黏度等级 | | | 项　目 | 黏度等级 | | |
|---|---|---|---|---|---|---|---|
| | N32 | N46 | N68 | | N32 | N46 | N68 |
| 运动黏度,40 ℃/cSt | 28.8～35.2 | 41.4～50.6 | 61.2～74.8 | 24±0.5 ℃ | 100/10 | | |
| | | | | 93±0.5 ℃ | 100/10 | | |
| 0 ℃　　　≤ | 420 | 780 | 1 400 | 后 24±0.5 ℃ | 100/10 | | |
| 黏度指数　≥ | 95 | | | 氧化安定性(酸值到 2.0 mgKOH/g 的时间)/h　≥ | 1 000 | | |
| 倾点/℃　≤ | −15 | | | | | | |
| 闪点(开口)/℃　≥ | 180 | | 200 | 抗乳化性(40-37-3)54 ℃/min　≤ | 30 | | |

续上表

| 项 目 | 黏度等级 | | | 项 目 | 黏度等级 | | |
|---|---|---|---|---|---|---|---|
| | N32 | N46 | N68 | | N32 | N46 | N68 |
| 泵磨损特性试验(V104泵),250 h 总失重/mg ≤ | 150 | | | 苯胺点/℃ | 95 | | |
| 承载能力(CL-100齿轮机)试验承载失重负荷/级 ≥ | 10 | | | 剪切安定性,40 ℃运动黏度下降率/% ≤ | 2 | | |
| 铜片腐蚀(100 ℃,3 h)/级 | 1 | | | 水解安定性 | 0.5 | | |
| 密封适应性指数 ≤ | 12 | 10 | 8 | 铜片失重/(mg/cm$^2$) ≤ | | | |
| 空气释放值(50 ℃)/min | 6 | 10 | 10 | 水层酸度/(mgKOH) ≤ | 6 | | |
| 色度,号 ≤ | 2.0 | 2.5 | 3.0 | 铜片外观 | 无灰黑色 | | |
| 泡沫性/(mL/mL) | | | | 热安定性(150 ℃×24 h):颜色 ≤ | 7 | | |
| | | | | 沉淀 | 无 | | |

注:1. 其他质量项目指标:防锈性能试验(A+B)法——无锈;中和值,mgKOH/g——实测;灰分,%(m)——实测;水分——痕迹;机械杂质——无。
2. 本产品具有优良的润滑性、抗磨性、抗氧和防锈性,以及良好的防腐性和空气释放性,其黏度指数高、倾点低,适用温度宽。适用于中高液压系统。
3. 生产厂:长城高级润滑油公司、茂名南海高级润滑油公司、大庆石化总厂炼油厂、高桥石化公司炼油厂、兰州炼油化工总厂、大连石化公司。

### 三、耐低温、抗磨、防锈、抗氧化液压油的质量指标

表 6-2-12 和表 6-2-13 分别是低凝液压油和稠化液压油的质量标准。

**表 6-2-12　低凝液压油质量指标(Q/SH 018.4405)**

| 项 目 | 黏度等级 | | 项 目 | 黏度等级 | |
|---|---|---|---|---|---|
| | 22 | 32 | | 22 | 32 |
| 运动黏度,(40 ℃),cSt±10% | 22 | 32 | 溶解铁/mg | 实测 | |
| 运动黏度达到1 500 cSt时温度/℃ | −24 | −18 | 沉淀/mg | 实测 | |
| 黏度指数 | 130 | | 水分 | 痕迹 | |
| 倾点/℃ | −36 | | 防锈性能试验(A+B)法 | 无锈 | |
| 闪点/℃ | 140 | 160 | 苯胺点,℃ | 实测 | |
| 橡胶密封性指数 | 14 | 13 | 机械杂质 | 无 | |
| 空气释放值(50 ℃)/min | 6 | 7 | 水解安定性 | | |
| 抗乳化性(54 ℃,40/37/3/)/min | 30 | | 铜片失重/(mg/cm$^2$) | 0.5 | |
| 喷嘴剪切,运动黏度变化(40 ℃)/% | 10 | | 水层总酸度/(mgKOH) | 6.0 | |
| 承载能力试验、失效级 | 10 | | 铜片外观 | 无灰黑色 | |
| 磨损特性试验(V104泵),250 h失重/mg | 150 | | 灰分/%,m | 实测 | |
| 泡沫性(Ⅰ、Ⅱ、Ⅲ)/(mL/mL) | 100/0 | | 中和值/(mgKOH/g) | 实测 | |
| 氧化安定性 | | | 热安定性 | 通过 | |
| 酸值达到2.0 mgKOH/g的时间/h | 1000 | | 可滤性(无水,加2%水) | 实测 | |
| 溶解铜/mg | 实测 | | | | |

注:1. 本品外观呈深绿色液体,具有优良的低温流动性、泵送性和冷启动性。有高的黏度指数,良好的抗磨、抗氧、防锈、抗泡等性能,剪切安定性好,适于在较宽温度范围内使用。
2. 本产品适用于寒区露天作业(气温不低于−25 ℃)的工程机械和车辆之高、中、低压液压系统在冬季使用。
3. 生产厂:兰州炼油化工总厂、高桥石化公司炼油厂、大连石化公司、大庆石化总厂炼油厂、锦西炼油化工总厂等。

**表 6-2-13　稠化液压油质量指标**

| 项 目 | 上海高化公司炼油厂企标(Q/SH 00.3·01·015) | | | 兰州炼油厂企标(Q/SY 8049) | | | |
|---|---|---|---|---|---|---|---|
| 代号 | YC-N32 | YC-N46 | YC-N68 | YC-N32 | YC-N46 | YC-N46D | DYC-N68 |
| 旧牌号 | 上稠20号 | 上稠30号 | 上稠40号 | 兰稠20号 | 兰稠30号 | 兰稠30D号 | 兰稠40号 |

续上表

| 项　　目 | | 上海高化公司炼油厂企标<br>(Q/SH 00.3·01·015) | | | 兰州炼油厂企标<br>(Q/SY 8049) | | | |
|---|---|---|---|---|---|---|---|---|
| 运动黏度/cSt | 40℃ | | | | 28～35 | ～50 | 41～50 | 61～71 |
| | 50℃ | 17～23 | 27～33 | 37～43 | 17～23 | 27～33 | 27～33 | 37～43 |
| 黏度指数 | | 160 | | | 120 | 120 | 130 | 120 |
| 闪点(开口)/℃ | | 160 | | | 150 | 150 | 140 | 150 |
| 凝点/℃ | | −35 | | | −35 | −35 | −45 | −35 |
| 抗氧化安定性(酸值至 2 mgKOH/g)/h | | 1 000 | | | 1 000 | | | |
| 抗泡沫性(93℃),泡沫倾向/mL | | | | | 50 | | | |
| 最大无卡咬负荷/N | | 800 | | | 950 | | | |
| 抗磨性(叶片泵试验 100 h)/mg | | 100 | | | 100 | | | |
| 抗乳化度(40-37-3)/min | | | | | 30 | | | |
| 机械杂质/% | | 无 | | | 无 | | | 0.01 |

注：1. 其他质量项目的指标为腐蚀($T_3$铜片,100℃,3 h)、液相腐蚀(蒸馏水)：合格。
　　2. 生产厂：上稠：上海高桥石化公司炼油厂；兰稠：兰州炼油化工总厂。

## 第五节　液压工作介质的选择

### 一、选用原则

液压工作介质的选用原则见表 6-2-14

**表 6-2-14　液压工作介质的选择原则**

| 选择原则 | 考虑因素 | 选择原则 | 考虑因素 |
|---|---|---|---|
| 1. 液压系统的环境条件 | 是否要求抗燃性(闪点、自燃点)<br>消除噪声能力(空气溶解度、消泡性)<br>废液处理及环境污染要求<br>毒性与气味 | 3. 工作介质的质量 | 物理化学指标<br>对金属和密封件的适应性<br>防锈、防腐蚀能力<br>抗氧化稳定性<br>剪切稳定性 |
| 2. 液压系统的工作条件 | 使用压力范围(润滑性、极压承载力)<br>使用温度界限(黏度、黏-温特性、热稳定性、低温流动性)<br>转速(气蚀、对轴承面浸润力) | 4. 经济性 | 价格及使用寿命<br>维护保养的难易程度 |

### 二、液压工作介质品种和年度的选择

液压工作介质品种和黏度的选择见表 6-2-15。

液压油与常用材料的相容性见表 6-2-16，液压泵所需工作介质的黏度见表 6-2-17。

**表 6-2-15　液压工作介质品种和黏度的选择**

| 项　目 | 考虑因素 |
|---|---|
| 液压工作介质品种的选择 | (1)液压系统所处的工作环境：即液压设备是在室内或户外作业,寒区或温暖的地带工作；周围有无明火或高温热源,对防火安全、保持环境清洁、防止污染等有无特殊要求<br>(2)液压系统的工况：如液压泵的类型,系统的工作温度和工作压力,设备结构或动作的精密程度,系统的运转时间,工作特点,元件使用的金属、密封件和涂料的性质等<br>(3)液压工作介质方面的情况：如货源、质量、理化指标、性能、使用特点、适用范围,以及对系统和元件材料的相容性(见表 6-2-16)等<br>(4)经济性：即考虑液压工作介质的价格,更换周期,维护使用是否方便,对设备寿命的影响等<br>(5)液压工作介质品种的选择可参考表 6-2-5 和 6-2-6 |

续上表

| 项　目 | 考虑因素 |
|---|---|
| 液压工作介质黏度的选择 | (1)意义：对多数液压工作介质来说，黏度选择就是介质牌号的选择。黏度选择适当，不仅可提高液压系统的工作效率、灵敏度和可靠性，还可以减少温升，降低磨损，从而延长系统元件的使用寿命<br>(2)选择依据：液压系统的元件中，液压泵的负荷最重，所以，介质黏度的选择，通常是以满足液压泵的要求来确定，见表 6-2-17<br>(3)修正：对执行机构运动速度较高的系统，工作介质的黏度应适当选小，以提高动作的灵敏度，减少流动阻力和系统发热 |

表 6-2-16　液压油与常用材料的相容性

| 类别 | 材料名称 | 石油基液压油 | 类别 | 材料名称 | 石油基液压油 |
|---|---|---|---|---|---|
| 金属 | 铁 | √ | 橡胶 | 丁苯橡胶 | × |
|  | 铜、黄铜 | √ |  | 聚丙烯酸酯 | 勉强 |
|  | 青铜 | × | 塑料 | 有机玻璃 | √ |
|  | 铝 | √ |  | 苯乙烯 | √ |
|  | 锌、镉 | √ |  | 环氧 | √ |
|  | 锡 | √ |  | 酚型 | √ |
| 橡胶 | 天然橡胶(NR) | × |  | 尼龙 | √ |
|  | 氯丁橡胶(CR) | √ |  | 聚氟乙烯 | √ |
|  | 丁腈橡胶(NBR) | √ |  | 聚丙烯 | √ |
|  | 丁基橡胶(HR) | × |  | 聚四氟乙烯 | √ |
|  | 聚氨酯橡胶 | √ | 其他 | 皮革 | √ |
|  | 硅橡胶(SL) | √ |  | 纸 | √ |
|  | 氟橡胶(SBR) | √ |  | 软木 | √ |

注：√符号表示相容，×表示不相容。

表 6-2-17　液压泵所需工作介质的黏度

| 名称 | 黏度范围/cSt 允许 | 黏度范围/cSt 最佳 | 工作压力/MPa | 工作温度/℃ | 推荐用油 |
|---|---|---|---|---|---|
| 齿轮泵 | 4～220 | 25～54 | 12.5 以下 | 5～40 | YA-N32,YA-N46　液压油 |
|  |  |  |  | 40～80 | YA-N46,YA-N68　液压油 |
|  |  |  | 10～20 | 5～40 | YA-N46,YA-N68　液压油 |
|  |  |  |  | 40～80 | YB-N46,YB-N68　抗磨液压油 |
|  |  |  | 16～32 | 5～40 | YB-N32,YB-N46　抗磨液压油 |
|  |  |  |  | 40～80 | YB-N46,YB-N68　抗磨液压油 |
| 径向柱塞泵 | 10～65 | 16～48 | 14～35 | 5～40 | YB-N32,YB-N46　抗磨液压油 |
|  |  |  |  | 40～80 | YB-N46,YB-N68　抗磨液压油 |
| 轴向柱塞泵 | 4～76 | 16～47 | 35 以上 | 5～40 | YB-N32,YB-N46　抗磨液压油 |
|  |  |  |  | 40～80 | YB-N68,YB-100　抗磨液压油 |
| 螺旋杆 | 19～49 |  | 10.5 以上 | 5～40 | YA-N32,YA-N46　液压油 |
|  |  |  |  | 40～80 | YA-N46,YA-N68　液压油 |

# 第三章 液压泵和液压马达

## 第一节 主要参数、性能指标和计算公式

### 一、基本概念

液压泵是将发动机（如电动机和内燃机等）的机械功率转换为液体压力能（液压能）的元件。

液压马达是液压执行元件的一种，它将液压能转换为旋转形式的机械能输出，克服负载的阻力矩，并使之旋转。液压马达的旋转角是无限制的，另一种旋转运动的液压执行元件——液压摆动缸则只能在小于360°范围内转动。由于摆动缸在起重机械中应用较少，本手册不予纳入，但其一般计算公式与液压马达相同。直线运动的液压执行元件——液压缸在本篇的第四章介绍。

### 二、主要参数和性能指标

液压泵和液压马达的主要参数和性能指标见表6-3-1。

表6-3-1 液压泵和液压马达的主要参数和性能指标

| 参数 | 定义 | | 常用单位 |
|---|---|---|---|
| 排量 $q$ | 每旋转一圈，通过泵或马达工作容腔的液体体积 | | mL/r |
| 流量 $Q$ | 单位时间泵排除或流入马达的液体体积 | | L/min |
| | 几何（理论）流量 $Q_0$：通过工作容腔的流量，等于空载（无泄漏）工况的流量 | | |
| | 实际流量 $Q$：有负载（有内、外泄漏）工况时，泵实际排除或实际进入马达的流量 | | |
| | 额定流量 $Q_e$："设计工况"[1]的泵或马达的实际流量 | | |
| 压力 $p$ | 液体的压应力，亦为单位重量液体的压力能 | | MPa |
| | 最高工作压力 $p_{max}$：泵或马达的高压口所允许的最大压力，受摩擦副的摩擦、磨损允许条件和轴承允许最大负载限制 | | |
| | 额定压力 $p_e$：设计工况泵或马达高压口的压力 | | |
| | 压力差（降）$\Delta p$：泵或马达工作时，其高压口与低压口压力的差值 | | |
| | 泵的自吸真空度 $h$：开式回路中，泵通过管道（无论是否装有滤油器或阀）从非压力油箱直接吸入液体，其入口处的真空度，此值受空穴条件限制 | | kPa |
| 转速 $n$ | 泵或马达单位时间旋转的圈数 | | r/min |
| | 最高转速 $n_{max}$：允许的最大转速，受泵或马达零件或摩擦副设计条件，或者泵的自吸真空度限制 | | |
| | 最低转速 $n_{min}$：允许的最小转速，受泵流量随时间脉动程度或马达力矩和转速随时间脉动程度的限制 | | |
| | 额定转速 $n_e$：泵或马达的设计工况转速 | | |
| 转矩 $T$ | 泵的输入轴或马达输出轴上的转矩 | | N·m |
| 功率 $N$ | 单位时间传递的机械功或与机械功相互转换的液压能 | | kW |
| | 输入功率：泵轴上的机械功率 | | |
| | 输出功率：马达轴上的机械功率 | | |
| | 液压功率：用于泵或马达上，与机械功率相互转换的液体压力能 | | |
| 效率 $\eta$ | 某一功能传递或转换环节上，送出与送入功率的比值 | | 无量纲数，通常用百分比表示 |
| | 容积效率 $\eta_V$：对泵，为实际流量与几何流量之比；对马达，为几何流量与实际流量之比 | | |
| | 机械效率 $\eta_m$：对泵，为几何流量和压力差的乘积与输入功率之比；对马达，为输出功率与几何流量和压力差的乘积之比 | | |
| | 总效率 $\eta$：对泵，为实际流量和压力差的乘积与输入功率之比；对马达，为输出功率与实际流量和压力差的乘积之比 | | |

[1] 最合理的工作状态。

(一)主要计算公式

主要计算公式见表 6-3-2,常用单位见表 6-3-1。

表 6-3-2 主要计算公式

| 计算参数 | 液压泵 | 液压马达 |
|---|---|---|
| 几何流量 | $Q_0 = q \cdot n \times 10^{-3}$ | |
| 轴转矩 | $T = \dfrac{q\Delta p}{2\pi\eta_m}$ | $T = \dfrac{q\Delta p \eta_m}{2\pi}$ |
| 轴机械功率 | $N = \dfrac{2\pi T n}{60} \times 10^{-3} = \dfrac{Q\Delta p}{60\eta}$ | $N = \dfrac{Q\Delta p \eta}{60} = \dfrac{2\pi T n}{60} \times 10^{-3}$ |
| 容积效率 | $\eta_V = \dfrac{Q}{Q_0} \times 100\%$ | $\eta_V = \dfrac{Q_0}{Q} \times 100\%$ |
| 机械效率 | $\eta_m = \dfrac{Q_0 \Delta p}{2\pi T n} \times 10^3 \times 100\%$ | $\eta_m = \dfrac{2\pi T n}{Q_0 \Delta p} \times 10^{-3} \times 100\%$ |
| 总效率 | $\eta = \dfrac{Q\Delta p}{2\pi T n} \times 10^3 \times 100\%$ | $\eta = \dfrac{2\pi T n}{Q\Delta p} \times 10^{-3} \times 100\%$ |
| | $\eta = \eta_V \cdot \eta_m$ | |

(二)常用液压泵的主要参数和性能指标

1. 常用液压泵的主要参数和性能指标范围见表 6-3-3。

表 6-3-3 常用液压泵的主要参数和性能指标范围

| | 齿轮泵 | | | 叶片泵 | | 轴向柱塞泵 | | | 径向柱塞泵 | |
|---|---|---|---|---|---|---|---|---|---|---|
| | 外啮合式 | 内啮合式 | | 单作用式 | 双作用式 | 斜盘式 | | 斜轴式 | 配流式 | 阀式 |
| | | 隔块式 | 摆线式 | | | 通轴式 | 非通轴式 | | | |
| 排量范围/(mL/r) | ≤125 | ≤300 | ≤150 | ≤125 | ≤237 | ≤730 | ≤250 | ≤1 600 | ≤250 | ≤40 |
| 压力范围/MPa | ≤25 | ≤30 | ≤16 | ≤10 | ≤31.5 | ≤42 | ≤32 | ≤42 | ≤38.5 | ≤32 |
| 转速范围/(r/min) | 500~6 000 | 300~4 000 | 1 000~4 500 | 500~1 800 | 500~3 000 | 500~5 000 | 500~3 000 | 600~6 000 | 1 500~3 500 | 1 000~2 400 |
| 容积效率/% | 70~95 | ≤96 | ≤90 | ≤90 | ≤95 | ≤97 | ≤97 | ≤97 | ≤95 | ≤95 |
| 总效率/% | 65~90 | ≤90 | ≤85 | ≤85 | ≤90 | ≤90 | ≤90 | ≤90 | ≤90 | ≤90 |
| 最高自吸能力/kPa | 50 | — | — | 33.5 | 33.5 | 16.5 | 16.5 | 16.5 | — | — |

2. 各种泵的比较见表 6-3-4。

表 6-3-4 各种泵的比较

| | 齿轮泵 | | | 叶片泵 | | 轴向柱塞泵 | | | 径向柱塞泵 | |
|---|---|---|---|---|---|---|---|---|---|---|
| | 外啮合式 | 内啮合式 | | 单作用式 | 双作用式 | 斜盘式 | | 斜轴式 | 配流式 | 阀式 |
| | | 隔块式 | 摆线式 | | | 通轴式 | 非通轴式 | | | |
| | 定量 | | | 定量变量 | 定量 | 定量变量 | | 定量变量 | 定量变量 | 定量 |
| 结构 | 最简 | 较简 | 简 | 较简 | 较简 | 复杂 | 复杂 | 最繁 | 最繁 | 较繁 |
| 尺寸结构 | 小 | 小 | 小 | 较小 | 较小 | 大 | 大 | 最大 | 最大 | 较大 |
| 寿命 | 短 | 短 | 短 | 较短 | 较短 | 较长 | 较长 | 长 | 长 | 较短 |
| 价格 | 最廉 | 较廉 | 廉 | 较廉 | 较廉 | 贵 | 贵 | 最贵 | 最贵 | 较贵 |
| 流量脉动 | 最大 | 小 | 小 | 较小 | 最小 | 小 | 小 | 小 | 小 | 大 |
| 抗污染能力 | 强 | 强 | 强 | 较弱 | 较弱 | 弱 | 弱 | 弱 | 弱 | 较弱 |
| 耐冲击能力 | 较强 | 较强 | | 较弱 | 较弱 | 弱 | 弱 | 最强 | 最强 | |

# 第二节　变量泵的常见变量方式

## 一、恒功率（自动）变量

当系统负载使泵出口的压力 $p$ 变化时，变量机构所含的压力反馈回路使泵的排量发生变化，导致流量 $Q$ 与出口压力呈反比变化，即在不同系统负载下，变量机构能使流量和出口压力的乘积 $Q·p$（泵的液压效率）维持常数，如图 6-3-1 的 $BC$ 段为一条双曲线段。当出口压力降至 $B$ 点压力以下时，变量机构会迫使流量维持为 $B$ 点流量，即表现为图 6-3-1 的恒流量的 $AB$ 段；当压力达到 $B$ 点的压力时，变量机构不再使流量 $Q$ 随压力的上升而按双曲线规律下降。调整变量机构上的调节弹簧，可使恒功率特性曲线移动（例如 $BC$ 段移至为 $B'C'$ 段），这种调节是无级的。实际上，流量随压力变化曲线并非是准确的双曲线，而是以多根斜率不同的直线衔接，以逼近双曲线。

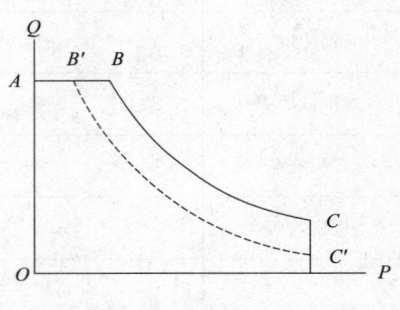

图 6-3-1　恒功率变量泵的压力-流量特性

## 二、恒压（自动）变量

当系统需要泵以恒出口压力（$p=$ 常数）工作时，变量机构能使泵以恒压向系统供给其所需大小不同的流量，避免使用溢流阀形成的旁路溢流液压能力损失，泵的流量 $Q$ 与其出口压力 $p$ 之间的关系如图 6-3-2 所示。调定变量机构的调压弹簧，即可确定泵出口压力为恒定值，如调定压力为 $p_A$ 时，外界负载力的变化只引起流量的变化，泵出口压力始终保持为 $p_A$，特性线沿 $A$ 直线变化。当压力调定值为 $p_B$ 时，特性线沿 $B$ 直线变化。实际上，当流量变化时，出口压力值还是有很小的变化。

## 三、手动变量与手动伺服变量

这两种变量达到的效果是相同的，即人工产生变量机构的位移信号 $x$，使泵的出口流量 $Q$ 与 $x$ 成正比变化。手动变量是通过机械机构施行变量，故人在操作时，受到泵出口压力形成的液压合力的反作用，需施加很大的操作力。手动伺服变量通过液压伺服机构进行操作力放大，因此，人只需施加很小的操作力即可施行变量。$Q$ 与 $x$ 的关系见图 6-3-3。

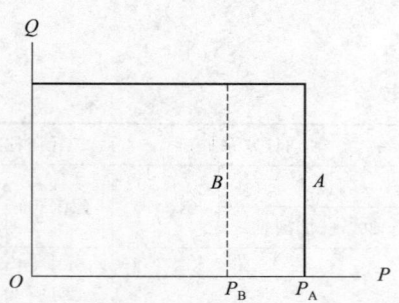

图 6-3-2　恒压变量泵的压力—流量特性

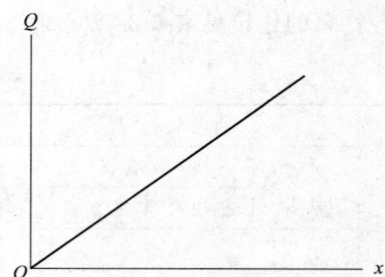

图 6-3-3　手动变量或手动伺服变量泵的 $Q$-$x$ 特性

## 四、电控变量（电控伺服或电控比例变量）

用电气—机构转换器（例如步进电机或电磁铁）驱动阀，控制液压缸，再带动变量机构。这种方式既可人工操作，也可用各种电气自控，包括计算机或可编程序控制器来控制电气—机械转换器的前置电控电路，实现各种特性的变量。

## 第三节 常用液压马达的主要参数和性能指标

液压马达有"高速"和"低速"之分。高速马达的特征是排量小，在同样功率下，转速高、转矩小，因此，又称为"高速小扭矩马达"。由于其排量与各类液压泵同等级，理论上按各类液压泵逆用（送入液压能，输出机械功率），即形成高速马达，所以，高速马达的基本结构和特点与各类泵相同，其主要参数和性能指标可参阅表6-3-3和表6-3-4。由于适用的具体要求毕竟有所不同，因此，高速马达与泵的具体结构有一定区别，但不影响上述两个表所表述的特征，故不再列表赘述。高速马达转速范围高，扭矩低，在大多数情况下要经过减速机构减速增矩后才能拖动负载，因此，这种传动方式称为"高速方案"。同样的功率下，低速马达相对高速马达的排量大、转速低、扭矩大，故称为"低速大扭矩马达"。由于其排量与各类泵相差悬殊，不能以泵的逆用来实现，故低速马达的结构和特点与泵明显不同。表6-3-5为常用各种低速大扭矩马达的主要参数和性能指标。低速马达的输出转速和转扭矩往往可直接适应负载，故低速马达的驱动轴可与拖动负载的机构直接相连，无需减速装置，因此，这种传动方式称为"低速方案"。

表 6-3-5 常用低速大转矩马达的主要参数和性能指标

| 参数项 | 机型 | 连杆式 | 静压平衡式 | 内曲线式 | 双斜盘式 | 摆线式 |
|---|---|---|---|---|---|---|
| 转速/(r/min) | 最低 | 5～10 | 2 | 0.5 | 5～10 | 5～10 |
|  | 最高 | 200 | 275 | 600 | 200 | 245 |
| 压力/MPa | 额定 | 20.5 | 17 | 13.5 | 20.5 | 14 |
|  | 最高 | 24.0 | 28 | 20.5 | 24 | 20 |
| 总效率/% |  | 90 | 90 | 90 | 91 | 76 |

## 第四节 外啮合齿轮泵与齿轮马达

### 一、外啮合齿轮泵的原理

图6-3-4所示的一对外啮合齿轮，其啮合的重叠系数略大于1，故同时有两个啮合点。随着旋转，先啮合而行将脱开的啮合点外侧的容腔在扩大，形成吸入腔，将液体吸入，后啮合点外侧的容积将缩小，形成压出腔，将液体送入液压系统的供油管路中。

当两个啮合点之间容腔中的液体与吸入腔和压出腔都不通时，称为"困油现象"。困油腔的容积是周期性变化的，时而使液体受到压缩，时而又使液体膨胀，引起轴承承受额外的交变冲击，发生气穴现象与噪声，将明显降低泵的容积效率和使用寿命。消除和减弱困油现象的措施，称为卸荷。最常见的办法是在可能形成困油腔周围，贴靠齿轮侧面的零件壁面上开卸荷槽。

齿轮轴承受很大的径向力，主要是齿轮对的啮合力，其次是压出腔与吸入腔压力不同造成不能平衡的合力差，再次是齿轮外缘存在着有梯度的压力分布。因此，轴承成为设计时需要重视的环节。由于轴承制造和安装精度要求很高，且昂贵，对泵进行检修时应特别注意。

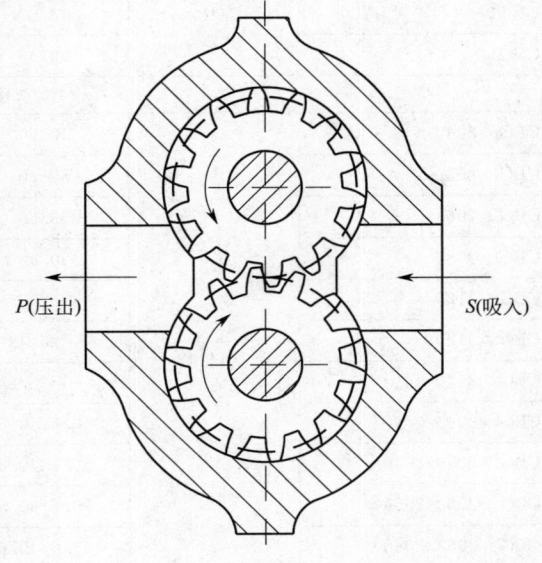

图 6-3-4 外啮合齿轮

齿轮对两侧的间隙是泵内部泄露的主要点,为此,齿轮两侧的零件做成可以轴向移动的,称为浮动轴套,其外侧的局部,用密封圈隔成一个异形的区域,并使之与压出腔相通,高压液体将浮动轴承压向齿轮,调整齿轮侧隙,减少泄露。某些低压齿轮泵不采用浮动轴套结构。

内泄漏液体必然流至轴承与端盖处,这里有低压密封防液体流出泵外,必须将此处液体导至吸入腔(内泄方式),或者用管道导至油箱(外泄方式)。

齿轮泵只用于开式系统,吸油口和压出口是固定不变的,为减少吸入腔的真空度,吸入口的口径应大于压出口。

液压系统有时要用几个泵,分别向各子系统供油,或者组成多级调速回路,可以采用多联齿轮泵,即将两个(双联)泵或三个(三联)泵用同一根轴串接在一起,用同一个原动机驱动,但每个泵都有各自的吸油口和压出口。

## 二、齿轮马达的原理

当来自系统的高压液体进入马达后,将先啮合点外侧的容腔挤大,强迫齿轮转动,在后啮合点的外侧,容腔缩小,将低压液体排出马达,高压(进液)腔与低压(出液)腔的压力差,是形成马达轴输出的力矩的基础因素。

当马达需要正、反两向转动时,高低压腔是交替变化的,所以齿轮马达两个啮合点各自外侧容腔相通的各部分都必须做成对称的。例如,两个通口口径是同样大小的,必须用外泄方式等等。因此,齿轮马达虽和齿轮泵结构颇为相似,但不能以泵代替马达使用。用马达代泵是可以的,但是吸入性能差,并因采用外泄方式,结构不紧凑。

## 三、部分国产外啮合齿轮泵和马达产品的型号和参数

(一)泵

部分国产外啮合齿轮泵的型号和参数见表 6-3-6。

表 6-3-6 部分国产外啮合齿轮泵的型号和参数

| 型号 | 压力<br>(额定/最高)<br>/MPa | 排量<br>(首联/次联)[1)]<br>/(mL/r) | 转速<br>(额定/最高)<br>/(r/min) | 备注 | 主要生产方 |
|---|---|---|---|---|---|
| CB 系列 ||||||
| CB-32 |  | 32.06 |  |  | 长江、合肥、栖霞、长治、天津机械厂、北京冶金 |
| CB-50 | 10/12.5 | 48.07 | 1 500/— |  |  |
| CB-100 |  | 99.45 |  |  |  |
| CBG 系列 ||||||
| CBG 2040 |  | 40.60 | 2 000/3 000 |  | 长江阜新武汉济南青州 |
| CBG 2050 |  | 50.30 |  |  |  |
| CBG 2063 |  | 63.60 |  |  |  |
| CBG 2080 |  | 80.40 |  |  |  |
| CBG 2100 |  | 100.70 | 2 000/2 500 |  |  |
| CBG 3125 | 16/20 | 126.40 |  |  |  |
| CBG 3140 |  | 140.30 |  |  |  |
| CBG 2040/2040 |  | 40.6/40.6 |  | 双 |  |
| CBG 2050/2040 |  | 50.3/40.6 | 2 000/3 000 |  |  |
| CBG 2050/2050 |  | 50.3/50.3 |  |  |  |
| CBG 2063/2040 |  | 63.6/40.6 | 2 000/2 500 | 联 |  |
| CBG 2063/2050 |  | 63.6/50.3 |  |  |  |

续上表

| 型　号 | 压　力<br>（额定/最高）<br>/MPa | 排　量<br>（首联/次联）[1]<br>/(mL/r) | 转　速<br>（额定/最高）<br>/(r/min) | 备　注 | 主要生产方 |
|---|---|---|---|---|---|
| CBG　2063/2063 | 16/20 | 63.6/63.6 | 2 000/2 500 | 双联 | 长江<br>阜新<br>武汉<br>济南<br>青州 |
| CBG　2080/2040 | | 80.4/40.6 | | | |
| CBG　2080/2050 | | 80.4/50.3 | | | |
| CBG　2080/2063 | | 80.4/63.6 | | | |
| CBG　2080/2080 | | 80.4/80.4 | | | |
| CBG　2100/2040 | | 100.7/40.6 | | | |
| CBG　2100/2050 | | 100.7/50.3 | | | |
| CBG　2100/2063 | | 100.7/63.6 | | | |
| CBG　2100/2080 | | 100.7/80.4 | | | |
| CBG　2100/2100 | | 100.7/100.7 | | | |
| CBG　3125/3125 | | 126.4/126.4 | | | |
| CBG　3140/3125 | | 140.3/126.4 | | | |
| CBG　3140/3140 | | 140.3/140.3 | | | |
| CBY 系列 | | | | | |
| CBY　2010 | 20/25 | 10.18 | —/3 000 | | 长江<br>北京冶金<br>济南 |
| CBY　2016 | | 16.40 | | | |
| CBY　2025 | | 25.45 | | | |
| CBY　2032 | | 32.23 | | | |
| CBY　2040 | | 40.15 | | | |
| CBY　3040 | | 40.60 | —/2 500 | | |
| CBY　3050 | | 50.30 | | | |
| CBY　3063 | | 63.60 | | | |
| CBY　3080 | | 80.40 | | | |
| CBY　3100 | | 100.70 | | | |

CBY 系列有双联泵，由以上单泵排量组合而成。压力参数与单泵相同，凡其中一联排量≤40.15 mL/r 的，最高转速为 3 000 r/min，其余为 2 500 r/min。

| 型　号 | 压　力 | 排　量 | 转　速 | 备　注 | 主要生产方 |
|---|---|---|---|---|---|
| CBK 系列 | | | | | |
| CBK　1004 | 25/28 | 4.25 | 3 500/4 000 | | 长江 |
| CBK　1005 | | 6.20 | | | |
| CBK　1006 | | 6.40 | | | |
| CBK　1008 | | 8.10 | | | |
| CBK　1010 | | 10.00 | | | |
| CBK　1011 | | 11.12 | 3 000/3 500 | | |
| CBK　1012 | | 12.60 | | | |
| CBK　1016 | | 15.90 | | | |
| CBK　1020 | 20/25 | 19.90 | 2 000/3 000 | | |
| CBK　1022 | | 21.90 | | | |
| CBK　1025 | 16/20 | 25.00 | 2 000/2 500 | | |

续上表

| 型 号 | 压 力<br>(额定/最高)<br>/MPa | 排量<br>(首联/次联)[1]<br>/(mL/r) | 转速<br>(额定/最高)<br>/(r/min) | 备 注 | 主要生产方 |
|---|---|---|---|---|---|
| CB-F 系列 | | | | | |
| CB-FC10L | 16/20 | 10 | 2 000/2 500 | | 榆 次 |
| CB-FC16L | 16/20 | 16 | 2 000/2 500 | | |
| CB-FC20L | 16/20 | 20 | 2 000/2 500 | | |
| CB-FC25L | 16/20 | 25 | 2 000/2 500 | | |
| CB-FC31.5L | 16/20 | 31.5 | 2 000/2 500 | | |
| CB-FC40L | 16/20 | 40 | 2 000/2 500 | | |
| CB-FD10L | 20/25 | 10 | 2 000/2 500 | | |
| CB-FD16L | 20/25 | 16 | 2 000/2 500 | | |
| CB-FD20L | 20/25 | 20 | 2 000/2 500 | | |
| CB-FD25L | 20/25 | 25 | 2 000/2 500 | | |
| CB-FD31.5L | 20/25 | 31.5 | 2 000/2 500 | | |
| CB-FD40L | 20/25 | 40 | 2 000/2 500 | | |
| CBF-E 系列 | | | | | |
| CBF-E10-APL | 16/20 | 10 | —/3 000 | | |
| CBF-E16-APL | 16/20 | 16 | —/3 000 | | |
| CBF-E20-APL | 16/20 | 20 | —/3 000 | | |
| CBF-E25-APL | 16/20 | 25 | —/3 000 | | |
| CBF-E32-APL | 16/20 | 32 | —/3 000 | | |
| CBF-E40-APL | 16/20 | 40 | —/3 000 | | |
| G5 系列 | | | | | |
| G5-5 | 20/— | 5.2 | 4 000/9 000 | | 长 江 |
| G5-6 | 20/— | 6.4 | 4 000/1 000 | | |
| G5-8 | 20/— | 8.1 | 4 000/1 000 | | |
| G5-10 | 25/— | 10.0 | 4 000/900 | | |
| G5-12 | 25/— | 12.6 | 36/900 | | |
| G5-16 | 25/— | 15.9 | 3 300/900 | | |
| G5-20 | 20/— | 19.9 | 3 100/750 | | |
| G5-25 | 16/— | 25.0 | 2 800/600 | | |

1) 括号内两个排量系指双联各联的排量,括号中注与单泵无关。

**(二) 马 达**

部分国产外啮合齿轮马达型号和参数见表 6-3-7。

**表 6-3-7　部分国产外啮合齿轮马达型号和参数**

| 型 号 | 压 力<br>(额定/最高)<br>/MPa | 排量<br>/(mL/r) | 转速范围<br>/(r/min) | 理论转矩<br>/(N·m) | 主要生产方 |
|---|---|---|---|---|---|
| CMG 系列(对应 CBG 泵系列) | | | | | |
| CMG 2040 | 16/20 | 40.6 | 500/2 500 | 101.0 | 长 江 |
| CMG 2050 | 16/20 | 50.3 | 500/2 500 | 125.5 | |
| CMG 2060 | 16/20 | 63.6 | 500/2 500 | 158.9 | |

续上表

| 型　号 | 压　力<br>(额定/最高)<br>/MPa | 排　量<br>/(mL/r) | 转速范围<br>/(r/min) | 理论转矩<br>/(N·m) | 主要生产方 |
|---|---|---|---|---|---|
| CMG 2080 | 16/20 | 80.4 | 500/2 500 | 201.0 | 长江 |
| CMG 2100 | | 100.7 | | 252.0 | |
| CMG 3125 | | 126.4 | | 315.8 | |
| CMG 3140 | | 140.3 | | 350.1 | |
| CMG 3160 | | 161.1 | | 402.1 | |
| CMG 3180 | 12.5/16 | 180.1 | | 351.1 | |
| CMG 3200 | | 200.9 | | 392.3 | |
| CMG 3125(a) | 16.20 | 126.4 | | 315.8 | |
| CMG 3160(a) | | 161.1 | | 402.1 | |
| GM5 系列(对应G5泵系列) | | | | | |
| GM 5-5 | 20/— | 5.2 | 4 000/800 | 16.561 | 长江 |
| GM 5-6 | 21/— | 6.4 | 4 000/700 | 21.401 | |
| GM 5-8 | | 8.1 | 4 000/650 | 27.086 | |
| GM 5-10 | | 10.0 | 3 600/600 | 33.439 | |
| GM 5-12 | | 12.6 | 3 600/550 | 42.134 | |
| GM 5-16 | | 15.9 | 3 300/500 | 53.169 | |
| GM 5-20 | 20/— | 19.9 | 3 100/500 | 63.376 | |
| GM 5-25 | 16/— | 25.0 | 3 000/500 | 63.694 | |
| CM-F 系列 | | | | | |
| CM-F10C-FL | 14/17.5 | 11.27 | 2 400/120 | 20 | 榆次 |
| CM-F18C-FL | | 18.32 | | 32 | |
| CM-F25C-FL | | 25.36 | | 45 | |
| CM-F32C-FL | | 32.41 | | 57 | |
| CM-F40C-FL | | 39.45 | | 70 | |

### 四、部分国外生产的外啮合齿轮泵型号和参数

部分国外生产的外啮合齿轮泵型号和参数见表6-3-8。

**表 6-3-8　部分国外生产的外啮合齿轮泵型号和参数**

| 规格 | 压　力<br>(额定/最高)<br>/MPa | 排　量<br>/(mL/r) | 转速<br>(最高/最低)<br>/(r/min) | 备　注 | 主要生产方 |
|---|---|---|---|---|---|
| G2 型,23 系列 | | | | | |
| 3 | 25/27.5 | 3.5 | 5 000/900 | 最高参数的运行条件请详查主要生产方的产品样本 | 力士乐(德)<br>REXROTH |
| 4 | | 4.5 | | | |
| 6 | | 6.5 | | | |
| 8 | | 8.6 | 3 200/750 | | |
| 12 | | 12.1 | 4 000/500 | | |
| 16 | | 16.2 | 2 800/500 | | |
| 22 | 17.5/20 | 22.4 | 2 200/500 | | |

续上表

| 规格 | 压力<br>（额定/最高）<br>/MPa | 排量<br>/(mL/r) | 转速<br>（最高/最低）<br>/(r/min) | 备注 | 主要生产方 |
|---|---|---|---|---|---|
| G2 型,4X 系列 ||||||
| 4 | 25/— | 4 | 5 000/1 200 | 最高参数的运行条件请详查主要生产方的产品样本 | 力士乐（德）<br>REXROTH |
| 5 | | 5.5 | 4 000/1 200 | | |
| 8 | | 8.2 | 4 000/1 000 | | |
| 11 | | 11 | 4 000/700 | | |
| 14 | | 14.1 | 3 500/700 | | |
| 16 | | 16.2 | 3 000/700 | | |
| 19 | 24/— | 19 | | | |
| 22 | 21/— | 22.4 | 2 500/700 | | |
| G3 型,3X 系列 ||||||
| 20 | 25/27.5 | 20.9 | 3 600/700 | | |
| 23 | | 23.4 | 3 200/700 | | |
| 26 | | 25.9 | 2 900/700 | | |
| 29 | 21/22.5 | 30.1 | 3 900/700 | | |
| 32 | 20/21.5 | 32.6 | 2 600/700 | | |
| 36 | 17.5/20 | 37.6 | 3 100/700 | | |
| 22 | 17.5/20 | 22.4 | 2 200/500 | | |
| G4 型,2X 系列 ||||||
| 40 | 21/25 | 40 | 3 000/700 | | |
| 50 | | 50 | 2 700/700 | | |
| 63 | | 63 | | | |
| 70 | | 70 | | | |
| 80 | 18/21 | 80 | | | |
| 100 | 15/17 | 100 | | | |
| 力士乐公司有双联泵，请查该公司样本 ||||||
| B 型系列 ||||||
| | 18/23 | 1 | 6 000/1 000 | | 博世（德）<br>BOSCH |
| | | 2 | 5 000/850 | | |
| | | 3 | 4 000/750 | | |
| F 型系列 ||||||
| | 25/30 | 4 | 4 000/600 | 尚有双联和三联泵，以及最高参数的运行条件，请查主要生产方的样本 | |
| | | 5.5 | 4 000/500 | | |
| | | 8 | | | |
| | | 11 | 3 500/500 | | |
| | | 14 | | | |
| | | 16 | 3 000/500 | | |
| | | 19 | | | |
| | | 22.5 | 2 500/500 | | |
| | | 22.5 | 3 000/500 | | |

续上表

| 规格 | 压力<br>(额定/最高)<br>/MPa | 排量<br>/(mL/r) | 转速<br>(最高/最低)<br>/(r/min) | 备注 | 主要生产方 |
|---|---|---|---|---|---|
| | F-DUO 系列 | | | | |
| | 18/22 | 5 | 4 000/1 200 | | |
| | | 8 | 4 000/1 000 | | |
| | | 11 | 3 500/1 000 | | |
| | | 14 | | | |
| | | 16 | 3 000/800 | | |
| | | 19 | | | |
| | N 型系列 | | | | |
| | 21/27 | 20 | 3 000/500 | 尚有双联和三联泵,以及最高参数的运行条件,请查主要生产方的样本 | 博世(德)<br>BOSCH |
| | | 22.5 | | | |
| | | 25.5 | | | |
| | 20/25 | 28 | 2 800/500 | | |
| | 18/22 | 32 | | | |
| | 16/20 | 36.2 | 2 600/500 | | |
| | G 型系列 | | | | |
| | 18/23 | 22.5 | 3 000/500 | | |
| | | 28 | | | |
| | | 32 | 2 800/500 | | |
| | | 38 | | | |
| | | 45 | 2 600/500 | | |
| | 20/15 | 56.2 | 2 000/500 | | |

# 第五节 叶片泵和叶片马达

## 一、叶片泵的原理

叶片泵有单作用(转子旋转一圈,封闭腔吸入和压出液体各一次)和双作用(吸入和压出液体各两次)两类。

图 6-3-5 为单作用叶片泵。转子上有若干个向外辐射的叶片槽,每槽中插入一个叶片,泵启动后,转子旋转叶片在离心力的惯性作用下伸出。由于叶片根部与压出腔相通,根部压力合力也使叶根推出,因此,叶片顶部与定子内表面接触,单作用泵的定子表面是一个整圆,但其圆心与转子圆心不重合,二者之间有一偏心距,这就使有的叶片伸出较长,有的伸出较短。侧壁零件称为配流盘,其上有弧形的吸入窗和压出窗,半数叶片组成的容腔与吸入窗相通,依旋转方向看,其最前的叶片伸出较长,叶片顺旋转方向依次变短,最后的叶片伸出较短,使得转子在旋转中让出空间吸入液体,并在旋转中将液体推出空腔。由于伸出较长的叶片吸入的液体多于伸出较短的叶片推出的液体,故此腔总效果还是吸入液体。居中的那些叶片(吸入窗与压出窗之间的叶片),由于每片的一侧吸入液体,另一侧推出液体,吸入和推出的液体等量,故虽在吸油腔内,但不起吸入作用。与压出窗相通的叶片组成的容腔是按上述相同原理但呈现相反的效果,其总效果是将液体压出。在吸入和压出窗之间的两处(级)无窗的弧度上,各有一对相邻叶片,各夹成一个封闭容腔,其作用是将吸入和压出窗隔离。在此两隔离液腔中,因刚离开某一窗,腔内压力还保持着,但几乎在瞬间又进入另一窗,

压力急剧上升或下降，出现周期性的液体压缩或膨胀，引起泵的振动。为缓和此种现象，在将进入的窗口，开一三角槽，浅微地伸入隔离腔。虽然形成两窗在转子旋转时有短时间内浅微的伸入隔离腔，使两窗在瞬时因浅微相通造成一点内泄漏，但压力剧变得以明显缓解。为了更有利于叶片伸出，以保证叶片顶端顶紧在定子内表面上，单作用泵的叶片槽是沿半径方向按旋转后倾24°开的，如图6-3-5所示。

若朝偏心距方向移动单作用泵的定子，即改变偏心距，就可以改变泵的排量，故单作用叶片泵有定量和变量之分。常见的变量叶片泵是限压式的，其变量特征如图6-3-6所示，在$AB$段，流量恒定不变。在$BC$段，如压出压力$p$略有升高，流量$Q$会急剧下降，近似为恒压段，即当系统压力$P$高于$B$点时，泵的偏心距自动趋向于零，即流量口趋于零，压力不可能再高，故称为限压式。$B$点的压力和$AB$段的流量$Q$可以通过操作人为地设定。

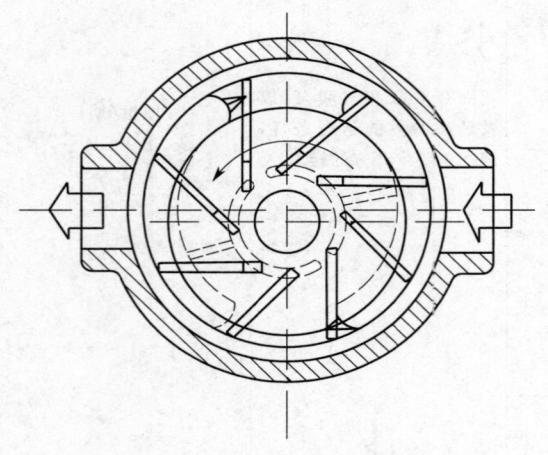

图6-3-5　单作用叶片泵

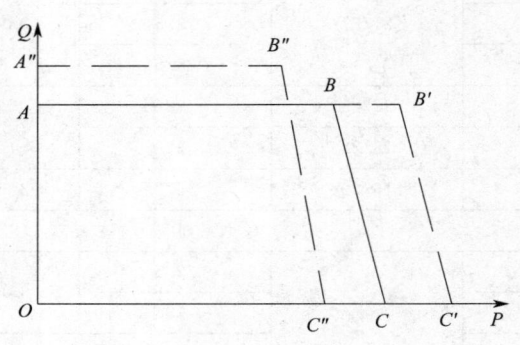

图6-3-6　限压变量叶片泵的压力-流量特性曲线

图6-3-7为双作用泵。定子曲线由左右为小半径$r$的圆弧、上下为大半径$R$的圆弧和左上、左下、右下、右上四段变曲率半径的过渡曲线交错衔接组成。在配流盘上，两个吸入窗布置在右上和左下的弧度上，处于此窗范围的若干个叶片，按旋向看，都由小$r$圆弧经过过渡曲线向大$R$圆弧移转，最前的叶片伸出长，让出空间将液体吸入，最后的叶片伸出短，将液体推出。由于吸入多于推出，故总效果是吸入。两个压出窗布置在左上和右下的弧度上，按上述相同的原理但呈现相反的效果，即总效果是将液体压出。双作用泵的定子与转子同心，不存在偏心距，故不可能形成变量泵。为减小压出腔叶片所受的力矩和在槽中的摩擦力，双作用叶片泵的叶片槽偏离半径方向，按旋向前倾一个角度。

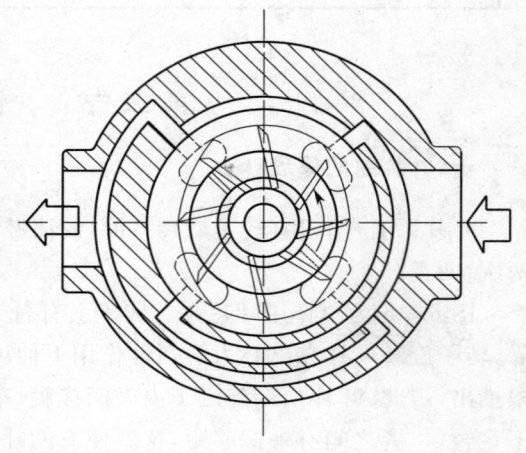

图6-3-7　双作用叶片泵

为适应在更高的压力下工作，高压叶片泵有多种结构措施，常见的有子母组合叶片式、销柱式、带定值减压阀式和双级式等。双级式泵是将第一级泵的吸入口与油箱相接，其压出口则与第二级吸入口相接。第二级压出的液体供给系统，在第一级出口和第二级入口之间，装有载荷均衡阀，使第一级和第二级泵的压力差相等，这样整体泵的出口压力可以是单级泵的二倍。

叶片泵也有多联式的，常见为双联式。

## 二、叶片马达的原理

叶片马达的结构与叶片泵基本相同,高压液体进入马达某腔后,一定有一侧的叶片伸出长,另一侧的叶片伸出短,这两侧叶片伸出部分都受到高压压力合力的作用,对转子轴心产生力矩。但这两个力矩方向相反,作用在伸出长的叶片上的力矩大,作用在伸出短的叶片上的力矩小,此二力矩相抵,富裕出的力矩方向就是驱动马达旋转方向。低压腔情况相同,其富裕出的力矩与高压腔富裕出的力矩方向相反,但由于腔内压力低,数值小,只能形成阻力矩,与马达旋向相反。

叶片马达要双向运动,故叶片槽一定要和半径方向一致。马达起动未转动时,叶片无离心作用,不能由槽中伸出,液压系统的供油就不能形成,叶片根部也无高压作用,故马达叶片根部必须装有弹簧,以便将叶片推出。

## 三、部分国产叶片泵型号和参数

部分国产叶片泵型号和参数见表6-3-9。

**表6-3-9 部分国产叶片泵型号和参数**

| 型号 | 压力（额定/最高）/MPa | 排量/(mL/r) | 转速（最高/最低）/(r/min) | 备注 | 主要生产方 |
|---|---|---|---|---|---|
| YB-D系列 | | | | | |
| YB-D6.5 | | 6.3 | | | |
| YB-D10 | | 10 | | | |
| YB-D12.5 | | 12.5 | | | |
| YB-D16 | | 16 | | | |
| YB-D20 | | 20 | | | |
| YB-D25 | | 25 | | | |
| YB-D31.5 | 10/— | 31.5 | 1 500/— | | 上海液压件厂 |
| YB-D40 | | 40 | | | |
| YB-D50 | | 50 | | | |
| YB-D63 | | 63 | | | |
| YB-D80 | | 80 | | | |
| YB-D100 | | 100 | | | |
| YB-E*系列(子母叶片式) | | | | | |
| YB-E8 | | 8 | | | |
| YB-E16 | | 16 | | | |
| YB-E25 | | 25 | | | |
| YB-E32 | | 32 | | YB-E*/*系列为本系列的双联泵,请查主要生产方产品样本。 | 广东液压泵厂 上海液压件厂 |
| YB-E40 | 16/— | 42 | 1 800/600 | | |
| YB-E50 | | 51 | | | |
| YB-E63 | | 63 | | | |
| YB-E80 | | 81 | | | |
| YB-E100 | | 98 | | | |

续上表

| 型 号 | 压 力<br>(额定/最高)<br>/MPa | 排量<br>/(mL/r) | 转速<br>(最高/最低)<br>/(r/min) | 备 注 | 主要生产方 |
|---|---|---|---|---|---|
| T6C 系列 | | | | | |
| TC-003 | —/28 | 10.8 | 1 800/— | T6C 系列为本系列的双联泵，请查主要生产方产品样本 | 上海液压件厂 |
| TC-005 | | 17.1 | | | |
| TC-006 | | 21.2 | | | |
| TC-008 | | 26.2 | | | |
| TC-010 | | 33.9 | | | |
| TC-014 | | 45.8 | | | |
| TC-017 | | 58.0 | | | |
| TC-022 | | 69.9 | | | |
| TC-025 | | 78.9 | | | |
| T6E 系列 | | | | | |
| T6E045 | —/24.5 | 142.4 | 1 800/— | | 上海液压件厂 |
| T6E052 | | 161.8 | | | |
| T6E062 | | 196.7 | | | |
| T6E066 | | 213.6 | | | |
| Y2B-A*C-*F系列（双级叶片泵） | | | | | |
| Y2B-A6C-*F | —/14 | 6.4 | 2 000/800 | | 榆次液压件厂 |
| Y2B-A9C-*F | | 8.9 | 2 000/600 | | |
| Y2B-A14C-*F | | 14.3 | | | |
| Y2B-A16C-*F | | 16.3 | 1 800/600 | | |
| Y2B-A25C-*F | | 26.1 | 1 500/600 | | |
| Y2B-A48C-*F | | 48.0 | | | |
| Y2B-A60C-*F | | 60.5 | | | |
| Y2B-A74C-*F | | 74.0. | | | |
| Y2B-A129C-*F | | 129.0 | 1 200/600 | | |
| Y2B-A148C-*F | | 148.0 | | | |
| Y2B-A171C-*F | | 171.0 | | | |
| Y2B-A194C-*F | | 194.0 | | | |
| YB-A,YB-B 系列车辆用叶片泵 | | | | | |
| YB-A10-*F | 10.5/— | 3.5 | 2 000/600 | | 榆次液压件厂 |
| Y2B-A-A10C-*F | | 4.5 | | | |
| YB-A20-*F | | 6.5 | | | |
| YB-A25C*F | | 8.6 | | | |
| YB-A30C*F | | 12.1 | | | |
| YB-A32C*F | | 16.2 | | | |
| YB-B48C*F | 10.5/— | 4.0 | 2 000/600 | | |
| YB-B58C*F | | 5.5 | | | |
| YB-B75C*F | | 8.2 | | | |
| YB-B92C*F | | 11.0 | | | |
| YB-B114C*F | | 14.1 | | | |

## 四、部分国外叶片泵型号和参数

部分国外叶片泵型号和参数见表 6-3-10。

**表 6-3-10　部分国外叶片泵型号和参数**

| 型　号 | 压　力<br>（额定/最高）<br>/MPa | 排量<br>/(mL/r) | 转速<br>（最高/最低）<br>/(r/min) | 备　注 | 主要生产方 |
|---|---|---|---|---|---|
| V10，V20 系列 ||||||
| V10-＊2 |  | 6.55 |  |  |  |
| V10-＊3 |  | 9.85 |  |  |  |
| V10-＊4 | —/15.5 | 13.10 |  |  |  |
| V10-＊5 |  | 16.40 |  |  |  |
| V10-＊6 |  | 19.5 |  |  |  |
| V10-＊7 | —/14 | 22.8 | 1 800/600 | 威格士公司有双联泵，请查主要生产方产品样本 | 威格士（美国）<br>VICKERS |
| V10-＊6 |  | 19.15 |  |  |  |
| V10-＊7 | —/15.5 | 22.45 |  |  |  |
| V10-＊8 |  | 26.05 |  |  |  |
| V10-＊9 |  | 29.00 |  |  |  |
| V10-＊11 |  | 35.70 |  |  |  |
| V10-＊12 | —/14 | 38.35 |  |  |  |
| V10-＊13 |  | 41.80 |  |  |  |
| PV2R 系列 ||||||
| PV2R1-6 |  | 3.5 | ＜16 MPa：1 800/750<br>＞16 MPa：1 800/1 450 |  |  |
| PV2R1-8 |  | 4.5 |  |  |  |
| PV2R1-10 |  | 6.5 |  |  |  |
| PV2R1-12 |  | 8.6 |  |  |  |
| PV2R1-14 | —/17.5 | 12.1 |  |  |  |
| PV2R1-17 |  | 16.2 | 1 800/750 |  |  |
| PV2R1-19 |  | 22.4 |  |  |  |
| PV2R1-23 |  | 4.0 |  |  |  |
| PV2R1-25 |  | 5.5 |  |  |  |
| PV2R1-31 | —/16 | 8.2 |  |  |  |
| PV2R1-41 |  | 41.3 |  | PV2R 系列有双联泵，请查主要生产方样本 | 油研（日本）<br>YUKEN |
| PV2R1-47 |  | 47.2 |  |  |  |
| PV2R1-53 |  | 52.5 |  |  |  |
| PV2R1-59 |  | 58.2 |  |  |  |
| PV2R1-65 |  | 64.7 |  |  |  |
| PV2R1-76 |  | 76.4 |  |  |  |
| PV2R1-94 | —/17.5 | 93.6 | 1 800/600 |  |  |
| PV2R1-116 |  | 115.6 |  |  |  |
| PV2R1-136 |  | 136 |  |  |  |
| PV2R1-153 |  | 153 |  |  |  |
| PV2R1-184 |  | 184 |  |  |  |
| PV2R1-200 |  | 201 |  |  |  |
| PV2R1-237 |  | 237 |  |  |  |

续上表

| 型　　号 | 压　力<br>（额定/最高）<br>/MPa | 排量<br>/(mL/r) | 转速<br>（最高/最低）<br>/(r/min) | 备　注 | 主要生产方 |
|---|---|---|---|---|---|
| PV11R 系列 ||||||
| PV11R10-2 | —/31.5 | 3.5 | 3 000/950 | | 油研（日本）<br>YUKEN |
| PV11R10-5 | | 4.5 | | | |
| PV11R10-7 | | 6.8 | 2 500/950 | | |
| PV11R10-10 | | 9.7 | 2 300/800 | | |
| PV11R10-12 | | 12.1 | 2 000/800 | | |
| PV11R10-15 | —/30 | 15.2 | 1 800/800 | | |
| PV11R10-19 | | 19.0 | | | |
| PV11R10-22 | | 22.1 | | | |

## 第六节　斜盘式轴向柱塞泵和马达

### 一、斜盘式轴向柱塞泵的原理

斜盘式轴向柱塞泵有非通轴式和通轴式之分。

图 6-3-8 为非通轴式斜盘轴向柱塞泵。该泵有若干个（7 个）柱塞均布在转子的缸孔内，柱塞头部与滑靴铰接，滑靴靠在斜盘上，并被压板压住不能脱开，只能在斜盘上滑动。斜盘盘面与转轴轴心线的垂直平面有一夹角 $\gamma$，称为倾角。由它决定柱塞直线运动的行程，从而决定泵的排量。定量泵即是将斜盘倾角做成不可改变的泵，变量泵是可用变量机构改变倾角的泵。转子转动时，柱塞一面随转子旋转，同时又被滑靴推动或拉动，在缸孔内作沿转轴方向的直线运动，时而使缸孔内的容腔扩大（吸入液体），时而又使之缩小（压出液体）。同一时刻，约半数（三或四个）柱塞缸吸入，约半数压出。转子又称缸体，被弹簧力和高压液体压力的合力压靠在配流盘上。在不足 180°圆弧的配流盘上布置着吸入窗，与所有吸入缸孔相通。而与吸入对称地布置着压出窗，与所有压出缸孔相通。在吸入和压出窗之间，有时有一个缸孔与两个窗都不通，类似于叶片泵中隔开吸入和压出窗的液腔，在配流盘的窗口要开三角槽，以减轻压力周期性的冲击。非通轴泵的转轴有一端可装轴承，因其另一端被斜盘和变量机

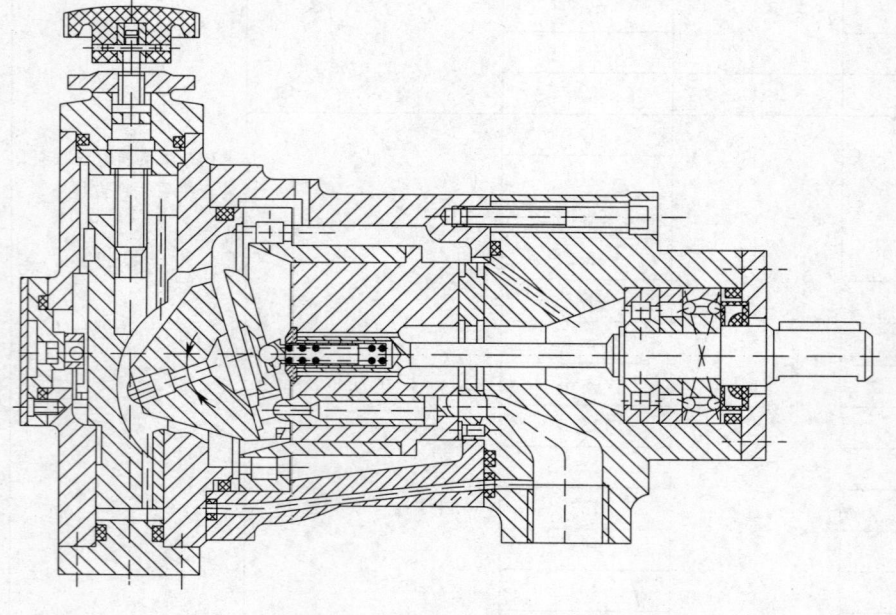

图 6-3-8　非通轴式斜盘轴向柱塞泵

构挡住，无法伸出，只能插在缸体上，依赖在缸体上装轴承来支承，此轴承直径特别大，线速度限制了其转速的提高，且成本高，易引起大噪声。

图 6-3-9 为通轴式斜盘轴向柱塞泵，其主要特点是斜盘中部有通孔，变量机构装在侧面，使转轴得以伸出，两端都有直接的轴承支承，便于提高转速，降低成本和噪声。该泵更重要的优点在于：伸出的轴端可以加装辅助泵（一般为齿轮泵），使它应用在闭式系统时不用另外接辅助泵，减小了油源体积。此外，其本身凡需液压放大的变量机构均可用辅助泵作控制油源，避免从主泵本身分出一部分流量控制，因而不受主泵负载压力的影响，提高了变量机构的动态和稳态特性。其他结构与非通轴式斜盘轴向柱塞泵相似。

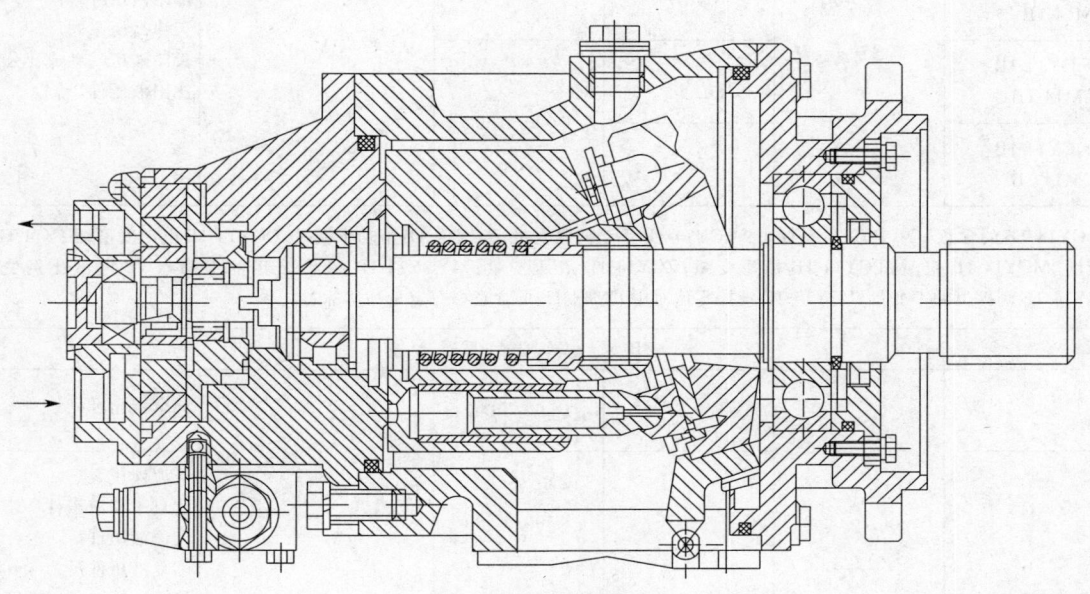

图 6-3-9　通轴式斜盘轴向柱塞泵

### 二、斜盘式轴向柱塞马达的原理

当高压液体进入马达后，在缸孔中对柱塞施加推力，柱塞又向斜盘施加推力，由于斜盘的斜倾角的作用，斜盘对柱塞的反作用推力有一沿转子旋向的切向分力，此分力通过柱塞作用于转子（缸体）上，对轴心产生驱动力矩，此力矩又由转子传给转轴输出。低压腔中的压力也会产生力矩，但与高压腔压力产生的力矩反向，它实际是阻力矩。作为系列和批量生产的马达大多数是定量的，它可用作开式系统的定量泵使用，但吸入性能稍差。国外产品中有少量变量马达产品。

### 三、部分国产斜盘式轴向柱塞泵和马达的型号和性能参数

部分国产料盘式轴向柱塞泵的型号和参数见表 6-3-11。

表 6-3-11　部分国产料盘式轴向柱塞泵的型号和参数

| 规　格 | 压　力<br>（额定/最高）<br>/MPa | 排量<br>/(mL/r) | 转速<br>（额定/最高）<br>/(r/min) | 备注 | 主要生产方 |
|---|---|---|---|---|---|
| CY14-1B(泵),CB14-1B(马达)系列 | | | | | |
| 2.5＊CY14-1B<br>2.5CM14-1B | 32/40 | 3.49 | —/3 000 | | 上海液压油泵厂<br>启东液压油泵厂<br>江阴液压成套设备厂<br>邵阳液压件厂<br>天津高压泵阀厂<br>天津液压气动成套公司<br>沈阳液压件厂 |
| 10＊CY14-1B<br>10CM14-1B | | 10.5 | 1 500/3 000 | | |
| 25＊CY14-1B<br>25CM14-1B | | 26.6 | 1 500/2 500 | | |

续上表

| 规格 | 压力<br>(额定/最高)<br>/MPa | 排量<br>/(mL/r) | 转速<br>(额定/最高)<br>/(r/min) | 备注 | 主要生产方 |
|---|---|---|---|---|---|
| 40*CY14-1B<br>40CM14-1B | 32/40 | 40.0 | 1 500/2 500 | | 上海液压油泵厂<br>启东液压油泵厂<br>江阴液压成套设备厂<br>邵阳液压件厂<br>天津高压泵阀厂<br>天津液压气动成套公司<br>沈阳液压件厂 |
| 63*CY14-1B<br>83CM14-1B | | 66.0 | 1 500/2 000 | | |
| 80*CY14-1B<br>80CM14-1B | | 84.9 | | | |
| 160*CY14-1B<br>160CM14-1B | | 164.7 | 1 000/1 500 | | |
| 250*CY14-1B<br>250CM14-1B | | 254.7 | | | |

\* CY14-1B 的含意——变、定量泵标志：CCY14-1B 手动伺服变量；YCY14-1B 恒功率变量；DCY14-1B 电动变量；SCY14-1B 手动变量；MCY14-1B 定量；PCY14-1B 恒压变量；ZCY14-1B 液压变量；MYCY14-1B 高低压组合；BCY14-1B 电液比例变量；Y1CY14-1B 阀控恒功率变量；LCY14-1B 液控零位对中 CM14-1B 的含意——定量马达标志

| ZB(泵),ZM(马达)系列 ||||||
|---|---|---|---|---|---|
| ZB*9.5<br>ZM9.5 | 21/28 | 9.5 | 1 500/3 000 | | 四平液压件厂 |
| ZB*40<br>ZM40 | | 40 | 1 500/2 500 | | 上海液压泵厂<br>北京工程液压件一厂<br>湘潭液压件厂<br>临夏液压件厂 |
| ZB*75<br>ZM75 | | 75 | 1 500/2 000 | | 上海液压泵厂<br>北京工程液压件一厂 |
| ZB*160<br>ZM160 | | 160 | | | 北京工程液压件一厂 |

ZB* 含意——变、定量泵：ZB 定量 ZBSV 手动伺服变量 ZBY 液控变量 ZBP 定压定量 ZBN 恒功率变量
ZM 的含意——定量马达

| ZB*227<br>ZM227 | 14/24 | 227 | | | 上海液压泵厂 |
|---|---|---|---|---|---|
| SAUER-SUNDSTRAND 20 系列(通轴式变量柱塞泵和定量马达) ||||||
| 20 | 21/35 | 33.3 | 3 800/— | 此系列泵的变量型式多,请查主要生产方样本 | 上海高压油泵厂<br>(引进技术产品) |
| 21 | | 51.6 | 3 500/— | | |
| 22 | | 69.8 | 3 200/— | | |
| 23 | | 89.0 | 2 900/— | | |
| 24 | | 118.6 | 2 700/— | | |
| 25 | | 165.9 | 2 400/— | | |
| 26 | | 227.3 | 2 100/— | | |
| 27 | | 333.7 | 1 900/— | | |

### 四、部分国外产斜盘式轴向柱塞泵和马达的型号与性能参数

部分国外产斜盘式轴向柱塞泵的型号和参数见表 6-3-12。

表 6-3-12　部分国外产斜盘式轴向柱塞泵的型号和参数

| 型　号 | 压　力<br>(额定/最高)<br>/MPa | 排量<br>/(mL/r) | 转速<br>(最高/最低)<br>/(r/min) | 备注 | 主要生产方 |
|---|---|---|---|---|---|
| SAUER-SUNDSTRAND 90 系列(通轴泵,变量) | | | | | |
| 030 | 42/48 | 30 | 5 000/— | 此系列尚有通轴式定量马达,请查主要生产方样本 | 萨沃—桑斯(德、美)<br>SAUER-SUNDSTRAND |
| 042 | | 42 | | | |
| 055 | | 55 | 4 700/— | | |
| 075 | | 75 | 4 300/— | | |
| 100 | | 100 | 4 000/— | | |
| 130 | | 130 | 3 700/— | | |
| 180 | | 180 | 3 500/— | | |
| 250 | | 250 | 3 100/— | | |
| A4VO 系列(通轴泵) | | | | | |
| 56 | 42/48 | 56 | 2 700/— | 在泵入口压力提高和调整排量较小的情况下,最高转数还可提高,请查主要生产方样本 | 力士乐(德)<br>REXROTH |
| 90 | | 90 | 2 350/— | | |
| 130 | | 130 | 2 100/— | | |
| A4VSO 系列(通轴泵) | | | | | |
| 40 | 35/40 | 40 | 2 600/— | | |
| 71 | | 71 | 2 200/— | | |
| 125 | | 125 | 1 800/— | | |
| 250 | | 250 | 1 500/— | | |
| 500 | | 500 | 1 320/— | | |
| A4VSO/H 系列(通轴泵) | | | | | |
| 1 000 | 35/40 | 1 000 | 1 000/— | | |
| A4VO, A4VSO, A4VSO/H 三个系列均各自有其多种变量型式,请查看 REXROTH 公司样本 | | | | | |
| PFB 系列(变量泵,非通轴式) | | | | | |
| PFB5 | 21/— | 10.55 | 3 200/— | 此系尚有通轴式定量马达,请查主要生产方样本 | 威格士(美)<br>VICKERS |
| PFB10 | | 21.10 | 3 600/— | | |
| PFB20 | 17.5/— | 42.80 | 2 400/— | | |
| PFB 系列(变量泵,非通轴式) | | | | | |
| PVB5 | 21/— | 10.55 | 1 800/— | | |
| PVB6 | 14/— | 13.81 | | | |
| PVB10 | 21/— | 21.10 | | | |
| PVB15 | 14/— | 33.00 | | | |
| PVB20 | 21/— | 42.80 | | | |
| PVB29 | 14/— | 61.60 | | | |
| PVB45 | 21/— | 94.50 | | | |
| PVB90 | | 197.50 | | | |

## 第七节　斜轴式轴向柱塞泵和马达

### 一、斜轴式轴向柱塞泵的原理

斜轴式轴向柱塞泵的构造见图 6-3-10。斜轴式又称弯轴式,其驱动转轴轴线与缸体中心线斜交,有一夹角 γ 转轴上有一大盘,铰接 7 个(或 7 个以上)连杆,每一连杆另一端又铰接一个柱塞,柱塞插入缸体的缸孔中,柱塞内孔中有经精加工的内壁面,连杆上有外锥面。当转轴带动连杆时,总有一根连杆的外锥面与柱塞内壁面贴合,推动柱塞,柱塞推动缸体旋转。由于 $\gamma$ 角的存在,柱塞在缸孔中做直线往复运动,各约半数的柱塞—缸孔腔分别形成吸入和压出腔,对应地与配流盘上的吸入窗和压出窗相通,形成向液压系统的供油功能。变量机构可推动缸体改变 $\gamma$ 角,实现变排量。

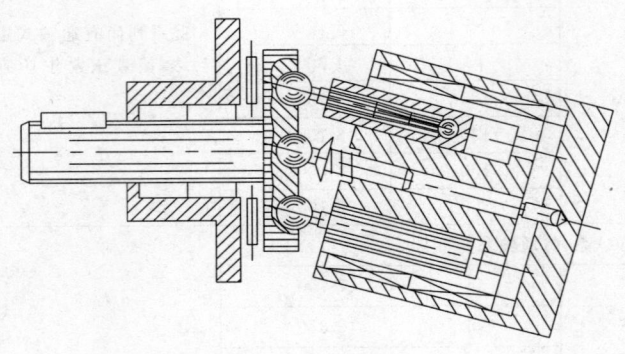

图 6-3-10 斜轴式轴向柱塞泵

## 二、马达的原理

高压液体进入马达高压腔对柱塞产生的推力,由转轴上的大盘承受。由于存在着 $\gamma$ 角,大盘受该推力会在转轴旋向产生切向分力,此力即形成转轴推动负载的驱动力矩。低压腔柱塞对大盘推力也产生力矩,但此力矩较小,且与旋向相反,是阻力矩。一般马达多做成定量的,可作开式泵使用,但吸入性能稍差。

## 三、部分国产斜轴式轴向柱塞泵和马达的型号和性能参数

部分国产斜轴式轴向柱塞泵和马达的型号和性能参数见表 6-3-13。

表 6-3-13 部分国产斜轴式轴向柱塞泵和马达的型号和性能参数

| 型 号 | 压 力<br>(额定/最高)<br>/MPa | 排量<br>/(mL/r) | 转速<br>(最高/额定)<br>/(r/min) | 备 注 | 主要生产方 |
|---|---|---|---|---|---|
| Z*B 系列 | | | | | |
| ZBD 725 | 16/25 | 106.7 | 1 450/— | 定量泵 | 太原矿山机器厂 |
| ZBD 732 | | 234.3 | 970/— | | |
| ZBD 740 | | 481.4 | | | |
| 1 ZXB 725 | | 106.7 | 1 450/— | 手动伺服双向变量 | 太原矿山机器厂 |
| 1 ZXB 732 | | 234.3 | 970/— | | |
| 1 ZXB 740 | | 481.4 | | | |
| 5ZXB 725 | 16/32 | 106.7 | 1 450/— | 单向恒功率变量 | |
| 5ZXB 732 | | 234.3 | 970/— | | |
| 7 ZXB 732 | | 234.3 | 970/— | 双向恒功率变量 | |
| 7 ZXB 740 | | 481.4 | | | |
| ZBS 系列 | | | | | |
| ZBS-H 500 | 32/40 | 1 000 | 1 000/— | 手动伺服双向变量 | |
| ZBS-H 915 | 32/— | 1 000 | | | |

续上表

| 型　号 | 压　力<br>（额定/最高）<br>/MPa | 排量<br>/(mL/r) | 转速<br>（最高/额定）<br>/(r/min) | 备　注 | 主要生产方 |
|---|---|---|---|---|---|
| A2F 系列（定量泵和马达，标准系列） ||||||
| 16 | 35/40 | 16.0 | 6 000/2 980 | 开式系统吸入压力高于 0.09 MPa，最高转速可提高，请查主要生产方样本 | 上海液压泵厂<br>北京液压件厂<br>（引进德国力士乐公司技术） |
| 32 | | 32.0 | 4 750/2 370 | | |
| 45 | | 45.6 | 4 250/2 120 | | |
| 63 | | 63.0 | 3 750/1 890 | | |
| 90 | | 90.0 | 3 350/1 705 | | |
| 125 | | 125.0 | 3 000/1 515 | | |
| 160 | | 160.0 | 2 650/1 375 | | |
| A2F 系列（定量泵和马达，改进系列） ||||||
| 12 | 35/40 | 12.0 | 6 000/2 980 | | |
| 23 | | 22.9 | 4 750/2 370 | | |
| 28 | | 28.1 | | | |
| 56 | | 56.1 | 3 750/1 890 | | |
| 80 | | 80.4 | 3 350/1 705 | | |
| 107 | | 106.7 | 3 000/1 515 | | |
| 160 | | 160.4 | 2 650/1 375 | | |
| A8V3 系列（变量双泵，只有总功率调节器型） ||||||
| 28 | 35/40 | 8.1～28.1 | 2 700 | 吸入压力高于 0.1 MPa 最高转速可提高，请查主要生产方样本 | 北京液压件厂<br>上海液压泵厂<br>（引进德国力士乐公司技术） |
| 55 | | 54.8 | 2 500 | | |
| 80 | | 80 | 2 240 | | |
| 107 | | 107 | 2 000 | | |
| 若用变量单泵（多种变量形式），可选 A7V 系列，查主要生产方产品样本 ||||||

#### 四、国外斜轴式轴向柱塞泵和马达

国外出产的斜轴泵和马达，以德国力士乐（REXRO-YH）公司产品品种为最多，请查该公司样本。

## 第八节　径向柱塞泵

### 一、径向柱塞泵的原理

径向柱塞泵见图 6-3-11。

转轴通过十字联轴器带动缸体（转子），缸体上均布 7 个缸孔，孔中各装有一个柱塞，柱塞头部铰接有半径为 $R$ 的圆弧头滑靴，滑靴在定子上滑动。定子内表面是一个整圆柱面，其半径 $R$ 与滑靴圆弧头半径一致，定子与缸体不同心，有偏心距，因此，柱塞一面随缸体转动，同时还在缸孔中作径向的直线往复运动，使缸孔中容腔时而扩大（吸入液体），时而缩小（压出液体）。与此同时，约半数缸孔吸入，另半数缸孔压出。缸体中心被一不运动的配流轴插入，配流轴上布置着吸入窗和压出窗，分别与转到吸入区和压出区的缸孔相通，实现供油功能。

### 二、德国博世公司的径向柱塞泵型号和性能参数

德国博世公司的径向柱塞泵型号和参数见表 6-3-14。

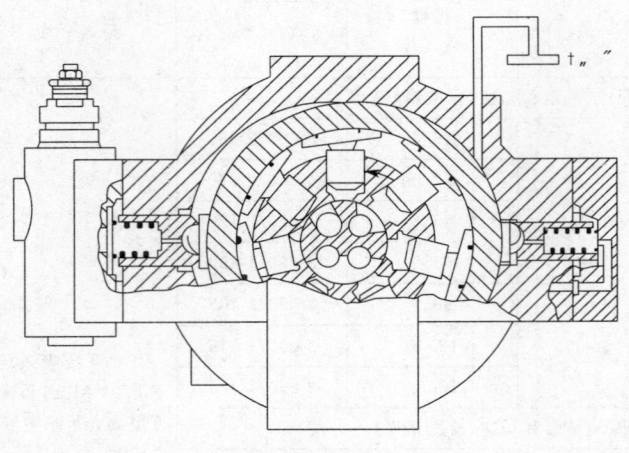

图 6-3-11 径向柱塞泵

表 6-3-14 德国博世公司的径向柱塞泵型号和参数

| 型 号 | 压 力<br>(额定/最高/峰值)<br>/MPa | 排量<br>/(mL/r) | 转速<br>(最高/最低)<br>/(r/min) | 备 注 | 主要生产方 |
|---|---|---|---|---|---|
| 标准型 S、高压型 H 系列 | | | | | |
| 16 | S 型：<br>28/31.5/35<br>H 型：<br>35/38.5/42 | 16 | 3 000/— | 吸入压力高于 0.08 MPa，最高转速可提高，请查主要生产方样本 | 博世(德)<br>BOSCH |
| 19 | | 19 | 2 700/— | | |
| 32 | | 32 | 2 500/— | | |
| 45 | | 45 | 1 800/— | | |
| 63 | | 63 | 2 100/— | | |
| 80 | | 80 | 1 500/— | | |
| 90 | | 90 | | | |

## 第九节 连杆式低速大力矩马达(Staffa 马达)

### 一、连杆式低速大力矩马达的原理

连杆式低速大力矩马达构造见图 6-3-12。普通型连杆式马达缸体是固定的，外部呈五星形，内部径向地均布着 5 个缸孔，柱塞插入缸孔并与连杆头部铰接，连杆尾部做成鞍状圆柱面，贴伏在转轴偏心轴颈的同半径圆柱表面上。配流轴通过十字联轴器与转轴连接，一起旋转。5 个缸孔通过固定侧壁上的孔道，周期性地与转动着的配流轴上的进油窗和出油窗相通。当约半数缸孔与进油窗相通，被送入高压液体时，柱塞推动转轴偏心轴颈，对转轴产生驱动力矩，另外约半数的缸孔与出油窗相通，其柱塞对转轴产生的力矩与转向相反，是阻力矩。二连杆式车轮马达轴和配流轴是固定不动的，而缸体是转动的。缸体与所驱动的负载装置相连，从而驱动所负载荷。有的连杆式马达具备 7 个缸孔—柱塞副。

此类马达的缸体上还可装置两排缸孔。单排接入系统回路时，排量小，转速较高，力矩较小。两排都接入回路，排量增大，转速降低，力矩增大，故能实现二级调速和改变驱动力矩范围，称为双速马达。

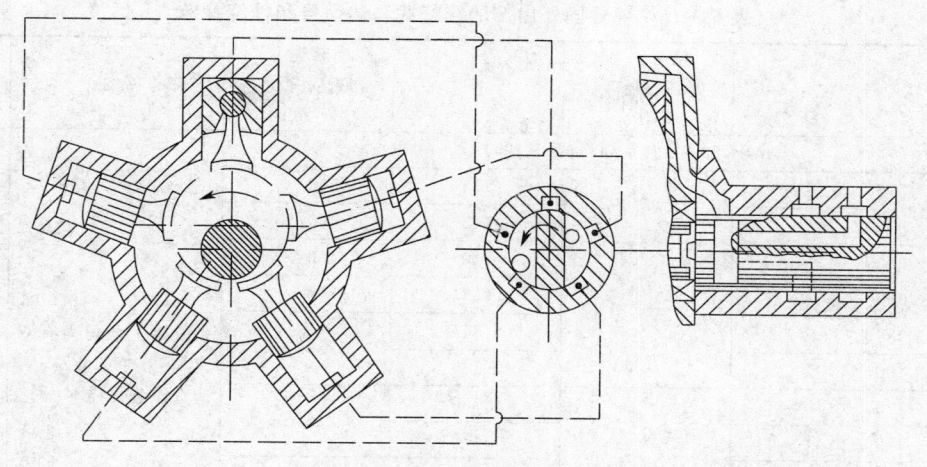

图 6-3-12 连杆式低速大力矩马达

## 二、部分国产连杆式马达型号和性能参数

国产连杆式马达型号和性能参数见表 6-3-15。

表 6-3-15 部分国产连杆式马达型号和性能参数

| 规 格 | 压 力<br>（额定/最高）<br>/MPa | 排量<br>/(mL/r) | 转速<br>（最高/最低）<br>/(r/min) | 主要生产方 |
|---|---|---|---|---|
| JM 系列 | | | | |
| JMⅡ-E0.2 | 16/20 | 200 | 5～500 | 昆山液压件厂 |
| JM12-F0.8 | 20/25 | 800 | 5～250 | |
| JM13-F1.6 | | 1 600 | | |
| JM14-F3.15 | | 3 150 | 5～125 | |
| JM15-F6.3 | 16/20 | 6 300 | 5～90 | |
| JM21-D0.0315 | 10/12.5 | 31.5 | 5～1 250 | |
| JM22-D0.063 | | 63 | 5～1 000 | |
| JM23-D0.09 | | 90 | 5～750 | |
| JM31-E0.125 | 16/20 | 125 | 5～800 | |
| JM33-E0.25 | | 250 | 5～600 | |
| JM34-E0.45 | | 450 | 5～400 | |
| JM36-F1.25 | 20/25 | 1 250 | 5～250 | |
| JM39-F5.0 | | 5 000 | 5～150 | |
| 2JM 系列（双速马达，两排的排量不等） | | | | |
| 2JM-F1.6 | 20/25 | 1 608/536 | 200/600 | 太原矿山机器厂 |
| 2JM-F3.2 | | 3 140/980 | 125/400 | |
| 2JM-F4.0 | | 4 396/1 373 | 100/320 | |

## 三、部分国外连杆式马达型号和性能参数

表 6-3-16 给出了部分国外生产的连杆式马达型号和性能参数。

表 6-3-16 部分国外出产的连杆式马达型号和性能参数

| 规 格 | 压 力（额定/最高）/MPa | 排量/(mL/r) | 转速（最高/最低）/(r/min) | 备注 | 主要生产方 |
|---|---|---|---|---|---|
| HMB,30 系列（系列,定量马达） | | | | | |
| 010 | 20.7/— | 188 | 500/— | 威格士公司尚有双速马达和变量马达，请查该公司样本 | 威格士（美）VICKERS |
| 030 | | 442 | 450/— | | |
| 045 | | 740 | 400/— | | |
| 060 | 25/— | 983 | 300/— | | |
| 080 | | 1 344 | 250/— | | |
| 100 | | 1 639 | | | |
| 125 | | 2 050 | 220/— | | |
| 150 | | 2 470 | | | |
| 200 | 25/— | 3 080 | 130/— | | |
| 270 | | 4 310 | 125/— | | |
| 325 | | 5 310 | 100/— | | |
| 400 | | 6 800 | 120/— | | |
| MPⅠ | | | | | |
| MP1-350-F-＊-K-20 | 15/21 | 353 | 500/— | 油研(日)公司有双速马达和变量马达，请查该公司样本 | 油研（日）YUKEN |
| MP1-500-F-＊-K-10 | | 498 | 300/— | | |
| MP1-730-F-K-20＊-10 | | 730 | 200/— | | |
| MP1-1400-F-K-20＊-10 | | 1 382 | 180/— | | |
| MPH1 系列 | | | | | |
| PM1-0730-F-＊-S-30 | 21/25 | 730 | 300/— | | |
| PM1-1200-F-＊-S-30 | | 1 237 | 220/— | | |

## 第十节 双斜盘轴向柱塞式低速大力矩马达

### 一、双斜盘轴向柱塞式马达的原理

双斜盘轴间柱塞式低速大力矩马达的构造见图 6-3-13。它与斜盘式轴向往塞式马达的原理和

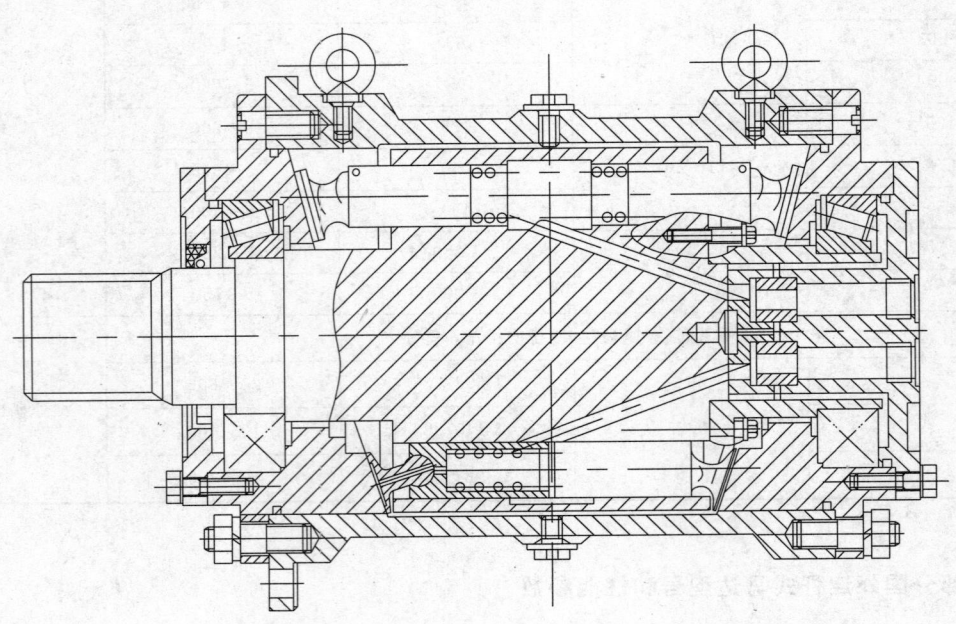

图 6-3-13 双斜盘轴间柱塞式低速大力矩马达

结构相似，除了排量大以外，双斜盘轴向柱塞式马达的每个缸孔中对称地布置着两个柱塞。高压液体进入马达进油腔后，向两端斜盘施加推力，其反推力使柱塞产生对缸体和转轴的驱动力矩，克服负载作功。低压排油腔产生反旋向的阻力矩。这种结构不仅增大了排量，而且，轴向力得以抵消。

### 二、部分国产双斜盘轴向柱塞式马达型号和性能参数

部分国产双斜盘轴向柱塞式马达型号和性能参数见表 6-3-17。

表 6-3-17　部分国产双斜盘轴向柱塞式马达型号和性能参数

| 规　格 | 压　力<br>（额定/最高）<br>/MPa | 排量<br>/(mL/r) | 转速<br>（额定/最高）<br>/(r/min) | 主要生产方 |
| --- | --- | --- | --- | --- |
| SXM 系列 | | | | |
| SXM-F0.25 | 20/32 | 250 | 15～300 | 沈阳工程液压件厂 |
| SXM-D0.32 | 10/12.5 | 320 | 5～100 | |
| SXM-F0.9 | 20/25 | 900 | 8～125 | |
| SXM-E1.6 | 16/25 | 1600 | 5～150 | |

## 第十一节　内曲线径向式低速大力矩马达

### 一、内曲线径向式马达的原理

内曲线径向式低速大力矩马达的构造见图 6-3-14。缸体（转子）上有若干个缸孔（图 6-3-14 中为 8 个）。每一缸孔中装有一个柱塞，柱塞外端有横梁，上装有滚轮，滚轮与定子上的内曲线相接触。定子内曲线有相同的若干组，其组数少于柱塞数。每一组定子曲线由一段上升、一段过渡和一段下降曲线组成。缸体的中央有不动的配流轴，配流轴上设置有若干组进、出油窗，每组设一个进油窗和一个出油窗，对准相应一组定子曲线。当缸孔通进油窗时，柱塞上的滚轮与定子上的上升曲线段相接触。这时柱塞受高压液体推力，并通过滚轮作用在定子上，定子对柱塞的反作用力有一沿旋向的切向分力，通过柱塞作用于缸体，对轴心产生驱动力矩。与出油窗相通的缸孔内的柱塞滚轮，与定子下降曲线段相接触，这时柱塞受低压液体作用，定子通过柱塞对缸体产生反旋向的切向分力，形成阻力矩。与进、出油窗都不通的缸孔中的柱塞滚轮与过渡曲线接触，形成无切向分力，也无力矩。

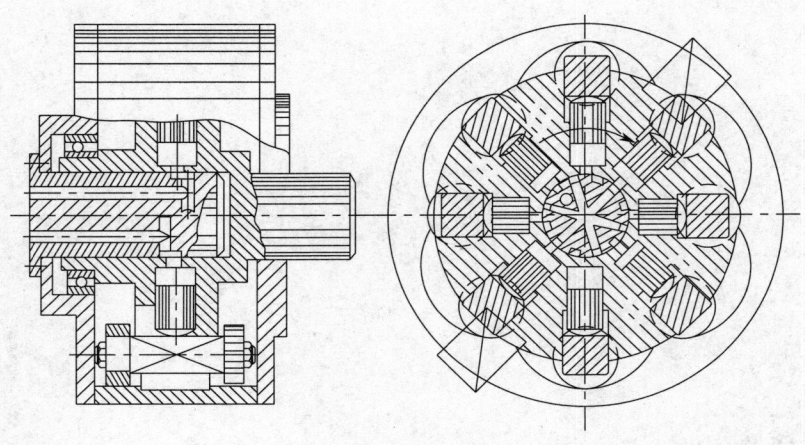

图 6-3-14　内曲线径向式低速大力矩马达

## 二、部分国产内曲线径向式低速大力矩马达型号和性能参数

部分国产内曲线径向式低速大力矩马达型号和性能参数见表 6-3-18。

表 6-3-18 部分国产内曲线径向式低速大力矩马达型号和性能参数

| 规 格 | 压 力（额定/最高）/MPa | 排量/(mL/r) | 最高转速/(r/min) | 备 注 | 主要生产方 |
|---|---|---|---|---|---|
| NJM 系列 | | | | | |
| NJM-G0.85 | 25/32 | 850 | 50 | | 上海液压泵厂（有同系列产品、规格相似的生产方有：徐州液压厂、沈阳工程液压件厂、湖南煤矿专用机械厂，请查以上三家的产品样本） |
| NJM-G1.25 | | 1 000 | 100 | | |
| NJM-G2 | | 1 250 | 80 | | |
| NJM-G2.5 | | 2 000 | | | |
| NJM-G2.84 | | 2 840 | 50 | | |
| NJM-G4 | | 2 000/4 000 | 63/40 | 双速 | |
| NJM-G5 | | 5 000 | 50 | | |
| NJM-G6.3 | | 6 300 | 40 | | |
| NJM-F10 | 20/25 | 10 000 | 25 | | |
| NJM-F10 | | 5 000/10 000 | 50/25 | 双速 | |
| NJM-E10W | 16/20 | 10 000 | 20 | | |
| NJM-F12.5 | 20/25 | 12 500 | | | |
| NJM-E12.5W | 16/20 | 12 500 | | | |

# 第四章 液压缸

## 第一节 概 述

### 一、液压缸的定义与组成

液压缸又称为油缸、作动筒或作动器,其作用类同于液压马达,属于液压执行元件,将液压系统提供的液压能转变成机械能。液压缸与液压马达不同的是实现直线运动(直线液压缸)或转角行程不超过360°的回转运动(旋转(摆动)液压缸)。液压缸有旋转液压缸和直线运动液压缸两类,但直线运动液压缸应用覆盖面远远大于旋转液压缸,因此,表达习惯上,"液压缸"一词一般就是指直线运动液压缸,当表述涉及旋转液压缸时,就必须明确指出"旋转液压缸"(简称旋转油缸或摆动油缸)。

液压缸以直线的推力和拉力作为驱动力克服各种阻力(负载对象的阻力以及负载与液压缸本身的摩擦力和惯性力)作功,产生位移。驱动力和位移的乘积即为液压缸的驱动功,阻力和位移的乘积即为液压缸被作用的阻力功。

液压缸主要由缸筒、缸盖(缸底)、活塞(柱塞)、活塞杆、密封件和连接件组成。根据实际需要,有些液压缸上还设有缓冲装置、排气装置和测压装置等。

### 二、液压缸的分类

液压缸分成很多种类,见表6-4-1。

表 6-4-1 液压缸分类

| 名 称 | | 图 示 | 符 号 | 说 明 |
|---|---|---|---|---|
| 单作用液压缸 | 活塞式 | 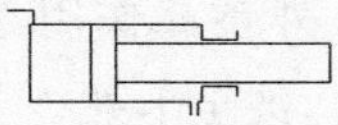 | 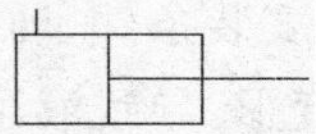 | 液压力使活塞产生单向推力,并产生相应运动,反向运动需靠外力 |
| | 柱塞式 | 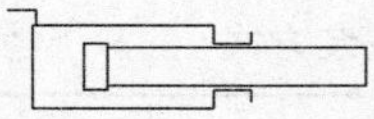 | 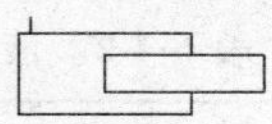 | 同上,但其制造工艺简单 |
| | 伸缩套筒式 | 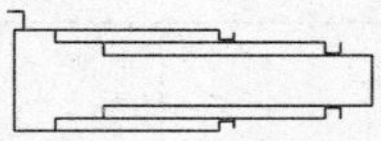 | 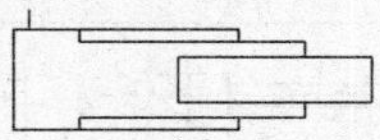 | 有多个可依次联动伸出的活塞,累计行程长,但需靠外力使活塞反向运动 |
| 推力液压缸 | 双作用液压缸 无缓冲式 | 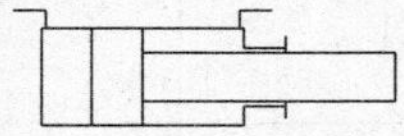 | 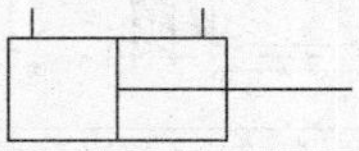 | 活塞可双向运动,活塞行程终了时不减速 |
| | 带不可调缓冲式 | | 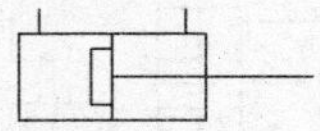 | 同上,但活塞行程终了时减速,减速值不变 |
| | 带可调缓冲式 | | 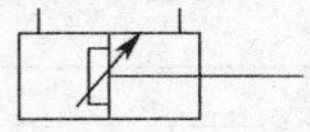 | 同上,但减速值可调 |
| | 差动式 | 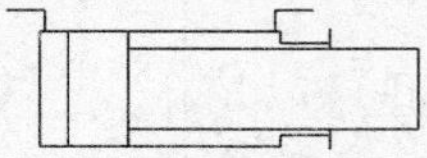 | 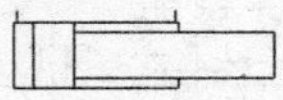 | 活塞两端液压作用面积差较大,其伸出和缩回时推拉力和对应速度差异大 |
| | 等速等行程式 | 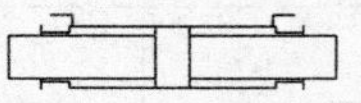 | 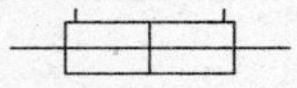 | 活塞正、反运动的速度和行程均相等 |
| | 双向式 | 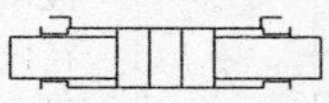 | 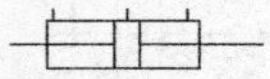 | 两个活塞同时向两端伸出或缩回运动 |
| | 伸缩套式 | 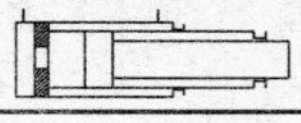 | 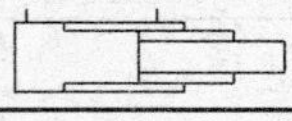 | 同前述伸缩套筒式作用,但可双向运动 |

续上表

| 名称 | | 图示 | 符号 | 说明 |
|---|---|---|---|---|
| 推力液压缸 | 组合液压缸 串联式 | 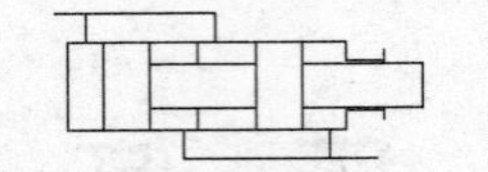 | 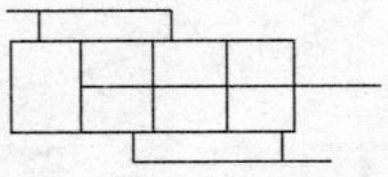 | 当液压缸直径受限制,而长度不受限制时,可获较大推力 |
| | 增压式 | 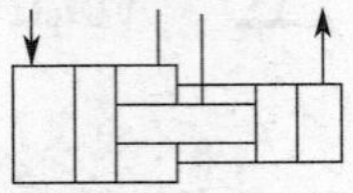 | 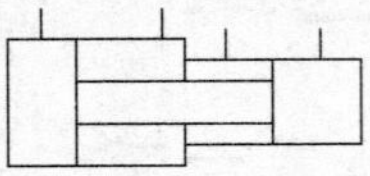 | 左腔供油可增加右腔液压。用于需要高压,而靠液压泵供油达不到该高压的场合 |
| | 多位式 | 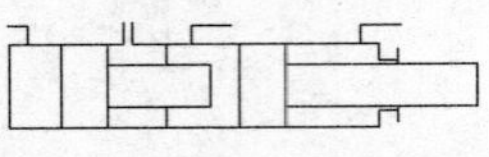 | 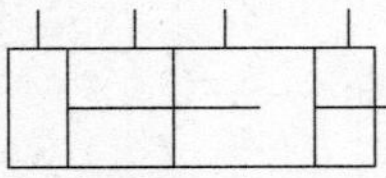 | 活塞可有多个停止位置 |
| | 齿条传动活塞式 |  | 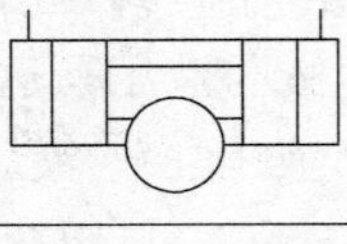 | 活塞推动驱动齿条,使活塞的直线运动经齿条齿轮传动转化为齿轮的旋转运动 |
| | 齿条传动柱塞式 |  | 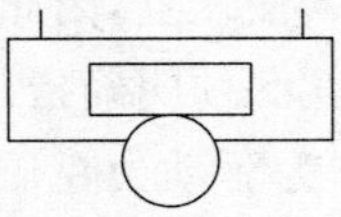 | 大体同上,只是齿条由柱塞驱动 |
| 摆动式液压缸 | 单叶片式 | 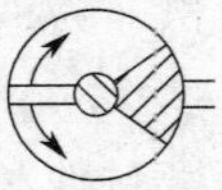 | 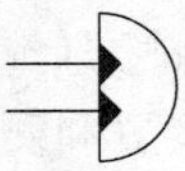 | 又称摆线马达,输出轴可作小于360°的摆动运动 |
| | 双叶片式 | 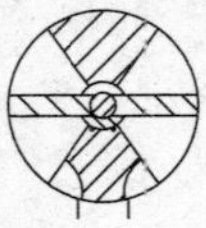 | | 大体同上,但驱动力矩较大,输出轴只能作小于180°的摆动运动 |

### 三、液压缸的安装方式

ISO 6099—1995 规定了液压缸在工作机构上的 51 种安装方式,常见的有 12 种,见表 6-4-2。选择液压缸的安装方式取决于设备安装条件、动作要求、外负载作用力等情况。原则上,尽量避免活塞杆受到横向负荷,以免其弯曲变形,导致液压缸偏磨,甚至卡死。

表 6-4-2 液压缸的安装方式

| 安装方式 | 安装简图 | 说明 |
|---|---|---|
| 通用型 | 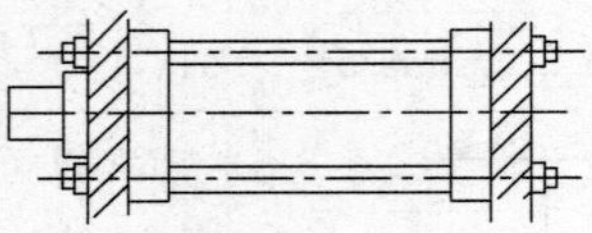 | 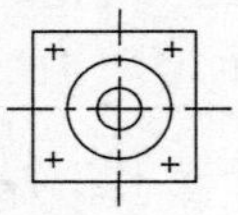 |
| 径向底座 | |  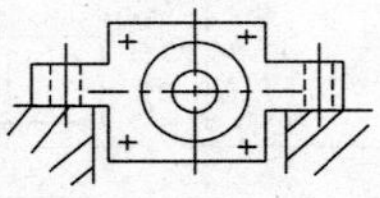 液压缸固定<br>径向底座型安装时,液压缸受倾翻力矩较小;切向底座型和轴向底座型则较大 |
| 切向底座 | 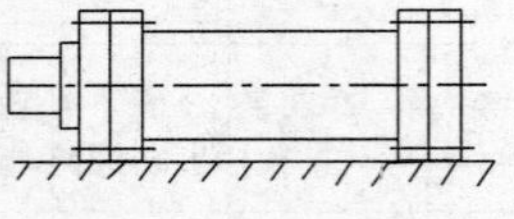 | 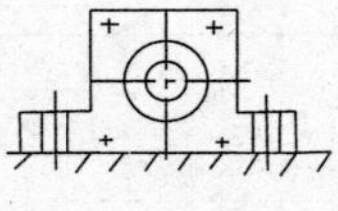 |
| 周向底座 | | 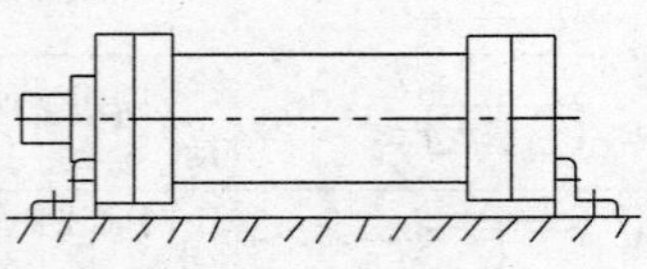 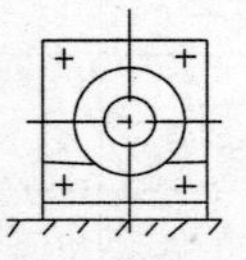 液压缸固定<br>径向底座型安装时,液压缸受倾翻力矩较小,切向底座型和轴向底座型较大 |

续上表

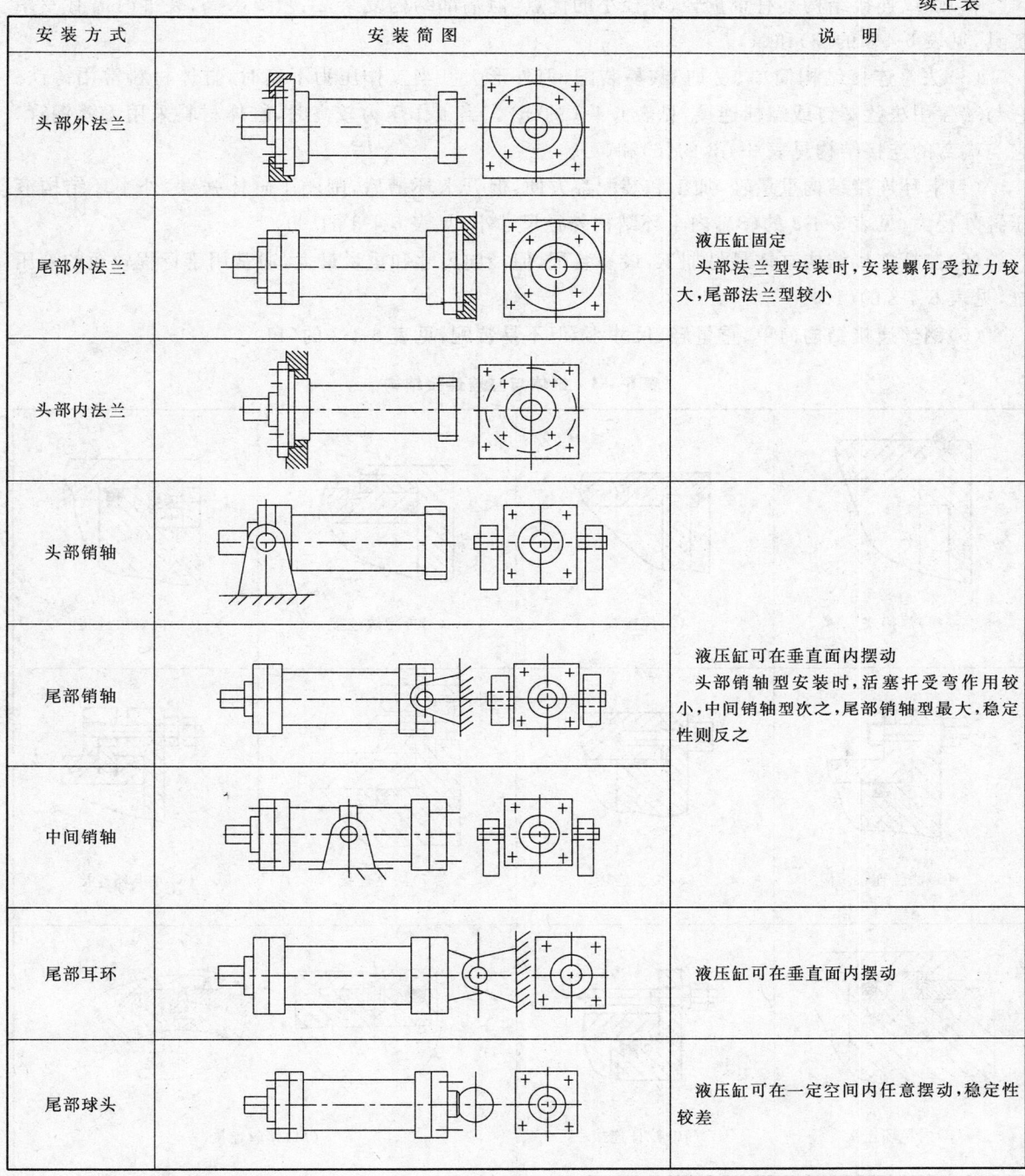

| 安 装 方 式 | 安 装 简 图 | 说　明 |
|---|---|---|
| 头部外法兰 | | |
| 尾部外法兰 | | 液压缸固定<br>头部法兰型安装时，安装螺钉受拉力较大，尾部法兰型较小 |
| 头部内法兰 | | |
| 头部销轴 | | |
| 尾部销轴 | | 液压缸可在垂直面内摆动<br>头部销轴型安装时，活塞扦受弯作用较小，中间销轴型次之，尾部销轴型最大，稳定性则反之 |
| 中间销轴 | | |
| 尾部耳环 | | 液压缸可在垂直面内摆动 |
| 尾部球头 | | 液压缸可在一定空间内任意摆动，稳定性较差 |

## 第二节　液压缸的结构

### 一、缸体与缸盖连接结构

缸体和缸盖连接结构对液压缸的工作性能和加工装配工艺性有很大影响。设计时要考虑其受力情况、缸体材料、用途等因素。缸体和缸盖连接结构常见形式如表 6-4-3 所示。它们的特点如下：

(1)当缸盖允许永久连接时，采用焊接式结构。优点是结构简单，但焊后缸内径易变形且不易再加工，见表 6-4-3 的(1)和(2)。

(2) 螺纹连接结构具有重量轻、外径小的优点，但端部结构复杂，工艺要求高，装拆时需有专用工具，见表6-4-3的(3)和(4)。

(3) 法兰连接结构简单、易加工、易装配，但外形大。当工作压力不高时，缸体材料常用铸铁。它与端盖用法兰螺钉或螺栓连接，见表6-4-3的(5)。当工作压力较高时，缸体材料采用无缝钢管，它与端盖的连接结构见表6-4-3的(6)和(7)。

(4) 卡环连接结构重量轻，加工和装配都方便，但开卡环槽后，削弱了缸体强度，外半环结构液压缸外径大，见表6-4-3的(8)，内半环结构外径尺寸小，见表6-4-3的(9)。

(5) 拉杆连接结构缸体最易加工，最易装配，但径向尺寸和重量最大，通常用于行程较短的液压缸，见表6-4-3的(10)。

(6) 钢丝连接结构简单、重量轻、尺寸小，但不易装配，见表6-4-3的(11)。

表6-4-3　缸体与缸盖连接结构

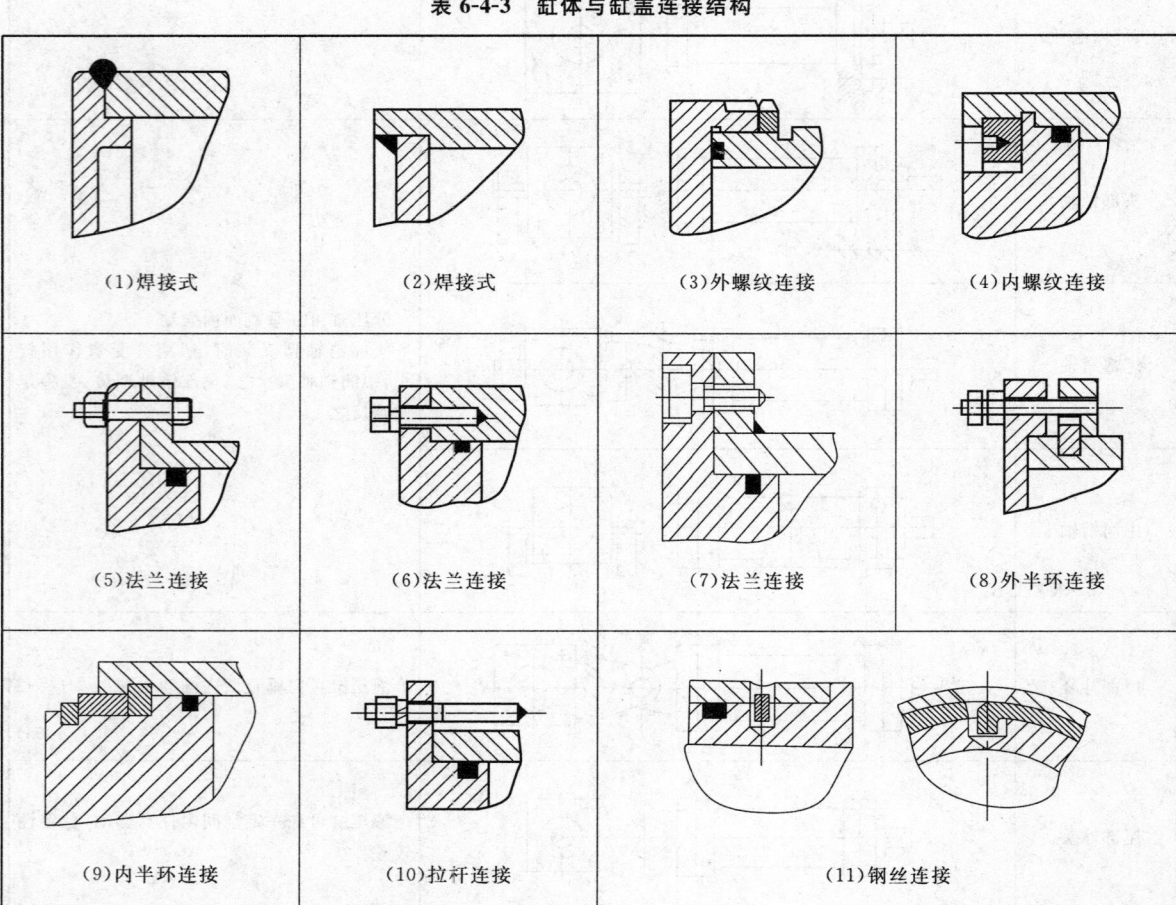

## 二、活塞与活塞杆连接结构

活塞与活塞杆连接结构分成三类，见表6-4-4。

螺纹连接结构使用广泛。在工作机械振动较大的情况下，固定活塞的螺母有可能松动，因此，需要采用柱销或弹簧挡圈连接。若负载压力较大，则采用半环连接。整体式结构简单、装配方便，适合尺寸较小的场合，缺点是损坏时需整体更换。

## 三、活塞杆头部结构

活塞杆头部结构形式见表6-4-5。这些形式的选择可根据负载部件的工作条件确定。

表 6-4-4 活塞与活塞杆连接结构

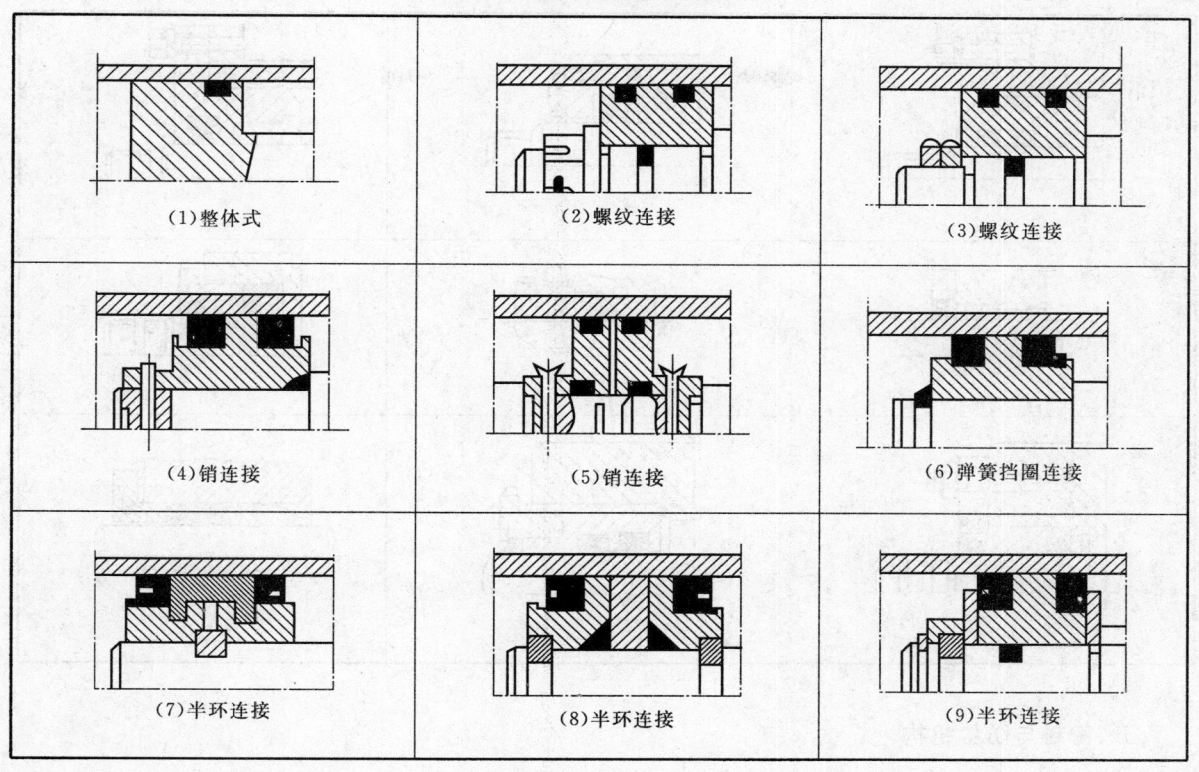

表 6-4-5 活塞杆头部结构

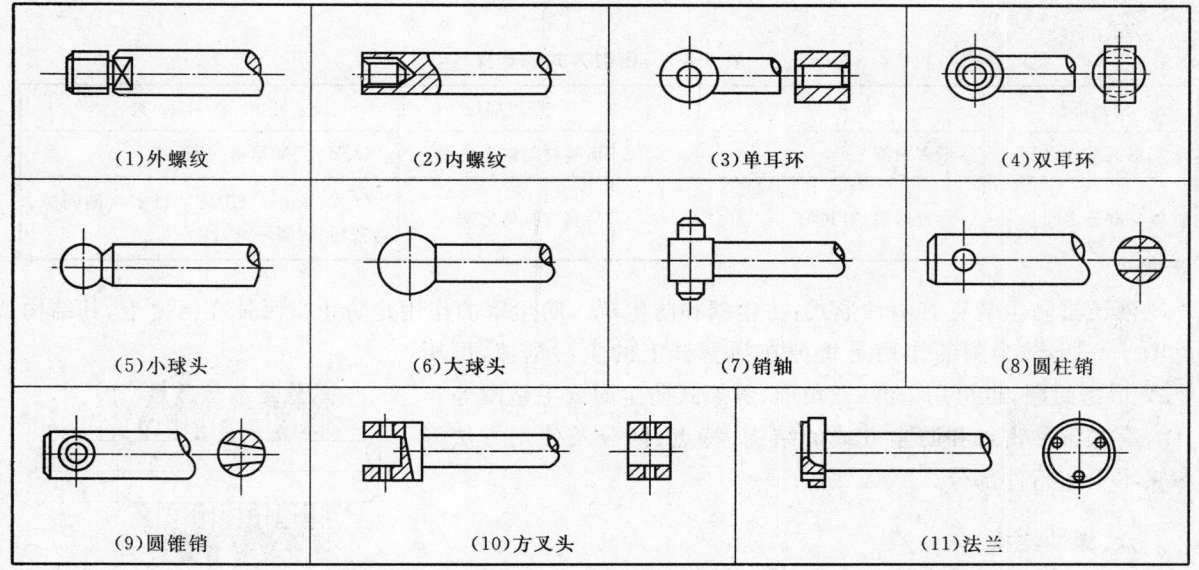

### 四、导向套结构

导向套对活塞杆或者柱塞起导向和支承作用,其结构形式见表 6-4-6。

表 6-4-6 中(1)、(2)不设导向套,直接用缸盖孔导向,这种缸盖的结构虽然简单,但磨损后必须更换缸盖。表 6-4-6 中(3)、(4)为内置导向套结构,它的特点是导向套安装在密封圈和油腔之间,这样便于利用油腔的压力油润滑导向套。表 6-4-6 中(5)~(8)为外置导向套结构,其特点是导向套安装在液压缸外部,用螺钉紧固在缸盖上,易于拆卸。表 6-4-6 中(9)导向结构的特点是导向套为球面,导向套可自动调整位置,从而使导向套轴线始终与运动方向一致。

表 6-4-6  导向套结构

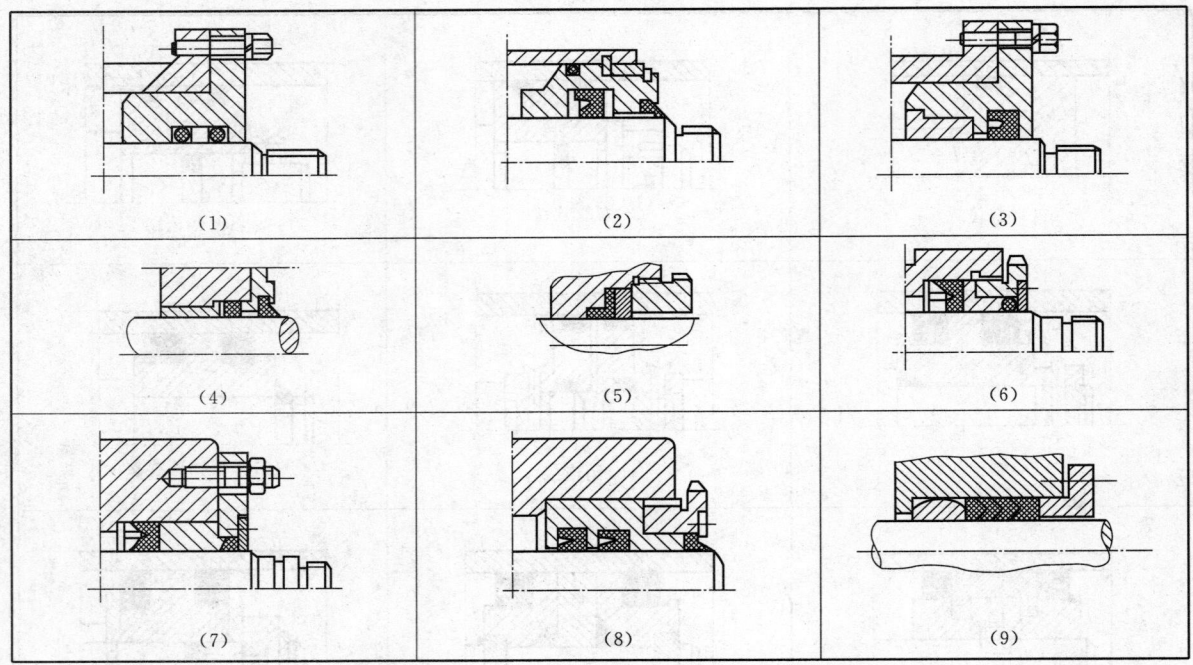

## 五、密封与防尘机构

液压缸的密封装置用来防止液压油外泄露或从高压腔至低压腔的内泄露,选用时可参考表 6-4-7。

表 6-4-7  密封方式的选择

| 密封部位 | 可用密封种类 | 密封部位 | 可用密封种类 |
|---|---|---|---|
| 活塞与活塞杆之间 | O 形密封圈 | 活塞杆与缸盖之间 | O、Y、U、V 形密封圈。 |
| 缸体与缸盖之间 | O 形密封圈,密封垫 | 活塞与缸体之间 | O、Y、$Y_x$、U、UP1、V 形密封圈间隙、活塞环、耐磨环密封。 |

液压缸防尘装置有两种形式:防尘圈和防尘罩。防尘罩的作用是防止尘污掉在活塞上,其结构见图 6-4-1。防尘圈的作用是将掉在活塞杆上的尘污刮掉,可用 O、Y 形密封圈,也可用 J 形、三角形、骨架式防尘圈或毛毡圈等。

有关各种密封和防尘方式的结构、特点、区分及使用方法等参见本篇密封件部分。

## 六、缓冲结构

液压缸缓冲装置的作用是使活塞在接近缸盖和缸底时速度减慢,从而避免与缸盖或缸底发生碰撞冲击。这种缓冲效果也可在液压回路中设置减压阀来实现,但在液压缸内设置缓冲装置能使结构更紧凑、作用更直接,表 6-4-8 为常见的几种缓冲结构。

表 6-4-8 中(1)和(5)统称为节流面积恒定型缓冲装置,其特点是缓冲起始时压力冲击大;表 6-4-8 中(2)、(3)和(4)统称为节流面积变化型缓冲装置,其特点是缓冲过程中,压力基本不变;表 6-4-8 中(6)为卸压型缓冲装置,其特点是无节流损失和发热现象,液压缸的轴向尺寸更小。

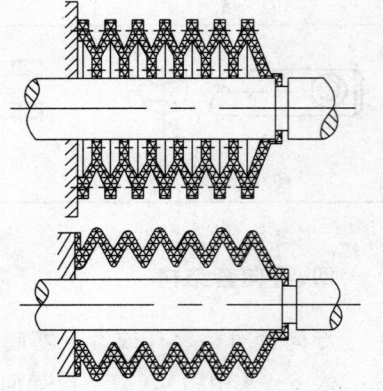

图 6-4-1  防尘罩

表 6-4-8 缓冲结构

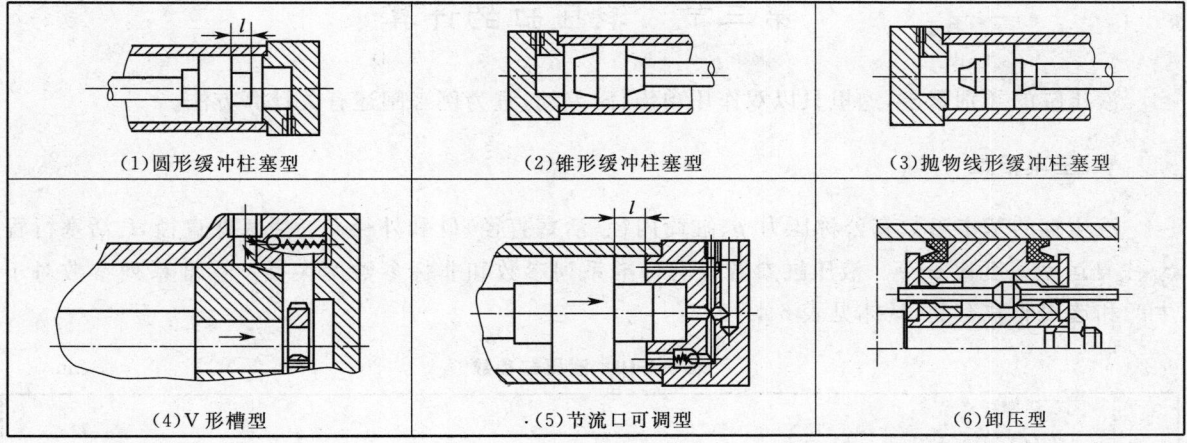

| (1)圆形缓冲柱塞型 | (2)锥形缓冲柱塞型 | (3)抛物线形缓冲柱塞型 |
| (4)V形槽型 | (5)节流口可调型 | (6)卸压型 |

## 七、排气机构

液压缸在安装过程中或长时间停止工作之后会渗入空气,从而产生气穴现象,引起活塞运行时的爬行和振动等一系列非正常现象。因此,必须在液压缸内设置排气装置,以保证能及时排出缸内的气体。

一般利用空气比工作液体轻的特点,在液压缸的最高处设置排气通口,以便用通道把气体引向排气阀进行排气。如不能在最高处设置通口时,可在最高处设置排气塞。图 6-4-2 是两种排气塞(阀)的总体结构和尺寸,它们零件的结构和尺寸见表 6-4-9。

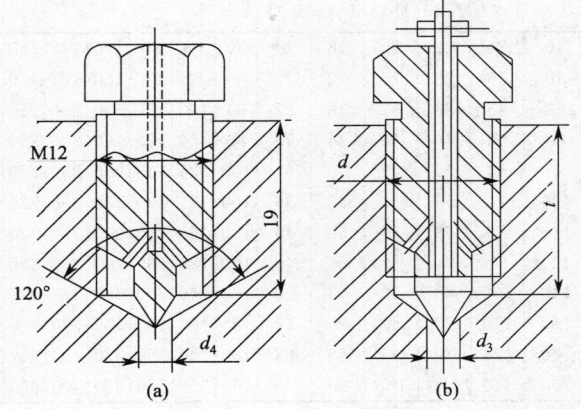

图 6-4-2 两种排气塞(阀)的总体结构和尺寸(mm)

表 6-4-9 排气塞(阀零件)结构和尺寸　　　　　　　　　　mm

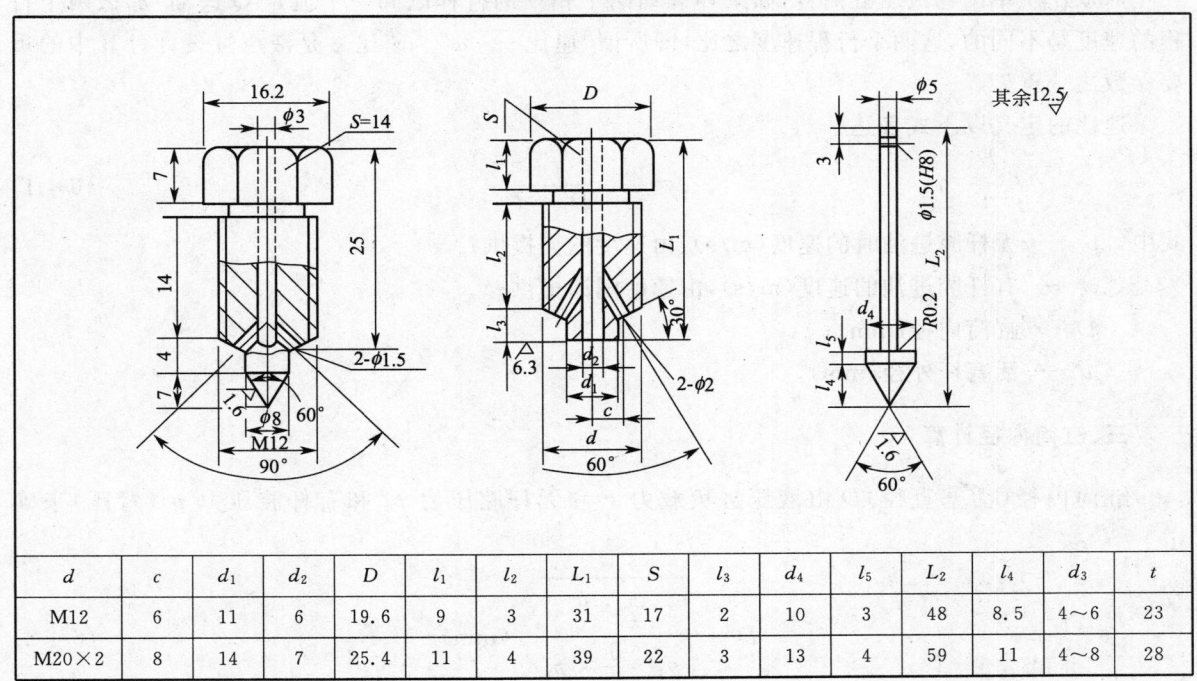

| $d$ | $c$ | $d_1$ | $d_2$ | $D$ | $l_1$ | $l_2$ | $L_1$ | $S$ | $l_3$ | $d_4$ | $l_5$ | $L_2$ | $l_4$ | $d_3$ | $t$ |
|---|---|---|---|---|---|---|---|---|---|---|---|---|---|---|---|
| M12 | 6 | 11 | 6 | 19.6 | 9 | 3 | 31 | 17 | 2 | 10 | 3 | 48 | 8.5 | 4~6 | 23 |
| M20×2 | 8 | 14 | 7 | 25.4 | 11 | 4 | 39 | 22 | 3 | 13 | 4 | 59 | 11 | 4~8 | 28 |

## 第三节 液压缸的计算

液压缸的类别繁多,这里只以双作用单出杆(差动)缸为例来阐述有关计算方法。

### 一、基本参数

液压缸的基本参数有公称压力 $p$、缸筒内径(活塞直径)$D$ 和外径 $D_1$、活塞杆直径 $d$、活塞行程 $S$、往复运动速度比 $\varphi$ 等。液压缸参数分有标准系列参数和非标参数两大类。标准系列参数对于生产和选用非常有利,具体见表 6-4-10。

表 6-4-10 液压缸参数　　　　　　　　　　　　　　　　mm

| 缸径 $D$ | 活塞杆直径 $d$ (按 GB 2348—1993) 速度比 $\varphi$ | | | | | 活 塞 行 程 | | | | | | | | | | 供油孔直径 | 导向距离 $H \geqslant$ | |
|---|---|---|---|---|---|---|---|---|---|---|---|---|---|---|---|---|---|---|
| | 2 | 1.46 | 1.33 | 1.25 | 1.15 | | | | | | | | | | | | $S=5D$ | $S=10D$ |
| 40 | 28 | 22 | 20 | 18 | 14 | 50 | 63 | 80 | 100 | 125 | 160 | 200 | 250 | 320 | 400 | 8 | 20 | 40 |
| 50 | 36 | 28 | 25 | 22 | 18 | 50 | 63 | 80 | 100 | 125 | 160 | 200 | 250 | 320 | 400 | 500 | 8 | 25 | 50 |
| 63 | 45 | 36 | 32 | 28 | 22 | 80 | 100 | 125 | 160 | 200 | 250 | 320 | 400 | 500 | 630 | 8 | 32 | 63 |
| 80 | 55 | 45 | 40 | 36 | 28 | 80 | 100 | 125 | 160 | 200 | 250 | 320 | 400 | 500 | 630 | 800 | 12 | 40 | 80 |
| 90 | 63 | 50 | 45 | 40 | 32 | 100 | 125 | 160 | 200 | 250 | 320 | 400 | 500 | 630 | 800 | 1 000 | 12 | 45 | 90 |
| 100 | 70 | 56 | 50 | 45 | 36 | 100 | 125 | 160 | 200 | 250 | 320 | 400 | 500 | 630 | 800 | 1 000 | 12 | 50 | 100 |
| 110 | 80 | 63 | 56 | 50 | 40 | 100 | 125 | 160 | 200 | 250 | 320 | 400 | 500 | 630 | 800 | 1 000 | 1 250 | 16 | 55 | 110 |
| 125 | 90 | 70 | 63 | 56 | 45 | 100 | 125 | 160 | 200 | 250 | 320 | 400 | 500 | 630 | 800 | 1 000 | 1 250 | 16 | 60 | 125 |
| 140 | 100 | 80 | 70 | 63 | 50 | 125 | 160 | 200 | 250 | 320 | 400 | 500 | 630 | 800 | 1 000 | 1 250 | 20 | 70 | 140 |
| 160 | 110 | 90 | 80 | 70 | 56 | 125 | 160 | 200 | 250 | 320 | 400 | 500 | 630 | 800 | 1 000 | 1 250 | 1 600 | 20 | 80 | 160 |
| 180 | 125 | 100 | 90 | 80 | 63 | 160 | 200 | 250 | 320 | 400 | 500 | 630 | 800 | 1 000 | 1 250 | 1 600 | 25 | 90 | 180 |
| 200 | 140 | 110 | 100 | 90 | 70 | 160 | 200 | 250 | 320 | 400 | 500 | 630 | 800 | 1 000 | 1 250 | 1 600 | 2 000 | 25 | 100 | 200 |

### 二、速比计算

对双作用单出杆液压缸而言,如果伸和缩两个相反的行程以同一个流量 $Q$ 进油,那么两个行程的速度是不同的,这两个行程速度之比,即所谓"速比——$\varphi$"。速比 $\varphi$ 是液压缸设计计算中的重要参数之一。

速比的定义以下式表达:

$$\varphi = \frac{v_2}{v_1} = \frac{D^2}{D^2 - d^2} \qquad (6\text{-}4\text{-}1)$$

式中　$v_1$——无杆腔进油时的速度(m/s),由速度图谱提供;
　　　$v_2$——有杆腔进油的速度(m/s),由速度图谱提供;
　　　$D$——缸筒内径(mm);
　　　$d$——活塞杆外径(mm)。

### 三、缸筒内径计算

缸筒内径(活塞直径)$D$ 由液压缸负载力 $F$ 和无杆腔压力 $p_1$ 和有杆腔压力 $p_2$(背压)来确定:

$$D = \sqrt{\frac{\frac{4}{\pi} \cdot F}{p_1 - \frac{1}{\varphi} \cdot p_2}} \quad (\text{mm}) \qquad (6\text{-}4\text{-}2)$$

式中，液压缸负载力 $F(N)$ 可根据式(6-1-2)确定。
$p_1$ 根据下式计算：

$$p_1 = p_{pmax} - \sum \Delta p_\xi \quad (MPa)$$

$p_{pmax}$ 为泵出口的实际最高工作压力，考虑到改善泵的工作条件，其值应略低于泵产品的额定压力 $p_{pr}$（由产品样本查得），根据经验，可取：

$$p_{pmax} = (0.8 \sim 0.95) p_{pr} \quad (MPa)$$

$\sum \Delta p_\xi$ 为泵出口至液压缸无杆腔进口的所有压力损失（当泵流量最大时）。

$p_2$ 为液压缸有杆腔出口背压(MPa)。

$\sum \Delta p_\xi$ 和 $p_2$ 可根据管路结构（包括有没有压力阀和流量阀）、尺寸和流体力学或水力学公式估算。

用式(6-4-2)计算出的缸筒内径还需按表 6-4-11 圆整至标准值。

**表 6-4-11　缸筒内径**(GB 2348—1993)　　　　　　　　　　　　　　mm

| 8 | 10 | 12 | 16 | 20 | 25 | 32 | 40 | 50 |
|---|---|---|---|---|---|---|---|---|
| 63 | 80 | 100 | 125 | 160 | 200 | 250 | 320 | 400 |

### 四、无杆腔流量 $Q_1$

$$Q_1 = 0.047\,13 \cdot D^2 \cdot v_1 \quad (L/min) \tag{6-4-3}$$

式中　$D$——缸筒内径(mm)，由式(6-4-2)算得；

　　　$v_1$——伸出的行程速度(m/s)，由速度图谱取值。

### 五、活塞杆直径计算

**（一）直径计算**

计算式为：

$$d = D\sqrt{\frac{\varphi - 1}{\varphi}} \quad (mm) \tag{6-4-4}$$

在按表 6-4-12 圆整至标准值 $\varphi$ 的选择见表 6-4-13。

**表 6-4-12　活塞杆直径尺寸系列**(GB 2348—1993)　　　　　　　　　mm

| 4 | 5 | 6 | 8 | 10 | 12 | 14 | 16 | 18 |
|---|---|---|---|---|---|---|---|---|
| 20 | 22 | 25 | 28 | 32 | 36 | 40 | 45 | 50 |
| 56 | 63 | 70 | 80 | 90 | 100 | 110 | 125 | 140 |
| 160 | 180 | 200 | 220 | 250 | 280 | 320 | 360 | |

**表 6-4-13　速度比 $\varphi$ 选择**

| 压力/MPa | ≤10 | 12.5～20 | ≥20 |
|---|---|---|---|
| 速度比 $\varphi$ | 1.33 | 1.46、2 | 2 |

活塞杆直径按上式计算初定后，尚需进行强度和稳定性验算。

**（二）强度验算**

活塞杆工作时，一般主要受轴向拉压作用力，因此，活塞杆的强度验算可按直杆拉压公式计算，即

$$\sigma = \frac{4F}{\pi d^2} \leqslant [\sigma] \quad (MPa) \tag{6-4-5}$$

式中　$\sigma$——活塞杆内应力(MPa)；

　　　$F$——液压缸负载力(N)；

　　　$[\sigma]$——活塞杆材料许用应力，$[\sigma] = \sigma_b / n$，$\sigma_b$ 为材料的抗拉强度(MPa)，$n$ 为安全系数，一般取

$n \geqslant 3 \sim 5$。

当验算结果不满足式(6-4-5)时,应修改设计,重新验算其强度。

(三)稳定性验算

当活塞杆直径与液压缸安装长度之比为1:10以上时,活塞杆容易出现不稳定状态,产生纵向弯曲破坏,这时必须对其进行受压稳定性计算。

通常计算时,把液压缸整体看成一个与活塞杆截面相等的杆件,采用欧拉公式计算出临界压缩载荷 $F_k$,再代入压杆稳定公式进行验算。

欧拉公式为:

$$F_k = \frac{\pi^2 EJ}{\mu^2 L^2} \quad (N) \tag{6-4-6}$$

式中 $E$——材料的弹性模数(MPa),对钢:$E = 2.1 \times 10^5$ MPa;

$J$——活塞杆横截面惯性矩($mm^4$),$J = \pi d^4/64$;

$L$——液压缸安装长度(mm),见表6-4-14;

$\mu$——长度折算系数,见表6-4-14。

压杆稳定性公式为:

$$F \leqslant F_k/n_k \tag{6-4-7}$$

式中 $F$——液压缸最大负载力(N);

$n_k$——安全系数,一般取 3.5~5。

当验算结果满足不了式(6-4-6)时,应修改设计,重新验算其压杆稳定性。

表 6-4-14 液压缸稳定性计算系数

| 结构示意图 | 缸体固定方式 | 杆端情况 | $\mu$ |
|---|---|---|---|
| 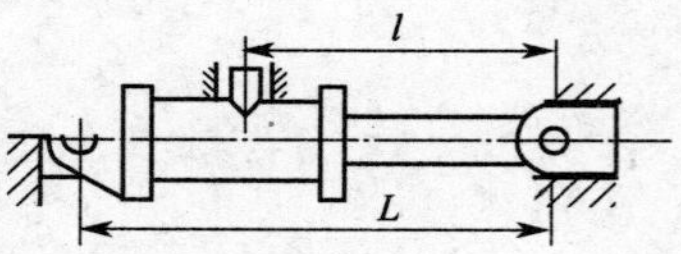  | 铰接 | 铰接 | 1 |
| 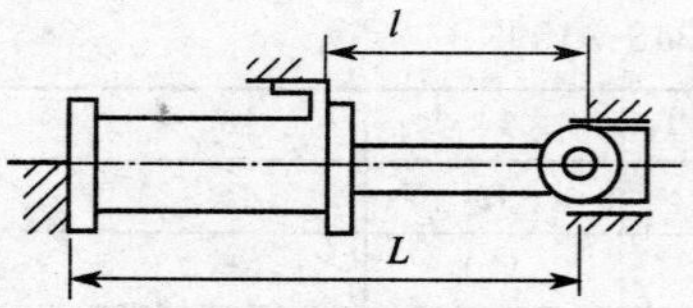  | 固定 | 铰接 | 1/2 |
| 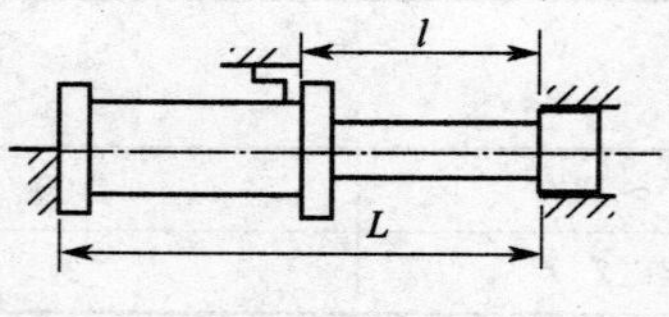  | 固定 | 导向 | 1/4 |
| 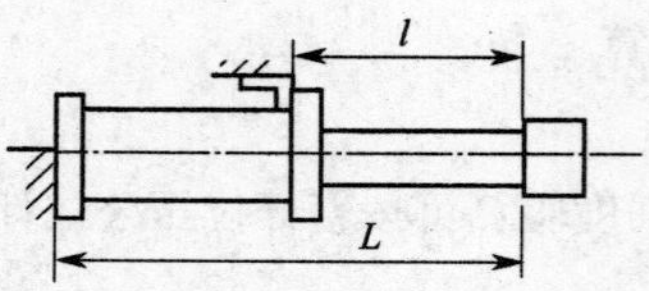  | 固定 | 自由 | 4 |

## 六、缸筒壁厚及外径计算

液压缸壁厚 $\delta$ 和外径 $D_1$ 由强度条件确定。

（一）缸筒壁厚的计算

缸筒分为两种，当缸筒内径 $D$ 与壁厚 $\delta$ 的比值 $D/\delta \geq 10$ 时，作为薄壁缸筒，反之作为厚壁缸筒。

对薄壁缸筒：

$$\delta = \frac{p_N D}{2[\sigma]} \quad (6\text{-}4\text{-}8)$$

式中　$p_N$——液压缸的耐压试验压力（MPa），当液压缸工作压力 $p_1 < 16$ MPa 时，$p_N = 1.5p$；当 $p_1 \geq 16$ MPa 时，$p_N = 1.25p_1$。

　　　$[\sigma]$——缸筒材料的许用应力（MPa），$[\sigma] = \sigma_0/n$，$\sigma_0$ 为材料的抗拉强度（MPa），$n$ 为安全系数，一般取 $n = 5$。

对厚壁缸筒：

$$\delta = \frac{D}{2}\left[\sqrt{\frac{[\sigma]+0.4p_N}{[\sigma]-0.3p_N}} - 1\right] \quad (\text{mm}) \quad (6\text{-}4\text{-}9)$$

式中符号意义同（6-4-6）式。

上述计算的过程是先用式（6-4-7）计算，若得到的 $\delta$ 值不满足 $D/\delta \geq 10$，则另用式（6-4-8）计算。

（二）缸筒外径计算

缸筒外径 $D_1$ 为：

$$D_1 = D + 2\delta \quad (\text{mm})$$

计算出的 $D_1$ 应圆整至参考标准值，见表 6-4-15 和表 6-4-16。

**表 6-4-15　工程机械用液压缸缸筒外径**（JB 1068）　　mm

| 缸筒内径 $D$ | | | | 40 | 50 | 63 | 80 | 90 | 100 | 110 | 125 | 140 | 160 | 180 | 200 |
|---|---|---|---|---|---|---|---|---|---|---|---|---|---|---|---|
| 缸筒外径 $D_1$ | 20 钢 | 工作压力（MPa） | ≤16 | 50 | 60 | 76 | 95 | 108 | 121 | 133 | 146 | 168 | 194 | 219 | 245 |
| | 45 钢 | | ≤20 | 50 | 60 | 76 | 95 | 108 | 121 | 133 | 146 | 168 | 194 | 219 | 245 |
| | | | ≤25 | 50 | 60 | 83 | 102 | 108 | 121 | 133 | 152 | 168 | 194 | 219 | 245 |
| | | | ≤31.5 | 54 | 63.5 | 83 | 102 | 114 | 127 | 140 | | | | | |

**表 6-4-16　重型和运输机械用液压缸缸筒外径**　　mm

| 缸筒内径 $D$ | | 32 | 40 | 50 | 60 | 70 | 80 | 90 | 100 | 110 | 125 | 140 | 160 | 180 | 200 | 220 |
|---|---|---|---|---|---|---|---|---|---|---|---|---|---|---|---|---|
| 缸筒外径 $D_1$ | 重型机械，工作压力<16 MPa，45 号无缝钢管 | 52 | 60 | 75 | 85 | — | 105 | — | 120 | — | 150 | — | — | 215 | 240 | — |
| | 运输机械，工作压力<10 MPa，35 号无缝钢管 | — | 50 | 63.5 | 70 | 83 | 95 | 102 | 114 | 127 | 140 | 159 | 180 | 200 | 219 | 245 |

## 七、缓冲装置计算

缓冲装置的计算主要是分析整个缓冲过程中的能量平衡关系，计算其最大缓冲力，以便验算液压缸的强度是否在容许范围内。

液压缸在缓冲时，运动部件所受的机械能量 $E$ 包括高压腔液体传递给活塞的液压能 $E_1$、运动部件的动能 $E_2$、摩擦能 $E_3$、重力产生的能量 $E_4$。

$$E = E_1 + E_2 - E_3 \pm E_4 \approx E_1 + E_2 = p_h A_h l \times 10^{-3} + \frac{Mv^2}{2} \quad (\text{N·m}) \quad (6\text{-}4\text{-}10)$$

缓冲腔（背压腔）内被压液体产生的液压能 $E'$ 为：

$$E' = p_c A_c l \times 10^{-3} \quad (\text{N·m}) \quad (6\text{-}4\text{-}11)$$

式中　$p_h$——高压腔压力（MPa）；

　　　$p_c$——缓冲腔平均缓冲压力（MPa）；

$A_h$、$A_c$——分别为高压腔和缓冲腔的有效工作面积（mm²）；

$l$——缓冲段长度（mm）；

$M$——运动部件（包括活塞、活塞杆、负载）总质量（kg）；

$v$——缓冲前活塞速度（m/s）。

如果要使活塞和缸盖或缸底不发生碰撞，运动部件的机械能必须全部被缓冲腔液体吸收，即

$$E = E'$$

从而得缓冲压力

$$p_c = \frac{p_h A_h}{A_c} + \frac{Mv^2}{2A_c l} \times 10^3 \quad \text{(MPa)} \tag{6-4-12}$$

式中各项含义见(6-4-11)式。

如果缓冲装置为节流面积变化式缓冲装置，由于在结构上已保证了缓冲压力近似不变，最大缓冲压力近似值即为上式所示。

如果缓冲装置为恒定节流面积式的，则在缓冲过程中的压力是逐渐降低的，起始时的缓冲压力即冲击压力最大，计算较为复杂，其近似值为

$$p_{c\max} = \frac{p_h A_h}{A_c} + \frac{Mv^2}{A_c l} \times 10^3 \quad \text{(MPa)} \tag{6-4-13}$$

式中各项含义见(6-4-11)式。

**八、其他计算**

液压缸缸盖厚度按材料力学中的均匀受压圆形平板公式计算或做实体建模有限元分析。

液压缸连接零件也可按材料力学有关公式进行计算或做实体建模有限元分析。

## 第四节　液压缸主要零部件材料及技术要求

**一、缸　体**

液压缸缸体常用材料为 35、40 号钢的无缝钢管，ZG270-500、ZG310-570 铸钢，HT250、HT300、HT350 铸铁或球墨铸铁等。

需与缸盖、耳轴和管接头等零件焊接的缸体用 35 号钢，并在粗加工后调质。其他情况下用 45 号钢，一般调质到 HB241-285。铸钢毛坯用于内径大、行程短、壁厚的缸筒，有些形状复杂的缸筒则使用铸造毛坯。缸体构造见图 6-4-3。

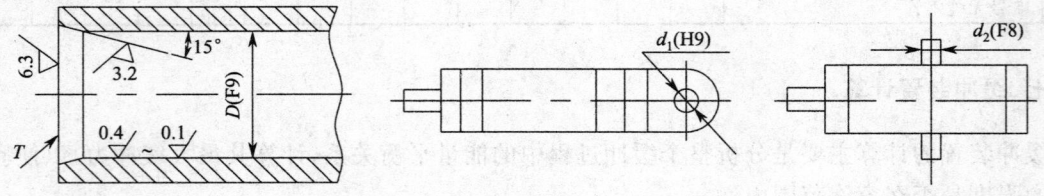

图 6-4-3　液压缸缸体

缸体的主要技术要求如下：

(1) 缸体内径采用 H8 或 H9 配合。当活塞采用橡胶密封圈密封时，表面粗糙度 $R_a$ 为 0.1 μm～0.4 μm，当活塞用密封环密封时，表面粗糙度 $R_a$ 为 0.2 μm～0.4 μm，且均需珩磨。

(2) 缸筒内径的圆度误差，圆柱度误差不大于直径误差之半，缸体内表面的线轮廓误差在 500 mm 长度上不大于 0.03 mm。

(3) 端面 T 与缸盖固定时，缸体端面 T 的跳动在直径 100 mm 上不大于 0.04 mm。

(4) 带耳环的缸体耳环销钉孔 $d_1$ 中心线对缸体内径的轴线位置度误差不大于 0.30 mm，其轴

线垂直度误差在 100 mm 上不大于 0.10 mm；带耳轴的缸体耳轴 $d_2$ 的轴线对缸体内径的轴线位置度误差不大于 0.10 mm，其轴线垂直度误差在 100 mm 上不大于 0.10 mm。

(5) 缸体与端部用螺纹连接时，其螺纹精度等级取为 6 级。

(6) 为防止腐蚀提高寿命，缸体内表面可以进行镀铬，镀铬层厚度应为 30 $\mu$m～40 $\mu$m，镀铬后应进行珩磨或抛光。

## 二、缸　盖

缸盖材料常用为 35 号、45 号钢锻件，ZG270-500、ZG310-570 铸钢，HT250、HT300、HT350 灰铸铁等。缸盖的常见构造见图 6-4-4。

缸盖的主要技术要求如下：

(1) 主要配合要求见图 6-4-4；

(2) 缸径 $D$、活塞杆缓冲孔 $d_1$ 和活塞杆密封圈的外径 $d_2$ 的圆度误差和圆柱度误差不大于直径之半，$D$、$d_1$ 和 $d_2$ 的同轴度误差不大于 0.03 mm；

(3) 端面 $A$、$B$ 对轴线的垂直度误差在直径 100 mm 上不大于 0.04 mm；

(4) 导向孔的表面粗糙度 $R_a$ 为 0.63 $\mu$m～1.6 $\mu$m。

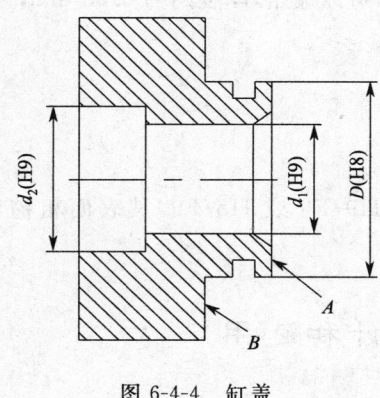

图 6-4-4　缸盖

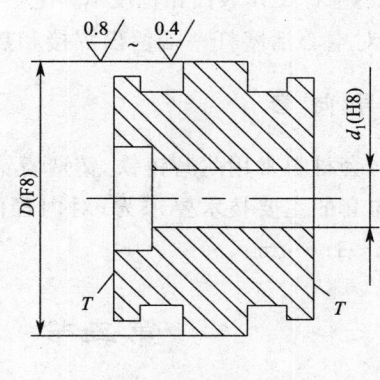

图 6-4-5　活塞

## 三、活　塞

活塞材料常用 HT150、HT200 灰铸铁、耐磨铸铁；35 号、45 号钢和铝合金等。活塞的常见构造见图 6-4-5。

活塞的技术要求如下：

(1) 外径 $D$ 对 $d_1$ 的跳动不大于 $D$ 尺寸公差之半；

(2) 活塞两端面 $T$ 对活塞轴线的垂直度误差在直径 100 mm 上不大于 0.04 mm，外径 $D$ 的圆度误差、圆柱度误差不大于活塞半径公差之半。

## 四、活 塞 杆

活塞杆材料常用 35 号、45 号钢，空心活塞杆用 35 号、45 号钢的无缝钢管。活塞杆的常见构造见图 6-4-6。

活塞杆的主要技术要求如下：

(1) 活塞杆的热处理：粗加工后调质硬度到 HB229-285，必要时，再予以高频率淬火，硬度到 HRC45-55；

(2) 活塞杆 $d$ 和 $d_1$ 的圆度误差和圆柱度误差不大于相应直径公差的一半；

(3) 活塞杆工作表面的直线度误差在 500 mm 长度上不大于 0.03 mm；

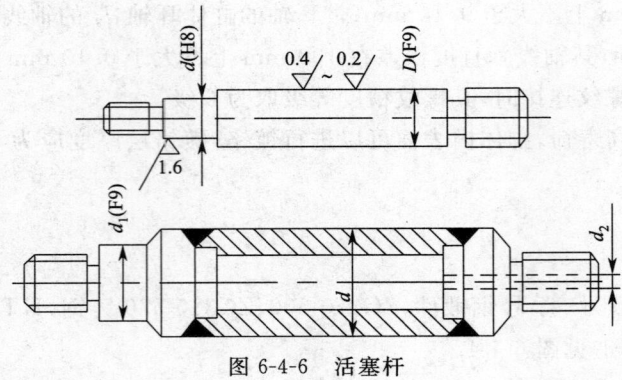

图 6-4-6 活塞杆

(4) 活塞杆 $d$ 和 $d_1$ 的跳动不大于 0.01 mm；

(5) 端面 T 的垂直度误差在直径 100 mm 上不大于 0.04 mm；

(6) 活塞杆的螺纹精度等级为 6 级或 7 级；

(7) 如杆上有连接销孔，则该孔按 H11 制造，孔的轴线对活塞杆工作表面的垂直度误差在 100 mm 长度上不大于 0.025 mm；

(8) 活塞杆工作表面粗糙度 $R_a$ 不大于 0.63 μm，必要时，可以镀铬，厚度约为 0.05 mm，再抛光；

(9) 对空心活塞杆一端留出焊接和热处理的通气孔 $d_2$。

## 五、导向套

导向套材料常用耐磨铸铁、铸造青铜和聚四氟乙烯等。

导向套的主要技术要求为：对内径的配合，一般取为 H9/F9 或 H8/F9，其表面粗糙度 $R_a$ 为 0.63 μm～1.6 μm。

## 第五节 液压缸的设计和选用

### 一、液压缸的设计和选用步骤

液压缸已有标准的系列产品供选用，但在很多场合，标准液压缸不完全符合实际需要，因此，有时可选用标准系列液压缸，而有时则必须自己设计非标准液压缸。

液压缸的设计和选用步骤如下：

(1) 进行工作机构动作要求分析，选择液压缸类型和安装方式；

(2) 进行工作机构受力、运动速度分析，选择工作压力或进入流量，计算活塞直径、缸筒外径以及其他参数；

(3) 根据制造厂家的产品样本选择标准液压缸，否则，进行下一步；

(4) 设计密封、缓冲和排气装置；

(5) 绘制非标准液压缸的总装配图和零件图。

### 二、标准系列液压缸介绍

这里仅简单介绍标准系列液压缸，详情可见各主要生产单位的样本。

(一) HSG 型工程机械液压缸系列

HSG 型工程机械液压缸为单出杆双作用液压缸，工作压力通常为 16 MPa，有些产品最高工作压力可达 31.5 MPa。该系列主要用于工程机械、起重运输机械、重型机械和矿山机械等的液压系统，主要生产厂家有长江液压件厂、重庆液压件厂、武汉油缸厂、天津液压件厂、福建龙岩液压件厂、长沙液压件厂、大连液压件厂、南京液压件厂、邵阳液压件厂等。

## 1. 型号说明

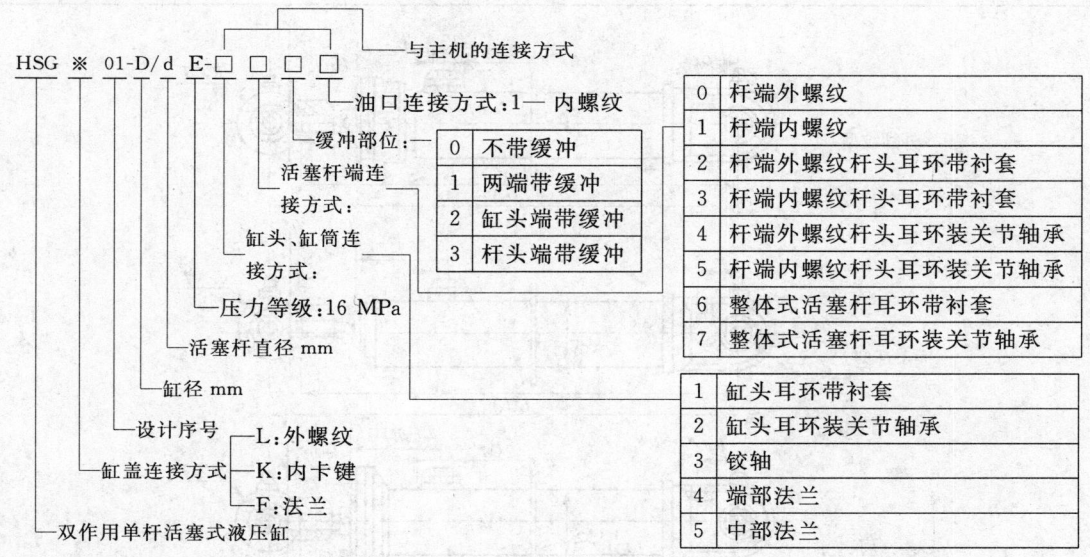

## 2. 技术规格(表6-4-17)

表6-4-17 HSG型液压缸技术规格

| 缸径/mm | 活塞杆直径/mm 速比 | | | 工作压力 16 MPa | | | | | | 最大行程[1]/mm |
|---|---|---|---|---|---|---|---|---|---|---|
| | 1.33 | 1.46 | 2 | 速比1.33 推力/N | 拉力/N | 速比1.46 推力/N | 拉力/N | 速比2 推力/N | 拉力/N | |
| 40 | 20 | 22 | 25 | 20 100 | 15 070 | 20 100 | 14 010 | 20 100 | 12 270 | 320/400/480 |
| 50 | 25 | 28 | 32 | 31 400 | 23 550 | 31 400 | 18 060 | 31 400 | 15 010 | 400/500/600 |
| 63 | 32 | 35 | 45 | 49 870 | 37 070 | 49 870 | 34 480 | 49 870 | 24 430 | 500/630/750 |
| 80 | 40 | 45 | 55 | 80 420 | 60 320 | 80 420 | 54 980 | 80 420 | 42 470 | 640/800/950 |
| 90 | 45 | 50 | 63 | 101 790 | 76 340 | 101 790 | 70 360 | 101 790 | 51 910 | 720/900/1 080 |
| 100 | 50 | 55 | 70 | 125 660 | 94 240 | 125 660 | 87 650 | 125 660 | 64 060 | 800/1 000/1 200 |
| 110 | 55 | 63 | 80 | 152 050 | 114 040 | 152 450 | 702 180 | 152 050 | 77 600 | 880/1 100/1 320 |
| 125 | 63 | 70 | 90 | 196 350 | 146 480 | 196 350 | 134 770 | 196 350 | 94 500 | 1 000/1 250/1 500 |
| 140 | 70 | 80 | 100 | 246 300 | 184 730 | 246 300 | 165 880 | 246 300 | 120 600 | 1 120/1 400/1 680 |
| 150 | 75 | 85 | 105 | 282 740 | 212 060 | 282 740 | 193 270 | 282 740 | 144 280 | 1 200/1 500/1 800 |
| 160 | 80 | 90 | 110 | 321 700 | 241 270 | 327 700 | 219 100 | 321 700 | 169 600 | 1 280/1 600/1 900 |
| 180 | 90 | 100 | 125 | 497 150 | 305 370 | 407 150 | 281 250 | 401 200 | 210 800 | 1 450/1 800/2 150 |
| 200 | 100 | 110 | 140 | 508 200 | 376 990 | 508 200 | 350 600 | 508 200 | 256 300 | 1 600/2 000/2 400 |
| 220 | | 125 | 160 | 608 200 | 411 860 | 608 200 | 280 500 | | | —/2 200/2 640 |
| 250 | | 140 | 180 | | | 785 600 | 539 100 | 785 600 | 378 200 | —/2 500/3 000 |

1)最大行程的三个数值依次表示速比 $\varphi$ 为1.33、1.46和2时的。

## 3. 外形尺寸(表6-4-18)

### (二)DG型车辆液压缸系列

DG型车辆液压缸也为单出杆双作用液压缸,工作压力小于16 MPa,主要用于车辆、起重运输机械、工程机械和矿山机械等的液压系统,生产厂家主要有抚顺液压件厂、榆次液压件厂、武汉油缸厂、长沙液压件厂、徐州液压件厂、重庆液压件厂等。

表 6-4-18　HSG 型液压缸外形尺寸

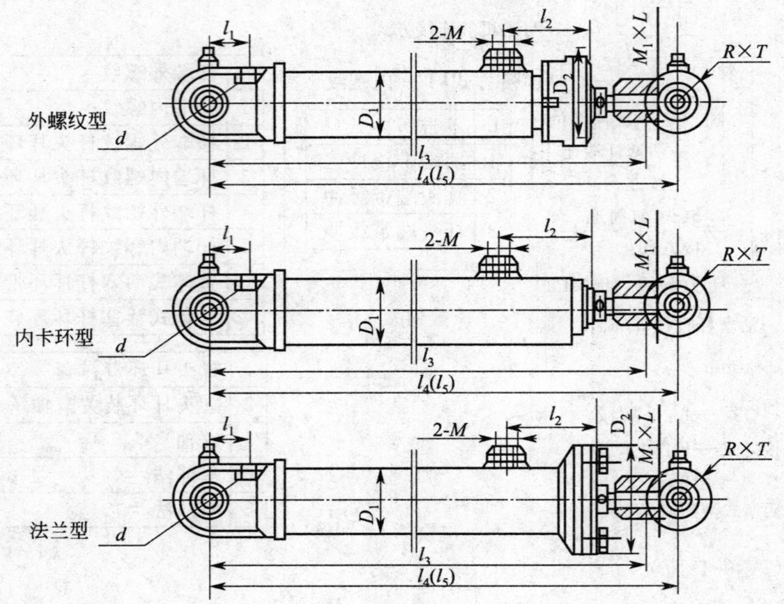

外螺纹型

内卡环型

法兰型

| 缸内径 | $D_1$ | $D_2$ | $d$ | $l_1$ | $l_2$ | $l_3$ | $l_4$ | $l_5$[1] | $R\times T$（厚） | $M$ | $M_1\times L$（长）[2][3] |
|---|---|---|---|---|---|---|---|---|---|---|---|
| 63 | 76 | 95 | 30 | 40 | 77[3] | 273+行程 | 310+行程 | 275+行程 | 35×35 | | M27×2（35） |
| 80 | 95 | 110 | | | 65 | 302+行程 | 365+行程 | 310+行程 | | M18×1.5 | M33×2（45） |
| 90 | 108 | 140 | 40 | 45 | | 307+行程 | 370+行程 | 310+行程 | 45×45 | | M36×2（50） |
| 100 | 121 | 150 | | | 65 | 352+行程 | 430+行程 | 365+行程 | | | M42×2（55） |
| 110 | 133 | 165 | 50 | 55 | 70 | 362+行程 | 440+行程 | 370+行程 | 60×60 | M22×1.5 | M48×2（60） |
| 125 | 152 | 185 | | | 82 | 383+行程 | 455+行程 | 380+行程 | | | M52×2（65） |
| 140 | 168 | 200 | 60 | 65 | 87 | 412+行程 | 500+行程 | 420+行程 | 70×70 | M27×2 | M60×2（70） |
| 160 | 194 | 220 | | | 95 | 427+行程 | 515+行程 | 430+行程 | | | M68×2（75） |
| 180 | 219 | 250 | 70 | 75 | 100 | 488+行程 | 590+行程 | 490+行程 | 80×80 | M33×2 | M76×3（85） |
| 200 | 245 | 270 | 80 | 85 | 105 | 518+行程 | 630+行程 | 520+行程 | 90×90 | | M85×3（95） |
| 220 | 273 | 300 | 90 | 90 | 110 | 568+行程 | 690+行程 | 565+行程 | 100×100 | M42×2 | M95×3（100） |
| 250 | 299 | 330 | 100 | 100 | 120 | 598+行程 | 730+行程 | 595+行程 | 110×110 | | M100×3（120） |

1) $l_5$ 是整体活塞杆的安装尺寸。
2) L（长）是指（ ）内的螺纹深度尺寸。
3)（ ）内尺寸为外螺纹型的液压缸。

## 1. 型号说明

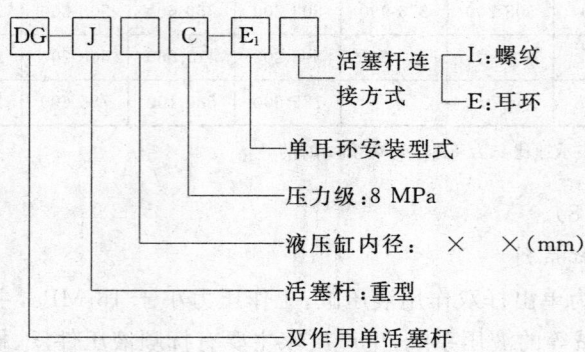

## 2. 技术规格（表 6-4-19）

表 6-4-19  DG 型液压缸技术规格

| 缸径 D /mm | 活塞杆直径 d/mm | 活塞面积×$10^{-4}$/$m^2$ 大端 | 活塞面积×$10^{-4}$/$m^2$ 小端 | 推力/kN 14 MPa | 推力/kN 16 MPa | 拉力/kN 14 MPa | 拉力/kN 16 MPa | 最大行程 /mm |
|---|---|---|---|---|---|---|---|---|
| 40 | 22 | 12.57 | 8.77 | 17.60 | 20.11 | 12.28 | 14.03 | 1 500 |
| 50 | 28 | 19.63 | 13.48 | 27.48 | 31.41 | 18.87 | 21.57 | 1 500 |
| 63 | 35** | 31.17 | 21.55 | 43.64 | 49.87 | 30.17 | 34.48 | 2 500 |
| 70** | 40 | 38.48 | 25.92 | 53.87 | 61.57 | 36.29 | 41.47 | 2 500 |
| 80 | 45 | 50.27 | 34.36 | 70.38 | 80.43 | 48.10 | 54.98 | 2 500 |
| 100 | 55** | 78.54 | 54.78 | 109.96 | 125.66 | 76.69 | 87.65 | 6 000 |
| (110) | 63 | 95.03 | 63.86 | 133.04 | 152.05 | 89.40 | 102.18 | 6 000 |
| 125 | 70 | 122.72 | 84.23 | 171.82 | 196.35 | 117.92 | 134.77 | 8 000 |
| (140) | 80 | 153.94 | 103.67 | 215.52 | 246.30 | 145.14 | 165.87 | 8 000 |
| 150** | 85** | 176.71 | 119.97 | 247.39 | 282.74 | 167.96 | 191.95 | 8 000 |
| 160 | 90 | 201.06 | 137.44 | 281.48 | 321.70 | 192.42 | 219.90 | 8 000 |
| (180) | 100 | 254.47 | 175.93 | 356.26 | 407.15 | 246.30 | 281.49 | 8 000 |
| 200 | 110 | 314.16 | 219.13 | 439.82 | 502.66 | 306.78 | 350.61 | 8 000 |
| (220) | 125 | 380.13 | 257.41 | 532.18 | 608.21 | 360.37 | 411.86 | 8 000 |
| 250 | 140 | 490.87 | 336.94 | 687.22 | 785.39 | 471.43 | 539.10 | 8 000 |
| (280) | 150** | 615.75 | 439.04 | 862.05 | 985.20 | 614.66 | 702.46 | 8 000 |
| 320 | 180 | 804.25 | 549.78 | 1 125.95 | 1 286.80 | 769.69 | 879.65 | 8 000 |

注：1. 表中带( )的缸径尺寸符合 GB 2348—1993，为非优先选用者；
  2. 表中带 ** 的缸径、活塞杆直径尺寸为不符合 GB 2348—1993 者。

## 3. 外形尺寸(表 6-4-20)

表 6-4-20  DG 型液压缸外形尺寸

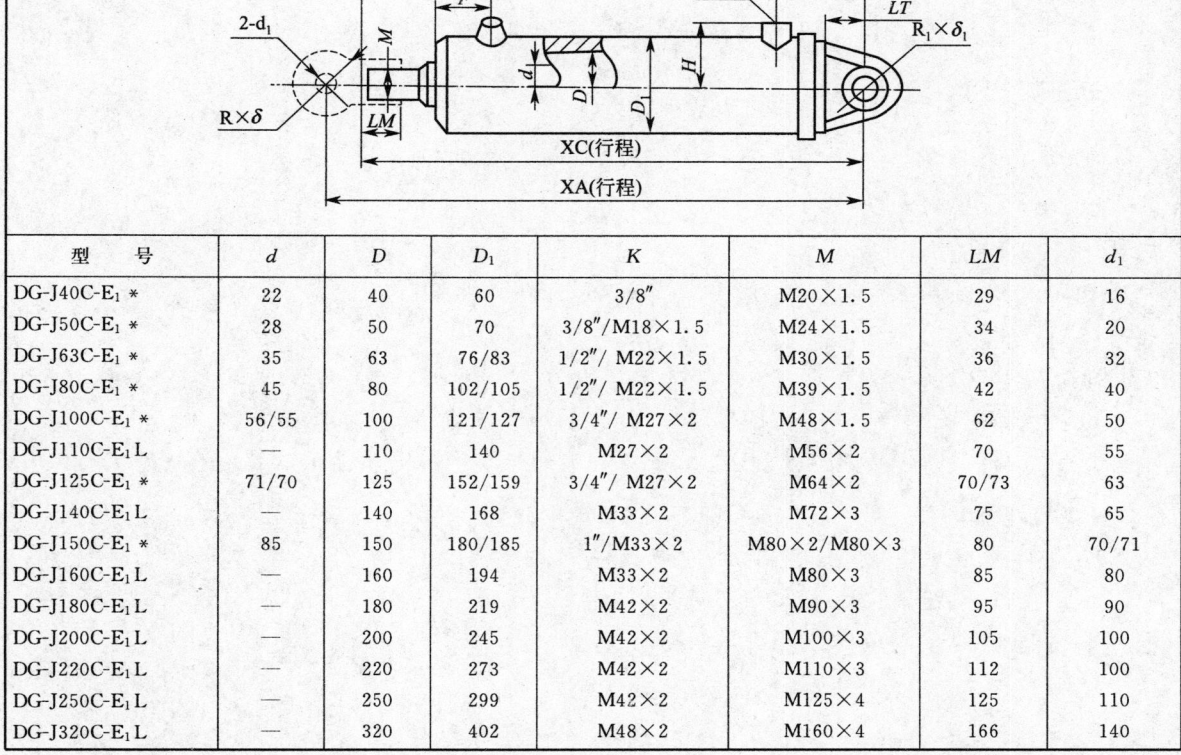

| 型号 | d | D | $D_1$ | K | M | LM | $d_1$ |
|---|---|---|---|---|---|---|---|
| DG-J40C-$E_1$* | 22 | 40 | 60 | 3/8″ | M20×1.5 | 29 | 16 |
| DG-J50C-$E_1$* | 28 | 50 | 70 | 3/8″/M18×1.5 | M24×1.5 | 34 | 20 |
| DG-J63C-$E_1$* | 35 | 63 | 76/83 | 1/2″/M22×1.5 | M30×1.5 | 36 | 32 |
| DG-J80C-$E_1$* | 45 | 80 | 102/105 | 1/2″/M22×1.5 | M39×1.5 | 42 | 40 |
| DG-J100C-$E_1$* | 56/55 | 100 | 121/127 | 3/4″/M27×2 | M48×1.5 | 62 | 50 |
| DG-J110C-$E_1$L | — | 110 | 140 | M27×2 | M56×2 | 70 | 55 |
| DG-J125C-$E_1$* | 71/70 | 125 | 152/159 | 3/4″/M27×2 | M64×2 | 70/73 | 63 |
| DG-J140C-$E_1$L | — | 140 | 168 | M33×2 | M72×3 | 75 | 65 |
| DG-J150C-$E_1$* | 85 | 150 | 180/185 | 1″/M33×2 | M80×2/M80×3 | 80 | 70/71 |
| DG-J160C-$E_1$L | — | 160 | 194 | M33×2 | M80×3 | 85 | 80 |
| DG-J180C-$E_1$L | — | 180 | 219 | M42×2 | M90×3 | 95 | 90 |
| DG-J200C-$E_1$L | — | 200 | 245 | M42×2 | M100×3 | 105 | 100 |
| DG-J220C-$E_1$L | — | 220 | 273 | M42×2 | M110×3 | 112 | 100 |
| DG-J250C-$E_1$L | — | 250 | 299 | M42×2 | M125×4 | 125 | 110 |
| DG-J320C-$E_1$L | — | 320 | 402 | M48×2 | M160×4 | 166 | 140 |

续上表

| 型号 | $R\times\delta$(厚) | $R_1\times\delta_1$(厚) | XC | XA | F | H | Q | LT |
|---|---|---|---|---|---|---|---|---|
| DG-J40C-$E_1$ * | 23×37.5 | 20×22 | 200 | 226 | — | 45 | 59/62 | 27 |
| DG-J50C-$E_1$ * | 28×45 | 25×28 | 243 | 276/268 | 52 | 50 | 66/68 | 32 |
| DG-J63C-$E_1$ * | 35.5×60 | 35×40 | 274/281 | 317/320 | 67 | 58/61.5 | 79/84 | 40 |
| DG-J80C-$E_1$ * | 45×75 | 43×50 | 306/312 | 359/360 | 70 | 71/72.5 | 94/96 | 50 |
| DG-J100C-$E_1$ * | 56×95 | 53×63 | 369/372 | 427/425 | 81 | 84.5/87.5 | 111/115 | 60 |
| DG-J110C-$E_1$L | 58×105 | 55×75 | 404 | 472 | 85 | 90 | 118 | 65 |
| DG-J125C-$E_1$ * | 67×118 | 62×80 | 421/428 | 496/498 | 90 | 100/103.5 | 136/140 | 75 |
| DG-J140C-$E_1$L | 67×125 | 65×80 | 460 | 540 | 95 | 104 | 144 | 80 |
| DG-J150C-$E_1$ * | 85×135 | 75×80 | 481/492 | 566/572 | 101 | 115/117.5 | 169/170 | 81/95 |
| DG-J160C-$E_1$L | 80×145 | 80×85 | 528 | 613 | 115 | 117 | 168 | 90 |
| DG-J180C-$E_1$L | 88×160 | 90×95 | 606 | 716 | 126 | 130 | 185 | 105 |
| DG-J200C-$E_1$L | 92×170 | 100×105 | 680 | 800 | 157 | 143 | 200 | 110 |
| DG-J220C-$E_1$L | — | 100×120 | 693 | 811 | 157 | 157 | 200 | 120 |
| DG-J250C-$E_1$L | — | 110×136 | 716 | 831 | 157 | 170 | 210 | 130 |
| DG-J320C-$E_1$L | 140×170 | 140×176 | 847 | 1017 | 200 | 225 | 264 | 160 |

注：*为非标产品与规格。

# 第五章 液压控制阀

## 第一节 概述

阀是液压系统中运用最广泛的控制元件,第一章已对阀的分类作了一般介绍。对起重机设计者而言,对不同的阀种应作不同程度的了解。对各行各业都常用的阀,诸如各种连接方式的方向阀(表6-5-1)、压力阀(表6-5-2)、流量阀(表6-5-3)以及插装阀、叠加阀、比例阀、伺服阀等,由国内、外液压企业大量供应市场,质优价廉,因此,对起重机行业技术人员来说,只是一个选用问题。但对其功能和应用特点,必须比较熟悉,才能合理选用;对于一些起重机和其他工程机械的用得多而其他行业用得较少的阀,可能选用的机会较少,有时要委托液压企业定制,甚至需要自行设计研制。起重机行业技术人员就需要从原理、设计或采用上有更深入的了解。本章就按这种需求作不同角度的介绍。对完全可以选用的方向阀、压力阀和流量阀,就其要点在第一节列表介绍。对于插装阀、叠加阀、比例阀、伺服阀等,由于内容庞大,限于篇幅,本手册暂不介绍。起重机工作者需要稍加深入了解的阀类,这里从第二节起逐节介绍。

表 6-5-1 常可选用的方向控制阀

| 阀种 | 功能 | 分类 | 图形符号及说明 | |
|---|---|---|---|---|
| 换向阀 | 有 $n(n \geq 2)$ 个通口,分别连接阀外 $n$ 条管道,其作用是切换各管道间的接通或切断状态,以引导液流流向,或截止液流在某些管道的流动。可以通过操控进行 $m(m \geq 2)$ 种切换方式。$n$ 称为"通"数,$m$ 称为"位"数。即使 $n$ 和 $m$ 都相同,不同阀的通、断结构也是不同的,每一种结构 $m$ 种状态的总体被称为一种"机能"。有的机能被赋予专名,有的则无专名。换向阀一般为滑阀结构,有内泄(漏) | 手动控制 | | 图示的通、位、机能均是特例,被称为:"三位""四通""M型机能"换向阀。图中有三个方框,每一个框内显示一个"位",其液流被阀引向不同的流动方向(或被截断),三个位可以通过操控切换。图中倒"T"形即表示阀截断某通道 |
| | | 电磁控制 | | |
| | | 液动控制 | | |
| | | 踏板控制 | | |
| | | 电液控制 | | 此阀是以电磁阀控制的液动阀进行液压主油路切换。电磁阀为先导阀,液动阀是主阀 |
| | 设有单向阀结构的换向阀,在某些"位"状态中,阀只允许连接的油路单向流通 | | | 此处所示只是一种特例。类似机能较多在工程机械液压系统中应用 |
| 单向阀 | 连接两条管道,限制液流只能有一个流向,即正向流通,反向截止。如需反向亦可流动,需加一个控制活塞,引通外部控制液流推动之,称为"液控"。单向阀一般为锥阀或球阀结构,可以做到无内泄或微量内泄 | 普通型 | A —▷— B | A 管道压力略大于 B,液流打开阀口由 A 流向 B,称为正向流通。若 B 压力大于 A,液流被截止,称为反向截止 |
| | | 液控型(液压锁) | A —▷— B<br>C | 正向流通与反向截止与普通单向阀相同。但多一个控制活塞及通口C,如通过外界操控,C口将控制液流通入液控活塞,则此阀也能实现反向流通 |
| 梭阀 | 连接三条管道,A 和 B 是相互交替为高压和低压的液流进入梭阀的管道,C 为流出梭阀管道。梭阀自动切换,实现高压管道与 C 管道相通 | | C<br>A —▷◁— B | 图示:若 A 为高压,阀使 A 与 C 通,B 被截断。如 B 为高压,则 B 与 C 通,图上应变为圆球靠在 A 侧,则 A 被截断 |
| 截止阀 | 连接两条管道。通过操控,切换该管道液流,形成通流或截断。截止阀一般不允许有内、外泄 | | —▷◁— | |

表 6-5-2 常可选用的压力控制阀

| 阀种 | 功能 | 分类 | | 图形符号及说明 |
|---|---|---|---|---|
| 溢流阀（安全阀） | 连接进、出口两条油路。控制系统中与此阀进口相连的油路保持操控（调定）的压力（此功能称为"定压"，用此功能称溢流阀）；或者限制与此阀进口相连的油路的压力不得超过操控（调定）的压力（此功能称为"限压"，用此功能称安全阀）。无论作溢流阀或是安全阀用，此阀在不工作时，阀口是关闭的，所以归类于"常闭阀"。先导式溢流阀还可用远控方式，形成多级调压和作卸荷之用。此阀无论作定压或限压阀用，一般均与系统主油路并联；此阀如主油路串联，则是代替直控平衡阀、直控顺序阀或背压阀的作用，一般情况这种用法不值得 | 直动式 | | 操控阀自身的调压弹簧即调定进口压力。此阀在自身进油口压力达到调定压力时开启，称为"直控" |
| | | 先导式 | 简化 | 用小型直动式溢流阀作先导阀，控制主溢流阀，以主溢流阀接入系统控制主油路。操控先导阀弹簧达到控制主溢流阀进口油路压力。此阀主阀与先导阀连成一体，所以也是"直控" |
| | | | 更简化 | |
| | | 要点：①溢流阀作为定压阀用，阀出口一般直通油箱，压力接近大气压，其调压弹簧油室的泄油流道与阀的出口接通，称为内泄，按图形符号规则，内泄流道可以不画（缺省）。②安全阀作为限压阀用，如直通油箱，此时可用内泄；如阀的出口不直通油箱并且仍保持内泄，则出口压力（背压）一般应低于 0.5 MPa～0.7 MPa；如阀的背压较高，其调压弹簧油室的泄油，应安装成外泄，用专用管道与油箱相同，外泄的图形符号参阅减压阀。③在替代其他阀用时，背压应该接近大气压或安装成外泄 | | |
| 减压阀 | 连接进、出口两条油路。其作用是调整出口压力使达到系统某油路的要求（定输出减压阀），或者调整进、出口压力差值达到系统某油路的要求（定差减压阀）。常用的是定输出减压阀，它一般串联于主油路上。定差减压阀一般不单独使用，经常与节流阀并联组成调速阀（属于流量控制阀类），故此处不列。此阀在不工作时，阀口是开通的，所以归类于"常开阀"。减压阀还可以用来削减其输出油路压力脉动 | 定输出型 | 直动式 | 此阀出油口有压力，因此，弹簧油室必须通过单独的泄油通道接通油箱（不允许连通出油口），所以称为"外泄"。外泄图形符号是在弹簧符号侧画虚线接通油箱，不允许在方框边画虚线，因为方框边虚线表示控制油路。此阀属于"直控"、"外泄" |
| | | | 先导式 简化 | |
| | | | 更简化 | |
| 平衡阀 | 此阀主要作用是在执行元件承受动力性负载（重力、风力、波浪力）反驱动时，在执行元件中形成背压，使执行元件能基本保持匀速运动。直控型按最大外负载力来调定压力，在外负载力低时，使泵源用同样大压力开启阀口，增加能耗；远控型则根据外负载力，泵源会自行适应地调整压力来开启阀口，故可以节能。此阀只在执行元件反行程工况开启起平衡作用，执行元件正行程工况，以与平衡阀并联的单向阀开启形成通路 | 直控型 | | 此阀属于直控。因出油口接油箱，故属于内泄 |
| | | 远控型 | | 此阀属于远控（外控）。因出油口接油箱，故属于内泄。一般远控平衡阀定压弹簧在设计和出厂时已确定，在使用时，其稳态和动态特性处于优化状态，因此在产品结构上做成不可调，有的产品弹簧允许用户在小范围内调整，以适应现场需要 |
| 顺序阀 | 此阀在系统中压力达到调压弹簧时开启，其作用并不只用于系统多个执行元件的顺序动作。典型的顺序阀系统是：二至三个并联执行元件的进口前，逐个串联一个直控顺序阀，使它们的调定压力不同，后顺序的调定压力高于前一个，即可实现执行元件的顺序动作。远控顺序阀工作原理与直控型完全不同，并不用于顺序系统。其典型用途是在高、低压泵组合系统作卸荷阀或泵——蓄能器系统作卸荷阀 | 直控型 | | 此阀是直控、内泄型的。它只能一个方向开启流动，所以经常与单向阀并联组成单向顺序阀，形成双向液流都可以通过，但只有一向可其压力阀作用 |
| | | 远控型 | | 此阀是远控、内泄型的 |
| | | 曾经有的系统设计中用顺序阀代替平衡阀，发生低频振荡（"点头"）现象，实际上这两种阀的弹簧——阻尼匹配完全不同，因此这种代替的做法是错误的。 | | |

| 阀种 | 功能 | 分类 | 图形符号及说明 | |
|---|---|---|---|---|
| 卸荷阀 | 此阀在泵出口与主油路并联,当泵需要卸荷时,用外部的压力油控制,将其开启,使泵的流量以零压流向油箱。其典型用途是在高、低压泵组合系统作卸荷阀或泵——蓄能器系统作卸荷阀 | | 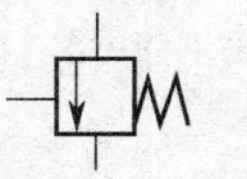 | 此阀为远控、内泄。允许被远控、外泄的远控顺序阀代用 |
| 节流阀 | 通常节流阀用作流量控制阀,但在于其他流量控制元件在同一条油路串联时,节流阀可以改变局部的压力和压力脉动、冲击程度,起压力阀的作用 | |  | |

表 6-5-3　常可选用的流量控制阀

| 阀种 | 功能 | 分类 | 图形符号及说明 | |
|---|---|---|---|---|
| 节流阀 | 节流阀在与溢流阀并联的油路上,或与主油路并联的油路上,起流量控制阀的作用,但它的负载刚度较小,即被控流量受负载力变化的影响较大,流量控制精度低 | | 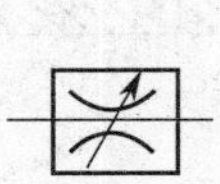 | |
| 调速阀（二通压力补偿流量控制阀） | 将节流阀与定压差减压阀串联,同时沟通两条反馈通道,即形成调速阀。阀中的等差减压阀在负载力变化的情况下,始终保证节流阀进、出口的压差基本不变,从而保证通过整个阀流量基本不变。因此,其负载刚度很大 | | 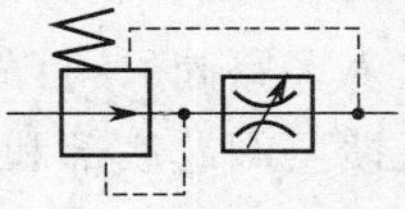  简化 | 此阀有一个进口,一个出口,所以称为二通阀 |
| 溢流节流阀（三通压力补偿流量控制阀） | 将节流阀与溢流阀并联,同时沟通两条反馈通道,即形成溢流节流阀。阀中的溢流阀阀在负载力变化的情况下,始终保证节流阀进、出口的压差基本不变,从而保证通过整个阀流量基本不变。因此,其负载刚度很大 | | 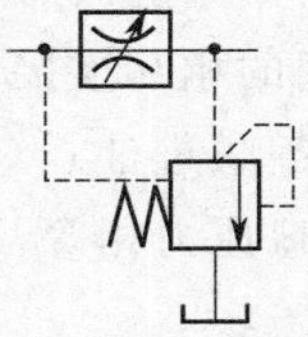 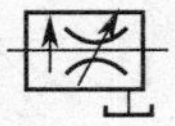 简化 | 此阀有一个进口,一个出口和一个溢流出口,所以称为三通阀 |

## 第二节　多路换向阀

### 一、原理和功能

起重机械中往往需要控制多个液压执行机构,因此,需要协调泵源和各执行元件回路之间液体分配的控制元件,即为多路换向阀,简称多路阀。多路阀是将若干单个换向阀联成一体,内部通道可以相互连通,简化了管路和元件本身的结构,减小了液压装置的体积和重量,使操作更加便利。多路阀可以按以下原则分类:

(1) 从构造上看,多路阀有分片式和整体式两类。将若干单个换向阀的结合面进行精加工,然后用螺栓或螺钉把若干单个换向阀叠合连接在一起,称为分片式多路阀。每一换向阀称为一联,整体有"几"联就称"几联"多路阀。此类阀加工量大,阀体机械刚度小,但可以较灵活地任意组合,衍化出多种不同机能的多路阀,故其通用性好。将所有联的壳体铸成一体,无需再用螺栓或螺钉连接的多路阀称为整体式多路阀。此类阀结构紧凑,内部密封性好,压力损失小,阀体刚度大,专用性强,但壳体的铸造要求高,容易出现废品。起重机上多用分片式多路阀。

(2) 按中位卸荷方式,分以下两种:

① 中位回油道卸荷式(图 6-5-1a):各联阀都处于中位时,进入油口的液体,可通过各联阀的通道,流向出油口,实现泵的卸荷工况,是一种无操作时的节能方式。当任何一联换至非中位时,卸荷通道即被切断,回路进入有压工作状态。

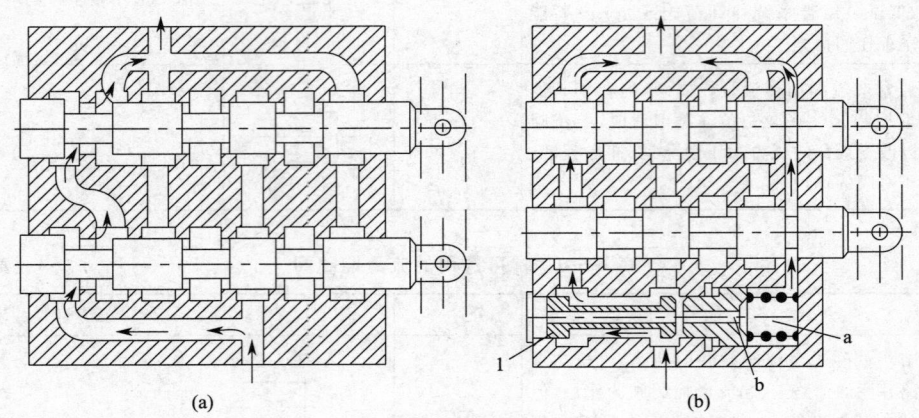

图 6-5-1　多路阀的中位卸荷方式

② 卸荷阀卸荷式(图 6-5-1b):各联阀都处于中位时,卸荷阀 1 的弹簧油室 a 直通出油口,与油箱同压(大气压)。液体进入多路阀后,首先路过阀 1,一部分控制液体通过阀 1 的节流小孔 b 产生压降,小孔前压力高,并反馈至阀芯底部和环形中间室,小孔后压力为 a 室压力,由于此压降,阀芯将向右移,打开卸荷阀 1 的主阀口,使进口液体直通多路阀通向油箱的出口,实现卸荷。当任何一联换至非中位时,阀 1 的 a 室与油箱通路被切断,小孔 b 中无流动,不再有压降,卸荷阀芯在弹簧力作用下关闭阀口,停止卸荷,回路进入有压工作状态。

(3) 按各联进、出口之间的相互连接方式,分以下三种:

① 并联式(图 6-5-2a):各联进油口(P,P,…)并联,出油口(O,O,…)也并联。各联可同时工作,但必须注意各回路进油口压力相等,否则,只能分别工作。

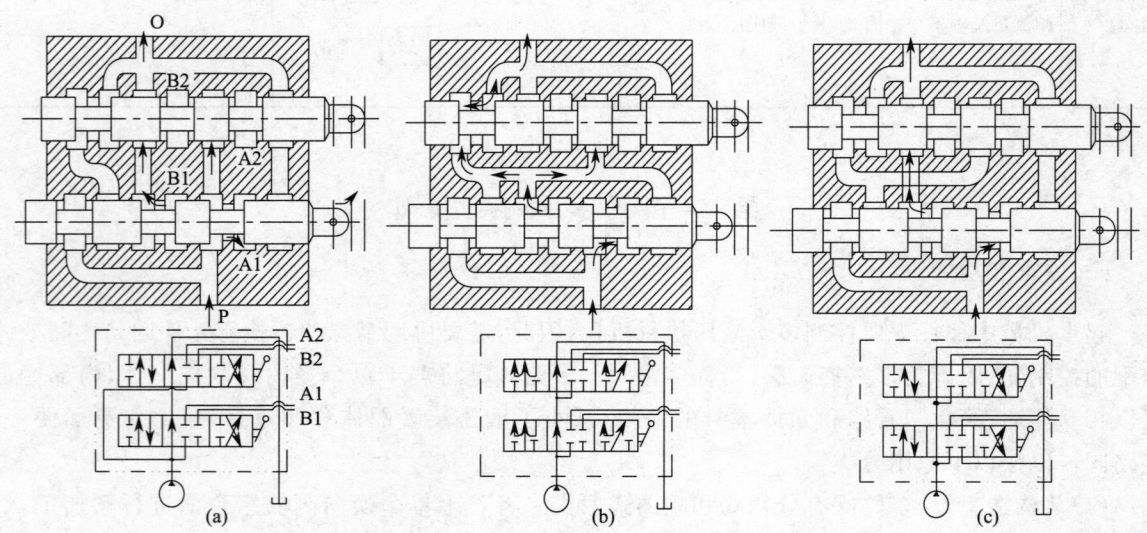

图 6-5-2　多路阀的各联进、出口之间的相互连接方式

② 串联式(图 6-5-2b):各联同时工作时,进油口依前后次序连接,即后序联的进油口与前序联的出油口相接,因此,首联的进油口压力是各联压降之和,故各联负载受首联进口压力最高值的限制。

③串并联式（又称顺序单动式或前锁式，图 6-5-2c）：各联只能分别工作，而且前序联工作时，操作后序各联阀是无效的。但在后序联工作时，操作前序联阀，系统将切换至前序回路工作，后序回路工作将被迫停止。

多路阀有的通路有时需要无泄漏截止，即不能用滑阀结构封住油路，而需用单向阀封锁，因此，在主阀芯内装有单向阀。

多路阀回路往往需要有定压或过载保护要求，因此，有的多路阀内还装有溢流阀。

## 二、部分国产多路阀产品型号和性能参数

部分国产多路阀产品型号和性能参数见表 6-5-4。

**表 6-5-4　部分国产多路阀型号和参数**

| 规　格 | 通径/mm | 额定压力 | 流　量/(L/min) | 主要生产方 |
|---|---|---|---|---|
| ZFS-C 系列 | | | | |
| ZFS-L10C-Y*-* | 10 | 14 MPa | 30 | 榆次油研液压公司 |
| ZFS-L20C-Y*-* | 20 | | 75 | |
| ZFS-L25C-Y*-* | 25 | 10.5 MPa | 130 | |

| 机能代号 | 机能图形符号 | 机能代号 | 机能图形符号 |
|---|---|---|---|
| 0 | 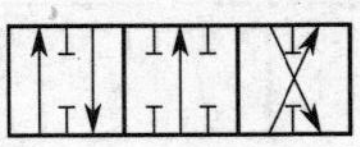 | A | 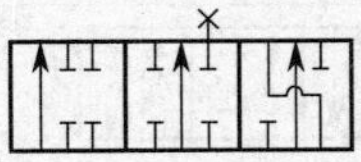 |
| Y | 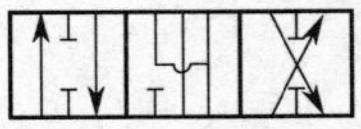 | B | 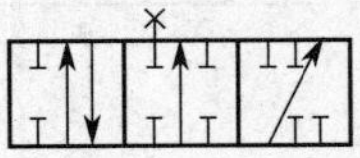 |

| 规　格 | 通径/mm | 额定压力 | 流　量/(L/min) | 备注 | |
|---|---|---|---|---|---|
| ZS1,ZS2 系列 | | | | | |
| ZS1-L10E-*-* | 10 | | 40 | | 长江液压件厂 锦州液压件厂 合肥液压件厂 |
| ZS2-L10E-*-* | | | | | |
| ZS1-L15E-*-* | 15 | | 63 | | |
| ZS1-L15E-*-* | | 16 MPa | | | |
| ZS1-L20E-*-* | 20 | | 100 | | |
| ZS2-L20E-*-* | | | | | |
| ZS1-L25E-*-* | 25 | | 160 | | |
| ZS2-L25E-*-* | | | | | |

| 机能代号 | 机能图形符号 | 备注 | 机能代号 | 机能图形符号 | 备注 |
|---|---|---|---|---|---|
| O | 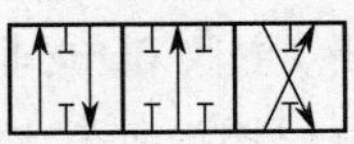 | ZS1 系列 | O | 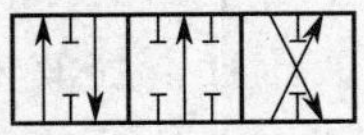 | ZS2 系列 |
| Y | | | Ō | | |
| A | | | Y | | |
| | | | A | | |

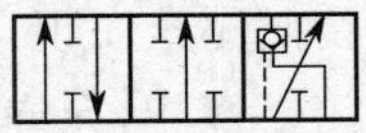

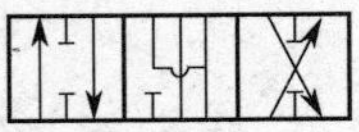

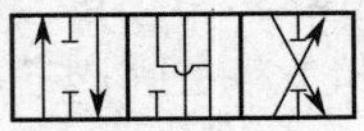

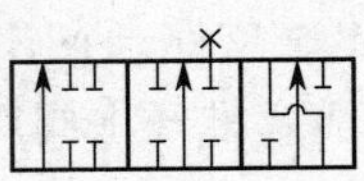

续上表

| 规格 | 通径/mm | 额定压力 | 流量/(L/min) | 备注 | 主要生产方 |
|---|---|---|---|---|---|
| Z 系列 | | | | | |
| ZL15* | 15 | | 63 | | |
| ZL20* | 20 | 32 MPa | 100 | | |
| ZL25* | 25 | | 160 | | |

| 机能代号 | 机能图形符号 | 备注 | 机能代号 | 机能图形符号 | 备注 |
|---|---|---|---|---|---|
| O | 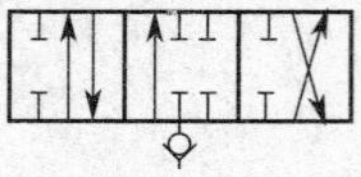 | | K | 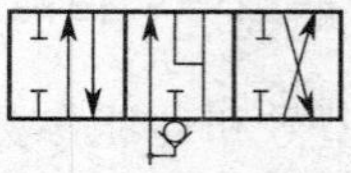 | 串联油路和阀体 |
| Y | | 并联油路 | O | | |
| A | | 并联阀体 | Y | | 串并联油路和阀体 |
| Q | | | A | | |
| M | | 串联油路和阀体 | Q | | |

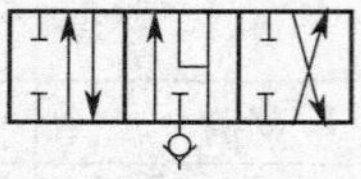

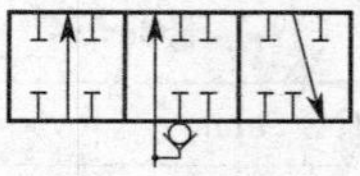

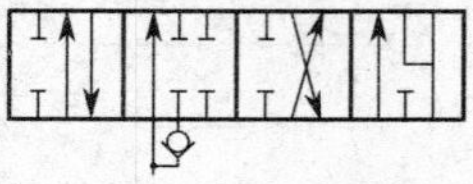

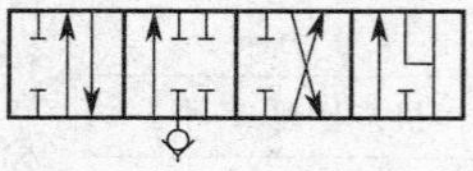

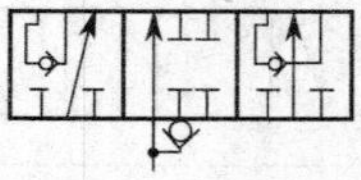

主要生产方：长江液压件厂、锦州液压件厂、合肥液压件厂

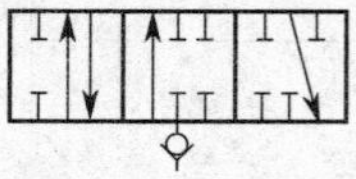

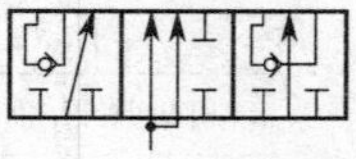

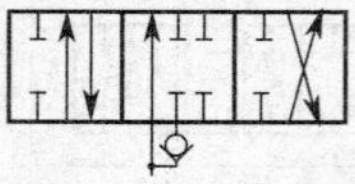

## 第三节 平 衡 阀

### 一、原理和功能

平衡阀用于液压执行元件承受物体重力的液压系统。在物体下降时，重力会形成动力性负载，反向驱动液压执行元件按重力方向或重力所形成的力矩方向运动。平衡阀此时能在执行元件的排油腔产生足够的背压，形成制动力或制动力矩，使执行元件作匀速运动，以防止所负载物体加速坠下。

平衡阀分直控和远控两类。直控平衡阀较适应于重力负载变化小的场合，在起重机上很少使用。这里只引述远控平衡阀，其工作原理如图 6-5-3，它是主阀和与之并联的单向阀的组合阀。

图 6-5-3a 中换向阀在左位状态时，液压缸举重上升，液体通过平衡阀中的单向阀进入缸的下腔，缸上腔排出液体，此工况中远控平衡阀的主阀不起作用。当换向阀处于中位，液压缸承重静止，其下腔的液体以高压形成液垫将重物支撑在空间不动，缸上的密封可做到无泄漏，同时也要求处于关闭状态的单向阀和主阀将液压缸下腔液体封锁在液压缸下腔，因此，主阀和单向阀应有极严密的闭锁性，一般要求零泄漏，故阀口必须采用锥面或球面形成的线接触结构。而对液压马达，其本身无法避免内、外泄漏，即使平衡阀完全闭锁，仍不可避免负载下降，故必须另用制动闸瓦刹住，因此，不必对平衡阀要求有很高的闭锁性能，允许采用滑阀结构。

换向阀处于右位时，液压缸负重下降，其情况可同时参阅图 6-5-3b，单向阀必然关闭。当换向阀刚换到右位时（图 6-5-3a 和 b），主阀阀芯被弹簧及弹簧室高压液体压住，尚未开启，液压缸下腔液体无法排出，上腔不断由泵送入液体，由于液体压缩性极小，故自泵至液压缸上腔的连通腔中的压力急骤升高，由连通腔引出一支路通向主阀远控口 A 并压向控制腔的控制活塞底部，升高的液体压力就通过主阀内的控制活塞推开主阀阀口，液压缸下腔液体得以排出，实现下降工况。但如主阀口开度过大，其节流效果不足，液压缸下腔压力无法平衡重力，将出现短瞬的加速下坠，此时上腔

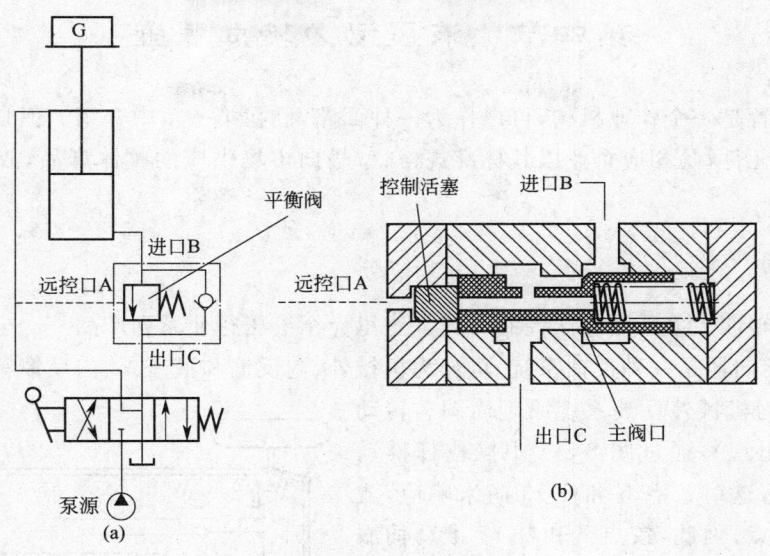

图 6-5-3 远控平衡阀工作原理

加速吸入液体,油源压力下降,主阀趋于关闭,节流加强,液压缸下腔压力增高又出现短瞬的减速下降。这是一个振荡过程,但振幅逐渐减小,属于衰减振荡。最终振幅极小,趋于与重力平衡,液压缸趋于匀速下降。

远控平衡阀主要性能参数除额定流量、额定和最高压力外,还有主阀控制压力及单向阀开启压力。在保证液压执行元件迅速进入匀速运动的条件下,控制压力愈小愈节约能量。主阀的控制压力取决于控制活塞底部面积和弹簧的预压力,一般为 2.0 MPa~3.5 MPa,但在主阀刚开启瞬间大于此数值,称为主阀的开启压力,也列为远控平衡阀的重要性能指标。远控平衡阀出口液流的压力(即背压)应尽可能接近大气压,否则,此压力与弹簧力一起附加在主阀芯上,使控制压力和开启压力增加,其增值基本与背压相等,这是因为背压腔与弹簧油室通过主阀芯中心孔道和侧孔相通(图6-5-3b)。

有的平衡阀附有安全阀。有些平衡阀的主阀弹簧做成可调预压缩量,但调节范围很小,其目的是改善其动态特性。也有将平衡阀主阀做成先导型的。

## 二、部分国产远控平衡阀产品型号和性能参数

部分国产远控平衡阀产品型号和性能参数见表 6-5-5。

表 6-5-5 部分国产远控平衡阀产品型号和性能参数

| FD 系列(由 REXROYH 公司引进技术) ||||||
|---|---|---|---|---|---|
| 规 格 || FD12 | FD16 | FD25 | FD32 |
| 通径/mm || 12 | 16 | 25 | 32 |
| 流量/(L/min) || 80 | 200 | 320 | 560 |
| 最大工作压力/MPa | B(主阀进油口) | 42 ||||
| | A(主阀出油口) | 31.5 ||||
| 控制压力(控制流量范围)/MPa | 最高 | 31.5 ||||
| | 最低 | 2~3.5 ||||
| 单向阀开启压力/MPa || 0.2 ||||
| 二次溢流阀的调节压力/MPa || 40 ||||
| 主要生产方 || 北京华德液压公司,天津、沈阳、上海立新液压件厂 ||||

## 第四节 液压动力转向装置

动力转向装置是一个作业机构,可以作为一种回路,已在第一章中介绍。但是它又是一种阀和容积控制的集成元件,是相应企业以其标准规格、型号向市场供应的整体产品,故列为本章的内容之一。

### 一、原 理

轮式起重机转向大多采用液压控制方式。这里介绍液压行业系列产品——全液压转向器。

(1)全液压转向器是一种反馈系统,可分为机械外、内反馈和液压外、内反馈等四类。

① 图 6-5-4 为机械外反馈系统原理简图。转动方向盘(图上未出现),通过图 6-5-4 中操控杆推动铰点 a 向左移动,这时铰点 b 和杆 r3 尚未响应,成为暂时的固定支点,因此,铰点 c 和杆 r2 推动伺服阀 1 的阀芯向左移动,实现右位工况。将高压液体引入液压缸的无杆腔,有杆腔排出低压液体,使液压缸 2 向下动作,推动杠杆系,使下车轮绕固定铰点 d 和上车轮绕固定铰点 e 同步右转角度 $\alpha$,同时,杆 r3 已响应而运动,将 b 铰点向左拉动,此时 a 铰点已经终止运动成为暂时的固定支点,杆 r1 绕 a 铰点左转,将 c 铰点、杆 r2 和伺服阀芯向右拉,使其回归中位,液压缸 2 即停止运动。这时车轮已转到期望的位置,实现整车转向。操控杆的位移 $x$ 与车轮转角 $\alpha$ 成正比。而操控杆的位移 $x$ 是司机操纵方向盘转角 $\theta$ 形成的,所以 $\alpha$ 与 $\theta$ 成正比。同理,如使操控杆拉动铰 a 向右移动,最终将使车轮左转。

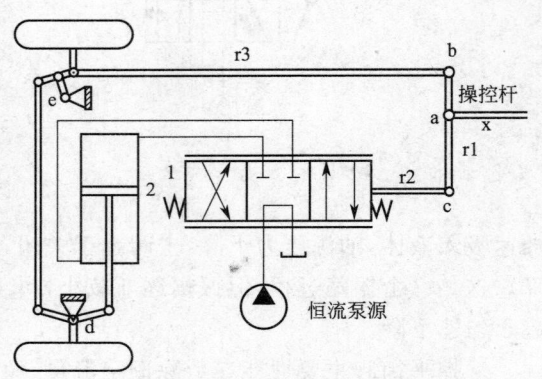

图 6-5-4 机械外反馈系统简图
1—机械伺服阀;2—液压缸

方向盘通过杠杆系推动阀芯和液压缸,称为"激励"。杠杆系最终又关闭阀芯和终止液压缸,称为"负反馈"或简称"反馈",车轮转动称为"响应"。杠杆是机械机构,在液压系统的外部实现反馈,所以这种原理称为"机械外反馈"。

② 图 6-5-5 为机械内反馈系统简图。转动方向盘 1,控制转阀 2 的阀芯 2a 随之转动,将高压液

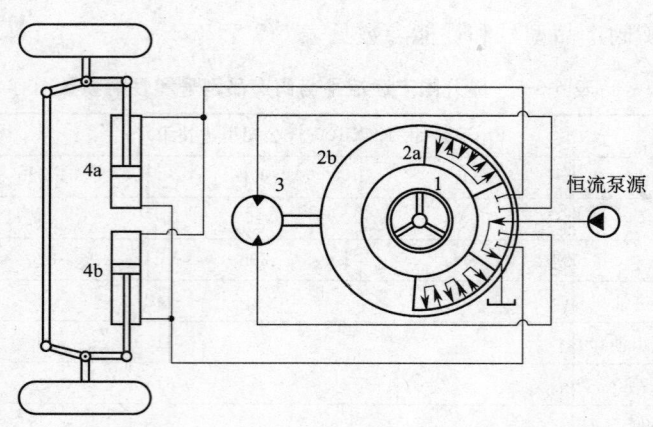

图 6-5-5 机械内反馈系统简图
1—方向盘;2a—控制转阀的阀芯;2b—控制转阀的阀体;
3—计量马达;4a、4b—液压缸

体引入计量马达 3 的一腔,计量马达的另一腔将液体压出,送至并联的液压缸 4a 和 4b 一腔。液压缸的另一腔则通过控制转阀内的通道排向油箱,液压缸产生动作,通过杠杆系转动车轮。计量马达转动同时带动控制转阀 2 的阀体 2b,跟踪阀芯 2a,当阀体跟上阀芯时,阀恢复中位机能,计量马达进油路切断,此时,正好车轮转角与方向盘转角相对应,转向动作完成。

③图 6-5-6 为液压外反馈系统简图,转动方向盘,直接拖动计量马达 1,其一腔将液体挤出,通向控制阀(液动换向阀)3 的阀芯端部,另一腔又从阀芯另一端吸入液体,从而使阀芯离开中位,高压液体通过控制阀进入主液压缸 4 的一腔,低压液体由另一腔通过控制阀 3 排至油箱,主液压缸移动,推动杠杆系,从而转动车轮。杠杆运动时又带动反馈液压缸,它排出的液体推动液动换向的阀芯回复中位,最终车轮转角与方向盘相对应,完成转向动作。

④图 6-5-7 为液压内反馈系统简图,转动方向盘,计量马达 1 将液体挤入控制阀 2 阀芯的一端,而从另一端排出液体,使阀芯移动,泵源的高压液体通过控制阀后分成两路,一路进入计量马达一腔,计量马达从另一腔通过控制阀 2 送入液压缸 3 进油腔,液压缸排油腔通过控制阀将液体排向油箱,液压缸运动,推动车轮转向。另一路进入控制阀芯的原排油端(即原由计量马达吸出液体的那一端),将阀芯推向中间位置,实现液压内反馈。当方向盘停止转动后,控制阀随即复回中位,液压缸也使车轮转动到位,完成转向。

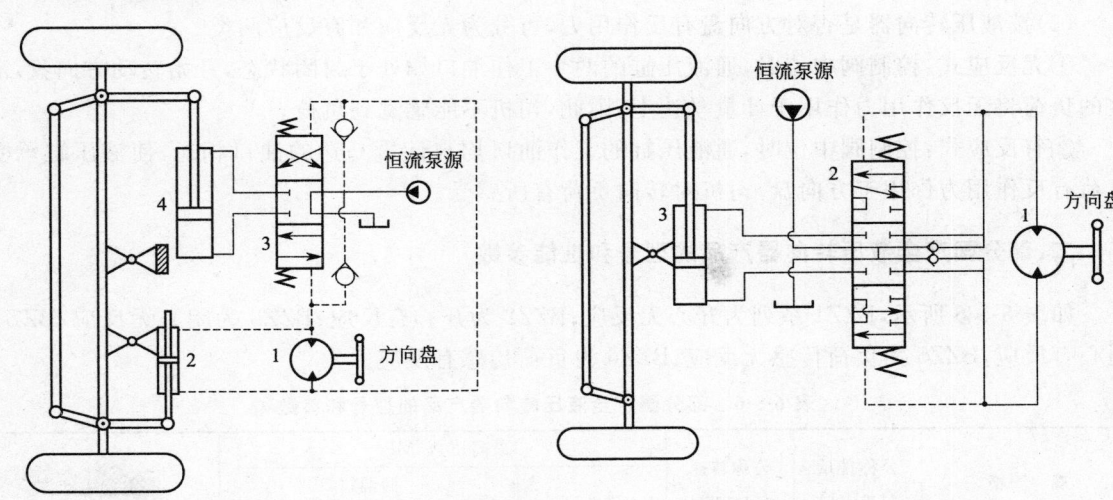

图 6-5-6 液压外反馈系统简图  
1—计量马达;2—反馈液压缸;3—液动换向阀;4—主液压缸

图 6-5-7 液压内反馈系统简图  
1—计量马达;2—控制阀(液动换向阀);3—液压缸

(2)按液压转向器适用的液压源,可分为恒流(量)源、恒压(力)源和负载传感源。所谓"源"是指供给液压转向器的液体来源,可以是直接来自泵,也可间接来自专用阀。

①恒流油源:液体由单路稳流阀(下节介绍)的恒流量分路供给,当转向器控制阀处于中位时,计量马达和液压缸均无需供液,液源的供液必须由控制阀以卸荷方式放回油箱,产品术语称为"开心式"。图 6-5-7 为此种的转向器,是否"开心式"与反馈方式无必然联系。

②恒压油源:液体由恒定压力的液压源(例如由泵和旁路溢流阀组成)供给。某些转向器产品应用伺服阀作为控制阀,必须规定控制阀在中位时,其高压口在阀内必须被截断。不允许采用中位卸荷机能,否则,液压源无法维持定压,产品术语称为"闭心式"。

③负荷传感源(图 6-5-8):此原理图与图 6-5-5 机械内反馈系统基本相同。不同点在于:其一,在阀进油口处设置一强制节流液阻。无论控制阀处于何种工位,液流总通过此液阻在进油口 P 与工作油口 A 或 B 之间产生压差。其二,在转向器的液动换向阀内多加一负荷转感口 LS。它是盲孔,无液体流动。当阀 2 处于中位,LS 口与出油口 O 相通,可以感受卸荷压力。当阀 2 处于上位,计量马达 3 的 A 腔进油,LS 口可以相应感受 A 口(亦即计量马达 A 腔)的压力。同理,当

阀 2 处于下位，LS 口感受 B 口（亦即计量马达 3 的 B 腔）的压力。通过计量马达受到液压缸的负荷形成的压力，阀 2 进油口压力与此压差被引到控制泵或压力补偿阀，以保证当车轮转向负荷变化时，液压源能对转向器供给恒定的流量，避免或削弱负荷对转向控制的干扰。该类产品的术语称为"负荷传感式"。

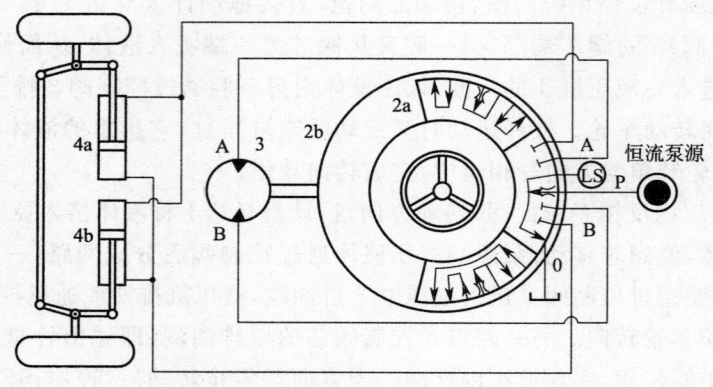

图 6-5-8　负荷传感式液压转向装置原理

（3）按液压转向器是否对方向盘有反作用力，可分为无反应和有反应两类。

① 无反应式：控制阀中位时，通液压缸的两个工作油口如处于封闭状态，开始转动方向盘，液压缸的负荷将无反作用力作用于计量马达上，因此，司机不能感觉到负荷。

② 有反应式：控制阀中位时，通液压缸的工作油口均与计量马达的油口相通，使液压缸承受的负荷有反作用力作用于方向盘，司机对转向负荷有所感受。

## 二、部分国产全液压转向器产品的型号和性能参数

如表 6-5-6 所示，BZZ1 系列为开心无反应；BZZ2 为开心有反应；BZZ3 为闭心无反应；BZZ4 为闭心有反应；BZZ5 为负荷传感无反应；BZZ6 为负荷传感有反应。

表 6-5-6　部分国产全液压转向器产品的型号和参数

| 规　格 | 公称排量/(mL/r) | 公称转速/(r/min) | 最高压力/MPa | | | 主要生产方 |
|---|---|---|---|---|---|---|
| | | | 进油口 | 回油口 | | |
| | | | | 连续 | 瞬时 | |
| BZZ1-50<br>BZZ2-50 | 50 | 75 | 12.5/16.0 | 2.5 | 6.3 | 镇江液压件总厂 |
| BZZ-80<br>BZZ-80 | 80 | | | | | |
| BZZ1-100<br>BZZ2-100 | 100 | | | | | |
| BZZ1-125<br>BZZ2-125 | 125 | | | | | 镇江液压件总厂<br>济宁液压件厂<br>北京液压件四厂<br>中国农机院液压件厂<br>黑龙江液压件厂<br>长江液压件厂 |
| BZZ1-160<br>BZZ2-160 | 160 | | | | | |
| BZZ1-200<br>BZZ2-200 | 200 | | | | | |
| BZZ1-250 | 250 | | | | | |
| BZZ1-315 | 315 | | | | | |
| BZZ1-400 | 400 | | | | | |
| BZZ1-500 | 500 | | | | | 镇江液压件厂<br>济宁液压件厂<br>北京液压件四厂<br>长江液压件厂 |
| BZZ1-630 | 630 | | | | | |
| BZZ1-800 | 800 | 60 | | | | |
| BZZ1-1000 | 1000 | | | | | |

续上表

| 规　格 | 公称排量 /(mL/r) | 公称转速 /(r/min) | 最高压力/MPa 进油口 | 回油口 连续 | 回油口 瞬时 | 主要生产方 |
|---|---|---|---|---|---|---|
| BZZ3-50<br>BZZ4-50 | 50 | 75 | 12.5/16.0 | 2.5 | 6.3 | 济宁液压件厂<br>北京液压件四厂<br>中国农机院液压件厂 |
| BZZ3-80<br>BZZ4-80 | 80 | | | | | |
| BZZ3-100<br>BZZ4-100 | 100 | | | | | |
| BZZ3-125<br>BZZ4-125 | 125 | | | | | |
| BZZ3-160<br>BZZ4-160 | 160 | | | | | |
| BZZ3-200<br>BZZ4-200 | 200 | | | | | |
| BZZ5-50 | 50 | 100 | 12.5/16.0 | 1.6 | 1.6 | 北京液压件四厂<br>镇江液压件总厂<br>中国农机院液压件厂<br>济宁液压件厂 |
| BZZ5-80 | 80 | | | | | |
| BZZ5-100 | 100 | | | | | |
| BZZ5-125 | 125 | | | | | |
| BZZ5-160<br>BZZ6-160 | 160 | | | | | |
| BZZ5-200<br>BZZ6-200 | 200 | | | | | |
| BZZ5-250<br>BZZ6-250 | 250 | | | | | |
| BZZ5-315<br>BZZ6-315 | 315 | 75 | | | | |
| BZZ5-400<br>BZZ6-400 | 400 | | | | | |
| BZZ5-500<br>BZZ6-500 | 500 | | | | | 北京液压件四厂<br>镇江液压件总厂 |
| BZZ5-630<br>BZZ6-630 | 630 | 50 | | | | |
| BZZ5-800 | 800 | | | | | |
| BZZ5-1000 | 1 000 | | | | | |

## 第五节　单路稳流阀

### 一、原理与功能

如图 6-5-9 所示，单路稳流阀有一个进油口和两个出油口，进油口引入的液体流量是变化的，它能将此流量分成定流量的一股（由一个出油口通向恒流源式转向装置）和变流量的一股（由另一个出油口通向其他回路）。

流体进入单路稳流阀后，变流量的一股直接通过阀芯上无节流作用的常通孔流出。定流量的一股先通过阀芯上的定节流孔，然后由有变节流口流出。当液流通过定节流孔时，产生压差，孔前的压力作用于阀芯的另一端面，两端面的有效作用面积相等，由于作用压力不等，产生对阀芯的推力，与弹簧力平衡，确定变节流口的开口度。当进口流量增加时，通过定节流孔的流量也增加，孔前后的压差随之升高，压缩弹簧，变节流口关小，使定节流孔和变节流口之间的液腔压力升高，定节流孔前后压差随后降低，基本恢复到流量增加以前的压差。由于定节流孔开口面积恒定，因此，此股流量经过一个自动调节过程后,能够基本恢复到原来的大小。在调节过程中的一段很短时间内,定流量股的流量也是变化的,但时间极短,影响很小。为保证该阀不致受超过安全压力而破坏,常装有旁路安全阀。

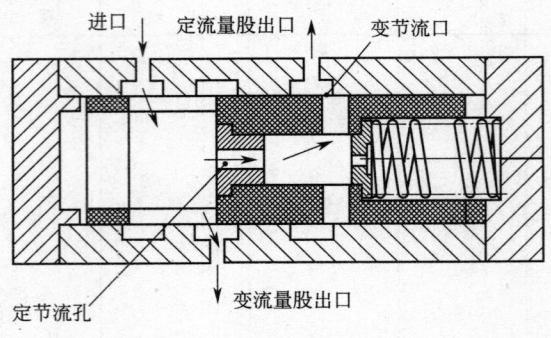

图 6-5-9　单路稳流阀原理

## 二、部分国产单路稳流阀产品的型号和性能参数

部分国产单路稳流阀产品的型号和性能参数见表 6-5-7。产品术语将恒定流量称为"稳定流量"。

表 6-5-7　部分国产单路稳流阀产品的型号和参数

| 规　　格 | 稳定公称流量 /(L/min) | 总流量 /(L/min) | 公称压力 /MPa | 调压范围 /MPa | 配套转向器型号 | 主要生产方 |
|---|---|---|---|---|---|---|
| FLD-D6-＊＊ | 6 | 18 | 10 | 6.3～12.5 | BZZ1-80 | 长江液压件厂 |
| FLD-D7.5-＊＊ | 7.5 | 22.5 | | | BZZ1-100 | |
| FLD-D9.5-＊＊ | 9.5 | 28.5 | | | BZZ1-125 | |
| FLD-D12-＊＊ | 12 | 36 | | | BZZ1-160 | |
| FLD-D15-＊＊ | 15 | 45 | | | BZZ1-200 | |
| FLD-D19-＊＊ | 19 | 57 | | | BZZ1-250 | |
| FLD-D24-＊＊ | 24 | 72 | | | BZZ1-315 | |
| FLD-D30-＊＊ | 30 | 90 | | | BZZ1-400 | |
| FLD-D38-＊＊ | 38 | 114 | | | BZZ1-500 | |
| FLD-D48-＊＊ | 48 | 144 | | | BZZ1-630 | |

注：＊＊含义见生产方产品样本。

## 第六节　先导式减压阀

### 一、原理和功能

图 6-5-10 是先导式减压阀原理图。先导式减压阀用于控制有流量控制功能的液动多路阀,即以手操作产生的阀芯位移大小,确定经减压后的出口压力的大小,该压力去控制液动多路换向阀某一联的阀芯(可称主阀)。

先导式减压阀一般是配对地控制主阀的,成对的两个减压阀在带中间铰链的手柄操作下,一个减压阀阀芯被压下,起减压作用,送到主阀阀芯的一端(压力较高的一端),另一个减压阀阀芯被弹簧抬起,不起减压作用,而是使主阀阀芯的另一端与油箱沟通。因此,该端压力为大气压,主阀芯由起减压作用的一端减压阀所确定的压力决定,主阀位置又决定了阀口开度的大小。这种多路阀对主油路有节流作用,其作用大小由开口度决定,最终决定了通过这一阀口的流量大小,并且是无级调节。由于有两个减压阀配对作用,手柄动作方向不同时,主阀可实现换向供油与排油,因此,主阀

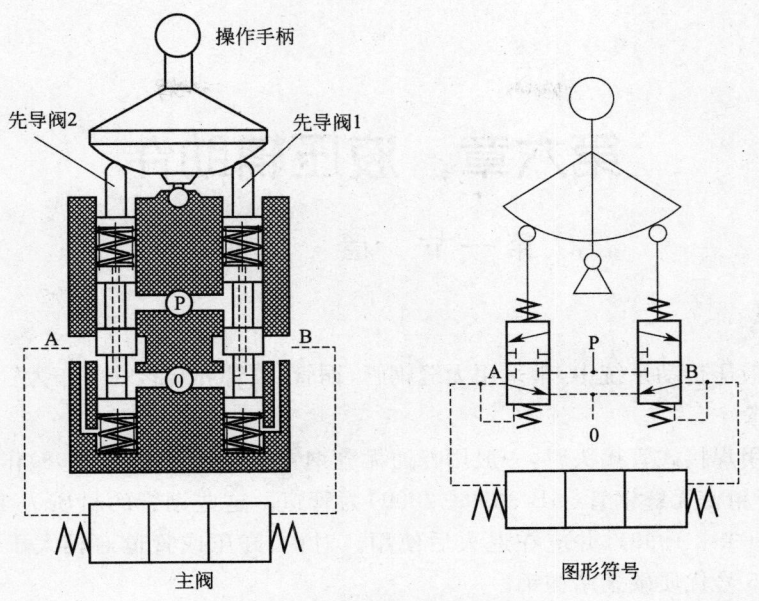

图 6-5-10 先导式减压阀原理图

对主油路兼有方向和流量的双重控制功能。

图 6-5-10 中所示阀为左右配对时的先导式减压阀。还可以在先导式减压阀上前后再配一对，这样，一个手柄可控制两联先导式减压阀。

### 二、主要产品介绍

上海高行液压气动总厂生产一种规格的先导式减压阀，型号为 ST-B6L-T，通径为 6 mm，工作压力为 4 MPa，最大流量为 18 L/min。

贵州枫阳液压电磁元件厂生产系列先导式减压阀，有单联、两联和四联的先导式减压阀。操纵方式有直杆手柄、座椅扶手手柄、脚踏板等，进口压力为 5 MPa，背压为 0.30 MPa，公称流量为 16 L/min。

# 第六章 液压辅助件

## 第一节 管 件

### 一、管 道

在起重机的液压传动系统中,常采用无缝钢管、铜管、胶管和塑料管等作为管道。

(一)金属管

液压系统使用焊接式管接头时,一般用普通无缝钢管(GB/T 8163—2008)作管道;使用卡套式管接头时,须选择精密无缝钢管(GB 3639—2009)为管道。这些钢管的材质为10或15号优质碳素结构钢(GB/T 699—1999),并应在退火后使用。对中、高压或管道通径大于80 mm 的液压系统,管道应采用15号优质碳素结构钢。

铜管适用于管路弯曲多,抗震要求低的管道。其中,紫铜管易于弯曲成形,但成本较高,对液压油有氧化作用,一般仅用于小于或等于10 MPa 的低压管道。黄铜管虽然不如紫铜管易于弯曲成形,但可承受小于或等于25 MPa 的较高压力。

液压管路的连接螺纹型式由相应回路的公称压力确定。当公称压力为16 MPa~31.5 MPa时,可采用公制细牙螺纹或55°非密封管螺纹。若公称压力小于或等于16 MPa,除可采用上述两种连接螺纹型式外,还可用55°密封管螺纹、60°圆锥管螺纹或公制(米制)圆锥管螺纹。这些连接螺纹的规格与尺寸可参考《机械设计手册》。

钢管的公称通径、外径、壁厚、连接螺纹及推荐流量见表6-6-1,管道参数计算见表6-6-2,推荐钢管弯管最小曲率半径见表6-6-3。

表 6-6-1 钢管的公称通径、外径、壁厚、连接螺纹及推荐流量

| 公称通径 | | 钢管外径/mm | 管接头连接螺纹/mm | 公 称 压 力/MPa | | | | | 推荐管路流量(流速5 m/s)/(L/min) |
|---|---|---|---|---|---|---|---|---|---|
| | | | | ≤2.5 | ≤8 | ≤16 | ≤25 | ≤31.5 | |
| mm | in | | | 管 子 壁 厚 /mm | | | | | |
| 3 | | 6 | | 1 | 1 | 1 | 1 | 1.4 | 0.63 |
| 4 | | 8 | | 1 | 1 | 1 | 1.4 | 1.4 | 2.5 |
| 5、6 | 1/8″ | 10 | | 1 | 1 | 1 | 1.6 | 1.6 | 6.3 |
| 8 | 1/4″ | 14 | M10×1 | 1 | 1 | 1.6 | 2 | 2 | 25 |
| 10;12 | 3/8″ | 18 | M14×1.5 | 1 | 1.6 | 1.6 | 2 | 2.5 | 40 |
| 15 | 1/2″ | 22 | M18×1.5 | 1.6 | 1.6 | 2 | 2.5 | 3 | 63 |
| 20 | 3/4″ | 28 | M22×1.5 | 1.6 | 2 | 2.5 | 3.5 | 4 | 100 |
| 25 | 1″ | 34 | M27×2 | 2 | 2 | 3 | 4.5 | 5 | 160 |
| 32 | 5/4″ | 42 | M33×2 | 2 | 2.5 | 4 | 5 | 6 | 250 |
| 40 | 3/2″ | 50 | M42×2 | 2.5 | 3 | 4.5 | 5.5 | 7 | 400 |
| 50 | 2″ | 63 | M48×2 | 3 | 3.5 | 5 | 6.5 | 8.5 | 630 |
| 65 | 1/8″ | 75 | M60×2 | 3.5 | 4 | 6 | 8 | 10 | 1 000 |
| 80 | 3″ | 90 | | 4 | 5 | 7 | 10 | 12 | 1 250 |
| 100 | 4″ | 120 | | 8.5 | | | | | 2 500 |

(二)胶 管

对于有相对运动的部件间管道联接可采用胶管。液压系统常用的胶管有高压、低压两类。高压胶管是以钢丝编织或钢丝缠绕为骨架的胶管,用于压力管路。低压胶管用于吸油、泄油和回油等

低压管路,它以棉麻编织物为骨架制成胶管。

表 6-6-2 管道参数计算

| 计算项目 | 计 算 公 式 | 说 明 |
|---|---|---|
| 管内油液的推荐流速 $v$ | (1)吸油管道取 $v \leqslant 1 \text{ m/s} \sim 2 \text{ m/s}$<br>(2)压油管道取 $v \leqslant 2.5 \text{ m/s} \sim 5 \text{ m/s}$<br>(3)短管道及局部收缩处取 $v \leqslant 7 \text{ m/s} \sim 10 \text{ m/s}$<br>(4)回流管道取 $v \leqslant 1.5 \text{ m/s} \sim 2.5 \text{ m/s}$ | 一般取 1 m/s 以下<br>压力高或管道较短时取大值,压力低或管道较长时取小值,油液黏度大时取小值 |
| 管子内径 $d$ | $d \geqslant 1\,130\sqrt{\dfrac{Q}{v}}\;(\text{mm})$ | $Q$—液体流量($\text{m}^3/\text{s}$)<br>$v$ 按推荐值选定 |
| 管子壁厚 $\delta$ | $\delta \geqslant \dfrac{pd}{2[\sigma]}\;(\text{mm})$<br>钢管:$[\sigma] = \dfrac{\sigma_b}{n}$<br>钢管:$[\sigma] \leqslant 25 \text{ MPa}$ | $p$—工作压力(MPa)<br>$[\sigma]$—许用压力(MPa)<br>$\sigma_b$—抗拉强度(MPa)<br>$n$—安全系数,当 $p<7$ MPa 时,$n=8$;$p \leqslant 17.5$ MPa 时,$n=6$;$p>17.5$ MPa 时,$n=4$ |

表 6-6-3 推荐钢管弯管最小曲率半径

| 管子外径 $D_0$ | 10 | 14 | 18 | 22 | 28 | 34 | 42 | 50 | 63 | $\geqslant 63$ |
|---|---|---|---|---|---|---|---|---|---|---|
| 最小弯管半径 | 50 | 70 | 75 | 75 | 90 | 100 | 130 | 150 | 190 | $\geqslant D_0$ |

胶管参数的选择及使用注意事项见表 6-6-4。通常,胶管的管径愈小,耐压力愈高。钢丝编织胶管的钢丝编织层有 1 层~3 层,钢丝缠绕胶管的钢丝缠绕层为 2 层、3 层或 6 层,层数愈多,内压力愈高。在相同管内径下,管外径愈大,胶管的最小弯曲半径也愈大,成本愈高。因此,应在满足管道通径和耐压力的条件下,尽量选择层数较少的胶管。

表 6-6-4 胶管参数的选择及使用注意事项

| 项 目 | 计 算 及 说 明 |
|---|---|
| 胶管内径 | 根据胶管内径与流量、流速的关系按下式计算:<br>$A = \dfrac{1}{6}\dfrac{Q}{v}$<br>$A$—胶管的通流截面积($\text{cm}^2$)<br>$Q$—管内流量(L/s)<br>$v$—管内流速(m/s);通常胶管的允许流速 $v \leqslant 6 \text{ m/s}$ |
| 胶管尺寸规格 | 根据工作压力和上式求得管子内径,选择胶管的尺寸规格<br>对不经常使用的情况,高压胶管工作压力可提高 20%,对经常使用、弯扭的要降低 40% |
| 胶管的弯曲半径 | (1)不宜过小,一般不应小于表 6-6-3 所列的值<br>(2)胶管与管接头的连接处应留一段不小于管外径两倍的直线段 |
| 胶管的长度 | 应考虑胶管在通入压力油后,长度方向将发生收缩变形,一般收缩量为管长的 3%~4%,因此,在选择管长及胶管安装时应避免胶管处于拉紧状态 |
| 胶管的安装 | (1)应保证不发生扭转变形,为便于安装,可沿管长涂以色纹,以便检查和调整<br>(2)胶管的管接头轴线应尽量放置在运动平面内,避免两端互相运动时胶管受扭<br>(3)避免胶管与机械上尖角、锐利部分相接触 |

在相同的管内径下,钢丝编织胶管比钢丝缠绕胶管更柔软,最小弯曲半径较小,管外径也较小。但在耐压力方面钢丝缠绕胶管较好。钢丝编织液压胶管和钢丝缠绕液压胶管的规格和性能分别见表 6-6-5 和表 6-6-6。

表 6-6-5 钢丝编织增强液压橡胶软管(GB/T 3683—2011)

| 内 径/mm | | | 型号(钢丝层数) | 增强层外径/mm | | 胶管外径/mm | | 工作压力/MPa | 最小弯曲半径/mm | 一般生产长度/m |
|---|---|---|---|---|---|---|---|---|---|---|
| 公称值 | 最小 | 最大 | | 最小 | 最大 | 最小 | 最大 | | | |
| 5 | 4.5 | 5.4 | Ⅰ | 8.9 | 10.1 | 11.9 | 14.1 | 21 | 90 | 3~20 |
| | | | Ⅱ | 10.6 | 11.7 | 13.6 | 15.7 | 37 | 100 | |
| | | | Ⅲ | 12.4 | 13.5 | 15.4 | 17.5 | 45 | 120 | |
| 6.3 | 6.1 | 6.9 | Ⅰ | 10.6 | 11.7 | 13.6 | 15.7 | 20 | 100 | 3~20 |
| | | | Ⅱ | 12.1 | 13.3 | 15.1 | 17.3 | 35 | 120 | |
| | | | Ⅲ | 13.9 | 15.1 | 16.9 | 19.1 | 40 | 140 | |

续上表

| 内 径/mm | | | 型号（钢丝层数） | 增强层外径/mm | | 胶管外径/mm | | 工作压力/MPa | 最小弯曲半径/mm | 一般生产长度/m |
|---|---|---|---|---|---|---|---|---|---|---|
| 公称值 | 最小 | 最大 | | 最小 | 最大 | 最小 | 最大 | | | |
| 8 | 7.7 | 8.5 | Ⅰ<br>Ⅱ<br>Ⅲ | 12.1<br>13.7<br>15.5 | 13.3<br>14.9<br>16.7 | 15.1<br>16.7<br>18.5 | 17.3<br>18.9<br>20.7 | 17.5<br>30<br>33 | 110<br>140<br>160 | 3~20 |
| 10 | 9.3 | 10.1 | Ⅰ<br>Ⅱ<br>Ⅲ | 14.5<br>16.1<br>17.9 | 15.7<br>17.3<br>19.1 | 17.5<br>19.1<br>20.9 | 19.7<br>21.3<br>23.1 | 16<br>28<br>31 | 130<br>160<br>180 | 5~20 |
| 12.5 | 12.3 | 13.5 | Ⅰ<br>Ⅱ<br>Ⅲ | 17.5<br>19.1<br>20.9 | 19.1<br>20.7<br>22.5 | 20.5<br>22.1<br>23.9 | 23.1<br>24.7<br>26.5 | 14<br>25<br>27 | 180<br>190<br>240 | 5~20 |
| 16 | 15.4 | 16.7 | Ⅰ<br>Ⅱ<br>Ⅲ | 20.6<br>22.2<br>24.0 | 22.2<br>23.8<br>25.6 | 23.6<br>25.2<br>27.0 | 26.2<br>27.8<br>29.6 | 10.5<br>20<br>22 | 220<br>240<br>300 | 5~20 |
| 19 | 18.6 | 19.8 | Ⅰ<br>Ⅱ<br>Ⅲ | 24.6<br>26.2<br>28.0 | 26.2<br>27.8<br>29.6 | 27.6<br>29.2<br>31.0 | 30.2<br>31.8<br>33.6 | 9<br>16<br>18 | 260<br>300<br>330 | 5~20 |
| 22 | 21.8 | 23.0 | Ⅰ<br>Ⅱ<br>Ⅲ | 27.8<br>29.4<br>31.2 | 29.4<br>31.0<br>32.8 | 30.8<br>32.4<br>34.2 | 33.4<br>35.0<br>36.6 | 8<br>14<br>16 | 320<br>350<br>380 | 5~20 |
| 25 | 25.0 | 26.4 | Ⅰ<br>Ⅱ<br>Ⅲ | 31.2<br>33.0<br>34.8 | 33.0<br>34.8<br>36.6 | 35.2<br>37.0<br>38.8 | 38.0<br>39.8<br>41.6 | 7<br>13<br>15 | 350<br>380<br>400 | 5~20 |
| 31.5 | 31.3 | 33.0 | Ⅰ<br>Ⅱ<br>Ⅲ | 37.7<br>39.5<br>41.3 | 39.7<br>41.5<br>43.3 | 41.7<br>43.5<br>45.3 | 44.7<br>46.5<br>48.3 | 4.4<br>11<br>12 | 420<br>450<br>460 | 5 |
| 38 | 37.7 | 39.3 | Ⅰ<br>Ⅱ | 44.1<br>45.9 | 46.1<br>47.9 | 48.1<br>49.9 | 51.1<br>52.9 | 3.5<br>9 | 500 | 5 |
| 51 | 50.4 | 52 | Ⅰ<br>Ⅱ | 57.0<br>58.8 | 59.0<br>60.8 | 61.0<br>62.8 | 64.0<br>65.8 | 2.68<br>8 | 630 | 5 |

注：1. 胶管长度除规定值之外，可由供需双方协商确定。
2. 胶管定压试验压力为工作压力的1.5倍，爆破压力不低于工作压力的3倍。

表 6-6-6  A型钢丝缠绕液压胶管

| 胶管代号 | 内径 | | 钢丝层外径 | | 胶管外径 | | 工作压力/MPa | 最小弯曲半径/m | 胶管长度 | |
|---|---|---|---|---|---|---|---|---|---|---|
| | 尺寸 | 公差 | 尺寸 | 公差 | 尺寸 | 公差 | | | 尺寸 | 公差 |
| A6×2S-27<br>A6×4S-42<br>A6×6S-49 | 6 | +0.4<br>-0.2 | 14.6<br>18<br>21.4 | ±0.6 | 17.5<br>21<br>24.5 | +1.0<br>-0.8 | 27<br>42<br>49 | 120<br>160<br>190 | 3 | ±70 |
| A8×2S-24<br>A8×4S-35<br>A8×6S-42 | 8 | +0.4<br>-0.2 | 16.6<br>20<br>23.4 | ±0.6 | 19.5<br>23<br>26.5 | +1.0<br>-0.8 | 24<br>35<br>42 | 130<br>180<br>210 | 3 | ±70 |
| A10×2S-20<br>A10×4S-30<br>A10×6S-35 | 10 | +0.4<br>-0.2 | 18.6<br>22<br>25.4 | ±0.6 | 21.5<br>25<br>28.5 | +1.0<br>-0.8 | 20<br>30<br>35 | 160<br>190<br>230 | 5 | ±70 |
| A13×2S-17<br>A13×4S-27<br>A13×6S-30 | 13 | ±0.5 | 21.6<br>25<br>28.4 | ±0.8 | 24.5<br>28<br>31.5 | +1.2<br>-1.0 | 7<br>27<br>30 | 190<br>230<br>260 | 5 | ±70 |
| A16×2S-15<br>A16×4S-23<br>A16×6S-27 | 16 | ±0.5 | 26.5<br>31<br>36 | ±0.8 | 29.5<br>34<br>39.5 | +1.2<br>-1.0 | 15<br>23<br>27 | 240<br>290<br>340 | 5 | ±70 |
| A19×2S-14<br>A19×4S-20<br>A19×6S-23 | 19 | ±0.5 | 29.5<br>34<br>39 | ±0.8 | 32.5<br>37<br>42 | +1.2<br>-1.0 | 14<br>20<br>23 | 280<br>320<br>370 | 5 | ±70 |

| 名称 | 符号 | 说明 | 名称 | 符号 | 说明 |
|---|---|---|---|---|---|
| 先导型比例电磁式溢流阀 | | | 换向阀 | | |
| 定比减压阀 | | 减压比：1/3 | 二位二通换向阀 | | 常闭 |
| | | | | | 常开 |
| 定差减压阀 | | | 二位三通换向阀 | | |
| 顺序阀 | | | | | 带中间过渡位置 |
| 减速阀（滚轮控制） | | | 二位四通换向阀 | | |
| 带消声器的节流阀 | | | 二位五通换向阀 | | |
| 调速阀 | | | | | |
| 普通型调速阀 | 详细符号　简化符号 | | 三位三通换向阀 | | |
| 温度补偿型调速阀 | 详细符号　简化符号 | | 三位四通换向阀 | | |
| | | | 三位五通换向阀 | | |
| 旁通型调速阀 | 详细符号　简化符号 | | 三位六通换向阀 | | |
| 单向调速阀 | 详细符号　简化符号 | | 四通电液伺服阀 | | 带电反馈三级 |
| | | | | | 二级 |
| 快速排气阀 | 详细符号　简化符号 | | 三位四通换向阀中位滑阀机能（续） | | |

注：换向阀的控制机构和控制方法等绘制规则，按附录表 6-7-19 规定。

## 二、详尽表

读者在学习图形符号绘制方法、核查技术图样和文件、设计自行开发新元件和新系统的图形符号时,必须查阅并遵循下列各表(表 6-7-3 至表 6-7-21)的规定(引自 GB/T786.1—2009,表 1 至表 16 和附录 A、附录 B)。

**表 6-7-3 符号要素**

| 名称 | 符号 | 用途 | 说明 | 名称 | 符号 | 用途 | 说明 |
|---|---|---|---|---|---|---|---|
| | | 线 | | | | 圆 | |
| 实线 | 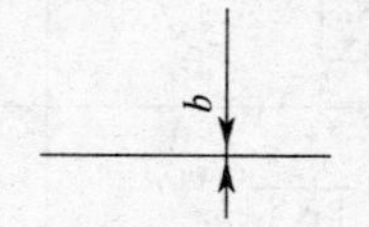 $b$ | 工作管路<br>控制供给管路<br>回油管路<br>电气线路 | 图线宽度 $b$ 按 GB 4457.4 规定 | 大圆 | $l_1$ | 一般能量转换元件(泵、马达、压缩机) | |
| 双线 | 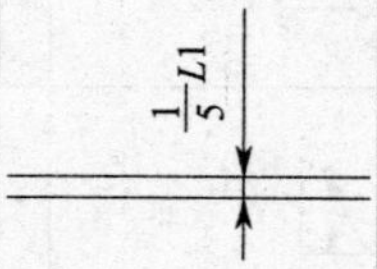 $\frac{1}{5}L1$ | 机械连接的轴、操纵杆、活塞杆等 | | 中圆 | $\frac{3}{4}l_1$ | 测量仪表 | |
| 虚线 | 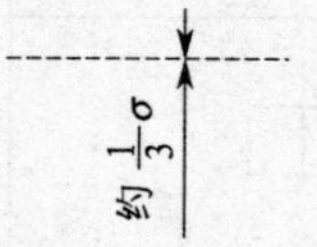 约 $\frac{1}{3}\sigma$ | 控制管路<br>泄油管路或放气管路<br>过滤器<br>过渡位置 | | 长方形 | $l_1>l_2$, $l_2$, $l_1$ | 缸阀 | |
| 点划线 | 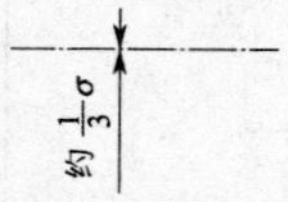 约 $\frac{1}{3}\sigma$ | 组合元件框线 | | | $\frac{1}{4}l_1$, $l_1$ | 活塞 | |
| 小圆 | 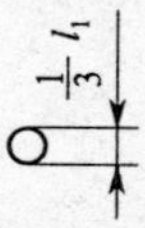 $\frac{1}{3}l_1$ | 单向元件<br>旋转接头<br>机械铰链<br>滚轮 | | | $l_1 \leq l_2 \leq 2l_1$, $\frac{1}{2}l_1$, $l_2$ | 某种控制方法 | |
| 圆点 | 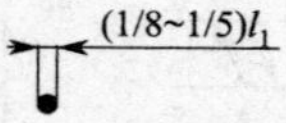 $(1/8\sim1/5)l_1$ | 管路连接点<br>滚轮轴 | | | $\frac{1}{4}l_1$, $\frac{1}{2}l_1$ | 执行器中的缓冲器 | |
| 半圆 | 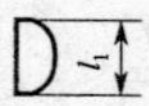 $l_1$ | 限定旋转角度的马达或泵 | | 半矩形 | $\frac{1}{2}l_1$, $l_1$ | 油箱 | |
| | 矩形及相近图形 | | | | | | |
| | 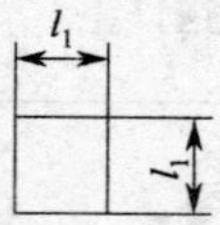 $l_1$, $l_1$ | 控制元件<br>除电动机外的原动机 | | | | | |
| 正方形 | 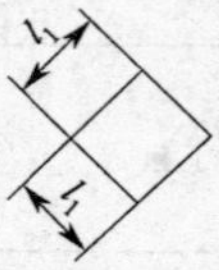 $l_1$, $l_1$ | 调节器件(过滤器、分离器、油雾器和热交换器等) | | | | | |
| | 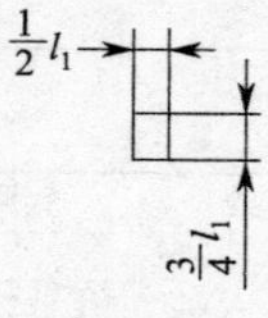 $\frac{1}{2}l_1$, $\frac{3}{4}l_1$ | 蓄能器重锤 | | 囊形 | $2l_1$, $l_1$ | 压力油箱<br>气囊蓄能器<br>辅助气瓶 | |

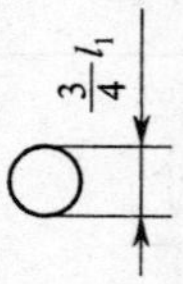

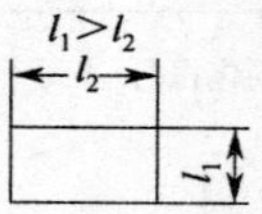

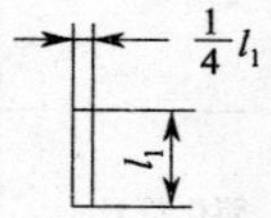

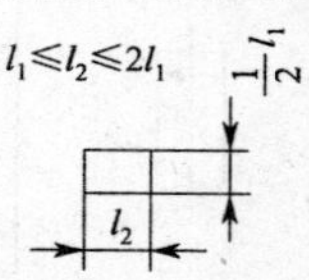

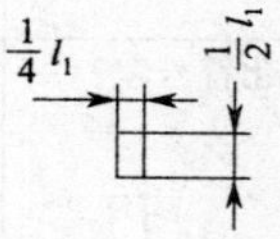

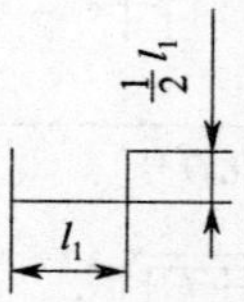

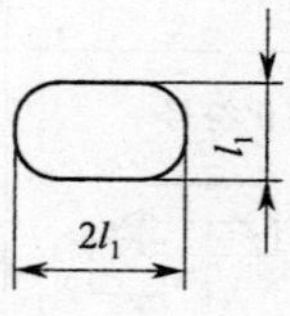

注:$l_2$ 为基本尺寸。

表 6-7-4 功能要素

| 名称 | 符号 | 用途 | 说明 | 名称 | 符号 | 用途 | 说明 |
|---|---|---|---|---|---|---|---|
| 正三角形 | | 传压方向，流体，种类 | | 其他 | ↯ | 电气符号 | |
| 实心 | ▶ | 液压 | | | ⊥ | 封闭油、气路或油、气口 | |
| 空心 | ▷ | 气动 | 包括排气 | | \/ | 电磁操纵器 | |
| 箭头 | | | | | │ | 温度指示或温度控制 | |
| 直箭头或斜箭头 | 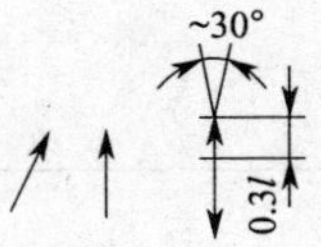 ~30° 0.3l | 直线运动 流体流过阀的通路和方向 热流方向 | | | M | 原动机 | |
| | | | | | W | 弹簧 | |
| 长斜箭头 |  ↗ | 可调性符号（可调节的泵、弹簧、电磁铁） | | | ⌒ | 节流 | |
| | | | | | 90° | 单向阀简化符号的阀座 | |
| 弧线箭头 | 90° l | 旋转运动方向 | | | ▨ ⌓ | 固定符号 | |

注：l 为基本尺寸。

表 6-7-5 管路、管路连接口和接头

| 名称 | | 符号 | 说明 | 名称 | | 符号 | 说明 |
|---|---|---|---|---|---|---|---|
| 管路 | 连接管路 | | | 排气口 | 不带连接措施 | | |
| | 交叉管路 | | | | 带连接措施 | | |
| | 柔性管路 | | | 快换接头 | 不带单向阀 | 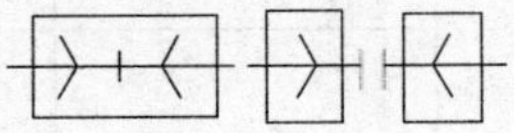 | |
| 管路连接口和接头 | | | | | 带单向阀 | 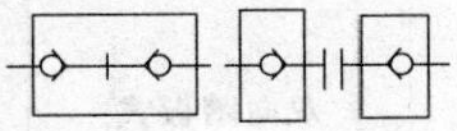 | |
| 放气装置 | 连续放气 | | | 旋转接头 | 单通路 | 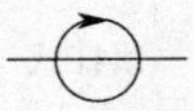 | |
| | 间断放气 | | | | | | |
| | 单向放气 | | | | 三通路 |  | |

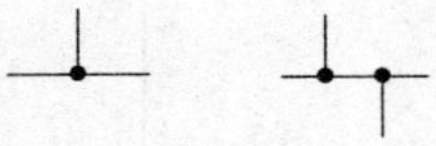

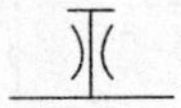

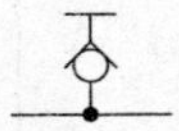

表 6-7-6 控制机构和控制方法

| 名称 | | 符号 | 说明 |
|---|---|---|---|
| 机械控制件 | | | |
| | 杆 | 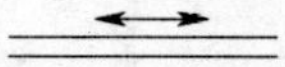 | 箭头可省略 |
| | 轴 |  | 箭头可省略 |
| | 定位装置 |  | |
| | 锁定装置 | 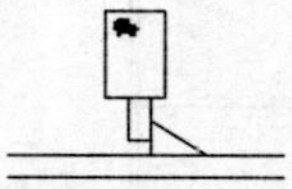 | *开锁的控制方法符号表示在矩形内 |
| | 弹跳机构 | 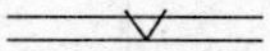 | |
| 控制方法 | | | |
| 人力控制 | 通用 | 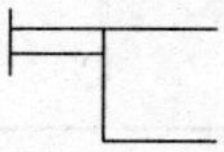 | 一般符号 |
| | 按钮式 | 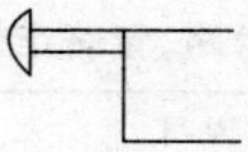 | |
| | 拉钮式 | 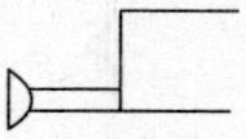 | |
| | 按—拉式 | 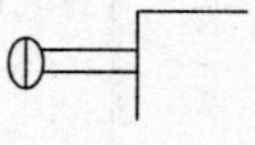 | |
| | 手柄式 | 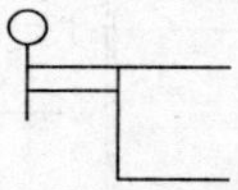 | |
| | 踏板式 | 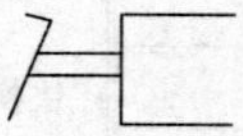 | 单方向控制 |
| | 双向踏板式 | 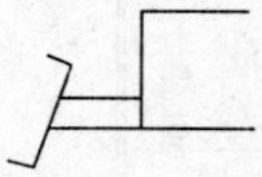 | 双向控制 |
| 机械控制 | 顶杆式 | 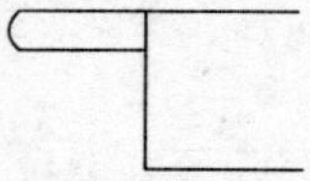 | |
| | 可变行程控制式 | 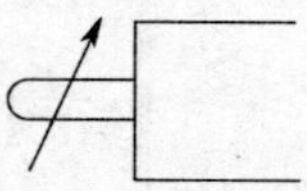 | |

续上表

| 胶管代号 | 内径/mm | | 钢丝层外径/mm | | 胶管外径/mm | | 工作压力/MPa | 最小弯曲半径/mm | 胶管长度 | |
|---|---|---|---|---|---|---|---|---|---|---|
| | 尺寸 | 公差 | 尺寸 | 公差 | 尺寸 | 公差 | | | 尺寸/m | 公差/mm |
| A22×2S-13<br>A22×4S-21<br>A22×6S-24 | 22 | ±0.5 | 32.5<br>37<br>42 | ±0.8 | 35.5<br>40<br>45 | +1.2<br>-1.0 | 13<br>21<br>24 | 300<br>350<br>400 | 5 | ±70 |
| A25×2S-12<br>A25×4S-19<br>A25×6S-22 | 25 | ±0.5 | 35.5<br>40<br>45 | ±0.8 | 38.5<br>43<br>48 | +1.2<br>-1.0 | 12<br>19<br>22 | 330<br>370<br>430 | 5 | ±70 |
| A32×2S-14<br>A32×4S-22<br>A32×6S-26 | 32 | ±0.7 | 44<br>50<br>56 | ±0.8 | 47.5<br>53.5<br>59.5 | +1.5<br>-1.2 | 14<br>22<br>26 | 430<br>510<br>580 | 5 | ±70 |
| A38×2S-12<br>A38×4S-18<br>A38×6S-21 | 38 | ±0.7 | 50<br>56<br>62 | ±0.8 | 53.5<br>59.5<br>65.5 | +1.5<br>-1.2 | 12<br>18<br>21 | 510<br>580<br>640 | 5 | ±70 |
| A45×2S-10<br>A45×4S-16<br>A45×6S-19 | 45 | ±0.7 | 57<br>63<br>69 | ±0.8 | 60.5<br>66.5<br>72.5 | +1.5<br>-1.2 | 10<br>16<br>19 | 590<br>650<br>720 | 5 | ±70 |
| A51×2S-9.5<br>A51×4S-15<br>A51×6S-17 | 51 | ±0.7 | 63<br>69<br>75 | ±0.8 | 66.5<br>72.5<br>78.5 | +1.5<br>-1.2 | 9.5<br>15<br>17 | 650<br>720<br>780 | 5 | ±70 |

注：1. 表 6-6-6 中未标明的长度单位均为毫米(mm)。
2. 表 6-6-6 中的胶管长度，除规定值之外，可由供需双方协商确定。
3. 胶管代号中的"S"表示钢丝缠绕层，"S"前的数码表示钢丝缠绕层的层数。
4. 胶管定压试验压力为工总压力的 1.5 倍，爆破压力不低于工作压力的 3 倍。

## 二、管接头

(一)管接头的类型、特点与应用

管接头的类型、特点与应用如表 6-6-7 所示。

表 6-6-7 管接头的类型、特点与应用

| 类型 | 结构图 | 特点及应用 | |
|---|---|---|---|
| 焊接式管接头(JB 966～1003—2005) | (1) | 利用接管与管子焊接。接头体和接管之间用 O 形密封圈端面密封。结构简单，密封性好，对管子尺寸精度要求不高，但要求焊接质量高，装拆不便。工作压力可达 31.5 MPa，工作温度为-25 ℃～80 ℃，适用于油为介质的管路系统 | 各有 7 种基本型式：端直通、直通、端直角、直角、端三通、三通和四通管接头。凡带端字的管接头名称都用于管端与机件间的连接，其余则用于管件间的连接 |
| 卡套式管接头(GB/T 3733.1～37—2008) | (2) | 利用管子变形卡住管子，并进行密封，重量轻，体积小，使用方便，但要求管子尺寸精度高，需用冷拔钢管，卡套精度也高，工作压力可达 31.5 MPa，适用于油、气及一般腐蚀性介质的管路系统 | |
| 扩口式管接头(GB 5625.1～5653—2008) | (3) | 利用管子端部扩口进行密封，不需其他密封件。结构简单，适用于薄壁管件连接。允许使用压力：钢管在 5 MPa～16 MPa，紫铜管在 3.5 MPa～16 MPa。适于油、气为介质的压力较低的管路 | |

续上表

| 类　型 | 结构图 | 特点及应用 |
|---|---|---|
| 插入焊接式管接头（JB 3878—1985）（仅供参考） | (4) | 将需要长度的管子插入管接头直至管子端面与管接头内端接触，将管子与管接头焊接成一体，可省去接管，但要求管子尺寸严格。适用于油、气为介质的管路系统 |
| 锥密封焊接式管接头（JB/ZQ 4202～4228—1986）（仅供参考） | (5) | 除具有焊接式管接头的优点外，由于它的O型密封圈装在24°锥体上，使密封有调节的可能，密封更可靠。工作压力为31.5 MPa，工作温度为－25 ℃～80 ℃，适用于油、气为介质的管路系统。目前，国内外多采用这种接头 |
| 扣压式胶管接头（JB/ZQ 4427～4428—1986）（仅供参考） | (6) | 安装方便，但增加了一道收紧工作，胶管损坏后，接头外套不能重复使用，与钢丝编织胶管配套组成。可与带O形圈密封的焊接管接头连接使用。工作温度：油，－30 ℃～80 ℃；空气，－30 ℃～50 ℃；水，80 ℃以下，适用于油、水、气为介质的管路系统 |
| 三瓣式胶管接头（JB/ZQ 4429～4431—1986）（仅供参考） | (7) | 装配时不需剥去胶管的外胶层。对外径稍有不同的胶管，靠接头外套对胶管的预压缩量来补偿。胶管的预压缩在31%～50%范围内能保证在工作压力下无渗漏，不会拔脱，外胶层不断裂。可与焊接式、快换或卡套式管接头联接使用，工作压力及温度受连接的胶管限定。适用于油、气、水为介质的管路系统 |
| 快换接头 两端开闭式（JB/ZQ 4434—1986）（仅供参考） | (8) | 管子拆开后，可自行密封，管道内液体不会流失，因此，适用于经常拆卸的场合。其结构比较复杂，局部阻力损失较大，工作压力低于31.5 MPa，工作温度－20 ℃～＋80 ℃，适用于油、气为介质的管路系统 |
| 快换接头 两端开放式（JB/ZQ 4435—1986）（仅供参考） | (9) | 适用于油、气为介质的管路系统，工作压力受连接的胶管限定 |

（二）焊接管接头

焊接式管接头与机体的连接采用普通细牙螺纹，由接头体与机体间的金属垫圈或组合垫圈实现端面密封。焊接式管接头的接管与管路系统中的钢管焊接形成连接管路。

焊接式管接头主要有管子外径$\phi$50 mm（通径$\phi$40 mm）至外径$\phi$6 mm（通径$\phi$3 mm）的9种规格，具有端直通管接头、端直通长管接头、直通管接头、分管接头、直角管接头、三通管接头、四通管接头、隔壁直通管接头、隔壁直角管接头、铰接管接头和直角焊接接管等十几个品种。具体焊接式管接头的尺寸与重量见有关生产厂家产品样本。其他型式的金属管用管接头在起重机上应用较少。

（三）胶管接头

钢丝编织胶管接头有扣压式和可拆式两种形式。前者结构紧凑，外径小，密封可靠，适于专业和大批量生产；后者便于管路装拆，密封性能较好，适用于维修和小管径连接，一般限于小批量或单件生产。

扣压式胶管接头的A型和B型是与焊接式管接头配合使用的型式。此外，还有三瓣式胶管接头，锥密封钢丝（或棉线）编织胶管接头和快换接头等型式。

可拆式胶管接头的A型也是与焊接式管接头配合使用的型式。

胶管管接头还有内外接头、三通接头、螺塞、接管、弯头、直通法兰、直角法兰、密封垫和接头用螺母等型式或配件。

上述胶管接头的具体规格尺寸和性能参数可查阅焦作液压附件厂、上海液压附件厂和泸州液压附件厂等有关厂家的产品样本。

### 三、管　夹

管夹主要用于液压系统管道的固定，防止管路因振动冲击和运动部件位移而引起损坏、变形和脱落。常用的有模压钢板管夹、塑料管夹等。前一种适于系统工作压力小于等于 32 MPa,工作温度-40 ℃～120 ℃,管道外径φ6 mm～φ120 mm 的单管或双管排列方式下,单层或双层管的管夹固定。后一种则适于在系统工作压力小于等于 31.5 MPa,工作温度-5 ℃～100 ℃,管道外径φ6～168 mm 的单管排列,1～5 层管的管夹固定。上述管夹的具体规格、型号和尺寸可查阅江苏溧阳管夹厂,北京天瑞机械厂和温州黎明液压机电公司等有关厂家的产品样本。

## 第二节 过 滤 器

液压系统中常见的过滤器有两类:滤油器和液压油箱空气滤清器(可兼作加油过滤器)。它们对保持工作介质清洁度,及时分离污染微粒,确保系统各元件工作的可靠性和寿命起着十分重要的作用。

### 一、滤油器的类型特点和用途

滤油器的类型、特点和用途见表 6-6-8。

**表 6-6-8　滤油器的类型、特点和用途**

| 类型 | | 特点 | 过滤精度/mm | 压差/MPa | 用途 |
|---|---|---|---|---|---|
| 按滤芯分 | 网式过滤器 | 结构简单,通油性能好,可清洗;但过滤精度低,铜质滤网会加剧油的氧化 | 一般为 0.1 | | 一般装在液压泵吸油管路上来保护油泵 |
| | 线隙式过滤器 | 滤芯有金属丝烧制而成,结构简单,过滤能力大,但不易清洗。可分吸油管路用(a)和供油管路用(b)两种型式 | a:0.03～0.08<br>b:0.05～0.10 | a:0.06<br>b:0.02 | 一般用于低压(<2.5 MPa 回路或辅助回路) |
| | 纸质过滤器 | 滤芯由厚 0.35 mm～0.7 mm 的平纹或皱纹的酚醛树脂或木浆的微孔过滤纸组成。为了增大滤芯强度,一般滤芯为三层,外层为钢板网,中层为折叠式滤纸,里层为金属丝网与滤纸折叠在一起,中间有支承弹簧,易阻塞,不易清洗 | 0.005～0.03 | 0.35 | 用于精过滤,可在 38 MPa 高压下工作 |
| | 磁性过滤器 | 依靠永久磁铁,利用磁化原理清除油液中的铁屑 | | | 常与其他过滤材料配合使用 |
| | 烧结式过滤器 | 滤芯由青铜粉等金属粉末压制成型。强度高,承受热应力和冲击性能好,耐腐蚀性好,制造简单,但易堵塞、掉砂粒,难清洗 | 0.01～0.10 | 0.03～0.20 | 用于高温条件下(青铜粉末达 180 ℃,低碳钢粉末达 400 ℃,镍铬粉末达 900 ℃) |
| | 合成树脂过滤器 | 滤芯由一种无机纤维经液态树脂浸渍处理而成。微孔小,牢度大 | 0.001～0.01 | ≤2.10 | 伺服控制系统 |
| 按过滤器精度 | 粗过滤器 | 能滤掉 100 μm 以上的颗粒 | 按安装部位 | 油箱加油口用过滤器,或通气口用过滤器,属于粗过滤器 | |
| | 普通过滤器 | 能滤掉 10 μm～100 μm 颗粒 | | 吸油管路用过滤器,可以是粗过滤器 | |
| | | | | 回油管路用过滤器,属于精过滤器 | |
| | 精过滤器 | 能滤掉 5 μm～10 μm 颗粒 | | 压油管路用过滤器,属于精过滤器 | |
| 按过滤方式 | 表面性过滤器 | 过滤元件的表面与油液接触,污染粒子积聚在滤芯元件的表面,易被污染物阻塞,纳垢量较少。网式滤芯、线隙式滤芯、纸质滤芯等均属于此类型 | | | |
| | 深度型过滤器 | 滤芯元件为有一定厚度的多孔可透性材料,内部具有曲折迂回的通道。大于表面孔径的粒子直接被拦截在滤芯元件表面,较小的粒子则由过滤层内部细长而曲折的通道滤除。过滤精度较高,可以清洗,使用寿命长;但不能严格限制要滤除的杂质的颗粒度,过滤材料的体积较大,压力损失也较大。人造纤维,不锈钢纤维、粉末冶金等材料的滤芯均属于此类型 | | | |
| | 中间型过滤器 | 在一定程度上限定要滤除的杂质颗粒大小,可以加大过滤面积,体积小,重量轻;但不能清洗,只能一次使用。如经过特殊处理的滤纸作滤芯的滤油器,即属于此类型。它是介于上述两种之间的过滤器 | | | |

## 二、滤油器在液压系统中的设置

滤油器在液压系统中的设置及要求如表 6-6-9 所示。

表 6-6-9　滤油器在液压系统中的设置及要求

| 设置 | 简图 | 应用要求 | 设置 | 简图 | 应用要求 |
|---|---|---|---|---|---|
| 装在液压泵吸油管路上 |  (a) | 保护液压泵。要求通油能力大（为油泵流量的两倍以上），阻力小（不超过 0.01 MPa～0.02 MPa）。一般多用粗过滤器（网式或线隙式） | 装在回油路上 | 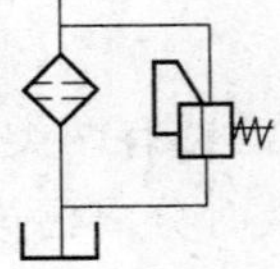 (c) | 保证回油箱的油液是清洁的，可用作低压过滤器 |
| 装在供油管路上 | 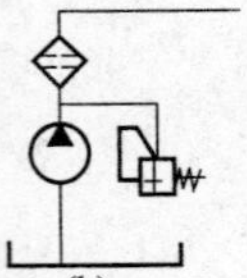 (b) 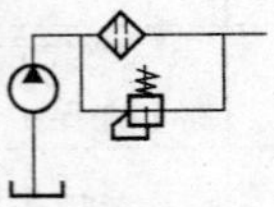　(b′) | 保护除液压泵以外的其他液压元件。要求滤芯及壳体耐高压，装在溢流阀之后（b 图）或与安全阀并联（b′图），安全阀的开启压力应略低于滤油器的最大允许压力差。它有时装堵塞指示器。过滤器允许有较大压力降（不超过 0.35 MPa） | 装在液流方向经常改变的油路上 | 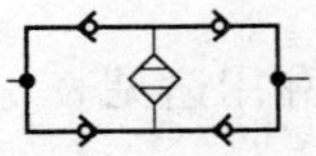 (d) 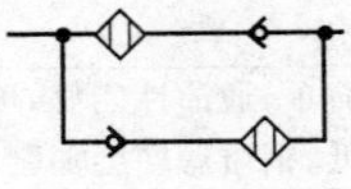　(d′) | 保护工作元件在液流方向变化时的油液清洁，一般采用耐高压滤油器，过滤精度按所保护液压元件要求，通油阻力要小，通常 ≤ 0.4 MPa |

## 三、滤油器的选择

首先按表 6-6-10 做全面的考虑，再根据表 6-6-11 确定滤油器的过滤精度，最后，查阅滤油器的产品样本，选择使用的产品规格和型式等。

表 6-6-10　选择过滤器的基本要求和应考虑的项目

| 基本要求 | (1)过滤器精度应满足液压系统的要求<br>(2)具有足够大的过滤能力，压力损失小<br>(3)滤芯及外壳应有足够的强度，不致因油压而破坏<br>(4)有良好的抗腐蚀性，不会对油液造成化学或机械的污染<br>(5)在规定的工作温度下，能保持性能稳定，有足够的耐久性<br>(6)清洗维护方便，更换滤芯容易<br>(7)结构尽量简单、紧凑，价格低 | |
|---|---|---|
| 需要考虑的项目 | 一般事项 | (1)使用目的(保护油路、保护元件)　(5)油温(最高、正常运转、最低)<br>(2)安装在什么位置合适　(6)环境温度(最高、平均、最低)<br>(3)使用什么液压泵(生产厂、型号、尺寸、压力、流量、转速、口径)　(7)通过过滤器的流量(连续、瞬时最大值)及寒冷时的流量(温度、流量)<br>(4)液压油(种类、油量、黏度)　(8)更换时的安装空间 |
| | 对滤油器 | (1)油路压力(正常工作压力、冲击压力)　(4)连接形式与尺寸(进口、出口、其他)，安装型式<br>(2)允许的最高负荷压差　(5)滤芯型式、过滤精度和纳垢容量<br>(3)安全阀的设定值(必要时应考虑开启压力)　(6)附件(阻塞指示装置、报警装置等) |

## 四、滤油器产品介绍

### (一) LXZ 系列箱外自封式吸油过滤器

这种滤油器可直接安装在液压油箱的侧面、顶面或底面上，吸油筒体浸入油箱的油液面以下。该型滤油器的滤芯头部露在油箱外，便于抽出滤芯清洗或更换，并设有自封阀，油液不会因滤芯抽出而导致外溢。它还装置了旁通阀、滤芯脏堵发讯器等。这种滤油器具有通油能力大,阻力小,安装连接方便,可靠地保护液压泵不吸空,结构较紧凑,易于维护等特点。LXZ 系列箱外自吸式吸油过滤器的主要技术参数和外形尺寸见表 6-6-12(温州黎明液压机电公司产品)。

**表 6-6-11 过滤器过滤精度的选择**

| 一般要求 | (1)应使杂质颗粒尺寸小于液压元件运动表面间隙(一般应为间隙的一半)或油膜厚度,以免杂质颗粒使运动件卡住或使零件配合面急剧磨损;<br>(2)应使杂质颗粒尺寸小于系统中节流孔或缝隙的最小间隙,以免造成堵塞;<br>(3)液压系统压力越高,要求液压元件的滑动间隙越小,因此系统压力越高,要求的过滤精度也越高。一般液压系统(除伺服系统外)过滤精度与压力有关,具体要求如下 | | | | | |
|---|---|---|---|---|---|---|
| | 系统类别 | 润滑系统 | 传动系统 | | 伺服系统 | 特殊要求系统 |
| | 压力/MPa | 0~2.5 | ≤7 | >7,<35 | ≥35 | ≤21 | ≤35 |
| | 颗粒度/μm | ≤100 | ≤25~50 | ≤25 | ≤5 | ≤5 | ≤1 |

| | 系统类型 | 工作类型 | 过滤精度/μm |
|---|---|---|---|
| 推荐值 | 中、低压<br>工业液压系统 | 松配合间隙 | 20 |
| | | 紧密配合间隙 | 15 |
| | 中高压<br>液压系统 | 往复运动机构 | 15 |
| | | 往复运动的数控伺服机构 | 10~15 |
| | 高压<br>液压系统 | 一般要求 | 10 |
| | | 位置状态控制装置 | 5~8 |
| | | 精密液压系统 | 5 |
| | 高效能<br>液压系统 | 一般要求 | 2~5 |
| | | 电液精度液压系统 | 2~5 |
| | | 伺服控制系统 | 1~2 |
| 参考值 | 液压系统 | | |
| | <2.5 MPa 工业设备液压系统 | | 100~150 |
| | 7 MPa 工业设备液压系统 | | 50 |
| | 10 MPa 工业设备液压系统 | | 25 |
| | 14 MPa 工业设备液压系统 | | 10 |
| | 往复运动系统 | | 15 |
| | 调速系统 | | 10~15 |
| | >14 MPa 20 MPa 重型设备液压系统 | | 10 |
| | 电液伺服阀系统 | | 2.5~10 |
| | 高精度伺服阀系统 | | 2.5 |
| | 液压元件 | | |
| | 齿轮泵和齿轮马达 | | 40~60 |
| | 柱塞泵和柱塞马达 | | 20~40 |
| | 液压控制阀 | | 30~50 |
| | 液压缸 | | 40~60 |

**表 6-6-12 LXZ 系列箱外自吸式吸油过滤器的主要技术参数和外形尺寸**

| 型号 | 流量<br>/(L/min) | 通径<br>/mm | 过滤精度<br>/μm | 发讯装置<br>(V×A) | 连接方式 | 外形尺寸/mm<br>(长×直径) | 质量<br>/kg |
|---|---|---|---|---|---|---|---|
| YLXZ-25×* C/Y | 25 | 15 | | | 管式 | 171×φ62 | 1.8 |
| YLXZ-40×* C/Y | 40 | 20 | | | 管式 | 188×φ62 | 2.2 |
| YLXZ-63×* C/Y | 63 | 25 | | | 管式 | 236×φ75 | 2.8 |
| YLXZ-100×* C/Y | 100 | 32 | 80<br>100<br>180 | DC:<br>12×2.5<br>24×2.0<br>36×1.5<br>AC:<br>220×0.25 | 管式 | 286×φ75 | 3.6 |
| YLXZ-160×* C/Y | 160 | 40 | | | 管式 | 319×φ91 | 4.6 |
| YLXZ-250×* C/Y | 250 | 50 | | | 法兰 | 389×φ91 | 5.8 |
| YLXZ-400×* C/Y | 400 | 65 | | | 法兰 | 416×φ110 | 8.0 |
| YLXZ-630×* C/Y | 630 | 90 | | | 法兰 | 509×φ140 | 14.5 |
| LXZ-800×* C/Y | 800 | 90 | | | 法兰 | 569×φ140 | 15.6 |

注:* 为过滤精度(μm),原始压力损失均小于 0.01 MPa。Y 为 24 V 直流发讯器,C 为 220 V 发讯器。

## (二) PZU 系列直回式回油过滤器

这种滤油器用于液压系统回油的精过滤。它可直接装在液压油箱的顶部、侧面或底部，它的滤芯头部也露在油箱外，便于抽取滤芯清洗或更换，并由自封(止回)阀阻止箱内油液随之溢出。滤油器内的永久磁铁可滤除(吸附)$1\mu m$ 以上的磁性颗粒。旁通阀用于冷油起动和滤芯脏堵时的管路通畅保护，此外，它还设有脏堵指示和电发讯器。这种滤油器的滤芯材料为玻璃纤维，其过滤精度高，通油能力大，原始阻力较小，纳污量也大。在这种滤油器的通油口附近还带小回油孔，可用来向液压油箱少量加油或排放滤芯内的污染油。PZU 系列直回式回油过滤器的主要技术参数和外形尺寸见表 6-6-13(温州黎明液压机电公司产品)。

表 6-6-13　PZU 系列直回式回油过滤器的主要技术参数和外形尺寸

| 型号 | 流量 /(L/min) | 质量 /kg | 外形尺寸(mm) (长×直径) | 过滤精度 /$\mu m$ | 连接方式与通径/mm | 发讯装置 (V×A) |
|---|---|---|---|---|---|---|
| PZU-25×*$^C_Y$ | 25 | 8.2 | 305×φ124 | 1<br>3<br>5<br>10<br>20<br>30 | 法兰,φ53 | DC:<br>12×2.5<br>24×2.0<br>36×1.5<br>AC:<br>220×0.25 |
| PZU-40×*$^C_Y$ | 40 | 8.6 | 330×φ124 | | | |
| PZU-63×*$^C_Y$ | 63 | 9.0 | 365×φ124 | | | |
| PZU-100×*$^C_Y$ | 100 | 9.4 | 430×φ124 | | | |
| PZU-160×*$^C_Y$ | 160 | 10.4 | 505×φ124 | | | |
| PZU-250×*$^C_Y$ | 250 | 24.2 | 517×φ186 | | 法兰,φ80 | |
| PZU-400×*$^C_Y$ | 400 | 27.2 | 667×φ186 | | | |
| PZU-630×*$^C_Y$ | 630 | 28.0 | 837×φ186 | | | |
| PZU-800×* | 800 | 30.7 | 907×φ186 | | | |

注：* 为过滤精度($\mu m$)，Y 为 DC 24 V 发讯器，C 为 220 V 发讯器。压力损失为：最小值小于等于 0.075 MPa，最大值：0.35 MPa，公称压力均为 1.6 MPa。

## (三) GU-H 系列自封式压力管路过滤器

这种滤油器设置在液压系统的压力管路上，对压力油进行精过滤。它带有压差发讯器，当滤芯脏堵的进出口油液压差达 0.35 MPa 及其以上时，即发出相应电信号，当该压差达 0.4 MPa 及其以上时，它附带的旁通止回(自封)阀自动打开，保障管路畅通，并可在清洗或更换滤芯时防止系统油液流失及回流，避免空气或污染物侵入系统管路，也可用作反向小流量的非过滤油液流动。这种滤油器的滤芯采用新型化纤材料。它具有通油能力大，原始阻力小，过滤精度高，纳污量大的特点。易于清洗，较耐用。GU-H 系列自封式压力管路过滤器的主要技术参数和外形尺寸见表 6-6-14(温州黎明液压机电公司产品)。

## 五、空气滤清器

空气滤清器通常设置在液压油箱顶部，用来防止外界空气内的污物进入油箱，以及向液压油箱加油时的油液过滤，并保持油箱内的气压，避免液压泵的"空穴"现象(吸油不畅)。

空气滤清器的选择主要是根据液压油箱油液的最大变动流量(L/min)，并将它乘上 1.5 的裕度系数来作为油箱所需空气滤清器的最小空气流量。然后按空气滤清器的产品样本选择空气流量略大于所需最小空气流量的规格和型号等。

QUQ 系列液压空气滤清器采用铜基粉末冶金烧结过滤片，其过滤精度稳定，拆洗方便，能承受热应力和冲击振动，体积轻巧，易于安装。这种空气滤清器的主要技术参数和外形尺寸见表 6-6-15(温州黎明液压机电公司产品)。

**表 6-6-14　GU-H 系列自封式压力管路过滤器的主要技术参数和外形尺寸**

| 型　号 | 流量/(L/min) | 通径/mm | 质量/kg | 外形尺寸(长×直径)/mm | 过滤精度/μm | 压力损失(原始 MPa) | 连接方式 |
|---|---|---|---|---|---|---|---|
| GU-H10×*C/P | 10 | 15 | 3.9 | 210×φ88 | 3 5 10 20 30 40 | 0.08 | 管式 |
| GU-H25×*C/P | 25 | 15 | 5.3 | 300×φ88 | | | |
| GU-H40×*C/P | 40 | 20 | 8.4 | 291×φ124 | | 0.10 | |
| GU-H63×*C/P | 63 | 20 | 10.2 | 346×φ124 | | | |
| GU-H100×*C/P | 100 | 25 | 12.4 | 414×φ124 | | | |
| GU-H160×*C/P | 160 | 32 | 18.7 | 453×φ146 | | 0.15 | 法兰 |
| GU-H250×*C/P | 250 | 40 | 23.5 | 519×φ146 | | | |
| GU-H400×*C/P | 400 | 50 | 39.4 | 570×φ170 | | 0.20 | |
| GU-H630×*C/P | 630 | 55 | 42.6 | 674×φ170 | | | |

注：* 为过滤精度(μm)，C 为 220 V(50 W)发讯器，P 为 24 V(48 W)发讯器。

**表 6-6-15　QUQ 系列液压空气滤清器的主要技术参数和外形尺寸**

| 型　号 | 空气流量/(m³/min) ($\Delta P=0.02$ MPa) | 外形尺寸(长×直径)/mm | 空气过滤精度/μm | 温度适应范围/℃ |
|---|---|---|---|---|
| QUQ$_1$-*×** | 0.25　0.4　1.0 | 134×φ50 | 10 20 40 | −20～100 |
| QUQ$_2$-*×** | 0.63　1.0　2.5 | 159×φ76 | | |
| QUQ$_{2.5}$-*×** | 1.0　2.0　3.0 | 239×φ113 | | |
| QUQ$_3$-*×** | 1.6　2.5　4.0 | 320×φ150 | | |
| QUQ$_4$-*×** | 2.5　4.0　6.3 | 379×φ256 | | |
| QUQ$_5$-*×** | 4.0　6.3　10.0 | 395×φ295 | | |

注：* 为空气过滤精度(μm)；** 为空气流量(m³/min)；加油过滤器网孔按用户要求定精度。

　　PAF 系列预压式空气滤清器适用于有箱内空气压力的液压油箱。这种空气滤清器有单向进、排气阀，空气过滤器和加油过滤器等四部分组成。它能在液压系统工作中保持液压油箱内的预定压力，提高液压泵的自吸性能，避免冲击和振动造成的液压泵"吸空"，保持油箱内的油液平稳，并可对进入油箱的空气或加入的油液进行过滤。PAF 系列预压式空气滤清器的主要技术参数见表 6-6-16（温州黎明液压机电公司产品）。

**表 6-6-16　PAF 系列预压式空气滤清器的主要技术参数**

| 型　号 | PAF$_1$-(a)-(b)-(c)L | | | PAF$_2$-(a)-(b)-(c)F | | |
|---|---|---|---|---|---|---|
| 空气流量/(m³/min)($\Delta P=$单向阀开启压力) | 0.45 | 0.55 | 0.75 | 0.45 | 0.55 | 0.75 |
| 单向阀开启压力/MPa(油箱内预定压力) | 0.02 | 0.035 | 0.07 | 0.02 | 0.035 | 0.07 |
| 空气过滤精度/μm | 10　20　40 | | | 10　20　40 | | |
| 温度适应范围/℃ | −20～100 | | | −20～100 | | |
| 加油过滤网孔/mm | 无加油过滤网 | | | 0.5(可按用户要求) | | |

注：在型号中：a—单向阀开启压力(MPa)，b—空气流量(m³/min)，c—空气过滤精度(μm)，L—螺纹连接，F—法兰连接。

## 第三节　液压油箱及其附件

### 一、液压油箱的用途及分类

　　液压油箱主要用于储油和油液散热，并能沉淀液压油中的污物和析出渗入油中的气体。

液压油箱有开式和闭式两种。开式油箱的箱内气体压力与箱外大气压平衡,油箱顶部的空气滤清器保持箱内外空气流通,并兼作注油口。闭式油箱的箱内气体不直接与箱外大气相通,油箱内充有一定压力($\leqslant 0.08$ MPa)的惰性气体,由设在通气口的单向进、排气阀保持箱内的气体压力,并通过空气滤清器过滤进入箱内的气体。为防止箱内压力不足,应配备电接点压力表和报警器,以便及时了解箱内压力和补充气体,增加气压。

液压油箱一般为矩形,容积$\geqslant 2$ m³ 时宜采用圆筒形结构,以减轻自重。

## 二、液压油箱的主要构造与设计要点

1. 液压油箱必须有足够容纳所有系统元件和管路内油液全部流回油箱的容量,并满足液压系统的散热要求(必要时,应设置散热或冷却器),保持系统工作时有满足液压泵不吸空的液面高度。通常,流动式起重机液压油箱的有效容积可取液压泵最大流量(L/min)的 2 倍~4 倍,流动性不强的起重机可取较大流量的 3 倍~5 倍。液压油箱的有效容积占油箱几何容积的 80%。液压油箱的容积与系统散热的关系及其计算见本篇第一章第七节。

2. 设置过滤器。回油滤油器通常设置在液压油箱上,有时把吸油滤油器装在液压油箱中。空气滤清器一般装在油箱的通气孔上。

3. 主要油口的设置。液压油箱的吸油口与排油口应相距尽量远,管口均须浸入最低油面以下(以浸入深度$\geqslant 10$ mm 为宜),以避免吸空和回油冲溅的气泡。管开口应截成 45°斜面,使通流截面增加,油液流出或流入管口的速度变化不太猛。管口斜面应朝着箱侧壁,吸油管和回油管的管口距箱底面应分别$\geqslant 2D$ 和$\geqslant 3D$($D$ 为管的通径);此外,吸油管管口离油箱侧壁还应$\geqslant 3D$。

4. 箱内隔板设置。箱内隔板用于隔开吸油和回油处,并使它们间的油流路径尽量长和具有满足系统最大流量的通道,延长油液在油箱的滞留时间,以便回到油箱的油液能充分沉淀污物和析出气体后,再进入系统,保证系统少受污染。隔板有溢流式、回流式等结构型式,还可酌情在隔板的通油口上设置粗滤网。

5. 箱底和放油孔设置。箱底常制为略有倾斜(1∶10 或更陡),以便聚集已沉淀的污物,防止其再回系统。放油口设在箱底的最低处,使聚集在箱底的污物能随清洗油箱过程顺利排出。为便于清洗油箱,还可在油箱上开设清洗窗。箱底距与它相连接的基座表面应大于 150 mm,以利于散热、放油和油箱的搬移。

6. 油箱内壁应做喷砂或抛丸处理,清除焊渣和铁锈等。先用压缩空气吹净残砂余灰后,再用磷化处理液压油箱内壁。

7. 液位计或液位传感器设置在注油口附近,以便于观察注油时和系统工作中的箱内液面高度。为了及时了解系统温升,还应装设油液温度计或油温传感器。在箱体上还可设置吊耳,以利于检修、安装和清洗油箱等作业时的搬运。在严寒地带作业的起重机还需要按环境条件和作业准备时间的要求,由加热时间和温升量,设置适宜的加热器。

## 三、液压油箱附件产品

(一)液温液位计

CYW 系列传感式液温液位计采用双金属片测量油液温度,准确度高,读数容易,坚固耐震,测温范围:0 ℃~100 ℃,测温精度为 2.5 级,承受压力小于或等于 0.15 MPa,传感管浸入油液长度大于 90 mm,最大规格的液温液位计可测液位为 470 mm,其外形尺寸(长×宽)530 mm×40 mm。CYW 系列传感式液温液位计的规格、构造和安装尺寸见温州黎明液压机电公司产品样本。

(二)热交换器(散热器)

BSR 系列液压油—空气热交换器是用于液压系统散热(冷却)的辅助装置,由液压马达、风扇和散热屏等组成。工作压力为 3 MPa,工作压降 0.29 MPa,主要外形尺寸和其他技术参数见表 6-

6-17(贵州永红机械厂产品)。

表 6-6-17　BSR 系列液压油—空气热交换器主要技术参数和外形尺寸

| 型　号 | 散热面积 /m² | 工作流量 /(L/min) | 外形尺寸 (长×宽×高)/mm | 连接管路方式 与管通径/mm | 液压马达型号 |
|---|---|---|---|---|---|
| BSR-80 | 5.7 | 100 | 405×＊×348 | 法兰,φ24 | ＊ |
| BSR-100 | 7.3 | 125 | 473×＊×348 | 法兰,φ24 | ＊ |
| BSR-160 | 11.5 | 160 | 583×＊×414 | 法兰,φ30 | ＊ |
| BSR-200 | 14.0 | 200 | 685×395.5×414 | 法兰,φ30 | CMK d-1008 |
| BSR-250 | 17.8 | 250 | 701×＊×510 | 法兰,φ36 | ＊ |
| BSR-315 | 22.3 | 300 | 833×＊×510 | 法兰,φ36 | ＊ |
| BSR-400 | 28.0 | 340 | 833×425×646 | 法兰,φ36 | CM-F12F |
| BSR-500 | 35.0 | 400 | 865×457.5×806 | 法兰,φ48 | CMK-18 |
| BSR-630 | 43.6 | 480 | 1018×＊×806 | 法兰,φ48 | ＊ |

注：表中"＊"为待定参数，见贵州永红机械厂产品样本。

**(三)油用管状电加热器**

SRY 系列油用管状电加热器是用法兰盘固定在邮箱中加热油液的，SRY2 型适合在开式或闭式邮箱中使用，SRY4 型适合在循环系统中使用，它们的最高使用温度均为 300 ℃，SRY2 型的功率是 1 kW～4 kW，SRY4 型的功率是 5 kW～8 kW，工作电压都是 220 V，SRY 系列油用管状电加热器的型式、规格和尺寸见上海或北京电热电气厂产品样本。

**(四)耐震压力表**

耐震压力表的量程(MPa)分别为：0～2.5，0～4.0，0～6.0，0～10.0，0～16.0，0～25.0，0～40.0，0～60.0 等，精度等级有 1.5 和 2.5 级两种。表盘公称直径(mm)可分为 φ60，φ100，φ150 等品种，耐震压力表的构造尺寸和安装型式见辽阳文圣仪表厂产品样本。

## 第四节　蓄　能　器

在液压系统中，蓄能器主要是将压力液体的液压能以势能的形式储存，在系统需要时将这种势能再转化为液压能。它可作为辅助或应急动力源，也能用于补充系统漏损液体，稳定系统工作压力，吸收液压泵的脉动和管路上的液压冲击等。

### 一、蓄能器的种类、特点和用途

蓄能器的种类、特点和用途见表 6-6-18 和表 6-6-19。

表 6-6-18　蓄能器的种类、特点和用途

| 种类 | 简图及符号 | 特点 | 用途 | 说明 |
|---|---|---|---|---|
| 差动活塞式 | 图a（空气活塞、油活塞、气、水） | 与普通活塞式蓄能器不同之处是有两个活塞，能防止空气渗入油中，而且可以通一般压缩空气使液体压力提高数倍 | 蓄能用 最高工作压力为 45 MPa | 由于活塞下端的液体压力总是大于上端的气体压力，所以空气不会进入油中 |

续上表

| 种类 | 简图及符号 | 特点 | 用途 | 说明 |
|---|---|---|---|---|
| 气囊式 | 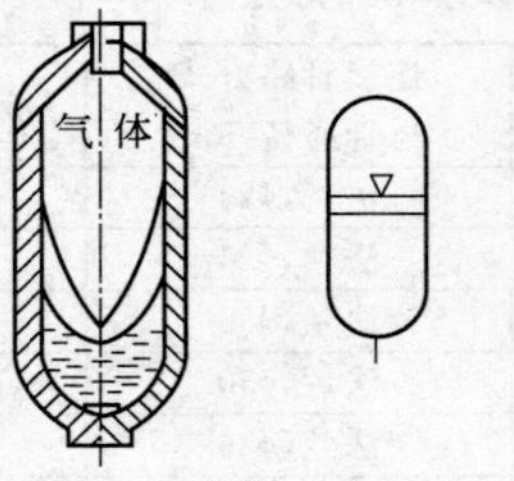 图b | 空气与油隔离，油不易氧化，尺寸小，重量轻，反应灵敏，充气方便 | 蓄能（折合型）、吸收冲击（波纹型）、传送非相同物理特性液体 最高工作压力200 MPa | 需要充氮气，并定期检查调整氮气压力 |
| 活塞式 | 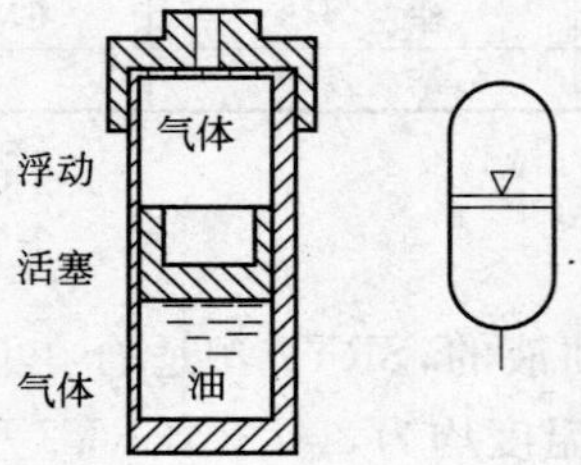 图c | 气液隔离，油不易氧化，结构简单，寿命长，安装容易，维修方便；但容量较小，缸体加工和活塞密封要求较高，反应不灵敏。活塞运动到最低位置时，空气易经活塞与缸体间的间隙泄露到油中去，有噪声 | 蓄能用，可传送非相同物理特性液体 最高工作压力为21 MPa | 同上 有一种用柱塞代替活塞的柱塞式蓄能器，容量可较大，最高压力达45 MPa |
| 金属波纹管式 | | 用金属波纹管取代气囊，灵敏性好，响应快，容量小 | 蓄能，吸收脉动，降低噪声。最高工作压力为21 MPa | 需要充氮气，并定期检查调整氮气压力 |

表 6-6-19 蓄能器在液压系统中的应用

| 用途 | 特　点 | 使 用 示 例 | |
|---|---|---|---|
| 作辅助动力源 | 在液压系统工作时能补充油量，减少液压油泵供油，降低电机功率，减少液压系统尺寸及重量，节约投资。常用于间歇动作，且工作时间很短，或在一个工作循环中速度差别很大，要求瞬间补充大量液压油的场合 | 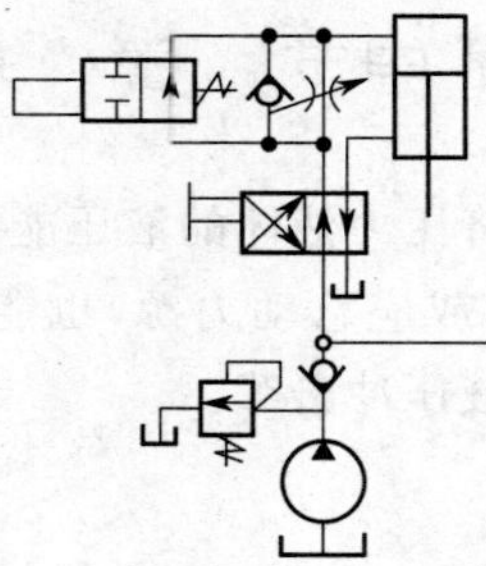 图a | 液压机液压系统中当模具接触工件慢进及保压时，部分液压油储入蓄能器。而在冲模快速向工件移动及快速退回时，蓄能器与泵同时供油，使液压缸快速动作 |
| 保持恒压 | 液压系统泄露（内漏）时，蓄能器能向系统中补充供油，使系统压力保持恒定。常用于执行元件长时间不动作，并要求系统压力恒定的场合 | 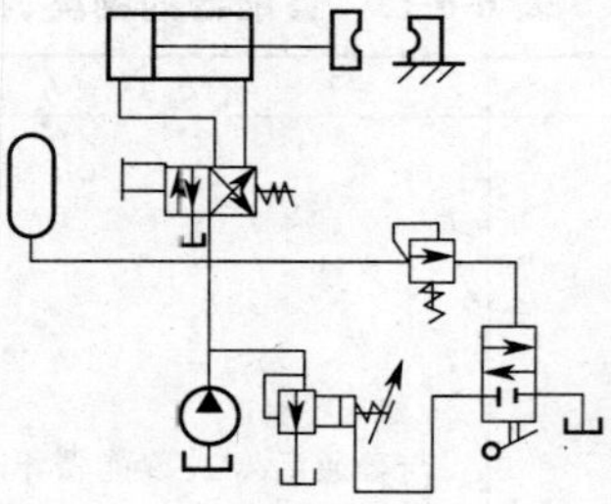 图b | 液压夹紧系统中二位四通阀左位接入，工件夹紧，油压升高，通过顺序1、二位二通阀2，溢流阀3使油泵卸荷，利用蓄能器供油，保持恒压 |
| 作液体补充装置 | 因活塞杆占有一定的体积，蓄能器能补充供给液压缸内无杆腔与有杆腔之间体积差的油量 | 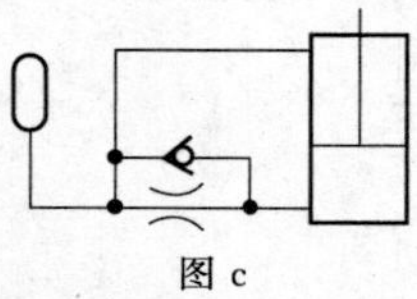 图c | 活塞杆缩回时，油返回到有杆腔内，多余的油储入蓄能器内；活塞杆伸出时，蓄能器内的油补充到无杆腔内 |

续上表

| 用途 | 特 点 | 使 用 示 例 | |
|---|---|---|---|
| 作应急动力源 | 突然停电或发生故障,油泵中断供油,蓄能器能提供一定的油量作为应急动力源,使执行元件能继续完成必要的动作 | 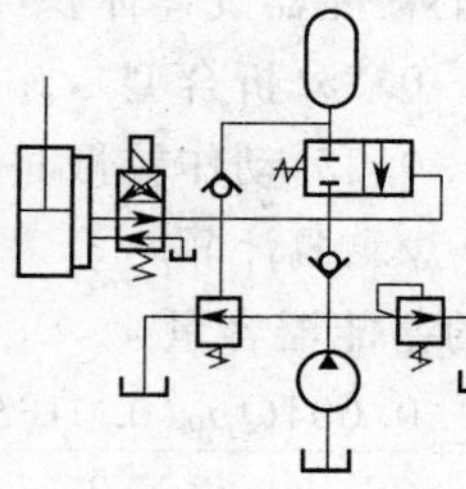 图 d | 停电时,二位四通阀下位接入,蓄能器放出油量经单向阀进入油缸有杆腔,使活塞杆缩回,达到安全目的 |
| 吸收液压冲击 | 蓄能器通常装在换向阀或油缸之前,可以吸收或缓和换向阀突然换向,油缸突然停止运动产生的冲击压力 | 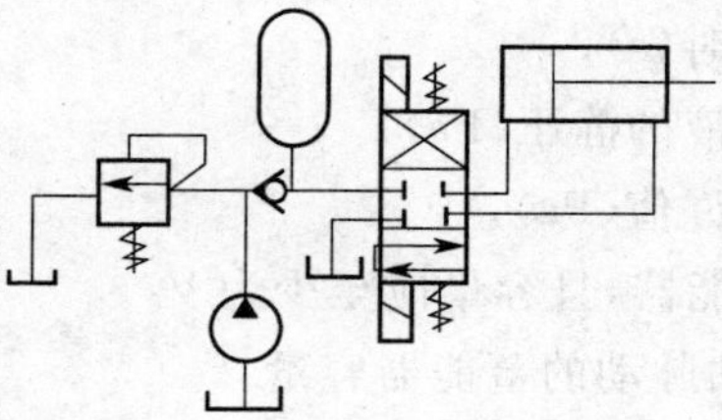 图 e | 换向阀突然换向时,安全阀还没来得及反应。蓄能器便吸收了液压冲击,压力便不会升高了 |
| 减少脉动流量和压力 | 液压系统中的柱塞泵、齿数少的外啮合齿轮泵、溢流阀等,使系统中的液体压力、流量产生脉动。装设蓄能器可使液体脉动减小,噪声降低 | | |
| 作热膨胀补偿 | 封闭式液压系统中当温度上升时,液压油产生体积膨胀。因液体膨胀系数通常大于管子材料膨胀系数,导致油压升高。蓄能器能吸收液体的体积增量,防止超压,保证安全。温度下降时,液体体积收缩,蓄能器又能向外提供所需液体 | | |

## 二、蓄能器的计算

(一)作蓄能用的容量计算

1. 蓄能器的工作容积 $V_W$:

$$V_W = k \cdot \sum V_i - \sum Q_p \cdot t \quad (m^3) \quad (6\text{-}6\text{-}1)$$

式中 $V_i$——最大负荷时各执行元件的占用油量($m^3$);

$k$——泄漏系数,通常为 1.1~1.3;

$\sum Q_p$——液压泵输出流量之和($m^3/s$);

$t$——最大负荷下液压泵工作总时间(s)。

各工作过程中蓄能器充排油量 $V$

$$V = (Q_L - \sum Q_p) \cdot t \quad (m^3) \quad (6\text{-}6\text{-}2)$$

式中 $V$——该工作过程中充排油量($m^3$),排油时,$V$ 为"+",充油时,$V$ 为"-";

$Q_L$——该工作过程中执行元件所需流量($m^3/s$);

$t$——该工作过程中充油或排油时间(s)。

$V_W$ 应满足 $V$ 的要求,否则,须适当加大 $V_W$,来满足工作过程中充、排油量的要求。

2. 活塞和气囊式蓄能器的总容积 $V_0$

$$V_0 = 1.053 \cdot \frac{p_1}{p_0} \left(\frac{p_2}{p_2 + p_1}\right) \cdot V_W \quad (m^3) \quad (6\text{-}6\text{-}3)$$

$(p_0 V_0 = p_1 V_1 = p_2 V_2 = 常数,V_W = V_1 - V_2)$

式中 $p_0$——蓄能器内密封气体的基准压力(Pa),一般取 60% 的液压泵工作压力;

$p_1$——气体的最低工作压力(Pa),$p_1$ 约等于油的最低工作压力;

$p_2$——气体的最高工作压力(Pa),$p_2$ 约等于油的最高工作压力;

$V_0$、$V_1$、$V_2$——分别为 $p_0$、$p_1$、$p_2$ 下的蓄能器气体体积($m^3$)。

对气囊式蓄能器:$p_0/p_1=0.8\sim0.85$(折合型),$p_0/p_1=0.6\sim0.65$(波纹型)。

对活塞式蓄能器:$p_0/p_1=0.8\sim0.95$,动作较慢时取大值。

### (二)作缓冲和消除泵油脉动的蓄能器计算

1. 用于缓和阀门关闭时冲击的蓄能器容量

$$V_0=\frac{0.004Qp_B(0.016L-t)}{p_B-p_A} \quad (m^3) \tag{6-6-4}$$

式中 $Q$——阀门关闭前管路的流量($m^3/s$);

$L$——生产冲击的管路长度(m);

$t$——关闭阀门的耗时(s);

$p_A$——阀门关闭前油液的静压(Pa);

$p_B$——冲击压力的允许值(Pa)。

当 $V_0>0$ 时,应装设蓄能器,且容量应至少为 $V_0$。

2. 用于吸收液压泵泵油脉动的蓄能器容量

$$V_0=q\cdot i/(0.6\cdot k) \quad (m^3) \tag{6-6-5}$$

式中 $q$——液压泵排量($m^3/r$);

$i$——液压泵排量的变化率,$i=\Delta q/q$;

$k$——泵油脉动变化率,单侧脉动压力幅与液压泵工作压力之比。

## 三、蓄能器的选择与蓄能器产品

### (一)蓄能器的选择

首先根据所设计的起重机工作条件和性能特点,按表 6-6-18 和表 6-6-19 确定蓄能器的类型和设置方案;再计算蓄能器的总容量和工作压力,并依照计算结果选择适用的蓄能器规格和型号。

### (二)常用的蓄能器产品

1. 标准型气囊式蓄能器

NXQ 系列标准型气囊式蓄能器技术性能及总体尺寸见表 6-6-20。

表 6-6-20 NXQ 系列标准型气囊式蓄能器技术性能及总体尺寸

| 型 号 | 公称容积/L | 外形/mm (长×直径) | 允许吸、排油流量/(L/min) | 公称通径/mm | 工作条件 | 质量/kg |
|---|---|---|---|---|---|---|
| NXQ-L0.63/* | 0.63 | 320×φ89 | 1.0 | 20 | | 3.6 |
| NXQ-L1/* | 1.0 | 320×φ89 | 1.0 | 20 | | 3.6 |
| NXQ-$^F_L$1.6/* | 1.6 | 400×φ152<br>360 | 3.2 | 32 | | 12.3<br>12.7 |
| NXQ-$^F_L$2.5/* | 2.5 | 465×φ152<br>440 | 3.2 | 32 | 公称压力:<br>10、20、31.5(MPa)<br>介质温度:<br>-10 ℃~70 ℃<br>使用介质:<br>石油基、液压油、氮气。 | 14.7 |
| NXQ-$^F_L$4/* | 4.0 | 585×φ152<br>540 | 3.2 | 32 | | 18.6 |
| NXQ-$^F_L$6.3/* | 6.3 | 755×φ152<br>710 | 3.2 | 32 | | 25.5 |
| NXQ-$^F_L$10/* | 10.0 | 642×φ219 | 6 | 50 | | 46.7 |
| NXQ-$^F_L$16/* | 16.0 | 850×φ219 | 6 | 50 | | 58.3<br>65.7 |
| NXQ-$^F_L$25/* | 25.0 | 1 168×φ219 | 6 | 50 | | 79.4<br>75.5 |

续上表

| 型号 | 公称容积/L | 外形/mm (长×直径) | 允许吸、排油流量/(L/min) | 公称通径/mm | 工作条件 | 质量/kg |
|---|---|---|---|---|---|---|
| NXQ-$\frac{F}{L}$40/* | 40.0 | 1 198×$\phi$219<br>1 066 | 6 | 50 | 公称压力：<br>10、20、31.5(MPa)<br>介质温度：<br>−10 ℃~70 ℃<br>使用介质：<br>石油基、液压油、氮气 | 121.2<br>120.6 |
| NXQ-$\frac{F}{L}$63/* | 63.0 | 1 486×$\phi$299 | 10 | 60 | | 163.8 |
| NXQ-$\frac{F}{L}$100/* | 100.0 | 2 206×$\phi$299 | 10 | 60 | | 245.2 |
| NXQ-F-120/* | 120.0 | 2 475×$\phi$299 | 10 | 72 | | 316 |
| NXQ-F-150/* | 150.0 | 3 010×$\phi$299 | 10 | 72 | | 389 |

注：1. F-法兰连接；F-法兰连接；* 为公称压力(MPa)。
　　2. 主要生产方：浙江奉化液压件厂、上海立新液压件厂、四平液压件厂、成都格瑞特高压容器有限责任公司等。

### 2. 活塞式蓄能器

活塞式蓄能器采用优质无缝钢管为缸体，锻铝活塞和镀硬铝缸壁，因此，具有高可靠度和安全性，灵敏度高，比气囊式蓄能器的寿命长，适应温度较高（−10 ℃~70 ℃）。HXQ系列活塞式蓄能器的技术性能和总体尺寸见表6-6-21。

**表6-6-21　HXQ系列活塞式蓄能器的技术性能和总体尺寸**

| 型号 | 气体容积/L | 外形尺寸/mm (长×直径) | 通径/mm | 工作压力/MPa | 缸体内径/mm | 质量/kg |
|---|---|---|---|---|---|---|
| HXQ-A1D | 1.0 | 327×$\phi$145 | 20 | 17 | 100 | 18 |
| HXQ-A1.6D | 1.6 | 402×$\phi$145 | 20 | | 100 | 20 |
| HXQ-A2.5D | 2.5 | 517×$\phi$145 | 20 | | 100 | 24 |
| HXQ-B4D | 4.0 | 557×$\phi$185 | 25 | | 125 | 43 |
| HXQ-B6.3 | 6.3 | 748×$\phi$190 | 40 | | 125 | 64 |
| HXQ-$\frac{B}{C}$10 | 10.0 | 1 050×$\phi$ 190<br>830　　220 | 40 | 20 | 125<br>150 | 78<br>109 |
| HXQ-$\frac{C}{D}$16 | 16.0 | 1 170×$\phi$ 220<br>948　　260 | 40 | | 150<br>180 | 136<br>149 |
| HXQ-$\frac{C}{D}$25 | 25.0 | 1 680×$\phi$ 220<br>1 302　　260 | 40 | | 150<br>180 | 176 |
| HXQ-$\frac{D}{E}$40 | 40.0 | 1 892×$\phi$ 260<br>1 618　　290 | 40<br>50 | | 180<br>200 | 222<br>279 |
| HXQ-$\frac{E}{F}$63 | 63.0 | 2 350×$\phi$ 290<br>2 424　　340 | 50<br>60 | | 200<br>250 | 358<br>382 |
| HXQ-F80 | 80.0 | 2 014×$\phi$340 | 60 | | 250 | 428 |
| HXQ-F100 | 100.0 | 2 424×$\phi$340 | 60 | | 250 | 483 |

注：1. 介质温度。
　　2. 主要生产方：浙江奉化液压件厂、四平液压件厂、重庆液压件厂等。

### (三) 布置蓄能器的注意事项

(1) 蓄能器须远离热源，尽量靠近油液脉动和冲击源，并置于便于检查、维护处。
(2) 蓄能器与液压泵间设单向阀，防止停机时，压力油向液压泵倒灌。
(3) 蓄能器与系统间设截止阀，供长期停机和维护蓄能器时使用。
(4) 气囊式蓄能器应垂直安装，充气阀朝上，油口向下。

# 第七章 常用液压标准与常用液压参数的单位

## 第一节 液压图形符号

本手册液压图形符号依据于《液压气动图形符号》(GB/T 786.1—2009),但为了查阅方便,对 (GB/T 786.1—2009)的表述次序,略作调整,省略了(GB/T 786.1—2009)的文字条目和表内的编号,仅摘录它的主要内容。

### 一、常用液压气动元件图形符号

在阅读或绘制常见元件和它们组成的系统的图形符号时,可查阅表 6-7-1 和表 6-7-2(引自 GB/T 786.1—2009,附录 C)。

表 6-7-1 常用泵、马达和液压缸的图形符号

| 名称 | 符号 | 说明 | 名称 | 符号 | 说明 |
|---|---|---|---|---|---|
| 单向定量液压泵 | | | 单活塞杆缸 | 详细符号 简化符号 | |
| 双向定量液压泵 | | | | | |
| 单向变量液压泵 | | | | 详细符号 简化符号 | |
| 双向变量液压泵 | | | | | |
| 单向定量马达 | | | 双向定量马达 | 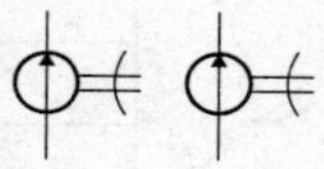 | |
| 液压整体式传动装置 | | | 单向变量马达 | | |
| 摆动马达 | | | 双向变量马达 | | |
| 单活塞杆缸 | 详细符号 简化符号 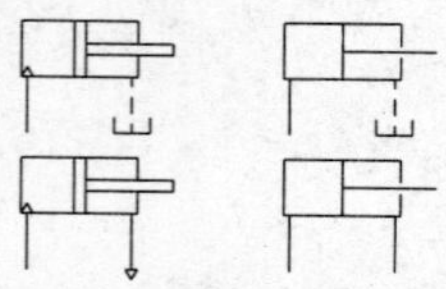 | | 定量液压泵-马达 |  | |
| | | | 变量液压泵-马达 |  | |

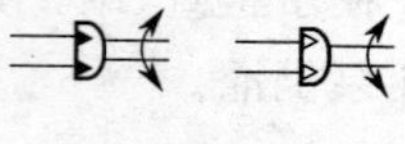

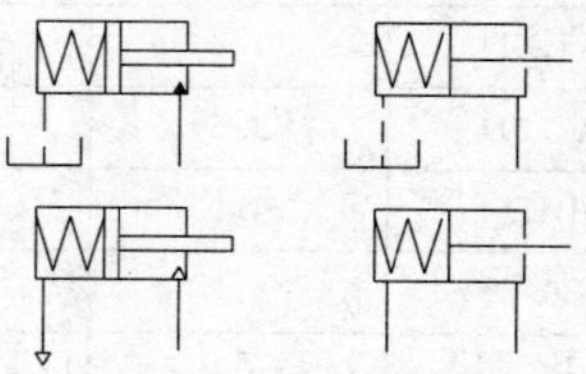

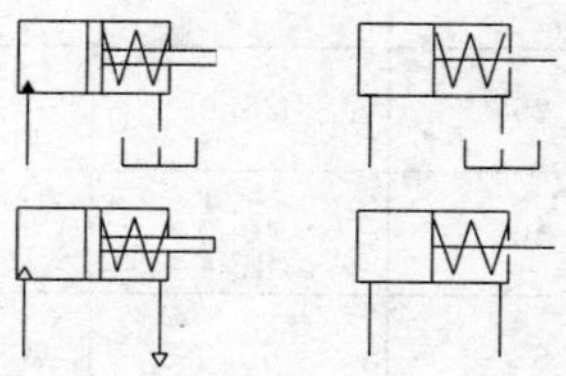

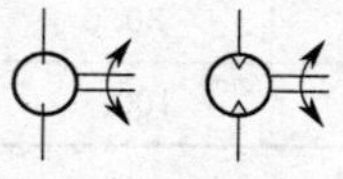

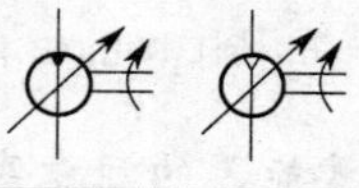

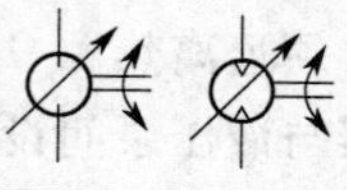

| 名称 | 符号 | 说明 | 名称 | 符号 | 说明 |
|---|---|---|---|---|---|
| 伸缩缸 | 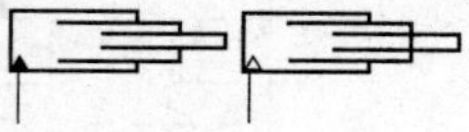 | | 不可调双向缓冲缸 | 详细符号 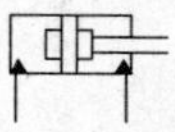 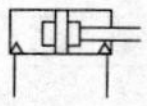 / 简化符号 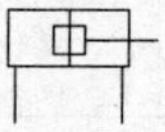 | |
| 单活塞杆缸 | 详细符号 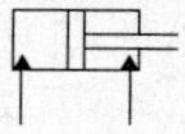 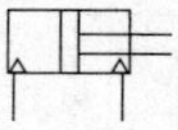 / 简化符号 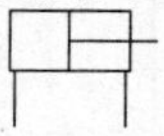 | | 可调双向缓冲缸 | 详细符号 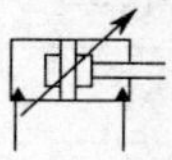 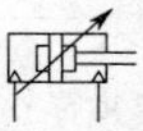 / 简化符号 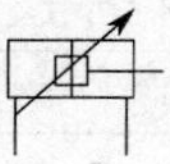 | |
| 双活塞杆缸 | 详细符号  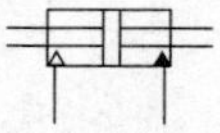 / 简化符号 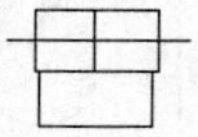 | | 可调单向缓冲缸 | 详细符号 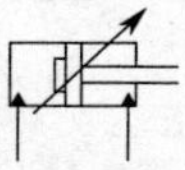 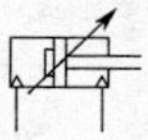 / 简化符号 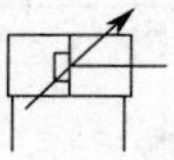 | |
| 不可调单向缓冲缸 | 详细符号 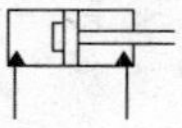 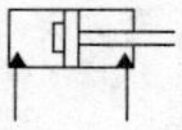 / 简化符号 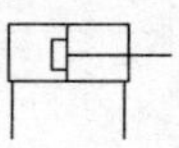 | | 气-液转换器 | 单程作用 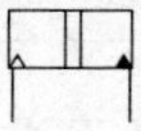 / 连续作用  | |
| | | | 增压器 | 单程作用 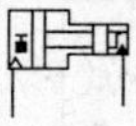 / 连续作用  | |

注：1. 有必要表示泵或马达变量机构的控制方法时，可将可调箭头延长或转折，使控制方法符号与之相接。
2. 有必要表示泵或马达的旋转方向、流动方向和控制位置等时，其标注规则按表 6-7-20 规定。

**表 6-7-2　常用控制阀图形符号**

| 名称 | 符号 | 说明 | 名称 | 符号 | 说明 |
|---|---|---|---|---|---|
| 直动型溢流阀 | 溢流阀 | 内部压力控制，也用作溢流阀一般符号 / 外部压力控制，也用作溢流阀一般符号 | 直动型顺序阀 | | 也用作顺序阀一般符号 |
| 先导型溢流阀 | 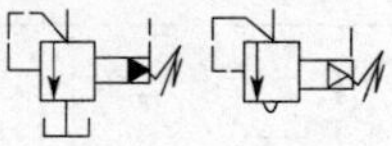 | | 先导型顺序阀 | 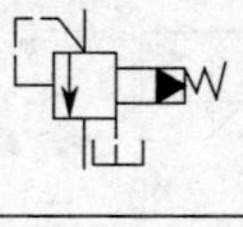 | |
| 先导型电磁式溢流阀 | 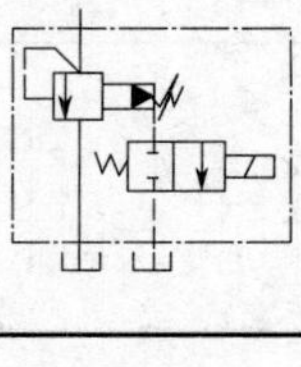 | | 平衡阀（单向顺序阀） | 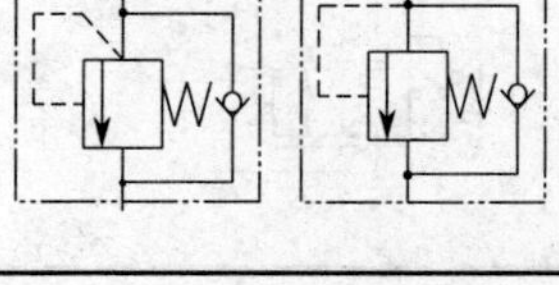 | |

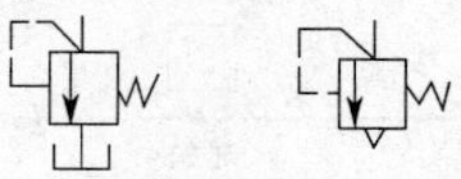

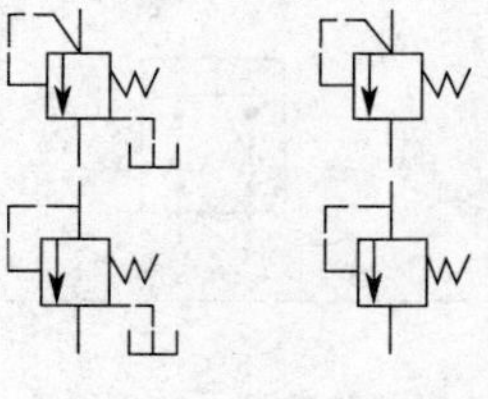

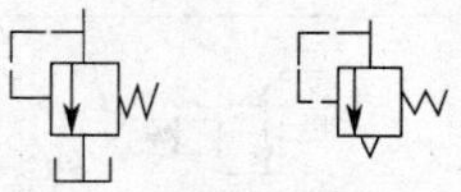

续上表

| 名称 | 符号 | 说明 | 名称 | 符号 | 说明 |
|---|---|---|---|---|---|
| 卸荷阀 | | | 液控单向阀 | | 弹簧可以省略 |
| 直动型卸荷阀 | 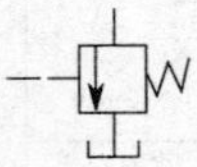 | 也用作卸荷阀一般符号 | | | |
| 制动阀 | | | | | |
| 节流阀 | | | 液压锁 | | |
| 可调节流阀 | 详细符号　简化符号 | | 或门型梭阀 | 详细符号　简化符号 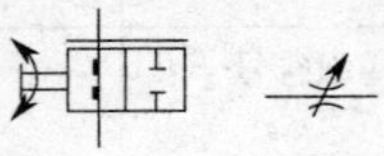 | |
| 不可调节流阀 | | | 与门型梭阀 | 详细符号　简化符号 | |
| 可调单向节流阀 | | | 三位四通换向阀中位滑阀机能 | | |
| 截止阀 | | | | | |
| 分流阀 | | | | | |
| 集流阀 | | | | | |
| 分流集流阀 | | | | | |
| 单向阀 | 详细符号　简化符号 | | 先导型比例电磁式溢流阀 | | |
| | | | 先导型减压阀 | 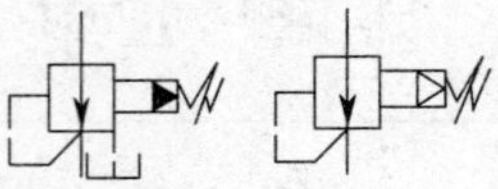 | |
| | | 弹簧可以省略 | 溢流减压阀 | 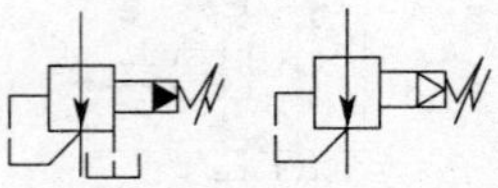 | |

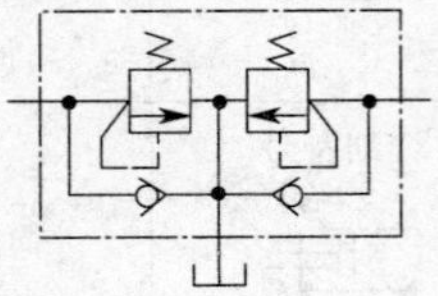

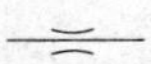

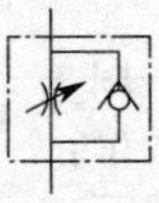

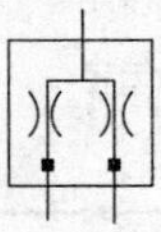

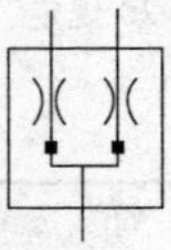

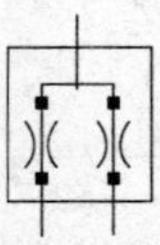

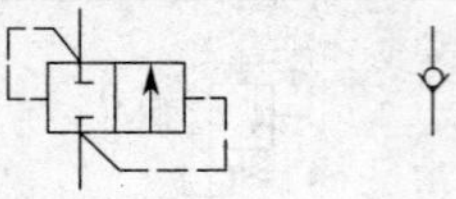

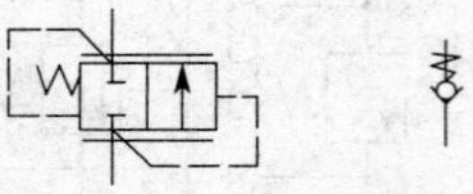

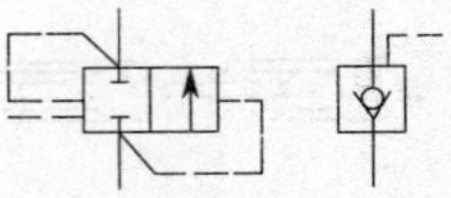

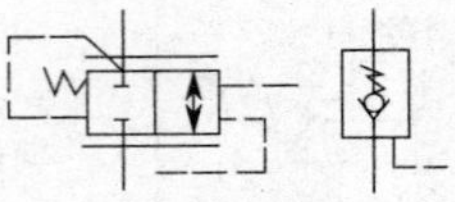

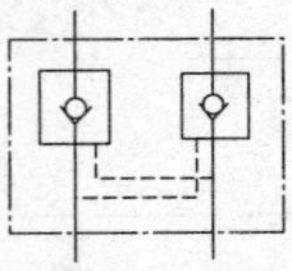

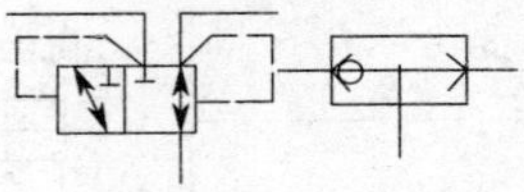

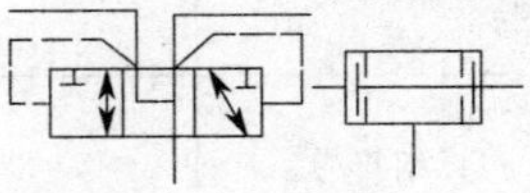

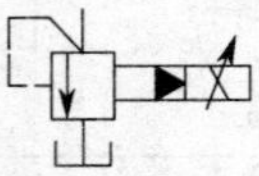

续上表

| 名　称 | | 符　号 | 说　明 |
|---|---|---|---|
| 机械控制 | 弹簧控制式 | 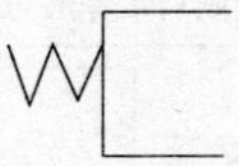 | |
| | 滚轮式 | 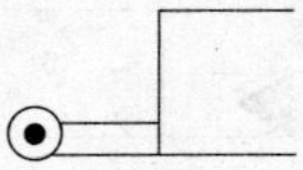 | 两个方向操纵 |
| | 单向滚轮式 | 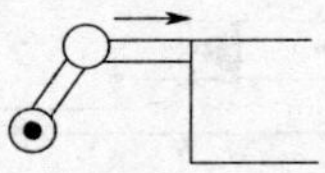 | 若仅在一个方向上操纵,箭头可省略 |
| 电气控制 | | | |
| 直线运动电气控制装置 | 单作用电磁铁 | 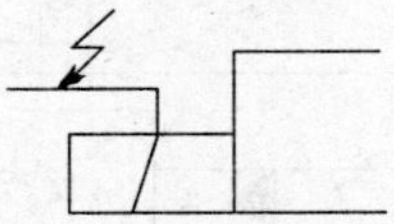 | 电气、引线可省略,斜线也可朝向右下方 |
| | 双作用电磁铁 | 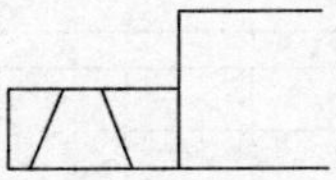 | |
| | 单作用可调电磁操纵器（比例电磁铁、力矩马达等） | 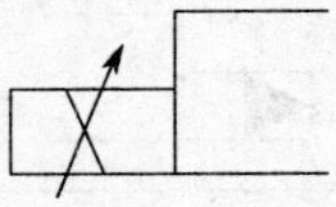 | |
| | 双作用可调电磁操纵器（力矩马达） | 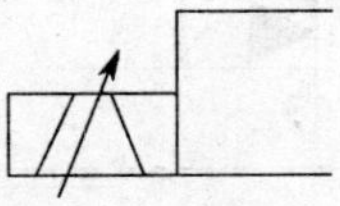 | |
| 旋转运动电气控制装置 | 电动机 | 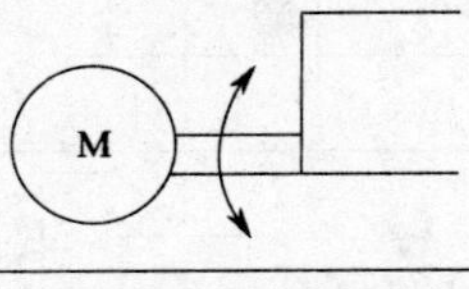 | |
| 压力控制 | | | |
| 直接压力控制 | 加压或泄压控制 | 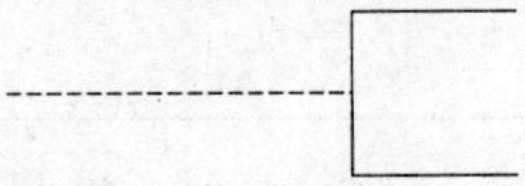 | |
| | 差动控制 | 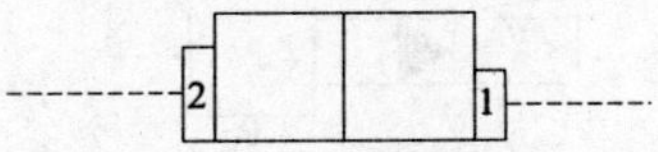 | 如有必要,可将面积比表示在相应的长方形中 |
| | 内部压力控制 | 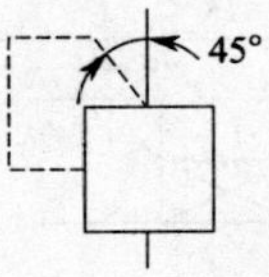 | 控制通路在元件内部 |
| | 外部压力控制 | 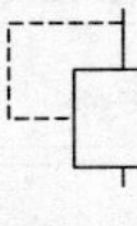 | 控制通路在元件外部 |

| 名称 | | 符号 | 说明 |
|---|---|---|---|
| 先导控制（间接压力控制） | | | |
| 加压控制 | 气压先导控制 | 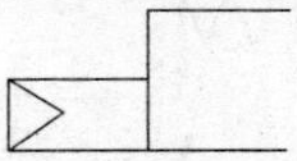 | 内部压力控制 |
| | 液压先导控制 | 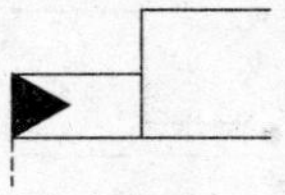 | 外部压力控制 |
| | 液压二级先导控制 | 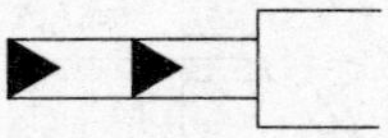 | 内部压力控制<br>内部泄油 |
| | 气压—液压先导控制 | 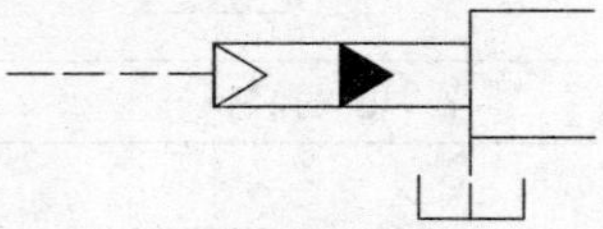 | 气压外部压力控制<br>液压内部压力控制<br>外部泄油 |
| | 电磁—液压先导控制 | 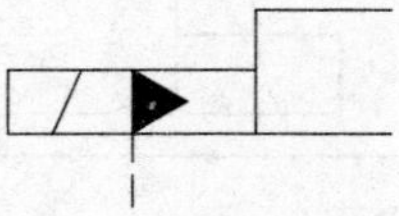 | 单作用电磁铁一次控制<br>液压外部压力控制<br>内部泄油 |
| 泄压控制 | 电磁—气压先导控制 | 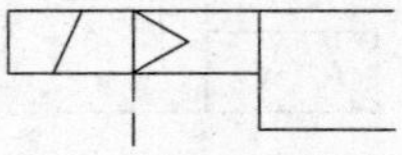 | 单作用电磁铁一次控制<br>气压外部压力控制 |
| | 液压先导控制 | 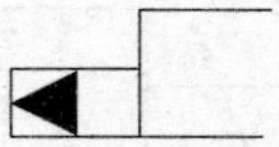 | 内部压力控制<br>内部泄油 |
| | | 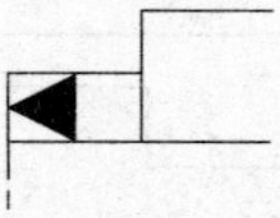 | 内部压力控制<br>带遥控泄放口 |
| | 电磁—液压先导控制 | 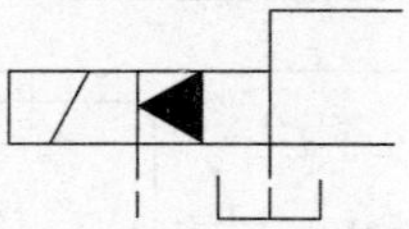 | 单作用电磁铁一次控制<br>外部压力控制<br>外部泄油 |
| | 先导型压力控制阀 | 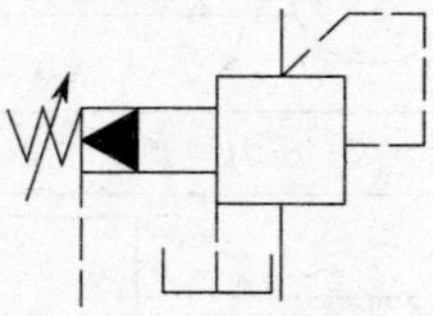 | 带压力调节弹簧，外部泄油<br>带遥控泄油口 |
| | 先导型比例电磁式压力控制阀 | 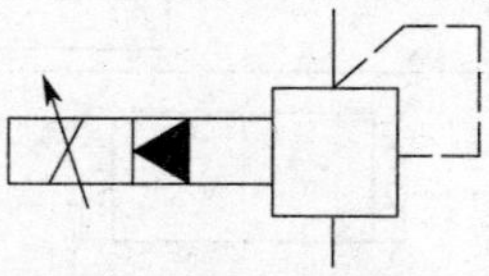 | 单作用比例电磁操纵器内部泄油 |
| 反馈 | | | |
| 外反馈 | 通用 | 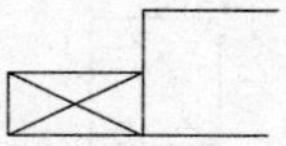 | 一般符号 |
| | 电反馈 | 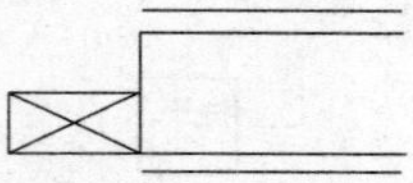 | 电位器，差动变压器等位置检测器 |

| 名　称 | | 符　号 | 说　明 |
|---|---|---|---|
| 内反馈 | 机械反馈 | 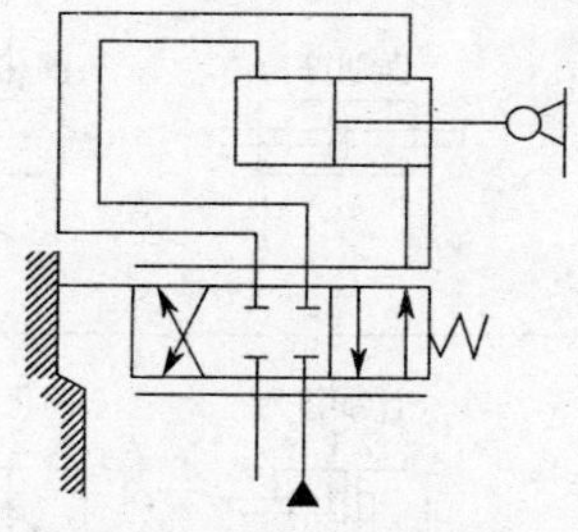 | 随动阀仿形控制回路 |

表 6-7-7　泵和马达

| 名　称 | 符　号 | 说　明 | 名　称 | 符　号 | 说　明 |
|---|---|---|---|---|---|
| 泵、马达 | 液压泵　气马达 | 一般符号 | 液压泵—马达 | | 单向流动 单向旋转 顶排量 |
| 液压泵 | | 单方向流动 单方向旋转 定排量 | 液压泵—马达 | | 双向流动 双向旋转 手动变排量 外部泄油 |
| 液压马达 | 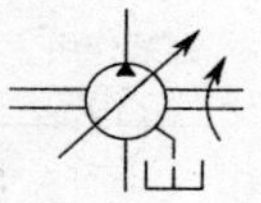 | 单方向流动 单方向旋转 双出轴 变排量 变量机构不定 外部泄油 | 摆动气马达 | | 定角度 双向摆动 |
| 气马达 | 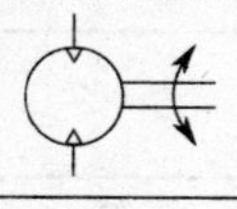 | 双向流动 双向旋转 定排量 | 液压整体式传动装置 | | 单向旋转 变排量泵 |
| 变量泵—马达 | 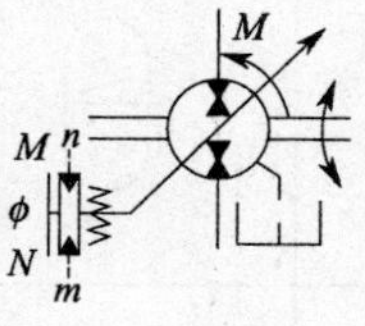 | 双向流动 双向旋转 弹簧对中 外部压力控制 变排量 外部泄油 信号 $m$：朝 $M$ 方向移动 | 压力补偿变量泵 | 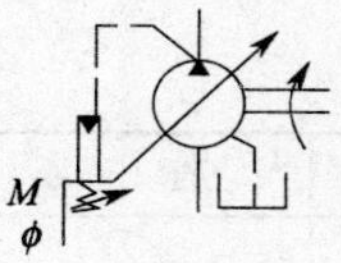 | 单向流动 压力可调节 外部泄油 |
| | | | 变量泵—马达 | 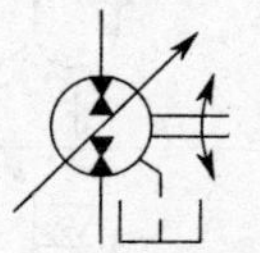 | 不必表示变量机构的控制方式时 |

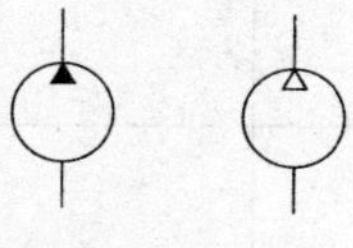

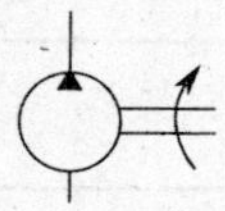

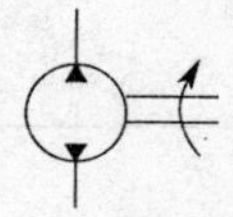

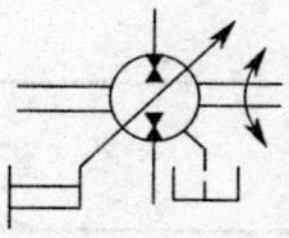

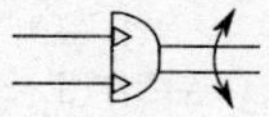

表 6-7-8　液压缸的图形符号

| 名　称 | | 符　号 | 说　明 |
|---|---|---|---|
| 单作用缸 | 单活塞杆气缸 | 详细符号　简化符号 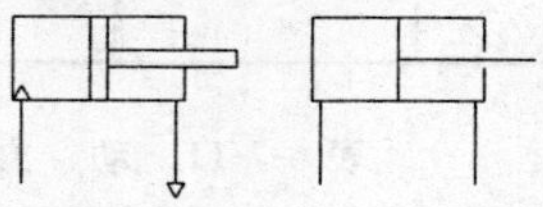 | |
| | 单活塞杆液压缸 | 详细符号　简化符号 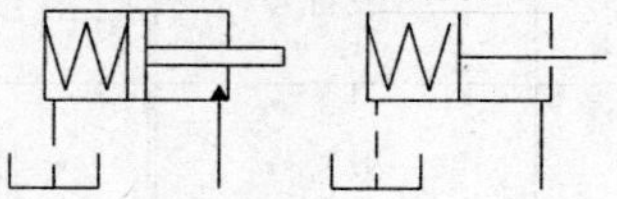 | 弹簧回复 |

续上表

| 名 称 | | 符 号 | 说 明 |
|---|---|---|---|
| 双作用缸 | 双活塞杆气缸 | 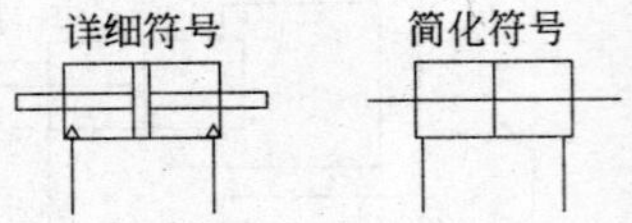 详细符号　　简化符号 | |
| | 单活塞杆可调缓冲式液压缸 | 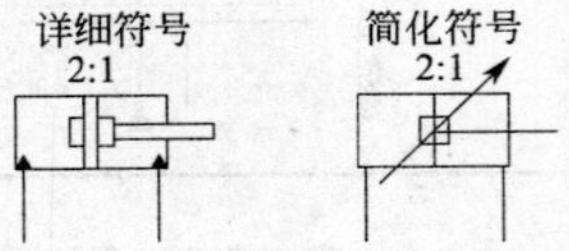 详细符号 2:1　　简化符号 2:1 | 两端可调缓冲，活塞面积比 2：1 |
| 伸缩缸 | 单作用伸缩气缸 | 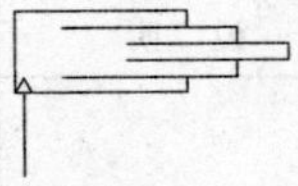 | |
| | 双作用伸缩液压缸 | 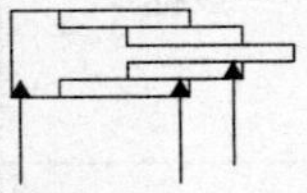 | |

表 6-7-9　特殊能量转换器

| 名称 | 符号 | 说明 | 名称 | 符号 | 说明 |
|---|---|---|---|---|---|
| 气—液转换器 | 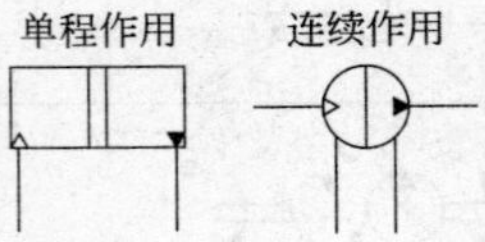 单程作用　连续作用 | 气压力转换成大体相等的液压力 | 增压器 | 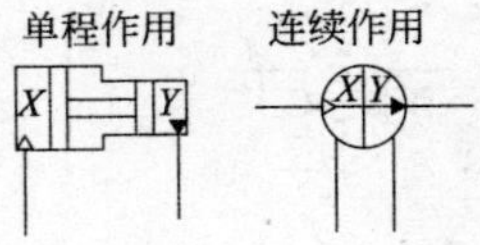 单程作用　连续作用 X Y　　XY | 气压力 $X$ 转换成液压力 $Y$ |

表 6-7-10　储　能　器

| 名称 | | 符号 | 说明 | 名称 | | 符号 | 说明 |
|---|---|---|---|---|---|---|---|
| 储能器 | |  | 垂直绘制一般符号 | 储能器 | 弹簧式 |  | 垂直绘制 |
| | 气体隔离式 |  | 垂直绘制 | | 辅助气瓶 |  | 垂直绘制 |
| | 重锤式 |  | 垂直绘制 | | 气罐 | 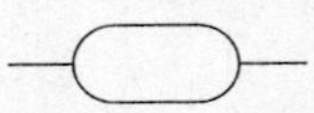 | |

表 6-7-11　动　力　源

| 名称 | 符号 | 说明 | 名称 | 符号 | 说明 |
|---|---|---|---|---|---|
| 液压源 |  ▶ | 一般符号 | 电动机 | 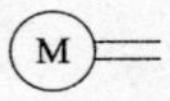 M | |
| 气压源 | 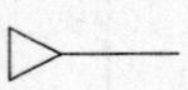 ▷ | 一般符号 | 原动机 | 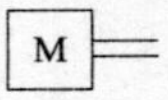 M | 电动机除外 |

表 6-7-12　方向控制阀

| 名　　称 | 符　　号 | 说　　明 |
|---|---|---|
| 二位二通手动换向阀 | 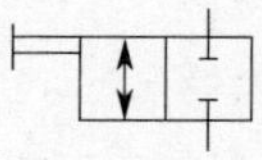 | 常闭 |
| 二位三通电磁换向阀 | 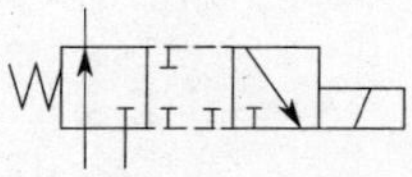 | 虚线表示过渡位置 |
| 二位五通液动换向阀 | 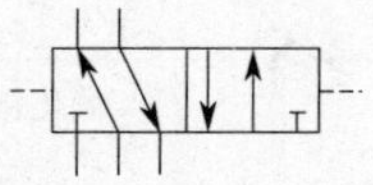 | |
| 三位四通电液换向阀 | 详细符号 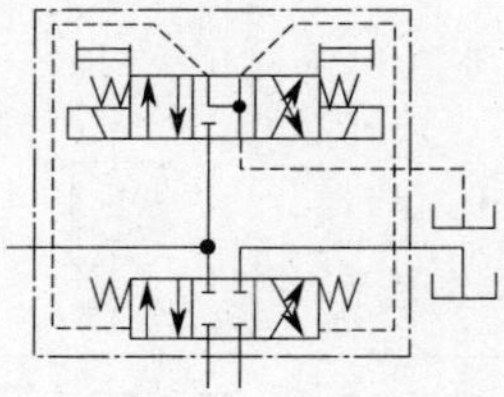<br><br>简化符号 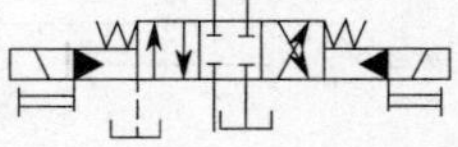 | 主阀：三位<br>　　　四通<br>　　　弹簧对中<br>　　　内部压力控制<br>先导阀：三位<br>　　　　四通<br>　　　　弹簧对中<br>　　　　单作用电磁铁控制<br>　　　　带手动应急控制装置<br>外部泄油 |
| | 详细符号 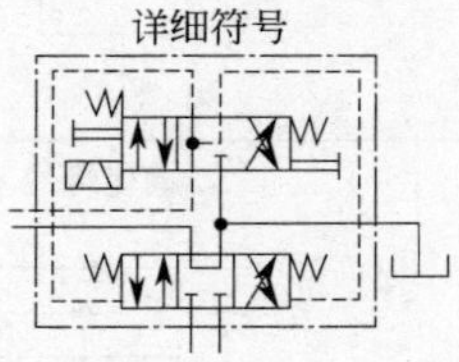<br><br>简化符号 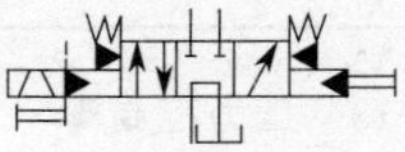 | 主阀：三位<br>　　　四通<br>　　　压力对中与弹簧对中并用<br>　　　外部压力控制<br>先导阀：三位<br>　　　　四通<br>　　　　弹簧对中<br>　　　　双作用电磁铁控制<br>　　　　带手动应急控制装置<br>内部泄油 |
| 四通节流型换向阀 | 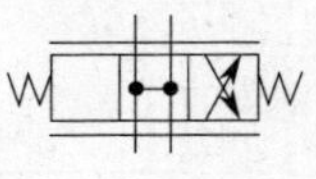 带负遮盖中间位置 | 具有连续可变过渡位置 |
| | 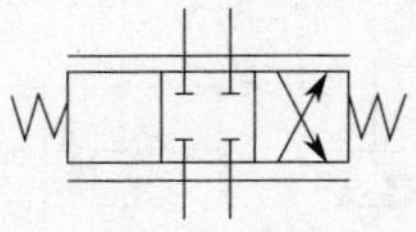 带正遮盖中间位置 | |
| 伺服阀 | 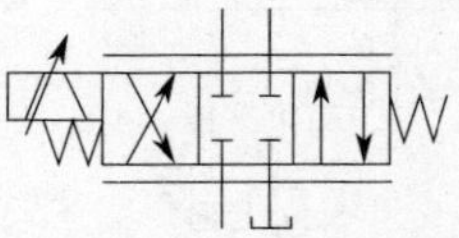 | 典型形式 |

| 名　称 | | 符　号 | | 说　明 |
|---|---|---|---|---|
| | | 详细符号 | 简化符号 | |
| 单向阀 | 无弹簧 | 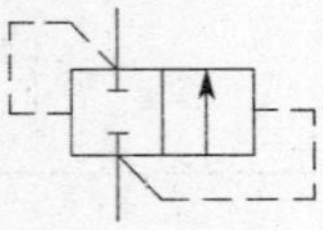 |  | 弹簧可省略 |
| | 带弹簧 | 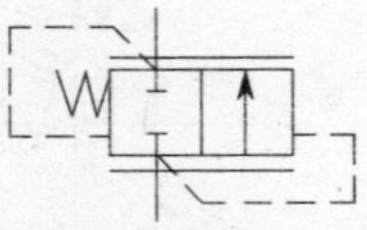 |  | |
| | | 详细符号 | 简化符号 | |
| 液控单向阀 | 无弹簧 | 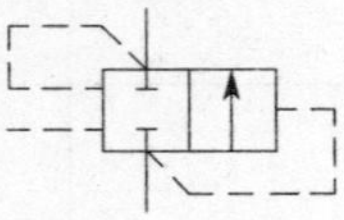 |  | 控制压力关闭阀 |
| | 带弹簧 | 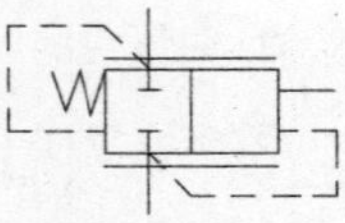 | 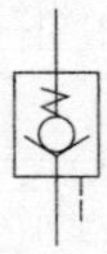 | 弹簧可省略<br>控制压力打开阀 |
| 或门型梭阀 | | 详细符号 | 简化符号 | |
| 与门型梭阀 | | 详细符号 | 简化符号 | |
| 快速排气阀 | | 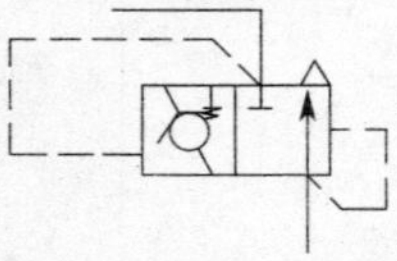 详细符号 | 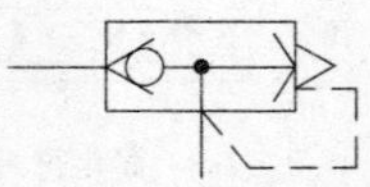 简化符号 | |

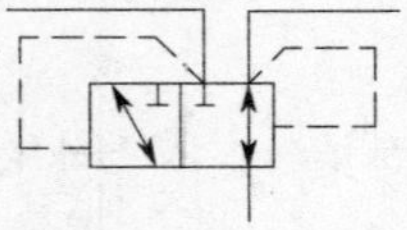

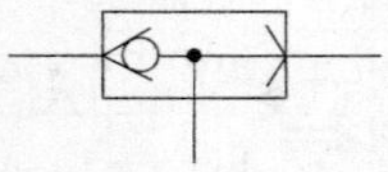

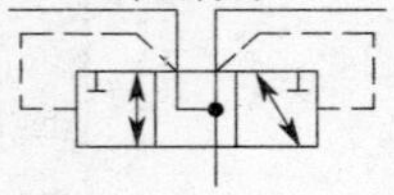

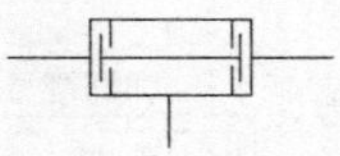

表 6-7-13　压力控制阀

| 名　称 | | 符　号 | 说　明 |
|---|---|---|---|
| 溢流阀 | 直动型溢流阀 | 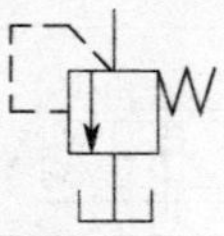 | 也用作溢流阀一般符号 |
| | 先导型溢流阀 | 详细符号 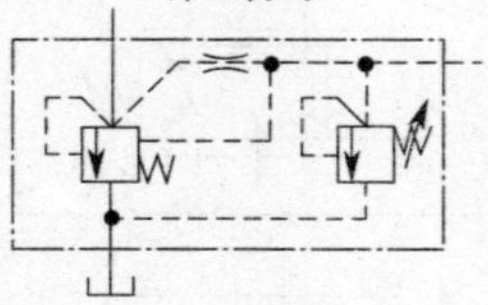<br><br>简化符号 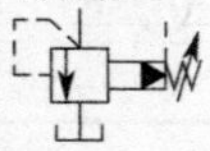 | 带遥控口 |

续上表

| 名称 | | 符号 | 说明 |
|---|---|---|---|
| 减压阀 | 直动型减压阀 | 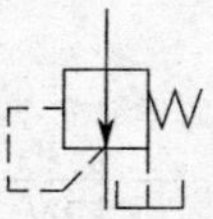 | 也用作减压阀一般符号 |
| | 先导型减压阀 | 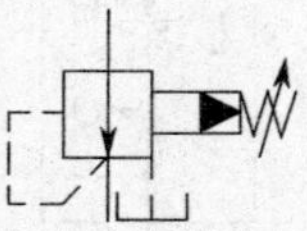 | |
| | 溢流减压阀（带溢流阀的减压阀） | 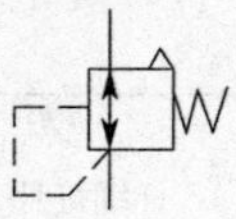 | 气动 |
| 顺序阀 | 直动型顺序阀 | 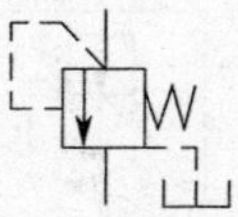 | 也用作卸荷阀一般符号<br>内部压力控制<br>外部泄油 |
| | | 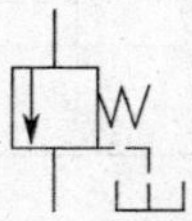 | 也用作卸荷阀一般符号<br>外部压力控制<br>外部泄油 |
| | 先导型顺序阀 | 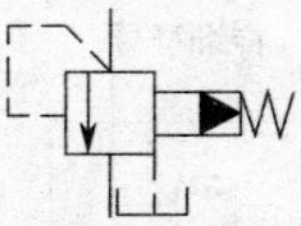 | 内部压力控制<br>外部泄油 |
| 卸荷阀 | 直动型卸荷阀 | 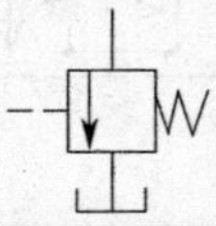 | 也用作卸荷阀一般符号 |

表 6-7-14　流量控制阀

| 名称 | | 符号 | | 说明 |
|---|---|---|---|---|
| 节流阀 | 可调节流阀 | 详细符号  | 简化符号  | 无完全关闭位置<br>也用作节流阀一般符号 |
| | 截止阀 | | | 具有一个安全关闭位置 |
| | 滚轮控制可调节流阀（减速阀） | | | |
| 分流阀 | | | | 箭头表示压力补偿 |

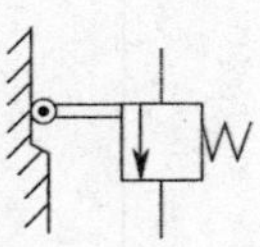

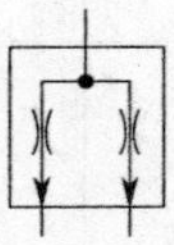

| 名　称 | | 符　号 | 说　明 |
|---|---|---|---|
| 调速阀 | 普通型调速阀 | 详细符号 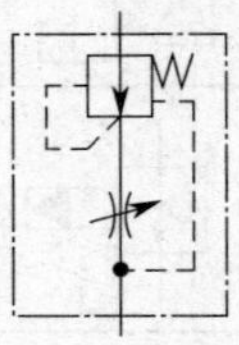　　　简化符号  | 简化符号中的通路箭头表示压力补偿<br>也用作调速阀一般符号 |
| | 温度补偿型调速阀 | 详细符号 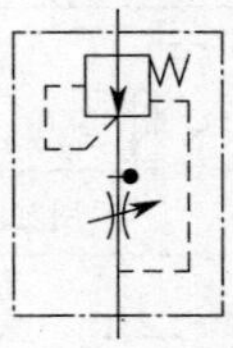　　　简化符号  | 箭头符号中通路箭头表示压力补偿 |
| | 旁通型调速阀 | 详细符号 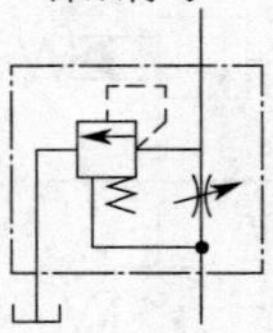　　　简化符号 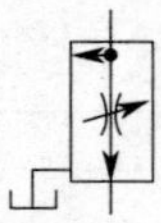 | |

表 6-7-15　液压油箱

| 名　称 | | 符　号 | 说　明 |
|---|---|---|---|
| 通大气式油箱 | 管端在液面以上 | 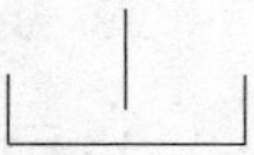 | |
| | 管端在液面以下 | 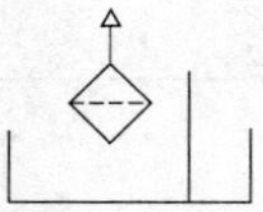 | 带空气滤清器 |
| | 管端连接于邮箱底部 | 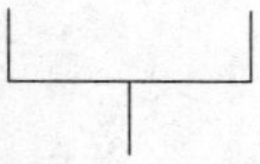 | |
| | 局部泄油或回油 | | |
| 密闭式油箱 | | 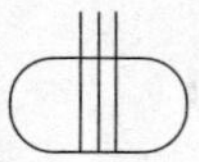 | 三条管路 |

**表 6-7-16 流体调节器件**

| 名称 | | 符号 | 说明 |
|---|---|---|---|
| 过滤器 | 通用 | 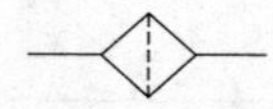 | 一般符号 |
| 过滤器 | 带磁性滤芯 | 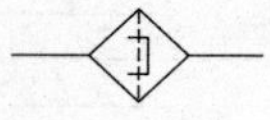 | |
| 过滤器 | 带污染指示器 | 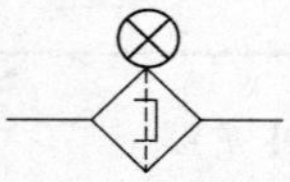 | |
| 分水排水器 | 人工排出 | 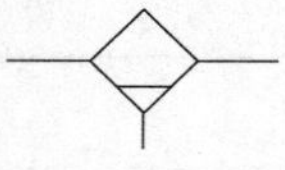 | |
| 分水排水器 | 自动排出 | 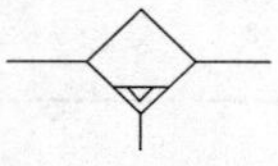 | |
| 空气过滤器 | 人工排出 | 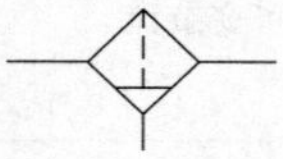 | |
| 空气过滤器 | 自动排出 | 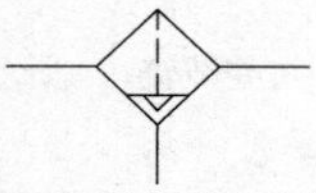 | |
| 除油器 | 人工排出 | 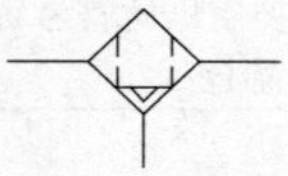 | |
| 除油器 | 自动排出 | 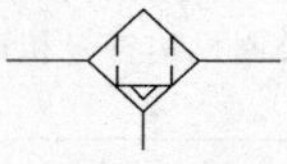 | |

| 名称 | 符号 | 说明 |
|---|---|---|
| 空气干燥器 | 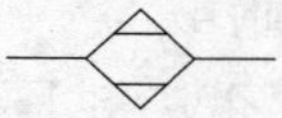 | |
| 油雾器 | 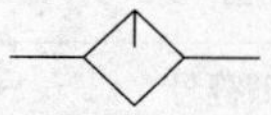 | |
| 气源调节装置 | 详细符号<br>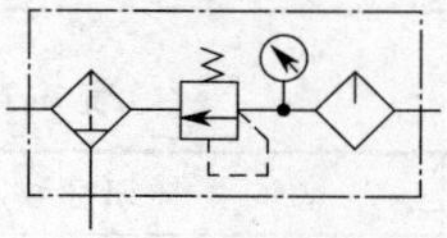<br>简化符号<br>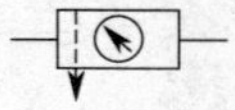 | 垂直箭头表示分离器 |
| 热交换器 | | |
| 冷却器 | 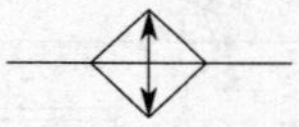 | 一般符号 |
| 冷却器 | 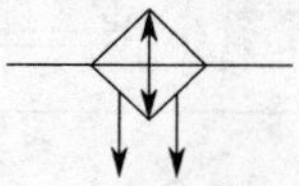 | 带冷却剂管路指示 |
| 加热器 | 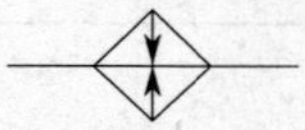 | |
| 温度调节器 | 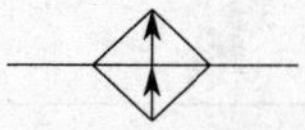 | |

**表 6-7-17 检测器或指示器**

| 名称 | | 符号 | 说明 |
|---|---|---|---|
| 压力检测器 | 压力指示器 | 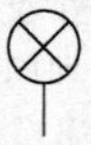 | |
| 压力检测器 | 压力机 | 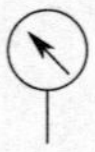 | |
| 压力检测器 | 压差计 | 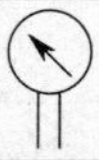 | |
| 压力检测器 | 脉冲计数器 | 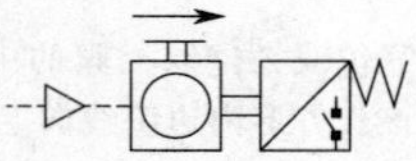 | 带电输出信号 |
| 压力检测器 | 脉冲计数器 | 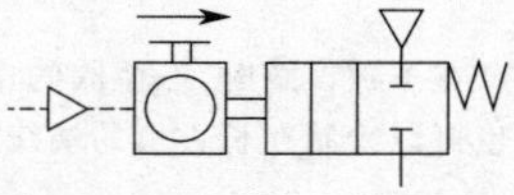 | 带气动输出信号 |
| 液位计 | | 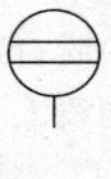 | |

| 名称 | | 符号 | 说明 |
|---|---|---|---|
| 温度计 | | 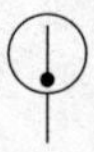 | |
| 流量检测器 | 检流计(液流指示器) | 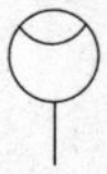 | |
| 流量检测器 | 流量计 | 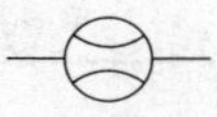 | |
| 流量检测器 | 累计流量计 | 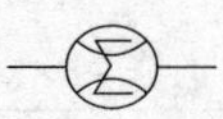 | |
| 转速仪 | | 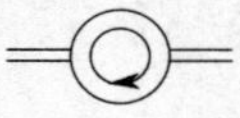 | |
| 转矩仪 | | 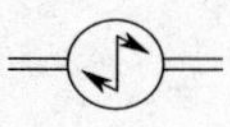 | |

表 6-7-18　其他元件

| 名　称 | 符　　号 | 说明 | 名　称 | 符　　号 | 说明 |
|---|---|---|---|---|---|
| 压力继电器 | 详细符号 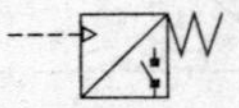　　一般符号 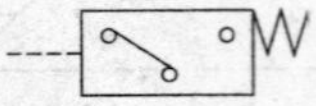 | | 模拟传感器 | 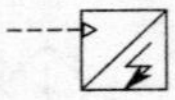 | 气动 |
| 行程开关 | 详细符号　　一般符号 | | 消声器 | | 气动 |
| | | | 报警器 | | 气动 |

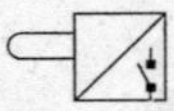

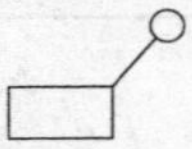

表 6-7-19　控制机构、能量控制和调节元件（补充）

| 名　称 | 详细符号 | 一般符号 | 说　　明 |
|---|---|---|---|
| 二通阀 | 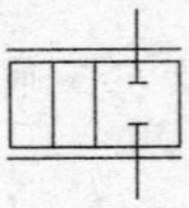 | 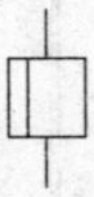 | 常闭可变节流 |
| 二通阀 | 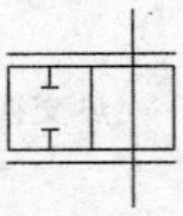 | 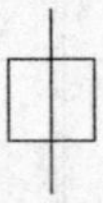 | 常开可变节流 |
| 三通阀 | 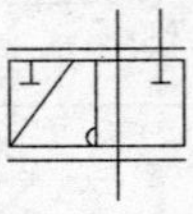 | 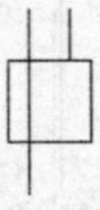 | 常开可变节流 |
| 阀的控制机构 | 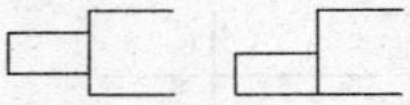 | | 阀的控制机构符号可以绘制在长方形端部的任意位置上 |
| 泵的可调节元件 | 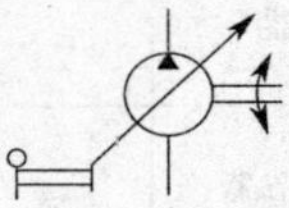 | | 表示可调节元件的可调节箭头可以延长或转折，与控制机构符号相连 |
| 双向的控制机构 | 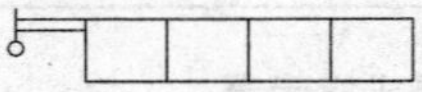 (a) 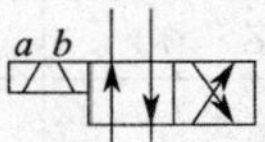<br>(b) 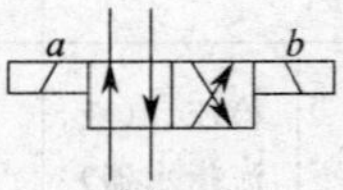<br>(c) | | 双向控制的控制机构符号，原则上只需绘制一个，如图(a)在双作用电磁铁控制符号中，如必须表示电信号和阀位置关系时，不采用双作用电磁铁符号[图(b)]而采用两个单作用电磁铁符号[图(c)] |
| 单一控制方向的控制 | | | 该符号绘制在被控符号要素的邻接处 |
| 三位或三位以上阀的中间位置控制 | 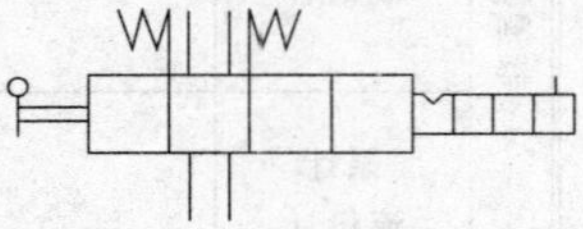 | | 三位或三位以上阀的中间位置控制符号绘制在该长方形内边筐线向上或向下的延长线上 |
| 三位阀的中间位置的控制 | 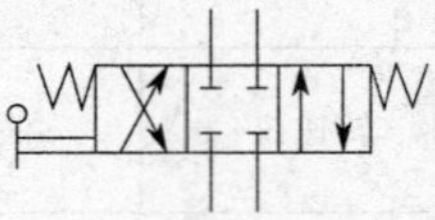 | | 在不被误解时，三位阀的中间位置的控制符号也可以绘制在长方形的端线上 |
| 压力对中的控制 | 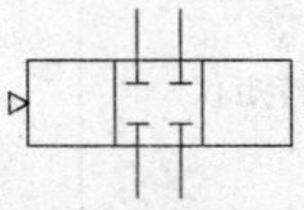 | | 压力对中时，可以将功能要素的正三角形绘制在长方形端线上 |

续上表

| 名 称 | 详细符号 | 一般符号 | 说 明 |
|---|---|---|---|
| 先导控制 | | | 先导控制(简称压力控制)元件中的内部控制管路和内部泄油管路在简化符号中通常可省略<br>先导控制(简称压力控制)元件中的单一外部控制管路和外部泄油管路仅绘制在简化符号的一端。任何附加的控制管路和泄油管路绘制在另一端。元件符号必须绘制出所有的外部连接口 |
| 选择控制的控制 | 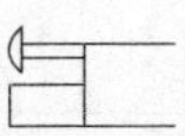 | 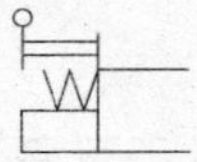 | 选择控制的控制符号并列绘制。必要时,也可绘制在相应长方形边框线的延长线上 |
| 顺序控制<br>能量控制 | 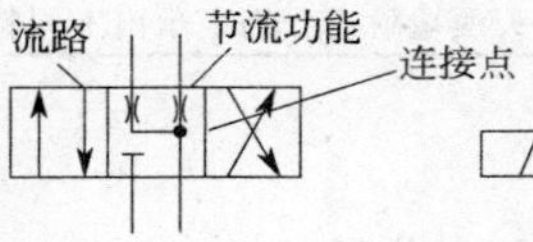 | 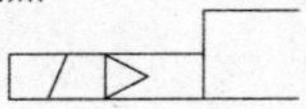 | 顺序控制的控制符号按顺序一次排列。<br>能量控制和调节元件符号由一个长方形(包括正方形,下同)或相互邻接的几个长方形构成 |
| 通路、连接点、单向及节流等符号 | 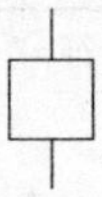 | 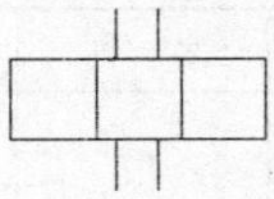 | 除另有规定者外,流动通路、连接点、单向及节流等功能符号,均绘制在相应的主符号中 |
| 外部连接口 | 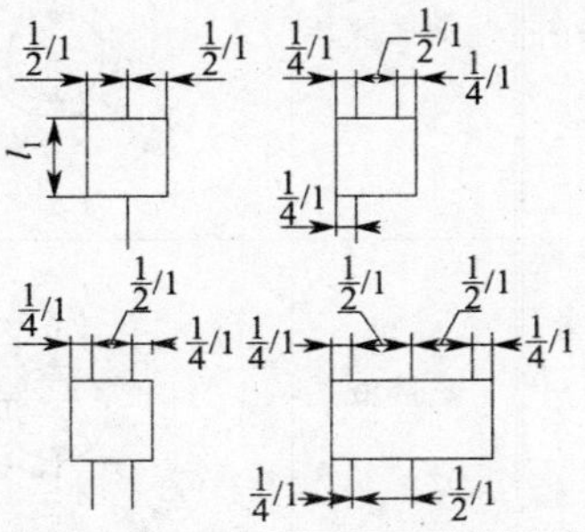 | | 外部连接口,如图所示,以一定间隔与长方形相交。两通阀的外部连接口绘制在长方形中间 |
| 泄油管路 | 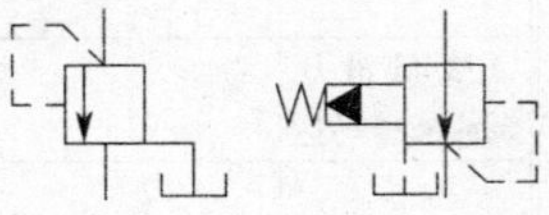 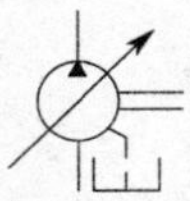 | | 泄油管路符号,绘制在长方形的顶角处<br>注:旋转型能量转换元件的泄油管路符号绘制在与主管路符号成45°的方向,和主符号相交 |
| 过渡位置 |  | | 过渡位置的绘制,如图所示,把相邻动作位置的长方形拉开,其间上下边框用虚线连接 |
| 连续变化的过渡位置 | 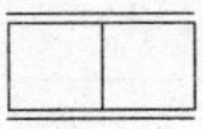 | 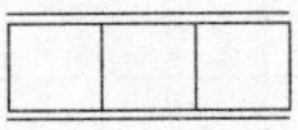 | 具有数个不同动作位置及节流程度连续变化的过渡位置的阀,如图所示,在长方形上下外侧画上平行线来表示。<br>为便于绘制,具有两个不同动作位置的阀,可用一般符号表示。其间,表示流动方向的箭头应绘制在符号中 |

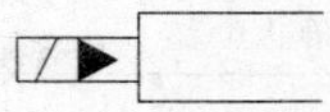

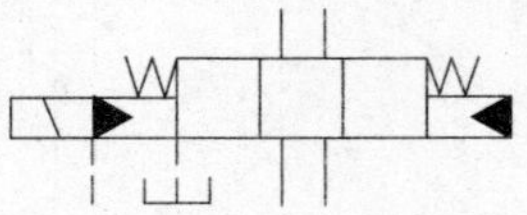

**表 6-7-20 旋转式能量元件的旋转方向、流动方向和控制位置的标注**

| 旋转方向 | 表示方法 | 旋转方向用从功率输入指向功率输出的围绕主符号的同心箭头表示。<br>双向旋转的元件仅需标注其中一个旋转方向。通轴式元件应选定一端标准 |
|---|---|---|
| | 泵 | 用从传动轴指向输出管路的箭头表示 |
| | 马达 | 用从输入管路指向传动轴的箭头表示 |
| | 泵—马达 | 同泵的规定 |

| | 表示方法 | 用指定线及其上的标注来表示 | |
|---|---|---|---|
| 控制位置 | 指示线 | 系垂直于可调箭头的一根直线。其交点即元件的静止位置 | |
| | 标注 | 用 $M, \phi, N$ 表示<br>$\phi$ 表示零排量定位置<br>$M, N$ 表示最大排量的极限控制位置（见右图） | 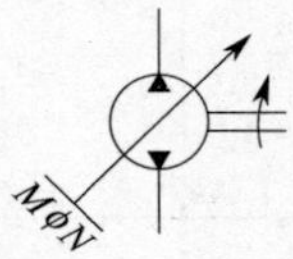 |
| 旋转方向和控制位置的关系 | | 必须表示此关系时，控制位置的标注表示在同心箭头的定端附近<br>两个旋转方向的控制特性不同时，在旋转方向的箭头顶端附近分别表示出不同特性的标注 | |

符号举例见表 6-7-21。

**表 6-7-21　关于表 6-7-20 的举例**

| 名称 | 符号 | 说明 | 名称 | 符号 | 说明 |
|---|---|---|---|---|---|
| 定量液压马达 | 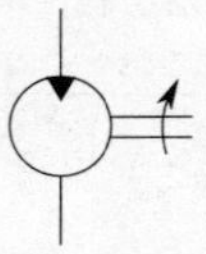 | 单方向旋转，不指示和流动方向有关的旋转方向箭头 | 变量液压马达 | | 双向旋转<br>$B$ 口为输入口时，输出轴左向旋转 |
| 定量液压泵或马达<br>(1) 可逆式旋转泵<br>(2) 可逆式旋转马达 | | 双向旋转，双出轴，输入轴左向旋转时，$B$ 口为输出口<br>$B$ 口为输入口时，输出轴左向旋转 | 变量液压泵 | | 单向旋转<br>向控制位置 $N$ 方向操作时 $A$ 口为输出口 |
| 变量液压泵 | | 单向旋转<br>不指示和流动方向有关的箭头 | 变量液压泵或液压马达<br>(1) 可逆式旋转液压泵 | | |
| 定量液压泵—马达 | | 双向旋转<br>作泵功能时，输入轴右向旋转，$A$ 口为输入口 | (2) 可逆式旋转液压马达 | 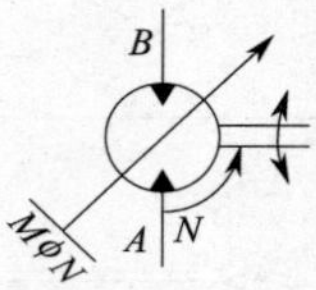 | $A$ 口为入口时，输出轴向左旋转，变量机构在控制位置的 $N$ 处 |
| 变量液压泵—马达 | | 双向旋转<br>作泵功能时，输入轴右向旋转，$B$ 口为输入口 | 变量可逆式旋转泵—马达 | 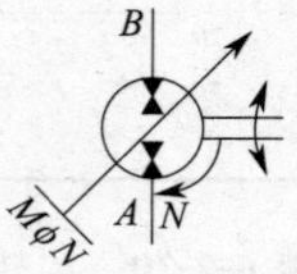 | 双向旋转<br>作泵功能时，输入轴向右旋转，$A$ 口为输出口，变量机构在控制位置 $N$ 处 |
| 变量液压泵—马达 | | 单向旋转<br>作泵功能时，输入轴向右旋转，$A$ 口为输入口，变量机构在控制位置 $M$ 处 | 定量/变量可逆式旋转泵 | 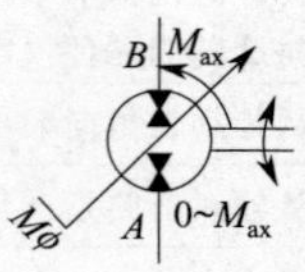 | 双向旋转<br>输入轴右向旋转时，$A$ 口为输出口，变量液压泵功能，左向旋转时，为最大排量的定量泵 |

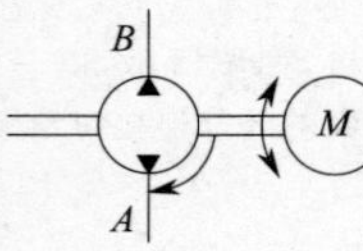

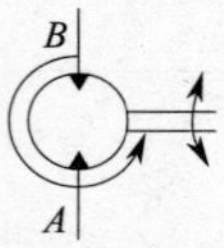

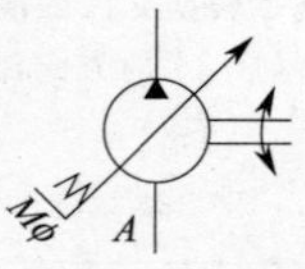

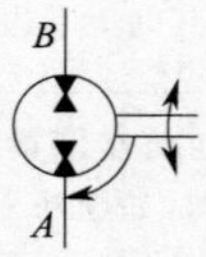

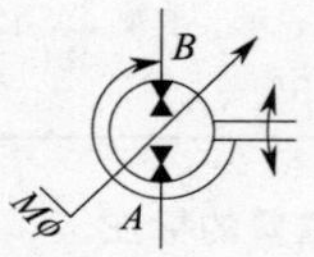

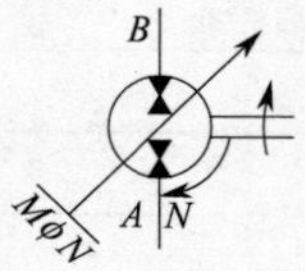

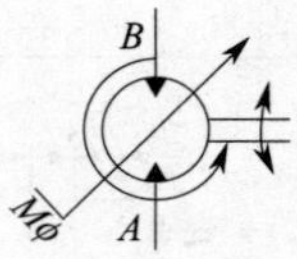

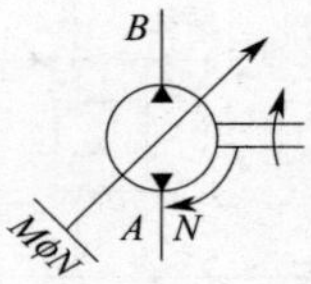

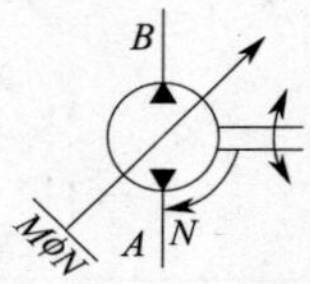

## 第二节 有关液压系统及元件压力的标准

液压气动系统及元件的公称压力系列(GB 2346—2003)见表 6-7-22。

**表 6-7-22 公称压力系列(GB 2346—2003)**

| 公称压力 | 系 列 值 |
|---|---|
| 单位:MPa | 1,(1.25),1.6,2,(2.5),3.15,4,(5),6.3,(8),10,12.5,16,20,25,31.5,(35),40,(45),50,63,80,100,125,160,200,250 |
| bar 为等量单位 | 10,(12.5),16,20,(25),31.5,40,(50),63,(80),100,125,160,200,250,315,(350),400,(450),500,630,800,1 000,1 250,1 600,2 000,2 500 |

注:1. 括号内公称压力值为非优先使用者;
  2. 公称压力超出本系列 100 MPa 时,应按 GB 321—2005《优先数和优先数系》R10 数系选用。

## 第三节 有关液压泵、马达公称排量的标准

液压泵、马达公称排量系列(GB 2346—2003)见表 6-7-23。

**表 6-7-23 公称排量系列**             mL/r

| | | | | | | | | | |
|---|---|---|---|---|---|---|---|---|---|
| 0.1 | 1.0 | 10 | 100 | 1 000 | 0.1 | 1.0 | 10 | 100 | 1 000 |
| | | | (112) | (1 120) | | 3.156 | 31.5 | 315 | 3 150 |
| | 1.25 | 12.5 | 125 | 1 250 | | | (35.5) | (355) | (3 550) |
| | | (14) | (140) | (1 400) | 0.4 | 4.0 | 40 | 400 | 4 000 |
| 0.16 | 1.6 | 16 | 160 | 1 600 | | 5.0 | 50 | 500 | 5 000 |
| | | (18) | (180) | (1 800) | | | (56) | (560) | (5 600) |
| | 2.0 | 20 | 200 | 2 000 | 0.63 | 6.33 | 63 | 630 | 6 300 |
| | | (22.4) | (224) | (3 340) | | | (71) | (710) | (7 100) |
| 0.25 | 2.5 | 25 | 250 | 2 500 | | 8.0 | 80 | 800 | 8 000 |
| | | (28) | (280) | (2 800) | | | (90) | (900) | (9 000) |

注:1. 括号内公称排量值为非优先使用者;
  2. 超出本系列 9 000 mL/r 的公称排量应按 GB 321—2005《优先数和优先数系》R10 数系选用。

## 第四节 有关液压缸几何参数的标准

### 一、"液压气动系统及元件 缸内径及活塞杆外径"标准(GB/T 2348—1993)

**1. 液压缸、气缸的缸筒内径尺寸系列(表 6-7-24)**

**表 6-7-24 缸筒内径尺寸系列**            mm

| | | | | | | | |
|---|---|---|---|---|---|---|---|
| 8 | 40 | 125 | (280) | 20 | (90) | 200 | (450) |
| 10 | 50 | (140) | 320 | 25 | 100 | (220) | 500 |
| 12 | 63 | 160 | (360) | 32 | (110) | 250 | |
| 16 | 80 | (180) | 400 | | | | |

注:1. 括号内缸筒内径尺寸为非优先使用者;
  2. 超出本系列 500 mm 的缸筒内径尺寸应按 GB 321—2005《优先数和优先数系》R10 数系选用。

**2. 液压缸、气缸的缸筒外径尺寸系列(表 6-7-25)**

表 6-7-25　缸筒外径尺寸系列　　　　　　　　　　　　　　　　　　　　　　　　　　　　　　　　　mm

| | | | | | | | |
|---|---|---|---|---|---|---|---|
| 4 | 20 | 56 | 160 | 12 | 36 | 100 | 280 |
| 5 | 22 | 60 | 180 | 14 | 40 | 110 | 320 |
| 6 | 25 | 70 | 200 | 16 | 45 | 125 | 360 |
| 8 | 28 | 80 | 220 | 18 | 50 | 140 | |
| 10 | 32 | 90 | 250 | | | | |

注：超出本系列 360 mm 的缸筒外径尺寸应按 GB 321—2005《优先数和优先数系》R10 数系选用。

## 二、"液压气动系统及元件 缸活塞行程系列"标准（GB/T 2349—1980）

活塞行程参数依优先次序按表 6-7-26 至表 6-7-28 选用。

表 6-7-26　最优先系列　　　　　　　　　　　　　　　　　　　　　　　　　　　　　　　　mm

| | | | | | | | | | |
|---|---|---|---|---|---|---|---|---|---|
| 25 | 50 | 80 | 100 | 125 | 160 | 200 | 250 | 320 | 400 |
| 500 | 630 | 800 | 1 000 | 1 250 | 1 600 | 2 000 | 2 500 | 3 200 | 4 000 |

表 6-7-27　次优先系列　　　　　　　　　　　　　　　　　　　　　　　　　　　　　　　　mm

| | | | | | | | | | |
|---|---|---|---|---|---|---|---|---|---|
| | 40 | | 63 | | 90 | 110 | 140 | | 180 |
| 220 | 280 | 360 | 450 | 550 | 700 | 900 | 1 100 | 1 400 | 1 800 |
| 2 200 | 2 800 | 3 600 | | | | | | | |

表 6-7-28　非优先系列　　　　　　　　　　　　　　　　　　　　　　　　　　　　　　　　mm

| | | | | | | | | | |
|---|---|---|---|---|---|---|---|---|---|
| 240 | 260 | 300 | 340 | 380 | 420 | 480 | 530 | 600 | 650 |
| 750 | 850 | 950 | 1 050 | 1 200 | 1 300 | 1 500 | 1 700 | 1 900 | 2 100 |
| 2 400 | 2 600 | 3 000 | 3 400 | 3 800 | | | | | |

注：缸活塞行程>4 000 mm 时，按 GB 321—2005《优先数和优先数系》R10 数系选用，如不能满足时，允许按 R40 数系选用。

# 第五节　液压常用参数的单位及换算

虽然表 6-7-29 中的一些内容不符合现行有关国家标准，但亦属设计中需要统一和规范的内容，故也选编于此，供设计时参阅。

表 6-7-29　液压常用参数单位及换算

| 物理量 | 国际单位制单位 | | 其他单位 | | |
|---|---|---|---|---|---|
| | 英文 | 中文 | 英文 | 中文 | 其他单位换算成国际单位制单位 |
| 压力 $p$ | Pa=N/m$^2$ | 帕=牛/米$^2$ | kgf/cm$^2$ | 公斤力/厘米$^2$ | $9.81\times10^4$ Pa |
| 体积模量 $\beta$ | MPa=$10^6$ Pa | 兆帕=$10^6$ 帕 | Bar | 巴 | $10^{-1}$ MPa |
| 流量 $Q$ | m$^3$/s | 米$^3$/秒 | l/min | 升/分 | $1.6\times10^{-5}$ m$^3$/s |
| 力 $F$ | N | 牛 | kgf[1] | 公斤力 | 9.81 N |
| 力矩 $T$、$M$ | N·m | 牛·米 | kgf·m[1] | 公斤力·米 | 9.81 N·m |
| 速度 $v$ | m/s | 米/秒 | m/s | 米/秒 | 等同 |
| 加速度 $a$ | m/s$^2$ | 米/秒$^2$ | m/s$^2$ | 米/秒$^2$ | 等同 |
| 角速度 $\omega$ | rad/s | 弧度/秒 | rad/s | 弧度/秒 | 等同 |
| 角加速度 $\varepsilon$ | rad/s$^2$ | 弧度/秒$^2$ | rad/s$^2$ | 弧度/秒$^2$ | 等同 |

续上表

| 物理量 | 国际单位制单位 | | 其他单位 | | |
|---|---|---|---|---|---|
| | 英文 | 中文 | 英文 | 中文 | 其他单位换算成国际单位制单位 |
| 排量 $q$ | mL/r | 毫升/转 | L/r | 升/转 | $10^3$ mL/r |
| | | | $m^3$/r | 米$^3$/转 | $10^6$ mL/r |
| 能和功 | J=N·m | 焦=牛·米 | kgf·m[1] | 公斤力·米 | 9.81 J |
| 功率 $N$ | W=N·m/s<br>kW=$10^3$ W | 瓦=牛·米/秒<br>千瓦=$10^3$ 瓦 | kgf·m/s[1] | 公斤力·米/秒 | 9.81 W |
| | | | Ps | 马力（公制） | 735.8 W |
| | | | Hs | 马力（英制） | 745.6 W |
| 动力黏度 $\mu$ | N·s/$m^2$ | 牛·秒/米$^2$ | p[1] | 泊 | $10^{-1}$ N·s/$m^2$ |
| | | | cp[1] | 厘泊 | $10^{-3}$ N·s/$m^2$ |
| 运动黏度 $\gamma$ | $m^2$/s | 米$^2$/秒 | st[1] | 沲 | $10^{-4}$ $m^2$/s |
| | | | cSt[1] | 厘沲 | $10^{-6}$ $m^2$/s |
| 密度 $\rho$ | kg/$m^3$ | 千克/米$^3$ | kgf·$s^2$/$m^4$[1] | 公斤力·秒$^2$/米$^4$ | 9.81 kg/$m^3$ |

[1] 为废止单位。

# 第七篇　通用与专用起重机设计

## 第一章　智能数控起重机

### 第一节　数控技术与起重机的结合——智能数控起重机

工业厂房用桥式起重机应用十分广泛,它是提高车间物料搬运效率和劳动生产率的有效工具,根据搬运的吨位可分为各种规格和吊重的起重机,并根据车间不同的布局特点有不同的结构形式。

核能源是国家优先发展的新能源之一,大量的核工业生产设施项目促进了核工业的快速发展。核能源开发面临的一个非常大的困扰和问题是其对健康的危害性,因此在处理核废料和核材料的搬运过程中,必须充分考虑对人的危害性。

核废料的存储和运输在核废料处理过程中非常关键。一般是通过类似特制桶类容器处理封装后,存放在专门的仓库内,一桶核废料重几十公斤到几吨不等,在不需要人进行现场作业的情况下,有多种方案实现这种作业:

(1)采用远程图像监控再辅以机械半自动的方式(类似机械手)进行作业。这种方式的特点是简便,对于小范围、小重量级的核废料的搬运作业比较容易实现,缺点是人对操作环境的了解程度不高,环境稍微复杂容易产生误操作;另外是操作的效率较低,对远程操作员的经验要求较高。

(2)采用全自动的方式。这种方式的特点是机械装置可大可小,对核废料的搬运重量适应性好,人不必了解场景,只需通过同步的计算机再现动作观察整个作业过程,物料搬运装置可以在很大范围内搬运核废料。不足之处是对搬运对象的堆放要求较高,如放置核废料要有准确的位置坐标等。

(3)全环境适应的物料搬运系统,该方式与第二种最大的区别是对目标可以自适应识别,并准确判断后做出动作,对存放位置没有具体的要求,是一种高度自动化和智能化的机器人方案。

从以上分析可以看出,为了适应人在危险环境下的作业,核废料搬运宜采用自动化程度高的机械系统。在计算智能还没到到相当程度的时候,作业过程自动化和人的智能有效结合是一种较好的办法。按照类似危险环境下作业机械的自动化程度,将其分为:机械装置实现的自动化,需要人的干预实现操作;自动远程物料搬运装置,通过数字控制的方式实现,一旦作业流程确定,装置自动按照程序运行,不要人的干预;全自动机器人,一种全智能的自动机器人,采用一切可能的先进技术实现。

我们把第二种情况定义为智能数控起重机(以下简称数控起重机)。所谓数控起重机,就是采用数控技术来自动控制现有的起重机。通过使用PLC技术和运动控制技术实现起重机的精确控制,使之按照程序制定的流程进行作业,并可以通过远程的方式实现,从而有效地完成物料搬运任务。

数控起重机是数控技术在传统起重机行业的有效利用。目前还没有人具体定义过该类型的起重机。比较流行的术语有数控吊、数控起重机、起重机数控化、三坐标起重机等。

数控起重机与大型龙门数控机床有许多类似的地方。比如,都是基于三坐标的空间运动以实现轨迹控制,运动的范围都比较大,不同点是:数控机床的运行精度高、范围小,采用插补之后走的位置比较精确,并且大多是连续控制,可以精确到微米级;而数控起重机的运行范围相对较大,甚至到整个厂房,运行的精度可到毫米级,零部件的精度相比数控机床的零部件精度低的多,属于典型的点位控制,所以成本较低。

数控起重机广泛应用于工业厂房、港口、核废料存储等等场所,涉足的行业包括食品、机械、冶金、仓储等等各种有关大宗、顺序作业、危险环境作业等情况下的物料搬运。

以桥式起重机为例,数控起重机主要由机械部分、控制部分、电气部分、软件部分等组成。没有特别说明,下面介绍的主要是桥式数控起重机。

## 第二节 数控起重机设计

### 一、总体设计方案

数控起重机的总体方案一般如图 7-1-1 所示。该数控起重机主要由起重机机械本体、控制系统硬件、电气部分、控制系统软件组成。其中,机械本体主要由大车、小车、主梁、起升、吊具、抓具等机械结构组成,系统控制硬件主要由运动控制子系统(含电机、电机驱动器、运动控制器、相关开关元器件、IO接口)等组成,而系统控制软件是整个系统的核心,主要由作业流程定制、堆放规划、库房管理、作业自动操作、作业手动操作等部分组成。

整个数控起重机的作业过程如下:数控起重机定位;用户给定作业工作流程,系统根据工作流程,自动生成作业流程程序,并分解该程序为各个步骤;数控起重机自动计算当前位置与下一目标位置的移动量(包括起升最小安全位置等)并到达相应位置,按照程序实施当前目标位置的动作,完成后到达下一目标,直到完成整个作业过程为止。数控起重机的整个控制系统为闭环控制,需要获取并判断当前位置与目标位置的差值,将差值信息反馈到控制系统,控制系统将根据反馈信息调整起重机的位置,实现精确的移动和抓取,完成有效的作业。

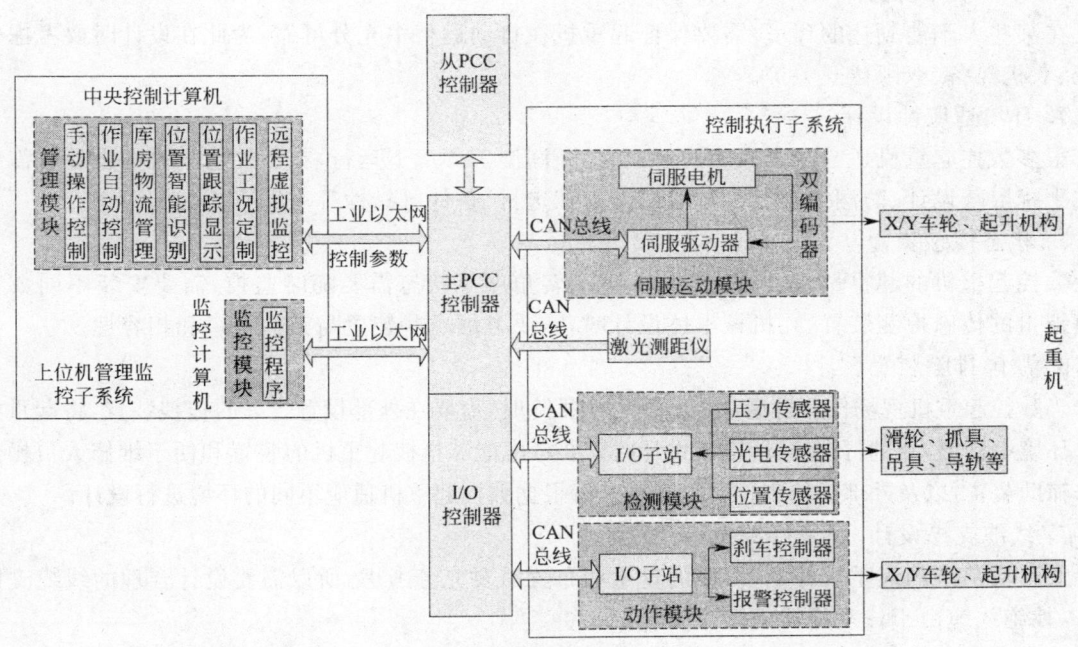

图 7-1-1 数控起重机总体技术方案

数控起重机一般具有如下功能:

(1)自动流程作业;

(2)自动精确定位;

(3)自动称重;

(4)自动测距;

(5) 自动调速；
(6) 远程控制；
(7) 远程虚拟监控；
(8) 远程同步操作；
(9) 自动仓储可视管理；
(10) 防辐照（核辐射环境下）；
(11) 加上计算机视觉，还具有自动识别定位功能，使之智能化程度高。

### 二、数控起重机机械设计

数控起重机与常规起重机在机械部分的设计没有太大的差别，桥架、大车、小车、起升机构等均沿用传统的设计方法，根据搬运对象设计相应功能的吊具。数控起重机与传统起重机最大的区别是能够精确定位、自动进行，所以在设计时还应充分考虑如下环节。

1. 精确定位装置

数控起重机靠控制大车、小车、起升机构等部分到达精确位置以定位抓取既定目标，由于起重机的零部件并没有理想的精度，加之运行过程中间隙或打滑等现象的存在，在设计这些部件时，需要考虑具有反馈信息的驱动装置（带有编码器的电机等）、位置获取装置（激光测距装置）、回零装置等，并在机械本体设计部分充分考虑与这些装置的安装接口。

2. 摄像系统

数控起重机为了达到远端操控，除了自动精确控制外，还需要对环境、操作状态进行监控，在操作环境内需要设置多个摄像头进行全景监控，设计时需要考虑安装接口。

3. 可靠性冗余设计

在某些人不能到达的环境，需要保证起重机在自动运行中充分可靠，为此在设计时要考虑电机冗余、双机热备、双限位开关等。

4. 环境适应性设计

很多数控起重机适合在无人、有污染、腐蚀、潮湿等环境下运行，在数控起重机的设计时需要考虑抗干扰屏蔽设计、防潮设计、防腐蚀设计，需在选材、备件可靠性等方面有充分的考虑。

5. 状态传感装置

数控起重机的起重量、运行位置、吊具的旋转角度等状态需要随时监控，需要安装不同数字量或模拟量的传感检测装置，在机械本体设计时，需要考虑这些装置与其的接口和相容性。

6. 故障排除装置设计

当数控起重机现场作业遭遇到故障且无法排除时，需要在外部设置合理的拖拽装置，将起重机从操作环境中移出，并进行维修，所以在设计时需要考虑能够拖拽起重机的装置和便于维修人员操作的维修辅助装置，以及外部维修工位等。这些装置根据数控起重机适应不同的环境进行设计。

7. 线缆支撑设计

大移动范围的起重机作业，线缆的重量和布置需要充分考虑，所以需要设计合理的线缆支撑装置，以杜绝线缆由于往复拖拽而寿命降低。

## 第三节 数控起重机控制系统设计

控制系统是智能数控起重机的基础和核心，它要能完成大/小车运行的精确控制、抓具的起升/旋转/抓取、控制系统状态的检测和故障报警等。

起重机自动计算当前位置与下一目标位置的移动量（包括起升最小安全位置等）并到达相应位置，按照程序实施当前目标位置的动作，完成后到达下一目标，直到完成整个作业过程为止。

起重机的整个控制系统为闭环控制,需要获取并判断当前位置与目标位置的差值,将差值信息反馈到控制系统,控制系统将根据反馈信息调整起重机的位置,实现精确的移动和抓取,完成有效的作业。

## 一、控制系统总体结构

控制系统总体结构如图 7-1-2 所示。控制系统分为以下 6 个部分。

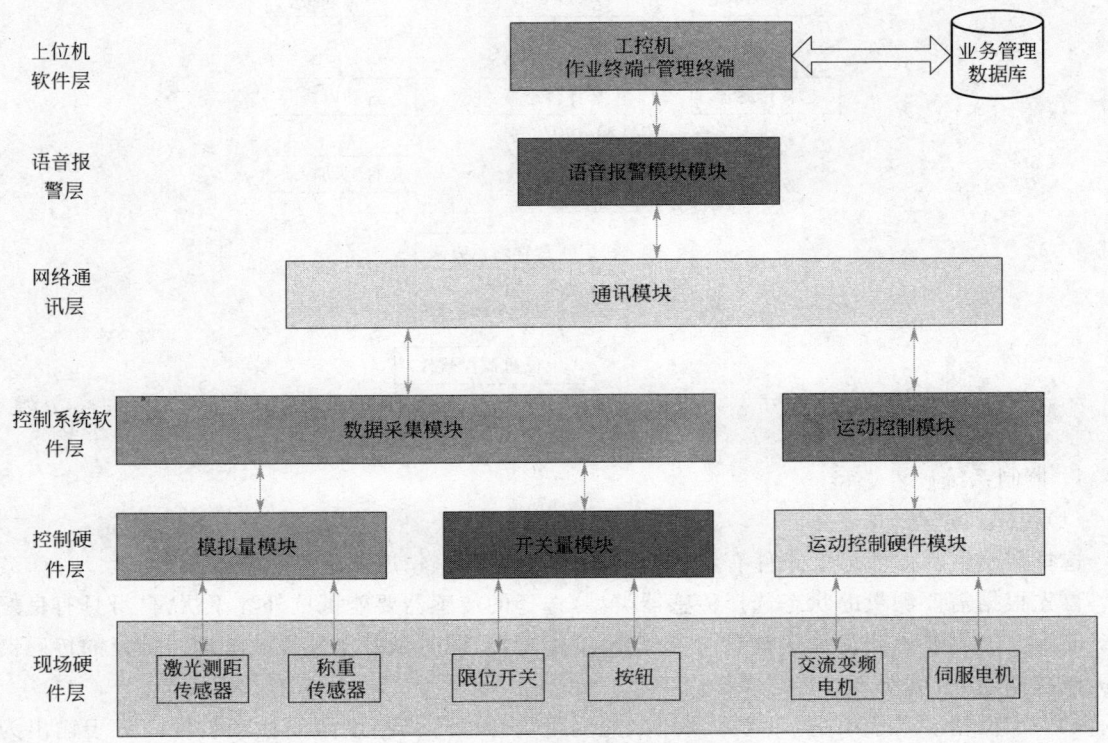

图 7-1-2 控制系统总体结构

(1)现场硬件层

主要是现场安装的各种传感器、电机等。

(2)控制硬件层

包括模拟量模块、离散量模块等数据采集模块,以及运动控制卡、变频器等运动控制硬件模块。

(3)控制系统软件层

通过控制系统硬件,控制系统软件完成传感器数据的采集和处理,根据要求完成运动控制。

(4)网络通讯层

网络通讯层完成上位机软件和控制系统的通讯,可选用 Modbus TCP/IP、CANopen 等工业通讯协议。

(5)语音报警层

为了方便人机交互,及时反馈起重机故障,数控起重机可以增加语音报警功能。结合实时状态采集、语音合成技术,报警层可以报告起重机的位置、速度、作业状态及故障部位等信息。

(6)上位机软件层

可以选用工业组态软件,实时监控智能数控起重机运行位置、速度、各部件状态等,如出现故障可进行语音报警。

## 二、控制系统设计流程

数控起重机控制系统设计流程如图 7-1-3 所示。首先根据要求选择合适的传感器和电机,根据传感器选择合适的数据采集模块,根据电机选择运动控制模块。根据数据采集模块和运动模块选择与上位机的通讯方式,目前常用的工业通讯方式有 Modbus TCP/IP、Modbus 和 RS485 通讯等,可根据自己需要选择。

根据具体要求完成控制系统软件的设计,上位机可采用工业组态软件进行系统监控,实时监控数控起重机运行位置、速度、状态显示和故障信息报警等。

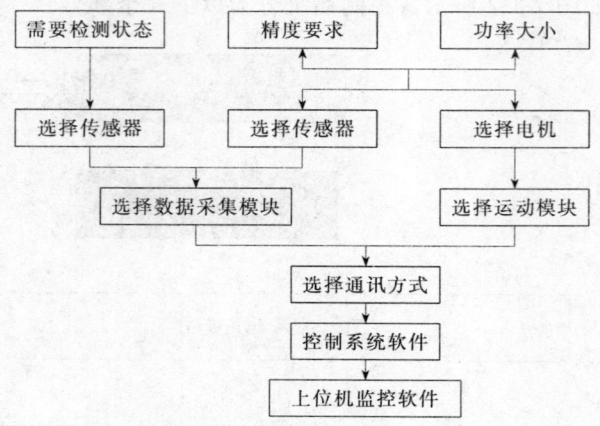

图 7-1-3　控制系统设计流程

1. 控制系统硬件选型

(1)传感器选型

选择传感器需要考虑的条件有:现场环境、检测的状态、精度要求和机械安装形式。

首先根据需要测量的状态选择传感器类型,选择的传感器要能抵抗外界干扰,自身具有良好的屏蔽能力。如果要求测量精度较高,选择高精度传感器,同时做好电气屏蔽处理。选择的传感器要与机械结构相配合,便于安装。

如果定位精度要求很高,可考虑采用激光测距传感器等高精度距离检测装置。对于输出为模拟量等易衰减信号的传感器还需要考虑传输距离等对其影响,如距离过长可考虑采用 RS485 或 RS422 传输,或增加信号线直径等方式。

数控起重机一般通过大、小车、起升回零限位开关,建立起重机坐标系原点。

(2)电机选型

选择电机需要考虑的条件有:定位精度、功率大小和现场环境。

如果定位精度要求较高且功率不大(<7 kW),可选择伺服电机,如果精度要求不高或功率较大,可选择交流变频电机等。

(3)数据采集模块选型

选择数据采集模块需要考虑的条件有:传感器信号类型、传感器通讯方式。

数据采集模块要求有较好的电气隔离和屏蔽,根据需要还可以增加转换(如 RS485 转 RS232)装置。为了方便系统维护,模块要预留一部分数据采集通道。

(4)运动控制模块选型

选择运动控制模块需要考虑的条件有:电机类型、定位精度。

如果是伺服电机,可选用运动控制卡或轴控模块等,如果是交流变频电机等,可考虑采用编码器+变频器的控制形式,也可保证一定精度。数控起重机要求运动控制模块必须为闭环控制。

2. 控制系统数据采集设计

数据采集模块包括:模拟量采集模块、离散量采集模块和故障信息采集模块。数据采集模块主要采集现场传感器的信号,进行软件处理。同时,数据采集模块还可以采集控制系统故障信息。

对于模拟量信号,需要在程序中进行滤波处理,去掉干扰信号,否则可能导致信号失真,测量不准。

控制系统部件最好可进行自身状态检测,数据采集模块实时采集系统部件状态,及时报警避免事故发生。

3. 控制系统运动控制设计

数控起重机运动包括手动和自动两种方式。

(1) 自动模式

自动运行包含的主要操作有:

① 寻原点操作

起重机在运行的初始需进行寻原点操作,触发零位限位开关即寻到原点。寻原点操作可建立数控起重机的坐标系,校正运行中误差。

② 同步模式设定

起重机大、小车至少各需要 2 台电机驱动,这就必须保证电机同步,因为起重机跨度较大,无法通过机械方式实现,所以在程序中进行同步模式的设定。

可以采用电机并联的方式,在程序中对两台电机采用完全相同的配置和指令,可以保证基本的同步。

现在市面上的产品,如施耐德的 CSY 系列模块,提供从轴设定,可以保证高精度的同步。

③ 运动补偿

起重机在运行过程中会出现打滑等情况,如果起重机精度要求很高,可以通过外部高精度测量设备如激光测距传感器等进行位置的测量。

通过数据采集模块读入测量值,并与理论值进行比较,若差值大于阀值或小于负阀值,则进行补偿,直到精度达到为止。

④ 运动状态判断

数据采集模块实时采集现场状态,如果系统故障或运动出错,程序会自动停止系统运动,直到故障解除并确认。

(2) 手动模式

手动模式包括连续运动和点动两种模式。

(3) 控制权切换

数控起重机有多个控制平台,包括上位机软件控制、现场手柄控制等,这要求当其中一个控制平台使用时,其他控制平台不能进行控制,必须进行控制权的切换后,才可使用。

### 三、数控起重机电气系统设计

数控起重机电气系统与传统起重机大体相同,设计时需要考虑如下几部分。

1. 电气布置

如果起重机行程较长,电机距控制室最大距离超过 30 m,则要将伺服驱动器或变频器放在大车上的电控柜中,否则控制器与电机之间距离过长,导致编码器信号衰减严重,且动力线必须要很粗。这时控制器与控制室可通过 CANopen 等进行通讯。

2. 配电保护

起重机配电主回路由能切断所有电源的主隔离开关、总电源自动空气开关、总接触器、总过流继电器等保护元件,并配置有照明系统使用的隔离变压器。

短路保护:总电源回路设置的自动空气开关,作为起重机短路保护,控制回路设置的熔断或小容量空气开关作为短路保护。

过流保护:起重机各机构电动机均设有单独的过流继电器,作为各机构的过流保护,其瞬间动作的整定值为所保护电动机额定电流的 2.5 倍。

失压保护：在配电保护箱中，用线路主接触器作为失压保护装置；在各机构控制箱中，设置零压继电器作为失压保护装置，当供电电源中断时，能够自动断开回路电源。

零位保护：当起重机开始运转前和失压恢复供电时，必须将所有的手柄置于零位后，各机构的电机才能启动工作。

缺相保护、相序保护：起重机安装有缺相相序保护开关，当电源缺相、相序错误时，起重机断开主电源接触器。

超速保护：起升机构采用机械式和电气式超速保护装置，运行机构采用电气式超速保护装置，当速度达到 1.1 倍额定速度时超速保护开始工作。

超载保护：当起重量达到额定载荷 90% 时，起重机开始报警，当起重量达到额定载荷 105% 时，起重机切断上升电源，此时只能下降。

上升限位保护：起升机构有两套限位开关，第一套限位动作后，起升机构报警，只能下降，不能上升。第二套重锤限位开关动作后，起升机构断电。

行程限位保护：主要包括快速慢速转换限位开关，当起重机以快速运行时，在到达极限位置前，先触发低速限位开关，起重机以低速运行，达到极限位置。

紧急断电保护：起重机的控制回路中设置有急停开关，可随时切断控制回路电源，进而使主回路断电。

制动器保护：制动器安装有磨损检测保护，当磨损达到极限值时，制动器保护切断主回路电源。

栏杆门安全开关：在栏杆门、检修吊笼门、端梁门等位置均设置有安全联锁开关，当其中任意一个门安全开关断开时总接触器自动断开，使吊车各机构停止工作。

### 3. 大小车受电

起重机的大小车受电全部采用电缆拖缆受电。拖链在与电缆托架接触的时候具有滑动的能力，确保不会超过电缆最小弯曲半径。内部电缆托架高度至少为电缆拖链厚度的两倍。电缆托架的宽度按电缆拖链制造商的推荐执行以保证适当的操作间隙。

起重机上使用的所有电线，耐磨性及耐热性好、抗老化、抗裂纹，所有出线口均有防护嘴，可有效地防止电线与金属尖角摩擦破裂而产生漏电、短路等事故。控制线均留有 10% 的备用线。

## 四、数控起重机软件设计

随着单片机、PLC 以及嵌入式系统在数控起重机中的广泛应用，软件设计对提高数控起重机的自动化、智能化水平，起到了越来越重要的作用。在数控起重机中，软件是人机交互的操作界面，其主要职能包括状态采集、逻辑分析、故障诊断、动作规划以及运动控制等。数控起重机的软件需要根据系统硬件设计、控制方案以及起重机作业要求进行定制。稳定、可靠、友好以及可视化的操作界面是软件系统设计必须考虑的问题。

不同类型的起重机，其作业流程、作业要求不尽相同。然而其软件系统的构成是类似的。如图 7-1-4，数控起重机软件系统通常包含如下 8 个部分。

### 1. 人机界面

人机界面为数控起重机的作业人员、管理人员提供友好的、可视化操作界面。借助图形用户界面（Graphical User Interface，简称 GUI），作业人员可以快速地下达作业要求（例如入库、出库、吊装、搬运作业），监视起重机的作业过程，及时发现系统故障并采取应急响应措施。管理人员可以方便地进行业务监督，生成和打印作业统计报表。

### 2. 业务处理

在数控起重机中，业务处理子系统模型化起重机作业流程，同时根据用户的作业要求，自动完成相应的作业和运动。例如在自动吊装、堆放完毕后，主动修改和维护仓储信息。起重机的作业方

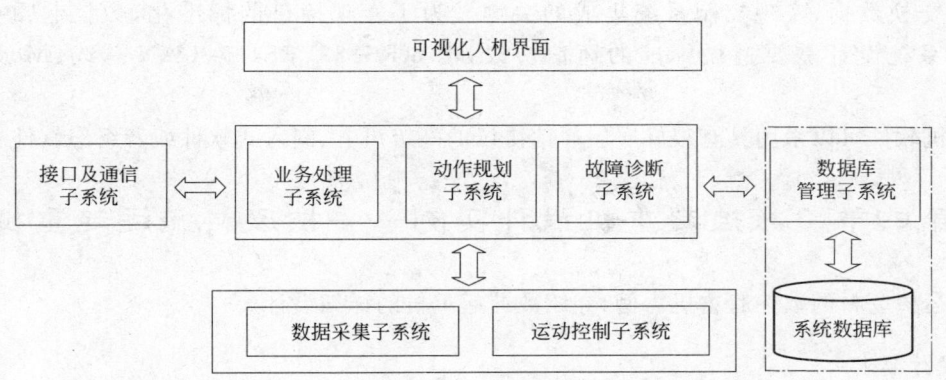

图 7-1-4 数控起重机软件模块

式、作业流程各不相同,因而其业务处理子系统的实现有很大的差异。为了提高数控起重机在不同场合下的作业自适应能力,业务处理子系统应该提供简单、易用的作业流程定制功能。在无需修改源程序的前提下,帮助用户动态调整起重机的作业流程。

3. 动作规划

根据用户的作业要求,动作规划子系统将一项作业任务分解为一系列的运动指令(例如入库包括起升机构下降、抓具打开、抓取货物、起升机构上升、大车走行等一系列的运动指令),同时通过运动控制子系统驱动底层执行机构的运动。例如大小车运动、抓具旋转等。为了提高起重机的容错、纠错能力,动作规划子系统需要针对起重机的运动状态进行智能分析与推理。针对不同环境下的作业及运动失败规划补救动作。

4. 运动控制

在数控起重机中,运动控制子系统根据上层的动作规划,将运动指令(大车前进、抓具打开等)转变为电气信号驱动底层执行机构的运动。为了实现位置、速度、加速度的精确控制,数控起重机运动控制子系统一般采用闭环控制,比如利用编码器、激光测距仪监测起重机的运动参数,借助伺服控制实现精确的运动控制。

5. 数据采集

数据采集子系统负责从底层采集起重机的位置及状态信息。在数控起重机中,可以采集的信息包括:

(1)作业环境及起重机自身的状态信息,例如位置、速度、加速度、位移、力、视频及图像信息等;

(2)故障及报警信息,例如起重机超载、运动超限、作业失败及零部件故障等。数据采集是数控起重机业务处理、动作规划的基础,因此其采集信息的实时性、可靠性和精度对整个系统具有重要的影响。

6. 故障诊断

通过汇集起重机的位置、运动参数以及零部件报警信息,故障诊断子系统可以进行逻辑分析与智能推理,自动定位系统故障,检测作业的成功与失败,为上层业务处理及动作规划子系统提供决策依据。

7. 数据库管理

很多进行货物装卸的起重机,都需要对作业信息进行存储和统计。数控起重机的数据库管理子系统负责将操作员个人信息、仓储信息、作业过程信息、故障检修记录等集中存放在数据库中,同时为管理人员提供数据的增、删、改、查和统计报表生成、打印功能。为了实现数据的可靠存储,数据库管理子系统需要提供批量数据的导入/导出、备份/恢复功能。

8. 接口与通信

数控起重机的软件系统应该具备开放的通信接口。接口与通信子系统是数控起重机与外部环境交换数据、实现控制系统集成的关键。为了实现接口的标准化,数控起重机的接口与通信子系统设计需要遵循标准的通信协议,例如RS232、RS485、CAN总线、Modbus/TCP等。

上位机软件可以采用具有很好底层通信协议的高级语言、嵌入式软件或者组态软件编制。

## 第四节 数控起重机设计实例——核废料搬运起重机

以搬运核废料的数控起重机为例,介绍数控起重机的详细设计。

### 一、设计要求

如图 7-1-5 和图 7-1-6 所示,某核废料处理工程,主要目标是将已经装在容器中的核废料,通过汽车运输到储运现场,然后通过起重机将其调离到仓库中储存(入库),其中需要在去污间进行相关处理,同时可以根据需要通过起重机将其调离仓库(出库),其中需要在脱水间、去污间进行相关处理。

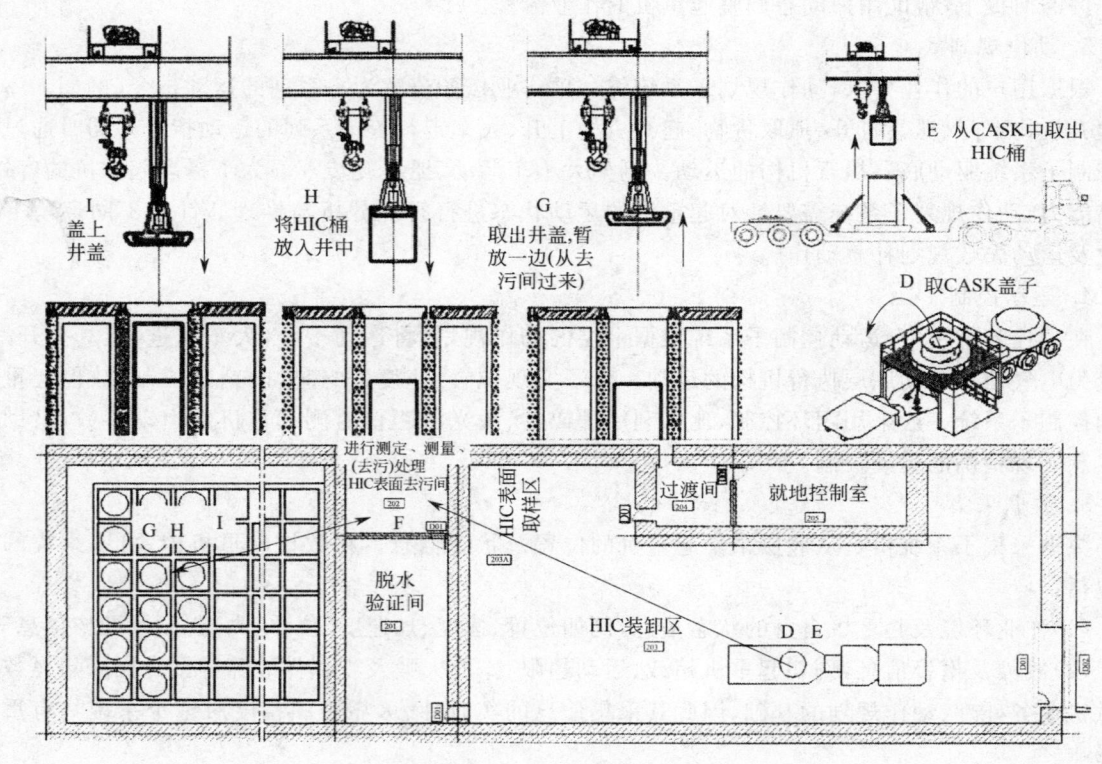

图 7-1-5 核废料桶入库流程

核废料储存的仓库是一个固定的库房,储存点在该库房中有明确的位置,汽车运输位置相对明确,其典型特点为:

(1)库房和各操作点相对固定;
(2)抓取和放置位置较为精确,要求在±5 mm 范围内;
(3)均为桶装核废料;
(4)库房面积在 100 m×20 m 之内;
(5)机械和电气等设施具有高可靠性,具有对核废料辐射的适应性;
(6)一旦出现故障,应该具有可行的应对措施;

总体来说,起重机的正常运行范围应覆盖整个厂房工作区域,并且设有检修工位,在工作区域边界设有限位开关。

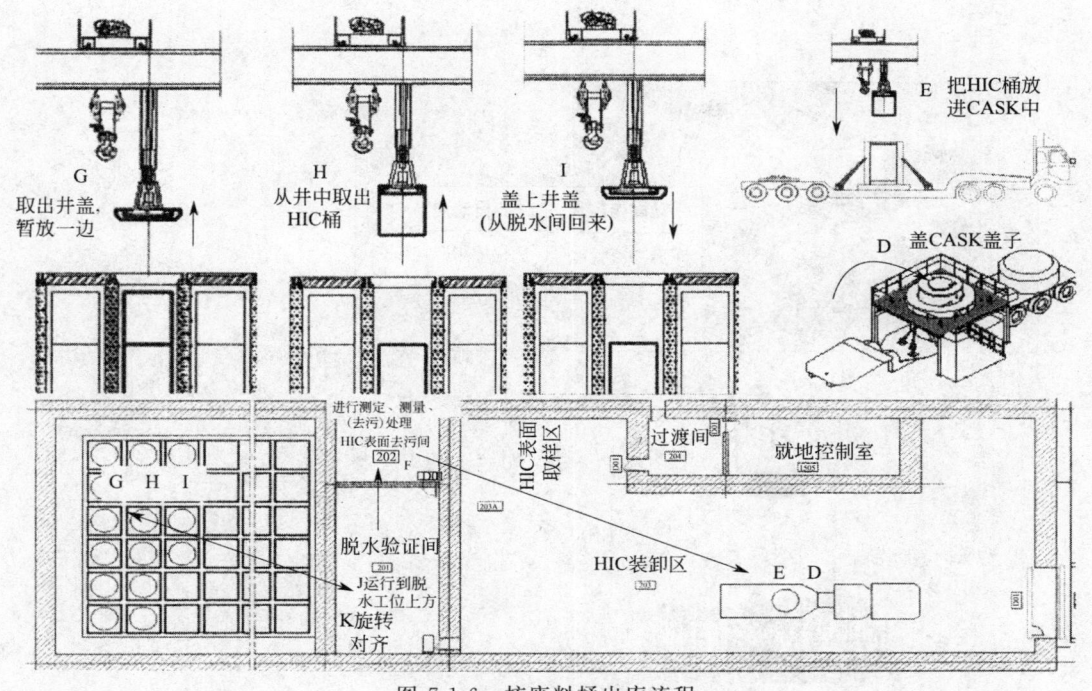

图 7-1-6 核废料桶出库流程

## 二、总体设计

根据需求及工作流程分析,将现有的起重机与先进的车间自动化技术有效地结合起来,形成一台数控起重机,完成需求中核废料桶入库和出库的操作。这里以某核电工程废料处理车间的 10 t 起重机设计为个例说明数控起重机的相关情况。如图 7-1-7 所示。

## 三、机械系统设计

该起重机总体布局如图 7-1-8 所示,起重机采用双梁箱型结构形式。双走台设计方便安装检修。小车采用两个 10 t 双电机链条葫芦结构,链条结构确保起升过程中 HIC 桶摆动角度较小,双电机提高工作的安全可靠性。

每个电机都设置一个手摇装置及手轮装置,在起重机出现严重故障时,可以用人力驱动起重机来完成一个工作循环。

小车拖链置于桥架上的拖链槽内,拖链槽高度大于 2 倍拖链高度,同样的大车拖链置于大车拖链槽之内,大车拖链槽大于 2 倍大车拖链高度。

起重机配置一个手柄操作装置,也可以控制起重机的运行,与自动控制是独立的。即自动与手动只能用一个,具有互锁性。

大小车驱动器选用抗辐射的 SEW 平行轴系列减速机。走台上设有 4 盏照明灯,小车上有一盏照明灯,保证起重机工作时摄像机监控的光源。大车上设有 2 台摄像机,小车上设有 2 台摄像机确保起重机工作时,监控覆盖整个起重机及作业区域。大小车都设置有 4 个限位开关,其中 2 个为冗余设计。都设有零点定位限位器。

为实现定位精度 ±5 mm 和旋转精度 1°的要求。大小车电机和旋转电机都选用带编码器的电机保证定位精度。

整个起重机机械系统设计的总结构如图 7-1-9 和图 7-1-10 所示。

考虑到数控起重机的功能要求和有核辐射的特殊情况,以及需要监控的部分位置,需要在设计时考虑与控制、电器等的具体接口,图 7.1.11～图 7.1.14 是机械本体与其他装置的接口布局设计。

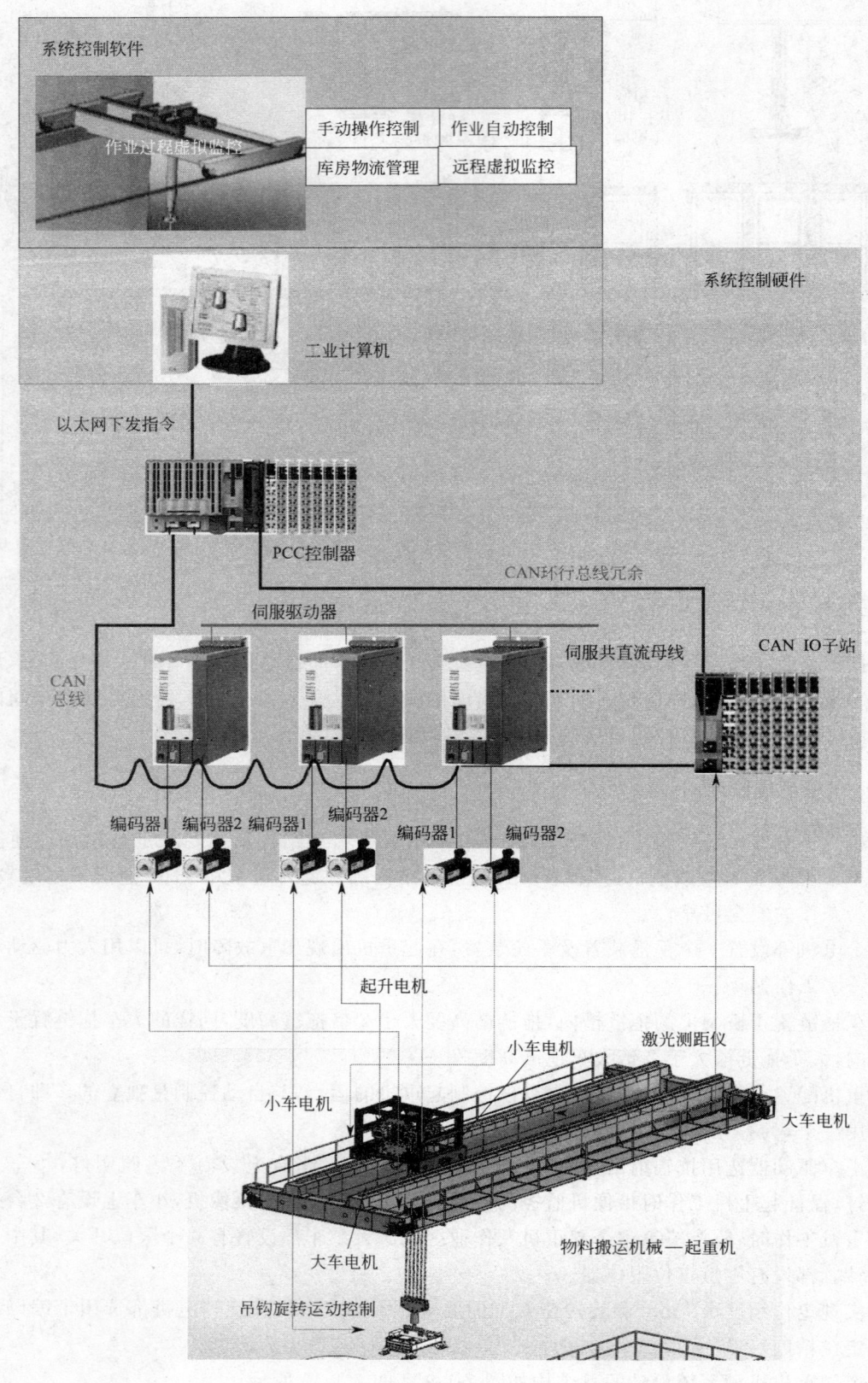

图 7-1-7 10 t 核废料桶搬运用起重机总体设计方案

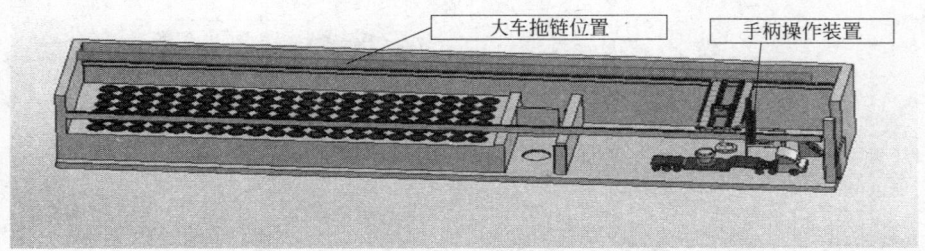

图 7-1-8 起重机总体布局设计

图 7-1-9 起重机总体概貌(卸料时)

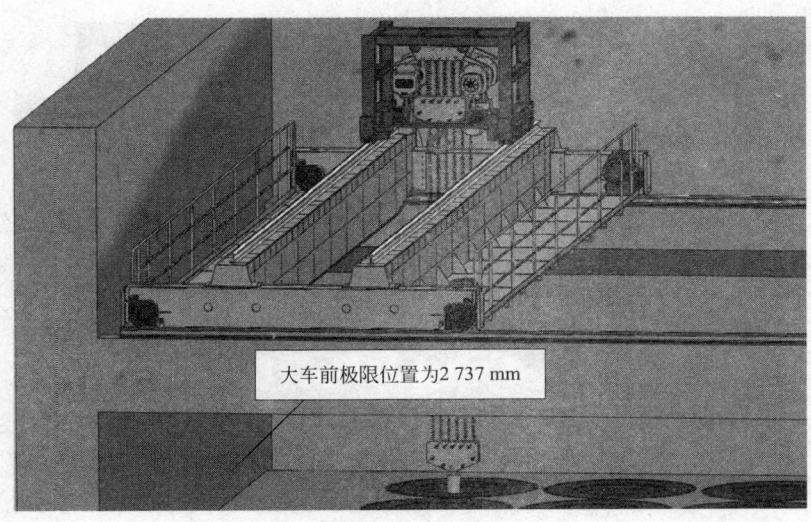

图 7-1-10 起重机总体概貌(存储时)

**四、控制系统设计**

1. 硬件系统设计

根据需求,给出控制点的设置,如表 7-1-1 所示。根据控制需求和初步控制点的设置,提出控制系统设计方案图,如图 7-1-15 所示。

在总控室采用一台高性能的工业计算机作为上位监视控制中心,可以通过以太网与下位 PLC 进行通信。

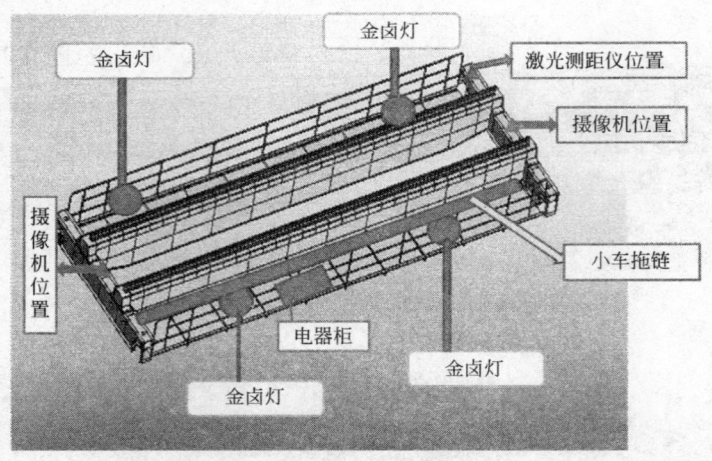

图 7-1-11 摄像机、金卤灯、小车拖链与大车的接口

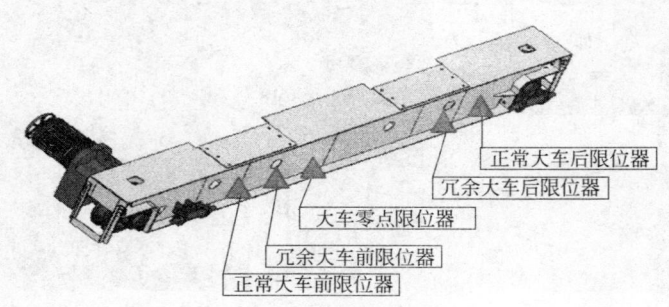

图 7-1-12 大车限位接口

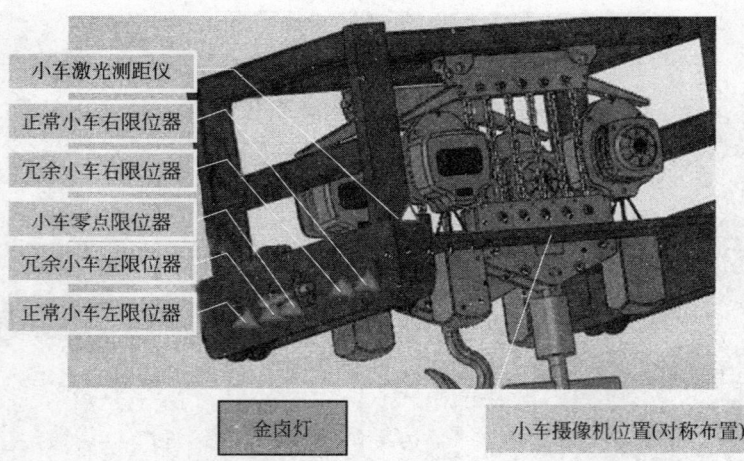

图 7-1-13 小车限位接口

采用一台高性能 PLC 作为系统的控制核心，PLC 应该有以太网接口、USB、RS232、CAN 总线接口等，并且可以方便地支持 Modbus、TCP/IP 协议。在总控室中可扩展一个 CAN 总线的 I/O 子站，方便现场 I/O 的控制。

因为 CAN 通信抗干扰能力强，通信距离远，并且可靠性高，所以 PLC 与伺服驱动器以及 I/O 子站通过 CAN 总线进行通信。

因为现场为辐射环境，所以伺服驱动器放在防辐射电气柜中，之间均通过 CAN 总线进行连接。

在起重机上布置有限位开关，实现起重机极限位置限位和起重机位置校正。

在起重机上布置有称重传感器和起重量限制器，可以精确测量当前载荷，当载荷超重时候报警。

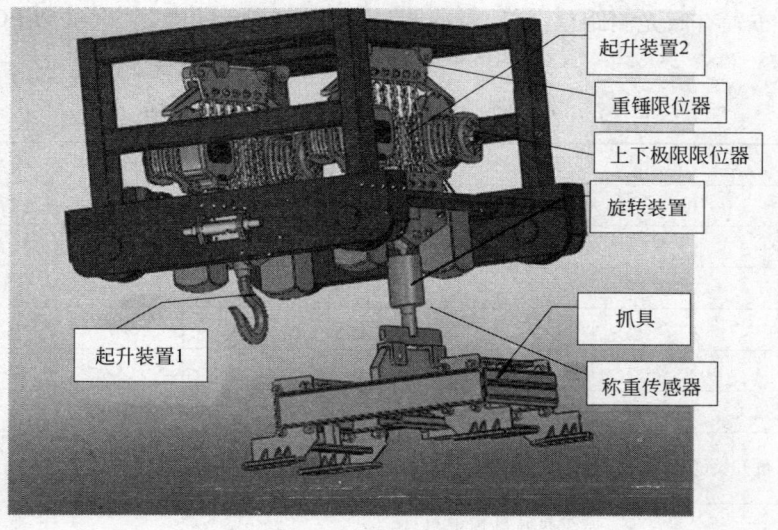

图 7-1-14　起升机构及接口

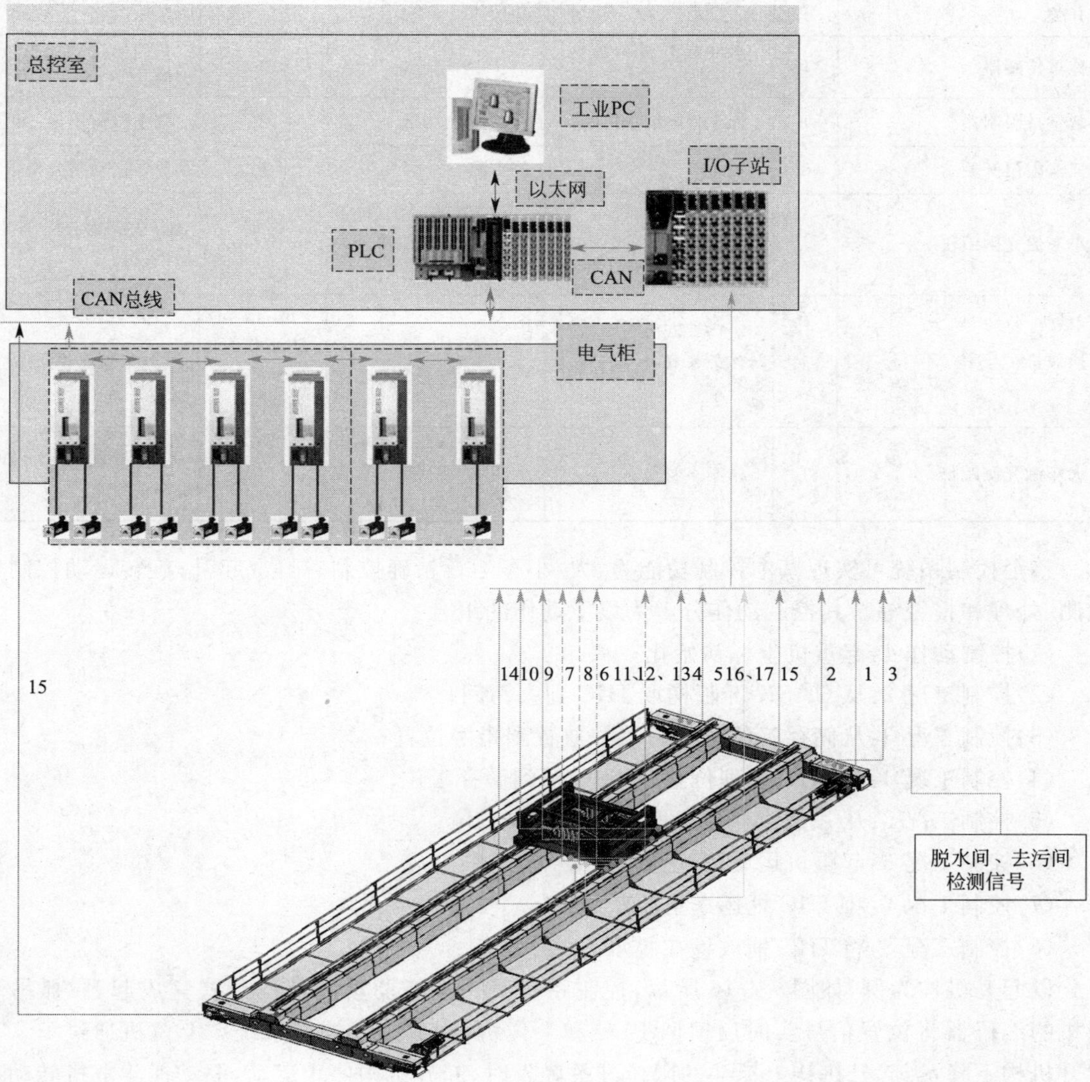

图 7-1-15　控制方案图

在起重机上布置有激光测距仪，可以精确测量位置，与伺服驱动器、电机和 PCC 构成双闭环控制系统。

表 7-1-1 控制点初步设置

| 名称 | 数量 | 安装位置 | 信号类型 | 精度 | 功能 |
|---|---|---|---|---|---|
| 大车前限位开关 | 2 | 大车端梁 | 开关量 | 无 | 大车前方向运动限位 |
| 大车后限位开关 | 2 | 大车端梁 | 开关量 | 无 | 大车后方向运动限位 |
| 大车位置校正限位开关 | 1 | 大车端梁 | 开关量 | 无 | 大车位置校正 |
| 小车右限位开关 | 2 | 小车架 | 开关量 | 无 | 小车右方向运动限位 |
| 小车左限位开关 | 2 | 小车架 | 开关量 | 无 | 小车左方向运动限位 |
| 小车位置校正限位开关 | 1 | 小车架 | 开关量 | 无 | 小车位置校正 |
| 抓斗起升机构上限位开关 | 1 | 抓斗起升机构电机后部 | 开关量 | 无 | 抓斗起升机构最高位限位 |
| 抓斗起升机构下限位开关 | 1 | 抓斗起升机构电机后部 | 开关量 | 无 | 抓斗起升机构最低位置限位 |
| 抓斗起升机构位置校正限位开关 | 2 | 小车架下方 | 开关量 | 无 | 抓斗起升机构位置校正 |
| 称重传感器 | 1 | 抓斗起升机构吊钩处 | 0~10 V 电压量 | 0.5% | 精确测量载荷重量，显示报警 |
| 起重量限制器 | 1 | 抓斗起升机构链轮上 | 0~5 V 电压量 | 5% | 测量载荷重量，报警 |
| 抓斗限位开关 | 8 | 抓斗 | 开关量 | 无 | 抓斗运动限位指示 |
| 小车激光测距仪 | 1 | 桥架北侧 | 4 mA~20 mA 电流输出 RS232 或 RS485 或 RS422 通信接口协议 | ±1 mm | 小车精确定位，返回控制器当前位置 |
| 摄像机 | 4 | 2 个安装在小车上，2 个安装在小车平台每一端 | 1394 接口 VGA 接口 | 变焦 7.7 m，识别相距 ≤±5 mm 两个点 | 摇动、倾镜和变焦 |
| 大车激光测距仪 | 1 | 吊车本身 | 4 mA~20 mA 电流输出 RS232 或 RS485 或 RS422 通信接口协议 | ±1 mm | 大车精确定位，返回控制器当前位置 |

整个控制系统可实现基本控制功能为：大/小车运行精确控制、抓取/起升/旋转运动控制、故障检测、处理和报警等。其控制动作分解为以下动作的组合：

(1)控制动作 1：起重机坐标初始化；
(2)控制工况 2：从 CASK 屏蔽桶取 HIC 到去污间；
(3)控制工况 3：从储存工位取密封盖并放置到指定位置；
(4)控制工况 4：从 HIC 处理位置取 HIC 桶到储存工位；
(5)控制工况 5：从井盖暂存位置取井盖到存储工位；
(6)控制工况 6：起重机运动到检修工位；
(7)控制工况 7：将 HIC 桶运送至脱水间；
(8)控制工况 8：将 HIC 桶放置在脱水工位中。

以起升机构为例，如图 7-1-16 所示，控制系统采用电机驱动葫芦的形式完成起升/抓吊动作。电机的编码器将位置信号实时反馈回 PLC 和上位机，构成闭环控制系统。上位机通过 PLC 控制起升机构下降，当起升机构上抓斗的限位开关触发时，起升机构停止运动，驱动抓斗电机转动，抓取物体。当抓取完成后，抓斗上的限位开关触发，并将触发信号传给 PLC，PLC 控制起升机构上升到预设的高度停止。下降/释放的运动控制与之相反。

PLC可控制吊钩旋转电机,使抓斗旋转,当旋转到位时触发限位开关,旋转停止。

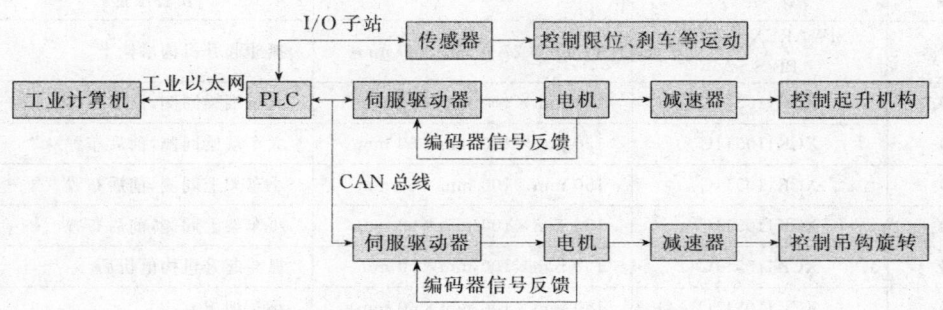

图 7-1-16　起升/抓吊/旋转运动控制设计

2. 控制系统软件系统设计

控制系统软件主要包括控制软件和上位机软件。对于控制系统软件,如图 7-1-17 所示,在 PCC 中封装有函数库,为了方便软件的使用和管理,将 PCC 函数库进行重新封装和归类。根据系统的需要,将重新封装的函数分为五个模块:初始化函数模块、运动函数模块、I/O 函数模块、报警函数模块和通信数据函数模块。将这五个模块定义为五个类,里面包含有对应的封装好的函数。

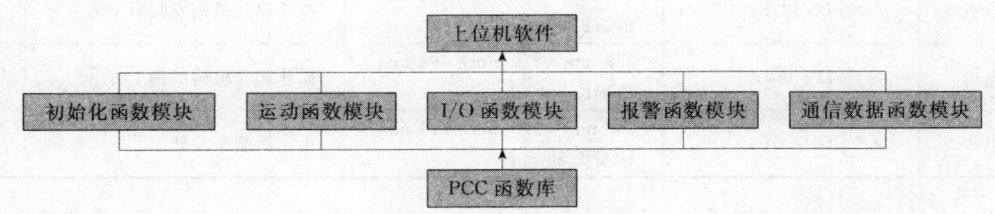

图 7-1-17　控制系统软件模块划分

初始化模块主要包括:系统复位、设置控制周期、中断设为 0、打开 PCC 设备,选择操作基地址等,并进行位置校正;运动模块主要负责获取 $X/Y/Z$ 当前坐标、开始/停止运动、设置合成加速度、启动速度/加速度、设置制动加速度、吊钩旋转控制等;I/O 模块主要负责读取 I/O 口状态、设置 I/O 口输出端状态、检查硬限位状态等;报警模块负责读称重传感器、读起重量限制器、判断是否超重、报警提示等;通信及数据传输模块则负责读/写 CAN 总线数据、读/写以太网数据、判断缓冲区是否为空/满等。

上位机中的上位机软件包含丰富的管理、控制和监控程序,这些程序直接调用控制软件中的运动函数生成各种控制指令,与 PCC 进行指令通信。

根据控制系统硬件模块的划分和控制系统软件模块划分,得到总体的控制系统结构,如图 7-1-18 所示。

3. 控制系统与外部接口

控制系统与机械接口设计如表 7-1-2 所示。

表 7-1-2　控制系统与机械接口

| 名　称 | 型　号 | 尺　寸 | 安装位置 | 数量 |
|---|---|---|---|---|
| 伺服驱动器 | 8V1090.00-1 | 70.5 mm×375 mm×234 mm | 电器柜 | 4 |
| 伺服驱动器 | 8V1045.00-2 | 70.5 mm×375 mm×234 mm | 电器柜中 | 2 |
| 激光测距仪 | M371120 | 154 mm×65 mm×35 mm | 桥架北侧 | 1 |
| 激光测距仪 | M371120 | 154 mm×65 mm×35 mm | 大车端梁 | 1 |
| 起重限制器 | BCQ-HD1 型起重量限制器 | 45 mm×50 mm×30 mm | 抓斗起升机构链条上 | 1 |

续上表

| 名称 | 型号 | 尺寸 | 安装位置 | 数量 |
|---|---|---|---|---|
| 称重传感器 | SIWAREX WL 230 BB-S SA | 30 mm×27.5 mm×30 mm | 抓斗起升机构吊钩上 | 1 |
| 限位开关 | XCKJ10511C | 150 mm×100 mm×60 mm | 大车端梁同侧,前后布置 | 3 |
| 限位开关 | XCKJ10511C | 150 mm×100 mm×60 mm | 大车端梁同侧,前后布置 | 2 |
| 限位开关 | XCKJ10511C | 150 mm×100 mm×60 mm | 小车架上同侧,前后布置 | 3 |
| 限位开关 | XCKJ10511C | 150 mm×100 mm×60 mm | 小车架上同侧,前后布置 | 2 |
| 限位开关 | XCKJ10511C | 150 mm×100 mm×60 mm | 抓斗起升机构电机后 | 2 |
| 限位开关 | XCKJ10511C | 150 mm×100 mm×60 mm | 小车架下方 | 1 |
| 摄像机 | CS570 | 120 mm×191 mm | 大车两端端梁处 | 2 |
| 摄像机 | CS570 | 120 mm×191 mm | 小车上 | 2 |
| 编码器 | RI76TD | $\phi$76 mm 外径,$\phi$28 mm 内径,安装轴最小长度 32 mm | 电机上 | 9 |
| 变频电机 | DV132S4 | 358 mm×279 mm×394 mm 轴端长 80 mm | 大车两端车轮处 | 2 |
| 变频电机 | DV132S4 | 358 mm×279 mm×394 mm 轴端长 80 mm | 吊钩起升机构安装板下方 | 2 |
| 变频电机 | DV132S4 | 358 mm×279 mm×394 mm 轴端长 80 mm | 抓斗起升机构安装板下方 | 2 |
| 变频电机 | DV100L4 | 358 mm×279 mm×394 mm 轴端长 80 mm | 抓斗起升机构吊钩上方 | 1 |
| 变频电机 | DV100L4 | 358 mm×279 mm×394 mm 轴端长 80 mm | 小车两端车轮处 | 2 |

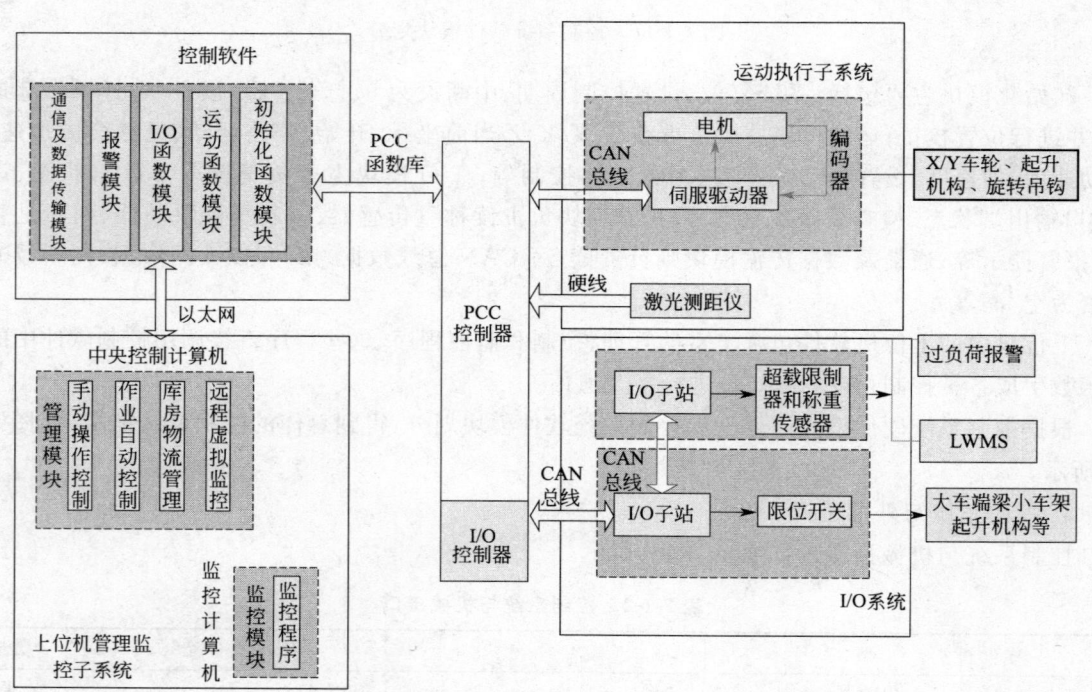

图 7-1-18 起重机控制系统结构

**4. 控制系统与上位机接口**

将 PCC 中函数库封装成五个模块:初始化函数模块、运动函数模块、I/O 函数模块、报警函数模块和通信数据函数模块。将这五个模块定义为五个类,里面包含有对应的封装好的函数。供上位机软件调用。其与上位机交换的数据如表 7-1-3 所示。

表 7-1-3 控制系统与上位机传递的数据

| 数据类型 | 详细信息 | 数量 |
| --- | --- | --- |
| 重量值 | 抓斗上称重传感器测量出的载荷大小 | 1 |
| 重量值 | 抓斗上起重量限制器测出的载荷大小 | 1 |
| 开关值 | 大车前限位开关触发 | 1 |
| 开关值 | 大车后限位开关触发 | 1 |
| 开关值 | 大车位置校正限位开关触发 | 1 |
| 开关值 | 小车左限位开关触发 | 1 |
| 开关值 | 小车右限位开关触发 | 1 |
| 开关值 | 小车位置校正限位开关触发 | 1 |
| 开关值 | 起升机构上限位开关触发 | 1 |
| 开关值 | 起升机构下限位开关触发 | 1 |
| 开关值 | 起升机构位置校正限位开关触发 | 1 |
| 开关值 | 抓斗碰到物体限位开关触发 | 1 |
| 开关值 | 抓斗伸展限位开关触发 | 1 |
| 开关值 | 抓斗收回限位开关触发 | 1 |
| 开关值 | 吊钩旋转到位限位开关触发 | 1 |
| 位置值 | 大车激光测距仪测得的距离值 | 1 |
| 位置值 | 小车激光测距仪测得的距离值 | 1 |
| 位置值 | X/Y/Z 三个方向编码器测得的距离值 | 3 |
| 速度值 | X/Y/Z 三个方向编码器测得的速度值 | 3 |
| 加速度值 | X/Y/Z 三个方向编码器测得的加速度值 | 3 |
| 检测值 | 在去污间、脱水间检测合格后返回信号 | 2 |

## 五、电气系统

图 7-1-19 为电气系统的设计原理图。大车机构、小车机构、抓斗机构、吊钩机构伺服驱动器及

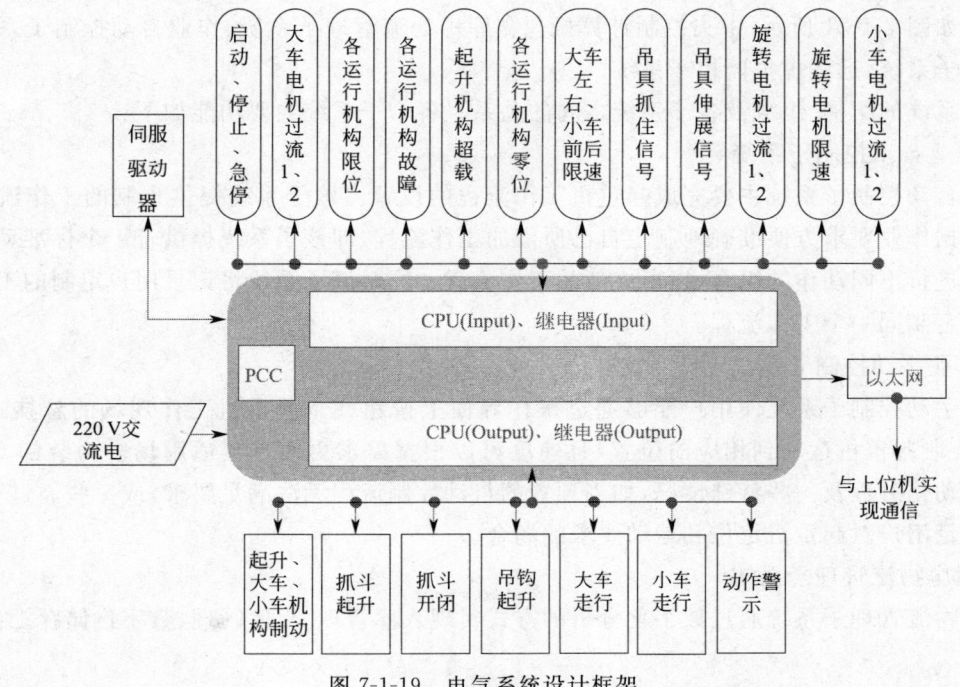

图 7-1-19 电气系统设计框架

对应的限位开关、激光测距仪,都通过PCC将信号和数据传到上位机。金卤灯报警铃指示灯、相关的电器保护措施、抓斗限位开关也通过PCC将数据和信息传给上位机。而摄像机信号则直接传给上位机。称重传感器因为要实现信号实时传送和监控,所以分别传送给PCC和上位机,这样既能实现当出现故障时,起重机停止工作,又能实现提升重量的实时显示。

另外也配有手动遥控器,是配备在起重器上的,实现起重机手动操作。其电气控制原理和PCC控制的类似。

### 六、上位机控制软件

上位机控制软件系统是整个数控起重机的核心,通过远程控制实现。系统具体方案如图 7-1-20 所示。

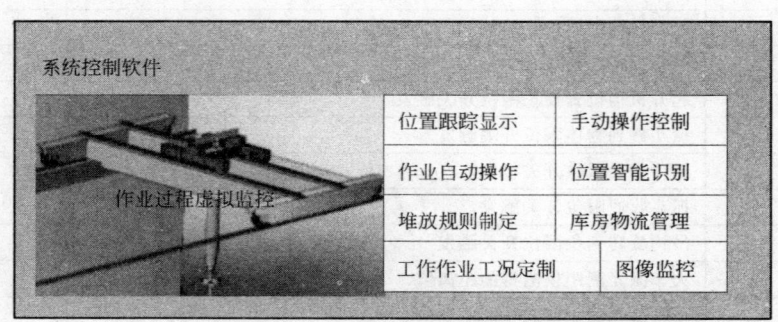

图 7-1-20　上位机控制软件结构

该系统具有起重机储存工位的自动控制功能,可以对厂房的所有储存工位进行坐标记录,按照确定的工作流程,自动计算出运行路径,完成 HIC 桶的入库和出库。通过摄像和仿真的方式,可对起重机运行情况进行远程监控,实时记录所有的工位运行状态及库房情况,并且具有防错措施。起重机在停电、控制错误等情况下,可以保证工作过程不发生不可控状态。另外设有手动控制装置,可以实现半自动 CASK 屏蔽桶装卸过程及在起重机发生严重故障时将其移动到检修工位。

该系统主要包括一台内置智能管理和监控软件的管理控制计算机,管理和监控软件子系统组成及关系如图 7-1-21 所示,中央控制计算机包含库房物流管理子系统、作业自动控制子系统、作业手动控制子系统、远程虚拟监控子系统。

按照系统的结构、组成及各子系统之间的关系。各个子系统主要功能如下:

1. 作业自动控制子系统

作业自动控制子系统主要完成起重机工作流程的设置。该子系统提供预制的工作流程,用户也可以根据作业要求方便准确地制定自己所需的工作流程,即该子系统提供若干个标准动作,用户根据需要进行不同动作的组合,以形成新的工作流程。同时该子系统将记录用户定制的工作流程,避免重复定制同一个工作流程。

2. 作业手动控制子系统

作业手动控制子系统使用户能够通过操作界面上按钮或是起重机工作现场的悬挂式遥控手柄,手动控制起重机运动到相应的位置,且速度可以根据需求更改。其适用场合为装卸 CASK 屏蔽桶半自动化过程及一些特殊情况,如当预置的自动控制流程无法满足要求,或一些通过手动方式能方便满足用户对起重机定位和运动要求的场合。

3. 库房物流管理子系统

库房物流管理子系统通过数字化分析的方式实现入库管理、出库管理、数字化储存工位管理等功能。

(1) 入库管理功能实现核废料桶的入库操作,完成入库数据的录入、修改,入库储存工位的自动

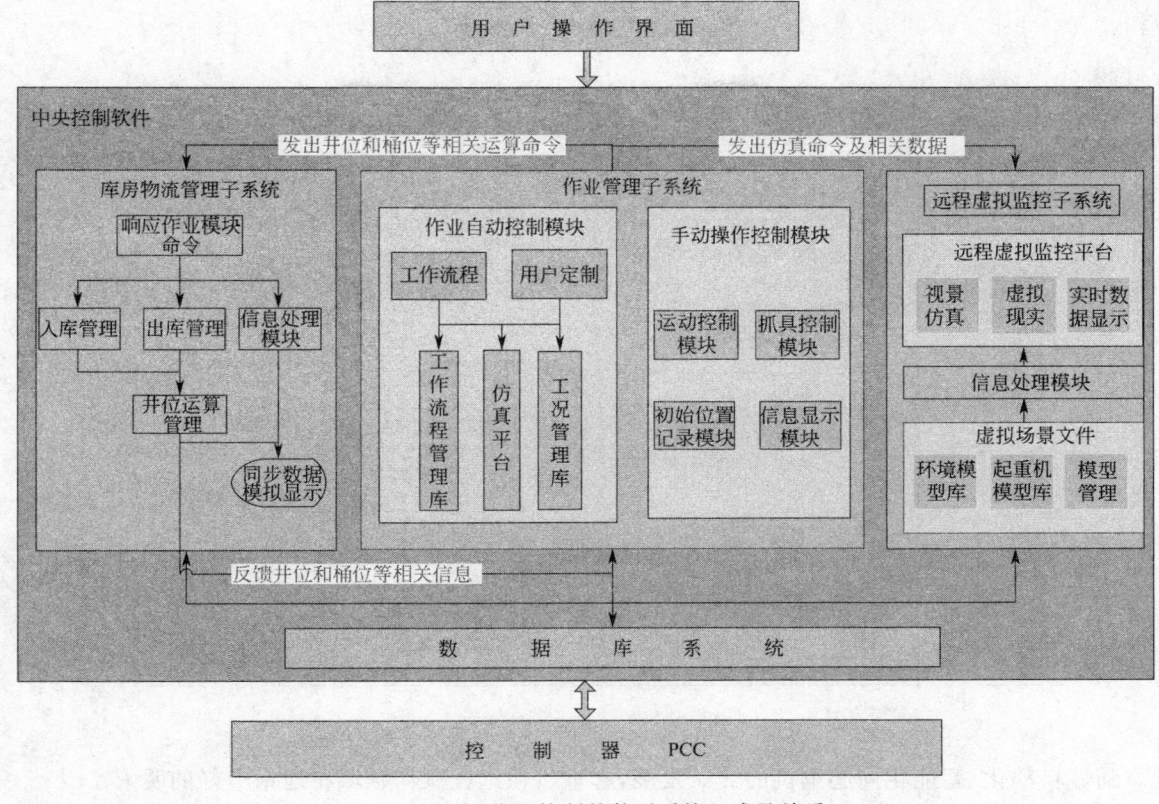

图 7-1-21 上位机控制软件子系统组成及关系

分配和手动分配(需遵守入库规则,当操作不符合入库规则时应有相应提示)。

(2) 出库管理功能与入库管理功能类似,实现核废料桶的出库操作,完成出库数据的录入、修改,出库储存工位的自动分配和手动分配(需遵守出库规则,当操作不符合入库规则时应有相应提示)。

(3) 数字化储存工位管理功能用于查询和显示储存工位的储存状态,并支持可视化的储存工位调整操作,包括库区的实时核废料桶库存信息显示、储存工位地址调整等。

4. 远程虚拟监控子系统

远程虚拟监控子系统建立起重机虚拟监控场景和虚拟起重机模型,虚拟场景车间与实际情况比例相同。远程虚拟监控软件实现起重机的运动模拟,包括大小车运行模拟、吊物控制及惯性模拟,并能根据起重机实际运行数据进行虚拟起重机姿态的实时调整,实现起重机运动的虚拟远程监控及所有运行参数的显示,为操作人员分析、判断和处理故障提供依据。

系统执行流程如图 7-1-22 所示,装有核废料屏蔽桶的卡车运行到暂存库厂房后,根据入库或出库要求,执行作业手动控制子系统,人工控制摘取废料屏蔽桶盖等半自动操作,之后进入起重机全自动过程,执行作业自动控制子系统,用户设置起重机的工作流程,该子系统自动分解该工作流程为各个步骤,自动计算当前位置与下一目标位置的移动量(包括起升最小安全位置等)并到达相应位置,按照程序实施当前目标位置的动作,完成后到达下一目标,直到完成用户设置的整个作业过程。同时,作业自动控制子系统从库房物流管理子系统中读取要存入或取出 HIC 桶的井位,将 HIC 桶从选择的井中存入或取出,库房物流管理子系统更新库存信息。

在起重机运行的整个过程中,远程虚拟监控子系统会实时同步显示起重机的运行状态,监控计算机中显示厂房现场摄像机拍摄画面,用户可以通过虚拟现实场景和现场画面进行比对,以确保起重机运行的精确性。

本章介绍了数控起重机的原理,结构及其详细设计过程,并以实例给出了整个起重机开发的流

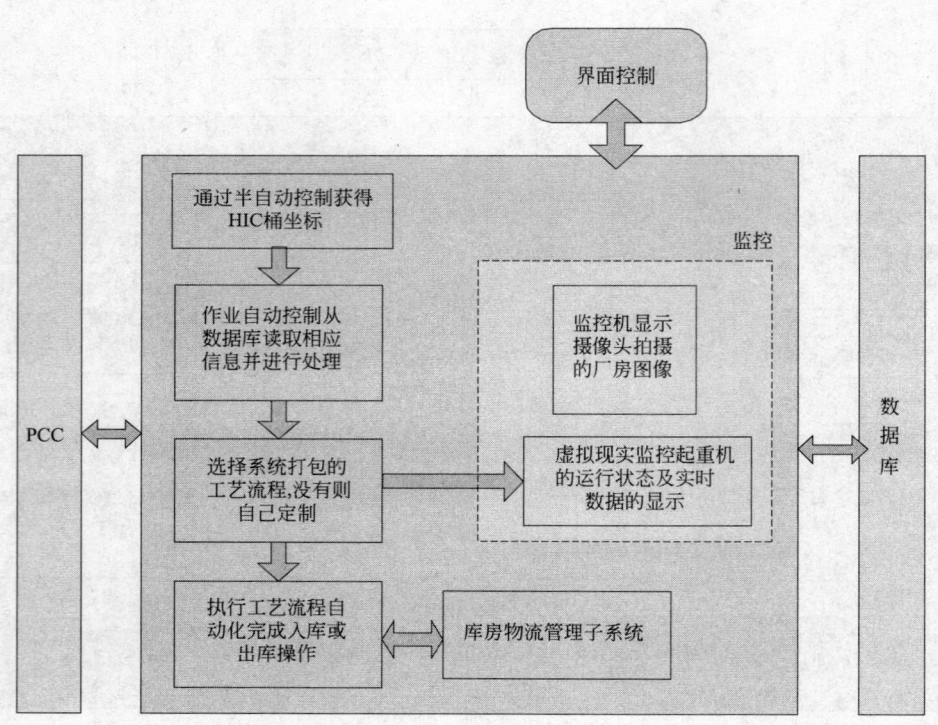

图 7-1-22 系统执行流程

程。随着自动化、智能化向起重机的交叉发展，起重机在远程操作领域将迎来美好的明天。

# 第二章 桥式与门式起重机

## 第一节 桥式起重机的类型和技术参数

### 一、桥式起重机的类型

桥式起重机由机械、金属结构、电气设备等部分构成。机械部分包括起升机构、小车运行机构、大车运行机构；金属结构包括主梁、端梁、司机室等；电气设备包括电动机、控制电器等，如图 7-2-1 所示。也可以把桥式起重机分为大车、小车等部分。大车包括金属结构、大车运行机构和司机室；小车包括起升机构、小车运行机构和小车架。

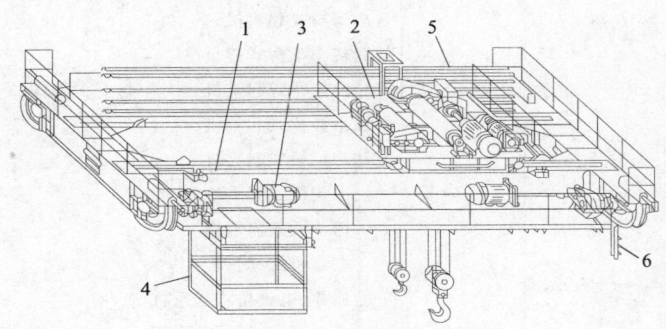

图 7-2-1 桥式起重机

1—桥架；2—小车；3—大车运行机构；4—司机室；5—小车导电装置；6—起重机总电源导电装置

按 GB/T 20776—2006《起重机械分类》规定，桥式起重机的类型如图 7-2-2 所示。

根据起重机的吊具和小车结构的不同，把桥式起重机分为 8 种型式代号。表 7-2-1 为桥式起重机型式代号表。

表 7-2-1 桥式起重机型式代号表

| 序号 | 名 称 | | 小车 | 代号 |
|---|---|---|---|---|
| 1 | 单用 | 吊钩桥式起重机 | 单小车 | QD |
| 2 | | | 双小车 | QE |
| 3 | | 抓斗桥式起重机 | 单小车 | QZ |
| 4 | | 电磁桥式起重机 | 单小车 | QC |
| 5 | 二用 | 抓斗吊钩桥式起重机 | 单小车 | QN |
| 6 | | 电磁吊钩桥式起重机 | 单小车 | QA |
| 7 | | 抓斗电磁桥式起重机 | 单小车 | QP |
| 8 | | 三用桥式起重机 | 单小车 | QS |

桥式起重机的型号表示方法：

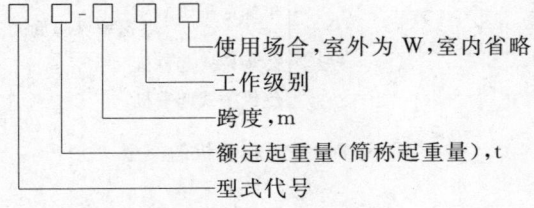

标记示例：

(1)起升机构具有主、副钩的起重量 20/5 t,跨度 19.5 m,工作级别 A5,室内用吊钩桥式起重机,应标为:起重机　QD 20/5-19.5A5；

(2)起重量 10 t,跨度 22.5 m,工作级别 A6,室外用抓斗桥式起重机,应标为:起重机　QZ 10-22.5A6W；

(3)起重量(50/10+50/10)t,跨度 28.5 m,工作级别 A5,室内用双小车吊钩桥式起重机,应标为:起重机 QE 50/10+50/10-28.5A5。

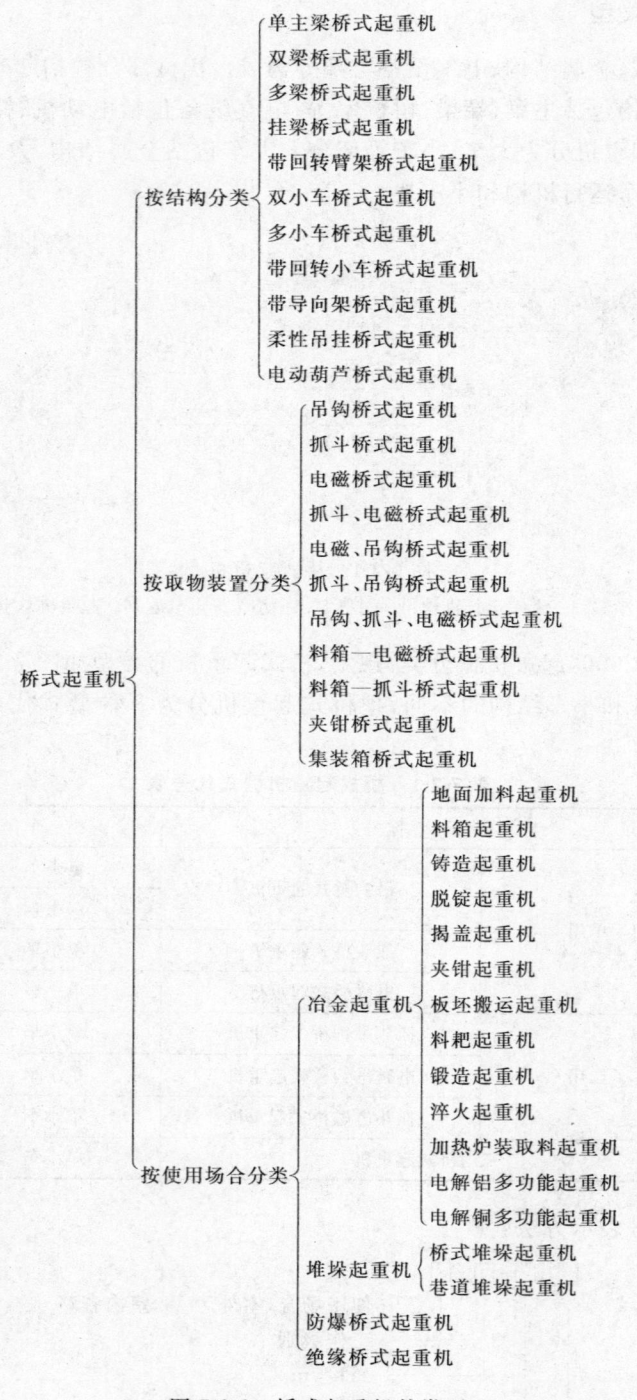

图 7-2-2　桥式起重机的类型

## 二、桥式起重机的技术参数和工作级别选择

### 1. 桥式起重机的参数

桥式起重机的技术参数主要有：起重量 $Q$、起升高度 $H$、跨度 $S$、机构工作速度 $v$（包括起升、小车和大车）、整机工作级别 A1～A8、机构工作级别 M1～M8、结构件或机械零件工作级别 E1～E8。外形尺寸参数（图 7-2-3）有：起重机高度 $A$、宽度 $B$、小车轨距 $K$、基距 $W$、小车基距 $W_c$、缓冲器高度 $H_1$、主梁底面位置 $H_2$、司机室底面位置 $H_3$、主钩上极限位置 $H_4$、副钩上极限位置 $H_5$、主钩左极限位置 $C_1$、主钩右极限位置 $C_2$、副钩左极限位置 $C_3$、副钩右极限位置 $C_4$、起重机轨道中心至起重机外缘距离 $b$、上方间隙 $C_h$、侧方间隙 $C_b$。桥式起重机的技术参数应优先采用表 7-2-2～表 7-2-6 规定的相应基本参数，起重机与建筑物的安全界限尺寸一般应符合以下要求：上方间隙 $C_h \geqslant 200$ mm，侧方间隙 $C_b \geqslant 100$ mm。

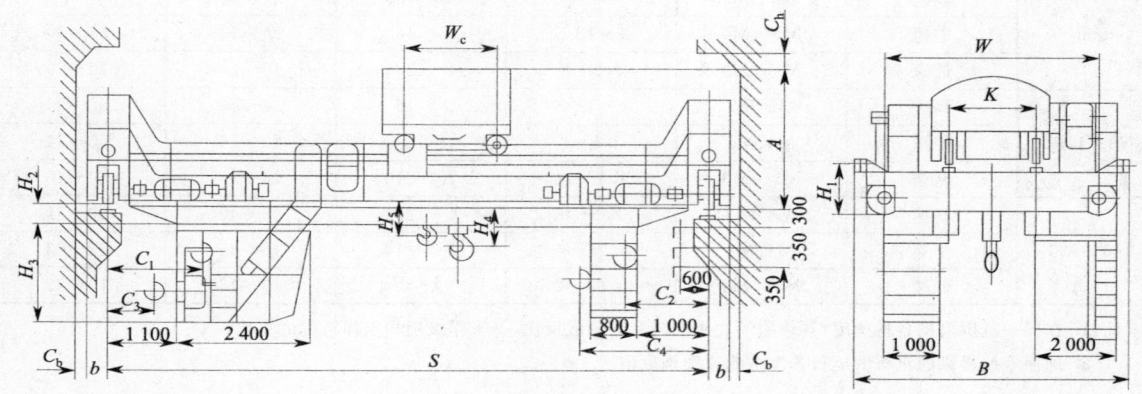

图 7-2-3　吊钩桥式起重机的外形尺寸图（mm）

表 7-2-2　桥式起重机起重量系列（GB/T 14405—2011）

| 取物装置 | | 起重量系列/t |
|---|---|---|
| 吊钩 | 单小车 | 3.2；5；6.3；8；10；12.5；16；20；25；32；40；50；63；80；100；125；140；160；200；250；280；320 |
| | 双小车 | 2.5+2.5；3.2+3.2；4+4；5+5；6.3+6.3；8+8；10+10；12.5+12.5；16+16；20+20；25+25；32+32；40+40；50+50；63+63；80+80；100+100；125+125；140+140；160+160 |
| 抓斗 | | 3.2；5；6.3；8；10；12.5；16；20；25；32；40；50 |
| 电磁 | | 3.2；5；6.3；8；10；12.5；16；20；25；32；40；50 |

注：1. 当设有主、副起升机构时，起重量的匹配一般为 3∶1～5∶1，并用分子分母形式表示，如 80/20 t；50/10 t 等。
　　2. 吊钩桥式起重机有单小车、双小车和多小车等形式，双小车和多小车的起重量也可以不等量。

表 7-2-3　桥式起重机跨度系列（GB/T 14405—2011）　　　　　m

| 跨度 | | 厂房跨度 L | | | | | | | | | |
|---|---|---|---|---|---|---|---|---|---|---|---|
| | | 12 | 15 | 18 | 21 | 24 | 27 | 30 | 33 | 36 | 39 | 42 |
| 额定起重量 $Q$/t | | 起重机跨度 S | | | | | | | | | |
| ≤50 | 无通道 | 10.5 | 13.5 | 16.5 | 19.5 | 22.5 | 25.5 | 28.5 | 31.5 | 34.5 | 37.5 | 40.5 |
| | 有通道 | 10 | 13 | 16 | 19 | 22 | 25 | 28 | 31 | 34 | 37 | 40 |
| 63～125 | | — | — | 16 | 19 | 22 | 25 | 28 | 31 | 34 | 37 | 40 |
| 160～250 | | — | — | 15.5 | 18.5 | 21.5 | 24.5 | 27.5 | 30.5 | 33.5 | 36.5 | 39.5 |

注：1. 有无通道系指建筑物上沿着起重机运行线路是否留有人行安全通道。
　　2. 厂房跨度 L 和起重机跨度 S 超过表中给定值时，按每 3 m 一档延伸。

**表 7-2-4　桥式起重机起升高度**（GB/T 14405—2011）　　m

| 起升高度/m<br>起重量 Q/t | 吊钩 | | | | 抓斗 | | 电磁 |
|---|---|---|---|---|---|---|---|
| | 一般起升高度 | | 加大起升高度 | | 一般起升高度 | 加大起升高度 | 一般起升高度 |
| | 主钩 | 副钩 | 主钩 | 副钩 | | | |
| ≤50 | 12～16 | 14～18 | 24 | 36 | 18～26 | 30 | 16 |
| 63～125 | 20 | 22 | 30 | 32 | — | — | — |
| 140～320 | 22 | 24 | 32 | 34 | — | — | — |

注：1. 有范围的起升高度，其具体值视起重机系列设计的通用方法而定，与起重量有关。
　　2. 表中所列为起升高度常用值（必要时，经供需双方协商，也可超出此限）。用户在订货时应提出实际需要的起升高度，其实际值通常从 6 m 始每增加 2 m 为一档，取偶数。

**表 7-2-5　吊钩起重机各机构工作速度范围**（GB/T 14405—2011）　　m/min

| 起重量/t | 类别 | 工作级别 | 主钩起升速度 | 副钩起升速度 | 小车运行速度 | 起重机运行速度 |
|---|---|---|---|---|---|---|
| ≤50 | 高速 | M7、M8 | 6.3～20 | 10～25 | 40～63 | 71～100 |
| | 中速 | M4～M6 | 4～12.5 | 5～16 | 25～40 | 56～90 |
| | 低速 | M1～M3 | 2.5～8 | 4～12.5 | 10～25 | 20～50 |
| 63～125 | 高速 | M6、M7 | 4～12.5 | 5～16 | 32～40 | 56～90 |
| | 中速 | M4、M5 | 2.5～8 | 4～12.5 | 20～36 | 50～71 |
| | 低速 | M1～M3 | 1.25～4 | 2.5～10 | 10～20 | 20～40 |
| 140～320 | 高速 | M6、M7 | 2.5～8 | 4～12.5 | 25～40 | 50～71 |
| | 中速 | M4、M5 | 1.25～4 | 2.5～10 | 16～25 | 32～63 |
| | 低速 | M1～M3 | 0.63～2 | 2～8 | 10～16 | 16～32 |

注：1. 在同一范围内的各种速度，具体值的大小应与起重量成反比，与工作级别和工作行程成正比。
　　2. 地面有线操纵起重机的运行速度按低速类别取值。

**表 7-2-6　抓斗、电磁、二用及三用起重机各机构工作速度范围**（GB/T 14405—2011）　　m/min

| 起重机类别 | 起升速度 | 小车运行速度 | 起重机运行速度 |
|---|---|---|---|
| 抓斗桥式起重机 | 30～63 | 25～56 | 71～100 |
| 电磁桥式起重机 | 10～25 | 20～56 | 40～90 |
| 二用桥式起重机 | 20～50 | 25～50 | 50～100 |
| 三用桥式起重机 | 6.3～16 | 20～50 | 40～90 |

### 2. 桥式起重机工作级别选择

应根据起重机的使用环境和使用频繁程度选择起重机的工作级别。起重机金属结构的工作级别一般与起重机工作级别相同；大车运行机构的工作级别一般与起重机相同；小车运行机构的工作级别一般应比起重机的工作级别低一级；副起升机构一般和主起升机构的工作级别相同。

表 7-2-7 是桥式起重机工作级别选择表。

**表 7-2-7　桥式起重机工作级别选择**

| 取物装置 | 使用场地 | 使用程度 | 起重机工作级别 |
|---|---|---|---|
| 吊钩 | 电站、动力房、泵房、仓库、修理车间、装配车间 | 极少使用 | A1 |
| | | 很少使用 | A2 |
| | | 轻度使用 | A3 |
| | 企业的生产车间货场 | 轻度使用 | A3 |
| | | 中等使用 | A4 |
| | | 较重使用 | A5 |
| | | 繁重使用 | A6 |
| 抓斗、电磁 | 仓库、料场、车间 | 较重使用 | A5 |
| | | 繁重使用 | A6 |
| | | 极重使用 | A7 |

## 第二节　门式起重机的类型和技术参数

### 一、门式起重机的类型

门式起重机的组成与桥式起重机相同，只是在金属结构上增加了支腿和主梁外伸悬臂（有的无悬臂）。门式起重机按主梁结构形式可分为：双主梁和单主梁；按取物装置分类可分为：吊钩门式起重机、抓斗门式起重机、电磁吸盘门式起重机；按小车配置可分为：单小车和双小车门式起重机。图 7-2-4 是根据起重机的结构形式和用途分类的门式起重机外形图。通用门式起重机使用比较多的是双梁箱形八字支腿和 U 形支腿、单主梁 L 形支腿和 C 形支腿以及桁架门式起重机等。

按 GB/T 20776—2006《起重机械分类》规定，门式起重机的类型如图 7-2-5 所示。表 7-2-8 是通用门式起重机型式代号表。

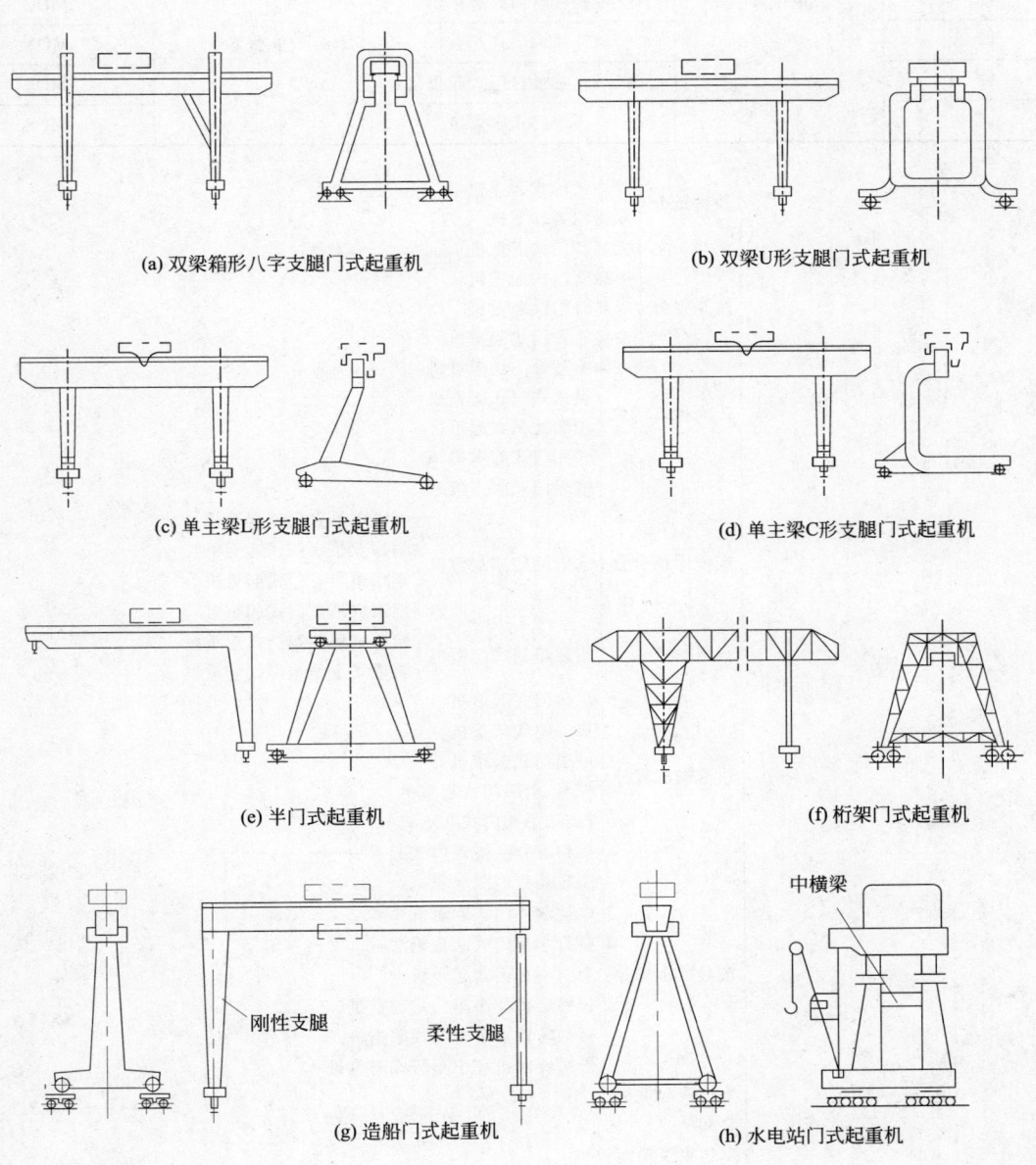

图 7-2-4　门式起重机类型图

表 7-2-8 通用门式起重机型式代号表

| 序号 | 主梁形式 | 名　　称 | 小车特征 | 代号 |
|---|---|---|---|---|
| 1 | 双梁 | 吊钩门式起重机 | 单小车 | MG |
| 2 | | 吊钩门式起重机 | 双小车 | ME |
| 3 | | 抓斗门式起重机 | | MZ |
| 4 | | 电磁吸盘门式起重机 | | MC |
| 5 | | 抓斗吊钩门式起重机 | 单小车 | MN |
| 6 | | 抓斗电磁吸盘门式起重机 | | MP |
| 7 | | 三用门式起重机 | | MS |
| 8 | 单主梁 | 吊钩门式起重机 | 单小车 | MDG |
| 9 | | 吊钩门式起重机 | 双小车 | MDE |
| 10 | | 抓斗门式起重机 | | MDZ |
| 11 | | 电磁吸盘门式起重机 | | MDC |
| 12 | | 抓斗吊钩门式起重机 | 单小车 | MDN |
| 13 | | 抓斗电磁吸盘门式起重机 | | MDP |
| 14 | | 三用门式起重机 | | MDS |

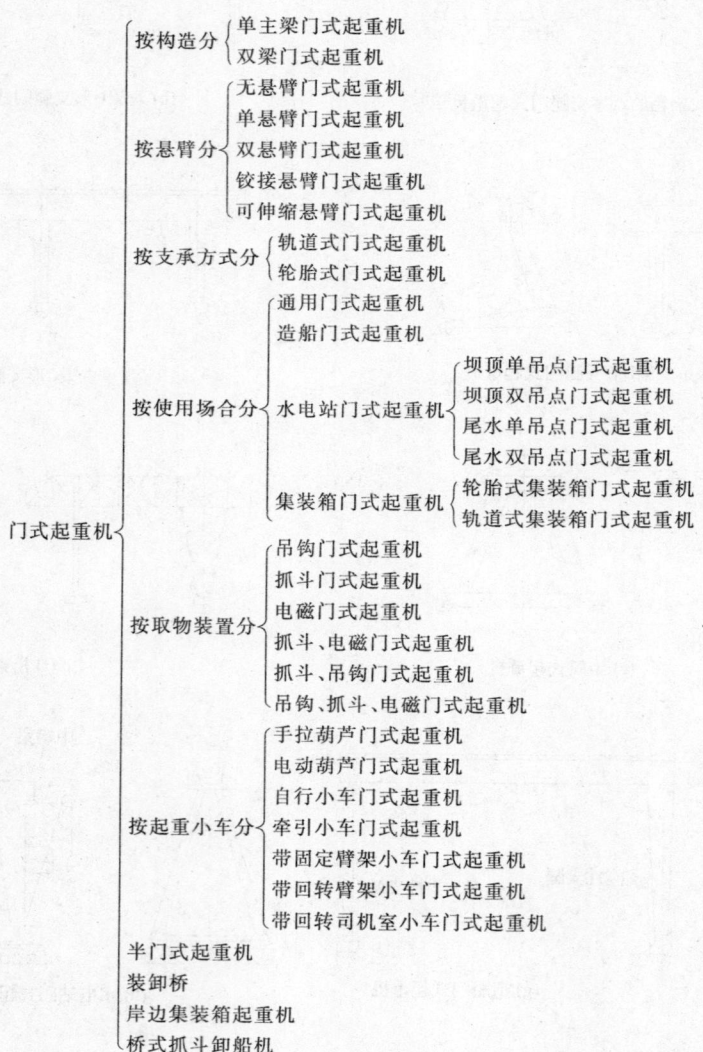

图 7-2-5 门式起重机的类型

通用门式起重机的型号表示方法：

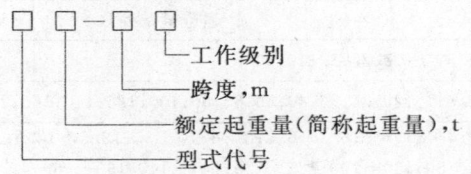

标记示例：

(1) 具有主、副钩的起重量为 20/5 t，跨度 22 m，工作级别 A4 的单主梁吊钩门式起重机，标记为：起重机 MDG20/5-22A4；

(2) 起重量为 5 t，跨度 18 m，工作级别 A6 的单主梁抓斗门式起重机，标记为：起重机 MDZ5-18A6；

(3) 起重量为 5 t，跨度 26 m，工作级别 A5 的双梁三用门式起重机，标记为：起重机 MS5-26A5。

**二、门式起重机的技术参数和工作级别选择**

1. 门式起重机的技术参数

门式起重机的技术参数主要有：起重量 $Q$、起升高度 $H$、跨度 $S$、有效悬臂 $l_x$、机构工作速度 $v$（包括起升、小车和大车）、整机工作级别 A1～A8、机构工作级别 M1～M8、结构件或机械零件工作级别 E1～E8。外形尺寸参数（图 7-2-6）有：起重机高度 $A$、宽度 $B$、小车轨距 $K$、基距 $W$、小车基距 $W_c$、缓冲器高度 $E$、主梁底面位置 $F$、主钩上极限位置 $H_1$、副钩上极限位置 $H_2$、主钩左极限位置 $C_1$、主钩右极限位置 $C_2$、单主梁通用门式起重机主钩与副钩之间的最小距离 $d$、左悬臂长度 $L_1$、右悬臂长度 $L_2$。门式起重机的技术参数应优先采用表 7-2-9～表 7-2-14 规定的相应基本参数。

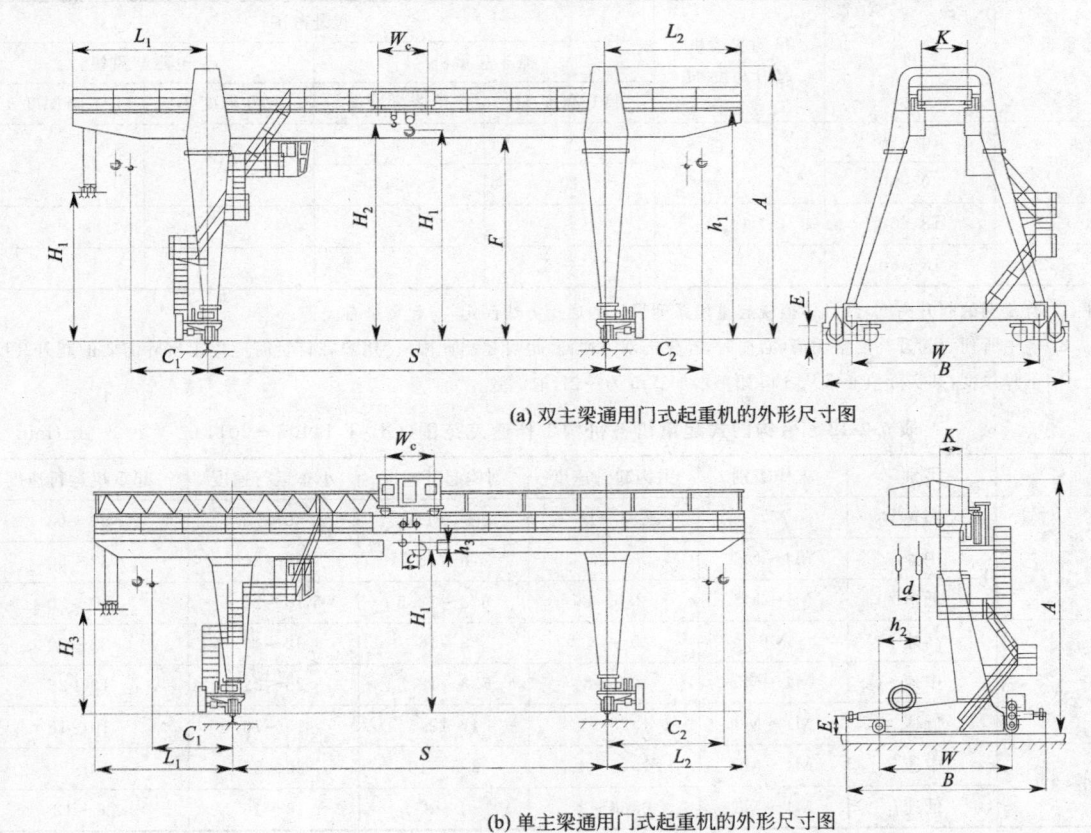

(a) 双主梁通用门式起重机的外形尺寸图

(b) 单主梁通用门式起重机的外形尺寸图

图 7-2-6 吊钩门式起重机的外形尺寸图

**表 7-2-9　门式起重机起重量系列**（GB/T 14406—2011）

| 取物装置 | | 起重量系列/t |
|---|---|---|
| 吊钩 | 单主梁 | 3.2;5;6.3;8;10;12.5;16;20;25;32;40;50 |
| | 双梁 | 3.2;5;6.3;8;10;12.5;16;20;25;32;40;50;63;80;100;125;140;160;200;250;280;320 |
| | 双小车 | 2.5+2.5;3.2+3.2;4+4;5+5;6.3+6.3;8+8;10+10;12.5+12.5;16+16;20+20;25+25;32+32;40+40;50+50;63+63;80+80;100+100;125+125;140+140;160+160 |
| 抓斗 | | 3.2;5;6.3;8;10;12.5;16;20;25;32;40;50 |
| 电磁 | | 3.2;5;6.3;8;10;12.5;16;20;25;32;40;50 |

注：1. 当设有主、副起升机构时，起重量的匹配一般为 3∶1～5∶1，并用分子分母形式表示，如 80/20 t；50/10 t 等。
　　2. 吊钩门式起重机有单小车、双小车和多小车等形式，双小车和多小车的起重量也可以不等量。

**表 7-2-10　门式起重机跨度系列**（GB/T 14406—2011）

| 起重量 $Q$/t | 跨度 $S$/m | | | | | | | | |
|---|---|---|---|---|---|---|---|---|---|
| ≤50 | 10 | 14 | 18 | 22 | 26 | 30 | 35 | 40 | 50 | 60 |
| 63～125 | — | — | 18 | 22 | 26 | 30 | 35 | 40 | 50 | 60 |
| 140～320 | — | — | 18 | 22 | 26 | 30 | 35 | 40 | 50 | 60 |

注：跨度超过表中给定值时，按每 10 m 一档延伸。

**表 7-2-11　门式起重机悬臂长度范围**（GB/T 14406—2011）　　m

| 跨度 $S$ | 有效悬臂梁长度 $C_1$ 或 $C_2$ | 跨度 $S$ | 有效悬臂梁长度 $C_1$ 或 $C_2$ |
|---|---|---|---|
| 10～14 | 3.5 | 30～35 | 5～10 |
| 18～26 | 3～6 | 40～60 | 6～15 |

**表 7-2-12　门式起重机起升高度范围**（GB/T 14406—2011）　　m

| 起重量 $Q$/t | 跨度 $S$ | 吊钩起重机起升高度 $H$ | 起升范围 | | | |
|---|---|---|---|---|---|---|
| | | | 抓斗起重机 | | 电磁起重机 | |
| | | | 起升高度 $H$ | 下降深度 $h$ | 起升高度 $H$ | 下降深度 $h$ |
| ≤50 | 10～26 | 12 | 8 | 4 | 10 | 2 |
| | 30～60 | | 10 | 2 | | |
| 63～125 | 18～60 | 14 | — | — | | |
| 140～320 | 18～60 | 16 | | | | |

注：1. 有范围的起升高度，其具体值视起重机系列设计的通用方法而定，与起重量有关。
　　2. 表中所列为起升高度常用值（必要时，经供需双方协商，也可超出此限）。用户在订货时应提出实际需要的起升高度和下降深度，其实际值通常从 6 m 始每增加 2 m 为一档，取偶数。

**表 7-2-13　吊钩门式起重机各机构工作速度范围**（GB/T 14406—2011）　　m/min

| 起重量/t | 类别 | 工作级别 | 主钩起升速度 | 副钩起升速度 | 小车运行速度 | 起重机运行速度 |
|---|---|---|---|---|---|---|
| ≤50 | 高速 | M7 | 6.3～16 | 10～20 | 40～63 | 50～63 |
| | 中速 | M4～M6 | 5～12.5 | 8～16 | 32～50 | 32～50 |
| | 低速 | M1～M3 | 2.5～8 | 6.3～12.5 | 10～25 | 10～20 |
| 63～125 | 高速 | M6 | 5～10 | 8～16 | 32～40 | 32～50 |
| | 中速 | M4～M5 | 2.5～8 | 6.3～12.5 | 25～32 | 16～25 |
| | 低速 | M1～M3 | 1.25～4 | 4～12.5 | 10～16 | 10～16 |
| 140～320 | 中速 | M4～M5 | 1.25～4 | 2.5～10 | 20～25 | 10～20 |
| | 低速 | M1～M3 | 0.63～2 | 2～8 | 10～16 | 6～12 |

注：1. 在同一范围内的各种速度，具体值的大小应与起重量成反比，与工作级别和工作行程成正比。
　　2. 地面有线操纵起重机的运行速度按低速类别取值。

表 7-2-14　抓斗、电磁、二用及三用起重机各机构工作速度范围（GB/T 14406—2011）　　m/min

| 起重机类别 | 起升速度 | 小车运行速度 | 起重机运行速度 |
|---|---|---|---|
| 抓斗门式起重机 | 25～50 | 40～50 | 32～50 |
| 电磁门式起重机 | 16～32 | | |
| 二用门式起重机 | 20～50 | | |
| 三用门式起重机 | 6.3～16 | | |

## 2. 门式起重机工作级别选择

金属结构、主起升机构、小车运行机构一般与起重机同级别。副起升机构与主起升机构同级别，也可比主升起机构低一级。起重机运行机构一般比起重机低一级。通用门式起重机的工作级别可根据使用场地和使用程度从表 7-2-15 中选择。

表 7-2-15　通用门式起重机工作级别选择

| 取物装置 | 使用场地 | 使用程度 | 起重机工作级别 |
|---|---|---|---|
| 吊钩 | 电站、仓库 | 很少使用 | A2 |
| | | 轻度使用 | A3 |
| | 车站、码头、货场、企业生产工场 | 中等使用 | A4 |
| | | 较重使用 | A5 |
| | | 繁重使用 | A6 |
| 抓斗电磁吸盘 | 散料货场装卸车皮、废钢铁场 | 较重使用 | A5 |
| | | 繁重使用 | A6 |
| | 电站料场、碱厂 | 极重使用 | A7 |

# 第三节　桥式与门式起重机的轻量化设计

桥、门式起重机轻量化设计是一个系统工程，轻量化的最终目标是起重机重量、性能和成本等因素的综合优化。如何在确保性能要求的前提下，把起重机设计得重量轻、运行功率低，同时又安全可靠，是我国当前起重行业面临的挑战和任务。桥、门式起重机是使用量最大的起重设备，对桥、门式起重机实现轻量化设计，推出新型轻量化起重机，可以从根本上达到节能降耗的目的，推动高效节能环保的绿色低碳经济的可持续发展。

随着我国加入 WTO 之后的市场化愈加开放，越来越多的外资品牌起重机涌入国内市场，尤其是科尼（KONE）、德马格（DEMAG）等欧式起重机的大规模进入。他们的产品外观精巧、美观，运行平稳、低噪，整机自重轻，控制方式灵活、可靠，为用户提供了更多、更好的选择，对国内传统起重机市场形成了巨大冲击，同时也为起重机设计人员带来了有益的思考和借鉴。

现以 $Q=10$ t、$L=22.5$ m、$H=16$ m、A5 的双梁桥式起重机为例，表 7-2-16 列出了我国传统的 QD 型桥式起重机和欧式桥式起重机在各部件和整机自重上的差异。从中可以看出，在两台起重机基本参数接近的情况下，两者整机自重相差 10.62 t，最大轮压相差 43.8 kN，钢结构用量节约 35%。由此得到我国起重机轻量化设计水平有待提高，并应从起重机的各个组成部分和设计方法等方面加以改善。

表 7-2-16　QD 型桥式起重机和欧式桥式起重机的自重比较

| 部件名称 | 欧式桥吊 | QD 型桥吊 | 欧式/QD 型 |
|---|---|---|---|
| 小车重量 | 770 kg | 3 424 kg | 22.4% |
| 主梁重量(两根) | 7 940 kg | 10 718 kg | 74.1% |
| 端梁体重量(两根) | 1 238 kg | 1 328 kg | 93.3% |
| 大车运行机构重量 | 492 kg | 2 288 kg | 21.5% |
| 结构附件重量 | 1 580 kg | 4 327 kg | 36.5% |
| 电气部件重量 | 540 kg | 1 090 kg | 49.5% |
| 整机自重 | 12 560 kg | 23 175 kg | 54.2% |
| 最大轮压 | 86.2 kN | 130 kN | 66.3% |

## 一、轻量化小车设计

起重小车是桥、门式起重机的主要部件，对整机的工作性能和制造成本有极其重要的影响，也是起重机轻量化设计的关键所在。从表 7-2-16 中可以看到，QD 型起重机的 10 t 小车重量为 3.424 t，而欧式起重机的 10 t 小车重量仅为 770 kg（采用 SWF 公司的 NOVA 系列葫芦），还不到 QD 型小车重量的 25%。仅此一项，就反映了我国桥、门式起重机与欧式起重机的巨大差距。

1. 吊钩

吊钩的材料主要有 DG20、DG20Mn、DG34CrMo、DG34CrNiMo 等，对应的强度等级有 M、P、S、T、V 五级。采用不同的材料和强度等级，吊钩的重量有较大差异。例如同样是 M6 工作级别、20 t 起重量的吊钩，若采用材料为 DG20、强度等级为 M 时，可选用 LY 型 20 号吊钩，其自重为 112 kg；而采用材料为 DG34CrMo、强度等级为 T 时，可选用 LY 型 10 号吊钩，其自重仅为 40 kg。两者相差 2.8 倍，对大吨位吊钩尤其明显。欧式起重机吊钩外形小巧，重量较低，就是采用了较好的合金材料和较高的强度等级。

2. 滑轮

目前我国生产的起重机普遍采用铸造、焊接和高温压模滑轮。由于灰铸铁的强度和韧性极低，灰铸铁滑轮在使用中容易破裂。球墨铸铁的强度和韧性虽然比灰铸铁高，但工艺性较差，特别是绳槽表面的硬度高，影响钢丝绳的使用寿命。焊接滑轮一般采用 Q235 或 20 号钢制作，含碳量低，有较理想的塑性和抗冲击能力，但焊接滑轮不易保证质量，不适于批量生产。更主要的缺点是铸造滑轮或焊接滑轮的重量大，对起重机（特别是工程起重机）的起重特性和整机综合性能影响较大。

MC 尼龙（铸型尼龙）是一种强度高、刚性好、比重小、耐磨、减摩、耐油、抗腐蚀、易于加工成型、价格便宜的工程塑料，且具有抗紫外线老化和抗低温脆化的性能，其综合技术指标见表 7-2-17。采用 MC 尼龙作为起重机钢绳滑轮的材料，可以使滑轮寿命提高约 4～5 倍，钢丝绳寿命提高约 10 倍，自身重量减轻约 85.3%。桥、门式起重机采用高强度的 MC 尼龙，不仅可以延长滑轮和钢丝绳的使用寿命，而且还能降低噪声，减轻小车重量，改善起重机的整机性能。

表 7-2-17　MC 尼龙综合技术指标

| 技术性能 | 数值 | 技术性能 | 数值 |
|---|---|---|---|
| 密度/(t/m$^3$) | 1.15～1.16 | 抗压强度/MPa | 112～137 |
| 吸水率/% | 0.31～0.35 | 冲击强度(无缺口)/(kJ/m$^2$) | >300 |
| 布氏硬度/MPa | 干 125～170；湿 90～100 | 缺口冲击韧度试验/(kJ/m$^2$) | 干>14.7；湿>29.4 |
| 对钢的干摩擦系数 | <0.43 | 线膨胀系数/(10$^{-5}$/℃) | 4～8 |
| 抗拉强度/MPa | 干 87；湿 56 | 长期稳定工作温度/℃ | -40～120 |
| 抗弯强度/MPa | 干 133；湿 51 | 马丁耐热/℃ | 60 |
| 弯曲弹性模量/MPa | 327 | 热变形温度($\delta$=1.8 MPa)/℃ | 120 |

### 3. 起升机构

传统的起升机构大多采用电动机、制动器、减速器、卷筒、滑轮组等几个部件组合而成的驱动型式,体积大,重量大,安装要求高。对于小吨位桥、门式起重机,欧式起重机通常采用电动葫芦式起升机构,即将起升减速器内藏于卷筒内部,电机的输出轴通过梅花形联轴器带动减速器输入轴,经减速器减速后,由减速器外壳直接带动卷筒升降。这种电动葫芦式起升机构独立成套,便于模块化成组生产,并具有体积小、重量轻、传动效率高、结构紧凑、安装简便等特点。

对于大吨位桥、门式起重机,欧式起重机的起升机构一般采用三支点支撑安装形式(图 7-2-7),起升载荷直接作用在小车架两侧的运行梁上,定滑轮组安装在小车架唯一的一根纵梁上,此时小车架中部受力较小,小车架结构紧凑,重量轻。这种形式的减速机、电机都是悬空安装,要求减速机的箱体有足够的强度。

起重量 16 t 以上的起重机大多带有副起升机构,用以起吊较轻的货物或作辅助性工作,以提高工作效率。QD 型起重机的副起升机构大多采用与主起升机构相同的驱动形式,体积较大,成本也高,使小车架相应复杂。目前国内生产的电动葫芦在质量和寿命等方面已有显著提高,所以对 A1～A5 工作级别的起重机,如采用电动葫芦作为副起升机构,不但能非常方便地安装在小车架上,并可大大减轻机构重量,缩小小车架尺寸,从而缩短起重机的极限尺寸,提高起重机使用场地的利用率。也可将电动葫芦直接悬挂在主梁下盖板上,单独由司机室控制,并不需要移动起重小车,可使起重小车更加简单。但对工作级别较高的起重机,不宜采用电动葫芦作为副起升机构。

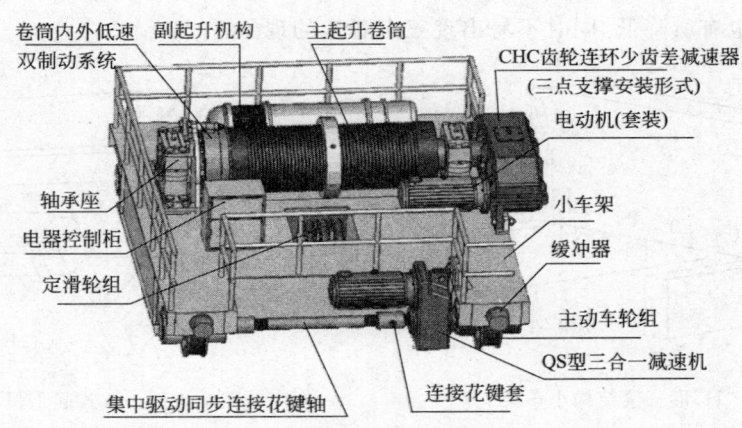

图 7-2-7 德国 SWF 公司的三支点支撑新型小车

对于大起升高度的起升机构,为使卷筒和小车架结构紧凑,可采用折线卷筒与凸台阶梯挡板配合实现多层有序卷绕的形式(图 7-2-8)。折线卷筒由斜绳槽和直绳槽组成,多层卷绕时,斜绳槽用于同层钢丝绳绳圈之间的顺序排列过渡以及挡板处绳层的爬升过渡,直绳槽使得上层钢丝绳完全落入下层钢丝绳两相邻绳圈形成的绳槽内。卷筒两端带有返回凸台的阶梯挡板,引导钢丝绳顺利爬升返回,避免钢丝绳由于相互切入挤压而造成的乱绳现象,实现钢丝绳在卷筒上多层卷绕时各层的整齐有序排列。

### 4. 小车架

当前我国生产的标准起重小车的小车架,均由两根端梁和多根横梁及许多小筋板焊接成一个刚性框架,上面铺以钢板(图 7-2-9)。这种起重小车架不但重量大,成本高,结构复杂,焊接工艺性差,制造困难,而且轻载时容易三点着地,造成小车起制动车身扭摆,起吊物摆动,轮压不均,车轮啃轨,车轮磨损程度不一致等问题,还不易进行产品系列化和模块化设计。同时,小车架设计过于保守,安装在小车架上的主、副起升机构以及运行机构布置不够紧凑,致使小车架外形尺寸偏大,重量偏重。

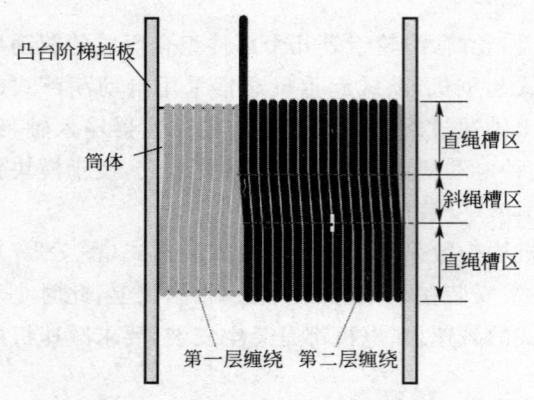
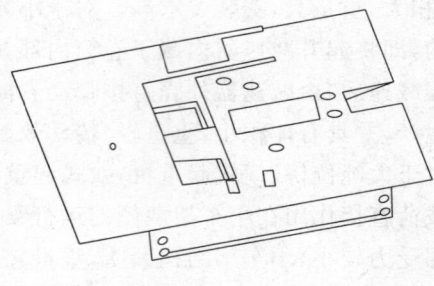

图 7-2-8 多层有序卷绕折线卷筒　　　　图 7-2-9 传统小车架结构型式

对于小吨位桥、门式起重机,欧式起重机小车架通常设计成由一根横梁和两根纵梁组成的"H"形三梁结构(图 7-2-10)。横梁置于两端梁跨中,用螺栓及销轴将主、副起升机构分别固定于两侧(图 7-2-11);两纵梁端部做出轴孔与轴承座,用以安装小车主、被动车轮组;小车运行机构减速器横卧安装于纵梁内侧。小车架的横梁和纵梁可采用钢板冲压成"匚"形后再盖以一钢板焊成箱形,横梁一端用紧固螺栓与纵梁连接,另一端与另一纵梁铰接,允许它们之间有微小的相对转动。这种结构形式既保证了小车4轮在任何正常工况下都能与钢轨接触,同时也降低了车架的制造精度要求。欧式起重机小车架不但构造简单,结构紧凑,制造方便,而且小车架重量比现有结构可减轻25%左右,小车净空高度也有所降低,同时不易出现三点着地的现象。

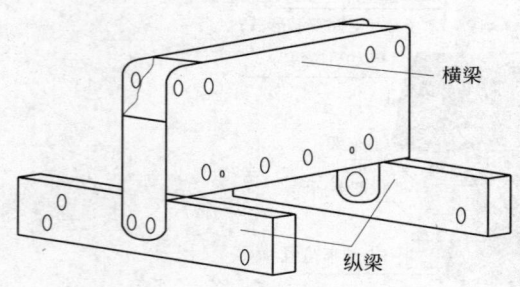
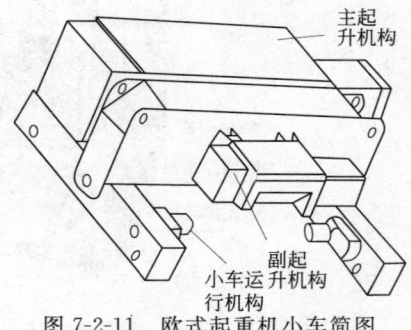

图 7-2-10 "H"形三梁结构小车架　　　　图 7-2-11 欧式起重机小车简图

### 二、轻量化运行机构设计

**1. 车轮**

车轮的材料主要有铸钢 ZG340-640、合金铸钢 ZG35CrMo 和球墨铸铁 QT700-2 等,采用不同材料时,计算车轮踏面点接触强度时的材料系数 $K_2$ 值不同,使得车轮的承载能力也有较大差异。例如采用铸钢 ZG340-640 材料时,$K_2=0.132$;而采用合金铸钢 ZG35CrMo 和球墨铸铁 QT700-2 材料时,$K_2=0.181$,两者相差 1.37 倍。即对同样吨位的起重机,QD 型起重机车轮直径为 $\phi500$ mm 时,而欧式起重机车轮直径为 $\phi320$ mm。这就是欧式起重机车轮采用强度等级更高的材料,使得车轮直径做得更小的原因。

**2. 三合一驱动方式**

目前起重机的大小车运行机构大多采用电动机、制动器、减速器、车轮等几个部件相组合的驱动型式,体积大,重量大,安装要求高,也易受小车架或门架变形的影响。欧式起重机运行机构均采用"三合一"的驱动方式(图 7-2-12),即电动机、制动器和减速器合并组装成一个部件,可使运行机构非常紧凑,体积减小,重量减轻,并能与标准车轮组配套。由于"三合一"装置只通过一个固定铰支座与车架相连接,输出端采用花键与车轮轴相联,安装调试十分方便,受车架变形影响也小。减速器壳体以焊代铸,可有效减轻自重。减速器齿轮采用硬齿面,以减小体积,提高承载能力,增加使用寿命。

3. 轴承座

带有角型轴承箱的车轮组是目前普遍采用的型式(图7-2-13)。虽然调整车轮方便,但构造复杂,重量大,零件多,加工量大,安装精度低。由于受力要求和安装条件的限制,轴承箱的直角边做得很厚,重量较大,也增加了结构高度。

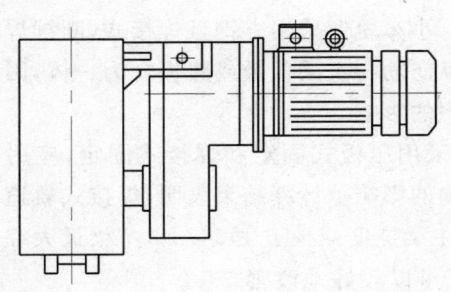

图7-2-12 "三合一"运行机构

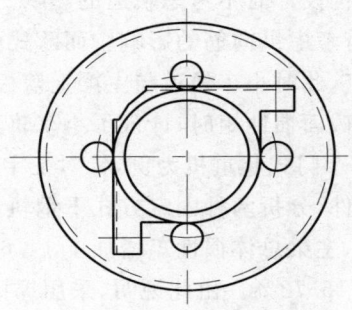

图7-2-13 角型轴承箱结构

为了提高车轮的安装精度,减少车轮组的重量,可采用直接在车架上镗孔组装车轮的方式(图7-2-14),传动轴与车轮采用无键锥面连接。为了方便安装和维修,还可采用45°剖分形式安装车轮(图7-2-15)。采用镗孔组装车轮缺点是在车架上需要机械加工,工艺比较麻烦,调整车轮也不如采用角型轴承箱方便。但欧式起重机对端梁镗孔、铣面的精度要求较高,使得车轮轴承座可以通过配合面的装配达到设计和使用要求。

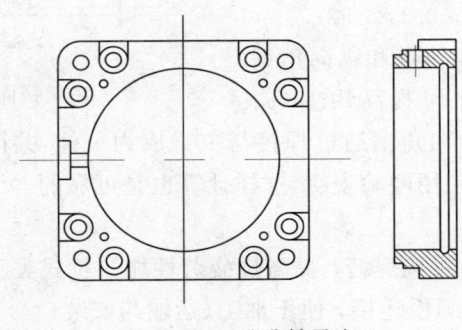

图7-2-14 镗孔轴承座

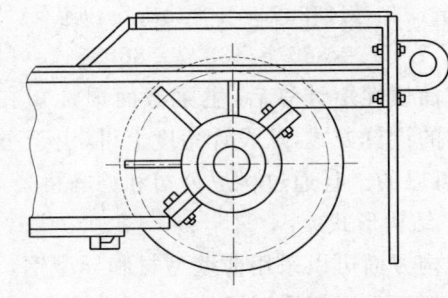

图7-2-15 45°剖分安装车轮

### 三、轻量化结构设计

起重机金属结构约占整机成本的1/3,重量的40%～70%,大型起重机可达90%以上。由于起重机是移动的,减轻自重,不但可以节约材料成本,而且也相应地减轻了机构的负荷和承载结构的造价。

1. 材料

随着材料技术的发展,应用到起重机上的轻型环保材料日益增多。国外采用低合金高强度结构钢制造的起重机金属结构强度高,重量轻,有效地减轻了结构自重。例如瑞典SSAB公司生产了仅4 mm的Weldox1100型钢板,并正在研制1 300 MPa的超高强度钢板。在我国,屈服强度大于460 MPa的高强度钢材的应用日益广泛,已有用屈服强度为800 MPa钢材制造伸缩吊臂的汽车起重机上市。

采用高强度钢材制造起重机金属结构可以大幅提高屈服强度,但对结构的静、动态刚性影响不大,而桥门式起重机(特别是有悬臂的门式起重机)主梁截面尺寸主要由刚性条件确定。为此,新的《起重机设计规范》(GB/T 3811—2008)考虑到各机构控制系统的特性,在安全可靠和保证性能的前提下,放宽了起重机静、动态刚性的要求,这对减轻起重机自重,使起重机设计得更为经济合理创造了条件。

**2. 小车轨道和纵向筋**

我国的桥、门式起重机小车轨道大都采用工字形的 P 型钢轨且压板式固定,这种固定方式轨道与主梁上盖板之间相互贴合但不够紧密,在起重机工作一段时期后两者之间可能产生相对滑移,因此在结构设计时不考虑轨道的影响。纵向筋虽与主梁盖板或腹板焊接为一体,但从安全裕度出发,也没有考虑纵向筋的影响。而欧式的桥、门式起重机,小车轨道采用方钢且焊接式(断续焊或连续焊)固定,此时小车轨道与主梁上盖板合为一体,同样纵向筋与主梁盖板或腹板合为一体,因此在计算主梁截面惯性矩时,计入了小车轨道和纵向筋截面积的影响。

以 36 t 门式起重机为例,针对工字形小车轨道分别采用压板式固定和焊接式固定,应用有限元分析软件,分析两种固定方式下钢轨对起重机金属结构的影响。计算结果表明,焊接式轨道比压板式轨道,主梁总体惯性矩增加了 14.69%,有效悬臂端主梁挠度减少了 14.47%,主梁最大综合应力减少了 15.72%。由此说明,采用焊接式轨道固定方式可以较好地改善结构刚度,降低主梁应力,有利于提高起重机的整体承载能力,并减轻起重机结构自重。

又如某欧式起重机主梁截面尺寸为:$B=410$ mm, $H=980$ mm, $H_1=600$ mm, $t_1/t_2/t_3/t_4=8/8/6/6$ mm, $B_1=310$ mm, $B_r=50$ mm, $H_r=30$ mm,角钢为 50 mm×50 mm×5 mm,如图 7-2-16。不计入小车轨道和纵向角钢时的截面惯性矩为:$I_{x_1}=2542.1\times 10^6$ mm$^4$, $I_{y_1}=385.5\times 10^6$ mm$^4$。计入小车轨道和纵向角钢时的截面惯性矩为:$I_x=2927.3\times 10^6$ mm$^4$, $I_y=433.7\times 10^6$ mm$^4$。则有:$I_{x_1}/I_x=2542.1/2927.3=86.8\%$, $I_{y_1}/I_y=385.5/433.7=88.8\%$。可以看出,小车轨道和纵向角钢计入截面惯性矩计算后,主梁截面惯性矩在两个方向上可提高约 15%。

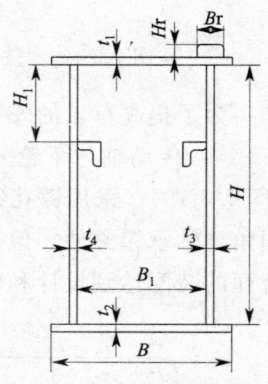

图 7-2-16　主梁截面

而这样的计算方式,从设计角度上讲,由于小车轨道和纵向角钢通过焊接与主梁成为一体,共同受力,是可以的。且通过科尼公司和德马格公司多年来的使用经验表明,这样计算也是可靠的。

**3. 结构形式**

结构方面可以采用薄壁型材和异型钢,减少结构的拼接焊缝,提高抗疲劳性能。桥式类型起重机桥架可采用箱形四梁结构,主梁与端梁采用高强度螺栓连接,便于加工、运输与安装。

我国的桥、门式起重机主梁虽从中轨布置已改为全偏轨布置,但为更好传递受力并满足局部稳定性要求,仅凭经验推荐值(最终只是校核屈曲强度通过即可),在主梁上盖板下设置了很多等间距的小隔板。欧式起重机设计时,考虑到全偏轨主梁小车轨道轮压直接通过腹板传递,一般不再额外设置小隔板,同时大隔板的布置间距约为梁高的 2 倍,也比我国 QD 型桥式起重机大。

西南交通大学自然科学基金项目"大型起重机结构轻量化仿生箱梁的力学耦合机理研究"是从箱梁结构内部仿生网格加筋入手,通过合理设置加筋肋来增强结构的局部稳定性和抗扭转强度,提高箱梁构件的承载能力,并使结构受力传递性好,且更加均匀合理,从而减少主梁盖板和腹板的厚度,形成薄壁的"蒙皮"箱梁结构形式,达到减轻结构自重的目的。

**4. 主梁截面参数**

主梁截面如图 7-2-16 所示,截面参数为:梁高 $H$、梁宽 $B$、上盖板厚度 $t_1$、下盖板厚度 $t_2$、主腹板厚度 $t_3$、副腹板厚度 $t_4$、隔板厚度 $t_5$。对某一 50 t 门式起重机利用有限元 ANSYS 软件进行灵敏度分析,可得到主梁各截面参数对起重机轻量化的影响程度,计算结果如图 7-2-17～图 7-2-19 和表 7-2-18 所示。

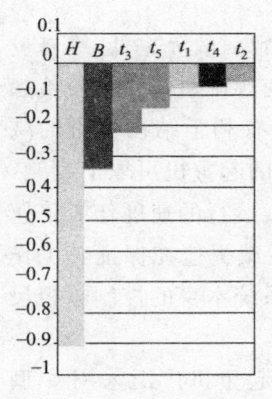 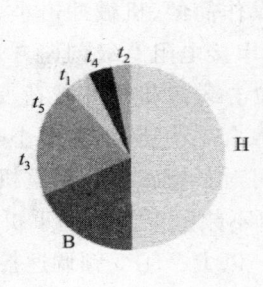 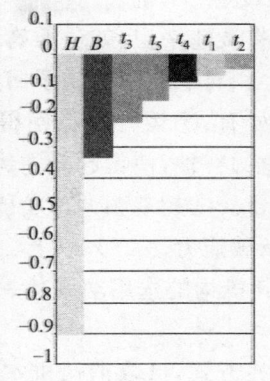 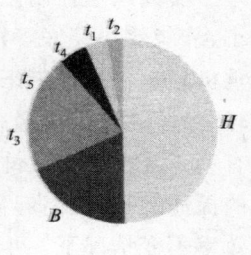

图 7-2-17　主梁各截面参数对主梁跨中挠度($f_1$)的灵敏度　　　　图 7-2-18　主梁各截面参数对有效悬臂端挠度($f_2$)的灵敏度

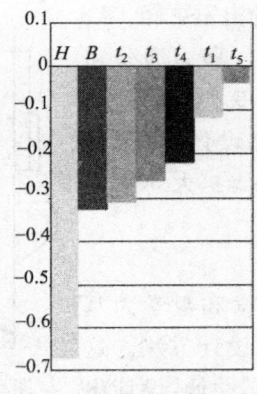 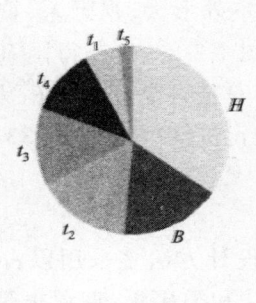

图 7-2-19　主梁各截面参数对主梁下盖板最大应力($\sigma_{max}$)的灵敏度

表 7-2-18　主梁各截面参数对刚度、强度的灵敏度值

| 项　　目 | $H$ | $B$ | $t_1$ | $t_2$ | $t_3$ | $t_4$ | $t_5$ |
|---|---|---|---|---|---|---|---|
| 跨中挠度 $f_1$ 的灵敏度 | -0.907 | -0.336 | -0.079 | -0.057 | -0.221 | -0.074 | -0.142 |
| 悬臂端挠度 $f_2$ 的灵敏度 | -0.906 | -0.334 | -0.069 | -0.048 | -0.220 | -0.088 | -0.152 |
| 下盖板最大应力 $\sigma_{max}$ 的灵敏度 | -0.673 | -0.328 | -0.118 | -0.310 | -0.262 | -0.221 | -0.039 |

由此可以得到：①主梁各截面参数对主梁跨中挠度($f_1$)灵敏度值的顺序是：$H$、$B$、$t_3$、$t_5$、$t_1$、$t_4$、$t_2$；②主梁各截面参数对主梁有效悬臂端挠度($f_2$)灵敏度值的顺序是：$H$、$B$、$t_3$、$t_5$、$t_4$、$t_1$、$t_2$；③主梁各截面参数对主梁下盖板最大应力($\sigma_{max}$)灵敏度值的顺序是：$H$、$B$、$t_2$、$t_3$、$t_4$、$t_1$、$t_5$。因此，在满足刚度、强度的前提下，梁高 $H$ 是决定起重机结构轻量化的最重要参数，其次是梁宽 $B$ 和主腹板厚度 $t_3$。

### 四、其他轻量化设计措施

**1. 工作参数合理匹配**

对于工作级别不高、使用并不十分频繁的桥、门式起重机，可合理降低起升速度和运行速度，以减少机构功率和结构的动载系数。欧式起重机的工作参数比我国 QD 型起重机普遍要低。

对于系列产品，应通过全面考虑性能、成本、工艺、生产管理、制造批量和使用维护等多种因素对系列主参数进行合理匹配，以达到改善整机性能，降低制造成本，提高通用化程度，用较少规格数的零部件组成多品种、多规格的系列产品。

## 2. 控制和操作方式的改善

变频调速控制系统具有调速平稳、就位准确、操作简便、机械冲击小、寿命高、故障率低、维修量小、节能效果良好等特点。相对于传统的转子回路串接电阻有级调速方式,变频调速控制系统给起重机轻量化设计带来的益处有:①运行平稳使得冲击载荷和惯性载荷变小,有利于结构重量的减轻。②重载低速、轻载高速的特性,使得起升主钩兼有副钩功能,对中小吨位的起重机可取消副钩,有利于减少小车尺寸和重量。③超基频调速功能可对频繁工作的起重机空载运行的速度作 1 倍速的提速运行,提高起重机承载能力达 25% 以上。对不频繁工作的起重机作空载提速在保证其工作效率不变情况下,可降低其机构的选用功率达 30% 以上。④变频调速控制系统本身的控制箱柜尺寸小巧,重量也小。

采用地面操控或者遥控方式,可取消司机室,减轻附属结构重量。欧式起重机广泛采用 C 型轨、扁电缆的组合方式供电,线槽采用网架结构,也可有效减轻电气系统的重量。

## 3. 走台和司机室设计

欧式起重机一般采用单边走台设计,更有甚者,在欧洲一些国家(法国 Verlinde 公司、Patain 公司、芬兰 Kone 公司等)采用无走台设计,使得起重机的自重更轻。

QD 型起重机的司机室外形大、视野差、重量重。奥力通公司设计的太空舱式司机室(图 7-2-20,已获得国家发明专利)具有"自重轻、强度高、密封良好、安全可靠、视野好、人性化设计、外观美观"等特点,相比于传统的司机室,自重减轻 33%,视野扩大 50%。

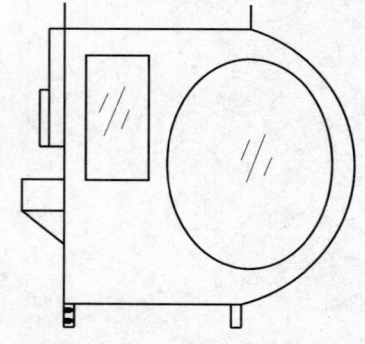

图 7-2-20 太空舱式司机室

## 五、轻量化设计技术

长期以来,起重机的设计方法多采用以古典力学和数学为基础的半理论、半经验设计法和类比法、直觉法等传统设计方法。这些方法设计过程繁琐,周期长,设计的精确度差,可靠性低,设计出的结构偏重。近年来随着电子计算机技术的广泛应用和现代工程设计理论的不断完善,许多跨学科的现代设计方法出现,使起重机的轻量化设计进入崭新的阶段。

### 1. 极限状态法

目前起重机最常用的设计方法为许用应力法,即在规定的使用载荷(标准值)作用下,按线性弹性理论算得的结构或构件中的应力(计算应力)应不大于规范规定的材料许用应力。材料的许用应力由材料的平均极限抗力(屈服点、临界应力和疲劳强度)除以安全系数而得,安全系数由经验确定。许用应力法属于定值法,应用简单方便,采用单一的安全系数来考虑结构的安全度。实际上设计中存在很多不定性因素,如应力、材料强度、起重机承受载荷的大小、方向、位置等都是随机变化的,所以安全系数并不能定量反映产品的可靠程度,有时会出现过分保守或较为不安全的情况。若安全裕度过大,将导致设计的起重机自重偏重。

极限状态法是以相应于结构和构件各种功能要求的极限状态,如承载能力的极限状态和正常使用的极限状态等为依据的设计方法,结构和构件应满足这些极限状态的限制。极限状态法综合考虑了载荷的性质、钢材的性能及结构的实际工况,它采用分项载荷系数来考虑结构的安全度,能够反映不同载荷在不同的超载情况时对结构安全度的不同影响。以概率统计法为基础的起重机极限状态设计法,把载荷、材料性质、构件实际尺寸等均看作基于某种概率分布的统计量,通过大量实测与调查得到各基本变量的分布概型及参数,然后应用概率论可靠性知识,计算失效概率来估计起重机钢结构的安全度。运用极限状态法设计的结构或构件符合实际工作状况,能更大地利用钢材的性能,有效地减轻自重和节约材料。

### 2. 优化设计法

传统的起重机设计采用经验类比设计方法,不仅需要花费较多的设计时间,设计周期也长,而且只限于在少数几个候选方案中进行比较分析,同时选择的方案也没有十分精确的评价标准来衡量其优劣,一般很难得到最优的设计方案。优化设计方法是将数学规划与计算机技术相结合,通过合理确定参数关系和建立计算模型,能自动迅速获得重量、成本、性能和承载能力等为优化目标的最佳设计方案。优化设计方法已成为解决复杂设计问题的一种有效工具,也是起重机轻量化设计的有效方法。

目前起重机结构优化设计大多以重量最轻为目标函数,若综合考虑起重机性能、成本、工艺、生产管理、制造批量和使用维护等多种因素,则需采用多目标优化方法。对桥、门式起重机系列化设计时,应对方案选择、主参数匹配、主要结构件及传动件的设计及布置等方面进行系统多目标整体优化,以达到改善整机性能,降低制造成本,提高通用化程度,用较少规格数的零部件组成多品种、多规格的系列产品,充分满足用户需求的目的。

以有限元仿真分析为手段来进行产品优化设计,能提高优化效率和精度。目前大型有限元分析软件 Ansys、Nastran、OptiStruct 以及 HyperStudy 等都可以进行优化计算,其优化算法有自适应响应面法、可行方向搜索法、神经网络法和序列二次规划法等。通过有限元软件求解灵敏度的方法来筛选对目标函数影响较大的参数进行优化设计,可加快优化设计效率。

3. 有限元法

有限元法是根据变分原理求解数学物理问题的一种数值计算方法,随着计算机技术的发展,在工程领域得以广泛应用。一般按传统解析法设计起重机局限性很大,仅能进行粗略简化分析,载荷工况只有有限的几种,无法随意组合,大多只能分析静力。而采用有限元法则优越得多,能整体、全面、多工况随意组合,进行静力、动力、线性和非线性分析,对完成复杂结构或多自由度系统的分析十分有效。有限元法能针对起重机实际使用的结构边界条件进行定量的分析计算,并通过相关有限元软件为设计提供丰富且能反映实际工况的计算结果,并配有丰富的动态图形显示功能。

例如对桥式起重机小车车架的设计计算,传统方法是将其分解为主梁和纵梁两部分,并简化为简支梁计算,精确度不高,安全系数过大。采用有限元法,可将小车架作为一个整体框架计算,并可分别进行静力和动力学分析,给出结构整体全面的应力值,从而为优化设计和轻量化设计奠定基础。

4. 模块化设计法

模块化设计是将一些基本模块单元通过不同的组合形成各种产品,以满足用户多品种的要求。起重机模块化设计是以功能分析为基础,将起重机上同一功能的基本单元、复合单元,设计成具有不同用途、不同性能的模块,这些模块具有相同的连接要素,可以互换。选用不同模块进行组合,可形成各种不同类型和规格的通用或专用起重机。由于模块化设计使得零部件具有完全的互换性,设计周期大为缩短,降低生产成本,提高生产效率,同时在满足用户性能要求的前提下实现起重机的最佳轻量化配置。

目前我国桥、门式起重机还采用传统的单一设计方法,产品更新换代速度慢,通用化程度低,产品重量过大,生产管理比较复杂。尤其起重机非标产品多,生产厂要投入许多技术人员重复设计,生产周期长,成本也高。若采用模块化设计,不但起重机更新换代可以加快,质量可以明显改善,使用范围也可以扩大,只需采用适当的模块组合,便可节省大量人力物力,获得显著的经济效益。欧式起重机都已采用模块化设计,例如德国 Demag 公司是利用起重量与起升速度的乘积为常数的方法使起升机构主要部件达到最大限度的通用,再通过滑轮倍率的变化派生出更多的规格。该公司的端梁标准模块系列与主梁之间采用摩擦环和高强度螺栓的连接方式,提高了互换性和尺寸精度,减少了接合面的加工量,与任一主梁都可快速有效相接。该公司的单梁起重机系列改用模块化设计后,比单件设计的自重减轻 18%,生产成本下降 45%,获得显著的经济效益。

# 第四节 卷扬式启闭机

## 一、概述

卷扬式启闭机是水利水电工程中一种专门用来启闭水工建筑物、发电厂与排灌站的闸门、拦污栅用的起重机械。它与通用桥、门式起重机一样，是一种循环间隔吊运机械。但是，作为特种用途的起重机有它自己的特点。

首先，它所操作的对象不是自由悬吊的物品，而是沿门槽埋件运动的水工闸门，包括水下和水上两种工况。起重量不仅取决于闸门及附件的自重，很大程度上还取决于闸门承受静、动水压力荷载后运行的摩擦阻力、铅垂方向的水力作用等。每一次启闭过程中，起升机构的实际载荷通常随着闸门运动的位置而变化。相反，当闸门下落关闭时，作用在启闭机挠性构件上的载荷有可能下降为零，也就是说闸门及其附件的重力不足以克服摩擦阻力，只得添加配重施加闭门力把闸门放下去。

启闭机的起升速度比较低，这是它的又一个特点。当闸门运动到孔口段时启闭荷载最大，通常起升速度小于 2.5 m/min，这是综合考虑了水流影响复杂、门槽门叶配合间隙、启闭闸门时间要求、设备功率等因素，其中，操作快速闸门的启闭机的闭门速度比较快，主要是为了满足水力发电机组事故保护的时间要求。因此，其传动机构的传动比较大，通常采用标准减速器和一级开式齿轮实现，某些特殊的场合也采用封闭传动，但减速器往往是非标特制的。

启闭机的运行工况通常属于轻级，只有在一些船闸以及泄洪用的移动式启闭机上工作级别较高一些。启闭机的工作级别偏低，但是它在水工建筑物上的重要性却很高，要求它的工作绝对可靠。

多数闸门，特别是大跨度闸门上具有两个悬吊点。所以很多启闭机具有两套额定起闭容量相同的升降机构，这在通用桥、门式起重机械上是少见的。由于是在门槽中运行，所以应保证双吊点机械同步，防止闸门卡阻。

启闭机与通用桥、门式起重机相比，还有一个不同的地方是滑轮的布置。通用桥、门式起重机的平衡滑轮一般是安装在动滑轮组（吊钩滑轮组）上或定滑轮组上，随着吊钩的上下升降，在卷筒横截面平面上吊点会产生一个水平偏移量。而闸门的运行允许的这种水平偏移量很小，所以，启闭机的倍率总是偶数，平衡滑轮不在定滑轮组上，是单独安装在机架上的。同时为防止有交叉绳，平衡滑轮安装方向总是平行卷筒轴线的。另外，为了防止吊具沿卷筒轴线方向的偏移，启闭机的卷筒均采用双联卷筒。

## 二、卷扬式启闭机的典型形式

卷扬式启闭机有固定式和移动式两大类。固定式启闭机用于一机一门的布置形式，广泛应用于工作闸门或事故闸门的启闭。移动式启闭机可以实现一机多门的操作方式，广泛用于操作多孔共用的检修闸门或事故闸门的启闭，按结构形式又分为台车式、桥式、单向门式和双向门式。近年来随着我国水利水电工程高坝大库的发展，启闭机出现大型化趋势。

（一）固定卷扬式启闭机

1. 单吊点与双吊点启闭机

吊点数由闸门结构尺寸确定，当闸门的宽高比大于 1 时宜采用双吊点。

单吊点启闭机机构布置如图 7-2-21～图 7-2-24 所示。图 7-2-24 是双卷筒的型式，用于大起重量高扬程的启闭机械中。

双吊点启闭机机构布置如图 7-2-25～图 7-2-27 所示，通过机械同步轴保证吊点的同步，吊点的间距由中间传动轴长度来调整。图 7-2-25 为三机架中间集中驱动；图 7-2-26 为双机架分别驱动；图 7-2-27 为双机架集中驱动。

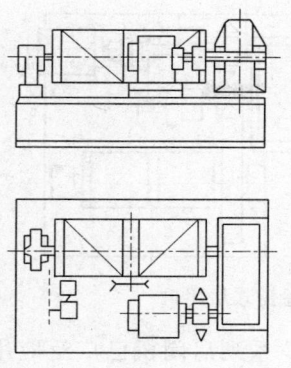

图 7-2-21 单吊点无开式齿轮的卷扬式启闭机

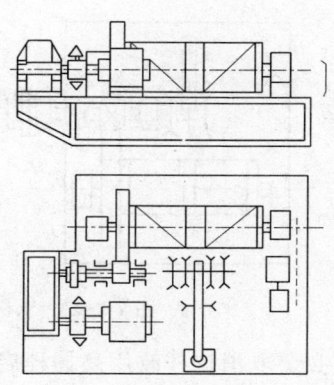

图 7-2-22 单吊点有开式齿轮的卷扬式启闭机之一

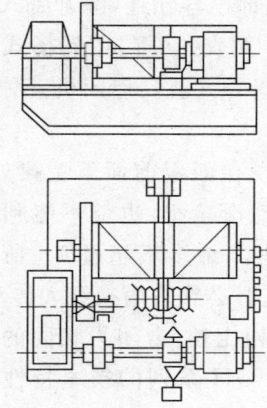

图 7-2-23 单吊点有开式齿轮的卷扬式启闭机之二

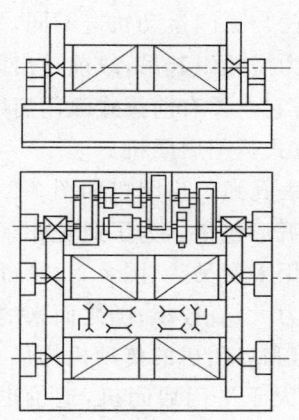

图 7-2-24 单吊点双卷筒的卷扬式启闭机

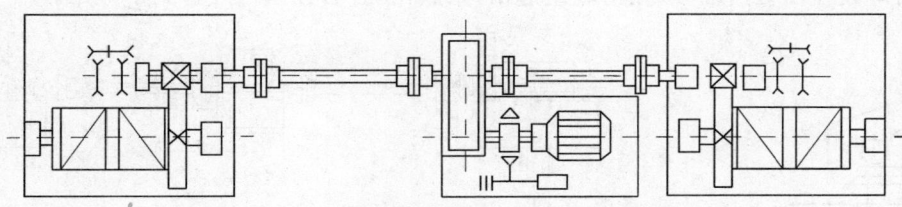

图 7-2-25 三机架集中驱动双吊点卷扬式启闭机

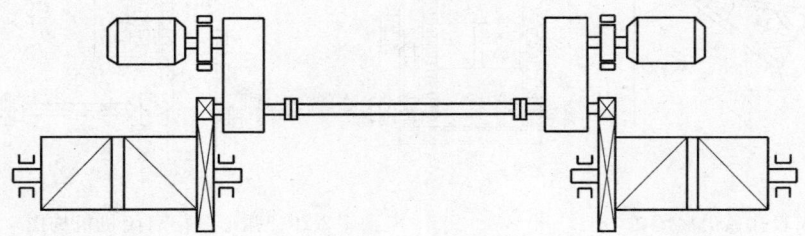

图 7-2-26 双机架分别驱动双吊点卷扬式启闭机

### 2. 低扬程与高扬程启闭机

低扬程启闭机，卷筒单层缠绕的扬程不超过 20 m。我国目前仍在采用的 QPQ 型启闭机就是属于这种形式。一个时期以来，中、高扬程启闭机系列化设计与制造跟不上来，有的地方用低扬程启闭机代替中高扬程启闭机，扬程不足部分通过中间拉杆来补偿；这样，闸门检修时必须分段起吊，装拆拉杆的劳动量很繁重。近年来，高坝大库工程增多，而采用低扬程加拉杆卷扬式启闭机存在许

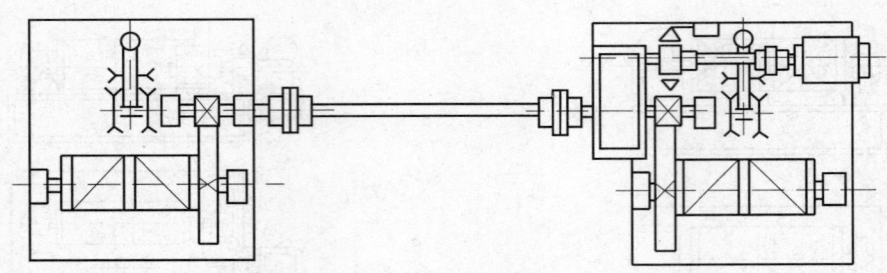

图 7-2-27　双机架单边集中驱动的双吊点卷扬式启闭机

多缺点,有必要取消拉杆改用高扬程启闭机。目前高扬程QPG系列启闭机已广泛应用,解决高扬程启闭机的可行方案可参见第三篇第一章图 3-1-14 至图 3-1-22。

**3. 平面闸门与弧形闸门启闭机**

由于平门与弧门运动轨迹不同,平门启闭机的吊具与闸门顶部吊耳相连(除升卧式闸门以外),可以通过省力滑轮组起吊,故前述启闭机都可作为平门启闭机。而表孔弧门用卷扬式启闭机则有它的特殊性,它主要有前拉式弧门启闭机、后拉式弧门启闭机和盘香式弧门启闭机三种型式。

(1) 前拉式弧门启闭机

前拉式表孔弧门启闭机如图 7-2-28 所示,弧门的吊耳通常设在面板前面下主梁处,钢丝绳对面板有一个弧形包角。为了避免钢丝绳与面板摩擦,不宜采用动滑轮组,也就不能利用滑轮来省力。即使采用平衡吊头(图 7-2-29),每个吊点的分支数也只能是 2,最多不超过 4。所以弧门启闭机的绳索拉力大、直径粗;随之而来的是开式齿轮模数加大,减速器必然采用三级大传动比减速器。这样,卷筒组和启闭机的传动机构尺寸都要加大,与平门启闭机相比较,启闭力相同的弧门启闭机其自重显著大于平门启闭机,造价也高得多。表孔弧门启闭机 QH 系列的技术特性可见各厂样本。图 7-2-29 为双吊点三机架集中驱动形式,大起重量多为双机架分别驱动,通过中间轴保持同步的结构形式。为了寻求比较经济的型式和提高弧门启闭机的启门力,近年来利用平门启闭机采用后拉式(吊耳设在面板后面,利用滑轮组起吊)来起吊弧门,在国内外得到了应用。

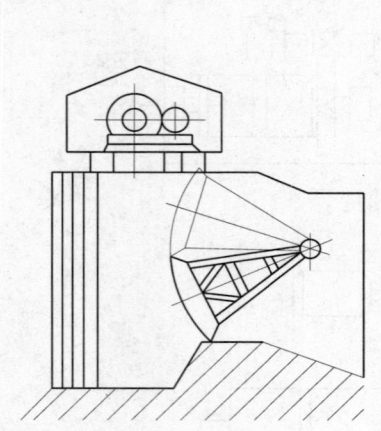

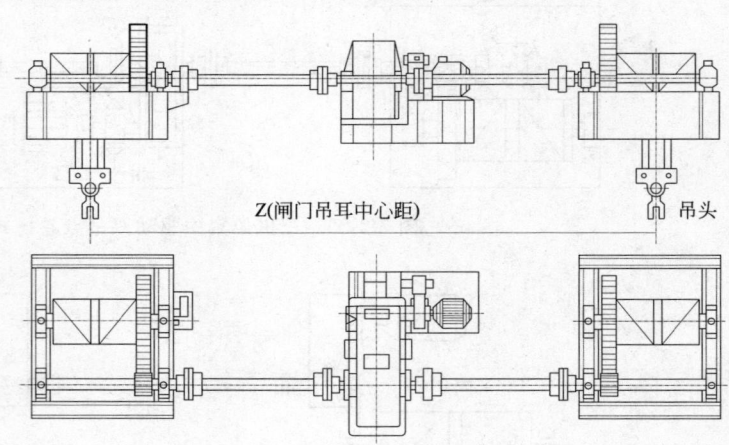

图 7-2-28　前拉式表孔弧门启闭机　　　　图 7-2-29　弧形闸门启闭机机构图

(2) 后拉式弧门启闭机

后拉式表孔弧门启闭机如图 7-2-30 所示,卷扬机布置在闸坝后部公路桥下,闸门支铰置于牛腿顶部平台之上,动滑轮组吊具直接与面板后面下主梁的两端相连接,定滑轮组设在闸墩顶部。钢丝绳的缠绕与布置如图 7-2-31 所示,滑轮组的倍率为 6,属于单侧起吊布置方式,启闭机布置在闸墩上,省去了工作桥。但这种形式的两侧起吊钢丝绳不等长,一侧钢丝绳要跨过孔口,转向较多。当钢丝绳过长垂度过大时,应加设钢丝绳承托装置。从理论上分析,由于钢丝绳不等长,弹性伸长量不等,起吊时两侧吊点不同步引起闸门歪斜。但实际运行证明,由于两侧伸长量差值不大,通过滑轮组分支数分摊以后,引起吊点不同步是微小的,只要在绳索固定端装设调绳装置,适当调整即可。

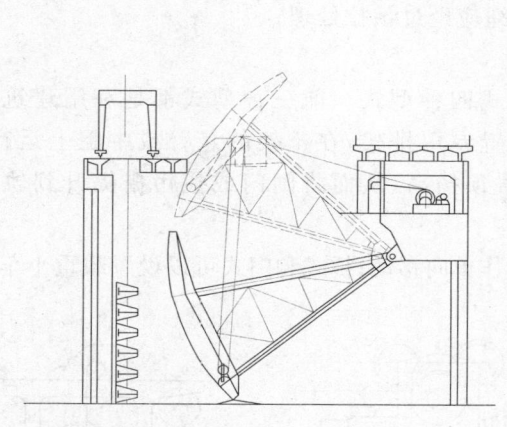

图 7-2-30　后拉式表孔弧门启闭机

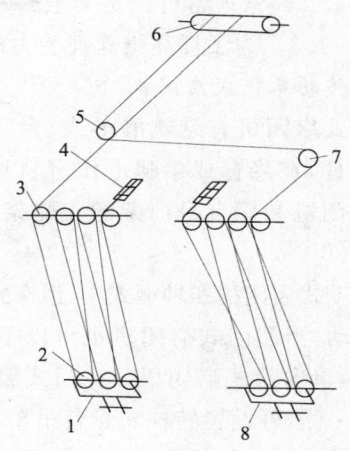

图 7-2-31　后拉式起吊装置钢丝绳的缠绕

1—左吊点；2—动滑轮组；3—定滑轮组；4—过负荷及调绳装置；
5、7—导向滑轮；6—卷筒；8—右吊点

后拉式起吊布置,也可采用双侧后拉式或中部后拉式,应因地制宜。

后拉式弧门启闭机是利用平门启闭机改装而成的,由于钢丝绳受力方向改变,故应对平门启闭机作相应的改动：①原机的滑轮组基本上不能采用,需要重新设计滑轮组；②原机负荷限制器失去作用,需要重新设计负荷限制器；③原机卷筒组受力方向是垂直向下的,而今变为水平方向,原机机架地脚螺钉、卷筒支座及其螺钉以及卷筒轴等受力构件,须加固并校核其强度。

(3) 盘香式弧门启闭机

盘香式表孔弧门启闭机如图 7-2-32 所示,是一种多根钢丝绳多层缠绕的卷扬式启闭机,每根钢丝绳重叠多层缠绕,形如"盘香"而得名,亦称"多层缠绕卷扬式启闭机"。这种机型的特点是承载索支数多,解决了弧门前拉式大容量启闭机不能采用省力滑轮组带来绳索太粗的问题。另外,从启闭机的特性曲线看,比较符合闸门启闭的特性要求,是一种大容量、高扬程表孔弧门启闭机。

从其结构分析来看,盘香式启闭机传动装置与常规弧门启闭机并无多大差别,可以采用集中驱动(容量较小者)或分别驱动。主要特点在于其卷筒组的结构,是由心轴和传力螺栓将很多块卷筒板和挡板相间隔叠压而成。根据盘香式的缠绕特性,卷筒曲线应选择阿基米德螺旋线,层与层之间具有等距性,得到等加速的动态特性。但由于制造工艺上的原因,卷筒曲线采用两个不同半径的圆弧联结而成,带有一个数值为钢丝绳直径的阶梯,使得层与层之间可以平滑过渡,所以两个圆弧的圆心距为钢丝绳的半径,便于重叠多层缠绕。开式齿轮传动根据受力

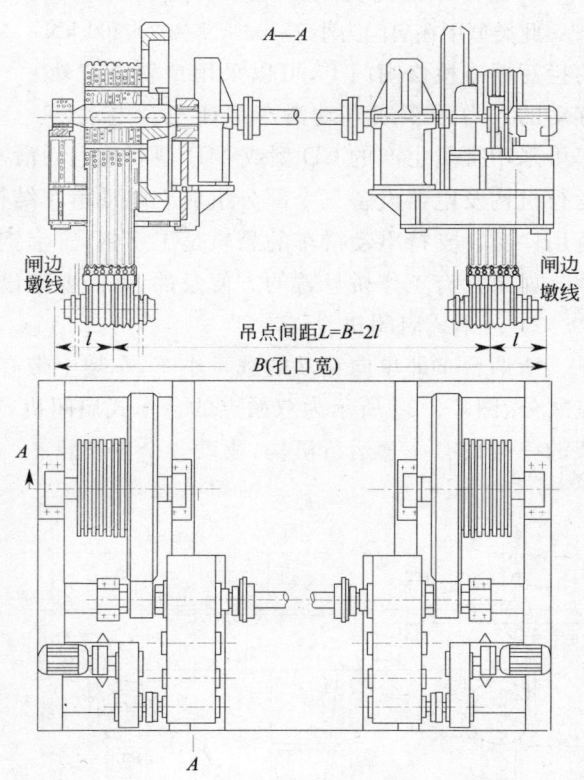

图 7-2-32　盘香式弧门启闭机

情况,可以采用一对或两对斜齿轮传动。绳索两端的联接方式,是采用灌锌套筒联接;在卷筒上的联接,采用矩形断面套筒卡住在卷筒槽上联接;在闸门吊头处,通过绳套与U形螺栓联接,并可调节绳索松紧。绳索通常可以是7根~9根,考虑受力不均匀,引起绳索拉力增大,建议拉力增大系数为1.2~1.3。为了提高钢丝绳受力的均匀性,钢丝绳应经过预拉处理。

### (二)移动卷扬式启闭机

移动式启闭机有悬轨滑车式、台车式、桥式和门式四种型式。前三种型式都是利用建筑物的有利条件,在悬臂或牛腿上作有轨运行;也可以设置专用排架,在排架的悬臂或牛腿上运行。而门式启闭机利用自身门架的支腿架空,产生一段轨顶扬高,从而将闸门或拦污栅提升到轨道面之上。

在移动式启闭机四种型式中,滑车式和台车式只能作单向移动;桥式和门式可以设置载重小车而作双向移动;当然门式启闭机也可以不设载重小车,成为单向门式启闭机。在门式启闭机门架的其中一侧,可设转柱式悬臂吊车,用来起吊拦污栅、清污抓斗,或吊运其他物品过坝。当操作一列闸门或拦污栅时,启闭机只需单向移动,则采用滑车式、台车式或者采用单向门式启闭机;当操作两列闸门或多列闸门(或拦污栅),或者尽管操作一列闸门,然而闸门提升后,需将闸门放到门槽旁边,那么起升机构同样也需要设在载重小车上,使取物装置能够双向移动,则采用桥式或双向门式启闭机。

#### 1. 滑车式启闭机

此类型用在启门力小于100 kN和2×100 kN的拦污栅或检修闸门上,可以采用单轨或双轨移动的人力滑车或电动滑车启闭机。电动滑

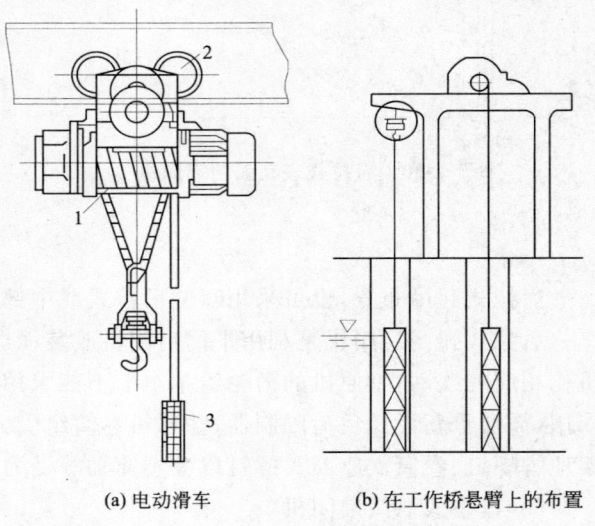

(a) 电动滑车　　(b) 在工作桥悬臂上的布置

图 7-2-33　悬轨滑车式启闭机

1—起升机构;2—运行机构;3—电器设备。

车可采用批量生产的 CD 型或 MD 型双速电动滑车,如图7-2-33a所示。电动滑车是由起升机构、运行机构及电器设备三个部分组成。电动滑车结构紧凑,操作方便,成本低,在国民经济各个部门应用广泛。支持电动滑车的悬轨是工字钢,工字钢上翼缘固接在工作桥悬伸部分,如图7-2-33b所示。如果没有工作桥悬臂的方便条件,就需要架设排架。

#### 2. 台车式启闭机

所谓台车即单向移动的载重小车,车架上带有起升机构和运移机构。台车式启闭机有单、双吊点之分,图7-2-34所示为双吊点的台车式启闭机,车架上设有一套双吊点同步升降的起升机构;车架的一端设有一套运行机构,驱动二个主动轮。

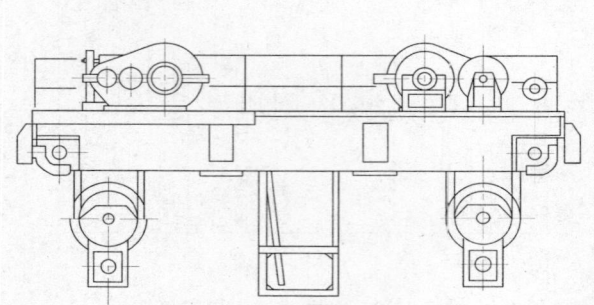

图 7-2-34　台车式启闭机

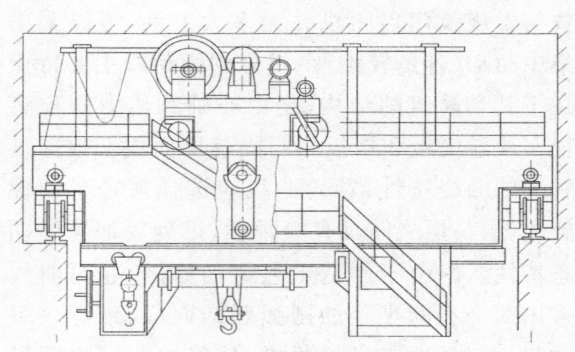

图 7-2-35　桥式启闭机

### 3. 桥式启闭机

桥式启闭机也有单、双吊点之分，形式与桥式起重机基本类似，如图 7-2-35 所示。桥架主梁下设悬轨电动滑车；主起升机构减速器可变速，快速挡工作时启闭力下降以利于检修工作。大车在轨道上运行，大车架上设有横向运行的载重小车。在载重小车架和大车架的端部设置缓冲器和行程限制器。桥式和台车式启闭机由于不能将闸门吊出启闭机平台，必须在扬程之内设置检修平台。

### 4. 门式启闭机

(1) 单向门式启闭机

单向门式启闭机如图 7-2-36 所示，在门架上设置双吊点卷扬式起升机构，有机房封闭，可以改善工作条件，有的门式启闭机在机房内安装有修理用的手动单梁桥式起重机。门式启闭机通常都是垂直起吊的，但在双曲拱坝上，也有设计成专门斜吊的单向门式启闭机，则门架需要特殊加固，以增强门架刚性；车轮和轨道能够承受水平力，门架的跨度应该能够保证门式启闭机的整体稳定性。

(2) 双向门式启闭机

双向门式启闭机如图 7-2-37 所示，在门架主梁上设置载重小车，小车走行方向和门架大车走行方向互相垂直。门架大车走行一般为直线，作为拱坝坝顶门式启闭机的走行也可以是弧线形。门架结构可以是无悬臂的、单悬臂的、双悬臂的和双支柱的。悬臂使启闭机的工作范围扩大，用来操作上游侧或下游侧闸门；也可以在门架立柱上设置转柱式悬臂吊车，用来扩大工作范围，起吊上游侧的拦污栅，清理栅前区的污物，吊运物品过坝。门架结构也可以利用水工建筑物的有利条件设计成半门式结构。在跨度较大的场合，门架的其中一条立柱可以是铰接，以适应温度的变化。门架（包括桥架）主梁都有上拱度要求。门式启闭机都是露天作业，迎风面积较大，装有与大车运行机构电气联锁的防爬夹轨器。

门式启闭机是一种具有轨上扬程的移动式启闭机，可以将闸门或拦污栅提出启闭机平台，便于闸门和拦污栅的维护和检修，适用范围很广，在水电站中用得很多，故有"电站龙门式"起重机之称。

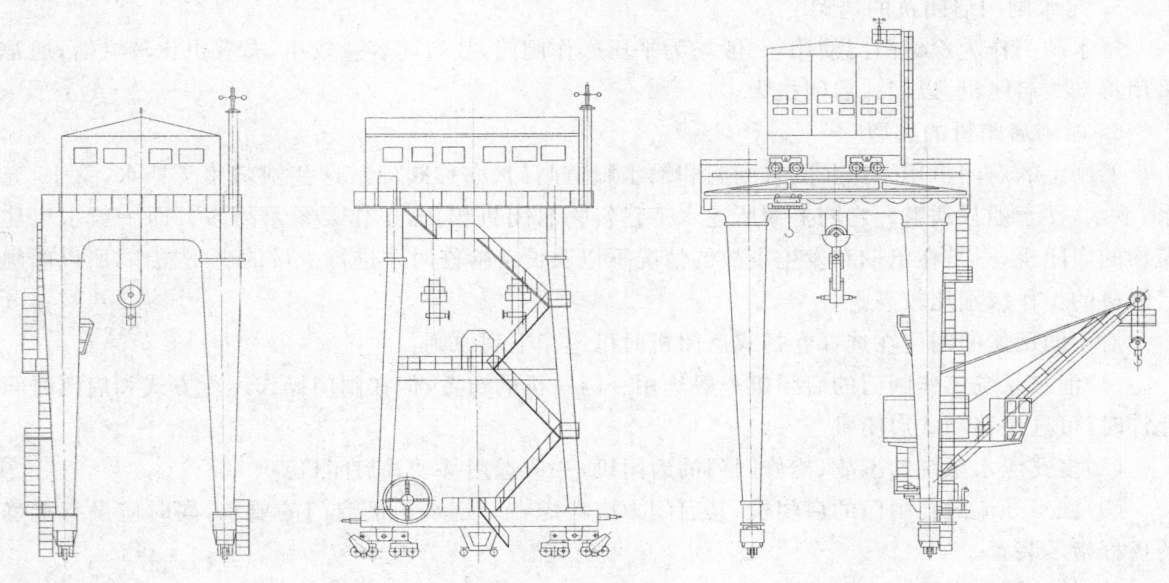

图 7-2-36 单向门式启闭机　　　　　　图 7-2-37 双向门式启闭机

### 三、卷扬式启闭机的应用

卷扬式启闭机的应用主要根据水工布置、门型、孔数及操作运行和时间要求等，经全面的技术经济指标论证后选定。

1. 水电站进水口快速闸门启闭机的选型

为了防止机组运行故障产生飞逸转速,要求机组进水口闸门在 2 min 内快速关闭孔口切断水流,故要求启闭机选型上能够保证这一要求,必须是一机一门的固定式启闭机。其型式为带离心调速制动器的卷扬式启闭机,现行 QPK 系列启闭机属于这种类型。事故闭门时,靠水轮发电机组的转速继电器或靠手动操作,释放常闭式制动器的抱闸(图7-2-38),电动机定子与转子间无电磁联系的情况下,闸门靠持住力,由离心调速器控制下落速度,保证 2 min 内关闭孔口。

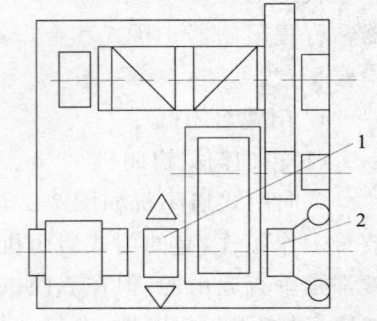

图 7-2-38 QPK 系列(单吊点)启闭机简图
1—闭式制动器;
2—离心调速式制动器

2. 转桨式机组进水口闸门启闭机的选型

低水头大流量的河床式电站,一般装设转桨式水轮机组。这种电站水轮机的桨叶和导叶可根据需要自动调节,机组及附属设备防飞逸的措施较可靠,发生事故后停机的可靠性较高,不需要靠进水口闸门快速关闭停机。但为了进一步提高事故保护的能力,防止可能发生的事故的扩大,进水口事故闸门仍然要采用一门一机布置,其闭门速度的选择要结合机组的防飞逸能力确定。进水口宜设置双向门式启闭机,以操作检修闸门、检修事故闸门启闭机等。

3. 溢流坝表孔闸门启闭机的选型

溢流坝闸门的启闭机选用范围较宽,布置方案较多,而且与水工建筑物关系较大,一般按泄洪要求来选择启闭机型式。泄洪闸门宜选用固定卷扬式(弧门或平门)启闭机,检修闸门宜选用门式启闭机。

4. 中孔或深孔闸门启闭机的选型

由于操作闸门的水头较高,往往靠闸门自重不能关闭,需要在闸门上加重块,才能使闸门关闭,宜采用带滑轮组的卷扬式平面闸门启闭机。

5. 尾水闸门启闭机的选型

尾水闸门作为检修闸门使用,一般均为平压操作闸门,故启闭容量较小,布置也比较灵活,通常采用移动式启闭机,以门式启闭机为多。

6. 船闸启闭机的选型

船闸上的启闭机用来操作闸首闸门和输水廊道闸门(亦称阀门),这些闸门用于挡水、蓄水、充水、泄水,便于船只通航。它同上面所述水工建筑物启闭机相比,工作要繁重得多。而一般水工建筑物的启闭机,只是在汛期和发生事故的情况下以及设备检修时才进行少量的启闭操作,所以船闸启闭机的工作级别比较高。

对不同用途的闸门在选择卷扬式启闭机时可遵循下列原则:

(1)泄水系统工作闸门的启闭机一般选用一门一机的布置,但在闸门操作运行方式和启闭时间允许时,可选用移动式启闭机。

(2)多孔泄水系统的事故、检修闸门的启闭机,一般选用移动式启闭机。

(3)施工导流封孔闸门的启闭机,其启闭力应考虑在一定水头下启门的要求,同时应设有准确的扬程指示装置。

(4)挡潮闸、水闸工作闸门的启闭机,一般采用一门一机布置。

(5)电站机组进水口和泵站出口快速闸门的启闭机选型,应根据工程布置、闸门的启闭荷载、扬程等进行全面的技术经济比较后选用。其卷扬式快速闸门启闭机快速关闭回路的控制电源,应按电厂交流电源失电的条件来设置。

(6)当多机组电站进水口设有检修闸门时,一般选用移动式启闭机,同时在枢纽总体布置条件允许的情况下,应尽量与溢洪、泄水系统检修闸门的启闭机协调共用。

(7)机组进水口多孔拦污栅的启闭机,可用门式启闭机在其上游侧设置副起升机构,也可用跨内副钩和主钩。若水工建筑物布置分散,无条件利用已有启闭机时,也可单独设置移动式启闭机。

(8)电站机组多孔尾水管检修闸门的启闭机一般采用移动式启闭机。

(9)对于需要分节装拆的闸门或分节启闭的叠梁闸门,一般选用移动式启闭机配合自动挂脱梁操作。

### 四、卷扬式启闭机的基本参数

1. 启闭力

启闭力相当于通用起重机的起重量,即为安全起吊的最大吊重物的质量,单位为公斤(kg)或吨(t),计算中则用力的法定计量单位牛(N)或千牛(kN)。启闭力通常包含启门力、持住力和闭门力三个概念,考虑了闸门在启门和闭门时在动水或静水条件下的自身重力、加重块重力、摩擦力、水柱作用力、下吸力、上托力等因素的力学关系。在启门时,为了推动或者牵引闸门开启,计算启门力;闭门时,牵引闸门按预定速度下落,计算持住力;在一些潜孔闸门中,由于水压力产生较大的摩擦力,不存在能牵引闸门下落的持住力,必须添加配重对闸门施加下压力或推力,这就是所谓闭门力。启闭力系列如表 7-2-19 所示。

表 7-2-19　启闭力系列　　　　　　　　　　　　　　　kN

| 6.3 | 8.0 | 10 | 12.5 | 16 | 20 | 25 | 32 | 40 | 50 |
|---|---|---|---|---|---|---|---|---|---|
| 63 | 80 | 100 | 125 | 160 | 200 | 250 | 320 | 400 | 500 |
| 630 | 800 | 1 000 | 1 250 | 1 600 | 2 000 | 2 500 | 3 200 | 4 000 | 5 000 |
| 6 300 | 8 000 | 10 000 | | | | | | | |

2. 工作速度

(1)卷扬式启闭机启闭速度一般为 1 m/min～2.5 m/min,大容量启闭机的起升速度更低。下降速度接近起升速度时,只需标出起升速度即可。但是在快速下降闸门的启闭机中,由于水电厂事故停机的需要,要求闸门在 2 min 内关闭孔口,所以下降速度明显大于起升速度,故须标出:起门速度/闭门速度。

(2)移动式启闭机大车运行速度一般为 10 m/min～25 m/min,小车由于行走距离非常有限,通常为 5 m/min～10 m/min。

(3)旋转速度通常只限于门式启闭机的悬臂吊车,旋转角度有限,故旋转机构驱使臂架旋转速度控制在 0.5 r/min 左右。

工作速度系列如表 7-2-20 所示。

表 7-2-20　速度系列　　　　　　　　　　　　　　　m/min

| 0.2 | 0.3 | 0.5 | 0.8 | 1 | 1.25 | 1.6 | 2 |
|---|---|---|---|---|---|---|---|
| 2.5 | 3.15 | 4 | 5 | 6.3 | 8 | 10 | 12.5 |
| 16 | 20 | 25 | | | | | |

3. 扬程

扬程的定义在垂直起升条件下与通用起重机械的起升高度是相同的,即取物装置上下极限位置之间的直线距离。但是对于工作对象为圆弧运动者,如弧形闸门,则以取物装置在两个极限位置时,起重元件长度的差值为定义。对于门式启闭机其扬程包括轨顶扬高和轨下扬高。扬程系列如表 7-2-21 所示。

表 7-2-21　扬程系列　　　　　　　　　　　　　　　　　　　　　　　　　　　　m

| 1.0 | 1.25 | 1.6 | 2 | 2.5 | 3 | 3.5 | 3.8 | 4 | 4.5 | 5 | 5.5 | 6 |
|---|---|---|---|---|---|---|---|---|---|---|---|---|
| 6.5 | 7 | 7.5 | 8 | 8.5 | 9 | 9.5 | 10 | 10.5 | 11 | 12 | 13 | 14 |
| 15 | 16 | 18 | 20 | 22 | 24 | 26 | 28 | 30 | 32 | 34 | 36 | 38 |
| 40 | 45 | 50 | 55 | 60 | 65 | 70 | 75 | 80 | 100 | 120 | 140 | |

### 4. 跨度

跨度是指桥式或门式类型启闭机两侧车轮踏面中心线之间的距离，通常等于轨距。但在弧形轨道上运行的启闭机跨度与轨距有细微的差别。移动式启闭机跨度系列如表 7-2-22 所示。

表 7-2-22　跨度系列　　　　　　　　　　　　　　　　　　　　　　　　　　　　m

| 2.5 | 3 | 3.5 | 4 | 4.5 | 5 | 5.5 | 6 | 6.5 | 7 | 7.5 | 8 | 8.5 | 9 |
|---|---|---|---|---|---|---|---|---|---|---|---|---|---|
| 9.5 | 10 | 11 | 12 | 13 | 14 | 15 | 16 | 17 | 18 | 19 | 20 | 22 | 24 |

### 5. 吊点间距

对于双吊点启闭机而言，由闸门上两个吊点的布置情况来确定。它等于起吊闸门在最高位置时，两个取物元件之间的水平间距，一般为闸门两个吊耳的距离。

### 6. 工作级别

启闭机和通用起重机械一样，是一种循环间隔性工作的机械。卷扬式启闭机机构的工作级别按机构的设计寿命和荷载状态划分为四级，见表 7-2-23。主起升机构的工作级别就是启闭机的工作级别。启闭机工作级别举例参见表 7-2-24。

表 7-2-23　机构工作级别

| 工作级别 | 总设计寿命/h | 荷载状态 |
|---|---|---|
| Q1—轻 | 800 | 不经常使用且很少启闭额定荷载 |
| Q2—轻 | 1 600 | |
| Q3—中 | 3 200 | 有时启闭额定荷载，一般启闭中等荷载 |
| Q4—重 | 6 300 | 经常启闭额定荷载 |

表 7-2-24　启闭机工作级别举例

| 启闭机型式 | | | 工作级别 |
|---|---|---|---|
| 固定式启闭机 | 启闭检修闸门 | | Q1—轻 |
| | 启闭事故闸门 | 扬程＜40 m | Q1—轻～Q2—轻 |
| | | 扬程≥40 m | Q2—轻～Q3—中 |
| | 启闭工作闸门 | 扬程＜40 m | Q2—轻～Q3—中 |
| | | 扬程≥40 m | Q3—中～Q4—重 |
| 移动式启闭机 | | 扬程＜40 m | Q1—轻～Q3—中 |
| | | 扬程≥40 m | Q2—轻～Q4—重 |

## 五、卷扬式启闭机的设计原则和要求

### 1. 设计资料

设计启闭机所需资料应包括下列各项：

①水电水利枢纽闸门运行对启闭方式、充水方式、泄流、局部开启、启闭和走行速度等要求；②闸门门叶、门槽的尺寸，有关布置的允许尺寸以及闸门与启闭机连接的有关尺寸和要求等；③电气控制方式及接口要求；④水文、气象、泥沙、水质等资料；⑤荷载资料；⑥有关制造、运输和安装等方面条件；⑦地震和其他特殊要求；⑧动力、控制电源要求。

2. 一般要求

启闭机的设计必须满足技术先进、运行可靠、经济合理、维修方便、景观协调、劳动安全和环境保护等要求。

根据气候、风沙情况，考虑检修人员的工作等条件，固定式启闭机可以设置在机房内，也可布置在室外。设置机房时应与闸门通气孔分开，其平面尺寸除机器靠机房一侧应留有必要的检修、安装空间外，其余与墙壁之间应留有人行通道，其宽度不应小于0.8 m。布置在室外的启闭机应加设活动机罩。电气设备应考虑防尘、防潮和防雨措施。在严寒地区，且在冬季有运行要求的启闭机，其机房应有保温设施；在炎热地区，且夏季有运行要求的启闭机，其机房应有降温设施；在风沙严重地区，启闭机齿轮传动不宜采用开放式，或设置全封闭机房。选择工作油或润滑油的牌号应考虑工作地区的气温条件。

启闭机除满足启闭闸门的最大工作扬程要求外，还应留有适当的裕度。对启闭潜孔弧门的启闭机，其最大工作扬程应满足更换侧、顶止水的需要。

根据启闭机工况条件和技术经济指标，有条件时可采用高扬程启闭机。布置高扬程启闭机时要防止动滑轮组、钢丝绳和闸门门槽的干扰。动滑轮组应设置防止钢丝绳脱槽的防护措施。对于浸入水中的动滑轮组，宜采用滑动轴承，轴表面应采取防腐措施，采用滚动轴承时应设密封装置。

启闭机起吊平面闸门时起吊中心线应与闸门起吊中心线一致。对于启闭力大的移动式启闭机，其吊具与闸门（或吊杆）吊耳连接时，宜采用自动挂脱梁或手摇联轴装置。对固定式启闭机，当连接轴重量较大、操作困难时，也宜设置手摇联轴装置。

启闭机安装高程应满足安全运行要求，防止启闭机动力部分和电气设备被淹，并应便于闸门、门槽及启闭机部件等正常检修，此外，还应考虑与水接触部件的防腐问题。对用以操作泄洪及其他应急闸门的启闭机，必须设置可靠的备用电源。

电站的快速闸门启闭机应按快速关闭孔口要求确定其下降速度，并应设有减速装置，使闸门接近底坎时的速度不大于5 m/min。泵站出水口的快速闸门的启闭机应按快速关闭孔口时间确定下降速度，并应采取措施控制接近全关闭时的速度。

双吊点闸门的启闭机，应有相应的同步措施。在启闭过程中，不应因双吊点误差而影响闸门运行。对于闸门前有泥沙淤积的双吊点启闭机，其启闭力的确定应考虑两个吊点启闭荷载的不均匀系数。

选用启闭机系列产品时，启闭机的启闭力应大于或等于计算启闭荷载。固定式启闭机主要用于启闭依靠闸门自重、水柱或其他加重方式关闭孔口的闸门，一般布置为一门一机。有小开度充水要求的闸门，启闭机应设有能满足小开度精度的行程开关或其他措施。启闭机在一般情况下为现地操作，若为多台启闭机，可设集中控制室操作。

启闭机机架除满足强度、稳定要求外，尚应有足够的刚度。启闭设备中的结构件一般不进行疲劳强度的计算。当启闭机的启闭荷载方向倾斜时，应考虑水平力对有关零部件的作用，并核算其影响。

启闭机应装设相应的安全装置，如制动器、启闭荷载限制器、力矩限制器、上下限位装置、行程限制器、缓冲器、防风夹轨器、锚定装置、电气保护装置等。

启闭机的解体尺寸和重量应符合运输规定要求，运输单元应具有必要的刚度。

3. 特殊要求

(1)对高扬程启闭机的要求

带有排绳装置的高扬程启闭机，在卷筒绳槽的钢丝绳返回处应设有凸缘，对于排绳装置的导向螺杆应注意螺旋角、端部返回处的圆弧半径以及螺母牙板包角体形的选择。对于自由双层卷绕的高扬程启闭机，宜在钢丝绳返回处设有返回凸缘，并控制第二层钢丝绳偏离时与卷筒轴垂直的平面夹角。双联滑轮组倍率大于2的高扬程启闭机，其定滑轮组应铰接在滑轮组支架上，同时应防止钢丝绳与定滑轮组支撑梁干扰。采用折线绳槽卷筒的高扬程启闭机，应注意卷筒折线长度和绳槽倾斜角，卷筒绳槽返回处应设有返回凸缘。

(2) 对启闭弧形闸门的卷扬式启闭机的要求

吊点设在挡水面板前的露顶式弧形闸门卷扬式启闭机和盘香式启闭机，其钢丝绳及吊具一般紧贴于弧形闸门面板上，不宜设置动滑轮组；布置时应注意钢丝绳、吊具与吊耳间的联结方式。吊点设在挡水面板后的露顶式弧形闸门卷扬式启闭机，可采用平面闸门卷扬式启闭机替代或改装；布置时应注意滑轮组的缠绕和转向方式，以及闸门双吊点时的同步升降。

盘香式启闭机起吊露顶式弧形闸门时，应设有钢丝绳调节装置。露顶式弧形闸门卷扬式启闭机应根据启闭力大小、闸门的重要程度、动力可靠性等决定是否设置备用电源或手摇启闭装置。

选用平面闸门卷扬式启闭机启闭潜孔式弧形闸门时，要防止钢丝绳与定滑轮组支撑梁的干扰。如定滑轮组或导向滑轮设置在支撑梁下部时，应考虑对它们的维护和润滑条件。启闭机动滑轮组（或通过吊杆）与潜孔式弧形闸门吊耳的联结轴应镀铬并设润滑装置，轴孔应有轴套。

(3) 对启闭升卧式闸门的卷扬式启闭机的要求

动滑轮组要布置在泥沙淤积高程以上。启闭机机架桥底部高程，必须高出闸门顶运行轨迹线以上 0.1 m～0.2 m。闸门在启闭过程中钢丝绳不得与门叶摩擦，闸门全开后吊耳中心与启闭机起吊中心之连线与垂直线的夹角不应大于15°。

(4) 对移动式启闭机的要求

移动式启闭机的跨度、工作平台（坝顶、尾水平台等）以上的扬高应能满足启闭、吊装闸门和拦污栅等设备的要求。移动式启闭机的启闭荷载和走行荷载应根据情况分别选用。移动式启闭机一般采用在启闭机上控制操作。根据枢纽布置需要，当移动式启闭机沿曲线走行时，应采取可靠措施，以防止过载和卡轨。小容量移动式启闭机根据布置也可以选用电动葫芦配单轨小车。移动式启闭机应进行抗倾覆稳定性的验算。

4. 结构设计计算要求

(1) 计算原则

卷扬式启闭机的金属结构应进行强度、稳定和刚度计算，并满足其规定的要求。计算时一般不考虑材料的塑性影响，也不进行疲劳强度计算。

结构按两类荷载情况进行计算。第Ⅰ类荷载按工作时的最大荷载进行强度、刚度和稳定性计算；第Ⅱ类荷载按非工作时的最大荷载或工作时的特殊荷载进行强度和稳定性的验算。

(2) 荷载组合

对移动式启闭机的结构及其连接计算，荷载组合见表7-2-25。对固定式启闭机，荷载组合时不考虑运行引起的水平载荷。

表 7-2-25 荷载与荷载组合

| 荷载名称 | 第Ⅰ类荷载组合 | | | | | 第Ⅱ类荷载组合 | | | |
| --- | --- | --- | --- | --- | --- | --- | --- | --- | --- |
| | $I_a$ | $I_b$ | $I_c$ | $I_d$ | $I_e$ | $I_a$ | $I_b$ | $I_c$ | $I_d$ |
| 自重荷载 | √ | √ | √ | √ | √ | √ | √ | √ | √ |
| 主起升机构启闭荷载 | √ | | | | | | | | |
| 走行荷载 | | √ | √ | | | | √ | | |

续上表

| 荷载名称 | 第Ⅰ类荷载组合 | | | | | 第Ⅱ类荷载组合 | | | |
|---|---|---|---|---|---|---|---|---|---|
| | $I_a$ | $I_b$ | $I_c$ | $I_d$ | $I_e$ | $I_a$ | $I_b$ | $I_c$ | $I_d$ |
| 启闭机惯性力 | | | √ | | √ | | | | |
| 小车惯性力 | | √ | | | | | | | |
| 工作状态的风荷载 | √ | √ | √ | √ | √ | √ | √ | | |
| 非工作状态的风荷载 | | | | | | | | √ | |
| 偏斜走行引起的侧向力 | | | √ | | √ | | √ | | |
| 碰撞荷载 | | | | | | | √ | | |
| 试验荷载 | | | | | | | √ | | |
| 地震荷载 | | | | | | | | | √ |
| 副起升机构启闭荷载 | | | √ | √ | | | | | |

注：1. 荷载的各种组合用来计算结构的不同部位；
2. 温度荷载、冰雪荷载、安装荷载、坡度荷载等需要考虑时，可在现有的荷载组合中增加。

(3) 强度计算要求

卷扬式启闭机金属结构的强度计算采用许用应力法，结构材料的许用应力按表 7-2-26 的尺寸分组，第Ⅰ类荷载情况时，结构材料的许用应力按表 7-2-27 采用。

表 7-2-26　钢材的尺寸分组

| 组　别 | 钢材的厚度或直径 $a$/mm | |
|---|---|---|
| | Q235 | Q345 |
| 第一组 | $a \leqslant 16$ | $a \leqslant 16$ |
| 第二组 | $16 < a \leqslant 40$ | $16 < a \leqslant 25$ |
| 第三组 | $40 < a \leqslant 60$ | $25 < a \leqslant 36$ |
| 第四组 | | $36 < a \leqslant 50$ |

表 7-2-27　第Ⅰ类荷载情况时的许用应力　　　　　　　　　　　　　　　N/mm²

| 应力种类 | 符号 | Q235 | | | Q345 | | | |
|---|---|---|---|---|---|---|---|---|
| | | 第一组 | 第二组 | 第三组 | 第一组 | 第二组 | 第三组 | 第四组 |
| 拉、压、弯 | $[\sigma]$ | 160 | 150 | 145 | 230 | 220 | 205 | 190 |
| 剪 | $[\tau]$ | 95 | 90 | 85 | 135 | 130 | 120 | 110 |
| 局部承压(磨平顶紧) | $[\sigma_{cd}]$ | 240 | 240 | 220 | 350 | 330 | 310 | 290 |
| 局部紧接承压 | $[\sigma_{cj}]$ | 120 | 115 | 110 | 175 | 165 | 155 | 145 |

注：1. 局部承压是指构件腹板的小部分表面受局部荷载的挤压或端面承压的情况；
2. 局部紧接承压是指可动性小的铰在接触的投影平面上的压应力。

(4) 刚度计算要求

刚性有静态刚性和动态刚性。静态刚性以在规定的荷载作用于指定位置时，结构和结构件在某一位置处的静态弹性变形值来表示；振动系统的动态刚性对于启闭机一般不作校核，当用户或设计本身对此有要求时，才进行校核。

桥式、台车式、门式启闭机的静态刚性要求如下：当额定荷载位于跨中或最不利位置时（台车、单向门机则在起吊位置），主梁由于额定启闭荷载和小车自重在跨中引起的垂直静挠度 $y_L$，应满足下述要求：

桥式、双向门式启闭机在跨中的挠度：

当工作级别为 $Q_1$、$Q_2$ 时，$\quad\quad\quad\quad y_L \leqslant L/700 \quad\quad\quad\quad\quad\quad\quad\quad$ (7-2-1)

当工作级别为 $Q_3$、$Q_4$ 时，$\quad\quad\quad\quad y_L \leqslant L/800 \quad\quad\quad\quad\quad\quad\quad\quad$ (7-2-2)

式中 $L$——启闭机跨度。

对于有悬臂的门机，当满载小车位于悬臂上的有效工作位置时，该处的垂直静挠度：

$$y_L \leqslant L_c/350 \quad\quad\quad\quad\quad\quad\quad\quad (7\text{-}2\text{-}3)$$

式中 $L_c$——悬臂有效工作长度。

桥式、台车式启闭机的跨中水平变位值一般宜控制在：

$$y_s \leqslant L/2\,000 \quad\quad\quad\quad\quad\quad\quad\quad (7\text{-}2\text{-}4)$$

门机的门架，其两个方向的水平变位值，在最不利的荷载组合时宜小于 $1.5H‰$。此处 $H$ 为大车轨面到小车轨面（单向门机为主梁上翼缘面）的高度。

小车架和机械设备直接安装在台车架及单向门机门架上时的刚度应适当加强，其最大垂直静挠度，当作为简支梁构件计算时，宜控制在：

$$y_e \leqslant L/2\,000 \quad\quad\quad\quad\quad\quad\quad\quad (7\text{-}2\text{-}5)$$

式中 $L$——小车、台车、单向门机的跨度。

当为悬臂计算时，宜控制在 $\quad\quad y_e \leqslant L_c/1\,000 \quad\quad\quad\quad\quad\quad\quad\quad$ (7-2-6)

式中 $L_c$——悬臂有效工作长度。

## 第五节　造船门式起重机

### 一、概　　述

造船门式起重机是工作在造船厂的船坞、船台或平台上进行船体分段吊装及翻身作业的专用起重设备（图 7-2-39），造船门式起重机在英语中被称作 Goliath crane，Goliath，是《圣经》中一个巨人的名字，后被引申为"移动式巨型起重机"，其特点就是起重量和跨度大、高度高。额定起重量至少 100 t 以上，最大可达 2 500 t；跨度一般大于 40 m，最大可达到约 230 m；主梁下盖板离地面的高度在 40 m～100 m 之间。

图 7-2-39　造船门式起重机

由于造船门式起重机跨度大，门架通常采用一侧刚性腿一侧柔性腿的型式，即一侧刚性腿与主梁固接,另一侧柔性腿通过柔性铰与主梁连接。主梁有单梁和双梁两种形式。根据造船工艺要求,造船门式起重机应具有单吊、双钩抬吊、三钩抬吊、船体分段空中翻身和空中微量旋转等多种功能,特别应满足船体分段的翻身和合拢作业要求。为完成上述功能,造船门式起重机一般设有上、下2个小车。上、下小车分别在各自的轨道上行驶,下小车可在上小车下穿行。上小车设有两个起重量相同的起升机构,吊点分别跨于主梁外侧,两套起升机构可以分别动作也可联合动作,可完成船体分段的双钩抬吊和转动。两钩设有横移机构,可分别横移,一般横移距离为1.5 m或2 m,以完成工件的微动和微量旋转,在合拢时可准确对位。下小车上设有主钩和副钩,两钩置于主梁中心位置,主钩可以单独起吊,也可与上小车的两钩联合动作完成三钩抬吊和空中翻身。副钩一般起重量很小而起升速度很快,可进行一些小件的起吊工作。

造船门式起重机通过上小车两钩和下小车主钩及上、下小车运行机构的协同动作,可完成船体分段的空中翻身动作,具体翻身过程见图7-2-40。首先是三钩吊起船体分段(图7-2-40a),通过三钩升降调整和上下小车的平移运动,使整个分段都由上小车来承受(图7-2-40b),这时空载的下小车由上小车的下面穿过去并重新吊起分段的另一侧(图7-2-40c),这样通过上小车吊具的下降和上下小车的平移运动,从而完成分段的180°翻身作业。

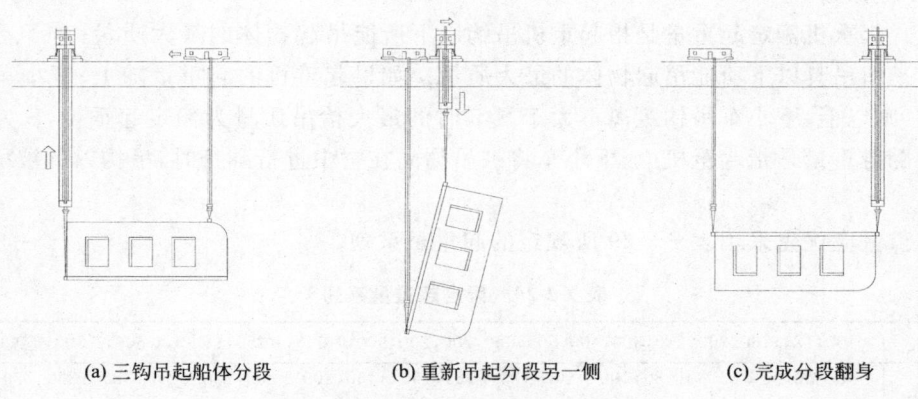

(a) 三钩吊起船体分段　　(b) 重新吊起分段另一侧　　(c) 完成分段翻身

图7-2-40　船体分段空中翻身示意图

近年来随着我国造船工业的蓬勃发展,船舶的吨位越来越大,很多造船厂采用大分段制造法来建造船舶,因而促使造船门式起重机向大型化发展。我国已制造出起重量为900 t、1 000 t的造船门式起重机,表7-2-28列出了几种造船门式起重机的主要性能参数。

表7-2-28　造船门式起重机的主要性能参数

| | 项　目 | 300 t×112 m | 600 t×182 m | 900 t×230 m |
|---|---|---|---|---|
| 总体 | 总起重量/t | 300 | 600 | 900 |
| | 空中翻身最大重量/t | 200 | 600 | 900 |
| | 主梁结构形式 | 双主梁结构 | 双主梁结构 | 双主梁结构 |
| | 主梁下净空高度/m | 70 | 91 | 80 |
| | 跨度/m | 112 | 182 | 230 |
| | 基距/m | 28 | 32 | 40 |
| | 整机重量/t | 2 250 | 4 766 | 8 745 |
| 上小车 | 起重量/t | 2×100 | 2×300 | 2×450 |
| | 起升高度(轨上/轨下)/m | 70 | 91 | 80 |
| | 起升速度/(m/min) | 0.8~8 | 3~6~10 | 0.5~5~10 |
| | 运行速度/(m/min) | 4~40 | 0~30 | 1~25~30 |

续上表

| 项 目 | | 300 t×112 m | 600 t×182 m | 900 t×230 m |
|---|---|---|---|---|
| 下小车 | 主钩起重量/t | 100 | 400 | 600 |
| | 起升高度(轨上/轨下)/m | 70 | 82 | 80 |
| | 起升速度/(m/min) | 0.8~8 | 3~6~10 | 0.5~5~10 |
| | 副钩起重量/t | 10 | 20 | 50 |
| | 起升高度(轨上/轨下)/m | 72 | 82 | 80 |
| | 起升速度/(m/min) | 0.8~16 | 0~20 | 1~10~20 |
| | 运行速度/(m/min) | 4~40 | 0~30 | 1~25~30 |
| 大车 | 运行速度/(m/min) | 3~30 | 0~25 | 1~25~30 |

## 二、基本参数和型号标记

### (一)基本参数

#### 1. 额定起重量

造船门式起重机额定起重量是指起重机吊钩以下所能吊起物体的最大质量,对于不可拆卸的固定式吊具是指吊具以下所能吊起物体的最大质量。如果起重机的起重量随上、下小车吊钩距离不同而变化,则以上、下小车吊钩距离不大于 $S/5$ 时的最大抬吊质量为额定起重量,$S$ 为起重机的跨度。额定翻身重量是指起重机上、下小车将被吊物品在空中进行翻身时,吊钩以下被吊物品的最大质量。

额定起重量应优先采用表 7-2-29 所规定的起重量系列。

**表 7-2-29 额定起重量系列**  t

| 额定起重量 | | 100,125,160,200,250,320,400,500,630,700,800,900,1 000,1 250,1 400,1 600,1 800,2 000,2 500 |
|---|---|---|
| 上小车 | 双钩 | 50+50,63+63,80+80,100+100,125+125,160+160,200+200,250+250,320+320,350+350,400+400,450+450,500+500,630+630,700+700,800+800,900+900,1 000+1 000,1 250+1 250 |
| 下小车 | 主钩 | 50,63,80,100,125,125,160,200,250,320,350,400,450,500,630,700,800,900,1 000,1 250 |

#### 2. 跨度

造船门式起重机的跨度应优先采用表 7-2-30 的规定值。

**表 7-2-30 跨度规定值**  m

| 起重机跨度的范围 | 起重机跨度的取值 |
|---|---|
| 40~100 | 每隔 5 m 一档 |
| >100 | 每隔 2 m 一档,取偶数 |

#### 3. 起升范围

造船门式起重机的起升范围应优先采用表 7-2-31 的规定值。

**表 7-2-31 起升范围规定值**  m

| 起重机的起升高度 | 起升高度的取值 | 下降深度的取值 |
|---|---|---|
| 50~70 | 每隔 5 m 一档 | 根据需要至地面或到坞底板 |
| >70 | 每隔 2 m 一档,取偶数 | 根据需要至地面或到坞底板 |

#### 4. 门架净空高度

造船门式起重机的门架净空高度推荐按表 7-2-32 的规定值。如在机下有其他起重机通过,应保证其他起重机通过时的安全性。

表 7-2-32  门架净空高度规定值  m

| 门架净空高度的范围 | 门架净空高度的取值 |
|---|---|
| 50～70 | 每隔 5 m 一档 |
| >70 | 每隔 2 m 一档，取偶数 |

### 5. 工作速度

造船门式起重机的大车及上、下小车各机构的额定工作速度（单位：m/min）的名义值宜在下述数系中选取：2.0；2.5；3.2；4.0；5.0；6.3；8.0；10；12.5；16；20；25；32；40。若采用变频调速的起重机，其起升速度推荐采用表 7-2-33 所规定的数值；运行速度不宜超过 32 m/min，一般取 20 m/min～32 m/min；空载、风速小于 10 m/s 时，其最高运行速度取 32 m/min～40 m/min。具体值的大小，应与起重量成反比，与工作级别、额定行程成正比。

表 7-2-33  变频调速起重机的起升速度推荐值  m/min

| 主钩起重量/t | 额定载荷时速度 | 40%载荷时速度 | 主钩起重量/t | 额定载荷时速度 | 40%载荷时速度 |
|---|---|---|---|---|---|
| 50 | 6.3～10 | 12.5～20 | 320 | 3.2～5 | 6.3～10 |
| 63 | 6.3～10 | 12.5～20 | 350 | 3.2～5 | 6.3～10 |
| 80 | 6.3～10 | 12.5～20 | 400 | 3.2～5 | 6.3～10 |
| 100 | 5～8 | 10～16 | 450 | 3.2～5 | 6.3～10 |
| 125 | 5～8 | 10～16 | 500 | 3.2～5 | 6.3～10 |
| 160 | 5～8 | 10～16 | 550 | 2.5～3.2 | 5～6.3 |
| 200 | 4～6.3 | 8/12.5 | 630 | 2～3.2 | 5～6.3 |
| 250 | 4～6.3 | 8/12.5 | 700 | 2～3.2 | 5～6.3 |

### 6. 工作级别

起重机整机的工作级别、使用等级和载荷状态级别，可根据 GB/T 3811 规定的使用情况来选取。造船门式起重机整机的工作级别，推荐为 A2～A4，如表 7-2-34 所示。结构工作级别宜选取 E3，其使用情况见表 7-2-35。各机构的使用等级、载荷状态级别和工作级别可按表 7-2-36 选取。

表 7-2-34  造船门式起重机整机的工作级别

| 载荷状态级别 | 起重机的载荷谱系数 $K_p$ | 起重机的使用等级 | | |
|---|---|---|---|---|
| | | U2 | U3 | U4 |
| Q2 | $0.125 < K_p \leqslant 0.25$ | A2 | A3 | A4 |
| Q3 | $0.250 < K_p \leqslant 0.5$ | A3 | A4 | |

表 7-2-35  造船门式起重机结构工作级别

| 工作级别 | 应力状态级别 | 总应力循环次数 N | 载荷状态 |
|---|---|---|---|
| E3 | S3 | $1.25 \times 10^5$ | 有时起升额定载荷，一般起升中等载荷 |

表 7-2-36  造船门式起重机各机构工作级别

| | 上、下小车主起升机构 | 副起升机构 | 小车行走机构 | 大车行走机构 |
|---|---|---|---|---|
| 使用等级 | T4 | | | |
| 载荷状态级别 | L2 | | | L3 |
| 工作级别 | M4 | | | M5 |

## (二)型号标记

造船门式起重机的型号表示方法:

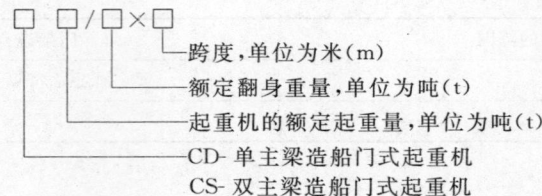

跨度,单位为米(m)
额定翻身重量,单位为吨(t)
起重机的额定起重量,单位为吨(t)
CD- 单主梁造船门式起重机
CS- 双主梁造船门式起重机

起重机的额定起重量与额定翻身重量相等时,则斜杠及额定翻身重量的数字可省略。

标记示例:

(1)额定起重量为750 t,额定翻身重量为600 t,跨度为170 m的双主梁造船门式起重机,标记为:起重机 CB/T 8521—2008 CS750/600×170。

(2)额定起重量为400 t,额定翻身重量为400 t,跨度为150 m的单主梁造船门式起重机,标记为:起重机 CB/T 8521—2008 CD400×150。

## 三、小 车

造船门式起重机一般设有上、下 2 个小车,上、下小车分别在各自的轨道上行驶,下小车可在上小车下穿行(图 7-2-41)。上小车两吊钩间的吊重差不宜超过上小车单钩额定起重量的 30%,下小车的额定起重量宜定为额定翻身重量的 0.55 倍~0.6 倍,或额定起重量的 0.5 倍~0.55 倍。起重机上、下小车的操纵应是既可联动,也可单独动作。特殊情况下,如多小车起重机,按工作需要各小车可分别动作,也可两小车(但不多于两个小车)同时动作。

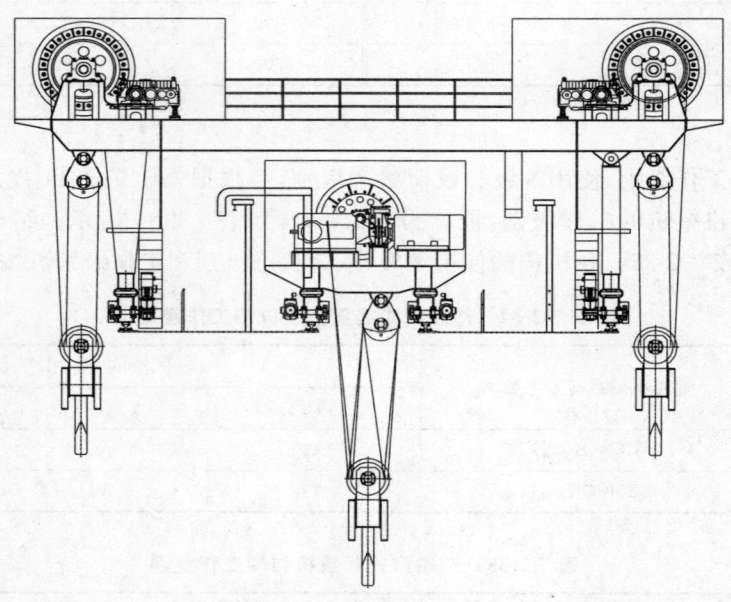

图 7-2-41 双梁形式的上、下小车布置图

上小车由于其吊点分别跨于主梁外侧,所以通常有两种形式:一种为机构所有的部件都在小车轨距的外侧,横移时所有部件一起横移。另一种为机构的电机、减速器、卷筒装置放在小车轨距以内,只有滑轮组放在轨距外侧,钢丝绳通过导向滑轮缠绕到滑轮组上,横移时滑轮组横移。前一种的优点有:钢丝绳缠绕的滑轮数量少,机械效率提高,钢丝绳磨损减小;传动环节少,故障点少,同时维修工作量也少;钢丝绳总长度减少,钢丝绳的费用减少。后一种的优点有:将机构中自重较重体积较大的卷筒、减速器等放在相对较大的小车中部位置,使小车中部空间可以得到充分的利用,受

力也更为合理；滑轮组的移动重量较轻，自重较小，移动方便，但如果单纯移动滑轮组，会引起下方载荷的移动，那就需要增大横移机构的动力功率，这时可增加钢丝绳补偿滑轮，使载荷保持不动，就可以解决该问题。

图 7-2-42 为 600 t 双梁结构造船门式起重机上小车的起升机构布置情况（无横移机构），两套相同起升机构分置于小车两端对称布置。由于起升高度大，速度低，倍率大，除采用标准减速器外还增设一级开式齿轮传动，卷筒采用同向双层双联卷绕形式（参见图 3-1-17）。由于跨度很大，双梁形式的 2 根主梁在上小车单独承载时扭转所造成的旁弯变形很大，如果超过了车轮与轨道之间的间隙，就会引起小车脱轨现象，因此上小车结构架也采用一侧刚性腿一侧柔性腿的型式（图 7-2-41）。

图 7-2-43 为 600 t 双梁结构造船门式起重机下小车的起升机构布置情况，主起升机构置于小车中部，同样采用减速器加一级开式齿轮传动和同向双层双联卷筒形式。副起升机构布置在沿小车运行方向的一侧，由于起重量小，速度高，倍率小，采用标准减速器和单层双联卷筒形式即可。

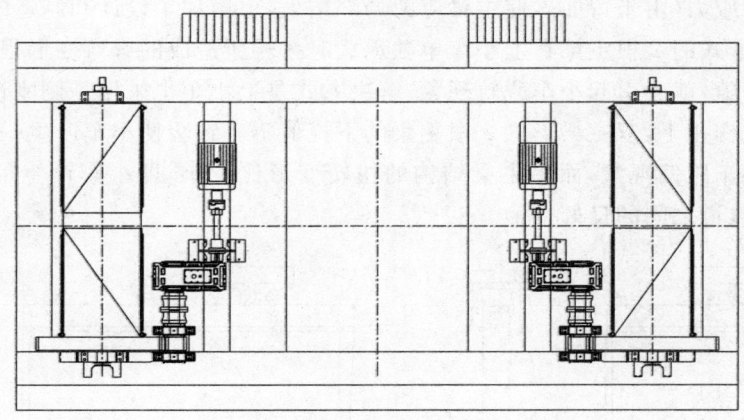

图 7-2-42　上小车起升机构布置图

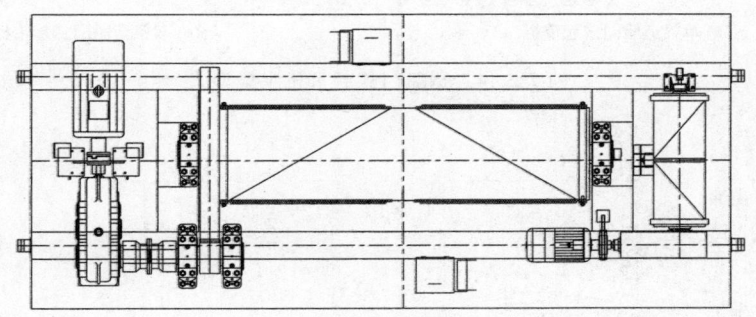

图 7-2-43　下小车起升机构布置图

**四、门架结构**

造船门式起重机的门架结构是由主梁、刚性支腿和柔性支腿三大部分组成。它们多采用箱形结构制造，但柔性支腿也常做成圆管结构，这使得结构及制造工艺大为简化。

1. 主梁结构

主梁截面型式分为两种类型，一是单梁结构（图 7-2-44a）；二是双梁结构（图 7-2-44b）。同时按照上、下小车布置位置，主梁结构又有以下四种形式（图 7-2-45）：(a) 单主梁梯形截面：单主梁为梯形截面，上小车运行在单主梁顶面两外侧轨道上，下小车运行在主梁底面两外侧轨道上，上、下两小车可相互穿越；(b) 单主梁Ⅱ形截面：单主梁为Ⅱ形截面，上小车运行在单主梁顶面两外侧轨道上，下小车运行在主梁底面两内侧轨道上，上、下两小车可相互穿越；(c) 双主梁梯形截面：双主梁为梯形截面,上、下小车均安放在两主梁顶面上,上小车为门架式小车,运行于两主梁外侧轨道,下小车运行于两主梁内侧轨道,上、下两小车可相互穿越;(d)双主梁矩形截面:双主梁为矩形截面,上小车运行在双主梁顶面两外侧轨道上,下小车运行在主梁底面两内侧轨道上,上、下两小车可相互穿越。

主梁结构的四种形式有各自的优缺点,具体表现在以下几个方面:

(1)截面外形方面:单主梁梯形截面和双主梁梯形截面都是梯形的截面外形,适应于起升钢丝绳在一定允许斜度范围内起吊,并能防止钢丝绳与主梁下翼缘板发生摩擦现象,而单主梁Ⅱ形截面和双主梁矩形截面相对没有这个优势。

(2)承载方面:上小车的轮压均通过轨道直接作用在主梁的外侧腹板上,双主梁梯形截面的下小车的轮压也通过轨道直接作用在主梁的内侧腹板上,受力状况清晰,避免了翼缘板的附加弯矩。但其他三种形式的下小车需要另设承轨梁,其轮压通过纵向承轨梁的支承传给主梁腹板,因而会对主梁造成横向附加应力(由于弯曲),使主梁应力局部增大,也增加了设计和制造的困难。另外由于跨度很大,双主梁形式的 2 根主梁在上小车单独承载时扭转所造成的旁弯变形很大,如果超过了车轮与轨道之间的间隙,就会引起小车脱轨现象,解决方式是上小车也采用一侧刚性腿一侧柔性腿的型式。同时在偏载作用下,双主梁形式 2 根主梁的下挠值不一致会使小车产生一定的偏斜横推力,严重时可能引起小车跑偏现象,而单主梁结构的扭转变形比较小,即小车产生的偏斜横推力亦很小,能保证车轮和轨道之间的良好接触。

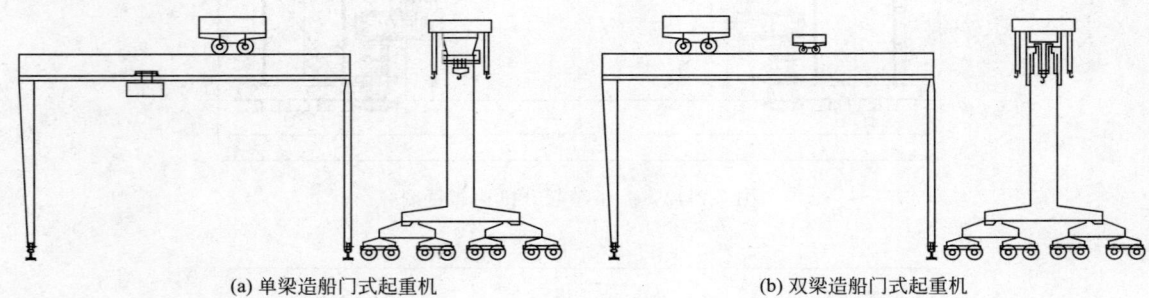

(a) 单梁造船门式起重机　　　　　　(b) 双梁造船门式起重机

图 7-2-44　造船门式起重机主梁型式

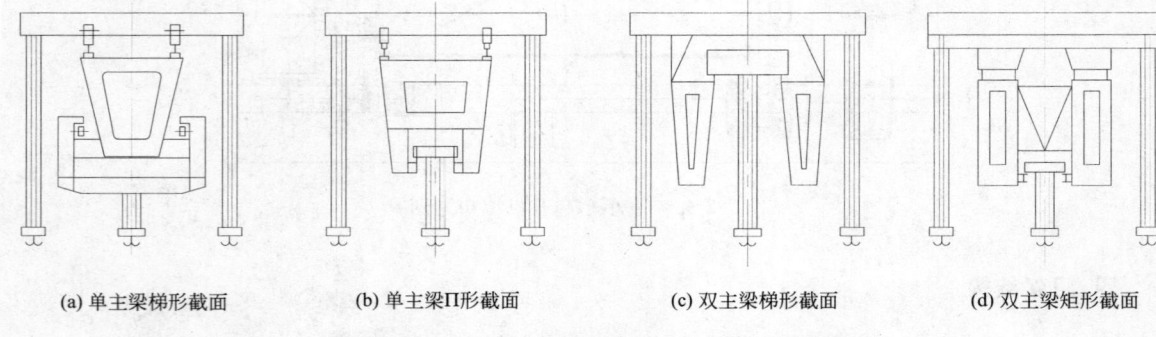

(a) 单主梁梯形截面　　(b) 单主梁Π形截面　　(c) 双主梁梯形截面　　(d) 双主梁矩形截面

图 7-2-45　造船门式起重机主梁的截面型式

(3)风载荷方面:在风载荷作用时,对于相同高度、不同截面形式的主梁,风力系数 $C$ 值不同。德国达尔姆斯理工大学对这一问题作了专门的试验,试验结果为:$C_a=2.07$,$C_b=2.01$,$C_c=1.52$,$C_d=1.63$(对应图 7-2-45 的四种主梁结构形式)。由此可以看出,单主梁梯形截面风力系数是双主梁梯形截面风力系数的 1.36 倍。因此,双主梁梯形截面优于单主梁梯形截面。另外,对相同起重量和起升高度的单双梁型造船门式起重机,由于单主梁的主梁高度比双梁的大,在风载荷作用下为确保整机的稳定性,单主梁的基距(即整机宽度)要比双主梁的大,减少了起重机有效的工作范围,造成轨道末端的吊装盲区增大。

(4) 起升高度利用方面:对相同起重量和起升高度的单双梁型造船门式起重机,由于单主梁的主梁高度比双梁的大,则单主梁的整机高度也比双梁的高。另外,双主梁梯形截面的下小车布置在主梁顶面,因此下部小车的吊钩能够提升到比主梁底面还高的位置,即下部小车的起升高度可以充分利用主梁的高度空间。

(5) 日照变形方面:温度影响在设计中一般不被考虑,因为起重机根据温度的波动自由伸缩,没有任何限制。而在大跨度门式起重机的情况下,大梁单边被照射时变形则需考虑。在日光斜照下,双主梁结构的两根主梁由于受日光照射的面积不等,受照射面积大的一根主梁将比受照射面积小的一根主梁变形大,其结果将引起小车两根轨道的轨距发生一定的变化。严重时,发生小车偏载掉轨现象。而单主梁结构,由于小车两根轨道同处于一根主梁上,在日照作用下,基本不会引起轨距的变化,故在日照引起的主梁变形影响方面单梁优于双梁。

(6) 检修方面:由于双主梁梯形截面的上、下小车包括小车的供电装置都设置在主梁的顶面,从主梁可以随时进到小车内进行检查与维修,而且也可以很容易检修供电装置,小车上各部件也均能用维修起重机方便吊运。而其他三种型式的下小车设置在主梁下,只能在主梁上下翼缘板上特定的开孔处才能进入下小车,而上、下小车的供电装置更是在腹板侧悬挂,只有在特定的检修平台上才能检修,尤其在下小车运行机构发生故障时,维修工作就更加困难。

(7) 制造工艺方面:单主梁梯形截面的制作装配精度要求相对宽松,要比单主梁Ⅱ形截面、双主梁更容易保证平直。双主梁制造时需要保证两根梁同一拱度,工艺较复杂。在焊接工艺方面,因Ⅱ形截面相对复杂,还要很好地保证下小车轨距问题,所以焊接要求更为严格。双主梁结构使得每个主梁分段的重量和外形尺寸减少,与单主梁形式相比降低了制造、运输、安装的难度。

(8) 自重方面:由于大跨度、大起重量造船门式起重机主梁的重量占整机重量的50%以上,单主梁型结构重量较轻,比双主梁轻20%～30%。另外由于自重减轻,大车轮压随之减小,这样也能减少地面基础工程的造价。

因此,主梁结构形式有各自不同特点,在设计时要根据用户的实际使用情况和造船工艺流程选择合适的形式。由于跨度越大,双主梁形式的侧向刚度的问题就越突出,容易引起小车跑偏,故大跨度的造船门式起重机多采用单主梁形式。

主梁的高度由静、动态刚度条件来确定。通常,梁高取为:

$$h \geqslant \left(\frac{1}{12} \sim \frac{1}{8}\right)S \tag{7-2-7}$$

式中 $S$——起重机的跨度(m)。

单主梁式主梁宽度 $b$ 与安装在梁内的电气控制设备、部分传动装置的外形尺寸、梁的水平刚度以及小车的稳定性等有关,一般取 $b \approx h$。

双主梁式主梁的宽度 $b$ 较小,它与水平刚度及梁的整体稳定性有关。两根主梁之间的间距不宜过大。如果没有特殊的要求,为保证主梁的整体刚度,一般主梁间距取为 $(1/15 \sim 1/12)S$。完工后的主梁跨中的上拱度应大于 $1.2S‰$,其最大上拱度不应影响小车的运行,且最大上拱度在 $S/10$ 的范围内。

主梁与刚性支腿是刚性连接,不允许有相对转动。主梁与柔性支腿是铰接的,故在近似计算中,无论在主梁垂直平面内还是在水平平面内,均可将主梁视作简支梁进行计算。

图7-2-46 为 600 t×96 m 双梁结构造船门式起重机的主梁截面,由于主梁截面为上宽下窄的梯形结构,下翼缘板比上翼缘板要厚,这样使主梁的惯性矩中截面位于梁高中线附近,从而改

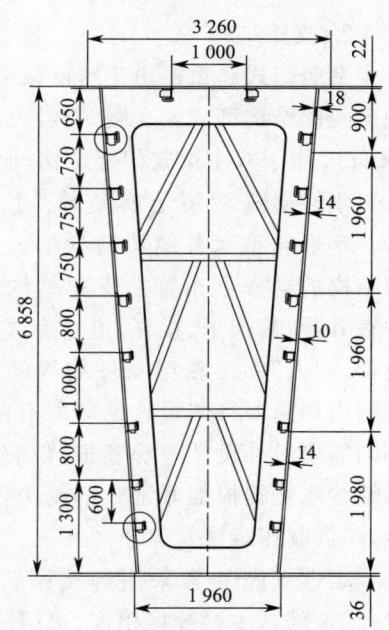

图7-2-46　600 t×96 m 双梁结构造船门式起重机的主梁截面(mm)

善主梁受力时的应力分布,减少下翼缘板的弯曲正应力。对于主梁较高时,腹板可用不等厚的钢板拼焊(图 7-2-46 中腹板采用了 18 mm、14 mm、10 mm、14 mm 四段厚度的钢板组合),以减轻主梁的重量。在主梁分段联接采用对接焊接时,应采取措施尽量避免出现"十"字交叉焊缝。为减轻大型主梁截面横向隔板的重量,对于开孔很大的横向隔板,通常用撑杆加强,或者将横向隔板制作为多孔结构。

由于主梁截面尺寸很大且钢板很薄,因此板的局部稳定性计算尤为重要。主梁的局部稳定性计算包括受压翼缘板和腹板两部分。图 7-2-47 示出了 200 t 造船门式起重机的主梁加劲肋的设置情况。在主梁的受压翼缘板的中间区段上的钢板较薄(16 mm),需布置较密的纵向加劲肋,以提高其局部稳定性。而受压翼缘板边缘的钢板较厚(25 mm),不需加强。在主梁结构内,沿纵向每隔 3 m 设置一横隔框架。在腹板上部,沿纵向每隔 1 m 设置内、外侧横向加劲肋,每隔 0.5 m 设置小肋板。在腹板上设置四条纵向加劲肋,其中三条布置在受压区,第四条布置在受拉区。图 7-2-48 示出了主梁腹板一个区格的加劲肋布置情况。

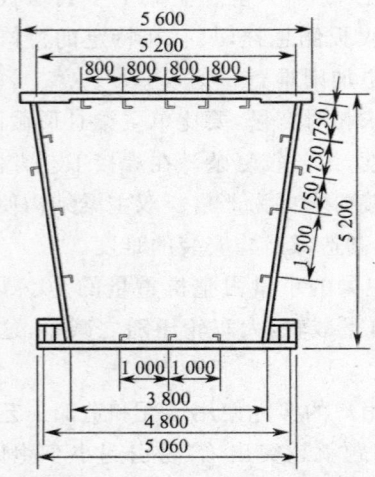

图 7-2-47　200 t 造船门式起重机主梁截面图(mm)

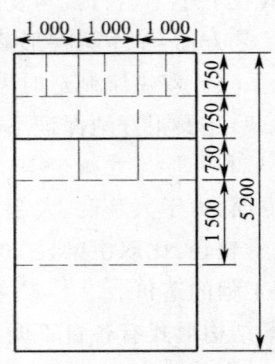

图 7-2-48　主梁腹板一个区格的加劲肋布置(mm)

### 2. 支腿结构

造船门式起重机由于跨度较大,均设计成一侧刚性支腿,一侧柔性支腿。图 7-2-49 示出了几种支腿的结构型式。支腿结构型式与主梁截面的结构型式以及支腿同主梁的连接构造有关。图 7-2-49a 用于双主梁式门架结构,而图 7-2-49 中其他三种型式多用于单主梁式门架结构中。

刚性支腿常用的有整体"Ⅰ"字形箱型结构和"人"字形箱型双柱结构两种形式。整体"Ⅰ"字形箱型结构的电梯可布置在支腿结构内并采用标准电梯垂直升降,其梯子、栏杆、走台有充足的空间放置电气设备。"人"字形箱型双柱结构的电梯若布置在支腿结构内则需要特殊设计的倾斜升降电梯,若布置在外部则需要另外设计电梯巷道,但它避免了整体"Ⅰ"字形结构刚性腿根部非常大的受力,另外单根腿自重减轻,降低制作难度。

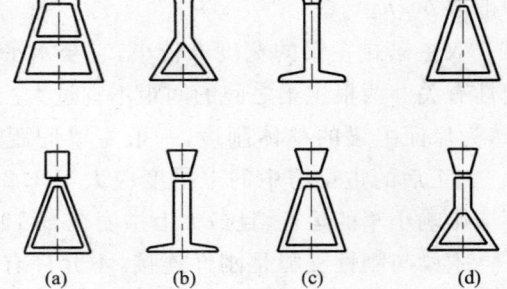

图 7-2-49　支腿的结构型式

柔性支腿通常采用焊接圆管结构,呈"人"字布置,其顶部与主梁铰接相连,选用圆管结构风阻力小,简化制造工艺。

支腿的高度取决于所需的起升高度。支腿的轴距 $B$ 取决于当风力平行于轨道时起重机的抗倾覆稳定性,一般取为 $B \geqslant (1/4 \sim 1/6)S$。

刚性支腿为一空间结构，它除承受顶部的压力外，还承受支腿平面内、外的弯矩，应当按双向偏心压杆计算；在门架平面内，主梁与刚性支腿连接处是能够承受弯矩的，因而在计算刚性支腿时应考虑使其具有足够的抗弯刚度($EI$)。柔性支腿是一平面结构，顶部与主梁是铰接相连，它在门架平面内受压并可以绕铰接转动而不能承受水平力，因此在支腿平面内按单向偏心压杆计算。

　　为改善刚性支腿的受力状况，提高结构整体稳定性，在设计和制造过程时可采用反变位技术。在门架平面内，门架为静定结构，在主梁自重和吊载的影响下，主梁在垂直方向将产生变形。由于刚性腿与主梁刚性连接，所以刚性腿始终与主梁垂直，使得刚性腿向跨内侧偏斜。而柔性腿与主梁铰接，由于轨道位置和轨距不变，迫使柔性腿向跨外侧偏斜，如图 7-2-50a 所示。这种现象改变了门架结构的受力状态，增加了刚性腿侧偏斜侧向力和附加弯矩，使车轮啃轨严重。为了克服以上的不利因素，在造船门式起重机的设计和生产制造过程中，使刚性腿预先向外侧倾斜，即安装后使刚性腿向跨外侧偏斜，当在一定的载荷和自重作用下，刚性腿和柔性腿均与主梁垂直(图 7-2-50b)，这就是反变位技术。设计时，反变位倾角 α 可根据主梁承受吊载和小车自重引起的偏斜角 θ 以及主梁自重引起的偏斜角 β 进行计算，即：

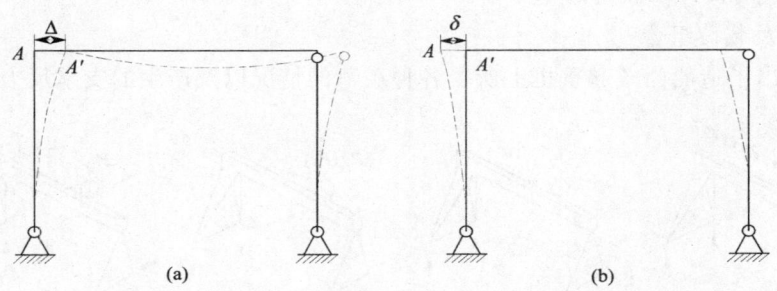

图 7-2-50　门架变位及反变位示意图

$$\alpha=\theta+\beta=\frac{(Q+G)S^2}{16EI}+\frac{qS^3}{24EI} \tag{7-2-8}$$

式中　$Q$——吊载引起单根主梁上跨中的集中载荷；

　　　$G$——小车自重引起单根主梁上跨中的集中载荷；

　　　$q$——单根主梁自重引起的均布载荷；

　　　$S$——跨度；

　　　$E$——弹性模量；

　　　$I$——单根主梁的惯性矩。

　　在实际设计时，反变位倾角 α 可有不同的组合方式：一是 $\alpha=\theta/2+\beta$（θ 按额定载荷计算）；二是 $\alpha=\theta+\beta$（θ 按 0.5 倍~0.7 倍的额定载荷计算），也可根据起升载荷的工作频率来确定。制造时，反变位倾角 α 可结合主梁上拱度在下料时预制。

　　3. 主梁与柔性支腿的铰接

　　大型造船门式起重机的跨度 S 常在 50 m 以上，应当考虑温度变化所引起的主梁伸长和缩短，以及两边运行机构不同步运行时所引起的主梁变形，所以均采用一侧为柔性支腿，另一侧为刚性支腿的门架。主梁和柔性支腿采用铰接连接，允许主梁和柔性支腿无论在门架平面内还是在水平平面内均可作相对转动，以此承受和化解大弯矩、大偏差等不利因素对整机钢结构带来的偏斜、扭转和附加力矩。

　　对于小型造船门式起重机，过去常用的铰接形式是球铰结构，采用铸钢制造，如图 7-2-51 所示。随着造船门式起重机起重量的增加，球铰的尺寸和自重必然相应增大，为减轻球铰的自重，并能吸收结构的部分变形能，近年来国内外已采用了一种新型的柔性铰(图 7-2-52)代替球铰。柔性铰的上下体材质选用 Q345C，弹性体选用氯丁橡胶。

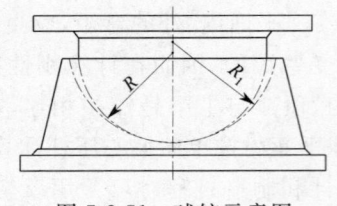

图 7-2-51 球铰示意图

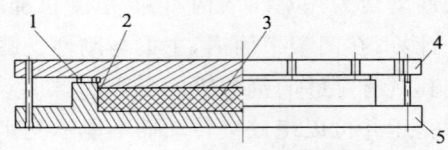

图 7-2-52 柔性铰示意图
1—密封圈；2—紧箍圈；3—氯丁橡胶体；4—上体；5—下体

柔性铰已有系列产品,根据柔性铰在门架结构中承受的最大垂直载荷和最大水平载荷选用,并应校核其最大垂向偏斜角(主梁下挠引起)、最大水平扭转角(大车运行不同步造成刚柔腿位置偏差引起)和最大压缩变形量(最大垂直载荷引起)保持在允许范围内。柔性铰支座垂直压缩变形量应小于 5 mm 或总高度的 2%,竖向转角不小于 0.02 rad。支座竖向承载力<20 000 kN 时,组装后的整体高度偏差不应大于±2 mm;承载力≥20 000 kN 时,组装后的整体高度偏差不大于±3 mm。水平承载力不小于竖向载荷的 10%;7 级地震以上的地区,水平载荷不应低于竖向载荷的 20%。检验荷载为支座竖向设计承载力的 1.5 倍。

4. 受载情况及载荷组合

图 7-2-53 示出了造船门式起重机上所受各种载荷的情况以及产生的支承反力。这些载荷有：

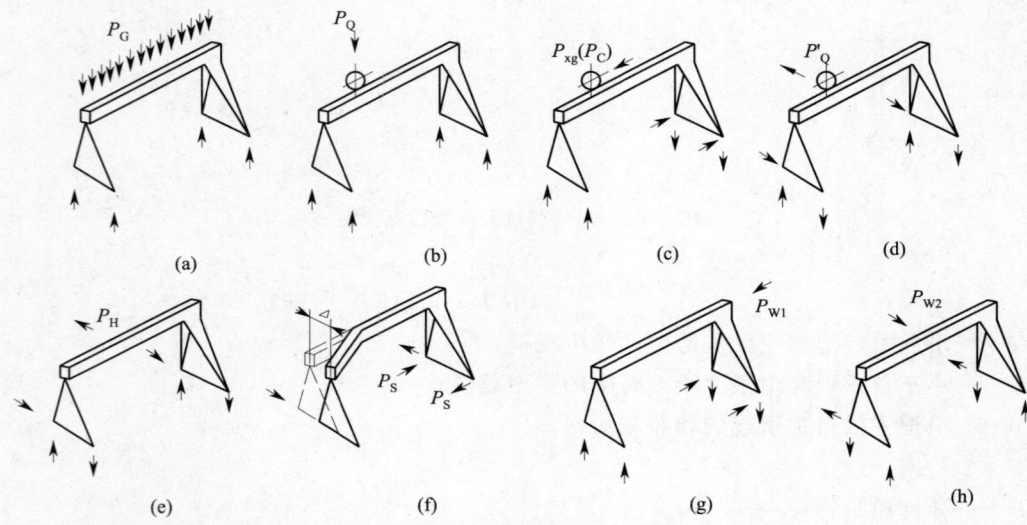

图 7-2-53 门式起重机承受的载荷情况及支承反力图

(1)主梁及支腿自身重力,上部机电设备的自身重力。
(2)满载小车轮压(小车载荷)。
(3)小车制动惯性力或小车对缓冲器的碰撞载荷。
(4)小车车轮对轨道的横向冲击力(一般取满载小车轮压的 1/10 计算)。
(5)起重机运行起动、制动惯性力。
(6)起重机偏斜运行所引起的侧向力。
(7)主梁端部的风载荷。
(8)主梁正面(顺大车轨道)的风载荷。

对造船门式起重机结构进行动、静态计算时,应考虑以下几种载荷组合工况：

(1)大车不动,小车位于跨梁中或跨梁端极限位置,满载起升或下降制动,同时考虑结构和设备的重力作用。
(2)大车不动,满载小车下降和运动同时制动,考虑结构和设备的重力,风力平行于小车轨道。

(3) 大车不动，满载小车运行制动，考虑结构和设备重力，风力平行于大车轨道。

(4) 大车运行制动，满载小车位于跨中不动，考虑结构和设备重力，风力平行于大车轨道。

(5) 大车发生偏斜运行，小车满载位于主梁端部极限位置，考虑结构和设备重力，风力平行于大车轨道。

起重机载荷的组合除应符合 GB/T 3811 的规定以外，对于双主梁结构，还应考虑上小车偏吊所引起的对单根主梁载荷的增加。

按载荷组合对门架结构进行强度、静刚度和稳定性计算。起重机的静态刚性，即由额定起升载荷和小车自重载荷在主梁跨中位置产生的垂直静挠度 $f$ 与起重机跨度 $S$ 的比值，应为：$f \leqslant S/750$。此外，因门架高大，空间刚度差，应考虑门架平面的动态刚度计算。

**五、纠偏装置**

由于造船门式起重机跨度和起升高度大，通常会产生偏斜运行的现象，这种现象是由于大车轨道高低、平行偏差和载荷分布不均引起运行阻力的不同、走轮直径的偏差、电动机转速的偏差等众多因素造成。偏斜运行主要表现在刚性腿侧大车与柔性腿侧大车不同步运行，造成轮缘啃轨，一旦偏斜运行严重，将造成一侧大车轮缘卡死，并导致起重机的钢结构承受附加载荷而发生安全事故。因此，为了避免大车偏斜运行，需要采用纠偏技术，将大车在运行过程中，两侧偏斜量的值控制在一定的范围内，以保证起重机安全工作。

造船门式起重机一般设置两套纠偏装置：上部纠偏装置和下部纠偏装置。

上部纠偏装置安装在柔性铰处，柔性铰处反映的偏斜信号是一个偏斜角。纠偏装置通过检测主梁与柔性腿的角度变化，判断两侧大车是否发生偏斜运行。采用限位开关（也可采用位移传感器）作为检测元件，将限位开关安装在柔性腿上，支座固定在主梁上，扇形偏斜放大器通过连杆与支座连接，其构成及布置如图 7-2-54 所示。扇形偏斜放大器的前端开有 6 个梯形凹槽，当两侧大车发生偏斜运行时，固定在主梁上的支座通过连杆带动扇形偏斜放大器转动，偏斜状态达到不同的位置，上面的凹槽将逐级触动限位开关，并将信号传输到控制系统进行处理，实现纠偏功能。该型式纠偏装置的各级限位开关均为 2 个，在柔性腿顶部对称布置，并与扇形偏斜放大器上的凹槽一一对应，以实现前、后两个方向的纠偏功能。该型式纠偏装置构造简单，可靠性和安全性能好，外界因素对纠偏精度影响小。

下部纠偏装置由绝对值编码器和磁感应开关两道纠偏装置组成。绝对值编码器通常安装在被动车轮或检测轮上，在刚性腿侧和柔性腿侧大车上各安装一套编码器，通过编码器把被动车轮的转数反馈到控制系统中，系统对两侧大车被动车轮转数的比较来检测两侧大车行程的偏差量。该型式纠偏装置安装、调试方便，但受编码器安装精度、轨道状况和车轮运行情况的影响，其反馈的信号会产生较大的累计误差，容易造成偏斜信号失准。磁感应开关安装在两侧大车的台车上，沿两根轨道方向与磁感应开关相对应的位置安装有多块磁块，相邻磁块之间的距离是 10 m～30 m，如图 7-2-55 所示。在大车运行过程中，磁感应开关随大车移动，当磁感应开关经过地面的磁块时，磁感应开关会获得一个信号并将信号反馈到控制系统，由于地面的磁块安装位置固定，所以磁感应开关检测到的是两侧大车运行的绝对偏差。该检测装置不受外界环境影响，检测精度高。

在造船门式起重机设置的三道纠偏装置中，控制系统通常以上部纠偏装置为主，下部的两道纠偏装置为辅。在运行过程中，上部纠偏装置将采集到的偏斜信号输入到控制系统中，控制系统将此信号与下部纠偏装置中绝对值编码器采集的信号进行对比、分析运算，然后利用控制系统与电动机上所带增量型编码器的联合作用进行大车运行速度的调整，使两侧大车自动减小偏斜距离。磁感应开关检测到两侧大车运行的绝对偏差被输入到控制系统中，控制系统将对各道纠偏装置校准，误差清零，确保各纠偏装置信号的准确。

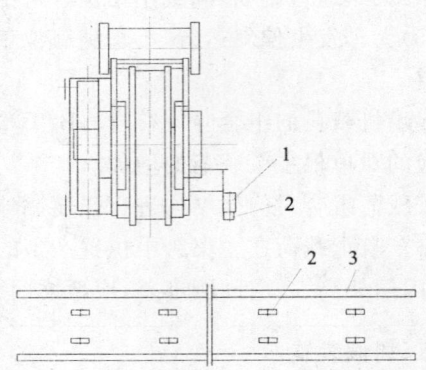

图 7-2-54　上部纠偏装置图　　　　　　　　　图 7-2-55　下部纠偏装置
1—偏斜限位开关；2—停止限位开关；3—急停限位开关；　　　1—磁感应开关；2—磁块；3—大车轨道
4—扇形偏斜放大器；5—连杆；6—支座

纠偏装置通常设为三级限位，分别为偏斜、停止和急停。当偏斜运行达到偏斜限位位置时，通过电控系统，起重机进行自动纠偏；当偏斜运行状态加剧，达到停止限位位置时，控制系统发出报警信号，大车运行速度降低至额定速度的 50%，同时进行自动纠偏；当偏斜运行达到急停限位位置时，控制系统发出报警信号，并切断起重机电源实现紧急停车，操作人员进行手动纠偏。对于造船门式起重机，通常将两侧大车运行偏斜量达到跨度的 2‰时，定为偏斜限位位置；当偏斜量达到跨度的 3‰时，定为停止限位位置；当偏斜量达到跨度的 4‰时，定为急停限位位置。

# 第三章 岸边集装箱起重机

## 第一节 总体设计

### 一、主要参数确定

几何尺寸参数是表示岸边集装箱起重机(后简称岸桥)作业范围和外形尺寸大小及限制空间的技术数据。

通常在岸桥性能参数表中,主要尺寸参数有:外伸距 $l_1$,轨距 $S$,后伸距 $l_2$,基距 $B$,轨上/轨下起升高度 $h_1/h_2$,联系横梁下净空高度 $C_{hp}$,门框内净宽 $C_{wp}$,岸桥(大车缓冲器端部之间)总宽 $W_b$ 等 8 个参数。

其他的几何尺寸参数还有:门框下横梁上表面离地高度 $h_s$,门框外档宽度 $W_p$,前大梁宽度 $B_b$ 或小车总宽 $B_t$,梯形架顶点高度 $H_0$,前大梁仰起后岸桥总高 $H_s$,前大梁前端点离海侧轨道中心线的距离 $L_0$,后大梁尾端离陆侧轨道中心线的距离 $L_b$,前大梁下表面离轨面高度 $h$,缓冲器安装高 $S_b$,岸桥与船干涉限制尺寸 $S_f$、$S_h$、$\beta$,以及岸桥与码头固定设施或流动设备干涉的限制尺寸 $C_1$、$C_2$、$C_3$、$C_4$、$C_5$。尺寸参数见图 7-3-1。

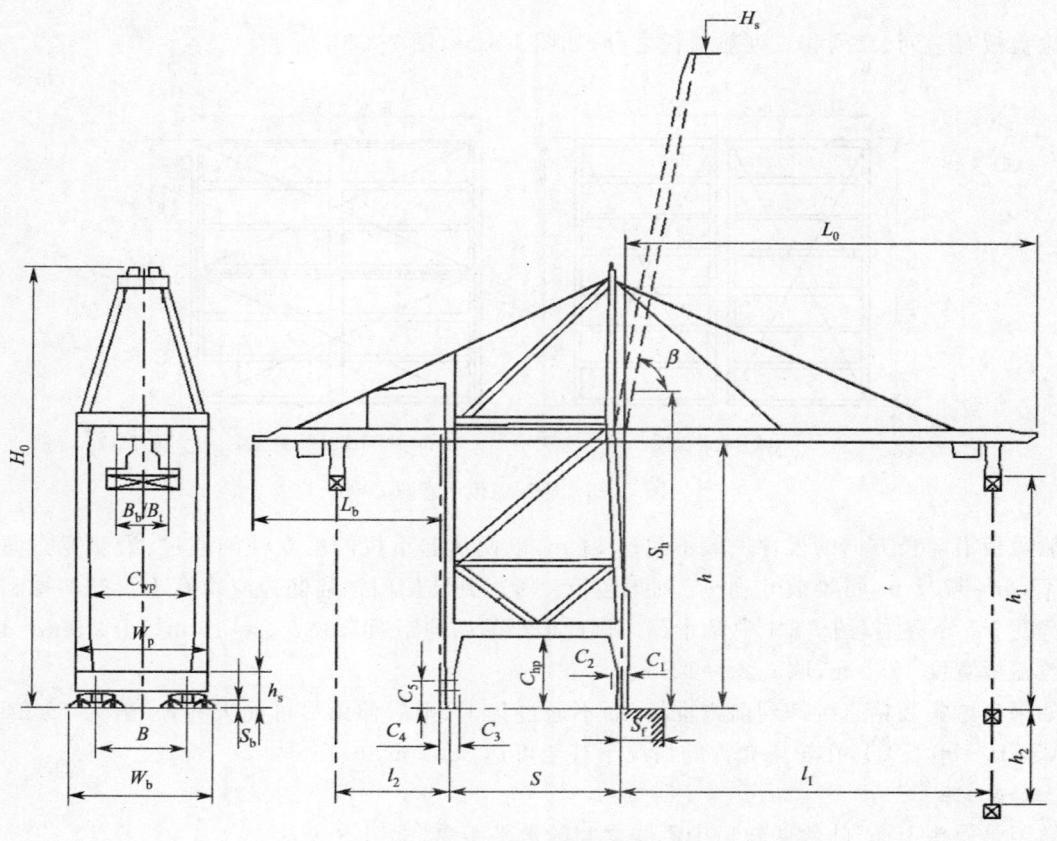

图 7-3-1 岸桥几何尺寸参数图

**(一)外伸距 $l_1$**

岸桥的外伸距是指小车带载沿着海侧运行到正常终点位置时吊具中心线离码头海侧轨道中心

线之间的距离,通常用 $l_1$ 表示,见图 7-3-2。外伸距是表示岸桥大小的最主要参数。

外伸距通常由船宽、甲板上集装箱排数和层数、船的横倾角 $α$、船的吃水、码头前沿(岸壁至海侧轨中心线之间)的距离 $F$,以及码头碰靠垫(也称护舷或护木)的厚度 $f$ 等因素决定。岸桥的外伸距除考虑船宽外还应考虑船倾斜的影响,岸桥的外伸距通常要满足装卸甲板上最外一排集装箱的要求。

世界各码头前沿距离 $F$ 和碰靠垫厚度 $f$ 各不相同,$F_{min}=2$ m,$F_{max}=7.5$ m;$f_{min}=0.6$ m,$f_{max}=2.0$ m。超巴拿马船宽从 14 排起至 22 排不等。因此,超巴拿马型岸桥的外伸距也各不相同,其外伸距以能装卸超巴拿马集装箱船(宽度 32.3 m 以上)为标志。

通常,码头前沿 $F=3$ m,碰靠垫 $f=1.3$ m,14 排箱的船宽为 35 m,甲板上 5 层箱横倾 3°的增量约为 1.5 m,则外伸距 $l_1=3$ m$+1.3$ m$+(35-1.25)$m$+1.5$ m$≈40$ m。目前市场上的岸桥最大外伸距达 73.75 m。

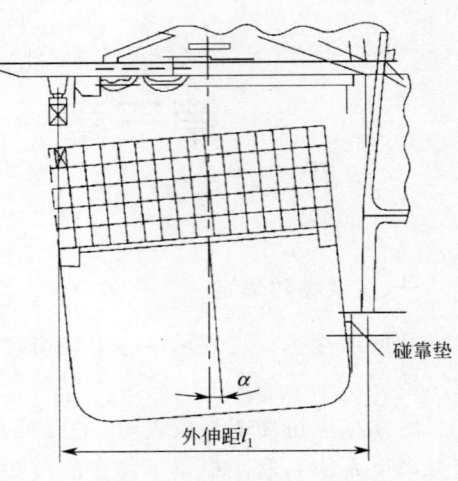

图 7-3-2  岸桥外伸距示意图

(二)后伸距 $l_2$

岸桥的后伸距是指小车带载向着陆侧运行至终点位置时,吊具中心线离码头陆侧轨道中心线之间的距离,用 $l_2$ 表示,如图 7-3-1 所示。

后伸距按搬运和存放集装箱船的舱盖板以及需要直接从船上卸到前方堆场的集装箱数量来确定。

舱盖板有一列、二列和三列舱盖板之分,如图 7-3-3a、图 7-3-3b 所示。

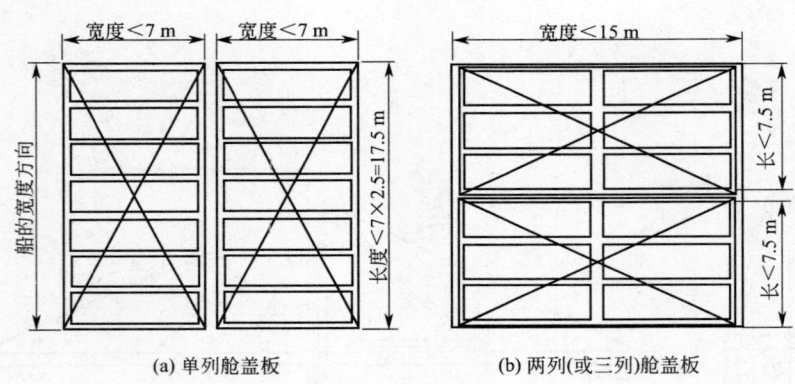

(a) 单列舱盖板　　　　　　　　(b) 两列(或三列)舱盖板

图 7-3-3  船舱盖板示意图

舱盖板沿船长方向的尺寸一般不超过 14 m,以便从起重机门框立柱间通过;沿船宽方向的尺寸为 15 m~17.5 m,可堆放 6 列~7 列集装箱。考虑到陆侧门框陆侧边应留有上机的斜梯和行走净空宽度 2.5 m 左右(图 7-3-1 中尺寸 $C_4$),因此最小的后伸距通常取 $l_{2\,min}=15$ m$/2+2.5$ m$=10$ m。考虑舱盖板宽度 17.5 m,取 $l_{2\,max}=12$ m。

如果考虑集装箱直接卸到前方堆场,而不通过集卡,则后伸距尽可能大些,一般为 15.24 m~27 m(50 ft~88.5 ft),在轮压允许的情况下甚至可达 38.5 m。

(三)轨距 $S$

轨距是码头上海、陆侧两轨道中心线之间的水平距离,常用 $S$ 表示。

轨距越大,对起重机的稳定性越有利,轮压也可以降低,但加大了码头前沿区域的面积从而增加了投资。一般情况下,较大规模的专业化集装箱码头,宜采用大轨距,可以开辟多车道以提高装卸效率;而中小码头,尤其是老码头,不能盲目加大轨距,而应经技术分析比较后确定。

目前，世界各国或地区已经形成了岸桥轨距系列。中国大陆、日本和前苏联主要有16 m, 30 m,35 m,42 m;后来中国大陆的一些合资、外资码头也有 20 m,22 m,24.384 m(80 ft)三种。中国香港地区和美国、英联邦国家(如新加坡、澳大利亚、南非、欧洲大多数国家)主要有 50 ft(15.24 m), 80 ft(24.384 m),100 ft(30.48 m)三种;南美部分国家及北非大多数国家,西班牙及葡萄牙有:15 m, 18 m,20 m,22 m,27 m,31 m 等几种。目前轨距尚无国际标准,各国或地区,甚至各码头,轨距也不统一。

(四)起升高度 $H$

1. 定义

起升高度 $H$ 包括轨面以上起升高度 $h_1$ 和轨面以下起升高度 $h_2$。$H$ 一般应圆整到 0.5 m 的整数倍,英制时为英尺的整数倍。

轨上起升高度是指吊具被提升到正常终点位置时,吊具转锁下定点离码头海侧轨顶面的距离。轨下起升高度是指吊具被下降到正常终点位置时,吊具转锁下顶点离海侧轨顶面的距离。分别用 $h_1$ 和 $h_2$ 表示,见图 7-3-4。

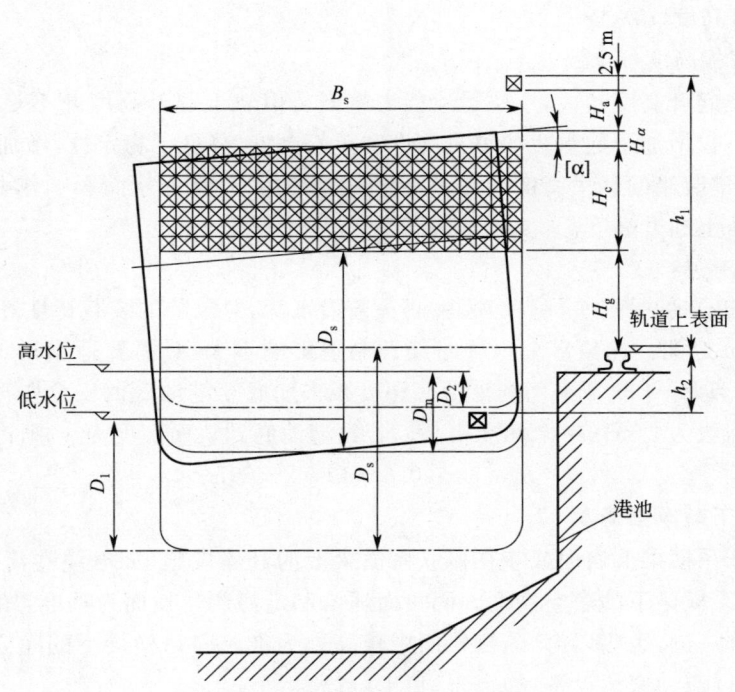

图 7-3-4 轨上/轨下起升高度示意图

图中,$D_1$——船舶满载吃水深度(m)。3 000 TEU 以下的船,$D_1 \leqslant 12$ m;3 000 至 10 000 TEU 的超巴拿马船,$D_1 \leqslant 14$ m。$D_2$——船舶空载(不计货物、燃料、压载水、淡水、船员、粮食等重量,仅计船舶本身的全部重量)吃水(m),具体可查对象船资料;其他符号见式(7-3-1)。

2. 轨上起升高度 $h_1$

岸桥的轨上起升高度应满足下列条件,且能搬运最高层箱子到陆侧区域:对象船处于高水标(标高值 $W_H$),轻载吃水 $D_m$,甲板上堆箱层数视不同船型为 4 层～7 层(其中 9 ft 6 in 超高箱层数最多取 3 层),船舶横倾到允许横倾角[$\alpha$](视船型和载重情况而定,通常取[$\alpha$]=3°),并预留安全过箱高度 $H_a$。

起升轨上高度 $h_1$(m)可用式(7-3-1)计算:

$$h_1 = H_g + H_c + H_a + (H_\alpha + 2.5) + H_n + H_{cv} \tag{7-3-1}$$

式中 $H_g$——船的甲板至码头海侧轨面高度(m),$H_g = D_s - D_m - (W_F - W_H)$。

其中 $D_s$——船舶的型深(m)。

$D_m$——船舶轻载吃水深度(m),箱位上装满集装箱,基板上堆有最高层的集装箱。据统计,满箱船平均箱重约 10 t。不论单个集装箱的装载程度如何轻,船舶载重量按统计至少为满载的 50% 来考虑。

$W_F$——码头海侧轨道顶面的标高(m)。$W_F$ 随码头条件不同,在 1 m～7.5 m 之间不等。

$W_H$——码头前沿水域的高水位标高(m)。

$H_a$——安全过箱高度(m),一般取 $H_a=1.0$ m～1.5 m。

$H_c$——甲板上集装箱的堆放总高度(m),$H_c=2.5n_1+2.9n_2$,其中:$n_2$ 为甲板上 9 ft 6 in 箱的层数,甲板上总层数为 5 层以内时,$n_2$ 取 2,甲板上总层数为 6 层以上时,$n_2$ 取 3。$n_1$ 为甲板上除 9 ft 6 in 箱以外标准箱的层数。

$H_\alpha$——船舶横倾到允许值$[\alpha]$时,最外侧箱子的升高量(m):

$$H_\alpha = \frac{1}{2}B_s \tan[\alpha]$$

其中  $B_s$——船舶的宽度(m)。

$H_n$——舱口高度(m)。

$H_{cv}$——舱盖板高度(m)。

应该指出:轨上起升高度越大,岸桥适应能力越强。但轨上起升高度并不是越高越好,因为增加轨上起升高度,不仅增加了起重机的整机高度和重心高度,降低了稳定性,增加了轮压,而且更不利的是由于吊具和集装箱的悬吊高度增加了,使防摇能力大大降低从而影响作业安全和效率。因此,必须合理确定轨上起升高度。

3. 轨下起升高度 $h_2$

岸桥的轨下起升高度受码头标高、潮差、码头前沿水深、对象船的装载特性等诸多因素的影响,一般在 12 m～15 m 之间。此值富余一些对设计制造影响不大,只需要适当增加卷筒容量绳。$h_2$ 可按式(7-3-2)估算,即码头轨顶平面到港池底深度减去船底至港池底的安全距离 0.5 m～1 m、船底至舱底的高度(一般为 2 m)、一个标准箱高。若设港池底到轨面高度为 $y$,则:

$$h_2 = y - (0.5 \sim 1) - 2 - 2.5 \tag{7-3-2}$$

(五)联系横梁下的净空高度 $C_{hp}$

海、陆侧门框联系横梁下表面或装在该联系横梁上的其他设施(如电缆卷筒等)的最低点离码头面的距离称为联系横梁下的净空高度。码头面通常制定海侧轨顶面为基准,如果只指码头面,没有指海、陆侧中的哪一侧,则应以海、陆侧轨面中较高处为准。联系横梁下的净空高度是为了使岸桥门框之间可以通过流动搬运设备,如火车、集卡,或跨运车。

一般说来,不通过跨运车,而用集卡或火车运输时横梁下净空只需 6 m,如双层箱需 9 m;若使用跨运车,横梁下净空高视不同堆高而异,堆三个箱高时,净空高则需 15 m。

由于跨运车作业时司机视野较差,造成集装箱装卸对位速度慢,转弯等行驶时容易与其他码头设施或货物发生碰撞,不仅发挥不出快速灵活的特点,反而造成损失,加上堆高能力受限制(一般为三层以下),因此跨运车作业方式已越来越少应用。

(六)门框的净宽度 $C_{wp}$

海、陆侧门框左右立柱内侧边缘之间的水平距离,称为门框的净宽度。在立柱通向司机室的走道(俗称司机室跳水平台)以下,下横梁与立柱过渡区以上之间的区域(图 7-3-1),左右立柱内侧净宽 $C_{wp}$ 范围内,不得有障碍物。因此,立柱法兰连接处(比立柱截大)以及梯子平台布置时应引起注意。

门框净宽主要为了保证船舶的舱盖板和超长集装箱从立柱内侧通过。舱盖板的长度一般不超过 14 m,普遍使用的 45 ft 集装箱,其长度也不超过 14 m,因此一般岸桥内净宽 16 m 足以满足装卸 45 ft 以内集装箱的需要。当使用 48 ft、53 ft 超长箱(53 ft 箱长度为 16.154 m)时,门框内净宽需增大到 18 m。不论是 48 ft 还是 53 ft 集装箱，均在 45 ft 位置有角配件，故上述两种超长集装箱仍可用 45 ft 吊具进行作业。45 ft 吊具在以下三种状态的外形长度和宽度为：

（1）吊具伸至 45 ft 位置导板不工作状态（向上翻）：

外形尺寸：≤13 750（长）×1 440（宽）(mm)。

（2）吊具伸至 45 ft 位置导板工作状态（向下翻）：

外形尺寸：≤14 100（长）×2 800（宽）(mm)。

（3）吊具伸至 45 ft 位置导板处于水平伸展状态：

外形尺寸：≤14 950（长）×3 640（宽）(mm)。

由此可见：吊具最大长度为 14.95 m。小于 53 ft 箱长度，故门框内净宽定为 18 m 是足够的。

（七）基距 $B$

门框下横梁上左右两侧行走的平衡梁支点之间的中心距离，称为岸桥基距，用 $B$ 表示，见图 7-3-5。

基距越小，岸桥在侧向风力或对角方向风力作用下的轮压越大，侧向稳定性也越差。因此，只要岸桥总宽 $W_b$ 允许，基距 $B$ 尽可能布置得大一些，行走支点越靠近立柱中心越好。

侧向稳定性计算时，采用稳性基距 $B_1$。所谓稳定性基距，是指倾覆支撑点至近侧门框的距离加上基距的一半，即 $B_1 = \frac{1}{2}(B + B_2)$（图 7-3-5）。

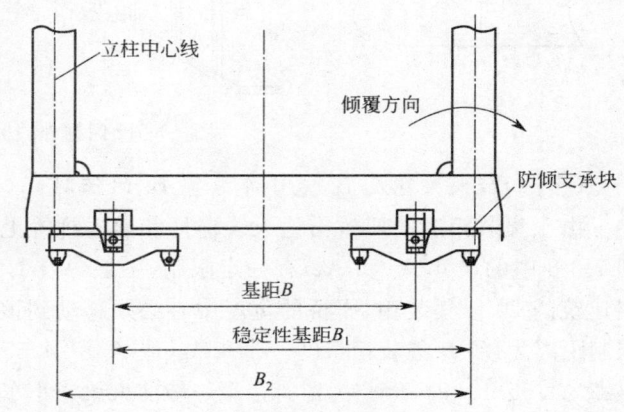

图 7-3-5　稳定性基距 $B_1$ 示意图

（八）岸桥总宽 $W_b$

岸桥总宽是指同侧行走轨道上的相邻两组岸桥行走台车，其外侧缓冲器端部之间在自由状态下的距离，用 $W_b$ 表示。

在装设行走终点停止限位和终点前减速限位以及两机防撞限位时，岸桥实际外形总宽应为两组限位开关撞杆端部之间的距离。当大车装设编码器作为减速和停止的发讯装置，或者限位开关的撞块（或感应块）埋在码头面上时，两缓冲器端部在自由状态下的距离即为岸桥的最大宽度。

岸桥总宽的限制是考虑到高效率集装箱码头为了实行多台岸桥同时对一艘船进行装卸作业的要求。岸桥的最小总宽应保证相邻两台岸桥能在中间相隔一个 40 ft 集装箱进行作业，见图 7-3-6。

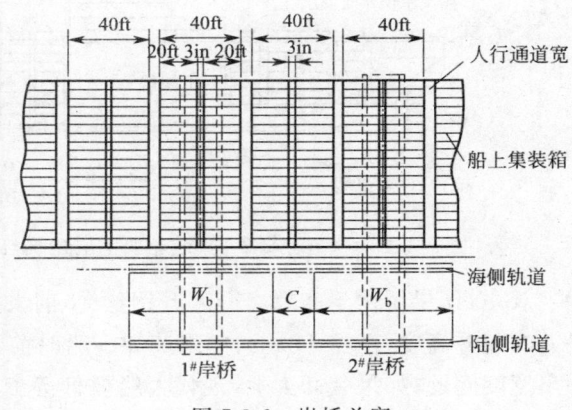

图 7-3-6　岸桥总宽

（九）门框下横梁上表面离地高度 $h_s$

为了提高装卸速度，吊具带着集装箱经过门框下横梁上表面的起升高度越低越好，因此门框下横梁上表面离地高度 $h_s$（图 7-3-1）有一定的限制，一般要求 5 m 以下。这对 2 000TEU 以下集装箱船的作业有意义，而对超巴拿马型以上船的作业意义不大。因为：在一般码头的水文条件和码头标高情况下，超巴拿马船在装卸甲板以下的集装箱时，船舶干舷高一般均在 6 m 以上。

（十）门框外档宽度 $W_p$

门框外档宽度 $W_p$ 是指左右立柱截面外侧翼缘表面之间的水平距离，主要由门框两个立柱内档净空尺寸、大车总宽度，以及两台岸桥紧靠在一起时相互之间不能产生干涉为前提来决定。此外，如用叉装方式作整机运输时，还应考虑门框总宽能被叉装船的两个前叉所包容，见图7-3-7的A向视图，它是整机运输所需的尺寸参数。当用叉装船叉装运输时，叉装船的叉臂叉在左右立柱的外侧临时安装的运送支腿上。岸桥的整机重量通过门框外侧的该对支腿支承在船的一对叉臂上，如图7-3-7所示。

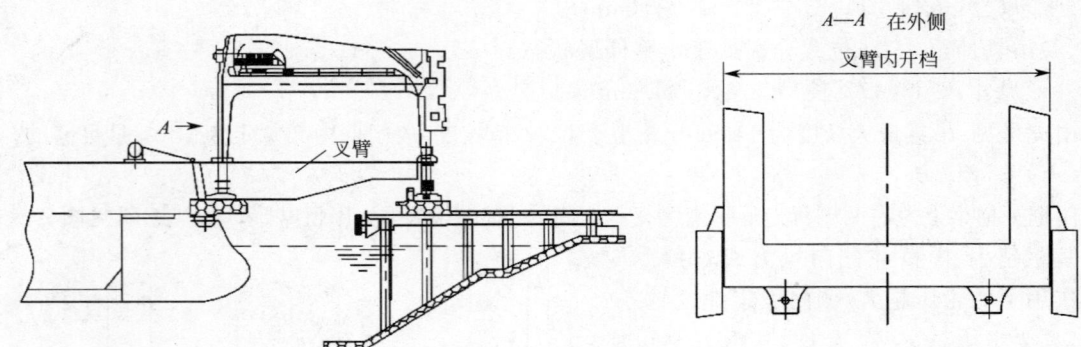

图 7-3-7 门框外档宽度示意图

(十一) 前大梁宽度 $B_b$ 或小车总宽 $B_t$ 的限制

由于集装箱船的船桥雷达天线桅杆和前桅杆等上层建筑与邻近的 20 ft 集装箱之间的净空 (如图 7-3-8 中的尺寸 $A_1$ 和 $A_2$) 有一定限制，一般 $A_1$、$A_2$ 不少于 5 ft (至少 4 ft)。为了装卸最靠近上层建筑的 20 ft 集装箱，岸桥的宽度中心必须移动到该排 20 ft 箱的中心线，该中心线离上层建筑的限制距离为：20 ft 集装箱长度一半 + $A_1$ (或 $A_2$) = 4.553 m。因此，前大梁的总宽或小车总宽不能超过：2×4.55 m = 9.1 m。为留有余量一般前大梁或小车的总宽应控制在 8.9 m 以内。

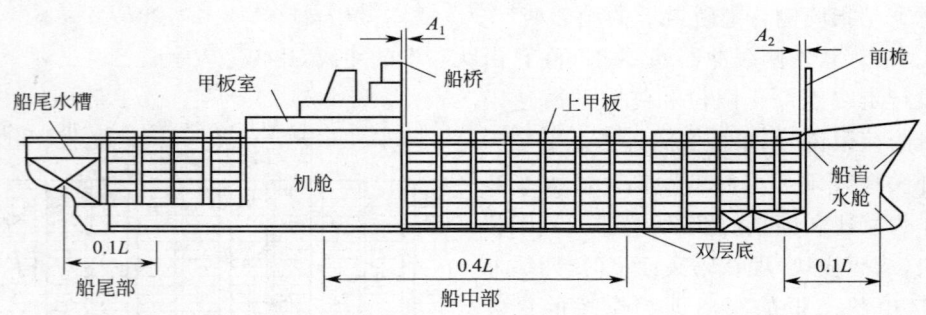

图 7-3-8 集装箱船上层建筑与相邻集装箱之间的净空 $A_1/A_2$

双 40 ft 岸桥由于布置 2 套起升钢丝绳，前大梁和主小车需加宽。由于双 40 ft 岸桥一般都有很大的起升高度（至少 41 m），如果装卸小船时前大梁可以水平越过船的上方，不存在前大梁或主小车宽度问题；如果装卸大船，现代大船桅杆等上层建筑临近箱位只设 40 ft，不设 20 ft 箱。所以理论上前大梁和小车的宽度允许 12.192 m(40 ft) + 2×$A_2$ = 15.24 m，实际不需要这么宽，一般取 10 m 为宜。

前大梁如果装设钢丝绳防碰装置，考虑到碰撞前的缓冲距离（至少 1.5 m），则前大梁两侧的防护钢丝绳的总宽至少达到 12 m。在装卸上层建筑邻近的 20 ft 箱时，防碰钢丝绳很可能要扫到上层建筑。

如果使用非机械式的前大梁防碰装置，例如用红外线或雷达，虽然前大梁防碰感应区域的宽度考虑 1.5 m 的缓冲距离时仍然在 12 m 以上，因为没有钢丝绳等机械探测和执行装置，小车总宽或前大梁宽度可以限制在 8.5 m 以内。当需要对邻近上层建筑的 20 ft 箱作业时，如果慢速移动大车，由于防碰保护，岸桥在 12 m 左右宽的感应区内就停止了，这时可以暂时按旁路按钮解除碰撞限位保护,慢速移动大车到该排 20 ft 箱位进行作业。完成后移动其他作业箱位又恢复前大梁碰撞限位保护。

无论是机械式防碰还是非机械的感应式防碰装置,为了安全起见,实际操作时,均由司机的谨慎和慢速移动大车来防止前大梁的碰撞。

(十二)作业状态的总高 $H_0$ 和前大梁仰起后岸桥总高 $H_s$

(1)岸桥在作业状态的总高是指前大梁放平时梯形架的最高点离开海侧轨道顶面的垂直距离,用 $H_0$ 表示(图 7-3-1)。

(2)岸桥前大梁仰起后的总高是指岸桥在非工作状态下,前大梁仰起处于挂钩位置,前大梁的最高点至海侧轨道顶面的垂直距离,用符号 $H_s$ 表示。它是起重机的最大高度(图 7-3-1)。

(3)决定岸桥作业状态的总高 $H_0$ 和前大梁仰起后岸桥总高 $H_s$ 的两个主要因素:

1)作业所处的码头上方有无航空障碍高度限制。

2)根据具体的高度限制值,选择如下前大梁型式:

①无高度限制(120 m 以上时认为无高度限制),可设计成普通的前大梁全仰式(一般为 80°仰角)。

②高度有些限制(一般为 65 m~80 m)时,可设计成鹅颈式折臂前大梁(图 7-3-9)。

③高度限制较大(一般为 55 m~65 m)时,可设计成小仰角(<45°)的岸桥(图 7-3-10)。

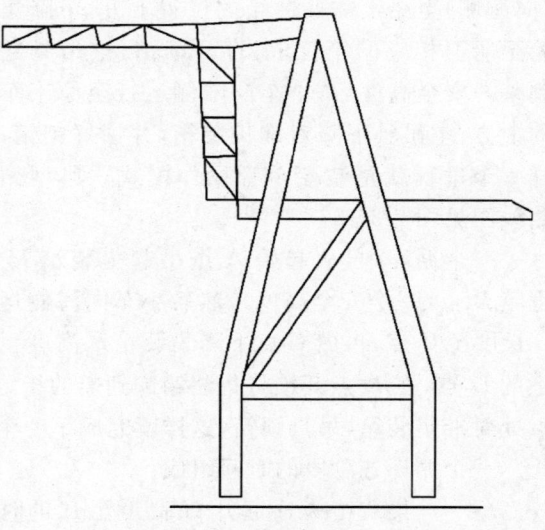

图 7-3-9 鹅颈式岸桥

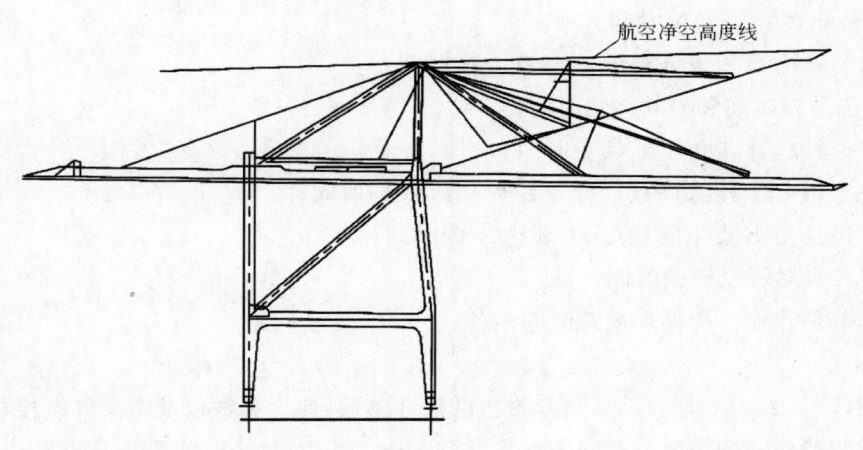

图 7-3-10 小仰角(<45°)岸桥

④高度限制很严(一般为小于 50 m)时,可设计成大梁水平伸缩式的低架型岸桥(图 7-3-11)。

整机运输时,如果水路通道上方设有高架过江电缆或过江大桥时,则还要考虑其运行的通过高度。

## 二、生产率计算

岸桥的生产率是以每小时装卸箱数(TEU)来计算的。实际生产率与司机的熟练程度和码头装卸工艺、码头条件、船舶装载情况、船型等因素有关系。所以,这里

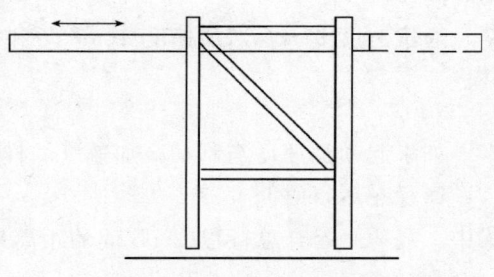

图 7-3-11 大梁水平伸缩式低姿态岸桥

讨论的生产率计算是不涉及这些人为因素和客观因素的理论生产率。

(一) 单程操作模式

在一个工作循环中，半个循环是吊箱作业，半个循环是空吊具作业，这种作业模式就是单程操作，这是较普遍的作业方式。

这种作业模式分装船作业模式和卸船作业模式。

1. 装船作业

岸桥从码头轨距范围内海侧第一条车道（一般均用这车道，这样小车运行距离为最小）的集卡上吊取集装箱，起升到某一安全高度横行小车（向海侧）至船上需要装箱的位置上方，下降集装箱至船上相应的箱位上，打开锁销，空吊具起升到某一安全高度后，小车向陆侧运行至原来车道的上方，空吊具下降对准集装箱，并锁好锁销，这样一个过程就是装船单程操作模式。典型循环路线图见图 7-3-12。

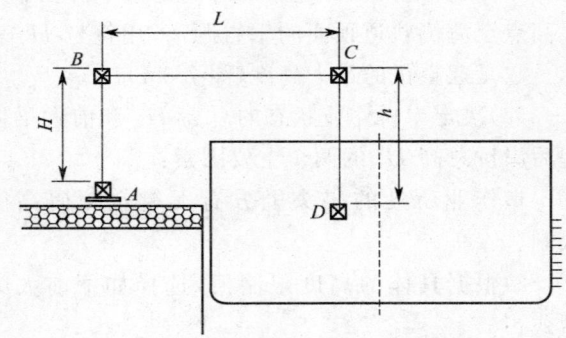

图 7-3-12　典型循环路线图

一个循环中，从起始 $A$ 点吊起集装箱 $H$ 高度至 $B$ 点（一个安全高度），然后小车向海侧运行 $L$ 长度至 $C$ 点，再由 $C$ 点下降集装箱 $h$ 高度至船上的 $D$ 点，在 $D$ 点开锁将集装箱卸到船的指定位置 $D$ 处，此后空吊具按原路线返回到 $A$ 点，在 $A$ 点处对准集装箱，吊具锁箱，这样就完成了一个循环。

一个循环各阶段的时间组成：

$t_{ab}$——集装箱从 $A$ 起升 $H$ 高度至 $B$ 的时间；

$t_{bc}$——集装箱从 $B$ 小车运行 $L$ 距离至 $C$ 的时间；

$t_{c}$——集装箱在 $C$ 点对位时间；

$t_{cd}$——集装箱由 $C$ 点下降高度 $h$ 至 $D$ 点的时间；

$t_{d}$——对位需要时间和松开转销时间；

$t_{dc}$——空吊具起升高度 $h$ 至 $C$ 点时间；

$t_{cb}$——小车带空吊具由 $C$ 点运行 $L$ 距离到达 $B$ 的时间；

$t_{ba}$——空吊具由 $B$ 点下降高度 $H$ 到达 $A$ 的时间；

$t_{a}$——在 $A$ 点对箱及锁销时间。

单程操作装船作业一个循环的总时间 $t$：

$$t = t_{ab} + t_{bc} + t_{c} + t_{cd} + t_{d} + t_{dc} + t_{cb} + t_{ba} + t_{a}$$

其中时间段 $t_{ab}$、$t_{bc}$、$t_{cd}$、$t_{dc}$、$t_{cb}$、$t_{ba}$ 与起重机的尺寸参数、速度参数以及距离等直接相关。

单程操作装船作业的速度与时间波形见图 7-3-13。其中，每个时间段总是由启动时间、稳态运动时间和制动时间三部分组成（图 7-3-14），图中 $t_1$ 为起动时间(s)，$t_2$ 为稳定运行时间(s)，$t_3$ 为制动时间(s)。

通常速度 $v$(m/s)，加速度 $a$(m/s²) 和减速度 $a'$(m/s²) 按实际设计值取用，则

$$t_1 = \frac{v}{a}, \quad t_3 = \frac{v}{a'}$$

如果起动加速度与制动减加速度一样的话，则 $t_1 = t_3$。

而稳态运行时间　　　　　　$t_2 = (H - H_a - H_a')/v$

式中　$H$——起升总行程（$A$、$B$ 间的距离）(m)；

$H_a$——加速行程(m)，$H_a = \frac{1}{2} a t_1^2$；

$H_{a'}$——减速行程(m),$H_{a'}=\frac{1}{2}at_3^2$。

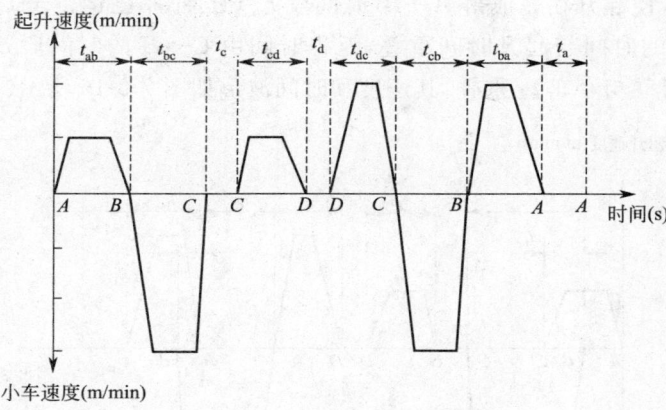

图 7-3-13 速度与时间波形图

用同样的方法,可以计算出其他时间段,再根据实际操作统计数字及经验设定 $t_c$、$t_d$、$t_a$,这样就可以计算出一个工作循环的总时间 $t$。

2. 卸船作业

卸船作业是装船作业的反过程见图 7-3-15。由船上某个位置 D 处吊起集装箱,经过安全高度 h 后到达 C 处,然后小车向陆侧运行了 L 距离到达 B,再由 B 处下降高度 H 到 A 处,并在 A 处对准卡车,松开转销将集装箱卸到卡车上。然后空吊具按原路线返回到 D 附近的另一个箱位,对准集装箱锁销。

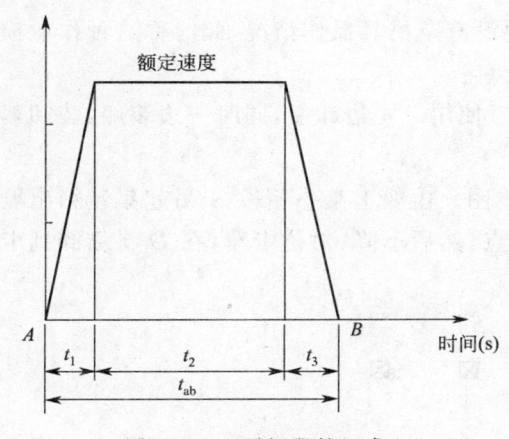

图 7-3-14 时间段的组成

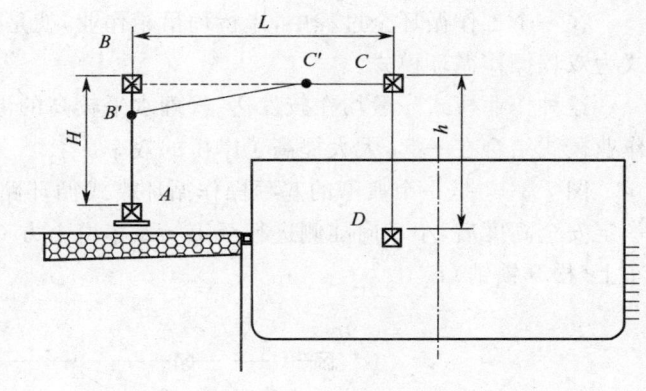

图 7-3-15 实际单行程操作循环图

3. 单程操作模式时生产率 $A_n$

单程操作模式时生产率 $A_n$ 为:

$$A_n = \frac{3\,600}{t} \times n$$

式中 $t$——一个循环的平均时间(s);
$A_n$——生产率(TEU/h);
$n$——每个循环所起吊的标准集装箱数。

实际操作不完全是一个起升动作结束后,才进行小车运行(或小车运行结束后进行起升)。通常可根据情况,如由 A 点起升高度超过门框横梁一个安全高度至 $B'$ 时,起升还继续提升,则运行小

车经 $C'$ 至 $C$，小车由 $C$ 返程至 $B$ 时，在 $B$ 处前的 $C'$ 点司机可同时进行下降（这些都是联合动作），如图 7-3-15 所示。

这样的联合操作，使起升在完成由 $A \to B$（时间段 $t_{ab}$）时，小车已运行至 $C'$ 点，即所谓循环时间中小车运行由 $B \to C'$ 的时间与起升时间重叠，返程时间由 $C \to B$ 的时间段 $t_{cb}$ 起升机构已下降至 $B'$，下降由 $B \to B'$ 的时间与小车 $t_d$ 重叠，其速度和时间波形如图 7-3-16 所示。

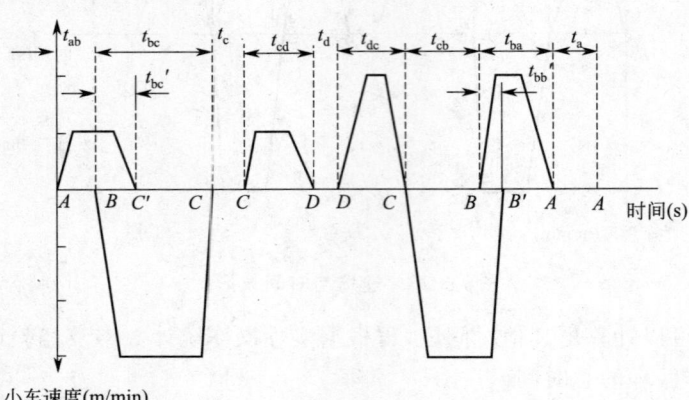

图 7-3-16 循环时间

此时总循环时间：$t = t_{ab} + t_{bc} + t_c + t_{cd} + t_d + t_{dc} + t_{cb} + t_{ba} + t_a - t_{bc'} - t_{bb'}$

显然，图 7-3-16 所示的联合动作循环时间要比图 7-3-13 所示的循环时间小了 $t_{bc'}$ 和 $t_{bb'}$ 时间。因此司机操作如能尽量增加 $t_{bc'}$ 和 $t_{bb'}$（即大范围使用联动），就能大大减少循环时间，提高劳动生产率。

（二）双程操作循环模式

在一个工作循环全过程中，岸桥均吊箱作业，就是说没有空吊具操作情况，此时称这种作业模式为双程操作循环模式。

这种作业模式一般均在较发达、管理水平较高的港口使用。一边卸船，同时一边装船，装卸船作业模式结合在一起，大大提高了岸桥的效率。

图 7-3-17 是一个典型的双程操作循环模式循环路线图。由船上某一箱位 $A$ 吊起集装箱出舱一定安全高度后，小车向陆侧进行至第一条车道上方 $C$ 点，然后下降、对位卡车，在 $D$ 将箱卸到卡车上（松开锁销）。

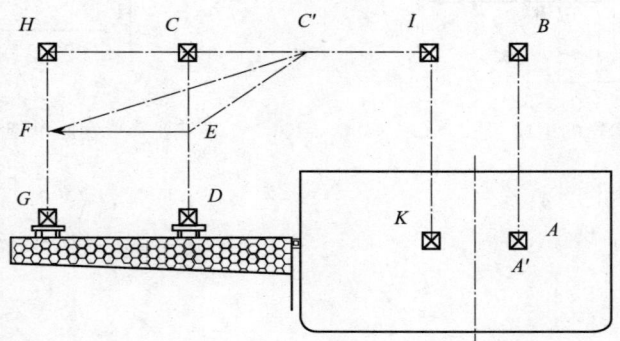

图 7-3-17 双程操作循环

随后进行下半个循环，在 $D$ 处将箱卸到卡车后，起升空吊具，离开集装箱安全高度 $E$ 点，小车向后移动至另一车道 $F$ 点，对准大车 $G$ 处的集装箱，下降至 $G$ 并锁住锁销，将集装箱吊起至安全高度 $H$ 点，小车向海侧运行将集装箱送至 $I$ 处，下降、对位、进舱，直至将箱卸到船的 $K$ 箱位上，之后空吊具提升出舱口至 $I$,再由 $I$ 运行至 $B$,对准导轨下降至舱内 $A$ 箱位,对准 $A'$ 锁住锁销,至此完成了一个双程操作循环。其速度和时间的波形如图 7-3-18 所示。

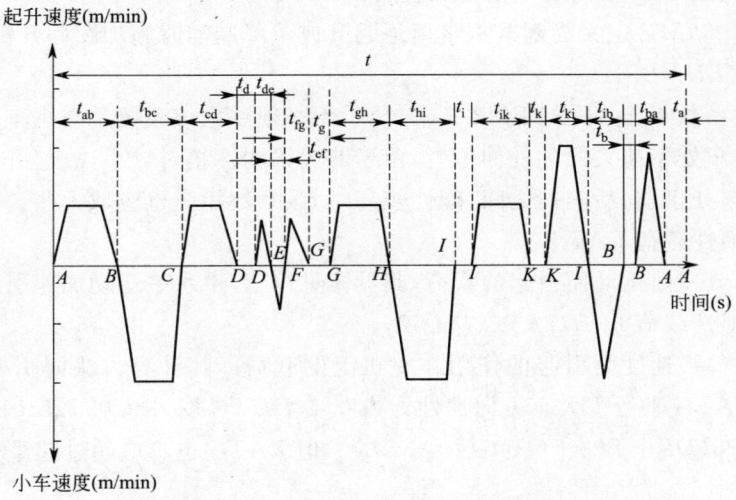

图 7-3-18　速度与时间波形图

## 三、载荷定义

### (一)计算载荷名称和定义

1. 集装箱起重机的通用载荷名称和定义

(1)常规载荷

1)固定载荷 $DL$

除小车等移动载荷外的起重机总重量,包括永久地附于起重机上的机械和设备。

2)小车自重载荷 $TL$

小车及永久附于其上的机械和设备的重量(如果有运动托架小车也包括其中)。

3)吊具上架系统载荷 $LS$

吊具、上架、提升绳的一部分、滑轮和其他所有挂在起升绳上的设备重量所产生的载荷。

4)起升载荷 $LL$

集装箱加上其内部货物标准重量,其作用点为集装箱几何中心。

5)偏心起升载荷 $LLE$

考虑偏心的起升载荷。若合同中无特殊条款规定,则 40 ft 箱按 30.5 t 偏载 10%,20 ft 箱按 25 t 偏载 10% 计算;若考虑 1 满箱、1 空箱偏心起升载荷时可按"(二)起升载荷偏心距离的计算"中所介绍的方法计算。

6)疲劳起升载荷 $LLF$

实际作业过程中,起重机经常作用的起升载荷,用于疲劳设计计算,不考虑集装箱的偏心。

疲劳载荷 $LLF$ 应该是通过概率统计而获得的反映起重机实际最经常作用载荷的一个等效载荷,其值与经常作用的起升载荷的大小和发生的频次有关,即根据载荷谱来确定。当用户不提供相关数据时,一般可按额定起重量的 60% 计。

7)吊钩横梁下额定载荷 $CBRL$

由吊钩横梁起吊的最大载荷,不考虑偏心。

8)吊钩横梁系统自重 $CBLS$

吊钩梁和吊具的上架和起升绳一部分和所有附在起升绳上的重量。

9)起升冲击载荷 $IMP$

当起升重量突然离地起升时,或在下降过程中突然在空中制动时,起升重量产生的惯性载荷将对起重机的承载结构和传动机构产生附加的动载荷。可用一个大于1的起升载荷动载系数 $\phi_2$ 乘以起升载荷 $P_Q$ 来考虑。$\phi_2$ 值的选取参考《起重机设计规范》(GB 3811—2008)。

在 FEM 规范中,IMP 定义为起升重量离地起升或下降制动时施加在起升钢丝绳上的载荷,因此 $IMP=(\phi_2-1)(LL+LS)$。

起升载荷动载系数 $\phi_2$ 也可按 FEM2.2 来计算,但必须注意该系数是与小车所处位置的大梁结构刚度有关。如小车处于前大梁的外伸位置,由于前大梁刚性相对较小,故起升载荷动载系数也相应取得小些;当小车处于前、后门框之间,刚性较高时,该系数相应也应取大些。

10) 小车运行惯性载荷 LATT

由于小车加速或减速运动而引起的载荷,其具体见"(三)由水平运动加速引起的载荷计算"。

11) 大车运行惯性载荷 LATG

由于起重机加(减)速度而引起的作用在整机上的载荷。其计算方法同 LATT。在某些规范和标书也有提出 LATG 平行于大车方向惯性力为 $0.1(DL+TL)+0.025(LS+LL)$;垂直于大车方向惯性力为 $0.025(DL+TL)+0.005(LS+LL)$。但 LATG 也不应超过起重机总驱动轮打滑的附着力。

(2) 偶然载荷

1) 工作状态下风载荷 WLO

起重机作业时,最大工作风速在全部迎风面积上引起的载荷,详细参见《起重机设计规范》(GB 3811—2008)。计算时应考虑最不利的风向。

中华人民共和国交通部令(2003 年第 3 号)《港口大型机械防风防台风管理规定》中第九条规定:轨道式大型港机防风防台工作应当符合下列基本要求:

第一,应当配备防滑和制动装置,其中防滑装置须保证设备在 15 m/s~35 m/s 的现场风力作用下不发生滑移。

第二,选择配备防止风的水平力和上拔力的装置时,须保证设备在 35 m/s~55 m/s 的现场风力作用下不发生倾覆。使用单位所在地区 50 年最大风速历史记录超出上述范围的,应当按照 50 年最大风速设防。

2) 偏斜载荷

当起重机或小车沿轨道运行时所产生的垂直于车轮轮缘或作用于水平导向轮上的水平侧向载荷,称为偏斜载荷。岸桥的偏斜载荷有大车偏斜载荷 SKG 和小车偏斜载荷 SKT。具体计算方法见《起重机设计规范》(GB 3811—2008)附录 D。

(3) 特殊载荷

1) 碰撞载荷 COLL

碰撞载荷为起重机按规定的碰撞速度(按标书或相应规范)运行时,突然断电失控,碰撞到车挡或与另一台停着的起重机(应计及缓冲器作用)而作用在起重机上的冲击载荷。碰撞载荷与碰撞质量和速度以及缓冲器有关。因而要合理选择缓冲器,以最大程度地减缓碰撞产生的冲击载荷。有缓冲器时,该载荷也可通过动态分析来确定。岸桥的碰撞载荷有小车碰撞载荷 COLT 和大车的碰撞载荷 COLG。

2) 非工作状态下风载荷 WLS

起重机处于停机状态,最大非工作风速作用在起重机上的载荷(详细参见第一篇第三章第一节"计算载荷"中"风载荷"部分),风力应沿着计算最不利方向作用。

3) 地震载荷 EQ

处在地震频繁发生区域的起重机,应考虑地震载荷,包括工作状态地震载荷 EQO 和不工作时地震载荷 EQS。地震载荷 $P_E$ 按水平载荷考虑,以惯性载荷的形式施加在最不利的方向上,计算公

式为

$$P_E = k_E P_G$$

式中 $k_E$——地震载荷系数,与地震力度有关,$k_E = 0.025 \sim 0.2$;

$P_G$——起重机自重载荷(N)。

该载荷只有当用户在标书中明确提出时才考虑。

涉及地震载荷的计算工况有二:一是工作状态时,大梁水平,空载小车位于最大外伸距;二是非工作状态时,大梁水平,大车位于锚定位置,并作用有工作状态的最大风载荷。对计算工况,如用户有特殊要求,可协商解决。

当需考虑地震载荷时,招标书上应对地震载荷引起的惯性加速度的大小加以规定;若招标书中无相应限定,可根据所提供的地震谱等信息,通常按$(0.05 \sim 0.2)(DT+DL)$计算(应得到用户同意),作用在起重机的重心上(或按各质量分布相应作用在各质点上)。

对于国内项目可参考《中华人民共和国国家标准中国地震烈度表》(GB 17742—1999)取地震加速度的数值。

(4)其他载荷

1)堵转(失速)载荷 $STL$

由于起重机电机失速(或堵转)所产生的载荷,通常取为电机额定力矩的2倍。

2)挂舱载荷 $SN$

挂舱载荷是起重机中集装箱吊具或吊钩以最大起升速度起升的过程中突然被船舱内的栅格卡住,或者偶然地由于角件未脱出导致集装箱吊具同时起吊两个紧锁的集装箱而突然作用在起升钢丝绳上的一种特殊载荷。

现代起重机应提供有效的吸收能量的挂舱保护装置。其作用是,当吊具以全速上升突然遭受挂舱时,能防止起重机任何部分的损坏。

挂舱载荷的大小,受挂舱保护装置的调节控制,一般应大于偏心起升载荷的1.25倍,并受起升钢丝绳承载能力和整机倾覆稳定性的限制。

2.集装箱起重机载荷说明

上述定义的计算载荷名称与《起重机设计规范》(GB 3811—2008)中的定义有所不同,其对应关系参见表7-3-1。

表7-3-1 集装箱起重机载荷说明

| GB/T 3811 载荷名称 | 集装箱起重机通用载荷名称 |
|---|---|
| 自重载荷 $P_G$ | $DL+TL$ |
| 起升载荷 $P_Q$ | $LS$(空载)<br>$LL+LS$;$LLE+LS$;$LLF+LS$<br>$CBRL+CBLS$ |
| 起升质量动载荷 $\phi_2 P_Q$ | $IMP+P_Q$(其定义如上) |
| 变速运动引起的惯性载荷 $P_A$ | $LATT$;$LATG$ |
| 偏斜运行时的水平侧向载荷 $P_S$ | $SKT$;$SKG$ |
| 工作状态风载荷 $P_{WII}$ | $WLO$ |
| 非工作状态风载荷 $P_{WIII}$ | $WLS$ |
| 碰撞载荷 $P_C$ | $COLL$ |
| 起重机基础受到外部激励引起的载荷 | $EQ$,包括作业时地震载荷$EQO$和非作业时地震载荷$EQS$ |

注:表中列出的载荷均为集装箱起重机所特有的载荷。

(二)起升载荷偏心距离的计算

对已确定的吊具系统,若已知两集装箱间的最大间距$L_0$,则通过静力平衡条件就可得起升载荷的偏心距离。算例(图 7-3-19):已知作业时,吊具可起吊 1 个满箱和 1 个空箱,空箱一侧钢丝绳的允许最小拉力为 $P_{Emin}$,则具体计算如下所示。

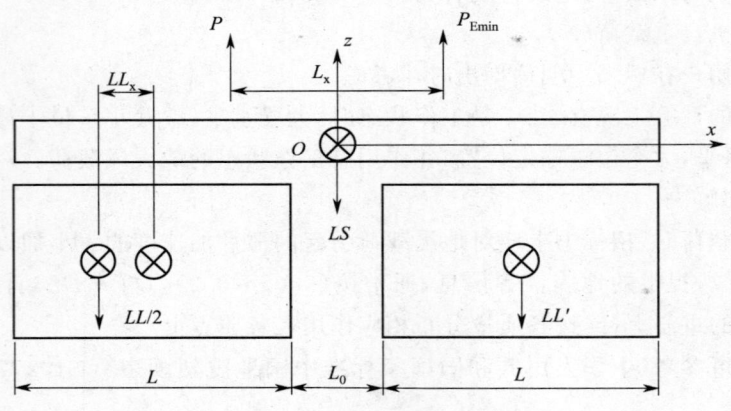

图 7-3-19　偏心距离计算图

现设满箱一侧钢丝绳的拉力为 $P$。

根据静力平衡条件,在 $xz$ 平面上,沿 $z$ 向各个力的合力满足:

$$\sum F_z = 0$$

即

$$P + P_{Emin} - LL/2 - LL' - LS = 0$$

为使吊具不致倾翻,载荷对吊具上架中心 $O$ 点的力矩满足:$\sum M_O = 0$

即

$$P \cdot L_x/2 - P_{Emin} \cdot L_x/2 - LL/2 \cdot (L/2 + LL_x + L_0/2) + LL' \cdot (L/2 + L_0/2) = 0$$

解得:

$$L_0 = \frac{(LL + 2LS + 2LL' - 4P_{Emin}) \cdot L_x - (LL - 2LL') \cdot L - 2LL \cdot LL_x}{LL - 2LL'} \tag{7-3-3}$$

上式中 $L_0$ 整理后即得两集装箱间的最大间距。

根据合力矩定理,此时起升载荷的横向偏心距离为:

$$x_{偏} = \frac{LL/2 \times [(L + L_0)/2 + LL_x] - LL' \times (L + L_0)/2}{LL/2 + LL'} \tag{7-3-4}$$

同理可求得起升载荷的纵向偏心距离为:

$$y_{偏} = \frac{LL/2 \cdot LL_y}{LL/2 + LL'} \tag{7-3-5}$$

式中　$LL$——额定起升载荷(kN);

　　　$LL'$——1 个空箱的重量(kN);

　　　$L$——20 ft 或 40 ft 集装箱 $x$ 方向长度(mm);

　　　$L_x$——两条钢丝绳在 $x$ 方向上的间距(mm);

　　　$LL_x$——满箱横向偏心(mm);

　　　$LL_y$——满箱纵向偏心(mm);

　　　$L_0$——两集装箱的最大间距(可以通过吊具油缸来调节)(mm);

　　　$P_{Emin}$——空箱一侧钢丝绳的最小拉力(kN)。

若代入具体数据:一起重量为 65 t 的岸桥,起吊量可吊两 20 ft($L=6\,096$ mm)集装箱,1 满箱,1 空箱。空箱重 3 t,吊具上架及吊具重 18 t,吊具钢丝绳出绳间距 $L_x=5\,300$ mm,钢丝绳允许的最小拉力 2 t,满箱横向偏心 $LL_x=610$ mm,纵向偏心 $LL_y=230$ mm 时,求此时起升载荷的偏心距离。

由式(7-3-3)得,$L_0=1\,453.0$ mm,取整为 1 500 mm。

由式(7-3-4)和式(7-3-5),得:

起升载荷的横向偏心距离为：
$$x_{偏}=\frac{32.5\times(1\ 500/2+6\ 096/2+610)-3\times(1\ 500+6\ 096)/2}{32.5+3}=3\ 714.5(\text{mm})$$

起升载荷的纵向偏心距离为：
$$y_{偏}=\frac{32.5\times 230}{32.5+3}=210.6(\text{mm})$$

（三）由水平运动加速引起的载荷计算

1. 基本数据

设 $v$ 为起升质量悬挂点在加速阶段结束或制动阶段开始时（视所考虑的是加速过程还是制动过程而定）的稳定水平运行速度。

$F$ 为一个作用在起升质量悬挂点上与 $v$ 同方向的假想水平力。

2. 计算过程

依次计算下列参数。

（1）等效质量 $m$

除起升质量外，其余运动部分的惯量用一个集中在起升质量悬挂点上的等效质量 $m$ 代替，等效质量按下式计算：

$$m=m_0+\sum_i\frac{J_i\omega_i^2}{v^2} \tag{7-3-6}$$

式中　$m_0$——除起升质量外，与起升质量悬挂点作同一纯线性运动的所有零部件的总质量；

　　　$J_i$——相应机构中，作旋转运动的各零部件绕转轴的运动惯量；

　　　$\omega_i$——与起升质量悬挂点线速度 $v$ 对应的各零部件旋转的角速度。

就机构来说，除了同电动机轴直接相连的零件外，其他零件的转动惯量可忽略不计。

（2）平均加（减）速度 $a_m$

$$a_m=\frac{F}{m+m_1} \tag{7-3-7}$$

式中　$m_1$——起升质量。

（3）加速度或减速度的平均持续时间 $t_m$

$$t_m=\frac{v}{a_m} \tag{7-3-8}$$

（4）平均惯性力

每个运动零部件的质量乘以起升质量悬挂点加速度 $a_m$ 相对应的加速度，即得到其所承受的平均惯性力。

对起升质量本身，这个惯性力由下式给出：

$$F_{cm}=m_1 a_m \tag{7-3-9}$$

（5）摆动周期

$$T_1=2\pi\sqrt{\frac{l}{g}} \tag{7-3-10}$$

式中　$l$——起升质量处于最高位置时的悬挂长度（$l<2\ \text{m}$ 时可不考虑）；

　　　$g$——重力加速度。

（6）结构计算惯性力

系数 $\mu$

$$\mu=\frac{m_1}{m} \tag{7-3-11}$$

当运动的驱动系统控制着加速度和减速度并使其保持定值时,取 $\mu=0$,即与质量 $m_1$、$m$ 无关。

系数 $\beta$:

$$\beta=\frac{t_m}{T_1} \tag{7-3-12}$$

系数 $\psi_h$:由所得的 $\mu$ 和 $\beta$ 值,根据图 7-3-20 中的曲线,即可得出相应的 $\psi_h$ 值。

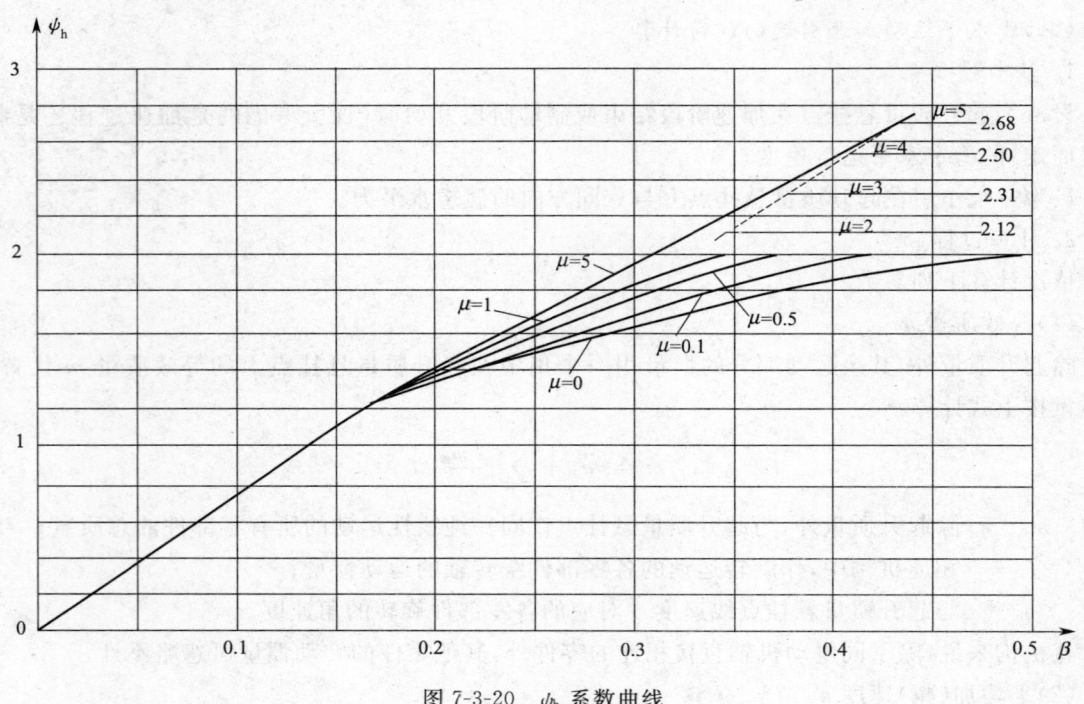

图 7-3-20 $\psi_h$ 系数曲线

则设计结构时要考虑的惯性力按如下原则计算:

1)由起升质量所产生的惯性力:$\psi_h F_{cm}$;
2)除起升质量外其他运动部分的惯性力:为其平均惯性力的两倍。

## 四、轮压与稳定性

### (一)概　述

支承力是岸桥的重要参数,是岸桥运行机构车轮装置设计和打滑验算的依据,也是轨道、岸桥支承结构及码头水工结构设计的原始参数。岸桥支承力包括三个分量:

$R_x$——水平面内垂直大车行走方向的支承力,引起该支承力的外载荷有起重机偏斜运行引起的水平侧向载荷、小车运行惯性载荷、$x$ 方向风载荷等;

$R_y$——水平面内平行大车行走方向的支承力,引起该支承力的外载荷有作用在车轮上的摩擦力、大车运行惯性载荷、$y$ 方向风载荷等;

$R_z$——铅垂方向的支承力。此即通常意义上的腿压或轮压,继承轮压计算的习惯,以压力为正值。

### (二)轮压的计算

轮压是岸桥的主要技术参数之一,轮压计算是岸桥设计计算的主要内容之一。因为大车或小车运行机构的计算、大车或小车运行车轮与轨道接触表面挤压应力的验算、大车或小车主动轮数目的确定和打滑验算等,以及岸桥大车运行轨道以及铺设轨道的码头水工建筑结构的选择和设计计算,都是以大车的轮压值为首要依据。

由于影响大车或小车轮压的因素有很多,如各部分的质量和中心位置、迎风面积及形心位置等,起重机初步设计时的轮压计算只是粗估。随着设计计算的逐步深入、完整,各部分的结构形式、迎风面积、质量等确定以后,就能精确计算轮压。

1. 计算工况

计算中,起重机及其部件的位置,载荷的影响,风载荷的方向,应取最不利方向和作用效果进行组合,详见表 7-3-2。

Ⅰ. 大车不动,小车满载在最大外伸距处起、制动,有工作风、风向为最不利方向;

Ⅱ. 大车没有起、制动,小车空载运行起制动,有工作风、风向为最不利方向;

Ⅲ. 大车起、制动,小车空载,有工作风、风向为最不利方向;

Ⅳ. 大车没有起、制动,小车空载,有非工作风、风向为最不利方向。

表 7-3-2　起重机支承力计算载荷组合表

| 载　荷 | Ⅰ | Ⅱ | Ⅲ | Ⅳ |
|---|---|---|---|---|
| 起重机自重载荷 $P_G$ | $P_G$ | $P_G$ | $P_G$ | $P_G$ |
| 起升载荷 $P_Q$ | $P_Q$ | $P_2$ | $P_2$ | $P_2$ |
| 风载荷 $P_{WⅡ}/P_{WⅢ}$ | — | $P_{WⅡ}$ | $P_{WⅡ}$ | $P_{WⅢ}$ |
| 惯性载荷 $P_A$ | $P_A$ | — | $P_A$ | — |
| 偏斜载荷 $P_S$ | — | $P_S$ | — | — |

注:$P_2$ 是吊具引起的载荷,$P_2=P_Q-P_1$($P_1$ 是吊重载荷)。

表 7-3-2 中载荷组合在应用时必须注意以下几个问题:①各载荷组合按最不利状态求出最大和最小轮压,用于运行机构零件及金属结构的强度计算等;②Ⅱ、Ⅲ类载荷组合的最小轮压用于主动车轮打滑验算;③Ⅰ、Ⅳ类载荷组合用于验算码头或轨道的承载能力;④当设计防风拉索、夹轨器或其他类似防风装置时,可按具体情况计算。

2. 计算方法

岸桥是四点支承,而四点结构的轮压分布是静不定问题,其支点垂直压力的分配,与岸桥的整机金属结构及基础的刚性有关;还与岸桥及轨道的制造和安装精度等因素有关。因此,在实际的设计计算中,通常根据岸桥金属结构及基础的刚度大小、变形情况,按以下两种理想状况考虑:刚性车架支承假设和铰接车架支承假设。

由于两种假定条件不同,其计算结果略有区别。通常按刚性支架假定计算的最大轮压要比按铰接支架假定的小一些,而最小轮压则比按铰接支架假定的要大一些。本节中仅介绍在港口起重行业内应用最为广泛的建立在刚性车架支承假设基础上的轮压计算公式。

轮压计算采用刚性车架支承假设下 4 点支承支腿铅垂支承力计算普遍公式,各行走轮的轮压 $P_{Li}(i=1,2,3,4)$ 为:

$$\begin{cases} P_{L1}=\dfrac{R_{z1}}{n}=\dfrac{N}{4n}+\dfrac{M_x}{2B\cdot n}+\dfrac{M_y}{2S\cdot n} \\ P_{L2}=\dfrac{R_{z2}}{n}=\dfrac{N}{4n}-\dfrac{M_x}{2B\cdot n}+\dfrac{M_y}{2S\cdot n} \\ P_{L3}=\dfrac{R_{z3}}{n}=\dfrac{N}{4n}+\dfrac{M_x}{2B\cdot n}-\dfrac{M_y}{2S\cdot n} \\ P_{L4}=\dfrac{R_{z4}}{n}=\dfrac{N}{4n}-\dfrac{M_x}{2B\cdot n}-\dfrac{M_y}{2S\cdot n} \end{cases} \quad (7\text{-}3\text{-}13)$$

式中　$n$——单根支腿上的车轮个数;

$N$——过坐标原点 $O$ 的轴向(沿 $Z$ 轴)载荷;

$M_x$,$M_y$——绕 $x$ 轴或 $y$ 轴的弯矩,弯矩的方向见图 7-3-21 和图 7-3-22。

(1)大梁水平时

在岸桥轮压计算中的受力情况,应考虑风载荷和小车位于前侧悬臂端部最大位置时起(制)动水平惯性力及小车自重载荷作用位置的不同对轮压分配的影响。

各部分的自重和所承受载荷的大小和作用位置(图 7-3-21)如下:

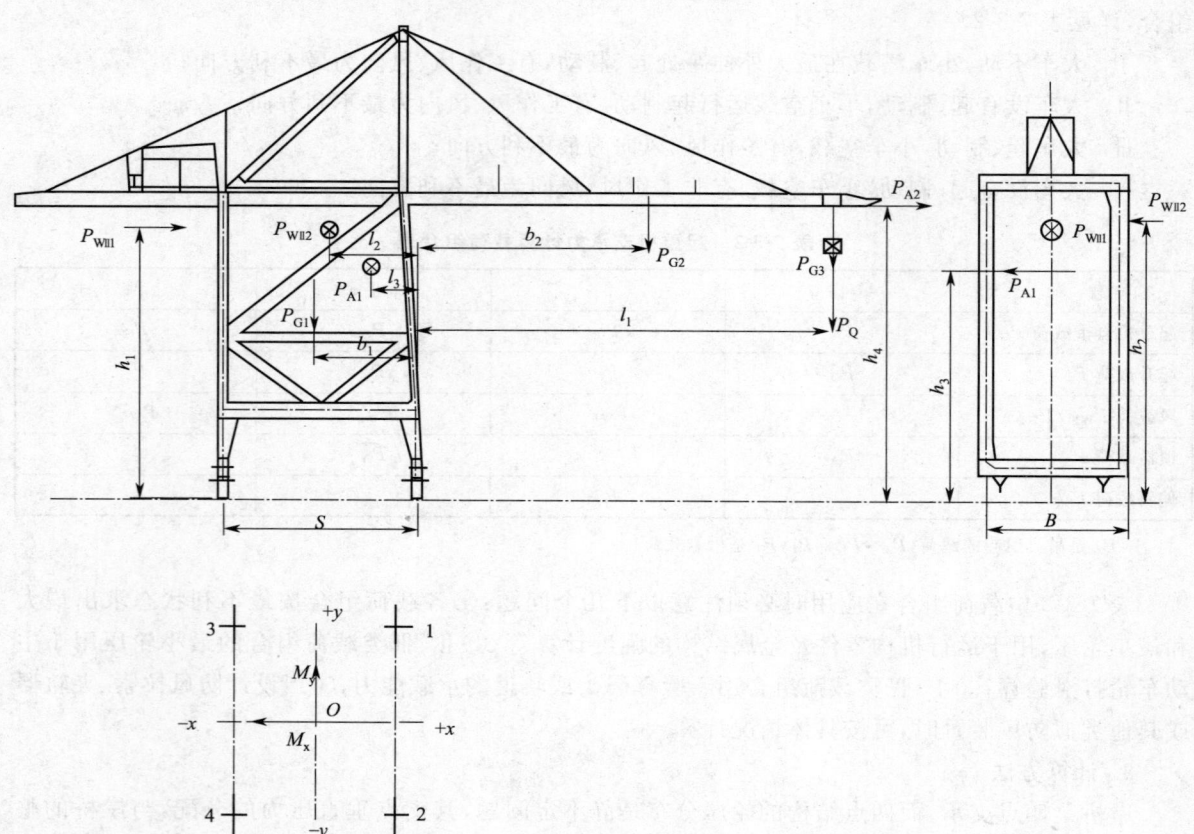

图 7-3-21 岸边集装箱起重机的轮压计算图(大梁水平)(注:$O$ 点位四支腿构成的矩形形心)

1)固定部分 $P_{G1}=DL-BL$

起重机自重 $P_{G1}$(除俯仰部分和小车自重外),重心沿小车运行方向距海侧支腿的水平距离为 $b_1$,不考虑沿大车运行方向上的左右非对称性。

2)俯仰部分 $P_{G2}=BL$

俯仰部分(前大梁及其附属部件)自重 $P_{G2}$,重心距海侧立柱的水平距离为 $b_2$。

3)移动部分

小车自重 $P_{G3}=TL$,起升载荷 $P_Q=LL+LS$(按不同的工况,起升载荷分别为吊具自重 $P'_Q=LS$ 或吊具自重+吊载重量 $P_Q=LL+LS$);载荷 $P_{G3}$ 及 $P'_Q/P_Q$ 的作用线距海侧支腿的水平距离为 $l_1$,不考虑集装箱的偏心。

4)外载荷

①风载荷(工作状态风载荷)$P_{WII}=WLO$

风载荷的合力沿大车运行方向和小车运行方向分解,其中:

沿小车运行方向的风载荷为 $P_{WII1}$(不考虑左右的非对称性),载荷的合力中心高度为 $h_1$;

沿大车运行方向的风载荷为 $P_{WII2}$,载荷的合力中心高度为 $h_2$,其作用线距一侧支腿的水平距离为 $l_2$。

②惯性载荷

惯性载荷 $P_A$ 包括地震载荷 $EQ$、坡道阻力 $P_p$、碰撞载荷 $COLL$ 和机构运行惯性载荷 $LATG$

等,这里以合力的形式出现。

沿大车运行方向的惯性载荷为 $P_{A1}$,载荷合力中心的高度为 $h_3$。

沿小车运行方向的惯性载荷为 $P_{A2}$,载荷作用在小车车轮与轨道的接触面上,合力中心的高度为 $h_4$。

将这些力向大车支腿中心 $O$ 点平移后,则其刚性车架上作用的内力为:

沿 $z$ 轴的轴力:$N = P_{G1} + P_{G2} + P_{G3} + P_Q$(按不同的工况,选 $P_Q$ 或 $P'_Q$)

绕 $x$ 轴的弯矩:$M_x = P_{WⅢ2} h_2 + P_{A1} h_3$

绕 $y$ 轴的弯矩:$M_y = -P_{G1}\left(b_1 - \dfrac{S}{2}\right) + P_{G2}\left(b_2 + \dfrac{S}{2}\right) + (P_{G3} + P_Q) \cdot \left(l_1 + \dfrac{S}{2}\right) + P_{WⅢ1} h_1 + P_{A2} h_4$

将 $N$、$M_x$、$M_y$ 代入式(7-3-13)中,其轮压为:

$$\begin{cases} P_{L1} = \dfrac{P_{G1} + P_{G2} + P_{G3} + P_Q}{2n} + \dfrac{P_{WⅢ2} h_2 + P_{A1} h_3}{2B \cdot n} + \dfrac{1}{2S \cdot n}[-P_{G1} b_1 + P_{G2} b_2 + (P_{G3} + P_Q) l_1 + P_{WⅢ1} h_1 + P_{A2} h_4] \\ P_{L2} = \dfrac{P_{G1} + P_{G2} + P_{G3} + P_Q}{2n} - \dfrac{P_{WⅢ2} h_2 + P_{A1} h_3}{2B \cdot n} + \dfrac{1}{2S \cdot n}[-P_{G1} b_1 + P_{G2} b_2 + (P_{G3} + P_Q) l_1 + P_{WⅢ1} h_1 + P_{A2} h_4] \\ P_{L3} = \dfrac{P_{WⅢ2} h_2 + P_{A1} h_3}{2B \cdot n} + \dfrac{1}{2S \cdot n}[-P_{G1} b_1 + P_{G2} b_2 + (P_{G3} + P_Q) l_1 + P_{WⅢ1} h_1 + P_{A2} h_4] \\ P_{L4} = -\dfrac{P_{WⅢ2} h_2 + P_{A1} h_3}{2B \cdot n} + \dfrac{1}{2S \cdot n}[-P_{G1} b_1 + P_{G2} b_2 + (P_{G3} + P_Q) l_1 + P_{WⅢ1} h_1 + P_{A2} h_4] \end{cases}$$

(7-3-14)

特别注意,在公式应用的时候,要根据轮压计算的载荷组合表补充各载荷相应的系数。

(2)大梁仰起时

各部分的自重和所承受载荷的大小和作用位置(图7-3-22)如下。

1)固定部分

起重机自重 $P_{G1}$(除俯仰部分和小车自重外),重心沿小车运行方向距海侧支腿的水平距离为 $b_1$,不考虑沿大车运行方向上的左右非对称性。

2)俯仰部分

俯仰部分(前大梁及其附属部件)自重 $P_{G2}$,重心距海侧立柱的水平距离为 $b_2$。

3)移动部分

小车自重 $P_{G3}$,起升载荷 $P'_Q$(按不同的工况,起升载荷分别为吊具自重 $P'_Q$ 或吊具自重+吊载重量 $P_Q$);前大梁仰起时,小车位于停车位,载荷 $P_{G3}$ 及 $P'_Q/P_Q$ 的作用线距海侧支腿的水平距离为 $l_1$,不考虑集装箱的偏心。

4)外载荷

①风载荷(非工作状态风载荷)$P_{WⅢ} = WLS$

风载荷的合力沿大车运行方向和小车运行方向分解,其中:

沿小车运行方向的风载荷为 $P_{WⅢ1}$(不考虑左右的非对称性),载荷的合力中心高度为 $h_1$;

沿大车运行方向的风载荷为 $P_{WⅢ2}$,载荷的合力中心高度为 $h_2$,其作用线距一侧支腿的水平距离为 $l_2$。

②惯性载荷

惯性载荷为地震载荷,这里以合力的形式出现。

沿大车运行方向的惯性载荷为 $P_{A1}$,载荷合力中心的高度为 $h_3$。

沿小车运行方向的惯性载荷为 $P_{A2}$,载荷作用在小车车轮与轨道的接触面上,合力中心的高度为 $h_4$。

将这些力向大车支腿中心 $O$ 点平移后,则其刚性车架上作用的内力为:

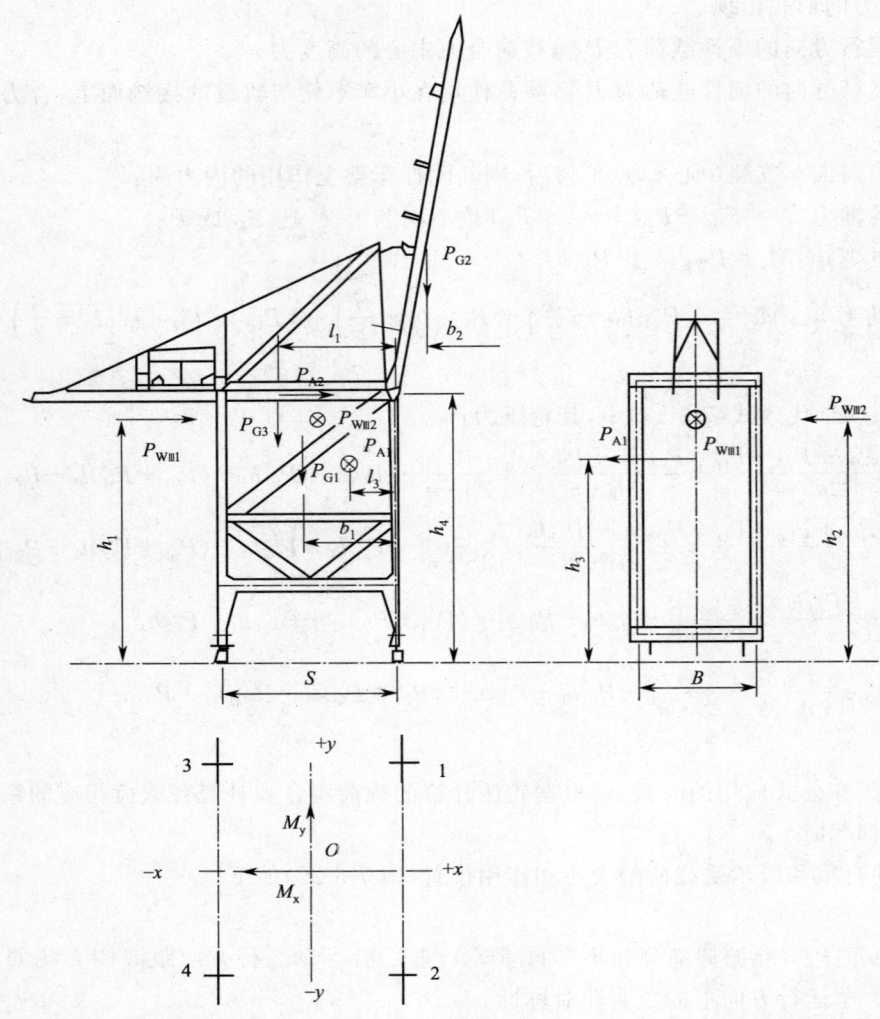

图 7-3-22　岸边集装箱起重机的轮压计算图（大梁仰起）（注：$O$ 点位四支腿构成的矩形形心）

沿 $z$ 轴的轴力：$N = P_{G1} + P_{G2} + P_{G3} + P'_Q$（按不同的工况，选 $P_Q$ 或 $P'_Q$）

绕 $x$ 轴的弯矩：$M_x = P_{WⅢ2} h_2 + P_{A1} h_3$

绕 $y$ 轴的弯矩：$M_y = -P_{G1}\left(b_1 - \dfrac{S}{2}\right) + P_{G2}\left(b_2 + \dfrac{S}{2}\right) + (P_{G3} + P'_Q) \cdot \left(l_1 - \dfrac{S}{2}\right) + P_{WⅢ1} h_1 + P_{A2} h_4$

将 $N$、$M_x$、$M_y$ 代入式(7-3-13)中，其轮压为：

$$\begin{cases} P_{L1} = \dfrac{P_{G1} + P_{G2} + P_{G3} + P'_Q}{2n} + \dfrac{P_{WⅢ2} h_2 + P_{A1} h_3}{2B \cdot n} + \dfrac{1}{2S \cdot n}[-P_{G1} b_1 + P_{G2} b_2 + (P_{G3} + P'_Q) l_1 + P_{WⅢ1} h_1 + P_{A2} h_4] \\ P_{L2} = \dfrac{P_{G1} + P_{G2} + P_{G3} + P'_Q}{2n} - \dfrac{P_{WⅢ2} h_2 + P_{A1} h_3}{2B \cdot n} + \dfrac{1}{2S \cdot n}[-P_{G1} b_1 + P_{G2} b_2 + (P_{G3} + P'_Q) l_1 + P_{WⅢ1} h_1 + P_{A2} h_4] \\ P_{L3} = \dfrac{P_{WⅢ2} h_2 + P_{A1} h_3}{2B \cdot n} + \dfrac{1}{2S \cdot n}[-P_{G1} b_1 + P_{G2} b_2 + (P_{G3} + P'_Q) l_1 + P_{WⅢ1} h_1 + P_{A2} h_4] \\ P_{L4} = -\dfrac{P_{WⅢ2} h_2 + P_{A1} h_3}{2B \cdot n} + \dfrac{1}{2S \cdot n}[-P_{G1} b_1 + P_{G2} b_2 + (P_{G3} + P'_Q) l_1 + P_{WⅢ1} h_1 + P_{A2} h_4] \end{cases}$$

(7-3-15)

特别注意，在公式应用的时候，要根据轮压计算的载荷组合表补充各载荷相应的系数。

（三）稳定性验算

1. 验算工况

当起重机稳定力矩的代数和大于倾覆力矩代数和时，认为起重机是稳定的，参照表 7-3-3 规定的载荷组合数据验算起重机的稳定性。计算中,起重机及其部件的位置,载荷的影响,应取最不利方向和作用效果进行组合。

表 7-3-3  起重机支承力计算载荷组合表

| 载荷 | Ⅰ | Ⅱ | Ⅲ | Ⅳ |
|---|---|---|---|---|
| 起重机自重载荷 $P_G$ | $P_G$ | $P_G$ | $P_G$ | $P_G$ |
| 起升载荷 $P_Q$ | $1.6P_Q$ | $1.35P_Q$ | $-0.2P_1$ | — |
| 风载荷 $P_{WⅡ}/P_{WⅢ}$ | — | $P_{WⅡ}$ | $P_{WⅡ}$ | $1.2P_{WⅢ}$ |
| 惯性载荷 $P_H$ | — | $P_H$ | — | — |

注:$P_1$——由制造商规定的有效起升载荷,不包括吊具质量引起的载荷。

表 7-3-3 中载荷分类如下:

Ⅰ. 基本稳定性——无风时起升载荷试验载荷;
Ⅱ. 动态稳定性——有风工作时起升正常工作载荷;
Ⅲ. 抗后倾稳定性——有向后工作风且突然空中卸载;
Ⅳ. 抗暴风稳定性——非工作状态遭暴风袭击。

对于无轨运行的起重机,当起重机需要在斜面上工作时,必须考虑起重机支撑面斜度对稳定性的影响。

2. 验算方程

(1) 基本稳定性(无风、静载)

此时满载其中小车位于最大外伸距(或后伸距)处,其计算简图见图 7-3-21。

稳定性要满足的方程是:

$$P_{G1}b_1 - P_{G2}b_2 - P_{G3}l_1 - 1.6P_Q l_1 \geqslant 0 \tag{7-3-16}$$

式中各符号的意义见岸桥的轮压计算。

(2) 动态稳定性(有风、动载)

有风、动载情况下的抗倾覆稳定性计算分两种情况考虑。其一是沿小车运行方向的抗倾覆稳定性;其二是沿大车运行轨道方向的抗倾覆稳定性。

1) 沿小车运行轨道方向

满载起重小车位于前大梁端部向海侧紧急制动、风从陆侧吹向海侧时,稳定性验算方程为:

$$P_{G1}b_1 - P_{G2}b_2 - P_{G3}l_1 - 1.35P_Q l_1 - P_{WⅡ1}h_3 - P_{A2}h_4 \geqslant 0 \tag{7-3-17}$$

满载起重小车位于后大梁端部紧急制动、风从海侧吹向陆侧时,稳定性验算方程为:

$$P_{G1}(S-b_1) + P_{G2}b_2 - P_{G3}(l_1-S) - 1.35P_Q(l_1-S) - P_{WⅡ1}h_3 - P_{A2}h_4 \geqslant 0 \tag{7-3-18}$$

2) 沿大车运行轨道方向

满载小车位于跨中指定位置,风沿大车轨道方向作用,起重机起(制)动时,稳定性验算方程为:

$$(P_{G1} + P_{G2} + P_{G3} + 1.35P_Q)\frac{B}{2} - P_{WⅡ2}h_2 - P_{A1}h_3 \geqslant 0 \tag{7-3-19}$$

(3) 抗后倾稳定性(有风且突然空中卸载)

空载小车位于前大梁端部向海侧紧急制动、风从海侧吹向陆侧时,稳定性验算方程为:

$$P_{G1}(S-b_1) + P_{G3}(l_1+S) + P_{G2}b_2 - 0.2P'_Q(l_1+S) - P_{WⅡ1}h_1 \geqslant 0 \tag{7-3-20}$$

(4) 抗暴风稳定性(非工作状态遭暴风袭击)

根据起重机的结构特性和工作特点,在非工作状态下最大风载工况的自身稳定性验算必须考虑以下两种情况:沿小车轨道方向;沿大车轨道方向。这两种情况均应考虑前大梁有可能处于水平位置或仰起两种状态,应分别进行验算。

1) 沿小车轨道方向

小车位于跨中指定位置,吊具落地,前大梁水平或仰起,风从海侧吹向陆侧,起重机在垂直于大车轨道方向的自身稳定性验算方程为：

$$P_{G1}b_1 + P_{G3}l_1 - P_{G2}b_2 - 1.2P_{wIII1}h_1 \geqslant 0 \tag{7-3-21}$$

小车位于跨中指定位置，吊具落地，前大梁水平或仰起，风从陆侧吹向海侧，起重机在垂直于大车轨道方向的自身稳定性验算方程为：

$$P_{G1}(S-b_1) + P_{G3}(S-l_1) + P_{G2}b_2 - 1.2P_{wIII1}h_1 \geqslant 0 \tag{7-3-22}$$

2) 沿大车轨道方向

小车位于跨中指定位置，吊具落地，前大梁水平或仰起，风沿大车轨道吹，起重机在沿大车轨道方向的自身稳定性验算方程为：

$$(P_{G1} + P_{G2} + P_{G3})\frac{B}{2} - 1.2P_{wIII2}h_2 \geqslant 0 \tag{7-3-23}$$

# 第二节 机 构 设 计

岸桥上的主要机构包括：起升机构、小车运行机构、大车运行机构和前大梁俯仰机构等。

采用绳索牵引小车的岸桥，起升机构和小车牵引机构一般均设置在机器房内。起升绳、小车牵引绳通过卷绕系统和张紧系统，与小车架和小车架上起升滑轮组连接，起升绳还通过小车架上滑轮组下垂并绕过吊具上架滑轮组以悬挂吊具装置。半绳索小车岸桥的小车运行机构设在小车架上。

采用载重式小车的岸桥，起升机构和小车运行机构均设置在小车架上。小车架上的起升机构钢丝绳直接与吊具上架滑轮连接。

## 一、起升机构

### (一) 概　　述

岸桥的起升机构是实现集装箱和吊具吊梁升降运动的机构，是岸桥最主要的工作机构。起升机构除了采用专用集装箱吊具起吊集装箱外，还可以通过吊钩梁进行重件、件杂货的装卸作业。

起升机构由起升驱动机构、钢丝绳卷绕系统、吊具和安全保护装置等组成。起升驱动机构包括电机、联轴器、制动器、减速器、卷筒、支承等部件。安全保护装置除了高、低速级配备制动器外，还包括有各种行程限位开关、超速开关以及超负荷保护装置等。

绳索小车式和半绳索小车式起升机构均设置在起重机中部或尾部的机器房内。起升机构目前都采用交流变频调速系统。机构由交流变频电动机、盘式或块式制动器、梅花联轴器、硬齿面减速器和用钢板卷制加工的钢丝绳卷筒及支撑轴承座组成。

岸桥的起升驱动机构也可以是一组或两组对称布置的起升绞车。每组绞车由一台或两台电机驱动和相应的联轴器、制动器、减速器、卷筒等部件组成，电机驱动钢丝绳卷筒进行卷扬动作。当采用两组对称布置的起升绞车时，为了保持同步运行，必须在高速轴（电机轴端）或低速轴（卷筒轴）之间装设机械同步装置。目前，电驱动同步技术已经成熟，技术上相当可靠，但在紧急停止时，二组驱动同步性略有偏差，因此采用这一技术必须得到用户的认可。

起升机构一般应满足下列要求：

(1) 起升机构的设计和选型应符合用户文件规定的工作级别或相应的规范标准规定，当没有明确提出执行标准时，一般采用 FEM 规范，国内通常采用《起重机设计规范》(GB 3811—2008)。

(2) 起升机构的驱动装置一般设置在机器房内，各部件安装在具有足够强度和刚度的机器房底架上。

(3) 驱动装置的各传动轴同心度应是可调的，当轴同心度出现很小的偏差时，可通过底盘和机座之间的调整垫片进行适当调整。可用定位销或楔形块将各部件定位在底架上。

(4) 传动装置的支座应有足够的侧向刚度，以保证盘式制动器的正常工作。

(5)钢丝绳绕进卷筒对钢丝绳偏离螺旋槽两侧偏斜角不大于 3.5°,绕进或绕出滑轮槽时偏斜最大角度不大于 3.5°。当用户文件有明确规定时,应以用户文件为主。对部分滑轮还要设防钢丝绳脱槽的保护。

(6)在高速轴(减速器侧)和低速轴(卷筒轴侧)装设可靠的制动器。

(7)配置可靠的安全保护装置,包括高度指示器和限位保护、超载保护、超速保护、挂舱保护、对转动部件外侧应装设安全防护栏,在卷筒的下方应配有接油盘,以防止油污。

(8)满足标准或标书规定的噪声限制要求。

(9)便于维护保养,留有足够的维修保养空间和通道,一般人行通道宽不小于 0.7 m。

(10)当电气系统发生故障时,应有将货物放置到地面或将吊具从舱内取出的措施。

(二)起升驱动机构的典型布置方案

起升机构的典型布置方式有如下几种:

1. 一台减速器居中,两侧分布电机和卷筒(图 7-3-23)

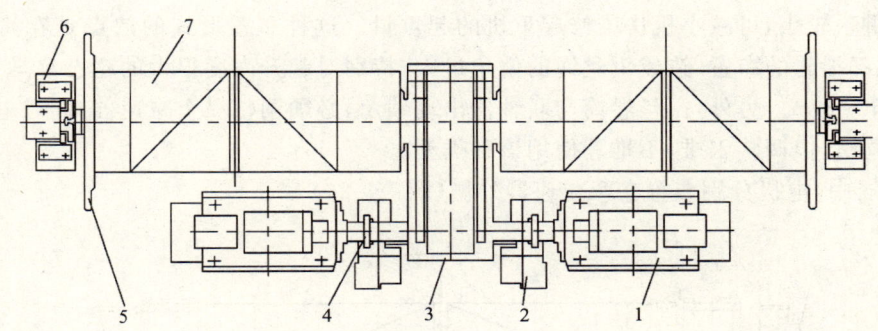

图 7-3-23 起升机构典型布置(一)
1—电动机;2—高速级制动器;3—减速器;
4—制动盘联轴器;5—低速制动盘;6—限位开关;7—卷筒

该布置形式结构紧凑,占地空间小,也有利于减小钢丝绳对卷筒的偏角,但减速器体积和重量较大,需配备大起重量的维修起重设备。采用这种布置形式,要考虑方便电机的接线盒和碳刷(直流电机的情况)部位的维修,位于卷筒和电机之间的制动器应注意留有必要的安装和调整空间。

2. 两台减速器居中,两侧分布电机和卷筒(图 7-3-24)

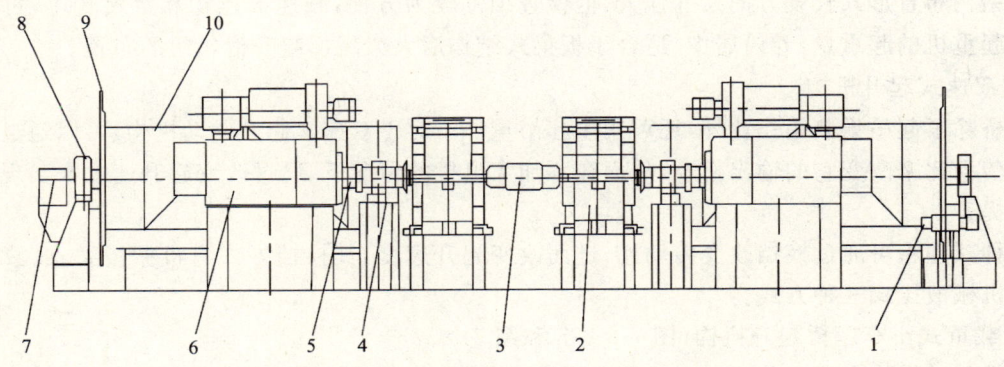

图 7-3-24 起升机构典型布置(二)
1—低速轴制动器;2—减速器;3—同步联轴器;4—高速级制动器;
5—高速级联轴器;6—电动机;7—限位开关;8—卷筒支座;9—低速级制动盘;10—卷筒

该布置形式使两卷筒中心距离较大,有利于减小钢丝绳对卷筒的偏角和大梁尾部滑轮组的布置,减速器易于制造,可减少机房维修起重机的起重量,但占用空间较大,设计时应注意在各部件之间留出检测和维修空间,并配置同步联轴器。

3. 两台减速器外置,卷筒和电机居中(图7-3-25)

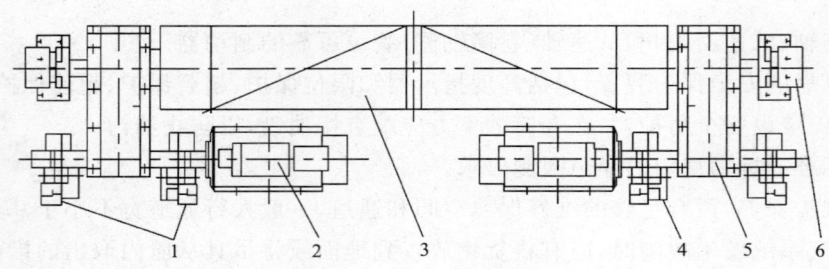

图 7-3-25　起升机构典型布置(三)
1—高速级制动器;2—电动机;3—卷筒;4—高速级联轴器;5—减速器;6—限位开关

该结构布置形式不需要卷筒支承和同步联轴器,结构较为紧凑,采用两套减速器也使得每套减速器体积和重量较小,可减小机房维修起重机的起重量。这种布置形式的缺点是卷筒的长度尺寸大,不利于尾部滑轮的布置,造成钢丝绳的偏角过大,特别对起升高度很大的超巴拿马型岸桥,卷筒长度将达 7 m～8 m。另外,一旦卷筒与联轴器出现偏角,必须调整一个减速器,同时电机和制动器也要作相应调整,但调整困难,不推荐使用该种类型。

4. 卷筒居中,电机分别布置在两减速器外侧(图7-3-26)

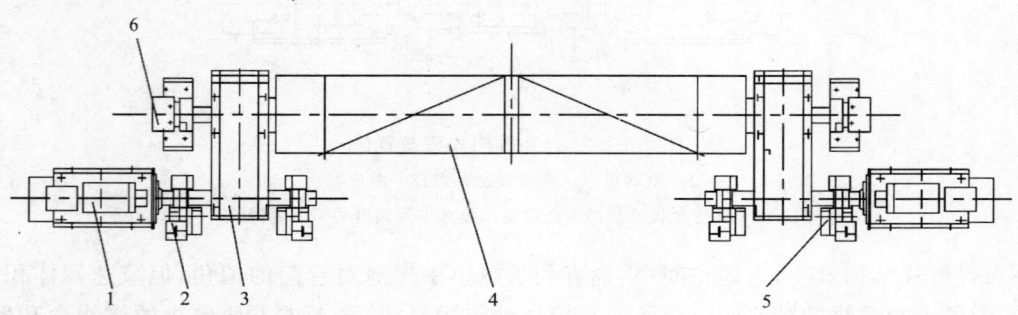

图 7-3-26　起升机构典型布置(四)
1—电动机;2—高速级制动器;3—减速器;4—卷筒;5—高速级联轴器;6—限位开关

该结构布置形式长度方向尺寸偏大,但检查维修较为方便,减速器体积和重量较小,可减小机房维修起重机的起重量,卷筒居中,适合于板梁式结构后大梁尾部起升滑轮组的布置。

5. 双速式起升机构

岸桥除了起吊集装箱作业外,还可用于起吊重件。对于双速式起升驱动机构,可以通过改变减速器的传动比来改变它的输出扭矩,从而在不加大电机的情况下,通过改变起升速度来实现对不同载荷的提升。

这种减速箱可通过换挡改变传动比,进而改变起升速度,其换挡方式有机械拨叉式、液压离合器式和机械液压式三种方式。

6. 载重式小车岸桥起升机构(图7-3-27a 和图 7-3-27b)

起升驱动机构布置在载重小车的机器房内,机构的常规布置形式见图 7-3-27。

该结构布置形式除了要满足载重小车式布局特点外,机构的布置应尽量紧凑。两套绞车在减速器高速轴可以用传动轴连接,也可用离合器连接,后者根据需要,可使两套绞车分别独立运行,完成左右倾转的动作,如图 7-3-27b 所示。在设计中应注意加装同步联轴器或利用电气控制保持两个电机起升动作的同步。

7. 差动式起升机构(图 7-3-28a 和图 7-3-28b)

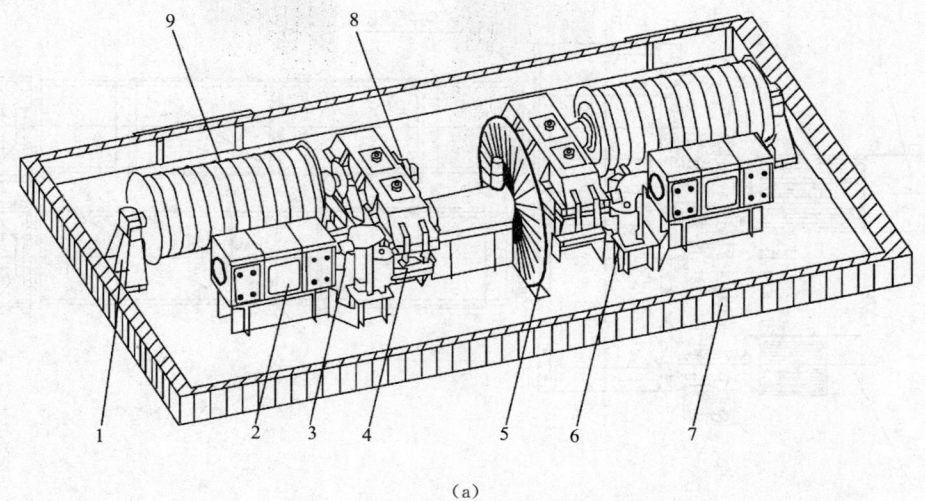

(a)

1—卷筒支座;2—电动机;3—制动盘联轴器;4—减速箱;
5—电缆卷筒;6—制动器;7—机器房外围;8—脉冲编码器/凸轮限位开关;9—卷筒

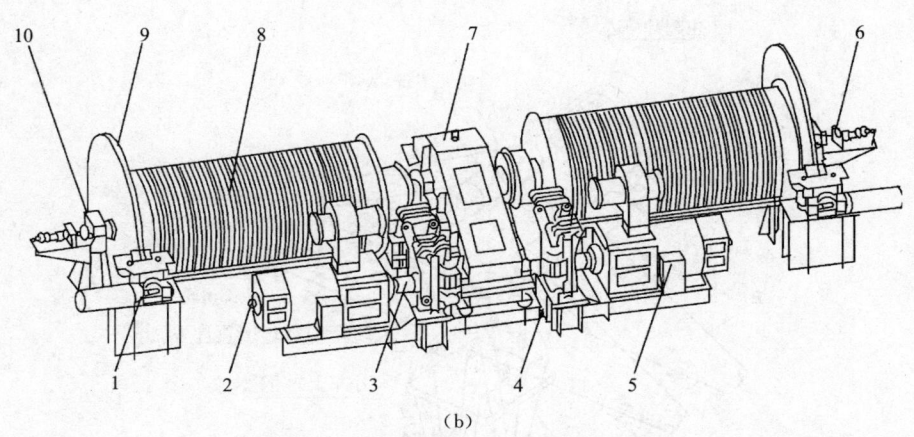

(b)

图 7-3-27 载重式小车岸桥起升机构

1—低速制动器;2—编码器;3—制动盘联轴器;4—高速制动器;5—电机;
6—凸轮限位/超速开关;7—减速箱;8—卷筒;9—低速制动盘;10—卷筒支座

差动式起升机构是利用差动的原理,通过特殊的绕绳法(图 7-3-28b),将集装箱的升降运动与小车的水平运动结合在一起,由同一只减速器来完成。差动减速器可以实现两个卷筒按不同的速度或方向转动。当两个卷筒同转速同方向转动时,可实现吊具单独升降。当两个卷筒同转速反方向转动时,可实现小车单独运行。不同转速可实现起升和小车的联合运动。

8. 双 40 ft 集装箱岸桥的起升机构(图 7-3-29)

图中减速器 2 是特殊构造的差动减速箱,可以实现功率的分解和叠加。当分配制动器 9、10 全制动时,电机的总扭矩由减速器 2 自动按卷筒 3、4 和卷筒 5、6 的扭矩大小分配到相应卷筒,实现海侧和陆侧两个吊具的起升和下降,完成一次吊 2 个 40 ft 集装箱的作业。若分配制动器 9(10)松开,相应的 5、6(3、4)卷筒制动,则电机总扭矩由减速器 2 自动集中向卷筒 3、4(5、6)输出,实现单侧吊具起升、下降、一个吊具的作业,这样可使起重机在使用一个吊具时实现高速高效。

(三)起升钢丝绳卷绕装置

1. 起升钢丝绳卷绕装置的布置

(1)牵引式小车岸桥起升钢丝绳卷绕系统

牵引式小车岸桥起升钢丝绳卷绕系统一般有图 7-3-30 和图 7-3-31 所示两种布置型式,由后大

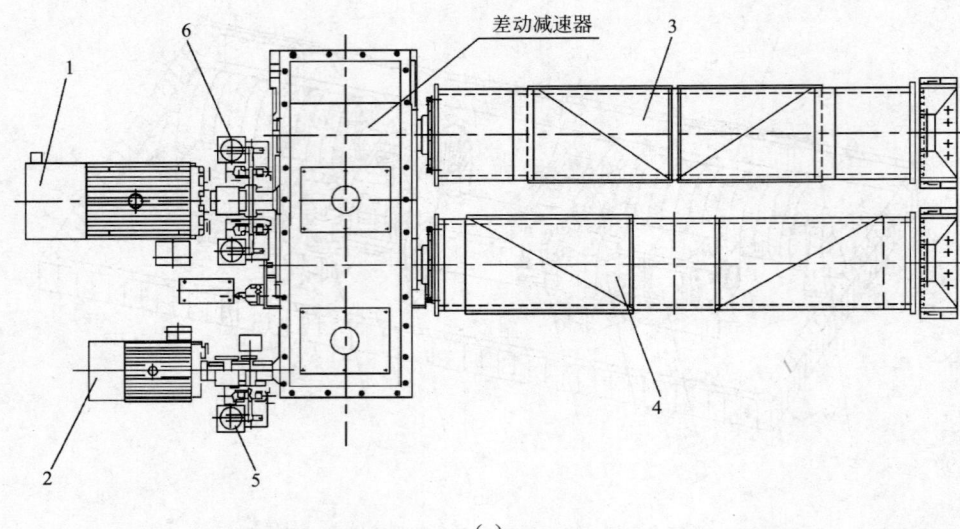

(a)

1—主起升电机；2—小车运行电机；3—卷筒A；4—卷筒B；5—小车驱动制动器；6—主起升制动器

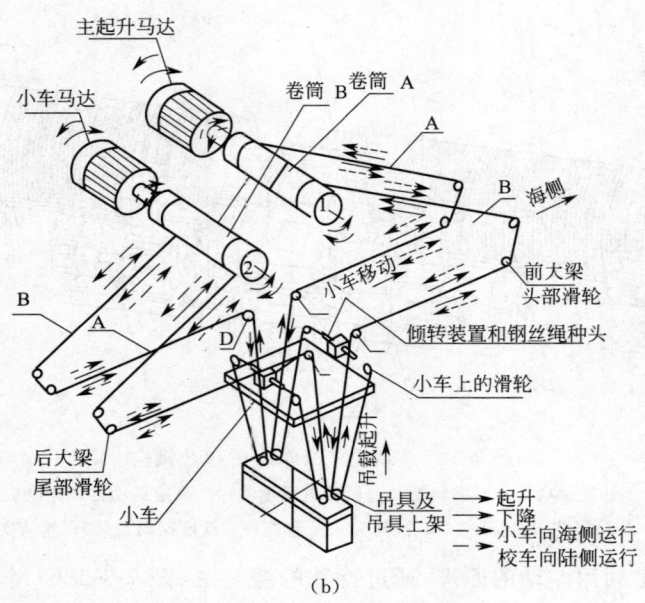

(b)

图 7-3-28 差动式起升机构

梁尾部滑轮组、小车滑轮组、前大梁头部滑轮组、吊具上架滑轮组以及钢丝绳挡块、抗磨块、托辊、调整接头等组成。这两种布置形式的区别主要在于实现吊具旋转的3个动作的机构组合不同。

(2) 载重式小车钢丝绳卷绕系统布置形式

对于载重式小车岸桥，起升机构一般均布置在机器房内，其典型钢丝绳卷绕系统见图 7-3-32。这种布置形式的钢丝绳卷绕系统比较简单，钢丝绳从起升卷筒出来后，经吊具上架滑轮组，再回到载重式小车的钢丝绳固接处。钢丝绳通过的滑轮数最小，钢丝绳寿命长，换绳方便。

2. 钢丝绳卷绕系统与倾转功能的关系

为了有利于岸桥在不同工况下装卸集装箱，通常集装箱吊具应具有前后倾转、左右倾转和平面回转3个运动，统称为吊具的倾转运动。

图 7-3-30 所示系统，若头部只布置两套独立的倾转装置，只能实现吊具的平面回转和左右倾两个动作，吊具的前后倾只能通过吊具上架实现；若头部布置3套（图 7-3-33）或4套（图 7-3-34）独立的倾转装置，则可实现吊具倾转的3个运动。如果吊具的倾转装置设置在尾部，多采用多功能油

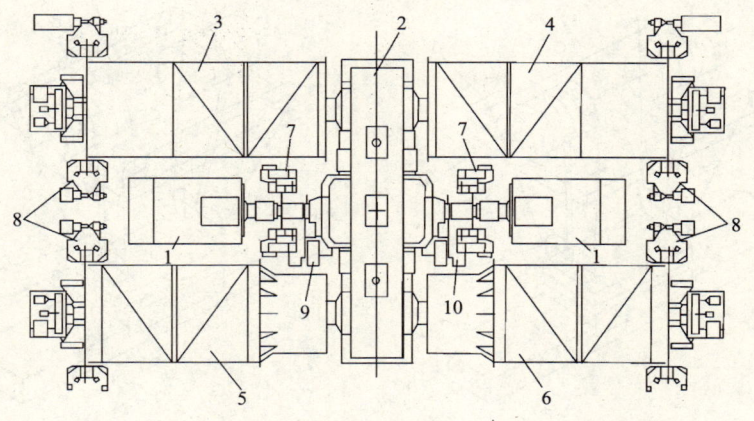

图 7-3-29 双 40 ft 集装箱岸桥的起升机构
1—电机;2—差动减速器;3、4—吊具卷筒 1;5、6—吊具卷筒 2;
7—高速轴制动;8—卷筒制动器;9、10—吊具动力分配制动器

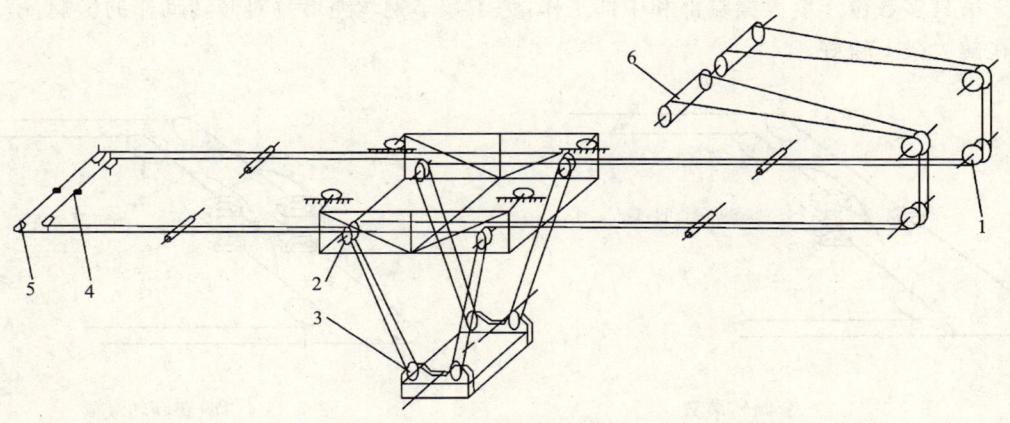

图 7-3-30 起升钢丝绳卷绕系统(一)
1—尾部滑轮组;2—小车滑轮组;3—吊具上架滑轮组;4—头部倾转装置;5—头部滑轮组;6—起升卷筒

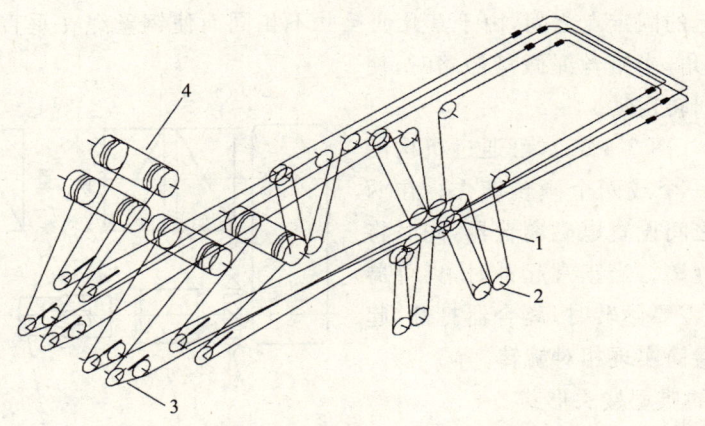

图 7-3-31 起升钢丝绳卷绕系统(二)
1—小车主起升滑轮组;2—吊具上架起升滑轮组;3—多功能油缸;4—主起升卷筒

缸与挂舱保护相结合共用油缸来实现。

图 7-3-31 所示系统可实现吊具的左右倾和前后倾,倾转装置通常在头部滑轮组处,吊具的平面回转运动由设置在尾部的放挂舱油缸完成。若头部滑轮组处布置 3 套或 4 套独立的倾转装置,

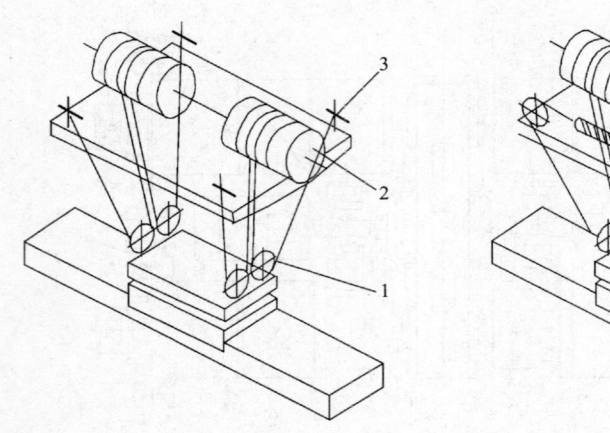

图 7-3-32 载重式小车钢丝绳卷绕系统
1—吊具上架滑轮组；2—起升卷筒；3—起升绳端部接头；4—换向滑轮；5—吊具倾转装置

则可实现吊具倾转的3个运动。

由于吊具多数位于前大梁端部和中部工作，为了减小钢丝绳下垂对倾转动作的影响，吊具倾转装置设在前大梁上较好。

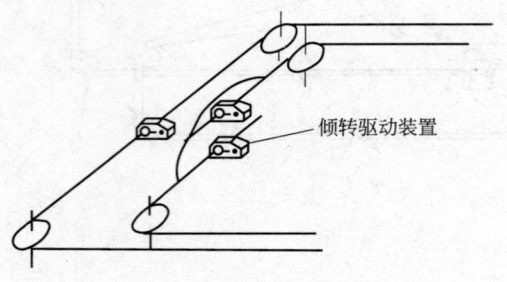

图 7-3-33 三套倾转装置

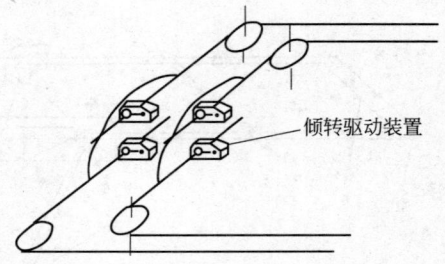

图 7-3-34 四套倾转装置

图 7-3-32 所示钢丝绳卷绕系统，四根钢丝绳从卷筒出来后，经吊具上架最后固接在载重小车机器房的四个固接点上，实现吊具前后倾、左右倾和平面回转运动。需要指出的是，在钢丝绳载重小车伸出点与吊具上的固定点之间，由于其几何尺寸不相同而使钢丝绳在垂直方向存在一定的偏角，正是由于这个偏角，当钢丝绳微量伸缩时，使吊具实现平面内的回转运动。

对于自行式小车（图 7-3-35），可通过机构的不同布置形式实现一个或两个倾转动作。在两个起升电动机尾端之间设置电磁离合器，同时将两个双联起升卷筒分离。当正常起升时，离合器闭合实现刚性同步，需要倾转时，离合器打开，起升电动机驱动两组卷筒实现相对旋转。

**3. 起升钢丝绳的典型接头形式**

（1）牵引式小车和自行式小车起升钢丝绳典型接头型式

起升钢丝绳从卷筒引出，经后大梁局部滑轮组、小车滑轮组、吊具上架滑轮组、返回小车滑轮组、前大梁头部滑轮组，与倾转装置连接后再反向按上述各滑轮进入卷筒并固定在卷筒上。钢丝绳在卷筒上的固定，基本上是采用压板固定（图 7-3-36 所示两种型式）。从第一个压板开始至少要留

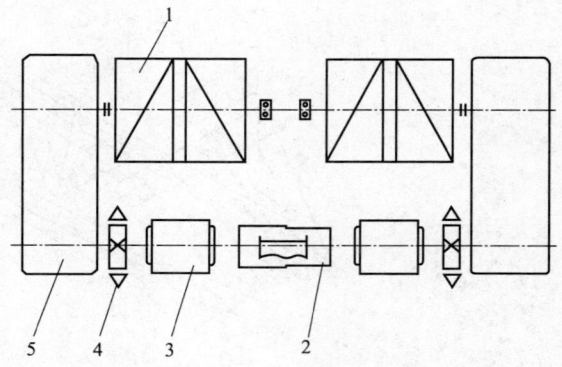

图 7-3-35 自行式小车起升机构
1—双联卷筒；2—电磁离合器；3—电动机；4—制动器；5—减速器

有 2 圈的安全摩擦圈。

图 7-3-37 所示为钢丝绳在前大梁头部倾转装置中的典型固定形式。

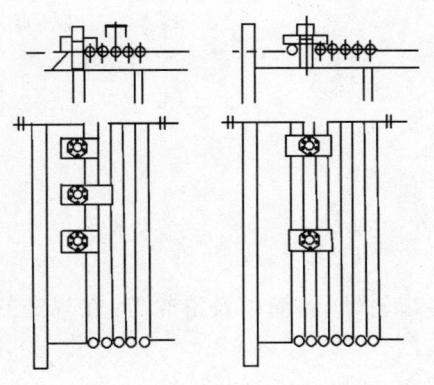

图 7-3-36　钢丝绳在卷筒上的固定

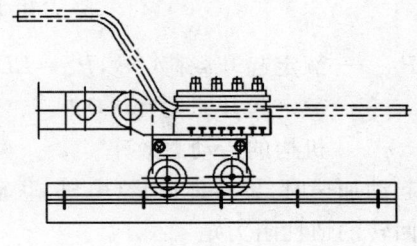

图 7-3-37　绳头的固定形式

(2) 载重式小车起升钢丝绳接头型式

起升钢丝绳从卷筒出来后，经吊具上架滑轮组，再回到载重小车机器房内，按照不同的设计要求最终固接在调整螺杆或驱动螺杆或油缸接头上，以实现吊具的倾转运动。

为方便用户更换起升钢丝绳，四根固定在前伸梁末端倾转机构上的钢丝绳实际上连通为两根钢丝绳。当需要更换时，只需打开倾转装置上的固定夹板，即可在机器房内完成两根钢丝绳的更换。起升钢丝绳在卷筒上的固定，其典型压绳形式见图 7-3-36。起升钢丝绳在驱动螺杆上的固定，其典型结构见图 7-3-37。起升钢丝绳在固定点的构造见图 7-3-38。

(四) 起升机构典型零部件的选型

1. 电机及其选型

(1) 电机的特点

在岸桥的起升驱动机构上，驱动电机有交流或直流电机，过去多采用直流电机。随着交流变频调速技术的进步，交流电机已被广泛采用。考虑到岸桥起升工况的特点和载荷特点，电机的过载能力一般都较大（达到 200% 以上），需配风机以保证起升电机连续性的工作要求。

(2) 对起升驱动机构电机的要求

第一，良好的散热性能。因起升机构接近连续工作，最低也达 50%，必须强制通风。为控制机房温升，可将电机排风口直接通向机器房外。

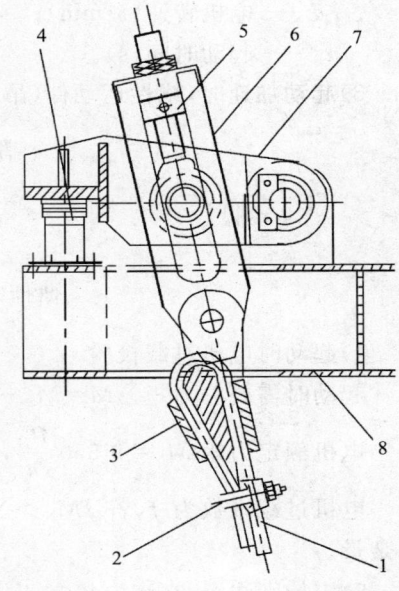

图 7-3-38　绳头的固定形式

1—钢丝绳；2—钢丝绳夹；3—钢丝绳楔套；4—压力传感器；5—调节螺杆；6—摆动接头架；7—接头支座；8—机房平台

第二，如采用直流电机，应有透明窗口，以方便检查碳刷和整流子。

第三，相对湿度大的场所，内部配加热器，配有过热报警和断电保护装置。

第四，在高温环境下作业，应选用 F 级绝缘。

第五，在室内安装的起升电机，其保护等级不低于 IP23，在室外应达到 IP54。

第六，配有风机的电机上，应配有空气过滤器。

第七，所有电机应具有力矩过载能力。

第八，风机在主电机停止后延时约 1 min 停止。

(3)电机的选型计算

起升机构电机的选型应满足下列要求：

1)机构在正常工作时所需的静功率

$$P_S = \frac{P_Q \cdot v_q}{1000\eta}(kW)$$

静力矩 $M_S = 9550\dfrac{P_S}{n}(N \cdot m)$

式中 $P_Q$——额定起升载荷(N)，$P_Q = LL + LS$；

$v_q$——额定起升速度(m/s)；

$\eta$——机构的传动总效率。

2)起动加速时，旋转体质量(电机、联轴器、减速器、各齿轮轴、卷筒以及滑轮等)在规定的时间内加速回转的惯性阻力矩

$$M_{ir1} = \frac{J_r \cdot \omega}{t_n}(N \cdot m)$$

相应的功率

$$P_{ir1} = \frac{M_{ir1} n}{9550}(kW)$$

式中 $J_r$——上述全部回转件转化到电机轴上的转动惯量($kg \cdot m^2$)；

$\omega$——电机轴的角速度(rad/s)，$\omega = 2\pi n/60$；

$n$——电机转速(r/min)；

$t_n$——起动时间(s)。

3)起动加速时，线性运动件(吊载 $LL$ 和吊具吊架 $LS$)在规定的时间内加速的惯性阻力矩

$$阻力\ F_{阻} = \frac{(LL + LS) \cdot v}{g \cdot t_n}(N)$$

$$相应功率\ P_{ir2} = \frac{F_{阻} \cdot v}{1000\eta}(kW)$$

$$惯性阻力矩\ M_{ir2} = \frac{P_{ir2} \times 9550}{n}(N \cdot m)$$

4)起动时电机过载校验

起动时需要总力矩 $\sum M = M_S + M_{ir1} + M_{ir2}$，

电机额定力矩 $M_N = 9550\dfrac{P_N}{n}$，

电机过载系数为 $f$，若 $fM_N > \sum M$，就认为过载满足要求，如果计算时各载荷考虑不周，应适当留余量。

5)应特别注意，交流电机在不同转速下的过载能力是不同的。转速越高，过载能力越小。因此，还需要校核起升机构在空吊具下的最大电机过载能力。

(4)电机发热校核

机构在持续工作时不得超过电机允许的温升，按指定的发热循环工作要求计算电机均方根功率进行校核。

电机在持续工作时，其本身的功率损耗将转变为热能，从而使电机的温度升高。在起动过程中，电机的电流大于额定运行时的电流，其功率损耗比额定运行时的功率损耗要大。为了使电机不超过其允许温升，电机发热校核按照均方根功率(等效功率)方法进行校核，应满足以下条件：

$$P_x = \sqrt{\frac{\sum P_i^2 t_i}{\sum t_i}}$$

等效功率应小于所选择电机的额定功率,即 $P_x \leqslant P_N$。

式中 $\sum P_i^2 t_i$ ——一个循环中主起升机构各运行阶段功率的平方与相应运行时间的乘积之和;

$\sum t_i$ ——一个循环中各运行阶段(主起升、小车运行)响应时间的总和(即循环时间);

$P_x$ ——等效功率;

$P_N$ ——电机的额定功率。

2. 制动器及其选型

(1)制动器的选型原则。

为了保证岸桥高速、高效和安全可靠地工作,制动器选择应遵循下列原则:

第一,起升驱动机构应采用常闭式制动器,高速轴制动器响应迅速,滞后时间不能大于 0.2 s~0.3 s。制动器的安全系数应不小于 1.75。若安装两个以上制动器,则每个制动器的安全系数应大于 1.25。若用户文件有规定,应按照用户文件要求选用。

第二,最大限度减小安装在高速轴上的制动器的飞轮矩,使起升驱动机构电机能迅速启动达到额定速度运行和减小惯性力矩,利于制动。

第三,高速轴上的制动盘应安装在减速器输入轴上,而不是电机轴上,保证制动安全可靠。

第四,制动器应有磨损自动补偿装置和备有手动释放装置。

第五,制动器在振动、噪声、防松、防锈、防潮、防盐雾和不同环境温度等方面均应满足规范和用户文件的要求。

第六,新一代的制动器为智能型制动器,能自动发出制动器工作温度和工作状况的信号。大量实践证明,目前岸桥起升机构的高速轴广泛采用的电动推杆操作的盘式制动器,低速轴采用的液力泵站控制的盘式制动器可以满足上述各项要求。岸桥的低速轴也可以采用带式制动器。

(2)起升制动器的选型计算。

为了保证安全,起升驱动机构制动器的制动力矩必须大于由起升载荷产生的静力矩,将集装箱可靠地支持在空中,并保证足够的安全裕度。安全系数应满足下列要求:

$$M_z \geqslant K_z M_j$$

式中 $M_z$ ——制动器的制动力矩(动态制动力矩);

$K_z$ ——制动安全系数;

$M_j$ ——起升驱动机构卷筒上作用的静力矩转化到制动器安装轴上的静力矩。

装在低速级的制动器安全系数,一般按照用户文件或国家的相关标准规定,若用户文件没有规定时,取 $K_z = 1.60$。

装在高速级的制动器的制动安全系数,应按照用户文件或相关标准规定。目前,起升机构普遍采用两个电机驱动。

$$\text{低速轴上单个制动器平均所受的外负荷力矩 } M_{j低} = \frac{(LL+LS)D_0}{2Zm}$$

$$\text{高速轴上单个制动器平均所受的外负荷力矩 } M_{j高} = \frac{(LL+LS)D_0}{2Zmi}$$

必须注意,选用制动器时的单个制动器的能力能将全部载荷刹住。

式中 $D_0$ ——起升卷筒名义直径;

$Z$ ——制动器数目;

$m$ ——起升滑轮组倍率,岸桥通常 $m=2$;

$i$ ——传动装置的传动比。

在校核制动器力矩时,一般不计入起升机构和起升滑轮组效率。

(3)如果招标书中有限制紧停的制动行程要求时,还应验算该制动器在紧急制动下的制动距离。

**3. 减速器及其选型**

(1) 起升用减速器通常采用卧式减速器,平行轴、水平剖分、底座安装(部分也使用三支点安装型式),箱体为钢板焊接结构,齿轮全部为渗碳淬火硬齿面并磨齿。

(2) 按照起升机构布置型式可采用一台或两台减速器。选型或计算时,应注意输出轴外载荷的力矩和径向力。

(3) 减速箱的强度和疲劳计算以用户文件要求为依据。在无明确规定的情况下,可按照国际上通用的 AGMA 标准来进行计算。

**4. 联轴器及其选型**

(1) 对起升机构联轴器的基本要求

起升机构联轴器普遍采用齿形联轴器或梅花形联轴器,蛇形联轴器的弹性体因疲劳会发生断裂,在起升机构中已不采用。由于油脂外泄会减小制动盘的制动力矩,引起事故。因此在起升、俯仰和小车运行机构中建议采用梅花联轴器。同时,联轴器的额定转速不得低于电机最大转速,动平衡试验符合《机械振动恒态(刚性)转子平衡品质要求》(GB/T 9239—2006)中 G6.3 级的要求。

(2) 联轴器的计算

1) 高速级联轴器的传递扭矩 $M_1$ 必须满足:

$$K_1 M_1 \leqslant [M_1]$$

式中 $M_1$——高速级联轴器传递的扭矩,当一个联轴器是驱动一个卷筒两根驱动绳时:

$$M_1 = \frac{S_{\max} D_0}{i \eta}。$$

其中 $S_{\max}$——单根起升钢丝绳最大静拉力;

$D_0$——卷筒直径;

$i$——起升卷筒到联轴器轴之间的传动比;

$\eta$——起升机构的传动效率。

$[M_1]$——联轴器允许传递力矩。

$K_1$——安全系数,一般 $K_1 \geqslant 2$。

2) 低速级卷筒联轴器的传递扭矩,当驱动一个卷筒两根驱动绳时,$M_2$ 必须满足:

$$K_2 M_2 \leqslant [M_2]$$

式中 $M_2$——低速级联轴器传递的扭矩,$M_2 = \frac{S_{\max} D_0}{\eta}$;

$[M_2]$——卷筒联轴器允许传递的力矩;

$K_2$——卷筒联轴器安全系数,一般 $K_2 \geqslant 2$。

3) 峰值力矩计算

在联轴器的选型和设计计算中,均要考虑起升机构可能出现的最大峰值载荷产生的最大外力矩,此值应小于联轴器标称允许的最大传递扭矩。这个峰值载荷可能是起动时产生的,或挂舱产生的,或失速载荷 STL,也有可能是紧急制动时制动器产生的,应按上述载荷中的最大值进行验算。

**5. 钢丝绳及其选型**

在岸桥中,起升钢丝绳通常选用线接触钢芯钢丝绳。钢丝绳中钢丝公称抗拉强度不宜大于 1 960 MPa。在岸桥中通常起升钢丝绳选为同一旋向钢丝绳,一般不指明要求时均采用右旋钢丝绳。

按钢丝绳的安全系数选择钢丝绳直径。

选用钢丝绳破断拉力 $S_P$,$S_P = \varphi \sum S$(很多的钢丝绳样本直接标出绳的破断拉力,可直接使用。

式中 $\Sigma S$ 是钢丝绳破断拉力总和；$\varphi$ 是钢丝绳破断拉力换算系数。），应满足下式：

$$S_P \geqslant nS_{max}(kN)$$

式中　$n$——钢丝绳最小安全系数，按照用户文件要求选取，一般推荐 $n \geqslant 5$；
　　　$S_{max}$——钢丝绳工作时最大的静拉力。

$$S_{max} = \frac{LLE' + \dfrac{LS}{4\,m}}{\eta}(kN)$$

式中　$m$——起升滑轮组倍率，$m=2$；
　　　$LLE'$——由外载偏心而引起钢丝绳的拉力；
　　　$\eta$——滑轮组效率。

6. 安全限位开关和超负荷限制器

(1)在卷筒轴上安装了凸轮限位编码器和超速开关，提供起升卷筒速度控制、减速和停止的信号，以及起升行程的上限和下限保护和超速保护，并连续提供起升高度位置信号。近年来在有的岸桥电机尾端轴上装有脉冲编码器，使机构更为紧凑，反应更加灵敏。

(2)在起升钢丝绳卷绕系统中，还设置超负荷限制器。通常采用压力传感器，设置在前大梁头部的倾转装置的导向滑轮上，也有采用销轴式传感器，放置在倾转装置的钢丝绳接头上，或小车架起升滑轮轴的支承上。

(3)为防止货物落地后起升绳过度松弛，应设置起升松绳限位装置。该装置一般设置在吊具上架与吊具之间。

## 二、俯仰机构

### (一)概　述

在岸桥上，实现前大梁绕大梁铰点作俯仰运动的机构称之为俯仰机构。

俯仰机构由电动机驱动，联轴器，经减速器等传动装置驱动钢丝绳卷筒进行卷绕动作实现前大梁的俯仰运动。俯仰钢丝绳从卷筒引出，绕过梯形架顶部滑轮组，在梯形架顶部滑轮组与前大梁滑轮组之间来回卷绕，最后固定于梯形架(或前大梁上)，通过收放钢丝绳来实现前大梁的俯仰动作。

为确保前大梁俯仰过程的安全，除了高速轴装制动器外还必须在俯仰机构的低速轴设置可靠的制动器，以备前大梁下降发生超速时紧急制动。俯仰机构有下列特点：

(1)俯仰机构中的卷筒可以是单层卷绕，也可以是多层卷绕。多层卷绕时可选用 Lebus 式卷筒。

(2)俯仰机构钢丝绳一般为 2 套，其中一套失效，另一套也能将大梁放置到安全位置。二套钢丝绳之间必须设置均衡装置，以保证两边钢丝绳的受力均衡。钢丝绳对卷筒和滑轮的偏角应满足规范的要求。

(3)设置应急驱动机构，以备当电控系统发生故障时，可以将前大梁抬起或放下。

(4)一般应设置安全钩(或插销)，当前大梁仰起到极限位置时可将大梁钩住，以提高大梁在暴风条件下的安全性。

(5)在卷筒上设置凸轮限位和超速开关，保证机构安全可靠地工作。

### (二)俯仰机构的驱动装置布置形式

俯仰机构驱动装置的布置形式主要有以下几种：

(1)电机与卷筒位于减速器两侧(图 7-3-39)。

(2)电机与卷筒位于减速器同侧(图 7-3-40)。

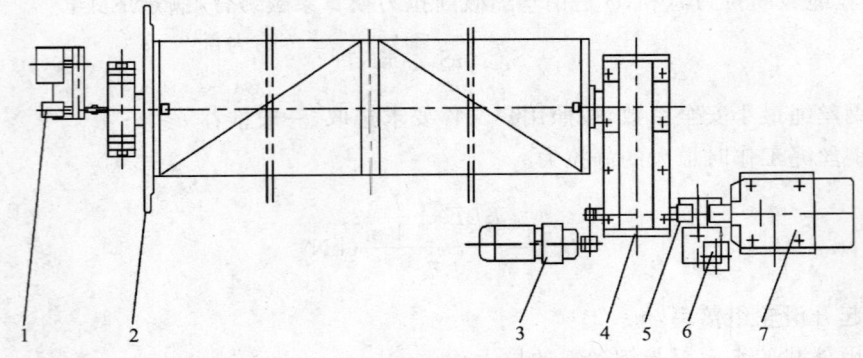

图 7-3-39 俯仰机构驱动装置形式(一)
1—开关装置;2—低速级液压盘式制动器;3—应急装置;4—减速器;
5—高速级联轴器;6—高速级制动器;7—电动机

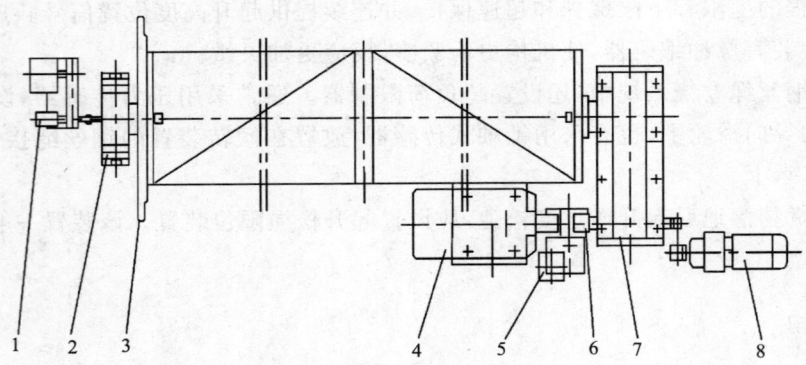

图 7-3-40 俯仰机构驱动装置形式(二)
1—开关装置;2—卷筒支座;3—低速级液压盘式制动器;
4—电动机;5—高速级制动器;6—高速级联轴器;7—减速器;8—应急装置

在图 7-3-39 和图 7-3-40 中,低速级制动器可采用液压盘式制动器或带式制动器。编码器在高速级,可直接安装在电机轴上,也可设置在减速器第二级高速轴上。超速开关设在低速轴上,不能设在高速轴上。俯仰应急机构通过手动拨叉换挡器和减速器高速级连接。有些应急机构也可做成移动式,除了用于俯仰机构外,也可供起升机构和小车运行机构使用。

(3)行星减速器式俯仰机构布置(图 7-3-41)。

有的岸桥为了减小机器房的空间,俯仰驱动机构采用行星减速器取代传统的平行轴式减速器。

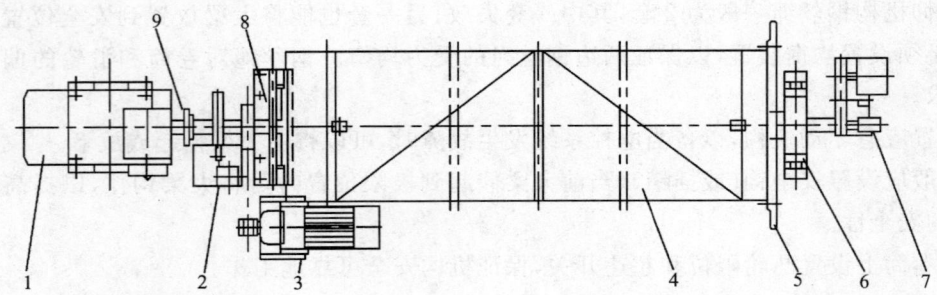

图 7-3-41 行星减速器式俯仰机构
1—电动机;2—制动器;3—应急装置;4—卷筒;5—低速级制动器;
6—卷筒支座;7—开关装置;8—行星减速器;9—高速级联轴器

这种布置形式结构紧凑,占用空间小,使得对部件的维修检测有足够的空间。由于采用行星减速器造价高,目前很少采用。行星齿轮部分也可直接制作于卷筒内部。

(三)俯仰钢丝绳卷绕系统

1. 钢丝绳卷绕系统的典型布置

俯仰钢丝绳卷绕系统,如果不考虑滑轮组倍率的变化,按照钢丝绳的分支数和是否配置均衡滑轮来划分,典型的布置形式有如下 4 种。

(1)俯仰钢丝绳两根分别独立卷绕,前大梁滑轮组一字形排开,放置在一根梁上,见图 7-3-42。

(2)俯仰钢丝绳两根独立卷绕,前大梁上滑轮组前后布置,外侧为主滑轮组,内侧辅助滑轮组,见图 7-3-43。

(3)俯仰钢丝绳为一根钢丝绳卷绕,通过均衡滑轮组连接过渡,前大梁上滑轮组一字形排开放置在一根梁上,见图 7-3-44。

(4)俯仰钢丝绳为一根钢丝绳卷绕,通过均衡滑轮连接过渡,前大梁上滑轮组前后布置,外侧为主滑轮组,内侧为辅助滑轮组,见图 7-3-45。

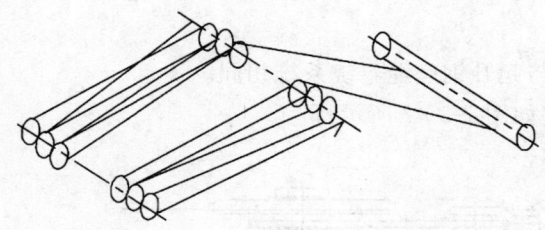

图 7-3-42 钢丝绳卷绕系统(一)

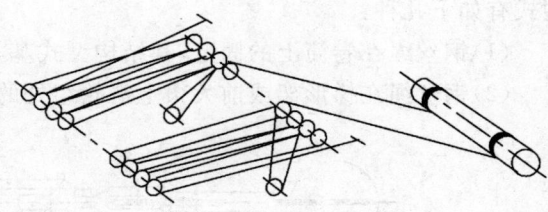

图 7-3-43 钢丝绳卷绕系统(二)

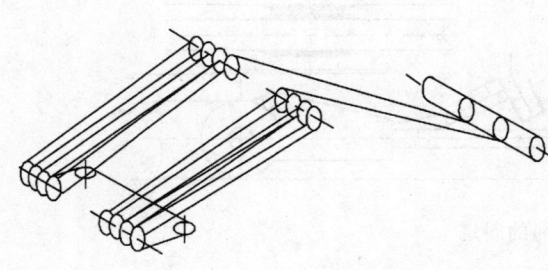

图 7-3-44 钢丝绳卷绕系统(三)

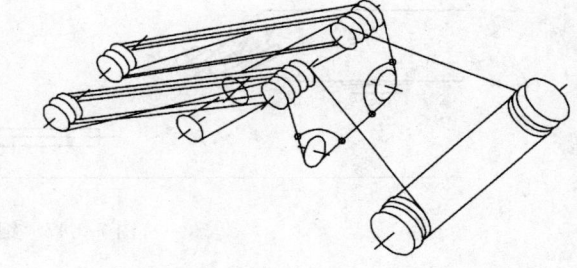

图 7-3-45 钢丝绳卷绕系统(四)

在以上 4 种布置形式中,钢丝绳端部接头或均衡滑轮的位置,按照滑轮组的倍率,可以布置在梯形架滑轮组处也可布置在前大梁滑轮组处。

2. 钢丝绳绕组的均衡装置

俯仰机构通常用两根独立的钢丝绳,以保证当 1 根钢丝绳发生断裂时前大梁仍有 1 根钢丝绳支持。为了保证 2 根钢丝绳受力均匀,绳的固定端应设均衡装置。典型的俯仰机构均衡装置见图 7-3-46,图中有两个均衡滑轮。

为了防止一组钢丝绳断裂,另一组突然加载对均衡装置产生剧烈冲击,所以在设计时往往采取在梯形架上将两根钢丝绳分别用螺栓扣连接。安装时,调整两组钢丝绳的受载达到基本均衡,运行时当一组钢丝绳断裂时,另一组不会发生剧烈冲击。当前大梁上仰至极限位置时,安全钩应挂上,并和俯仰机构联锁。

为了钢丝绳更换的方便,俯仰机构也用一根钢丝绳绕过均衡滑轮和设置在绳上的特殊保护装置,使其成为独立的受载钢丝绳,可起到均衡作用,且还可以对一边的断绳起到保护作用。

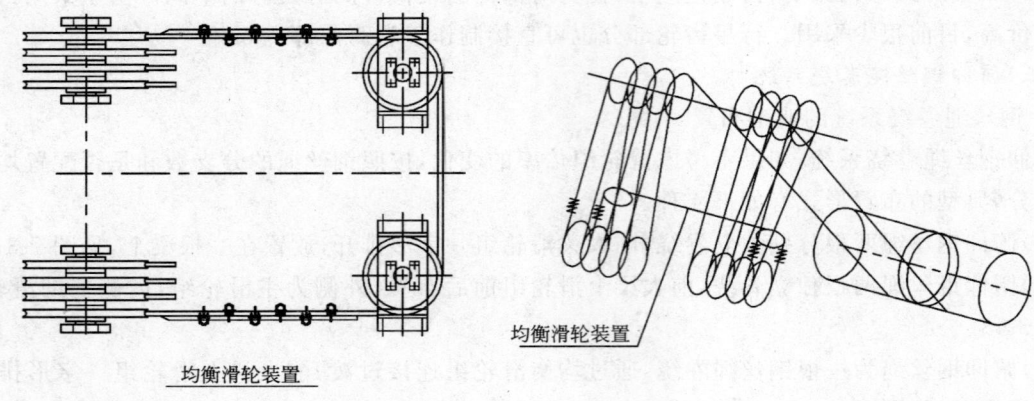

图 7-3-46 钢丝绳绕组的均衡装置

### 3. 俯仰钢丝绳的接头型式

设有均衡滑轮的俯仰钢丝绳通常只有一根,钢丝绳的两头均用钢丝绳压板固定在卷筒上,接头型式有如下几种:

(1)钢丝绳在卷筒上的固定,其结构型式基本上与起升钢丝绳卷绕系统相同。

(2)钢丝绳在梯形架或前大梁上滑轮组处的固定如图 7-3-47 所示。

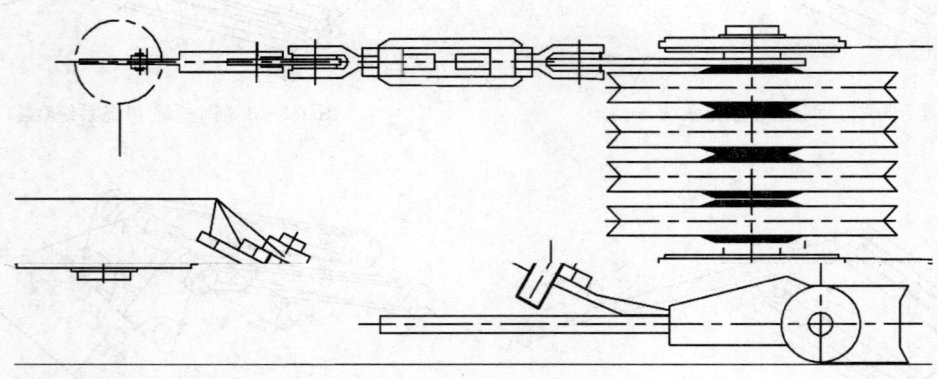

图 7-3-47 钢丝绳的固定

(3)均衡滑轮处安全绳的固定如图 7-3-48 所示。

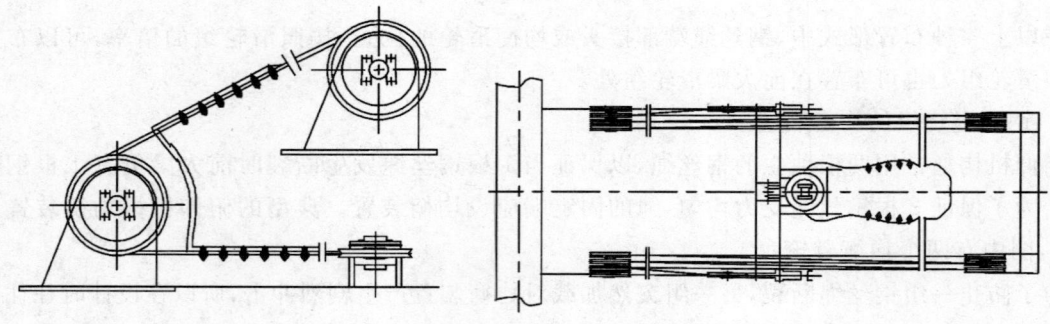

图 7-3-48 均衡滑轮处安全绳固定

### (四)俯仰机构的设计和典型零部件选型

俯仰机构由驱动机构、钢丝绳卷绕系统、安全钩装置及安全保护装置等组成。俯仰驱动机构装置由电机、联轴器、制动器、减速器、卷筒及支承等组成。钢丝绳卷绕系统包括钢丝绳、动滑轮、平衡滑轮(均衡装置)以及钢丝绳接头等装置。安全钩装置包括钩体、电动液力推杆、配重、支承座、限位开关等部件。安全保护装置除高低速制动器外,还配有凸轮或行程开关、超速/测速开关、各种联锁保护、松绳限位开关等多种安全保护限位装置。

1. 电机及其选型

(1)电机的特点

岸桥的俯仰机构是非工作性机构,因此,电动机是间歇工作制,一般选用 30 min 工作制。考虑到岸桥俯仰机构的工作特点,电动机要求有较大的过载能力,一般为静态所需功率的 1.8 倍~2 倍。

(2)对俯仰电机的要求及选型

对俯仰电机的要求与起升机构基本相同,常采用交流变频调速电机,但对俯仰电机的选型还需满足下列要求,并进行发热和过载验算。

1)最大起动的扭矩计算

在前大梁俯仰过程中,钢丝绳的拉力是变化的,俯仰机构电机应满足钢丝绳最大起动拉力作用下的扭矩。

当卷筒上有两根钢丝绳时,单根钢丝绳最大静拉力 $F_{max}$ 通常是在前大梁接近水平时产生的(图 7-3-49)。

$$F_{max} = \frac{G \cdot L}{2(L_1 m + 2L_2)\eta_1} (\text{N})$$

当卷筒双出绳时,电机轴最大外载静扭矩 $M_{max} = F_{max} \dfrac{D_0}{i\eta_2} (\text{N} \cdot \text{m})$

式中　$i$——总速比;

　　　$\eta_1$——滑轮组效率;

　　　$\eta_2$——减速器效率;

　　　$m$——外侧俯仰钢丝绳倍率,内侧俯仰钢丝绳倍率为 2(有内侧滑轮时);

　　　$D_0$——卷筒直径。

其他符号见图 7-3-49。

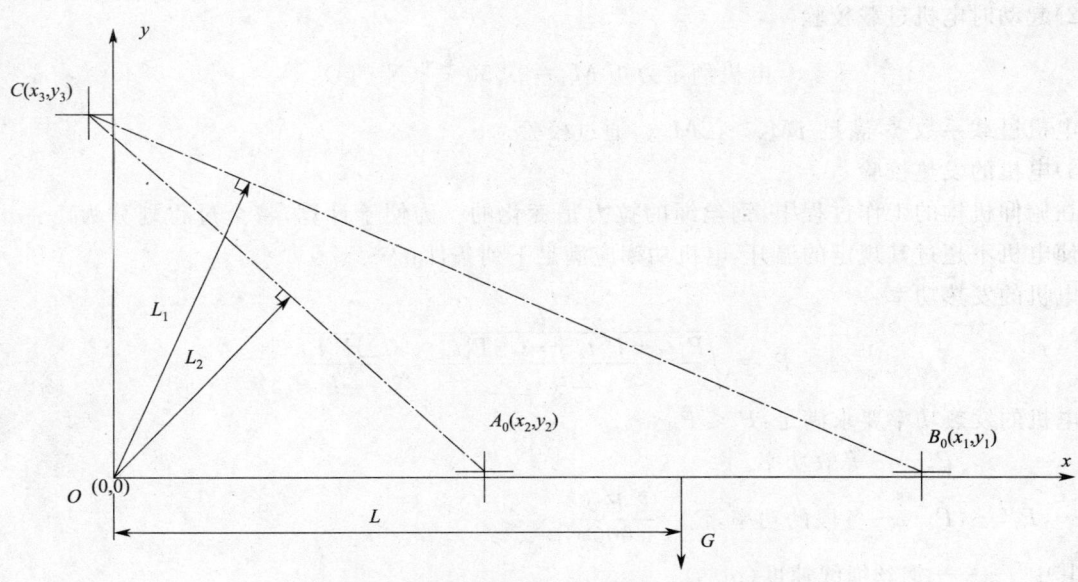

图 7-3-49　单根钢丝绳最大静拉力 $F_{max}$ 的计算

图 7-3-49 符号说明:

$G$——前大梁重量(包括前大梁附属装置在内的全部重量)(N);

$L$——前大梁总成重心至铰点的距离(m);

$L_1$——外侧俯仰钢丝绳至铰点 $O(0,0)$ 的垂直距离(m);

$L_2$——内侧俯仰钢丝绳至铰点(0,0)的垂直距离(m);
$O(0,0)$——前后大梁铰点坐标;
$(x_1, y_1)$——前大梁外侧滑轮组坐标;
$(x_2, y_2)$——前大梁内侧滑轮组坐标;
$(x_3, y_3)$——梯形架顶部滑轮组坐标。

前大梁从 $0°→i$ 位时,钢丝绳长度变化量:
$$\Delta S_i = m(CB_0 - CB_i) + 2(CA_0 - CA_i)$$

前大梁从 $0°→80°$ 时,钢丝绳长度变化量:
$$\sum \Delta S = m(CB_0 - CB_n) + 2(CA_0 - CA_n)$$

总俯仰时间:
$$T = \frac{\sum \Delta S}{v} + (20 \sim 30)(\text{s})$$

式中的$(20 \sim 30)$s 是考虑大梁仰至终点前减速、进钩和挂钩时间。式中的 $B_i$ 和 $A_i$ 均是 $B_0$ 和 $A_0$ 在各不同仰角时的位置,$B_n$ 和 $A_n$ 是仰至80°终点的位置。

$$\text{回转件加速扭矩} \quad M_a = \frac{J_r \omega}{t_a}(\text{N} \cdot \text{m})$$

式中 $J_r$——电机、联轴器、减速器各齿轮轴、卷筒、滑轮等转化到电机轴的转动惯量($\text{kg} \cdot \text{m}^2$);
 $t_a$——起动时间(s);
 $\omega$——电机轴的角速度(rad/s)。

$$\omega = \frac{n \cdot 2\pi}{60}$$

所以起动时最大的阻力矩 $\sum M_{max} = M_{max} + M_a = F_{max} \frac{D_0}{i \eta_2} + \frac{J_r \omega}{t_a}(\text{N} \cdot \text{m})$

$$\text{起动最大功率} \quad P_{max} = \frac{\sum M_{max} \cdot n}{9\,550}(\text{kW})$$

2)起动时电机过载校验

$$\text{电机额定力矩} \quad M_N = 9\,550 \frac{P_N}{n}(\text{N} \cdot \text{m})$$

电机过载系数 $f$,满足 $fM_N > \sum M_{max}$,通过校验。

3)电机的发热校验

在俯仰机构的工作过程中,钢丝绳的拉力是变化的。为便于计算,将全过程划分为 $1 \sim n$ 段。为了使电机不超过其规定的温升,电机功率应满足下列条件:

电机的发热功率:
$$P_x = \sqrt{\frac{P_1^2 t_1 + P_2^2 t_2 + \cdots + P_n^2 t_n}{\sum t_i}} = \sqrt{\frac{\sum P_i^2 t_i}{\sum t_i}}$$

电机的发热功率要求满足:$P_x \leq P_N$

式中 $P_x$——等效功率。

$P_1, \cdots, P_i, \cdots, P_n$——各段的功率,$P_i = \frac{2 F_i v}{1\,000 \eta}$。

其中 $v$——钢丝绳线速度(m/s);
 $F_i$——各段的钢丝绳的拉力(N)。
 $P_N$——电机的额定功率(kW)。

俯仰运行时间:
$$\sum t_i = t_1 + t_2 + \cdots + t_n \quad (t_1 = \Delta S_1 / v, \cdots, t_n = \Delta S_n / v)$$

钢丝绳的相对变化总量:

$$\Sigma \Delta S = \Delta S_1 + \Delta S_2 + \cdots + \Delta S_n$$

俯仰机构是非工作机构,一般对启动时间没有严格的要求。俯仰机构的电机应适用于高温环境下作业,至少是 F 级绝缘。电机防护等级室内安装用 IP23,室外用 IP54,并有内部加热器(防凝);应具备在 1 min 内 200% 的力矩过载能力。

#### 2. 制动器及其选型

(1)俯仰机构制动器的特点与要求

对于俯仰机构,应当配备高速级制动和低速级制动双重保护。高速级制动器通常采用液力推杆盘式制动器,低速级制动器通常采用液压盘式制动器,也有采用带式制动器的。同时制动器要求配置有手动释放装置、磨损自动补偿装置。

对于高速级制动器的制动力矩,一般要求至少为 2 倍的俯仰中所出现的最大静力矩。制动要快,滞后不能大于 0.3 s。在低速制动器开释情况下,高速制动器应能独立地实现紧急制动,将前大梁停在任意位置上。

对于低速级制动器,在无高速级制动器辅助的情况下可使前大梁停在任何位置,在断电或紧急停止时能立即制动卷筒。低速级制动器只在高速制动器将机构停止后才投入制动,而在紧停时必须立即制动。

此外,在俯仰机构卷筒上装设一个紧急制动器,如果在臂架下放的过程中发生意外,或电动机达到额定转速的 110%,离心开关动作,应急制动器制动。应急制动器一般使用夹钳式盘式制动器或带式制动器。

(2)制动器的选型计算

与起升机构的制动器一样,俯仰机构的制动器安全系数应满足:

$$M_z \geqslant K_z M_j$$

式中 $M_z$——制动器的制动力矩(N·m);
$K_z$——制动安全系数,如用户文件对制动安全系数没有明确规定时,高速轴制动器安全系数一般取 $K_z \geqslant 2$;低速轴制动器安全系数一般取 $K_z \geqslant 1.6$;
$M_j$——电机轴的最大外载静力矩(N·m)。

当卷筒上有 2 根钢丝绳时:

$$M_j = \frac{F_{max} D_0}{i} \eta$$

式中 $F_{max}$——俯仰钢丝绳单根的最大静拉力(N)(制动器计算时等不要考虑滑轮组效率);
$D_0$——卷筒直径(m);
$\eta$——机构传动效率(一般为安全考虑 $\eta$ 取 1);
$i$——总传动比。

#### 3. 减速器及其选型

俯仰机构减速器,一般选用水平剖分式卧式减速器,也可采用套装在变幅卷筒上的所谓三支点减速器,或采用卧式行星减速器。箱体基本都采用钢板焊接,齿轮大部分情况下要求用渗碳淬火的硬齿面齿轮,由于俯仰机构不经常工作也可采用调质齿轮。

#### 4. 联轴器及其选型

(1)联轴器的特点和要求

俯仰联轴器的特点和要求与起升联轴器的特点和要求基本相同。俯仰联轴器的计算载荷是以俯仰循环中的最大传递负荷为基础,安全系数至少为 2.0。在俯仰驱动机构中,高速级联轴器目前采用较多的是齿形联轴器和梅花形联轴器,而弹性柱销式联轴器和蛇形联轴器一般不用在俯仰机构中。低速级联轴器仍以球面支承式齿形联轴器和滚珠式联轴器为主。

(2)联轴器的选型计算

高速级联轴器的传递扭矩 $M_1$ 应满足下式要求:

卷筒上有 2 根钢丝绳时：

$$K_1 M_1 = K_1 \frac{F_{max} D_0}{i \eta_2} \leqslant [M_1] \quad (\text{N} \cdot \text{m})$$

式中　$F_{max}$——俯仰钢丝绳单根的最大静拉力(N)；
　　　$[M_1]$——联轴器允许的传递扭矩(N·m)；
　　　$K_1$——联轴器的安全系数，$K_1 \geqslant 2.0$；
　　　$i$——高速轴与低速轴之间传动比；
　　　$\eta$——机构传动效率。

还应验算起制动时的尖峰扭矩。

低速级联轴器的传递扭矩 $M_2$ 必须满足下式要求：

双卷筒情况：

$$K_2 M_2 = K_2 F_{max} D_0 \leqslant [M_2] \quad (\text{N} \cdot \text{m})$$

式中　$[M_2]$——低速级联轴器允许的传递扭矩(N·m)；
　　　$K_2$——卷筒联轴器的安全系数，$K_2 \geqslant 2.0$。

还应验算起制动时的尖峰扭矩。

### 三、小车运行机构

#### (一) 概　述

在岸桥上，实现集装箱或吊具吊梁作水平往复运动的机构总成称为小车运行系统，包括运行小车总成、小车行走机构、小车钢丝绳卷绕系统和安全保护装置。

自行式的驱动机构布置在运行小车上，钢丝绳牵引式的驱动机构一般是布置在机器房内，有时也可将驱动机构布置在机器房下面的大梁内。而运行小车则通过行走车轮，沿铺设在前、后大梁上的轨道运行来实现集装箱装卸作业。

对小车运行机构的要求：

(1) 运行小车上悬挂有司机室，司机可以在司机室内操作和控制起重机的各种作业动作。

(2) 对于钢丝绳牵引式运行小车应设有机械式或液压式牵引钢丝绳张紧装置。

(3) 驱动装置的减速器中的传动齿轮啮合的齿侧间隙要小，要求有较高的啮合精度，以减小运行过程中由于双向受力引起的冲击。

(4) 小车运行系统还需设置各种安全保护装置和缓冲器，以保证运行小车在各种情况下都能安全可靠地工作。

(5) 一般不设应急机构，近年来随着岸桥的外伸距加大，岸桥上也开始出现应急机构。

#### (二) 小车运行机构的类型

运行小车按其驱动型式和结构形式分类如下：

运行小车 { 自行式 { 板梁型自行式小车 / 双箱梁型自行式小车 / 单箱梁型自行式小车 } / 牵引式 { 板梁型牵引式小车 / 双箱梁型牵引式小车 } / 自行载重式 }

**1. 自行式小车**

(1) 小车的组成

运行小车的驱动机构直接布置在小车架上。一般采用交流变频电机驱动，经减速器减速后，直接传到车轮轴上驱动车轮转动,从而实现小车的横移运动。自行式运行小车由驱动机构、车轮组、滑轮组、小车架、司机室、缓冲器、水平轮、锚定装置、顶升和防坠装置、安全限位装置等组成,有的还包括小车分离装置等。驱动机构则包括电机、联轴器、制动器、减速器、万向节传动轴等。

(2)布置型式

1)板梁型自行式运行小车如图 7-3-50 所示。

2)双箱梁型自行式运行小车如图 7-3-51 所示。

3)单箱梁型自行式运行小车如图 7-3-52 所示。

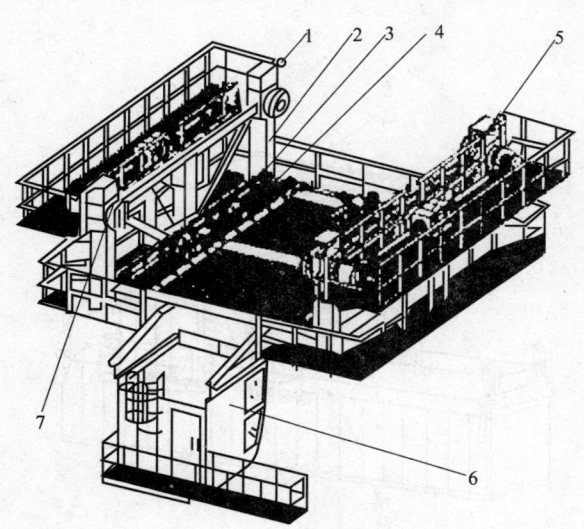

图 7-3-50 板梁型自行式运行小车
1—液压缓冲器;2—小车架;3—小车滑轮组;
4—小车分离装置;5—驱动机构;
6—操纵室;7—小车车轮组

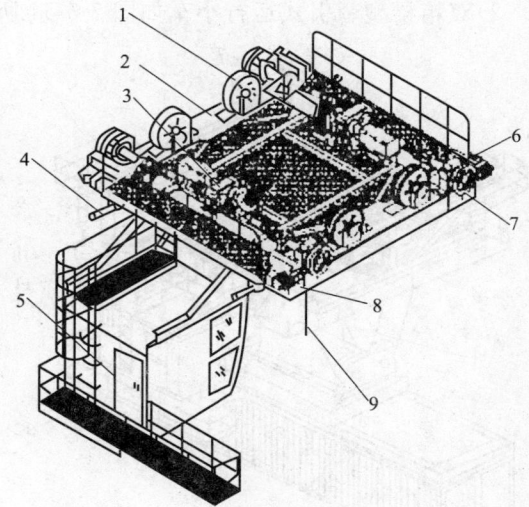

图 7-3-51 双箱梁型自行式运行小车
1—小车滑轮组;2—小车架;3—驱动机构;4—液压缓冲器;
5—操纵室;6—钢丝绳托辊;7—小车滑轮组;
8—水平轮;9—限位安全装置

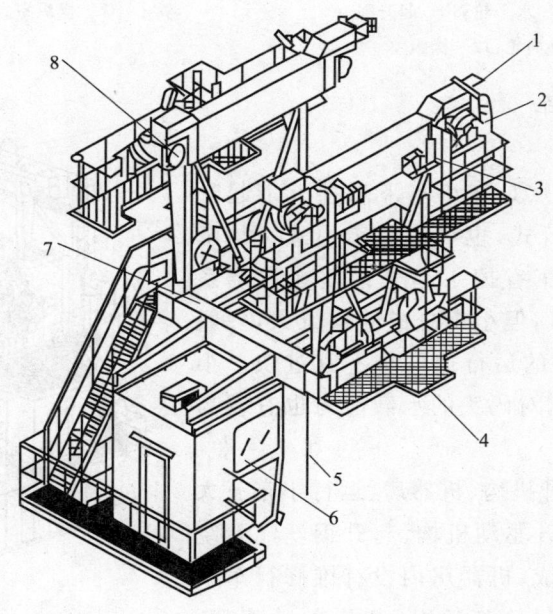

图 7-3-52 单箱梁型自行式运行小车
1—缓冲器;2—水平轮;3—驱动机构;
4—起升滑轮组;5—安全限位装置;6—操纵室;
7—小车架;8—小车滑轮组

2. 钢丝绳牵引式运行小车

(1) 小车的组成

牵引式运行小车由驱动机构、钢丝绳卷绕系统、小车车轮组、小车起升滑轮组、小车架、司机室、缓冲器、水平轮、顶升和防坠装置、安全限位装置等组成，有的还包括小车防摇装置。驱动机构则由电机、联轴器、制动器、卷筒、安全保护限位装置等组成。

(2) 布置型式

1) 板梁型牵引式运行小车如图 7-3-53 所示。

2) 双箱梁型牵引式运行小车如图 7-3-54 所示。

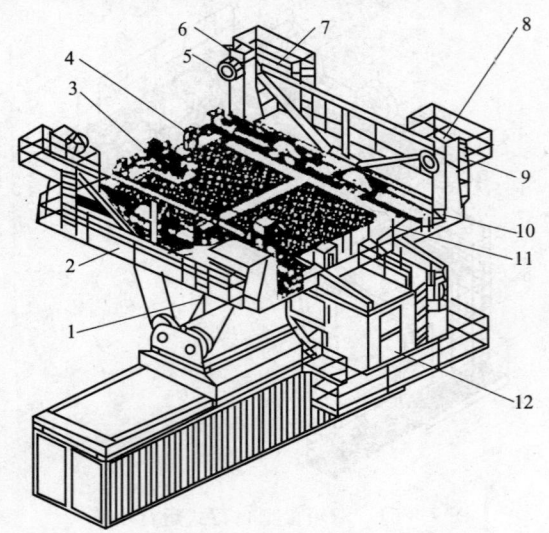

图 7-3-53 板梁型牵引式运行小车
1—重锤限位装置；2—下平台；3—分离机构；
4—小车牵引固定装置；5—小车轮；6—液压缓冲台；
7—上平台；8—小车架结构；9—水平轮；10—起升绳
抗磨块；11—小车牵引绳导向轮；12—操纵室

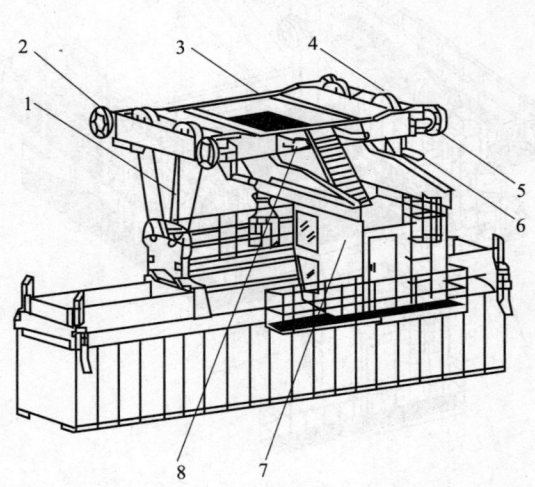

图 7-3-54 双箱梁型牵引式运行小车
1—安全限位开关；2—小车车轮组；3—小车架；
4—起升滑轮组；5—钢丝绳托辊；6—缓冲器；
7—操纵室；8—小车滑轮组

3. 自行载重式运行小车

(1) 组成和功能

载重式运行小车的特点是在小车下悬挂有带起升机构的机房，它可以是自行式，也可以是牵引式。与牵引式小车相比，载重式小车省掉了起升钢丝绳卷绕系统，减少了维修保养工作量，但小车总成的重量大，一般为 70 t~90 t。因此，小车的运行速度也不宜过快。小车起、制动时能耗大，同时，对码头的承载能力也有较高的要求。

载重式运行小车由起升机构、机器房、运行小车三大部分组成。起升机构由起升驱动机构、起升钢丝绳卷绕系统和安全保护装置等组成；机器房内设有维修行车以及机房辅件等；运行小车由小车车轮组、水平轮、小车架、缓冲器、小车驱动机构、锚定装置、缓冲器、司机室以及安全限位装置等组成。

(2) 布置型式

自行载重式运行小车的布置型式见图 7-3-55。

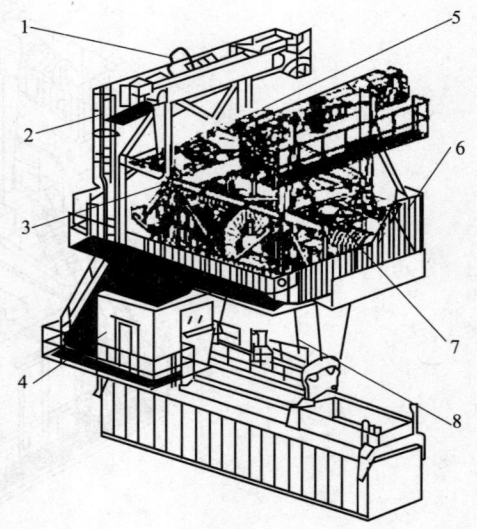

图 7-3-55 自行载重式运行小车
1—小车驱动机构；2—小车车轮总成；3—小车架
结构；4—操纵室；5—缓冲器；6—小车机
房总成；7—起升机构；8—安全限位装置

## 4. 分离式小车

### (1) 功能

为了减缓高速运行的小车在制动后吊具的摇摆,许多岸桥配置机械防摇的分离式小车。所谓分离式小车,实际上是将运行小车上的起升滑轮做成可移动的,当分离时悬吊钢丝绳呈倒三角形,由于提高了悬挂系统的刚度,从而达到减缓吊具摇摆的目的;当吊具下到舱内作业时,滑轮可以收拢,从而防止钢丝绳磨舱口或集装箱边缘棱角。

### (2) 典型布置型式

分离式小车装置的布置型式较多,有机械式分离小车和液压式分离小车。机械式分离小车,有链条链轮驱动式和螺杆驱动式,典型的布置型式有以下几种:

1) 链条链轮驱动式分离小车装置如图 7-3-56 所示。

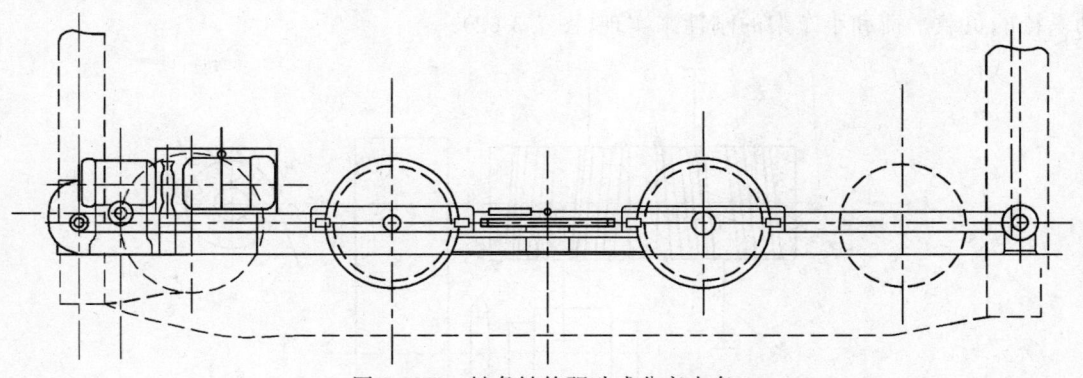

图 7-3-56　链条链轮驱动式分离小车

2) 螺杆驱动式分离小车装置如图 7-3-57 所示。

3) 液压油缸式分离小车装置如图 7-3-58 所示。

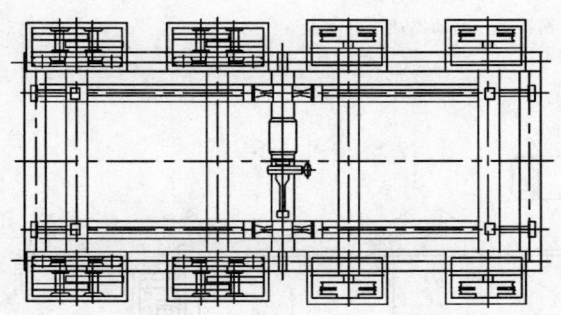

图 7-3-57　螺杆驱动式分离小车

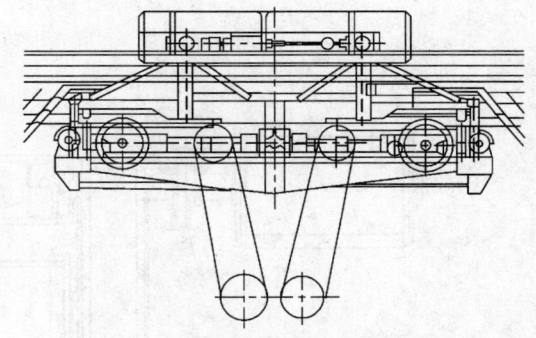

图 7-3-58　液压油缸式分离小车

4) 双小车式分离小车装置如图 7-3-59 所示。

### (三) 小车运行驱动机构的布置型式

#### 1. 牵引式小车运行驱动机构

牵引式小车运行驱动机构由直流或交流电动机、梅花形联轴器、盘式或块式制动器、硬齿面减速器和钢板卷制的钢丝绳卷筒组成,卷筒一端支撑在双列球面滚子轴承座上,一端支撑在减速器低速轴的球面齿型联轴器上。一般在小车前、后均设两根钢丝绳牵引,并两两从前、后绕入驱动卷筒且分别固定在卷筒上。

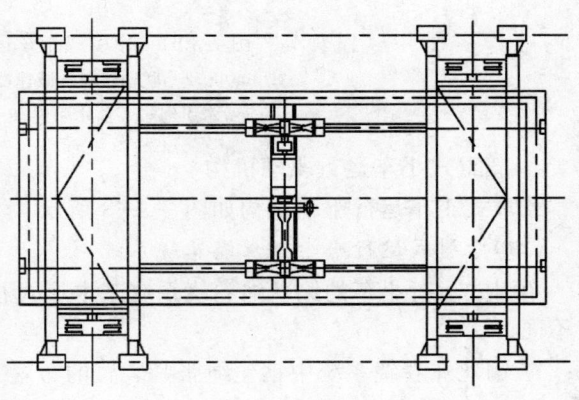

图 7-3-59　双小车式分离小车

其典型的布置型式见图 7-3-60。图 7-3-60 所示的型式要注意牵引绳要从电机座底部通过,机座的刚性要好。电动机和制动器与卷筒也可布置在减速器的两侧(图 7-3-61)。这种布置型式占空间较大但维护方便,多设置在机器房内。对于板梁式大梁结构的岸桥,驱动机构有时设置在机器房下方的后大梁内。

**2. 自行式小车运行驱动机构**

自行式小车运行驱动机构由直流或交流电动机、万向联轴器、盘式或块式制动器、硬齿面减速器、与车轮轴连接的装置、车轮支撑轴承和车轮等的全部或部分组成。自行式小车运行驱动机构可以沿小车轨道两侧分别布置,由单电动机驱动前后两对车轮或由四个电动机分别驱动;也可以垂直于小车轨道,可防止小车跑偏等现象。为减小减速器与车轮之间的安装尺寸,一般均采取车轮轴插入减速器输出轴的连接方式。由于小车运行由两侧电动机分别驱动,运行时的同步一般通过电气驱动系统的负载平衡和小车架的刚性来实现(图 7-3-62)。

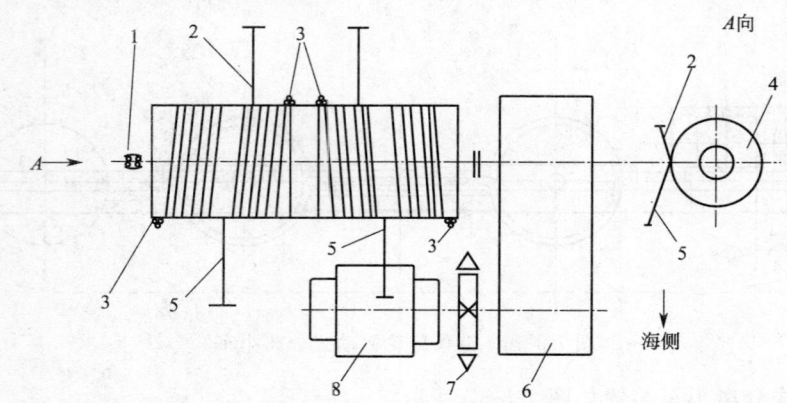

图 7-3-60 牵引式小车运行机构典型布置(一)
1—双列球面滚子轴承;2—后牵引绳;3—钢丝绳固定螺栓;
4—双联卷筒;5—前牵引绳;6—减速器;7—制动器;8—电动机

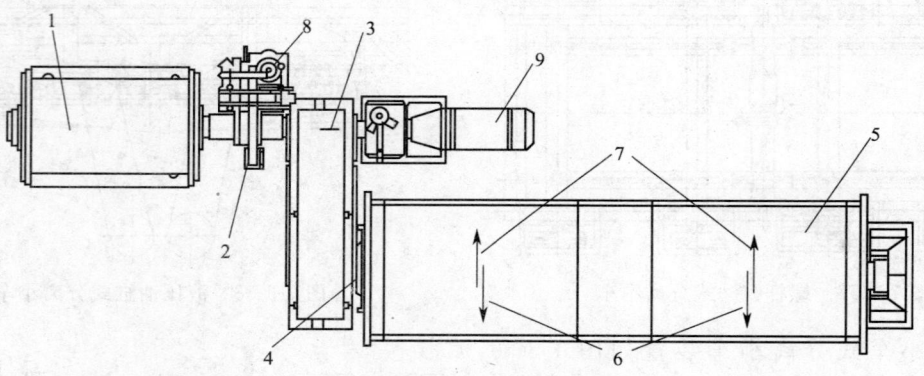

图 7-3-61 牵引式小车运行机构典型布置(二)
1—电机;2—联轴器;3—减速器;4—卷筒联轴器;5—卷筒;
6—后牵引绳;7—前牵引绳;8—高速制动器;9—应急驱动

**3. 载重式小车运行驱动机构**

载重式小车运行驱动机构如图 7-3-63 所示。

**(四)牵引式运行小车钢丝绳卷绕系统**

牵引式运行小车的钢丝绳卷绕系统基本形式相同,其不同点主要在张紧油缸的布置型式和位置不同。

**1. 钢丝绳卷绕系统中钢丝绳张紧装置的布置**

钢丝绳牵引式小车运行机构一般设置在机器房内或机器房底部的梁或后大梁上平面。为保持小车运行起、制动的平稳,需对钢丝绳设张紧装置。张紧装置采用液压驱动方式,可以有效调节钢

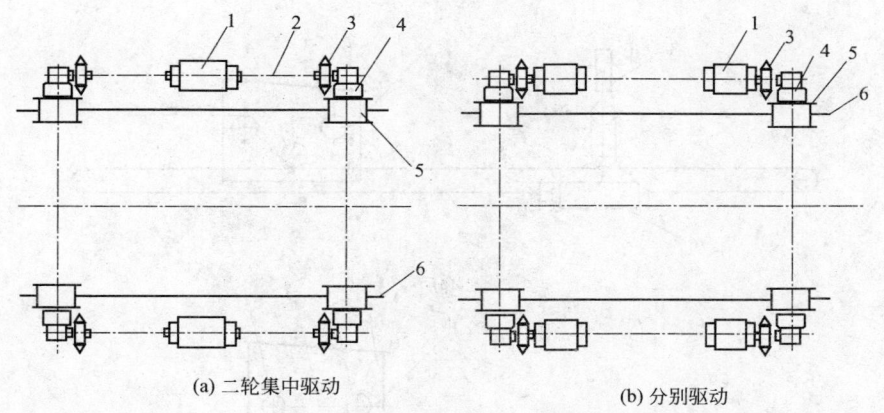

图 7-3-62 自行式小车运行驱动机构
1—电动机；2—万向联轴器；3—制动器；4—减速器；5—车轮；6—轨道

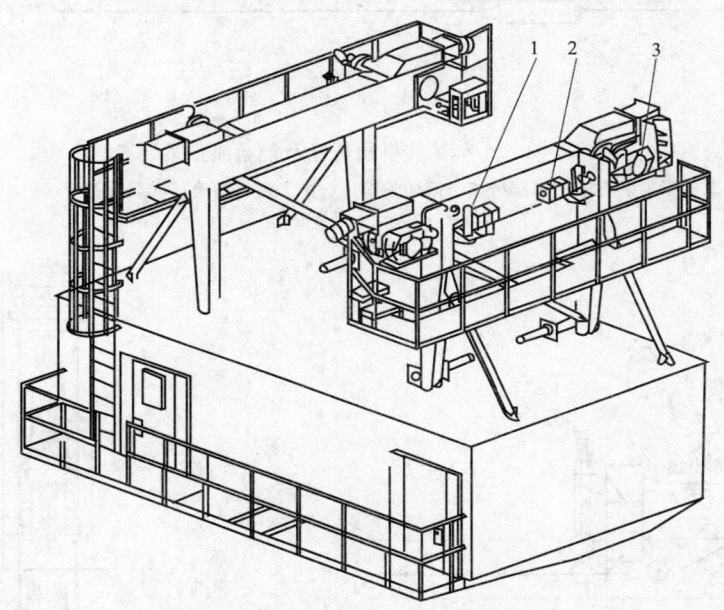

图 7-3-63 载重式小车运行驱动机构
1—制动器；2—电动机；3—减速器

丝绳的伸长和缩短，同时可以吸收小车运行的冲击和振动（图7-3-64）。

图7-3-64a所示的张紧油缸位于海侧上横梁处的小车钢丝绳组；图7-3-64b所示的张紧油缸位于后大梁尾部的小车钢丝绳组。

2. 钢丝绳张紧装置

钢丝绳张紧装置一般由两个定滑轮、一个动滑轮、液压油缸、油缸接头、油缸铰轴座、油缸支架以及限位开关等组成。其作用除了对钢丝绳进行张紧外，在大梁俯仰动作过程中它还可调整钢丝绳绳长变化。

张紧装置按其用途分类，可分为牵引小车钢丝绳张紧装置和托架小车钢丝绳张紧装置；按其驱动形式分类，可分为液压式张紧装置和机械式张紧装置。钢丝绳张紧装置一般为液压式，在托架小车钢丝绳卷绕系统中，使用机械式的较少。

(1)液压式张紧装置布置型式

1)立式安装形式

立式安装的液压式张紧装置，一般布置在海侧上横梁的陆侧边（图7-3-65），其构造型式见图7-3-66。

2)卧式安装形式

卧式安装的液压式张紧装置，一般布置在后大梁的尾部（图7-3-67），其构造型式见图7-3-68。

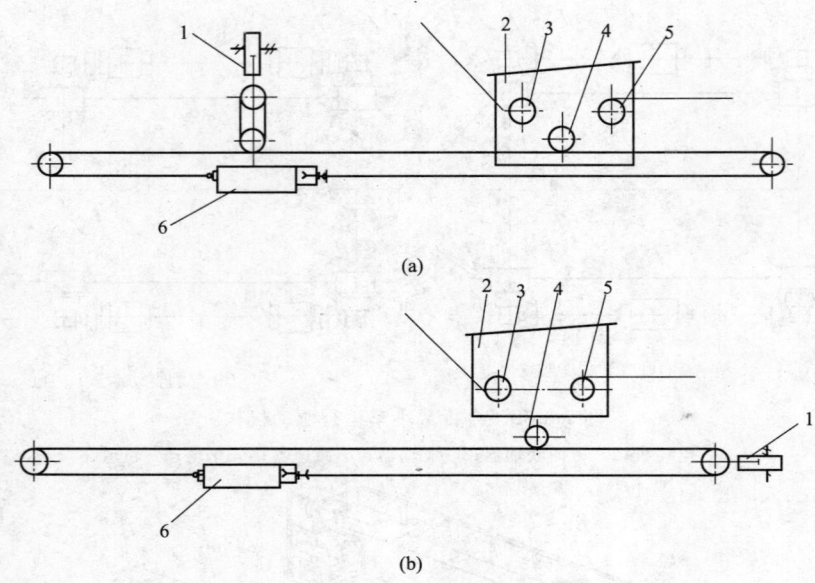

图 7-3-64　小车运行机构位置及钢丝绳张紧装置

1—液压张紧装置；2—机器房；3—俯仰卷筒；4—小车运行卷筒；5—起升卷筒；6—小车

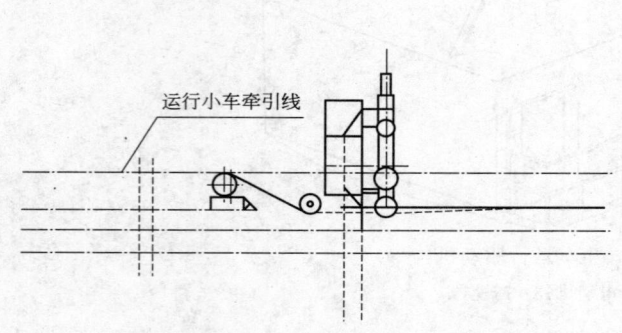

图 7-3-65　立式安装的液压张紧装置（布置）

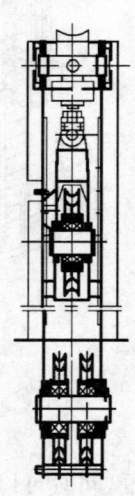

图 7-3-66　立式安装的张紧装置（构造）

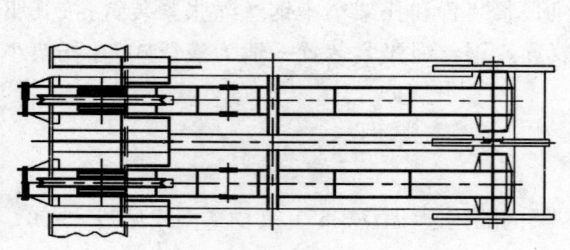

图 7-3-67　卧式安装的液压张紧装置（布置）

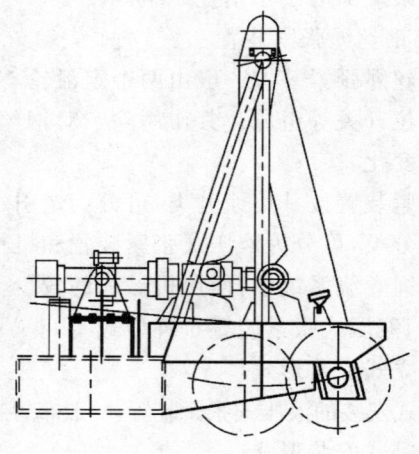

图 7-3-68　卧式安装的张紧装置（构造）

(2)机械式张紧装置

在托架小车钢丝绳卷绕系统中,张紧装置除液压式外,也有采用机械式,它主要由力矩电机、卷筒、支架及限位开关等组成。机械式张紧装置一般用于小型岸桥的托架小车钢丝绳卷绕系统中。

(五)小车运行机构的设计计算与选型

1. 电动机及其选型

(1)电动机

考虑到小车电机的工作环境和工作特点,对电机一般有如下要求:

1)连续工作制,必须配置风机强制通风。

2)适用于高温环境作业,至少是 F 级。

3)防护等级在室内为 IP23,室外 IP54。当 100% 相对湿度情况时,要有内部加热器(防冷凝性)。

4)瞬时过载力矩大于 2 倍额定力矩。

5)具有过热警告和超速保护。

(2)电机的选型计算

小车运行机构电机的选型应满足下列要求:

第一,机构工作时克服最大运行阻力的功率。

第二,起动能力校核,应满足在规定的时间内达到额定工作速度。

第三,电机的发热校核,要求机构在持续工作条件下,电机不超过其允许温升。

1)静功率计算

$$P_S = \frac{1}{m} \frac{F_I v}{1\,000 \times \eta} \quad (kW)$$

$$M_1 = 9\,550 \frac{P_S}{n} \quad (N \cdot m)$$

$$F_I = F_m + F_{WII} + F_p + F_s$$

式中 $F_I$ ——小车运行时的总阻力(N);

$M_1$ ——作用到每个电机的静阻力矩(N·m);

$F_m$ ——摩擦阻力(应将拖令、活动托辊阻力也计入)(N);

$F_{WII}$ ——工作状态下的风阻力(N);

$F_p$ ——坡道阻力(N);

$F_s$ ——起升钢丝绳的僵性阻力(N)(载重式小车无此项);

$m$ ——驱动电机台数;

$v$ ——小车运行速度(m/s);

$\eta$ ——传动机构效率。

2)起动能力校核

起动能力的校核方法与起升机构电机起动能力的校核相类似。

加速时旋转件质量和线性运动质量在一个电机产生阻力矩 $M_2$ 和 $M_3$。

回转件加速阻力矩 $M_2$:

$$M_2 = \frac{J_r \omega}{t_a} \quad (N \cdot m)$$

式中 $J_r$ ——全部回转件如电机、联轴节、减速器齿轮轴、卷筒(牵引式)、车轮、滑轮等转化到电机轴上的惯量(kg·m²);

$\omega$ ——电机的角速度(rad/s),$\omega = \frac{2\pi \cdot n}{60}$;

$n$ ——电机转速(r/min);

$t_a$——启动时间(s)。

加速阻力：$$f_3 = \frac{(TL+LL+LS)v}{g \cdot t_n} \quad (N)$$

加速功率(每个电机)：$$P_3 = \frac{f_3 v}{1\,000 \eta m} \quad (kW)$$

线性运动件加速阻力矩：$$M_3 = 9\,550 \frac{P_3}{n} \quad (N \cdot m)$$

起动时电机过载校验：

起动时每个电机总需要扭矩 $\sum M = M_1 + M_2 + M_3$

电机额定力矩 $$M_N = 9\,550 \frac{P_N}{n} \quad (N \cdot m)$$

$P_N$ 为选取电机的额定功率(kW)。

电机过载系数为 $f$，若 $fM_N > \sum M$，过载校验满足要求。

如果计算各阻力为考虑充分，应适当放些余量。

3)电机的发热校核

电机的发热校核按照均方根功率进行校核，可参照起升机构电机的发热校核进行。

2. 制动器的选型计算和起(制)动打滑验算

(1)制动器的选型计算

小车运行机构制动器的制动力矩应满足用户文件和相应标准规定的制动安全系数，并进行如下验算：

满载、顺风、下坡情况下，使小车在规定制动时间内停止，制动力矩应满足下列要求：

$$[M_z] \geqslant M_z$$

式中 $[M_z]$——所选制动器许用制动力矩；

$M_z$——小车运动制动时实际的制动力矩。

$$M_z = M_g + M_F + M_p - M_m$$

式中 $M_F$——由风载荷产生的力矩；

$M_p$——坡度力矩；

$M_m$——小车运行阻力矩，制动时由于摩擦力产生的阻力矩是有利于制动的，应换算到电机轴上；

$M_g$——惯性力矩，包括由于起升载荷直线运动和传动机构中回转零件(包括电机和联轴器)的转动惯量所产生的惯性力矩。

此外，还应验算在紧停情况制动器的制动力矩，使小车在要求的距离内停止。

(2)起(制)动打滑验算

对于自行式驱动小车，需要进行起(制)动时的打滑验算。验算主动车轮打滑时为了保证起动或制动时主动轮与小车轨道之间不会产生超过最大黏着力，以保证小车可靠起制动，准确停车。

1)工作情况下起制动时小车车轮的打滑验算：

$$\varphi \sum P_{轮载} \geqslant F_{WⅢ} + F_p + F_g + F_m$$

式中 $\sum P_{轮载}$——小车起吊额定载荷时小车驱动轮轮压之和；

$\varphi$——黏着系数，钢制车轮对钢轨，$\varphi = 0.08 \sim 0.1$(雨天)；

$F_{WⅢ}$——非工作状态下的风阻力；

$F_p$——坡道阻力；

$F_g$——惯性阻力；

$F_m$ ——摩擦阻力(起动计算取正值,制动计算时取负值)。

同时还应验算最小轮压的单个车轮起动的打滑

$$\varphi P_{min} > F_{驱max}$$

式中  $F_{驱max}$ ——车轮的最大驱动力。

2)非工作情况风力作用下小车是否被风吹滑移:

$$\varphi' \sum P_{轮空} \geqslant F_{WIII} + F_p - F_m$$

式中  $\sum P_{轮空}$ ——空载时小车所有被制动(不发生滚动)车轮轮压之和;

$F_{WIII}$ ——小车非工作状态下的风阻力;

$\varphi'$ ——车轮与钢轨之间的摩擦系数。

若本式不能满足,应加锚碇。

3)非工作情况最大风力作用下,小车不被风吹动的制动力矩应满足下列要求:

$$[M_z] \geqslant M_z$$

此时 $M_z$ 为非工作状态下的风力矩、坡度力矩,并考虑 1.25 的安全系数。此时摩擦阻力矩和机构效率是有利于制动的。

若非工作工况不满足要求,小车应加锚碇或系固,防风吹移动。

3. 小车运行机构减速器及其选型

小车运行机构按照运行小车驱动型式的不同,可选择不同的结构型式。

(1)牵引式驱动小车

牵引式驱动小车减速器,一般为水平剖分底座安装的平行轴减速器。

(2)自行式驱动小车

自行式驱动小车减速器,其种类和型式较多,最常用的有如下几种型式:

1)水平剖分式伞齿轮减速器,有底座安装式和车轮轴直接连接两种形式。

2)整体式伞齿轮行星减速器,安装形式一般是和车轮轴直接连接。

3)水平剖分式平行轴减速器,安装形式一般为底座安装式。

考虑到小车的工作特点是正反向载荷特点,小车减速器齿轮要求为高精度、齿侧间隙小、高硬度,因此齿轮一般为渗碳淬火齿轮。

4. 小车运行机构联轴器及其选型

(1)联轴器的特点和要求

小车运行机构的联轴器可以使用梅花联轴器或齿形联轴器,也可以使用蛇形联轴器以及其他柔性联轴器。

(2)联轴器的选型计算

对于高速级联轴器,其许用力矩必须满足下式:

$$[M_1] \geqslant nM_1$$

对于低速级联轴器,其许用力矩必须满足下式:

$$[M_2] \geqslant nM_2$$

式中  $[M_1]$ ——所选高速级联轴器的许用扭矩(N·m);

$[M_2]$ ——所选低速级联轴器的许用扭矩(N·m);

$M_1$ ——工作状态下的小车最大外阻力矩换算到高速级的扭矩(N·m);

$M_2$ ——工作状态下的小车最大外阻力矩换算到低速级的扭矩(N·m);

$n$ ——安全系数,一般取 1.5~2.0。

此外还应校核联轴器的最大力矩应大于小车起动加速或制动时,最大峰值载荷所产生的最大力矩。

5. 小车牵引钢丝绳及其选型

牵引钢丝绳一般选用线接触钢芯钢丝绳。

钢丝绳的破断拉力 $S_p$ 应满足下式：

$$S_p \geqslant nS$$

式中　$n$——钢丝绳最小安全系数，一般取 $n \geqslant 6$；
　　　$S$——钢丝绳的计算载荷（kN）。

（六）运行小车典型零部件结构

(1) 车轮组装配形式（图 7-3-69）。小车车轮的装配要考虑车轮轴线，可在水平面内调整，解决啃轨现象。

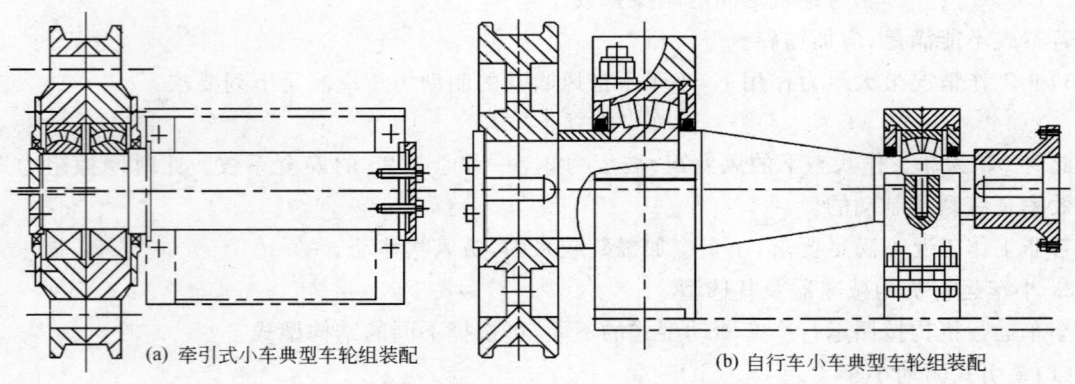

(a) 牵引式小车典型车轮组装配　　　(b) 自行车小车典型车轮组装配

图 7-3-69　车轮组装配形式

(2) 水平轮装配形式（图 7-3-70）。水平轮应同时布置在轨道的内侧或外侧。该形式受两轨的轨距、水平度等影响，如调整不好，水平力较大。

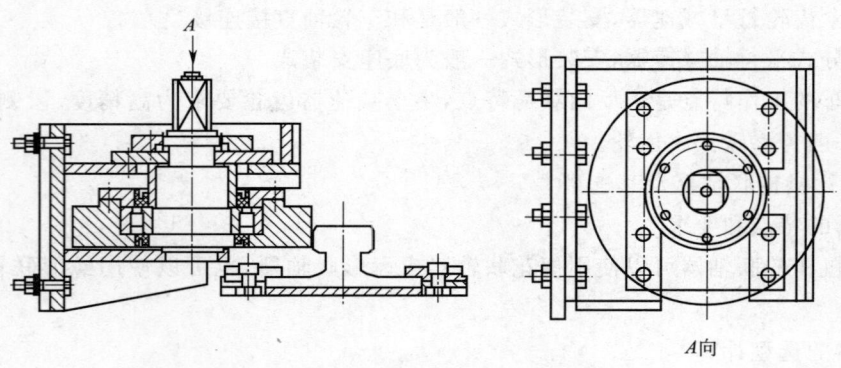

图 7-3-70　水平轮装配形式

(3) 防坠和顶升机构如图 7-3-71 所示。
(4) 司机室与小车架之间的连接形式如图 7-3-72 所示。
(5) 重锤限位装置的构造如图 7-3-73 所示。
(6) 滑轮组装配支承构造如图 7-3-74 所示。

### 四、大车行走机构

（一）概　　述

岸桥上用来实现整机沿着码头前沿轨道作水平运动的机构称之为大车行走机构。

大车行走机构由设在门框下的 4 组行走台车组成。为使每个行走轮受力均匀，装有两个车轮的行走台车通过中间平衡梁、大平衡梁再与门框下横梁铰接。整个岸桥的重量通过 4 个支座法兰或铰轴耳板传给大平衡梁,再通过中间平衡梁,使重量均布到行走台车上。

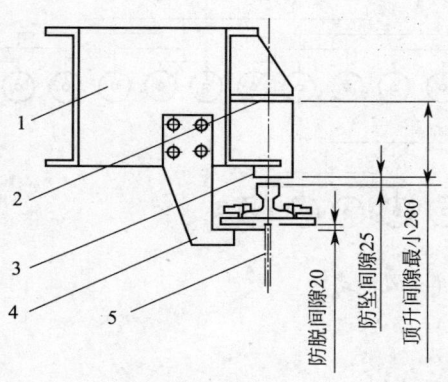

图 7-3-71　防坠和顶升机构
1—小车结构梁;2—顶升座;3—防坠结构板;
4—防脱板;5—承轨梁

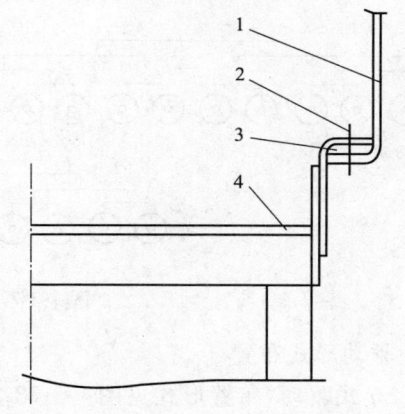

图 7-3-72　司机室与小车架之间的连接形式
1—小车机构连接板;2—连接螺栓组;
3—缓冲橡胶板;4—操纵室结构框架

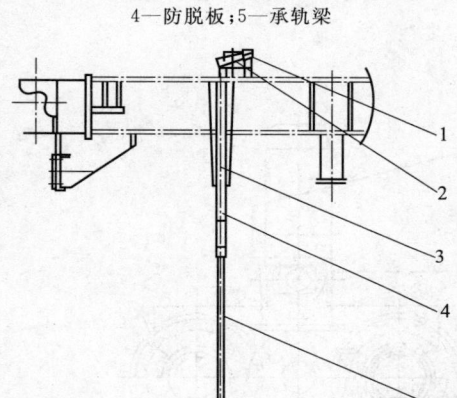

图 7-3-73　重锤限位装置构造
1—限位开关动臂;2—限位开关;3—固定导管;
4—连接钢丝绳;5—重块

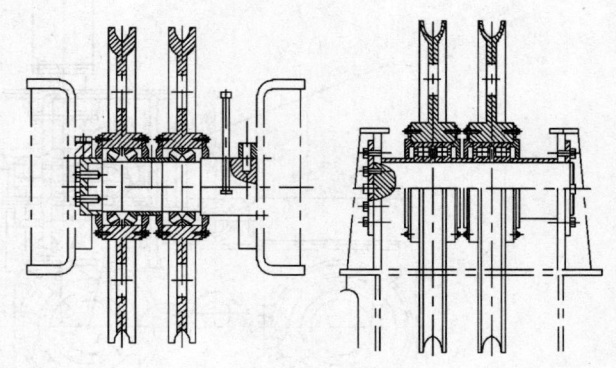

图 7-3-74　滑轮组装配支承构造

每个大车行走台车组,由一套或多套驱动装置驱动。电动机经减速器直接驱动或开式齿轮传动驱动车轮,从而实现起重机沿轨道行驶。

(二)大车行走机构的运行支承装置

1. 车轮分布形式

岸桥大车行走的每套行走台车组的车轮数量通常有 8 轮、10 轮和 12 轮。按照台车平衡梁的构造形式和车轮数量,其典型布置形式有如下几种:

(1)八轮行走台车布置形式,见图 7-3-75。

(2)十轮行走台车,有两种布置形式,见图 7-3-76。

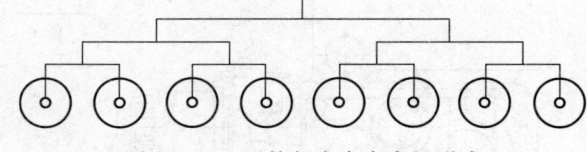

图 7-3-75　八轮行走台车布置形式

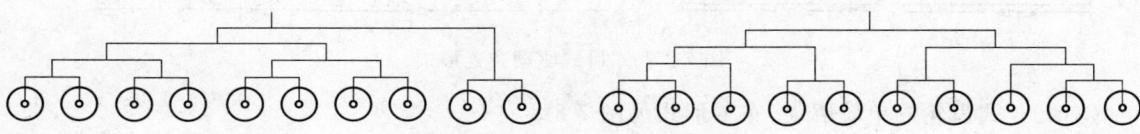

图 7-3-76　十轮台车布置形式

(3) 十二轮行走台车，主要有以下三种布置形式，见图 7-3-77。

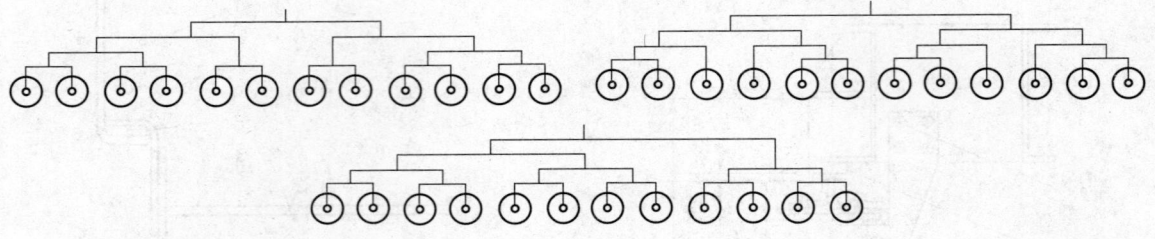

图 7-3-77　十二轮行走台车布置形式

**2. 驱动形式布置**

(1) 立式驱动，布置形式见图 7-3-78。

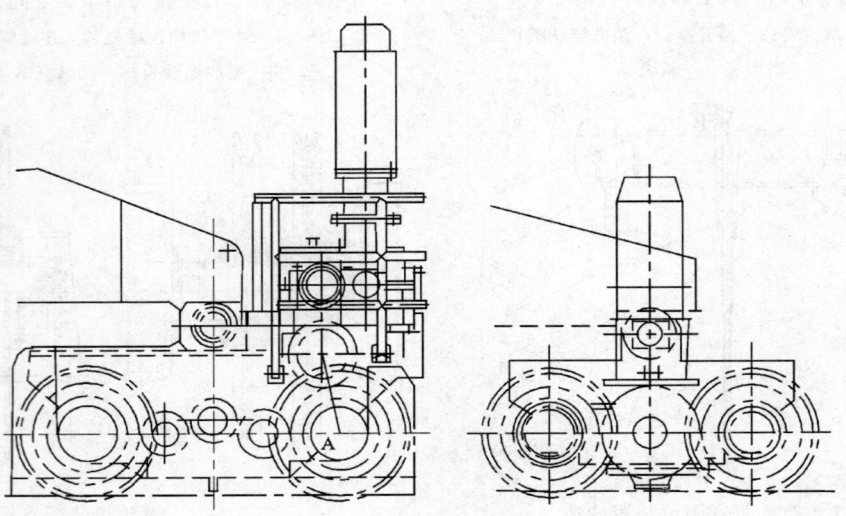

图 7-3-78　立式驱动布置

(2) 卧式驱动，布置形式见图 7-3-79。

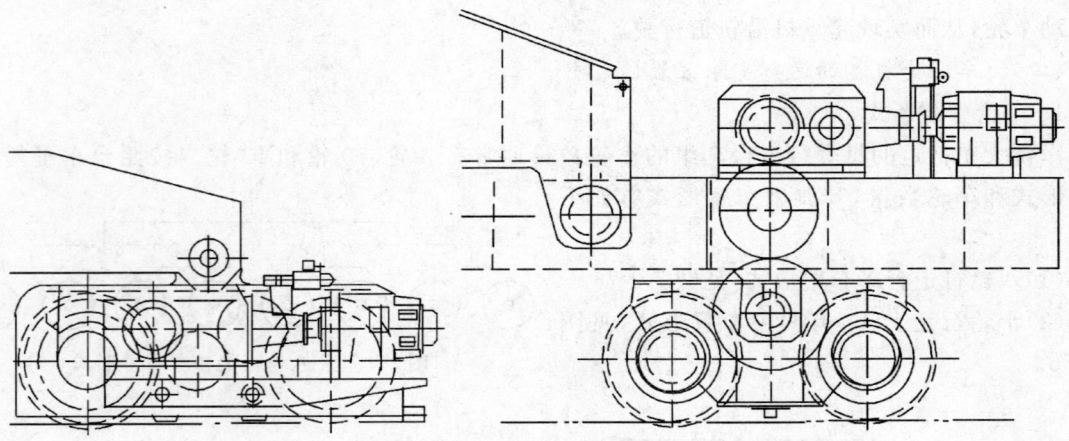

图 7-3-79　卧式驱动布置形式

(3) 无开式齿轮的单轮驱动，布置形式见图 7-3-80。
(4) 平行轴减速器驱动，布置形式见图 7-3-81。
(5) 蜗轮蜗杆驱动，布置形式见图 7-3-82。

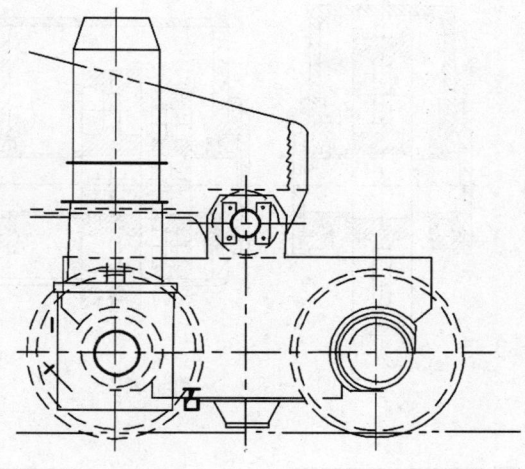

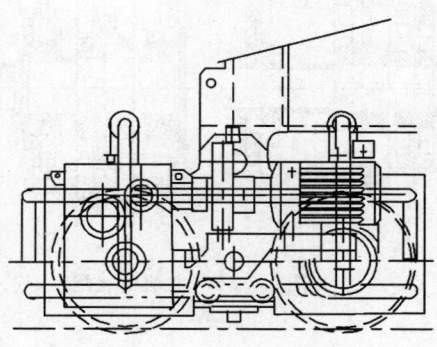

图 7-3-80　单轮驱动布置形式

(6) 全轮制动的驱动形式,见图 7-3-83。

(三) 大车行走机构的典型局部构造

(1) 车轮组装配。车轮组主动轮装配见图 7-3-84,从动轮装置见图 7-3-85。

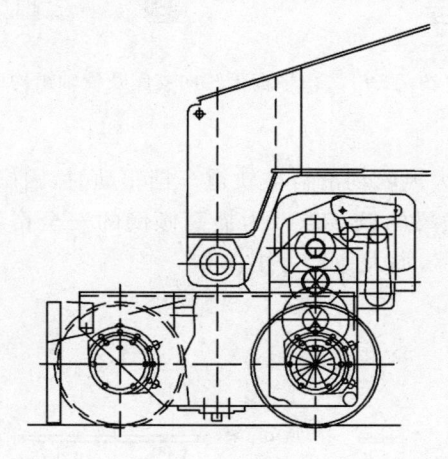

图 7-3-81　平行轴减速器驱动

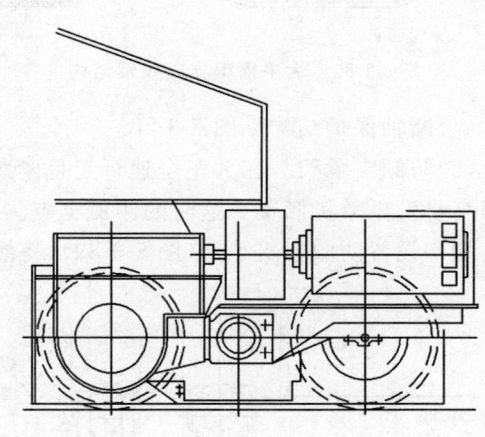

图 7-3-82　蜗轮蜗杆驱动

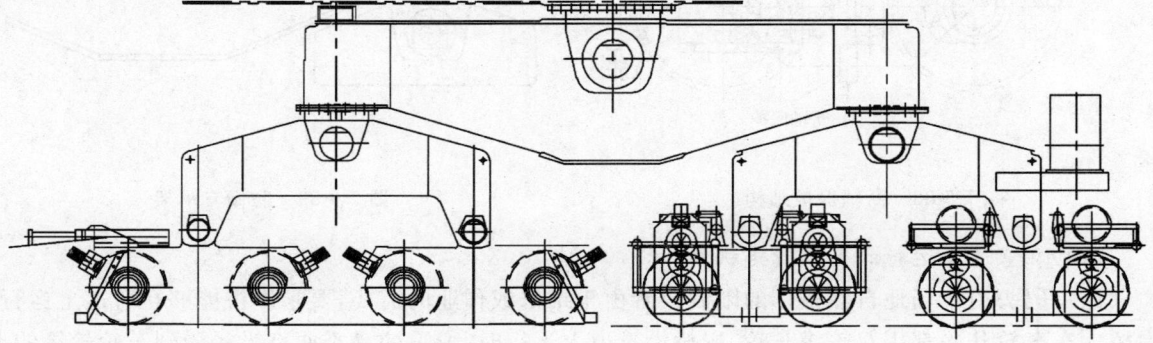

图 7-3-83　全轮制动的驱动形式

(2) 大平衡梁支座及铰轴结构见图 7-3-86。

(3) 中平衡梁转向支座及铰轴结构见图 7-3-87。

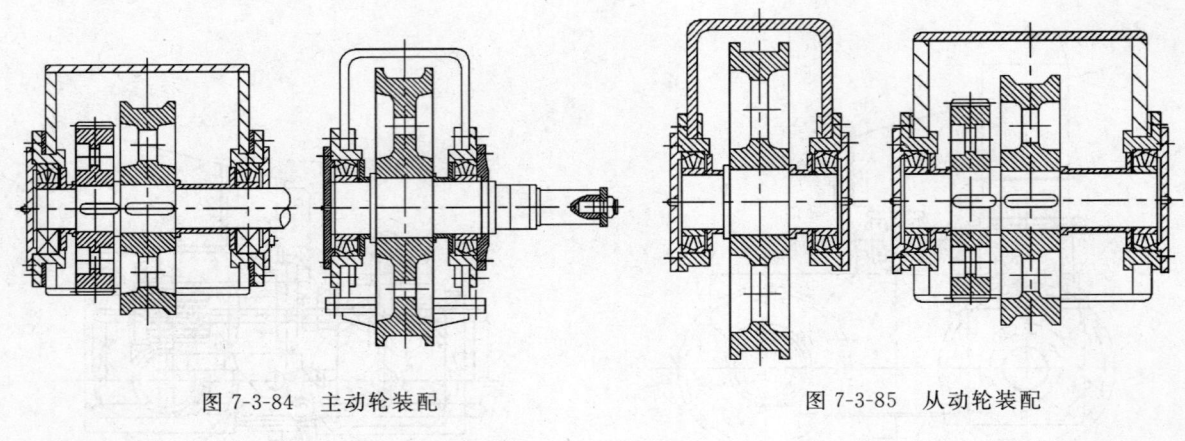

图 7-3-84 主动轮装配　　　　　图 7-3-85 从动轮装配

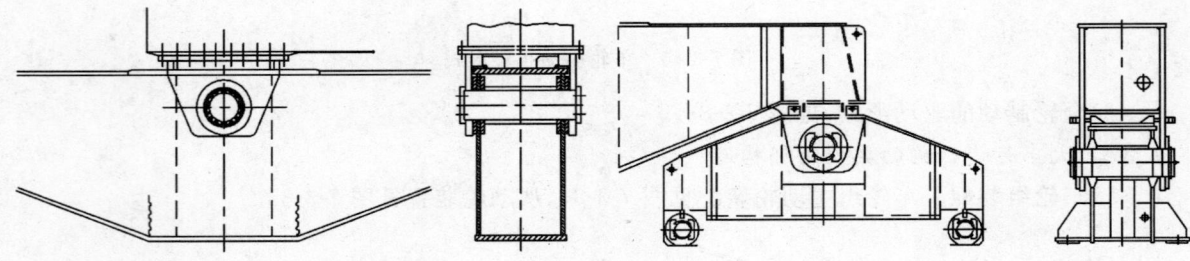

图 7-3-86 大平衡梁支座铰轴结构　　　　　图 7-3-87 中平衡梁转向支座及铰轴结构

(4) 断轴保护结构见图 7-3-88。

(5) 防倾支承架。在大车全速行走且紧急制动或遇大风吹动滑行被轨道车挡止动时,因岸桥重心很高易发生整机倾覆。这时的倾覆支点为门框和下横梁的铰接点。为提高倾倒的安全裕度,可在其端部设置防倾覆支承架(图 7-3-89),将倾覆支点外移,加大稳定力矩。

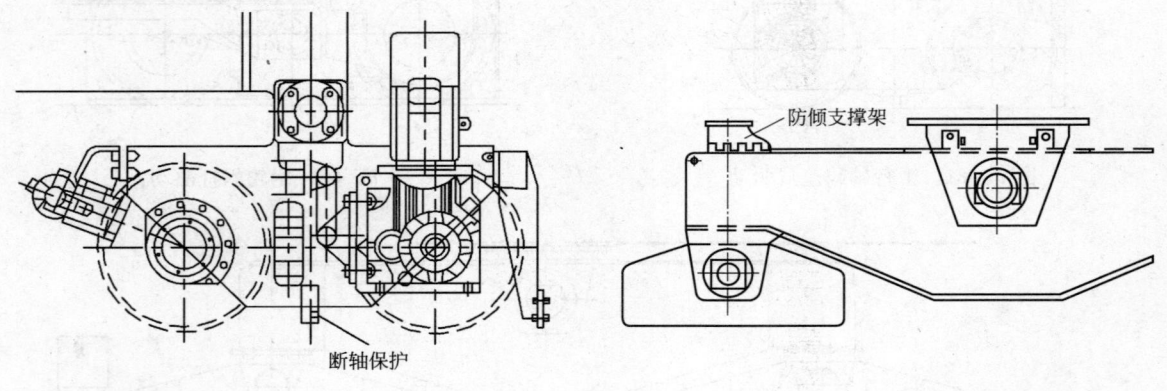

图 7-3-88 断轴保护结构　　　　　图 7-3-89 防倾支承架

(四) 在弯道上运行的大车行走机构

港口码头由于场地自然条件的限制或者由于维修或作业的需要,要求岸桥能够在弯道上运行。岸桥大车车轮几乎都用双轮缘车轮,岸桥沿弯道上运行时,弯道的最小曲率半径受到车轮轮缘的卡轨制约,当弯轨轨道的最小曲率半径小至岸桥在弯道上运行出现卡轨时,就必须采用相应的补偿或修正措施。同时电控还应能根据内外侧曲率值自动调整内外轨的车轮运行速度。

常用弯道运行的大车的补偿方法有如下几种:

(1) 转弯半径非常大,而且需要转过的角度又很小的情况下,可采用加宽车轮踏面或减小弯道处轨道踏面的方法,然后再结合立轴可回转型式的大车行走机构来实现大车转弯。

(2)当岸桥弯道具有相同方向,并且内外弯轨具有同一个回转中心时,可采用改变岸桥大车基距(加宽外轨岸桥基距),采用部分或全部立轴回转大车以及加宽车轮踏面宽度(或减小弯轨踏面宽度)相结合的方法实现大车转弯。

(3)如果弯道具有不同方向,或者弯道有不同的曲率半径,可采用偏心轴承式的大车和加宽车轮踏面(或减小弯轨轨道踏面)结合的办法。

(五)大车行走机构的主要零部件选型

大车行走机构驱动一般采用交流变频调速驱动系统。

大车行走机构驱动由直流或交流电动机、齿型联轴器、块式或盘式制动器、中硬齿面减速器、开式齿轮副、车轮和车轮支撑系统组成(图 7-3-90a)。近年来提倡全封闭驱动机构,取消开式齿轮副装置,以提高大车运行机构运行的可靠性(图 7-3-90b)。

全封闭驱动机构由减速器输出轴直接与车轮轴连接,连接方式一般采用车轮转轴插入减速器空心的输出轴内,通过花键、平键或无键夹紧胀套等方式传递转矩和支撑减速器及驱动机构的重力。为平衡车轮驱动转矩,在驱动机构的另一端设置支撑铰点。

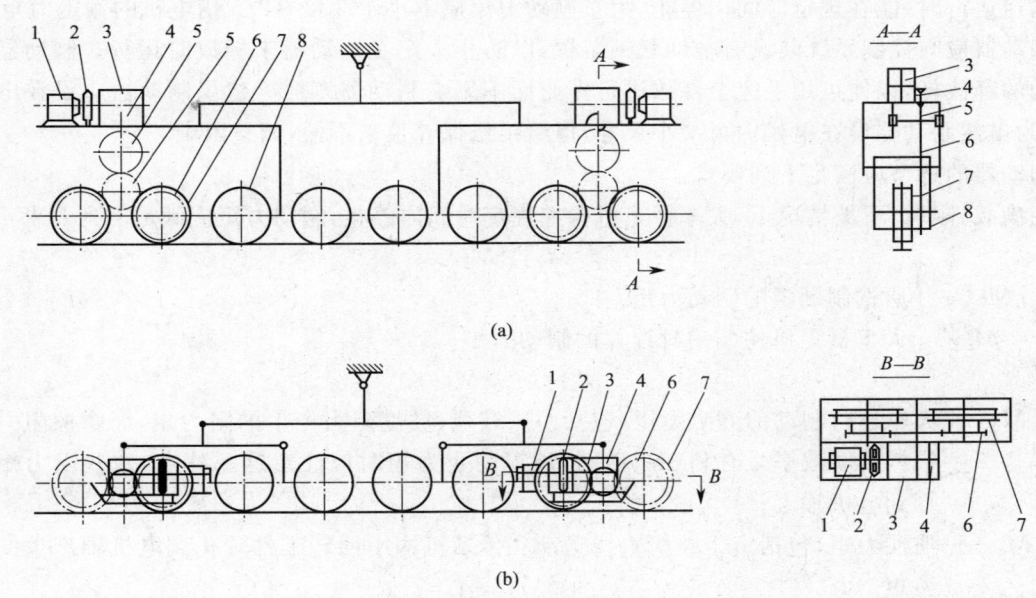

图 7-3-90 大车行走机构
1—电动机;2—制动器;3—减速器;4、5、6—齿轮;7—主动轮;8—从动轮

大车行走机构的一般要求:

(1)主动轮数必须保证车轮总数的一半,否则应进行起制动时的车轮打滑验算。大风地区甚至要求主动轮数达到总数的 2/3,可逆风行驶到锚定位置。

(2)由于岸桥在室外工作,工作环境恶劣,因此对电机有较高的防护等级要求(见本节对电机要求)。

(3)由于岸桥自重大,起制动时惯性大,特别在制动前要求先减速,起制动时间一般控制在 6 s~10 s。

(4)有可靠的安全保护装置和防碰撞措施,包括减速和终点限位开关、端部缓冲器、防风顶轨器或夹轨器、断轴保护等。

(5)安全可靠的防台风锚定和防台风钢索固紧装置或其他安全可靠的防风措施。

(6)应装设性能良好的轨道清扫器。

1. 电机及其选型

大车行走机构用电动机,其结构型式有卧式和立式两种,安装方式有底座安装和法兰安装。电动机有带制动器和不带制动器形式,其选择取决于驱动装置的布置形式。由于大车行走有间歇工作的特点,一般电机不配置风机,但要求良好的启动性能和大的过载能力。必须适应于场外环境和高温环境。对大车电机主要有如下要求:

(1)适用高温环境和室外环境的使用,绝缘等级F级。
(2)防护等级为IP54或IP55。
(3)有较大的短时过载能力,过载系数不小于2.0。

大车行走机构电动机的选型和小车运行机构电动机选型类似,须满足下列要求:

(1)机构在工作状态下的功率,应能满足在工作风力作用下能克服最大运行阻力的要求。
(2)起动能力校核,应满足规定时间内(一般$t_q=6\ s\sim10\ s$起动后)达到额定工作速度。
(3)过载能力校核,电动机功率应能满足机构在最不利情况下的短时过载能力。
(4)电动机的发热校核,大车行走机构工作时运行的距离不长,一般不作发热计算。如果标书或用户有特别的要求,按均方根功率进行校核。

### 2. 制动器选型计算和打滑验算

大车行走机构制动器应能使起重机在工作状态最大风力作用下,风从任何方向吹来,且起重机大车满速运行时,能在规定时间内停止,大车制动力矩应不小于2倍~2.5倍电机的额定力矩。

制动器应与控制系统装设有辅助联锁装置,以防止大车在制动器未释放时运行。制动器配有一手动的释放杆,以便可用手完全释放进行作业而不影响制动器寿命。建议制动器应设在电机之外,因为虽然制动器设在电机内可减小尺寸,但给维修保养带来不便,调整困难。

制动器的选型应满足下列要求:

在满载、顺风、下坡情况下,大车行走机构在规定时间内停止,制动力矩应满足下列要求:

$$[M_z]\geqslant M_z$$

式中 $[M_z]$——所选制动器的制动力矩;
$M_z$——大车行走机构制动时计算的制动力矩。

$$M_z=M_j+M_g$$

式中 $M_j$——大车运行制动的静阻力矩,包括由风载荷、坡度阻力产生的阻力矩,而摩擦阻力矩和机构传动效率是有利于制动的,计算静止力矩时应注意这一特点,这些阻力矩应换算到电机轴上;
$M_g$——惯性力矩,包括由于整机直线运动和传动机构中回转零件转化到电机轴产生的惯性力矩。

此外,还应验算在紧停工况条件下大车运行机构能在规定的行程内停止。

大车运行机构主动轮的打滑验算,可参照小车运行机构打滑验算的方法进行。

必须指出,目前各类起重机大车上广泛采用二级制动器。这种制动器有二级制动力矩,第一级制动力矩为工作平稳制动需要的力矩,使大车平稳制动,减少对岸桥的冲击和司机的不适。第二级为抗风和应急紧停需要的力矩,只在应急紧停或大风时才立即投入,第二级的制动力矩一般为第一级的2倍以上,满足在任何大风情况下,车轮都不会在轨道上滚动。

### 3. 减速器及其选型

减速器的结构型式种类很多,最常用的型式有:立式安装或卧式安装的圆柱伞齿轮减速器,立式或卧式安装的行星伞齿轮减速器,平行轴式圆柱齿轮减速器,蜗轮蜗杆减速器等。考虑到大车行走的工作特点和载荷特点,对大车减速器齿轮一般使用中硬齿面齿轮。按照选型计算,齿轮可以是渗碳淬火处理或调质处理,但必须满足用户要求或有关规范规定的强度寿命。

### 4. 联轴器及其选型要求

(1)联轴器的特点及要求

联轴器一般选用柔性联轴器,如齿形联轴器、蛇形联轴器、梅花形联轴器。其要求是易于拆装维修。

联轴器的计算载荷一般要求以 FEM 规范或标书规定的载荷组合为计算依据,其使用系数规定至少为 1.5。

(2)联轴器的选型计算

联轴器的许用力矩必须满足下式:

$$[M_L] \geqslant n M_p$$

式中 $[M_L]$——所选联轴器的许用力矩(N·m);

$M_p$——大车在工作状态下换算到联轴器轴上的最大力矩(N·m);

$n$——安全系数,一般要求 $n \geqslant 1.5 \sim 2.0$。

此外,还应校核联轴器的最大传递力矩。该力矩必须大于行走快速起动时的最大峰值力矩,同时还需考虑所选制动器的最大制动力矩。

5. 车轮及其选型计算

(1)车轮的构造特点及要求

车轮是支承整机重量和外载荷的重要部件,应满足如下要求:

第一,双轮缘的轧制车轮,车轮表面硬度大于 HB320,并符合有关规范规定。

第二,车轮踏面宽度应大于轨道头 25 mm 以上。

第三,车轮踏面应精加工成形,其外径公差应控制在 ±0.15 mm 以内,主动轮直径应控制在 ±0.051 mm 的范围之内。

第四,车轮尺寸和踏面轮廓,一般应满足用户文件规定或指定的标准,对没有指明规范的标准,可采用美国 AISE 规范或国际 ISO 标准,或《起重机设计规范》(GB 3811—2008)。

(2)车轮的选型计算

1)确定车轮尺寸的主要因素,这些因素包括:作用在车轮上的最大载荷、车轮体的材料和热处理要求、轨道的类型及轨面宽度、车轮的转速、机构的工作级别。

2)车轮计算。

车轮的计算见第三篇第八章,或《起重机设计规范》(GB 3811—2008)6.3 节。

在计算时,还应注意到:

第一,车轮上所受载荷,在选型计算时要特别注意,一般在用户文件中对车轮的轮压载荷组合有明确的规定,如无特别规定的,可以参照 FEM 规范规定的载荷组合来进行计算。

第二,必须按照用户文件确认的规范和标准对车轮尺寸进行强度和应力校核;如果用户文件无明确要求,可参照 FEM 规范中所规定的方法进行。

6. 缓冲器及其选型

在正常使用中,岸桥大车和小车很少发生碰撞,发生撞击应作为特殊载荷计算,岸桥或小车与挡块相碰撞,岸桥与岸桥相互碰撞的冲击力是利用缓冲器吸收动能来限制的,因此,应正确计算和选用缓冲器。

(1)缓冲器的特点和要求

为保证岸桥运行的安全性和可靠性,除了在行走机构上配置减速停车限位等安全限位装置,岸桥的两端还必须配置缓冲器。

缓冲器的作用是吸收冲击能量,即两台岸桥之间或岸桥与码头端部车挡之间的冲击能量,减少对岸桥的冲击。

大车和小车缓冲器大多为液气缓冲器,也有配液力缓冲器和弹性式聚氨酯缓冲器的。大车缓冲器安装在车轮台车上,其高度位置必须和码头车挡高度和相邻岸桥缓冲器高度相当。岸桥大车行走的 4 个角端部一般各配一组缓冲器,在特殊情况下,每个角也可配水平并排放置的两个缓冲器。

缓冲器应满足如下要求：

第一，当岸桥切断电源，在任一运行方向按70%的额定速度满载运行时，应具有吸收停止岸桥能量的能力。

第二，缓冲器的安装得当，碰撞时应使螺栓不直接承受剪切。

(2)缓冲器的选型计算

1)缓冲器的容量必须满足下式要求：

岸桥海陆侧每端一个缓冲器时，$KE_1 = KE_T + KE_p \leqslant 2KE_m$

其中 $KE_T = \dfrac{(DL+TL) \times v_{gl}^2}{2g}$ （kJ）

$KE_p = P \times S$ （kJ）

$P = \dfrac{Ti}{R}\eta$ （kN）

因此时电源已切断，所以 $KE_p = 0$，则撞击力 $R_1 = \dfrac{KE_T}{2SZ}$ （t）

式中 $KE_T$——起重机的惯性冲击动能(kJ)；

$KE_p$——起重机驱动力所作的功(kJ)；

$KE_m$——每个缓冲器允许吸收的容量(kJ)；

$v_{gl}$——碰撞时的速度(m/s)；

$P$——起重机的驱动力(kN)；

$DL$——固定载荷(kN)；

$TL$——小车自重载荷(kN)；

$S$——缓冲器的有效行程(m)；

$T$——电机的驱动总力矩(kJ)；

$i$——大车行走驱动机构总传动比；

$R$——大车车轮的半径(m)；

$\eta$——大车行走驱动机构的总效率；

$Z$——缓冲的效率，一般取0.8。

2)作用在缓冲器的撞击力应小于码头车挡允许承受的撞击力 $R_0$：

$$R_1 \leqslant R_m \leqslant R_0 \quad (kN)$$

其中 $R_1 = \dfrac{KE_T}{2SZ}$ （kN）

当车行走机构不是通过切断电源碰撞缓冲器时，则：

$$R_T = R_1 + \dfrac{P}{2}$$

式中 $R_T$——电源不切断时，岸桥碰撞车挡时产生的冲击力(kN)；

$R_1$——起重机断电后碰撞车挡时产生的惯性冲击力(kN)；

$R_m$——缓冲器允许的撞击力(kN)；

$R_0$——码头车挡允许承受的撞击力(kN)。

3)起重机相互间碰撞：

设一台总质量为 $m_1$ 的岸桥以 $v_1$ 速度与另一台总质量为 $m_2$ 速度为 $v_2$ 的岸桥相对碰撞，则相对碰撞的动能：

$$KE_T = \dfrac{m_1 \cdot m_2 (v_1+v_2)^2}{2(m_1+m_2)}$$

$$m_1=(DL_1+TL_1)/g, m_2=(DL_2+TL_2)/g$$

由此可见,若两台相同的岸桥相对碰撞:

$$KE_T=\frac{m_1(v_1+v_2)^2}{4}$$

若两台相同的岸桥以相同的速度相对碰撞,则:

$$KE_T=m_1v_1^2 \text{ 或}(m_2v_2^2)$$

若两台相同的岸桥,一台岸桥以速度 $v_1$ 撞击另一台静止不动的岸桥(即 $v_2=0$),则:

$$KE_T=\frac{m_1}{4}v_1^2$$

### 五、集装箱吊具系统

#### (一)概　述

岸桥主要工作对象是集装箱,因此集装箱吊具系统是岸桥的一个重要组成部分。集装箱吊具系统主要由集装箱吊具、吊具上架和吊钩横梁等几部分组成。集装箱吊具是装卸集装箱的专用索具,其通过上面四角的旋锁与集装箱的顶角配件连接,由司机操作或自动控制旋锁的开闭作业。在岸桥上,为了方便吊具的维修和保养,常采用一个吊具上架与吊具直接相连接,通过吊具上架可实现吊具的快速更换和前后倾运动。上架和吊具的连接既可以用4个锁销,也可用2个或4个插销。吊钩横梁是集装箱岸桥的辅助索具,主要用于装卸件杂货。

#### (二)集装箱吊具

**1. 集装箱吊具的布置形式**

岸桥上的集装箱吊具根据起吊效率和自动化程度的不同,主要有以下几种。

(1)单箱吊具(图 7-3-91)

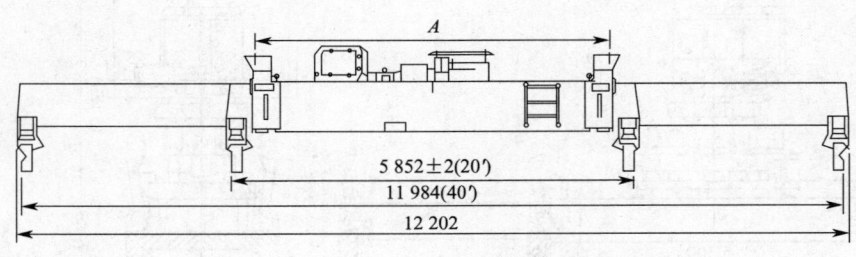
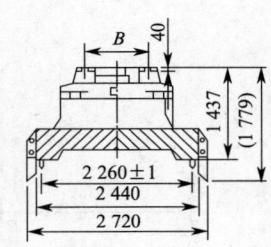

图 7-3-91　单箱吊具(mm)

单箱吊具的最大优势在于轻巧、灵活,可方便起吊 20 ft、40 ft 和 45 ft 的集装箱。该类吊具自动化程度和效率很高。吊具的四角安装四套活动导板装置,方便司机准确对箱。

(2)多箱吊具(图 7-3-92)

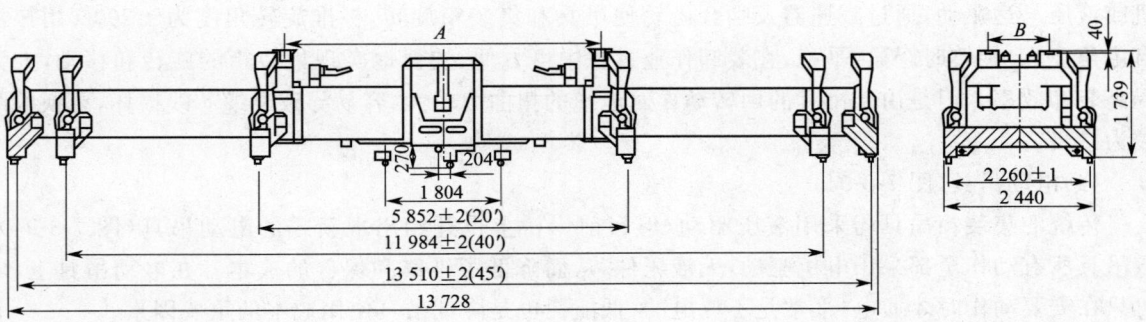

图 7-3-92(a)　双箱可分离吊具(mm)

与单箱吊具相对,多箱吊具是可以一次起吊多个集装箱的吊具,目前已出现可一次起吊2个或3个40 ft标准集装箱的吊具,经组合后也可起吊多个20 ft标准集装箱的吊具,大大提高了装卸效率。图7-3-92a所示为双箱可分离吊具,可一次起吊两只20 ft标准集装箱。与单箱吊具相比,其主要特点为吊具主梁中部有一套中间吊点装置,可以同时起吊两个20 ft标准集装箱。双箱可分离吊具有一套双箱平移机构,通过推动端部和中部吊点,带动集装箱完成箱距调整工作。吊具的端部一般都设有缓冲机构,利用一套气液阻尼系统吸收着箱时的冲击力,以改善双箱吊具的抗冲击性能,延长吊具零部件的使用寿命。

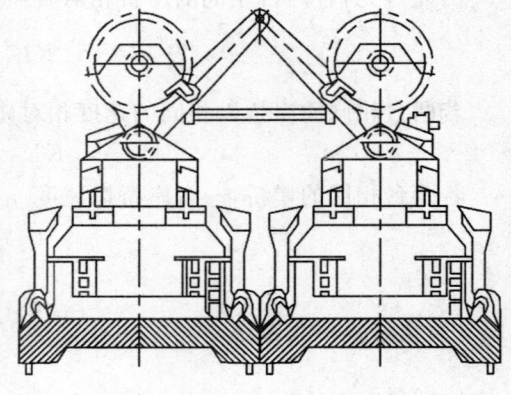

图7-3-92(b) 双箱(40英尺)吊具

图7-3-92b所示为可一次起吊两只40 ft标准集装箱的吊具,该吊具的结构特点在于其上架是两套独立的装置,之间通过2组平行的油缸相连,油缸和吊具上架通过球铰相联,通过油缸的伸缩动作就可实现2个吊具的分离;每个油缸都装有磁性尺,能准确反馈2个吊具的分离位置。

双箱(40英尺)吊具除了可完成2个40 ft集装箱作业以外,还可用2套吊具共吊4个20 ft箱。在负荷不超重的情况下,双吊具还可起吊双45 ft箱,或1个40 ft箱2个20 ft箱等,实现多种组合。

(3)旋转式吊具(图7-3-93)

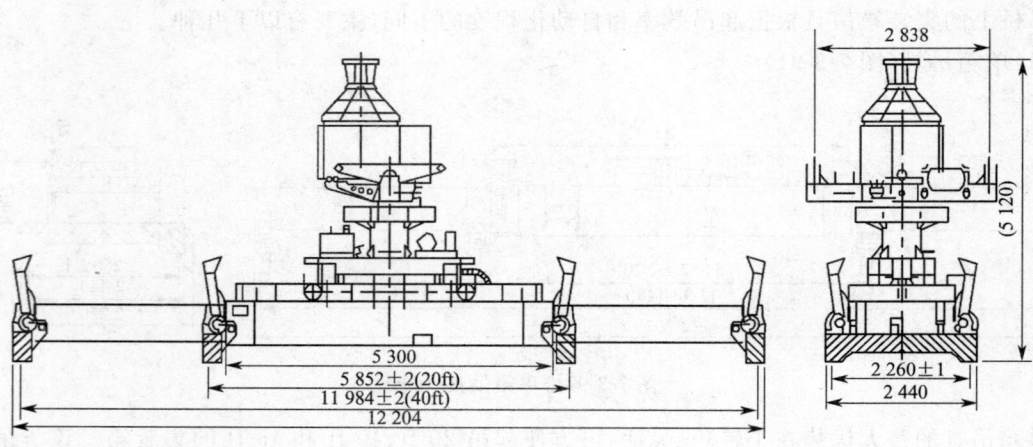

图7-3-93 旋转吊具(mm)

旋转吊具是在常规吊具的基础上增加回转和平移功能。旋转机构采用回转支承结构,由电动机或液压马达驱动,通过减速器及啮合齿轮使吊具和集装箱旋转,标准旋转角度为±200°(用户可自定角度)。旋转时轻盈、平稳,在装卸作业过程中可方便、快捷地实现集装箱的旋转和移动,大大提高装卸效率。但是由于吊具的回转动作对电缆的扭曲力较大,容易导致电缆芯线损坏,更换电缆较为昂贵。

(4)电动吊具(图7-3-94)

传统的集装箱吊具均采用液压驱动,但目前岸桥上也开始出现新式的电动吊具(图7-3-94)。该吊具所有动作全部采用电机驱动,无液压件,从而降低了维修和保养的成本。在电动吊具上,电机只在需要动作时才通电,平常是不耗电的,低能耗也是降低吊具使用成本的重要因素。

2. 集装箱吊具的设计计算

集装箱吊具的选型和设计参见第三篇第六章。

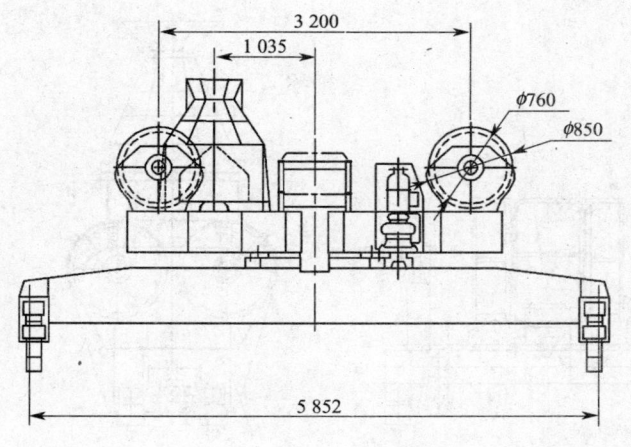
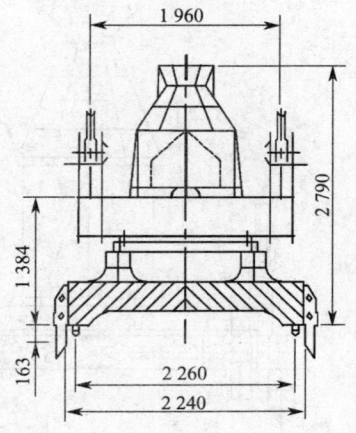

图 7-3-94 电动吊具(mm)

### (三)吊具上架

**1. 普通式吊具上架(图 7-3-95)**

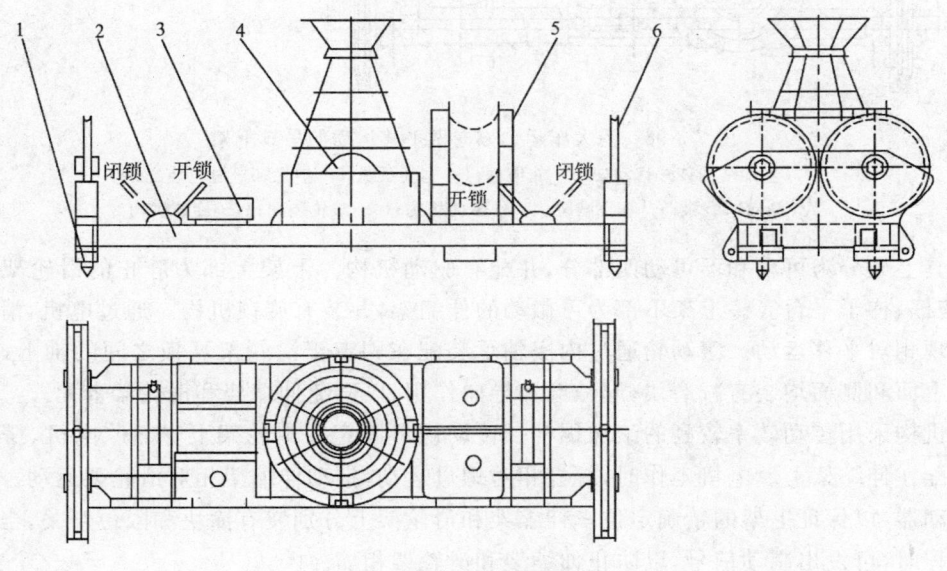

图 7-3-95 普通式吊具上架
1—旋锁机构；2—上架结构；3—电气系统；4—储缆框；5—护栏；6—滑轮装置

吊具上架一般由结构件、滑轮组、储缆框和旋锁机构等组成。起升钢丝绳通过小车上的滑轮与吊具上架上的 4 个滑轮相连。该 4 个滑轮旁装有防护块以防钢丝绳出槽。上架上的储缆框用于吊具电线的收放与存储,储缆框内装有一个玻璃钢制锥形导向体,它使吊具电线按单一方向有规则盘绕。在储缆框的入框处一般有一个尼龙导向圈,以减小电缆的出入框阻力。吊具上架上有两套手动旋锁机构,通过旋锁与吊具相联(也可采用插销)。吊具上架的旋锁通过旋锁螺母支承在一个座套上,在该座套上平面开有润滑油槽,以保证支承面能得到良好的润滑。座套由青铜制成,能承受较大的轴向冲击力。固定式护套起到保护旋锁和导向的作用。在旋锁机构的手柄上安装有两个限位开关,它与电控系统一起组成了安全保护信号,确保只有当完全开锁或完全闭锁时,才能做起升动作。吊具上架的主梁采用工字形梁,使整个上架结构具有足够的强度和抗扭刚度。

**2. 沿大车运动方向做平移运动的吊具上架(图 7-3-96)**

当吊具在岸桥大车行走方向上与集装箱之间有小偏差时,不需起动大车行走机构,就能实现很好的对箱,从而提高了装卸效率,同时还能够调整集装箱的过分偏载(图 7-3-96)。

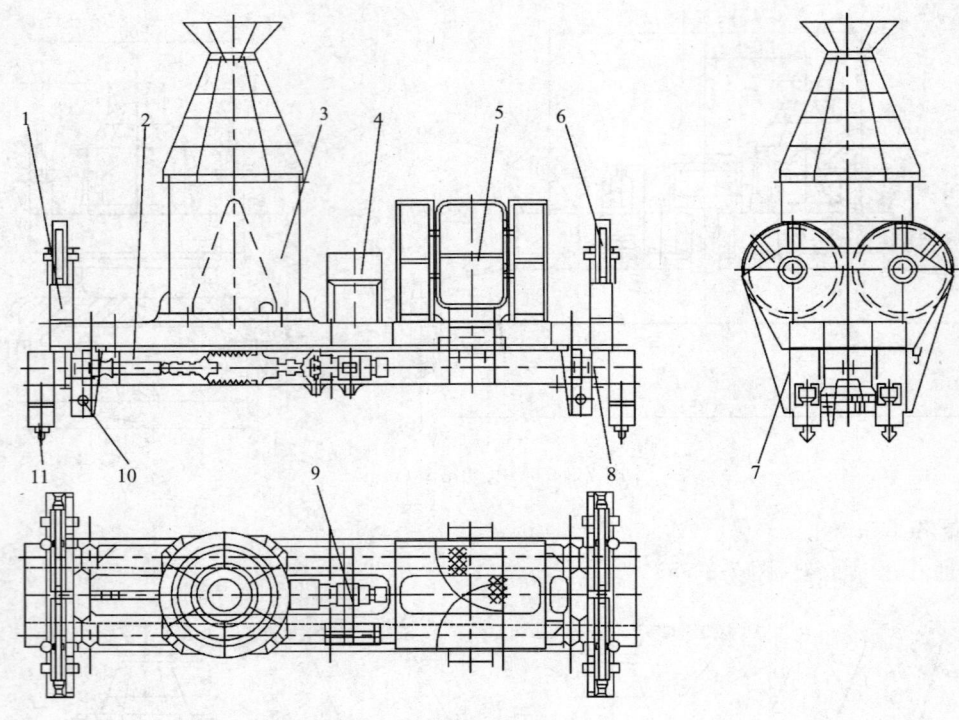

图 7-3-96 沿大车运动方向做平移运动的吊具上架
1—主梁结构；2—移动架；3—储缆框；4—电气系统；5—护栏；6—滑轮装配；
7—侧向减磨块；8—垂直减磨块；9—驱动机构；10—滚轮装配；11—旋锁机构

该吊具上架分为可动和不可动两部分，并配有驱动机构。上架上部为静止的滑轮架，滑轮、电气箱、储缆框、梯子平台等。上架下部为可微动的伸缩架，并装有旋锁机构。通过电机，滑轮架和伸缩架可实现相对平移运动。滚动轮通过内嵌轴承装配在固定于滑轮架耳板之间的轴上，滑轮架和伸缩架的上面和侧面均装有减磨块，起减磨和导向作用，以避免伸缩架和滑轮架卡死。

驱动机构采用传动效率较高的滚珠螺杆。传动螺母固定在滑轮架上，螺杆、电机、摆线针轮减速器等装配在伸缩架上。电机工作时，螺杆相对螺母运动，推动伸缩架相对滑轮架运动。电机尾端部带有制动器，以保证上架的精确定位。伸缩架和滑轮架上分别装有撞块和限位开关，当达到中位及最大行程时，可发出制动信号，以防止伸缩架和滑轮架相撞。

3. 沿小车运动方向做平移运动的吊具上架（图 7-3-97）

图 7-3-97 所示吊具上架可在小车行走方向做平移运动，该上架分可动和不可动部分。上架上部为固定的滑轮架，上架下部为可微动的伸缩架，并装有旋锁机构。伸缩油缸的一个支点与滑轮架相联，另一个支点与伸缩架相联。在油缸的推动下，滑轮架与伸缩架之间就能实现前后相对平移运动。伸缩架和滑轮架上分别装有撞块和限位开关，当达到中位及最大行程时，可发出制动信号，以防止伸缩架和滑轮架相撞。

（四）吊钩横梁

如图 7-3-98 所示，吊钩横梁一般由吊钩、吊钩螺母、推力轴承、横梁和承载结构件组成。为了方便系物，吊钩用止推轴承支承在横梁上，可以绕垂直轴线旋转。在吊钩螺母上用止动板来防止其松动。同时，吊钩螺母可以防止灰尘进入止推轴承。吊钩尾部采用梯形螺纹，吊钩钩身采用梯形的断面形状，受力合理，制造也较容易。在吊钩头部还装有弹簧自动复位的安全封口板装置，以防系物绳脱钩。钩头有单钩和双钩两种形式，一般单钩多用于中小起重量的岸桥上，双钩虽然制造较复杂，但受力条件好，钩体材料能得到充分利用，所以多用于较大起重量的岸桥上。吊钩横梁的结构件要求具有足够的强度和刚度，其与吊具上架的连接既有锁销式又有插销式。同时为了方便安放

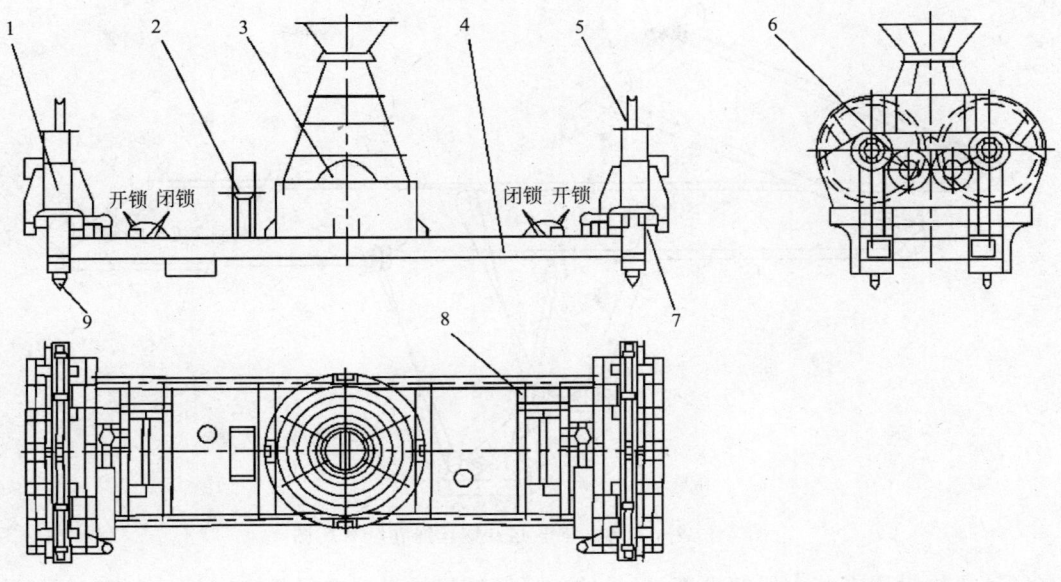

图 7-3-97 沿小车运动方向做平移运动的吊具上架
1—滑轮架结构;2—电气系统;3—储缆框;4—连接架结构;
5—滑轮装配;6—减摇装置;7—滑块装置;8—差动油缸和液压系统;9—旋锁机构

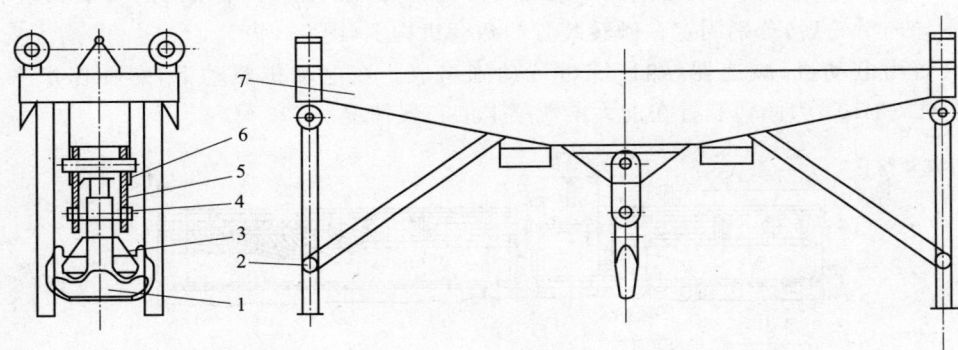

图 7-3-98 吊钩横梁
1—吊钩;2—腿;3—安全封口板装置;4—横梁;5—推力关节轴承;6—吊钩螺母;7—横梁结构

和运输,在吊钩横梁上还装有支腿和叉槽。

吊钩的设计计算见第三篇第四章。

### 六、辅助机构

#### (一)吊具倾转装置

#### 1. 功能和形式

岸桥将集装箱从船上卸到码头的集卡上,或从集卡装到船上时,由于卡车停放位置不可能完全与起重机轨道平行,而停靠在码头边的船舶也不可能使船上的集装箱处于理想水平状态,因此必须配备集装箱吊具的倾转装置,才能确保吊具迅速、准确地对箱,提高岸桥的装卸效率。吊具倾转装置应能使吊具在水平面内作一定角度的回转并在左右和前后方向作一定角度的倾转。通常,吊具在水平面内的回转角取为 $\pm(3°\sim5°)$,左右倾转角取为 $\pm3°$,前后倾转角取为 $\pm(3°\sim5°)$。

岸桥的起升钢丝绳卷绕系统见图 7-3-99。

牵引式小车在大梁上作水平移动,集装箱吊具保持水平且与小车一同运行。吊具的水平回转以及左右和前后倾转,依靠倾转装置来完成。倾转装置通常由三套机构组成,其中水平回转和吊具

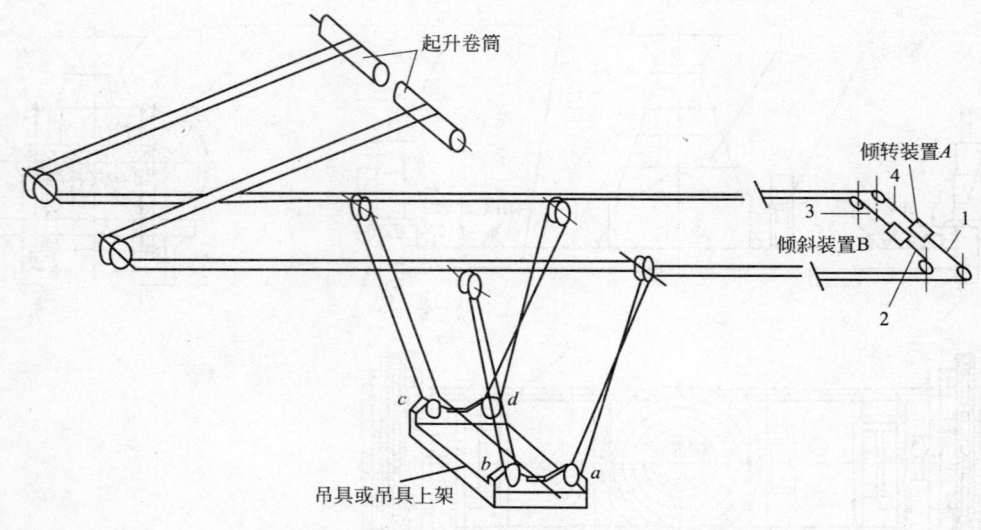

图 7-3-99　方案一中的起升钢丝绳卷绕系统图

的左右倾转机构设置在前大梁的端部，吊具的前后倾转机构设置在吊具上或吊具上架上，也可设在后大梁的尾端。

(1) 方案一

从起升卷筒出来的钢丝绳绕过后大梁尾部的导向滑轮，悬挂在小车架的起升滑轮组和前大梁端部的水平导向滑轮后，分别固定在倾转装置的两套机构上（图 7-3-99）。

倾转装置由电动机、减速器、螺杆螺母传动副组成。在电动机驱动下，螺杆作水平移动（图 7-3-100）。图 7-3-101 为倾转装置在前大梁端梁上的布置情况。

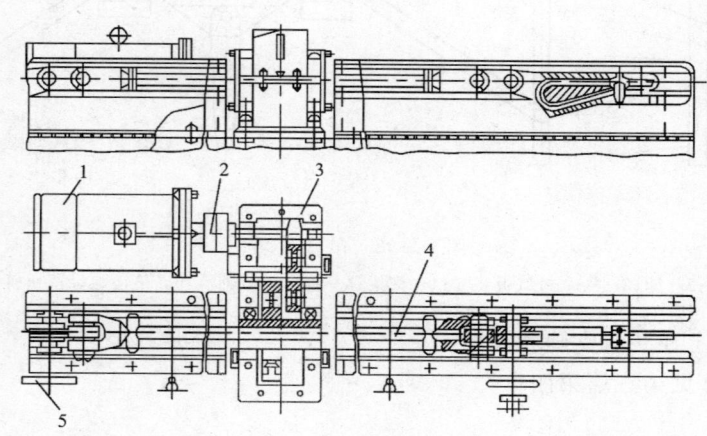

图 7-3-100　倾转装置机构
1—电动机；2—联轴器；3—减速器；4—螺杆；5—限位开关撞块

设起升机构处于静止状态。由图 7-3-99 和图 7-3-101 可见，当两套螺杆作同向运行，即 A、B 两套机构的螺杆同时向右运动时，钢丝绳 1 和 2 相对伸长，钢丝绳 3 和 4 相对缩短，使吊具（或吊具上架）上的 $a$ 点和 $b$ 点下降，$c$ 点和 $d$ 点上升，吊具（或吊具上架）向右倾转；反之，A、B 两套螺杆同时向左运动时，吊具（或吊具上架）向左倾转。

当 A、B 两套螺杆反向运行，即螺杆 A 向右、螺杆 B 向左运动时，钢丝绳 1 和 3 相对伸长，钢丝绳 2 和 4 相对缩短，使吊具（或吊具上架）上 $a$ 点和 $c$ 点的起升滑轮组的倾角减小，$b$ 点和 $d$ 点的起升滑轮组的倾角增大，吊具向左作逆时针水平回转；反之，螺杆 A 向左、螺杆 B 向右运动时，吊具向右作顺时针水平回转。

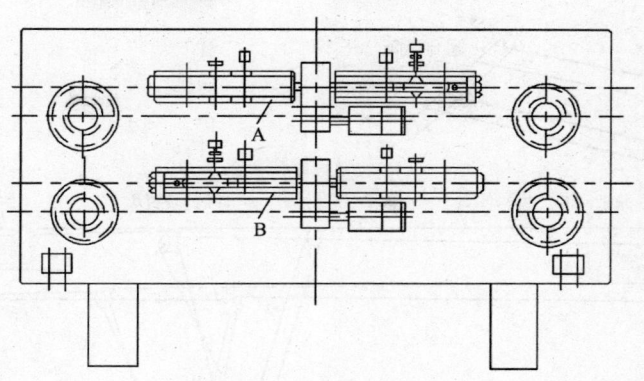

图 7-3-101　倾转装置布置

螺杆运动的极限位置和中点位置分别由三个限位开关来控制，两套螺杆的同步由电气控制来保证。

吊具的前后倾斜通过吊具上的两组液压缸分别伸缩来完成，如图 7-3-102 所示。

倾转装置 A、B 两套螺杆也可用双出杆液压缸来代替（图 7-3-103），能达到同样的效果。

按图示绕绳方式，可以通过两套机构的联动来控制吊具的左右倾转和前后倾转，电气控制较为简单。

（2）方案二

用方案一中的两套螺杆（或液压缸）来完成吊具（或吊具上架）的水平回转和左右倾转，另用后大梁尾部的四个液压缸（或螺杆）5、6、7、8 来完成吊具的前后倾斜（图 7-3-104）。

当液压缸 5 和 8 的活塞杆伸出，液压缸 6 和 7 的活塞杆缩回时，吊具上 $a$ 点和 $d$ 点的起升滑轮组伸长，$b$ 点和 $c$ 点的起升滑轮组缩短，吊具向前倾斜，反之，吊具后倾。

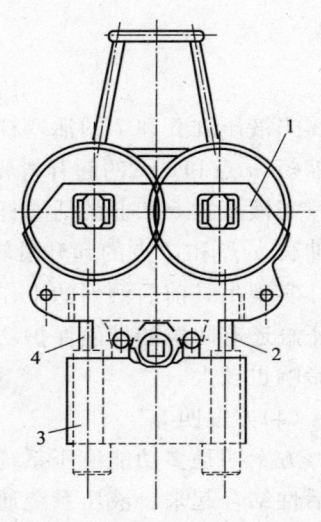

图 7-3-102　吊具前后倾示意图
1—吊具上架；2、4—液压缸；3—吊具

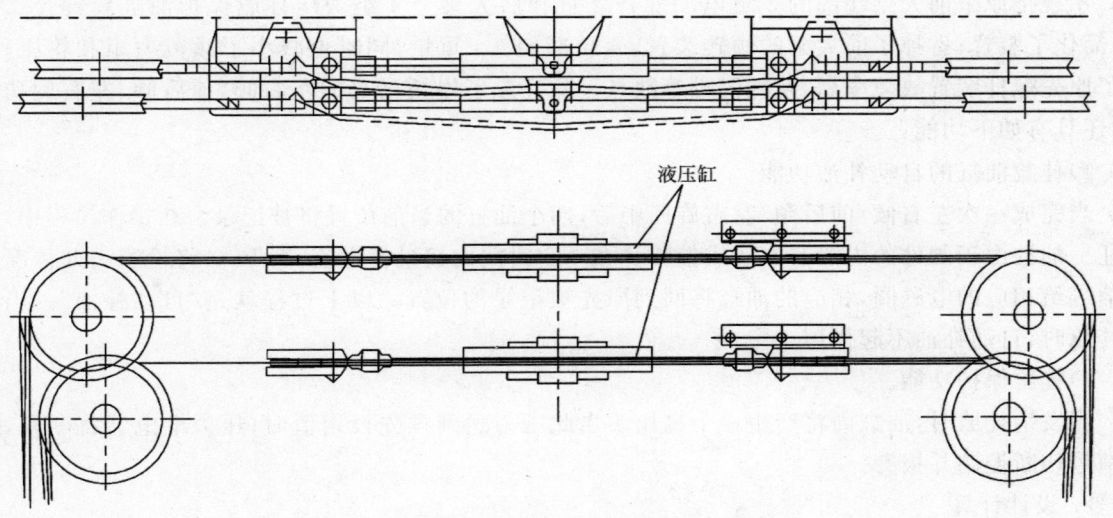

图 7-3-103　倾转装置布置

（3）方案三

取消方案二中设置在前大梁端部的两套机构，吊具的水平回转以及前后和左右倾斜，均由设置在后大梁尾部的四个液压缸来完成，称多功能系统。

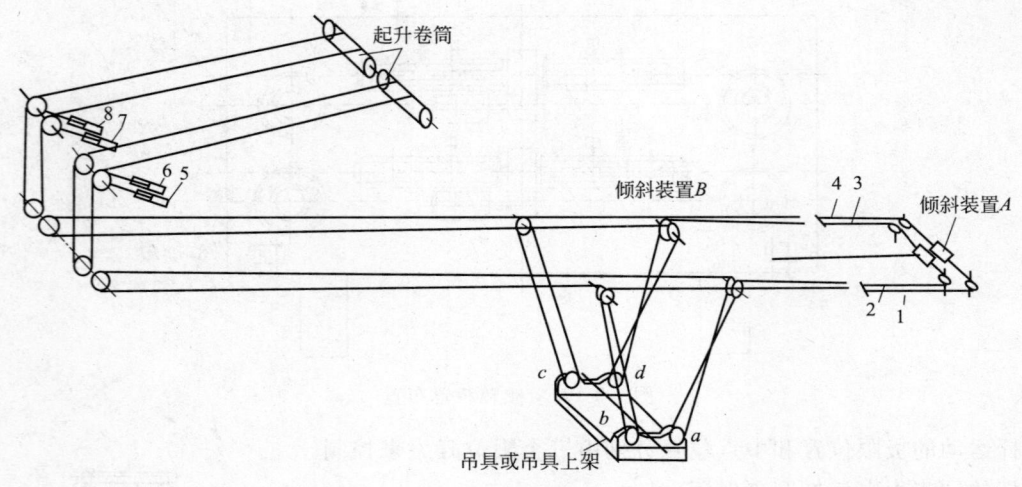

图 7-3-104　方案二中起升钢丝绳卷绕系统

当液压缸 5 和 7 的活塞杆伸出、液压缸 6 和 8 的活塞杆缩回时，吊具上 $b$ 点和 $d$ 点的起升滑轮组缩短，$a$ 点和 $c$ 点的起升滑轮组伸长，吊具向右作顺时针水平回转；反之，吊具向左作水平回转。

当液压缸 5 和 6 的活塞杆缩回、液压缸 7 和 8 的活塞杆伸出时，吊具上 $a$ 点和 $b$ 点的起升滑轮组伸长，$c$ 点和 $d$ 点的起升滑轮组缩短，吊具向右倾斜；反之，吊具向左倾斜。

实现吊具前后倾斜的工作原理与方案二完全相同。该方案中的液压控制系统比较复杂。四个液压缸还有防摇的挂舱保护功能。同时在集装箱吊运过程中，因载荷的变化和波动，对液压系统压力影响也较大。

（4）方案四

方案四是多功能液压系统，采用电液比例控制技术，把液压的动力传动与电子控制的精确性、灵活性结合起来。液压系统通过比例电磁铁及油缸上的直线位移传感器，为电子控制提供接口，从而能通过 PLC 进行编程，实现多功能油缸活塞杆移动的无级调速，达到各油缸的同步、位置记忆、快速回零等动作。其控制见图 7-3-105。

系统把原来前大梁端部的 3 组电动螺杆装置和后大梁上 4 组液压挂舱保护油缸装置合二为一，简化了装置；省掉了前大梁的倾转装置，直接减轻 4 t 重量，同时也减小了倾覆力矩和轮压；克服了原先螺杆装置故障率高、换绳困难等缺点。除完成了岸桥吊具的左右倾、前后倾、左右旋功能外，还具有如下功能：

1）挂舱油缸的自动补油功能。

当完成一次左右倾/前后倾/左右旋回中后，四个油缸的当前位置将被记录。在操作过程中，如果任一油缸由于阀件的内泄漏而造成偏移量在一定时间内超过设定值，则 PLC 将检测出此情况并发信号给相应的电磁圈，相应的油缸将回到原先被记录的位置。以上过程就是"自动补油"。当发生挂舱时，自动补油不起作用。

2）挂舱保护功能。

当发生挂舱时，油缸内将产生一个高压。当此压力达到预先设定值时，压力继电器将断开，发出信号切断控制并报警。

2. 设计计算

当吊具作前后和左右倾斜时，吊具上各点起升滑轮组的倾角变化甚微，集装箱的重心位置和钢丝绳的受力基本不变。吊具水平回转时，情况则有所不同，其中位于对角线上的一对起升滑轮组的倾角有较大增加，另一对则明显减小。倾角增大的滑轮组，受力增加；倾角减小的滑轮组，受力减小。

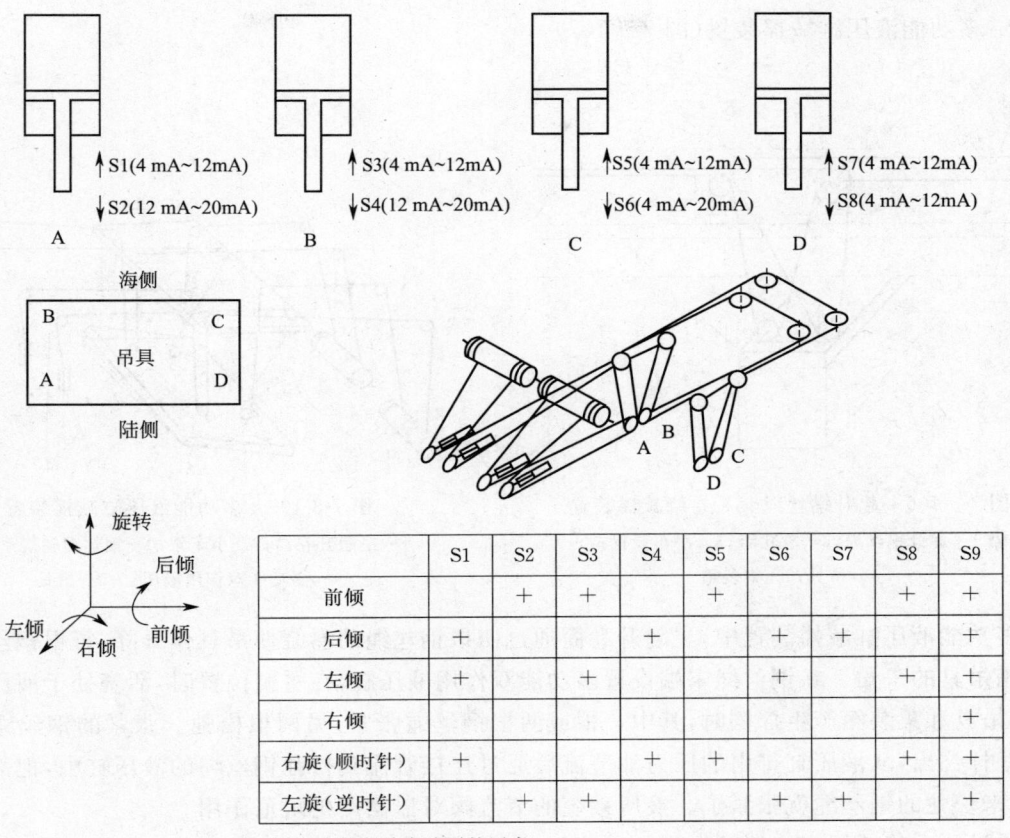

图 7-3-105 多功能液压系统的控制

倾转装置的螺杆或液压缸所需的驱动功率 $P(\mathrm{kW})$ 可表示为：

$$P = P_1 + P_2$$

式中  $P_1$——克服吊具倾转时钢丝绳所需张力差（由于货物装箱不均匀和起升滑轮组倾角不同引起）所需的功率（kW）；

$P_2$——克服螺杆（或活塞杆）运动和钢丝绳绕过滑轮的摩擦阻力所需的功率（计算时，此功率常用效率考虑）（kW）。

倾转装置的螺杆螺母副必须能承受起升钢丝绳的最大载荷。

(二) 减摇装置

岸桥在作业过程中，由于水平惯性力和风力等载荷的作用，集装箱吊具将在铅垂平面内产生来回摇摆及在水平平面内产生扭转振荡，给吊具旋锁与集装箱角配件的精确对中及集装箱的准确堆放带来很大困难。吊具的减摇装置就是使摆动迅速衰减，让集装箱吊具在尽可能短的时间内恢复到静止状态（平衡位置）或摆幅减小到允许范围内，从而提高作业效率。目前，世界各国对吊具减摇装置的性能要求是，起吊离地 10 m，小车以额定速度运行，制动停车后 10 s 内，吊具的摆幅控制在±100 mm 以内。

岸边集装箱起重机的减摇装置主要有：

1. 起升钢丝绳交叉卷绕减摇装置（图 7-3-106）

起升钢丝绳交叉卷绕减摇装置实际上并不是一种专门的减摇装置，而是一种加大起升钢丝绳与水平之间夹角来增加减摇效果的方法。它是将起升钢丝绳交叉卷绕，加强其在摇摆过程中调整张力和阻摇的能力。这种减摇装置结构简单，但增加了钢丝绳的反弯次数，影响起升钢丝绳的使用寿命，并且减摇效果也不明显。当集装箱吊具吊重不一样时，减摇效果差异也很大。

## 2. 多功能液压缸减摇装置（图 7-3-107）

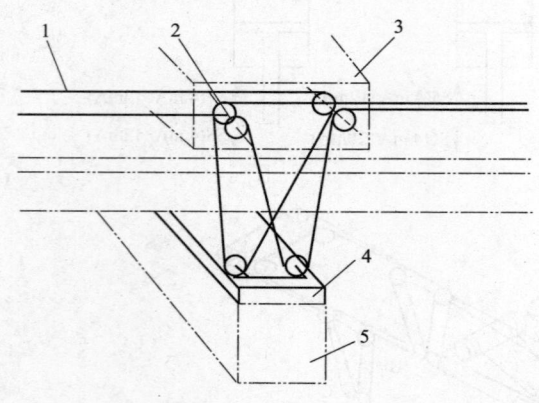

图 7-3-106 起升钢丝绳交叉卷绕减摇装置
1—起升钢丝绳；2—滑轮组；3—小车装置；
4—吊具；5—集装箱

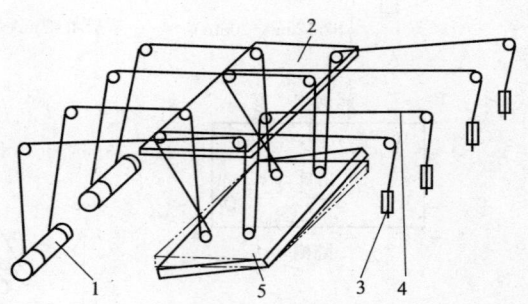

图 7-3-107 多功能液压缸减摇装置
1—主起升卷筒；2—小车架；3—钢丝绳卷绕系统；
4—多功能双作用液压缸；5—吊具

多功能液压缸减摇装置中，主起升卷筒通过四根钢丝绳的卷绕使吊具作升降，每根钢丝绳吊起集装箱吊具的一角。在钢丝绳末端设置多功能双作用液压缸，在平衡位置时，活塞处于液压缸的中位，当吊具和集装箱产生摇摆时，其中一根或两根钢丝绳张紧，另两根松弛。张紧的钢丝绳把液压缸活塞杆拉出，从液压缸排出的压力油节流后通过连接管流到松弛钢丝绳的液压缸中，把活塞杆推入，原来松弛的钢丝绳就张紧了。液压系统的节流阀对摇摆产生阻尼作用。

通过压力传感器和比例阀得到与载荷相对应的钢丝绳张紧阻尼力，使各个方向上的消摆效果基本上不随载荷的大小而变化。

液压系统见图 7-3-108。

### 3. 分离小车式减摇装置

运行小车以额定速度行驶时，装在分离式小车上的四组起升滑轮组的定滑轮通过链条或螺杆驱动向两边分离，使起升滑轮组呈 V 字形状态。在小车减速停止过程中，吊具与集装箱向运行方向摆动，但在 V 字形起升滑轮组钢丝绳张力牵制下摆角很小，基本上仍处在运行小车的铅垂中心线上。分离小车的分离距离越大，减摇效果越明显。如果在运行小车下再加设滑轮组摆动阻尼装置，减摇效果更为明显。

当运行小车位于船舱上方起升或下降集装箱时，分离小车向中间靠拢，使起升滑轮组不致因开口过大而擦碰舱壁。

### 4. 跷板梁式减摇装置（图 7-3-109）

跷板梁式减摇装置设置在运行小车下方，起升滑轮组的定滑轮设在跷板梁上，当运行小车以额定速度运行时，集装箱及吊具大致位于运行小车铅垂中心线上。小车减速制动时，吊具向前进方向摆动，跷板梁也随着倾斜，位于小车架与跷板梁之间的缓冲液压缸便吸收能量，阻止集装箱吊具继续向前摆动。当集装箱吊具反摆时，跷板梁也随着反向倾斜，另一侧的缓冲缸（或同一油缸另一腔）继续吸收能量。通过如此反复，达到减摇目的。

除上面介绍的减摇装置外，目前市场上还有其他新的减摇装置，如电气减摇系统，吊具阻尼滑轮减摇装置等。各种减摇装置有各自的优缺点，设计者和用户可根据自身需要和实际情况选用。

### （三）挂舱保护装置

在起吊集装箱作业的过程中，有可能出现的情况是：当空吊具或满载吊具从船舱内滑道高速起升出舱过程中，发生吊具、集装箱与滑道卡住；当吊具起吊甲板上的集装箱而该集装箱与下层集装箱之间的锁销尚未打开。因此，近几年岸桥上开始设置挂舱保护装置。该装置应包括液压缸支持

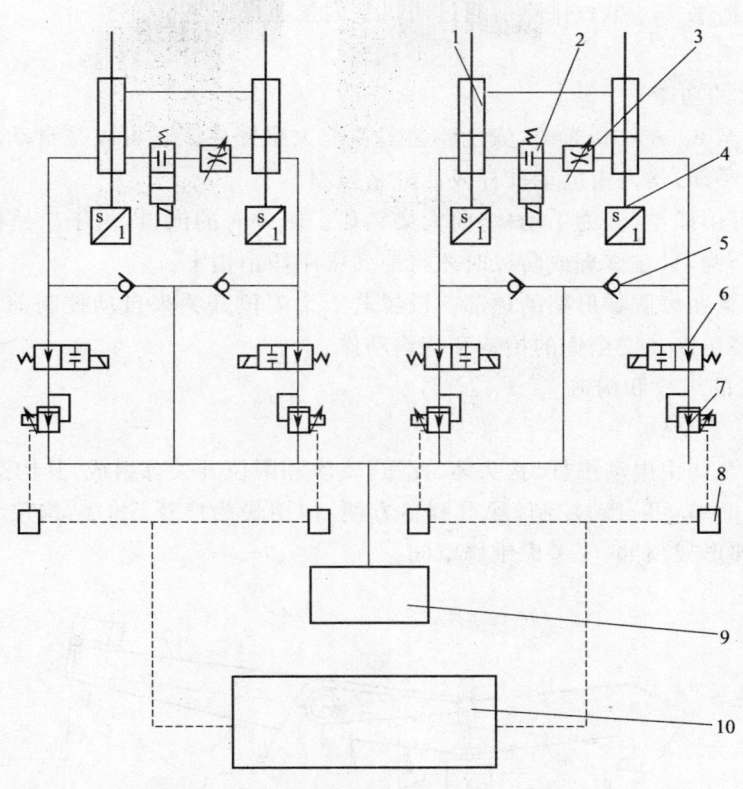

图 7-3-108　多功能液压缸减摇装置液压系统工作原理
1—多功能双作用液压缸；2—平衡电磁阀；3—节流阀；4—行程测量系统；
5—防气蚀阀；6—截止电磁阀；7—连续可调减压阀；8—放大器；9—泵站；10—称重测量系统

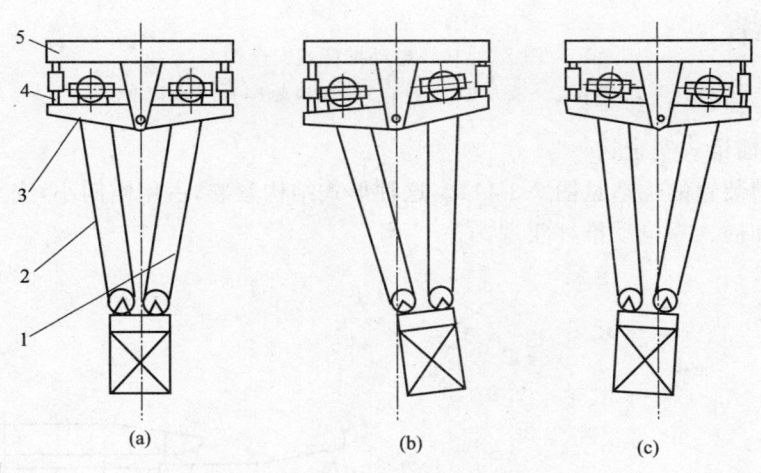

图 7-3-109　跷板梁式减摇装置
1—右侧起升滑轮组；2—左侧起升滑轮组；3—跷板梁；4—缓冲液压缸；5—运行小车架

的主起升滑轮，滑轮装在大梁上后伸距处有枢轴的臂上，能吸收挂舱时的能量。该装置必须是瞬时的在任何超载或过电流限制动作之前就动作，并且此装置应是在电控室可持续地复位的，而不需要维修人员去调节或复位挂舱保护设备的任何装置。

电气系统从电动机电流、荷重传感器检测到超载信号。经 PIC 控制系统比较，反馈控制断电、制动器上闸直至最终停车，延续近 1 s 时间。这段时间内超载载荷将对结构、机构等造成很大的损伤。为保证从发生挂舱至最终停车期间能迅速释放挂舱载荷，一般是通过在后大梁尾部，起升改向滑轮处设四只可单独动作的防挂舱油缸，一旦挂舱，将大量释放油缸内高压油，直至与岸桥结构、机构等所能承受的载荷平衡。事故排除后通过司机室内按钮操作复位。

(四) 安全钩装置

1. 安全钩装置的功能

当前大梁仰起至 80°左右位置时,安全钩装置将前大梁锁住。它可以是自动的,也可以是手动的。无论自动还是手动,均需由电动推杆或油缸来控制。

在修理时,还可用插销(多为手动)将前大梁锁住。国外有的港口,由于岸桥前大梁常处于 45°仰角,因而不设安全钩,只在修理或防风时才将前大梁用插销锁牢。

安全钩装置设置在海侧梯形架的顶部。设置若干个限位开关来自动控制前大梁钩区减速、钩区停止、极限位置停止以及安全钩的抬钩和落钩动作。

2. 安全钩装置的组成和构造

(1) 电动推杆式安全钩

电动推杆式安全钩由电动推杆、钩头体、配重、支座和限位开关等组成,其构造见图 7-3-110。

这种形式结构简单,可自动控制,配重调整方便,使用最为广泛。但结构尺寸较大,占空间较大,若布置在海侧梯形架顶部,要考虑维修空间。

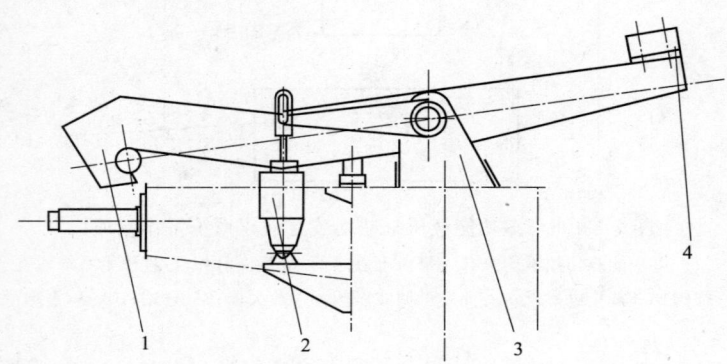

图 7-3-110　电动推杆式安全钩

1—钩体;2—液力电动推杆;3—安全钩支座;4—安全配重

(2) 电动推杆插销式安全钩

电动推杆插销装置的构造见图 7-3-111。这种形式结构紧凑,占用空间小,安全可靠,能自动控制。插销的拉出和插入靠电动推杆实现。

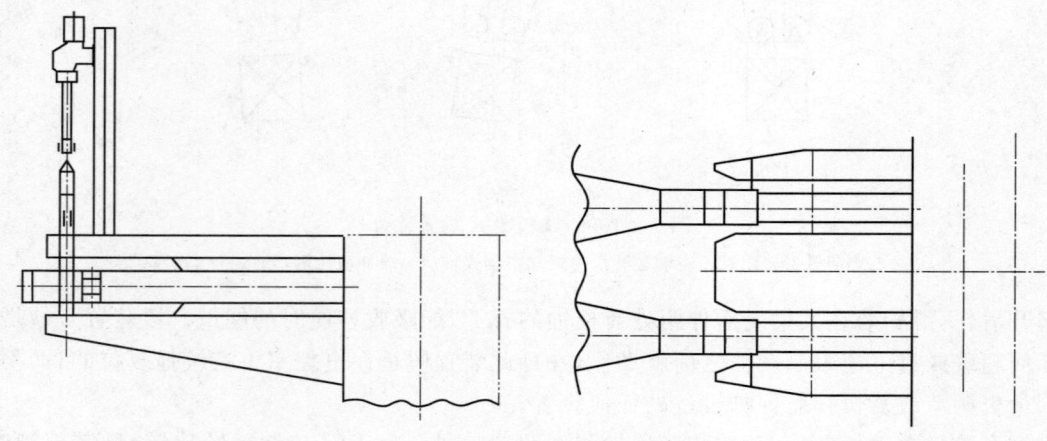

图 7-3-111　电动推杆插销式安全钩

(3) 手动插销式安全钩

手动插锁式安全钩由插销轴、锚定座和限位开关等组成,其构造见图 7-3-112。

这种形式结构简单紧凑,占用空间小,但由于需人工操作,因此该结构形式使用不普遍。

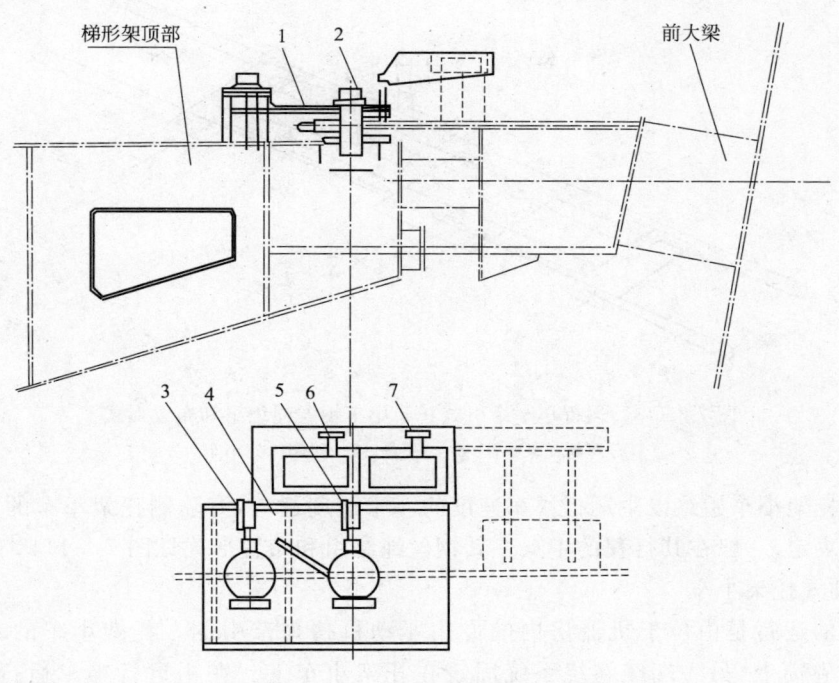

图 7-3-112　手动插销式安全钩
1—锚定支座;2—锚定销;3—松钩限位开关;
4—销轴固定链;5—固销限位开关;6—极限限位开关;7—终点限位开关

(五)托绳装置

1. 概述

随着岸桥的大型化,岸桥的伸距越来越大。伸距的增大,运行小车行程的加长,使得大梁两端部钢丝绳的悬挂长度加大,钢丝绳的下挠度也随之增大。在运动中钢丝绳会产生较大的弹跳,从而影响起吊货物运行的平稳性,增加了起吊货物的摇摆。因此,在大伸距岸桥上配置了托架小车和多辊式托辊托绳装置。

托架小车一般有两台,分别位于运行小车的海侧和陆侧端,其位置是始终位于大梁端部起升换向滑轮和主运行小车之间的中间部位,其功能是:通过布置在海、陆侧托架小车上的钢丝绳托辊,有效托起钢丝绳,缩短钢丝绳的悬挂长度,减少钢丝绳的下挠度,减缓钢丝绳的弹跳,从而削弱钢丝绳的弹跳对吊具的影响。

托架小车的运行,可以与运行小车架联动或另设置驱动卷筒单独驱动,即由位于机器房内的一套专用驱动机构牵引托架小车运行。除去托架小车外,还可以采用固定式多支点托绳装置。

2. 托架小车的布置形式

(1)牵引式托架小车

托架小车的运行是由运行小车架自身来牵引。托架小车和运行小车架之间由一组有一定相互关系的钢丝绳绕组相连,随着运行小车的运行而运行。而且钢丝绳绕组的倍率保证了托架小车始终以运行小车速度的一半速度运行,海陆侧托架小车的位置由主运行小车的位置来决定。其钢丝绳绕组和布置形式见图 7-3-113。

(2)小车卷筒牵引式托架小车

托架小车的运行是由位于机器房内的主小车驱动机构卷筒来牵引的。牵引钢丝绳一端固定在小车驱动机构卷筒上,另一端经卷绕系统固定在托架小车上。小车牵引钢丝绳和托架小车牵引钢丝绳共用一个卷筒,小车驱动机构卷筒在牵引主运行小车的同时,牵引托架小车。牵引钢丝绳绕组

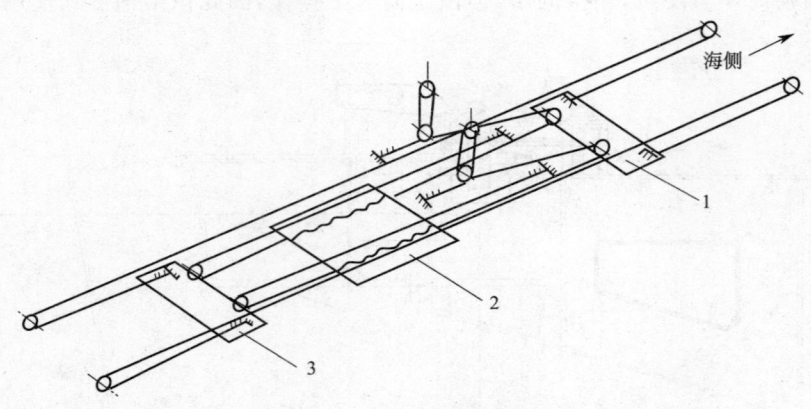

图 7-3-113 运行小车牵引式托架小车钢丝绳绕组和布置形式
1—海侧托架小车;2—主小车;3—陆侧托架小车

的倍率保证了托架小车始终以主运行小车速度的一半速度运行,海陆侧托架小车的位置由主运行小车的位置来决定,一般在其行程的中点。其钢丝绳绕组和布置形式见图7-3-114。

(3) 自驱动式托架小车

托架小车的运行是由位于机器房内的专用驱动机构来牵引的。托架小车的牵引绳一端固定在驱动机构卷筒上,另一端经卷绕系统固定在托架小车上。在主运行小车运行的同时,托架小车驱动机构以接近主运行小车速度的一半速度来牵引托架小车运行,通过电控系统中PLC程序进行控制。该结构的最大特点是在前大梁俯仰前可以将海侧托架小车从前大梁上牵引到后大梁上,海陆侧托架小车的锚定位置可以不受主运行小车锚定位置的限制。其钢丝绳绕组和布置见图7-3-115。

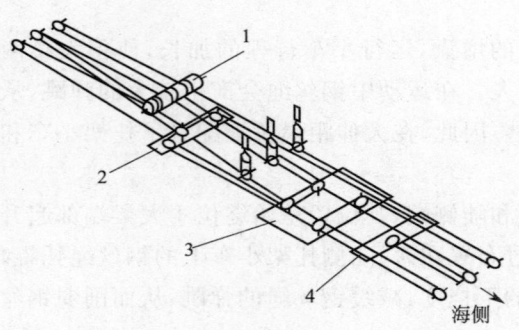

图 7-3-114 小车卷筒牵引式托架小车
1—小车牵引卷筒;2—陆侧托辊小车;
3—主小车;4—海侧托辊小车

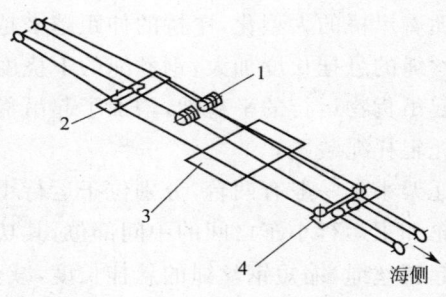

图 7-3-115 自驱动式托架小车
1—托辊小车牵引卷筒;2—陆侧托辊小车;
3—主小车;4—海侧托辊小车

3. 托架小车的组成和构造

(1) 运行小车牵引式和小车卷筒牵引式托架小车的组成和构造

这两种托架小车的组成和构造基本相同,都由牵引钢丝绳绕组、海陆侧托架小车和钢丝绳张紧装置等组成,主要区别在于牵引钢丝绳卷绕形式和驱动源不同。

托架小车的构造见图7-3-116。钢丝绳张紧装置见图7-3-117。

(2) 自牵引式托架小车的组成和构造

自牵引式托架小车由钢丝绳绕组、海陆侧托架小车、钢丝绳张紧装置等组成。海陆侧托架小车、钢丝绳张紧装置的组成和构造与小车牵引式托架小车基本类似;钢丝绳卷绕系统除了驱动源以外,也基本相似。

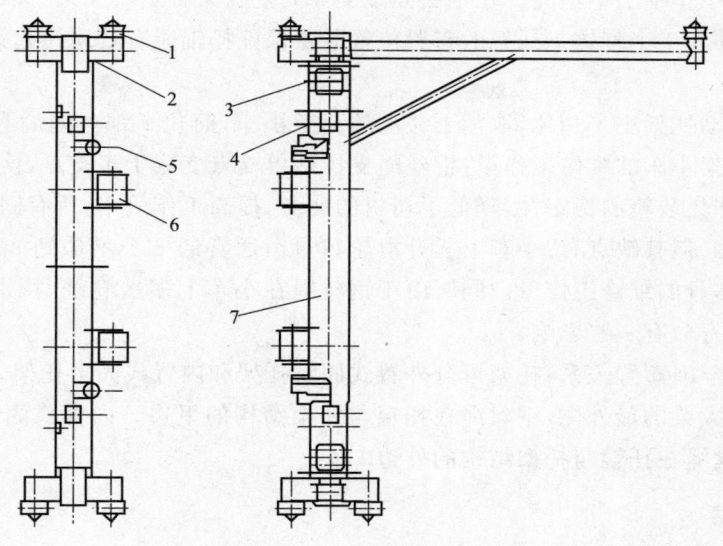

图 7-3-116 托架小车构造
1—托架小车车轮；2—起升绳托辊；3—托架小车绳抗磨块；
4—钢丝绳系固牵点；5—小车绳托辊；6—陆侧托架小车架；7—海侧托架小车架

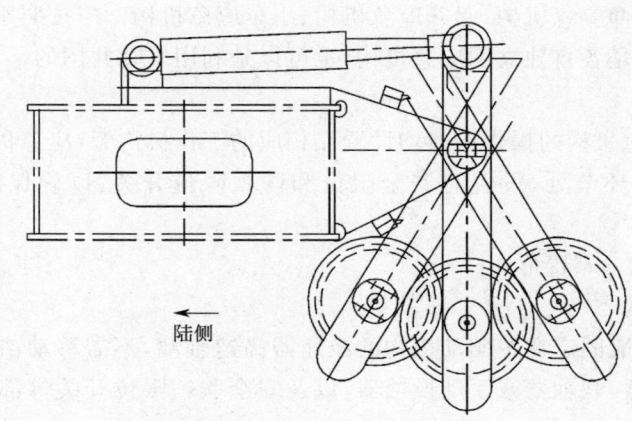

图 7-3-117 托架小车钢丝绳张紧装置

托架小车的驱动机构构造见图 7-3-118。

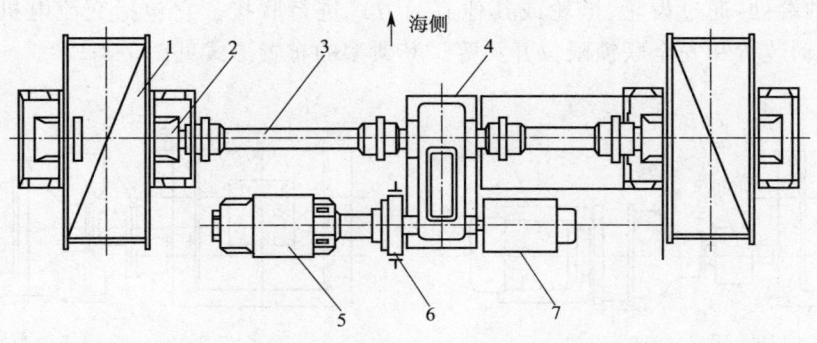

图 7-3-118 自牵引式小车
1—卷筒；2—卷筒支座；3—万向联轴器；4—减速器；5—电动机；6—制动器；7—应急机构

### 4. 固定式钢丝绳托架

在前后大梁的下方运行小车的移动范围内，每隔一近似相等的距离，布置若干个钢丝绳托辊以有效地托起起升和小车牵引钢丝绳。托辊由托架支撑固定在大梁上。托架可以是单个独立的支撑架,也可以左右合并为一个整体。托架的布置位置既要保证托辊能有效地托起钢丝绳,又要避免和运行小车干涉。

固定托架与活动托架小车相比,取消了移动的托架小车,简化了钢丝绳的卷绕系统,从而减少了用户换绳及对托架小车的维修工作量;钢丝绳支撑由单支点变成了多支点,使钢丝绳大大减少了下垂量,提高了装卸集装箱的稳定性,降低了司机的疲劳,提高工作效率;所有固定托辊均可方便地在小车上维修保养。但其缺点有:小车上起升滑轮数量由通常的 8 个增加到 24 个,增加了小车的自重,加大了小车本身的维修工作量。同时由于钢丝绳在小车上多次卷绕,特别是有反向卷绕,对起升钢丝绳的使用寿命有一些影响。

根据托辊和钢丝绳布置关系,托架可分外置式固定托架和内置式固定托架。其中,外置式固定托架的托辊布置在大梁的最外侧,钢丝绳在托辊与托架结构的里边。内置式固定托架的托辊布置在大梁的内侧,钢丝绳在托辊与托架结构的外边。

(六)应急机构

1. 概述

当码头高压断电,或电控系统出现故障时利用码头的交流电源,通过手动的联接方式将应急机构连接到原有的驱动机构上,以较慢的速度使它脱离作业位置,回到停机安全位置,或设定的安全位置或将负载安全卸下。这样的驱动机构称为应急机构。

应急机构一般有俯仰应急机构、起升应急机构、小车应急机构。应按照用户文件的要求配置应急机构。应急机构可以是各自独立的应急机构,也可以是利用一套共用的移动式应急驱动机构(对钢丝绳牵引式小车)。

为了安全起见,应急机构的操作一般均设置在相应的工作机构旁,应急机构和主机构之间通过人工进行转换。在转换环节处,设置有安全限位和联锁限位开关,以确保应急机构的运行安全可靠。

2. 应急机构的组成和布置形式

(1)固定式应急机构

固定式应急机构一般固定在主驱动机构的减速器高速轴端,不需移动,它只能驱动一个机构。它包括交流电机、减速器、联轴器或手动换挡器,以及安全联锁限位开关等部件。其布置形式见图 7-3-119。

(2)移动式应急机构

移动式应急机构可以用于驱动不同的机构,当需要驱动某个主机构时,将应急机构吊至该机构减速器高速级轴端处,通过齿轮、链轮或其他有效方式进行联接。它包括交流电机、联轴器、减速器、机械联接传动装置和安全联锁限位开关等。其典型的布置形式见图 7-3-120。

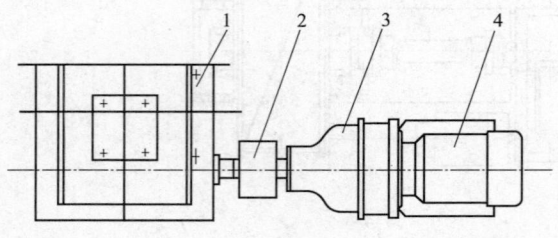

图 7-3-119 固定式应急机构
1—主减速器;2—换挡器;
3—应急减速器;4—应急电机

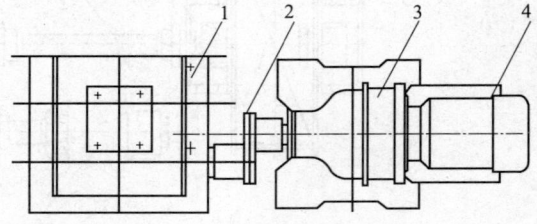

图 7-3-120 移动式应急机构
1—主减速器;2—应急机构连接装置;
3—应急减速器;4—应急电机

3. 应急机构主要零部件选型和计算要求

(1)移动式应急机构所选交流电动机的功率一般为主起升机构功率的 1/10,一般取 30 kW

和37 kW两档,但最大不应大于55 kW。其额定力矩应能克服所驱动机构正常工作条件下最大外阻力矩(此时惯性载荷可以不予考虑)。对于起升应急机构,应考虑可将额定集装箱重量低速升降。

(2)应急机构的制动系统,全部利用主机构上的制动系统,在电气控制上应考虑能进行切换、制动松闸和延时动作。

(3)应急机构的联轴器和传动装置设备,对起升和俯仰机构均应有不小于2倍的额定能力,对水平运行机构均应有不小于1.5倍的额定能力,以保证能够传递所驱动的机构的最大外阻力矩。

(4)由于应急机构是联接在主机构高速轴上,其减速器的选择,除了传递力矩满足驱动机构的最大外阻力矩以外,还应考虑机构速比的选择。若用户文件无明确规定,建议俯仰时间不超过60 min。起升小车速度不低于1/10的额定速度。

(5)对于移动式应急机构计算载荷的选择,应以起升应急工况和俯仰应急工况中较大的载荷工况为计算依据。

(七)防风装置

在码头上工作的岸桥都应当装备和设置防风防滑装置和防倾翻装置。

1. 防风防滑装置

目前,应用在岸桥上的防风防滑装置主要有顶轨器、夹轨器、防爬靴(楔块)等几种型式。由于岸桥在码头工作时经常会遇到突发阵风,正在作业的岸桥来不及移动到锚定位置,易发生事故。因此,防风防滑装置主要用于岸桥在工作状态下使用。

(1)顶轨器

顶轨器是通过其自身的顶轨力产生与风力相反的摩擦阻力来达到抵抗风力的作用,常用的电动液压顶轨器见图7-3-121。

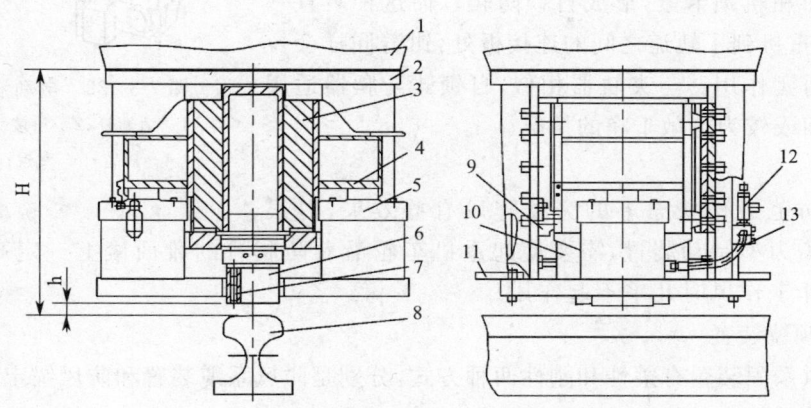

图7-3-121 电动液压顶轨器
1—支架;2—机架;3—碟簧组;4—碟簧架;5—油缸;6—顶块;7—连接螺钉;8—轨道;
9—限位开关;10—限位块;11—制动块;12—单向节流阀;13—液压软管

顶轨器为常闭式设计,采用特制碟形弹簧施力制动,液压站集中驱动释放;设有限位开关进行信号指示(联锁保护);制动面为可拆卸式高硬度齿纹结构,摩擦系数较高。行车时,液压装置将齿形块抬起,离开轨面一个安全距离$h$,使大车正常通行。突发阵风时,顶轨器在碟形弹簧力作用下推动顶块顶压在轨面上。若每个顶轨器的垂直压力为40 t,沿轨道方向的摩擦力可达12 t。

在轨道顶面与码头面板相平或在散货码头的轨沟塞满散料时,优先采用顶轨器。顶轨器的安装还应尽可能靠近起重机的重心,这样可增大垂直压力,从而提高防爬力。

顶轨器的缺点主要是只能进行静态制动,即起重机处于动态时,顶轨器使用效果较差。且接触压力对摩擦力的影响较大。

(2) 夹轨器

夹轨器是通过其自身对轨道的夹紧力产生与风力相反的摩擦阻力来达到抵抗风力的作用。夹轨器主要适用于轨道高出地面的情况。

电动液压夹轨器采用弹簧上闸,液压松闸,夹轨动作与运行机构联锁。当岸桥运行时,电机启动,使夹轨钳松开,脱离轨道,直至夹轨钳张至最大位置并使限位开关动作终止。当需要夹轨动作时,操作接通油箱回路。此时在弹簧力作用下,液压缸的油返回油箱,使夹轨器夹紧轨道。

但是,夹轨器受到轨道水平误差的影响大,轨道水平方向旁弯度影响夹持力。这种夹轨器也属于静态制动,一旦发生爬行,钳口与轨道接触破坏,降低防滑效果。

(3) 夹轮器

夹轮器是一种新的防风装置,其工作原理相当于在大车从动轮上装一套轮边制动器,大车停止在某一位置时,由碟形弹簧产生的夹紧力作用于车轮两侧,紧紧地将车轮抱住,使车轮不能转动。常用的电动液压夹轮器见图7-3-122。

夹轮器的设计风载一般为平行于大车轨道 32 m/s～35 m/s 风速时对车轮产生的风力矩。在此风速下,最有效的放风吹滑移的措施是将全部车轮刹住,如岸桥大车行走机构中采用主动轮装制动器和从动轮设夹轮器,实现全部车轮制动,使起重机达到最大防爬力。

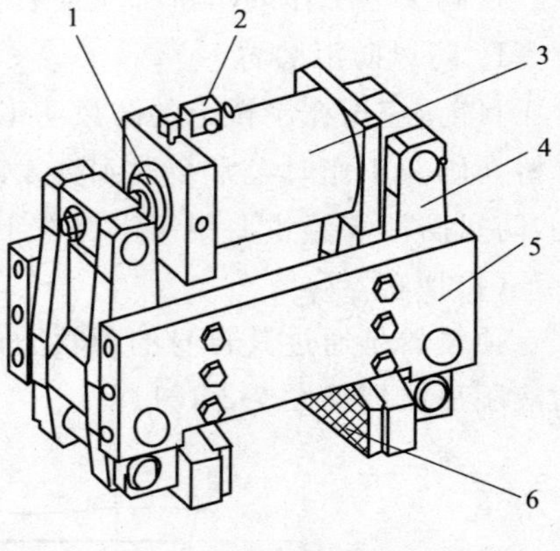

另外,还有一种相当安全简单的自锁式防爬器,它利用钳臂的钳口将轨面与轨颈夹紧。当起重机被风吹动时,钳臂的钳口自动与轨面和轨颈卡紧,形成自锁防爬。而这种装置一旦自锁失效,起重机到了轨道之间的连接板处,钳臂同样会拉住轨道而起到防爬作用。与夹轨器相似,自锁式防爬器适用于轨道高出地面或较为宽敞干净的情况。

图 7-3-122　电动液压夹轮器
1—活塞杆;2—角接头;3—油缸;
4—摇臂;5—夹板;6—摩擦块

(4) 防爬靴

防爬靴在防范工作状态下的突发阵风有些效果,但很受局限。它是增力型制动装置,需要使起重机车轮沿着防爬靴的靴面滚上一定高度才起作用。防爬靴在防范非工作风时几乎不起作用。

2. 防风抗倾覆装置

抗非工作风系固装置有柔性和刚性两种方式,分别是防风系缆装置和防风锚定装置,是岸桥在非工作状态下使用的防风装置。

防风系缆装置可同时承受水平力和垂直拉力(也称上拔力),是用作港口堆场轮胎式集装箱门式起重机的主要防风装置。对于码头大型轨道式起重机,在设置防风锚定装置的同时,还应设置防风系缆装置,以增强起重机的防风能力。

锚定装置按受力方式可分为仅能承受沿轨道方向水平力和能同时承受沿轨道方向水平力及垂直于码头面拉力两种结构形式。其区别在于:第一种结果的锚定坑不能将锚定杆(板)扣住,第二种结构的锚定坑能将锚定板(杆)扣住。

采用第一种结构形式的锚定装置,在进行起重机非工作状态下的抗倾覆稳定性计算时,必须保证起重机在大于或等于 55 m/s 风速下,起重机的各项载荷对倾覆边的力矩之和大于零。但当起重机的各项载荷对倾覆边的力矩之和小于零时,起重机就会产生向上的上拔力,为避免起重机倾覆,就必须采用既能克服水平力又能克服上拔力的第二种结构形式的锚定装置。

在倾覆力矩(主要由风力产生)相同的情况下,稳定力矩(主要由起重机自重产生)越大,非工作状态自身稳定性越好。所以,在达到同样抗风能力的情况下,安装第二种结构形式的锚定装置的起重机自重可比安装第一种结构形式锚定装置的起重机自重小。

防风锚定和防风系缆装置部分都分为机上和地面或码头两部分,这两部分都必须按我国《关于新建、扩建、改建的沿海港口码头及其大型港口机械装置防风抗台装置的通知》要求进行设计和制造。在设计与制造过程中,要注意这两部分的衔接。因为机上部分由厂方制造,码头或地上部分由水工或土建部门建造,二者容易造成超过许可范围的配合误差,如锚定孔太小锚定板无法插入等。要特别注意防风装置的可靠性,防止锚杆拉断等情况发生。

**(八)减震装置**

环太平洋岸线是地球地壳板块断裂层主要分布区域,而许多大型港口码头正是地震活动发生频繁的区域,比如:美国的洛杉矶地区、旧金山地区、西雅图地区、日本东京和神户码头、中国台湾地区等。当岸桥用于上述地震多发地区时,应考虑抗震措施,在结构计算中应有考虑地震载荷的载荷组合。岸桥的抗震要求即使在地震造成损坏的情况下,不仅要确保岸桥整体的稳定性和操作工的安全,而且要在震后能以最快的速度恢复遭受损坏的部分的功能。

地震载荷在整体稳定性计算和结构计算中,根据合同,应予以考虑。地震载荷以惯性加速度的形式施加,该惯性加速度值根据当地发生的地震震级合理给出,由用户和设计单位进行协商确定。

目前,防震的主体目标是保证金属结构不发生毁灭性的破坏。

防止地震对结构的破坏,可采用以下三种方法:

(1)刚性结构设计法。

所谓抗震,就是提高结构的刚性来抗击地震。刚性结构设计法为的是提高构造物的承载能力。具体做法是提高刚性强度使得地震发生时各部件的应力保证处于容许应力范围之内。

(2)抗震设计法。

抗震设计法是通过增设利用力学吸震装置那样的具有质量效果的抗震装置,或者采用黏性减震装置和液压驱动装置等来强化构造物的减衰功能等措施和方法来控制地震的影响。

(3)免震设计法。

免震设计法是在构造物和基础之间放入诸如球形轴承、特氟隆支撑件和叠层橡胶等刚性不强的部件,在发生强烈地震时以此来阻止地震力对构造物的传播。

目前,免震设计法方面已有专利。

## 第三节 电气驱动及电气设备

### 一、直流驱动和交流驱动

**(一)岸桥的负载特点**

岸桥在选择一个电气驱动方案时,首先要考虑该驱动对象的负载特点。岸桥的负载有以下特点:

(1)起升机构的负载是一个位能性负载,当吊重一定时,在任何转速下负载转矩总是保持恒定,而且负载转矩的方向也不随电机转速方向的改变而改变。

(2)集装箱岸桥的载荷有效率是50%,即经常有一半时间是空吊具运行的。即使是在带箱的时候,也不都是满箱起吊额定负荷。为了提高生产效率,要求轻载时能提高速度。负载转矩与转速成反比,即形成恒功率控制。负载的恒功率性质是就一定的速度范围而言,当负载很低时,受机械强度和电气系统特殊性的限制,转速不可能无限增大,一般恒功率调速范围为额定速度的2～2.5倍。

（3）起升机构和小车行走机构都是间隔短时重复连续工作制，即对箱、吊箱、运行、对箱，周期性的起停或加减速，间隔很短。它要求具有良好的调速性能，除了要求有足够的热功率和起制动转矩外，还要考虑过载能力的迅速反应和电动机的良好通风散热。

（二）直流驱动和交流驱动的分析比较与选择

直流驱动具有以下优点：

（1）直流驱动的调速性能好，很容易实现基速下的恒磁场改变电枢电压的调压调速，以及基速上的弱磁恒功率调速。

（2）启动转矩大，动态响应好，有很好的起制动特性，有利于对箱。

（3）重物下降时的位能很容易转换成电能反馈给电网，系统效率高，节省能源。

针对岸桥负载的特点，直至20世纪80年代，岸桥中几乎都是采用直流驱动。但是直流驱动也存在着以下缺点：

（1）与交流电动机相比，直流电机结构复杂，维护工作量大。

（2）为改善换向器的换向条件，要求直流电动机电枢漏感小，电机转子短粗，因而造成惯矩大，限制了其速度响应时间和最高弱磁转速。

（3）谐波分量大，功率因数较低，在高要求场合要增加谐波吸收及功率因数补偿装置。

随着电机技术的发展，交流电机越来越多地得到应用。交流电机无炭刷，无整流子，维护保养性非常好。其转子的转动惯量较小，因此电动机的速度响应好，最高速度比直流电机高。且电机可制成全封闭型（外扇冷却型），耐恶劣环境性能好。

随着半导体技术的发展，大功率隔离门双极晶体管（Insulated Gate Bipolar Transistor，简称IGBT）的出现，特别是计算机技术的发展与应用，变频矢量控制能够用微处理器来实现，这就使交流变频走向位势负载的应用领域，且直流与交流驱动系统目前在价格水平上已相差不多。

与直流驱动相比，除了交流电动机本身的优势以外，交流驱动还有以下优点：

（1）由于使用正弦波脉宽调制（PWM）控制方式，从进线电源处看，功率因数基本上接近1。

（2）较小的谐波电流，在进线侧可以不增加谐波滤波装置。

综上，本部分主要介绍交流驱动在岸桥上的应用。

（三）交流驱动

1. 驱动系统组成（图7-3-123）

2. 交流驱动的控制方式

交流驱动的控制方式主要有以下几种：V/F控制、电压矢量控制、速度闭环矢量控制和直接转矩控制等。起升及小车运行机构使用闭环矢量控制，大车运行及俯仰机构使用V/F控制。

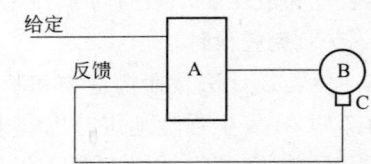

图7-3-123　交流驱动系统示意图
A—变频调速器；B—异步电机；
C—编码器（也可不用）

（1）V/F控制方式。早期变频器多采用V/F控制，逆变器控制输出交流频率，并同时保证输出电压的幅值与频率成一定的比例关系（为了保持电机磁场恒定），转子转速将随负载转矩变化而略有变化。但由于异步电机特性较硬，额定负载时的滑差转速一般只有工频同步转速的4%，所以，这种控制方式适用于速度精度要求不十分严格的场合。其优点是开环控制，不需要速度传感器，稳定性好。缺点是低频时难以保证电机磁场恒定不变。岸桥的大车行走机构对调速精度的要求不是很高，所以常用这种控制方式，而且让一台变频器带几台电机并联使用，能将多台电机自动拉入同步。

图7-3-124是最常用的V/F变频器的原理方框图。这是一个带有滑差补偿的开环频率控制器，其特征是以V/F等于常数为基础，根据给定的速度即对应的频率高于还是低于额定频率来分别控制电压和频率，始终保持电压和频率之比大致不变。V/F变频器的输出可以控制单个电机也可以控制多个电机。

(2) 电压矢量控制。电压矢量控制基于变频器的拓扑结构，通过控制逆变器输出的电压量，在电机内部产生圆型旋转磁场。采用这种控制方式的电压利用率高。如果进行电压矢量控制时，以恒定的电机旋转磁场为控制目标，就成为磁通矢量控制。采用这种控制方式在计算中需要预先知道电机和布线的参数。现在的磁通矢量控制能在开环情况下达到 1∶100 的转速比。

图 7-3-125 是不带速度编码器的闭环频率控制器的原理方框图。该控制器的特点是把电机电流分成磁通电流分量和转矩电流分量，然后分别由两个电流控制器来控制磁通和转矩电流，所以是磁通矢量频率控制器。这样的控制器最适合驱动单个交流感应电机，它的动态特性比 V/F 控制器提高很多，可以作为小车和大车的变频控制器。

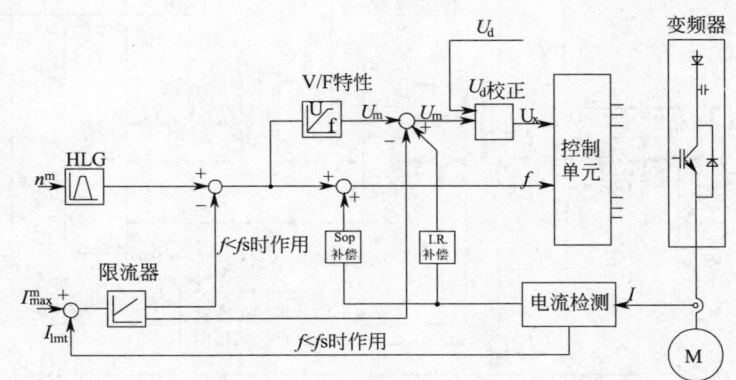

图 7-3-124　V/F 变频器的原理方框图

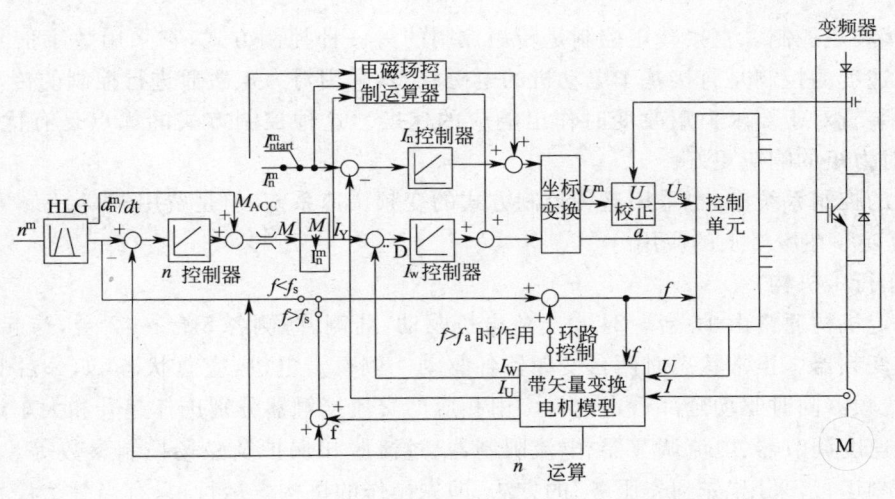

图 7-3-125　不带速度编码器的磁场定向控制闭环频率控制器

(3) 转速闭环矢量控制。矢量控制方式适用于对转矩要求高、响应快的控制系统。矢量控制方式是根据交流电动机的动态数学模型，利用坐标变换，将交流电动机的定子电流分解成磁场电流分量和转矩电流分量，并加以控制，以获得类似于直流调速系统的动态性能。采用磁通矢量控制时，变频器必须很好地与电机配合，所以需要通过速度传感器获取电机参数和来自电机的反馈信号。变频器和各电机采用一对一的控制方式。

岸桥的起升及小车机构对可靠性的要求非常高，要求变频器在零速运行时有较大的转矩输出，所以在起升机构和小车运行机构中必须使用矢量控制的方式。

不同型号的变频器所采用的控制方式是不同的，所以在确定不同机构所选用的变频器时，必须了解该变频器的控制方式及其适用范围。一台性能较全的变频器通常可以选择几种控制方式,在使用时必须加以合理的运用。

图 7-3-126 是带速度编码器的磁场定向速度闭环控制器方框图。这是一个典型的供起升电机用的带速度反馈的磁场定向控制器,其特点是速度环由速度编码器的反馈控制,电流环分别由两个控制器即磁通矢量控制和转矩矢量控制。所以其低速时的转矩特性很理想,完全符合起升重载时点动特性的要求。速度编码器采用的是增量型脉冲编码器,每转的脉冲数要求在 1024PPR 以上,是闭环矢量控制中必不可少的速度反馈器件。

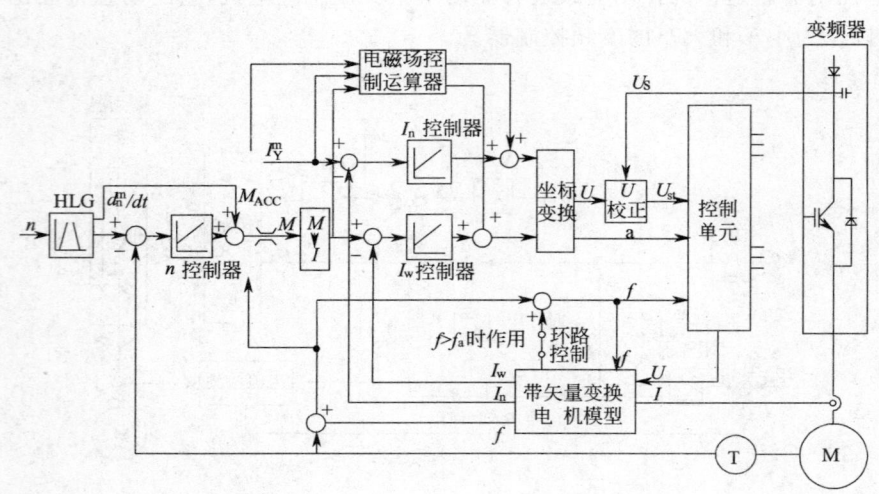

图 7-3-126　带速度编码器的磁场定向速度闭环控制器方框图

(4)直接转矩控制。直接转矩控制是转矩控制的另一种控制方式,它采用数字信号处理硬件,对于力矩和速度的控制是直接基于电动机的电磁状态,采用对力矩磁通进行控制的传动技术,大大提高了传动装置对于要求力矩改变时作出响应的速度。这种控制方式的优点是有优越的动态性能,低频时对力矩的响应更好。

在岸桥的控制系统中,也采用这种控制方式的变频调速系统,但是费用较高。

3. 交流变频在岸桥上的应用

(1)大车行走机构

大车行走机构通常由 16 台～24 台交流电机驱动,陆侧、海侧各 8 台～12 台,与起升的两台电机共用两台变频器。正常状态时两台变频器各驱动一侧行走电机,应急状态(如一台变频器故障)时,由一台变频器同时驱动全部行走电机。由相应的交流接触器分别选择起升和大车运行,两机构各有独立的速度调节器、电流调节器、电流限制器、过流脱扣保护及磁场控制参数等。为防止两机构在同一时刻运行,采用"先到先服务"的方法,即先操作的机构先运行,只有当一个停止运行后,另一个机构才能运行。大车机构通常为开环 V/F 控制。

(2)起升机构和俯仰机构

起升机构由两台交流永磁变频电动机驱动,起升电机与大车电机共用两套变频调速装置,采取"先到先服务"的控制方式,可分别不同时地运行起升或大车机构。起升机构为闭环矢量控制。

对于起升机构和俯仰机构,采用 IGBT 变流的交流驱动系统不但可以将制动产生的能量直接送回电网,同时保证电流波形与电网波形同相。

## 二、岸桥用电动机及电气设备

(一)岸桥用电动机

岸桥各工作机构的驱动目前仍有直流驱动系统,直流驱动电动机仍被广泛应用,但随着交流变频技术的日益完善和推广应用,应用交流变频拖动系统已很广泛,所以交流变频电动机的应用日益增多。

1. 岸桥用电动机的基本特点

岸桥各工作机构的特点是频繁起制动,重复正反向运行,在整个运行过程中的机械冲击振动和电气冲击对电控系统的影响较大,这一点在高效的港口装卸机械更加突出。为此,岸桥用电动机应具备如下性能:

(1)快速响应性好,尽量减少起制动时间以减少起制动期间加减速过程中的能量损耗,提高生产效率。

(2)结构设计和制造工艺上要保证其有足够的高转速时的机械强度和抗电流冲击的能力。

(3)有较好的抗恶劣环境的能力,对潮气、盐雾等都有较好的防护作用。

(4)要有较强的短期过载能力和散热能力,以适应各种工况的短时冲击和持续工作条件下的温升。

(5)要有较好的防锈蚀涂装。

(6)在同等功率条件下,要求尽量减小转子的转动惯量和自重。

2. 岸桥用电动机的工作制

由于岸桥各机构通常工作于重复短时工作状况下,按照国家标准和 IEC 标准,将起重机用电动机的工作制分为 8 类。为简化起见,在实际应用中,一般分为以下三类基准工作制。

(1)长期工作制,又叫连续工作制,代号为 S1。在不变负荷作用下,运行时间持续到足以使电动机各部分温升达到稳定值。绝缘等级不同的电机,其温升稳定值是不同的。岸桥用电动机的绝缘等级一般应为 F 级。

(2)短时工作制,代号为 S2。标准的短时定额分 10 min、30 min、60 min、90 min 4 个等级。在此期间,电动机温度上升到规定的稳定值,断电停机后足以使电动机冷却到常温(指当地环境温度)。为简化设计,制造商通常只取 30 min、60 min 两种标准定额供用户选用。

(3)重复短时工作制,代号为 S3。以 10 min 作为一个工作周期,接电持续率 FC 值分 15%、25%、40%、60%几个档次。这是一种特定的工作方式。接电持续率是指在一个工作周期中额定负荷下,电动机的接电时间跟整个周期时间之比的百分比。当工作机构按实际负荷图计算的 FC 值不同于上述标准值时,可以按发热相同的原则进行折算。

起重机上符合 S3 工作方式的实际工况并不多。标准接电持续率这种规定主要是对电机制造厂技术指标考核用的一种习惯规定。一般交流电动机取 S3 时的接电持续率 40%为基准工作制,直流电动机则取 S2=60 min 为基准工作制(与 FC=40%相当)。

另外,对于直流电动机由于要考虑直流励磁绕组发热对电机温升的影响,所以,除了 S1 工作制带强迫通风的情况下可以近似地进行接电持续率之间的折算外,其余情况下一般不允许进行直接折算。

3. 岸桥用直流电动机

岸桥用电动机宜选用起重、冶金用专用系列的电动机。

我国目前生产的 ZZJ-800 系列和 ZZJ-900 系列直流电动机均可以满足上述技术要求,而 ZZJ-900 系列是在 ZZJ-800 系列基础上的改进型产品,在同样机座号时,其转动惯量比后者小 1/3 左右。电机的防护等级可以根据安装在岸桥上的不同位置来确定,一般室内为 IP23,室外为 IP54 或 IP55。电机内部均可以根据需要设置过热保护测温元件和防冷凝加热器。

另外,Z 系列和 Z4 系列直流电机,其机座号完全按照 IEC 标准系列制造,转动惯量更小。只要其制造工艺参照 ZZJ-900 系列的有关要求,满足上述各项要求,以提高其过载能力和抗冲击能力,也完全适用于岸桥。

4. 交流变频专用电动机

交流变频系统在岸桥上的应用日益广泛,交流变频电动机用得越来越多。这种交流鼠笼结构的电动机结构简单,维护保养比直流电机简单得多,可靠性也高于直流电动机。

普通交流鼠笼电动机由于其结构方面的原因,当用于变频调速系统时,会引起较大的噪声,耐振性能差,用于高频段会产生附加发热,能耗高,必须降低容量使用,调速范围也因为特性较差而受到限制。所以,岸桥上采用变频调速系统一般须选用专用变频电动机。

目前国内用于起重机的低压变频电动机已成系列并在轧钢和起重行业得到广泛应用,其系列有 YTSP 系列和常用的 YP 系列。需要注意的是,除了安装尺寸上跟国标和 IEC 标准保持一致外,电机在冷却结构上采用单独的风机强迫通风,以适应电机在低频段低速恒转矩长期运行期间的散热需要,保证电机温升不超过允许范围。在防护等级方面,除可以做到 IP23、IP44 和 IP55 外,特殊需要的场合还可以做到 IP56。内部也可以设防冷凝加热器和过热保护温控元件,但 10 HP(7.5 kW)以下的小电机除外。

5. 交流驱动对交流电机的特殊要求

在使用交流变频器的早期,人们都采用了普通的鼠笼电机作为执行机构,但是电机很容易损坏。这是因为交流变频器产生的谐波电压高于正弦交流电压峰值好几倍,普通鼠笼电机不能承受这样的谐波电压而绝缘损坏。

选择用于岸桥变频驱动器供给电源的交流电机必须考虑以下因素:

(1)交流逆变器工作时的开关频率很高,可达数十千赫,由此产生的谐波电压也高。特别是变频器与电机之间的距离在 60 m 以上,采用屏蔽电缆连接的场合,由于电缆附加电感和电容的影响,谐波电压可达数千伏之高。这样的峰值电压在电机内部浸漆的空隙处,即未浸漆的地方产生部分放电效应。当峰值电压超过了最低的初始电压时,就会产生局部放电。而最低的初始电压又是一个综合因素的结果,包括潮湿度、绝缘介质、温度等。如果局部放电产生了那就会逐渐降低绝缘性能,最终造成电压击穿而损坏电机。

从岸桥应用来看,必须考虑的是高可靠、长寿命的连续使用。必须选择适合变频器供电的变频交流电机,其绝缘设计必须要能承受 PWM 逆变器运行的可靠的绝缘系统。

(2)交流电机轴承的绝缘是另一个要考虑的问题。因为 PWM 逆变过程也会影响到电机轴承的寿命。使用大的电机,如起升电机长时间运行在低速范围时,在瞬变的非偶次相电压波形的作用下,电机轴承内有感应电压产生,只要有微量感应电流流过轴承,就会破坏轴承的润滑油膜,轴承就会因发热而烧毁。所以必须采取特殊设计来隔离轴承,防止感应电流流过轴承。所以在选择 100 kW 以上大型变频电机时,必须考虑电机轴承绝缘设计。

(3)电机接线箱的特殊设计。由于 IGBT 切换过程中的峰值电压的影响,以及长距离电缆谐波的作用,电机接线端子板的绝缘距离都必须放大,接线盒内也必须有足够的空间,因此接线盒也应相应放大。

(4)电动机容量选择时要考虑到动态过载因素。在岸桥应用中,起升和小车机构在加减速阶段都存在一个高动态过载的特点,过载倍数通常在 180%~230%,以确保最短的加减速时间达到最快的速度。

对于交流电机的高过载倍数的要求,必须在电机设计时进行考虑。使用的最大工作转矩在任何情况下都不能超过电机的转矩极限值 $T_{ST}$。这个堵转矩的大小取决于电机的端电压 $V$ 和电机的工作频率:

$$T_{ST} \propto V^2 \ \& \ T_{ST} \propto 1/f^2$$

起升驱动最关键的工作点是空吊具加速到最高转速的时刻。因为动转矩分量出于速度有很大增加,速度取决于实际吊具的重量,而此时堵转转矩在最高转速时又有很大的减少,结果就造成在空吊具运行时动转矩分量几乎相当于满载时的运行值。如果电机以两倍额定速度运行时,电动机的输出转矩几乎是基速时堵转转矩的 1/4。这个实际的特性是选择合适起升电机的关键。

### (二) 岸桥电气设备

岸桥上的电气设备除电动机之外，还包括常用电器、供电装置和电气传动系统等，这些器件和设备的设计和选型参照第四篇，以及《起重机设计规范》(GB 3811—2008)第七节电气部分。

### 三、岸桥的通信

岸桥的通信是指岸桥和码头管理系统之间的通信。目前世界各国岸桥通常采用的通信方式有4种，主要根据各港条件或不同供电模式选择。

#### (一) 一般通信电缆方式

采用这种方式，当要求线芯数量较少时(6芯~8芯)，可以在特殊订购高压供电电缆时要求将通信线芯包含在高压供电电线内部，在高压电缆卷筒滑环箱上附带一通信电缆卷筒滑环装置。这种方式仅能实现一些通信和少量联锁保护的简单功能。

当需要实现监控及数据传送且信号较多时，芯线数量就会大大增加。这就需要设专门的通信电缆卷筒，并配置专门的通信电缆。

在这个系统中，电话通信线可以用单独的线芯，而监控和数据交换则必须根据专门的通信协议采用通信传送方式。因此，在岸桥PLC的输出部分设有专用模块(调制器)，而在码头控制中心接收端也有解调器模块。

#### (二) 采用光纤通信方式

这是目前应用较广泛的一种方式。由于光纤的抗干扰能力强，传送速度快，载波量大，所以，这是几种方法中可靠性较高的一种方式。

这种方式要求岸桥的PLC上设有光端机(光调制器)并由一根6芯光纤电缆先连接到岸桥的电缆卷筒滑环箱，滑环箱内要增加一光缆耦合器，通过该耦合器将光信号由机上传输到码头。中控室接收端也设有解调器(光端机)，解出传输信号用于监控和统计等。

由于光纤线芯一般有6芯即足够(一般用2芯，另4芯备用)，所以，最简便的办法是在高压电缆内部带一根6芯光缆，其线芯在电缆卷筒滑环箱上通过光纤电缆耦合器跟岸桥内部光缆相连接。

同理，在码头高压电缆接电坑内，要设置一光纤电缆接头箱，使码头中控室到接电坑的电缆与高压电缆内带的光纤电缆在这个接头箱内连接。接头箱的防护等级至少要求达到IP55。

由于码头一般传输距离均在1 km~2 km以内，故岸桥内及码头通信光纤电缆习惯上都采用多模光导纤维制成。

采用这种方法的关键点是光纤接头的制作，其衰减系数必须达到标准。因为岸桥上从电气房PLC到码头中控室之间要经过几次接头插接。如果接头制作质量不过关，将影响通信的可靠性，常常会造成信号丢失。所以，这种接头必须由专业人员制作，并经专门仪器测试通过。

#### (三) 无线电通信以太网(Rfethetnet)

这种通信方式正在日益推广应用，其信号的调制过程跟前两种方式是相似的。岸桥上的输出信号调制成相应的无线电信号后，是通过机上的发射无线装置发送到空中，经由无线电通信以太网传送到码头中控的接收天线，再经过解调后成为监控和数据信号。

这种通信方式的优点是不需要在码头建设时预设光缆或通信电缆，对老码头改造具有优选性，但价格要比前两种方式高一些。

通信的可靠性方面，只要在通信频段设置上考虑到不重叠原则，抗干扰方面也不会有问题。随着通信技术的发展，这种方式将会得到越来越广泛的应用。

## (四)微波通信方式

微波通信方式,即 Settled Microwave Guide System(简称 SMG 系统)。这种方式限于使用在码头高压供电采用地沟滑触线方式的场合。

由于在码头滑线地沟内设有微波导向滑槽,起重机上经调制的微波信号,经插入式微波导向滑架传送到滑槽,将微波信号传送到码头中控室。

如果原码头地沟内没有预设微波导向滑槽,则采用无线电通信方式就可以免去土建改造的麻烦。

## 第四节 国内外岸边集装箱起重机性能参数

国内外岸边集装箱起重机性能参数见表 7-3-4。

表 7-3-4 国内外岸边集装箱起重机性能参数表

|  |  |  | ZPMC-1 | ZPMC-2 | ZPMC-3 | ZPMC-4 |
|---|---|---|---|---|---|---|
| 基本参数 | 额定起重量/t |  | 80 | 80(双 40 ft) | 100 | 61 |
|  | 吊钩下起重量/t |  | 100 | 100 | 86.73 | 70 |
|  | 起升高度/m | 轨面以上 | 41 | 40 | 38 | 44.8 |
|  |  | 轨面以下 | 19.5 | 22 | 21.35 | 18 |
|  | 最大轮压/t | 海侧 | 130 | 114 | 60 | 135 |
|  |  | 陆侧 | 122 | 126 | 60 | 85 |
|  | 前伸距/m |  | 73.75 | 68.2 | 60 | 62.5 |
|  | 后伸距/m |  | 21 | 23 | 23 | 12 |
|  | 轨距/m |  | 42 | 30.48 | 35 | 24.384 |
|  | 门框联系梁净高/m |  | 14 | 14 | 17 | 14.69 |
|  | 门框内净宽/m |  | 17.75 | 17 | 17.56 | 20.6 |
|  | 两缓冲器距/m |  | 27 | 27 | 27 | 27 |
|  | 大车车轮数/个 |  | 32 | 32 | 32 | 32 |
|  | 小车运行方式 |  | 自行式 | 自行式 | 牵引式 | 自行式 |
|  | 大梁形式 |  | 双箱梁 | 双箱梁 | 双箱梁 | 单箱梁 |
| 特殊功能 | 液压挂舱保护 |  | 有 | 有 | 有 | 有 |
|  | 防摇形式 |  | 电子防摇 | 电子防摇 | 电子防摇 | 电子防摇 |
| 速度参数 | 起升速度/(m/min) | 满载 | 90 | 90 | 75 | 90 |
|  |  | 空载 | 180 | 180 | 150 | 180 |
|  | 小车速度/(m/min) |  | 250 | 250 | 210 | 244 |
|  | 大车速度/(m/min) |  | 60 | 60 | 50 | 46 |
| 单程俯仰时间/min≤ |  |  | 5 | 5 | 5 | 5 |
| 电机参数 | 起升电机 | 数量/个 | 2 | 2 | 2 | 2 |
|  |  | 功率/kW | 950 | 650 | 450 | 580 |
|  | 小车电机 | 数量/个 | 4 | 1 | 1 | 4 |
|  |  | 功率/kW | 100 | 300 | 250 | 110 |
|  | 大车电机 | 数量/个 | 16 | 24 | 16 | 20 |
|  |  | 功率/kW | 30 | 22 | 30 | 35 |
|  | 俯仰电机 | 数量/个 | 1 | 1 | 1 | 1 |
|  |  | 功率/kW | 400 | 320 | 250 | 380 |

续上表

|  |  |  | 上海港机 | Kalma STS | NOELL | IHI* |
|---|---|---|---|---|---|---|
| 基本参数 | 额定起重量/t | | / | / | / | / |
| | 吊钩下起重量/t | | 65 | 65 | 66.04 | 65 |
| | 起升高度/m | 轨面以上 | 38 | 38 | 40.0 | 40 |
| | | 轨面以下 | 20 | 22 | 15.5 | 16.2 |
| | 最大轮压/t | 海侧 | / | / | / | / |
| | | 陆侧 | / | / | / | / |
| | 前伸距/m | | 65 | 56 | 64 | 63 |
| | 后伸距/m | | 18 | 25 | 23 | 16 |
| | 轨距/m | | 35 | 30 | 30.48 | 30 |
| | 门框联系梁净高/m | | / | / | / | / |
| | 门框内净宽/m | | / | / | / | / |
| | 两缓冲器距/m | | / | / | / | / |
| | 大车车轮数/个 | | / | / | / | / |
| | 小车运行方式 | | / | / | / | / |
| | 大梁形式 | | / | / | / | / |
| 特殊功能 | 液压挂舱保护 | | / | / | / | / |
| | 防摇形式 | | / | / | / | / |
| 速度参数 | 起升速度/(m/min) | 满载 | 60 | 90 | 90 | 90 |
| | | 空载 | 150 | 180 | 180 | 180 |
| | 小车速度/(m/min) | | 240 | 250 | 240 | 190 |
| | 大车速度/(m/min) | | 45 | 60 | 45 | 45 |
| | 单程俯仰时间/min ≤ | | / | / | / | / |
| 电机参数 | 起升电机 | 数量/个 | / | / | / | / |
| | | 功率/kW | / | / | / | / |
| | 小车电机 | 数量/个 | / | / | / | / |
| | | 功率/kW | / | / | / | / |
| | 大车电机 | 数量/个 | / | / | / | / |
| | | 功率/kW | / | / | / | / |
| | 俯仰电机 | 数量/个 | / | / | / | / |
| | | 功率/kW | / | / | / | / |

# 第四章 铸造起重机

## 第一节 概 述

### 一、铸造起重机的功能

用于吊运熔融金属的特种起重机统称为铸造起重机(图 7-4-1),是一种"涉及生命安全、危险性较大的特种设备"。

本章主要介绍用于钢厂炼钢生产的铸造起重机,是炼钢工艺(图 7-4-2)中的关键设备之一,用于转炉加料跨向转炉兑铁水、钢水接受跨将钢水罐吊运到连铸大包回转台上或在精炼跨将钢水罐吊运至精炼炉上。兑铁水的铸造起重机起升高度大,装炉时要承受炉内喷射出来的高温含尘气体,防火焰、防尘、防热要求更高。随着技术发展,社会生产安全性要求的提高,在某些特殊场合中,如铸钢厂等,铸造起重机正在逐步替代曾经用来吊运熔融金属的通用桥式起重机。

图 7-4-1 铸造起重机

### 二、铸造起重机的工作特点

(一)工作环境恶劣

铸造起重机和绝大多数冶金起重机一样,必须在高温、高粉尘甚至在含有害气体的恶劣环境中工作。因此,铸造起重机要有隔热、防粉尘、防腐蚀的防护措施。

(二)工作级别高

起重机的利用等级和载荷状态决定起重机的工作级别。起重机的利用等级是指起重机在设计寿命周期内总的循环次数,起重机设计规范根据不同的循环次数将起重机的利用等级分为 U0～U9 共 10 级。铸造起重机工作非常频繁,利用等级大于 U6 级。起重机的载荷状态表明起重机受载的轻重程度,它与两个因素有关,即与所起升的载荷与额定载荷之比($P_i/P_{max}$)和各个起升载荷 $P_i$ 的作用次数 $n_i$ 与总的循环次数 N 之比($N/n_i$)有关。铸造起重机的满载率和满载次数都很高,载荷状态为 Q3 或 Q4,因此,铸造起重机的工作级别在 A7～A8 之间。

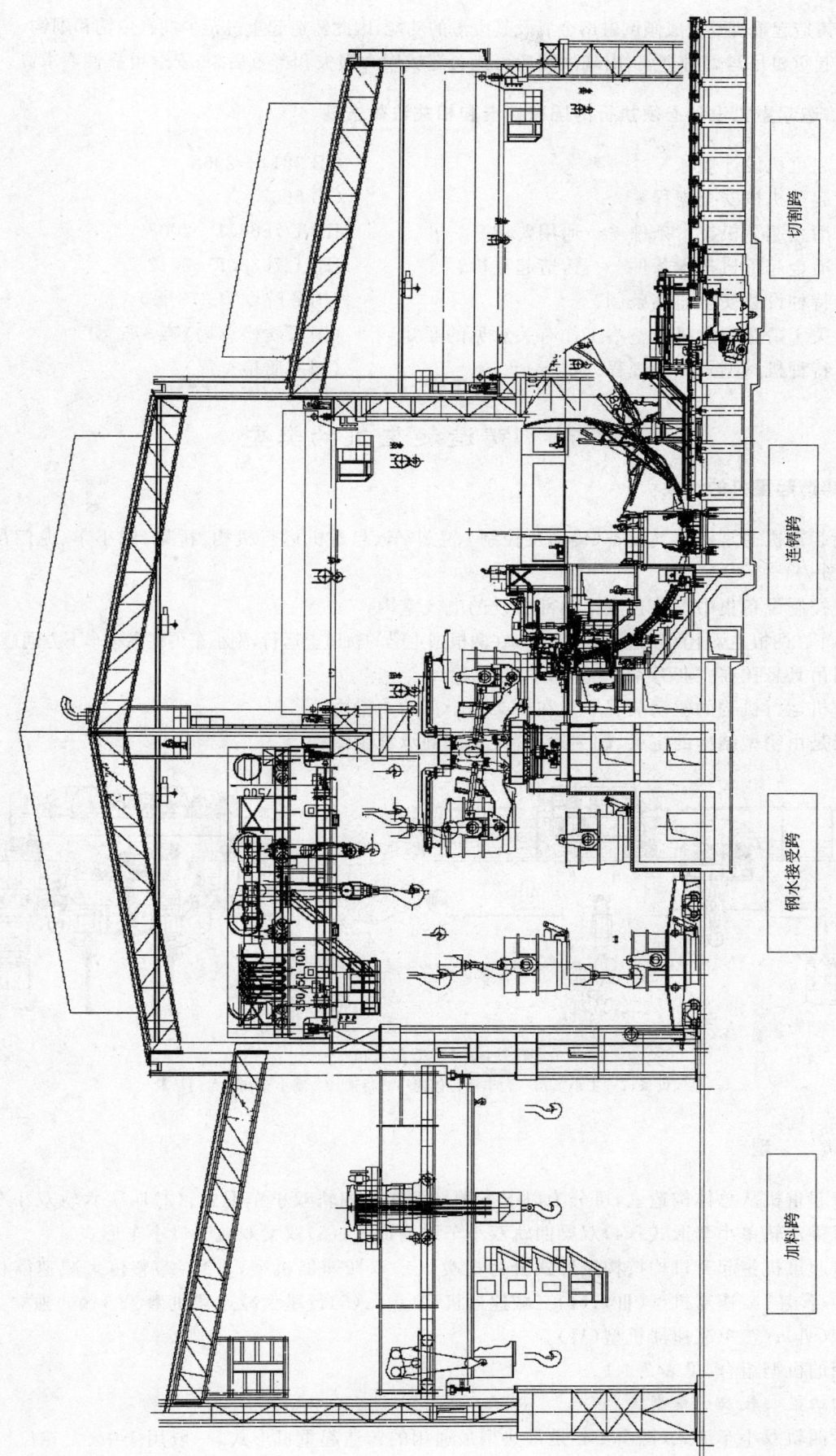

图 7-4-2 炼钢连铸车间断面图

由于铸造起重机要完成倾倒融熔金属及其废渣的功能,因此铸造起重机至少拥有主钩和副钩。

铸造起重机吊运熔融金属,出现故障后可能会造成较大损失和严重后果,安全可靠性要求高。

### 三、铸造起重机设计必须执行的国家标准和相关法律法规

(1)《起重机设计规范》　　　　　　　　　　　　　GB 3811—2008
(2)《起重机械安全规程》　　　　　　　　　　　　GB 6067
(3)《冶金起重机技术条件——通用要求》　　　　JB/T 7688.1—2008
(4)《冶金起重机技术条件——铸造起重机》　　　JB/T 7688.5—2012
(5)《特种设备安全监察条例》　　　　　　　　　　(国务院令第 373 号)
(6)《关于冶金起重机械整治工作有关意见的通知》(国家质检总局)第 375 号
(7)《特种机械型式试验规程》(试行)　　　　　　 (国家质检总局)

## 第二节　铸造起重机的类型

### 一、铸造起重机的组成

铸造起重机通常由电气设备(传动及控制)、主小车、起重机运行机构、桥架、副小车、龙门吊具组成,见图 7-4-3。

电气控制设备集中安装在主梁内部特设的电气室内;

主小车在两根主梁上的轨道运行,副小车在两根副主梁的轨道上运行,副小车可在主小车下方通过;

龙门吊具悬挂在主起升钢丝绳上;

起重机运行机构的驱动装置布置在桥架四个角的主梁内;

桥架是由箱型结构的主梁、副主梁、端梁构成的承载钢结构。

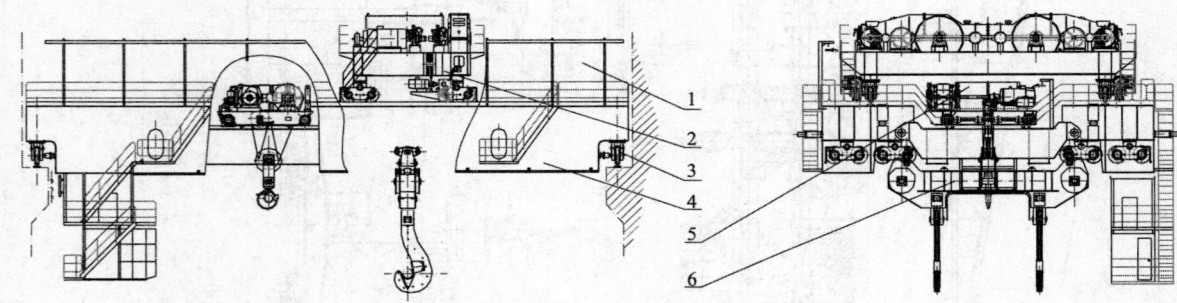

图 7-4-3　铸造起重机
1—电气设备;2—主小车;3—大车运行机构;4—桥架;5—副小车;6—龙门吊具

### 二、类　型

铸造起重机从总体构造上,可分为以下五类:(1)四梁四轨双小车形式;(2)四梁六轨双小车形式;(3)双梁双轨单小车形式;(4)双梁四轨双小车结构形式;(5)双梁双轨子母小车形式。

铸造起重机主起升机构按构造形式分为七类:(1)双减速器机型(Ⅰ);(2)整体大减速器机型(Ⅱ);(3)行星三减速器机型(Ⅲ);(4)三减速器机型(Ⅳ);(5)行星大减速器机型(Ⅴ);(6)独立大减速器机型(Ⅵ);(7)单减速器机型(Ⅶ)。

常用的机型组合,见表 7-4-1。

(一)四梁四轨双小车型式

四梁四轨双小车形式(图 7-4-4)是最典型最通用的铸造起重机形式,一般用于中、大吨位铸造

表 7-4-1 常用机型组合

| 序号 | 类型 | 适应吨位/t | 主起升机型 |
| --- | --- | --- | --- |
| 1 | 双梁双轨单小车双钩形式 | ≤100 | Ⅶ |
| 2 | 四梁四轨双小车形式 | 80～180 | Ⅰ |
|  |  | 180～320 | Ⅱ、Ⅲ、Ⅳ、Ⅴ、Ⅵ |
| 3 | 四梁六轨双小车形式 | ≥360 | Ⅱ、Ⅲ、Ⅴ、Ⅵ |

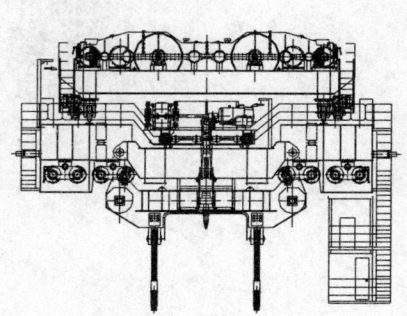

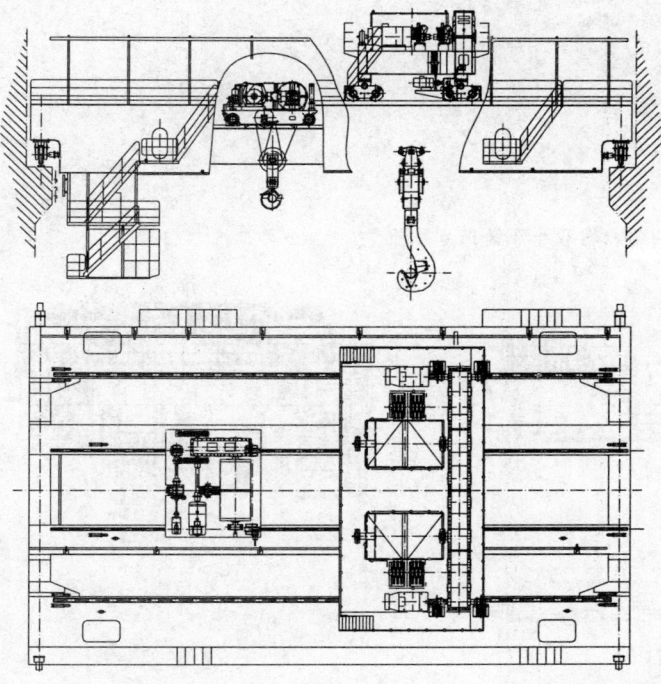

图 7-4-4　四梁四轨双小车铸造起重机

起重机(100 t～320 t)。主小车在两根主梁上运行,副小车在两根副主梁上运行,副小车可在主小车下方通过,主钩为带有两个叠片式吊钩(又称板钩,以下均称为板钩)的龙门吊具,用于吊运钢水包或铁水罐;副钩为锻造吊钩或板钩,用于倾倒钢水、铁水或其他物品吊运。

(二)四梁六轨双小车形式

四梁六轨双小车形式(图 7-4-5)一般用于特大吨位铸造起重机(320 t 以上),欧洲国家较常用。主小车由一个上部小车和两个下部小车组成,上下小车通过四个球铰连成一体。桥架为四梁六轨形式,由两个外主梁、两个内主梁、两个端梁及附属构件等组成。主小车的两个下部小车在外主梁的内侧腹板和内主梁的外侧腹板上方所设置的轨道上运行。副小车在内主梁的内侧腹板上方所设置的轨道上运行,可在主小车下方通过。主钩为带有两个板钩的龙门吊具,用于吊运钢水包或铁水罐;副钩为锻造吊钩或板钩,用于倾倒钢水、铁水或其他物品吊运。

(三)双梁双轨单小车形式

双梁双轨单小车形式(图 7-4-6)在大、中、小型铸造起重机(75 t～320 t)上均有应用,在中小型起重机上应用较广(200 t 以下)。该型式主、副起升机构设置在同一小车上,小车在两根主梁的轨道上运行。主钩为带有两个板钩的龙门吊具,用于吊运钢水包或铁水罐;副钩为锻造吊钩或板钩,用于倾倒钢水、铁水或其他物品吊运。

采用这种型式的铸造起重机自重轻,外形尺寸小,但由于主、副钩间距固定,在倾倒钢水包(铁水罐)时副钩不易挂钩。

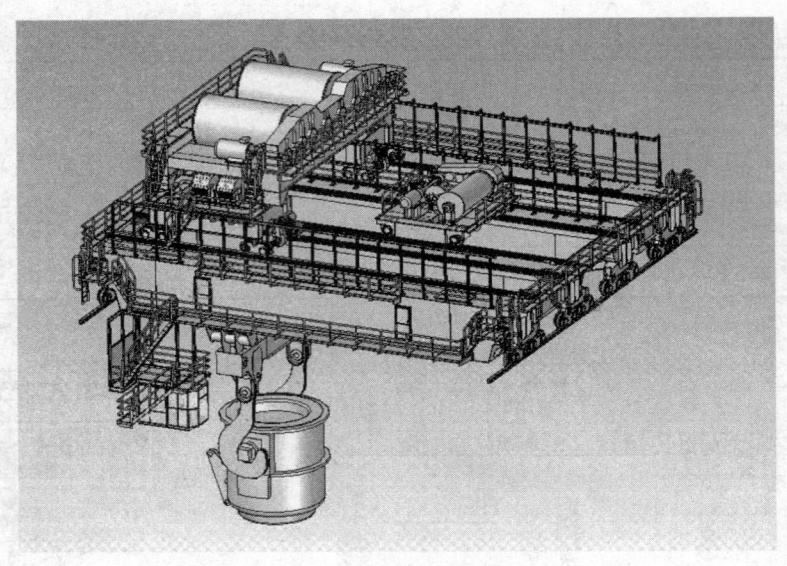

图 7-4-5　四梁六轨双小车铸造起重机

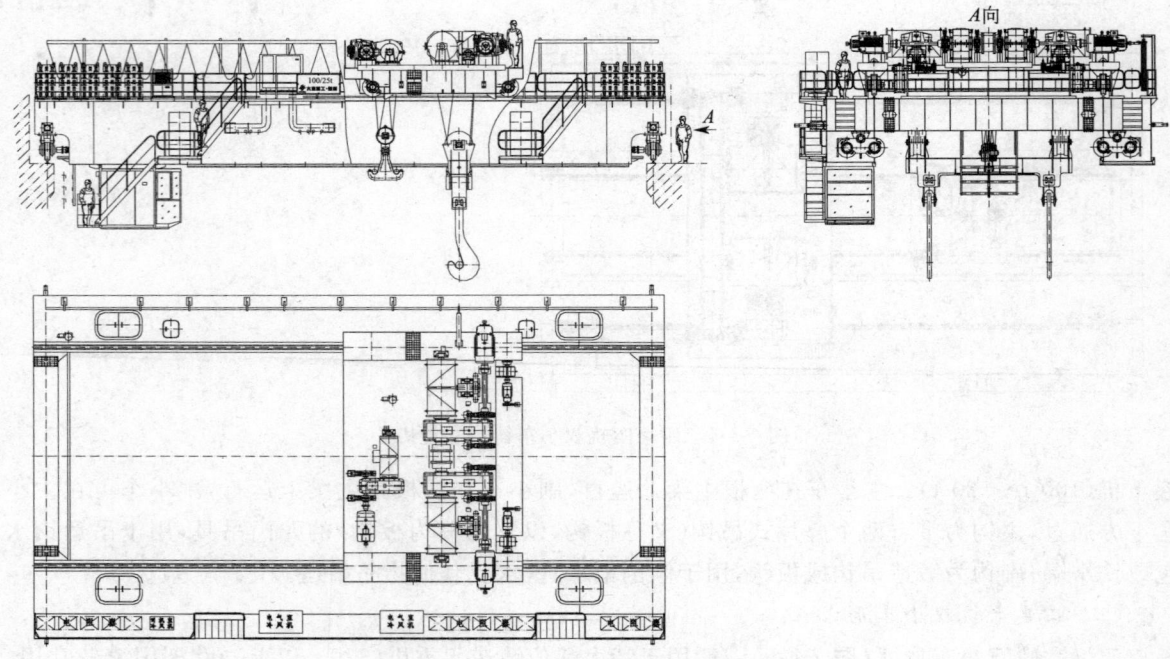

图 7-4-6　双梁双轨单小车铸造起重机

**（四）双梁四轨双小车形式**

双梁四轨双小车形式（图 7-4-7）一般用于小吨位铸造起重机（100 t 以下）。主、副小车共享两根主梁，副小车轨道位于主梁内侧下方。主钩为带有两个板钩的龙门吊具，用于吊运钢水包或铁水罐；副钩为锻造吊钩或板钩，用于倾倒钢水、铁水或其他物品吊运。

该型式的铸造起重机自重轻，外形尺寸小，倾倒罐灵活，但副小车不能从主小车下方通过，主小车一侧、副小车对应的另一侧极限尺寸较大。

**（五）双梁双轨子母小车形式**

双梁双轨子母小车形式（图 7-4-8）在大、中、小型铸造起重机（75 t～320 t）上都有应用。该机型主小车架上铺设有供副小车运行的轨道，副小车可在主小车架上方或下方设置的两根轨道上短距离运行，主小车携带副小车在主梁的轨道上运行。主钩为带有两个板钩的龙门吊具，用于吊运钢水包或铁水罐；副钩为锻造吊钩或板钩，用于倾倒钢水、铁水或其他物品吊运。

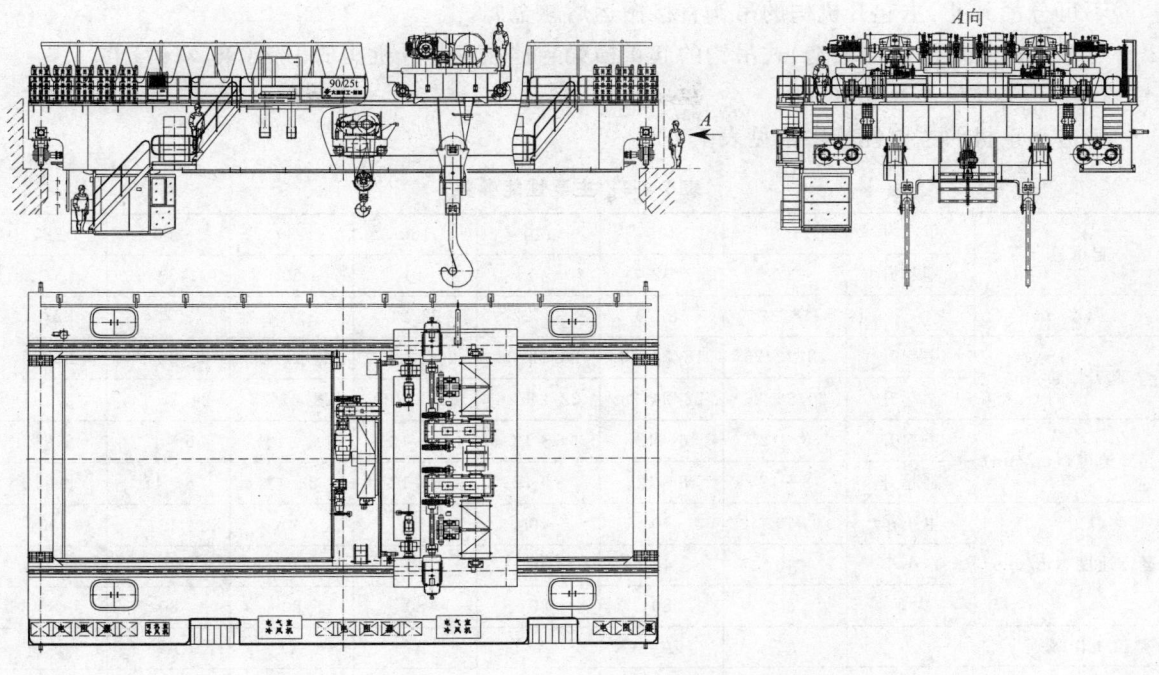

图 7-4-7 双梁四轨双小车铸造起重机

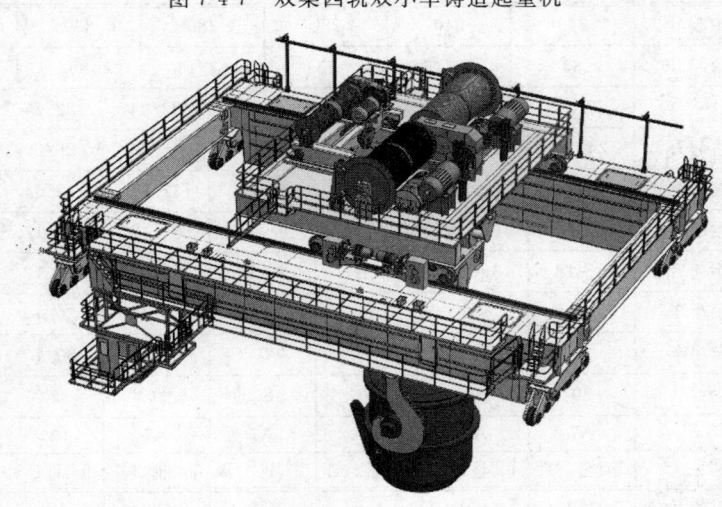

图 7-4-8 双梁双轨子母小车铸造起重机

该形式铸造起重机自重轻,外形尺寸小,倾倒罐灵活。

### 三、铸造起重机主要性能参数

(一)铸造起重机的额定起重量

1. 额定起重量的定义

(1)配置不可分吊具的起重机,其额定起重量为盛熔融金属的容器(如:盛钢桶)的质量与熔融金属质量的总和。

(2)配置可分吊具的起重机,其额定起重量为可分吊具的质量、盛熔融金属容器(如:盛钢桶)的质量和熔融金属质量的总和。

2. 起重机吊具采用的两种结构型式

不可分吊具Ⅰ:主起升机构钢丝绳直接悬挂带两个叠片式吊钩的起重横梁;用于炼钢厂的铸造起重机,在吊运重罐铁水、钢水或液渣时,应使用带有固定式龙门钩的铸造起重机。

不可分吊具Ⅱ：主起升机构的吊钩直接搬运熔融金属。

可分吊具：带叠片（或锻造）式吊钩的起重横梁悬挂在主起升机构的吊钩（单、双钩）上。

（二）主要性能参数表

铸造起重机的主要性能参数见表 7-4-2。

**表 7-4-2 主要性能参数**

| 参数 | | | | | | | | |
|---|---|---|---|---|---|---|---|---|
| 起重量/t | 主起升 | 100 | 125 | 140 | 160 | 180 | 200 | 225 |
| | 副起升 | 32 | 32 | 40 | 40 | 50 | 50 | 63 |
| 跨度/m | | 18/22 | 18/22 | 20/22 | 22/24 | 22/24 | 22/24 | 22/24 |
| 起升高度/m | 主起升 | 18/22/26 | 18/22/26 | 20/22/26 | 20/22/26 | 20/22/26 | 20/22/26 | 20/30 |
| | 副起升 | 20/24/26 | 22/24/28 | 22/24/28 | 22/24/28 | 22/24/28 | 24/26/30 | 26/34 |
| 起升速度/(m/min) | 主起升 | 6～12 | 6～12 | 6～12 | 6～12 | 6～12 | 6～12 | 6～12 |
| | 副起升 | 8～12 | 8～12 | 8～12 | 8～12 | 8～12 | 8～12 | 8～12 |
| 运行速度/(m/min) | 主小车 | 40 | 40 | 40 | 40 | 40 | 40 | 40 |
| | 副小车 | 40 | 40 | 40 | 40 | 40 | 40 | 40 |
| | 大车 | 80 | 80 | 80 | 80 | 80 | 80 | 80 |
| 整机工作级别 | | A7 | A7 | A7 | A7 | A7 | A7 | A7 |
| 主起升机型 | | Ⅰ | Ⅰ | Ⅰ | Ⅰ | Ⅰ、Ⅲ、Ⅳ | Ⅱ、Ⅲ、Ⅵ | Ⅱ、Ⅲ、Ⅵ |
| 起重量/t | 主起升 | 240 | 240 | 280 | 280 | 300 | 320 | 320 |
| | 副起升 | 60 | 63/16 | 63 | 63/16 | 80 | 80 | 80/20 |
| 跨度/m | | 22/24 | 22/24 | 22/24 | 22/24 | 22/24 | 22/24 | 22/24 |
| 起升高度/m | 主起升 | 24/30 | 24/30 | 28/30 | 28/30 | 28/30 | 28/30 | 28/30 |
| | 副起升 | 28/34 | 28/34 | 32/34 | 32/34 | 32/34 | 32/34 | 32/34 |
| 起升速度/(m/min) | 主起升 | 6～12 | 6～12 | 6～12 | 6～12 | 6～12 | 6～12 | 6～10 |
| | 副起升 | 8～12 | 8～12 | 8～12 | 8～12 | 8～12 | 8～12 | 8～12 |
| 运行速度/(m/min) | 主小车 | 40 | 40 | 40 | 40 | 30/40 | 30/40 | 30/40 |
| | 副小车 | 40 | 40 | 40 | 40 | 30/40 | 30/40 | 30/40 |
| | 大车 | 80 | 80 | 80 | 80 | 80 | 80 | 80 |
| 整机工作级别 | | A7 | A7 | A7 | A7 | A7 | A7 | A7/A8 |
| 主起升机型 | | Ⅱ、Ⅲ、Ⅵ | Ⅱ、Ⅲ、Ⅵ | Ⅱ、Ⅲ、Ⅵ | Ⅱ、Ⅲ、Ⅵ | Ⅱ、Ⅲ、Ⅵ | Ⅱ、Ⅲ、Ⅵ | Ⅱ、Ⅲ、Ⅵ |
| 起重量/t | 主起升 | 360 | 380 | 450 | 450 | 480 | 500 | 520 | 560 |
| | 副起升 | 80/20 | 80 | 80 | 80/20 | 80 | 100 | 100 | 100 |
| 跨度/m | | 22/24 | 22/24 | 22/24 | 22/24 | 22/24 | 22/24 | 22/24 | 22/24 |
| 起升高度/m | 主起升 | 28/30 | 28/30 | 28/30 | 28/30 | 28/30 | 28/30 | 28/30 | 28/30 |
| | 副起升 | 32/34 | 32/34 | 32/34 | 32/34 | 32/34 | 32/34 | 32/34 | 32/34 |
| 起升速度/(m/min) | 主起升 | 6～10 | 6～10 | 6～10 | 6～10 | 6～10 | 6～10 | 6～10 | 6～10 |
| | 副起升 | 8～12 | 8～12 | 8～12 | 8～12 | 8～12 | 8～12 | 8～12 | 8～12 |
| 运行速度/(m/min) | 主小车 | 30/40 | 30/40 | 30/40 | 30/40 | 30/40 | 30/40 | 30/40 | 30/40 |
| | 副小车 | 30/40 | 30/40 | 30/40 | 30/40 | 30/40 | 30/40 | 30/40 | 30/40 |
| | 大车 | 80 | 80 | 80 | 80 | 80 | 80 | 80 | 80 |
| 整机工作级别 | | A7/A8 | A7/A8 | A8 | A8 | A8 | A8 | A8 | A8 |
| 主起升机型 | | Ⅱ、Ⅲ、Ⅵ | Ⅱ、Ⅲ、Ⅵ | Ⅱ、Ⅲ、Ⅵ | Ⅱ、Ⅲ、Ⅵ | Ⅱ、Ⅲ、Ⅵ | Ⅱ、Ⅲ、Ⅵ | Ⅱ、Ⅲ、Ⅵ | Ⅱ、Ⅲ、Ⅵ |

注：1. 本表中铸造起重机主起升的起重量均为配置不可分吊具的额定起重量，即为盛熔融金属的容器（如：盛钢桶）的质量与熔融金属质量的总和。100 t 以下因用量较少未列入表格。

2. 表上所列机构速度为名义值。有调速要求时，最低速度为名义值的 1/10。

3. 表中数据为大连华锐重工起重机有限公司提供的样本数据。客户有不同要求时可向生产商咨询。

## 第三节 铸造起重机起升机构设计计算

### 一、主起升机构的构造

铸造起重机主起升机构通常由电动机、制动器、联轴器、减速器、卷筒组、定滑轮组、限位装置、钢丝绳、龙门吊具等组成。工作时,由电动机通过联轴器、减速器驱动卷筒组做正/反向旋转,卷筒组卷绕/释放穿过定滑轮组和龙门吊具的钢丝绳,从而驱动载荷完成上升/下降运动,实现吊运钢/铁水罐的功能。

铸造起重机的安全特性主要由主起升机构体现,相关标准对主起升机构构造的特殊要求如下:
(1)主起升机构(电动葫芦除外)传动链应满足下列条件之一:
1)主起升机构设置两套驱动装置,并在输出轴刚性连接;
2)主起升机构设置两套驱动装置,在输出轴上无刚性连接时或主起升机构设置一套驱动装置时,均应在钢丝绳卷筒上设置安全制动器。

注:两套驱动装置指两台电动机、两套减速系统、一套或多套卷筒装置和四套制动器。

(2)主起升机构采用两套驱动装置,当其中一台电动机或一套电控装置发生故障时,另一套驱动装置应能保证在额定起重量时完成一个工作循环。

(3)主起升机构的钢丝绳:
1)双吊点应采用4根钢丝绳缠绕系统;
2)单吊点至少采用两根钢丝绳缠绕系统;
3)安全系数应符合GB/T 3811中的相关规定。

(4)主起升机构在上升极限位置应设置不同形式双重二级保护装置,并且能够控制不同的断路装置。当取物装置上升到设计规定的极限位置时,第一保护装置应能切断起升机构的上升动力源,第二保护装置应能切断更高一级动力源,需要时应装设下降极限位置联锁保护装置。

(5)主起升机构钢丝绳缠绕系统中,不应采用平衡滑轮。

(一)从机构构造分类

**1. 双减速器机型**

双减速器机型的主起升机构(图7-4-9)由电动机、制动器、减速器、卷筒组、定滑轮组、安全检测装置等部件组成的对称布置双驱动机型。由于采用了两台相同规格的减速器,因而称为双减速器机型。

工作时由两台电动机分别驱动两台减速器(可根据需要设置棘轮棘爪装置)带动两卷筒组转动。减速器低速轴的两卷筒组处于同一轴线并垂直于主梁,通过联轴器将两卷筒组刚性连接。当其中一台电动机出现故障后,另一台电动机能通过低速轴联轴器同时驱动整个起升机构,以保证起

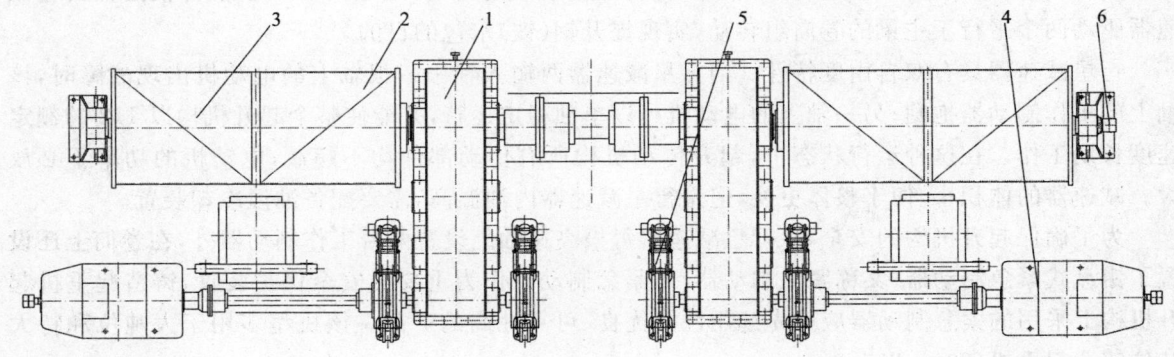

图 7-4-9 双减速主起升机构示意图

1—减速器;2—卷筒组;3—定滑轮组;4—电动机;5—制动器;6—安全检测装置

重机在额定起重量下能安全地完成一个工作循环。

这种机型主要用于中、小吨位的铸造起重机(200 t 以下),其特点是:自重较轻,小车左右极限较小,但当主、副小车起升高度要求高时,起重机宽度较大。

2. 整体大减速器机型

主起升机构(图 7-4-10)是由电动机、制动器、大减速器、卷筒组、定滑轮组、安全检测装置等部件组成的对称布置双驱动机型。

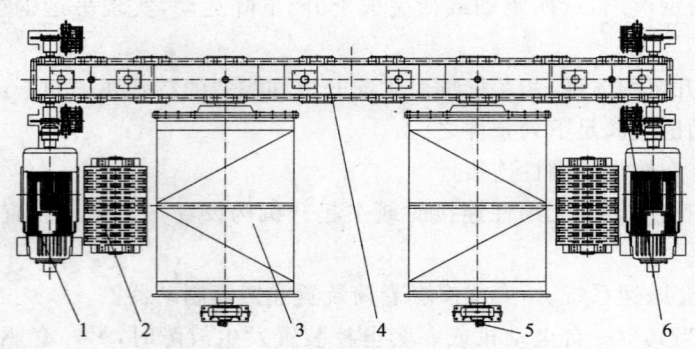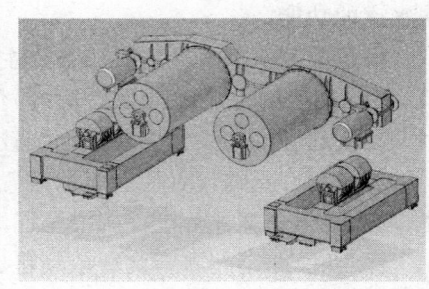

图 7-4-10　整体大减速器机型的主起升机构

1—电动机;2—定滑轮组;3—卷筒组;4—大减速器;5—安全检测装置;6—制动器

采用整体大减速器机型的主起升机构,减速器的下壳体与小车架为一体,既作为减速器的壳体,又作为小车架的一部分。两台电动机同时驱动一台大减速器,带动两个卷筒转动。两卷筒平行于主梁,通过大减速器中的齿轮在低速轴将两套机构刚性连接。当其中一台电动机出现故障后,另一台电动机可通过整体大减速器中低速轴的过轮驱动整个起升机构工作,以保证起重机在额定起重量下能安全地完成一个工作循环。

该机型多用于大吨位和特大吨位铸造起重机(200 t 以上),国内在 200 t～500 t 铸造起重机上应用较多。

该机型的特点是:①安全、可靠性较高;②可获得较小的小车左右极限;③传动环节较少,维护量较小;④检修空间大;⑤维护方便;⑥由于传动环节较少,起升机构容易布置,车体宽度小;⑦单电动机功率较大。

3. 行星三减速器机型

行星三减速器机型(图 7-4-11)的主起升机构由电动机、制动器、减速器(高速行星差动减速器＋两个次级减速器)、定滑轮组、卷筒组、紧急制动器、安全检测装置等组成的对称布置双驱动机型。

工作时由两台(或多台)电动机驱动一台行星差动减速器,再通过两台次级平行轴圆柱齿轮减速器驱动两个平行于主梁的卷筒组转动,实现提升钢(铁)水包的目的。

行星减速器具有双自由度特性。当行星减速器两输入轴中一根轴上的电动机出现故障时,该轴上的工作制动器抱闸;另一轴上的电动机可以单独稳定运行,并能使整个起升机构以 1/2 的额定速度长期工作。在这种运行状态下,起升传动机构所有传动部件均不超载,电动机的功率不必放大。减速器的体积小,便于整体更换,但是行星减速器内油温高,需要配备油温冷却装置。

为了确保起升机构的安全,除行星减速器每根高速轴上设置两台工作制动器外,在卷筒上还设置了钳盘式紧急制动器(又称紧急制动器)作紧急制动。作为重要的安全保护装置,铸造起重机起升机构上采用的紧急制动器应优先选用性能优良、可靠性高的产品。该机型多用于大吨位和特大吨位铸造起重机(200 t 以上)。

4. 三减速器机型

三减速器机型的主起升机构(图 7-4-12)是由电动机、制动器、紧急制动器、减速器、卷筒组、定

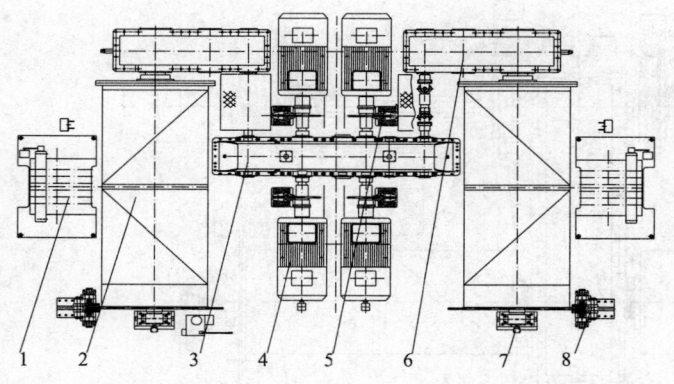
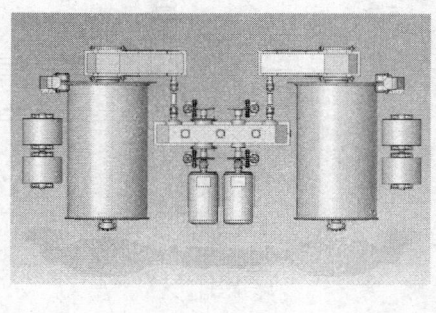

图 7-4-11　行星三减速器主起升机构
1—定滑轮组；2—卷筒组；3—行星减速器；4—电动机；5—制动器；6—次级减速器；7—安全检测装置；8—紧急制动器

滑轮组、安全检测装置等部件组成的对称布置双驱动机型。

该机型的三个减速器呈"品"字形排列，两卷筒组平行于主梁。工作时由两台电动机驱动一台高速级减速器，通过联轴器带动两个次级减速器驱动两卷筒组运转，在高速级减速器内设置棘轮棘爪装置。在高速轴上设置工作制动器和支持制动器，在低速轴上设有紧急制动器。当其中一台电动机出现故障后，另一台电动机能通过高速级减速器同时驱动整个起升机构，以保证起重机在额定起重量下能安全地完成一个工作循环。

该机型一般用于大吨位铸造起重机（200 t～300 t），其特点是更换减速器方便，但外形尺寸较大，维修空间小，须设置紧急制动器，控制较复杂。

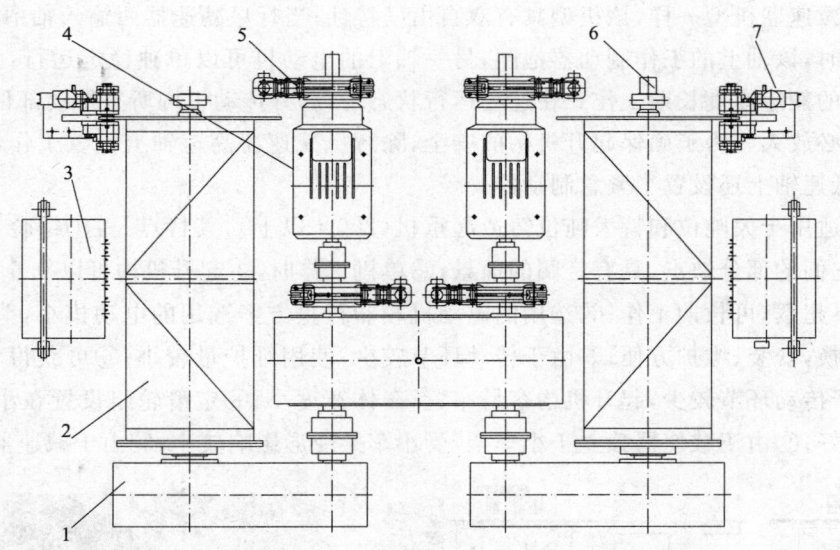

图 7-4-12　三减速器主起升机构示意图
1—减速器；2—卷筒组；3—定滑轮组；4—电动机；5—制动器；6—安全检测装置；7—紧急制动器

5. 单减速器机型

单减速器机型的主起升机构如图 7-4-13 所示，是由减速器、电动机、卷筒组、定滑轮组、制动器、紧急制动器、安全检测装置等部件组成的对称布置双驱动机型。

工作时两台电动机同时驱动一台减速器，带动两个卷筒组转动。两卷筒组垂直于主梁，通过减速器的低速轴将两套机构联锁。在高速轴上设有工作制动器和支持制动器；当减速器内为一套齿轮传动时，在低速轴上设有紧急制动器；当减速器内为两套齿轮并联传动时，可不设安全制动器。当其中一台电动机出现故障后，另一台电动机可通过减速器低速轴轮驱动整个起升机构工作，以保

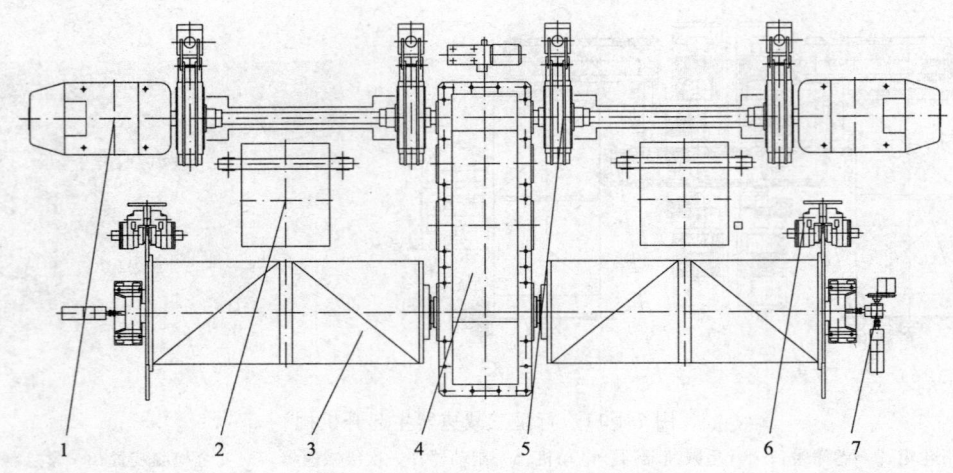

图 7-4-13　单减速器主起升机构

1—电动机；2—定滑轮组；3—卷筒组；4—减速器；5—制动器；6—紧急制动器；7—安全检测装置

证起重机在额定起重量下能安全地完成一个工作循环。

单减速器机型的主起升机构一般用于中、小吨位铸造起重机。该机型的特点是：构造简单、自重轻。

**6. 行星大减速器机型**

行星大减速器机型的主起升机构（图 7-4-14）是由电动机、制动器、行星大减速器、卷筒组、定滑轮组、安全检测装置等部件组成的对称布置双驱动机型。

工作时，两台电动机同时驱动一台行星大减速器，带动两个卷筒组转动。两卷筒组平行于主梁。与行星三减速器机型一样，该机型具有双自由度特性；当行星减速器两输入轴中任一轴上的电动机出现故障时，该轴上的工作制动器抱闸，另一轴上的电动机可以单独稳定运行，并能使整个起升机构以 1/2 的额定速度长期工作。在这种运行状态下，起升传动机构所有传动部件均不超载，电动机的功率不必放大。为了确保起升机构的安全，除行星减速器高速轴上设置工作制动器和支持制动器外，在低速轴上还设置了紧急制动器。

这种机型适用于大吨位和特大吨位铸造起重机（200 t 以上），其特点是：①综合了各种机型的优点，克服了它们的部分缺点，具有广阔的前景；②单机工作时，主起升机构可以 0.5 倍的额定速度工作，电动机不超载，可长期工作；③选用的电动机较非行星方案选用的电动机小，节省能源；④减速器可独立更换，安装、维护方便；⑤由于传动环节较少，使用维护量较小；⑥可获得较小的小车左右极限；⑦由于传动环节较少，起升机构容易布置，车体宽度小；⑧定滑轮组设置在小车两端，小车架受力状态较好；⑨由于减速器独立于小车架，受小车架变形影响较小；⑩由于减速器体箱体宽大，

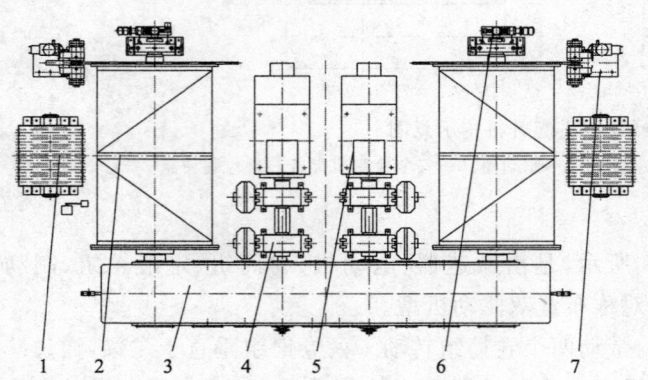 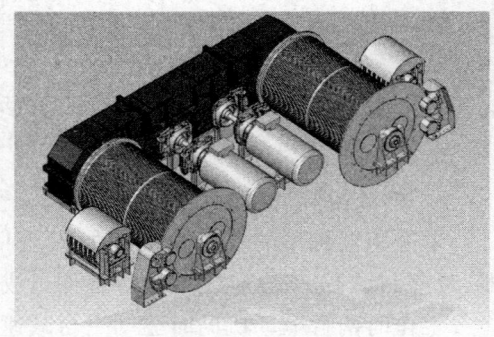

图 7-4-14　行星大减速器主起升机构

1—定滑轮组；2—卷筒组；3—减速器；4—制动器；5—电动机；6—安全检测装置；7—紧急制动器

7. 独立大减速器机型

独立大减速器机型机构布局、外形及尺寸均与行星大减速器机型相同，详见图 7-4-1，区别在于减速器为平行轴减速器，不设置行星包。

(二) 从传动特性分类

主起升机构从构造上进行分类虽然存在较多机型，但从传动特性分，可概括为两类：行星减速器传动机型、平行轴减速器传动机型；这两类起重机在计算选型、安全控制等方面均存在较大的差异，设计时须区别对待；按传动特性分类与构造分类的对应关系详见表 7-4-3。

表 7-4-3　分类对应表

| 序号 | 传动特性 | 构造分类 | 特　点 |
|---|---|---|---|
| 1 | 行星减速器传动 | Ⅲ、Ⅴ、Ⅶ | 行星减速器的双自由度特性可满足单机连续运行，所有元件均不过载；由监控系统保障安全 |
| 2 | 平行轴减速器传动 | Ⅰ、Ⅱ、Ⅳ、Ⅵ、Ⅶ | 故障故态只能完成一个工作循环；通过机构构造保障安全 |

注：单减速器机型（Ⅶ）即可用于行星减速器传动，也可作为平等轴减速器传动；采用行星或单套齿轮传动时均须设置安全制动器。

## 二、主起升机构设计

本章以在铸造起重机上广泛应用的带固定龙门吊具的双联双卷筒机型为例，进行主起升机构的设计说明。

(一) 设计要点

小车上起升机构的布置既应紧凑，外形小，又应便于装配、拆卸和维修。主钩的位置应使小车各车轮轮压尽量相等或主动车轮轮压稍大些。

正确选择钢丝绳的卷绕系和滑轮倍率，是起升机构设计的重要环节。通常较小的滑轮倍率，较大的钢丝绳直径、卷筒直径、减速器传动比，起升机构可获得较小的外形尺寸。同时，系统的传动效率及钢丝绳寿命都会有所提高。

该机型中，对应起重量常用的滑轮倍率详见表 7-4-4。

表 7-4-4　常用倍率

| 起重量 $Q$/t | 100 | 125 | 140 | 160 | 180 | 200 | 225 | 240 | 260 |
|---|---|---|---|---|---|---|---|---|---|
| 倍率 $m$ | 4~6 | 6 | 6 | 6 | 6~8 | 6~8 | 6~8 | 6~8 | 6~8 |
| 起重量 $Q$/t | 280 | 300 | 320 | 360 | 400 | 450 | 480 | 500 | 520 |
| 倍率 $m$ | 6~8 | 7~9 | 7~9 | 8~10 | 10~12 | 11~13 | 11~13 | 11~13 | 12~14 |

(二) 设计计算

1. 钢丝绳的受力计算

钢丝绳的拉力 $S$：

$$S=\frac{Q}{m \cdot a \cdot \eta_1} \quad (\text{N}) \tag{7-4-1}$$

式中　$Q$——起升载荷（N）；起升载荷 $Q$ 包含额定起重量 $Q_0$（详见第二节）和不可分吊具自重 $q$，即 $Q=Q_0+q$；初步估算时，龙门吊具自重通常取为 $(0.12\sim 0.16)Q$ 起重量；

　　　$m$——绳系滑轮倍率；

　　　$a$——绳系数目，可分解为单个滑轮系的数量；对双联双卷筒机型，通常 $a=4$；

　　　$\eta_1$——钢丝绳系统的总传动效率（GB 3811—2008 式124）。

2. 卷筒和滑轮直径的确定

按钢丝绳中心计算的滑轮或卷筒的卷绕直径，按下式计算：

$$D \geqslant h \cdot d \quad (\text{m}) \tag{7-4-2}$$

式中 $D$——按钢丝绳中心计算的滑轮卷绕直径 $D_h$ 或卷筒卷绕直径 $D_0$(m)；

$h$——卷筒、滑轮和平衡滑轮的卷绕直径与钢丝绳直径的比值，分别为 $h_1$、$h_2$、$h_3$，不应小于表 7-4-5 中的值；

$d$——钢丝绳公称直径(m)。

表 7-4-5 $h_1$、$h_2$、$h_3$ 的值(GB/T 3811—2008)

| 机构工作级别 | 卷筒 $h_1$ | 滑轮 $h_2$ | 平衡滑轮 $h_3$ |
|---|---|---|---|
| M6 | 20 | 22.4 | 16 |
| M7 | 22.4 | 25 | 16 |
| M8 | 25 | 28 | 18 |

3. 卷筒轴上的扭矩 $M_{js}$

$$M_{js} = \frac{S \cdot D_0}{\eta_2} \quad (\text{N} \cdot \text{m}) \tag{7-4-3}$$

式中 $\eta_2$——卷筒效率。

4. 卷筒的转速

$$n_j = \frac{60v \cdot m}{\pi \cdot D_0} \quad (\text{r/min}) \tag{7-4-4}$$

式中 $v$——起升速度(m/s)。

5. 电动机轴上的静力矩

$$M_f = \frac{M_{js}}{i \cdot \eta_3 \cdot \eta_4} \quad (\text{N} \cdot \text{m}) \tag{7-4-5}$$

或

$$M_f = \frac{Q \cdot D_0}{a \cdot n \cdot i \cdot \eta} \quad (\text{N} \cdot \text{m}) \tag{7-4-6}$$

式中 $\eta_3$——减速器的机械效率；

$\eta_4$——联轴器的机械效率；

$\eta$——起升机构的效率，$\eta = \eta_1 \cdot \eta_2 \cdot \eta_3 \cdot \eta_4 \cdots$

$n$——电动机转速(r/min)；

$i$——起升机构传动比。

6. 电动机的选择

(1) 起升机构的静功率

$$P_j = \frac{Q \cdot v}{1\,000\eta} \quad (\text{kW}) \tag{7-4-7}$$

(2) 选择电动机功率 $P_E$

铸造起重机起升机构中采用有刚性联系的两套驱动装置双电机驱动时，每台电动机的功率不小于总计算功率的 60%；当要求用一台电动机驱动，起重机以满载（额定功率）完成一个工作循环时，每台电动机的功率不小于总计算功率的 66%；采用行星差动减速器双电动机驱动时，每台电动机的功率不小于总计算功率的 50%。

(3) 电动机的校核

电动机的过载校核和发热校核详见 GB 3811—2008 附录 R、附录 S。

7. 制动器

铸造起重机的主起升机构，每套独立的驱动装置至少应装设两个支持制动器。起升机构制动器的制动距离应满足起重机使用要求。

支持制动器应是深闭式的。

制动器的制动力矩应等于或大于制动轴上的计算制动力矩 $M_z$：

$$M_z \geqslant K_z \cdot M_f \quad (N \cdot m) \tag{7-4-8}$$

式中　$K_z$——制动安全系数。

铸造起重机主起升机构：每套驱动装置应装有两个支持制动器，每一个制动器的制动安全系数不低于 1.25；对于两套彼此有刚性联系的驱动装置，每套装置应装有两个支持制动器，每一个制动器的制动安全系数不应低于 1.1；对于采用行星差动减速器传动，每套驱动装置也应装有两个支持制动器，每一个制动器的制动安全系数不应低于 1.75。

安全制动：主起升机构设置两套驱动装置，在输出轴上无刚性连接时或主起升机构设置一套驱动装置时，均应在钢丝绳卷筒上设置安全制动器；此安全制动器在机构失效或传动装置损坏导致物品超速下降，下降速度达到 1.5 倍额定速度前自动起作用。

8. 减速器传动比

采用平行轴减速器传动时，传动比：

$$i = \frac{n}{n_j} \tag{7-4-9}$$

采用行星减速器传动时，行星减速器通常给定正常工作下的传动比 $i_1$ 和单工况下的传动比 $i_2$，且 $i_2 = 2i_1$；传动比：

$$i_1 = \frac{n_{e1}}{n_{j1}} = \frac{n_{e2}}{n_{j2}} \tag{7-4-10}$$

$$i_2 = \frac{n_{e1} + n_{e2}}{n_{j1}} = \frac{n_{e1} + n_{e2}}{n_{j2}} \tag{7-4-11}$$

计算制动器时，应取 $i = i_2$。

9. 联轴器

联轴器的选择详见第四篇第二章相关内容。

(三) 设计注意事项

1. 起升高度

既要考虑正常工况下吊运载荷运行的上、下极限位置，也要考虑维修时龙门吊具的位置。

2. 卷筒

铸造起重机起升机构卷筒采用单层缠绕卷筒；通常采用双联卷筒。

3. 钢丝绳

当起重机进行危险物品装卸作业（如吊运液态熔融金属、高放射性或高腐蚀性物品等），或吊运大件物品、重要设备，且起重机的使用对人身安全及可靠性有较高要求时，应采用 GB 8918 中规定的钢丝绳。

吊运熔化或炽热金属的钢丝绳，应采用金属绳芯或金属股芯等耐高温的重要用途钢丝绳。

对于吊运危险物品的起重用钢丝绳，一般应选比设计工作级别高一级的工作级别选择表中的钢丝绳选择系数 $C$ 和钢丝绳最小安全系数 $n$ 值。

吊运熔融金属的起重机，在吊钩组及吊运横梁等处应采取措施保护钢丝绳免受辐射热直接影响，并防止熔融金属喷溅到钢丝绳上。

当起重机进行危险物品装卸作业（如吊运液态熔融金属、高放射性或高腐蚀性物品等）时，宜按比该类起重机起升机构常用的工作级别高一级的机构来选择钢丝绳滑轮和卷筒的卷绕直径。

钢丝绳允许偏斜角：钢丝绳绕进或绕出滑轮时的最大偏斜角（即钢丝绳中心线和与滑轮轴垂直的平面之间的夹角）不应大于 5°；钢丝绳绕进或绕出卷筒时，钢丝绳中心线偏离螺旋槽中心线两侧的角度不应大于 3.5°；对大起升高度及 $D/d$ 值较大的卷筒，其钢丝绳偏离螺旋槽中心线的允许偏斜角应由计算确定。

钢丝绳在卷筒上绳端的固定：吊具下降到最低极限位置时，钢丝绳在卷筒上的剩余安全圈（不包括固定绳端所占的圈数）至少应保持 2 圈。当钢丝绳和卷筒之间的摩擦系数取为 0.1 时，在此安全圈下,绳端固定装置应在承受 2.5 倍钢丝绳最大工作静拉力时不发生永久变形。

**4. 主起升机构的滑轮组倍率**

滑轮组倍率 $m$ 是指滑轮组省力的倍数,也是增速的倍数。

在不考虑摩擦及钢丝绳僵性的理想状态下,根据定义,滑轮组的倍率的计算方法如下:

$$m = \frac{\text{起升载荷重量}}{\text{钢丝绳静拉力}} \tag{7-4-12}$$

$$m = \frac{\text{钢丝绳主动端移动的距离}}{\text{起升载荷移动的距离}} \tag{7-4-13}$$

$$m = \frac{\text{钢丝绳主动端的线速度}}{\text{起升载荷的线速度}} \tag{7-4-14}$$

$$m = \frac{\text{悬挂载荷的钢丝绳分支总数}}{\text{主动(引入卷筒的)钢丝绳分支数}} \tag{7-4-15}$$

在实际操作中,通过式 7-4-12、7-4-13、7-4-14 计算滑轮组倍率极困难,可操作性很差,如式 7-4-12,我们需要通过倍率来计算钢丝绳拉力,式 7-4-13、7-4-14 是同一内涵,直接求取线速度或移动距离是很困难的。而式 7-4-15 是实用、快捷、有效的计算公式。

通常,钢丝绳除卷筒端外的另一绳头固定于吊具上,则滑轮组倍率为奇数。如固定于定滑轮组侧,则滑轮组倍率为偶数。

对于采用双联双卷筒的主起升机构,钢丝绳末端固定于定滑轮组侧时,倍率 $m$ 恰好等于一组动滑轮组的滑轮片数。钢丝绳末端固定于吊具侧时,倍率 $m$ 等于一组动滑轮组的滑轮片数再加一。此方法仅适用于双联双卷筒机型的绳系布置,不可应用到其他绳系布置上。

**5. 行星减速器传动安全监控**

行星减速器传动机型包含行星单减速器机型、行星大减速器机型、行星三减速器机型等以行星减速器作为起升机构核心传动部件的机型。

因行星减速器的双自由度特性,采用行星减速器传动的起升机构具备单机半速稳定运行的特性,此时,传动链中所有零部件均不过载。但也正因为双自由度特性,采用行星减速器传动的起升机构需要在卷筒上设置安全制动器,并通过一套合理有效的监控系统来监控起升机构的运行状态以确保载荷的安全。

(1)行星传动系统的组成

以行星三减速器机型为例,如图 7-4-15 所示。

(2)故障分类及监控方案

行星传动的主起升机构的安全性在于从电动机到卷筒整个传动链的安全。主起升机构的钢丝绳系统采用了 4 绳绕法,具有单一故障保护性能,故只要保证了从电动机到卷筒传动链的安全,也就保证了起升机构的安全。

因对于行星减速器(图 7-4-16),输入动力是在行星轮处耦合,并通过行星架输出的,故以行星架为分界点,行星架之前为高速轴部分,行星架之后为低速轴部分。从传动链考虑,以钢(铁)水罐是否倾斜为特征,行星机型主起升机构的故障可分为非倾斜性故障和倾斜性故障两种不同的工况,超速开关和编码器等组成的监控系统在这两种故障状态下自动进行紧急制动。

与行星传动特性相关的监控:

1)传动比比较:

$$i = \frac{n_{e1} + n_{e2}}{n_{j1}} \tag{7-4-16}$$

和

$$i = \frac{n_{e1} + n_{e2}}{n_{j2}} \tag{7-4-17}$$

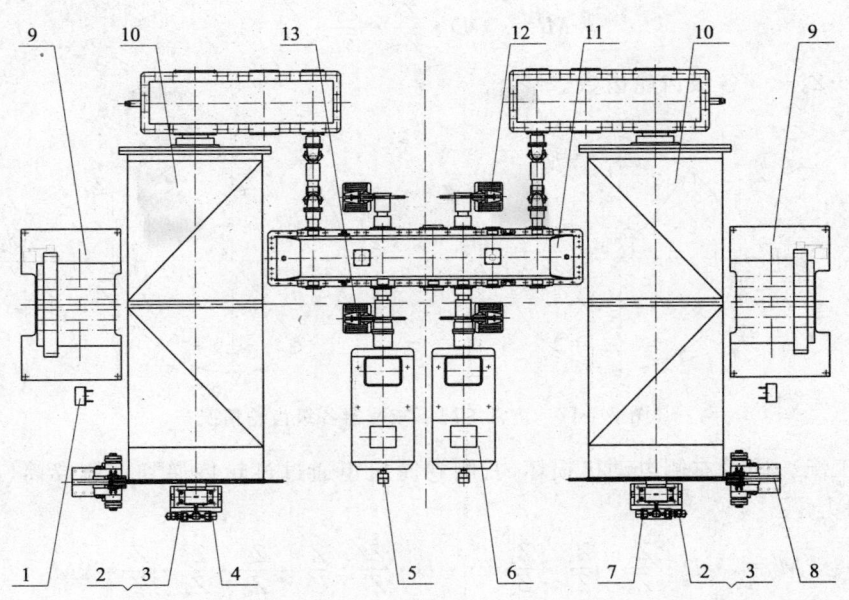

图 7-4-15 行星传动系统的组成

1—重锤限位开关;2—增量型编码器(低速轴);3—超速开关;4—旋转限位开关;5—增量型编码器(高速轴);6—电动机;7—绝对值编码器;8—卷筒安全制动器;9—定滑轮组;10—卷筒;11—行星减速器;12—工作制动器;13—支持制动器

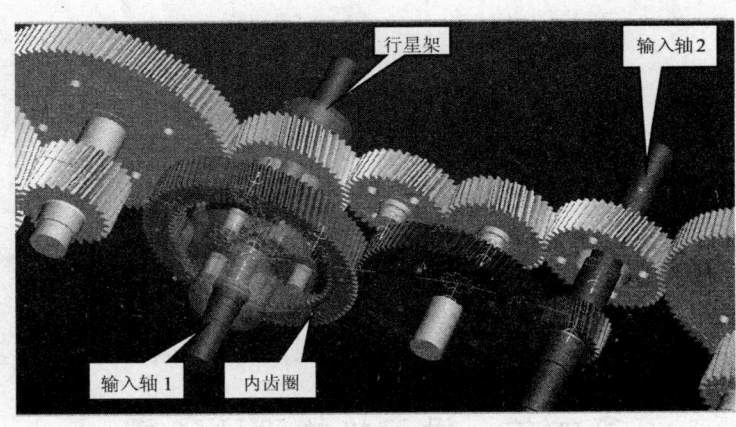

图 7-4-16 行星减速器

2)卷筒转速比较:

$$n_{j1} = n_{j2} \tag{7-4-18}$$

除上述行星传动特有的监控特征之外,作为安全监控系统,还需要对超速开关信号、零部件(如液压系统、制动器)的状态开关、急停等机电反馈信号做出反应,以确保铸造起重机主起升载荷安全。

6. 非行星减速器传动起升机构的单机工况

根据 JB/T 7688.5—2012 要求,主起升设置两套驱动装置,当其中一台电动机或一套电控装置发生故障时,另一套驱动装置应能保证在额定起重量时完成一个工作循环。

采用行星传动时,双自由度特性很好地解决了这一问题。采用非行星减速器传动时,单机工况通过传动链的过载完成:单机工况下,电动机到减速器末级齿轮均过载,为正常工作时的 2 倍载荷。选择电动机时,电动机功率不小于机构总功率的 66%,并利用电动机的过载能力完成短时工作。减速器在单机工况下受到的载荷为正常工况下的 2 倍,因此在设计、选用减速器时要充分考虑单机工况。以整体大减速器齿轮传动为例,减速器受力分析如下:

(1)正常工况,过轮主要起同步作用,所受载荷忽略不计(图 7-4-17),则电动机轴上静力矩:

$$M_f = s \cdot D \cdot \frac{Z_5}{Z_6} \cdot \frac{Z_3}{Z_4} \cdot \frac{Z_1}{Z_2} \tag{7-4-19}$$

式中 $Z_1$、$Z_2 \cdots Z_6$——各级齿轮齿数。

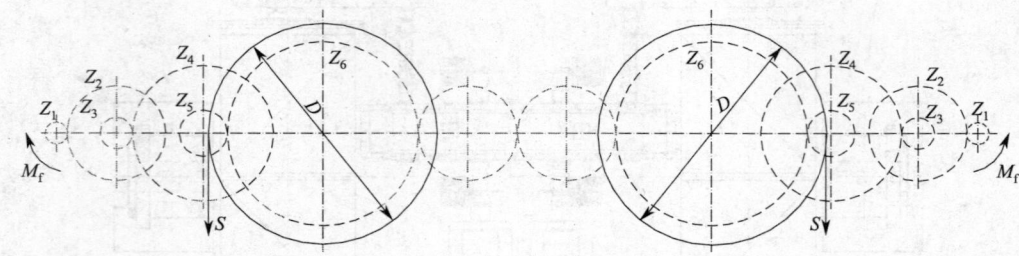

图 7-4-17 正常工况下减速器各级齿轮情况

(2)单机工况。假设右侧电动机损坏,右侧卷筒扭矩通过过轮传递到左侧卷筒(图 7-4-18),则电动机轴上静力矩:

$$M_f' = s \cdot D \cdot \frac{Z_5}{Z_6} \cdot \frac{Z_3}{Z_4} \cdot \frac{Z_1}{Z_2} + s \cdot D \cdot \frac{Z_6}{Z_7} \cdot \frac{Z_7}{Z_6} \cdot \frac{Z_5}{Z_6} \cdot \frac{Z_3}{Z_4} \cdot \frac{Z_1}{Z_2} = 2M_f \tag{7-4-20}$$

由上式可以看出,减速器齿轮、齿轮轴、轴均应按 2 倍载荷进行强度校核。

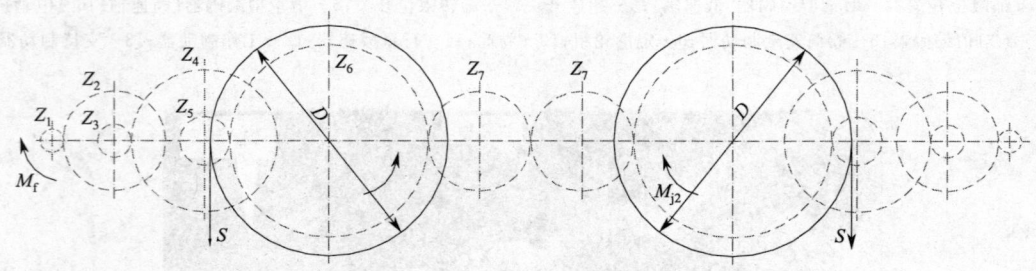

图 7-4-18 单机工况下减速器各级齿轮情况

### 三、副起升机构

铸造起重机的副起升机构构造设计方法与通用桥式起重机相似。

## 第四节 运行机构设计计算

### 一、起重机运行机构设计

起重机运行机构(图 7-4-19)通常由电动机、联轴器、制动器、减速器、主动车轮(主动台车)、被动车轮(台车)等零部件组成。铸造起重机运行机构的驱动形式通常采用自行式,且驱动装置通常设置在桥架四角主梁端部,即通常所说的"四角驱动"。

随着国民生产对铸造起重机的要求的提高,起重机的起重量越来越大,少量的车轮不能满足厂房轨道对轮压的要求,因此需增加车轮数量。车轮较多时,通常采用台车均衡轮压(图 7-4-20)。

(一)起重机运行机构的主要驱动型式

1. 驱动装置驱动一个主动车轮

电动机通过单输入单输出减速器驱动一个主动车轮(图 7-4-21)。

2. 驱动装置驱动两个主动车轮

大吨位或轮压受限制的起重机需要车轮数量较多时,可采用单入双出型式的平行轴卧式减速器实现一套装置驱动两个主动车轮(图 7-4-22)。

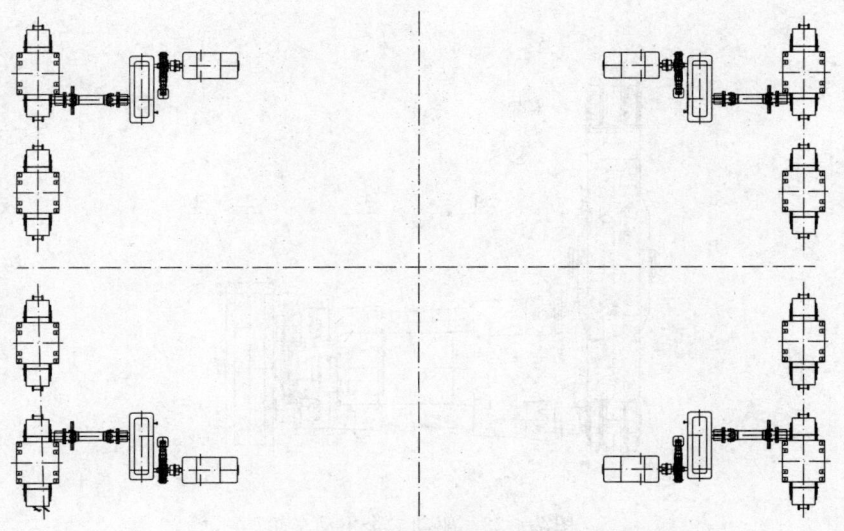

图 7-4-19 起重机运行机构平面布置示意图

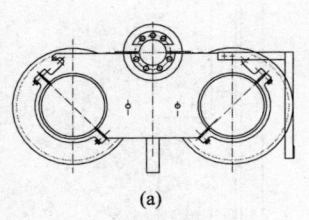　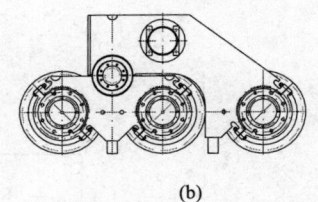　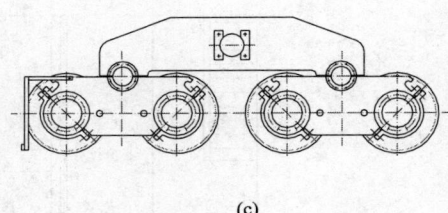

图 7-4-20 台车形式

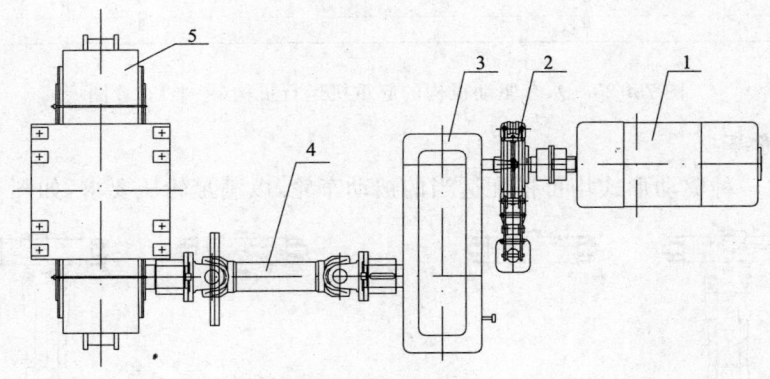

图 7-4-21 驱动一个主动车轮

1—电动机；2—制动器；3—平行轴卧式减速器；4—万向联轴节；5—制动器

3. 三合一减速电机分别驱动

受铸造起重机工作级别和布置空间、车轮分布限制，特殊情况下，可采用三合一减速器电机实现分别驱动（图7-4-23）。

（二）起重机运行机构的设计计算

铸造起重机均为有轨运行，因此按有轨运行机构进行设计计算。

稳态运行阻力　　　　　　　$P_j = P_m + P_a + P_{wl}$ (N) 　　　　　　　(7-4-21)

式中　$P_m$——运行摩擦阻力(N)，见式3-3-2；

$P_a$——坡道阻力(N)，见式3-3-7；

$P_{wl}$——风阻力，因铸造起重机均为室内运行，因此设计时均不考虑风载荷。

起重机运行机构其余设计计算详见第三篇第三章。

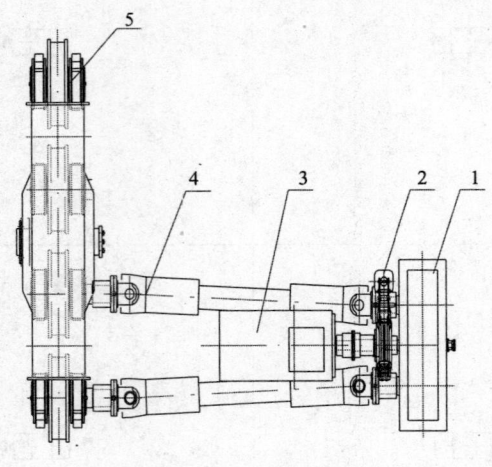

图 7-4-22 驱动二个主动车轮

1—减速器；2—制动器；3—电动机；4—万向联轴器；5—驱动轮组

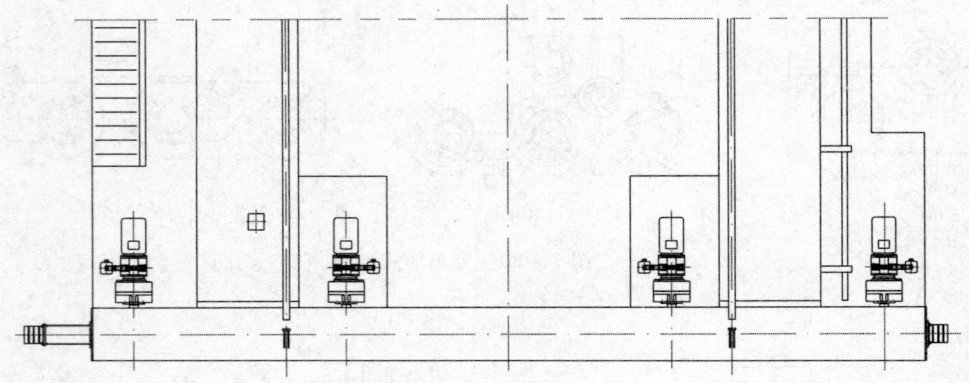

图 7-4-23 八套驱动机构的起重机运行机构(一半)布置图

(三)设计注意事项

(1)选用任意一种驱动形式均可搭配适当的被动车轮,以满足轮压要求,如图 7-4-24 所示。

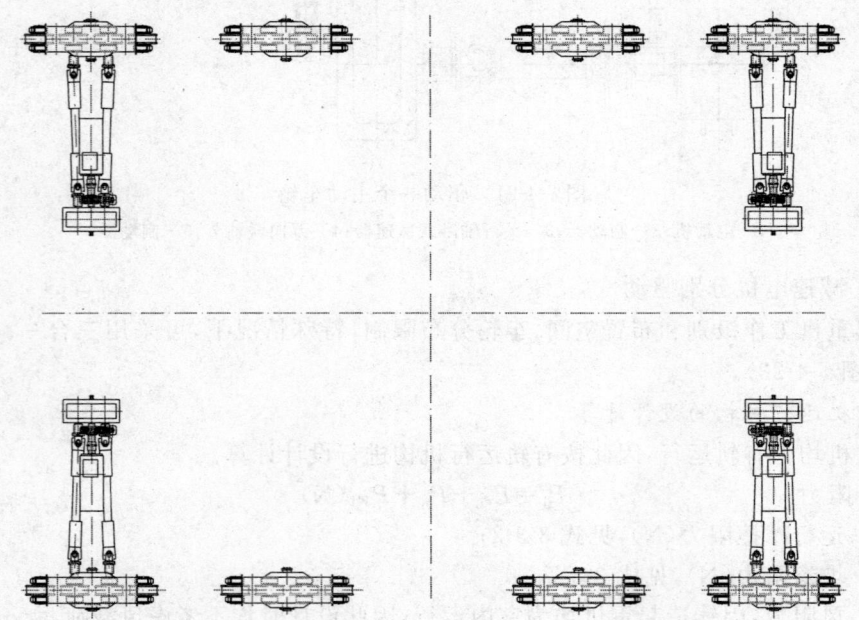

图 7-4-24 32 轮起重机运行机构布置示意图

设计原则:主动轮占总轮数的比例,应按起动或制动时防止打滑为条件来确定,打滑验算详见第三篇第三章。通常,驱动的主动轮数为总车轮数的 1/2～1/4;随着调速系统的成熟,在一些特殊情况下,主动轮数/总车轮数可达到 1/5～1/6。

(2)起重机的基距 $B$ 和跨度 $S$ 之比,即 $\dfrac{B}{S} \geqslant \left(\dfrac{1}{6} \sim \dfrac{1}{4}\right)$;

在多车轮的起重机中,用起重机有效轴距 $a$ 代替起重机的基距 $B$ 计算轮跨比。有效轴距 $a$ 按如下原则计算:

①一侧端梁上装有两个或 4 个车轮时,有效轴距取端梁两端最外边车轮轴的间距,见图 7-4-25a、图 7-4-25b;

②一侧端梁上的车轮不超过 8 个时,有效轴距取两端最外边两个车轮中心线的间距,见图 7-4-25c、图 7-4-25d;

③一侧端梁上的车轮超过 8 个车轮时,有效轴距取端梁两端最外边三个车轮中心线的间距,见图 7-4-25e;

④端梁装有水平导向轮时,有效轴距取端梁两端最外边两个导向轮轴的间距。

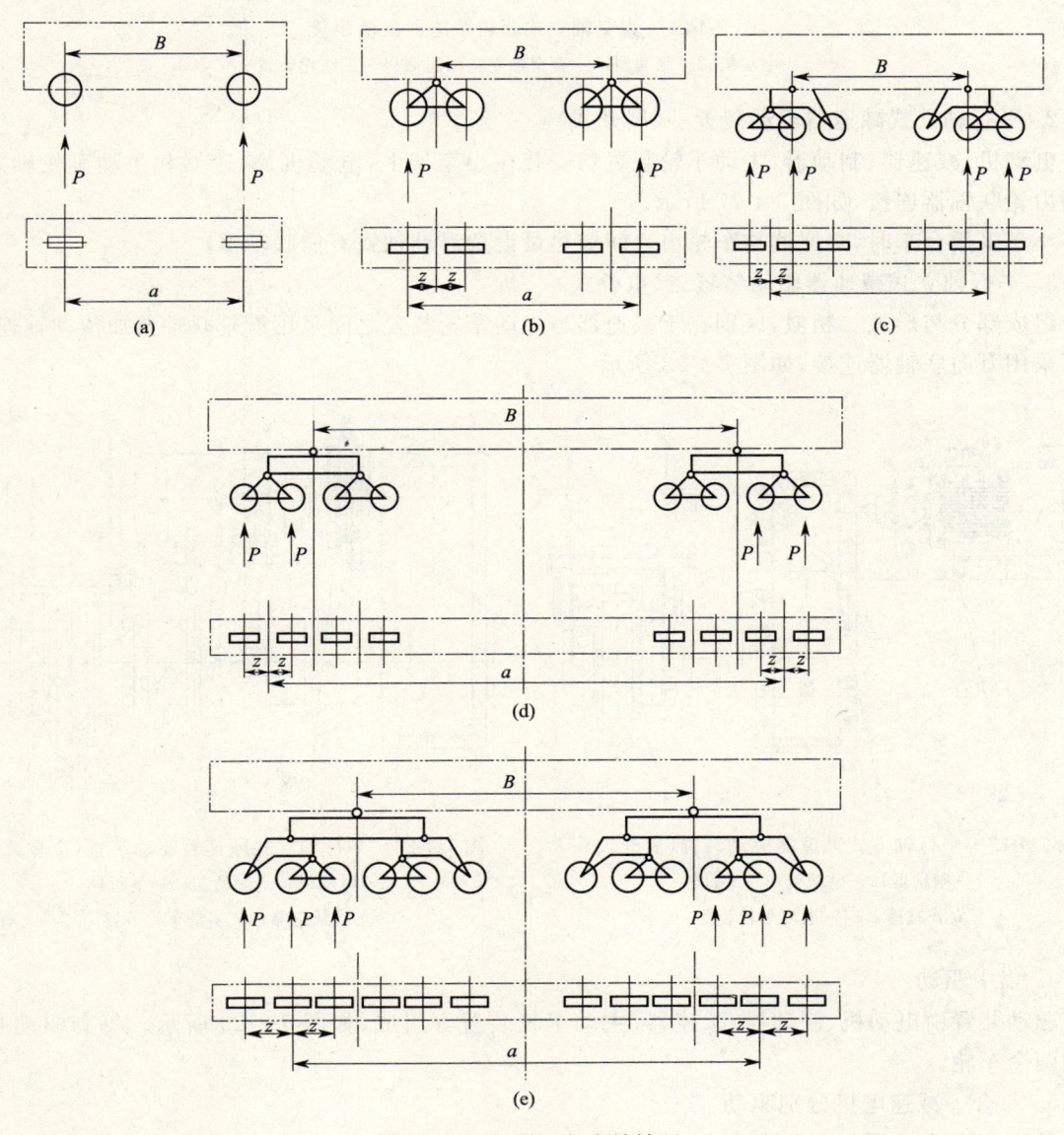

图 7-4-25 基距 $B$ 与有效轴距 $a$

## 二、小车运行机构设计

（一）小车运行机构的主要驱动型式

**1. 直交轴立式套装减速器驱动装置（图 7-4-26）**

电动机及制动器安装在与减速器壳体相连接的支架上,减速器输出轴为空心轴,套装在主动车轮轴上,利用减速器壳体上方设置的耳孔将机构连接在主动车轮装置的平衡架上。

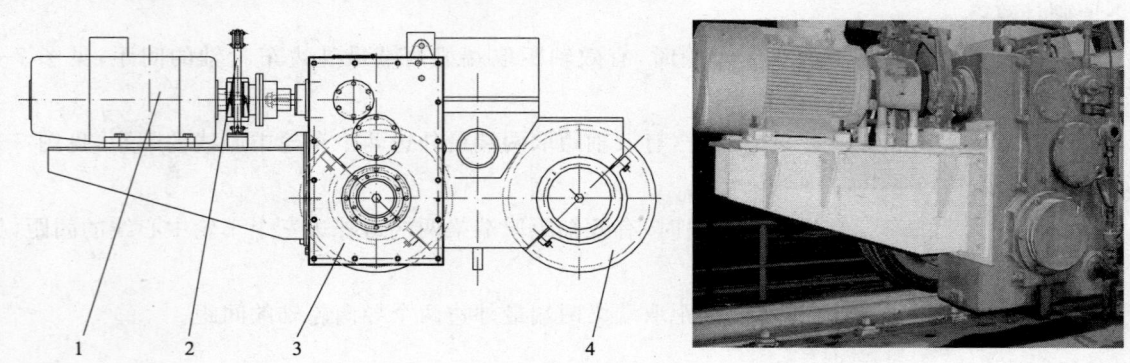

图 7-4-26　直交轴立式套装减速器驱动装置

1—电动机；2—制动器；3—直交轴立式减速器；4—主动轮装置

**2. 平行轴立式减速器驱动装置一（展开式）**

电动机、减速器、制动器、主动车轮装置均安装在小车架上,电动机、减速器和主动车轮轴之间采用齿轮联轴器连接,如图 7-4-27 所示。

小车采用台车时,减速器与车轮组之间应尽量设置浮动轴式万向联轴器。

**3. 平行轴立式减速器驱动装置二（重叠式）**

组成部分与形式二相似,区别在于减速器与主动车轮装置之间采用齿轮联轴器加传动轴连接,也可采用万向联轴器连接,如图 7-4-28 所示。

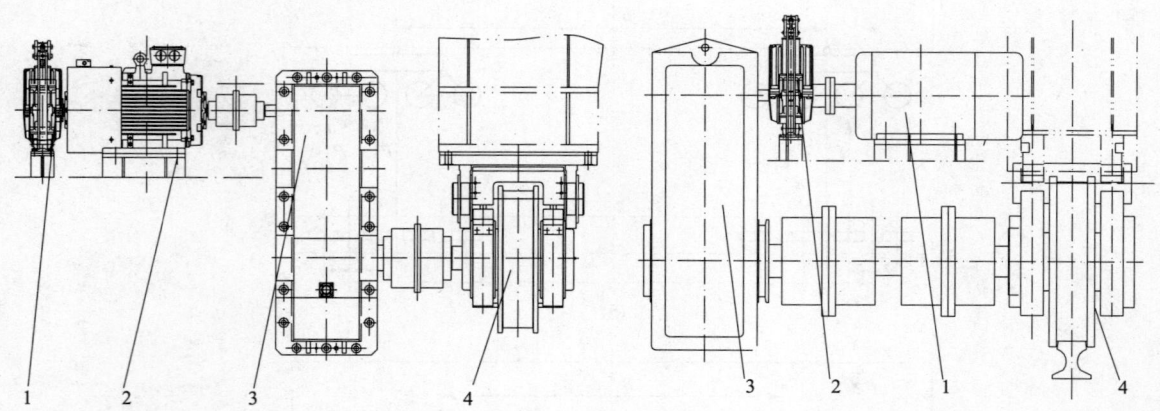

图 7-4-27　平行轴立式减速器驱动装置（展开式）

1—制动器；2—电动机；3—平行轴立式减速器；4—主动车轮装置

图 7-4-28　平行轴立式减速器驱动装置（重叠式）

1—电动机；2—制动器；3—平行轴立式减速器；4—主动车轮装置

**4. 集中驱动**

驱动装置由电动机、制动器、减速器、主动车轮装置等组成,如图 7-4-29 所示。每套驱动装置驱动两个车轮。

**5. 三合一减速电机分别驱动**

采用三合一减速电机直接驱动主动车轮。这种型式在铸造起重机上应用较少。

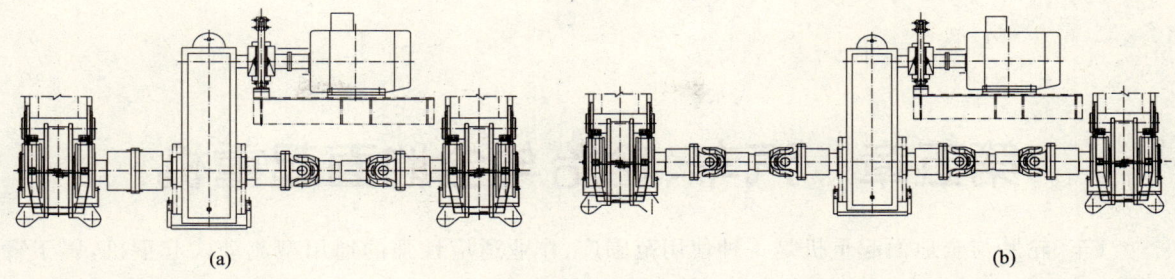

图 7-4-29 集中驱动

(二)小车运行机构设计计算

与起重机运行机构设计计算相似。

(三)设计注意事项

(1)通常小吨位铸造起重机的小车运行机构采用两角驱动,大吨位采用四角驱动。

(2)选用任意一种驱动形式均可搭配适当的被动车轮,以满足轮压要求,如图 7-4-30 所示。设计原则与起重机运行机构相同。

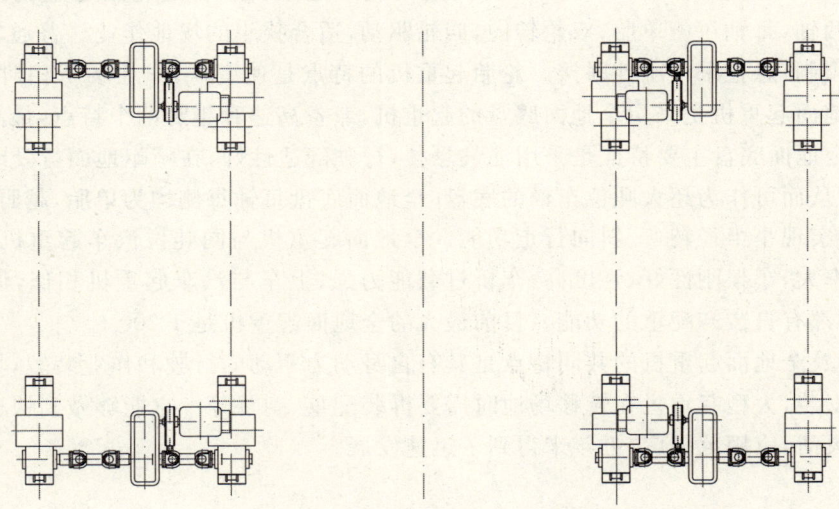

图 7-4-30 四梁六轨主小车运行机构布置示意图

# 第五章　汽车、轮胎与全地面起重机

汽车、轮胎与全地面起重机是一种使用范围广、作业适应性强的通用型流动式起重机,属于臂架类起重机械中无轨运行的起重设备。依据国标 GB 20776 对起重机的分类,流动式起重机按底盘的特点分为履带起重机、汽车起重机、轮胎起重机、全地面起重机和随车起重机。本章主要介绍汽车起重机、轮胎起重机与全地面起重机。

汽车起重机是以通用或专用的汽车底盘为运行底架的流动式起重机(GB 6794.6),其主要特点是行驶速度高,机动灵活。小吨位汽车起重机一般选用通用汽车做为底盘,中大吨位汽车起重机采用专用起重机底盘。一般 80 t 级以上的汽车起重机上车装有独立发动机,具有自装卸配重等功能。目前国内最大的汽车起重机为 160 t 汽车起重机。轮胎起重机是装有充气轮胎,以特制底盘为运行底架的流动式起重机(GB 6794.6),分为越野轮胎起重机和普通轮胎起重机。越野轮胎起重机的特点是两轴,每轴每侧单胎,双轮转向,四轮驱动,适合狭小的场地作业。普通轮胎起重机的轴数不受两轴限制,悬挂采用刚性联接。轮胎起重机的特点是速度低,作业场所相对固定,可实现吊重行走。全地面起重机是采用全地面底盘的起重机,兼备高速和越野两个特点,最高行驶速度可达 80 km/h。全地面底盘主要特征是采用油气悬挂,行驶舒适性好,在崎岖地面行驶时可实现多桥轴荷均匀承载,从而可作为超大吨位车辆的底盘;全地面底盘每轴每侧均为单胎,越野性强,具有多轴转向技术,可实现小半径转弯、斜向行走功能。全地面起重机与同吨位汽车起重机相比,底盘选用的发动机功率大,车架刚性好、强度高,车桥过载能力强;上车与汽车起重机相似,但吊臂长度一般较短,大多数都有自装卸配重的功能。目前最大的全地面起重机是 1 200 t。

汽车、轮胎及全地面起重机的共同特点是具有自身动力驱动的行驶和作业装置,场地移动时较少需要拆卸和安装,大型起重机在转移场地时需要拆装配重、副臂等。它能够做到快速和自装卸作业。由于机动灵活,应用范围广,近年来得到了迅速发展。

## 第一节　构造与选型

依据国标 GB 6974.6 的定义,回转式起重机相对于不回转的底盘,可绕回转中心线转动的起重机上部结构,包括回转支承及其以上的全部机构和装置的总称为上车,包括起升机构、主吊臂、副臂、变幅机构、配重和上车回转部分等。回转支承以下,包括起重机底盘、外伸支腿等部件在内的机构和装置总称为下车。

根据起重机上车的承载、下车的使用、运输等原因分析,只有少数小型汽车起重机为简化设计,选用通用汽车底盘;大多数汽车起重机(图 7-5-1,图 7-5-2)采用专用底盘。按起重机作业动力选择分析,中、小型汽车起重机采用变速箱加装取力器方式,与底盘共用发动机动力系统;大型汽车起重机为了节能,其上车另选取小功率发动机作为独立动力系统。汽车起重机的起重作业和车辆行驶分别在上车操纵室和下车驾驶室内实现。

目前的伸缩臂式起重机,具有起升、变幅、回转、起重臂伸缩等基本工作机构和支腿收放机构,如图 7-5-3 所示。

轮胎起重机(图 7-5-4,图 7-5-5)起重臂采用桁架或箱型结构,发动机动力系统一般安装在上车,上、下车共用动力系统,上车安装在采用刚性悬架的特制专用底盘上,起重作业和车辆行驶在上车操控室内实现。箱型臂架式上车部分的构造和汽车起重机基本相同,可 360°回转作业;下车部

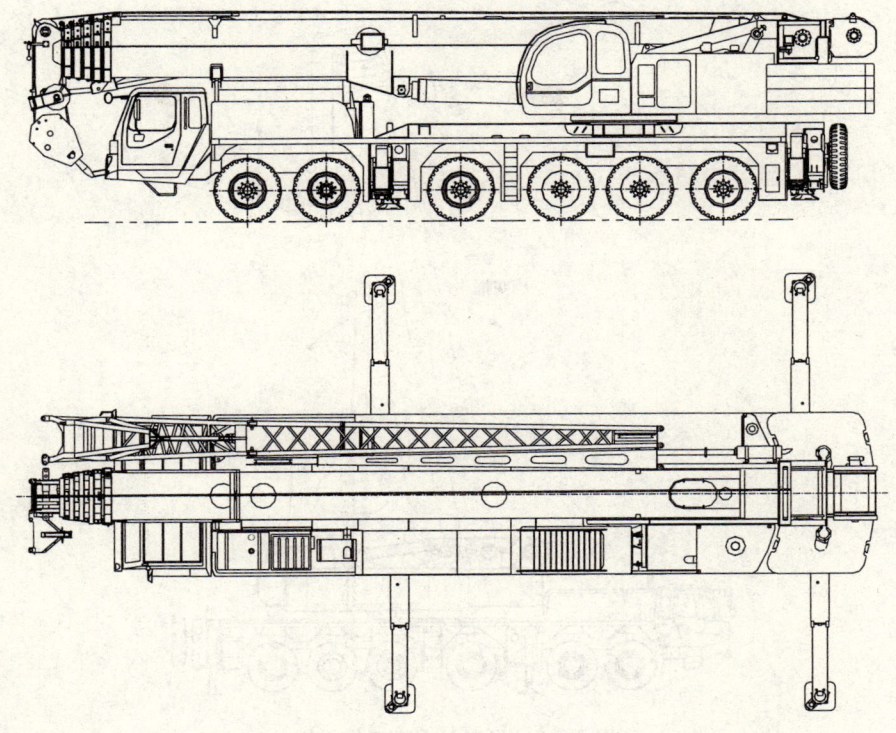

图 7-5-1 汽车起重机

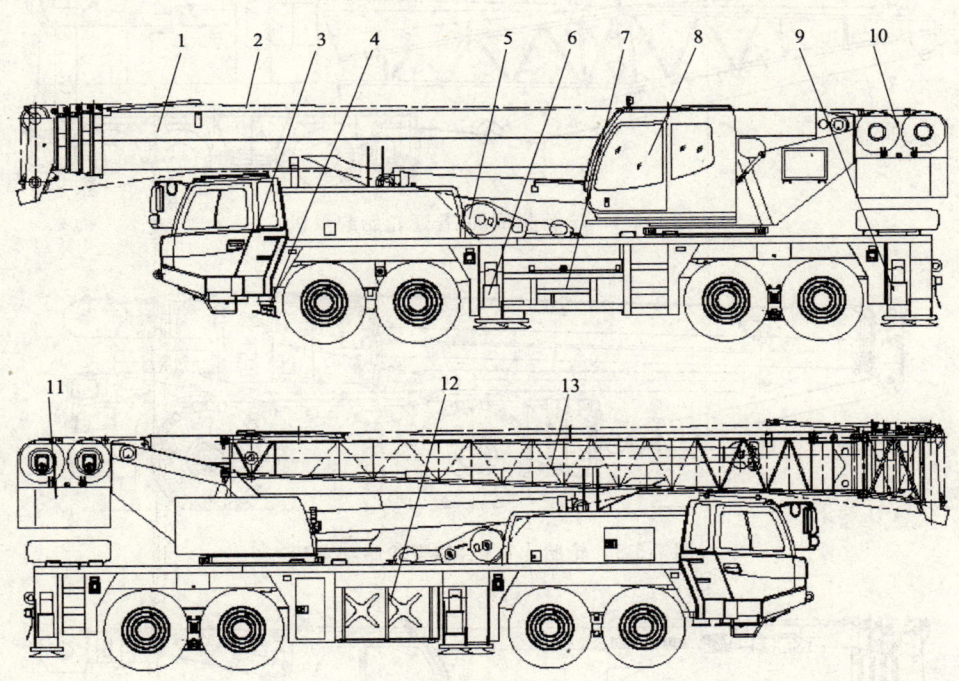

图 7-5-2 汽车起重机主要结构

1—主吊臂;2—钢丝绳;3—汽车起重机底盘;4—前置支腿;5—主吊钩;6—前支腿;7—燃油箱;
8—上车操纵室;9—后支腿;10—起升机构;11—配重;12—液压油箱;13—副臂

分与汽车起重机相比,其轴距短、轴数少、部分或全轴驱动,部分具备越野功能,转弯半径小,车速低,可以吊载行驶。

全地面起重机(图 7-5-6,图 7-5-7)是装在有油气悬架、多轮转向等特点的特制轮式底盘上,能在公路及恶劣的路面上行驶,且具有比汽车起重机更高机动性的流动式起重机。它具有汽车起重

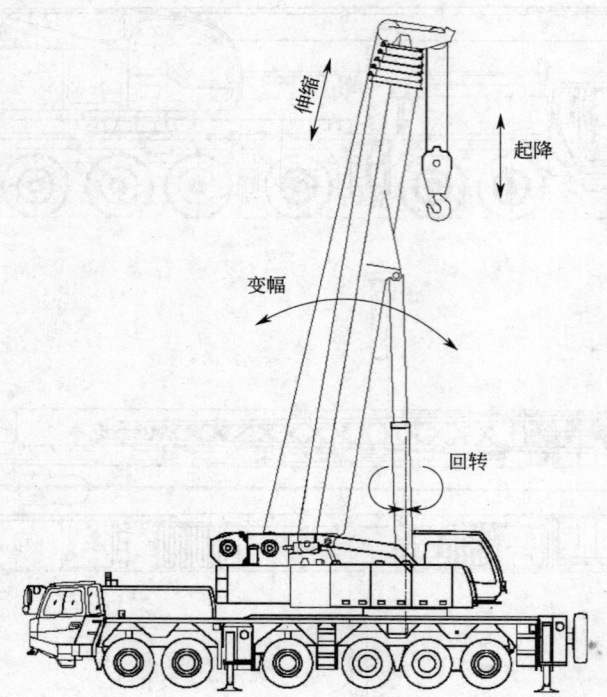

图 7-5-3 汽车起重机工作机构

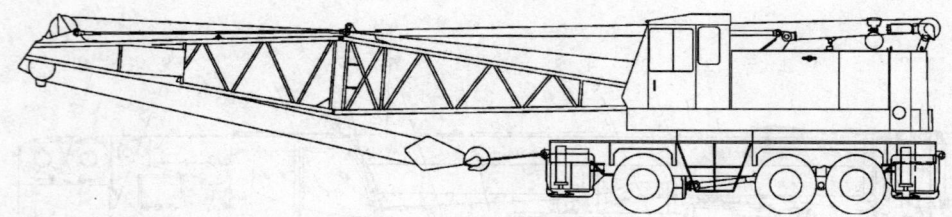

图 7-5-4 轮胎起重机(普通轮胎起重机)

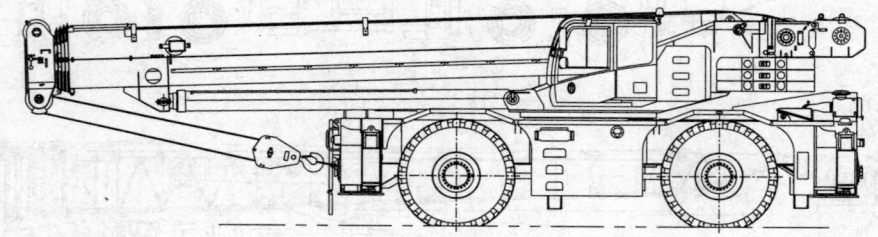

图 7-5-5 轮胎起重机(越野轮胎起重机)

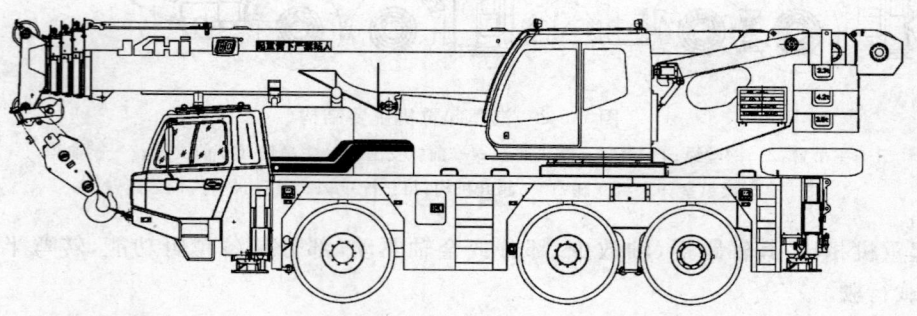

图 7-5-6 小吨位全地面起重机

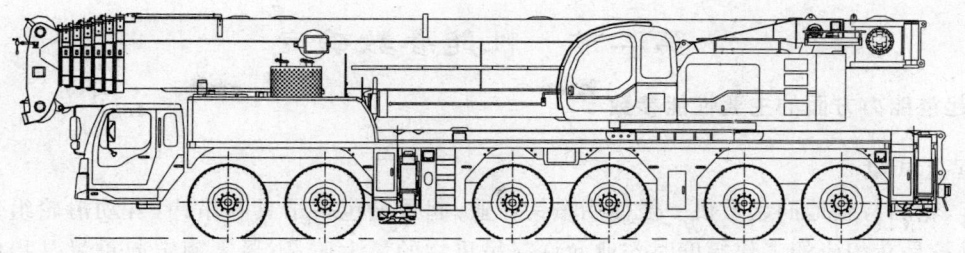

图 7-5-7 大吨位全地面起重机

机的行驶速度,又有越野轮胎起重机的机动灵活。油气悬挂可在地面不平时,自动平衡车辆各桥的承重,还具有增加整机侧倾刚度、克服制动前倾、调节车架高度和锁死悬架等功能,多轮转向大大缩小车辆转弯半径。因而有更加广泛的适用范围。

用户和设计者在选型时,应考虑整机性能、构造特点、使用场合等因素。汽车起重机、轮胎起重机和全地面起重机的主要区别列于表 7-5-1。

表 7-5-1 汽车、轮胎与全地面起重机的区别

| 序号 | 项 目 | 汽车起重机 | 轮胎起重机 | 全地面起重机 |
|---|---|---|---|---|
| 1 | 底盘来源 | 通用汽车底盘或专用汽车底盘 | 专用底盘 | 特制全地面底盘 |
| 2 | 行驶速度 | 行驶速度≥70 km/h,满足高速公路行驶要求 | 行驶速度≤55 km/h | 同汽车起重机 |
| 3 | 发动机动力系统 | 中小型汽车起重机共用下车发动机;大型汽车起重机在上、下车各配一台发动机 | 一个发动机,位于转台或底盘上 | 中小型全地面起重机共用下车发动机;大型全地面起重机在上、下车各配一台发动机 |
| 4 | 行驶性能 | 转向轴数少,转弯半径大,接近角、离去角小,爬坡度低,通行条件与运输车辆基本相同,轮胎接地比压小,行驶时减振性能一般,行驶时视野好 | 全轮可以设计多轴转向,转弯直径小,接近角、离去角、离地间隙大,爬坡度介于汽车和全地面起重机之间,通过性较高,轮胎接地比压大,行驶时减振性能差,行驶时视野差,不能公路行驶 | 全轮可以实现多轴、多模式转向,转弯直径小,接近角、离去角、离地间隙大,爬坡度高,通过性很高,接地比压与汽车起重机相当,行驶时减振性能好,行驶时视野好 |
| 5 | 起重性能 | 吊重作业时需支腿支承,不设前置第五支腿时,前方禁止作业 | 除有汽车起重机的作业性能外,还具有吊重行驶能力 | 除有汽车起重机的作业性能外,中小起重机具有吊重行驶能力,超大吨位起重机带塔臂或超起装置,起重能力有一定的提升 |
| 6 | 支腿位置 | 支腿靠近回转中心,支腿纵向跨距较小 | 支腿纵向跨距大,与车辆长度相当 | 支腿纵向跨距介于汽车与轮胎起重机之间,能得到较合理的纵、横向跨距匹配 |
| 7 | 行驶和作业时位置 | 行驶时在下车驾驶室内驾驶车辆;作业时在上车操纵室内操作控制 | 只在上车设置一个操控室,行驶和作业都在其中完成 | 同汽车起重机 |
| 8 | 伸缩机构 | 中、小吨位起重机的五节及以下臂架采用油缸加绳排的伸缩机构根据伸缩臂节数的不同,油缸和绳排数略有区别;超大吨位起重机六节及以上臂架采用单缸插销伸缩机构 | 采用多缸同步伸缩结构,自重较大,在中长臂幅度较大区间作业时起重能力下降较多,当采用五节以上吊臂伸缩时,结构会变得异常复杂,优点是伸缩时间短 | 多采用单缸、插销伸缩机构,自重轻,结构紧凑,插销的锁止使吊臂、油缸受力合理,对起重性能影响很小,特别适合多节臂的伸缩,缺点是伸缩时间长,吊臂一般定长外伸 |
| 9 | 构造特点 | 轴数多,转向轴轴荷低,车辆重心低,受底盘结构所限不能做超大吨位 | 轴数少,车辆重心高 | 轴数适中,各轴轴荷基本相等,车辆重心介于汽车与轮胎起重机之间,可做超大吨位起重机 |
| 10 | 适用场合 | 用于路面良好的施工场地,车辆的作业半径大,可以自行长距离转移 | 用于较为固定的施工场地,如仓库、货场、码头等,车辆作业半径小,不便于自行长距离转移 | 较汽车起重机更能适宜路面恶劣、场地狭小的施工现场,可以自行长距离转移,但多数为超大吨位起重机,需运载配重、副臂、超起等机构的辅助车辆 |

## 第二节 性能参数确定

### 一、起重能力方面的主要性能参数

#### 1. 起重量 Q

汽车、轮胎与全地面起重机一般使用吊钩作业,起重量包括吊具和吊钩(含动滑轮组)的质量。额定起重量是在相应的工作幅度时作业允许起吊重物的最大质量;最大额定起重量是指使用支腿时基本臂在最小工作幅度下作业允许起吊的最大质量。最大额定起重量往往作为起重机的铭牌起重量,反映起重机的起重能力。汽车、轮胎与全地面起重机的起重量随着吊臂的伸缩、俯仰而变化,起重量的大小由吊臂的结构强度和起重机整机稳定性决定,而且还随着吊臂方位不同而异。对轮胎起重机和全地面起重机,还分支腿全伸、半伸和不用支腿吊重行驶三种支承工况。表 7-5-2 列出了 QY70 型汽车起重机吊臂不同方位时的额定起重量;表 7-5-3 列出了 RT60 轮胎起重机不同支承情况下的额定起重量;表 7-5-4 列出了 QAY55 型全地面起重机 360°全方位的额定起重量。

表 7-5-2 QY70 汽车起重机额定起重量表　　　　　　　　　　　　　　　　　kg

| 工作幅度 $R/m$ | 主臂长度 | | | | 主臂+副臂长度 | | |
|---|---|---|---|---|---|---|---|
| | 11.6 m | 19.82 m | 32.15 m | 44.5 m | 主臂仰角 | 副臂安装角 | |
| | | | | | | 15° | 30° |
| 3 | 70 000 | | | | 78° | 1 400 | 1 100 |
| 3.5 | 63 500 | | | | 75° | 1 250 | 1 040 |
| 4 | 54 500 | 40 600 | | | 72° | 1 150 | 990 |
| 5 | 47 000 | 38 500 | | | 70° | 1 100 | 950 |
| 6 | 38 500 | 34 200 | | | 65° | 950 | 880 |
| 7 | 30 000 | 28 800 | 18 200 | | 60° | 850 | 830 |
| 8 | 23 500 | 23 000 | 17 500 | | 55° | 700 | 600 |
| 9 | 18 600 | 18 300 | 16 000 | | 50° | 400 | 350 |
| 10 | | 15 000 | 14 500 | 9 900 | | | |
| 12 | | 10 300 | 12 000 | 9 100 | | | |
| 14 | | 7 300 | 9 000 | 8 100 | | | |
| 16 | | 5 200 | 6 900 | 7 200 | | | |
| 18 | | | 5 400 | 5 950 | | | |
| 20 | | | 4 200 | 4 600 | | | |
| 22 | | | 3 300 | 3 800 | | | |
| 24 | | | 2 600 | 3 100 | | | |
| 26 | | | 2 000 | 2 500 | | | |
| 28 | | | | 2 000 | | | |
| 30 | | | | 1 600 | | | |
| 32 | | | | 1 300 | | | |
| 34 | | | | 1 000 | | | |
| 36 | | | | 700 | | | |

汽车、轮胎与全地面起重机起重量 $Q$ 的单位是质量单位,取千克(kg)为基本单位,我国习惯用吨(t)作为起重量单位(1 t=1 000 kg),可视为非国际标准单位。当起重量作为载荷时,起升载荷单位应转换为 N 或 kN,常以 $F_Q$ 表示。

我国参照国际有关标准，制定了汽车起重机与轮胎起重机基本参数系列标准(JB/T 1375)，见表 7-5-5。

**表 7-5-3　RT60 轮胎起重机额定起重量表**　　　　　　　　　　　　　　　　kg

| 工作幅度 R/m | 主臂长度 | | | | | | | | | | |
|---|---|---|---|---|---|---|---|---|---|---|---|
| | 支腿全伸 360°作业 | | | | 支腿半伸 360°作业 | | | | 不用支腿 360°作业 | | |
| | 11.32 m | 19.28 m | 32.86 m | 43.20 m | 11.32 m | 19.28 m | 32.86 m | 43.20 m | 11.32 m | 19.28 m | 32.86 m |
| 3.0 | 60 000 | | | | 60 000 | | | | 25 500 | | |
| 3.5 | 51 700 | 31 300 | | | 51 700 | | | | 21 600 | | |
| 4.0 | 47 300 | 30 300 | | | 47 300 | 31 300 | | | 18 600 | 16 000 | |
| 5.0 | 39 300 | 28 100 | | | 39 300 | 30 300 | | | 12 800 | 12 100 | |
| 6.0 | 31 700 | 23 600 | 16 100 | | 34 800 | 28 100 | 16 100 | | 8 900 | 8 200 | 9 800 |
| 7.0 | 26 500 | 20 100 | 15 600 | | 24 900 | 24 000 | 15 600 | | 6 300 | 5 700 | 8 000 |
| 8.0 | 22 300 | 16 500 | 15 300 | 8 100 | 18 800 | 18 100 | 15 300 | 8 100 | 4 400 | 3 900 | 6 100 |
| 9.0 | | 14 600 | 15 200 | 8 100 | | 14 100 | 14 400 | 8 100 | | 2 600 | 4 700 |
| 10.0 | | 11 600 | 14 700 | 7 800 | | 11 100 | 11 800 | 7 800 | | 1 500 | 3 600 |
| 12.0 | | 8 000 | 11 800 | 7 600 | | 7 200 | 9 700 | 7 600 | | | 2 000 |
| 14.0 | | | 10 500 | 7 200 | | 4 700 | 7 000 | 6 600 | | | 900 |
| 16.0 | | | 8 000 | 6 900 | | | 5 100 | 5 900 | | | |
| 18.0 | | | 6 200 | 6 800 | | | 3 800 | 4 500 | | | |
| 20.0 | | | 4 700 | 5 600 | | | 2700 | 3500 | | | |
| 22.0 | | | 3 700 | 4 400 | | | 1 900 | 2 600 | | | |
| 24.0 | | | 2 800 | 3 600 | | | 1 300 | 1 900 | | | |
| 26.0 | | | 2 100 | 2 800 | | | 700 | 1 400 | | | |
| 28.0 | | | 1 500 | 2 200 | | | | 800 | | | |
| 30.0 | | | | 1 700 | | | | | | | |
| 32.0 | | | | 1 300 | | | | | | | |
| 34.0 | | | | 800 | | | | | | | |

**表 7-5-4　QAY55 全地面起重机额定起重量表**　　　　　　　　　　　　　　kg

| 工作幅度 R/m | 吊臂长度(正后方及侧方性能表)/m | | | | | | | | | | |
|---|---|---|---|---|---|---|---|---|---|---|---|
| | 10.2 | 10.2 | 13.6 | 17 | 20.5 | 23.9 | 27.3 | 30.8 | 34.2 | 37.6 | 40 |
| 2.5 | 55 000 | | | | | | | | | | |
| 2.7 | 53 000 | | | | | | | | | | |
| 3 | 51 000 | 49 000 | | | | | | | | | |
| 3.5 | 47 000 | 44 500 | 44 500 | 42 500 | | | | | | | |
| 4 | 43 500 | 41 000 | 41 000 | 38 500 | 36 500 | | | | | | |
| 4.5 | 39 500 | 37 500 | 37 500 | 35 000 | 33 000 | 31 000 | | | | | |
| 5 | 37 000 | 34 500 | 34 500 | 33 000 | 31 500 | 30 500 | 23 300 | | | | |
| 6 | 31 500 | 28 800 | 29 000 | 29 100 | 27 900 | 26 800 | 20 900 | 18 500 | 15 100 | | |
| 7 | 26 000 | 24 100 | 24 400 | 24 900 | 23 200 | 22 200 | 18 900 | 16 900 | 14 800 | 12 100 | 10 100 |
| 8 | | | 20 900 | 21 200 | 20 200 | 18 900 | 17 200 | 15 600 | 13 900 | 11 400 | 10 000 |
| 9 | | | 17 600 | 17 900 | 17 400 | 16 300 | 15 700 | 14 300 | 13 100 | 10 900 | 9 500 |
| 10 | | | 14 900 | 15 200 | 15 100 | 14 300 | 13 800 | 13 000 | 12 200 | 10 400 | 9 100 |

续上表

| 工作幅度 $R$/m | 吊臂长度(正后方及侧方性能表)/m | | | | | | | | | | |
|---|---|---|---|---|---|---|---|---|---|---|---|
| | 10.2 | 10.2 | 13.6 | 17 | 20.5 | 23.9 | 27.3 | 30.8 | 34.2 | 37.6 | 40 |
| 12 | | | | 11 200 | 11 400 | 11 600 | 11 400 | 10 800 | 10 200 | 9 500 | 8 400 |
| 14 | | | | 8 700 | 9 000 | 9 300 | 9 100 | 8 900 | 8 600 | 8 400 | 7 800 |
| 16 | | | | 7 200 | 7 500 | 7 300 | 7 300 | 7 400 | 7 000 | 6 900 | |
| 18 | | | | | 6 200 | 6 000 | 6 000 | 6 100 | 5 900 | 5 800 | |
| 20 | | | | | 5 200 | 5 000 | 5 000 | 5 100 | 5 100 | 5 000 | |
| 22 | | | | | | 4 200 | 1 100 | 4 200 | 4 200 | 4 100 | |
| 24 | | | | | | | 3 500 | 3 500 | 3 600 | 3 600 | 3 500 |
| 26 | | | | | | | | 3 000 | 3 100 | 3 100 | |
| 28 | | | | | | | | 2 600 | 2 600 | 2 700 | 2 600 |
| 30 | | | | | | | | | 2 200 | 2 300 | 2 300 |
| 32 | | | | | | | | | | 2 000 | 2 000 |
| 34 | | | | | | | | | | 1 700 | 1 700 |
| 36 | | | | | | | | | | | 1 500 |

**表 7-5-5 汽车起重机和轮胎起重机基本参数(JB/T 1375—1992)**

本标准适用于汽车起重机和轮胎起重机,不包括特殊用途的汽车起重机
本标准作为汽车起重机和轮胎起重机产品的发展及改进的依据
轮胎起重机无≤5 t 的系列,括号中值为轮胎起重机不用支腿时的最大额定起重量,分子/分母中分母值为轮胎起重机的参数值

| 最大额定总起重量/t | 最小额定幅度(不小于)/m | 起重力矩(不小于) | | 起升高度(不低于) | | 作业状态整机质量(不大于)/t |
|---|---|---|---|---|---|---|
| | | 基本臂 | 最长主臂 | 基本臂 | 最长主臂 | |
| | | kN·m | | m | | |
| 3 | 2.8 | 84 | 60 | 5.5 | 10.0 | 4.5 |
| 5 | 3.0 | 150 | 105 | 6.7 | 11.0 | 8.0 |
| 8(3.0) | 3.0 | 240 | 160 | 7.5/5.0 | 12.5/9.0 | 13.5/14 |
| 10(4.0) | 3.0 | 300 | 220 | 8.0/6.0 | 13/10 | 14.5/16 |
| 12(4.5) | 3.0 | 360 | 260 | 8.5/6.5 | 16/11 | 16/19 |
| 16(5.0) | 3.0 | 480 | 300 | 9.0/7.0 | 23/17 | 22/22 |
| 20(5.5) | 3.0 | 600 | 380 | 9.5/7.5 | 24/18 | 24/24 |
| 25(6.0) | 3.0 | 750 | 420 | 9.5/8.0 | 25/20 | 27/26 |
| 32(8.0) | 3.0 | 960 | 600 | 10/9.0 | 26/24 | 31/33 |
| 40(10.0) | 3.0 | 1 200 | 750 | 11/9.0 | 30/24 | 38/38 |
| 50(12.0) | 3.0 | 1 500 | 850 | 11/9.5 | 32/26 | 44/45 |
| 65(15.0) | 3.0 | 1 950 | 950 | 11.5/10 | 35/28 | 52/54 |
| 80(20.0) | 3.0 | 2 400 | 1 050 | 12/11 | 38/32 | 64/65 |
| 100 | 3.0 | 3 000 | 1 150 | 12.5 | 40 | 80 |
| 125 | 3.0 | 3 750 | 1 250 | 13.0 | 42 | 90 |
| 160 | 3.0 | 4 800 | 1 300 | 13.0 | 44 | 100 |
| 200 | 3.0 | 6 000 | 1 400 | 14.0 | 46 | 120 |

**2. 幅度和工作幅度 $R$**

起重机的幅度 $R$ 是指回转中心垂线到吊臂中心垂线的水平距离。它与吊臂长度 $l$ 和仰角 $\theta$ 有关,如图 7-5-8 所示。吊臂仰角可从 0°到 80°,为便于对吊臂端部进行操作,$\theta$ 角可为 −3°。起重机实际作业时通常在 30°~75°范围内。考虑吊重时吊臂变形影响的实际幅度称工作幅度。在起重机额定起重量表上列出的幅度是工作幅度,也称额定幅度。起重机最小工作幅度(基本臂工作)$R_{min}$(图 7-5-8)时的最大额定起重量 $Q_{max}$,反映了该起重机的起重能力。根据国内外资料,起重机的最小工作幅度一般为 3 m。事实上,大型起重机的最小工作幅度和最大额定起重量常常是名义性的,

因为此时起重机的有效幅度 $A$ 多为负值。若设支腿跨距为 $2a$（图 7-5-8），则：

$$A = R_{min} - a \qquad (7\text{-}5\text{-}1)$$

$A$ 为有效幅度。当用户对有效幅度有明确要求时，可通过式(7-5-1)计算支腿跨距。

3. 起重力矩 $M$

对于起重机，表征其起重能力的大小，仅用额定起重量是不够的，以额定起重量载荷和相应工作幅度的乘积（称起重力矩 $M$）作为比较起重能力的指标更为合理。起重机在任何工况下的起重力矩表达式为

$$M_i = Q_i R_i \qquad (7\text{-}5\text{-}2)$$

4. 起升高度 $H$

起重机吊钩或其他取物装置的最高和最低位置之间的垂直距离称起升范围。在地面以下的距离称下放深度，地面以上的距离称起升高度，单位为米(m)。

从图 7-5-8 中可知，起升高度 $H$ 与吊臂长度 $l$、工作幅度 $R$ 有关，起升高度的计算式为：

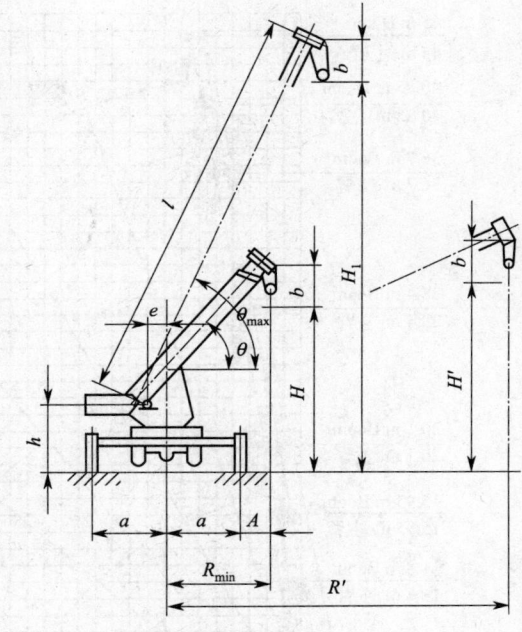

图 7-5-8　幅度 $R$ 和起升高度 $H$

$$H = \sqrt{l^2 - (R+e)^2} + h - b \qquad (7\text{-}5\text{-}3)$$

当给出吊臂仰角 $\theta$ 时，起升高度的计算式为：

$$H = l\sin\theta + h - b \qquad (7\text{-}5\text{-}4)$$

式中　$l$——吊臂长度，吊臂下铰点至吊臂上端头部轴线的距离(m)；

　　　$R$——工作幅度(m)；

　　　$e$——回转中心至吊臂下铰点的距离(m)；

　　　$h$——吊臂下铰点至地面的高度(m)；

　　　$\theta$——吊臂轴线与水平线的夹角(°)；

　　　$b$——吊钩中心至吊臂端部滑轮中心的距离(m)。

对于大多数起重机，为增大起升高度，可安装副臂，如图 7-5-1 所示。

在同一吊臂长度下，起升高度与幅度成反比，在图 7-5-9 中画出了 5 节伸缩臂的汽车起重机起升高度曲线。

## 二、工作速度和通过性参数

1. 工作速度

(1)起升速度。中小型(40 t 以下)起重机的吊钩速度(名义吊载速度)一般为 8 m/min～15 m/min；大型及超大型(40 t 以上)起重机，起升速度不是主要的性能参数，为降低功率，减小冲击，起升速度取得较低，一般为 5 m/min～10 m/min。起升速度也有以绕入卷筒的单绳速度表示，单绳速度与吊钩速度是差一滑轮组的倍数。由于起升卷筒是多层卷绕，故吊钩速度是变化的，作为铭牌起升速度，是指第一层钢丝绳的单绳速度，目前起重机厂家所提供的单绳拉力一般为卷筒最外工作层的单绳速度。大中型及特大型汽车、轮胎与全地面起重机可配副钩，副钩配合副臂作业，起升滑轮组的倍率为1，起升速度远高于主钩起升速度。目前行业内设计臂端单滑轮配合副钩作业，以提升作业效率。

(2)回转速度。回转速度是指起重机在稳定状态下起吊额定起重量时，起重机上车部分的回转角速度。起重机的回转速度为 1 r/min～3 r/min。大中型及超大型起重机取较低的回转速度来保证整车的稳定作业，一般取 1.5 r/min～2 r/min。作为起重机铭牌参数的回转速度，是指回转机构

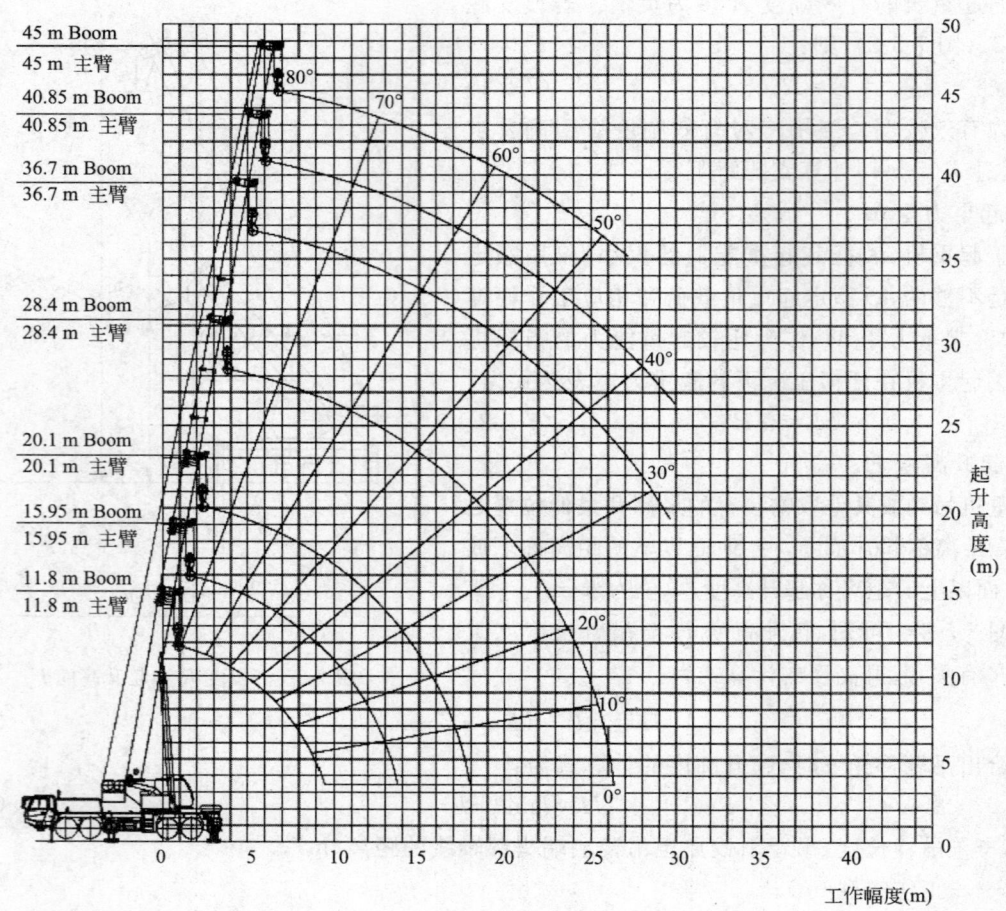

图 7-5-9 起升高度曲线

的驱动装置在最大工作转速下起吊额定起重量时的回转速度。

(3) 变幅速度。变幅速度是指吊臂头部沿水平方向移动的速度(m/min)。变幅速度对起重机的工作平稳性和安全性影响较大,故取值不能太大,通常变幅速度取 15 m/min 左右,从吊臂最小仰角变幅到最大仰角的时间在 30 s～150 s 范围内。

(4) 吊臂伸缩速度。在伸缩箱型吊臂起重机上,吊臂的伸缩速度应需注明,吊臂外伸速度一般为 6 m/min～15 m/min。受伸缩油缸两腔作用面积不同,通常情况下缩回的速度较伸出慢。大型及特大型起重机尤其采用控制伸缩(单缸插销)的吊臂伸缩时间,一般取 400 s～900 s 之间,随着吊臂节数增加及臂长增加而增加。伸缩时间由伸缩模式及油缸的速度决定,伸与缩的时间基本相同。

(5) 支腿收放速度。可用伸出时间来表示,通常控制在 30 s～150 s。

(6) 行驶速度。汽车起重机的行驶速度可达 70 km/h～85 km/h。小型汽车起重机的行驶速度一般选用较大,但由于汽车起重机重心较高,一般不推荐采用大的行驶速度。行驶的性能应有最小稳定车速的要求,按照标准 GB/T 12547 测量。对于全地面起重机,最高行驶速度与汽车起重机基本相同,在 70 km/h～80 km/h。汽车起重机及全地面起重机虽不能吊载行驶,但也能够将吊臂仰起,锁住悬挂装置在作业区内缓慢行驶以变换工作地点。轮胎起重机行驶速度一般为 40 km/h 以下,近年,有的轮胎起重机采用了弹性悬挂,加长了轴距,行驶速度能达到 50 km/h 以上。轮胎起重机的另一行驶速度指标为吊载行驶速度,一般为 5 km/h 以下。

表 7-5-6 给出了汽车和轮胎起重机的工作速度,供设计时参考。

2. 通过性参数

通过性是指起重机正常行驶时能够通过各种道路的能力。不同车辆有不同的要求。起重机的

表 7-5-6　汽车、轮胎与全地面起重机工作速度

| 工作速度 | 小型(<16 t) | 中型(16 t~40 t) | 大型(40 t~100 t)和超大型(>100 t) |
|---|---|---|---|
| 吊钩起升速度/(m/min) | 8~15 | 7~14 | 5~10 |
| 回转速度/(r/min) | 3 | 2~3 | 1~2 |
| 吊臂仰起变幅时间/s | 30~75 | 60~90 | 60~150 |
| 吊臂伸出时间/s | 35~100 | 100~200 | 350~1000 |
| 汽车和全地面起重机行驶速度/(km/h) | 70~85 | 70~80 | 70~80 |
| 轮胎起重机行驶速度/(km/h) | 20~70 | | 14~50 |

注：当轮胎起重机采用桁架臂时，吊钩的起升速度可以提高50%左右。

通过性几何参数基本上接近一般公路车辆。衡量起重机通过性的指标主要是：最小离地间隙 $h$、接近角 $\alpha$、离去角 $\beta$ 和最小转弯直径 $d_{min}$。

小型汽车起重机如采用通用汽车底盘作为承载工具，其通过性参数要和所采用的汽车底盘一致，经改装后，最大误差不要超过15%。接近角、离去角和最小离地间隙尽量设计大一些，最小转弯直径应保持不变。

轮胎起重机因支腿安装在车架的最前后端下方，对接近角和离去角的影响较大。起重机的整车重心较高，为保证车辆行驶的安全性，一般要求下车的设计高度尽量降低，包括要求车架的上平面、驾驶室顶部。中小型起重机底盘采用侧置驾驶室布置是此要求的具体表现，为控制大型汽车、全地面起重机的整机高度和重心，全宽驾驶室采用前置、下沉布置，也会影响到接近角。如图 7-5-10 所示。

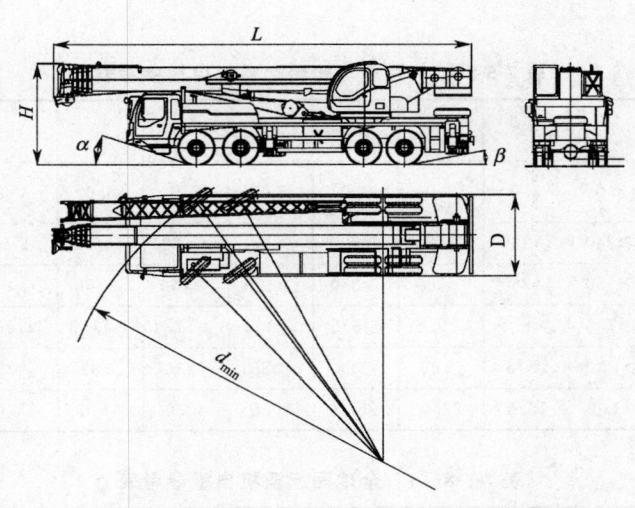

图 7-5-10　通过性参数图

设计汽车与全地面起重机时通过性参数应尽可能和一般公路载货汽车的参数相近，如表 7-5-7 所示。

表 7-5-7　通过性参数

| 车　　型 | 最小离地间隙 $h$/mm | 接近角 $\alpha$/° | 离去角 $\beta$/° | 最小转弯直径 $d_{min}$/m |
|---|---|---|---|---|
| 公路重型载货汽车 | 220~300 | 25~30 | 25~45 | 5.4~14 |
| 越野汽车 | 260~310 | 36~60 | 30~48 | 3.8~7.2 |
| 汽车起重机 | 220~320 | 16~30 | 10~16 | 15~24 |
| 轮胎起重机 | 260~560 | 20~26 | 17~22 | 12~24 |
| 全地面起重机 | 270~330 | 16~30 | 14~19 | 16~30 |
| 大客车 | 130~300 | 8~40 | 8~20 | 8~18 |

汽车起重机的最大爬坡度和汽车相近，为 12°~25°；轮胎起重机的最大爬坡度为 8°~50°。全地面起重机的最大爬坡度应为 18°~28°。决定爬坡度能力高低的因素为起重机底盘的动力装置提

供的功率及驱动桥的数量。

汽车、轮胎与全地面起重机利用铁路运输时,处于非工作状态,其总体外形尺寸对其通过性也有影响,按国家标准 GB 146.2 规定,总体外形尺寸应满足铁路限界尺寸要求(图 7-5-11),设计时应综合考虑铁路运载车辆的底盘高度 $h$。

按标准 GB 1589 及 JB/T 9738 的规定,三轴及以下起重机:总长≤12 m,总宽≤2.5 m,总高≤4.0 m。超过规定限度的系列起重机外形尺寸也应遵循:总宽≤3.0 m,总高≤4.0 m,能最大化适应各种公路通行的需要。

### 三、自重和起重性能系数

1. 自重($G$)

起重机自重是指起重作业状态时整机总质量(t)。起重机总重是一个重要的设计控制参数,它反映了设计、制造和材料的技术水平。《汽车起重机和轮胎起重机基本参数》系列标准(JB/T 1375)中,给出了各种起重量的汽车与轮胎起重机自重控制值,列于表 7-5-8a。随技术进步和产品能力提升,汽车、轮胎起重机与全地面起重机的起重量已超出了 JB/T 1375 给出值,下面给出部分全地面起重机自重控制值,列于表 7-5-8(b)供设计时参考。

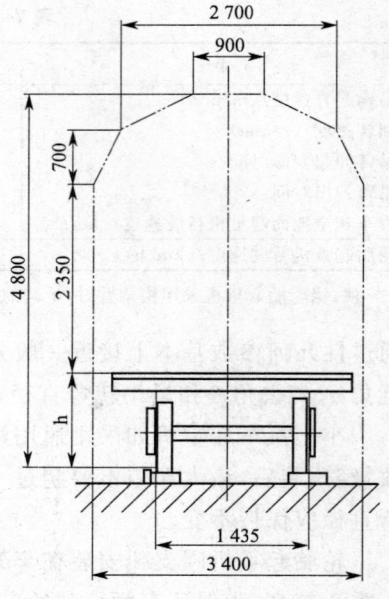

图 7-5-11 铁路限界尺寸(mm)

表 7-5-8(a) 汽车与轮胎起重机自重参考表

| 最大额定起重量 $Q$/t | | 8 | 12 | 16 | 20 | 25 | 40 | 50 | 80 | 100 | 125 | 160 |
|---|---|---|---|---|---|---|---|---|---|---|---|---|
| 最小工作幅度 $R_{min}$/m | | 3.0 | 3.0 | 3.0 | 3.0 | 3.0 | 3.0 | 3.0 | 3.0 | 3.0 | 3.0 | 3.0 |
| 起重力矩 $M$/(kN·m) | 基本臂 | ≥240 | ≥360 | ≥480 | ≥600 | ≥750 | ≥1 200 | ≥1 500 | ≥2 400 | ≥3 000 | ≥3 750 | ≥4 800 |
| | 最长主臂 | ≥160 | ≥260 | ≥300 | ≥380 | ≥420 | ≥750 | ≥850 | ≥1 050 | ≥1 150 | ≥1 250 | ≥1 300 |
| 起升高度 $H$/m | 基本臂 | ≥7.5 | ≥8.5 | ≥9.0 | ≥9.5 | ≥9.5 | ≥11.0 | ≥11.0 | ≥12.0 | ≥12.5 | ≥13.0 | ≥13.0 |
| | 最长主臂 | ≥12.5 | ≥16 | ≥23 | ≥24 | ≥25 | ≥30 | ≥32 | ≥38 | ≥40 | ≥42.0 | ≥44.0 |
| 作业状态整机自重/t | | 11.0 | 16.0 | 23.0 | 26.0 | 30.0 | 40.0 | 44.0 | 55.0 | 80.0 | 100.0 | 120.0 |

表 7-5-8(b) 全地面起重机自重参考表

| 最大额定起重量 $Q$/t | | 50 | 130 | 160 | 180 | 200 | 220 | 240 | 300 | 400 | 500 |
|---|---|---|---|---|---|---|---|---|---|---|---|
| 最小工作幅度 $R_{min}$/m | | 3.0 | 3.0 | 3.0 | 3.0 | 3.0 | 3.0 | 3.0 | 3.0 | 3.0 | 3.0 |
| 起重力矩 $M$/(kN·m) | 基本臂 | 1 890 | 4 440 | 5 282 | 5 420 | 6 774 | 6 774 | 7 980 | 9 526 | 12 152 | 15 190 |
| | 最长主臂 | 1 104 | 1 420 | 2 140 | 3 293 | 2 752 | 2 752 | 3 354 | 4 675 | 4 882 | 3 677 |
| 起升高度 $H$/m | 基本臂 | 9.9 | 12.2 | 14.3 | 14 | 14.5 | 14.1 | 13.9 | 16.5 | 16.6 | 17.5 |
| | 最长主臂 | 39.9 | 50 | 56.5 | 62.5 | 61.5 | 63.5 | 69.8 | 60.8 | 61 | 84.2 |
| 作业状态整机自重/t | | 45.0 | 85.0 | 110.0 | 125.0 | 140.0 | 140.0 | 150.0 | 190.0 | 210.0 | 240.0 |

方案设计阶段,初估起重机各部分质量时,可参考表 7-5-9(a)和表 7-5-9(b)。

2. 起重性能系数($K$)(JB/T 51060)

起重性能系数 $K$ 按式(7-5-5)计算,用于衡量起重机的总体布局设计水平,验证起重机整车的结构匹配优劣。较大的 $K$ 值能够增大中、大幅度的起重量。通过减轻整机自重增加吊臂节数及合

**表 7-5-9（a） 液压箱形伸缩臂起重机各部分质量分配百分比表**

| 部件名称 | | 类型 | | | |
|---|---|---|---|---|---|
| | | 大型 | 中型 | 小型 | 小型、有附加车架者 |
| 上车 | | 30%～34% | 32% | 35% | 21% |
| 其中： | 起升、回转、变幅机构 | 30% | 30% | 30% | 40% |
| | 回转平台 | 15% | 17% | 20% | 20% |
| | 配重 | 35% | 30% | 25% | 15% |
| | 其他 | 20% | 23% | 25% | 25% |
| 吊臂（包括伸缩机构） | | 25% | 15%～20% | 13% | 15% |
| 下车 | | 45%～41% | 53%～48% | 52% | 64% |
| 其中： | 车架 | 30% | 25% | 25% | 其中原底盘占 65% |
| | 发动机 | 5% | 7% | 10% | 附加车架和支腿占 22% |
| | 支腿 | 20% | 18% | 15% | |
| | 桥、轮 | 30% | 30% | 30% | 回转支承占 4% |
| | 其他 | 15% | 20% | 20% | 其他占 9% |

**表 7-5-9（b） 桁架臂起重机各部分质量分配百分比表**

| 部件名称 | 类型 | |
|---|---|---|
| | 中型电动桁架臂轮胎起重机（发动机和发电机设在上车） | 大型桁架臂起重机（上车电动，下车机械传动，发动机上、下各一台） |
| 上车 | 38% | 56%（其中一半为配重） |
| 吊臂 | 12% | 11% |
| 下车 | 50% | 33% |

理进行整机布局可提高 $K$ 值。

$$K = \frac{1}{5G} \sum_{i=1}^{5} Q_i R_i H_i \tag{7-5-5}$$

式中 $G$——起重机整机质量（t）；
　　　$Q_i$——起重量（t）；
　　　$R_i$——幅度（m）；
　　　$H_i$——起升高度（m）。

对应起重性能及设计的起升高度，计算以下各值：

(1) 基本臂。

幅度 $R_1 = R_{基1} + \dfrac{R_{基2} - R_{基1}}{3}$，$R_1$ 时的相应起重量 $Q_1$，相应的起升高度 $H_1$。

幅度 $R_2 = R_{基1} + 2 \times \dfrac{R_{基2} - R_{基1}}{3}$，$R_2$ 时的相应起重量 $Q_2$，相应的起升高度 $H_2$。

上式中：$R_{基1}$——基本臂工作时的最小工作幅度（m），$R_{基1} \geqslant 3$ m；
　　　　$R_{基2}$——基本臂工作时的最大工作幅度（m）。

(2) 最长主臂。

幅度 $R_3 = R_{主1} + \dfrac{R_{主2} - R_{主1}}{3}$，$R_3$ 时的相应起重量 $Q_3$，相应的起升高度 $H_3$。

幅度 $R_4 = R_{主1} + 2 \times \dfrac{R_{主2} - R_{主1}}{3}$，$R_4$ 时的相应起重量 $Q_4$，相应的起升高度 $H_4$。

上式中：$R_{主1}$——最长主臂工作时的最小工作幅度（m）；
　　　　$R_{主2}$——最长主臂工作时的最大工作幅度（m）。

(3) 最长主臂＋副臂时的最大额定起重量 $Q_5$，相应的工作幅度 $R_5$，相应的起升高度 $H_5$。

(4) 起重机作业状态下的整机自重 $G$。

当 $R_1$、$R_2$、$R_3$、$R_4$ 取值位于起重机性能表中两个幅度之间时,取数值差值较小的幅度值。对于汽车与轮胎起重机,起重性能系数 $K$ 值见表 7-5-10 的规定。

表 7-5-10　汽车与轮胎起重机优等和一等品起重性能系数

| 起重量 $Q$/t | | 5 | 8 | 10 | 12 | 16 | 20 | 25 | 32 | 40 | 50 | 63 | 80 | 100 | 125 |
|---|---|---|---|---|---|---|---|---|---|---|---|---|---|---|---|
| $K$ t·m·m/t | 优等品 | — | — | — | 20 | 34 | 35 | 36 | 38 | 40 | 41 | 50 | 63 | 68 | 75 |
| | 一等品 | 12 | 14 | 15 | 17 | 25 | 27 | 29 | 30 | 32 | 33 | 38 | 42 | 46 | 50 |

## 第三节　功率计算与动力装置选择

起重机动力装置有三种常见的方案:整机只有一台发动机布置于下车;整机用一台发动机布置于上车;上、下车各有一台发动机。用一台发动机布置于下车的方案应用最为广泛。

采用一台发动机时,由于行驶所需功率比起重作业时工作机构所需功率大,在确定整机发动机的功率时,应按最高行驶速度计算。设计初期,可按下列经验公式初估发动机功率(kW):

$$P_{15} \geqslant P_V = \frac{1}{1.36}\left(K_V v_m Q + \frac{v_m^3}{10\,000}\right) \tag{7-5-6}$$

式中　$P_{15}$——发动机的 15 min 功率(kW);
　　　$P_V$——由最高车速确定的行驶功率(kW);
　　　$v_m$——起重机的最高车速(km/h);
　　　$Q$——最大额定起重量(t);
　　　$K_V$——随起重量变化的系数,由表 7-5-11 查取。

表 7-5-11　$K_V$ 系数表

| 起重量/t | 8 | 12 | 16 | 25 | 40 | 65 | 100 |
|---|---|---|---|---|---|---|---|
| $K_V$ | 0.28 | 0.22 | 0.18 | 0.12 | 0.09 | 0.07 | 0.055 |

设计汽车起重机时,常常是根据最大额定起重量选择相应的汽车底盘,然后用式(7-5-6)验算可能达到的车速。

汽车、全地面起重机作为公路行驶车辆,应遵循 GB 7258《机动车安全技术条件》4.6 条要求:

$$P \geqslant 5G \text{(kW)} \tag{7-5-7}$$

式中　$P$——发动机的最大净功率(或 0.9 倍发动机额定功率或 0.9 倍发动机标定功率)(kW);
　　　$G$——起重机行驶状态总质量(t)。

用一台发动机布置在上车的方案,常用于机械传动的轮胎起重机。由于轮胎起重机行驶速度较低(高速越野轮胎起重机例外),行驶所需功率常常比起升机构所需功率要小,所以,整机发动机所需功率(kW)由起升和回转两个机构同时动作的工况按下列公式进行计算:

$$P_{15} \geqslant P_1 = \alpha(P_{起} + P_{回}) \tag{7-5-8}$$

式中　$\alpha$——储备系数,考虑发动机还可能带动其他辅助设备,如液压泵、空压机等,取 $\alpha=1.1$。
　　　$P_{起}$——起升机构所需的功率(kW)。

$$P_{起} = \frac{F_Q v}{1000\eta} \tag{7-5-9}$$

其中　$F_Q$——最大额定起升载荷(N);
　　　$v$——吊钩起升速度(m/s);

$\eta$——传动总效率，$\eta=0.80$；
$P_{回}$——回转机构所需功率(kW)。

$$P_{回} = \frac{Mn}{9\,550\eta} \tag{7-5-10}$$

其中 $M$——回转阻力矩(N·m)；
$n$——转速(r/min)。

回转功率(kW)亦可按下列近似公式计算：

$$P_{回} = \frac{K_{回}Q}{1.36} \tag{7-5-11}$$

其中 $Q$——最大额定起重量(t)；
$K_{回}$——随起重量变化的系数，由表 7-5-12 查取。

表 7-5-12 $K_{回}$ 系数表

| 起重量/t | 3～5 | 8 | 12 | 16 | 25 | 40 | 50 | 100 |
|---|---|---|---|---|---|---|---|---|
| $K_{回}$ | 1.1 | 1.0 | 0.80 | 0.70 | 0.60 | 0.50 | 0.45 | 0.40 |

经整理可得：

$$P_{15} \geqslant P_1 = \alpha\left(\frac{F_Q v}{1\,000\eta} + \frac{K_{回}Q}{1.36}\right) \tag{7-5-12}$$

上、下车各布置一个发动机的方案，多用于大型和特大型的汽车与全地面起重机中。在这些起重机中，下车发动机功率很大，而起升等工作机构需要的功率仅为行驶发动机功率的 2/5～1/4，将行驶发动机兼作起重用，在功率利用上不经济，且百吨以上大吨位起重机的动力如通过中心回转体从下车传递上去会造成以下问题：大吨位的传递能量越大，损失就越多，能源利用率就越低；中心回转体体积增大后结构会变得复杂，加工工艺性下降。不如上车配备一台小型发动机合理。对这种选择两台发动机的动力布置方案，则需分别计算行驶功率和起重作业功率，以满足总布置设计要求。

## 第四节 轮式底盘和下车作业系统

### 一、轮式底盘构造与性能参数

起重机底盘(图 7-5-12，图 7-5-13)中，只有部分小型汽车起重机采用通用汽车底盘，其他均采用专用底盘。各种底盘大体上都由动力系统、传动系、行驶系、转向系、制动系、驾驶室、电气系统等组成。动力系统为底盘行驶和起重作业提供动力；传动系的作用是将发动机发出的动力传给驱动轮；行驶系保证起重机在转移时能在各种路面上快速行驶，起重作业时在工地上稳定低速移动；转向系是起重机改变行驶方向的操纵机构；制动系是保证起重机行驶安全的重要部份；驾驶室是保证驾驶人员操纵各种装置、开关，使车辆安全、可靠地到达目的地。表 7-5-13 为徐州重型机械有限公司、北京京城重工机械有限责任公司和中联重科股份有限公司生产的部分专用底盘；表 7-5-14 为部分生产的全地面起重机专用底盘参数；表 7-5-15 为部分国内现有起重机厂选用的通用汽车底

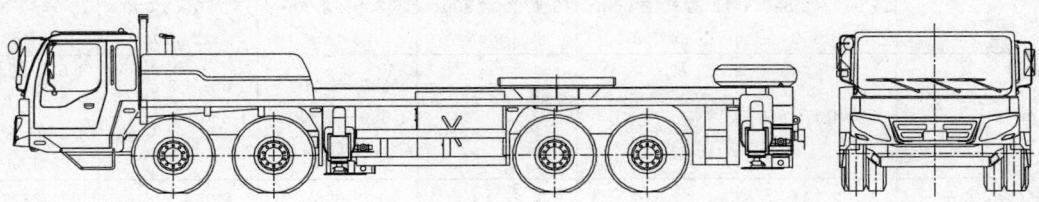

图 7-5-12 QY70K 专用底盘

盘。轮胎起重机的底盘需要特制,表 7-5-16 给出其主要参数,供设计时参考。

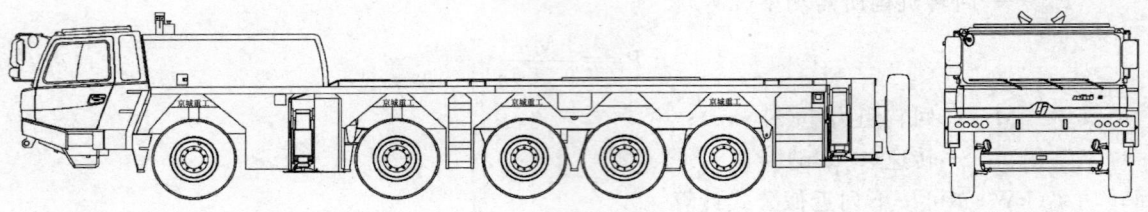

图 7-5-13　QY100E 专用底盘

表 7-5-13　国内部分汽车起重机专用底盘参数表

| 型号 | QY20B.5 | QY25K-Ⅱ | QY50K-Ⅱ | QY25H | QY75E | QY25V | QY50V |
|---|---|---|---|---|---|---|---|
| | 徐工 | | | 京城重工 | | 中联 | |
| 驱动形式 | 6×4 | 6×4 | 8×4 | 6×4 | 8×4 | 6×4 | 8×4 |
| 全长/mm | 9 415 | 10 070 | 11 280 | 10 330 | 11 595 | 10 950 | 11 244 |
| 总宽/mm | 2 500 | 2 500 | 2 800 | 2 490 | 2 790 | 2 500 | 2 750 |
| 总高/mm | 2 614 | 2 485 | 2 564 | 2 650 | 2 840 | 2 540 | 2 480 |
| 轴距/mm | 4 325+1 350 | 4 425+1 350 | 1 520+3 915+1 350 | 1 450+1 350 | 1 384+4 535+1 400 | 4 525+1 350 | 1 450+4 000+1 350 |
| 轮距(前/后)/mm | 2 090/1 865 | 2 074/1 834 | 2 238/2 075 | 2 020/1 834 | 2 312/2 133 | 2 040/1 830 | 2 220/2 055 |
| 起重能力($Q \cdot R_{min}$) | 20 t×3 m | 25 t×3 m | 50 t×3 m | 25 t×3 m | 75 t×3 m | 25 t×3 m | 50 t×3 m |
| 底盘整体质量/kg | 12 480 | 13 550 | 17 397 | 12 500 | 17 300 | 12 200 | 15 500 |
| 最高车速/(km/h) | 75 | 75 | 80 | 75 | 75 | 78 | 76 |
| 最小转弯直径/m | 20 | 22 | 24 | 22 | 22 | 22 | 24 |
| 最大爬坡度/(%) | 35 | 30 | 40 | 35 | 35 | 37 | 30 |
| 制动距离/m | 9.5 | 10 | 10 | 9 | 9 | 9.5 | 10 |
| 发动机型号 | SC8DK260Q3 | SC8DK280Q3 | WD615.334 | D10.27A | ISLe375.40 | WP10.270 | WP10.336 |
| 最大功率/转速/(kW/r·min$^{-1}$) | 192/2 200 | 213/2 200 | 249/2 200 | 198/2 200 | 276/2 100 | 199/2 200 | 247/2 200 |
| 最大转矩/转速/(N·m/r·min$^{-1}$) | 1 100/1 400 | 1 160/1 400 | 1 350/1 400 | 1 100/1 400 | 1 550/1 400 | 1 100/1 600 | 1 250/1 600 |
| 离合器(外径)/mm | 420 | 420 | 430 | 420 | 430 | 420 | 430 |
| 变速器型号 | 6J90TA-B | 8JS125T | RTD-11509C | 8JS130T | 16S221 | 8JS130T | RT-11509C |
| 驱动桥总速比 | 5.94 | 5.94 | 5.73 | 5.92 | 6.35 | 5.92 | 5.73 |
| 车桥载荷/kN | 100 | 130 | 130 | 130 | 130 | 130 | 130 |
| 驾驶室位置 | 左侧 | 全头 | 全头 | 全头 | 全头 | 全头 | 全头 |

表 7-5-14　全地面起重机部分专用底盘参数表

| 起重机型号 | QAY55 | QAY130 | QAY160 | QAY260 | QAY300 | QAY500 |
|---|---|---|---|---|---|---|
| 驱动形式 | 6×6 | 10×8 | 10×8 | 12×6 | 14×8 | 16×8 |
| 外形尺寸/mm | 11 910×2 540×3 850 | 12 323×3 000×3 050 | 13 422×2 800×2 980 | 15 850×3 000×3 185 | 15 750×3 000×2 430 | 18 670×3 000×2 380 |
| 轴距/mm | 3 000+1 650 | 2 750+1 620+2 000+1 620 | 2 800+1 650+2 200+1 650 | 1 650+3 200+1 650+2 300+1 650 | 1 650+2 600+1 560+1 650+1 650 | 1 650+1 650+2 900+1 650+1 650+2 350+1 650 |
| 轮距(前/后)/mm | 2 123 | 2 610 | 2 543 | 2 590 | 2 088/1 810 | 2 088/1 810 |
| 质量/kg | 36 000 | 27 865 | 27 841 | 34 800 | 39 400 | 44 165 |

续上表

| 起重机型号 | QAY55 | QAY130 | QAY160 | QAY260 | QAY300 | QAY500 |
|---|---|---|---|---|---|---|
| 每轴额定负荷/t | 12 | 12 | 12 | 12 | 12 | 12 |
| 最高车速/(km/h) | 80 | 76 | 80 | 72 | 75 | 75 |
| 稳定车速/(km/h) | 2 | 2 | 2 | 2 | 2 | 2.6 |
| 最大爬坡度/% | 50 | 45 | 60 | 50 | 40 | 35 |
| 最小转弯直径/m | 24 | 21 | 18.5 | 23 | 24 | 30 |
| 最大功率/kW | 260/1 800 | 306/1 900 | 406/1 800 | 420/1 800 | 420/1 800 | 480/1 800 |
| 最大转矩/(N·m) | 1 850/1 300 | 2 010/1 200 | 2 600/1 300 | 2 700/1 300 | 2 700/1 080 | 2 800/1 100 |
| 轮胎型号 | 385/95R25 | 14.00R25 | 445/95R25 | 385/95R25 | 16.00R25 | 445/95R25 |
| 油箱容量/L | 337 | 450 | 500 | 400 | 450 | 600 |
| 持续里程/km | 400 | 400 | 400 | 400 | 400 | 400 |
| 最小离地间隙/mm | 357 | 300 | 356 | 270 | 330 | 370 |
| 制动器 | 鼓式制动 | 鼓式制动 | 盘式制动 | 盘式制动 | 鼓式制动 | 盘式制动 |

表 7-5-15　国内起重机厂选用通用汽车底盘的参数表

| 型号 | 满载总质量/t | 最高时速/(km/h) | 外形尺寸 长×宽×高/m | 驱动形式* | 轴距 $L$/m | 轮距 $B$/m | 最小转弯半径/m | 发动机型号 | 发动机参数 功率/kW | 发动机参数 转速/(r/min) | 最大转矩 N·m | 最大转矩 r/min | 桥荷(前桥/后桥)/kN |
|---|---|---|---|---|---|---|---|---|---|---|---|---|---|
| EQ1100FLJ | 11 | 85 | 8.6×2.4×3.2 | 4×2 | 3.59 | 1.8/1.8 | 7.5 | YC4E140-30 | 105 | 2 500 | 500 | 1 600 | 30/80 |
| EQ1161FLJ | 15 | 85 | 9.9×2.4×3.2 | 4×2 | 4.8 | 1.91/1.86 | 10.5 | YC4E160-40 | 118 | 2 500 | 600 | 1 600 | 50/100 |
| EQ5160FLJ6 | 16 | 80 | 7.9×2.4×2.5 | 4×2 | 4.75 | 1.91/1.86 | 10.5 | YC4E160-30 | 118 | 2 500 | 600 | 1 600 | 60/100 |
| CA5110JQZ | 11 | 75 | 6.8×2.4×2.6 | 4×2 | 4.05 | 1.8/1.8 | 8 | CA4DF3-13E3 | 101 | 2 300 | 450 | 1 500 | 34.5/76.85 |

注：* 表示方法：2轴数×2驱动桥数—前桥数+后桥数（驱动桥加括号）。

表 7-5-16　轮胎式起重机底盘主要参数表

| 项目 | QLY25 | QLY55 | RT50 | RT60 | RT100 |
|---|---|---|---|---|---|
| 起重量/t | 25 | 55 | 50 | 60 | 100 |
| 轴荷不大于/kN | 100 | 100 | 100 | 110 | 155 |
| 爬坡度/° | 14 | 21 | 28.8 | 33 | 31 |
| 最小离地间隙/m | 270 | 270 | 460 | 467 | 568 |
| 最小转弯半径/m | 9 | 10 | 11 | 12.2（四轮）21（两轮） | 15（四轮）24（两轮） |
| 发动机功率/kW | 147 | 147 | 149 | 194 | 224 |
| 最高行驶速度/(km/h) | 18 | 14 | 35 | 35 | 33 |
| 接近角和离去角/° | 15/15 | 13/13 | 25.8/21.8 | 20/17.5 | 21.1/17.3 |
| 基本轴数 | 2 | 3 | 2 | 2 | 2 |
| 最大轮距/m | 2.4 | 2.4 | 2 330 | 2 400 | 2 640 |
| 驱动形式 | 4×2 | 4×2 | 4×2、4×4 | 4×2、4×4 | 4×2、4×4 |
| 轮胎型号 | 12.00-20(PR) | 12.00-20-18PR | 23.5R25 | 29.5R25 | 33.25R29 |
| 底盘宽度/m | 3.2 | 3.315 | 2.98 | 3.18 | 3.5 |

## 二、轮式底盘的设计计算

1. 轮轴布置方案

（1）汽车起重机的轮轴（通常也称桥）布置方案很多，常见的如图 7-5-14（图示带阴影表示驱动轴，图中 Q 值代表起重机最大起重量，下同）所示。驱动轴的数目决定于所需牵引力的大小，轮轴总数由整机质量确定，还应考虑道路和桥梁的许用承受能力。GB 1589 标准规定，对公路行驶中：

两轴车辆的后轴每侧双轮胎时最大轴荷为 100 kN,但装备空气悬架时则最大为 115 kN;多轴车辆的后轴为并装双轴的最大轴荷为 180 kN。将起重机自重除以许用轴荷可得到所需轮轴数。各国对车辆前后轴限值情况不同,图 7-5-15 列出目前各国对限值的执行情况供设计参考。

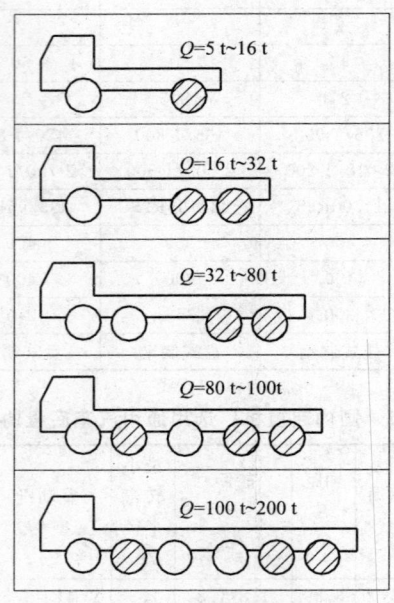

图 7-5-14　汽车起重机底盘轮轴布置方案

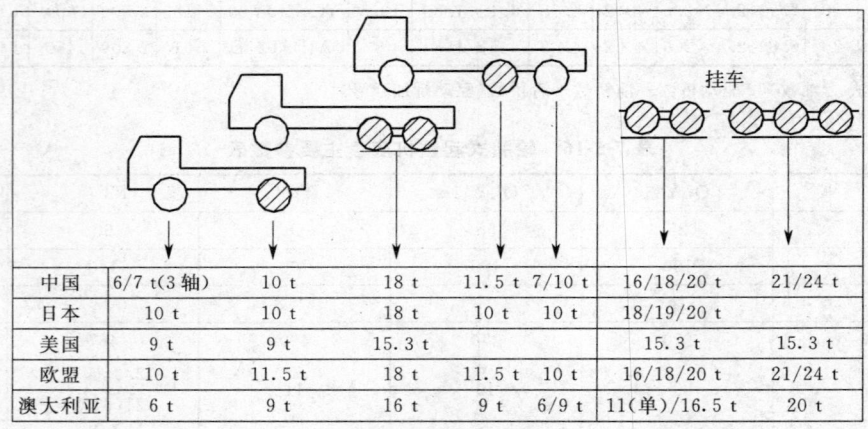

| | | | | | | |
|---|---|---|---|---|---|---|
| 中国 | 6/7 t(3轴) | 10 t | 18 t | 11.5 t | 7/10 t | 16/18/20 t | 21/24 t |
| 日本 | 10 t | 10 t | 18 t | 10 t | 10 t | 18/19/20 t | |
| 美国 | 9 t | 9 t | 15.3 t | | | 15.3 t | 15.3 t |
| 欧盟 | 10 t | 11.5 t | 18 t | 11.5 t | 10 t | 16/18/20 t | 21/24 t |
| 澳大利亚 | 6 t | 9 t | 16 t | 9 t | 6/9 t | 11(单)/16.5 t | 20 t |

图 7-5-15　各国车辆轴荷限值情况

(2)轮胎起重机的轮轴布置如图 7-5-16 所示。轮胎起重机的起重量在 25 t～100 t。由于轮胎起重机要求全回转作业,吊重行驶,为提高通过性,作为非道路行驶用车辆,每轴所允许的轴荷较大,单轴负荷有达 420 kN。为降低每轴轴荷,尽量选用通用轮胎,极少数轮胎起重机也有布置成三轴或四轴承载方式。

(3)全地面起重机既有汽车起重机高速行驶能力,又有轮胎起重机的机动灵活,因此轴的选型也结合了二者的优势。全地面起重机轮轴布置方案很多,如图 7-5-17。整车半数及以上轮轴为驱动轴,道路行驶状态轮轴总数由整机整备质量确定,同样应考虑道路和桥梁的许用承受能力。在高速行驶过程中,全地面底盘的油气悬架对地面的冲击较钢板弹簧要小很多,设计轴荷时应参考国外现有产品的推荐轴荷。

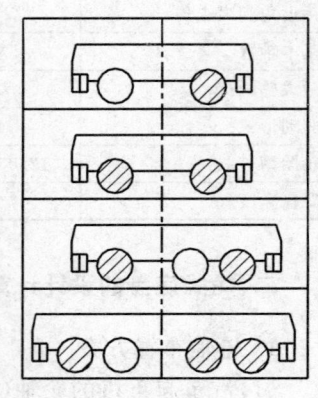

图 7-5-16　轮胎起重机底盘轮轴布置方案

2. 轴荷计算

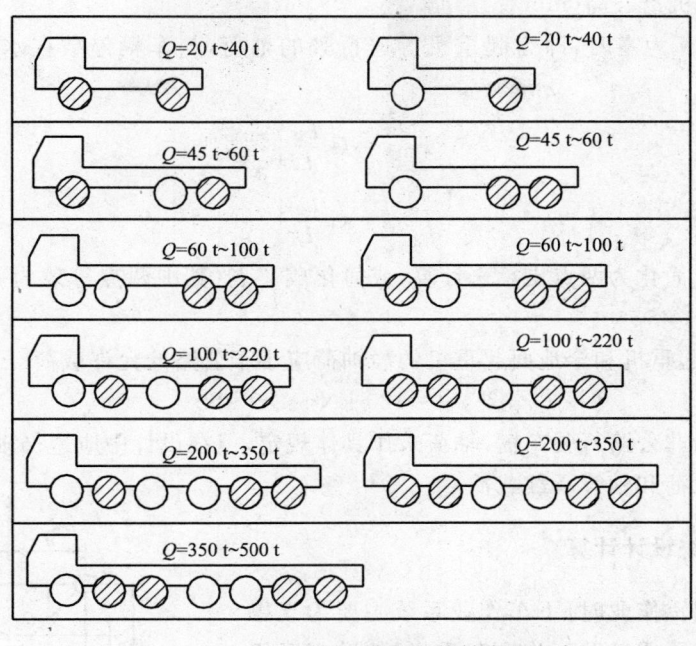

图 7-5-17　全地面起重机底盘轮轴布置方案

按起重机加速行驶的工况计算轴荷(图 7-5-18)。起动行驶的惯性载荷使前轴轴荷减少,后轴轴荷加大。行驶过程制动的惯性载荷使前轴轴荷加大,后桥轴荷减少。以两轴起重机为例,设加速度为 $a$,根据平衡条件,可得轴荷 $F_{R1}$ 和 $F_{R2}$ 的计算表达式:

$$\left.\begin{array}{l} F_{R1}=\dfrac{G\left(L_2-\dfrac{a}{g}h_g\right)}{L} \\ F_{R2}=\dfrac{G\left(L_1+\dfrac{a}{g}h_g\right)}{L} \end{array}\right\} \tag{7-5-13}$$

式中　$F_{R1}$——前轴轴荷(N);

　　　$F_{R2}$——后轴轴荷(N);

　　　$L$——轴距(mm);

　　　$L_1$——整机重心离前桥中心线的水平距离(mm);

　　　$L_2$——整机重心离后桥中心线的水平距离(mm);

　　　$G$——起重机总重力(N);

　　　$a$——起重机行驶加速度;

　　　$g$——重力加速度;

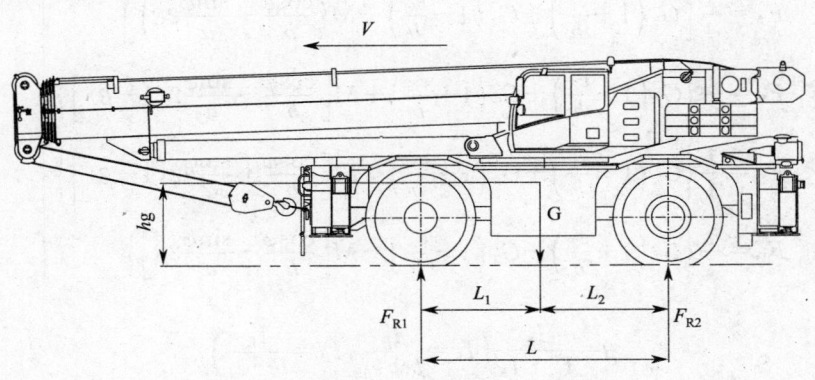

图 7-5-18　加速行驶工况轴荷计算图

$h_g$——起重机重心高（mm）。

当式(7-5-13)中 $a$ 为零时，即为起重机等速行驶的轴荷，与车辆停放在水平路面的静轴荷相等，即

$$\left. \begin{array}{l} F_{R1\text{静}} = G\dfrac{L_2}{L} \\ F_{R2\text{静}} = G\dfrac{L_1}{L} \end{array} \right\} \tag{7-5-14}$$

多轴车辆轴荷应简化为两点支承来计算，或简化成三点（其中两点等效为一点）近似计算出各轴轴荷。

根据标准，汽车起重机和全地面起重机的静轴荷应小于公路的允许载荷$[F_R]$。

$$[F_R] = 120 \text{ kN} \sim 130 \text{ kN}$$

轮胎起重机作为非公路行驶车辆，轴荷未作具体规定，但在设计中应遵循轴荷应小于轮胎在相对应车速要求下的载荷和轴管承载载荷。

### 三、下车作业系统设计计算

起重机在进行起重作业时，下车作业系统主要为支撑整机及吊载重物的支腿或轮胎。汽车起重机、轮胎起重机及全地面起重机均有支腿结构。由于轮胎起重机可带载行驶作业，轮胎及桥壳需进行校核。

**1. 支腿反力计算**

支腿是安装在底盘车架上可折叠或伸缩的支撑结构。在不增加起重机宽度的条件下，可为起重机作业时提供安全的支撑跨度；在不影响起重机机动性的前提下，可满足起重特性。支腿布局时应考虑各个方向的稳定性能，合理的纵向及横向支腿跨距能够有效提高整车的稳定性。大多起重机的作业范围为后方及侧方。目前采用三、四轴专用汽车起重机底盘的汽车起重机为实现360°回转作业，设计了前置支腿。

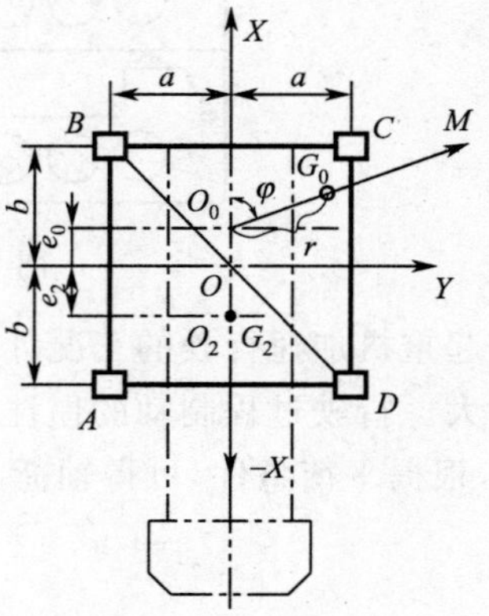

图 7-5-19 四支点支承支腿反力计算图
$G_0$—回转部分合成重力；$G_2$—非回转部分重力；$M$—变幅平面力矩；$a$—支腿横向跨距之半；$b$—支腿纵向跨距之半；$O_0$—回转中心；$O$—四个支腿中心；$O_2$—非回转部分重心位置；$e_0$—回转中心至四个支腿中心的距离；$e_2$—非回转部分中心至四个支腿中心距离；$\varphi$—吊臂与 $X$ 轴夹角

支腿反力用来设计车架和支腿结构；起重机车架、支腿和支承面组成一个弹性支承体系。起重机自重与载荷的合成重心随吊臂位置改变而变化，四个支腿反力也随之变化，形成四点支承或三点支承。

（1）按四支点支承支腿反力计算（图7-5-19）。

$$\left. \begin{array}{l} F_A = \dfrac{1}{4}\left[G_2\left(1+\dfrac{e_2}{b}\right) + G_0\left(1-\dfrac{e_0}{b}\right) - M\left(\dfrac{\cos\varphi}{b} + \dfrac{\sin\varphi}{a}2\beta\right)\right] \\ F_B = \dfrac{1}{4}\left\{G_2\left(1-\dfrac{e_2}{b}\right) + G_0\left(1+\dfrac{e_0}{b}\right) + M\left[\dfrac{\cos\varphi}{b} - \dfrac{\sin\varphi}{a}2(1-\beta)\right]\right\} \\ F_C = \dfrac{1}{4}\left\{G_2\left(1-\dfrac{e_2}{b}\right) + G_0\left(1+\dfrac{e_0}{b}\right) + M\left[\dfrac{\cos\varphi}{b} + \dfrac{\sin\varphi}{a}2(1-\beta)\right]\right\} \\ F_D = \dfrac{1}{4}\left\{G_2\left(1+\dfrac{e_2}{b}\right) + G_0\left(1-\dfrac{e_0}{b}\right) - M\left[\dfrac{\cos\varphi}{b} - \dfrac{\sin\varphi}{a}2\beta\right]\right\} \end{array} \right\} \tag{7-5-15}$$

式中

$$\beta = \dfrac{I_F}{I_F + I_R}\left(I_F = \dfrac{I'_F}{b+e_0}, I_R = \dfrac{I'_R}{b-e_0}\right)$$

其中 $I_F$、$I_R$——回转中心（指向车头方向）前后车架扭转惯性矩。

$$I_R = \frac{1}{G_E \alpha_R}, I_F = \frac{1}{G_E \alpha_F}$$

其中 $G_E$——材料剪切弹性模量；
$\alpha_F$、$\alpha_R$——前后车架在单位力矩作用下的角位移。
$I_F'$、$I_R'$——前后车架的扭转惯性矩。
其余符号意义见图 7-5-19。

起重机回转部分合成重力在垂直车架纵轴方向产生的分力矩 ($M_y = M\cos\varphi$) 将使车架扭转，影响四个支点支撑反力的分配。其影响程度与前后车架的抗扭转刚度有关。当前后车架的扭转惯性矩相等时 ($I_F' = I_R'$)，从 $\beta$、$I_F$、$I_R$ 的表达式中可以导出：

$$\left. \begin{aligned} \beta &= \frac{b-e_0}{2b} \\ (1-\beta) &= \frac{b+e_0}{2b} \end{aligned} \right\} \quad (7\text{-}5\text{-}16)$$

将式 7-5-16 代入式 7-5-15 即得：

$$\left. \begin{aligned} F_A &= \frac{1}{4}\left[G_2\left(1+\frac{e_2}{b}\right) + G_0\left(1-\frac{e_0}{b}\right) - M\left(\frac{\cos\varphi}{b} + \frac{\sin\varphi}{a} \times \frac{b-e_0}{b}\right)\right] \\ F_B &= \frac{1}{4}\left\{G_2\left(1-\frac{e_2}{b}\right) + G_0\left(1+\frac{e_0}{b}\right) + M\left[\frac{\cos\varphi}{b} - \frac{\sin\varphi}{a} \times \frac{b+e_0}{b}\right]\right\} \\ F_C &= \frac{1}{4}\left\{G_2\left(1-\frac{e_2}{b}\right) + G_0\left(1+\frac{e_0}{b}\right) + M\left[\frac{\cos\varphi}{b} + \frac{\sin\varphi}{a} \times \frac{b+e_0}{b}\right]\right\} \\ F_D &= \frac{1}{4}\left\{G_2\left(1+\frac{e_2}{b}\right) + G_0\left(1-\frac{e_0}{b}\right) - M\left[\frac{\cos\varphi}{b} - \frac{\sin\varphi}{a} \times \frac{b-e_0}{b}\right]\right\} \end{aligned} \right\} \quad (7\text{-}5\text{-}17)$$

由式 7-5-17 可知，分力矩 $M_y$ 对支点支承反力的影响与回转中心 $O_0$ 至四个支腿的中心 $O$ 的距离 $e_0$ 有关。这也说明，四支点支承反力计算（一次超静定）的两种计算假定（刚性车架和铰接车架），铰接车架的假定较为接近实际。

按四支点支承计算支腿反力，如有一支腿反力出现负值，应按三点支承重新计算支腿反力。

(2) 按三支点支承计算支腿反力（图 7-5-20）。吊臂位于图中 I 的位置，支承 A 抬起，B、C、D 支承受力为：

$$\left. \begin{aligned} F_B &= \frac{1}{2}\left[G_0 + G_2 - \frac{M\sin\varphi}{a}\right] \\ F_C &= \frac{1}{2}\left[G_0\frac{e_0}{b} - G_2\frac{e_2}{b} + \frac{M\cos\varphi}{b} + \frac{M\sin\varphi}{a}\right] \\ F_D &= \frac{1}{2}\left[G_0\left(1-\frac{e_0}{b}\right) + G_2\left(1+\frac{e_2}{b}\right) - \frac{M\cos\varphi}{b}\right] \end{aligned} \right\} \quad (7\text{-}5\text{-}18)$$

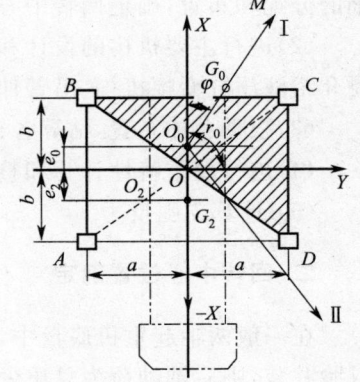

图 7-5-20 三支点支承支腿反力计算图

其符号意义见图 7-5-18。

吊臂位于 II 时，B 支承不受力，D 支承出现最大支承反力：

$$F_{D\max} = \frac{1}{2}\left[G_0\left(1-\frac{e_0}{b}\right) + G_2\left(1+\frac{e_2}{b}\right) + \frac{M\cos\varphi}{b} + \frac{M\sin\varphi}{a}\right] \quad (7\text{-}5\text{-}19)$$

**2. 轮胎起重机轮胎压力计算**

轮胎反力用以选择轮胎型号和数目，验算桥壳的结构强度。

如图 7-5-21 所示（图中符号意义见图 7-5-19），吊臂位于 $+X$ 方向时，B 点和 D 点处轮胎压力最大，轮胎压力按下列计算式求得：

$$F_B \text{ 或 } F_D = \frac{1}{4}\left[G_0\left(1-\frac{e_0}{b}\right) + G_2\left(1+\frac{e_2}{b}\right) + \frac{M}{b}\right] \quad (7\text{-}5\text{-}20)$$

吊臂位于$-X$方向时，$A$点和$C$点处轮胎压力最大，轮胎压力按下列计算式求得：

$$F_A \text{ 或 } F_C = \frac{1}{4}\left[G_0\left(1+\frac{e_0}{b}\right)+G_2\left(1-\frac{e_2}{b}\right)+\frac{M}{b}\right]$$
(7-5-21)

计算得出的轮胎压力应小于轮胎的极限负荷能力

$$F_R \leqslant [F]r \qquad (7-5-22)$$

式中　$F_R$——轮胎负荷；

　　　$[F]$——轮胎的许用负荷；

　　　$r$——轮胎负荷能力速度系数，由表7-5-17查得。

表 7-5-17　轮胎负荷能力速度系数

| 行驶速度/(km/h) | 60 | 40 | 25 |
|---|---|---|---|
| $r$ | 1.0 | 1.1~1.3 | 1.2~1.4 |
| 行驶速度/(km/h) | 15 | 5 | 0 |
| $r$ | 1.3~1.5 | 1.5~1.9 | 2.0~3.0 |

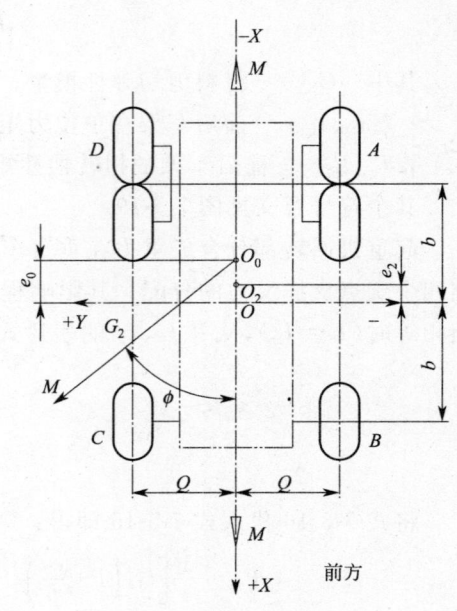

图 7-5-21　轮胎压力计算图

## 第五节　总体设计和机构计算

### 一、设计程序

（1）确定底盘。根据设计要求，确定底盘形式，估计整机自重，确定轮轴数，确定驱动轴、转向轴的分配和布置，确定回转中心位置。

（2）进行主要机构的设计和计算。由于起升、回转机构和吊臂伸缩机构已有专章论述，本章主要介绍液压缸变幅机构、吊臂伸缩机构及超大吨位全地面起重机使用的超起装置。

（3）根据总体布置，估算各机构、总成质量分配和计算中心位置，确定整机中心位置及轴负荷。

（4）进行起重特性计算和整机稳定性验算，校核行驶稳定性等。

（5）计算支腿反力。

### 二、回转中心位置确定

在一般两轴起重机底盘中，如前、后轴均为单胎，前、后轴轴荷各为总质量的50%；若后轴采用双胎并装，则后轴轴荷为总质量的60%~65%。在三轴起重机底盘中，采用双胎并装中后轴载荷为总质量的70%~80%。在起重机设计中，由于吊臂前端外伸超出驾驶室，使前轴轴荷有所增加，并带来布置困难和轮胎异常损坏。在轴距和上、下车重心位置确认的情况下，为减少前桥轴荷，通常可将回转中心后移。

为使起重机底盘各轴轴荷分配合理，应使回转中心位于合理的位置，在保证后方稳定性与侧方稳定性基本相同的情况下，应调整回转中心位置，使每个轮胎受力相同或相近。以三轴起重机为例，如图7-5-22所示，设前轴要求得到的轴荷为$[F_{R1}]$，上车静止状态的质量为$G_0$，重心离回转中心的距离为$e_0$，下车质量为$G_u$，其重心离中、后轴平衡中心线的距离为$e_u$，上车回转中心距中、后轴平衡中心线的距离为$x$（中、后轴平衡中线左为正，右为负），轴距为$L$，根据力平衡条件，可得

$$\begin{cases}[F_{R1}]=\dfrac{G_u e_u + G_0(e_0+x)}{L}\\x=\dfrac{[F_{R1}]L-G_u e_u}{G_0}-e_0\end{cases}$$
(7-5-23)

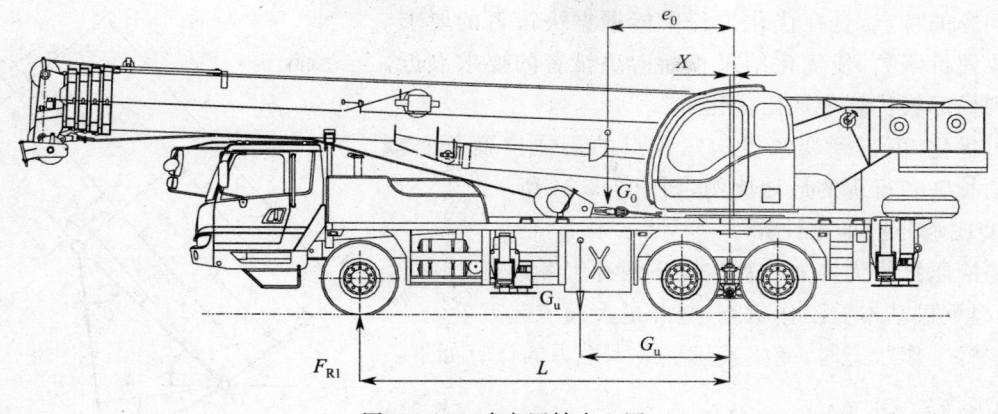

图 7-5-22 确定回转中心图

当 $x$ 为负值,且数值较大时,会使车身后伸过长,起重作业后方稳定性变差。为使上车回转重心不太靠后,也有将前轴采用双轴单胎,后轴采用单轴双胎并装,回转重心位置能较容易布置到三轴中心线之左,使前、后轴各轮荷相近。上车前移应注意:平衡配重在回转时,防止与前端的发动机及附件有无运动干涉;吊臂前伸过多会造成整机造型匹配不佳。

### 三、液压缸变幅机构

1. 结构形式

变幅液压缸的布置方式有两种类型,即前支式和后支式,如图 7-5-23 所示。具体采取何种类型,决定因素很多,主要与吊臂承载能力、桁架式副臂非工作状态时在基本臂上的安装位置、变幅油缸承受的压力、变幅油缸的行程等因素有关。由于前支式在吊臂承载能力、变幅机构三铰点布置等方面具有诸多优点,故设计时尽可能采用前支式。

2. 液压缸变幅机构三铰点的确定

目前采用多目标优化设计确定变幅三铰点的最佳位置。

设计目标:起重机带载变幅过程中,变幅液压缸最大推力最小;在带载变幅过程中,液压缸推力波动最小;液压缸最轻。

计算简图如图 7-5-24 所示。结构尺寸 $c$、$d$、$e$、$f$ 为设计变量。其他尺寸或角度参数由结构需要和性能要求给出定值。

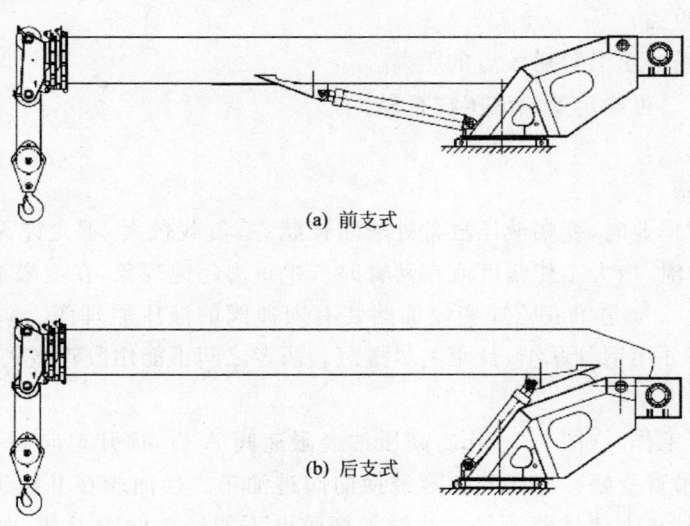

(a) 前支式

(b) 后支式

图 7-5-23 变幅液压缸布置方式

优化常用交互式多目标决策方法,这种方法求解多目标优化问题的特点,是在优化过程中能根据决策者的要求,随时修改评价函数,使优化结果不断向决策者的要求靠近,从一系列局部最优解中选出优化解。

通过优化,可得到变幅机构三铰点的最佳位置及变幅液压缸的长度和行程的最佳比例,如图 7-5-24 所示。

**3. 变幅液压缸推力计算**

变幅液压缸最大推力计算按以下两种工况进行:

(1)起重机基本臂工作状态,起升最大额定起重量。

基本臂工作状态时,变幅液压缸最大推力的计算如下:

$$\gamma = \arctan \frac{a}{f} \tag{7-5-24}$$

$$\alpha = \arctan \frac{e}{c+d} \tag{7-5-25}$$

变幅液压缸推力 $F_T$ 的力臂 $l_{Hi}$ 为:

$$l_{Hi} = OB \times \sin\beta \tag{7-5-26}$$

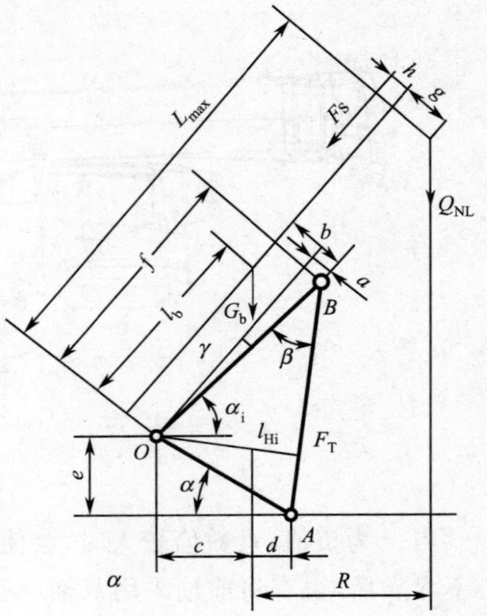

图 7-5-24 变幅机构三铰点计算简图

变幅液压缸最大推力 $F_{max}$ 为:

$$F_{max} = \frac{M_{max}}{l_{Hi}} = \frac{1}{l_{Hi}}[\varphi_2 Q_{NL}(R+c) + \varphi_2 G_b \times (l_b\cos\alpha_i - a\sin\alpha_i) - \varphi_2 F_s(h+g)] \tag{7-5-27}$$

式中  $Q_{NL}$——起升载荷,包括吊重和吊具;

$G_b$——吊臂自重力;

$F_s$——起升绳拉力;

$\varphi_2$——起升动载系数。

(2)起重机非工作状态,吊臂水平起臂。

起重机非工作状态,吊臂水平起臂时,变幅液压缸最大推力计算如下:

$$F_{max} = \frac{1}{l_{H0}}[G_0 L_{max} + G_b l_{bmax}] \tag{7-5-28}$$

式中  $l_{H0}$——吊臂平置,变幅液压缸轴线至吊臂铰点的距离;

$G_0$——吊钩重力;

$l_{bmax}$——吊臂重心至吊臂后铰点的距离。

根据最大推力 $F_{max}$ 可确定变幅液压缸直径。

**4. 变幅油路**

(1)单缸变幅油路

变幅机构在起重作业时,变幅液压缸常处于闭锁状态,负载较大,不允许无控制自由缩回。为防止液压缸内漏和外泄,增大工作幅度或在落臂时产生重力超速现象,在变幅油路中必须安装限速阀,即平衡阀。图 7-5-25a 是单液压缸变幅油路装有限速阀的液压原理图。限速阀一般直接装在变幅液压缸缸体接头并用钢管联结,且距离尽量短。两者之间不能用胶管接头联结,以防软管爆裂时,出现危险。

当换向阀在Ⅰ位工作时(图 7-5-25b),高压油经限速阀 A 后,顶开单向阀 3 进入缸的无杆腔,使活塞杆伸出,推动吊臂变幅。有杆腔油液经换向阀进油箱。换向阀在Ⅱ位工作时(图 7-5-25c),高压油直接进入有杆腔,带动吊臂下降。此时无杆腔已不能经单向阀回油,而需经限速阀芯 1 回油。高压油经 C 孔推动导控活塞 2 右移,顶开阀芯 1 的通道,使无杆腔顺利回油,并在回油路上形

成足够的背压 $F_w$ 平衡重力负载,防止超速现象发生。如背压 $F_w$ 不足,有超速趋向,泵压随即下降,导控活塞 2 的推力减小,阀芯 1 在弹簧作用下左移,回油口关小,增加节流效果,增大背压 $F_w$,进一步防止超速现象发生。

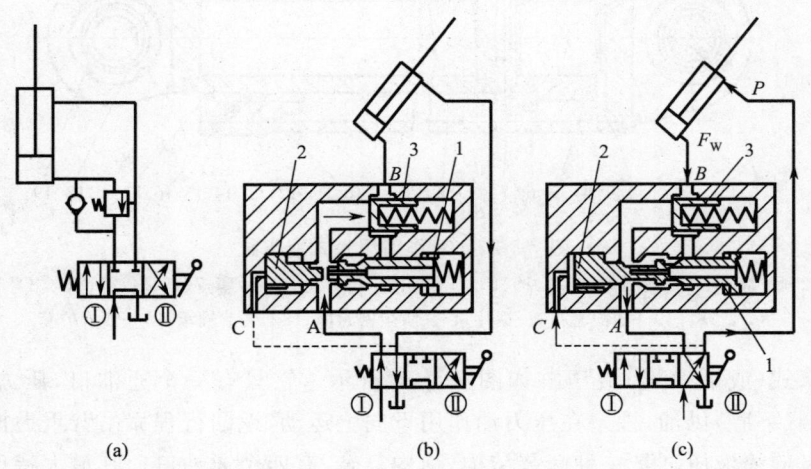

图 7-5-25　单液压缸变幅机构油路图
1—限速阀芯；2—导控活塞；3—单向阀

（2）双缸变幅油路

大吨位汽车、轮胎与全地面起重机,由于单缸推力不能满足要求,为不致使缸径过大,采用并列双缸变幅机构,液压原理图如图 7-5-26 所示。图 7-5-26a 用一个限速阀,当单平衡阀的通径不能满足双缸大流量要求时,可采用图 7-5-26b 两个平衡阀并联的方式增大通过能力。当两个平衡阀性能不同时,可能导致两个变幅液压缸不同步而使吊臂受扭。为防止这种现象发生,可采用图 7-5-25c 的处理方法,将两个变幅液压缸的无杆腔连通。

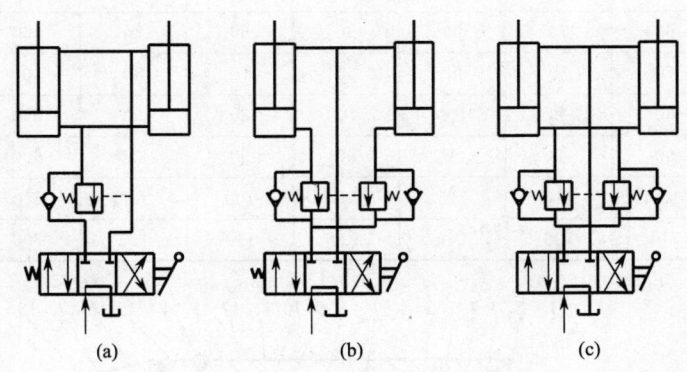

图 7-5-26　双缸变幅机构油路图

和单缸变幅一样,平衡阀的安装位置应尽可能靠近变幅液压缸,缩短无杆腔中高压油对油管的作用长度。平衡阀与变幅液压缸无杆腔之间不允许用软管连接。

5. 变幅液压缸

变幅液压缸有双作用活塞式、单作用柱塞式和双作用二级伸缩液压缸三种。

双作用活塞式液压缸应用最多,结构如图 7-5-27 所示。它由缸筒 2、活塞 6、活塞杆 8、导向套 9、关节轴承 18 等组成。

图中 A、B 是通油口,A 口进油时,驱动活塞 6 向左,回油从 B 口排出;反之亦然。活塞 6 左侧与压力油接触面积大,推力亦大,称大腔。右侧因有活塞杆,与压力油接触面积小,推力就小,称小腔。

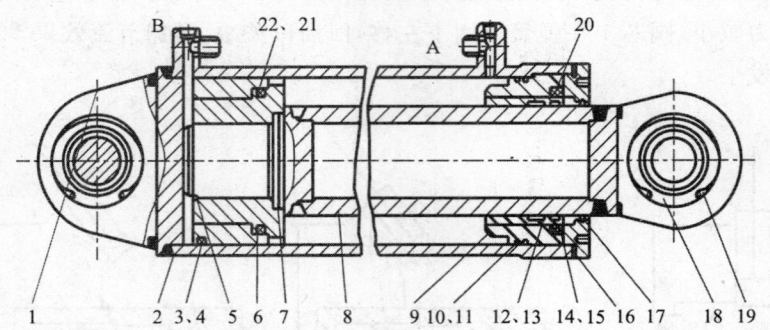

图 7-5-27 双作用活塞式液压缸

1—油杯；2—缸筒；3、12—密封圈；4、11、13、15、21—挡圈；5—螺钉；6—活塞；7、10、14、20、22—"O"形密封圈；
8—活塞杆；9—导向套；16—锁片；17—防尘密封圈；18—关节轴承；19—轴承护套

单作用柱塞式（或活塞式）液压缸如图 7-5-28 所示。它只有一个通油口，压力油只能向柱塞（或活塞）的一侧（下腔）供油，柱塞在压力油作用下向上运动，返回行程靠吊臂重力推动。

双作用二级伸缩液压缸是一种套装结构，结构复杂，有四个通油口。其最大特点是液压缸伸出工作行程大，缩回时液压缸长度短，适用于大型汽车、轮胎与全地面起重机。

常用双作用单缸活塞式变幅液压缸的外形尺寸，见图 7-5-29，主要参数列于表 7-5-18。

表 7-5-18 变幅液压缸主要参数（参看图 7-5-29） mm

| 缸径 $D$ | $\phi$ | $d$ 速比 $\varphi$ | | | $d_1$ | $b$ 或 $L_1$ | $R$ | $L$ | $M$ |
|---|---|---|---|---|---|---|---|---|---|
| | | 1.46 | 1.66 | 2.0 | | | | | |
| 80 | 102 | 45 | 50 | 56 | 40 | 50 | 52 | 370 | M18×1.5 |
| 90 | 114 | 50 | 56 | 63 | 45 | 55 | 58 | 400 | |
| 100 | 127 | 56 | 63 | 70 | 50 | 60 | 70 | 430 | M22×1.5 |
| 110 | 140 | 63 | 70 | 80 | 60 | 60 | 70 | 460 | |
| 125 | 152 | 70 | 80 | 90 | 60 | 70 | 80 | 500 | M27×2 |
| 140 | 172 | 80 | 90 | 100 | 70 | 80 | 90 | 550 | |
| 160 | 194 | 90 | 100 | 110 | 80 | 90 | 110 | 600 | M33×3 |
| 180 | 224 | 100 | 110 | 125 | 90 | 100 | 115 | 650 | |
| 200 | 245 | 110 | 125 | 140 | 100 | 110 | 125 | 700 | M42×2 |

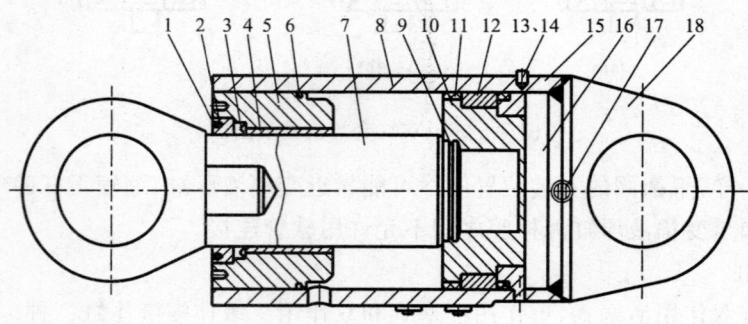

图 7-5-28 单作用柱塞式液压缸

1—括尘圈；2—螺纹盖；3—压环；4—导向滑套；5—导向套；6—密封圈；7—活塞杆；8—缸筒；9—挡圈；10—活塞；
11—支承环；12—组合密封；13—螺塞；14—垫圈；15—活塞环；16—缸底；17—定位块；18—下支承座

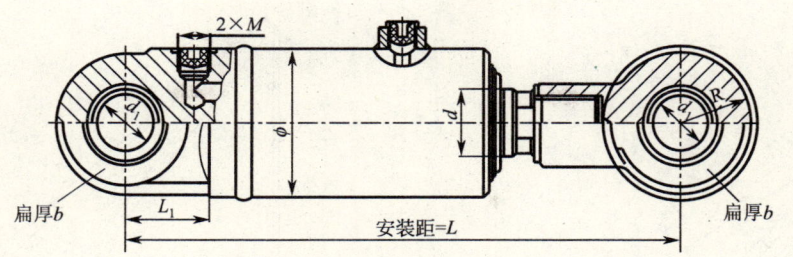

图 7-5-29 双作用单缸活塞式变幅液压缸

### 四、伸缩机构

汽车、轮胎与全地面起重机箱形吊臂的伸缩机构能缩短起重机的辅助作业时间,臂架全缩后,起重机的外形尺寸减小,提高了起重机的机动性和通过性。伸缩机构有顺序伸缩、同步伸缩、独立伸缩和程序控制伸缩四种类型,其中以顺序伸缩、同步伸缩和独立伸缩应用最为广泛,程序控制伸缩主要应用于六节及更多节起重机中,主要应用领域为大吨位及超大吨位全地面起重机上。

有关臂架伸缩方式及其对起重性能和吊臂受力的影响以及臂架伸缩阻力计算等设计参见本手册第二篇第七章,伸缩机构的设计计算参见本手册第三篇第六章。

### 五、超起装置

超起装置的形式(图 7-5-30)为附加臂杆类及附加平衡重类,起重附加臂杆类又有 Π 形及 Y 形两种形式。Y 形超起装置由于能够根据起重机不同的工况组合调整展开角,最大限度地发挥超起装置减小吊臂变形和提高起重臂侧向稳定性的优势被广泛应用。

超起装置对于额定起重量大于 300 t 的全地面起重机宜有可供选装的超起装置。加装超起装置后,相当于通过钢丝绳在起重臂端部施加一个有利于起重臂作业的力,在变幅平面内这个力有利于减小起重臂的挠度,可以改善臂架受力状况及整机稳定性。在回转平面内有利于减小起重臂侧向挠度,能够有效抗风载,提高整体的起重性能。超起装置的卷扬机构,钢丝绳安全系数不小于4.0,卷筒应能可靠锁止。

### 六、行驶稳定性计算

**1. 纵向行驶稳定性**

起重机行驶时,由于上陡坡等原因,可能出现前转向轮对地面的法向作用力减小,甚至下降为零的情况,使起重机不能控制行驶方向;或当后轮对地面的法向力引起的牵引力为零时,使起重机失去行驶能力。这两种情况都能够破坏行驶稳定性。

纵向行驶稳定性计算如图 7-5-31 所示。失稳的条件是 $F_{Z1}=0$ 上坡行驶,不作加速运动,不计惯性载荷和风载荷。由平衡条件得:

$$F_{Z1}L+Gh_g\sin\alpha-GL_2\cos\alpha=0 \tag{7-5-29}$$

因 $F_{Z1}=0$,则 $Gh_g\sin\alpha-GL_2\cos\alpha=0$

可得失去操纵稳定性的极限条件为:

$$\alpha_0=\arctan\frac{L_2}{h_g} \tag{7-5-30}$$

式中　$G$——整机重量;

　　　$L_2$——整机重心离后轴的距离。

设后轮为驱动轮,当起重机下滑力接近于驱动轮上的附着力时,起重机不能上坡,驱动轮打滑,即:

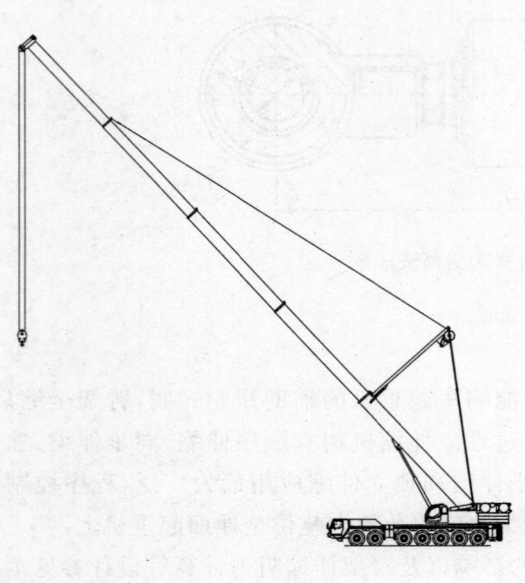

(a) 附加臂杆类(Π形)

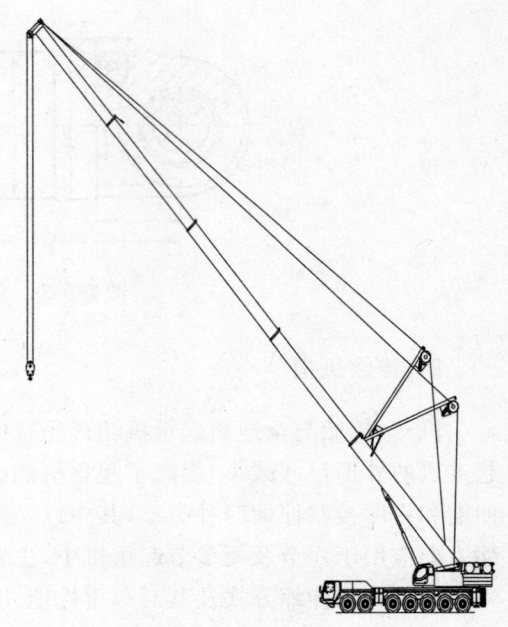

(b) 附加臂杆类(Y形)

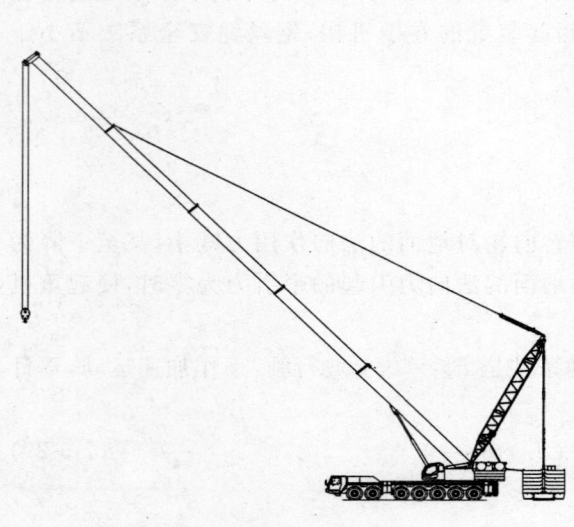

(c) 附加平衡重类

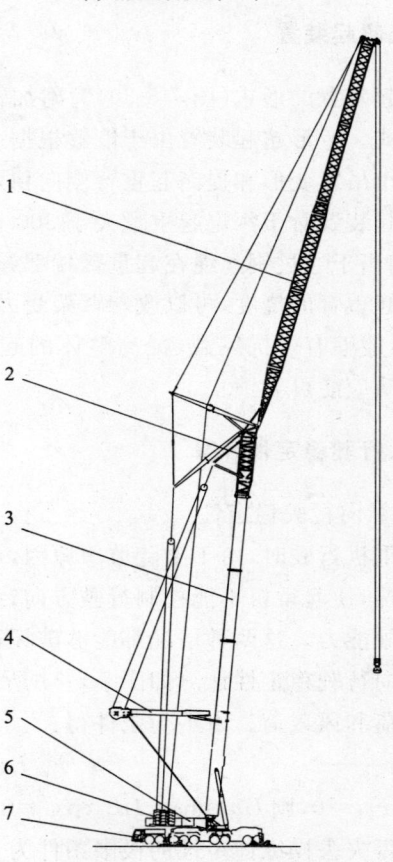

(d) 带超起装置的全地面起重机结构

图 7-5-30 带超起装置的全地面起重机
1—变幅副臂;2—连接支架;3—主吊臂;4—超起装置;5—转台;6—配重;7—全地面起重机底盘

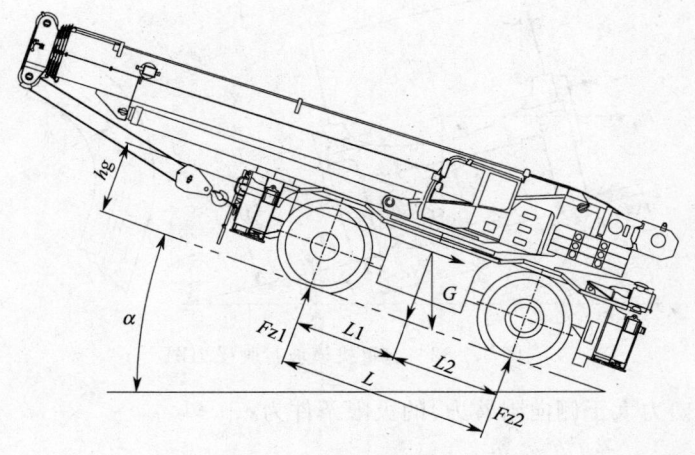

图 7-5-31 起重机上坡行驶图

$$G\sin\alpha \approx F_{Z2}\varphi \tag{7-5-31}$$

全轮驱动时,有:

$$G\sin\alpha \approx (F_{Z1}+F_{Z2})\varphi \tag{7-5-32}$$

将 $F_{Z2}=\dfrac{GL_1\cos\alpha+Gh_g\sin\alpha}{L}$ 代入式(7-5-31)和式(7-5-32),可得后轮为驱动轮及全轮驱动时的打滑极限坡度角为:

后轮驱动
$$\alpha_\varphi = \arctan\dfrac{L_1\varphi}{L-h_g\varphi} \tag{7-5-33}$$

全轮驱动
$$\alpha_\varphi = \arctan\varphi \tag{7-5-34}$$

式中的附着系数 $\varphi$ 可取 0.7~0.8。通常 $\alpha_0 > \alpha_\varphi$(即宁可不能上坡,也不能失去转向控制),从而可得后轮驱动和全轮驱动起重行驶稳定条件:

$$\dfrac{L_2}{h_g} > \varphi \tag{7-5-35}$$

一般汽车和全地面起重机的重心虽较高,但重心距最后一根轴的距离 $L_2$ 比重心高度 $h_g$ 大,通常能满足式(7-5-35)的条件;轮胎起重机一般采用两轴布置,加之其重心高,容易失去纵向稳定性,设计时应予注意。

2. 横向行驶稳定性

起重机在弯道或直线行驶转向时,在离心载荷和风载荷作用下,可能出现侧移或横向倾翻,失去横向行驶稳定性。图 7-5-32 是起重机横坡行驶受力图,在起重机重心上作用有重力 $G$ 和离心力 $F_a = \dfrac{Gv^2}{gR}$。

当右侧车轮压力为 0,即 $F_{Z2}=0$ 时,即可得左倾翻的极限条件为:

$$\tan\beta_0 = \dfrac{\dfrac{v^2}{gR}h_g - \dfrac{B}{2}}{h_g + \dfrac{v^2}{gR}\cdot\dfrac{B}{2}} \tag{7-5-36}$$

式中 $g$——重力加速度;
$v$——行驶速度;
$B$——转向轴轮距;

其余符号意义见图 7-5-32。

在水平路面上($\beta=0$),当转弯半径为 $R$ 时,起重机转弯所允许的最大速度为:

$$v_{\beta\max} = \sqrt{\dfrac{gRB}{2h_g}} \tag{7-5-37}$$

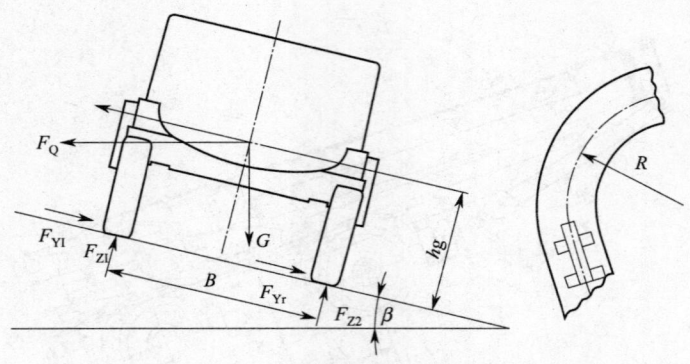

图 7-5-32 起重机横坡行驶受力图

起重机侧移(侧向力大于侧向附着力)的极限条件为：

$$\tan\beta_\varphi = \frac{\dfrac{v^2}{gR} - \varphi}{1 + \dfrac{v^2}{gR}\varphi} \tag{7-5-38}$$

式中 $\varphi$ 为附着系数，$\varphi = 0.7 \sim 0.8$。

在水平路面上($\beta = 0$)，当转弯半径为 $R$ 时起重机不产生侧滑的最大允许速度为：

$$v_{\varphi\max} = \sqrt{gR\varphi} \tag{7-5-39}$$

为行驶安全，应使侧移发生在翻车之前，要求 $v_{\varphi\max} < v_{\beta\max}$，即 $\sqrt{gR\varphi} < \sqrt{\dfrac{gRB}{2h_g}}$，可得：

$$\frac{B}{2h_g} > \varphi \tag{7-5-40}$$

因此式(7-5-40)是起重机横向行驶的稳定性的基本条件。

### 七、起重机抗倾覆稳定性计算

**1. 抗倾覆稳定性概述**

支承在路面上的起重机，由于起重量超载、过大的风力、过大的动载荷、支承面沉陷等原因可能产生倾翻。起重机的抗倾覆稳定性是指起重机在自重和外载荷的作用下抵抗倾覆的能力，起重机设计规范 GB 3811 规定：对工作和非工作时有可能发生整体倾覆的起重机，必须通过计算校核其整体抗倾覆稳定性。

起重机的整机稳定性完全由起重机自重来维持，故汽车起重机作业时对工作幅度、起重量和工作条件有严格的限制。

起重机整体稳定条件：针对起重机特定的倾覆线，稳定力矩的代数和大于倾覆力矩的代数和。即：

$$M_S - M_T > 0 \tag{7-5-41}$$

式中 $M_S$——稳定力矩的代数和；

$M_T$——倾覆力矩的代数和。

**2. 验算工况与计算载荷**

起重机按国标 GB 3811 中规定的流动式起重机进行整体抗倾覆稳定性校核。

起重机的验算工况为：

(1) 无风试验或运行；

(2) 有风工作或运行；

(3) 向后倾翻；

(4) 非工作风(暴风)作用下的稳定性。参见第一篇第七章。

稳定性计算时，根据不同的验算工况采用不同的计算载荷，表 7-5-19 为无风静载和有风动载两种工况下的计算载荷。

表 7-5-19 起重机抗倾覆稳定性的计算载荷

| 起重机的状态和计算条件 | 载荷性质 | 无风试验或运行计算载荷 | 有风工作或运行计算载荷 |
|---|---|---|---|
| 起重机支腿伸出 | 作用载荷 | $1.25P_Q+0.1F$ | $1.1P_Q$ |
| | 风载荷 | | $P_{WⅡ}$ |
| | 惯性力 | | $P_D$ |
| 起重机支腿收回 | 作用载荷 | $1.33P_Q+0.1F$ | $1.17P_Q$ |
| | 风载荷 | | $P_{WⅡ}$ |
| | 惯性力 | | $P_D$ |
| 起重机运行 最大运行速度不大于 0.4 m/s | 作用载荷 | $1.33P_Q+0.1F$ | $1.17P_Q$ |
| | 风载荷 | | $P_{WⅡ}$ |
| | 惯性力 | | $P_D$ |
| 起重机运行 最大运行速度大于 0.4 m/s | 作用载荷 | $1.5P_Q+0.1F$ | $1.33P_Q$ |
| | 风载荷 | | $P_{WⅡ}$ |
| | 惯性力 | | $P_D$ |

表中各参数含义如下：

$P_Q$——不同幅度下起重机的最大起升载荷。

$F$——主臂质量 $G$ 或副臂质量 $g$ 按力矩相等原理换算到主臂端部或副臂端部的质量的重力，换算方法见第一篇第七章。

$P_D$——由起升、回转、变幅、臂架伸缩或运行等机构驱动产生的惯性力。对于分级变速控制的起重机，$P_D$ 应采用产生的实际惯性力值；对于无级变速控制的起重机，$P_D$ 值为 0。

$P_{WⅡ}$——工作状态下的风载荷，见第一篇第三章计算载荷与组合。

对起重机，增加平衡重可以提高起重机的静稳定性和作业稳定性，改善起重机性能。但平衡重过重，有可能使起重机朝臂架的反方向翻倒，丧失后方稳定性。因此，应验算各种质量分布状态及在相应的平衡重配置条件下，当起重机回转到最不稳定位置，起重机均不应向后倾翻。对汽车、轮胎和全地面起重机，按照第一篇第七章进行载荷验算，判定是否发生向后倾覆。

验算非工作风作用下的稳定性时，非工作风载荷按第一篇第三章计算载荷与组合的规定计算风载荷。

3. 起重机的倾覆线

起重机失稳时的倾覆线由起重机的支腿尺寸或轮胎尺寸确定，如图 7-5-33 所示，更详细的倾覆线说明见第一篇第七章。

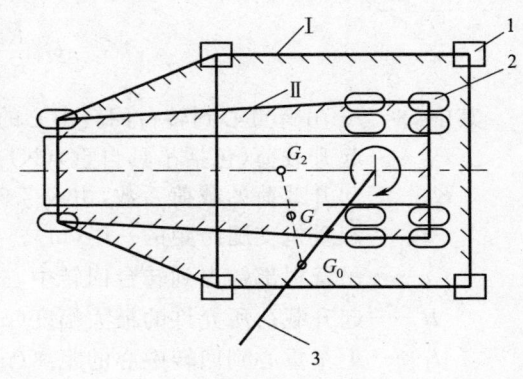

图 7-5-33 起重机失稳时的倾覆线
1—支腿；2—轮胎；3—吊臂；
Ⅰ—用支腿时的倾覆线；Ⅱ—不用支腿时的倾覆线；
$G_0$—吊臂重心；$G_2$—底盘重心；$G$—整机重心

计算稳定性时，选定工况后，正确判断危险位置和确定倾覆线是稳定性计算的关键。通常情况下，汽车起重机最危险的倾覆线是在对应工况下整个重量（包括吊重和自重）的重心离倾覆线垂直距离最短的一边。通常，汽车起重机不论使用支腿或轮胎吊重时，最危险的失稳工况是吊臂位于垂直于侧方倾覆线的位置上。所以在考虑起重机稳定性或进行稳定试验时，一般是以吊臂位于正侧方的工况为准；对于个别特殊情况，还需要考虑吊臂位于正后方的工况。

4. 起重机的稳定性计算

（1）工况 1：无风试验或运行

在风速小于 8.3 m/s 的风载荷作用下，起重机作稳定性试验：起重机静止不动，但在试验载荷作用下作升降、变幅、回转和臂架伸缩等动作；起重机带载运行，但不作升降、变幅、回转和臂架伸缩等动作。

对起重机而言，无风试验或运行时，危险倾覆位置一般为臂架处于正侧方和正后方位置。下面以起重机支腿伸出，臂架位于正侧方工作为例进行说明，见图7-5-34。

起升载荷作用线在支承平面以外，处于该起吊重量所允许的最大幅度，臂架垂直于危险倾覆线，起吊静载试验载荷或额定载荷，不计附加载荷和坡度的影响。图7-5-34中，吊臂重力 $G_b$ 按力矩等效原理转化为作用在吊臂根部的重力 $G_r$ 和吊臂端头的重力 $G_h$，分别起稳定作用和倾覆作用。图7-5-33中所示的抗倾覆稳定性校核计算式为：

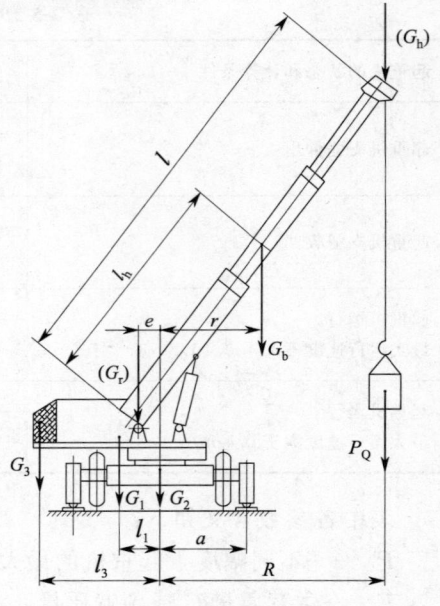

图7-5-34 起重机无风试验或运行工况的稳定性计算简图

$$\sum M = M_S - M_T = G_1(l_1+a) + G_2 a + G_3(l_3+a) + G_r(e+a) \\ - G_h(R-a) - (K_P P_Q + 0.1 G_h) \cdot (R-a) > 0 \tag{7-5-42}$$

式中 $G_1$——除吊臂和配重外的上车重力(N)。

$G_2$——下车重力(N)。

$G_3$——配重重力(N)。

$G_r$、$G_h$——吊臂重力 $G_b$ 按力矩等效原理转换到吊臂根部和吊臂端头的重力(N)，图7-5-34中吊臂重力转化为吊臂根部和端头的重力的计算公式为：

$$G_r = G_b \frac{R-r}{R+e}, G_h = G_b \frac{r+e}{R+e};$$

其中 $r$——吊臂重心到转台回转中心的距离(m)；

$P_Q$——起升载荷(包括吊具自重)(N)。

$K_p$——起升载荷的载荷系数，由表7-5-19选取。

$a$——起重机支腿跨距的一半(m)。

$e$——吊臂根部铰点到转台回转中心的水平距离(m)。

$R$——起升载荷所允许的最大幅度(m)。

$l_1$——上车重心到回转中心的距离(m)。

$l_3$——配重到回转中心的距离(m)。

当支腿收回，用轮胎进行试验或运行的稳定性校核方法类似。

(2)工况2：有风工作或运行

在工作状态最大风载荷作用下，起重机不移动，但作起升、回转、变幅、臂架伸缩等动作；或者起重机带载移动，但不作起升、回转、变幅、臂架伸缩等动作。

起吊额定载荷，最大幅度的臂架垂直于倾覆线或与倾覆线成45°，有不利于稳定性的坡度，工作状态最大风力由臂架正后方向前吹，起重机同时承受着不利于稳定性的机构起(制)动惯性力和离心力。下面以起重机支腿伸出为例进行稳定性校核(图7-5-35)，其合力矩为：

$$\sum M = [G_1(l_1+a) + G_2 a + G_3(l_3+a) + G_r(e+a) - G_h(R-a)]\cos\beta \\ - [(G_1 h_1 + G_2 h_2 + G_3 h_3 + G_r h_0 + G_h H)]\sin\beta \\ + \frac{G_1 \pi^2 n^2 l_1}{900g} h_1 + \frac{G_3 \pi^2 n^2 l_3}{900g} h_3 + \frac{G_r \pi^2 n^2 e}{900g} h_0 - \frac{G_h \pi^2 n^2 R}{900g} H - P_{W1} h_w \\ - (K_P P_Q + \frac{P_Q v}{t})[(R-a)\cos\beta + H\sin\beta] - \frac{P_Q \pi^2 n^2 R}{900g} - P_{W2} H \tag{7-5-43}$$

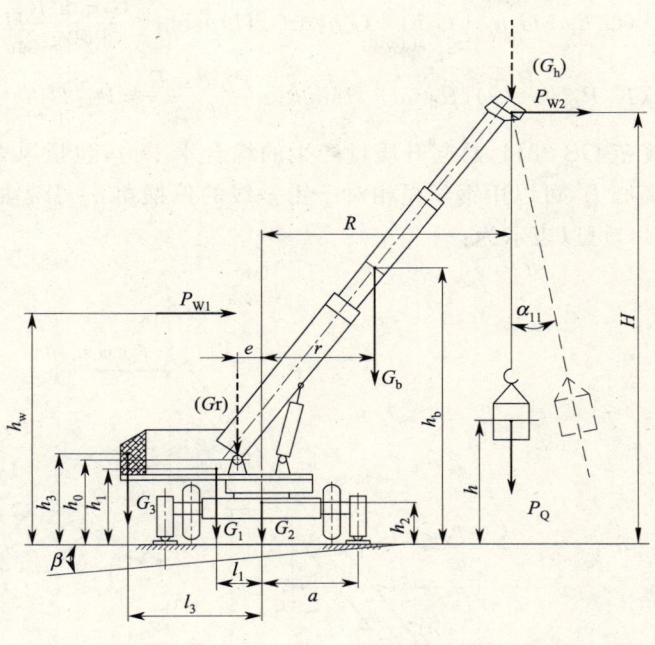

图 7-5-35 汽车起重机有风工作时的稳定性计算简图

式中 $\beta$——起重机的倾斜角度,使用支腿作业而支腿又能调平时,$\beta=1°\sim1.5°$;不用支腿作业时,$\beta=3°$;

$h_0$——吊臂根铰点到支腿支承面的距离(m);

$h_1$——上车除配重和吊臂外的重心到支腿支承面的距离(m);

$h_2$——下车重心到支腿支承面的距离(m);

$h_3$——平衡重到支腿支承面的距离(m);

$h_W$——作用在起重机和臂架上的风力合力的作用点到支腿支承面的距离(m);

$H$——吊臂端头到支腿支承面的距离(m);

$P_{W1}$——作用在起重机和臂架上的工作状态最大风载荷合力(第Ⅱ类风载荷)(N);

$P_{W2}$——货物上的工作状态最大风载荷合力(第Ⅱ类风载荷)(N);

$g$——重力加速度(m/s²);

$n$——起重机回转速度(r/min);

$v$——货物起升速度(m/s);

$t$——货物上升启动或下降制动时间(s);

$K_P$——起升载荷的载荷系数,由表 7-5-19 选取;

其余符号见式(7-5-42)。

以上为考虑重力、起制动惯性力、回转离心力、风力、地面倾斜等因素的力矩表达式。在实际计算中,可以进行适当简化:

考虑到起重机支腿支承面的最大允许倾斜角度为 $\beta\leqslant1.5°$(轮胎支承为 $\beta\leqslant3°$),$\cos 1.5°=0.9997\approx1$,$\cos 3°=0.9986\approx1$,式(7-5-43)中的 $\cos\beta$ 可直接令其为 1;对上车质量、平衡重质量、吊臂根部转换质量等三个质量产生的回转离心力因力臂较短,产生的力矩较小,同时因这三个离心力产生的力矩为稳定力矩,忽略这三项对计算结果影响较小且更偏于安全,因此,实际计算中可以将这三个离心力的计算项省略。这样式(7-5-43)可简化为:

$$\sum M = G_1(l_1+a) + G_2 a + G_3(l_3+a) + G_r(e+a) - G_h(R-a)$$
$$- [(G_1 h_1 + G_2 h_2 + G_3 h_3 + G_r h_0 + G_h H)]\sin\beta - \frac{G_h \pi^2 n^2 R}{900g} H - P_{W1} h_w \quad (7\text{-}5\text{-}44)$$
$$- (K_P P_Q + \frac{P_Q v}{t})(R-a+H\sin\beta) - \frac{P_Q \pi^2 n^2 R}{900g} - P_{W2} H$$

根据起重机设计规范 GB 3811,总起升质量产生的综合水平力,包括风力、变幅和回转起制动产生的惯性力和回转离心力,可以用钢丝绳相对于铅垂线的偏摆角 $\alpha_{\text{II}}$ 引起的水平分力来计算(图 7-5-36),这样,式(7-5-44)可以表示为:

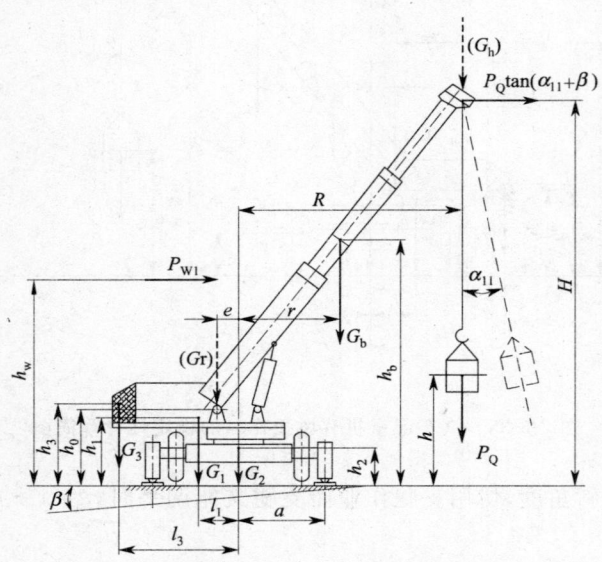

图 7-5-36 起重机有风工作时的稳定性计算简图

$$\sum M = G_1(l_1+a) + G_2 a + G_3(l_3+a) + G_r(e+a) - G_h(R-a)$$
$$- [(G_1 h_1 + G_2 h_2 + G_3 h_3 + G_r h_0 + G_h H)]\sin\beta - \frac{G_h \pi^2 n^2 R}{900g} H - P_{W1} h_w \quad (7\text{-}5\text{-}45)$$
$$- (K_P P_Q + \frac{P_Q v}{t})(R-a+H\sin\beta) - P_Q \tan(\alpha_{\text{II}}+\beta) H$$

式中 $\alpha_{\text{II}}$——起重钢丝绳最大偏摆角,汽车和轮胎起重机取 $3°\sim6°$;

使用支腿作业而支腿又能调平时,$\beta=1°\sim1.5°$;

不用支腿作业时,$\beta=3°$。

其余符号见式(7-5-42)和式(7-5-43)。

在上面的计算式中,式(7-5-42)为起重机正侧方工作状态下稳定力矩和倾覆力矩代数和的精确计算公式,式(7-5-43)和(7-5-44)为简化后的两种不同形式的计算公式,能够达到工程计算所需要的精度。

(3)工况 3:抗后倾覆稳定性

起重机抗后倾覆稳定性验算工况为:起重机处于下列支承条件和质量分布状态:

1)起重机放置在坚实、水平的支承面或轨道上,允许最大坡度为 1‰;

2)起重机装有规定的最短臂架,且此臂架处于最大推荐臂架角度;

3)将吊钩、吊钩滑轮组或其他取物装置放在地面上;

4)使外伸支腿脱离支承面,起重机支承在轮胎上;

5)起重机装有规定的最长主臂或主臂与副臂的组合结构,并且此主臂或臂架组合结构处于最大推荐臂架角度,还承受最不利方向的工作风载荷。

抗后倾覆稳定性要求验算对上述规定的各种质量分布状态及在相应的平衡重配置条件下,对制造商允许的起重机回转到最不稳定位置,起重机均不应向后倾翻。

为了保证起重机的抗后倾覆稳定性有一个合理的安全系数,要求汽车起重机的单侧最小轮压满足以下要求:

1)起重机回转的上部结构纵向轴线与承载底架纵向轴线成90°即正侧方时,承载侧轮胎或底架支腿的总载荷不小于起重机总重量的15%;

2)起重机回转的上部结构纵向轴线与承载底架纵向轴线重合,即正前方、正后方时,承载底架的轻载端,轮胎或支腿上的总载荷不小于起重机总重量的15%(工作区域)或10%(非工作区域)。

(4)工况4:非工作风载荷作用下的抗倾覆稳定性

对伸缩臂式起重机可以不必验算非工作风载荷下的抗倾覆稳定性。

对定长臂式汽车起重机和轮胎起重机验算:臂架处于最小幅度位置,有前高后低的最大允许坡度,非工作状态的最大风力由臂架前面往后吹时的稳定性。

### 八、起重特性计算

**1. 抗倾覆稳定性起重特性曲线**

起重机在各种幅度下的额定起重量由三个因素综合决定:

(1)起升机构的起重能力;
(2)吊臂的强度;
(3)整机的抗倾覆稳定性。

图7-5-37中各曲线及参数的含义如下所示:
直线1——起升机构的起重特性;
曲线2——整机抗倾覆稳定的起重特性;
曲线3——吊臂强度的起重特性;
$l$——支腿跨距之半。

如图7-5-37所示,起升机构的起重能力与幅度无关,不论在何种幅度下工作,都有起吊最大额定起重量物品的能力,在以起重量—幅度为坐标表征起重机起重特性的图中,可用一条水平线表示(直线1)。

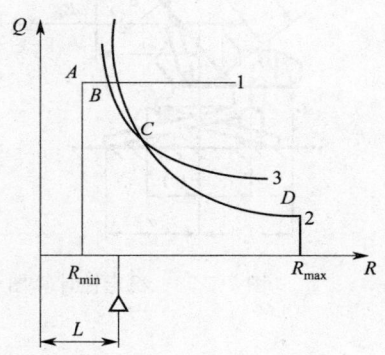

图7-5-37 起重机起重特性曲线(ABCD)

起重机在较大幅度下工作时,起重量一般受限于整机的抗倾覆稳定性。随着幅度减小,起重量增大,由此得到一条由抗倾覆稳定性确定的起重特性曲线(曲线2),当起升载荷作用线在起重机的支承基底以内时,按抗倾覆稳定性确定的额定起重量达到无穷大值,这表示此时起吊的物品,不管多重,起重机都不会倾翻。但实际上,起重机的起重量受吊臂强度和起升机构起重能力的限制,两者中的较小值即是此时的额定起重量。

起重机在较小幅度工作时,由于起重量增大,此时决定起重机起重量的因素是吊臂强度(曲线3)。曲线2与曲线3相交于$C$点,曲线3与直线1相交于$B$点。在$C$点以右的幅度下工作的起重机,其起重量受限于抗倾覆稳定性。在$C$点和$B$点之间的幅度工作时,起重量受吊臂强度限制。工作幅度在$B$点和最小幅度之间的起重机起重量是定值,即最大额定起重量。

由此可见,起重机在最小幅度和最大幅度之间的起重特性曲线是由三种起重特性(起升机构的起重能力、吊臂强度、整机抗倾覆稳定性)综合而成,在图中用一条平滑的曲线连接$A$、$B$、$C$、$D$四点,这条曲线就是起重机的起重特性曲线。

为了保证安全正常作业,在操作起重机时,要严格遵照起重特性曲线所示的起重量与幅度对应的关系。根据起重特性曲线可以设计起重机的安全装置——起重力矩限制器,还可以检视起重机的总体、机构和金属结构的设计是否合理。(如果曲线3与直线1的交点$B$位于图中最小幅度$R_{\min}$

以左,说明吊臂强度过低;在最小幅度时,起重机起升机构的工作能力没有充分利用。)

2. 稳定起重特性计算

起重机的起重量是随工作幅度而改变的,根据稳定条件,参见图 7-5-37,可得到重量的计算表达式:

$$Q_x = \frac{[G_1(l_1+a)+G_2 a+G_3(l_3+a)]-(R_X-a)G_b}{\left(1.25+0.1\dfrac{m_A}{C_{px}}\right)(R_X-a)g} \quad (7-5-46)$$

经迭代以后得:

$$Q_x = \frac{1}{1.25g} \frac{[G_1(l_1+a)+G_2 a+G_3(l_3+a)]-(R_X-a)G_b}{R_X-a} - 0.1 m_A \quad (7-5-47)$$

式中　$m_A$——吊臂自重按静力等效原则折算到吊臂顶端的质量。

其余符号意义见图 7-5-38。

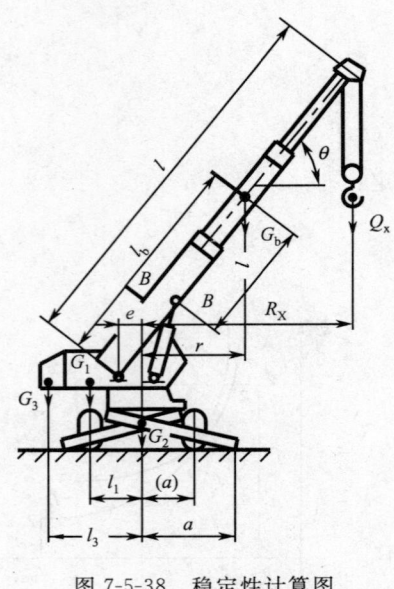

图 7-5-38　稳定性计算图

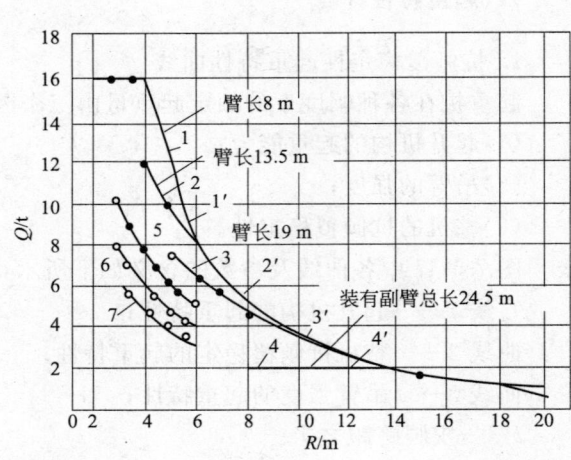

图 7-5-39　轮胎起重机起重特性曲线

1、2、3、4—强度起重量曲线;1′、2′、3′、4′—稳定起重量曲线;
5—不打支腿,吊臂前置工况;6—不打支腿,吊臂
全周工况;7—吊重行驶工况

根据式(7-5-47),若各部分质量、距离及支腿跨距已定,则在一定臂长 $l$ 下,改变 $R_X$ 值,即可求得相应起重量 $Q_x$,并可绘制 $Q-R$ 曲线,称为稳定起重特性曲线。不同臂长,可得到一组不同的 $Q-R$ 曲线。图 7-5-39 是具有两节伸缩臂、一个副臂的轮胎起重机起重特性曲线。

3. 强度起重特性计算

强度起重特性主要受吊臂强度控制。计算吊臂强度以起吊最大额定起重量为计算工况,考虑动载系数(起升载荷为 $\phi_2 Qg$)、结构自重载荷、惯性载荷等。吊臂危险截面为 B—B(图 7-5-38),强度计算公式为

$$\sigma_{\text{计}} = \frac{\phi_2 Qg(l-l_b+l')\left(\dfrac{R_X+e}{l}\right)+F_T(l-l_b+l')\dfrac{\sqrt{l^2-(R_X+e)^2}}{l}+G_b\left(\dfrac{R_X+e}{l}\right)}{W_X} \leqslant [\sigma]_{\text{II}} \quad (7-5-48)$$

式中　$\phi_2$——动力系数,$\phi_2 = 1.05 \sim 1.20$。

$F_T$——惯性载荷、离心载荷、风载荷引起吊臂端部的水平力,$F_T = Qg\tan\alpha$。

其中　$\alpha$——起重绳的偏斜角。

$G_b$——吊臂重力。

$W_x$——吊臂危险截面的抗弯截面系数。

$[\sigma]_{II}$——材料第二类载荷组合时的许用压力。

若吊臂截面已定,可将不同臂长的某一幅度 $R_x$ 代入式(7-5-48),即可求得相应的起重量 $Q_x$,可绘制出强度起重特性曲线,如图 7-5-40 所示。强度起重特性曲线比稳定起重特性曲线平缓。当支腿跨距由最大额定起重量来确定时,则稳定起重量曲线和强度起重量曲线的交点,在最大额定起重量点 $C_1$ 上。为充分利用吊臂的强度,可将两条曲线交点移至 $C$(图 7-5-40),即将稳定起重量曲线抬高。

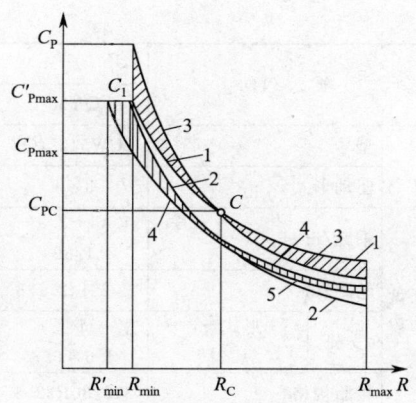

图 7-5-40 强度起重特性与稳定起重特性曲线比较

1—强度起重量曲线;2—稳定起重量曲线;
3—加大支腿跨距后的稳定起重量曲线;
4—减弱吊臂截面后的强度起重量曲线;
5—减弱吊臂截面后的稳定起重量曲线

### 九、国内部分产品性能参数

表 7-5-20 列出了京城重工部分起重机的性能参数,表 7-5-21 列出了徐重部分起重机的性能参数,表 7-5-22 列出了中联重科部分起重机的性能参数,表 7-5-23 列出了三一重工部分起重机的性能参数供设计部门和用户参考。

表 7-5-20 京城重工部分产品性能参数

| 项 目 | | | 型 号 | | | | | |
|---|---|---|---|---|---|---|---|---|
| | | | QY55 | QY100 | QLY25 | QLY55 | QAY55 | QAY160 |
| 起重性能 | 基本臂 | 臂长/m | 11.3 | 13 | 9 | 12 | 10.2 | 13.5 |
| | | 最大起重量/t | 55 | 100 | 25 | 55 | 55 | 160 |
| | | 幅度/m | 3 | 3 | 5 | 3.5 | 2.5 | 3 |
| | | 最大起升高度/m | 12.5 | 13.5 | 8.86 | 10.3 | 11 | 14.5 |
| | 最长臂 | 臂长/m | 42.5 | 49.8 | 24 | 30 | 40 | 62 |
| | | 最大起重量/t | 8 | 14 | 15 | 25.2 | 10.1 | 13 |
| | | 幅度/m | 7 | 8 | 6 | 7 | 7 | 12 |
| | | 最大起升高度/m | 43 | 50 | 23.64 | 27.65 | 41 | 62.5 |
| | 副臂 | 臂长/m | 58.5 | 69 | | | 56 | 84 |
| | | 最大起重量/t | 2.5 | 7 | | | 2.1 | 3.6 |
| | | 幅度/m | 8.86 | 10 | | | 20 | 16 |
| | | 最大起升高度/m | 57.6 | 69.3 | | | 57 | 84 |
| 上车工作速度 | 起升 | 主钩/(m/min) | 135 | 130 | 110 | 120 | 120 | 129 |
| | | 副钩/(m/min) | 95 | 130 | 84 | 120 | 120 | 129 |
| | 回转/(r/min) | | 1.5 | 1.7 | 0~2.8 | 0~2.4 | 1.6 | 1.5 |
| | 变幅/s | | 50 | 60 | 24 | 35 | 65 | 50 |
| | 支腿/s | | 53/51 | 80/60 | 58/40 | 97/69 | 45/25 | 125/115 |
| | 伸臂/s | | 120 | 125 | — | 240 | 240 | 519 |
| 下车行驶性能 | 最大行驶速度/(km/h) | | 74 | 80 | 18 | 14 | 80 | 80 |
| | 爬坡度/° | | 19.3 | 21.8 | 14 | 21 | 26.6 | 31 |
| | 最小转弯半径/m | | 11 | 12 | 9 | 10 | 12 | 9.25 |
| 上车动力 | 传动形式 | | 液压 | 液压 | 液压 | 液压 | 液压 | 液压 |
| | 发动机 | 型号 | 底盘动力 | 柴油发动机 OM906LA | 底盘动力 | 底盘动力 | 底盘动力 | 柴油发动机 OM906LA |
| | | 功率/kW | | 170/2 100 | | | | 170/2 100 |
| | | 最大转矩/(N·m) | | 810/1 200 | | | | 810/1 200 |

续上表

| 项 目 | | | 型 号 | | | | | |
|---|---|---|---|---|---|---|---|---|
| | | | QY55 | QY100 | QLY25 | QLY55 | QAY55 | QAY160 |
| 底盘参数 | 型号 | | BCW5422JQZ | BCW5550JQZ | 自制 | 自制 | BCW5363JQZ | BCW5600JQZ |
| | 驱动形式 | | 8×4 | 10×6 | 4×2 | 4×2 | 6×6 | 10×8 |
| | 轴距/m | | 1.45+3.9+1.35 | 2.98+2.05+1.45+1.45 | 3.6 | 2.65+1.3 | 3+1.65 | 2.8+1.65+2.2+1.65 |
| | 轮距/m | | 2.291/2.128 | 2.508/2.272 | 2.4 | 2.4 | 2.123 | 2.543 |
| | 支腿 | 形式/m 纵×横 | H型 4.6×6.8 | H型 7.8×7.8 | H型 6×6 | H型 6.4×6.4 | H型 6.3×7.34 | H型 8.8×8.3 |
| | 轮胎规格 | | 315/80R22.5 | 12.00R24 | 12.00-20PR | 12.00-20PR | 14.00 R25 | 445/95R25X |
| | 发动机参数 | 功率/kW | 250 | 317 | 197 | 147 | 260 | 406 |
| | | 最大转矩/(N·m) | 1 425 | 1 966 | 814 | 814 | 1 850 | 2 600 |
| 总质量外形尺寸 | 行驶状态/t | | 40.6 | 54.8 | 30.9(带有基本臂) | 49.7 | 45.8 | 60 |
| | 作业状态/t | | 40.6 | 54.8 | 30.9(带有基本臂) | 49.7 | 45.8 | 107 |
| | 长/m | | 13.143 | 15.27 | 13.045 | 17.15 | 11.91 | 15.36 |
| | 宽/m | | 2.8 | 2.8 | 3.2 | 3.315 | 2.54 | 3 |
| | 高/m | | 3.52 | 3.89 | 3.64 | 3.71 | 3.85 | 4 |
| 主要特点 | | | 1.U形截面主臂采用两种伸缩模式,根据实际工况自主切换; 2.自动检测各支腿伸出长度,自动控制对应回转角度的起重性能; 3.第五支腿状态自动检测; 4.先导操作、负载敏感液比例控制系统 | 1.上车独立发动机动力系统; 2.超大横、纵向支腿跨距,提升起重稳定性; 3.电比例操作,恒功率泵控液压系统; 4.油缸和板簧平衡悬架; 5.五轴底盘,整机紧凑,机动灵活 | 1.主臂为桁架臂结构; 2.工作半径小,机动灵活; 3.电液控制的液压伸缩支腿,可实现操作者独自控制; 4.可附加安装抓斗、电磁吸盘、螺旋钻孔等多种执行装置 | 1.主臂为桁架臂结构; 2.工作半径小,机动灵活; 3.电液控制的液压伸缩支腿,可实现操作者独自控制; 4.可附加安装抓斗、电磁吸盘、螺旋钻孔等多种执行装置 | 1.U形臂,单缸伸缩; 2.组合式自拆卸平衡重; 3.全轮转向,全轴驱动; 4.三轴油气悬架,结构紧凑,机动灵活; 5.电比例操作,恒功率泵控液压系统; 6.闭式回转系统 | 1.准椭圆形吊臂,单缸伸缩; 2.组合式自拆卸平衡重; 3.五轴油气悬架,结构紧凑,机动灵活; 4.电液比例转向控制; 5.变量泵控,功率越权自动控制系统,闭式回转系统; 6.集成总线控制; 7.后轮自动回正 |

表 7-5-21 徐州重型部分产品性能参数

| 项 目 | | | 型 号 | | | | | |
|---|---|---|---|---|---|---|---|---|
| | | | QY25 | QY160K | RT60 | RT100 | QAY260 | QAY500 |
| 起重性能 | 基本臂 | 臂长/m | 10.1 | 13.2 | 11.32 | 12.4 | 13.2 | 16.1 |
| | | 最大起重量/t | 25 | 160 | 60 | 100 | 260 | 500 |
| | | 幅度/m | 3~8 | 3~10 | 3~8 | 3~9 | 3~10 | 3~14 |
| | | 最大起升高度/m | 10.2 | 13.2 | 11.8 | 13.2 | 13.9 | 17.5 |
| | 最长主臂 | 臂长/m | 38.5 | 62 | 43.2 | 48 | 70 | 84 |
| | | 最大起重量/t | 5 | 15.5 | 8.1 | 14.5 | 18 | 21.6 |
| | | 幅度/m | 7~34 | 12~52 | 8~34 | 9~38 | 14~62 | 16~64 |
| | | 最大起升高度/m | 38.6 | 61.4 | 43.9 | 48.8 | 69.8 | 84.2 |
| | 副臂 | 臂长/m | 46.8 | 90 | 61.7 | 68.6 | 101.5 | 138 |
| | | 最大起重量/t | 2.8 | 2.8 | 2.6 | 3.9 | 3.6 | 8.5 |
| | | 幅度/m | 10.7~36.8 | 18~54 | 14~36 | 14~38 | 22~58 | 36~96 |
| | | 最大起升高度/m | 47.6 | 88.6 | 59.1 | 67.9 | 98.2 | 145 |

续上表

| 项目 | | 型号 | | | | | |
|---|---|---|---|---|---|---|---|
| | | QY25 | QY160K | RT60 | RT100 | QAY260 | QAY500 |
| 上车工作速度 | 起升 主钩/(m/min) | 12.5 | 6.88 | 10.4 | 8.9 | 6.4 | 6.5 |
| | 副钩/(m/min) | 125 | 110 | 125 | 125 | 118 | 170 |
| | 回转/(r/min) | 2.5 | 1.3 | 2.0 | 2.0 | 1.4 | 0.8 |
| | 变幅/s | 68 | 80 | 90 | 95 | 85 | 125 |
| | 支腿/s | 35/40 | 50/50 | 40/55 | 40/55 | 50/50 | 60/60 |
| | 伸臂/s | 150 | 500 | 110 | 150 | 700 | 960 |
| 下车行驶性能 | 最大行驶速度/(km/h) | 75 | 80 | 35 | 33 | 72 | 75 |
| | 爬坡度/° | 16.7 | 21.8 | 33 | 31 | 26.6 | 19.3 |
| | 最小转弯半径/m | 11 | 24 | 6.1(四轮) 10.5(两轮) | 7.5(四轮) 12(两轮) | 11.5 | 15 |
| 上车动力 | 传动形式 | 液压 | | 液压 | 液压 | | |
| | 发动机 型号 | 底盘动力 | TAD720VE | 底盘动力 | 底盘动力 | TAD722VE | TAD750VE |
| | 功率/kW | | 162/2 100 | | | 194/2 100 | 200/2 300 |
| | 最大转矩/(N·m) | | 850/1 500 | | | 854/1 400 | 1 050/1 500 |
| 底盘参数 | 型号 | XZJ5328JQZ | XZJ5621J | — | — | XZJ5532J | XZJ5960J |
| | 驱动形式 | 6×4 | 12×6 | 4×2、4×4 | 4×2、4×4 | 12×6 | 16×8 |
| | 轴距/m | 4.425+1.35 | 1.420+2.42+ 1.95+1.42+ 1.505 | 4 | 4.645 | 1.65+3.2+ 1.65+2.3+ 1.65 | 1.65+1.65+ 2.9+1.65+ 1.65+2.35+ 1.65 |
| | 轮距/m | 2.074/1.834 | 2.55/2.365 | 2.4/2.4 | 2.64/2.64 | 2.59/2.59/ 2.59/2.59/ 2.59/2.59 | 2.54/2.54/ 2.54/2.54/ 2.54/2.54/ 2.54/2.54 |
| | 支腿 形式/m | H 型 | H 型 | H 型 | H 型 | H 型 | H 型 |
| | 纵×横 | 5.14×6.0 | 7.8×8.0 | 7.3×6.0 | 8.4×8.2 | 8.8×8.7 | 10.125×9.6 |
| | 轮胎规格 | 11.00-20 | 12.00R24 | 29.5R25 | 33.25R29 | 385/95R25 | 445/95R25 |
| | 发动机参数 功率/kW | 206/2 200 | 306/1 900 | 194/2 200 | 224/2 100 | 420/1 800 | 480/1 800 |
| | 最大转矩/(N·m) | 1 160/1 400 | 2 010/1 200 | | | 2 700/1 300 | 2 800/1 080 |
| 总质量外形尺寸 | 行驶状态/t | 31.8 | 62 | 49 | 77 | 72 | 96 |
| | 作业状态/t(max) | 31.8 | 112 | 49 | 77 | 170 | 236 |
| | 长/m | 12.0 | 15.2 | 13.16 | 14.9 | 14.9 | 20.26 |
| | 宽/m | 2.5 | 3.0 | 3.18 | 3.5 | 3.0 | 3.0 |
| | 高/m | 3.38 | 3.99 | 3.75 | 3.99 | 4.0 | 4.0 |
| 主要特点 | | 1. 行驶作业共用1台下车发动机；2. 5节12边形臂；3. 双缸同步加单独伸缩；4. 先导操纵方式；5. 负载敏感液比例系统 | 1. 上下车独立发动机；2. U形臂，单缸伸缩；3. 起重臂自动伸缩控制；4. 多轴弹簧平衡悬架；5. 支腿压力检测；6. 极限负载调节、恒功率控制节能系统；7. 集成总线控制、泵控液压系统 | 1. 起重臂长、起重性能强；2. 机动灵活；3. 后轮自动回正；4. 系统低压自动制动；5. 悬架刚性、弹性自动切换；6. 单板式臂头，提高起重性能 | 同 RT60 | 1. U形臂，单缸伸缩；2. 组合式自拆卸平衡重、变幅式加长副臂；4. 油气悬架；5. 盘式制动；6. 电液比例转向控制；7. 极限负载调节、分功率控制节能系统；8. 集成总线控制、泵控液压系统 | 1. U形臂，单缸伸缩；2. 超起装置及其多种臂架组合；3. 组合式自拆卸平衡重；4. 油气悬架；5. 盘式制动；6. 电液比例转向控制；7. 遥控操作；8. 虚拟墙技术；9. 远程故障诊断技术；10. 多泵管理、闭式液压节能；11. 集成多模式多工况多模块智能控制系统 |

表 7-5-22 中联重科部分产品性能参数

| 项目 | | | 型号 | | | | | |
|---|---|---|---|---|---|---|---|---|
| | | | QY25V532 | QY80V532 | RT55 | RT100 | QAY180 | QAY350 |
| 起重性能 | 基本臂 | 臂长/m | 10.4 | 12.1 | 10.8 | 11.5 | 13.8 | 15.6 |
| | | 最大起重量/t | 25 | 80 | 55 | 100 | 180 | 350 |
| | | 幅度/m | 3~8 | 3 | 3~8.8 | 3~9 | 3~10 | 3~12 |
| | | 最大起升高度/m | 11.0 | 13.2 | 12.2 | 12.1 | 15.4 | 17 |
| | 最长主臂 | 臂长/m | 39.2 | 46.5 | 34 | 43 | 61 | 61 |
| | | 最大起重量/t | 5.5 | 12.5 | 10.6 | 9.74 | 17.5 | 40 |
| | | 幅度/m | 9~30 | 10~36 | 9~32 | 10~40 | 12~54 | 12~56 |
| | | 最大起升高度/m | 39 | 47.2 | 36.5 | 45.6 | 62.6 | 62 |
| | 副臂 | 臂长/m | 47.2 | 64 | 51 | 64.1 | 87 | 103 |
| | | 最大起重量/t | 3.0 | 3.5 | 5.5 | 7.0 | 3.2 | 5 |
| | | 幅度/m | 9.5~34.5 | 9.5~38 | 8.6~41.6 | 13~47.2 | 12~53 | 15~88 |
| | | 最大起升高度/m | 47 | 64.5 | 52.4 | 63 | 88.5 | 103 |
| 上车工作速度 | 起升 | 主钩/(m/min) | 120 | 130 | 150 | 126 | 128 | 145 |
| | | 副钩/(m/min) | 100 | 110 | 150 | 126 | 70 | 64 |
| | 回转/(r/min) | | 0~2.2 | 0~2.2 | ≤2.5 | ≤1.5 | ≤1.5 | ≤1.4 |
| | 变幅/s | | 45/50 | 70 | 56 | 82 | ≥80 | ≥90 |
| | 支腿/s | | 50/30 | 30/35 | 22/36 | 17/39 | 50/50 | 60/60 |
| | 伸臂/s | | 90 | 140 | 100 | 170 | 600 | ≥750 |
| 下车行驶性能 | 最大行驶速度/(km/h) | | 78 | 75 | 41 | 24 | 72 | 70 |
| | 爬坡度/° | | 37 | 38 | 36.9 | 36.5 | 50 | 45 |
| | 最小转弯半径/m | | ≤12 | ≤12 | 7.3(四轮)12.3(两轮) | 7.8(四轮)14(两轮) | 12 | ≤12.75 |
| 上车动力 | 传动形式 | | 底盘取力 | 液压 | — | — | 机械 | 机械 |
| | 发动机 | 功率/kW | 底盘动力 | 底盘动力 | — | — | 190/2 200 | 240/2 200 |
| | | 最大转矩/(N·m) | | | | | 1 000/1 200 | 1 300/1 200~1 600 |
| 底盘参数 | 型号 | | ZLJ5325 | ZLJ5500V3 | — | — | ZLJ5720QA | ZLJ5840QA |
| | 驱动形式 | | 6×4 | 8×4 | 4×2、4×4 | 4×2、4×4 | 12×8 | 14×8 |
| | 轴距/m | | 4.525+1.35 | 1 530+4 270+1 350 | 3.95 | 4.6 | 1.65+2.8+1.65+2.7+1.65 | 1.65+1.65+3+1.65+2.7+1.65 |
| | 轮距/m | | 2.04/1.83 | 2.4/2.063 | 2.6 | 2.86 | 2.58 | 2.58 |
| | 支腿 | 形式 | H型 | H型 | H型 | H型 | H型 | H型 |
| | | 纵×横/m | 5.36×6.1 | 6.2×7.6 | 6.9×6.9 | 8×7.9 | 8.8×8.8 | 9×9 |
| | 轮胎规格 | | 11.00-20-18PR | 385/95R25 12.00R24 | 26.5-25 32PR | 29.5R29 | 385/95R25 | 385/95R25 |
| | 发动机参数 | 功率/kW | 199/2 200 | 276 | 160/2 500 | 224/2 200 | 420/1 800 | 420/1 800 |
| | | 最大转矩/(N·m) | 1 100/1 200~1 600 | 1 800 | 888/1 500 | 1 356/1 500 | 2 700/1 080 | 2 700/1 080 |
| 总质量外形尺寸 | 行驶状态/t | | 32 | 50 | 39.2 | 65 | 70.585 | 84 |
| | 作业状态/t(max) | | 32 | 56 | 39.2 | 65 | 131 | 194 |
| | 长/m | | 12.7 | 14.6 | 13.1 | 14.2 | 16.56 | 19.98 |
| | 宽/m | | 2.5 | 2.8 | 3.3 | 3.62 | 3.0 | 3.0 |
| | 高/m | | 3.45 | 3.8 | 3.75 | 3.96 | 3.95 | 4.0 |
| 主要特点 | | | 1. 多边形臂；2. 起重臂长、起重性能强；3. 带负载反馈电液比例控制阀；4. 双折线绳槽卷扬和4V钢丝绳；5. 动力强劲，带同步器变速箱 | 1. 4桥底盘；2. U形吊臂，两节副臂，起重能力强，起升高度大；3. 变幅快挡技术，提高收车效率；4. 智能组合式自装卸配重，运输更方便；5. 变幅速度与稳定性完美结合；中长臂吊载性能强，整车稳定性好，双回转机构，回转平顺；6. 底盘动力性能强劲 | 1. 四节多边形吊臂；2. 回转360°锁定；3. 盘式制动，系统欠压自动补偿比例系统；4. 悬架刚性、弹性自动切换；5. 轮胎起重，带载行驶作业 | 1. 五节U形吊臂；2. 配重自装卸；3. 多模式前轮、后轮、四轮、蟹行转向；4. 液压阀后补偿比例系统；5. 臂架智能伸缩控制系统；6. 集成总线控制，作业区域定义控制系统 | 1. 六桥全地面底盘，四桥驱动，五桥转向；2. 全桥油气悬挂，双发动机；3. 进口变速箱、分动箱、桥等；4. 六节椭圆型主臂，单缸插销一键式自动伸缩，三节副臂；5. 电液比例控制系统；6. 上下车一体式单冷空调、暖风 | 1. 七桥全地面底盘，四桥驱动，全轮多模式电液比例转向控制；2. 全桥油气悬挂，双发动机；3. 进口变速箱、分动箱、桥等；4. 五节椭圆型主臂，单缸插销一键式自动伸缩，双侧销布置，五节副臂；5. 电液比例控制系统，开式与闭式结合的变量系统；6. 上下车一体式单冷空调、暖风 |

表 7-5-23　三一重工部分产品性能参数

| 项目 | | | 型号 | | | | | |
|---|---|---|---|---|---|---|---|---|
| | | | QY25 | QY130 | SRC350 | SRC550 | SAC1800 | SAC2200 |
| 起重性能 | 基本臂 | 臂长/m | 10.65 | 13.3 | 10 | 11.3 | 13.5 | 13.5 |
| | | 最大起重量/t | 25 | 130 | 35 | 55 | 180 | 220 |
| | | 幅度/m | 3～8 | 3～10 | 3.05～8 | 3.05～8 | 3 | 3 |
| | | 最大起升高度/m | 10.9 | 13.3 | 12.9 | 13.1 | 14 | 14 |
| | 最长主臂 | 臂长/m | 33.5 | 60 | 31.5 | 34.5 | 62 | 62 |
| | | 最大起重量/t | 6.15 | 13 | 8.7 | 11.1 | 16.5 | 20.9 |
| | | 幅度/m | 8～25 | 12～54 | 7.6～30 | 6～30.5 | 12～58 | 12～44 |
| | | 最大起升高度/m | 33.9 | 60 | 33.9 | 35.8 | 103.5 | 103.5 |
| | 副臂 | 臂长/m | 8 | 18 | 13.7 | 16.4 | 43 | 43 |
| | | 最大起重量/t | 2.8 | 3.8 | 2.8 | 3 | 1.5 | 1.7 |
| | | 幅度/m | 10.7～36.8 | 14～57 | 6～36 | 7～48 | 18～54 | 22～78 |
| | | 最大起升高度/m | 42 | 78 | 47.4 | 52.5 | 95.5 | 103.5 |
| 上车工作速度 | 起升 | 主钩/(m/min) | 125 | 135 | 140 | 150 | 130 | 130 |
| | | 副钩/(m/min) | 125 | 123 | 140 | 150 | 130 | 130 |
| | 回转/(r/min) | | 0～2.5 | 2 | 2.7 | 2.5 | 1.8 | 1.8 |
| | 变幅/s | | 45/60 | 80 | 43/57 | 75/55 | 60/90 | 60/90 |
| | 支腿/s | | 25/40 | 50/45 | 31/31 | 35/30 | 50/40 | 50/40 |
| | 伸臂/s | | 95/60 | 500 | 55/39 | 120/100 | 550 | 550 |
| 下车行驶性能 | 最大行驶速度/(km/h) | | 80 | 80 | 40 | 40 | 81 | 81 |
| | 爬坡度/° | | 16.7 | 21.8 | 36.8 | 36.8 | 30.1 | 30.1 |
| | 最小转弯半径/m | | 10 | 24 | 10.5 | 12.3 | 10 | 10 |
| 上车动力 | 传动形式 | | 液压 | 液压 | 液压 | 液压 | 液压 | 液压 |
| | 发动机 | 功率/kW | 底盘动力 | BENZ、OM906LA 150/2 200 | 底盘动力 | 底盘动力 | OM906LA 170/2 200 | OM906LA 170/2 200 |
| | | 最大转矩/(N·m) | | 750/1 200 | | | 810/1 200 | 810/1 200 |
| 底盘参数 | 型号 | | SYM5291JQZ | SYM5571J | / | / | SYM5608J | SYM5600J1 |
| | 驱动形式 | | 6×4 | 12×6 | 4×4 | 4×4 | 12×8 | 12×8 |
| | 轴距/m | | 4.125＋1.35 | 1.450＋2.4＋1.8＋1.45＋1.5 | 3.72 | 4.0 | 2 750＋1 650＋2 490＋1 650 | 2 750＋1 650＋2 490＋1 650 |
| | 轮距/m | | 2.05/1.847 | 2.55/2.365 | 2.07 | 2.5 | 2 552 | 2 552 |
| | 支腿 | 形式 | H 型 | H 型 | H 型 | H 型 | H 型 | H 型 |
| | | 纵×横/m | 5.1×6.0 | 7.7×7.8 | 6.15×6.15 | 7.2×7.2 | 8.5×9.0 | 8.5×9.0 |
| | 轮胎规格 | | 11.00-20 | 12.00R24 | 20.5R25VLT | 29.5R25VLT | 16.00R25 | 16.00R25 |
| | 发动机参数 | 功率/kW | 213/2 100 | 350/2 000 | 119/2 500 | 186/2 500 | 390/1 800 | 390/1 800 |
| | | 最大转矩/(N·m) | 1 050/1 100～1 900 | 2 400/1 300 | 732/1 500 | 987/1 500 | 2 400/1 100 | 2 400/1 100 |
| 总质量外形尺寸 | 行驶状态/t | | 31.8 | 57 | 32.3 | 40.8 | 60 | 60 |
| | 作业状态/t(max) | | 31.8 | 95 | 32.3 | 40.8 | 120 | 138 |
| | 长/m | | 12.6 | 15.795 | 12.15 | 13.75 | 15 530 | 15 530 |
| | 宽/m | | 2.5 | 3.0 | 2.65 | 3.3 | 3 000 | 3 000 |
| | 高/m | | 3.45 | 3.93 | 3.41 | 3.76 | 4 000 | 4 000 |
| 主要特点 | | | 1. 行驶作业共用1台下车发动机；2. 5节12边形臂，双缸同步加单独伸缩；3. 先导操纵方式；4. 负载敏感液比例系统 | 1. 上下车独立发动机；2. U形臂，单缸伸缩；3. 起重臂自动伸缩控制；4. 多轴弹簧平衡悬架；5. 支腿压力检测；6. 极限负载调节、恒功率控制节能系统；7. 集成总线控制、泵控液压系统 | 1. 主臂为优化设计的六边形主臂；2. 四轮驱动，动力性能好，四轮转向，机动性能好，轮胎寿命长；3. 轻载起吊速度快 | 1. 主臂加副臂作业范围广；2. 四轮驱动，动力性能好，四轮转向，机动性能好，轮胎寿命长；3. 设备远程监控管理系统"GCP全球客户门户网"，具备强大的设备运行工况、作业参数采集功能，可实施远程故障诊断和远程设备管理；4. 舒适的上下车驾驶室及支腿操作尽显人性化设计理念 | 1. 6节主臂，3节液压无级变幅副臂；2. 动力系统采用强劲的奔驰发动机、12挡自动操纵变速箱，10×10全桥转向形式；3. 采用单缸伸缩臂技术，高强度钢材；4. 电液比例控制多桥转向模式可实现多种转向工作模式 | 1. 全桥转向时，最小转弯半径小；2. 全配置包括6节主臂，3节液压无级变幅副臂；3. 10×10全桥转向形式；4 新型单缸伸缩臂技术，高强度钢材；5. 电液比例控制多桥转向模式可实现多种转向工作模式 |

# 第六章　铁路起重机

　　铁路起重机是在铁路轨道上行走的臂架式旋转起重机。铁路起重机的主要用途是在发生列车倾翻重大事故后抢险救援,使线路尽快开通。除此之外,铁路起重机也可在铁路货场装卸货物或在电气化铁路上安装接触网的电线杆。我国各铁路局的大多数机务段都配置有铁路起重机。

　　我国铁路起重机从技术落后的蒸汽机或内燃机集中驱动到电动机分别驱动,进而发展到今天的全液压驱动;从单节定长式吊臂发展到多节伸缩式吊臂;从单一工作机构转台回转发展到吊臂转台和配重转台双回转;起重机的性能大大提高,这些技术进步的取得,历时不过 20 年。

　　西南交通大学与成都机车厂、山海关桥梁厂、兰州机车厂和武汉桥梁机械厂等单位合作研制了起重量 100 t 和 160 t 单节定长臂式和多节伸缩臂式铁路起重机。后者在净空受限的条件下(电气化铁路的接线网下、隧道内、下承式桁架结构的桥梁上)也能进行救援作业。历次行车事故现场救援作业证明,我国研制的铁路起重机是铁路救援抢险作业中不可替代的关键设备。图 7-6-1 所示为 160 t 伸缩臂式铁路起重机。

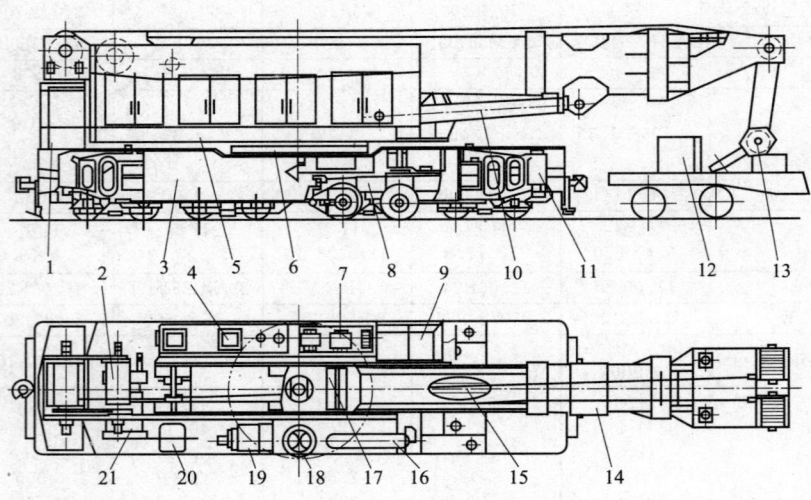

图 7-6-1　160 t 伸缩臂式铁路起重机
1—配重;2—起升机构;3—底架;4—液压油箱;5—转台;6—回转支承;7—阀组;
8—四轴转向架;9—司机室;10—变幅液压缸;11—液压支腿;12—附加配重;
13—吊钩组;14—吊臂;15—伸缩液压缸;16—风缸;17—蓄电池组;
18—回转机构;19—备用发动机;20—燃油箱;21—主发动机

## 第一节　铁路起重机性能和构造特点

### 一、救援作业对铁路起重机的要求

(一)铁路起重机救援作业过程简述

　　一旦发生列车倾翻事故,铁路起重机连同平车(平车用于放置平躺的吊臂和吊钩组以及救援作业必需的辅助机具。平车另一端是起重机司机及助手的宿营室)由机车牵引,从机务段出发,快速驶往事发地点。事故现场,情况难料,高山深谷、桥梁隧道都有可能。常常需要铺设临时轨道,供起重机作业。临时轨道的路基松软,在起重机轴荷重作用下难免下沉。到达事故现场以后,起重机车组与机车脱钩,平车和宿营车停在现场附近。起重机起升吊臂,进行救援作业的准备,自力走行,调整停机作业位置,打好支腿,开始救援作业。起重机将倾翻的机车、车辆起复以后,救援作业结束,起重机车组或编入列车,或由机车单独送回机务段。

(二)铁路起重机的性能和构造特点

1. 起重力矩大

以起重量160 t的铁路起重机为例,在中间幅度10 m起复倾翻的机车(自重138 t),产生最大起重力矩,是该起重机在最小幅度5 m起吊最大起重量物品(160 t)的起重力矩的1.73倍。

2. 双回转机构

为了作业时起重机尾部不侵入铁路邻线影响列车安全运行,吊臂和配重有各自的转台和回转机构,称为双回转(在图7-6-2中,吊臂和配重不在一条直线上)。

还有一种"准双回转机构"——尾部配重摆动机构(图7-6-3)。通过油缸使尾部配重伸缩臂及配重偏摆,同样可在作业时使起重机尾部不侵入铁路邻线,达到不影响邻线列车安全运行的目的。

3. 伸缩配重

采用伸缩配重,增大配重作用的力臂,从而增大起重机作业时抗倾覆稳定力矩。配重伸缩臂可以正置(图7-6-2),也可以倒置(图7-6-3)。

图7-6-2 双回转铁路起重机

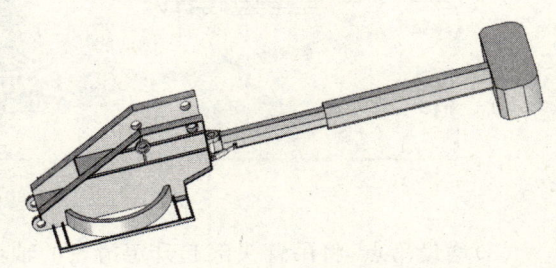
图7-6-3 尾部配重摆动示意图

4. 有特殊要求的运行机构

铁路起重机的运行机构除保证自力走行外,还要在起重机随机车回送时,使车轮与运行机构传动部分脱开,并保证走行部分具有高速行驶性能。

铁路起重机运行机构装有行车气力制动器和手制动器。前者随机车回送或自力走行时使用,后者在起重机停驻不工作时使用,防止溜车。

5. 摆动式支腿

由于铁路限界要求,采用摆动式支腿。支腿绕底架两侧的支座,在水平面内摆动收放,工作时提供需要的支撑间距,不工作或不使用支腿工作时,将支腿收回,与底架牵引梁贴靠。根据现场条件,铁路起重机有可能三条、两条甚至一条支腿工作。

6. 双泵合流调速

伸缩臂式铁路起重机不装副钩,吊钩重载低速、轻载或空载高速的性能通过变量液压泵和双泵向液压马达合流实现。

7. 回送时自重转移

起重机随机车回送时为了减小轴重,将吊钩组全部重量和吊臂部分重量转移到与起重机联挂的平车上。吊臂自重的转移量由吊臂支承点的位置决定(图7-6-4)。

8. 能在净空受限的条件下作业

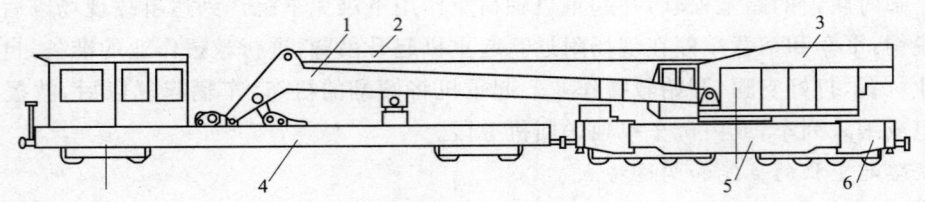

图 7-6-4 160 t 定长臂式铁路起重机回送状态
1—定长吊臂；2—变幅钢丝绳；3—转台；4—平车；5—底架；6—支腿

伸缩臂式铁路起重机能在净空受限的地方作业，例如在电气化铁路不拆除接触网作业（只需电网断电），在隧道内、在下承式桁架结构的桥梁上等。

为了提高铁路起重机在净空受限场合的作业能力，在实践中采用以下技术措施：

(1) 设置臂端钩（俗称羊角钩），利用变幅油缸配合臂端钩起升物品。

(2) 使用叉取装置（图 7-6-5），像叉车一样叉取物品。

图 7-6-5 在隧道内利用叉取装置作业

(3) 增设吊点，将吊臂头部起升定滑轮的轴端外伸，形成吊点，其效果与臂端钩相同。

## 二、主要技术参数

### (一) 起重量

铁路起重机的起重量必须满足作业对象的要求。铁路起重机的主要用途是起复倾翻的机车车辆。目前我国铁路机车总重 138 t，将来可能增大到 180 t。一般货车满载 84 t，大秦线载重列车每节满载的货车总重 100 t（表 7-6-1）。根据 ISO 起重机最大起重量系列，我国救援用铁路起重机的起重量可以设定为 100 t、125 t、160 t、200 t。国外设计的铁路起重机最大起重量为 300 t。用于安装电气化铁路接触网电线杆的铁路起重机的起重量可设定为 16 t 或 20 t。

表 7-6-1 部分铁路机车车辆的质量、车长

| 车型 | 内燃机车 电力机车 | $P_{62}$ 棚车 | | 4D 轴/4E 轴敞车 | | $N_{62}$ 平车 | | $YZ_{22}$ 客车 | |
|---|---|---|---|---|---|---|---|---|---|
| | | 空载 | 满载 | 空载 | 满载 | 空载 | 满载 | 空载 | 满载 |
| 质量/t | 138 | 24 | 84 | 22/24 | 82/92 | 18 | 78 | 46.4 | 60.56 |
| 车长/m | 20~23 | 16.4 | | 13.4 | | 13.9 | | 24.5 | |

### (二) 起重力矩与起重特性

起重力矩是体现铁路起重机性能特点的技术参数。铁路起重机要能在同一条线路上起复倾翻的机车或车辆，必须具有足够大的起重力矩和有效的工作幅度以及臂下有效的作业空间。减短起重机底架的长度有利于满足这一要求。我国研制的 NS1602 型铁路起重机底架较短，前后车钩连

接线间水平距离 12.6 m，最大起重力矩 1 440 t·m，能顺利起复机车或车辆。德国 KIROW 公司生产的铁路起重机底架较长，两个车钩连接线间水平距离 15 m，要达到同样的效果，需要起重力矩 1 680 t·m。目前，国内外起重力矩最大的铁路起重机是 KIROW 公司生产的，最大起重力矩 2 888 t·m，能顺轨起复机车。

起重力矩与起重特性紧密相关。知道了最大起重力矩 $M_{w,max}$，就可以由下式估算在各种工作幅度下的最大起重量：

$$Q = \frac{M_{w,max}}{R - \dfrac{a}{2}} \tag{7-6-1}$$

式中　$M_{w,max}$——最大起重力矩(t·m)；
　　　$Q$——与任意工作幅度对应的最大起重量(t)；
　　　$R$——任意工作幅度(m)；
　　　$a$——吊臂轴线方向支腿间距(m)。

表 7-6-2 是 NS1602 型铁路起重机挂活配重、支腿横向间距 6 m 的起重特性。表 7-6-3 是不挂活配重、支腿横向间距 6 m 的起重特性。表 7-6-4 是挂活配重、不使用支腿的起重特性。表 7-6-5 是不挂活配重、不使用支腿的起重特性。

**表 7-6-2　挂活配重、支腿横向间距 6 m 起重特性表**

| 臂长/m | 12.8 | | | 15 | | | 16.74 | | | 19.9 | | | 22 | | | 24.7 | | | 27 | | |
|---|---|---|---|---|---|---|---|---|---|---|---|---|---|---|---|---|---|---|---|---|---|
| 回转角/° | 360 | ±10 | ±30 | 360 | ±10 | ±30 | 360 | ±10 | ±30 | 360 | ±10 | ±30 | 360 | ±10 | ±30 | 360 | ±10 | ±30 | 360 | ±10 | ±30 |
| 幅度/m | 起重量/t | | | | | | | | | | | | | | | | | | | | |
| 5 | 160 | 160 | 160 | | | | | | | | | | | | | | | | | | |
| 5.5 | 160 | 160 | 160 | | | | | | | | | | | | | | | | | | |
| 6 | 160 | 160 | 160 | | | | | | | | | | | | | | | | | | |
| 6.5 | 160 | 160 | 160 | 160 | 160 | 160 | | | | | | | | | | | | | | | |
| 7 | 140 | 148 | 140 | 139 | 148 | 139 | | | | | | | | | | | | | | | |
| 8 | 110 | 127 | 115 | 108 | 127 | 114 | 105 | 160 | 114 | | | | | | | | | | | | |
| 9 | 89 | 110 | 101 | 88 | 110 | 100 | 86 | 160 | 100 | | | | | | | | | | | | |
| 10 | | | | 74 | 97 | 89 | 71 | 97 | 89 | 71 | 97 | 89 | | | | | | | | | |
| 11 | | | | 63 | 85 | 80 | 61 | 85 | 80 | 61 | 85 | 80 | 60 | 84 | 84 | | | | | | |
| 12 | | | | | | | 52 | 76 | 72 | 52 | 77 | 72 | 53 | 84 | 84 | | | | | | |
| 13 | | | | | | | 46 | 69 | 66 | 46 | 70 | 65 | 46 | 84 | 84 | 46 | 68 | 62 | | | |
| 14 | | | | | | | | | | 41 | 63 | 60 | 41 | 84 | 84 | 41 | 63 | 56 | | | |
| 15 | | | | | | | | | | 36 | 57 | 55 | 37 | 56 | 56 | 37 | 56 | 52 | 37 | 37 | 37 |
| 16 | | | | | | | | | | 32 | 52 | 51 | 33 | 52 | 51 | 33 | 52 | 48 | 34 | 37 | 37 |
| 17 | | | | | | | | | | | | | 30 | 47 | 47 | 30 | 47 | 44 | 30 | 35 | 35 |
| 18 | | | | | | | | | | | | | 27 | 44 | 43 | 27 | 44 | 41 | 28 | 31 | 31 |
| 19 | | | | | | | | | | | | | | | | 25 | 40 | 38 | 25 | 29 | 29 |
| 20 | | | | | | | | | | | | | | | | 23 | 36 | 36 | 23 | 26 | 26 |
| 22 | | | | | | | | | | | | | | | | | | | 19 | 22 | 22 |
| 24 | | | | | | | | | | | | | | | | | | | 17 | 18 | 18 |

注：回转角为吊臂中心线在水平面内的投影与钢轨中心线的夹角。

**表 7-6-3　不挂活配重、支腿横向间距 6m 起重特性表**

| 臂长/m | 12.8 | | | 15 | | | 16.74 | | | 19.9 | | | 22 | | | 24.7 | | | 27 | | |
|---|---|---|---|---|---|---|---|---|---|---|---|---|---|---|---|---|---|---|---|---|---|
| 回转角/° | 360 | ±10 | ±30 | 360 | ±10 | ±30 | 360 | ±10 | ±30 | 360 | ±10 | ±30 | 360 | ±10 | ±30 | 360 | ±10 | ±30 | 360 | ±10 | ±30 |
| 幅度/m | 起重量/t | | | | | | | | | | | | | | | | | | | | |
| 5 | 160 | 160 | 160 | | | | | | | | | | | | | | | | | | |
| 5.5 | 160 | 160 | 160 | | | | | | | | | | | | | | | | | | |
| 6 | 153 | 160 | 153 | | | | | | | | | | | | | | | | | | |
| 6.5 | 133 | 160 | 138 | 132 | 160 | 137 | | | | | | | | | | | | | | | |
| 7 | 112 | 148 | 125 | 111 | 148 | 125 | | | | | | | | | | | | | | | |
| 8 | 87 | 127 | 108 | 87 | 127 | 107 | 86 | 127 | 108 | | | | | | | | | | | | |
| 9 | 71 | 110 | 95 | 71 | 110 | 94 | 70 | 110 | 95 | | | | | | | | | | | | |
| 10 | | | | 58 | 97 | 84 | 58 | 97 | 84 | 58 | 97 | 84 | | | | | | | | | |
| 11 | | | | 49 | 85 | 75 | 49 | 85 | 75 | 49 | 85 | 75 | 49 | 76 | 75 | | | | | | |
| 12 | | | | | | | 42 | 76 | 68 | 42 | 77 | 68 | 42 | 76 | 68 | | | | | | |
| 13 | | | | | | | 37 | 69 | 62 | 37 | 70 | 62 | 37 | 69 | 62 | 38 | 68 | 62 | | | |
| 14 | | | | | | | | | | 32 | 63 | 56 | 32 | 62 | 56 | 33 | 63 | 57 | | | |
| 15 | | | | | | | | | | 28 | 57 | 51 | 29 | 56 | 51 | 30 | 56 | 52 | 30 | 37 | 37 |
| 16 | | | | | | | | | | 25 | 52 | 47 | 26 | 52 | 47 | 26 | 52 | 48 | 27 | 37 | 37 |
| 17 | | | | | | | | | | | | | 23 | 47 | 44 | 24 | 47 | 45 | 24 | 35 | 35 |
| 18 | | | | | | | | | | | | | 21 | 44 | 41 | 21 | 44 | 42 | 22 | 31 | 31 |
| 19 | | | | | | | | | | | | | | | | 19 | 40 | 39 | 20 | 29 | 29 |
| 20 | | | | | | | | | | | | | | | | 17 | 36 | 36 | 18 | 26 | 26 |
| 22 | | | | | | | | | | | | | | | | | | | 15 | 22 | 22 |
| 24 | | | | | | | | | | | | | | | | | | | 12 | 18 | 18 |

注：回转角为吊臂中心线在水平面内的投影与钢轨中心线的夹角。

**表 7-6-4　挂活配重、不使用支腿起重特性表**

| 臂长/m | 12.8 | | 15 | | 16.74 | | 19.9 | |
|---|---|---|---|---|---|---|---|---|
| 回转角/° | ±10 | ±30 | ±10 | ±30 | ±10 | ±30 | ±10 | ±30 |
| 幅度/m | 起重量/t | | | | | | | |
| 5 | 50 | — | | | | | | |
| 5.5 | 50 | — | | | | | | |
| 6 | 50 | — | | | | | | |
| 6.5 | 48 | — | 44 | — | | | | |
| 7 | 44 | — | 40 | — | | | | |
| 8 | 37 | — | 37 | 25 | 37 | 25 | | |
| 9 | 37 | — | 37 | 21 | 37 | 20 | | |
| 10 | | | 24 | 17 | 24 | 17 | 23 | 17 |
| 11 | | | 21 | 15 | 20 | 14 | 20 | 14 |
| 12 | | | | | 17 | 12 | 17 | 12 |
| 13 | | | | | 15 | 10 | 15 | 10 |
| 14 | | | | | | | 13 | 8 |
| 15 | | | | | | | 11 | 7 |
| 16 | | | | | | | 10 | 6 |

注：1. 回转角为吊臂中心线在水平面内的投影与钢轨中心线的夹角。
　　2. ±10°可吊重自力走行。

表 7-6-5 不挂活配重、不使用支腿起重特性表

| 臂长/m | 12.8 | | | 15 | | | 16.74 | | | 19.9 | | |
|---|---|---|---|---|---|---|---|---|---|---|---|---|
| 回转角/° | 360 | ±10 | ±30 | 360 | ±10 | ±30 | 360 | ±10 | ±30 | 360 | ±10 | ±30 |
| 幅度/m | 起重量/t | | | | | | | | | | | |
| 5 | — | 49 | 36 | | | | | | | | | |
| 5.5 | — | 45 | 32 | | | | | | | | | |
| 6 | — | 40 | 28 | | | | | | | | | |
| 6.5 | — | 36 | 25 | — | 34 | 25 | | | | | | |
| 7 | — | 32 | 23 | — | 31 | 22 | | | | | | |
| 8 | 16 | 26 | 18 | 15 | 26 | 17 | 15 | 25 | 17 | | | |
| 9 | 13 | 22 | 15 | 12 | 21 | 14 | 12 | 21 | 13 | | | |
| 10 | | | | 10 | 18 | 11 | 8 | 18 | 11 | 8 | 18 | 11 |
| 11 | | | | 8 | 15 | 9 | 6 | 15 | 9 | 6 | 15 | 9 |
| 12 | | | | | | | 5 | 13 | 7 | 5 | 12 | 7 |
| 13 | | | | | | | — | 11 | 6 | — | 10 | — |
| 14 | | | | | | | | | | — | 9 | — |
| 15 | | | | | | | | | | — | 7 | — |

注：1. 回转角为吊臂中心线在水平面内的投影与钢轨中心线的夹角。
2. ±10°可吊重自力走行。

TB/T 3081—2003《内燃铁路起重机技术条件》规定各型铁路起重机（起重量 100 t～160 t 伸缩臂式铁路起重机和起重量 100 t～160 t 定长臂式铁路起重机）起重性能应符合表 7-6-6、表 7-6-7、表 7-6-8、表 7-6-9。

表 7-6-6 160 t 伸缩臂式铁路起重机起重性能表

| 工况 | 回转角/° | 支腿横向间距/m | 工作幅度/m | 额定起重量/t | 备 注 |
|---|---|---|---|---|---|
| 1 | 360 | 6 | ≥6.5 | 160 | |
| 2 | ±10 | 6 | ≥9 | 160 | |
| 3 | ±30 | 6 | ≥14.7 | 84 | 本线吊满载棚车 |
| 4 | ±10 | 4.8 | ≥11.3 | 70 | 电网下，用羊角钩 |
| 5 | ±10 | 4.8 | ≥19.5 | 55 | 本线吊双层客车 |
| 6 | 0 | 不使用支腿 | ≥10 | 32 | 带载自力走行 |
| 7 | 360 | 不使用支腿 | ≥6.5 | 15 | |

注：1. 在任何工况的额定载荷下，都可以带载变幅。
2. 工况 5 仅适用于吊臂为三节臂的铁路起重机。
3. 回转角为吊臂中心线在水平面内的投影与钢轨中心线的夹角。

表 7-6-7 100 t 伸缩臂式铁路起重机起重性能表

| 工况 | 回转角/° | 支腿横向间距/m | 工作幅度/m | 额定起重量/t | 备 注 |
|---|---|---|---|---|---|
| 1 | 360 | 6 | ≥6.5 | 100 | 挂活配重 |
| 2 | ±30 | 6 | ≥7 | 100 | 挂活配重 |
| 3 | ±30 | 6 | ≥10 | 70 | 挂活配重 |
| 4 | 360 | 6 | ≥6.5 | 90 | 不挂活配重 |
| 5 | ±30 | 6 | ≥7 | 50 | 不挂活配重 |
| 6 | 0 | 不使用支腿 | ≥6.5 | 17 | 不挂活配重，顺轨带载自力走行 |

表 7-6-8　160 t 定长臂式铁路起重机起重性能表

| 工况 | 回转角/° | 支腿横向间距/m | 工作幅度/m | 额定起重量/t | 吊钩 | 备注 |
|---|---|---|---|---|---|---|
| 1 | 360 | 6 | ≥6.5 | 160 | 主钩 | |
| 2 | ±10 | 6 | ≥10 | 160 | 主钩 | |
| 3 | ±30 | 6 | ≥14.7 | 84 | 主钩 | 本线吊满载棚车 |
| 4 | 360 | 6 | ≥7~13 | 50 | 副钩 | |
| 5 | 360 | 不使用支腿 | ≥9.5 | 14 | 副钩 | |
| 6 | 0 | 不使用支腿 | ≥10 | 32 | 副钩 | 带载自力走行 |

表 7-6-9　100 t 定长臂式铁路起重机起重性能表

| 工况 | 回转角/° | 支腿横向间距/m | 工作幅度/m | 额定起重量/t | 吊钩 |
|---|---|---|---|---|---|
| 1 | 360 | 6 | ≥5.2 | 100 | 主钩 |
| 2 | ±25 | 6 | ≥6.5 | 100 | 主钩 |
| 3 | 360 | 6 | ≥6.5~10 | 32 | 副钩 |
| 4 | 360 | 不使用支腿 | ≥6.5 | 15 | 副钩 |

### (三) 总起升高度

$$总起升高度 = 起升高度 + 下放深度$$

**1. 起升高度**

起升高度依起吊物品而定。起吊铁路机车车辆时，由于转向架和轮对会有一定量的下沉，加上起复机车车辆专用吊具的高度，以及必要的离地距离，一般要求铁路起重机的起升高度大于 10 m。

**2. 下放深度**

下放深度视线路情况而定，当有可能起复翻落道旁沟中的机车车辆时，一般下放深度以 ≥5 m 为宜。

### (四) 幅　度

工作幅度体现了铁路起重机的作业范围，真正对作业有用的是有效幅度。顺轨起复机车车辆时，有效幅度应大于被起复机车车辆车长的一半，此时工作幅度为：

$$R = \frac{1}{2}(L_q + L_j) + \delta \quad (\text{m}) \tag{7-6-2}$$

式中　$L_q$——起重机前后车钩间距(m)；

　　　$L_j$——被起复机车车辆前后车钩间距(m)；

　　　$\delta$——起重机与被起复机车车辆之间的名义间隙(m)。

有效幅度：
$$R_{效} = \frac{1}{2}L_j + \delta \quad (\text{m}) \tag{7-6-3}$$

目前，我国铁路起重机最大工作幅度为 14 m ~ 27 m。

### (五) 工作速度

铁路起重机多采用恒功率变量液压泵，可实现 $0 \sim v_{max}$ 之间无级调速。

**1. 起升速度**

铁路起重机满载作业时的起升速度一般在 3 m/min 左右，轻载或空钩起升速度一般为 9 m/min ~ 14 m/min。

**2. 吊臂全伸(或全缩)时间**

铁路起重机各节吊臂的伸缩速度不同，吊臂的伸缩速度常用吊臂全伸(或全缩)时间表示，一般在 2.5 min 左右。

3. 变幅时间

变幅速度常用变幅时间表示,铁路起重机变幅时间一般在 2 min 左右。

4. 回转速度

铁路起重机回转速度一般在 1 r/min 左右。

5. 自力走行速度

铁路起重机自力走行主要用于调整作业位置,走行速度不高,一般为 12 km/h～25 km/h。

6. 回送速度

目前,铁路起重机的回送速度一般为 80 km/h～120 km/h。

TB/T 3081—2003《内燃铁路起重机技术条件》要求各型铁路起重机(100 t～160 t 伸缩臂式和定长臂式铁路起重机)工作速度如表 7-6-10 所示。

表 7-6-10  各型铁路起重机工作速度

| 序号 | 项 目 | NS160× | NS125× | NS100× | N160× | N100× |
| --- | --- | --- | --- | --- | --- | --- |
| 1 | 满载起升速度/(m/min) | ≥3 | ≥4 | ≥4 | ≥3 | ≥2 |
| 2 | 空载起升速度/(m/min) | | ≥11 | | | |
| 3 | 副钩起升速度/(m/min) | | | | ≥12 | ≥9 |
| 4 | 回转速度/(r/min) | | | 0～1 | | |
| 5 | 变幅时间/min | ≤2.7 | ≤1.07 | ≤1.17 | ≤2.5 | ≤4 |
| 6 | 吊臂全伸(或全缩)时间/s | ≤120 | ≤50 | ≤75 | | |
| 7 | 自力走形速度/(km/h) | | | ≥12 | | |
| 8 | 回送速度/(km/h) | 120 | 120 | 80 | 85 | 80 |

(六)工作级别

铁路起重机的工作级别按铁路起重机的主要用途而定。救援用铁路起重机由于在服役期间出动作业的次数有限,一般取铁路起重机的工作级别为 A3。

(七)尾部回转半径

尾部回转半径是反映铁路起重机作业灵活性的指标。

我国幅员辽阔,山区许多铁路傍山修建,铁路起重机尾部回转半径小,上车回转作业的可能性就大。但尾部回转半径小,会使配重作用力臂减小,要保持配重力矩不变,必须增加配重重量。增加配重使起重机自重增加,而起重机总重又受线路轴重的限制。为了保证铁路起重机抗倾覆稳定性,尾部回转半径的确定需要权衡利弊,综合考虑。在大型铁路起重机上采用伸缩配重是解决这一问题的有效措施。

我国 160 t 铁路起重机的尾部最小回转半径是 5.8 m,100 t 铁路起重机的尾部最小回转半径是 5 m。

(八)自力走行最大坡度

铁路起重机自力走行能通过的最大坡度与线路的等级有关,等级越高,线路最大坡度越小。一般要求铁路起重机连同平车能通过的最大坡度为 13‰。

在考核起重机时,还要求铁路起重机连同平车在坡道上停车后再行起动。

(九)最小曲线半径

铁路起重机可通过的最小曲线半径视铁路等级而定。线路等级越低,曲线半径越小。一般要求铁路起重机可通过的最小曲线半径为 145 m。

(十)轨 距

我国铁路标准轨距为 1 435 mm。个别地方的窄轨铁路轨距为 1 067 mm。国外铁路轨距各有不同,如俄罗斯铁路轨距为 1 524 mm。

## （十一）轴　重

铁路起重机轴重 $R_{轴}$ 必须保证起重机在回送状态时满足下式要求：

$$R_{轴} \leqslant [R_{轴}] \quad (kN) \tag{7-6-4}$$

其中，$[R_{轴}]$——铁路允许轴重，与线路有关。一般铁路 $[R_{轴}]=230$ kN，重载铁路（如大秦线）$[R_{轴}]=250$ kN。高速铁路 $[R_{轴}]=145$ kN。

## （十二）轴距和心盘距

减小铁路起重机底架长度，有利于顺轨起复机车和车辆，但过小的轴距和心盘距影响起重机在回送状态时的动力学性能。一般取轴距 1.1 m 左右。

心盘距则由转向架决定。三轴转向架的心盘距一般为 5 m 左右。四轴转向架的心盘距一般为 6.3 m 左右。

## （十三）外形尺寸

铁路起重机的外形尺寸受限于铁路限界，应符合 GB 146.1 中车限-1A 和车限-1B 的规定。

TB/T 3081—2003《内燃铁路起重机技术条件》要求各型铁路起重机（100 t～160 t 伸缩臂式铁路起重机和定长臂式铁路起重机）外形尺寸应符合表 7-6-11。

**表 7-6-11　各型铁路起重机主要外形尺寸**　　mm

| 序号 | 项目 | NS160× | NS125× | NS100× | N160× | N100× |
|---|---|---|---|---|---|---|
| 1 | 车钩连接线间水平距离 | ≤12 600 | ≤12 000 | ≤11 240 | ≤12 600 | ≤11 309 |
| 2 | 三节臂铁路起重机吊臂长度 | 全缩≥12 800<br>全伸≥27 000 | | | | |
| 3 | 二节臂铁路起重机吊臂长度 | 全缩≥14 950<br>全伸≥23 000 | 全缩≥12 500<br>全伸≥20 000 | 全缩≥12 500<br>全伸≥20 000 | | |
| 4 | 定长臂铁路起重机吊臂长度 | | | | ≥17 000 | ≥15 000 |
| 5 | 上车尾部回转半径（装伸缩配重分全伸和全缩） | ≤5 800 | 全缩≤4 500<br>全伸≥5 000 | ≤5 000 | ≤58 000 | ≤5 000 |
| 6 | 支腿横向间距 | ≤6 000 | | | | |
| 7 | 三节臂铁路起重机幅度范围 | 最小≥6 500<br>最大23 900 | | | | |
| 8 | 二节臂铁路起重机幅度范围 | 最小≥6 500<br>最大≥20 000 | 最小≥5 500<br>最大≥18 300 | 最小≥5 500<br>最大≥17 500 | | |
| 9 | 定长臂铁路起重机幅度范围 | | | | 最小≥6 500<br>最大≥17 500 | 最小≥5 200<br>最大≥14 000 |
| 10 | 基本臂最大起升高度 | ≥10 000 | ≥11 000 | ≥11 000 | ≥16 500 | ≥14 200 |

## （十四）自重和重心高度

铁路起重机回送状态的计算重量 $G_{计}$ 必须满足下式要求：

$$G_{计} \leqslant [R_{轴}] \cdot n_{轴} \quad (kN) \tag{7-6-5}$$

式中　$[R_{轴}]$——允许轴重（kN）；

$n_{轴}$——铁路起重机车轮轴数。

以 160 t 铁路起重机为例，起重机采用两个四轴转向架，回送状态计算重量 $G_{计} \leqslant 230 \times (2 \times 4) = 1\ 840$ kN。

有些 160 t 铁路起重机的自重可能超出 1 840 kN，多出的重量需要通过转移的方法，转到随行的平车上，如图 7-6-4 所示。

铁路起重机回送状态的重心高度（整机重心至轨面的垂直距离）应 ≤2 000 mm。

## （十五）自重利用系数

自重利用系数是衡量起重机综合技术水平的指标。铁路起重机的自重利用系数 $k$ 按下式计算：

$$k=\frac{M_{\max}}{G}\quad(\text{t}\cdot\text{m/kN})\tag{7-6-6}$$

式中 $M_{\max}$——铁路起重机的最大起重力矩(t·m)；

$G$——铁路起重机自重(kN)。

### 三、工作环境

环境温度：-35 ℃~45 ℃。

相对湿度：≤90%。

海拔高度：≤2 000 m。

最大风速：13.8 m/s（7 级）。

起重机的工作环境不符合上述条件时，由生产厂与用户协商。

### 四、国内外伸缩臂式铁路起重机主要性能参数（表 7-6-12）

表 7-6-12 伸缩臂式铁路起重机性能对比表

| 起重机型号 | QTJS160 | N1602 | GS150.09T | TELVAR160 | 9070DE |
|---|---|---|---|---|---|
| 国别 | 中国 | 中国 | 德国 | 德国 | 美国 |
| 制造厂 | 武桥厂 | 武桥厂 | GOTTWALD | TAKRAF | AMERICAN |
| 最大起重量/t | 160 | 160/50 | 150 | 160 | 150 |
| 不用支腿起重量/t | 59.5 | 32 | | | 34 |
| 最大起重力矩/(t·m) | 1 440 | 1 600 | 1 350 | 1 280 | 690 |
| 车身长/m | 12.6 | 12.6 | 14.4 | 15 | 10.12 |
| 有效幅度/m | 2.7 | 3.7 | 1.8 | -0.5 | -0.46 |
| 起重力矩/(t·m)（360°全回转） | 1 040 | 1 040 | | 912 | |
| 吊臂形式 | 伸缩（三节） | 箱梁 | 伸缩（二节） | 伸缩（三节） | 桁架 |
| 吊臂长度/m | 12.8~27 | 18.12 | 18.5~33 | | 18 |
| 动力—传动形式 | 内燃—液压 | 内燃—液压 | 内燃—液压 | 内燃—电力 | 内燃—电力 |
| 工作幅度/m | 5~24 | 5.5~17.5 | | 5.7~23 | |
| 起升高度/m | 22 | 16.5 | | 22 | |
| 起升速度/(m/min) | 0~9 | 0~4 | | 5 | 11 |
| 回转速度/(r/min) | 0~1 | 0~1 | | 1.2 | 2.28 |
| 变幅时间/min | 2 | 2.5 | | 4 (°/min) | |
| 自行速度/(km/h) | 12 | 12 | | 20 | 22.5 |
| 回送速度/(km/h) | 120 | 85 | 120 | 120 | |
| 转向架/(台×轴数) | 2×4 | 2×4 | 4×2 | 2×3 | 2×2 |
| 尾部半径/m | 5.8 | 5.8 | 6 | 7.7 | 4.57 |
| 配重形式 | 现场挂配 | 现场挂配 | 现场挂配 | 固定 | 固定 |
| 自重/kN | 1 820 | 1 960 | 2 080 | 1 200 | 1 610 |
| 轴重/kN | 227 | 230 | 200 | 200 | 403 |
| 支距(横×纵)/m | 6×10.54 | 6×10.54 | 8×8 | | 5.6×8.8 |

## 第二节 铁路起重机抗倾覆稳定性计算

铁路起重机抗倾覆稳定性计算应按照 GB/T 3811—2008《起重机设计规范》中"流动式起重机

整体抗倾覆稳定性"的规定,结合铁路起重机构造和作业特点进行。无风试验或运行以及有风工作或运行是铁路起重机抗倾覆稳定性的计算工况。

## 一、倾覆轴线

铁路起重机使用支腿工作时,倾覆轴线为支腿中心连线(图 7-6-6 中的阴影线)。不使用支腿作业或带载走行时,侧向倾覆轴线为车轮与轨道的接触线,纵向倾覆轴线为吊臂一侧最外侧轮对的车轮与轨道的接触线(图 7-6-7 中的阴影线)。使用三条支腿、两条支腿、一条支腿工作时,倾覆轴线如图 7-6-8 中的阴影线所示。

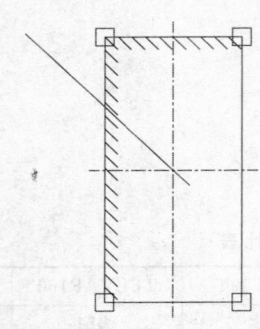

图 7-6-6　使用支腿工作时的倾覆轴线

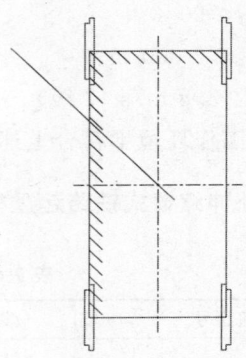

图 7-6-7　不使用支腿工作时的倾覆轴线

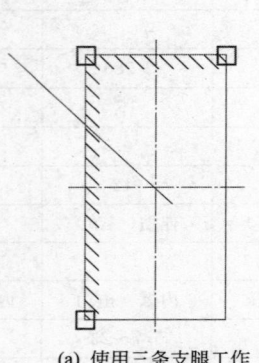

(a) 使用三条支腿工作

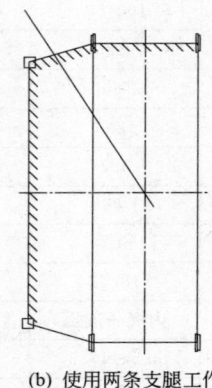

(b) 使用两条支腿工作

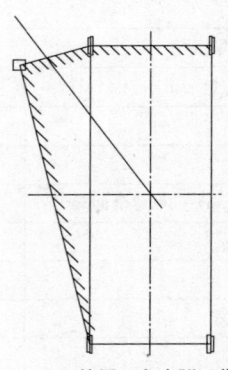

(c) 使用一条支腿工作

图 7-6-8　使用部分支腿工作时的倾覆轴线

## 二、抗倾覆稳定性计算

### (一)无风试验或运行

铁路起重机无风试验或运行时,抗倾覆稳定性校核的计算载荷规定如下:

(1)铁路起重机停在轨道上不动,支腿伸出,计算载荷取自表 7-6-13 中的工况Ⅰ。

(2)铁路起重机停在轨道上不动,支腿收回,计算载荷取自表 7-6-13 中的工况Ⅱ。

(3)铁路起重机支腿收回,带载运行,计算载荷依带载走行速度取自表 7-6-13 中的工况Ⅲ或工况Ⅳ。

表 7-6-13　铁路起重机无风试验或运行时的计算载荷

| 计算工况 | 铁路起重机状态和计算条件 | 计算载荷* | 计算工况 | 铁路起重机状态和计算条件 | 计算载荷* |
|---|---|---|---|---|---|
| Ⅰ | 支腿伸出 | $P_z=1.25P_Q+0.1F$ | Ⅲ | 运行速度不大于 0.4 m/s | $P_z=1.33P_Q+0.1F$ |
| Ⅱ | 支腿收回 | $P_z=1.33P_Q+0.1F$ | Ⅳ | 运行速度大于 0.4 m/s | $P_z=1.5P_Q+0.1F$ |

\* $P_Q$ 是在不同幅度下的最大起升载荷,$F$ 是将吊臂质量 $G$(作用于质心上)按力矩相等原理换算到吊臂头部质量的重力。 0.1$F$ 是起升载荷作用时,考虑吊臂的动力响应。

$$F = \frac{m \cdot G_b}{j} \quad (\text{N}) \tag{7-6-7}$$

式中  $G_b$——吊臂自重(N);
　　　$m$——吊臂重心到吊臂下铰点的水平距离(m);
　　　$j$——吊臂长度的水平投影(m)。

铁路起重机无风试验或运行时,抗倾覆稳定性计算简图见图 7-6-9。

铁路起重机无风试验或运行时,抗倾覆稳定性校核式为:

$$\sum M = M_{上车} + M_{下车} - P_z(R\sin\beta - a) \geqslant 0 \tag{7-6-8}$$

式中  $M_{上车}$——铁路起重机上车(包括吊臂)自重产生的稳定力矩(N·m)。

$$M_{上车} = G_{上车}(a+b) + G_{臂架}(a-d)$$

其中  $G_{臂架}$——吊臂、变幅油缸及钢丝绳三部分总重(N);
　　　$G_{上车}$——除 $G_{臂架}$ 外,铁路起重机上车部分自重(N·m);
　　　$a$——铁路起重机回转中心线至倾覆轴线的距离(m)(图 7-6-9);按工况Ⅰ计算时,$a$ 的取值见图 7-6-6 和图 7-6-8;按工况Ⅱ~Ⅳ计算时,$a$ 的取值见图 7-6-7;
　　　$b$——$G_{上车}$ 的重心至起重机回转中心线的距离(图 7-6-9)(m);
　　　$d$——$G_{臂架}$ 的重心至起重机回转中心线的距离(图 7-6-9)(m)。

　　$M_{下车}$——铁路起重机下车自重产生的稳定力矩(N·m)。

$$M_{下车} = G_{下车}(a+c)$$

其中  $G_{下车}$——铁路起重机下车自重(N);
　　　$c$——铁路起重机下车重心至起重机回转中心线的距离(图 7-6-9)(m)。

　　$P_z$——作用载荷(表 7-6-13)(N)。
　　$R$——铁路起重机幅度(m)。
　　$\beta$——吊臂中心线在水平面内的投影与倾覆轴线的夹角。(取 $\beta \leqslant 90°$),见图 7-6-6~图 7-6-8。

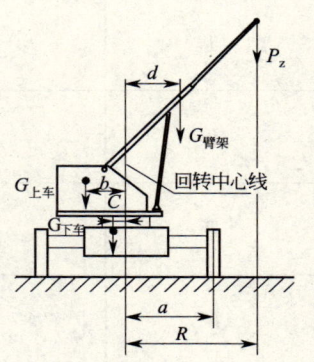

图 7-6-9　铁路起重机无风试验或运行抗倾覆稳定性计算简图

铁路起重机作业工况复杂,按式(7-6-8)进行抗倾覆稳定性校核时,需对每一条倾覆轴线可能出现的最危险工况都进行校核。

(二)有风工作或运行

铁路起重机有风工作或运行时,抗倾覆稳定性计算简图见图 7-6-10。

铁路起重机有风工作或运行时,抗倾覆稳定性校核式为:

$$\sum M = M_{上车} + M_{下车} - (M_Q + M_{WⅡ} + M_D) \geqslant 0 \tag{7-6-9}$$

式中  $M_Q$——由作用载荷 $P_z$ 产生的倾覆力矩(N·m)。

$$M_Q = P_z(R \cdot \sin\beta - a)$$

其中  $P_z$——作用载荷(N)(表 7-6-14)。
　　　$M_{WⅡ}$——由风载荷 $P_{WⅡ}$ 产生的倾覆力矩(N)。

$$M_{WⅡ} = P_{WⅡ} \cdot h_1$$

其中  $P_{WⅡ}$——作用于铁路起重机上的风力(N)。
　　　$h_1$——铁路起重机迎风面形心高度(m)。
　　$M_D$——由惯性力 $P_D$ 产生的倾覆力矩,$M_D$ 的计算见表 7-6-14 下面的说明(N·m)。

其余符号同式(7-6-8)。

铁路起重机有风工作或运行时,抗倾覆稳定性校核的计算载荷见表 7-6-14。

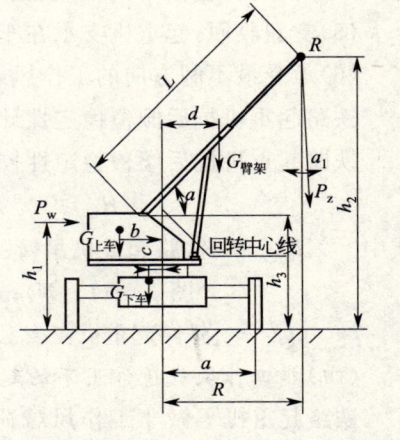

图 7-6-10　铁路起重机有风工作或运行抗倾覆稳定性计算简图

表 7-6-14 铁路起重机有风工作或运行时的计算载荷

| 计算工况 | 铁路起重机状态和计算条件 | 载荷性质 | 计算载荷 |
|---|---|---|---|
| I | 支腿伸出 | 作用载荷<br>风载荷<br>惯性力 | $P_z = 1.1 P_Q$<br>$P_{wII}$<br>$P_D$ |
| II | 支腿收回 | 作用载荷<br>风载荷<br>惯性力 | $P_z = 1.17 P_Q$<br>$P_{wII}$<br>$P_D$ |
| III | 运行速度不大于 0.4 m/s | 作用载荷<br>风载荷<br>惯性力 | $P_z = 1.17 P_Q$<br>$P_{wII}$<br>$P_D$ |
| IV | 运行速度大于 0.4 m/s | 作用载荷<br>风载荷<br>惯性力 | $P_z = 1.33 P_Q$<br>$P_{wII}$<br>$P_D$ |

在表 7-6-14 中，$P_D$ 是铁路起重机工作机构驱动时产生的惯性力。$P_D$ 计算如下：

(1) 对于无级变速的铁路起重机平稳起动时，$P_D$ 可忽略不计。

(2) 在工况 I 和 II 时，铁路起重机运行机构不工作，起升、回转、变幅、臂架伸缩等按有可能出现的两个机构同时工作的最危险组合计算 $P_D$。

$P_D$ 一般取重物的回转水平惯性力和变幅惯性力中对倾翻影响较大者，此时：

$$M_D = P_{惯性力} \cdot h_2$$

式中 $P_{惯性力}$——铁路起重机作业时作用于货物上的离心力（图 7-6-10）(N)；
$h_2$——铁路起重机吊臂头部货物悬吊点高度（图 7-6-10）(m)。

(3) 在工况 III 和 IV 时，仅考虑运行机构工作产生的 $P_D$（其他机构不工作），此时：

$$M_D = P_{惯性力} \cdot h_3$$

式中 $P_{惯性力}$——铁路起重机运行机构驱动时产生的惯性力(N)；
$h_3$——铁路起重机运行机构驱动时产生的惯性力的作用点高度(m)。

倾覆轴线与起重机在无风工作时的相应工况相同。

(三) 抗后倾覆稳定性

铁路起重机抗倾覆稳定性校核工况为：

(1) 铁路起重机停在水平的轨道上不动（最大坡度为 1%）；
(2) 铁路起重机吊臂全缩，且吊臂处于最大工作仰角；
(3) 按不使用支腿作业工况配置配重，吊臂回转到最不稳定位置；
(4) 将吊钩（包括吊钩组）放置在地面上；
(5) 支腿收回，起重机支承在车轮上；
(6) 承受最不利方向的工作风载荷。

铁路起重机抗后倾覆稳定性计算简图见图 7-6-11。

铁路起重机抗后倾覆稳定性校核式为：

$$\sum R_{轮} \geqslant 15\% G' \qquad (7\text{-}6\text{-}10)$$

式中 $\sum R_{轮}$——铁路起重机吊臂一侧的所有车轮轮压之和（图 7-6-11）(N)；
$G'$——铁路起重机在该工作状态下的整机自重(N)。

(四) 非工作风载荷作用下的起重机整体抗倾覆稳定性

铁路起重机不做非工作风载荷作用下的起重机整体抗倾覆稳定性校核。用户特殊要求时，才进行此项校核，故不再赘述。

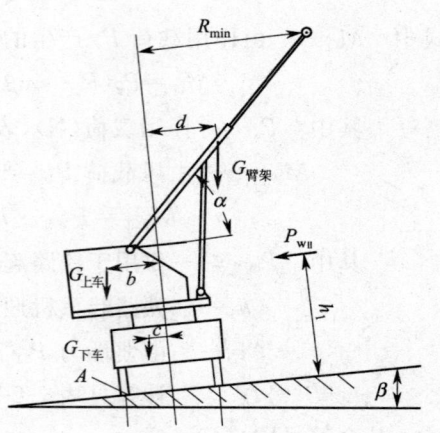

图 7-6-11 铁路起重机抗后倾覆稳定性计算简图

## 第三节 动力装置

### 一、动力装置选择和布置

铁路起重机应选用工作可靠、性能良好、符合环保要求的柴油机为动力源。

TB/T 3081—2003《内燃铁路起重机技术条件》规定：

(1) 铁路起重机应配备两台相同功率的柴油机，两台柴油机没有主辅之分，既可同时工作，又可单独工作，以保证救援工作顺利进行。

(2) 柴油机的标定总功率应大于起重机最大工作负荷所需功率的1.3倍。

(3) 柴油机油门应设手操纵装置和脚操纵装置各一套。

两台柴油机分别布置在转台的两侧，柴油机的喷油泵一侧集中了大部分需要在现场调整的部件，因此这一侧设计成面向机械室的门（图7-6-12）。

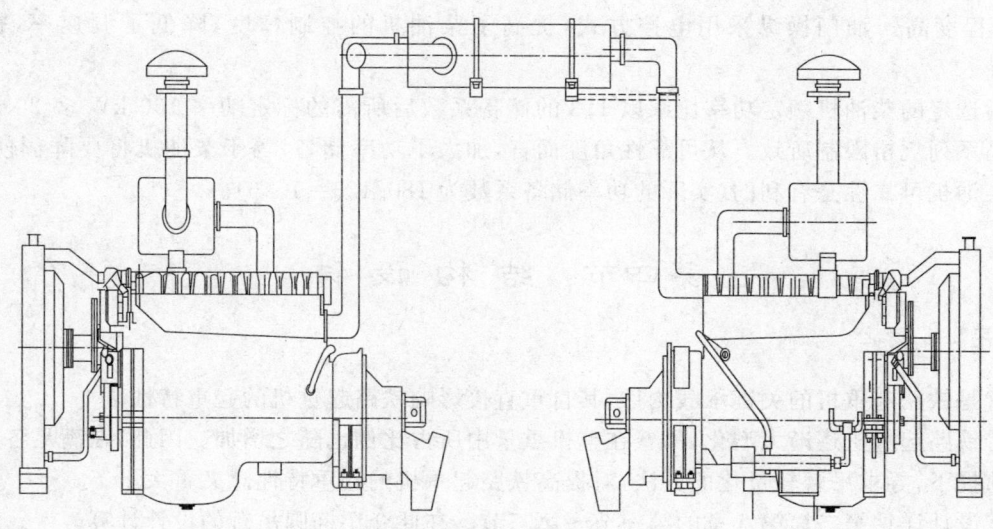

图 7-6-12　160 t 伸缩臂式铁路救援起重机动力装置简图

### 二、柴油机功率计算和柴油机选择

#### (一) 柴油机功率计算

铁路起重机柴油机功率应满足作业时各工作机构载荷（阻力）和运动速度的要求，为辅助设备提供能源，并保有必要的功率储备，减少柴油机故障的发生。

柴油机功率按以下四种工况计算，计算结果中，功率值最大的为柴油机的计算功率，乘以储备系数1.3后，即为所需柴油机的标定功率。

(1) 起重机在最小幅度等速起吊最大额定起重量物品。

(2) 吊钩上有与幅度相应的额定载荷作用，回转机构与变幅机构同时工作（其中变幅机构等速运动，回转机构起动），有风载荷（$P_{wII}$）作用，吊臂向幅度减小的方向运动。

(3) 吊钩上有与幅度相应的额定载荷作用，吊臂置于前方，与轨道平行，有风载荷（$P_{wII}$）作用，起重机自力走行。

(4) 起重机在风载荷（$P_{wII}$）作用下，空钩，运行机构工作，以最大爬坡速度推动平车爬越线路最大坡度（13‰）。

如以 $N$ 表示由上述4中工况所得的计算功率，柴油机的标定功率 $N_n$ 为：

$$N_n \geqslant 1.3N$$

现以160 t伸缩臂式铁路起重机为例计算柴油机功率。按第一种工况计算：

$Q=160$ t,吊钩组质量 $q=3$ t,起升速度 $v=3$ m/min$=0.05$ m/s,总效率 $\eta=\eta_{泵}\cdot\eta_{马达}\cdot\eta_{传动}\cdot\eta_{滑轮组}=0.9\times0.92\times0.92\times0.85=0.65$。

计算功率 $$N=\frac{(Q+q)v}{102\eta}=\frac{(160+3)\times1\,000\times0.05}{102\times0.65}=123(\text{kW})$$

按另外三种计算工况所得的计算功率均小于123 kW（其他三种计算从略），最后，柴油机的标定功率为：

$$N_n=1.3\,N=1.3\times123\text{ kW}=160\text{ kW}$$

（二）柴油机选择

从产品目录中查到斯太尔WD615系列柴油机,额定功率180 kW,额定转速2 200 r/min,最大扭矩1 000 N·m,水冷、6缸直列、四冲程、直接喷射、增压式,配有温控循环水加热器,在严寒地区柴油机可以顺利起动。柴油机使用的材料及配件符合相关的环保法规,排放水平达欧洲标准;结构紧凑、重量轻、维护方便,升功率和扭矩储备率高、起动性能好、油耗小、排放低、静噪程度高。油门操纵采用电控方式,提高了柴油机的控制精度,降低了调速率,提高了可靠性。

最后选定的柴油机额定功率比乘以1.3的储备系数后所需的标定功率160 kW多20 kW,这是受产品系列规格限制所致。从可靠性角度而言,加大了功率储备,等于柴油机将要降额使用,这对提高柴油机可靠性是有利的（实际的功率储备系数为180/123=1.46）。

## 第四节 结 构 设 计

### 一、吊 臂

吊臂是铁路起重机的关键承载构件,其自重直接影响铁路起重机的起重特性。

随着铁路起重机逐渐大型化,吊臂在整机重量中所占比例也随之增加。因此,在满足各项设计指标的前提下,寻求吊臂轻量化的方法,对提高铁路起重机的起重特性意义重大。

吊臂设计详见第二篇第八章的第一节~第三节。在此介绍椭圆吊臂的设计计算。

（一）椭圆吊臂截面形式选择

吊臂截面形式是吊臂轻量化的关键。

目前,国外铁路起重机吊臂截面形式有:大圆角十二边形（图7-6-13）、八边形等;国内铁路起重机吊臂截面形式有:八边形、六边形等,其中大圆角十二边形截面的吊臂起重能力最大。

国外大吨位铁路起重机吊臂采用腹板加上、下翼缘板的四板结构（图7-6-13）,腹板很薄,有益于吊臂轻量化。

新型铁路起重机吊臂截面形式见图7-6-15。该截面吊臂抗失稳能力强。前后滑块均支承在四个圆角处,能同时传递竖向力与横向力,能充分发挥材料的机械性能,减轻结构自重。

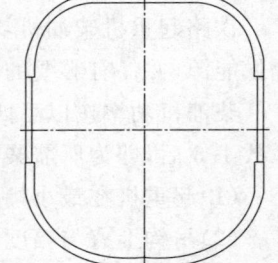

图7-6-13 大圆角十二边形截面吊臂

（二）吊臂建模

目前,国内外铁路起重机吊臂优化设计领军者采用吊臂三维空间装配体有限元参数化仿真模型（图7-6-14）,将每节臂（由末节臂至基本臂）的壁厚及截面尺寸设置成参数,以类椭圆截面三节伸缩吊臂为例（图7-6-15）,共11个设计参数（$x_1\sim x_{11}$）,其中,三节臂、二节臂、基本臂壁厚参数分别为:$x_1\sim x_9$;三节臂尺寸设置参数为:$x_{10}$、$x_{11}$,分别对基本臂尾部与转台铰接处、吊臂与变幅油缸铰接处作3个方向平移自由度（UX、UY、UZ）和两个方向的转动自由度（ROTY、ROTZ）约束处理,利用MPC算法及增广拉格朗日算法来模拟滑块与吊臂的实际接触行为。即可利用有限元软件进行有限元分析。

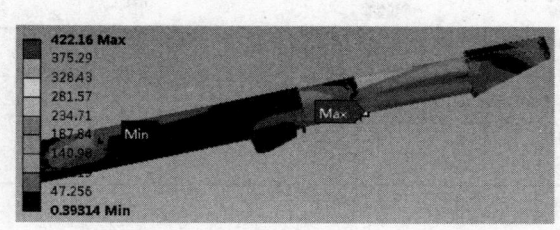

图 7-6-14　吊臂装配体有限元参数化仿真模型

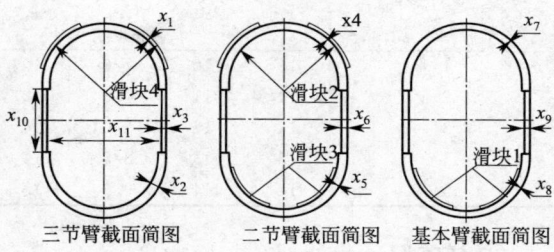

图 7-6-15　类椭圆截面吊臂设计参数

### （三）吊臂计算工况

铁路起重机吊臂的计算工况，需要经过多工况受力分析、比对才能确定。一般以最大起重力矩工况为计算工况。

### （四）吊臂优化方法

目前，铁路起重机吊臂优化设计较为理想的方法是：将吊臂三维参数化建模、有限元分析、优化三个模块之间无缝连接。虽然，这种方法有着无可比拟的优点，但也存在一个极大的缺陷：求解过程必须反复进行有限元计算，计算量巨大，优化设计周期长。对于复杂的吊臂结构，尤为困难。

复杂的铁路起重机吊臂结构，非线性程度高，滑块与翼缘板的接触就属于典型非线性问题。BP 神经网络是一种非线性的信息处理系统，具有很强的非线性映射能力，能较理想地实现设计参数与约束条件以及目标函数的全局映像关系。遗传算法不依赖梯度信息，有较强求解问题的能力，是一种高效、并行的全局优化搜索算法。将 BP 神经网络与遗传算法相结合，共同引入铁路起重机吊臂优化设计是一种事半功倍的方法。具体步骤为：

(1)首先建立吊臂有限元分析的参数化仿真模型(见图 7-6-14)。

(2)神经网络模型的构建。

1)神经网络设计。

神经网络根据吊臂复杂程度设计。

以类椭圆截面三节伸缩吊臂为例(图 7-6-15)，采用 $11 \times 8 \times 10 \times 1$ 四层 BP 神经网络(见图 7-6-16)，包括一个输入层，两个隐层和一个输出层。三个传递函数分别为：$f_1 = \mathrm{tansig}$、$f_2 = \mathrm{logsig}$、$f_3 = \mathrm{purelin}$。

2)BP 神经网络训练。

① 样本选取。

BP 神经网络需通过导师训练才能实现设计参数与约束条件以及目标函数的全局映像关系。合理的样本数量及分布是神经网络模型确切地表达结构的映射关系的关键。

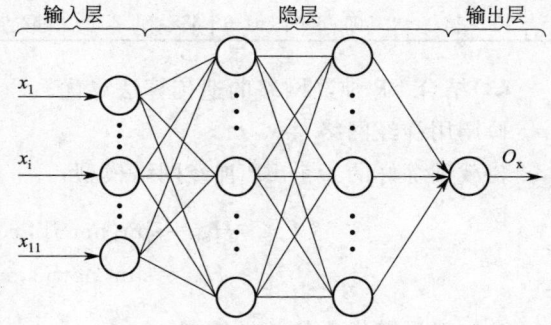

图 7-6-16　BP 神经网络拓扑结构

正交试验法具有均衡分散性和整齐可比性，可以用尽可能少的样本数量，得到分布尽可能均匀、全面的样本点。

样本采用正交表 $L_{50}(5^{11})$，即 11 因素 5 水平，见表 7-6-15，样本总数为 50。正交表 $L_{50}(5^{11})$ 略。以各节臂最大应力(Von Mises)及吊臂自重为输出，利用 ANSYS 生成样本的有限元计算结果。

表 7-6-15 正交试验因素和水平    mm

| 水平＼设计参数 | $x_1$ | $x_2$ | $x_3$ | $x_4$ | $x_5$ | $x_6$ | $x_7$ | $x_8$ | $x_9$ | $x_{10}$ | $x_{11}$ |
|---|---|---|---|---|---|---|---|---|---|---|---|
| 1 | 10 | 10 | 7.0 | 10 | 12 | 7.0 | 10 | 12 | 7.0 | 500 | 800 |
| 2 | 11 | 11 | 7.5 | 12 | 14 | 7.5 | 12 | 14 | 7.5 | 525 | 825 |
| 3 | 12 | 12 | 8.0 | 14 | 16 | 8.0 | 14 | 16 | 8.0 | 550 | 850 |
| 4 | 13 | 13 | 8.5 | 16 | 18 | 8.5 | 16 | 18 | 8.5 | 575 | 875 |
| 5 | 14 | 14 | 9.0 | 18 | 20 | 9.0 | 18 | 20 | 9.0 | 600 | 900 |

② 样本归一化处理。

值得注意的是：由于设计变量之间数量级相差较大，为防止部分神经元达到过饱和状态，保证计算的收敛性，在进行神经网络训练之前，对样本进行归一化处理，使所有数据落在[0,1]之间。

③ BP 神经网络训练。

把正交试验得到的 11×50 矩阵作为输入向量，分别将各节臂最大应力 Von Mises 及吊臂自重作为输出。设定学习算法为 trainlm，最大训练步数 $m_e$=1 000；目标误差 goal=1e−10；经反复试算，建立设计参数与目标向量之间的非线性映射关系。

3) BP 神经网络检验。

网络训练结束，还需要检验所创建的 BP 神经网络模型的性能。

在变量可行域内，随机选取 5 组不同于训练样本的测试数据进行有限元计算，并调 BP 神经网络对该 5 组测试数据进行仿真，将有限元计算结果与 BP 神经网络仿真结果进行比对（表 7-6-16），各节臂应力最大误差 5%，平均误差 2.01%；吊臂自重最大误差 0.93%，平均误差 0.56%。证明该 BP 神经网络具有较高的预测精度，可用于该吊臂仿真。

表 7-6-16 测试数据的有限元计算结果与仿真结果比对

| 序号 | $x_1$/mm | $x_2$/mm | … | $x_{10}$/mm | $x_{11}$/mm | 基本臂应力($S_1$) 试验/MPa | 网络/MPa | 误差/% | 二节臂应力($S_2$) 试验/MPa | 网络/MPa | 误差/% | 三节臂应力($S_3$) 试验/MPa | 网络/MPa | 误差/% | 吊臂自重($G$) 试验/kg | 网络/kg | 误差/% |
|---|---|---|---|---|---|---|---|---|---|---|---|---|---|---|---|---|---|
| 1 | 12 | 12 | … | 525 | 875 | 343.5 | 330.1 | 3.90 | 432.8 | 435.2 | 0.53 | 499.2 | 515.7 | 3.31 | 22 634 | 22 433 | 0.88 |
| 2 | 10 | 13 | … | 600 | 800 | 339.7 | 348.2 | 2.47 | 473.4 | 478.7 | 1.12 | 478.6 | 480.8 | 0.47 | 22 158 | 22 213 | 0.25 |
| 3 | 13 | 14 | … | 525 | 825 | 369.4 | 366.5 | 0.77 | 460.3 | 472.4 | 2.63 | 484.7 | 476.0 | 1.81 | 22 599 | 22 719 | 0.53 |
| 4 | 11 | 12 | … | 500 | 825 | 328.6 | 322.1 | 2.00 | 517.1 | 521.9 | 0.93 | 537.1 | 510.3 | 5.00 | 22 380 | 22 326 | 0.24 |
| 5 | 13 | 13 | … | 500 | 800 | 364.0 | 355.3 | 2.39 | 532.5 | 526.3 | 1.24 | 526.0 | 517.4 | 1.65 | 22 160 | 21 954 | 0.93 |

(3) 结合 BP 神经网络的遗传算法寻优。

1) 调用神经网络

装载训练好的 4 个 BP 神经网络模型：

$$H_{S1}=\text{sim}(netS1,x); H_{S2}=\text{sim}(netS2,x);$$
$$H_{S3}=\text{sim}(netS3,x); H_{G}=\text{sim}(netG,x);$$

2) 构建吊臂优化的数学模型

与其他优化算法不同，遗传算法（Genetic Algorithm，GA）是一种基于自然选择机理、自然遗传机制的自适应全局优化概率搜索算法。它能在搜索过程中自动获取和积累有关搜索空间的知识，并自适应地控制搜索过程以求得全局最优解。因此，采用 GA 就必须构建适应度函数。

适应度函数由目标函数、约束条件转换而成。

经计算，该吊臂在计算工况下主要由强度条件控制，故：刚度不作为约束条件。因此，以吊臂重量最轻为优化目标的目标函数与约束条件为：

$$\min f = \text{sim}(netG, x);$$
$$Subject\ to:$$
$$\sigma_1 = \text{sim}(netS1, x) < [\sigma];$$
$$\sigma_2 = \text{sim}(netS2, x) < [\sigma];$$
$$\sigma_3 = \text{sim}(netS3, x) < [\sigma];$$
$$x \in \boldsymbol{X} = [x_1, x_2, \cdots\cdots, x_{11}]^T;$$

对于此优化问题,约束条件采用罚函数法进行处理,样本归一化后的适应度函数为:

$$W(x) = f(x) + \chi \cdot \max(0, \max[\text{sim}(netS1, x) - 0.99,$$
$$\text{sim}(netS2, x) - 0.87, \text{sim}(netS3, x) - 0.64]);$$

式中　$W(x)$——适应度函数;
　　　$\chi$——惩罚因子,取 $\chi = 100$。

3) 吊臂结构优化

结合 BP 神经网络的遗传算法寻优流程见图 7-6-17。

种群规模为 40。最大遗传代数为 150。单点交叉,交叉率 0.7。基本位变异。

值得指出的是:求出最优解后,还需进行反归一化处理,还原为实际数值。

结合 BP 神经网络的遗传算法寻优收敛很快,优化过程见图 7-6-18。

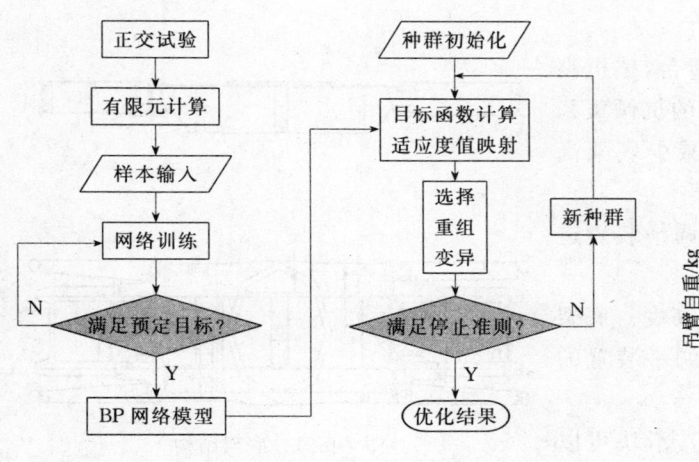

图 7-6-17　吊臂结构优化流程图

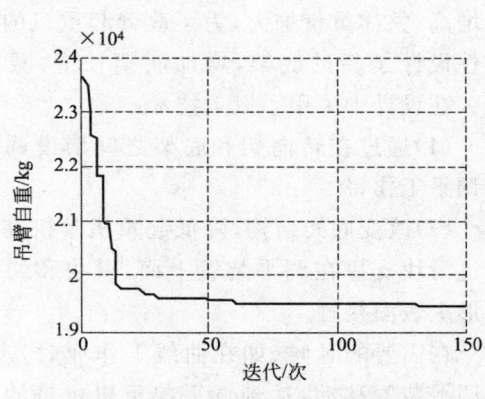

图 7-6-18　吊臂自重随迭代次数变化历程

吊臂的强度、刚度和稳定性计算详见第二篇。

## 二、转　台

转台两侧设置检修用走台板。走台板应有防滑设施。

转台是起重机用来安装吊臂、起升机构、变幅机构、回转机构、配重、发动机、司机室、机械室等部分的机架结构,它通过起重机回转支承的连接装在起重机底架上。为保证起重机的正常工作,转台应具有足够的刚度和强度,同时为提高起重机通过性,应使转台的外形尺寸尽量小,对于转台上机构配置应紧凑,使转台受力合理。

采用双回转伸缩配重机构,因此将传统整体式回转架改为上下两个转台,上转台上主要布置起重机的起升机构、操纵部件及部分传动机构:如伸缩吊臂、变幅油缸、司机室及电气控制系统等。下转台主要布置主要动力、液压元件、伸缩配重机构:主要有柴油机、液压泵、液压油箱、柴油箱、配重伸缩油缸及配重铁挂放机构等。如图 7-6-19、图 7-6-20 所示。前后转台通过上回转支承机构联接,并能进行±30°范围内的回转。两转台联结成一体又可以通过下回转支承机构座安装在底架上,并通过下回转支承机构进行全回转作业。

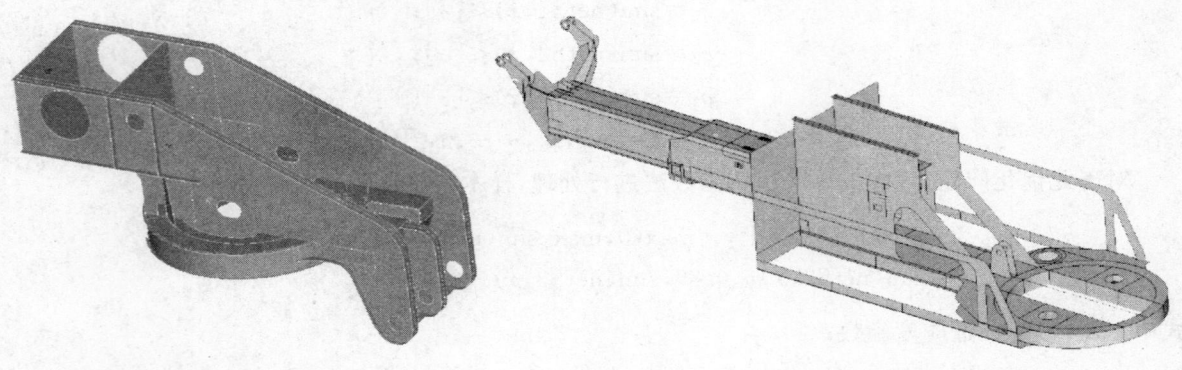

图 7-6-19　上转台结构　　　　　　　图 7-6-20　下转台结构

### 三、底　架

#### (一)结　构

底架是起重机连接上车及转向架的关键承载部件,大吨位吊重作业时通过支腿将力传递到地面,因此底架必须保证具有足够的强度和刚度,使机构配合合理并保证其他部分具有良好的维修性能。

双回转铁路起重机由于采用两个转台,整机高度增高,整体重量加大,为了改善起重机的抗倾覆稳定性设计了新的底架,增加底架长度,减少底架高度。在设计中采用了以下技术:

(1)通过在转向架和底架之间增设调平装置进行调平工作;

(2)改变底架结构,降低起重机整机高度。底架通过滑块支撑在调平装置上面,滑块和调平装置的弧形上表面接触。

在需要的时候(如在曲线上作业时),滑块可以沿调平装置移动,达到调平起重机机身的目的。调平装置下部通过螺栓和上心盘连接在一起,回送或者带载行驶时,通过心盘将重量传给行走部分。双回转铁路起重机底架结构如图 7-6-21 所示。

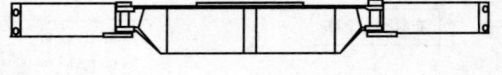
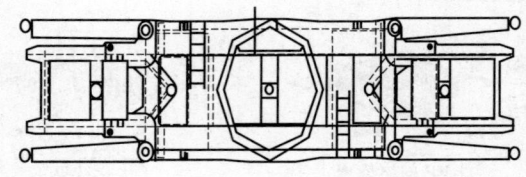

图 7-6-21　底架结构

底架两端设置连接员用扶手和脚踏板。扶手应牢固,脚踏板应有防滑措施。

#### (二)底架刚度校核

TB/T 3082—2003 制定了底架刚度标准。规定:

$$f/L \leqslant 1/700 \tag{7-6-11}$$

式中　$f$——底架中央挠度值(mm);
　　　$L$——底架侧梁两支腿轴心距离(mm)。

#### (三)车钩缓冲装置

车钩型式:使用可翻转的铁路起重机专用 13 号车钩或铁路货车自动车钩(标准 13 号车钩)。

车钩三态作用良好和防跳作用可靠。

货车自动车钩及其缓冲方式应符合 TB/T 493 的规定。

车钩连接轮廓应符合 GB/T 4952 的规定。

## 第五节  机构计算

液压伸缩臂式铁路起重机的工作机构有：起升机构、回转机构、运行机构、变幅机构、臂架伸缩机构和支腿收放机构等。大起重量的铁路起重机还设有配重挂放机构、配重伸缩机构和配重回转机构。

电动和液压起重机机构计算在第三篇起重机机构中已作系统介绍。本章结合铁路起重机的构造和作业特点以及近些年来的技术发展趋势予以补充。

由液压马达驱动的起升、回转和运行机构中，零部件集成化、标准化已呈明显趋势。驱动装置采用三合一结构，体积小、传动效率高，生产周期缩短，制造费用降低，维修使用方便。这一趋势已扩大到其他类型的起重机。

### 一、起升机构

起升机构是铁路起重机最重要的机构。机构的载荷属位能型。大起重量伸缩臂式铁路起重机起升机构示意图如图 7-6-22 所示。

**（一）行星齿轮减速器内藏式起升机构**

起升机构由高速液压马达驱动。液压马达、盘式制动器、行星齿轮减速器和多层绕钢丝绳卷筒集成为一体，行星齿轮减速器置于卷筒内腔，制动器和液压马达位于卷筒外侧（图 7-6-23）。两个规格相同的卷筒平行布置，用链条相互联结，实现机械同步。双联滑轮组的钢丝绳两端分别绕入各自卷筒（图 7-6-22）。

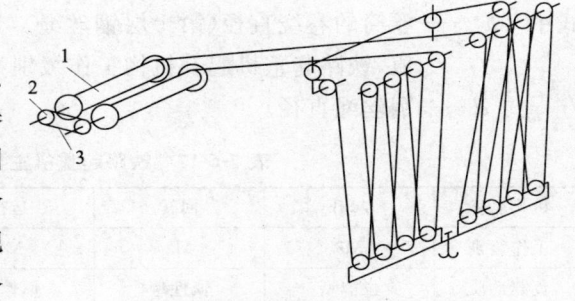

图 7-6-22  大起重量伸缩臂式铁路起重机起升机构示意图

1—液压卷筒；2—链轮；3—链条

铁路起重机使用伸缩臂时只有一个吊钩，没有副钩，为了获得重载低速、轻载和空载高速的性能，提高作业效率，起升机构的液压系统采用变量液压泵——定量液压马达开式油路（图 7-6-24）。

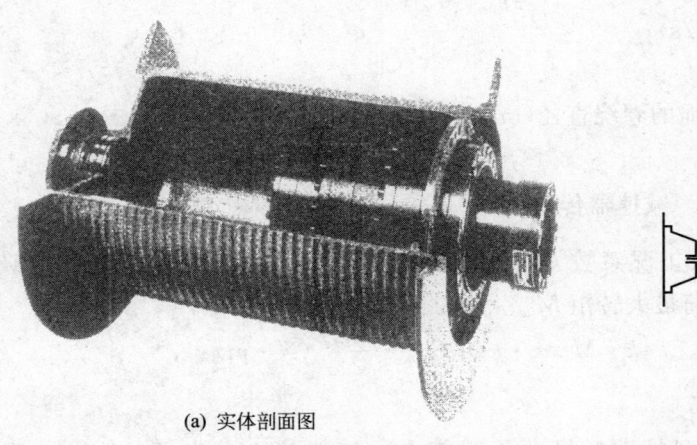

(a) 实体剖面图

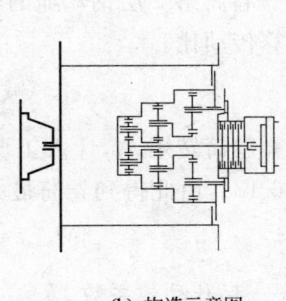

(b) 构造示意图

图 7-6-23  行星齿轮减速器内藏式液压卷筒

起重机重载低速工作时，液压泵向两个液压马达供油。轻载和空载时的快速升降，由双泵合流、液压泵向一个液压马达供油实现。马达驱动卷筒高速旋转，链条带动另一卷筒同速转动，与被动卷筒同轴的液压马达空转。

## (二)行星齿轮减速器内藏式起升机构计算

(1)计算钢丝绳最大静拉力 $S$:

$$S = \frac{P_Q}{ma\Pi\eta_i\eta_z} \quad (\text{N}) \tag{7-6-12}$$

式中 $P_Q$——最大起升载荷(N)。

$m$——由滑轮组型式决定:单联滑轮组 $m=1$,双联滑轮组 $m=2$。

$a$——滑轮组倍率。

$\Pi\eta_i$——导向滑轮效率的乘积,$\eta_i$ 为第 i 个导向滑轮的效率, $i=1,2,3\cdots n$。$n$ 为导向滑轮数。

$\eta_z$——滑轮组效率。

根据机构工作级别选择安全系数(安全系数法),选择钢丝绳。铁路起重机主要机构工作级别见表 7-6-17。

(2)根据钢丝绳直径 $d$ 及起升机构工作级别确定卷筒槽底直径 $D_0$ 和卷绕直径 $D_z$。

$$D_0 = (h_1 - 1)d = 13d \quad (\text{m})$$

式中 $h_1$——卷筒的卷绕直径(第 1 层钢丝绳)与钢丝绳直径之比值,铁路起重机起升机构工作级别为 M3 时,$h_1=14$;

$d$——钢丝绳直径。

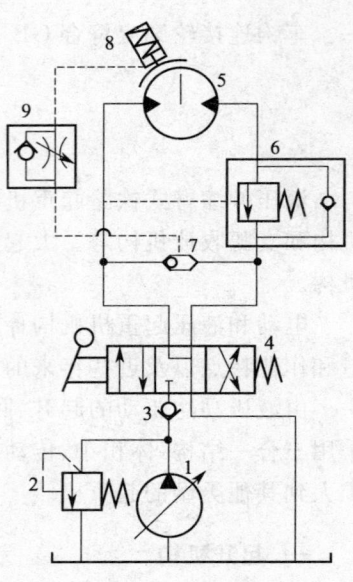

图 7-6-24 变量泵—定量马达开式油路
1—变量液压泵;2—安全阀;3—单向阀;4—换向阀;5—起升机构液压马达;6—平衡阀;7—梭阀;8—起升机构制动器液压缸;9—单向节流阀

表 7-6-17 铁路起重机主要机构工作级别及负载性质

| 机构名称 | 起升 | 回转 | 运行 | 变幅 | 臂架伸缩 | 支腿伸缩 |
|---|---|---|---|---|---|---|
| 工作级别 | M3 | M2 | M1 | M3 | M1-M2 | M1 |
| 负载性质 | 位能型 | 惯性型 | 惯性型 | 位能型 | 位能型 | 位能型 |

卷筒第 $z$ 层钢丝绳的卷绕直径为:

$$D_z = D_0 + (2z-1)d \quad (\text{m})$$

(3)计算卷筒转速 $n_t$。

$$n_t = \frac{60av}{\pi D_z} \quad (\text{r/min}) \tag{7-6-13}$$

式中 $v$——吊钩起升速度(m/s);

$a$——滑轮组倍率;

$D_z$——卷筒第 $z$ 层钢丝绳的卷绕直径(m)。

(4)计算传动比。

$$\text{减速器传动比} \, i = \frac{\text{输入转速}}{\text{输出转速}} = \frac{n_{\text{马达}}}{n_t}$$

(5)计算卷筒转矩 $M$,计入工况系数 $k$($k$ 与机构工作级别、使用等级及载荷状态级别三者有关,见表 7-6-18),由此得到卷筒最大转矩 $M_{\max}$:

$$M_{\max} = k \cdot M = k \cdot \varphi_2 \cdot S_{\max} \cdot \frac{D_z}{2} \quad (\text{N} \cdot \text{m}) \tag{7-6-14}$$

式中 $\varphi_2$——起升动载系数。

(6)从表 7-6-19 中(各种型号卷扬机的承载能力),初选与 $M_{\max}$ 和 $D_0$ 对应的卷扬机型号(ZHP4.13~ZHP4.36)。

(7)从表 7-6-20 中(行星齿轮减速器传动比),校核初选卷扬机。

型号规格与所需传动比 $i$ 的交点(传动比小数点后面的小数四舍五入),如果有黑点,表示初选的卷扬机型号规格中有所需传动比 $i$ 的产品。如果交点为空白,没有黑点,表示初选卷扬机系列中没有所需

传动比 $i$ 的产品。此时或改变传动比，选用与所需传动比 $i$ 最接近的传动比，或改选最大转矩与卷筒计算转矩最大值接近且稍大的另一型号卷扬机，并进行复核计算，以满足机构要求、经济适用为原则。

表 7-6-18 起重机机构工况系数 $k$

| 使用等级 | | $T_2$ | $T_3$ | $T_4$ | $T_5$ | $T_6$ | $T_7$ | $T_8$ |
|---|---|---|---|---|---|---|---|---|
| 一年内，日平均工作时间/h | | 0.25~0.5 | 0.5~1 | 1~2 | 2~4 | 4~8 | 8~16 | 多于16 |
| 寿命/h 每年200天，按8年计算 | | 400~800 | 800~1 600 | 1 600~3 200 | 3 200~6 300 | 6 300~12 500 | 12 500~25 000 | 25 000~50 000 |
| 载荷状态级别 | $K_m$ | 机构工作级别/工况系数 $K$ | | | | | | |
| L1 | $\leqslant 0.125$ | M1/0.90 | M2/0.90 | M3/0.92 | M4/1 | M5/1.07 | M6/1.18 | M7/1.24 |
| L2 | $0.125 < K_m \leqslant 0.250$ | M2/0.90 | M3/0.92 | M4/0.95 | M5/1 | M6/1.14 | M7/1.24 | M8/1.48 |
| L3 | $0.250 < K_m \leqslant 0.500$ | M3/0.94 | M4/1 | M5/1.07 | M6/1.18 | M7/1.24 | M8/1.48 | M8/1.56 |
| L4 | $0.500 < K_m \leqslant 1.000$ | M4/1.04 | M5/1.07 | M6/1.18 | M7/1.24 | M8/1.48 | M8/1.65 | M8/1.88 |

表 7-6-19 行星齿轮减速器承载能力

| 型号 ZHP | 最大输出静扭矩/N·m $i \leqslant 70$ / $i > 70$ | 卷筒槽底直径 $D_0$（最小）/mm | 输入转速/(r/min) |
|---|---|---|---|
| 4.13 | 3 000 | 180 | |
| 4.15 | 7 200 / 7 500 | 260 | |
| 4.19 | 11 500 / 12 000 | 300 | |
| 4.20 | 17 500 / 18 500 | 340 | |
| 4.22 | 30 500 / 31 000 | 390 | |
| 4.24 | 38 000 / 38 500 | 440 | |
| 4.25 | 53 000 / 54 000 | 480 | |
| 4.26 | 72 000 / 73 000 | 520 | 2 000~5 000 |
| 4.27 | 92 000 / 93 000 | 570 | |
| 4.29 | 149 000 / 153 000 | 670 | |
| 4.31 | 217 000 / 222 500 | 770 | |
| 4.32 | 317 000 / 320 000 | 830 | |
| 4.33 | 395 000 / 4 00 000 | 930 | |
| 4.34 | 537 000 / 544 000 | 1 030 | |
| 4.36 | 888 000 / 896 000 | 1 200 | |

用于起升机构的 ZOLLERN 行星齿轮减速的卷扬机按机构工作级别 M5 设计，以适应不同类型起重机、不同机构工作级别的起升机构。减速器二级行星齿轮减速的传动比从 13.1 至 34.5。三级行星齿轮减速的传动比从 45 至 176。输入和输出的方向相反。各级传动的效率为 0.98，卷筒

效率 0.99，二级减速卷扬机的总效率为 0.95。三级减速卷扬机的总效率为 0.93。输出扭矩从 3 000 N·m 至 896 000 N·m。多层绕卷筒卷绕层数 1～2 时，卷筒材料为灰口铸铁。卷绕三层以上的卷筒材料为球墨铸铁。为防止多层绕时出现乱绳现象，采用了特殊绳槽，卷绕可达 8 层。

卷扬机采用高速轴制动的常闭式盘式制动器，液压松闸。以前高速轴制动的液压盘式制动器主要用于紧急制动(安全保护制动)，较少用作工作制动器。但近些年来，采用 ZOLLERN 行星齿轮减速器内藏式卷扬机的作业实践证明，液压驱动的盘式制动器用作高速轴制动的工作制动器是安全可靠的。

铁路起重机起升机构液压马达和液压泵的选择，以及起升机构双泵合流时液压马达转速的校核，见第三篇第二章液压起升机构计算。

表 7-6-20 传动比 $i$ 选择表

| 型号 | 4.13 | 4.15 | 4.19 | 4.20 | 4.22 | 4.24 | 4.25 | 4.26 | 4.27 | 4.29 | 4.31 | 4.32 | 4.33 | 4.34 | 4.36 |
|---|---|---|---|---|---|---|---|---|---|---|---|---|---|---|---|
| 13 | • | | | | | | | | | | | | | | |
| 15 | • | | | | | | | | | | | | | | |
| 18 | • | | | | | | | | | | | | | | |
| 21 | • | • | • | • | • | • | • | • | • | • | • | • | • | • | • |
| 25 | • | • | • | • | • | • | • | • | • | • | • | • | • | • | • |
| 29 | • | • | • | • | • | • | • | • | • | • | • | • | • | • | • |
| 35 | | • | • | • | • | • | • | • | • | • | • | • | • | • | • |
| 45 | | • | • | • | • | • | • | • | • | • | • | • | • | • | • |
| 53 | | • | • | • | • | • | • | • | • | • | • | • | • | • | • |
| 63 | | • | • | • | • | • | • | • | • | • | • | • | • | • | • |
| 70 | | • | • | • | • | • | • | • | • | • | • | • | • | • | • |
| 83 | | • | • | • | • | • | • | • | • | • | • | • | • | • | • |
| 84 | | • | • | • | • | • | • | • | • | • | • | • | • | • | • |
| 95 | | • | • | • | • | • | • | • | • | • | • | • | • | • | • |
| 99 | | • | • | • | • | • | • | • | • | • | • | • | • | • | • |
| 107 | | | | | • | • | • | • | • | • | • | • | • | • | • |
| 113 | | | • | • | • | • | • | • | • | • | • | • | • | • | • |
| 114 | | | • | • | • | • | • | • | • | • | • | • | • | • | • |
| 129 | | | • | • | • | • | • | • | • | • | • | • | • | • | • |
| 136 | | • | • | • | | | | | | | | | | | |
| 147 | | | | | | • | • | • | • | • | | | | | • |
| 176 | | | | | | • | • | • | • | • | • | • | • | • | • |

## 二、双回转机构

回转机构包括驱动装置和回转支承装置两部分。铁路起重机回转机构的驱动装置由液压马达驱动行星齿轮减速器，减速器输出轴末端的开式圆柱形小齿轮与固定在下车底架上的大齿圈啮合。驱动装置工作时，小齿轮旋转(自转)，同时沿着与其啮合的固定大齿圈，绕大齿圈的中心线旋转(公转)，由于减速器装在转台上，转台也一同旋转。转台的转速就是小齿轮公转的转速。

大起重量铁路起重机尾部回转半径大(特别在使用伸缩配重时)，吊臂回转时，转台尾部可能侵入铁路邻线，妨碍列车通过。在山区铁路进行救援作业时，起重机尾部可能因山体障碍影响转台回转。在这种情况下,如果装在起重机转台尾部的配重或转台前部的吊臂能够摆动一定角度,就可以不侵入邻线,或者避开山体障碍,使起重机安全正常作业。吊臂和配重双回转机构就是为了解决这一难题应运而生的手段(图7-6-25)。

配重和吊臂各有自己的转台,有各自的回转机构和回转支承装置。吊臂转台位于配重转台的上方,也称上转台,配重转台叫下转台,上下转台均采用三排滚柱式回转支承,通过高强度螺栓,下转台与底架连接,相对于固定底架回转。上转台与下转台连接,既可以两者如同一体,一同回转(下转台带着上转台可以360°回转),上转台也可以单独回转,相对于下转台和底架左右摆动一定角度。

上、下转台的驱动装置都装在下转台上,区别在与上转台驱动装置的减速器是倒装的,减速器输出轴向上伸出;下转台驱动装置的布置与一般起重机相同,减速器的输出轴向下伸出。双回转机构的布置简图见图7-6-25。

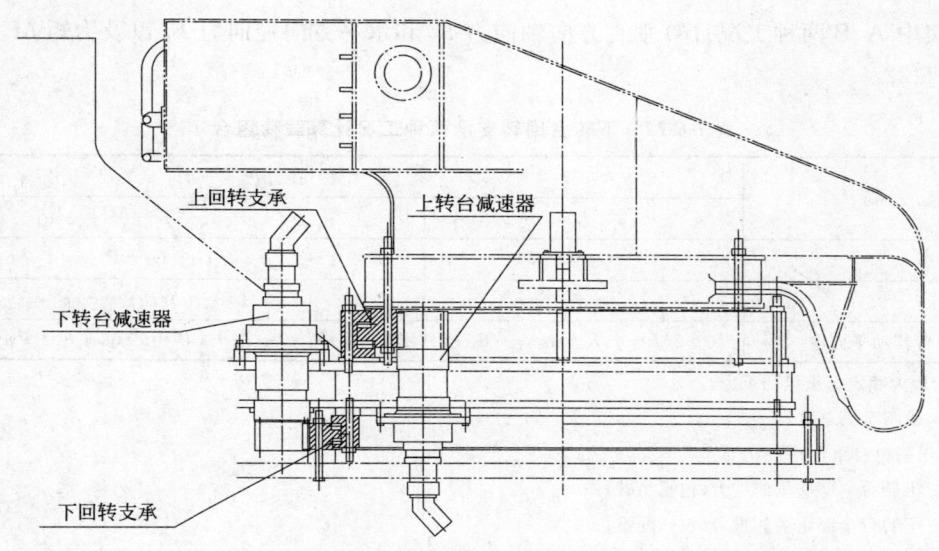

图7-6-25 双回转机构简图

根据起重机的总体布置,在上转台上有:起升机构、液压缸变幅机构、吊臂及伸缩机构、司机室及电气控制系统等。下转台主要布置柴油机、液压泵、液压油箱、柴油箱、配重及配重伸缩机构、活配重挂放油缸、下转台回转机构和上转台的回转驱动装置以及上转台回转支承的固定滚圈。

(一)回转机构计算

在双回转铁路起重机中,使吊臂作360°全回转作业的机构是主回转机构。使吊臂仅作摆动的机构是副回转机构。基于起重机的总体布置,起重机的吊臂高置于上转台的顶部,配重伸缩机构低置于下转台的尾部。主回转机构的减速器正装在下转台上,减速器输出轴上的小齿轮与固结在底架上的大齿圈啮合,驱动下转台以及与其连成一体的上转台一同回转。此时下转台回转支承装置(主回转机构的回转支承装置)承受上、下转台所有部件和结构件的重力载荷,起吊物品和吊臂的重力及其产生的力矩,以及回转时产生的其他各种载荷。

1. 主回转机构回转支承装置计算

铁路起重机采用滚动轴承式回转支承。基于铁路起重机的作业特点(作业频次小、起升载荷大、工作速度低),回转支承只按静容量计算。考虑重物起升动态效应的冲击系数 $\varphi_1$ 和 $\varphi_2$ 都取为1。

回转支承装置载荷计算工况有两种:(A)起重机静载试验(最大的起升载荷)。(B)在中间幅度起复倾翻的机车车辆(最大起重力矩)。计算载荷见表7-6-21。

表 7-6-21　下转台回转支承装置的计算载荷

| 载荷名称 | 计算工况 A | B |
|---|---|---|
| 起重机回转部分全部自重 | $G_1+G_2$ | $G_1+G_2$ |
| 作用载荷 | $1.25P$ | $P'$ |
| 起升钢丝绳偏斜产生的水平力 | — | $(P'+q)\mathrm{tg}\alpha_{\mathrm{II}}$ |
| 起重机回转部分受到的风力(不包括起吊物品) | — | $F_{\mathrm{wII}}$ |

注：$P$——最大额定起重量的重力；

$P'$——机车车辆总重；

$q$——吊钩组自重；

$G_1$——上转台全部自重(包括吊臂)；

$G_2$——下转台全部自重(包括配重)。

根据表中 A、B 两种工况计算垂直方向轴向力 $F_a$ 和水平方向径向力 $F_r$ 以及力矩 $M$，并进行统合，见表 7-6-22。

表 7-6-22　下转台回转支承两种工况计算载荷组合

| 载荷 | 计算工况 A | B |
|---|---|---|
| 轴向力 $F_a$ | $G_1+G_2+1.25P$ | $G_1+G_2+P'$ |
| 径向力 $F_r$ | — | $(P'+q)\mathrm{tg}\alpha_{\mathrm{II}}+F_{\mathrm{wII}}$ |
| 力矩 $M$ 在吊臂摆动平面内 | $(1.25P+q)R+G_{\mathrm{bj}}l_{\mathrm{bj}}-G_{\mathrm{c}}l_{\mathrm{c}}$ | $(P'+q)R'+G_{\mathrm{bj}}l'_{\mathrm{bj}}+(P'+q)\mathrm{tg}\alpha_{\mathrm{II}}h_1+P_{\mathrm{wII}}h_2-G_{\mathrm{c}}l_{\mathrm{c}}$ |

注：$P$——最大额定起重量的重力；

$P'$——机车车辆总重；

$q$——吊钩组自重；

$G_1$——上转台全部质量的重力(包括吊臂)；

$G_2$——下转台全部质量的重力(包括配重)；

$F_{\mathrm{wII}}$——铁路起重机上下转台尾部(包括配重、吊臂)迎风面受的风载荷(最大工作风压)；

$G_{\mathrm{bj}}$——臂架系统(包括吊臂、变幅油缸)的重力；

$G_{\mathrm{c}}$——除臂架系统和吊钩组外，上下转台的重力；

$$G_{\mathrm{c}}=G_1+G_2-G_{\mathrm{bj}}-q$$

$l_{\mathrm{bj}}$、$l'_{\mathrm{bj}}$——分别为静载试验、起复机车车辆时臂架系统质心至回转中心线的水平距离；

$l_{\mathrm{c}}$——除臂架系统和吊钩组外，上下转台的质心至回转中心线的水平距离；

$h_1$——吊臂头部货物悬吊点至下转台回转支承中心面的垂直距离；

$h_2$——上下转台尾部(包括配重、吊臂)风力作用点至下回转支承中心面的垂直距离。

回转支承受复合载荷 $F_a$、$F_r$ 和 $M$ 综合作用。为了便于使用制造厂家提供的承载能力曲线 $(F_a-M)$，选择回转支承型号，将复合载荷分量换算为当量载荷。当量载荷按以下算式计算：

$$F'_a=f(k_aF_a+k_rF_r) \quad (\mathrm{N}) \tag{7-6-15}$$

$$M'=fk_aM \quad (\mathrm{N\cdot m}) \tag{7-6-16}$$

式中　$f$——工况系数，铁路起重机 $f=1$；

$k_a$、$k_r$——载荷换算系数，与回转支承结构有关，见表 7-6-23。

救援用铁路起重机使用频次低，回转支承只需按静容量计算。

将表 7-6-22 中 A、B 两种工况的载荷组合值分别代入式(7-6-15)和式(7-6-16)，得到当量载荷，取 $F'_a$ 和 $M'$ 值较大的从 $(F_a-M)$ 承载能力曲线图中的静态承载能力曲线查得合适的回转支承系列和规格(第三篇第五章第二节)。

表 7-6-23　回转支承载荷换算系数

| 回转支承类型 | | $k_a$ | $k_r$ |
|---|---|---|---|
| 01 | 轨道接触角 $\alpha=45°$ | 1.225 | 2.676 |
| 01 | 轨道接触角 $\alpha=60°$ | 1.0 | 5.046 |
| 02 | $F_r \leqslant 10\% F_a$ | 1.0 | 0 |
| 02 | $F_r > 10\% F_a$ | 考虑轨道接触角变化,进行接触强度校核计算 | |
| 11 | | 1.0 | 2.05 |
| 13 | | 1.0 | 0 |

**2. 主回转机构驱动装置计算**

铁路起重机回转机构的驱动装置由液压马达和行星齿轮减速器组成。图 7-6-26 是液压马达驱动三级行星齿轮减速的回转机构。

(1) 回转阻力矩

起重机回转机构工作时,需要克服的回转阻力矩 $T$ 为:

$$T = T_m + T_p + T_w + T_g \quad (\text{N·m}) \quad (7\text{-}6\text{-}17)$$

式中　$T_m$——回转支承装置中的摩擦阻力矩(N·m);
　　　$T_p$——坡道阻力矩(N·m);
　　　$T_w$——风阻力矩(N·m);
　　　$T_g$——惯性阻力矩(N·m)。

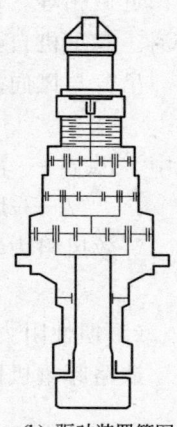

(a) 整体外形图　　(b) 驱动装置简图

图 7-6-26　铁路起重机回转机构驱动装置

起重物品的风阻力矩和惯性阻力矩可通过钢丝绳最大偏斜角 $\alpha_{\text{II}}$ 产生的水平分力与工作幅度的乘积综合一并计算($P_Q \cdot \text{tg}\alpha_{\text{II}} \cdot R$),也可以分别单独计算。

(2) 摩擦阻力矩 $T_m$

$$T_m = \frac{1}{2} \omega D \sum N \quad (\text{N·m}) \quad (7\text{-}6\text{-}18)$$

式中　$\omega$——回转阻力系数,与滚动体形式有关;滚球式 $\omega=0.01$,滚柱式 $\omega=0.012$;
　　　$D$——滚道平均直径(m);
　　　$\sum N$——全部滚球或滚柱承受的总压力(N),与滚动体承压方向,压力角、滚动体形状和滚道刚度等有关,$\sum N$ 的计算见第三篇第五章第二节。

(3) 坡道阻力矩 $T_p$

起重机回转时,由于支腿不平,或不使用支腿工作,铁道线路弯道内外轨高差等原因,使起重机回转平面与水平面之间出现坡度角 $\theta$,产生坡道阻力矩。如图 7-6-27 所示。

$$T'_P = \sum_{i=1}^{n} G_i l_i \sin\theta \cdot \sin\varphi \quad (\text{N·m}) \quad (7\text{-}6\text{-}19)$$

式中　$G_i$——铁路起重机各回转部件质量的重力(N);
　　　$l_i$——各部件质心至回转轴线的距离(m);
　　　$\theta$——坡度角(°);
　　　$\varphi$——铁路起重机回转角度(°)。

由起吊物品产生的坡道阻力矩为:

$$T_{PQ} = P_Q \cdot R \sin\theta \cdot \sin\varphi \quad (\text{N·m}) \quad (7\text{-}6\text{-}20)$$

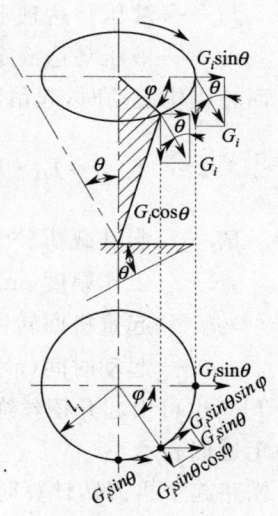

图 7-6-27　坡道阻力矩计算简图

坡道总阻力矩：
$$T_P = T'_P + T_{PQ} \quad (\text{N} \cdot \text{m}) \tag{7-6-21}$$

当 $\varphi=90°$ 或 $270°$ 时，坡道总阻力矩最大：
$$T_{P \cdot \max} = \sum_{i=1}^n G_i l_i \sin\theta + P_Q \cdot R \sin\theta \quad (\text{N} \cdot \text{m}) \tag{7-6-22}$$

铁路起重机回转角 $\varphi$ 由 $0°$ 转至 $90°$ 的等效坡道阻力矩为：
$$T_{pe} \approx 0.7 T_{p \cdot \max} \quad (\text{N} \cdot \text{m}) \tag{7-6-23}$$

(4) 风阻力 $T_W$

铁路起重机回转部分（吊臂除外）正对风向的一面，如以回转轴线为界，机身的左右两边，迎风面积近似相等。可以认为起重机回转时，机身迎风面积一半产生阻力矩，另一半产生助力矩，两者抵消。起重机自身回转的阻力矩，只由吊臂产生。

吊臂与风向垂直时，风阻力矩最大。
$$T_{W \cdot \max} = F_{W\mathrm{II}} \cdot l \quad (\text{N} \cdot \text{m}) \tag{7-6-24}$$

式中　$F_{W\mathrm{II}}$——吊臂承受的风力(N)，由风力系数 $C$、计算风压 $p_{\mathrm{II}}$ 与吊臂一侧迎风面积的乘积得出；

　　　$l$——风力作用线至铁路起重机回转轴线的距离(m)。

等效风阻力矩为：
$$T_{We} \approx 0.7 T_{W \cdot \max} \quad (\text{N} \cdot \text{m}) \tag{7-6-25}$$

(5) 惯性阻力矩 $T_g$

铁路起重机回转时，起重机回转部分的质量对回转轴线产生惯性阻力矩：
$$T_{gZ} = \sum_{i=1}^n J_{Gi} \cdot \frac{n}{9.55 t} \quad (\text{N} \cdot \text{m}) \tag{7-6-26}$$

式中　$\sum\limits_{i=1}^n J_{Gi}$——铁路起重机回转部件和构件绕回转轴线的转动惯量$(\text{kg} \cdot \text{m}^2)$，铁路起重机转台构件绕回转轴线的转动惯量计算见图 7-6-28；

　　　$n$——起重机回转速度(r/min)；

　　　$t$——回转机构起动或制动时间(s)，初步计算时可取 $t=10$ s。

回转机构起动时，液压马达轴的惯性阻力矩为：
$$T_{g \cdot m} = \frac{J_m \cdot n_m}{9.55 t} \quad (\text{N} \cdot \text{m}) \tag{7-6-27}$$

式中　$J_m$——液压马达轴上的总转动惯量$(\text{kg} \cdot \text{m}^2)$；

　　　$n_m$——液压马达额定转速(r/min)。

回转机构起动时，起吊物品产生的惯性阻力矩 $T_{g \cdot Q}$：
$$T_{g \cdot Q} = J_Q \cdot \alpha = \left(\frac{P_Q}{g} R^2\right) \frac{n}{9.55 t} \quad (\text{N} \cdot \text{m}) \tag{7-6-28}$$

式中　$P_Q$——起升载荷(N)；

　　　$R$——工作幅度(m)；

　　　$n$——起重机回转速度(r/min)；

　　　$t$——起动时间(s)。

$T_{g \cdot Q}$ 也可由起升钢丝绳偏摆角 $\alpha_{\mathrm{II}}$ 产生的水平力对回转轴线产生的力矩近似表示。

铁路起重机回转计算时，惯性阻力矩：
$$T_g = T_{gZ} + T_{g \cdot m} + T_{g \cdot Q} \tag{7-6-29}$$

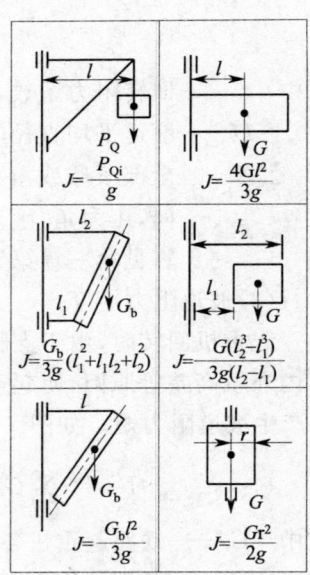

图 7-6-28　物品和构件的转动惯量

### 3. 行星齿轮减速器选择

铁路起重机回转机构驱动装置中的减速器优选 ZOLLERN 产品。减速器的输入轴上装有盘式制动器，输出轴的末端是驱动转台的齿轮。输入轴和输出轴旋转方向相同。二级行星齿轮减速的传动比 16.3 至 46.5，传动效率 0.95，三级减速的传动比 53 至 317，传动效率 0.93。减速器输出扭矩从 1 870 N·m 至 300 000 N·m。

减速器输出扭矩按以下三种工况计算（每种工况是可能出现最不利的阻力矩组合，而不是单项阻力矩最大值的和）：

(1) 无风正常工作

$$T_{max1} = (\overline{T_m} + \overline{T_g}) \frac{\gamma'_m}{i\eta} \quad (N \cdot m) \tag{7-6-30}$$

式中 $T_{max1}$——第一种工况（无风正常工作）减速器输出的扭矩（N·m）；
$\overline{T_m}$——摩擦力矩的中间值（N·m）；
$\overline{T_g}$——回转机构起动时，绕回转轴线切向惯性力矩的中间值（N·m）；
$i$——回转机构末级传动比；
$\eta$——回转机构末级传动的机械效率；
$\gamma'_m$——增大系数。回转机构工作级别 M2，$\gamma'_m = 1.04$。

在阻力矩计算式中，单项阻力矩的中间值，并不是平均值。而是在该计算工况中，同时出现的 $\overline{T_m}$、$\overline{T_g}$ 这两项阻力矩值会使减速器输出扭矩最大。

(2) 有风正常工作

有风正常工作，分两种情况：

1) 有风起动，正常风载荷作用：

$$T_{max2} = (\overline{T_m} + \overline{T_g} + \overline{T_{WI}}) \frac{\gamma'_m}{i\eta} \quad (N \cdot m) \tag{7-6-31}$$

式中 $\overline{T_{WI}}$——工作状态，正常风载荷阻力矩的中间值（TB/T 3081—2003《内燃铁路起重机技术条件》规定风速 13.8 m/s，$p_{II} = 268$ N/m²，$p_I = 0.6 p_{II} = 0.6 \times 268 = 161$ N/m²）（N·m）；
$\overline{T_m}$、$\overline{T_g}$ 同式(7-6-30)。

2) 等速回转，工作状态，最大风载荷作用：

$$T'_{max2} = (\overline{T_m} + \overline{T_{WII}}) \frac{\gamma'_m}{i\eta} \quad (N \cdot m) \tag{7-6-32}$$

式中 $\overline{T_{WII}}$——工作状态，最大风载荷阻力矩的中间值（N·m）。

(3) 有风，在斜坡上工作

$$T_{max3} = (\overline{T_m} + \overline{T_{WI}} + \overline{T_p}) \frac{\gamma'_m}{i\eta} \quad (N \cdot m) \tag{7-6-33}$$

式中 $\overline{T_p}$——坡道阻力矩的中间值（N·m）。
$\overline{T_m}$、$\overline{T_{WI}}$ 同式(7-6-31)。

从以上三种工况中算出 4 个 $T_{max}$，取其中的最大值为 $T'_{max}$ 换算成公称扭矩，从减速器的规格表中（表 7-6-24）选择减速器型号。

减速器的公称扭矩 $T_{公称}$ 为：

$$T_{公称} = K \cdot \frac{T'_{max}}{1.16} \tag{7-6-34}$$

式中 $K$——工况系数（见表 7-6-18）。

查出减速器型号后，再从表 7-6-25 中找到适合的减速器传动比。减速器按机构工作级别 M5、使用等级 T5、载荷状态级别 L2 研制。

表 7-6-24　回转机构行星齿轮减速器型号规格

| 型号 ZHP | 输出扭矩/(N·m) T公称 | 输出扭矩/(N·m) T最大 | 输入转速 $n_{最大}$/(r/min) |
|---|---|---|---|
| 3.13 | 1 870 | 2 800 | 3 000 |
| 3.15 | 3 900 | 5 850 | 3 000 |
| 3.19 | 6 600 | 9 900 | 3 000 |
| 3.20 | 10 400 | 15 600 | 3 000 |
| 3.22 | 16 600 | 24 900 | 3 000 |
| 3.24 | 22 000 | 33 000 | 2 800 |
| 3.25 | 30 000 | 45 000 | 2 800 |
| 3.26 | 40 000 | 60 000 | 2 800 |
| 3.27 | 52 000 | 78 000 | 2 800 |
| 3.29 | 85 000 | 127 500 | 2 300 |
| 3.31 | 120 000 | 180 000 | 2 300 |
| 3.32 | 180 000 | 270 000 | 2 300 |
| 3.33 | 225 000 | 337 500 | 1 900 |
| 3.34 | 300 000 | 450 000 | 1 900 |

表 7-6-25　减速器型号输出扭矩与传动比

| 型号 ZHP | 3.13 | 3.15 | 3.19 | 3.20 | 3.22 | 3.24 | 3.25 | 3.26 | 3.27 | 3.29 | 3.31 | 3.32 |
|---|---|---|---|---|---|---|---|---|---|---|---|---|
| 输出扭矩/(N·m) | 1 870 | 3 900 | 6 600 | 10 400 | 16 600 | 22 000 | 30 000 | 40 000 | 52 000 | 85 000 | 120 000 | 180 000 |
| 传动比 $i$ | 二级——同轴 | | | | | | | | | | | |
| 16.3 | 1 870 | 3 900 | 6 600 | 9 000 | 14 600 | 14 600 | 30 000 | 40 000 | 52 000 | | | |
| 19.3 | 1 870 | 3 900 | 6 600 | 10 400 | 16 600 | 17 600 | 30 000 | 40 000 | 52 000 | | | |
| 25.0 | 1 870 | 3 900 | 6 600 | 10 400 | 16 600 | 22 000 | 30 000 | 40 000 | 52 000 | | | |
| 30.0 | 1 870 | 3 900 | 6 600 | 10 400 | 16 600 | 22 000 | 30 000 | 40 000 | 52 000 | | | |
| 34.1 | 1 870 | 3 900 | 6 100 | 10 400 | 16 600 | 22 000 | 30 000 | 40 000 | 52 000 | | | |
| 36.0 | 1 600 | 3 250 | 5 400 | 8 500 | 14 100 | 17 900 | 24 800 | 33 000 | 44 700 | | | |
| 40.9 | 1 600 | 3 250 | 5 400 | 8 500 | 14 100 | 17 900 | 24 800 | 33 000 | 44 700 | | | |
| | 三级——同轴 | | | | | | | | | | | |
| 53.0 | | | 9 000 | 14 600 | 14 600 | 30 000 | 40 000 | 47 500 | | | | |
| 62.8 | | | 10 400 | 16 600 | 17 600 | 30 000 | 40 000 | 52 000 | 85 000 | 120 000 | 180 000 | |
| 74.4 | | 3 900 | 6 600 | 10 400 | 16 600 | 17 600 | 30 000 | 40 000 | 52 000 | 85 000 | 120 000 | 180 000 |
| 81.4 | | | | 10 400 | 16 600 | 19 200 | 30 000 | 40 000 | 52 000 | | | 180 000 |
| 96.4 | | 3 900 | 6 600 | 10 400 | 16 600 | 22 000 | 30 000 | 40 000 | 52 000 | 85 000 | 120 000 | 180 000 |
| 115.7 | | 3 900 | 6 100 | 10 400 | 16 600 | 22 000 | 30 000 | 40 000 | 52 000 | 85 000 | 120 000 | 180 000 |
| 125.0 | | 3 900 | 6 600 | 10 400 | 16 600 | 22 000 | 30 000 | 40 000 | 52 000 | 85 000 | 120 000 | 180 000 |
| 131.5 | | 3 900 | 6 600 | 10 400 | 16 600 | 22 000 | 30 000 | 40 000 | 52 000 | 85 000 | 120 000 | 180 000 |
| 150.0 | | 3 900 | 6 600 | 10 400 | 16 600 | 22 000 | 30 000 | 40 000 | 52 000 | 85 000 | 120 000 | 180 000 |
| 170.5 | | 3 900 | 6 600 | 10 400 | 16 600 | 22 000 | 30 000 | 40 000 | 52 000 | 85 000 | 120 000 | 180 000 |
| 204.5 | | 3 900 | 6 100 | 10 400 | 16 600 | 22 000 | 30 000 | 40 000 | 52 000 | 85 000 | 120 000 | 180 000 |
| 245.5 | | 3 250 | 5 400 | 8 500 | 14 100 | 17 900 | 24 800 | 33 000 | 44 700 | 70 000 | 100 000 | — |
| 278.9 | | 3 250 | 5 400 | 8 500 | 14 100 | 17 900 | 24 800 | 33 000 | 44 700 | 70 000 | 100 000 | — |

**(二)副回转机构**

副回转机构的用途是使装在上转台的吊臂从平常的正中位置向左右摆动角度 $\alpha(\alpha=\pm30°)$，从而避免影响临线铁路安全行车。

副回转机构的减速器反装在下转台上,减速器的输出轴向上伸出,轴端上的小齿轮与固装在上转台的齿圈啮合,齿圈与上转台一同回转,小齿轮与大齿圈属于定轴齿轮传动。

上转台回转支承装置(副回转机构回转支承装置)承受的载荷有:上转台所有部件和结构件的重力、起吊物品的重力、由起吊物品重力及吊臂重力产生的力矩以及转台回转时出现的其他载荷。

副回转机构回转支承装置及驱动装置的计算工况和计算方法,与主回转机构相同,唯一的差别在于所受的载荷:

(1)上转台的回转支承不承受下转台的自重载荷(表7-6-22中的$G_2$);

(2)配重对上转台的回转支承没有平衡和减载作用。

从表7-6-22中的各项载荷分量中,将轴向力$G_2$和力矩$G_2 l_2$去掉($l_2$为下转台的质心至回转中心线的水平距离),剩下的就是上转台(副回转机构)回转支承装置的计算载荷。双回转机构的上转台回转支承装置承受很大的力矩作用。

副回转机构只在必须的情况下,调整吊臂位置,最大调整范围±30°。起重机副回转机构的回转支承装置按上转台的载荷计算选取。

为减少部件类型,若不受其他条件限制,上下转台的驱动装置都取用同一规格。副回转机构的驱动装置可按下转台(主回转机构)计算结果选定。

### 三、运行机构

铁路起重机的下车车体支承在两台多轴转向架上,每台转向架各有一套(或两套)规格相同的运行机构。在起重机作业需要自力走行时,液压马达通过减速器驱动低速轴上的齿轮,后者与固装在轮对车轴上的齿轮啮合,使车轮转动。起重机回送时,或编入列车、或单独与机车联挂,减速器末级传动轴上的齿轮由挂齿油缸拨开,脱离与车轴齿轮的啮合,车轮可以高速随列车行驶,如图7-6-29所示。

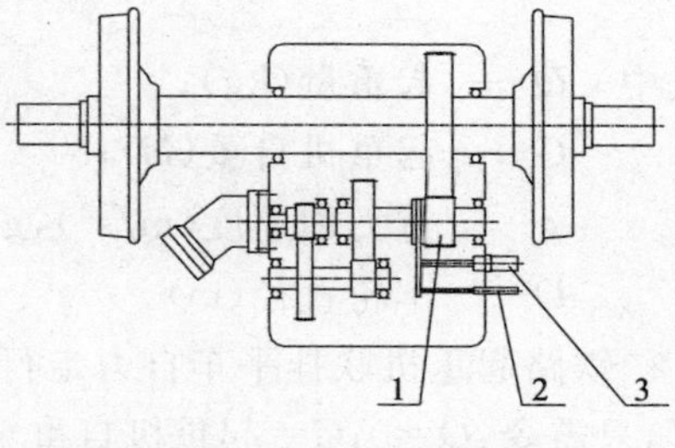

铁路起重机有两种类型的制动器:

(1)常开式空气制动器(也称基础制动器或行车制动器),联挂回送时由机车司机操纵,自力走行时由铁路起重机司机操纵,两者互锁。

图7-6-29 运行机构传动简图
1—滑移齿轮;2—挂齿指示杆;3—挂齿油缸

(2)手制动器,起重机不工作,停在铁道线路上使用,防止溜车。

行车制动器和手制动器直接刹住车轮。

自力走行的运行机构能使停在坡道上的起重机连同随挂的平车,向上坡方向起动走行,也能使起重机带载顺风下坡时制动停车。

铁路起重机带载走行时,吊臂顺轨前置;铁路起重机不使用支腿工作时,吊臂中心线在水平面内的投影与钢轨中心线的夹角依作业工况而定。为了保证铁路起重机作业安全,且使铁路起重机每一个支点处的所有车轮轮压均衡,使用闭锁油缸(图7-6-30),使转向架缓冲弹簧不起作用。

(一)自力走行运行机构计算

1. 走行阻力计算

铁路起重机使用铁路车辆的转向架和轮对,在铁道线路上行走。走行阻力计算比照铁路机车车辆进行。

2. 液压马达计算

3. 减速器选择

4. 行车制动器设计计算

以上四种计算详见第三篇第三章"液压铁路起重

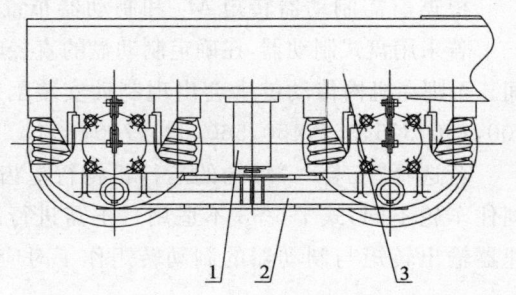

图7-6-30 均衡液压缸作用图
1—闭锁油缸;2—小梁;3—转向架的构架

机运行机构计算"。行车制动器设计计算仅在不能获得现成部件时进行。

（二）自力走行时制动器计算

铁路起重机满载自力走行、顺风下坡制动，车轮轴制动转矩按下式计算：

$$M_z = \frac{(P_{wI} + P_p - P_m)D}{2} + \frac{n}{9.55 t_z}(m_m \times 1.1 J \cdot i^2 \cdot \eta + J') \tag{7-6-35}$$

式中 $M_z$——制动转矩（N·m）；
$P_{wI}$——工作时正常风压（$p_I$）作用下的风阻力（N）；
$P_p$——由坡道产生的力（N）；
$P_m$——由摩擦产生的力（N）；
$D$——车轮直径（m）；
$i$——机构传动比；
$\eta$——机构的传动效率；
$n$——制动器轴的转速（r/min）；
$m_m$——液压马达台数；
$t_z$——制动时间（s），初算时可取 $t_z=8\sim10$ s；
$J$——液压马达轴上（液压马达等）的转动惯量（kg·m²）；
1.1——其他轴上的传动件折算到制动器轴的转动惯量后的总转动惯量倍数；
$J'$——作平移运动的全部质量的惯量折算到制动器轴上转动惯量（kg·m²）。

$$J' = \frac{\left(Q + \dfrac{G}{g}\right)D^2}{4} \tag{7-6-36}$$

式中 $Q$——起重量（kg）；
$G$——起重机自重（N）；
$g$——重力加速度（m/s²），$g=9.807$ m/s²；
$D$——车轮直径（m）。

铁路起重机联挂平车自力走行、顺风下坡制动，车轮轴制动转矩仍按式 7-6-35 和式 7-6-36 计算，只需令：$Q=0$；$G=$起重机自重+平车自重。

$M_z$ 取两者中的较大值。

$M_z$ 是铁路起重机自力走行制动所需的总制动转矩，铁路起重机在两个转向架上各有 $n$ 台制动器，制动器数目 $m_z=2n$，每台制动器的制动转矩为：

$$M_z' = k\frac{M_z}{m_z} \quad (\text{N·m}) \tag{7-6-37}$$

式中 $k$——制动工况系数。工况系数与机构载荷特性、与有无调速和维持制动的要求有关。铁路起重机运行机构属惯性型负载机构，$k=1$。

根据所需制动器转矩 $M_z'$ 和制动器布置条件，选择制动器以及单台制动器的制动转矩。

若采用盘式制动器，在确定制动盘的直径时，应考虑制动器的匹配、制动器的类型和安装允许的空间。否则在机构传动链中会出现制动安装困难或不匹配的问题。制动轮盘直径系列（单位：mm）为：200，250，315，355，450，560，630，710，800。

若选择"三合一"结构的运行机构行星齿轮减速器，其制动器装在高速轴上（与行车制动器直接刹住车轮不同，式 7-6-33 不适用），不需进行制动转矩的计算，因为每种型号和规格的"三合一"，减速器输出转矩与制动器的制动转矩作了对应的匹配。

**四、变幅机构**

铁路起重机采用液压缸变幅机构。液压缸活塞杆顶推吊臂，使吊臂摆动，改变工作幅度。变幅液压缸多为单缸前置式,双向作用,大起重量的铁路起重机采用双缸。变幅油路见图 7-6-31。

铁路起重机变幅机构是工作性机构。起吊作业前,调整起重机吊臂的幅度。起重机进行起复作业时,吊起倾覆的机车车辆顺轨放置,常常需要变幅液压缸带载变幅(向幅度减小的方向)协同作用。在隧道内、或接触网下不拆除电网的情况下作业时,由于顶部空间有限,需要使用吊臂头部的臂端钩(羊角钩),由变幅液压缸活塞杆向上顶举,代行起升机构的作用。

变幅液压缸缸筒在转台上的下铰点,活塞杆与吊臂相连的上铰点和吊臂尾部在转台上的后铰点,通称变幅三铰点。三点间的相互位置,对变幅液压缸的推力、转台受力和吊臂受力以及基本臂的工作长度,液压缸活塞杆的行程有很大的影响。为了得到最佳的结果,常常采用变幅三铰点优化。这种多目标优化问题,目前以交互式多目标决策方法求解,所得的结果更为满意(参见本手册第二篇第八章第五节)。

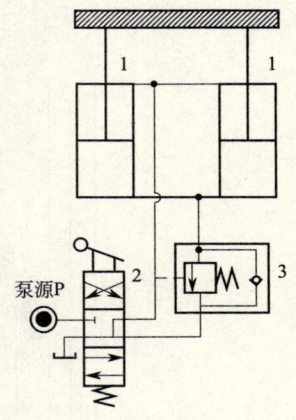

图 7-6-31　双液压缸变幅油路
1—变幅液压缸;2—手动换向阀;
3—平衡阀

铁路起重机变幅液压缸最大推力按以下两种工况计算:

(1)最大起重量工况——无风静载荷试验。

铁路起重机在与最大额定起重量相应的最大幅度,起升 1.25 倍的最大额定起重量试验重块。

(2)最大起重力矩工况——铁路起重机有风作用,在中间幅度起复机车车辆。

按两种工况所得的最大推力选择或设计变幅液压缸。

## 第六节　电　气　系　统

铁路起重机电气系统由动力装置电路、照明电路与辅助电器等部分组成。

电气系统符合 GB 1497《低压电器基本标准》。所有布线按照 GB/T 3811《起重机设计规范》的有关规定执行。所有导线均有线号标记。

电气系统的安装应参照 GB 50256 的要求执行。

柴油机用蓄电池启动,其容量应满足起重机本身柴油机启动、照明、安全控制和其他各种电器用电的需要。

起重机应采用电压为直流 24 V,并设有地面交流 220 V 电源的充电设备。

电气系统完善,各种电气器件和仪表要求性能良好、质量可靠、便于维修、耐潮、防震等。

设置必要的照明和信号设施。

### 一、动力装置电路

动力装置电路的电气原理见图 7-6-32,图中包括一号发动机的发电机、起动电机、配套仪表及电子程序控制火焰预热装置等。二号发动机的电气原理与图 7-6-32 完全相同,两台发动机既可以独立工作亦可同时工作,两台发动机共用一组蓄电池。

(1)发动机工作时,该电路能为起重机安全监控系统、作业照明、蓄电池充电提供电源。

(2)采用大容量的耐低温阀控式铅酸蓄电池组成 DC 24 V 电源,为发动机起动、起重机安全监控系统、作业照明提供电源。

### 二、照明电路

在吊臂的头部和伸缩吊臂处设有照明灯以保证夜间正常工作。司机室内、机械室内、各支腿设有照明灯。设有起重机自力走行时的前后照明灯和警示灯。

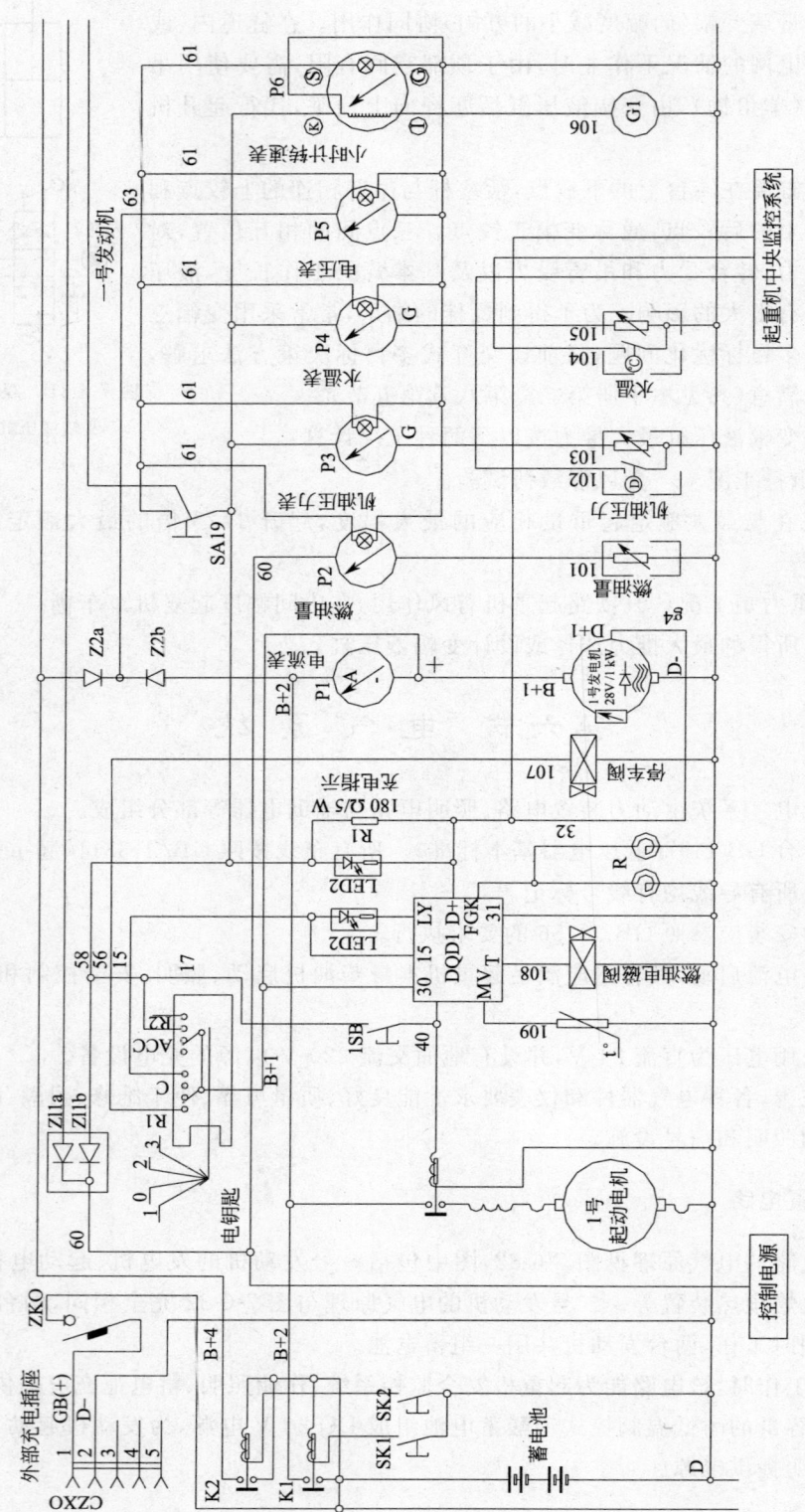

图 7-6-32 动力装置电路图

## 三、辅助电器

### 1. 总电源开关

总电源开关设置在司机室内,方便操作。

### 2. 电力连接器

起重机的上车与平车连接端设 AC380 V 的电力连接器,为蓄电池缺电或故障时主机启动使用。

### 3. 电源插座

使用外接电源时,上车设有 AC380 V 和 AC220 V 电源插座,用于发动机热保障系统的油、水加热。

辅助电气还有车用空调、车用电扇、雨刷和防雷电接地装置等。

## 四、铁路起重机安全监控系统

铁路起重机安全监控系统原理框图如图 7-6-33 和图 7-6-34 所示,系统以 DC24 V 蓄电池组为工作电源,由控制器、显示器、数字传感器、继电器、行程开关、电磁阀、中央集电环、实时数据记录仪等组成智能化控制系统。该系统对起重机的起重力矩和各种工况下的作业过程进行智能化的安全控制,能自动设定起重机的工作状态。当操作人员输入起重量和作业半径,系统会显示出合适的工况,由操作人员选择后操作起重机。当限动出现时,程序会给出适合当前起重参数的合适工况由操作人员选择,并控制起重机只能向安全方向操作。

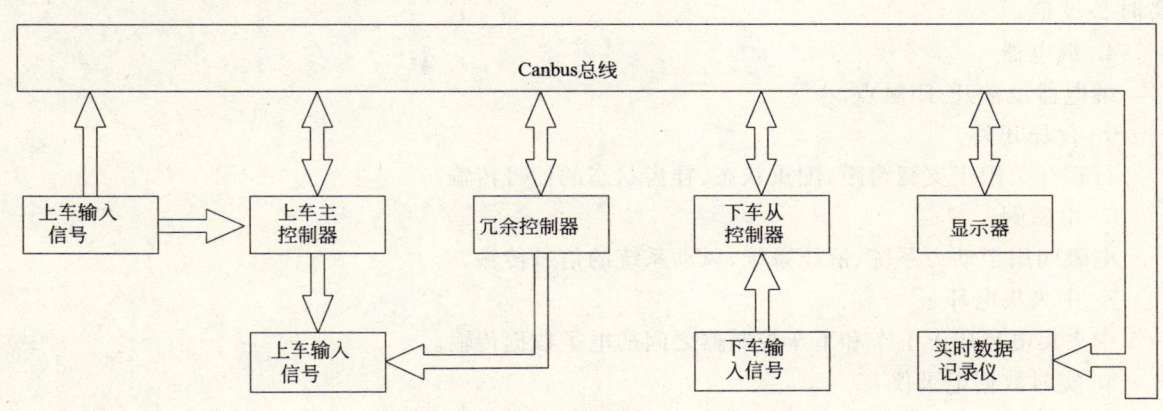

图 7-6-33　铁路起重机安全监控系统框图

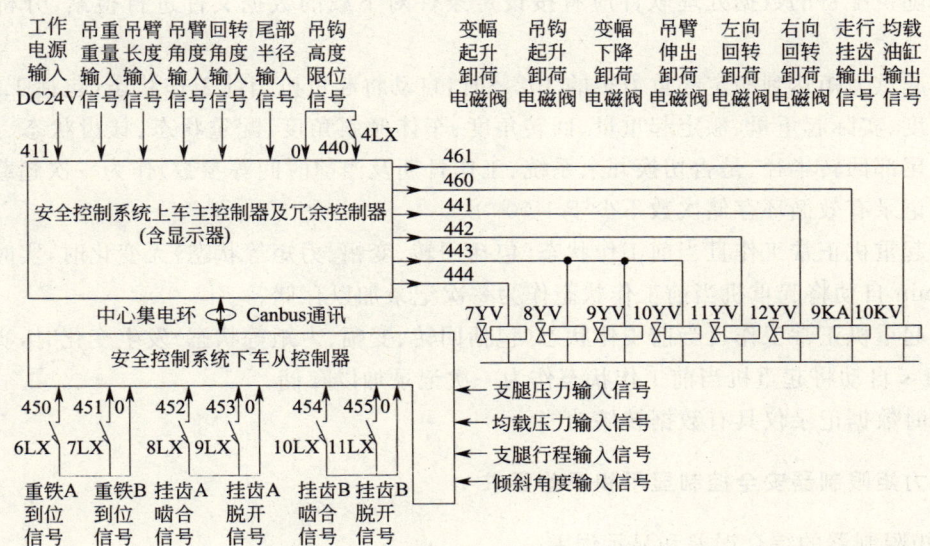

图 7-6-34　安全监控系统原理图

1. 控制器

控制器由上车控制器和下车从控制器两部分组成。

(1) 上车控制器

上车控制器由上车主控制器与上车冗余控制器所组成。上车控制器主要用于全车数据的综合分析的实现；上车冗余控制器是上车主控制器的全功能热机备份控制器，其作用是当上车主控制器出现故障时可以自动切换并接管安全控制系统的控制，进而实现热机切换功能。

(2) 下车控制器

下车控制器主要用于下车数据的分析处理与上传。

2. 显示器

显示器采用彩色液晶显示器。显示器可以同时动态显示：工作幅度、额定起重量、实际起重量、吊臂长度、吊钩最大起升高度、吊臂仰角、支腿跨距、车体倾斜角度、回转角度、力矩百分比、配重状态、挂齿状态、支腿状态、均载状态、尾部回转半径、故障代码、作业提示条等作业参数。

3. 数字传感器

数字传感器包括压力传感器、角度传感器、长度传感器等三种类型。其中压力传感器用于采集变幅油缸、支腿油缸、均载油缸等处的实时压力值；角度传感器用于采集吊臂仰角、回转角度、车体倾斜角度等状态的实时角度值；长度传感器用于采集吊臂长度、尾部回转半径的实时长度值。

4. 继电器

继电器设常开/闭触点。

5. 行程开关

行程开关用于支腿跨距、配重状态、挂齿状态的信号传输。

6. 电磁阀

电磁阀用于动力系统、液压系统、风动系统的信号传输。

7. 中央集电环

中央集电环用于上车和下车控制器之间的电子数据传输。

8. 实时数据记录仪

数据实时记录仪的作业数据记录总时长不少于 36 h，且具有车体状态睡眠与唤醒检测记录功能。同时，随机配备的数据处理软件应有按设定条件对下载的数据文件进行检索，分析及导出功能。

(1) 当起重力矩达到额定起重力矩的 102% 时，自动将起重机当前工作状态（包括工况、吊臂长度、工作幅度、实际起重量、额定起重量、回转角度、车体倾斜角度、配重状态、挂齿状态、支腿状态、均载状态、尾部回转半径、是否切换冗余系统、工作日期及当前时间等参数）作为一次超载记录加以存储，超载记录有效循环存储次数不少于 1 000 次。

(2) 当起重机正常工作且当前工作状态（包括回转、变幅、力矩等状态）无变化时，实时数据记录仪每隔 2 min 自动将起重机当前工作状态作为一次记录加以存储。

(3) 当起重机正常工作且当前工作状态（包括回转、变幅、力矩等状态）发生变化时，实时数据记录仪每隔 1 s 自动将起重机当前工作状态作为一次记录加以存储。

(4) 实时数据记录仪具有数据转储功能。

**五、对力矩限制器安全控制显示和误差要求**

1. 力矩限制器的综合误差和显示误差

力矩限制器的综合误差和显示误差均不应超过 ±5%，其误差计算公式如下：

$$综合误差 = \{(动作点 - 设定点)/设定点\} \times 100\%$$

$$显示误差 = \{(显示值 - 实测值)/实测值\} \times 100\%$$

2. 力矩限制器安全控制

(1)当实际起重力矩达到95%的额定起重力矩时,力矩限制器应发出声光预警信号。

(2)当实际起重力矩超过100%的额定起重力矩(最大允许达到105%)时,力矩限制器应出声光超载报警信号,并立即使起重机停止向不安全方向继续动作,而允许司机操纵起重机向安全方向动作。

### 六、电气设备的对地绝缘要求

电气系统的设计、制造应保证起重机各部件传动性能和控制性能能安全、可靠、维修方面。

1. 电气系统设计和制造要求

直流电路,对地绝缘电阻应大于1 MΩ(应采用万用表检测)。

使用220 V交流电路的铁路起重机,220 V交流电路部分对地绝缘电阻应大于0.5 MΩ(应采用500 V兆欧表检测)。

2. 电气设备布线规则

铁路起重机上的电线、电缆采用具有阻燃性质的多股单(多)芯铜线。对于电子装置、伺服机构、传感元件等能确认安全可靠的连接导线截面积不作规定。

铁路起重机布线应在电线槽、电线管内敷设或用缠绕管捆扎。司机室内应采用暗敷并在适当位置加装电线卡固定。

各路的布线,应避免相互干扰,主电路、控制线路等应分管布线,所有回路应有线号。线号清晰、牢固、耐久。

线号1~100为主回路(有关柴油机的控制回路);101~400为照明线路;401~1 000为控制回路。

采用线管、槽或暗敷方式布线时,电线或电缆在管、槽内不允许有任何接头并留有足够的备用线。接头应在接线板或电气元件上,电气元件上的引入线宜从接线板接入。

电线或电缆端部头采用压接、锡焊焊接或指定工艺制作接头,应加套并有清晰的线号。

机上各种嵌入式电器的接线、操作台可翻面电气元件接线,应留有不少于100 mm长度余量的电线,以便维修。

穿线管口和机上金属构件上的穿线孔边缘不应有毛刺、飞边等易破坏电线绝缘层性能的缺陷。穿线管口和金属构件上的穿线孔应加橡胶护圈或以绝缘材料包扎。

所有电器和电线(缆)间的金属连接件、紧固件均要经过镀锌钝化处理。

3. 电气设备安装要求

(1)接地(车体)线要求:

直流系统采用不设搭铁开关的负极接地(车体)方式。

所有接地接头处均有防止锈蚀和加强紧固的措施,保证接触可靠。

电子控制系统应敷设专用电源线,不允许使用车体作负极回路。

(2)起重机照明和信号:

司机室操作台上照明灯照度不低于50 lx,仪表灯的照度不低于10 lx。

机械室内检修用照明灯照度不低于40 lx。

铁路起重机的前、后端应安装照明灯和红色信号灯。

根据现场夜间救援的需要,在吊臂的头部下方设置照明灯(始终垂直照向地面)。

铁路起重机安装有力矩限制器,并具有声光报警功能。

(3)插头、插座及开关:

相同规格的插座应能互换。

直流插座接线，面对插座，左正右负。

壁装式开关规定向下按（扳动）时为断电，向上按（扳动）时为通电。

转台两侧各设一个检修用便携式手灯插座。

电气设备应安装牢固，并方便维修。

## 第七节　铁路起重机试验

### 一、电路对地绝缘电阻检查

1. 直流电路

直流电路，对地绝缘电阻应大于 1 MΩ。

检验直流及控制回路对地绝缘电阻时，不允许采用兆欧表，应采用万用表测对地电阻。

2. 220 V 交流电路

220 V 交流电路，对地绝缘电阻应大于 0.5 MΩ。

检验 220 V 交流电路对地绝缘电阻时，采用 500 V 兆欧表检测。

### 二、单车试验

铁路起重机落成后，应按照 TB/T 1492 的规定进行单车试验，试验结果应满足有关性能要求。

进行空气制动装置单车试验时，各基础制动部分能准确进行工作。

### 三、起重性能试验

起重性能试验包括：空载试验、静载试验、动载试验。

在试验中使用支腿时，底架上平面应处于水平状态，其倾斜度不超过 0.5°。不使用支腿试验时，应在平直路上进行，线路两股钢轨顶面应保持同一水平，允许误差不大于 6 mm。

试验时的风速应不大于 8.3 m/s。

铁路起重机与吊臂平车联挂并在回送状态，在平直线路上测自力走行 100 m 所需时间（不含加速和制动的距离），计算自力走行速度。

当自力走行达到最高速度时施行制动，测量制动距离、制动距离应符合设计要求。

测量司机室内任意一点的噪声不应超过 85 dB(A)。

对于伸缩臂式铁路起重机，吊起试验载荷 $P_3$（$P_3=1.1Q_3/3$，$Q_3$ 为当前伸缩区段最长臂相对应的额定起重量），进行带载伸缩试验，往返两次，不应有爬行、异音或抖动现象。

### 四、支腿油缸回缩试验

吊起最大额定起重量，将吊臂旋转到支腿承受最大压力位置，测量距吊臂最近的支腿支撑油缸活塞杆回缩量，10 min 回缩量不允许大于 2 mm。

### 五、稳定性试验

稳定性试验包括：前翻稳定性试验，后翻稳定性试验。

### 六、结构试验

结构试验包括：钢结构强度测试，钢结构刚度测试。

以底架刚度测试方法为例：吊起最大额定起重量 $Q$，离开地面 100 mm 左右时。在吊臂一侧底架侧梁的全长范围内取三点：侧梁两支腿轴心处各取一点，用钢丝拉成水平线，在该侧梁中央断面取一点,并贴上坐标纸,吊重时测量该点的向下位移。

实际测试出中央断面向下位移为挠度值 $f$,两支腿轴心距离 $L$,其挠跨比为 $f/L$。此值一般规定:$f/L \leqslant 1/700$ 为合格。

### 七、液压系统试验

液压系统试验包括:最大工作压力的测定,系统压力损失的测定,平衡阀控制口最低开启压力测定,起升回路最大流量的测定,最大温升和工作温度试验。

### 八、回送试验

回送试验包括:厂线回送试验,干线回送试验。

以厂线回送试验为例:在曲线上检查转向架各部件的相对运动不应受到限制,检查转向架与底架之间的连接装置及其他各部件,不应发生碰撞及损伤,检查间隙是否正常。

### 九、动力学性能试验

动力学性能试验包括:厂线动力学试验,干线动力学试验。

铁路起重机动力学性能,按 GB/T 17426 要求的试验方法进行试验,试验中测得的各项动力学性能数据,按照 GB/T 17426 中的要求进行数据处理和评定。

### 十、自力走行爬坡能力试验

以坡上启动性能测试为例:观察铁路起重机和吊臂平车的溜车现象以后,先操纵走行手柄继续向上坡方向运行,后操纵手制动装置(包括:铁路起重机的手制动装置和吊臂平车的手制动装置)缓解,再观察铁路起重机和吊臂平车能否继续爬坡,若能继续爬坡,说明铁路起重机在坡道上停车后再启动性能符合设计要求。需要做两次。

## 第八节 司机室、机械室、宿营室

### 一、司 机 室

司机室设在转台的左前方或正前方,要求视野良好,便于瞭望。室内设司机座椅,座椅应能进行调节。司机上下车出入方便。

司机室内设有空调装置,保证室内温度保持在 10 ℃~30 ℃之间。

司机室应有良好的照明、防寒、防火、防震、防雨、隔音措施。噪声不超过 85 dB(A)。司机室、宿营室应符合 TB/T1802 漏雨试验要求。

司机室前窗采用防霜冻玻璃,所有车窗采用安全玻璃(钢化玻璃)。前窗应设刮雨器及遮阳装置。

司机室门采用横拉式,门窗关闭时要严密,运行中不应有振动噪声。

司机室内设有各种控制仪表,安全显示装置等均应安放在司机的视线内。设有报警装置、无线电通讯设施和双音喇叭及其开关等。司机与地面救援指挥人员联系用的相当于双工频功能的无线通讯设备。

### 二、机 械 室

机械室两侧设置检修门和通风用百叶窗门。机械室顶部设有安全上车扶手。扶手应牢固。

北方地区在机械室内,柴油机应设置防寒设施,如防寒被、循环水加热器或低温启动装置等,保证在低温情况下柴油机能够启动。

### 三、宿营室吊臂平车

吊臂平车技术要求：

定员：4 人～8 人。

限界符合 GB 146.1 车限-1A，车限-1B 的规定。

采用的货车转向架应符合 TB/T 1883 或相关标准的规定。采用的客车转向架应符合 TB/T 1490 或相关标准的规定。

吊臂平车配备大于等于 10 kW 的柴油发电机组，起重机在驻地照明和生活用电使用地面交流 220 V 或 380 V 电源，在救援现场使用发电机组电源。

设车长阀和手制动装置。

宿营室内设有简易厨房、软卧包间、不锈钢储水箱、空调、更衣箱、灭火器等，北方寒冷地区增设暖气设备。

吊臂平车与铁路起重机连接处设置防滑走台板，吊臂平车上设置工具箱、不锈钢板制造的储油箱。

各型铁路起重机吊臂平车的主要技术参数与性能参数见表 7-6-26。

**表 7-6-26 各型铁路起重机吊臂平车主要技术与性能参数表**

| 序号 | 项 目 | NS160× | NS125× | NS100× | N160× | N100× |
|---|---|---|---|---|---|---|
| 1 | 构造速度/(km/h) | 120 | 120 | 80 | 85 | 80 |
| 2 | 转向架型式 | 209T | 209T | 209T | 货车曲梁型 | 货车转 8A |
| 3 | 车钩连接线间水平距离/mm | ≥21 338 | ≥21 338 | ≥17 938 | ≥21 338 | ≥20 138 |
| 4 | 车辆定距/mm | 14 800 | 14 800 | 14 400 | 14 800 | 14 800 |
| 5 | 车钩型号 | 13 | 13 | 2 | 13 | 2 |
| 6 | 回送状态车钩高度/mm | 880±10 | | | | |
| 7 | 轨距/mm | 1 435 | | | | |
| 8 | 可通过的最小曲线半径/mm | 145 | | | | |
| 9 | 车体的最大宽度与最大高度 | 符合 GB 146.1 车限-1A，车限-1B 的规定 | | | | |
| 10 | 轴重/t | ≤17 | ≤17 | ≤21 | ≤21 | ≤21 |
| 11 | 自重/t | ≤41 | ≤41 | ≤41 | ≤33.5 | ≤31.4 |
| 12 | 载重/t | ≤10 | ≤10 | ≤10 | ≤18 | ≤5.3 |
| 13 | 制动系统 | 104 阀 | | | | |

# 第七章 履带起重机

## 第一节 概述

### 一、工作原理

履带起重机是以履带为运行方式的流动式起重机。它可以进行物料起吊、运输、装卸和安装等作业。履带起重机具有接地比压和转弯半径小、爬坡能力大、起重性能好、可带载行驶等优点,在冶金、电力建设、市政工程、桥梁施工、石油化工、水利水电等行业应用广泛。

履带起重机可以实现对重物的水平移动和垂直高度的提升。重物垂直高度的提升通过起升机构或变幅机构改变臂架仰角来实现。重物水平的移动可以通过变幅系统改变臂架角度来实现,也可以通过回转机构将重物以回转中心为圆心进行圆周方向的移动。另外履带起重机的优势在于可实现带载行走,可以通过行走机构使重物随着起重机一起移动。

履带起重机一般具有较大的起重量和工作幅度,因此必须具备足够的抗倾覆稳定性,这也体现了其工作原理——杠杆原理。起重机抗倾覆稳定性是指起重机在自重和外载荷作用下抵抗倾覆的能力。履带起重机主要运用力矩平衡的方法来防止其发生倾覆。若履带起重机如图 7-7-1 所示吊载时,以前倾覆线为基准,其右侧的臂架自重 $G_{bi}$ 和起升载荷 $Q$ 产生的是倾覆力矩;其左侧的下车自重 $G_{xiache}$、转台系统自重 $G_{tai}$、配重 $G_P$ 等产生的是稳定力矩。为了防止履带起重机倾覆,必须保证作用于履带起重机上包括自重在内的各项载荷对危险倾覆线的力矩代数和大于零,即 $\sum M = \sum M_稳 - M_倾 > 0$。

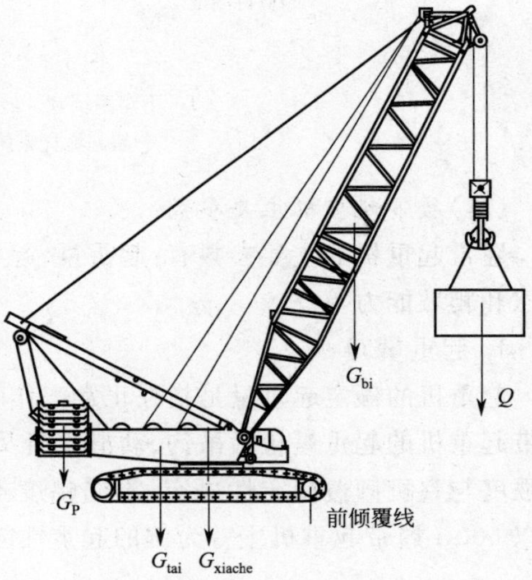

### 二、整机组成与主要参数

#### (一)履带起重机组成

图 7-7-1 履带起重机的倾覆稳定性简图

履带起重机由臂架系统、转台系统、下车系统组成,如图 7-7-2a 所示。

臂架系统是履带起重机的重要承载部件,通过臂架能够将重物提升到一定的高度,通过变幅机构改变臂架的工作仰角可达到变幅的目的,并增大作业范围。其主要包括主臂、副臂、桅杆、人字架、拉板、撑杆等。

转台系统用于放置各机构、动力传动等部件,尾部连接有配重。回转支承用于连接转台与下车,以实现转台系统与臂架系统相对于下车的 360°回转。

下车系统是主要支撑部件,在动力装置的驱动下可以实现带载行走。其主要包括车架、履带行走装置和车身压重,履带行走装置由履带架、四轮一带(驱动轮、导向轮、支重轮、拖链轮、履带)组成。

为了提高起重性能,履带起重机设有超起系统,如图 7-7-2b 所示。超起系统是在标配基础上增加了必要的结构部件、机构部件,甚至动力部件,如超起桅杆、超起配重等。超起桅杆用于改善臂架受力,提高同等臂长小幅度下的起重性能;超起配重用于提高整机抗倾覆能力,进而增加同等臂长大幅度下的起重性能。超起系统的使用可以有效提高整机起重性能。

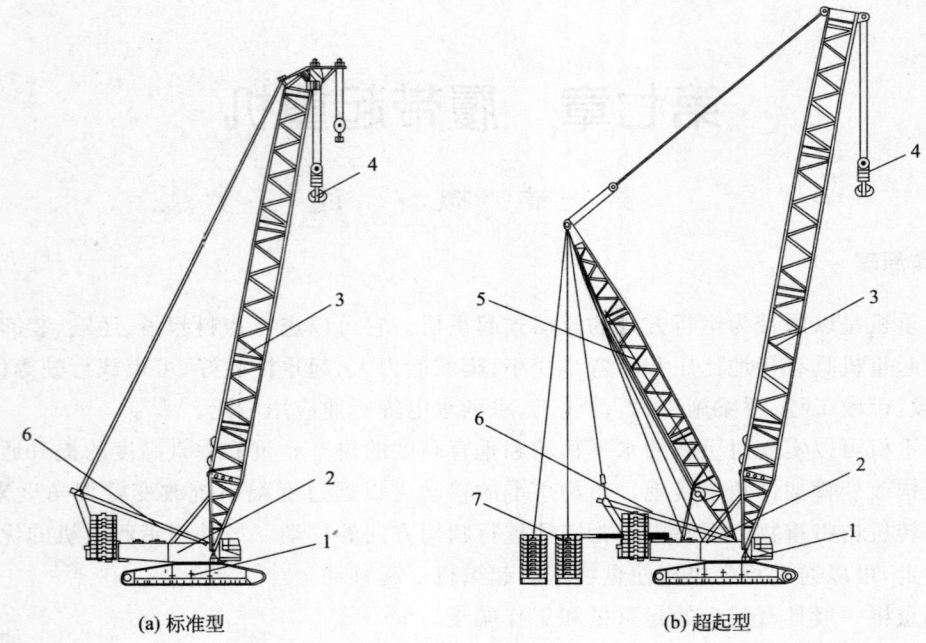

(a) 标准型　　　　　　　　(b) 超起型

图 7-7-2　履带起重机整机结构图
1—下车系统；2—转台系统；3—臂架系统；4—吊钩系统；
5—超起桅杆系统；6—桅杆系统；7—超起配重系统

### (二) 履带起重机主要参数

履带起重机的主要参数有：起重量、起重力矩、工作幅度、起升高度、机构工作速度、自重、接地比压和爬坡能力等。

#### 1. 起重量 Q

起重机的额定起重量是指在正常工作时允许一次提升的最大质量，单位为吨(t)或千克(kg)。履带起重机的起重量包括吊钩、动滑轮组及臂架头部滑轮组之间钢丝绳的重量。起重量主要由臂架强度与整机倾覆稳定性决定，不同幅度不同臂长下的起重量不同，构成了起重性能表，表 7-7-1 是以 600 t 履带起重机主臂为例的起重性能表。

表 7-7-1　600 t 履带起重机主臂起重性能表　　　　　　　　　　　　　　t

| 工作幅度/m | 主臂臂长/m | | | | | | | | | | |
| --- | --- | --- | --- | --- | --- | --- | --- | --- | --- | --- | --- |
| | 24 | 30 | 36 | 42 | 48 | 54 | 60 | 66 | 72 | 78 | 84 |
| 6 | 600 | | | | | | | | | | |
| 7 | 573 | 570 | 567 | | | | | | | | |
| 8 | 506 | 503 | 499 | 497 | 494 | | | | | | |
| 9 | 405 | 404 | 402 | 401 | 400 | 400 | 399 | | | | |
| 10 | 333 | 331 | 330 | 328 | 327 | 327 | 326 | 325 | 301 | | |
| 12 | 244 | 242 | 240 | 239 | 237 | 237 | 236 | 235 | 235 | 234 | 212 |
| 14 | 191 | 189 | 187 | 186 | 184 | 184 | 183 | 182 | 181 | 181 | 179 |
| 16 | 156 | 154 | 153 | 151 | 149 | 149 | 147 | 147 | 146 | 145 | 144 |
| 18 | 132 | 130 | 128 | 126 | 125 | 124 | 122 | 122 | 121 | 120 | 119 |
| 20 | 113 | 111 | 109 | 108 | 106 | 105 | 104 | 103 | 102 | 101 | 100 |
| 22 | 99 | 97 | 95 | 93 | 92 | 91 | 89 | 89 | 88 | 87 | 85 |

续上表

| 工作幅度/m | 主臂臂长/m | | | | | | | | | | |
|---|---|---|---|---|---|---|---|---|---|---|---|
| | 24 | 30 | 36 | 42 | 48 | 54 | 60 | 66 | 72 | 78 | 84 |
| 24 | | 86 | 84 | 82 | 80 | 79 | 78 | 77 | 76 | 75 | 74 |
| 26 | | 77 | 75 | 73 | 71 | 70 | 69 | 68 | 67 | 66 | 64 |
| 28 | | 70 | 67 | 65 | 63 | 62 | 61 | 60 | 59 | 58 | 56 |
| 30 | | | 61 | 59 | 57 | 56 | 54 | 53 | 52 | 52 | 50 |
| 34 | | | | 49 | 47 | 45 | 44 | 43 | 42 | 41 | 39 |
| 38 | | | | 41 | 39 | 38 | 36 | 35 | 33 | 32 | 30 |
| 42 | | | | | 33 | 32 | 30 | 28 | 27 | 26 | 24 |
| 46 | | | | | 27 | 24 | 23 | 22 | 20 | 20 | 18 |
| 50 | | | | | | 20 | 19 | 17 | 16 | 14 | |
| 54 | | | | | | 17 | 16 | 14 | 13 | 10 | |
| 58 | | | | | | | 13 | 11 | 10 | 7 | |
| 62 | | | | | | | | 9 | 7 | 5 | |
| 66 | | | | | | | | 5 | | | |

## 2. 起重力矩 M

履带起重机起重力矩是指起重量($Q$)和其相应工作幅度($R$)的乘积,即 $M=QR$,单位为千牛·米(kN·m)。最大起重力矩是指起重机正常工作时起重力矩的最大值,一般在最大起重量附近获得。起重力矩往往更能真实体现起重性能,故有些厂家的产品也将起重力矩作为产品型号。

## 3. 工作幅度 R

履带起重机工作幅度是指起重机的回转中心到起重吊钩中心的水平距离,单位一般为米(m),如图 7-7-3a 所示。它与起重机臂架长度 $L$ 与臂架仰角 $\theta$ 有关,随着臂架的俯仰运动而变化,可以获得不同臂长下的幅度曲线,如图 7-7-3b 所示。

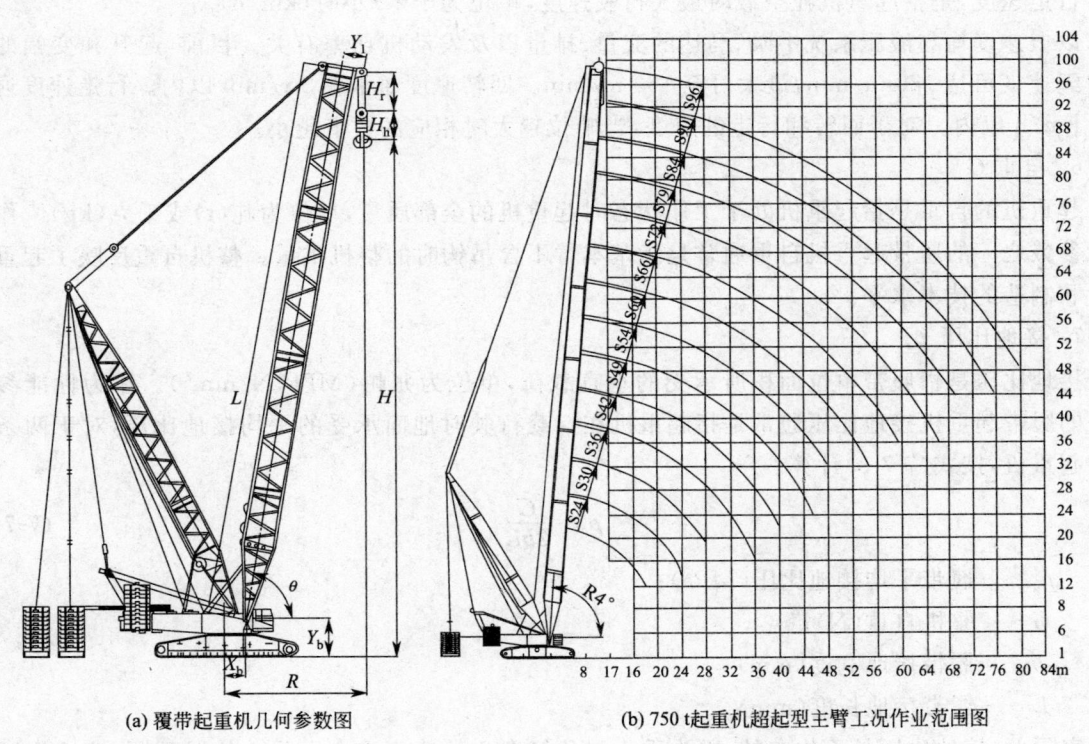

(a) 履带起重机几何参数图　　(b) 750 t起重机超起型主臂工况作业范围图

图 7-7-3　履带起重机作业范围示意图

工作幅度计算公式如下：

$$R = L\cos\theta + Y_1 \sin\theta + X_b \quad (7\text{-}7\text{-}1)$$

式中　$L$——臂架长度(m)；
　　　$\theta$——臂架仰角(°)；
　　　$Y_1$——臂头滑轮组中心与臂架轴线的垂直距离(m)；
　　　$X_b$——臂架根部铰点与整车回转中心的水平距离(m)。

**4. 起升高度 $H$**

起升高度是指支承地面到起重吊钩钩环中心的垂直距离，单位一般为米(m)，如图 7-7-3a 所示。最大起升高度指起重机能将起重量起升的最大垂直距离。履带起重机在不同臂长和不同臂架俯仰情况下可得到起升高度曲线，如图 7-7-3b 所示。

起升高度计算时，应考虑起升高度限位及吊钩自身的高度。

$$H = L\sin\theta - Y_1 \cos\theta + Y_b - H_r - H_h \quad (7\text{-}7\text{-}2)$$

式中　$Y_b$——臂架根部铰点距支承地面的垂直距离(m)；
　　　$H_r$——限位高度，即臂头滑轮组与吊钩滑轮组之间的最小垂直距离(m)；
　　　$H_h$——吊钩滑轮组与吊钩钩环中心之间的垂直距离(m)。

**5. 机构工作速度 $v$**

机构工作速度指起升、变幅、回转和行走四个机构的速度。

起升速度，由于钢丝绳在卷筒上的缠绕层数不同，故每层的最大单绳速度也不同，因此履带起重机的起升速度通常是指在空载时最外层钢丝绳的最大单绳速度，单位为米/分钟(m/min)。

变幅速度是指起重机在空载时变幅卷筒最外层钢丝绳的最大单绳速度，单位为米/分钟(m/min)。变幅速度还可用起重机在相应臂长下从最大幅度到最小幅度所需的变幅时间来表示，单位为分钟(min)。

回转速度，是指起重机在回转机构驱动下，基本臂(最短工作主臂)空载时最大工作转速，单位为转/分钟(r/min)。

行走速度，是指起重机在空载时最大行驶速度，单位为千米/小时(km/h)。

以上速度均与液压系统中泵、马达的流量、排量以及发动机功率有关。目前，起升和变幅的最大单绳速度可达 120 m/min，最大可至 160 m/min。回转速度通常在 3 r/min 以内。行走速度通常在 4 km/h 以内。对于回转和行走的速度，当吨位越大时相应的数值越小。

**6. 自重 $G$**

起重机的自重是指起重机处于工作状态时起重机的全部质量，单位为吨(t)或千克(kg)。作为性能参数之一的履带起重机自重通常是指基本臂不含吊钩时的整机重量。整机自重反映了起重机设计和制造的技术水平。

**7. 接地比压 $p_a$**

接地比压是指履带单位面积所承受的垂直载荷，单位为兆帕(MPa，N/mm²)。作为性能参数之一的履带起重机接地比压通常是指起重机在空载行驶时地面承受的平均接地比压，对于两条履带的起重机，按式(7-7-3)计算。

$$p_a = \frac{G}{2bL} \quad (7\text{-}7\text{-}3)$$

式中　$p_a$——履带平均接地比压(MPa)；
　　　$G$——整机自重(N)；
　　　$b$——履带接地宽度(mm)；
　　　$L$——履带接地长度(mm)。

实际上，接地比压是不均布的，因为重心与几何中心一般不重合。重心位置不同，接地比压会呈矩形、梯形和三角形分布，如图 7-7-4 所示。

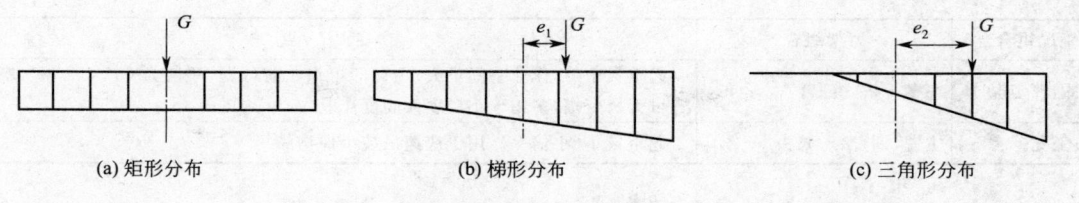

图 7-7-4 接地比压分布图

#### 8. 爬坡能力

爬坡能力是指履带起重机空载时,在正常路面上能爬越的最大坡度,用百分比或度表示。小吨位履带起重机的爬坡能力是重要的行驶能力指标,一般为30%(17°),大吨位履带起重机通常不做要求。

## 第二节 结构设计与选型

### 一、臂架结构组成与构造设计

#### (一)工况组合型式

臂架工况组合主要包括主臂工况、固定副臂工况、塔式副臂工况和鹅头工况,如图7-7-5所示,各工况的特点见表7-7-2。为安全起见,几种工况组合一般不同时作业。当臂架较长时,为减小臂架挠度,通常会在变幅拉板与臂架之间增设腰绳装置,如图7-7-5a所示。

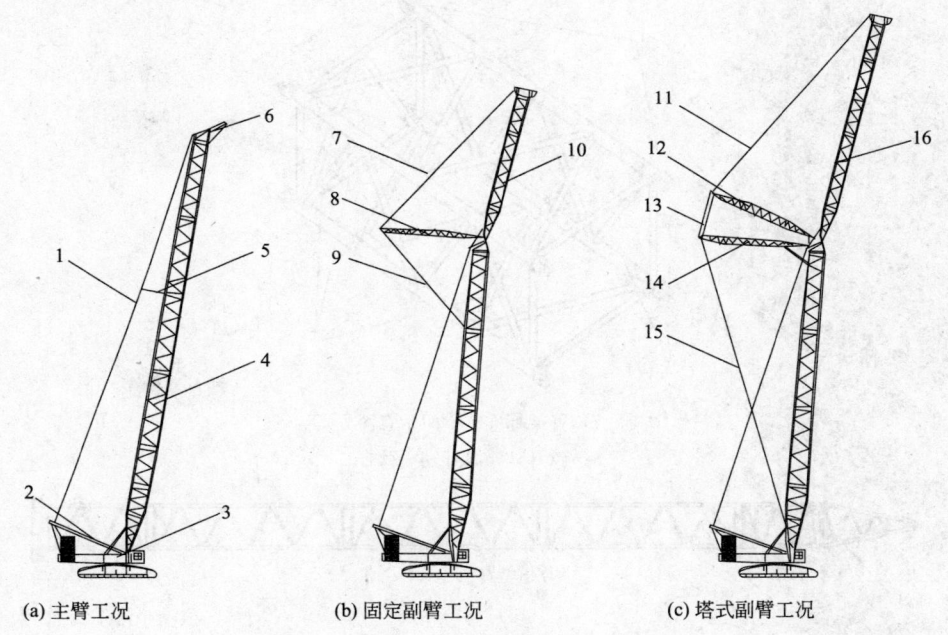

图 7-7-5 履带起重机工况组合

1—拉板;2—桅杆;3—转台;4—主臂;5—腰绳;6—鹅头;7—固定副臂前拉板;
8—固定副臂撑杆;9—固定副臂后拉板;10—固定副臂;11—塔式副臂前拉板;12—塔式副臂前撑杆;
13—塔式副臂变幅绳;14—塔式副臂后撑杆;15—塔式副臂后拉板;16—塔式副臂

表 7-7-2 工况组合特点

| 工况组合 | 臂架组合 | 特 点 |
|---|---|---|
| 主臂工况 | 主臂 | 起重量大,安装方便,作业空间(幅度与高度)比副臂工况小;可无极变幅,臂架仰角一般为30°~85° |
| 固定副臂工况 | 主臂+固定副臂 | 起重量较小,作业空间大;主臂无极变幅,副臂随主臂变幅,副臂安装角(固定副臂与主臂夹角)作业前可调,一般为10°/30° |

续上表

| 工况组合 | 臂架组合 | 特 点 |
|---|---|---|
| 塔式副臂工况 | 主臂＋塔式副臂 | 起重量中等，作业空间更大；主臂仰角作业前可调，一般为 65°/75°/85°，塔式副臂可无极变幅，多用于小幅度大高度作业 |
| 鹅头工况 | 主臂（副臂）＋鹅头 | 起重量小（小倍率），用于快速吊装小件物品 |

（二）结构组成

履带起重机主臂、固定副臂和塔式副臂结构型式类似，为空间桁架结构，由底节、顶节（含臂头）及标准节组成，臂节之间通过销轴连接。图 7-7-6a 是标准节，为调节臂长之用，每个臂节均为焊接结构。

臂架从尺寸规格角度可分为重型臂、轻型臂和重轻组合型臂，以提供使用的多样性，如图 7-7-6b 所示，三者的特点见表 7-7-3。

表 7-7-3 臂架结构特点

| 臂架种类 | 特 点 |
|---|---|
| 重型臂 | 截面大，起重量大，自重大 |
| 轻型臂 | 截面小，起重量小，自重轻 |
| 重轻组合型臂 | 重型臂节＋过渡节＋轻型臂节，自重适中，长度适中 |

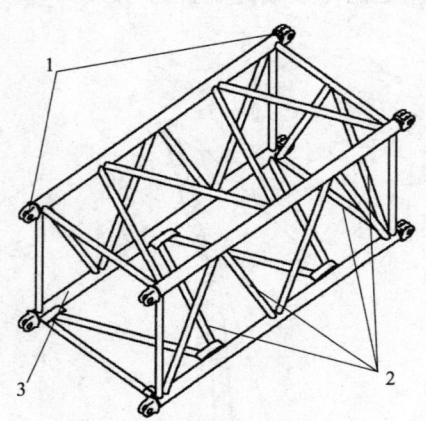

(a)臂架标准节空间示意图
1—铰耳；2—腹杆；3—弦杆

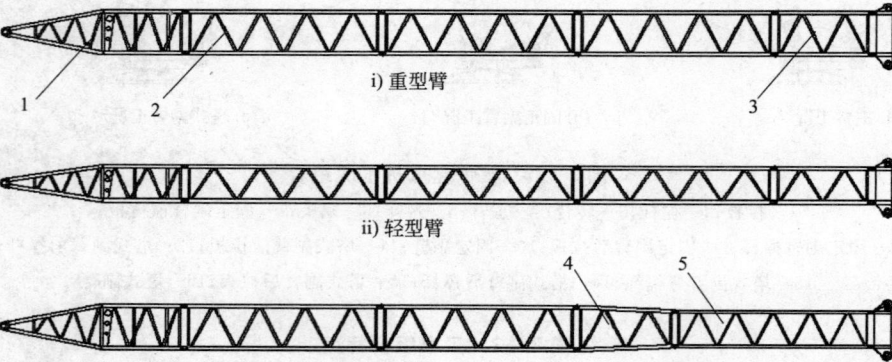

i) 重型臂

ii) 轻型臂

iii) 重轻组合型臂

(b)三种臂架型式变幅平面示意图
1—底节；2—标准节；3—顶节；4—重轻组合过渡节；5—轻型标准节

图 7-7-6 臂架示意图

### (三) 构造设计

履带起重机臂架的各臂节由弦杆与腹杆焊接而成，截面通常为矩形，如图 7-7-6a 所示。弦杆主要承担臂架轴向力，腹杆主要承担剪力。它们一般采用圆形无缝钢管结构，以提高臂架抵抗屈曲的能力，减小风阻力。设计时，尽量避免弦杆对接焊。

#### 1. 标准节结构设计

标准节通常采用三角形腹杆体系，腹杆分为直腹杆、斜腹杆和空间腹杆，其作用与位置见表 7-7-4。斜腹杆一般与弦杆呈 55°～70°布置，以保证弦杆及腹杆的单肢稳定性。腹杆可采用点对点焊接或交叉焊接，如图 7-7-7 所示，前者用于小吨位，后者用于大吨位。空间腹杆可采用图 7-7-7 中两种方式，图 a 用于大吨位，图 b 为通用型式。

表 7-7-4 腹杆分类与特点

| 种类 | 位置 | 作用 | 种类 | 位置 | 作用 |
|---|---|---|---|---|---|
| 直腹杆 | 端部 | 保证臂架端部刚度 | 空间腹杆 | 端部 | 保证臂架空间刚度 |
| 斜腹杆 | 中间 | 承担剪力 | | | |

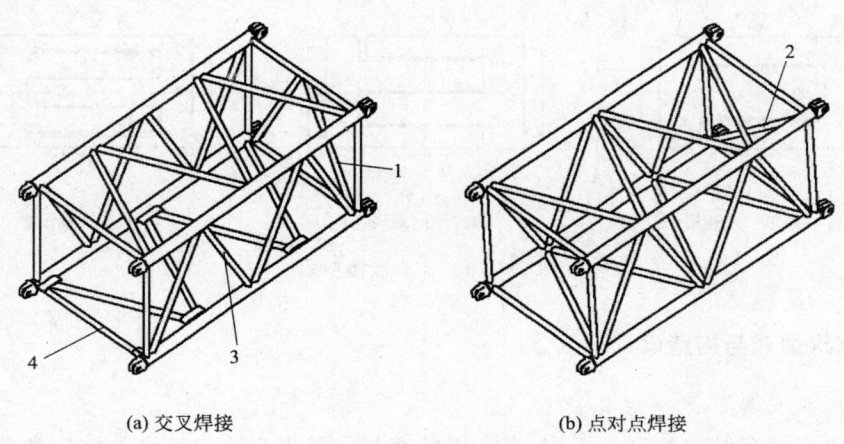

(a) 交叉焊接　　　　(b) 点对点焊接

图 7-7-7　腹杆布置图
1,2—空间腹杆；3—斜腹杆；4—直腹杆

#### 2. 底节及顶节设计

臂架底节与顶节更多承受集中载荷，通常为变截面型式。

臂架底节在变幅平面为变截面型式，在臂架根部收缩于臂架与转台连接销孔外；回转平面一般为等截面型式，如果臂架根部所承受的侧向弯矩较大，也有成梯形型式。图 7-7-8 是主臂底节的典型构造。

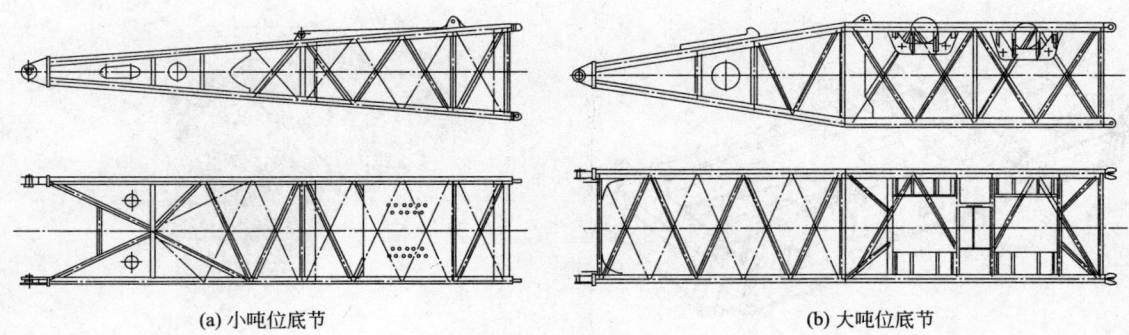

(a) 小吨位底节　　　　(b) 大吨位底节

图 7-7-8　主臂底节型式

臂架顶节在变幅和回转平面一般都是变截面型式，图 7-7-9 是主臂顶节的典型构造。

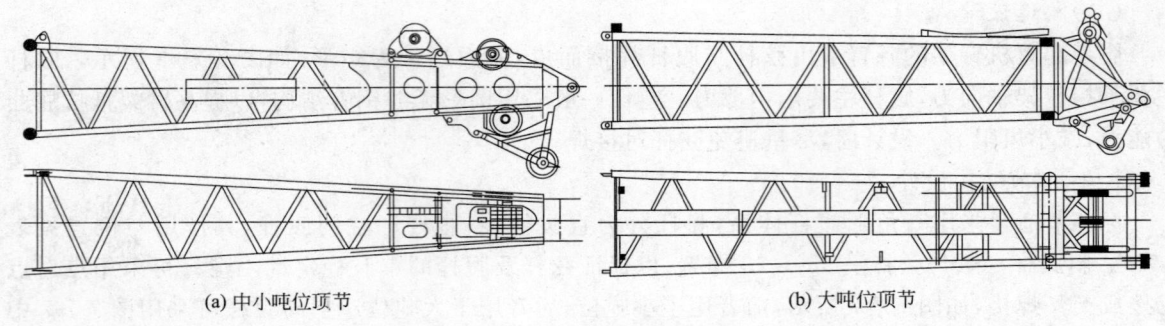

(a) 中小吨位顶节　　　　　　　　　　(b) 大吨位顶节

图 7-7-9　臂架顶节型式

### 3. 臂节接头设计

臂架一般由若干标准节组成，标准节间通过销轴连接，轴孔之间采用间隙配合。标准节销轴连接型式大体分为单—双铰接、双—双铰接、三—双铰接，如图 7-7-10 所示。后两者可有效降低销轴直径，但对制作工艺要求高，需要保证接头的承载面精度，使载荷均匀。

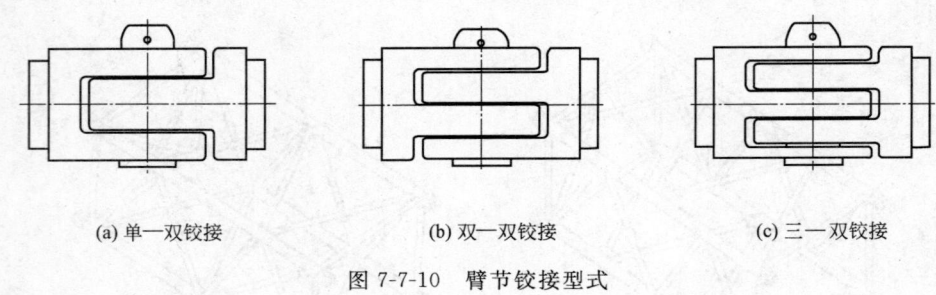

(a) 单一双铰接　　　　　　(b) 双—双铰接　　　　　　(c) 三—双铰接

图 7-7-10　臂节铰接型式

## 二、转台结构型式与构造设计

### (一)结构型式及其布局

转台系统根据转台结构的型式不同，有不同的布局。履带起重机转台的结构型式主要有：开放式转台结构、封闭式转台结构和组合式转台结构。

### 1. 开放式转台结构及其布局

开放式转台结构，如图 7-7-11 所示，主要是由两根纵梁和若干横梁组成，由于纵梁高度小，发动机、卷扬等部件布置在转台上方，通过销轴连接。也正因为纵梁高度小，转台整体刚度较小，通常用于小吨位的履带起重机。

开放式转台的布局如图 7-7-12 所示，在纵向轴线上，布置有起升、变幅卷扬，两旁布置有发动机、司机室、燃油箱、液压油箱等。

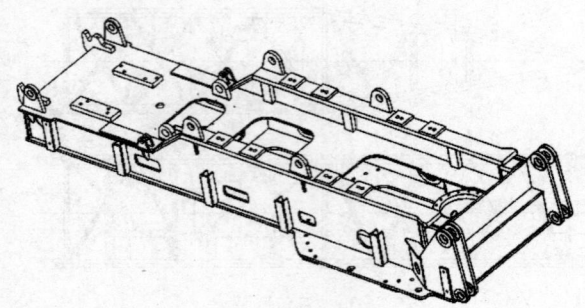

图 7-7-11　开放式转台结构

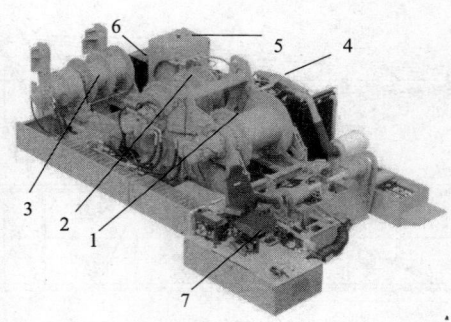

图 7-7-12　开放式转台布局
1—起升卷扬Ⅰ；2—起升卷扬Ⅱ；3—变幅卷扬；
4—发动机；5—液压油箱；6—燃油箱；7—司机室

## 2. 封闭式转台结构及其布局

封闭式转台结构如图 7-7-13 所示,一般由两个工字形或箱型纵梁及若干横梁构成。由于纵梁截面高,整体刚性好,故用于大吨位履带起重机中。通常将机构置于转台内侧,从外观上看具有封闭性,故称为封闭式结构。封闭式转台布局如图 7-7-14 所示,通常纵向轴线上除了布置起升、变幅卷扬外,还有发动机;两侧为液压油箱、燃油箱、司机室等。

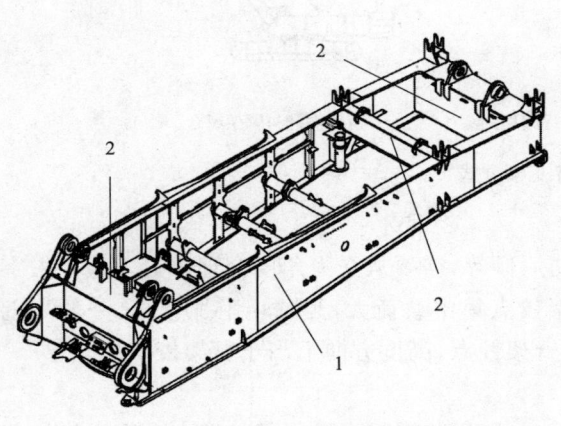

图 7-7-13 封闭式转台结构

1—纵梁;2—横梁

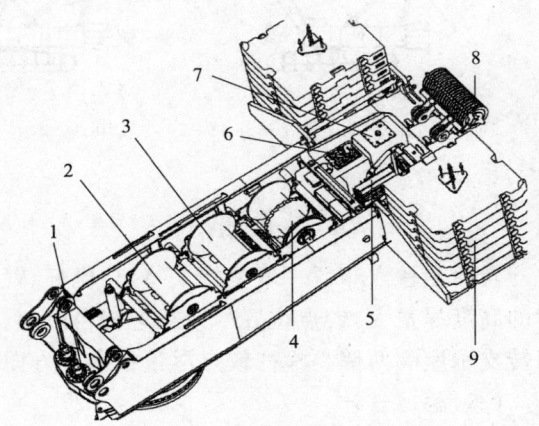

图 7-7-14 封闭式转台布局

1—回转减速机;2—起升卷扬Ⅰ;3—起升卷扬Ⅱ;
4—主变幅卷扬;5—发动机;6—液压油箱;
7—燃油箱;8—主变幅定滑轮组;9—配重

## 3. 组合式转台结构及其布局

对于超大吨位(1 000 t 以上)的履带起重机,由于受外力、尺寸、机构布置等因素影响,使得转台较长,超出运输尺寸的要求,因此通常将转台做成上下或前后可拆的型式,中间用销轴连接,如图 7-7-15 所示。在该结构中,通常将卷扬布置在转台内部,将发动机、液压油箱、燃油箱和电气柜等放在一个动力箱里,装在转台的一侧。

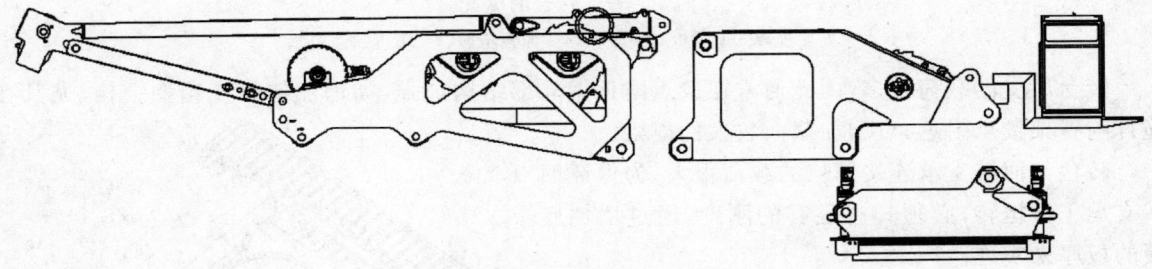

图 7-7-15 组合式转台结构

### (二)铰点布置

转台的受力情况,与主臂变幅的型式有关。不同的变幅方式,转台结构上的铰点布置会不同,从而引起受力的差异。主臂变幅有三种:人字架与臂架组合,人字架、桅杆与臂架组合,桅杆与臂架组合,如图 7-7-16 所示。三者的特点见表 7-7-5。

表 7-7-5 主臂变幅种类与特点

| 变幅种类 | 特 点 |
|---|---|
| 人字架与臂架组合 | 人字架位置固定,臂架在进行仰角变化时,拉板相对臂架铰点力臂有明显变化,影响臂架轴向力 |
| 桅杆与臂架组合 | 桅杆随臂架仰角变化而变化,拉板力臂变化小,有利于臂架轴向力,但起臂时变幅绳力较大;便于实现自装拆功能 |
| 人字架、桅杆与臂架组合 | 取前两者的优点,但三者空间布置相对复杂 |

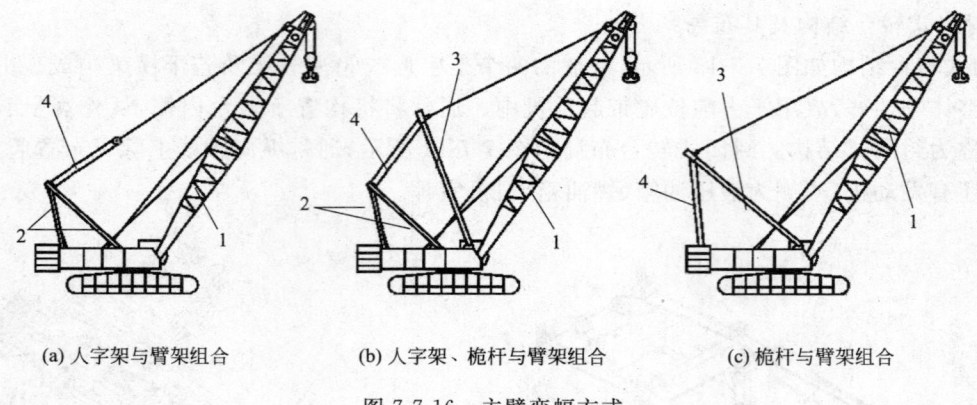

(a) 人字架与臂架组合　　(b) 人字架、桅杆与臂架组合　　(c) 桅杆与臂架组合

图 7-7-16　主臂变幅方式

1—臂架；2—人字架；3—桅杆；4—变幅绳

转台上铰点布置一般是指人字架、桅杆、臂架、防后倾等，需要从受力角度合理布置。通常人字架的高度尽量大，铰点位置尽量靠近转台尾部。臂架铰点集中载荷大，为减小附加弯矩，一般靠近回转支承座圈两侧。桅杆铰点尽量在水平方向靠近臂架铰点，高度方向上高于臂架铰点。

（三）构造设计

从图 7-7-17 可以看出，转台相当于悬臂结构，回转中心附近与回转支承连接，承受载荷与弯矩，相当于固支约束，尾部没有约束，处于自由状态。因此从经济性角度考虑，可将转台做成变截面型式，即尾部截面小，回转支承附近截面大的型式。

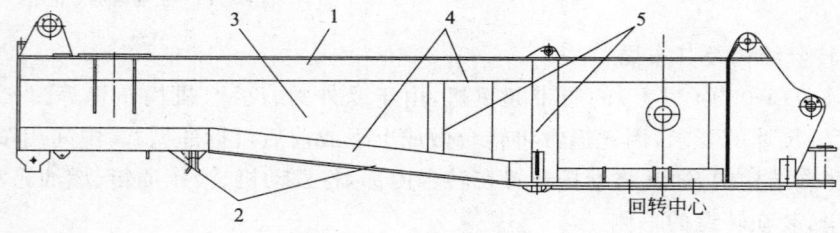

图 7-7-17　转台的纵梁

1—上盖板；2—下盖板；3—腹板；4—加强箱型；5—竖直加强箱型

转台所受的载荷较多，因此通常在铰点附近做局部结构加强，如增加槽钢或箱型结构，尤其在桅杆与臂架铰点附近，可增加截面较大的横梁。

转台与回转支承连接部位的载荷很大，为保证回转支承正常运转，必须具有足够的刚度，通过增加底板的板厚来实现。

## 三、下车结构型式与构造设计

（一）结构型式

履带起重机下车包括车架和履带架，如图 7-7-18 所示。中大吨位起重机，会增设车身压重，保证整机稳定性。

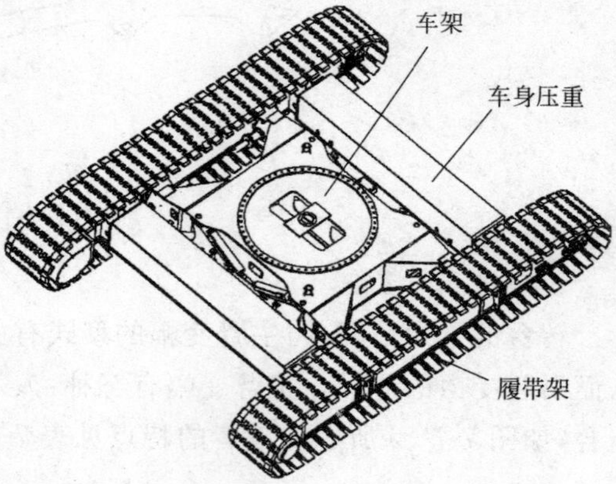

图 7-7-18　下车结构

1. 车架结构型式

现有的车架结构型式通常是 H 型，大吨位起重机考虑运输限制，有放射型与组合型，如图 7-7-19 所示。

2. 履带架结构型式

履带架结构分为开放式和封闭式两种，如图 7-7-20 所示。前者的支重轮置于结构外侧，便于维修，适用于中小吨位起重机；后者的支重轮置于结构内侧，结构截面相对大，刚度强，适用于大吨位起重机。超大吨位起重机由于尺寸与重量运输限制,履带架结构发展成为组合式,采用销轴连接,如图 7-7-21 所示。

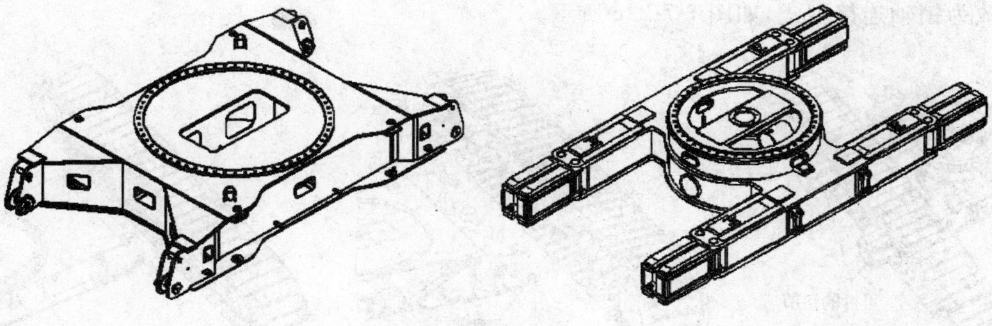

(a) H型

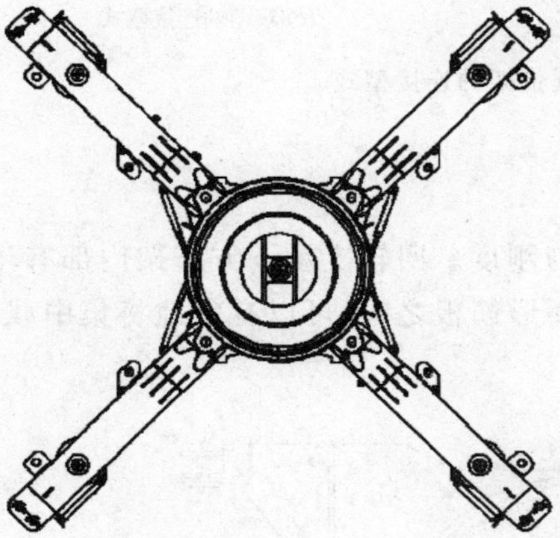

(b) 放射型 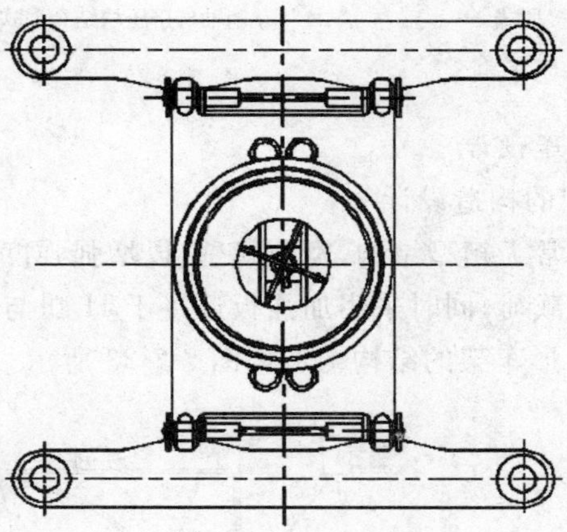    (c) 组合型

图 7-7-19　车架结构型式

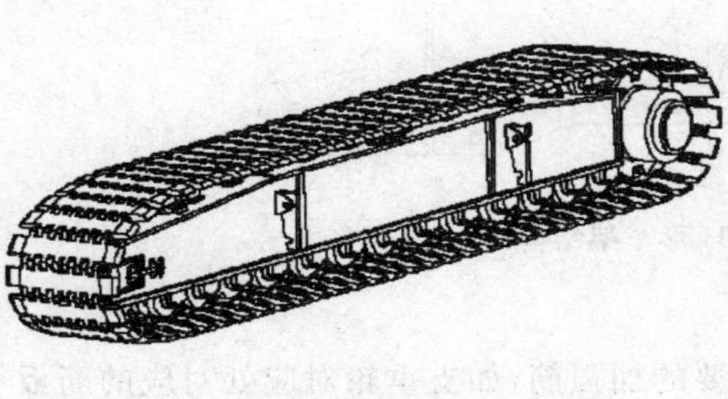

(a) 开放式履带架 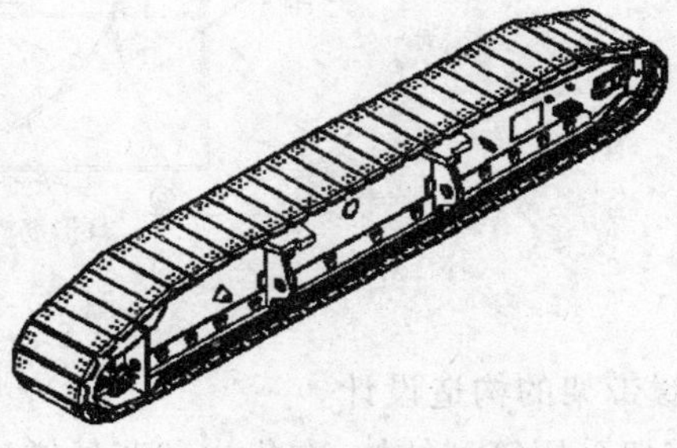　　(b) 封闭式履带架

图 7-7-20　开放式和封闭式的履带架结构

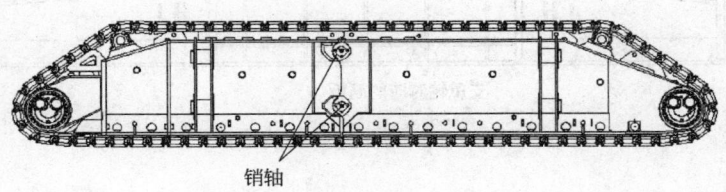

销轴

图 7-7-21　组合式履带架

（二）车架与履带架的连接型式

车架与履带架的连接型式包括套接式和铰接式两种。前者,车架 H 型腿套接在履带架上,通过伸缩油缸来实现轨距(两履带中心间距)变化,如图 7-7-22a 所示。行走时用窄轨距以提高通过

性,作业时用宽轨距以保证整机倾覆稳定性,适用于小吨位的履带起重机。铰接式采用销轴连接与挤压块结合型式,如图 7-7-22b 所示,便于运输、拆卸,用于中大吨位起重机;更大吨位起重机将挤压块也改为销轴连接型式,如图 7-7-22c 所示。

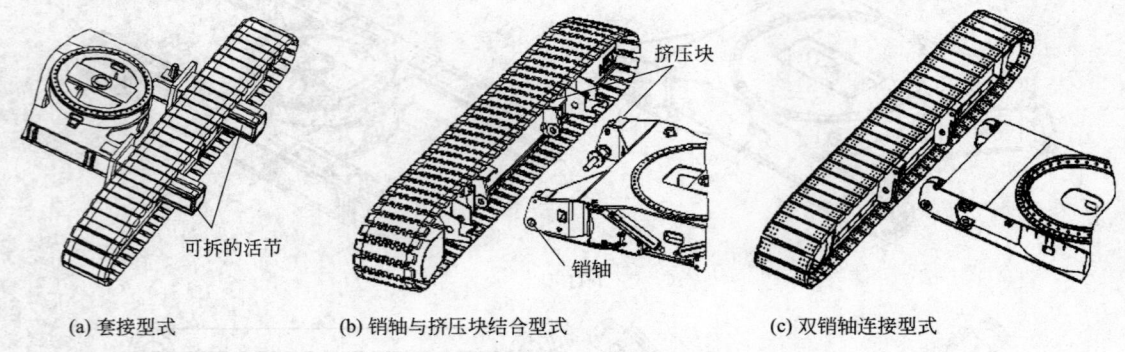

(a) 套接型式　　　　　(b) 销轴与挤压块结合型式　　　　　(c) 双销轴连接型式

图 7-7-22　车架与履带架的连接型式

(三) 构造设计

1. 车架的构造设计

车架通常为箱型结构,宽肢薄壁,以增强强度与刚度。回转支承下方车架内部有环形筋板,以更好地传递载荷,同时采用加强板连接于 H 腿与环形筋板之间,可以有效地将集中载荷传递到履带架上。H 形车架的结构构造如图 7-7-23 所示。

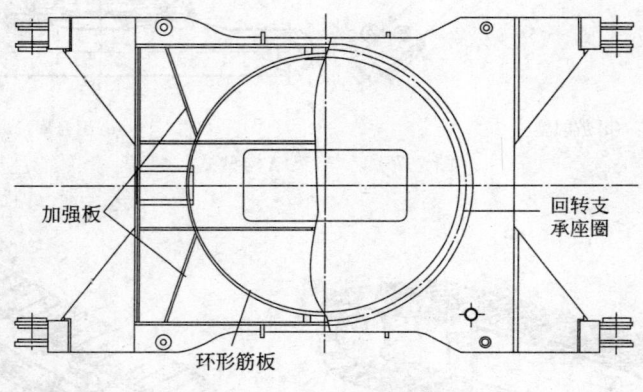

图 7-7-23　H 形车架结构

2. 履带架的构造设计

履带架采用箱型结构,在集中载荷处增加必要的加强筋,如支重轮对应处对应的筋板等。履带架结构构造图如图 7-7-24 所示。

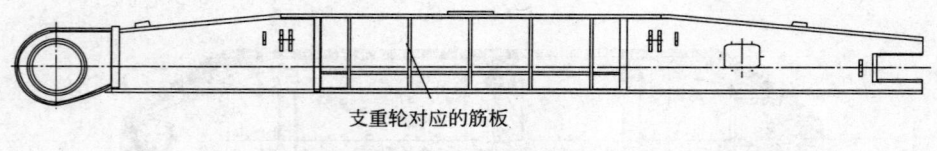

图 7-7-24　履带架结构构造图

## 第三节　总体设计及参数确定

总体设计是履带起重机设计的核心,关系到产品性能的优劣,是产品开发成败的关键。总体设计需要确定整机参数、结构布局、主要构件的基本尺寸与材料性能、各机构的规格型号,以及整机结构、机构间的相互协调。总体设计贯穿于整个设计过程,并且为各单元构件或机构的设计提供理论依据。

履带起重机总体设计流程可以归纳为 6 个步骤:
(1)整机结构型式与技术参数的确定;
(2)构件铰点位置的确定和转台的布局;
(3)整机重量重心分配(整机稳定性);
(4)大型结构件的初步设计;
(5)整机起重性能;
(6)机构的选型初步设计。

### 一、整机结构型式与技术参数的确定

履带起重机设计初期,研发人员需要进行目标市场调研和同类机型对比分析,最终与用户协商确定起重机的设计需求,包括最大起重量、最大起重力矩和整机型式等。同时,起重机性能要满足用户提出的典型工况,确定起重机利用等级、载荷组合及工作级别。

(一)整机结构型式

履带起重机在设计初期需要根据用户需求确定整机型式,包括以下方面:
标准型与超起型的确定;
主臂、固定副臂、塔式副臂的臂架工况组合型式确定;
重型臂、轻型臂与重轻组合臂的臂架结构组合型式确定;
人字架、人字架+桅杆、桅杆的主臂变幅型式确定;
液压传动、机械传动、电力传动、混合动力的传动型式确定。

(二)工作级别与技术参数

根据实际使用要求及《起重机设计规范》(GB 3811—2008)规定,来确定整机工作级别与利用等级。

技术参数表征起重机的性能指标,是设计的依据,表 7-7-6 给出了 160 t 履带起重机技术参数实例。这些参数由用户与设计人员共同根据需要确定。

表 7-7-6　160 t 履带起重机技术参数表

| 项目 | | | 数值 |
|---|---|---|---|
| 最大起重量×幅度/(t×m) | | | 160×5 |
| 基本臂自重/t | | | 167 |
| 基本型 | 主臂 | 臂长/m | 20-83 |
| | | 工作角度/° | 30-85 |
| | 固定副臂 | 最大起重量/t | 22 |
| | | 副臂长/m | 13-31 |
| | | 主臂长/m | 47-71 |
| | | 副臂安装角/° | 10/30 |
| | | 主副臂最大长度/m | 71+31 |
| | 塔式副臂 | 最大起重量/t | 38 |
| | | 副臂长/m | 24-51 |
| | | 主臂长/m | 38-56 |
| | | 主臂工作角度/° | 85/75/65 |
| | | 主副臂最大长度/m | 56+51 |

续上表

| 项目 | | 数值 |
|---|---|---|
| 卷筒单绳速度 | 主起升/(m/min) | 110 |
| | 副起升/(m/min) | 110 |
| | 主变幅/(m/min) | 30×2 |
| 回转速度/(r/min) | | 1.4 |
| 行走速度/(km/h) | | 1.2 |
| 爬坡能力/% | | 30 |
| 接地比压/MPa | | 0.1 |
| 总外形尺寸长×宽×高/m(不含桅杆臂架) | | 10.6×6.9×3.34 |
| 发动机 | 额定功率/转速/[kW/(r/min)] | 227/2 000 |
| | 最大输出扭矩/转速/[Nm/(r/min)] | 1 505/1 400 |
| | 排放标准 | U.S. EPA Tier 3 及 EU Stage Ⅲ |
| 履带轨矩×接地长度×履带板宽度/mm | | 5 800×7 465×1 100 |

## 二、铰点位置的确定与转台的布局

按前面的本章第二节内容确定转台上各铰点位置(包括臂架、桅杆、人字架等)与转台布局。

## 三、整机重量重心的分配与倾覆线尺寸确定

整机重量重心的分配与整机倾覆稳定性有关,需要与倾覆线尺寸协调确定。起重机的 4 条倾覆线组成为矩形,如图 7-7-25 所示。左右两侧倾覆线平行于履带纵向轴线,位于支重轮外沿。前后倾覆线位置与驱(从)动轮是否上翘有关。如果上翘,则认为驱(从)动轮不承担垂直载荷或承担较少的垂直载荷,因而倾覆线在最靠近驱(从)动轮的支重轮中心线上。如果不上翘,则在驱(从)动轮中心线上。之所以为矩形而不是正方形倾覆线,原因是长臂起臂时纵向倾覆力矩较大,因此前后倾覆线间距较大。

倾覆线尺寸确定后可根据整机倾覆稳定性来确定整机重量重心位置。这主要包括臂架、转台、下车、配重等。从经济性角度来看应尽量降低自

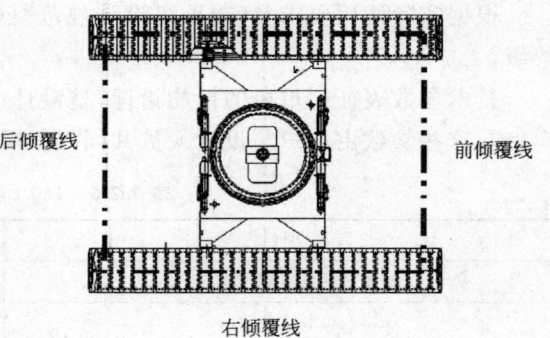

图 7-7-25 履带起重机倾覆线示意图

重,但因杠杆式工作原理,整机必须具备足够的重量,因此配重的重量与重心可适当增加以降低成本。起重机倾覆稳定性计算方法详见第一篇第七章抗倾覆稳定性计算。

## 四、大型结构件的初步设计

臂架、转台和下车等结构件的设计主要考虑强度、刚度及稳定性等因素,这些因素决定了履带起重机的起重性能,具体设计方法见下面相应章节。

### 1. 臂架设计

臂架截面尺寸:主要考虑强度、刚度及稳定性等因素,截面为矩形结构,通常宽度大于高度,宽高根据臂架工作时承受的弯矩初步确定。臂架管径通过计算最大轴向力初步确定。上述综合臂架稳定性计算进行调整。

臂节长度：臂架分为底节、顶节、标准节，臂节长度确定时需要考虑运输尺寸限制。标准节长度适中，太短增加臂架重量和安装时间，太长起重性能梯度大，小吨位一般为3 m、6 m、9 m，大吨位一般为3 m、6 m、12 m，满足臂架长度多样性要求。

2. 转台设计

转台主要尺寸：根据铰点受力，综合转台强度、刚度及稳定性计算，确定转台主要截面尺寸及外形尺寸，同时要兼顾机构的布置空间。

3. 下车设计

下车连接型式：车架与履带架的连接型式在某种程度上受运输尺寸与重量的影响。小吨位的起重机采用套接型式并实现整体运输，中大吨位的起重机采用铰接型式实现拆分运输。

车架结构型式及外形尺寸：根据受力和刚度要求初步确定车架的主要截面尺寸。

履带结构选型与尺寸：取决于设计的履带架刚度，刚度要求大时选用封闭式结构，反之选用开放式结构。

**五、整机起重性能**

履带起重机的起重量主要由臂架强度和整机倾覆稳定性决定，取两者的最小值，即作为相应臂长幅度下的起重性能。图7-7-26显示了同臂长不同幅度的起重性能曲线，强度性能曲线与稳定性性能曲线越接近，表明设计越经济。

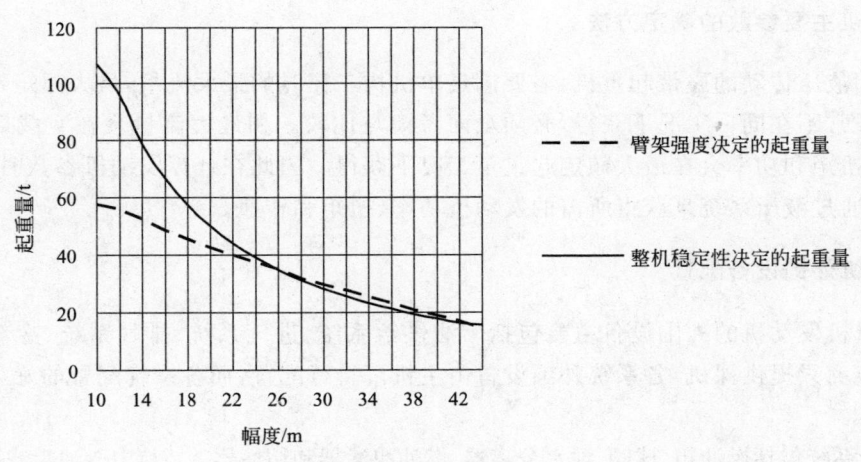

图7-7-26 起重性能曲线

**六、机构的选型与速度初步设计**

起升和变幅机构初步设计包括钢丝绳的拉力计算及选型、卷扬布置、机构选型等。选型时需要考虑减速机和卷扬的匹配性。当起重量较大时，受机构能力及布置空间限制，可考虑多机构同步作业型式。回转机构初步设计包括回转阻力矩的计算，回转支承选型、大小齿圈齿数与传动比确定、减速机选型等。

行走机构初步设计包括行走阻力计算，行走驱动型式确定和机构选型等。其中，机构选型中需要确定驱动轮直径和齿数，进而确定传动比，用于行走减速机选型。

履带起重机行走时需要克服以下行走阻力：地面对履带运行的阻力，不稳定运动时的惯性阻力，坡道阻力，风阻力，转弯阻力，行走装置的内阻力、起升载荷引起的行走阻力。履带起重机在进行平道行驶、爬坡行驶和整机回转时对应不同的阻力组合。

机构计算具体见本章第五节。

## 第四节　动力装置的选择与计算

### 一、发动机的特点与选型

履带起重机用发动机选型时，需要确定功率、扭矩和转速等主要参数，要求发动机有较大的扭矩储备，工作转速一般比车用发动机要低，通常为 2 100 r/min 左右。由于履带起重机需要具备长时间工作能力，因此要求发动机标定的额定功率是连续功率。

除此之外还要特别考虑额定转速、控制方式和排放标准等。

额定转速是发动机的最佳工作转速，在选型时要特别注意，因为这将影响液压元件的选型及整机的速度技术参数。

发动机的控制主要是指对发动机油门的控制，分为机械式与电控式两种。机械式是通过油门拉线来控制供油量的多少，电控式又可细分为两种，一种是将传统的机械式油门拉线改为电磁阀来控制供油量；另一种是电控发动机，这种发动机的每个气缸都配备一个喷油控制电磁阀，由专家系统根据实际负荷的大小控制喷油量的多少，这种发动机的燃油经济性能好，且能达到较高的环保排放标准，但价格比较贵。

欧美等国家对工程机械（非路用）已实施了相应的严格的（欧Ⅲ或 TierⅢ）排放标准。我国工程机械（非路用）的柴油机必须符合 GB 20891—2007 第二阶段型式核准排放限制的要求。用于出口履带起重机上的发动机，所选的发动机要符合出口国排放法规的要求。

### 二、发动机主要参数的确定方法

对于采用液压传动的履带起重机，需要满足单机构工作时的最大流量，最大扭矩及最大功率要求。这三者通常不在同一工况下获得，必须全面考虑与比较。如最大流量会在空载最大单绳速度下获得，最大扭矩和功率会在最大额定起重量工况下获得。因此在计算发动机参数时，需要综合考虑各种工况，通过液压系统来获得所需的发动机功率、扭矩和转速。

### 三、发动机外围设备配置

履带起重机发动机的外围设备主要包括燃油供给系统、进气系统、排气系统、冷却系统等。一般发动机供应商只提供裸机，各系统外围设备由主机厂自行配置，而各系统配置的好坏将影响发动机的性能。

燃油供给系统包括燃油箱、球阀、油水分离器、燃油粗滤器和精滤器等，其中燃油粗滤器和精滤器一般由发动机厂家提供。球阀和油水分离器在燃油供给系统中不是必要元件，可根据实际情况采用。

发动机进气系统根据进气方式不同分为自然进气、涡轮增压、增压后水中冷和增压后空—空中冷四种。前三种进气方式对于主机厂而言只需要选好空气滤清器及滤芯堵塞报警开关或指示器即可；增压后空—空中冷是目前最先进的一种进气方式，它使燃烧更充分，效率更高，输出功率更大，达到更高的排放标准。

排气系统主要考虑消声器的选型。应将发动机的排气噪声降到国家标准允许的范围之内。对于工程机械用消声器其插入损失一般为 10 dB(A)～20 dB(A)。

对于风冷发动机的冷却系统，一般由发动机厂家配置，不需要主机厂进行选型。如果是水冷发动机，需要提供相应参数来进行散热器的选型。

## 第五节　机构设计与计算

履带起重机主要由四大机构组成：起升机构、变幅机构、回转机构与行走机构。由于是液压传动,因此每个机构均是由液压执行元件带动减速机及机构部件实现相应动作。

## 一、起升机构

起升机构用来实现重物的升降。在大吨位起重机中,常设有两个或多个起升机构,如用于主臂作业的主起升机构,用于副臂作业的副起升机构,以及鹅头起升机构等。

### (一)机构组成

起升机构部件主要包括:减速机、卷扬及取物装置(钢丝绳、吊钩)等。为节省空间,减速机通常内置于卷扬中,如图 7-7-27 所示。由于采用多层缠绕方式,因此卷筒通常选用折线型式。

### (二)起升机构计算

起升机构的参数计算主要包括单绳速度(空载、满载)卷筒扭矩、容绳量;用于减速机、钢丝绳的选型及卷筒的设计。这些参数根据液压原理计算获得。各参数的符号与名称见表 7-7-7。

表 7-7-7　起升机构参数

| 名　称 | 符　号 | 名　称 | 符　号 |
|---|---|---|---|
| 额定起重量 | $Q$ | 减速机速比 | $i$ |
| 倍率 | $m$ | 减速机效率 | $\eta$ |
| 起升滑轮效率 | $\eta_s$ | 额定输出扭矩 | $M_e$ |
| 钢丝绳直径 | $d$ | 额定输入转速 | $n_e$ |
| 钢丝绳长度 | $L_s$ | 马达最大排量 | $V_{max}$ |
| 卷筒底径 | $D_b$ | 马达最小排量 | $V_{min}$ |
| 卷筒螺距 | $t$ | 马达机械效率 | $\eta_m$ |
| 最大缠绕层数 | $n$ | 马达容积效率 | $\eta_V$ |
| 卷筒宽度 | $B$ | 系统最大流量 | $Q_{max}$ |

**1. 机构速度**

机构速度主要通过最大单绳速度与重物满载速度来表征。
最大单绳速度:

$$v_{max}=\frac{n_{max}}{i}\pi D \tag{7-7-4}$$

式中　$n_{max}$——马达最高转速,$n_{max}=\dfrac{Q_{max}}{V_{min}}\eta_v < n_e$;

　　　$D$——最外层钢丝绳的缠绕直径,$D=D_b+2(n-1)d$。

其余符号意义见表 7-7-7。
重物满载起升速度:

$$v=\frac{v_{max}V_{min}}{mV_{max}} \tag{7-7-5}$$

式中符号意义见表 7-7-7。

**2. 最大单绳拉力**

$$T=\frac{Qg}{m\eta_s} \tag{7-7-6}$$

式中符号意义见表 7-7-7。

**3. 卷筒参数**

卷筒最大扭矩:
当钢丝绳缠绕到最外层时,卷筒的扭矩最大:

$$M_{max}=TD/2 \tag{7-7-7}$$

式中符号意义见表 7-7-7。

根据扭矩的大小可选择卷筒和减速机,一些卷筒和减速机是匹配使用的,如图 7-7-27 所示。

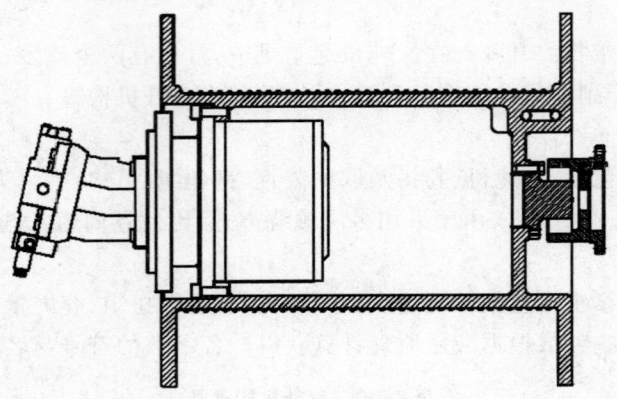

图 7-7-27　卷筒与减速机图

卷筒容绳量:

$$L_r = \pi \frac{B}{t} [nD_b + n(n-1)t] \tag{7-7-8}$$

式中符号意义见表 7-7-7。

### 二、变幅机构

变幅机构用以实现臂架工作幅度、角度的变化。与起升机构类似,其主要由减速机、卷扬钢丝绳组成;与起升机构不同的是,变幅机构的载荷一般较大,因此大都采用双联卷筒或双机构。其主参数的计算与起升机构相同,这里不再赘述。

### 三、回转机构

回转机构的工作原理是通过回转齿的内(外)啮合实现起重机转台以上部位的回转动作,因此回转机构主要包括减速机、小齿轮等,大吨位起重机可由多机构组成。回转机构计算需要确定回转阻力矩、回转速度,用以选择减速机小齿轮齿数等参数,其详细计算参见第三篇第四章回转驱动装置计算。

### 四、行走机构

行走机构的工作原理是采用啮合原理或齿条传递原理,主要由减速机、驱动轮组成。通过减速机带动驱动轮与履带板的啮合实现履带板的移动。通常采用单边单驱型式,在大吨位起重机上也采用单边双驱型式。

行走机构在计算时,主要考虑直线行走、爬坡、空载原地转弯、带载直线行走等工况,详细计算方法参见第三篇第三章履带式运行机构计算。

在选用行走减速机时,要根据具体的驱动型式确定驱动扭矩。

当采用单边单驱型式时,单个行走减速机需要提供的最大驱动扭矩:

$$M_{max} = FD/4 \tag{7-7-9}$$

当采用单边双驱型式时,单个行走减速机需要提供的最大驱动扭矩:

$$M_{max} = FD/8 \tag{7-7-10}$$

式中　$D$——驱动轮分度圆直径(mm);
　　　$F$——最大的行走阻力(kN)。

行走减速机在选型时,要根据行走机构的最大驱动扭矩和系统供油压力进行选择。

## 第六节 金属结构设计计算

### 一、概　　述

履带起重机结构主要由臂架、转台、下车组成,如图 7-7-28 所示。臂架是重要的承载构件,通常为长细结构,用以扩大整机作业空间(幅度与高度),其强度直接影响整机起重性能。转台用以布置动力、液压、机构等部件,承受臂架、机构、配重等载荷,并将载荷传递给下车。下车作为整机支撑结构,由车架和履带架结构组成,将转台传递过来的载荷尽量均匀地传递到地面。

对于整机结构,都要具有足够的强度、刚度和稳定性,因此本节主要从受力分析、计算方法的角度加以介绍。

### 二、臂架结构设计

#### (一)受力分析

臂架所承受的载荷分为变幅平面载荷和回转平面载荷。变幅平面是指臂架实现俯仰运动的平面,回转平面是指臂架实现回转运动的平面。臂架截面通常是矩形截面,如图 7-7-29 所示,回转平面内的宽度通常大于变幅平面内的高度。

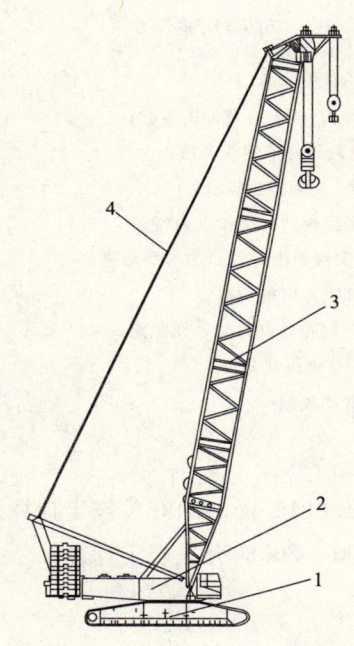

图 7-7-28　履带起重机金属结构组成
1—下车;2—转台;3—臂架;4—变幅拉板

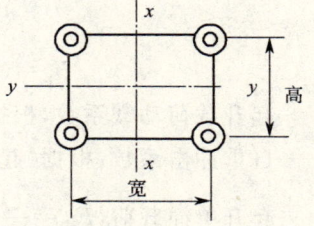

图 7-7-29　臂架截面性质

在进行结构强度计算时,需要考虑基本载荷和附加载荷,包括自重、冲击载荷和风载荷,其中风载荷按最不利方向为水平侧向(回转平面)。

1. 变幅平面受力分析

变幅平面内,臂架相当于两端简支结构(图 7-7-30a),承受变幅拉板载荷、起升单绳载荷、起升载荷、臂架自重。除此之外,还要考虑起升载荷和臂架因机构运动速度变化而引起的冲击载荷或惯性载荷,通过在相应载荷前面乘以载荷系数 $\varphi_2$ 和 $\varphi_1$ 来体现。

若已知起升载荷 $Q$,则根据力矩平衡原理,可以求出变幅拉板载荷和臂架轴向载荷。对臂架根部铰点 $A$ 取矩,变幅拉板载荷 $F_g$ 计算式为:

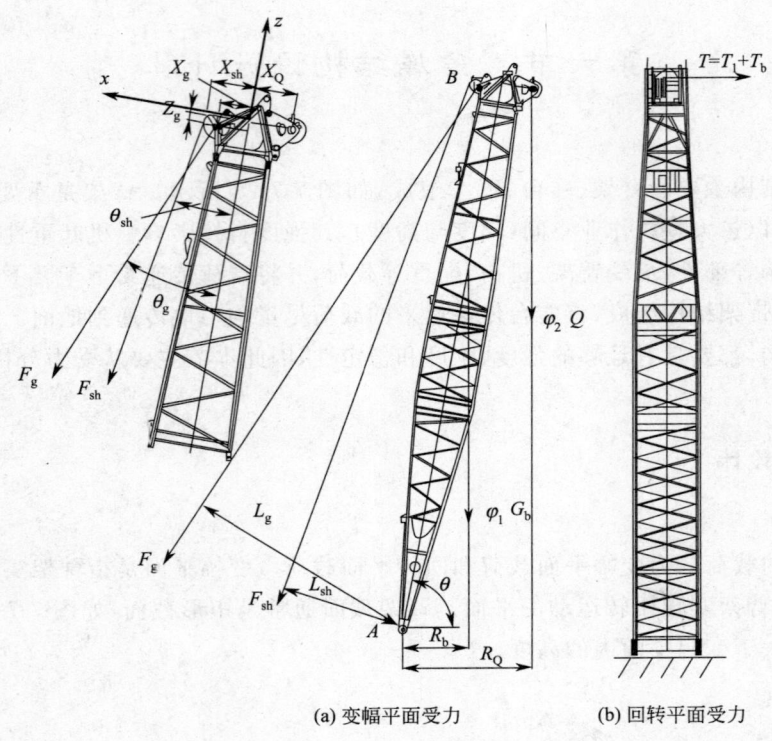

(a) 变幅平面受力  (b) 回转平面受力

图 7-7-30 主臂工况臂架受力简图

$Q$—起升载荷；$G_b$—臂架自重；$F_g$—拉板力；$F_{sh}$—起升绳力；$\varphi_1$—自重冲击系数；
$\varphi_2$—起升载荷动载系数；$\theta$—臂架仰角；$\theta_{sh}$—起升绳力与臂架轴线夹角；
$\theta_g$—拉板与臂架轴线夹角；$A$—臂架根部铰点；$B$—变幅拉板铰点；
$L_g$—变幅拉板载荷到臂架铰点的力臂；$L_{sh}$—起升单绳载荷到臂架铰点力臂；
$R_b$—臂架重心到臂架根部铰点的水平距离；$R_Q$—起升载荷到臂架根部铰点的水平距离；
$Z_g$—变幅拉板铰点与起升滑轮组中心沿臂架轴线方向的距离；
$X_g$—变幅拉板铰点到臂架轴线距离；$X_{sh}$—起升单绳在导向轮处到臂架轴线距离；
$X_Q$—起升滑轮组中心到臂架轴线距离；$T$—总侧向载荷；
$T_1$—货物偏摆引起的侧向载荷；$T_b$—臂架风载

$$F_g = (\varphi_2 Q R_Q + \varphi_1 G_b R_b - F_{sh} L_{sh})/L_g \tag{7-7-11}$$

式中 $\varphi_2$——起升载荷动载系数，根据《起重机设计规范》(GB 3811—2008)有关规定计算；

$\varphi_1$——自重冲击系数，根据《起重机设计规范》(GB 3811—2008)有关规定计算；

$F_{sh}$——起升单绳载荷，$F_{sh} = \dfrac{Q}{m\eta}$。

其中 $m$——起升倍率；

$\eta$——滑轮组效率。

臂架轴向载荷 $F_b$ 计算式为：

$$F_b = \varphi_2 Q\sin\theta + \varphi_1 G_b \sin\theta + F_g \cos\theta_g + F_{sh}\cos\theta_{sh} \tag{7-7-12}$$

式中符号意义同式 7-7-11，其余符号意义见图 7-7-30。这里考虑的是臂架根部的轴向载荷，因此公式代入的是臂架整体自重。

2. 回转平面受力分析

回转平面内，臂架可视为悬臂结构，臂架根部铰点可承受载荷与弯矩，头部处于自由状态，如图 7-7-30 所示。与变幅平面相比，回转平面内臂架承受货物偏摆引起的水平载荷及风载更为危险，计算见式 7-7-13。

$$T = T_1 + T_b \tag{7-7-13}$$

式中 $T_1$——吊重是通过钢丝绳悬挂在臂架的端部,货物在风力和回转机构起动或制动惯性力作用下偏离铅垂线一个角度 $\alpha$(根据 GB 3811—2008《起重机设计规范》一般取 $\alpha = 3° \sim 6°$,设计时可根据实际情况调整);$T_1 = Q \mathrm{tg}\alpha$ 或 $T_1 = (0.05 \sim 0.10)Q$;

$T_b$——臂架风载,均布于臂架截面上,为了简化计算,通常取风载的 40% 以集中力形式作用于臂端。风载根据 GB 3811—2008《起重机设计规范》的规定计算。

如果是副臂作业,计算主臂受力时,作用于副臂的回转平面内的侧向载荷转化到主臂端部,除侧向力外还要考虑臂端力矩 $M_L$。

(二)计算方法

臂架的计算方法主要有两种:许用应力法和极限状态法。本节计算采用许用应力法,其具体计算方法参见第二篇第八章桁架式吊臂的设计计算。这里需要指出的是危险截面确定。对于臂架来说,危险截面可通过受力分析来确定,一般在距臂架根部最近而又未加强处,其他较危险截面如臂架重心处、臂架顶节与标准节连接处等,必要时也要进行计算与校核。

(三)算例分析

本节以 160 t 履带起重机基本主臂为例详细说明计算过程。

1. 结构尺寸与参数

臂架结构尺寸如图 7-7-31 所示,计算工况为臂长 18 m、幅度 5 m、起重量 160 t,其他技术参数见表 7-7-8。臂架截面性质见表 7-7-9。此工况下其他计算参数可通过作图法或几何关系计算法求解及 GB 3811—2008《起重机设计规范》的规定获得,详见表 7-7-10。

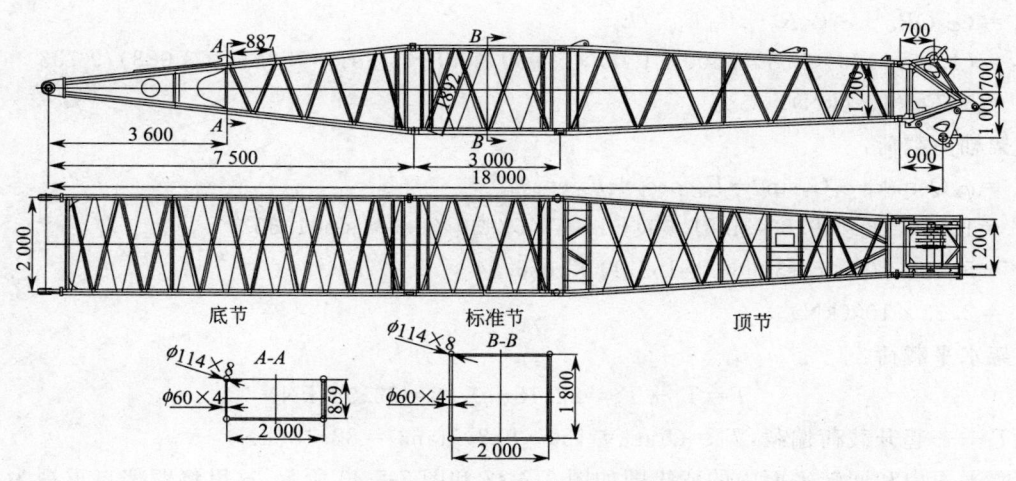

图 7-7-31 主臂结构简图(mm)

表 7-7-8 主臂技术参数

| 项 目 | 数 值 | 项 目 | 数 值 |
|---|---|---|---|
| 标准节截面宽 $B_b \times$ 高 $H_b$/mm | 2 000×1 800 | 弦杆抗拉限/屈服限/许用应力/MPa | 820/770/501 |
| 底节危险截面位置(距臂根)/mm | 3 600 | 腹杆外径 $D \times$ 厚度 $\delta$/mm | $\Phi 60 \times 4$ |
| 底节危险截面宽 $B_{dw} \times$ 高 $H_{dw}$/mm | 2 000×859 | 腹杆抗拉限/屈服限/许用应力/MPa | 785/590/425 |
| 臂架重量 $G_b$/t | 5.939 | 起升滑轮组中心到臂架轴线距离 $X_Q$/mm | 1 000 |
| 臂架重心位置 $R_b$/mm | 1 501 | 变幅拉板铰点相对坐标 $(Z_g, X_g)$/mm | (185,700) |
| 计算工况:臂长 $L$(m)/幅度 $R$(m)/起重量 $Q$(t) | 18/5/160 | 起升单绳在导向轮处相对坐标 $(Z_{sh}, X_{sh})$/mm | (185,970) |
| 弦杆外径 $D \times$ 厚度 $\delta$/mm | $\Phi 114 \times 8$ | | |

表 7-7-9 臂架截面性质

| 项 目 | 数 值 | 项 目 | 数 值 |
|---|---|---|---|
| 单个弦杆截面积 $A_{xg}/mm^2$ | 2 663 | 单个腹杆截面积 $A_{fg}/mm^2$ | 703 |
| 单个弦杆惯性矩 $I_{zxg}/mm^4$ | $3.76\times10^6$ | 单个腹杆惯性矩 $I_{fg}/mm^4$ | $2.77\times10^5$ |
| 单个弦杆回转半径 $r_{xg}/mm$ | 37.56 | 单个腹杆回转半径 $r_{fg}/mm$ | 19.85 |
| 标准截面惯性矩 $I_{bx}/mm^4$ | $1.07\times10^{10}$ | 标准截面回转半径 $r_{bx}/mm$ | 1 000 |
| 标准截面惯性矩 $I_{by}/mm^4$ | $8.64\times10^9$ | 标准截面回转半径 $r_{by}/mm$ | 900 |
| 底节危险截面惯性矩 $I_{dwx}/mm^4$ | $1.07\times10^{10}$ | 底节危险截面抗弯模量 $W_{dwx}/mm^3$ | $1.07\times10^7$ |
| 底节危险截面惯性矩 $I_{dwy}/mm^4$ | $1.98\times10^9$ | 底节危险截面抗弯模量 $W_{dwy}/mm^3$ | $4.59\times10^6$ |

表 7-7-10 主臂计算参数

| 项 目 | 数 值 | 项 目 | 数 值 |
|---|---|---|---|
| 臂架工作角度 $\theta/°$ | 81.66 | 起升绳与臂架轴线夹角 $\theta_{sh}/°$ | 6.84 |
| 臂架冲击系数 $\varphi_1$ | 1.05 | 起升单绳载荷力臂 $L_{sh}/mm$ | 3 083 |
| 起升载荷力臂 $R_Q/mm$ | 3 600 | 变幅拉板与臂架轴线夹角 $\theta_g/°$ | 30.84 |
| 起升载荷偏摆角 $\alpha/°$ | 3 | 变幅拉板载荷力臂 $L_g/mm$ | 9 733 |
| 起升动载系数 $\varphi_2$ | 1.05 | 折算到臂架头部的集中风载 $T_b/kN$ | 0.88 |
| 起升绳载荷 $F_{sh}/kN$ | 153.11 | | |

2. 载荷计算

变幅拉板载荷：
$$F_g = (\varphi_2 Q R_Q + \varphi_1 G_b R_b - F_{sh} L_{sh})/L_g$$
$$= (1.05\times160\times9.8\times3600 + 1.05\times5.939\times9.8\times1\,501 - 153.11\times3\,083)/9\,733$$
$$= 5.70\times10^2 \text{(kN)}$$

臂架轴向载荷：
$$F_b = \varphi_2 Q\sin\theta + \varphi_1 G_b\sin\theta + F_g\cos\theta_g + F_{sh}\cos\theta_{sh}$$
$$= 1.05\times160\times9.8\times\sin81.66° + 1.05\times5.939\times9.8\times\sin81.66°$$
$$+ 5.70\times10^2\times\cos30.84° + 153.11\times\cos6.84°$$
$$= 2.33\times10^3 \text{(kN)}$$

臂架水平载荷：
$$T = T_1 + T_b = 82.18 + 0.88 = 83.06 \text{(kN)}$$

式中 $T_1$——起升载荷偏载，$T_1 = Q\tan\alpha = 160\times9.8\times\tan3° = 82.18\text{(kN)}$。

变幅平面内和回转平面内的弯矩图如图 7-7-32 和图 7-7-33 所示，这里将臂架自重视为集中载荷计算。

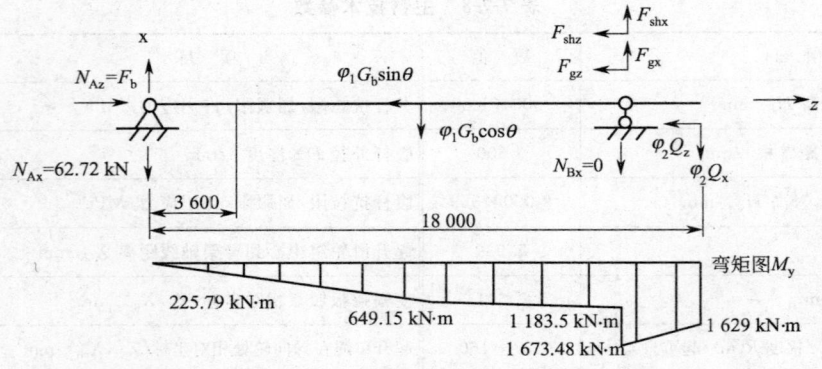

图 7-7-32 变幅平面受力简图和弯矩图（mm）

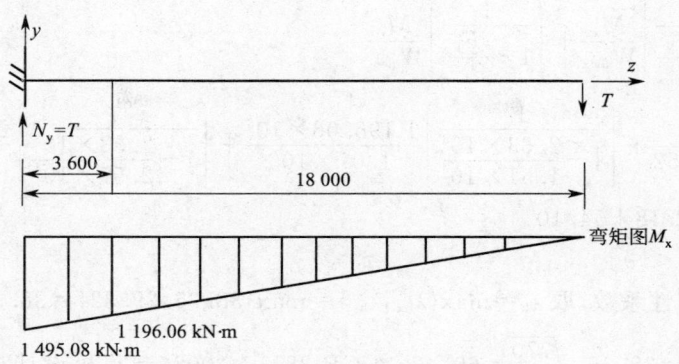

图 7-7-33 回转平面受力简图和弯矩图（mm）

**3. 临界载荷计算**

变幅平面临界载荷：

$$P_{liny} = \frac{\pi^2 EA}{\lambda_{hy}^2} = \frac{3.14^2 \times 2.1 \times 10^5 \times 10\,652}{29.32^2} \times 10^{-3} = 2.57 \times 10^4 \text{(kN)}$$

式中 $A$——截面面积，$A = 4A_{xg} = 4 \times 2\,663 = 10\,652 \text{(mm}^2\text{)}$。

$\lambda_{hy}$——换算长细比，$\lambda_{hy} = \sqrt{\lambda_y^2 + 40\frac{A}{A_{ly}}} = \sqrt{23.6^2 + 40 \times \frac{10\,652}{1406}} = 29.32$。

其中 $A_{ly}$——垂直于 $y$-$y$ 轴平面内腹杆截面面积之和，$A_{ly} = 2A_{fg} = 2 \times 703 = 1\,406 \text{(mm}^2\text{)}$；

$\lambda_y$——长细比，$\lambda_y = \frac{\mu_1 \mu_2 L}{r_{by}} = \frac{1 \times 1.18 \times 18\,000}{900} = 23.6 < [\lambda]$。

其中 $\mu_1$——与支承方式有关的长度系数，臂架在变幅平面内为两端简支梁，$\mu_1 = 1$；

$\mu_2$——变截面系数，臂架在变幅平面内最小截面即危险截面，根据惯性矩之比 $I_{dwy}/I_{by} = 1.98 \times 10^9/8.64 \times 10^9 = 0.23$，长度之比 $L_b/L = 3/18 = 0.167$（$L_b$ 为标准节长度），查 GB 3811—2008《起重机设计规范》表 J.3 取 $\mu_2 = 1.18$；

$[\lambda]$——结构许用长细比，根据 GB 3811—2008《起重机设计规范》，$[\lambda] = 180$。

回转平面临界载荷：

$$P_{linx} = \frac{\pi^2 EA_z}{\lambda_{hx}^2} = \frac{3.14^2 \times 2.1 \times 10^5 \times 10\,652}{38.35^2} \times 10^{-3} = 1.51 \times 10^4 \text{(kN)}$$

式中 $\lambda_{hx}$——换算长细比，$\lambda_{hx} = \sqrt{\lambda_x^2 + 40\frac{A}{A_{lx}}} = \sqrt{34.17^2 + 40 \times \frac{10\,652}{1\,406}} = 38.35$；

其中 $A_{lx}$——垂直于 $x$-$x$ 轴平面内腹杆截面面积之和，$A_{lx} = 2A_{fg} = 2 \times 703 = 1\,406 \text{(mm}^2\text{)}$；

$\lambda_x$——长细比，$\lambda_x = \frac{\mu_1 \mu_2 \mu_3 L}{r_{bx}} = \frac{2 \times 1.13 \times 0.84 \times 18\,000}{1\,000} = 34.17 < [\lambda]$。

其中 $\mu_1$——与支承方式有关的长度系数，臂架在回转平面内为悬臂梁，$\mu_1 = 2$；

$\mu_2$——变截面系数，臂架在回转平面内最小截面宽度为 $B_{tw} = 1\,200$ mm，根据惯性矩之比 $I_{twx}/I_{bx} = 3.85 \times 10^9/1.07 \times 10^{10} = 0.36$，长度之比 $L_b/L = 3/18 = 0.167$，查 GB 3811—2008《起重机设计规范》表 J.3 取 $\mu_2 = 1.13$；

$\mu_3$——考虑拉臂钢丝绳或起升钢丝绳阻碍臂架在回转平面变形的长度系数，

$$\mu_3 = 1 - \frac{R_Q}{2L_{gx}} = 1 - \frac{3\,600}{2 \times 11\,144} = 0.84 ；$$

其中 $L_{gx}$——变幅拉板与桅杆铰点到吊钩中心水平距离，通过作图法获得。

**4. 稳定性计算**

选取距臂架根部铰点 3 600 mm 未加强处作为危险截面进行稳定性计算，该处所受弯矩如图 7-7-32 和图 7-7-33 所示。

$$\sigma = \frac{F_b}{\varphi A} + \left(\frac{1}{1-\frac{F_b}{P_{linx}}}\right)\frac{M_x}{W_{dwx}} + \left(\frac{1}{1-\frac{F_b}{P_{liny}}}\right)\frac{M_y}{W_{dwy}}$$

$$= \frac{2.33\times10^6}{0.842\times10\,652} + \left(\frac{1}{1-\frac{2.33\times10^3}{1.51\times10^4}}\right)\frac{1\,196.06\times10^6}{1.07\times10^7} + \left(\frac{1}{1-\frac{2.33\times10^3}{2.57\times10^4}}\right)\frac{225.79\times10^6}{4.59\times10^6}$$

$$= 259.78 + 132.18 + 54.10$$

$$= 446.1(\text{MPa}) < [\sigma]$$

式中 $\varphi$——整体稳定性系数，取 $\lambda_h = \max\{\lambda_{hx}, \lambda_{hy}\} = \max\{38.35, 29.32\} = 38.35$，折算长细比 $\lambda_{hF} = \lambda_h\sqrt{\frac{\sigma_s}{235}} = 38.35\sqrt{\frac{770}{235}} = 69.42$，查 GB 3811—2008《起重机设计规范》表 K.1，取 $\varphi = 0.842$。

5. 单肢稳定性计算

选取与稳定性计算相同截面上的弦杆单肢进行计算。

弦杆单肢稳定性：

$$\sigma_{3z} = \frac{\frac{F_b}{4} + \frac{M_x}{2B_{dw}\left(1-\frac{F_b/4}{P_{linxg}}\right)} + \frac{M_y}{2H_{dw}\left(1-\frac{F_b/4}{P_{linxg}}\right)}}{\varphi A_{xg}}$$

$$= \frac{\frac{2.33\times10^6}{4} + \frac{1\,196.06\times10^6}{2\times2\,000\times\left(1-\frac{2.33\times10^3/4}{1.05\times10^4}\right)} + \frac{225.79\times10^6}{2\times859\times\left(1-\frac{2.33\times10^3/4}{1.05\times10^4}\right)}}{0.938\times2\,663}$$

$$= 233.20 + 126.73 + 56.70$$

$$= 416.6(\text{MPa}) < [\sigma]$$

式中 $P_{linxg}$——弦杆单肢临界载荷，

$$P_{linxg} = \frac{\pi^2 EA_{xg}}{\lambda_{xg}^2} = \frac{3.14^2 \times 2.1\times10^5 \times 2\,663}{22.87^2}\times10^{-3} = 1.05\times10^4(\text{kN});$$

$\lambda_{xg}$——长细比，$\lambda_{xg} = \frac{\mu_1 l_{xg}}{r_{xg}} = \frac{1\times859}{37.56} = 22.87$；

$\mu_1$——支承长度系数，两端简支，$\mu_1 = 1$；

$l_{xg}$——截面处弦杆节间距；

$\varphi$——弦杆单肢稳定性系数，折算长细比 $\lambda_F = \lambda_{xg}\sqrt{\frac{\sigma_s}{235}} = 22.87\sqrt{\frac{770}{235}} = 41.40$，查 GB 3811—2008《起重机设计规范》表 K.1，取 $\varphi = 0.938$。

腹杆长细比：

$$\lambda_{fg} = \frac{l_c}{r_{fg}} = \frac{1892}{19.85} = 95.31 < [\lambda]$$

式中 $l_c$——腹杆的计算长度，$l_c = l_{fg}$；

$[\lambda]$——腹杆许用长细比，根据 GB 3811—2008《起重机设计规范》，$[\lambda] = 200$。

6. 刚度计算

采用放大系数法计算回转平面内臂端挠度

$$f = \frac{f_w}{1-\frac{F_b}{P_{linx}}} = \frac{71.86}{1-\frac{2.33\times10^3}{1.51\times10^4}} = 84.97(\text{mm}) < [f]$$

式中 $f_w$——臂端计算挠度，$f_w = \frac{TL^3}{3EI_{bx}} = \frac{83.06\times10^3\times(18\times10^3)^3}{3\times2.1\times10^5\times1.07\times10^{10}} = 71.86(\text{mm})$；

[$f$]——臂端许用挠度,这里采用箱型截面侧向许用挠度法,[$f$]=$0.7L^2$=$0.7×18^2$=227(mm)。

**7. 结构有限元分析**

解析分析仅是计算危险截面的应力。若要了解整体应力情况,特别是局部应力与应力集中情况,应采用有限元法。本模型采用梁单元建模,按前面受力分析将起升载荷施加在相应节点上,并以静定位移约束方式约束臂架根部铰点。图 7-7-34 是有限元局部应力云图、位移及稳定性分析结果。应力云图的颜色由浅到深依次表示应力由小到大的变化。

(a) 局部应力分布图

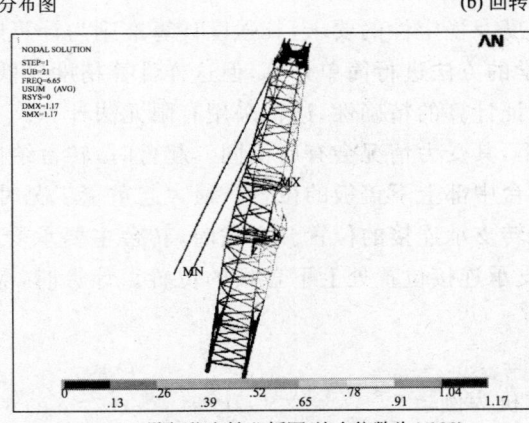

(b) 回转平面位移分布图

(c) 臂架稳定性分析图(放大倍数为1 000)

图 7-7-34 臂架应力位移分布图

由图可以看出,臂架稳定性系数为 6.65,回转平面失稳,其含义就是当载荷取值为现在所加载荷的 6.65 倍时,臂架将发生失稳。

解析计算臂架稳定性系数为:$n' = \dfrac{P_{\text{linx}}}{F_b} = \dfrac{1.51×10^4}{2.33×10^3} = 6.48$

## 三、转台设计

转台是履带起重机中一个重要的承载部件,它上部与主臂、桅杆等连接,尾部与配重连接,下部通过回转支承与下车相连。履带起重机的发动机、卷扬、整车的液压和电气控制系统也主要布置在转台上。转台结构形式简单,但其受力相对复杂。本节主要介绍转台结构的受力情况以及如何对转台结构进行有限元分析等。

**(一)受力分析**

根据履带起重机变幅方式的不同,转台的受力也会有所不同,这里只对桅杆变幅的转台结构进行受力分析。履带起重机的转台与回转支承用多个螺栓连接,既能承受垂直载荷又能承受弯矩,因此可以将转台与回转支承连接部位简化为固支支撑。作用于转台上的载荷主要有:臂架铰点载荷

(如臂架轴向载荷 $F_b$、臂架侧向风载 $T_b$ 等)、桅杆铰点载荷 $F_g$、主变幅拉力 $F_{bf}$、配重自重 $F_p$、各个卷扬上钢丝绳的拉力和转台系统的自重等。将转台各个铰点的受力分解为水平和竖直方向,其受力如图 7-7-35 所示。

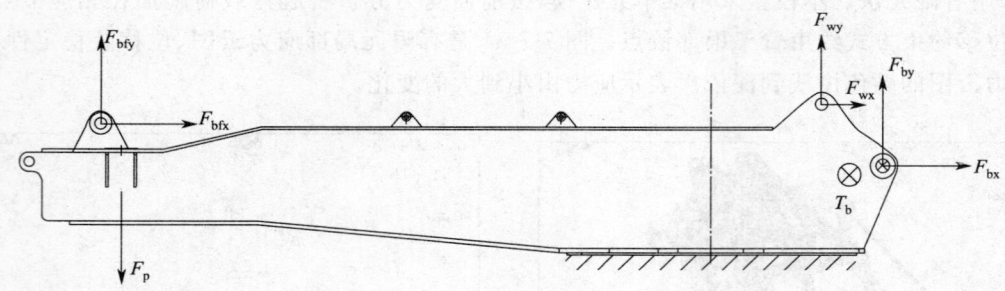

图 7-7-35 转台主要受力简图

$F_{bx}, F_{by}, T_b$——主臂铰点载荷在水平、竖直平面的分力以及垂直于纸面的侧向力;

$F_{wx}, F_{wy}$——桅杆铰点载荷在水平和竖直平面的分力;

$F_{bfx}, F_{bfy}$——主变幅载荷在水平和竖直平面的分力;

$F_p$——配重载荷,方向竖直向下

(二)计算方法

转台结构应满足强度、刚度及稳定性的要求,其强度计算准则为计算应力不大于材料的许用应力。设计时一般先按材料力学的方法进行简单计算,但这样计算精度较低,无法了解转台结构局部应力。转台结构复杂,为了保证计算的精确性,通常采用有限元法计算。

转台结构在不同的工况下,其受力情况会有所不同。起臂时,转台结构承受较大的水平载荷和弯矩,此时危险部位主要是转台中部上下盖板的位置。最大起重量工况时,危险部位一般在转台前部箱型、臂架铰点耳板以及回转支承连接的位置。空载时,转台主要承受配重产生的重力,危险部位主要是转台后部靠近回转支承连接位置处上下盖板的位置。计算时,应重点关注上述危险部位的应力状况。

(三)算例分析

本节仍以 160 t 履带起重机为例。

1. 计算工况

在对转台结构进行有限元分析前,需要确定典型计算工况。表 7-7-11 列出了 160 t 履带起重机在最大起重量工况下转台结构上主要铰点的受力情况。

表 7-7-11 转台结构载荷表

| 工况说明 | 各铰点载荷/kN | | | | | | | |
| --- | --- | --- | --- | --- | --- | --- | --- | --- |
| | $F_{bx}$ | $F_{by}$ | $F_{bz}$ | $F_{wx}$ | $F_{wy}$ | $F_{bfx}$ | $F_{bfy}$ | $F_p$ |
| 18 m 主臂,6 m 幅度,正前方吊载,160 t 起重量,3°偏摆角 | −393.5 | −1 867.2 | 90.4 | 729.1 | −438.2 | −226.6 | 1 066.0 | 632.1 |
| | −88.3 | −419.0 | | | | | | |

注:由于偏载作用,使主臂两铰点受力不同,计算工况表中分别给出两铰点的载荷。

2. 建模与边界条件

根据不同工况受力将载荷施加在相应节点上,采用板壳单元建模,四边形与三角形的网格划分,节点数 28 678,单元数 29 547,约束转台与回转支承连接面处的位移与转动自由度,模型如图 7-7-36 所示。

3. 结果分析

根据上述工况进行有限元简化计算,应力云图如图 7-7-37 所示。本文中的应力云图采用的是等值线法,图中颜色从浅到深依次表示应力由小到大的变化。最大应力在转台前端臂架铰点耳板处,数值为 187 MPa,小于材料的许用应力 243 MPa(材料为 Q345B,板厚在 16 mm~25 mm),满足要求。转台最大位移在尾部,为 13.1 mm,满足使用要求。

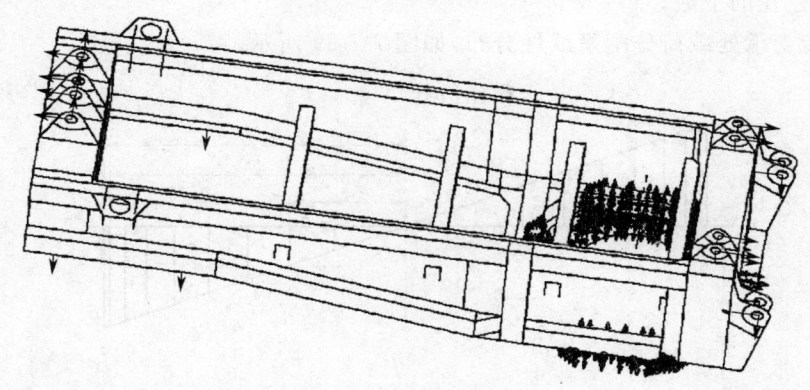

图 7-7-36 转台有限元模型

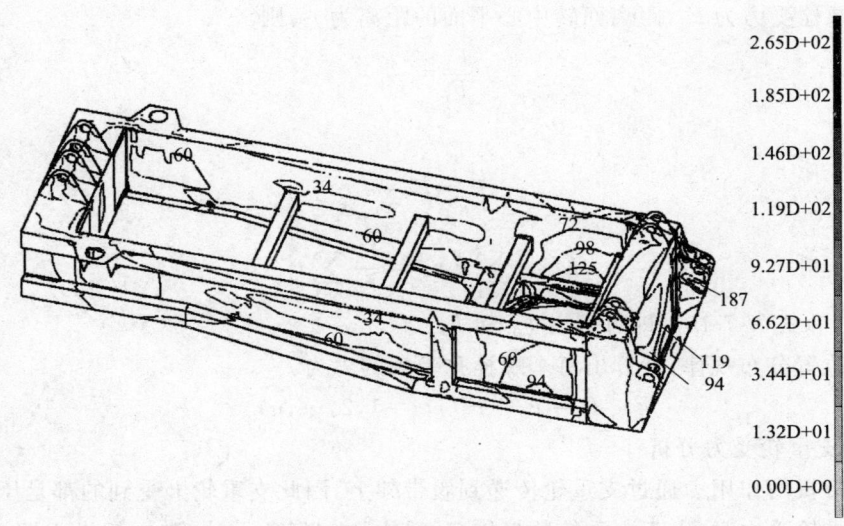

图 7-7-37 转台应力位移分布图(变形放大 20 倍)

### 四、下车系统设计

#### (一)受力分析

下车系统中的车架与履带架,其受到的载荷主要是来自于回转支承上传递下来的力和弯矩,如图 7-7-38 所示。

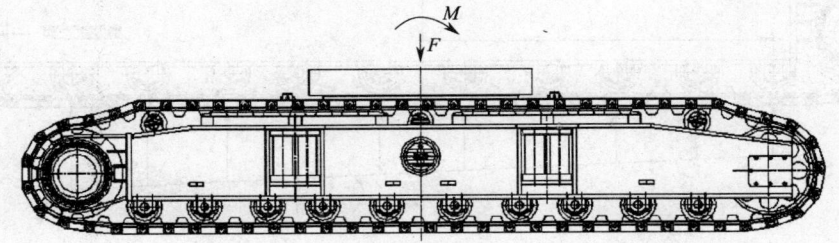

图 7-7-38 下车系统受力简图

**1. 车架回转支承处载荷分配**

在计算时要将垂直载荷与弯矩分配到各螺栓孔处。

每个螺栓孔受到的垂直载荷的分力为：

$$F_a = \frac{F}{n} \tag{7-7-14}$$

式中　$n$——螺栓孔的个数。

弯矩在回转支承处载荷分配呈线性分布，如图 7-7-39 所示。

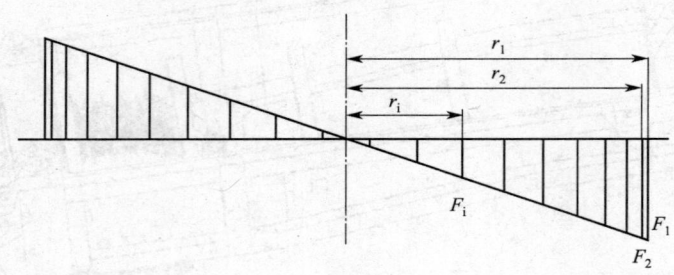

图 7-7-39　弯矩在回转支承处载荷分配

设第 $i$ 个螺栓受力为 $F_i$，距离回转中心平面的距离为 $r_i$，则

$$\frac{F_1}{F_i} = \frac{r_1}{r_i}$$

即：

$$F_i = F_1 \frac{r_i}{r_1} \tag{7-7-15}$$

$$M = \sum_{i=1}^{n} F_i r_i = \frac{F_1}{r_1} \sum_{i=1}^{n} r_i^2 \tag{7-7-16}$$

根据式(7-7-15)和式(7-7-16)，即可求出 $F_1$ 和 $F_i$。

根据螺栓孔的位置分布规律，计算出每个螺栓孔受到的力为：

$$F_j = F_a + F_i \quad (i, j = 1, 2, \cdots, n) \tag{7-7-17}$$

**2. 履带架支重轮受力分析**

地面对履带板的作用力通过支重轮传递到履带架上，因此支重轮上受到的都是压力，方向垂直向上。计算支重轮受力时，由于支重轮数量较多，受力比较复杂。计算时，假设土壤沉陷与土壤所受压力成正比，支重轮间距小，支重轮上受到的力呈线性关系，呈三角形或梯形分布，如图 7-7-40 所示。

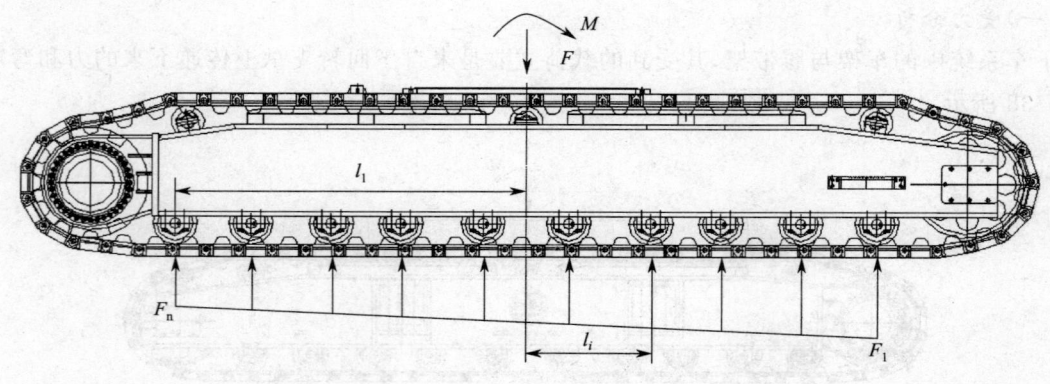

图 7-7-40　履带架支重轮受力简图

设从第一个支重轮开始受力，线性斜率为 $q$，常数 $b$，则每一个力的大小可由线性方程表示。

$$F_i = q l_i + b \tag{7-7-18}$$

式中 $l_i$——$i$ 个支重轮距离回转中心平面的距离。

根据力和力矩平衡得：

$$\begin{cases} F = \sum_{i=1}^{n} F_i = \sum_{i=1}^{n} (ql_i + b) = nb + q\sum_{i=1}^{n} l_i \\ M = \sum_{i=1}^{n} F_i l_i = \sum_{i=1}^{n} (ql_i^2 + l_i b) = b\sum_{i=1}^{n} l_i + q\sum_{i=1}^{n} l_i^2 \end{cases} \quad (7\text{-}7\text{-}19)$$

根据上式可算出线性斜率 $q$ 和常数 $b$，即可计算出每一个支重轮的受力大小。如果计算得到的力出现负值，说明此支重轮与地面之间无作用力，需要重新计算确定受力的支重轮数量和载荷。

（二）计算方法

下车系统的结构复杂，采用简单的材料力学方法计算的精确度不足，需要采用有限元方法来精确计算。

对于模型的边界条件，需要指出当查看不同位置的应力时，其边界条件也是不同的。因为约束处的应力因简化等因素往往误差较大。因此在查看车架附近应力时，应在履带支重轮处施加约束，在车架螺栓孔处施加载荷。在分析履带架应力时，应在车架螺栓孔处施加约束，在履带支重轮处施加载荷。

（三）算例分析

本节仍以 160 t 履带起重机为例。

1. 计算工况与受力分析

对下车系统进行整体计算，车架与履带架之间采用销轴和挤压块连接。回转支承处受到的载荷是转台传递的垂直载荷和弯矩，通过 40 个均布螺栓转化成为车架回转支承处垂直方向上的拉力和压力。回转支承处受到的垂直载荷为 2 816 kN，倾翻力矩为 4 802 kN·m，车架回转支承处螺栓孔中心线在直径 2 395 mm 的圆上。回转支承处螺栓孔序号如图 7-7-41 所示。

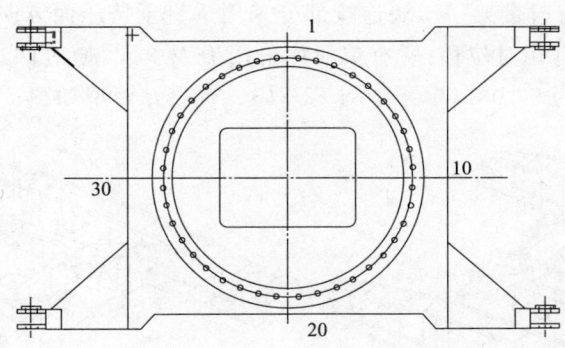

图 7-7-41 回转支承处螺栓孔序号

根据上面介绍的回转支承处载荷分配方法，得到回转支承处螺栓孔的受力大小见表 7-7-12。

表 7-7-12 回转支承处螺栓孔载荷

| 螺栓序号 | 1 | 2 | 3 | 4 | 5 | 6 | 7 | 8 | 9 | 10 |
|---|---|---|---|---|---|---|---|---|---|---|
| 受力/kN | 270 | 266 | 256 | 242 | 223 | 201 | 175 | 147 | 117 | 86 |
| 螺栓序号 | 11 | 12 | 13 | 14 | 15 | 16 | 17 | 18 | 19 | 20 |
| 受力/kN | 55 | 24 | −6 | −34 | −60 | −82 | −101 | −115 | −125 | −130 |
| 螺栓序号 | 21 | 22 | 23 | 24 | 25 | 26 | 27 | 28 | 29 | 30 |
| 受力/kN | −130 | −125 | −115 | −101 | −82 | −60 | −34 | −6 | 24 | 55 |
| 螺栓序号 | 31 | 32 | 33 | 34 | 35 | 36 | 37 | 38 | 39 | 40 |
| 受力/kN | 86 | 117 | 147 | 175 | 201 | 223 | 242 | 256 | 266 | 270 |

履带架支重轮处所受的力是地面给整车的支撑反力,按线性分布,其中驱动轮和导向轮参与协同受力,履带架支重轮处受力简图如图 7-7-42 所示。

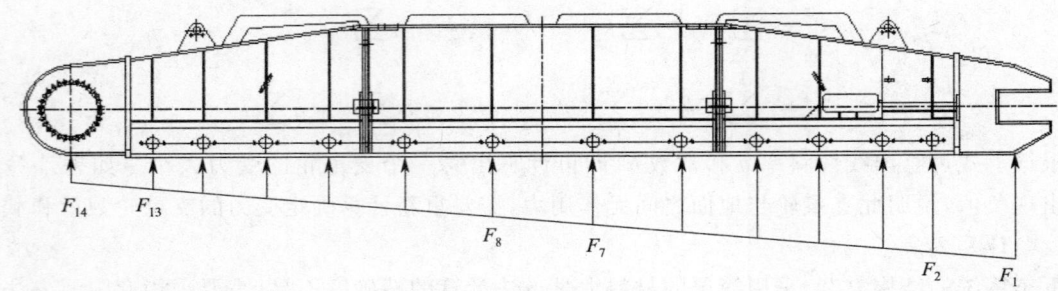

图 7-7-42　履带架支重轮处受力简图

整车受到的垂直载荷为 3 595 kN,倾翻力矩为 4 802 kN·m,履带接地长度 7.5 m,履带轨距 5.8 m,折算到每条履带上垂直载荷 $F=3\ 595/2=1\ 797.5$ kN,倾翻力矩 $M=4\ 802$ kN·m$/2=2\ 401$ kN·m。根据上面介绍的履带架支重轮受力分析方法,计算得出的所有支重轮的受力大小见表 7-7-13。

表 7-7-13　支重轮载荷

| 符　号 | $F_1$ | $F_2$ | $F_3$ | $F_4$ | $F_5$ | $F_6$ | $F_7$ |
| --- | --- | --- | --- | --- | --- | --- | --- |
| 数据/kN | 16.00 | 35.48 | 47.47 | 62.46 | 77.44 | 95.42 | 116.40 |
| 符　号 | $F_8$ | $F_9$ | $F_{10}$ | $F_{11}$ | $F_{12}$ | $F_{13}$ | $F_{14}$ |
| 数据/kN | 140.38 | 161.36 | 179.34 | 194.32 | 209.31 | 221.3 | 240.78 |

**2. 建模与边界条件**

在有限元模型中,车架与履带架销轴连接部分采用对点耦合方式,约束了相对位置的轴孔 $x$、$y$、$z$ 方向的全位移,车架与履带架挤压块连接部分采用垂直于挤压面方向的耦合,只约束垂直挤压面的方向,其他方向可以有相对位移;所有单元均采用板壳单元,通过四边形单元或三角形单元进行网格划分,模型节点数为 52 037,单元数为 52 813。有限元模型如图 7-7-43 所示。

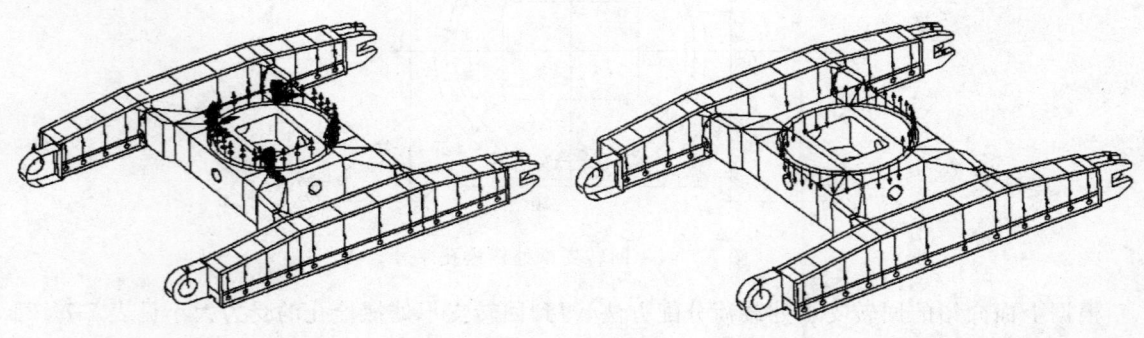

(a) 回转支承加约束支重轮加载荷方式　　　　(b) 回转支承加载支重轮加约束方式

图 7-7-43　车架有限元模型

**3. 结果分析**

根据表 7-7-12 计算的结果,首先对回转支承的 40 个螺栓孔加力,车架上车身压重的位置加力,重力方向垂直向下,对与地面连接的支重轮、驱动轮和导向轮的轴孔进行位移约束,车架回转支承处施加载荷的有限元分析结果如图 7-7-44 所示。本文中的应力云图采用的是等值线法,图中颜色从浅到深依次表示应力由小到大的变化。

车架加载、履带架约束得到的结果分析车架的应力情况。应力云图分布的最大区域在车架的前方,平均应力在 120 MPa 左右,满足使用要求(材料为 Q345B,板厚为 16 mm～25 mm,许用应力

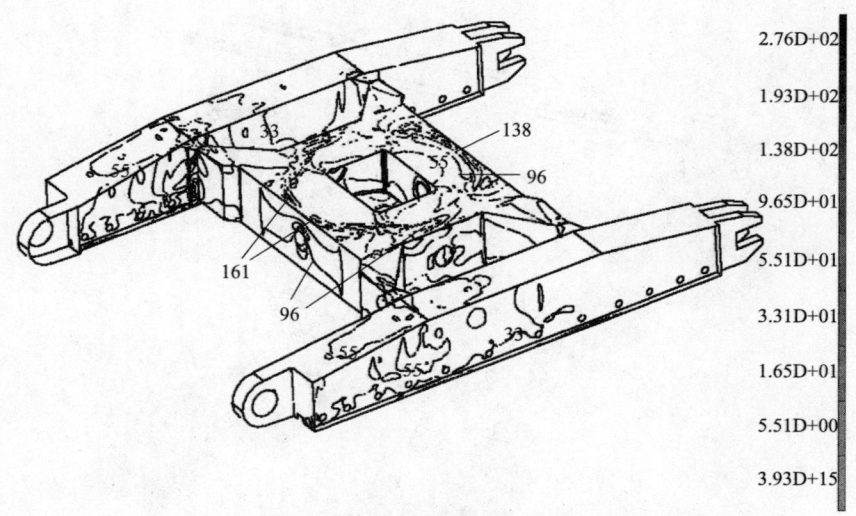

图 7-7-44　车架回转支承处施加载荷的有限元分析结果

为 243 MPa),最大变形为 3.60 mm。

根据表 7-7-13 计算的结果,对履带架与地面连接的支重轮、驱动轮和导向轮处的轴孔加力,车架上车身压重的位置加力,重力方向竖直向下,车架上回转支承处进行约束,履带架支重轮处施加载荷的有限元分析结果如图 7-7-45 所示。

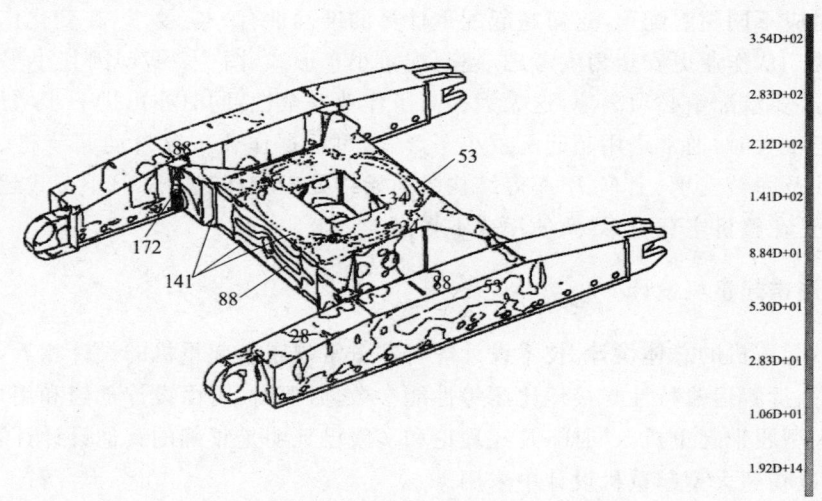

图 7-7-45　履带架支重轮处施加载荷的有限元分析结果

履带架加载、车架约束得到的结果分析履带架的应力情况。应力云图分布的最大区域在履带架上与车架连接的轴孔附近,平均应力在 100 MPa 左右,最大变形量为 12.7 mm。

## 第七节　超大型履带起重机

### 一、概　　述

对于最大起重量达 1 000 t 以上的履带起重机,我们通常称为超大型履带起重机。这类起重机一般配有超起系统,目的是提高大幅度下的整机抗倾覆稳定性,进而充分发挥臂架的承载能力,提高起重能力。为进一步提升起重能力,臂架的截面尺寸势必较大,考虑运输尺寸的限制,也有采用双臂形式,亦可提高臂架的侧向稳定性,如图 7-7-46 所示。

为提升整机抗倾覆稳定性,通常配有超起配重,根据其形式不同,可分为悬浮式和小车式两种,如图 7-7-47 所示。使用悬浮式超起配重(如图 7-7-47b)时,超起配重必须离地,才能进行行走、回

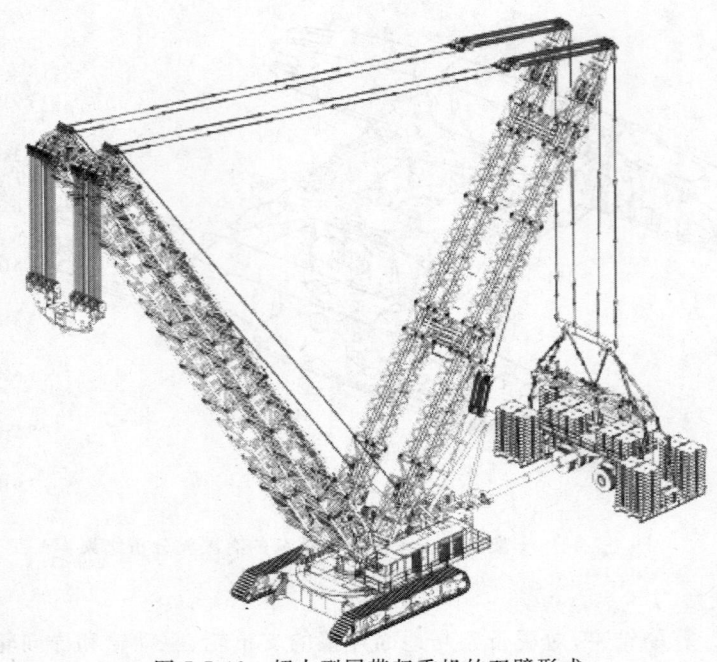

图 7-7-46 超大型履带起重机的双臂形式

转等作业,因此起重量、工作幅度、超起配重质量和超起半径等要相互匹配。为保证超起配重悬浮,不同起重力矩对应不同超起配重,这对超起配重计算的准确性有一定要求,在变化作业工况时给拆装配重带来不便。从作业更安全角度考虑,超起配重小车形式(图 7-7-47c)因其小车具有支撑及行走能力,所以不必要求配重必须离地,这大大提高了作业安全性,同时亦可进一步增加抗倾覆力矩。因此当起重力矩很大时,通常采用超起配重小车形式,可根据作业工况自动调节超起配重利用率,保证整机稳定性及回转支承、上车、下车等结构受力始终处于较佳状态。但小车式超起装置对地面要求较高,尤其是在整机空载时,导致使用成本较高。

**二、超大型履带起重机设计**

超大型履带起重机的总体设计、技术设计等与本章常规履带起重机的设计相近,但需要着重关注整机拆装效率、拆解运输特性与接地比压等性能参数,必要时,可由设计部门和用户协商,定制开发非常规的超大型履带起重机。同样,凡经理论和实践已证明是正确的其他设计计算方法,经供需双方协商,也可以在超大型起重机设计中采用。

超大型履带起重机与常规履带起重机设计的差异主要体现在超起系统及相应的配重配置上,本节即着重介绍超大型履带起重机的配重配置与设计计算。

(一)配重的分类

履带起重机的配重是保证起重机的稳定性、决定起重能力的一种配置,根据其安装位置及相应的功能,主要分为下车压重、上车配重、超起配重,以及兼具上车配重和超起配重功能的移动配重,如图 7-7-47 所示。

下车压重通常对称安装于下车车架前后两侧,也有少数安装在下车履带架外侧,用于保证起重机空载时的自身稳定性,并降低整机重心。下车压重一般配置在 300 t 以下履带起重机上,超大型履带起重机一般不需要配置下车压重。

上车配重通常通过配重托盘安装在履带起重机转台的后方,用于保证起重机作业时的稳定性。300 t 以下履带起重机一般要求设计上车配重的自装卸装置。

超起配重是超起系统的主要组成部分,用于增加整机稳定性,并改善臂架系统、转台、回转支承和下车的受力状态,进而大幅度增加起重能力。超起配重一般配置于 300 t 以上履带起重机上。

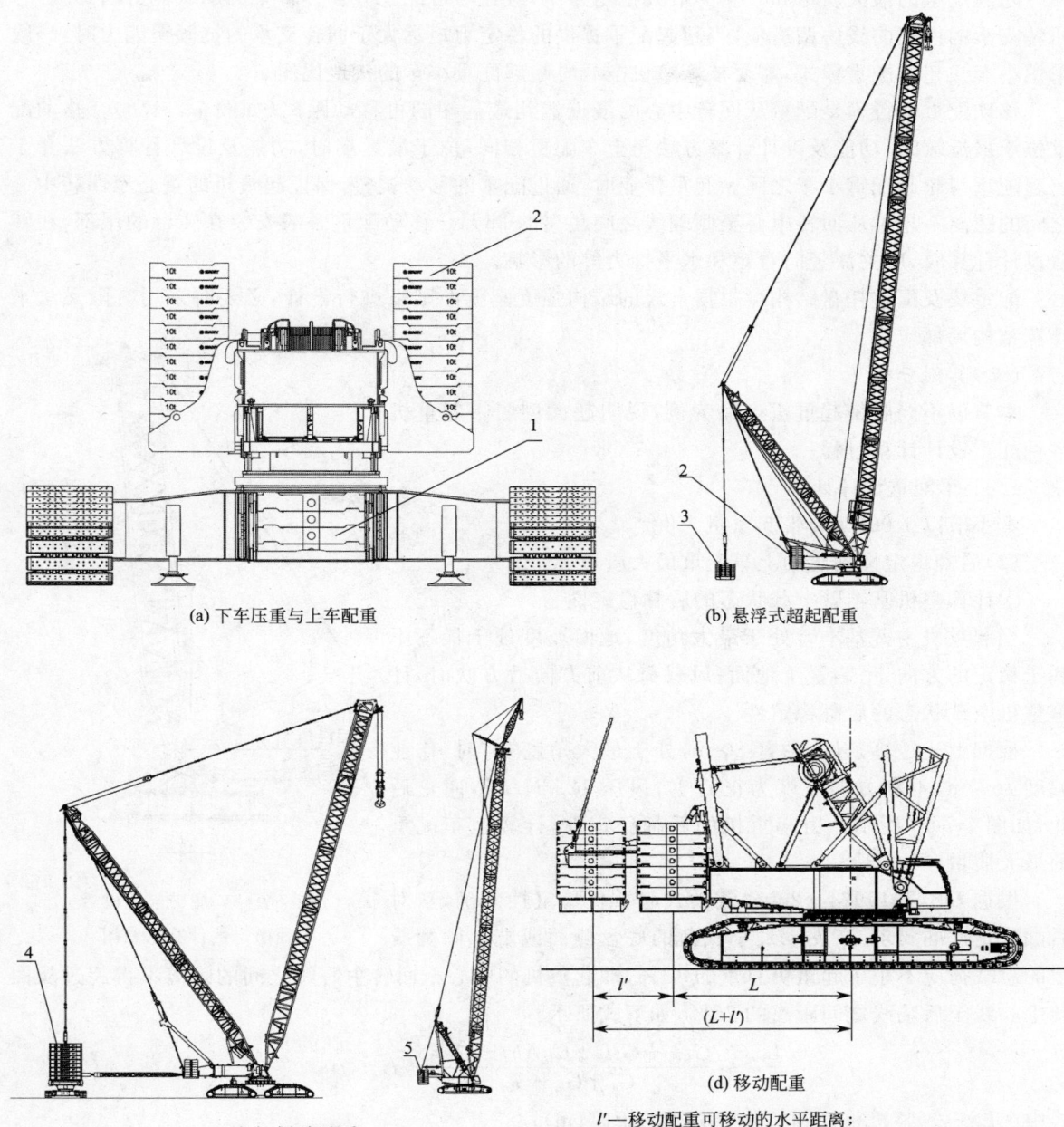

图 7-7-47 履带起重机配重示意图
1—下车压重；2—上车配重；3—超起配重；4—超起配重小车；5—移动配重

当工况相对单一且起重力矩变化不大时，宜采用兼具上车配重和超起配重功能的移动配重，根据起重力矩的变化，实现配重的前后移动调整，可以兼顾起重机空载和带载作业的稳定性。移动配重在风电吊装用履带起重机上应用居多。

配重一般采用铸铁材料，并尽量保证各种配重的通用性；对超大型履带起重机，也可采用混凝土等低成本材料，尤其是超起配重。

(二) 设计计算方法

上车配重的最大质量，除了必须根据 GB/T 19924—2005《流动式起重机稳定性的确定》严格进行后翻稳定性计算外，还受回转支承承载能力的制约。上车配重应尽可能地满足臂架系统（含超起桅杆）在各种工况下的自起臂要求，尤其是超大型履带起重机超起桅杆的自起臂。

超起配重的最大质量和产生的最大稳定力矩,应在尽可能充分发挥臂架的承载能力前提下,与回转支承的性能曲线协调适应,当超起配重提供的稳定力矩远大于回转支承的抗倾覆能力时,一般采用小车式超起配重模式,需要核算整机空载时超起配重小车的接地比压。

移动配重的行程是配重从回转中心的最近端到最远端的可移动距离(如图 7-7-47d)。移动配重位于最近端时,功能及设计计算方法与上车配重相同;位于最远端时,功能及设计计算方法介于超起配重与超起配重小车之间。起重作业时,通过配重的移动调整,保证起重机的重心至回转中心之间的距离不超过从回转中心至倾翻线之间距离的 35%。移动配重一般安装在转台的尾部,在转台设计计算时,应关注竖向弯矩和水平推力等的影响。

配重块及配重托盘结构可根据常规的结构强度刚度准则来进行设计,必要时采用有限元法来计算结构局部应力。

(三) 算例分析

本节以不同履带起重机产品为例,说明超大型履带起重机各种配重设计计算过程。

1. 上车配重设计计算

本小节以 1 000 t 履带起重机为例。

(1) 后翻稳定性确定的上车配重最大质量

① 计算整机基本臂空载状态的后翻稳定性

当起重机主臂基本臂处于最大角度、地面坡度处于最不不利于稳定的方向、吊钩置于地面、风载荷从前方向后方吹时,计算整机空载状态的后翻稳定性。

根据上述计算条件:主臂 30 m,处于最大角度 84°时,作业幅度为 7 m,不利方向坡度为正后 1°,风压 125 N/m²,向正后吹,如图 7-7-48 所示。由起重机的后翻稳定性,计算上车配重的最大质量。

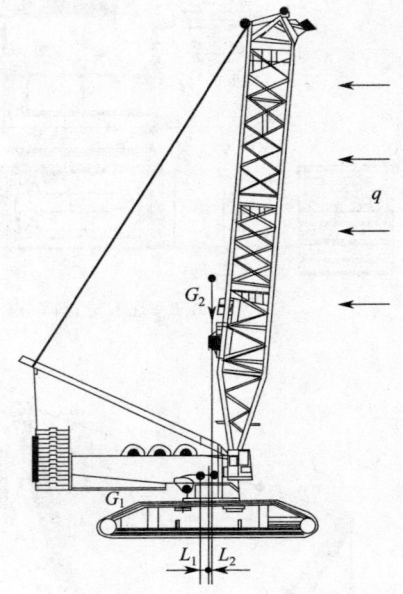

图 7-7-48　履带起重机后翻稳定性计算示意图

根据 GB/T 19924—2005《流动式起重机稳定性的确定》对后翻稳定性的要求:在支承最小载荷的底盘侧面或端部倾翻线上的总载荷应不小于起重机总重的 15%,即起重机的中心至回转中心线之间的距离不得超过从回转中心线至后翻线之间距离的 70%,如下式所示:

$$\frac{L_G}{L'} = \left(\frac{G_1 l_1 + G_s l_s + CqAh_1 - G_2 l_2}{G_1 + G_s + G_2}\right)/L' \leqslant 70\% \tag{7-7-20}$$

式中　$L_G$——整机重心到回转中心线的距离(m);

$L'$——起重机后倾翻线到回转中心线的距离,5.6 m;

$G_1$——整机主机本体各部件除上车配重外的总重量,464.73 t;

$l_1$——$G_1$ 到回转中心线的距离,0.55 m;

$G_s$——上车配重总重量(t);

$l_s$——$G_s$ 到回转中心线的距离,10.105 m;

$G_2$——30 m 基本臂和主变幅桅杆系统的总重量,92.35 t;

$l_2$——$G_2$ 到回转中心线的距离,0.48 m;

$C$——臂架风力系数,取 1.3;

$q$——动载风压,取 125 N/m²;

$A$——臂架迎风面积,99 m²;

$h_1$——臂架风载荷的等效作业点到后倾翻线的垂直距离,19.97 m。

由上式可推出上车配重的最大值:

$$G_s \leqslant \frac{70\%L'(G_1+G_2)-(G_1 l_1+CqAh_1-G_2 l_2)}{L_s-70\%L'}$$

$$\leqslant \frac{70\%\times 5.6\times(464.73+92.35)-(464.73\times 0.55+1.3\times 0.0125\times 99\times 19.97-92.35\times 0.48)}{10.105-70\%\times 5.6}$$

$$\leqslant 313.7(\text{t})$$

②计算整机主机本体安装完成状态的后翻稳定性

当起重机的上车配重安装完成、未装主臂及主变幅桅杆等臂架系统时,地面坡度处于最不利于稳定的方向,计算主机本体安装状态的后翻稳定性。

计算过程同①,计算上车配重的最大质量。

$$\frac{L_G}{L'}=\frac{G_1 l_1+G_s l_s}{G_1+G_s}/L' \leqslant 70\%$$

$$\Rightarrow G_s \leqslant \frac{70\%L'G_1-G_1 l_1}{l_s-70\%L'}=\frac{70\%\times 5.6\times 464.73-464.73\times 0.55}{10.105-70\%\times 5.6}=253.2(\text{t})$$

根据上述计算,对配重质量取整数,1 000 t 履带起重机的上车配重设计最大质量为 250 t。

(2)回转支承性能确定的上车配重最大质量

上车配重最大质量的设计条件一般不是回转支承选型计算的典型约束条件,因此在设计确定上车配重的最大质量后,根据回转支承的性能曲线进行校核计算即可。对超大型履带起重机,还需要校核计算在超起桅杆自起臂的最不利状态(如超起桅杆起臂处于水平状态)时的回转支承性能。

2. 超起配重设计计算

本小节以 400 t 履带起重机为例。

(1)超起配重设计计算

超起系统的设计原理是由超起装置提供与整机设计相匹配的稳定力矩,以提高由整机抗倾覆稳定性决定的起重性能,即超大型履带起重机的整机最大起重力矩确定后,整机最大起重力矩与标准型最大起重力矩的差值,通过超起装置提供的稳定力矩来改善补足。

400 t 履带起重机超起配重的最大质量 250 t,最大超起半径 15 m。如果工作场地比较狭小,超起配重的超起半径可控制在 11 m,具体位置参看图 7-7-49a。

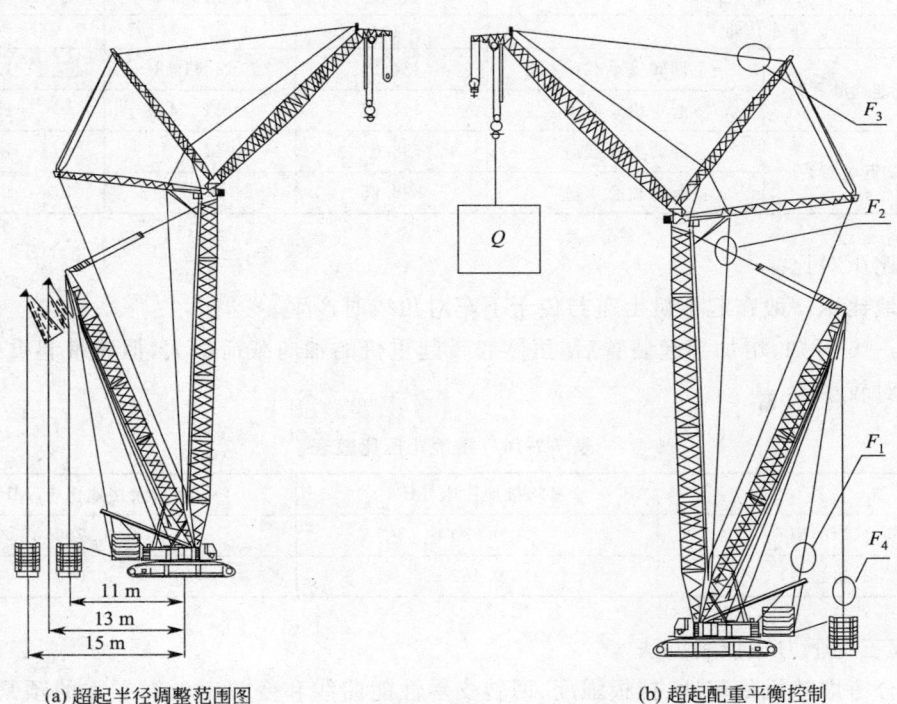

(a)超起半径调整范围图　　　　　　(b)超起配重平衡控制

图 7-7-49　超起工况图

配置超起系统后,最大起重力矩一般可提高 1 倍以上,额定起重量也可得到不同幅度的提升,但起重作业过程中整机总力矩并不增加。因此在超起配重设计计算中,需要重点关注整机竖向载荷增加的影响。

400 t 履带起重机作业幅度 14 m 时的设计计算对比如下:

①回转支承负载计算对比。

由表 7-7-14 可知,即使超起型的起重量比标准型提高了 2.4 倍左右,通过增加超起装置,回转支承的倾覆力矩只有标准型的 7.7%,这对回转平台、回转支承、底盘的稳定性具有重要的意义。

表 7-7-14  400 t 履带起重机回转支承负载计算表

| 项 目 | | 重量/t | 重心/m | 力矩/(kN·m) |
|---|---|---|---|---|
| 起重机转台 | | 44.7 | 2.67 | 1 193.5 |
| 上车配重 | | 135 | 5.46 | 7 371.0 |
| 主臂 30 m | | 24.55 | −7.19 | −1 765.1 |
| 标准型(不带超起装置) | 起重能力 | 130 | −14 | −18 200.0 |
| | 回转支承负载(Ⅰ) | 334.25 | −3.410 8 | −11 400.6 |
| 超起型(带超起装置) | 超起桅杆 30 m | 16.78 | 5.667 | 950.9 |
| | 超起配重 | 250 | 15 | 37 500.0 |
| | 起重能力 | 317 | −14 | −44 380.0 |
| | 回转支承负载(Ⅱ) | 788.03 | 0.11 | 872.4 |

②整机稳定性计算对比。

由表 7-7-15 可知,增加超起装置后,虽然履带起重机的轴向载荷很大,但起重机具有较小的倾覆力矩和更好的整机稳定性。

表 7-7-15  400 t 履带起重机整机稳定性计算表

| 项 目 | | 质量/t | 重心/m | 倾覆力矩/(kN·m) |
|---|---|---|---|---|
| 起重机下车 | | 70.22 | 0.14 | 99.0 |
| 下车压重 | | 40 | 0 | 0.0 |
| 标准型(不带超起装置) | 回转支承载荷 | 334.25 | −3.410 8 | −11 400.6 |
| | 起重机总质量 | 444.47 | −2.54 | −11 301.6 |
| 超起型(带超起装置) | 回转支承载荷 | 788.03 | 0.11 | 872.4 |
| | 起重机总质量 | 898.25 | 0.11 | 971.4 |

③接地比压对比。

最大接地比压一般在起重机上车与位于下车对角线时产生。

由表 7-7-16 可知,增加超起装置后,虽然履带起重机的轴向载荷很大,但履带起重机的最大接地比压值相对较小。

表 7-7-16  接地比压比较表

| 项 目 | 平均接地比压/MPa | 最大接地比压/MPa |
|---|---|---|
| 计算 1(标准型) | 0.230 | 0.709 |
| 计算 2(超起型) | 0.462 | 0.512 |

(2)超起工况下力矩控制方法

通过综合考虑整机稳定性、拉板强度、回转支承性能曲线和变幅钢丝绳必需的预紧力等因素,确定变幅桅杆后拉板拉力 $F_1$ 的最大值 $F_{1max}$ 和最小值 $F_{1min}$,在力矩限制器中设定拉力 $F_1$ 的限制范围。作业过程中,超起配重和超起半径的取值应保证此拉板拉力在设定的限制范围内。

超起工况下,起重作业过程中,变幅桅杆 $F_0$ 拉板实际所承受的拉力 $F_1$ 与最大允许拉力 $F_{1max}$ 的比值记为 A,超起配重垂直提升油缸的拉力总和与超起配重重量的比值记为 B,如图 7-7-49 b),力矩控制方法如下:

①当 A<15% 时,如果 B>50%,中止所有导致起重机负载力矩增加的动作。
②当 A<15% 时,如果 B>90%,中止所有导致起重机负载力矩增加与负载力矩减小的动作。
③当 A>90% 时,无论 B 为何值,中止所有导致起重机负载力矩增加的动作。

3. 超起配重小车设计计算

本小节以 3 600 t 履带起重机为例。

除悬浮式超起配重外,也可采用超起配重小车。采用超起配重小车时,超起配重放在配重小车上,且始终不离地,通过调节超起配重的利用率,可以使回转支承以上重心和整机重心始终在回转中心附近,进而可保证整机稳定性及回转支承、上车、下车等结构受力始终处于较佳状态。

计算 3 600 t 履带起重机主臂 66 m 超起工况,如表 7-7-17 与图 7-7-50 所示,若采用悬浮式配重,作业幅度 18 m、吊重 3 600 t 时,超起配重 1 600 t 时可离地,但受回转支承等回转结构的承载能力限制,作业幅度不能从 18 m 变幅至 20 m;而采用超起配重小车后,由于超起配重的实际利用率可以与起重力矩变化简单适应,因此在吊重 3 600 t、作业幅度从 18 m 变幅至 20 m 时,回转支承所受的弯矩变化不大,在回转支承性能曲线范围内(见图 7-7-50),整机作业适应性更强。

表 7-7-17　3 600 t 履带起重机主臂 66 m 超起型工况

| 作业幅度/m | 吊重/t | 主臂自重/t | 主臂重心/m | 上车自重/t | 上车重心/m | 上车配重/t | 上车配重重心/m | 超起桅杆自重/t | 超起桅杆重心/m | 悬浮式配重/t | 超起配重小车配重利用/t | 超起半径/m | 回转支承弯矩/(kN·m) |
|---|---|---|---|---|---|---|---|---|---|---|---|---|---|
| 18 | 3 600 | 276.6 | 8.965 | 347 | 4.377 | 155 | 12.76 | 174 | 14.47 | 1 600 | — | 36 | 35 050 |
| 20 | 3 600 | 276.6 | 10.045 | 347 | 4.377 | 155 | 12.76 | 174 | 14.47 | 1 600 | — | 36 | 110 030 |
| 18 | 3 600 | 276.6 | 8.965 | 347 | 4.377 | 155 | 12.76 | 174 | 14.47 | — | 1 600 | 36 | 35 050 |
| 20 | 3 600 | 276.6 | 10.045 | 347 | 4.377 | 155 | 12.76 | 174 | 14.47 | — | 1 800 | 36 | 38 030 |

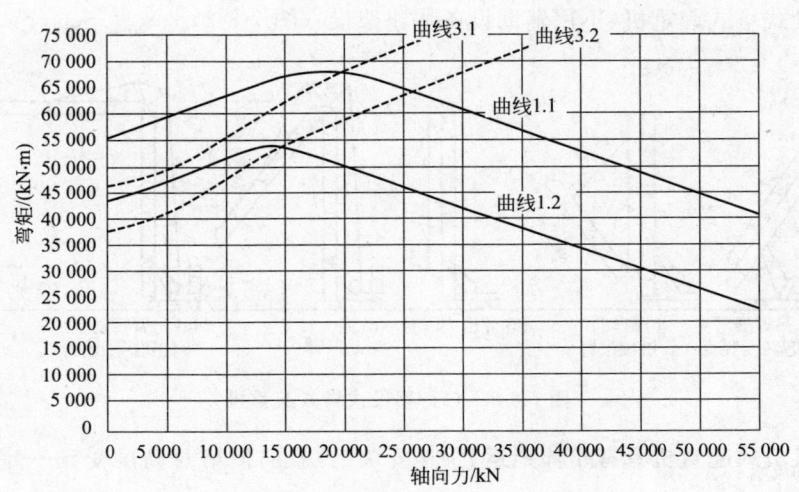

图 7-7-50　回转支承承载能力曲线

# 第八章 塔式起重机

## 第一节 分类与产品型号

### 一、分类

（一）按组装方式分类

1. 部件组装式塔式起重机（图7-8-1）

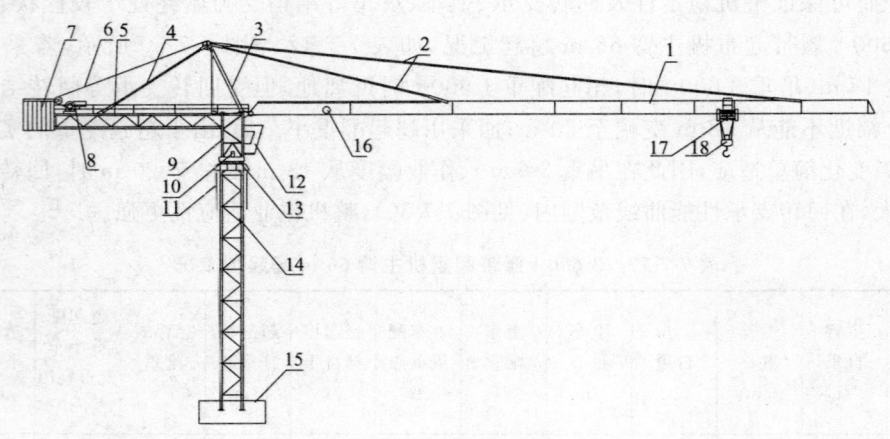

图7-8-1 组装式塔式起重机

1—起重臂；2—起重臂拉杆；3—塔头；4—平衡臂拉杆；5—平衡臂；6—起升钢丝绳；
7—平衡重；8—起升机构；9—回转塔身；10—回转机构；11—顶升套架；12—驾驶室及电气系统；
13—回转支承；14—塔身；15—基础；16—变幅机构；17—起重小车；18—吊钩

2. 自行架设式塔式起重机（不用辅助设备快速架设）（图7-8-2）

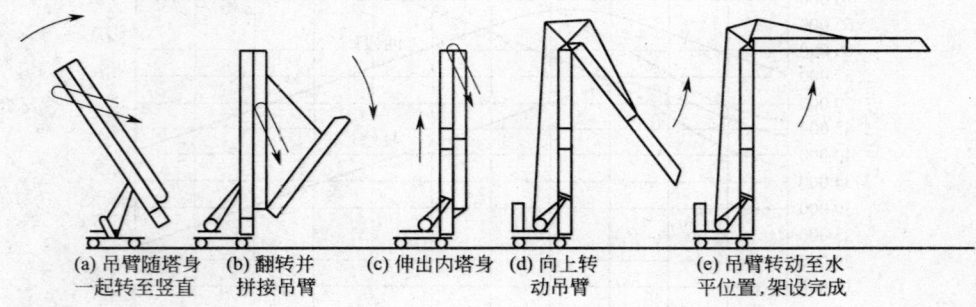

(a) 吊臂随塔身一起转至竖直　(b) 翻转并拼接吊臂　(c) 伸出内塔身　(d) 向上转动吊臂　(e) 吊臂转动至水平位置，架设完成

图7-8-2 自行架设式塔式起重机

自行架设式塔式起重机具有整体拖运、快速安装的功能，但塔身高度受到一定的限制，起重量也不能很大。

（二）按回转部位不同分类

1. 上回转式塔式起重机（图7-8-3）

上回转式塔式起重机的回转支承安装在塔身上部，塔式起重机旋转时，回转支承及其以上部件绕塔身中心线转动，塔身及其以下部件不转动。上回转式塔式起重机，视野开阔，通过顶升加节，起升高度可增高。

2.下回转式塔式起重机(图 7-8-4)

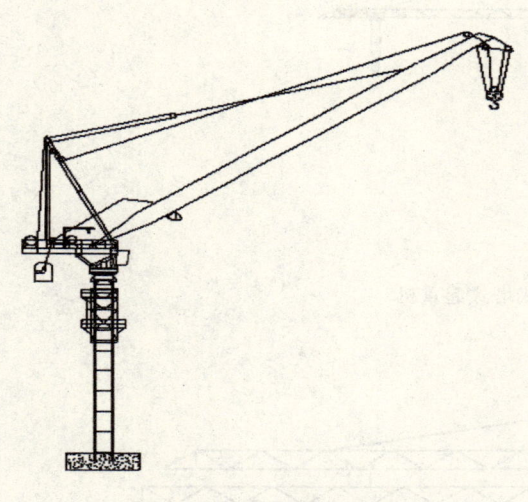
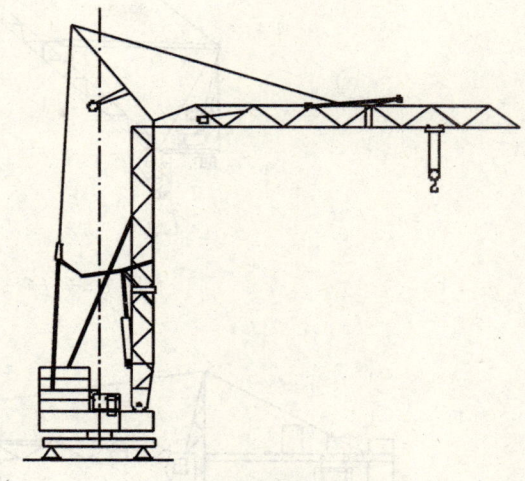

图 7-8-3　上回转式塔机　　　　　图 7-8-4　下回转式塔机

下回转式塔式起重机的回转支承安装在塔身底部,回转支承及其以上部件绕回转中心线转动。下回转式塔式起重机,驾驶室位置低,驾驶员上下方便,但塔身高度有限制。

(三)按起重臂类型分类

1.水平臂架式(含平头式)塔式起重机(图 7-8-5)

水平臂架式塔式起重机利用起重小车沿臂架水平运动来实现变幅,其变幅速度快、工作效率高。

2.动臂式塔式起重机(图 7-8-6)

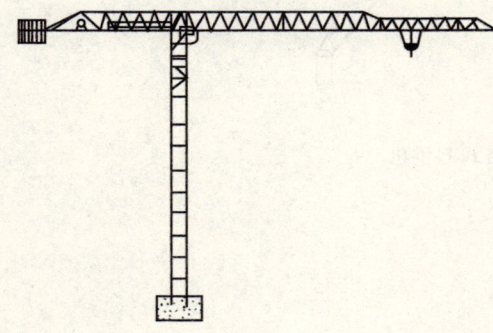
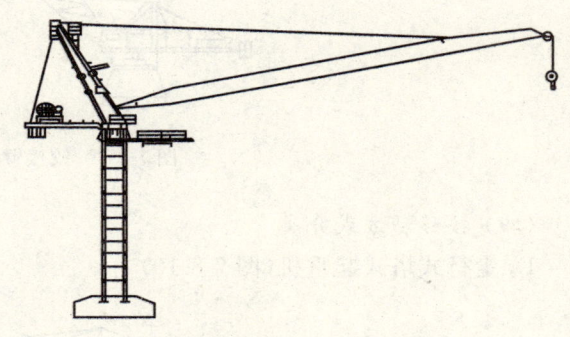

图 7-8-5　水平臂架式塔式起重机　　　　　图 7-8-6　动臂式塔式起重机

动臂式塔式起重机利用起重臂绕起重臂根部铰点的转动来实现变幅,非常适合于狭窄空间的施工作业。

3.弯折臂架式塔式起重机(图 7-8-7)

弯折臂架式塔式起重机,一般作业时,臂架成直线型的水平状,使用小车变幅;必要时将臂架的根部节向上转动,可达垂直状,进一步增大起升高度,很适合热电站冷却塔的施工。

4.伸缩臂架式塔式起重机(图 7-8-8)

伸缩起臂架式塔式起重机由双臂架组成,可由起重小车沿下臂架水平运动来实现短距离变幅;也可通过下臂架向外水平运动来实现长距离的变幅。

5.铰接臂架式塔式起重机(图 7-8-9)

铰接臂架式塔式起重机,利用臂架根部节的俯仰来实现变幅。

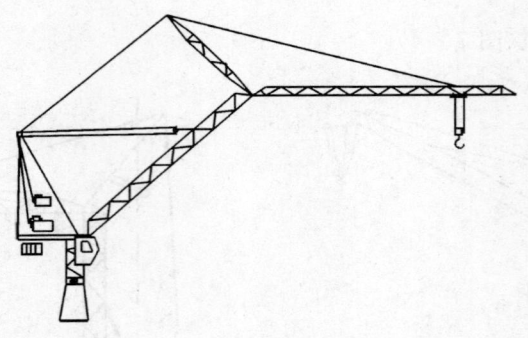

图 7-8-7 弯折臂架式塔式起重机

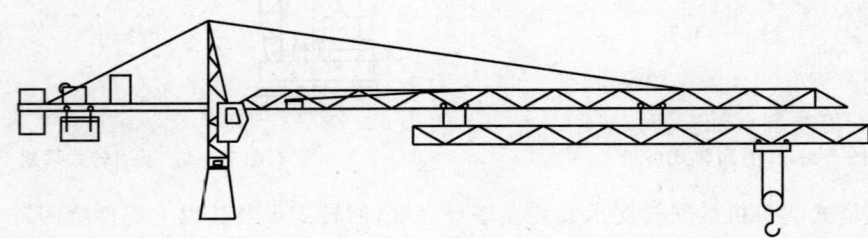

图 7-8-8 伸缩臂架式塔式起重机

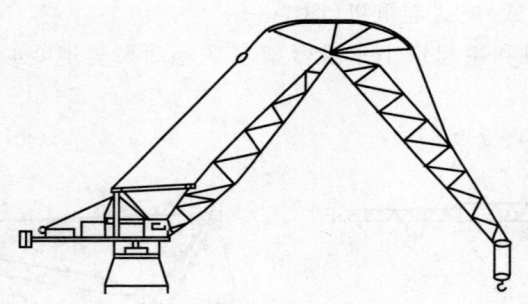

图 7-8-9 铰接臂架式塔式起重机

(四)按移动方式分类

1. 走行式塔式起重机(图 7-8-10)

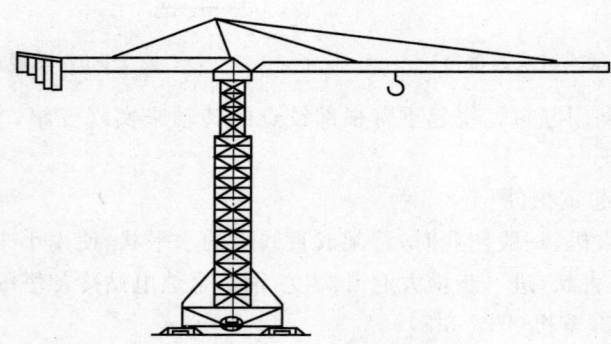

图 7-8-10 走行式塔式起重机

走行式塔式起重机,在行走机构中装有轨轮,可在地面上铺设的轨道上行走,并可带载行走,用以延伸作业范围。

## 2. 固定式(定置式)塔式起重机(图 7-8-11)

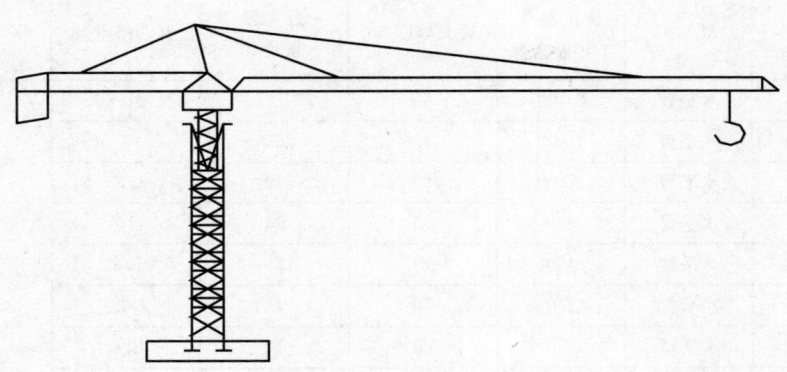

图 7-8-11　固定式塔式起重机

固定式塔式起重机,塔身固定在混凝土基础上,整机不行走,整机稳定性好,塔机下部构造简单,是最常见的塔式起重机安装方式。

## 3. 爬升式塔式起重机(图 7-8-12)

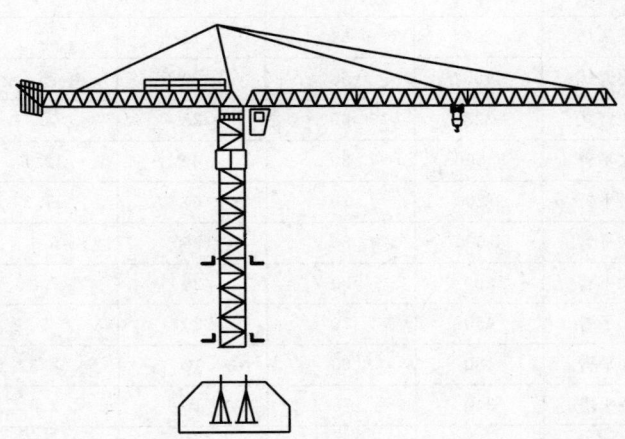

图 7-8-12　爬升式塔式起重机

爬升式塔式起重机,安装在建筑物内部(电梯井,楼梯间或特设开间等),借助建筑物的结构作为塔身支撑,当建筑物施工高度增加时,可通过专用的爬升装置沿建筑物向上爬升。

## 二、国内外产品型号

1. 国内塔式起重机型号的表示方法

用额定起重力矩来标记塔机的型号,如:QTZ 80 F。

QTZ:组、型式、特性代号;80:最大起重力矩(t·m);F:更新、变型代号。

如:QTZ 上回转自升式塔式起重机、QTD 动臂式塔式起重机和 QTK 快速安装式塔式起重机。国内部分塔式起重机型号见表 7-8-1。

2. 塔式起重机型号的其他表示方法

用塔机最大幅度(m)处所能吊起的额定重量(kN)两个主参数来标记塔机的型号。

标记为 TC5013 或 C5013,其意义为:

TC——Tower Crane;50——最大幅度 50 m;13——最大幅度 50 m 处对应的最大起重量 13 kN。

表 7-8-1　国内塔式起重机型号

| 序号 | 型号 | 型式 | 额定起重力矩/(t·m) | 最大幅度/m | 最大起重量/t | 臂端吊重/t | 生产厂家 |
|---|---|---|---|---|---|---|---|
| 1 | M2400 | 水平臂 | 2 400 | 80 | 80 | 21.5 | 四川建设机械（集团）股份有限公司 |
| 2 | M1500 | 水平臂 | 1 500 | 80 | 63 | 15 | |
| 3 | M1200 | 水平臂 | 1 200 | 80 | 50 | 11.5 | |
| 4 | M900 | 水平臂 | 900 | 70 | 50 | 10 | |
| 5 | C7052 | 水平臂 | 450 | 70 | 25 | 5.2 | |
| 6 | C7030 | 水平臂 | 250 | 70 | 16 | 3 | |
| 7 | H3/36 B | 水平臂 | 250 | 60 | 12 | 3.6 | |
| 8 | C6024 | 水平臂 | 200 | 60 | 12 | 2.4 | |
| 9 | C6018 | 水平臂 | 125 | 60 | 10 | 1.8 | |
| 10 | F0/23B | 水平臂 | 125 | 50 | 10 | 2.3 | |
| 11 | C5015 | 水平臂 | 80 | 50 | 8 | 1.5 | |
| 12 | C5013 | 水平臂 | 60 | 50 | 6 | 1.3 | |
| 13 | QTP300 | 平头塔 | 300 | 74 | 18 | 2.7 | |
| 14 | QTP200 | 平头塔 | 200 | 64 | 12 | 3 | |
| 15 | QTD400 | 动臂式 | 400 | 60 | 20 | 5 | |
| 16 | QTD328 | 动臂式 | 328 | 60 | 28 | 2 | |
| 17 | S1500 | 水平臂 | 1 500 | 80 | 60 | 12.1 | 沈阳三洋建筑机械有限公司 |
| 18 | S1200 | 水平臂 | 1 200 | 70 | 64 | 17.3 | |
| 19 | M125/75 | 水平臂 | 1 000 | 80 | 50 | 6.1 | |
| 20 | M50/78 | 水平臂 | 800 | 80 | 20 | 7.8 | |
| 21 | K50/50 | 水平臂 | 450 | 70 | 20 | 5 | |
| 22 | H25/23 | 水平臂 | 180 | 60 | 10 | 2.3 | |
| 23 | S310 TL16 | 平头塔 | 340 | 75 | 16 | 2.8 | |
| 24 | R70/27 | 平头塔 | 220 | 70 | 12 | 2.7 | |
| 25 | S800 LL50 | 动臂式 | 800 | 75 | | | |
| 26 | FL30/30 | 动臂式 | 216 | 50 | 12 | 3 | |
| 27 | EL15/22 | 动臂式 | 160 | 45 | 6 | 2.2 | |
| 28 | S64 L4 | 动臂式 | 64 | 18.6 | 4 | 3 | |
| 29 | QTK25 | 下回转 | 25 | 25 | 3 | 1 | |
| 30 | GTMR360B | 下回转 | 80 | 45 | 8 | 1.25 | |
| 31 | D5200-240 | 水平臂 | 5 200 | 40 | 240 | 116 | 中联重工科技发展股份有限公司 |
| 32 | D1500-63 | 水平臂 | 1 500 | 70 | 63 | 18.5 | |
| 33 | D1100-63 | 水平臂 | 1 100 | 70 | 63 | 12 | |
| 34 | TC8039-25 | 水平臂 | 480 | 80 | 25 | 3.9 | |
| 35 | TC7052-25 | 水平臂 | 480 | 70 | 25 | 5.2 | |
| 36 | TC5613-6 | 水平臂 | 63 | 56 | 6 | 1.3 | |
| 37 | TCT7527-20 | 平头塔 | 300 | 75 | 20 | 2.7 | |
| 38 | TCR6055-32 | 动臂式 | 630 | 60 | 32 | 5.5 | |

浙江虎霸建设机械有限公司：水平臂 H7050、H7533、H7030、H6518、H6015、H6010、H5515、

H5510、H5015；平头塔 T8040、T7527、T6020、T6015、T6010；动臂式 D260、D160。

抚顺永茂建筑机械有限公司：水平臂 ST80/116、ST80/75、ST70/30、ST70/27、ST55/13、ST60/15；平头塔 STT553、STT403、STT293、STT200、STT113、STT5515；动臂式 STL420、STL230、STL120、QD80。

江麓机电科技有限公司：水平臂 JL8032、JL7050、JL7032、JL7530、JL7034、JL6516、JL5520、JL5515、JL5015、JL4210A、JL4008。动臂式 QTD480。

山东华夏集团有限公司：水平臂 QTZ630、QTZ315B、QTZ315C、QTZ160、QTZ125、QTZ80C、QTZ63A、QTZ63B、QTZ40A、QTZ40B、QTZ25A、QTZ20A。

山东鸿达建工集团有限公司：水平臂 QTZ160、QTZ125A、QTZ100A、QTZ63B、QTZ40。

杭州科蔓萨杰牌建设机械有限公司：平头塔 21CJ550-18t、21CJ400-18t、21CJ290-18t、21CJ210-18t、21CJ210-12t、10CJ140-8t。

广西建工集团建筑机械制造有限责任公司：水平臂 QTZ7030、QTZ6015；平头塔 TCT5512；动臂式 QTD160、QTD125；

国外塔式起重机主要型号见表7-8-2。

表 7-8-2　国外塔式起重机主要型号列表

| 序号 | 型号 | 型式 | 额定起重力矩/(t·m) | 最大幅度/m | 最大起重量/t | 臂端吊重/t | 生产厂家 |
|---|---|---|---|---|---|---|---|
| 1 | K10000 | 水平臂 | 10 000 | 100 | 120 | 94 | 丹麦 KROLL 公司 |
| 2 | K1200L | 动臂式 | 1 200 | 52.5 | 63 | 20 | |
| 3 | K500L | 动臂式 | 500 | 45 | 32 | 10 | |
| 4 | MD3600 | 水平臂 | 3 600 | 30 | 160 | 86.6 | 法国 POTAIN 公司 |
| 5 | MD3200 | 水平臂 | 3 200 | 85 | 64 | 26 | |
| 6 | MD2200 | 水平臂 | 2 200 | 80 | 64 | 23.5 | |
| 7 | MC68C | 水平臂 | 68 | 46 | 3 | 1 | |
| 8 | GTMR386B | 下回转整体拖运 | 100 | 50 | 8 | 1.35 | |
| 9 | HDT80 | 下回转整体拖运 | 80 | 45 | 6 | 1.35 | |
| 10 | IgoT70 | 下回转整体拖运 | 70 | 40 | 4 | 1.3 | |
| 11 | HDM40A | 下回转整体拖运 | 40 | 35 | 4 | 1 | |
| 12 | MDT302 | 平头塔 | 302 | 75 | 16 | 2.1 | |
| 13 | MDT222 | 平头塔 | 222 | 65 | 12 | 2.4 | |
| 14 | MR605B | 动臂式 | 605 | 60 | 32 | 9 | |
| 15 | MCR225A | 动臂式 | 225 | 55 | 14 | 2.15 | |
| 16 | MR90B | 动臂式 | 90 | 40 | 8 | 2.1 | |

续上表

| 序号 | 型号 | 型式 | 额定起重力矩/(t·m) | 最大幅度/m | 最大起重量/t | 臂端吊重/t | 生产厂家 |
|---|---|---|---|---|---|---|---|
| 17 | 3150HC | 水平臂 | 3 150 | 80 | 60 | 32 | |
| 18 | 2000HC | 水平臂 | 2 000 | 80 | 60 | 19 | |
| 19 | 1250HC40 | 水平臂 | 1 250 | 79.6 | 40 | 10.5 | |
| 20 | 630EC-H50 | 水平臂 | 630 | 81.4 | 50 | 4.8 | |
| 21 | 30LC | 水平臂 | 30 | 30 | 2.5 | 1 | |
| 22 | 500HC-L | 动臂式 | 500 | 60 | 32 | 6.8 | |
| 23 | 80HC-L | 动臂式 | 80 | 45 | 4 | 1.8 | |
| 24 | 300HC-T | 伸缩臂 | 300 | 60 | 6 | 4.5 | |
| 25 | 1500A | 动臂式下回转 | 1 500 | 80 | 110 | 9 | 德国 LIEBHERR 公司 |
| 26 | 112K | 下回转整体拖运 | 112 | 50 | 4 | 1.27 | |
| 27 | 34K | 下回转整体拖运 | 34 | 33 | 4 | 1 | |
| 28 | MK45 | 下回转整体拖运 | 45 | 27 | 6 | 1.5 | |
| 29 | 28SE | 下回转整体拖运 | 28 | 28 | 2.5 | 1 | |
| 30 | M1280D | 动臂式 | 2 450 | 80 | 100 | 13 | |
| 31 | M600D | 动臂式 | 750 | 70 | 50 | 3 | 澳大利亚 FAVCO 公司 |
| 32 | M440D | 动臂式 | 600 | 65 | 50 | 2.7 | |
| 33 | 320B | 动臂式 | 320 | 60 | 28 | 2 | 德国 WOLFF 公司 |
| 34 | 6014B | 动臂式 | 1 300 | | | | |
| 35 | CTL630-32 | 动臂式 | 700 | 60 | 32 | | |
| 36 | CTL400-24 | 动臂式 | 400 | 60 | 24 | 5 | 意大利 COMEDIL 公司 |
| 37 | CTL130 H16 | 动臂式 | 130 | 50 | 6 | 1.6 | |
| 38 | SK565 | 水平臂 | 565 | 80 | 32 | 2.6 | |
| 39 | SK405 | 水平臂 | 405 | 74 | 20 | 3 | |
| 40 | SK86 | 水平臂 | 86 | 45 | 5 | 1.4 | 德国 PEINER 公司 |
| 41 | SMK308 | 折臂式下回转 | 80 | 42 | 5 | 1.1 | |
| 42 | SN406 | 动臂式 | 406 | 60 | 20 | 5 | |
| 43 | SN166 | 动臂式 | 166 | 50 | 12 | 2.9 | |

西班牙 COMANSA 公司的平头塔机：LC5211、5LC3510、5LC4010、5LC4510、5LC5010、10LC90、10LC110、10LC130、10LC140、21LC170、21LC210、21LC290、21LC400、21LC550。

意大利 TEREX COMEDIL 公司的平头塔机：CTT 51/A-2 TS10、CTT 61/A-2.5、TS12、CTT 71-2.5TS12、CTT 91-2,5 TS12、CTT 91-5 TS12、CTT 121/A-5 TS16、CTT 141/A-6 TS、CTT 161/A-6 TS、CTT 161/A-8 TS、CTT 181/B-8 TS21、CTT 231-12 H20、CTT 231-10 TS23、CTT 231-12 TS23、CTT 231-10 H20、CTT 331-16 HD23、CTT 331-16 TS23。

德国 JOST 公司的平头塔机：JT132.8、JT152.8、JT182.8、JT212.12、JT252.12、JT312.12、JT352.12、JT412.24、JT612.32。

## 第二节　总体设计和计算

### 一、性能参数确定

塔式起重机的设计，首先确定塔式起重机的基本参数，即：起重力矩、起重量、工作幅度、起升高度、各机构的工作速度和工作级别等。

塔式起重机的起重力矩是确定和衡量塔式起重机起重能力的最主要参数。因此设计时应先根据臂架端部吊重和最大吊重初选起升钢丝绳和确定小车重量，计算出起重特性曲线。一般情况下，根据力矩限制器的安放位置，对水平臂塔式起重机来说，起重特性曲线计算原则是吊重和吊具及小车的重量对臂架根部铰点的力矩是相等的，即：

$$M=(Q+q)(R-a) \tag{7-8-1}$$

式中　$M$——起重力矩；

　　　$Q$——吊重；

　　　$q$——小车、钢丝绳、吊钩重量；

　　　$R$——幅度；

　　　$a$——臂架铰点到回转中心的距离。

总体设计可按以下程序来进行：

(1) 根据起重特性曲线优化设计臂架，臂架的重量直接影响到塔式起重机的性能和制造成本。

(2) 根据臂架重量初算平衡重质量。

上回转式塔式起重机应按塔身受载最小的原则确定平衡重质量

$$M_S+M_P=M_j+M_t/2 \tag{7-8-2}$$

$$M_S=M_j+M_t/2-M_P \tag{7-8-3}$$

式中　$M_S$——平衡重对回转中心的力矩；

　　　$M_j$——臂架（臂架和安装在臂架上的部件）及拉杆等对回转中心的前倾力矩；

　　　$M_P$——平衡臂（平衡臂和安装在平衡臂的部件）及拉杆等对回转中心的后倾力矩；

　　　$M_t$——吊重和吊具及小车对回转中心的前倾力矩。

(3) 根据平衡重的重量设计平衡臂。

(4) 计算上部载荷，设计塔式起重机其余各部件。

### 二、总体稳定性计算

由于塔式起重机高度高、幅度大，因而总体稳定性是一个非常重要的问题。一般需要进行非工作、工作和安装、拆卸时的稳定性验算。

(一) 验算工况

塔式起重机抗倾翻稳定性应按表 7-8-3 所列工况进行校核。

安装架设和拆卸过程中抗倾翻稳定性应根据塔式起重机构造型式和装、拆程序对各个阶段的危险状态进行校核。

表 7-8-3　验算工况

| 序号 | 工况 | 说明 | 序号 | 工况 | 说明 |
|---|---|---|---|---|---|
| 1 | 基本稳定性 | 工作状态、静态、无风 | 4 | 突然卸载 | 工作状态，料斗卸载 |
| 2 | 动态稳定性 | 工作状态、动态、有风 | 5 | 安装、拆卸稳定性 | |
| 3 | 暴风侵袭 | 非工作状态 | | | |

注：起重臂能随风回转的塔式起重机，工况 3 的风向由平衡重吹向起重臂方向。

## (二)抗倾翻稳定性校核

表 7-8-4 中各工况的稳定条件规定为,塔式起重机及其部件的位置,载荷的数值和方向取最不利组合条件下,包括自重载荷在内的各项载荷对倾翻边的力矩代数和大于零(即$\sum M$大于零),则认为该塔式起重机是稳定的。起稳定作用的力矩符号为正,起倾翻作用的力矩符号为负。

校核时,各项载荷应乘以相应的载荷系数,见表 7-8-4。

安装架设和拆卸过程的稳定条件规定为,各项载荷对倾翻边的力矩代数和大于零(即$\sum M$大于零),则认为是稳定的。起稳定作用的力矩符号为正,起倾翻作用的力矩符号为负并乘以 1.1～1.2 的增大系数。

**表 7-8-4 载荷系数**

| 工况 | 自重载荷(不计$\Phi_1$,$\Phi_4$) | 起升载荷(不计$\Phi_2$～$\Phi_7$) | 惯性载荷或碰撞载荷 | 风载荷 | 坡度载荷 | 说明 |
|---|---|---|---|---|---|---|
| 1 | | 1.6Q | 0 | 0 | 0 | |
| 2 | | 1.35Q | 1.0$F_D$ | 1.0$F_{w2}$ | 1.0 | 风压$P_{w2}$ |
| 3 | 1.0G | 1.0$Q_g$ | 0 | 1.2$F_{w3}$ | 0 | 风压$P_{w3}$ |
| 4 | | −0.2Q | 0 | 1.0$F_{w2}$ | 0 | 风压$P_{w2}$ |
| 5 | | 1.25$G_e$ | 1.0$F_D$ | 1.0$F_{we}$ | 0 | 风压$P_{we}$ |

注:1. 表中符号:
  $G$——塔式起重机各部件重力(N);
  $Q$——起升载荷(吊重加$Q_g$)(N);
  $Q_g$——吊钩、下滑轮组、50%悬吊钢丝绳的重力(N);
  $G_e$——塔式起重机安装时,被吊装部件的重力(N);
  $P_{w2}$——工作状态风载荷(N);
  $P_{w3}$——非工作状态风载荷(N);
  $P_{we}$——塔式起重机安装时的风载荷(N);
  $F_D$——惯性载荷,按刚体动力学方法计算(N)。
2. 只有对在轨道上运行的塔式起重机才考虑坡度载荷。
3. 校核抗倾翻稳定性时,不应考虑夹轨器的有利作用。
4. 工况 2 中考虑惯性载荷(包括起升质量产生的惯性载荷)或碰撞载荷,由设计者决定。

## (三)走行式塔机的稳定性校核(部分工况列举)

空载力矩计算表见表 7-8-5。

**表 7-8-5 空载力矩计算表**

| 空载力矩(包括小车和吊钩) | $M_{空}$ | $M_{空}$ |
|---|---|---|
| 空载时自重对倾覆边的力矩 | $G \times L/2$ | $G \times L/2$ |
| 总计$\Sigma$ | $M_{前稳}$ | $M_{后稳}$ |

注:$M_{空}$——最小幅度下,塔式起重机的空载力矩。

走行式塔机稳定力矩计算见图 7-8-13。

1. 工况:工作、静态、无风

(1)稳定力矩

$$M_{后稳} = M_{后倾} + G_{自重} \times L/2 \tag{7-8-4}$$

(2)倾覆力矩

$$M_{前倾} = M_{负荷} \tag{7-8-5}$$

$$M_{负荷} = 1.6 \times G_{吊} \times R \tag{7-8-6}$$

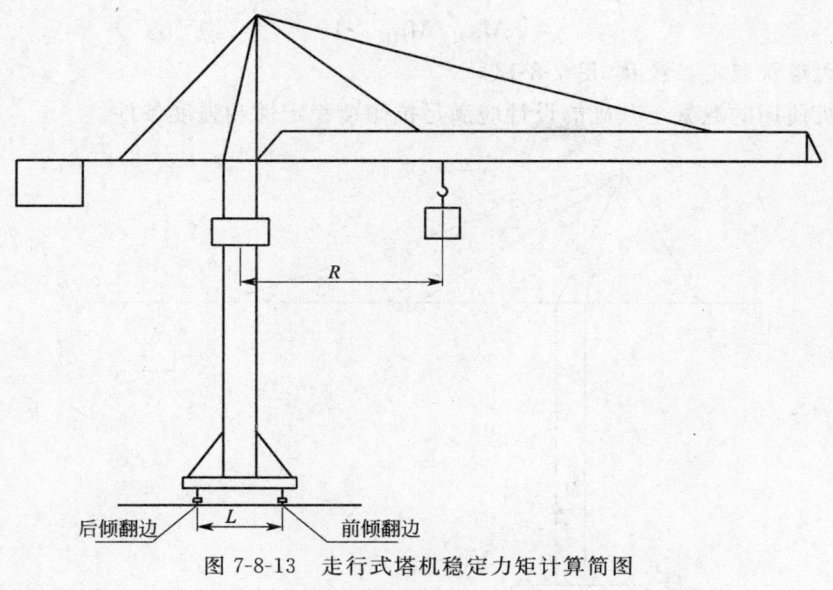

图 7-8-13 走行式塔机稳定力矩计算简图

(3)校核计算
$$M_{前稳}/M_{前倾} > 1 \tag{7-8-7}$$

2. 工况：工作、动态、有风（幅度 $R$ 处吊载 $Q$）

回转↗、行走→、风→

(1)稳定力矩
$$M_{后稳} = M_{后倾} + G_{自重} \times L/2 \tag{7-8-8}$$

(2)倾覆力矩
$$M_{倾覆} = M_{吊} + M_{离心} + M_{行走} + M_{风} \tag{7-8-9}$$
$$M_{吊} = 1.35 \times G_{吊} \times R \tag{7-8-10}$$

(3)校核计算
$$M_{稳定}/M_{倾覆} > 1 \tag{7-8-11}$$

3. 工况：工作、动态、突然卸载（幅度 $R$ 处吊最大吊重）

无回转、无行走、风←

(1)倾覆力矩
$$M_{倾覆} = M_{吊} + M_{风} + M_{后} \tag{7-8-12}$$
$$M_{吊} = -0.2 \times G_{吊} \times R \tag{7-8-13}$$

(2)稳定力矩　$M_{稳定}$

(3)校核计算
$$M_{稳定}/M_{倾覆} > 1 \tag{7-8-14}$$

4. 工况：非工作、暴风

回转↗、回转↑、风↑

(1)倾覆力矩
$$M_{倾覆} = 1.2 M_{风} \tag{7-8-15}$$

(2)稳定力矩
$$M_{稳定} = M_{后} + M_{自重} \tag{7-8-16}$$

(3)校核计算

$$M_{稳定}/M_{倾覆} > 1 \tag{7-8-17}$$

**（四）固定式塔机稳定性校核（图 7-8-14）**

固定式塔机使用的混凝土基础的设计应满足抗倾覆稳定性和强度条件。

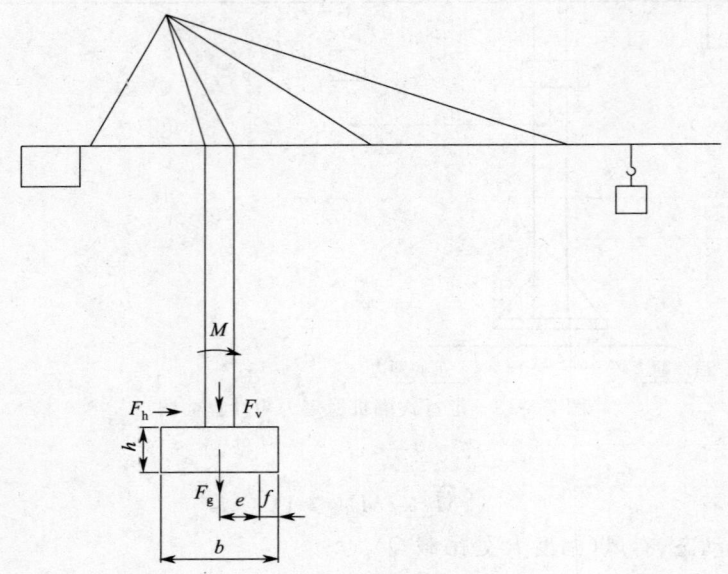

图 7-8-14　抗倾翻稳定性计算简图

(1) 混凝土基础抗倾覆稳定性按下式验算：

$$e = \frac{M + F_h \cdot h}{F_v + F_g} \leqslant \frac{b}{3} \tag{7-8-18}$$

(2) 地面压应力按公式下式验算：

$$P_B = \frac{2(F_v + F_g)}{3bf} \leqslant [P_B] \tag{7-8-19}$$

式中　$e$——偏心距，即地面反力的合力至基础中心的距离(m)；
　　　$M$——作用在基础上的弯矩(N·m)；
　　　$F_V$——作用在基础上的垂直载荷(N)；
　　　$F_h$——作用在基础上的水平载荷(N)；
　　　$F_g$——混凝土基础的重力(N)；
　　　$h$——基础高度(m)；
　　　$b$——基础宽度(m)；
　　　$P_B$——地面计算压应力(Pa)；
　　$[P_B]$——地面许用压应力，由实地勘探和基础处理情况确定，一般取$[P_B] = 2 \times 10^5$ Pa～$3 \times 10^5$ Pa。

混凝土基础强度按《工业与民用建筑地基基础设计规范》计算。

## 第三节　起升机构设计

塔式起重机主要有四大机构——起升机构、变幅机构、回转机构、运行机构，该四大机构属于工作机构。

另外有爬升机构——安装塔机用，属于非工作机构。

### 一、机构的分级

机构工作级别是设计塔式起重机机构的基础。选择电动机、制动器、钢丝绳、吊钩等重要零部件、决定零件的强度和疲劳计算、确定零件的计算载荷等,都应考虑机构工作级别。划分机构工作级别的因素有两个:一是表明机构运转时间长短的机构利用等级,二是表明机构受载情况的机构载荷状态。

(一)机构的利用等级

机构的利用等级表征机构工作的繁忙程度,以总的使用时间(小时数)为标志,分为6级,以T1、T2……T6表示,见表7-8-6。总使用时间也称总设计寿命,它是机构处于运转的总小时数,只作为机构零件的设计基础,不能视为保用期。

表 7-8-6 机构利用等级(GB/T 13752)

| 使用等级 | 总使用时间/h | 机构运转频繁情况 |
|---|---|---|
| T1 | $t_T \leqslant 400$ | 不经常使用 |
| T2 | $400 < t_T \leqslant 800$ | 不经常使用 |
| T3 | $800 < t_T \leqslant 1\ 600$ | |
| T4 | $1\ 600 < t_T \leqslant 3\ 200$ | 经常轻闲地使用 |
| T5 | $3\ 200 < t_T \leqslant 6\ 300$ | 经常中等地使用 |
| T6 | $6\ 300 < t_T \leqslant 12\ 500$ | 有时频繁地使用 |

机构的总使用时间也可按式(7-8-20)大致估算:

$$T = HDY \quad (h) \tag{7-8-20}$$

式中 $T$——机构的总使用时间;

$H$——机构每天平均工作小时数;

$D$——每年的工作天数;

$Y$——机构大修(或报废)年限。

(二)机构的载荷状态

机构载荷状态表征机构及其零部件受载的轻重程度以及零件在载荷作用下损伤效应的大小。机构载荷状态由载荷谱系数表示,根据名义载荷谱系数 $K_m$ 将机构载荷状态分为三级(表7-8-7)。

表 7-8-7 机构的载荷状态及载荷谱系数(GB/T 13752)

| 载荷状态级别 | 名义载荷谱系数 $K_m$ | 说 明 |
|---|---|---|
| L1 | 0.125 | 机构经常承受轻载荷,偶尔承受最大载荷 |
| L2 | 0.250 | 机构经常承受中等载荷,较少承受最大载荷 |
| L3 | 0.500 | 机构经常承受较重载荷,也常承受最大载荷 |

机构的载荷谱系数 $K_m$ 可用式(7-8-21)计算得到:

$$K_m = \sum \left[ \frac{t_i}{t_T} \left( \frac{F_i}{F_{max}} \right)^m \right] \tag{7-8-21}$$

式中 $K_m$——机构载荷谱系数;

$t_i$——与机构承受各个不同等级载荷的相应持续时间,$t_i = t_1, t_2, t_3, \cdots t_n$,(h);

$t_T$——机构承受所有不同等级水平的载荷时间的总和,$t_T = \sum_{i=1}^{n} t_i = t_1 + t_2 + t_3 \cdots + t_n$,(h);

$F_i$——能表征机构在服务期内工作特征的各个不同等级的载荷,$F_i = F_1, F_2, F_3, \cdots F_n$,(N);

$F_{max}$——机构承受的最大载荷,(N);

$m$——幂指数(机构零件材料疲劳试验载荷曲线的指数),取 $m=3$。

展开后,式(7-8-21)变为:

$$K_m = \frac{t_1}{t_T}\left(\frac{F_1}{F_{max}}\right)^3 + \frac{t_2}{t_T}\left(\frac{F_2}{F_{max}}\right)^3 + \frac{t_3}{t_T}\left(\frac{F_3}{F_{max}}\right)^3 + \cdots + \frac{t_n}{t_T}\left(\frac{F_n}{F_{max}}\right)^3 \tag{7-8-22}$$

由(7-8-22)算得机构载荷谱系数的值后,即可按表7-8-7确定该机构相应的载荷状态级别。

如果已知一个机构的实际载荷图,可以按式(7-8-22)计算出一个载荷谱系数从而唯一地确定该机构的载荷状态等级。若计算得到的载荷谱系数不同于表7-8-7中的名义载荷谱系数时,则选取表中与计算值最接近,但稍大于计算值的名义载荷谱系数,以此确定机构的载荷状态等级。

对于一种名义载荷谱系数 $K_m$,可以有多种不同的载荷谱图。图7-8-15是塔式起重机机构的标准载荷谱图。

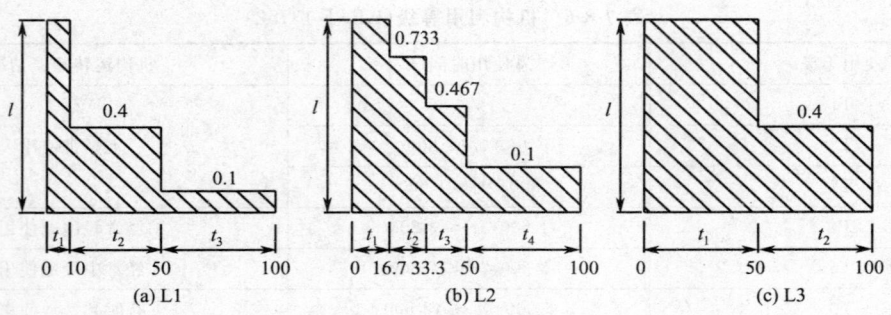

图 7-8-15 塔式起重机机构的标准载荷谱图

### (三)机构的工作级别

机构工作级别的划分,是将机构单独作为一个整体进行的关于载荷大小程度及运转繁忙情况的总的评价,它并不表示该机构中所有的零部件都有与此相同的受载及运转情况。

根据机构的6个利用等级和3个载荷状态级别,机构单独作为一个整体进行分级的工作级别划分为M1~M6共6级,见表7-8-8。表中以名义载荷谱系数 $K_m$ 的3个数值为行,以利用等级T1~T6为列排成矩形表,因此从表的左下到右上的各条对角斜线上,相应的 $K_m$ 与 $T_i$ 的乘积均相等。由于乘积 $K_m \cdot T_i$ 代表零件的疲劳损伤度,相等的 $K_m \cdot T_i$ 乘积,表示相同的机构工作级别,如果机构的载荷状态提高一级,那么机构的利用等级就要降低一级,这样使机构工作级别保持不变。

表 7-8-8 机构的工作级别(GB/T 13752)

| 载荷状态级别 | 名义载荷谱系数 $K_m$ | 使 用 等 级 | | | | | |
|---|---|---|---|---|---|---|---|
| | | T1 | T2 | T3 | T4 | T5 | T6 |
| L1 | 0.125 | — | M1 | M2 | M3 | M4 | M5 |
| L2 | 0.250 | M1 | M2 | M3 | M4 | M5 | M6 |
| L3 | 0.500 | M2 | M3 | M4 | M5 | M6 | — |

确定机构工作级别的机构利用等级T和载荷谱系数 $K_m$ 均由统计计算得出。如缺乏数据无法计算时,可按表7-8-9(塔式起重机各机构单独作为整体的分级举例)参考选定。

表 7-8-9 塔式起重机各机构单独作为整体的分级举例(GB/T 3811—2008)

| 序号 | 起重机的工作条件 | 起重机工作级别 | 机构使用等级 | | | | | 机构载荷状态 | | | | | 机构工作级别 | | | | |
|---|---|---|---|---|---|---|---|---|---|---|---|---|---|---|---|---|---|
| | | | H | S | L | D | T | H | S | L | D | T | H | S | L | D | T |
| 1 | 很少使用 | A1 | T1 | T1 | T1 | T1 | T1 | L2 | L3 | L2 | L2 | L3 | M1 | M2 | M1 | M1 | M2 |
| | 储料场用 | A2 | T3 | T3 | T2 | T2 | T1 | L1 | L3 | L1 | L1 | L3 | M2 | M4 | M1 | M1 | M2 |
| | 钻井平台维修 | A3 | T3 | T3 | T3 | T2 | T2 | L1 | L3 | L1 | L1 | L3 | M3 | M5 | M2 | M2 | M3 |
| | 造船厂维修用起重机 | A4 | T4 | T4 | T3 | T3 | T2 | L2 | L3 | L2 | L2 | L3 | M4 | M5 | M3 | M3 | M3 |

续上表

| 序号 | 起重机的工作条件 | 起重机工作级别 | 机构使用等级 | | | | | 机构载荷状态 | | | | | 机构工作级别 | | | | |
|---|---|---|---|---|---|---|---|---|---|---|---|---|---|---|---|---|---|
| | | | H | S | L | D | T | H | S | L | D | T | H | S | L | D | T |
| 2 | 自动自安装式建筑塔式起重机 | A4 | T3 | T3 | T2 | T2 | T1 | L2 | L3 | L3 | L2 | L3 | M3 | M4 | M3 | M2 | M2 |
| | 分部安装架设的建筑塔式起重机 | A4 | T4 | T4 | T3 | T3 | T2 | L2 | L3 | L3 | L2 | L3 | M4 | M5 | M4 | M3 | M3 |
| | 电站安装设备用的塔式起重机 | A4 | T4 | T4 | T3 | T3 | T2 | L2 | L2 | L2 | L2 | L3 | M4 | M4 | M3 | M3 | M3 |
| | 船舶修理厂用起重机 | A4 | T4 | T4 | T4 | T4 | T5 | L2 | L2 | L2 | L2 | L3 | M4 | M4 | M4 | M4 | M6 |
| 3 | 造船用起重机 | A5 | T4 | T4 | T3 | T3 | T4 | L3 | L3 | L3 | L3 | L3 | M5 | M5 | M4 | M4 | M5 |
| | 抓斗式起重机 | A6 | T5 | T5 | T4 | T5 | T2 | L3 | L3 | L3 | L3 | L3 | M6 | M6 | M5 | M6 | M3 |

注：H—起升机构；S—回转机构；L—动臂俯仰变幅机构；D—小车运行变幅机构；T—大车运行机构。

## 二、起升机构

起升机构用以实现载荷的升降，它是塔式起重机中最重要也最基本的机构。起升机构的性能直接影响到整台塔机的工作性能。起升机构一般采用卷扬式。

（一）起升机构的组成

起升机构一般由驱动装置、传动系统、钢丝绳卷绕系统和安全保护装置等组成。

起升机构驱动方式有电动机驱动和液压驱动。

电动机驱动是塔式起重机起升机构主要的驱动方式。起升机构的电动机一般采用绕线转子异步电动机、笼型异步电动机、自制动异步电动机、交流变频电动机、直流电动机，或适合于起升机构使用特点的其他电动机。

电动机驱动的起升机构主要由电动机、联轴器、制动器、减速器、卷筒、钢丝绳、行程限位器等零部件组成。钢丝绳卷绕在卷筒上，通过定滑轮和动滑轮到取物装置。取物装置有吊钩、吊环、抓斗、电磁吸盘等多种型式。

液压驱动的起升机构，由原动机带动液压泵将工作油液输入执行构件（液压缸或液压马达），使机构动作，通过控制输入执行构件的液体流量实现调速。液压驱动的优点是传动比大，可以实现大范围的无级调速，结构紧凑，运转平稳，操作方便，过载保护性能好。缺点是液压传动元件的制造精度要求高，液体容易泄漏。目前液压驱动在塔式起重机上已有应用。

钢丝绳卷绕系统：卷绕系统是传动系统的一部分，由绕性元件（钢丝绳）、导向和贮存元件（滑轮和卷筒）组成。它将旋转运动改变成直线运动，起着运动形式的转换和能量的传递作用。

塔式起重机起升机构的卷筒一般都是多层卷绕，多层卷绕时为使钢丝绳在卷筒上排列整齐，通常采取以下措施：

(1)卷筒壁开螺旋绳槽或折线绳槽，保证第一层钢丝绳整齐排列。多层卷绕时卷筒壁开折线绳槽排绳效果更好。卷筒壁开折线绳槽时，卷筒两端侧板上应布有导向凸条，见图 7-8-16 和图 7-8-17。

图 7-8-17 中导向凸条，用以引导钢丝绳从第一层向第二层爬升。导向凸条可以用半圆钢条焊接在卷筒和侧板上；也可以采用其他方式做在侧板上。

图 7-8-16 中 $t$ 为绳槽节距，卷筒 360°展开一个节距内有两段折线段。$\alpha$ 为折线段对应的卷筒圆心角。

(2)采用压绳器，压绳辊可为圆柱形或中间粗两头小的圆锥形见图 7-8-18。

设计压绳器时，弹簧可以采用拉簧或压簧，视具体结构情况确定。不管采用什么形式，设计弹簧时，注意弹簧的工作行程和最小负荷应满足压绳器的要求。

(3)采用排绳器，因结构比较复杂，在塔式起重机上应用较少。

图 7-8-16 折线绳槽展开示意图

(二)电动机式起升机构的典型布置方式

1. 平行轴线布置起升机构

大多数起重机起升机构的驱动装置都采取电动机轴与卷筒轴平行布置,见图 7-8-19。平行轴线布置的机构,卷筒直径受减速器中心距的影响,不能过大。

2. 同轴线布置起升机构

将电动机、减速器和卷筒成直线排列。电动机和卷筒分别布置在同轴线减速器(常为普通行星减速器或少齿差行星减速器)的两端,或者把减速器布置在卷筒内部,如图 7-8-20 所示。为使机构紧凑和提高组装性能,可采用带制动器的端面安装型式的电动机。同轴线布置的起升机构横向尺寸紧凑,但加工精度和安装要求较高,维修不太方便,此种型式的机构卷筒直径不受结构影响。

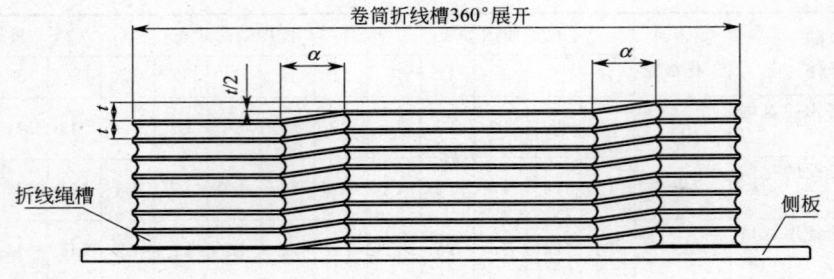

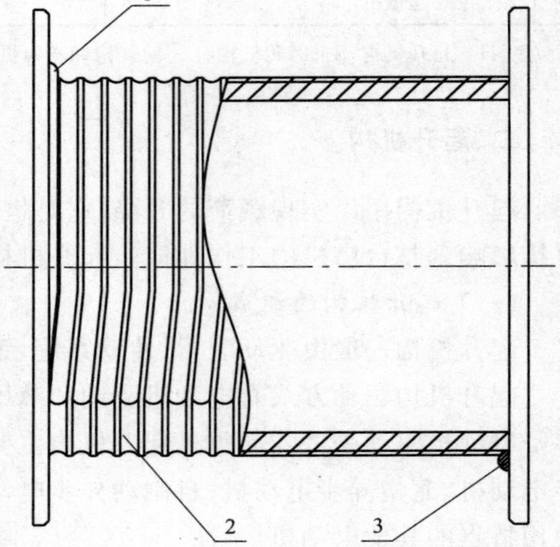

图 7-8-17 折线绳槽卷筒示意图
1—导向凸条Ⅰ;2—折线绳槽;3—导向凸条Ⅱ

3. L形布置起升机构

将电动机、减速器和卷筒成L形排列。此种型式的机构所用减速器的输入轴与输出轴垂直,使电动机轴线和卷筒轴线垂直,如图 7-8-21 所示。为使机构紧凑和提高组装性能,可采用带制动器的端面安装型式的电动机。此种型式的机构卷筒直径不受结构影响。

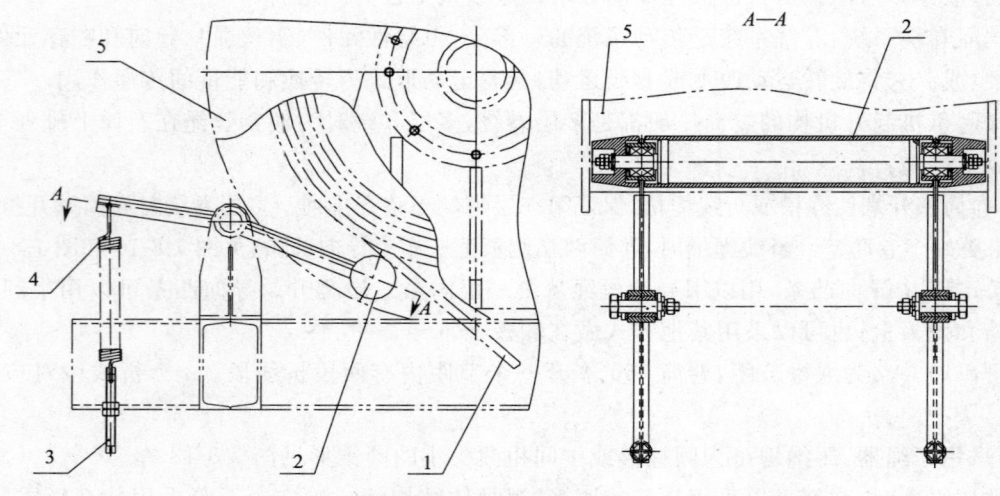

图 7-8-18 压绳器示意图
1—钢丝绳;2—压绳辊;3—调节螺杆;4—弹簧;5—卷筒

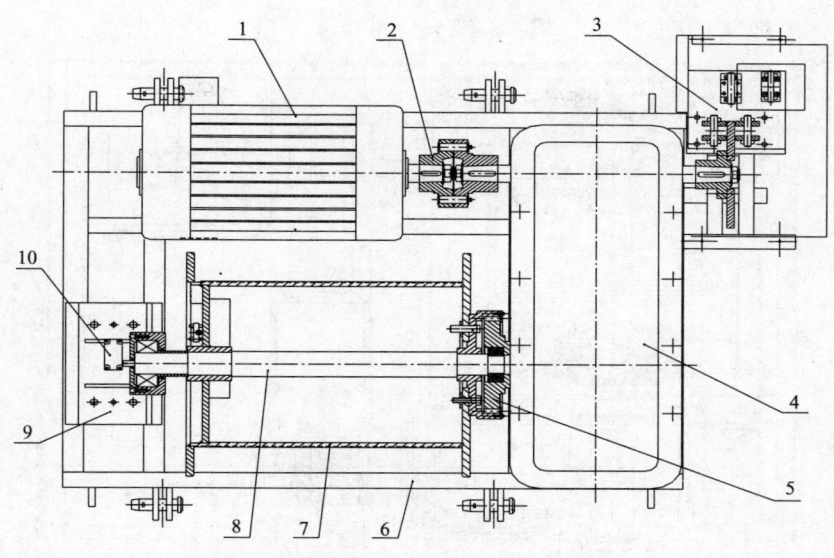

图 7-8-19 平行轴线布置起升机构

1—电动机;2—高速轴联轴节;3—制动器;4—减速器;5—低速轴联轴节;
6—机架;7—卷筒;8—卷筒轴;9—轴承座;10—行程限位器

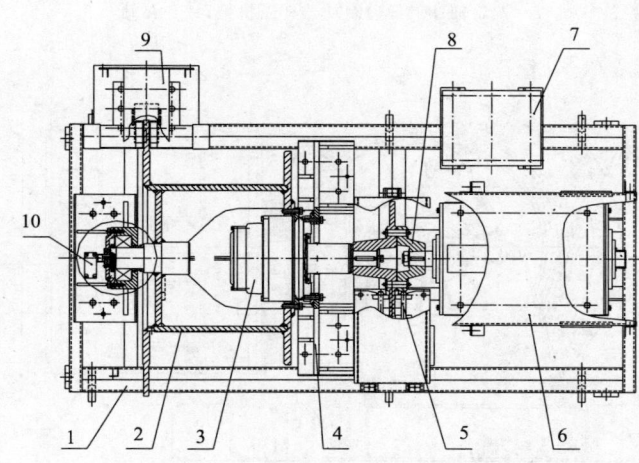

图 7-8-20 同轴线布置起升机构

1—机架;2—卷筒;3—减速器;4—轴承座;5—高速制动器;6—电动机;
7—液压站;8—联轴节;9—低速制动器;10—行程限位器

(三)电动机式起升机构的调速方式

1. RCS 双电机起升机构

起升机构见图 7-8-22,有 5 个起升速度及 5 个下降速度。第四个速度是 PV 电机的额定速度。第五个速度是 GV 电机的额定速度。将一个电机作为驱动电机,另一电机作为制动电机,则可获得前三种速度。控制速度变化可同时采用电机调速和自激能耗制动。

如果切断电机交流电源,向定子绕组供以整流励磁电流,就可给电机提供一个磁场。当转子由驱动电机和载荷驱动时,转子绕组中将产生感应电流,其方向与转子旋向相反。通过改变转子回路中电阻的大小,就可增减速度。

此种调速方式为有极调速,控制电器故障率较高。

2. RPC 起升机构

RPC 起升机构(图 7-8-23)可通过改变电机的极数进行调速。

RPC 起升机构工作原理:

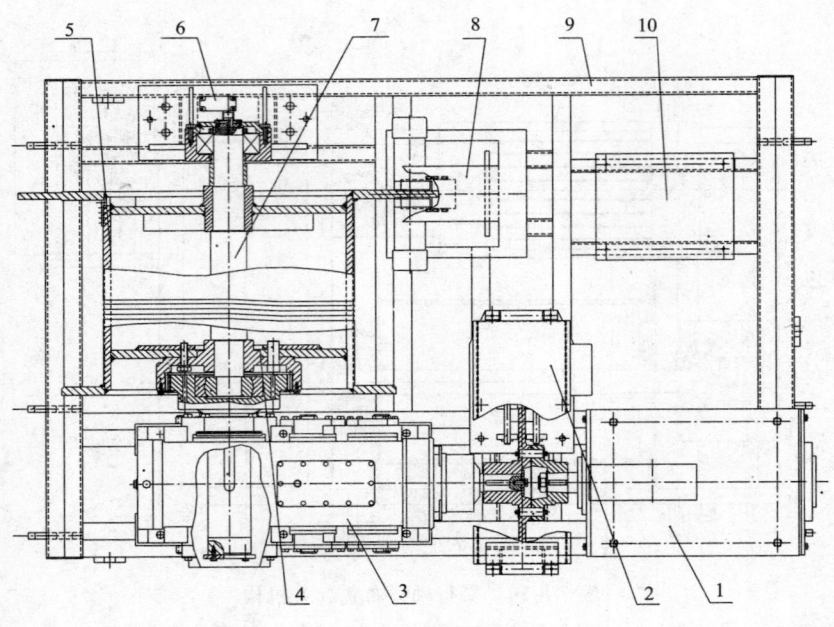

图 7-8-21 L形布置起升机构
1—电动机;2—高速轴制动器;3—减速器;4—联轴节;5—卷筒;6—行程限位器;
7—卷筒轴;8—低速制动器;9—机架;10—泵站

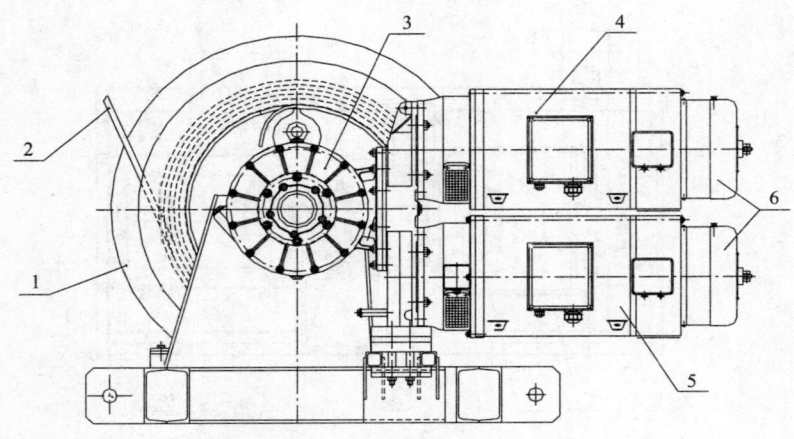

图 7-8-22 RCS双电机起升机构
1—卷筒;2—钢丝绳;3—减速器;4—低速电机;5—高速电机;6—制动器

(1)起动:

第一挡:以起动速度拉紧钢丝绳,此时电机低速挡工作,转速为 150 r/min,同时制动器得电松开。

第二挡:通过改变电机定子绕组变极,电机中速挡工作,电机低速挡断电,制动器继续保持松开状态,电机中速挡转速为 1 388 r/min。

第三挡:通过改变电机定子绕组变极,使电机高速挡工作,中速电机断电,制动器继续保持松开状态,高速电机转速为 2 888 r/min。

(2)当加速时,不允许由电机低速挡快速到电机高速挡,必须先换成中速挡,经 3 s 延时后,再换成高速挡。

(3)当减速时,电机高速挡减速时,应快速换成电机低速挡工作(避免同功率电机换极产生大电流)。

(4)当停止时,电机低速挡能自动接通 2.5 s。这样在运动停止前能电动减速,可避免突然停

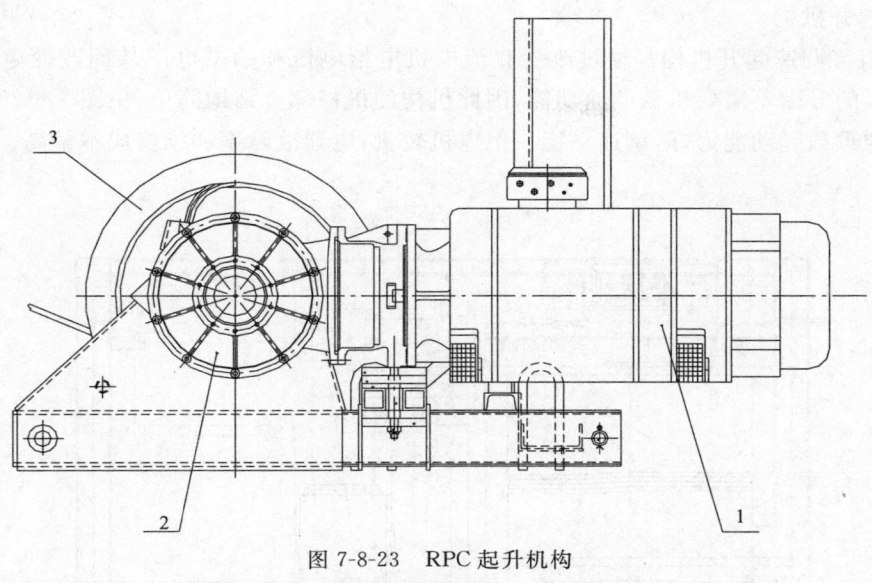

图 7-8-23 RPC 起升机构

1—三极电机；2—减速器；3—卷筒

车，同时避免突然反向运动。

RPC 起升机构是通过改变电机的极数从而改变电机的转速实现机构的调速功能，不用设计机械调速功能，因此机构的结构简单。此种调速方式为有极调速，调速不是很顺畅。电机较贵，成本较高。

3. LMD 起升机构

这种机构结构复杂，一些零件制作精度要求高，制造成本高。机构调速需要机、电、液综合控制、传递才能实现。机构稳定性较差，故障率高，现在在塔式起重机上已较少采用（图 7-8-24）。

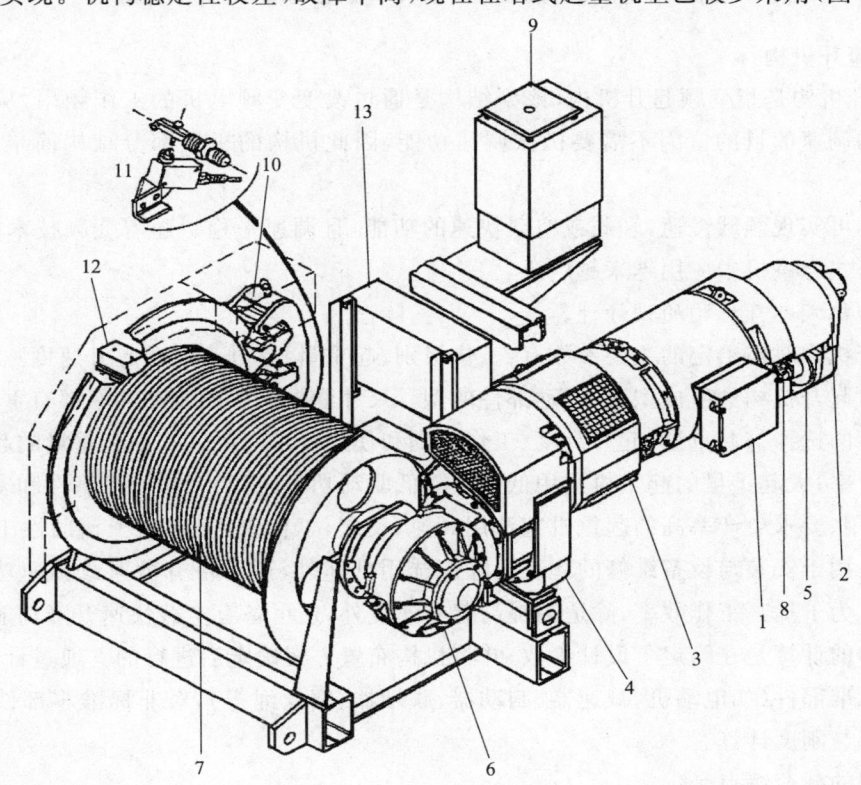

图 7-8-24 LMD 起升机构

1—电动机；2—副电磁联轴节；3—主电磁联轴节；4—变速器；5—反向减速器；6—减速器；
7—卷筒；8—万向联轴节；9—液压站；10—制动器；11—电子组件；12—行程限位器；13—电控箱

## 4. LCC 起升机构

LCC 型直流调速起升机构是通过改变直流电机电枢电压和励磁电压从而改变电机转速达到机构调速的目的。因不需要机械调速功能,因此机构的机械部分结构简单,见图 7-8-25。

这种机构重载起动能力好,调速平稳。但电机较贵,电器故障率和维修成本偏高。

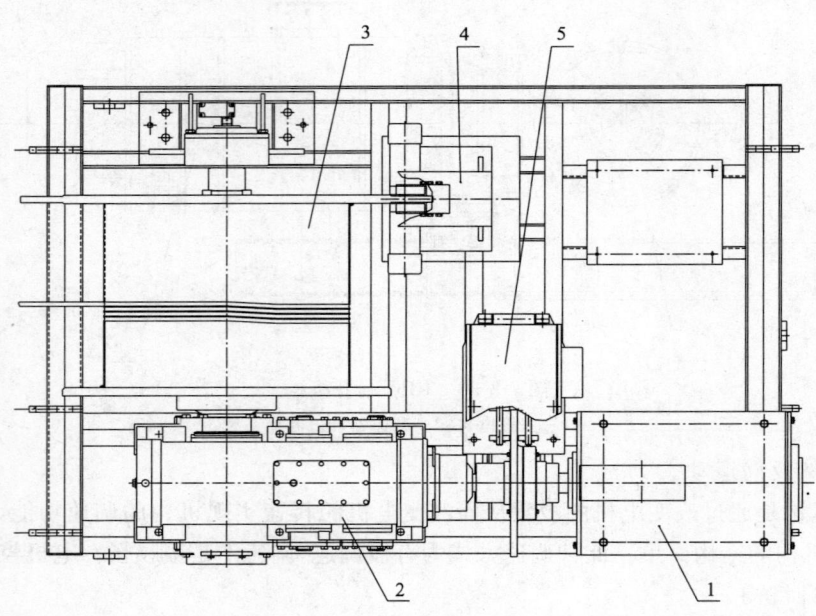

图 7-8-25 LCC 起升机构
1—直流调速电机;2—减速器;3—卷筒;4—低速制动器;5—高速制动器

## 5. LVF 起升机构

LVF 起升机构是指变频起升机构,该型结构是通过改变变频电机的工作频率,从而改变电机转速达到机构调速的目的。因不需要机械调速功能,因此机构的机械部分结构简单,如图 7-8-26 所示。

这种机构可实现额载慢速,轻载或空载快速的功能,且调速平稳。随着变频技术的发展,变频起升机构在塔式起重机中应用越来越广泛。

### (四)电动机式起升机构的设计计算

设计起升机构时需给定的主要参数有:工作级别、起重量、起升高度和起升速度。

起重量对起升机构的组成型式、传动部件的型号尺寸和电动机的驱动功率都有重要的影响。

起升速度的选择与起重量、起升高度、工作级别和使用要求有关,中、小起重量的起重机选用高速以提高生产率;大起重量的起重机选用低速以降低驱动功率,提高工作的平稳性和安全性。工作级别高、常使用、要求生产率高的起重机宜选用高速;反之,工作级别低、用于辅助性工作的起重机可选用低速。用于安装与设备维修的起重机除应选用低速外,还可备有微速或调速功能。大起升高度的起重机为了提高工作效率,除适当提高起升速度外,还可备有空载快速升降功能。

起升机构的计算是在给定了设计参数,并将机构布置方案确定后进行的。通过计算,选用机构中所需要的标准部件(如电动机、减速器、制动器、联轴器、钢丝绳等),对非标准零部件根据需要作进一步的强度与刚度计算。

起升机构的载荷特点是:

(1)物品起升或下降时,在驱动机构中由钢丝绳拉力产生的扭矩方向不变,即扭矩是单向作用的。

(2)物品悬挂系统由挠性钢丝绳组成,物品惯性引起的附加转矩对机构影响不大,一般不超过静转矩的 10%。

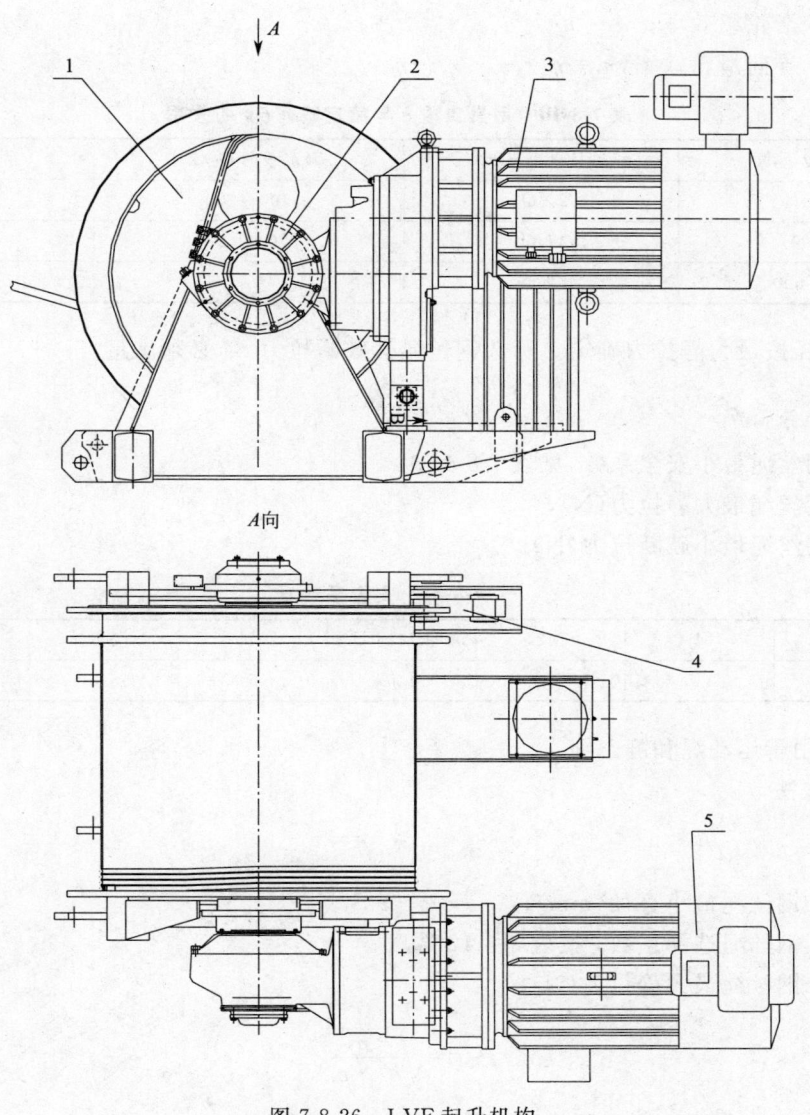

图 7-8-26　LVF 起升机构

1—卷筒；2—减速器；3—变频电机；4—低速制动器；5—高速制动器

(3) 机构起动或制动时只有电动机输出轴到制动器之间的零件承受较大的动载荷,齿轮传动和其他低速轴零件所受的动载荷不大。

1. 钢丝绳的受力计算及选择

塔式起重机起升机构的钢丝绳应优先采用不旋转钢丝绳,在腐蚀较大的环境采用镀锌钢丝绳。钢丝绳的直径计算和选择可按下面两种方法中的一种进行。在任何情况下,受力钢丝绳的实际直径不应小于 6 mm。

(1) 最小安全系数法

钢丝绳所受的最大静拉力 $S_{\max}$：

$$S_{\max} = \frac{Q}{a \cdot \eta_z \cdot \eta_d} \text{ (N)} \tag{7-8-23}$$

式中　$S_{\max}$——卷筒钢丝绳最大静拉力（N）；

　　　$Q$——起升载荷（N）；$Q = Q_0 + qQ_0$ 是额定起升载荷,$q$ 取物装置的重量（不确定时可参照表 7-8-10）；当起升高度大于 50 m 时,起升钢丝绳的重力亦应计入；

　　　$a$——滑轮组倍率；

$\eta_z$——滑轮组效率；

$\eta_d$——导向滑轮效率，$\eta_d = \eta_1 \cdot \eta_2 \cdot \eta_3 \cdots \eta_i$

表 7-8-10  吊具自重 $q$ 与额定载荷 $Q_0$ 的关系

| 额定载荷 $Q_0$/kN | 吊具自重 $q$/kN | 额定载荷 $Q_0$/kN | 吊具自重 $q$/kN |
|---|---|---|---|
| 30～50 | 2%$Q_0$ | 100～200 | 2.5%$Q_0$ |
| 300～500 | 3%$Q_0$ | 800～1 250 | 4%$Q_0$ |
| 1 600～2 500 | 5%$Q_0$ | | |

钢丝绳直径按最大静拉力确定。所选钢丝绳其破断拉力 $S_P$ 必须满足：

$$n = \frac{S_p}{S_{max}} \tag{7-8-24}$$

式中  $n$——钢丝绳最小安全系数，见表 7-8-11；

$S_{max}$——钢丝绳最大静拉力(N)；

$S_p$——钢丝绳最小破断拉力(N)。

表 7-8-11  安全系数 $n$

| 机构工作级别 | M1 | M2 | M3 | M4 | M5 | M6 |
|---|---|---|---|---|---|---|
| 安全系数 | 3.5 | 4 | 4.5 | 5 | 5.5 | 6 |

本方法适用于运动绳和静态绳。

(2) $C$ 系数法

$$d_{min} = C\sqrt{S_{max}} \tag{7-8-25}$$

式中  $d_{min}$——钢丝绳最小直径(mm)；

$C$——钢丝绳选择系数，按表 7-8-12 选取；

$S_{max}$——钢丝绳最大静拉力(N)。

$$C = \sqrt{\frac{n}{k' \cdot \sigma_t}} \tag{7-8-26}$$

式中  $n$——钢丝绳最小安全系数；

$k'$——钢丝绳最小破断拉力系数；

$\sigma_t$——钢丝公称抗拉强度。

本法适用于运动绳。

表 7-8-12  钢丝绳的选择系数 $C$ 和安全系数 $n$（摘自 GB/T 3811—2008）

| 机构工作级别 | | 选择系数 $C$ 值 | | | | | | 安全系数 $n$ | |
|---|---|---|---|---|---|---|---|---|---|
| | | 钢丝绳公称抗拉强度 $\sigma_t$/(N/mm²) | | | | | | | |
| | | 1 470 | 1 570 | 1 670 | 1 770 | 1 870 | 1 960 | 2 160 | 运动绳 | 静态绳 |
| 纤维芯钢丝绳 | M1 | 0.081 | 0.078 | 0.076 | 0.073 | 0.071 | 0.070 | 0.066 | 3.15 | 2.5 |
| | M2 | 0.083 | 0.080 | 0.078 | 0.076 | 0.074 | 0.072 | 0.069 | 3.35 | 2.5 |
| | M3 | 0.086 | 0.083 | 0.080 | 0.078 | 0.076 | 0.074 | 0.071 | 3.55 | 3 |
| | M4 | 0.091 | 0.088 | 0.085 | 0.083 | 0.081 | 0.079 | 0.075 | 4 | 3.5 |
| | M5 | 0.096 | 0.093 | 0.090 | 0.088 | 0.085 | 0.083 | 0.079 | 4.5 | 4 |
| | M6 | 0.107 | 0.104 | 0.101 | 0.098 | 0.095 | 0.093 | 0.089 | 5.6 | 4.5 |
| | M7 | 0.121 | 0.117 | 0.114 | 0.110 | 0.107 | 0.105 | 0.100 | 7.1 | 5 |
| | M8 | 0.136 | 0.132 | 0.128 | 0.124 | 0.121 | 0.118 | 0.112 | 9 | 5 |

续上表

| 机构工作级别 | 选择系数 C 值 | | | | | | | 安全系数 n | |
|---|---|---|---|---|---|---|---|---|---|
| | 钢丝绳公称抗拉强度 $\sigma_t/(N/mm^2)$ | | | | | | | 运动绳 | 静态绳 |
| | 1 470 | 1 570 | 1 670 | 1 770 | 1 870 | 1 960 | 2 160 | | |
| M1 | 0.078 | 0.075 | 0.073 | 0.071 | 0.069 | 0.067 | 0.064 | 3.15 | 2.5 |
| M2 | 0.080 | 0.077 | 0.075 | 0.073 | 0.071 | 0.069 | 0.066 | 3.35 | 2.5 |
| M3 | 0.082 | 0.080 | 0.077 | 0.075 | 0.073 | 0.071 | 0.068 | 3.55 | 3 |
| M4 | 0.087 | 0.085 | 0.082 | 0.080 | 0.078 | 0.076 | 0.072 | 4 | 3.5 |
| M5 | 0.093 | 0.090 | 0.087 | 0.085 | 0.082 | 0.080 | 0.076 | 4.5 | 4 |
| M6 | 0.103 | 0.100 | 0.097 | 0.094 | 0.092 | 0.090 | 0.085 | 5.6 | 4.5 |
| M7 | 0.116 | 0.113 | 0.109 | 0.106 | 0.103 | 0.101 | 0.096 | 7.1 | 5 |
| M8 | 0.131 | 0.127 | 0.123 | 0.120 | 0.116 | 0.114 | 0.108 | 9 | 5 |

(钢芯钢丝绳)

注：1. 对于吊运危险物品的起重用钢丝绳，一般应采用比设计工作级别高一级的工作级别选择表中的钢丝绳选择系数 C 和钢丝绳最小安全系数 n 值。对起升机构工作级别为 M7、M8 的某些冶金起重机和港口集装箱起重机等，在使用过程中能监控钢丝绳劣化损伤发展进程，保证安全使用，保证一定寿命和及时更换钢丝绳的前提下，允许按稍低的工作级别选择钢丝绳；对冶金起重机最低安全系数不应小于 7.1，港口集装箱起重机主起升钢丝绳和小车曳引钢丝绳的最低安全系数不应小于 6。伸缩臂架用的钢丝绳，安全系数不应小于 4。

2. 本表中给出的 C 值是根据起重机常用的钢丝绳 6×19W(S)型的最小破断拉力系数 $k'$ 且只针对运动绳的安全系数用式 (7-8-25) 计算而得。对纤维芯(NF)钢丝绳 $k'=0.330$，对金属丝绳芯(IWR)或金属丝股芯(IWS)钢丝绳 $k'=0.356$。

#### 2. 电动机的选择

（1）电动机的型式

起升机构一般采用绕线转子异步电动机、笼型异步电动机、自制动异步电动机、交流变频电动机、直流电动机，或适合于起升机构使用特点的其他电动机。

（2）电动机初选

按起升载荷、额定起升速度及机构效率计算机构的静功率。

$$P = \frac{Q \cdot v_q}{1\,000\eta} \tag{7-8-27}$$

式中  $P$——机构静功率(kW)；

$Q$——起升载荷(N)；

$v_q$——额定起升速度(m/s)；

$\eta$——总效率。

1）"静功率—接电持续率法"初选

对直流电动机、笼型异步电动机，其所需功率可以用式(7-8-27)的计算的结果，并考虑该机构实际的接电持续率（见表 7-8-13），直接从电动机样本上初选出所需要的电动机。

表 7-8-13  JC、Z 值

| 塔式起重机类别 | 用途 | 起升机构 | |
|---|---|---|---|
| | | JC/% | Z |
| 1 | 不经常使用 | 25 | 60 |
| | 储料场用 | 25 | 60 |
| | 钻井平台维修用 | 25 | 150 |
| | 船舶修理船坞用 | 40 | 150 |
| 2 | 自行架设建筑用 | 25,40 | 150 |
| | 非自行架设和自升式建筑用 | 40,60 | 150,300 |

续上表

| 塔式起重机类别 | 用途 | 起升机构 JC/% | Z |
|---|---|---|---|
| 3 | 造船厂用 | 40 | 150,300 |
| | 集装箱港口用 | 40 | 150,300 |
| | 用料斗浇灌混凝土用 | 40,60 | 150 |
| | 使用抓斗工作 | 40,60 | 150 |

2）对 YZR 系列能提供有关按 CZ 值计算选择电动机资料的异步电动机，其所需功率按 GB/T 3811—2008《起重机设计规范》附录 P 中的 P.2.3 节"稳态负载系数法"初选。

3）对未能提供按 CZ 值计算选择电机资料者，电动机功率可按"等效接电持续率经验法"初选。

根据式(7-8-27)计算的结果，按照起升机构工作级别，由表 7-8-14 查出等效接电持续率 $JC'$ 后，便可从电动机样本上可初选出所需的电动机。

表 7-8-14  机构工作级别与等效接电持续率 $JC'$

| 起升机构工作级别 | 电动机等效接电持续率 $JC'/\%$ |
|---|---|
| M1～M3 | 15～25 |
| M4～M5 | 25～40 |
| M6 | 60 |

（3）电动机轴上所需的转矩

1）稳态起升额定载荷时电动机轴上的转矩 $M_N$，见式(7-8-28)

$$M_N = \frac{9550 P_N}{n} (\text{N} \cdot \text{m}) \tag{7-8-28}$$

式中　$n$——电动机额定转速(r/min)；

　　　$P_N$——电动机静功率(kW)，见式(7-8-29)。

$$P_N = \frac{P_Q v_q}{1000 \eta} (\text{kW}) \tag{7-8-29}$$

式中　$P_Q$——额定起升载荷(N)；

　　　$v_q$——起升速度(m/s)；

　　　$\eta$——机构总效率。

式 7-8-29 代入式 7-8-28，并整理得式 7-8-30：

$$M_N = \frac{P_Q D}{2 a i \eta} (\text{N} \cdot \text{m}) \tag{7-8-30}$$

式中　$M_N$——稳态起升额定起升载荷的转矩(N·m)；

　　　$P_Q$——额定起升载荷(N)；

　　　$D$——按最外层钢丝绳中心计算的卷筒卷绕直径(m)；

　　　$a$——滑轮组倍率；

　　　$i$——电动机到卷筒轴的总传动比；

　　　$\eta$——起升物品时起升机构和滑轮组的总效率。

2）电动机轴上的最小起动转矩

为加速起升最大载荷或起升试验载荷，以及为补偿电源电压和频率变化的需要，电动机轴上的最小起动转矩必须满足式(7-8-31)～式(7-8-33)。

①对直接起动的笼型异步电动机：

$$\frac{M_d}{M_N} \geqslant 1.6 \tag{7-8-31}$$

式中 $M_d$——起动时(转速 $n=0$ 时)电动机具有的转矩(N·m);

$M_N$——稳态起升额定起升载荷的转矩(N·m)。

②对绕线转子异步电动机:

$$\frac{M_d}{M_N} \geqslant 1.9 \qquad (7\text{-}8\text{-}32)$$

③对采用变频控制的所有类型的电动机:

$$\frac{M_d}{M_N} \geqslant 1.4 \qquad (7\text{-}8\text{-}33)$$

(4)电动机的校验

电动机的过载校验和发热校验:

1)电动机过载校验的目的,是检验在设计极限要求情况下,电动机的最大转矩或堵转转矩是否能保证机构起动的需要。

电动机过载校验的方法,见 GB/T 3811—2008《起重机设计规范》的附录 R。

2)电动机发热校验的目的,是检验在满足设计要求的情况下,电动机应不出现过热。

电动机的发热校验,见 GB/T 3811—2008《起重机设计规范》的附录 S。

(5)电动机使用环境的功率修正

起重机安装使用地点海拔高度超过 1 000 m,或起重机使用环境温度超过 40℃,需对电动机容量进行修正,见 GB/T 3811—2008《起重机设计规范》7.7.2.4。

3. 制动器

制动器是保证起重机安全的重要部件。

(1)支持制动器

在起升机构中支持制动是用来将起升的物品支持在悬空状态,由机械式制动器产生支持制动作用。

支持制动器应是常闭式的,制动轮/盘必须装在与传动机构刚性联接的轴上。

起升机构的驱动装置至少要装设一个支持制动器。吊运液态金属及其他危险物品的起升机构,每套独立的驱动装置至少应有两个支持制动器。

无特殊要求时,制动所引起的物品升降减速度不宜大于 0.8 m/s²。

支持制动器的制动力矩应等于或大于制动轴上所需的计算制动力矩 $M_z$,按式(7-8-34)计算:

$$M_z = K_z \frac{P_Q \cdot D \cdot \eta}{2a \cdot i} \quad (\text{N·m}) \qquad (7\text{-}8\text{-}34)$$

式中 $M_z$——起升机构制动器轴上的计算制动转矩(N·m);

$K_z$——制动器安全系数;

$P_Q$——额定起升载荷(N);

$D$——按最外层钢丝绳中心计算的卷筒卷绕直径(m);

$a$——钢丝绳滑轮组倍率;

$i$——由制动器轴到卷筒的总传动比;

$\eta$——物品下降时起升机构和滑轮组的总效率。

(2)制动器安全系数

1)一般起升机构(通常为 M3 级及其以下级别)应不低于 1.5;

2)较重要起升机构(通常为 M4 级及其以下级别)应不低于 1.75;

3)重要起升机构(通常为 M6 级及其以下级别)应不低于 2.0;

4)吊运液态金属和危险品的起升机构:每套驱动装置装应有两个支持制动器,每一个制动器的制动安全系数不低于1.25；对于两套彼此有刚性联系的驱动装置，每套装置应装有两个支持制动器，每一个的制动安全系数不低于1.10；对于采用行星减速器传动，每套驱动装置装有两个支持制动器，每一个制动器的安全系数不低于1.75。

具有液压制动作用的液压传动起升机构：制动器安全系数不应低于1.25。

(3) 减速制动

在起升机构中，不宜采用无控制的物品自由下降方式。减速制动是用来将悬挂在空中的正在向下运动的物品减速到停机或到一个较低的下降速度时实施停机制动。

推荐支持制动与减速制动并用，以减缓制动器的磨损，减轻因制动过猛产生的冲击和振动。减速制动器一般为电气式的，如再生制动、反接制动、能耗制动及涡流器制动等。减速制动仅用来消耗动能，使物品安全减速，不能用于支持制动和安全制动。在与减速制动并用时，支持制动器的制动安全系数仍应满足上述要求。

(4) 安全制动

在安全性要求特别高的起升机构中，为防止起升机构的驱动装置一旦损坏而出现特殊的事故，在钢丝绳卷筒上装设机械式制动器作安全制动用。此安全制动器在机构失效或传动装置损坏导致物品超速下降，下降速度达到1.5倍额定速度前自动起作用。

(5) 机构起动、制动时间和加速度的计算

机构起动和制动时，产生加速度和惯性力。如起动和制动时间过长，加速度小，要影响起重机的生产率，如起动和制动时间过短，加速度太大，会给金属结构和传动部件施加很大的动载荷。因此，必须把起动与制动时间（或起动加速度与制动减速度）控制在一定的范围内。

1) 起动时间和起动平均加速度验算

① 机构起动时间，按式(7-8-35)计算：

$$t_q = \frac{n\left[k(J_1+J_2)+\dfrac{J_3}{\eta}\right]}{9.55(M_{dq}-M_N)} \tag{7-8-35}$$

式中 $t_q$——起升机构的起动时间(s)，见表7-8-16。

$n$——电动机额定转速(r/min)。

$k$——其他传动件的转动惯量折算到电动机轴上的影响系数，$k=1.05\sim1.20$。

$M_N$——稳态起升额定起升载荷的转矩(N·m)。

$M_{dq}$——电动机平均起动转矩(N·m)。

$$M_{dq}=\lambda_{AS}M_n \tag{7-8-36}$$

其中 $\lambda_{AS}$——电动机平均起动转矩倍数，见表7-8-15；

$M_n$——电动机额定的转矩(N·m)。

$J_1$——电动机转子的惯量(kg·m$^2$)；

$J_2$——电动机轴上制动轮/盘和联轴器的转动惯量(kg·m$^2$)。

$J_3$——作起升运动的物品的惯量折算到电动机轴上的转动惯量(kg·m$^2$)。

$$J_3=\frac{P_Q D^2}{4ga^2 i^2} \tag{7-8-37}$$

其中 $P_Q$——额定起升载荷(N)；

$D$——按最外层钢丝绳中心计算的卷筒卷绕直径(m)；

$g$——重力加速度(m/s$^2$)；

$a$——滑轮组倍率；

$i$——电动机到卷筒轴的总传动比；

$\eta$——起升物品时起升机构和滑轮组的总效率。

表 7-8-15　电动机平均启动转矩倍数值

| 电动机型式 | | $\lambda_{AS}$ |
|---|---|---|
| 起重用三相交流绕线式电动机 | | 1.5～1.8 |
| 起重用三相笼型式电动机 | 普通型式 | 电动机堵转矩倍数 |
| | 变频器控制型式 | 1.5～1.8 |
| 并励直流电动机 | | 1.7～1.8 |
| 串励直流电动机 | | 1.8～2.0 |
| 复励直流电动机 | | 1.8～1.9 |

②起动平均加速度,按式(7-7-38)计算：

$$a_q = \frac{v_q}{t_q} \tag{7-8-38}$$

式中　$a_q$——起升机构的起动平均加速度(m/s²),推荐值 $a_q$ 见表 7-8-16。
　　　$v_q$——起升速度(m/s);
　　　$t_q$——起升机构的起动时间(s)。

表 7-8-16　起升机构起(制)动时间和平均升降加(减)速度值

| 起(制)动时间/s | 4～8 |
|---|---|
| 平均加(减)速度/(m/s²) | 0.25～0.5 |

2)制动时间和制动平均减速度验算

①满载下降制动时间,按式(7-8-39)计算

$$t_Z = \frac{n'[k(J_1+J_2)+J_2\eta]}{9.55(M_Z-M_j')} \tag{7-8-39}$$

式中　$t_Z$——起升机构的制动时间(s);
　　　$n'$——满载(额定载荷)下降且制动器投入有效制动转矩时的电动机转速(r/min),常取 $n'=1.1n$;
　　　$k$——其他传动件的转动惯量折算到电动机轴上的影响系数,$k=1.05\sim1.20$;
　　　$\eta$——起升物品时起升机构和滑轮组的总效率;
　　　$M_Z$——机械式制动器的计算制动转矩(N·m);
　　　$M_j'$——稳态下降额定载荷时电动机轴上的转矩(N·m),按式(7-8-40)计算。

$$M_j' = \frac{P_Q D}{2ai}\eta' \tag{7-8-40}$$

式中　$\eta'$——物品下降时起升机构系统的总效率。

②平均制动减速度,按式(7-8-41)计算

$$a_z = \frac{v_q'}{t_Z} \tag{7-8-41}$$

式中　$a_z$——制动平均减速度(m/s²);
　　　$v_q'$——满载(额定载荷)下降且制动器开始有效制动时的下降速度(m/s),可取 $v_q'=1.1v_q$;
　　　$t_Z$——起升机构的制动时间(s)。

4.减速器的选择

(1)减速器传动比

起升机构的传动比 $i$ 按(7-8-42)计算：

$$i = \frac{n}{n'} \tag{7-8-42}$$

式中　$n$——电动机额定转速(r/min);
　　　$n'$——卷筒转速(r/min)。

按所采用的传动方案考虑传动比分配,选用减速器或进行减速装置的设计,根据 $i$ 确定出实际传动比。

1)在一般情况下,起升机构的减速器的设计预期寿命应与机构工作级别中对应的使用等级一致。但对一些工作特别繁重,允许在起重机使用期限内更换减速器的,则所选减速器的设计预期寿命可小于起升机构的工作寿命。

2)在选用起重机用减速器时,当所选用的减速器参数表上标注的工作级别与起升机构的工作级别不一致时,应引入减速器功率修正系数。

3)当采用标准减速器时,还应验算减速器的输入轴和输出轴的强度:按电动机的最大起动转矩验算减速器输入轴的强度;按额定起升载荷(考虑起升动载系数为 $\varphi_{2max}$)作用在减速器输出轴的短暂最大扭矩和最大径向力验算输出轴强度。

选用标准型号的减速器时,其总设计寿命一般应与它所在机构的利用等级相符合。一般情况下,可根据传动比、输入轴的转速、工作级别和电动机的额定功率来选择减速器的具体型号,并使减速器的许用功率 $[P]$ 满足下式:

$$[P] \geqslant K \cdot P_n \tag{7-8-43}$$

式中　$K$——选用系数,根据减速器的型号和使用场合确定;
　　　$P_n$——电动机额定功率。

许多标准减速器有自己特定的选用方法。

(2)减速器的验算

减速器输出轴通过齿轮联接盘与卷筒相联时,输出轴及其轴端承受较大的短暂作用的扭矩和径向力,一般还需对此进行验算。

轴端最大径向力 $F_{max}$ 按下式校验:

$$F_{max} = S \cdot \varphi_2 + \frac{G}{2} \leqslant [F] \tag{7-8-44}$$

式中　$\varphi_2$——起升载荷动载系数;
　　　$S$——钢丝绳最大静拉力(N);
　　　$G$——卷筒重力(包括钢丝绳)(N);
　　　$[F]$——减速器输出油端的允许最大径向载荷(N)。

基于起升机构载荷的特点,减速器输出轴承受的短暂最大扭矩应满足以下条件:

$$T_{max} = \varphi_2 \cdot T \leqslant [T] \tag{7-8-45}$$

式中　$T$——钢丝绳最大静拉力在卷筒上产生的最大扭矩(N);
　　　$\varphi_2$——起升载荷动载系数;
　　　$[T]$——减速器输出轴允许的短暂最大扭矩,由手册或产品目录查得。

## 第四节　变幅机构设计

塔式起重机变幅方式一般有两种:起重臂俯仰摆动式,简称动臂式;运行小车式,简称小车式。

### 一、动臂式变幅机构

动臂式塔式起重机变幅机构只需要一根钢丝绳,因为滑轮组倍率一般都较大,故需要较大的容绳量,因此卷筒采用多层卷绕,与起升机构相同。卷筒可以用螺旋绳槽也可以用折线绳槽。设计可参照起升机构的设计。动臂式塔式起重机变幅机构见图 7-8-27。

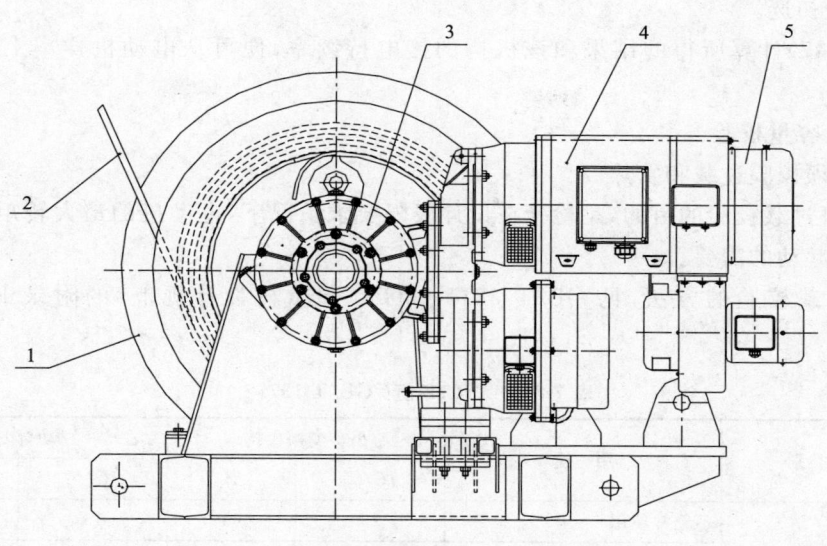

图 7-8-27 动臂式塔式起重机变幅机构
1—卷筒；2—钢丝绳；3—减速器；4—电机；5—制动器

（一）动臂式变幅机构的等效变幅阻力

等效变幅阻力矩为正常工作状态下根据相应起重量在变幅全过程中各个不同幅度位置上的变幅阻力矩和相应幅度区间的变幅时间来计算的均方根值。变幅阻力由未平衡的起升载荷和臂架系统自重载荷、作用于臂架系统上的风力，起升物品的水平惯性力及离心力、起重臂系统的惯性力、坡度引起的变幅坡道阻力以及臂架系统在变幅时的摩擦阻力等产生，由式（7-8-46）计算。

变幅阻力：

$$P_Z = P_o + P_1 + P_w + P_{sh} + P_e + P_c + P_f + P_\alpha \tag{7-8-46}$$

式中 $P_o$——变幅时吊运物品非水平位移所引起的变幅阻力（N）；

$P_1$——臂架系统自重未能完全平衡引起的变幅阻力（N）；

$P_w$——作用在臂架系统上的风载荷引起的变幅阻力（N）；

$P_{sh}$——作用在吊运物品上的风载荷、起重机回转时吊运物品的离心力以及变幅、回转、运行起动或制动时在物品上造成的水平惯性力等引起的起升滑轮组对铅垂线的偏角 $\alpha$ 造成的变幅阻力（N）；

$P_e$——臂架系统在起重机回转时的离心力引起的变幅阻力（N）；

$P_c$——变幅过程中臂架系统相对回转中心线的径向惯性力引起的变幅阻力（N）；

$P_f$——臂架铰轴等关节中的摩擦力和补偿滑轮组的效率造成的变幅阻力（N）；

$P_\alpha$——起重机轨道坡度等引起的变幅阻力（N）。

（二）电动机初选

1. 变幅机构电动机的等效变幅功率。

变幅机构电动机的等效变幅功率由式（7-8-47）计算：

$$P_e = \frac{P_{eq} v_b}{1\,000 a \eta_z} \tag{7-8-47}$$

式中 $P_e$——变幅机构电动机的等效变幅功率（kW）；

$P_{eq}$——变幅机构上的等效变幅阻力（N），简压计算取 $P_{eq}=P_{zmax}$；

$v_b$——变幅牵引构件的运动线速度（m/s）；

$a$——滑轮组倍率；

$\eta_z$——变幅机构总传动效率。

2. 电动机初选。

按式(7-8-47)计算所得的结果和该机构的接电持续率,便可从电动机样本上初选所需的电动机。

3. 电动机容量校验。

电动机必须校验过载和发热。

(1)电动机过载校验的目的,是检验在设计极限要求情况下,电动机的最大转矩或堵转转矩是否能保证机构起动的需要。

电动机过载校验的方法,见 GB/T 3811—2008《起重机设计规范》的附录 R。JC、Z 值见表 7-8-17。

表 7-8-17 *JC、Z* 值( GB/T 13752 )

| 塔式起重机类别 | 用 途 | 小车变幅机构 | | 动臂变幅机构 | |
|---|---|---|---|---|---|
| | | JC/% | Z | JC/% | Z |
| 1 | 不经常使用 | 25 | 60 | 15 | 60 |
| | 储料场用 | 25 | 60 | 15 | 60 |
| | 钻井平台维修用 | 25 | 150 | 15 | 150 |
| | 船舶修理船坞用 | 25 | 150 | 15,25 | 150 |
| 2 | 自行架设建筑用 | 25,40 | 150 | 25 | 150 |
| | 非自行架设和自升式建筑用 | 25,40 | 150 | 25 | 150 |
| 3 | 造船厂用 | 25 | 150 | 25 | 150 |
| | 集装箱港口用 | 25 | 150 | 25 | 150 |
| | 用料斗浇灌混凝土用 | 40 | 150 | 25 | 150 |
| | 使用抓斗工作 | 40 | 150 | 25 | 150 |

(2)电动机发热校验的目的,是检验在满足设计要求的情况下,电动机应不出现过热。

电动机的发热校验,见 GB/T 3811—2008《起重机设计规范》的附录 S。

4. 电动机使用环境的功率修正。

起重机安装使用地点海拔高度超过 1 000 m,或起重机使用环境温度超过 40℃,需对电动机容量进行修正,见 GB/T 3811—2008《起重机设计规范》的 7.7.2.4。

5. 变幅机构电动机选出之后,必须验算机构的起动加速度,起重机变幅时臂架头部水平移动的最大加(减)速度不大于 $0.6 \text{ m/s}^2$。

(三)制动器的选择

对于动臂变幅机构,应装一个机械式支持制动器和一个停止器或装两个机械式支持制动器。装一个机械式支持制动器时,其制动安全系数不小于 1.5;装有两个机械式支持制动器时,每一个机械式支持制动器的制动安全系数不得低于 1.25。

制动器应采用常闭式制动器,制动减速度不宜超过 $0.6 \text{ m/s}^2$。

(四)减速器的选择

减速器的工作特点和选择原则与起升机构相同。

## 二、小车变幅机构

塔式起重机的小车式变幅机构(图 7-8-28)与动臂变幅机构不一样,小车式变幅机构有以下的特点:

(1)卷筒上同时缠绕有两条钢丝绳;

(2)卷筒上的钢丝绳为单层缠绕。

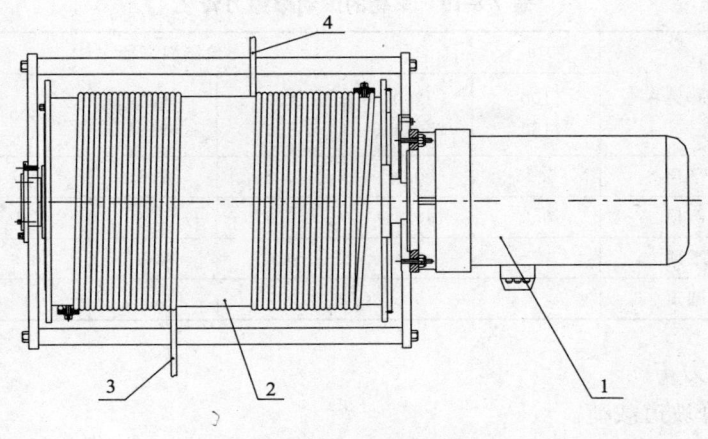

图 7-8-28 小车式变幅机构
1—电机；2—卷筒；3—变幅绳Ⅰ；4—变幅绳Ⅱ

（一）变幅机构的变幅稳态阻力

钢丝绳牵引小车式变幅机构的变幅稳态运行阻力包括摩擦阻力、等效坡道阻力（按1%坡度计算）、起升钢丝绳和牵引钢丝绳绕过导向滑轮所引起的阻力和风阻力。摩擦阻力包括车轮沿轨道滚动的阻力、车轮轴承内的摩擦阻力以及车轮轮缘与轨道侧面间的附加摩擦阻力，后者一般是用前述两种基本摩擦阻力之和乘以附加摩擦阻力系数1.5来考虑。

$$P_j = P_m + P_a + P_{wI} \tag{7-8-48}$$

式中　$P_j$——稳态运行阻力(N)；
　　　$P_m$——运行摩擦阻力(N)；
　　　$P_a$——坡道阻力(N)；
　　　$P_{wI}$——按计算风压计算的风阻力(N)。

1. 摩擦阻力 $P_m$

起重机或起重小车直线运行时摩擦阻力 $P_m$ 主要包括车轮踏面的滚动摩擦阻力、车轮轴承的摩擦阻力以及附加摩擦阻力三部分，按式(7-8-49)计算：

$$P_m = P_\Sigma \frac{\mu d + 2f_k}{D} C_f \tag{7-8-49}$$

式中　$P_\Sigma$——运动部分所有质量的重力，包括吊重和起重小车的重力(N)；
　　　$\mu$——车轮轴承摩擦阻力系数见表7-8-18；
　　　$d$——车轮轴径(mm)；
　　　$f_k$——车轮沿轨道的滚动摩擦力臂，见表7-8-19；
　　　$D$——车轮踏面直径(mm)；
　　　$C_f$——考虑车轮轮缘与轨道顶侧面摩擦或牵引供电电缆及集电器摩擦等的附加摩擦阻力系数，$C_f=1.5$。

表 7-8-18　车轮轴承的摩擦阻力系数 $\mu$

| 轴承型式 | 滑动轴承 | | 滚动轴承 | | |
| --- | --- | --- | --- | --- | --- |
| 轴承结构 | 开式 | 稀油润滑 | 滚珠或滚柱式 | 锥形滚子式 | 调心滚子式 |
| $\mu$ | 0.1 | 0.08 | 0.015 | 0.02 | 0.004 |

表 7-8-19　车轮的滚动摩擦力臂 $f_k$　　　　　　　mm

| 车轮材料 | 钢轨型式 | 车轮踏面直径 | | | | | |
|---|---|---|---|---|---|---|---|
| | | 100<br>160 | 200<br>250,315 | 400<br>500 | 630<br>710 | 800 | 900<br>1 000 |
| 钢 | 平顶 | 0.25 | 0.3 | 0.5 | 0.6 | 0.7 | 0.7 |
| | 圆顶 | 0.3 | 0.4 | 0.6 | 0.8 | 1.0 | 1.2 |
| 铸铁 | 平顶 | — | 0.4 | 0.6 | 0.8 | 0.9 | 0.9 |
| | 圆顶 | — | 0.5 | 0.7 | 0.9 | 1.2 | 1.4 |

2. 等效坡道阻力 $P_a$

按 1% 坡度计算坡道载荷。

$$P_a = (m + m_i) g \cdot \tan\alpha \tag{7-8-50}$$

式中　$P_a$——坡道阻力(N)；

　　　$m$——起升质量(kg)；

　　　$m_i$——起重机或小车的质量(kg)；

　　　$g$——重力加速度(m/s²)；

　　　$\alpha$——轨道倾斜的角度(°)。

3. 风阻力 $P_{WI}$

按 GB/T 3811—2008《起重机设计规范》的 4.2.2.3.4 中的风载荷计算方法进行计算。

(二) 稳定变幅最大牵引力

稳定变幅最大牵引力包括摩擦阻力 $P_m$、正常工作状态下的最大风阻力(风压 250 Pa)、满载运行时的最大坡道阻力(按 2% 坡度计算)、起升钢丝绳和牵引钢丝绳绕过导向滑轮所引起的阻力、牵引钢丝绳保持一定垂度所需张力。

(三) 电动机初选

1. 小车式变幅机构静功率 $P_N$，可以由式(7-8-51)计算出：

$$P_N = \frac{M \cdot n}{9\,550\eta} \tag{7-8-51}$$

式中　$P_N$——电动机的稳态变幅(运行)功率(kW)；

　　　$M$——驱动轮(或卷筒)的转矩(N·m)；

　　　$n$——驱动轮(或卷筒)的转速(r/min)；

　　　$\eta$——变幅机构总传动效率。

2. 电动机初选。

按式(7-8-51)计算所得的结果和该机构的接电持续率(表 7-8-17)，便可从电动机样本上初选所需的电动机。

3. 电动机容量校验。

电动机必须校验过载和发热。

(1) 电动机过载校验的目的，是检验在设计极限要求情况下，电动机的最大转矩或堵转转矩是否能保证机构起动的需要。

电动机过载校验的方法，见 GB/T 3811—2008《起重机设计规范》的附录 R。

(2) 电动机发热校验的目的，是检验在满足设计要求的情况下，电动机应不出现过热。

电动机的发热校验，见 GB/T 3811—2008《起重机设计规范》的附录 S。

4. 电动机使用环境的功率修正。

起重机安装使用地点海拔高度超过 1 000 m，或起重机使用环境温度超过 40℃，需对电动机容量进行修正,见GB/T 3811—2008《起重机设计规范》的7.7.2.4。

5. 电动机的容量及机构控制系统应使变幅小车的加(减)速度不大于 0.5 m/s²。

(四)制动器的选择

钢丝绳牵引小车的变幅机构采用机械式支持制动器,其制动转矩与运行摩擦阻力矩之和,应能使处于不利情况(满载、顺风及下坡状态)下的变幅小车在要求的时间内停止运动。机械式制动器的制动安全系数不小于 1.25。采用常闭式机械式制动器,宜先减速后制动,牵引小车的制动减速度不宜超过 0.5 m/s²。

## 第五节 回转机构

塔式起重机的回转机构能使塔机的起重臂架绕塔身作 360°的回转运动,扩大了塔式起重机的工作面,它与起升机构、变幅机构配合可以将物料运送到工作面所需要的地方。塔式起重机的回转机构由回转支承装置和回转驱动装置两部分组成。前者将起重机的回转部分支持在固定部分上,后者驱动回转部分相对于固定部分转动。回转支承装置一般简称回转支承;回转驱动装置一般称为回转机构。

### 一、回转机构(回转驱动装置)

回转机构通常装在塔式起重机的回转部分上,电动机经过减速器带动最后一级小齿轮转动,小齿轮与装在塔式起重机固定部分上的大齿圈相啮合,以实现塔式起重机回转运动。其有三种形式,如图 7-8-29 所示。

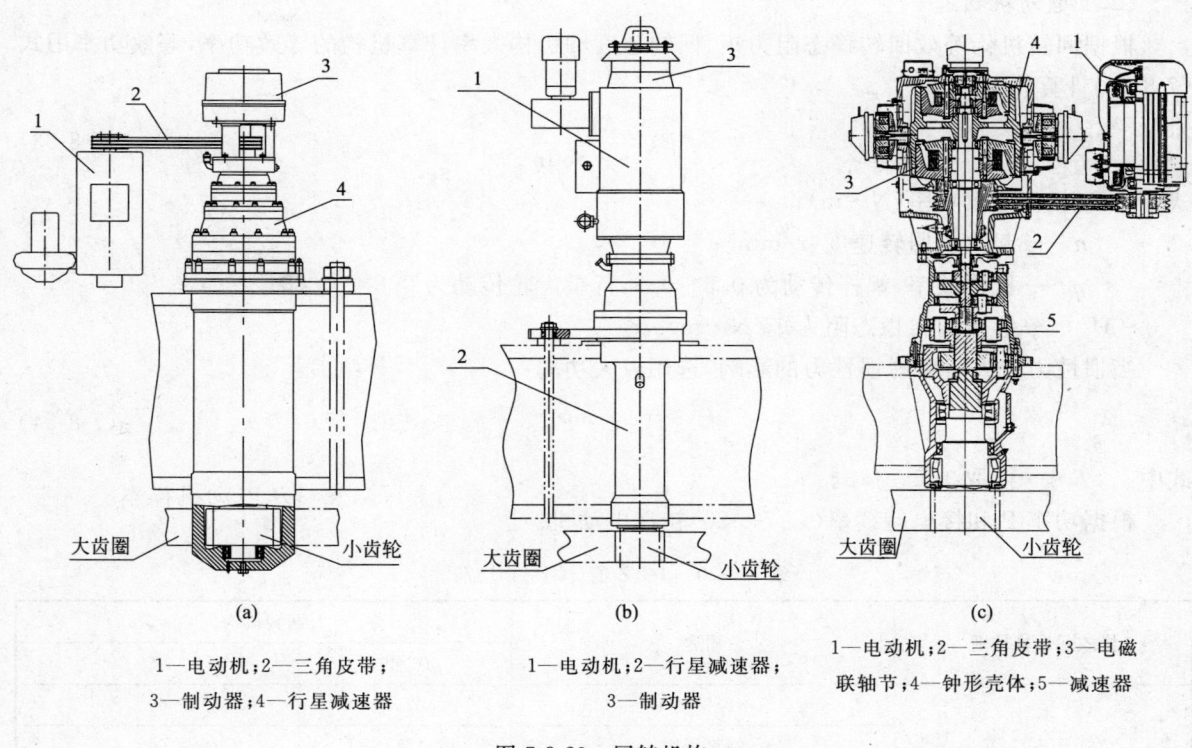

(a)
1—电动机;2—三角皮带;
3—制动器;4—行星减速器

(b)
1—电动机;2—行星减速器;
3—制动器

(c)
1—电动机;2—三角皮带;3—电磁联轴节;4—钟形壳体;5—减速器

图 7-8-29 回转机构

(1)回转机构(a)由电动机、行星减速器及制动器等组成,电动机与减速器分别安装在起重机的回转部分上,电动机通过三角皮带将动力传递给减速器,减速器下部的输出小齿轮与固定在起重机的固定部分上的大齿圈啮合,实现回转部分绕塔身中心线的回转运动;减速器上部安装有制动器,顶部有风向标装置,用于起重机处于非工作状态遇有强风时,起重臂能自动回转到顺风位置,减少起重机的迎风面,增强塔机的抗风能力。其特点是传动比大,可防止回转机构过载,适用于大型塔机。

(2)回转机构(b)由电动机、行星减速器及制动器等组成,电动机与减速器通过花键联接,电机上部带有制动器,顶部有风向标装置。其特点是传动比大,结构紧凑,传动效率高,适用于要求结构紧凑的中、小型塔机。

(3)回转机构(c)由电动机、电磁联轴节及减速器等组成,电动机与减速器分别安装在起重机的回转部分上,电动机通过皮带驱动电磁联轴节轴转动,其上的涡流离合器感应线圈一通电,便产生一磁场带动钟形壳体旋转,钟形壳体与减速器输入轴刚性联接,将回转运动传递到与大齿圈啮合的小齿轮上。电磁联轴节的上部带有制动器,两侧装有风标装置。特点是传动比大,可防止回转机构过载,适用于中、小型塔机。

中小起重量起重机,其回转机构一般为单套驱动装置。大起重量起重机有时采用同规格的两套、三套、四套或六套驱动装置。采用多套驱动装置时,应尽可能对称布置。

(一)回转机构的驱动计算

塔式起重机回转时主要克服的阻力有回转支承装置中的摩擦阻力矩 $M_m$、正常工作状态下的等效风阻力矩 $M_w$ 和等效坡道阻力矩 $M_P$,按式(7-8-52)计算:

$$M_{eq} = M_m + M_w + M_P \tag{7-8-52}$$

式中 $M_{eq}$——等效回转稳态阻力矩(N·m);

$M_m$——回转摩擦阻力矩(N·m);

$M_w$——等效风阻力矩,按正常工作状态下风阻力矩(风压 150 Pa)的 0.7 倍计算(N·m);

$M_P$——等效坡道阻力矩,按坡道阻力矩(按 2%坡度计算)的 0.7 倍计算(N·m)。

(二)电动机初选

根据回转机构等效回转稳态阻力矩、回转速度和机构效率计算机构的等效功率,等效功率用式(7-8-53)计算。

$$P_N = \frac{M_{eq} \cdot n}{9\,550\,\eta} \tag{7-8-53}$$

式中 $P_N$——等效功率(N·m);

$n$——起重机回转速度(r/min);

$\eta$——机构效率,蜗杆传动为 0.6~0.8,行星齿轮传动为 0.8~0.85;

$M_{eq}$——等效回转稳态阻力矩(N·m)。

当惯性力较大时考虑惯性力的影响,选用较大功率:

$$P = k \cdot P_N \tag{7-8-54}$$

式中 $k$——可取 1.2~1.8。

根据功率 P 和接电持续率(表 7-8-20)初选电动机。

表 7-8-20 JC、Z 值(GB/T 13752)

| 塔式起重机类别 | 用途 | 回转机构 | |
| --- | --- | --- | --- |
| | | JC/% | Z |
| 1 | 不经常使用 | 25 | 60 |
| | 储料场用 | 25 | 60 |
| | 钻井平台维修用 | 25 | 150 |
| | 船舶修理船坞用 | 40 | 150 |
| 2 | 自行架设建筑用 | 25,40 | 150,300 |
| | 非自行架设和自升式建筑用 | 40 | 300 |

续上表

| 塔式起重机类别 | 用途 | 回转机构 | |
|---|---|---|---|
| | | JC/% | Z |
| 3 | 造船厂用 | 40 | 300 |
| | 集装箱港口用 | 40 | 300 |
| | 用料斗浇灌混凝土用 | 40,60 | 150,300 |
| | 使用抓斗工作 | 40,60 | 150,300 |

（三）电动机的校验

回转机构电动机必须校验过载,电动机过载校验的方法,见 GB/T 3811—2008《起重机设计规范》的附录 R。

电动机的发热校验,见 GB/T 3811—2008《起重机设计规范》的附录 S。

（四）电动机使用环境的功率修正

起重机安装使用地点海拔高度超过 1 000 m,或起重机使用环境温度超过 40 ℃,需对电动机容量进行修正,见 GB/T 3811—2008《起重机设计规范》的 7.7.2.4。

（五）起动加速度验算

回转机构的电动机选出之后,还必须验算机构的起动加速度,使起重机回转臂架头部切向加（减）速度不大于下列推荐值：对于回转速度较低的安装用塔式起重机,此值根据起重量大小为 $0.1 \text{ m/s}^2 \sim 0.3 \text{ m/s}^2$；对于回转速度较高的建筑施工和输送混凝土用的塔式起重机,此值根据起重量大小为 $0.4 \text{ m/s}^2 \sim 0.8 \text{ m/s}^2$。起重量大者取小值。

### 二、回转机构制动器的选择

对于塔式起重机回转机构制动器宜采用可操纵的常开式制动器（采用常开式制动器时,应有制动器制动后的锁住装置）,在最不利工作状态和最大回转半径时其制动力矩应能使回转部分停住。如果采用常闭式制动器,则宜先减速后制动,为避免制动作用过猛,其制动减速度符合前述一、（五）起制动加速度验算的规定。同时还应确保在遇有强风时（风速大于 20 m/s）,回转部分在风力作用下能自由回转,减小倾覆危险。

回转机构的制动转矩按式(7-8-55)计算：

$$M_Z = \frac{\sum J \cdot n}{9.55 t_Z} + M_C \tag{7-8-55}$$

式中 $M_Z$——回转机构的制动转矩(N·m)；

$n$——起重机回转速度(r/min)；

$\sum J$——回转制动时,回转机构及含吊运物品在内的全部回转运动质量换算到制动器轴上的机构总转动惯量(kg/m²)；

$t_Z$——回转机构制动时间(r/min)；

$M_C$——换算到回转制动器轴上的等效回转力矩(N·m)。

$$M_C = M_W + M_P - M_m \tag{7-8-56}$$

式中 $M_m$——回转摩擦阻力矩(N·m)；

$M_W$——等效风阻力矩,按正常工作状态下风阻力矩（风压 150 Pa）的 0.7 倍计算(N·m)；

$M_P$——等效坡道阻力矩,按坡道阻力矩（按 2%坡度计算）的 0.7 倍计算(N·m)。

### 三、极限力矩联轴器

对于有自锁可能的回转传动机构应装设极限力矩联轴器。极限力矩联轴器的极限力矩应保证回转机构在正常起动或制动过程中不发生打滑,只有在过载的情况下才开始打滑。极限力矩值一般取由电动机最大转矩减去电动机轴上零件的惯性转矩后传到联轴器上的力矩值的1.1倍。非自锁机构如果不装设极限力矩联轴器,则传动机构应验算事故状态下的静强度。

极限力矩联轴器的摩擦力矩,按式(7-8-57)计算:

$$M_{jl}=1.1\left[M_{\max}-\frac{(J_1+J_2)n}{9.55t}\right]i_c\eta \tag{7-8-57}$$

式中　$M_{jl}$——极限力矩联轴器的摩擦力矩(N·m);
　　　$M_{\max}$——电动机最大起动转矩或制动器的制动转矩(N·m);
　　　$n$——电动机的额定转速(r/min);
　　　$t$——起、制动时间(s);
　　　$i_c$——电动机至极限力矩联轴器的传动比;
　　　$\eta$——电动机至极限力矩联轴器的传动效率。
　　　$J_1$——电动机转子的惯量(kg·m²);
　　　$J_2$——电动机轴上制动轮/盘和联轴器的转动惯量(kg·m²)。

## 第六节　运行机构

### 一、运行机构的构造

塔式起重机的运行机构基本上采用轨道式运行。起重机在专门铺设的轨道上运行,具有负荷能力大、运行阻力小、可以采用电力驱动等特点,但工作场地范围有限。

轨道式运行机构主要用于水平运移物品,调整起重机工作位置以及将作用在起重机上的载荷传递给基础建筑。

轨道式运行机构主要由运行支承装置与运行驱动装置两大部分组成。

(一)运行支承装置

运行支承装置用来承受塔式起重机的自重和外载荷,并将所有这些载荷传递给轨道基础建筑,主要包括均衡装置、车轮与轨道等。起重机在枕木支承的轨道上运行时,其允许轮压为100 kN～120 kN,在混凝土和钢结构支承的轨道上运行时,其允许轮压为600 kN。当起重量过大时,通常用增加车轮数目的方法来降低轮压。为使每个车轮的轮压均匀,采用均衡台车式的支承装置。带各种平衡梁的车轮组示意图见图7-8-30。

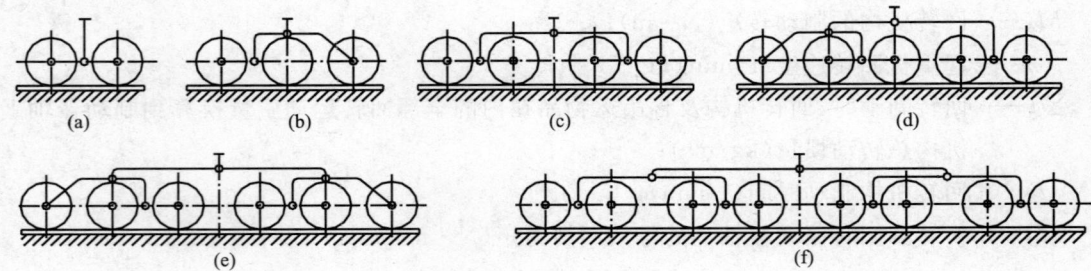

图7-8-30　车轮组示意图

(二)运行驱动装置

驱动装置用来驱动塔式起重机在轨道上运行,主要由电动机、减速器、制动器等组成。塔式起重机运行机构的驱动方式可分为集中驱动和分别驱动两种类型。

集中驱动由一台电动机通过传动轴驱动两组车轮转动使塔机在轨道上行走,称为集中驱动。集中驱动又可分为单边集中驱动和双边集中驱动。

由于集中驱动的传动零部件多、自重大、安装复杂、成本高、维修不便、对塔机底架的刚度要求高。目前已大多被分别驱动替代。

分别驱动是一台电动机驱动一个主动轮或一个台车(一个台车可设置两台电动机驱动两个主动轮),省去了中间传动轴,自重轻,部件分组性好,安装和维修方便。在塔式起重机的行走机构上得到广泛采用。分别驱动有卧式驱动和立式驱动两种,见图 7-8-31、图 7-8-32。

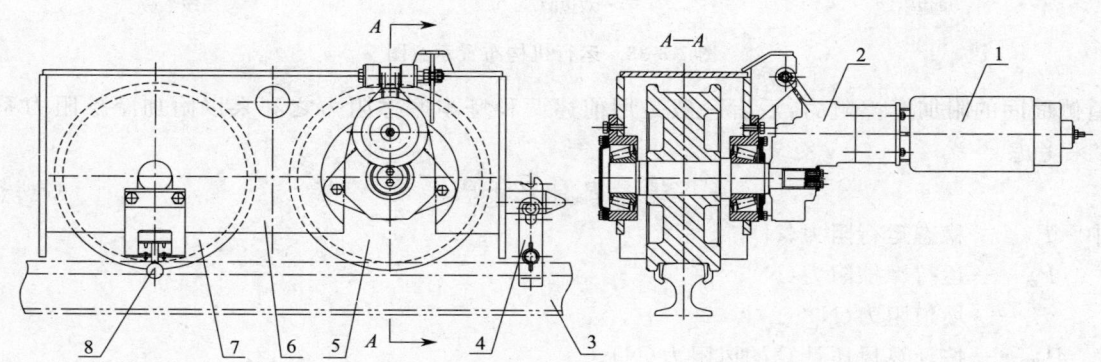

图 7-8-31　卧式驱动装置示意图
1—电动机(带制动器);2—减速器;3—钢轨;4—夹轨钳;5—主动车轮;6—台车箱;7—被动车轮;8—限位器

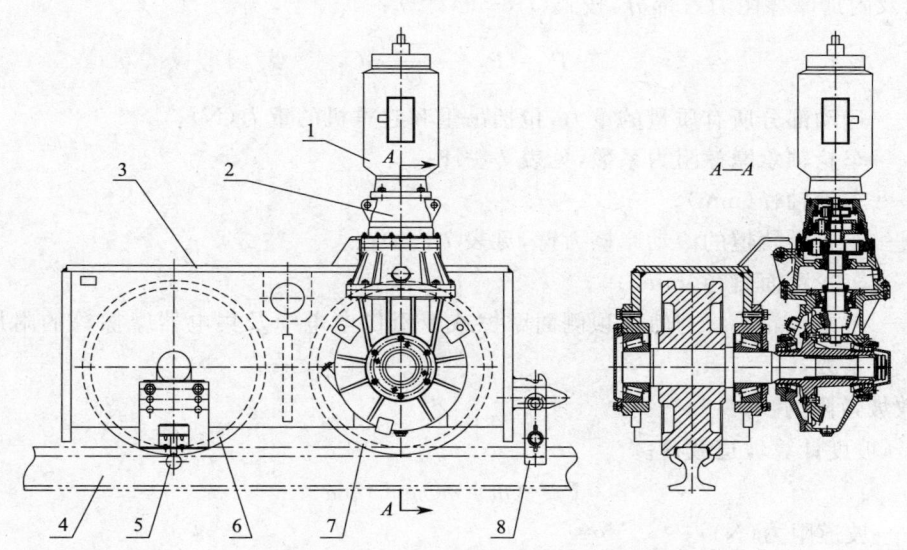

图 7-8-32　立式驱动装置示意图
1—电动机(带制动器);2—减速器;3—台车箱;4—钢轨;
5—限位器;6—被动车轮;7—主动车轮;8—夹轨钳

卧式驱动装置采用电动机、行星和平行轴减速器。其特点是输入输出轴相互平行,需较大运行空间,适用于中、小型起重机。

立式驱动装置采用电动机、行星和角传动减速器。其特点是输入输出轴相互垂直,结构紧凑,运行空间较小,适用于大型起重机。

分别驱动的运行机构可以布置为单边、双边或对角线驱动,运行机构布置示意图见图 7-8-33。

**二、运行机构的计算**

(一)运行机构的稳态运行阻力

塔式起重机的行走阻力包括行走摩擦阻力、等效坡道阻力(按 0.5% 坡度计算)、等效风阻力和电缆的拖拽阻力。摩擦阻力包括车轮沿轨道滚动的阻力、车轮轴承内的摩擦阻力以及车轮轮缘与

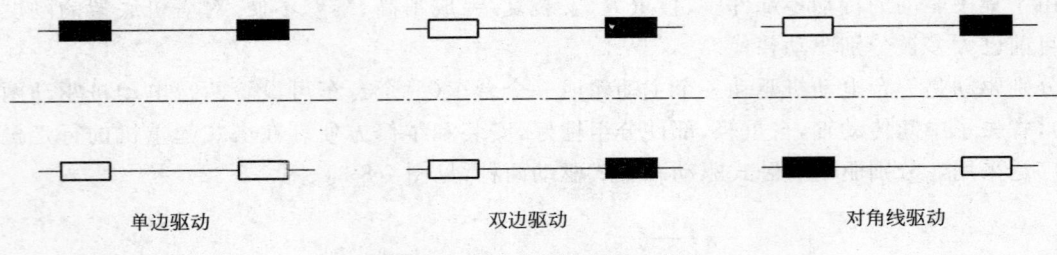

单边驱动　　　　　双边驱动　　　　　对角线驱动

图 7-8-33　运行机构布置示意图

轨道侧面间的附加摩擦阻力,后者一般是用前述两种基本摩擦阻力之和乘以附加摩擦阻力系数 1.5 来考虑。

$$P_Z = P_m + P_a + P_{wI} \tag{7-8-58}$$

式中　$P_Z$——稳态运行阻力(N);
　　　$P_m$——运行摩擦阻力(N);
　　　$P_a$——坡道阻力(N);
　　　$P_{wI}$——按计算风压计算的风阻力(N)。

1. 运行摩擦阻力 $P_m$

起重机或起重小车直线运行时摩擦阻力 $P_m$ 主要包括车轮踏面的滚动摩擦阻力、车轮轴承的摩擦阻力以及附加摩擦阻力三部分,按式(7-8-59)计算:

$$P_m = P_\Sigma \frac{\mu d + 2 f_k}{D} C_f \tag{7-8-59}$$

式中　$P_\Sigma$——运动部分所有质量的重力,包括吊重和起重机的重力(N);
　　　$\mu$——车轮轴承摩擦阻力系数,见表 7-8-18;
　　　$d$——车轮轴径(mm);
　　　$f_k$——车轮沿轨道的滚动摩擦力臂,见表 7-8-19;
　　　$D$——车轮踏面直径(mm);
　　　$C_f$——考虑车轮轮缘与轨道顶侧面摩擦或牵引供电电缆及集电器摩擦等的附加摩擦阻力系数,$C_f = 1.5$。

2. 等效坡道阻力 $P_a$

按 0.5% 坡度计算坡道载荷。

$$P_a = (m + m_i) g \cdot \tan\alpha \tag{7-8-60}$$

式中　$P_a$——坡道阻力(N);
　　　$m$——起重机的总起升质量(kg);
　　　$m_i$——起重机的总质量(kg);
　　　$g$——重力加速度(m/s$^2$);
　　　$\alpha$——轨道倾斜的角度(°)。

3. 风阻力 $P_{wI}$

按 GB/T 3811—2008《起重机设计规范》4.2.2.3.4 中的风载荷计算方法进行计算。

(二) 电 动 机

1. 稳态运行功率

运行机构电动机的稳态运行功率 $P_N$,可以由式(7-8-61)计算出:

$$P_N = \frac{P_Z \cdot v}{1\ 000 \eta \cdot m} \tag{7-8-61}$$

式中　$P_N$——电动机的稳态运行功率(kW);
　　　$P_Z$——机构的稳态运行阻力(N);

$v$——运行速度(m/s);

$\eta$——机构总传动效率;

$m$——机构电动机台数。

2. 电动机初选

按(7-8-61)计算所得的结果和该机构的接电持续率(表 7-8-21),从电动机样本上初选所需的电动机。

表 7-8-21　$JC$、$Z$ 值(GB/T 13752—1992)

| 塔式起重机类别 | 用途 | 运行机构 | |
|---|---|---|---|
| | | $JC/\%$ | $Z$ |
| 1 | 不经常使用 | 15 | 60 |
| | 储料场用 | 15 | 60 |
| | 钻井平台维修用 | 15 | 60 |
| | 船舶修理船坞用 | 15 | 60 |
| 2 | 自行架设建筑用 | 15,25 | 60,150 |
| | 非自行架设和自升式建筑用 | 15,25 | 60,150 |
| 3 | 造船厂用 | 25 | 150 |
| | 集装箱港口用 | 25 | 150 |
| | 用料斗浇灌混凝土用 | 15,25 | 60,150 |
| | 使用抓斗工作 | 15,25 | 60,150 |

选用电动机的额定功率 $P$ 应大于运行机构的稳态运行功率 $P_N$,即:

$$P = K \cdot P_N$$

式中　$K$——功率增大系数,取 $K = 1.1 \sim 1.3$。

3. 电动机容量校验

电动机必须校验过载和发热。

(1) 电动机过载校验的目的,是检验在设计极限要求情况下,电动机的最大转矩或堵转转矩是否能保证机构起动的需要。

电动机过载校验的方法,见 GB/T 3811—2008《起重机设计规范》的附录 R。

(2) 电动机发热校验的目的,是检验在满足设计要求的情况下,电动机应不出现过热。

电动机的发热校验,见 GB/T 3811—2008《起重机设计规范》的附录 S。

4. 电动机使用环境的功率修正

起重机安装使用地点海拔高度超过 1 000 m,或起重机使用环境温度超过 40℃,需对电动机容量进行修正,见 GB/T 3811—2008《起重机设计规范》的 7.7.2.4。

无特殊要求时,电动机的容量及机构控制系统应使塔式起重机的加(减)速度不大于 $0.05 \text{ m/s}^2 \sim 0.07 \text{ m/s}^2$。

5. 起动时间验算

满载、上坡、迎风运行起动时的起动时间,按(7-8-62)式计算

$$t_q = \frac{nk[J_1 + J_2]m + \dfrac{J_3'}{\eta}}{9.55(mM_{dq} - M_{dj})} \tag{7-8-62}$$

式中　$t_q$——起动时间(s);

$n$——电动机额定转速(r/min);

$J_1$——电动机转子的转动惯量(kg·m$^2$);

$J_2$——电动机轴上制动轮和联轴器的转动惯量($kg \cdot m^2$);

$k$——考虑其他传动件飞轮矩的影响系数,折算到电动机轴上取 $k=1.1 \sim 1.2$;

$m$——电动机台数;

$J_3'$——作平移运动的全部质量的惯量折算到电动机轴上的转动惯量($kg \cdot m^2$)。

$$J_3' = \frac{(m+m_i)D^2}{4i^2} \qquad (7\text{-}8\text{-}63)$$

其中　$i$——运行机构中由电动机轴到车轮的总传动比;

$m$——塔式起重机的总起升质量(kg);

$m_i$——塔式起重机的总质量(kg);

$D$——车轮踏面直径(mm);

$\eta$——机构总传动效率;

$M_{dq}$——电动机的平均起动转矩($N \cdot m$);

$M_{dj}$——满载、上坡、迎风时作用于电动机轴上的静阻力矩,按(7-8-64)式计算。

$$M_{dj} = \frac{P_j D}{2\,000 i \eta} \qquad (7\text{-}8\text{-}64)$$

式中　$P_j$——稳态运行阻力(N);

$D$——车轮踏面直径(mm);

$i$——运行机构的传动比。

6. 起动平均加速度验算

按式(7-8-65)计算:

$$a_y = \frac{v_y}{t_q} \qquad (7\text{-}8\text{-}65)$$

式中　$a_y$——起动平均加速度($m/s^2$),不大于 $0.05 \ m/s^2 \sim 0.07 \ m/s^2$;

$v_y$——运行机构的稳定运行速度(m/s);

$t_q$——起动时间(s)。

(三) 制动器的选择

运行机构制动器的制动力矩加上运行摩擦阻力(不包括轮缘与轨道侧面的摩擦阻力)应能使处于不利情况(满载、顺风及下坡状态)下的起重机在要求的时间内停止(减速度值不大于 $0.05 \ m/s^2 \sim 0.07 \ m/s^2$)。

制动转矩 $M_Z$ 的计算见式(7-8-66):

$$M_Z = \left\{ \frac{(P_{wI}+P_a+P_m')D\eta}{2i} + \frac{n}{9.55 t_z}[k \cdot m_Z \cdot (J_1+J_2) + J_3' \eta] \right\} \qquad (7\text{-}8\text{-}66)$$

式中　$M_Z$——运行机构制动转矩($N \cdot m$);

$P_{wI}$——按计算风压计算的风阻力(N);

$P_m'$——不考虑轮缘与轨道侧面附加摩擦的摩擦阻力(N);

$P_a$——坡道阻力(N);

$i$——由制动器轴到车轮的总传动比;

$m_Z$——制动器的台数;

$D$——车轮踏面直径(m);

$t_z$——制动时间(s);

$k$——其他传动件的转动惯量折算到电动机轴上的影响系数,$k=1.05 \sim 1.20$;

$J_1$——电动机转子的转动惯量($kg \cdot m^2$);

$J_2$——电动机轴上制动轮和联轴器的转动惯量($kg \cdot m^2$);

$J_3'$——作平移运动的全部质量的惯量折算到电动机轴上的转动惯量(kg·m²);

$n$——电动机额定转速(r/min);

$\eta$——机构总传动效率。

制动器采用常闭式制动器,宜先减速后制动。

制动器的选择条件,一般$[M_z] \geqslant M_z$,$[M_z]$是所选制动器参数表中给出的制动转矩。

(四) 行走式塔式起重机抗风防滑安全性

1. 正常工作状态

为安全起见,核算抗风防滑安全性时,塔式起重机的正常工作状态取为带载、顺风、下坡运行制动,此时抗风防滑安全性按式(7-8-67)校验计算。

$$P_{z1} \geqslant 1.2P_{WII} + P_{aG} + 1.35P_{aQ} + P_D - P_f \qquad (7\text{-}8\text{-}67)$$

式中 $P_{z1}$——运行机构制动器在驱动车轮踏面上产生的制动力(N);

$P_{WII}$——塔式起重机承受的工作状态风载荷(沿运行方向)(N);

$P_{aG}$——自重载荷沿坡道方向产生的滑行力(N);

$P_{aQ}$——额定载荷沿坡道方向产生的滑行力(N);

$P_D$——塔式起重机运行停车减速惯性力,取 $\phi_5 = 1$;

$P_f$——塔式起重机运行摩擦阻力(N)。

$$P_f = \omega \cdot (P_Q + P_G)$$

式中 $\omega$——运行摩擦阻力系数,见表7-8-22;

$(P_Q + P_G)$——额定起升载荷和自重载荷产生的总轮压(N)。

**表 7-8-22 运行摩擦阻力系数和静摩擦系数**

| 运行摩擦阻力系数 $\omega$ | | 静摩擦系数 $f$ | |
| --- | --- | --- | --- |
| 装滑动轴承的车轮 | 装滚动轴承的车轮 | 轨道与制动车轮之间 | 轨道与夹轨钳之间 |
| 0.015 | 0.006 | 0.14 | 0.25 |

当制动力 $P_{z1}$ 大于被制动车轮与轨道的黏着力时,$P_{z1}$ 用被制动车轮与轨道的黏着力代替。计算黏着力时,静摩擦系数 $f$ 按表选取。

2. 非工作状态按下式校验计算

$$P_{z2} \geqslant 1.2P_{WIII} + P_{aG} + P_{aq} - P_f \qquad (7\text{-}8\text{-}68)$$

式中 $P_{z2}$——运行机构制动器、夹轨器等装置沿轨道方向产生的抗风防滑阻力(N);

$P_{WIII}$——起重机非工作状态风载荷(沿运行方向)(N);

$P_{aG}$——自重载荷沿坡道方向产生的滑行力(N);

$P_{aq}$——吊具(由吊钩、下滑轮组及50%悬吊钢丝绳等)的重力沿坡道方向产生的滑行力(N);

$P_f$——塔式起重机运行摩擦阻力(N)。

手工操作的夹轨钳最大操作力不得大于 200 N。

当制动力 $P_{z2}$ 大于被制动车轮与轨道的黏着力时,$P_{z2}$ 用被制动车轮与轨道的黏着力代替。计算黏着力时,静摩擦系数 $f$ 按表选取。

3. 运行打滑验算

为了使塔式起重机运行时可靠地起动或制动,防止驱动轮在轨道上出现打滑现象,避免车轮打滑影响塔式起重机的正常工作和加剧车轮的磨损,应分别对驱动轮作起动和制动时的打滑验算。

(1) 起动时按下式验算:

$$\left(\frac{\varphi}{K} + \frac{\mu d}{D}\right)R_{\min} \geqslant \frac{2\,000 i \cdot \eta}{D}\left[T - \frac{500 k (J_1 + J_2) \cdot i}{D}a\right] \qquad (7\text{-}8\text{-}69)$$

(2) 制动时按下式验算:

$$\left(\frac{\varphi}{K}-\frac{\mu d}{D}\right)R_{\min} \geqslant \frac{2\,000i}{\eta D}\left[T_z - \frac{500k(J_1+J_2)\cdot i}{D}a_z\right] \tag{7-8-70}$$

式中 $\varphi$——黏着系数,取 0.12;

$K$——黏着安全系数,可取 $K=1.05\sim1.2$;

$\mu$——轴承摩擦系数,见表 7-8-20;

$d$——轴承内径(mm);

$D$——车轮踏面直径(mm);

$R_{\min}$——驱动轮最小轮压(集中驱动时为全部驱动轮压)(N);

$T$——打滑一侧电动机的平均起动转矩(N·m);

$k$——计及其他传动件飞轮矩影响的系数,折算到电动机轴上可取 $k=1.1\sim1.2$;

$J_1$——电动机转子转动惯量(kg·m²);

$J_2$——电动机轴上带制动轮联轴器的转动惯量(kg·m²);

$a$——起动平均加速度(m/s²);

$T_z$——打滑一侧的制动器的制动转矩(N·m);

$a_z$——制动平均减速度(m/s²),$a_z=\dfrac{v}{t_z}$,$v$——运行速度(m/s)。

计算表明,为了使起重机工作时车轮不打滑,应合理选择电动机,并尽可能降低加速度或减速度,同时应选取合适的驱动轮数,必要时可采取全车轮驱动。

## 第七节 安全装置

安全装置是防止塔式起重机发生机械事故的必要设施,除要求一定的精度外,安全装置还要求必须可靠。安全装置包括防止塔机超载的装置、限制运动行程和工作位置的装置、防止滑动和联锁保护装置。图 7-8-34 为安全装置布置示意图。

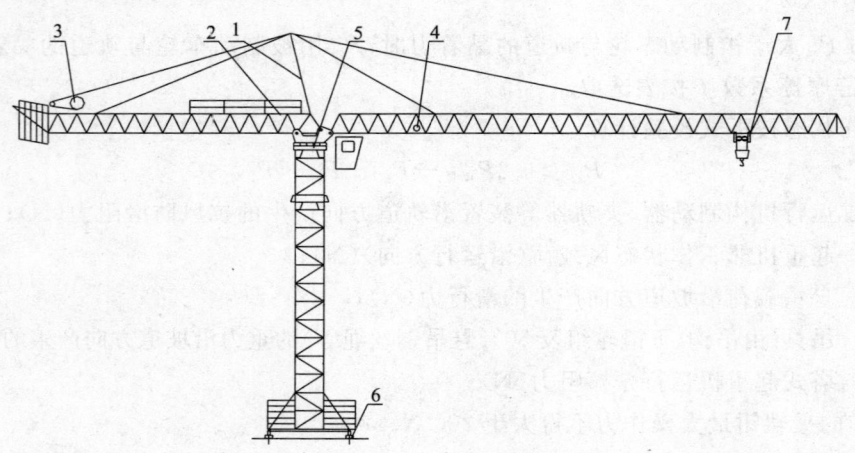

图 7-8-34 安全装置布置示意图

1—起重量限制器;2—起重力矩限制器;3—起升高度限位器;4—幅度限位器;
5—回转限位器;6—行走限位器;7—小车断绳和断轴保护装置

### 一、起重量限制器

起重量限制器限制塔机的最大起重量。

(1)塔机应安装起重量限制器。如设有起重量显示装置,则其数值误差不应大于实际值的±5%。

(2)当实际起重量超过95%额定起重量时,起重量限制器应发出报警信号。

(3)当起重量大于最大额定起重量并小于110%额定起重量时,应切断上升方向的电源,但机构可作下降方向的运动。对于具有多挡变速的起升机构,重量限制器应对各挡位均应具有防止超载的作用。

重量限制器分为机械式与电子式两种。

图 7-8-35 为杠杆式起重量限制器简图。当起重量超过最大额定值时,起升绳的合力使弹簧产生较大的变形,撞杆触动限位开关,使起升机构停止工作。

电子式起重量限制器由传感器与显示仪表等组成。

## 二、起重力矩限制器

起重力矩限制器的作用是根据起重特性曲线把起重力矩限制在规定的范围内。

(1)塔机应安装起重力矩限制器。如设有起重力矩显示装置,则其数值误差不应大于实际值的±5%。

当实际起重量超过实际幅度所对应的起重量额定值的95%时,起重力矩限制器应发出报警信号。

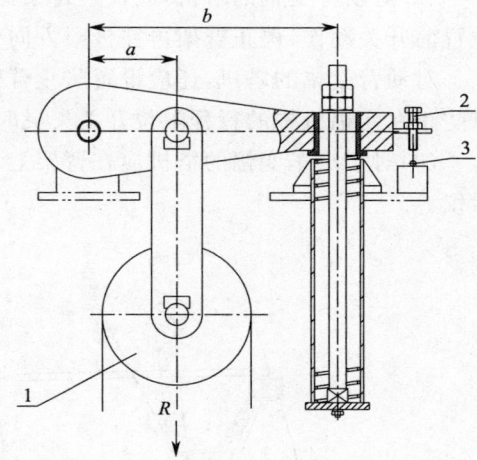

图 7-8-35　机械杠杆式起重量限制器
1—起升滑轮;2—撞杆;3—开关

(2)起重力矩大于相应幅度额定值并小于额定值的110%时,力矩限制器应切断上升和幅度增大方向的电源,但机构可作下降和减小幅度方向的运动。

(3)力矩限制器控制定码变幅的触点或控制定幅变码的触点应分别设置,且应能分别调整。

(4)对于采用小车变幅的塔机,当其最大变幅速度超过 40 m/min,在小车向外运行,且起重力矩达到额定值的80%时,变幅速度应自动转换为不大于 40 m/min 的速度运行。

起重机作业时,在某一幅度有相应的容许工作载荷,如果超过此载荷,起升机构电机断电。如果起吊某一载荷后变幅,幅度超过与之相应的最大幅度时变幅机构电机断电。力矩限制器由传感器、吊臂幅度检测装置、吊臂仰角检测装置、运算系统、显示部分和执行机构所组成。

图 7-8-36 是自升式塔式起重机所普遍使用的力矩限制器,装设在塔头的面向平衡臂架的主弦杆上。这种力矩限制器构造极为简单,由两条扁钢制成的板簧(材质同塔头主弦杆)、限位开关、螺钉和调节螺母组成。板簧通过两点固定在塔头主弦杆上,塔吊工作时,板簧也随之产生相应变形。当起重力矩超过额定值,塔头主弦杆显著变形,板簧变形位移过大,使螺钉压迫限位开关触头,切断起升机构电源。

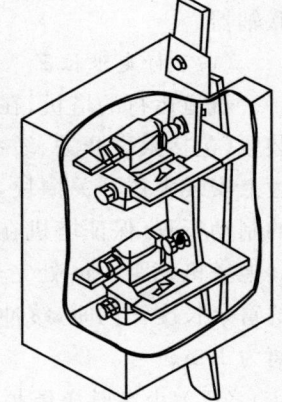

图 7-8-36　起重力矩限制器

## 三、行程限位装置

### (一)起升高度限位器

塔机应安装吊钩在上极限位置时的起升高度限位器。

(1)动臂变幅的塔机,当吊钩装置顶部升至起重臂下端的最小距离为 800 mm 处时,应能立即停止起升运动;对没有变幅重物平移功能的动臂变幅塔机,还应同时切断向外变幅控制回路电源,但应具有下降和向内变幅运动。

(2)对小车变幅的塔机,当吊钩装置顶部升至起重臂下端的最小距离为 800 mm 处时,应能立即停止起升运动,但应具有下降运动。

(3)对所有型式的塔机,当钢丝绳松弛可能造成卷筒乱绳或反卷时应设下限位器;在吊钩不能再下降或卷筒上钢丝绳只剩 3 圈时应能停止下降运动。

## (二)幅度限位器

(1)对小车变幅的塔机,应设置小车行程限位开关和终端缓冲装置。限位开关动作后应保证小车停车时其端部距缓冲装置最小距离为 200 mm。

(2)对动臂变幅的塔机,应设置臂架低位置和臂架高位置的限位开关;当臂架到达相应的极限位置前开关动作,停止臂架再往极限方向变幅。

对动臂变幅的塔机,还应设置防止臂架后倾的装置(例如一个带有缓冲装置的机械式止动器),以防止在变幅机构的行程限位开关失灵时,能阻止臂架向后倾翻(图 7-8-37)。

(3)对于小车变幅的塔机应在臂架上装设幅度指示仪;对动臂变幅的塔机则应装设臂架仰角指示仪。

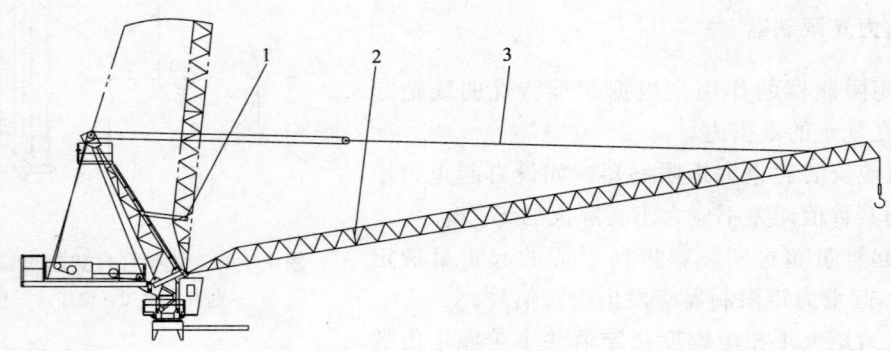

图 7-8-37 动臂变幅塔机最大仰角限制器
1—缓冲限位器;2—臂架;3—拉杆

## (三)回转限位器

对回转部分不设集电器供电的塔机,应设置正反两个方向的回转限位开关。开关动作时,臂架旋转角度不大于±540°(即±1.5圈)。

塔机回转部分在非工作状态下应能自由旋转;对有自锁作用的回转机构,应安装安全极限力矩联轴器。

## (四)行走限位器

轨道运行的塔机,在每个运行方向都应设置限位装置(包括限位开关、缓冲器和终端停止挡块)。在轨道上安装限位开关撞块,其安装位置应充分考虑塔机的制动行程,保证塔机在与止挡装置或与同一轨道上其他塔机相距 1 m 处完全停止,此时电缆还应有足够的富余长度。同时,缓冲器距终端停止挡块的最小距离为 1 m。

## (五)小车断绳保护装置

小车变幅的塔机要设置双向的小车变幅断绳保护装置。图 7-8-38 为小车断绳保护装置的工作原理图。

当钢丝绳破断时,枢轴臂控制器将沿枢轴臂旋转并自由运动,上升的枢轴臂也能自由运动,用将其靠在缠绕支撑的臂架下弦腹杆上的方法制动起重臂上的小车。在塔机运行过程中,定期检查钢丝绳的张紧度,使枢轴臂保持水平位置。

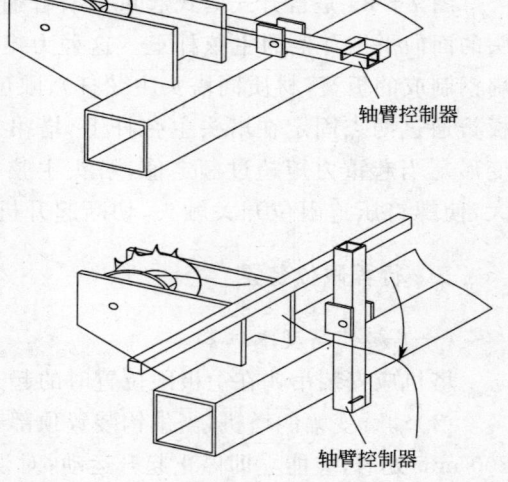

图 7-8-38 小车断绳保护装置的工作原理图

## (六)小车断轴保护装置

小车变幅的塔机应设置小车断轴保护装置。即使小车滚轮轴断裂,小车也不得脱离臂架坠落。

### (七)防风抗滑装置——夹轨器

轨道运行的塔机应设置非工作状态下的防风抗滑装置(即夹轨器),使塔机在非工作状态下不会在轨道上移动。夹轨器、锚固装置统称为防滑装置。

夹轨器主要有手动式和电动式两类。

图 7-8-39 为手动夹轨器。当扭紧螺杆时可使夹轨钳紧紧地夹住钢轨以起防滑作用。这类手动夹轨器构造简单,操作方便,但夹紧力较小,安全性较差。

在露天工作的塔式起重机,当风速超过 60 m/s 时,需要使用锚固装置。在塔机轨道的几处定点装设锚固装置,风速超过规定值时,塔机开到设有锚固装置处,使其与锚固装置相固定。常见的固定装置有插销式、链条式、顶杆式和锚固板式。

### (八)钢丝绳防脱装置

滑轮、起升卷筒及动臂变幅卷筒均应设置钢丝绳防脱装置。该装置表面与滑轮或卷筒侧板外缘间的间隙不超过钢丝绳直径的 20%,装置可能与钢丝绳接触的表面不应有棱角。

吊钩应设有防止钢丝绳脱钩的装置。

### (九)风速仪

起重臂根部铰点高度大于 50 m 的塔机应配置风速仪。当风速大于工作极限风速时,应能发出停止作业警报。

风速仪设置在塔机顶部不挡风处。

### (十)缓冲器和止挡装置

塔机行走和小车变幅的轨道行程末端均需设置止挡装置。缓冲器安装在止挡装置或塔机(变幅小车)上,当塔机(变幅小车)与止挡装置撞击时,缓冲器应使塔机(变幅小车)较平稳地停止而不产生猛烈的冲击。

缓冲器的设计应符合 GB/T 13752 的规定。

### (十一)爬升装置防脱功能

自升式塔机应具有可靠的防止在正常加节、降节作业时,爬升装置从塔身支承处或油缸端头从其连接结构处自行(非人为操作)脱出的功能。

图 7-8-40 中的安全销可将顶升撑脚锁闭在顶升耳座上,防止其在顶升时脱落。

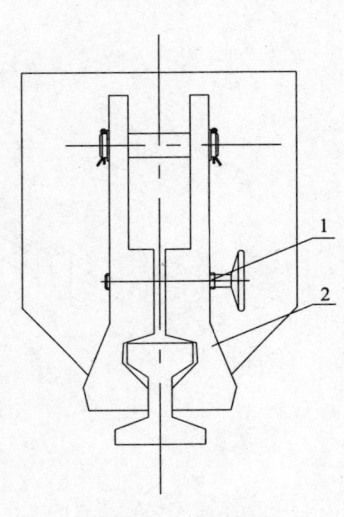

图 7-8-39 夹轨器
1—手轮;2—夹轨钳

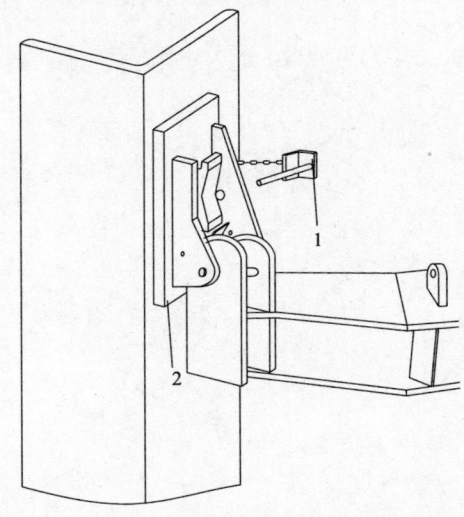

图 7-8-40 爬升装置防脱功能
1—安全销;2—顶升撑脚

### (十二)清轨板

轨道式塔机应在行走台车架上安装排障清轨板,清轨板与轨道间的间隙不应大于 5 mm。

### (十三) 报警与显示记录

#### 1. 报警装置

在塔机达到额定起重力矩和(或)额定起重量的 90% 以上时,报警装置应能向司机发出断续的声光报警。当塔机达到额定起重力矩和(或)额定起重量的 100% 以上时,报警装置应能发出连续的声光报警,且只有在降低到额定工作能力 100% 以内时报警才能停止。

#### 2. 显示记录装置

塔机应安装有显示记录装置。记录装置应以图形和(或)字符方式向司机显示塔机当前主要工作参数和额定能力参数。主要工作参数至少包括当前工作幅度、起重量和起重力矩;额定能力参数至少包括幅度及对应的额定起重量和额定起重力矩。对根据工作需要可改变安装配置(如改变臂长、起升倍率)的塔机,显示装置显示的额定能力参数应与实际配置相符。显示精度误差不大于实际值的 5%;记录至少应储存 $1.6 \times 10^4$ 次工作循环及对应的时间点。

# 第九章 擦窗机——高层建筑清洁维护专用起重机

## 第一节 概　　述

擦窗机是用于高层建筑外立面和采光屋面清洗维护作业的常设专用起重设备,国外称为"常设悬吊接近设备"(Permanently installed suspended access equipment),2003年颁布的GB 19154—2003《擦窗机》中国国家标准,把这类设备统称为擦窗机。经过几十年的发展,从临时安装使用发展为常设设备,其功能也从早期的"擦窗"作业发展为一种专用综合起重设备。主要用途如下:

维护——可搭载人员及设备对建筑物外饰面进行检查、维护和更换作业。

清洁——可搭载人员及设备定期对建筑物外饰面进行清洗除垢作业。

应急——在火灾等特殊情况下,可以从屋顶垂直运送被困人员,作逃生救援设备使用。

运输——配备吊钩,可以垂直吊运一些电梯无法运送的物品和设备。

### 一、擦窗机发展概况

擦窗机是在临时使用的"高处作业吊篮"基础上发展起来的高层建筑物或构筑物必备设备。国外发达国家的擦窗机产品发展较早,德国、日本、比利时、挪威等国家,从20世纪60年代初就逐步形成了自己的产品系列。我国在20世纪80年代～90年代新建的一批高层高档建筑,大部分由国外建筑师设计,在建筑设计时已考虑了擦窗机的安装,并选用了国外的擦窗机产品,擦窗机开始作为一种高楼必备设备进入中国市场。

20世纪末本世纪初,随着国内开始进入兴建高层建筑热潮,专业擦窗机公司纷纷出现,擦窗机产品亦迅速发展,至2001年,国产擦窗机品牌已占70%的市场份额。北京、上海、广州等大城市中的高档建筑,大部分都安装了擦窗机。但仍有相当一部分高层高档建筑,没有安装擦窗机。其中造型简单的大楼,采用大绳吊板方式进行人工清洗,安全事故时有发生,既不安全又不文明,也无法进行更换幕墙玻璃、补胶等作业;而造型复杂的大楼,人工根本无法清洗,更谈不上进行其他作业。随着我国法律、法规的不断健全,文明程度的提高,大厦物业管理的建立,高层建筑物或构筑物外表的定期安全清洗及检修维护,已越来越引起人们的高度重视。大绳吊板人工清洗终将被取缔,擦窗机则是完成高空作业最安全、实用、高效的专用设备。高层建筑物或构筑物安装擦窗机的必要性已得到了普遍认可。

近年来,随着GB 19154—2003《擦窗机》国家标准及一批部颁和行业标准的颁布,使擦窗机的设计研发步入专业、标准轨道。

### 二、擦窗机发展趋势

近十年来,由于各种新技术、新材料、新结构和自动控制技术的广泛应用,大大提升了擦窗机产品的性能,丰富了擦窗机机型,加快了擦窗机产品系列化进程。随着高层建筑特别是高层异型外墙立面建筑的发展,为适应高层建筑外墙面幕墙安装、清洁维护及应急逃生的需要,对擦窗机技术性能、结构形式和机构可靠性提出了更高要求。

(1) 超大作业幅度：为减少高层建筑物擦窗机安装台数，擦窗机作业幅度应大幅增加(30 m 以上)。为满足不作业时隐藏的需要，采用多级伸缩结构臂。

(2) 超大起升高度：为适应超高层建筑(建筑标高 300 m 以上)清洁维护的需要，大幅增加爬升式起升机构提升高度，卷扬式起升机构采用多层卷绕。

(3) 提高机构性能：提高各机构运行的稳定性、可靠性和微动性，采用变频调速、电液比例控制等新技术。

(4) 优化结构、减轻自重：采用六边形、八边形断面等薄板箱型结构(8 mm 以下)，优化结构形式，采用铝材、高强度低合金钢等材料，以减轻擦窗机结构自重，降低建筑物承载应力。

(5) 提高自动控制及自动安全保护水平。

(6) 部件系列化、标准化　由于建筑物的高度、外观、立面结构形式、楼顶空间尺寸都不相同，每栋建筑物所配备的擦窗机都需单独设计，很难找到二台完全一样的擦窗机。要实现各主要部件系列化、标准化，以不同规格的标准部件组成不同性能的擦窗机。可简化设计、缩短设计周期，便于更新换代和管理。

### 三、擦窗机典型构造

擦窗机典型构造一般包括金属结构、工作机构和控制系统三大部分。

如图 7-9-1 所示，擦窗机金属结构主要有伸缩立柱、伸缩吊臂、羊角臂、台车，主要工作机构包括主臂回转机构、羊角回转机构、伸缩/升降机构、行走机构及起升机构(爬升式或卷扬式)。

由图 7-9-1 可见，擦窗机具有臂架式起重机和塔式起重机的主要特征，是一种特殊用途的专用起重机，其金属结构、工作机构、控制系统的设计计算，除擦窗机标准有特别规定外，可以按起重机相关标准进行。

## 第二节　擦窗机类型及主要参数

### 一、擦窗机结构形式

为适应各种高层建筑物或构筑物立面及屋面结构、安装空间及方式、作业范围及要求的不同，擦窗机具有不同的结构形式，主要有以下几种类型：轨行式、立柱式、轮载式、插杆式、悬挂式、滑梯式等。

(一) 轨行式擦窗机

轨行式擦窗机使用最为广泛。这种型式的擦窗机可沿屋面轨道行走，具有行走平稳、就位准确、安全装置齐全、使用安全可靠、自动化程度高等特点。安装轨道式擦窗机的基本要求是：屋面有足够的轨道安装及擦窗机行走通道，建筑结构满足承载要求。

轨行式擦窗机一般技术参数如下：

额定载荷：200 kg～300 kg；

升降速度：(6～8)m/min；

行走速度：(6～8)m/min；

变幅速度：(2～3)m/min；

回转速度：(180°～300°)/100 s。

按结构形式，轨行式擦窗机可分为以下几种：

(1) 双动臂变幅型。

双动臂变幅擦窗机是一种小型擦窗机，工作幅度较小，机重较轻，采用两根动臂分别悬挂吊船两侧。其结构型式和产品主要尺寸范围分别见图 7-9-2 和表 7-9-1。

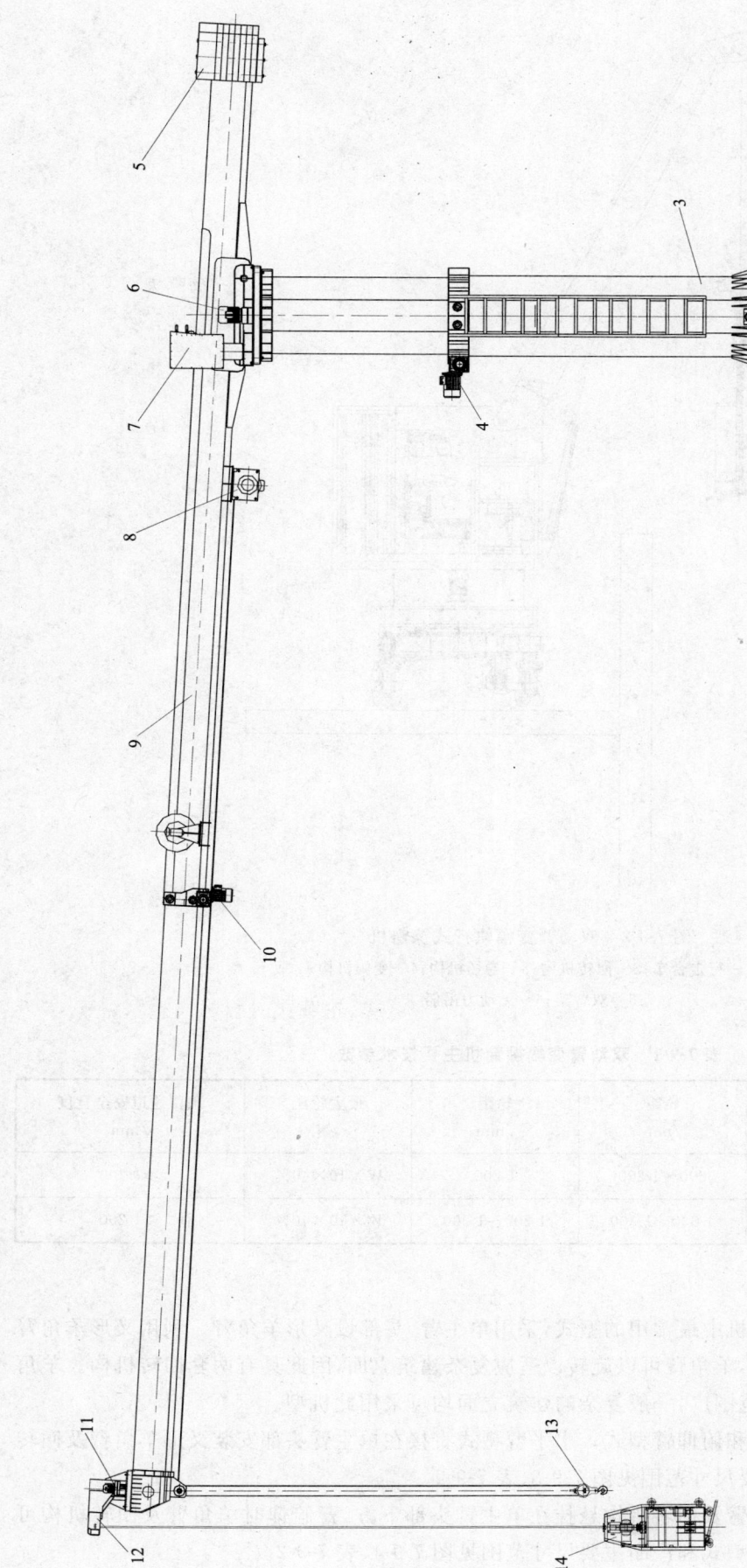

图 7-9-1 擦窗机典型构造

1—台车；2—行走机构；3—升降立柱；4—升降机构；5—配重；6—主臂回转机构；7—控制系统；
8—载物卷扬；9—伸缩主臂；10—伸缩机构；11—羊角臂回转机构；12—羊角臂回转机构；13—载物吊钩；14—自升式吊船

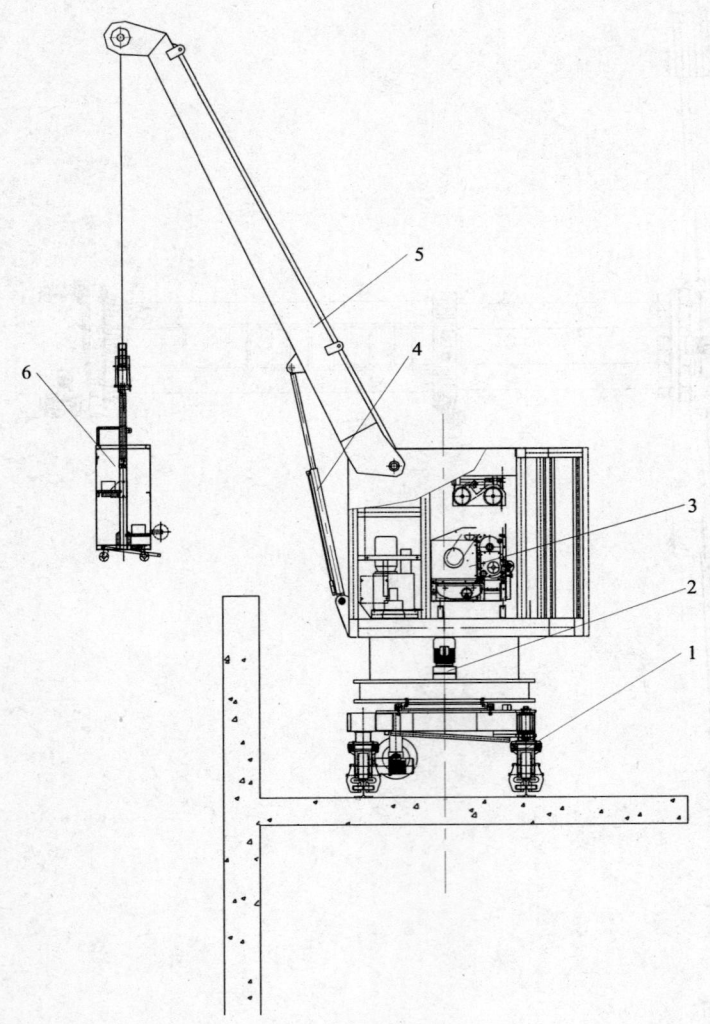

图 7-9-2 双动臂变幅轨行式擦窗机
1—行走台车；2—回转机构；3—卷扬机构；4—变幅机构；
5—双臂架；6—无动力吊船

表 7-9-1 双动臂变幅擦窗机主要技术参数

| 工作幅度<br>/mm | 整机质量 W<br>/kg | 轨距<br>/mm | 轮距<br>/mm | 最大轮压<br>/N | 预留通道安全宽度<br>/mm |
|---|---|---|---|---|---|
| 1 000～2 500 | ≤3 000 | 800～1 200 | 1 200 | $W \times 10 \times 40\%$ | ≥1 200 |
| 2 600～4 500 | 3 000～5 000 | 1 000～1 300 | 1 200～1 500 | $W \times 10 \times 40\%$ | ≥1 200 |

(2) 羊角臂型。

羊角臂型是轨道式擦窗机中最常用的型式，采用单主臂，头部设叉形羊角臂。利用叉形羊角臂的两叉头分别悬挂吊船两侧，羊角臂可以旋转以适应复杂建筑立面，因此具有两套回转机构。羊角臂擦窗机属中型设备，适用范围广，一般复杂的建筑立面均可采用此机型。

该机型又分水平臂型式和俯仰臂型式。水平臂型式直接在单主臂头部安装叉形羊角臂及回转机构，其结构型式和产品主要尺寸范围见图 7-9-3、表 7-9-2。

俯仰臂型式的叉形羊角臂及回转机构悬挂在单主臂头部下方，臂俯仰时羊角臂及回转机构可一直保持水平状态。其结构型式和产品主要尺寸范围见图 7-9-4、表 7-9-2。

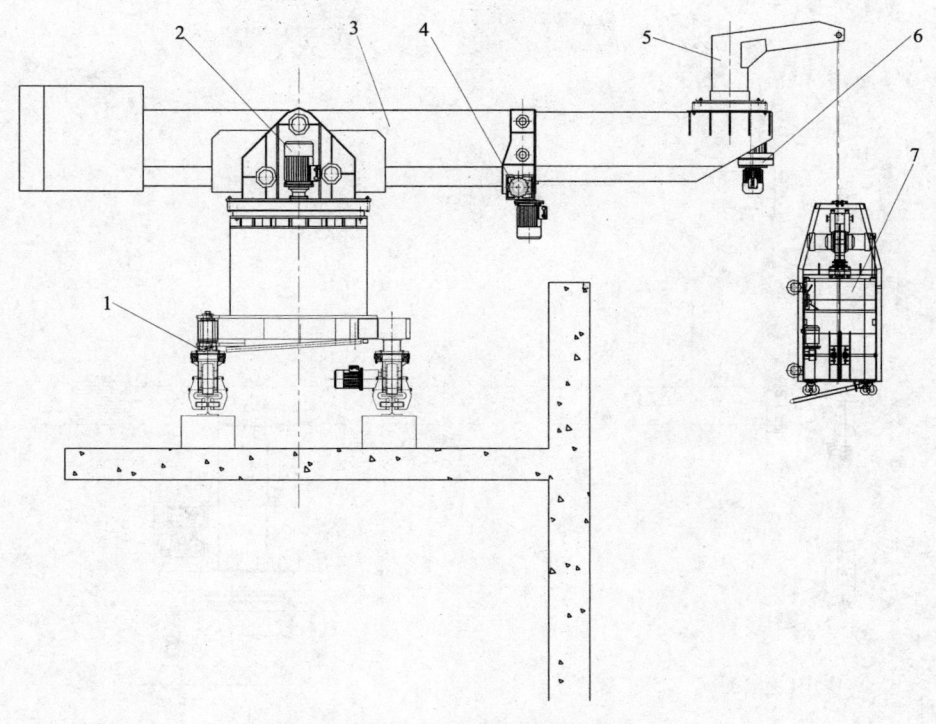

图 7-9-3 水平型羊角臂轨道擦窗机
1—行走台车;2—主臂回转机构;3—伸缩主臂;4—伸缩机构;
5—羊角臂;6—羊角臂回转机构;7—自升式吊船

表 7-9-2 羊角臂擦窗机主要技术参数

| 工作幅度 /mm | 整机质量 $W$ /kg | 轨距 /mm | 轮距 /mm | 最大轮压 /N | 预留通道安全宽度 /mm |
| --- | --- | --- | --- | --- | --- |
| 4 000~6 000 | 4 000~6 000 | 1 200~1 500 | 1 500~1 800 | $W\times10\times40\%$ | ≥1 600 |
| 6 000~8 000 | 8 000~10 000 | 1 500~1 800 | 1 800~2 200 | $W\times10\times40\%$ | ≥1 800 |
| 8 000~12 000 | 10 000~12 000 | 1 500~1 800 | 2 000~2 500 | $W\times10\times40\%$ | ≥2 000 |
| 12 000~15 000 | 12 000~15 000 | 1 500~2 500 | 2 000~2 500 | $W\times10\times40\%$ | ≥2 000 |

(3)多级伸缩臂型。

多级伸缩臂擦窗机适用于作业幅度很大、停机空间有限的建筑物,其主臂为两级以上伸缩臂,作业幅度可达30 m以上,为满足稳定性及停机空间要求,常设有伸缩式配重,是一种大型擦窗机,其结构型式及产品主要尺寸范围分别见图7-9-5、表7-9-3。

表 7-9-3 多级伸缩臂擦窗机主要技术参数

| 工作幅度 /mm | 整机质量 $W$ /kg | 轨距 /mm | 轮距 /mm | 最大轮压 /N | 预留通道安全宽度 /mm |
| --- | --- | --- | --- | --- | --- |
| 10 000~15 000 | 12 000~15 000 | 1 800~2 000 | ~2 500 | $W\times10\times40\%$ | ≥2 500 |
| 15 000~20 000 | 15 000~22 000 | 2 500~3 500 | 2 500~3 200 | $W\times10\times40\%$ | ≥3 000 |
| 20 000~30 000 | 18 000~35 000 | 3 000~4 000 | 3 000~4 000 | $W\times10\times40\%$ | ≥3 500 |

(4)附墙轨道型。

当屋面空间受限不宜布置轨道,而女儿墙有足够的承载能力时,可以采用附墙轨道型擦窗机。根据需要,既可以两条轨道均附置在女儿墙上,也可以一条轨道附置于墙,另一条轨道安装在屋面。这是一种小型擦窗机,整机重量较轻,作业幅度较小。附墙轨道型擦窗机结构形式及产品主要尺寸

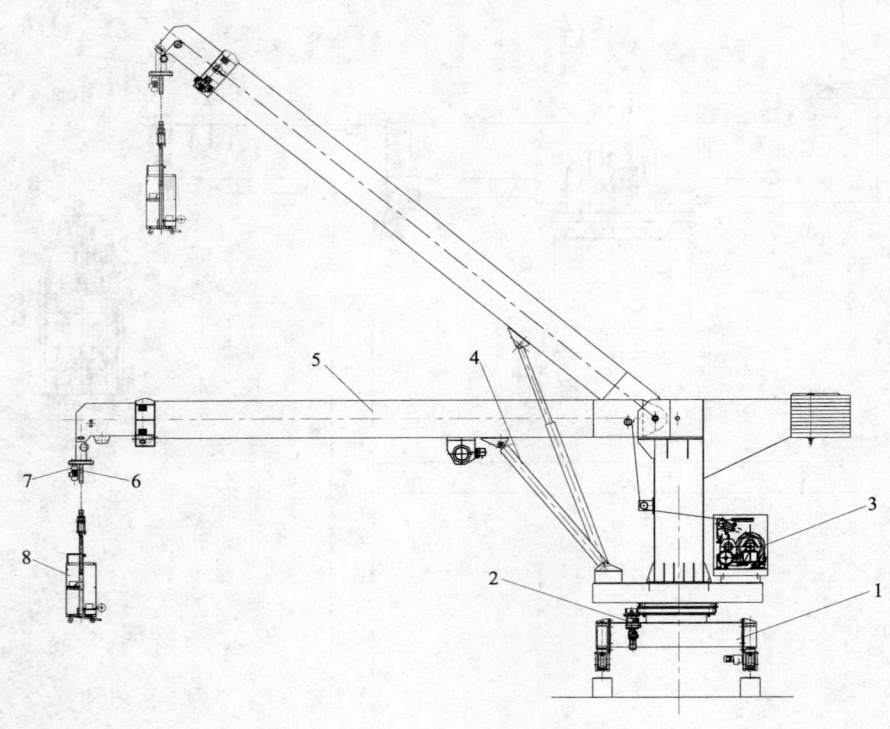

图 7-9-4 俯仰型羊角臂轨道擦窗机

1—行走台车；2—主回转机构；3—卷扬机构；4—俯仰机构；5—伸缩主臂；6—羊角臂；
7—羊角臂回转机构；8—无动力吊船

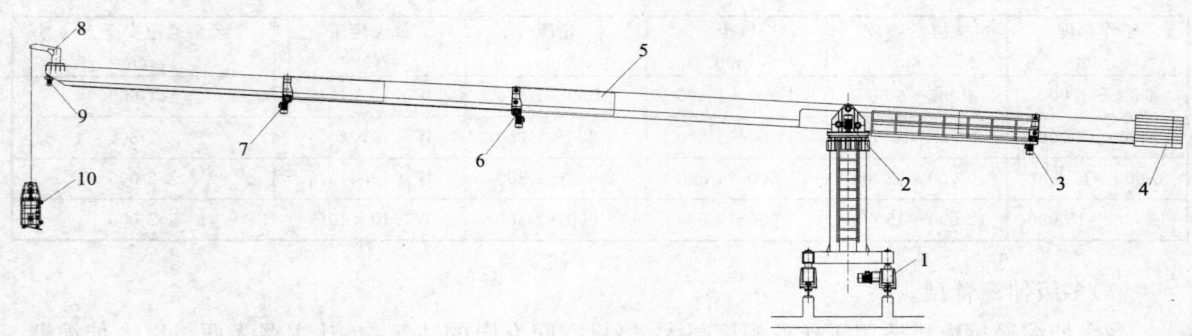

图 7-9-5 多级伸缩臂擦窗机

1—行走台车；2—主臂回转机构；3—配重伸缩机构；4—伸缩配重；5—伸缩主臂；6—主臂一级伸缩机构；
7—主臂二级伸缩机构；8—羊角臂；9—羊角臂回转机构；10—自升式吊船

范围分别见图 7-9-6、表 7-9-4。

表 7-9-4 附墙轨道式擦窗机主要技术参数

| 工作幅度<br>/mm | 整机质量 $W$<br>/kg | 轨距<br>/mm | 轮距<br>/mm | 最大轮压<br>/N | 预留通道安全宽度<br>/mm |
|---|---|---|---|---|---|
| 1 000～2 000 | 2 500～3 000 | 500～800 | ～1 500 | $W \times 10 \times 50\%$ | ≥500 |
| 2 000～3 000 | 3 000～3 500 | 500～800 | 1 500～1 800 | $W \times 10 \times 50\%$ | ≥500 |
| 3 000～5 000 | 3 500～5 000 | ～800 | 1 800～2 200 | $W \times 10 \times 50\%$ | ≥500 |

(二) 立柱式擦窗机

立柱式擦窗机属大型擦窗机，适用于屋面设有玻璃幕墙顶，不允许擦窗机行走，或因屋面有大

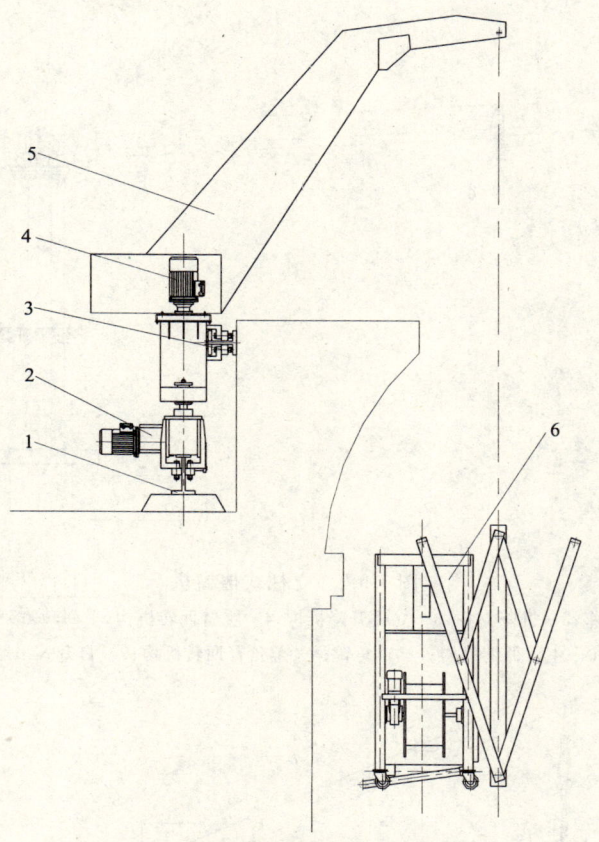

图 7-9-6 附墙轨道式擦窗机
1—屋面轨道；2—行走机构；3—附墙轨道；4—回转机构；
5—双臂架；6—伸展式自升吊船

型设备（如泳池、直升机坪等）不宜采用轨道式擦窗机的建筑物。立柱式擦窗机一般采用圆截面或多边形截面升降式立柱，不作业时立柱降下，擦窗机可隐藏于屋顶玻璃幕墙下或女儿墙后。安装立柱式擦窗机，建筑物承载结构应预设具有足够承载能力的安装底座。

升降式立柱或立柱高度大于 2 m 的擦窗机，主臂回转多采用上回转形式。

立柱式擦窗机结构及产品主要参数分别见图 7-9-7、表 7-9-5。

表 7-9-5 立柱式擦窗机主要技术参数

| 工作幅度/mm | 整机质量 $W$/kg | 轨距/mm | 轮距/mm | 最大轮压/N | 预留通道安全宽度/mm |
|---|---|---|---|---|---|
| 10 000～15 000 | 12 000～15 000 | — | — | — | ≥2 500 |
| 15 000～20 000 | 15 000～22 000 | — | — | — | ≥3 000 |
| 20 000～30 000 | 18 000～35 000 | — | — | — | ≥3 500 |

### （三）轮载式擦窗机

轮载式擦窗机属小型擦窗机，适用于屋面布置花园平台、观光平台的建筑物，不需铺设轨道。因无轨道约束，行走具有较大灵活性。其结构型式及产品主要尺寸范围分别见图 7-9-8、表 7-9-6。

轮载式擦窗机的行走通道屋面必须为混凝土刚性屋面，坡度小于 2%。

表 7-9-6 轮载式擦窗机主要技术参数

| 工作幅度/mm | 整机质量 $W$/kg | 轮距/mm | 最大轮压/N | 预留通道安全宽度/mm |
|---|---|---|---|---|
| 1 000～2 000 | 2 500～4 000 | ～1 500 | $W\times 40\%$ | ≥1 500 |
| 2 000～3 000 | 4 000～6 500 | 1 500～2 000 | $W\times 40\%$ | ≥1 500 |

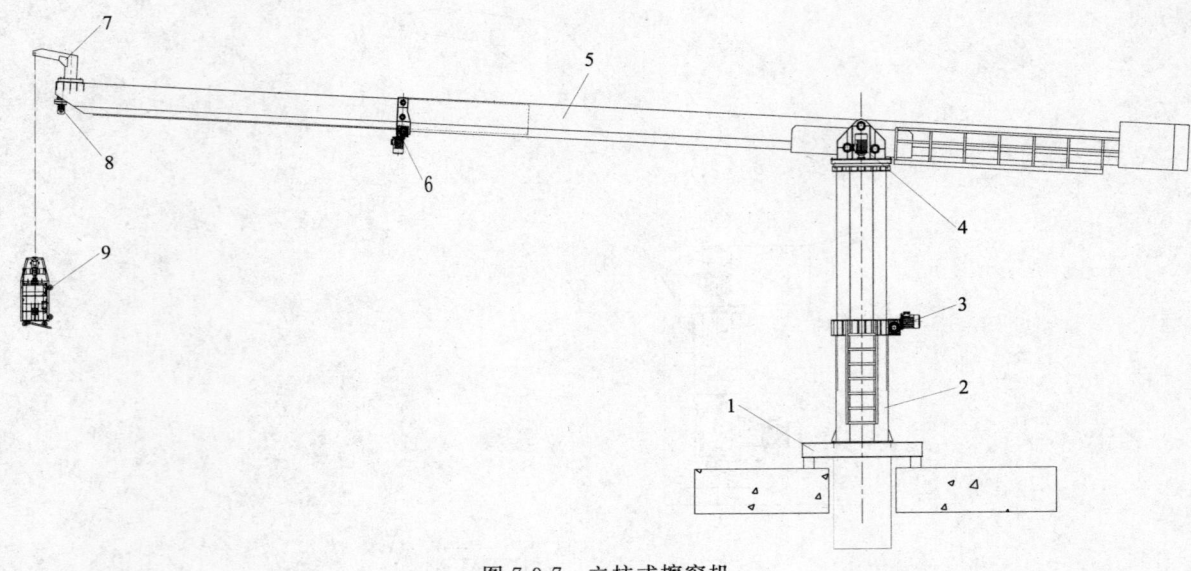

图 7-9-7　立柱式擦窗机

1—安装底座；2—升降立柱；3—立柱升降机构；4—主臂回转机构（上回转）；5—伸缩主臂；
6—主臂伸缩机构；7—羊角臂；8—羊角臂回转机构；9—自升式吊船

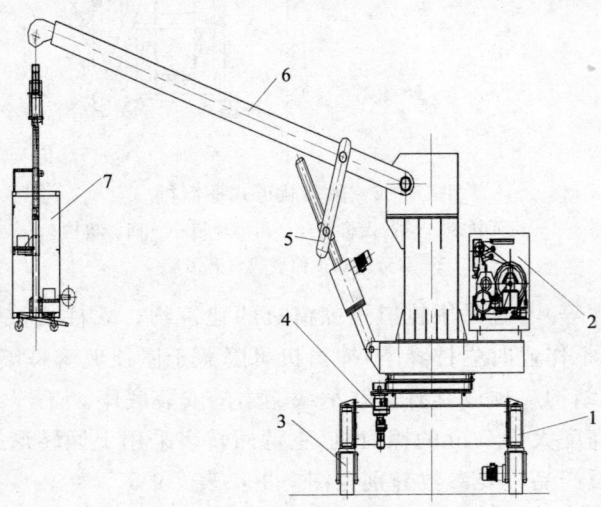

图 7-9-8　轮载式擦窗机

1—轮式台车；2—卷扬机构；3—承载轮；4—回转机构；
5—电动变幅机构；6—主臂；7—无动力吊船

#### （四）滑车式、插杆式擦窗机

滑车/插杆式擦窗机为小型擦窗机，由滑车（或插杆座）、立杆和电动吊船组成。电动吊船为配有提升机、安全锁、收缆器的自升吊船。这种擦窗机结构简单，造价较低，但就位操作麻烦，常布置于裙房和楼顶的局部位置。因其价格便宜，当以造价为首选条件时，常采用此方案。

主要技术参数：额定载荷：200 kg～300 kg；升降速度：8 m/min；吊船自重约 350 kg。

(1)滑车式擦窗机：滑车式擦窗机自重较轻，自重加额载≤1 000 kg，其受力主要为女儿墙承受弯矩，$M=650 \times H \times 1.25$ （kg·m）(1.25 为动载系数)。其结构型式见图 7-9-9。

(2)插杆式擦窗机：插杆式擦窗机的结构受力可参照滑车式擦窗机计算。其座地插杆、附墙插杆和插座布置图见图 7-9-10。

#### （五）悬挂式擦窗机

悬挂式擦窗机是安装空间最小的一种擦窗机，适用于屋面无法利用（如塔尖顶、球面顶、异形顶等)或屋顶面较多且错落布置的建筑物。为保证足够的强度和建筑物的美观,应在建筑结构及幕墙结构设计时一体考虑悬挂轨道支撑结构,并在悬挂层设置擦窗机收纳站。

这种擦窗机采用悬挂式单轨,两台电动爬轨器悬吊自升式吊船两侧沿单轨行走,可以爬坡。

悬挂式擦窗机可按图 7-9-11 直接在建筑物外立面布置,或设计成屋檐隐藏式布置。

主要技术参数:

额定载荷:200 kg~300 kg;

升降速度:6 m/min~8 m/min;

行走速度:3 m/min~4 m/min。

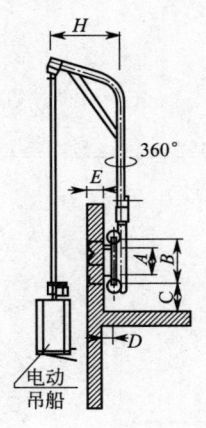

图 7-9-9 滑车式擦窗机

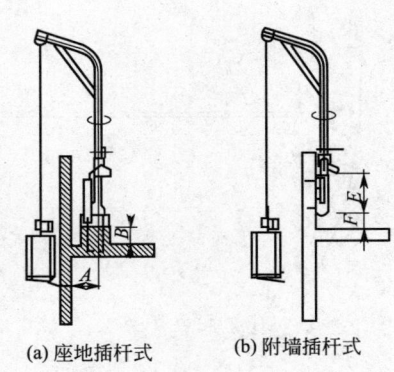

(a) 座地插杆式　　(b) 附墙插杆式

图 7-9-10 插杆式擦窗机

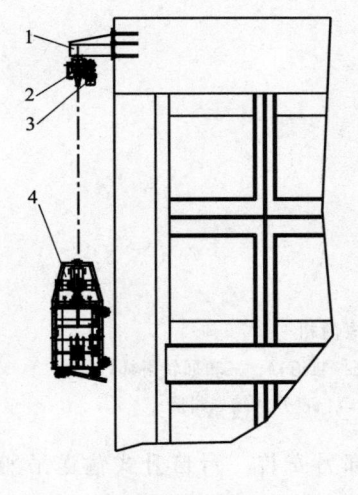

(a) 外立面布置式

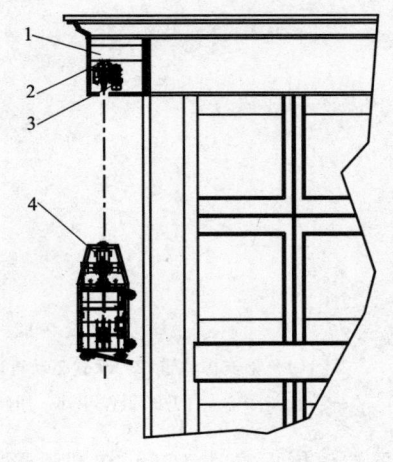

(b) 屋檐隐藏式

图 7-9-11 悬挂式擦窗机

1—轨道支撑梁;2—悬吊轨道;3—电动爬轨器;4—自升式吊船

### (六)滑梯式擦窗机

滑梯式擦窗机用于弧面、球面、大角度倾斜平面幕墙的清洁维护。图 7-9-12 是一种用于巨形球面幕墙的滑梯式擦窗机结构及安装布置。

这台滑梯式擦窗机总体设计具有一般意义,可供其他类型的滑梯式擦窗机设计参考。

在球面幕墙纬线方向设有 3 条环形轨道,上下为辅助支撑轨道,中间为承载驱动轨道。安装在 3 条环形轨道上的圆弧形桁架滑梯可沿球体纬线方向 360°转动,弧形滑梯上设有步行梯和 3 条工作斗行走轨道,轨道上安装 3 台自升工作斗,可沿球体经线方向上下移动。作业人员可乘坐工作斗,也可在步行梯上行走。沿经纬两方向的移动使工作斗作业范围可覆盖整个球面幕墙。

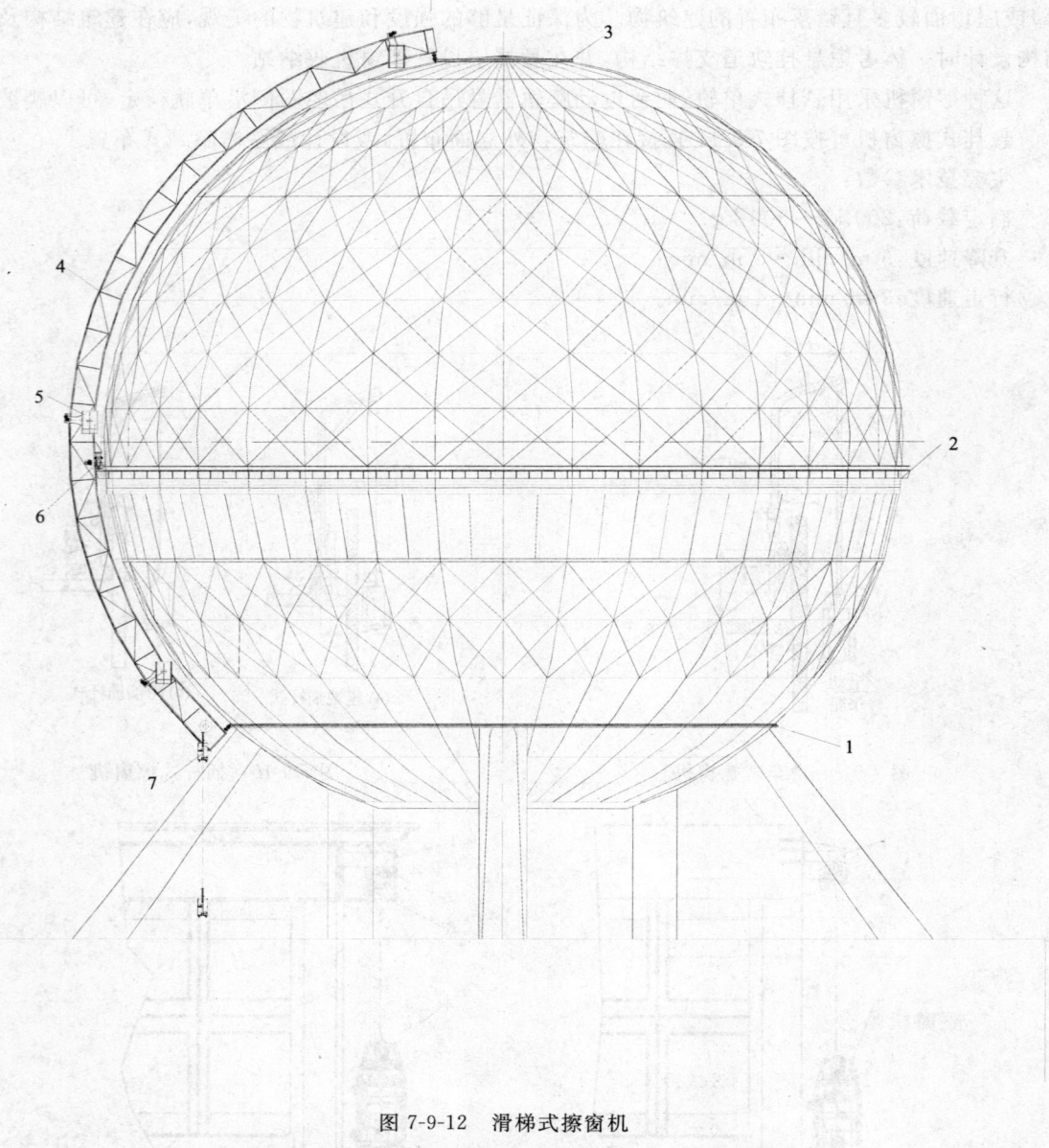

图 7-9-12 滑梯式擦窗机
1—下支撑轨道；2—承载驱动轨道；3—上支撑轨道；4—三轨回转滑梯；
5—自升式工作斗；6—回转驱动装置；7—自升式输送吊船

由于滑梯下端离屋面高达 15 m，在圆弧形滑梯端部另安装一台自升式输送吊船，以便将人员或物料由屋面运至滑梯工作斗。滑梯支承轮设有防风锁定装置，不作业时可将擦窗机锁定。

图 7-9-13 为滑梯式擦窗机 3D 效果图。

**二、参数及其系列**

1. 基本参数

擦窗机基本参数及定义如下：

(1) 工作幅度：擦窗机空载时，其主回转中心线至吊船中心垂线的水平距离，表示擦窗机的工作范围，以 $R$ 表示，单位为米(m)。

(2) 作业高度：吊船作业的最高点与最低点的垂直距离。以 $H$ 表示，单位为米(m)。

(3) 额定载重量：吊船允许承受的最大有效重量。以 $Q$ 表示，单位为千克(kg)。

(4) 升降速度：吊船在额定载重量下，上下运行的速度。以 $v$ 表示，单位为米/分钟(m/min)。

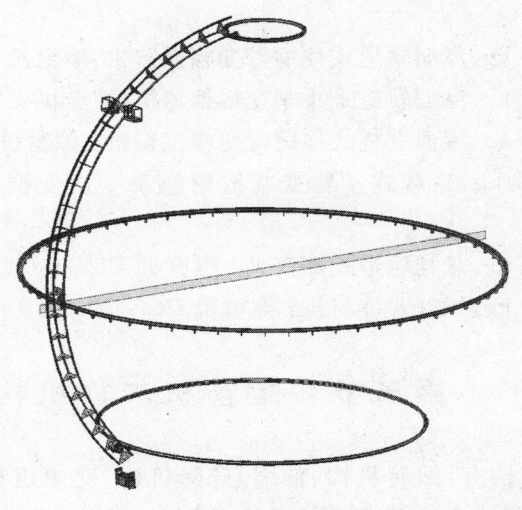

图 7-9-13 滑梯式擦窗机 3D 效果图

(5) 行走速度：台车或爬轨器相对于建筑物的运行速度。以 $v_a$ 表示，单位为米/分钟（m/min）。

(6) 回转速度：吊船相对于台车底盘中心或羊角臂回转中心回转的线速度，单位为米/分钟（m/min）。

(7) 轴距：两走行轮轴中心线之间的距离。单位为米（m）。

(8) 轮距：同一轮轴上两行走轮中心径向平面间的距离。单位为米（m）。

2. 主参数

GB 19154—2003《擦窗机》国家标准中规定擦窗机的主参数为额定载重量。

主参数系列见表 7-9-7。

表 7-9-7  主参数系列

| 名　　　称 | 主　参　数　系　列 |
| --- | --- |
| 额定载重量/kg | 100，150，200，250，300，400，500，800 |

### 三、擦窗机型号类型表示方法

根据 GB 19154—2003《擦窗机》国家标准，擦窗机的型号由组、型、特性代号、主参数代号和变型更新代号组成。

1. 擦窗机型号组成

擦窗机型号组成见图 7-9-14。

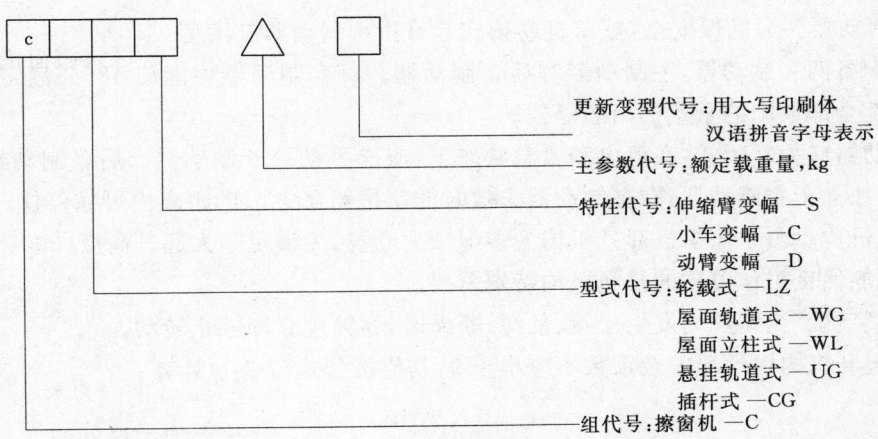

图 7-9-14  擦窗机型号组成

2. 标记示例

(1)额定载重量 200 kg,屋面轨道式伸缩臂变幅擦窗机:擦窗机 CWGS200 GB 19154。

(2)额定载重量 300 kg,屋面轨道式小车变幅擦窗机:擦窗机 CWGC300 GB 19154。

(3)额定载重量 300 kg,屋面立柱式伸缩臂变幅擦窗机:擦窗机 CWGL300 GB 19154。

(4)额定载重量 250 kg,轮载式动臂变幅擦窗机第一次变型产品:擦窗机 CLZD250A GB 19154。

(5)额定载重量 150 kg,悬挂轨道式擦窗机:擦窗机 CUG150 GB 19154。

(6)额定载重量 200 kg,插杆式擦窗机:擦窗机 CCG200 GB 19154。

## 第三节 擦窗机工作机构

擦窗机主要工作机构有:回转机构、伸缩/升降机构、变幅机构、行走机构及起升机构。除起升机构外,其余工作机构与一般起重机基本相同,其结构和设计计算可参见本手册第二篇、第三篇有关章节,但擦窗机各机构工作速度应符合 GB 19154—2003《擦窗机》国家标准下列规定:

(1)升降/伸缩速度不大于 20 m/min;

(2)行走速度不大于 15 m/min;

(3)变幅速度不大于 20 m/min;

(4)回转速度不大于 15 m/min。

擦窗机起升机构有两种不同形式:卷扬式起升机构和爬升式起升机构。

### 一、卷扬式起升机构

卷扬式起升机构是靠卷筒收、放钢丝绳驱动吊船上下升降的机构,擦窗机卷扬式起升机构使用无动力吊船。

卷扬式起升机构的设计计算可参见本手册第三篇第二章"起升机构",同时还应满足以下要求:

(1)4 缆独立卷扬。按 GB 19154—2003《擦窗机》国家标准规定,卷扬式起升机构在吊船每个吊点必须设置两根独立的钢丝绳,当其中一根失效时,保证吊船不发生倾斜和坠落。吊船两侧各有一个吊点,因此擦窗机卷扬式起升机构应为 4 缆独立卷扬设计。

(2)手动缓降机构。当发生停电或电源故障时,为保障作业人员能安全撤离至地面,起升机构必须设置手动缓降机构。

(3)双制动器。为确保安全,擦窗机卷扬式起升机构制动器应满足:

①必须配备两套制动器,主制动器和后备制动器。每套制动器均能使 125% 额定载重量及钢丝绳工作长度全部放出的重量的吊船停住。

②主制动器应为常闭式,在停电和紧急状态下,应能手动打开制动器。后备制动器(或超速保护装置)必须独立于主制动器,在主制动器失效时能使吊船在 1 m 的距离内可靠停住。

(4)排绳机构。由于擦窗机起升机构为多绳独立卷扬,为满足超大起升高度(300 m 以上)采用多层卷绕,性能优良工作可靠的排绳机构特别重要。

(5)防松装置。当钢丝绳发生松弛、乱绳、断绳时,卷筒应立即停止转动。

擦窗机起升机构钢丝绳安全系数不应小于 9,其值按公式(7-9-1)计算:

$$n = s_1 a / W \qquad (7\text{-}9\text{-}1)$$

式中 $n$——安全系数;

$s_1$——单根钢丝绳最小破断拉力(kN);
$a$——工作钢丝绳根数;
$W$——总载重量(额定载重量、钢丝绳和吊船自重重力之和)(kN)。

## 二、爬升式起升机构

爬升式起升机构是靠钢丝绳和驱动绳轮间的摩擦力驱动吊船上下升降的机构。

擦窗机爬升式起升机构驱动装置为提升机,提升机主要产品参数见表7-9-8。

表7-9-8 提升机主要产品参数

| 参数<br>型号 | 额定提升力<br>/kN | 提升速度<br>/(m/min) | 电机功率<br>/kW | 重量<br>/kg | 走绳形式 | 使用钢丝绳直径<br>/mm |
|---|---|---|---|---|---|---|
| LTD50 | 5 | 9.0 | 1.1 | 41 | a型 | $\phi$8.3 |
| LTD63 | 6.3 | 9.6±0.5 | 1.5 | 52 | a型 | $\phi$8.3~$\phi$8.6 |
| LTD80 | 8 | 9 | 2.2 | 95 | s型 | $\phi$8.3 |
| LTD80A | 8 | 8.2±0.5 | 2.2 | 81.5 | s型 | $\phi$8.6~$\phi$9.2 |
| LTD80B | 8 | 8.2±0.5 | 1.8 | 81.5 | a型 | $\phi$8.3~$\phi$8.6 |
| LTD100 | 10 | 9 | 3.0 | 105 | s型 | $\phi$8.3 |

提升机一般安装在吊船上,驱动吊船沿钢丝绳爬升,装有提升机的吊船称为自升式吊船。

按GB 19154—2003《擦窗机》国家标准规定,爬升式起升机构必须设置独立的工作钢丝绳和安全钢丝绳,在工作钢丝绳失效时,保证吊船不坠落。因此和卷扬式起升机构一样,自升式吊船的两侧吊点都必须设置二根独立的钢丝绳,采用4绳独立爬升设计。

自升式吊船主要由提升机(带盘式制动电机)、超载保护装置、安全锁、收绳器、钢丝绳、上限位装置、下限位装置、船体、靠墙轮、电缆框及电控系统组成。自升式吊船的结构见图7-9-15。

自升式吊船已经开发出功能完善的系列产品,成为擦窗机的一种标准部件,可以按主参数额定载重量选取相应产品。自升式吊船系列产品参数见表7-9-9。

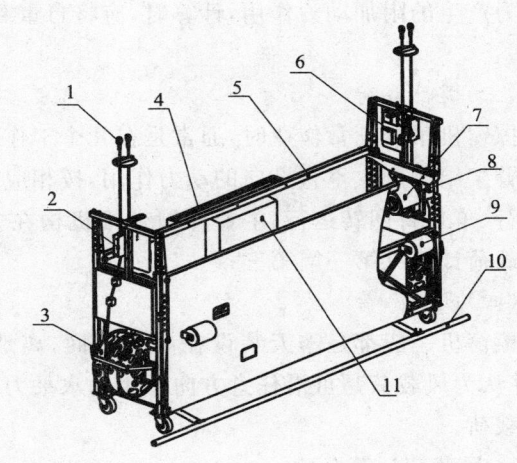

图7-9-15 自升式吊船结构
1—钢丝绳;2—安全锁;3—收绳器;4—电缆框;
5—船体;6—上限位装置;7—提升机;8—超载保护装置;
9—靠墙轮;10—下限位装置;11—电控系统

表7-9-9 自升式吊船主要产品参数

| 参数<br>型号 | 额定载荷<br>/kg | 升降速度<br>/(m/min) | 额定功率<br>/kW | 提升机<br>型号 | 安全锁<br>型号 | 悬挂机构<br>质量/kg | 工作平台尺寸/mm<br>长×宽×高 |
|---|---|---|---|---|---|---|---|
| ZLP1000 | 1 000 | 8~10 | 3.0×2 | LTD100 | LSF30 | 360 | (2 500×3)×760×1 450 |
| ZLP800 | 800 | 8~10 | 2.2×2 | LTD80 | LSF30 | 360 | (2 500×3)×760×1 450 |
| ZLP800A | 800 | 9~11 | 1.8×2 | LTD80A | LSF30A | 360 | (2 500×3)×760×1 420 |
| ZLP630 | 630 | 9~11 | 1.5×2 | LTD63 | LSF30 | 360 | (2 500×3)×760×1 420 |
| ZLP500 | 500 | 9~11 | 1.1×2 | LTD50 | LSF30 | 360 | (2 500×2)×760×1 420 |
| ZLP250 | 250 | 9~11 | 1.1×1 | LTD50 | LSL20 | 125 | 1 200×650×2 300 |

## 第四节　擦窗机计算载荷及结构计算

### 一、作用在擦窗机上的载荷

按《擦窗机》GB 19154—2003 规定,作用在擦窗机上的载荷有起升载荷、自重载荷、风载荷、惯性力载荷等。

#### (一)起升载荷

起升载荷是擦窗机的工作载荷,即起升机构工作时,处于升降运动中的所有质量的重力,包括吊船自身重量及吊船额定载重量与钢绳的重量;其中,起升钢丝绳的质量按起升高度计算,其重力的50%计入起升载荷。计算起升载荷时,需要考虑起升机构起、制动时对结构产生的动力作用,通常,用起升载荷乘以相应的动力系数来计算,即起升载荷动载系数 $\phi_2$ 和突然卸载冲击系数 $\phi_3$。具体计算参见第一篇第三章。

#### (二)自重载荷

自重载荷是指擦窗机各部件质量产生的重力,包括结构自身重量和支承在结构上的机电设备的重量以及附设在擦窗机上的其他装置的自重。但不包括额定起重量的重力,起升钢丝绳的质量按起升高度计算,其重力的50%计入自重载荷。设计前,自重载荷是未知的,可参照类似产品或有关文献的统计资料进行估算(参见第一节)。有时也可以按近似公式计算其自重。考虑到冲击因素对重力产生的附加动力作用,计算时,应将自重载荷乘以相应的冲击系数。具体计算参见第一篇第三章。

#### (三)惯性载荷

擦窗机吊船正常作业时,通常是在几个工作机构协同动作下完成,除吊船起升机构起降、制动时对臂架结构产生垂直方向的动力作用,按相应的冲击系数和动力系数计算外,还需要计算主臂回转运行、羊角臂回转运行、主臂伸缩变幅机构在非稳定运动状态时,对结构产生的水平惯性载荷。惯性载荷计算见第一篇第三章。

#### (四)风载荷

擦窗机一般都是露天装设在高楼屋面,离地面高度在 100 m 以上。故必须考虑风载荷的作用,并认为风载荷是可沿任意方向作用的水平力。擦窗机风载荷分为工作状态风载荷和非工作状态风载荷。

1. 风载荷计算公式

$$F_w = CK_h qA \tag{7-9-2}$$

式中　$F_w$——作用在擦窗机上或吊船上的风载荷(N);
　　　$C$——风力系数;
　　　$K_h$——风力高度变化系数;
　　　$q$——计算风压(Pa);
　　　$A$——擦窗机或者吊船垂直于风向的迎风面积($m^2$)。

2. 风压计算公式

$$q = 0.613v^2 \tag{7-9-3}$$

式中　$q$——计算风压(Pa);
　　　$v$——风速(m/s)。

风载荷详细计算参见第一篇相关章节。

擦窗机结构设计在进行风载荷计算时应注意如下几点:
(1)在工作状态下应能承受的基本风压值不低于 500 Pa;
(2)在非工作状态下,当擦窗机安装高度≤60 m 时,应能承受的基本风压值不低于 1 915 Pa,

每增高 30 m,基本风压值增加 165 Pa;

(3)擦窗机固定装置结构设计风压值应按 1.5 倍的基本风压值计算。

为了保证设计计算的可靠性与合理性,擦窗机结构的计算载荷,必须选用最不利工况时的载荷组合。

## 二、擦窗机结构计算

擦窗机主要结构部件有:臂架、立柱、转台、台车架、羊角臂、悬挂轨道及支撑梁等。

起重机金属结构设计的计算方法主要有两种:许用应力法和极限状态法。擦窗机金属结构计算采用许用应力法(计算方法详见本手册第二篇第一章)。

根据许用应力法计算的基本原则,擦窗机金属结构件中最危险截面上的计算应力不得超过许用应力,其计算公式:

$$\sigma \leqslant [\sigma] = \sigma_L / n \tag{7-9-4}$$

式中 $\sigma$——应力集中的危险截面的最大应力;

$[\sigma]$——许用应力;

$\sigma_L$——材料的极限应力,对于塑性材料取屈服极限 $\sigma_s$,对脆性材料取强度极限 $\sigma_b$,当进行疲劳计算时取材料的耐久极限(疲劳极限)$\sigma_r$;

$n$——安全系数。

《擦窗机》GB 19154—2003 国家标准中规定:

(1)擦窗机承载零部件采用塑性材料时,按材料的屈服点计算,其结构安全系数 $s$ 不应小于 2。

(2)擦窗机承载零部件采用非塑性材料时,按材料的强度极限计算,其结构安全系数 $s$ 不应小于 5。

(3)安全系数计算公式:

$$n \leqslant \sigma / (\sigma_1 + \sigma_2 + \sigma_3) f_1 f_2 \tag{7-9-5}$$

式中 $n$——结构安全系数;

$\sigma$——材料屈服点(塑性材料)或材料强度极限(非塑性材料)(MPa);

$\sigma_1$——结构自重引起的应力(MPa);

$\sigma_2$——额定载重量引起的应力(MPa);

$\sigma_3$——风载荷引起的应力(MPa);

$f_1$——应力集中系数,取 $f_1 \geqslant 1.10$;

$f_2$——动载荷系数,取 $f_2 \geqslant 1.25$。

## 第五节 擦窗机抗倾覆稳定性计算

### 一、移动式擦窗机抗倾覆稳定性

移动式擦窗机抗倾覆稳定性是指擦窗机在自重和外载荷作用下抵抗翻倒的能力。擦窗机抗倾覆稳定性校核采用稳定系数法,按公式(7-9-6)计算:

$$S = M1/M2 \geqslant 2 \tag{7-9-6}$$

式中 $S$——抗倾覆稳定系数;

$M1$——抗倾覆力矩,N·m;

$M2$——最大倾覆力矩,N·m。

即擦窗机抗倾覆稳定系数不应小于 2。

式中计算力矩应按擦窗机最不利工况下的载荷组合进行计算，载荷类型见本章第四节。有关工况、载荷组合及倾覆线的确定参见第一篇第七章。

### 二、固定式擦窗机抗倾覆稳定性

固定式擦窗机抗倾覆稳定性是指擦窗机混凝土安装基础及承载屋面抗倾覆的能力。

1. 混凝土安装基础抗倾覆稳定性按公式(7-9-7)验算

$$e=\frac{M+F_h \cdot h}{F_V+F_g}\leqslant \frac{b}{3} \tag{7-9-7}$$

2. 屋面压应力按公式(7-9-8)验算

$$P_B=\frac{2(F_V+F_g)}{3bl}\leqslant [P_B] \tag{7-9-8}$$

式中 $e$——偏心距，即安装基础支承反力的合力至基础中心的距离(m)；

$h$——水平载荷作用高度(m)；

$b$——安装基础宽度(m)；

$l$——安装基础支承反力的合力至基础边沿距离(m)，$l=b/2-e$；

$M$——擦窗机作用在安装基础上的力矩(N·m)；

$F_V$——擦窗机作用在安装基础上的垂直载荷(N)；

$F_h$——作用在安装基础上的水平载荷(N)；

$F_g$——混凝安装基础的重力(N)；

$P_B$——屋面计算压应力(Pa)；

$[P_B]$——屋面许用压应力(Pa)，由建筑物设计确定。

### 三、擦窗机防风抗滑安全性

擦窗机为高空作业起重设备，防风抗滑安全性极为重要。擦窗机防风抗滑安全性是指移动式擦窗机在作业状态和非作业状态下抵抗因风载作用而发生滑行的能力。作业状态下的防风抗滑安全性靠制动装置保证，非作业状态下的防风抗滑安全性一般用锚定装置或夹轨器来保证。

1. 正常作业状态

移动式擦窗机正常作业状态取为带载、顺风、下坡运行制动。此时抗风防滑安全性按式(7-9-9)验算。

$$P_{zl}\geqslant 1.2P_W+P_{aG}+1.35P_{aQ}-P_f \tag{7-9-9}$$

式中 $P_{zl}$——行走机构制动器在驱动车轮踏面上产生的制动力(N)；

$P_W$——擦窗机所受最大作业状态风力(沿运行方向)(N)；

$P_{aG}$——自重载荷沿坡道方向产生的滑行力(N)；

$P_{aQ}$——额定载荷沿坡道方向产生的滑行力(N)；

$P_f$——擦窗机运行摩擦阻力(N)。

$$P_f=\omega \times (P_Q+P_G)$$

式中 $\omega$——运行摩擦阻力系数，见表7-9-10。

$(P_Q+P_G)$——额定载荷和自重载荷产生的总轮压(N)。

最大制动力不能大于被制动车轮与轨道的黏着力，若计算制动力 $P_{zl}$ 大于黏着力，式(7-9-9)中 $P_{zl}$ 须用被制动车轮与轨道的黏着力代替。计算黏着力时，摩擦系数 $f$ 按表7-9-10选取。

表 7-9-10　运行摩擦阻力系数和静摩擦系数

| 运行摩擦阻力系数 $\omega$ | | 静摩擦系数 $f$ | |
| --- | --- | --- | --- |
| 装滑动轴承的车轮 | 装滚动轴承的车轮 | 轨道与制动车轮之间 | 轨道与夹轨钳之间 |
| 0.015 | 0.006 | 0.14 | 0.25 |

**2. 非作业状态**

移动式擦窗机非作业状态取为最大风力顺轨道作用、有不利于防滑的最大坡度和最小运行阻力。此时抗风防滑安全性按式(7-9-10)验算。

$$P_{z2} \geqslant 1.2 P_w + P_{\alpha G} + P_{\alpha q} - P_f \tag{7-9-10}$$

式中　$P_{z2}$——行走机构制动器、夹轨器等装置沿轨道方向产生的抗风防滑阻力(N)；

　　　$P_w$——擦窗机非作业状态风载荷(沿运行方向)(N)；

　　　$P_{\alpha G}$——自重载荷沿坡道方向产生的滑行力(N)；

　　　$P_{\alpha q}$——吊船及悬吊装置重力沿坡道方向产生的滑行力(N)；

　　　$P_f$——擦窗机运行摩擦阻力(N)。

可以根据式(7-9-9)和(7-9-10)计算得到的值选取或设计能力足够的制动器和防滑装置，具体方法见第四篇第七章和第十四章。

# 第十章 缆索起重机

## 第一节 概 述

缆索起重机（简称缆机）属于特种设备，它以柔性钢索（通常称为承载索或主索，其两端一般由支架或锚碇承托）作为大跨度架空支承件，起重小车（通常称为小车）依靠牵引索牵引在承载索上往返运行，进而在较大空间范围内完成重物的垂直运输（升降功能，依靠起重索）和水平运输（牵引功能、行走功能）。缆机具有吊运范围大、生产率高、对主体工程施工现场干扰少、受汛期影响小、造价高等特点。

在缆机的设计计算中，凡与一般起重机械具有共性的部分，例如技术参数、工作制度、计算方法和安全系数等，均应遵循我国国家标准 GB 3811—2008《起重机设计规范》、SL 375—2007《缆索起重机技术条件》、SL 425—2008《水利水电起重机械安全规程》或欧洲标准 FEM 设计规范的规定，而缆机独特的索道系统和承载索部分，则应参照欧洲国家索道运输组织 Q. I. T. A. F. 推荐标准等的有关规定。

缆机一般应用于水工建筑物施工、渡槽架设、桥梁建筑、森林工业、采矿工业、堆料场装卸、港口搬运等场合，配用抓斗还可进行水道开挖疏浚。缆机最重要的用途之一是在大中型水利水电工程混凝土大坝（如三峡、溪洛渡、向家坝、锦屏、观音岩、亭子口、藏木、宝珠寺等电站）施工中作为主要的施工设备，向坝体吊运混凝土、设备、金属结构等。这类缆机经常满载工作，其整机工作级别一般为 A6 或 A7，而其起升机构和起重小车牵引机构的工作级别均为 M7，因此常被称为"重型缆机"。

近几年重型缆机在国内水电工程应用较多，跨距达数百米甚至千米以上，承载索均采用密封索。重型缆机一次性安装可供整个大坝施工期使用，因而使用周期长。由于缆机起重量大、工作速度快，一般均采用直流拖动，以获得良好的调速性能。为了保证设备、人员安全，并达到较高的生产效率，缆机还必须设置可靠的显示和监控设施等安全装置。

由于重型缆机的制造、运输、安装、拆除任务重，轨道基础设施工程量较大，使其比同吨位级的门座起重机或塔机造价要高，因而在重型缆机选型和布置时，宜结合工程要求，兼顾现场的地质、地形、温度等条件，因地制宜，进行多方案的技术经济指标论证。

## 第二节 缆机的类型

根据缆机起升载荷、状态级别及其工作频繁程度的不同，可分为重型缆机、中型缆机、轻型缆机；按其承载索的数量，可分为单索缆机、双索缆机、四索缆机；按其工作速度的高低，可分为高速缆机、低速缆机；按缆机承载索两端支点的运动（或固定）情况来划分，可分为固定式、摆塔式、平移式、辐射式、索轨式和拉索式 6 种基本机型，其中平移式缆机应用较多。缆机机型与特点见表 7-10-1，缆机布置情况如图 7-10-1。

**1. 固定式缆机**

这种缆机承载索两端的支点固定不动，其工作的覆盖范围只有一条直线，见图 7-10-1a。在大坝施工中，一般只能用于辅助工作，如吊运器材、安装设备、转料及局部浇筑混凝土等，近年还曾用于碾压混凝土筑坝，国内外在山区桥梁施工中使用固定式缆机较多。固定式缆机由于支承承载索

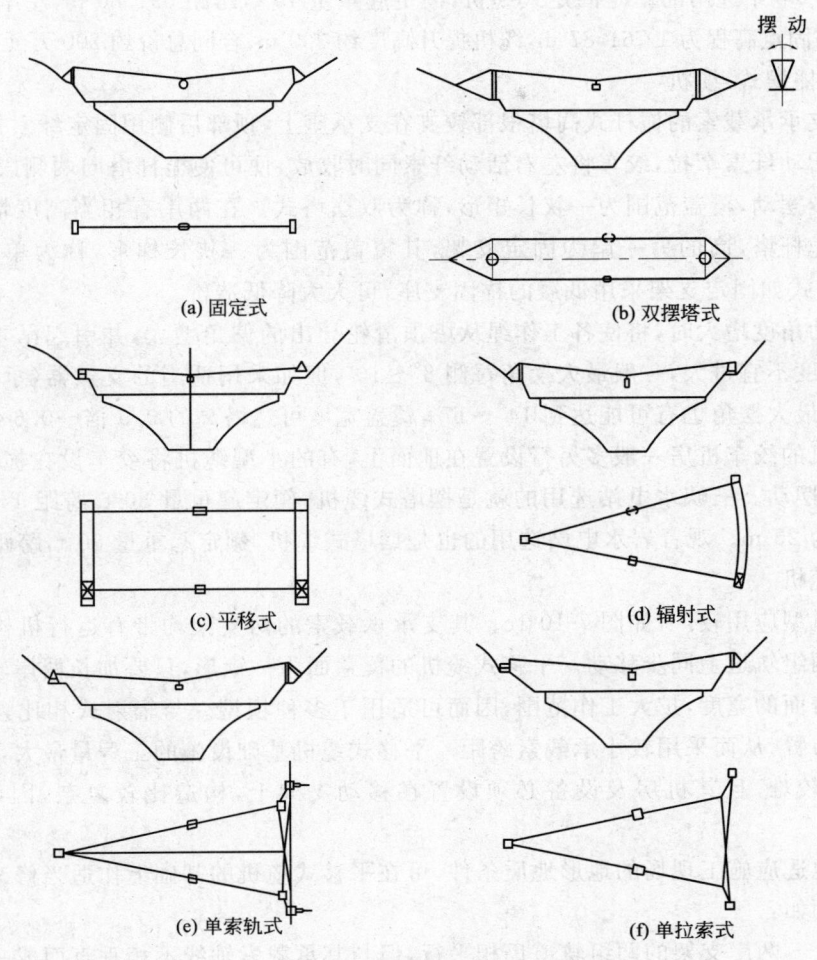

图 7-10-1 基本机型缆机布置示意图

表 7-10-1 缆机机型与特点表

| | 缆机机型名称 | | 覆盖范围 | 适用工程 | 布置灵活性 | 基础工程量 | 造价 | 备注 |
|---|---|---|---|---|---|---|---|---|
| 基本机型 | 固定式 | | 一条直线 | 桥梁、渡槽、碾压筑坝、辅助工程 | 好 | 小 | 低 | |
| | 摆塔式 | 单 | 狭长梯形 | 桥梁、条形坝、坝顶部位、溢洪道 | 较好 | 较小 | 较低 | |
| | | 双 | 狭长矩形 | | | | | |
| | 平移式 | | 矩形 | 适用于各种坝型,用于薄拱坝时经济性差 | 差 | 大 | 高 | |
| | 辐射式 | | 扇形 | 拱坝、重力拱坝、条形坝 | 较差 | 较大 | 较高 | |
| | 索轨式 | 单 | 梯形 | 中小型工程,覆盖范围可比摆塔式宽 | 较好 | 较小 | 较低 | 难以设计大型缆机 |
| | | 双 | 矩形、梯形 | | | | | |
| | 拉索式 | 单 | 梯形 | 小型工程,起重量在4.5 t以下 | 较好 | 较小 | 低 | 只能用于小型缆机 |
| | | 双 | 矩形、梯形 | | | | | |

的支架不带运行机构,其机房及设备可设置于地面上,因而构造最为简单,造价低廉,基础及安装工作量也最少,在施工工地可以迅速搬迁,以解决某些临时吊运工作的需要。固定式缆机基础常采用锚碇式结构,包括重力式锚碇和岩石内坑道锚碇,其计算见有关文献《水利水电工程施工组织设计

手册》。长河坝水电站选用的就是固定式缆机,额定起重量 10 t,跨距 591.80 m,左岸锚固点高程为 1 770 m,右岸锚固点高程为 1 761.87 m,缆机提升高度约 300 m,合同总价约 200 万元(2009 年)。

2. 摆塔式(摇摆式)缆机

这种机型支承承载索的桅杆式高塔根部铰支在支承座上,顶部后侧用固定纤索拉住,而左右两侧通过绞车用活动纤索牵拉,绞车将左右活动纤索同时收放,便可使桅杆塔向两侧摆动。一般多为两岸桅杆塔同步摆动,覆盖范围为一狭长矩形,称为双摆塔式。在两岸有相当高度情况下,也可低的一岸为摆动桅杆塔,高的另一岸为固定支架,其覆盖范围为一狭长梯形,称为单摆塔式。见图 7-10-1b。单摆塔式如固定支架采用低矮的锚固支座,可大大降低造价。

桅杆塔摆动角度增大时,将使各工作绳从塔顶滑轮导出的偏角增大,并引起吊重物过度摇晃。因此,摆动的角度不宜过大,一般最大摆角每侧 8°~10°,但如采用适当的支索器(承马),而缆机工作速度较低时,最大摆角也有可能达到 14°~17°,覆盖宽度可达塔高的 0.5 倍~0.6 倍。

摆塔式缆机的绞车机房一般多另行设置在地面上,有的小型缆机将绞车设在桅杆塔近根部的平台上,并随塔摆动。三峡水电站选用的就是摆塔式缆机,额定起重量 30 t,跨距 1 416.12 m,左、右岸塔架高程为 25 m。观音岩水电站选用的也是摆塔式缆机,额定起重量 30 t,跨距 1 365 m。

3. 平移式缆机

这种缆机机型应用较广,如图 7-10-1c。其支承承载索的两支架均带有运行机构,可在河道两岸平行铺设的两组轨道上同步移动。平移式缆机的覆盖面为一矩形,只要加长两岸轨道的长度,便可增大矩形覆盖面的宽度,扩大工作范围,因而可适用于多种坝型。与辐射式相比,平移式的轨道可较接近岸边布置,从而采用较小承载索跨距。平移式缆机基础设施的工程量最大,当两岸地形条件不利时,布置较难,且其机房及设备必须设置在移动支架上,构造比较复杂,因而造价要昂贵得多。

为了更好地适应施工现场的地形地质条件,可在平移式缆机的基础上作适当修改,而变成为其衍生的机型。例如:

斜平移式——两岸支架的两组轨道仍相平行,但与其承载索轴线不相垂直而成一夹角,覆盖范围不再是矩形,而是平行四边形;

一侧延长平移式——一岸的轨道比另一岸加长一段长度,使一岸支架运行到末端后,另一岸的支架还能继续向前运行一小段距离,其覆盖范围为一梯形;

双弧移式——两岸的支架分别在同心圆的两组弧形轨道上运行,承载索的跨距保持不变。覆盖范围为一较宽的扇形。

平移式缆机基础常采用混凝土实体结构、钢筋混凝土条形基础梁(地梁)、架空式结构,其计算见有关文献《水利水电工程施工组织设计手册》。

宝珠寺水电站(已建)选用的就是平移式缆机,额定起重量 20 t,设计跨距 850 m,实际跨距 784 m,左、右岸承载索支点高程差约为 5.4 m,缆机提升高度约为 180 m。亭子口水电站(在建)选用的是平移式缆机,额定起重量 30 t,设计跨距 1 300 m,实际跨距 1 270 m,左、右岸承载索支点高程差为 18.335 m,缆机提升高度为 140 m。向家坝水电站(在建)选用的是平移式缆机,额定起重量 30 t,设计跨距 1 500 m,实际跨距 1 356 m,左、右岸承载索支点高程差为 8m,缆机提升高度为 250 m。

4. 辐射式(单弧移式)缆机

这种机型一半是固定式一半是平移式。在一岸设有固定支架(锚固点或铰轴),而另一岸设有在以固定支架为圆心的弧形轨道上行驶的移动支架,见图 7-10-1d。其机房(包括设备)一般设置在固定支架附近的地面上,称固定支架为主塔而移动支架为副塔。辐射式缆机基础常采用锚碇式结构,包括重力式锚碇和岩石内坑道锚碇,其计算见有关文献《水利水电工程施工组织设计手册》。

辐射式缆机的覆盖范围为一扇形面,辐射夹角一般不超过 35°(东风水电站缆机夹角为 40°),

特别适用于拱坝及狭长条形坝型的施工。为了增加覆盖范围,也为了便于相邻两机能同时浇筑坝肩部位,在相同条件下,辐射式往往比平移式缆机采用较大的跨距。

辐射式缆机常可用一座主塔配二至三座副塔,即所谓"一主二副"或"一主三副"的形式。实际上等于二至三台单独的缆机,并且其机房也合在一起,从而给维护管理带来方便,造价也较低廉。总之,和平移式相比,辐射式缆机具有布置灵活性大,基础工程量小,造价低,安装及管理方便等种种优点,故在选定机型时应优先予以考虑。

将辐射式缆机的固定支架改为摇摆塔,就成为衍生的机型"摆塔辐射式"。可以适当增宽覆盖范围的扇形面,但在同组弧形轨道上只能布置一台缆机。

一般辐射式缆机的支架运行轨道都必须水平布置,因为地形条件不利,致使轨道基础平台难以经济地布置。为了解决这个问题,便衍生出了"坡道辐射式缆机"。其轨道平台顺山坡角度设置,而支架的运行则借助由绞车带动的封闭环形无端绳牵引支架来实现;或由支架运行台车上的摆线齿轮与铺设在轨道坡台上的针齿条相啮合来实现牵引。后者构造比较复杂,但工作更安全可靠。

重庆市石柱县藤子沟水电站选用的就是辐射式缆机,额定起重量 20 t,跨距 420 m,辐射夹角约 32°。

5. 索轨式缆机

这种机型的特点是以架空的钢索(被称为轨索)来代替地面轨道(通过支架)来支承承载索的末端(大车),并用绞车牵引钢绳来实现索端沿轨索运行。见图 7-10-1e。如在一岸设置轨索,而在另一岸设置固定支架,可称为"单索轨式",其工作情况类似辐射式缆机,覆盖范围接近一梯形。如在两岸均设轨索,则为"双索轨式",其工作情况类似平移式缆机,覆盖范围为一矩形或梯形。

索轨式缆机轨索两端用固定支架支承,避免了构筑地面轨道基础的麻烦,并且支架的位置并不要求严格的平行对称,因而可以适应各种复杂的地形条件,布置灵活性很大。但如其承载索跨距较大,将使吊重工作时的跳动剧增,其小车运行速度也因此不宜太快,所以很难设计出大型的索轨式缆机。一个工地只宜设置一台,但单索轨式也可采取似一主二副的双层布置。

索轨式缆机的基础工程量小,并因工作速度低,可采用交流拖动(涡流制动器调速),使其造价更为低廉,特别适用于中小型水利水电工程,我国至今尚未用过,值得借鉴。

6. 拉索式缆机

其构造原理与索轨式相近,唯一区别在于不另用索轨而让牵引大车的免提绳直接支承承载索末端,所谓大车已不是带车轮的"车",而只是带主索接头和工作绳导向滑轮组并与大车牵引索两端连接的一个部件。

由于拉索式缆机的大车牵引绳要承受很大的压力,因而起重量较小。这种机型也有单拉索式与双拉索式之分,见图 7-10-1f,其构造简单,造价比同参数的索轨式缆机低,宜用于小型工程。

## 第三节 缆机的主要部件

### 一、承载索(主索)

1. 承载索数量

国外在 20 世纪 50 年代以前缆机主索常用双索或四索,以满足起重量和跨距要求。与双索或四索缆机相比,单索缆机构造更简化,重量更轻,可减小承载索的弯曲应力从而减轻主索磨损。随着单根主索承载力的不断提高,国内外缆机常常采用单根主索。

2. 承载索的选型

对于承担临时性任务(跨距较小、起重量较小)的轻型缆机,一般可以采用 6×19、6×37、6×61

的圆股钢丝绳作承载索；而对于长期频繁工作的重型缆机，则选用外层由Z型钢丝构成的密封钢丝绳作承载索。

中国生产的密封索直径较小（GB 352—1988 中最大直径 71 mm、总破断力不足 2 000 kN），适用于跨距较大、起重量较大的中型缆机。如图 7-10-2 所示。目前国产重型缆机的承载索（如最大直径 108 mm、总破断力超过 10 000 kN）大多由奥地利、意大利等国生产，且使用效果良好。

3. 承载索的接头

大直径承载索的接头（密封索与铰接到支架上的拉板之间的连接接头）采用将索头插入锥形索套内先束散清洗再浇铸金属（纯锌或锌合金）的办法连接，而不再采用楔子楔紧的办法。

图 7-10-2　大直径密封索的断面构造

锥形索套的长度为 $5d$（$d$ 为密封索外径），锥度为 $1:8$。浇铸金属时主索在锥形索套口以下 $80d$ 的下垂长度范围内不允许有弯曲，以保证主索在索套内受力均匀。索端及索套应预热到 350 ℃，浇铸金属的温度至少为 450 ℃。

4. 承载索的张紧调整

一般在缆机副塔侧的承载索拉板上设置一套张紧机构，通过调整承载索系统的总长来调整承载索的垂度。有的缆机采用液压缸张紧主索，其调整范围不大，仅 1 m 左右（$4\times 0.26$ m）。有的缆机采用由专用绞车和滑轮组构成的主索张紧机构，其调整范围较大，可达 6 m，这给承载索安装带来极大方便。

## 二、支　架

缆机的支架用于支承承载索（拉板），一般常称为塔架，而将承载索（拉板）铰支点至地面或支架前腿轨道面的高度称为"塔高"。多数缆机的承载索铰支点以上还有一段钢架，用来支承牵引索上支的导向滑轮（天轮），其高度不计在塔高之内。设有主要设备和机房的支架称为主塔或主车，与之相对者称为副塔或副车。

1. 固定支架

用于固定式和辐射式缆机的固定支架可根据承载索铰支点设计高程的要求和地形、地址条件，采取不同的构造型式：

（1）承载索铰支点设置于低矮的支座上，支座用锚固的方法固定于地面岩石上，其塔高可至数米；

（2）承载索铰支点设置于不太高的刚性塔架（或一片三角形构架后加柔性或刚性拉杆）的顶部，其塔高可达十余米；

（3）承载索铰支点设置于桅杆状的受压杆件顶部，其桅杆的根部铰接于固定在地面上的支座上，而顶部用若干纤索拉向侧面和后面的地面锚固点。桅杆一般为桁架式方形断面塔架，不太高时也可用箱形结构。这种支架适用于塔高更高的情况。

2. 活动支架

用于辐射式和平移式缆机的活动支架有以下几种形式。

（1）无塔架支承车

这种支架型式适用于轨道平台沿河侧为较陡峭山坡的地形。其承载索铰支点设置在较前腿轨面略高或略低处，并向河侧外伸。所谓支架实际上即是运行机构的车架，其"塔高"很小，甚至为负值，可以不用或只用少量配重，如图 7-10-3 所示，主、副车均设有前轨、后轨和水平轨，水平轨主要承担缆机的水平拉力。我国近年生产的缆机，多数采用了这种支架型式，取得了很好的经济效果。当缆机平台临河侧有障碍物时,必须进行削坡等处理,以便起重小车靠近专用平台进行检修。

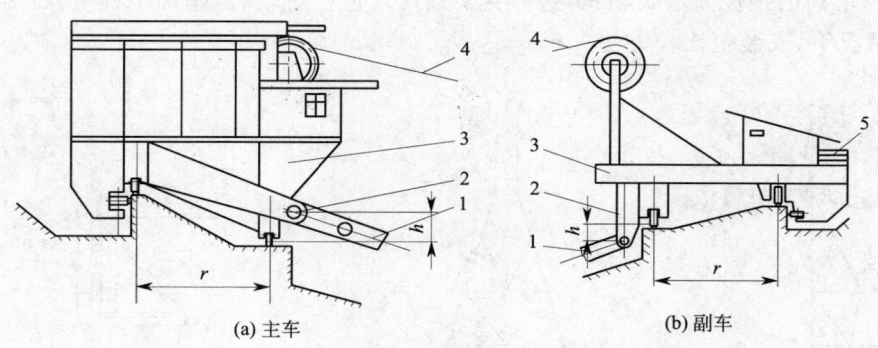

图 7-10-3 无塔架支承车简图
1—承载索拉板;2—承载索铰支点;3—车架;4—牵引索上支;5—配重

(2)低塔架

这种支架型式对地面的适应性优于无塔架支承车。其承载索铰支点设置在前腿上方,塔高一般为 3 m~5 m。主塔的机房可设置在塔架之上,这种低塔架缆机所用配重比高塔架缆机要少,见图 7-10-4。主、副车均设有前轨、后轨和水平轨,水平轨主要承担缆机的水平拉力。

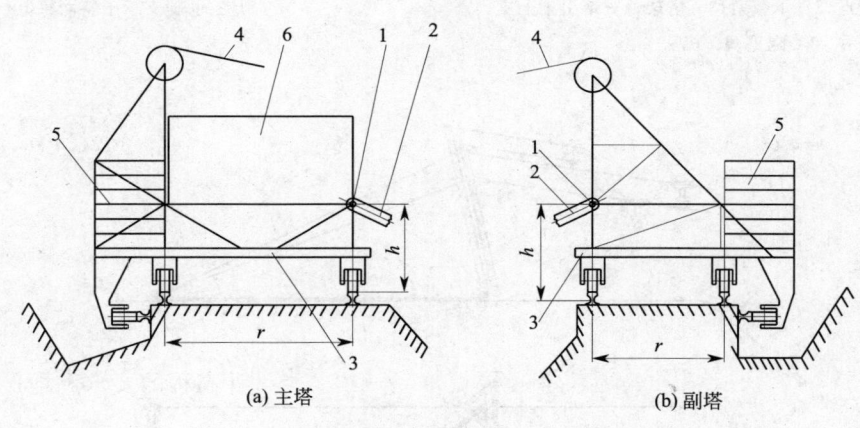

图 7-10-4 低塔架简图
1—承载索铰支点;2—承载索拉板;3—塔架;4—牵引索上支;5—配重;6—机房

(3)高塔架

这种支架是传统的构造形式,适用于较平坦的地形。其承载索铰支点设置在支架后腿上方,塔高为 10 m~60 m,主塔机房设置在呈立方锥体形的塔架内部空间内。高塔架的轨距和基轨都较大,一般约为塔高的 0.45 倍~0.6 倍(塔架愈高,取值愈小),这种高塔架缆机所需配重多达数百吨,参见图 7-10-5。主车设有前轨、后轨和水平轨,水平轨主要承担缆机的水平拉力。

一般高塔架的结构均采取对称于承载索中心线的构造型式。为了减小相邻两缆机主索的中心距,也可采取不对称的支架型式(多用于副塔),见图 7-10-6。

(4)A 形架和纤索配重车

这种支架型式特别适用于两岸地势平坦,而要求承载索支承点特高的情况。其构造为一片 A 形的构架支承于单线轨道上,向山侧后倾约 10°,并在承载索铰支点背面用纤索拉住,纤索另一端固定于在山侧的一组平行轨道上与 A 形架同步行驶的配重车上。配重车装有配重块和水平台车,用以承受纤索的很大拉力,起活动地锚的作用。其塔高可达 60 m～90 m。相邻两机的 A 字架可以分别支承在前后两条单线轨道上,驶近时互相错开,而使相邻承载索中心距大为缩小,见图 7-10-7。与同样塔高的钢性高塔架相比,这种支架型式自重相对较轻,基础工程量较小,在使用特殊安装工具的情况下,安装也比较方便。

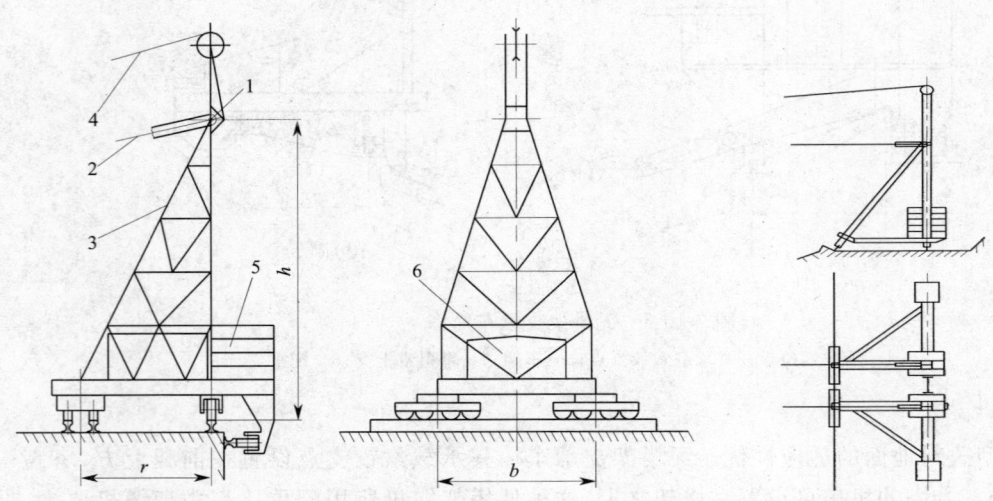

图 7-10-5 高塔架(主塔)简图
1—承载索铰支点;2—承载索;3—塔架;4—牵引索上支;
5—配重;6—机房

图 7-10-6 不对称高塔架简图
(副塔、前腿支承于斜面轨道)

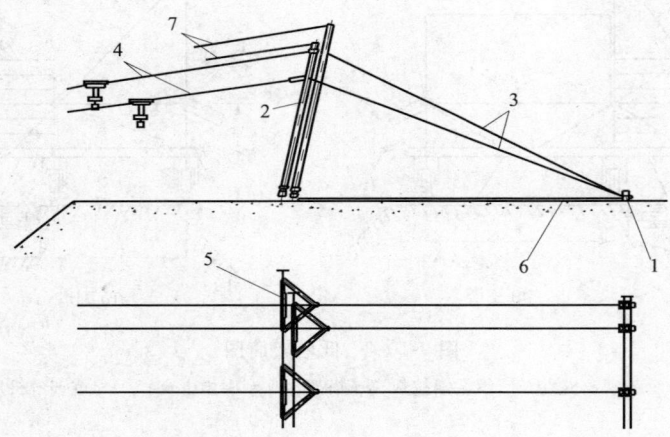

图 7-10-7 A 形架主车和配重示意图
1—配重车水平轨;2—A 形架主车;3—纤索;4—承载索;5—机房;
6—配重车垂直轨;7—牵引索上支

表 7-10-2 为 20 t、30 t 缆机不同支架型式的有关参数。由表可知:无塔架和低塔架型式轨距和基距都比较小。因此自重轻、造价低、基础工程量小,相邻两机承载索中心距小,安装也比较方便,在布置许可的条件下,应尽量采用。而对于平移式缆机,还应根据布置条件考虑对两岸主、副塔采用各自最适宜的支架型式。

表 7-10-2 支架型式比较简表(20 t、30 t 级缆机)

| 支承车塔架型式 | 无塔架 | 低塔架 | 高塔架 | A 形架和配重车 |
|---|---|---|---|---|
| 塔高 $h$/m | 主车约 2<br>副车约 −0.3 | 3～5 | 10～50 | 60～90 |

续上表

| 支承车塔架型式 | | 无塔架 | 低塔架 | 高塔架 | A形架和配重车 |
|---|---|---|---|---|---|
| 承载索铰点位置 | | 前轨外伸约1.5 | 前轨上方 | 后轨上方 | A形架轨道后侧0.17 h |
| 轨距 r/m | 主车 | 6～9 | 8～10 | 0.4 h～0.6 h | 见下注 |
| | 副车 | 3～4 | 7 | | |
| 基距 b/m | 主车 | 5～7 | 7～8 | 0.4 h～0.6 h | 0.3 h |
| | 副车 | | 6 | | |
| 相邻两机承载索最小中心距/m | | 10～12 | 10～12 | 0.6 h+3 | 10～14 |
| 水平力支承方式 | | 水平轨 | 水平轨 | 水平轨或斜面前轨 | 配重车水平轨 |
| 混凝土配重 | | 无需配置 | 稍重 | 很重 | 较重 |
| 载荷变化时吊点弹跳量 | | 最小 | 很小 | 较小 | 较前三者稍大 |

注：A形架（单轨）和配重车轨道的距离及其高程按地形条件确定。

### 三、承马（支索器）

由于各工作绳因跨距太大会产生过大的垂度，进而导致其工作过程中互相缠结，使缆机不能正常运转。为避免这种情况发生，必须沿承载索分段设置承马，对各工作绳加以承托。承马是缆机独有、其他起重机所没有的独特部件，是缆机关键部件之一。承马是否可靠地工作，将影响缆机持续运转的可靠性，因而国外各大缆机制造厂商采用了不同型式的承马，成为其缆机产品的特色。

承马的型式可分为固定式和移动式两大类：

(1) 固定式承马分为固定不张开式和固定张开式两种，前者只适用于双索缆机，现已很少应用。

固定张开式承马是缆机的传统部件，其构造为承马上部由两套索卡夹固于承载索的下半片上，悬挂其下的支架部分包含一片中心隔板和两个端部装有托辊的活动拐臂，如图7-10-8所示。缆机工作时，当小车尚未驶近该承马，则两拐臂闭拢。两托辊分别承托起升绳和牵引绳，当小车驶过，该承马进入小车内腔，因受到小车上开马轨的约束，两拐臂及其托辊向外张开，致使两工作绳脱空，且两拐臂进入死点状态，小车便可顺利前行，直至两拐臂外侧与小车上的闭马轨相碰，使之脱离死点，而在复位弹簧作用下，迅速闭合，恢复对两工作绳的承托，而小车驶离该承马。

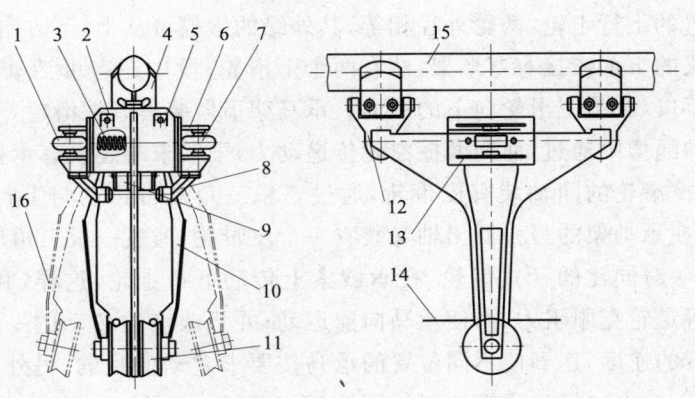

图7-10-8　固定张开式承马构造

1—定压轮；2—连接螺栓；3—复位螺栓；4—索卡；5—承马支架；
6—连杆；7—动压轮；8—半球辊；9—上辊；10—拐臂；11—下托辊；
12—连接叉；13—盖；14—工作绳；15—承载索；16—隔板

固定张开式承马优点是自重轻，且相邻承马间距40 m～50 m，在承载索上分布均匀，从而使所承托的工作绳垂度变小。固定张开式承马主要缺点是其所能适应的小车牵引速度小（只能达到7.5m/s），构造复杂，制造精度要求高，因而造价高；检修工作量大，技术管理要求高，且可靠性差。

(2) 移动式承马，常用的有牵引式和差动自行式：

① 牵引式承马。

我国在1980年后生产的20t重型缆机上都曾采用牵引式承马。这种承马本身构造很简单，其顶部铰接有带两个行走轮的支架，以便挂在承载索上运行，其下悬挂的框架上装有多个托辊，以供承托多根工作绳及承马辊。为这种承马工作而设置的承马绳系统比较复杂，见图7-10-9，小车两侧每设一对承马，就需相应设一根承马绳，该绳穿过小车架，两端固结到承马上，然后绕过下部导向滑轮，再绕过支架顶端的相应宝塔轮（与天轮同轴），这样就和牵引绳一样成为封闭环形的无端绳。宝塔轮受牵引绳带动，宝塔轮又带动承马绳运转，从而牵拉悬挂于承载索上的承马移动，其移动速度与小车牵引速度的比值将与相应承马绳所经宝塔轮直径与天轮直径之比相等，适当选择宝塔轮各直径，便可达到使各承马适当差动的目的。

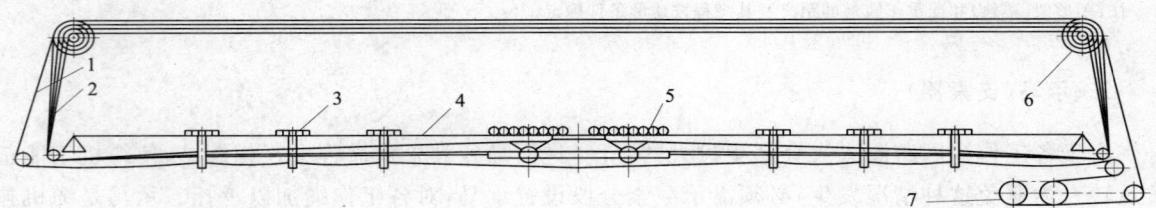

图 7-10-9　牵引式承马布置示意图
1—牵引绳；2—承马绳；3—牵引式承马；4—承载索；5—小车；6—天轮（宝塔轮）；7—牵引绞车

牵引式承马的优点是承马单个质量轻，相邻承马间距离大，小车牵引速度不受承马的影响；工作中无冲击，零部件不易损坏；工作可靠，维护检修工作量小。

牵引式承马的缺点是承马绳系统的设置比较复杂；大直径的宝塔轮转动惯量大，起制动过程中由于滑动摩擦，使牵引绳和承马绳加快磨损；最多只能设置4根承马绳，因而缆索起重机的跨距较小（800 m左右）；更换承马绳、承马托辊和调整承马绳张紧较麻烦。

② 差动自行式承马（图7-10-10）。

承马架由槽钢焊接成三段，再用螺栓相联为一柱状体。其顶部段装有上行走轮，而在中部段的上部设有可调整位置的下行走轮，两轮外径相等，其外缘的索槽可从上、下方向，分别将承载索紧密压住。承马架中部段的下部铰接有弯形架，装有两个上滑轮；段中还有可活动的横梁穿过，该梁通过与弯形架的铰接，可以调节上滑轮向下的压力。承马架下段装有摩擦滑轮，牵引绳正好从两上滑轮和摩擦滑轮外缘的绳槽中通过，而向摩擦滑轮传递动力；下段末端还设有承托起升绳的托辊。承马的传动系统为：摩擦滑轮的同轴装有皮带轮，通过三根三角皮带传动与上行走轮同轴的皮带轮（主传动），上行走轮在承马架的另一侧出轴又装有一个皮带轮，通过一根三角皮带带动中间轴上同比的皮带轮，再经过一对同比的开式齿轮，在承载索上传动下行走轮，这样，利用牵引绳的摩擦传动，便可带动上、下行走轮克服阻力，而使承马向前运动；并且改变主传动的一对皮带轮的传动比，就可以改变承马运行的速度，达到使不同位置的承马按要求差动的目的；另外，在主传动的三根三角皮带的外侧，设有一个由杠杆和弹簧控制的压轮，平时压紧，保持三角皮带张紧正常传动，当承马驶近主、副车时，在撞块的作用下，压轮将被推开，从而使三角皮带松弛而停止传动。

这种承马的单个质量为300 kg～400 kg，其优点是布置简单，易损件少，维护检修工作量小，小车牵引速度高（11 m/s）。

其缺点是工作过程中会有微量打滑，需经常维护、调整，因跨距受限制，小车牵引速度受限，牵引绳的磨损相对较大。

近年国内一直在研究新型自行式承马,主要借助增大其传动速比,使小车每一侧可设置更多组该种承马,从而适用跨距达到 1 000 m 以上。目前已推广应用于 30 t 重型缆机上。

### 四、工作绳和导绕系统

1. 工作绳主要是指起升绳和牵引绳

由于在高空换缆机工作绳十分危险并影响主体工程施工,因此要尽量选择使用寿命较长的工作绳。

过去 20 t 重型缆机采用普通线接触钢丝绳(钢丝强度 1 670 N/mm², 代号 6×36 WS+FC)作工作绳,起升绳用交互捻绳,而牵引绳用同向捻绳,国内便于采购,价格较低但其寿命不很理想。

现国产 30 t 重型缆机均采用面接触的特种钢丝绳作工作绳。这种由面接触密实型绳股捻制而成的特种绳虽价格昂贵,但其优点是完填率高,在同绳径情况下,比普通绳的破断强度高得多;使用寿命长,且绳体比较柔顺;绳的表面比较光滑,改善了滑轮绳

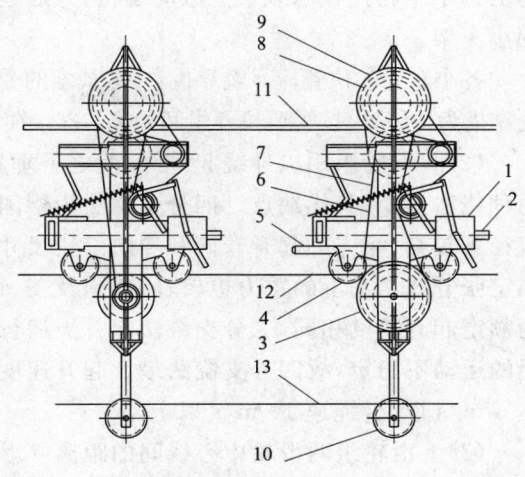

图 7-10-10 差动自行式承马构造

1—承马架;2—缓冲器;3—摩擦轮和三角皮带轮;
4—压轮;5—撞块;6—三角皮带;7—张紧轮;
8—行走轮和张紧皮带轮;9—上支架;10—托辊;
11—承载索;12—牵引绳;13—起升绳

槽的磨损;水分和尘埃不易渗入内部,抗磨损和腐蚀性强。图 7-10-11 为 6 股普通钢丝绳和 8 股面接触钢丝绳的断面图,这种特种钢丝绳的使用寿命可比普通钢丝绳长一倍。

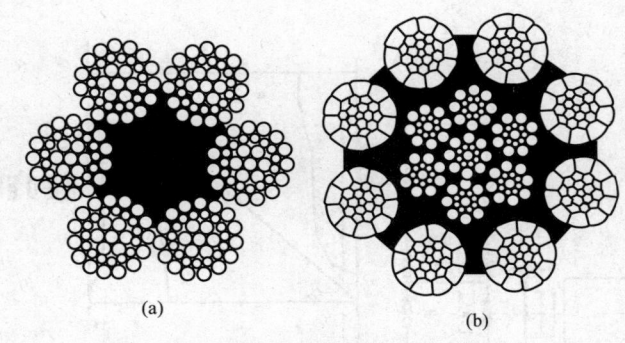

图 7-10-11 普通钢丝绳和特种钢丝绳断面图

起升绳的安全系数:$F_r/S_{max} \geqslant 6$;牵引绳的安全系数:$F_r/S_{max} \geqslant 4.5$(式中 $F_r$——钢丝绳的计算破断拉力,$S_{max}$——钢丝绳所受最大拉力)。

2. 导向滑轮

除了用于防雷接地需要外,现代缆机上的导向滑轮都采用 MC 尼龙滑轮代替钢质滑轮。尼龙材质的压缩弹性模量应在 $E=1\ 500$ MPa$\sim 2\ 000$ MPa。大型尼龙滑轮应采用离心浇铸法制造,以保证其轮缘部分密实可靠。

3. 导绳系统

为避免工作绳通过卷筒及相邻滑轮时发生反向弯曲,必须采用顺向卷绕。工作绳进出滑轮绳槽的偏角应尽量小于 $0.5°$。导向滑轮直径 $D$ 与工作绳直径 $d$ 之比应为 $D/d \geqslant 35 \sim 40$,$D$ 与绳外层钢丝直径 $\delta$ 之比 $D/\delta \geqslant 600$。

### 五、小车和吊钩下滑轮组

(1)小车一般由小车架,大、中、小均衡梁,小车轮,上滑轮组及带栏杆的工作平台组成。带索槽

的尼龙小车轮挂在承载索上滚动运行,并通过铰接的各级均衡梁向下悬挂装有上滑轮和工作平台的小车架。

各小车轮的位置应尽量靠拢,对承载索的受力状况比较有利,可按均衡梁的位置,将4个或6个小车轮靠拢为一组,再按需要拉开组间距离。20 t 缆机一般采用 16 个小车轮,30 t 缆机用 24 个小车轮。

(2) 上滑轮组用以导绕起升绳,使之下垂悬吊吊钩下滑轮组。在这里起升绳有二分支和四分支两种绕法,各有其优缺点。四分支绕法为德国缆机所沿用,其优点为配用的起升绳所需拉力较小,直径可较细,相应的起升卷筒和导向滑轮尺寸也较小,整个起升系统设备造价较低,起升绳压在其固定张开式承马上的重力也较轻,我国及美、日、意等国缆机均采用二分支绕法,其优点为:如缆机的额定起升速度相同,二分支绕法起升绳运行的线速度比四分支绕法慢一倍,由于绳速过快会引起绳的运动不稳定,故四分支绕法最大起升速度只能达到 3.3 m/s(绳速 13.2 m/s),而二分支绕法可达 5 m/s 以上(绳速 10 m/s 以上)。

(3) 上滑轮组两滑轮中心线间的距离 $b$ 影响所悬吊的吊钩下滑轮组工作时会否发生"打转"的问题。对于用线接触普通钢丝绳作起升绳时,可按下式控制:

$$b > \frac{h}{40} - D \tag{7-10-1}$$

式中　$b$——中心距(m);
　　　$h$——许用最大起升高度(m);
　　　$D$——上滑轮直径(m)。

(4) 重型缆机的吊钩下滑轮组由下滑轮、吊罐悬挂梁(平衡梁)、吊钩、压重块等组成。早期缆机只用单个下滑轮,现均采用两个下滑轮,其中心距大于 3 m,以利于防止吊钩降至最低位置时发生"打转"。

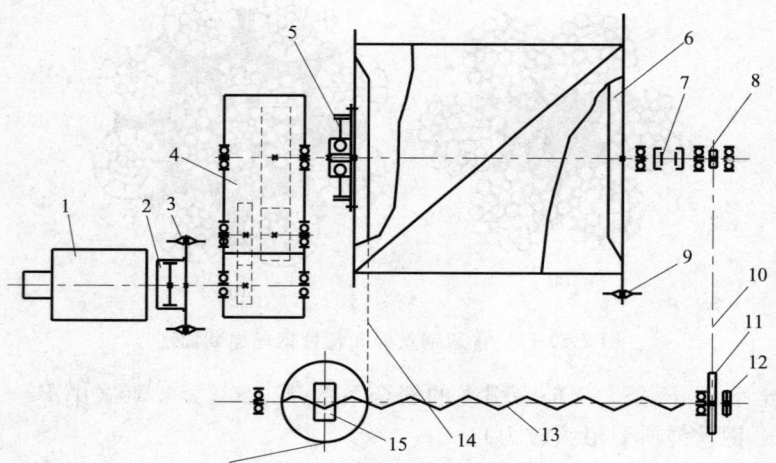

图 7-10-12　带长螺杆排绳机构的起升绞车传动原理图
1—直流电动机;2—联轴器;3—工作制动器;4—减速器;5—卷筒联轴器;
6—卷筒;7—万向节;8—主动链轮;9—超速安全制动器;10—链条;
11—从动链轮;12—主动链轮;13—长螺杆;14—起升绳;15—导向滑轮和活动架

### 六、起升绞车

缆机起升绞车的构造如图 7-10-12 所示,由直流电动机经减速齿轮箱带动卷筒旋转。起升绳在带绳槽的卷筒上只能采用单层卷绕。起升绞车除在电动机上装有制动器外,还在卷筒的大法兰盘上设有液压夹边制动器(辅助制动器),以保证吊重下降失控时制动的安全性。

为使缆机起升扬程较大,起升绳在较长的卷筒两端引出时,绳的偏角不致过大,而在绞车上设置导绳机构,现通称为"排绳机构"。正是由于起升绞车上设置了这种排绳机构,才出现了无塔架和低塔架的缆机构造型式。

排绳机构设置在绞车卷筒的上方或下方,由卷筒轴经万向节(只有当件13长螺杆与件6卷筒不平行时,才需设置件7万向节)和链轮链条带动并排的两根长螺杆(另一根长螺杆图7-10-12中未示出)旋转,再由套在长轴杆上的螺母推动排绳滑轮按所需的排绳速度前进或后退。另一种构造方案为由卷筒轴传动给锥形齿轮箱后,带动一封闭环形链条牵拉排绳滑轮支架前后运动,从而达到排绳的目的。

### 七、牵引绞车

缆机的牵引绞车用于通过摩擦带动封闭的环形牵引绳牵引小车作横移运动,过去由于国内未能生产高摩擦系数的摩擦材料,在牵引绞车上只好采用带5绳槽的钢质摩擦卷筒,配以4个导向滑轮,这种构造虽然增大了总包角,但影响牵引绳的寿命,效果不够理想。随着国内特种摩擦材料的攻关成功,国产重型缆机在牵引绞车上均已改用带特种材料槽衬的双槽大型摩擦驱动轮($\phi$2 600),图7-10-13为其传动原理图。

为防止牵引机构因制动给缆机带来过大冲击,一般将牵引机构制动器的制动力矩调至其额定制动力矩的80%左右。

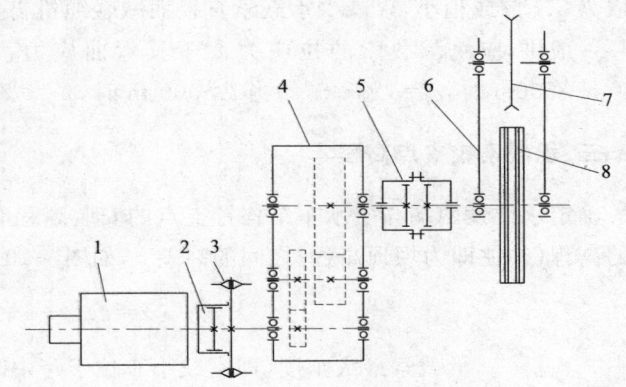

图7-10-13 带双槽驱动轮牵引绞车传动原理图
1—直流电动机;2—带制动盘联轴器;3—制动器;4—减速器;
5—齿轮联轴器;6—轴承座支架;7—中间导向滑轮;8—驱动轮

### 八、大车运行机构

缆机的大车行走机构用以支承支架在轨道上行走,主要由行走台车及平衡梁组成,其构造原理和一般轨道式起重机的行走台车相同。主动台车由380 V交流电动机经减速器和开式齿轮带动车轮转动。国产高塔架缆机常在支架前腿采用在双轨上运行的双轨台车,以缩短行走机构的长度。

缆机轨道基础承受很大的水平力,其支承方式主要有两种:一种支承方式是塔架前腿支承在斜面前轨上,斜面与水平面成20°~30°,前轨既承受垂直力也承受水平力(参见图7-10-6),这样可使大车行走机构简化、减轻支承车架重量和减少基础平台山侧的开挖量。但这种方式只适用于基础平台地质地形条件较好的情况,且一般只能用于高塔架支承车,国内应用较少;另一种方式是在后轨山侧设置一条平行的水平轨承受水平力,这种方式对地质条件的适应性较强,无论是无塔架、低塔架或高塔架的支承车都可采用,现国产重型缆机大多数都用这种支承型式,以方便缆机转场使用。

## 第四节 重型缆机的工作参数

### 一、额定起重量

重型缆机的额定起重量因所采用的混凝土吊罐的容量而定,表7-10-3为国内的常用数据。

表7-10-3 重型缆机的额定起重量

| 额定起重量 $W_n$/t | 10 | 13.5 | 20 | 30 |
|---|---|---|---|---|
| 吊罐密实混凝土容积/m³ | 3 | 4.5 | 6 | 9 |
| 吊罐贮水容积/m³ | 3.8 | 5.6 | 7.5 | 11.3 |

有的缆机为了满足吊装大件设备的需要,还规定有一个特殊起重量。例如三峡工程用的德国缆机,额定起重量为 20 t,而特殊起重量则为 25 t,即特殊起重量为额定起重量的 1.25 倍(在技术规格中写作 20/25 t),但规定起吊特殊起重量的次数不能太多,同时起吊特殊起重量时必须降低工作速度和加、减速度。应当理解,这样的缆机仍属于 20 t 级,起吊 25 t 只是其特定的个别工况。

### 二、承载索垂跨比

缆机承载索跨中垂度 $f_{max}$ 与其给定的跨距 $l$ 之比 $f_{max}/l$ 称为垂跨比 $\varphi$。

欧洲国际索道运输组织(O.I.T.A.F.)规定 $\varphi = 1/22 \sim 1/18 = 4.55\% \sim 5.56\%$,垂跨比 $\varphi$ 若偏大,会影响承载索承受弯矩的能力,并会使小车运行接近正常工作区边缘时的升角过大,以致牵引电动机所需功率的选择难以做到经济合理。国内使用的重型缆机,跨距在 1 000 m 以下时,$\varphi$ 值多定在 5.0%,这样通用性较好,以后缆机转用到下一工程时,可有适当增减的余地。跨距超过 1 000 m 则取为 5.5% 或稍小,以减少承载索直径而减轻缆机自重和轨道基础承受的水平力。

一般讲,应使承载索的拉应力大于其弯曲应力。当 $l < 150$ m 时,$\varphi = 3\% \sim 3.5\%$;当 $l = 150$ m $\sim 500$ m 时,$\varphi = 4\% \sim 5\%$;当 $l > 500$ m 时,$\varphi = 5\% \sim 6\%$。

### 三、承载索铰支点高程

确定承载索两端与支承车结构铰支点的安装高程时,必须考虑两铰支点连线中点至所需浇筑到的高程(往往即为坝顶高程)之间的高差 $z$,如图 7-10-14 所示。$z$ 值由三部分的距离组成:

$$z = f_{max} + i + k \tag{7-10-2}$$

式中 $f_{max}$——承载索最大垂度(即满载小车位于跨中时的垂度)。

$k$——吊罐底面至浇筑高程间的安全距离。

$i$——承载索至吊罐底面的最小高差,它又包含了三部分距离:

$$i = c + s + b \tag{7-10-3}$$

其中 $c$——带横梁的吊钩下滑轮组上升至其最高位置时(起升绳下垂段约与水平线成 60°倾角),该横梁与承载索间的距离;

$s, b$——系结于横梁上的悬挂绳的高度及其下的吊罐的高度,如图 7-10-14 所示。

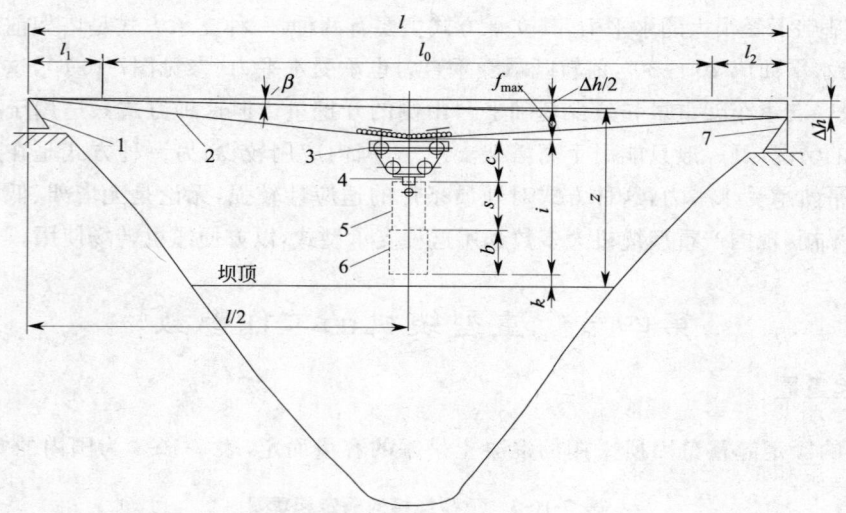

图 7-10-14 缆索起重机的承载索铰支点高层、视线坡角和正常工作区示意图
1—主车;2—承载索;3—小车;4—带横梁的吊钩滑轮组;5—悬挂绳;6—吊罐;7—副车

悬挂绳俗称千斤,在浇筑坝顶部位时可以稍短,而在一般情况下,宜放长一些,以便利运料车向

吊罐输料。表 7-10-4 为不同额定起重量缆索起重机 $i$ 值的参考数据。

表 7-10-4　承载索与吊罐底面的最小高差 $i$（参考值）

| 缆索起重机额定起重量 $W_n$/t | 10 | 13.5 | 20 | 30 |
|---|---|---|---|---|
| 承载索与吊罐底面最小高差 $i$/m | 13 | 14 | 15 | 17～18 |

距离 $k$ 包含着缆索起重机卸料时承载索可能发生的弹跳量，以及放置于浇筑仓面上的机具、设备、模板和器材等的高度。对于 $k$ 的取值，一般不宜小于跨距的 0.4%～0.6%，大跨距时取小比值，小跨距时取大比值。

### 四、承载索视线坡角

在布置缆索起重机时，常使供料线一侧的承载索铰支点略高于对岸一侧的铰支点，两点间有一高差 $\Delta h$（一般不大于跨距的 10%～20%），而两铰支点联线的水平倾角 $\beta$，称为"视线坡角"（见图 7-10-14），即 $\tan\beta=\Delta h/l$。这样做的好处是，在小车牵引的一个工作循环中，由供料线取料而向浇筑仓面运料时，多数时段小车为重载下坡，而卸料后小车返回时，多数时段为空载上坡，空载上坡耗用牵引功率较小，从而使牵引机构的设计较为经济合理，并且重载下坡时牵引电动机将以发电状态运行，可向电网反馈部分能量，取得节能的效果。

视线坡角也不宜太大，以免在偶然需要小车重载回驶时，上坡所需的牵引能力不够而不能返回。一般宜取视线坡角 $\tan\beta=1\%～2\%$，如为两岸地形所限，最好不要超过 3%。当然这种限制并非绝对的，在不得已的情况下，$\beta$ 值也可再加大或减小，甚至为负值，例如爬坡辐射式缆索起重机，其视线坡角甚至达到 $\tan\beta>10\%$。因此，关键问题在于经济性，要根据地形条件和牵引机构的初步估算，作较深入全面的分析比较，才能得出合理的结论。

### 五、非正常工作区

为了避免承载索受到过度的弯曲应力，也因小车上坡的升角受牵引机构牵引能力的限制，不得不规定吊运额定载荷的小车只允许在整个跨距的中间区段运行。这个区段称为"正常工作区"或额定载荷工作区（$l_0$）。而紧靠主、副车的两侧区段一般只允许小车进入，称为"非正常工作区"（$l_1$、$l_2$），如图 7-10-14 所示。

非正常工作区的范围一般约为跨距 $l$ 的 1/10～1/7，根据布置的具体情况，两岸的非正常工作区可以对称或不对称。有时将非正常工作区放大一些对缆机的工作是有利的，但现在国内使用的缆机，一般都将两岸的非正常工作区定为跨距的 1/10，即 $l_1=l_2=l/10$，以便使缆索起重机的通用性更好一些。如果出于现场布置的需要，将非正常工作区取得比 $l/10$ 更小些也是可能实现的，和前述实现坡角的情况一样，问题在于经济性。小车运行超出正常工作区边缘处后，承载索弯应力增加的风险增大，而小车升角也将因此增大，以致牵引电动机须选用较大的功率，因此应作全面考虑后磋商确定。

此外，不应误认为绝对不能进入非正常工作区工作，如在某些特殊情况下，需进入非正常工作区工作时（如用 3 m³ 吊罐浇筑坝尖部位的少量混凝土），应适当限制工作的次数和起重量及限制工作速度和加、减速度，并事先听取缆机设计制造单位的意见。

### 六、工作速度和加（减）速度

重型缆机的工作速度（起升速度和小车牵引速度）将影响其施工生产效率，但如吊罐的升降高度和牵引小车往返的行程不大，起动加速后，匀速运动的时间较短，很快就需减速而停止，在此情况下加快匀速运动时的工作速度，对缩短各个工作循环所需的时间，能起到的作用并不大，反而需要增大起升和牵引电动机的装机功率，影响缆机造价，且不利于节能。

根据重型缆机的发展状况,可根据施工现场的跨距和起升总扬程的要求,适当提高工作速度和加、减速度的数值,表 7-10-5 可供参考。

表 7-10-5　不同条件下工作速度和加、减速度的参考值

| | 总扬程 $h/m$ | 120 | 180 | 240 | 300 |
|---|---|---|---|---|---|
| 吊罐升降 | 升降速度 $v_h/(m/s)$ | 2.5～3.0 | 3.0 | 3.0～3.5 | 3.5～4.0 |
| | 加、减速度 $a_h/(m/s^2)$ | 0.5 | 0.5 | 0.75 | 1.0 |
| 牵引往返 | 跨距 $l/m$ | 500 | 650 | 850 | 1 000 |
| | 牵引速度 $v_c/(m/s)$ | 6.0 | 7.5 | 7.5～9.0 | >9.0 |
| | 加、减速度 $a_c/(m/s^2)$ | 0.5 | 0.68 | 0.75 | 1.0 |

## 七、工作级别

工作级别反映缆索起重机的承载能力和使用寿命,也影响到缆索起重机的造价及以后的转用改造,因此,在选用和订购缆索起重机时,必须首先明确提出其所需的工作级别,以作为该缆索起重机设计的依据。施工缆索起重机可分为三类,其工作级别分别为:

1. 繁重型或浇筑型(A7)

常用于大中型水利水电工程浇筑混凝土大坝施工的缆索起重机,简称为"重型缆索起重机"。若考虑以后的转场使用,如用户没有明确提出缆索起重机的工作级别,一般按繁重型设计。为提高浇筑施工的效率,这种缆索起重机的工作速度通常确定为中速或高速。其承载索必须采用封闭索;受力构架必须验算疲劳强度;起升机构和牵引机构按工作级别 M8 来设计。

2. 兼用型(A4～A5)

兼作浇筑混凝土和吊装大件设备用的缆索起重机。这类缆索起重机可以适当降低工作速度;其承载索一般应采用封闭索;如工作级别为 A4,受力构架可以不用验算疲劳强度;起升机构和牵引机构可按工作级别 M5 来设计。

3. 吊装型(A1～A3)

主要用于吊装大件设备用的固定式缆索起重机,有结构轻巧、布置容易、装拆方便的特点。这类缆索起重机主要要求动作平稳,可采用更低的工作速度,并考虑用交流变频调速拖动;其承载索可考虑采用单股或多股螺旋索;某些构造和设施可适当简化;受力构架也不必验算疲劳强度;其起升机构和牵引机构应按工作级别 M3 来设计。

## 八、缆机性能参数应用举例

表 7-10-6 列出了两种平移式缆机及承载索的主要性能参数。

表 7-10-6　缆机及承载索的主要性能参数

| 项　目 | 平移式 20 t(宝珠寺) | 平移式 30 t(锦屏) |
|---|---|---|
| 跨距/m | 784 | 670 |
| 起重量/t | 20 | 30 |
| 小车有效移动距离/m | 630 | |
| 最大提升高度/m | 180 | 340 |
| 主索直径/mm | 92 | 95 |
| 牵引索直径/mm | 36.5 | 32 |
| 起重索直径/mm | 36.5 | 32 |
| 吊钩重载升降速度/(m/s) | 2～2.7 | 2.5/3～3.5 |

续上表

| 项 目 | 平移式 20 t(宝珠寺) | 平移式 30 t(锦屏) |
|---|---|---|
| 吊钩空载升降速度/(m/s) | 3.3 | 3.5 |
| 小车重载牵引速度/(m/s) | 7.5(最大) | 7.5 |
| 大车行走速度/(m/min) | 13.26 | 12 |
| 起升机构电机功率/kW | 500(直流)780(交流) | 1 050 |
| 牵引机构电机功率/kW | 2×160(直流)460(交流) | 482 |
| 主车行走电机功率/kW | 2×13、2×10 | 3×7.5 |
| 副车行走电机功率/kW | 2×10、1×13 | 3×7.5 |
| 缆机电机总功率/kW | 1400 | 1 577 |
| 缆机总重量/kN | 4 414 | |
| 缆机电控系统 | 可控硅整流直流电机拖动 | 可控硅整流直流电机拖动 |
| 承载索支点高差/m | 5.4 | 15 |
| 承载索工作张力/kN | 2 750 | 3 240 |
| 承载索重量/(kg/m) | 49.4 | 52.4 |
| 承载索断面面积/mm² | 5 657 | 6 262 |
| 承载索破断拉力/kN | 8 094 | 9 908 |
| 起重或牵引索重量/(kg/m) | 4.866 | 3.8 |
| 起重或牵引索断面面积/mm² | 503.64 | 410 |
| 起重或牵引索破断拉力/kN | 637 | 730 |

## 第五节　承载索的设计计算

### 一、承载索最大拉力的计算

计算承载索拉力时遵循以下几项原则：

(1)对于缆机的承载索系统，采用比较简便的抛物线法计算其拉力和垂度，在垂度不大于跨距的 10% 时，得出的结果已足够精确，不必考虑用繁琐的悬链线法进行计算。

(2)缆机工作过程中产生的动载荷影响不太大，只需简捷地按静态计算拉力，已可满足工程设计的要求。

(3)将小车及其承受的垂直载荷视为集中载荷来计算，而不考虑多个小车车轮分布的影响，虽有少量偏差，但仍在工程允许的范围内。

(4)先预定缆机承载索的跨中垂度 $f_{max}$，再计算出整个索道系统的水平总拉力，然后求出承载索的总拉力，比较合理。

缆索起重机的牵引机构由牵引绳组成环形的无极绳摩擦传动，大多数的重型缆机将一根牵引绳分为上、下支，其中上支由主、副车上的天轮支架架空，不与小车相连；下支则与小车相连。也有的缆索起重机将牵引绳的上支并不架空，而是直接穿过小车，受到小车和承马的支托，这样可简化主、副车支架的结构，却使承马和小车的构造复杂化。若按前一种构造方式来考虑，用抛物线法确定索道系统由均布载荷(由承载索、承马、工作绳自重、风载荷组成)和集中载荷(由起

重小车、吊钩、吊重组成)引起的垂度时,则索道系统上 $X$ 点垂度 $f_x$ 的计算公式(图7-10-15)为:

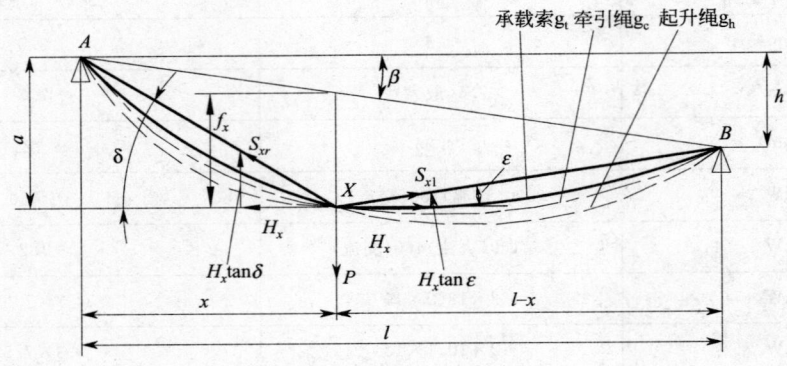

图 7-10-15　按抛物线法确定索道系统的垂度

$$f_{\mathrm{X}} = \left(\frac{P}{l} + \frac{\sum g}{2\cos\beta}\right)\frac{x(l-x)}{\sum H_{\mathrm{X}}} \quad (\mathrm{m}) \tag{7-10-4}$$

跨中最大垂度 $f_{\mathrm{m}}$ 可改写为:

$$f_{\mathrm{m}} = \frac{Pl}{4\sum H_{\mathrm{m}}} + \frac{l^2 \sum g}{8\cos\beta \sum H_{\mathrm{m}}} \quad (\mathrm{m}) \tag{7-10-5}$$

式中　$x$——小车中点所在的 $X$ 点与高端铰支点 $A$ 点间的水平距离(m);
　　　$l$——跨距(m);
　　　$\beta$——视线坡角;
　　　$P$——小车总重量(kN);
　　$\sum H_{\mathrm{X}}$——小车位于 $X$ 点时,系统的总水平拉力(kN);
　　$\sum H_{\mathrm{m}}$——小车位于跨中时,系统的总水平拉力(kN);
　　$\sum g$——承载索和工作绳自重引起的单位长度重力之和(kN),即:

$$\sum g = g_{\mathrm{t}} + g_{\mathrm{h}} + g_{\mathrm{c}} \quad (\mathrm{kN}) \tag{7-10-6}$$

其中　$g_{\mathrm{t}}$——承载索单位长度的重力(kN);
　　　$g_{\mathrm{h}}$——起升绳单位长度的重力(kN);
　　　$g_{\mathrm{c}}$——牵引绳单位长度的重力(含承马平均重量)(kN)。

由于缆索起重机工作速度偏低,小车轮距相对于跨距又较小,因此在计算系统载荷时其动载荷和小车轮距一般不予考虑。当小车位于跨中且给定跨中垂度值 $f_{\mathrm{m}}$ 时,可按式(7-10-5)算出索道系统的总水平拉力 $\sum H_{\mathrm{m}}$ 值,此时在高端铰支点 $A$ 处的总垂直度反力 $\sum V_{\mathrm{Am}}$ 为:

$$\sum V_{\mathrm{Am}} = \frac{l \sum g}{2\cos\beta} + \frac{P}{2} + \sum H_{\mathrm{m}} \tan\beta \quad (\mathrm{kN}) \tag{7-10-7}$$

同时,小车位于跨中时,系统的最大总拉力 $\sum S_{\mathrm{m}}$ 为:

$$\sum S_{\mathrm{m}} = \sqrt{\sum H_{\mathrm{m}}^2 + \sum V_{\mathrm{Am}}^2} \quad (\mathrm{kN}) \tag{7-10-8}$$

再从 $\sum S_{\mathrm{m}}$ 中减去起升绳和牵引绳的拉力,就可求得承载索的最大拉力 $S_{\max}$

$$S_{\max} = \sum S_{\mathrm{m}} - S_{\mathrm{h}} - S_{\mathrm{c}} \quad (\mathrm{kN}) \tag{7-10-9}$$

式中　$S_{\mathrm{h}}$——起升绳拉力(kN);
　　　$S_{\mathrm{c}}$——牵引绳拉力(kN)。

## 二、承载索安全系数的取值

首先必须严格区别对钢丝绳、索强度的两种取值,一种称为"计算破断拉力",$F_{\mathrm{r}}$ 为欧洲所常用,是指该绳、索各根传力钢丝抗拉强度之和;另一种称为"最小破断拉力",在日、美及我国传统使用,$F_{min}$ 是指该整根绳索的最小破断拉力。这两种强度相差一个约 0.9 的捻制损失系数,即 $F_{min}=0.9F_r$。

其次是关于安全系数的取值,欧洲 Q.I.T.A.F. 推荐标准规定承载索的安全系数为:

$$n=\frac{F_r}{S_{max}} \geqslant 3.0 \tag{7-10-10}$$

### 三、承载索的状态方程式和包络线

前面计算确定了承载索在正常工作情况下的拉力和垂度与载荷的关系,但未考虑由拉力变化而引起的各绳、索弹性变形所产生的影响,所以还不能全面反映拉力变化的规律。状态方程式正是以考虑绳、索弹性变形为基础来进行计算,从而求出在不同状态下承载索所承受的拉力,然后再算出相应的垂度,这样便可按照承载索上小车各承载位置的轨迹绘制包络线,也就是小车运动轨迹图,供施工设计时考虑。同时,也可据以求出在不同状态下小车的升角,供小车牵引载荷计算之用。

所谓不同状态主要应考虑以下 5 种情况:正常工作状态、安装状态、试验状态、温度变化状态、承载索长度改变或跨距改变状态。

为简便书写,下面各式中的一些变量均省去了承载索计算中的 $\Sigma$ 符号,例如以 $G$ 表示各绳、索重力之和,即 $G_m$ 代表 $\Sigma G_m$,$G_X$ 代表 $\Sigma G_X$;以 $H$ 表示各绳、索拉力之和,即 $H_m$ 代表 $\Sigma H_m$,$H_X$ 代表 $\Sigma H_X$。同时,凡带下脚标 $m$ 的代号均代表基准状态的变量,凡带下脚标 $X$ 的代号均代表所计算状态的变量。

承载索的状态方程式为典型的三次方程式:

$$H_X^3 + aH_X^2 + b = 0 \tag{7-10-11}$$

其中 $a$、$b$ 为与载荷有关的系数:

$$a=\frac{EF_t}{8H_m^2}\left[P(P+G_m)+\frac{G_m^2}{3}\right]-EF_t\left(\frac{z}{l'}+\varepsilon\Delta t\right)-(H_m-S_h-S_c+S_{hX}+S_{cX}) \tag{7-10-12}$$

$$b=-\frac{EF_t}{8}\left[\frac{G_X^2}{3}+\frac{4x(l-x)}{l^2}p_X(p_X+G_X)\right] \tag{7-10-13}$$

前述 5 种状态的各有关参数见表 7-10-7。

表 7-10-7 各种状态下的有关参数

| 状 态 | | $P_X$/kN | $G_X$/kN | $S_{hX}$/kN | $S_{cX}$/kN | $Z$/m | $\Delta t$/℃ |
|---|---|---|---|---|---|---|---|
| 正常工作状态 | 满载 | $P=\Sigma Q \times g$ | $G_m$ | $(P-Q_c g)/2$ | $S_c$ | 0 | 0 |
| | 空罐 | $(\Sigma Q-Q_s)g$ | $G_m$ | $(P_X-Q_c g)/2$ | $S_c$ | 0 | 0 |
| | 空钩 | $(\Sigma Q-Q)g$ | $G_m$ | $(P_X-Q_c g)/2$ | $S_c$ | 0 | 0 |
| 安装状态 | | 0 | $G_t$ | 0 | 0 | 0 | 0 |
| 试验状态 | 动载 | $(\Sigma Q+0.10Q)g$ | $G_m$ | $(P_X-Q_c g)/2$ | $S_c$ | 0 | 0 |
| | 动载 | $(\Sigma Q+0.10Q)g+P_d$ | $G_m$ | $(P_X-Q_c g)/2$ | $S_c$ | 0 | 0 |
| | 静载 | $(\Sigma Q+0.25Q)g$ | $G_m$ | $(P_X-Q_c g)/2$ | $S_c$ | 0 | 0 |
| 温度变化 | | $P=\Sigma Q \times g$ | $G_m$ | $(P-Q_c g)/2$ | $S_c$ | 0 | $\Delta t$ |
| 跨距变化 | 缩小 | $P=\Sigma Q \times g$ | $G_m$ | $(P-Q_c g)/2$ | $S_c$ | $-z$ | 0 |
| | 增大 | $P=\Sigma Q \times g$ | $G_m$ | $(P-Q_c g)/2$ | $S_c$ | $z$ | 0 |

注:1. 如起升绳为 4 分支绕法,表中 $S_{hX}$ 值均应改为除以 4。
2. 牵引绳的拉力 $S_{cX}$ 变化比较复杂,为简化计算,这里均按初拉力 $S_c$ 考虑,将带来可以允许的微量误差。

式(7-10-11)、式(7-10-12)、式(7-10-13)及表 7-10-7 中各代号的意义如下：

$Q_c$、$Q_h$、$Q_R$、$Q_b$、$Q_s$——分别代表小车、吊钩下滑轮组、起升绳下垂段、吊罐、混凝土的质量(t)；

$Q$——额定起重量(t)，$Q=Q_b+Q_s$；

$\Sigma Q$——额定起重量时集中载荷质量之和(t)，$\Sigma Q=Q_c+Q_h+Q_R+Q_b+Q_s$；

$g$——重力加速度，9.81 m/s²；

$P$——额定起重量时的集中载荷(kN)，$P=\Sigma Q \times g$；

$P_d$——动载试验时起升加速度引起的动载荷(kN)，$P_d=(Q_h+Q_R+1.1Q)a$；

$a$——起升加速度，一般取 $a=0.5$ m/s²；

$g_t$、$g_h$、$g_c$、$C_a$——分别代表承载索、起升绳、牵引绳和承马单位长度的重力(kN/m)，$\Sigma g=g_t+g_h+g_c+C_a$（如存在承马绳时，其重力也应计入）；

$G_m$——各整根绳、索重力之和(kN)，$G_m=\Sigma g \times l/\cos\beta$；

$G_t$——整根承载索的重力(kN)，$G_t=g_t \times l/\cos\beta$；

$F_t$、$F_h$、$F_c$——分别代表承载索、起升绳、牵引绳的截面面积(cm²)；

$F_m$——各绳、索截面积之和(cm²)，$F_m=F_t+F_h+F_c$；

$P_X$、$G_X$——分别代表在所计算的状态下的集中载荷、绳索总重力(kN)；

$\Delta t$——环境温度升高或降低的摄氏度数，取 20℃ 为基准温度，根据现场环境温度的有关数据，确定最大升高或降低的度数，升高为负值，降低为正值；

$\varepsilon$——绳索的线膨胀系数，可取钢的线膨胀系数 $\varepsilon=0.000\,011\sim0.000\,012$；

$z$——跨距增大或缩小的长度（或承载索长度改变值）(m)，根据具体情况确定 $z$ 值，跨距增大或索长缩短时，$z$ 为正值；

$E$——承载索的弹性模量，可取 $E=120\,000$ MPa$\sim160\,000$ MPa（密封索）；

$$E=80\,000 \text{ MPa}\sim120\,000\text{MPa （多层股索）}$$

$S_h$、$S_c$——分别为起升绳和牵引绳在基准状态的拉力；

$S_{hX}$、$S_{cX}$——分别为起升绳和牵引绳在所计算状态的拉力，并认为均近似等于其水平拉力。

先按要求的状态计算出 $a$、$b$ 值，然后可用牛顿叠加法或三次方程式求根法算出各该状态（位置）的水平拉力 $H_X$，再代入式(7-10-4)和式(7-10-5)之变式：

$$f_X=(2P_X+G_X)\times\frac{x(l-x)}{2lH_X} \tag{7-10-14}$$

$$f_m=(2P_X+G_X)l/8/H_X \tag{7-10-15}$$

得出不同 $X$ 点处的垂度值，结合点 $X$ 与承载索铰支点 $A$ 点的距离 $x$ 以及视线坡角 $\beta$，将之作图连成一条曲线，就成为承载索在该状态下承受集中载荷各点所构成的包络线，也就是在该状态下小车运动的轨迹图。

承载索悬垂曲线长度 $s$ 为：

$$s=\frac{l}{\cos\beta}+\frac{A}{(\Sigma S)^2} \tag{7-10-16}$$

其中 $A$ 为与载荷有关的系数：

当只有均布载荷时：

$$A=\frac{(\Sigma g)^2 l^3}{24\cos^3\beta}=\frac{(\Sigma G)^2 l}{24\cos\beta} \tag{7-10-17}$$

当 $X$ 点有集中载荷时：

$$A_X=\frac{(\Sigma G)^2 l}{24\cos\beta}+\frac{x(l-x)}{2l\cos\beta}\times P(P+\Sigma G) \tag{7-10-18}$$

同时也可求出小车在 X 点处的升角：

$$\tan\gamma_X = \tan\beta + (P+G_X)\frac{2xl}{2l\sum H_X} \tag{7-10-19}$$

### 四、承载索计算例题

1. 计算数据

(1) 某工程采用 20 t×850 m 平移式重型缆索起重机，其给定的主要技术参数如下：

1) 额定起重质量 $Q=20$ t；

2) 跨距 $l=850$ m；

3) 视线坡角 $\beta=1.2731°$（$A$、$B$ 两铰支点高差 $h_{AB}=17$ m，$\tan\beta=17/850=0.02$）；

4) 垂跨比 $f_m/l=5\%$（最大垂度 $f_m=42.5$ m）；

5) 最大起升高度 $h=180$ m。

(2) 初步预选索道系统的均布载荷和集中载荷的数据见表 7-10-8 和表 7-10-9。

表 7-10-8　均布载荷

| 名　称 | 直径<br>/mm | 单位质量<br>/(kg/m) | 符　号 | 单位重力<br>/(kN/m) | 计算破断载荷<br>/kN | 截面面积<br>/cm² |
|---|---|---|---|---|---|---|
| 承载索 | 84 | 41.40 | $g_t$ | 0.4061 | 774 2 | 44.38 |
| 起升绳 | 34 | 4.40 | $g_h$ | 0.0432 | 841 | 4.28 |
| 牵引绳 | 30 | 3.50 | $g_c$ | 0.0343 | 637 | 3.24 |
| 承 马 | — | 4.706 | $C_a$ | 0.0462 | — | — |
| 共 计 |  | 54.006 | $\sum g$ | 0.5298 | — | 51.90 |

注：1. 承载索的受力钢丝的破断拉力为 1 570 MPa；
　　2. 起升绳（WS 型）在吊钩下滑轮组处为 2 分支绕法；
　　3. 牵引绳（WS 型）只考虑其下支的载荷；
　　4. 承马共用 10 个，单个质量为 400 kg，按小车位于跨中，分摊为均匀载荷的单位质量：$C_a=400\times10/850=4.706$ kg/m。

表 7-10-9　集中载荷

| 载荷名称 | 符号 | 满载质量 | 空罐质量 | 空钩质量 |
|---|---|---|---|---|
| 小车 /t | $Q_c$ | 8.200 | 8.200 | 8.200 |
| 吊钩滑轮组/t | $Q_h$ | 2.500 | 2.500 | 2.500 |
| 起升绳下垂段/t | $Q_R$ | 0.792 | 0.792 | 0.792 |
| 吊罐/t | $Q_b$ | 5.000 | 5.000 | 0 |
| 混凝土/t | $Q_s$ | 15.000 | 0 | 0 |
| 共 计/t | $\sum Q$ | 3.492 | 16.492 | 11.492 |
| 重力共计/kN | $P$ | 308.94 | 161.79 | 112.74 |

注：1. 起升绳下垂段质量 $Q_R=g_h\times h\times 2/2=0.0044\times180=0.792$ t；
　　2. 额定起重质量 $Q=Q_b+Q_s=20$ t。

2. 索道系统作用力计算

索道系统作用有均布载荷（承载索和工作绳自重）和集中载荷（小车自重和货重），根据式（7-10-5），小车位于跨中时，系统的总水平拉力为：

$$\sum H_m = \left(\frac{P}{4}+\frac{l\sum g}{8\cos\beta}\right)\frac{l}{f_m} = \left(\frac{308.94}{4}+\frac{850\times0.5298}{8\times\cos1.2731}\right)/0.05 = 267\,0.75\,(\text{kN})$$

此时 $A$ 点的支反力为：

$$\sum V_{Am} = \frac{l\sum g}{2\cos\beta} + \frac{P}{2} + \sum H_m\tan\beta = 225.21 + 154.47 + 53.42 = 433.10(\text{kN})$$

则索道系统的最大总拉力：

$$\sum S_m = \sqrt{(\sum H_m)^2 + \sum V_{Am}^2} = 2\ 705.64(\text{kN})$$

其中起升绳拉力：

$$S_h = (\sum Q - Q_c) \times 9.81/1\ 000/2 = 114.2(\text{kN})$$

取牵引绳拉力 $S_c = 75.0$ kN，由此求出承载索的最大拉力为

$$S_{max} = \sum S_m - S_h - S_c = 2\ 705.64 - 114.2 - 75 = 2\ 516.44(\text{kN})$$

3. 跨中最大垂度计算

根据式(7-10-5)，小车位于跨中时，跨中实际最大垂度 $f_m$ 为：

$$f_m = \frac{Pl}{4\sum H_m} + \frac{l^2\sum g}{8\cos\beta\sum H_m} = \frac{308.94 \times 850}{4 \times 2\ 670.75} + \frac{850^2 \times 0.529\ 8}{8 \times \cos 1.273\ 1 \times 2\ 670.75} = 42.50(\text{m})$$

4. 安全系数计算

根据奥钢联集团公司（奥地利）提供的数据，钢丝强度 $1\ 570$ kN/mm² 级，直径 84 mm 密闭索的计算破断载荷 $F_r = 7\ 742$ kN。前面计算得到的承载索最大拉力 $S_{max} = 2\ 516.44$ kN，则承载索的安全系数：

$$n = \frac{F_r}{S_{max}} = 3.077 > 3.0$$

满足要求。

5. 状态方程式求解和包络线绘制

基准状态数据：$p = 308.94$ kN，$G_m = 0.529\ 8 \times 850/\cos 1.273\ 1 = 450.42$ kN，$F_t = 44.38$ cm²，$z = 0$，$\Delta t = 0$，$H_m = 2\ 670.75$ kN，$S_h = 114.25$ kN，$S_c = 75.0$ kN。

系数：$E = E_R = 150\ 000$ MPa，$\varepsilon = 0.000\ 011$。

按表 7-10-7 格式列出 5 种状态的有关数据，见表 7-10-10。

表 7-10-10　各状态相关数据

| 状态 | | $P_X$/kN | $G_X$/kN | $S_{hX}$/kN | $S_{cX}$/kN | $z$/m | $\Delta t$/℃ |
|---|---|---|---|---|---|---|---|
| 正常工作状态 | 满载 | 308.94 | 450.42 | 114.25 | 75.0 | 0 | 0 |
| | 空罐 | 161.79 | 450.42 | 40.68 | 75.0 | 0 | 0 |
| | 空钩 | 112.74 | 450.42 | 16.15 | 75.0 | 0 | 0 |
| 安装状态 | | 0 | 345.27 | 0 | 0 | 0 | 0 |
| 试验状态 | 动载 | 328.56 | 450.42 | 124.06 | 75.0 | 0 | 0 |
| | 动载 | 341.21 | 450.42 | 130.39 | 75.0 | 0 | 0 |
| | 静载 | 357.99 | 450.42 | 138.78 | 75.0 | 0 | 0 |
| 温度变化 | | 308.94 | 450.42 | 114.25 | 75.0 | 0 | 0 |
| 跨距 | 缩小 | 308.94 | 450.42 | 114.25 | 75.0 | −1.0 | 0 |
| | 增大 | 308.94 | 450.42 | 114.25 | 75.0 | 1.0 | 0 |

代入式(7-10-12)和式(7-10-13)，计算得出各状态的 $a$、$b$ 值，见表 7-10-11。

表 7-10-11　各状态的 $a$、$b$ 值

| 状态 | | $a$ | $b$ |
|---|---|---|---|
| 正常工作 | 满载 | 854.98 | $-5.627\ 3 \times 10^9 - 7.808\ 6 \times 10^{10} \times x(850-x)/850^2$ |
| | 空罐 | 928.55 | $-5.627\ 3 \times 10^9 - 3.296\ 9 \times 10^{10} \times x(850-x)/850^2$ |
| | 空钩 | 953.08 | $-5.627\ 3 \times 10^9 - 2.113\ 3 \times 10^{10} \times x(850-x)/850^2$ |

续上表

| 状态 | | $a$ | $b$ |
|---|---|---|---|
| 安装状态 | | 1 044.23 | $-3.306\ 6\times10^9$ |
| 试验状态 | 动载 | 845.17 | $-5.627\ 3\times10^9-8.519\ 0\times10^{10}\times x(850-x)/850^2$ |
| | 动载 | 838.84 | $-5.627\ 3\times10^9-8.990\ 7\times10^{10}\times x(850-x)/850^2$ |
| | 静载 | 830.45 | $-5.627\ 3\times10^9-9.632\ 8\times10^{10}\times x(850-x)/850^2$ |
| 温度变化 | | 562.07 | $-5.627\ 3\times10^9-7.808\ 6\times10^{10}\times x(850-x)/850^2$ |
| 跨距 | 缩小 | 1 638.00 | $-5.627\ 3\times10^9-7.808\ 6\times10^{10}\times x(850-x)/850^2$ |
| | 增大 | 71.96 | $-5.627\ 3\times10^9-7.808\ 6\times10^{10}\times x(850-x)/850^2$ |

表 7-10-11 中试验状态第 2 项动载试验中计入了起升加速度 $a=0.5\ \mathrm{m/s^2}$ 引起的动载荷 $P_\mathrm{d}=(31.492-8.2+2)\times0.5=12.646\ \mathrm{kN}$；温度变化状态考虑由基准温度 20℃ 降至 −20℃；跨距缩小相当于承载索增长 $z$ 值，跨矩增大相当于承载索缩短 $z$ 值。

再代入状态方程式（式(7-10-11)）和式(7-10-14)进行求解，并列表计算小车处于不同位置时的总水平拉力和垂度。对于不同状态的计算结果见表 7-10-12（小车位于 $x/l=0.6$、0.7、0.8、0.9 时的 $H_\mathrm{x}$ 和 $f_\mathrm{x}$ 值分别与 $x/l=0.4$、0.3、0.2、0.1 时相等）。

表 7-10-12　不同状态计算结果

| 状态 | $x/l$ | 0.1 | 0.2 | 0.3 | 0.4 | 0.5 |
|---|---|---|---|---|---|---|
| 满载 | $H_\mathrm{x}/\mathrm{kN}$ | 2 077.43 | 2 370.30 | 2 545.14 | 2 640.37 | 2 670.75 |
| | $f_\mathrm{x}/\mathrm{m}$ | 19.67 | 30.65 | 37.46 | 41.27 | 42.50 |
| 空罐 | $H_\mathrm{x}/\mathrm{kN}$ | 1 780.99 | 1 947.11 | 2 052.04 | 2 110.69 | 2 129.62 |
| | $f_\mathrm{x}/\mathrm{m}$ | 16.62 | 27.03 | 33.66 | 37.40 | 38.62 |
| 空钩 | $H_\mathrm{x}/\mathrm{kN}$ | 1 688.34 | 1 806.72 | 1 883.66 | 1 927.30 | 1 941.48 |
| | $f_\mathrm{x}/\mathrm{m}$ | 15.31 | 25.44 | 32.02 | 35.77 | 36.99 |
| 安装 | $H_\mathrm{x}/\mathrm{kN}$ | 1 210.89 | | | | |
| | $f_\mathrm{x}/\mathrm{m}$ | 10.91 | 19.39 | 25.45 | 29.08 | 30.29 |
| 动载 | $H_\mathrm{x}/\mathrm{kN}$ | 2 118.11 | 2 426.15 | 2 609.20 | 2 708.61 | 2 740.32 |
| | $f_\mathrm{x}/\mathrm{m}$ | 20.00 | 31.04 | 37.88 | 41.71 | 42.94 |
| 动载加速 | $H_\mathrm{x}/\mathrm{kN}$ | 2 144.44 | 2 462.20 | 2 650.40 | 2 752.36 | 2 784.88 |
| | $f_\mathrm{x}/\mathrm{m}$ | 20.21 | 31.75 | 38.14 | 41.98 | 43.22 |
| 静载 | $H_\mathrm{x}/\mathrm{kN}$ | 2 179.44 | 2 509.77 | 2 704.52 | 2 810.02 | 2 843.62 |
| | $f_\mathrm{x}/\mathrm{m}$ | 20.47 | 31.60 | 38.49 | 42.34 | 43.58 |
| 温度降低 | $H_\mathrm{x}/\mathrm{kN}$ | 2 157.25 | 2 451.98 | 2 625.71 | 2 723.40 | 2 753.92 |
| | $f_\mathrm{x}/\mathrm{m}$ | 18.94 | 29.63 | 36.31 | 40.01 | 41.22 |
| 跨距缩小 | $H_\mathrm{x}/\mathrm{kN}$ | 1 899.11 | 2 178.89 | 2 350.05 | 2 443.45 | 2 473.27 |
| | $f_\mathrm{x}/\mathrm{m}$ | 21.52 | 33.34 | 40.57 | 44.59 | 45.89 |
| 跨距增大 | $H_\mathrm{x}/\mathrm{kN}$ | 2 306.61 | 2 602.83 | 2 779.32 | 2 875.38 | 2 905.02 |
| | $f_\mathrm{x}/\mathrm{m}$ | 17.72 | 27.91 | 34.30 | 37.90 | 39.07 |

根据这些计算结果，可绘出缆索起重机全跨距范围内的空索、空钩（安全高位时）、空罐（安全高位时吊罐地面）、满灌（安全高位时吊罐底面）的运行轨迹包络线，以方便缆索起重机布置设计和供运行控制设计时参考。

代入式(7-10-16)和式(7-10-17),可得承载索悬垂曲线长度 $s$ 为

$$s = \frac{l}{\cos\beta} + \frac{(\sum g)^2 l^3}{24\cos^3\beta(\sum S)^2}$$

$$= \frac{850}{\cos 1.273\ 1} + \frac{0.529\ 8^2 \times 850^3}{24 \times \cos^3 1.273\ 1 \times 2\ 705.64^2} = 850.21 + 0.982$$

$$= 851.192 \text{(m)}$$

承载索安装和运行时还应注意:

(1) 考虑到新承载索安装好,经过 10 余次满载运行后,必将产生一定的永久变形而伸长,因此初安装的索长应较其设计长度适当缩短些,也就是未受载前其垂度适当小于设计垂度。

(2) 如果环境温度较正常温度 20℃ 降低超过 40℃,应考虑调整承载索长度。

(3) 承载索安装长度应按安装状态计算,即只悬挂空承载索,而不带工作绳、承马和小车,此时只计算承受自身均布载荷的承载索悬垂曲线的长度 $s_0$。

(4) 承载索下料长度应减去因受拉而引起的弹性变形量 $\Delta s_0$,同时根据构造情况,还应减去主车拉板末端至铰支点的长度和副车拉板末端至铰支点的长度。

# 附录　国内部分起重机企业产品概览

| | | |
|---|---|---|
| 附录一 | 大连重工·起重集团有限公司 | 1936 |
| 附录二 | 徐州工程机械集团有限公司 | 1938 |
| 附录三 | 中联重科股份有限公司 | 1940 |
| 附录四 | 武桥重工集团股份有限公司 | 1942 |
| 附录五 | 抚顺永茂建筑机械有限公司 | 1944 |
| 附录六 | 卫华集团有限公司 | 1946 |
| 附录七 | 上海起重运输机械厂有限公司 | 1947 |
| 附录八 | 广西建工集团建筑机械制造有限责任公司 | 1948 |
| 附录九 | 河南起重机器有限公司 | 1949 |
| 附录十 | 郑州新大方重工科技有限公司 | 1950 |
| 附录十一 | 江苏正兴建设机械有限公司 | 1951 |
| 附录十二 | 上海电力环保设备总厂有限公司 | 1952 |
| 附录十三 | 马鞍山统力回转支承有限公司 | 1953 |
| 附录十四 | 深圳市蓝海华腾技术股份有限公司 | 1954 |
| 附录十五 | 深圳市英威腾电气股份有限公司 | 1955 |

# 附录一

## 大连重工·起重集团有限公司

### 一、企业介绍

大连重工·起重集团有限公司是中国重机行业率先进入世界机械500强和中国企业500强的大型企业集团，2011年11月成立大连华锐重工集团股份有限公司实现整体上市（大连重工SZ002204）。产品主要服务于冶金、港口、能源、矿山、航空航天等领域，拥有风力发电核心零部件、大型船用曲轴、隧道掘进设备、大型高端铸锻件、核电专用装备等五大类成长型新产品和冶金机械、起重机械、港口机械、散料装卸机械等四大类传统主导产品；集团具有重大技术装备自主研发和机电液一体化的设计制造、安装调试及工程成套总承包能力；建有国家级技术中心、博士后工作站和3个研究所、4个实验室；获得国家专利272项、国家和省市名牌产品15个；承建了近50项工程总承包项目，为国家重点工程提供了近400万t重大成套技术装备，创下190项"中国第一"；产品销售74个国家和地区，年出口创汇2亿美元以上。

大连华锐重工起重机有限公司是大连重工·起重集团有限公司的全资子公司。作为中国最具影响力、规模最大的起重机械设计制造专业公司，自1949年制造出中国首台桥式起重机以来，创造了77项"中国第一"，多项产品荣获国家科技进步奖、国家新产品奖，"DCW"牌桥式、门式起重机荣获中国名牌产品称号，产品销往美国、日本、俄罗斯、巴西等40个国家和地区。

公司主导产品有5 t～20 000 t桥式起重机；5 t～1 000 t单、双梁门式起重机；各种冶金起重机及吊具；核电站环行起重机、门座起重机、启门机等各类专用起重运输设备，500多个品种，1 200多个规格。为莱福士海洋工程有限公司设计制造的起重20 000 t桥式起重机创造了世界之最；为"神州"载人航天等国家重点工程提供的数百台起重机，受到广泛赞誉；为宝钢提供的冶金起重机被誉为质量最佳样板设备。

公司服务宗旨：质量为先，客户至上。公司秉承"务实创新，世界一流"的核心价值观，走"专业化、批量化、规模化、差异化"之路，为客户提供优质的产品和满意的服务。

大连华锐重工起重机有限公司坐落于大连市旅顺口区经济开发区，公司员工队伍业务精干、技术精良，拥有现代化厂房3万多平方米和大型产品露天总装场地10万 m²；具有临海优势，旅顺港可整机发运各种大型产品。

### 二、主要产品

**桥式起重机**

企业被国家授予"中国最大的起重机设计制造专业厂"称号，产品有500个品种、1 200余个规格，

DHQD通用桥式
起重机系列（5 t～800 t）

2007年，自主开发设计国际上首台2万t
多吊点桥式起重机，是目前世界上起重量
最大的起重机

DCW牌桥、门式起重机获中国名牌。企业设计制造的桥式起重机产品包括：DHQD08、DHQDD超低净空、DQQD等吊钩桥式起重机系列及各类电磁、抓斗、两用、三用、慢速、防爆、绝缘等桥式起重机。

**门式起重机**

企业设计制造的门式起重机产品包括：单主梁、双主梁等门式起重机系列及电磁、抓斗、集装箱、两用、三用、半门式、启门机、装卸桥、造船等门式起重机。

2003年，与国外知名公司合作设计制造了国内第一台600 t×182 m造船门式起重机

集装箱门式起重机（30 t～65 t）

**冶金起重机**

企业设计制造的冶金起重机包括：铸造起重机、各类型夹钳起重机、各类电磁挂梁起重机、料箱加料起重机、料耙类起重机、高炉多功能起重机等黑色金属冶金起重机；淬火起重机、锻造起重机、钢锭夹钳起重机等热加工起重机；电解铜起重机、电解铝起重机、电解铅（锌）起重机、阳极焙烧多功能机组、阳极炭块堆垛起重机、镍冶炼全自动焙砂机等有色金属冶金起重机；各类型冶金专用吊具等。1957年，自主设计制造了国内第一台140 t大型铸造起重机。2008年，设计制造了国内最大的480/80 t铸造起重机。

2008年，设计制造了国内最大的480/80 t铸造起重机。铸造起重机（50 t～480 t）

电解铝多功能机组

**其他起重机**

2010年，自主设计制造了国内最大吨位的65/50 t钢锭夹钳起重机，形成5 t～65 t系列。核电站环行起重机，是中国国家发改委确定的第三代核电站环行起重机首家定点研制基地。

65/50 t钢锭夹钳起重机

核电站环行起重机（250 t～417 t）

附录二

# 徐州工程机械集团有限公司

## 一、企业介绍

徐工集团成立于1989年7月,成立22年来始终保持中国工程机械行业排头兵的地位,目前位居世界工程机械行业第7位,中国500强企业第123位,中国制造业500强第53位,是中国工程机械行业规模最大、产品品种与系列最齐全、最具竞争力和影响力的大型企业集团。徐工集团年营业收入由成立时的3.86亿元,发展到2011年的870亿元,在中国工程机械行业位居首位。

徐工集团建立了以国家级技术中心和江苏徐州工程机械研究院为核心的研发体系,徐工技术中心在国家企业技术中心评价中持续名列工程机械行业首位,被国家发改委、科技部等五部委联合授予"国家技术中心成就奖"。建立了覆盖全国的营销网络,100多个国外徐工代理商为全球用户提供全方位营销服务,徐工产品已销售到世界130多个国家和地区。9类主机和3类关键零部件市场占有率居国内第1位。5类主机出口量和出口总额持续位居国内行业第1位。

徐工集团的企业愿景是成为一个极具国际竞争力、让国人为之骄傲的世界顶级企业。徐工集团的战略目标是,到2015年营业收入突破3 000亿元,跻身世界工程机械行业前3强,进入世界500强企业。

## 二、主要产品

徐工XGC28000履带起重机,是公司为满足市场需求、积极参与国际竞争而研制开发的超大吨位高端起重机产品。该机综合吸收国内外先进技术,运用先进的设计手段,结构设计优化,起重性能卓越。该机采用分体式履带底盘、多组合桁架式吊臂,具有接地比压小、可带载行驶、起升高度大、起重r跬能高等优点,塔式副臂可紧靠建筑物施工,可变超起配重半径的超起装置可提供超强的起重性能和机动灵活性。程序控制系统,保证起重机安全工作。双发动机双闭式泵控变量液压系统,电比例操作,节能高效,控制精确。国际著名企业的电控、动力、传动元件,环保可靠。

徐工千吨级全地面起重机QAY1200采用8节单缸插销变截面伸缩臂,全新的吊臂设计,具有四节主臂加独立臂头作业,和八节主臂作业两种工况,具备安装约2MW风电的能力。目前徐工千吨级已经设计新型超起装置,可在整机起重性能安全性能上得到大幅度提升。还可以选配塔臂,使起重机综合性能得到质的飞越。该产品采

XGC28000履带起重机

用9桥底盘，X型支腿结构，智能化行驶、制动系统，可实现全轮转向，机动灵活。整机行驶状态自重96 t，携带全部支腿和整个转台，吊臂由另外车辆运输，专有的吊臂自拆卸装置，可实现吊臂自拆卸，提高作业准备效率。

徐工越野轮胎起重机RT100产品特点：

卓越高效：作业幅度大、起重能力强！转移快捷、作业高效！

安全可靠：38项措施，全方位的安全保障！

节能环保：三大节能措施，有效降低使用成本！

先进专业：欧洲技术，专业生产！

多样齐全：配置多样、型谱齐全！

QAY1200全地面起重机

RT100越野轮胎起重机

徐工随车起重机SQ12ZK3Q主要参数：

| | |
|---|---|
| 最大起重力矩 | 30 t·m |
| 最大起升质量 | 12 000 kg |
| 推荐功率 | 32 kW |
| 液压系统最大流量 | 55 L/min |
| 液压系统额定压力 | 30 MPa |
| 回转角度全回转 | 360° |
| 起重机自重 | 4 130 kg |
| 安装空间 | 1 400 mm |

吊机可匹配的汽车底盘型号：

DFL1250A9 东风天龙；DFL1311A3 东风；

DFL1253AX 东风；EQ5201GFJ6 东风；

BJ1317VNPJJ-S5 北汽福田；

CA1240PK2L7T4EA81 青岛；

BJ5253ZKPJJ 北汽福田。

随车起重机SQ12ZK3Q

## 附录三

# 中联重科股份有限公司

## 一、企业介绍

中联重科股份有限公司创立于 1992 年,主要从事建筑工程、能源工程、环境工程、交通工程等基础设施建设所需重大高新技术装备的研发制造,是一家持续创新的全球化企业。2011 年,公司下属各经营单元实现销售收入近 850 亿元,利税过 120 亿元,在全球工程机械行业排名第 7 位。

中联重科成立 20 年来,年均复合增长率超过 65%,为全球增长最为迅速的工程机械企业。公司生产具有完全自主知识产权的 13 大类别、86 个产品系列,近 800 多个品种的主导产品,为全球产品链最齐备的工程机械企业。公司承担国际标准化组织/起重机技术委员会(ISO/TC96)秘书处,在超大型履带起重机和全地面起重机自主研发领域走在国际前列,塔式起重机市场占有率稳居国内第一。

公司网址:www.zoomlion.com、vip.zoomlion.com(客户网)联系电话:塔式起重机 400-887-7748、流动式起重机 400-800-1680。

## 二、主要产品

1. 锤头塔式起重机

中联重科建筑起重机公司生产的锤头塔式起重机,从 63 t·m 到 5 200 t·m 的系列化型谱,从经济型到全球最大上回转自升式塔式起重机,型谱齐全。完善的安全装置,合理的结构设计,成熟的 PLC 电控技术,有变频等多种控制方式。

2. 平头塔式起重机

中联重科建筑起重机公司生产的平头塔式起重机,是 JOST 特色与中联重科塔机技术优势的结合。模块化设计、人性化设计,设计简洁、受力合理、机构高效、节能,电控安全、可靠、效率高,将人机理念完美融合。

锤头塔式起重机

平头塔式起重机

3. 动臂塔式起重机

中联重科建筑起重机公司生产的动臂塔式起重机,具备完整的动臂系列,从电力驱动到柴油动力、液压驱动,驱动多样。实现了高性能控制器和电子、机械双重力矩保护,提高了可靠性和安全性。

### 4. QAY500 轮胎起重机产品主要参数

最大额定起重量/幅度:500 t/3 m
主臂节数:7, 底盘轴数:8
主臂长度:17 m～90 m,副臂长度:12 m～60 m
行驶状态总重:96 t
最高行车速度:72 km/h,爬坡度:35%
回转速度:0～1 r/min
主臂仰角:−0.5～83°
起重臂起臂时间:100 s
主/副卷扬单绳速度:130/130 m/min

动臂塔式起重机

QAY500 轮胎起重机

QUY650 履带起重机

### 5. QUY650 履带起重机产品主要参数

最大起重量/幅度标准:650 t×6 m
超起:650 t×12 m
主臂长度:24 m～84 m(108 m 选配)
超起:90 m～138 m,固定副臂长度:12 m～36 m
固定副臂最大起重量:380 t
行走速度:0～0.98 km/h
爬坡能力:30%
最长主臂+副臂:84 m+96 m

### 6. ZCC3200NP 履带起重机产品主要参数

主臂最大起重量:3 200 t
最大起重力矩:82 000 t·m
主臂长度:66 m～120 m
起升卷扬单绳最大速度:100 m/min
回转速度:0～0.024 r/min
行走速度:0.4(整车)/1.0(单车)km/h
爬坡能力:6%(整车)/20%(单车)
单件最大运输重量:59 t

ZCC3200NP 履带起重机

## 附录四

# 武桥重工集团股份有限公司
# CHINA RAILWAY WUHAN BRIDGE INDUSTRIES LIMITED

### 一、企业介绍

武桥重工集团股份有限公司成立于1953年,法人代表黄雍。公司位于中国武汉经济技术开发区,是国家高新技术企业,被评为全国"最具成长性企业",同时进入中国机械行业500强。公司现已通过国家ISO 9001质量管理体系、ISO 14001环境管理体系和OHSAS18001职业健康安全管理体系的认证。拥有国家颁发的铁路起重机、门式起重机、浮游式起重机、桅杆式起重机、缆索式起重机、桥式起重机、流动式起重机和门座起重机等特种设备的设计、制造和维修许可证。

公司主要提供铁路救援起重机、海洋工程和特大型桥梁工程整体解决方案服务,在武汉、珠海、九江等地拥有生产制造基地,并拥有配套临海码头和江岸码头。领先的研发与制造团队完整掌握各类专用装备整机和关键零部件的设计与制造,经验丰富的施工团队对不同的施工工法灵活运用。优秀的调试和服务团队能够提供全方位的服务。

公司多项产品被列为国家重大新产品及铁道部计划发展项目,并荣获国家、省部等各级科学技术进步奖,拥有国家发明专利、实用新型专利百余项。

### 二、主要产品

**特大型门式起重机**

公司可提供各类大型船厂龙门吊、码头吊机等。2012年,公司正在设计和建造世界最大起重量的"宏海"号22 000 t海洋平台吊装专用起重机。该起重机主机上的1 200 t附加起重机还能用于钻井平台桩腿和钻架等其他大型模块的安装。

"宏海"号起重机的投入使用突破了传统海洋平台制造工艺的局限,带来现代海工产品制造工艺的变革,真正意义上实现了大型海工产品陆上高效建造这一理念。

"宏海"号22 000 t门式起重机

**铁路救援起重机**

铁路救援起重机用于铁路机车车辆脱轨、颠覆等事故的救援,尤其适用于接触网下、桥梁上、隧道内的救援工作,也适合于大型货物装卸、设备安装、铺设轨排、更换道岔、架设桥梁等工程作业。

公司现已形成铁路救援起重机系列产品,包括160 t、125 t和100 t伸缩臂铁路救援起重机的研发、制造和维修。公司产品远销坦赞铁路和越南铁路等。目前,公司正在研发国内首台用于高速铁路救援的160 t三节伸缩臂式铁路起重机。

**海洋工程浮游式起重机(起重船)**

公司在海洋工程装备领域拥有成熟的经验和一流的研发制造能力,已形成各类海上工程起重船系列。如大型动臂式和全回转式起重船、铺管船、挖泥船、打桩船等。

目前,公司正在建造国内首艘"华尔辰"号双体海上风电工程船。该船装有1 200 t中心起吊起重机,顶部有400 t全回转起重机,具有打桩功能,可打直径7 m、长100 m的单桩。采用整体吊装风机,自航运输并安装风机的技术为世界首创。

900 t门式起重机

160 t三节伸缩臂铁路起重机

**起重船和桅杆式起重机**

公司是研制桥梁施工设备的专业企业,具有较强的科研制造能力,其中桅杆式起重机、缆索式起重机、各种工法架桥机和造桥机已形成系列化。产品广泛适用于桥梁、港口码头、高层建筑、煤矿通风口等大型基础工程施工。

"华尔辰"号1 200 t海上
风电工程起重船

"天一"号3 000 t海上长桥
整孔箱梁运架起重船

"风范"号2 400 t双臂架变幅式起重船

70 t爬坡式全回转起重机

800 t桅杆式起重机

QL50全回转起重机

附录五

# 抚顺永茂建筑机械有限公司

亚洲第一高度广东崖门输变电塔工程

## 一、企业介绍

抚顺永茂建筑机械有限公司是新加坡上市公司,是第一家在海外上市的中国塔机制造商。

永茂建机是塔式起重机的专业生产制造商,产品种类有塔头式、平头式、动臂式和便携式等四大系列六十多个型号。

永茂建机技术实力雄厚,拥有多名享受国家级津贴的高级技术专家,被评为"省级企业技术中心"和辽宁省"高新技术企业"。永茂建机先后与哈尔滨工业大学、北京建工学院分别联合成立技术研发中心,并与沈阳建筑工程大学建立产学研合作关系。

永茂建机在国内率先设计开发平头式塔机 STT293、STT553、STT753,动臂式塔机 STL720、STL1000C、STL1400、STL2400 和塔头式塔机 ST80/116、ST80/238,永茂超大吨位塔机引领中国塔机市场,最大起重量达 200 t。永茂塔机服务于国家大剧院、国家奥体中心、鸟巢、水立方、央视新大楼、上海世博会、国内核电站和路桥等国家重点工程。

永茂牌塔机拥有欧洲 CE、韩国 KOSHA、新加坡 MOM、澳大利亚、马来西亚和俄罗斯等多国认证,出口 70 多个国家和地区。永茂最早把中国塔机推向欧美市场,开创中国塔机整机出口欧美的先河,塔机出口创汇居全国同行业首位。

永茂及永茂牌塔机连续被评为"全国用户满意服务单位"和"全国用户满意产品"。永茂建机荣获"辽宁省质量管理奖",被中质协和全国用户委员会评为"用户满意企业"。"永茂"商标成为塔机行业中唯一荣获"中国驰名商标"的品牌。

永茂建机投资兴建规模更大、设施更加完备、技术更加先进的永茂工业园,成为亚洲地区最大的塔式起重机制造企业。

## 二、主要产品性能介绍

| 塔机型号 | 性能参数 | | | |
|---|---|---|---|---|
| | 最大臂长/m | 最大臂长尖端吊载/t | 最大起重量/t | 塔机自由高度/m |
| STL2400 | 80 | 13 | 100 | 56.4 |
| STL1400 | 70 | 6.3 | 50 | 66.0 |
| STL1000 | 60 | 6.5 | 50 | 48.4 |
| STL420 | 60 | 4.9 | 24 | 60.4 |
| STL180 | 55 | 1.3 | 10 | 40.7 |
| STT753 | 80 | 5.4 | 40 | 73.4 |
| STT553 | 80 | 3.55 | 24 | 67.6 |
| STT293 | 74 | 2.7 | 18 | 79.3 |
| ST80/238 | 80 | 23.8 | 80 | 105.1 |
| ST80/116 | 80 | 11.6 | 64 | 74.3 |
| ST455 | 80 | 3.1 | 25 | 66.4 |
| ST75/32 | 75 | 3.2 | 16 | 52.2 |

**技术亮点**

1. 高强材料的应用:成功的用于塔机臂架、回转等结构件设计上,减轻结构件重量,充分体现节能减排绿色环保;

2. 人体工程学的设计理念:塔身采用双半轴连接,臂架与塔头之间应用半孔连接,拆装快捷、省力,安全可靠;

3. 双重安全保障控制:塔机动力系统应用电子式+机械式双力矩限制器安全装置;双制动起升、变幅机构,在原有单制动卷扬机构卷筒一侧增设液压制动器,对重物的起升及臂架的俯仰实现双重保护;

4. 先进视频监控系统以及监视技术的应用:对塔机操作过程进行视频显示监控,有效地控制塔机安全操作;

5. 群塔防互撞技术:通过限位器中的传感器对群塔之间的距离进行监控,实现 $X$、$Y$、$Z$ 三轴坐标控制群塔操作;

6. 节能降耗:液压变频技术的综合利用,降低耗能,提升超大吨位在塔式超重机的能量发挥。

近年来,永茂自主创新在抵御台风侵袭和地震灾害设计和计算方面取得重大突破,并将抗台风技术成功地应用于广东台山等核电项目中,永茂计算并生产的抗震塔机经历并成功抵御汶川地震灾难,保障了生命安全,得到了用户好评,成为客户首选产品。

凭借永茂建机强大的技术实力和优秀的产品质量,永茂多次参与并编制 GB/T 13752《塔式起重机设计规范》,GB/T 5031《塔式起重机》等国家标准和建筑行业标准,同时永茂也还多次参加国际标准化会议。

永茂将继续保持稳健的发展,加大技术研发投入,全面提升在国内外市场的竞争力,为打造中国的民族品牌和振兴中国民族产业做出新的贡献。

## 附录六

# 卫华集团有限公司

## 一、企业介绍

卫华集团有限公司始建于1988年6月,是一家以研发、生产起重机械、港口机械、建筑塔机、减速机等产品为主的大型企业集团。是我国起重行业产销量最大、品牌影响力最强的企业集团之一,主导产品产销量居全国第一。集团下辖22家控股子公司,员工6 000余人,注册资金1.66亿元,占地面积190万 m²。具备千吨级桥、门式起重机制造水平。企业产品源源不断进入机械制造、钢铁冶金、石油化工、矿山采掘、能源交通、港口物流、汽车及船舶制造等领域。2011年集团全年销售额已突破50亿元人民币。

卫华牌桥、门式起重机获得"中国名牌产品"称号,"卫华牌"商标被评为"中国驰名商标"。2007年"卫华集团技术检验测试中心"获中国合格评定国家认可委员会实验室认可,2010年设立了"国家认定企业技术中心"、"博士后科研工作站",2011年获首批"国家技术创新示范企业"称号。截止2011年8月,卫华集团共获国家授权专利114项(其中25项为发明专利),并被列为"全国知识产权试点单位"。

## 二、主要产品(见下表)

| 序号 | 产品类别 | 产品类型 | 吨位/t | 技术水平 |
|---|---|---|---|---|
| 1 | 桥式起重机 | 双梁吊钩桥式起重机 | 5~600 | 国内先进 |
| | | 铸造桥式起重机 | 5~320 | 国内先进 |
| | | 电磁桥式起重机 | 5~50 | 国内先进 |
| | | 防爆桥式起重机 | 5~75 | 国内先进 |
| | | 低净空桥式起重机 | 5~400 | 国际先进 |
| 2 | 门式起重机 | 双梁吊钩门式起重机 | 5~500 | 国内先进 |
| | | 单梁吊钩门式起重机 | 5~60 | 国内先进 |
| | | 电动葫芦门式起重机 | 3~20 | 国内先进 |
| | | 盾构用门式起重机 | 100~440 | 国内领先 |
| | | 造船门式起重机 | 800 | 国内先进 |
| 3 | 港口起重机 | 港口轮胎起重机 | 25~40 | 国际先进 |
| | | 门座起重机 | 60 | 国内先进 |
| | | 岸边集装箱(抓斗)装卸桥 | 35 | 国内先进 |
| | | 集装箱门式起重机(轮胎式、轨道式) | 40 | 国内先进 |
| 4 | 塔式起重机 | 固定式塔机 | 1.8~10 | 国内先进 |
| | | 移动式塔机 | 0.8~4 | 国内先进 |
| 5 | 轻型起重设备 | $CD_1/MD_1$型钢丝绳电动葫芦 | 0.5~16 | 国内先进 |
| | | HC型钢丝绳电动葫芦 | 16~32 | 国内先进 |
| | | HB型防爆钢丝绳电动葫芦 | 0.5~32 | 国内先进 |
| | | $YH_{II}$冶金钢丝绳电动葫芦 | 2~10 | 国内先进 |
| | | STI、NH、ND型钢丝绳电动葫芦 | 3~50 | 国内先进 |
| | | 电动葫芦双梁桥式起重机 | 5~63 | 国内先进 |
| | | 电动葫芦单梁桥式(悬挂)起重机 | 1~20 | 国内先进 |

除上述产品外,卫华集团还拥有移梁机、提梁机、架桥机、启闭机、电动平车、悬臂式起重机、自顶升门式起重机、过轨起重机等起重运输设备、减速器等配套件的设计、生产、安装、制造资质和产品。

销售电话:0373-8887666  8887667  8791345   地址:河南长垣卫华大道西段   邮编:453400

附录七

# 上海起重运输机械厂有限公司

## 一、企业介绍

上海起重运输机械厂有限公司现为上海电气(集团)总公司属下的国资企业,是中国重型机械工业协会桥式起重机专业委员会的理事长单位。

上起公司始建于1958年,是经国家质检总局核准,具有A级资质的起重机械设计、制造、安装、维修、改造、技术咨询服务的专业单位。其注册商标"大力神"为国内机械行业的著名商标。建厂五十多年来,公司依托雄厚的设计与制造能力,为冶金、电力、核电、机械、港口、矿山、机场等行业提供了各类起重运输机械,产品分别荣获国家银质奖、上海市新产品奖和上海品牌产品的称号,企业曾连续十二年被评为"上海市重大工程立功竞赛优秀单位"。

上起公司现为第三代核电AP1000技术的环形起重机、核燃料输送系统专有技术的分许可方,承担了国家科技重大专项中的"AP1000装换料设备制造技术"课题的研制工作。

根据上海电气(集团)总公司产品发展定位,上起公司将重点发展核电产品,通过从美国引进AP1000第三代PMC技术,进一步巩固公司核燃料转运系统在国内的技术先导地位,形成核电产品核心制造能力。公司还将重点发展大吨位高端起重机,充分发挥"大力神"品牌优势,开创性地发展起重机维保工程服务业。随着安亭昌吉路大型钢结构生产基地的建成,公司又将迎来新一轮的发展。

"聚神凝力、尽臻卓越"是我们企业文化,也是企业精神和核心价值的所在,聚集体的智慧,凝各方的力量,竞争向上,合力拼搏,展示良好的团队精神;创一流的员工,一流的产品,一流的管理,一流的企业是我们永恒的目标。

## 二、主要产品

上起公司主要产品有:各种桥、门式起重机、冶金起重机、核电站专用核燃料输送系统等设备。企业拥有850 t桥式起重机、350 t冶金起重机、360 t门式起重机、550 t锻造吊、120 t淬火吊、350 t环形起重机、1 000 MW核电站的核燃料装换料机、人桥吊、辅助吊、乏燃料池吊车等核电类起重、运输设备的制造业绩。

铸造起重机

核燃料装卸料机

## 附录八

# 广西建工集团建筑机械制造有限责任公司

## 一、企业介绍

广西建工集团建筑机械制造有限责任公司是集塔式起重机、施工升降机、机械式停车设备等建筑起重运输机械的研发、销售、安装、改造、维修和服务为一体的国有独资公司,是行业内具有相当实力的骨干企业,拥有塔机 A 级、施工升降机 B 级、机械式停车设备 A 级等特种设备制造许可和特种设备(起重机械)安装/改造/维修 A 许可及建筑业起重设备安装工程专业承包一级资质、钢结构工程专业承包二级以及安全生产许可证等多项资质,年生产建设机械产品可达 5 000 台套以上,年产销值可达 15 亿元以上。

公司一贯以"快速高效、求实创新、信誉至上"为宗旨,以过硬的质量、满意的服务和用户的利益为最终目标。公司积极开拓国内外市场,形成了庞大的销售网络,产品深受广大用户的厚爱和好评。企业产品畅销国内 31 个省、自治区、直辖市和港澳特区,远销马来西亚、菲律宾、泰国、越南、缅甸、柬埔寨、乌克兰、哈萨克斯坦、阿联酋、巴林、也门、伊朗、安哥拉、苏丹、刚果、阿尔及利亚、保加利亚、澳大利亚等 18 个东南亚、中亚、西亚、非洲、欧洲和大洋洲国家,形成了拥有 1 500 多个用户的庞大客户群体。为给用户提供及时、高效、优质的售后服务,公司在国内外设立了 100 多个营销及售后服务网点,为实施"市场快速反应"战略搭建了平台。企业在国内外建筑施工市场上享有较高的知名度,荣获了中国质量协会工程机械分会、中国工程机械工业协会用户工作委员会授予的"连续八次(二十三年)"售后服务满意单位"称号,同时多年被中国质量协会建设机械行业分会授予"全国建设机械与电梯行业用户满意先进企业"称号。

## 二、主要产品

主要产品系列和品种有:
(1) QTZ63/QTZ5013-QTZ1250/QTZ8011.6 系列尖头水平变幅塔式起重机;
(2) QTD63-QTD400 系列动臂变幅塔式起重机;
(3) QTZ50/TCT5010-QTZ315/TCT8018 系列平头水平变幅塔式起重机;
(4) SSD100、SC200/200、SC(D)200/200V(变频)系列施工升降机;
(5) PSH17T/9K 升降横移类机械式停车设备。

附录九

# 河南起重机器有限公司
## HENAN CRANE CO., LTD

### 一、企业介绍

河南起重机器有限公司成立于20世纪60年代初,具有五十载起重机械专业制造历史,是国家起重机械A级资质制造、安装单位;固定资产2.86亿,员工3 000余人,中高级技术人员210人;占地面积60万 $m^2$,各种精良设备1 000余台(套);是集设计研发、生产制造、运输安装、进出口业务为一体的大型机械制造企业。我们致力于做精做专产品,优质高效服务,与国内外客户共同创造价值、分享价值。

### 二、主要产品

**轨道式集装箱门式起重机**
RMG系列轨道式集装箱门式起重机为TEU装卸、堆垛作业的专用设备,RMG16-51机型堆垛高度可达"堆八过九"

**门座起重机**
GQ/MQ系列门座起重机结构紧凑,配置精良,操作便捷,外观美观;广泛适用于港口、码头、堆场、造船厂

**散料装船机**
Sz散料装船机,可靠性强,适用于港口码头的粮食、煤炭、矿石等散状物料的连续装船

**变频防爆桥式起重机**
变频防爆桥式起重机具有启制动平稳,调速比大,高安全性、可靠性,广泛应用于军工、航空、航天、化工领域

## 附录十

 郑州新大方重工科技有限公司

### 一、企业介绍

郑州新大方重工科技有限公司作为一家科技型企业，先后承担并完成了国家"863"项目、火炬计划和国家科技支撑计划等20余项重大科研项目的研制，填补20余项国内空白，打破了16项国外技术垄断，主持和参与制定了两项国家标准及五项行业标准，获得了60余项国家发明专利和实用新型专利，荣获了中国机械工业科学技术一等奖、河南省科技成果一等奖等一系列省部级科技成果。公司是国家级高新技术企业，设有国家级企业技术中心、院士工作站、博士后工作站。作为国内重型起重转运装备的龙头企业，相继完成了涉及高速公路、高速铁路、城市轨道交通、船舶海工、磁悬浮列车、水利引水、冶金和军事工程、风电轮胎起重机等一系列拥有自主知识产权的重大起重与施工装备的研制。产品广泛用于京沪高速铁路、京津城际客运专线、武广高速铁路、上海磁悬浮列车工程等500多个重点、重大工程，部分产品出口到巴西、俄罗斯、马来西亚、新加坡、泰国、菲律宾、韩国、越南、保加利亚等20多个国家和地区，其技术达到国内领先、国际先进水平，成为我国桥梁施工装备行业第一品牌。

### 二、主要产品

QLY系列全液压轮胎式起重机
吨位：80 t～150 t

QLY系列动臂风电起重机
吨位：80 t～150 t

1300 t水利渡槽架槽机
目前世界唯一的架槽机

ME系列轮轨式起重机
吨位：100 t～2 000 t

DF系列公路架桥机
吨位：50 t～250 t

DLT系列轮胎式提梁机
吨位：160 t～900 t

1 000 t提、运、架成套设备
规格：450 t～1 000 t

DP系列节段拼装架桥机
吨位：450 t～1 000 t

DCY系列动力平板运输车
吨位：50 t～1 000 t

## 附录十一

# 江苏正兴建设机械有限公司
## Jiangsu Zhengxing Construction Machine Co., Ltd.

### 一、企业介绍

江苏正兴建设机械有限公司，位于历史文化名城——淮安市。东临京沪高速和新长铁路，交通运输十分便利。

江苏正兴系建设部生产塔式起重机重点企业。产品获得中国质协建机分会用户满意先进企业奖，江苏省消费者（用户）信得过企业/产品/服务奖，江苏省质协江苏市场用户满意商品奖、江苏省建筑业最佳企业、淮安市最佳企业。

公司1999年通过ISO 9002质量体系论证，2006年初通过三合一体系认证。2007年10月通过欧盟CE认证，2008年4月通过俄罗斯GOST认证。

我公司为塔式起重机国家标准《GB/T 5031塔式起重机》、《GB 5144塔式起重机安全规程》的编写单位之一。产品历年被国家、省、市监督抽查合格。

### 二、主要产品

江苏正兴技术力量雄厚，工艺装备先进，拥有先进的专业生产设备和完善的质量体系。具有年产"正兴"牌塔式起重机1 000台的生产能力，并形成自己的特色系列产品。

我公司主要产品为QTZ25-QTZ300系列塔式起重机和SC200双笼施工升降机。产品畅销全国30个省、市、自治区，并出口阿联酋、俄罗斯、乌克兰、智利、哥伦比亚、美国、亚美尼亚、阿塞拜疆、乌兹别克斯坦、印度、菲律宾、苏丹、哈萨克斯坦、津巴布韦、毛里求斯、蒙古、澳门等许多国家和地区。

## 附录十二

# 上海电力环保设备总厂有限公司

**一、企业介绍**

SEPEE 是中国电力建设集团有限公司旗下集产品开发、设备制造、工程成套、技术服务于一体的工程机械制造企业。

**二、主要产品**

堆取料机（条形料场）
生产能力：300 t/h～8 000 t/h
型式：悬臂式、门式、桥式、刮板式

堆取料机（圆形料场）
生产能力：600 t/h～6 000 t/h
型式：悬臂式（单臂、双臂）、门式

卸船机
生产能力：160 t/h～2 000 t/h
额定起重量：6 t～42 t

箱式变电站
10 kV 箱式变电站（315 kV·A，500 kV·A）
系列产品：电能计量柜/箱、环网柜

液压挂车
载质量：40 t～2 000 t
型式：全挂/半挂

运载一体机
箱梁质量：900 t
系列产品：运梁车、提梁机、架桥机

附录十三

# 马鞍山统力回转支承有限公司

## 一、企业介绍

马鞍山统力回转支承有限公司是集设计开发、制造于一体的回转支承专业化生产公司,秉承"专业敬业　成就事业"的企业精神,始终致力于以精湛技术、卓越品质、完善服务满足客户需求,创造为之尊重的产品服务。

公司拥有三大产品系列:回转支承、回转机构、回转立轴。"统力"牌回转支承为主导产品,年产能6万套,最大直径4 m,生产单排球式、双排球式、三排柱式、交叉滚柱式等系列2 000余种规格。除广泛为国内各类挖掘机、汽车吊、塔吊、随车吊、高空作业车、环保机械、轻工机械、风力发电设备、太阳能发电设备等主机配套外,200余种进口和国产挖掘机、汽车吊用回转支承也为广大用户和配件商提供了有力支持。公司产品享誉全球,不仅为国内各大主机集团配套,还批量出口欧洲、美洲、亚洲,被认定为"马鞍山市回转支承出口基地。"

公司拥有一支代表国内一流技术水平的研发队伍,设有专门的回转支承研究所,拥有多项发明专利。其中,全球首发、获第十三届中国专利优秀奖的椭圆滚道回转支承历时20年的理论研究与实践验证,显示了卓越的承载性能和价格优势——承载能力提高30%、使用寿命延长一倍、为主机厂节约回转支承采购成本30%以上,强势带动了回转支承升级换代,已在徐工、柳工、抚挖重工、日立建机、中联重科、熔安重工、力士德、玉柴、山河智能等主机产品中广泛使用,实现了降本增效。

以雄厚技术实力、先进生产设备、完善检测手段、富有活力的团队为依托,统力向客户郑重承诺"只要您提供外负荷和限制条件,其他的事由我们来做!",追求社会、顾客与员工的和谐共赢,成功打造"中国一流、世界知名"品牌。

## 二、主要产品

 椭圆滚道回转支承

全球首发的随圆滚道球式回转支承是传统的双圆弧滚道(俗称桃形滚道)的升级版,以高承载、长寿命为显著特征。

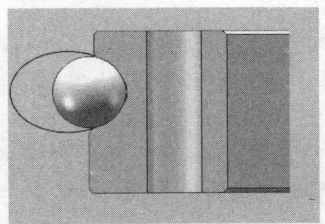

**椭圆滚道　中国创造**
**发明专利　统力骄傲**

在徐工、玉柴、抚挖……用椭圆滚道球式回转支承替代三排柱式,已降低采购成本35%以上。在日立住友三度完美通过寿命实验和拆检。

在柳工、中联、山河智能、力士德、卡特、詹阳动力、熔安重工……用椭圆滚道球式回转支承替代桃形滚道,已使长寿命变为可能。

## 附录十四

# 深圳市蓝海华腾技术股份有限公司

## 一、企业介绍

深圳市蓝海华腾技术股份有限公司是一家专业致力于工业自动化控制产品的研发、生产和销售的高新技术企业和双软企业,主要产品为中低压变频器、电动汽车电机控制器和伺服驱动器。公司曾荣获中国电工技术学会电气节能专业委员会颁发的"电气节能领域高速发展企业奖"、深圳市中小企业发展促进会颁发的"2011年度深圳市自主创新百强中小企业"称号等多项奖项。

蓝海华腾在电机驱动的核心控制技术上拥有与国际先进水平同步的无速度传感器矢量控制技术和有速度传感器矢量控制技术,同时具有完整的产业化设计和生产能力,拥有丰富的通用产品和行业专用产品系列,产品电压等级涵盖 200 V 至 1 140 V,功率范围涵盖 0.4 kW 至 3 000 kW,应用于起重、空压机、机床、电动汽车、印刷包装、冶金、石油、化工、金属加工、石材加工、木材加工、陶瓷、塑胶、洗衣机、供水、空调、市政工程、纺织、矿山等国民经济的多个行业。

## 二、主要产品

蓝海华腾可提供起重专用变频器和起重电控系统。蓝海华腾起重专用变频器采用先进的矢量控制技术,具有优异的转矩控制性能,集成了起重机专用的控制、保护功能,保证起重机应用的安全性、可靠性和高效性。适用于港口、轮船、矿山、建筑、冶金等各种起重行业的起升、俯仰、大车、小车、回转、抓斗等机构的交流无级调速。

已经采用蓝海华腾起重产品的客户有:香港国际货柜码头、西安配电变压器有限公司、邯郸中铁桥梁机械有限公司、奥力通起重(北京)有限公司、西安神力起重运输机械有限公司等。

1. 起重专用变频器

V6-GH:适用于需要加装编码器的起重场合,尤其对低速转矩要求较高场合;
V5-GH:适用于无编码器的起重场合,维护简单方便。

- 完美、安全、可靠的制动器控制逻辑和时序;
- 智能的转矩记忆功能,和制动器配合更加完美;
- 集成锥形电机控制模型;
- 精确位置处理和智能减速功能,确保系统安全;
- 控制电源可独立供电;
- 完美的零速转矩响应,在额定负载并且制动器释放时,保持速度为零,无任何下溜现象;
- 功率优化和力矩优化功能,最大化地利用电机功率,在确保可靠的同时最大化提高效率。

2. 起重电控系统

蓝海华腾具有为各种起重设备提供电控系统配套和改造的能力,为用户提供门座式起重机、龙门吊、行车、矿山绞车、建筑升降机等电控系统和整体方案,包括集装箱和抓斗应用。

- 故障安全:采用硬件和软件双回路保护设计;PLC、变频器及硬件电路互相进行状态监控;
- 分级联锁控制:电控系统分为整机急停级、机构急停级和机构停止级三级联锁;
- 制动器控制:采用两级接触器控制,分别为安全接触器和工作接触器。

蓝海华腾研制开发的智能抓斗控制系统主要应用于卸船机、门机和行车。可以有效地提高工作效率,降低操作工作强度,减少物料撒漏,解决起升机构受力不平衡的问题,功能包含:

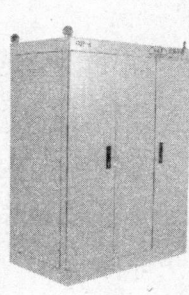

- 智能松绳检测功能;
- 闭斗时慢速提绳功能;
- 防止斗口损坏功能;
- 开闭斗智能减速及位置控制功能;
- 空中或物料上闭斗判断功能;
- 抓取料量控制功能;
- 自动闭斗功能;
- 转矩平衡功能。

## 附录十五

# 深圳市英威腾电气股份有限公司

## 一、企业介绍

英威腾,成立于 2002 年,致力于成为全球领先、受人尊敬的电气传动、工业控制、新能源领域的产品与服务供应商,2010 年在深交所 A 股上市,股票代码:002334。英威腾是国家火炬计划重点高新技术企业,目前拥有 12 家控股子公司,分驻于全国的九大研发中心,拥有各类专利 410 多件,主要产品涵盖高、中、低压变频器、电梯智能整体机、伺服系统、PLC、HMI、电机和电主轴、SVG、UPS、光伏逆变器等。英威腾现有员工 1600 多人,大型生产基地 4 个,营销网络遍布国内及海外 60 多个国家和地区。更多详情,请访问 www.invt.com。

## 二、主要产品

1. CHV190 系列起重提升专用变频器(功率范围:4 kW~500 kW/400 V/690 V 级)

2008 年至今,已经在港机、钢铁、起重、建筑、矿山等行业成功应用 8 000 多台,并为振华重工、太原重工、中信重工、广州京龙等标杆整机厂配套。针对行业用户需求,提供多种可靠系统和电控成套服务。

产品优势:(1)抱闸时序逻辑控制与监控功能;

(2)上位机监控软件;

(3)轻负载升速和松绳检测功能;

(4)危险速度监视、快速停车及超速保护;

(5)主从控制功率平衡和速度同步技术;

(6)预励磁、起动预转矩补偿及转矩验证;

(7)起重机操作模式;

(8)电流矢量控制技术零速时实现 200% 转矩输出。

应用场合:港口、冶金、电力、机械、建筑、化工、交通运输、能源、轻工、环保、水利等行业的各类起重机械;铁路、公路建设用提梁机、架桥机等工程起重机械;各类矿井提升机、卷扬机等矿山机械。

2. CHA100 系列四象限柜式变频器(功率范围:75 kW~1 200 kW/400 V)

产品优势:(1)网侧电流谐波小,基波功率因数接近于 1(满载);

(2)整流与逆变的功率单元采用相同的结构,简化系统、便于维护;

(3)整流与逆变采用完全独立的控制方案,便于实现公共直流母线;

(4)主从控制功能满足多电机传动场合的电机功率平衡和速度同步的需求;

(5)第二电机控制及切换功能,便于系统的控制,降低成本。

负载特性:用于有电能再生和节能环保需求的位能负载和大惯量负载。

应用场合:岸边集装箱起重机(STS)、轨道式集装箱龙门起重(RMG)、造船用龙门起重机、装船机、卸船机、翻车机、堆取料机等各类港口机械;大吨位(40 t 以上)桥吊、门吊等各类起重机械;矿井提升机、皮带输送机等矿山机械。

# 参 考 文 献

[1] 张质文,虞和谦,王金诺,包起帆. 起重机设计手册[M]. 北京:中国铁道出版社,1998.
[2] 交通部水运司. 港口起重运输机械设计手册[M]. 北京:人民交通出版社,2001.
[3] 范祖尧. 现代机械设备设计手册(第3卷)——非标准机械设备设计[M]. 北京:机械工业出版社,1996.
[4] 胡宗武,徐履冰,石来德. 非标准机械设备设计手册[M]. 北京:机械工业出版社,2002.
[5] 孙桂林. 起重机械安全技术手册[M]. 北京:中国劳动社会保障出版社,2008.
[6] 夏翔. 起重电控设计参考手册[M]. 北京:机械工业出版社,2012.
[7] 闻邦椿,陈良玉. 机械设计手册[M]. 北京:机械工业出版社,2010.
[8] 成大先. 机械设计手册(第五版)[M]. 北京:化学工业出版社,2008.
[9] 实用机械设计手册编写组. 实用机械设计手册[M]. 北京:机械工业出版社,1997.
[10] 雷天觉. 新编液压工程手册(上册、下册)[M]. 北京:机械工业出版社,1998.
[11] 路甬祥. 液压气动技术手册[M]. 北京:机械工业出版社,2002.
[12] GB/T 3811—2008 《起重机设计规范》释义与应用[M]. 北京:中国标准出版社,2008.
[13] 中国电子学会分会等. 传感器与执行器大全[M]. 北京:电子工业出版社,2004:18-20.
[14] 王金诺,于兰峰. 起重运输机金属结构[M]. 北京:中国铁道出版社,2002.
[15] 张质文,刘全德. 起重运输机械[M]. 北京:中国铁道出版社,1983.
[16] 余敏年. 起重运输机电气传动[M]. 成都:西南交通大学出版社,1989.
[17] 沈志云,钱清泉,鲍维千,王金诺. 中国铁道百科全书机车车辆与电气化[M]. 北京:中国铁道出版社,2006.
[18] 徐格宁. 机械装备金属结构设计[M]. 北京:机械工业出版社,2009.
[19] 杨长骙. 起重机械[M]. 北京:机械工业出版社,1985.
[20] 李会勤,李姿之. 冶金起重机[M]. 北京:机械工业出版社,2010.
[21] 顾迪民. 工程起重机(第二版)[M]. 北京:中国建筑工业出版社,1988.
[22] 符敦鉴. 岸边集装箱起重机[M]. 武汉:湖北科学技术出版社.2007.
[23] 范俊详. 塔式起重机[M]. 北京:中国建材工业出版社,2004.
[24] 严自勉,顾斯照. 缆索起重机[M]. 北京:中国电力出版社,2010.
[25] 上海港机重工有限公司. 港口起重机设计规范[M]. 北京:人民交通出版社,2007.
[26] 潘钟林译. F.E.M标准 欧洲起重机设计规范(第三版)[M]. 上海:上海振华港口机械公司译丛,1998.
[27] 张青,张瑞军. 工程起重机结构与设计[M]. 化学工业出版社,2008.
[28] 杨红旗. 工程机械履带—地面附着力矩理论基础[M]. 北京:机械工业出版社,1990.
[29] 渐开线齿轮行星传动的设计与制造编委会. 渐开线齿轮行星传动的设计与制造[M]. 北京:机械工业出版社,2002.
[30] 陈伯时. 电力拖动自动控制系统(第三版)[M]. 北京:机械工业出版社,2006:145-146.
[31] 陈隆昌,等. 控制电机(第三版)[M]. 西安:西安电机科技大学出版社,2000:38-49.
[32] 王永华. 现代电气控制及PLC应用技术(第二版)[M]. 北京:北京航空航天大学出版社,2005:17-25.
[33] 齐从谦,等. PLC技术及应用[M]. 北京:机械工业出版社,2000:225-227.
[34] 丁国富,王金诺,吴晓. 基于虚拟现实的物料搬运机械远程操作理论及仿真[M]. 成都:西南交通大学出版社,2007.
[35] 马永辉. 起重运输与工程机械液压传动[M]. 北京:机械工业出版社,1989.
[36] 聂崇嘉. 液压传动与液力传动[M]. 成都:西南交通大学出版社,1991.
[37] 李壮云. 液压元件与系统(第2版)[M]. 北京:机械工业出版社,2006.
[38] 李万莉. 工程机械液压系统设计[M]. 上海:同济大学出版社,2011.
[39] 马永辉,徐宝富,刘绍华. 工程机械液压系统设计计算[M]. 北京:机械工业出版社,1985.
[40] GB/T 3811—2008 起重机设计规范[S]. 北京:中国标准出版社,2008.
[41] GB 6067.1—2010 起重机安全规程[S]. 北京:中国标准出版社,2010.
[42] GB/T 20776—2006 起重机械分类[S]. 北京:中国工业机械联合会,2006.

[43] GB/T 17908—1999　起重机和起重机械　技术性能和验收文件(idt ISO 7363:1986)
[44] GB/T 20863.1—2007　起重机械　分级　第1部分:总则(ISO 4301—1:1986,IDT)
[45] GB/T 20863.2—2007　起重机械　分级　第2部分:流动式起重机(ISO 4301—2:1985,IDT)
[46] GB/T 20863.3—2007　起重机械　分级　第3部分:塔式起重机(ISO 4301—3:1993,IDT)
[47] GB/T 20863.4—2007　起重机械　分级　第4部分:臂架起重机(ISO 4301—4:1989,IDT)
[48] GB/T 20863.5—2007　起重机械　分级　第5部分:桥式和门式起重机(ISO 4301—5:1991,IDT)
[49] GB/T 14405—2011　通用桥式起重机[S]. 北京:中国工业机械联合会,2011.
[50] GB/T 14406—2011　通用门式起重机[S]. 北京:中国工业机械联合会,2011.
[51] JB/T 1306—2008　电动单梁起重机[S]. 北京:中国工业机械联合会,2008.
[52] GB 15361—2009　岸边集装箱起重机[S]. 北京:中国标准出版社,2009.
[53] GB/T 27996—2011　全地面起重机[S]. 北京:中国标准出版社,2011.
[54] GB/T 6068—2008　汽车起重机和轮胎起重机试验规范[S]. 北京:中国标准出版社,2008.
[55] GB/T 19924—2005　流动式起重机稳定性的确定[S]. 北京:中国标准出版社,2005.
[56] GB/T 13752—1992　塔式起重机设计规范[S]. 北京:中国标准出版社,1992.
[57] DL/T 5167—2002　水电水利工程启闭机设计规范[S]. 北京:中国电力出版社,2003.
[58] CB/T 8521—2008　造船门式起重机设计要求[S]. 北京:国防科学技术工业委员会,2008.
[59] EJ/T 801—1993　核电厂专用起重机设计准则[S]. 北京:中国核工业总公司,1993.
[60] ISO 8686—1:1989　起重机　载荷和载荷组合设计原则　第1部分:总则
[61] ISO 8686—2:2004　起重机　载荷和载荷组合设计原则　第2部分:流动式起重机
[62] ISO 8686—3:1998　起重机　载荷和载荷组合设计原则　第3部分:塔式起重机
[63] ISO 8686—4:2005　起重机　载荷和载荷组合设计原则　第4部分:臂架起重机
[64] ISO 8686—5:1992　起重机　载荷和载荷组合设计原则　第5部分:桥式和门式起重机
[65] BS 2573/1:1983　起重机设计规范　第1部分:分级、应力计算和结构设计原则
[66] BS 2573/2:1980　起重机设计规范　第2部分:分级、应力计算和机构设计原则
[67] DIN 15018/1:1984　起重机　钢结构　验证和分析
[68] DIN 15018/2:1984　起重机　钢结构　设计和构造原则
[69] DIN 15019-1:1979　起重机　稳定性
[70] DIN 15019 Part2-1979　无轨道移动式起重机的稳定性[S]. 德国:德国工业标准出版社,1979.
[71] FEM 1.001:1998　欧洲起重机机械设计规范
[72] JIS B 8821:2004　起重机钢结构的计算标准
[73] GB/T 8706—2006　钢丝绳　术语、标记和分类[S]. 北京:中国标准出版社,2006.
[74] GB/T 20118—2006　一般用途钢丝绳[S]. 北京:中国标准出版社,2006.
[75] GB 8918—2006　重要用途钢丝绳[S]. 北京:中国标准出版社,2006.
[76] GB/T 5973—2006　钢丝绳用楔形接头[S]. 北京:中国标准出版社,2006.
[77] GB/T 5975—2006　钢丝绳用压板[S]. 北京:中国标准出版社,2006.
[78] GB/T 5976—2006　钢丝绳夹[S]. 北京:中国标准出版社,2006.
[79] GB/T 6946—2008　钢丝绳铝合金压制接头[S]. 北京:中国标准出版社,2008.
[80] JB/T 9005.3—1999　起重机用铸造滑轮　型式、轮毂和轴承尺寸[S]. 北京:机械科学研究院,1999.
[81] JB/T 9006.2—1999　起重机用铸造卷筒　型式和尺寸[S]. 北京:机械科学研究院,1999.
[82] JB/T 10603—2006　电力液压推动器[S]. 北京:机械工业出版社,2007.
[83] JB/T 6406—2006　电力液压鼓式制动器[S]. 北京:机械工业出版社,2007.
[84] JB/T 7020—2006　电力液压盘式制动器[S]. 北京:机械工业出版社,2007.
[85] JB/T 7685—2006　电磁鼓式制动器[S]. 北京:机械工业出版社,2007.
[86] GB/T 4323—2002　弹性套柱销联轴器[S]. 北京:中国标准出版社,2002.
[87] GB/T 5272—2002　梅花形弹性联轴器[S]. 北京:中国标准出版社,2003.
[88] JB/T 8854.2—2001　GⅡCL型、GⅡCLZ型鼓形齿式联轴器[S]. 北京:机械科学研究院,2001.
[89] JB/T 3241—2005　SWP型剖分轴承座十字轴式万向联轴器[S]. 北京:机械科学研究院,2005.

[90] JB/T 8110.1—1999 起重机 弹簧缓冲器[S]. 北京:机械科学研究院,1999.
[91] JB/T 8110.2—1999 起重机 橡胶缓冲器[S]. 北京:机械科学研究院,1999.
[92] JB/T 9003—2004 起重机用三合一减速器[S]. 北京:中国机械工业联合会,2004.
[93] JB/T 6392.1—1992 起重机车轮 型式尺寸、踏面形状与轨道的匹配[S]. 北京:机械电子工业部机械标准化研究所,1993.
[94] YB/T 079—1995 三环减速器[S]. 北京:冶金工业部北京冶金设备研究院,1996.
[95] GB/T 1413—2008 系列1集装箱 分类、尺寸和额定质量[S]. 北京:全国集装箱标准化技术委员会,2008.
[96] GB/T 1243—2006 传动用短节距精密滚子链、套筒链、附件和链轮[S]. 北京:中国标准出版社,2002.
[97] GB/T 10823—2009 充气轮胎轮辋实心轮胎规格、尺寸与负荷[S]. 北京:中国标准出版社,2009.
[98] GB/T 10824—2008 充气轮胎轮辋实心轮胎技术规范[S]. 北京:中国标准出版社,2008.
[99] GB/T 16622—2009 压配式实心轮胎规格、尺寸与负荷[S]. 北京:中国标准出版社,2009.
[100] GB/T 2980—2009 工程机械轮胎规格、尺寸、气压与负荷[S]. 北京:中国标准出版社,2009.
[101] GB 2512—1981 液压油类产品的分组、命名和代号[S]. 北京:中国标准出版社,1981.
[102] GB 11118.1—1994 矿物油型和合成烃型液压油[S]. 北京:中国标准出版社,1994.
[103] GB 11119—1989. L-HM 液压油(抗磨型)[S]. 北京:中国标准出版社,1989.
[104] GB 2537—1981 汽轮机油[S]. 北京:中国标准出版社,1981.
[105] GB/T 7631.1—2008 润滑剂、工业用油和有关产品(L类)的分类 第1部分:总分组[S]. 北京:中国标准出版社,2008.
[106] GB/T 7631.2—2003 润滑剂、工业用油和相关产品(L类)的分类 第2部分:H组(液压系统)[S]. 北京:中国标准出版社,2003.
[107] GB 498—1987 石油产品及润滑剂的总分类[S]. 北京:中国标准出版社,1987.
[108] GB/T 3141—1994 工业液体润滑剂 ISO 粘度分类[S]. 北京:中国标准出版社,1994.
[109] GB/T 2346—2003 流体传动系统及元件 公称压力系列[S]. 北京:中国标准出版社,2003.
[110] GB/T 2348—1993 液压气动系统及元件 缸内径及活塞杆外径[S]. 北京:中国标准出版社,1993.
[111] GB/T 2349—1980 液压气动系统及元件 缸活塞行程系列[S]. 北京:中国标准出版社,1980.
[112] GB/T 786.1—2009 液压气动图形符号[S]. 北京:中国标准出版社,2009.
[113] GB/T 3683—2011 橡胶软管及软管组合件 钢丝编织增强液压型 规范[S]. 北京:中国标准出版社,2011.
[114] GB/T 8163—2008 输送流体用无缝钢管[S]. 北京:中国标准出版社,2008.
[115] GB/T 3639—2009 精密冷拔无缝钢管[S]. 北京:中国标准出版社,2009.
[116] 须雷. 起重机的现代设计方法[J]. 起重运输机械,1996(8):3-7.
[117] 吴丽萍. 我国起重机新技术的发展与国外发展动向[J]. 山西机械,2002(04):51-52.
[118] 程文明,王金诺. 起重机的动态分析方法[J]. 起重运输机械,2002(2):1-4.
[119] 程文明,王金诺. 门式起重机结构耦合系统的动态仿真[J]. 铁道学报,2001,23(4):39-43.
[120] 杨春松,程文明,王小慧,唐连生. 混合遗传算法在桥式起重机结构优化中的应用[J]. 起重运输机械,2006(10):19-23.
[121] 苏军朝,程文明,濮德璋,邬钱涌. 基于改进粒子群算法的起重机箱形主梁优化设计[J]. 起重运输机械,2011(6):11-13.
[122] 须雷. 我国起重机起重小车设计的潜力[J]. 起重运输机械,1989(10):25-27.
[123] 金梅珍. 桥式双梁起重机小车车架轻量化研究[J]. 机械研究与应用,2010(5):44-46.
[124] 栗园园,程文明,刘标. 小车轨道对门式起重机金属结构影响的理论分析及有限元验证[J]. 起重运输机械,2010(11):50-54.
[125] 程文明,王金诺,邓斌. 门式起重机结构参数与动态指标耦合关系[J]. 西南交通大学学报,2002,37(6):651-654.
[126] 邬钱涌,程文明,赵南,苏军朝. 门式起重机动态及灵敏度分析[J]. 噪声与振动控制,2012,32(2):37-40.
[127] 冷建伟,等. 新型的桥式起重机定位系统[J]. 天津理工大学学报,2010(8).
[128] 聂春华. 桥式起重机运行机构两步式制动方案及装置[J]. 冶金设备,2003(5):63-65.
[129] 聂春华. 全自动免维护制动装置[J]. 港口装卸,2002(6):35-37.

[130] 袁流炯. 起重机用 MC 尼龙滑轮的设计[J]. 起重运输机械,1990(9):16-19.
[131] 张全福. 折线卷筒设计及制造研究[J]. 机械工程师,2009(4):25-27.
[132] 唐连生,程文明. 多层螺旋卷绕过渡块设计方法[J]. 起重运输机械,2011(4):57-59.
[133] 李会勤. 冶金起重机[J]. 重工与起重技术,2006(1):1-4.
[134] 李会勤. 综述铸造起重机[J]. 起重运输机械,2008(1):1-6.
[135] 张瑞军,张明勤,张青,等. 塔式起重机多吊点吊臂结构的受力计算[J]. 工程机械,2007(8).
[136] 贾体锋,张艳侠. 全地面起重机关键技术发展探析[J]. 建筑机械,2011:57-58.
[137] 王梅生,许长山. 变频调速对起重机整机设计的影响[J]. 起重运输机械,2008(3):58-60.
[138] 王少军. 工程机械用柴油发动机的选型与应用[J]. 工程机械,2006(2).
[139] 程文明,王金诺,张质文,等. 伸缩式集装箱吊具的构造与计算[J]. 起重运输机械,1995(8):21-25.
[140] 程文明,钟斌,马莉丽,吴晓. 集装箱起重机液压减摇系统的主要影响因素[J]. 西南交通大学学报,2008;43(1):40-44.
[141] 王金诺,程文明,张质文,等. 集装箱起重机刚性减摇系统的动态仿真[J]. 铁道学报,1995,17(1):34-40.
[142] 程文明,张则强,钟斌,王金诺. 集装箱起重机液压油缸式减摇系统的动力学分析[J]. 中国铁道科学,2007,28(2):105-109.
[143] 钟斌,程文明,吴晓,梁剑. 桥门式起重机吊重防摇状态反馈控制系统设计[J]. 电机与控制学报,2007,11(5):492-496.
[144] 程文明,张质文,王金诺. 铁路救援起重机的现状与发展方向[J]. 铁道货运,1994(4):42-45.
[145] 程文明,张质文,王金诺,等. 伸缩臂式铁路救援起重机的设计[J]. 起重运输机械,1992(8):24-27.
[146] 程文明,张仲鹏,许志沛,等. 液压铁路起重机运行机构的计算[J]. 起重运输机械,1994(3):3-6.
[147] 王圣,张仲鹏. 160 t 铁路起重机转台结构研究及有限元分析[J]. 建筑机械(上半月),2010(2).
[148] 王圣,张仲鹏. 伸缩配重大吨位铁路起重机新型转台结构分析[J]. 起重运输机械,2010(7).
[149] 谭寒秋,张仲鹏,王圣,宋远卓. 带伸缩配重的 160 t 铁路起重机转台有限元分析及结构改进[J]. 工程机械,2008(6).
[150] 解海军,张仲鹏,李志敏. 长度变化对 2 种材料伸缩吊臂滑块应力的影响[J]. 起重运输机械,2010(10).
[151] 李志敏,张仲鹏,曾宪渊. 伸缩臂滑块局部应力计算及支撑位置优化[J]. 起重运输机械,2010(2).
[152] 曾宪渊,张仲鹏,阳燕,曾宪仕. 160 t 铁路救援起重机伸缩式吊臂有限元分析及优化[J]. 起重运输机械,2010(1).
[153] 徐雪松,胡吉全. 基于混合神经网络的门座起重机变幅机构参数优化设计[J]. 机械工程学报,2005,41(4):220-224.
[154] 李勇智,陈定方. 门座起重机的一种新型变幅系统及其设计方法[J]. 工程设计学报,2006,13(4):232-235.
[155] 苗明,屈福政,等. 门座起重机平衡滑轮补偿法变幅系统的优化[J]. 大连理工大学学报,1995(6):853-857.
[156] 程文明,张则强,邓斌,等. 门座起重机直卷筒补偿变幅系统的优化[J]. 起重运输机械,2003(10):31-33.
[157] 童晖. 大型造船龙门起重机设计要点[J]. 起重运输机械,2011(8):24-28.
[158] 雷克平. 基于造船门式起重机的单双梁分析[J]. 起重运输机械,2010(12):36-38.
[159] 肖海江. 造船门式起重机纠偏技术的研究[J]. 机械工程师,2009(5):73-74.
[160] 肖海江. 造船门式起重机门架反变位技术的应用[J]. 机械工程师,2009(4):155-156.
[161] 徐宏伟,张全福. 大型造船龙门起重机主梁结构形式的研究[J]. 机械工程师,2010(3):131-132.
[162] 阎少泉. 造船门式起重机结构型式及性能比较[J]. 科技创新与生产力,2010(12):94-95.
[163] 孟庆龙. 大型造船门式起重机柔性铰国产化设计[J]. 起重运输机械,2009(12):48-49.
[164] 华小洋. 核电站搬运核废料起重机的故障树分析[J]. 中国安全科学学报,2002(4).
[165] 吴凤岐. 核电站核废料运输起重机桥架驱动电机的同步控制[J]. 电机与控制应用,2008(1).
[166] 赵德安,孙月平,薛亦安. 核电站核废物库新型数控遥控吊车[J]. 测控技术,2003(12).

# 后 记

2010年6月,根据广大读者的要求,中国铁道出版社行文西南交通大学,希望对《起重机设计手册》(1998年中国铁道出版社出版)进行修订再版。这一建议得到了西南交通大学的积极响应和支持。在王金诺教授主持下,西南交通大学机械工程学院机械工程研究所组建了一支老中青相结合的团队,联合国内知名高校和起重机企业的教师与专业技术人士80余名作者,开始了大型工具书《起重机设计手册》的修订和编写工作。

编写工作经历了制订编写规划、征集和组建编委会、初稿研讨等阶段。根据编写规划,全书初稿完成后,在行业范围内广泛征求了同行专家的意见和建议。为确保出版质量,先后进行了两次样稿核校,力争将书稿的差错降到最低限度。

光阴似箭,日月如梭。当完成最后一页书稿时,日历已经翻到金蛇飞舞的2013年了。这期间,书稿的编写工作得到了以大连重工·起重集团为代表的诸多企业和以西南交通大学为代表的许多高校、科研院所的大力支持与帮助。编委会各位委员认真审阅初稿,提出许多有益的建议和意见,在《起重机设计手册》的整个修订过程中,倾注了各位委员的心血。中国铁道出版社领导的精心策划,责任编辑一丝不苟的精细工作,保障了本书的顺利出版。书稿编写工作得到了西南交通大学机械工程研究所的全面支持,研究所的严情木、邬钱涌、曹晔等70余名博士、硕士研究生及同济大学机械与能源工程学院的20余名博士、硕士研究生协助录入了文稿,整理了插图。编者对上述单位和个人表示诚挚的感谢。

三年磨一剑,《起重机设计手册》第二版终于与读者见面了。作者们的辛勤劳动能否得到广大读者的认可?我们一方面希望《起重机设计手册》能成为业内同行振兴中国起重机事业,实现中国梦的有力助手;另一方面将以"觅友华山剑,引玉常建树;精诚求一字,虚怀纳百川"的诚意接受同行和专家的建议和指正。

主　编<br>
2013年6月28日